ANATOMIE ET PHYSIOLOGIE HUMAINES

Quatrième édition

ANATOMIE ET PHYSIOLOGIE HUMAINES

Quatrième édition

Elaine N. MARIEB
Katja HOEHN

Adaptation française :
Linda Moussakova et **René Lachaîne**

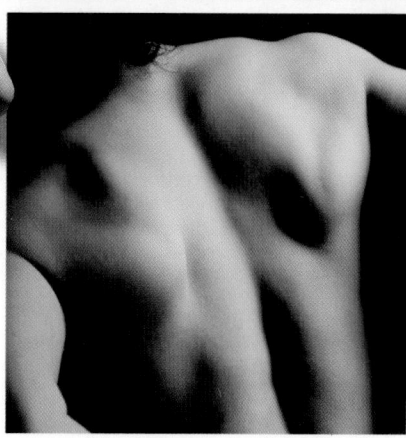

Linda Moussakova
René Lachaîne

E RPi Éducation · innovation · passion

5757, rue Cypihot, Saint-Laurent (Québec) H4S 1R3 ► erpi.com
TÉLÉPHONE : 514 334-2690 TÉLÉCOPIEUR : 514 334-4720 ► erpidlm@erpi.com

Directeur, développement de produits
Sylvain Giroux

Supervision éditoriale
Sylvie Chapleau

Traduction
Marie-Hélène Courchesne et Michel Boyer

Révision linguistique
Jean-Pierre Regnault

Correction d'épreuves
Odile Dallaserra

Recherche iconographique et demandes de droits
Chantal Bordeleau

Direction artistique
Hélène Cousineau

Supervision de la production
Muriel Normand

Infographie
Infoscan Collette, Québec

Couverture
Benoit Pitre

Dans cet ouvrage, le générique masculin est utilisé sans aucune discrimination et uniquement pour alléger le texte.

Dépôt légal: 2010
Bibliothèque et Archives nationales du Québec
Bibliothèque et Archives Canada
Imprimé au Canada

ISBN 978-2-7613-3071-8

234567890 II 13 12 11 10
20544   ABCD   SM9

À nos étudiantes et étudiants, anciens, actuels et futurs, pour le bonheur d'apprendre.

Avant-propos

«L e Marieb» est de plus en plus largement considéré comme «la bible» en ce qui concerne la présentation des notions de base en anatomie et physiologie humaines. Le propre de cette «bible» n'est cependant pas de demeurer immuable et inchangée à travers le temps, mais bien d'évoluer d'une édition à l'autre. Ainsi, «le Marieb» est maintenant devenu «le Marieb et Hoehn», et de même que cette nouvelle édition est le résultat de la collaboration de deux auteures, elle est aussi le fruit du travail de deux adaptateurs.

Premier avantage: passer de deux à quatre têtes signifie doubler le nombre de paires d'yeux scrutant et fouillant l'avalanche continuelle des publications scientifiques et doubler le nombre de doigts pour feuilleter et cliquer, à l'affut de la dernière découverte dont il faut à tout prix tenir compte dans un ouvrage comme celui-ci. En plus de mettre à jour les statistiques associées aux principales maladies (cancer, ostéoporose, arthrose, dystrophie musculaire, sclérose en plaques, chorée de Huntington, diabète, tuberculose, obésité, etc.), il nous fallait en effet donner un aperçu des découvertes récentes sur les mécanismes cellulaires et moléculaires en cause dans ces maladies et aborder les traitements nouveaux ou en cours de mise au point (utilisation des nanotechnologies dans la fabrication des prothèses articulaires, recours aux thérapies géniques, etc.). La grippe A H1N1, le pistolet Taser, les boissons énergisantes, l'EPO et les stéroïdes chez les athlètes, les prébiotiques et les probiotiques, le vaccin contraceptif et beaucoup d'autres sujets de l'heure ne pouvaient non plus être passés sous silence.

Autre retombée provenant du fait que l'équipe de rédaction s'est élargie: cette nouvelle édition a bénéficié de l'expérience des uns ainsi que de l'énergie, de l'enthousiasme, voire de l'audace des autres. Vous avez donc entre les mains un heureux mélange d'ancien et de nouveau, un produit né de la fusion des points forts des éditions précédentes (qui furent au départ des innovations) et des fruits d'élans créateurs (qui eux aussi deviendront, nous l'espérons, des points forts).

Ce qui, avec le temps, s'est avéré intouchable a évidemment été retenu dans cette quatrième édition. Par exemple, les thèmes unificateurs (homéostasie, complémentarité entre la structure et la fonction et relations entre les différents systèmes) ont été conservés, de même que les rubriques *Déséquilibre homéostatique, Synthèse, Liens particuliers, Termes médicaux, Gros plan,* et tous les autres outils pédagogiques de révision qui ont fait leurs preuves (*Implications cliniques, Résumé du chapitre, Questions de révision, Glossaire, Éléments de formation des mots*).

Par contre, plusieurs anciennes caractéristiques ont été remaniées. Ainsi, les listes d'objectifs à atteindre ont été maintenues, mais elles ont été fragmentées et les objectifs sont dorénavant présentés par petits groupes au début de chaque section d'un chapitre: petite innovation pour les artisans de cette édition, mais probablement grand progrès pour les utilisateurs. En effet, de gros chapitres, peut-être indigestes pour certains, ont ainsi été morcelés en plusieurs petites portions de matière plus facilement assimilables. Par ailleurs, certaines améliorations qui avaient été apportées dans le passé ont pu être encore perfectionnées pour la présente édition: par exemple, les questions de révision ne figurent plus seulement à la toute fin d'un chapitre, mais apparaissent également à la fin de chaque section, ce qui permet de vérifier sur-le-champ (les réponses étant fournies en appendice) l'acquisition correcte des concepts et, au besoin, de s'ajuster immédiatement avant d'aborder d'autres concepts. La montagne à gravir que pouvait constituer un chapitre a donc maintenant des paliers: des sections délimitées par quelques objectifs au début et des questions de révision à la fin.

Certaines des modifications que l'utilisateur des éditions précédentes constatera sont dues aux auteures, mais d'autres sont notre œuvre. En tant qu'adaptateurs, nous n'avons pas eu à transformer l'édition américaine, mais il n'y a pas une page qui ne porte l'empreinte de notre travail. Comme exemple de ces interventions le plus souvent mineures mais omniprésentes, on notera l'effort qui a été fait pour intégrer les notions présentées dans les rubriques *Gros plan* dans l'ensemble des notions du chapitre. Nous avons, en effet, ajouté des questions de révision portant sur le sujet traité à la fin de chacun et dans la rubrique *Questions de révision* à la fin du chapitre. De plus, les termes apparaissant en gras dans les rubriques *Gros plan* sont maintenant définis dans le glossaire. Ce dernier, d'ailleurs, offre un autre exemple de modifications que nous avons apportées: il a été l'objet d'une attention particulière, car nous le considérons comme un outil extrêmement utile, à condition que la liste des termes ne comporte pas d'omissions importantes et que les définitions soient elles-mêmes complètes, claires et le reflet fidèle de ce qui a été présenté dans le texte du manuel. Vous trouverez cette version entièrement reprise et enrichie dans le but de remplir ces conditions et de devenir un instrument pouvant être utilisé avec profit dans le Compagnon Web qui accompagne cet ouvrage.

La mise à jour du contenu a donc été notre premier souci, mais nous tenions également à nommer les structures en conformité avec la nomenclature actuellement en vigueur (la *Terminologia Anatomica* récemment introduite). Même si ce passage de l'ancienne à la nouvelle nomenclature nous a demandé une vérification de tous les termes d'anatomie et donc beaucoup de temps et d'attention, les modifications qui en résultent demeurent, somme toute, assez peu nombreuses et dans la plupart des cas mineures.

Un des éléments les plus importants de cet ouvrage d'anatomie et physiologie ne relève ni des auteurs, ni des adaptateurs, mais est l'œuvre des illustrateurs. Et si les qualités du texte du « Marieb » ont toujours été appréciées par les lecteurs, la beauté, la clarté et le réalisme de ses illustrations demeurent un de ses plus grands atouts. Outre le fait qu'elle comporte une soixantaine de nouvelles figures, et que la majorité des anciennes figures ont été retouchées pour leur apporter du relief et du mouvement, la présente édition s'est enrichie d'un nouveau type d'illustration que nous avons appelé *Zoom*. Pour expliquer des concepts vastes et complexes (transport actif, couplage excitation-contraction, synapse, etc.), ces figures « plein écran », qui s'étendent parfois sur deux pages, marient le texte et l'illustration et guident le lecteur à travers les étapes du mécanisme ou du processus.

Mais comme il serait très surprenant, futurs utilisatrices et utilisateurs de cette nouvelle édition, que vous n'ayez déjà succombé à la tentation d'ouvrir et de feuilleter votre récente acquisition, vous avez donc probablement déjà constaté la richesse et la qualité de ses illustrations. Cela nous amène à vous inviter à prendre connaissance de toutes les autres caractéristiques de cet ouvrage, en faisant un survol complet de l'un ou l'autre de ses chapitres. Vous comprendrez alors pourquoi, nous les adaptateurs, sommes à la fois fiers de notre travail et anxieux de vous le laisser découvrir.

Linda Moussakova et René Lachaîne

Remerciements

Le travail de révision et d'adaptation d'un manuel comme celui-ci représente, on s'en doutera, une aventure plutôt exigeante. Aventure qui ne peut être menée à bien sans le soutien de toute une équipe à laquelle nous tenons à exprimer notre plus sincère reconnaissance. Merci d'abord à tous les membres de l'équipe ERPI: Sylvain Giroux, Jean-Pierre Albert, Chantal Bordeleau et Sylvie Chapleau. Pour Sylvie, notre éditrice, qui est là depuis la toute première édition, qui veille toujours à tout et sous la supervision de laquelle il est extrêmement rassurant de travailler, à nos remerciements nous aimerions joindre notre grande admiration, car rien n'échappe à son œil critique et on peut toujours se fier à ses sages avis.

Merci également à la traductrice, Marie-Hélène Courchesne, dont la qualité du travail a simplifié le nôtre; à notre réviseur linguistique, Jean-Pierre Regnault, qui a aussi laissé parler l'ex-enseignant et le biologiste qu'il est, pour nous conseiller assez souvent; et à Odile Dallaserra, qui a effectué une première correction des épreuves.

Linda Moussakova et René Lachaîne

J'éprouve une profonde gratitude envers M. Lachaîne, qui m'a accueillie aussi chaleureusement dans son projet, dont il est devenu maître. Je lui suis très reconnaissante d'avoir si généreusement partagé son expérience avec moi tout en m'encourageant et en m'offrant son soutien tout au long de l'année.

Afin de m'assurer de la validité et de l'exactitude de certaines informations, j'ai parfois eu recours à des spécialistes, que je remercie sincèrement. Il s'agit notamment de Brendan Bell, Alain Dagher, Elaine Davis, Reyhan El Kares, Ariel Fenster, Dr Stéphane Meere, Dominique et Brigitte Proust, Dr Sergio Rico, ainsi que des professeurs du département de chimie du Cégep de Saint-Laurent. Je remercie également la direction des études du cégep, son service des ressources technologiques, le personnel de sa bibliothèque et, évidemment, mes collègues du département de biologie, pour lesquels j'ai beaucoup d'estime. Merci aussi à toute l'équipe de la revue *Québec Science* et à celle de l'émission Les Années lumières, composées de talentueux journalistes scientifiques qui savent si bien vulgariser les concepts sans en simplifier ni en dénaturer le contenu scientifique. Ils m'ont inspirée plus d'une fois.

Sur un plan plus personnel, je voudrais exprimer ma gratitude à René-Marcel Sauvé, toujours prêt à m'offrir son aide et à m'alimenter de réflexions ontologiques. Merci à Yvan Leduc pour son dévouement envers mes enfants adorés. Merci à Kalinka et Tristan: je n'aurais pas pu relever ce défi s'ils n'étaient pas matures, studieux, débrouillards et indépendants comme ils le sont. Je leur serai toujours reconnaissante de ne pas m'en avoir voulu pour toutes ces heures passées au travail et par conséquent pour ces baisers de bonne nuit volatilisés, ces confidences qui resteront perdues à jamais, ces rires irrécupérables…

Et merci à ma tendre Maïtche, à qui je dois tout!

Linda Moussakova

Je ressens de l'admiration, presque de l'émerveillement, devant l'énormité de la tâche accomplie en si peu de temps par ma collègue Linda Moussakova. Elle a fait preuve d'un enthousiasme débordant et soutenu, consacrant à ce projet toute son énergie créatrice (la puissance d'un volcan utilisée à des fins constructives), et mettant à profit ses nombreuses implications dans une foule d'activités autant scientifiques que culturelles. Son carnet d'adresses incroyablement bien garni lui a permis de toujours trouver rapidement l'avis d'une personne compétente quel que soit le sujet. Et tout le renouveau qu'elle a apporté, elle l'a constamment remis en question, interrogé, critiqué. Travailler avec elle ne pouvait être que stimulant et inspirant.

Et enfin, à mon épouse Janine et ma fille Véronique, et à tous ces êtres chers, qui m'ont vu disparaître six jours par semaine, rivé devant mon ordinateur, mes livres et mes revues, sachez que tous ces déséquilibres homéostatiques qui me sont passés sous les yeux durant tous ces mois de travail m'ont sans cesse rappelé ce bonheur de vous avoir encore à mes côtés, malgré l'extrême fragilité de l'existence, et m'ont fait ardemment désirer pouvoir à nouveau passer beaucoup de temps avec vous.

René Lachaîne

Préface

L'étude de l'anatomie et de la physiologie ne serait ni cohérente ni logique si elle ne s'articulait autour de thèmes fondamentaux. Les trois que nous avons choisis, énoncés dans le chapitre 1 et développés tout au long du manuel, forment le fil conducteur qui donne au manuel son unité, sa structure et son ton.

Relations entre les systèmes : Partout où nous en avons eu l'occasion, nous avons souligné que presque tous les mécanismes de régulation reposent sur l'interaction de plusieurs systèmes. Par exemple, dans le chapitre 25, qui porte sur la structure et la fonction du système urinaire, nous faisons état de l'importance des reins, non seulement dans le maintien d'un volume sanguin suffisant pour permettre la circulation normale du sang, mais aussi dans l'ajustement constant de la composition chimique du sang grâce auquel toutes les cellules demeurent en santé. Cette approche atteint son point culminant dans les encadrés intitulés *Synthèse,* qui aideront les étudiants à envisager l'organisme comme un ensemble dynamique de parties interdépendantes et non comme un assemblage d'unités structurales isolées.

Homéostasie : L'homéostasie est l'état d'équilibre que l'organisme normal cherche sans cesse à atteindre ou à conserver. La perte de cet état entraîne inévitablement un trouble, qu'il soit passager ou permanent. C'est pourquoi nous présentons les états pathologiques dans le corps même du texte, chaque fois qu'il est pertinent de le faire. Toutefois, les exemples cliniques ne visent qu'à mettre en relief le fonctionnement normal de l'organisme et ne constituent jamais des fins en soi. Au chapitre 19, par exemple, nous ajoutons à la présentation de la structure et des fonctions des vaisseaux sanguins des explications sur la capacité qu'ont les artères saines de se dilater et de se resserrer pour assurer un débit sanguin adéquat. Nous profitons de l'occasion pour traiter des conséquences de la perte de l'élasticité artérielle sur l'homéostasie, soit l'hypertension et tous les problèmes qu'elle entraîne. Les paragraphes portant sur les déséquilibres homéostatiques sont indiqués par un symbole qui évoque une balance en déséquilibre. Dans une figure ou dans le texte, ce symbole annonce aux étudiants qu'ils vont analyser la maladie sous l'angle de la perte de l'homéostasie.

Relation entre la structure et la fonction : Au fil du manuel, nous faisons de la compréhension des structures anatomiques une condition préalable à l'assimilation des fonctions. Nous expliquons minutieusement les concepts fondamentaux de la physiologie, et nous les rapportons aux caractéristiques morphologiques qui permettent ou facilitent l'accomplissement des diverses fonctions. Nous soulignons par exemple que les poumons peuvent assurer les échanges gazeux parce que la paroi de leurs alvéoles constitue une barrière extrêmement fine entre le sang et l'air.

AJOUTS À LA NOUVELLE ÉDITION

Nous avons considérablement modifié la présente édition en renouvelant entièrement le graphisme et la présentation du texte, tout en conservant les caractéristiques des versions précédentes qui ont fait notre renom. À chaque édition, notre objectif relève toujours du même grand idéal : faire en sorte que l'étude de l'anatomie et de la physiologie soit aussi intéressante, précise et pertinente que possible, tant pour les étudiants que pour les enseignants. Les changements apportés à la présente version sont motivés par les besoins des étudiants et visent à rendre l'apprentissage des notions de base d'anatomie et de physiologie le plus simple possible. Les notions de base sont importantes en raison de la quantité impressionnante de matière qui doit être vue et la maîtrise de ces dernières notions donnera aux étudiants des points d'ancrage sur lesquels ils pourront greffer cette volumineuse information. Les moyens employés pour réviser la plus récente édition afin de faire en sorte que l'apprentissage soit efficace sont présentés ci-après.

Graphisme renouvelé. À l'origine de ces modifications, il y a une simple liste. Nous nous sommes, en effet, réunis pour créer une liste, chapitre par chapitre, des notions de base d'anatomie et de physiologie que les étudiants trouvaient les plus complexes à comprendre. Cette liste a motivé le renouvellement du graphisme. Nous nous sommes d'abord arrêtés à certains des sujets les plus complexes afin de déterminer les figures qui seraient intitulées *Zoom.* Ces nouvelles figures abordent des sujets ardus et présentent étape par étape et en détail des mécanismes complexes qui sont difficiles à enseigner et à visualiser (par exemple la mitose, le couplage excitation-contraction et la synapse). Dans tous les cas, nous avons étudié à fond le mécanisme et nous sommes arrivés à le diviser en ses composantes logiques que nous avons présentées le plus simplement possible pour les étudiants. Nous espérons que vous serez aussi satisfaits du résultat que nous le sommes.

Nous avons également révisé et revu la conception d'un grand nombre de figures portant sur des mécanismes afin de les rendre plus faciles à suivre et à comprendre. Au besoin, nous avons ajouté des explications en bleu qui nous permettent de guider les étudiants à chaque étape d'un mécanisme complexe (voir par exemple les figures 1.4, 2.21 et 3.12). Ce texte en bleu se distingue facilement des légendes donnant le nom des éléments illustrés, ce qui facilite la lecture des figures.

En feuilletant l'ouvrage, vous constaterez que les illustrations sont vivantes, tridimensionnelles et réalistes ; les vues et les perspectives présentées sont exceptionnelles et font appel à des couleurs franches et saisissantes. En nous fondant sur notre liste de notions de base, nous avons ciblé certaines figures et travaillé en étroite collaboration avec l'équipe de graphisme afin de produire des figures de qualité supérieure qui véhiculent de façon claire l'information nécessaire pour répondre aux objectifs que les étudiants doivent atteindre, réalisant un équilibre parfait entre la réalité et l'efficacité de l'enseignement.

Finalement, nous avons ajouté un grand nombre de figures et de photos facilitant la compréhension.

Présentation du texte améliorée. Les caractéristiques du texte permettent aux étudiants de se concentrer sur les notions de base. Nous avons intégré les objectifs à l'intérieur des chapitres pour permettre aux étudiants d'avoir un aperçu d'une plus petite portion des notions contenues dans une section donnée. Nous avons également ajouté des questions à la fin des sections. Pour y répondre, les étudiants doivent s'arrêter, réfléchir et vérifier s'ils ont bien compris les notions apprises. Ces changements, jumelés à la toute nouvelle conception, rendent l'étude et la consultation de l'ouvrage encore plus simples qu'avant. Nous avons également révisé l'ensemble du texte en améliorant la rédaction, tout en conservant les analogies ainsi que le style informel et accessible, qui utilise des formulations plus simples et concises et des paragraphes plus courts. Ces changements font en sorte que le texte est plus facile à aborder malgré la quantité phénoménale d'information couverte.

Mise à jour et précision des faits. En tant qu'auteurs, nous tenons à ce que notre ouvrage soit à jour et précis dans tous les domaines. Il s'agit d'une tâche monumentale qui exige une sélection laborieuse. Même si les données continuent d'évoluer tout au long du processus de publication, soyez certains que nous avons fait tout ce que nous pouvions pour intégrer les données les plus récentes. Nous avons tenu compte des toutes dernières recherches, dans la mesure du possible.

Guide visuel

Ouverture de chapitre

Le **sommaire** donne un aperçu du chapitre et indique .... les points les plus importants qui seront abordés.

L'**introduction au chapitre** contient toujours .... des analogies avec le monde réel qui aideront les étudiants à comprendre les rôles et le fonctionnement du système étudié à partir de situations qui leur sont familières.

Composition et fonctions du sang: caractéristiques générales (p. 732)

Composants (p. 732)

Caractéristiques physiques et volume (p. 732)

Fonctions (p. 732)

Plasma (p. 733)

Éléments figurés (p. 733)

Érythrocytes (p. 734)

Leucocytes (p. 742)

Plaquettes (p. 746)

Hémostase (p. 749)

Spasme vasculaire (p. 749)

Formation du clou plaquettaire (p. 749)

Coagulation (p. 750)

Rétraction du caillot et réfection du vaisseau (p. 752)

Fibrinolyse (p. 752)

Limitation de la croissance du caillot et prévention de la coagulation (p. 753)

Anomalies de l'hémostase (p. 753)

Transfusion et rétablissement du volume sanguin (p. 755)

Transfusion d'érythrocytes (p. 755)

Rétablissement du volume sanguin (p. 757)

Analyses sanguines (p. 758)

Développement et vieillissement

Le sang

C omme un fleuve impétueux, le sang transporte dans l'organisme presque tout ce qui doit y circuler. Bien avant la naissance de la médecine moderne, nos ancêtres accordaient au sang des propriétés magiques, quasi mystiques. À leurs yeux, en effet, le sang était le principe vital, l'élixir qui, en s'écoulant du corps, emportait la vie avec lui. Les siècles ont passé, mais le médecin n'a pas perdu son intérêt à l'égard du sang. Plus que tout autre tissu, c'est le sang qu'on analyse pour tenter de déterminer la cause d'une maladie.

Dans ce chapitre, nous décrivons la composition, les fonctions et les propriétés exceptionnelles du sang, ce liquide vital qui sert de « transporteur » au système cardiovasculaire. Nous commençons par donner un aperçu de la circulation sanguine, qui est rendue possible par l'action de pompage du cœur. Le sang sort du *cœur* par les *artères*, qui

731

Notions fondamentales

Les rubriques *Déséquilibre* .... *homéostatique* sont intégrées au corps du texte et indiquent les endroits où on étudie des troubles de fonctionnement d'un système de l'organisme. Ces troubles sont placés à cet endroit afin de clarifier et d'illustrer le fonctionnement normal des systèmes.

Les nouvelles rubriques *Vérifions* .... *nos acquis* contiennent des questions qui vous demandent de vous arrêter, de réfléchir et de vérifier votre compréhension des notions fondamentales à la fin des principales sections.

Les **objectifs** ont été intégrés .... au chapitre; ils donnent un aperçu du contenu du chapitre et des notions que vous devriez acquérir.

DÉSÉQUILIBRE HOMÉOSTATIQUE

La formation de tissu cicatriciel dans la paroi de la vessie, du cœur ou d'un autre organe musculaire peut nuire considérablement au fonctionnement de cet organe. Le rétrécissement normal du tissu cicatriciel diminue le volume interne de l'organe et peut entraver, voire bloquer, le mouvement des substances dans les organes creux. Le tissu cicatriciel réduit la contractilité des muscles et peut gêner l'excitation exercée sur eux par le système nerveux. La présence de tissu cicatriciel dans le cœur peut entraîner une insuffisance cardiaque évolutive. Dans les viscères irrités, particulièrement à la suite d'une intervention chirurgicale à l'abdomen, il arrive que des bandes de tissu cicatriciel, appelées *adhérences*, se forment entre des organes adjacents. Ces adhérences sont dangereuses, car elles sont susceptibles de faire obstacle aux mouvements normaux des anses intestinales et d'empêcher ainsi la progression des matières dans l'intestin, ce qui produit une occlusion intestinale. Par ailleurs, les adhérences peuvent restreindre les mouvements du cœur ou provoquer l'immobilisation d'une articulation. ■

VÉRIFIONS NOS ACQUIS

24. Nommez les trois principales étapes de la réparation des tissus.
25. Pourquoi une blessure profonde de la peau mène-t-elle à la formation d'une grande quantité de tissu cicatriciel ?

Les réponses se trouvent à l'appendice G.

Développement et vieillissement des tissus

14 Indiquer l'origine embryonnaire de chaque tissu primaire.

15 Décrire brièvement les modifications des tissus liées au vieillissement.

La formation des trois **feuillets embryonnaires primitifs** est l'un des premiers événements du développement embryonnaire. Ces trois feuillets superposés composent une sorte de gâteau à trois étages. Du feuillet superficiel au plus profond, ces

Des **tableaux** souvent illustrés résument .... l'information fournie. La synthèse ainsi obtenue constitue un bon outil d'étude.

TABLEAU 9.1 Structure et niveaux d'organisation d'un muscle squelettique

STRUCTURE ET NIVEAU D'ORGANISATION	DESCRIPTION
Muscle (organe) Épimysium, Muscle, Tendon, Faisceau	Un muscle est constitué de centaines ou de milliers de cellules musculaires ainsi que de gaines de tissu conjonctif, de vaisseaux sanguins et de neurofibres.
Faisceau de fibres (partie du muscle) Partie d'un faisceau de fibres, Périmysium, Fibre (cellule) musculaire	Un faisceau de fibres est un assemblage de cellules musculaires, séparées du reste du muscle par une gaine de tissu conjonctif.
Fibre (cellule) musculaire Noyau, Endomysium, Sarcolemme	Une fibre musculaire est une cellule multinucléée allongée; son apparence est striée.

Description étape par étape de mécanismes complexes

Les nouvelles figures intitulées **Zoom** contiennent des explications approfondies sur des sujets difficiles à étudier. Elles montrent les étapes importantes sous la forme d'une vue d'ensemble et d'illustrations détaillées donnant le contexte nécessaire à la compréhension du mécanisme.

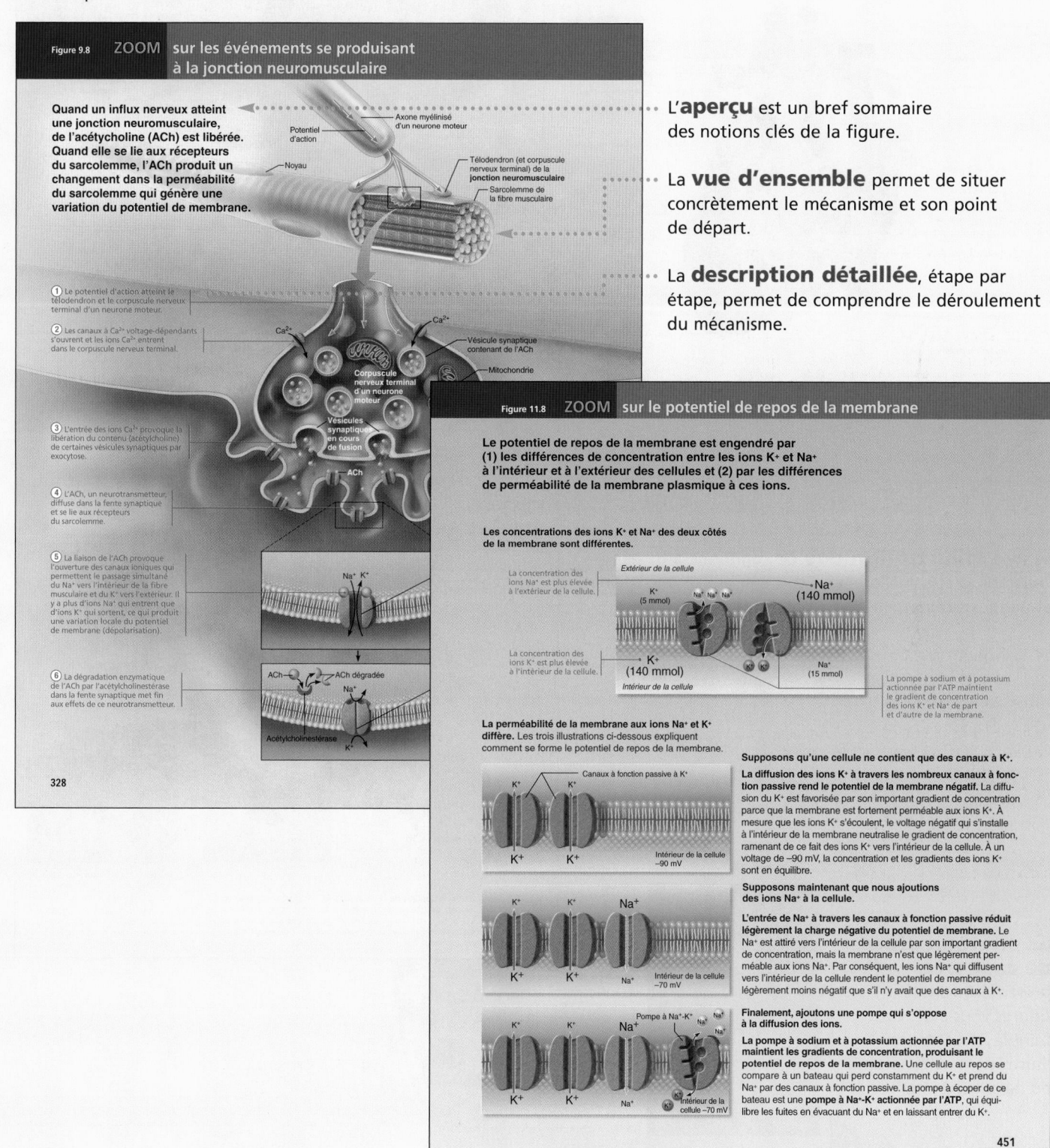

Figure 9.8 ZOOM sur les événements se produisant à la jonction neuromusculaire

Quand un influx nerveux atteint une jonction neuromusculaire, de l'acétylcholine (ACh) est libérée. Quand elle se lie aux récepteurs du sarcolemme, l'ACh produit un changement dans la perméabilité du sarcolemme qui génère une variation du potentiel de membrane.

① Le potentiel d'action atteint le télodendron et le corpuscule nerveux terminal d'un neurone moteur.

② Les canaux à Ca²⁺ voltage-dépendants s'ouvrent et les ions Ca²⁺ entrent dans le corpuscule nerveux terminal.

③ L'entrée des ions Ca²⁺ provoque la libération du contenu (acétylcholine) de certaines vésicules synaptiques par exocytose.

④ L'ACh, un neurotransmetteur, diffuse dans la fente synaptique et se lie aux récepteurs du sarcolemme.

⑤ La liaison de l'ACh provoque l'ouverture des canaux ioniques qui permettent le passage simultané du Na⁺ vers l'intérieur de la fibre musculaire et du K⁺ vers l'extérieur. Il y a plus d'ions Na⁺ qui entrent que d'ions K⁺ qui sortent, ce qui produit une variation locale du potentiel de membrane (dépolarisation).

⑥ La dégradation enzymatique de l'ACh par l'acétylcholinestérase dans la fente synaptique met fin aux effets de ce neurotransmetteur.

328

L'**aperçu** est un bref sommaire des notions clés de la figure.

La **vue d'ensemble** permet de situer concrètement le mécanisme et son point de départ.

La **description détaillée**, étape par étape, permet de comprendre le déroulement du mécanisme.

Figure 11.8 ZOOM sur le potentiel de repos de la membrane

Le potentiel de repos de la membrane est engendré par (1) les différences de concentration entre les ions K⁺ et Na⁺ à l'intérieur et à l'extérieur des cellules et (2) par les différences de perméabilité de la membrane plasmique à ces ions.

Les concentrations des ions K⁺ et Na⁺ des deux côtés de la membrane sont différentes.

La perméabilité de la membrane aux ions Na⁺ et K⁺ diffère. Les trois illustrations ci-dessous expliquent comment se forme le potentiel de repos de la membrane.

Supposons qu'une cellule ne contient que des canaux à K⁺.

La diffusion des ions K⁺ à travers les nombreux canaux à fonction passive rend le potentiel de la membrane négatif. La diffusion du K⁺ est favorisée par son important gradient de concentration parce que la membrane est fortement perméable aux ions K⁺. À mesure que les ions K⁺ s'écoulent, le voltage négatif qui s'installe à l'intérieur de la membrane neutralise le gradient de concentration, ramenant de ce fait des ions K⁺ vers l'intérieur de la cellule. À un voltage de −90 mV, la concentration et les gradients des ions K⁺ sont en équilibre.

Supposons maintenant que nous ajoutions des ions Na⁺ à la cellule.

L'entrée de Na⁺ à travers les canaux à fonction passive réduit légèrement la charge négative du potentiel de membrane. Le Na⁺ est attiré vers l'intérieur de la cellule par son important gradient de concentration, mais la membrane n'est que légèrement perméable aux ions Na⁺. Par conséquent, les ions Na⁺ qui diffusent vers l'intérieur de la cellule rendent le potentiel de membrane légèrement moins négatif que s'il n'y avait que des canaux à K⁺.

Finalement, ajoutons une pompe qui s'oppose à la diffusion des ions.

La pompe à sodium et à potassium actionnée par l'ATP maintient les gradients de concentration, produisant le potentiel de repos de la membrane. Une cellule au repos se compare à un bateau qui perd constamment du K⁺ et prend du Na⁺ par des canaux à fonction passive. La pompe à écoper de ce bateau est une **pompe à Na⁺-K⁺ actionnée par l'ATP**, qui équilibre les fuites en évacuant du Na⁺ et en laissant entrer du K⁺.

451

Illustration des structures

Les nouvelles **illustrations tridimensionnelles**, étonnantes et nettement plus éloquentes, font appel à des couleurs franches et réalistes qui permettent de mieux représenter les structures anatomiques.

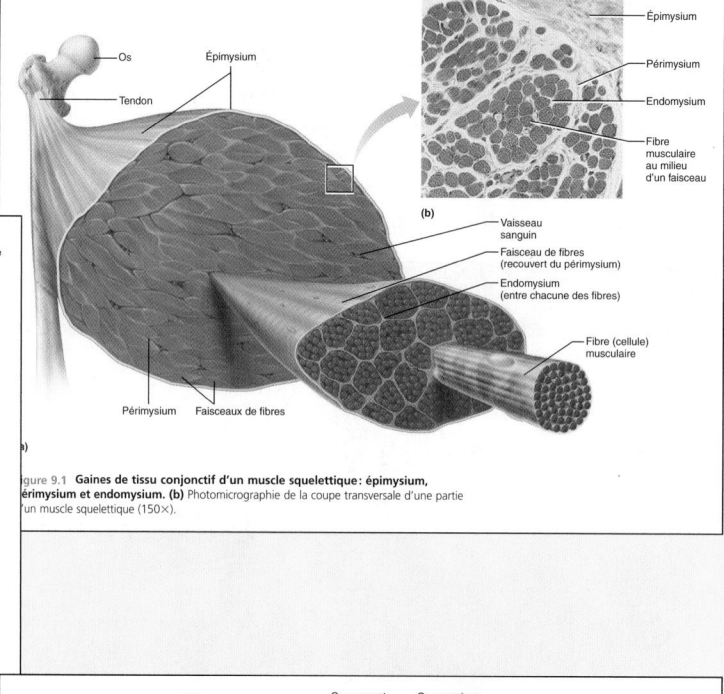

Figure 9.1 **Gaines de tissu conjonctif d'un muscle squelettique : épimysium, périmysium et endomysium. (b)** Photomicrographie de la coupe transversale d'une partie d'un muscle squelettique (150×).

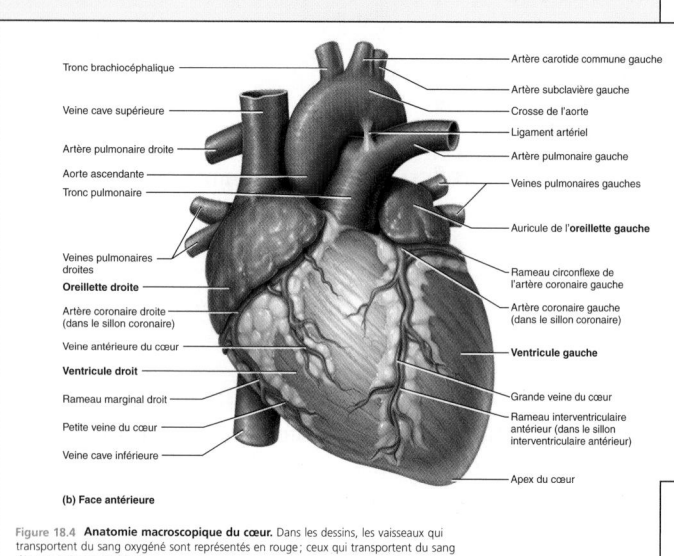

(b) Face antérieure

Figure 18.4 **Anatomie macroscopique du cœur.** Dans les dessins, les vaisseaux qui transportent du sang oxygéné sont représentés en rouge ; ceux qui transportent du sang désoxygéné sont en bleu.

Le style d'**illustration des os**, uniforme à travers l'ouvrage, a été amélioré pour conférer aux os une couleur et une texture nettement plus réalistes.

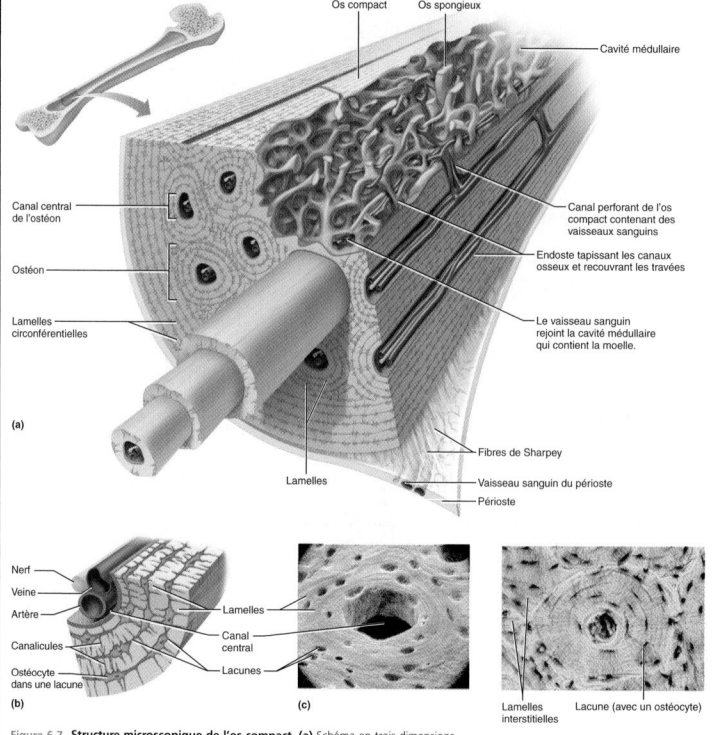

Figure 6.7 **Structure microscopique de l'os compact. (a)** Schéma en trois dimensions d'un segment d'os compact. **(b)** Une partie d'un ostéon à plus fort grossissement. Remarquez la situation des ostéocytes dans les lacunes osseuses. **(c)** Photographie par MEB (à gauche) et photomicrographie (à droite) d'un os en coupe transversale présentant un ostéon (180× et 160×, respectivement).

Les **photographies de cadavres** présentées dans les figures vous aident à faire le lien entre les illustrations et l'anatomie réelle du corps humain.

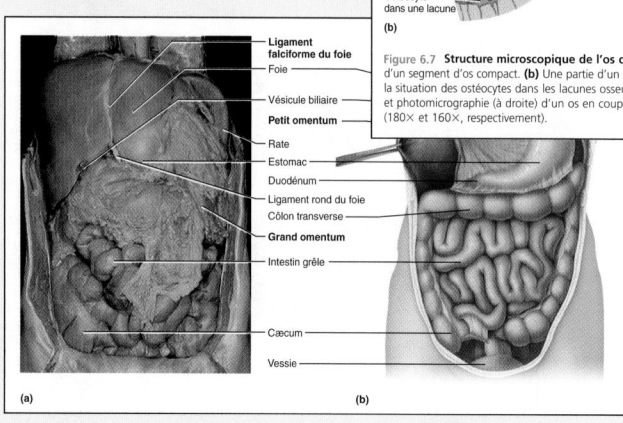

Synthèse

L'encadré **Synthèse**, présenté à la fin des chapitres portant sur chaque système de l'organisme, facilite la compréhension des relations entre les systèmes. Il contient les trois sections suivantes :

La section **Tous pour un, un pour tous** montre les relations qui existent entre tous les systèmes de l'organisme.

La section **Liens particuliers** porte plus précisément sur les relations qui existent entre certains systèmes.

La section **Implications cliniques** est une étude de cas qui vous incite à mettre en application les notions apprises.

SYNTHÈSE

Tous pour un, un pour tous

Relations entre le système tégumentaire et les autres systèmes de l'organisme

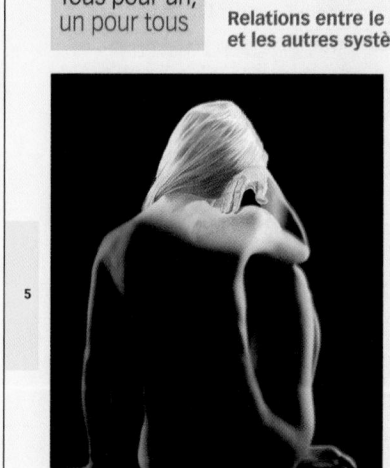

Système squelettique
- La peau protège les os ; elle synthétise un précurseur de la vitamine D nécessaire à l'absorption normale du calcium et au dépôt des sels de calcium qui contribuent à durcir les os.
- Le système squelettique procure un support à la peau.

Système musculaire
- La peau protège les muscles.
- L'activité musculaire produit une grande quantité de chaleur qui accroît la circulation sanguine vers la peau et peut stimuler les glandes sudoripares.

Système nerveux
- La peau protège les organes du système nerveux et renferme des récepteurs sensoriels (figure 5.1).
- Le système nerveux règle le diamètre des vaisseaux sanguins dermiques ; il stimule les glandes sudoripares et contribue à la thermorégulation ; il interprète les sensations cutanées et active les muscles arrecteurs des poils.

Système endocrinien
- La peau protège les organes endocriniens et convertit certaines hormones pour les rendre actives.
- Les androgènes sécrétés par le système endocrinien stimulent les glandes sébacées et jouent un rôle dans la régulation de la croissance des poils.

Système cardiovasculaire
- La peau protège les organes cardiovasculaires ; elle empêche la perte des liquides de l'organisme et fait office de réservoir sanguin.
- Le système cardiovasculaire transporte l'oxygène et les nutriments vers la peau et en retire les déchets ; il fournit aux glandes de la peau les substances nécessaires à la production de leurs sécrétions.

Système lymphatique et immunitaire
- La peau protège les organes lymphatiques ; elle empêche les invasions pathogènes ; les macrophagocytes intraépidermiques et les macrophagocytes du derme contribuent à activer le système immunitaire.
- Le système lymphatique prévient l'œdème en absorbant les liquides qui s'échappent des capillaires de la peau ; le système immunitaire protège les cellules de la peau.

Système respiratoire
- La peau protège les organes respiratoires.
- Le système respiratoire pr[...] de la peau et élimine le ga[...] des échanges gazeux ave[...]

Système digestif
- La peau protège les orga[...] précurseur de la vitamine [...] du calcium ; elle réalise ce[...] effectuées aussi par les c[...]
- Le système digestif fourni[...] à la peau.

Système urinaire
- La peau protège les orga[...] des sels minéraux et cert[...]
- Le système urinaire active[...] produit par les kératinocy[...] du métabolisme de la pe[...]

Système génital
- La peau protège les orga[...] réagissent aux stimulus é[...] fortement modifiées (les g[...] le lait maternel. Durant la[...] que le fœtus croît ; des ch[...] de la peau peuvent surve[...]

192

Liens particuliers

RELATIONS ENTRE LE SYSTÈME TÉGUMENTAIRE et les systèmes nerveux, cardiovasculaire, lymphatique et immunitaire

La peau est d'abord et avant tout une barrière. Telle la peau d'un raisin, elle maintient l'hydratation et l'intégrité de ce qu'elle recouvre. Elle excelle quand il s'agit de réparer elle-même ses lésions et interagit étroitement avec d'autres systèmes de l'organisme en produisant un précurseur de la vitamine D nécessaire au durcissement des os ainsi que d'autres molécules utiles. Elle protège aussi les tissus profonds contre les agents externes qui pourraient les endommager. Les rôles les plus importants qu'elle joue dans l'homéostasie globale de l'organisme sont ceux qu'elle accomplit en collaboration avec les systèmes nerveux, cardiovasculaire et lymphatique. Ces interactions sont décrites ci-après.

Système nerveux
L'ensemble de l'organisme bénéficie de l'interaction de la peau avec le système nerveux. La peau abrite les minuscules récepteurs sensoriels qui nous fournissent nombre d'informations au sujet de notre environnement, c'est-à-dire la température ambiante, la pression qu'exercent les objets et la présence de substances dangereuses. Qu'arriverait-il si nous marchions sur du verre brisé ou de l'asphalte chaud et que notre peau était dépourvue de capteurs neuronaux ? Si nous ne pouvions pas sentir un danger, notre système nerveux n'en serait pas averti. Il serait par conséquent incapable de se rendre compte qu'une réaction est nécessaire ; il ne pourrait pas non plus prendre les mesures visant à nous protéger ou à nous procurer les premiers soins. Le corps tout entier bénéficie donc grandement de l'interaction de la peau avec le système nerveux.

Systèmes nerveux et cardiovasculaire
La peau nous permet de sentir la température ambiante et de réagir aux variations de température. Les vaisseaux sanguins dermiques (organes du système cardiovasculaire) et les glandes sudoripares (régies par le système nerveux) jouent un rôle essentiel dans la thermorégulation. Il en va de même du sang et des récepteurs du chaud et du froid de notre peau. Lorsque nous avons froid, notre sang perd de la chaleur au profit des organes internes et sa température diminue. Alerté, le système nerveux retient la chaleur en contractant les vaisseaux sanguins dermiques. Lorsque la température du corps et du sang augmente, les vaisseaux sanguins dermiques se dilatent et la transpiration commence.

La thermorégulation est un mécanisme vital, car la production excessive de chaleur risque de perturber les fonctions corporelles. Les réactions chimiques s'accélèrent et la chaleur excessive peut détruire des protéines vitales, ce qui provoque la mort de nos cellules. Le froid produit l'effet contraire : l'activité cellulaire ralentit et cesse au bout d'un certain temps.

Système lymphatique et immunitaire
Le rôle de la peau dans l'immunité est très complexe. Les kératinocytes de la peau fabriquent des interférons (des protéines qui bloquent les infections virales) et d'autres protéines essentielles à la réponse immunitaire. Les macrophagocytes intraépidermiques de la peau interagissent avec les antigènes (substances étrangères) qui ont pénétré la couche cornée. Ils migrent ensuite vers les organes lymphatiques, où ils présentent des particules d'antigènes aux cellules qui organiseront la réponse immunitaire contre les substances étrangères. Ils agissent donc comme un messager qui avertit sans délai le système immunitaire que des agents pathogènes sont présents dans l'organisme.

Le plus léger coup de soleil peut empêcher une réponse immunitaire normale, car les rayons ultraviolets inactivent les cellules présentatrices d'antigènes de la peau. C'est peut-être pourquoi, chez bien des gens atteints du virus de l'herpès (Herpes simplex), un bouton de fièvre apparaît après une exposition au soleil.

Implications cliniques

Système tégumentaire

Une terrible collision entre un train routier et un autocar a eu lieu sur l'autoroute. Plusieurs des passagers sont transportés d'urgence vers les centres hospitaliers de la région. Quelques-unes de ces personnes seront suivies dans le cadre des études de cas cliniques présentées pour chaque système tout au long de l'ouvrage.

Étude de cas : L'examen de Mme Deschênes, âgée de 45 ans, révèle plusieurs atteintes à l'homéostasie. En ce qui concerne son système tégumentaire, les observations suivantes sont notées dans son dossier :

- Abrasions de l'épiderme sur l'épaule droite et sur le bras
- Lacérations graves de la joue et de la tempe droites
- Cyanose apparente

Les régions lacérées sont nettoyées, suturées et recouvertes d'un pansement par le personnel de la salle d'urgence. Mme Deschênes est ensuite admise à l'hôpital pour subir d'autres tests.

Relativement aux signes qu'elle présente :

1. Quels mécanismes de protection ont été endommagés ou sont maintenant déficients dans les régions abrasées ?

2. Si on suppose que des bactéries ont pénétré le derme dans ces régions, quels autres mécanismes de défense de la peau pourraient freiner l'invasion bactérienne ?

3. Quel est l'avantage de la suture des lacérations ? (Indice : voir le chapitre 4, p. 167.)

4. Quel autre problème (et l'atteinte de quels systèmes ou fonctions) la peau cyanotique de Mme Deschênes peut-elle indiquer ?

(Les réponses se trouvent à l'appendice G.)

193

Gros plan

Les encadrés *Gros plan* explorent les innovations de la technologie médicale, les découvertes en recherche médicale et d'importantes questions sociétales. Ils élargissent votre horizon et présentent des faits scientifiques qui trouvent un retentissement dans votre vie. Des questions ont été ajoutées à la fin de ces encadrés en vue de les relier au contenu du chapitre.

Repères et langage

Tous les chapitres portant sur un même système sont identifiés par un **onglet** de la même couleur. Afin de faciliter le repérage de l'information, les onglets donnent également le numéro du chapitre.

Une liste de **termes médicaux**, accompagnés de leur définition, vous préparera au monde clinique.

Les **éléments de formation des mots**, donnés après l'index, facilitent l'apprentissage de la terminologie propre à l'anatomie et à la physiologie.

GROS PLAN
Les athlètes améliorent-ils leur apparence et leur force grâce aux substances hormonales ?

Les sociétés occidentales adorent les vainqueurs et récompensent largement les meilleurs athlètes, tant sur le plan social que sur le plan financier. Il n'est donc pas étonnant que certains d'entre eux n'hésitent pas à faire n'importe quoi pour améliorer leurs performances, voire à faire usage de substances hormonales, comme l'hormone de croissance et les stéroïdes anabolisants. Ces dernières substances sont des dérivés de la testostérone, l'hormone sexuelle mâle, que l'industrie pharmaceutique a mis au point dans les années 1950 pour soigner les victimes d'anémie et d'atrophie musculaire causées par certaines maladies et pour prévenir l'atrophie musculaire chez les patients immobilisés après une intervention chirurgicale. Ils sont maintenant prescrits sur ordonnance à fins thérapeutiques, notamment dans le traitement de l'ostéoporose et des retards de croissance. La testostérone entraîne l'augmentation de la masse musculaire et osseuse. Elle provoque aussi d'autres changements physiques qui surviennent au cours de la puberté et font apparaître les caractères sexuels secondaires chez les garçons.

Persuadés que de fortes doses de stéroïdes pouvaient amplifier ces caractères chez l'homme adulte, un grand nombre d'athlètes et de culturistes se sont tournés vers l'usage abusif au début des années 1960 ; ces substances ont toutefois été interdites par le Comité international olympique en 1976. Au baseball américain, le rapport Mitchell, publié en 2007, a révélé les noms de plus de 90 joueurs qui auraient utilisé des stéroïdes ou des hormones de croissance. En France, l'Agence française de lutte contre le dopage a décelé des traces de stéroïdes chez des joueurs de football, de rugby, chez ceux qui pratiquent l'athlétisme et dans le monde du cyclisme. Dans ce dernier sport, on se rappellera le Tour de France 2006, où l'Américain Floyd Landis a perdu son titre de vainqueur et a été suspendu par suite de tests positifs pour la testostérone. Au Canada, le cas le plus célèbre et sans

positifs (traces de stanozolol, un stéroïde). Et les Jeux d'été de Pékin, en 2008, ont eux aussi apporté leur lot de cas de dopage aux stéroïdes, sans compter le grand nombre d'athlètes qui ont été bannis avant les compétitions, pour usage d'anabolisants. Du reste, les athlètes ne sont plus les seuls à consommer des stéroïdes ; par exemple, en 2003, d'après l'Agence de santé publique du Canada, 83 000 jeunes Canadiens, en majorité des garçons de 11 à 18 ans, ont affirmé avoir consommé des stéroïdes anabolisants au moins 1 fois. La pratique se répand de plus en plus chez les filles également.

Il est difficile d'établir la fréquence d'utilisation des stéroïdes anabolisants, étant donné leur interdiction dans la majorité des compétitions internationales. Les utilisateurs (ainsi que les médecins prescripteurs et les pourvoyeurs de drogues) sont, bien sûr, réticents à en parler, et les utilisateurs arrêtent de se doper avant les compétitions, sachant que toute trace de drogue est difficile à détecter une semaine après la prise.

De plus, des fournisseurs clandestins de drogues améliorant la performance continuent de produire de nouvelles versions de stéroïdes de confection qui échappent aux tests de dépistage conventionnels. En 2003, le monde du sport a été secoué en apprenant que des athlètes de haut niveau avaient échoué à un test de dépistage de la tétrahydrogestrinone (THG), un stéroïde de synthèse inconnu jusque-là qui n'avait jamais été détecté. Toutefois, il fait peu de doute que de nombreux culturistes

teurs. En 2005, un autre stéroïde fabriqué en laboratoire et contenant des substances très toxiques, la désoxyméthyltestostérone (DMT), a heureusement été découvert avant qu'aucun athlète ne puisse en faire usage. Des personnalités sportives telles que des joueurs de football ont aussi admis qu'elles prenaient des stéroïdes en guise de complément à l'entraînement, au régime alimentaire et à la préparation psychologique pour les matchs. Les athlètes prétendent que les stéroïdes anabolisants favorisent l'accroissement de la masse musculaire et de la force ainsi que l'augmentation de la capacité de transport d'oxygène due à un nombre accru de globules rouges ; ils croient aussi qu'ils facilitent la récupération après des périodes d'entraînement intenses.

Les culturistes consommateurs de stéroïdes suivent généralement un programme intensif d'exercices contre résistance, tout en prenant des doses élevées de ces produits (jusqu'à 200 mg par jour, c'est-à-dire jusqu'à 100 fois les doses pharmacologiques recommandées), administrées par injections intramusculaires ou par application de timbres transdermiques (les stéroïdes se présentent aussi sous forme de comprimés et de crèmes). L'usage intermittent commence plusieurs mois avant une compétition et se traduit souvent par la consommation de plusieurs types de suppléments à base de stéroïdes anabolisants (méthode dite de l'« empilement »). Les doses de stéroïdes sont augmentées graduellement à mesure que la compétition approche (*pyramiding*).

Ces drogues sont-elles aussi efficaces qu'on le prétend ? Des recherches indiquent des augmentations de la force isométrique et de la masse corporelle chez les usagers de stéroïdes, de même qu'une hyperplasie des cellules musculaires associée à une augmentation des cellules satellites. Bien qu'il s'agisse de des effets escomptés par les haltérophiles, il n'est pas du tout certain que ces modifications améliorent les performances dans d'autres sports (comme la course) où une coordination musculaire précise et la vitesse sont essentielles. La question [...] objet d'une controverse. [...] ndus avantages des stéroïdes [...] sur les risques encourus ?

Tissu nerveux

8 Énumérer les caractéristiques générales du tissu nerveux, sur les plans structural et fonctionnel.

Le **tissu nerveux** est la principale composante du système nerveux (l'encéphale, la moelle épinière et les nerfs), le système qui régule les fonctions de l'organisme. Il se compose de deux grands types de cellules : les neurones et les gliocytes (ou cellules gliales). Les **neurones** sont les cellules nerveuses très spécialisées qui émettent et acheminent les influx nerveux (figure 4.10). Ils sont généralement ramifiés. Leurs prolongements cytoplasmiques leur permettent (1) de réagir à des stimulus (un rôle assumé par un type de prolongement appelé *dendrite*) et (2) de conduire les influx nerveux sur des distances considérables (c'est la tâche des *axones*, qui sont parfois très longs et myélinisés, c'est-à-dire recouverts d'une gaine lipoprotéinique qui augmente la vitesse de transmission des influx). Les **gliocytes** constituent le reste du tissu nerveux. Ces cellules non conductrices soutiennent, isolent et protègent les fragiles neurones. Nous étudions le tissu nerveux plus en détail au chapitre 11.

Tissu musculaire

10 Comparer les structures, la localisation et les fonctions générales des trois types de tissu musculaire.

Les **tissus musculaires** contiennent généralement une très grande proportion de cellules et ils sont bien vascularisés. Ils produisent les mouvements des membres et ceux de la plupart des organes internes (comme ceux du tube digestif). Les cellules musculaires possèdent des **myofilaments**, une variété élaborée de microfilaments d'*actine* et de *myosine* qui produisent le mouvement ou la contraction dans tous les types de cellules (voir la figure 3.24b). Il existe trois types de tissu musculaire : le tissu musculaire squelettique, le tissu musculaire cardiaque et le tissu musculaire lisse.

Le **tissu musculaire squelettique** est enveloppé de couches de tissu conjonctif dense ; il forme des organes appelés *muscles squelettiques* qui, attachés aux os du squelette, constituent la chair du corps humain. En se contractant, les muscles tirent sur les os ou la peau, ce qui rend possibles les mouvements qui animent le corps. Les cellules musculaires squelettiques, aussi appelées

Tissu nerveux

Description : Les neurones sont ramifiés ; leurs prolongements peuvent s'étendre très loin du corps cellulaire contenant le noyau ; le tissu nerveux comprend aussi des gliocytes non excitables.

Prolongements d'un neurone — Corps cellulaire

Axone — Dendrites

Noyaux de gliocytes

Fonctions : Reçoit et analyse des stimulus internes et externes provenant de récepteurs ; régit le fonctionnement des effecteurs (muscles et glandes).

Localisation : Encéphale, moelle épinière et nerfs.

Photomicrographie : Neurones (350×).

Figure 4.10 **Tissu nerveux.**

Éléments de formation des mots en anatomie et physiologie

Préfixes et éléments initiaux

Révision des notions apprises

QUESTIONS DE RÉVISION

Choix multiples/associations

(Il peut y avoir plus d'une bonne réponse à certaines questions. Choisissez les meilleures réponses parmi celles qui sont proposées. Les réponses se trouvent à l'appendice G.)

1. Le cortex moteur primaire, l'aire de Broca et le cortex prémoteur sont situés dans: (**a**) le lobe frontal; (**b**) le lobe pariétal; (**c**) le lobe temporal; (**d**) le lobe occipital.
2. La méninge la plus profonde, qui est composée de tissu délicat et adhère au tissu cérébral, est: (**a**) la dure-mère; (**b**) le corps calleux; (**c**) l'arachnoïde; (**d**) la pie-mère.
3. Le liquide cérébrospinal est élaboré par: (**a**) les villosités arachnoïdiennes; (**b**) la dure-mère; (**c**) les plexus choroïdes; (**d**) toutes ces réponses.
4. Un patient a subi une hémorragie cérébrale qui a entraîné un dysfonctionnement du gyrus préfrontal de l'hémisphère droit. Cette personne ne peut donc plus: (**a**) remuer volontairement son bras ou sa jambe gauches; (**b**) éprouver de sensation du côté gauche du corps; (**c**) éprouver de sensation du côté droit du corps.
5. Associez les termes suivants à leurs définitions. (Un même terme peut revenir plus d'une fois.)

(**a**) Cervelet	(**d**) Corps strié	(**g**) Mésencéphale
(**b**) Colliculus	(**e**) Hypothalamus	(**h**) Pont
(**c**) Corps calleux	(**f**) Bulbe rachidien	(**i**) Thalamus

_____ (1) Noyaux basaux intervenant dans la motricité fine.
_____ (2) Région où les neurofibres des tractus corticospinaux descendants de la voie motrice principale croisent la ligne médiane.
_____ (3) Régit la température, les réflexes du système nerveux autonome, la faim et l'équilibre hydrique.
_____ (4) Abrite la substantia nigra et l'aqueduc du mésencéphale.
_____ (5) Relais pour les influx visuels et auditifs situé dans le mésencéphale.
_____ (6) Abrite les centres de régulation de la fréquence cardiaque, de la respiration et de la pression artérielle.
_____ (7) Région du cerveau que doivent traverser tous les influx sensitifs pour atteindre le cortex cérébral.
_____ (8) Région de l'encéphale intervenant surtout dans l'équilibre, la posture et la coordination de l'activité motrice.

6. Lesquelles des voies suivantes acheminent les vibrations et d'autres sensations qui peuvent être localisées avec précision? (**a**) La voie motrice secondaire; (**b**) le lemnisque médial; (**c**) le tractus spinothalamique latéral; (**d**) le tractus réticulospinal.
7. La destruction des cellules de la corne ventrale de la moelle épinière entraîne une perte: (**a**) des influx intégrateurs; (**b**) des influx sensitifs; (**c**) des influx moteurs volontaires; (**d**) toutes ces réponses.
8. Les neurofibres qui permettent la communication entre les neurones d'un même hémisphère cérébral sont: (**a**) les neurofibres associatives; (**b**) les neurofibres commissurales; (**c**) les neurofibres de projection.
9. Inscrivez **g** si les structures cérébrales suivantes sont composées principalement de substance grise, et **b** si elles sont composées principalement de substance blanche.

_____ (1) Cortex cérébral
_____ (2) Corps calleux et corona radiata
_____ (3) Noyau rouge
_____ (4) Noyaux de la région médiale et de la région latérale de la formation réticulée
_____ (5) Lemnisque médial
_____ (6) Noyaux des nerfs crâniens
_____ (7) Tractus spinothalamique
_____ (8) Fornix
_____ (9) Gyrus du cingulum et gyrus précentral

10. Tout à coup, un professeur souffle dans un clairon pendant un cours d'anatomie et de physiolo[…] les yeux, ébahis. Les mouvements r[…] commandés par: (**a**) le cortex céréb[…] caudaux; (**c**) les noyaux du raphé; […] (**e**) le noyau gracile.
11. Associez les stades du sommeil aux […] (Les réponses (**a**) à (**d**) corresponde[…]
Stades: (a) stade 1; (d) […] (b) stade 2; (e) […] (c) stade 3;

12

Les **questions de révision** à la fin de chaque chapitre, qui comprennent des questions à choix multiple et des associations, des questions à court développement ainsi que des questions de réflexion et d'application, aideront les étudiants à vérifier s'ils ont bien compris ce qu'ils ont lu et à déterminer sur quels points ils devraient travailler davantage.

Des **résumés** complets des chapitres, accompagnés de renvois aux pages appropriées, sont présentés de façon à constituer un outil de révision très utile lors de l'étude individuelle ou en groupe.

22

RÉSUMÉ DU CHAPITRE

1. La respiration comprend la ventilation pulmonaire, la respiration externe, la respiration interne et le transport des gaz respiratoires dans le sang. Le système respiratoire et le système cardiovasculaire interviennent tous deux dans la respiration.

Anatomie fonctionnelle du système respiratoire (**p. 933**)

1. Au point de vue fonctionnel, les organes du système respiratoire se répartissent en une zone de conduction (du nez aux bronchioles), où l'air inspiré est filtré, réchauffé et humidifié, et en une zone respiratoire (des bronchioles respiratoires aux alvéoles pulmonaires), où ont lieu les échanges gazeux.

Nez et sinus paranasaux (**p. 934**)

2. Le nez réchauffe, humidifie et purifie l'air inspiré, et il abrite les récepteurs olfactifs.
3. Les structures externes du nez ont une charpente formée d'os et de cartilages. Les cavités nasales, qui s'ouvrent sur l'environnement, sont séparées par le septum nasal. Les sinus paranasaux et les conduits lacrymonasaux communiquent avec les cavités nasales.

Pharynx (**p. 936**)

4. Le pharynx s'étend de la base du crâne à la sixième vertèbre cervicale. Le nasopharynx est un conduit aérien; l'oropharynx et le laryngopharynx livrent passage aux aliments et à l'air. On trouve des amygdales dans l'oropharynx et le nasopharynx.

Larynx (**p. 937**)

5. Le larynx renferme les cordes vocales. Il fournit un passage à l'air, et il sert de mécanisme d'aiguillage pour diriger l'air et les aliments dans les conduits appropriés.
6. L'épiglotte empêche les aliments et les liquides d'entrer dans les conduits aériens au cours de la déglutition.

Trachée (**p. 939**)

7. La trachée s'étend du larynx jusqu'aux bronches principales. Elle est renforcée et maintenue ouverte par des cartilages en forme d'anneau, et sa muqueuse est ciliée.

Arbre bronchique (**p. 941**)

8. Les bronches principales droite et gauche entrent dans les poumons et s'y subdivisent.

APPENDICE **G**

Réponses aux questions

Chapitre 1

Vérifions nos acquis 1. Le fonctionnement d'une structure reflète son anatomie, c'est-à-dire que cette dernière favorise certaines fonctions et empêche des événements de se produire. Par exemple, l'oxygène et le gaz carbonique traversent la mince membrane des poumons, mais pas la peau. **2.** Le raccourcissement des muscles est un sujet qui concerne la physiologie. L'emplacement des poumons se rapporte à l'anatomie. **3.** Un cytologiste s'intéresse à l'étude du niveau cellulaire d'organisation. **4.** Ces structures se classent comme suit: cellule, tissu, organe, organisme. **5.** Les os et les cartilages font partie du système squelettique. Les cavités nasales, les poumons et la trachée sont des organes du système respiratoire. **6.** Les organismes vivants sont capables de maintenir leurs limites (homéostasie), de bouger, de réagir aux changements de leur environnement, de digérer des aliments, d'avoir une activité métabolique, d'éliminer des déchets, de se reproduire et de croître. Les objets inertes possèdent parfois certaines de ces caractéristiques, mais jamais toutes en même temps. **7.** Le terme «métabolisme» englobe l'ensemble des réactions chimiques qui se produisent à l'intérieur des cellules. **8.** En vol, la cabine d'un avion doit être pressurisée. Cette opération permet de maintenir dans l'habitacle une pression sensiblement équivalente à la pression atmosphérique. En effet, comme l'air est peu dense en haute altitude, la quantité d'oxygène entrant dans le sang dans ces conditions risquerait d'être insuffisante pour le maintien de la vie des passagers. **9.** Des mécanismes de rétro-inhibition nous permettent de nous adapter à des températures très élevées ou très basses en perdant de la chaleur quand il fait chaud ou en conservant la chaleur (ou en en générant) quand il fait froid. **10.** La soif fait partie d'un mécanisme de rétro-inhibition parce qu'elle nous incite à boire, ce qui met fin au stimulus (la soif) et ramène le volume liquidien de l'organisme à la normale. **11.** Il s'agit d'un mécanisme de rétroactivation parce qu'il amplifie le changement (qui mène à la formation d'un bouchon temporaire) déclenché par le stimulus (lésion d'un vaisseau sanguin). La réponse prend fin quand le bouchon obture l'ouverture dans le vaisseau, faisant ainsi disparaître le stimulus. **12.** La position anatomique est la position que prend une personne quand elle se trouve debout, les pieds presque joints et les paumes des mains tournées vers l'avant. Il est important de connaître cette position, parce que la plupart des termes décrivant l'orientation font référence à une personne se tenant dans cette position. **13.** La région axillaire est celle de l'aisselle. La région deltoïdienne correspond à la saillie de l'épaule. **14.** Une coupe frontale ou coronale de l'encéphale le diviserait en parties antérieure et postérieure. **15.** La tomographie par ordinateur, la tomographie au xénon, la reconstruction spatiale dynamique et l'angiographie numérique avec soustraction sont des exemples de techniques d'imagerie médicale basées sur les rayons X. **16.** La RMN permet d'obtenir des images claires des tissus mous (comme le tissu nerveux) alors que la radiographie s'applique davantage aux tissus denses (comme les structures osseuses). **17.** L'échographie utilise des ondes sonores qui ont un faible pouvoir de pénétration et que la présence de parois osseuses pourrait bloquer; or, les organes de la cavité abdominale ne sont pas protégés par des os. **18.** Jean pourrait souffrir d'une appendicite s'il ressent de la douleur dans le quadrant médian; **9.** (a) postérieure, (b) antérieure, (c) postérieure, (d) antérieure; **10.** b; **11.** b; **12.** c

Chapitre 2

Vérifions nos acquis 1. Les aliments contiennent de l'énergie chimique. **2.** L'énergie électrique est utilisée pour la transmission des messages d'une partie du corps à une autre. **3.** De l'énergie potentielle est disponible quand une personne se tient immobile. Cette énergie est convertie en énergie cinétique quand elle bouge. **4.** Mis à part l'hydrogène et l'azote, la majeure partie de la matière vivante est composée de carbone et d'oxygène. **5.** Le noyau de cet élément contient 82 protons, et ses orbitales, 82 électrons. **6.** Le nombre de masse est la somme des protons et des neutrons du noyau d'un atome. La masse atomique est la moyenne des masses de tous les isotopes d'un élément. **7.** Une molécule est formée de deux atomes ou plus réunis par des liaisons chimiques. **8.** Un composé est formé de deux atomes *différents* ou plus réunis par des liaisons chimiques, comme le NaCl. L'oxygène gazeux est formé de deux atomes d'oxygène (*identiques*) réunis. **9.** Le sang est un mélange parce que ses constituants ne changent pas quand on les entremêle et qu'on peut les séparer par des moyens physiques. **10.** Des liaisons hydrogène (réunissant l'hydrogène d'une molécule d'eau à l'oxygène d'une autre) se forment entre les molécules d'eau. **11.** La couche de valence de l'argon est complète: 2 électrons, 8 électrons, 8 électrons. Donc, ce gaz est peu réactif. La couche de valence de l'oxygène, elle, est incomplète. **12.** Les électrons passeraient plus de temps à proximité de l'atome le plus électronégatif dans le composé XY, et les électrons du composé XX seraient répartis également entre les deux atomes X. **13.** L'intestin grêle digère les lipides par des réactions de dégradation. **14.** Les réactions biochimiques qui se produisent dans l'organisme ont tendance à être irréversibles pour l'une des raisons suivantes: (a) un des produits ou plus est enlevé de l'emplacement de la réaction et (b) le produit est plus utile que les réactifs, alors la cellule ne fournit pas l'énergie nécessaire pour inverser la réaction. **15.** Les réactions de dégradation au cours desquelles les aliments sont transformés en énergie sont des réactions d'oxydoréduction. **16.** L'eau est un excellent solvant en raison de sa polarité. Comme c'est un dipôle, les molécules d'eau s'orientent par rapport aux autres molécules, de manière à les dissocier ou à les dissoudre. **17.** Les électrolytes sont des substances, comme les sels, qui conduisent l'électricité en solution aqueuse. **18.** L'ion H^+ est responsable de l'acidité. **19.** Il est préférable d'ajouter une base faible, qui agira comme tampon sur l'acide fort. **20.** Les monomères qui composent les glucides sont appelés monosaccharides ou sucres simples. Le glucose est le sucre présent dans le sang. **21.** Le glycogène est le glucide qui est mis en réserve dans les tissus animaux. **22.** Les triglycérides, principale source d'énergie emmagasinée dans l'organisme, sont formés de trois chaînes d'acides gras et d'une molécule de glycérol. Ils sont présents dans le tissu adipeux. Les phospholipides sont formés de deux chaînes d'acides gras et d'un groupement phosphate chargé. Ils sont présents dans toutes les membranes cellulaires, dont ils sont les principaux constituants. **23.** Les réactions d'hydrolyse décomposent des polymères ou de grosses molécules en leurs monomères par addition d'une molécule d'eau sur chaque liaison réunissant les

APPENDICE G RÉPONSES AUX QUESTIONS

Les **réponses** aux deux premières catégories de questions sont présentées à l'appendice G; on y trouvera aussi les réponses aux questions des rubriques *Vérifions nos acquis* et *Implications cliniques*.

Compagnon Web

Vous trouverez dans le Compagnon Web (www.erpi.com/marieb.cw) près de 300 **questions à choix multiple** avec autocorrection, ainsi que les **questions à choix multiple** et les **associations du manuel**.

Sommaire

PREMIÈRE PARTIE **L'organisation du corps humain**

1   Le corps humain: introduction 1

2   La chimie prend vie 27

3   La cellule: unité fondamentale de la vie 71

4   Les tissus: trame vivante 131

DEUXIÈME PARTIE **La peau, les os et les muscles**

5   Le système tégumentaire 171

6   Le tissu osseux et les os 199

7   Le squelette 229

8   Les articulations 283

9   Muscles et tissu musculaire 315

10 Le système musculaire 369

TROISIÈME PARTIE **Régulation et intégration des processus physiologiques**

11 Structure et physiologie du tissu nerveux 437

12 Le système nerveux central 489

13 Le système nerveux périphérique et l'activité réflexe 555

14 Le système nerveux autonome 603

15 Les sens 629

16 Le système endocrinien 683

QUATRIÈME PARTIE **Maintien de l'homéostasie**

17 Le sang 731

18 Le système cardiovasculaire: le cœur 765

19 Le système cardiovasculaire: les vaisseaux sanguins 801

20 Le système lymphatique, les tissus lymphoïdes et les organes lymphoïdes 865

21 Le système immunitaire: défenses innées et défenses adaptatives de l'organisme 883

22 Le système respiratoire 931

23 Le système digestif 985

24 Nutrition, métabolisme et thermorégulation 1053

25 Le système urinaire 1115

26 Équilibre hydrique, électrolytique et acidobasique 1155

CINQUIÈME PARTIE **La perpétuation**

27 Le système génital 1189

28 Grossesse et développement prénatal 1243

29 La génétique 1277

Table des matières

Avant-propos v

Remerciements vii

Préface viii

Guide visuel x

Sommaire xvii

PREMIÈRE PARTIE **L'organisation du corps humain**

1 Le corps humain : introduction 1

Définition générale de l'anatomie et de la physiologie 2
  Spécialités de l'anatomie 2 • Spécialités de la physiologie 3 • Relation entre la structure et la fonction 3

Niveaux d'organisation structurale 3

Maintien de la vie 5
  Fonctions vitales 5 • Besoins vitaux 8

Homéostasie 9
  Mécanismes de régulation de l'homéostasie 10 • Déséquilibre homéostatique 12

Vocabulaire de l'anatomie 13
  Position anatomique et orientation 13 • Régions 13 • Variabilité anatomique 13 • Plans et coupes 13 • Cavités et membranes 17

GROS PLAN **L'imagerie médicale : pour explorer les profondeurs du corps humain** 18

2 La chimie prend vie 27

PREMIÈRE PARTIE – **NOTIONS DE CHIMIE** 28

Définition des concepts de matière et d'énergie 28
  Matière 28 • Énergie 28

Composition de la matière : atomes et éléments 29
  Structure de l'atome 31 • Identification des éléments 31 • Radio-isotopes 33

Combinaisons de la matière : molécules et mélanges 33
  Molécules et composés 33 • Mélanges 34 • Différences entre mélanges et composés 36

Liaisons chimiques 36
  Rôle des électrons dans les liaisons chimiques 36 • Types de liaisons chimiques 37

Réactions chimiques 41
  Équations chimiques 41 • Modes de réactions chimiques 42 • Variations de l'énergie au cours des réactions chimiques 43 • Réversibilité des réactions chimiques 43 • Facteurs influant sur la vitesse des réactions chimiques 44

DEUXIÈME PARTIE – **BIOCHIMIE** 44

Composés inorganiques 45
  Eau 45 • Sels 46 • Acides et bases 46

Composés organiques 49
  Glucides 49 • Lipides 52 • Protéines 55 • Acides nucléiques (ADN et ARN) 61 • Adénosine triphosphate (ATP) 64

3 La cellule : unité fondamentale de la vie 71

Principaux éléments de la théorie cellulaire 72

Membrane plasmique : structure 74
  Modèle de la mosaïque fluide 74 • Jonctions membranaires 77

Membrane plasmique : transport membranaire 78
  Mécanismes passifs 79 • Mécanismes actifs 84

Membrane plasmique : création du potentiel de repos de la membrane 89

Membrane plasmique : interactions entre la cellule et son milieu 93
  Fonctions des molécules d'adhérence cellulaire 93 • Fonctions des récepteurs membranaires 93 • Fonctions des canaux protéiques voltage-dépendants 94

Cytoplasme 94
   Organites cytoplasmiques 94 • Prolongements de la cellule 104

Noyau 105
   Enveloppe nucléaire 106 • Nucléoles 106 • Chromatine 106

Croissance et reproduction de la cellule 110
   Cycle cellulaire 110 • Synthèse des protéines 116 • Autres
   fonctions de l'ADN 121 • Dégradation des protéines dans
   le cytosol 122

Matériaux extracellulaires 123

Développement et vieillissement des cellules 124

4 Les tissus: trame vivante 131

Préparation du tissu humain en vue d'un examen
microscopique 133

Tissu épithélial 133
   Caractéristiques des tissus épithéliaux 133 • Classification
   des épithéliums 134 • Épithéliums glandulaires 140

Tissu conjonctif 143
   Caractéristiques des tissus conjonctifs 143 • Éléments structuraux du tissu conjonctif 143 • Types de tissu conjonctif 147

Tissu nerveux 156

Tissu musculaire 156

Membranes de revêtement 159
   Membrane cutanée 159 • Muqueuses 159 • Séreuses 159

Réparation des tissus 159
   Étapes de la réparation des tissus 160 • Capacité
   de régénération des tissus 162

Développement et vieillissement des tissus 162

GROS PLAN Le cancer: l'ennemi intime 164

DEUXIÈME PARTIE La peau, les os
            et les muscles

5 Le système tégumentaire 171

Peau 172
   Épiderme 173 • Derme 176 • Couleur de la peau 178

Annexes cutanées 179
   Glandes sudoripares 180 • Glandes sébacées 181 • Poils
   et follicules pileux 181 • Ongles 185

Fonctions du système tégumentaire 186
   Protection 186 • Régulation de la température corporelle 187
   • Sensations cutanées 187 • Fonctions métaboliques 187
   • Réservoir sanguin 187 • Excrétion 188

Déséquilibres homéostatiques de la peau 188
   Cancers de la peau 188 • Brûlures 189

Développement et vieillissement du système
tégumentaire 191

SYNTHÈSE 192

6 Le tissu osseux et les os 199

Cartilages 200
   Structure, types et localisation des cartilages 200 • Croissance
   du cartilage 200

Classification des os 201

Fonctions des os 203

Structure des os 203
   Anatomie macroscopique de l'os 203 • Anatomie microscopique de l'os 205 • Composition chimique de l'os 209

Développement des os 210
   Formation du squelette osseux 210 • Croissance des os après
   la naissance 212

Homéostasie osseuse: remaniement
et consolidation 214
   Remaniement osseux 214 • Consolidation des fractures 218

Déséquilibres homéostatiques des os 220
   Ostéomalacie et rachitisme 220 • Ostéoporose 220 • Maladie
   osseuse de Paget 222

Développement et vieillissement des os:
chronologie 222

SYNTHÈSE 224

7 Le squelette 229

PREMIÈRE PARTIE – LE SQUELETTE AXIAL 230

Tête 231
   Topographie de la tête 231 • Crâne 238 • Os de la face 243
   • Os hyoïde 245 • Particularités anatomiques des orbites
   et des cavités nasales 245

Colonne vertébrale 248
   Caractéristiques générales 248 • Structure générale des
   vertèbres 251 • Caractéristiques des différentes vertèbres 251

Cage thoracique 256
   Sternum 256 • Côtes 257

DEUXIÈME PARTIE – LE SQUELETTE APPENDICULAIRE 257

Ceinture pectorale (scapulaire) 258
   Clavicules 258 • Scapulas 259

Membre supérieur 261
   Bras 261 • Avant-bras 261 • Main 265

Ceinture pelvienne 266
   Ilium 267 • Ischium 269 • Pubis 269 • Structure du bassin
   et grossesse 269

Membre inférieur 271
Cuisse 271 • Jambe 272 • Pied 274

Développement et vieillissement du squelette 276

8 Les articulations 283

Classification des articulations 284

Articulations fibreuses 284
Sutures 284 • Syndesmoses 284 • Gomphoses (articulations alvéolodentaires) 285

Articulations cartilagineuses 285
Synchondroses 285 • Symphyses 286

Articulations synoviales 286
Structure générale 288 • Bourses et gaines des tendons 290 • Facteurs influant sur la stabilité des articulations synoviales 290 • Mouvements permis par les articulations synoviales 291 • Types d'articulations synoviales 294 • Structure de quelques articulations synoviales 299

Déséquilibres homéostatiques des articulations 307
Blessures courantes des articulations 307 • Inflammations et maladies dégénératives 308

Développement et vieillissement des articulations 311

GROS PLAN **Articulations : de l'armure du chevalier à l'être humain bionique 297**

9 Muscles et tissu musculaire 315

Tissu musculaire : caractéristiques générales 316
Types de tissu musculaire 316 • Caractéristiques fonctionnelles du tissu musculaire 316 • Fonctions des muscles 316

Muscles squelettiques 317
Anatomie macroscopique d'un muscle squelettique 317 • Anatomie microscopique d'une fibre musculaire squelettique 320 • Mécanisme de la contraction : modèle du glissement des filaments 325 • Physiologie d'une fibre musculaire squelettique 326 • Contraction d'un muscle squelettique 334 • Métabolisme des muscles 340 • Force de la contraction musculaire 344 • Vitesse et durée de la contraction 345 • Effets de l'exercice physique sur les muscles 348

Muscles lisses 349
Structure microscopique des fibres musculaires lisses 351 • Contraction des muscles lisses 354 • Types de muscles lisses 356

Développement et vieillissement des muscles 357

GROS PLAN **Les athlètes améliorent-ils leur apparence et leur force grâce aux substances hormonales ? 358**

SYNTHÈSE 360

10 Le système musculaire 369

Interactions entre les muscles squelettiques 370

Noms des muscles squelettiques 370

Mécanique musculaire : importance des modes d'agencement des faisceaux de fibres et des systèmes de levier 371
Agencement des faisceaux de fibres 371 • Systèmes de levier : relations entre les os et les muscles 372

Principaux muscles squelettiques 375

Tableau 10.1 Muscles de la tête, première partie : expression faciale 379

Tableau 10.2 Muscles de la tête, deuxième partie : mastication et mouvements de la langue 382

Tableau 10.3 Muscles de la partie antérieure du cou et de la gorge : déglutition 384

Tableau 10.4 Muscles du cou et de la colonne vertébrale : mouvements de la tête et du tronc 386

Tableau 10.5 Muscles du thorax : respiration 390

Tableau 10.6 Muscles de la paroi abdominale : mouvements du tronc et compression des viscères abdominaux 392

Tableau 10.7 Muscles du plancher pelvien et du périnée : soutien des organes abdominopelviens 394

Tableau 10.8 Muscles superficiels de la face antérieure et de la face postérieure du thorax : mouvements de la scapula 396

Tableau 10.9 Muscles qui croisent l'articulation de l'épaule : mouvements du bras 400

Tableau 10.10 Muscles qui croisent l'articulation du coude : flexion et extension de l'avant-bras 403

Tableau 10.11 Muscles de l'avant-bras : mouvements du poignet, de la main et des doigts 404

Tableau 10.12 Résumé des actions des muscles qui agissent sur le bras, l'avant-bras et la main 408

Tableau 10.13 Muscles intrinsèques de la main : mouvements fins des doigts 410

Tableau 10.14 Muscles qui croisent les articulations de la hanche et du genou : mouvements de la cuisse et de la jambe 413

Tableau 10.15 Muscles de la jambe : mouvements de la cheville et des orteils 420

Tableau 10.16 Muscles intrinsèques du pied : mouvements des orteils et soutien de la voûte plantaire 426

Tableau 10.17 Résumé des actions des muscles qui agissent sur la cuisse, la jambe et le pied 430

TROISIÈME PARTIE Régulation et intégration des processus physiologiques

11 Structure et physiologie du tissu nerveux 437

Fonctions et divisions du système nerveux 438

Histologie du tissu nerveux 440
Névroglie 440 • Neurones 441

Potentiels de membrane 448
Principes fondamentaux d'électricité 448 • Potentiel de repos de la membrane 450 • Potentiel de membrane : fonction de signalisation 450

Synapse 461
Synapses électriques 462 • Synapses chimiques 463 • Potentiels postsynaptiques et intégration synaptique 465

Neurotransmetteurs et récepteurs 470
Classification des neurotransmetteurs selon leur structure chimique 470 • Classification des neurotransmetteurs selon leur fonction 477 • Récepteurs des neurotransmetteurs 478

Intégration nerveuse : concepts fondamentaux 479
Organisation des neurones : groupes de neurones 479 • Types de réseaux 480 • Modes de traitement neuronal 481

Développement et vieillissement des neurones 482

GROS PLAN Le plaisir, à quel prix ? 471

12 Le système nerveux central 489

Encéphale 490
Développement embryonnaire 490 • Régions et organisation 491 • Ventricules cérébraux 493 • Hémisphères cérébraux 493 • Diencéphale 504 • Tronc cérébral 507 • Cervelet 511 • Systèmes de l'encéphale 514

Fonctions mentales supérieures 516
Ondes cérébrales et électroencéphalogramme 517 • Conscience 518 • Sommeil et cycle veille-sommeil 519 • Langage 521 • Mémoire 521

Protection de l'encéphale 525
Méninges 525 • Liquide cérébrospinal 527 • Barrière hématoencéphalique 527 • Déséquilibres homéostatiques de l'encéphale 529

Moelle épinière 532
Développement embryonnaire 532 • Anatomie macroscopique et protection 533 • Anatomie en coupe transversale 533 • Traumatismes et affections de la moelle épinière 542

Diagnostic d'un dysfonctionnement du SNC 545

Développement et vieillissement du SNC 545

13 Le système nerveux périphérique et l'activité réflexe 555

PREMIÈRE PARTIE – RÉCEPTEURS SENSORIELS ET SENSATION 556

Récepteurs sensoriels 556
Classification selon le type de stimulus 557 • Classification selon la localisation 557 • Classification selon la complexité de la structure 557

Intégration sensorielle : de la sensation à la perception 560
Organisation générale du système somesthésique 560 • Perception de la douleur 563

DEUXIÈME PARTIE – LIGNES DE TRANSMISSION : LES NERFS, LEUR STRUCTURE ET LEUR RÉPARATION 563

Nerfs et ganglions 563
Structure et classification 563 • Régénération des neurofibres 564

Nerfs crâniens 566

Nerfs spinaux 575
Innervation des parties du corps 577

TROISIÈME PARTIE – TERMINAISONS MOTRICES ET ACTIVITÉ MOTRICE 585

Terminaisons motrices périphériques 585
Innervation des muscles squelettiques 585 • Innervation des muscles lisses et des glandes 586

Intégration motrice : de l'intention à l'acte 587
Niveaux de la régulation motrice 587

QUATRIÈME PARTIE – ACTIVITÉ RÉFLEXE 588

Arc réflexe 588
Éléments d'un arc réflexe 589

Réflexes spinaux 589
Réflexe d'étirement et réflexe tendineux 590 • Réflexe des raccourcisseurs et réflexe d'extension croisée 594 • Réflexes superficiels 594

Développement et vieillissement du SNP 596

14 Le système nerveux autonome 603

Introduction 604
Comparaison entre le système nerveux somatique et le SNA 604 • Subdivisions du SNA 606

Anatomie du SNA 607
Système nerveux parasympathique (craniosacral) 608 • Système nerveux sympathique (thoracolombaire) 609 • Réflexes viscéraux 613

Physiologie du SNA 614

Neurotransmetteurs et récepteurs 615 • Effets des médicaments 616 • Interactions des systèmes nerveux sympathique et parasympathique 617 • Régulation du SNA 620

Déséquilibres homéostatiques du SNA 622

Développement et vieillissement du SNA 622

SYNTHÈSE 624

15 Les sens 629

Œil et vision 630

Structures annexes de l'œil 630 • Structure du bulbe oculaire 633 • Physiologie de la vision 639

Sens chimiques : goût et odorat 653

Épithélium de la région olfactive et odorat 654 • Calicules gustatifs et gustation 656 • Déséquilibres homéostatiques des sens chimiques 659

Oreille : ouïe et équilibre 659

Structure de l'oreille 660 • Physiologie de l'audition 663 • Déséquilibres homéostatiques de l'audition 670 • Équilibre et orientation 670

Développement et vieillissement des organes des sens 674

Goût et odorat 675 • Vision 675 • Ouïe et équilibre 676

16 Le système endocrinien 683

Système endocrinien : caractéristiques générales 684

Hormones 685

Chimie des hormones 685 • Mécanismes de l'action hormonale 685 • Spécificité des cellules cibles 688 • Demi-vie, apparition et durée de l'activité hormonale 688 • Interactions hormonales au niveau des cellules cibles 689 • Régulation de la libération des hormones 690

Hypophyse et hypothalamus 691

Relations entre l'hypophyse et l'hypothalamus 692 • Hormones adénohypophysaires 692 • Neurohypophyse et hormones hypothalamiques 698

Glande thyroïde 699

Situation anatomique et structure 699 • Hormones thyroïdiennes 700 • Calcitonine 704

Glandes parathyroïdes 704

Glandes surrénales 706

Cortex surrénal 707 • Médulla surrénale 712

Glande pinéale 712

Autres glandes et tissus endocriniens 714

Pancréas 714 • Gonades et placenta 717 • Sécrétion d'hormones par d'autres organes 718

Développement et vieillissement du système endocrinien 721

GROS PLAN Ô douce revanche : la biotechnologie s'apprêterait-elle à vaincre le monstre du diabète sucré ? 718

SYNTHÈSE 722

QUATRIÈME PARTIE **Maintien de l'homéostasie**

17 Le sang 731

Composition et fonctions du sang : caractéristiques générales 732

Composants 732 • Caractéristiques physiques et volume 732 • Fonctions 732

Plasma 733

Éléments figurés 733

Érythrocytes 734 • Leucocytes 742 • Plaquettes 748

Hémostase 749

Spasme vasculaire 749 • Formation du clou plaquettaire 749 • Coagulation 750 • Rétraction du caillot et réfection du vaisseau 752 • Fibrinolyse 752 • Limitation de la croissance du caillot et prévention de la coagulation 753 • Anomalies de l'hémostase 753

Transfusion et rétablissement du volume sanguin 755

Transfusion d'érythrocytes 755 • Rétablissement du volume sanguin 757

Analyses sanguines 758

Développement et vieillissement du sang 759

18 Le système cardiovasculaire : le cœur 765

Anatomie du cœur 766

Dimensions, situation et orientation 766 • Enveloppe du cœur 766 • Tuniques de la paroi du cœur 766 • Cavités et gros vaisseaux du cœur 768 • Trajet du sang dans le cœur 772 • Circulation coronarienne 773 • Valves cardiaques 775

Fibres musculaires cardiaques 778

Anatomie microscopique 778 • Mécanisme et déroulement de la contraction 778 • Besoins énergétiques 781

Physiologie du cœur 781

Phénomènes électriques 781 • Bruits du cœur 786 • Phénomènes mécaniques : la révolution cardiaque 788 • Débit cardiaque 790

Développement et vieillissement du cœur 794

19 Le système cardiovasculaire : les vaisseaux sanguins   801

PREMIÈRE PARTIE – STRUCTURE ET FONCTION DES VAISSEAUX SANGUINS : CARACTÉRISTIQUES GÉNÉRALES   802

Structure des parois vasculaires   802

Réseau artériel   804
Artères élastiques (conductrices) 804 • Artères musculaires (distributrices) 804 • Artérioles 805

Capillaires   806
Types de capillaires 806 • Lits capillaires 807

Réseau veineux   808
Veinules 808 • Veines 808

Anastomoses vasculaires   809

DEUXIÈME PARTIE – PHYSIOLOGIE DE LA CIRCULATION   812

Débit sanguin, pression sanguine et résistance   812
Définitions 812 • Relation entre le débit sanguin, la pression sanguine et la résistance périphérique 813

Pression sanguine systémique   813
Pression artérielle 814 • Pression capillaire 814 • Pression veineuse 814

Maintien de la pression artérielle   815
Mécanismes de régulation à court terme : mécanismes nerveux 816 • Mécanismes de régulation à court terme : mécanismes chimiques 817 • Mécanismes de régulation à long terme : mécanismes rénaux 819 • Vérification de l'efficacité de la circulation 820 • Variations de la pression artérielle 822

Débit sanguin dans les tissus : irrigation des tissus   823
Vitesse de l'écoulement sanguin 824 • Autorégulation du débit sanguin 824 • Débit sanguin dans certains organes 825 • Débit sanguin dans les capillaires et échanges capillaires 828 • État de choc 830

TROISIÈME PARTIE – VOIES DE LA CIRCULATION : ANATOMIE DU SYSTÈME CARDIOVASCULAIRE   831

Les deux principales circulations de l'organisme   831

Différences entre les artères et les veines systémiques   831

Principaux vaisseaux de la circulation systémique   833

Tableau 19.3 Circulation pulmonaire et circulation systémique   834

Tableau 19.4 Aorte et principales artères de la circulation systémique   836

Tableau 19.5 Artères de la tête et du cou   838

Tableau 19.6 Artères des membres supérieurs et du thorax   840

Tableau 19.7 Artères de l'abdomen   842

Tableau 19.8 Artères du bassin et des membres inférieurs   846

Tableau 19.9 Veines caves et principales veines de la circulation systémique   848

Tableau 19.10 Veines de la tête et du cou   850

Tableau 19.11 Veines des membres supérieurs et du thorax   852

Tableau 19.12 Veines de l'abdomen   854

Tableau 19.13 Veines du bassin et des membres inférieurs   856

Développement et vieillissement des vaisseaux sanguins   857

GROS PLAN   Comment traiter l'athérosclérose : sortez vos débouchoirs !   810

SYNTHÈSE   858

20 Le système lymphatique, les tissus lymphoïdes et les organes lymphoïdes   865

Vaisseaux lymphatiques   866
Distribution et structure des vaisseaux lymphatiques 866 • Transport de la lymphe 868

Cellules et tissus lymphoïdes   869
Cellules lymphoïdes 869 • Tissus lymphoïdes 869

Nœuds lymphatiques   870
Structure d'un nœud lymphatique 870 • Circulation dans les nœuds lymphatiques 870

Autres organes lymphoïdes   872
Rate 872 • Thymus 873 • Amygdales 874 • Amas de follicules lymphoïdes 875

Développement du système lymphatique, des organes lymphoïdes et des tissus lymphoïdes   875

SYNTHÈSE   876

21 Le système immunitaire : défenses innées et défenses adaptatives de l'organisme   883

PREMIÈRE PARTIE – DÉFENSES INNÉES   884

Barrières superficielles : la peau et les muqueuses   885

Défenses internes: cellules et molécules 885
Phagocytes 885 • Cellules tueuses naturelles 887
• Inflammation: réaction des tissus à une lésion 887
• Protéines antimicrobiennes 891 • Fièvre 894

DEUXIÈME PARTIE – **DÉFENSES ADAPTATIVES 894**

Antigènes 895
Antigènes complets et haptènes 895 • Déterminants
antigéniques 896 • Autoantigènes: protéines du CMH 896

Cellules du système immunitaire adaptatif:
caractéristiques générales 896
Lymphocytes 897 • Cellules présentatrices d'antigènes 899

Réaction immunitaire humorale 900
Sélection clonale et différenciation des lymphocytes B 900
• Mémoire immunitaire 902 • Immunité humorale active
et passive 902 • Anticorps 904

Réaction immunitaire à médiation cellulaire 908
Sélection clonale et différenciation des lymphocytes T 910
• Rôles des lymphocytes T 914 • Greffes d'organes
et prévention du rejet 917

Déséquilibres homéostatiques de l'immunité 919
Déficits immunitaires 920 • Maladies auto-immunes 921
• Hypersensibilités 922

Développement et vieillissement du système
immunitaire 924

22 Le système respiratoire 931

Anatomie fonctionnelle du système respiratoire 933
Nez et sinus paranasaux 934 • Pharynx 936 • Larynx 937
• Trachée 939 • Arbre bronchique 941 • Poumons et plèvre 943

Mécanique de la respiration 947
Pression dans la cavité thoracique 947 • Ventilation pulmonaire 948 • Facteurs physiques influant sur la ventilation pulmonaire 951 • Volumes respiratoires et épreuves fonctionnelles
respiratoires 953 • Mouvements non respiratoires de l'air 955

Échanges gazeux entre le sang, les poumons
et les tissus 956
Propriétés fondamentales des gaz 956 • Composition
du gaz alvéolaire 957 • Respiration externe 958 • Respiration
interne 960

Transport des gaz respiratoires dans le sang 961
Transport de l'oxygène 961 • Transport du gaz carbonique 963

Régulation de la respiration 966
Mécanismes nerveux 966 • Facteurs influant sur la fréquence
et l'amplitude respiratoires 967

Adaptation de la respiration 971
Exercice 971 • Altitude 971

Déséquilibres homéostatiques
du système respiratoire 972
Bronchopneumopathie chronique obstructive 972
• Asthme 974 • Tuberculose 974 • Cancer du poumon 974

Développement et vieillissement
du système respiratoire 975

SYNTHÈSE 976

23 Le système digestif 985

PREMIÈRE PARTIE – **CARACTÉRISTIQUES GÉNÉRALES
DU SYSTÈME DIGESTIF 986**

Processus digestifs 987

Concepts fonctionnels fondamentaux 988

Relations entre les organes du système digestif 989
Relation entre les organes digestifs et le péritoine 989
• Irrigation sanguine: la circulation splanchnique 990
• Histologie du tube digestif 990 • Système nerveux entérique
du tube digestif 992

DEUXIÈME PARTIE – **ANATOMIE FONCTIONNELLE
DU SYSTÈME DIGESTIF 992**

Bouche et organes associés 992
Bouche 993 • Langue 994 • Glandes salivaires 995 • Dents 997

Pharynx 1000

Œsophage 1000

Processus digestifs qui se déroulent de la bouche
à l'œsophage 1002
Mastication 1002 • Déglutition 1002

Estomac 1003
Anatomie macroscopique 1004 • Anatomie microscopique
1004 • Processus digestifs qui se déroulent dans l'estomac 1009

Intestin grêle et structures annexes 1016
Intestin grêle 1016 • Foie et vésicule biliaire 1020 • Pancréas
1025 • Régulation de la sécrétion de bile et de suc pancréatique et de leur arrivée dans l'intestin grêle 1026 • Processus
digestifs qui se déroulent dans l'intestin grêle 1027

Gros intestin 1029
Anatomie macroscopique 1029 • Anatomie microscopique
1031 • Flore bactérienne 1031 • Processus digestifs qui se
déroulent dans le gros intestin 1033

TROISIÈME PARTIE – **PHYSIOLOGIE DE LA DIGESTION
CHIMIQUE ET DE L'ABSORPTION 1035**

Digestion chimique 1035
Mécanisme de la digestion chimique: hydrolyse enzymatique
1035 • Digestion chimique des glucides 1035 • Digestion
chimique des protéines 1037 • Digestion chimique des lipides
1037 • Digestion chimique des acides nucléiques 1039

Absorption 1039
Absorption des glucides 1040 • Absorption des protéines 1040 • Absorption des lipides 1040 • Absorption des acides nucléiques 1041 • Absorption des vitamines 1041 • Absorption des électrolytes 1041 • Absorption de l'eau 1041 • Malabsorption 1042

Développement et vieillissement du système digestif 1042

SYNTHÈSE 1044

24 Nutrition, métabolisme et thermorégulation 1053

Régime alimentaire et nutrition 1054
Glucides 1054 • Lipides 1056 • Protéines 1059 • Vitamines 1060 • Minéraux 1061

Vue d'ensemble des réactions métaboliques 1064
Anabolisme et catabolisme 1065 • Réactions d'oxydoréduction et rôle des coenzymes 1067 • Synthèse de l'ATP 1067

Métabolisme des principaux nutriments 1069
Métabolisme des glucides 1069 • Métabolisme des lipides 1078 • Métabolisme des protéines 1081

États métaboliques de l'organisme 1082
État d'équilibre entre le catabolisme et l'anabolisme 1082 • État postprandial 1085 • État de jeûne 1087

Rôle du foie dans le métabolisme 1090
Métabolisme du cholestérol et régulation de la concentration plasmatique de cholestérol 1091

Équilibre énergétique 1095
Obésité 1095 • Régulation de l'apport alimentaire 1095 • Vitesse du métabolisme et production de chaleur 1098 • Thermorégulation 1099

Nutrition et métabolisme au cours du développement et du vieillissement 1107

GROS PLAN Obésité : à la recherche de solutions magiques 1100

25 Le système urinaire 1115

Anatomie des reins 1116
Situation et anatomie externe 1116 • Anatomie interne 1117 • Vascularisation et innervation 1118 • Néphrons 1120

Physiologie des reins : formation de l'urine 1126
Première étape : filtration glomérulaire 1126 • Deuxième étape : réabsorption tubulaire 1131 • Troisième étape : sécrétion tubulaire 1135 • Régulation de la concentration et du volume de l'urine 1136 • Clairance rénale 1142

Urine 1143
Caractéristiques physiques 1143 • Composition chimique 1143

Uretères 1143

Vessie 1145

Urètre 1145

Miction 1147

Développement et vieillissement du système urinaire 1148

26 Équilibre hydrique, électrolytique et acidobasique 1155

Liquides de l'organisme 1156
Poids hydrique de l'organisme 1156 • Compartiments hydriques de l'organisme 1156 • Composition des liquides de l'organisme 1156 • Mouvement des liquides entre les compartiments 1158

Équilibre hydrique et osmolalité du liquide extracellulaire 1159
Régulation de l'apport hydrique 1159 • Régulation de la déperdition hydrique 1160 • Influence de l'hormone antidiurétique 1161 • Déséquilibres hydriques 1161

Équilibre électrolytique 1163
Rôle des ions sodium dans l'équilibre hydrique et électrolytique 1164 • Régulation de l'équilibre des ions sodium 1164 • Régulation de l'équilibre des ions potassium 1169 • Régulation de l'équilibre des ions calcium et phosphate 1170 • Régulation des anions 1170

Équilibre acidobasique 1171
Systèmes tampons chimiques 1171 • Régulation respiratoire des ions H^+ 1173 • Mécanismes rénaux de l'équilibre acidobasique 1174 • Déséquilibres acidobasiques 1177

Équilibre hydrique, électrolytique et acidobasique au cours du développement et du vieillissement 1183

GROS PLAN Détermination de la cause de l'acidose ou de l'alcalose à l'aide des dosages sanguins 1179

SYNTHÈSE 1180

CINQUIÈME PARTIE La perpétuation

27 Le système génital 1189

Anatomie du système génital de l'homme 1190
Scrotum 1190 • Testicules 1191 • Pénis 1193 • Voies génitales de l'homme 1193 • Glandes annexes 1195 • Sperme 1197

Physiologie du système génital de l'homme 1197

Réponse sexuelle de l'homme 1197 • Spermatogenèse 1198 • Régulation hormonale de la fonction de reproduction chez l'homme 1205

Anatomie du système génital de la femme 1207

Ovaires 1207 • Voies génitales de la femme 1209 • Organes génitaux externes et périnée 1214 • Glandes mammaires 1215

Physiologie du système génital de la femme 1217

Ovogenèse 1217 • Cycle ovarien 1219 • Régulation hormonale du cycle ovarien 1221 • Cycle menstruel 1223 • Effets des œstrogènes et de la progestérone 1225 • Réponse sexuelle de la femme 1227

Infections transmissibles sexuellement 1227

Gonorrhée 1227 • Syphilis 1228 • Infection à *Chlamydia* 1228 • Trichomonase 1229 • Condylomes acuminés 1229 • Herpès génital 1229

Développement et vieillissement des organes génitaux: chronologie du développement sexuel 1229

Développement embryonnaire et fœtal 1229 • Puberté 1233 • Ménopause 1236

SYNTHÈSE 1234

28 Grossesse et développement prénatal 1243

De l'ovule au zygote 1244

Déroulement de la fécondation 1244

Développement embryonnaire: du zygote à l'implantation du blastocyste 1247

Segmentation et formation du blastocyste 1248 • Implantation 1249 • Placentation 1251

Développement embryonnaire: de la gastrula au fœtus 1252

Formation et rôles des membranes extraembryonnaires 1252 • Gastrulation: formation des feuillets embryonnaires primitifs 1253 • Organogenèse: différenciation des feuillets embryonnaires primitifs 1256

Développement fœtal 1260

Effets de la grossesse chez la mère 1260

Modifications anatomiques 1260 • Modifications du métabolisme 1263 • Modifications physiologiques 1264

Parturition (accouchement) 1264

Déclenchement du travail 1264 • Périodes du travail 1265

Adaptation de l'enfant à la vie extra-utérine 1267

Première respiration et période de transition 1267 • Fermeture des vaisseaux sanguins fœtaux et des dérivations vasculaires 1267

Lactation 1268

Procréation médicalement assistée et reproduction par clonage 1269

GROS PLAN La contraception: être ou ne pas être 1270

29 La génétique 1277

Vocabulaire de la génétique 1278

Paires de gènes (allèles) 1279 • Génotype et phénotype 1279

Sources sexuelles de variations génétiques 1279

Ségrégation indépendante des chromosomes 1279 • Enjambement des chromosomes homologues et recombinaisons géniques 1280 • Fécondation aléatoire 1280

Types de transmission héréditaire 1281

Hérédité dominante-récessive 1281 • Dominance incomplète et codominance 1283 • Transmission par allèles multiples 1283 • Hérédité liée au sexe 1284 • Hérédité polygénique 1284

Facteurs environnementaux et expression génique 1285

Hérédité non traditionnelle 1285

Au-delà de l'ADN: régulation de l'expression génique 1286 • Hérédité mitochondriale (gènes cytoplasmiques) 1287

Dépistage des maladies héréditaires, conseil génétique et thérapie génique 1287

Reconnaissance des porteurs 1287 • Diagnostic prénatal 1288 • Thérapie génique 1289

Appendices

A   Le système international d'unités   A-1

B   Les groupements fonctionnels des molécules organiques   A-2

C   Les acides aminés   A-3

D   Deux voies métaboliques importantes   A-4

E   Tableau périodique des éléments   A-7

F   Valeurs de référence pour certaines analyses de sang et d'urine   A-8

G   Réponses aux questions   A-13

Glossaire   G-1

Sources des photographies et des illustrations   S-1

Index   I-1

Éléments de formation des mots en anatomie et en physiologie   E-1

1

Définition générale de l'anatomie et de la physiologie (p. 2)

Spécialités de l'anatomie (p. 2)

Spécialités de la physiologie (p. 3)

Relation entre la structure et la fonction (p. 3)

Niveaux d'organisation structurale (p. 3)

Maintien de la vie (p. 5)

Fonctions vitales (p. 5)

Besoins vitaux (p. 8)

Homéostasie (p. 9)

Mécanismes de régulation de l'homéostasie (p. 10)

Déséquilibre homéostatique (p. 12)

Vocabulaire de l'anatomie (p. 13)

Position anatomique et orientation (p. 13)

Régions (p. 13)

Variabilité anatomique (p. 13)

Plans et coupes (p. 13)

Cavités et membranes (p. 17)

Le corps humain : introduction

V ous entreprenez maintenant l'étude du plus fascinant des sujets : votre propre corps. Non seulement cette exploration revêt-elle un caractère extrêmement personnel, mais elle est aussi d'une grande actualité. En effet, il ne se passe pratiquement pas de journée sans que les médias annoncent quelque découverte médicale. Le fait de connaître le fonctionnement de l'organisme humain vous aidera à apprécier à leur juste valeur les récentes découvertes en génie génétique, par exemple, à mieux comprendre les nouvelles méthodes de diagnostic et de traitement des maladies et à profiter pleinement des informations sur la manière de rester en bonne santé. Par ailleurs,

1

l'étude de l'anatomie et de la physiologie permettra à ceux qui se préparent à une carrière dans les sciences de la santé d'acquérir les connaissances fondamentales sur lesquelles ils pourront bâtir leur expérience clinique.

Dans ce chapitre, nous commençons par définir l'anatomie et la physiologie en établissant la distinction entre ces deux domaines; nous présentons ensuite la structure du corps humain et nous passons en revue les besoins et les processus fonctionnels communs à tous les êtres vivants. Nous expliquons les trois principes fondamentaux qui constituent la base de notre étude du corps humain et qui forment le lien entre tous les sujets traités dans ce manuel, à savoir la *relation entre la structure et la fonction*, l'*organisation structurale* et l'*homéostasie*. La dernière section de ce chapitre aborde le vocabulaire de l'anatomie, c'est-à-dire les termes employés par les anatomistes pour décrire l'organisme humain et ses composantes.

Définition générale de l'anatomie et de la physiologie

1 Définir l'anatomie et la physiologie et décrire leurs spécialités.

2 Expliquer le principe de relation entre la structure et la fonction et en donner deux exemples.

Les deux disciplines scientifiques complémentaires que sont l'anatomie et la physiologie touchent aux notions fondamentales qui nous permettent de comprendre l'organisme humain. L'**anatomie** est l'étude de la *structure* des parties du corps et des relations qui s'établissent entre elles; l'aspect concret de l'anatomie lui confère un certain attrait, étant donné qu'on peut observer les structures de l'organisme, les palper et les examiner de près, sans être obligé de les *imaginer*.

La **physiologie** se penche sur le *fonctionnement* des parties du corps, c'est-à-dire sur la façon dont celles-ci jouent leur rôle et contribuent au maintien de la vie. En fin de compte, il n'est possible d'expliquer la physiologie qu'à partir des structures anatomiques sous-jacentes.

Pour simplifier la présentation des notions, nous parlerons des structures du corps et des valeurs physiologiques (température corporelle, fréquence cardiaque, etc.) en prenant pour modèle un jeune homme en bonne santé (22 ans) pesant environ 70 kg (*homme de référence*) ou une jeune femme en bonne santé d'environ 55 kg (*femme de référence*).

Spécialités de l'anatomie

L'anatomie est un vaste domaine d'étude dont les nombreuses spécialités pourraient faire l'objet d'un cours complet. L'**anatomie macroscopique** consiste à étudier les structures visibles à l'œil nu, comme le cœur, les poumons et les reins. Le terme «anatomie» (d'un mot grec signifiant «découper») s'applique surtout à l'anatomie macroscopique parce que cette discipline consiste à disséquer (découper) des animaux ou des organes préparés afin de les examiner. On peut aborder l'anatomie macroscopique sous plusieurs angles.

Ainsi, en **anatomie régionale**, aussi appelée **anatomie topographique**, on examine simultanément toutes les structures (muscles, os, vaisseaux sanguins, nerfs, etc.) d'une certaine région du corps, par exemple l'abdomen ou la jambe.

En **anatomie des systèmes**, on étudie séparément l'anatomie de chacun des systèmes de l'organisme: par exemple, l'étude du système cardiovasculaire comprendrait l'examen du cœur et des vaisseaux sanguins de tout le corps.

En **anatomie de surface**, on observe les structures internes en relation avec la surface de la peau. Vous y avez recours pour identifier les muscles visibles sous la peau d'un culturiste, tout comme les infirmières pour repérer les vaisseaux sanguins avant de prélever du sang ou de prendre le pouls.

Contrairement à l'anatomie macroscopique, l'**anatomie microscopique** s'intéresse aux structures invisibles à l'œil nu. Dans la plupart des cas, on examine au microscope des coupes extrêmement minces de tissus qu'on a colorés et montés sur une lame. L'anatomie microscopique comprend l'*anatomie cellulaire*, ou **cytologie**, c'est-à-dire l'étude des cellules, et l'**histologie**, qui porte sur la structure des tissus.

L'**anatomie du développement** suit la transformation structurale de l'organisme qui se déroule tout au long de la vie. L'**embryologie** est une des branches de cette discipline et traite du développement prénatal.

Quelques divisions très spécialisées de l'anatomie s'avèrent extrêmement utiles dans certains domaines, tels la recherche scientifique et le diagnostic des maladies. Par exemple, l'*anatomie pathologique* (ou anatomopathologie) porte sur les lésions causées aux structures de l'organisme par la maladie, tant au niveau microscopique qu'au niveau macroscopique. L'*anatomie radiologique* consiste à étudier des structures internes au moyen de la radiographie ou des techniques spécialisées de tomographie.

Les anatomistes s'intéressent autant aux molécules qu'aux structures macroscopiques. La *biologie moléculaire* traite notamment de la structure des molécules biologiques, c'est-à-dire des substances chimiques qui entrent dans la constitution des organismes vivants. En principe, la biologie moléculaire appartient à une autre branche de la biologie, mais si on pousse l'étude anatomique au-delà de la cellule, jusqu'au niveau des molécules, on peut considérer qu'elle fait partie du grand domaine de l'anatomie.

Parmi les «outils» essentiels à l'étude de l'anatomie, un des plus importants est la connaissance du vocabulaire employé dans ce domaine. Sont également indispensables l'observation, la manipulation et, sur les sujets vivants, la palpation (examen du corps avec les mains) et l'auscultation (examen consistant à écouter les bruits des organes avec un stéthoscope). À l'aide d'un exemple, voyons comment on utilise certains de ces outils au cours d'une étude anatomique.

Supposons que vous vous intéressez aux articulations mobiles. Au laboratoire, vous allez *observer* l'articulation d'un animal et voir comment ses parties sont agencées; vous pouvez la faire bouger (la *manipuler*) pour déterminer l'amplitude de son mouvement. Puis, à l'aide du *vocabulaire de l'anatomie*, vous nommerez les parties de l'articulation selon la nomenclature en vigueur et vous décrirez les relations qu'elles entretiennent afin que les autres étudiants (et le professeur) vous comprennent. Pour apprendre ce vocabulaire spécialisé, vous pourrez vous servir du glossaire à la fin de ce manuel.

Vous effectuerez la plupart de vos propres observations à l'œil nu ou au microscope, mais vous devez savoir que de nombreuses techniques médicales très perfectionnées permettent d'examiner soigneusement l'intérieur du corps sans causer de traumatismes. Voyez par exemple le Gros plan des pages 18 à 21, où il est question de ces remarquables techniques d'imagerie médicale.

Spécialités de la physiologie

Comme l'anatomie, la physiologie englobe également un grand nombre de spécialités dont la plupart portent sur le fonctionnement de systèmes particuliers. Ainsi, la **physiologie rénale** étudie le fonctionnement des reins et la production d'urine, la **neurophysiologie** explique celui du système nerveux et la **physiologie cardiovasculaire** examine le fonctionnement du cœur et des vaisseaux sanguins. Alors que l'anatomie donne une image statique du corps, la physiologie met en évidence la nature dynamique de l'organisme.

En physiologie, on s'intéresse souvent à ce qui se passe au niveau cellulaire ou moléculaire parce que les capacités fonctionnelles du corps dépendent du fonctionnement cellulaire, lequel dépend des réactions chimiques qui se déroulent à l'intérieur des cellules. Pour bien comprendre la physiologie, il faut connaître aussi un certain nombre de principes de chimie et de physique ; cette dernière science permet d'expliquer, entre autres choses, les courants électriques, la pression dans les vaisseaux sanguins et le mouvement produit par l'action des muscles sur les os. C'est pourquoi nous présentons au chapitre 2 les principes fondamentaux de la chimie et de la physique sans lesquels on ne pourrait expliquer les notions de physiologie.

Relation entre la structure et la fonction

Bien qu'on puisse étudier séparément l'anatomie et la physiologie, ces deux disciplines scientifiques sont en réalité indissociables, car la fonction reflète toujours la structure. Autrement dit, un organe accomplit uniquement les fonctions que lui permet sa structure. C'est ce qu'on appelle le **principe de relation entre la structure et la fonction**.

Ainsi, les os soutiennent et protègent les organes grâce aux minéraux qu'ils contiennent et qui leur confèrent leur dureté ; le sang ne peut traverser le cœur que dans un sens parce que cet organe comporte des valves qui empêchent le reflux, et les poumons peuvent donner lieu aux échanges gazeux parce qu'ils contiennent des alvéoles aux parois extrêmement minces. Dans ce manuel, après avoir décrit l'anatomie d'une structure, nous expliquons sa fonction en soulignant les caractéristiques structurales qui contribuent à cette fonction.

VÉRIFIONS NOS ACQUIS

1. De quelle manière la physiologie est-elle reliée à l'anatomie ?

2. Si vous vous intéressez au raccourcissement des muscles, devez-vous étudier l'anatomie ou la physiologie ? Et si vous examinez l'emplacement des poumons dans le corps ?

Les réponses se trouvent à l'appendice G.

Niveaux d'organisation structurale

▪ 3 Énumérer, du plus simple au plus complexe, les différents niveaux d'organisation structurale du corps humain et expliquer les relations entre ces niveaux.

▪ 4 Nommer les 11 systèmes de l'organisme, énumérer leurs composants et expliquer brièvement les principales fonctions de chaque système.

Le corps humain comporte plusieurs niveaux de complexité **(figure 1.1)**. Tout au bas de cette organisation hiérarchique se trouve le **niveau chimique**, que nous étudions au chapitre 2. À ce niveau, de minuscules particules de matière, les *atomes*, se combinent pour former des *molécules* comme l'eau et les protéines. À leur tour, ces molécules s'associent de manière bien spécifique pour façonner les *organites*, qui sont les éléments fondamentaux de la cellule. Les *cellules* sont les plus petites unités des organismes vivants. Nous étudions le **niveau cellulaire** au chapitre 3. Toutes les cellules ont certaines fonctions en commun, mais elles ont aussi des dimensions et des formes très variées qui reflètent la diversité de leurs fonctions dans l'organisme. (Le corps humain abriterait plus de 200 types de cellules.)

Les organismes les plus simples ne sont constitués que d'une seule cellule, mais chez les organismes complexes comme les êtres humains, le **niveau tissulaire** est le niveau d'organisation structurale suivant. Les *tissus* sont des groupes de cellules semblables qui remplissent une même fonction. Il existe quatre grands types de tissus chez les humains : le tissu épithélial, le tissu musculaire, le tissu conjonctif et le tissu nerveux.

Chaque type de tissu joue dans l'organisme un rôle particulier que nous expliquons en détail au chapitre 4. En résumé, le tissu épithélial couvre la surface du corps et tapisse ses cavités internes ; le tissu musculaire produit le mouvement ; le tissu conjonctif soutient le corps et protège les organes ; le tissu nerveux permet des communications internes rapides par la transmission d'influx nerveux.

Un *organe* est une structure distincte composée d'au moins deux types de tissus (on y rencontre très souvent les quatre grands types) et il exerce une fonction précise dans l'organisme. Le foie, le cerveau, les vaisseaux sanguins, les muscles squelettiques, les os et la peau sont aussi des organes, même s'ils sont très différents de l'estomac. On peut se représenter chaque organe comme une structure fonctionnelle spécialisée qui exécute une activité essentielle qu'aucun autre organe ne peut accomplir à sa place.

Au **niveau des organes**, se déroulent des processus physiologiques extrêmement complexes. Par exemple, l'estomac est tapissé d'un épithélium qui sécrète notamment le suc gastrique ; sa paroi est essentiellement formée de tissu musculaire dont le rôle est de pétrir et de mélanger le contenu gastrique (les aliments) ; cette paroi surtout musculaire et molle est renforcée par du tissu conjonctif ; ses fibres nerveuses accélèrent la digestion en stimulant la contraction des muscles et la sécrétion du suc gastrique.

Le niveau d'organisation suivant est le **niveau des systèmes**, chaque *système* étant constitué d'organes qui travaillent de concert pour accomplir une même fonction. Par exemple, le

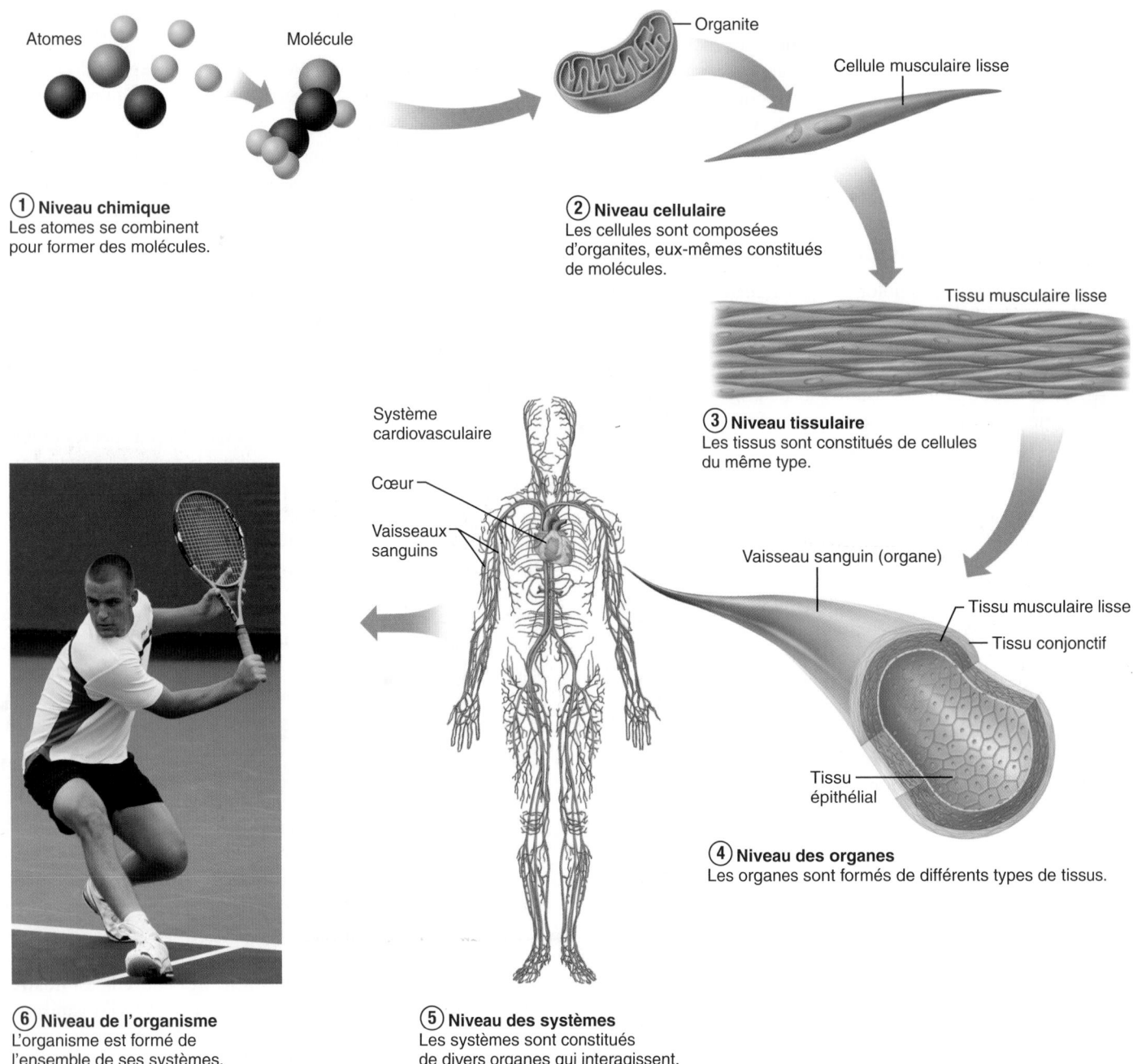

① Niveau chimique
Les atomes se combinent
pour former des molécules.

② Niveau cellulaire
Les cellules sont composées
d'organites, eux-mêmes constitués
de molécules.

③ Niveau tissulaire
Les tissus sont constitués de cellules
du même type.

④ Niveau des organes
Les organes sont formés de différents types de tissus.

⑥ Niveau de l'organisme
L'organisme est formé de
l'ensemble de ses systèmes.

⑤ Niveau des systèmes
Les systèmes sont constitués
de divers organes qui interagissent.

Figure 1.1 **Niveaux d'organisation structurale.** Dans ce schéma, les différents
niveaux de complexité du corps humain sont illustrés à l'aide du système cardiovasculaire.

cœur et les vaisseaux sanguins du système cardiovasculaire
acheminent continuellement le sang oxygéné contenant des
nutriments à toutes les cellules de l'organisme. Outre le système
cardiovasculaire, l'organisme comporte les systèmes tégumentaire, squelettique, musculaire, nerveux, endocrinien, respiratoire, digestif, lymphatique, urinaire et génital. (Notez que le
système immunitaire est étroitement relié au système lymphatique.) Vous trouverez à la figure 1.3 une description de chacun
de ces 11 systèmes, que nous présenterons à la prochaine section et étudierons plus en détail de la deuxième à la cinquième
partie de ce manuel.

Le dernier niveau d'organisation est celui de l'*organisme*,
c'est-à-dire l'être humain vivant. Le **niveau de l'organisme**
constitue l'ensemble de tous ces niveaux de complexité tra-
vaillant de concert pour assurer le maintien de la vie.

VÉRIFIONS NOS ACQUIS

3. Quel niveau d'organisation structurale constitue le domaine
   d'étude d'un cytologiste ?

4. Classez dans l'ordre, de la plus simple à la plus complexe,
   les structures suivantes : tissu, organisme, organe, cellule.

5. Quel système de l'organisme comprend les os et les cartilages ? Lequel englobe les cavités nasales, les poumons et la trachée ?

Les réponses se trouvent à l'appendice G.

Maintien de la vie

5 Énumérer et décrire brièvement les caractéristiques fonctionnelles nécessaires au maintien de la vie chez les humains.

6 Énumérer les besoins vitaux de l'organisme et expliquer sommairement les fondements de chacun de ces besoins.

Fonctions vitales

Après la description de ces niveaux d'organisation structurale du corps humain, il nous faut maintenant essayer de comprendre le fonctionnement de cet organisme si bien structuré.

Comme tous les animaux complexes, les êtres humains doivent maintenir leurs limites, bouger, réagir aux changements de leur environnement, ingérer et digérer des aliments, avoir une activité métabolique, éliminer des déchets, se reproduire et croître. Nous traiterons ici brièvement de chacune de ces fonctions vitales, qui sont expliquées en détail dans des chapitres ultérieurs.

Il importe de bien comprendre que toutes les cellules de l'organisme sont interdépendantes, parce que l'être humain est un organisme multicellulaire et que ses fonctions vitales sont distribuées entre plusieurs systèmes différents. Les systèmes ne travaillent pas de façon indépendante, mais collaborent au bien-être de l'organisme entier. Nous mettons l'accent sur cette réalité tout au long de ce manuel. À titre d'exemple, la **figure 1.2** représente schématiquement un certain nombre de systèmes et leurs contributions les plus importantes à divers processus fonctionnels. Par ailleurs, pour mieux comprendre cette section, nous vous invitons à vous reporter aux descriptions des systèmes présentées à la **figure 1.3**.

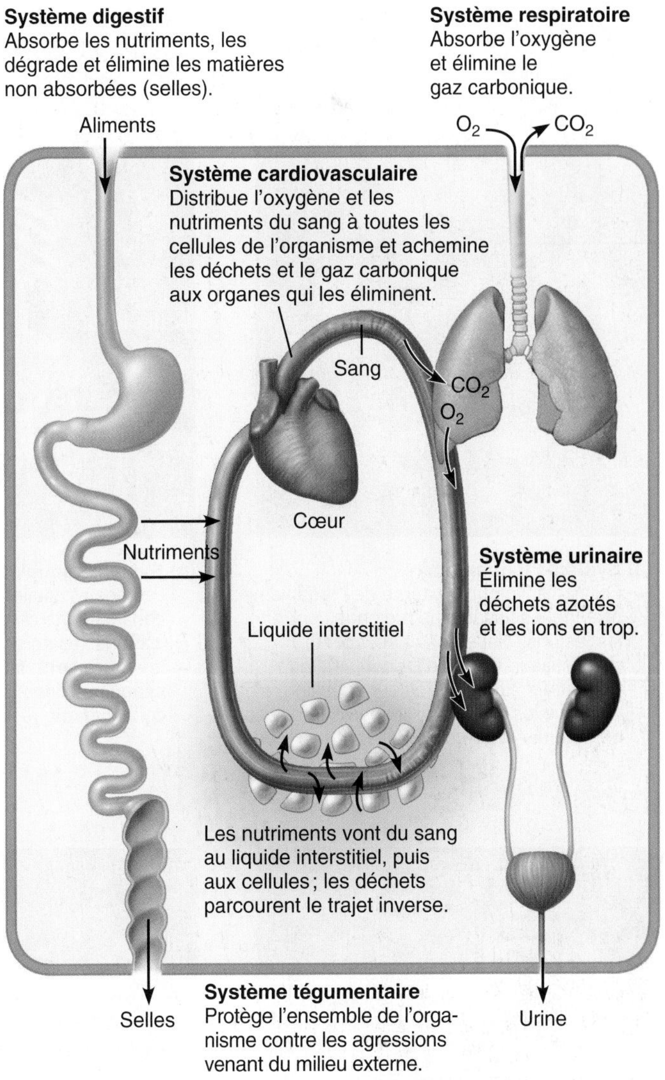

Maintien des limites

Tout organisme vivant doit **maintenir des limites** entre son environnement (milieu externe) et son milieu interne (l'intérieur de l'organisme). Chez les organismes unicellulaires, cette limite est constituée d'une membrane qui forme une enveloppe et laisse entrer les substances utiles, tout en empêchant le passage des substances inutiles ou nuisibles. De la même façon, toutes les cellules de l'organisme humain sont délimitées par une membrane à perméabilité sélective.

De plus, l'ensemble de notre corps est recouvert et protégé par le système tégumentaire – peau – (figure 1.3a) qui prévient le dessèchement des organes internes (ce qui serait fatal), tout en les protégeant contre les agresseurs microbiens et les effets nocifs de la chaleur, des rayons du soleil ainsi que des innombrables

Système digestif
Absorbe les nutriments, les dégrade et élimine les matières non absorbées (selles).

Système respiratoire
Absorbe l'oxygène et élimine le gaz carbonique.

Système cardiovasculaire
Distribue l'oxygène et les nutriments du sang à toutes les cellules de l'organisme et achemine les déchets et le gaz carbonique aux organes qui les éliminent.

Système urinaire
Élimine les déchets azotés et les ions en trop.

Les nutriments vont du sang au liquide interstitiel, puis aux cellules ; les déchets parcourent le trajet inverse.

Système tégumentaire
Protège l'ensemble de l'organisme contre les agressions venant du milieu externe.

Figure 1.2 Exemples montrant l'interdépendance des systèmes de l'organisme.

substances chimiques présentes dans l'environnement. Nous étudierons le système tégumentaire au chapitre 5.

Mouvement

Par **mouvement**, on entend toutes les activités permises par le système musculaire comme le déplacement au moyen de la marche, de la course ou de la nage, et les manipulations d'objets dans l'environnement grâce à l'agilité de nos doigts (figure 1.3c). Le système squelettique constitue la charpente sur laquelle les muscles squelettiques entrent en action (figure 1.3b). La circulation du sang dans le système cardiovasculaire, le déplacement des aliments dans le système digestif et l'écoulement de l'urine dans le système urinaire sont également des mouvements assurés par un autre type de muscles. Au niveau cellulaire, la capacité des cellules musculaires de se raccourcir est appelée **contractilité**. Les chapitres 6 à 10 traiteront des systèmes reliés au mouvement.

1

(a) Système tégumentaire
Forme l'enveloppe externe de l'organisme;
protège les tissus plus profonds contre
les lésions (blessures et infections);
synthétise la vitamine D; contient les
récepteurs cutanés (douleur, pression, etc.)
ainsi que les glandes sudoripares (régulation
de la température corporelle) et sébacées.

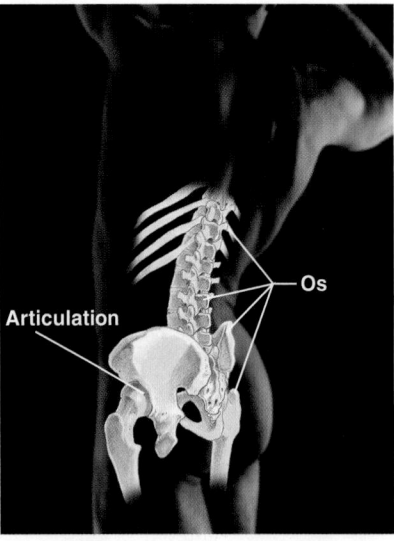

(b) Système squelettique
Protège et soutient les autres organes;
constitue une charpente sur laquelle
les muscles agissent pour produire
le mouvement; fabrique les cellules
sanguines dans la moelle des os;
constitue une réserve de minéraux.

(c) Système musculaire
Permet les manipulations d'objets
dans l'environnement, la locomotion,
l'expression faciale, le maintien
de la posture; produit de la chaleur.

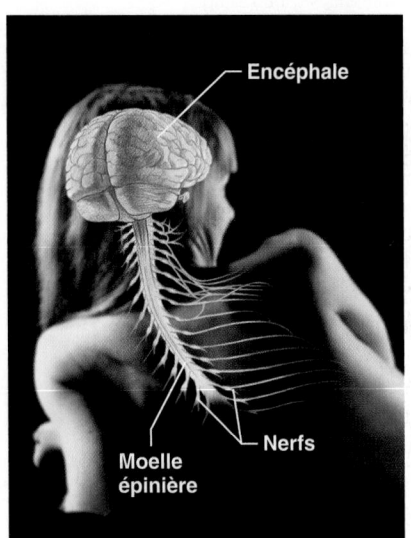

(d) Système nerveux
Système de régulation rapide de
l'organisme; perçoit les stimulus, analyse
les informations et réagit instantanément aux
changements internes et externes en activant
les glandes et les muscles appropriés.

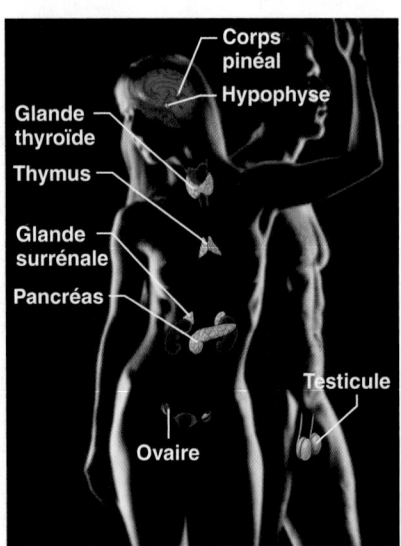

(e) Système endocrinien
Glandes qui sécrètent des hormones
réglant des processus se déroulant
sur de longues périodes, comme la
croissance, la reproduction et l'utilisation
des nutriments par les cellules (métabolisme).

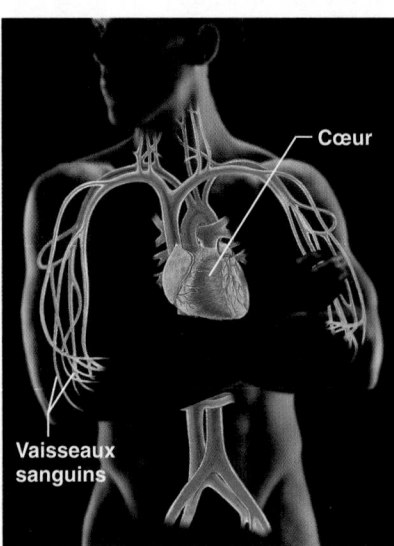

(f) Système cardiovasculaire
Les vaisseaux sanguins transportent
le sang qui contient de l'oxygène, du gaz
carbonique, des nutriments, des déchets, etc.;
le cœur fait circuler le sang en agissant comme
une pompe.

Figure 1.3 **Systèmes de l'organisme et leurs principales fonctions.**

Excitabilité

L'**excitabilité** est la faculté de percevoir les changements (stimulus) de l'environnement et d'y réagir de manière adéquate. Par exemple, si on se blesse la main avec un éclat de verre, on a aussitôt un réflexe de retrait, c'est-à-dire qu'on éloigne involontairement la main du stimulus douloureux (l'éclat de verre). Il n'est même pas nécessaire d'y penser, le geste est automatique. Un phénomène similaire se produit quand la concentration de gaz

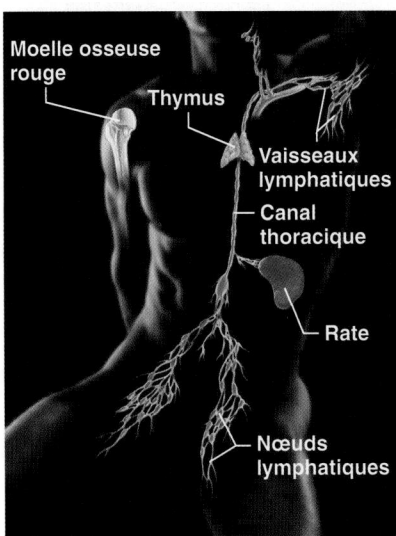

(g) Système lymphatique et immunitaire
Recueille les liquides qui s'échappent des vaisseaux sanguins et les réachemine vers le sang ; élimine les déchets de la lymphe grâce aux nœuds lymphatiques ; contient les globules blancs (lymphocytes) qui interviennent dans l'immunité. Les cellules immunitaires s'attaquent aux substances étrangères présentes dans l'organisme.

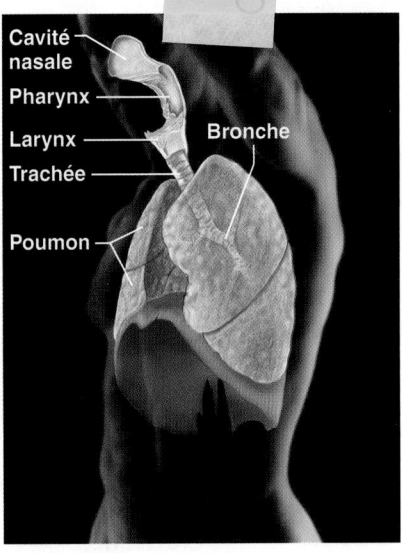

(h) Système respiratoire
Assure en permanence l'oxygénation du sang et l'élimination du gaz carbonique qu'il contient ; les échanges gazeux se produisent à travers les parois des alvéoles pulmonaires.

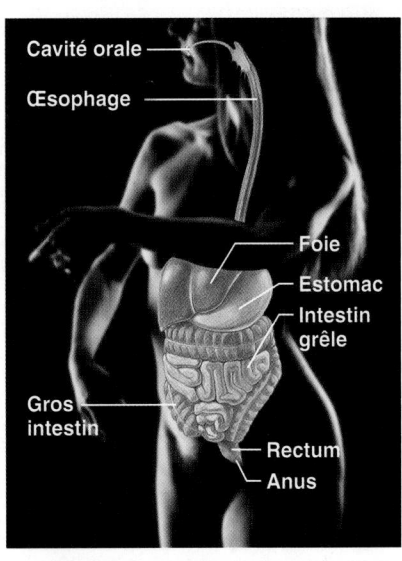

(i) Système digestif
Dégrade les aliments en nutriments absorbables qui passent dans le sang pour être distribués aux cellules ; les substances non digérées sont rejetées sous forme de selles.

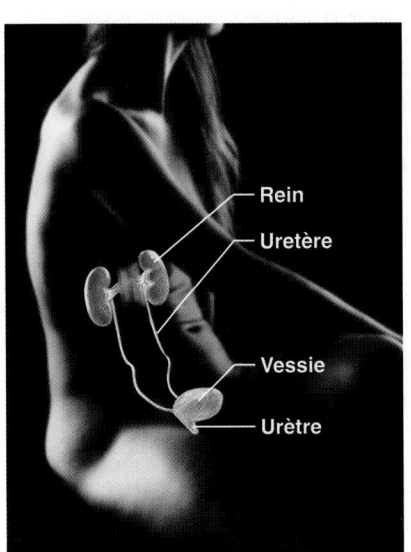

(j) Système urinaire
Élimine du corps les déchets azotés ; règle l'équilibre hydrique, électrolytique et acidobasique du sang.

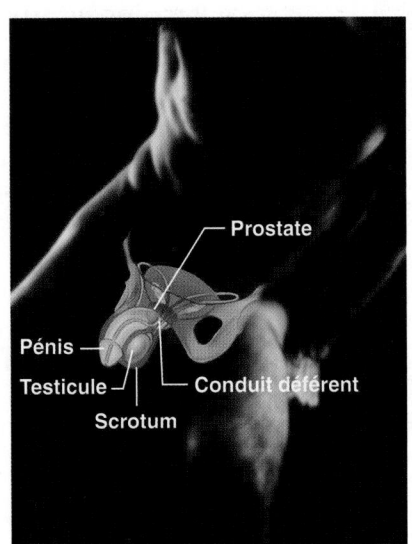

(k) Système génital de l'homme

(l) Système génital de la femme
Les systèmes génitaux assurent la reproduction. Les testicules produisent les spermatozoïdes et l'hormone sexuelle mâle ; les conduits et les glandes permettent de déposer les spermatozoïdes dans les voies génitales de la femme. Les ovaires produisent les ovules et les hormones sexuelles femelles ; les autres organes sont le siège de la fécondation et du développement du fœtus. Les glandes mammaires situées dans les seins produisent du lait servant à nourrir le nouveau-né.

carbonique (ou dioxyde de carbone)* dans le sang s'élève jusqu'à atteindre un niveau dangereux : des chimiorécepteurs inter-

viennent alors en envoyant des messages aux centres de l'encéphale régissant la respiration, et le rythme respiratoire s'accélère.

Comme les cellules nerveuses sont extrêmement excitables et communiquent rapidement entre elles au moyen d'influx nerveux, le système nerveux (auquel les chapitres 11 à 15 seront consacrés) joue un rôle déterminant dans l'excitabilité

---

* Tout au long de ce manuel, nous nous permettrons d'utiliser le terme « gaz carbonique », plus simple et plus familier que « dioxyde de carbone ». Toutefois, nous rappellerons, à sa première occurrence au début d'un chapitre, que selon la terminologie en vigueur on le nomme « dioxyde de carbone ».

1

(figure 1.3d). Cependant, toutes les cellules de l'organisme présentent une certaine excitabilité.

Digestion

La **digestion** est le processus de dégradation des aliments en molécules simples capables de passer dans le sang. Le sang chargé de nutriments est ensuite acheminé à toutes les cellules de l'organisme par le système cardiovasculaire. Dans un organisme unicellulaire comme l'amibe, c'est la cellule elle-même qui constitue l'«usine de digestion»; mais dans un organisme multicellulaire comme le corps humain, le système digestif remplit cette fonction pour l'ensemble de l'organisme (figure 1.3i). Le système digestif fera l'objet du chapitre 23.

Métabolisme

Le terme **métabolisme** («changement d'état») englobe toutes les réactions chimiques qui se déroulent à l'intérieur des cellules. Le métabolisme comprend la dégradation de certaines substances en leurs unités constitutives (processus appelé plus précisément *catabolisme*), la synthèse de structures cellulaires plus complexes à partir de matériaux simples (*anabolisme*) et la production, à partir des nutriments et de l'oxygène (par la *respiration cellulaire*), des molécules d'ATP qui fournissent l'énergie nécessaire aux activités cellulaires. Le métabolisme (qui sera vu au chapitre 24) dépend des systèmes digestif et respiratoire (dont traite le chapitre 22), puisqu'ils font passer les nutriments et l'oxygène dans le sang, ainsi que du système cardiovasculaire (présenté aux chapitres 17 à 19), qui distribue ces substances indispensables à l'ensemble de l'organisme (figure 1.3i, h et f, respectivement). La régulation du métabolisme est assurée principalement par l'intermédiaire des hormones sécrétées par les glandes du système endocrinien, que nous étudierons au chapitre 16 (figure 1.3e).

Excrétion

L'**excrétion** est l'élimination des *excreta*, ou déchets de l'organisme. Pour fonctionner correctement, le corps doit se débarrasser des substances inutiles, comme les résidus de la digestion, ou même potentiellement toxiques, comme des sous-produits du métabolisme.

Plusieurs systèmes participent à la fonction d'excrétion. Par exemple, les résidus de nourriture non digérés sont rejetés par le système digestif sous forme de selles; quant au système urinaire (objet du chapitre 25), il élimine dans l'urine les déchets métaboliques azotés tels que l'urée (figure 1.3i, j). Le gaz carbonique, un sous-produit de la respiration cellulaire, est transporté par le sang jusqu'aux poumons et expulsé avec l'air expiré (figure 1.3h).

Reproduction

La **reproduction** s'effectue au niveau cellulaire et au niveau de l'organisme. La reproduction des cellules se fait par division cellulaire (mitose), une cellule originale produisant deux cellules filles identiques pour assurer la croissance ou la guérison d'une lésion. La reproduction de l'organisme humain, c'est-à-dire la génération d'un nouvel être humain, est la principale fonction

du système génital. Lorsqu'un spermatozoïde s'unit à un ovule, l'ovule ainsi fécondé se développe à l'intérieur de l'organisme maternel jusqu'à la naissance d'un bébé. Le système génital (étudié au chapitre 27) est directement responsable de la reproduction, mais son fonctionnement est réglé de façon très fine par les hormones du système endocrinien (figure 1.3e).

Comme les hommes produisent des spermatozoïdes et les femmes des ovules, le processus de reproduction donne lieu à une «division du travail», et les organes génitaux de chaque sexe sont très différents (figure 1.3k, l). En outre, le site de la fécondation des ovules par les spermatozoïdes se trouve dans les structures reproductrices de la femme, où le fœtus en cours de développement est protégé et nourri jusqu'à sa naissance. La grossesse et les premières étapes du développement seront présentées au chapitre 28.

Croissance

La **croissance** est l'augmentation de volume d'une partie du corps ou de l'organisme entier, habituellement par la multiplication des cellules. Notons toutefois que les cellules grossissent aussi lorsqu'elles ne sont pas en train de se diviser. Pour qu'une véritable croissance se produise, il faut que le rythme des activités anaboliques (de synthèse) dépasse celui des activités cataboliques (de dégradation).

Besoins vitaux

Tous les systèmes de l'organisme travaillent d'une façon ou d'une autre au maintien de la vie. Cependant, la vie est extraordinairement fragile et plusieurs facteurs lui sont nécessaires; c'est ce que nous appelons les *besoins vitaux*, soit les nutriments, l'oxygène, l'eau ainsi qu'une température et une pression atmosphérique adéquates.

Nutriments

Les **nutriments** proviennent de l'alimentation et contiennent les substances chimiques nécessaires à la production de l'énergie ou à la construction des cellules. La plupart des aliments d'origine végétale sont riches en glucides, en vitamines et en minéraux, alors que la plupart des aliments d'origine animale sont riches en protéines et en lipides.

Les glucides sont la principale source d'énergie des cellules. Les protéines et, dans une moindre mesure, les lipides sont essentiels à l'élaboration des structures de la cellule. Les lipides protègent également les organes, forment des couches isolantes et constituent une réserve d'énergie. Plusieurs vitamines et minéraux sont indispensables aux réactions chimiques qui se déroulent à l'intérieur des cellules et au transport de l'oxygène dans le sang. Ainsi, le calcium, un minéral, confère aux os leur dureté; il joue également un rôle essentiel dans la coagulation du sang.

Oxygène

Tous les nutriments du monde seraient inutiles sans **oxygène**. En effet, les cellules ne peuvent survivre que quelques minutes sans oxygène, car en son absence, les *réactions oxydatives* ne peuvent se produire et tirer assez d'énergie des nutriments. L'oxygène représente 20 % de l'air que nous respirons. Il pénètre dans le sang et atteint les cellules grâce au travail conjoint du système respiratoire et du système cardiovasculaire. Nous verrons de façon détaillée l'utilisation de l'oxygène et des nutriments par les cellules, ainsi que l'ensemble des réactions métaboliques, au chapitre 24.

Eau

L'**eau** compte pour 60 à 80 % de la masse corporelle ; c'est la substance chimique la plus abondante de l'organisme. Elle constitue à la fois le milieu liquide nécessaire aux réactions chimiques et la substance de base des sécrétions et des excrétions. L'organisme tire l'eau des aliments et des liquides ingérés et il la perd par évaporation au niveau des poumons et de la peau, ainsi que par les excrétions. L'équilibre entre les entrées et les sorties d'eau est primordial pour l'organisme. Il en sera question de façon détaillée au chapitre 26.

Température corporelle normale

Les réactions chimiques ne peuvent se produire à un rythme suffisant pour maintenir l'organisme en vie que si la **température corporelle** est normale. Tout abaissement de la température au-dessous de 37 °C entraîne un ralentissement progressif des réactions métaboliques puis, finalement, leur arrêt. Si la température est excessive, les réactions chimiques s'enchaînent à un rythme effréné ; les protéines de l'organisme perdent leur forme caractéristique et cessent d'être fonctionnelles. Les températures extrêmes, qu'elles soient trop basses ou trop élevées, sont mortelles. La majeure partie de la chaleur du corps est produite par le système musculaire. Une section du chapitre 24 sera consacrée à la thermorégulation.

Pression atmosphérique appropriée

La **pression atmosphérique** est la force exercée par l'air sur la surface du corps. La respiration et les échanges gazeux dans les poumons nécessitent une pression atmosphérique *appropriée*. (Au chapitre 22, nous expliquerons les principes des échanges gazeux.) En altitude, là où la densité de l'air et la pression atmosphérique sont plus faibles, l'apport en oxygène est parfois insuffisant pour que le métabolisme cellulaire puisse se maintenir à un rythme satisfaisant.

Pour assurer la survie, non seulement les facteurs décrits ci-dessus doivent-ils exister, mais ils doivent être présents en quantité *appropriée* ; les excès peuvent être tout aussi néfastes que les insuffisances. Nous avons mentionné les effets des températures extrêmes. L'oxygène est essentiel, mais son excès est toxique pour les cellules. De même, nous devons consommer des aliments de bonne qualité et en quantité adéquate afin d'éviter les troubles nutritionnels, l'obésité ou l'inanition. Ajoutons que les facteurs énumérés ici sont capitaux, mais qu'ils sont loin de représenter l'ensemble des facteurs qui contribuent à une bonne qualité de vie. Par exemple, si c'est nécessaire, nous pouvons vivre en l'absence de gravité, mais notre qualité de vie s'en ressent.

VÉRIFIONS NOS ACQUIS

6. Qu'est-ce qui distingue les organismes vivants des objets inertes ?

7. Quel nom donne-t-on à l'ensemble des réactions chimiques qui se produisent dans les cellules ?

8. Pourquoi doit-on se trouver dans une cabine pressurisée quand on vole à 10 000 m d'altitude ?

Les réponses se trouvent à l'appendice G.

Homéostasie

7 Définir l'homéostasie et expliquer son importance pour l'organisme ; nommer les trois éléments de base de tout mécanisme homéostatique et décrire la fonction de chacun.

8 Expliquer la contribution de la rétro-inhibition et de la rétroactivation dans le maintien de l'homéostasie de l'organisme ; donner un exemple du déroulement de chacun de ces deux types de mécanismes.

9 Définir la relation entre les déséquilibres homéostatiques et la maladie.

Notre corps est constitué de millions de millions de cellules presque toujours en activité ; le fait qu'il éprouve si peu de problèmes de fonctionnement ne peut que nous émerveiller. Au début du XXe siècle, le physiologiste américain Walter Cannon parlait de la « sagesse du corps » ; il a créé le mot **homéostasie** pour décrire la capacité de l'organisme de maintenir relativement stable son milieu interne malgré les fluctuations constantes de l'environnement.

Même si l'étymologie du terme fait référence à un état stable, l'homéostasie ne désigne pas un état statique ou sans changement. Il s'agit plutôt d'un état d'équilibre *dynamique* dans lequel les conditions internes varient, mais toujours à l'intérieur de limites relativement étroites. En général, on considère que l'homéostasie se maintient quand l'organisme parvient à satisfaire ses besoins et qu'il fonctionne bien.

Le maintien de l'homéostasie est un processus plus complexe qu'on ne le croirait de prime abord. En effet, presque tous les systèmes contribuent à stabiliser le milieu interne. Non seulement l'organisme doit-il maintenir à tout moment une concentration adéquate de nutriments dans le sang, mais il doit également surveiller et ajuster sans arrêt l'activité cardiaque et la pression artérielle afin que le sang puisse être acheminé à tous les tissus. En même temps, il doit éviter l'accumulation des déchets et réguler la température corporelle avec précision. De nombreux processus chimiques, thermiques et neurologiques agissent et interagissent de façon complexe dans l'organisme, certains ayant tendance à le rapprocher, d'autres à l'éloigner de son objectif ultime, qui est l'homéostasie.

Mécanismes de régulation de l'homéostasie

La communication entre les différentes parties de l'organisme est essentielle au maintien de l'homéostasie. Le système nerveux et le système endocrinien captent et transmettent la majorité des informations nécessaires au maintien de l'équilibre. Le premier produit des influx nerveux, transmis par les nerfs, tandis que le second élabore des hormones, que transporte le sang. Nous étudions en détail le fonctionnement de ces deux grands systèmes de régulation dans des chapitres ultérieurs, mais nous décrirons ici les caractéristiques fondamentales des systèmes de régulation de l'homéostasie.

Quel que soit le facteur contrôlé (appelé **variable**), tous les mécanismes de régulation comportent au moins trois éléments interdépendants **(figure 1.4)**. Le premier, le **récepteur**, est essentiellement un capteur dont le rôle consiste à surveiller l'environnement et à réagir aux changements, ou *stimulus*, en envoyant des informations (entrée) au second élément, qui est le *centre de régulation*. Ces informations d'entrée vont du récepteur au centre de régulation en suivant la *voie afférente*.

Le **centre de régulation**, qui fixe la *valeur de référence* (niveau ou écart dans lequel la variable doit être maintenue), analyse les données qu'il reçoit et détermine la réaction appropriée. L'information (sortie) quitte alors le centre de régulation pour se déplacer vers le troisième élément, l'*effecteur*, en suivant la *voie efférente*. Pour ne pas confondre les termes « afférent » et « efférent », rappelez-vous que l'information transportée par la voie afférente s'**approche** du centre de régulation, tandis que l'information propagée par la voie efférente s'en **éloigne**. (Pour bien mémoriser cette notion, il vous suffit d'associer la première lettre des deux mots.)

L'**effecteur** est le moyen par lequel le centre de régulation met en œuvre la réponse (sortie) au stimulus. La réponse produit alors une *rétroaction* qui agit sur le stimulus ; elle peut avoir pour effet de le réduire (rétro-inhibition), de sorte que tout le mécanisme de régulation cesse son activité, ou elle peut le renforcer (rétroactivation) afin d'amplifier la réaction.

Mécanismes de rétro-inhibition

La majorité des mécanismes de régulation de l'homéostasie sont des **mécanismes de rétro-inhibition**, c'est-à-dire des systèmes qui, par leur réponse, mettent fin au stimulus de départ ou réduisent son intensité. La valeur de la variable change donc dans une direction *opposée* au changement initial et revient à une valeur « idéale », d'où le terme « rétro-inhibition ».

Pour illustrer ce principe, prenons l'exemple d'un système de rétro-inhibition non biologique : un appareil de chauffage relié à un thermostat. Celui-ci contient à la fois le récepteur et le centre de régulation. S'il est réglé à 20 °C, le thermostat met l'appareil de chauffage (l'effecteur) en marche dès que la température de la pièce descend sous cette valeur. L'appareil réchauffe alors l'air ambiant ; lorsque la température atteint 20 °C ou un peu plus, le thermostat coupe l'appareil de chauffage. Le cycle « marche » et « arrêt » ainsi créé permet de conserver dans la pièce une température assez proche de la valeur désirée, soit 20 °C.

Le « thermostat » de votre corps, situé dans une partie de l'encéphale appelée hypothalamus, fonctionne un peu de la même façon **(figure 1.5)**. La régulation de la température corporelle est une des nombreuses voies par lesquelles le système nerveux assure la stabilité du milieu interne. Le *réflexe de retrait* que nous avons cité comme exemple d'excitabilité est un mécanisme de régulation nerveux qui assure un retrait rapide de la main en présence d'un stimulus douloureux comme le contact avec un éclat de verre.

Le système endocrinien joue également un rôle important dans le maintien de l'homéostasie. La régulation du volume sanguin par l'hormone antidiurétique (ADH) est un bon exemple de mécanisme de rétro-inhibition hormonal. Quand le volume sanguin diminue (par suite d'un apport insuffisant de liquide,

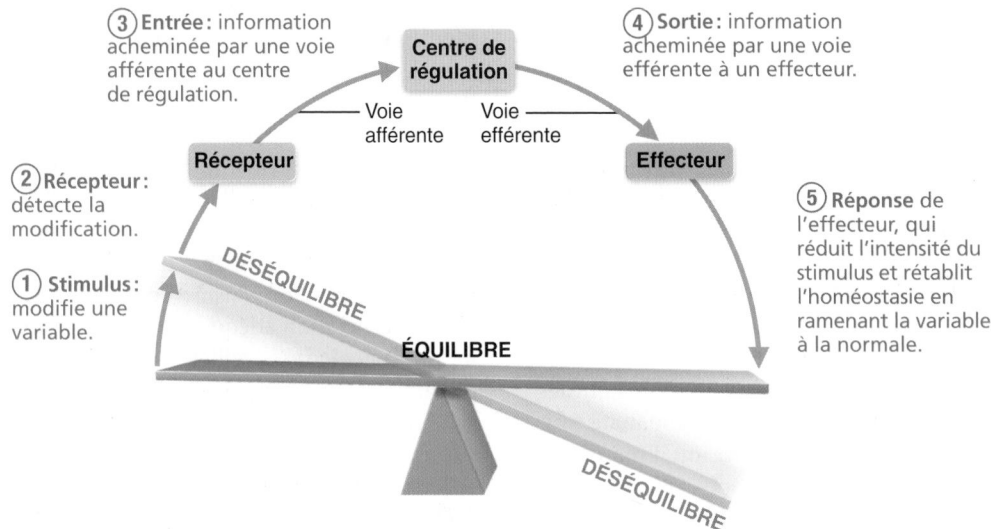

Figure 1.4 **Interaction entre les éléments d'un mécanisme de régulation de l'homéostasie.**

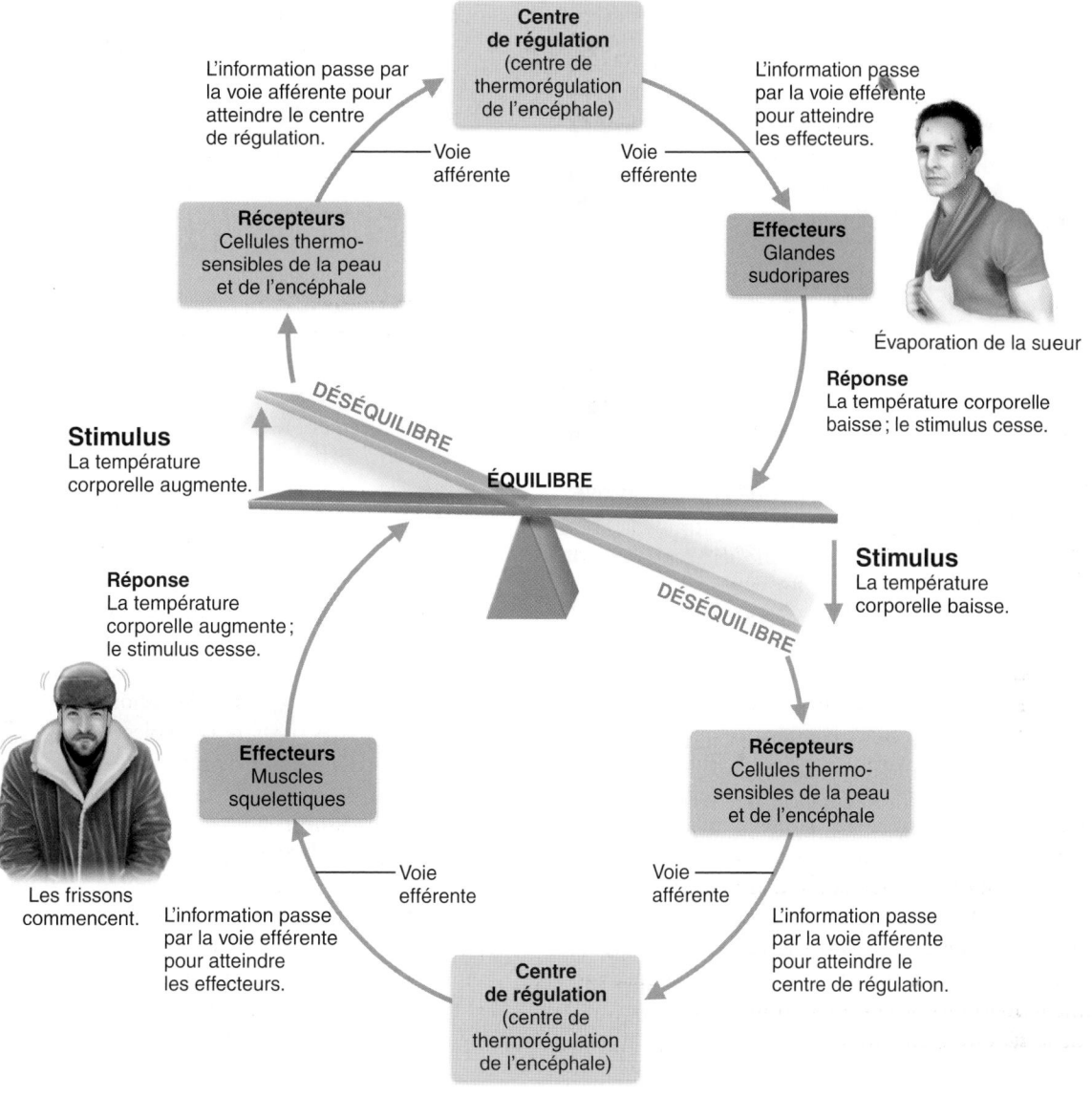

Figure 1.5 Régulation de la température corporelle par un mécanisme de rétro-inhibition.

par exemple), des récepteurs de l'organisme captent ce changement, et l'hypothalamus stimule la libération d'ADH dans le sang. Cette modification déclenche à son tour la réabsorption d'une plus grande quantité d'eau par les reins, qui la retournent dans la circulation sanguine. L'augmentation du volume sanguin met alors fin au stimulus qui avait déclenché la sécrétion d'ADH.

La capacité de l'organisme de régulariser son milieu interne revêt une importance capitale, et tous les mécanismes de rétro-inhibition contribuent par leur action à éviter les changements soudains et majeurs au sein de l'organisme. La température corporelle et le maintien du volume sanguin ne sont que deux exemples des variables qui sont ajustées de cette façon, mais il en existe des centaines ! D'autres mécanismes de rétro-inhibition règlent le rythme cardiaque, la pression artérielle, la fréquence et l'amplitude respiratoires ainsi que les concentrations d'oxy-gène, de gaz carbonique et de minéraux dans le sang. Penchons-nous maintenant sur l'autre groupe de mécanismes de régulation par rétroaction, soit les mécanismes de rétroactivation.

Mécanismes de rétroactivation

Les **mécanismes de rétroactivation** amplifient le stimulus de départ, ce qui renforce l'activité (sortie). Il s'agit bien d'une « activation » parce que le changement produit va dans la *même* direction que la fluctuation initiale, de sorte que la variable s'éloigne de plus en plus de sa valeur ou de son intervalle de valeurs de départ.

Contrairement aux mécanismes de rétro-inhibition, qui règlent une fonction physiologique autour d'une valeur précise ou qui maintiennent la concentration des composants sanguins dans une fourchette très étroite, les mécanismes de rétroactivation régissent habituellement des phénomènes peu fréquents qui ne nécessitent pas d'ajustements continus. En général, ils déclenchent une série d'événements qui peuvent s'auto-entretenir : une fois mis en route, ils font boule de neige. En d'autres mots, ils vont en s'amplifiant. C'est pourquoi on dit souvent qu'ils se déroulent « en cascade ». Comme ce type de réaction risque de devenir incontrôlable, les mécanismes de rétroactivation n'assurent habituellement pas le maintien de l'homéostasie de l'organisme. Cependant, il y a au moins deux exemples de processus physiologiques bien connus qui font intervenir de tels mécanismes : l'augmentation de la force et de la fréquence des contractions du muscle utérin au cours de l'accouchement et l'hémostase (ou l'arrêt de saignement).

Le mécanisme de rétroactivation par lequel l'ocytocine, une hormone hypothalamique, rend plus intenses les contractions utérines pendant l'accouchement sera expliqué en détail au chapitre 28 (voir la figure 28.17, p. 1265). Retenons pour l'instant que l'ocytocine provoque des contractions de plus en plus fréquentes et de plus en plus vigoureuses, ce qui entraîne la libération d'une plus grande quantité d'ocytocine et l'accroissement du nombre de contractions jusqu'à ce que l'accouchement soit terminé. À ce moment-là, le stimulus qui a engendré la libération d'ocytocine disparaît, ce qui met fin au mécanisme de rétroactivation.

Les réactions de l'hémostase, que nous expliquerons en détail au chapitre 17, se produisent normalement peu après la rupture de la paroi d'un vaisseau sanguin, et ce mécanisme complexe offre d'excellents exemples de régulation par rétroactivation portant sur une fonction organique importante. Lorsqu'un vaisseau sanguin est endommagé, des fragments de cellules sanguines appelées plaquettes s'agglutinent immédiatement sur le site de la blessure et libèrent des substances chimiques qui attirent d'autres plaquettes. L'accumulation de plus en plus rapide de ces éléments sanguins bouche temporairement la lésion **(figure 1.6)**. La formation du bouchon temporaire (appelé *clou plaquettaire*) met un frein au mécanisme de rétroactivation qui a produit l'accumulation des plaquettes, mais il amorce une autre série de réactions en cascade qui mèneront à la formation du caillot. Ces dernières réactions, qui provoqueront la coagulation du sang, représentent aussi des exemples de rétroaction positive.

Déséquilibre homéostatique

L'importance de l'homéostasie est telle qu'on considère que la plupart des maladies sont causées par un **déséquilibre homéostatique**, c'est-à-dire par une perturbation de l'homéostasie. Lorsque nous avançons en âge, nos organes et nos mécanismes de régulation deviennent de moins en moins efficaces et notre milieu interne devient de plus en plus instable, ce qui crée un risque croissant de maladie et entraîne les modifications inhérentes au vieillissement.

On trouve également de nombreux exemples de déséquilibre homéostatique lorsque les mécanismes normaux de rétro-inhibition ne sont plus en mesure de jouer leur rôle ou lorsque les mécanismes destructeurs de rétroactivation ne sont plus contrôlés. Ce phénomène peut se manifester dans certains types de crises cardiaques, par exemple.

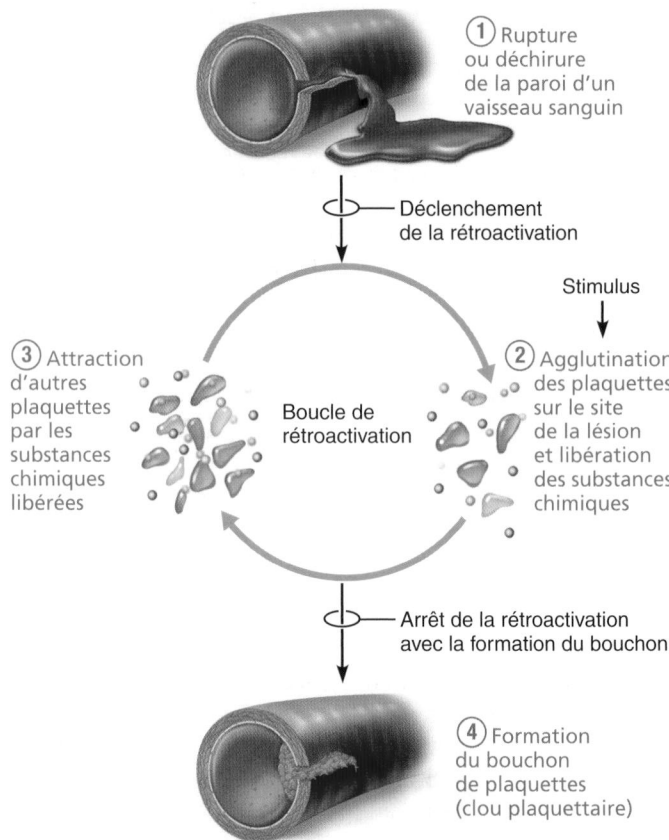

Figure 1.6 Description sommaire du mécanisme de rétroactivation qui régit la formation d'un bouchon (clou plaquettaire).

Tout au long de cet ouvrage, vous trouverez des exemples de déséquilibres homéostatiques qui vous permettront de mieux comprendre les mécanismes physiologiques normaux. Les paragraphes décrivant des déséquilibres homéostatiques commencent par le symbole ⚖ pour indiquer qu'on y explique un état anormal.

VÉRIFIONS NOS ACQUIS

9. Quel processus vous permet de vous adapter dans un environnement extrêmement chaud ou froid ?

10. Quand une personne commence à être déshydratée, elle a soif, ce qui l'incite à boire. Ce phénomène fait-il partie d'un mécanisme de rétroactivation ou de rétro-inhibition ? Justifiez votre réponse.

11. Pourquoi le mécanisme de régulation illustré à la figure 1.6 est-il qualifié de mécanisme de rétroactivation ? Quel événement y met fin ?

Les réponses se trouvent à l'appendice G.

Vocabulaire de l'anatomie

10 Décrire la position anatomique et expliquer l'utilité de cette notion.

11 À l'aide des termes anatomiques corrects, décrire l'orientation, les régions et les plans ou coupes du corps.

Naturellement, nous voulons tous en savoir plus sur notre corps, mais nous sommes parfois découragés lorsqu'il nous faut apprendre les termes employés en anatomie et en physiologie. Vous avez sans doute déjà remarqué que cet ouvrage ne se lit pas comme un roman !

Les termes spécialisés et précis sont malheureusement essentiels pour éviter la confusion. Pour bien se comprendre, les anatomistes ont adopté une terminologie universellement acceptée pour nommer et situer toutes les structures avec précision et de façon concise. Dans les sections suivantes, nous définissons et expliquons ces termes.

Position anatomique et orientation

Pour décrire avec précision une partie du corps et sa position, il faut une attitude de référence et une direction. L'attitude de référence est une position standard appelée **position anatomique**. Dans cette position, la personne est debout, les pieds presque joints et les talons légèrement soulevés. Il est facile de s'en souvenir parce que c'est la position du garde-à-vous, mais avec les paumes des mains tournées vers l'avant et les pouces vers l'extérieur. La position anatomique est illustrée dans le **tableau 1.1** (en haut) et à la **figure 1.7a**.

Assurez-vous de bien la comprendre, car, dans cet ouvrage comme dans tous les ouvrages d'anatomie et de physiologie, la plupart des termes décrivant l'orientation font référence à un individu *comme s'il était dans cette position, quelle que soit sa véritable position*. Par ailleurs, il faut savoir que les termes « droite » et « gauche » se rapportent à la personne ou au cadavre qu'on examine et non aux côtés de l'observateur.

Pour définir précisément la position d'une structure corporelle par rapport à une autre, on emploie les termes relatifs à l'**orientation**. Par exemple, pour décrire la relation qui existe entre les oreilles et le nez, on pourrait dire : « Les oreilles se trouvent de chaque côté de la tête, à droite et à gauche du nez. » En termes anatomiques, cette phrase deviendrait : « Les oreilles sont latérales par rapport au nez. » Il est évident que la terminologie anatomique est plus concise et moins ambiguë. Les principaux termes relatifs à l'orientation ont été définis et illustrés dans le tableau 1.1. La plupart de ces termes sont employés dans la vie de tous les jours, mais ils prennent un sens très précis en anatomie. Si vous êtes maintenant en mesure de déterminer la position de l'index par rapport au pouce (latéral ou médial ?), c'est que vous avez bien assimilé le vocabulaire relié à l'orientation et la notion de position anatomique.

Régions

Les deux principales divisions du corps humain sont ses parties *axiale* et *appendiculaire*. La **partie axiale**, qui constitue l'*axe* principal du corps, comprend la tête, le cou et le tronc. La **partie appendiculaire** comprend les *appendices* ou *membres*, qui sont reliés à la partie axiale. Les termes désignant les **régions** spécifiques du corps à l'intérieur de ces grandes divisions sont illustrés à la figure 1.7. Le terme entre parenthèses correspond à l'appellation courante donnée à une région donnée.

Variabilité anatomique

Bien qu'on utilise un vocabulaire commun quand on parle de l'orientation et des régions du corps humain, nous savons, pour avoir observé les visages et les tailles des personnes autour de nous, que l'anatomie externe des êtres humains est variable. On peut en dire autant de nos organes internes. Par exemple, chez certains individus, le trajet d'un nerf ou d'un vaisseau sanguin (surtout les veines) peut être légèrement déplacé, ou un petit muscle absent. Certaines variations, comme le *situs inversus*, sont plus rares et plus impressionnantes : tous les organes sont complètement inversés (ce qui devrait être à gauche est à droite et inversement) sans que cela n'ait de conséquence sur la santé de ces personnes. Quoi qu'il en soit, les structures présentes dans le corps humain sont conformes aux descriptions qu'en donnent les manuels dans une proportion allant, d'après les anatomistes, de 70 à 90 %. Les variations anatomiques extrêmes sont très rares parce qu'elles sont incompatibles avec la vie.

Plans et coupes

Pour étudier l'anatomie, il faut souvent disséquer le corps, c'est-à-dire effectuer une *coupe* le long d'une surface ou d'un plan. Les plans le plus fréquemment utilisés sont les plans sagittal, frontal et transverse, qui se situent à angle droit les uns par rapport aux autres **(figure 1.8)**. La coupe prend le nom du plan selon lequel elle a été pratiquée ; ainsi, une coupe suivant un plan sagittal s'appelle coupe sagittale.

Un **plan sagittal** (*sagitta* : flèche) est un plan vertical qui divise le corps en parties droite et gauche. Le plan sagittal situé exactement sur la ligne médiane est nommé **plan sagittal médian** ou **plan médian** (figure 1.8c). Tous les autres plans sagittaux qui ne sont pas situés sur la ligne médiane sont appelés **plans parasagittaux** (*para* : à côté de).

Un **plan frontal** ou **coronal** (*corona* : couronne) est vertical, comme un plan sagittal, mais il divise le corps en parties antérieure et postérieure (figure 1.8a).

Un **plan transverse** ou **horizontal** est, comme son nom l'indique, horizontal et forme un angle droit avec l'axe du corps qu'il divise en parties supérieure et inférieure (figure 1.8b). Bien entendu, il existe de nombreux plans transverses à tous les niveaux, de la tête aux pieds. On parle donc également de **coupe transversale**.

Lorsqu'une coupe est pratiquée selon un plan intermédiaire entre un plan vertical et un plan horizontal, on l'appelle **coupe oblique**. Les coupes de ce type sont peu usitées parce qu'elles prêtent souvent à confusion et sont difficiles à interpréter.

Dans le bas de la figure 1.8, vous pouvez voir des photos obtenues par remnographie des trois coupes de la figure. En

TABLEAU 1.1	Termes relatifs à l'orientation		
TERME	**DÉFINITION**	**EXEMPLE**	
Supérieur	Vers la tête, ou vers le haut d'une structure ou du corps; au-dessus		La tête est *supérieure* par rapport à l'abdomen.
Inférieur	À l'opposé de la tête, ou vers le bas d'une structure ou du corps; au-dessous		L'ombilic est *inférieur* par rapport au menton.
Antérieur (ventral)*	Vers l'avant ou à l'avant du corps; devant		Le sternum est *antérieur* par rapport à la colonne vertébrale.
Postérieur (dorsal)*	Vers le dos ou au dos du corps; derrière		Le cœur est *postérieur* par rapport au sternum.
Médial et médian	Médial: vers le plan médian du corps; sur la face intérieure de Médian: situé dans le plan médian		Le cœur est *médial* par rapport au bras; le médiastin est une structure *médiane*.
Latéral	Plus éloigné du plan médian du corps; sur la face extérieure de		Les bras sont *latéraux* par rapport au cœur.
Intermédiaire ou moyen	Entre une structure plus médiale et une structure plus latérale		La clavicule est *intermédiaire* entre le sternum et l'épaule.
Proximal	Plus près de l'origine d'une structure ou du point d'attache d'un membre au tronc		Le coude est *proximal* par rapport au poignet.
Distal	Plus éloigné de l'origine d'une structure ou du point d'attache d'un membre au tronc		Le genou est *distal* par rapport à la cuisse.
Superficiel	Près de la surface ou à la surface du corps		La peau est *superficielle* par rapport aux muscles squelettiques.
Profond	Loin de la surface du corps; plus interne		Les poumons sont *profonds* par rapport à la peau.

Les termes « antérieur » et « ventral » sont synonymes chez les humains, mais non chez les quadrupèdes. « Ventral » signifie « relatif à l'abdomen » chez les vertébrés et, par conséquent, correspond à la face inférieure des quadrupèdes. De même, « postérieur » et « dorsal », synonymes chez les humains, ne le sont pas chez les quadrupèdes, puisque le terme « dorsal » signifie « relatif au dos » et que le dos est la face supérieure des quadrupèdes.

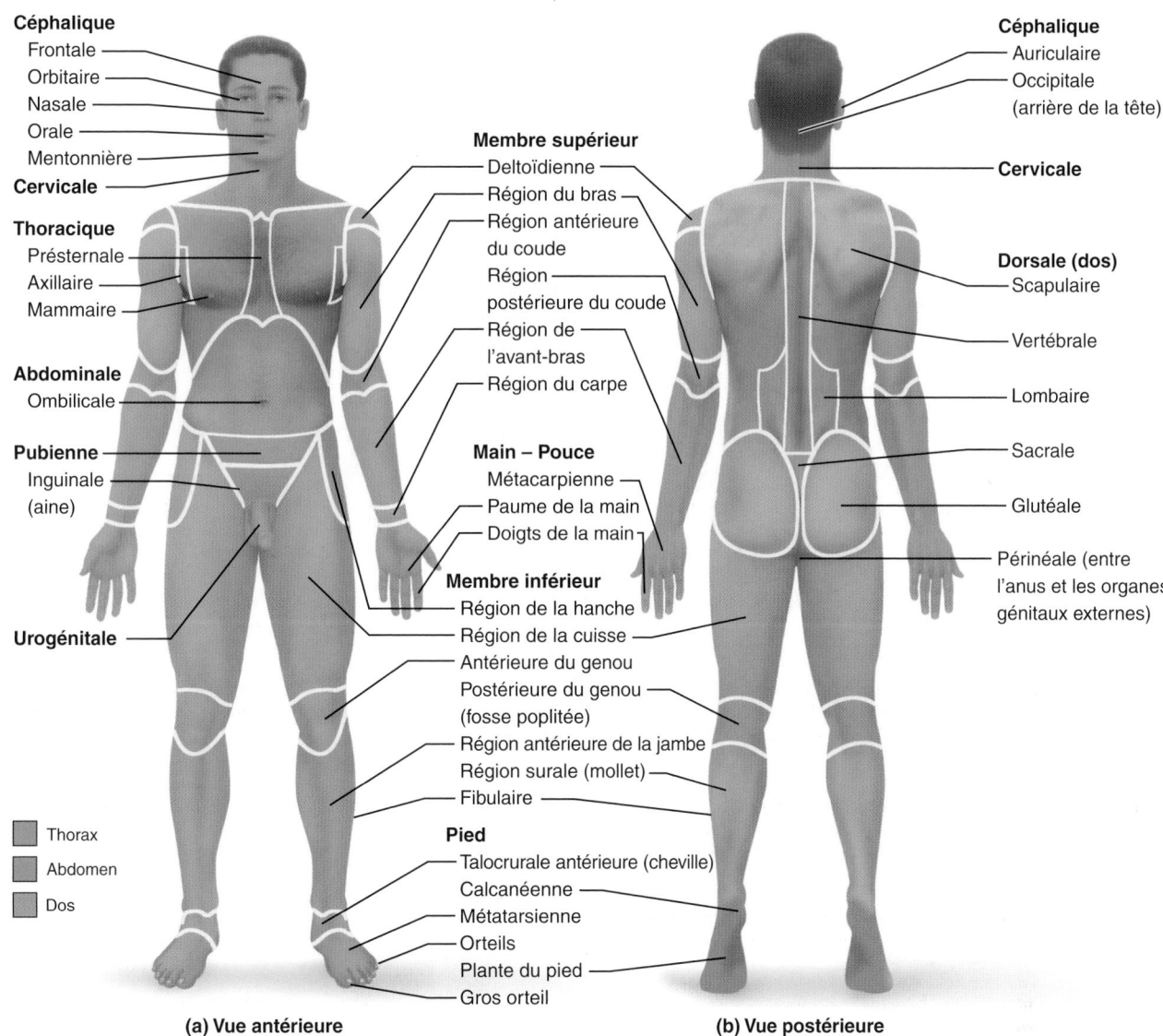

Céphalique
- Frontale
- Orbitaire
- Nasale
- Orale
- Mentonnière

Cervicale

Thoracique
- Présternale
- Axillaire
- Mammaire

Abdominale
- Ombilicale

Pubienne
- Inguinale (aine)

Urogénitale

- Thorax
- Abdomen
- Dos

Membre supérieur
- Deltoïdienne
- Région du bras
- Région antérieure du coude
- Région postérieure du coude
- Région de l'avant-bras
- Région du carpe

Main – Pouce
- Métacarpienne
- Paume de la main
- Doigts de la main

Membre inférieur
- Région de la hanche
- Région de la cuisse
- Antérieure du genou
- Postérieure du genou (fosse poplitée)
- Région antérieure de la jambe
- Région surale (mollet)
- Fibulaire

Pied
- Talocrurale antérieure (cheville)
- Calcanéenne
- Métatarsienne
- Orteils
- Plante du pied
- Gros orteil

Céphalique
- Auriculaire
- Occipitale (arrière de la tête)

Cervicale

Dorsale (dos)
- Scapulaire
- Vertébrale
- Lombaire
- Sacrale
- Glutéale
- Périnéale (entre l'anus et les organes génitaux externes)

(a) Vue antérieure   **(b) Vue postérieure**

Figure 1.7 Termes désignant les régions du corps. (a) La position anatomique. **(b)** Les talons sont légèrement soulevés pour montrer la face plantaire du pied, qui se trouve sur la face inférieure du corps.

médecine, il est important de pouvoir interpréter les coupes du corps, en particulier les coupes transversales. En effet, les nouveaux procédés d'imagerie médicale (décrits aux pages 18 à 21) produisent des images en coupe bidimensionnelle et non des images tridimensionnelles d'organes entiers.

Il peut être difficile de déterminer la forme d'un objet à partir d'une coupe. Ainsi, la coupe transversale d'une banane est circulaire et ne permet pas de savoir que la banane a la forme d'un croissant. Par ailleurs, des coupes du corps ou d'un organe selon plusieurs plans peuvent donner des images d'aspect totalement différent. Par exemple, une coupe du tronc selon un plan horizontal au niveau des reins montrerait très clairement la structure, en coupe transversale, de ces derniers. Leur anatomie semblerait très différente sur une coupe frontale du tronc, alors qu'ils seraient invisibles sur une coupe sagittale médiane du tronc.

Avec l'expérience, vous finirez par apprendre à faire le lien entre les coupes bidimensionnelles et les formes tridimensionnelles.

VÉRIFIONS NOS ACQUIS

12. Qu'est-ce que la position anatomique ? Pourquoi est-il important pour *vous* de connaître cette position ?

13. Les régions axillaire et deltoïdienne se trouvent au niveau de l'épaule. Où chacune d'elles est-elle plus précisément située ?

14. Quel type de coupe divise l'encéphale en une partie antérieure et en une partie postérieure ?

Les réponses se trouvent à l'appendice G.

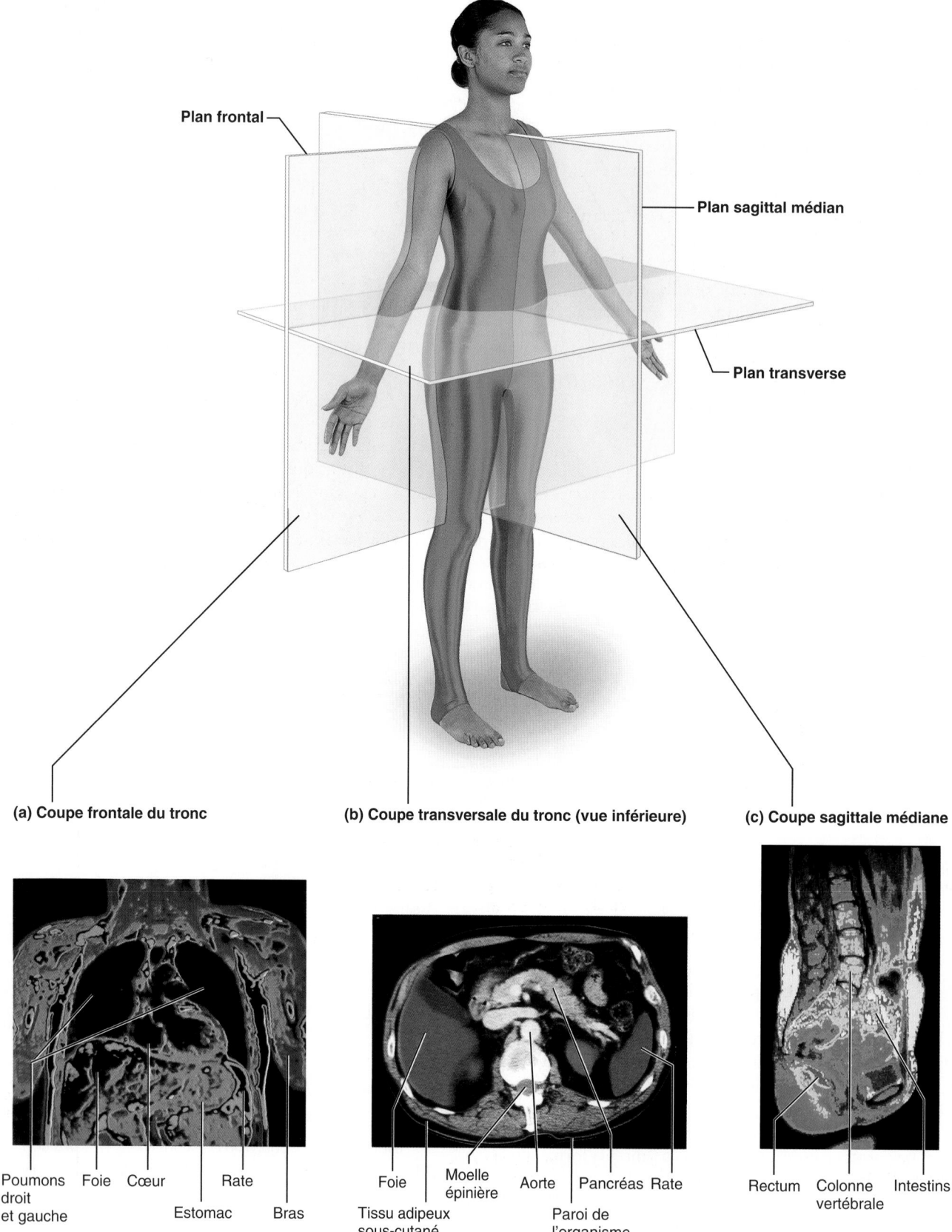

Plan frontal

Plan sagittal médian

Plan transverse

(a) Coupe frontale du tronc

(b) Coupe transversale du tronc (vue inférieure)

(c) Coupe sagittale médiane

Poumons droit et gauche   Foie   Cœur   Rate   Estomac   Bras

Foie   Moelle épinière   Aorte   Pancréas   Rate   Tissu adipeux sous-cutané   Paroi de l'organisme

Rectum   Colonne vertébrale   Intestins

Figure 1.8 **Plans du corps.** Les coupes correspondantes obtenues par remnographie sont reproduites au-dessous.

Cavités et membranes

12 Situer et nommer les grandes cavités du corps, leurs subdivisions et les membranes qui les entourent et énumérer les principaux organes qu'elles renferment.

13 Nommer et situer les neuf régions et les quatre quadrants de la cavité abdominale et pelvienne et énumérer les organes qu'ils contiennent.

Les ouvrages d'anatomie et de physiologie décrivent habituellement deux grandes cavités internes : la cavité postérieure et la cavité antérieure. Elles se situent près de l'extérieur et contiennent des organes internes, qu'elles protègent à différents degrés. Comme le développement embryonnaire et le revêtement de ces deux cavités diffèrent, de nombreux ouvrages de référence n'incluent pas la cavité postérieure en tant que telle. Toutefois, nous jugeons utile sur le plan pédagogique de diviser le corps en deux grandes cavités.

Cavité postérieure

La **cavité postérieure** ou **dorsale**, qui protège les organes très fragiles du système nerveux (**figure 1.9**, en jaune), se subdivise en deux parties. La **cavité crânienne** est circonscrite par les os du crâne et contient l'encéphale. La **cavité vertébrale** ou **spinale** est située à l'intérieur de la colonne vertébrale et renferme la moelle épinière. Comme la moelle épinière part de l'encéphale, dont elle est en fait un prolongement, la cavité crânienne et la cavité vertébrale sont en communication directe.

Cavité antérieure

La **cavité antérieure** ou **ventrale** (figure 1.9, en rouge brique), qui est antérieure par rapport à la cavité dorsale et plus grande que celle-ci, se divise également en deux parties principales, la *cavité thoracique* et la *cavité abdominale et pelvienne*. La cavité antérieure renferme les organes internes qu'on regroupe sous le nom de **viscères**, ou **organes viscéraux** (*viscus*: organe dans une cavité corporelle).

La partie supérieure, appelée **cavité thoracique**, est délimitée par les côtes et les muscles du thorax. Elle est elle-même formée de trois cavités : les deux cavités latérales appelées **cavités pleurales**, qui contiennent chacune un poumon, et la cavité médiane, ou **médiastin**. Celui-ci contient à son tour la **cavité péricardique** (où loge le cœur) et les autres organes de la cage thoracique (œsophage, trachée, etc.).

La **cavité abdominale et pelvienne** est inférieure par rapport à la cavité thoracique, dont elle est séparée par un muscle en forme de voûte, le diaphragme, qui joue un rôle important dans la respiration. Comme son nom l'indique, la cavité abdominale

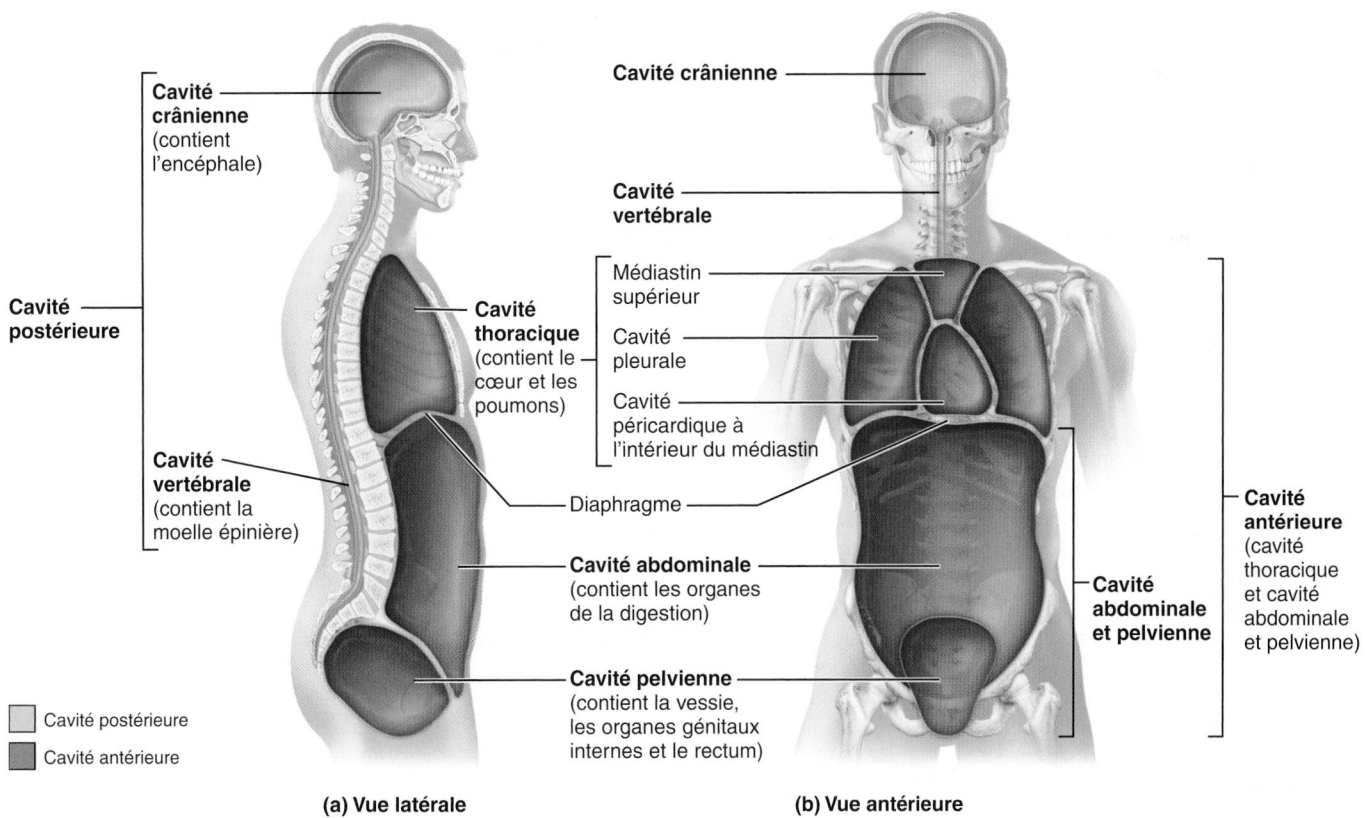

(a) Vue latérale

(b) Vue antérieure

Figure 1.9 Cavités antérieure et postérieure et leurs divisions.

GROS PLAN

L'imagerie médicale : pour explorer les profondeurs du corps humain

Il y a peu de temps encore, on ne disposait, pour observer l'intérieur de l'organisme vivant, que des rayons X – technique remarquable, mais donnant des images floues. La **radiographie** consiste à faire traverser l'organisme par des *rayons X,* qui sont des ondes électromagnétiques de très courte longueur d'onde ; elle permet d'obtenir un négatif flou des organes internes. Les structures denses absorbent plus les rayons X et apparaissent pâles sur le cliché ; les organes creux contenant de l'air ainsi que le tissu adipeux absorbent moins les rayons X et apparaissent foncés. L'utilisation de substances radioopaques (baryte) permet d'examiner les cavités naturelles, mais la radiographie est surtout utile à l'observation de structures dures et osseuses et à la détection d'objets anormalement denses (tumeurs, nodules tuberculeux dans les poumons, calculs rénaux, etc.). La mammographie de dépistage du cancer du sein s'effectue au moyen de la radiographie.

La médecine nucléaire (examen du corps à l'aide d'isotopes radioactifs) et l'ultrasonographie ont fait leur apparition au cours des années 1950. Les années 1970 ont été marquées par l'avènement de la tomographie par ordinateur, de la tomographie par émission de positons (ou positrons) et de la résonance magnétique nucléaire. Ces dernières techniques permettent l'observation des structures internes de notre organisme et commencent à nous révéler les activités moléculaires qui s'y déroulent, mais qui étaient restées inaccessibles jusque-là.

La **tomographie par ordinateur** («scan» dans le langage courant et autrefois appelée **tomographie axiale commandée par ordinateur**) est une forme perfectionnée de radiographie réalisée à l'aide d'un tomodensitomètre. Cet appareil, en forme d'anneau, permet de mesurer la densité radiologique du corps. Durant ce type d'examen, on déplace lentement le patient, à qui on a éventuellement administré un produit de contraste iodé, dans le tomodensitomètre. Pendant ce temps, le tube à rayons X tourne autour de lui et irradie successivement dans toutes les directions des régions du corps qu'on veut explorer. Étant donné que le

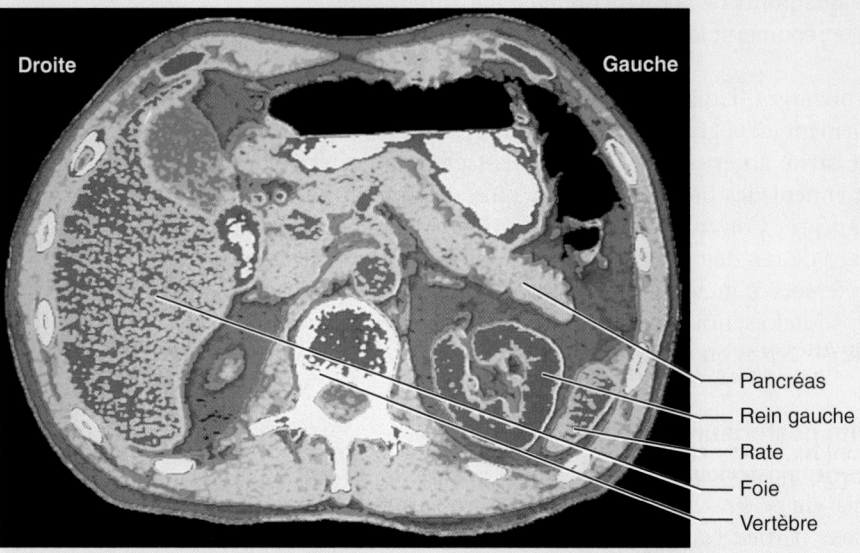

Droite — Gauche

— Pancréas
— Rein gauche
— Rate
— Foie
— Vertèbre

(a) Coupe transversale de l'abdomen supérieur obtenue par tomographie par ordinateur

faisceau de rayonnement irradie chaque fois une mince «tranche» du corps (de l'épaisseur d'une pièce de 10 cents), la tomographie élimine toute confusion découlant de la superposition des organes comme dans la radiographie ordinaire. À partir des données ainsi recueillies, l'ordinateur du tomodensitomètre reconstitue une coupe transversale détaillée de toutes les régions examinées. La tomographie constitue actuellement le fer de lance de la technique médicale pour le diagnostic de la plupart des troubles cérébraux et abdominaux (photo a). La précision et la clarté des images obtenues ont pratiquement rendu désuètes les chirurgies exploratrices.

La **tomographie au xénon** est une variante de la tomographie par ordinateur qui améliore la visualisation de l'encéphale grâce au xénon. Ce gaz radioactif, mais chimiquement inerte, permet de rendre apparent le flux sanguin. Le xénon inhalé passe rapidement dans la circulation et se répand dans les différents tissus du corps en proportion de leur débit sanguin. L'absence de xénon dans une partie de l'encéphale indique qu'un accident vasculaire est survenu à cet endroit. Ce type de renseignement permet de mieux orienter le traitement.

Des procédés tomographiques spéciaux à grande vitesse permettent la **reconstruction spatiale dynamique**

(RSD). Cette technique permet d'obtenir des images tridimensionnelles des organes sous n'importe quel angle, tout en rendant apparents leurs mouvements et les modifications de leurs volumes internes à vitesse normale, au ralenti et à un instant précis. Ces méthodes servent surtout à reconstituer les battements du cœur et la circulation sanguine ; on est ainsi en mesure d'observer les malformations cardiaques, les resserrements ou obstructions des vaisseaux sanguins et l'état des pontages coronariens.

L'**angiographie numérique avec soustraction** est une autre technique radiologique assistée par ordinateur (*angiographie :* images des vaisseaux). Elle permet d'obtenir une image très claire des petites artères. Son principe est simple : on prend des radiographies traditionnelles avant et après avoir injecté un agent de contraste (produit iodé absorbant les rayons X) dans une artère. L'ordinateur soustrait ensuite l'image «avant» de l'image «après», faisant ainsi disparaître toute trace des structures qui cachent le vaisseau à examiner. On se sert souvent de cette technique pour rendre apparentes les obstructions des artères alimentant le muscle cardiaque (photo b) et l'encéphale.

Tout comme la radiographie a donné naissance à d'autres techniques plus avancées, les progrès réalisés en médecine nucléaire ont débouché sur la

1

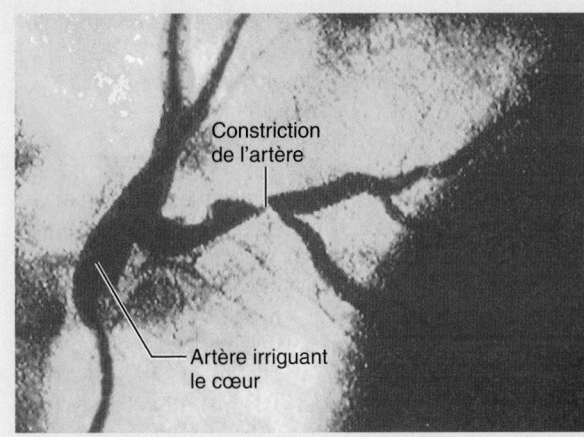

(b) Artères qui irriguent le cœur vues par angiographie numérique avec soustraction

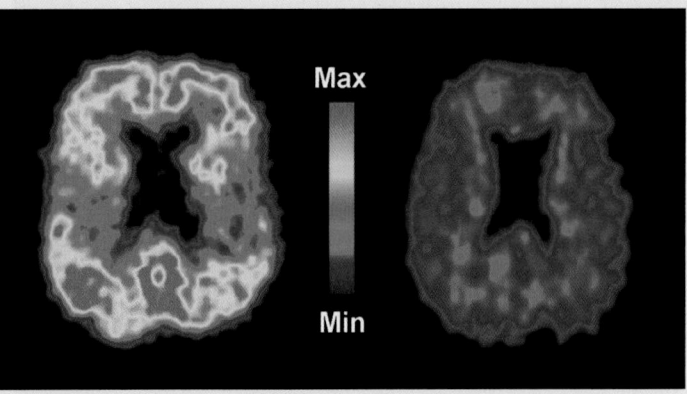

(c) Images d'une TEP montrant les régions où s'est accumulée la protéine bêta amyloïde (zones en rouge et jaune qui semblent illuminées) chez une personne atteinte de la maladie d'Alzheimer (à gauche) et qui sont absentes chez une personne en bonne santé (à droite)

tomographie par émission de positons (**TEP**), qui constitue un excellent outil d'observation des *processus métaboliques*. On injecte au patient des molécules biologiquement actives – du glucose, par exemple – marquées par un isotope radioactif (le plus souvent le fluor-18) dont la demi-vie est relativement courte – un peu moins de deux heures dans ce cas –, puis on le place dans le tomographe à émission de positons. Les cellules du cerveau, qui sont les plus actives, absorbent de grandes quantités d'isotopes radioactifs fixés aux molécules de glucose. Une fois dans les cellules, les isotopes émettent des positons. Quand ces positons rencontrent leurs antiparticules que sont les électrons de l'organisme, il y a production de rayons gamma à haute énergie. Ces derniers sont captés par une caméra spéciale et analysés par l'ordinateur, qui reconstitue alors en direct une image en couleurs très contrastées de l'activité biochimique du cerveau. La tomographie par émission de positons a notamment permis d'étudier l'activité cérébrale de victimes d'un accident vasculaire cérébral ainsi que celle de personnes atteintes de certaines maladies mentales, de la maladie d'Alzheimer ou d'épilepsie. Cette technique s'est également révélée particulièrement intéressante pour déterminer, chez des personnes en bonne santé, les parties du cerveau qui s'activent lors de l'exécution de certaines tâches (parole, écoute de musique, résolution d'un problème mathématique). Elle permet ainsi d'observer directement les fonctions accomplies par des régions précises du cerveau. Actuellement, la tomographie par émission de positons peut révéler certains problèmes chez des personnes à qui on n'a pas encore diagnostiqué la maladie d'Alzheimer, car les régions où s'accumule la protéine bêta amyloïde (un signe distinctif de la maladie d'Alzheimer) apparaissent en rouge et en jaune, comme dans la photo *c*. Elle aide aussi à prévoir quelles personnes pourraient plus tard être atteintes de cette maladie en révélant les régions où le métabolisme est ralenti dans les zones de mémoire essentielles du cerveau. Outre ses applications en neurologie, la TEP est utile en oncologie puisqu'elle permet de détecter des tumeurs (les cellules tumorales absorbent plus de glucose que les cellules normales) et de suivre leur évolution durant la thérapie.

L'**échographie**, ou **ultrasonographie**, possède certains avantages évidents sur les procédés décrits précédemment. En plus d'être peu coûteux, les appareils font appel à des sources d'énergie (des ondes sonores de haute fréquence, ou ultrasons) potentiellement moins dommageables que les rayonnements ionisants employés en médecine nucléaire. Les impulsions sonores qui traversent le corps sont réfléchies et déviées par les divers types de tissus. À partir des échos ainsi produits, un ordinateur reconstruit des images quelque peu floues du contour des organes examinés. Un simple petit appareil qu'on tient à la main émet les ultrasons et capte les échos. On peut facilement déplacer cet appareil à la surface du corps pour obtenir des images sous plusieurs angles.

Les techniques d'échographie se perfectionnent régulièrement. L'utilisation d'ondes sonores de fréquence plus élevée, une meilleure sensibilité au niveau de la réception, une meilleure analyse des signaux, etc., permettent d'obtenir maintenant des images de meilleure qualité, en trois dimensions, et de visualiser des mouvements en temps réel.

À cause de son innocuité, l'échographie est la technique d'imagerie de choix en obstétrique. Elle permet de déterminer l'âge et la position du fœtus ainsi que de localiser le placenta. Dans d'autres domaines diagnostiques, l'échographie sert aussi à visualiser la vésicule biliaire et à repérer les plaques athéroscléreuses dans les artères. L'échographie est toutefois de peu d'utilité pour examiner les structures remplies d'air (poumons) ou protégées par des os (encéphale et moelle épinière) parce que les ondes sonores se dissipent rapidement dans l'air et n'ont qu'un faible pouvoir de pénétration.

La **remnographie**, ou **résonance magnétique nucléaire** (**RMN**), est une technique extrêmement intéressante parce qu'elle produit des images très contrastées des tissus mous, pour lesquels la radiographie et la tomographie ne sont pas d'une grande utilité. Sous sa forme originale, la résonance magnétique nucléaire donne avant tout une image de l'hydrogène, le plus petit des atomes ; dans notre organisme, la plus grande partie de l'hydrogène fait partie des molécules d'eau et des molécules de lipides. Pour forcer les molécules du corps à livrer leurs secrets, on applique à l'organisme des champs magnétiques ayant de 10 000 à 60 000 fois l'intensité du magnétisme terrestre. Le patient est étendu à l'intérieur d'un espace entouré d'un énorme aimant.

1

Les molécules contenant de l'hydrogène (plus précisément les *noyaux* des atomes d'hydrogène, d'où le nom «nucléaire») s'orientent alors dans une même direction parallèle au champ magnétique appliqué; des émissions très brèves d'ondes radio modifient cette orientation (c'est la «résonance magnétique»). Lorsque l'émission des ondes radio cesse, les molécules contenant de l'hydrogène retournent à leur orientation initiale et l'énergie libérée est transformée en image.

Comme la RMN permet de reconnaître les divers tissus de l'organisme selon leur contenu en eau, il est possible par exemple de distinguer dans l'encéphale la substance blanche, qui est grasse, de la substance grise, plus aqueuse. Puisque les structures denses, tels les os, n'apparaissent pas à la remnographie, on peut observer l'intérieur de la cavité crânienne et de la cavité vertébrale, notamment les minces neurofibres de la moelle épinière. Ce procédé est aussi très utile pour le diagnostic des tumeurs et des maladies dégénératives, contrairement à la tomographie, qui ne permet pas de déceler les zones sans myéline caractéristiques de la sclérose en plaques. La remnographie met également en évidence les réactions métaboliques comme les processus de production des molécules d'ATP, lesquelles constituent les réserves d'énergie de nos cellules.

Jusqu'à tout récemment, il était difficile de diagnostiquer l'asthme, l'emphysème et d'autres maladies pulmonaires au moyen de la RMN en raison de la faible quantité d'eau contenue dans les poumons. Toutefois, une nouvelle technique, qui consiste à remplir les poumons d'un gaz dont l'aimantation a été considérablement augmentée par une lumière polarisée (hélium-3 ou xénon-129 hyperpolarisé), a permis d'obtenir en quelques secondes des

images spectaculaires des poumons. Il suffit tout simplement au patient d'inspirer, de retenir brièvement sa respiration, puis d'expirer. Cette méthode constitue une nette amélioration par rapport à la RMN traditionnelle sur le plan de la durée de l'examen, mais elle a également pour avantage de nécessiter un champ magnétique 10 fois moins puissant que celui employé en RMN. De plus, comme il rend possible l'examen des voies respiratoires, ce procédé permet de révéler des problèmes qui seraient autrement passés inaperçus.

On a mis au point de nouvelles formes de RMN, telles que la **spectroscopie par résonance magnétique (SRM)**. Celle-ci fournit une carte de la distribution d'éléments comme l'hydrogène et le phosphore et permet d'identifier des molécules et de déterminer leurs proportions en des endroits précis du corps, révélant ainsi les effets de la maladie sur la chimie de l'organisme. De plus, grâce aux progrès de l'informatique, il est désormais possible d'obtenir des images tridimensionnelles et d'utiliser ces résultats pour guider la chirurgie au laser.

La **RMN fonctionnelle** permet de suivre le flux sanguin dans l'encéphale en temps réel. Avant son invention, on ne disposait que de la TEP pour établir des liens entre les pensées, les émotions, les activités et les maladies, d'une part, et l'activité cérébrale correspondante, d'autre part. Comme elle ne nécessite aucune injection de traceurs et qu'elle peut cerner des régions beaucoup plus précises du cerveau, la RMN fonctionnelle constitue une autre voie, peut-être plus souhaitable, pour ce type d'études. Des examens cliniques font également appel à la RMN fonctionnelle pour déterminer si un patient plongé dans un état végétatif (coma) a des pensées conscientes.

En dépit des avantages que présente la RMN, l'utilisation de ces appareils bruyants – dotés de puissants aimants et donnant des sueurs froides aux personnes claustrophobes – pose quelques problèmes épineux. Par exemple, les aimants peuvent attirer les objets métalliques comme les stimulateurs cardiaques et les obturations dentaires mal assujetties, au point de les déplacer, voire de les déloger. Par ailleurs, même si la RMN est considérée actuellement comme inoffensive, il n'existe aucune preuve convaincante que des champs magnétiques d'une telle intensité sont sans danger pour l'organisme.

Et bien qu'elles soient étonnantes, les images produites par ces nouveaux appareils sont purement abstraites et sont assemblées dans le «cerveau» d'un ordinateur. Elles sont traitées pour renforcer la netteté des traits, puis colorées artificiellement (toutes les couleurs sont «fausses»). Même si elles sont très utiles, ces images sont loin d'avoir la même valeur que l'observation directe et demandent d'être interprétées par des spécialistes du domaine.

Quoi qu'il en soit, la médecine moderne dispose d'excellents outils diagnostiques. La sonde gastro-intestinale M2A (ou capsule vidéoendoscopique) en est un exemple: cet appareil se compose d'une minuscule caméra, à usage unique, qui s'avale comme une pilule et qui est excrétée par les voies naturelles de 8 à 72 heures plus tard. La M2A filme le petit intestin en descendant le tube digestif, sans occasionner de douleurs. Entraînée par la motilité de la paroi intestinale, elle envoie à un récepteur de la dimension d'un baladeur fixé à la taille du sujet des images en couleurs des zones traversées. Selon une étude, cette sonde détecterait les affections intestinales avec une

---

et pelvienne se divise en deux parties qui, cependant, ne sont pas séparées par une paroi musculaire ni par une membrane. La partie supérieure est la **cavité abdominale**; elle renferme l'estomac, les intestins, la rate, le foie et d'autres viscères. La partie inférieure, qui est soutenue par les os du bassin, est la **cavité pelvienne**; elle contient la vessie, les organes génitaux internes et le rectum. Les cavités abdominale et pelvienne ne sont pas alignées, le bassin étant plus ou moins sphérique

et incliné par rapport à la verticale. La figure 1.10 présente les principales cavités de l'organisme sous la forme d'un diagramme résumé.

◣ DÉSÉQUILIBRE HOMÉOSTATIQUE

Lorsque le corps subit un traumatisme physique (comme cela se produit souvent au cours d'un accident de la circulation, par efficacité de 60 %, comparativement à 35 % pour les autres techniques d'imagerie. Par ailleurs, le sujet qui subit cet examen continue de vaquer à ses occupations habituelles pendant les « prises de vue ». À l'heure actuelle, la M2A ne permet de visualiser que l'intestin grêle parce que la pile s'épuise avant que l'appareil n'atteigne le gros intestin.

Mentionnons enfin que de nouvelles techniques d'imagerie permettent d'effectuer des interventions chirurgicales à distance. On transmet les images d'un organe malade par câbles de fibre optique jusqu'aux chirurgiens (qui peuvent même se trouver dans des pays différents) qui excisent l'organe en manipulant de petits instruments robotiques. Certaines techniques font leur apparition, tandis que d'autres, qui demeuraient confinées à des domaines bien particuliers, feront l'objet d'applications plus vastes ; sans supplanter les techniques actuelles, elles pourraient les compléter avantageusement. Citons, par exemple, la **tomographie par cohérence optique (OCT)**, qui est déjà utilisée en ophtalmologie. Basée sur les principes de l'échographie ultrasonore,

l'OCT fait appel à la lumière infrarouge plutôt qu'aux ultrasons. Comme cette dernière technique, elle est donc sans danger pour le sujet et peu coûteuse ; en outre, elle peut fournir des images d'une excellente résolution (de l'ordre du micromètre). Elle semble promise à de multiples applications en cardiologie, en dermatologie et en gynécologie. De plus, en étant couplée à la fibre optique, elle pourrait devenir un moyen d'exploration endoscopique.

L'avenir de l'imagerie médicale reposera, semble-t-il, autant sur le développement de nouvelles techniques que sur la combinaison de deux ou trois techniques déjà existantes qui se compléteront dans le but d'établir un diagnostic précis. (On associe déjà, par exemple, la TEP et la tomographie par ordinateur pour obtenir des informations sur la structure et le fonctionnement d'un organe.) On peut aussi prévoir que le traitement des images bénéficiera lui aussi des progrès en informatique. Enfin, grâce à l'utilisation des nanoparticules notamment (des particules dont les dimensions sont de l'ordre du millionième de milli-

mètre), il faut s'attendre à ce qu'en plus des organes et des tissus l'imagerie médicale s'applique au milieu cellulaire, voire aux molécules elles-mêmes. Bientôt, on ne se contentera plus de localiser de façon précise une tumeur : on pourra mettre en évidence et suivre l'activité de molécules particulières intervenant dans le développement tumoral, ce qui améliorera l'efficacité de la thérapie.

VÉRIFIONS NOS ACQUIS

15. Citez trois techniques d'imagerie médicale utilisant les rayons X.

16. Quel est la principale différence entre la résonance magnétique nucléaire et la radiographie en ce qui concerne le genre de tissus dont ces deux types de techniques donnent des images ?

17. Expliquez pourquoi les organes de la cavité abdominale se prêtent bien à l'examen par échographie.

Les réponses se trouvent à l'appendice G.

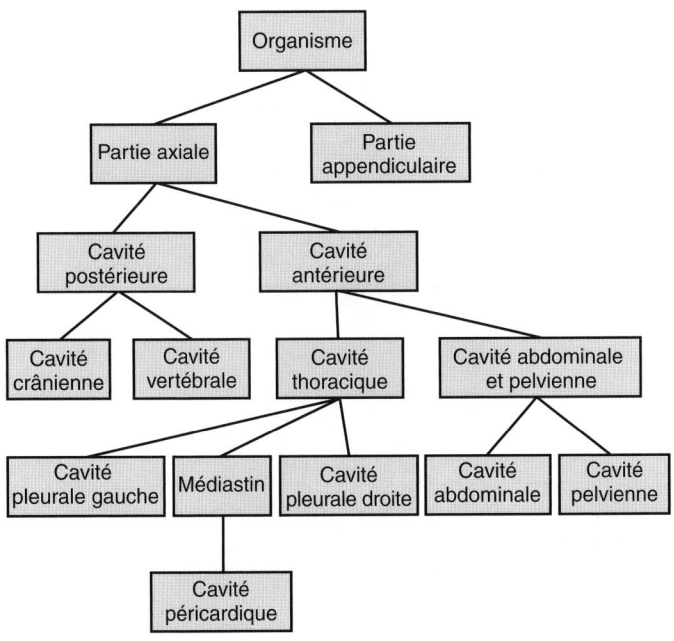

Figure 1.10 Diagramme résumé des principales cavités de l'organisme.

exemple), les organes abdominopelviens sont les plus vulnérables parce que les parois de cette cavité ne sont formées que par des muscles du tronc et ne sont pas renforcées par des os. Par contre, les organes pelviens sont relativement mieux protégés grâce aux os du bassin. ■

Membranes de la cavité antérieure La face interne de la paroi de la cavité antérieure et la surface des organes que cette cavité contient sont recouvertes d'une membrane mince formée de deux couches de tissus : la **séreuse**. La partie de la séreuse qui tapisse la face interne de la paroi de cette cavité est nommée **séreuse pariétale** (*paries :* paroi). Elle se replie sur elle-même pour former la **séreuse viscérale**, qui recouvre les organes présents dans la cavité.

Vous pouvez vous représenter la relation qui existe entre les séreuses en enfonçant votre poing dans un ballon partiellement dégonflé **(figure 1.11a)**. (Cet exercice vous permettra de comprendre que les différents organes de la cavité antérieure – tels que les poumons – ne sont pas contenus dans leur cavité – la cavité pleurale pour l'exemple choisi –, mais qu'ils sont entourés par cette cavité.) La partie du ballon en contact avec votre main peut être comparée à la séreuse viscérale qui adhère

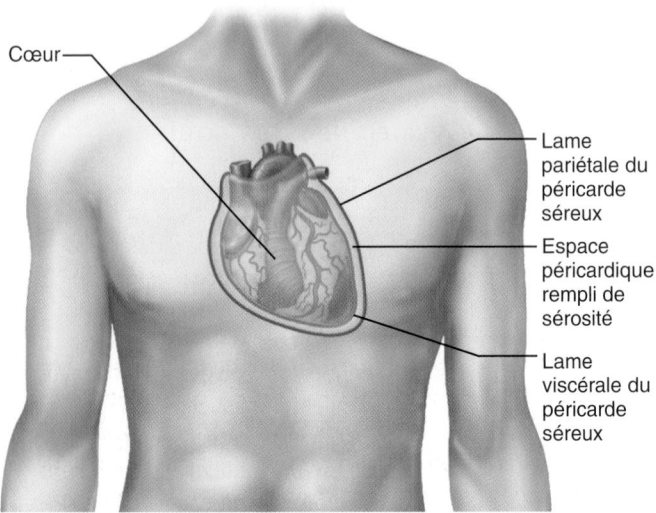

(a) La relation entre la séreuse pariétale et la séreuse viscérale est représentée par un poing enfoncé dans un ballon partiellement dégonflé.

Cœur

Lame pariétale du péricarde séreux

Espace péricardique rempli de sérosité

Lame viscérale du péricarde séreux

(b) Les séreuses associées au cœur

Figure 1.11 Relations entre les feuillets des séreuses.

à la surface des organes. La partie externe du ballon peut être comparée à la séreuse pariétale qui tapisse la paroi de la cavité antérieure. (Cependant, contrairement au ballon, cette séreuse n'est jamais exposée à l'air libre puisqu'elle est toujours accolée à la face interne de la paroi de la cavité antérieure.) Il n'y a pas d'air entre les deux séreuses (pariétale et viscérale) comme dans le cas du ballon, mais on y trouve un liquide lubrifiant transparent appelé **sérosité** qui est sécrété par les deux couches de la membrane. Bien qu'il y ait un espace virtuel entre les deux séreuses, l'étroite fente qui les sépare est remplie de sérosité.

La sérosité est visqueuse et permet aux organes en fonctionnement de glisser sans friction les uns contre les autres et contre la paroi de la cavité. Cette mobilité est particulièrement importante pour les organes ayant une action mécanique comme le cœur (qui pompe le sang) et l'estomac (qui mélange les aliments).

On nomme les séreuses en fonction de la cavité ou de l'organe auquel elles sont associées. Ainsi, comme on peut le voir à la figure 1.11b, la *lame pariétale du péricarde séreux* tapisse la cavité péricardique, et la *lame viscérale du péricarde séreux* recouvre le cœur. De la même façon, la *plèvre pariétale* tapisse les parois de la cavité thoracique, et la *plèvre viscérale* recouvre les poumons. Quant au *péritoine pariétal,* il adhère à la paroi de la cavité abdominale et pelvienne, alors que le *péritoine viscéral* recouvre la plupart des organes contenus

dans cette cavité. (La plèvre et le péritoine sont représentés à la figure 4.12, p. 160.)

DÉSÉQUILIBRE HOMÉOSTATIQUE

L'inflammation des séreuses s'accompagne habituellement d'un manque de liquide lubrifiant. Les organes adhèrent et frottent les uns contre les autres. Ce phénomène provoque de violentes douleurs, comme peuvent en témoigner tous ceux qui ont déjà souffert de *pleurésie* (inflammation de la plèvre) ou de *péritonite* (inflammation du péritoine). ■

Régions et quadrants de la cavité abdominale et pelvienne

La cavité abdominale et pelvienne est assez volumineuse et contient plusieurs organes. C'est pourquoi on la divise souvent en plusieurs régions pour en faciliter l'étude. Les professionnels de la santé se servent habituellement d'une méthode simple pour situer les organes de la cavité abdominale et pelvienne **(figure 1.12)**. Selon cette méthode, on place un plan transverse et un plan sagittal médian se croisant à angle droit sur l'ombilic. On détermine ainsi quatre **quadrants** qu'on nomme selon leur position relative sur le sujet (par rapport à ce dernier et non par rapport à l'observateur, comme nous l'avons déjà souligné) : le **quadrant supérieur droit** (**QSD**), le **quadrant supérieur gauche** (**QSG**), le **quadrant inférieur droit** (**QID**) et le **quadrant inférieur gauche** (**QIG**). (Voir la figure 1.13b, qui localise les organes situés dans les différentes régions de l'abdomen.) Selon une autre méthode de division employée surtout par les anatomistes, on sépare la cavité abdominale et pelvienne en neuf **régions** au moyen de deux plans transverses et de deux plans parasagittaux, ce qui donne une grille ressemblant à celle d'un jeu de tic-tac-toc **(figure 1.13)** :

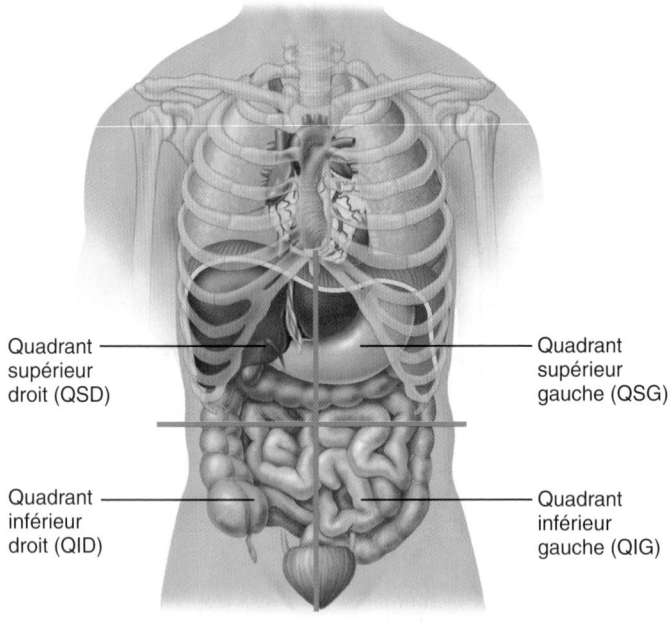

Quadrant supérieur droit (QSD)

Quadrant supérieur gauche (QSG)

Quadrant inférieur droit (QID)

Quadrant inférieur gauche (QIG)

Figure 1.12 Les quatre quadrants abdominopelviens. La cavité abdominale et pelvienne est ici divisée en quatre quadrants par deux plans.

- La **région ombilicale** est située derrière l'ombilic (nombril) et autour de celui-ci.
- La **région épigastrique** est supérieure par rapport à la région ombilicale (*epi* : sur ; *gastrion* : ventre).
- La **région pubienne** (ou hypogastre) est inférieure par rapport à la région ombilicale (*hypo* : au-dessous).
- Les **régions inguinales droite** et **gauche** sont latérales par rapport à la région pubienne (*inguen* : aine).
- Les **régions latérales droite** et **gauche** sont situées de part et d'autre de la région ombilicale (*latus* : côté).
- Les **régions hypochondriaques droite** et **gauche** sont situées de part et d'autre de la région épigastrique (*khondros* : cartilage des côtes).

Autres cavités

En plus des grandes cavités fermées, le corps compte également quelques cavités plus petites, dont la plupart sont situées dans la tête et s'ouvrent sur l'extérieur. La figure 1.7 contient les termes qui servent à décrire toutes les cavités présentées, sauf les deux dernières.

1. **Cavités orale et digestive.** La cavité orale (ou cavité buccale), généralement appelée bouche, contient les dents et la langue. Elle se prolonge par la cavité du système digestif, dont elle fait partie, et qui s'ouvre aussi sur l'extérieur par l'anus.
2. **Cavités nasales.** Situées à l'intérieur du nez et postérieurement à lui, les cavités nasales (ou fosses nasales) font partie des voies respiratoires.

3. **Cavités orbitaires.** Les deux cavités orbitaires, ou orbites, contiennent chacune un œil placé en position antérieure.
4. **Cavités de l'oreille moyenne.** Les deux cavités des oreilles moyennes, s'étendant à l'intérieur du crâne, sont médiales par rapport aux tympans et adjacentes à ceux-ci. Elles contiennent les osselets qui permettent la transmission du son à la partie de l'organe de l'ouïe située dans l'oreille interne.
5. **Cavités synoviales.** Les cavités synoviales sont situées au niveau des articulations. Elles sont délimitées par des capsules fibreuses entourant les diarthroses (articulations mobiles telles que le coude et le genou). Comme les séreuses, les membranes tapissant les cavités synoviales sécrètent un liquide lubrifiant qui réduit la friction entre les os en mouvement.

VÉRIFIONS NOS ACQUIS

18. Jean se présente à l'urgence en se plaignant de douleurs intenses dans le quadrant inférieur droit de l'abdomen. De quoi pourrait-il souffrir ?

19. Lequel des organes suivants se trouve dans la cavité postérieure : utérus, intestin grêle, moelle épinière ou cœur ?

20. Quand vos mains sont froides et que vous les frottez l'une sur l'autre, la friction produit de la chaleur et les réchauffe. Pourquoi la friction ne produit-elle pas de chaleur pendant les mouvements du cœur, des poumons et des organes de la digestion ?

Les réponses se trouvent à l'appendice G.

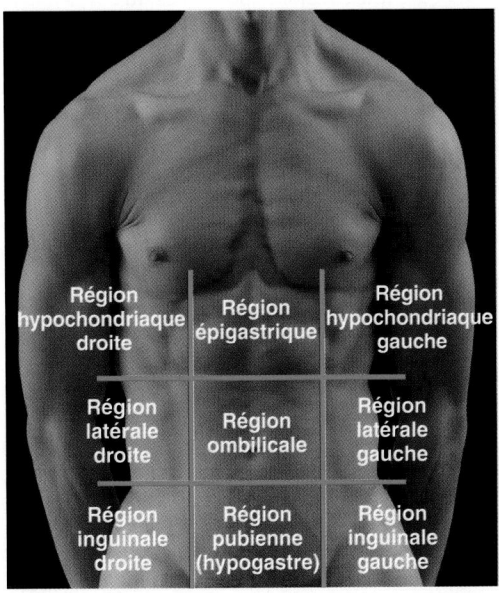

(a) Division de la cavité abdominale et pelvienne en neuf régions délimitées par quatre plans

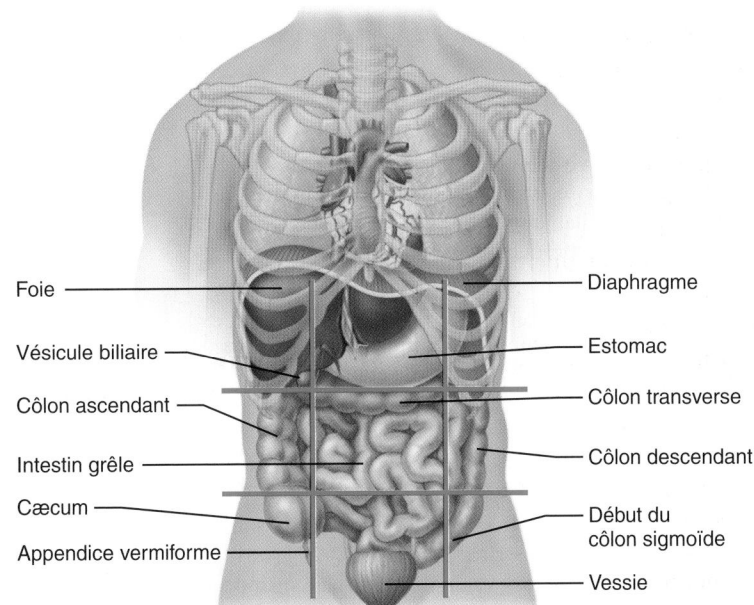

Foie · Diaphragme
Vésicule biliaire · Estomac
Côlon ascendant · Côlon transverse
Intestin grêle · Côlon descendant
Cæcum · Début du côlon sigmoïde
Appendice vermiforme · Vessie

(b) Vue antérieure de la cavité abdominale et pelvienne montrant les organes superficiels

Figure 1.13 Les neuf régions de la cavité abdominale et pelvienne. En **(a)**, le plan transverse supérieur passe juste sous les côtes ; le plan transverse inférieur passe juste au-dessus des hanches ; les plans parasagittaux sont médiaux par rapport aux mamelons.

Définition générale de l'anatomie et de la physiologie (p. 2)

1. L'anatomie est l'étude des structures du corps et de leurs relations ; la physiologie porte sur le fonctionnement des parties du corps.

Spécialités de l'anatomie (p. 2)

2. Les principales divisions du domaine de l'anatomie sont l'anatomie macroscopique, l'anatomie microscopique et l'anatomie du développement.

Spécialités de la physiologie (p. 3)

3. La physiologie a généralement pour objet l'étude du fonctionnement des organes et des systèmes de l'organisme. La physiologie cardiovasculaire, la physiologie rénale et la physiologie musculaire sont des exemples de spécialités de la physiologie.

4. Les notions de physique et de chimie permettent de mieux comprendre la physiologie.

Relation entre la structure et la fonction (p. 3)

5. L'anatomie et la physiologie sont indissociables, car les fonctions accomplies par un organe dépendent de sa structure. C'est ce qu'on appelle le principe de relation entre la structure et la fonction.

Niveaux d'organisation structurale (p. 3)

1. Les niveaux d'organisation structurale du corps humain sont, du plus simple au plus complexe, les niveaux chimique, cellulaire, tissulaire, des organes, des systèmes et de l'organisme.

2. Les 11 systèmes de l'organisme sont les systèmes tégumentaire, squelettique, musculaire, nerveux, endocrinien, cardiovasculaire, lymphatique, respiratoire, digestif, urinaire et génital. Le système immunitaire est un système fonctionnel étroitement associé au système lymphatique. (Voir les fonctions de ces systèmes, **p. 6-7**.)

Maintien de la vie (p. 5)

Fonctions vitales (p. 5)

1. Tous les organismes vivants accomplissent certaines activités essentielles à leur survie. Il s'agit du maintien des limites, du mouvement, de l'excitabilité, de la digestion, du métabolisme, de l'excrétion, de la reproduction et de la croissance.

Besoins vitaux (p. 8)

2. Les principaux besoins vitaux sont les nutriments, l'oxygène, l'eau ainsi qu'une température corporelle et une pression atmosphérique appropriées.

Homéostasie (p. 9)

1. L'homéostasie est l'équilibre dynamique du milieu interne. Tous les systèmes contribuent à l'homéostasie, mais ce sont les systèmes nerveux et endocrinien qui jouent le rôle le plus important. L'homéostasie est indispensable au maintien d'une bonne santé.

Mécanismes de régulation de l'homéostasie (p. 10)

2. Les mécanismes de régulation de l'organisme comportent au moins trois éléments : un ou plusieurs récepteurs, un centre de régulation et un ou plusieurs effecteurs.

3. Les mécanismes de rétro-inhibition réduisent le stimulus initial et sont essentiels au maintien de l'homéostasie. La température corporelle, la fréquence cardiaque, la fréquence et l'amplitude respiratoires, la concentration sanguine de glucose, d'oxygène, de gaz carbonique et d'ions et beaucoup d'autres variables sont réglées par des mécanismes de rétro-inhibition.

4. Les mécanismes de rétroactivation accentuent le stimulus initial, ce qui augmente constamment l'intensité de la réponse. Ces mécanismes ne servent généralement pas au maintien de l'homéostasie. Ils interviennent dans des processus particuliers comme l'hémostase ou les contractions utérines lors de l'accouchement.

Déséquilibre homéostatique (p. 12)

5. À mesure que nous vieillissons, nos mécanismes de rétro-inhibition deviennent moins efficaces et des mécanismes de rétroactivation se manifestent plus souvent. Ces changements sont la cause de certaines maladies.

Vocabulaire de l'anatomie (p. 13)

Position anatomique et orientation (p. 13)

1. Dans la position anatomique, la personne est debout face à l'observateur, les pieds presque joints, les bras sur le côté et les paumes tournées vers l'avant.

2. Les termes relatifs à l'orientation permettent de décrire avec précision l'emplacement des structures corporelles. Voici les principaux termes à retenir : supérieur/inférieur, antérieur/postérieur, ventral/dorsal, médial/latéral, intermédiaire, proximal/distal, superficiel/profond.

Régions (p. 13)

3. Certains termes désignent des régions spécifiques du corps (figure 1.7).

Variabilité anatomique (p. 13)

4. L'anatomie interne humaine présente une aussi grande variabilité que l'anatomie externe, mais les variations extrêmes sont rares.

Plans et coupes (p. 13)

5. Le corps et les organes peuvent être sectionnés selon certains plans ou lignes imaginaires, de manière à obtenir différentes coupes. On emploie souvent les plans sagittal, frontal et transverse.

Cavités et membranes (p. 17)

6. Le corps contient deux grandes cavités fermées : la cavité postérieure et la cavité antérieure. La cavité postérieure (ou dorsale) se divise en cavité crânienne et en cavité vertébrale, qui contiennent respectivement l'encéphale et la moelle épinière ; la cavité antérieure (ou ventrale) se divise en deux parties, d'une part une cavité supérieure appelée cavité thoracique, qui contient le cœur et les poumons, et d'autre part une cavité inférieure appelée cavité abdominale et pelvienne, qui contient le foie ainsi que les organes digestifs et les organes génitaux internes.

7. Les parois de la cavité antérieure et la surface des organes qu'elle contient sont recouvertes de minces membranes, la séreuse pariétale et la séreuse viscérale. Les séreuses sécrètent un liquide qui réduit la friction entre les organes en fonctionnement.

8. On peut diviser la cavité abdominale et pelvienne au moyen de quatre plans délimitant neuf régions (épigastrique, ombilicale, pubienne, inguinales droite et gauche, latérales droite et gauche, hypochondriaques droite et gauche), ou au moyen de deux plans délimitant quatre quadrants. (Les figures 1.12 et 1.13 montrent les limites de ces régions et les organes qui s'y trouvent.)

9. Le corps comporte plusieurs petites cavités. La plupart sont situées dans la tête et s'ouvrent sur l'extérieur.

QUESTIONS DE RÉVISION

Choix multiples/associations

(Il peut y avoir plus d'une bonne réponse à certaines questions. Choisissez les meilleures réponses parmi celles qui sont proposées. Les réponses se trouvent à l'appendice G.)

1. L'ordre des niveaux d'organisation structurale est le suivant :
   (a) des organes, des systèmes, cellulaire, chimique, tissulaire, de l'organisme ;
   (b) chimique, cellulaire, tissulaire, de l'organisme, des organes, des systèmes ;
   (c) chimique, cellulaire, tissulaire, des organes, des systèmes, de l'organisme ;
   (d) de l'organisme, des systèmes, des organes, tissulaire, cellulaire, chimique.

2. L'unité structurale et fonctionnelle de la vie est : (a) la cellule ; (b) l'organe ; (c) l'organisme ; (d) la molécule.

3. Laquelle des fonctions suivantes est une caractéristique fonctionnelle *importante* de tous les organismes ? (a) Le mouvement ; (b) la croissance ; (c) le métabolisme ; (d) l'excitabilité ; (e) toutes ces réponses.

4. Quel besoin vital requiert principalement la participation directe des trois systèmes suivants : le système nerveux, le système musculaire et le système tégumentaire ? (a) Besoin de nutriments ; (b) besoin d'oxygène ; (c) besoin d'eau, (d) besoin de maintenir une température corporelle normale.

5. La régulation de l'homéostasie du milieu interne repose principalement sur deux des systèmes suivants. Lesquels ? (a) Le système nerveux ; (b) le système digestif ; (c) le système cardio-vasculaire ; (d) le système endocrinien ; (e) le système génital.

6. Contrairement à ce qui caractérise la rétro-inhibition, la rétro-activation : (a) peut se produire sans stimulus ; (b) a tendance à amplifier le stimulus qui l'a déclenchée ; (c) ne contribue pas à maintenir une variable dans une fourchette de valeurs ; (d) ne régit aucun processus physiologique.

7. Voici une série de termes relatifs à l'orientation [p. ex. distal en (a)]. Chacun est suivi du nom de deux structures ou régions : choisissez celle qui correspond à l'orientation décrite par ce terme.
   (a) Distal : le coude/le poignet.
   (b) Latéral : la hanche/l'ombilic.
   (c) Supérieur : le nez/le menton.
   (d) Antérieur : les orteils/le talon.
   (e) Superficiel : le cuir chevelu/le crâne.

8. Supposez qu'un corps a été sectionné en trois plans : (1) un plan sagittal médian, (2) un plan frontal et (3) un plan transverse, au niveau de chacun des organes suivants. Quels organes ne seraient pas visibles dans les trois sections à la fois ?
   (a) La vessie ; (b) le cerveau ; (c) les poumons ; (d) les reins ; (e) l'intestin grêle ; (f) le cœur.

9. Associez chacun des énoncés suivants à la cavité postérieure ou à la cavité antérieure du corps.
   (a) Délimitée par les os du crâne et la colonne vertébrale.
   (b) Comprend la cavité thoracique et la cavité abdominale et pelvienne.
   (c) Contient l'encéphale et la moelle épinière.
   (d) Contient le cœur, les poumons et les organes digestifs.

10. Laquelle des associations suivantes est erronée ? (a) Péritoine viscéral/face externe de l'intestin grêle ; (b) péricarde pariétal/face externe du cœur ; (c) plèvre pariétale/paroi de la cavité thoracique.

11. Quelle subdivision de la cavité antérieure n'est pas protégée par des os ? (a) La cavité thoracique ; (b) la cavité abdominale ; (c) la cavité pelvienne.

12. Les termes qui servent à décrire la portion arrière du corps dans la position anatomique sont les suivants :
    (a) ventral, antérieur ;
    (b) dos, arrière ;
    (c) postérieur, dorsal ;
    (d) médial, latéral.

Questions à court développement

13. À partir du principe de relation entre la structure et la fonction, quels liens pouvez-vous établir entre l'anatomie et la physiologie ?

14. Dans un tableau, présentez les 11 systèmes de l'organisme, nommez 2 organes appartenant à chaque système (s'il y a lieu) et décrivez la principale fonction de chaque système.

15. Nous avons mentionné la peau comme exemple d'organe. Qu'est-ce que cela peut vous permettre de déduire quant à la structure de la peau, avant même d'avoir étudié le chapitre 5 qui s'y rapporte ?

16. Énumérez et décrivez brièvement cinq facteurs externes essentiels à la survie. Mentionnez au moins un système qui permet de remplir chacun de ces besoins vitaux.

17. Définissez l'homéostasie.

18. Comparez le fonctionnement des mécanismes de rétro-inhibition et de rétroactivation et montrez en quoi leur rôle diffère dans le maintien de l'homéostasie. Nommez deux variables réglées par des mécanismes de rétro-inhibition et un phénomène réglé par un mécanisme de rétroactivation.

19. Pourquoi est-il important de comprendre la position anatomique ?

20. Expliquez ce que sont un plan et une coupe. Pourquoi était-il nécessaire de préciser, à la figure 1.8b, qu'il s'agissait d'une vue inférieure ?

21. Donnez le terme anatomique désignant chacune des régions suivantes : (a) mollet ; (b) aine ; (c) aisselle ; (d) cheville ; (e) talon.

22. Utilisez autant de termes d'orientation que vous le pouvez pour décrire la relation entre la région postérieure du coude et la paume de votre main.

23. (a) À l'aide d'un schéma, montrez les neuf régions de la cavité abdominale et pelvienne et nommez-les. Nommez deux organes

(ou parties d'organes) situés dans chacune de ces régions. (**b**) Sur un autre schéma, divisez la cavité abdominale et pelvienne en quatre quadrants et nommez chacun de ces quadrants.

24. Pour chacune des techniques d'imagerie médicale suivantes, précisez la source d'énergie utilisée (lumière infrarouge, rayons X, rayons gamma, ultrasons, champs magnétiques puissants) : RMN, échographie, radiographie traditionnelle, tomographie par émission de positons, tomographie par cohérence optique.

Réflexion et application

1. Jean ressent une violente douleur à chaque respiration ; le médecin a diagnostiqué une pleurésie. (**a**) Quelles membranes sont touchées par cette maladie ? (**b**) Quelle est leur fonction habituelle ? (**c**) Pourquoi Jean souffre-t-il tant ?

2. Un homme manifeste un comportement anormal et son médecin pense qu'il pourrait souffrir d'une tumeur au cerveau. Laquelle des méthodes d'imagerie suivantes serait la plus utile pour découvrir cette tumeur (et pourquoi) ? (**a**) La radiographie ordinaire ; (**b**) l'angiographie numérique avec soustraction ; (**c**) la tomographie par émission de positons ; (**d**) l'échographie ; (**e**) la résonance magnétique nucléaire.

3. Le niveau de calcium dans le sang de M. Gaston chute à un niveau inquiétant. Il se produit une libération d'une hormone (la parathormone), puis le taux de calcium commence à remonter. Peu de temps après, la libération de parathormone ralentit. S'agit-il d'un exemple de mécanisme de rétroactivation ou de rétro-inhibition ? Quel est le stimulus initial ? Quel est le résultat ?

4. M. Harvey est programmeur. Il se plaint que sa main droite est engourdie et sensible. L'infirmière diagnostique un syndrome du canal carpien et lui recommande d'utiliser une attelle. Où M. Harvey devra-t-il la placer ?

2

La chimie prend vie

PREMIÈRE PARTIE
NOTIONS DE CHIMIE

Définition des concepts de matière et d'énergie (p. 28)

Composition de la matière : atomes et éléments (p. 29)

Combinaisons de la matière : molécules et mélanges (p. 33)

Liaisons chimiques (p. 36)

Réactions chimiques (p. 41)

DEUXIÈME PARTIE
BIOCHIMIE

Composés inorganiques (p. 45)

Composés organiques (p. 49)

Est-il vraiment nécessaire d'étudier la chimie dans le cadre d'un cours d'anatomie et de physiologie ? La réponse va de soi : le corps humain est constitué de milliers de composés chimiques qui entrent sans cesse en interaction à une vitesse phénoménale. Il est certes possible d'étudier l'anatomie sans beaucoup parler de chimie, mais il n'en va pas de même pour la physiologie puisque tous les processus physiologiques (mouvement, digestion, action de pompage du cœur et même pensée) font intervenir des réactions chimiques. C'est pourquoi nous présentons dans ce chapitre les notions de base de la chimie et de la biochimie (la chimie de la matière vivante) qui vous permettront de mieux comprendre les fonctions de l'organisme. Et comme il est difficile de traiter de chimie sans faire appel à la physique, nous allons aborder aussi quelques rudiments de physique reliés à l'étude de la biologie humaine.

NOTIONS DE CHIMIE

Définition des concepts de matière et d'énergie

1 Donner une définition de la matière et de l'énergie; caractériser l'énergie potentielle et l'énergie cinétique; établir un lien entre ces deux types d'énergie.

2 Décrire les quatre principales formes d'énergie qui permettent le fonctionnement de l'organisme et donner un exemple de l'utilisation de chacune; démontrer, par un exemple, qu'une forme d'énergie peut se convertir en une autre.

Matière

La chimie est l'étude de la nature de la matière, plus particulièrement des modes d'association et d'interaction de ses unités de base. La **matière** est la substance qui forme l'univers. À quelques exceptions près, nous en ressentons les manifestations par l'intermédiaire de la vue, de l'odorat et du toucher.

Toute matière occupe un volume et possède une masse. En pratique, on peut considérer que la masse est l'équivalent du poids, bien que ces termes ne soient pas vraiment synonymes: la *masse* d'un objet représente la quantité de matière qu'il contient et elle demeure constante quel que soit l'endroit où il se trouve, alors que son *poids* varie selon la force gravitationnelle. La masse de votre corps est la même, que vous vous trouviez au niveau de la mer ou au sommet d'une montagne, mais votre poids est légèrement plus faible si vous êtes en haut d'une montagne.

États de la matière

La matière peut exister sous forme *solide*, *liquide* ou *gazeuse*. On rencontre chacun de ces états à l'intérieur de l'organisme humain. Les solides, comme les os et les dents, possèdent une forme et un volume bien définis. Les liquides, tel le plasma sanguin, occupent un certain volume, mais ils épousent la forme de leur contenant. Les gaz n'ont ni forme ni volume définis, et ils occupent tout l'espace dont ils disposent; l'air que nous respirons est un gaz.

Énergie

Einstein nous a montré, par sa célèbre équation $E = mc^2$, la relation d'équivalence entre matière et énergie, mais il reste que l'**énergie** a un caractère beaucoup moins tangible que la matière; elle n'a pas de masse et n'occupe aucun volume. On ne peut la mesurer que par l'intermédiaire de ses effets sur la matière. On définit l'énergie comme la capacité de fournir un travail ou de mettre de la matière en mouvement. Plus le travail effectué est grand, plus la dépense d'énergie est importante. L'haltérophile emploie plus d'énergie au moment où il soulève ses 83 kg que lorsqu'il lève sa médaille.

Énergie cinétique et énergie potentielle

L'énergie existe sous deux principaux types interchangeables. L'**énergie cinétique** est représentée par le mouvement. Les déplacements incessants des particules de matière que sont les atomes, de même que le mouvement d'objets plus gros (balle qui rebondit), sont des manifestations de l'énergie cinétique. Celle-ci effectue un travail en déplaçant des objets qui, à leur tour, peuvent produire un travail en mettant d'autres objets en mouvement ou en exerçant une force sur eux. C'est ce qui se passe, par exemple, lorsqu'on fait tourner une porte battante en la poussant.

L'**énergie potentielle** se trouve sous forme stockée, ou inactive; elle a le *potentiel*, c'est-à-dire la capacité, d'effectuer un travail, mais elle n'en produit aucun au moment où on fait l'observation. Les piles d'un jouet non utilisé renferment une certaine énergie potentielle, tout comme l'eau retenue derrière un barrage. Les muscles de vos jambes possèdent de l'énergie potentielle quand vous êtes assis dans un fauteuil. Lorsqu'on libère l'énergie potentielle, elle se transforme en énergie cinétique et peut donc effectuer un travail. Par exemple, lorsqu'on ouvre les vannes, l'eau accumulée derrière le barrage s'engouffre dans les conduites et actionne les turbines de la centrale hydro-électrique. L'électricité produite peut servir à recharger une pile.

L'étude de l'énergie est en fait un sous-domaine de la physique, mais la matière et l'énergie sont indissociables. La matière est la substance, et l'énergie déplace cette même substance. Tous les êtres vivants sont constitués de matière et ont besoin d'énergie pour croître et fonctionner. Le phénomène difficile à définir que nous appelons la vie résulte en fait de la libération et de l'utilisation de l'énergie par les êtres vivants. Examinons donc les diverses formes d'énergie qui permettent le fonctionnement de l'organisme humain.

Formes d'énergie

■ L'**énergie chimique** est emmagasinée dans les liaisons des diverses substances chimiques sous forme d'énergie potentielle. Lorsqu'il survient des réactions chimiques qui réarrangent les atomes de façon différente, cette énergie est libérée et se transforme en énergie cinétique, ou énergie du mouvement.

Par exemple, si vous bougez un bras, une partie de l'énergie contenue dans les aliments que vous avez consommés est convertie en énergie cinétique. Cependant, les sources d'énergie présentes dans la nourriture ne peuvent contribuer directement à la réalisation des fonctions de l'organisme. Une partie de cette énergie se trouve plutôt temporairement stockée sous forme de liaisons chimiques dans une substance appelée **adénosine triphosphate**, ou **ATP**. Quand le besoin se fera sentir, les liaisons de l'ATP seront rompues et de l'énergie sera libérée afin de permettre aux cellules de réaliser leurs activités. Chez tous les êtres vivants, l'énergie chimique stockée sous forme d'ATP est la forme d'énergie la plus utile parce qu'elle alimente tous les processus fonctionnels. Nous reparlerons de la structure de l'ATP et de son rôle à la fin de ce chapitre.

- L'**énergie électrique** résulte du mouvement de particules chargées. Dans une habitation, l'énergie électrique est produite par le déplacement d'électrons dans des fils électriques. Dans votre corps, des particules chargées appelées *ions* produisent des signaux électriques lorsqu'elles traversent les membranes cellulaires ou qu'elles parcourent leur surface. Par exemple, le système nerveux transmet des messages entre les différentes régions du corps par l'intermédiaire de ces signaux électriques appelés *influx nerveux*. (Notez que la vitesse des influx nerveux est beaucoup moins rapide – de l'ordre de 100 m par seconde – que celle du courant électrique dans un fil – 300 000 km par seconde, théoriquement –, et que leurs voltages ne sont pas du tout comparables.) Les signaux électriques qui traversent le cœur permettent à cet organe de se contracter (battre) et de faire circuler le sang. C'est d'ailleurs pour cette raison qu'une décharge électrique d'une certaine intensité risque de perturber ce signal électrique et de causer des contractions désordonnées ou l'arrêt du muscle cardiaque.
- L'**énergie mécanique** produit *directement* un mouvement de matière. Lorsque vous faites de la bicyclette, vos jambes fournissent l'énergie mécanique qui permet d'actionner les pédales et de mettre la bicyclette en mouvement.
- L'**énergie de rayonnement**, ou **énergie électromagnétique**, se propage sous forme d'ondes. Ces ondes, de longueur variable, constituent le *spectre électromagnétique*. Celui-ci comprend la lumière visible, les rayons infrarouges, les ondes radio, les rayons ultraviolets ainsi que les rayons X. L'émission d'ondes infrarouges est un des moyens qui permet au corps de perdre de la chaleur. L'énergie lumineuse, qui stimule la rétine de votre œil, joue un rôle important dans la vision. Les rayons ultraviolets provoquent les coups de soleil, mais ils stimulent aussi la production de vitamine D par notre organisme. Quant aux rayons X, on les utilise pour effectuer des radiographies.

Conversion d'une forme d'énergie en une autre

À quelques exceptions près, toute forme d'énergie peut facilement se convertir en une autre. Par exemple, l'énergie chimique (essence) qui permet de faire fonctionner un moteur de hors-bord est convertie en énergie mécanique, laquelle propulse le bateau en faisant tourner l'hélice.

Les conversions énergétiques sont relativement inefficaces parce qu'une partie de l'énergie initiale est toujours « perdue » dans l'environnement sous forme de chaleur. (Elle n'est pas réellement perdue, car l'énergie ne peut être créée ni détruite, mais elle devient relativement *inutilisable*.) Il est facile de démontrer ce fait. Dans une ampoule électrique, l'énergie électrique est convertie en énergie lumineuse ; cependant, si vous touchez une ampoule allumée, vous vous apercevrez très vite qu'une partie de l'énergie électrique est aussi transformée en chaleur.

De la même façon, toutes les conversions énergétiques qui surviennent dans l'organisme dégagent aussi de la chaleur. C'est pourquoi notre température corporelle est relativement élevée, ce qui a des conséquences importantes sur le fonctionnement

de notre organisme. Par exemple, lorsqu'on chauffe une certaine quantité de matière, l'énergie cinétique des particules qui la constituent augmente et leur mouvement s'accélère. Plus la température s'accroît, plus la vitesse des particules est grande et plus les réactions chimiques peuvent se produire rapidement. Nous reparlerons de ce phénomène plus loin.

VÉRIFIONS NOS ACQUIS

1. Quelle forme d'énergie contiennent les aliments que nous mangeons ?
2. Quelle forme d'énergie est utilisée pour transmettre des messages d'une partie du corps à une autre ?
3. Quel type d'énergie est disponible quand une personne se tient immobile ? Quel type d'énergie est en cause lorsqu'on fait de l'exercice ?

Les réponses se trouvent à l'appendice G.

Composition de la matière : atomes et éléments

3 Définir ce qu'est un élément chimique et nommer les quatre principaux éléments qui composent le corps humain.

4 Définir ce qu'est un atome. Énumérer les particules élémentaires ; donner leur masse relative, leur charge et leur position dans l'atome et préciser quelle particule détermine le comportement chimique des atomes. Montrer en quoi se distinguent les atomes des différents éléments.

5 Définir les termes suivants : numéro atomique, nombre de masse, masse atomique, isotope et radio-isotope ; montrer l'utilité des radio-isotopes dans le domaine de la santé.

Toute matière est composée de substances fondamentales appelées **éléments.** Il est impossible de dégrader les éléments en substances plus simples au moyen de méthodes chimiques ordinaires. L'oxygène, le carbone, l'or, l'argent, le cuivre et le fer sont des éléments bien connus.

On connaît actuellement 112 éléments, mais selon certains scientifiques, ce nombre serait plus élevé. On aurait, en effet, des indices de l'existence des éléments 113, 114, 115, 116, voire du 118. Par ailleurs, 90 de ces éléments sont présents dans la nature, par opposition aux autres, qui sont produits artificiellement à l'aide d'accélérateurs de particules. De plus, les plus récemment fabriqués – les éléments superlourds – ont une durée de vie très brève.

Quatre éléments (le carbone, l'oxygène, l'hydrogène et l'azote) représentent environ 96 % de notre masse corporelle et notre organisme en renferme une vingtaine d'autres, dont plus de la moitié se trouve à l'état de traces seulement. Le **tableau 2.1** présente les éléments qui contribuent à la masse de notre corps et précise leur importance relative. À l'appendice E,

TABLEAU 2.1	Éléments présents dans le corps humain*		
ÉLÉMENT	**SYMBOLE CHIMIQUE**	**% DE LA MASSE CORPORELLE (APPROX.)[†]**	**FONCTIONS**
Principaux (96,1 %)			
Oxygène	O	65,0	Constituant important des molécules organiques (qui contiennent du carbone) et inorganiques (qui ne contiennent pas de carbone); à l'état gazeux, il est essentiel à la production de l'énergie cellulaire (ATP).
Carbone	C	18,5	Principal composant de toutes les molécules organiques, notamment des glucides, des lipides (matières grasses), des protéines et des acides nucléiques (matériel génétique).
Hydrogène	H	9,5	Présent dans toutes les molécules organiques; sous forme d'ion (proton), sa concentration détermine le pH des liquides de l'organisme.
Azote	N	3,2	Présent dans les protéines et les acides nucléiques.
Moins abondants (3,9 %)			
Calcium	Ca	1,5	Présent sous forme de sel dans les os et les dents; sous forme d'ion (Ca^{2+}), il est nécessaire aux contractions musculaires, à la transmission de l'influx nerveux et à la coagulation du sang.
Phosphore	P	1,0	Constituant du phosphate de calcium, sel présent dans les os et les dents; également présent dans les acides nucléiques et l'ATP.
Potassium	K	0,4	L'ion potassium (K^+) est l'ion positif (cation) le plus abondant dans les cellules; nécessaire à la propagation de l'influx nerveux et à la contraction musculaire.
Soufre	S	0,3	Présent dans les protéines, notamment dans les protéines musculaires.
Sodium	Na	0,2	L'ion sodium (Na^+) est le principal ion positif des liquides extracellulaires (à l'extérieur des cellules); important pour l'équilibre hydrique, la conduction de l'influx nerveux et la contraction musculaire.
Chlore	Cl	0,2	L'ion chlorure (Cl^-) est l'ion négatif (anion) le plus abondant dans les liquides extracellulaires.
Magnésium	Mg	0,1	Présent dans les os; l'ion magnésium est un cofacteur important dans de nombreuses réactions métaboliques.
Iode	I	0,1	Sous forme ionique (iodure, I^-), essentiel à la production des hormones thyroïdiennes.
Fer	Fe	0,1	Sous forme ionique, constituant de l'hémoglobine (qui assure le transport de l'oxygène dans les globules rouges du sang) et de certaines enzymes.
Oligoéléments (moins de 0,01 %)			
Chrome (Cr); cobalt (Co); cuivre (Cu); fluor (F); manganèse (Mn); molybdène (Mo); sélénium (Se); silicium (Si); étain (Sn); vanadium (V); zinc (Zn)			
Ces éléments sont appelés *oligoéléments* parce qu'ils sont nécessaires en très petite quantité; sous leur forme ionique, plusieurs entrent dans la composition d'enzymes ou sont indispensables à leur activation.			

* Vous trouverez à l'appendice E le tableau périodique des éléments ordonnés par numéro atomique croissant.
[†] Pourcentage de la masse corporelle humide; inclut l'eau.

vous trouverez un damier d'une forme inhabituelle, le **tableau périodique des éléments**, qui constitue une liste plus systématique de tous les éléments connus et en fait ressortir les caractéristiques fondamentales.

Chaque élément se compose d'un ensemble de particules, ou unités de matière, plus ou moins identiques appelées **atomes.** Les atomes les plus petits ont un diamètre de moins de 0,1 nanomètre (nm), et la taille des plus gros n'est que de 5 fois supérieure à ce nombre. (Un nanomètre, c'est 0,000 000 1 centimètre, soit 10^{-7} cm.)

Les atomes d'un élément donné diffèrent des atomes de tous les autres éléments et confèrent à cet élément les propriétés physiques et chimiques qui le caractérisent. Les *propriétés physiques* sont celles que nous pouvons détecter par nos sens (comme la couleur et la texture) ou mesurer à l'aide d'instruments (comme le point d'ébullition et le point de congélation). Les *propriétés chimiques* reflètent la façon dont les atomes interagissent les uns avec les autres (liaisons) et permettent d'expliquer pourquoi le fer rouille, l'essence brûle à l'air libre, les animaux peuvent digérer leurs aliments, etc.

On désigne chaque élément par un **symbole chimique**, formé d'une ou deux lettres, généralement la ou les premières de son nom. Par exemple, C représente le carbone, O, l'oxygène, et Ca, le calcium. Dans quelques cas, le symbole chimique vient du nom latin de l'élément; par exemple, le symbole du sodium est Na, du mot latin *natrium*.

Structure de l'atome

Le mot *atome* vient d'un mot grec signifiant « indivisible ». On sait aujourd'hui que les atomes sont eux-mêmes constitués de particules encore plus petites appelées protons, neutrons et électrons, et que ces particules subatomiques peuvent être elles-mêmes scindées à l'aide d'appareils très perfectionnés. Mais l'ancienne notion d'indivisibilité de l'atome est toujours pertinente, puisque l'atome perd les propriétés de l'élément correspondant si on le dissocie en ses constituants, c'est-à-dire les particules subatomiques, ou particules élémentaires.

Les particules élémentaires diffèrent par leur masse, leur charge électrique et la position qu'elles occupent dans l'atome. Chaque atome possède un **noyau** central constitué de deux types de nucléons solidement liés les uns aux autres, les protons et les neutrons. Ce noyau est entouré d'électrons qui tournent en orbite autour de lui **(figure 2.1)**. Les **protons** (p$^+$) portent une charge électrique positive et les **neutrons** (n^0) sont neutres. Par conséquent, l'ensemble du noyau a une charge globale positive. Les protons et les neutrons sont des particules élémentaires lourdes et ils ont à peu près la même masse à laquelle on attribue arbitrairement la valeur de une unité de **masse atomique** (1 u), soit, par convention, le 1/12 de la masse de l'atome de carbone. Comme toutes les particules élémentaires lourdes sont regroupées dans le noyau, celui-ci est extraordinairement dense et représente presque toute la masse de l'atome (99,9 %).

Les minuscules **électrons** (e$^-$) ont une charge négative qui équivaut à la charge positive du proton. Un électron ne possède toutefois que environ 1/2000 de la masse du proton, et on lui attribue généralement une valeur de 0 u.

Tous les atomes sont électriquement neutres parce que le nombre d'électrons est exactement égal au nombre de protons (ainsi, les charges positives et les charges négatives s'annulent). Par exemple, l'hydrogène a 1 proton et 1 électron, et le fer a 26 protons et 26 électrons. Dans chaque atome, le nombre de protons et d'électrons est toujours le même.

Le **modèle planétaire**, qui est illustré à la figure 2.1a, est une image simplifiée (aujourd'hui dépassée) de la structure de l'atome. Comme on le voit, il représente les électrons tournant autour du noyau sur des orbites fixes généralement circulaires. Mais en fait, il est impossible de connaître la position exacte des électrons à un moment donné parce qu'ils se déplacent de façon erratique en suivant des trajectoires indéterminées. Par conséquent, au lieu de parler d'orbites bien distinctes, les chimistes emploient le terme d'**orbitales**, qui désigne les régions autour du noyau où il y a une forte probabilité de trouver un électron ou une paire d'électrons la plupart du temps. Ce modèle plus récent de la structure atomique, appelé **modèle des orbitales**, est plus utile lorsqu'on tente de prévoir le comportement chimique des atomes. La figure 2.1b représente le modèle des orbitales,

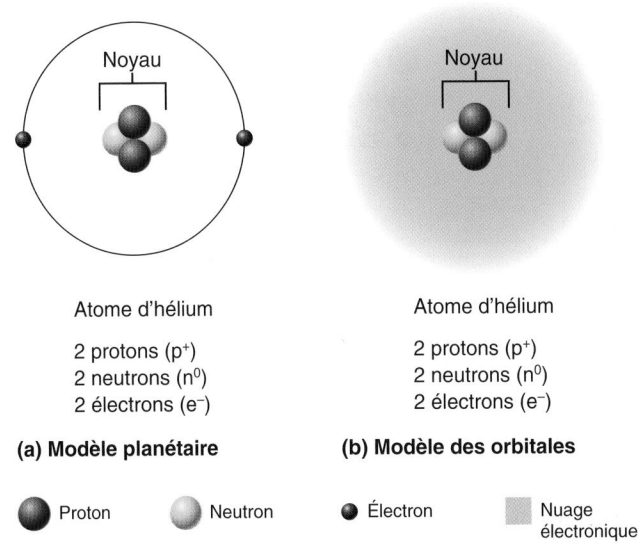

Atome d'hélium

2 protons (p$^+$)
2 neutrons (n^0)
2 électrons (e$^-$)

(a) Modèle planétaire

Atome d'hélium

2 protons (p$^+$)
2 neutrons (n^0)
2 électrons (e$^-$)

(b) Modèle des orbitales

● Proton   ○ Neutron   ● Électron   ▪ Nuage électronique

Figure 2.1 Deux modèles de structure d'un atome.

dans lequel les régions *probables* de plus grande densité des électrons sont symbolisées par une couleur plus foncée (cette partie ombrée porte le nom de *nuage électronique*). Cependant, dans cet ouvrage, nous décrirons souvent la structure atomique en nous servant du modèle planétaire parce qu'il est plus simple et permet de mieux visualiser le comportement des électrons lors des réactions chimiques.

L'hydrogène, qui ne possède qu'un proton et un électron, est l'atome le plus simple. Pour illustrer la structure spatiale de l'atome d'hydrogène, imaginons un modèle à l'échelle d'une sphère avec un diamètre égal à la longueur d'un terrain de football; on pourrait alors représenter le noyau par une bille de plomb de la taille d'une boule de gomme placée exactement au centre de la sphère et l'électron unique par une mouche volant de façon totalement imprévisible à l'intérieur de cette sphère. Bien que cette image ne soit pas tout à fait exacte, vous devriez vous souvenir que la plus grande partie du volume d'un atome est vide et que presque toute sa masse est concentrée dans le noyau, qui se trouve au centre.

Identification des éléments

Tous les protons sont identiques, quel que soit l'atome dont ils font partie. Cela est également vrai de tous les neutrons et de tous les électrons. Alors pourquoi les éléments ont-ils tous des propriétés différentes? Parce que les atomes des différents éléments sont composés d'un *nombre différent* de protons, de neutrons et d'électrons.

L'hydrogène, qui est l'atome le plus simple et le plus petit, possède un proton, un électron et aucun neutron **(figure 2.2)**. L'atome d'hélium est un peu plus gros avec deux protons, deux neutrons et deux électrons en orbite. Puis vient le lithium avec trois protons, quatre neutrons et trois électrons. Si nous poursuivions cette énumération, nous obtiendrions une série d'atomes possédant de 1 à 112 (ou 118) protons, autant d'électrons et un nombre un peu plus élevé de neutrons.

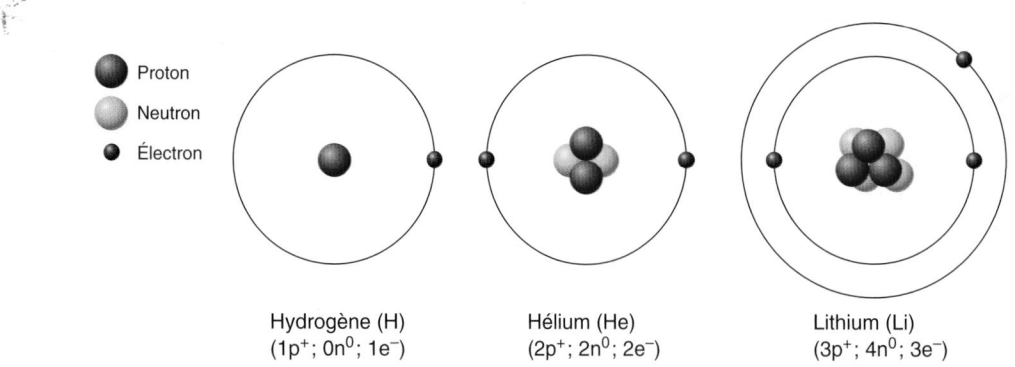

Figure 2.2   Structure atomique des trois plus petits atomes.

Cependant, pour pouvoir identifier un élément donné, il suffit de connaître son numéro atomique, son nombre de masse et sa masse atomique. Ces trois données que nous allons maintenant définir constituent un portrait assez complet de chaque élément.

Numéro atomique

Le **numéro atomique** d'un atome est égal au nombre de protons de son noyau; on l'indique par un chiffre placé en indice à gauche du symbole chimique. L'hydrogène, qui possède un proton, a un numéro atomique de 1 ($_1$H); l'hélium, avec deux protons, a donc un numéro atomique de 2 ($_2$He), et ainsi de suite. Puisque, dans un atome, le nombre de protons équivaut toujours au nombre d'électrons, le numéro atomique permet aussi de connaître *indirectement* le nombre d'électrons de l'élément en question. Comme nous le verrons plus loin, ce détail a son importance, car le comportement chimique des atomes est déterminé par leurs électrons.

Nombre de masse et isotopes

Le **nombre de masse** d'un atome est la somme de la masse de ses nucléons – protons et neutrons. (La masse de l'électron est si faible qu'on la néglige.) N'oubliez pas que les protons et les neutrons ont une masse de 1 u. Le noyau de l'hydrogène ne contient qu'un proton et aucun neutron; le numéro atomique et le nombre de masse de cet élément ont donc une valeur de 1.

Quant à l'hélium, qui possède deux protons et deux neutrons, son nombre de masse est 4.

On indique habituellement le nombre de masse par un chiffre en exposant placé à gauche du symbole chimique. On représente donc l'hélium par $_2^4$He. Cette notation simple permet de déduire le nombre total de particules élémentaires de chaque type qui sont présentes dans l'atome; en effet, elle précise le nombre de protons (numéro atomique), le nombre d'électrons (égal au numéro atomique) et le nombre de neutrons (nombre de masse moins numéro atomique). Dans notre exemple, si on soustrait les deux nombres, on découvre que l'hélium possède deux neutrons.

Il serait erroné de penser, toutefois, qu'à chaque élément correspond un seul type d'atome. Presque tous les éléments connus présentent au moins deux structures appelées **isotopes**, qui ont le même nombre de protons (et d'électrons) mais un nombre différent de neutrons. Plus haut, lorsque nous avons mentionné que l'hydrogène avait un nombre de masse de 1, nous faisions référence à ^{1}H, qui est son isotope le plus abondant. Mais certains atomes d'hydrogène (^{2}H et ^{3}H) ont une masse de 2 ou 3 u (unités de masse atomique), ce qui signifie qu'ils ont tous un proton, mais respectivement un ou deux neutrons **(figure 2.3)**.

Le carbone a également plusieurs formes isotopiques. Ses isotopes les plus abondants sont ^{12}C, ^{13}C et ^{14}C. Chacun de ces isotopes du carbone a six protons (sinon ce ne serait pas du carbone), mais ^{12}C a six neutrons, ^{13}C en a sept et ^{14}C en a huit.

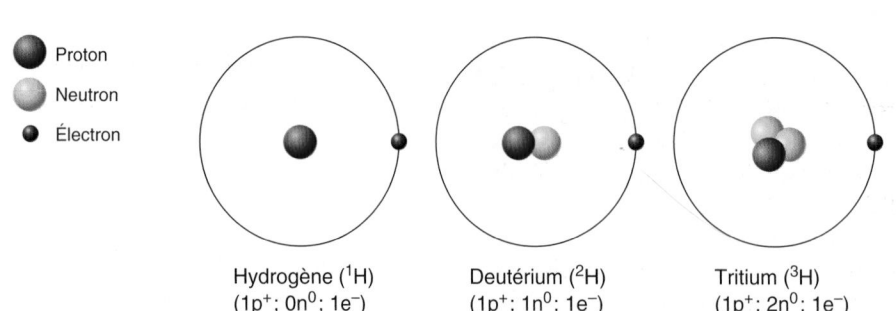

Figure 2.3   Isotopes de l'hydrogène.

On représente aussi les isotopes en écrivant le nombre de masse après le symbole chimique, par exemple C 14.

Masse atomique

On pourrait penser que la masse atomique est égale au nombre de masse; ce serait vrai si la masse atomique était la masse d'atomes rigoureusement identiques. Mais la **masse atomique** est la moyenne des masses relatives (nombres de masse) de *tous* les isotopes d'un élément donné en fonction de leur abondance relative dans la nature. De façon générale, la masse atomique d'un élément est à peu près égale au nombre de masse de son isotope le plus abondant. Par exemple, la masse atomique de l'hydrogène est de 1,008, ce qui reflète le fait que, dans la nature, son isotope le plus léger (^1H) existe en quantité beaucoup plus grande que ses isotopes ^2H ou ^3H.

Radio-isotopes

Les isotopes les plus lourds d'un élément sont souvent instables et leurs atomes se décomposent spontanément en formes plus stables. Ce processus de désintégration atomique se nomme *radioactivité*, et les isotopes qui présentent ce comportement sont appelés **radio-isotopes**. On pourrait comparer la désintégration d'un noyau radioactif à une minuscule explosion. Lorsqu'elle se produit, des particules subatomiques – telles que les *particules alpha* (α) (groupements de $2p^+ + 2n^0$) ou les *particules bêta* (β) (particules de charge négative semblables à des électrons) – ou encore des *rayons gamma* (γ) (énergie électromagnétique) sont éjectés du noyau atomique.

Les raisons de ce phénomène sont complexes et dépassent le cadre de cet ouvrage. Retenez simplement que les particules nucléaires denses sont constituées de particules encore plus petites, nommées *quarks,* qui s'associent d'une certaine façon pour former des protons et d'une autre façon pour former des neutrons. La «colle» qui relie ces particules nucléaires est, semble-t-il, moins efficace dans les isotopes lourds. Lors de la désintégration, l'élément peut se transformer en un élément différent.

Comme il est possible de détecter la radioactivité à l'aide de la tomographie et que les isotopes radioactifs ont certaines propriétés chimiques en commun avec leurs isotopes stables, ces éléments sont des outils précieux en recherche biologique et en médecine. En clinique, les radio-isotopes servent surtout à des fins diagnostiques, par exemple pour localiser des tissus endommagés ou cancéreux. En médecine nucléaire, le plus utilisé de tous est le technétium 99m. L'iode 131 est un autre radio-isotope largement utilisé. Il sert notamment à évaluer la taille et l'activité de la glande thyroïde et à détecter le cancer de cette glande. La tomographie par émission de positons (une technique perfectionnée qui est présentée dans le Gros plan des pages 18 à 21, au chapitre 1) permet d'étudier le fonctionnement des molécules à l'intérieur du corps à l'aide de radio-isotopes. Tous les radio-isotopes, quel que soit le but de leur utilisation, endommagent les tissus vivants et perdent peu à peu leurs caractéristiques radioactives. On appelle *période*, ou *demi-vie*, le temps qu'il faut à un radio-isotope pour perdre la moitié de son activité. Les radio-isotopes ont des périodes extrêmement variables pouvant

aller de quelques minutes à des milliers d'années. Ceux qu'on utilise à des fins de diagnostics ont évidemment des demi-vies très courtes.

Parmi les rayons émis par les particules radioactives, les moins nocifs sont ceux émis par les particules α en raison de leur plus faible pouvoir de pénétration, mais ils ne sont pas totalement inoffensifs. Ainsi, la deuxième cause de cancer du poumon, après le tabagisme, est due à l'inhalation de particules α provenant de la désintégration du radon. Le radon est un gaz inodore qui se forme naturellement lors de la désintégration de l'uranium et du radium contenus dans le sol et les roches de certaines régions. Ce gaz peut s'infiltrer dans les maisons par le moindre interstice des fondations et risque de s'y accumuler si la ventilation est inadéquate. Au Québec, le radon est responsable de 10 % des décès par cancer du poumon. Inversement, les rayons émis par les particules γ ont le plus grand pouvoir de pénétration. On se sert du cobalt 60, du radium 226 et de certains autres radio-isotopes qui se désintègrent par émission de rayons gamma pour détruire des cellules cancéreuses localisées.

Contrairement à ce que l'on pourrait croire, les rayonnements ionisants (voir la définition dans la rubrique Termes médicaux à la fin du chapitre) n'endommagent pas directement les molécules organiques. Ils arrachent plutôt des électrons d'autres atomes et les lancent comme des boules de jeu de quilles qui renversent tout sur leur passage. Les dommages sont causés par l'énergie des électrons et les molécules instables (radicaux libres) qu'elle produit.

VÉRIFIONS NOS ACQUIS

4. Mis à part l'hydrogène et l'azote, quels sont les deux éléments qui composent la majeure partie de la matière vivante ?

5. Un élément a un nombre de masse de 207 et son noyau compte 125 neutrons. Combien cet élément possède-t-il de protons et d'électrons ? Où sont-ils situés ?

6. Quelle est la différence entre le nombre de masse et la masse atomique ?

Les réponses se trouvent à l'appendice G.

Combinaisons de la matière : molécules et mélanges

6 Montrer les principales différences entre un composé et un mélange. Définir ce qu'est une molécule.

7 Comparer les solutions, les colloïdes et les suspensions et donner un exemple de chacune de ces catégories de mélanges.

Molécules et composés

La plupart des atomes n'existent pas à l'état libre; ils sont liés chimiquement à d'autres atomes. On nomme **molécule** un tel ensemble de plusieurs atomes unis par des liaisons chimiques.

Si deux ou plusieurs atomes d'un *même* élément sont combinés, le résultat est appelé *molécule de cet élément*. Lorsque deux atomes d'hydrogène se lient, ils forment une molécule d'hydrogène gazeux représentée par le symbole H_2. Semblablement, la combinaison de deux atomes d'oxygène forme une molécule d'oxygène gazeux (O_2). Les atomes de soufre constituent souvent des molécules de soufre à huit atomes (S_8).

Quand plusieurs types d'atomes d'éléments *différents* se lient entre eux, ils forment des molécules d'un **composé**. Le composé qui résulte de la combinaison de deux atomes d'hydrogène et de un atome d'oxygène est la molécule d'eau (H_2O), et le composé formé par la liaison de quatre atomes d'hydrogène et de un atome de carbone est le méthane (CH_4). Remarquez bien que les molécules de méthane et d'eau sont des composés, mais que celles d'hydrogène n'en sont pas, parce que les composés contiennent toujours des atomes d'au moins deux éléments différents.

Les composés sont des substances chimiquement pures et toutes leurs molécules sont identiques. Par conséquent, tout comme l'atome est la plus petite particule d'un élément qui possède encore les propriétés de cet élément, une molécule est la plus petite particule d'un composé qui possède encore les propriétés de ce composé. Cette notion revêt une grande importance parce que les propriétés des composés sont généralement très différentes de celles des atomes qu'ils contiennent. Il est même presque impossible de savoir quels atomes constituent un composé sans procéder à une analyse chimique de ce dernier.

Mélanges

Les **mélanges** sont des substances faites de deux ou plusieurs constituants *physiquement entremêlés*. Bien que la plus grande partie de la matière présente dans la nature se trouve sous forme de mélanges, ceux-ci ne comprennent que trois grandes catégories: les *solutions,* les *colloïdes* et les *suspensions* (figure 2.4).

Solutions

Les **solutions** sont des mélanges *homogènes* de substances qui peuvent être des gaz, des liquides ou des solides. On dit qu'une substance est *homogène* si un échantillon prélevé n'importe où dans cette substance a exactement la même composition (du point de vue des atomes et des molécules qu'il contient) que n'importe quel autre échantillon pris ailleurs dans cette substance. Citons par exemple l'air que nous respirons (un mélange de gaz), l'eau de mer (un mélange de sels, qui sont des solides, et d'eau). Le **solvant** (ou milieu de dissolution) est la substance la plus abondante; les solvants sont habituellement des liquides. La substance la moins abondante est appelée **soluté**.

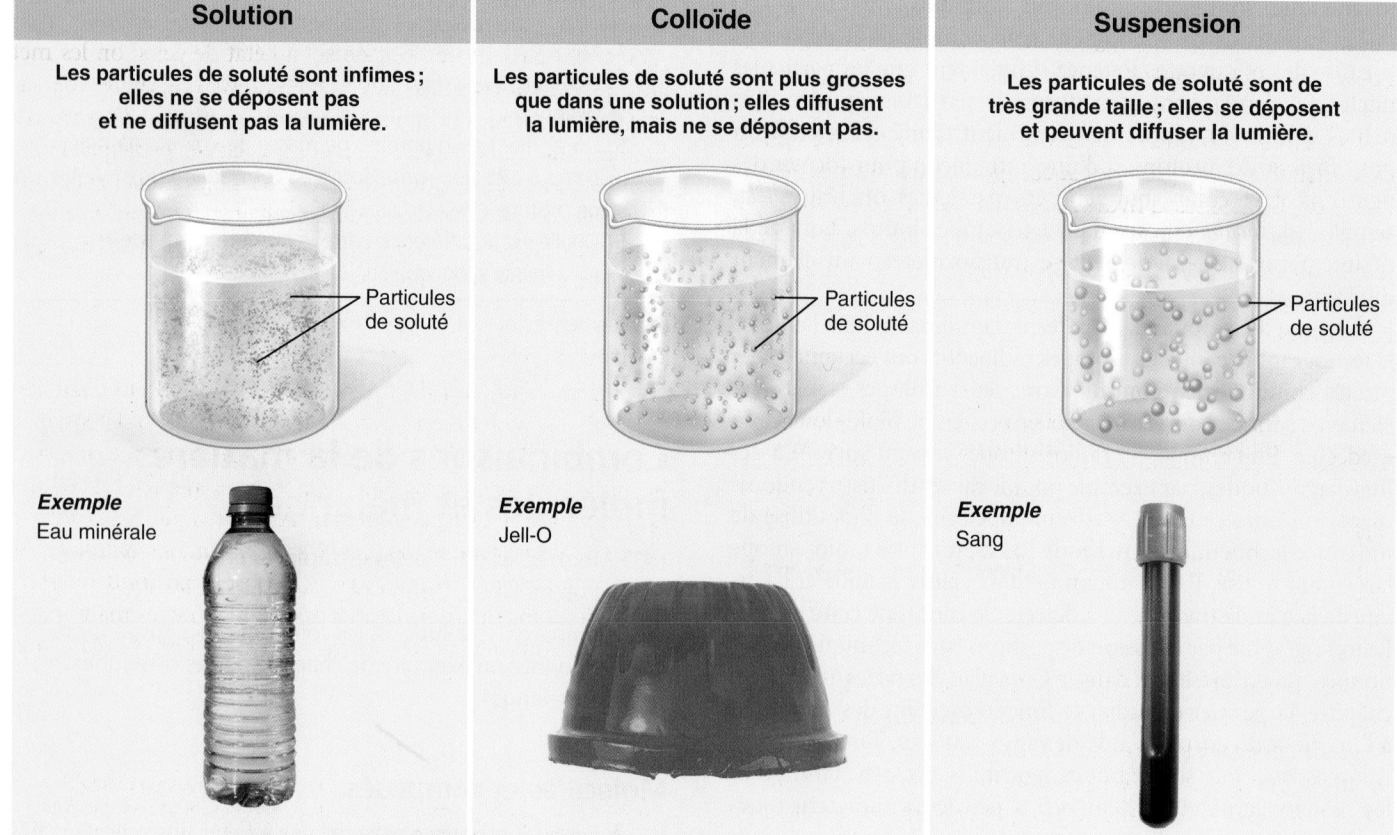

Solution	**Colloïde**	**Suspension**
Les particules de soluté sont infimes; elles ne se déposent pas et ne diffusent pas la lumière.	Les particules de soluté sont plus grosses que dans une solution; elles diffusent la lumière, mais ne se déposent pas.	Les particules de soluté sont de très grande taille; elles se déposent et peuvent diffuser la lumière.
Particules de soluté	Particules de soluté	Particules de soluté
Exemple Eau minérale	*Exemple* Jell-O	*Exemple* Sang

Figure 2.4 **Les trois grandes catégories de mélanges.**

L'eau est le principal solvant de l'organisme. La plupart des solutions de notre corps sont des *solutions vraies* contenant des gaz, des liquides ou des solides dissous dans l'eau. Les solutions vraies sont habituellement transparentes. Les solutions de sel de table (NaCl et eau) et les mélanges de glucose et d'eau sont des solutions vraies. Dans ce type de solution, les solutés sont présents sous la forme de particules infinitésimales, généralement des molécules ou des atomes isolés. Par conséquent, ils ne sont pas visibles à l'œil nu, ne se déposent pas et ne diffusent pas la lumière ; cette dernière caractéristique signifie qu'on ne peut pas voir le trajet d'un rayon lumineux qu'on fait passer à travers une solution vraie.

Concentration des solutions On décrit les solutions vraies en indiquant leur *concentration,* qui peut être exprimée de différentes façons. Dans les laboratoires des universités et en milieu hospitalier, on parle souvent de **pourcentage** (proportion pour cent) de soluté dans une solution. Il s'agit toujours du pourcentage de soluté et, à moins d'indication contraire, on suppose que c'est l'eau qui est le solvant.

On exprime aussi souvent la concentration en *milligrammes par décilitre (mg/dL).* Un décilitre correspond à 100 millilitres ou 0,1 L.

On peut aussi indiquer la concentration d'une solution par sa **molarité,** en moles par litre (mol/L). Cette méthode est plus compliquée mais beaucoup plus utile. Pour comprendre ce qu'est la molarité, il faut d'abord savoir ce qu'est une mole. Une **mole** de tout élément ou de tout composé contient un nombre de grammes égal à la masse atomique de l'élément ou à la **masse moléculaire** (somme des masses atomiques) du composé. Cette notion est plus simple qu'on ne pourrait le croire, comme l'illustre l'exemple suivant.

La formule chimique du glucose est $C_6H_{12}O_6$, ce qui signifie qu'une molécule de glucose est composée de 6 atomes de carbone, de 12 atomes d'hydrogène et de 6 atomes d'oxygène. Pour trouver la masse moléculaire du glucose, on cherche la masse atomique de chacun de ses atomes dans le tableau périodique des éléments (voir l'appendice E) et on fait le calcul suivant :

Atome	Nombre d'atomes		Masse atomique		Masse atomique totale
C	6	×	12,011	=	72,066
H	12	×	1,008	=	12,096
O	6	×	15,999	=	95,994
					180,156

Pour préparer une solution de glucose de 1 mol/L, il faut donc prendre 180,156 grammes (g) de glucose, soit un nombre de grammes égal à la masse moléculaire, et y ajouter assez d'eau pour obtenir 1 litre (L) de solution. Une solution de 1 mol/L (ou 1,0 *M*) d'une substance chimique contient l'équivalent en grammes de la masse moléculaire de la substance (ou de la masse atomique dans le cas d'un élément) dans 1 L (1000 mL) de solution.

Ce qui fait tout l'intérêt de la mole comme unité de mesure pour la préparation des solutions, c'est qu'elle est d'une grande précision. En effet, une mole de n'importe quelle substance contient toujours exactement le même nombre de particules de soluté, soit $6,02 \times 10^{23}$. Ce nombre est appelé **nombre d'Avogadro**. Par conséquent, que l'on pèse 1 mole de glucose (180 g), 1 mole d'eau (18 g) ou 1 mole de méthane (16 g), on a toujours $6,02 \times 10^{23}$ molécules de la substance en question*. Cette méthode permet donc une précision presque incroyable dans les mesures.

Étant donné que les concentrations des solutés dans les liquides présents dans l'organisme ont tendance à être assez faibles, leurs valeurs sont généralement indiquées en millimoles (mmol ou 1/1000 mole).

Colloïdes

Les **colloïdes**, aussi appelés *émulsions,* sont des mélanges *hétérogènes* (leur composition varie d'un endroit à l'autre), souvent translucides ou laiteux. Bien que les particules de soluté d'un colloïde soient plus grosses que celles des solutions vraies, elles ne se déposent pas. Cependant, elles diffusent la lumière, ce qui signifie qu'on peut voir le trajet d'un rayon de lumière passant à travers un colloïde.

Les colloïdes possèdent certaines caractéristiques qui leur sont propres, y compris la capacité pour certains d'entre eux de subir des **transformations sol-gel**, c'est-à-dire de passer d'un état liquide (sol) à un état plus solide (gel), puis de revenir à leur état initial. Le Jell-O et autres produits à base de gélatine (figure 2.4) sont des exemples bien connus de colloïdes non vivants qui passent de l'état de sol à l'état de gel si on les met au réfrigérateur (et qui se liquéfient à nouveau si on les met au soleil). Le cytosol, une substance semi-liquide que l'on trouve dans les cellules vivantes, est aussi un colloïde, principalement à cause des protéines qui y sont dispersées. Les transformations sol-gel du cytosol interviennent dans un grand nombre de phénomènes cellulaires importants comme la division cellulaire et les changements de forme d'une cellule.

Suspensions

Les **suspensions** sont des mélanges *hétérogènes* contenant des particules de grande taille, souvent visibles, qui ont tendance à se déposer. Un mélange de sable et d'eau constitue une suspension. Le sang est aussi une suspension ; en effet, les cellules sanguines sont en suspension dans la partie liquide du sang (le plasma). Si on laisse reposer cette suspension, les cellules et le liquide se séparent (les cellules se déposent au fond du récipient), à moins qu'un processus quelconque ne les maintienne en suspension (mélange, brassage ou, comme dans l'organisme, circulation).

---

* Il existe une importante exception à cette règle : les molécules qui s'ionisent pour former des particules chargées (ions) dans l'eau, notamment les sels, les acides et les bases (voir p. 46). Par exemple, le sel de table (chlorure de sodium) se décompose en deux types de particules chargées. Dans une solution de 1 mol/L de chlorure de sodium, il y a donc en fait *2 mol* de particules de soluté, c'est-à-dire 1 mole d'ions sodium (Na^+) et 1 mole d'ions chlorure (Cl^-).

Ces trois types de mélanges sont donc présents à la fois dans les systèmes vivants et dans les systèmes non vivants. La matière vivante peut être considérée comme un mélange, et le plus complexe de tous, puisqu'on y trouve les trois types en interactions multiples les uns avec les autres.

Différences entre mélanges et composés

Nous allons maintenant revoir les principales caractéristiques des mélanges et des composés et comparer ces deux modes de combinaisons de la matière :

1. La principale différence entre les mélanges et les composés, c'est qu'il n'y a aucune liaison chimique entre les constituants d'un mélange. Les molécules et les atomes faisant partie d'un mélange ont gardé les propriétés qu'ils possédaient avant de faire partie du mélange. Rappelez-vous que les substances ne sont mélangées que du point de vue physique.

2. Selon la nature du mélange, les substances qui en font partie peuvent être séparées par des méthodes physiques (égouttage, filtrage, évaporation, etc.). Par contre, on ne peut dissocier les composés en atomes qu'au moyen de méthodes chimiques (qui coupent les liaisons chimiques).

3. Certains mélanges sont homogènes et d'autres sont hétérogènes, alors qu'un composé est toujours homogène. On dit qu'une substance est *homogène* si un échantillon prélevé n'importe où dans cette substance a exactement la même composition (du point de vue des atomes et des molécules qu'il contient) que n'importe quel autre échantillon provenant de cette même substance. Un lingot de fer élémentaire (pur) est homogène. La composition des substances *hétérogènes* varie d'un endroit à l'autre, comme nous l'avons déjà mentionné. Par exemple, le minerai de fer est un mélange hétérogène qui contient du fer et de nombreux autres éléments (soufre, titane, oxygène, hydrogène, carbone, etc.).

VÉRIFIONS NOS ACQUIS

7. Qu'est-ce qu'une molécule ?
8. Pourquoi dit-on que le chlorure de sodium (NaCl) est un composé, et que l'oxygène gazeux ne l'est pas ?
9. Le sang contient une portion liquide et des cellules vivantes. S'agit-il d'un composé ou d'un mélange ? Pourquoi ?

Les réponses se trouvent à l'appendice G.

Liaisons chimiques

8 Expliquer le rôle et le comportement des électrons dans la formation des liaisons chimiques par rapport à la règle de l'octet.

9 Caractériser les liaisons ioniques, covalentes et hydrogène ; donner des exemples de substances renfermant ces différentes liaisons chimiques.

10 Comparer les molécules polaires et les molécules non polaires à l'aide d'un exemple pour chaque type ; préciser une propriété que la polarité confère à une molécule.

Comme nous l'avons mentionné plus haut, des **liaisons chimiques** maintiennent ensemble les atomes qui sont combinés. Une liaison chimique n'est pas une structure physique comparable à une paire de menottes reliant les poignets de deux personnes ; il s'agit d'une relation énergétique entre les électrons des atomes réunis et qui peut être formée ou détruite en moins d'un millionième de millionième de seconde.

Rôle des électrons dans les liaisons chimiques

Les électrons d'un nuage électronique occupent des régions de l'espace appelées **couches électroniques**, qui sont disposées de façon concentrique autour du noyau de l'atome. Les atomes connus peuvent avoir jusqu'à sept couches électroniques (numérotées de 1 à 7 à partir du noyau), mais le nombre de couches d'un atome donné dépend du nombre d'électrons qu'il possède. Chaque couche électronique contient une ou plusieurs orbitales, qu'on peut considérer comme des sous-couches électroniques. (Nous avons vu plus tôt que les *orbitales* sont des régions autour du noyau où la probabilité de trouver un électron est généralement élevée.)

Il est important de bien comprendre que chaque couche électronique représente un **niveau d'énergie** ; il faut donc imaginer les électrons comme des particules dotées d'une certaine énergie potentielle. D'une façon générale, les termes *couche électronique* et *niveau d'énergie* sont synonymes.

Quelle quantité d'énergie potentielle un électron possède-t-il ? La réponse dépend du niveau d'énergie que l'électron occupe. La force d'attraction entre le noyau chargé positivement et l'électron chargé négativement est d'autant plus grande quand l'électron se trouve sur une orbitale proche du noyau. Ce principe permet de comprendre (1) pourquoi les électrons les plus éloignés du noyau possèdent la plus grande énergie potentielle (il faut plus d'énergie pour vaincre l'attraction du noyau et atteindre les niveaux les plus éloignés), et (2) pourquoi ces électrons établissent le plus facilement des interactions chimiques avec d'autres atomes. En effet, comme ils sont moins fortement retenus par leur propre noyau atomique, ils sont plus facilement influencés par les autres atomes et molécules qui se trouvent à proximité. Dans la formation des liaisons chimiques, les électrons déterminants sont donc ceux de la couche la plus externe. Les électrons des couches internes ne participent généralement pas aux liaisons en raison de la très forte attraction exercée par le noyau atomique.

Chaque couche électronique accueille un nombre maximal d'électrons. La couche 1, qui est la plus proche du noyau, n'en contient que 2 au maximum. La couche 2 peut contenir tout au plus 8 électrons, tandis que la couche 3 peut en compter jusqu'à 18. Les couches suivantes peuvent posséder un nombre d'électrons de plus en plus élevé. Pour une bonne partie des éléments les plus abondants chez le vivant (soit ceux qui n'ont pas plus de trois couches électroniques), les couches se remplissent les unes après les autres ; par exemple, la couche 1 se remplit complètement avant que des électrons commencent à occuper la couche 2.

Lorsque le niveau d'énergie le plus externe est saturé ou lorsqu'il contient 8 électrons, l'atome est stable et il devient *chimiquement inerte*, c'est-à-dire non réactif. Un groupe d'éléments appelés *gaz nobles*, qui comprend l'hélium et le néon, illustre parfaitement cet état (figure 2.5a). En revanche, les atomes dont la couche externe accueille moins de 8 électrons (figure 2.5b) ont tendance à gagner, à perdre ou à mettre en commun des électrons afin d'atteindre un état stable.

Qu'en est-il des atomes qui ont plus de 20 électrons et dont les niveaux d'énergie supérieurs à la couche 2 peuvent accueillir *plus* de 8 électrons? Le nombre total d'électrons qui peuvent participer aux liaisons se limite encore à 8. On appelle **couche de valence** la couche électronique la plus externe de l'atome ou *la partie de celle-ci* où se trouvent les électrons chimiquement réactifs. Par conséquent, la clé de la réactivité est la **règle de l'octet**, ou **règle des 8 électrons**. Selon cette règle, qui exclut la couche 1 capable d'accueillir seulement 2 électrons, les atomes importants chez le vivant interagissent de façon que leur couche de valence contienne 8 électrons, quitte à les partager avec des atomes voisins, afin de trouver un état énergétiquement plus stable.

Types de liaisons chimiques

Il existe trois principaux types de liaisons chimiques résultant des forces d'attraction entre les atomes: les *liaisons ioniques*, les *liaisons covalentes* et les *liaisons hydrogène*.

Liaisons ioniques

Les atomes sont électriquement neutres, mais il arrive que des électrons passent d'un atome à l'autre. Dans ce cas, il y a rupture de l'équilibre parfait des charges positives et négatives. On obtient alors des particules chargées appelées **ions**. Une **liaison ionique** est une liaison chimique formée par le transfert d'un ou de plusieurs électrons entre des atomes. L'atome qui gagne un ou plusieurs électrons, ou *accepteur d'électrons*, acquiert une charge nette négative, puisqu'il a alors un ou plusieurs électrons de plus que son nombre de protons: il est appelé **anion**. L'atome qui perd des électrons, ou *donneur d'électrons*, acquiert une charge nette positive, puisqu'il a alors plus de protons que d'électrons: il est appelé **cation**. (Pour faciliter votre mémorisation, associez le *t* de « cation » au signe +.) Des anions et des cations se forment chaque fois que des électrons passent d'un atome à l'autre. Étant donné que les charges opposées s'attirent, ces ions tendent à rester voisins, ce qui crée une liaison ionique.

Comme exemple de liaison ionique, citons le chlorure de sodium (NaCl), qui se forme par l'interaction d'atomes de sodium et de chlore (figure 2.6). Le sodium a un numéro atomique de 11; sa couche de valence (la couche 3) ne renferme donc qu'un seul électron et il serait très difficile d'en ajouter sept pour la compléter. Cependant, si l'atome perd cet unique électron, c'est la couche 2 qui devient la couche de valence (le niveau d'énergie le plus externe comportant des électrons); or elle possède déjà huit électrons et est donc saturée. Par conséquent, si

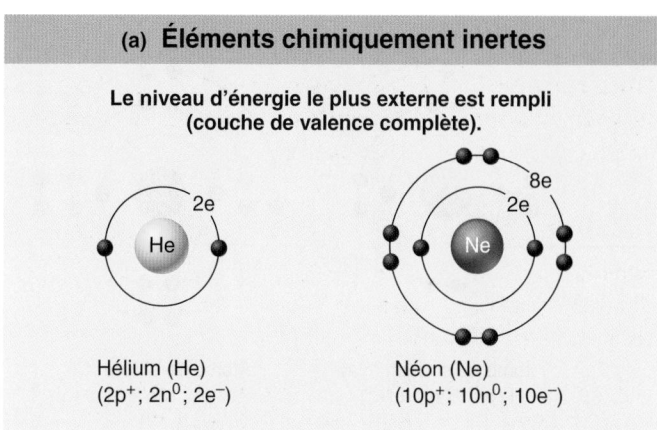

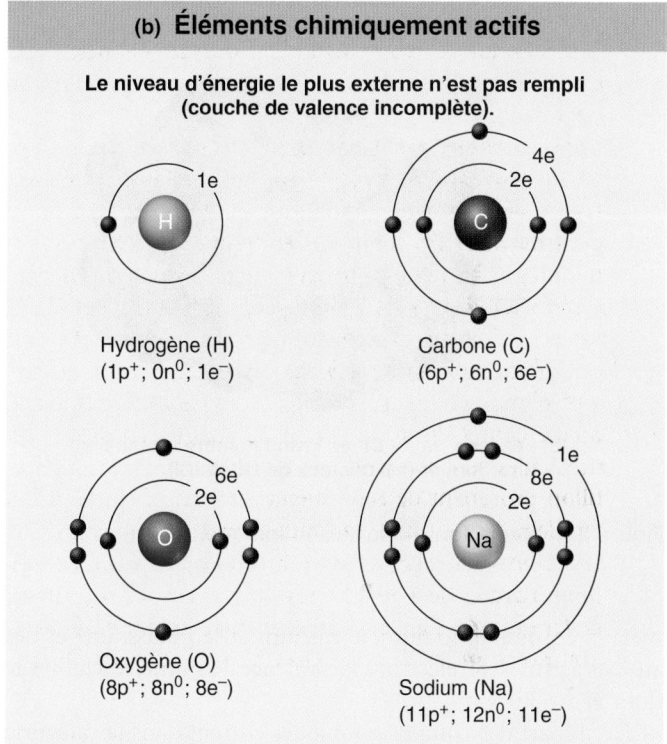

Figure 2.5 Éléments chimiquement inertes et réactifs.
(*Remarque*: afin de simplifier les schémas, on a représenté les noyaux atomiques par une sphère portant le symbole chimique de l'atome; les protons et les neutrons ne sont pas dessinés.)

le sodium perd le seul électron de sa troisième couche, il atteint un état stable et devient un cation (Na^+). Par ailleurs, le chlore, dont le numéro atomique est 17, n'a besoin que d'un électron pour compléter sa couche de valence en l'amenant à huit. Lorsqu'il accepte un électron, cet atome devient un anion et atteint un état stable.

C'est exactement ce qui se produit lorsqu'un atome de sodium et un atome de chlore interagissent. Le sodium cède un électron au chlore (figure 2.6a), et les ions créés par cet échange s'attirent mutuellement, formant ainsi le chlorure de sodium (figure 2.6b). Les liaisons ioniques apparaissent généralement entre des atomes ayant un ou deux électrons de valence (les

2

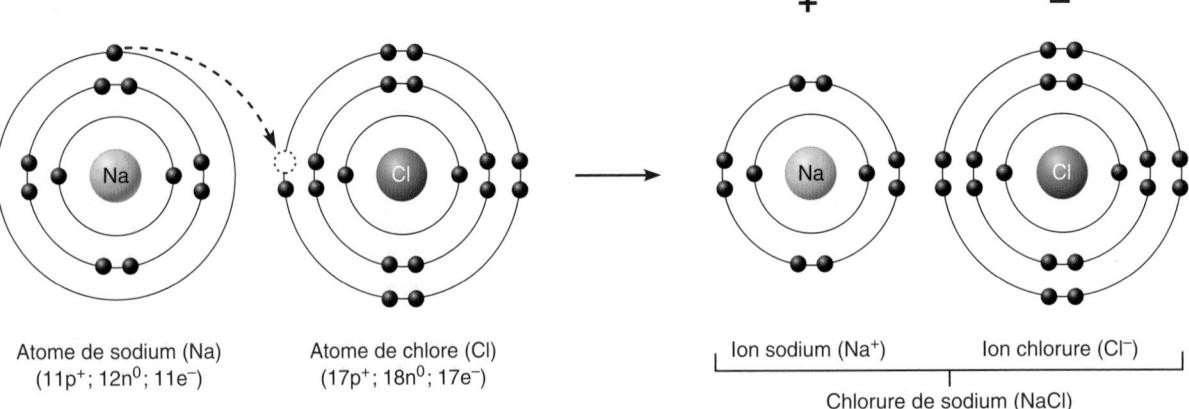

Atome de sodium (Na)
$(11p^+; 12n^0; 11e^-)$

Atome de chlore (Cl)
$(17p^+; 18n^0; 17e^-)$

Ion sodium (Na$^+$)

Ion chlorure (Cl$^-$)

Chlorure de sodium (NaCl)

(a) Pour devenir stables, le sodium doit perdre un électron et le chlore en gagner un.

(b) Après le transfert de l'électron, les deux ions de charges opposées s'attirent.

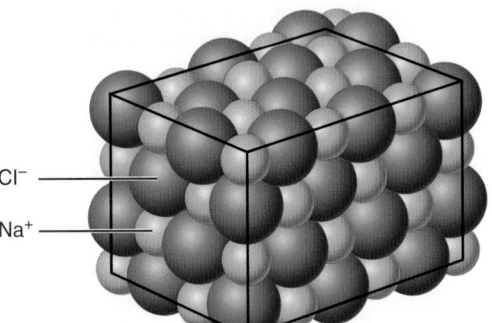

Cl$^-$

Na$^+$

(c) Les ions Na$^+$ et Cl$^-$ en grand nombre s'associent pour former des cristaux de sel (NaCl).

Figure 2.6 Formation d'une liaison ionique.

métaux comme le sodium, le calcium et le potassium) et des atomes ayant sept électrons de valence (comme le chlore, le fluor et l'iode).

La plupart des composés ioniques entrent dans la catégorie chimique des *sels*. En l'absence d'eau, les sels tels que le chlorure de sodium n'existent pas sous forme de molécules individuelles ; ils se présentent plutôt sous forme de **cristaux**, qui sont de grands assemblages, des réseaux de cations et d'anions maintenus ensemble par des liaisons ioniques (figure 2.6c).

Le chlorure de sodium illustre parfaitement la différence entre les propriétés d'un composé donné et celles des atomes qui le constituent. Le sodium est un métal blanc argenté qui réagit violemment dès qu'il est en contact avec l'eau ; le chlore à l'état moléculaire est un gaz vert toxique utilisé pour fabriquer l'eau de Javel. Cependant, le chlorure de sodium est un solide cristallin blanc dont on se sert pour assaisonner les aliments, et l'eau salée n'est pas un mélange explosif !

Liaisons covalentes

Un transfert complet d'électrons n'est pas toujours nécessaire pour que les atomes atteignent un état énergétique stable. Chaque atome peut également compléter sa couche électronique externe au moins une partie du temps en *partageant* des électrons, ce qui permet l'existence de molécules dans lesquelles les électrons mis en commun occupent une même orbitale, commune aux deux atomes, et forment des **liaisons covalentes**.

Un atome d'hydrogène, qui ne possède qu'un seul électron, peut donc compléter sa seule couche électronique (couche 1) en partageant une paire d'électrons avec un autre atome. Lorsqu'il la partage avec un autre atome d'hydrogène, on obtient une molécule d'hydrogène gazeux (H_2). La paire d'électrons mis en commun gravite autour de l'ensemble de la molécule et assure ainsi la stabilité de chaque atome.

L'hydrogène peut également partager une paire d'électrons avec des atomes d'autres éléments pour former des composés (figure 2.7a). Dans l'atome de carbone, par exemple, la couche externe contient quatre électrons, mais il en faut huit pour assurer un état stable ; pour sa part, l'hydrogène a besoin de deux électrons alors qu'il n'en possède qu'un seul. Lors de la formation d'une molécule de méthane (CH_4), le carbone partage quatre paires d'électrons avec quatre atomes d'hydrogène (une paire avec chacun des atomes). Dans ce cas également, les électrons mis en commun « appartiennent » à l'ensemble de la molécule autour de laquelle ils gravitent, assurant ainsi la stabilité de chacun des atomes.

Lorsque deux atomes partagent une paire d'électrons, ils forment une *liaison covalente simple* (représentée par un trait simple reliant les atomes, H—H). Il arrive également que les atomes partagent deux ou trois paires d'électrons (figure 2.7b, c) et établissent ainsi des *liaisons covalentes doubles* ou *triples* (représentées par des traits doubles ou triples, O=O ou N≡N).

Molécules polaires et non polaires   Dans les liaisons covalentes dont nous avons parlé jusqu'ici, les électrons de valence sont mis en commun également entre les atomes. Les molécules ainsi formées sont équilibrées électriquement et on les appelle **molécules non polaires** (parce qu'elles n'ont pas de pôles distincts + et −) ; mais il n'en est pas toujours ainsi.

Lorsqu'une molécule comporte plusieurs liaisons covalentes, elle adopte une forme tridimensionnelle parce que les liaisons sont orientées selon des angles précis. La forme d'une molécule donnée permet de savoir avec quels atomes ou avec quelles

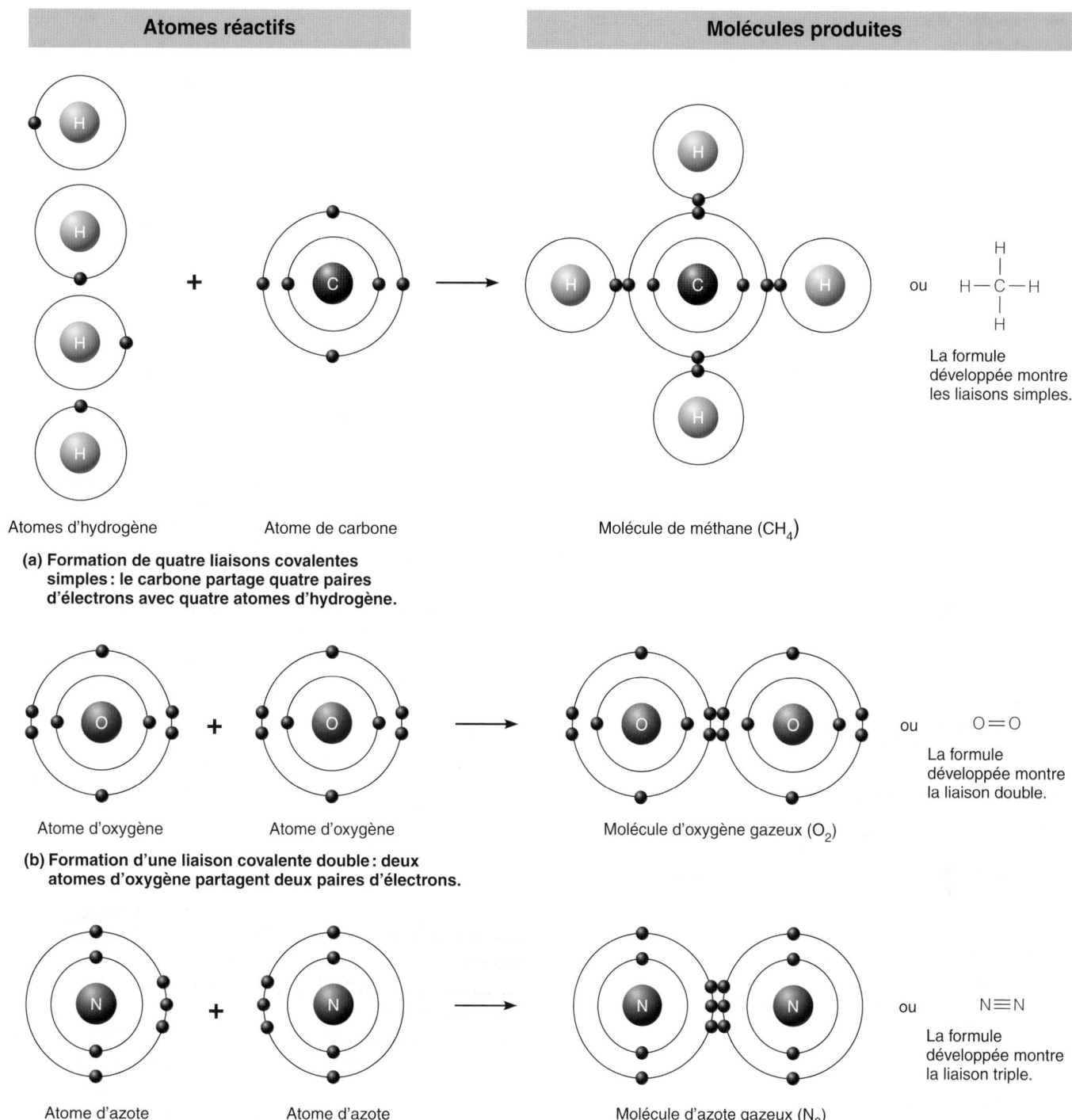

Atomes réactifs

Molécules produites

ou

La formule
développée montre
les liaisons simples.

Atomes d'hydrogène

Atome de carbone

Molécule de méthane (CH_4)

**(a) Formation de quatre liaisons covalentes
simples : le carbone partage quatre paires
d'électrons avec quatre atomes d'hydrogène.**

ou $O = O$

La formule
développée montre
la liaison double.

Atome d'oxygène

Atome d'oxygène

Molécule d'oxygène gazeux (O_2)

**(b) Formation d'une liaison covalente double : deux
atomes d'oxygène partagent deux paires d'électrons.**

ou $N \equiv N$

La formule
développée montre
la liaison triple.

Atome d'azote

Atome d'azote

Molécule d'azote gazeux (N_2)

**(c) Formation d'une liaison covalente triple : deux
atomes d'azote partagent trois paires d'électrons.**

Figure 2.7 Formation de liaisons covalentes.

autres molécules elle pourra interagir ; cette forme particulière peut aussi produire un partage inégal des paires d'électrons et créer une **molécule polaire**. Cela est particulièrement vrai des molécules asymétriques dont les atomes n'attirent pas les électrons avec la même force.

De façon générale, les *petits* atomes ayant six ou sept électrons de valence, tels que l'oxygène, l'azote et le chlore, attirent très fortement les électrons. Cette caractéristique des atomes avides d'électrons s'appelle **électronégativité**. Inversement, la plupart des atomes n'ayant qu'un ou deux électrons de valence

2

sont généralement **électropositifs**, c'est-à-dire que leur capacité d'attirer les électrons est si faible qu'ils perdent habituellement leurs *propres* électrons de valence au profit d'autres atomes. Le potassium et le sodium, qui possèdent chacun un électron de valence, constituent de bons exemples d'atomes électropositifs.

Le gaz carbonique et l'eau montrent bien comment la structure tridimensionnelle de la molécule et la force d'attraction relative des atomes sur les électrons permettent de déterminer si une molécule formée de liaisons covalentes est polaire ou non. Dans le gaz carbonique (CO_2), l'atome de carbone partage quatre paires d'électrons avec deux atomes d'oxygène (deux paires avec chaque atome d'oxygène). L'oxygène est très électronégatif et attire donc les électrons de valence beaucoup plus fortement que le carbone. Cependant, comme la molécule de gaz carbonique est linéaire et symétrique **(figure 2.8a)**, l'attraction exercée par un atome d'oxygène est contrebalancée par celle de l'autre, comme dans une partie de lutte à la corde disputée entre deux équipes de force égale. Par conséquent, les électrons de valence sont en orbite autour de la molécule entière et le gaz carbonique est un composé non polaire.

La molécule d'eau (H_2O), elle, n'est pas linéaire; elle a plutôt la forme d'un V (figure 2.8b). Les deux atomes d'hydrogène électropositifs sont situés à la même extrémité de la molécule et l'oxygène à l'extrémité opposée. L'atome d'oxygène peut attirer vers lui les électrons mis en commun et ainsi les éloigner des atomes d'hydrogène. La répartition des paires d'électrons *n'est donc pas* équilibrée, puisque ceux-ci passent plus de temps au voisinage de l'oxygène. Comme les électrons ont une charge négative, l'extrémité de la molécule où se trouve l'oxygène est rendue légèrement plus négative (ce que l'on représente par δ^- [delta moins]) et l'extrémité où se trouve l'hydrogène est légèrement plus positive (ce que l'on représente par δ^+). Comme la molécule d'eau a deux pôles chargés, on dit que c'est une *molécule polaire*, ou **dipôle**.

Les molécules polaires s'orientent par rapport aux autres dipôles ou aux particules chargées (telles que les ions et certaines protéines), et elles jouent un rôle essentiel dans les réactions chimiques qui se déroulent dans les cellules de l'organisme. La polarité de l'eau revêt une grande importance, ainsi que nous le verrons plus loin dans ce chapitre.

Les divers types de molécules possèdent différents degrés de polarité et, comme le résume la **figure 2.9**, on observe un changement graduel allant des liaisons ioniques aux liaisons covalentes non polaires. Les liaisons ioniques (transfert complet d'électrons) et les liaisons covalentes non polaires (mise en commun égale d'électrons) représentent les extrêmes d'une progression continue entre lesquels la mise en commun des électrons se fait de façon plus ou moins inégale.

Liaisons hydrogène

Contrairement à la liaison ionique ou à la liaison covalente, qui sont des liaisons relativement solides, la **liaison hydrogène** tient plus de l'attraction que de la liaison à proprement parler. Elle se forme quand un atome d'hydrogène déjà lié de façon covalente à un atome électronégatif (généralement d'azote ou d'oxygène) est attiré par un autre atome électronégatif, créant ainsi une sorte de «pont» entre eux.

Les liaisons hydrogène sont communes entre les dipôles comme les molécules d'eau parce que l'atome d'oxygène d'une molécule donnée, qui est légèrement négatif, attire les atomes d'hydrogène, légèrement positifs, situés sur d'autres molécules **(figure 2.10a)**. C'est la formation de liaisons hydrogène qui favorise le regroupement des molécules d'eau ainsi que leur

(a) Les molécules de gaz carbonique (CO_2) sont linéaires, symétriques et non polaires.

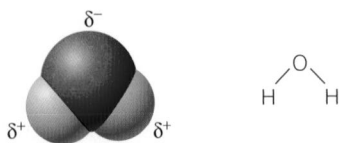

(b) Les molécules d'eau (H_2O) prennent la forme d'un V. Elles ont deux pôles chargés : elles sont légèrement plus négatives (δ^-) du côté de l'oxygène et légèrement plus positives (δ^+) du côté de l'hydrogène.

Figure 2.8 **Les molécules de gaz carbonique et d'eau ont des formes différentes, comme l'illustrent les modèles moléculaires.**

Liaison ionique	Liaison covalente polaire	Liaison covalente non polaire
Transfert complet des électrons	Mise en commun inégale des électrons	Mise en commun égale des électrons
Formation d'ions distincts (particules chargées)	Légère charge négative (δ^-) à une extrémité de la molécule, légère charge positive (δ^+) à l'autre extrémité	Charge équilibrée entre les atomes
Na^+ Cl^-		$O=C=O$
Chlorure de sodium	Eau	Gaz carbonique

Figure 2.9 **Comparaison des liaisons ioniques, covalentes polaires et covalentes non polaires (changements graduels).**

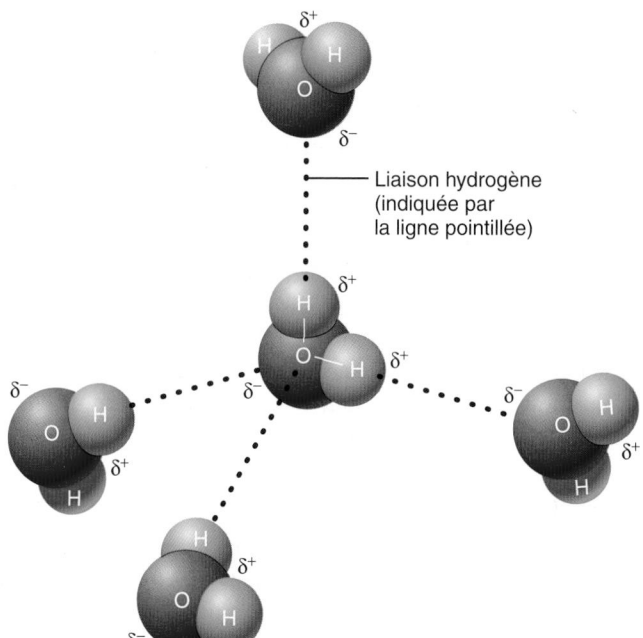

Liaison hydrogène
(indiquée par
la ligne pointillée)

(a) Les pôles légèrement positifs (indiqués par δ^+) des molécules d'eau s'alignent en direction des pôles légèrement négatifs (indiqués par δ^-) d'autres molécules d'eau.

(b) Une araignée d'eau peut se déplacer à la surface d'un étang en raison de la grande tension superficielle de l'eau, qui découle de la force combinée de ses liaisons hydrogène.

Figure 2.10 **Liaisons hydrogène entre des molécules d'eau (polaires).**

tendance à former une mince pellicule. Cette propriété, appelée *tension superficielle*, permet d'expliquer en partie pourquoi l'eau déposée sur une surface solide forme de petites sphères (comme la rosée sur les feuilles) et comment ces insectes particuliers que sont les patineurs glissent à la surface d'un étang (figure 2.10b).

Bien qu'elles soient trop faibles pour réunir des atomes de façon à former des molécules, les liaisons hydrogène constituent d'importantes *liaisons intramoléculaires*. Ce type de liaison

contribue notamment à maintenir la structure tridimensionnelle caractéristique des grosses molécules, car elles en relient les différentes parties. On trouve un grand nombre de ces liaisons hydrogène dans les grosses molécules biologiques, telles que les protéines et l'ADN, où elles stabilisent leur structure.

VÉRIFIONS NOS ACQUIS

10. Quel type de liaison se forme entre les molécules d'eau ?

11. L'oxygène ($_8$O) et l'argon ($_{18}$A) sont deux gaz. Expliquez pourquoi l'oxygène se combine facilement avec d'autres éléments, mais pas l'argon.

12. Supposez qu'un composé XY possède une liaison covalente polaire. En quoi la distribution des charges de ce composé est-elle différente de celle d'une molécule XX ?

Les réponses se trouvent à l'appendice G.

Réactions chimiques

11 Identifier et définir les trois principaux modes de réactions chimiques : synthèse, dégradation et échange. Expliquer la nature et l'importance des réactions d'oxydoréduction dans le fonctionnement de l'organisme.

12 Expliquer la notion d'équilibre chimique et montrer pourquoi les réactions chimiques qui se produisent dans l'organisme sont souvent irréversibles.

13 Énumérer les facteurs influant sur la vitesse des réactions chimiques et préciser l'effet de chacun. Comparer les composés polaires et les composés non polaires à l'aide d'un exemple pour chaque type.

Comme nous l'avons déjà remarqué, toutes les particules de matière sont en mouvement constant à cause de leur énergie cinétique. Au sein d'un solide, le mouvement des atomes ou des molécules se limite généralement à une vibration parce que ces particules sont retenues ensemble par des liaisons assez fortes. Mais dans les liquides et les gaz, les particules se déplacent au hasard, entrent en collision les unes avec les autres et interagissent dans des réactions chimiques. Une **réaction chimique** se produit chaque fois que des liaisons chimiques se forment, se réorganisent ou se rompent.

Équations chimiques

On représente symboliquement les réactions chimiques par des **équations chimiques**. Par exemple, l'association de deux atomes d'hydrogène lors de la formation d'hydrogène gazeux s'écrit comme suit :

$$H + H \rightarrow H_2 \text{ (hydrogène gazeux)}$$
(réactifs)   (produit)

La formation du méthane par combinaison de quatre atomes d'hydrogène et de un atome de carbone s'écrit ainsi :

$$4H + C \rightarrow CH_4 \text{ (méthane)}$$

Remarquez bien qu'un chiffre écrit en *indice* signifie que les atomes sont liés par des liaisons chimiques. Par ailleurs, le chiffre placé *avant* le symbole (préfixe) désigne le nombre de molécules ou d'atomes *non liés*. Ainsi, CH₄ signifie que la molécule de méthane est formée de quatre atomes d'hydrogène unis à un atome de carbone, mais 4H désigne quatre atomes d'hydrogène non liés.

Une équation chimique ressemble à une phrase décrivant ce qui se passe pendant une réaction. On y trouve les informations suivantes : nombre et types de substances prenant part à la réaction, ou **réactifs**, composition chimique du ou des **produits** et, si l'équation est équilibrée, proportion relative de chacun des réactifs et produits.

Dans les équations de la page précédente, les réactifs sont des atomes, comme l'indiquent leurs symboles atomiques (H, C). Dans chaque cas, le produit est une molécule représentée par sa **formule moléculaire** (H_2, CH_4). On peut lire l'équation de la formation du méthane de deux façons : « Quatre atomes d'hydrogène plus un atome de carbone produisent une molécule de méthane » *ou bien* « Quatre moles d'atomes d'hydrogène plus une mole d'atomes de carbone produisent une mole de méthane ». Il est plus pratique de se servir de moles parce qu'il est impossible d'isoler un atome ou une molécule de quoi que ce soit !

Modes de réactions chimiques

La plupart des réactions chimiques se font selon l'un des trois modes suivants : *synthèse*, *dégradation* ou *échange*.

Lorsque des atomes ou des molécules se combinent pour former une molécule plus grosse et plus complexe, on parle de **réaction de synthèse**. On peut représenter la réaction de synthèse, qui entraîne toujours la formation de liaisons (le choix des lettres est arbitraire), de la façon suivante :

$$A + B \rightarrow AB$$

Les réactions de synthèse constituent la base des activités **anaboliques** au sein des cellules de l'organisme, au cours desquelles de nouvelles liaisons chimiques sont élaborées, permettant notamment le regroupement de petites molécules appelées acides aminés en grosses molécules de protéines **(figure 2.11a)**. Les réactions de synthèse sont particulièrement importantes dans les tissus en croissance rapide.

Une **réaction de dégradation** se produit quand une molécule est brisée en molécules plus petites ou en chacun des atomes qui la constituaient :

$$AB \rightarrow A + B$$

De par leurs caractéristiques, les réactions de dégradation sont l'inverse des réactions de synthèse, puisque des liens sont rompus, et constituent la base des processus **cataboliques** qui se produisent dans les cellules de l'organisme. Par exemple, la rupture des liaisons des molécules de glycogène libère des molécules de glucose, qui sont plus simples (figure 2.11b).

Les **réactions d'échange** ou de **substitution** comportent à la fois une synthèse et une dégradation. Elles sont caractérisées par la création et la rupture simultanées de liaisons. Dans une réaction d'échange, certaines des molécules réactives changent

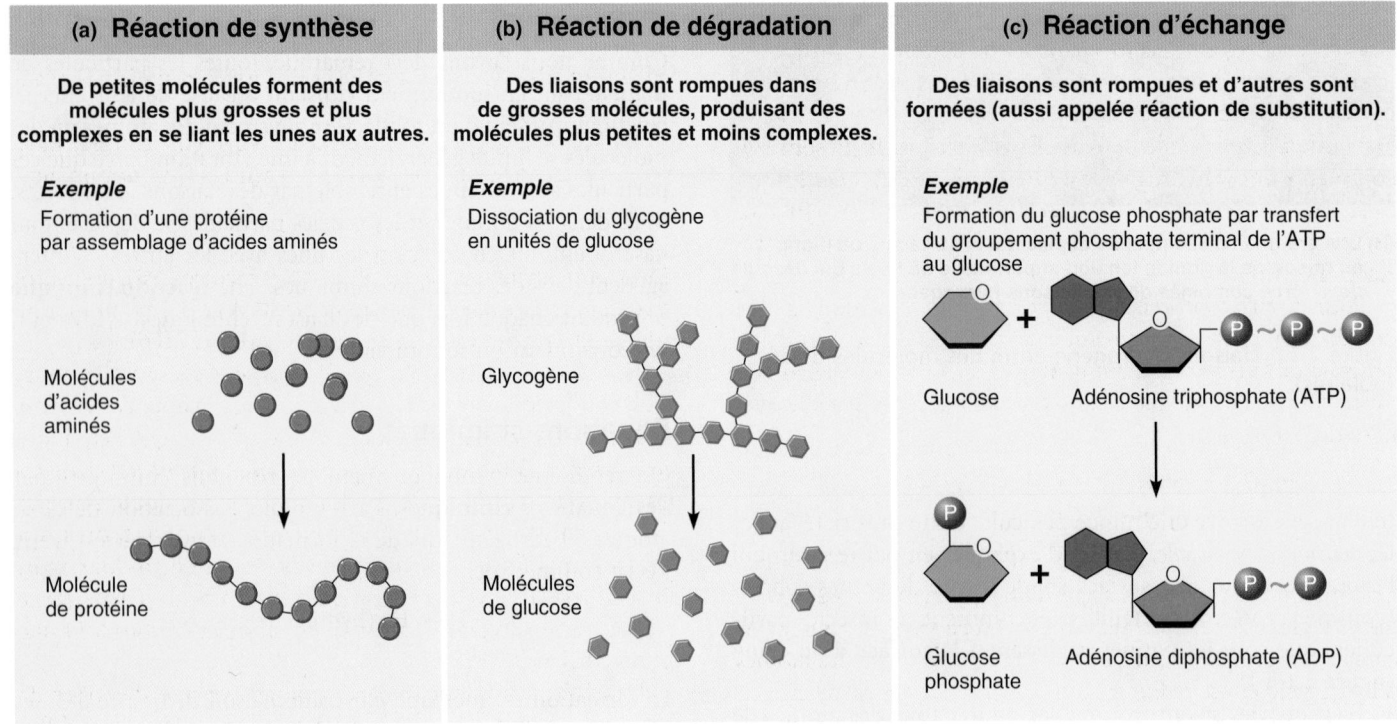

(a) **Réaction de synthèse**	(b) **Réaction de dégradation**	(c) **Réaction d'échange**
De petites molécules forment des molécules plus grosses et plus complexes en se liant les unes aux autres.	Des liaisons sont rompues dans de grosses molécules, produisant des molécules plus petites et moins complexes.	Des liaisons sont rompues et d'autres sont formées (aussi appelée réaction de substitution).
Exemple Formation d'une protéine par assemblage d'acides aminés	*Exemple* Dissociation du glycogène en unités de glucose	*Exemple* Formation du glucose phosphate par transfert du groupement phosphate terminal de l'ATP au glucose
Molécules d'acides aminés / Molécule de protéine	Glycogène / Molécules de glucose	Glucose + Adénosine triphosphate (ATP) / Glucose phosphate + Adénosine diphosphate (ADP)

Figure 2.11   Modes de réactions chimiques.

en quelque sorte de partenaire et forment ainsi des molécules différentes :

$$AB + C \rightarrow AC + B \qquad \text{et} \qquad AB + CD \rightarrow AD + CB$$

C'est une réaction d'échange qui a lieu lorsque l'ATP réagit avec le glucose et lui cède son groupement phosphate terminal (représenté par un P dans un cercle à la figure 2.11c), produisant ainsi du glucose phosphate. Simultanément, l'ATP se transforme en ADP ; cette réaction vitale se déroule chaque fois que du glucose pénètre dans une cellule de l'organisme et elle a pour effet d'emprisonner la molécule de glucose (qui est une source d'énergie) dans la cellule. (Voir la réaction 1 de la glycolyse et le texte qui la décrit à l'appendice D.)

Les **réactions d'oxydoréduction**, ou réactions **redox**, constituent un autre groupe de réactions chimiques très importantes chez les organismes vivants. On les considère comme des réactions de dégradation dans la mesure où tous les processus de production d'énergie (c'est-à-dire d'ATP) par catabolisme des combustibles provenant des aliments font appel à l'oxydoréduction. Ce sont également des réactions d'échange d'un type particulier parce que les réactifs s'échangent des électrons. Le réactif qui perd des électrons est appelé donneur d'électrons et on dit qu'il est **oxydé** ; l'autre réactif, qui gagne les électrons en question, est un accepteur d'électrons et on le qualifie de **réduit**.

Les réactions d'oxydoréduction se produisent notamment lors de la formation de composés ioniques. Nous avons vu que, pendant la formation de NaCl (figure 2.6), le sodium perd un électron au profit du chlore. Par conséquent, le sodium est oxydé et devient un ion sodium ; le chlore est réduit et devient un ion chlorure. Cependant, les réactions d'oxydation-réduction ne comportent pas nécessairement un *transfert complet* d'électrons ; dans certains cas, il y a simplement redistribution des électrons mis en commun dans des liaisons covalentes. Par exemple, une substance est oxydée à la fois par la perte d'atomes d'hydrogène et par la combinaison avec l'oxygène. Le facteur commun à ces deux événements est que les électrons qui « appartenaient » jusque-là à la molécule de réactif sont perdus. Ils le sont soit complètement (l'hydrogène est libéré, emportant avec lui son électron), soit en partie (les électrons partagés passent plus de temps au voisinage de l'atome d'oxygène, qui est très électronégatif).

Pour mieux comprendre l'importance des réactions d'oxydoréduction chez les organismes vivants, examinons l'équation générale de la *respiration cellulaire*, qui est la principale voie de production d'énergie par dégradation du glucose dans les cellules de l'organisme :

$$C_6H_{12}O_6 + 6\,O_2 \rightarrow 6\,CO_2 + 6\,H_2O + ATP$$

glucose oxygène gaz eau énergie
     carbonique cellulaire

Comme on peut le voir, il s'agit d'une réaction d'oxydoréduction. Le glucose perd ses atomes d'hydrogène et est ainsi *oxydé* en gaz carbonique ; pour sa part, l'oxygène accepte les atomes d'hydrogène et est *réduit* en eau. Cette réaction est décrite en détail au chapitre 24 avec d'autres points relatifs au métabolisme cellulaire.

Variations de l'énergie au cours des réactions chimiques

Comme toutes les liaisons chimiques représentent une certaine quantité d'énergie chimique, toutes les réactions s'accompagnent d'une absorption ou d'un dégagement net d'énergie. Les réactions qui libèrent de l'énergie sont appelées **réactions exothermiques**, ou réactions exergoniques ; leurs produits contiennent moins d'énergie que les réactifs de départ, mais l'énergie dégagée durant ces réactions peut être récupérée et servir à d'autres fins. À quelques exceptions près, les réactions cataboliques et oxydatives sont exothermiques.

Par contraste, les produits des **réactions endothermiques**, ou réactions endergoniques (qui absorbent de l'énergie), contiennent dans leurs liaisons plus d'énergie potentielle que les réactifs. Les réactions anaboliques sont habituellement endothermiques. En fait, un type de réaction utilise ce qu'un autre type de réaction a libéré. Par exemple, l'énergie produite par la dégradation des molécules de combustible (réactions exothermiques) est emmagasinée dans les molécules d'ATP et utilisée plus tard pour la synthèse de molécules biologiques complexes (réactions endothermiques) nécessaires à la survie de l'organisme.

Réversibilité des réactions chimiques

En théorie, toutes les réactions chimiques sont réversibles ; si des liaisons chimiques peuvent être établies, elles peuvent également être rompues, et vice versa. On représente la réversibilité par une flèche double. Lorsque les flèches sont de longueur inégale, la plus longue indique la direction dominante de la réaction :

$$A + B \rightleftharpoons AB$$

Dans cet exemple, la réaction directe (vers la droite) est dominante ; au fur et à mesure que le processus se déroule, on a donc de plus en plus de produit (AB) et de moins en moins de réactifs (A et B).

Lorsque les flèches sont de même longueur, comme dans l'exemple suivant, aucune des deux réactions n'est dominante :

$$A + B \rightleftharpoons AB$$

Ainsi, pour chaque molécule de produit formée (AB), une autre molécule se dissocie et libère les réactifs A et B. On dit qu'une telle réaction chimique est en état d'**équilibre chimique**.

Une des conditions pour que cet état se réalise est que le système soit fermé, c'est-à-dire qu'il n'y ait aucun apport extérieur ni aucune perte de molécules ou d'énergie. Lorsque l'équilibre chimique est atteint, il n'y a plus de *changement net* dans les quantités de réactifs et de produits, sauf si on ajoute l'un des deux au mélange. Il s'agit d'un équilibre dynamique, car il y a encore formation et dissociation de molécules de produits, mais l'état d'équilibre qui a été atteint au cours de l'expérience (comme une plus grande quantité de molécules de produits que de réactifs) reste inchangé.

L'équilibre chimique est analogue au système d'entrées de nombreux grands musées qui vendent des billets pour différentes heures. Par exemple, si on a vendu 300 billets pour 9 heures, on admettra 300 personnes à cette heure-là. Puis, quand 6 personnes sortiront, on en laissera entrer 6 autres, quand 15 personnes sortiront, on en laissera entrer 15 autres à nouveau, et ainsi de suite. Le roulement est continu, mais il se trouve environ 300 personnes dans le musée pendant toute la journée. (Il faut bien comprendre que la notion d'équilibre se rapporte à une égalité entre les entrées et les sorties et non entre le nombre d'entités de chaque côté: il y a toujours 300 personnes dans le musée, mais pas nécessairement 300 personnes à l'extérieur.)

Toutes les réactions chimiques sont théoriquement réversibles, mais nombre d'entre elles ont si peu tendance à aller dans la direction inverse qu'elles sont pratiquement irréversibles. Cette remarque s'applique aussi à de nombreuses réactions biologiques, l'organisme vivant étant un système ouvert, c'est-à-dire un système qui échange de l'énergie et de la matière avec son environnement. De fait, les réactions chimiques qui libèrent de l'énergie lorsqu'elles vont dans une direction n'iront en sens inverse que si on remet de l'énergie dans le système. Dans ce cas, on ne peut plus parler d'équilibre chimique. Par exemple, lorsque le glucose est dégradé en gaz carbonique et en eau par les réactions de la respiration cellulaire, une partie de l'énergie ainsi libérée est emmagasinée dans les liaisons de l'ATP. Dans notre organisme, cette réaction n'est jamais inversée parce que nos cellules consomment l'énergie provenant de l'ATP pour assurer diverses fonctions (et parce que le repas suivant fournit encore du glucose). Si le produit d'une réaction est continuellement évacué du site de la réaction, la réaction inverse devient impossible. C'est ce qui se passe lorsque le gaz carbonique provenant de la dégradation du glucose sort de la cellule, pénètre dans le sang et finit par quitter l'organisme par les poumons.

Facteurs influant sur la vitesse des réactions chimiques

Quels facteurs influent sur la vitesse des réactions chimiques? Pour pouvoir participer à une réaction chimique, les atomes et les molécules doivent *entrer en collision* avec assez de violence pour vaincre les forces de répulsion qui existent entre leurs électrons (les charges de même signe se repoussent). Les interactions entre les électrons de valence (qui sont la base de toute formation ou de toute rupture de liaison) ne peuvent pas se produire à distance. La force des collisions dépend de la vitesse de déplacement des particules. Si des particules se déplacent à grande vitesse, les collisions sont violentes et, si les couches de valence se recouvrent, les réactions ont beaucoup plus de chances de se produire que si les particules ne font que se frôler. Voici quelques facteurs susceptibles de favoriser les collisions entre les particules et le déroulement des réactions.

Température L'échauffement d'une substance a pour effet d'accroître l'énergie cinétique des particules, donc la force de leurs collisions. Par conséquent, les réactions chimiques se déroulent plus rapidement à haute température.

Concentration Les réactions chimiques se font plus rapidement quand les particules de réactifs sont présentes en grand nombre parce que les chances de collisions productives sont plus élevées. La concentration de réactifs diminue alors jusqu'à ce que l'équilibre chimique soit atteint, à moins qu'on n'ajoute d'autres réactifs ou qu'on ne retire les produits du site de la réaction.

Taille des particules Les petites particules se déplacent plus vite que les grosses (à une même température) et elles ont tendance à entrer en collision plus souvent et avec plus de force. Donc, plus les particules de réactifs sont petites, plus la réaction chimique est rapide à une température et à une concentration données.

Catalyseurs Au laboratoire, on peut accélérer de nombreuses réactions chimiques en ajoutant simplement de la chaleur, mais on ne saurait en faire autant chez un être vivant. En effet, une forte augmentation de la température peut être mortelle pour l'organisme parce qu'elle détruit des molécules biologiques vitales. Cependant, à une température corporelle normale et en l'absence de catalyseurs, la vitesse de la plupart des réactions chimiques serait beaucoup trop lente pour permettre le déroulement des processus vitaux. Les **catalyseurs** sont des substances qui agissent seulement en élevant la vitesse des réactions chimiques; ils ne subissent pas de changements chimiques et ne deviennent pas une partie du produit. Les catalyseurs biologiques portent le nom d'**enzymes**. Le mode d'action des enzymes est décrit plus loin dans ce chapitre.

VÉRIFIONS NOS ACQUIS

13. Quel type de réaction – synthèse, dégradation et échange – se produit lorsque votre intestin grêle digère des lipides?

14. Pourquoi nombre de réactions se produisant dans les systèmes vivants sont-elles pratiquement irréversibles?

15. Quel nom donne-t-on aux réactions de dégradation au cours desquelles les combustibles provenant des aliments sont transformés en énergie?

Les réponses se trouvent à l'appendice G.

DEUXIÈME PARTIE

BIOCHIMIE

La **biochimie** est l'étude de la composition chimique de la matière vivante et des réactions qui se produisent chez les êtres vivants. Tous les composés chimiques de l'organisme humain entrent dans deux grandes classes: les composés organiques et les composés inorganiques. Les **composés organiques** contiennent du carbone. Ils sont tous constitués de molécules formées par des liaisons covalentes; certaines de ces molécules sont de très grande taille.

Toutes les autres substances chimiques de notre organisme sont considérées comme des **composés inorganiques.** Il s'agit de l'eau, des sels et de nombreux acides et bases. Les composés organiques et inorganiques sont tout aussi vitaux les uns que les autres. Tenter de déterminer quelle catégorie est la plus essentielle reviendrait à chercher à savoir si c'est le système d'allumage ou le moteur qui est le plus utile pour faire avancer une automobile.

Composés inorganiques

14 Décrire brièvement les propriétés de l'eau qui en font un liquide vital pour l'organisme.

15 Donner la définition d'un sel et des exemples de sels (noms et fonctions) ayant une importance dans l'homéostasie.

16 Définir ce que sont les acides et les bases, expliquer la notion de pH ainsi que le rôle et le fonctionnement d'un système tampon.

Eau

L'eau est le composé inorganique le plus abondant et le plus important dans la matière vivante. Elle représente de 60 à 80 % du volume de la plupart des cellules vivantes. Ce liquide est vital en raison de ses propriétés. En voici quelques-unes :

1. **Grande capacité thermique.** L'eau a une forte capacité thermique, c'est-à-dire qu'elle absorbe ou dégage une grande quantité de chaleur avant que sa température change de façon importante. Cette propriété empêche les changements soudains de température associés à des facteurs externes, comme le soleil ou l'exposition au vent, ou relevant de processus internes, par suite de la libération rapide d'une grande quantité de chaleur, comme cela survient au cours d'une activité musculaire intense. L'eau présente dans le sang distribue la chaleur parmi les tissus de l'organisme et contribue ainsi à l'homéostasie thermique.

2. **Grande chaleur de vaporisation.** Lorsqu'elle s'évapore, ou se vaporise, l'eau passe de l'état liquide à l'état gazeux (vapeur d'eau). Cette transformation résulte de la rupture des liaisons hydrogène qui retiennent ensemble les molécules d'eau. Or, pour rompre ces liaisons, il faut fournir de grandes quantités de chaleur. Cette caractéristique présente un très grand avantage lorsque nous transpirons. Lorsque la sueur (principalement constituée d'eau) s'évapore à la surface de notre peau, de grandes quantités de chaleur quittent le corps, ce qui constitue un système de refroidissement très efficace.

3. **Polarité et qualités de solvant.** L'eau est un solvant sans égal. On la qualifie même de **solvant universel**. La biochimie est en quelque sorte la « chimie du liquide ». En effet, les molécules biologiques ne sont chimiquement réactives que si elles sont en solution, et ce sont les qualités de solvant de l'eau qui rendent possibles pratiquement toutes les réactions chimiques de notre organisme.

   Comme elles sont polaires, les molécules d'eau orientent leur extrémité légèrement négative vers l'extrémité positive des molécules de soluté, et vice versa ; elles les attirent donc, puis les entourent. Cette propriété de l'eau permet d'expliquer pourquoi les composés ioniques et d'autres petites molécules réactives (tels les acides et les bases) se

dissocient dans l'eau, c'est-à-dire que leurs ions se séparent et se répartissent de façon uniforme dans l'eau pour former des solutions vraies (**figure 2.12**).

L'eau forme également des **couches d'hydratation** (couches de molécules d'eau) autour des grosses molécules électriquement chargées, telles que les protéines, qui sont ainsi protégées de l'action des autres substances chargées présentes dans le milieu en leur permettant de demeurer en solution. De tels mélanges d'eau et de protéines sont appelés *colloïdes biologiques*. Le liquide céré- brospinal et le plasma sanguin sont des exemples de ces colloïdes.

Grâce à ses qualités de solvant, l'eau constitue le principal milieu de *transport* de l'organisme. Les nutriments, les gaz respiratoires et les déchets métaboliques sont transportés dans l'ensemble de notre corps sous forme de solutés dans le plasma sanguin, et de nombreux déchets métaboliques sont excrétés dans l'urine, un autre liquide aqueux. L'eau est aussi le milieu de *dissolution* de certaines molécules spécialisées qui jouent le rôle de lubrifiants (par exemple, le mucus).

4. **Réactivité.** L'eau est un *réactif* important pour de nombreuses réactions chimiques. Par exemple, les aliments (molécules complexes) sont décomposés en leurs constituants (molécules simples) par l'ajout d'une molécule d'eau sur le site de chacune des liaisons qui doit être rompue. Ce genre de réaction de dégradation est plus précisément appelé **réaction d'hydrolyse** (hydrolyse : rupture

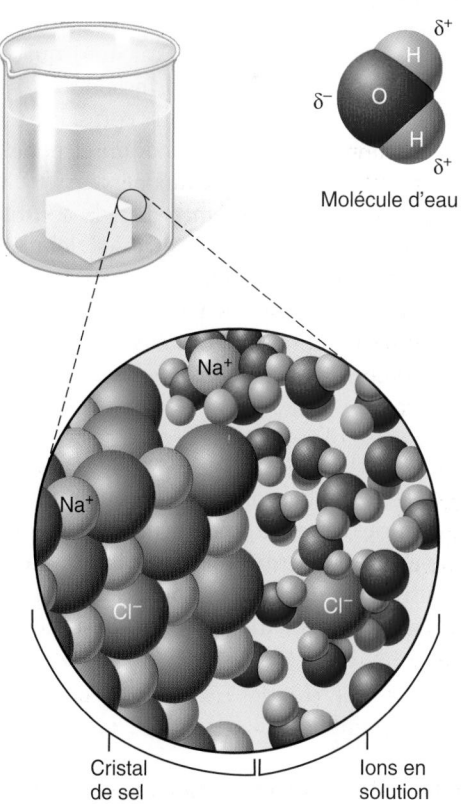

Molécule d'eau

Cristal de sel Ions en solution

Figure 2.12 Dissociation d'un sel dans l'eau.

sous l'action de l'eau). Inversement, lors de la synthèse de grosses molécules de glucides ou de protéines à partir de molécules plus petites, une molécule d'eau est libérée et devient un produit de la réaction pour chaque liaison qui est formée; cette réaction porte le nom de **synthèse** et résulte donc d'une **déshydratation**.

5. **Amortissement.** Enfin, en étant incompressible, l'eau forme un coussin protecteur autour de certains organes, réduisant ainsi le risque de lésions physiques. Le liquide cérébrospinal qui entoure l'encéphale et la moelle épinière illustre bien cette fonction d'amortisseur assurée par l'eau.

Sels

Un **sel** est un composé ionique formé de cations autres que H^+ et d'anions autres que l'ion hydroxyle (OH^-). Ce composé ne comporte donc que des liaisons ioniques, jamais de liaisons covalentes. Comme nous l'avons déjà vu, lorsque des sels se dissolvent dans l'eau, ils se dissocient en chacun des ions qui les composent (figure 2.12). Par exemple, le sulfate de sodium (Na_2SO_4) se dissocie en deux ions Na^+ et en un ion SO_4^{2-}: la dissociation se produit aisément parce que les ions sont déjà formés. Il ne reste plus à l'eau qu'à vaincre l'attraction entre les ions de charge opposée. (Notez que les groupements d'atomes qui ont une charge globale, comme l'ion sulfate [SO_4^{2-}], sont appelés *ions polyatomiques*.)

Tous les ions sont des **électrolytes**, c'est-à-dire des substances qui conduisent l'électricité lorsqu'elles sont mises en solution.

Les sels comme le NaCl (chlorure de sodium), le Ca_2CO_3 (carbonate de calcium) et le KCl (chlorure de potassium) sont communs dans l'organisme. Cependant, les sels les plus abondants sont le $Ca_3(PO_4)_2$ (phosphate de calcium), qui confère leur dureté aux os et aux dents. Sous leur forme ionisée, les sels jouent un rôle vital dans les fonctions de notre corps. Par exemple, les propriétés électrolytiques des ions sodium et potassium sont essentielles à la propagation de l'influx nerveux et à la contraction musculaire. Le fer ionisé entre dans la constitution des molécules d'hémoglobine présentes dans les globules rouges et qui transportent l'oxygène; les ions zinc et cuivre sont indispensables à l'activité de certaines enzymes. (Le tableau 2.1 résume quelques-unes des fonctions importantes des éléments présents dans les sels de notre organisme.)

DÉSÉQUILIBRE HOMÉOSTATIQUE

Le maintien de l'équilibre ionique des liquides organiques est l'une des fonctions les plus fondamentales des reins. Lorsque cet équilibre est très perturbé, presque plus rien ne fonctionne dans l'organisme. Graduellement, toutes les activités physiologiques dont nous avons parlé s'arrêtent ainsi que des milliers d'autres. ■

Acides et bases

À l'instar des sels, les acides et les bases sont des électrolytes, c'est-à-dire qu'ils s'ionisent et se dissocient dans l'eau; ils peuvent alors conduire un courant électrique.

Acides

Nous connaissons tous certaines propriétés des **acides**: ils ont un goût aigre, réagissent avec (dissolvent) de nombreux métaux et peuvent «brûler» les tapis en y laissant des trous. Mais pour nos besoins, la meilleure définition d'un acide est la suivante: c'est une substance qui libère des **ions hydrogène** (H^+) en quantité détectable. Comme un ion hydrogène n'est que le noyau d'un atome d'hydrogène, c'est-à-dire un proton «nu», les acides sont également appelés **donneurs de protons**.

Lorsqu'un acide se dissout dans l'eau, il libère des ions hydrogène (protons) et des anions. C'est la concentration de protons qui détermine l'acidité d'une solution; les anions ont peu d'effet sur l'acidité ou n'en ont aucun. Ainsi l'acide chlorhydrique (HCl), qui est sécrété par les cellules de l'estomac et intervient dans la digestion, se dissocie et en un proton et en un anion chlorure:

$$HCl \rightarrow \underset{\text{proton}}{H^+} + \underset{\text{anion}}{Cl^-}$$

D'autres acides se trouvent dans notre organisme ou y sont produits, tels l'acide carbonique (H_2CO_3) et l'acide acétique, qui est la partie acide du vinaigre. L'acide acétique a pour formule CH_3COOH, mais on peut aussi l'écrire HAc pour mettre en évidence le proton qui sera libéré. Il est ainsi plus facile de reconnaître la formule moléculaire d'un acide.

Bases

Les **bases** ont un goût amer et sont visqueuses au toucher, tel le savon; ce sont des **accepteurs de protons**, c'est-à-dire qu'elles capturent les ions hydrogène (H^+) en quantité détectable. Parmi les bases inorganiques communes, on trouve les *hydroxydes* tels que l'hydroxyde de magnésium (lait de magnésie) et l'hydroxyde de sodium (soude caustique). À l'instar des acides, les hydroxydes se dissocient dans l'eau, mais ils libèrent alors des **ions hydroxyle (OH$^-$)** et des cations, et non des ions hydrogène comme le font les acides. Par exemple, l'ionisation de l'hydroxyde de sodium (NaOH) donne un ion hydroxyle et un ion sodium; l'ion hydroxyle se lie ensuite à un proton présent dans la solution (l'accepte). Cette réaction produit de l'eau tout en réduisant l'acidité (concentration d'ions hydrogène) de la solution:

$$NaOH \rightarrow \underset{\text{cation}}{Na^+} + \underset{\text{ion hydroxyle}}{OH^-}$$

puis

$$OH^- + H^+ \rightarrow \underset{\text{eau}}{H_2O}$$

L'**ion bicarbonate (HCO$_3^-$)**, une base essentielle de l'organisme, est particulièrement abondant dans le sang. L'**ammoniac (NH$_3$)**, qui est un déchet commun résultant de la dégradation des protéines, est également une base. Il a une paire d'électrons non partagés qui attirent fortement les protons. Lorsqu'il accepte un proton, l'ammoniac se transforme en ion ammonium:

$$NH_3 + H^+ \rightarrow \underset{\text{ion ammonium}}{NH_4^+}$$

pH: concentration acide-base

Plus il y a d'ions hydrogène dans une solution, plus celle-ci est acide. À l'inverse, plus la concentration d'ions hydroxyle est forte (plus la concentration de H^+ est faible), plus la solution est basique, ou *alcaline*. La concentration relative d'ions hydrogène dans les liquides organiques se mesure en unités de concentration appelées **unités de pH**.

C'est Sören Sörensen, biochimiste danois et brasseur à ses heures, qui a eu le premier l'idée d'une échelle des pH en 1909. Il cherchait une manière pratique de vérifier l'acidité de son produit pour éviter qu'il soit altéré par les bactéries. (La prolifération de nombreuses espèces de bactéries est inhibée par l'acidité.) Il a donc conçu une échelle de pH exprimant la concentration d'ions hydrogène dans une solution en moles par litre, ou molarité. Cette échelle va de 0 à 14 et est logarithmique de base 10, c'est-à-dire que, d'une unité à la suivante, la concentration d'ions hydrogène est modifiée par un facteur de 10 (figure 2.13). Le pH d'une solution est donc défini comme le logarithme négatif de la concentration d'ions hydrogène $[H^+]$ en moles par litre, ou $- \log [H^+]$. (Les crochets [ ] indiquent la concentration d'une substance.)

À un pH de 7 (où $[H^+]$ est égal à 10^{-7} mol/L), le nombre d'ions hydrogène est exactement égal au nombre d'ions hydroxyle (pH = pOH); on dit que la solution est *neutre* (ni acide, ni basique). L'eau absolument pure (distillée) a un pH de 7.

Les solutions de pH inférieur à 7 sont acides: les ions hydrogène y sont plus abondants que les ions hydroxyle. Plus le pH est bas, plus la solution est acide. Une solution dont le pH est de 6 contient 10 fois plus d'ions hydrogène qu'une autre dont le pH est de 7.

Les solutions de pH supérieur à 7 sont alcalines et la concentration relative d'ions hydrogène diminue d'un facteur 10 à chaque augmentation d'une unité de pH. Ainsi, dans des solutions de pH 8 et 12, la concentration des ions hydrogène est respectivement de 1/10 et de 1/100 000 (1/10 × 1/10 × 1/10 × 1/10 × 1/10) de celle de la solution de pH 7.

La figure 2.13 présente le pH approximatif de plusieurs liquides de l'organisme et de certaines substances d'usage courant. Remarquez que lorsque la concentration des ions hydrogène diminue, celle des ions hydroxyle augmente, et vice versa.

Neutralisation

Lorsqu'on mélange un acide et une base, ils entrent en interaction et subissent une réaction d'échange qui produit de l'eau et un sel. Par exemple, quand l'acide chlorhydrique interagit avec l'hydroxyde de sodium, on obtient du chlorure de sodium (un sel) et de l'eau.

$$HCl + NaOH \rightarrow NaCl + H_2O$$
acide   base   sel   eau

Ce type de réaction est appelé **réaction de neutralisation**, parce que la formation d'eau résultant de l'union de H^+ et de OH^- neutralise la solution. Même si nous avons écrit la formule moléculaire (NaCl) du sel produit par cette réaction, n'oubliez pas qu'il se trouve en réalité sous forme d'ions sodium et d'ions chlorure puisqu'il est dissous dans l'eau.

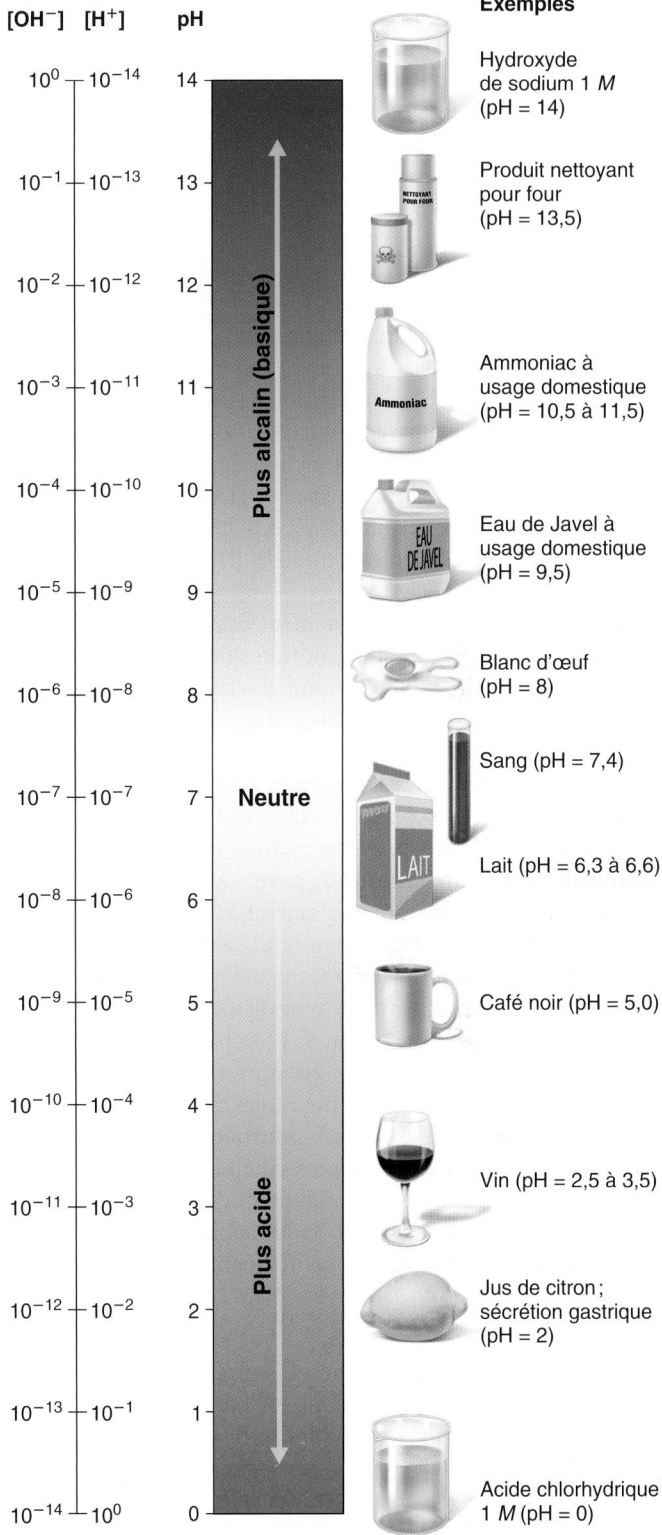

Concentration en moles par litre

[OH⁻]	[H⁺]	pH	Exemples
10^0	10^{-14}	14	Hydroxyde de sodium 1 *M* (pH = 14)
10^{-1}	10^{-13}	13	Produit nettoyant pour four (pH = 13,5)
10^{-2}	10^{-12}	12	
10^{-3}	10^{-11}	11	Ammoniac à usage domestique (pH = 10,5 à 11,5)
10^{-4}	10^{-10}	10	
10^{-5}	10^{-9}	9	Eau de Javel à usage domestique (pH = 9,5)
10^{-6}	10^{-8}	8	Blanc d'œuf (pH = 8)
10^{-7}	10^{-7}	7 **Neutre**	Sang (pH = 7,4)
10^{-8}	10^{-6}	6	Lait (pH = 6,3 à 6,6)
10^{-9}	10^{-5}	5	Café noir (pH = 5,0)
10^{-10}	10^{-4}	4	
10^{-11}	10^{-3}	3	Vin (pH = 2,5 à 3,5)
10^{-12}	10^{-2}	2	Jus de citron; sécrétion gastrique (pH = 2)
10^{-13}	10^{-1}	1	
10^{-14}	10^0	0	Acide chlorhydrique 1 *M* (pH = 0)

Plus alcalin (basique) ↑   Plus acide ↓

Figure 2.13 Échelle des pH et pH de quelques substances représentatives. L'échelle des pH est une mesure du nombre d'ions hydrogène en solution. Pour chaque unité de pH, on a indiqué la concentration des ions hydrogène ($[H^+]$) et la concentration des ions hydroxyle ($[OH^-]$) en moles par litre. À un pH de 7, les concentrations d'ions hydrogène et hydroxyle sont égales et la solution est neutre.

Tampons

Les cellules vivantes sont extrêmement sensibles aux variations, même très légères, du pH de leur environnement. Les bases et les acides concentrés sont très nocifs pour les tissus vivants. Il suffit d'imaginer ce qui arriverait à toutes les liaisons hydrogène dans les molécules biologiques si elles se trouvaient bombardées par un grand nombre d'ions H+ libres.

C'est pourquoi l'homéostasie de l'équilibre acidobasique est réglée de façon rigoureuse par les reins et les poumons ainsi que par des systèmes chimiques (faisant intervenir des protéines et d'autres types de molécules) appelés **tampons**. Les tampons s'opposent aux variations brusques ou substantielles du pH des liquides organiques en libérant des ions hydrogène (en agissant comme des acides) si le pH augmente et en capturant des ions hydrogène (en se comportant comme des bases) si le pH diminue. Comme le sang entre en contact étroit avec presque toutes les cellules de notre corps, la régulation de son pH est particulièrement essentielle. Normalement, le pH sanguin ne varie que dans un intervalle très étroit (de 7,35 à 7,45). Toute variation de plus de quelques dixièmes d'unité en deçà ou au-delà de ces limites peut être mortelle.

Pour bien saisir le fonctionnement des systèmes tampons, vous devez parfaitement comprendre ce que sont les bases et les acides forts ainsi que les bases et les acides faibles. Premièrement, il ne faut pas oublier que l'acidité d'une solution reflète *seulement* la concentration d'ions hydrogène libres et non celle des ions hydrogène liés à des anions. Les acides qui se dissocient complètement et de façon irréversible dans l'eau sont appelés **acides forts** parce qu'ils peuvent modifier très fortement le pH d'une solution. L'acide chlorhydrique et l'acide sulfurique sont des acides forts. Si on pouvait isoler 100 molécules d'acide chlorhydrique et les mettre dans 1 mL d'eau, on obtiendrait probablement une solution contenant 100 H+, 100 Cl− et aucune molécule d'acide chlorhydrique non dissociée.

Les acides qui ne se dissocient pas complètement, tels l'acide carbonique (H_2CO_3) et l'acide acétique (HAc), sont appelés **acides faibles**. Si on plaçait 100 molécules d'acide acétique dans 1 mL d'eau, voici la réaction qui pourrait se produire. Notez toutefois que les valeurs mentionnées dans la réaction chimique ci-dessous sont fictives. Elles n'indiquent qu'un ordre de grandeur servant à montrer que les acides faibles se dissocient faiblement et ne donnent qu'une petite quantité d'ions H+.

$$100 \text{ HAc} \rightarrow 90 \text{ HAc} + 10 \text{ H}^+ + 10 \text{ Ac}^-$$

Comme les molécules d'acide non dissociées ne modifient pas le pH, la solution d'acide acétique est beaucoup moins acide que celle de HCl. Les acides faibles se dissocient d'une façon prévisible et les molécules non dissociées sont en équilibre dynamique avec les ions dissociés. On peut donc écrire ainsi la dissociation de l'acide acétique :

$$\text{HAc} \rightleftharpoons \text{H}^+ + \text{Ac}^-$$

Selon ce principe, si on ajoute des ions H+ (libérés par un acide fort) à la solution d'acide acétique, l'équilibre se déplacera vers la gauche et un nombre un peu plus élevé d'ions H+ et Ac− se recombineront en HAc. Inversement, si on ajoute une base forte

(comme NaOH) et que le pH commence à augmenter, l'équilibre se déplacera vers la droite et un plus grand nombre de molécules de HAc se dissocieront pour libérer des ions H+. (Au fur et à mesure de leur libération provenant de la dissociation de la base forte, les ions OH− se lieront aux ions H+ et la diminution des ions H+ favorisera le déplacement de l'équilibre vers la droite.) Cette caractéristique des acides faibles leur permet de jouer un rôle extrêmement important dans les systèmes tampons de l'organisme.

La notion de bases fortes et de bases faibles est facile à expliquer : souvenez-vous que les bases sont des accepteurs de protons. Par conséquent, les **bases fortes** sont celles qui, tels les hydroxydes, se dissocient fortement dans l'eau et capturent rapidement des H+. Par contre, le bicarbonate de sodium (souvent appelé bicarbonate de soude) s'ionise seulement de façon partielle *et* réversible. Il libère donc peu d'ions bicarbonate et « n'accepte » qu'un petit nombre de protons ; c'est pourquoi on considère l'ion bicarbonate comme une **base faible**.

Voyons maintenant comment un système tampon contribue à maintenir l'homéostasie du pH sanguin. Le **système tampon acide carbonique-bicarbonate** est l'un des plus essentiels, bien qu'il en existe d'autres. L'acide carbonique (H_2CO_3) se dissocie de façon réversible en libérant des ions bicarbonate (HCO_3^-) et des protons (H+) :

Réponse à l'augmentation du pH

$$H_2CO_3 \rightleftharpoons HCO_3^- + H^+$$

donneur de H+   Réponse à la   accepteur de   proton

(acide faible)   diminution du pH   H+ (base faible)

L'équilibre chimique entre l'acide carbonique (un acide faible) et l'ion bicarbonate (une base faible) s'oppose aux fluctuations du pH sanguin en se déplaçant vers la gauche ou vers la droite selon que le nombre d'ions H+ dans le sang augmente ou diminue. Si le pH sanguin augmente (par exemple lorsque le sang est rendu plus alcalin par ingestion excessive d'un antiacide), l'équilibre se déplace vers la droite, ce qui oblige une plus grande partie d'acide carbonique à se dissocier. À l'inverse, si le pH commence à baisser (par exemple lorsque le sang est rendu plus acide par suite de l'ingestion d'une trop grande quantité d'un médicament acide comme l'aspirine), l'équilibre se déplace vers la gauche au fur et à mesure que des ions bicarbonate se lient aux protons en augmentation à cause de la dissociation de l'acide fort. Comme on le voit, les bases fortes sont remplacées par une base faible (ion bicarbonate) et les protons libérés par des acides forts sont capturés par un acide faible (acide carbonique). Dans un cas comme dans l'autre, le pH du sang varie beaucoup moins qu'il ne le ferait en l'absence de système tampon. Au chapitre 26, vous trouverez des explications plus approfondies sur l'équilibre acidobasique et les tampons.

VÉRIFIONS NOS ACQUIS

16. L'eau représente de 60 à 80 % de la matière vivante. Quelle propriété, en particulier, en fait un bon solvant ?

17. Que signifie l'énoncé « Les sels sont des électrolytes » ?

18. Quel ion est responsable de l'augmentation de l'acidité ?

19. Pour réduire au minimum la variation de pH qui se produit quand un acide fort est ajouté à une solution, qu'est-il préférable de faire : ajouter une base faible ou une base forte ? Pourquoi ?

Les réponses se trouvent à l'appendice G.

Composés organiques

17 Expliquer le rôle de la synthèse et de l'hydrolyse dans la formation et la dégradation des molécules organiques.

18 Décrire et comparer les unités de base, les structures générales et les fonctions biologiques des glucides et des lipides ; donner un aperçu de la classification de ces deux types de composés organiques.

Les molécules propres aux êtres vivants (protéines, glucides, lipides et acides nucléiques) sont des composés organiques. Elles contiennent toutes du carbone, contrairement aux composés inorganiques, qui n'en contiennent pas. Il existe toutefois quelques exceptions qui échappent à toute logique : le gaz carbonique (CO_2), le monoxyde de carbone (CO) et les carbures, par exemple, ont tous du carbone, mais on considère ces petites molécules comme des composés inorganiques.

La plupart des molécules organiques sont très grosses, mais leurs interactions avec d'autres molécules ne mettent en jeu que de petites régions réactives de leur structure, appelées *groupements fonctionnels*, comme les groupements acide, amine, etc. (L'appendice B présente les plus importants groupements fonctionnels qui participent à des réactions biochimiques.)

Pourquoi la chimie du « vivant » dépend-elle à ce point du carbone ? Premièrement, aucun autre *petit* atome n'est aussi **électroneutre**. Par conséquent, le carbone ne perd ni ne gagne jamais d'électrons, mais il les partage toujours. Deuxièmement, avec ses quatre électrons de valence, il peut établir quatre liaisons covalentes avec d'autres atomes de carbone ou avec d'autres éléments. C'est ce qui lui permet de former de longues chaînes linéaires (communes dans les graisses), des structures cycliques (comme dans les glucides et les stéroïdes) et de nombreuses autres structures essentielles à certaines fonctions de l'organisme.

Comme vous le verrez bientôt, de nombreuses molécules biologiques (les glucides et les protéines, par exemple) sont des polymères. Les **polymères** sont des molécules formées d'une chaîne d'unités similaires ou identiques, appelées **monomères**, qui sont réunies par une réaction de synthèse par déshydratation **(figure 2.14)**. Au cours de cette réaction, un monomère perd un atome d'hydrogène, et le monomère auquel il se joint perd un groupement hydroxyle. Comme une liaison covalente se forme entre les monomères, une molécule d'eau est libérée ; il en est de même chaque fois qu'un monomère est ajouté à la chaîne de polymères, qui s'allonge progressivement.

Glucides

Les **glucides** représentent de 1 à 2 % de la masse cellulaire. Ces composés, qui regroupent les sucres et les amidons, contiennent du carbone, de l'hydrogène et de l'oxygène ; les atomes d'hydrogène et d'oxygène s'y trouvent dans le rapport de 2 : 1, comme dans l'eau. C'est pourquoi les glucides s'appelaient autrefois *hydrates de carbone*.

Selon leur taille et leur solubilité, on classe les glucides en monosaccharides (« un sucre »), en disaccharides (« deux sucres ») ou en polysaccharides (« nombreux sucres »). Les monosaccharides sont les unités de base de tous les autres glucides. En règle générale, plus la molécule de glucide est grosse, moins elle est soluble dans l'eau.

Monosaccharides

Les **monosaccharides,** ou *sucres simples*, sont formés d'une seule chaîne ou d'une seule structure cyclique contenant de trois à sept atomes de carbone **(figure 2.15a)**. Habituellement, les atomes de carbone, d'hydrogène et d'oxygène sont présents dans des proportions de 1 : 2 : 1, de sorte que la formule générale des monosaccharides est $(CH_2O)_n$, où *n* est égal au nombre d'atomes de carbone dans le sucre. Ainsi, la formule moléculaire du glucose, qui possède six atomes de carbone, est $C_6H_{12}O_6$; celle du ribose, qui a cinq atomes de carbone, est $C_5H_{10}O_5$.

Le nom générique des monosaccharides dépend du nombre d'atomes de carbone qu'ils contiennent. Les plus importants monosaccharides de notre organisme sont les pentoses (cinq atomes de carbone) et les hexoses (six atomes de carbone). Par exemple, le *désoxyribose*, un pentose, entre dans la composition de l'ADN, et le *glucose*, un hexose, est le sucre présent dans le sang.

Deux autres hexoses, le *galactose* et le *fructose*, sont des **isomères** du glucose, c'est-à-dire qu'ils ont la même formule moléculaire ($C_6H_{12}O_6$). Toutefois, la disposition de leurs atomes n'est pas la même (figure 2.15a), ce qui leur donne des propriétés chimiques différentes.

Disaccharides

Un **disaccharide,** ou *sucre double*, est formé par une **réaction de synthèse** combinant deux monosaccharides (figure 2.14a). Au cours de cette réaction, la formation de la liaison entraîne la perte d'une molécule d'eau (déshydratation), comme l'illustre la synthèse du sucrose :

$$C_6H_{12}O_6 + C_6H_{12}O_6 \rightarrow C_{12}H_{22}O_{11} + H_2O$$
glucose   fructose   sucrose   eau

Remarquez que le sucrose possède deux atomes d'hydrogène et un atome d'oxygène de moins que le total des atomes d'hydrogène et d'oxygène du glucose et du fructose ; cette différence s'explique par la libération d'une molécule d'eau lors de la formation de la liaison.

Les disaccharides importants dans l'alimentation sont le *sucrose* (glucose + fructose), c'est-à-dire le sucre de canne ou de table, le *lactose* (glucose + galactose), présent dans le lait, et le *maltose* (glucose + glucose), aussi appelé sucre de malt – substance utilisée dans la fabrication de la bière (figure 2.15b). Comme ils sont trop gros pour traverser les membranes cellulaires, les disaccharides doivent être dégradés en sucres simples au cours de la digestion avant de pouvoir passer du

2

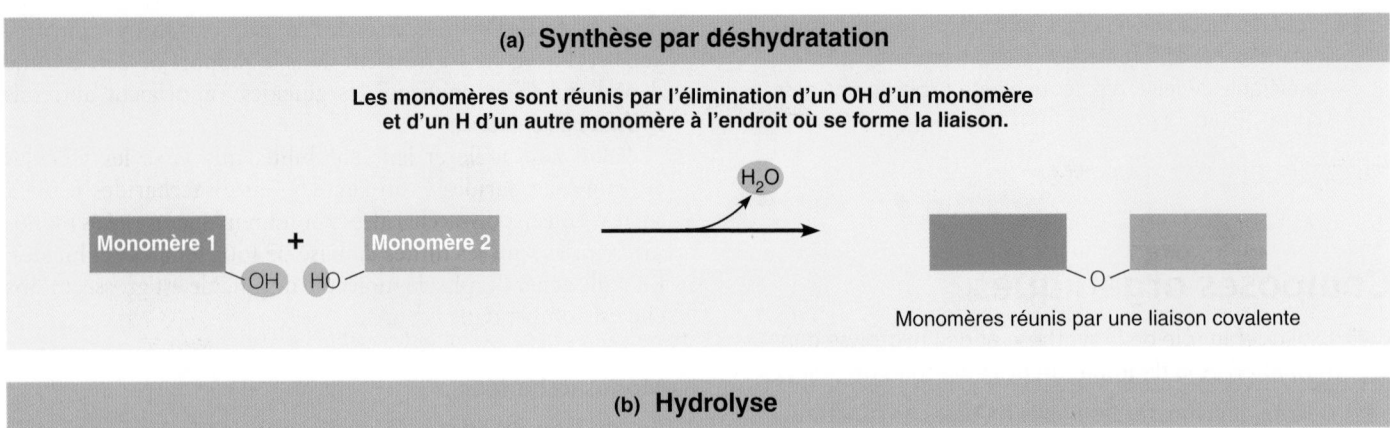

(a) Synthèse par déshydratation

**Les monomères sont réunis par l'élimination d'un OH d'un monomère
et d'un H d'un autre monomère à l'endroit où se forme la liaison.**

H_2O

Monomère 1 + Monomère 2
OH   HO

O

Monomères réunis par une liaison covalente

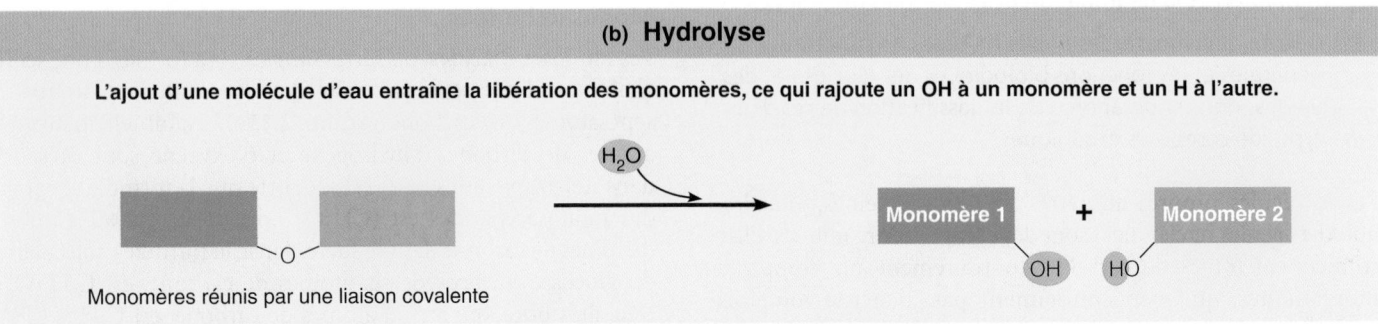

(b) Hydrolyse

L'ajout d'une molécule d'eau entraîne la libération des monomères, ce qui rajoute un OH à un monomère et un H à l'autre.

H_2O

O

Monomères réunis par une liaison covalente

Monomère 1 + Monomère 2
OH   HO

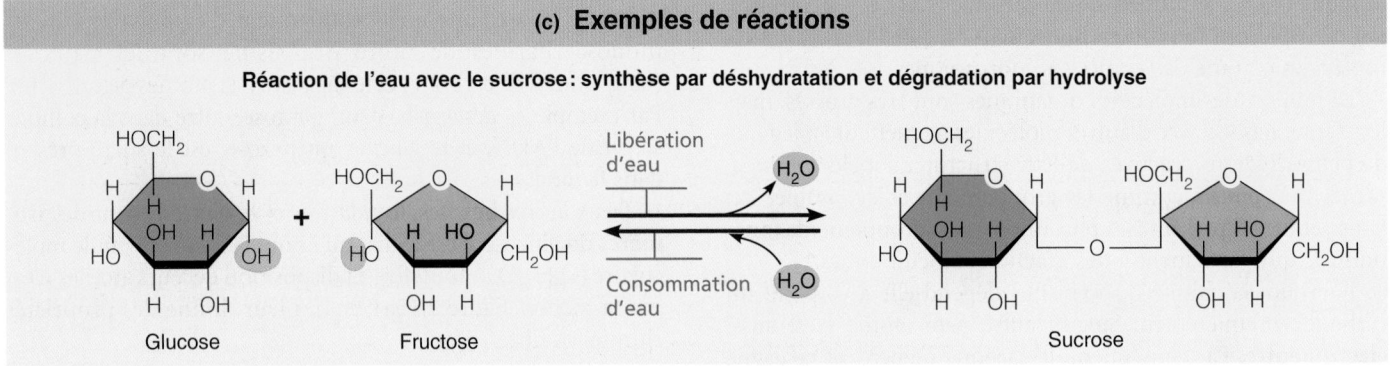

(c) Exemples de réactions

Réaction de l'eau avec le sucrose : synthèse par déshydratation et dégradation par hydrolyse

Glucose   Fructose

Libération
d'eau H_2O

Consommation H_2O
d'eau

Sucrose

**Figure 2.14   Les molécules biologiques sont formées à partir de monomères
par des réactions de synthèse par déshydratation et dégradées en monomères
par des réactions d'hydrolyse.**

tube digestif au sang. Ce processus de dégradation, appelé
hydrolyse, est essentiellement l'inverse de la réaction de synthèse. La liaison entre les sucres simples est rompue par addition d'une molécule d'eau.

Polysaccharides

Les **polysaccharides** sont de longues chaînes de sucres simples
réunis au cours d'une réaction de synthèse. Ces longues molécules formées d'une chaîne d'unités identiques sont appelées
polymères. Comme elles sont de grosses molécules généralement peu solubles, les polysaccharides constituent un mode
de stockage idéal dans l'organisme. Du fait de leur grande
taille, elles n'ont pas le goût sucré des monosaccharides et des
disaccharides.

Deux polysaccharides seulement sont indispensables à notre
organisme : l'amidon et le glycogène ; ce sont des polymères du
glucose qui ne diffèrent que par leur degré de ramification.

L'*amidon* est la forme sous laquelle les végétaux constituent
des réserves de glucides. Le nombre d'unités de glucose présentes dans une molécule d'amidon est élevé (il peut atteindre
plusieurs milliers) et variable. Lorsque nous consommons des
aliments riches en amidon, comme les céréales ou les pommes
de terre, notre système digestif doit le dégrader en unités de
glucose pour en permettre l'absorption. Nous ne digérons pas
la *cellulose*, un autre polysaccharide présent dans tous les produits végétaux. Bien qu'elle ne soit pas digestible, cette substance
revêt une certaine importance parce qu'elle constitue un apport
de fibres donnant aux selles le *volume* qui permet leur mouvement dans le côlon.

(a) Monosaccharides

Monomères de glucides

Exemples
Hexoses (trois isomères)

Glucose

Fructose

Galactose

Exemples
Pentoses

Désoxyribose

Ribose

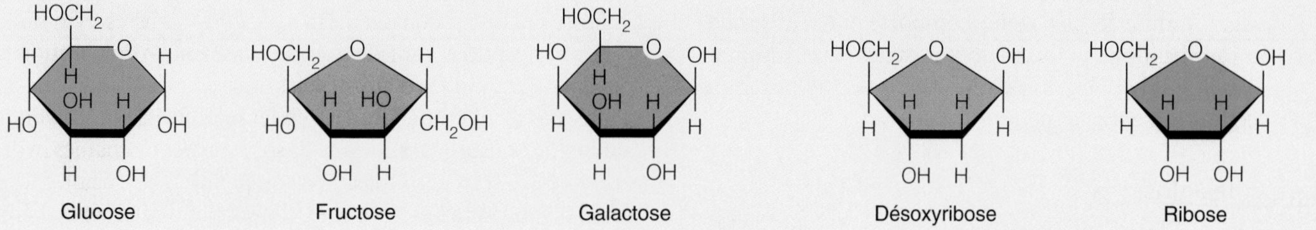

(b) Disaccharides

Deux monosaccharides reliés

Exemples
Sucrose, maltose et lactose (isomères)

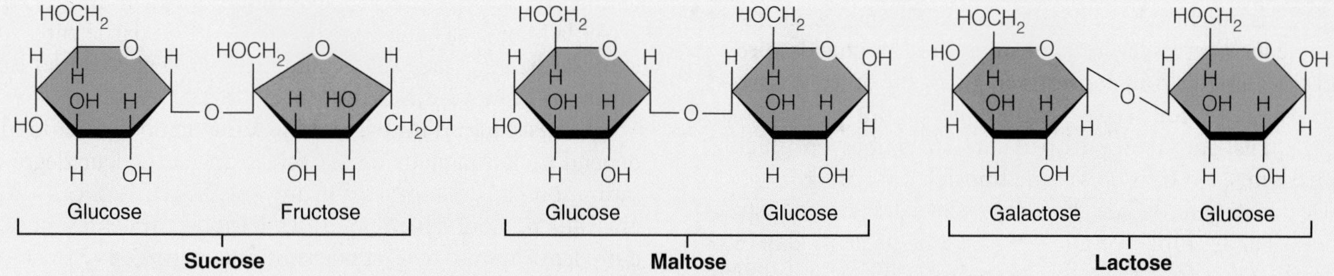

Glucose — Fructose

Sucrose

Glucose — Glucose

Maltose

Galactose — Glucose

Lactose

(c) Polysaccharides

Longues chaînes (polymères) de monosaccharides reliés

Exemple
Ce polysaccharide est une représentation simplifiée
du glycogène, un polysaccharide formé d'unités de glucose.

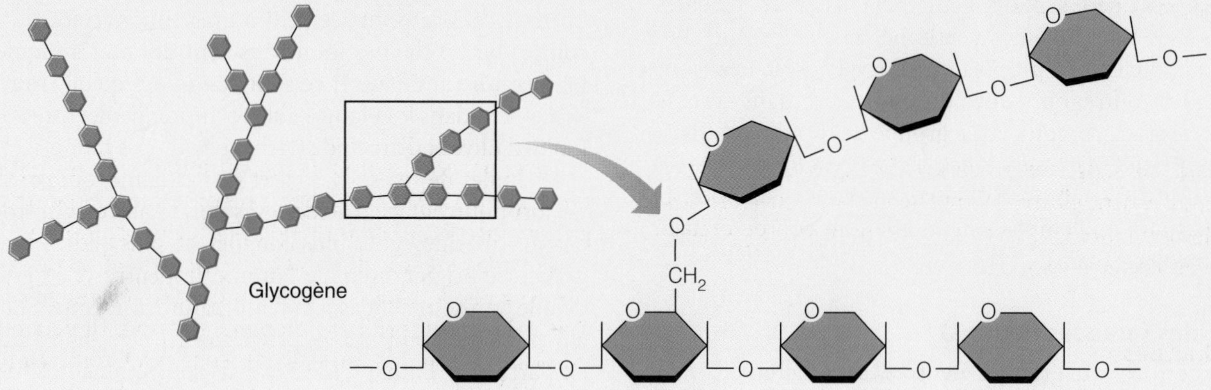

Glycogène

Figure 2.15 Molécules de glucides importants pour l'organisme*.

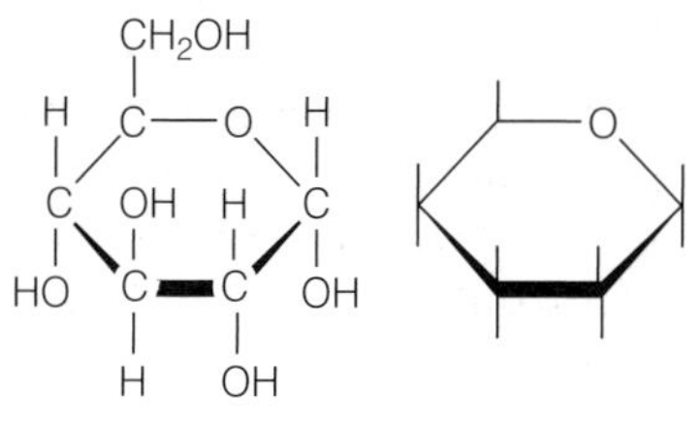

* À la figure 2.15, remarquez qu'on n'a pas représenté les atomes de carbone (C) formant les angles de la structure cyclique des glucides et qu'à la figure 2.15c seuls les atomes d'oxygène et un groupement CH_2 sont illustrés. L'illustration ci-contre montre à gauche la structure complète du glucose et à droite sa représentation abrégée. Dans ce chapitre, nous utiliserons cette dernière façon pour illustrer toutes les structures cycliques.

Le *glycogène* est le glucide mis en réserve dans les tissus animaux, en particulier dans les muscles squelettiques et les cellules du foie. À l'instar de l'amidon, il s'agit d'une molécule très grosse et très ramifiée (figure 2.15c). Quand la concentration sanguine de sucre diminue soudainement, les cellules du foie dégradent du glycogène en unités de glucose qu'elles libèrent dans le sang. Comme le glycogène comporte un très grand nombre de ramifications pouvant libérer du glucose simultanément, les cellules de l'organisme ont accès presque instantanément à cette source d'énergie.

Fonctions des glucides

Dans l'organisme, les glucides sont avant tout un combustible que les cellules peuvent obtenir et employer facilement. La plupart des cellules ne peuvent utiliser qu'un nombre limité de sucres simples, et le glucose vient en tête de leur « menu ». Comme nous l'avons expliqué en traitant des réactions d'oxydoréduction (voir p. 43), le glucose est dégradé et oxydé dans les cellules et, pendant ces réactions, des électrons sont transférés. Ces déplacements d'électrons libèrent l'énergie stockée dans les liaisons du glucose; celle-ci sert alors à la synthèse de l'ATP. Lorsque les réserves d'ATP sont suffisantes, les glucides provenant des aliments sont convertis en glycogène ou en graisses et mis en réserve. Tous ceux d'entre nous qui ont pris du poids parce qu'ils ont mangé trop d'aliments riches en glucides connaissent bien ce processus de transformation !

De petites quantités de glucides servent à des fonctions structurales. Par exemple, certains sucres sont présents dans nos gènes. D'autres sont fixés à la surface des cellules, où ils jouent le rôle de « panneaux indicateurs » facilitant les interactions cellulaires (ce sont les chaînes en vert de la figure 3.3, p. 75).

Lipides

Les **lipides** sont insolubles dans l'eau mais très solubles dans les autres lipides (ils sont liposolubles) et dans les solvants organiques tels que l'alcool et l'éther. À l'instar des glucides, tous les lipides contiennent du carbone, de l'hydrogène et de l'oxygène; toutefois, la proportion d'oxygène est beaucoup plus faible. En outre, on trouve du phosphore dans certains des lipides les plus complexes. Le groupe des lipides est diversifié et comprend les *triglycérides*, les *phospholipides*, les *stéroïdes* et un certain nombre d'autres substances lipoïdes. Le **tableau 2.2** indique l'emplacement et la fonction de certains lipides dans l'organisme.

Triglycérides (graisses neutres)

Les **triglycérides**, ou **graisses neutres**, sont habituellement appelés *graisses* lorsqu'elles sont solides et *huiles* lorsqu'elles sont liquides. Le mot « neutre » a trait à leur mode de formation qui est analogue à une réaction de neutralisation (acide + base). Ils sont composés de deux types d'éléments constitutifs, les **acides gras** et le **glycérol**, ou **propanetriol –1,2,3**, dans un rapport entre les acides gras et le glycérol de 3 à 1 (figure 2.16a). Les acides gras sont constitués de chaînes linéaires d'atomes de carbone et d'hydrogène (chaînes hydrocarbonées) dont une extré-

mité comporte un groupement acide organique (–COOH). Le glycérol est un glucide simple modifié (sucre-alcool).

Lors de la synthèse (par déshydratation), trois chaînes d'acides gras se lient à une molécule de glycérol pour former une molécule en forme de E. L'axe de glycérol est le même pour tous les triglycérides, mais les chaînes d'acides gras varient, ce qui explique l'existence de différents types de graisses et d'huiles.

Les triglycérides sont de grandes molécules qui comportent souvent des centaines d'atomes; les graisses et les huiles qui sont ingérées doivent être dégradées en leurs unités de base avant de pouvoir être absorbées. Comme ils sont formés de chaînes hydrocarbonées, ce sont des molécules non polaires. De ce fait, elles ne se mélangent pas à l'eau parce qu'il n'y a pas d'interactions entre les molécules polaires. Voilà pourquoi les graisses constituent le moyen le plus efficace à la disposition de l'organisme pour concentrer et stocker l'énergie utilisable; de plus, lorsqu'elles sont oxydées, elles produisent de grandes quantités d'énergie.

Les triglycérides se trouvent surtout sous la peau (hypoderme), où ils protègent contre les lésions d'origine mécanique et isolent du froid les tissus plus profonds. Par exemple, on sait que les femmes réussissent généralement mieux que les hommes à traverser la Manche à la nage: c'est sans doute en partie parce que leur couche de graisse sous-cutanée est plus épaisse et les isole mieux de l'eau très froide.

La consistance d'un triglycéride à une température donnée dépend de la longueur de ses acides gras et de leur degré de saturation par des atomes d'hydrogène. Les chaînes des acides gras qui ne contiennent que des liaisons covalentes simples entre leurs atomes de carbone sont dites **saturées**. Ces chaînes d'acides gras sont linéaires et, à la température ambiante, les molécules de graisses saturées sont tassées les unes contre les autres et forment une masse solide. Les acides gras dont la chaîne carbonée contient une ou plusieurs doubles liaisons sont dits **insaturés** (respectivement **mono-insaturés** et **polyinsaturés**). En raison de la présence des doubles liaisons, les chaînes d'acides gras s'enroulent sur elles-mêmes, ce qui les empêche de se serrer suffisamment pour former un solide. C'est pourquoi les triglycérides dont les acides gras sont formés de chaînes courtes ou de chaînes insaturées sont des huiles (liquides à la température ambiante); ce sont ces lipides qu'on trouve habituellement dans les plantes. Elles comprennent, entre autres, les huiles d'olive et d'arachide (riches en graisses mono-insaturées) et les huiles de maïs, de soja et de carthame, qui contiennent un fort pourcentage d'acides gras polyinsaturés. On trouve des chaînes d'acides gras plus longues et plus saturées dans les graisses d'origine animale comme le beurre et le gras de la viande, qui sont solides à la température ambiante. Sur le plan alimentaire, il vaut mieux privilégier les acides gras insaturés, en particulier l'huile d'olive, car ils sont moins nocifs pour la santé du cœur.

Les **gras trans**, présents dans de nombreuses margarines et produits transformés, sont des huiles qui ont été solidifiées par l'ajout d'atomes d'hydrogène à l'emplacement des liaisons doubles entre les atomes de carbone. (Les acides gras présentent des isomères dits « cis » et « trans »: dans la molécule *cis*, les atomes d'hydrogène sont du même côté de la double liaison, alors que dans la molécule *trans* ils sont à l'opposé l'un de

TABLEAU 2.2	Quelques lipides présents dans l'organisme
TYPE DE LIPIDE	**EMPLACEMENT ET FONCTION**
Graisses neutres (triglycérides)	
	Dans le tissu adipeux (sous-cutané et entourant certains organes); protection et isolation des organes; principale forme de réserve d'énergie dans l'organisme.
Phospholipides (phosphatidylcholine, céphaline, etc.)	
	Principaux constituants des membranes cellulaires; peuvent participer au transport des lipides dans le plasma; abondants dans le tissu nerveux.
Stéroïdes	
Cholestérol	Constituant de base pour la formation de tous les stéroïdes de l'organisme. Présent dans les membranes cellulaires.
Sels biliaires	Produits de dégradation du cholestérol; sécrétés par le foie et libérés dans le tube digestif, où ils contribuent à la digestion et à l'absorption des graisses.
Vitamine D	Vitamine liposoluble produite dans la peau sous l'effet de l'exposition aux rayons UV; nécessaire à la croissance et au fonctionnement normal des os.
Hormones sexuelles	Œstrogènes et progestérone (hormones femelles) et testostérone (hormone mâle), sécrétées par les gonades et essentielles à la fonction de reproduction.
Hormones corticosurrénales	Cortisol (un corticostéroïde): hormone du métabolisme nécessaire au maintien d'un taux normal de glucose sanguin. Aldostérone: par son action sur les reins, contribue à la régulation de l'équilibre des sels et de l'eau.
Autres substances lipoïdes	
Vitamines liposolubles	(Elles sont présentées de façon plus détaillée au tableau 24.2, p. 1063.)
A	Présente dans les fruits et les légumes à pigments orange; dans la rétine, transformée en rétinal, un constituant du pigment photorécepteur intervenant dans la vision.
E	Présente dans les produits végétaux comme les germes de blé et les légumes verts à feuilles; contribution à la régénération tissulaire et à la cicatrisation des plaies, ainsi qu'à la fertilité (propriété non démontrée chez l'humain); rôle possible dans la neutralisation des particules très réactives appelées radicaux libres, qui interviendraient dans le déclenchement de certains cancers.
K	Produite chez l'humain surtout par l'action de bactéries intestinales; également présente dans un grand nombre d'aliments; nécessaire à la coagulation du sang.
Eicosanoïdes (prostaglandines, leucotriènes, thromboxanes)	Groupe de molécules dérivées des acides gras polyinsaturés et présentes dans toutes les membranes cellulaires; prostaglandines: divers effets très marqués dont la stimulation des contractions utérines, la régulation de la pression artérielle, la régulation de l'action mécanique et sécrétrice du tube digestif; prostaglandines et leucotriènes: rôle dans la réaction inflammatoire; thromboxanes: vasoconstricteurs puissants.
Lipoprotéines	Substances formées de lipides et de protéines, transport des acides gras et du cholestérol dans le sang; principaux types: lipoprotéines de haute densité (HDL) et lipoprotéines de basse densité (LDL).

l'autre.) Récemment, on a démontré que les gras *trans* étaient encore plus dommageables pour le cœur que les graisses animales solides. Par contre, les **acides gras oméga-3**, présents naturellement dans les poissons d'eau froide et dans certains produits végétaux (graines de lin, noix), de même que les **acides gras oméga-6** qu'on peut trouver dans les œufs et certaines huiles, entre autres, semblent diminuer le risque de cardiopathie et de certaines maladies inflammatoires.

Phospholipides

Les **phospholipides**, ou **phosphoglycérolipides**, sont des triglycérides modifiés, c'est-à-dire que ce sont des diglycérides ayant un groupement contenant du phosphore (phosphate) et deux chaînes d'acides gras au lieu de trois (figure 2.16b). C'est le groupement phosphate qui confère aux phospholipides leurs propriétés chimiques caractéristiques. La partie hydrocarbonée (la « queue ») de la molécule est non polaire; elle interagit donc

2

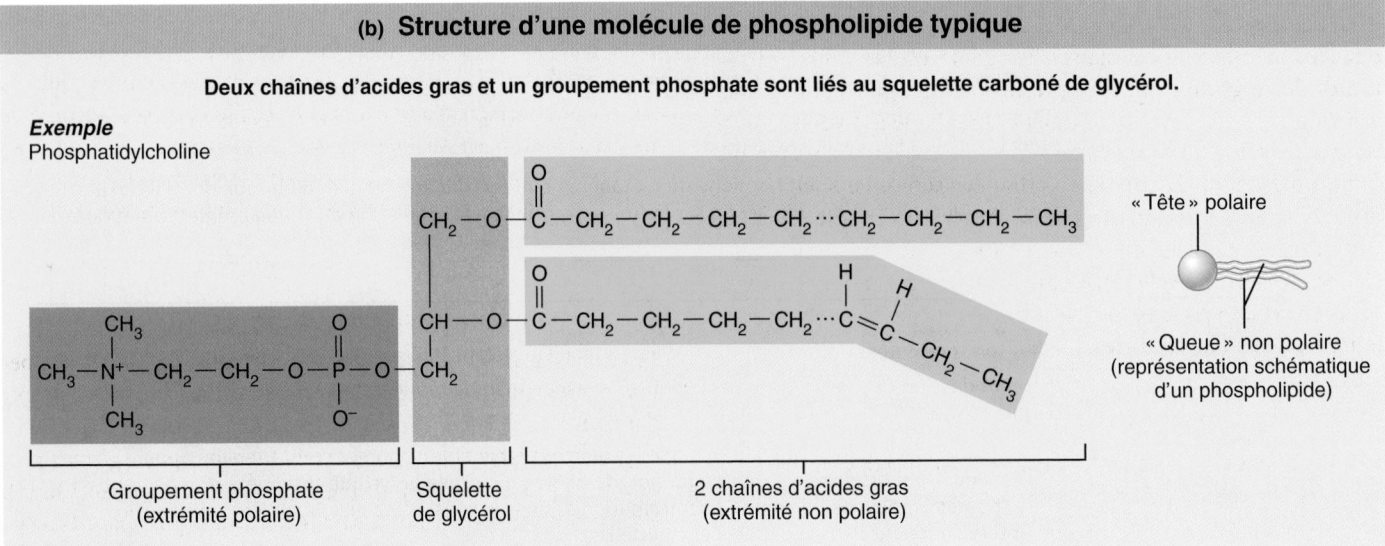

(a) Formation d'un triglycéride

Trois chaînes d'acides gras sont liées au glycérol par une réaction de synthèse par déshydratation.

Glycérol

3 chaînes d'acides gras

Triglycéride, ou graisse neutre

3 molécules d'eau

(b) Structure d'une molécule de phospholipide typique

Deux chaînes d'acides gras et un groupement phosphate sont liés au squelette carboné de glycérol.

Exemple
Phosphatidylcholine

« Tête » polaire

« Queue » non polaire
(représentation schématique d'un phospholipide)

Groupement phosphate
(extrémité polaire)

Squelette
de glycérol

2 chaînes d'acides gras
(extrémité non polaire)

(c) Structure simplifiée d'un stéroïde

Quatre anneaux hydrocarbonés juxtaposés forment un stéroïde.

Exemple
Cholestérol (à la base de tous les stéroïdes formés dans l'organisme)

Figure 2.16 Lipides. Structure générale **(a)** des triglycérides, ou graisses neutres, **(b)** des phospholipides et **(c)** du cholestérol.

notamment l'eau et les ions. Les molécules qui possèdent à la fois des régions polaires et des régions non polaires sont dites *amphipathiques*. Comme vous le verrez au chapitre 3, les cellules mettent à profit cette caractéristique propre aux phospholipides pour construire leurs membranes. Le tableau 2.2 présente quelques phospholipides importants pour les êtres vivants ainsi que leurs fonctions.

Stéroïdes

Les **stéroïdes** ont une structure très différente des graisses. Ce sont essentiellement des molécules aplaties et formées par la juxtaposition de quatre anneaux hydrocarbonés. À l'instar des triglycérides toutefois, ils sont liposolubles et contiennent peu d'oxygène. Le stéroïde le plus important pour l'être humain est le *cholestérol* (figure 2.16c). Nous ingérons du cholestérol

seulement avec des molécules non polaires. Toutefois, l'extrémité portant le groupement phosphate (la « tête ») est polaire et attire les autres molécules polaires ainsi que les particules chargées, provenant des produits d'origine animale tels que les œufs, la viande et le fromage, et notre foie en produit une certaine quantité.

Tout comme le mot « stéroïdes », qui nous fait d'abord penser aux stéroïdes anabolisants utilisés par certains athlètes (nous en reparlerons au chapitre 9), le cholestérol a mauvaise réputation à cause du rôle qu'il joue dans l'artériosclérose ; pourtant, il est absolument essentiel à la vie humaine. Il est présent dans les membranes cellulaires (voir la figure 3.3, p. 75) et c'est le matériau à partir duquel sont produits la vitamine D, les hormones stéroïdes et les sels biliaires. Les hormones stéroïdes ne sont présentes dans l'organisme qu'en petite quantité, mais elles sont essentielles à l'homéostasie. Sans hormones sexuelles, la reproduction serait impossible, et l'absence de corticostéroïdes (produits par les glandes surrénales) entraîne la mort.

Eicosanoïdes

Les **eicosanoïdes** sont des lipides divers principalement dérivés d'un acide gras à 20 carbones (l'acide arachidonique) présent dans les membranes cellulaires. Les molécules les plus importantes de ce groupe sont les *prostaglandines* et les substances apparentées qui participent dans l'organisme à diverses fonctions (tableau 2.2), dont la coagulation sanguine, la réaction inflammatoire et les contractions utérines lors de l'accouchement. Les anti-inflammatoires non stéroïdiens (AINS) et les tout nouveaux inhibiteurs sélectifs de la cyclooxygénase (Vioxx, Celebrex, etc.), dont l'innocuité a été remise en cause, empêchent la synthèse de ce groupe de lipides et bloquent leurs effets inflammatoires.

VÉRIFIONS NOS ACQUIS

20. Comment appelle-t-on les monomères qui composent les glucides ? Quel monomère constitue le sucre présent dans le sang ?
21. Quel glucide est mis en réserve dans les tissus animaux ?
22. Qu'est-ce qui différencie les triglycérides et les phospholipides en ce qui a trait à leur localisation dans l'organisme et à leur fonction ?
23. Quel est le résultat d'une réaction d'hydrolyse ? Au moyen de quelle substance ce type de réaction peut-il se produire dans l'organisme et quel rôle cette substance joue-t-elle dans la réaction ?

Les réponses se trouvent à l'appendice G.

Protéines

19 Décrire les unités de base, la structure générale et les fonctions biologiques des protéines ; donner un aperçu de leur classification.

20 Décrire les quatre niveaux d'organisation structurale des protéines ; expliquer les liens entre l'organisation structurale et le phénomène de dénaturation.

21 Décrire les fonctions des protéines chaperons.

22 Donner les principales caractéristiques des enzymes, montrer l'utilité de l'activité enzymatique et en décrire le mécanisme général.

L'ensemble complet des protéines produites par l'organisme, appelé *protéome*, et la manière dont ces protéines forment des réseaux et se modifient en présence d'une maladie sont l'objet de nombreuses recherches en biotechnologie. De nos jours, l'étude du protéome, ou *protéonomique*, devient tout aussi importante que celle des gènes. Comme on l'a fait pour le génome humain, des chercheurs se sont attelés à la tâche d'identifier le million (ou quelque) de protéines humaines et en déterminer la structure et la fonction.

Les **protéines** (dont le nom provient d'un mot grec qui veut dire « premier », qui peut être pris dans le sens de premier en importance) représentent de 10 à 30 % de la masse des cellules et sont le principal matériau structural de l'organisme. Cependant, toutes les protéines ne sont pas seulement des constituants de structure, nombre d'entre elles jouant un rôle essentiel dans le fonctionnement cellulaire. Les enzymes (catalyseurs biologiques), l'hémoglobine du sang et les protéines contractiles du muscle sont des protéines ; dans l'organisme, c'est le groupe de molécules dont les fonctions sont les plus diverses. Toutes les protéines contiennent du carbone, de l'oxygène, de l'hydrogène et de l'azote, et beaucoup renferment également du soufre et du phosphore.

Acides aminés et liaisons peptidiques

Les unités de base des protéines sont de petites molécules appelées **acides aminés** ; il existe 20 acides aminés communs (voir l'appendice C). Ils sont tous dotés de deux groupements fonctionnels importants : un groupement basique appelé *groupement amine* ($-NH_2$) et un *groupement acide* organique ($-COOH$). Un acide aminé peut donc agir soit comme une base (accepteur de proton), soit comme un acide (donneur de proton). En fait, tous les acides aminés sont identiques à l'exception d'un seul groupement d'atomes appelé *groupement R*, ou *radical*. Ce sont les caractéristiques de ce groupement R qui rendent chacun des acides aminés unique sur le plan chimique (figure 2.17).

Les protéines sont de longues chaînes d'acides aminés ; les liaisons entre ces derniers sont formées par une réaction de synthèse (par déshydratation), le groupement amine de chaque acide aminé étant rattaché au groupement acide de l'acide aminé suivant. La liaison qui en résulte est constituée par un arrangement caractéristique d'atomes appelé **liaison peptidique** (figure 2.18). Un *dipeptide* est formé de 2 acides aminés ainsi reliés, un *tripeptide*, de 3, et un *polypeptide*, de 10 ou plus. Les polypeptides contenant plus de 50 acides aminés sont appelés protéines, mais la plupart des protéines sont en fait des **macromolécules**, c'est-à-dire de grandes molécules complexes contenant de 100 à 10 000 acides aminés.

Chacun des acides aminés a des caractéristiques qui lui sont propres ; selon l'ordre dans lequel ils sont assemblés, ils peuvent donc former des protéines aux structures et aux fonctions extrêmement diverses. On peut considérer que les 20 acides aminés constituent un « alphabet » de 20 lettres servant à former des

2

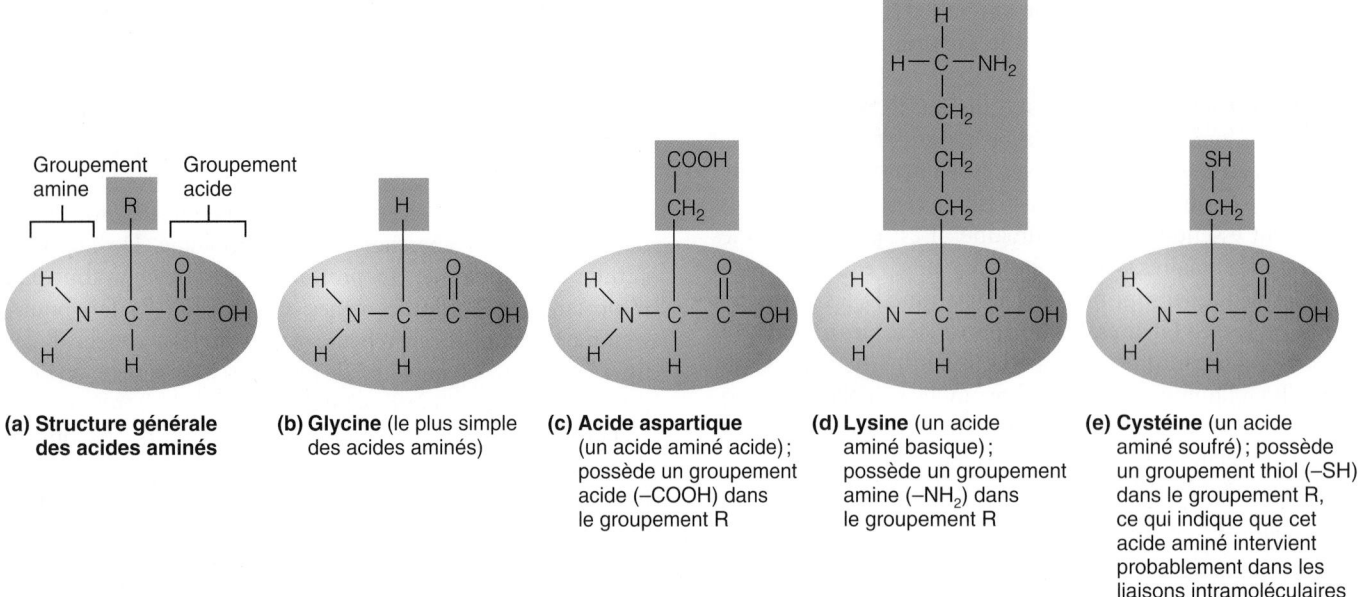

Figure 2.17 Structure de quelques acides aminés. Tous les acides aminés ont un groupement amine (–NH₂) et un groupement acide (–COOH); ils ne diffèrent que par leur groupement R (en vert), qui leur permet d'assumer des fonctions différentes dans l'organisme.

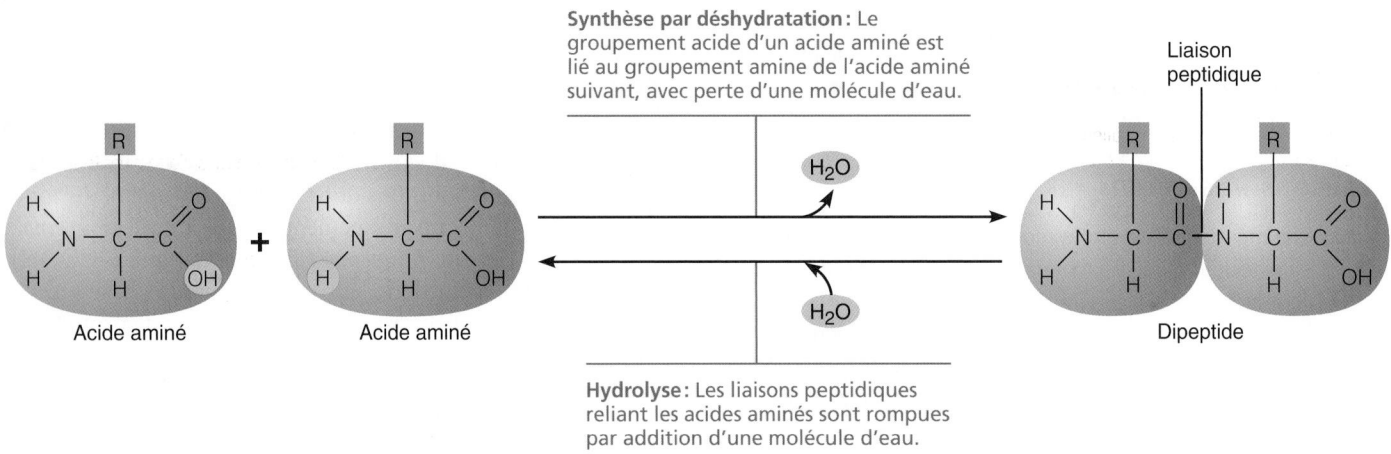

Figure 2.18 Les acides aminés s'unissent par des liaisons peptidiques. Les liaisons peptidiques sont formées lors de réactions de synthèse par déshydratation et rompues par hydrolyse.

«mots» (les protéines). Tout comme il est possible de changer le sens d'un mot en remplaçant une lettre par une autre (faire → foire), on peut créer une nouvelle protéine ayant une fonction différente en déplaçant un acide aminé ou en le remplaçant par un autre. Il peut aussi arriver que les modifications de la séquence d'acides aminés donnent des protéines non fonctionnelles, comme si on avait formé un nouveau mot dépourvu de sens (faire → faore). L'organisme renferme un très grand nombre de protéines possédant des caractéristiques fonctionnelles différentes, et toutes sont synthétisées à partir des mêmes 20 acides aminés qui sont combinés d'innombrables façons.

Niveaux d'organisation structurale des protéines

On peut décrire les protéines selon quatre niveaux d'organisation structurale. La chaîne polypeptidique, formée d'une séquence linéaire d'acides aminés, constitue la *structure primaire* de la protéine. Cette structure, qui ressemble à un chapelet de «perles» d'acides aminés, est le squelette de la molécule de protéine (figure 2.19a).

Normalement, les protéines n'existent pas sous forme de simples chaînes linéaires d'acides aminés, mais elles se tordent et se replient sur elles-mêmes en constituant une *structure secondaire* plus complexe. La structure secondaire la plus courante

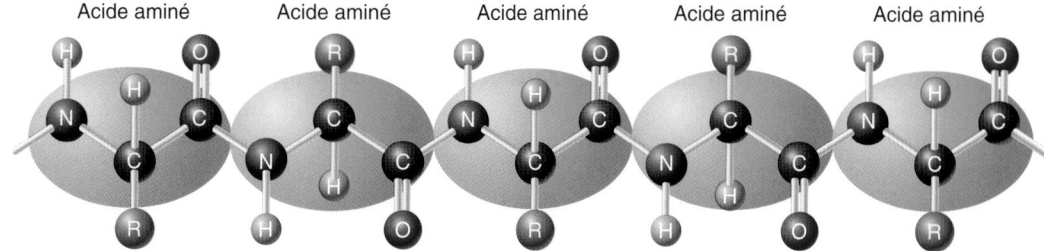

Acide aminé   Acide aminé   Acide aminé   Acide aminé   Acide aminé

(a) Structure primaire:
La séquence d'acides aminés forme une chaîne polypeptidique.

2

(b) Structure secondaire:
La chaîne primaire forme des spirales (hélices α) et des rubans (feuillets plissés β).

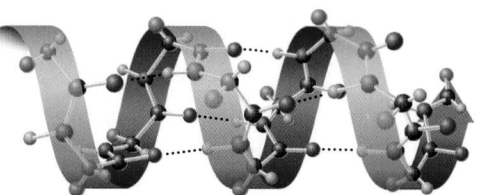

Hélice α: La chaîne primaire s'enroule sur elle-même en formant une spirale qui sera stabilisée par des liaisons hydrogène.

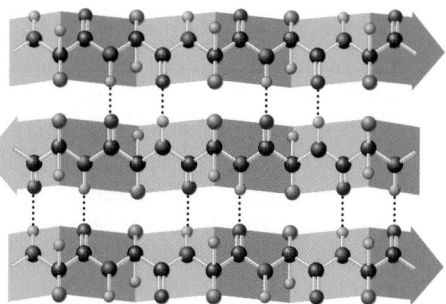

Feuillet plissé β: La chaîne primaire se plie en zigzag et forme un ruban en accordéon. Les feuillets adjacents sont maintenus ensemble par des liaisons hydrogène.

(c) Structure tertiaire: Se superpose à la structure secondaire. Les régions hélicoïdales α et plissées β se replient et forment une molécule globulaire compacte maintenue par des liaisons intramoléculaires.

Structure tertiaire de la préalbumine (transthyrétine), une protéine qui transporte la thyroxine, une hormone thyroïdienne, dans le sérum et le liquide cérébrospinal.

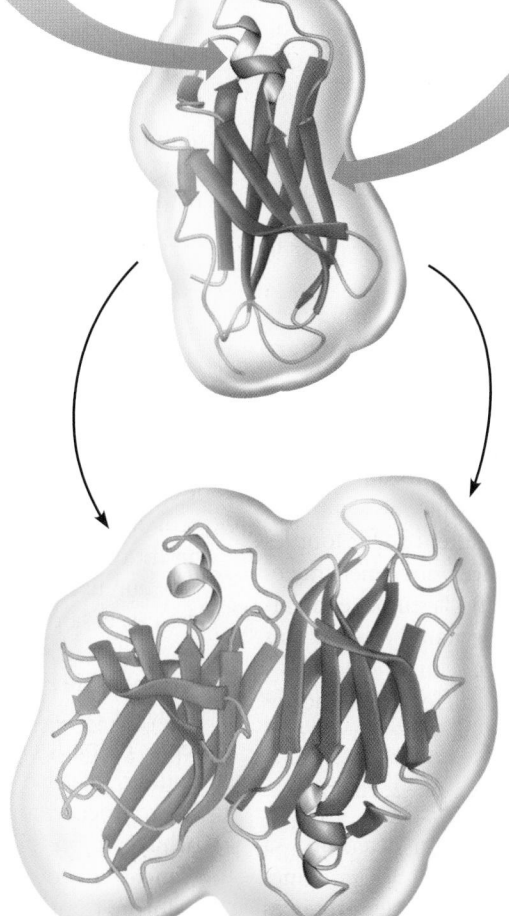

(d) Structure quaternaire: Deux chaînes polypeptidiques ou plus, chacune possédant sa propre structure tertiaire, se combinent et forment une protéine fonctionnelle.

Structure quaternaire d'une molécule de préalbumine fonctionnelle. Deux sous-unités identiques de préalbumine s'unissent par la tête et la queue pour former un dimère.

Figure 2.19 Niveaux d'organisation structurale des protéines.

est l'**hélice alpha** (α), qui ressemble à un Slinky ou aux anneaux d'un cordon de téléphone (figure 2.19b). L'hélice α est formée par l'enroulement de la molécule sur elle-même; elle est stabilisée par des liaisons hydrogène entre les groupements NH et CO des acides aminés de la chaîne primaire situés à un intervalle de quatre acides aminés environ. Les liaisons hydrogène des hélices α unissent toujours différentes parties de la *même* chaîne.

Le **feuillet plissé bêta** (β) est un autre type de structure secondaire. Dans ce cas, au lieu de s'enrouler, les chaînes polypeptidiques primaires sont maintenues côte à côte par des liaisons hydrogène et forment une sorte de ruban plié en accordéon (figure 2.19b). Dans ce type de structure secondaire, les liaisons hydrogène peuvent unir *différentes chaînes polypeptidiques* ou bien *différentes parties* d'une même chaîne repliée sur elle-même, dans le même sens (feuillet β parallèle) ou dans le sens opposé (feuillet β antiparallèle) – le second étant plus stable que le premier (c'est ce dernier type qui est représenté dans la figure). On peut trouver ces deux types de structure secondaire (hélice α ou feuillet β) à des endroits différents le long d'une même chaîne polypeptidique.

De nombreuses protéines ont également une *structure tertiaire*, soit un niveau de complexité supplémentaire superposé à la structure secondaire. Dans ce cas, les régions hélicoïdales α ou plissées β de la chaîne polypeptidique se replient les unes sur les autres, et la molécule devient ainsi globulaire, c'est-à-dire en forme de boule (figure 2.19c). Cette structure très particulière est maintenue par des liaisons covalentes et des liaisons hydrogène entre des acides aminés qui sont souvent éloignés les uns des autres sur la chaîne primaire.

Lorsque deux chaînes polypeptidiques ou plus se regroupent de façon régulière pour former une protéine complexe, on parle de *structure quaternaire*. La préalbumine, une protéine qui assure le transport d'une hormone thyroïdienne dans le sang, possède ce niveau d'organisation structurale (figure 2.19d).

Comment ces différents niveaux d'organisation structurale se forment-ils? Bien qu'une protéine ayant une structure tertiaire ou quaternaire puisse ressembler à un amas de pâtes congelées, il reste que la structure globale de toute protéine est déterminée avec une grande précision par sa structure primaire. En effet, l'identité et la position relative des acides aminés présents dans le squelette de la protéine déterminent l'emplacement des liaisons possibles; celles-ci engendrent à leur tour les structures complexes enroulées ou repliées qui amènent les acides aminés hydrophiles (attirés par l'eau) à la surface et maintiennent les acides aminés hydrophobes (évitant l'eau) enfouis au sein de la molécule. De plus, certaines cellules «décorent» de nombreuses protéines en y fixant des sucres ou des acides gras selon un modèle difficile à imaginer ou à prévoir.

Protéines fibreuses et protéines globulaires

C'est la structure générale d'une protéine qui détermine sa fonction biologique. On classe habituellement les protéines selon leur forme générale en deux catégories, soit les protéines fibreuses et les protéines globulaires.

Les **protéines fibreuses** sont longues et filiformes. La plupart d'entre elles n'ont qu'une structure secondaire, mais certaines ont également une structure quaternaire. Par exemple, le *collagène* est composé de molécules hélicoïdales (structure secondaire) appelées tropocollagène enroulées les unes autour des autres en une structure qui ressemble à une corde (structure quaternaire). Les protéines fibreuses sont insolubles dans l'eau et très stables. Ces qualités font d'elles un matériau idéal pour assurer aux tissus un support mécanique et une résistance à l'étirement. Outre le collagène, qui est la protéine la plus abondante de l'organisme, les protéines fibreuses comprennent la kératine, l'élastine et certaines protéines contractiles des muscles (tableau 2.3). Comme les protéines fibreuses constituent le principal matériau de construction du corps humain, on les appelle aussi **protéines structurales**.

Les **protéines globulaires** sont compactes et sphériques, elles ont au moins une structure tertiaire et certaines d'entre elles ont également une structure quaternaire. Ce sont des molécules solubles dans l'eau, mobiles et chimiquement actives; elles jouent un rôle essentiel dans la quasi-totalité des processus biologiques. Par conséquent, on les qualifie parfois de **protéines fonctionnelles**. Certaines de ces protéines (anticorps) jouent un rôle dans l'immunité, d'autres (hormones peptidiques) assurent la régulation de la croissance et du développement et d'autres encore (enzymes) sont des catalyseurs essentiels à presque toutes les réactions chimiques de l'organisme. Le **tableau 2.3** résume le rôle de ces protéines et de quelques autres.

Dénaturation des protéines

Les protéines fibreuses sont très stables, mais les protéines globulaires le sont beaucoup moins. L'activité d'une protéine est fonction de sa structure tridimensionnelle, qui est elle-même maintenue par les liaisons intramoléculaires. Parmi celles-ci, les liaisons hydrogène et les liaisons dues aux charges électriques sur les groupements R des acides aminés jouent un rôle déterminant. Or, ces liaisons sont très fragiles et facilement détruites par de nombreux facteurs chimiques ou physiques comme la chaleur ou une trop forte acidité. Bien que les protéines n'aient pas toutes la même sensibilité aux conditions du milieu, les deux types de liaisons mentionnées ci-dessus commencent à se rompre quand le pH diminue ou quand la température dépasse les valeurs normales (physiologiques). Dans ces conditions, les protéines se déplient et perdent leur forme tridimensionnelle; on dit qu'elles sont **dénaturées**.

Heureusement, ce phénomène est réversible dans la plupart des cas, et la protéine dépliée reprend sa forme initiale lorsque les conditions reviennent à la normale. Toutefois, il arrive que les variations de pH ou de température soient si extrêmes qu'elles infligent des dommages irréparables à la structure de la protéine; on parle alors de *dénaturation irréversible*. Lorsqu'on fait bouillir ou frire un œuf, on observe une coagulation, c'est-à-dire une dénaturation irréversible de l'albumine, qui est la principale protéine du blanc d'œuf. La protéine est devenue blanche et caoutchouteuse et il est impossible de lui redonner la forme translucide et liquide qu'elle avait au départ.

Les protéines globulaires dénaturées ne peuvent plus jouer leur rôle physiologique parce que leur fonction dépend de l'existence, à leur surface, de **sites actifs** qui sont constitués d'atomes

TABLEAU 2.3	**Quelques protéines du corps humain**	
CATÉGORIE SELON :		
STRUCTURE GÉNÉRALE	**FONCTION GÉNÉRALE**	**EXEMPLES DANS L'ORGANISME**
Fibreuses		
	Matériau de construction, support mécanique	Le *collagène*, présent dans tous les tissus conjonctifs, est la protéine la plus abondante du corps humain. Confère aux os, aux tendons et aux ligaments leur résistance à l'étirement.
		La *kératine* est la protéine structurale des poils, des cheveux et des ongles; imperméabilise la peau.
		L'*élastine* se trouve, avec le collagène, dans les tissus où il faut résistance et flexibilité, comme dans les ligaments qui joignent ensemble les os.
		La *spectrine* stabilise et renforce par l'intérieur la membrane plasmique de certaines cellules, notamment des globules rouges. La *dystrophine* renforce et stabilise la face interne de la membrane des cellules musculaires. La *titine* intervient dans l'organisation de la structure interne des cellules musculaires et donne leur élasticité aux muscles squelettiques.
	Mouvement	L'*actine* et la *myosine* sont des protéines contractiles présentes en grande quantité dans les cellules musculaires, dont elles permettent le raccourcissement (la contraction); elles interviennent également dans la division de tous les types de cellules. L'actine joue un rôle important dans le transport intracellulaire, en particulier dans les cellules nerveuses.
Globulaires		
	Catalyse	Les *enzymes* sont essentielles à presque toutes les réactions biochimiques de l'organisme; elles multiplient par au moins un million la vitesse des réactions chimiques. Citons l'*amylase salivaire* (dans la salive), qui catalyse la dégradation de l'amidon, et les *oxydases*, qui permettent l'oxydation des sources d'énergie présentes dans les aliments.
	Transport	L'*hémoglobine*, présente dans le sang, transporte l'oxygène; les *lipoprotéines* transportent les lipides et le cholestérol. Dans le sang, d'autres protéines servent au transport du fer, des hormones et d'autres substances. Certaines protéines globulaires situées dans la membrane plasmique jouent un rôle de transport (canaux, transporteurs).
	Régulation du pH	De nombreuses protéines du plasma, notamment l'*albumine*, agissent de façon réversible comme des acides ou des bases; elles jouent donc le rôle de tampon et empêchent des variations excessives du pH sanguin.
	Régulation du métabolisme	Les *hormones peptidiques* et les *hormones protéiques* contribuent à la régulation de l'activité métabolique, de la croissance et du développement. Par exemple, l'*hormone de croissance* est une hormone anabolique nécessaire à une croissance optimale; l'*insuline* intervient dans la régulation du taux de glucose sanguin.
	Défense de l'organisme	Les *anticorps* (immunoglobulines) sont des protéines spécialisées qui reconnaissent et neutralisent les substances étrangères (bactéries, toxines et virus); elles sont produites par les cellules du système immunitaire. Les *protéines du complément,* en circulation dans le sang, accroissent l'activité du système immunitaire et la réaction inflammatoire.
	Gestion des protéines	Les *protéines chaperons* permettent le repliement des protéines nouvellement formées à la fois dans les cellules saines et dans les cellules endommagées. De plus, elles participent au passage des ions métalliques à travers la membrane plasmique et à leur transport à l'intérieur de la cellule. Elles favorisent en outre la dégradation des protéines endommagées.

disposés de façon précise. Les sites actifs sont des régions qui s'ajustent à d'autres molécules de forme et de charge complémentaires et qui interagissent chimiquement avec elles. Les atomes qui font partie d'un même site actif sont parfois très éloignés les uns des autres le long de la chaîne primaire; la rupture des liaisons intramoléculaires a donc pour effet de les dissocier et de faire disparaître le site actif (figure 2.18). Par exemple, lorsque le sang est trop acide, la capture et le transport de l'oxygène par l'hémoglobine deviennent totalement impossibles parce que la structure nécessaire à cette fonction a été détruite.

Nous parlerons de nombreuses protéines lorsque nous étudierons les systèmes d'organes ou les processus fonctionnels auxquels elles se rapportent. Cependant, nous présentons ici deux groupes de protéines, les *protéines chaperons* et les *enzymes*, parce que ces molécules extrêmement complexes sont essentielles au fonctionnement de toutes les cellules.

24. Qu'est-ce que l'expression «acide aminé» vous indique quant à la structure de cette molécule?
25. Décrivez la structure primaire des protéines.
26. Quels sont les deux types de structure secondaire des protéines?

Les réponses se trouvent à l'appendice G.

Protéines chaperons

En plus des enzymes, qui sont présentes partout, les cellules renferment d'autres protéines globulaires appelées **protéines chaperons**, ou **chaperonines**, qui, entre autres choses, stabilisent la forme tridimensionnelle des protéines, et les rendent ainsi fonctionnelles. Bien que la forme exacte d'une protéine repliée soit déterminée par sa séquence d'acides aminés, un repliement rapide et sans erreur ne peut se dérouler sans la présence d'une protéine chaperon. Par ailleurs, ces molécules exerceraient plusieurs fonctions vis-à-vis des protéines, par exemple:

- empêcher le repliement accidentel, prématuré ou erroné des chaînes polypeptidiques ou leur agrégation avec d'autres polypeptides;
- faciliter la succession ordonnée des processus de repliement et d'association (une même protéine chaperon peut participer au repliement de plusieurs polypeptides différents);
- aider les protéines et certains ions métalliques (cuivre, fer, zinc) à traverser les membranes cellulaires;
- faciliter la dégradation des protéines endommagées ou dénaturées;
- interagir avec certaines cellules pour déclencher la réponse immunitaire dirigée contre les cellules anormales (cancéreuses ou infectées) dans l'organisme.

Les premières protéines de ce type qui ont été découvertes ont été appelées protéines de choc thermique (*hsp* pour *heat shock proteins*) parce qu'elles semblaient protéger les cellules contre les effets destructeurs de la chaleur. Plus tard, on a découvert que certaines de ces protéines étaient également produites en réaction à divers stimulus traumatisants (comme dans les cellules privées d'oxygène chez une victime de crise cardiaque); on a alors appelé les protéines chaperons du groupe en question protéines de stress plutôt que protéines de choc. Il est maintenant évident que le fonctionnement des cellules dépend étroitement des protéines chaperons, quelles que soient les circonstances qui causent le stress. Et même si la découverte de ces protéines est relativement récente (fin des années 1980), on a déjà mis au point des «chaperons pharmacologiques» afin de traiter des maladies causées par des protéines mal repliées jouant le rôle de récepteurs à la surface des cellules.

Enzymes et activité enzymatique

Les **enzymes** sont des protéines globulaires qui servent de catalyseurs biologiques. Un *catalyseur* est une substance qui règle et accélère la vitesse d'une réaction biochimique, mais n'est ni consommée ni transformée par la réaction. Plus précisément, on pourrait se représenter les enzymes comme des agents de la circulation de nature chimique qui régissent les allées et venues dans le réseau complexe des différentes voies métaboliques. Les enzymes ne peuvent pas forcer des réactions chimiques à se produire entre des molécules qui, dans d'autres circonstances, ne réagiraient pas du tout; leur seul effet est d'accélérer la vitesse de la réaction. En l'absence d'enzymes, les réactions biochimiques deviennent si lentes qu'elles cessent pratiquement.

Caractéristiques des enzymes Certaines enzymes ne sont constituées que de protéines. Dans d'autres cas, l'enzyme fonctionnelle comporte deux parties, une **apoenzyme** (partie protéinique) et un **cofacteur** qui, ensemble, forment une **holoenzyme**. Selon l'enzyme, le cofacteur peut être une molécule organique ou un ion d'un élément métallique. La plupart des cofacteurs organiques dérivent des vitamines (notamment des vitamines du complexe B); ce type de cofacteur est appelé **coenzyme**. Les cofacteurs métalliques peuvent être, quant à eux, des ions comme le cuivre, le fer ou le zinc; ce dernier, par exemple, est nécessaire à l'activité de l'anhydrase carbonique – enzyme essentielle dans le transport du gaz carbonique dans le sang, dont nous reparlerons au chapitre 22.

Les enzymes sont spécifiques. Certaines d'entre elles ne peuvent agir que sur une seule réaction chimique. D'autres ont une spécificité plus souple dans la mesure où elles peuvent se lier à des molécules qui se ressemblent (sans être identiques); elles régissent ainsi un petit groupe de réactions apparentées. La substance sur laquelle une enzyme agit est appelée **substrat**.

Les enzymes présentes déterminent non seulement quelles réactions seront accélérées, mais également lesquelles seront possibles (pas d'enzyme, pas de réaction). La spécificité enzymatique assure que les réactions chimiques peu souhaitables ou inutiles n'auront pas lieu.

Généralement, on nomme les enzymes d'après le type de réaction qu'elles catalysent: les *hydrolases* ajoutent une molécule d'eau pendant l'hydrolyse, les *oxydases* ajoutent de l'oxygène, et ainsi de suite. Les noms de la plupart des enzymes se terminent par le suffixe «-ase».

Dans bien des cas, les enzymes sont intégrées aux membranes cellulaires de façon à former des chaînes de réactions qui se déroulent en cascade. C'est ainsi que chaque enzyme catalyse une réaction spécifique dont le produit devient le substrat de l'enzyme qui lui est juxtaposée dans la chaîne, et ainsi de suite. Certaines enzymes sont élaborées sous une forme inactive et ne deviennent fonctionnelles que si elles sont activées, souvent par un changement du pH de leur milieu. Par exemple, les enzymes digestives produites par le pancréas sont activées dans l'intestin grêle, là où elles accomplissent leurs fonctions. S'il les produisait sous forme active, le pancréas finirait par se digérer lui-même.

Certaines enzymes sont inactivées aussitôt après avoir joué leur rôle de catalyseurs, comme celles qui assurent la coagulation sanguine en cas de lésion des parois d'un vaisseau sanguin. Lorsque la coagulation a commencé, le fonctionnement des enzymes précédemment activées est stoppé, sinon le sang finirait par se solidifier dans tous nos vaisseaux sanguins au lieu de former un simple caillot protecteur.

Mécanisme de l'activité enzymatique Comment les enzymes jouent-elles leur rôle de catalyseur ? L'absorption d'une certaine quantité d'énergie, ou **énergie d'activation**, est nécessaire pour amorcer toute réaction chimique. L'énergie d'activation correspond à la quantité d'énergie nécessaire pour briser les liaisons qui unissent les réactifs et pour que ces derniers puissent se réorganiser et former le (ou les) produit(s). Cette énergie d'activation existe quand l'énergie cinétique pousse les réactifs vers un niveau énergétique à partir duquel les collisions aléatoires entre les réactifs sont assez violentes pour permettre une interaction. Cette énergie est nécessaire, que la réaction globale consomme (réaction endothermique) ou dégage (réaction exothermique) de l'énergie.

Bien entendu, un échauffement aurait pour effet d'accroître l'énergie moléculaire, mais la chaleur dénature les protéines des organismes vivants. (C'est pour cette raison qu'une forte fièvre peut avoir des conséquences graves.) Les enzymes diminuent l'énergie d'activation qui est nécessaire, ce qui permet aux réactions de se produire à la température corporelle normale **(figure 2.20)**.

Comment les enzymes peuvent-elles provoquer un résultat aussi remarquable ? On ne sait pas exactement. Cependant, on sait que, en raison de facteurs structuraux et électrostatiques, elles se lient temporairement aux molécules de réactifs et les alignent dans une position qui permet leur interaction chimique, ce qui rend les réactions moins aléatoires.

Il semble que le mécanisme de l'action enzymatique comporte trois grandes étapes **(figure 2.21)**.

① **L'enzyme doit d'abord se lier par son site actif au substrat sur lequel elle agit et former temporairement un complexe enzyme-substrat.** Au moment de la liaison, le site actif change de forme et s'adapte parfaitement au substrat. Bien que les enzymes soient spécifiques de substrats particuliers, d'autres molécules (qui ne sont pas des substrats) peuvent jouer le rôle d'*inhibiteurs d'enzymes* si, par leur structure, elles ressemblent assez à un substrat pour occuper le site actif de l'enzyme ou le bloquer. Cette propriété est mise à profit dans la synthèse de certains médicaments, par exemple contre l'hypertension.

② **Le complexe enzyme-substrat subit des remaniements internes qui font apparaître le (ou les) produit(s).** C'est au cours de cette étape que l'enzyme exprime sa fonction catalytique.

③ **L'enzyme relâche le (ou les) produit(s) de la réaction.** L'enzyme n'a pas changé. Si elle devenait une partie du produit, il s'agirait d'un réactif et non d'un catalyseur.

Comme les enzymes ne sont pas altérées par leur fonction catalytique et qu'elles peuvent remplir cette fonction un très grand nombre de fois, la cellule n'a besoin que de petites quantités de chaque enzyme. La catalyse se fait à une vitesse quasi instantanée, la plupart des enzymes pouvant catalyser des millions de réactions par minute.

VÉRIFIONS NOS ACQUIS

27. Quel événement important les protéines chaperons empêchent-elles de se produire ?

28. De quelle manière les enzymes réduisent-elles la quantité d'énergie d'activation nécessaire au déroulement d'une réaction chimique ?

Les réponses se trouvent à l'appendice G.

Acides nucléiques (ADN et ARN)

23 Décrire et comparer la structure de l'ADN et de l'ARN ; donner un aperçu des fonctions de chacun.

Les **acides nucléiques**, qui sont composés de carbone, d'oxygène, d'hydrogène, d'azote et de phosphore, sont les molécules les plus volumineuses de l'organisme. Le qualificatif « nucléiques »

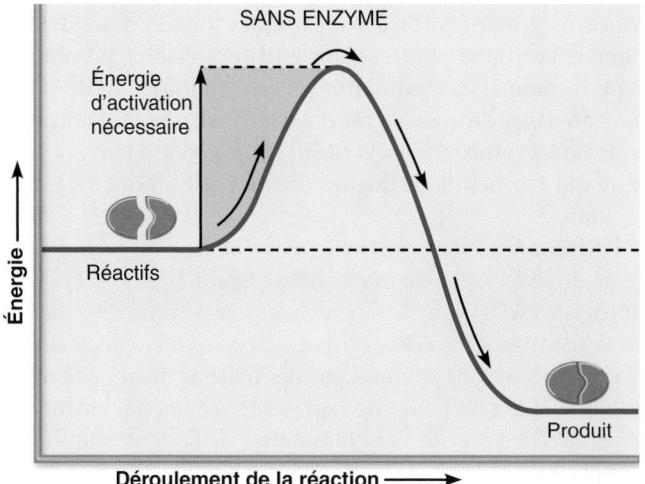

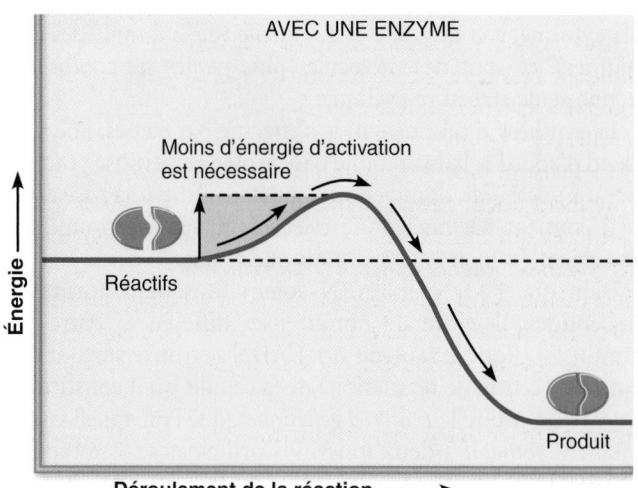

Figure 2.20 **Les enzymes diminuent l'énergie d'activation nécessaire pour qu'une réaction se fasse rapidement.**

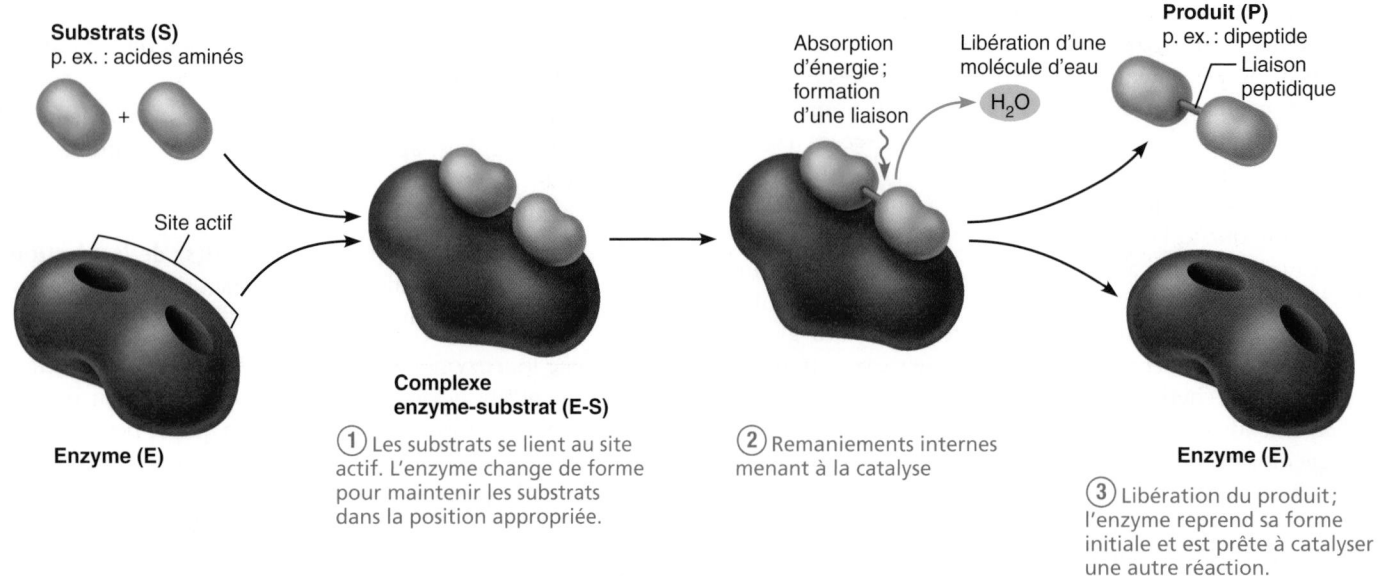

Figure 2.21 Mécanisme d'action enzymatique. Dans cet exemple, l'enzyme catalyse la formation d'un dipeptide à partir de deux acides aminés spécifiques.
Résumé : E + S → E-S → P + E

souligne le fait que c'est dans le noyau des cellules que ces acides sont situés ou synthétisés. Les acides nucléiques comprennent deux grandes catégories de molécules : l'**acide désoxyribonucléique** (**ADN**) et l'**acide ribonucléique** (**ARN**).

Les acides nucléiques sont formés par l'union d'unités de base appelées **nucléotides**. De structure assez complexe, chaque nucléotide est lui-même formé de trois composants réunis par une réaction de synthèse (**figure 2.22a**) : une base azotée, une molécule de pentose (sucre) et un groupement phosphate. Cinq principaux types de bases azotées peuvent entrer dans la structure d'un nucléotide : l'**adénine** (qu'on abrège A), la **guanine** (G), la **cytosine** (C), la **thymine** (T) et l'**uracile** (U). L'adénine et la guanine (des substances de la famille des purines) sont de grosses molécules formées de deux structures cycliques ; quant à la cytosine, à la thymine et à l'uracile (de la famille des pyrimidines), ce sont des molécules plus petites ne comportant qu'une seule structure cyclique.

La synthèse d'un nucléotide s'effectue par étapes. Elle comprend d'abord la liaison d'une base azotée au pentose pour former un *nucléoside*, dont le nom est déterminé par la base azotée qu'il contient. Le nucléotide est créé quand un groupement phosphate est ajouté au sucre du nucléoside.

Bien que l'ADN et l'ARN soient tous deux formés de nucléotides, il existe de nombreuses différences entre eux, comme l'indique le **tableau 2.4**. L'ADN se trouve surtout dans le noyau (centre de régulation) de la cellule, où il constitue les *gènes* (c'est-à-dire le *matériel génétique*), que l'on appelle maintenant *génome*. Il a deux fonctions principales : il se réplique (se reproduit) avant la division cellulaire, de sorte que l'information génétique présente dans les cellules filles reste rigoureusement la même, et il fournit les instructions pour la production de toutes les protéines de l'organisme. Nous avons dit plus

haut que les enzymes commandaient toutes les réactions chimiques, mais il ne faut pas oublier que les enzymes elles-mêmes sont des protéines formées selon les consignes provenant de l'ADN.

En donnant l'information nécessaire à la synthèse des protéines, l'ADN détermine l'identité même de l'être vivant (grenouille, humain, chêne) ; il dirige sa croissance et son développement et définit son caractère propre. En plus d'aider à comprendre la spécificité des êtres vivants, l'étude des acides nucléiques a permis la mise au point de procédés diagnostiques très utiles. C'est le cas, notamment, de la technique des empreintes génétiques, qui aide à résoudre des problèmes de médecine légale (par exemple, vérifier la présence d'une personne sur les lieux d'un crime, voire l'incriminer), à identifier des corps gravement brûlés ou mutilés lors d'un accident ou d'une catastrophe naturelle, ou encore à établir la paternité. Cette technique analyse d'infimes échantillons d'ADN provenant du sang, du sperme ou d'autres tissus de l'organisme et présente les résultats sous la forme d'un « code à barres » génétique qui permet de distinguer tous les êtres humains les uns des autres.

L'ADN est un long polymère bicaténaire, c'est-à-dire formé d'une double chaîne de nucléotides (figure 2.22b, c). Les bases azotées de l'ADN sont A, G, C et T, et son pentose est le *désoxyribose* (comme dans « désoxyribonucléique »). Les deux chaînes de nucléotides sont retenues par des liaisons hydrogène reliant les bases, et le tout peut être représenté schématiquement sous la forme d'une échelle. Les « montants » de l'échelle sont constitués par l'alternance des unités de sucre et des unités de phosphate de chacune des chaînes ; ils forment le *squelette* de la molécule d'ADN. Les « barreaux » sont les bases azotées reliées entre elles. L'ensemble de la molécule s'enroule sur elle-même

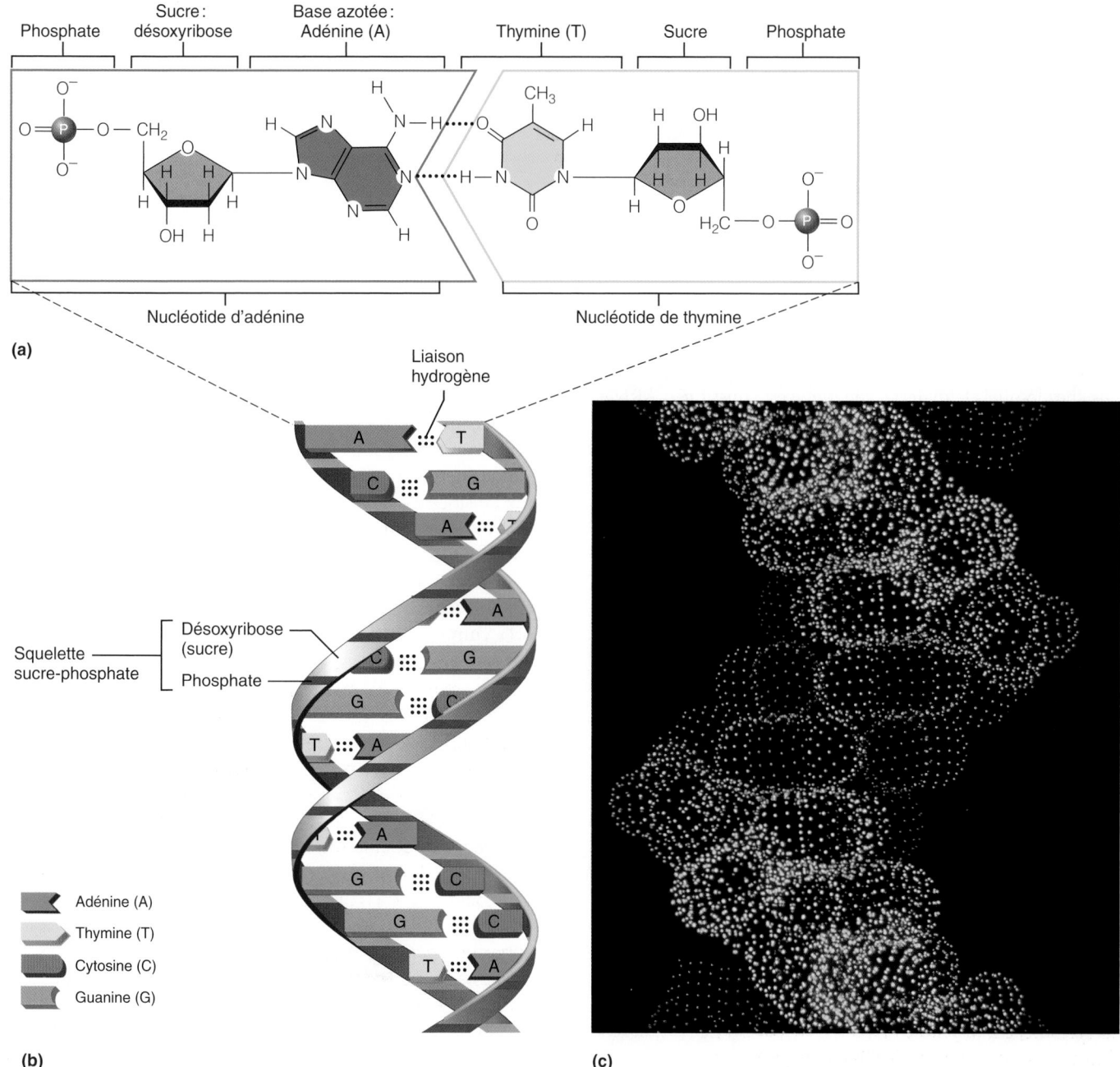

Figure 2.22 **Structure de l'ADN. (a)**

(a)

Phosphate | Sucre : désoxyribose | Base azotée : Adénine (A) | Thymine (T) | Sucre | Phosphate

Nucléotide d'adénine

Nucléotide de thymine

Liaison hydrogène

Squelette sucre-phosphate

Désoxyribose (sucre)

Phosphate

Adénine (A)
Thymine (T)
Cytosine (C)
Guanine (G)

(b)

(c)

Figure 2.22 Structure de l'ADN. (a)
L'unité de base de l'ADN est le nucléotide ;
ce dernier est constitué d'une molécule
de sucre (le désoxyribose) qui est liée à
un groupement phosphate et à une base
azotée. On a illustré deux nucléotides reliés

par des liaisons hydrogène entre leurs bases
complémentaires. **(b)** L'ADN est un polymère
bicaténaire spiralé (une double hélice)
composé de nucléotides. La molécule
ressemble à une échelle dont les montants
sont formés par une alternance d'unités de

sucre et d'unités de phosphate. Les barreaux
sont constitués par des bases azotées
complémentaires (A-T et G-C) qui sont
reliées par des liaisons hydrogène (en
pointillé). **(c)** Image de l'ADN produite
par ordinateur.

en formant une sorte d'escalier en spirale ; on appelle cette
structure **double hélice**.

Les liaisons entre les bases azotées se forment de façon très
spécifique : A est toujours associée à T, et G à C. A et T sont
donc des **bases complémentaires**, tout comme C et G. Par
conséquent, la séquence ATGA d'une chaîne de nucléotides

sera nécessairement liée à TACT (séquence complémentaire)
sur l'autre brin.

Bien que synthétisé dans le noyau, l'ARN exerce ses fonctions
à l'extérieur de cet organite. On pourrait le considérer comme
la « molécule esclave » de l'ADN, puisqu'il assure la synthèse des
protéines en suivant les directives données par l'ADN. (Certains

TABLEAU 2.4	Comparaison de l'ADN et de l'ARN	
CARACTÉRISTIQUE	**ADN**	**ARN**
Emplacement dans la cellule	Noyau	Cytoplasme (partie de la cellule à l'extérieur du noyau)
Principales fonctions	Matériel génétique; régit la synthèse des protéines; se réplique avant la division cellulaire	Effectue la synthèse des protéines en suivant les instructions génétiques
Sucre	Désoxyribose	Ribose
Bases azotées	Adénine, guanine, cytosine, thymine	Adénine, guanine, cytosine, uracile
Structure	Double chaîne enroulée en double hélice	Chaîne simple droite ou repliée

virus chez lesquels le matériel génétique est constitué d'ARN et non d'ADN sont une exception à cette règle.)

Les molécules d'ARN sont des brins simples de nucléotides. Les bases azotées de l'ARN sont A, G, C et U (U remplace le T de l'ADN), et son sucre est le *ribose* et non le désoxyribose (tableau 2.4). Il existe trois principales variétés d'ARN (l'ARN messager, l'ARN ribosomique et l'ARN de transfert). Ces sortes d'ARN diffèrent par leur taille relative et leur forme, et chacune joue un rôle précis dans l'exécution des instructions fournies par l'ADN pour la synthèse des protéines. En plus de ces trois variétés d'ARN, on a démontré l'existence de petites molécules particulières d'ARN, appelées micro-ARN, qui interviendraient dans l'expression génétique en désactivant ou en altérant certains gènes. Au chapitre 3, nous parlerons de la réplication de l'ADN et des rôles joués par l'ADN et l'ARN dans la synthèse des protéines.

VÉRIFIONS NOS ACQUIS

29. De quelle manière les bases azotées et les sucres contenus dans l'ADN et l'ARN diffèrent-ils?
30. Nommez deux rôles importants exercés par l'ADN.

Les réponses se trouvent à l'appendice G.

Adénosine triphosphate (ATP)

24 Décrire la structure de l'ATP et expliquer le rôle de cette substance dans le métabolisme cellulaire.

Bien que le glucose soit le principal combustible cellulaire, l'énergie chimique contenue dans les liaisons de cette molécule n'est pas directement utilisable pour les fonctions cellulaires. Pour rendre cette énergie disponible, la dégradation du glucose doit être couplée à la synthèse de l'**adénosine triphosphate** (**ATP**). Autrement dit, l'énergie qui résulte de la dégradation doit être captée et emmagasinée par petits paquets dans les liaisons de l'ATP. L'ATP est la principale molécule de transfert d'énergie dans les cellules et produit une forme d'énergie directement exploitable par toutes les cellules de l'organisme.

Du point de vue de sa structure, l'ATP est un nucléotide d'ARN contenant de l'adénine, auquel deux groupements phosphate supplémentaires ont été rattachés (figure 2.23). Du point de vue chimique, on peut comparer l'extrémité triphosphate de l'ATP à un ressort sous tension prêt à se détendre avec une très grande énergie dès qu'il se relâche. En fait, l'ATP est une molécule de stockage d'énergie rendue très instable par la présence des trois groupements phosphate qu'elle contient. En effet, ces groupements chargés négativement sont très rapprochés et se repoussent mutuellement: lorsque les liaisons phosphate terminales riches en énergie sont rompues (hydrolysées), ce «ressort» chimique se détend et l'ensemble de la molécule devient plus stable.

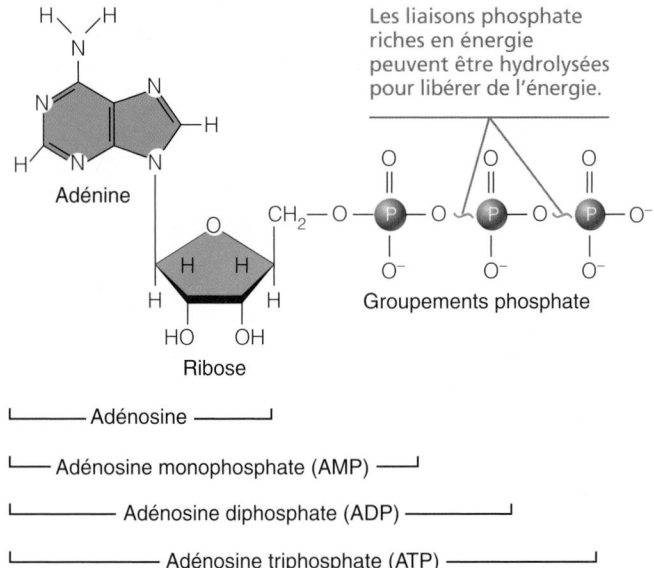

Figure 2.23 **Structure de l'ATP (adénosine triphosphate).** L'ATP est un nucléotide d'adénine auquel deux groupements phosphate supplémentaires ont été ajoutés lors de la dégradation des aliments, qui constituent des sources d'énergie. (Les liaisons phosphate dont l'hydrolyse libère de l'énergie sont représentées par des lignes rouges ondulées.) Lorsque le groupement phosphate terminal de l'ATP se détache, il y a libération d'une certaine quantité d'énergie pouvant accomplir un travail utile et production d'ADP (adénosine diphosphate). Lorsque le groupement phosphate terminal se sépare de l'ADP, il y a dégagement de la même quantité d'énergie et production d'AMP (adénosine monophosphate).

Des enzymes transfèrent les groupements phosphate terminaux à d'autres composés au cours de réactions couplées, ce qui permet aux cellules d'exploiter l'énergie des liaisons de l'ATP. Les molécules ainsi *phosphorylées* sont dites «amorcées» (voir l'exemple de la figure 2.11c); elles sont temporairement plus énergétiques et en mesure d'effectuer un type donné de travail cellulaire. En effectuant le travail en question, elles perdent leur groupement phosphate. La quantité d'énergie libérée et transférée pendant l'hydrolyse de l'ATP correspond assez précisément à la quantité nécessaire pour alimenter la plupart des réactions biochimiques. Par conséquent, les cellules sont protégées contre un dégagement excessif d'énergie qui pourrait être nocif. C'est aussi une façon efficace d'éviter le gaspillage.

La rupture de la liaison phosphate terminale de l'ATP produit une molécule dotée de deux groupements phosphate – l'*adénosine diphosphate* (*ADP*) et un groupement phosphate inorganique représenté par P_i; le tout est accompagné d'un transfert d'énergie:

$$H_2O$$
$$ATP \rightleftharpoons ADP + P_i + énergie$$
$$H_2O$$

L'hydrolyse de l'ATP pour les besoins énergétiques de la cellule provoque une augmentation de la quantité d'ADP. La rupture de la liaison phosphate terminale de l'ADP libère la même quantité d'énergie et produit l'adénosine monophosphate (AMP).

Les réserves d'ATP des cellules sont très rapidement épuisées et doivent donc être reconstituées continuellement par l'oxydation du glucose et d'autres molécules représentant des sources d'énergie. Il faut qu'une quantité d'énergie égale à celle qui a été dégagée par l'hydrolyse des phosphates terminaux de l'ATP puisse être captée et mise à profit pour inverser cette réaction, c'est-à-dire rétablir les liaisons permettant les transferts d'énergie et replacer les phosphates terminaux. En l'absence d'ATP, il ne pourrait y avoir ni synthèse ni dégradation de molécules; aucune substance ne pourrait traverser les membranes cellulaires par transport actif (l'un des mécanismes importants de transport, qui requiert de l'énergie; voir le chapitre 3); les muscles ne pourraient se contracter et agir sur les autres structures, et les processus vitaux cesseraient **(figure 2.24)**.

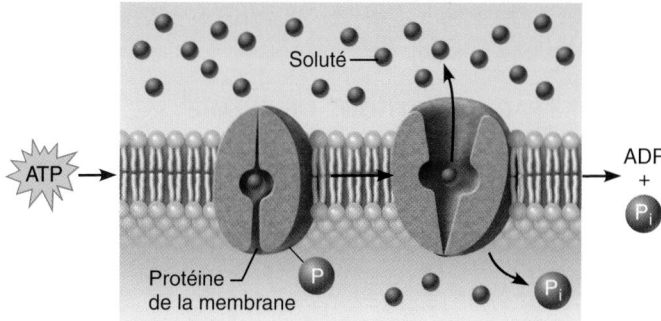

(a) Travail de transport: L'ATP assure la phosphorylation des protéines de transport et les active pour faire passer certains solutés (ions, par exemple) à travers la membrane cellulaire.

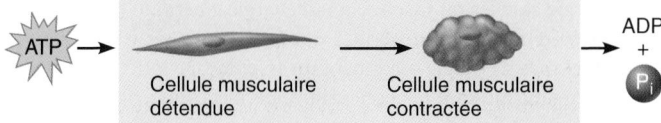

(b) Travail mécanique: L'ATP assure la phosphorylation des protéines contractiles des cellules musculaires, ce qui permet à ces cellules de se contracter.

(c) Travail chimique: L'ATP assure la phosphorylation des principaux réactifs et fournit l'énergie nécessaire aux réactions chimiques endothermiques (qui absorbent de l'énergie).

Figure 2.24 Trois exemples montrant comment l'énergie provenant de l'ATP permet le travail cellulaire.

VÉRIFIONS NOS ACQUIS

31. Bien que le glucose soit une molécule riche en énergie, comment se fait-il que les cellules de l'organisme aient besoin d'ATP?

32. Quel changement se produit dans une molécule d'ATP quand elle libère de l'énergie?

Les réponses se trouvent à l'appendice G.

TERMES MÉDICAUX

Acidose Acidité du sang (pH inférieur à 7,35) accompagnée d'une élévation de la concentration d'ions hydrogène dans le sang.

Alcalose Alcalinité du sang (pH supérieur à 7,45) accompagnée d'une diminution de la concentration d'ions hydrogène dans le sang.

Cétose Forme d'acidose due à l'excès de corps cétoniques (produits de dégradation des graisses) dans le sang; apparaît souvent pendant les périodes de jeûne prolongé et les crises aiguës de diabète sucré.

Mal des rayons Maladie résultant d'une exposition aux radiations ionisantes; atteint surtout les organes du système digestif.

Métaux lourds Métaux toxiques pour l'organisme, notamment l'arsenic, le mercure et le plomb; le fer, qui fait partie de ces métaux, est toxique à forte concentration.

Rayonnement ionisant Rayonnement provoquant l'ionisation des atomes; les radiations émises par les radio-isotopes sont ionisantes, tout comme les rayons X.

RÉSUMÉ DU CHAPITRE

PREMIÈRE PARTIE – NOTIONS DE CHIMIE

Définition des concepts de matière et d'énergie (p. 28)

Matière (p. 28)

1. La matière est tout ce qui occupe un volume et possède une masse.

Énergie (p. 28)

2. L'énergie est ce qui peut produire du travail ou mettre la matière en mouvement.
3. L'énergie peut se trouver sous forme d'énergie potentielle (énergie stockée ou inactive) ou d'énergie cinétique (énergie active ou effectuant un certain travail).
4. Les formes d'énergie qui jouent un rôle dans le fonctionnement de l'organisme sont l'énergie chimique, électrique, de rayonnement et mécanique. La plus importante est l'énergie chimique (emmagasinée dans les liaisons entre les atomes).
5. L'énergie peut être convertie d'une forme à une autre mais, au cours de ces transformations, une certaine quantité d'énergie devient toujours relativement inutilisable parce qu'elle est perdue sous forme de chaleur.

Composition de la matière : atomes et éléments (p. 29)

1. Les éléments sont des substances uniques impossibles à décomposer en substances plus simples par les méthodes chimiques ordinaires. Quatre éléments (carbone, hydrogène, oxygène et azote) représentent 96 % de la masse corporelle.

Structure de l'atome (p. 31)

2. Les éléments sont constitués d'atomes.
3. Les atomes sont formés de protons portant une charge positive, d'électrons portant une charge négative et de neutrons électriquement neutres. Les protons et les neutrons se trouvent dans le noyau et représentent pratiquement toute la masse de l'atome ; les électrons occupent des couches électroniques autour du noyau. Dans tous les atomes, le nombre d'électrons est égal au nombre de protons.

Identification des éléments (p. 31)

4. Tout atome se caractérise par son numéro atomique (p^+) et son nombre de masse ($p^+ + n^0$). La notation $^4_2$He signifie que l'hélium (He) a un numéro atomique de 2 et un nombre de masse de 4.
5. Les isotopes d'un élément donné diffèrent par le nombre de neutrons qu'ils contiennent. La masse atomique d'un élément est approximativement égale au nombre de masse de son isotope le plus abondant.

Radio-isotopes (p. 33)

6. De nombreux isotopes lourds sont instables (radioactifs). Ils sont appelés radio-isotopes et se désintègrent en formes plus stables en émettant des particules alpha ou des particules bêta ou des rayons gamma. Ils sont utiles au diagnostic médical et à la recherche en biochimie.

Combinaisons de la matière : molécules et mélanges (p. 33)

Molécules et composés (p. 33)

1. La molécule est la plus petite unité résultant de la liaison chimique entre deux atomes ou plus. S'ils sont différents, les atomes forment une molécule de composé.

Mélanges (p. 34)

2. Un mélange est une association, sans réactions chimiques, de plusieurs corps, se trouvant dans leur état solide, liquide ou gazeux et conservant leurs propriétés respectives (celles qu'ils avaient avant de se retrouver dans le mélange). La substance la plus abondante, habituellement un liquide, est appelée solvant et la (ou les) substance(s) la (ou les) moins abondante(s), soluté(s).
3. Les différents types de mélanges, par ordre croissant de taille des solutés, sont les solutions, les colloïdes et les suspensions.
4. On exprime habituellement la concentration d'une solution en pourcentage ou en molarité.

Différences entre mélanges et composés (p. 36)

5. Les composés sont homogènes et les éléments qui les composent sont liés chimiquement. Les mélanges peuvent être homogènes ou hétérogènes ; les substances qui les composent sont mélangées physiquement et il est possible de les séparer par des méthodes physiques.

Liaisons chimiques (p. 36)

Rôle des électrons dans les liaisons chimiques (p. 36)

1. Les électrons d'un atome occupent des régions de l'espace appelées couches électroniques ou niveaux d'énergie. Les électrons situés dans la couche la plus éloignée du noyau (couche de valence) sont ceux qui ont la plus grande énergie.
2. Les liaisons chimiques sont des relations énergétiques entre les électrons de valence des atomes réactifs. Quand la couche de valence est complète ou qu'il y a huit électrons de valence, l'atome est chimiquement inerte. Les atomes dont la couche de valence est incomplète interagissent avec d'autres atomes de façon à atteindre un état stable.

Types de liaisons chimiques (p. 37)

3. Un ion est un atome possédant une ou des charges électriques. Il y a formation d'une liaison ionique lorsque des électrons de valence sont complètement transférés d'un atome à un autre.
4. Une liaison covalente se forme lorsque les atomes partagent des paires d'électrons. Si les électrons sont répartis de façon égale, la molécule est non polaire ; si leur répartition est inégale, elle est polaire (c'est un dipôle).
5. Les liaisons hydrogène sont des liaisons faibles entre un atome d'hydrogène, déjà lié de façon covalente à un atome électronégatif (comme l'azote et l'oxygène), et un autre atome électronégatif. Elles retiennent ensemble différentes molécules (par exemple des molécules d'eau) ou différentes parties d'une même molécule (comme dans les protéines).

Réactions chimiques (p. 41)

Équations chimiques (p. 41)

1. Une réaction chimique exige la formation, la rupture ou le réagencement de liaisons chimiques.

Modes de réactions chimiques (p. 42)

2. Les réactions chimiques peuvent être des réactions de synthèse (anabolisme), de dégradation (catabolisme) ou d'échange. On peut considérer les réactions d'oxydoréduction comme un type particulier de réaction d'échange ou de dégradation.

Variations de l'énergie au cours des réactions chimiques (p. 43)

3. Les liaisons chimiques sont des relations énergétiques, et toute réaction chimique entraîne une perte ou un gain net d'énergie.

4. Les réactions exothermiques libèrent de l'énergie, les réactions endothermiques en absorbent.

Réversibilité des réactions chimiques (p. 43)

5. Quand toutes les conditions demeurent inchangées, toute réaction chimique finit par atteindre un état d'équilibre chimique et la réaction se poursuit alors à la même vitesse dans les deux directions.

6. Toute réaction chimique est théoriquement réversible, mais chez les êtres vivants, de nombreuses réactions se déroulent dans une direction seulement à cause des besoins énergétiques ou à cause de l'utilisation ou de l'élimination des produits par l'organisme.

Facteurs influant sur la vitesse des réactions chimiques (p. 44)

7. Les réactions chimiques ne se produisent que lorsque les particules entrent en collision et qu'il se produit des interactions entre leurs électrons de valence.

8. Plus les particules réactives sont petites, plus leur énergie cinétique est élevée et plus le taux de réaction est élevé. La vitesse des réactions chimiques augmente avec la température, avec la concentration des réactifs et en présence de catalyseurs.

DEUXIÈME PARTIE – BIOCHIMIE

Composés inorganiques (p. 45)

1. La plupart des composés inorganiques ne contiennent pas de carbone. Ceux que l'on trouve dans l'organisme sont l'eau, les sels ainsi que les acides et les bases inorganiques.

Eau (p. 45)

2. L'eau est le composé le plus abondant de notre organisme. Elle absorbe et libère la chaleur lentement, se comporte comme un solvant universel, intervient dans les réactions chimiques et protège les organes contre les lésions.

Sels (p. 46)

3. Les sels sont des composés ioniques qui se dissolvent dans l'eau et agissent comme des électrolytes. Les sels de calcium et de phosphore confèrent leur dureté aux os et aux dents. Les ions des sels interviennent dans un grand nombre de processus physiologiques.

Acides et bases (p. 46)

4. Les acides sont des donneurs de protons; dans l'eau, ils s'ionisent et se dissocient en libérant des ions hydrogène (ce qui explique leurs propriétés) et des anions.

5. Les bases sont des accepteurs de protons. Les principales bases inorganiques sont les hydroxydes; l'ion bicarbonate et l'ammoniac sont des bases importantes de notre organisme.

6. Le pH est une mesure de la concentration d'ions hydrogène dans une solution (en moles par litre). Une solution de pH 7 est neutre; si le pH est plus élevé, elle est alcaline et si le pH est plus bas, elle est acide. Le pH normal du sang se situe entre 7,35 et 7,45. Les systèmes tampons s'opposent aux fluctuations excessives du pH des liquides de l'organisme.

Composés organiques (p. 49)

1. Les composés organiques contiennent du carbone. Ceux qu'on trouve dans l'organisme sont les glucides, les lipides, les protéines et les acides nucléiques, qui sont tous produits par synthèse et dégradés principalement par hydrolyse. Toutes ces molécules d'origine biologique contiennent les éléments C, H et O. Les protéines et les acides nucléiques contiennent aussi l'élément N. Les acides nucléiques possèdent en outre du phosphore (P).

Glucides (p. 49)

2. Les unités de base des glucides sont les monosaccharides, dont les plus importants sont les hexoses (glucose, fructose, galactose) et les pentoses (ribose, désoxyribose).

3. Les disaccharides (sucrose, lactose, maltose) et les polysaccharides (amidon, glycogène) sont formés de monosaccharides liés entre eux.

4. Les glucides, en particulier le glucose, sont la principale source d'énergie servant à la formation d'ATP. L'excès de glucides est stocké sous forme de glycogène ou converti en graisses et mis en réserve.

Lipides (p. 52)

5. Les lipides sont solubles dans les matières grasses et les solvants organiques, mais pas dans l'eau.

6. Les graisses neutres sont formées de glycérol et de chaînes d'acides gras. Elles sont surtout présentes dans le tissu adipeux, où elles servent d'isolant et constituent une réserve d'énergie pour l'organisme. Les triglycérides composés d'acides gras renfermant des doubles liaisons sont des huiles et se trouvent habituellement dans les plantes; ceux dont les chaînes d'acides gras sont saturées sont solides et sont présents dans les graisses d'origine animale.

7. Les phospholipides sont des graisses neutres modifiées contenant un groupement phosphate; ils ont une partie polaire et une partie non polaire. On les trouve dans toutes les membranes cellulaires.

8. Le cholestérol, un stéroïde, est présent dans les membranes cellulaires et est le précurseur des hormones stéroïdes, des sels biliaires et de la vitamine D.

Protéines (p. 55)

9. Les acides aminés sont les unités de base des protéines; dans l'organisme, il y a 20 acides aminés communs.

10. Un polypeptide est formé d'un grand nombre d'acides aminés réunis par des liaisons peptidiques. Toute protéine (un ou plusieurs polypeptides) se caractérise par le nombre d'acides aminés de sa ou de ses chaînes, par la séquence de ces acides aminés, ainsi que par la complexité de sa structure tridimensionnelle.

11. Les protéines fibreuses, comme la kératine et le collagène, ont une structure secondaire (hélice α ou feuillet plissé β) et parfois tertiaire et quaternaire. Ce sont des matériaux de structure.

12. Les protéines globulaires ont une structure tertiaire ou quaternaire et sont généralement des molécules sphériques et solubles.

Les protéines globulaires (enzymes, hormones, anticorps, hémoglobine, etc.) assurent certaines fonctions précises dans la cellule et dans l'organisme (catalyse, transport moléculaire, par exemple).

13. Les pH ou les températures extrêmes ont pour effet de dénaturer les protéines. Lorsqu'elles sont dénaturées, les protéines globulaires ne peuvent pas remplir leur fonction normale. Habituellement, ce phénomène est réversible.

14. Les protéines chaperons permettent aux protéines de se replier pour adopter leur structure tridimensionnelle fonctionnelle. Les cellules les synthétisent en plus grande quantité en cas de stress provenant de l'environnement ou d'augmentation des quantités de protéines dénaturées.

15. Les enzymes sont des catalyseurs biologiques; elles accroissent la vitesse des réactions chimiques en diminuant leur énergie d'activation. Pour ce faire, elles se combinent avec les réactifs et les maintiennent dans la position appropriée pour leur permettre d'interagir. De nombreuses enzymes ne peuvent remplir leur fonction qu'en présence de cofacteurs.

Acides nucléiques (ADN et ARN) (p. 61)

16. Les acides nucléiques sont l'acide désoxyribonucléique (ADN) et l'acide ribonucléique (ARN). Les nucléotides forment les unités de base des acides nucléiques; ils sont constitués d'une base azotée –, adénine (A), guanine (G), cytosine (C), thymine (T) ou uracile (U) –, d'un sucre (ribose ou désoxyribose) et d'un groupement phosphate.

17. L'ADN est une molécule à deux brins qui ressemble à une hélice double; il contient du désoxyribose et les bases azotées A, G, C et T. L'ADN détermine la structure des protéines et produit une copie identique à lui-même avant chaque division cellulaire.

18. L'ARN ne possède qu'un seul brin; il contient du ribose et les bases azotées A, G, C et U. Plusieurs types d'ARN assurent la synthèse des protéines en suivant les instructions provenant de l'ADN: il s'agit notamment de l'ARN messager, de l'ARN ribosomal et de l'ARN de transfert.

Adénosine triphosphate (ATP) (p. 64)

19. L'ATP est la source d'énergie universelle des cellules de l'organisme. Une partie de l'énergie produite par la dégradation du glucose et d'autres aliments constituant des sources d'énergie est emmagasinée dans les liaisons des molécules d'ATP; puis, par l'intermédiaire de réactions couplées, elle alimente les réactions endothermiques.

QUESTIONS DE RÉVISION

Choix multiples/associations

(Il peut y avoir plus d'une bonne réponse à certaines questions. Choisissez les meilleures réponses parmi celles qui sont proposées. Les réponses se trouvent à l'appendice G.)

1. Parmi les formes d'énergie suivantes, lesquelles jouent un rôle dans la vision? (**a**) Chimique; (**b**) électrique; (**c**) mécanique; (**d**) de rayonnement.

2. Les quatre éléments qui constituent la plus grande partie de notre masse corporelle sont les suivants, à l'exception de: (**a**) l'hydrogène; (**b**) le carbone; (**c**) l'azote; (**d**) le sodium; (**e**) l'oxygène.

3. Le nombre de masse d'un atome est égal à: (**a**) son nombre de protons; (**b**) la somme des protons et des neutrons; (**c**) la somme de toutes les particules élémentaires qu'il contient; (**d**) la moyenne des nombres de masse de tous ses isotopes.

4. Parmi les éléments suivants, lequel risque d'entraîner une diminution de la quantité d'hémoglobine dans le sang s'il est présent dans l'organisme en quantité insuffisante? (**a**) Fe; (**b**) I; (**c**) F; (**d**) Ca; (**e**) K.

5. Quelle est la meilleure description du proton? (**a**) Charge négative, sans masse, dans une orbitale; (**b**) charge positive, 1 u, dans le noyau; (**c**) sans charge, 1 u, dans le noyau.

6. Les particules élémentaires qui déterminent le comportement chimique des atomes sont: (**a**) les électrons; (**b**) les ions; (**c**) les neutrons; (**d**) les protons.

7. Parmi les descriptions suivantes, laquelle *ne* s'applique *pas* à un mélange? (**a**) Les composants gardent leurs propriétés respectives; (**b**) il y a formation de liaisons chimiques; (**c**) il est possible de séparer les composants par des méthodes physiques; (**d**) il peut être hétérogène ou homogène.

8. Dans un bécher rempli d'eau, les molécules d'eau établissent des liaisons entre elles. Il s'agit de liaisons: (**a**) ioniques; (**b**) covalentes polaires; (**c**) covalentes non polaires; (**d**) hydrogène.

9. Lorsque deux atomes partagent une paire d'électrons, la liaison ainsi formée est appelée: (**a**) covalente simple; (**b**) covalente double; (**c**) covalente triple; (**d**) ionique.

10. Les molécules formées par un partage inégal des électrons sont: (**a**) des sels; (**b**) des molécules polaires; (**c**) des molécules non polaires.

11. Parmi les molécules suivantes formées par des liaisons covalentes, lesquelles sont polaires?

$$H-Cl \qquad H-\overset{\overset{\displaystyle H}{|}}{\underset{\underset{\displaystyle H}{|}}{C}}-H \qquad Cl-\overset{\overset{\displaystyle H}{|}}{\underset{\underset{\displaystyle Cl}{|}}{C}}-Cl \qquad N\equiv N$$

(a)   **(b)**   **(c)**   **(d)**

12. Pour chacune des réactions ci-dessous, dire s'il s'agit: (**a**) d'une réaction de synthèse, (**b**) d'une réaction de dégradation ou (**c**) d'une réaction d'échange.
(1) $2Hg + O_2 \rightarrow 2HgO$
(2) $HCl + NaOH \rightarrow NaCl + H_2O$

13. Tous les facteurs suivants ont pour effet de faire augmenter la vitesse des réactions chimiques, sauf: (**a**) la présence de catalyseurs; (**b**) l'augmentation de la température; (**c**) l'augmentation de la taille des particules; (**d**) l'augmentation de la concentration des réactifs.

14. Parmi les molécules suivantes, laquelle est inorganique? (**a**) Le sucrose; (**b**) le cholestérol; (**c**) le collagène; (**d**) le chlorure de sodium.

15. L'eau a une grande importance pour les organismes vivants à cause de: (**a**) sa polarité et ses qualités de solvant; (**b**) son importante capacité calorifique; (**c**) sa chaleur de vaporisation élevée; (**d**) sa grande réactivité chimique; (**e**) toutes ces propriétés.

16. Les acides: (**a**) libèrent des ions hydroxyle lorsqu'ils sont dissous dans l'eau; (**b**) sont des accepteurs de protons; (**c**) font augmenter

le pH d'une solution; (**d**) libèrent des protons lorsqu'ils sont dissous dans l'eau.

17. En analysant un produit inconnu, un chimiste découvre un composé contenant du carbone, de l'hydrogène et de l'oxygène dans la proportion 1:2:1 et dont la molécule possède six atomes de carbone. Il s'agit probablement: (**a**) d'un pentose; (**b**) d'un acide aminé; (**c**) d'un acide gras; (**d**) d'un monosaccharide; (**e**) d'un acide nucléique.

18. Les glucides sont emmagasinés dans l'organisme sous forme: (**a**) de glycogène; (**b**) d'amidon; (**c**) de cholestérol; (**d**) de polypeptides.

19. Une graisse neutre est composée: (**a**) d'un glycérol et de trois acides gras; (**b**) d'un squelette de sucre-phosphate auquel sont attachés deux groupements amine; (**c**) de deux hexoses ou plus; (**d**) d'acides aminés complètement saturés d'hydrogène.

20. Une certaine substance chimique contient un groupement amine et un groupement acide organique. Cependant, elle ne comporte aucune liaison peptidique. Il s'agit: (**a**) d'un monosaccharide; (**b**) d'un acide aminé; (**c**) d'une protéine; (**d**) d'une graisse.

21. Le ou les lipides servant de précurseur(s) de la vitamine D, des hormones sexuelles et des sels biliaires est ou sont: (**a**) les graisses neutres; (**b**) le cholestérol; (**c**) les phospholipides; (**d**) les prostaglandines.

22. Trouvez l'énoncé qui est faux: (**a**) L'ordre des acides aminés détermine la structure primaire. (**b**) Une même molécule de protéine peut posséder des régions enroulées en hélice et d'autres régions plissées en feuillet. (**c**) Une protéine globulaire possède une structure tertiaire. (**d**) La structure quaternaire d'une protéine se réalise par le regroupement de quatre chaînes polypeptidiques.

23. Les enzymes sont des catalyseurs organiques qui: (**a**) modifient la direction d'une réaction chimique; (**b**) déterminent la nature des produits d'une réaction; (**c**) font augmenter le taux d'une réaction chimique; (**d**) sont des matières premières essentielles que la réaction transforme en l'un de ses produits.

Questions à court développement

24. Définissez et décrivez ce qu'est l'énergie; expliquez le rapport entre l'énergie potentielle et l'énergie cinétique.

25. Toute conversion énergétique entraîne une perte d'énergie. Expliquez la signification de cette affirmation. (*Indice*: l'énergie est-elle vraiment perdue? Sinon, que devient-elle?)

26. Donnez le symbole chimique de chacun des éléments suivants: (**a**) calcium; (**b**) carbone; (**c**) hydrogène; (**d**) fer; (**e**) azote; (**f**) oxygène; (**g**) potassium; (**h**) sodium.

27. Voici des informations concernant trois types d'atomes de carbone:

$$\ce{^{12}_{6}C} \qquad \ce{^{13}_{6}C} \qquad \ce{^{14}_{6}C}$$

(**a**) Quels sont leurs points communs? (**b**) En quoi sont-ils différents? (**c**) Comment chacun est-il appelé? (**d**) À l'aide du modèle planétaire, dessinez la configuration de l'atome $^{12}_{6}C$ en montrant la position relative des particules élémentaires qu'il contient et leur nombre.

28. Dans un flacon contenant 450 g d'aspirine ($C_9H_8O_4$), combien y a-t-il de moles de ce produit? (*Remarque*: la masse atomique approximative des atomes est C = 12, H = 1 et O = 16.) Combien y a-t-il de molécules d'aspirine?

29. Dites quel type de liaison (ionique ou covalente) est la plus probable entre les atomes suivants: (**a**) 2 atomes d'oxygène; (**b**) 4 atomes d'hydrogène et 1 atome de carbone; (**c**) 1 atome de potassium ($^{39}_{19}K$) et 1 atome de fluor ($^{19}_{9}F$); (**d**) 2 atomes

constituant un sel; (**e**) 2 atomes de carbone dans une molécule organique.

30. Que sont les liaisons hydrogène et pourquoi sont-elles si importantes pour notre organisme?

31. L'équation suivante, qui représente la dégradation par oxydation du glucose dans les cellules de l'organisme, est réversible (chez les végétaux, par exemple):

glucose + oxygène → gaz carbonique + eau + ATP

(**a**) Comment peut-on indiquer que cette réaction est réversible? (**b**) Comment peut-on indiquer qu'elle est en équilibre chimique? (**c**) Définissez ce qu'est l'équilibre chimique.

32. Expliquez pourquoi, si on verse de l'huile sur de l'eau, la première ne se mélangera pas à la seconde. (Quelle propriété moléculaire est en cause?)

33. Quand nous parlons d'acides gras «saturés» ou d'acides gras «insaturés», qu'est-ce que cela signifie? Quel type d'acide gras aura le plus de doubles liaisons chimiques? Le plus d'atomes d'hydrogène?

34. Expliquez les différences entre les structures primaire, secondaire et tertiaire d'une protéine.

35. On peut considérer que la déshydratation et l'hydrolyse sont des réactions inverses l'une de l'autre. En quoi sont-elles reliées à la synthèse et à la dégradation des molécules d'origine biologique?

36. Décrivez le mécanisme de l'activité enzymatique. Dans votre réponse, expliquez de quelle façon les enzymes font diminuer l'énergie d'activation nécessaire au déroulement de la réaction.

37. Reliez et distinguez chacun des termes suivants: apoenzyme, holoenzyme, coenzyme, cofacteur.

38. Expliquez l'importance des protéines chaperons.

39. Il vous est sûrement arrivé de verser de l'eau dans un verre et de dépasser légèrement le bord. Expliquez pourquoi l'eau ne s'est pas écoulée.

Réflexion et application

1. Quand Benoît a enfourché sa bicyclette pour aller se baigner dans le lac voisin, sa mère lui a crié: «On dirait qu'il va y avoir un orage. N'oublie pas de sortir de l'eau s'il y a des éclairs.» Cet avertissement était justifié. Pourquoi?

2. Certains antibiotiques se lient à des enzymes essentielles de la bactérie qu'ils doivent combattre. (**a**) Quel effet ont ces antibiotiques sur les réactions chimiques catalysées par ces enzymes? (**b**) Quelles seront les conséquences possibles pour la bactérie? Et pour la personne qui prend l'antibiotique?

3. Mᵐᵉ Robertini est tombée dans un coma diabétique et vient d'être admise à l'hôpital. Son pH sanguin montre qu'elle souffre d'acidose grave et on prend immédiatement des mesures pour le rétablir dans les limites normales. (**a**) Expliquez ce qu'est le pH et indiquez quel est le pH normal du sang. (**b**) Pourquoi une acidose prononcée est-elle grave?

4. Jacquot, un garçon de 12 ans, est tiré brutalement de son sommeil par un grand bruit. Il s'assoit droit dans son lit, l'oreille tendue. Sa peur est révélée par sa respiration rapide (hyperventilation), une forme de respiration efficace pour retirer le CO_2 du sang. À cet instant, le pH de son sang est-il en train d'augmenter ou de diminuer? (*Indice*: c'est l'acide carbonique [H_2CO_3] qui produit du gaz carbonique et de l'eau en se dissociant.)

5. Après qu'on a mangé une barre nutritive riche en protéines, laquelle des réactions chimiques que nous venons de voir doit se produire pour que les acides aminés contenus dans la barre puissent être convertis en protéines dans les cellules?

Principaux éléments de
la théorie cellulaire (p. 72)

Membrane plasmique: structure (p. 74)

Modèle de la mosaïque fluide (p. 74)

Jonctions membranaires (p. 77)

Membrane plasmique:
transport membranaire (p. 78)

Mécanismes passifs (p. 79)

Mécanismes actifs (p. 84)

Membrane plasmique: création du
potentiel de repos de la membrane (p. 89)

Membrane plasmique: interactions
entre la cellule et son milieu (p. 93)

Fonctions des molécules d'adhérence cellulaire (p. 93)

Fonctions des récepteurs membranaires (p. 93)

Fonctions des canaux protéiques
voltage-dépendants (p. 94)

Cytoplasme (p. 94)

Organites cytoplasmiques (p. 94)

Prolongements de la cellule (p. 104)

Noyau (p. 105)

Enveloppe nucléaire (p. 106)

Nucléoles (p. 106)

Chromatine (p. 106)

Croissance et reproduction de la cellule (p. 110)

Cycle cellulaire (p. 110)

Synthèse des protéines (p. 116)

Autres fonctions de l'ADN (p. 121)

Dégradation des protéines dans le cytosol (p. 122)

Matériaux extracellulaires (p. 123)

Développement et vieillissement des cellules
(p. 124)

La cellule : unité fondamentale de la vie

Tout comme les briques et le bois sont les unités fondamentales d'une maison, les **cellules** sont les unités fondamentales de tout être vivant. Tous les organismes vivants sont constitués de cellules, des «généralistes» unicellulaires comme les amibes aux êtres multicellulaires complexes tels que les humains, les chiens et les arbres. Le corps humain comprend de 50 à 100 millions de millions de ces minuscules pièces.

Le présent chapitre porte sur les structures et les fonctions communes à toutes les cellules de l'organisme humain. Dans des chapitres ultérieurs, nous étudierons en détail les cellules spécialisées et les fonctions qui leur sont propres.

Principaux éléments de la théorie cellulaire

1 Définir la cellule.

2 Énumérer les trois principales régions d'une cellule typique et nommer les fonctions générales de chacune de ces régions.

Le scientifique anglais Robert Hooke a été le premier à observer des cellules végétales à l'aide d'un microscope rudimentaire, à la fin du XVIIe siècle. Cependant, il fallut attendre les années 1830 pour que deux scientifiques allemands, Matthias Schleiden et Theodor Schwann, osent affirmer que tous les êtres vivants étaient constitués de cellules. Le pathologiste allemand Rudolf Virchow est parti de cette idée pour avancer que toutes les cellules prenaient naissance à partir d'autres cellules. L'hypothèse de Virchow était révolutionnaire parce qu'elle remettait en question ouvertement la *théorie de la génération spontanée,* largement acceptée, selon laquelle des organismes vivants se formaient spontanément à partir de déchets ou de diverses matières inanimées.

Depuis la fin du XIXe siècle, la recherche sur les cellules a été extrêmement fructueuse et a permis d'élaborer les quatre principes qui constituent la **théorie cellulaire** :

1. La cellule est l'unité fondamentale structurale et fonctionnelle des organismes vivants. Par conséquent, lorsqu'on définit les propriétés d'une cellule, on définit aussi les propriétés de la matière vivante.
2. L'activité d'un organisme dépend de celles de ses cellules, à la fois à l'échelle individuelle et à l'échelle collective.
3. Conformément au *principe de relation entre la structure et la fonction,* les activités biochimiques des cellules sont déterminées par les structures spécifiques qu'elles contiennent.
4. La continuité de la vie, d'une génération à l'autre, repose sur les cellules.

Nous reviendrons sur ces concepts plus en détail ; pour le moment, considérons l'idée selon laquelle la cellule est l'unité fondamentale de la vie. Quels que soient son comportement et sa forme, la cellule est l'élément microscopique qui contient tout ce qui est nécessaire pour survivre dans un environnement en perpétuel changement. Il s'ensuit alors que pratiquement toutes les maladies susceptibles de nous atteindre s'expliquent par la perte de l'homéostasie cellulaire.

Dans les millions de millions de cellules de l'organisme humain, on trouve quelque 200 types de cellules aux formes, aux tailles et aux fonctions très diverses **(figure 3.1)**. Parmi les formes possibles, citons les cellules adipeuses qui sont sphériques, les globules rouges du sang qui ressemblent à des disques, les neurones qui sont ramifiés et les cellules des tubules des reins qui sont cubiques. Selon le type auquel elles appartiennent, la dimension des cellules est aussi très variable ; elle peut aller de 2 micromètres (1/5000 de centimètre) pour les plus petites à plus de 1 mètre pour les neurones qui vous permettent de remuer volontairement les orteils. La forme d'une cellule et son mode d'agencement avec ses voisines reflètent sa

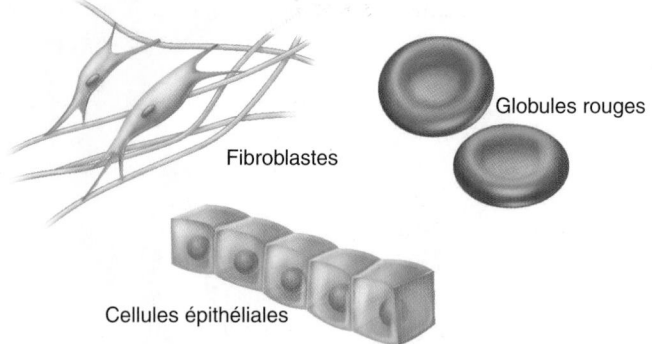

(a) Cellules qui relient les parties du corps, tapissent les organes ou transportent des gaz

(b) Cellules qui produisent une action mécanique dans les organes et déplacent les parties du corps

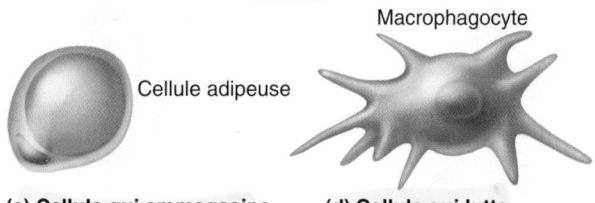

(c) Cellule qui emmagasine des nutriments   **(d) Cellule qui lutte contre la maladie**

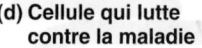

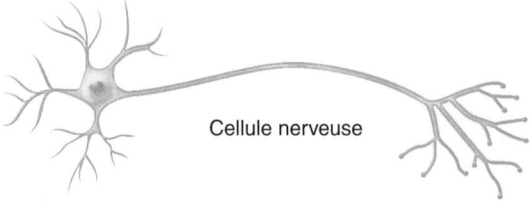

(e) Cellule qui recueille l'information et régit les fonctions de l'organisme

(f) Cellule de la reproduction

Figure 3.1 Diversité des cellules. (Les cellules ne sont pas toutes illustrées à la même échelle.)

fonction. Par exemple, les cellules épithéliales plates en forme de tuile qui couvrent l'intérieur de vos joues sont étroitement imbriquées. Elles constituent ainsi une barrière vivante qui protège les tissus sous-jacents de toute invasion bactérienne.

Les cellules, quelles qu'elles soient, sont composées surtout de carbone, d'hydrogène, d'azote, d'oxygène et de plusieurs autres éléments, dont une dizaine sont présents à l'état de traces seulement. De plus, toutes les cellules ont en commun plusieurs structures fondamentales et certaines fonctions. Il est donc possible de décrire une cellule type à partir d'un **modèle général** représenté à la figure 3.2.

Les cellules humaines comportent trois régions principales : la membrane plasmique, le cytoplasme et le noyau. La *membrane plasmique*, une barrière plutôt fragile, forme la limite extérieure de la cellule. Elle contient le *cytoplasme*, c'est-à-dire le liquide intracellulaire rempli d'organites (ou organelles), ces petites structures qui assurent certaines fonctions à l'intérieur de la cellule. Le *noyau*, qui régit toutes les activités de la cellule, est habituellement situé au centre de celle-ci. Voyons de plus près ces struc-

tures. Ces trois régions principales, dont nous donnons les détails plus loin, ont servi à structurer le résumé du tableau 3.3.

VÉRIFIONS NOS ACQUIS

1. Nommez les trois régions principales d'une cellule et résumez en quelques mots les fonctions de chacune.
2. Expliquez ce qu'est le « modèle général » d'une cellule.

Les réponses se trouvent à l'appendice G.

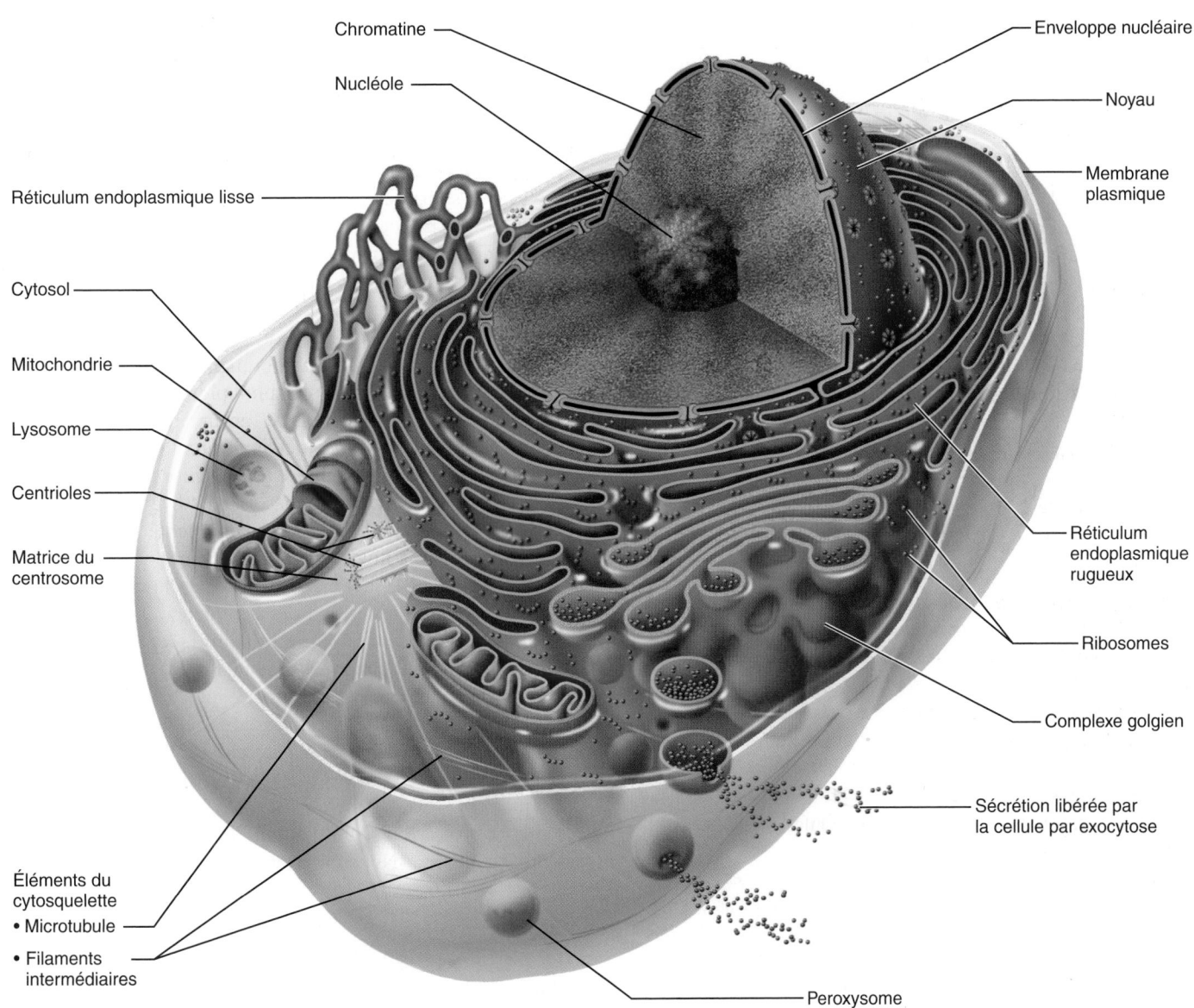

Figure 3.2 Structure de la cellule, modèle général. Il n'existe aucune cellule parfaitement identique à celle-ci, mais ce modèle type permet d'illustrer les caractéristiques communes à un grand nombre de cellules humaines. Remarquez que les organites ne sont pas tous dessinés à la même échelle.

Membrane plasmique : structure

3 Décrire la structure de la membrane plasmique (nature des molécules et leur disposition) selon le modèle de la mosaïque fluide.

4 Décrire dans leurs grandes lignes les principales fonctions des différents types de protéines membranaires.

La **membrane plasmique** souple délimite le volume de la cellule et sépare ainsi deux des plus importants compartiments liquidiens de l'organisme – le liquide *intracellulaire* contenu dans la cellule et le liquide *interstitiel* dans lequel baignent les cellules. On l'appelle couramment *membrane cellulaire* mais, comme presque tous les organites ont aussi une membrane, nous préférons dans le présent ouvrage désigner la membrane externe de la cellule sous le nom de membrane plasmique. La membrane plasmique est bien plus qu'une simple enveloppe passive.

Comme nous le verrons, sa structure très particulière lui permet d'assurer une fonction dynamique dans de nombreuses activités cellulaires.

Modèle de la mosaïque fluide

Selon le **modèle de la mosaïque fluide**, la membrane plasmique est une structure extrêmement fine (de 7 à 10 nm), constituée d'une double couche, ou bicouche, de molécules lipidiques parmi lesquelles sont disséminées ou « greffées » des molécules de protéines (figure 3.3). Les protéines, dont un grand nombre flottent dans la *bicouche* fluide de lipides, forment une mosaïque qui change constamment, d'où le nom du modèle.

Lipides membranaires

La bicouche de lipides, qui constitue la « trame » fondamentale de la membrane, est composée en grande partie de *phospholipides*. Elle comprend aussi, en moindre quantité, du *cholestérol* et des *glycolipides*. Les phospholipides sont des molécules en forme de sucette. Ils ont une « tête » polaire, qui est électriquement chargée et **hydrophile** (*hudôr :* eau ; *philos :* ami), et une « queue » non polaire, sans charge électrique, qui est composée de deux chaînes d'acides gras et qui est **hydrophobe** (*phobos :* crainte). Les têtes polaires sont attirées par l'eau – principale composante du liquide intracellulaire et du liquide interstitiel – et se retrouvent donc en surface, des deux côtés de la membrane. Les queues non polaires, étant hydrophobes, fuient l'eau et s'alignent en se faisant face au milieu de l'épaisseur de la membrane.

C'est pourquoi la structure fondamentale de toutes les membranes biologiques est la même : ce sont des « sandwichs » constitués de deux feuillets parallèles de molécules de phospholipides ; les queues de celles-ci se font face à l'intérieur de la membrane, et leurs têtes polaires sont exposées à l'eau qui se trouve à l'intérieur et à l'extérieur de la cellule. C'est cette orientation spontanée des phospholipides qui pousse les membranes biologiques à s'assembler automatiquement pour former des structures fermées, généralement sphériques, et à se reformer sans délai lorsqu'elles sont déchirées.

La membrane plasmique est une structure fluide dynamique dont la consistance se rapproche de celle de l'huile d'olive. Les molécules de lipides de la bicouche peuvent se déplacer latéralement, c'est-à-dire parallèlement à la surface de la membrane, car elles ne sont pas retenues les unes aux autres par des liaisons chimiques. Toutefois, les interactions polaire-non polaire les empêchent généralement de se retourner ou de passer d'un feuillet (d'une moitié de la bicouche) à l'autre, car les interactions entre les régions polaires et non polaires empêchent tout déplacement. Les quantités et les types de lipides dans les feuillets interne et externe de la membrane plasmique sont différents et ces variations déterminent à leur tour des variations locales dans la structure et la fonction de la membrane. La majorité des phospholipides membranaires portent une chaîne droite d'acides gras saturés et une chaîne entortillée d'acides gras insaturés (comme la phosphatidylcholine). Ils présentent donc des queues qui ne sont pas droites (c'est-à-dire qui sont moins serrées les unes contre les autres). Cette caractéristique a pour effet d'empêcher les queues d'acides gras de s'amalgamer entre elles et accroît par conséquent la fluidité de la membrane. (Voir l'illustration de la phosphatidylcholine à la figure 2.16b, p. 54.)

Les **glycolipides**, des phospholipides auxquels sont attachés des glucides, sont présents seulement sur la face externe de la membrane plasmique et constituent environ 5 % des lipides membranaires. À l'instar des groupements phosphate des phospholipides, ces glucides font en sorte que le glycolipide est polaire à une de ses extrémités, alors que les queues d'acides gras rendent le reste de la molécule non polaire.

Quelque 20 % des lipides membranaires sont des molécules de cholestérol. Comme les phospholipides, les molécules de cholestérol ont une région polaire (groupement hydroxyle) et une région non polaire (système d'anneaux fusionnés) (voir la figure 2.16c, p. 54). Elles stabilisent la membrane en introduisant leurs anneaux hydrocarbonés plats et hydrophobes entre les queues des phospholipides, ce qui augmente la mobilité des phospholipides et la fluidité de la membrane.

Environ 20 % de la face externe de la membrane est composée de **radeaux lipidiques**, soit des assemblages dynamiques de phospholipides saturés, serrés les uns contre les autres, et associés à des lipides uniques appelés sphingolipides et à de grandes quantités de cholestérol. Ces plaques sont plus stables, ordonnées et moins fluides que le reste de la membrane. Elles peuvent aussi incorporer certaines protéines à divers degrés ou encore les exclure. En raison de ces propriétés, on croit que les radeaux lipidiques servent de plateformes où se concentrent certains récepteurs ou les molécules nécessaires à la transmission des signaux cellulaires. (Nous décrirons les signaux cellulaires aux pages 94 à 96.)

Protéines membranaires

Les protéines constituent environ la moitié de la masse de la membrane plasmique et assurent la plus grande partie des fonctions spécialisées de cette dernière. On classe les quelques dizaines de types de protéines membranaires en deux groupes distincts : les protéines intégrées et les protéines périphériques (figure 3.3). Les **protéines intégrées** sont bien enfoncées dans

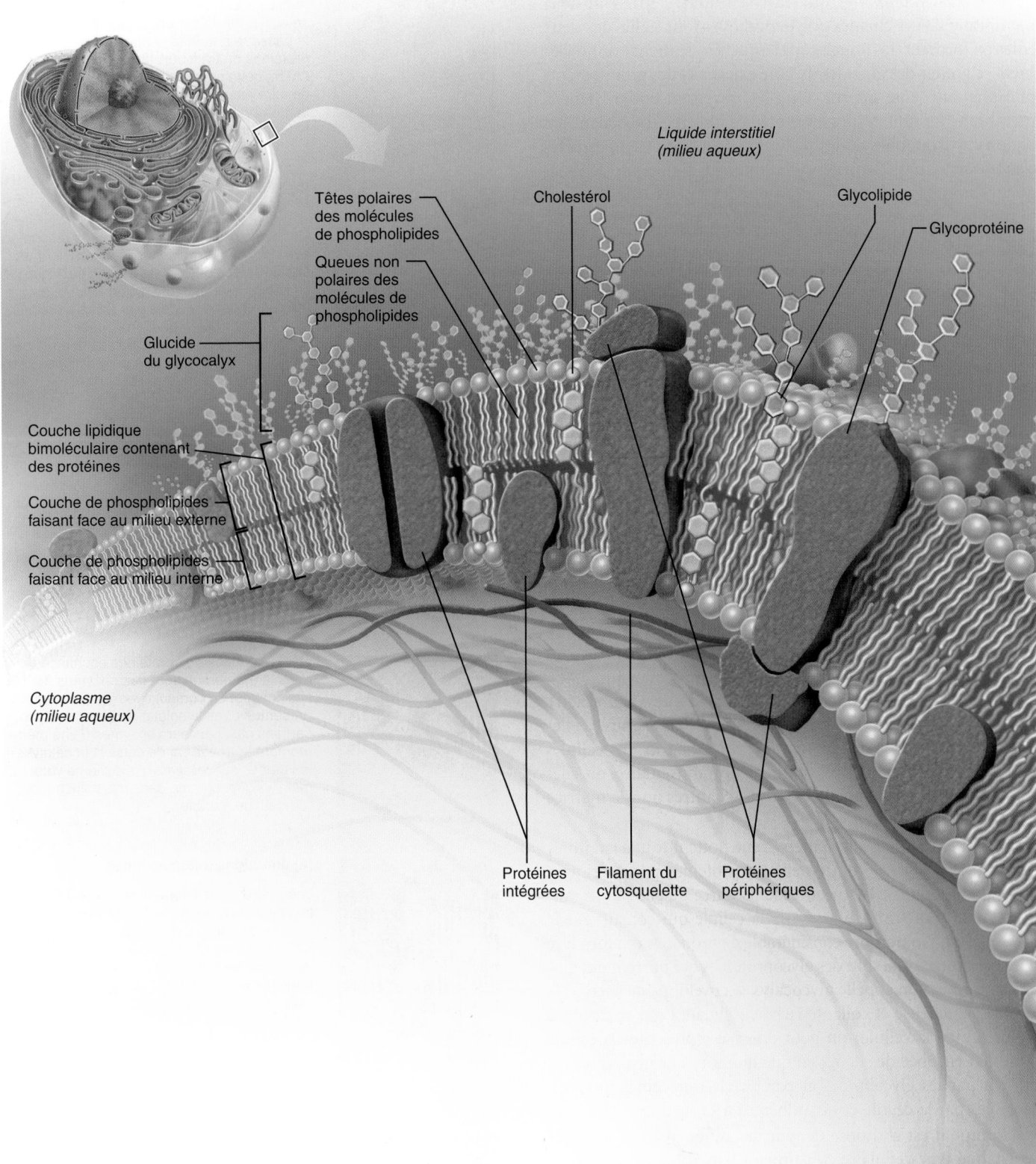

Liquide interstitiel
(milieu aqueux)

Cholestérol

Glycolipide

Glycoprotéine

Têtes polaires
des molécules
de phospholipides

Queues non
polaires des
molécules de
phospholipides

Glucide
du glycocalyx

Couche lipidique
bimoléculaire contenant
des protéines

Couche de phospholipides
faisant face au milieu externe

Couche de phospholipides
faisant face au milieu interne

Cytoplasme
(milieu aqueux)

Protéines
intégrées

Filament du
cytosquelette

Protéines
périphériques

Figure 3.3 Structure de la membrane plasmique selon le modèle de la mosaïque fluide.
La bicouche lipidique forme la structure de base de la membrane. Les protéines qui y sont
associées participent aux fonctions de la membrane, comme le transport membranaire,
la catalyse et la reconnaissance entre cellules.

la bicouche lipidique. Certaines d'entre elles ne sont exposées que d'un côté de la membrane, mais la plupart sont des *protéines transmembranaires*, qui traversent toute l'épaisseur de la membrane. Leurs chaînes polypeptidiques font saillie des deux côtés en formant des boucles sur lesquelles viennent éventuellement se greffer des glucides du côté externe et des groupements phosphate du côté interne. Qu'elles traversent entièrement la membrane ou non, toutes les protéines intégrées possèdent des régions hydrophobes et des régions hydrophiles. Cette caractéristique structurale leur permet d'interagir d'une part avec les queues non polaires des lipides présents au cœur de la membrane et d'autre part avec l'eau qui se trouve à l'extérieur et à l'intérieur de la cellule.

Les protéines transmembranaires servent surtout au transport. Certaines se regroupent pour former des *canaux*, ou pores, qui laissent passer de petites molécules hydrosolubles ou des ions, contournant ainsi la partie lipidique de la membrane. D'autres protéines sont des *transporteurs* qui peuvent se lier à une substance pour lui faire traverser la membrane. D'autres encore sont des récepteurs d'hormones ou d'autres messagers chimiques et transmettent les messages de ces derniers vers l'intérieur de la cellule (ce processus est appelé *transduction des signaux*) **(figure 3.4a, b).**

Les **protéines périphériques**, situées sur l'une ou l'autre face de la membrane, mais le plus souvent sur la face interne, ne sont pas du tout enfoncées dans la partie lipidique de la membrane. Au contraire, elles sont associées par des liens plutôt lâches aux protéines intégrées ou aux lipides membranaires et sont faciles à détacher sans déchirer la membrane. Les protéines périphériques comprennent un réseau de filaments qui contribuent à soutenir la membrane du côté cytoplasmique (figure 3.4c). Certaines protéines périphériques sont des enzymes (figure 3.4d). D'autres ont des fonctions mécaniques: par exemple, elles assurent certains changements de conformation des cellules lors de leur division ou de la contraction musculaire, ou elles servent à joindre les cellules les unes aux autres ou à la matrice extracellulaire.

Certaines protéines de la membrane flottent tout à fait librement mais d'autres, notamment les protéines périphériques, sont limitées dans leurs mouvements parce qu'elles sont « ancrées » aux structures internes de la cellule qui constituent le *cytosquelette*. Un nombre considérable de protéines qui font face à l'espace interstitiel sont des glycoprotéines qui portent des glucides ramifiés. On appelle **glycocalyx** (« enveloppe de sucre ») la région pelucheuse et collante riche en glucides qui se trouve à la surface de la cellule; on peut donc se représenter la cellule comme « enrobée de sucre » en quelque sorte. Le glycocalyx est enrichi par les glycolipides et par les glycoprotéines qui sont sécrétées par la cellule et qui adhèrent à sa surface.

Comme il est composé de glucides différents, le glycocalyx de chaque type cellulaire constitue un ensemble extrêmement spécifique de marqueurs biologiques permettant aux cellules qui se touchent de se reconnaître mutuellement (figure 3.4f). Par exemple, le spermatozoïde reconnaît l'ovule grâce à son glycocalyx particulier, et les cellules du système immunitaire identifient les bactéries en se liant à certaines glycoprotéines du glycocalyx de la paroi bactérienne. Par ailleurs, ce sont aussi des

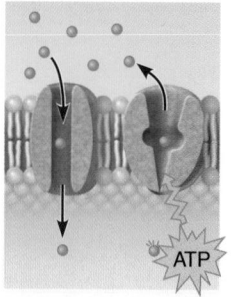

(a) Transport

Une protéine transmembranaire (à gauche) forme parfois un canal hydrophile qui est sélectif pour un certain soluté dont il assure le passage à travers la membrane. Certaines protéines de transport (à droite) hydrolysent l'ATP; cette source d'énergie leur permet de faire passer des substances à travers la membrane de façon active, comme le ferait une pompe.

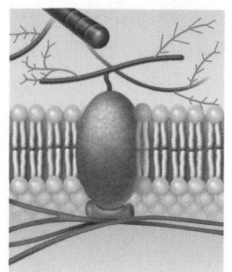

(b) Récepteur pour la transduction des signaux

Certaines protéines membranaires en contact avec le milieu extracellulaire comportent un site de liaison doté d'une forme spécifique; ce site permet à un messager chimique, telle une hormone, de s'unir à ces protéines. Ce signal extérieur peut provoquer un changement de conformation de la protéine et amorcer ainsi une suite de réactions chimiques à l'intérieur de la cellule.

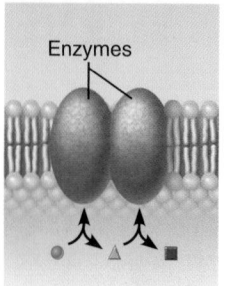

(c) Fixation au cytosquelette et à la matrice extracellulaire

Certains éléments du cytosquelette (structure de soutien interne de la cellule) ainsi que la matrice extracellulaire sont parfois ancrés à des protéines membranaires, permettant ainsi à la cellule de garder sa forme et déterminant l'emplacement de certaines protéines sur la membrane.

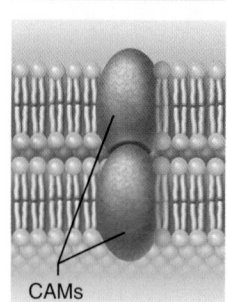

(d) Activité enzymatique

Quelques-unes des protéines enchâssées dans la membrane sont des enzymes dont le site actif est en contact avec les substances présentes dans la solution adjacente. Dans certains cas, plusieurs enzymes d'une même membrane travaillent de concert et catalysent les étapes successives d'une même voie métabolique, comme dans cette illustration (de gauche à droite).

(e) Jonctions intercellulaires

Les protéines membranaires de cellules adjacentes peuvent être reliées entre elles et former ainsi divers types de jonctions intercellulaires. Certaines protéines (CAM) de ce groupe forment des sites de liaisons transitoires qui guident la migration des cellules et d'autres interactions entre celles-ci.

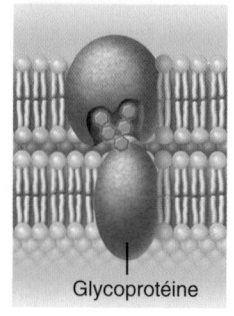

(f) Reconnaissance entre cellules

Certaines glycoprotéines (protéines liées à de courtes chaînes de glucides) jouent le rôle d'étiquettes que d'autres cellules peuvent reconnaître.

Figure 3.4 Les protéines membranaires assurent de nombreuses fonctions.
Il arrive qu'une même protéine exécute plusieurs de ces tâches.

glycoprotéines faisant partie du glycocalyx qui sont à l'origine des différents groupes sanguins.

⚖ DÉSÉQUILIBRE HOMÉOSTATIQUE

Lorsqu'une cellule devient cancéreuse, son glycocalyx subit des changements radicaux. Il arrive même que sa composition change presque continuellement, ce qui permet à la cellule d'échapper aux mécanismes de reconnaissance du système immunitaire et d'éviter la destruction. (Nous traitons du cancer dans le Gros plan du chapitre 4, aux pages 164-167.) ■

VÉRIFIONS NOS ACQUIS

3. Quelle structure de base est commune à toutes les membranes cellulaires ?

4. Comment explique-t-on le fait que les phospholipides, qui forment la plus grande partie des membranes cellulaires, soient organisés en bicouche (queues alignées) dans un milieu aqueux ?

5. Quels sont les deux grands types de protéines présents dans la membrane plasmique et par quelles propriétés se distinguent-ils ?

6. Quel est le rôle du glycocalyx dans les interactions cellulaires ?

Les réponses se trouvent à l'appendice G.

Jonctions membranaires

5 Comparer la structure et la fonction des jonctions serrées, des desmosomes et des jonctions ouvertes.

Bien que quelques types de cellules se déplacent activement (spermatozoïdes et certains phagocytes) ou passivement (cellules sanguines) dans l'organisme, la plupart des cellules, surtout celles du tissu épithélial, sont immobiles et étroitement associées. Habituellement, trois facteurs contribuent à retenir les cellules ensemble :

1. Les glycoprotéines du glycocalyx servent d'adhésif.
2. Les membranes plasmiques de cellules adjacentes sont ondulées et peuvent s'imbriquer comme les pièces d'un casse-tête.
3. Il existe des jonctions membranaires spéciales (**figure 3.5**).

Ce dernier facteur étant le plus important, nous allons examiner de plus près les divers types de jonctions.

Jonctions serrées Dans une **jonction serrée**, une série de molécules de protéines intégrées (dont les occludines et les claudines), présentes dans les membranes plasmiques adjacentes, s'imbriquent et constituent ainsi une *jonction imperméable*, c'est-à-dire une bande en forme d'anneau ceinturant complètement la cellule (figure 3.5a) ; ces bandes sont plus ou moins nombreuses. Les jonctions serrées sont une des structures qui empêchent les molécules de s'infiltrer entre les cellules adjacentes. Par exemple, les jonctions serrées situées sur la face latérale des cellules épithéliales qui tapissent le tube digestif empêchent les enzymes digestives et les microorganismes présents dans l'intestin de passer dans le sang. Toute substance doit donc traverser la cellule épithéliale pour se rendre dans le tube digestif. On trouve également des jonctions serrées dans les reins et le cerveau notamment. (Bien qu'on les qualifie d'«imperméables», certaines jonctions serrées ne sont pas tout à fait étanches et peuvent laisser passer certains types d'ions.)

Desmosomes Les **desmosomes** («corps liants») sont des *jonctions d'ancrage*, c'est-à-dire des sortes d'attaches mécaniques réparties comme des rivets sur les côtés de cellules adjacentes et qui les empêchent de se séparer (figure 3.5b). Sur la face cytoplasmique de chaque membrane plasmique, on remarque une zone constituée de glycoprotéines, plus épaisse et en forme de bouton, appelée *plaque*. Les cellules voisines sont retenues ensemble par de minces filaments composés de protéines de liaison (cadhérines). Ces filaments, qui sont fixés aux plaques, s'avancent dans l'espace intercellulaire et s'imbriquent comme les dents d'une fermeture éclair. Des filaments protéiques plus épais (filaments intermédiaires faisant partie du cytosquelette) partent de la face cytoplasmique du bouton membranaire, traversent la cellule et s'ancrent à un autre bouton situé du côté opposé. Par conséquent, non seulement les desmosomes relient entre elles les cellules adjacentes, mais ils constituent également un réseau ininterrompu de «haubans».

Cette disposition a pour effet de répartir les tensions à travers l'ensemble de la couche de cellules et empêche celle-ci de se déchirer lorsqu'elle est étirée. Les desmosomes sont nombreux dans les tissus soumis à de grandes forces mécaniques, comme la peau, le muscle cardiaque et l'utérus.

Jonctions ouvertes La **jonction ouverte** (aussi appelée *jonction lacunaire* ou *jonction communicante*) permet le passage de substances chimiques d'une cellule à l'autre. Au niveau des jonctions ouvertes, les membranes plasmiques adjacentes sont très rapprochées et les cellules sont reliées par des cylindres creux nommés *connexons*, dont les parois sont formées de six protéines transmembranaires (connexines). Le connexon d'une membrane s'associe à celui de la membrane adjacente pour constituer un canal unique qui peut s'ouvrir ou se fermer. Il existe de nombreux types de connexines, et cette variété détermine la sélectivité des canaux formés par les jonctions ouvertes. Les ions, les sucres simples et d'autres petites molécules passent d'une cellule à l'autre en empruntant ces canaux remplis d'eau (figure 3.5c).

On trouve des jonctions ouvertes dans les tissus qui subissent une excitation électrique, tels le cœur et les muscles lisses, où l'activité électrique et la contraction sont synchronisées en partie par le passage d'ions d'une cellule à l'autre. D'autres organes, comme le foie et le pancréas, possèdent aussi des jonctions ouvertes.

VÉRIFIONS NOS ACQUIS

7. Quels sont les deux types de jonctions membranaires que l'on s'attend à trouver entre les myocytes cardiaques ?

Les réponses se trouvent à l'appendice G.

3

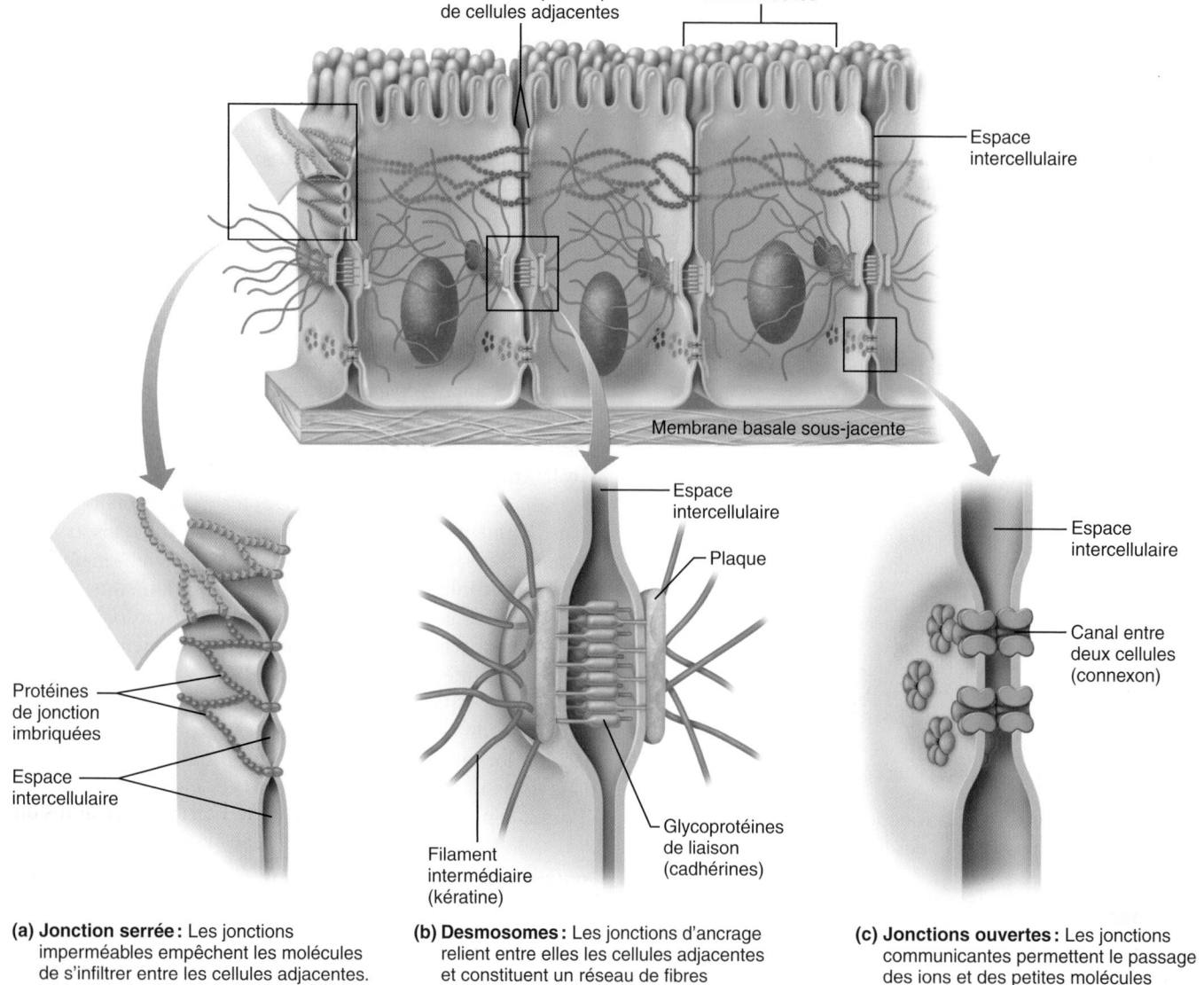

(a) Jonction serrée : Les jonctions imperméables empêchent les molécules de s'infiltrer entre les cellules adjacentes.

(b) Desmosomes : Les jonctions d'ancrage relient entre elles les cellules adjacentes et constituent un réseau de fibres internes servant à réduire la tension.

(c) Jonctions ouvertes : Les jonctions communicantes permettent le passage des ions et des petites molécules d'une cellule à l'autre, ce qui assure la communication entre les cellules.

Figure 3.5 Jonctions cellulaires. Représentation d'une cellule épithéliale reliée aux cellules adjacentes par les trois principaux types de jonctions. (*Remarque* : sauf dans les épithéliums, il est rare d'observer les trois types de jonctions dans une même cellule.)

Membrane plasmique : transport membranaire

6 Expliquer les différents mécanismes de transport passifs (la diffusion simple, les deux types de diffusion facilitée, l'osmose) en relation avec la structure de la membrane plasmique.

7 Différencier ces divers mécanismes de transport au regard de la source d'énergie, des substances transportées, de la direction du transport et du mode de fonctionnement.

Nos cellules baignent dans un liquide extracellulaire, appelé **liquide interstitiel**, qui est dérivé du sang. On peut le considé-

rer comme une sorte de « soupe » riche et nourrissante. Il contient des milliers d'ingrédients, notamment des acides aminés, des sucres, des acides gras, des vitamines, des substances régulatrices telles que des hormones et des neurotransmetteurs, des sels et des déchets. Pour rester en vie, chaque cellule doit extraire de ce mélange les quantités exactes de chacune des substances dont elle a continuellement besoin.

Bien qu'il y ait toujours des échanges à travers la membrane, celle-ci forme une barrière à **perméabilité sélective** ou **différentielle**, c'est-à-dire qu'elle ne laisse passer que certaines substances, tels les nutriments, en excluant de nombreux produits indésirables. Simultanément, elle retient les précieuses protéines cellulaires et d'autres molécules, tout en laissant sortir les déchets.

Le mouvement des substances à travers la membrane plasmique peut se produire de deux façons, c'est-à-dire activement ou passivement. Dans les **mécanismes passifs**, les molécules traversent la membrane sans que la cellule fournisse d'énergie. Dans les **mécanismes actifs**, la cellule dépense une énergie métabolique (ATP) pour transporter les substances à travers la membrane. Les tableaux 3.1 et 3.2 résument les divers mécanismes de transport qui existent dans les cellules. Nous allons maintenant nous pencher sur chacun de ces types de transport membranaire.

DÉSÉQUILIBRE HOMÉOSTATIQUE

La barrière à perméabilité sélective est une caractéristique des cellules en bonne santé. Lorsqu'une cellule (ou sa membrane plasmique) subit de graves dommages, cette barrière devient perméable à la plupart des substances, qui peuvent alors entrer dans la cellule et en sortir librement. Ce phénomène se manifeste très clairement à la suite d'une brûlure grave : liquides, ions et protéines « suintent », c'est-à-dire qu'ils s'écoulent des cellules mortes et endommagées. (Nous traiterons des brûlures et de leurs conséquences au chapitre 5, p. 189-191.) ∎

Mécanismes passifs

Les deux principaux types de mécanismes de transport passifs de la cellule sont la diffusion et la filtration. La *diffusion* est un processus de transport passif qui joue un rôle majeur dans toutes les cellules de l'organisme. Par contre, la *filtration* ne se produit généralement qu'à travers les parois des capillaires ; ce type de transport sera donc étudié au chapitre 19.

Diffusion

La **diffusion** est la tendance qu'ont les molécules et les ions à passer des endroits où leur concentration est forte vers les endroits où leur concentration est plus faible ; on dit qu'elles diffusent *suivant* leur **gradient de concentration**. Le mouvement constant, au hasard et à haute vitesse des molécules et des ions (qui découle de leur énergie cinétique intrinsèque) produit des collisions. Après chaque collision, les particules rebondissent les unes sur les autres, comme des boules de billard, et changent de direction. L'effet global de ce mouvement aléatoire est que les particules se répandent et se dispersent dans l'environnement **(figure 3.6)**. Plus la différence de concentration entre deux endroits est élevée, plus le mouvement net de diffusion des particules est important.

Comme le moteur de la diffusion est l'énergie cinétique des molécules elles-mêmes, la vitesse de la diffusion dépend de leur *taille* (plus elles sont petites, plus elles diffusent vite) et de leur *température* (plus celle-ci est élevée, plus la diffusion est rapide). Dans un système fermé, tel le bécher de la figure 3.6, la diffusion finit par produire un mélange uniforme des divers types de molécules. Autrement dit, le système atteint un état d'équilibre où les molécules se déplacent également dans toutes les directions (aucun mouvement *net*).

La diffusion se produit partout autour de nous, mais les exemples frappants de diffusion pure sont pratiquement impossibles à observer. Il en est ainsi parce que tout processus de diffusion qui se déroule sur une distance facilement observable dure longtemps et est souvent accompagné d'autres processus (la convection, par exemple) qui ont une incidence sur le mouvement des molécules et des ions. En fait, on doit douter de tout exemple facilement observable de diffusion. La diffusion est toutefois extrêmement importante dans les systèmes physiologiques et elle se produit rapidement parce que les molécules parcourent des distances extrêmement courtes, parfois moins de 1/1000 de l'épaisseur d'une feuille de papier ! Le mouvement des ions à travers les membranes cellulaires et celui des neurotransmetteurs entre deux neurofibres sont deux exemples de diffusion.

Comme l'intérieur de la membrane plasmique est hydrophobe, celle-ci constitue une certaine barrière à la diffusion simple. Cependant, la diffusion d'une molécule à travers la membrane *est possible* si cette dernière répond à l'une des conditions suivantes : (1) elle est liposoluble, (2) elle est assez petite pour passer dans les canaux de la membrane ou (3) elle est assistée par une molécule porteuse. La diffusion non assistée de particules liposolubles (condition 1) ou de très petite taille (condition 2) est appelée *diffusion simple*. Dans le cas particulier de la diffusion non assistée d'un solvant (habituellement l'eau) à travers une membrane, on parle d'*osmose*. La diffusion assistée (condition 3) est appelée *diffusion facilitée*.

Figure 3.6 Diffusion. Les molécules en solution sont toujours en mouvement et entrent continuellement en collision les unes avec les autres. Par conséquent, elles tendent à s'éloigner des régions où leur concentration est la plus élevée et à se disséminer de façon uniforme. De gauche à droite, observez les molécules de colorant qui s'échappent d'une pastille et diffusent dans l'eau environnante en suivant leur gradient de concentration.

3

Diffusion simple Dans la **diffusion simple**, les substances non polaires et liposolubles diffusent directement à travers la bicouche lipidique (figure 3.7a). Ces substances comprennent l'oxygène, le gaz carbonique (ou dioxyde de carbone), les vitamines liposolubles, certaines hormones et l'alcool. L'oxygène est toujours plus concentré dans le sang que dans les cellules des tissus ; il se déplace donc continuellement vers l'intérieur des cellules. Quant au gaz carbonique, il est plus concentré dans les cellules et diffuse vers le sang.

Diffusion facilitée Certaines molécules, notamment le glucose et d'autres sucres, les acides aminés et les ions, traversent la membrane plasmique même si elles sont refoulées par la bicouche lipidique. Elles y parviennent grâce au mécanisme de transport passif appelé **diffusion facilitée** ; soit qu'elles se combinent à des transporteurs protéiques présents dans la membrane plasmique qui les relâchent ensuite dans le cytoplasme, soit qu'elles empruntent des canaux protéiques.

■ Les *transporteurs* sont des protéines transmembranaires (parfois appelées **perméases**) spécifiques des molécules de certaines substances polaires ou d'une classe de substances trop volumineuses pour passer par les canaux membranaires, telles que les sucres et les acides aminés. Selon le modèle le plus répandu aujourd'hui, le transporteur subit des changements de conformation qui lui permettent d'envelopper, puis de relâcher la substance à transporter en l'isolant de l'effet des régions non polaires de la membrane. En fin de compte, la diffusion facilitée reposerait sur des changements de conformation du transporteur protéique qui feraient passer le site de liaison d'une face de la membrane à l'autre (figure 3.7b et tableau 3.1).

Comme dans tout mécanisme de diffusion simple, une substance qui traverse la membrane par diffusion facilitée au moyen d'un transporteur, par exemple le glucose, se déplace dans le sens de son gradient de concentration. Normalement, le glucose se trouve plus concentré dans le sang que dans les cellules, où il est rapidement consommé pour la synthèse de l'ATP ; par conséquent, dans l'organisme, le transport du glucose ne se fait *habituellement* que dans une seule direction, c'est-à-dire vers l'intérieur des cellules. Toutefois, le transport effectué à l'aide de transporteurs est *limité* par le nombre de récepteurs présents, lequel subit l'influence de différents facteurs, telles les hormones. Par exemple, lorsque tous les transporteurs de glucose sont « occupés » (on dit qu'ils sont *saturés*), le transport du glucose se fait à sa vitesse maximale, qui est de l'ordre de 10 000 molécules à la seconde.

■ Les *canaux protéiques* sont des protéines transmembranaires qui servent à transporter des substances, généralement des ions ou de l'eau, d'un côté de la membrane à l'autre (figure 3.7c, d). Dans certains cas, il y a des sites de liaison ou d'association dans les canaux et ceux-ci sont sélectifs en raison de la taille de leurs pores et des charges des acides aminés qui bordent la lumière du canal. Certains canaux, que l'on appelle *canaux à fonction passive*, sont toujours ouverts et permettent simplement aux ions ou à l'eau de circuler selon leurs gradients de concentration. D'autres encore sont à fonctionnement commandé, c'est-à-dire qu'ils sont munis d'une porte qu'ils peuvent ouvrir ou fermer en réponse à divers signaux chimiques ou électriques.

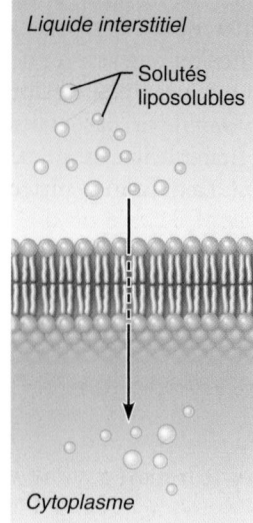
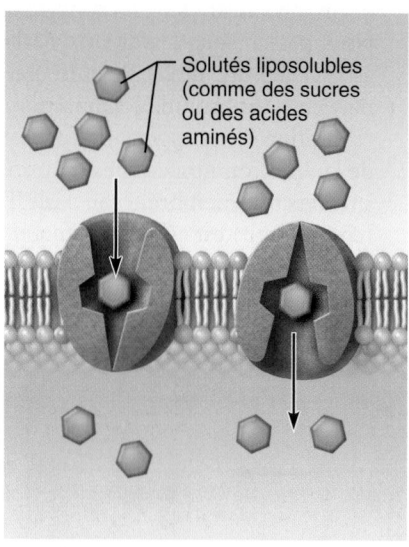
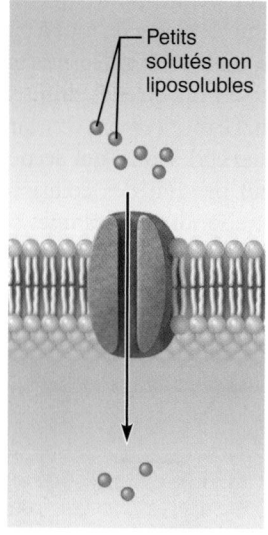
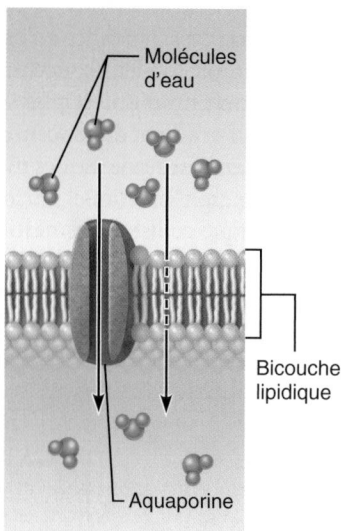

(a) Diffusion simple de molécules liposolubles directement à travers la bicouche de phospholipides

(b) Diffusion facilitée par transporteurs transmembranaires au moyen de transporteurs protéiques spécifiques à des substances chimiques ; la liaison des substrats cause un changement dans la forme des transporteurs protéiques.

(c) Diffusion facilitée par canaux protéiques, pour le transport de certains ions choisis selon leur taille et leur charge électrique

(d) Osmose ; diffusion d'un solvant, comme l'eau, à travers un canal protéique donné (l'aquaporine) ou à travers la bicouche lipidique

Figure 3.7 Diffusion à travers la membrane plasmique.

À la différence des transporteurs, les canaux sont accessibles des deux côtés de la membrane à la fois pour une même substance. Par contre, à l'instar des transporteurs, certaines molécules bloquent le fonctionnement de beaucoup de canaux. Ils peuvent aussi être saturés et sont souvent spécifiques. De plus, ils sont soumis au gradient de concentration (la circulation suit toujours le gradient). Quand une substance traverse la membrane par diffusion simple (donc en traversant la bicouche de lipides), il n'est pas possible de régler la vitesse du mouvement parce que la solubilité des lipides de la membrane ne peut pas être modifiée instantanément. Par comparaison, la vitesse de diffusion facilitée peut *être* réglée parce qu'il est possible de modifier la perméabilité de la membrane en changeant le nombre de transporteurs ou de canaux, ou en régulant leur activité.

L'oxygène, l'eau, le glucose et certains ions sont essentiels à l'homéostasie de la cellule. Par conséquent, leur transport passif par diffusion (simple ou facilitée) représente une énorme économie d'énergie cellulaire. Si toutes ces substances devaient être transportées de façon active, on constaterait un accroissement prodigieux de la dépense cellulaire d'ATP.

Osmose La diffusion d'un solvant, par exemple l'eau, à travers une membrane à perméabilité sélective est appelée **osmose** (*osmos*: pousser). Même si elle est fortement polaire, la molécule d'eau traverse la bicouche lipidique par osmose (figure 3.7d), ce qui est étonnant parce qu'on s'attendrait à ce qu'elle soit refoulée par les queues hydrophobes des lipides. Une des hypothèses invoquées pour expliquer ce phénomène est que les mouvements aléatoires des lipides membranaires ouvrent de petites brèches entre les queues en vibration, permettant à l'eau de se frayer un chemin à travers la membrane en passant d'un interstice à l'autre.

L'eau se déplace aussi, librement et dans les deux sens, à travers des canaux spécifiques de l'eau formés par des protéines transmembranaires appelées **aquaporines** (**AQP**), dont on a découvert une dizaine de classes différentes. Bien qu'elles soient présentes, croit-on, dans tous les types de cellules, les aquaporines sont particulièrement abondantes dans les érythrocytes et dans les cellules (par exemple, celles des tubules rénaux) dont la fonction est d'assurer l'équilibre hydrique de l'organisme.

L'osmose se produit quand la concentration d'eau n'est pas la même des deux côtés d'une membrane. S'il y a seulement de l'eau distillée des deux côtés d'une membrane à perméabilité sélective, il n'y a aucun mouvement osmotique *net*, bien que les molécules d'eau traversent la membrane dans les deux sens. Cependant, dans une solution donnée, si la concentration de soluté augmente, la concentration d'eau diminue; par conséquent, si la concentration de soluté n'est pas la même des deux côtés de la membrane, il y a aussi une différence entre les concentrations d'eau.

La diminution de la concentration d'eau due à la présence du soluté *dépend du nombre* de particules de soluté et *non de leur nature* parce que, théoriquement, chaque molécule ou ion de soluté déplace une molécule d'eau. La concentration totale de toutes les particules de soluté est appelée **osmolarité** de la

solution. Lorsque deux solutions aqueuses d'osmolarités différentes et de même volume sont séparées par une membrane qui est *perméable à toutes les molécules du système*, il se produit simultanément une diffusion nette du soluté et de l'eau, chacune des substances se déplaçant suivant son gradient de concentration. Au bout d'un certain temps, la concentration d'eau du côté gauche est égale à celle du côté droit, et la concentration de soluté est la même dans les deux compartiments; le système atteint alors un état d'équilibre **(figure 3.8a)**.

Si on considère le même système, mais avec une membrane *imperméable aux molécules de soluté*, on obtient un résultat tout à fait différent **(figure 3.8b)**. L'eau diffuse alors rapidement du compartiment gauche au compartiment droit et son mouvement se poursuit jusqu'à ce que sa concentration soit la même des deux côtés de la membrane. Remarquez que, dans ce cas, l'équilibre résulte du seul mouvement de l'eau (les solutés ne peuvent pas changer de compartiment), lequel produit un changement de volume remarquable dans les deux compartiments.

Ce dernier exemple représente bien l'osmose à travers les membranes plasmiques des cellules vivantes, à une différence près: dans notre exemple, les volumes des compartiments peuvent augmenter indéfiniment, et on ne prend pas en considération la pression exercée par le poids supplémentaire de la colonne de liquide la plus haute. Dans les cellules végétales, dont les membranes plasmiques sont entourées de parois rigides leur permettant de gonfler sans éclater, la situation est très différente. L'eau diffuse vers l'intérieur de la cellule jusqu'à ce que la **pression hydrostatique** (pression exercée depuis l'intérieur par l'eau sur la membrane) soit égale à la **pression osmotique** (force qui attire les molécules d'eau à l'intérieur de la cellule par osmose). À ce point, il n'y a plus d'entrée nette d'eau. De façon générale, plus la cellule contient une quantité élevée de solutés non diffusibles, plus la pression osmotique est importante et plus la pression hydrostatique doit être élevée pour pouvoir s'opposer à l'entrée nette d'eau.

Cependant, les cellules animales ne sont pas entourées de parois rigides; elles ne subissent donc pas de changements aussi marqués de leur pression hydrostatique (ni osmotique). En cas de déséquilibre osmotique, il se produit un gonflement ou un affaissement des cellules animales (à la suite du gain ou de la perte d'eau) jusqu'à ce que la concentration de soluté soit la même des deux côtés de la membrane plasmique ou que la membrane soit étirée au point de se rompre.

Ce changement des cellules animales nous amène à parler de la *tonicité*. Ainsi que nous l'avons vu, de nombreuses molécules, notamment les protéines intracellulaires et certains ions, ne peuvent pas diffuser à travers la membrane plasmique. Par conséquent, tout changement de leur concentration modifie la concentration d'eau des deux côtés de la membrane et entraîne un gain ou une perte d'eau par la cellule.

La capacité d'une solution de modifier le tonus ou la forme des cellules en agissant sur leur volume d'eau interne est appelée **tonicité** (*tonos*: tension). Les solutions dans lesquelles la concentration de soluté non diffusible est égale à celle que l'on trouve dans les cellules sont dites **isotoniques** («de la même tonicité»). Par exemple, une solution isotonique à la cellule aurait une concentration de 0,3 Osm/L de NaCl (ces unités sont expliquées

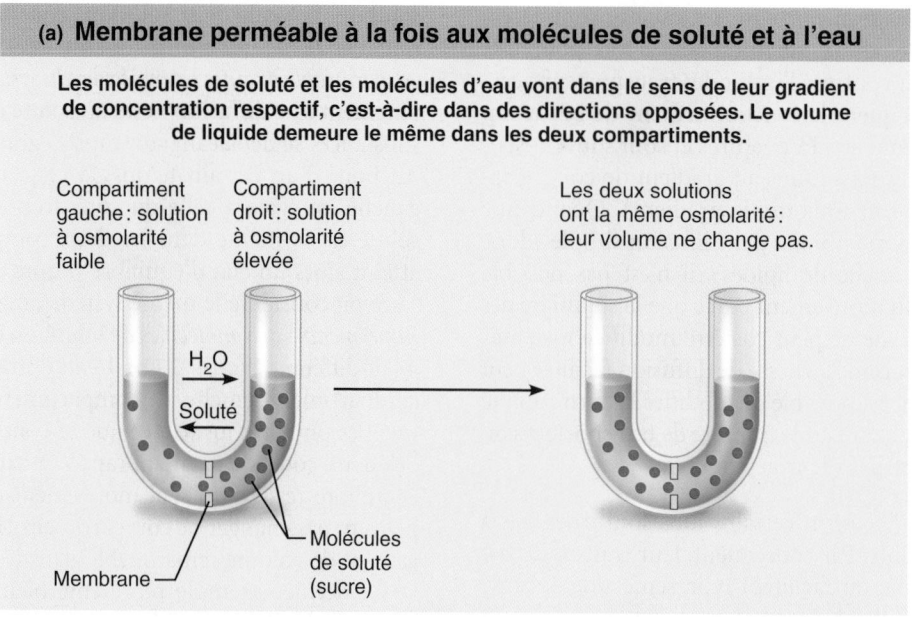

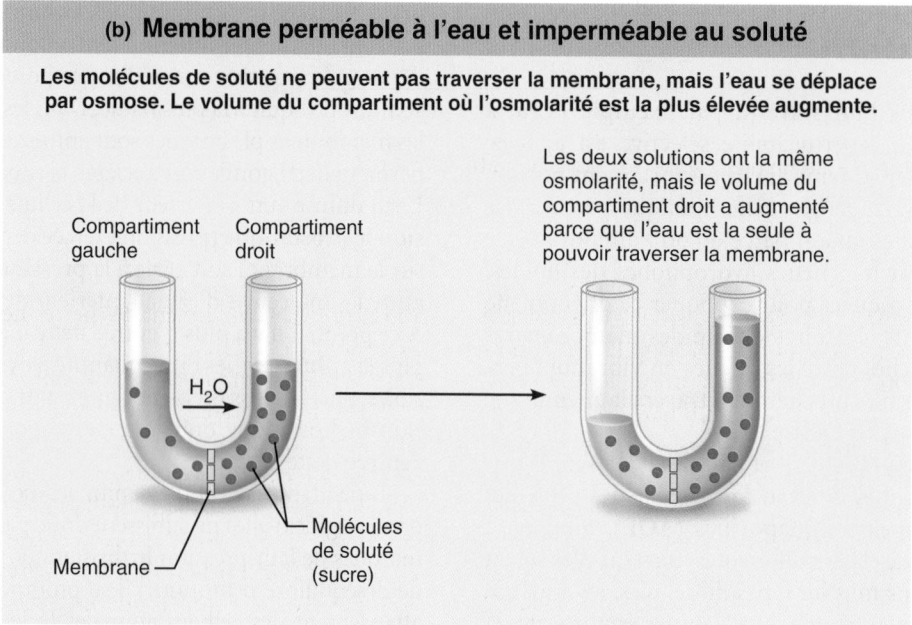

Figure 3.8 **Influence de la perméabilité de la membrane sur la diffusion et l'osmose.**

plus loin). Les cellules placées dans ces solutions gardent leur forme normale, et on n'observe dans leur cas aucune perte ni aucun gain d'eau **(figure 3.9a)**. Comme on pourrait s'y attendre, les liquides extracellulaires du corps et la plupart des solutions intraveineuses (qui sont injectées dans le corps par une veine) sont isotoniques.

Les solutions qui présentent une concentration de soluté non diffusible supérieure à celle des cellules vivantes (par exemple, une solution saline très concentrée) sont dites **hypertoniques**. Quand elles sont placées dans des solutions hypertoniques, les cellules perdent de l'eau par osmose et diminuent de volume – elles deviennent *crénelées* – (figure 3.9b).

On qualifie d'**hypotoniques** les solutions plus diluées (ayant une concentration plus faible de soluté non diffusible) que l'intérieur des cellules. Les cellules placées dans une solution hypotonique se gonflent rapidement d'eau (figure 3.9c). L'eau distillée représente l'exemple le plus extrême d'hypotonicité ; comme elle ne contient *aucun* soluté, elle continue d'entrer dans la cellule jusqu'à ce que celle-ci éclate, ou se *lyse*.

Remarquez bien que l'osmolarité et la tonicité sont deux notions différentes. L'osmolarité d'une solution dépend uniquement de la concentration totale du soluté ; sa tonicité est déterminée par l'effet qu'elle produit sur le volume de la cellule, ce qui dépend (1) de la concentration du soluté et (2) de la

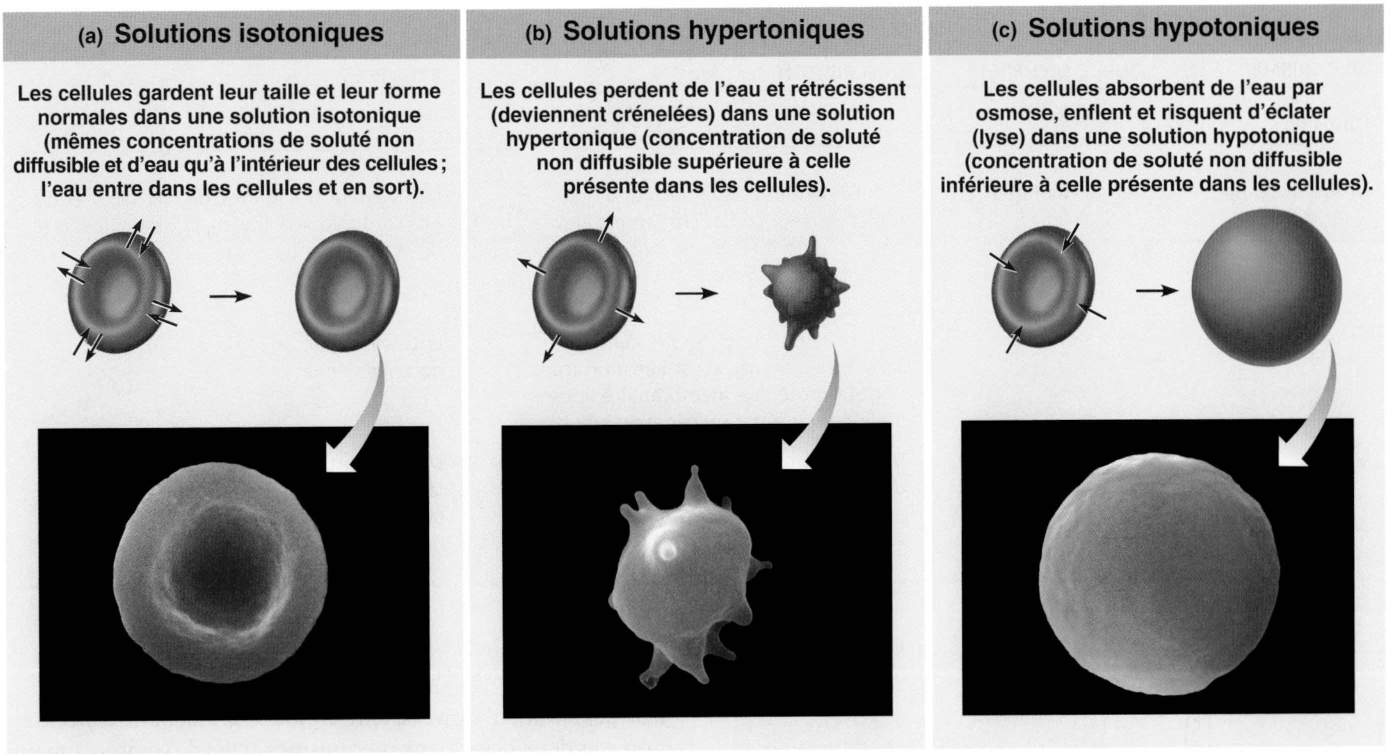

(a) **Solutions isotoniques**	(b) **Solutions hypertoniques**	(c) **Solutions hypotoniques**
Les cellules gardent leur taille et leur forme normales dans une solution isotonique (mêmes concentrations de soluté non diffusible et d'eau qu'à l'intérieur des cellules ; l'eau entre dans les cellules et en sort).	Les cellules perdent de l'eau et rétrécissent (deviennent crénelées) dans une solution hypertonique (concentration de soluté non diffusible supérieure à celle présente dans les cellules).	Les cellules absorbent de l'eau par osmose, enflent et risquent d'éclater (lyse) dans une solution hypotonique (concentration de soluté non diffusible inférieure à celle présente dans les cellules).

Figure 3.9 **Effet de solutions de diverses tonicités sur des globules rouges vivants.**

perméabilité de la membrane plasmique au soluté. L'osmolarité est exprimée en osmoles par litre (Osm/L) ; 1 osmole vaut 1 mole de molécules qui ne s'ionisent pas*. Une solution de 0,3 Osm/L de NaCl est isotonique au milieu intracellulaire parce que les ions sodium ne peuvent à peu près pas diffuser à travers la membrane plasmique. Mais une solution de 0,3 Osm/L d'un soluté diffusible qui est initialement isotonique au milieu intracellulaire devient hypotonique à ce milieu : en effet, le soluté pénètre dans la cellule et l'eau le suit. C'est ce qui se passe quand de l'urée pénètre dans une cellule : comme il ne ressort pas, ce soluté entraîne un mouvement d'eau qui fait gonfler la cellule ; celle-ci finira par éclater comme si on l'avait placée dans de l'eau pure.

L'osmose joue un rôle primordial dans la répartition de l'eau dans les divers compartiments remplis de liquide de l'organisme (dans les cellules, dans le sang, etc.). De façon générale, l'osmose se poursuit jusqu'à ce que les pressions osmotique et hydrostatique qui agissent sur la membrane soient égales. Par exemple, la pression hydrostatique du sang qui s'exerce sur les parois des vaisseaux sanguins tend à faire sortir l'eau des capillaires, mais la présence dans le sang de solutés trop volumineux pour traverser la membrane du capillaire retient l'eau dans le système cardio-vasculaire. Par conséquent, les pertes nettes de liquide plasmatique sont très faibles.

La diffusion simple et l'osmose qui se produisent directement à travers la membrane plasmique ne sont pas des processus sélectifs. La capacité d'une molécule à traverser la membrane par un de ces moyens dépend principalement de sa taille ou de sa solubilité dans la bicouche lipidique et non de sa structure. Au contraire, la diffusion facilitée *est* souvent très sélective. Par exemple, le transporteur du glucose se combine seulement avec le glucose, tout comme une enzyme se lie de façon spécifique à son substrat et un canal ionique ne laisse passer que certains ions.

DÉSÉQUILIBRE HOMÉOSTATIQUE

On injecte parfois des solutions hypertoniques par voie intraveineuse à des patients qui souffrent d'œdème (dont les tissus sont gonflés d'eau) afin d'enlever l'excès d'eau présent dans l'espace extracellulaire et de le faire passer dans le sang, d'où il pourra être éliminé par les reins. On peut se servir de solutions hypotoniques (avec prudence) pour réhydrater les tissus de patients extrêmement déshydratés. Dans des cas de déshydratation moins exceptionnels, il suffit de boire des liquides hypotoniques (cola, jus de pomme et boissons pour les sportifs), qui favorisent la réhydratation. ■

Le **tableau 3.1** présente un résumé des mécanismes passifs de transport membranaire.

---

* L'osmolarité (Osm) se calcule en multipliant la molarité (mol/L) par le nombre de particules produites par ionisation. Par exemple, comme le NaCl s'ionise en Na+ et Cl-, une solution de 1 mol/L de NaCl vaudra 2 osmoles. Dans le cas des substances qui ne s'ionisent pas (par exemple le glucose), la molarité et l'osmolarité ont la même valeur.

3

TABLEAU 3.1	Mécanismes passifs de transport membranaire			
MÉCANISME	**SOURCE D'ÉNERGIE**	**DESCRIPTION**		**EXEMPLES**
Diffusion				
Diffusion simple	Énergie cinétique	Mouvement net de molécules d'une région où leur concentration est élevée à une région où leur concentration est faible, c'est-à-dire dans le sens de leur gradient de concentration		Mouvement des lipides, de l'oxygène et du gaz carbonique à travers la partie lipidique de la membrane
Diffusion facilitée	Énergie cinétique	Comme la diffusion simple, mais la substance qui diffuse est liée à un transporteur protéique membranaire liposoluble ou passe par un canal membranaire		Entrée du glucose et de certains ions dans les cellules
Osmose	Énergie cinétique	Diffusion simple de l'eau à travers une membrane à perméabilité sélective		Mouvement de l'eau directement à travers la bicouche lipidique ou par les pores (aquaporines) de la membrane plasmique pour entrer dans la cellule et en sortir

VÉRIFIONS NOS ACQUIS

8. Quelle est la source d'énergie de tous les types de diffusion?
9. Quel facteur détermine la direction dans laquelle s'effectue la diffusion?
10. Nommez les deux types de diffusion facilitée et expliquez ce qui les distingue.
11. Quelles sont les deux voies de passage des molécules d'eau à travers la membrane plasmique?

Les réponses se trouvent à l'appendice G.

Mécanismes actifs

8 Montrer les différences entre les mécanismes actifs et les mécanismes passifs de transport.

9 Établir les différences entre le transport actif primaire et le transport actif secondaire pour ce qui est de la source d'énergie, de la direction du transport et du mode de fonctionnement.

10 Comparer endocytose et exocytose, sur les plans des substances transportées, de la direction du transport et du mécanisme général.

11 Comparer la pinocytose, la phagocytose et l'endocytose par récepteurs interposés.

Dans tous les cas où la cellule consomme l'énergie des liaisons de l'ATP pour faire passer des substances à travers la membrane, on parle de mécanisme *actif*. Normalement, si une substance traverse la membrane plasmique par un mécanisme actif, c'est parce que aucun des mécanismes de transport passifs ne lui permet de passer dans la direction voulue. Il se peut que les molécules soient trop grosses pour s'engager dans les canaux, qu'elles ne puissent pas se dissoudre dans la bicouche lipidique ou que

leur déplacement doive se faire contre le gradient de concentration. Les deux principaux mécanismes actifs de transport membranaire sont le transport actif et le transport vésiculaire.

Transport actif

Le **transport actif** ressemble à la diffusion facilitée parce que, comme celle-ci, il fait intervenir des transporteurs protéiques qui se combinent de façon *spécifique* et *réversible* avec les substances à transporter. Cependant, la diffusion facilitée va toujours dans le sens du gradient de concentration parce qu'elle est alimentée par l'énergie cinétique. À l'opposé, les molécules responsables du transport actif, ou **pompes à solutés**, déplacent les solutés, principalement des ions (tels Na^+, K^+ et Ca^{2+}) «à contre-courant», c'est-à-dire *contre* leur gradient de concentration. Pour ce faire, les cellules doivent consommer l'énergie présente sous forme d'ATP.

On distingue les mécanismes de transport actifs selon leur source d'énergie. Dans le *transport actif primaire*, l'énergie qui produit le travail provient directement de l'hydrolyse de l'ATP. Le *transport actif secondaire* est alimenté indirectement; il reçoit son énergie des gradients ioniques créés par les pompes du transport actif primaire. Les systèmes de transport actif secondaire sont tous des *systèmes couplés*, c'est-à-dire qu'ils déplacent plus d'une substance à la fois. Si les deux substances sont transportées dans la même direction, il s'agit d'un **système symport** (*sym*: même). Si les substances se croisent, c'est-à-dire si elles traversent la membrane dans des directions opposées, on parle de **système antiport** (*anti*: opposé). Examinons ces mécanismes de plus près.

Transport actif primaire Dans le **transport actif primaire**, l'hydrolyse de l'ATP donne lieu à la phosphorylation du transporteur protéique. Cette étape modifie la conformation de la protéine, si bien que le soluté qui lui est lié se trouve «pompé» à travers la membrane.

Les systèmes de transport actif primaire comprennent les pompes à calcium et à hydrogène, mais celui qui a été découvert le premier et le plus étudié par la suite est la **pompe à sodium et à potassium**, dont le transporteur ou la «pompe» est une enzyme appelée **Na$^+$-K$^+$ ATPase**. La concentration de K$^+$ à l'intérieur de la cellule est généralement 10 fois plus élevée qu'à l'extérieur, et l'inverse est vrai pour ce qui est du Na$^+$. Ces différences de concentration sont essentielles au fonctionnement des cellules excitables telles que les cellules musculaires et les neurones ainsi qu'au maintien de quantités normales de liquide dans toutes les cellules de l'organisme. Étant donné que le Na$^+$ et le K$^+$ s'écoulent de façon lente mais continue par certains canaux de la membrane plasmique en suivant leur gradient de concentration respectif (et qu'ils la traversent plus rapidement dans les cellules musculaires et les neurones qui sont excités), la pompe à Na$^+$-K$^+$ fonctionne de façon plus ou moins permanente comme un antiport qui ramène le Na$^+$ à l'extérieur de la cellule contre un gradient de concentration assez prononcé et, simultanément, ramène le K$^+$ à l'intérieur. La pompe à Na$^+$-K$^+$ est le seul moyen de transport actif primaire pour le Na$^+$ et le plus important moyen de transport actif primaire pour le K$^+$.

La pompe à Na$^+$-K$^+$ maintient des gradients électrochimiques sur lesquels reposent les mécanismes de transport actif primaire et secondaire des nutriments et des ions. En régulant à la fois les charges électriques et les concentrations, cette pompe est essentielle au fonctionnement du muscle cardiaque, des muscles squelettiques et des neurones.

Le Zoom sur le transport actif primaire : la pompe à sodium et à potassium (figure 3.10) décrit les étapes du fonctionnement de cette pompe. Assurez-vous de bien comprendre ce processus avant de passer au transport actif secondaire.

Transport actif secondaire Un même type de pompe alimentée par l'ATP, telle la pompe à Na$^+$-K$^+$, peut aussi assurer indirectement le transport actif secondaire de plusieurs autres solutés (figure 3.11). En faisant passer le sodium à travers la membrane plasmique contre son propre gradient, la pompe emmagasine de l'énergie (sous forme de gradient ionique). Tout comme l'eau qui a été pompée vers le haut peut effectuer un travail lorsqu'elle redescend (activer une turbine ou une roue à aubes, par exemple), toute substance qui a été transportée activement à travers une membrane peut effectuer un travail en même temps qu'elle retourne à son point de départ en descendant la pente de son gradient de concentration. Ainsi, lorsque le sodium regagne l'intérieur de la cellule avec l'aide d'un transporteur protéique (diffusion facilitée), celui-ci «entraîne» ou cotransporte simultanément d'autres substances, comme le glucose (figure 3.11). Un transporteur qui déplace deux substances dans la même direction est un système symport.

Par exemple, certains sucres, des acides aminés et de nombreux ions sont cotransportés de cette façon vers l'intérieur des cellules qui tapissent le petit intestin. Les deux substances ainsi transportées se déplacent de façon passive parce que l'énergie requise pour ce type de transport est le gradient de concentration de l'ion (dans ce cas, le sodium). Le sodium doit être à nouveau pompé à l'extérieur de la cellule pour que son gradient de diffusion soit maintenu. Les gradients ioniques peuvent également servir de source d'énergie aux systèmes antiports procédant à un échange d'ions d'un côté à l'autre de la membrane. C'est le cas, par exemple, des systèmes qui expulsent des ions hydrogène à l'aide du gradient de sodium et assurent ainsi la régulation du pH intracellulaire. C'est également le cas du système Na$^+$-Ca^{2+} dans les cellules bordant les tubules du rein, qui fait entrer 3 Na$^+$ dans la cellule pendant qu'il fait sortir 1 Ca^{2+}.

Que l'énergie serve directement (transport actif primaire) ou indirectement (transport actif secondaire), chaque pompe membranaire ou cotransporteur ne transporte que certaines substances bien définies. Par conséquent, les systèmes de transport actifs permettent à la cellule de se montrer très sélective envers les substances qui ne peuvent pas traverser la membrane par diffusion. (Pas de pompe, pas de transport.)

Transport vésiculaire

Dans le **transport vésiculaire**, des liquides contenant de grosses particules et des macromolécules traversent la membrane cellulaire enfermés dans un sac membraneux appelé *vésicule*. Ce mécanisme de transport sert à l'**exocytose** («vers l'extérieur de la cellule»), qui consiste à faire passer certaines substances de l'intérieur de la cellule à l'espace extracellulaire, et à l'**endocytose** («vers l'intérieur de la cellule»), qui fait entrer dans la cellule de petites portions de la membrane plasmique et des substances provenant du milieu extracellulaire.

Le transport vésiculaire permet aussi d'accomplir certaines combinaisons de fonctions telles que la *transcytose*, par laquelle une substance pénètre dans la cellule, la traverse et en ressort plus loin, et le *trafic vésiculaire* ou *trafic de substances*, qui consiste à déplacer des substances d'une partie de la cellule ou d'un organite à l'autre.

À l'instar du pompage de solutés, le transport vésiculaire est activé par l'ATP (ou, dans certains cas, par la *GTP* – guanosine triphosphate, un composé qui, lui aussi, est riche en énergie).

Endocytose, transcytose et trafic vésiculaire Presque toutes les formes de transport vésiculaire font intervenir un éventail de vésicules tapissées de protéines dont il existe trois types et, sauf quelques exceptions, elles s'effectuent toutes par récepteurs membranaires interposés. Avant d'étudier les propriétés de chaque type de transport par vésicules tapissées, examinons le mécanisme général de l'endocytose.

L'endocytose et la transcytose des solides en vrac, de la plupart des macromolécules et des liquides s'effectuent par l'intermédiaire des vésicules tapissées. Ces vésicules sont parfois détournées de leur fonction par des agents pathogènes qui tentent d'entrer dans une cellule.

La figure 3.12 illustre les principales étapes de l'endocytose et de la transcytose. ① La substance qui doit pénétrer dans la cellule par endocytose est graduellement entourée par une invagination de la membrane plasmique qui forme un *puits tapissé* (ou puits mantelé). La face cytoplasmique de la vésicule se couvre de molécules particulières, généralement la **clathrine** («enveloppe en treillis»), une protéine qui donne l'aspect d'une brosse à la membrane en train de se replier. Le revêtement (ou manteau) de clathrine (et de quelques protéines accessoires) joue

**Le transport actif primaire est le processus au cours
duquel des ions traversent les membranes cellulaires
contre un gradient électrochimique à l'aide de l'énergie
fournie directement par l'ATP. Le fonctionnement
de la pompe à sodium et à potassium est un exemple
important du transport actif primaire.**

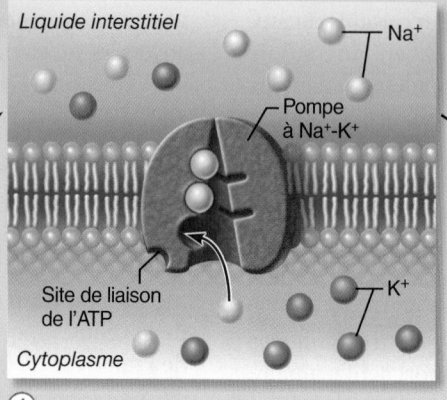

① Le Na⁺ cytoplasmique se lie à la pompe protéique.

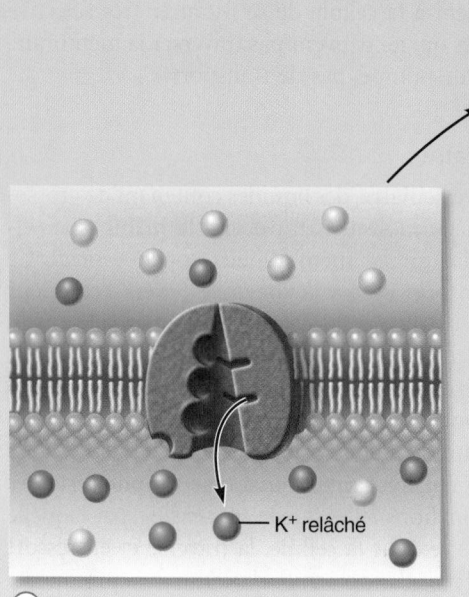

⑥ Le K⁺ est relâché par la pompe protéique et les sites du sodium sont prêts à recevoir de nouveaux ions Na⁺; le cycle se répète.

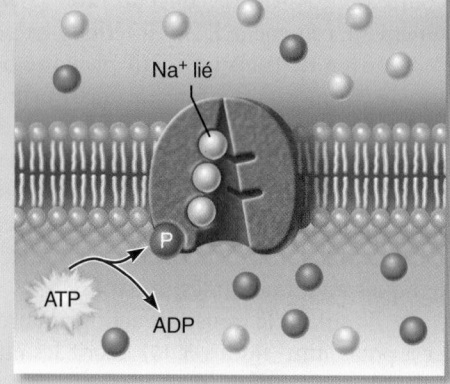

② La liaison du Na⁺ stimule la phosphorylation de la protéine par l'ATP.

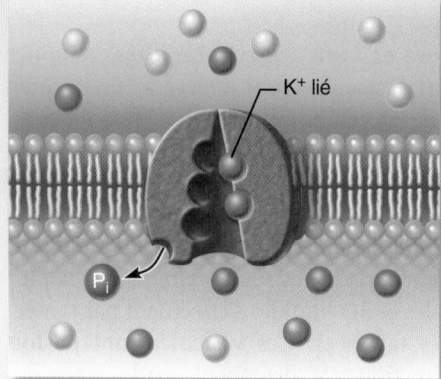

⑤ La liaison de K⁺ déclenche la libération du phosphate, ce qui ramène la pompe protéique à sa conformation de départ.

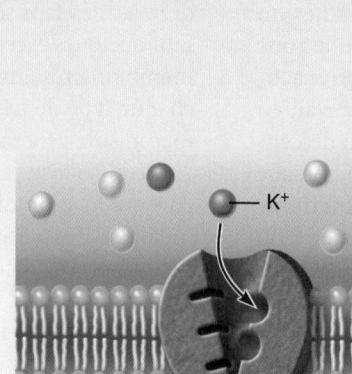

④ Le K⁺ extracellulaire se lie à la pompe protéique.

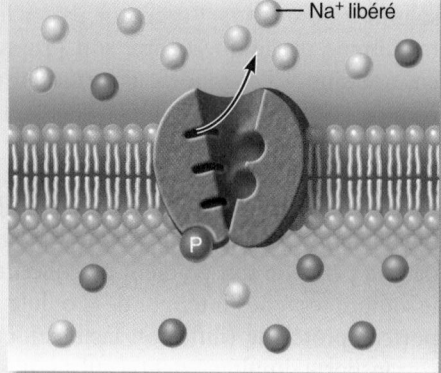

③ La phosphorylation modifie la conformation de la protéine, ce qui permet la libération de Na⁺ à l'extérieur.

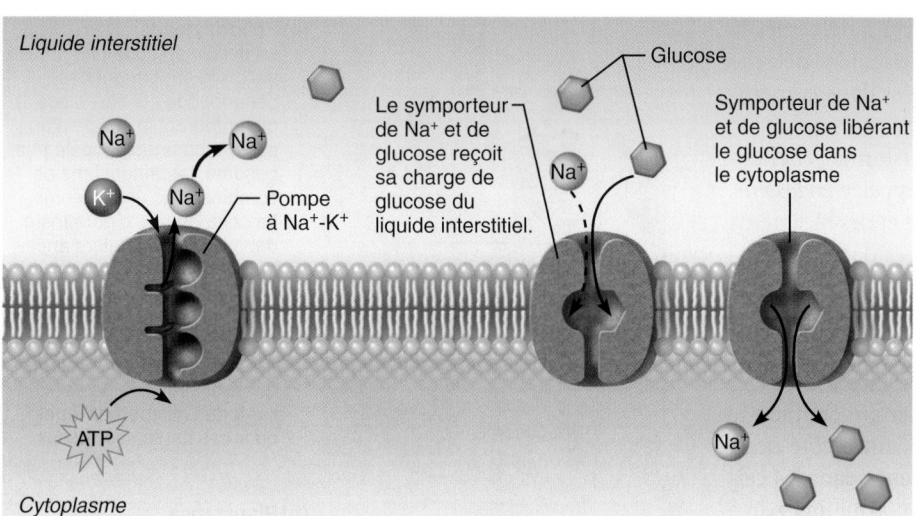

Figure 3.11 Transport actif secondaire. (Dans le cas du glucose qui pénètre de cette façon dans les cellules tapissant le petit intestin, le transporteur protéique effectuant la diffusion facilitée est situé dans la membrane donnant sur la lumière de l'intestin ; la pompe à Na⁺-K⁺ responsable du transport actif se trouve, elle, sur la membrane opposée, celle qui donne sur les vaisseaux sanguins.)

① La pompe à sodium et à potassium, qui fonctionne en consommant de l'ATP, emmagasine de l'énergie en créant un fort gradient de concentration favorisant l'entrée d'ions Na^+ dans la cellule.

② Le Na^+ retourne dans la cellule par diffusion en empruntant un cotransporteur protéique situé dans la membrane, entraînant avec lui du glucose contre le gradient de concentration de ce dernier.

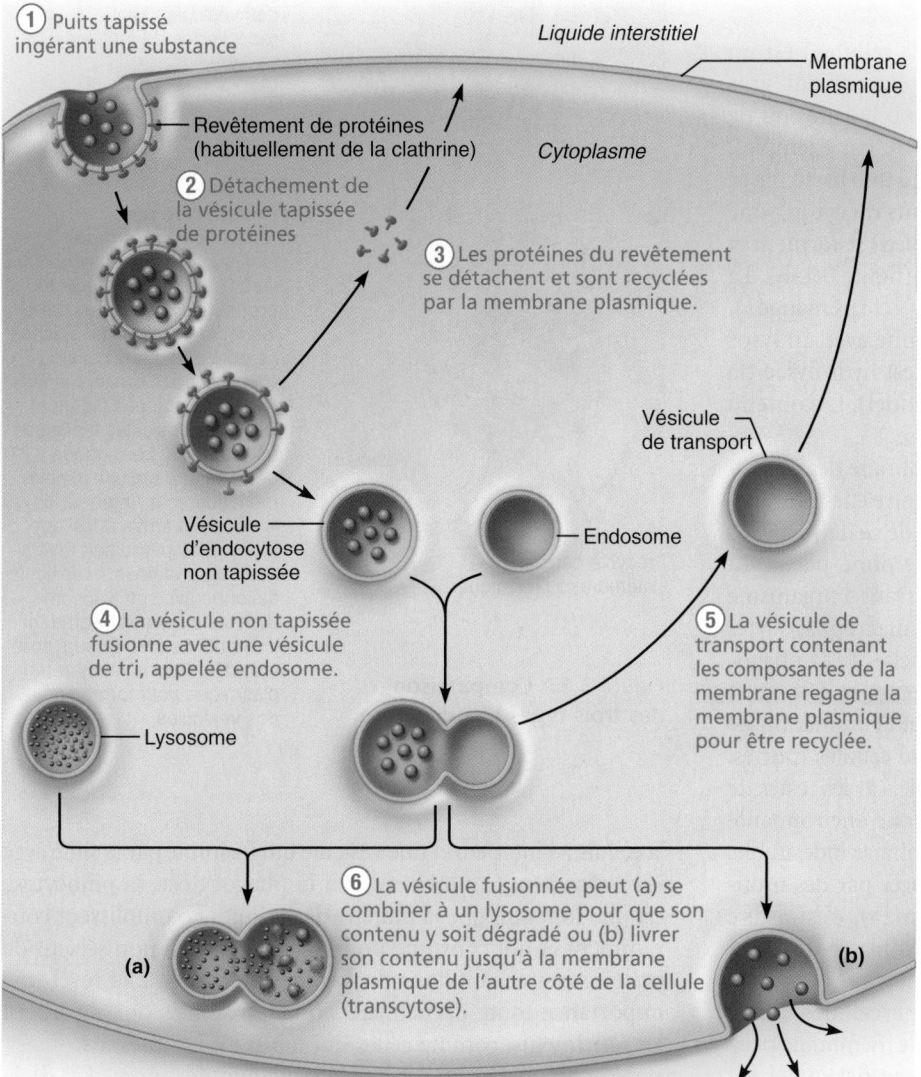

Figure 3.12 Déroulement de l'endocytose par puits tapissés de protéines. Notez les trois destinées possibles pour une vésicule et son contenu, en ⑤ et en ⑥.

un rôle dans la sélection de son contenu et sert à déformer la membrane de façon à créer la vésicule. ② La vésicule se détache et ③ les protéines du revêtement sont recyclées dans la membrane plasmique.

④ La vésicule dépourvue de revêtement fusionne généralement avec une vésicule de traitement et de tri appelée *endosome*. ⑤ Certaines des composantes de la membrane et des récepteurs de la vésicule fusionnée peuvent être réutilisées dans la membrane plasmique en une vésicule de transport. ⑥ Les autres composantes de la vésicule peuvent (a) se combiner à un *lysosome*, une structure cellulaire spécialisée contenant des enzymes digestives, pour y être dégradées ou remises en circulation (s'il s'agit de fer ou de cholestérol), ou (b) traverser entièrement le cytoplasme et être libérées par exocytose de l'autre côté de la cellule (transcytose). La transcytose est fréquente dans les cellules endothéliales qui tapissent les vaisseaux sanguins parce qu'elle constitue une façon rapide d'acheminer des substances de la circulation sanguine au liquide interstitiel.

Selon la nature et la quantité des matières absorbées et selon le mécanisme par lequel elles pénètrent dans la cellule, on distingue trois types d'endocytose faisant appel à des vésicules tapissées de clathrine : ce sont la phagocytose, la pinocytose et l'endocytose par récepteurs interposés.

La **phagocytose** («action de manger d'une cellule») est un type d'endocytose grâce auquel un objet relativement gros ou solide, tel un amas de bactéries, de débris cellulaires ou de matières inanimées (fibres d'amiante ou verre, par exemple), est englobé par la cellule (figure 3.13a). Quand une particule se fixe à la surface de la cellule, des prolongements du cytoplasme appelés pseudopodes (*pseudês :* faux ; *podos :* pied) se forment et s'étendent pour entourer et englober l'objet (figure 3.13b). La vésicule ainsi formée est appelée **phagosome** («corps mangé»). Dans la plupart des cas, le phagosome fusionne avec un lysosome et la partie digestible de son contenu est hydrolysée (la partie qui ne l'est pas constitue un corps résiduel). Le contenu indigeste est éjecté de la cellule par exocytose.

L'analyse des protéines constituant la membrane des phagosomes a récemment montré qu'une partie d'entre elles proviendrait du réticulum endoplasmique. La fusion de ce dernier avec la membrane plasmique de la cellule ferait donc partie du processus de la formation du phagosome. Dans l'organisme humain, la phagocytose est accomplie par les macrophagocytes et certains globules blancs. Ces «professionnels» de la phagocytose, souvent appelés *phagocytes,* contribuent à la défense et au nettoyage de l'organisme par l'ingestion et l'élimination de bactéries, d'autres substances étrangères et de cellules mortes. L'élimination des cellules mortes est essentielle, car les restes de ces cellules entraînent l'inflammation de la zone environnante et risquent de déclencher une réponse immunitaire indésirable. La majorité des phagocytes peuvent se déplacer par des **mouvements amiboïdes** («en changeant de forme»), c'est-à-dire qu'ils «rampent» sur des prolongements du cytoplasme formant des pseudopodes temporaires.

Lors de la **pinocytose** («action de boire de la cellule»), aussi appelée **endocytose de liquides**, un petit repli de membrane plasmique englobe une gouttelette de liquide interstitiel contenant des molécules dissoutes (figure 3.13b). La gouttelette entre dans

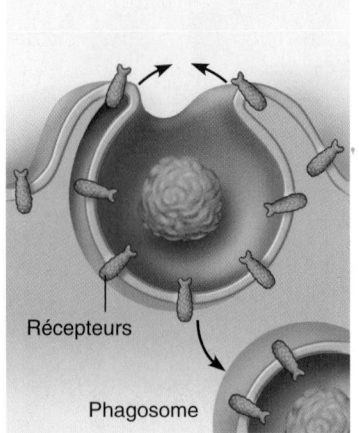

(a) Phagocytose
La cellule englobe une grosse particule en formant des pseudopodes («faux pieds») qui entourent la cellule d'un sac membraneux appelé phagosome. Le phagosome se combine avec un lysosome. Le contenu non digéré reste dans la vésicule (alors appelée corps résiduel) ou en est éjecté par exocytose. La vésicule peut être recouverte ou non de protéines, mais elle comporte des récepteurs qui sont capables de se lier à des microorganismes ou à des particules solides.

Récepteurs

Phagosome

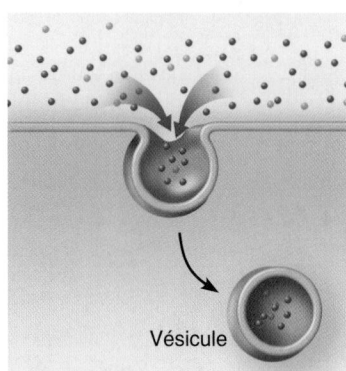

(b) Pinocytose
La cellule englobe des gouttelettes de liquide interstitiel contenant des solutés pour former de petites vésicules. Aucun récepteur n'entre en jeu, alors le processus n'est pas spécifique. La plupart des vésicules sont recouvertes de protéines.

Vésicule

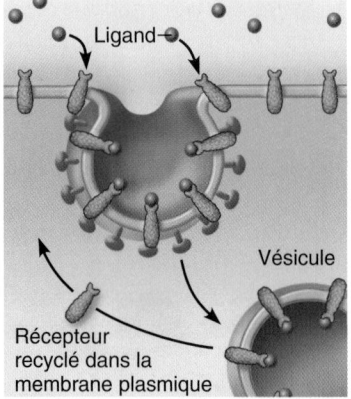

Ligand

Vésicule

Récepteur recyclé dans la membrane plasmique

(c) Endocytose par récepteurs interposés
Des substances extracellulaires se lient à des récepteurs protéiques spécifiques dans les régions des puits tapissés, ce qui permet à la cellule d'ingérer et de concentrer certaines substances (ligands) dans des vésicules tapissées de protéines. Les ligands peuvent être ensuite simplement libérés à l'intérieur de la cellule. Il arrive aussi que, après avoir perdu son revêtement de protéines, la vésicule fusionne avec un lysosome dont les enzymes dégradent le ligand. Les récepteurs sont recyclés dans la membrane plasmique pour former des vésicules.

Figure 3.13 Comparaison des trois types d'endocytose.

la cellule à l'intérieur d'une vésicule qui fusionne par la suite avec un endosome. Contrairement à la phagocytose, la pinocytose est une fonction que la plupart des cellules accomplissent couramment et qui constitue pour elles un moyen non sélectif de prélever des échantillons du liquide interstitiel. Elle revêt une importance toute particulière pour les cellules qui absorbent les nutriments, comme celles qui tapissent les intestins.

Nous avons mentionné plus haut que des morceaux de la membrane plasmique se détachent de celle-ci au moment de l'absorption des vésicules. Dans beaucoup de cellules, ce processus est tellement rapide qu'en une heure la quantité de membrane ainsi utilisée équivaut à la surface totale de la cellule. Cependant, au cours de l'exocytose, ces mêmes morceaux de membrane reviennent s'ajouter à la membrane plasmique, dont la surface reste remarquablement constante.

L'**endocytose par récepteurs interposés** est le principal mécanisme employé pour l'endocytose et la transcytose spécifiques de la plupart des macromolécules dans les cellules de l'organisme. Elle est extrêmement sélective (figure 3.13c). Il s'agit également du mécanisme qui permet à la cellule de concentrer des matières qui ne sont présentes qu'en quantité infime dans le liquide interstitiel. Les récepteurs sur lesquels ce processus est fondé sont des protéines de la membrane plasmique qui ne se lient qu'à certaines substances. Les récepteurs et les molécules qui y sont fixées sont « internalisés » (terme maintenant employé pour désigner l'entrée de substances dans la cellule par endocytose) ensemble dans la cellule à l'intérieur d'un puits tapissé qui se transforme en une vésicule tapissée de clathrine, et subissent un des traitements dont il a été question plus haut. L'endocytose par récepteurs interposés permet notamment l'absorption de substances telles que des enzymes, l'insuline (ainsi que d'autres hormones), des lipoprotéines de basse densité (comme le cholestérol lié à un transporteur protéique) et le fer. Malheureusement, les virus de la grippe et la toxine diphtérique empruntent aussi cette voie pour investir et ravager nos cellules.

D'autres revêtements de protéines sont utilisés pour certains types de mécanismes de transport vésiculaire. Les **cavéoles** (« petites cavités ») sont des invaginations de la membrane plasmique en forme de tube ou de poire. Elles sont présentes dans beaucoup de types de cellules et semblent intervenir dans une sorte particulière d'endocytose par récepteurs interposés, appelée **potocytose**. À l'instar des puits tapissés de clathrine, les cavéoles emprisonnent des molécules particulières (acide folique [une vitamine], toxine tétanique) qui se trouvent dans le liquide interstitiel et participent à certaines formes de transcytose. Toutefois, les cavéoles sont plus petites que les vésicules tapissées de clathrine. De plus, elles possèdent un revêtement de protéines en forme de cage plus mince, qui est composé d'une protéine différente appelée **cavéoline**.

Les cavéoles peuvent demeurer près de la surface de la cellule où, grâce à leurs récepteurs, elles captent et accumulent des substances qu'elles font pénétrer dans la cellule. Elles sont étroitement associées aux radeaux lipidiques qui servent de plates-formes aux protéines G, aux récepteurs d'hormones et à des enzymes qui jouent un rôle dans la régulation cellulaire. On croit que ces vésicules seraient le lieu d'importants échanges de signaux cellulaires et de communication croisée entre des voies de signalisation semblables ou de natures différentes. Leur fonction exacte dans la cellule reste à préciser.

Presque tout le *trafic vésiculaire* intracellulaire est assuré par des vésicules tapissées de **coatomères** (**protéines COP1 et COP2**). Ce type de transport est réalisé par des vésicules qui transportent des substances entre les organites.

Exocytose Très souvent déclenché par un signal provenant de la surface de la cellule, tel que la liaison d'une hormone à un récepteur membranaire, le mécanisme de l'exocytose permet la sécrétion d'hormones, la libération de neurotransmetteurs, la sécrétion de mucus et, dans certains cas, l'élimination des déchets. La substance devant être libérée est d'abord enfermée dans un sac membraneux appelé **vésicule**. La vésicule migre en direction de la membrane plasmique, elle fusionne avec elle et déverse son contenu à l'extérieur de la cellule (figure 3.14).

L'exocytose, comme d'autres mécanismes dans lesquels des vésicules visent certaines destinations, fait intervenir un processus d'« amarrage » ; en effet, des protéines transmembranaires des vésicules, appelées v-SNARE (*v*: vésicule), reconnaissent certaines protéines présentes sur la membrane plasmique, appelées t-SNARE (*t*: *target*, cible [sur la membrane]) et se lient avec elles. Par son action en tourniquet, cette liaison permet aux deux membranes (celles de la vésicule et de la membrane plasmique) de fusionner par réarrangement des feuillets lipidiques (figure 3.14a). Comme nous l'avons vu, les matériaux qui s'ajoutent à la membrane lors de l'exocytose en sont retirés pendant l'endocytose, qui est le processus inverse.

Le **tableau 3.2** résume les mécanismes de transport membranaire.

VÉRIFIONS NOS ACQUIS

12. Que se passe-t-il quand la pompe à sodium et à potassium subit une phosphorylation ? Quand le potassium se lie à la pompe protéique ?
13. À mesure qu'une cellule grossit, sa membrane plasmique s'étend. Cette expansion se fait-elle par endocytose ou exocytose ?
14. Pourquoi les cellules phagocytaires sont-elles très nombreuses dans les poumons, notamment chez les fumeurs ?
15. Par quel mécanisme de transport vésiculaire une cellule absorbe-t-elle le cholestérol du liquide interstitiel ?

Les réponses se trouvent à l'appendice G.

Membrane plasmique : création du potentiel de repos de la membrane

12 Définir le potentiel de membrane, expliquer comment le potentiel de repos de la membrane est créé et entretenu, et citer une fonction que joue le potentiel de membrane dans l'organisme.

Comme vous le savez maintenant, la perméabilité sélective de la membrane plasmique peut produire des flux osmotiques spectaculaires, mais elle a aussi d'autres conséquences tout aussi importantes, dont la création d'un voltage, ou **potentiel de membrane**, de part et d'autre de la membrane. Un *voltage* est un type d'énergie potentielle électrique résultant de la séparation de charges de signe opposé. Dans les cellules, les particules chargées sont les ions, et la barrière qui les sépare est la membrane plasmique.

3

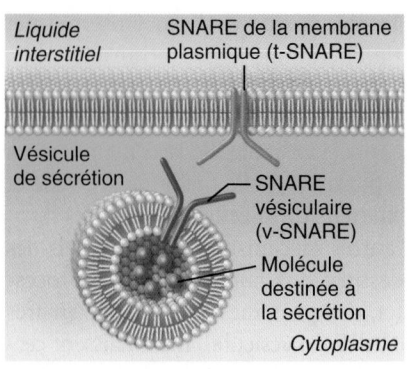

(a) **Mécanisme de l'exocytose**

Liquide interstitiel
SNARE de la membrane plasmique (t-SNARE)
Vésicule de sécrétion
SNARE vésiculaire (v-SNARE)
Molécule destinée à la sécrétion
Cytoplasme

① La vésicule (sac membraneux) migre vers la membrane plasmique.

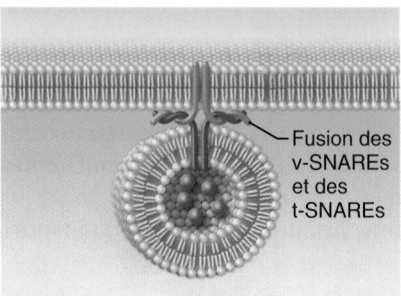

Fusion des v-SNAREs et des t-SNAREs

② Des protéines situées à la surface de la vésicule (v-SNAREs) se lient aux t-SNAREs (protéines de la membrane plasmique).

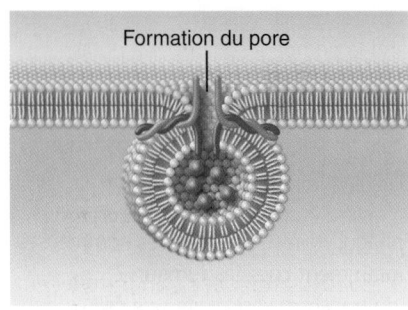

Formation du pore

③ La vésicule et la membrane plasmique fusionnent et un pore s'ouvre.

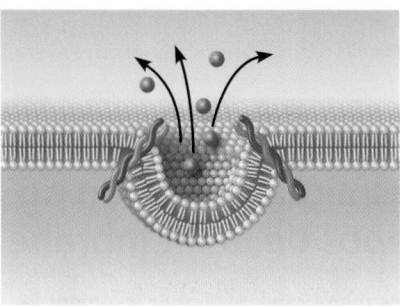

④ Le contenu de la vésicule est libéré à l'extérieur de la cellule.

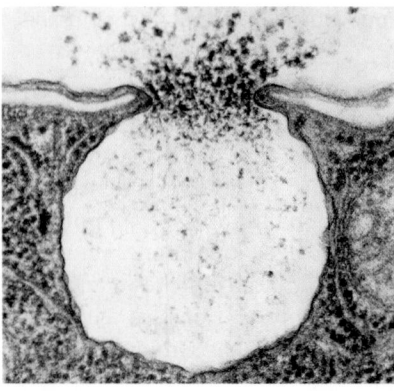

(b) **Photomicrographie d'une vésicule de sécrétion qui déverse son contenu par exocytose (100 000×)**

Figure 3.14
Exocytose.

À l'état de repos, toutes les cellules de l'organisme présentent un **potentiel de repos de la membrane** qui se situe habituellement entre –5 et –100 millivolts (mV) selon le type de cellule. Par conséquent, toutes les cellules sont dites **polarisées**. Le signe moins qui précède l'indication du voltage signifie que l'*intérieur* de la cellule est plus négatif que l'extérieur. Cependant, ce voltage (ou séparation des charges) n'existe qu'entre les deux faces de la membrane. Si on pouvait additionner toutes les charges positives et négatives présentes dans le cytoplasme, on constaterait que l'intérieur de la cellule est électriquement neutre. De la même façon, les charges positives et négatives du liquide interstitiel s'équilibrent parfaitement.

S'il en est ainsi, comment le potentiel de repos de la membrane apparaît-il et comment est-il entretenu? En bref, la diffusion cause un déséquilibre ionique qui polarise la membrane, et les mécanismes de transport actifs entretiennent ce potentiel de membrane. Voyons d'abord comment la diffusion polarise la membrane.

De nombreux types d'ions sont présents à la fois à l'intérieur des cellules et dans le liquide interstitiel, mais le potentiel de repos de la membrane résulte principalement du gradient de concentration du potassium (K^+), et de la perméabilité différentielle de la membrane plasmique aux ions K^+ et à d'autres ions. Comme nous l'avons déjà dit, les cellules de l'organisme contiennent une forte proportion de K^+ et d'anions protéiques, et elles baignent dans un liquide interstitiel où il y a relativement plus de Na^+, lequel est équilibré principalement par le Cl^-. À l'état de repos, la membrane plasmique est légèrement perméable au K^+ en raison des canaux à fonction passive, mais imperméable aux anions protéiques. En conséquence, le potassium diffuse vers l'extérieur de la cellule en suivant son gradient de concentration alors que les anions protéiques restent emprisonnés. Ainsi, la perte de charges positives rend l'intérieur de la membrane plus négatif **(figure 3.15)**. Avec le départ de plus en plus d'ions K^+, la charge négative de la face interne de la membrane devient assez grande pour faire revenir le K^+ vers la cellule et même l'attirer à l'intérieur, par attraction des charges de signe opposé. À ce point (–90 mV), le gradient de concentration du potassium est parfaitement égal au gradient électrique (potentiel de membrane), et l'entrée d'un ion K^+ est compensée par le départ d'un autre.

Dans de nombreuses cellules, le sodium (Na^+) contribue également au potentiel de repos de la membrane. Le sodium est fortement attiré vers l'intérieur de la cellule par son gradient de concentration, ce qui amène le potentiel de repos à –70 mV. C'est cependant le potassium qui détermine en grande partie le potentiel de repos de la membrane, parce que cette dernière est nettement plus perméable au potassium qu'au sodium. Bien que la membrane soit perméable au Cl^-, cet anion ne contribue pas au potentiel de repos de la membrane dans la plupart des cellules parce que son entrée se butte à la résistance de la charge négative intérieure. On pourrait penser que la création du potentiel de repos nécessite un flux massif d'ions K^+, mais ce n'est pas le cas. Chose surprenante, le nombre d'ions produisant le potentiel de membrane est si faible que les concentrations ioniques ne s'en trouvent pas modifiées de façon significative. En fait, un potentiel de repos de l'ordre de –60 mV n'exige qu'un flux de 0,004 % de la quantité totale de K^+ d'une cellule.

3

TABLEAU 3.2	Mécanismes actifs de transport membranaire		
MÉCANISME	**SOURCE D'ÉNERGIE**	**DESCRIPTION**	**EXEMPLES**
Transport actif			
Transport actif primaire	ATP	Mouvement de substances à travers la membrane plasmique contre leur gradient de concentration (ou leur gradient électrochimique); nécessite une pompe à solutés; consomme directement l'énergie produite par l'hydrolyse de l'ATP.	Ions (Na^+, K^+, Ca^{2+}, H^+ et autres).
Transport actif secondaire	Gradient de concentration ionique maintenu par l'ATP	Cotransport (transport couplé) de deux solutés à travers la membrane. L'énergie est fournie indirectement par le gradient ionique créé par le transport actif primaire. Les symporteurs déplacent les substances transportées dans le même sens; les antiporteurs font traverser les substances en sens opposés.	Mouvement de solutés polaires ou chargés; par exemple, acides aminés (vers l'intérieur de la cellule par symporteur); Ca^{2+}, H^+ (hors de la cellule par antiporteur).
Transport vésiculaire			
Exocytose	ATP	Sécrétion ou élimination de substances présentes dans la cellule; la substance est enfermée dans une vésicule (sac membraneux) qui fusionne avec la membrane plasmique et s'ouvre vers l'extérieur en relâchant la substance en question.	Sécrétion de neurotransmetteurs, d'hormones, de mucus, etc.; élimination des déchets cellulaires.
Endocytose ▪ Par vésicules tapissées de clathrine	ATP		
Phagocytose	ATP	«Action de manger de la cellule»: les grosses particules externes (protéines, bactéries, débris cellulaires) sont entourées par un «prolongement cytoplasmique» et enfermées dans une vésicule tapissée de clathrine.	Dans le corps humain, se produit surtout dans les phagocytes du système immunitaire (certains globules blancs, macrophagocytes).
Pinocytose (endocytose de liquides)	ATP	Invagination de la membrane plasmique sous une gouttelette de liquide externe contenant des solutés de petite taille; les bords de la membrane fusionnent en formant une vésicule remplie de liquide; formation de vésicules tapissées de clathrine.	Se produit dans la plupart des cellules; importante pour la capture de solutés par les cellules absorbantes des reins et de l'intestin.
Endocytose par récepteurs interposés	ATP	Mécanisme sélectif d'endocytose et de transcytose; la substance venant de l'extérieur se lie à des récepteurs membranaires.	Mode d'absorption de certaines hormones, du cholestérol, du fer et de la plupart des macromolécules.
▪ Par vésicules tapissées de cavéoline	ATP	Mécanisme sélectif d'endocytose (et de transcytose); la substance venant de l'extérieur se lie à des récepteurs membranaires (souvent associés à des radeaux lipidiques).	Fonctions encore mal connues; rôles possibles: régulation et trafic du cholestérol; plateformes pour la transduction des signaux.
Trafic vésiculaire intracellulaire			
▪ Par vésicules tapissées de coatomères	ATP	Les vésicules se détachent des organites et migrent vers d'autres organites pour y déverser leur contenu.	Presque tout le trafic intracellulaire entre certains organites (réticulum endoplasmique et complexe golgien) serait assuré par ce mécanisme, à l'exception des vésicules se détachant par bourgeonnement de la face *trans* du complexe golgien, qui sont tapissées de clathrine.

Dans la cellule à l'état de repos, très peu d'ions traversent la membrane plasmique. Mais les concentrations de Na^+ et de K^+ ne sont pas en équilibre, si bien qu'il existe un certain mouvement net de K^+ vers l'extérieur et de Na^+ vers l'intérieur en raison de

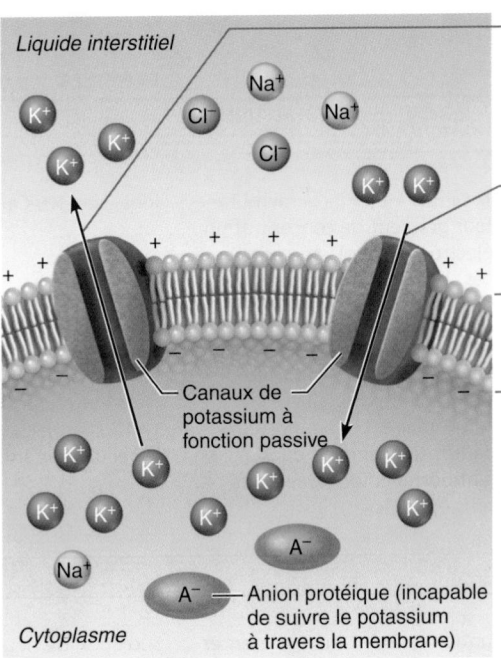

Liquide interstitiel

① Les ions K⁺ quittent la cellule par diffusion à travers les canaux à fonction passive en suivant la pente raide de leur gradient de concentration. La perte de K⁺ engendre une charge négative sur la face interne de la membrane plasmique.

② Les ions K⁺ entrent aussi dans la cellule parce qu'ils sont attirés par la charge négative qui s'est établie sur la face interne de la membrane plasmique.

③ Un potentiel de membrane négatif (−90 mV) est atteint quand le flux du potassium vers l'extérieur de la cellule est égal au flux d'entrée. À ce point, le gradient de concentration qui favorise la sortie du potassium s'oppose exactement au gradient électrique qui favorise l'entrée de potassium.

Canaux de potassium à fonction passive

Anion protéique (incapable de suivre le potassium à travers la membrane)

Cytoplasme

Figure 3.15 Rôle clé du potassium dans la création du potentiel de repos de la membrane. Le potassium détermine largement le potentiel de repos de la membrane, parce que cette dernière est nettement plus perméable au potassium qu'au sodium, au repos. La pompe à Na⁺-K⁺ maintient cet état en assurant le transport actif des ions sodium et potassium (dans un rapport de trois à deux).

l'énorme attraction exercée par le gradient de concentration du Na⁺ et par la charge négative intérieure. Si on n'était en présence que de forces passives, la concentration de ces ions finirait par être la même à l'intérieur et à l'extérieur de la cellule.

Voyons maintenant comment les mécanismes de transport actifs *maintiennent* le potentiel de membrane que la diffusion a créé, la cellule atteignant un *état stable*. Le taux de transport actif est égal au taux de diffusion des ions Na⁺ vers l'intérieur de la cellule et dépend de celui-ci. Si plus de Na⁺ entre dans la cellule, de plus grandes quantités en sont pompées. (C'est un peu ce qui se passe quand on se trouve dans une chaloupe qui prend l'eau : plus l'eau entre vite, plus on écope vite!) La pompe à Na⁺-K⁺ couple le transport de sodium et de potassium, et chaque «coup» de pompe fait sortir 3 Na⁺ de la cellule en y faisant entrer 2 K⁺ (figure 3.10). Comme la membrane est toujours de 50 à 100 fois plus perméable au K⁺ qu'au Na⁺, la pompe à Na⁺-K⁺ activée par l'ATP entretient non seulement le potentiel de membrane (séparation des charges) mais aussi l'équilibre osmotique. En effet, si le Na⁺ n'était pas continuellement ramené à l'extérieur, une très grande quantité d'ions s'accumulerait dans le milieu intracellulaire et créerait un gradient osmotique qui ferait affluer l'eau dans la cellule à tel point qu'elle éclaterait.

Ayant présenté la notion de potentiel de membrane, nous pouvons maintenant ajouter quelques détails à propos de la diffusion. Nous avons vu que les solutés diffusaient en suivant leurs gradients de concentration; cela s'applique aux solutés non chargés, mais ce n'est que partiellement vrai des ions. Les charges positives ou négatives présentes sur les faces de la membrane plasmique peuvent favoriser la diffusion des ions résultant du gra-

dient de concentration, ou s'y opposer. Il serait plus exact de dire que les ions diffusent dans le sens de leur **gradient électrochimique**, puisqu'ils subissent simultanément des forces d'origine électrique et d'origine chimique (effet de leur concentration).

Par conséquent, si la diffusion de K⁺ à travers la membrane plasmique est facilitée par la plus grande perméabilité à cet ion et par son gradient de concentration, elle est empêchée en partie par la présence de charges positives à l'extérieur de la cellule. D'autre part, le Na⁺ est attiré vers l'intérieur de la cellule à la fois par son gradient de concentration et par l'attraction des charges opposées, donc par un gradient électrochimique très prononcé; dans ce cas, le facteur limitant est l'imperméabilité relative de la membrane à cet ion. Comme nous le verrons plus précisément dans des chapitres ultérieurs, l'activation des neurones et des cellules musculaires se fait normalement par l'ouverture transitoire de canaux de Na⁺ et de K⁺, ce qui a pour effet de modifier radicalement le potentiel de repos de la membrane.

VÉRIFIONS NOS ACQUIS

16. Quel événement ou mécanisme détermine le potentiel de repos de la membrane ?

17. Dans une cellule au repos, pour lequel des deux ions (sodium ou potassium) le gradient de concentration et l'attraction des charges opposées agissent-ils dans la même direction ?

18. La face interne d'une membrane plasmique polarisée est-elle négative ou positive par rapport à sa face externe ?

Les réponses se trouvent à l'appendice G.

Membrane plasmique : interactions entre la cellule et son milieu

13 Décrire le rôle du glycocalyx lors des interactions des cellules avec leur environnement ; donner quelques exemples de fonctions remplies par les molécules d'adhérence cellulaire.

14 Énumérer les principales fonctions des récepteurs membranaires et des canaux protéiques voltage-dépendants.

Les cellules sont en quelque sorte des miniusines biologiques ; comme toutes les usines, elles reçoivent des ordres de l'extérieur et en émettent elles-mêmes. Mais *comment* la cellule interagit-elle avec son milieu et qu'est-ce qui la pousse à accomplir ses fonctions homéostatiques ?

Bien que les cellules interagissent parfois directement avec d'autres cellules, il n'en est pas toujours ainsi. Dans de nombreux cas, elles réagissent à des substances chimiques extracellulaires telles que les hormones et les neurotransmetteurs qui sont transportés par les liquides de l'organisme. Les cellules interagissent aussi avec les molécules de la matrice extracellulaire qui servent de signaux et guident la migration cellulaire pendant le développement embryonnaire et la cicatrisation.

Qu'elles interagissent directement ou indirectement, les cellules le font toujours au moyen du glycocalyx. Les molécules du glycocalyx, dont l'action est la mieux comprise, forment deux grandes catégories, les molécules d'adhérence cellulaire et les récepteurs membranaires (figure 3.4). Les protéines des canaux sensibles au voltage (canaux voltage-dépendants) constituent un autre groupe de protéines membranaires important pour les cellules qui répondent à des signaux électriques.

Fonctions des molécules d'adhérence cellulaire

Presque toutes les cellules de notre organisme comportent des milliers de **molécules d'adhérence cellulaire (CAM)**. Ces molécules jouent un rôle essentiel au cours du développement embryonnaire et de la cicatrisation (lorsque la mobilité cellulaire revêt une grande importance) ainsi que dans l'immunité. (Certaines de ces CAM – les N-CAM – font d'ailleurs partie de la famille des immunoglobulines, à laquelle appartiennent les anticorps.) Ces glycoprotéines collantes (*cadhérines* et *intégrines*) sont :

1. le « velcro » moléculaire qui permet aux cellules de se fixer à des molécules présentes dans le liquide interstitiel et d'adhérer les unes aux autres (voir la section sur les desmosomes, p. 77) ;
2. les « bras » grâce auxquels les cellules en migration, lors du développement embryonnaire par exemple, passent les unes sur les autres ;
3. les signaux de détresse dépassant de la surface des vaisseaux sanguins qui dirigent les globules blancs vers une région infectée ou blessée ;
4. les détecteurs de stress mécaniques qui réagissent aux tensions locales exercées à la surface de la cellule en stimulant la synthèse ou la dégradation de jonctions membranaires ;

5. les transmetteurs de signaux intracellulaires qui régissent la migration, la prolifération et la spécialisation des cellules.

Fonctions des récepteurs membranaires

On regroupe sous le nom de **récepteurs membranaires** un ensemble diversifié et extrêmement nombreux de glycoprotéines et de protéines intégrées jouant le rôle de sites de liaison. Certains de ces récepteurs transmettent des signaux de contact, d'autres des signaux chimiques.

Signaux de contact   Les *signaux de contact* sont déclenchés lorsque les cellules se touchent et constituent le mode par lequel elles se reconnaissent entre elles. Ces signaux jouent un rôle particulièrement important dans le développement et l'immunité. Certaines bactéries et d'autres agents infectieux se servent également des signaux de contact pour identifier les tissus ou organes qui sont leurs cibles « préférées ».

Signaux chimiques   La plupart des récepteurs membranaires assurent la transmission de *signaux chimiques*, et nous nous pencherons plus particulièrement sur ce groupe. Les substances chimiques qui servent à la transmission de signaux et qui se lient spécifiquement aux récepteurs de la membrane plasmique sont appelées **ligands**. Ce groupe comprend la plupart des *neurotransmetteurs* (signaux du système nerveux), les *hormones* (signaux du système endocrinien) et les *substances paracrines* (molécules chimiques agissant localement et rapidement détruites).

Les divers types de cellules peuvent répondre de façon différente à un même ligand. Par exemple, l'acétylcholine stimule la contraction des muscles squelettiques, mais elle inhibe l'activité du muscle cardiaque. Pourquoi en est-il ainsi ? Parce que la réponse de la cellule cible (c'est-à-dire la conversion du signal chimique en activité cellulaire) dépend des mécanismes internes auxquels le récepteur est associé et non de la nature du ligand qui s'y attache. Cela se comprend mieux quand on sait que ces récepteurs peuvent avoir deux domaines fonctionnels : un qui fixe le ligand et un autre qui fait le lien entre le message et la réponse.

Bien que les réponses des cellules à l'action des récepteurs soient extrêmement variables, il existe des ressemblances fondamentales. Lorsqu'un ligand s'associe à un récepteur membranaire, la structure de ce dernier change ; il en résulte la production d'un signal responsable de la modification des protéines de la cellule. Par exemple, les protéines des cellules musculaires changent de forme pour exercer une force. Certaines protéines des récepteurs membranaires transforment elles-mêmes le message chimique en réponse cellulaire ; ce sont les *protéines catalytiques* qui agissent comme des enzymes. D'autres, telles que les *récepteurs associés à un canal ionique ligand-dépendant*, qui sont communs dans les cellules musculaires et les neurones, réagissent à la présence d'un ligand en ouvrant ou en fermant de façon transitoire des portes ioniques ou des canaux, ce qui modifie l'excitabilité de la cellule.

D'autres récepteurs ne font pas eux-mêmes la transduction du message ; ils sont couplés à des enzymes ou à des canaux ioniques par une molécule régulatrice appelée protéine G (« G » pour guanosine triphosphate ou GTP, nucléotide analogue à l'ATP, à laquelle cette protéine se lie). Il existe de nombreux types de protéines G associés aux différents types de récepteurs. Comme presque toutes les cellules de notre organisme possèdent au moins un certain nombre de ces récepteurs, nous allons les aborder un peu plus près. Les radeaux lipidiques mentionnés plus haut rassemblent en leur sein un grand nombre d'éléments nécessaires aux communications par récepteurs interposés et facilitent ainsi la transmission des signaux.

Les **récepteurs associés à une protéine G** agissent indirectement; la **protéine G** leur sert d'intermédiaire ou de relais pour activer (ou inactiver) une enzyme ou un canal ionique lié à la membrane (figure 3.16). Un ou plusieurs signaux chimiques intracellulaires, souvent appelés **seconds messagers**, peuvent ainsi apparaître; ils font le lien entre les événements qui se déroulent dans la membrane plasmique et l'appareil métabolique interne de la cellule. L'**AMP cyclique** et l'ion calcium sont deux seconds messagers très importants qui, normalement, activent des enzymes appelées protéines-kinases. Celles-ci transfèrent des groupements phosphate de l'ATP à d'autres protéines et peuvent ainsi activer toute une série d'enzymes qui déclenchent elles-mêmes l'activité cellulaire commandée par le signal de départ. Étant donné qu'une seule molécule d'enzyme peut catalyser des centaines de réactions, ces chaînes ont un énorme effet amplificateur. Le Zoom sur les protéines G (figure 3.16) décrit le fonctionnement de ce mécanisme de signal. Prenez le temps de bien l'étudier parce que cette voie de signalisation clé contribue à la neurotransmission, à l'olfaction, à la vision et à l'action des hormones (voir les chapitres 11, 15 et 16).

Nous devons mentionner ici une autre molécule servant de signal, bien que son mécanisme d'action ne corresponde à aucun de ceux décrits plus haut. Le *monoxyde d'azote* (*NO*), composé d'un atome d'azote et d'un atome d'oxygène, est l'une des molécules les plus simples qui soient; c'est aussi un polluant et le premier gaz connu qui agit comme messager biologique. Sa taille minuscule lui permet d'entrer dans les cellules et d'en sortir facilement. Son unique électron non apparié en fait un radical libre très réactif qui interagit avec une rapidité extrême avec d'autres molécules clés et déclenche ainsi chez les cellules une large gamme d'activités. Nous reparlerons du NO (dans les chapitres sur les systèmes nerveux, cardiovasculaire et immunitaire).

Fonctions des canaux protéiques voltage-dépendants

Signaux électriques Certaines protéines membranaires sont des canaux protéiques, spécifiques de certains ions, qui réagissent aux fluctuations du voltage membranaire en ouvrant ou en fermant les «portes» qui leur sont associées. On trouve des canaux sensibles au voltage en grand nombre dans les tissus excitables tels que les tissus nerveux et musculaires, et ils sont essentiels à leur fonctionnement.

VÉRIFIONS NOS ACQUIS

19. Quel terme désigne les substances chimiques qui servent à la transmission de signaux et se lient aux récepteurs

membranaires? Quel type de récepteur membranaire est le plus important dans la régulation des événements intracellulaires en favorisant la formation de seconds messagers?

Les réponses se trouvent à l'appendice G.

Cytoplasme

15 Décrire la composition du cytosol. Expliquer ce que sont les inclusions et en nommer trois types.

16 Décrire la structure et la fonction des mitochondries.

17 Décrire la structure et la fonction des ribosomes, du réticulum endoplasmique et du complexe golgien, y compris les relations fonctionnelles entre ces organites.

18 Comparer les fonctions du réticulum endoplasmique rugueux et du réticulum endoplasmique lisse.

19 Comparer les fonctions des lysosomes et des peroxysomes.

Le **cytoplasme** («matériau formant la cellule») regroupe l'ensemble des substances qui se trouvent entre la membrane plasmique et le noyau. C'est l'endroit où se déroulent la plupart des activités de la cellule. Les premiers microscopistes pensaient que le cytoplasme était un gel sans structure, mais le microscope électronique a permis de constater qu'il était constitué de trois principaux éléments: le cytosol, les organites et les inclusions.

Le **cytosol** est le liquide visqueux et translucide dans lequel les autres éléments du cytoplasme se trouvent en suspension. Il s'agit d'un mélange complexe ayant à la fois les propriétés d'un colloïde et celles d'une solution vraie. Le cytosol, qui est en grande partie composé d'eau, contient des protéines, des sels, des sucres et divers autres solutés.

Les **organites cytoplasmiques** constituent l'appareil métabolique de la cellule. Chaque type d'organite est structuré de façon à exécuter une fonction précise pour la cellule: certains organites synthétisent des protéines, d'autres les préparent à être expédiées ailleurs, etc.

Les **inclusions** sont des substances chimiques qui peuvent être présentes ou non, selon le type de cellule. On pourrait citer par exemple les nutriments emmagasinés, comme les granules de glycogène présents en abondance dans les cellules du foie et des muscles; les gouttelettes de lipides, communes dans les cellules adipeuses; les granules de pigment (mélanine) contenus dans certaines cellules de la peau et dans les poils; des vacuoles contenant de l'eau; divers types de cristaux, et des particules provenant de l'environnement et que des globules blancs ont phagocytées.

Organites cytoplasmiques

Les organites («petits organes») du cytoplasme, parfois appelés organelles, sont des éléments intracellulaires spécialisés qui assurent une fonction précise servant à maintenir la cellule en vie. Certains d'entre eux, les *organites non membraneux*, sont dépourvus de membrane. Ce sont, par exemple, le cytosquelette, les centrioles et les ribosomes.

Figure 3.16 ZOOM **sur les protéines G**

Les protéines G servent d'intermédiaires ou de relais entre les premiers messagers extracellulaires et les seconds messagers intracellulaires, qui produisent les réponses dans la cellule.

Les étapes décrites ci-dessous sont semblables à celles d'une course à relais moléculaire. Plutôt qu'un témoin qui passe d'un coureur à l'autre, c'est un message qui est transmis d'une molécule à une autre dans un parcours le menant à travers la membrane cellulaire de l'extérieur vers l'intérieur de la cellule.

Ligand (premier messager)   Récepteur   Protéine G   Enzyme   Second messager

① **Un ligand (premier messager) se lie à un récepteur.** Le récepteur est activé et change de forme.

② **Le récepteur activé se lie à une protéine G et l'active.** Pendant son activation, la protéine G change de forme (est stimulée), libérant de la GDP et se liant à de la GTP.

③ **La protéine G stimulée active (ou désactive) une protéine jouant le rôle d'effecteur (une enzyme, par exemple) en changeant sa forme.**

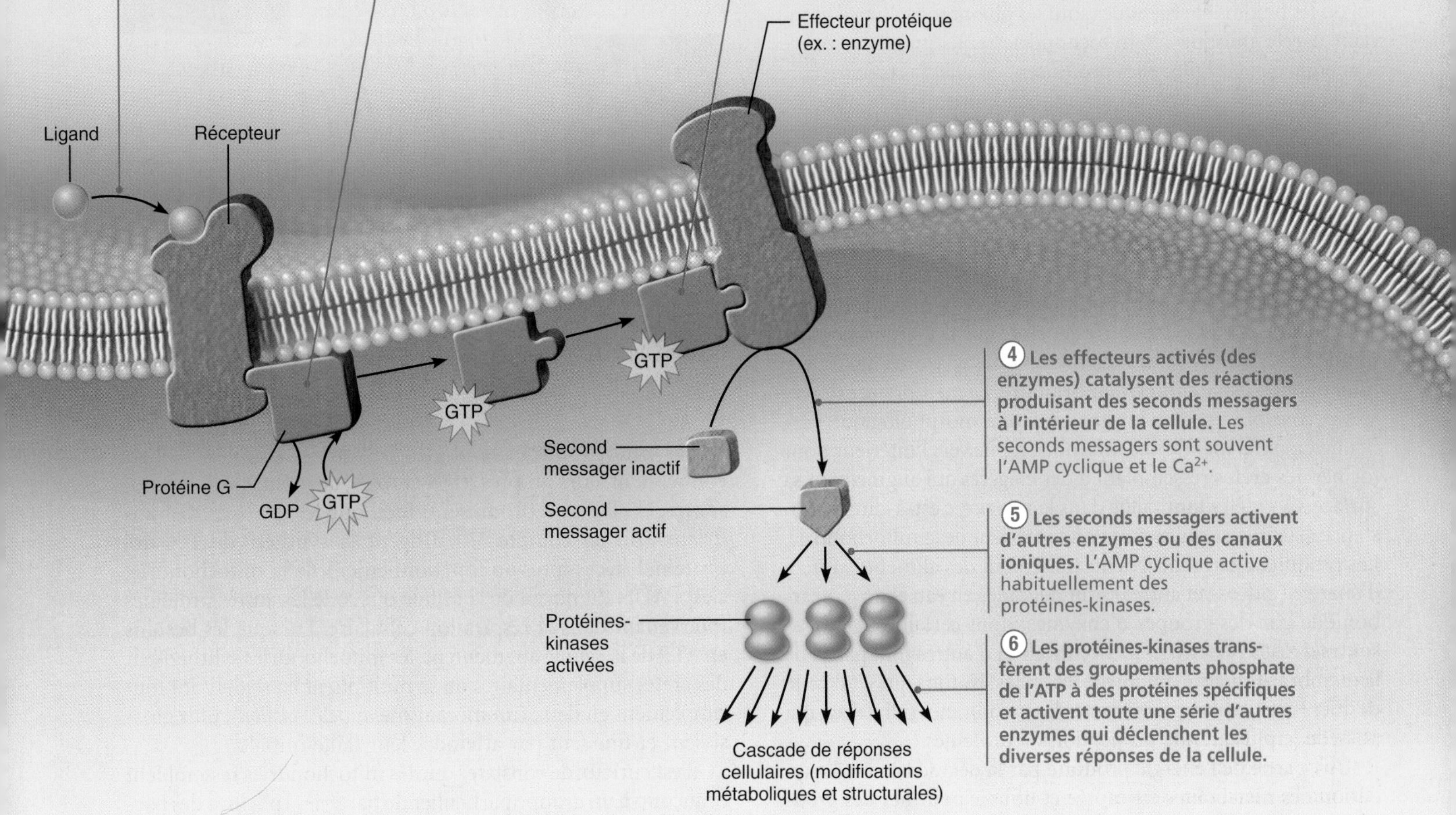

Liquide interstitiel

Effecteur protéique (ex. : enzyme)

Ligand   Récepteur

Protéine G

GDP   GTP

GTP

GTP

Second messager inactif

Second messager actif

Protéines-kinases activées

Cascade de réponses cellulaires (modifications métaboliques et structurales)

④ **Les effecteurs activés (des enzymes) catalysent des réactions produisant des seconds messagers à l'intérieur de la cellule.** Les seconds messagers sont souvent l'AMP cyclique et le Ca^{2+}.

⑤ **Les seconds messagers activent d'autres enzymes ou des canaux ioniques.** L'AMP cyclique active habituellement des protéines-kinases.

⑥ **Les protéines-kinases transfèrent des groupements phosphate de l'ATP à des protéines spécifiques** et activent toute une série d'autres enzymes qui déclenchent les diverses réponses de la cellule.

Cytoplasme

Mais la plupart des organites sont délimités par une membrane de composition semblable à celle de la membrane plasmique (excepté le glycocalyx), qui permet à ces *organites membraneux* de maintenir un milieu interne différent du cytosol qui les entoure. Ce cloisonnement est essentiel au fonctionnement de la cellule: sans lui, des milliers d'enzymes seraient mélangées au hasard et l'activité biochimique serait totalement aléatoire et chaotique. Les organites membraneux comprennent les mitochondries, les peroxysomes, les lysosomes, le réticulum endoplasmique et le complexe golgien.

En plus d'isoler les organites, ces membranes les relient souvent à un réseau intracellulaire interactif appelé *système endomembranaire* (voir p. 100-101). La composante lipidique de sa membrane permet à un organite d'en reconnaître d'autres et d'interagir avec eux. Nous allons maintenant étudier le fonctionnement de chacun des ateliers de l'usine cellulaire.

Mitochondries

Les **mitochondries** sont des organites membraneux filiformes (*mitos*: fil) ou en forme de saucisse. Toutefois, dans les cellules vivantes, elles se tortillent, s'allongent et changent de forme presque continuellement; elles peuvent même fusionner. Elles se déplacent et tendent à se concentrer dans les régions du cytosol où les besoins énergétiques sont les plus grands. Rien d'étonnant à cela puisque les mitochondries constituent la source d'énergie de la cellule; elles produisent en effet la majeure partie de son ATP. La densité des mitochondries reflète donc les besoins énergétiques de la cellule considérée, et ces organites sont habituellement plus nombreux dans les cellules dont l'activité est la plus intense. Les cellules très actives comme celles des reins et du foie renferment des centaines de mitochondries, alors que celles qui sont relativement inactives (comme les lymphocytes au repos) n'en possèdent que quelques-unes.

Les mitochondries sont entourées de *deux* membranes qui ont chacune la même structure générale que la membrane plasmique **(figure 3.17)**; entre ces membranes se trouve un espace mince appelé **espace intermembranaire**. La membrane externe, très perméable, est lisse et sans caractère morphologique particulier, mais la membrane interne se replie vers l'intérieur pour former des **crêtes** ressemblant à des étagères qui augmentent sa surface. Ces crêtes font saillie dans la *matrice*, c'est-à-dire la substance gélatineuse qui se trouve à l'intérieur de la mitochondrie. Les produits intermédiaires du traitement des aliments sources d'énergie (glucose et autres) sont dégradés en eau et en gaz carbonique par des groupes d'enzymes, dont certaines sont dissoutes dans la matrice mitochondriale et d'autres font partie de la membrane interne qui forme les crêtes. Notons que c'est cette dernière membrane, parmi toutes les membranes cellulaires, qui possède la plus grande proportion de protéines.

Une partie de l'énergie produite par la dégradation et l'oxydation des métabolites est captée et utilisée pour lier des groupements phosphate à des molécules d'ADP et former ainsi de l'ATP. On appelle habituellement *respiration cellulaire aérobie* ce mécanisme mitochondrial en plusieurs étapes (voir le chapitre 24), car il nécessite de l'oxygène.

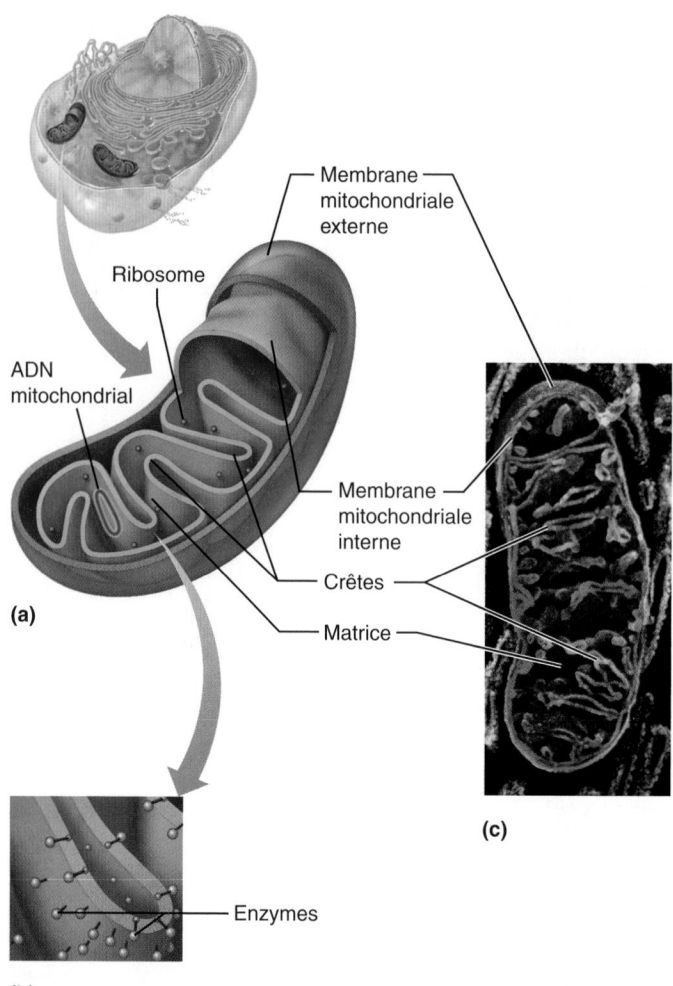

(a)

(b)

(c)

Figure 3.17 Mitochondrie. (a) Représentation schématique de la coupe longitudinale d'une mitochondrie. **(b)** Vue rapprochée d'une crête montrant les enzymes (prolongements). **(c)** Photographie au microscope électronique d'une mitochondrie (50 000×).

Les mitochondries sont des organites complexes. Elles contiennent leurs propres ADN et ARN, de même que des ribosomes, et elles se reproduisent. Bien que les gènes mitochondriaux (on en compte 37) dirigent la synthèse de 1% des protéines nécessaires au fonctionnement de la mitochondrie, c'est l'ADN du noyau de la cellule qui code les autres protéines intervenant dans la respiration cellulaire. Lorsque les besoins en ATP de la cellule augmentent, les mitochondries synthétisent des crêtes supplémentaires ou se multiplient en se divisant tout simplement en deux (un mécanisme appelé *scission*), puis grossissent et finissent par atteindre leur taille initiale.

Il est curieux de constater que les mitochondries ressemblent beaucoup à un groupe particulier de bactéries (phylum des bactéries pourpres), que leur ADN circulaire ainsi que d'autres composantes (ARN, enzymes) ressemblent à ceux qu'on trouve dans les cellules bactériennes et que leur mode de reproduction s'apparente à celui des bactéries. Il est maintenant généralement admis que les mitochondries descendent de bactéries aérobies qui ont envahi, il y a plusieurs millions d'années, des ancêtres lointains des cellules des plantes et des animaux.

Ribosomes

Les **ribosomes** sont de petits granules qui retiennent beaucoup le colorant ; ils sont constitués surtout d'un type d'ARN appelé *ARN ribosomal* ainsi que de protéines. Chaque ribosome est composé de deux sous-unités globulaires qui s'emboîtent l'une dans l'autre, lui donnant l'aspect d'un gland avec sa cupule (figure 3.18). Les ribosomes sont le siège de la synthèse des protéines, dont nous reparlerons plus loin.

Certains ribosomes flottent librement dans le cytoplasme ; d'autres sont fixés à des membranes et forment un complexe appelé *réticulum endoplasmique rugueux* **(figure 3.18)**. Ces deux populations de ribosomes semblent se partager les tâches de la synthèse des protéines. Les **ribosomes libres** fabriquent les protéines solubles dont l'activité se déroulera dans le cytosol ou dans certains organites, comme celles qui sont importées dans les mitochondries. Les **ribosomes liés à la membrane** font la synthèse des protéines destinées aux membranes cellulaires et aux lysosomes ou devant sortir de la cellule. Les ribosomes peuvent alterner entre ces deux fonctions, s'attachant aux membranes du réticulum endoplasmique ou s'en détachant selon le type de protéines qu'ils produisent à un moment donné.

Réticulum endoplasmique

Le **réticulum endoplasmique** (**RE**) (« réseau à l'intérieur du cytoplasme ») est un réseau étendu de tubes interconnectés et de membranes parallèles qui serpentent dans le cytosol en formant des espaces remplis de liquide appelés **citernes**. Le RE prolonge la membrane nucléaire externe et constitue à peu près la moitié des membranes de la cellule. Il y a deux types de RE : le RE rugueux et le RE lisse.

Réticulum endoplasmique rugueux La surface externe du **réticulum endoplasmique rugueux** est couverte de ribosomes (figure 3.18). Les protéines assemblées par ces ribosomes sont introduites dans le liquide intérieur des citernes du RE, où elles connaissent diverses destinées (comme nous le verrons aux pages 122 et 123). Quand elles sont complètes, les protéines nouvellement formées sont enfermées dans des vésicules tapissées de coatomères pour pouvoir être déplacées jusqu'au complexe golgien, où a lieu la suite de leur traitement.

Le RE rugueux a plusieurs fonctions. Ses ribosomes fabriquent toutes les protéines qui sont sécrétées par la cellule. Il est donc particulièrement abondant et bien développé dans la plupart des cellules sécrétrices, dans les plasmocytes qui fabriquent les anticorps et dans les cellules du foie, où sont produites la plupart des protéines du sang. Le RE rugueux est aussi l'« usine à membrane » de la cellule parce que c'est là que sont fabriqués

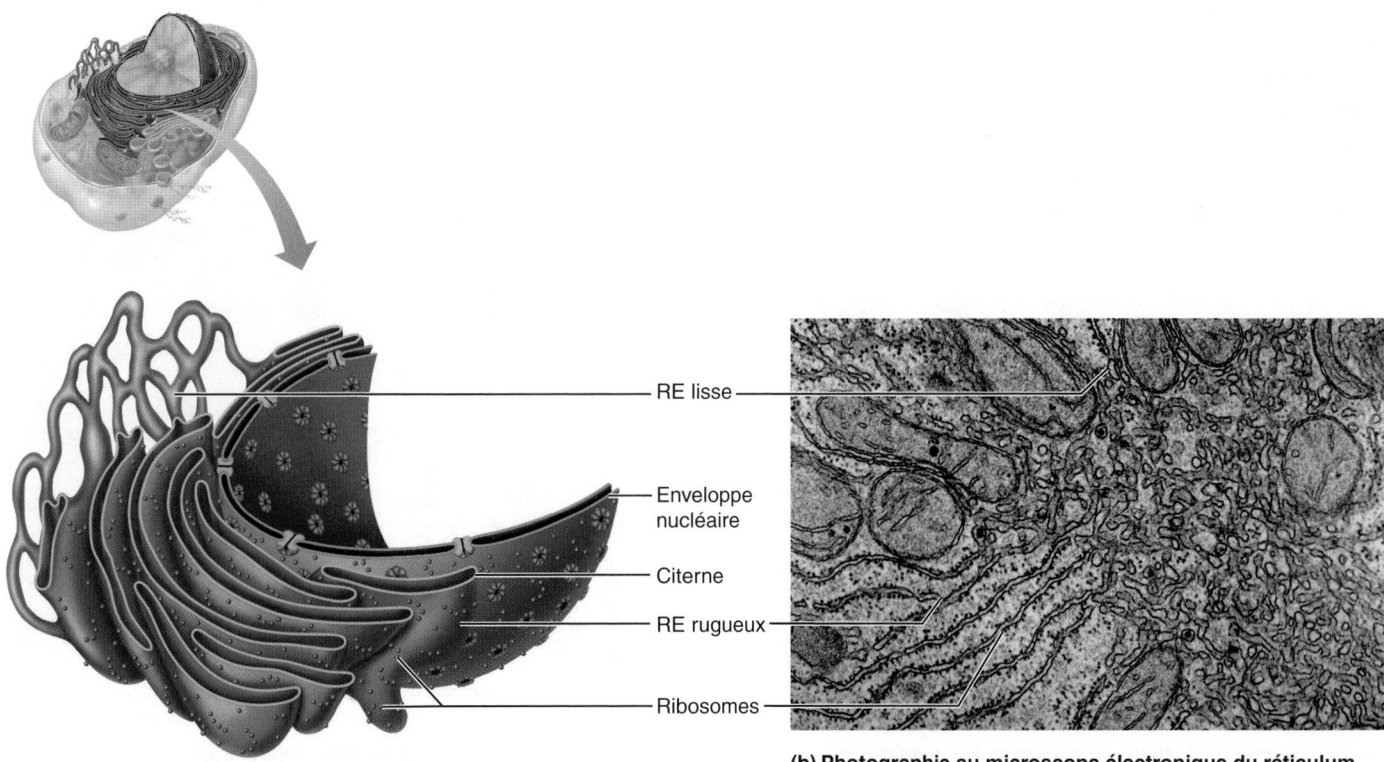

RE lisse

Enveloppe
nucléaire

Citerne

RE rugueux

Ribosomes

(a) Représentation du réticulum endoplasmique rugueux et du réticulum endoplasmique lisse

(b) Photographie au microscope électronique du réticulum endoplasmique rugueux et du réticulum endoplasmique lisse (10 000×)

Figure 3.18 Réticulum endoplasmique.

les protéines intégrées, les phospholipides et le cholestérol dont sont composées toutes les membranes cellulaires. Le site actif des enzymes qui catalysent la synthèse des lipides est situé sur la face externe (vers le cytosol) de la membrane du RE, où se trouvent leurs substrats.

Réticulum endoplasmique lisse   Le **réticulum endoplasmique lisse** (figures 3.2 et 3.18) prolonge le RE rugueux et est formé d'un réseau de tubules en boucles. Ses enzymes (qui sont toutes des protéines intégrées faisant partie de ses membranes) ne jouent aucun rôle dans la synthèse des protéines. Elles catalysent plutôt des réactions qui interviennent dans les processus suivants:

1. le métabolisme des lipides ainsi que la synthèse du cholestérol, des phospholipides des membranes et des parties lipidiques des lipoprotéines (dans les cellules du foie);
2. la synthèse d'hormones stéroïdes comme les hormones sexuelles (dans les testicules, les cellules productrices de testostérone sont pleines de RE lisse; il en va de même pour les cellules productrices d'hormones ovariennes);
3. l'absorption, la synthèse et le transport de lipides (dans les cellules de l'intestin);

4. la détoxication des médicaments et des drogues, de certains pesticides et des substances cancérogènes (dans le foie et les reins);
5. la dégradation du glycogène en réserve pour la formation de glucose libre (surtout dans les cellules du foie).

De plus, les cellules des muscles squelettiques et cardiaque ont un RE lisse très complexe (le réticulum sarcoplasmique) qui joue un rôle important dans le stockage des ions calcium et leur libération lors de la contraction musculaire. À l'exception des cas que nous venons de mentionner, la plupart des cellules du corps humain contiennent peu de véritable RE lisse ou n'en ont pas du tout.

Complexe golgien

Le **complexe golgien** (ou appareil de Golgi) est formé d'un ou de plusieurs empilements (nommés *dictyosomes*) de sacs membraneux aplatis, superposés comme des assiettes et entourés d'un essaim de petites vésicules **(figure 3.19)**. C'est lui qui dirige la plus grande partie du «trafic» des protéines de la cellule. Sa principale fonction est de modifier, de concentrer et d'emballer les protéines et les lipides produits dans le RE rugueux.

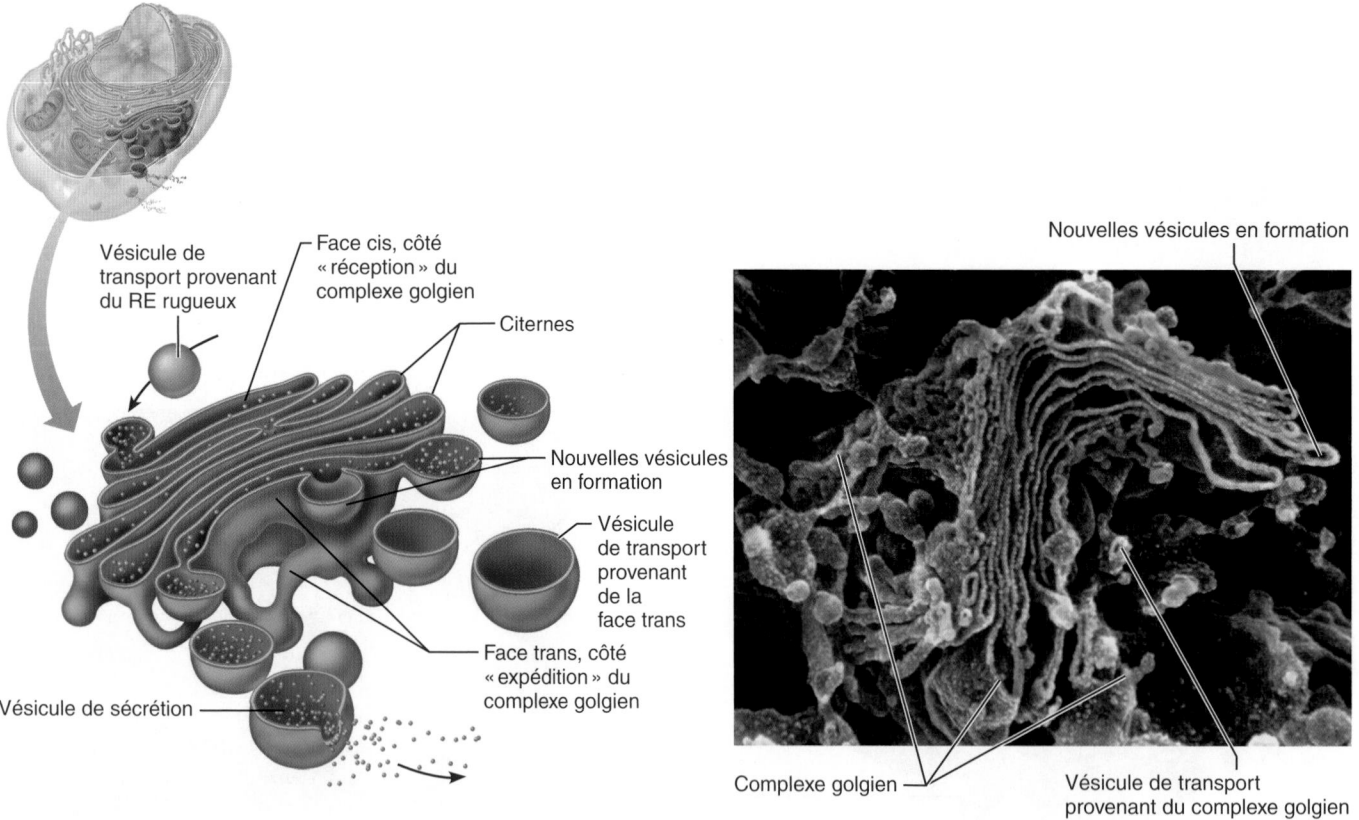

(a) **Nombreuses vésicules se détachant des membranes du complexe golgien**

(b) **Photographie au microscope électronique du complexe golgien (90 000×)**

Figure 3.19 Complexe golgien. Remarquez en **(a)** que les nombreuses vésicules de toute sorte représentées ici détachées ou sur le point de se détacher des membranes du complexe golgien devraient porter des protéines sur leur face externe; nous les avons omises pour simplifier l'illustration.

Les vésicules de transport qui se détachent du RE rugueux gagnent les membranes convexes de la *face cis* («côté réception»), du complexe golgien (celle qui est tournée vers le noyau), et fusionnent avec elles. À l'intérieur du complexe golgien et en passant d'un sac au suivant, les protéines subissent diverses modifications, par exemple l'élimination ou l'ajout de certains groupements sucre, ou encore l'incorporation de groupements phosphate (phosphorylation) ou sulfate. Les diverses protéines sont «étiquetées» selon l'adresse de livraison, triées, puis emballées dans au moins trois différents types de vésicules qui se détachent par bourgeonnement de la *face trans* (côté «expédition», à surface concave) du complexe golgien.

Les vésicules contenant les protéines destinées à l'exportation deviennent des **vésicules de sécrétion**; elles migrent alors en direction de la membrane plasmique et libèrent leur contenu à l'extérieur de la cellule par exocytose (voie A, **figure 3.20**). Les cellules sécrétrices spécialisées comme celles qui, dans le pancréas, produisent des enzymes, ont un complexe golgien très développé. En plus d'emballer les substances destinées à l'exocytose, le complexe golgien produit des vésicules contenant des protéines transmembranaires et des lipides destinés à la membrane plasmique (voie B, figure 3.20) ou à d'autres organites membraneux. Il emballe également des enzymes digestives dans des sacs membraneux appelés lysosomes qui demeurent à l'intérieur de la cellule (voie C, figure 3.20; voir aussi ci-dessous).

Lysosomes

Naissant sous forme d'endosomes contenant des enzymes inactives, les **lysosomes** («corps de désintégration») sont des organites membraneux sphériques contenant des enzymes digestives **(figure 3.21)**. Comme on pourrait s'y attendre, les lysosomes sont gros et abondants dans les phagocytes, ces cellules qui débarrassent l'organisme des bactéries et des débris cellulaires. Les enzymes qu'ils contiennent peuvent digérer presque toutes les sortes de molécules d'origine biologique. C'est dans un milieu acide (à pH voisin de 5, donc une centaine de fois plus acide que le cytosol) que le fonctionnement de ces enzymes est optimal; c'est pour cette raison qu'on les appelle *hydrolases acides*.

La membrane lysosomiale est bien adaptée aux fonctions du lysosome pour deux raisons. Premièrement, elle comporte des «pompes» à ions H^+ (à protons) qui sont des ATPases permettant d'accumuler les ions hydrogène en provenance du cytosol environnant et de maintenir ainsi le pH acide de l'organite. Deuxièmement, elle retient les dangereuses hydrolases acides tout en permettant la sortie des produits finaux de la digestion

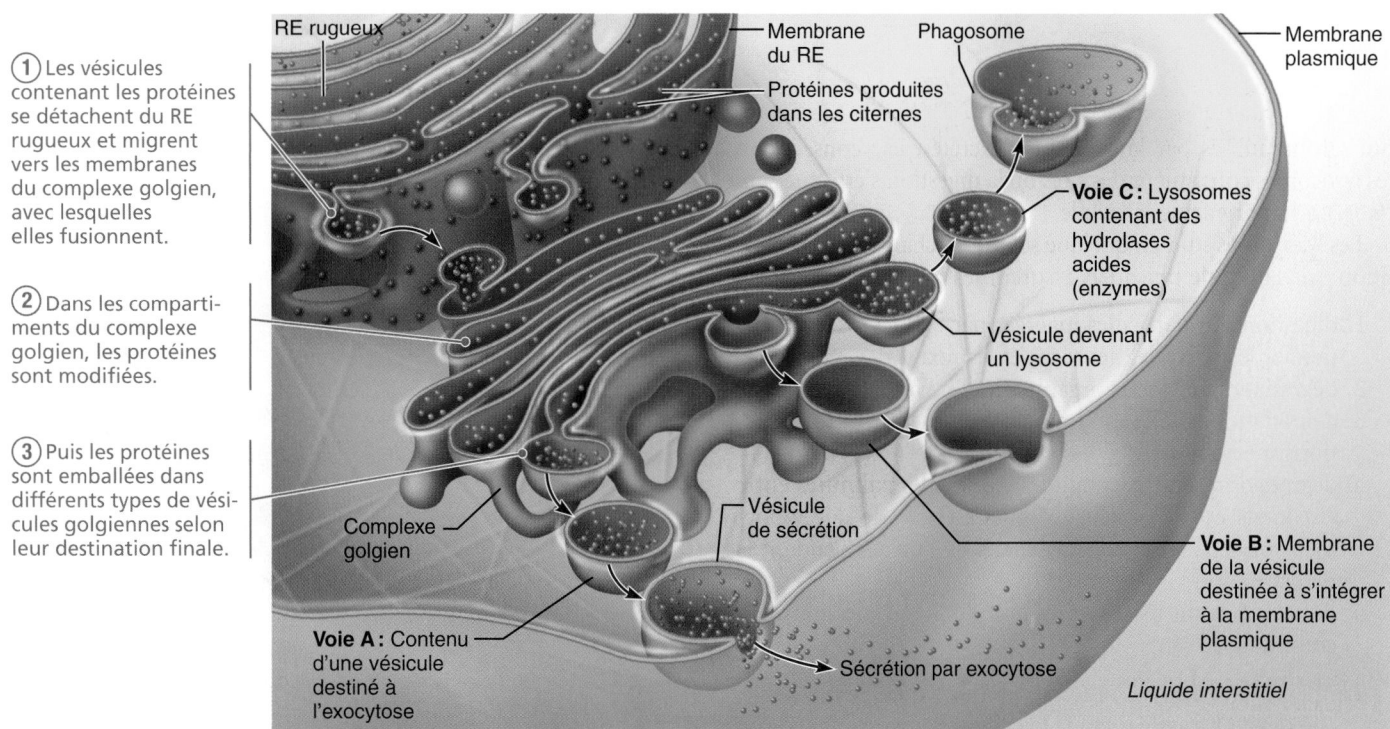

① Les vésicules contenant les protéines se détachent du RE rugueux et migrent vers les membranes du complexe golgien, avec lesquelles elles fusionnent.

② Dans les compartiments du complexe golgien, les protéines sont modifiées.

③ Puis les protéines sont emballées dans différents types de vésicules golgiennes selon leur destination finale.

RE rugueux

Membrane du RE

Phagosome

Membrane plasmique

Protéines produites dans les citernes

Voie C : Lysosomes contenant des hydrolases acides (enzymes)

Vésicule devenant un lysosome

Complexe golgien

Vésicule de sécrétion

Voie A : Contenu d'une vésicule destiné à l'exocytose

Sécrétion par exocytose

Voie B : Membrane de la vésicule destinée à s'intégrer à la membrane plasmique

Liquide interstitiel

Figure 3.20 Séquence d'événements allant de la synthèse des protéines sur le RE rugueux à leur distribution finale. Les revêtements de protéines des vésicules de transport ne sont pas illustrés.

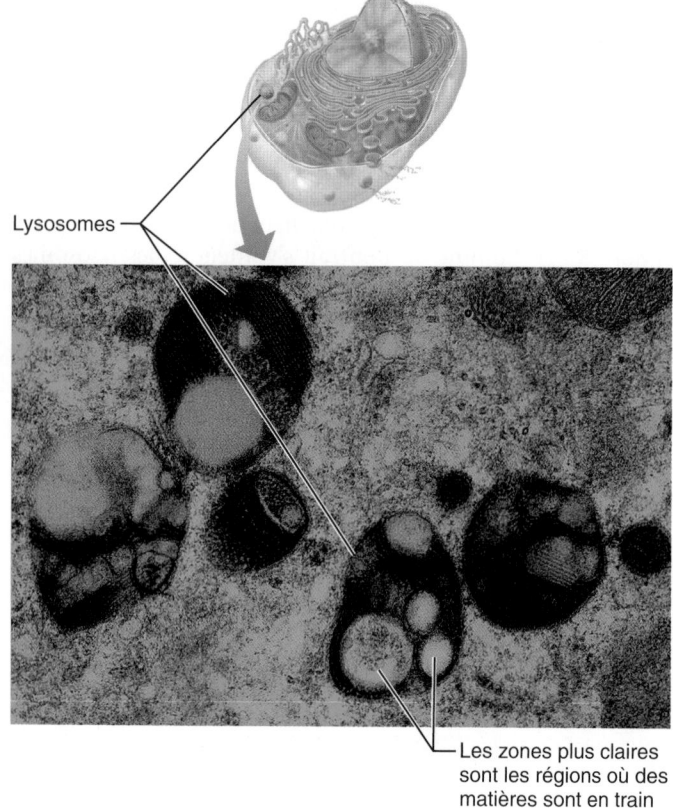

Lysosomes

Les zones plus claires sont les régions où des matières sont en train d'être digérées.

Figure 3.21 **Photographie au microscope électronique d'une cellule contenant des lysosomes (120 000×).**

DÉSÉQUILIBRE HOMÉOSTATIQUE

Les lysosomes dégradent le glycogène et certains lipides du cerveau à un taux relativement constant. Dans la *maladie de Tay-Sachs*, qui est une affection héréditaire fréquente chez les Juifs d'Europe centrale, les lysosomes ne contiennent pas une enzyme responsable de la dégradation d'un glycolipide présent dans les membranes des neurones. Les lipides non dégradés s'accumulent donc dans les lysosomes des neurones qui se mettent à enfler, ce qui entrave le fonctionnement du système nerveux. Les jeunes enfants atteints de cette maladie ont habituellement des traits rappelant ceux d'une poupée et une peau translucide rose. On remarque les premiers symptômes vers l'âge de trois à six mois (apathie, faiblesse de la motricité). Plus tard apparaissent une arriération mentale, des convulsions, la cécité et finalement la mort avant l'âge de deux ou trois ans. ■

Résumé des interactions au niveau du système endomembranaire

Le **système endomembranaire** est un ensemble d'organites (décrits en grande partie plus haut) qui travaillent de concert pour assurer principalement (1) la production, le stockage et l'exportation de molécules d'origine biologique et (2) la dégradation de substances pouvant avoir des effets nocifs (figure 3.22). Ce système comprend le RE, le complexe golgien, les vésicules de sécrétion et les lysosomes ainsi que la membrane nucléaire externe, c'est-à-dire tous les éléments ou les organites membraneux qui soit forment un ensemble structural continu, soit

qui seront utilisés par la cellule ou excrétés. Par conséquent, les lysosomes constituent des sites où la digestion s'effectue *sans danger* à l'intérieur de la cellule.

Les lysosomes sont en quelque sorte les «chantiers de démolition» de la cellule puisqu'ils assurent les fonctions suivantes:

1. digestion des particules ingérées par endocytose, en particulier les bactéries, les virus et les toxines;
2. dégradation des vieux organites usés ou non fonctionnels;
3. dégradation et libération du glycogène, entre autres fonctions métaboliques;
4. dégradation des tissus inutiles comme les palmures entre les doigts et les orteils du fœtus en voie de développement ou le revêtement superficiel de l'utérus pendant la menstruation;
5. dégradation du tissu osseux afin de libérer des ions calcium dans le sang.

La membrane du lysosome est habituellement assez stable, mais elle devient fragile lorsque la cellule est endommagée ou manque d'oxygène, ou en présence d'un excès de vitamine A. La rupture du lysosome entraîne alors l'autodigestion de la cellule par un processus appelé **autolyse**. La dégradation par autolyse est parfois souhaitable (voir le quatrième point ci-dessus).

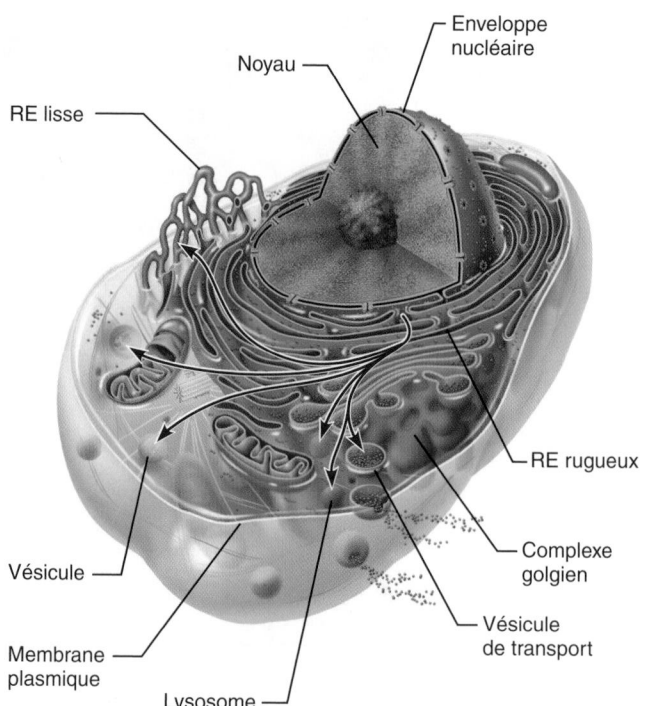

Noyau

Enveloppe nucléaire

RE lisse

RE rugueux

Complexe golgien

Vésicule de transport

Vésicule

Membrane plasmique

Lysosome

Figure 3.22 **Système endomembranaire.**

apparaissent par suite de la formation ou de la fusion de vésicules de transport. L'enveloppe nucléaire (dont la membrane externe est elle-même un prolongement du RE rugueux) est en continuité avec le RE rugueux et le RE lisse (figure 3.18). Du point de vue fonctionnel, la membrane plasmique fait aussi partie de ce système, bien qu'elle ne soit pas à proprement parler une *endo*membrane.

Outre ces relations structurales directes, on remarque une large gamme d'interactions indirectes (indiquées par des flèches dans la figure 3.22) entre les éléments du système. Certaines des vésicules qui «naissent» dans le RE migrent vers le complexe golgien et fusionnent avec lui ou bien avec la membrane plasmique, et des vésicules issues du complexe golgien peuvent s'intégrer à la membrane plasmique, à des vésicules de sécrétion ou à des lysosomes.

Peroxysomes

Les **peroxysomes** («corps de peroxyde») sont des sacs membraneux (vésicules) qui contiennent diverses enzymes puissantes, dont les plus importantes sont les oxydases et les catalases. Les oxydases utilisent l'oxygène moléculaire (O_2) pour détoxiquer des substances nocives, dont l'alcool et le formaldéhyde, et oxyder certains acides gras à longues chaînes. Cependant, la fonction la plus importante des peroxysomes est le désamorçage des dangereux radicaux libres. Les **radicaux libres** sont des substances chimiques très réactives comportant des électrons non appariés et qui peuvent semer le désordre dans la structure des biomolécules. Les oxydases convertissent les radicaux libres en peroxyde d'hydrogène (H_2O_2), un autre composé réactif et dangereux, mais qui est rapidement transformé en eau par d'autres enzymes, les catalases. Les radicaux libres et le peroxyde d'hydrogène sont des sous-produits normaux du métabolisme cellulaire, mais ils ont des effets désastreux sur les cellules s'ils s'accumulent. Les peroxysomes sont particulièrement nombreux dans les cellules du foie et des reins, où ils contribuent très activement à la détoxication. On peut juger de leur importance par les conséquences de leur absence ou de la diminution de leur nombre par suite d'une anomalie génétique portant le nom de syndrome de Zellweger. Cette maladie, mortelle en bas âge, perturbe surtout le fonctionnement du foie, du cerveau et des reins. Par ailleurs, les peroxysomes participent largement à l'oxydation des acides gras et au métabolisme énergétique.

Les peroxysomes ressemblent à de petits lysosomes (figure 3.2), et, pendant de nombreuses années, on a pensé que ces organites se reproduisaient eux-mêmes en se coupant tout simplement en deux. Des travaux récents démontrent plutôt qu'ils se forment par bourgeonnement à partir du RE lisse.

Particules de Vault

Considérées par certains auteurs comme des organites sans membrane et par d'autres comme des inclusions, les **particules de Vault** (pour voûte, en anglais) ont été découvertes récemment, bien qu'elles soient trois fois plus grosses que les ribosomes. Ce sont des structures creuses, ressemblant à des tonneaux, constituées d'ARN et de protéines. On ne connaît

pas encore très bien toutes leurs fonctions. Elles interviendraient dans le transport de substances entre l'extérieur et l'intérieur de la cellule et entre le noyau et le cytoplasme. Elles seraient également responsables de la résistance des cellules aux médicaments anticancéreux.

VÉRIFIONS NOS ACQUIS

20. Quel organite est le siège principal de la synthèse de l'ATP?
21. Nommez les trois organites qui participent à la synthèse des protéines. Comment interagissent-ils entre eux au cours du processus?
22. Comparez la fonction des lysosomes à celle des peroxysomes.

Les réponses se trouvent à l'appendice G.

Cytosquelette

20 Nommer les trois groupes d'éléments du cytosquelette; décrire leur structure et leur fonction respectives.

Le **cytosquelette** («squelette de la cellule») est un réseau complexe de bâtonnets traversant le cytosol. Il soutient les structures cellulaires et produit les divers mouvements de la cellule en agissant en quelque sorte comme le «squelette», la «musculature» et les «ligaments» de cette dernière. Les trois types de bâtonnets du cytosquelette, par ordre croissant de diamètre, sont les *microfilaments*, les *filaments intermédiaires* et les *microtubules* (figure 3.23), et aucun d'entre eux n'est recouvert d'une membrane.

Les **microtubules** sont les éléments du cytosquelette qui ont le plus grand diamètre; des sous-unités sphériques de protéines appelées *tubulines* s'alignent pour constituer des protofilaments qui eux-mêmes s'associent, par groupes de 13, pour composer les tubes creux que sont les microtubules (figure 3.23c). Les sous-unités peuvent s'assembler ou se séparer selon les besoins de la cellule. La plupart des microtubules sont disposés radialement autour du *centrosome*, une petite région du cytoplasme voisine du noyau (figures 3.2 et 3.25). Les microtubules sont des organites remarquablement dynamiques qui se forment constamment à partir du centrosome, se disloquent et se réassemblent spontanément. Les microtubules, qui sont plutôt rigides tout en restant flexibles, déterminent la forme générale de la cellule et de ses organites ainsi que l'emplacement de ces derniers dans la cellule. Ils forment le fuseau mitotique dont il sera question plus loin.

Les mitochondries, les vésicules de sécrétion provenant du complexe golgien et les lysosomes s'accrochent aux microtubules comme des décorations aux branches d'un arbre. De petites protéines, appelées **protéines motrices** (*kinésines, dynéines*, entre autres) ou **molécules motrices**, déplacent continuellement ces organites. Pour ce faire, les diverses protéines motrices changent de forme. Activées par l'ATP, certaines protéines motrices semblent agir comme des locomotives tirant des substances sur les «rails» constitués par les microtubules. Aucune analogie n'est parfaite, mais on dit souvent que ces molécules motrices semblent se déplacer un peu comme un singe qui passe d'une

3

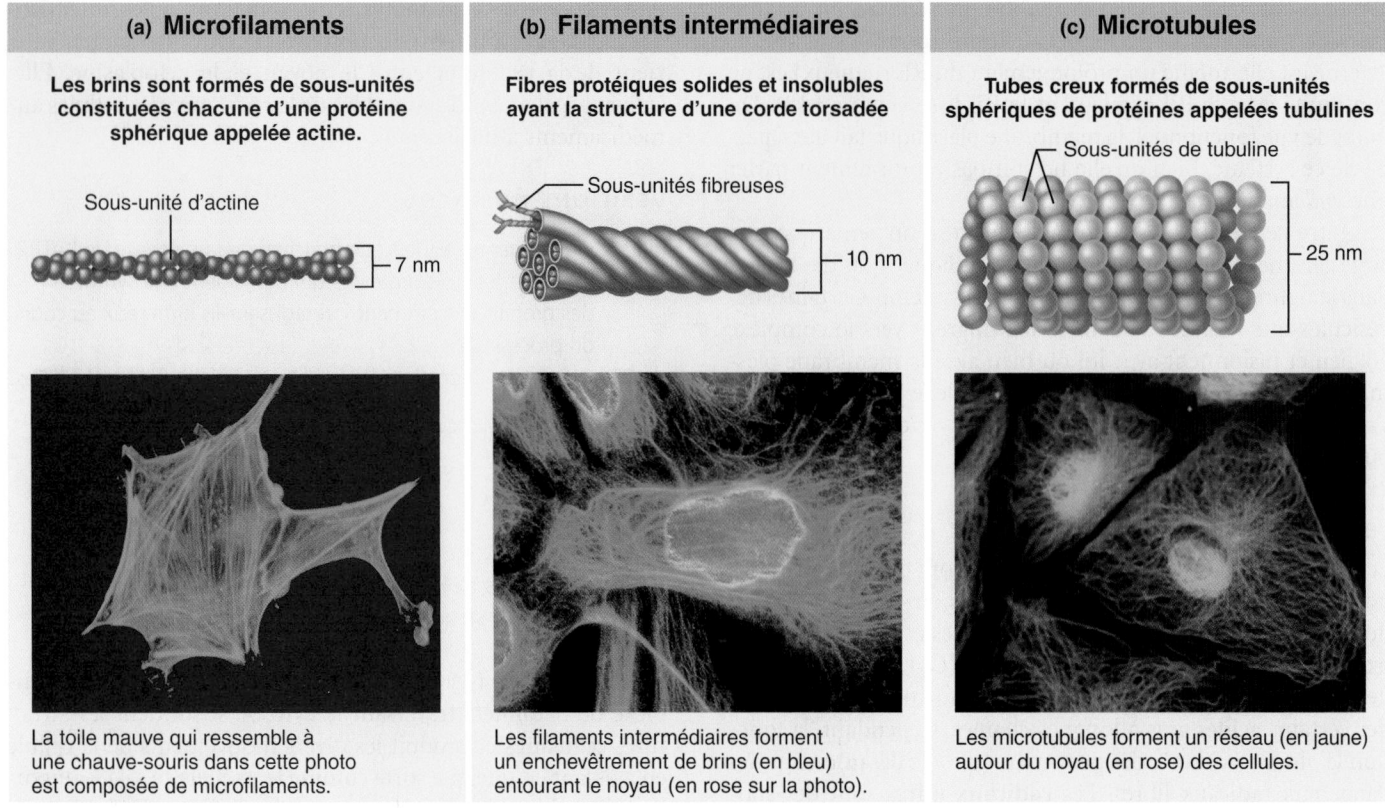

(a) Microfilaments	(b) Filaments intermédiaires	(c) Microtubules
Les brins sont formés de sous-unités constituées chacune d'une protéine sphérique appelée actine.	**Fibres protéiques solides et insolubles ayant la structure d'une corde torsadée**	**Tubes creux formés de sous-unités sphériques de protéines appelées tubulines**

Sous-unité d'actine — 7 nm

Sous-unités fibreuses — 10 nm

Sous-unités de tubuline — 25 nm

La toile mauve qui ressemble à une chauve-souris dans cette photo est composée de microfilaments.

Les filaments intermédiaires forment un enchevêtrement de brins (en bleu) entourant le noyau (en rose sur la photo).

Les microtubules forment un réseau (en jaune) autour du noyau (en rose) des cellules.

Figure 3.23   Les éléments du cytosquelette soutiennent la cellule et contribuent aux mouvements. Schémas (en haut) et photos (en bas). Les photos représentent des fibroblastes qui ont été traités pour que la structure étudiée soit fluorescente.

branche à l'autre (figure 3.24a). Ce transport d'organites est particulièrement important dans les longs prolongements des neurones (axones), qui peuvent mesurer jusqu'à 1 mètre.

Les **microfilaments** sont les structures les plus minces du cytosquelette. Ils sont composés des filaments d'une protéine, l'*actine* («rayon») (figure 3.23a). Dans chaque cellule, ils ont une disposition différente; il n'existe donc pas deux cellules parfaitement identiques. Cependant, dans presque toutes les cellules, on observe un réseau croisé assez dense de microfilaments, qui est relié à la face interne de la membrane plasmique et qui renforce la surface de la cellule et résiste à la compression.

La plupart des microfilaments assurent la motilité ou les changements de forme de la cellule. Par exemple, les microfilaments d'actine interagissent avec la **myosine**, une autre protéine, pour produire les forces de contraction des cellules musculaires (figure 3.24b), permettre le raccourcissement des microvillosités et former l'anneau contractile qui sépare la cellule en deux lors de la division cellulaire. Les microfilaments qui se fixent aux molécules d'adhérence cellulaire (figure 3.4e) du glycocalyx produisent la reptation que l'on observe lors du mouvement amiboïde des globules blancs ainsi que les remaniements de la membrane qui accompagnent l'endocytose et l'exocytose. Les microfilaments se désintègrent et se reconsti-

tuent sans cesse à partir de sous-unités globulaires plus petites lorsque leur présence devient nécessaire, sauf dans les cellules musculaires, où ils sont très développés et relativement stables.

Les **filaments intermédiaires** sont des fibres protéiques (possédant une structure secondaire en hélice α) solides et insolubles dont le diamètre se situe entre celui des microfilaments et celui des microtubules (figure 3.23b). Ils ont la même structure qu'une corde torsadée, sont très résistants à la tension et constituent les éléments les plus stables et les plus permanents du cytosquelette. Contrairement aux microtubules et aux microfilaments, ils ne se lient pas à l'ATP et ne servent pas de «rails» pour le déplacement des substances intracellulaires par les molécules motrices. Ils se fixent plutôt aux desmosomes et agissent comme des haubans internes s'opposant aux forces d'étirement qui s'exercent sur la cellule. Les filaments intermédiaires des divers types de cellules ont reçu des noms très différents parce qu'ils ne sont pas constitués des mêmes protéines; selon ce critère, on les a regroupés en cinq grandes classes. Par exemple, ceux des neurones sont appelés neurofilaments, ceux des cellules épithéliales de la peau sont nommés filaments de kératine et ceux qui forment la lamina du noyau, dont nous parlerons plus loin, portent le nom de lamines.

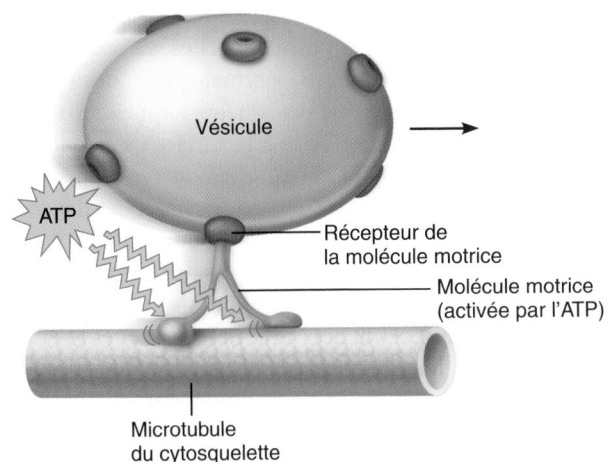

(a) Les molécules motrices peuvent se fixer à des récepteurs situés sur les vésicules ou les organites, leur permettant ainsi de «marcher» le long des microtubules du cytosquelette.

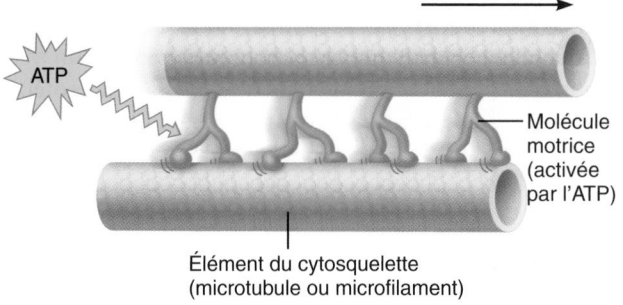

(b) Dans certains types de motilité cellulaire, les molécules motrices fixées à un élément du cytosquelette peuvent le faire glisser sur un autre élément, comme dans la contraction musculaire et le mouvement des cils.

Figure 3.24 **Les microtubules et les microfilaments assurent la motilité en interagissant avec des molécules motrices.** Les diverses molécules motrices, qui sont toutes activées par l'ATP, changent de forme en effectuant des mouvements d'aller et retour, comme des jambes microscopiques. À chaque cycle de changement de conformation, la molécule motrice détache son extrémité libre et la fixe plus loin sur le microtubule ou le microfilament.

Centrosome et centrioles

21 Décrire la structure des centrioles et leur fonction dans le déroulement de la mitose et dans la formation des cils et des flagelles.

Comme nous l'avons dit plus haut, les microtubules sont ancrés par une extrémité au **centrosome**, ou *centre cellulaire*, une région voisine du noyau qui constitue le *centre d'organisation des microtubules*; le centrosome présente peu de caractères distinctifs, si ce n'est qu'il est formé d'une *matrice* d'aspect granuleux contenant une paire d'organites, les **centrioles**, qui sont de petites structures cylindriques perpendiculaires l'une à l'autre **(figure 3.25)**. Les fonctions les mieux connues de la matrice du centrosome sont la production des microtubules et la mise en place du

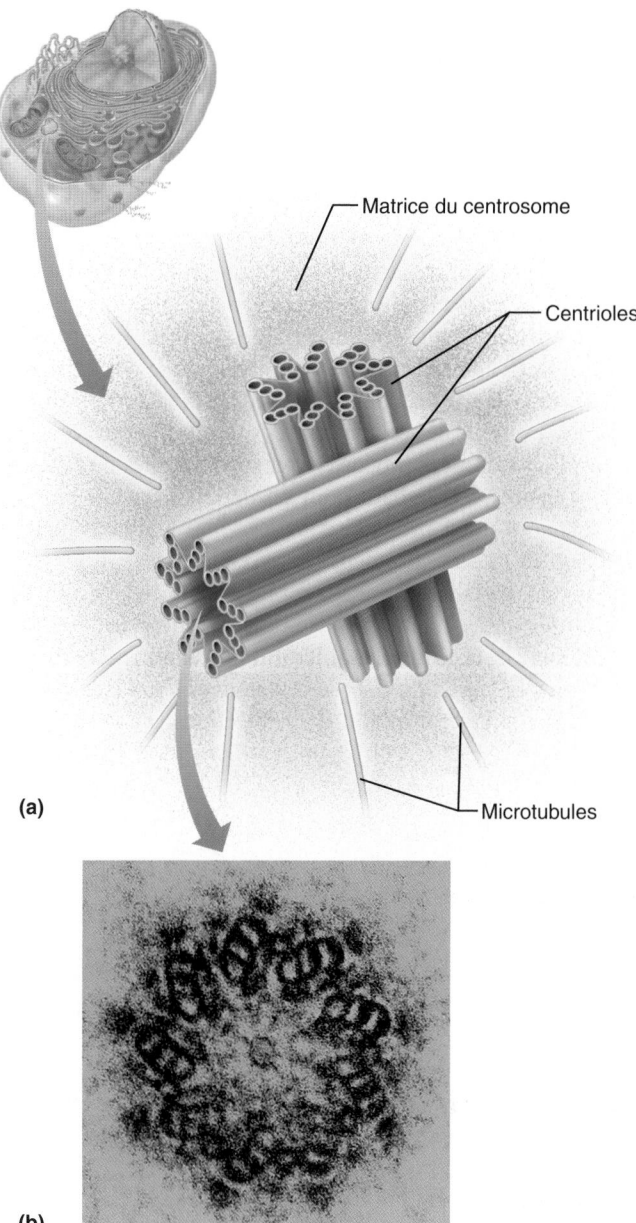

Figure 3.25 **Centrioles. (a)** Représentation tridimensionnelle d'une paire de centrioles perpendiculaires l'un à l'autre, ce qui est leur position habituelle dans la cellule. Les centrioles sont situés dans le centrosome, une région peu apparente voisine du noyau. **(b)** Photographie au microscope électronique montrant la coupe transversale d'un centriole (120 000×). Remarquez qu'il est formé de neuf triplets de microtubules.

fuseau mitotique lors de la division cellulaire (figure 3.33). Un centriole est composé d'un ensemble de neuf *triplets* de microtubules disposés de façon particulière: chaque triplet est rattaché au suivant par des protéines autres que des tubulines et l'ensemble détermine un tube creux qui, en coupe transversale, rappelle un soleil de feu d'artifice. Les centrioles sont aussi à l'origine des cils et des flagelles, que nous verrons sous peu.

Prolongements de la cellule

22 Comparer la structure et la fonction des deux principaux types de prolongements de la cellule, les cils et les microvillosités.

Cils et flagelles

Les **cils** sont des prolongements cellulaires mobiles ressemblant à des fouets, qui se trouvent habituellement en grand nombre sur les surfaces exposées de certaines cellules **(figure 3.26)**. L'action des cils revêt une importance lorsque des substances doivent être déplacées dans une direction à la surface des cellules. Par exemple, les cellules ciliées qui tapissent les voies respiratoires poussent le mucus chargé de particules de poussière et de bactéries vers le haut pour en débarrasser les poumons. Des cils sont aussi présents dans les voies génitales mâles et femelles, où ils servent à déplacer les cellules sexuelles.

Lorsque des cils sont sur le point d'apparaître, les centrioles se multiplient et s'alignent sous la membrane plasmique de la face exposée de la cellule. Les microtubules commencent ensuite à «germer» à partir de chaque centriole et à pousser la membrane plasmique en formant des projections ciliaires.

Lorsque les projections formées par les centrioles sont beaucoup plus longues, on les nomme **flagelles**. La seule cellule flagellée du corps humain est le spermatozoïde, dont le flagelle propulsif est couramment appelé queue. Rappelez-vous que les cils *déplacent d'autres substances* à la surface de la cellule, alors que les flagelles *propulsent la cellule elle-même*.

Les centrioles qui forment la base des cils et des flagelles sont souvent appelés **corpuscules basaux** (figure 3.26) parce qu'on pensait autrefois qu'ils étaient différents de ceux qui se trouvent dans le centrosome. On sait maintenant que les centrioles et les corpuscules basaux sont des variantes de la même structure. Dans le cil ou le flagelle même, la disposition des microtubules (neuf *doublets,* ou paires, de microtubules partiellement fusionnés entourant une paire centrale de microtubules complètement séparés) diffère légèrement de celle du centriole (neuf *triplets* de microtubules accolés). De plus, le cil possède des rayons formés de protéines de liaison (en violet à la figure 3.26) et de protéines motrices (en vert à la figure 3.26) qui favorisent le mouvement du cil ou du flagelle.

On ne comprend pas exactement le mode de coordination des cils, mais il est évident que les microtubules y jouent un rôle. Les doublets portent des bras latéraux de *dynéine*, une protéine motrice (figure 3.26). Les bras latéraux d'un doublet agrippent

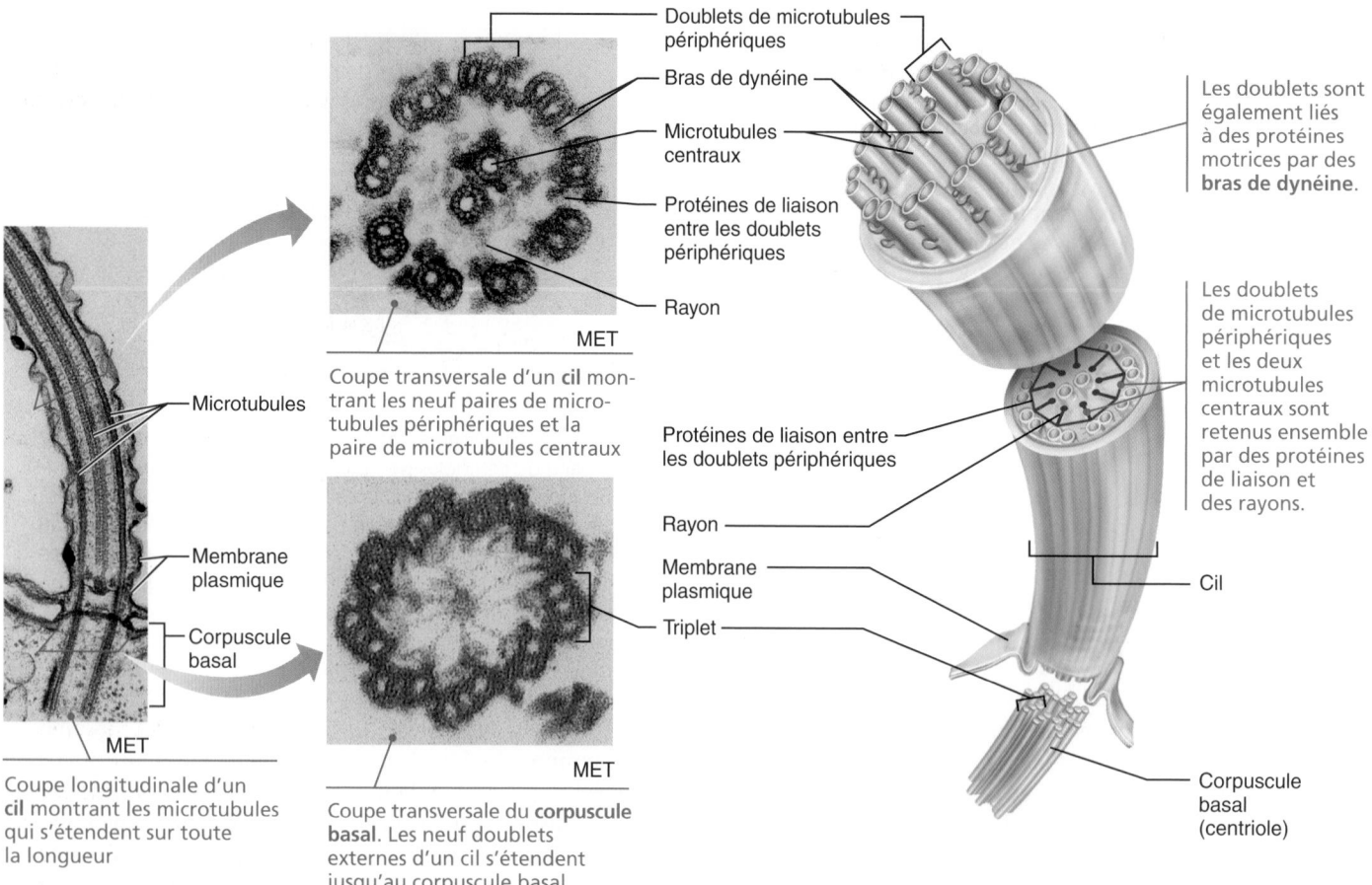

Doublets de microtubules périphériques

Bras de dynéine

Microtubules centraux

Protéines de liaison entre les doublets périphériques

Rayon

MET

Coupe transversale d'un **cil** montrant les neuf paires de microtubules périphériques et la paire de microtubules centraux

Microtubules

Membrane plasmique

Corpuscule basal

MET

Coupe longitudinale d'un **cil** montrant les microtubules qui s'étendent sur toute la longueur

Protéines de liaison entre les doublets périphériques

Rayon

Membrane plasmique

Triplet

MET

Coupe transversale du **corpuscule basal**. Les neuf doublets externes d'un cil s'étendent jusqu'au corpuscule basal, où chacun se lie à un autre microtubule pour former un anneau de neuf triplets.

Les doublets sont également liés à des protéines motrices par des **bras de dynéine**.

Les doublets de microtubules périphériques et les deux microtubules centraux sont retenus ensemble par des protéines de liaison et des rayons.

Cil

Corpuscule basal (centriole)

Figure 3.26 Structure des cils. (MET: microscope électronique à transmission)

le doublet voisin et, activés par l'ATP, le repoussent, le lâchent et s'y agrippent de nouveau. Comme ils sont physiquement limités par d'autres protéines, les doublets ne peuvent pas glisser sur une longue distance ; ils sont plutôt forcés de s'incurver. Le cil se courbe alors sous l'effet de l'action coordonnée de tous les doublets de microtubules glissant les uns sur les autres.

Au cours de son mouvement, le cil passe alternativement de la *phase active*, ou propulsive, pendant laquelle il est presque droit et décrit un arc de cercle, à la *phase de récupération*, pendant laquelle il se courbe et revient à sa position de départ (figure 3.27a) ; par ces deux mouvements, le cil produit une poussée unidirectionnelle qui se répète de 10 à 20 fois par seconde. L'activité des cils d'une certaine région est coordonnée ; en effet, la flexion d'un cil *est* immédiatement suivie de la flexion du suivant, puis du troisième, ce qui crée à la surface de la cellule une sorte de courant rappelant les ondulations qui parcourent une prairie par une journée venteuse (figure 3.27b).

Microvillosités et stéréocils

Les **microvillosités** (« petits poils hérissés ») sont de minuscules prolongements (2 μm) de la membrane plasmique en forme de doigt qui constituent des saillies sur une partie libre, ou exposée, de la surface de la cellule (figure 3.5, partie du haut, et figure 3.28). Elles accroissent considérablement la superficie

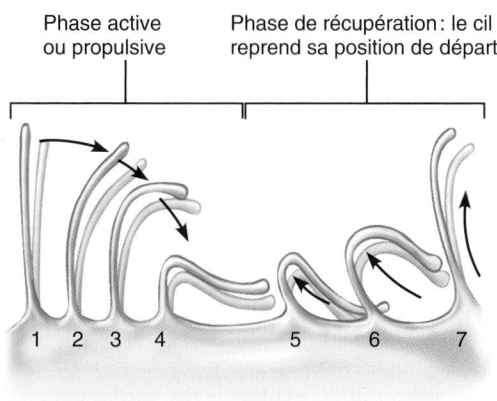

(a) Phases du battement des cils

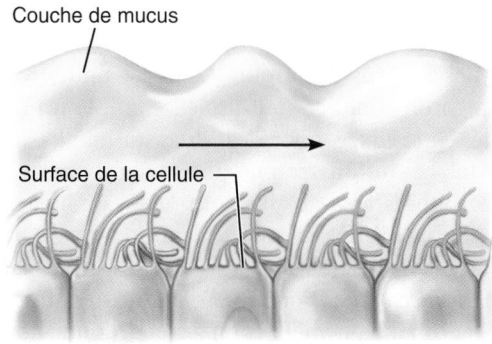

(b) Onde créée par le mouvement coordonné de nombreux cils qui font circuler du mucus à la surface des cellules

Figure 3.27 Activité des cils.

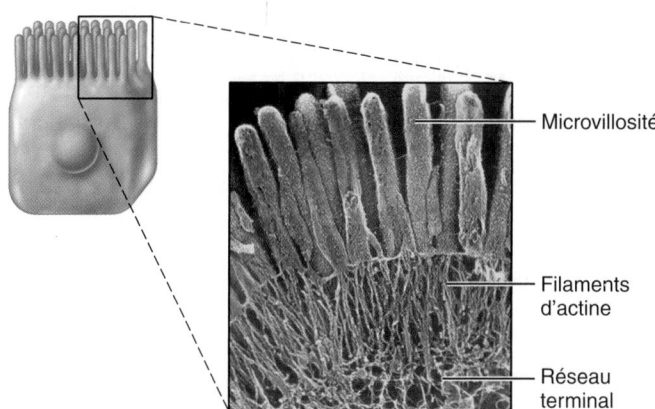

Figure 3.28 Microvillosités.

de la membrane plasmique et on les trouve le plus souvent sur les cellules absorbantes, comme celles des tubules rénaux et des intestins. Le centre des microvillosités est composé d'amas de filaments d'actine qui s'étendent jusqu'au réseau terminal du cytosquelette de la cellule. Connue pour ses propriétés contractiles, l'actine interviendrait d'une autre façon dans les microvillosités, qu'elle rendrait plus rigides. Jusqu'à quatre fois plus longs que les microvillosités, les **stéréocils** se dressent à la surface de cellules réceptrices dans certains organes des sens comme l'oreille et le nez, où ils ont une fonction sensorielle. Malgré leur nom, ils ne sont pas mobiles comme les cils et leur structure ressemble à celle des microvillosités et non à celle des cils.

VÉRIFIONS NOS ACQUIS

23. Sur le plan fonctionnel, qu'ont en commun les microtubules et les microfilaments ?
24. Laquelle des structures suivantes joue le rôle le plus important dans le maintien de la forme de la cellule : les microfilaments, les microtubules ou les filaments intermédiaires ?
25. La principale fonction des cils consiste à déplacer des substances à la surface libre des cellules. Quelle est la fonction principale des microvillosités ?

Les réponses se trouvent à l'appendice G.

Noyau

23 Décrire la structure et la fonction de l'enveloppe nucléaire, du nucléole et de la chromatine ; distinguer l'ADN, la chromatine, la chromatide et le chromosome.

Le **noyau** est le centre de régulation des cellules ; il contient les gènes. À lui seul, cet organite exécute le travail d'un ordinateur, d'un architecte, d'un chef de chantier et d'un conseil d'administration. En tant que gardien du patrimoine génétique, il possède les instructions nécessaires à l'élaboration de presque toutes les protéines de l'organisme. De plus, selon les signaux que reçoit la cellule, il détermine à chaque instant quelles protéines doivent être synthétisées et en quelle quantité.

La plupart des cellules ne possèdent qu'un seul noyau mais certaines d'entre elles, notamment les cellules musculaires striées, les ostéoclastes (qui assurent la résorption osseuse) et certaines cellules hépatiques, sont **multinucléées**, c'est-à-dire qu'elles ont plusieurs noyaux. La présence de plus d'un noyau signifie habituellement que la régulation doit s'exercer sur une masse cytoplasmique supérieure à la normale.

Toutes les cellules de notre organisme sont nucléées, à l'exception des globules rouges. En effet, ceux-ci éjectent leurs noyaux quand ils parviennent à maturité, avant de pénétrer dans la circulation sanguine. Ces cellules **anucléées** (*a*: sans) ne peuvent pas se reproduire et vivent donc de trois à quatre mois dans le sang avant de commencer à se détériorer. Sans noyau, la cellule ne peut pas produire l'ARNm nécessaire à la fabrication d'autres protéines et il lui est impossible de remplacer ses enzymes et ses structures cellulaires lorsque ces dernières commencent à se dégrader (ce qui finit toujours par arriver).

Le noyau, dont le diamètre moyen est de 5 μm, est plus gros que n'importe quel organite cytoplasmique; son volume représente environ 15 % de celui de la cellule. Il a habituellement la même forme que la cellule, celle-ci étant le plus souvent sphérique ou ovale. On y distingue au premier abord trois régions ou structures: l'*enveloppe* (*membrane*) *nucléaire*, les *nucléoles* et la *chromatine* (**figure 3.29a**). En plus de ces structures, le noyau comprend plusieurs compartiments distincts (entre autres, un compartiment de facteurs d'épissage des ARN messagers), où sont concentrés des groupes particuliers de protéines. Ces compartiments ne sont pas limités par des membranes et fluctuent constamment. Beaucoup de choses restent encore à élucider à leur sujet.

Enveloppe nucléaire

Le noyau est délimité par une **enveloppe nucléaire** formée d'une *double* membrane (chacune de ces membranes étant elle-même constituée d'une bicouche de phospholipides) à l'instar de l'enveloppe de la mitochondrie (entre les deux membranes se trouve un espace rempli de liquide). La membrane nucléaire externe prolonge le RE du cytoplasme et sa face cytoplasmique est garnie de ribosomes. La membrane nucléaire interne est tapissée par la *lamina nucléaire*, un réseau de *lamines* (protéines en forme de bâtonnet dont la réunion forme les filaments intermédiaires). Cette structure permet au noyau de conserver sa forme et de maintenir l'organisation de l'ADN dans le noyau en jouant le rôle d'un échafaudage (figure 3.29b, partie du bas).

À certains endroits, les deux membranes de l'enveloppe nucléaire sont reliées et forment des **pores nucléaires**. Un assemblage complexe de protéines, appelé *complexe du pore nucléaire*, tapisse l'intérieur de chaque pore; il forme un canal de transport aqueux et régit le mouvement des molécules et des grosses particules qui entrent dans le noyau ou en sortent et maintient la structure particulière de chacune des deux membranes (figure 3.29b, partie du centre).

Comme les autres membranes de la cellule, l'enveloppe nucléaire a une perméabilité sélective, mais le passage des diverses substances est beaucoup plus facile qu'ailleurs. Les petites molécules la traversent librement en raison de la taille relativement grande des pores. Les molécules de protéines venant du cytoplasme et les molécules d'ARN sortant du noyau sont transportées à travers le canal central des pores nucléaires au moyen d'un processus exigeant de l'énergie et mené par des protéines de transport solubles (les importines pour les protéines, l'exportine pour les ARN et d'autres molécules).

L'enveloppe nucléaire renferme une solution colloïdale gélatineuse appelée nucléoplasme, dans laquelle les autres éléments du noyau se trouvent en suspension. À l'instar du cytosol, le nucléoplasme contient des sels dissous, des nutriments et d'autres solutés essentiels.

Nucléoles

Les **nucléoles** («petits noyaux») sont les corpuscules sphériques situés à l'intérieur du noyau qui retiennent bien le colorant; ils sont dépourvus de membrane. Chaque noyau contient habituellement un ou deux nucléoles, parfois plus. Ils sont le site de formation des sous-unités des ribosomes; leur taille augmente dans les cellules très actives et ils peuvent par conséquent devenir très gros dans les cellules en croissance qui fabriquent de grandes quantités de protéines pour les tissus.

Les nucléoles sont associés à certaines régions de l'ADN appelées *régions organisatrices du nucléole*, qui fournissent les instructions pour la synthèse de l'ARN ribosomal (ARNr). Les deux types de sous-unités ribosomales sont formés à l'intérieur d'un nucléole par combinaison des molécules d'ARNr en cours de synthèse avec des protéines. (Ces protéines sont fabriquées sur les ribosomes du cytoplasme et «importées» dans le noyau.) La plupart de ces sous-unités quittent ensuite le noyau par les pores nucléaires et passent dans le cytoplasme, où elles s'unissent pour constituer des ribosomes fonctionnels.

Chromatine

Au microscope optique, la **chromatine** ressemble à un fin réseau de coloration irrégulière, mais des techniques plus perfectionnées permettent de voir un ensemble de fils renflés par endroits qui parcourent tout le nucléoplasme (figure 3.29a). La chromatine comporte environ 30 % d'**ADN**, qui constitue notre matériel génétique, 60 % d'**histones**, des protéines globulaires, et 10 % de chaînes d'ARN, récemment formées ou en formation. Les **nucléosomes** («corps du noyau») sont les unités fondamentales de la chromatine; ce sont des ensembles ou noyaux d'histones reliés entre eux, comme des perles sur un fil, par une molécule d'ADN. Les histones, au nombre de huit par nucléosome, sont regroupées en une structure qui ressemble à un disque autour duquel l'ADN s'enroule (comme un ruban de velcro). Les nucléosomes sont séparés les uns des autres par un segment d'*ADN intercalaire* (**figure 3.30**, partie du haut).

En plus de servir au repliement compact et ordonné des très longues molécules d'ADN, les histones jouent un rôle important dans la régulation des gènes. Par exemple, dans une cellule qui n'est pas en cours de division, la présence de groupements méthyle dans les histones désactive l'ADN avoisinant, et la

Surface de l'enveloppe nucléaire

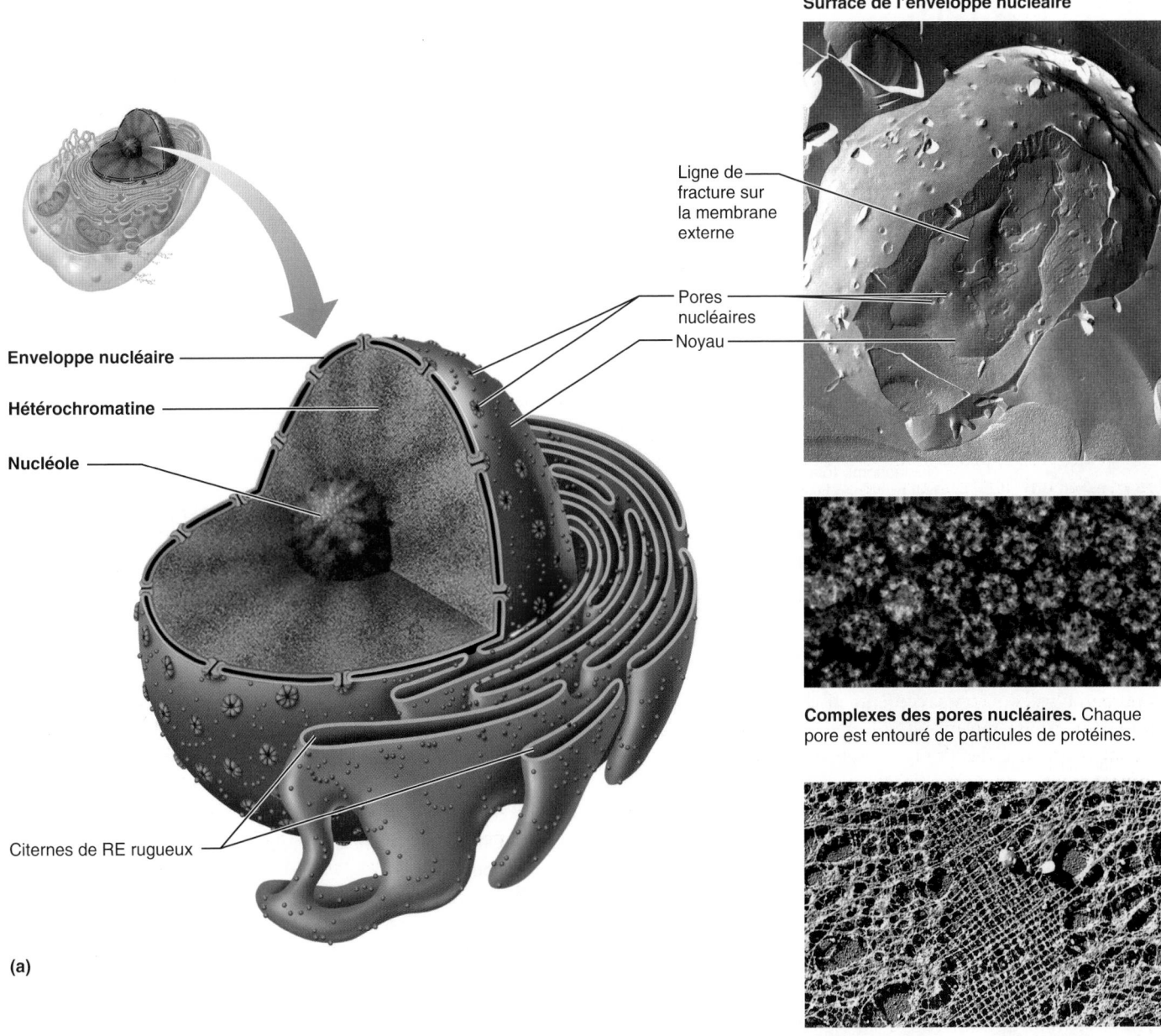

Ligne de fracture sur la membrane externe

Pores nucléaires

Noyau

Enveloppe nucléaire

Hétérochromatine

Nucléole

Citernes de RE rugueux

(a)

Complexes des pores nucléaires. Chaque pore est entouré de particules de protéines.

Lamina nucléaire. La lamina nucléaire composée de filaments intermédiaires constitués de lamines tapisse la surface interne de l'enveloppe nucléaire.

(b)

Figure 3.29 Noyau. (a) Schéma tridimensionnel du noyau montrant la continuité entre sa double membrane et le RE. **(b)** Photographies d'éléments structuraux associés à l'enveloppe nucléaire au microscope électronique à transmission (MET) après cryofracture (photo du haut); coloration négative (photo du milieu); et lyophilisation et ombrage par ionisation de métaux (photo du bas).

liaison d'un groupement phosphate à une protéine histone peut indiquer que la cellule est sur le point de se suicider. Par ailleurs, l'ajout de groupements acétyle aux histones expose différents segments de l'ADN, ou gènes, qui peuvent alors « dicter » les spécifications en vue de la synthèse des protéines ou de certains types de petits ARN. Ces segments actifs de chromatine diffuse (appelée *euchromatine*) sont habituellement invisibles au microscope optique. Les segments inactifs de chromatine condensée (appelée *hétérochromatine*), souvent situés près de l'enveloppe

nucléaire, retiennent mieux le colorant et sont donc plus facilement visibles. Il va de soi que les cellules les plus actives dans l'organisme renferment beaucoup plus d'euchromatine. Il est intéressant de souligner que certains brins de chromatine occupent des régions distinctes du noyau appelées *territoires chromosomiques*. En fonction des gènes spécifiques qu'il contient, de la cellule et du type de tissu, le territoire chromosomique change de forme au cours du développement. À son niveau le plus simple, les régions actives et les régions inactives peuvent

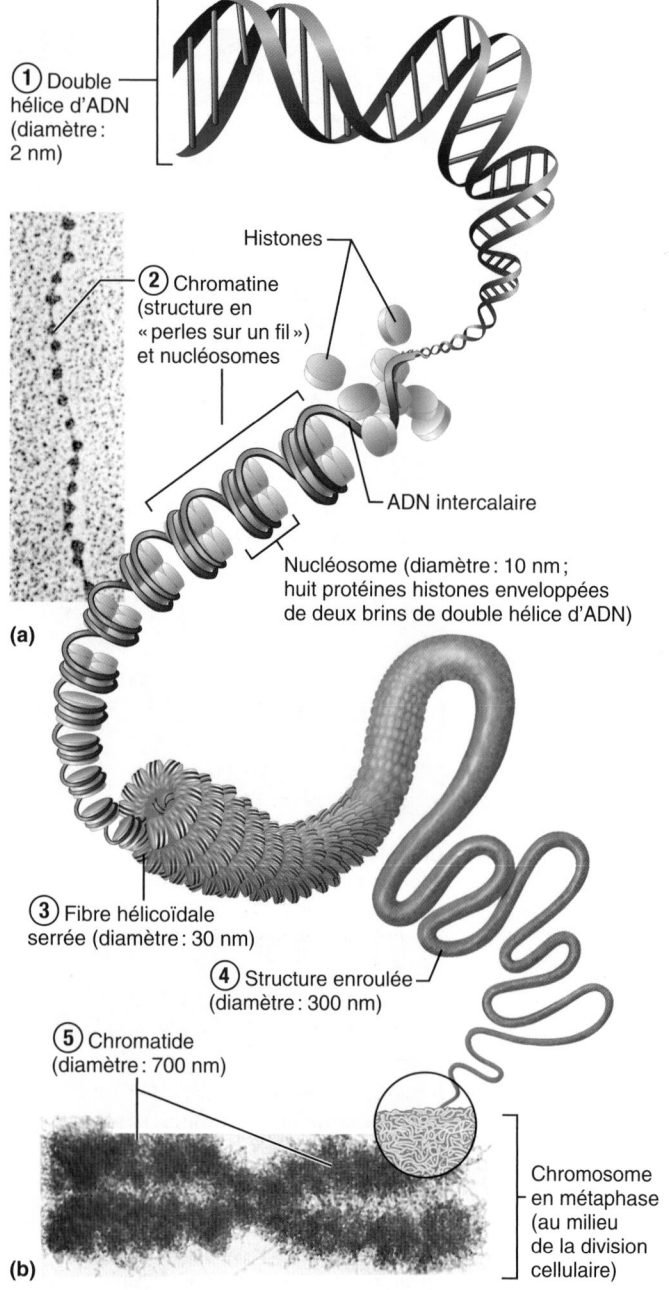

① Double hélice d'ADN (diamètre : 2 nm)

Histones

② Chromatine (structure en « perles sur un fil ») et nucléosomes

ADN intercalaire

Nucléosome (diamètre : 10 nm ; huit protéines histones enveloppées de deux brins de double hélice d'ADN)

(a)

③ Fibre hélicoïdale serrée (diamètre : 30 nm)

④ Structure enroulée (diamètre : 300 nm)

⑤ Chromatide (diamètre : 700 nm)

(b)

Chromosome en métaphase (au milieu de la division cellulaire)

Figure 3.30 Chromatine et structure du chromosome.
(a) Photographie au microscope électronique des fibres de chromatine (125 000×). **(b)** Emballage de l'ADN dans un chromosome. Le niveau de complexité structurale croissante (enroulements) allant de l'hélice d'ADN au chromosome en métaphase est indiqué de la plus petite structure (① Double hélice d'ADN) à la plus grosse et complexe (⑤ Chromosome).

être séparées les unes des autres ; l'expression génétique peut être améliorée ou limitée par une telle séparation de la chromatine.

Lorsqu'une cellule est sur le point de se diviser, les fils de chromatine s'enroulent et se condensent considérablement pour former de courts bâtonnets appelés **chromosomes** (« corps colorés ») (figure 3.30, partie du bas) ; un filament d'ADN peut ainsi rapetisser 10 000 fois. La forme compacte des chromosomes les empêche de s'emmêler et évite que les fragiles filaments de chromatine ne se brisent au cours des mouvements reliés à la division cellulaire. Dans la partie qui suit, nous présentons les fonctions de l'ADN et le déroulement de la division cellulaire.

Le **tableau 3.3** présente un résumé des parties de la cellule.

VÉRIFIONS NOS ACQUIS

26. Qu'arrive-t-il à une cellule qui éjecte ou perd son noyau ? Pourquoi ?
27. Comparez la perméabilité de l'enveloppe nucléaire et celle de la membrane plasmique.
28. Quelle est la fonction du nucléole ?
29. Quel est le rôle des protéines histones présentes dans le noyau ?

Les réponses se trouvent à l'appendice G.

TABLEAU 3.3	Parties de la cellule : structure et fonctions

PARTIE DE LA CELLULE	STRUCTURE	FONCTIONS
Membrane plasmique (figure 3.3)		
	Membrane formée d'une double couche de lipides (phospholipides, cholestérol, etc.) dans laquelle sont enchâssées des protéines ; les protéines peuvent traverser toute l'épaisseur de la bicouche lipidique ou ne dépasser que d'un côté de celle-ci ; des groupements sucre sont attachés aux protéines et à certains lipides qui font face à l'extérieur de la cellule.	Délimite le volume de la cellule ; intervient dans le transport des substances vers l'intérieur et l'extérieur de la cellule ; entretient un potentiel de repos qui est essentiel au fonctionnement des cellules excitables ; les protéines ressortant à l'extérieur de la membrane cellulaire sont des récepteurs (d'hormones, de neurotransmetteurs, etc.) et interviennent dans la reconnaissance des cellules entre elles.

TABLEAU 3.3 *(suite)*		
PARTIE DE LA CELLULE	**STRUCTURE**	**FONCTIONS**
Cytoplasme		
	Région de la cellule située entre l'enveloppe nucléaire et la membrane plasmique ; formé du **cytosol**, un liquide qui contient des substances en solution, des **inclusions** (réserves de nutriments, produits de sécrétion, granules pigmentaires) et des **organites**, qui constituent l'appareil métabolique du cytoplasme.	
Organites cytoplasmiques		
▪ Mitochondries (figure 3.17)	Structures en forme de bâtonnet et possédant deux membranes ; la membrane interne forme des projections appelées crêtes.	Siège de la synthèse de l'ATP ; source d'énergie de la cellule.
▪ Ribosomes (figures 3.18 et 3.37 à 3.39)	Particules denses constituées de deux sous-unités ; chacune de celles-ci est formée d'ARN ribosomal et de protéines ; libres ou attachées au réticulum endoplasmique rugueux.	Siège de la synthèse des protéines.
▪ Réticulum endoplasmique rugueux (figures 3.18 et 3.39)	Réseau tortueux de membranes formant des cavités, les citernes ; couvert de ribosomes sur sa face externe.	Dans les citernes, des groupements sucre sont liés aux protéines ; les protéines sont enfermées dans des vésicules qui les transportent vers le complexe golgien et d'autres sites ; la face externe synthétise les phospholipides et le cholestérol.
▪ Réticulum endoplasmique lisse (figure 3.18)	Réseau de sacs et de tubules membraneux ; ne comporte aucun ribosome.	Siège de la synthèse des lipides et des stéroïdes (cholestérol), du métabolisme des lipides et de la neutralisation des drogues et des médicaments.
▪ Complexe golgien (figures 3.19 et 3.20)	Piles de sacs membraneux lisses et de vésicules, situées près du noyau.	Emballe, modifie et isole des protéines qui doivent être sécrétées par la cellule, incluses dans les lysosomes ou intégrées à la membrane plasmique.
▪ Lysosomes (figure 3.21)	Sacs membraneux contenant des hydrolases acides.	Siège de la digestion intracellulaire.
▪ Peroxysomes (figure 3.2)	Sacs membraneux contenant de puissantes enzymes (oxydases et catalases).	Les enzymes neutralisent certaines substances toxiques ; l'enzyme la plus importante, la catalase, dégrade le peroxyde d'hydrogène.
▪ Microtubules (figures 3.23 à 3.25)	Structures cylindriques constituées par l'assemblage de sous-unités d'une protéine appelée tubuline.	Soutiennent la cellule et lui confèrent sa forme ; interviennent dans le mouvement cellulaire et intracellulaire ; constituent les centrioles, les cils et les flagelles.
▪ Microfilaments (figures 3.23 et 3.24)	Fins filaments formés d'une protéine contractile, l'actine.	Interviennent dans la contraction musculaire et d'autres types de mouvement intracellulaire ; contribuent à la formation du cytosquelette.
▪ Filaments intermédiaires (figure 3.23)	Fibres protéiques dont la composition est variable.	Éléments stables du cytosquelette ; s'opposent aux forces mécaniques qui s'exercent sur la cellule.
▪ Centrioles (figure 3.25)	Paire de corps cylindriques formés chacun de neuf groupes de trois microtubules.	Lors de la mitose, constituent un réseau de microtubules formant le fuseau mitotique et les asters ; base des cils et des flagelles.
Inclusions	De nature variable ; comprennent des nutriments emmagasinés tels que les gouttelettes de lipides et les granules de glycogène, les cristaux de protéine, les granules pigmentaires.	Stockage de nutriments, de déchets et de produits cellulaires.
Prolongements cellulaires		
▪ Cils (figures 3.26 et 3.27)	Courtes projections à la surface de la cellule ; chaque cil se compose de neuf paires de microtubules entourant une dixième paire centrale.	Mouvement coordonné créant un courant unidirectionnel qui déplace les substances à la surface de la cellule.
▪ Flagelle	Semblable à un cil, mais plus long ; chez l'humain, le seul exemple est la queue du spermatozoïde.	Propulse la cellule.
▪ Microvillosités (figure 3.28)	Prolongements tubulaires de la membrane plasmique ; contiennent des amas de filaments d'actine.	Augmentation de la surface d'absorption.

3

➤

TABLEAU 3.3 **Parties de la cellule : structure et fonctions** *(suite)*

PARTIE DE LA CELLULE	STRUCTURE	FONCTIONS
Noyau (figures 3.2 et 3.29)	Le plus gros des organites ; délimité par l'enveloppe nucléaire ; contient le nucléoplasme liquide, les nucléoles et la chromatine.	Centre de régulation de la cellule ; transmet l'information génétique et donne les instructions pour la synthèse des protéines.
▪ Enveloppe nucléaire (figure 3.29)	Structure formée d'une double membrane ; percée de pores ; la membrane externe prolonge le réticulum endoplasmique.	Isole le nucléoplasme du cytoplasme et régit le passage des substances vers l'intérieur et vers l'extérieur du noyau.
▪ Nucléoles (figure 3.29)	Corps sphériques denses (non entourés d'une membrane) constitués d'ARN ribosomal et de protéines.	Siège de la fabrication des sous-unités ribosomales.
▪ Chromatine (figure 3.30)	Matériau granulaire filamenteux composé d'ADN et d'histones (protéines).	Les gènes sont formés d'ADN.

Croissance et reproduction de la cellule

Cycle cellulaire

24 Énumérer les phases et les sous-phases du cycle cellulaire ; décrire les événements clés qui se produisent au cours de chaque phase et sous-phase et préciser les facteurs qui régissent ce cycle ; décrire en détail les phases de la mitose ainsi que la cytocinèse.

25 Décrire le processus de réplication de l'ADN ; expliquer ce qu'on entend par brin matrice, brin retardé, réplication semi-conservative.

Le **cycle cellulaire** est la suite de transformations que subit une cellule entre l'instant où débute sa formation et le moment où elle se reproduit. L'anneau externe de la **figure 3.31** montre les deux périodes principales de ce cycle : l'*interphase* (en vert), pendant laquelle la cellule croît et poursuit la majeure partie de ses activités, et la *division cellulaire* (en jaune), ou *phase mitotique*, pendant laquelle elle se divise en deux.

Interphase

L'**interphase** représente tout le laps de temps allant de la formation de la cellule à sa division. Les premiers cytologistes ignoraient que la cellule était le siège d'une activité moléculaire constante et étaient impressionnés par les mouvements qu'ils pouvaient facilement observer durant la division cellulaire ; c'est pour cette raison qu'ils ont qualifié l'interphase de phase de repos du cycle cellulaire. (Le terme *interphase* indique qu'il s'agit d'une étape qui a lieu *entre* deux divisions cellulaires.) Cependant, cette conception était totalement erronée puisque la cellule accomplit toutes ses fonctions normales au cours de l'interphase et que le « repos » ne concerne que la division. Il serait sans doute plus juste de parler de *phase métabolique* ou de *phase de croissance*.

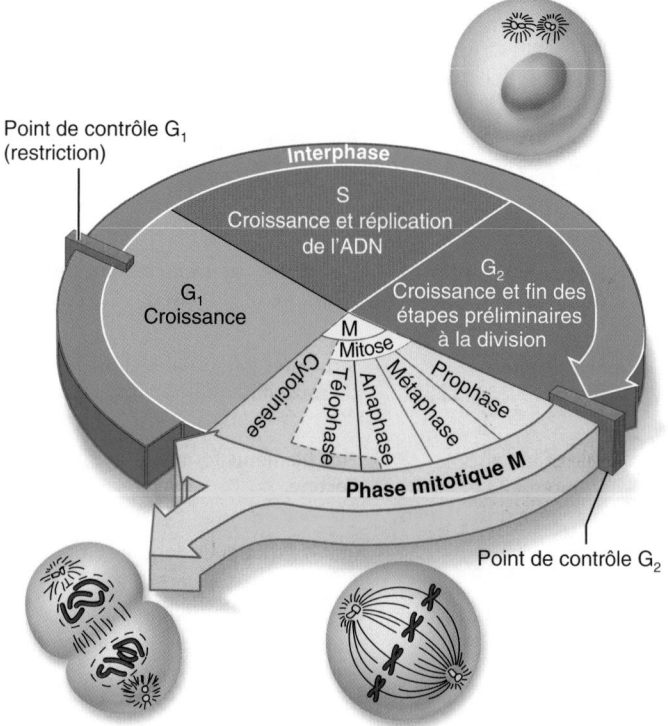

Point de contrôle G_1 (restriction)

Interphase

S
Croissance et réplication de l'ADN

G_1 Croissance

G_2 Croissance et fin des étapes préliminaires à la division

M Mitose

Cytocinèse · Télophase · Anaphase · Métaphase · Prophase

Phase mitotique M

Point de contrôle G_2

Figure 3.31 Cycle cellulaire. Au cours de la phase G_1, les cellules croissent rapidement et poursuivent leurs activités de routine. La phase S couvre la période de la synthèse de l'ADN. Au cours de la phase G_2, les matériaux nécessaires à la division cellulaire sont synthétisés et la croissance se poursuit. La mitose et la cytocinèse ont lieu durant la phase M (division cellulaire) et produisent deux cellules filles. Il existe d'importants points de contrôle tout au long de l'interphase où la mitose peut être interrompue ; cette figure en indique deux.

Sous-phases En plus d'assurer les réactions qui lui permettent de survivre, la cellule en interphase se prépare à la prochaine division. L'interphase se divise en trois sous-phases nommées

G$_1$, S et G$_2$. (Les phases G, pour *gap* [intervalle], se situent avant et après la phase S [synthèse].) Au cours de ces trois sous-phases, la cellule croît en produisant des protéines et des organites ; toutefois, la chromatine se reproduit seulement durant la sous-phase S.

Au cours de la phase G$_1$, les cellules ont une activité métabolique ; elles synthétisent les protéines propres aux tissus dont elles font partie et croissent rapidement (figure 3.31, région en vert pâle). C'est la phase dont la durée est la plus variable. Chez les cellules qui se divisent fréquemment, la phase G$_1$ peut durer de quelques minutes à quelques heures ; chez celles qui se divisent moins souvent, elle peut durer des jours, voire des années. Les cellules qui ont définitivement ou pour un certain temps cessé de se diviser sont dites en **phase G$_0$**. Pendant la plus grande partie de G$_1$, il ne se produit pratiquement aucune activité liée à la division cellulaire ; cependant, à la fin de G$_1$, les centrioles commencent à se répliquer en vue de la division cellulaire.

Pendant la **phase S**, l'ADN se réplique de sorte que les deux cellules qui seront produites reçoivent des copies identiques du matériel génétique (figure 3.31, région en bleu). Il y a formation de nouvelles histones qui sont assemblées en chromatine. Ce qui est sûr, c'est que la mitose ne peut pas se dérouler correctement si la phase S n'a pas réussi. (Nous décrivons ci-dessous la réplication de l'ADN.)

La dernière phase de l'interphase, appelée G$_2$, est très courte (figure 3.31, région en vert foncé) ; les enzymes et les autres protéines nécessaires à la division sont synthétisées et amenées aux sites appropriés. À la fin de G$_2$, la réplication des centrioles, amorcée en G$_1$, est terminée. La cellule est maintenant prête à se diviser. La croissance et les processus cellulaires habituels se poursuivent pendant toute la durée des phases S et G$_2$.

Réplication de l'ADN Avant qu'une cellule se divise, il faut que son ADN se réplique exactement, de sorte que la cellule puisse transmettre des copies identiques de ses gènes à chacune des cellules filles. Au cours de la phase S, la réplication commence simultanément sur plusieurs filaments de chromatine et se poursuit jusqu'à ce que tout l'ADN ait été recopié. L'ADN se réplique par petites unités appelées *réplicons*, qui peuvent comporter de 50 000 à 300 000 bases azotées ; un chromosome contient une centaine de ces réplicons.

Le processus de la réplication, dont tous les aspects ne sont pas élucidés, comprendrait les étapes suivantes :

1. Les hélices d'ADN commencent à se dérouler et se dégagent des nucléosomes.

2. Dans un mécanisme qui nécessite de l'ATP, une enzyme, l'*hélicase*, déplie la double hélice et sépare peu à peu la molécule d'ADN en deux chaînes nucléotidiques complémentaires, exposant ainsi les bases azotées. La région en forme de Y où se fait la séparation, siège de la réplication active de l'ADN qui commencera sous peu, est appelée *fourche de réplication* (figure 3.32).

3. Chaque brin de nucléotides devient une *matrice*, c'est-à-dire un modèle servant à la construction d'une chaîne nucléotidique complémentaire à partir des précurseurs de l'ADN (nucléotides sous leur forme triphosphate) qui

sont en solution dans le nucléoplasme et s'y déplacent librement.

4. Aux endroits où la synthèse de l'ADN aura lieu, les éléments requis se rassemblent et forment un important complexe, appelé **réplisome**, contenant plusieurs protéines différentes (surtout des enzymes). Les primases, des enzymes qui font partie du réplisome, catalysent la formation de courtes **amorces d'ARN** (d'environ 10 bases de long), qui déclenchent en fait la synthèse de l'ADN.

5. Quand l'amorce d'ARN est en place, l'**ADN polymérase** entre en scène. Elle place au bout de l'amorce les nucléotides complémentaires à ceux du brin matrice et les réunit par des liaisons covalentes ; deux des trois phosphates de chaque nucléotide sont alors libérés, ce qui produit de l'énergie pour la réaction. Donc, si elle rencontre la séquence de bases GCT sur le brin matrice, l'ADN polymérase assemble les bases CGA de manière à s'y lier. L'ADN polymérase fonctionne seulement dans une direction. Par conséquent, la synthèse de l'un des brins, le *brin avancé*, se poursuit de façon continue (une fois lancée par l'amorce d'ARN) en suivant l'ouverture de la fourche de réplication ; elle ne requiert qu'une seule amorce d'ARN pour la totalité de la portion d'ADN à répliquer. L'autre brin, appelé *brin retardé*, est construit de façon discontinue, par segments d'une longueur moyenne de 250 nucléotides (les fragments d'Okazaki), dans la direction opposée ; la synthèse de ce brin retardé exige donc la mise en place d'une amorce d'ARN pour *chaque* segment d'ADN à répliquer. L'ADN polymérase remplace ensuite ces amorces par des nucléotides d'ADN.

6. Ces segments du brin retardé sont ensuite liés ensemble par une autre enzyme, une **ADN ligase**. Les appellations « brin avancé » et « brin retardé » peuvent laisser croire qu'un brin est synthétisé après l'autre ; il semble en réalité qu'ils sont assemblés simultanément. La vitesse d'assemblage des nucléotides à chaque fourche de réplication est de l'ordre de 100 à la seconde. On se retrouve donc en fin de compte avec deux molécules d'ADN, synthétisées à partir de l'ADN de l'hélice d'origine et identiques à cette dernière. Chacune des nouvelles molécules est constituée d'une vieille chaîne nucléotidique et d'une chaîne nouvellement assemblée. C'est pourquoi on qualifie le mécanisme de réplication de l'ADN de **réplication semi-conservative** (figure 3.32). La réplication comprend aussi la création de deux nouveaux télomères (*telos* : fin ; *meros* : partie), des coiffes bien ajustées, composées de nucléoprotéines qui préviennent la dégradation du bout des brins de chromatine (voir la section Développement et vieillissement des cellules, à la fin de ce chapitre).

Dès que la réplication est terminée, des histones (synthétisées dans le cytoplasme et importées dans le noyau) s'associent à l'ADN, complétant ainsi la formation de deux nouveaux brins de chromatine. Ces brins (les chromatides), qui sont unis par un centromère en forme de bouton (un segment composé d'ADN répétitif), restent attachés ensemble, retenus en un point particulier par le centromère et tout le long des « bras » des

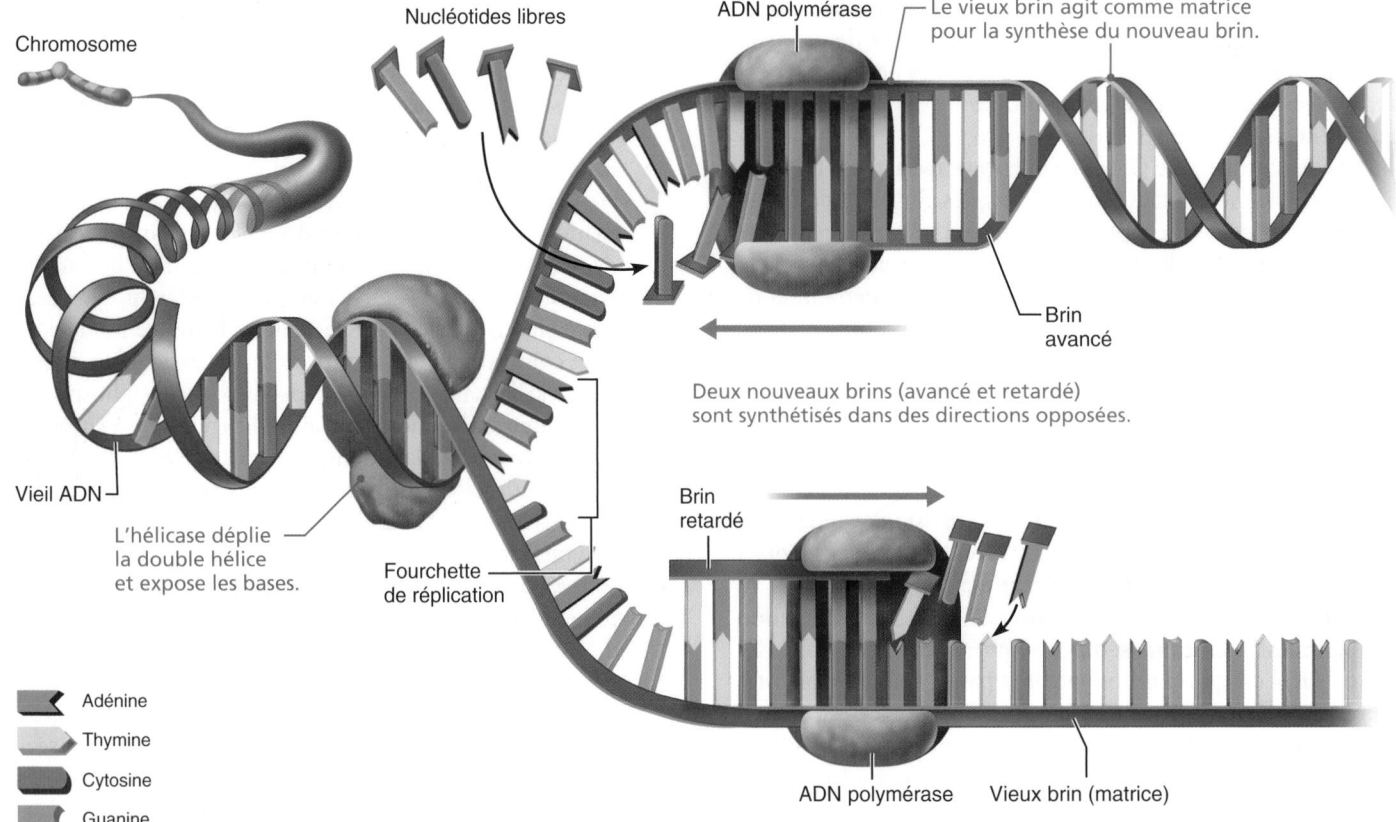

Figure 3.32 Réplication de l'ADN. L'hélice d'ADN se déroule et les liaisons hydrogène entre les paires de bases se rompent. Chaque chaîne de nucléotides de l'ADN devient alors une matrice servant à la construction d'une chaîne complémentaire, ainsi qu'on peut le voir dans la partie droite du schéma. Les ADN polymérases ne peuvent fonctionner que dans une seule direction ; c'est pourquoi les deux brins (avancé et retardé) sont synthétisés dans deux directions opposées. (Ni les ADN ligases qui relient les fragments d'ADN sur le brin retardé, ni les réplisomes ne sont illustrés.) Chaque nouvelle molécule d'ADN est formée d'un vieux brin (matrice) et d'un brin nouvellement assemblé, et elle constitue une chromatide d'un chromosome.

chromatides, par un complexe protéique appelé *cohésine,* jusqu'à ce que la cellule soit parvenue à l'étape de la division cellulaire appelée anaphase (voir p. 115). Ils sont ensuite répartis entre les cellules filles, comme nous allons le voir, de sorte que chacune de celles-ci reçoit exactement la même information génétique.

Le déroulement de la synthèse de l'ADN jusqu'aux événements associés à la division cellulaire présuppose que l'ADN nouvellement synthétisé n'est endommagé ni rompu d'aucune manière. Si une lésion se produit, la progression du cycle cellulaire est interrompue jusqu'à ce que le mécanisme de réparation de l'ADN ait réglé le problème.

Division cellulaire

La division cellulaire est essentielle à la croissance de l'organisme et à la cicatrisation des tissus. Les cellules qui subissent une usure constante, comme celles de la peau et du revêtement de l'intestin, se reproduisent presque continuellement. D'autres, comme les cellules hépatiques, se divisent plus lentement (afin de maintenir la taille de l'organe qu'elles constituent) mais

gardent la capacité de se reproduire rapidement si l'organe en question est endommagé. La plupart des cellules du tissu nerveux, des muscles squelettiques et du muscle cardiaque perdent leur capacité de se reproduire lorsqu'elles sont arrivées à maturité, et ces organes se réparent surtout par formation d'un tissu cicatriciel (un type de tissu conjonctif fibreux).

Déroulement de la division cellulaire Dans la plupart des cellules, la division cellulaire, ou **phase M** (M pour mitose) du cycle cellulaire (figure 3.30), comprend deux événements distincts : la **mitose** (*mitos :* filament ; *osis :* processus), ou division du noyau, et la **cytocinèse** (*kines :* mouvement), ou division du cytoplasme (figure 3.31, région en jaune). Les cellules sexuelles (ovules et spermatozoïdes) sont produites par un mécanisme de division nucléaire différent appelé *méiose ;* dans ce cas, chaque cellule se retrouve avec la moitié du nombre de gènes présents dans les autres cellules de l'organisme. (Puis, lorsque deux cellules sexuelles s'unissent au moment de la fécondation, le bagage génétique redevient complet.) Nous étudions la méiose en détail au chapitre 27. Pour le moment, nous examinons la division mitotique.

Mitose La mitose est la suite d'événements menant à la répartition de l'ADN répliqué de la cellule mère entre les deux cellules filles. On divise la mitose en quatre phases – la **prophase**, la **métaphase**, l'**anaphase** et la **télophase** –, mais il s'agit en réalité d'un processus continu, chaque phase succédant sans à-coup à la précédente. La durée de la mitose varie selon le type de cellule ; cependant, chez l'humain, elle est habituellement d'environ une heure ou moins au total. Le Zoom sur la mitose (**figure 3.33**) décrit en détail les phases de la mitose.

Cytocinèse La cytocinèse, ou division du cytoplasme, commence à la fin de l'anaphase et se termine après la fin de la mitose. Un *anneau contractile* constitué de filaments d'actine tire vers l'intérieur la partie de la membrane plasmique qui entoure le centre de la cellule (là où se trouvait la plaque équatoriale), formant ainsi un **sillon annulaire** (figure 3.33). Ce sillon devient de plus en plus profond jusqu'à ce que la masse cytoplasmique de départ se trouve partagée en deux, de sorte qu'à la fin de la cytocinèse il y a deux cellules filles. Chacune est plus petite et contient moins de cytoplasme que la cellule mère, mais elle lui est *génétiquement* identique. Les cellules filles entrent alors dans l'interphase du cycle cellulaire jusqu'à ce qu'elles se divisent à leur tour.

Régulation de la division cellulaire Les signaux qui déclenchent la division des cellules sont mal connus, mais on sait que le rapport entre la superficie de la cellule et son volume est important. La quantité de nutriments dont une cellule en croissance a besoin dépend directement de son volume, et la vitesse des échanges qu'elle peut effectuer dépend de sa surface. Le volume de la cellule augmente proportionnellement au cube de son rayon, alors que sa surface n'augmente que proportionnellement au carré de son rayon. Par exemple, si le volume de la cellule est multiplié par 64 (4^3), sa surface ne sera donc multipliée que par 16 (4^2). Par conséquent, lorsque la cellule atteint une certaine taille limite, la superficie de la membrane plasmique ne suffit plus à assurer l'échange des nutriments et des déchets. La division cellulaire permet de résoudre ce problème parce que les cellules filles, qui sont plus petites, ont à leur tour un meilleur rapport superficie-volume. Cette relation entre la superficie et le volume explique pourquoi la plupart des cellules ont une taille microscopique.

Le moment de la division cellulaire dépend de facteurs comme les signaux chimiques (facteurs de croissance, hormones, etc.) libérés par les autres cellules ou l'existence d'un espace libre. Les cellules normales cessent de proliférer lorsqu'elles commencent à se toucher ; ce phénomène est appelé *inhibition de contact*. Les cellules cancéreuses échappent toutefois aux mécanismes de régulation de la division cellulaire et se reproduisent de façon anarchique, ce qui les rend dangereuses pour leur hôte. Le cycle cellulaire est régi par un système que certains ont comparé à la minuterie d'une machine à laver. À l'instar de cette minuterie, le système de régulation du cycle

cellulaire est commandé par une horloge interne. Mais, tout comme le cycle de la machine à laver peut être modifié (par exemple, en réglant le débit des robinets ou par un détecteur interne du niveau d'eau), le cycle cellulaire est soumis à la régulation de facteurs internes et externes.

Deux groupes de protéines jouent un rôle central dans la capacité de la cellule à accomplir la phase S et à commencer la mitose. Il s'agit des **cyclines** (protéines régulatrices dont la concentration augmente et diminue au cours de chaque cycle cellulaire) et des **Cdk** (kinases cycline-dépendantes) dont la concentration dans la cellule est constante et qui sont activées lorsqu'elles se lient à certaines cyclines. Sous l'action de signaux précis, les cyclines nouvellement formées s'accumulent durant l'interphase. Par la suite, des Cdk et des cyclines s'associent de façon spécifique et déclenchent des cascades enzymatiques qui amènent la phosphorylation des histones et d'autres protéines nécessaires aux diverses étapes de la division cellulaire. À la fin de la mitose, les cyclines sont détruites brusquement par des protéasomes (complexes géants d'enzymes spécialisées dans la digestion des protéines).

Durant l'interphase, la cellule doit franchir un certain nombre d'interrupteurs et de points de contrôle pour pouvoir se diviser. Ces signaux d'arrêt mettent fin au cycle cellulaire jusqu'à ce qu'un signal interne ou externe de redémarrage leur soit acheminé. Dans de nombreuses cellules, le point de contrôle à G_1, appelé *point de restriction*, semble le plus important (figure 3.31). Si la division d'une cellule est interrompue à ce point de contrôle, la cellule cesse ses activités (G_0). Un autre point de contrôle important, le premier à être élucidé, se situe à la fin de G_2. La cellule ne peut quitter cette phase et entrer en phase M que lorsqu'elle contient une certaine quantité seuil d'un complexe protéique constitué d'une Cdk et d'une cycline spécifiques et appelé **MPF** (facteur de promotion de la phase M). Les MPF seront inactivés plus tard, au cours de la phase M.

Mis à part ces signaux de démarrage, il existe un certain nombre de gènes répresseurs qui inhibent la division cellulaire. Le gène *p53*, qui déclenche une série d'événements enzymatiques produisant des facteurs inhibiteurs de croissance, en est un exemple. En gros, la moitié des cancers sont caractérisés par la présence de gènes *p53* anormaux. Ces cellules cancéreuses ne sont pas inhibées au contact d'autres cellules et se divisent de manière erratique, ce qui menace leur hôte. Nous traiterons du cancer plus loin (voir le Gros plan du chapitre 4, p. 164-167).

VÉRIFIONS NOS ACQUIS

30. Si l'un des brins d'ADN qui subit une réplication se lit CGAATG, quelle sera la séquence de bases du brin d'ADN correspondant ?

31. Pendant quelle phase du cycle cellulaire l'ADN est-il synthétisé ?

32. Nommez trois événements de la prophase qui sont l'inverse de ce qui se produit à la télophase.

Les réponses se trouvent à l'appendice G.

Figure 3.33   ZOOM sur la mitose

La mitose est le processus de division nucléaire menant à la répartition des chromosomes entre deux noyaux filles. Avec la cytocinèse, elle produit deux cellules filles identiques.

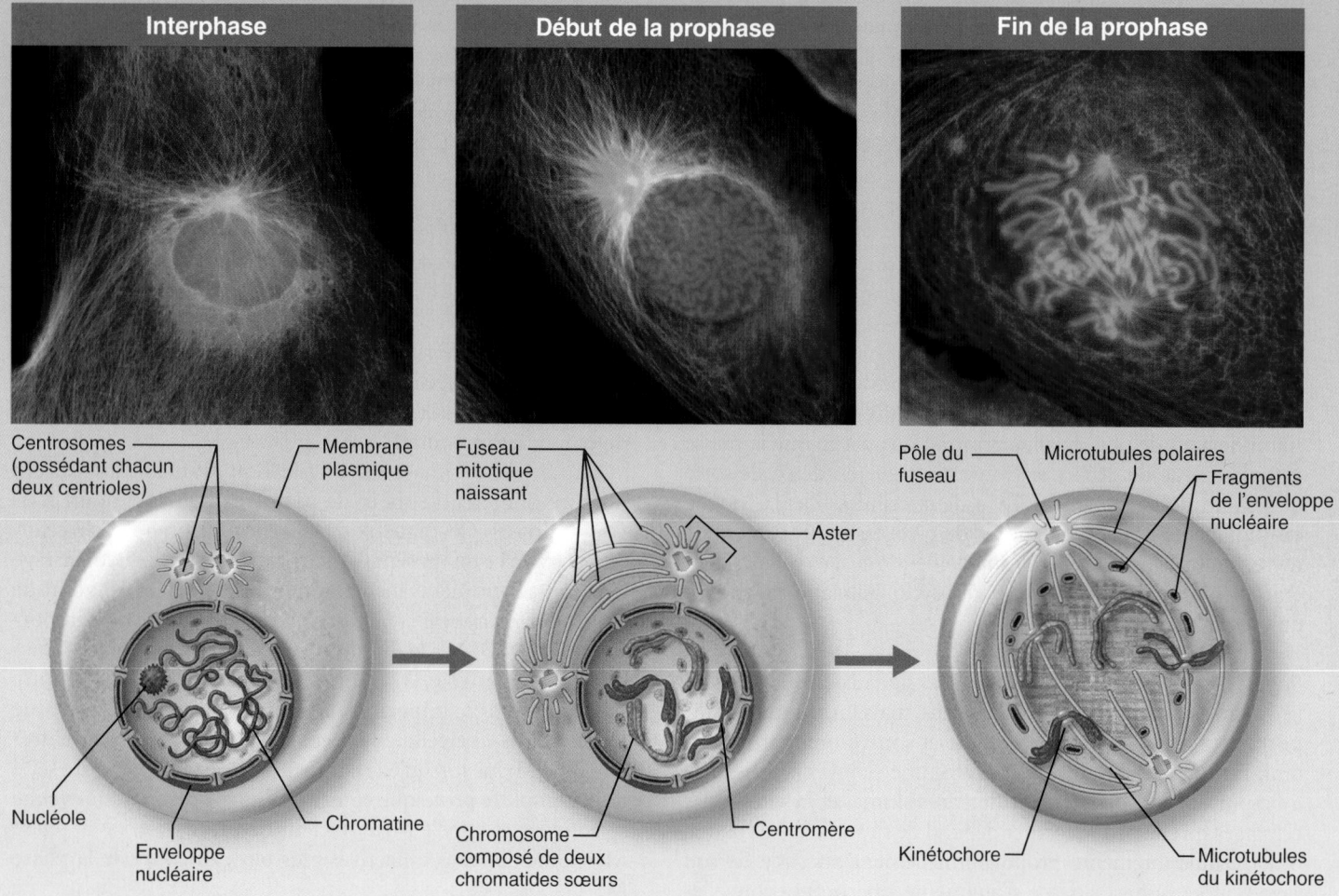

Interphase — Début de la prophase — Fin de la prophase

Centrosomes (possédant chacun deux centrioles) — **Membrane plasmique** — **Fuseau mitotique naissant** — **Aster** — **Pôle du fuseau** — **Microtubules polaires** — **Fragments de l'enveloppe nucléaire**

Nucléole — **Enveloppe nucléaire** — **Chromatine** — **Chromosome composé de deux chromatides sœurs** — **Centromère** — **Kinétochore** — **Microtubules du kinétochore**

Interphase

L'*interphase* est la partie du cycle cellulaire durant laquelle la cellule croît et poursuit ses activités métaboliques normales.

• Au cours de l'interphase, le matériel contenant l'ADN se présente sous forme de chromatine. L'enveloppe nucléaire et un nucléole ou plus sont intacts et parfaitement visibles.

• Cette phase se divise en trois périodes distinctes.
G_1 : Les centrioles commencent à se répliquer.
S : L'ADN se dédouble.
G_2 : Les dernières étapes préalables à la mitose se terminent et les centrioles achèvent leur réplication.

Sur les photographies au microscope optique, les cellules en cours de division proviennent du poumon d'un triton. Les chromosomes sont colorés en bleu et les microtubules en vert. (Les fibres rouges sont des filaments intermédiaires.) Les schémas font ressortir des détails qui n'apparaissent pas sur les micrographies. Pour rendre les dessins plus clairs, les cellules contiennent seulement quatre chromosomes.

Début de la prophase

• La chromatine se condense pour former des chromosomes en forme de bâtonnet, visibles au microscope optique.

• Chaque chromosome dupliqué prend la forme de deux filaments identiques qui, à ce stade, portent le nom de chromatides sœurs. Les chromatides de chaque chromosome sont retenues ensemble par une petite région resserrée, le *centromère*. (Après la séparation des chromatides, on considère chacune d'entre elles comme un nouveau chromosome.)

• Lorsque les chromosomes deviennent visibles, les nucléoles disparaissent et les deux centrosomes se séparent l'un de l'autre.

• Les centrioles deviennent le point de départ de la croissance d'un nouveau réseau de microtubules appelé **fuseau mitotique**. À mesure qu'ils continuent de croître par assemblage de nouvelles sous-unités de tubuline, ces microtubules écartent les centrioles l'un de l'autre en les repoussant vers les extrémités opposées (pôles) de la cellule.

• Des microtubules, qui prennent naissance dans la matrice entourant les centrosomes, se déploient dans le cytoplasme pour former les asters (étoiles).

Fin de la prophase

• Pendant que les centrioles s'éloignent encore l'un de l'autre, l'enveloppe nucléaire se fragmente en petites vésicules, permettant ainsi au fuseau d'interagir avec les chromosomes.

• Certains microtubules du fuseau en formation s'attachent à des complexes spéciaux d'ADN et de protéines appelés *kinétochores*, qui sont situés dans la région du centromère de chaque chromosome. Ces microtubules sont appelés *microtubules du kinétochore*.

• Les tubules du fuseau qui ne se fixent pas à des chromosomes sont les *microtubules polaires*. Les microtubules glissent les uns contre les autres, forçant les pôles à se séparer.

• De leur côté, les microtubules du kinétochore tirent sur chaque chromosome à partir de chaque pôle cellulaire, de sorte que les chromosomes finissent par se placer au milieu de la cellule.

Métaphase	Anaphase	Télophase et cytocinèse
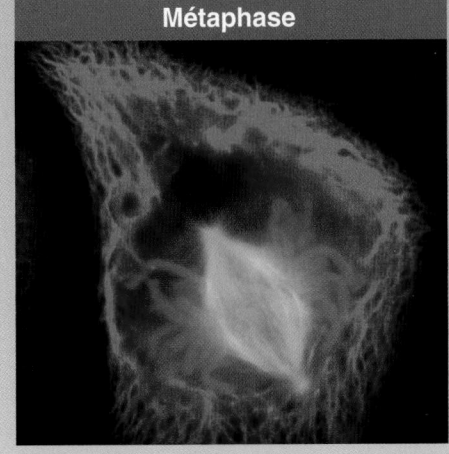	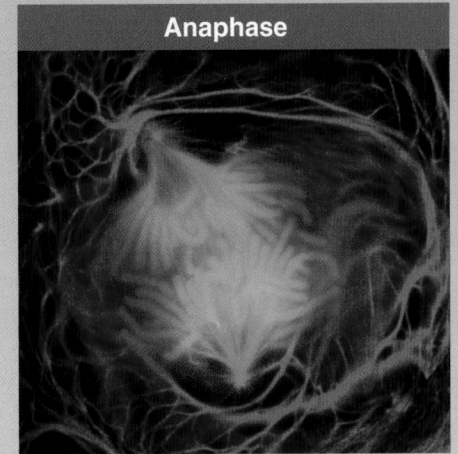	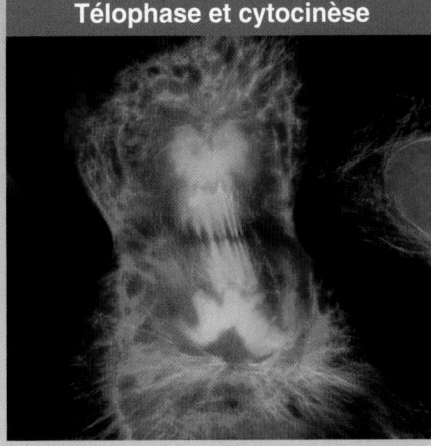

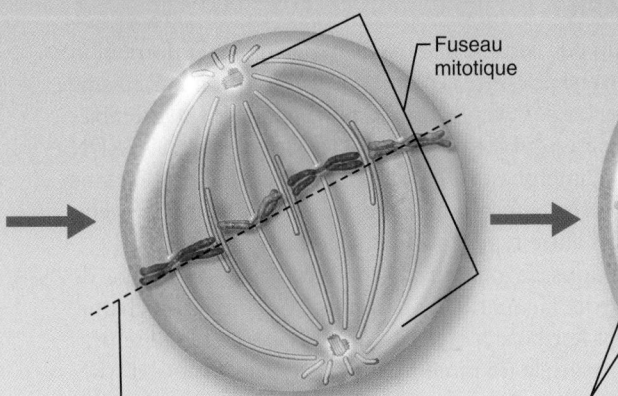

Fuseau mitotique

Plaque équatoriale

Chromosomes fils

Enveloppe nucléaire en formation

Nucléole en formation

Anneau contractile au niveau du sillon annulaire

Métaphase
La *métaphase* est la deuxième phase de la mitose.

• Les deux centrosomes se trouvent aux pôles opposés de la cellule.

• Les chromosomes se regroupent au centre de la cellule, en alignant leurs centromères exactement au centre du fuseau, ou *équateur*. L'alignement de chromosomes sur le plan médian de la cellule forme la *plaque équatoriale*.

Anaphase
L'*anaphase* est la troisième phase de la mitose et la plus courte. Elle commence brusquement au moment où les centromères des chromosomes se séparent simultanément. Chaque chromatide devient alors un chromosome indépendant.

• Sous l'action de protéines motrices situées dans le kinétochore et agissant à ce niveau, les microtubules du kinétochore tirent graduellement chaque chromosome vers le pôle le plus près.

• Simultanément, les microtubules polaires glissent les uns sur les autres et s'allongent; ils repoussent ainsi les deux pôles.

• Il est facile de reconnaître l'anaphase parce que les chromosomes prennent la forme d'un V. Les centromères ouvrent le chemin: ils précèdent les « bras » des chromosomes qui traînent derrière eux.

• Les chromosomes sont courts et compacts, ce qui facilite leur déplacement et leur séparation. En effet, s'ils demeuraient sous forme de chromatine durant la mitose, les longs filaments s'emmêleraient et se briseraient, ce qui endommagerait le matériel génétique et entraverait la « distribution » d'information identique aux cellules filles.

Télophase
La *télophase* commence aussitôt que le déplacement des chromosomes est terminé. Cette dernière phase ressemble à la prophase à l'envers.

• Les chromosomes, qui sont répartis en deux jeux identiques situés à chaque extrémité de la cellule, se déroulent et redeviennent des filaments de chromatine.

• Une nouvelle enveloppe nucléaire se constitue à partir des vésicules formées en prophase, autour de chaque masse de chromatine, des nucléoles réapparaissent dans les noyaux, et le fuseau mitotique se désintègre et disparaît.

• C'est alors la fin de la mitose; pendant un bref instant, la cellule contient deux noyaux (elle est binucléée), identiques à celui de la cellule mère.

Cytocinèse
• Généralement, la cytocinèse se produit lorsque la mitose est sur le point de se terminer et elle complète la division de la cellule en deux cellules filles. Pendant la cytocinèse, un anneau contractile de microfilaments périphériques d'actine se contracte au niveau du *sillon annulaire* et sépare la cellule en deux. La cytocinèse commence en fait à la fin de l'anaphase et se termine après la télophase.

Synthèse des protéines

26 Définir le gène et expliquer la fonction des gènes. Expliquer en quoi consiste le code génétique.

27 Nommer et décrire le déroulement des deux grandes étapes de la synthèse des protéines; détailler les rôles qu'y jouent l'ADN, l'ARNm, l'ARNt, l'ARNr et les ribosomes.

28 Expliquer en quoi consistent le traitement de l'ARNm et l'utilité de ce mécanisme.

29 Montrer les différences entre les triplets, les codons et les anticodons.

30 À partir d'une séquence donnée de nucléotides de l'ADN, déterminer la structure d'un polypeptide (nombre et séquence des acides aminés) dont il commande la synthèse.

31 Montrer comment le réticulum endoplasmique rugueux participe à la synthèse d'une protéine.

En plus de diriger sa propre réplication, l'ADN sert de modèle pour la synthèse des protéines. Bien que les cellules produisent également des lipides et des glucides, ce n'est pas l'ADN qui détermine la structure de ces molécules qui, comme on l'a vu au chapitre 2, sont beaucoup moins complexes que les protéines. Depuis toujours, on dit que l'ADN fixe *uniquement* la structure des molécules de protéines, ce qui inclut les enzymes qui catalysent la synthèse de tous les autres types de molécules d'origine biologique. La plus grande partie de l'appareil métabolique de la cellule sert d'une façon ou d'une autre à la synthèse des protéines. Cela n'est pas étonnant, étant donné que les protéines structurales constituent la plus grande partie du poids sec de la cellule et que les protéines fonctionnelles dirigent presque toutes les activités cellulaires. Les cellules sont essentiellement de minuscules usines synthétisant l'énorme gamme de protéines qui caractérisent la nature chimique et physique des cellules et, par conséquent, de l'ensemble de l'organisme.

Nous avons vu au chapitre 2 que les protéines sont formées de chaînes polypeptidiques, elles-mêmes constituées d'acides aminés. Pour les besoins de cette présentation, on peut définir un **gène** comme un segment d'une molécule d'ADN qui porte les instructions nécessaires à la création d'une chaîne polypeptidique. (Il faut noter, cependant, que certains gènes déterminent la structure de types particuliers d'ARN et que ceux-ci sont leurs produits finaux.)

Les quatre bases entrant dans la composition des nucléotides (A, G, T et C) sont les «lettres» de l'alphabet génétique, et c'est l'ordre dans lequel elles sont placées qui constitue l'information contenue dans l'ADN. On peut considérer chaque ensemble de trois bases, appelé **triplet**, comme un «mot» correspondant à un certain acide aminé. Par exemple, le triplet AAA code pour la phénylalanine et CCT code pour la glycine. L'ordre des triplets de chaque gène forme une «phrase» qui détermine précisément comment un polypeptide doit être assemblé, c'est-à-dire le nombre d'acides aminés devant constituer ce polypeptide, leur identité et leur ordre d'assemblage.

Les diverses combinaisons possibles de A, T, C et G permettent donc à nos cellules de produire tous les types de protéines dont elles ont besoin. Dans un gène très «petit», il y aurait 210 paires de bases successives. Comme le rapport entre le nombre de bases d'ADN présentes dans le gène et le nombre d'acides aminés du polypeptide est de trois à un, le polypeptide codé par ce gène devrait renfermer 70 acides aminés. En fait, tout n'est pas aussi simple parce que la plupart des gènes des organismes supérieurs contiennent des **exons**, c'est-à-dire des séquences codant effectivement pour des acides aminés, qui sont séparés par des **introns**. Les introns sont des segments non codants dont la longueur se situe entre 60 et 100 000 nucléotides. Longtemps considérés comme de l'ADN muet, ces introns constituent un réservoir de fragments d'ADN prêts à l'emploi pour l'évolution du génome, de même qu'une riche source d'une grande variété de petites molécules d'ARN. Le reste de l'ADN (la grande majorité en fait) est essentiellement un «trou noir» dont la fonction reste un mystère. On y trouve des *pseudogènes*, qui ressemblent à de vrais gènes, mais qui présentent des défauts qui semblent les rendre inutiles.

Rôle de l'ARN

L'ADN est un peu comme une bande magnétique : l'information qu'il contient ne peut être exprimée qu'à l'aide d'un mécanisme de décodage. De plus, la plupart des polypeptides sont assemblés par les ribosomes, qui se trouvent dans le cytoplasme, mais l'ADN des cellules en interphase ne quitte jamais le noyau. L'ADN a donc besoin d'un décodeur et d'un messager. Ces deux fonctions sont assurées par l'autre type d'acide nucléique, soit l'ARN.

Comme nous l'avons vu au chapitre 2, l'ARN diffère de l'ADN de trois façons : il ne comporte qu'une seule chaîne, son sucre est le ribose au lieu du désoxyribose et la base uracile (U) remplace la thymine (T). Il existe trois formes d'ARN qui assurent ensemble la synthèse des polypeptides à partir des instructions fournies par l'ADN :

1. l'**ARN messager** (**ARNm**), dont les molécules sont des chaînes simples de nucléotides relativement longues ressemblant à une «moitié d'ADN», c'est-à-dire à l'un des deux brins de cette molécule codant pour une structure de protéine;
2. l'**ARN ribosomal** (**ARNr**), qui entre dans la composition des ribosomes;
3. l'**ARN de transfert** (**ARNt**), dont les molécules sont petites et ressemblent à des feuilles de trèfle.

Les trois types d'ARN sont produits sur l'ADN, donc dans le noyau, par un processus qui rappelle la réplication de l'ADN : l'hélice de cette molécule se dédouble et l'un des deux brins sert de matrice pour la synthèse d'un brin d'ARN qui lui est complémentaire. Une fois produite, la molécule d'ARN se détache du brin d'ADN qui lui a servi de matrice et migre vers le cytoplasme. Après avoir joué son rôle, l'ADN se replie tout simplement et retrouve la forme hélicoïdale qu'il revêt lorsqu'il est inactif.

Environ 20 % de l'ADN nucléaire code pour la synthèse d'ARNm (messager), qui a une vie courte; l'ARN messager est ainsi nommé parce qu'il va du gène au ribosome pour livrer à ce dernier le «message» contenant les instructions pour la synthèse d'un polypeptide. (Il s'agit d'un genre de rappel de la structure de la protéine.) L'ADN qui se trouve dans les régions organisatrices du nucléole (mentionnées précédemment) code pour la synthèse de l'ARNr, qui est durable et stable, tout comme l'ARNt que codent d'autres séquences d'ADN. L'ARNr et l'ARNt constituent les produits finaux des gènes correspondants parce qu'ils ne portent pas eux-mêmes les codes devant servir à la synthèse d'autres molécules. L'ARN ribosomal et l'ARN de transfert agissent ensemble pour « traduire » le message livré par l'ARNm.

Pour l'essentiel, la synthèse des polypeptides se fait en deux grandes étapes : (1) la *transcription*, qui est le codage de l'information présente dans l'ADN en ARNm, et (2) la *traduction*, c'est-à-dire l'assemblage des polypeptides par décodage de l'information livrée par l'ARNm. La **figure 3.34** donne un aperçu du flux d'information au cours de ces deux principales étapes. La figure indique également le processus de « traitement de l'ARN » qui élimine les introns de l'ARNm avant que cette molécule ne quitte le noyau et se déplace dans le cytoplasme.

Transcription

La *transcription* est habituellement un travail qui consiste à taper ou à saisir à l'ordinateur un texte à partir de notes prises en sténo ou enregistrées. La même information est donc transcrite, c'est-à-dire transposée d'un format en un autre. Dans les cellules, la **transcription** est le transfert d'information d'une séquence de bases contenue dans une molécule d'ADN à une séquence complémentaire formée sur une molécule d'ARNm. L'information reste la même, mais elle est mise sous une forme différente. Lorsqu'elle est complète, la molécule d'ARNm se détache et sort du noyau par un pore nucléaire.

La transcription s'effectue essentiellement en trois étapes : (1) l'initiation, (2) l'élongation et (3) la terminaison. En plus d'aborder la synthèse de l'ARNm, nous étudierons la modification et les autres traitements nécessaires à la réussite de la transcription de l'ARNm.

Comment la transcription s'enclenche-t-elle ? La transcription d'un gène ne peut commencer que s'il est activé par une molécule appelée *facteur de transcription*. Celui-ci provoque un relâchement des histones à l'endroit où la transcription doit s'effectuer, puis il se lie au promoteur. Le **promoteur** est une séquence d'ADN particulière – longue d'une centaine de bases chez l'humain – qui contient le *point de départ* (début du gène à transcrire considéré sur le plan structural). Il s'agit d'une séquence qui ne sera pas transcrite elle-même, mais qui indique où doit débuter la synthèse de l'ARNm et lequel des brins d'ADN servira de *matrice* (figure 3.35, partie du haut). Le brin d'ADN exposé qui ne sert pas de matrice est appelé *brin codant* parce qu'il a la même séquence (codée) que l'ARNm en train de se former, sauf que l'ARN contient des U (uracile) à la place des T (thymine). Le facteur de transcription contribue également au bon positionnement de l'**ARN polymérase**, l'enzyme qui supervise la synthèse de l'ARNm, sur le promoteur. Une fois ces préparatifs achevés, l'ARN polymérase peut commencer la transcription.

La **figure 3.35** illustre les étapes de la transcription décrites ci-dessous.

1. **Initiation.** Une fois lié à l'aide des facteurs de transcription, l'ARN polymérase sépare les brins de la double hélice d'ADN pour que la transcription puisse commencer au point de départ du promoteur.

2. **Élongation.** En employant comme substrats les nucléotides d'ARN qui arrivent, l'ARN polymérase les place vis-à-vis des bases d'ADN complémentaires sur le brin matrice et catalyse la liaison des nucléotides d'ARN entre eux. (On a récemment découvert que l'autre brin peut aussi être transcrit en courts ARN, appelés ARN CUT, qui sont cependant rapidement dégradés.) Pendant qu'elle allonge le brin d'ARNm un nucléotide à la fois, l'ARN polymérase ouvre l'hélice d'ADN devant elle et la referme derrière. À chaque instant, il y a de 16 à 18 paires de bases d'ADN exposées et le dernier segment d'ARNm à synthétiser est encore amarré à l'ADN par des liaisons hydrogène. Ce court hybride – l'*hybride ADN-ARN* – compte environ 12 paires de bases au plus.

3. **Terminaison.** Quand la polymérase atteint une certaine séquence appelée **signal de terminaison**, la transcription s'arrête et l'ARNm nouvellement créé se détache de la matrice d'ADN.

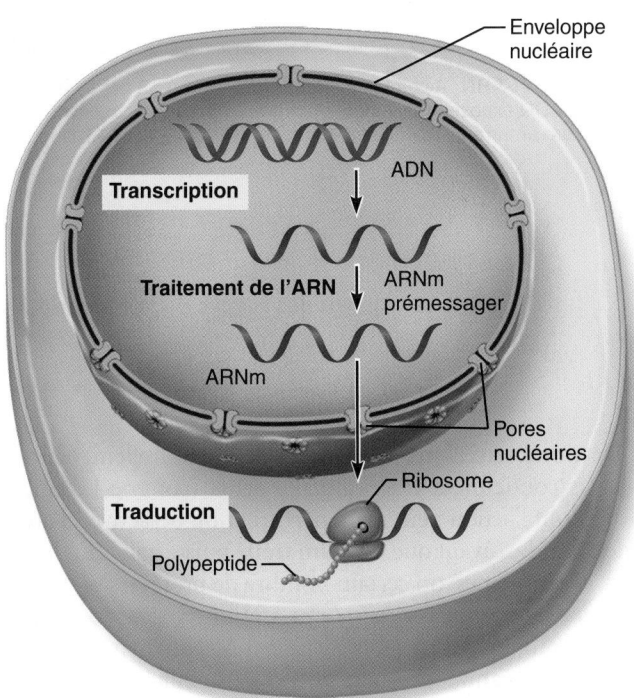

Figure 3.34 Représentation simplifiée du flux d'information allant du gène d'ADN à la structure de la protéine, en passant par l'ARNm, pendant la transcription et la traduction. (Remarquez que l'ARNm est d'abord synthétisé sous forme d'ARN prémessager, qui est ensuite modifié par des enzymes, puis quitte le noyau.)

Traitement de l'ARNm On pourrait penser que la traduction peut commencer dès que la synthèse de l'ARN messager est terminée, mais le mécanisme est un peu plus complexe que cela.

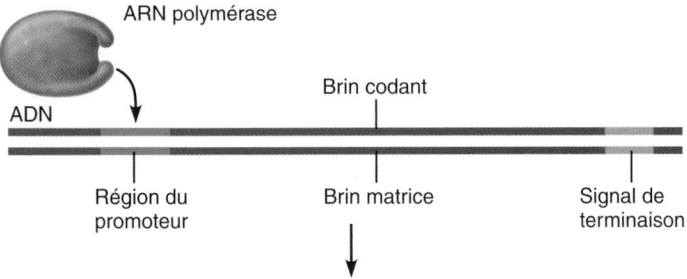

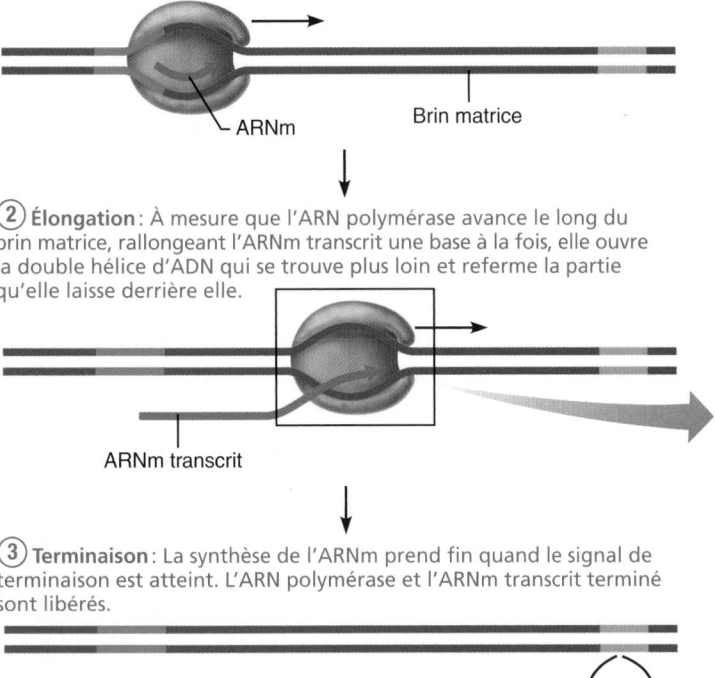

① **Initiation** : Avec l'aide des facteurs de transcription, l'ARN polymérase se lie au promoteur, détache les deux brins d'ADN et commence la synthèse de l'ARNm au point de départ du brin matrice.

② **Élongation** : À mesure que l'ARN polymérase avance le long du brin matrice, rallongeant l'ARNm transcrit une base à la fois, elle ouvre la double hélice d'ADN qui se trouve plus loin et referme la partie qu'elle laisse derrière elle.

③ **Terminaison** : La synthèse de l'ARNm prend fin quand le signal de terminaison est atteint. L'ARN polymérase et l'ARNm transcrit terminé sont libérés.

Hybride ADN-ARN : À chaque instant, il y a de 16 à 18 paires de bases d'ADN exposées et le dernier segment d'ARNm synthétisé est encore amarré à l'ADN, formant un court hybride ARN-ADN.

Figure 3.35 **Aperçu des étapes de la transcription.**

Comme nous l'avons déjà dit, l'ADN des mammifères, y compris le nôtre, comporte des régions codantes (exons) alternant avec des régions non codantes (introns). Étant donné que la transcription des gènes suit la séquence des nucléotides de l'ADN, la première version d'ARNm qui est produite, appelée *ARN prémessager* ou *transcrit primaire*, est entrecoupée d'introns « non-sens ». Pour qu'il puisse servir de messager, le nouvel ARN doit subir certaines modifications ou corrections avant de quitter le noyau. Il faut notamment éliminer les introns. Cette tâche est accomplie par les *complexes d'épissage* ou *splicéosomes*, de gros complexes formés d'ARN et de protéines qui enlèvent les introns et relient les parties codantes (exons) entre elles par épissage dans l'ordre où elles se trouvaient dans le gène d'ADN ; l'ARNm fonctionnel ainsi formé peut alors diriger la traduction au niveau du ribosome.

De nombreux introns se dégradent naturellement, mais d'autres contiennent des segments actifs (comme les micro-ARN) dont l'action peut régir, perturber ou désactiver d'autres gènes. De plus, avant que l'ARNm traité puisse agir dans la synthèse des protéines, un certain nombre de protéines destinées à s'unir à l'ARN, appelées *complexes ARNm-protéines*, doivent s'y lier. Ces complexes dirigent la sortie de l'ARNm du noyau, déterminent sa situation, sa traduction et sa stabilité, et vérifient si des codons de terminaison prématurée sont présents (ces codons résultant de mutations entraîneraient alors la production de protéines incomplètes et inaptes à remplir leurs fonctions).

Traduction

Le travail d'un traducteur consiste à prendre connaissance d'un message dans une langue et à le reconstituer dans une autre.

Lors de la synthèse des protéines, à l'étape de la **traduction**, la langue des acides nucléiques (séquence de bases) est traduite dans le langage des protéines (séquence d'acides aminés).

On appelle **code génétique** les règles de traduction de la séquence de bases d'un gène en séquence d'acides aminés. Les séquences de trois bases présentes sur l'ADN sont appelées triplets, alors qu'on nomme **codon** chacune des séquences correspondantes de l'ARNm. Comme l'ARN (ou l'ADN) contient quatre types de nucléotides, il y a 4^3 codons possibles, soit 64. Tous codent pour des acides aminés, sauf trois, qui constituent des « signaux d'arrêt » marquant la fin d'un polypeptide. Comme il n'existe que 20 acides aminés environ, certains d'entre eux correspondent donc à plusieurs codons. Cette redondance du code génétique est une forme de protection contre les erreurs de transcription (et de traduction). Vous trouverez à la **figure 3.36** le code génétique et une liste complète des codons.

La traduction se déroule dans le cytoplasme, fait intervenir l'ARNm, l'ARNt et l'ARNr décrits précédemment et se produit dans l'ordre présenté sous peu et illustré à la **figure 3.37**.

Lorsqu'elle arrive dans le cytoplasme après avoir été traitée dans le noyau, la molécule d'ARNm portant les instructions pour la synthèse d'une certaine protéine s'associe à une petite sous-unité ribosomale lorsque ses bases se lient à celles de l'ARNr (figure 3.37, ①). C'est alors que l'ARN de transfert entre en jeu. Sa fonction consiste à *transférer* au ribosome les acides aminés en solution dans le cytosol.

La structure de la molécule d'ARN de transfert est bien adaptée à cette double fonction. L'acide aminé est lié à une extrémité de l'ARNt appelée tige. À l'autre extrémité, la tête (ou boucle), se trouve une séquence de trois bases nommée **anticodon** ; l'anticodon est complémentaire au codon d'ARNm qui code pour l'acide aminé porté par cet ARNt. Comme leurs anticodons forment des liaisons hydrogène avec les codons qui leur sont complémentaires, les minuscules molécules d'ARNt servent de lien entre le langage des acides nucléiques et celui des protéines. Par exemple, si le codon de l'ARNm est AUA (un des trois codons pour l'isoleucine), l'ARNt qui transporte l'isoleucine contiendra l'anticodon UAU qui lui permet de se lier à ce même codon.

Il existe une soixantaine de codons différents, mais il n'y aurait pas plus de 45 types d'ARNt, car certains anticodons peuvent reconnaître deux ou trois codons différents. Chaque ARNt ne peut cependant se lier qu'à un acide aminé particulier. Dans chacun de ces cas, le mécanisme de liaison est régi par une aminoacyl-ARNt synthétase (une enzyme) et activé par l'ATP (voir la partie supérieure droite de la figure 3.37). Lorsque la molécule d'ARNt est accrochée à son acide aminé (et qu'elle porte le nom d'aminoacyl-ARNt en raison de sa charge), elle migre en direction du ribosome et elle place l'acide aminé dans la position appropriée en fonction des codons de l'ARNm (figure 3.37, ②).

Le ribosome n'est pas seulement un site de liaison passif pour l'ARNm et l'ARNt. À la manière d'un étau, le ribosome rapproche l'ARNt et l'ARNm l'un de l'autre afin de coordonner l'appariement des codons et des anticodons, puis il met en place l'acide aminé suivant (arrivant) pour qu'il s'ajoute à la chaîne polypeptidique en formation. Pour ce faire, le ribosome présente un site de liaison de l'ARNm et trois sites de liaison pour l'ARNt :

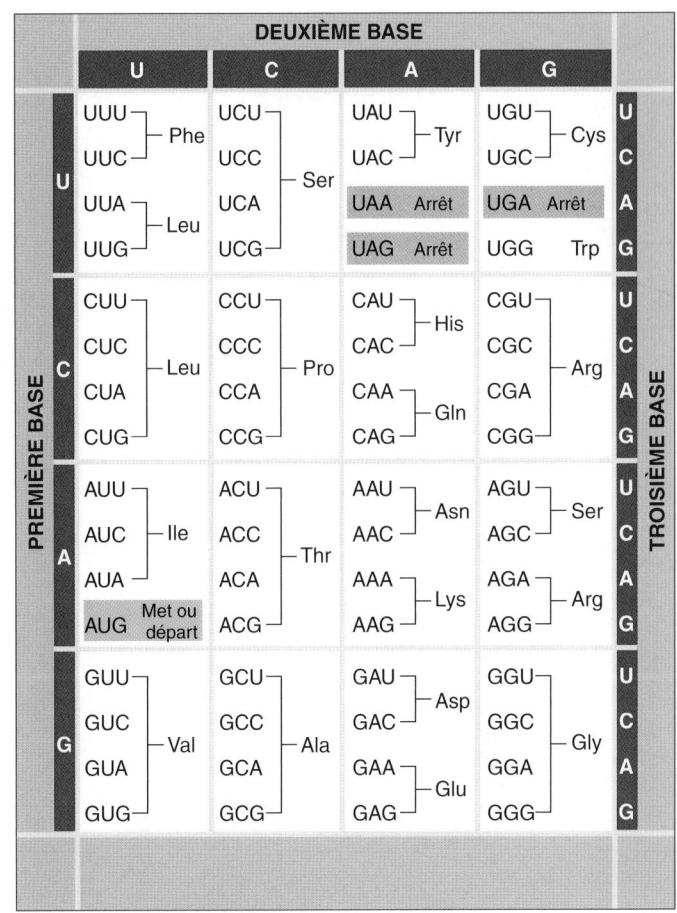

	DEUXIÈME BASE			
	U	**C**	**A**	**G**
U	UUU — Phe, UUC — Phe, UUA — Leu, UUG — Leu	UCU, UCC, UCA, UCG — Ser	UAU — Tyr, UAC — Tyr, UAA Arrêt, UAG Arrêt	UGU — Cys, UGC — Cys, UGA Arrêt, UGG Trp	U C A G
C	CUU, CUC, CUA, CUG — Leu	CCU, CCC, CCA, CCG — Pro	CAU — His, CAC — His, CAA — Gln, CAG — Gln	CGU, CGC, CGA, CGG — Arg	U C A G
A	AUU, AUC, AUA — Ile, AUG Met ou départ	ACU, ACC, ACA, ACG — Thr	AAU — Asn, AAC — Asn, AAA — Lys, AAG — Lys	AGU — Ser, AGC — Ser, AGA — Arg, AGG — Arg	U C A G
G	GUU, GUC, GUA, GUG — Val	GCU, GCC, GCA, GCG — Ala	GAU — Asp, GAC — Asp, GAA — Glu, GAG — Glu	GGU, GGC, GGA, GGG — Gly	U C A G

Figure 3.36 Code génétique. Chaque groupe de trois bases azotées de l'ARNm (codon) code pour l'un des acides aminés, qu'on a représentés ici par des abréviations de trois lettres (voir la liste ci-dessous). Habituellement, c'est le codon AUG codant pour la méthionine qui est le signal de départ de la synthèse des protéines. Le mot « arrêt » indique les codons qui marquent la fin de la synthèse des protéines.

Abréviation	**Acide aminé**	**Abréviation**	**Acide aminé**
Ala	Alanine	Leu	Leucine
Arg	Arginine	Lys	Lysine
Asn	Asparagine	Met	Méthionine
Asp	Acide aspartique	Phe	Phénylalanine
Cys	Cystéine	Pro	Proline
Gln	Glutamine	Ser	Sérine
Glu	Acide glutamique	Thr	Thréonine
Gly	Glycine	Trp	Tryptophane
His	Histidine	Tyr	Tyrosine
Ile	Isoleucine	Val	Valine

le site A (*aminoacyl*) pour l'aminoacyl-ARNt arrivant, le site P (*peptidyl*) pour l'ARNt qui retient la chaîne polypeptidique naissante et le site E (*exit*) pour l'ARNt sortant (figure 3.37).

Comment la traduction commence-t-elle ? Lorsqu'un ARNt spécial, l'**ARNt d'initiation**, porteur de méthionine, se lie au site P de la petite sous-unité ribosomale, le processus de traduction commence officiellement. L'ARNm nouvellement formé possède une séquence de bases de départ, appelée *séquence de*

3

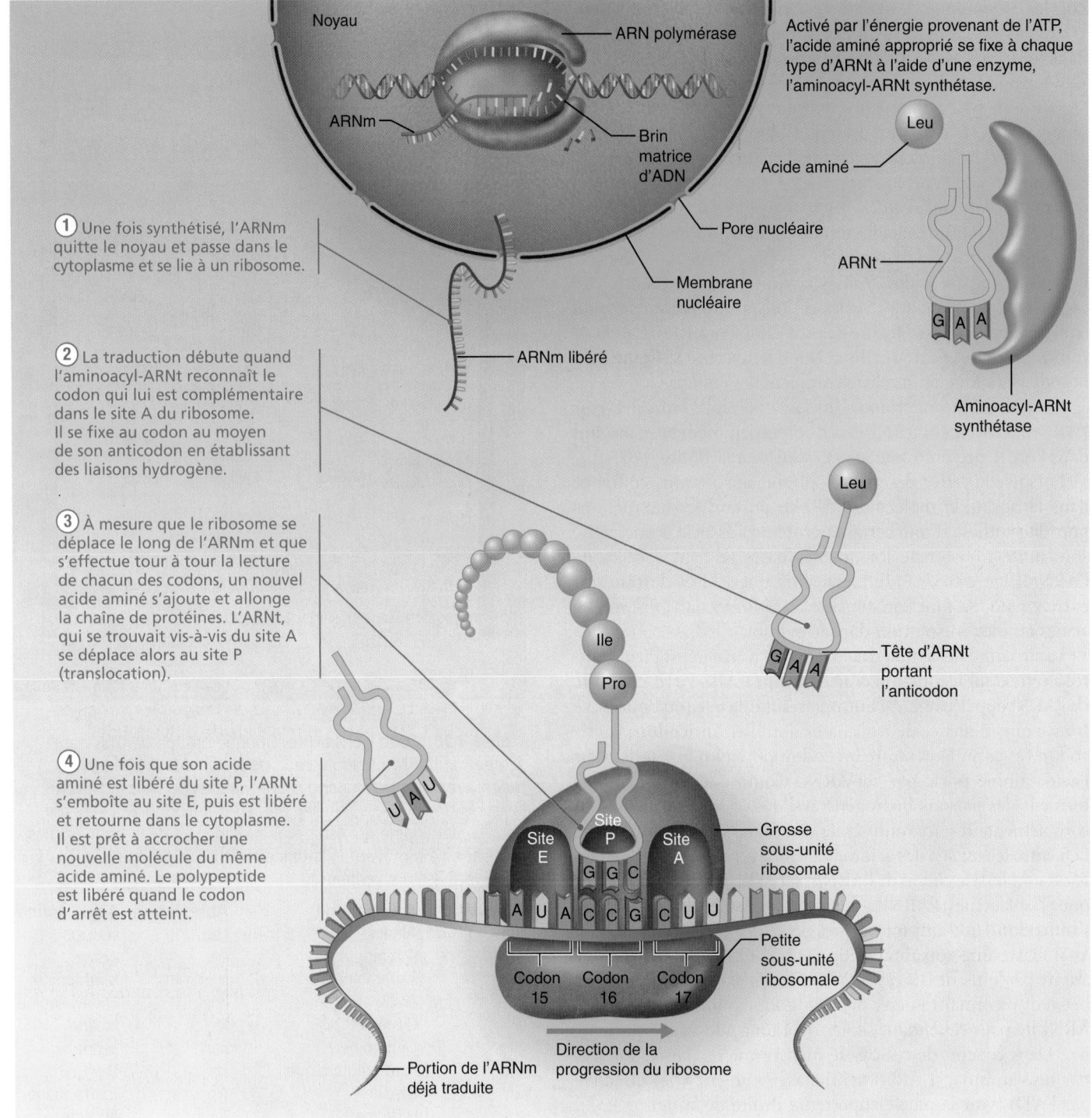

Noyau

ARN polymérase

Activé par l'énergie provenant de l'ATP, l'acide aminé approprié se fixe à chaque type d'ARNt à l'aide d'une enzyme, l'aminoacyl-ARNt synthétase.

ARNm

Brin matrice d'ADN

Leu

Acide aminé

① Une fois synthétisé, l'ARNm quitte le noyau et passe dans le cytoplasme et se lie à un ribosome.

Pore nucléaire

ARNt

Membrane nucléaire

ARNm libéré

② La traduction débute quand l'aminoacyl-ARNt reconnaît le codon qui lui est complémentaire dans le site A du ribosome. Il se fixe au codon au moyen de son anticodon en établissant des liaisons hydrogène.

G A A

Aminoacyl-ARNt synthétase

Leu

③ À mesure que le ribosome se déplace le long de l'ARNm et que s'effectue tour à tour la lecture de chacun des codons, un nouvel acide aminé s'ajoute et allonge la chaîne de protéines. L'ARNt, qui se trouvait vis-à-vis du site A se déplace alors au site P (translocation).

Ile

Pro

G A A

Tête d'ARNt portant l'anticodon

④ Une fois que son acide aminé est libéré du site P, l'ARNt s'emboîte au site E, puis est libéré et retourne dans le cytoplasme. Il est prêt à accrocher une nouvelle molécule du même acide aminé. Le polypeptide est libéré quand le codon d'arrêt est atteint.

U A U

Site E   **Site P**   **Site A**

Grosse sous-unité ribosomale

G G C

A U A C C G C U U

Petite sous-unité ribosomale

Codon 15   **Codon 16**   **Codon 17**

Portion de l'ARNm déjà traduite

Direction de la progression du ribosome

Figure 3.37 Principales étapes de la traduction. Le diagramme suppose que l'initiation est achevée et que le 17e acide aminé, selon les directives des codons d'ARN, est amené au ribosome.

tête, qui lui permet de s'amarrer au site de liaison de la petite sous-unité ribosomale. Quand l'ARNt est encore amarré, la petite sous-unité ribosomale enjambe l'ARNm jusqu'à ce qu'elle rencontre le codon « initiateur » (le premier triplet AUG). Quand l'anticodon (UAC) de l'ARNt d'initiation reconnaît le

codon initiateur et s'y lie, une grande sous-unité ribosomale s'attache à la petite, créant un ribosome fonctionnel. L'ARNm étant placé de la façon appropriée dans le « sillon » formé entre les deux sous-unités ribosomales, la traduction s'engage véritablement. Ce processus fait appel à plusieurs facteurs d'initiation et l'énergie requise est fournie par la GTP. Il implique aussi que la méthionine est toujours le premier acide aminé à commencer l'assemblage d'un polypeptide, bien que cet acide aminé puisse être retiré lors d'étapes subséquentes.

Le ribosome glisse maintenant sur le brin d'ARNm de façon à amener le codon suivant en position pour qu'il soit « lu » par un aminoacyl-ARNt arrivant au site A (figure 3.37, ②). C'est à ce moment que le ribosome fait une petite « vérification » afin de s'assurer que le codon et l'anticodon sont bien appariés. Cette étape franchie, une enzyme de la grande sous-unité ribosomale catalyse la formation d'une liaison peptidique entre l'acide aminé de l'ARNt d'initiation et celui de l'ARNt du site A. Le ribosome déplace alors l'ARNt, qui porte maintenant deux acides aminés, vers le site P (translocation) (figure 3.37, ③). Simultanément, il pousse l'ARNt d'initiation dans le site E, d'où il est largué dans le cytosol (figure 3.37, ④).

Ce jeu de chaises musicales se poursuit : les peptidyl-ARNt transfèrent le polypeptide aux aminoacyl-ARNt pendant que les ARNt se déplacent du site P au site E et du site A au site P (figure 3.37, ③ et ④). Le tout se déroule à une vitesse impressionnante : une quinzaine d'acides aminés sont mis en place à chaque seconde ! Au fur et à mesure que le ribosome avance le long de la voie formée par l'ARNm et que ce dernier est lu, le début de la chaîne se libère du ribosome et peut s'attacher à un autre ribosome, puis à un autre encore, si bien que l'ARNm peut être fixé à plusieurs ribosomes qui lisent tous le même message l'un à la suite de l'autre. Le complexe de ribosomes et d'ARNm ainsi formé, appelé *polysome*, est un système efficace de production d'un grand nombre de copies de la même protéine (figure 3.38).

La lecture du brin d'ARNm se poursuit dans le même ordre jusqu'à ce que le dernier codon, ou *codon d'arrêt* (UGA, UAA ou UAG), pénètre dans la rainure du ribosome. Ce codon est le « point » qui marque la fin de la phrase et qui termine la traduction de l'ARNm. La chaîne polypeptidique se détache alors du ribosome et les sous-unités de ce dernier se séparent (figure 3.38a). La protéine libérée se replie en une structure tridimensionnelle complexe et s'éloigne en flottant, prête à agir. Quand le message de l'ARNm qui a mené à sa formation devient périmé, il est dégradé en des structures appelées *corps P*.

Comme nous l'avons déjà mentionné, les ribosomes se lient au RE rugueux puis s'en détachent. Quand un peptide de « tête » court appelé **peptide signal** du réticulum endoplasmique est présent dans une protéine qui est synthétisée, le ribosome correspondant se fixe à la membrane du RE rugueux. Ce peptide signal, avec sa charge composée d'un ribosome et d'un ARNm, est guidé vers les sites de réception appropriés sur la membrane du RE au moyen d'une particule de reconnaissance du signal, une chaperonine qui circule entre le RE et le cytosol. Les événements qui surviennent par la suite dans le RE sont indiqués à la figure 3.39.

En résumé, l'information génétique de la cellule permet la production de protéines par l'intermédiaire d'une suite de transferts d'information entièrement soumis à l'appariement des bases complémentaires. L'information passe donc de la séquence de bases de l'ADN (triplets) à la séquence de bases de l'ARNm (codons), qui lui est complémentaire, puis revient à la séquence

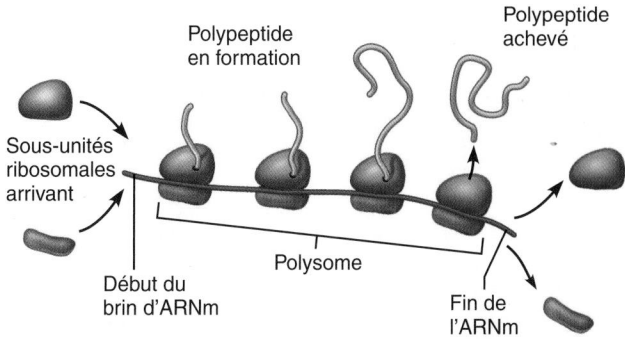

(a) Chaque polysome est constitué d'un brin d'ARNm que plusieurs ribosomes sont en train de lire en même temps. Dans ce diagramme, le ribosome fonctionnel qui s'est attaché en premier à l'ARN messager est celui situé le plus à droite.

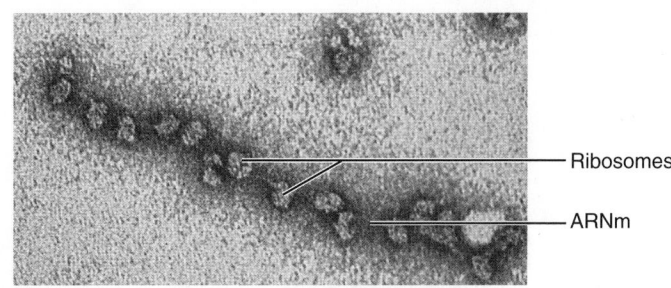

(b) Photographie au microscope électronique montrant un gros polysome (400 000×)

Figure 3.38 Les réseaux de polysomes permettent à un seul brin d'ARNm de produire en peu de temps des centaines d'exemplaires de la même molécule de polypeptide.

de bases de l'ARNt (anticodons), qui est identique à la séquence de l'ADN, sauf que l'uracile (U) est remplacé par la thymine (T) (figure 3.40).

Autres fonctions de l'ADN

L'utilité de l'ADN ne prend pas fin avec la production de protéines encodées par les exons. Les chercheurs ont découvert que d'autres introns ou ADN muets codent en fait pour une étonnante gamme de types d'ARN actifs, dont les suivants :

■ Les **micro-ARN (miARN)** et les **petits ARN interférents (siARN** pour *small interfering ARN*) sont de courts ARN capables de se lier complètement ou partiellement en appariant leurs bases azotées à celles d'un ARMm. Ils peuvent alors le détruire ou l'empêcher d'être traduit en une protéine. L'utilisation des siARN dans le traitement de certaines maladies génétiques a montré que ces ARN pouvaient agir à la fois en se liant de façon spécifique aux gènes intervenant dans la maladie et de façon non spécifique en se liant à des récepteurs déclenchant une réponse immunitaire.

■ Les **riborégulateurs** sont des brins d'ARNm repliés qui codent pour une protéine donnée, tout comme l'ARNm. Ils se distinguent toutefois des autres ARNm par la présence d'une région se comportant comme un interrupteur qui

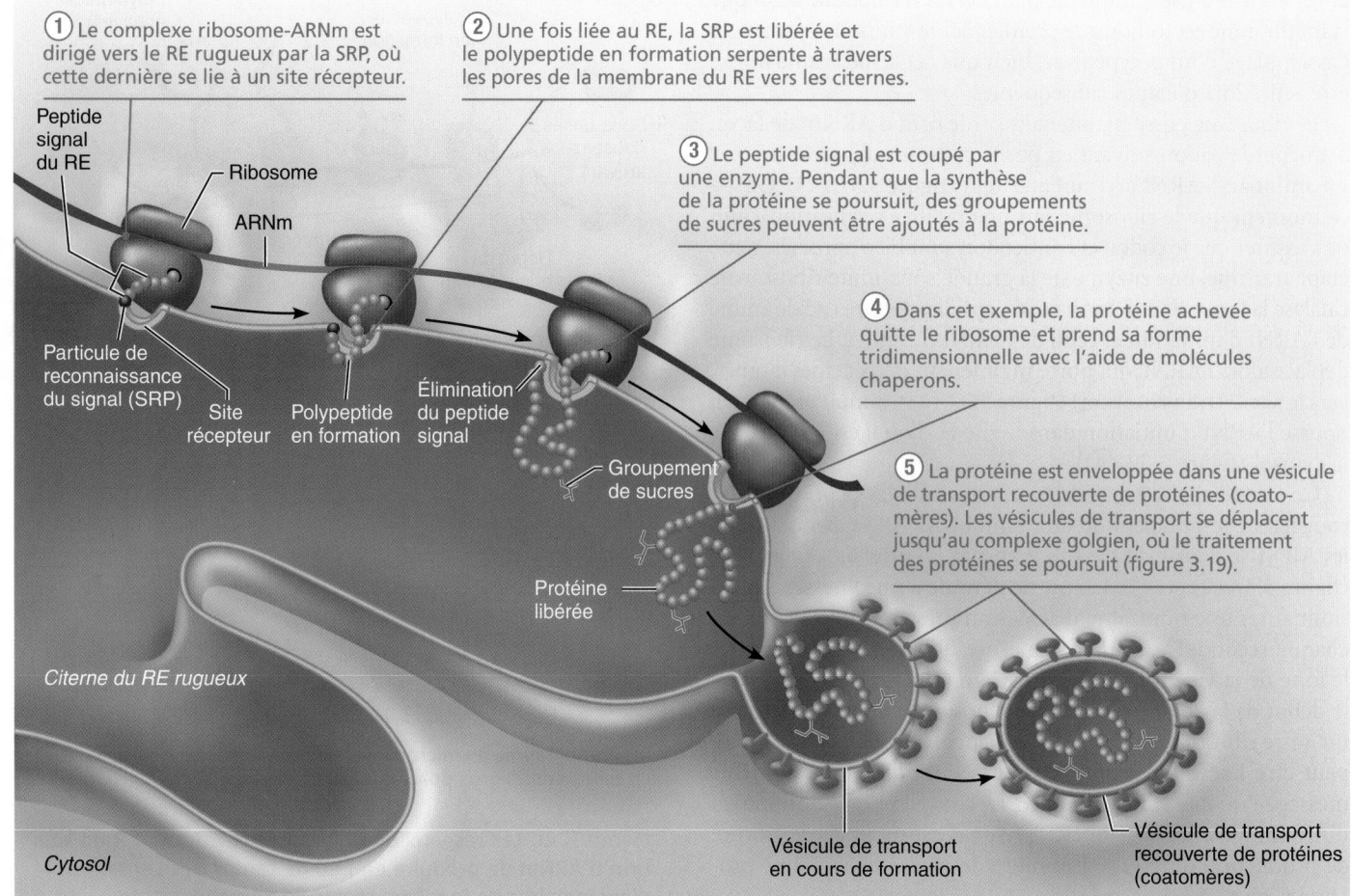

① Le complexe ribosome-ARNm est dirigé vers le RE rugueux par la SRP, où cette dernière se lie à un site récepteur.

Peptide signal du RE

Ribosome

ARNm

Particule de reconnaissance du signal (SRP)

Site récepteur

Polypeptide en formation

Élimination du peptide signal

② Une fois liée au RE, la SRP est libérée et le polypeptide en formation serpente à travers les pores de la membrane du RE vers les citernes.

③ Le peptide signal est coupé par une enzyme. Pendant que la synthèse de la protéine se poursuit, des groupements de sucres peuvent être ajoutés à la protéine.

④ Dans cet exemple, la protéine achevée quitte le ribosome et prend sa forme tridimensionnelle avec l'aide de molécules chaperons.

⑤ La protéine est enveloppée dans une vésicule de transport recouverte de protéines (coatomères). Les vésicules de transport se déplacent jusqu'au complexe golgien, où le traitement des protéines se poursuit (figure 3.19).

Groupement de sucres

Protéine libérée

Citerne du RE rugueux

Cytosol

Vésicule de transport en cours de formation

Vésicule de transport recouverte de protéines (coatomères)

Figure 3.39 La présence d'un peptide signal du réticulum endoplasmique dans une protéine en formation fait en sorte que la particule de reconnaissance du signal (SRP, *signal recognition particle*) dirige le complexe ribosome-ARNm vers le RE rugueux.

active ou désactive la synthèse de la protéine en réponse à certains changements métaboliques du milieu, comme une variation de la concentration de vitamines, d'acides aminés, de nucléotides ou d'autres petites molécules dans la cellule. Quand ils perçoivent ces variations, les riborégulateurs changent de forme, ce qui arrête ou déclenche la production de la protéine précisée.

Nous en avons encore beaucoup à apprendre sur ces types d'ARN polyvalents qui sont dérivés des introns et de l'ADN muet et semblent jouer un rôle dans l'hérédité. D'autres domaines de recherche se concentrent sur les conséquences de la dégénérescence du code du triplet (c'est-à-dire que plusieurs codons codent pour un seul acide aminé), ainsi que sur la capacité des segments d'ADN à accomplir plusieurs tâches. Par exemple, une séquence peut coder pour la structure d'une protéine et assurer le guidage de la position d'un nucléosome.

VÉRIFIONS NOS ACQUIS

33. Les codons et les anticodons sont tous les deux des séquences de trois bases. Qu'est-ce qui les distingue ?

34. De quelle manière les sites A, P et E des ribosomes diffèrent-ils sur le plan fonctionnel pendant la synthèse des protéines ?

35. Décrivez le rôle de l'ADN dans la transcription.

36. Quels anticodons peuvent posséder les ARNt qui transportent l'acide aminé asparagine vers le ribosome ?

Les réponses se trouvent à l'appendice G.

Dégradation des protéines dans le cytosol

32 Montrer l'importance de la dégradation des protéines solubles liées à l'ubiquitine.

Quelle est la destinée des protéines devenues inutiles ? Pour assurer leurs fonctions physiologiques, les protéines doivent se trouver au bon endroit, au bon moment et dans la quantité appropriée. Comme pour tout le reste, il arrive un moment où les protéines ne sont plus utiles : elles doivent donc être dégradées. Les lysosomes dégradent les protéines qui font partie des organites ; ils

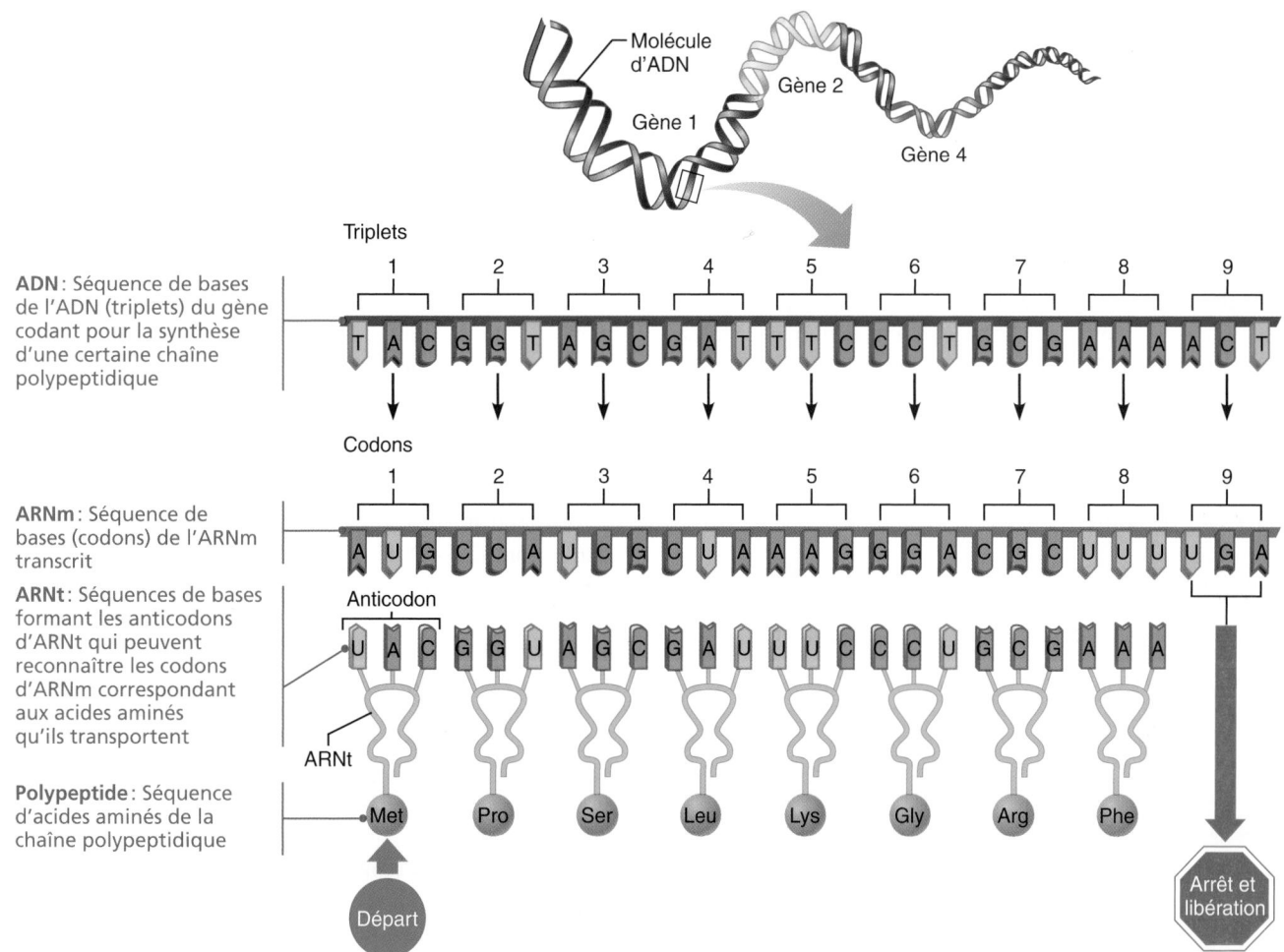

Figure 3.40 Transfert d'information de l'ADN à l'ARN. L'information passe du gène de l'ADN à la molécule d'ARN messager qui lui est complémentaire, et dont les codons sont ensuite « lus » par les anticodons de l'ARN de transfert. Notez que les anticodons de l'ARNt, lorsqu'ils « lisent » l'ARNm, reconstituent la séquence de bases (triplets) du code génétique de l'ADN (mais que T est remplacé par U).

sont toutefois incapables de s'attaquer aux protéines solubles du cytosol qui doivent être éliminées parce qu'elles sont endommagées ou devenues inutiles. C'est le cas notamment des protéines qui n'interviennent que dans la division cellulaire ou qui se comportent comme des facteurs de transcription à courte vie.

Comment la cellule évite-t-elle alors l'accumulation de ces protéines, tout en prévenant la destruction de presque toutes les protéines solubles par les enzymes du cytosol ? En fait, les protéines à éliminer sont marquées par un processus appelé *polyubiquitinylation*. Au cours de ce processus, qui est ATP-dépendant, la protéine qui doit subir la protéolyse est marquée par une **ubiquitine**, une protéine de reconnaissance particulière à chaque classe de protéine à détruire, et par une enzyme, l'**ubiquitine ligase**. Les protéines portant ces deux marqueurs sont hydrolysées en petits peptides par des enzymes solubles ou par les **protéasomes**, des complexes géants d'enzymes spécialisées dans la digestion des protéines, et l'ubiquitine ligase est réutilisée. L'activité des protéasomes est essentielle pendant les

périodes de sous-alimentation, car ces complexes dégradent les protéines existantes pour fournir des acides aminés qui serviront à la synthèse de protéines nouvelles et nécessaires.

Matériaux extracellulaires

33 Nommer les matériaux extracellulaires et décrire leur composition.

Un grand nombre de substances qui contribuent à la masse corporelle se trouvent à l'extérieur des cellules ; collectivement, on les appelle **matériaux extracellulaires**. Les *liquides de l'organisme* sont un type de matériaux extracellulaires ; ce sont principalement le liquide interstitiel, le plasma sanguin et le liquide cérébrospinal. Ils constituent avant tout des milieux de transport et de dissolution. Les *sécrétions cellulaires* sont aussi des matériaux extracellulaires ; elles comprennent les substances qui assurent la digestion (sucs gastriques, sécrétions intestinales) et les lubrifiants (salive, mucus et sérosités).

La *matrice extracellulaire* est de loin le plus abondant des matériaux extracellulaires. La plupart des cellules de l'organisme sont en contact avec une substance gélatineuse composée de protéines et de polysaccharides. Ces molécules sécrétées par les cellules elles-mêmes forment spontanément un réseau structuré occupant l'espace extracellulaire, et elles « collent » les cellules ensemble. Comme nous le verrons au chapitre 4, la matrice extracellulaire est particulièrement abondante dans le tissu conjonctif; dans certains cas, c'est même elle, et non les cellules vivantes, qui constitue la plus grande partie du volume du tissu. Selon la structure à former, la matrice extracellulaire du tissu conjonctif peut être molle ou aussi dure que de la roche, ou se situer quelque part entre ces extrêmes.

VÉRIFIONS NOS ACQUIS

37. Quel est le rôle de l'ubiquitine dans la vie d'une cellule?

38. Nommez deux liquides corporels qui occupent l'espace extracellulaire et décrivez leur rôle dans l'organisme.

Les réponses se trouvent à l'appendice G.

Développement et vieillissement des cellules

34 Présenter quelques théories sur la différenciation et le vieillissement cellulaires.

35 Préciser l'importance de l'apoptose pour l'organisme.

La vie de notre organisme commence sous la forme d'une cellule unique, l'ovule fécondé, dont descendent toutes les cellules de notre corps. Dès le début de notre développement, les cellules commencent à se spécialiser; certaines d'entre elles deviennent des cellules hépatiques, d'autres des neurones et ainsi de suite. Étant donné que toutes nos cellules renferment les mêmes gènes, comment se fait-il qu'elles soient si différentes les unes des autres? Cette question est fascinante.

Il semble que les cellules situées dans les diverses régions de l'embryon reçoivent différents signaux chimiques qui déterminent la suite de leur développement. Lorsque l'embryon n'est formé que de quelques cellules (ces *cellules souches* embryonnaires dont on ne cesse de parler), les signaux principaux peuvent être tout simplement de légères différences de concentration d'oxygène et de gaz carbonique entre les cellules superficielles et profondes. Cependant, plus tard au cours du développement, les cellules libèrent des substances chimiques qui « désactivent » certains gènes des cellules voisines et influent ainsi sur l'évolution de ces dernières. Alors que certains gènes sont actifs dans toutes les cellules, d'autres ne le sont que dans des cellules particulières. Par exemple, les gènes responsables de la synthèse de l'ARNr ou de l'ATP sont actifs dans toutes les cellules, tandis que ceux qui régissent la synthèse des enzymes nécessaires à la production de la thyroxine sont actifs seulement dans les cellules qui formeront la glande thyroïde. Les cellules se spécialisent donc en fonction des protéines qu'elles doivent produire, et cette spécialisation se fait par l'activation de gènes différents selon le type de cellule considéré.

La spécialisation cellulaire mène à une variation *structurale*: les quantités relatives d'organites de chaque catégorie varient selon le type de cellule. Par exemple, les cellules musculaires fabriquent de grandes quantités d'actine et de myosine, et leur cytoplasme est rempli de microfilaments. Les cellules hépatiques et les phagocytes produisent plus de lysosomes. L'apparition de caractéristiques spécifiques différentes dans les cellules est appelée **différenciation cellulaire**.

Au début du développement de l'organisme, beaucoup de cellules sont tuées et détruites. La nature prend peu de risques. Il se forme plus de cellules que nécessaire et l'excédent est ensuite éliminé par un type de mort cellulaire programmée appelée **apoptose** (« rejet »). Ce processus, une forme de suicide cellulaire ordonné, supprime les cellules stressées, inutiles, superflues ou vieillies.

Comment ce processus se déroule-t-il? En réaction à des macromolécules endommagées dans la cellule ou à certains signaux extracellulaires, la membrane des mitochondries devient perméable, ce qui permet au cytochrome *c* et à d'autres facteurs de s'écouler dans le cytosol. À leur tour, ces substances chimiques déclenchent l'apoptose en activant une série d'enzymes intracellulaires, appelées *caspases*. Ces enzymes sont normalement inactives, mais quand elles sont activées, elles commandent une cascade d'activités liées à la digestion des protéines dans la cellule, détruisant l'ADN, le cytosquelette et ainsi de suite, entraînant une mort rapide et propre. La cellule en apoptose se résorbe sans laisser fuir son contenu dans les tissus environnants, donc sans déclencher de réaction inflammatoire; elle se détache des autres cellules et prend une forme sphérique. Comme elle libère une substance chimique (la lysophosphatidylcholine) qui attire les macrophagocytes et émet des signaux, la cellule mourante est immédiatement phagocytée.

Les cellules cancéreuses sont incapables d'apoptose, mais les cellules privées d'oxygène meurent en très grand nombre de cette façon (par exemple, les cellules du muscle cardiaque et de l'encéphale durant les crises cardiaques et les accidents vasculaires cérébraux). L'apoptose est particulièrement fréquente dans le système nerveux au cours de son développement. Ce processus est également responsable de la séparation des doigts et des orteils à partir de leurs précurseurs embryonnaires, qui sont soudés les uns aux autres.

La plupart des organes sont bien formés et fonctionnels longtemps avant la naissance, mais l'organisme poursuit sa croissance en produisant de nouvelles cellules pendant toute l'enfance et l'adolescence. À l'âge adulte, la division cellulaire sert avant tout au remplacement des cellules à vie courte ainsi qu'à la réparation des lésions.

Au début de l'âge adulte, le nombre de cellules reste assez constant. Cependant, on observe souvent des fluctuations locales du taux de division cellulaire. Par exemple, dans la plupart des formes d'anémie (voir le chapitre 17, p. 740-741), la moelle osseuse tentera de corriger le problème (trop faible concentration d'oxygène transporté par le sang) par une **hyperplasie** (*huper:* au-delà; *plasis:* former), c'est-à-dire une croissance accélérée, qui mène à une production plus intensive de globules rouges. Si l'état anémique cesse, l'activité de la moelle osseuse revient à la normale. L'**atrophie** est une diminution de la taille d'un organe ou d'un tissu; elle peut résulter de l'absence d'une stimulation normale. Les muscles qui ne sont plus innervés s'atrophient et fondent, et le manque d'exercice rend les os minces et fragiles.

Les cellules vieillissent également. Ce phénomène complexe, à l'origine de la plupart des problèmes associés au vieillissement en général, a des causes multiples. Selon la théorie de l'« usure », le vieillissement est dû à l'effet cumulatif de petites agressions chimiques et de la formation de radicaux libres. Par exemple, il est possible que les toxines présentes dans notre environnement, comme les pesticides, l'alcool et les toxines bactériennes, endommagent les membranes cellulaires, portent atteinte aux systèmes enzymatiques ou provoquent des « erreurs » lors de la réplication de l'ADN. Des dépôts graisseux obstruent progressivement nos vaisseaux sanguins, ce qui crée des manques temporaires d'oxygène de plus en plus fréquents qui entraînent un accroissement du taux de mort cellulaire dans l'ensemble de l'organisme.

La plupart des radicaux libres sont produits dans les mitochondries, parce que ces organites ont le métabolisme le plus rapide de la cellule. Cette observation donne à penser que la diminution de la production d'énergie, dans les mitochondries endommagées par les radicaux libres, affaiblit (et fait vieillir) les cellules. Les rayons X et autres rayonnements, ainsi que certaines substances chimiques, produisent aussi des quantités énormes de radicaux libres, à tel point que les enzymes des peroxysomes ne suffisent plus à la tâche. Les vitamines C et E agissent comme des antioxydants et on croit qu'elles empêchent la formation de radicaux libres en nombre excessif. (Nous mentionnons les sources principales de ces vitamines au tableau 24.2, p. 1062-1063.) Avec l'âge, le glucose (sucre présent dans le sang) tend à favoriser la formation de liaisons croisées dans les protéines et entre elles. Ces liaisons chimiques entravent considérablement l'activité des protéines et accélèrent l'évolution de l'artériosclérose.

Selon une autre théorie, un dérèglement progressif du système immunitaire serait à l'origine du vieillissement cellulaire. Pour les tenants de cette thèse, les cellules sont endommagées par (1) des réponses auto-immunes, c'est-à-dire par l'action du système immunitaire contre les tissus de l'organisme lui-même, et (2) par un affaiblissement progressif de la réponse immunitaire qui empêcherait progressivement l'organisme de se débarrasser des agents pathogènes nuisibles aux cellules.

La théorie la plus répandue est la *théorie génétique* selon laquelle l'arrêt de la mitose et le vieillissement cellulaire sont « programmés dans nos gènes ». On fait intervenir ici une notion intéressante voulant que le nombre de divisions possibles d'une cellule soit déterminé *par une horloge située dans les télomères*. Les **télomères** (*telos:* fin; *meros:* partie) sont des séquences nucléotidiques qui marquent la fin des chromosomes et les empêchent de s'effilocher ou de fusionner avec d'autres chromosomes, un peu comme le bout de plastique d'un lacet. Chez les humains et chez beaucoup d'autres espèces de vertébrés, la séquence de bases des télomères est TTAGGG répétée 1000 fois ou plus. Bien qu'ils ne portent aucun gène, les télomères semblent avoir une importance capitale pour la survie du chromosome. En effet, chaque fois qu'il se réplique, l'ADN perd de 50 à 100 de ses nucléotides terminaux et les télomères se raccourcissent d'autant. Lorsqu'ils atteignent une certaine longueur minimale, les télomères émettent le signal d'arrêt des divisions. (On croit cependant que les cellules germinales, qui donnent naissance aux cellules sexuelles, ne seraient pas soumises à ce phénomène de raccourcissement des chromosomes.) L'hypothèse voulant que la longévité cellulaire dépende de l'intégrité des télomères a été étayée par la découverte de la *télomérase*, une enzyme qui protège les télomères de la dégradation. La télomérase, qui a été appelée « l'enzyme de l'immortalité », se trouve dans les cellules germinales et presque toujours dans les cellules cancéreuses, mais elle est à peine détectable, voire introuvable, dans les autres types de cellules chez l'adulte.

VÉRIFIONS NOS ACQUIS

39. Décrivez l'apoptose et son importance dans l'organisme.
40. Expliquez la théorie de l'« usure » dans le phénomène du vieillissement. Quelles sont les deux autres théories expliquant le vieillissement?

Les réponses se trouvent à l'appendice G.

Dans le présent chapitre, nous avons décrit la structure et la fonction de la cellule en général. L'un des aspects les plus étonnants de la cellule est le contraste entre sa taille minuscule et son activité intense, que reflète l'énorme diversité de ses organites. La division du travail et la spécialisation fonctionnelle des divers organites sont remarquables. Ainsi, seuls les ribosomes synthétisent les protéines, et l'emballage de celles-ci est réservé au complexe golgien. La plupart des organites sont délimités par des membranes qui leur permettent de fonctionner sans interférer avec les autres activités cellulaires; la membrane plasmique assure également la régulation des échanges moléculaires vers l'intérieur ou vers l'extérieur de la cellule. Maintenant que nous connaissons les caractéristiques communes à toutes les cellules, nous pourrons nous pencher au chapitre 4 sur les différences existant entre les types de cellules des divers tissus.

3

Anaplasie (*an*: sans; *plasis*: former) Anomalies de la structure d'une cellule marquée par une perte de certaines caractéristiques propres au type cellulaire auquel elle appartient; par exemple, les cellules cancéreuses perdent souvent l'apparence de leur cellule mère et se mettent à ressembler à des cellules embryonnaires indifférenciées.

Dysplasie (*dus*: difficulté) Modification de la taille, de la forme ou de la disposition des cellules, survenant avant ou après la naissance; dans ce dernier cas, la modification peut être provoquée par une irritation ou une inflammation chronique (infections, par exemple).

Hyperplasie («excès de forme») Prolifération cellulaire excessive. Se distingue du cancer par le fait que les cellules hyperplasiques conservent leur forme et leur place normales dans les tissus.

Hypertrophie Augmentation du volume d'un organe ou d'un tissu par suite du grossissement de ses cellules. L'hypertrophie est une réaction normale des muscles squelettiques qui doivent fournir un travail excessif. Diffère de l'hyperplasie, qui est une augmentation de volume résultant de l'accroissement du nombre de cellules.

Liposomes Sacs microscopiques artificiels dont la paroi est formée de deux couches de phospholipides et dans lesquels on peut enfermer divers médicaments. Ils servent de véhicules polyvalents pouvant transporter à travers la peau, ou après injection dans le sang, des médicaments, de l'ADN (thérapie génétique), des enzymes, du matériel génétique, des produits cosmétiques ou même de l'oxygène.

Mutation Modification soudaine et possiblement héréditaire de la séquence de bases de l'ADN entraînant l'inclusion d'acides aminés erronés dans la protéine résultante; la protéine touchée peut rester intacte ou bien fonctionner de façon anormale, ou pas du tout, ce qui conduira à un état pathologique. Par exemple, dans l'anémie à hématies falciformes, un seul des 287 acides aminés d'une chaîne de l'hémoglobine a été changé par suite d'une mutation.

Nécrose (*nekros*: mort; *osis*: processus) Mort d'une cellule ou d'un groupe de cellules à la suite d'une lésion ou d'une maladie. Une lésion aiguë entraîne le gonflement et la rupture des cellules et déclenche la réaction inflammatoire. (Il s'agit ici d'une mort cellulaire *désordonnée*, contrairement à l'apoptose, que nous avons décrite dans ce chapitre.)

Principaux éléments de la théorie cellulaire (p. 72)

1. Tous les êtres vivants sont constitués de cellules, qui sont les unités structurales et fonctionnelles fondamentales de la matière vivante. Les cellules varient beaucoup par leur forme et leur taille.
2. Le principe de complémentarité stipule que l'activité biochimique de la cellule résulte du fonctionnement des organites.
3. Le modèle général de la cellule est une façon de représenter toutes les cellules. On y rencontre trois régions principales: le noyau, le cytoplasme et la membrane plasmique.

Membrane plasmique: structure (p. 74)

1. La membrane plasmique délimite le contenu de la cellule, assure la régulation des échanges avec le milieu extracellulaire et intervient dans la communication cellulaire.

Modèle de la mosaïque fluide (p. 74)

2. Selon le modèle de la mosaïque fluide, la membrane plasmique est une bicouche fluide constituée de lipides (phospholipides, cholestérol et glycolipides) dans laquelle sont enchâssées des protéines.
3. Les phospholipides comportent à la fois des régions hydrophiles et des régions hydrophobes qui déterminent le mode d'assemblage et d'auto-réparation de la membrane. Les phospholipides et le cholestérol constituent la partie structurale de la membrane.
4. La plupart des protéines sont des protéines intégrées transmembranaires, c'est-à-dire qu'elles traversent entièrement la membrane. D'autres, les protéines périphériques, sont fixées aux protéines intégrées.
5. Les protéines assurent la plupart des fonctions spécialisées de la membrane: certaines d'entre elles sont des enzymes, d'autres sont des récepteurs, d'autres encore assurent le transport membranaire. Les glycoprotéines qui font face à l'extérieur entrent dans la composition du glycocalyx, auquel appartiennent aussi les glucides fixés à certains phospholipides (glycolipides).

Jonctions membranaires (p. 77)

6. Les jonctions membranaires unissent les cellules et peuvent entraver le passage des molécules entre les cellules ou faciliter les échanges de l'une à l'autre.
7. Les jonctions serrées sont imperméables; les desmosomes assurent un lien mécanique entre les cellules et en font un ensemble fonctionnel; les jonctions ouvertes permettent la communication entre des cellules adjacentes.

Membrane plasmique: transport membranaire (p. 78)

1. La membrane plasmique est une barrière à perméabilité sélective. Les substances traversent la membrane plasmique sous l'effet de mécanismes passifs, qui dépendent de l'énergie cinétique des molécules ou de gradients de pression, ou bien sous l'effet de mécanismes actifs qui nécessitent une dépense d'énergie par la cellule (ATP).

Mécanismes passifs (p. 79)

2. La diffusion est le mouvement des molécules (produit par leur énergie cinétique) dans le sens de leur gradient de concentration. Les solutés liposolubles peuvent diffuser directement à travers la membrane en se dissolvant dans la partie lipidique.
3. La diffusion facilitée est le mouvement passif de certains solutés à travers la membrane par leur combinaison avec une protéine membranaire qui agit comme transporteur ou par leur passage à travers un canal membranaire. À l'instar des autres mécanismes de diffusion, elle est alimentée par l'énergie cinétique, mais dans ce cas, les transporteurs et les canaux sont sélectifs.

4. L'osmose est la diffusion d'un solvant comme l'eau à travers une membrane à perméabilité sélective. L'eau passe dans des pores de la membrane (aquaporines) ou traverse directement la partie lipidique de la membrane en allant de la solution d'osmolarité faible vers la solution d'osmolarité plus forte.

5. La présence de solutés non diffusibles modifie le tonus de la cellule, qui peut enfler ou rétrécir. Le mouvement net dû à l'osmose prend fin lorsque la concentration de solutés présente des deux côtés de la membrane a atteint un équilibre.

6. Les solutions dans lesquelles les cellules subissent une perte nette d'eau sont hypertoniques ; celles qui entraînent un gain net d'eau par la cellule sont hypotoniques ; celles qui ne provoquent ni gain ni perte d'eau cellulaire sont isotoniques.

Mécanismes actifs (p. 84)

7. Le transport actif est assuré par un transporteur protéique et de façon directe ou indirecte par l'ATP. Le déplacement des substances se fait contre leur gradient de concentration ou contre leur gradient électrique. Dans le transport actif primaire, tel que celui accompli par la pompe à Na^+-K^+, l'énergie provient directement de l'ATP.

8. Dans le transport actif secondaire, l'énergie d'un gradient ionique (créé par transport actif primaire) sert au transport passif d'une substance. Dans de nombreux cas, ces systèmes sont couplés, c'est-à-dire que les substances cotransportées traversent la membrane dans le même sens (symport) ou en sens opposé (antiport).

9. Le transport vésiculaire exige aussi une dépense d'ATP. L'endocytose amène des substances à l'intérieur de la cellule dans des vésicules tapissées de protéines. Si la substance est sous forme de particules grosses ou solides, on parle de phagocytose ; si elle se présente sous forme de molécules dissoutes, il s'agit de pinocytose. L'endocytose par récepteurs interposés est sélective ; avant l'endocytose, les particules devant être assimilées se lient à des récepteurs de la membrane. L'exocytose, qui fait intervenir des SNAREs pour ancrer les vésicules à la membrane plasmique, permet le rejet de certaines substances (hormones, déchets, sécrétions) à l'extérieur de la cellule.

10. Le plus souvent, l'endocytose (et la transcytose) s'effectue grâce à des vésicules tapissées de clathrine. Les vésicules tapissées de cavéoline englobent certaines substances, mais elles semblent jouer un rôle plus important en tant que plateformes où se concentrent des récepteurs intervenant dans les échanges de signaux cellulaires. Les vésicules tapissées de coatomères servent au trafic (vésiculaire) des substances à l'intérieur de la cellule.

Membrane plasmique : création du potentiel de repos de la membrane (p. 89)

1. Dans toutes les cellules au repos, on observe un potentiel de repos de la membrane, soit un voltage entre les deux faces de la membrane. Par conséquent, la facilité de diffusion des ions est déterminée simultanément par le gradient de concentration et par le gradient électrique.

2. Le potentiel de repos de la membrane résulte des gradients de concentration et de la perméabilité différentielle de la membrane plasmique au Na^+ et au K^+. Le Na^+ est plus concentré à l'extérieur qu'à l'intérieur de la cellule et la membrane lui est peu perméable. La concentration de K^+ est plus élevée dans la cellule que dans le liquide extracellulaire, et la membrane est plus perméable au K^+ qu'au Na^+. Les anions protéiques à l'intérieur de la cellule sont trop volumineux pour traverser la membrane et le Cl^-, le principal anion du liquide interstitiel, est refoulé par la charge négative de la face interne de la membrane.

3. Un potentiel de membrane négatif est créé quand le mouvement du K^+ vers l'extérieur des cellules est égal au mouvement du K^+ vers l'intérieur de la cellule. Les mouvements du Na^+ contribuent de manière minimale à la création du potentiel de membrane. La diffusion du K^+ vers l'extérieur (qui est plus importante que la diffusion du Na^+ vers l'intérieur) crée une séparation des charges de part et d'autre de la membrane (l'intérieur de la cellule est négatif). Cette séparation des charges est entretenue par l'action de la pompe à sodium et à potassium.

Membrane plasmique : interactions entre la cellule et son milieu (p. 93)

1. Les cellules interagissent directement et indirectement avec les autres cellules. Les interactions indirectes font intervenir les substances chimiques extracellulaires qui sont transportées par les liquides de l'organisme ou qui se trouvent dans la matrice extracellulaire.

2. Les molécules du glycocalyx sont intimement liées aux interactions entre la cellule et son milieu. La plupart d'entre elles sont des molécules d'adhérence cellulaire ou des récepteurs membranaires.

3. Les récepteurs membranaires activés servent de catalyseurs, assurent la régulation des canaux ou, comme les récepteurs associés à une protéine G, agissent par l'intermédiaire de seconds messagers comme l'AMP cyclique et le Ca^{2+}. La liaison de ligands entraîne des modifications de la structure ou de l'action des protéines dans la cellule cible.

Cytoplasme (p. 94)

1. Le cytoplasme est la région de la cellule située entre les membranes nucléaire et plasmique ; il comprend le cytosol (milieu cytoplasmique liquide), des inclusions (réserves non vivantes de nutriments [gouttelettes de lipides, granules de glycogène], granules pigmentaires, cristaux, etc.) et les organites cytoplasmiques.

Organites cytoplasmiques (p. 94)

2. Le cytoplasme est la principale région fonctionnelle de la cellule. Ces fonctions sont assurées par les organites cytoplasmiques.

3. Les mitochondries, des organites délimités par une double membrane, sont le siège de la production de l'ATP. Les enzymes qu'elles renferment assurent les réactions d'oxydation de la respiration cellulaire.

4. Les ribosomes, constitués de deux sous-unités renfermant l'ARN ribosomal et des protéines, sont le siège de la synthèse des protéines. Ils peuvent être libres ou fixés aux membranes.

5. Le réticulum endoplasmique rugueux est un système de membranes parsemé de ribosomes. Il forme des citernes dans lesquelles les protéines sont modifiées. Sa face externe joue un rôle dans la synthèse des phospholipides et du cholestérol. Des vésicules qui se détachent du RE transportent les protéines jusqu'à d'autres sites de la cellule.

6. Le réticulum endoplasmique lisse synthétise les molécules de lipides et d'hormones stéroïdes. Il contribue également au métabolisme des graisses et à la détoxication des médicaments et des drogues. Dans les cellules musculaires, le RE lisse est aussi une réserve d'ions calcium.

7. Le complexe golgien est un système de membranes voisin du noyau, qui emballe les protéines à sécréter pour l'exportation, enveloppe les enzymes dans des lysosomes en vue de l'utilisation par la cellule et modifie les protéines devant faire partie des membranes cellulaires.

8. Les lysosomes sont des sacs membraneux dans lesquels le complexe golgien a emballé des hydrolases acides. Ce sont

les sites de la digestion intracellulaire; ils dégradent les organites usés et les tissus qui sont devenus inutiles, et libèrent les ions calcium au cours de leur dégradation du tissu osseux.

9. Les peroxysomes sont des vésicules (sacs membraneux) contenant des oxydases (enzymes) qui transforment les radicaux libres et d'autres substances toxiques en peroxyde d'hydrogène, puis en eau, protégeant ainsi la cellule de leurs effets destructeurs.

10. Les particules de Vault sont des structures creuses composées d'ARN et de protéines qui joueraient un rôle de transport, notamment entre le noyau et le cytosol.

11. Le cytosquelette comprend des microtubules, des microfilaments et des filaments intermédiaires. Les microtubules déterminent la structure du cytosquelette et jouent un rôle important dans le transport intracellulaire. Les microfilaments, qui sont constitués de protéines contractiles, jouent un rôle important dans la motilité cellulaire, c'est-à-dire le mouvement de parties de la cellule. Ils participent à la contraction musculaire et à la division cellulaire. Les fonctions liées à la motilité font intervenir des protéines motrices. Les filaments intermédiaires confèrent à la cellule une résistance aux contraintes mécaniques et relient certains autres éléments entre eux.

Prolongements de la cellule (p. 104)

12. Les centrioles assurent la formation du fuseau mitotique; on en trouve également à la base des cils et des flagelles.

13. Les microvillosités sont des prolongements de la membrane plasmique qui, habituellement, en font augmenter la surface pour permettre une meilleure absorption; les stéréocils sont plus longs que les microvillosités et jouent un rôle sensoriel.

Noyau (p. 105)

1. Le noyau est le centre de régulation de la cellule. La plupart des cellules n'ont qu'un seul noyau; sans noyau, une cellule ne peut ni se diviser, ni synthétiser de protéines, et elle est donc condamnée à mourir.

2. Le noyau est délimité par l'enveloppe nucléaire, qui est une double membrane percée de pores assez gros.

3. Les nucléoles, qui se trouvent dans le noyau, sont les sites de synthèse des sous-unités ribosomales.

4. La chromatine est un réseau complexe de minces fils constitués d'histones (des protéines) et d'ADN. Les unités de chromatine sont appelées nucléosomes. Avant la division cellulaire, la chromatine s'enroule et se condense, formant les chromosomes.

Croissance et reproduction de la cellule (p. 110)

Cycle cellulaire (p. 110)

1. Le cycle cellulaire est la suite de changements que subit la cellule entre le moment où elle commence à se former et celui où elle se divise.

2. L'interphase est la phase du cycle cellulaire pendant laquelle la cellule ne se divise pas. Elle comprend les trois sous-phases G_1, S et G_2. Pendant G_1, la cellule croît et les centrioles commencent à se répliquer; au cours de la sous-phase S, l'ADN se réplique; à la sous-phase G_2, la cellule termine les étapes préliminaires à la division. La cellule doit franchir de nombreux points de contrôle pendant l'interphase au cours desquels elle reçoit un signal lui indiquant de continuer ou d'interrompre la mitose.

3. La réplication de l'ADN a lieu avant la division cellulaire; elle permet à toutes les cellules filles de recevoir des gènes identiques. L'hélice d'ADN se déroule et chacun des deux brins de nucléotides de l'ADN sert de matrice pour la formation d'un brin complémentaire. C'est l'appariement des bases qui permet le bon positionnement des nucléotides.

4. La réplication semi-conservative d'une molécule d'ADN produit deux molécules d'ADN identiques à la molécule mère, chacune étant formée d'un «vieux» brin et d'un «nouveau» brin.

5. La division cellulaire, qui est essentielle à la croissance et à l'entretien de l'organisme, se produit pendant la phase M du cycle cellulaire. Elle se divise en deux phases distinctes: la mitose (division du noyau) et la cytocinèse (division du cytoplasme).

6. La mitose comprend la prophase, la métaphase, l'anaphase et la télophase; elle a pour effet de répartir les chromosomes répliqués dans les noyaux des deux cellules filles, dont chacune est génétiquement identique à la cellule mère. Lors de la cytocinèse, qui commence à la fin de la mitose, le cytoplasme se trouve divisé en deux.

7. La division cellulaire est stimulée par certaines substances chimiques (dont des facteurs de croissance et certaines hormones) et l'accroissement de la taille de la cellule. Le manque d'espace et certains inhibiteurs chimiques empêchent la division. La division cellulaire est régulée par des complexes Cdk-cycline, dont fait partie le MPF.

Synthèse des protéines (p. 116)

8. On définit un gène comme un segment d'ADN qui contient les instructions pour la synthèse d'une chaîne polypeptidique; on peut dire que le gène commande la synthèse de toutes les molécules d'origine biologique puisque la majorité des matériaux de structure de l'organisme, ainsi que toutes les enzymes, sont des protéines.

9. La séquence de bases des exons de l'ADN détermine la structure des protéines. Chaque séquence de trois bases (triplet) est un code qui représente un acide aminé à insérer dans une chaîne polypeptidique.

10. Les molécules d'ARN qui jouent un rôle dans la synthèse des protéines sont synthétisées sur un brin simple de la matrice d'ADN. Les nucléotides de l'ARN sont assemblés conformément aux règles d'appariement des bases.

11. L'ARN messager achemine aux ribosomes les instructions permettant de produire une chaîne de polypeptides à partir de l'ADN. L'ARN ribosomal entre dans la composition des sites de synthèse protéique; l'ARN messager va de l'ADN aux ribosomes pour acheminer les instructions servant à fabriquer la chaîne polypeptidique; l'ARN de transfert amène les acides aminés aux ribosomes et reconnaît sur l'ARNm les codons correspondant à l'acide aminé qu'il porte.

12. La synthèse des protéines comprend (a) la transcription, ou synthèse d'un ARNm complémentaire à l'ADN, et (b) la traduction, soit la «lecture» de l'ARNm par l'ARNt et l'ajout d'acides aminés à la chaîne polypeptidique au moyen de liaisons peptidiques. Les ribosomes coordonnent la traduction.

Autres fonctions de l'ADN (p. 121)

13. Les introns et d'autres molécules d'ADN muet encodent de nombreux types d'ARN qui peuvent altérer ou promouvoir les fonctions de certains gènes.

Dégradation des protéines dans le cytosol (p. 122)

14. Les protéines solubles qui sont endommagées ou devenues inutiles sont marquées par l'ajout d'ubiquitine en vue de leur destruction. Elles sont ensuite dégradées par des enzymes cytosoliques ou des protéasomes.

Matériaux extracellulaires (p. 123)

1. Les matériaux extracellulaires sont les substances qui se trouvent à l'extérieur des cellules. Il s'agit des liquides de l'organisme, des sécrétions cellulaires et de la matrice extracellulaire. Cette dernière est particulièrement abondante dans les tissus conjonctifs.

Développement et vieillissement des cellules (p. 124)

1. La première cellule d'un organisme est l'ovule fécondé. La spécialisation cellulaire commence dès le début du développement et elle reflète l'activation différentielle des gènes.

2. L'apoptose est la mort cellulaire programmée. Elle a pour fonction d'éliminer les cellules endommagées ou inutiles.

3. À l'âge adulte, le nombre de cellules reste assez constant et la division cellulaire sert avant tout à remplacer les cellules perdues.

4. Le vieillissement cellulaire résulte peut-être d'attaques chimiques, d'un dérèglement progressif du système immunitaire, d'une baisse génétiquement programmée du taux de division cellulaire avec l'âge, ou d'une combinaison de ces facteurs.

QUESTIONS DE RÉVISION

Choix multiples/associations

(Il peut y avoir plus d'une bonne réponse à certaines questions. Choisissez les meilleures réponses parmi celles qui sont proposées. Les réponses se trouvent à l'appendice G.)

1. La plus petite entité pouvant vivre de façon indépendante est : (a) l'organe ; (b) l'organite ; (c) le tissu ; (d) la cellule ; (e) le noyau.

2. Les principaux types de lipides dans la membrane plasmique sont (en choisir deux) : (a) le cholestérol ; (b) les graisses neutres ; (c) les phospholipides ; (d) les vitamines liposolubles.

3. Les jonctions membranaires qui permettent aux nutriments et aux ions de passer d'une cellule à l'autre sont : (a) les desmosomes ; (b) les jonctions ouvertes ; (c) les jonctions serrées ; (d) toutes ces jonctions.

4. La diffusion simple s'effectue : (a) à travers la bicouche de lipides de la membrane plasmique ; (b) par l'intermédiaire de transporteurs protéiques ; (c) par l'intermédiaire de canaux protéiques ; (d) b et c.

5. Le terme qui désigne une solution dans laquelle les cellules perdent de l'eau au profit de leur milieu est : (a) isotonique ; (b) hypertonique ; (c) hypotonique ; (d) catatonique.

6. L'osmose fait toujours intervenir : (a) une membrane à perméabilité sélective ; (b) une différence de concentration de solvant ; (c) la diffusion ; (d) le transport actif ; (e) a, b et c.

7. Une physiologiste remarque que la concentration de Na^+ à l'intérieur d'une cellule est beaucoup plus faible qu'à l'extérieur de celle-ci. Cependant, le Na^+ diffuse facilement à travers la membrane plasmique des cellules de ce type lorsqu'elles sont mortes, *ce qui n'est pas le cas* des cellules vivantes. Quel mécanisme cellulaire qui n'a plus lieu dans les cellules mortes explique cette différence ? (a) L'osmose ; (b) la diffusion ; (c) le transport actif (pompage de solutés) ; (d) la dialyse.

8. Le transport actif par pompage de solutés s'effectue au moyen : (a) de l'exocytose ; (b) de la phagocytose ; (c) des forces électriques présentes au niveau de la membrane cellulaire ; (d) de changements de conformation des molécules porteuses de la membrane plasmique.

9. Le mécanisme d'endocytose par lequel de grosses particules solides sont entourées et amenées dans la cellule est appelé : (a) phagocytose ; (b) pinocytose ; (c) endocytose en vrac ; (d) exocytose.

10. Parmi ces énoncés, lequel est *faux* ? Dans la création du potentiel de repos de la membrane : (a) les ions sodium ont tendance à pénétrer dans la cellule par diffusion ; (b) les ions potassium sont ramenés à l'intérieur de la cellule, contre leur gradient de concentration, grâce au transport actif ; (c) la face interne de la membrane est chargée négativement par suite de l'entrée des ions Cl^- par diffusion ; (d) la diffusion *et* le transport actif sont responsables de l'établissement et du maintien du potentiel de repos de la membrane.

11. Parmi les énoncés suivants à propos des centrioles, lequel est *faux* ? (a) Ils commencent à se répliquer à la phase G_1 ; (b) ils sont situés dans le centrosome ; (c) ils sont composés de microtubules ; (d) ils ressemblent à des barils entourés d'une membrane disposés les uns sur les autres.

12. La substance qu'on trouve dans le noyau et qui est constituée d'histones (protéines) et d'ADN est : (a) la chromatine ; (b) le nucléole ; (c) le nucléoplasme ; (d) les pores nucléaires.

13. La séquence d'informations qui détermine la nature d'une protéine est : (a) le nucléotide ; (b) le gène ; (c) le triplet ; (d) le codon.

14. La phase de la mitose pendant laquelle les centrioles arrivent aux pôles et les chromosomes se fixent au fuseau mitotique est : (a) l'anaphase ; (b) la métaphase ; (c) la prophase ; (d) la télophase.

15. Les dernières étapes préliminaires à la division cellulaire ont lieu pendant la sous-phase du cycle cellulaire appelée : (a) G_1 ; (b) G_2 ; (c) M ; (d) S.

16. L'ARN qui est synthétisé sur l'un des brins d'ADN est : (a) l'ARNm ; (b) l'ARNt ; (c) l'ARNr ; (d) tous ces types d'ARN.

17. L'ARN qui transporte du noyau au cytoplasme le message codé indiquant la séquence d'acides aminés de la protéine à fabriquer est : (a) l'ARNm ; (b) l'ARNt ; (c) l'ARNr ; (d) tous ces types d'ARN.

18. Si une séquence d'ADN est AAA, le segment d'ARNm qui sera synthétisé à ce niveau aura pour séquence : (a) TTT ; (b) UUU ; (c) GGG ; (d) CCC.

19. Le brin matrice d'une molécule d'ADN a la séquence suivante de bases azotées : TGAACACGC. À quelle séquence d'acides aminés ce segment d'ADN correspondra-t-il ? (a) Thréonine-arginine ; (b) thréonine-cystéine-alanine ; (c) stop-thréonine-arginine ; (d) arginine-leucine-thréonine.

20. On suppose qu'un neurone et un lymphocyte diffèrent par : (a) leurs structures spécialisées ; (b) leurs gènes inhibés et leurs antécédents embryonnaires ; (c) l'information génétique qu'ils contiennent ; (d) a et b ; (e) a et c.

21. Une cellule pancréatique produit des protéines (enzymes) qui sont déversées dans l'intestin grêle. Lequel des trajets suivants décrit le mieux celui suivi par les protéines de la synthèse à l'exocytose dans la membrane plasmique (MP) d'une cellule pancréatique ? (a) Complexe golgien, RE rugueux, MP ; (b) RE lisse, complexe golgien, lysosome ; (c) RE rugueux, complexe golgien, MP ; (d) noyau, complexe golgien, MP.

3

Questions à court développement

22. Nommez l'organite grâce auquel un nouveau-né possède des doigts et des orteils distincts plutôt que des extrémités palmées.

23. Des vésicules se forment sans cesse à partir de fragments de la membrane plasmique. Qu'est-ce qui permet à cette dernière de ne pas disparaître complètement par suite de ce processus?

24. Expliquez pourquoi la mitose pourrait être la clé de l'immortalité cellulaire.

25. Comparez le rôle des ribosomes liés au RE et celui des ribosomes qui se déplacent librement dans le cytosol.

26. Les cellules qui tapissent la trachée possèdent des prolongements mobiles en forme de fouet sur leurs surfaces exposées. Comment appelle-t-on ces prolongements? D'où proviennent-ils? Quelle fonction remplissent-ils?

27. Nommez les trois phases de l'interphase et décrivez une activité propre à chacune d'elles.

28. Expliquez comment la pompe à sodium et à potassium entretient le potentiel de repos de la membrane.

29. Nommez les caractéristiques permettant de distinguer les mécanismes de transport actif primaire et secondaire.

30. La division cellulaire donne normalement naissance à deux cellules sœurs ayant chacune un noyau. Comment explique-t-on la présence occasionnelle de deux noyaux dans les hépatocytes?

31. Expliquez pourquoi la plupart des cellules ont des dimensions microscopiques.

32. Ce chapitre illustre très bien la diversité des protéines (et de leurs fonctions) produites par nos cellules. Relevez les noms de six protéines différentes dont il est question dans ce chapitre et décrivez brièvement leurs fonctions. (*Indice*: ces noms se terminent souvent en «-ine» ou en «-ase» s'il s'agit d'enzymes.)

Réflexion et application

1. Expliquez pourquoi une branche de céleri défraîchie redevient croquante lorsqu'on la trempe dans l'eau pure et pourquoi le bout de vos doigts se ride lorsque vos mains demeurent plongées dans l'eau pendant un certain temps. (Le principe est exactement le même.)

2. Expliquez le principe de l'hémodialyse (rein artificiel) en précisant quel est le mécanisme de transport impliqué et quelles doivent être les caractéristiques de la membrane servant à l'hémodialyse. (*Indice*: voir la rubrique Déséquilibre homéostatique, p. 1142.)

3. Voici le mode d'action de deux médicaments anticancéreux utilisés en chimiothérapie.

- Vincristine (Oncovin): endommage le fuseau mitotique.
- Doxorubicine (Adriamycine): se lie à l'ADN et bloque la synthèse de l'ARNm.

Expliquez pourquoi ces médicaments peuvent détruire des cellules.

4. La fonction normale d'un des gènes suppresseurs de tumeur consiste à empêcher les cellules ayant des chromosomes et de l'ADN endommagés de «passer de G_1 à S», tandis qu'un autre gène suppresseur de tumeur bloque le «passage de G_2 à M». Quand ces gènes ne fonctionnent pas, le cancer peut s'installer. Expliquez le sens des expressions entre guillemets.

5. Dans un laboratoire d'anatomie, beaucoup d'étudiants sont exposés à des agents de conservation tels que le phénol, le formaldéhyde et l'alcool. Nos cellules dégradent très bien ces substances toxiques. Quel organite cellulaire accomplit cette tâche?

6. Les personnes atteintes d'une certaine maladie héréditaire ont des cellules dont les cils et les flagelles sont dépourvus de dynéine. Ces individus ont des troubles respiratoires graves et, dans le cas des hommes, sont stériles. Quel est le lien entre ces deux symptômes, du point de vue structural?

7. Expliquez pourquoi les personnes alcooliques sont susceptibles d'avoir beaucoup plus de RE lisse que les abstèmes (qui ne boivent pas d'alcool).

8. L'eau est une ressource précieuse et on dit que l'approvisionnement en eau diminue. Le dessalement de l'eau de mer (élimination des sels de l'eau) est envisagé comme solution au problème. Pourquoi ne doit-on pas boire d'eau salée?

4

Préparation du tissu humain en vue d'un examen microscopique (p. 133)

Tissu épithélial (p. 133)

Caractéristiques des tissus épithéliaux (p. 133)

Classification des épithéliums (p. 134)

Épithéliums glandulaires (p. 140)

Tissu conjonctif (p. 143)

Caractéristiques des tissus conjonctifs (p. 143)

Éléments structuraux du tissu conjonctif (p. 143)

Types de tissu conjonctif (p. 147)

Tissu nerveux (p. 156)

Tissu musculaire (p. 156)

Membranes de revêtement (p. 159)

Membrane cutanée (p. 159)

Muqueuses (p. 159)

Séreuses (p. 159)

Réparation des tissus (p. 159)

Étapes de la réparation des tissus (p. 160)

Capacité de régénération des tissus (p. 162)

Développement et vieillissement des tissus (p. 162)

Les tissus : trame vivante

Les amibes et les autres organismes unicellulaires (formés d'une seule cellule) sont de farouches individualistes. Dans la plus totale autosuffisance, ils obtiennent et digèrent leurs aliments, excrètent leurs déchets et accomplissent toutes les autres activités nécessaires au maintien de la vie et de l'homéostasie. L'unique cellule qui les constitue ne peut partager avec d'autres cellules les fonctions vitales de l'organisme. L'être humain, pour sa part, est un organisme multicellulaire et ses cellules ne possèdent pas autant d'autonomie. Elles forment en effet des communautés étroitement unies, interdépendantes, qui coopèrent les unes avec les autres.

Toutes les cellules de notre organisme sont spécialisées et exercent des fonctions spécifiques qui contribuent au maintien de l'homéostasie et profitent à l'organisme entier. La spécialisation des cellules saute aux yeux : les cellules musculaires n'ont ni la même apparence ni les mêmes fonctions que les cellules de la peau, et ces dernières se distinguent aisément des cellules du cerveau.

La spécialisation des cellules autorise le fonctionnement très complexe de l'organisme, mais cette division du travail comporte aussi certains risques. La destruction ou la lésion d'un groupe de cellules indispensables peut avoir des conséquences graves, voire fatales pour les autres cellules et l'ensemble de l'organisme.

Un ensemble de cellules qui ont une structure semblable et qui remplissent des fonctions identiques ou analogues consti-

tue un **tissu**. Quatre tissus primaires s'enchevêtrent pour former la «trame» du corps humain : le tissu épithélial, le tissu conjonctif, le tissu musculaire et le tissu nerveux. En outre, chacun se subdivise en un grand nombre de sous-classes ou de variétés. Si l'on voulait donner à chaque tissu primaire le nom qui décrit le mieux son rôle fondamental, on parlerait de tissu de *revêtement* (pour le tissu épithélial), de tissu de *soutien* (pour le tissu conjonctif), de tissu de *mouvement* (pour le tissu musculaire) et de tissu de *régulation* (pour le tissu nerveux). Cependant, ces termes ne traduiraient qu'une petite partie des fonctions de chaque groupe de tissus **(figure 4.1)**.

Nous avons expliqué au chapitre 1 que les tissus forment des organes tels que les reins et le cœur. La plupart des organes contiennent les quatre types de tissus primaires ; c'est la

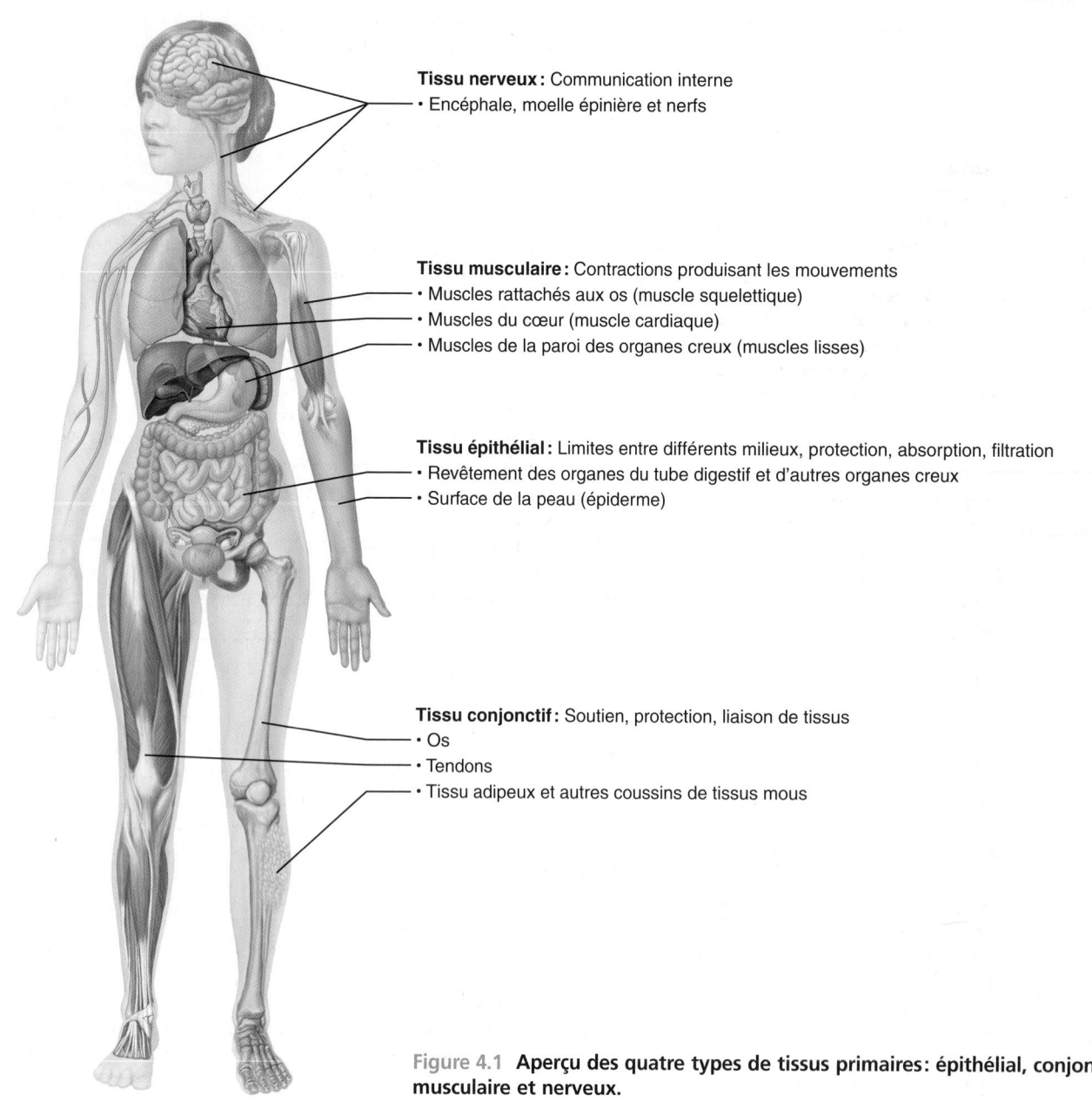

Tissu nerveux : Communication interne
• Encéphale, moelle épinière et nerfs

Tissu musculaire : Contractions produisant les mouvements
• Muscles rattachés aux os (muscle squelettique)
• Muscles du cœur (muscle cardiaque)
• Muscles de la paroi des organes creux (muscles lisses)

Tissu épithélial : Limites entre différents milieux, protection, absorption, filtration
• Revêtement des organes du tube digestif et d'autres organes creux
• Surface de la peau (épiderme)

Tissu conjonctif : Soutien, protection, liaison de tissus
• Os
• Tendons
• Tissu adipeux et autres coussins de tissus mous

Figure 4.1 **Aperçu des quatre types de tissus primaires : épithélial, conjonctif, musculaire et nerveux.**

disposition de ces tissus qui détermine la structure et les capacités fonctionnelles de chaque organe. L'**histologie** – l'étude des tissus – est un complément de l'anatomie macroscopique : ensemble, ces deux disciplines éclairent la structure des organes et permettent d'en comprendre la physiologie.

Préparation du tissu humain en vue d'un examen microscopique

1 Énumérer les étapes nécessaires à la préparation du tissu animal en vue d'un examen microscopique.

L'examen d'un tissu humain ou animal en vue d'un examen microscopique exige une préparation nécessitant plusieurs étapes. L'échantillon doit d'abord être *fixé* (pour en conserver la structure) ; il est ensuite *déshydraté* et *inclus* dans un bloc de paraffine (ou une résine) et *sectionné*, à l'aide d'un microtome (ou d'un ultramicrotome), en *coupes* suffisamment minces (de l'ordre de 0,1 µm) pour transmettre la lumière (ou laisser passer les électrons). Pour finir, l'échantillon doit être *coloré* pour faire ressortir les différentes structures.

Les colorants utilisés en microscopie photonique sont des substances organiques naturelles ou synthétiques destinées à donner une coloration durable aux matières qu'ils imprègnent. La plupart des colorants utilisés en microscopie ont été mis au point par les fabricants de vêtements au milieu des années 1800. De nombreux composés utilisés comme colorants portent une charge négative ou positive (d'où leur nom, respectivement, de colorants acides et de colorants basiques) ; dans les tissus, ils se lient aux macromolécules de charge opposée. Par exemple, les acides nucléiques contenus dans le noyau sont basophiles : ils prennent un colorant basique comme l'hématoxyline et apparaissent alors en bleu. Les colorants permettent de différencier diverses structures anatomiques parce que certaines parties des cellules et des tissus n'absorbent pas les mêmes colorants.

Pour l'observation des tissus en microscopie électronique à transmission (MET), les coupes sont « colorées » à l'aide de sels de métaux lourds (sels de plomb, par exemple). Ces métaux font dévier les électrons du faisceau à différents degrés, ce qui produit le contraste de l'image. Les images obtenues avec un microscope électronique sont en tons de gris parce que la couleur est une propriété de la lumière, pas des ondes électroniques, mais il est toutefois possible de les colorer artificiellement pour faire ressortir les contrastes. Le microscope électronique à balayage, pour sa part, fournit une image en trois dimensions d'une surface de tissu non sectionnée. Des images étonnantes obtenues par cette technique illustrent le présent ouvrage.

Le tissu conservé que l'on examine à l'aide d'un microscope a subi de nombreux traitements qui altèrent son état initial et introduisent de légères distorsions appelées **artéfacts**. C'est pourquoi vous devez vous rappeler que la plupart des structures microscopiques que vous voyez ne sont pas parfaitement identiques au tissu vivant.

Tissu épithélial

2 Énumérer les principales caractéristiques structurales et fonctionnelles du tissu épithélial.

3 Nommer, classer et décrire les différents types d'épithéliums ; donner leurs principales fonctions et indiquer leur localisation.

Le **tissu épithélial** (*epi :* sur, dessus), ou **épithélium**, est un feuillet de cellules qui recouvre une surface de l'organisme ou qui en tapisse une cavité. Il se présente principalement sous forme (1) d'*épithélium de revêtement* et (2) d'*épithélium glandulaire*. (On trouve aussi des épithéliums dans les organes des sens et dans d'autres structures.) L'épithélium de revêtement forme la couche externe de la peau, tapisse les cavités ouvertes des systèmes respiratoire et digestif, les cavités du cœur et la paroi interne des vaisseaux sanguins ainsi que la paroi et les organes de la cavité abdominale. L'épithélium glandulaire forme les glandes de l'organisme.

L'épithélium de revêtement constitue la frontière entre des milieux différents. Ainsi, l'épiderme sépare l'intérieur de l'organisme du milieu externe, et l'épithélium qui tapisse la vessie isole de l'urine les autres cellules de la paroi de l'organe. En outre, presque toutes les substances absorbées ou rejetées par l'organisme doivent traverser un épithélium.

En sa qualité d'interface, l'épithélium accomplit de nombreuses fonctions, dont (1) la protection, (2) l'absorption, (3) la filtration, (4) l'excrétion, (5) la sécrétion et (6) la réception sensorielle. Nous décrivons plus loin les fonctions précises de chaque type de tissu épithélial, mais nous en donnons un rapide aperçu ici. L'épithélium de la peau protège les tissus sous-jacents contre les lésions mécaniques et chimiques et contre l'invasion microbienne, et il contient des terminaisons nerveuses qui réagissent aux divers stimulus atteignant la surface de la peau (pression, chaleur, etc.). L'épithélium qui tapisse le tube digestif est spécialisé dans l'absorption des substances. D'une remarquable polyvalence, l'épithélium des reins a des fonctions d'excrétion, d'absorption, de sécrétion et de filtration. Quant à l'épithélium glandulaire, il est spécialisé dans la sécrétion.

Caractéristiques des tissus épithéliaux

Les tissus épithéliaux possèdent de nombreuses caractéristiques qui les distinguent des autres types de tissus.

1. **Polarité.** Tous les épithéliums possèdent une **surface apicale**, soit une surface libre exposée à l'extérieur de

4

l'organisme ou à la cavité d'un organe interne, et une **surface basale** rattachée au tissu sous-jacent. Tous les épithéliums présentent une *polarité*, c'est-à-dire que les cellules ou les parties de cellules situées près de la surface apicale n'ont ni la même structure ni la même fonction que celles situées près de la surface basale. Cette polarité est maintenue, du moins en partie, par le cytosquelette très structuré des cellules épithéliales.

Certaines surfaces apicales sont lisses, mais la plupart portent des **microvillosités** ou des **stéréocils**. Ces structures sont des prolongements en forme de doigt de la membrane plasmique possédant un filament d'actine en leur centre. Les microvillosités accroissent considérablement l'aire de la surface apicale. Dans les épithéliums qui absorbent ou sécrètent des substances (ceux qui tapissent l'intestin et les tubules rénaux, par exemple), les microvillosités sont souvent si denses que l'apex des cellules a un aspect duveteux; on dit qu'il a une *bordure en brosse*. Les stéréocils sont des microvillosités très longues. On en rencontre dans l'épididyme (conduit destiné à transporter les spermatozoïdes) et dans l'oreille interne. Certains épithéliums, tel celui qui tapisse la trachée, sont couverts de **cils** qui propulsent les substances le long de leur surface libre. D'autres, enfin, sont recouverts de kératine, une substance imperméable jouant le rôle d'une barrière physique.

La surface basale d'un épithélium repose sur un mince feuillet de soutien appelé **lame basale**, ou lame dense. Ce feuillet acellulaire adhésif est composé principalement de glycoprotéines sécrétées par les cellules épithéliales et de fines fibres collagènes. La lame basale sert de filtre sélectif; autrement dit, elle détermine quelles molécules diffuseront dans l'épithélium à partir du tissu conjonctif sous-jacent. La lame basale joue aussi le rôle d'un échafaudage le long duquel les cellules épithéliales peuvent migrer pour permettre la croissance d'un organe ou pour se rendre jusqu'à une lésion et la réparer.

2. **Jonctions spécialisées.** Sauf dans l'épithélium glandulaire (voir p. 140-143), les cellules épithéliales s'attachent les unes aux autres pour former des structures continues appelées feuillets. Les cellules adjacentes ont de nombreux points d'attache latéraux constitués notamment par des *jonctions serrées* et des *desmosomes* (voir le chapitre 3). Les jonctions serrées aident à maintenir les protéines dans la région apicale de la membrane plasmique et à les empêcher de diffuser vers la région basale, ce qui permet de conserver la polarité de l'épithélium.

3. **Soutien de tissu conjonctif.** Tous les épithéliums sont soutenus et renforcés par du tissu conjonctif. La lame basale repose directement sur la **lame réticulaire**, ou lame fibroréticulaire, une couche de matériau extracellulaire contenant un fin réseau de fibres collagènes; ces fibres font partie du tissu conjonctif sous-jacent. La lame basale et la lame réticulaire – qu'on ne peut distinguer l'une de l'autre en microscopie optique – forment, avec une troisième couche (la lame claire), un ensemble appelé **membrane basale**. (Il ne faut pas confondre membrane cytoplasmique de la surface basale et membrane basale: elles n'ont

ni la même constitution chimique ni les mêmes propriétés.) La membrane basale, dont les composants sont élaborés en grande partie par le tissu conjonctif sous-jacent, renforce le feuillet épithélial en l'aidant à résister à l'étirement et aux déchirures, et elle définit la limite de l'épithélium.

⚖ **DÉSÉQUILIBRE HOMÉOSTATIQUE**

Les cellules épithéliales cancéreuses présentent la caractéristique de ne pas respecter les limites établies par la membrane basale: elles les franchissent, ce qui leur permet d'envahir les tissus sous-jacents. ■

4. **Innervation mais avascularité.** Les épithéliums sont *innervés* (parcourus de neurofibres) mais *avasculaires* (dépourvus de vaisseaux sanguins). Les cellules épithéliales sont nourries par des substances qui diffusent à partir des vaisseaux sanguins (capillaires) contenus dans le tissu conjonctif sous-jacent.

5. **Régénération.** Les tissus épithéliaux possèdent une grande capacité de régénération. Il s'agit là d'une importante propriété puisque certains tissus épithéliaux sont exposés à la friction et perdent des cellules superficielles sous l'action de l'abrasion. D'autres tissus épithéliaux sont endommagés par des substances nocives (bactéries, acides, fumée) présentes dans l'environnement. Lorsqu'elles perdent leur polarité et leurs points d'attache latéraux, les cellules épithéliales se mettent à se diviser rapidement; tant qu'elles reçoivent les nutriments dont elles ont besoin, elles sont capables de se diviser pour remplacer les cellules mortes.

VÉRIFIONS NOS ACQUIS

3. Le tissu épithélial est le seul type de tissu qui possède une polarité, qui se manifeste par des différences structurales et fonctionnelles entre sa surface apicale et sa surface basale. En quoi cette caractéristique est-elle importante?

4. Parmi les propriétés suivantes, lesquelles s'appliquent au tissu épithélial: possède des vaisseaux sanguins, peut se réparer (régénérer), ses cellules sont unies par des points d'attache latéraux?

Les réponses se trouvent à l'appendice G.

Classification des épithéliums

On désigne chaque épithélium par un terme composé de deux adjectifs. Le premier indique le nombre de couches de cellules et le second décrit la forme des cellules **(figure 4.2a)**. La présence de structures particulières (cils, microvillosités, kératine) à la surface exposée des cellules aide aussi à différencier les diverses variétés d'épithéliums. En se fondant sur le nombre de couches de cellules, on distingue l'épithélium simple de l'épithélium stratifié. L'**épithélium simple** comporte une seule couche de cellules; comme il forme une barrière mince, il est

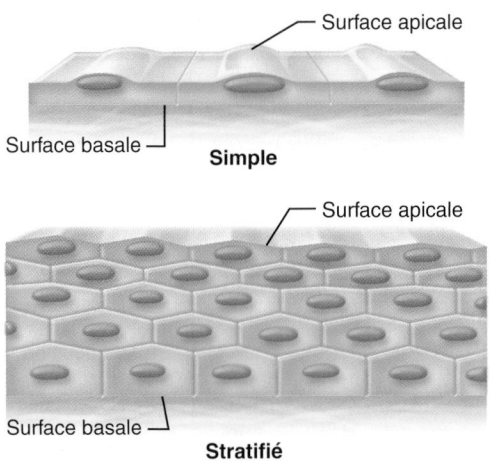

a) Classification selon le nombre de couches de cellules

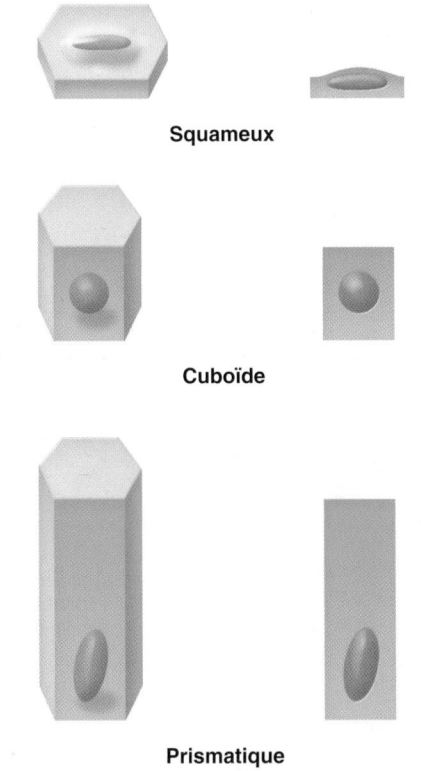

b) **Classification selon la forme des cellules.** La cellule est représentée en entier à gauche et en coupe à droite.

Figure 4.2 **Classification des épithéliums.**

caractéristique des organes qui ont des fonctions d'absorption et de filtration. L'**épithélium stratifié** est une superposition d'au moins deux couches de cellules; on le rencontre en général dans les endroits qui ont besoin d'être protégés contre la friction, tels la surface de la peau et l'intérieur de la bouche.

Les cellules épithéliales possèdent six côtés (assez irréguliers) (figure 4.2) et la surface apicale d'un feuillet épithélial ressemble aux rayons d'une ruche. Grâce à cette forme polyédrique, les cellules s'ajustent très étroitement les unes aux autres.

Par contre, la hauteur varie et, par conséquent, il en est de même de la forme tridimensionnelle des cellules épithéliales. On distingue ainsi: les **cellules squameuses**, ou cellules pavimenteuses, aplaties et semblables à des écailles (*squama*: écaille); les **cellules cuboïdes**, en forme de boîte et à peu près aussi hautes que larges; et les **cellules prismatiques**, ou cellules cylindriques, en forme de colonne et de deux à cinq fois plus hautes que larges.

Dans chaque cas, la forme du noyau correspond à celle de la cellule. Le noyau d'une cellule squameuse est discoïde (aplati dans le plan du grand axe de la cellule), celui d'une cellule cuboïde est sphérique et celui d'une cellule prismatique est allongé dans le plan vertical et généralement situé près de la base. N'oubliez pas de tenir compte de la forme du noyau lorsque vous tentez d'identifier des épithéliums.

Il est facile de classer les épithéliums simples, car toutes les cellules de la couche ont habituellement la même forme. Par contre, dans les épithéliums stratifiés, la forme des cellules change souvent d'une couche à une autre. Pour éviter toute confusion, on nomme donc les épithéliums stratifiés selon la forme des cellules de la couche *apicale*. Cette nomenclature paraîtra plus claire au fur et à mesure que nous avancerons dans l'étude des divers types d'épithéliums.

En lisant les descriptions des classes d'épithéliums, consultez la figure 4.3. Examinez les photomicrographies et essayez de distinguer les cellules au sein de chaque épithélium. La chose n'est pas toujours facile, car les limites entre les cellules épithéliales sont souvent indistinctes. De plus, selon le plan de coupe utilisé pour préparer les lames, il peut arriver que le noyau de certaines cellules soit invisible.

Épithéliums simples

Les épithéliums simples assurent surtout des fonctions d'absorption, de sécrétion et de filtration. Comme ils sont habituellement très minces, ils n'ont pas vraiment de rôle protecteur.

Épithélium simple squameux Les cellules d'un **épithélium simple squameux** sont aplaties latéralement et leur cytoplasme est clairsemé (figure 4.3a). La surface de cet épithélium ressemble à un dallage; c'est pourquoi on l'appelle aussi épithélium pavimenteux. Dans une coupe perpendiculaire à leur face libre, les cellules ont l'aspect d'œufs au plat vus de côté, car leur noyau fait saillie au milieu de leur cytoplasme. On trouve cet épithélium mince et souvent perméable dans les endroits où la filtration ou l'échange de substances par diffusion rapide sont les fonctions prioritaires. Il forme une partie de la membrane de filtration dans les reins et il constitue la paroi des saccules alvéolaires où s'effectuent les échanges gazeux dans les poumons.

Deux épithéliums simples squameux portent des noms particuliers associés à leur localisation. L'**endothélium** («revêtement interne») forme un revêtement lisse qui réduit la friction à l'intérieur des vaisseaux lymphatiques, des vaisseaux sanguins et des cavités du cœur. Les capillaires sont composés uniquement d'endothélium (voir la figure 19.3), et la minceur exceptionnelle de ce tissu facilite les échanges de nutriments et

4

(a) Épithélium simple squameux

Description : Couche unique de cellules aplaties au noyau central discoïde et au cytoplasme clairsemé ; le plus simple des épithéliums.

Fonctions : Permet le passage des substances par diffusion et filtration aux endroits où le besoin de protection est moins important ; dans les séreuses, sécrète des substances lubrifiantes.

Localisation : Glomérules du rein ; saccules alvéolaires des poumons ; revêtement des vaisseaux sanguins, des vaisseaux lymphatiques et des cavités du cœur (endothélium) ; revêtement de la cavité abdominale (séreuses).

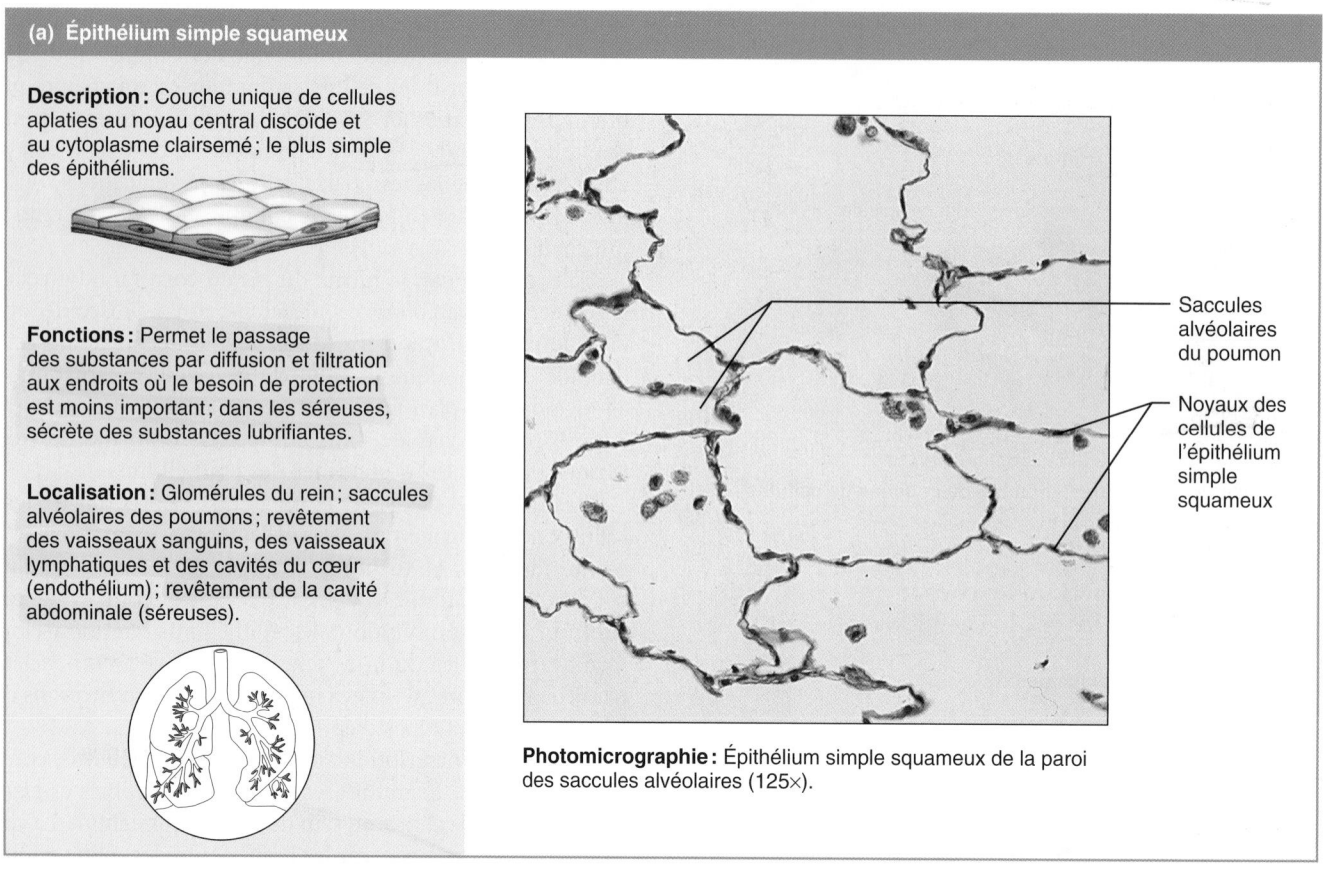

Saccules alvéolaires du poumon

Noyaux des cellules de l'épithélium simple squameux

Photomicrographie : Épithélium simple squameux de la paroi des saccules alvéolaires (125×).

(b) Épithélium simple cuboïde

Description : Couche unique de cellules cuboïdes possédant un gros noyau central de forme sphérique.

Fonctions : Sécrétion et absorption.

Localisation : Tubules rénaux ; conduits et parties sécrétrices des petites glandes ; surface des ovaires.

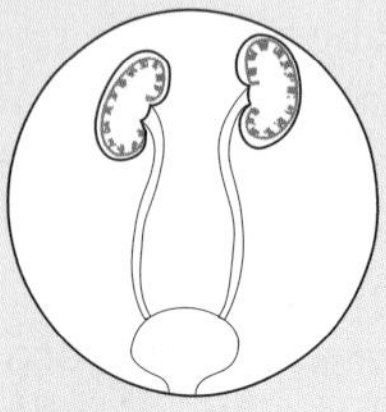

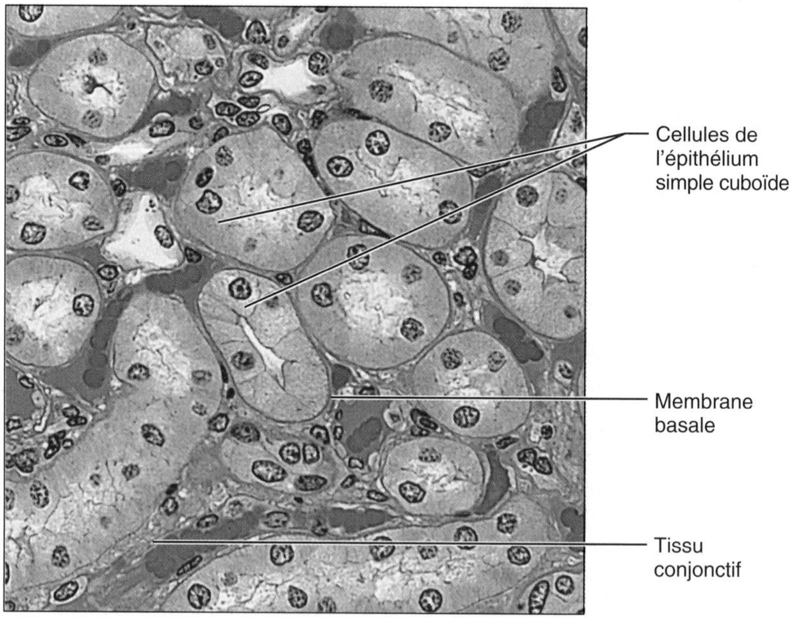

Cellules de l'épithélium simple cuboïde

Membrane basale

Tissu conjonctif

Photomicrographie : Épithélium simple cuboïde des tubules rénaux (430×) ; notez les gros noyaux centraux de forme sphérique.

Figure 4.3 **Tissus épithéliaux. (a-b)** Épithélium simple.

(c) Épithélium simple prismatique

Description : Couche unique de cellules hautes au noyau rond ou ovale ; certaines cellules portent des cils ; peut contenir des glandes unicellulaires sécrétant du mucus (cellules caliciformes).

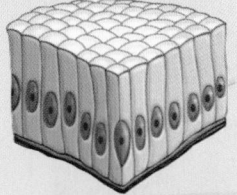

Fonctions : Absorption ; sécrétion de mucus, d'enzymes et d'autres substances ; l'action des cils de la variété ciliée propulse le mucus (ou les cellules reproductrices).

Localisation : La variété non ciliée tapisse la majeure partie du tube digestif (de l'estomac au canal anal), la vésicule biliaire et les conduits excréteurs de certaines glandes ; la variété ciliée tapisse les petites bronches, les trompes utérines et certaines régions de l'utérus.

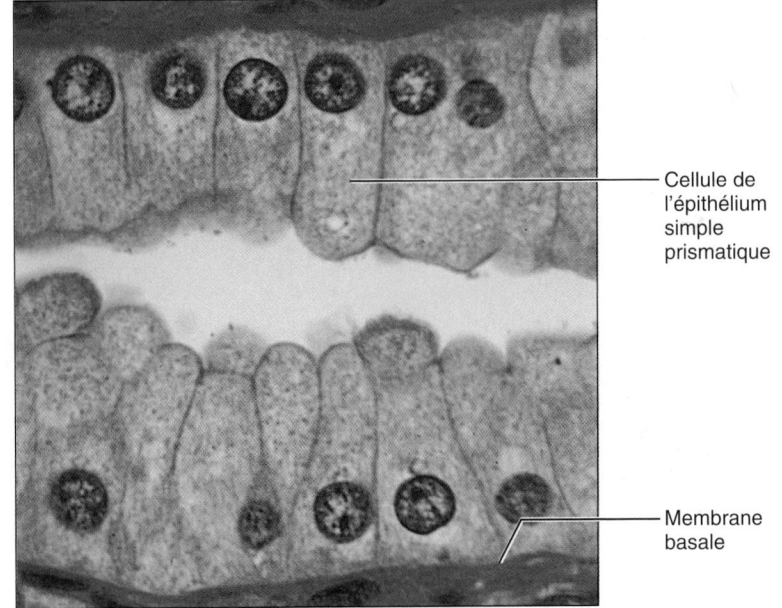

Cellule de l'épithélium simple prismatique

Membrane basale

Photomicrographie : Épithélium simple prismatique de la muqueuse gastrique (860×) ; notez que le noyau est toujours situé au pôle basal de la cellule.

(d) Épithélium pseudostratifié prismatique

Description : Couche unique de cellules de diverses hauteurs, qui n'atteignent pas toutes la surface libre ; noyaux situés à différentes hauteurs ; peut contenir des cellules caliciformes et porter des cils.

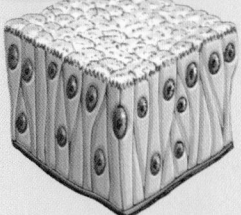

Fonctions : Sécrétion, en particulier de mucus ; propulsion du mucus par l'action des cils.

Localisation : La variété non ciliée tapisse les conduits des grosses glandes et ceux qui transportent les spermatozoïdes chez l'homme ; la variété ciliée tapisse la trachée et la majeure partie des voies respiratoires supérieures et la trompe auditive.

Trachée

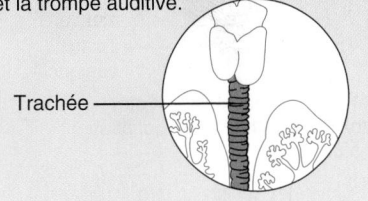

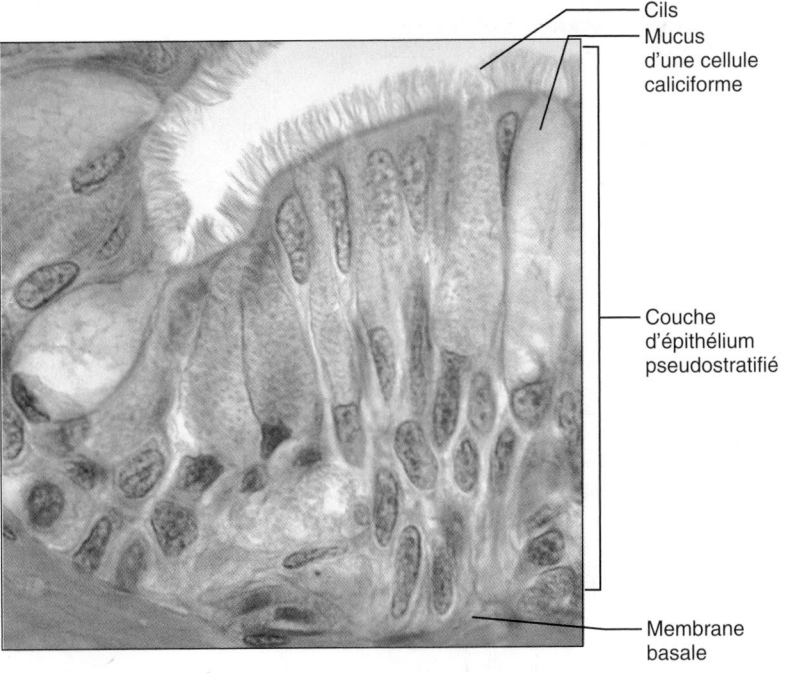

Cils
Mucus d'une cellule caliciforme

Couche d'épithélium pseudostratifié

Membrane basale

Photomicrographie : Épithélium pseudostratifié prismatique cilié tapissant la trachée (570×) ; notez les noyaux à différentes hauteurs qui donnent l'impression de plusieurs couches de cellules.

Figure 4.3 *(suite)* **(c-d)** Épithélium simple.

4

(e) Épithélium stratifié squameux

Description : Épaisse membrane composée de plusieurs couches de cellules ; les cellules basales sont cuboïdes ou prismatiques et ont une activité métabolique ; les cellules apicales sont aplaties (squameuses) ; dans la variété kératinisée, les cellules apicales sont mortes et pleines de kératine ; les cellules basales subissent des mitoses et produisent les cellules des couches sus-jacentes.

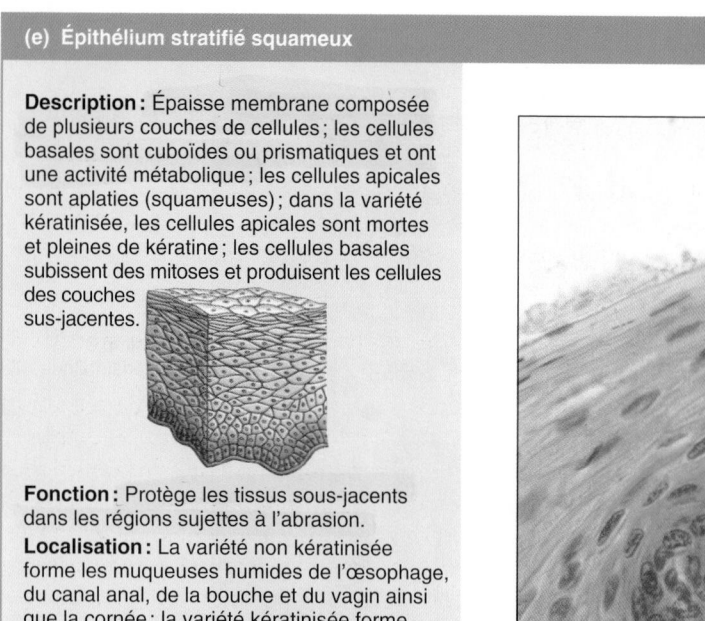

Fonction : Protège les tissus sous-jacents dans les régions sujettes à l'abrasion.

Localisation : La variété non kératinisée forme les muqueuses humides de l'œsophage, du canal anal, de la bouche et du vagin ainsi que la cornée ; la variété kératinisée forme l'épiderme, une membrane sèche.

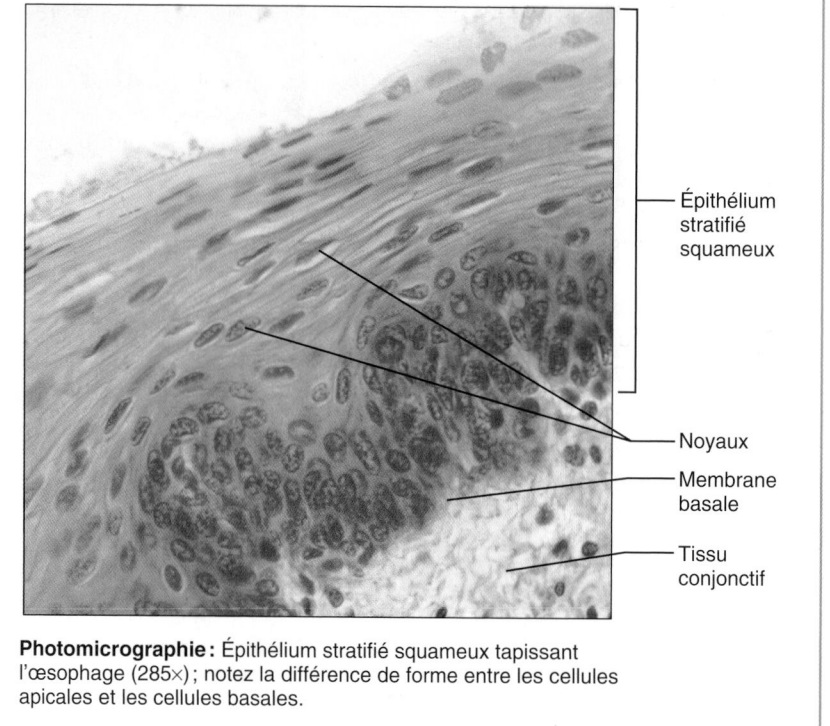

Épithélium stratifié squameux

Noyaux

Membrane basale

Tissu conjonctif

Photomicrographie : Épithélium stratifié squameux tapissant l'œsophage (285×) ; notez la différence de forme entre les cellules apicales et les cellules basales.

(f) Épithélium transitionnel

Description : Ressemble à l'épithélium stratifié squameux et à l'épithélium stratifié cuboïde ; les cellules basales sont cuboïdes ou prismatiques ; les cellules superficielles sont bombées ou aplaties (comme des cellules squameuses), selon le degré d'étirement de l'organe.

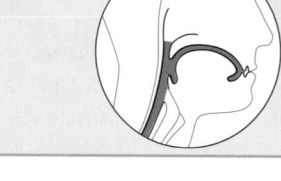

Fonction : S'étire facilement et permet la distension de la vessie remplie d'urine et celle des conduits servant à son évacuation.

Localisation : Tapisse les uretères, la vessie et une partie de l'urètre.

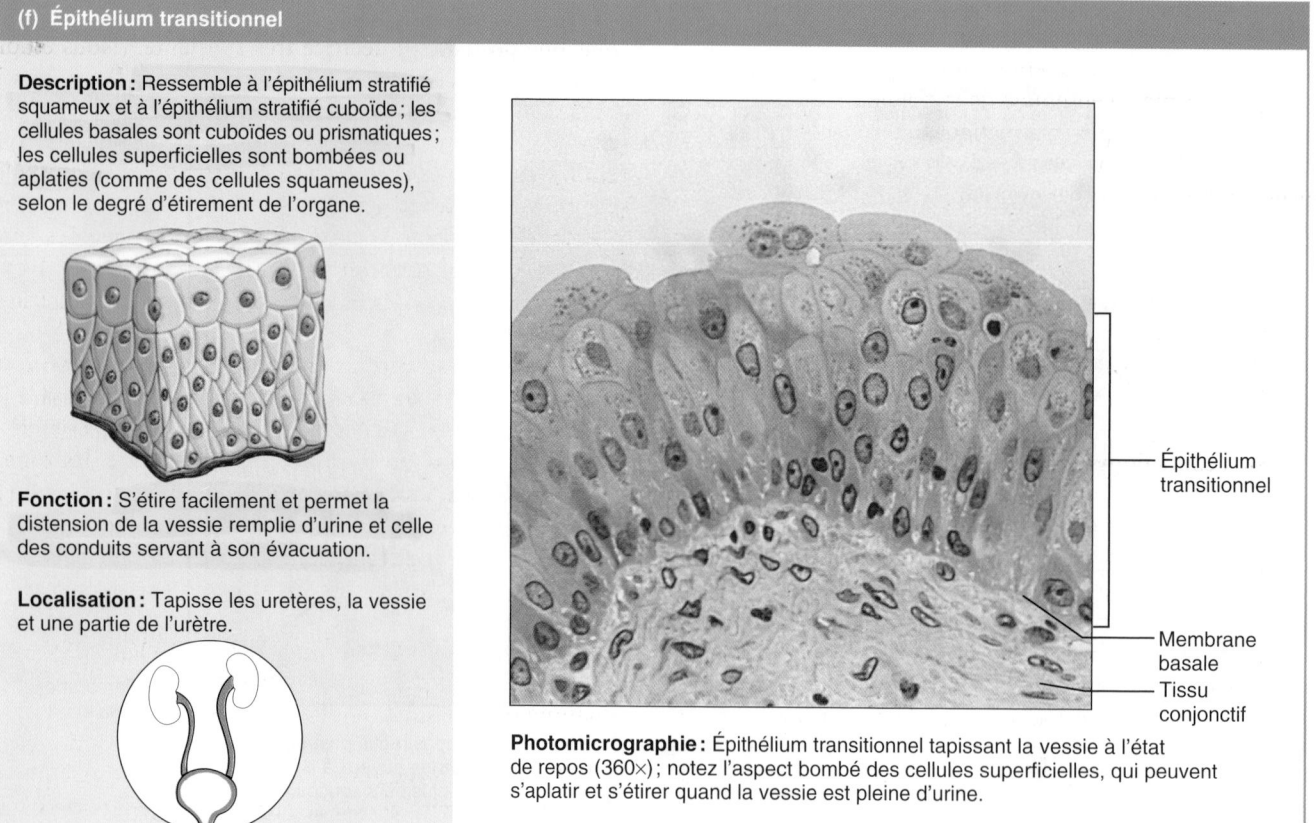

Épithélium transitionnel

Membrane basale

Tissu conjonctif

Photomicrographie : Épithélium transitionnel tapissant la vessie à l'état de repos (360×) ; notez l'aspect bombé des cellules superficielles, qui peuvent s'aplatir et s'étirer quand la vessie est pleine d'urine.

Figure 4.3 *(suite)* **Tissus épithéliaux. (e-f)** Épithélium stratifié.

de déchets entre le sang et les cellules des tissus environnants. Le **mésothélium** («revêtement intermédiaire») est l'épithélium des séreuses qui tapissent la paroi de la cavité abdominale et qui recouvrent les organes contenus dans cette cavité.

Épithélium simple cuboïde L'**épithélium simple cuboïde** est constitué d'une seule couche de cellules qui sont aussi hautes que larges (figure 4.3b). Comme le noyau sphérique de ces cellules a une grande affinité pour le colorant, l'examen microscopique d'une couche de cellules observée selon un plan transversal par rapport à la membrane basale donne une image en collier de perles. L'épithélium simple cuboïde assure principalement des fonctions de sécrétion et d'absorption. Il forme la paroi des plus petits conduits des glandes et celle de beaucoup de tubules rénaux ; on en trouve aussi à l'intérieur de l'œil (cristallin).

Épithélium simple prismatique L'**épithélium simple prismatique** est formé d'une seule couche de cellules hautes et très rapprochées, tassées en rangs serrés à la manière de petits soldats (figure 4.3c). Il tapisse le tube digestif, de l'estomac au canal anal. Les cellules prismatiques ont surtout des fonctions d'absorption et de sécrétion, et la muqueuse du tube digestif présente deux caractéristiques qui en font un tissu idéal pour cette double fonction : (1) des cellules absorbantes, dont le pôle apical est doté de microvillosités denses (voir la figure 23.22) ; et (2) des **cellules caliciformes**, qui sécrètent un mucus protecteur et lubrifiant. Les cellules caliciformes sont ainsi nommées parce qu'elles contiennent des vésicules de mucus en forme de «calice» qui occupent presque tout leur pôle apical et confèrent sa forme à l'ensemble de la cellule (figure 4.4). Certains épithéliums simples prismatiques présentent à leur surface libre des cils qui facilitent les déplacements des substances (mucus) ou des cellules (par exemple, les cellules sexuelles dans les voies génitales de l'homme et de la femme).

Épithélium pseudostratifié prismatique L'**épithélium pseudostratifié prismatique** est composé de cellules de hauteur variée (figure 4.3d). Elles reposent toutes sur la membrane basale, même si la surface de contact de certaines cellules est très réduite. Toutefois, seules les plus hautes atteignent la surface apicale de l'épithélium. En outre, les noyaux sont situés à différentes hauteurs au-dessus de la membrane basale (quoique toujours dans les deux tiers du côté basal). Ces caractéristiques donnent l'impression que l'épithélium comprend plusieurs couches de cellules alors qu'il n'en est rien, d'où le qualificatif de «pseudostratifié». Les petites cellules sont relativement peu spécialisées et donnent naissance aux cellules hautes. À l'instar de l'épithélium simple prismatique, cet épithélium remplit des fonctions de sécrétion et d'absorption. On en trouve dans les voies génitales masculines. Une variété ciliée contenant des cellules caliciformes tapisse la majeure partie des voies respiratoires supérieures (voir la figure 22.6c). Le battement des cils repousse vers l'extérieur le revêtement de mucus et les poussières qui y sont emprisonnées.

Épithéliums stratifiés

Les épithéliums stratifiés sont composés d'au moins deux couches de cellules. Ils se régénèrent de bas en haut, c'est-à-dire que les cellules basales (qui forment de ce fait la *couche germinative*) se divisent et se dirigent progressivement vers la surface apicale pour remplacer les cellules superficielles mortes. Les épithéliums stratifiés sont beaucoup plus durables que les épithéliums simples ; leur principale (mais non unique) fonction est donc la protection.

Épithélium stratifié squameux L'**épithélium stratifié squameux** est le plus abondant des épithéliums stratifiés (figure 4.3e). Comme il se compose de plusieurs couches de cellules, il est épais et bien adapté à son rôle de protection. Les cellules de sa surface libre sont squameuses, tandis que celles de ses couches profondes sont cuboïdes ou prismatiques. On trouve cet épithélium dans les endroits qui sont sujets à l'usure. Les cellules de la surface libre sont constamment abrasées et remplacées grâce à la mitose des cellules près de la membrane basale. Puisque les épithéliums ont besoin des nutriments qui diffusent à partir d'une couche sous-jacente de tissu conjonctif, les cellules éloignées de la membrane basale sont moins viables que les autres et celles de la surface apicale sont souvent aplaties et atrophiées.

Il n'est pas nécessaire de mémoriser la localisation détaillée de cet épithélium. Il suffit de retenir qu'il forme la partie externe de la peau et se prolonge sur une courte distance à l'intérieur de tous les orifices naturels bordés de peau. La couche externe de la peau, ou *épiderme*, est *kératinisée*, ce qui signifie que ses cellules superficielles contiennent de la *kératine*, une protéine protectrice très résistante. (Nous étudions l'épiderme au chapitre 5.) Les autres épithéliums stratifiés squameux du corps humain sont *non kératinisés*.

Épithéliums stratifiés cuboïde et prismatique L'**épithélium stratifié cuboïde** est un tissu plutôt rare dans l'organisme. On le trouve surtout dans les conduits de certaines grosses glandes (glandes sudoripares, glandes mammaires). Là où il est présent, il est généralement composé de deux couches de cellules cuboïdes.

L'**épithélium stratifié prismatique** est un autre type de tissu peu commun. On en observe de petites quantités dans le pharynx, dans l'urètre de l'homme, et il tapisse les conduits de certaines glandes. On le trouve également dans les zones de transition ou les jonctions entre deux autres types d'épithéliums. Seules les cellules de la couche apicale sont prismatiques. Comme ils sont relativement rares dans l'organisme, ces deux épithéliums stratifiés ne sont pas représentés dans la figure 4.3.

Épithélium transitionnel L'**épithélium transitionnel** tapisse les organes creux du système urinaire, qui s'étirent suivant la quantité d'urine qu'ils contiennent (figure 4.3f). Les cellules basales sont cuboïdes ou prismatiques. L'aspect des cellules apicales dépend du degré de distension de l'organe. Lorsque ce dernier s'étire sous l'action de l'urine, l'épithélium transitionnel s'amincit et passe d'environ six couches de cellules à trois. En outre, ses cellules apicales, qui jusque-là étaient bombées, s'aplatissent et prennent l'aspect de cellules squameuses. Grâce à leur capacité de changer de forme (subir une transition), les cellules de l'épithélium transitionnel permettent l'écoulement d'un volume accru d'urine dans les organes tubulaires et le stockage d'un important volume d'urine dans la vessie (voir la figure 25.17).

VÉRIFIONS NOS ACQUIS

5. Les épithéliums stratifiés sont conçus pour protéger les tissus sous-jacents et pour résister à l'abrasion. Quelle est la spécialité des épithéliums simples?

6. Par rapport à leur hauteur, quelles sont les trois grandes formes que peuvent prendre les cellules épithéliales?

7. Certains épithéliums sont pseudostratifiés. Que signifie ce terme?

8. Où trouve-t-on de l'épithélium transitionnel? Quel est son rôle à ces endroits?

Les réponses se trouvent à l'appendice G.

Épithéliums glandulaires

4 Définir la notion de glande. Distinguer les glandes exocrines et endocrines, les glandes multicellulaires et unicellulaires ainsi que les glandes mérocrines et holocrines.

5 Expliquer les critères employés pour classer les glandes exocrines multicellulaires (selon leur structure).

Une **glande** est constituée d'une ou de plusieurs cellules qui élaborent et sécrètent un produit particulier. Cette substance, appelée **sécrétion**, est un liquide aqueux (à base d'eau) contenant généralement des protéines et parfois d'autres substances – des lipides ou des stéroïdes, par exemple. Le terme «sécrétion» désigne aussi le *processus* par lequel les cellules glandulaires tirent certaines substances du sang, les transforment au moyen d'un traitement chimique et libèrent le produit.

Les glandes sont dites *endocrines* («à sécrétion interne») ou *exocrines* («à sécrétion externe») selon l'endroit où leur sécrétion est déversée, et *unicellulaires* («formées d'une cellule») ou *multicellulaires* («formées de plusieurs cellules») selon qu'elles comportent une ou plusieurs cellules. Les glandes unicellulaires sont disséminées dans des feuillets épithéliaux. De leur côté, la plupart des glandes épithéliales multicellulaires sont formées par invagination (croissance vers l'intérieur) ou par évagination (croissance vers l'extérieur) d'un feuillet épithélial et la plupart d'entre elles débouchent sur un **conduit**, c'est-à-dire sur un passage en forme de tube qui les relie au feuillet épithélial.

Glandes endocrines

Comme les **glandes endocrines** finissent par perdre leurs conduits, on les désigne souvent par le terme **glandes à sécrétion interne**. Elles produisent des substances régulatrices, appelées **hormones**, qu'elles déversent directement dans le liquide interstitiel par exocytose. Les hormones pénètrent ensuite dans le sang ou dans la lymphe et sont transportées vers leurs organes cibles. Chaque hormone déclenche une réaction caractéristique de la part de son organe cible (ou de ses organes cibles). Par exemple, les hormones produites par certaines cellules intestinales provoquent la libération par le pancréas d'enzymes qui participent à la digestion des aliments dans le tube digestif.

Les différentes glandes endocrines présentent une diversité de structures dont il est impossible de rendre compte convenablement dans une description d'ensemble. Il est vrai que la plupart des glandes endocrines sont des organes multicellulaires compacts, mais il existe aussi des cellules sécrétrices d'hormones disséminées dans la muqueuse du tube digestif et dans l'encéphale. On regroupe ces dernières sous l'appellation de *système endocrinien diffus*. En outre, la sécrétion d'hormones n'est pas l'apanage des tissus épithéliaux puisque d'autres tissus peuvent en produire, tels les tissus osseux et adipeux. Les sécrétions des glandes endocrines sont aussi très variées: elles contiennent des acides aminés modifiés, des peptides, des glycoprotéines et des stéroïdes. Puisque les glandes endocrines ne dérivent pas toutes de tissus épithéliaux, nous avons choisi d'en expliquer la structure et la fonction au chapitre 16, qui traite du système endocrinien.

Glandes exocrines

Les **glandes exocrines** sont beaucoup plus nombreuses que les glandes endocrines et, dans bien des cas, leurs produits nous sont familiers. Toutes les glandes exocrines déversent leurs sécrétions dans des cavités du corps ou à sa surface (peau) – les glandes unicellulaires directement (par exocytose) et les glandes multicellulaires par l'intermédiaire d'un conduit à paroi épithéliale qui achemine la sécrétion jusqu'à la surface de l'épithélium. Il existe une grande diversité de glandes exocrines: glandes muqueuses, sudoripares, sébacées et salivaires, foie (qui sécrète la bile), partie exocrine du pancréas (qui libère des enzymes digestives), etc.

Glandes exocrines unicellulaires Les seules **glandes exocrines unicellulaires** importantes chez l'être humain sont les *cellules muqueuses* et les *cellules caliciformes*. Ces cellules font partie de l'épithélium qui tapisse le tube digestif et les voies respiratoires, et sont disséminées parmi les cellules prismatiques dont les fonctions sont tout autres (**figure 4.4** et figure 4.3d). Chez l'être humain, toutes ces glandes produisent de la **mucine**, une glycoprotéine complexe qui se dissout dans l'eau une fois sécrétée. La mucine dissoute forme le **mucus**, un enduit visqueux qui protège et lubrifie la surface de l'épithélium. Comme nous l'avons expliqué plus haut, le sommet des cellules caliciformes est évasé par suite de l'accumulation de mucine, ce qui leur donne une forme ressemblant à un calice ou à un verre à pied.

Glandes exocrines multicellulaires Comparativement aux glandes unicellulaires, les **glandes exocrines multicellulaires** ont une structure plus complexe. Elles se composent de deux parties: un *conduit* dérivé de l'épithélium et une *unité sécrétrice* composée de cellules sécrétrices (acinus) pouvant avoir une origine autre que l'épithélium. Dans toutes ces glandes, sauf les

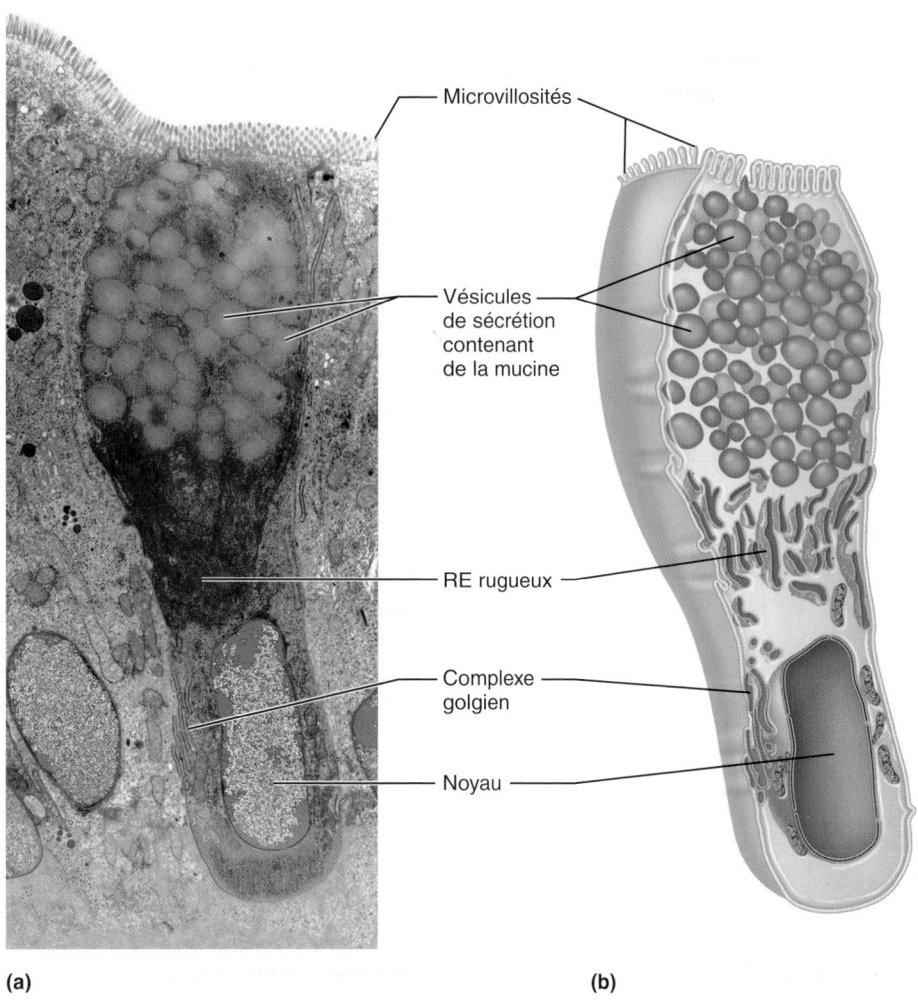

Microvillosités

Vésicules
de sécrétion
contenant
de la mucine

RE rugueux

Complexe
golgien

Noyau

(a)　　　　　　　　　　　　　　　　**(b)**

Figure 4.4 Cellules caliciformes (glande exocrine unicellulaire). (a) Photomicrographie
d'une cellule caliciforme de l'épithélium simple prismatique qui tapisse l'intestin grêle (1640×).
(b) Schéma correspondant. Remarquez les vésicules de sécrétion, le réticulum endoplasmique
rugueux bien développé et le complexe golgien.

plus simples, du *tissu conjonctif de soutien* entoure l'unité sécrétrice et lui apporte des vaisseaux sanguins et des neurofibres. Il
forme également une *capsule fibreuse* qui se prolonge dans la
glande elle-même et la divise en lobes.

- **Classification structurale.** Selon la structure des *conduits*, on
  distingue deux catégories de glandes exocrines multicellulaires **(figure 4.5)**. Les **glandes simples** ont un conduit sans
  ramification, tandis que les **glandes composées** possèdent
  un conduit ramifié. On peut encore subdiviser les glandes
  d'après la structure de leurs *unités sécrétrices*. On distingue
  ainsi : (1) les **glandes tubuleuses**, dont les cellules sécrétrices
  forment un tube ; (2) les **glandes alvéolaires**, dont les cellules sécrétrices forment de petits sacs qui ressemblent à des
  ballons (*alveolus*: petite cavité) ; (3) les **glandes tubuloalvéolaires**, composées d'unités sécrétrices tubuleuses et d'unités
  sécrétrices alvéolaires. Notez que le terme **acineuse** (*acinus*:
  grain de raisin) peut être employé comme synonyme
  d'«alvéolaire».

- **Mode de sécrétion.** Comme les glandes exocrines multicellulaires n'excrètent pas toutes leurs produits de la même façon,
  on les classe également d'après leur mode de sécrétion. La
  plupart sont des **glandes mérocrines**, c'est-à-dire qu'elles
  expulsent leurs produits par exocytose (pôle apical des cellules) à mesure qu'elles les synthétisent. Le processus n'altère
  nullement leurs cellules sécrétrices. Le pancréas (partie exocrine), la plupart des glandes sudoripares et les glandes salivaires appartiennent à cette catégorie **(figure 4.6a)**.

  Les cellules sécrétrices des **glandes holocrines** accumulent leurs produits jusqu'à ce que ceux-ci provoquent leur
  éclatement. (Elles sont remplacées grâce à la division des
  cellules sous-jacentes.) Puisque les sécrétions des glandes
  holocrines se composent à la fois du produit synthétisé et
  des fragments de cellules mortes (*holos*: entier), on peut
  dire que ces cellules «se sacrifient pour leur cause». Les
  glandes sébacées de la peau sont les seules glandes holocrines véritables dans l'organisme humain (figure 4.6b).

4

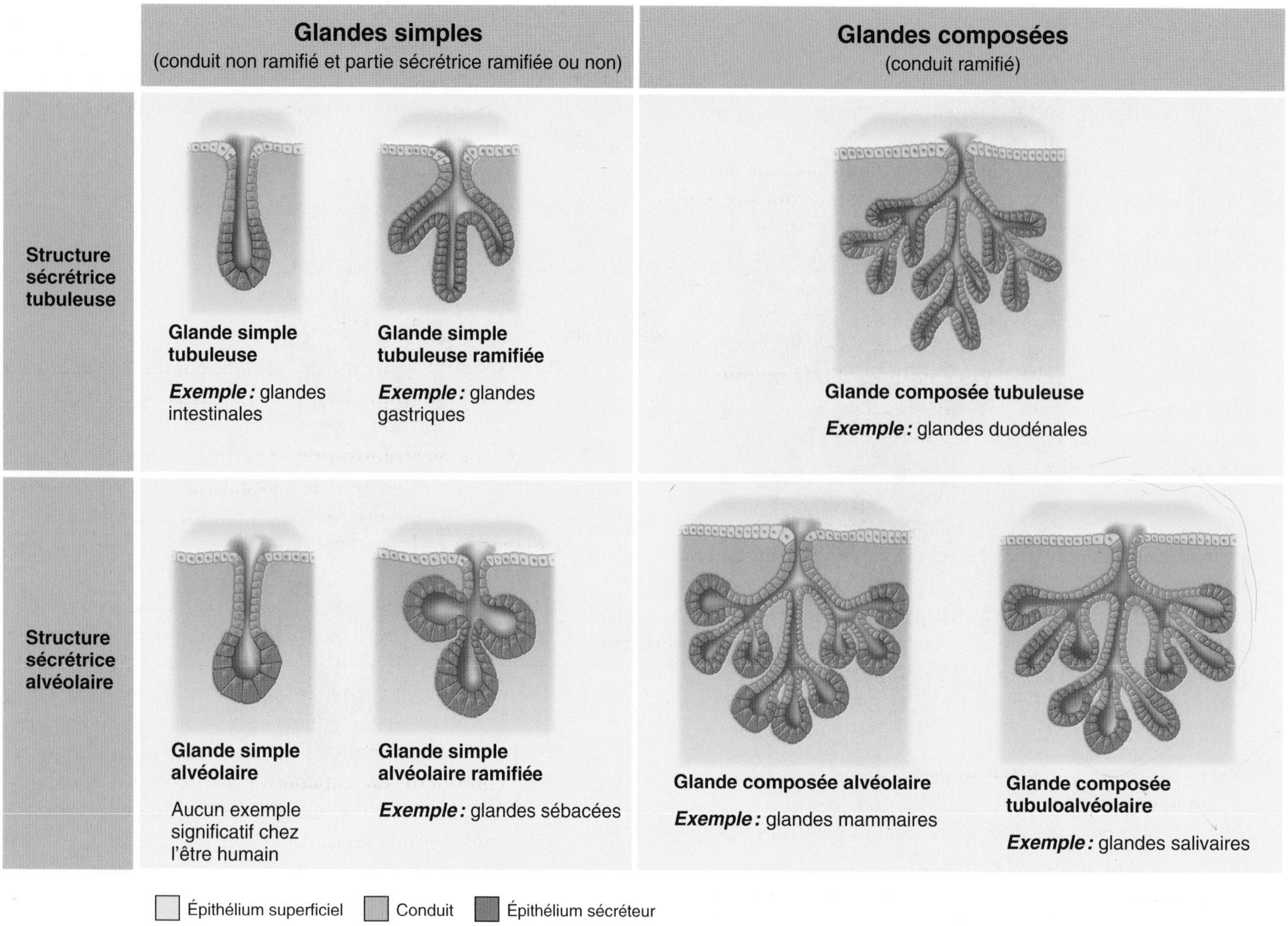

Glandes simples (conduit non ramifié et partie sécrétrice ramifiée ou non)		**Glandes composées** (conduit ramifié)
Structure sécrétrice tubuleuse	**Glande simple tubuleuse** *Exemple:* glandes intestinales **Glande simple tubuleuse ramifiée** *Exemple:* glandes gastriques	**Glande composée tubuleuse** *Exemple:* glandes duodénales
Structure sécrétrice alvéolaire	**Glande simple alvéolaire** Aucun exemple significatif chez l'être humain **Glande simple alvéolaire ramifiée** *Exemple:* glandes sébacées	**Glande composée alvéolaire** *Exemple:* glandes mammaires **Glande composée tubuloalvéolaire** *Exemple:* glandes salivaires

☐ Épithélium superficiel   ☐ Conduit   ■ Épithélium sécréteur

Figure 4.5   Types de glandes exocrines multicellulaires (classification structurale).
Les glandes multicellulaires sont classées selon le type de conduits (simples ou composées)
et la structure de leurs unités sécrétrices (tubuleuses, alvéolaires ou tubuloalvéolaires).

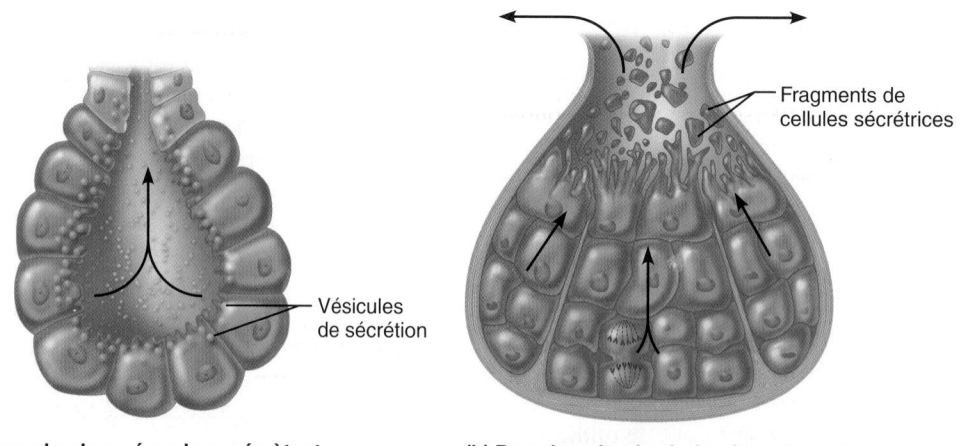

— Vésicules de sécrétion

Fragments de cellules sécrétrices

(a) Les glandes mérocrines sécrètent leurs produits par exocytose.

(b) Dans les glandes holocrines, les cellules sécrétrices se rompent, ce qui libère les sécrétions et les fragments de cellules mortes.

Figure 4.6   Principaux modes de sécrétion des glandes exocrines de l'organisme humain.

La question de la présence de *glandes apocrines* dans l'organisme humain fait l'objet d'une controverse, mais d'autres animaux possèdent incontestablement ce troisième type de glandes. À l'instar des glandes holocrines, les glandes apocrines accumulent leurs produits, mais elles les stockent juste sous la surface libre de leurs cellules. L'apex de chaque cellule finit par se détacher (*apo:* hors de), ce qui libère les granules sécrétoires et une petite quantité de cytoplasme. La cellule se répare, et le processus se répète maintes et maintes fois. Chez l'être humain, les seules glandes qu'on pourrait considérer comme des glandes apocrines sont les glandes mammaires lorsqu'elles libèrent la composante lipidique du lait sous forme de gouttelettes entourées d'une membrane; néanmoins, la plupart des histologistes les considèrent comme des glandes mérocrines parce que c'est par exocytose que les *protéines* du lait sont sécrétées.

Les glandes exocrines multicellulaires se classent finalement selon la nature des produits qu'elles sécrètent. On distingue ainsi les glandes *séreuses*, dont la sécrétion est relativement fluide (glandes lacrymales), les glandes *muqueuses*, dont la sécrétion est plutôt visqueuse (glandes salivaires sublinguales), et les glandes *mixtes* ou *séromuqueuses* (glandes salivaires submandibulaires).

VÉRIFIONS NOS ACQUIS

9. Quelle sécrétion courante les glandes exocrines unicellulaires produisent-elles?
10. Sur le plan de la structure, comment les glandes exocrines multicellulaires sont-elles classées?
11. Quel type de glande, mérocrine ou holocrine, devrait présenter le taux de division cellulaire le plus rapide? Pourquoi?

Les réponses se trouvent à l'appendice G.

Tissu conjonctif

6 Donner les principales caractéristiques du tissu conjonctif; énumérer et décrire ses éléments structuraux.

On trouve du **tissu conjonctif** partout dans le corps humain; il en constitue environ 15% de la masse. C'est le plus abondant et le plus répandu des tissus primaires, encore que les organes en contiennent des quantités variables. Par exemple, la peau est composée principalement de tissu conjonctif, tandis que l'encéphale en contient très peu.

Il y a quatre grandes classes de tissu conjonctif et plusieurs sous-classes (tableau 4.1). Les grandes classes de tissu conjonctif sont: (1) le *tissu conjonctif proprement dit* (qui comprend le tissu adipeux et le tissu fibreux des ligaments); (2) le *cartilage*; (3) le *tissu osseux*; et (4) le *sang*.

Le tissu conjonctif est bien plus qu'un tissu de *connexion*; il prend de nombreuses formes et assure de multiples fonctions, dont les principales sont: (1) la *fixation* et le *soutien*; (2) la *protection*; (3) l'*isolation*; et (4) dans le cas du sang, le *transport* de substances à l'intérieur du corps. Par exemple, le tissu osseux et le cartilage soutiennent et protègent les organes en leur fournis-sant une charpente solide, le squelette; les coussins de tissu adipeux isolent et protègent les organes et, en outre, constituent des réserves d'énergie. Par suite de ce large éventail de fonctions, certains auteurs préfèrent appeler ce tissu «tissu de soutien» plutôt que «tissu conjonctif».

Caractéristiques des tissus conjonctifs

Bien qu'ils assurent des fonctions nombreuses et variées, les tissus conjonctifs ont en commun des propriétés qui les distinguent des autres tissus primaires.

1. **Origine.** Étant donné qu'ils proviennent du **mésenchyme** (un tissu embryonnaire), tous les tissus conjonctifs présentent des liens de parenté.
2. **Degrés de vascularisation.** Les tissus conjonctifs présentent tous les degrés de vascularisation. Ainsi, le cartilage est avasculaire, le tissu conjonctif dense est peu vascularisé et les autres types de tissu conjonctif sont riches en vaisseaux sanguins.
3. **Matrice extracellulaire.** Alors que tous les autres tissus primaires sont composés principalement de cellules, les tissus conjonctifs sont en grande partie constitués de **matrice extracellulaire** non vivante qui se glisse entre les cellules vivantes du tissu et les écarte parfois considérablement les unes des autres. Grâce à la matrice, le tissu conjonctif est capable de soutenir du poids, de résister à des tensions importantes et de supporter des agressions, comme les traumas et le frottement, qu'aucun autre tissu ne pourrait tolérer.

Éléments structuraux du tissu conjonctif

Les tissus conjonctifs possèdent trois éléments structuraux: la *substance fondamentale*, les *fibres* et les *cellules* (tableau 4.1). La substance fondamentale et les fibres composent la matrice extracellulaire. (Certains auteurs emploient le terme «matrice» pour désigner la substance fondamentale seulement; dans ce chapitre, nous l'utiliserons surtout pour désigner la matrice extracellulaire.)

Étant donné que les caractéristiques des cellules, la composition de la substance fondamentale et l'arrangement des fibres varient considérablement, il existe une diversité étonnante de tissus conjonctifs. Chacun de ces tissus est parfaitement adapté à sa fonction spécifique: par exemple, la matrice peut former un «capitonnage» souple et délicat autour d'un organe ou, au contraire, des «cordages» (tendons et ligaments) d'une résistance incroyable. Néanmoins, tous les tissus conjonctifs ont la même structure de base, et le *tissu conjonctif aréolaire* nous servira de prototype (**figure 4.7** et figure 4.9a). Les autres classes ne sont que des variantes de ce tissu qu'on trouve presque partout dans l'organisme.

Substance fondamentale

La **substance fondamentale** est le matériau sans forme définie qui comble les espaces entre les cellules et qui retient les fibres.

| TABLEAU 4.1 | Comparaison des classes de tissu conjonctif | | | | |

CLASSE DE TISSU ET EXEMPLE	SOUS-CLASSES	ÉLÉMENTS			CARACTÉRISTIQUES GÉNÉRALES
		CELLULES	MATRICE		

Tissu conjonctif proprement dit
 	
Tissu conjonctif dense régulier
	1. Tissu conjonctif lâche
	
	  ▪ Aréolaire
	
	  ▪ Adipeux
	
	  ▪ Réticulaire
	
	2. Tissu conjonctif dense
	
	  ▪ Dense régulier
	
	  ▪ Dense irrégulier
	
	  ▪ Élastique
		Fibroblastes
		
		Fibrocytes
		
		Cellules de défense
		
		Cellules adipeuses
			Substance fondamentale gélatineuse
			
			Trois types de fibres: collagènes, réticulaires, élastiques
					Six types différents; densité et types de fibres différents
					
					Fonction de tissu de liaison
					
					Résistance au stress mécanique, en particulier à la tension

Cartilage *Cartilage hyalin*	1. Cartilage hyalin 2. Cartilage fibreux 3. Cartilage élastique	Chondroblastes situés dans le cartilage en croissance Chondrocytes	Substance fondamentale gélatineuse Fibres: collagènes, élastiques dans certains cas		Résistance à la compression en raison de la grande quantité d'eau contenue dans la matrice Fonction de coussin et de soutien des structures corporelles
Tissu osseux *Os compact*	1. Os compact 2. Os spongieux	Ostéoblastes Ostéocytes	Substance fondamentale gélatineuse calcifiée par des sels inorganiques Fibres: collagènes		Tissu dur qui résiste à la compression et à la tension Fonction de soutien
Sang	Les mécanismes de formation et de différenciation des cellules sanguines sont très complexes. Nous les exposons en détail au chapitre 17.	Globules rouges Globules blancs Plaquettes	Plasma Fibres insolubles visibles seulement lors de la coagulation		Tissu liquide Fonction de transport de l'oxygène, du gaz carbonique, des nutriments, des déchets et d'autres substances (des hormones, par exemple)

Elle est composée de *liquide interstitiel*, de *protéines d'adhérence* et de *protéoglycanes*. Les protéines d'adhérence (*fibronectine, laminine* et autres) jouent le rôle d'une colle qui permet aux cellules du tissu conjonctif de se fixer aux éléments de la matrice. Les protéoglycanes sont constitués d'une protéine centrale à laquelle sont greffés des *glycosaminoglycanes* (GAG) **(figure 4.8)**. Les GAG, en particulier le *chondroïtine sulfate*, le *kératane sulfate* et l'*acide hyaluronique*, sont de longues chaînes droites de polysaccharides, constituées de la répétition d'unités de disaccharides négativement chargées et faisant saillie de la protéine centrale. L'ensemble ressemble aux poils d'un écouvillon (brosse pour bouteille). Les protéoglycanes ont tendance à s'agglomérer pour former d'énormes complexes (souvent autour d'une molécule d'acide hyaluronique, à laquelle peuvent se greffer une centaine de molécules de protéoglycanes). Les GAG s'entrelacent et leurs charges négatives les rendent hydrophiles: ils attirent les molécules d'eau, de sorte qu'ils forment une substance dont la consistance varie entre celle d'un liquide et celle d'un gel visqueux. En général, plus la teneur en GAG est élevée, plus la substance fondamentale est visqueuse.

La substance fondamentale retient de grandes quantités de liquide et se comporte comme un tamis moléculaire à travers lequel les nutriments et autres substances dissoutes diffusent des capillaires aux cellules et vice versa. Les fibres enfouies dans la substance fondamentale réduisent sa flexibilité et gênent quelque peu la diffusion.

Types de cellule

Matrice extracellulaire

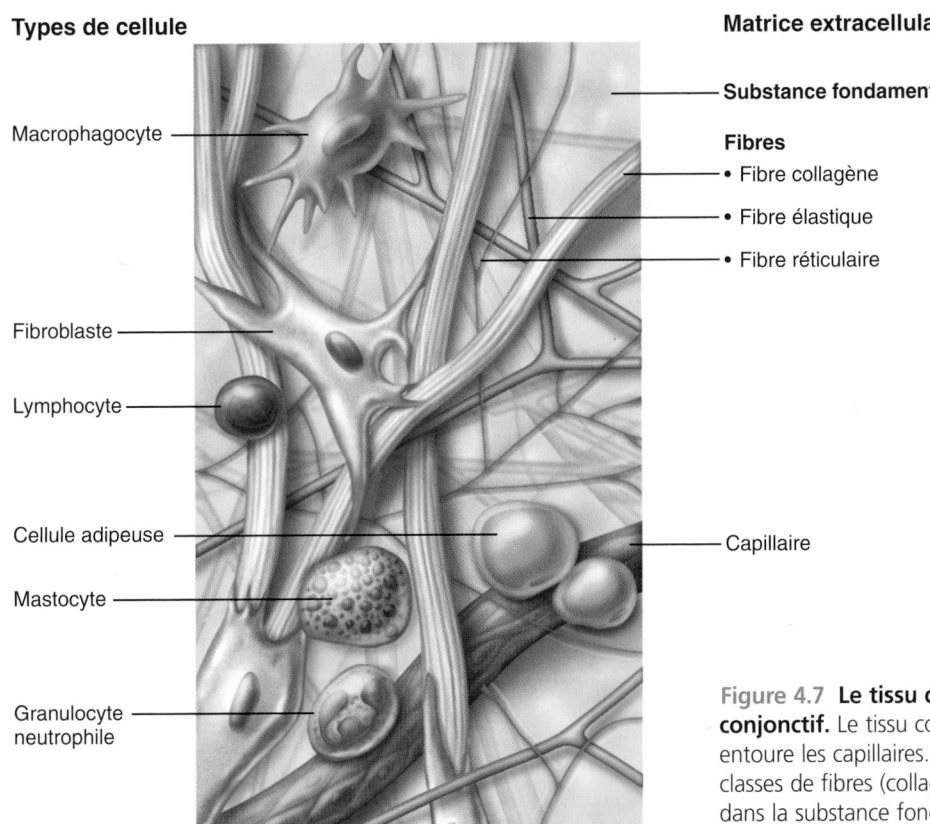

Macrophagocyte

Fibroblaste

Lymphocyte

Cellule adipeuse

Mastocyte

Granulocyte
neutrophile

Substance fondamentale

Fibres
• Fibre collagène
• Fibre élastique
• Fibre réticulaire

Capillaire

Figure 4.7   Le tissu conjonctif aréolaire, un prototype de tissu conjonctif. Le tissu conjonctif aréolaire soutient les épithéliums et entoure les capillaires. Notez les divers types de cellules et les trois classes de fibres (collagènes, réticulaires et élastiques) disséminées dans la substance fondamentale. (Voir la figure 4.9a pour une représentation moins idéalisée.)

Fibres

Les *fibres* du tissu conjonctif servent au soutien. On en trouve trois types dans la matrice du tissu conjonctif: les fibres collagènes, les fibres élastiques et les fibres réticulaires. Les fibres collagènes sont de loin les plus abondantes.

Les **fibres collagènes** sont principalement constituées de *collagène*, une protéine fibreuse; il en existe une vingtaine de types différents qui forment des filaments ou des réseaux. Les molécules de collagène de type I (le type le plus répandu) sont d'abord synthétisées, dans la cellule, sous forme d'un monomère (*procollagène*) constitué de trois chaînes polypeptidiques enroulées en hélice. Une fois sécrété dans le liquide interstitiel, le procollagène se polymérise spontanément par formation de liaisons covalentes croisées entre les monomères. Les fibrilles ainsi formées s'associent à leur tour en faisceaux de fibrilles; ces derniers constituent les fibres de collagène visibles au microscope optique. La présence de liaisons croisées entre leurs fibrilles rend les fibres collagènes extrêmement robustes et confère à la matrice une grande résistance à la traction (force longitudinale provoquant l'extension). Des essais ont en effet démontré que les fibres collagènes ont une résistance supérieure à celle des fibres d'acier de même calibre! À l'état frais, les fibres collagènes sont blanches et luisantes; c'est pourquoi on les appelle aussi *fibres blanches* (voir les grosses fibres couleur lavande à la figure 4.7).

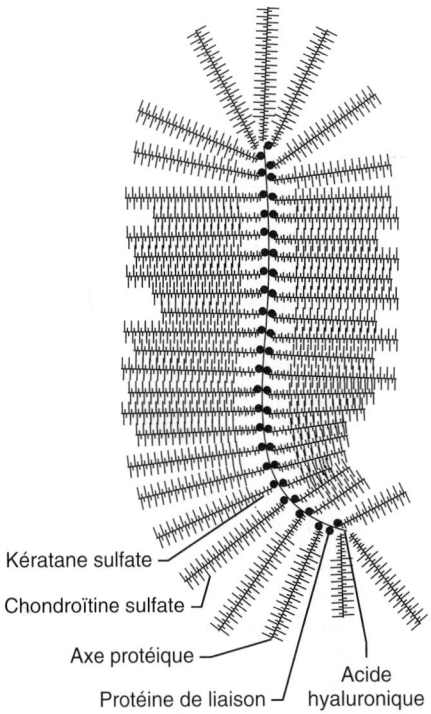

Kératane sulfate

Chondroïtine sulfate

Axe protéique

Protéine de liaison

Acide hyaluronique

Figure 4.8   Représentation schématique d'un complexe de protéoglycane. Le kératane sulfate et la chondroïtine sulfate sont reliés à un axe protéique, formant une des nombreuses branches qui se greffent, par l'intermédiaire d'une protéine de liaison, à la longue molécule d'acide hyaluronique.

Les **fibres élastiques** sont de longs filaments minces qui forment des réseaux ramifiés dans la matrice extracellulaire. Elles contiennent une protéine extensible, l'*élastine* (associée à des microfilaments de *fibrilline*), qui leur permet de s'étirer au point de doubler leur longueur et de reprendre leur forme à la manière d'un élastique. Quand le tissu conjonctif atteint un certain degré d'étirement, les épaisses fibres collagènes qui accompagnent toujours les fibres élastiques deviennent rigides. Puis, lorsque la tension se relâche, les fibres élastiques reprennent leur position initiale et redonnent au tissu conjonctif sa longueur et sa forme normales. On trouve des fibres élastiques dans les endroits où l'élasticité est essentielle, en particulier dans la peau, les poumons et les parois des vaisseaux sanguins. Comme les fibres élastiques sont jaunâtres, on les appelle parfois *fibres jaunes* (voir les minces fibres orangées à la figure 4.7).

Les **fibres réticulaires** sont de minces fibres collagènes reliées aux fibres collagènes proprement dites, mais dont la forme et les propriétés chimiques diffèrent quelque peu de celles de ces dernières. Leurs très nombreuses ramifications constituent de fins réseaux (*reticulum*: petit filet) qui entourent les petits vaisseaux sanguins et soutiennent les tissus mous des organes. Les fibres réticulaires sont particulièrement abondantes dans les endroits où le tissu conjonctif s'unit à un autre type de tissu, notamment dans la membrane basale des tissus épithéliaux et autour des capillaires, où elles forment des «résilles» pelucheuses un peu plus souples que les grosses fibres collagènes (voir les minces fibres bleu foncé à la figure 4.7).

Cellules

Chaque grande classe de tissu conjonctif possède un type fondamental de cellules présentes sous forme immature et sous forme adulte (tableau 4.1). Les cellules souches indifférenciées, désignées par le suffixe «-blaste» (qui signifie littéralement «germe»), subissent des mitoses et sécrètent la substance fondamentale ainsi que les protéines fibreuses qui constituent les fibres propres à leur matrice. Comme l'indique la troisième colonne du tableau 4.1, les cellules blastiques des différentes classes de tissu conjonctif sont: (1) les **fibroblastes** pour le tissu conjonctif proprement dit; (2) les **chondroblastes** pour le cartilage; et (3) les **ostéoblastes** pour le tissu osseux. Les **cellules souches hématopoïétiques**, cellules blastiques indifférenciées produisant les cellules sanguines, ne sont pas incluses dans le tableau 4.1 parce qu'elles ne sont pas situées dans leur tissu (le sang) et ne forment pas la matrice liquide (plasma) de ce tissu. C'est au chapitre 17 que nous aborderons la formation du sang.

Après avoir synthétisé la matrice, les cellules blastiques acquièrent leur forme adulte, moins active, désignée par le suffixe «-cyte», également indiquée dans la troisième colonne du tableau 4.1. Les cellules adultes maintiennent l'intégrité de la matrice. Si la matrice subit des lésions, les cellules adultes retrouvent facilement un état plus actif afin de la réparer et de la régénérer. (Les cellules souches hématopoïétiques de la moelle osseuse rouge subissent constamment des mitoses afin de remplacer les cellules sanguines qui meurent.)

Le tissu conjonctif renferme plusieurs autres types de cellules, notamment des *cellules adipeuses* qui stockent les nutriments (sous forme de triglycérides) et des cellules mobiles qui migrent de la circulation sanguine jusque vers la matrice. Ces dernières cellules sont les **globules blancs** intervenant dans la réponse tissulaire aux agressions. Certains de ces globules blancs subissent des transformations dans le tissu conjonctif et deviennent des *mastocytes*, des *macrophagocytes* et des **plasmocytes** produisant des anticorps. La grande diversité des cellules contenues dans le tissu conjonctif est particulièrement évidente dans notre prototype, le tissu conjonctif aréolaire (figure 4.7).

Nous décrivons en détail toutes ces cellules dans des chapitres ultérieurs, mais il nous faut dire ici quelques mots à propos des mastocytes et des macrophagocytes puisqu'ils jouent un rôle capital dans la défense de l'organisme. Les **mastocytes** sont des cellules ovales disposées en amas le long des vaisseaux sanguins. Les mastocytes sont en quelque sorte des sentinelles qui détectent les agents infectieux, les substances étrangères, les allergènes et déclenchent contre eux une réaction inflammatoire locale.

Le cytoplasme des mastocytes contient des granules sécrétoires (*mast*: «bourré de granules») qui renferment plusieurs substances à l'origine de l'inflammation, en particulier dans les cas d'allergies graves. Ce sont, entre autres: (1) l'*héparine*, un anticoagulant – substance qui empêche la coagulation du sang – quand elle est présente dans la circulation sanguine (mais à l'intérieur des mastocytes humains, il semble qu'elle se lie à d'autres substances produites par ces cellules et régit leur action); (2) l'*histamine* – une substance qui provoque l'augmentation de la perméabilité des capillaires –; et (3) des *protéases* – des enzymes qui dégradent les protéines.

Les **macrophagocytes**, ou macrophages (*makros*: grand; *phagein*: manger), sont de grosses cellules de forme irrégulière, issues des monocytes ayant quitté les vaisseaux sanguins (voir p. 745), qui phagocytent avidement une grande diversité de matières étrangères de différentes tailles – des molécules étrangères aux particules de poussière, en passant par des bactéries entières. De plus, ces «gros mangeurs» éliminent les cellules mortes et jouent un rôle prépondérant dans le système immunitaire, rôle que nous expliquerons au chapitre 21. Dans les tissus conjonctifs, ils sont soit fixes (attachés aux fibres), soit mobiles (ils se déplacent dans la matrice).

Les macrophagocytes sont disséminés dans tout le tissu conjonctif lâche, dans la moelle osseuse rouge et dans le tissu lymphoïde. Certains reçoivent un nom spécifique en relation avec leur localisation; par exemple, ceux du tissu conjonctif lâche s'appellent *histiocytes*, ceux du foie se nomment *macrophagocytes stellaires* et ceux de l'encéphale constituent la *microglie*. Certains macrophagocytes ont un appétit sélectif: ainsi, ceux de la rate phagocytent surtout les vieux globules rouges, mais ne refusent pas les autres «friandises» qu'ils ont la chance de rencontrer.

VÉRIFIONS NOS ACQUIS

12. Nommez les quatre fonctions du tissu conjonctif.

13. Dans le tissu conjonctif, quelle composante est généralement la plus développée et remplit la fonction la plus importante?

14. Donnez les trois types de fibres que contient le tissu conjonctif.

Les réponses se trouvent à l'appendice G.

Types de tissu conjonctif

> **7** Classifier et décrire les différents types de tissu conjonctif présents dans l'organisme; indiquer leurs fonctions et localisation particulières.
>
> **8** Expliquer pourquoi on considère le sang comme un tissu conjonctif.

Comme nous l'avons vu, toutes les classes de tissu conjonctif comprennent des cellules vivantes intégrées dans une matrice. Cependant, les classes de tissu conjonctif diffèrent par le type de cellules, le type de fibres et la proportion de fibres dans la matrice, comme le résume le tableau 4.1.

Comme nous l'avons déjà indiqué, tout le tissu conjonctif mature provient d'un tissu embryonnaire commun, appelé **mésenchyme**, qui est dérivé du mésoderme embryonnaire (figure 4.14). Le mésenchyme se compose d'une substance fondamentale fluide contenant de minces fibres clairsemées et des cellules étoilées, les *cellules mésenchymateuses*. Il apparaît au cours des premières semaines du développement embryonnaire puis il se différencie (se spécialise) pour former tous les types de tissu conjonctif. Cependant, certaines cellules mésenchymateuses subsistent et constituent une source de nouvelles cellules dans les tissus conjonctifs adultes.

Les classes de tissu conjonctif que nous décrivons dans les prochaines sections sont présentées à la figure 4.9. Consultez les différentes parties de cette figure à mesure que vous avancez dans le texte.

Tissu conjonctif proprement dit: tissu conjonctif lâche

Il existe une très grande variété de tissu conjonctif proprement dit et afin d'y voir un peu plus clair, nous adopterons la classification suivante, qui a encore cours dans la plupart des manuels, mais que certains auteurs trouvent toutefois périmée. Nous diviserons le **tissu conjonctif proprement dit** en deux sous-classes: le **tissu conjonctif lâche** (aréolaire, adipeux et réticulaire) et le **tissu conjonctif dense** (dense régulier, dense irrégulier et élastique). À l'exception du tissu osseux, du cartilage et du sang, tous les tissus conjonctifs adultes appartiennent à cette classe.

Tissu conjonctif aréolaire Le **tissu conjonctif aréolaire**, on l'aura deviné, est particulier. Ses fonctions, communes à d'autres tissus conjonctifs mais pas à tous, consistent (1) à soutenir et à lier d'autres tissus (tâche accomplie par les fibres); (2) à retenir les liquides de l'organisme (rôle de la substance fondamentale); (3) à combattre l'infection grâce à l'activité de l'ensemble des globules blancs (notamment des macrophagocytes); et (4) à stocker des nutriments sous forme de lipides (dans les cellules adipeuses) (figure 4.9a).

Les cellules les plus abondantes dans ce tissu sont les **fibroblastes**, des cellules très résistantes, plates et ramifiées au profil fusiforme dont le cytoplasme est bourré de réticulum endoplasmique rugueux, reflet de leur activité importante de synthèse de protéines de la matrice. Lorsqu'ils deviennent inactifs, les fibroblastes sont appelés *fibrocytes*. Le tissu conjonctif aréolaire compte également un grand nombre de macrophagocytes, qui opposent une puissante barrière contre les microorganismes. Il renferme en outre des cellules adipeuses, isolées ou en grappes, ainsi que de rares mastocytes, aisément reconnaissables à leurs gros granules cytoplasmiques, facilement colorables et masquant souvent le noyau. D'autres types de cellules sont dispersés dans ce tissu.

La caractéristique structurale la plus évidente du tissu conjonctif aréolaire est l'arrangement lâche de ses fibres; c'est pourquoi on le classe parmi les tissus conjonctifs *lâches*. Le reste de la matrice, occupé par de la substance fondamentale, apparaît au microscope comme un espace vide; du reste, le mot latin *areola* signifie «petit espace libre». Étant donné que sa substance fondamentale est liquide, le tissu conjonctif aréolaire constitue un réservoir d'eau et de sels pour les tissus environnants; on y trouve en effet presque autant de liquide que dans la circulation sanguine. Presque toutes les cellules de l'organisme tirent leurs nutriments de ce liquide, qui compose le liquide interstitiel, et dans lequel elles expulsent leurs déchets.

Cependant, la forte teneur en acide hyaluronique donne à la substance fondamentale une viscosité semblable à celle de la mélasse, qui peut gêner le mouvement des cellules. C'est pourquoi certains globules blancs, chargés de protéger l'organisme contre les microorganismes pathogènes, sécrètent une enzyme appelée hyaluronidase, qui liquéfie la substance fondamentale et facilite leur propre passage dans le tissu conjonctif. (Malheureusement, certaines bactéries potentiellement nocives possèdent la même propriété et l'utilisent pour envahir les tissus de leur hôte.) En cas d'inflammation, le tissu aréolaire de la région atteinte se comporte comme une éponge: il absorbe l'excédent de liquide provenant des capillaires et se met à gonfler. Il se produit un **œdème**.

Le tissu conjonctif aréolaire est le tissu conjonctif le plus répandu dans l'organisme humain et il sert en quelque sorte de rembourrage universel entre les autres types de tissus. Il relie des parties du corps tout en leur permettant de glisser facilement les unes contre les autres; il entoure les petits vaisseaux sanguins et les nerfs; il recouvre les glandes; il forme le tissu sous-cutané qui capitonne la peau et la fixe aux structures sous-jacentes. Enfin, il constitue la *lamina propria* de toutes les muqueuses. (Les muqueuses tapissent toutes les cavités qui s'ouvrent sur le milieu externe.)

Tissu adipeux Le **tissu adipeux** (appelé **graisse** dans le langage courant) est semblable au tissu aréolaire par sa structure et sa fonction, mais sa capacité d'emmagasiner les nutriments est beaucoup plus grande. C'est pourquoi les **adipocytes**, communément appelés *cellules adipeuses* ou *graisseuses*, y prédominent et constituent 90% de sa masse. La matrice est très réduite et les cellules sont serrées les unes contre les autres, ce qui donne au tissu un aspect de grillage à poulailler. La majeure partie du

4

(a) Tissu conjonctif proprement dit : tissu conjonctif lâche, aréolaire

Description : Matrice gélatineuse contenant les trois types de fibres ; cellules : fibroblastes, macrophagocytes, mastocytes et quelques globules blancs.

Fonctions : Enveloppe les organes ; ses macrophagocytes phagocytent les bactéries ; joue un rôle important dans la réaction inflammatoire ; retient le liquide interstitiel ; constitue le site des échanges entre le plasma sanguin et les cellules, et vice versa.

Localisation : Très répandu sous les épithéliums ; forme notamment la lamina propria des muqueuses ; enveloppe les organes ; entoure les capillaires.

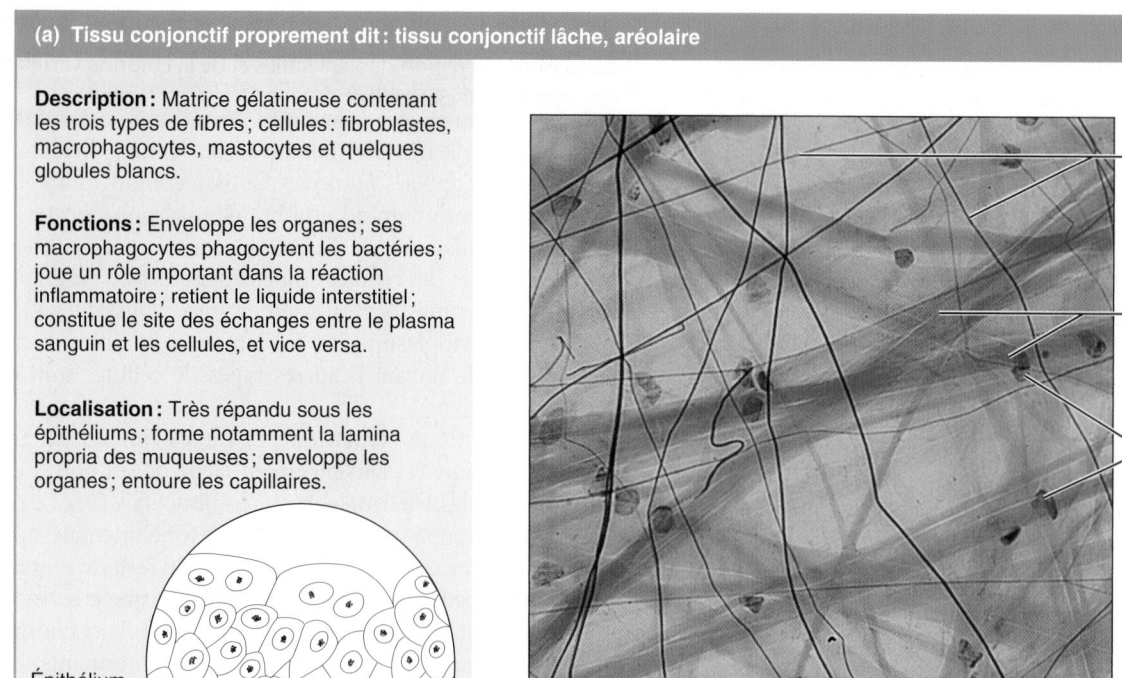

Fibres élastiques

Fibres collagènes

Noyaux de fibroblastes

Épithélium

Lamina propria

Photomicrographie : Tissu conjonctif aréolaire, un tissu souple qui sert de rembourrage entre d'autres tissus (300×) ; remarquez combien les fibres sont dispersées (il s'agit d'un tissu conjonctif lâche).

(b) Tissu conjonctif proprement dit : tissu conjonctif lâche, tissu adipeux

Description : Matrice semblable à celle du tissu aréolaire, mais beaucoup moins abondante ; les cellules adipeuses, ou adipocytes, sont tassées les unes contre les autres et leur noyau est repoussé près de la membrane cellulaire par une grosse gouttelette lipidique.

Fonctions : Réserve d'énergie ; protège contre les pertes de chaleur ; soutient et protège les organes.

Localisation : Sous la peau (hypoderme), en des sites particuliers à chacun des deux sexes ; autour des reins et des bulbes de l'œil ; dans l'abdomen ; dans les seins.

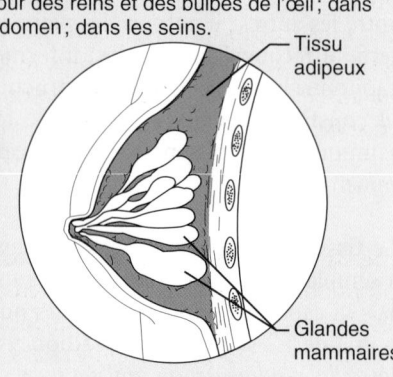

Tissu adipeux

Glandes mammaires

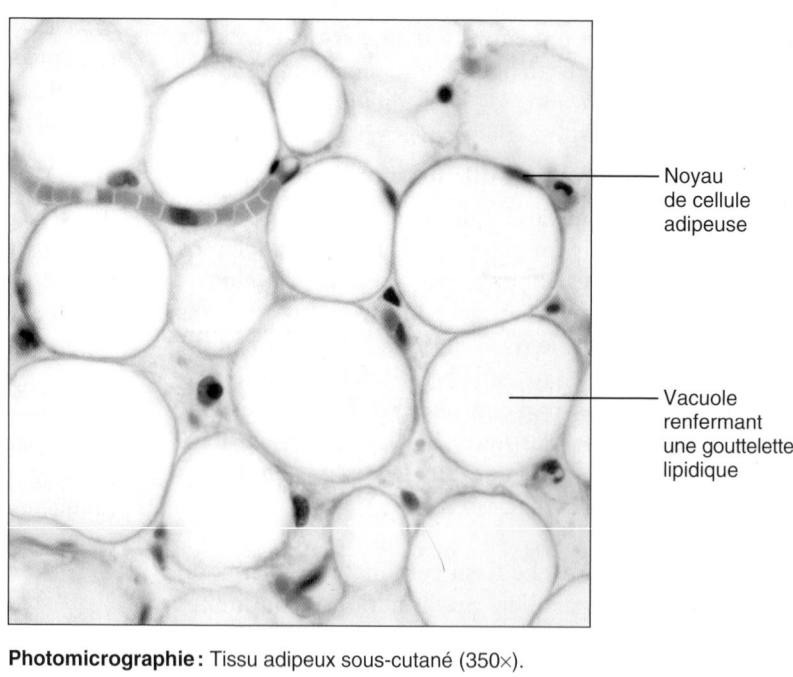

Noyau de cellule adipeuse

Vacuole renfermant une gouttelette lipidique

Photomicrographie : Tissu adipeux sous-cutané (350×).

Figure 4.9 Tissus conjonctifs. (a-b) Tissu conjonctif proprement dit.

volume de la cellule adipeuse est occupée par une gouttelette lipidique luisante (inclusion non entourée d'une membrane et presque entièrement composée de triglycérides) qui repousse le noyau de côté. On ne peut observer qu'une mince bande de cytoplasme à la périphérie de la cellule (figure 4.9b). Les adipocytes adultes comptent parmi les plus grosses cellules du corps humain. Ils gonflent ou se dégonflent (en prenant alors un aspect ridé) à mesure qu'ils absorbent ou libèrent des graisses.

Le tissu adipeux est très vascularisé, signe de sa grande activité métabolique. Sans les réserves de graisse accumulées dans le tissu adipeux, nous ne pourrions survivre à plus de quelques jours de jeûne. Les adipocytes sécrètent des hormones, les adipokines, qui interviennent dans le métabolisme. Le tissu adipeux est certes abondant : il constitue 18 % de la masse d'un individu moyen (15 % chez l'homme et 22 % chez la femme). La proportion de la masse représentée par la graisse peut même atteindre 50 % chez un individu sans qu'il s'agisse d'une obésité morbide.

Le tissu adipeux peut apparaître dans presque toutes les régions où le tissu conjonctif aréolaire est abondant, mais il s'accumule généralement dans le tissu sous-cutané (voir la figure 5.1), où il joue aussi un rôle d'amortisseur et d'isolant. Puisqu'elle conduit mal la chaleur, la graisse contribue à prévenir la perte de chaleur corporelle. La graisse s'accumule en outre autour des reins, derrière les bulbes de l'œil ainsi qu'à des endroits génétiquement déterminés, tels l'abdomen et les hanches.

La grande quantité de tissu adipeux situé sous la peau permet de satisfaire les besoins en nutriments de l'organisme dans son ensemble. Mais il existe aussi de plus petits dépôts de graisse qui répondent aux besoins particuliers de certains organes très actifs. On trouve ces dépôts autour du cœur, dont le travail est incessant, autour des nœuds lymphatiques (où les cellules du système immunitaire combattent vigoureusement l'infection), dans certains muscles et, sous forme d'adipocytes isolés, dans la moelle osseuse, où de nouvelles cellules sanguines sont produites à un rythme accéléré. Beaucoup de ces dépôts locaux contiennent des concentrations élevées de lipides spéciaux.

Le tissu adipeux que nous venons de décrire est parfois appelé *graisse blanche*, ou *tissu adipeux blanc*, pour le distinguer de la **graisse brune**, ou **tissu adipeux brun**. Ce dernier doit sa couleur brune à la présence d'abondantes mitochondries contenant des cytochromes, des substances qui interviennent dans la production d'énergie. Les graisses y sont stockées dans de très nombreuses gouttelettes plutôt que dans une seule goutte, comme dans le cas de la graisse blanche ; c'est pourquoi la graisse brune a aussi reçu le nom de « tissu adipeux multiloculaire » par opposition à la graisse blanche qualifiée d'« uniloculaire ». De plus, alors que la graisse blanche est une réserve de nutriments (principalement pour d'autres cellules), les mitochondries de la graisse brune consomment le carburant provenant des acides gras des lipides pour libérer de la chaleur dans la circulation sanguine et réchauffer le corps (plutôt que de produire des molécules d'ATP). La graisse brune, qui est abondamment vascularisée, est surtout présente chez les bébés (encore) incapables de produire de la chaleur en grelottant. La plupart de ces dépôts sont situés entre les scapulas (omoplates), sur la face antérolatérale du cou et sur la paroi abdominale antérieure.

On trouve également de la graisse brune chez l'adulte ; sa présence dans la région des clavicules et de la colonne vertébrale a récemment été clairement démontrée.

Tissu conjonctif réticulaire   Le **tissu conjonctif réticulaire** ressemble au tissu conjonctif aréolaire, mais sa matrice renferme uniquement des fibres réticulaires entrelacées. Celles-ci forment un fin réseau emprisonnant des fibroblastes appelés **cellules réticulaires** (figure 4.9c). Même si l'on trouve des fibres réticulaires dans de nombreuses régions du corps, le tissu conjonctif réticulaire, lui, n'apparaît qu'à certains endroits. Il forme le **stroma** (mot signifiant littéralement « tapis, couverture »), c'est-à-dire la trame (par opposition au *parenchyme* qui constitue le cœur même du tissu), qui soutient un grand nombre de globules blancs libres (principalement des lymphocytes) dans les nœuds lymphatiques, la rate et la moelle osseuse rouge.

Tissu conjonctif proprement dit : tissu conjonctif dense

Dans les trois variétés de tissu conjonctif dense, les fibres prédominent.

Tissu conjonctif dense régulier   Le **tissu conjonctif dense régulier** contient des faisceaux compacts de fibres collagènes disposés parallèlement au sens de la traction. Ces fibres forment une structure blanche flexible et très résistante à l'étirement, là où cette force s'exerce toujours dans la même direction (figure 4.9d). Des rangées de fibroblastes situées entre les fibres collagènes produisent continuellement des fibres et un peu de substance fondamentale.

Comme on peut le voir à la figure 4.9d, les fibres collagènes sont légèrement ondulées. Le tissu peut donc s'étirer légèrement, c'est-à-dire jusqu'à ce que les fibres deviennent rectilignes sous l'effet d'une traction, mais non davantage. Contrairement au tissu conjonctif aréolaire, notre prototype de tissu conjonctif, le tissu conjonctif dense régulier est faiblement vascularisé et il contient peu de cellules à part les fibroblastes.

Le tissu conjonctif dense régulier forme les *tendons*, des structures qui rattachent les muscles aux os, et les *aponévroses*, un type de tendons plats et membraneux qui relient des muscles à d'autres muscles ou à des os. Le tissu conjonctif dense régulier forme aussi le fascia, une membrane fibreuse qui recouvre les muscles, les groupes de muscles, les vaisseaux sanguins et les nerfs, liant ces structures comme le ferait une pellicule de cellophane, ainsi que les *ligaments* qui unissent les os dans les articulations. Les ligaments contiennent plus de fibres élastiques que les tendons et sont de ce fait légèrement plus extensibles.

Tissu conjonctif dense irrégulier   Le **tissu conjonctif dense irrégulier** se compose des mêmes éléments structuraux que le tissu conjonctif dense régulier. Toutefois, ses faisceaux de fibres collagènes sont beaucoup plus épais ; ils sont en outre disposés de manière irrégulière, c'est-à-dire qu'ils sont dirigés en tout sens (figure 4.9e). Ce type de tissu forme des feuillets dans les régions du corps soumises à des forces de tension diversement orientées. Il est présent dans la peau, plus précisément dans

(c) Tissu conjonctif proprement dit : tissu conjonctif lâche, réticulaire

Description : Réseau de fibres réticulaires baignant dans une substance fondamentale lâche typique ; les cellules réticulaires (fibroblastes, lymphocytes) sont portées par le réseau.

Fonction : Les fibres forment un squelette interne souple (stroma) qui soutient d'autres types de cellules dont des globules blancs, des mastocytes et des macrophagocytes.

Localisation : Organes lymphoïdes (nœuds lymphatiques, moelle osseuse rouge et rate).

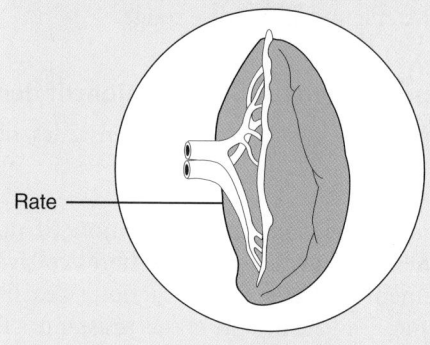

Rate

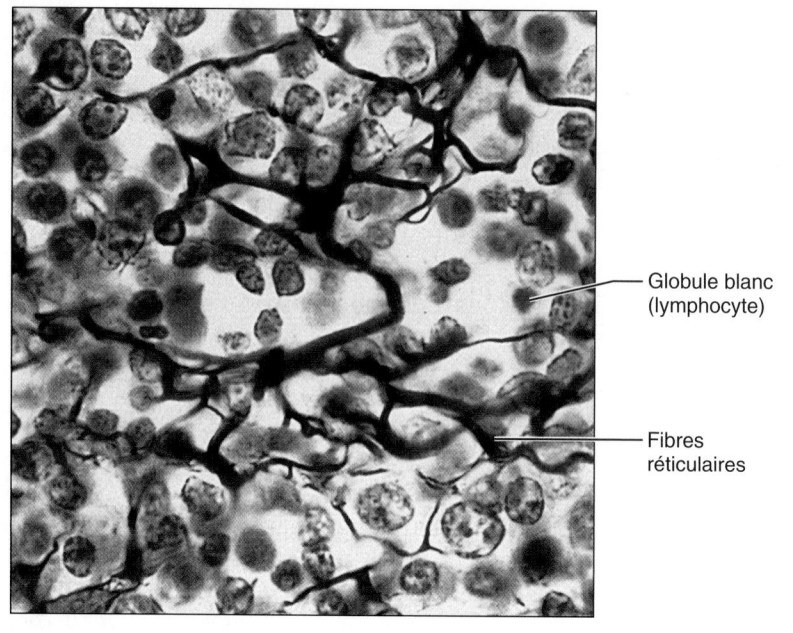

Globule blanc (lymphocyte)

Fibres réticulaires

Photomicrographie : Réseau de fibres de tissu conjonctif réticulaire composant le squelette interne de la rate (350×).

(d) Tissu conjonctif proprement dit : tissu conjonctif dense régulier

Description : Composé principalement de fibres collagènes parallèles ; quelques fibres d'élastine ; les fibroblastes sont le principal type de cellules.

Fonctions : Attache les muscles aux os ou à d'autres muscles ; relie les os ; résiste à l'étirement si la force s'exerce dans une seule direction.

Localisation : Tendons ; la plupart des ligaments ; aponévroses.

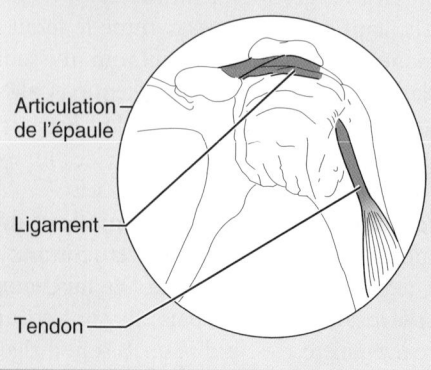

Articulation de l'épaule

Ligament

Tendon

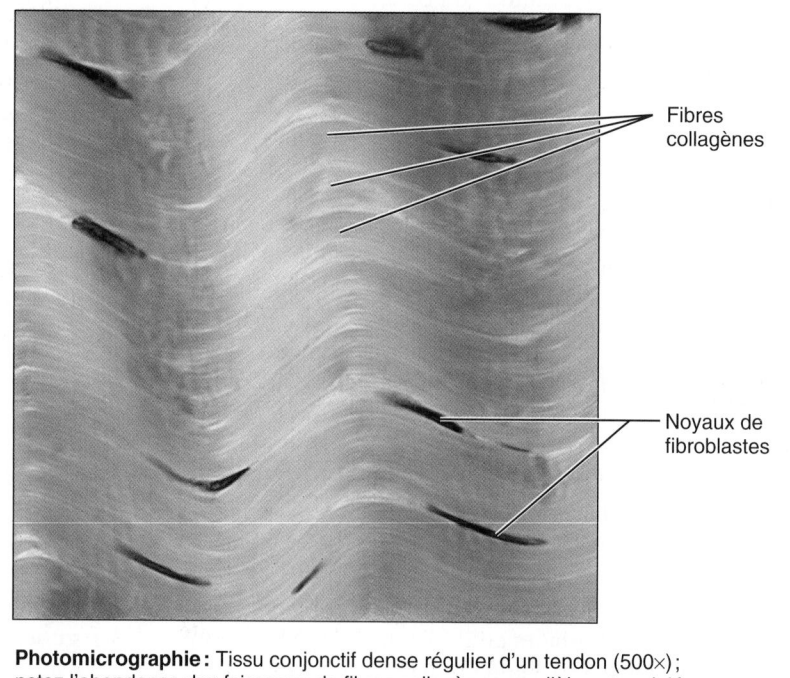

Fibres collagènes

Noyaux de fibroblastes

Photomicrographie : Tissu conjonctif dense régulier d'un tendon (500×) ; notez l'abondance des faisceaux de fibres collagènes parallèles et ondulées.

Figure 4.9 *(suite)* **Tissus conjonctifs. (c-d)** Tissu conjonctif proprement dit.

(e) Tissu conjonctif proprement dit: tissu conjonctif dense irrégulier

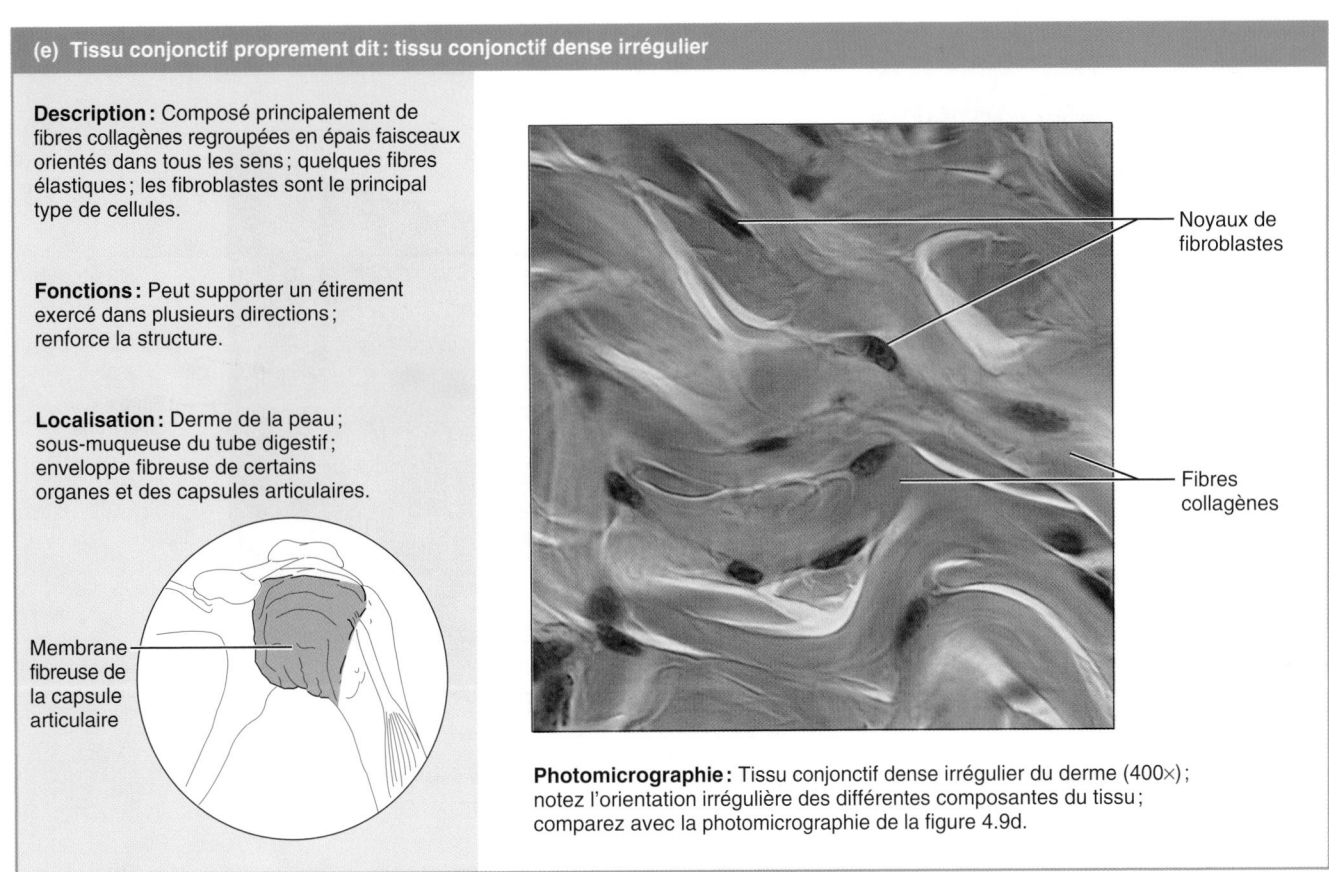

Description: Composé principalement de fibres collagènes regroupées en épais faisceaux orientés dans tous les sens; quelques fibres élastiques; les fibroblastes sont le principal type de cellules.

Fonctions: Peut supporter un étirement exercé dans plusieurs directions; renforce la structure.

Localisation: Derme de la peau; sous-muqueuse du tube digestif; enveloppe fibreuse de certains organes et des capsules articulaires.

Membrane fibreuse de la capsule articulaire

Noyaux de fibroblastes

Fibres collagènes

Photomicrographie: Tissu conjonctif dense irrégulier du derme (400×); notez l'orientation irrégulière des différentes composantes du tissu; comparez avec la photomicrographie de la figure 4.9d.

Figure 4.9 *(suite)* **(e)** Tissu conjonctif proprement dit.

le *derme*; il constitue aussi la membrane fibreuse des capsules articulaires et l'enveloppe fibreuse de certains organes (testicules, reins, os, cartilages, muscles et nerfs).

Tissu conjonctif élastique Quelques ligaments, dont le *ligament nuchal* et les *ligaments jaunes*, qui relient des vertèbres adjacentes, sont très élastiques. Leur teneur en fibres élastiques est si élevée qu'on appelle le tissu conjonctif dense régulier de ces structures **tissu conjonctif élastique** (figure 4.9f).

Cartilage

Les propriétés du **cartilage**, qui lui permettent de résister à la tension *et* à la compression, se situent à mi-chemin entre celles du tissu conjonctif dense et celles du tissu osseux. Le cartilage est en effet dur mais flexible, ce qui confère rigidité et souplesse aux structures qu'il soutient. Le cartilage est avasculaire et dépourvu de neurofibres. Ses nutriments lui parviennent par diffusion à partir des vaisseaux sanguins se trouvant dans la membrane de tissu conjonctif (périchondre) qui l'entoure. Sa substance fondamentale se compose d'une grande quantité de chondroïtine sulfate, de kératane sulfate et d'acide hyaluronique (trois GAG). La substance fondamentale renferme de nombreuses fibres collagènes réunies en faisceaux solides et, dans certains cas, des fibres élastiques. Par conséquent, elle est habituellement très ferme. La matrice du cartilage contient aussi une quantité exceptionnelle de liquide interstitiel; de fait,

le cartilage peut comprendre jusqu'à 80% d'eau! Le mouvement du liquide interstitiel dans la matrice permet au cartilage de reprendre sa forme après une compression et il contribue à nourrir les cellules du cartilage.

Les **chondroblastes** – les cellules les plus abondantes dans le cartilage en croissance – produisent de la matrice jusqu'à ce que le squelette cesse de grandir, à la fin de l'adolescence. La matrice du cartilage, très compacte, empêche les cellules de se disperser. C'est pourquoi les **chondrocytes** – les cellules adultes du tissu cartilagineux – s'assemblent en général, dans de petites cavités appelées **lacunes** («fosses») qui ne contiennent chacune qu'une ou quelques cellules.

DÉSÉQUILIBRE HOMÉOSTATIQUE

Étant donné que le cartilage est avasculaire et que ses cellules perdent en vieillissant leur capacité de se diviser, ce tissu se cicatrise très lentement. Ceux et celles qui ont subi des blessures sportives peuvent malheureusement en témoigner. Au cours de la vieillesse, le cartilage a tendance à perdre une partie de sa substance fondamentale et de son eau, et à se calcifier, voire à s'ossifier. Faute d'un apport nutritionnel suffisant, les chondrocytes finissent par mourir. ∎

Il existe trois types de cartilage: le *cartilage hyalin*, le *cartilage élastique* et le *cartilage fibreux*. Ils se distinguent notamment par le type prédominant de fibres présent dans chacun d'eux.

4

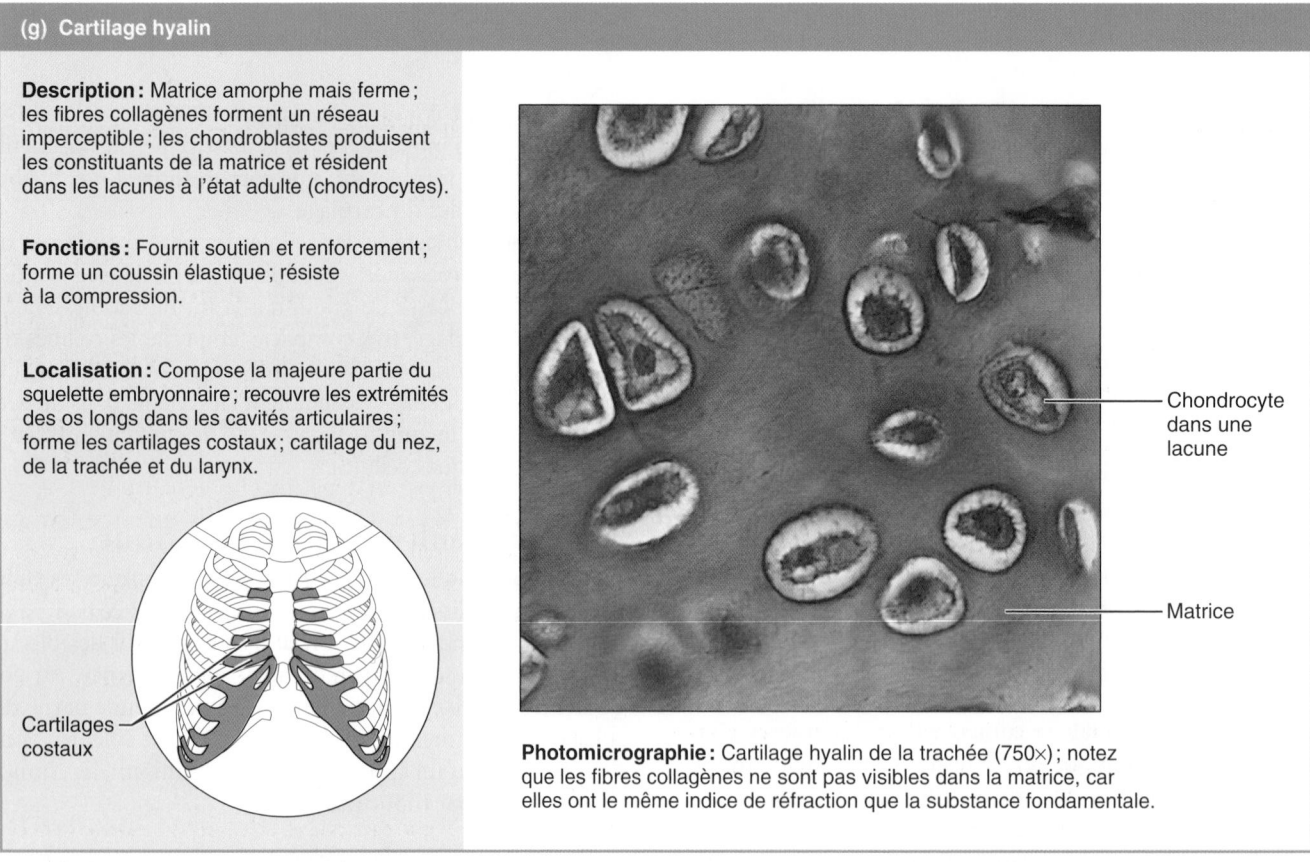

(f) Tissu conjonctif proprement dit : tissu conjonctif dense élastique

Description : Tissu conjonctif dense irrégulier contenant une forte proportion de fibres élastiques.

Fonctions : Permet au tissu de reprendre sa forme après un étirement ; maintient les pulsations du flux sanguin dans les artères ; contribue au relâchement passif des poumons après une inspiration.

Localisation : Parois des grosses artères ; composante de certains ligaments associés à la colonne vertébrale ; poumons et parois des bronches.

Aorte

Cœur

Fibres élastiques

Photomicrographie : Tissu conjonctif élastique de la paroi de l'aorte (250×).

(g) Cartilage hyalin

Description : Matrice amorphe mais ferme ; les fibres collagènes forment un réseau imperceptible ; les chondroblastes produisent les constituants de la matrice et résident dans les lacunes à l'état adulte (chondrocytes).

Fonctions : Fournit soutien et renforcement ; forme un coussin élastique ; résiste à la compression.

Localisation : Compose la majeure partie du squelette embryonnaire ; recouvre les extrémités des os longs dans les cavités articulaires ; forme les cartilages costaux ; cartilage du nez, de la trachée et du larynx.

Cartilages costaux

Chondrocyte dans une lacune

Matrice

Photomicrographie : Cartilage hyalin de la trachée (750×) ; notez que les fibres collagènes ne sont pas visibles dans la matrice, car elles ont le même indice de réfraction que la substance fondamentale.

Figure 4.9 *(suite)* **Tissus conjonctifs. (f)** Tissu conjonctif proprement dit. **(g)** Cartillage.

(h) Cartilage élastique

Description: Semblable au cartilage hyalin, mais sa matrice renferme plus de fibres élastiques.

Fonction: Maintient la forme d'une structure tout en lui conférant une grande flexibilité.

Localisation: Soutient l'oreille externe (le pavillon de l'oreille); épiglotte, trompe auditive et méat acoustique externe.

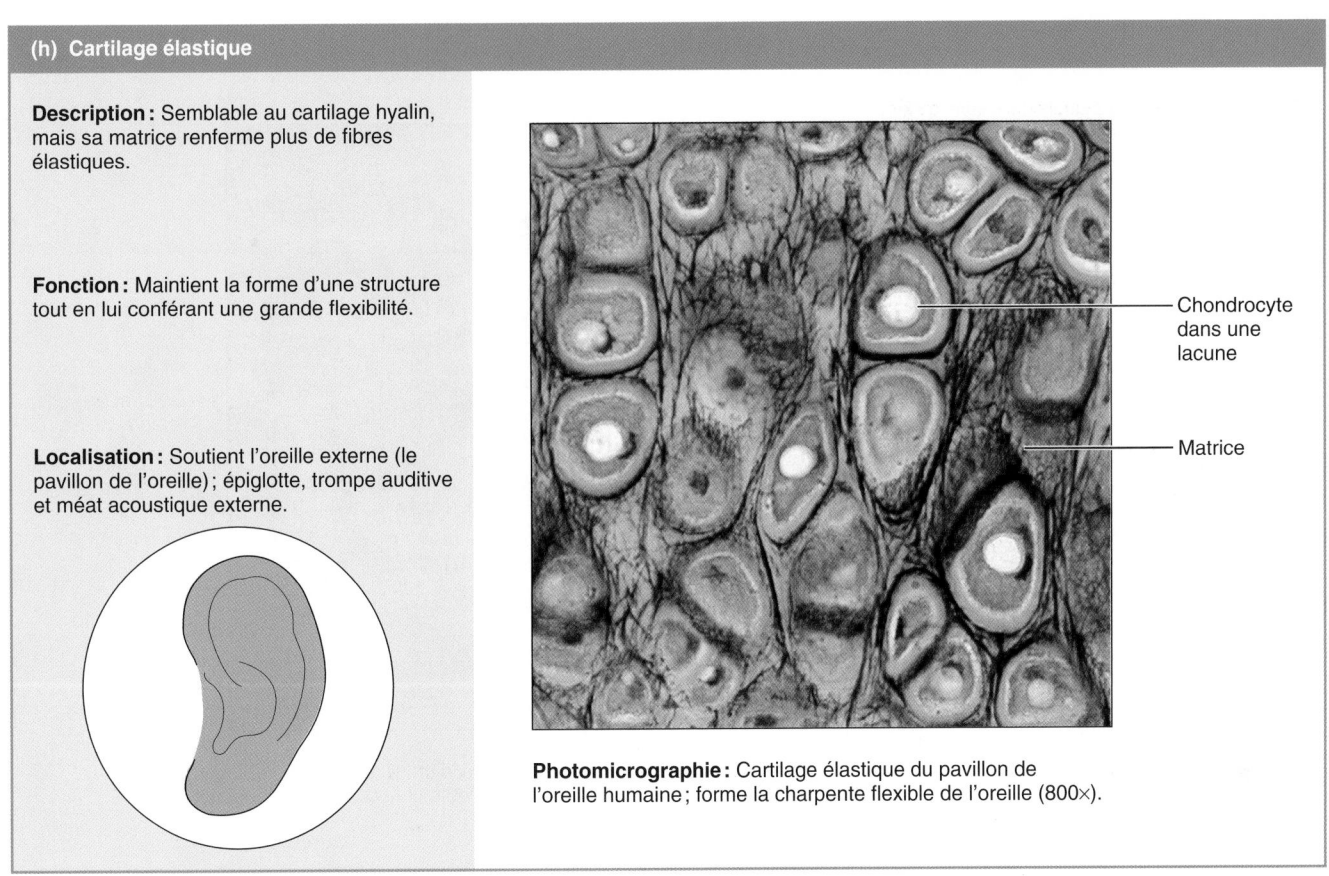

Chondrocyte dans une lacune

Matrice

Photomicrographie: Cartilage élastique du pavillon de l'oreille humaine; forme la charpente flexible de l'oreille (800×).

Figure 4.9 *(suite)* **(h)** Cartilage.

Cartilage hyalin Le **cartilage hyalin** est le type de cartilage le plus répandu dans le corps humain. Il contient un grand nombre de fibres collagènes. Celles-ci sont toutefois invisibles au microscope (figure 4.9g), de sorte que la matrice paraît amorphe et offre un aspect blanc bleuté vitreux (*hualos*: verre) lorsqu'on l'observe à l'œil nu. Les chondrocytes constituent de 1 à 10 % seulement du volume de ce cartilage.

Le cartilage hyalin assure un soutien ferme et flexible. Il est appelé *cartilage articulaire* aux extrémités des os longs qu'il recouvre, formant ainsi un coussin élastique qui absorbe les forces de compression exercées sur les articulations. En outre, le cartilage hyalin soutient l'extrémité du nez et la plupart des conduits du système respiratoire; il relie également les côtes au sternum. Avant la formation du tissu osseux, le squelette de l'embryon se compose principalement de cartilage hyalin. Le cartilage hyalin du squelette qui persiste chez l'enfant est appelé *cartilage épiphysaire*: il constitue à l'extrémité des os longs une zone de croissance active qui permet aux os de croître en longueur.

Cartilage élastique Sur le plan histologique, le **cartilage élastique** est presque identique au cartilage hyalin (figure 4.9h), avec toutefois beaucoup plus de fibres d'élastine. On trouve ce cartilage aux endroits qui requièrent de la résistance et une exceptionnelle capacité d'extension. Le cartilage élastique compose le «squelette» de l'oreille externe (pavillon) et de l'épiglotte et une partie des parois du larynx. (L'épiglotte est la structure en forme de rabat qui ferme l'orifice des voies respiratoires lors de la déglutition pour empêcher les aliments et les liquides de pénétrer dans les poumons.)

Cartilage fibreux On trouve souvent du **cartilage fibreux**, ou fibrocartilage, aux endroits où du cartilage hyalin s'unit à un ligament ou à un tendon. Sur le plan structural, le cartilage fibreux représente le parfait compromis entre le cartilage hyalin et le tissu conjonctif dense régulier. Il est constitué de rangées de chondrocytes (une caractéristique du cartilage) alternant avec des rangées d'épaisses fibres collagènes (une caractéristique du tissu conjonctif dense régulier) (figure 4.9i). Comme il est compressible et résiste bien à la tension, on le trouve aux endroits qui doivent être fermement soutenus et capables de résister à de fortes pressions. Ainsi, les anneaux périphériques des disques intervertébraux (les coussins relativement souples situés entre les vertèbres) et les coussins cartilagineux des genoux (ménisques) sont faits de cartilage fibreux (voir les figures 6.1 et 8.8a, b, e, f).

Tissu osseux

Étant donné qu'il est dur comme le roc, le **tissu osseux**, qui forme les **os**, soutient et protège les structures de l'organisme avec beaucoup d'efficacité. Par ailleurs, les os renferment des cavités qui servent au stockage des graisses et à la synthèse des

(i) Cartilage fibreux

Description : Matrice semblable à celle du cartilage hyalin, mais moins ferme ; les fibres collagènes épaisses sont prédominantes.

Fonction : Confère la capacité de résister à la traction et la capacité d'absorber la compression.

Localisation : Disques intervertébraux ; symphyse pubienne ; ménisques de l'articulation du genou.

Disques intervertébraux

Chondrocytes dans des lacunes

Fibre collagène

Photomicrographie : Cartilage fibreux d'un disque intervertébral (125×) ; une technique particulière a permis d'obtenir la coloration bleue des fibres.

(j) Autres : tissu osseux

Description : Matrice dure et calcifiée contenant de nombreuses fibres collagènes ; ostéocytes résidant dans des lacunes et communiquant entre eux par des canalicules ; très vascularisé.

Fonctions : Fournit soutien et protection (en recouvrant) ; forme des leviers que les muscles peuvent actionner ; emmagasine du calcium et d'autres minéraux ainsi que des lipides ; la moelle osseuse rouge est le siège de la formation des cellules sanguines (hématopoïèse).

Localisation : Os.

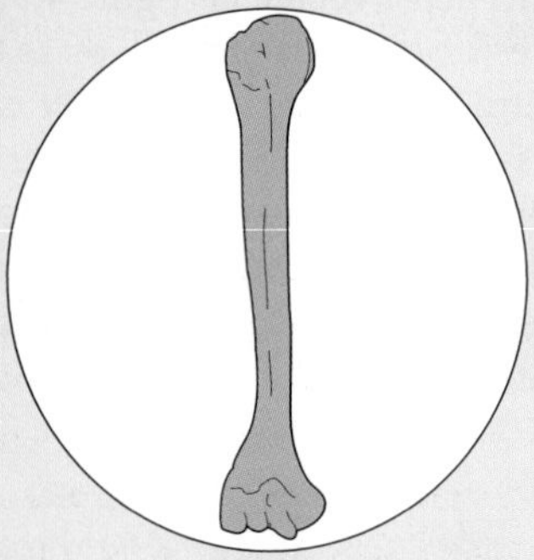

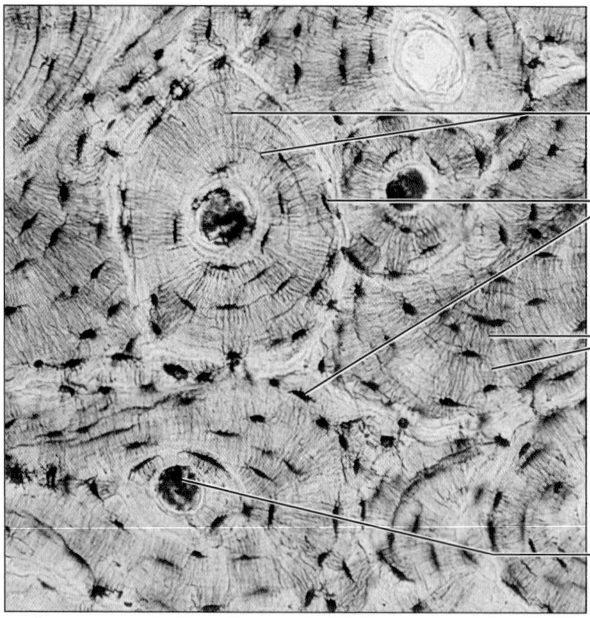

Canalicules

Lacunes

Lamelles

Canal central

Photomicrographie : Coupe transversale d'un tissu osseux compact (125×).

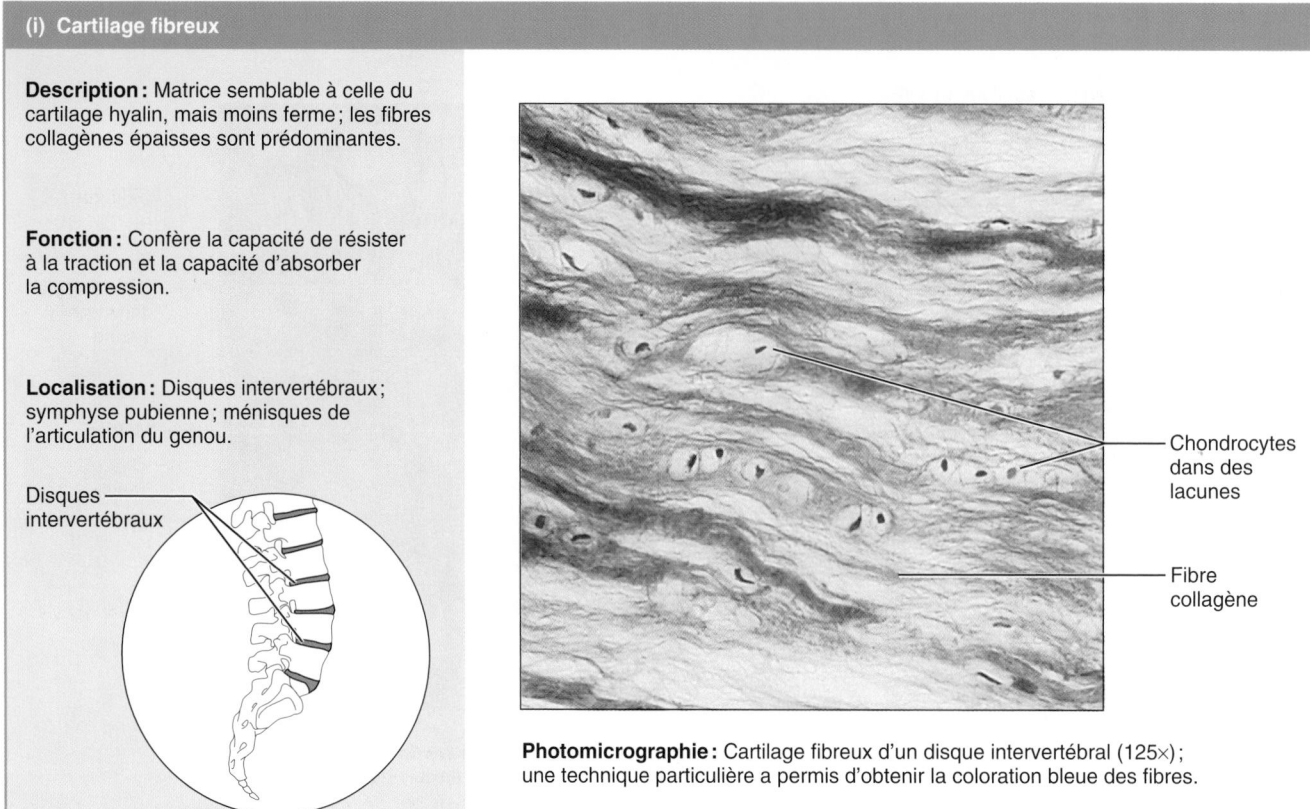

Figure 4.9 *(suite)* **Tissus conjonctifs. (i)** Cartilage. **(j)** Tissu osseux.

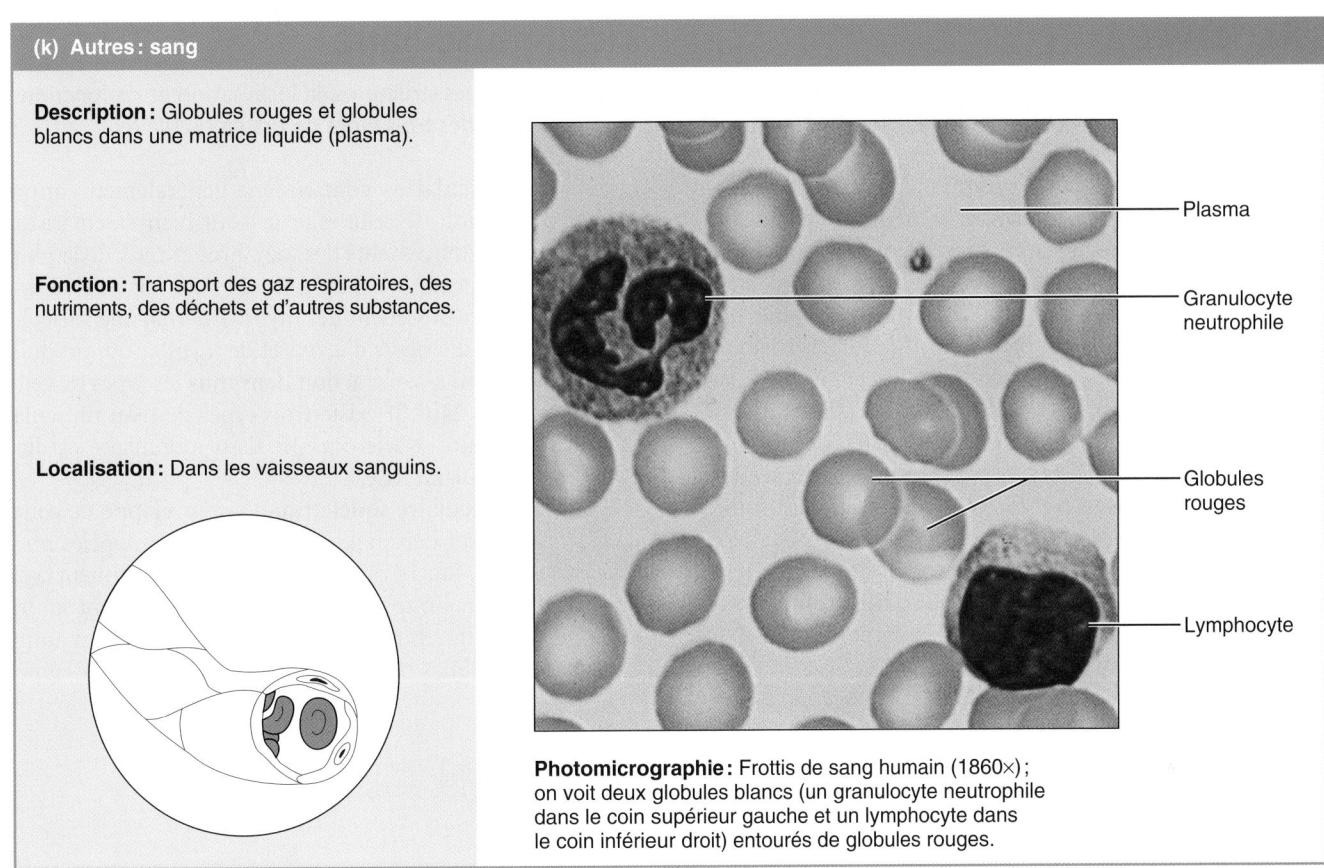

(k) Autres: sang

Description: Globules rouges et globules blancs dans une matrice liquide (plasma).

Fonction: Transport des gaz respiratoires, des nutriments, des déchets et d'autres substances.

Localisation: Dans les vaisseaux sanguins.

Plasma

Granulocyte neutrophile

Globules rouges

Lymphocyte

Photomicrographie: Frottis de sang humain (1860×); on voit deux globules blancs (un granulocyte neutrophile dans le coin supérieur gauche et un lymphocyte dans le coin inférieur droit) entourés de globules rouges.

Figure 4.9 *(suite)* **(k)** Sang.

cellules sanguines. La matrice des os ressemble à celle du cartilage, mais elle est plus dure et plus rigide. Non seulement contient-elle plus de fibres collagènes, mais elle renferme aussi un constituant supplémentaire particulier, soit des sels de calcium inorganique, qui se dépose dans le tissu osseux. En plus de donner sa solidité aux os, les réserves de calcium présentes dans le tissu osseux peuvent être utilisées pour les différents besoins de l'organisme.

Les *ostéoblastes* élaborent la portion organique de la matrice (matériau ostéoïde); les sels minéraux se déposent ensuite sur et entre les fibres. Les cellules osseuses adultes, les **ostéocytes**, sont situées dans les lacunes, à l'intérieur de la matrice qu'ils ont produite, et communiquent par de fins *canalicules* qui les relient (figure 4.9j). Une coupe transversale du tissu osseux compact révèle des unités structurales très serrées, les *ostéons*, formées d'anneaux concentriques de matrice osseuse (lamelles) entourant des canaux centraux qui contiennent les vaisseaux sanguins et les nerfs qui desservent le tissu osseux. Contrairement au cartilage, le tissu conjonctif le plus dur après lui, le tissu osseux est très vascularisé (voir la figure 6.7).

Sang

Le **sang**, le liquide qui circule dans les vaisseaux sanguins, est le plus atypique des tissus conjonctifs. Sa fonction n'est *ni* de joindre des éléments, *ni* de fournir un soutien mécanique. On le considère comme un tissu conjonctif parce qu'il provient du mésenchyme et qu'il est composé de *cellules* (globules rouges et globules blancs) et de fragments cellulaires (*plaquettes*) qui baignent dans une matrice liquide non vivante appelée *plasma* (figure 4.9k). Les «fibres» du sang sont des protéines fibreuses solubles (fibrinogène) qui se transforment en fibres insolubles et visibles (fibrine) lors de la coagulation. Le sang est le véhicule du système cardiovasculaire: il transporte dans l'organisme les nutriments, les déchets, les gaz respiratoires et un grand nombre d'autres substances. Nous étudions le sang au chapitre 17.

VÉRIFIONS NOS ACQUIS

15. Quel tissu conjonctif possède une matrice souple en forme de toile qui peut servir de réservoir de liquide?

16. Quand une personne se déchire le tendon de l'index, quel type de tissu conjonctif est endommagé par la blessure?

17. Jean veut devenir joueur de basketball professionnel. Malheureusement, il est petit pour son âge et son cartilage épiphysaire est fusionné. Quel type de tissu conjonctif forme le cartilage épiphysaire?

Les réponses se trouvent à l'appendice G.

4

Tissu nerveux

9 Énumérer les caractéristiques générales du tissu nerveux, sur les plans structural et fonctionnel.

Le **tissu nerveux** est la principale composante du système nerveux (l'encéphale, la moelle épinière et les nerfs), le système qui régule les fonctions de l'organisme. Il se compose de deux grands types de cellules : les neurones et les gliocytes (ou cellules gliales). Les **neurones** sont les cellules nerveuses très spécialisées qui émettent et acheminent les influx nerveux **(figure 4.10)**. Ils sont généralement ramifiés. Leurs prolongements cytoplasmiques leur permettent (1) de réagir à des stimulus (un rôle assumé par un type de prolongement appelé *dendrite*) et (2) de conduire les influx nerveux sur des distances considérables (c'est la tâche des *axones,* qui sont parfois très longs et myélinisés, c'est-à-dire recouverts d'une gaine lipoprotéinique qui augmente la vitesse de transmission des influx). Les **gliocytes** constituent le reste du tissu nerveux. Ces cellules non conductrices soutiennent, isolent et protègent les fragiles neurones. Nous étudions le tissu nerveux plus en détail au chapitre 11.

Tissu musculaire

10 Comparer les structures, la localisation et les fonctions générales des trois types de tissu musculaire.

Les **tissus musculaires** contiennent généralement une très grande proportion de cellules et ils sont bien vascularisés. Ils produisent les mouvements des membres et ceux de la plupart des organes internes (comme ceux du tube digestif). Les cellules musculaires possèdent des **myofilaments**, une variété élaborée des microfilaments d'*actine* et de *myosine* qui produisent le mouvement ou la contraction dans tous les types de cellules (voir la figure 3.24b). Il existe trois types de tissu musculaire : le tissu musculaire squelettique, le tissu musculaire cardiaque et le tissu musculaire lisse.

Le **tissu musculaire squelettique** est enveloppé de couches de tissu conjonctif dense ; il forme des organes appelés *muscles squelettiques* qui, attachés aux os du squelette, constituent la chair du corps humain. En se contractant, les muscles tirent sur les os ou la peau, ce qui rend possibles les mouvements qui animent le corps. Les cellules musculaires squelettiques, aussi appelées

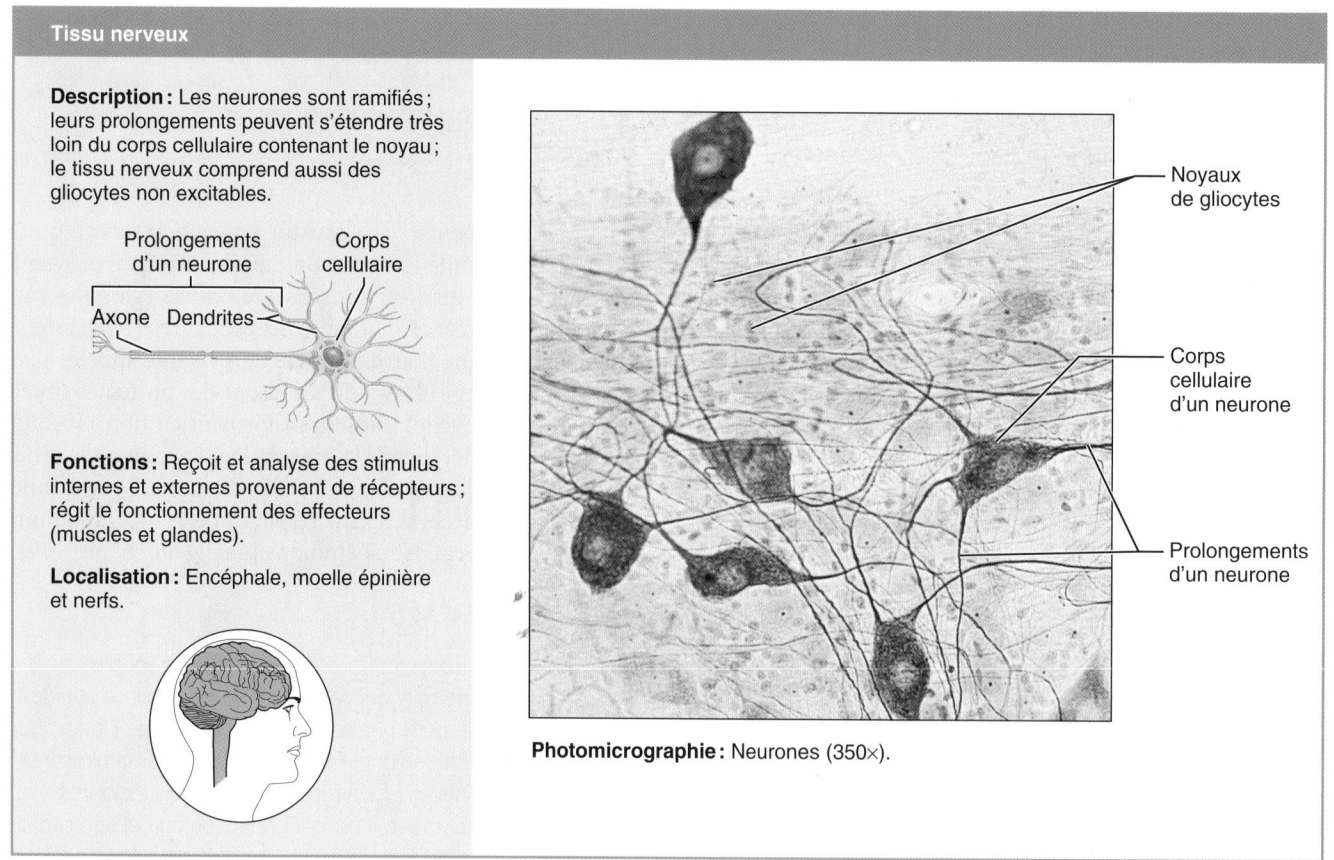

Tissu nerveux

Description : Les neurones sont ramifiés ; leurs prolongements peuvent s'étendre très loin du corps cellulaire contenant le noyau ; le tissu nerveux comprend aussi des gliocytes non excitables.

Prolongements d'un neurone   Corps cellulaire

Axone   Dendrites

Fonctions : Reçoit et analyse des stimulus internes et externes provenant de récepteurs ; régit le fonctionnement des effecteurs (muscles et glandes).

Localisation : Encéphale, moelle épinière et nerfs.

Noyaux de gliocytes

Corps cellulaire d'un neurone

Prolongements d'un neurone

Photomicrographie : Neurones (350×).

Figure 4.10 **Tissu nerveux.**

myocytes squelettiques ou **fibres musculaires**, sont longues et cylindriques et elles renferment plusieurs centaines de noyaux périphériques. Leur aspect *strié* est dû à l'alignement précis de leurs myofilaments **(figure 4.11a)**.

On trouve le **tissu musculaire cardiaque** dans les parois du cœur seulement. Les contractions de ce tissu propulsent le sang dans les vaisseaux sanguins afin d'irriguer toutes les parties du corps. Comme celles des muscles squelettiques, les cellules du muscle cardiaque sont striées. Cependant, elles n'ont pas tout à fait la même structure, en ce sens (1) qu'elles sont mononucléées et (2) qu'elles se ramifient et s'imbriquent les unes dans les autres au niveau de jonctions particulières, faites de desmosomes et de jonctions ouvertes, appelées **disques intercalaires** (figure 4.11b).

Le **tissu musculaire lisse** est ainsi nommé parce que ses myocytes ne portent pas de stries visibles (bien qu'ils contiennent aussi des myofilaments). Les myocytes non striés sont fusiformes et renferment un noyau central (figure 4.11c). On trouve du tissu musculaire lisse dans les parois de tous les organes creux sauf le cœur (organes du tube digestif et des voies urinaires, utérus et vaisseaux sanguins et lymphatiques). Il constitue aussi certains petits muscles comme ceux qui permettent les variations de diamètre de l'iris ou l'érection des poils de la peau. Le tissu

musculaire lisse sert généralement à faire avancer des substances dans l'organe au moyen d'une alternance de contractions et de relâchements.

Comme les muscles squelettiques se contractent sous l'effet d'une commande volontaire, on les appelle souvent **muscles volontaires** ; on appelle les deux autres types de tissu musculaire **muscles involontaires**. Nous décrivons en détail le tissu musculaire squelettique et le tissu musculaire lisse au chapitre 9 ; nous traitons du tissu musculaire cardiaque au chapitre 18.

VÉRIFIONS NOS ACQUIS

18. De quelle manière la longueur des prolongements d'un neurone contribue-t-elle à sa fonction dans l'organisme ?

19. Vous observez du tissu musculaire au microscope et remarquez des cellules ramifiées et striées reliées les unes aux autres. Quel type de tissu musculaire êtes-vous en train d'observer ?

20. Quel type de tissu musculaire est volontaire ? Quel type de tissu musculaire est endommagé quand on s'étire un muscle en faisant de l'exercice ?

Les réponses se trouvent à l'appendice G.

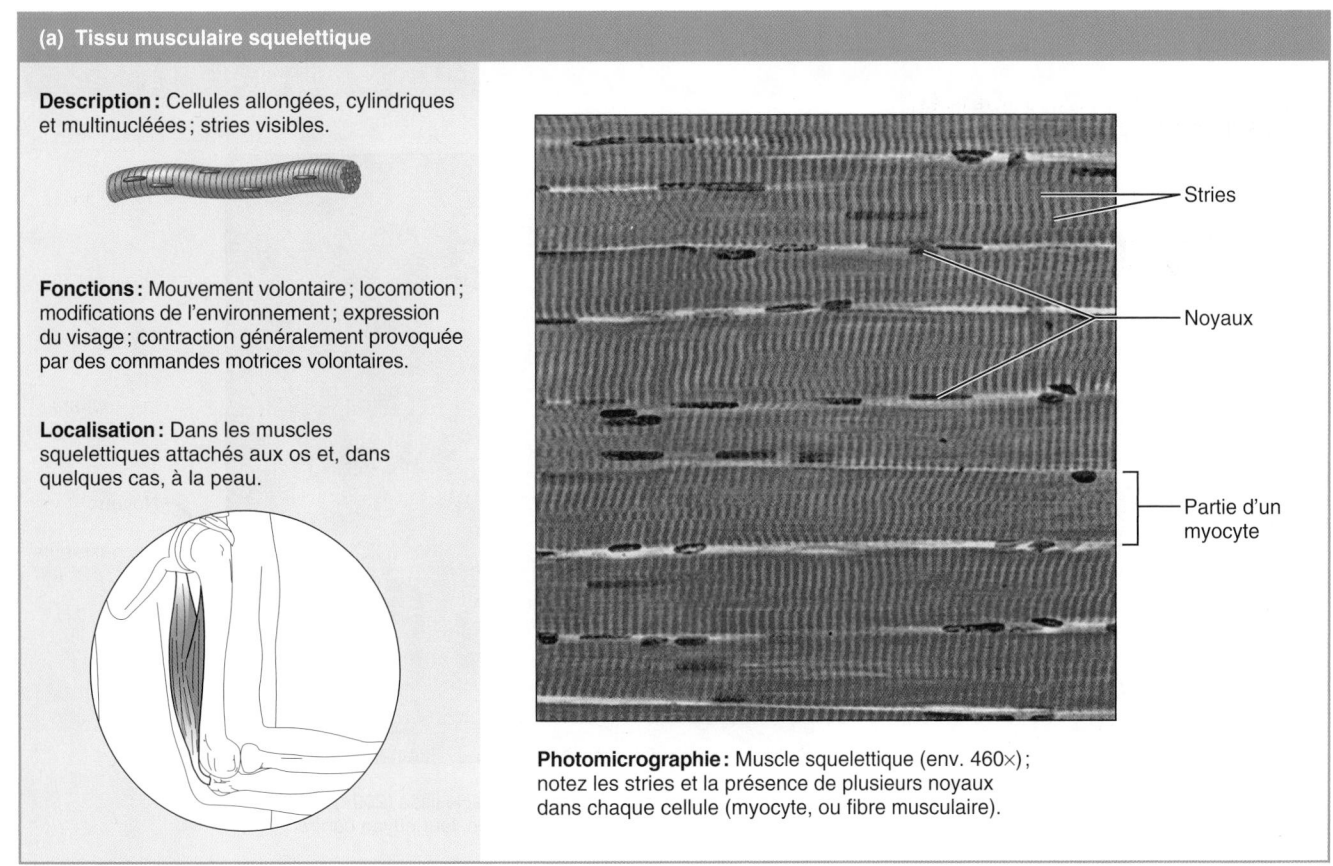

(a) Tissu musculaire squelettique

Description : Cellules allongées, cylindriques et multinucléées ; stries visibles.

Fonctions : Mouvement volontaire ; locomotion ; modifications de l'environnement ; expression du visage ; contraction généralement provoquée par des commandes motrices volontaires.

Localisation : Dans les muscles squelettiques attachés aux os et, dans quelques cas, à la peau.

Stries

Noyaux

Partie d'un myocyte

Photomicrographie : Muscle squelettique (env. 460×) ; notez les stries et la présence de plusieurs noyaux dans chaque cellule (myocyte, ou fibre musculaire).

Figure 4.11 Tissus musculaires. (a) Tissu musculaire squelettique.

(b) Tissu musculaire cardiaque

Description : Cellules striées généralement mononucléées qui se ramifient et s'emboîtent au niveau de jonctions spécialisées (disques intercalaires).

Fonction : Ses contractions, qui sont involontaires, propulsent le sang dans les vaisseaux sanguins.

Localisation : Parois du cœur.

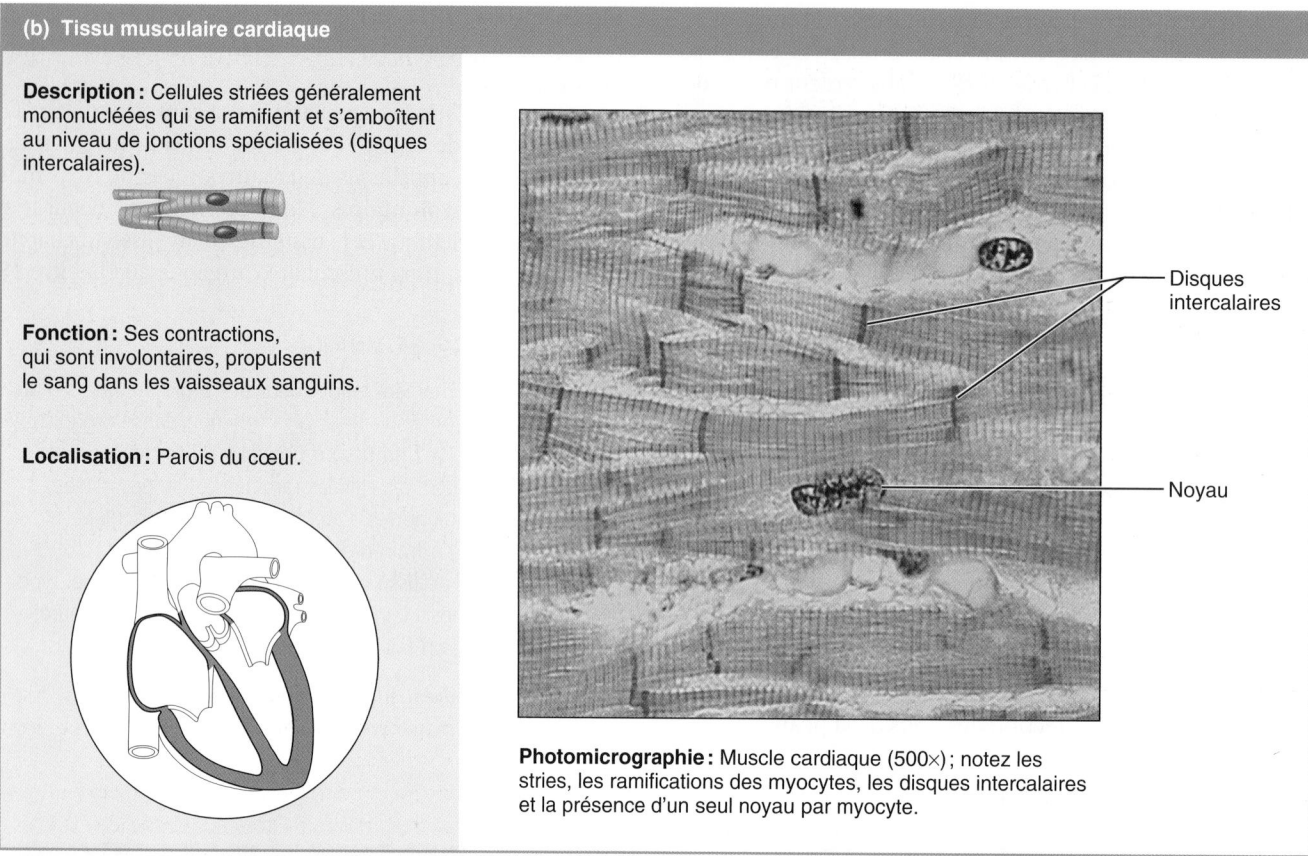

Disques intercalaires

Noyau

Photomicrographie : Muscle cardiaque (500×) ; notez les stries, les ramifications des myocytes, les disques intercalaires et la présence d'un seul noyau par myocyte.

(c) Tissu musculaire lisse

Description : Cellules fusiformes avec un noyau central ; absence de stries ; les cellules sont collées les unes aux autres et forment des feuillets.

Fonction : Fait avancer des substances ou des objets (aliments, urine, fœtus) dans un passage interne ; contraction généralement provoquée par des commandes motrices involontaires.

Localisation : Principalement dans la paroi des organes creux.

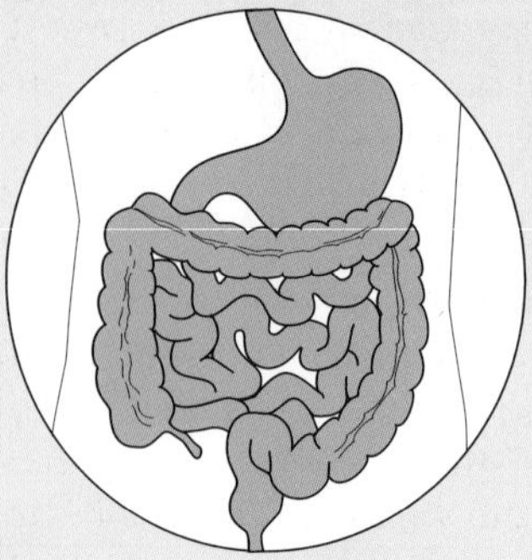

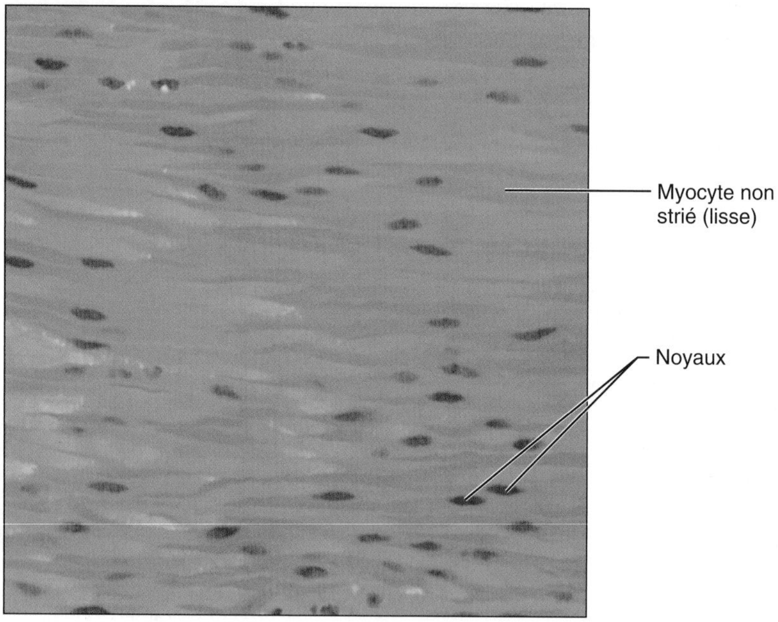

Myocyte non strié (lisse)

Noyaux

Photomicrographie : Feuillet de muscle lisse (200×) ; notez l'aspect fusiforme des myocytes, leur noyau central et l'absence de stries.

Figure 4.11 *(suite)* **Tissus musculaires. (b)** Tissu musculaire cardiaque. **(c)** Tissu musculaire lisse.

Membranes de revêtement

11 Décrire la structure et la fonction de la membrane cutanée, des muqueuses et des séreuses; localiser de façon générale les muqueuses et les séreuses et de façon précise le péricarde, la plèvre et le péritoine.

12 Donner des exemples de tissus qui se régénèrent très facilement; nommer des tissus qui se régénèrent mal et des tissus qui ne se régénèrent à peu près pas.

Maintenant que nous avons étudié les quatre types de tissus primaires, nous pouvons décrire les membranes du corps formées par l'association de plus d'un de ces types de tissus. Il y a trois types de membranes de revêtement: la *membrane cutanée*, les *muqueuses* et les *séreuses*. Dans les trois cas, il s'agit de feuillets multicellulaires continus, composés de cellules épithéliales elles-mêmes unies à une membrane basale qui les relie à une couche sous-jacente plus ou moins épaisse de tissu conjonctif proprement dit. Ainsi, on considère ces membranes comme des organes simples. Nous décrivons au chapitre 8 les *membranes synoviales*, qui tapissent les cavités des articulations et sont composées entièrement de tissu conjonctif.

Membrane cutanée

La **membrane cutanée** (*cutis:* peau) est en fait la peau qui recouvre votre corps **(figure 4.12a)**. La peau constitue, avec ses annexes (poils, glandes et ongles), un système d'organes complexe. Elle est composée d'un épithélium stratifié squameux kératinisé (épiderme) solidement ancré à une couche épaisse de tissu conjonctif dense irrégulier (derme). Contrairement aux autres membranes épithéliales, la membrane cutanée est exposée à l'air et forme une membrane sèche. Le chapitre 5 est consacré à ce système unique, qu'on appelle système tégumentaire.

Muqueuses

Les **muqueuses** sont les membranes tapissant les cavités qui s'ouvrent sur le milieu externe, telles que les cavités des organes creux du tube digestif et des voies respiratoires, urinaires et génitales (figure 4.12b). Toutes les muqueuses sont humides, car elles sont recouvertes de sécrétions (ou d'urine, dans le cas de la muqueuse des voies urinaires). Notez que le terme «muqueuse» traduit la localisation de la membrane et *non* sa composition cellulaire. Celle-ci varie, bien que la majorité des muqueuses soient composées soit d'un épithélium stratifié squameux, soit d'un épithélium simple prismatique. Le feuillet épithélial est posé directement sur une couche de tissu conjonctif lâche appelée **lamina propria**. La lamina propria repose parfois sur une troisième couche (plus profonde) de cellules musculaires lisses.

Les muqueuses remplissent souvent des fonctions d'absorption et de sécrétion. Un grand nombre de muqueuses possèdent des cellules caliciformes qui sécrètent du mucus, mais toutes n'ont pas cette propriété. Ainsi, les muqueuses du tube digestif et des voies respiratoires sécrètent d'abondantes quantités de mucus lubrifiant, tandis que la muqueuse des voies urinaires n'en sécrète pas.

Séreuses

Les **séreuses**, ou **membranes séreuses**, dont nous avons parlé au chapitre 1, sont les membranes humides tapissant des petites cavités closes qui se trouvent elles-mêmes dans la grande cavité antérieure fermée (figure 4.12c). Elles sont formées d'un épithélium simple squameux (un mésothélium) reposant sur une mince couche de tissu conjonctif lâche (aréolaire). Les cellules mésothéliales enrichissent d'acide hyaluronique le liquide qui filtre des capillaires situés dans le tissu conjonctif adjacent. Elles produisent ainsi une *sérosité* claire et translucide qui lubrifie les surfaces du feuillet pariétal et du feuillet viscéral et leur permet de glisser facilement l'un sur l'autre.

On nomme les séreuses en fonction de leur localisation et des organes auxquels elles sont associées. Par exemple, la séreuse qui tapisse la paroi thoracique et recouvre les poumons est appelée **plèvre**; celle qui entoure le cœur, **péricarde**; enfin, celle de la cavité abdominale et pelvienne et de ses organes, **péritoine**.

VÉRIFIONS NOS ACQUIS

21. Quel type de membrane, formé d'épithélium et de tissu conjonctif, tapisse les cavités de l'organisme qui s'ouvrent sur le milieu externe?

22. Quel type de membrane tapisse les parois thoraciques et recouvre les poumons? Comment l'appelle-t-on?

23. Pourquoi considère-t-on la membrane cutanée comme un système d'organes complexe, alors que les muqueuses et les séreuses sont considérées comme des organes simples?

Les réponses se trouvent à l'appendice G.

Réparation des tissus

13 Décrire le processus de réparation des tissus au cours de la cicatrisation normale d'une plaie superficielle; distinguer la régénération de la fibrose.

L'organisme possède plusieurs moyens de se protéger contre les agressions de toutes sortes. Les barrières mécaniques intactes, telles la peau et les muqueuses, la sécrétion de mucus, les cils des cellules épithéliales tapissant les voies respiratoires, ou encore les barrières chimiques, telles que la sécrétion d'un acide fort par les glandes de l'estomac, ne sont que quelques-uns des moyens de défense mis en place aux frontières de l'organisme avec le milieu externe.

Lorsqu'une lésion survient, ces barrières sont franchies. La réaction inflammatoire et la réponse immunitaire se déclenchent alors, et la contre-attaque se déroule principalement dans le tissu conjonctif. La réaction inflammatoire est un processus relativement non spécifique qui s'amorce rapidement dans la région d'une lésion, alors que la réponse immunitaire est extrêmement spécifique mais se met en branle lentement. Nous décrivons en détail la réaction inflammatoire et la réponse immunitaire au chapitre 21.

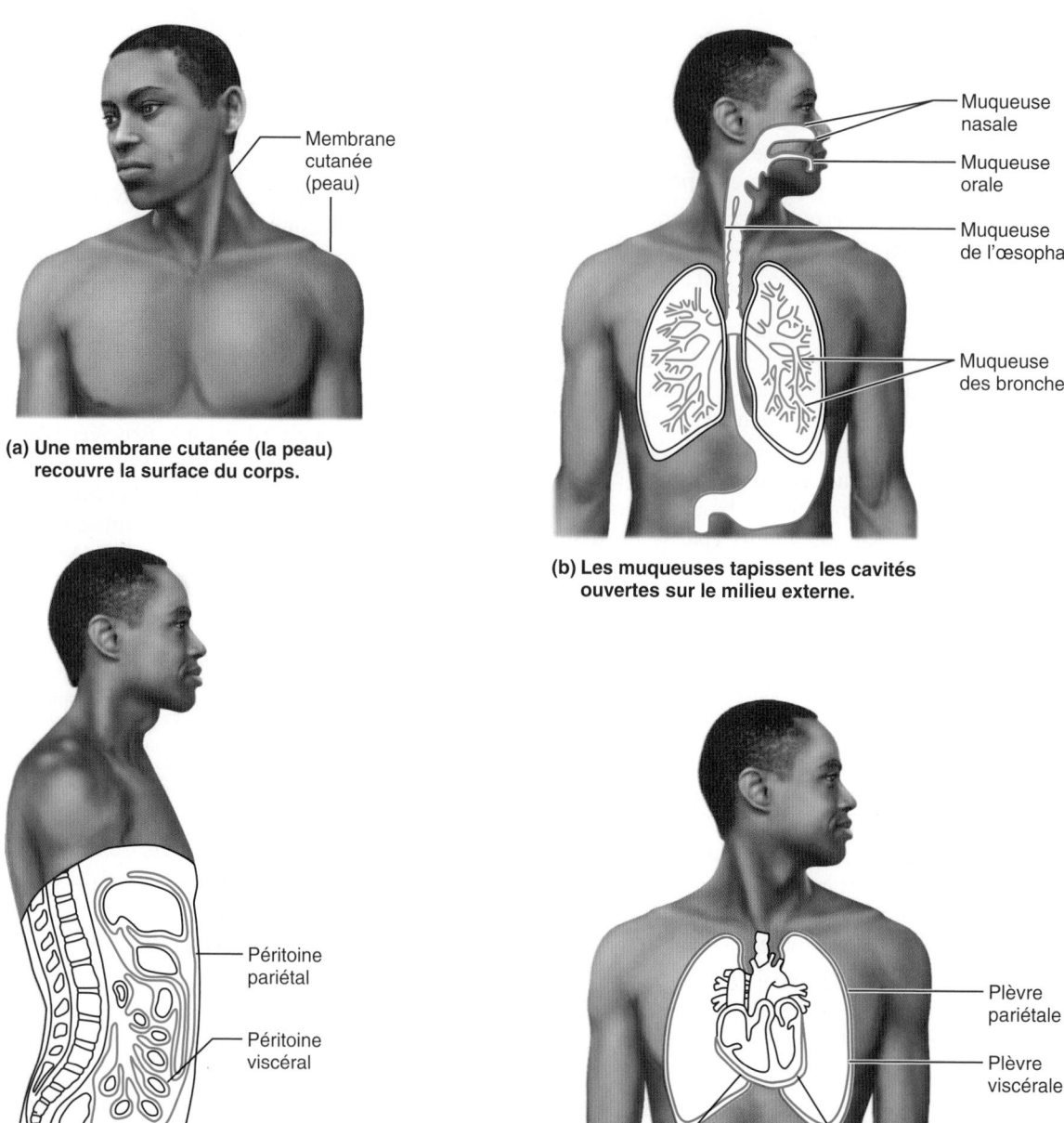

(a) Une membrane cutanée (la peau) recouvre la surface du corps.

Membrane cutanée (peau)

Muqueuse nasale

Muqueuse orale

Muqueuse de l'œsophage

Muqueuse des bronches

(b) Les muqueuses tapissent les cavités ouvertes sur le milieu externe.

Péritoine pariétal

Péritoine viscéral

Plèvre pariétale

Plèvre viscérale

Lame pariétale du péricarde séreux

Lame viscérale du péricarde séreux

(c) Les séreuses tapissent les cavités fermées.

Figure 4.12 Classes de membranes.

Étapes de la réparation des tissus

La réparation des tissus nécessite une division et une migration des cellules, deux activités déclenchées par des facteurs de croissance (hormones) que libèrent les cellules atteintes. Elle prend deux formes: la régénération et la fibrose. Deux facteurs déterminent lequel de ces deux processus se produira: (1) le type de tissu atteint et (2) la gravité et la nature de la lésion. La **régénération** est le remplacement du tissu détruit par du tissu du même type; elle ne se fait qu'à condition que la structure du tissu

conjonctif soit intact. La **fibrose** entraîne la prolifération d'un tissu conjonctif fibreux appelé **tissu cicatriciel**. Dans la peau, le tissu qui nous servira d'exemple, les deux processus (régénération et fibrose) concourent à la réparation. La **figure 4.13** illustre les étapes de la réparation des tissus présentées ci-après.

(1) **L'inflammation prépare le terrain.** Examinons brièvement les événements du processus inflammatoire déclenché par la lésion tissulaire. Premièrement, en réaction au traumatisme subi, les cellules atteintes, les macrophagocytes, les

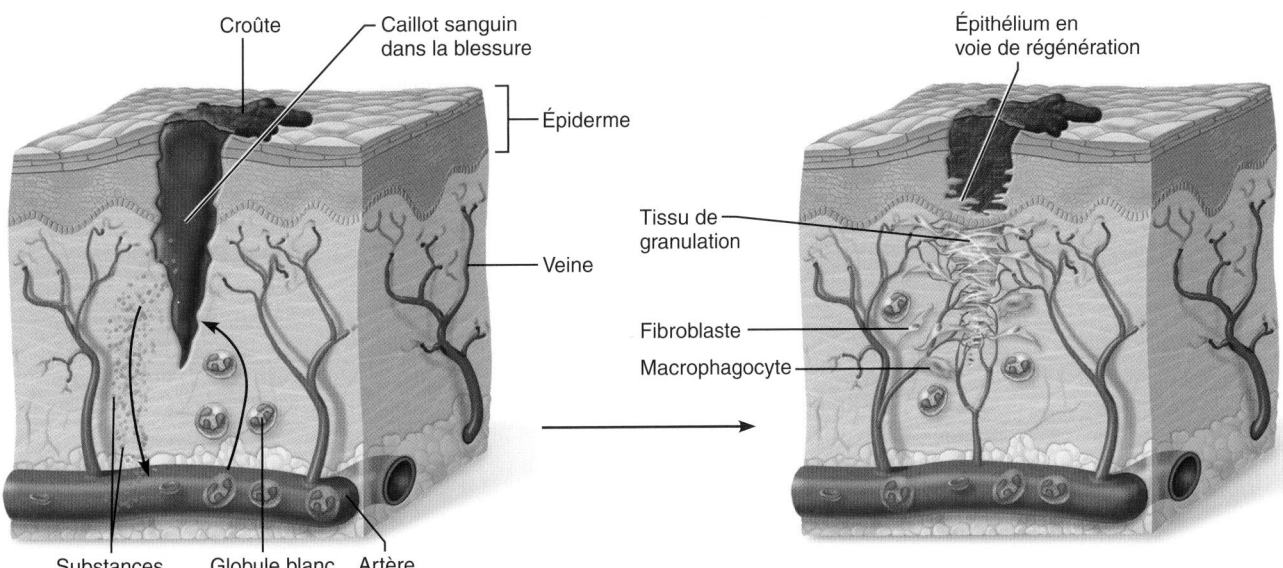

Croûte — Caillot sanguin dans la blessure — Épiderme — Veine

Substances inflammatoires — Globule blanc en migration — Artère

① L'inflammation prépare le terrain.
- Les vaisseaux sanguins sectionnés laissent couler du sang et libèrent des substances inflammatoires.
- La perméabilité des vaisseaux sanguins de la région augmente, ce qui permet aux globules blancs, aux liquides, aux facteurs de coagulation et à d'autres protéines plasmatiques de s'écouler dans la région de la blessure.
- La coagulation se produit; la surface sèche et forme une croûte.

Épithélium en voie de régénération — Tissu de granulation — Fibroblaste — Macrophagocyte

② L'organisation rétablit l'apport sanguin.
- Le caillot est remplacé par du tissu de granulation, ce qui rétablit l'apport sanguin.
- Des fibroblastes produisent des fibres collagènes qui relient les bords de la plaie.
- Les macrophagocytes éliminent les débris de cellules.
- Les cellules épithéliales superficielles se multiplient et migrent au-dessus du tissu de granulation.

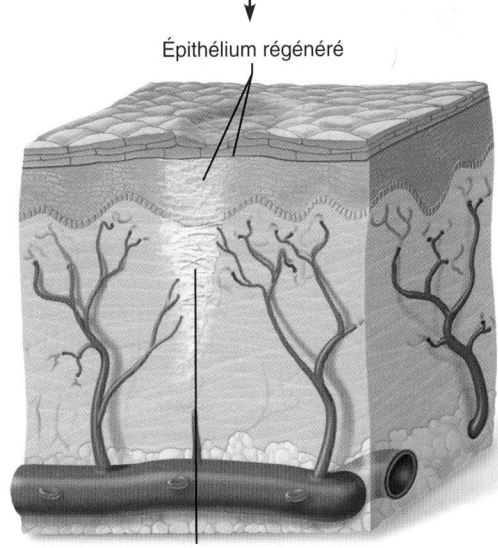

Épithélium régénéré — Région fibreuse

③ La régénération et la fibrose réalisent une réparation permanente.
- La région fibreuse (cicatrice) s'est développée et s'est contractée; l'épithélium s'est épaissi.
- Le résultat du processus est un épithélium pleinement régénéré reposant sur du tissu cicatriciel.

Figure 4.13 Réparation des tissus d'une plaie superficielle : régénération et fibrose.

mastocytes et d'autres cellules libèrent des substances inflammatoires qui provoquent une dilatation des capillaires et une augmentation de leur perméabilité. Les globules blancs (granulocytes neutrophiles et monocytes) et le plasma (riche en facteurs de coagulation, en anticorps, etc.) peuvent alors s'infiltrer dans la région atteinte. Les facteurs de coagulation provoquent la formation d'un caillot qui arrête le saignement, réunit les bords de la plaie et isole la région atteinte afin d'empêcher les bactéries, les toxines et autres substances nocives de se répandre dans les tissus environnants. La partie du caillot qui est exposée à l'air sèche et durcit rapidement pour former une croûte. Le processus inflammatoire laisse un excès de liquide interstitiel, des fragments de cellules mortes et d'autres débris dans la région. Ces éléments sont éliminés petit à petit par les vaisseaux lymphatiques ou phagocytés par les macrophagocytes.

② L'organisation rétablit l'apport sanguin. Avant même que le processus inflammatoire ne se termine, la première étape de la réparation des tissus, l'**organisation**, se met en route. Durant cette étape, le caillot sanguin est remplacé par du tissu de granulation. Le **tissu de granulation** est un fragile tissu rose constitué de plusieurs éléments. Il contient des capillaires qui croissent à partir des régions avoisinantes et s'étendent jusque dans le tissu atteint, formant ainsi un nouveau lit capillaire. Ce sont ces capillaires qui donnent son nom au tissu de granulation, car ils font saillie à sa surface et lui confèrent un aspect granuleux. Ces capillaires sont fragiles et se mettent à saigner si on gratte la croûte. Le tissu de granulation renferme aussi des fibroblastes; ceux-ci prolifèrent, produisent des facteurs de croissance et synthétisent de nouvelles fibres collagènes destinées à combler la brèche dans le tissu atteint. Certains de ces fibroblastes deviennent des myofibroblastes, dont les propriétés contractiles tendent à refermer la plaie en exerçant une traction sur son pourtour. À mesure que l'organisation progresse, les macrophagocytes digèrent le caillot sanguin tandis que la mise en place de fibres collagènes se poursuit. Le tissu de granulation, destiné à se transformer en tissu cicatriciel (un tissu fibreux permanent), est très résistant à l'infection, car il sécrète des substances qui inhibent la croissance des bactéries. En règle générale, la cicatrisation est une réponse qui cesse d'elle-même. Une fois qu'une quantité suffisante de matrice s'est accumulée au siège de la lésion, les fibroblastes redeviennent inactifs ou sont détruits par apoptose.

③ **La régénération et la fibrose réalisent une réparation permanente.** Pendant que l'organisation suit son cours, l'épithélium superficiel commence à *se régénérer*, s'étendant sous la croûte, qui se détache après un bref laps de temps. Tandis que le tissu cicatriciel fibreux sous-jacent se développe (fibrose) et se contracte, l'épithélium s'épaissit et finit par ressembler à celui de la peau adjacente. À l'issue du processus, il s'est donc formé un épithélium pleinement régénéré reposant sur du tissu cicatriciel qui remplit à lui seul un espace où, avant la lésion, il y avait un certain nombre de structures dermiques telles que glandes, cellules musculaires et récepteurs nerveux. La cicatrice peut être invisible ou former une mince ligne blanche, selon la gravité et la profondeur de la blessure.

Le processus de réparation que nous venons de décrire fait suite à la guérison d'une lésion (coupure, égratignure ou perforation) qui traverse une barrière épithéliale. Pour ce qui est des *infections* mineures localisées (bouton ou mal de gorge), par contre, la guérison s'effectue seulement par régénération. Dans de tels cas, il n'y a généralement ni formation de caillot ni formation de tissu cicatriciel. Seules les infections graves (destructrices) sont suivies d'une cicatrisation.

Capacité de régénération des tissus

La capacité de régénération varie considérablement d'un tissu à l'autre. Ainsi, les tissus épithéliaux, tels l'épiderme et les muqueuses, se régénèrent très facilement, tout comme le tissu osseux, le tissu conjonctif aréolaire, le tissu conjonctif dense irrégulier et le tissu hématopoïétique. Les muscles lisses et le tissu conjonctif dense régulier ont une capacité de régénération limitée, et les muscles squelettiques et le cartilage se régénèrent mal. Quant au muscle cardiaque et au tissu nerveux de l'encéphale et de la moelle épinière, ils ne possèdent pratiquement aucune capacité de régénération *fonctionnelle* et sont habituellement remplacés par du tissu cicatriciel. Toutefois, des études

récentes ont révélé que des divisions cellulaires inattendues (et se produisant dans des conditions très précises) ont lieu dans ces deux tissus à la suite de lésions. On tente actuellement d'obtenir que ces tissus se régénèrent plus facilement.

Quand des lésions sont exceptionnellement graves ou atteignent des tissus incapables de se régénérer, la fibrose remplace totalement les tissus détruits. En quelques mois, la masse de tissu fibreux se contracte et devient de plus en plus compacte. La cicatrice forme une région pâle, souvent luisante, et se compose principalement de fibres collagènes. Le tissu cicatriciel est très solide, mais il n'a ni la souplesse ni la flexibilité de la plupart des tissus non endommagés. Il ne peut non plus accomplir les fonctions du tissu qu'il remplace.

⚖ DÉSÉQUILIBRE HOMÉOSTATIQUE

La formation de tissu cicatriciel dans la paroi de la vessie, du cœur ou d'un autre organe musculaire peut nuire considérablement au fonctionnement de cet organe. Le rétrécissement normal du tissu cicatriciel diminue le volume interne de l'organe et peut entraver, voire bloquer, le mouvement des substances dans les organes creux. Le tissu cicatriciel réduit la contractilité des muscles et peut gêner l'excitation exercée sur eux par le système nerveux. La présence de tissu cicatriciel dans le cœur peut entraîner une insuffisance cardiaque évolutive. Dans les viscères irrités, particulièrement à la suite d'une intervention chirurgicale à l'abdomen, il arrive que des bandes de tissu cicatriciel, appelées *adhérences*, se forment entre des organes adjacents. Ces adhérences sont dangereuses, car elles sont susceptibles de faire obstacle aux mouvements normaux des anses intestinales et d'empêcher ainsi la progression des matières dans l'intestin, ce qui produit une occlusion intestinale. Par ailleurs, les adhérences peuvent restreindre les mouvements du cœur ou provoquer l'immobilisation d'une articulation. ■

VÉRIFIONS NOS ACQUIS

24. Nommez les trois principales étapes de la réparation des tissus.

25. Pourquoi une blessure profonde de la peau mène-t-elle à la formation d'une grande quantité de tissu cicatriciel?

Les réponses se trouvent à l'appendice G.

Développement et vieillissement des tissus

14 Indiquer l'origine embryonnaire de chaque tissu primaire.

15 Décrire brièvement les modifications des tissus liées au vieillissement.

La formation des trois **feuillets embryonnaires primitifs** est l'un des premiers événements du développement embryonnaire. Ces trois feuillets superposés composent une sorte de gâteau à trois étages. Du feuillet superficiel au plus profond, ces feuillets sont appelés **ectoderme**, **mésoderme** et **endoderme**. Comme l'indique la figure 4.14, les feuillets embryonnaires primitifs se spécialisent et forment les quatre tissus primaires – épithélium, tissu nerveux, tissu musculaire et tissu conjonctif – dont dérivent tous les organes.

À la fin du deuxième mois de gestation, les tissus primaires sont apparus et la plupart des organes sont en place. En général, les cellules continuent à se diviser par mitose, provoquant ainsi la croissance rapide qu'on observe avant la naissance. Toutefois, la division des neurones s'arrête ou presque durant la période fœtale. Après la naissance, les cellules de la plupart des autres tissus continuent de se diviser jusqu'à ce que le corps atteigne sa taille adulte. Par la suite, la division cellulaire ralentit considérablement, bien que beaucoup de tissus gardent la capacité de se régénérer. Chez l'adulte, les tissus épithéliaux et hématopoïétiques sont pratiquement les seuls à subir de fréquentes mitoses. Dans certains des tissus qui se régénèrent pendant toute la durée de la vie, telles les cellules glandulaires du foie, la régénération s'accomplit par division des cellules adultes (spécialisées). D'autres tissus, comme l'épiderme et les cellules de la muqueuse intestinale, contiennent des *cellules souches* en abondance, c'est-à-dire des cellules relativement indifférenciées qui se divisent au besoin pour produire de nouvelles cellules.

Chez les personnes qui ont une alimentation adéquate et une bonne circulation et qui ne subissent pas trop de blessures ou d'infections, les tissus fonctionnent efficacement jusqu'au milieu de l'âge adulte. Puis, avec l'âge, les épithéliums s'amincissent et se fragilisent. La réparation des tissus perd en efficacité et les tissus osseux, musculaires et nerveux s'atrophient progressivement, surtout chez les personnes inactives. Ces phénomènes sont en partie attribuables à une diminution de l'efficacité circulatoire qui réduit l'apport de nutriments aux tissus mais, dans certains cas, ils sont reliés au régime alimentaire. Il arrive en effet que des personnes âgées soient incapables de se nourrir correctement parce qu'elles n'ont pas assez d'argent ou parce qu'elles ont de la difficulté à mastiquer. En achetant des aliments de piètre qualité ou en consommant des aliments mous, pauvres en protéines et en vitamines, ces personnes nuisent malheureusement au maintien de l'intégrité de leurs tissus.

Un autre problème lié au vieillissement des tissus est le risque de mutation de l'ADN des cellules qui subissent de nombreuses mitoses, ce qui accroît le risque de cancer (voir le Gros plan, p. 164-167).

VÉRIFIONS NOS ACQUIS

26. Nommez les trois feuillets embryonnaires primitifs.
27. Quel feuillet embryonnaire primitif donne naissance au système nerveux ?
28. Quels types de tissus subissent de nombreuses mitoses tout au long de la vie ? (Il y en a deux.)

Les réponses se trouvent à l'appendice G.

Dans ce chapitre, nous avons vu que les cellules du corps humain se combinent pour former quatre types de tissus primaires : le tissu épithélial, le tissu conjonctif, le tissu nerveux et le tissu musculaire. Les cellules qui composent chacun de ces tissus ont certaines caractéristiques en commun, mais elles sont loin d'être identiques. Elles « s'assemblent » parce qu'elles se ressemblent sur le plan fonctionnel. Le tissu conjonctif se présente sous plusieurs formes, mais les cellules les plus polyvalentes sont vraisemblablement celles des épithéliums. En effet, elles protègent les surfaces internes et externes du corps, concourent à l'obtention de l'oxygène, absorbent les nutriments vitaux dans le sang et permettent aux reins d'excréter les déchets. Vous devriez retenir de ce chapitre une notion importante : malgré leurs propriétés distinctes, les tissus collaborent pour préserver l'intégrité de l'organisme et maintenir son homéostasie.

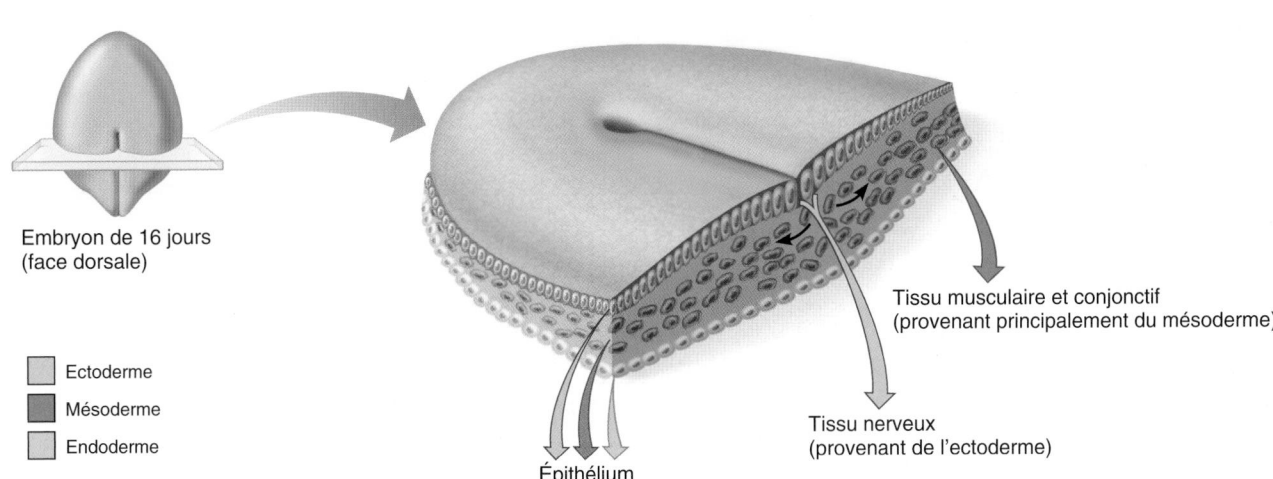

Embryon de 16 jours
(face dorsale)

◻ Ectoderme
◼ Mésoderme
◻ Endoderme

Épithélium

Tissu musculaire et conjonctif
(provenant principalement du mésoderme)

Tissu nerveux
(provenant de l'ectoderme)

Figure 4.14 Les feuillets embryonnaires primitifs et les types de tissus primaires qu'ils produisent. Les trois feuillets embryonnaires primitifs forment le corps de l'embryon au tout début de la gestation.

GROS PLAN
Le cancer: l'ennemi intime

Pour la plupart des gens, le mot «cancer» évoque quelque chose de redoutable. Pourquoi le cancer s'attaque-t-il à certains d'entre nous seulement?

Autrefois, on considérait cette maladie comme une croissance rapide et anarchique des cellules, mais on sait aujourd'hui que les cellules cancéreuses ne se multiplient pas nécessairement plus vite que les cellules normales. C'est plutôt l'équilibre entre la division et la différenciation cellulaires qui fait problème. En outre, la cancérisation est un processus structuré et bien coordonné; en effet, il se produit une séquence précise de minuscules modifications qui transforment peu à peu une cellule normale en cellule meurtrière. Voyons plus précisément ce qu'est véritablement le cancer.

Une cellule normale est «programmée» pour se diviser un nombre limité de fois, soit entre 50 et 70 fois. Lorsque les mécanismes normaux de régulation n'ont plus d'effet sur la division des cellules, celles-ci se reproduisent de façon incontrôlée et donnent naissance à une masse anormale appelée *néoplasme* («nouvelle croissance»). On distingue les néoplasmes bénins et les néoplasmes malins. Un **néoplasme bénin**, souvent appelé *tumeur*, est strictement localisé. Les cellules de ces néoplasmes forment une masse compacte, sont souvent encapsulées, ont une croissance plutôt lente et tuent rarement leur hôte si on les retire avant qu'ils compriment un organe vital. À l'opposé, les **cancers** sont des **néoplasmes malins**, c'est-à-dire des masses non encapsulées à croissance très rapide, qui peuvent être mortelles. Leurs cellules ne sont pas aussi différenciées que celles du tissu dans lequel elles prolifèrent; elles ont, entre autres caractéristiques, un rapport noyau/cytoplasme fort élevé. Des cellules malignes peuvent également se détacher de la masse d'origine, nommée *tumeur primitive*, traverser la lame basale du tissu auquel elles appartiennent et suivre les voies sanguines ou lymphatiques pour atteindre d'autres organes, où elles forment des *masses cancéreuses secondaires*. C'est cette capacité de créer des **métastases**, c'est-à-dire d'aller s'établir dans d'autres régions de l'organisme, ainsi que celle d'envahir les tissus plutôt que de simplement les comprimer qui distinguent les cellules cancéreuses de celles des néoplasmes bénins. Cette propriété est reliée notamment à la perte de protéines d'adhésion qui relient les cellules les unes aux autres, comme la cadhérine, et à la sécrétion de protéases qui hydrolysent la lame basale des cellules épithéliales. En outre, les cellules cancéreuses consomment de très grandes quantités de nutriments, ce qui mène à une perte de poids et à une diminution de la masse des tissus (cachexie), lesquelles contribuent à la mort. (Le mot «cancer» vient d'un mot latin signifiant «crabe». Il peut rappeler le fait que, chez certaines espèces de crabes, les individus se dévorent parfois mutuellement, ou évoquer la capacité de ces derniers à régénérer les membres perdus par multiplication cellulaire.)

Carcinogenèse

Des autopsies pratiquées sur des personnes ayant entre 50 et 70 ans qui ne sont pas décédées du cancer ont révélé que la plupart des gens portent des néoplasmes localisés microscopiques (mais latents). Mais quel est le phénomène qui cause la **transformation** (conversion d'une cellule normale en cellule cancéreuse)? Certains facteurs physiques sont **cancérogènes** (rayonnements, traumatisme d'origine mécanique), de même que certaines infections virales (par exemple virus de l'hépatite B et C et cancer du foie, virus d'Epstein-Barr et lymphome de Burkitt, virus du papillome humain et cancer du col de l'utérus) et de nombreuses substances chimiques (goudrons du tabac, saccharine, certains produits chimiques naturellement présents dans les aliments, contraceptifs oraux...). Le point commun de tous ces facteurs (auxquels s'ajoutent des facteurs héréditaires) est qu'ils provoquent des *mutations*, c'est-à-dire des modifications de l'ADN (la substitution d'une seule base azotée par une autre est parfois suffisante) qui altèrent l'expression de certains gènes. Cependant, les cancérogènes ne produisent pas toujours de tels dommages parce que la plupart d'entre eux sont éliminés par les enzymes des peroxysomes ou des lysosomes, ou bien par le système immunitaire. De plus, il ne suffit pas d'une seule mutation; il doit se produire plusieurs changements génétiques pour transformer une cellule normale en cellule cancéreuse (ce qui est compatible avec le fait que l'incidence du cancer augmente avec l'âge: les risques sont 100 fois plus élevés à 70 ans qu'à 20 ans).

La découverte des **oncogènes** (du grec *onco:* tumeur), ou gènes provoquant le cancer, a permis de comprendre en partie le rôle des gènes dans les cancers à évolution rapide. Plus tard, on a découvert les **protooncogènes**, qui sont des formes bénignes des oncogènes existant dans les cellules normales. Les protooncogènes codent notamment pour des protéines essentielles à la division, à la croissance et à l'adhérence cellulaires. Beaucoup d'entre eux possèdent des sites fragiles qui se brisent lorsqu'ils sont exposés à des cancérogènes, ce qui en fait des oncogènes. Ce type de lésion des gènes peut priver l'organisme de certaines protéines. Ce peut être, par exemple, la perte d'une enzyme qui régit un processus métabolique important. Les oncogènes peuvent aussi «mettre en marche» des gènes dormants qui permettent aux cellules de devenir envahissantes et de former des métastases. On dénombre maintenant plus d'une centaine d'oncogènes.

On a détecté des oncogènes dans seulement 15 à 20% des cancers humains, de sorte que les chercheurs n'ont pas été surpris de découvrir des **gènes suppresseurs de tumeur**, ou **anti-oncogènes**, qui ont pour effet d'empêcher l'apparition du cancer. Ces gènes agissent sur les mécanismes qui inactivent les cancérogènes, contribuent à la réparation de l'ADN ou facilitent la destruction des cellules cancéreuses par le système immunitaire. En fait, plus de la moitié des cancers mettent en cause les mêmes deux gènes suppresseurs de tumeur (sur les quelques douzaines de gènes suppresseurs déjà identifiés), soit les gènes *p53* et *p16*, qui se dérèglent, diminuent leur activité ou cessent complètement de fonctionner. Étant donné que, dans la plupart des cellules, *p53* stimule la production de protéines qui «freinent» la division cellulaire tant que l'ADN n'est pas réparé, il est clair que tout dommage causé à ce gène rend plus probable l'apparition d'une division anarchique et d'un cancer.

Même si chaque type de cancer est génétiquement différent des autres, les cancers humains semblent partager un ensemble de gènes de base – un groupe activé de 67 gènes. Par ailleurs, presque toutes les cellules cancéreuses présentent des anomalies chromosomiques : elles portent des chromosomes entiers en plus ou en moins, des chromosomes tronqués ou des segments de chromosomes surnuméraires. Enfin, dans les cellules cancéreuses, le gène qui produit la télomérase (une enzyme qui empêche le raccourcissement des télomères [voir le chapitre 3, p. 125]) est actif, ce qui n'est pas le cas chez les cellules normales adultes. Quel que soit le facteur en cause, les « germes » du cancer semblent bien se trouver dans nos chromosomes et nos gènes, et le cancer est bien un ennemi intime.

La figure qui accompagne ce texte illustre certaines des mutations qui jouent un rôle dans le cancer colorectal, l'un des cancers humains les mieux connus et la deuxième cause de décès par cancer au Canada. Comme c'est le cas pour la plupart des cancers, l'apparition d'un cancer du côlon accompagné de métastases est un processus graduel. L'un des premiers symptômes est la formation d'un polype, c'est-à-dire une petite excroissance bénigne formée de cellules de la muqueuse apparemment normales. Au fur et à mesure que la division se poursuit, l'excroissance s'agrandit et devient un adénome (néoplasme épithélial glandulaire). Lorsque les divers gènes suppresseurs de tumeur sont inactivés et que l'oncogène *k-ras* est activé, les mutations s'accumulent et l'adénome devient de plus en plus anormal. Il aboutit finalement à l'apparition d'un carcinome du côlon qui ne tarde pas à faire des métastases. Entre l'apparition du polype bénin et la formation de métastases, il peut s'écouler quelques dizaines d'années.

Fréquence du cancer

Au Canada, la Société de recherche sur le cancer estimait qu'environ 166 000 personnes recevraient un diagnostic de cancer en 2009 et que, de ce nombre, près de 74 000 en mourraient. En France, selon les données de l'Observatoire européen du Cancer, il y a eu 316 000 cas de cancers en 2006, dont 149 500 décès. On prévoit que le cancer devancera bientôt les maladies cardiaques comme première cause de décès à travers le monde. Le cancer peut apparaître parmi presque tous les types de cellules, mais les cancers les plus communs touchent

la peau, les poumons, le côlon, le sein et la prostate ; ces deux derniers types de cancer présentent toutefois les taux de survie les plus élevés. La fréquence des cancers de l'estomac et du côlon a baissé, de même que celle des cancers du sein et de la prostate. En revanche, la fréquence des cancers de la peau, des tissus lymphatiques et de la thyroïde est à la hausse. Le cancer des poumons constitue la première cause de décès par cancer au Canada, mais le taux de décès associé à ce type de cancer est en baisse depuis 1980.

De nombreux cancers sont précédés de bosses ou d'autres modifications structurales observables dans les tissus. Par exemple, la *leucoplasie* est un type de lésion qui apparaît dans la bouche sous la forme de plaques blanches ; elle peut résulter du tabagisme ou d'une irritation chronique due à un dentier mal ajusté. Bien qu'elles deviennent parfois cancéreuses, ces lésions restent souvent stables ou reviennent même à la normale si on met fin au stimulus.

Diagnostic et évaluation du stade clinique

Les procédures de dépistage sont indispensables à la détection précoce du cancer. Ces méthodes comprennent la recherche de masses dans les seins (par exemple, par la *mammographie*, un examen radiologique) et dans les testicules ainsi que la détection de sang dans les selles. Avec la recherche de marqueurs moléculaires des cellules cancéreuses qui progresse, on peut envisager, dans le cas du cancer du sein et des ovaires entre autres, des tests de

dépistage réalisables à partir d'une simple analyse de sang. Malheureusement, dans la plupart des cancers (70 % des cancers du poumon notamment), le diagnostic est posé à l'apparition des premiers symptômes,

Côlon

TSG = gène suppresseur de tumeur

Cellules normales de la muqueuse du côlon

Petite excroissance bénigne (polype)

Excroissances bénignes de plus en plus grosses (adénomes)

Carcinome (malin)

Métastases

Perte de la fonction du gène suppresseur de tumeur, chromosome 5 (ou autre)

La division cellulaire se poursuit.

Activation de l'oncogène *k-ras*, chromosome 12

Perte du gène suppresseur de tumeur DCC, chromosome 18

Perte du gène suppresseur de tumeur *p53*, chromosome 17

Autres mutations

Certaines des mutations survenant au cours de l'évolution d'un cancer du côlon

et la méthode de diagnostic la plus commune est la biopsie. La **biopsie** consiste à prélever par chirurgie (ou par raclage) un échantillon de la tumeur primitive qu'on examine ensuite au microscope pour y chercher des cellules malignes. De plus en plus, le diagnostic s'appuie sur des analyses chimiques ou génétiques des prélèvements. Les cliniciens classifient les cellules cancéreuses selon la nature des gènes qui y sont soit activés, soit inopérants et déterminent alors quels médicaments prescrire. Par exemple, le taxol, un remède utilisé avec un certain succès contre le cancer du sein et celui des ovaires, ne combat efficacement que les tumeurs qui présentent une configuration génétique précise.

Plusieurs méthodes (examens physiques et histologiques, tests en laboratoire, techniques d'imagerie [RMN, tomographie]) permettent de déterminer l'étendue de la maladie. On précise le stade d'évolution d'un cancer au moyen d'un score particulier. Dans le système de classification TNM, les facteurs pris en compte sont la taille du néoplasme (T), la progression des métastases vers des nœuds lymphatiques (N) et vers d'autres parties du corps (M). Chaque lettre est accompagnée d'un chiffre qui peut aller de 0 à 4 (plus le chiffre est élevé, moins les chances de guérison sont bonnes).

Traitement du cancer

La plupart des cancers sont enlevés par voie chirurgicale lorsque c'est possible. L'intervention chirurgicale est souvent suivie d'une radiothérapie (traitement aux rayons X ou aux radio-isotopes, ou les deux) et d'une chimiothérapie (prise de médicaments cytotoxiques). Aujourd'hui, la chimiothérapie fait de plus en plus souvent appel à l'utilisation de faibles doses sur une période continue, plutôt qu'à des doses massives qui exigent des temps d'arrêt pendant lesquels les cellules cancéreuses recommencent parfois à proliférer. Récemment, certains oncologues ont utilisé des traitements thermiques (en induisant une légère élévation de la température) pour pousser les cellules cancéreuses au bord du gouffre, et ainsi les rendre plus sensibles et vulnérables à la chimiothérapie et à la radiothérapie.

La chimiothérapie se bute au problème de la résistance. Certaines cellules peuvent rejeter les médicaments; elles échappent ainsi à leurs effets, prolifèrent et forment de nouvelles tumeurs résistantes à la chimiothérapie. Par ailleurs, les médicaments anticancéreux ont des effets secondaires désagréables (nausées, vomissements, chute des cheveux) parce que la plupart d'entre eux influent sur toutes les cellules qui se divisent fréquemment, y compris celles qui sont normales. Ces médicaments peuvent également endommager gravement le cerveau, de nombreux patients ayant rapporté des problèmes cognitifs et des pertes de mémoire. Les rayons X ont également des effets secondaires parce que, lorsqu'ils traversent l'organisme, ils détruisent certains tissus sains qui se trouvent devant les cellules cancéreuses.

Nouvelles thérapeutiques prometteuses

Il est largement reconnu que les traitements classiques (consistant à «couper, brûler et empoisonner») ne sont pas assez raffinés et qu'ils sont trop pénibles. De nouvelles thérapeutiques prometteuses mettent en œuvre les moyens suivants:

- *Interrompre les voies de transmission qui alimentent la croissance du cancer au moyen de médicaments ciblés.* Par exemple, l'imatinib inactive une enzyme mutée qui déclenche la division non contrôlée des cellules dans le cas de deux cancers rares du sang et du système digestif, et le trastuzumab (Herceptin) est utilisé dans le traitement du cancer du sein. Ces médicaments ont donné des succès étonnants, rallongeant la vie des patients de quelques semaines, mais leur effet protecteur finit par diminuer et la progression de la maladie reprend.

- *Administrer des médicaments qui ciblent le cancer avec plus de précision et épargnent les tissus normaux.* Par exemple, le patient reçoit une injection de minuscules billes de métal enrobées de médicament qui sont dirigées vers la tumeur au moyen d'un puissant aimant placé au-dessus de la région atteinte. (Récemment, on a employé des nanotubes de carbone pour transporter le médicament, ce qui évite d'utiliser un aimant.) Ou bien, dans la thérapie photodynamique, on administre au patient des médicaments photo-sensibles qui sont attirés par les cellules cancéreuses en pleine prolifération. On expose ensuite la tumeur à des rayons laser de fréquences déterminées, déclenchant ainsi une série de réactions qui tuent les cellules malignes. Un autre traitement, appelé protonthérapie, consiste à envoyer des doses mortelles ciblées de protons (irradiation) qui visent les cellules cancéreuses avec une très grande précision et une plus grande efficacité que les rayons X. Contrairement aux rayons X, qui traversent les cellules cancéreuses et poursuivent leur trajet dans l'organisme du patient, les protons peuvent être ralentis, voire arrêtés dans le néoplasme.

- *Utiliser des cellules immunitaires génétiquement modifiées (ou non) pour cibler les cellules cancéreuses.* Une technique prometteuse consiste à prélever les cellules immunitaires les plus agressives dans le combat contre le cancer (les lymphocytes T), à multiplier ces cellules immunitaires en laboratoire et à les réinjecter au patient. Ainsi, en 2008, aux États-Unis, un individu atteint d'un mélanome (cancer de la peau) a été guéri après avoir reçu plusieurs milliards d'exemplaires de ses propres lymphocytes T qu'on avait préalablement clonés. Certaines techniques permettent également d'insérer des gènes modifiés dans ces cellules avant de les réutiliser afin d'obtenir des cellules tueuses encore plus efficaces.

- *Utiliser des médicaments qui s'attaquent au métabolisme énergétique des cellules cancéreuses.* Le fait que de nombreuses cellules cancéreuses utilisent presque exclusivement le glucose comme carburant a donné naissance à un traitement pharmaceutique qui limite l'utilisation du glucose. En théorie, ce traitement devrait tuer les cellules cancéreuses tout en épargnant les cellules normales, qui peuvent aussi utiliser les acides aminés et les lipides comme carburant.

D'autres traitements visent à affamer les cellules cancéreuses en s'attaquant à leur vascularisation. Certains de ces traitements tentent de freiner la croissance de la tumeur (par exemple, le bevacizumab, approuvé pour le traitement du cancer du sein, bloque la formation de vaisseaux sanguins). À l'inverse, d'autres procédés, plus récents et encore à l'étude, tentent paradoxalement d'améliorer la qualité de la vascularisation de la tumeur afin de l'empêcher de faire des métastases. (On a constaté que la mauvaise oxygénation semble liée à la formation de métastases.) Les chercheurs travaillent également sur plusieurs approches génétiques. Par exemple, ils cherchent à réparer les gènes suppresseurs de tumeur défectueux et les oncogènes, à inhiber les gènes qui amènent les cellules cancéreuses à produire des métastases, à détruire les cellules cancéreuses grâce à des virus (l'emploi de réovirus [virus courant et inoffensif] a permis de traiter efficacement

des souris atteintes de cancer du tissu nerveux) ou à provoquer le «suicide» par apoptose des cellules cancéreuses. On a aussi tenté avec un certain succès d'utiliser les protéines de choc thermique dans le traitement de cancers. De plus, on a mis au point un vaccin contre le cancer (TRICOM) contenant des virus modifiés par génie génétique, dans lesquels on a inséré des gènes codant pour une protéine cancéreuse, appelée antigène carcino-embryonnaire (ACE). Quand on injecte ces protéines au patient, elles stimulent une réponse immunitaire qui orchestre une attaque contre toutes les cellules cancéreuses portant l'ACE. Des vaccins spécifiques sont également en voie de développement (cancer du sein notamment) ou déjà utilisés (cancer du col de l'utérus causé par le VPH).

À l'heure actuelle, environ la moitié des cas de cancer répondent aux traitements et guérissent. De plus, la qualité de vie des patients s'est améliorée au cours de la dernière décennie. C'est ainsi qu'on soulage plus efficacement la douleur associée au cancer. Par ailleurs, les médicaments contre la nausée et d'autres remèdes utiles atténuent les effets secondaires de la chimiothérapie.

VÉRIFIONS NOS ACQUIS

29. Quelle propriété fait des néoplasmes malins une menace beaucoup plus dangereuse pour l'intégrité de l'organisme que les néoplasmes bénins?

Les réponses se trouvent à l'appendice G.

TERMES MÉDICAUX

Adénome (*adên:* glande; *ome:* tumeur) Néoplasme bénin ou malin de l'épithélium glandulaire. On désigne un adénome malin par le terme spécifique «adénocarcinome».

Autopsie Examen du corps, de ses organes et de ses tissus effectué après la mort pour préciser la cause du décès; aussi appelé nécropsie.

Carcinome (*karkinos:* cancer) Tumeur maligne prenant naissance dans un épithélium; chez l'être humain, 90% des cancers sont de ce type.

Chéloïde Prolifération anormale du tissu conjonctif au cours de la cicatrisation des plaies; se traduit par la formation d'une grosse masse de tissu cicatriciel d'allure disgracieuse à la surface de la peau.

Cicatrisation par première intention Forme de cicatrisation la plus simple; se produit lorsque les bords de la plaie sont réunis à l'aide de points de suture, d'agrafes, etc., après une intervention chirurgicale; s'accompagne de la formation d'une quantité minime de tissu de granulation.

Cicatrisation par deuxième intention Cicatrisation dans laquelle les bords de la plaie restent écartés et la brèche est comblée par du tissu de granulation; mode de guérison des plaies non soignées. La cicatrisation est plus lente que dans les plaies dont les bords ont été accolés et les cicatrices sont plus larges.

Fermeture de plaie sous vide Méthode innovatrice utilisée pour favoriser la cicatrisation des plaies ouvertes et des ulcères cutanés. Provoque souvent la cicatrisation là où tous les autres moyens ont échoué. On recouvre la plaie d'une éponge spéciale, puis on exerce une succion à travers ce pansement. En réaction à l'étirement de la peau qui s'ensuit, les fibroblastes dans la lésion

produisent plus de tissu collagène. De nouveaux vaisseaux sanguins se mettent à proliférer et augmentent l'apport de sang dans la région atteinte, ce qui favorise aussi la cicatrisation.

Lésion Trauma, blessure ou infection qui altère les tissus sur une surface de dimensions définies (et non pas l'ensemble du corps).

Pathologie Étude scientifique des altérations causées par la maladie dans les organes et les tissus.

Pus Substance fluide composée de liquide interstitiel, de bactéries, de cellules mortes et mourantes, de globules blancs et de macrophagocytes; apparaît dans une région infectée ou enflammée.

Sarcome (*sarkos:* chair; *ome:* tumeur) Tumeur maligne prenant naissance dans les tissus dérivés du mésenchyme, soit les tissus conjonctifs et les tissus musculaires.

Scorbut Maladie par carence nutritive causée par un apport de vitamine C insuffisant pour la synthèse de l'hydroxyproline, principal acide aminé du collagène; les signes et les symptômes comprennent notamment la rupture de vaisseaux sanguins, la lenteur de la cicatrisation, la fragilité du tissu cicatriciel et le déchaussement des dents.

Syndrome de Marfan Maladie génétique se manifestant par des anomalies des tissus conjonctifs dues à un déficit en fibrilline, une protéine associée à l'élastine dans les fibres élastiques. Les signes cliniques sont notamment une hyperlaxité articulaire, un allongement des membres (dont la croissance est normalement régie par la fibrilline), une arachnodactylie (doigts et orteils très longs), des troubles de la vue (causés par une faiblesse des ligaments qui suspendent le cristallin) et une atteinte des vaisseaux sanguins (faiblesse de la paroi de l'aorte en particulier) par suite d'une déficience en fibres élastiques.

RÉSUMÉ DU CHAPITRE

Les tissus sont des assemblages de cellules semblables sur le plan structural qui accomplissent des fonctions apparentées. Les quatre types de tissus primaires sont le tissu épithélial, le tissu conjonctif, le tissu nerveux et le tissu musculaire.

Préparation du tissu humain en vue d'un examen microscopique (p. 133)

1. La préparation des tissus en vue d'un examen microscopique comprend les étapes suivantes: fixer le tissu, le déshydrater, le couper en fines tranches et le colorer. Les traitements menant à la préparation des tissus peuvent introduire de légères distorsions, appelées artéfacts.

Tissu épithélial (p. 133)

1. Le tissu épithélial est le tissu de revêtement et le tissu glandulaire de l'organisme. Il remplit notamment des fonctions de protection, d'absorption, de sécrétion, de filtration, d'excrétion et de réception sensorielle.

Caractéristiques des tissus épithéliaux (p. 133)

2. Les tissus épithéliaux possèdent plusieurs caractéristiques: abondance des cellules, jonctions spécialisées, polarité des cellules, avascularité, soutien de tissu conjonctif et grande capacité de régénération.

Classification des épithéliums (p. 134)

3. Selon le nombre de couches de cellules, on distingue les épithéliums simples (une couche) et les épithéliums stratifiés (plus d'une couche); selon la forme des cellules, on distingue l'épithélium squameux, l'épithélium cuboïde et l'épithélium prismatique. Pour donner une description complète de l'épithélium, on combine les termes qui expriment la disposition des cellules et ceux qui expriment leur forme.

4. L'épithélium simple squameux est composé d'une seule couche de cellules squameuses. Il est adapté à la filtration et à l'échange de substances. Il forme la paroi des saccules alvéolaires des poumons. Sous le nom de mésothélium, il constitue une partie des séreuses; sous le nom d'endothélium, il tapisse les cavités du cœur et la paroi interne des vaisseaux sanguins et lymphatiques.

5. L'épithélium simple cuboïde remplit souvent des fonctions de sécrétion et d'absorption. On en trouve dans les glandes et les tubules rénaux.

6. L'épithélium simple prismatique, spécialisé dans la sécrétion et l'absorption, est composé d'une couche de hautes cellules prismatiques dotées de microvillosités et souvent de cellules caliciformes. Il tapisse le tube digestif, de l'estomac au canal anal.

7. L'épithélium pseudostratifié prismatique est un épithélium simple constitué de cellules à hauteurs variées qui paraît stratifié. Un épithélium pseudostratifié cilié riche en cellules caliciformes tapisse presque toutes les voies respiratoires supérieures.

8. L'épithélium stratifié squameux se compose de plusieurs couches de cellules; les cellules de sa surface libre sont squameuses. Il est destiné à résister au frottement. Il tapisse l'œsophage et le vagin; sa forme kératinisée constitue l'épiderme.

9. L'épithélium stratifié cuboïde est rare dans l'organisme; on le trouve surtout dans les conduits des grosses glandes. L'épithélium stratifié prismatique a aussi une distribution très limitée; on le trouve surtout dans l'urètre de l'homme et dans les zones de transition entre d'autres types d'épithéliums.

10. L'épithélium transitionnel est un épithélium stratifié squameux modifié. Capable de réagir à l'étirement, il tapisse les organes du système urinaire.

Épithéliums glandulaires (p. 140)

11. Une glande est constituée d'une ou de plusieurs cellules spécialisées qui sécrètent un produit.

12. Selon l'endroit où leurs sécrétions sont déversées, les glandes sont dites exocrines ou endocrines. Selon leur structure, elles sont dites unicellulaires ou multicellulaires.

13. Les glandes unicellulaires (cellules caliciformes et cellules à mucus) sécrètent du mucus. On les trouve dans le tube digestif et les voies respiratoires.

14. Selon la structure de leurs conduits, les glandes exocrines multicellulaires sont dites simples ou composées; selon la structure de leurs unités sécrétrices, elles sont dites tubuleuses, alvéolaires ou tubuloalvéolaires.

15. Selon leur mode de sécrétion, les glandes exocrines multicellulaires chez l'humain sont dites mérocrines ou holocrines; selon la nature de la sécrétion, elles sont dites séreuses, muqueuses ou mixtes.

Tissu conjonctif (p. 143)

1. Le tissu conjonctif est le tissu le plus abondant et le plus répandu des tissus du corps humain. Il assure des fonctions de soutien, de protection, de fixation, d'isolation et de transport (sang).

Caractéristiques des tissus conjonctifs (p. 143)

2. Les tissus conjonctifs proviennent du mésenchyme embryonnaire et ils présentent une matrice extracellulaire qui occupe en général un espace plus important que les cellules. Suivant leur type, les tissus conjonctifs sont bien vascularisés (la majorité), peu vascularisés (tissus conjonctifs denses) ou avasculaires (cartilages).

Éléments structuraux du tissu conjonctif (p. 143)

3. Les éléments structuraux de tous les tissus conjonctifs sont la matrice extracellulaire et les cellules.

4. La matrice se compose de substance fondamentale et de fibres. Elle peut être fluide, visqueuse ou ferme.

5. Chaque type de tissu conjonctif possède un type particulier de cellules présentes sous deux formes: une forme immature subissant des mitoses et sécrétant la matrice (-blastes) et une forme adulte entretenant la matrice (-cytes). Les cellules indifférenciées du tissu conjonctif proprement dit sont les fibroblastes; celles du cartilage, les chondroblastes; celles du tissu osseux, les ostéoblastes; celles des tissus hématopoïétiques, les cellules souches hématopoïétiques.

Types de tissu conjonctif (p. 147)

6. Le tissu conjonctif embryonnaire est appelé mésenchyme.

7. Le tissu conjonctif proprement dit comprend les tissus conjonctifs lâches et les tissus conjonctifs denses. Les tissus conjonctifs lâches sont les suivants:
   - Tissu conjonctif aréolaire: substance fondamentale semi-liquide; fibres des trois types (collagènes, élastiques et réticulaires) lâchement entrelacées; renferme divers types de cellules; forme un coussin mou autour des organes et constitue la lamina propria des muqueuses; notre prototype des tissus conjonctifs proprement dits.

■ Tissu adipeux : composé surtout d'adipocytes ; matrice peu abondante ; isole et protège les organes ; réserve d'énergie. La graisse brune, présente surtout chez le nourrisson, a pour principale fonction la production de chaleur.

■ Tissu conjonctif réticulaire : fin réseau de fibres réticulaires dans une substance fondamentale molle ; stroma des nœuds lymphatiques, de la rate et de la moelle osseuse rouge.

8. Les tissus conjonctifs denses sont les suivants :

■ Tissu conjonctif dense régulier : faisceaux compacts et parallèles de fibres collagènes ; cellules et substance fondamentale peu abondantes ; excellente résistance à l'étirement ; forme les tendons, les ligaments, les aponévroses et les fascias ; appelé tissu conjonctif élastique dans les cas où il contient aussi un grand nombre de fibres élastiques.

■ Tissu conjonctif dense irrégulier : semblable au tissu conjonctif dense régulier, sauf que les fibres sont disposées dans différents plans ; résiste à la tension provenant de plusieurs directions ; forme le derme, la membrane fibreuse des capsules articulaires et l'enveloppe fibreuse de certains organes.

9. Les types de cartilage sont les suivants :

■ Cartilage hyalin : substance fondamentale ferme renfermant des fibres collagènes ; résiste bien à la compression ; présent dans le squelette fœtal, sur la surface articulaire des os et autour de la trachée ; type de cartilage le plus abondant.

■ Cartilage élastique : composé surtout de fibres élastiques ; confère flexibilité et résistance à l'oreille externe et à l'épiglotte.

■ Cartilage fibreux : grosses fibres collagènes parallèles ; résiste bien à la compression et fournit un bon soutien ; forme les disques intervertébraux et les cartilages du genou (ménisques).

10. Le tissu osseux se compose d'une matrice dure contenant du collagène et imprégnée de sels de calcium ; forme le squelette.

11. Le sang est constitué de cellules sanguines baignant dans une matrice liquide (le plasma).

Tissu nerveux (p. 156)

1. Le tissu nerveux forme les organes du système nerveux. Il se compose de neurones et de gliocytes.

2. Les neurones sont des cellules ramifiées qui reçoivent, conduisent et transmettent les influx nerveux ; ils interviennent dans la régulation des fonctions physiologiques.

Tissu musculaire (p. 156)

1. Le tissu musculaire est formé de cellules allongées (myocytes, ou fibres musculaires) capables de se contracter et de produire un mouvement.

2. Selon leur structure et leur fonction, on classe les muscles parmi les trois types suivants :

■ Muscles squelettiques : attachés aux os et les font bouger. Ils sont volontaires. Les cellules sont cylindriques et striées.

■ Muscle cardiaque : forme les parois du cœur ; fait circuler le sang. Il est involontaire. Les cellules sont ramifiées et striées.

■ Muscles lisses : situés dans les parois des organes creux ; propulsent les substances à l'intérieur de ces organes. Ils sont involontaires. Les cellules sont fusiformes et dépourvues de stries.

Membranes de revêtement (p. 159)

1. Les membranes de revêtement sont des organes simples. Elles sont composées d'un épithélium uni à une couche plus ou moins épaisse de tissu conjonctif sous-jacent. Elles comprennent les muqueuses, les séreuses et la membrane cutanée. Avec ses annexes, cette dernière constitue un système d'organes.

Réparation des tissus (p. 159)

1. L'inflammation est une réaction de l'organisme aux lésions. La réparation des tissus commence au cours du processus inflammatoire. Elle peut se faire par régénération, par fibrose ou par les deux processus à la fois.

2. La première étape de la réparation des tissus est l'organisation, au cours de laquelle le caillot sanguin est remplacé par du tissu de granulation. Si la plaie est petite et que le tissu atteint peut subir des mitoses, le tissu se régénérera et recouvrira le tissu conjonctif fibreux. Si la plaie est étendue et que le tissu ne peut pas subir de mitose, la lésion sera réparée uniquement par du tissu conjonctif fibreux (tissu cicatriciel).

Développement et vieillissement des tissus (p. 162)

1. L'épithélium se développe, selon sa nature, à partir de l'un des trois feuillets embryonnaires primitifs (l'ectoderme, le mésoderme et l'endoderme) ; le tissu musculaire et le tissu conjonctif, à partir du mésoderme ; le tissu nerveux, à partir de l'ectoderme.

2. La diminution de la masse et de la résistance des tissus qui accompagne le vieillissement résulte souvent de troubles circulatoires ou d'une alimentation inadéquate.

QUESTIONS DE RÉVISION

Choix multiples/associations

(Il peut y avoir plus d'une bonne réponse à certaines questions. Choisissez les meilleures réponses parmi celles qui sont proposées. Les réponses se trouvent à l'appendice G.)

1. Associez chacun des quatre types de tissus primaires suivants à la description appropriée.

(a) Tissu conjonctif   (b) Tissu épithélial
(c) Tissu musculaire   (d) Tissu nerveux

_____ (1) Type de tissu principalement composé de matrice non vivante ; remplit surtout des fonctions de protection et de soutien ; c'est le tissu primaire le plus répandu.

_____ (2) Tissu qui produit le mouvement.

_____ (3) Tissu qui nous permet d'avoir conscience de l'environnement et d'y réagir.

_____ (4) Tissu qui tapisse les cavités du corps et qui recouvre sa surface externe.

2. Un épithélium composé de plusieurs couches, dont une couche apicale de cellules aplaties, est appelé (choisissez tous les termes adéquats) : (a) cilié ; (b) prismatique ; (c) stratifié ; (d) simple ; (e) squameux.

3. Associez les types d'épithéliums de la colonne B à la description pertinente de la colonne A.

Colonne A	Colonne B
_____ (1) Tapisse la majeure partie du tube digestif.	(a) Pseudostratifié
_____ (2) Tapisse l'œsophage.	(b) Simple prismatique
_____ (3) Tapisse une grande partie des voies respiratoires.	(c) Simple cuboïde
	(d) Simple squameux
	(e) Stratifié prismatique

_____ (**4**) Forme la paroi des saccules alvéolaires des poumons.

_____ (**5**) Présent dans les organes du système urinaire.

_____ (**6**) Endothélium et mésothélium

(**f**) Stratifié squameux

(**g**) Transitionnel

4. Parmi les énoncés suivants, lequel est *faux*? (**a**) On nomme les épithéliums stratifiés selon la forme des cellules de la couche basale; (**b**) les épithéliums stratifiés sont plus résistants et durables que les épithéliums simples; (**c**) la mitose dans les épithéliums stratifiés s'effectue surtout dans la couche basale; (**d**) dans les épithéliums transitoires, le nombre de couches de cellules varie d'un moment à l'autre selon l'état de l'organe qui porte cet épithélium.

5. Les glandes qui sécrètent des produits tels que le lait, la salive, la bile et la sueur au moyen d'un conduit sont: (**a**) les glandes endocrines; (**b**) les glandes exocrines.

6. Une glande composée tubuloalvéolaire: (**a**) est une glande endocrine; (**b**) n'a pas de conduit; (**c**) a un conduit non ramifié; (**d**) a un conduit ramifié.

7. Parmi les énoncés suivants, lequel est *faux*? (**a**) Le tissu osseux est très vascularisé; (**b**) le cartilage est un tissu conjonctif qui ne possède pas de vaisseaux sanguins; (**c**) le tissu adipeux est un exemple de tissu conjonctif où la matrice est plus importante (en volume) que les cellules; (**d**) c'est dans le tissu conjonctif aréolaire que se trouve le liquide interstitiel.

8. Un tissu membraneux qui tapisse une cavité du corps s'ouvrant sur l'extérieur est: (**a**) un endothélium; (**b**) de la peau; (**c**) une muqueuse; (**d**) une séreuse.

9. Le tissu cicatriciel est une variété: (**a**) d'épithélium; (**b**) de tissu conjonctif; (**c**) de tissu musculaire; (**d**) de tissu nerveux; (**e**) de tous ces tissus.

Questions à court développement

10. Définissez le tissu; énumérez les quatre tissus primaires et décrivez, en un seul mot, la fonction principale de chacun.

11. Donnez quatre fonctions importantes des tissus épithéliaux et associez au moins un tissu à chacune d'elles.

12. Nommez quatre types de structures qui peuvent recouvrir la surface apicale des cellules d'un épithélium et dans chaque cas, indiquez une localisation de l'épithélium.

13. Décrivez la structure de la membrane basale; expliquez en quoi la *lame basale* se distingue de la *membrane basale*.

14. Comment les cellules épithéliales se nourrissent-elles, sachant que les tissus épithéliaux sont dépourvus de vaisseaux sanguins?

15. Qu'est-ce qu'un endothélium? À quel type de tissu appartient-il? Où le trouve-t-on? Quel est son rôle?

16. Décrivez les critères de classification des épithéliums de revêtement.

17. Expliquez la classification des glandes exocrines multicellulaires selon leur mode de sécrétion et donnez un exemple pour chacune des classes.

18. Expliquez la principale différence structurale entre le tissu conjonctif et les autres tissus primaires.

19. Énumérez quatre fonctions importantes du tissu conjonctif et donnez des exemples de chacune de ces fonctions.

20. Nommez le principal type de cellules présent dans le tissu conjonctif proprement dit; dans le cartilage; dans le tissu osseux.

21. Nommez les deux principaux composants de la matrice du tissu conjonctif et, le cas échéant, les différents types de chaque composant.

22. Nommez le type précis de tissu conjonctif qui: (**a**) enveloppe les organes; (**b**) soutient le pavillon de l'oreille; (**c**) forme les ligaments «extensibles»; (**d**) est le premier conjonctif chez l'embryon; (**e**) recouvre les extrémités des os aux surfaces articulaires; (**f**) est le principal constituant du tissu sous-cutané.

23. Expliquez ce qu'est un œdème et précisez dans quel tissu conjonctif survient cette réaction.

24. Où trouve-t-on du cartilage fibreux dans l'organisme? Expliquez pourquoi ce type de cartilage est considéré comme un compromis entre le cartilage hyalin et le tissu conjonctif régulier.

25. Quelle est la fonction des macrophagocytes?

26. Faites la distinction entre le rôle des neurones et celui des gliocytes.

27. Comparez les muscles squelettiques, cardiaque et lisses quant à leur structure, à leur localisation et à leurs fonctions particulières.

28. Décrivez la réparation des tissus, en indiquant les facteurs qui influent sur ce processus; faites la distinction entre régénération et fibrose.

29. Donnez deux exemples de tissus se régénérant très facilement et deux exemples de tissus ne se régénérant à peu près pas.

30. Donnez les types de tissus primaires qui dérivent de chacun des feuillets embryonnaires primitifs.

31. Quelles caractéristiques les tissus adipeux et osseux ont-ils en commun? Lesquelles sont différentes?

32. Distinguez sarcome et carcinome sur le plan des tissus touchés.

33. Définissez, en les distinguant, les termes «cancérogènes», «protooncogènes», «oncogènes» et «anti-oncogènes».

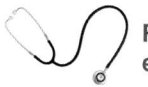

Réflexion et application

1. Jean s'est infligé une grave blessure au cours d'une séance d'entraînement avec son équipe de football; on lui a dit qu'il s'était déchiré un cartilage du genou. Jean guérira-t-il rapidement et sans complications? Justifiez votre réponse.

2. L'épiderme (épithélium de la peau) est un épithélium stratifié squameux kératinisé. Expliquez pourquoi cet épithélium protège bien mieux la surface externe du corps que ne pourrait le faire une muqueuse formée d'un épithélium simple prismatique.

3. Un ami tente de vous convaincre que vous seriez beaucoup plus souple si les ligaments qui relient vos os dans les articulations mobiles (comme celles du genou, de l'épaule et de la hanche) contenaient plus de fibres élastiques. Bien qu'il y ait *une part* de vrai dans son affirmation, vous auriez de graves problèmes si elle était parfaitement exacte. Pourquoi?

4. Chez les adultes, plus de 90% des tumeurs malignes sont soit des adénomes (adénocarcinomes), soit des carcinomes. De fait, les tumeurs de la peau, du poumon, du côlon, du sein et de la prostate appartiennent toutes à ces catégories. Lequel des quatre types de tissus primaires donne naissance à la majorité des tumeurs? Selon vous, pourquoi en est-il ainsi?

5. Amélie est une adolescente qui a tendance à faire de l'embonpoint. Un jour, elle dit à son amie qu'elle se propose de se renseigner sur la façon de transformer une partie de son tissu adipeux blanc en tissu adipeux brun. Quel est le fondement de cette idée (si on tient pour acquis qu'elle est réalisable)?

6. Mme Denis va à la boucherie du quartier pour acheter un filet de bœuf (partie de la longe située le long de l'épine dorsale du bouvillon) et des tripes (estomac de vache). Quel type de tissu musculaire se prépare-t-elle à manger dans les deux cas?

5

Peau (p. 172)

   Épiderme (p. 173)

   Derme (p. 176)

   Couleur de la peau (p. 178)

Annexes cutanées (p. 179)

   Glandes sudoripares (p. 180)

   Glandes sébacées (p. 181)

   Poils et follicules pileux (p. 181)

   Ongles (p. 185)

Fonctions du système tégumentaire (p. 186)

   Protection (p. 186)

   Régulation de la température corporelle (p. 187)

   Sensations cutanées (p. 187)

   Fonctions métaboliques (p. 187)

   Réservoir sanguin (p. 187)

   Excrétion (p. 188)

Déséquilibres homéostatiques de la peau (p. 188)

   Cancers de la peau (p. 188)

   Brûlures (p. 189)

Développement et vieillissement du système tégumentaire (p. 191)

Le système tégumentaire

Seriez-vous séduit par une publicité qui vanterait les mérites d'un vêtement imperméable, élastique, lavable, infroissable, réparant lui-même ses petites coupures, déchirures et brûlures, et garanti à vie dans la mesure où l'on en prend raisonnablement soin? Cela vous paraîtrait sûrement trop beau pour être vrai. Pourtant, vous possédez déjà un tel vêtement et, plus fantastique encore, il se renouvelle toutes les trois ou quatre semaines: c'est votre peau! La peau et ses annexes (glandes sudoripares et sébacées, poils et ongles) forment un ensemble d'organes extrêmement complexe qui assume de nombreuses fonctions pour la plupart protectrices. L'ensemble de ces organes est appelé **système tégumentaire**.

Peau

1. Décrire la structure générale de la peau. Identifier les principales couches de l'épiderme et du derme et leurs composantes, et expliquer les fonctions de chacune de ces couches.

2. Décrire les facteurs qui déterminent normalement la couleur de la peau. Expliquer brièvement comment certains changements de la couleur de la peau peuvent être interprétés comme les signes cliniques de diverses maladies.

Habituellement, la peau ne jouit pas d'une grande considération de la part de ses occupants. Pourtant, du fait que la partie superficielle de la peau dérive du même feuillet embryonnaire que celui qui donne naissance au système nerveux, certains la considèrent comme un «cerveau étalé»; bien qu'exagérée, cette expression nous rappelle que l'état de la peau révèle en quelque sorte nos états intérieurs: plusieurs affections de la peau ont en effet des origines nerveuses. Par ailleurs, d'un point de vue architectural, la peau est un vrai chef-d'œuvre. Elle recouvre entièrement le corps. Chez l'adulte moyen, sa superficie varie entre 1,2 et 2,2 m² et elle pèse environ 4 kg (ou 7 % de la masse corporelle totale). La peau est aussi appelée tégument (ce qui signifie simplement «couverture»), mais, si l'on considère ses nombreuses fonctions, on s'aperçoit qu'elle représente bien davantage qu'un grand sac opaque qui sert à contenir le corps. À la fois souple et résistante, elle est capable de subir les constantes attaques d'agents du milieu externe. En fait, si on nous enlevait notre peau, nous serions rapidement la proie des bactéries et nous péririons par suite de la déperdition d'eau et de chaleur, comme cela survient parfois chez les grands brûlés.

La peau, dont l'épaisseur varie entre 1,5 et 4 mm, voire plus dans certaines régions du corps, est formée de deux parties distinctes, l'*épiderme* et le *derme* **(figure 5.1)**. L'épiderme (*epi*: dessus), composé de cellules épithéliales, est la principale structure protectrice du corps. Le derme est sous-jacent à l'épiderme et constitue la partie la plus profonde de la peau. Cette couche

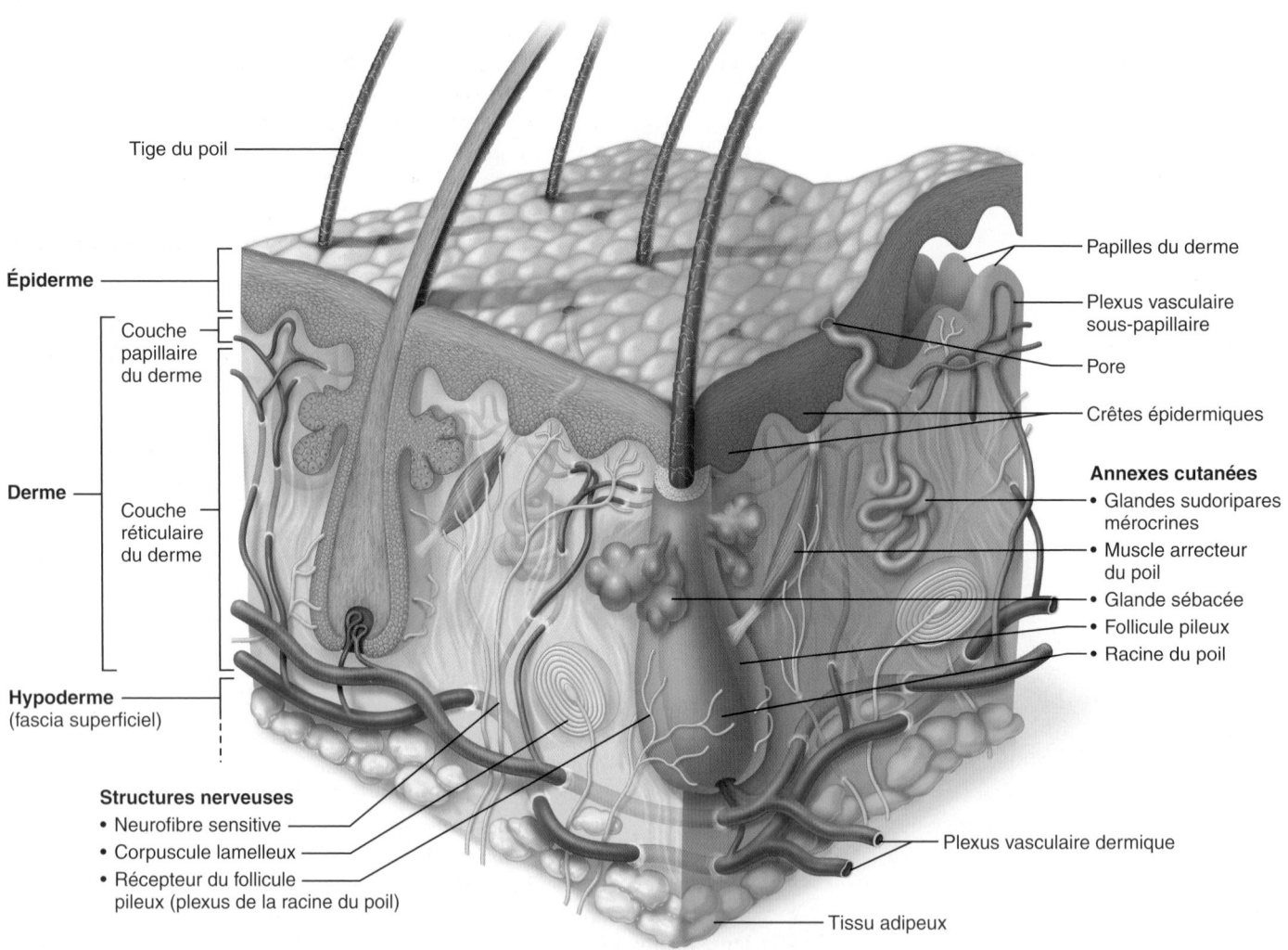

Figure 5.1   Structure de la peau. Vue tridimensionnelle de la peau et des tissus sous-cutanés. L'épiderme a été soulevé dans le coin supérieur droit pour montrer les papilles du derme.

résistante a la consistance du cuir et comprend du tissu conjonctif dense. Seul le derme est vascularisé ; les nutriments diffusent à partir des capillaires du derme, par le liquide interstitiel, jusqu'aux cellules de l'épiderme.

Le tissu sous-cutané, qui se trouve juste sous la peau, est appelé **hypoderme** (figure 5.1). L'hypoderme ne fait pas véritablement partie de la peau, mais il est en interaction fonctionnelle avec elle puisqu'il lui permet d'assurer certaines de ses fonctions de protection. Aussi appelé **fascia superficiel** parce qu'il est superficiel par rapport à l'enveloppe de tissu conjonctif résistant (fascia) des muscles squelettiques, il est constitué principalement de tissu adipeux.

En plus d'emmagasiner la graisse – et donc de jouer un rôle de réserve d'énergie –, l'hypoderme relie la peau aux structures sous-jacentes (surtout aux muscles) tout en lui accordant suffisamment de jeu pour qu'elle puisse glisser assez librement sur ces structures. Cette fluidité de la peau nous protège de bien des coups en les faisant dévier au contact de notre corps. En raison de sa composition graisseuse, l'hypoderme est également en mesure d'absorber les chocs et d'isoler les tissus de l'organisme contre les pertes de chaleur. Il s'épaissit considérablement lorsque l'on gagne du poids. Chez la femme, ce « surplus » de graisse sous-cutanée se loge dans les cuisses et les seins, tandis que chez l'homme il s'accumule d'abord dans le ventre (la « bedaine »). La liposuccion est un moyen à la mode de retirer cette graisse sous-cutanée, mais cette opération de chirurgie esthétique n'est pas sans risque.

Épiderme

L'**épiderme** est formé d'un épithélium stratifié squameux kératinisé qui se compose de quatre types de cellules et de quatre ou cinq couches distinctes selon le type de peau (épaisse ou fine).

Cellules de l'épiderme

L'épiderme contient plusieurs types de cellules, soit les *kératinocytes*, les *mélanocytes*, les *macrophagocytes intraépidermiques* et les *cellules de Merkel*. Nous nous pencherons dans un premier temps sur les kératinocytes, puisque ce sont les cellules que l'on trouve en plus grand nombre dans l'épiderme. Le rôle principal des **kératinocytes** (*kera*: corne) consiste à produire de la **kératine**, une protéine fibreuse qui confère aux cellules de l'épiderme leurs propriétés protectrices **(figure 5.2b)**.

Les kératinocytes sont étroitement liés les uns aux autres par des desmosomes ; ils proviennent de cellules situées dans la partie la plus profonde de l'épiderme (couche basale). Ces cellules se divisent de façon quasi continue par mitose sous l'effet de facteurs de croissance, tel le *facteur de croissance épidermique* (EGF). À mesure que les nouvelles cellules poussent les kératinocytes vers la surface de la peau par les nouvelles cellules, ceux-ci commencent à produire la kératine molle qui deviendra leur constituant majeur. Comme les kératinocytes meurent durant leur migration vers la surface de la peau, ces cellules ne sont alors plus guère que des membranes plasmiques remplies de kératine.

Des millions de ces cellules mortes tombent chaque jour en raison des frottements incessants que subit notre peau, si bien que notre épiderme se renouvelle complètement tous les 25 à 45 jours. Certaines régions du corps, telles que la paume des mains et la plante des pieds, sont régulièrement soumises à des frictions : l'épiderme de ces régions présente le renouvellement le plus rapide (de 25 à 30 jours), et la production des kératinocytes ainsi que la formation de kératine y sont accélérées. Si la friction est continuelle (comme celle causée par une chaussure mal ajustée), l'épiderme s'épaissit et forme une *callosité*.

Les **mélanocytes**, beaucoup moins nombreux que les kératinocytes, sont des cellules épithéliales de forme étoilée qui synthétisent un pigment appelé **mélanine** (*melas*: noir). On les trouve dans les couches profondes de l'épiderme (figure 5.2b, en gris). À mesure qu'elle se constitue et s'accumule dans les *mélanosomes*, qui sont des granules limités par une membrane, la mélanine est acheminée par des protéines motrices le long des filaments d'actine vers l'extrémité des prolongements des mélanocytes, d'où elle est absorbée par les kératinocytes avoisinants. Les granules de mélanine s'accumulent sur la face du noyau des kératinocytes qui est tournée vers le milieu externe et forment ainsi une sorte de bouclier pigmentaire qui protège le noyau contre les effets dévastateurs des rayons ultraviolets (UV) de courte longueur d'onde émis par le soleil. Les prolongements des **macrophagocytes intraépidermiques** leur confèrent la forme d'une étoile. Ces cellules sont produites dans la moelle osseuse avant de migrer vers l'épiderme. On les appelle aussi **cellules de Langerhans**, du nom d'un anatomiste allemand. Elles ingèrent des substances étrangères et jouent un rôle clé dans l'activation des cellules de notre système immunitaire (nous parlerons de ce rôle en détail plus loin). Leurs minces prolongements s'étendent au milieu des kératinocytes en formant un réseau plus ou moins continu (figure 5.2b, en violet). On note une augmentation du nombre de ces cellules et de leurs ramifications lors de certaines affections cutanées chroniques.

On trouve à l'occasion des **cellules de Merkel**, ou épithélioïdocytes du tact, à la jonction de l'épiderme et du derme. Ces cellules sont hémisphériques (figure 5.2b, en bleu) ; chacune est, d'une part, étroitement liée à la terminaison (en forme de disque) d'une neurofibre sensitive appelée *corpuscule tactile non capsulé*, ou disque de Merkel et, d'autre part, associée aux kératinocytes voisins par des microvillosités qui s'insèrent dans des replis de la membrane de ces dernières cellules. La structure formée par la cellule de Merkel et le corpuscule tactile non capsulé jouerait le rôle de récepteur sensoriel du toucher.

Couches de l'épiderme

La peau peut être *épaisse* ou *fine*. L'épiderme de la **peau épaisse** qui recouvre la paume des mains, le bout des doigts et la plante des pieds (où son épaisseur peut atteindre 1,5 mm) est constitué de cinq couches de cellules, ou *strates*. De la plus profonde à la plus superficielle, ces cinq couches sont la couche basale (ou stratum basale), la couche épineuse (ou stratum spinosum), la couche granuleuse (ou stratum granulosum), la couche claire (ou stratum lucidum) et la couche cornée (ou stratum corneum). Dans la **peau fine**, qui recouvre le reste du corps

5

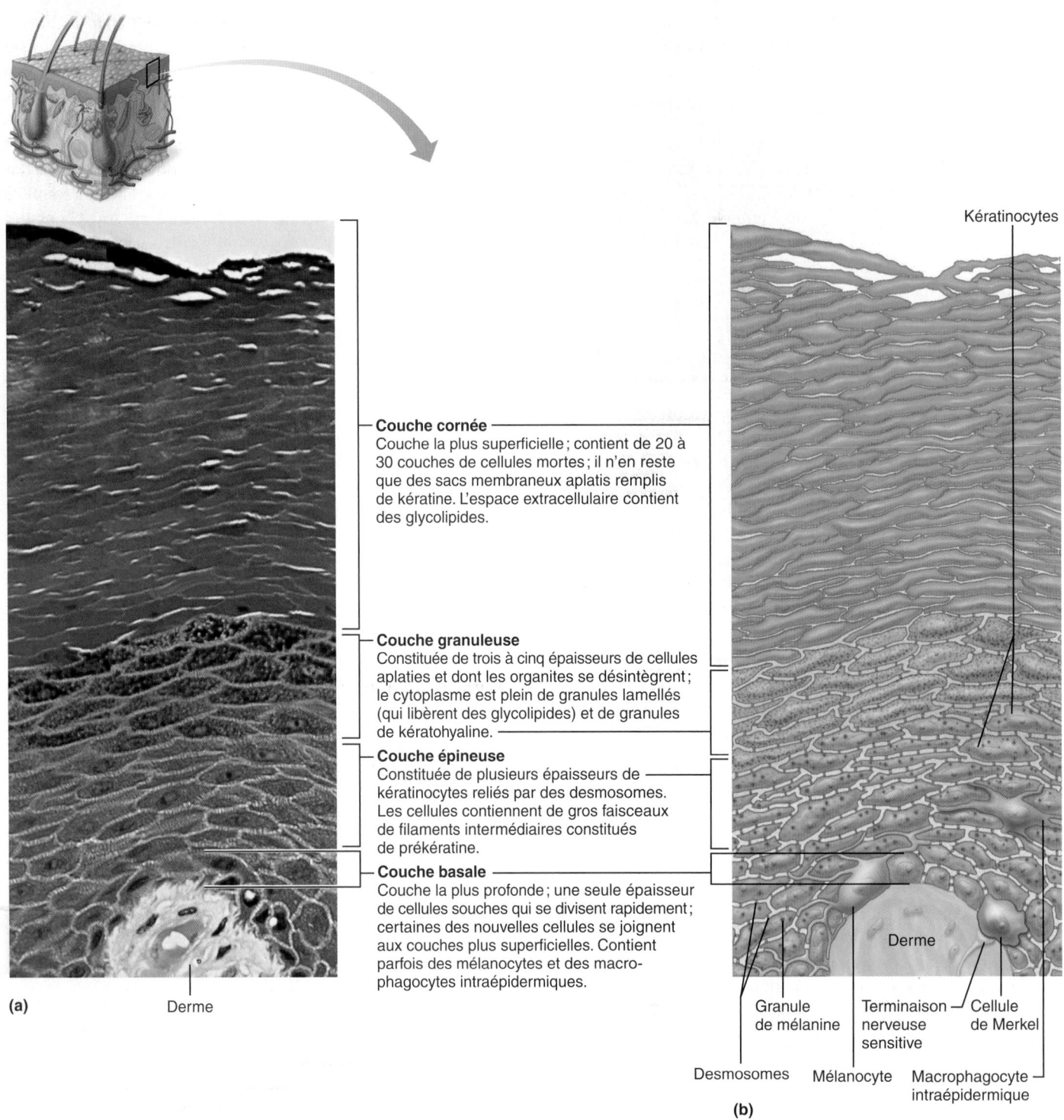

Couche cornée
Couche la plus superficielle ; contient de 20 à 30 couches de cellules mortes ; il n'en reste que des sacs membraneux aplatis remplis de kératine. L'espace extracellulaire contient des glycolipides.

Couche granuleuse
Constituée de trois à cinq épaisseurs de cellules aplaties et dont les organites se désintègrent ; le cytoplasme est plein de granules lamellés (qui libèrent des glycolipides) et de granules de kératohyaline.

Couche épineuse
Constituée de plusieurs épaisseurs de kératinocytes reliés par des desmosomes. Les cellules contiennent de gros faisceaux de filaments intermédiaires constitués de prékératine.

Couche basale
Couche la plus profonde ; une seule épaisseur de cellules souches qui se divisent rapidement ; certaines des nouvelles cellules se joignent aux couches plus superficielles. Contient parfois des mélanocytes et des macrophagocytes intraépidermiques.

(a) Derme

Kératinocytes

Derme

Granule de mélanine

Terminaison nerveuse sensitive

Cellule de Merkel

Desmosomes Mélanocyte Macrophagocyte intraépidermique

(b)

Figure 5.2 Principales structures de l'épiderme. (a) Photomicrographie montrant les quatre principales couches de l'épiderme (200×). **(b)** Schéma montrant les quatre couches et la quantité relative des différents types de cellules. Les quatre types de cellules sont les kératinocytes (en orange), les mélanocytes (en gris), les macrophagocytes intraépidermiques (en violet) et les cellules de Merkel (en bleu). Une terminaison nerveuse sensitive (en jaune), appelée corpuscule tactile non capsulé, traverse le derme (en rose) pour se lier à une cellule de Merkel et former un récepteur du toucher. On peut observer que les kératinocytes sont reliés les uns aux autres par de nombreux desmosomes. La couche claire présente dans la peau épaisse n'est pas illustrée ici.

et dont l'épaisseur ne dépasse pas 0,05 mm (paupières), il ne semble pas y avoir de couche claire, et les autres couches sont plus minces (figure 5.2a, b).

Couche basale (stratum basale) La **couche basale**, aussi appelée **couche germinative**, est fixée au derme sous-jacent par une bordure ondulée formée d'une membrane basale. Elle se compose principalement d'une seule épaisseur de cellules, qui se renouvelle continuellement, constituée des kératinocytes les plus jeunes. Le grand nombre de cellules à l'un des stades de la mitose que l'on peut observer dans cette couche témoigne de la rapidité avec laquelle ces cellules se divisent pour donner des kératinocytes. Chaque fois qu'une des cellules de la couche basale se divise, une cellule fille est poussée vers la couche de cellules située juste au-dessus, où elle entreprend sa spécialisation et se transforme en kératinocyte mature. L'autre cellule fille reste dans la couche basale pour continuer à produire de nouveaux kératinocytes.

De 10 à 25 % des cellules de la couche basale sont des mélanocytes. Leurs prolongements s'étendent vers les kératinocytes et peuvent atteindre les cellules épineuses du stratum spinosum. La couche basale contient également quelques cellules de Merkel.

Couche épineuse (stratum spinosum) La **couche épineuse** contient de 8 à 10 épaisseurs de grosses cellules polyédriques. Celles-ci renferment un réseau de filaments intermédiaires, principalement des faisceaux de prékératine résistant à la tension, qui traversent le cytosol pour se rattacher aux desmosomes. Ressemblant aux boules hérissées de pointes que les soldats du Moyen Âge utilisaient comme arme, les kératinocytes de cette couche portent le nom de *cellules épineuses*. Ces projections n'existent pas sur la membrane plasmique des cellules vivantes ; elles résultent de la préparation des tissus avant leur observation au microscope. En fait, elles se forment lorsque les cellules rétrécissent mais restent attachées les unes aux autres par leurs nombreux desmosomes. On trouve, disséminés parmi les kératinocytes, des granules de mélanine et des macrophagocytes intraépidermiques ; ces derniers sont particulièrement abondants dans cette couche de l'épiderme.

Couche granuleuse (stratum granulosum) La mince **couche granuleuse** est constituée de trois à cinq épaisseurs de cellules dans lesquelles les kératinocytes changent considérablement d'aspect. Le processus de **kératinisation**, au cours duquel les cellules se remplissent de protéines, la kératine, commence. Les kératinocytes s'aplatissent, leur noyau et leurs organites commencent à se désintégrer – par suite de la libération d'enzymes par les lysosomes (voir le mécanisme de l'apoptose, p. 124) –, et ils accumulent des *granules de kératohyaline* et des *granules lamellés*. Les granules de kératohyaline favorisent la formation de kératine dans la couche supérieure, de la manière que nous verrons dans la section sur la couche claire. Les granules lamellés contiennent un glycolipide imperméabilisant, sécrété dans l'espace extracellulaire, qui contribue fortement à limiter la déperdition d'eau dans les couches épidermiques. La membrane plasmique qui entoure ces cellules s'épaissit lorsque les protéines du cytosol adhèrent à sa face interne et que les lipides libérés

par les granules lamellés tapissent sa face externe. Ces changements rendent les kératinocytes plus résistants, si bien que l'on peut dire que ces derniers « s'endurcissent » dans le but de faire des couches supérieures la région la mieux renforcée de la peau.

À l'instar de tous les épithéliums, l'épiderme puise ses nutriments dans les capillaires du tissu conjonctif sous-jacent (le derme dans ce cas-ci). Toutefois, les cellules épidermiques situées au-dessus de la couche granuleuse sont trop éloignées de ces capillaires et ne peuvent absorber de nutriments par leur surface externe recouverte de glycolipides : en conséquence, elles meurent. Ce phénomène est un processus normal.

Couche claire (stratum lucidum) L'observation au microscope optique révèle une fine bande translucide, appelée **couche claire**, juste au-dessus de la couche granuleuse. La couche claire est une couche de transition formée de quelques épaisseurs de kératinocytes clairs, aplatis et morts, aux contours mal définis. C'est à cet endroit, ou dans la couche cornée située au-dessus, que la substance adhérente des granules de kératohyaline provenant des cellules de la couche granuleuse s'unit aux filaments de kératine situés à l'intérieur des cellules, rassemble ces filaments en rangs parallèles et les réunit en formant des ponts transversaux. Comme nous l'avons déjà mentionné, la couche claire n'existe que dans la peau épaisse.

Couche cornée (stratum corneum) La **couche cornée** est la couche la plus superficielle de l'épiderme. Elle se compose de 20 à 30 rangées de cellules et peut occuper jusqu'aux trois quarts de l'épaisseur de l'épiderme. La kératine et les membranes plasmiques épaissies des cellules de la couche cornée protègent la peau contre l'abrasion et la pénétration. En outre, le glycolipide contenu entre les cellules imperméabilise cette couche. La couche cornée ressemble donc à un mur de briques où le mortier serait le glycolipide et les briques, les cellules ou ce qu'il en reste. Elle procure au corps une « enveloppe » durable qui protège les cellules plus profondes contre les agressions de l'environnement (l'air) et contre la déperdition d'eau. Elle empêche également la pénétration de substances chimiques et de bactéries dans le milieu interne, tout en limitant les effets des conditions physiques de l'environnement. Il est assez remarquable qu'une couche de cellules mortes puisse encore avoir des fonctions si importantes !

La couche cornée est composée de cellules mortes appelées *cellules kératinisées* ou *cornées* (*cornu* : corne), ou encore *cornéocytes*, entièrement remplies de fibrilles de kératine et empilées les unes sur les autres. Nous connaissons tous sous le nom de *pellicules* ces flocons constitués de cellules kératinisées qui se détachent par groupes de la peau sèche. (Une personne perd en moyenne 18 kg de pellicules au cours de sa vie, procurant ainsi une nourriture abondante aux acariens qui habitent nos maisons et nos lits.)

VÉRIFIONS NOS ACQUIS

1. Pieds nus dans la grange, Jérémie marche sur un clou rouillé qui traverse complètement l'épiderme de la plante de son pied. Nommez les couches traversées par le clou, de la couche superficielle jusqu'à la jonction avec le derme.

2. La couche basale est également appelée couche germinative. Ce nom renvoie à la principale fonction de cette couche de cellules. De quelle fonction s'agit-il?

3. Pourquoi est-il si important que les kératinocytes soient reliés par des desmosomes?

4. Puisque l'épithélium n'est pas vascularisé, quelle couche épidermique devrait posséder les cellules les mieux nourries?

Les réponses se trouvent à l'appendice G.

Derme

La seconde partie de la peau, le **derme** (*derma:* peau), est constituée de tissu conjonctif à la fois résistant et flexible. On y rencontre les cellules qui composent habituellement le tissu conjonctif proprement dit: des fibroblastes et des fibrocytes, des macrophagocytes et, à l'occasion, des mastocytes et des globules blancs. Sa matrice gélatineuse, imprégnée de fibres, enveloppe tout le corps à la manière d'un collant. Nous pouvons dire qu'il est notre «dépouille»: il correspond exactement aux dépouilles animales dont on tire des cuirs de grand prix.

Le derme est riche en neurofibres, en vaisseaux sanguins et en vaisseaux lymphatiques. Les vaisseaux sanguins du derme forment deux grands plexus vasculaires (ou réseaux vasculaires). Le premier est le *plexus dermique*; situé à la base du derme, il émet des vaisseaux qui forment, sous l'épiderme, un second réseau, le *plexus sous-papillaire*.

Le derme est formé de deux couches adjacentes, soit la couche papillaire et la couche réticulaire, sans frontières définies **(figure 5.3)**. La **couche papillaire** est une mince couche de tissu conjonctif aréolaire composée de fines fibres d'élastine et de collagène entrelacées qui permettent le passage de nombreux vaisseaux sanguins et des neurofibres. Comme ce tissu

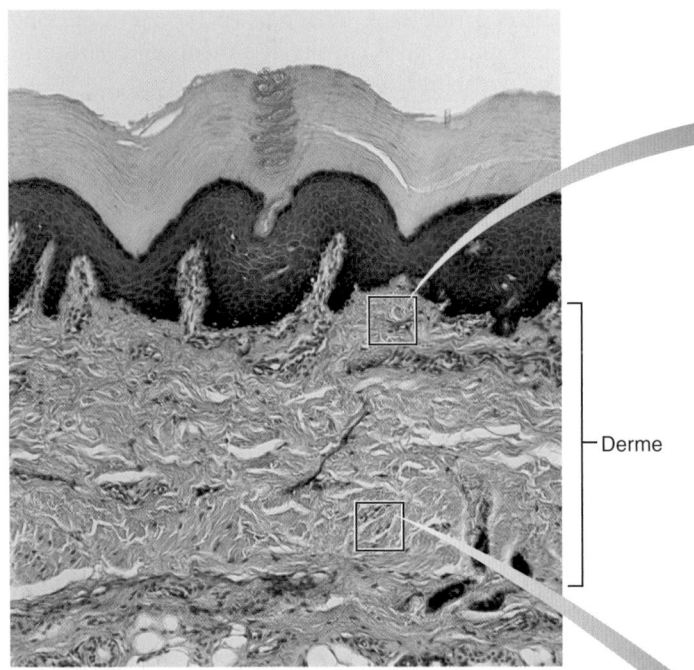

(a) Photographie d'une coupe de peau prise au microscope optique montrant l'épaisseur du derme (50×)

Derme

(b) Couche papillaire du derme (MEB 22 700×)

(c) Couche réticulaire du derme (MEB 38 500×)

Figure 5.3 **Les deux régions du derme.** La couche papillaire supérieure est composée de tissu conjonctif aréolaire, et la couche réticulaire, plus profonde, est composée de tissu conjonctif dense irrégulier.

SOURCE: Kessel et Kardon/Visuals Unlimited.

conjonctif est lâche, les macrophagocytes et d'autres cellules protectrices peuvent circuler librement et patrouiller dans la région à la recherche de bactéries qui auraient pénétré dans la peau. La partie supérieure est constellée de projections mamillaires, appelées **papilles du derme** (*papilla*: bout du sein), qui donnent à la surface externe du derme des allures de montagnes russes (figure 5.1). De nombreuses papilles du derme sont pourvues de bouquets capillaires (issus des plexus sous-papillaires); d'autres abritent des terminaisons nerveuses libres (récepteurs de la douleur) et des récepteurs du toucher, également appelés *corpuscules tactiles capsulés*. Dans les creux formés par les expansions que sont les papilles du derme se logent des excroissances de l'épiderme, les *crêtes épidermiques*, particulièrement bien développées sur la paume des mains et la plante des pieds **(figure 5.4)**. L'ensemble de ces crêtes formées par les papilles du derme et les crêtes épidermiques constitue les **crêtes de la peau**; elles s'opposent aux forces de cisaillement qui auraient tendance à séparer l'épiderme du derme, augmentent la friction et accroissent la capacité d'adhérence des doigts et des pieds. Leur situation, déterminée génétiquement, est unique chez chaque individu et ne change pas avec le temps. Parce que les glandes sudoripares s'ouvrent le long du sommet des crêtes de la peau, les bouts des doigts laissent, sur presque tout ce qu'ils touchent, une mince couche de transpiration qu'il est possible d'identifier et que l'on appelle dermatoglyphe ou, plus couramment, *empreinte digitale*.

La **couche réticulaire**, plus profonde, s'étend sur environ 80 % de l'épaisseur du derme. Elle est composée de tissu conjonctif dense irrégulier (figure 5.3c). Le plexus dermique, le réseau de vaisseaux sanguins qui irrigue la couche réticulaire, est situé entre celle-ci et l'hypoderme. Sa matrice extracellulaire renferme des poches d'adipocytes çà et là, des fibres élastiques épaisses et d'épais faisceaux de fibres collagènes enchevêtrées, diversement orientées mais pour la plupart parallèles à la surface de la peau. Les séparations, c'est-à-dire les régions les moins denses situées entre les faisceaux, forment dans la peau des **lignes de tension** (ou **lignes de Langer**); elles reflètent le fait que la peau possède un certain tonus: les faisceaux de collagène et d'élastine lui font en effet subir une tension permanente. Les lignes de tension, qui ne sont pas visibles de l'extérieur, suivent en général une trajectoire longitudinale dans la peau de la tête et des membres, mais elles présentent des motifs circulaires dans le cou et le tronc (figure 5.4b).

Elles sont particulièrement importantes tant pour les chirurgiens que pour leurs patients. En effet, les lèvres d'une incision pratiquée *parallèlement* à ces lignes plutôt que *transversalement* se rapprochent plus facilement, grâce aux forces exercées par les lignes de tension intactes; la plaie guérit plus vite et produit moins de tissu cicatriciel.

Les fibres collagènes du derme confèrent à la peau la résistance et l'élasticité qui lui sont nécessaires pour protéger le derme contre les piqûres et les éraflures. De plus, elles fixent

Crêtes de la peau

Ouvertures des conduits des glandes sudoripares

(a)

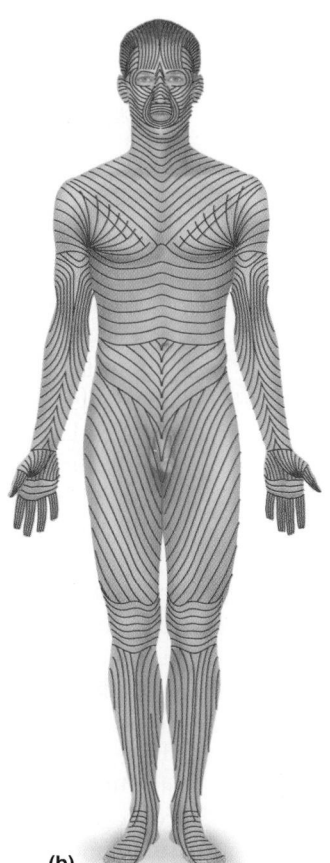

(b)

Figure 5.4 Variations du derme produisant un tracé caractéristique. (a) Photomicrographie par balayage électronique des crêtes de la peau (crêtes épidermiques qui, dans la peau épaisse, surmontent les papilles profondes du derme; 200×). On peut voir l'ouverture des conduits sudoripares, qui sont responsables des empreintes digitales, le long des crêtes de la peau. **(b)** Les lignes de tension indiquent les séparations entre les faisceaux de fibres collagènes sous-jacents de la couche réticulaire du derme. Leur tracé est circulaire autour du tronc et vertical sur les membres.

l'eau et contribuent ainsi à l'hydratation de la peau. Les fibres d'élastine procurent à la peau la capacité de retrouver sa forme après un étirement.

Outre les crêtes de la peau et les lignes de tension, il existe un troisième type de plis de la peau, les **lignes de flexion**, qui sont le reflet de modifications dermiques. Les lignes de flexion sont disposées dans les replis du derme à proximité des articulations, là où le derme est plus solidement fixé aux structures sous-jacentes (notez les plis profonds de la paume des mains). Dans ces régions, la peau ne peut pas glisser assez librement pour s'adapter aux mouvements des articulations, de sorte que le derme se plisse et que des sillons apparaissent. Les lignes de flexion sont aussi visibles sur les poignets, les doigts, la plante des pieds et les orteils.

DÉSÉQUILIBRE HOMÉOSTATIQUE

Un étirement extrême de la peau, comme celui qui se produit dans la région abdominale au cours d'une grossesse ou chez les individus obèses, peut déchirer le derme. Une déchirure dermique se présente sous la forme d'une cicatrice d'abord rouge, puis pourpre et enfin d'un blanc argenté, appelée *vergeture*. Un traumatisme bref mais intense (une brûlure ou l'utilisation d'un outil, par exemple) peut causer une *ampoule*, c'est-à-dire une séparation des couches de l'épiderme et du derme provoquée par la formation d'une poche remplie de liquide interstitiel. ∎

VÉRIFIONS NOS ACQUIS

5. À quelle zone du derme les empreintes digitales sont-elles associées ?
6. Quel élément des cellules de l'hypoderme contribue à absorber les chocs ?
7. Vous venez de vous couper avec une feuille de papier. La coupure est douloureuse, mais ne saigne pas. Quelle structure est atteinte, le derme ou l'épiderme ?
8. Pourquoi le sens d'une incision effectuée dans la peau influe-t-il sur la rapidité de la cicatrisation et sur l'importance de la production de tissu cicatriciel ?

Les réponses se trouvent à l'appendice G.

Couleur de la peau

Trois pigments sont responsables de la couleur de la peau: la mélanine, le carotène et l'hémoglobine. Seule la mélanine est fabriquée dans la peau. La **mélanine** est un polymère synthétisé à partir de la tyrosine, un acide aminé; elle se présente sous deux formes: l'une est brun-noir (l'*eumélanine*) et l'autre est brun-rouge (la *phéomélanine*). Comme ces deux formes peuvent s'associer dans n'importe quelle proportion, toutes les nuances de couleur sont possibles entre le jaune et le noir, en passant par le roux. La synthèse de la mélanine dépend d'une enzyme présente dans les mélanocytes, appelée tyrosinase. Comme nous l'avons vu, ce pigment est transmis des mélanocytes aux kératinocytes de la couche basale. On ne le

trouve cependant que dans les couches profondes de l'épiderme, car les mélanosomes sont dégradés par les lysosomes à mesure que les cellules sont poussées vers la couche superficielle de la peau.

La peau des êtres humains peut être de différentes couleurs. La répartition de ces teints n'est toutefois pas aléatoire. En effet, les populations ayant la peau la plus foncée sont situées surtout près de l'équateur (où une plus grande protection contre le soleil est nécessaire) et celles ayant la peau la plus claire se trouvent plus près des pôles. Étant donné que tous les êtres humains ont, toutes proportions gardées, le même nombre de mélanocytes, les différences entre les individus et les groupes raciaux quant à la couleur de la peau sont fonction du type et de la quantité de mélanine produite et retenue. Les mélanocytes des individus à la peau noire ou brune élaborent des mélanosomes plus foncés, plus nombreux (il y en a de 8 à 10 fois plus dans la peau noire que dans la peau blanche) et de plus grande taille que les mélanocytes des individus à la peau plus pâle. De plus, leurs kératinocytes retiennent plus longtemps la mélanine. Les *taches de rousseur* et les *nævus pigmentaires* (grains de beauté) sont produits par une accumulation locale de mélanine.

L'exposition au soleil stimule l'activité des mélanocytes. Ainsi, une exposition prolongée produit une accumulation lente mais, avec le temps, substantielle d'eumélanine, qui contribue à protéger l'ADN des cellules viables de la peau contre les rayons ultraviolets en absorbant la lumière et en dissipant l'énergie sous forme de chaleur. En fait, la réparation plus rapide de l'ADN photoendommagé est le signal qui déclenche l'accélération de la synthèse de la mélanine. Sauf chez les individus à la peau noire, cette réaction rend la peau plus foncée – c'est le bronzage.

DÉSÉQUILIBRE HOMÉOSTATIQUE

Malgré les effets protecteurs de la mélanine, l'exposition excessive au soleil finit par endommager la peau. On assiste alors à une agglutination des fibres élastiques donnant à la peau un aspect tanné, ainsi qu'à une dépression temporaire du système immunitaire et, parfois, à une altération de l'ADN (mutations), qui mènera – cela peut prendre quelques dizaines d'années – à un cancer de la peau. Le fait que les individus à la peau foncée sont plus rarement atteints de cancers de la peau que ceux qui ont la peau pâle et que, chez eux, ce sont les régions les moins pigmentées (plante du pied et lit des ongles) qui sont touchées démontre à quel point la mélanine constitue un écran solaire efficace.

Les rayons ultraviolets peuvent avoir d'autres effets nocifs. Ils détruisent l'acide folique emmagasiné dans l'organisme et qui est nécessaire à la synthèse de l'ADN, ce qui peut être grave, surtout chez les femmes enceintes, car un déficit en acide folique risque de perturber le développement du tube neural de l'embryon et causer la formation d'un spina bifida. De nombreuses substances chimiques induisent la photosensibilité: elles accentuent la sensibilité de la peau aux rayons ultraviolets et provoquent parfois chez les fanatiques du bronzage une éruption cutanée dont ils se passeraient bien. On trouve de telles substances dans quelques antibiotiques et antihistaminiques, dans des parfums et des détergents, ainsi que dans une substance chimique contenue dans la lime et le céleri. De petites lésions font alors leur apparition sur tout le corps ; elles se présentent sous forme de cloques et s'accompagnent de démangeaisons. Puis la peau commence à peler en lambeaux. ■

Le **carotène** est un pigment dont les tons varient du jaune à l'orangé. Certains végétaux en contiennent, comme la carotte. Il s'accumule surtout dans la couche cornée de l'épiderme et dans les cellules adipeuses de l'hypoderme. Sa couleur apparaît de façon plus manifeste sur la paume des mains et la plante des pieds, où la couche cornée est plus épaisse, et elle devient plus profonde chez les personnes qui absorbent de grandes quantités d'aliments riches en carotène. Il faut cependant noter que la teinte jaunâtre de la peau des peuples asiatiques est imputable à des variations de la couleur de la mélanine et non à l'accumulation de carotène. Le carotène peut être transformé en vitamine A dans l'organisme ; cette vitamine est essentielle pour la vision et pour le maintien en bon état de l'épiderme.

La teinte rosée des peaux claires est due à la couleur rouge foncé de l'**hémoglobine** oxygénée que renferment les globules rouges circulant dans les capillaires dermiques. Parce que la peau des Blancs contient peu de mélanine, l'épiderme est plutôt transparent et l'on peut voir à travers lui la couleur rosée de l'hémoglobine.

DÉSÉQUILIBRE HOMÉOSTATIQUE

La cyanose (*kuanos* : bleu sombre) indique une oxygénation insuffisante de l'hémoglobine : le sang et la peau des sujets à la peau blanche prennent une teinte bleuâtre. La peau peut devenir cyanosée quand le sang manque d'oxygène, comme c'est le cas lorsqu'une personne subit un infarctus du myocarde ou souffre de graves difficultés respiratoires, telles que l'emphysème. Chez les individus à la peau foncée, la peau ne change pas de couleur parce que la mélanine dissimule les effets de la cyanose ; la cyanose demeure toutefois apparente sur les muqueuses (celles des lèvres, par exemple) et sur le lit de l'ongle (aux mêmes endroits où la teinte rouge du sang bien oxygéné est visible).

Divers stimulus émotionnels influent également sur la couleur de la peau chez certaines personnes. Par ailleurs, de nombreuses fluctuations de sa coloration peuvent indiquer certains états pathologiques :

■ *Rougeur,* ou *érythème* : une peau qui tire sur le rouge peut indiquer de l'embarras (rougissement), de la fièvre, de l'hypertension, une inflammation ou une allergie.

■ *Pâleur,* ou *blancheur* : certains individus pâlissent sous le coup de tensions émotionnelles (peur, colère, etc.). Une peau pâle peut aussi être un signe d'anémie ou d'hypotension.

■ *Jaunisse,* ou *ictère* : une coloration jaune anormale de la peau révèle généralement des troubles d'ordre hépatique. Les pigments biliaires (bilirubine) s'accumulent dans le sang et se déposent dans tous les tissus du corps. (Normalement, les cellules du foie sécrètent les pigments biliaires en tant que composants de la bile et ceux-ci sont déversés dans le tube digestif.)

■ *Couleur de bronze* : une peau ayant l'apparence presque métallique du bronze est un signe de la maladie d'Addison, dans laquelle le cortex surrénal produit des quantités inadéquates d'hormones stéroïdiennes ; ou elle traduit la présence d'une tumeur de l'hypophyse, qui sécrète alors de la mélanostimuline de manière inappropriée.

■ *Bleus,* ou *ecchymoses* : des marques bleu-noir apparaissent dans les régions où le sang s'est échappé des vaisseaux sanguins pour se coaguler sous la peau. Ces masses de sang coagulé sont appelées *hématomes.* ■

VÉRIFIONS NOS ACQUIS

9. La mélanine et le carotène sont deux pigments qui donnent sa couleur à la peau. Comment se nomme le troisième pigment et où se trouve-t-il ?
10. Qu'est-ce que la cyanose et qu'indique-t-elle ?
11. Quelle altération de la couleur de la peau peut indiquer des troubles d'ordre hépatique ?

Les réponses se trouvent à l'appendice G.

Annexes cutanées

3 Comparer la structure et la répartition des glandes sudoripares et sébacées ainsi que la composition et les fonctions de leurs sécrétions.

4 Comparer les glandes sudoripares mérocrines et les glandes sudoripares apocrines.

5 Décrire la structure des ongles.

6 Décrire la structure du poil ; définir les principes qui déterminent la couleur des poils. Décrire la répartition, la croissance et le renouvellement des poils ainsi que les changements dont ils font l'objet tout au long de l'existence.

7 Énumérer les parties d'un follicule pileux et expliquer leurs fonctions respectives. Décrire la relation fonctionnelle entre le muscle arrecteur du poil et le follicule pileux.

8 Montrer comment les différentes annexes cutanées participent au maintien de l'homéostasie de l'organisme.

Outre la peau, le système tégumentaire comporte un certain nombre d'annexes, dont plusieurs résident dans le derme, bien qu'elles dérivent de l'épiderme. Ces **annexes cutanées** sont les poils et les follicules pileux, les ongles, les glandes sudoripares et les glandes sébacées. Chacune joue un rôle important dans le maintien de l'homéostasie de l'organisme.

Le début du développement de tout type d'annexe cutanée nécessite la formation d'un bourgeon épithélial. Ce processus est stimulé par une réduction de la production de cadhérine. Une fois que les attractions entre les cellules sont rompues, les cellules peuvent se déplacer et se réorganiser, ce qui permet la formation d'un bourgeon.

Glandes sudoripares

Les **glandes sudoripares** (*sudor*: sueur) sont réparties sur toute la surface du corps, à l'exception des mamelons et de certaines parties des organes génitaux externes. Chaque être humain en possède de 500 à 1000 par centimètre carré, pour un total de plus de 3 millions. On distingue les glandes sudoripares mérocrines et les glandes sudoripares apocrines. Peu importe leur type, les cellules sécrétrices sont associées aux cellules myoépithéliales, des cellules spécialisées qui se contractent quand elles sont stimulées par le système nerveux. Leur contraction pousse la sueur à travers le système de conduits des glandes vers la surface de la peau.

Les **glandes sudoripares mérocrines**, ou glandes sudoripares eccrines, sont de loin les plus nombreuses. Elles sont plus particulièrement abondantes sur la paume des mains, la plante des pieds et le front. Chacune d'elles est une glande simple, tubuleuse et en spirale. La partie sécrétrice se trouve enroulée dans le derme ou dans l'hypoderme; le canal excréteur s'étend et débouche sur un **pore** (*poros*: conduit) en forme d'entonnoir, situé sur une crête de la peau (figure 5.5b). (Ces pores sudoripares sont différents de ce que l'on appelle les pores de la peau du visage, qui sont en fait les orifices externes des follicules pileux.)

La sécrétion des glandes mérocrines, mieux connue sous le nom de sueur, ou transpiration, est un filtrat hypotonique du sang qui traverse les cellules sécrétrices des glandes sudoripares pour être ensuite libéré par exocytose dans la lumière de la glande. Elle est composée à 99 % d'eau, de quelques sels minéraux (en grande partie du chlorure de sodium), de vitamine C, d'anticorps, d'un peptide microbicide (qui s'attaque aux bactéries et aux mycètes) appelé *dermicidine*, de traces de déchets métaboliques (urée, acide urique, ammoniac) et d'acide lactique (substance chimique qui attire les moustiques). Sa composition exacte est fonction de l'hérédité et du régime alimentaire. Les glandes sudoripares éliminent également de faibles quantités de certaines substances médicamenteuses absorbées. La sueur est normalement acide et son pH se situe entre 4 et 6.

La transpiration est régie par les neurofibres sympathiques du système nerveux autonome, qui échappe presque totalement à notre volonté. Elle contribue avant tout à la prévention du réchauffement excessif du corps. Cette forme de transpiration se manifeste d'abord dans la zone du front avant de toucher le reste du corps. La transpiration d'origine émotionnelle (la *sueur froide* provoquée par la peur, la gêne ou la nervosité) apparaît sur la paume des mains, la plante des pieds et sous les aisselles, puis se répartit sur le reste du corps.

Les **glandes sudoripares apocrines** sont confinées dans une large mesure aux régions axillaires (aisselles) et anogénitopérinéale; on en dénombre environ 2000 sur toute la surface de l'organisme. Malgré leur nom (voir la définition du terme « apocrine » à la page 143), il s'agit de glandes mérocrines, qui libèrent leurs sécrétions par exocytose, tout comme les glandes sudoripares mérocrines. Elles sont toutefois plus grosses que ces dernières, ont tendance à être situées plus en profondeur dans le derme ou même dans l'hypoderme et leur

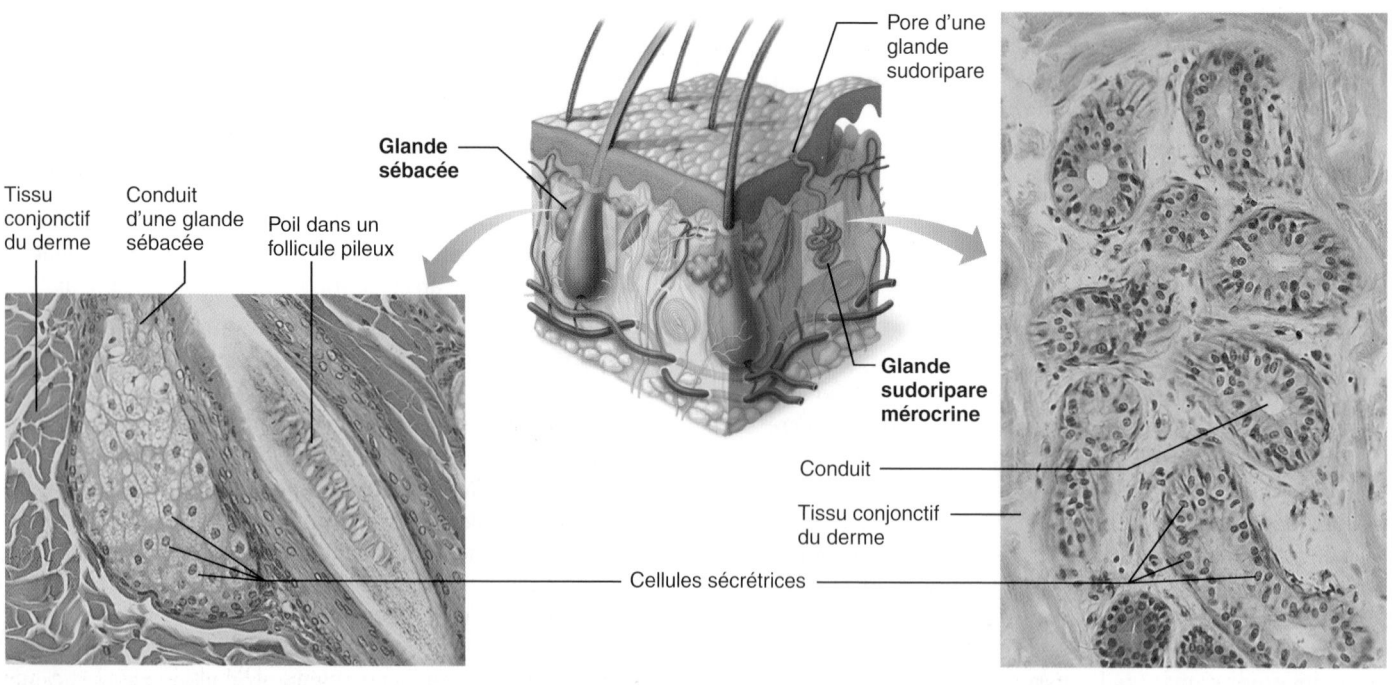

Tissu conjonctif du derme   **Conduit d'une glande sébacée**   **Poil dans un follicule pileux**

Glande sébacée

Pore d'une glande sudoripare

Glande sudoripare mérocrine

Conduit

Tissu conjonctif du derme

Cellules sécrétrices

(a) Photomicrographie d'une glande sébacée sectionnée (220×)

(b) Photomicrographie d'une glande sudoripare mérocrine sectionnée (220×)

Figure 5.5   **Glandes cutanées.**

conduit débouche dans la partie supérieure d'un follicule pileux, et non directement à la surface de la peau. Outre les composants de base de la sueur des glandes mérocrines, les sécrétions des glandes apocrines contiennent des lipides et des protéines. Elles sont donc quelque peu visqueuses et parfois de couleur laiteuse ou jaunâtre. Ces sécrétions sont inodores mais, quand leurs molécules organiques sont détruites par les bactéries normalement présentes sur la surface de la peau, elles prennent une odeur musquée, en général assez déplaisante, qui est à l'origine de l'odeur corporelle.

Les glandes sudoripares apocrines commencent à fonctionner à la puberté sous l'influence des androgènes et ne jouent qu'un rôle restreint dans la thermorégulation. Chez les animaux, ce sont des glandes odoriférantes qui jouent un rôle dans le marquage du territoire et la reconnaissance olfactive des individus, mais chez l'humain leur fonction précise n'est pas encore clairement établie. On sait cependant qu'elles sont activées par les neurofibres sympathiques sous l'effet de la douleur et de stimulus psychiques. Leur activité est accrue par la stimulation sexuelle et leur taille augmente et rétrécit selon les phases du cycle menstruel de la femme.

Les **glandes cérumineuses** (*cera*: cire) sont des glandes sudoripares apocrines modifiées que l'on trouve dans la peau mince qui tapisse le méat acoustique externe. Leur sécrétion se mélange avec le sébum produit par les glandes sébacées avoisinantes, ce qui produit une substance poisseuse appelée *cérumen*, ou cire; on pense que cette substance sert à repousser les insectes et à empêcher les corps étrangers de pénétrer dans l'oreille.

Les **glandes mammaires** sont un autre type de glandes sudoripares, dont les cellules fabriquent et sécrètent le lait. Bien qu'elles fassent partie du système tégumentaire, nous les étudions plus en détail au chapitre 27, dans la section traitant des organes génitaux de la femme.

Glandes sébacées

Les **glandes sébacées** (figure 5.5a) sont des glandes simples alvéolaires ramifiées. Elles sont présentes sur tout le corps à l'exception de la paume des mains et de la plante des pieds. Petites sur le tronc et sur les membres, elles sont assez grosses sur le visage, le cou et la partie supérieure de la poitrine. Ces glandes sécrètent une substance huileuse appelée **sébum** (*sebum*: suif). Les cellules centrales des alvéoles accumulent des lipides jusqu'à l'engorgement et l'éclatement. Sur le plan fonctionnel, ces glandes sont donc des *glandes holocrines* (voir ce terme aux pages 141 et 143). Le sébum est constitué de lipides et de débris cellulaires provenant de la désintégration des cellules glandulaires.

La plupart des glandes sébacées se forment à partir d'un follicule pileux et sécrètent du sébum dans ce follicule ou, pour les régions situées entre la peau et une muqueuse, directement vers un pore de la surface de l'épiderme. Le sébum assouplit et lubrifie les poils et la peau; il diminue l'évaporation d'eau lorsque l'humidité externe est faible; enfin, il possède une action *bactéricide*, qui est sans doute sa fonction la plus importante.

La sécrétion du sébum est stimulée par les hormones, en particulier par les androgènes. L'activité des glandes sébacées reste faible durant l'enfance. Elles entrent véritablement en fonction au moment de la puberté chez les deux sexes, quand la production d'androgènes commence à augmenter.

De plus, et c'est important pour les humains sur le plan physiologique, les contractions des muscles arrecteurs des poils poussent le sébum hors du follicule pileux, vers la surface de la peau.

⚖ DÉSÉQUILIBRE HOMÉOSTATIQUE

Lorsqu'une accumulation de sébum bouche le conduit d'une glande sébacée, un *point blanc* apparaît à la surface de la peau. Si elle s'oxyde et sèche, la matière noircit et forme un *point noir*. L'*acné* résulte d'une inflammation des glandes sébacées qui provoque la formation de «boutons» (pustules ou kystes) sur la peau. Elle est généralement causée par une infection bactérienne, le plus souvent par des staphylocoques. L'acné peut prendre une forme anodine ou extrêmement virulente et, dans ce dernier cas, laisser des cicatrices permanentes. La **séborrhée** («écoulement rapide de sébum»), appelée casque séborrhéique («croûtes de lait») chez le nouveau-né, est due à une sécrétion excessive des glandes sébacées. Elle apparaît sur le cuir chevelu, sous la forme de lésions roses boursouflées qui jaunissent puis brunissent progressivement avant de commencer à perdre des squames huileuses. ■

VÉRIFIONS NOS ACQUIS

12. À quelles glandes cutanées les follicules pileux sont-ils associés?

13. Quand Antoine rentre à la maison après avoir fait du jogging par 25 °C, son visage est couvert de sueur. Pourquoi?

14. Quelle est la différence entre la transpiration et la sueur froide? Quel type de glandes sudoripares y contribue?

15. La peau épaisse ne contient pas de glandes sébacées. Pourquoi leur absence est-elle souhaitable dans ces régions du corps?

Les réponses se trouvent à l'appendice G.

Poils et follicules pileux

Les poils, en particulier les cheveux, sont un élément important de notre image corporelle. Il y a des millions de poils distribués sur toute la surface de la peau sauf la paume des mains, la plante des pieds, les lèvres, les mamelons et certaines parties des organes génitaux externes (le gland du pénis, par exemple). Bien qu'ils aident les autres mammifères à se préserver du froid, les poils sont beaucoup moins abondants et utiles chez l'être humain. Nos poils clairsemés font toutefois partie de nos caractères sexuels secondaires (même si l'épilation est à la mode chez les deux sexes). Les cheveux protègent la tête contre les blessures, la déperdition de chaleur et la lumière du soleil. Par ailleurs, les cils et les sourcils abritent les yeux, et les poils du nez filtrent les grosses particules de poussière et les insectes présents dans l'air que nous inhalons. Enfin, les poils jouent un rôle sensitif dont nous parlerons plus loin.

Structure du poil

Le **poil**, qui a l'aspect d'un fil, est produit par le follicule pileux et essentiellement constitué de cellules kératinisées fusionnées et mortes. La *kératine dure*, qui compose la majeure partie du poil (et des ongles), a deux avantages par rapport à la *kératine molle* que l'on trouve dans l'épiderme : (1) elle est plus solide et plus durable ; et (2) ses cellules ne se desquament pas.

Les principales parties du poil sont la *tige*, dont la kératinisation est terminée, et la *racine*, où la kératisation est en cours. La tige s'élève au-dessus de la peau ; elle se prolonge environ jusqu'à mi-chemin de la partie du poil qui est enchâssée dans la peau (figure 5.6). La racine correspond au reste du poil qui est enfoncé dans le follicule. Chez les Noirs, la tige est plate et présente l'apparence d'un ruban en coupe transversale, et le poil est crépu ; chez les Blancs, la tige est ovale, et le poil est soyeux et ondulé ; chez les Asiatiques, la tige est parfaitement ronde, et le poil est raide et souvent rude.

Le poil comprend trois zones concentriques de cellules kératinisées (figure 5.6a, b). Au centre se trouve la *médulla* («milieu») formée de grosses cellules et d'espaces remplis d'air. Les poils fins ne possèdent pas de médulla, qui est la seule partie d'un poil à contenir de la kératine molle. La médulla est enveloppée d'une zone volumineuse, le *cortex*, qui contient plusieurs rangées de cellules plates. La **cuticule**, la zone la plus externe, est formée d'une simple couche de cellules qui se chevauchent comme des tuiles sur un toit. Cette disposition particulière des cellules de la cuticule maintient la séparation des poils et les empêche ainsi de s'emmêler. (Les revitalisants adoucissent la surface rugueuse de la cuticule et donnent du brillant à nos cheveux.) La cuticule est la zone la plus abondamment kératinisée ; elle renforce le poil et permet aux zones internes de rester compactes. Elle est particulièrement exposée à l'abrasion et s'amenuise au bout du poil, ce qui amène les fibrilles de kératine contenues dans le cortex et dans la médulla à rebiquer, phénomène bien connu sous le nom de «pointe fourchue».

Le pigment du poil est produit par des mélanocytes localisés à la base du poil, puis il est transféré dans les cellules du cortex. Différentes couleurs de mélanine (jaune, rouille, brun et noir) s'assemblent en proportions inégales afin de composer la couleur du poil, qui peut aller du blond au noir de jais. Quant aux poils roux, ils sont aussi colorés par la *trichosidérine*, un pigment qui contient du fer. Les poils gris ou blancs proviennent d'une déficience dans la production de mélanine (information transmise par des gènes à retardement), qui est alors remplacée par des bulles d'air dans la tige du poil.

Structure du follicule pileux

Le **follicule pileux** (*folliculus*: petit sac) est un organe qui se distingue de tous les autres organes du corps par sa grande autonomie et sa capacité d'autorégénération. Il provient d'une invagination de la surface de l'épiderme qui s'étend jusqu'au derme et peut s'enfoncer jusque dans l'hypoderme du cuir chevelu. Sa

forme et sa disposition varient selon le type de poil produit ; dans le cuir chevelu, le caractère frisé du cheveu est d'autant plus prononcé que le follicule est incliné. La base du follicule, qui est située à environ 4 mm sous la surface de la peau, s'élargit pour former le **bulbe pileux** (figure 5.6c, d). Un enchevêtrement de terminaisons nerveuses sensitives appelé **récepteur du follicule pileux**, ou **plexus de la racine du poil**, s'enroule autour de chaque follicule (figure 5.1) et il suffit d'effleurer les poils pour stimuler ces terminaisons. Nos poils jouent donc le rôle de récepteurs sensoriels du toucher.

■ Vous pouvez le vérifier en passant votre main sur les poils de votre avant-bras ; vous éprouverez une sensation de chatouillement.

La *papille du chorion* (ou *papille du poil*) est une saillie en forme de mamelon à la base du bulbe pileux. Elle est composée de tissu dermique et vascularisée par un enchevêtrement de capillaires qui apportent aux cellules du poil les nutriments et les signaux indispensables à sa croissance. Seule sa localisation la différencie des papilles du derme que l'on trouve partout ailleurs dans les couches sous-jacentes à l'épiderme (c'est d'ailleurs ainsi qu'on l'appelle souvent).

La paroi d'un follicule pileux est formée à l'extérieur d'une **gaine de tissu conjonctif** dérivée du derme, d'une membrane basale épaissie appelée *membrane vitrée* et, à l'intérieur, d'une **gaine de tissu épithélial** résultant d'une invagination de l'épiderme (figure 5.6). La gaine de tissu épithélial est elle-même composée de deux parties : la gaine épithéliale externe et la gaine épithéliale interne. Cette dernière disparaît à la hauteur de l'insertion de la glande sébacée, ce qui laisse un espace pour recevoir le sébum lorsqu'il est libéré. Les deux gaines s'amincissent à mesure qu'elles se rapprochent de la base du bulbe pileux, de telle façon qu'une seule couche de cellules épithéliales recouvre la papille du chorion. Cette paroi cellulaire de la papille forme la **matrice du poil**, où sont produites, par mitose, des cellules qui se remplissent de kératine et permettent l'allongement du poil. Ces dernières cellules tirent elles-mêmes leur origine d'une région (le «bulge» ou protubérance) située juste au-dessus du bulbe pileux, près de l'endroit où le muscle arrecteur du poil s'attache au poil : cette région contient une forte concentration de cellules souches pluripotentes. Lorsque certains signaux chimiques provenant de la papille atteignent cette région, quelques-unes des cellules du «bulge» migrent vers la papille, où elles se divisent et donnent les cellules du poil. Au fur et à mesure que la matrice produit de nouvelles cellules, la partie la plus ancienne du poil est poussée vers le haut ; ses cellules amalgamées deviennent de plus en plus kératinisées et meurent.

À chaque follicule pileux est associé un faisceau de cellules musculaires lisses appelé **muscle arrecteur du poil**. Comme vous pouvez l'observer à la figure 5.1, la plupart des follicules sont légèrement obliques lorsqu'ils parviennent à la surface de la peau. Les muscles arrecteurs des poils ont un de leur point d'attache sur la gaine conjonctive du follicule pileux et l'autre point d'attache est situé dans la couche papillaire du derme ; ils sont fixés de telle façon que leur contraction provoque le redressement du follicule, ce qui a pour effet de soulever la peau et de produire la «chair de poule» en réaction au froid ou à la

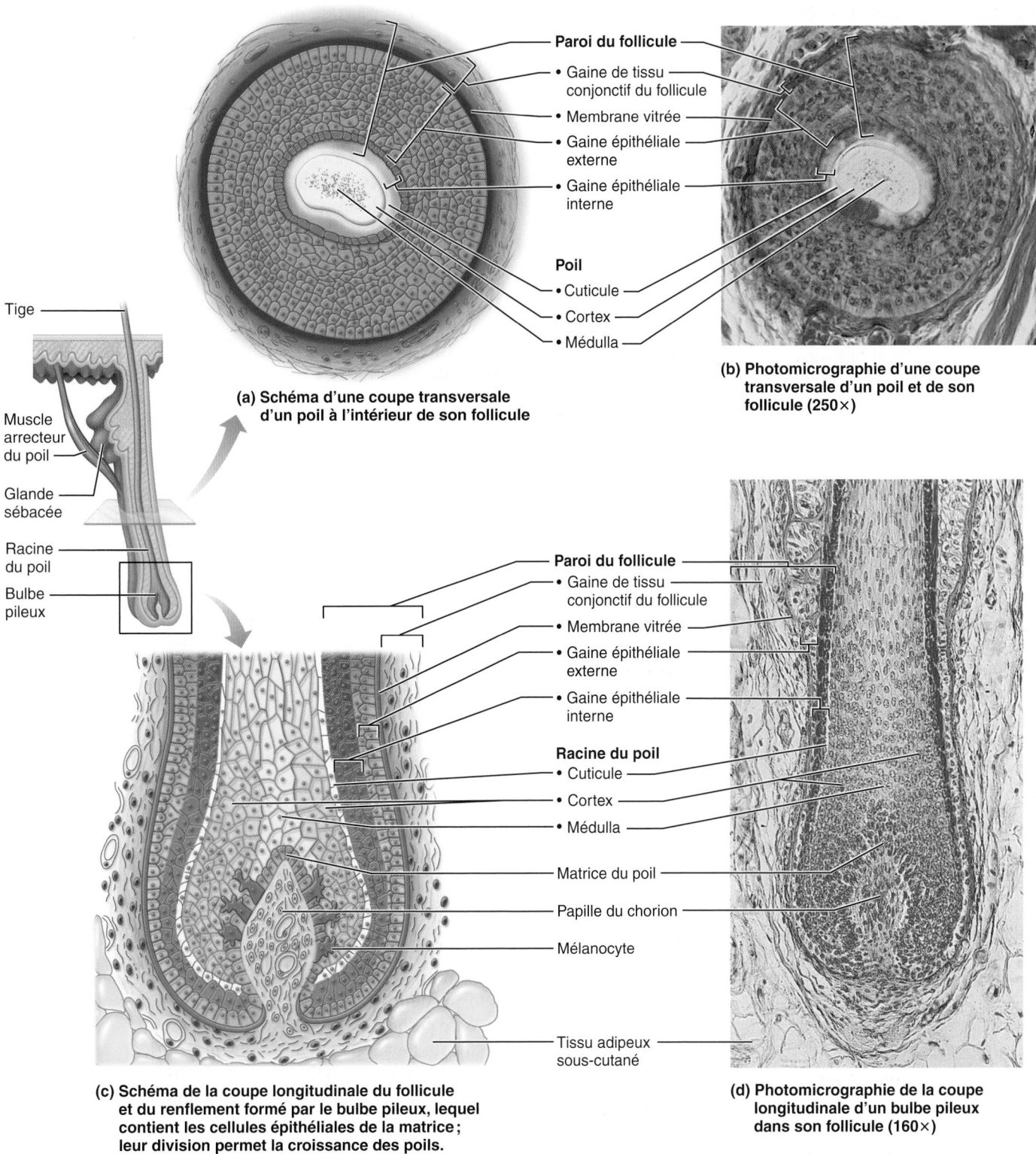

Tige

Muscle
arrecteur
du poil

Glande
sébacée

Racine
du poil

Bulbe
pileux

Paroi du follicule
• Gaine de tissu
conjonctif du follicule
• Membrane vitrée
• Gaine épithéliale
externe
• Gaine épithéliale
interne

Poil
• Cuticule
• Cortex
• Médulla

**(a) Schéma d'une coupe transversale
d'un poil à l'intérieur de son follicule**

**(b) Photomicrographie d'une coupe
transversale d'un poil et de son
follicule (250×)**

5

Paroi du follicule
• Gaine de tissu
conjonctif du follicule
• Membrane vitrée
• Gaine épithéliale
externe
• Gaine épithéliale
interne

Racine du poil
• Cuticule
• Cortex
• Médulla

Matrice du poil

Papille du chorion

Mélanocyte

Tissu adipeux
sous-cutané

**(c) Schéma de la coupe longitudinale du follicule
et du renflement formé par le bulbe pileux, lequel
contient les cellules épithéliales de la matrice ;
leur division permet la croissance des poils.**

**(d) Photomicrographie de la coupe
longitudinale d'un bulbe pileux
dans son follicule (160×)**

Figure 5.6 **Structure du poil et de son follicule.**

peur. Chez certains animaux, ce dispositif représente un remarquable mécanisme de protection et de rétention de la chaleur. Chez les animaux à fourrure, il contribue à protéger contre le froid en emprisonnant une couche d'air isolante dans leur fourrure ; en outre, un animal effrayé qui dresse ses poils apparaît bien plus gros et impressionnant à son adversaire.

Types de poils et croissance

Les poils sont de tailles et de formes variées, mais on les divise généralement en deux catégories, soit le duvet et les poils adultes. Les poils d'un enfant ou d'une femme adulte, fins et pâles, entrent dans la catégorie du **duvet**. Les poils plus épais, souvent plus longs et plus foncés, qui forment les sourcils et le cuir chevelu sont des **poils adultes**, ou poils définitifs. Au moment de la puberté, des poils adultes apparaissent dans les régions axillaires et pubienne des deux sexes ainsi que sur le visage et la poitrine (et aussi sur les bras et les jambes) des hommes. La croissance des poils adultes sur ces parties du corps est stimulée par des hormones sexuelles mâles appelées *androgènes* (notamment la *testostérone*). Par conséquent, plus la concentration des hormones mâles est élevée, plus les poils adultes deviennent abondants.

De nombreux facteurs influent sur la croissance et la densité des poils, mais les plus importants sont la nutrition et les hormones. Une alimentation inadéquate a pour effet de ralentir la croissance des poils. En revanche, toute affection qui accroît localement la circulation sanguine dans le derme (telle qu'une irritation ou une inflammation chroniques) peut augmenter la croissance des poils à cet endroit. Ainsi, beaucoup de vieux maçons qui avaient pour habitude de porter leur hotte sur l'épaule sont devenus poilus à cet endroit. La testostérone contribue également à la croissance des poils, comme nous l'avons mentionné plus haut. On peut réduire la croissance de poils indésirables (au-dessus de la lèvre supérieure des femmes, par exemple) en ayant recours à des traitements d'*électrolyse* ou à des traitements au laser, qui utilisent respectivement l'électricité et l'énergie lumineuse pour détruire la racine du poil.

⚖ DÉSÉQUILIBRE HOMÉOSTATIQUE

Chez la femme, les ovaires et les glandes surrénales produisent une faible quantité d'androgènes. Cependant, une tumeur des glandes surrénales, qui sécrètent dans ce cas une quantité anormalement élevée d'androgènes, peut induire un développement excessif du système pileux, appelé *hirsutisme* (*hirsutus*: poilu), aussi bien que d'autres signes de masculinité (virilisme). On procède dès que possible à l'ablation chirurgicale de ces tumeurs. ∎

La vitesse à laquelle poussent les poils dépend de la région du corps ainsi que de l'âge et du sexe; elle est, par exemple, de 2,5 mm par semaine en moyenne pour les cheveux, mais seulement de 1 mm par mois pour les poils du front. Le follicule passe par des *cycles de croissance*. Chez l'humain, les cycles des différents follicules pileux ne sont pas synchronisés: chaque poil a donc son cycle propre (nous donnerons les durées des différentes étapes pour le cheveu); celui-ci débute par une phase de croissance active (*anagène*); plus cette phase est longue (elle est de quatre à six ans chez la femme et de deux à quatre ans chez l'homme), plus le poil ou le cheveu sera long. Cette phase est suivie d'une phase de régression ou d'involution (*catagène*), au cours de laquelle les cellules de la matrice meurent et la base du follicule de même que le bulbe pileux s'atrophient quelque peu en même temps qu'ils sont repoussés vers l'épiderme. La

phase de régression ne dure que trois semaines. Le follicule passe ensuite à une phase de repos (*télogène*) durant un à trois mois. Après la phase de repos, la partie soumise à l'activité cyclique du follicule se régénère et les cellules du *bulge* activées migrent vers la papille. La matrice se réactive alors et forme un nouveau poil qui remplacera celui qui est tombé ou qui le poussera s'il est encore là.

La durée de vie des poils est variable et semble régie par un grand nombre de protéines. Un faible pourcentage (de 0 à 2%) des follicules pileux étant simultanément en phase de régression, nous perdons – de façon normale et selon les saisons – entre 50 et 100 cheveux par jour sur un total de 100 000 à 150 000. Le nombre de follicules pileux présents sur la tête est de l'ordre de 200 par centimètre carré; il varie, entre autres facteurs, avec la couleur des cheveux. La durée totale d'un cycle de croissance pour les sourcils n'est que de trois ou quatre mois; c'est la raison pour laquelle nos sourcils ne deviennent jamais aussi longs que nos cheveux.

Raréfaction des cheveux et calvitie

Le nombre de cycles que peut accomplir un follicule est limité à une vingtaine. Dans des conditions idéales, les poils ont une vitesse de croissance maximale de l'adolescence jusqu'à la quarantaine, âge auquel leur croissance commence à ralentir. Les poils commencent à se clairsemer à partir du moment où ils ne sont pas remplacés à mesure qu'ils tombent, et une certaine calvitie, appelée aussi **alopécie**, apparaît chez les deux sexes. Ce processus, beaucoup moins marqué chez la femme, débute habituellement par la lisière antérieure des cheveux et s'étend progressivement vers l'arrière. Les gros poils adultes sont remplacés par du duvet et deviennent de plus en plus fins.

La véritable *calvitie* a cependant des causes totalement différentes. Le type le plus courant de véritable calvitie, la **calvitie hippocratique**, est déterminé génétiquement. On pense que cette calvitie est due à un gène à retardement qui «s'active» au moment de l'âge adulte et modifie la réaction des follicules pileux à la dihydrotestostérone (DHT), un métabolite de la testostérone. Les cycles de croissance raccourcissent au point que bon nombre de poils ne réussissent jamais à sortir de leur follicule avant de tomber et que, lorsqu'ils y parviennent, c'est sous la forme d'un fin duvet qui donne à la peau l'apparence d'une peau de pêche dans les zones de calvitie.

Encore tout récemment, le seul moyen de traiter la calvitie hippocratique se limitait à la prise de médicaments qui arrêtaient la production de testostérone mais inhibaient aussi la pulsion sexuelle. C'est presque par hasard que l'on a découvert que le minoxidil, un médicament destiné à réduire la pression artérielle, stimule la croissance des cheveux chez certains hommes atteints de calvitie. Ce médicament, dont l'efficacité est variable, s'obtient sans ordonnance sous forme liquide à appliquer sur le cuir chevelu au moyen d'un compte-gouttes ou d'un pulvérisateur. Son mode d'action semble lié à ses effets sur la perméabilité au potassium et au calcium des cellules du follicule pileux. Le finastéride – un médicament utilisé aussi contre le cancer de la prostate – est, selon certains, le remède le plus prometteur pour combattre la calvitie hippocratique. On peut se le procurer, sur ordonnance seulement, sous forme de comprimés qui doivent être pris une fois par jour pendant toute la vie. Si le patient cesse de prendre le médicament, toutes les nouvelles pousses tombent ainsi que ce qui reste des « vieux » cheveux.

⚖ DÉSÉQUILIBRE HOMÉOSTATIQUE

Bon nombre de facteurs qui perturbent le processus normal de chute et de repousse des cheveux provoquent la chute des cheveux. Les exemples les plus marquants sont une fièvre particulièrement élevée, une intervention chirurgicale, un grave choc émotionnel ou la prise de certains médicaments (excès de vitamine A, certains antidépresseurs et anticoagulants, les stéroïdes anabolisants et la plupart des médicaments utilisés en chimiothérapie anticancéreuse). Des régimes alimentaires pauvres en protéines et la lactation peuvent également causer la chute des cheveux, car l'absence des protéines indispensables à la synthèse de la kératine ou leur détournement au profit de la production de lait ralentissent la fabrication de nouveaux cheveux. Dans tous ces cas, les cheveux se remettent à pousser dès que les facteurs à l'origine de leur chute disparaissent ou sont corrigés. Chez les individus atteints de la *pelade*, une maladie rare, les follicules sont attaqués par le système immunitaire et les cheveux tombent par plaques. Dans ce cas également, les follicules survivent. Toutefois, la chute des cheveux est irréversible lorsqu'elle est imputable à une brûlure grave, à une irradiation excessive ou à d'autres facteurs qui détruisent les follicules. ∎

VÉRIFIONS NOS ACQUIS

16. Quelles sont les zones concentriques de la tige d'un poil, de l'extérieur vers l'intérieur ? Laquelle de ces parties contient le plus de kératine ?

17. Pourquoi une coupe de cheveux est-elle indolore ?

18. Quel est le rôle du muscle arrecteur du poil ?

19. Quelle est la fonction de la papille du chorion ?

Les réponses se trouvent à l'appendice G.

Ongles

Un **ongle** est une modification écailleuse de l'épiderme qui forme une couverture de protection claire sur la face dorsale de la partie distale d'un doigt ou d'un orteil **(figure 5.7)**. Les ongles (sabots ou griffes des animaux) sont des « outils » particulièrement utiles, qui nous servent à ramasser de petits objets ou encore à gratter une démangeaison ; ils jouent aussi un rôle de protection. Ils sont composés de *kératine dure*, alors que l'épiderme renferme de la *kératine molle*. Chaque ongle est constitué d'une *extrémité libre*, d'un *corps* (la partie attachée visible) et d'une *racine* proximale (enfouie sous la peau). Les couches profondes de l'épiderme (couche basale et couche épineuse) s'étendent sous l'ongle et forment le *lit de l'ongle* (ou lectule) ; l'ongle lui-même est constitué des couches kératinisées superficielles de l'épiderme. La partie proximale épaisse du lit de

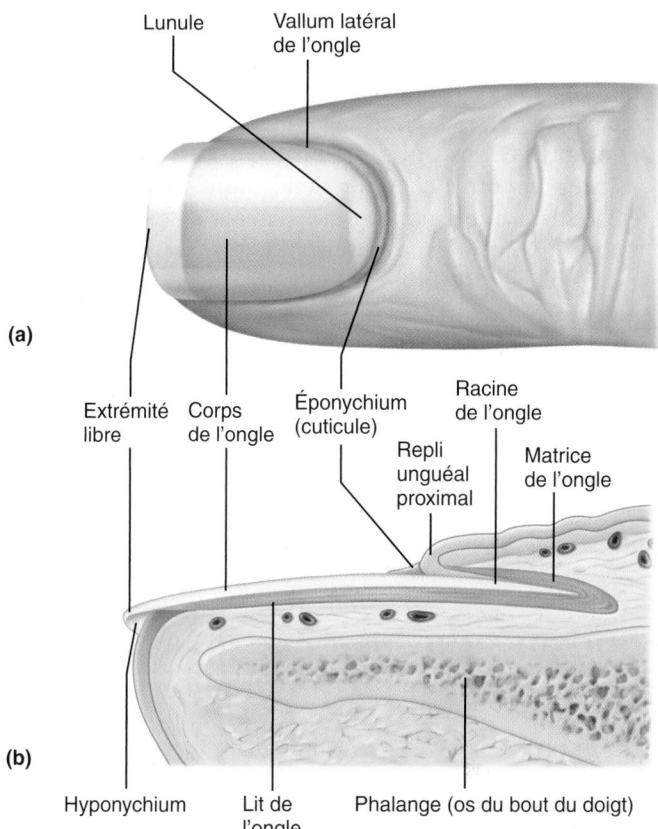

Figure 5.7 Structure de l'ongle. (a) Vue antérieure de la partie distale du doigt. **(b)** Coupe sagittale du bout du doigt. La matrice qui forme l'ongle siège sous la lunule.

l'ongle, appelée **matrice de l'ongle**, est responsable de sa croissance. À mesure que la matrice produit de nouvelles cellules, celles-ci deviennent de plus en plus kératinisées et le corps de l'ongle glisse sur le lit vers l'extrémité du doigt. Contrairement à celle du poil, la croissance de l'ongle n'est pas cyclique mais continuelle ; elle est de l'ordre d'un dixième de millimètre par jour et deux à trois fois plus rapide pour les doigts que pour les orteils ; en outre, le rythme de croissance varie avec les saisons (elle est plus rapide en été qu'en hiver). L'ongle se renouvelle complètement en six mois, mais un ongle arraché ne pourra être remplacé si la matrice de l'ongle est détruite.

Les ongles présentent normalement une teinte rosée en raison de l'abondance des capillaires se trouvant dans le derme sous-jacent. La région qui repose sur la partie la plus épaisse de la matrice de l'ongle apparaît cependant sous la forme d'un croissant blanc appelé *lunule* (*lunula* : petite lune) ; la lunule est habituellement bien visible sur le pouce, mais presque cachée sur l'auriculaire. Les bordures proximale et latérales de l'ongle sont recouvertes d'un pli cutané appelé **vallum de l'ongle**, ou repli sus-unguéal. Le vallum postérieur déborde sur le corps de l'ongle ; cette région est appelée **cuticule**, ou **éponychium** (« sur l'ongle »). La région située sous l'extrémité libre de l'ongle, où la saleté et les débris ont tendance à s'accumuler, est appelée **hyponychium** (« sous l'ongle »).

La modification de l'apparence des ongles aide à diagnostiquer certaines maladies. Par exemple, des ongles jaunâtres peuvent révéler une anomalie respiratoire ou un trouble de la glande thyroïde ; si, en plus, l'ongle est épais, on peut soupçonner une mycose. On associe également des ongles recourbés vers l'extérieur (en forme de cuiller) à une insuffisance en fer, et la présence de marques transversales (lignes de Beau) sur l'ongle à un ralentissement dans la croissance de la matrice de l'ongle par suite d'une maladie grave ou de malnutrition.

VÉRIFIONS NOS ACQUIS

20. Pourquoi la lunule est-elle blanche plutôt que rose, comme le reste de l'ongle ?
21. Qu'est-ce qui rend les ongles si durs ?

Les réponses se trouvent à l'appendice G.

5 Fonctions du système tégumentaire

9 Décrire au moins cinq fonctions du système tégumentaire et identifier les composantes ou les propriétés reliées à chaque fonction.

La peau et ses annexes remplissent de nombreuses fonctions qui influent sur le métabolisme et empêchent les facteurs de l'environnement de perturber l'homéostasie de l'organisme. En raison de sa situation à la surface du corps, la peau constitue le système le plus vulnérable de notre organisme. En effet, elle est exposée aux bactéries, à l'abrasion, aux températures extrêmes et aux substances nocives.

Protection

La peau dresse au moins trois types de barrières entre l'organisme et l'environnement : une barrière chimique, une barrière physique et une barrière biologique.

Barrière chimique

La barrière chimique est formée par les sécrétions de la peau et la mélanine. Bien que la surface de la peau (sa couche cornée) foisonne de bactéries (plus de 200 genres différents selon une récente étude américaine), le faible pH des sécrétions de la peau, appelé **film de liquide acide**, retarde leur multiplication. De plus, les substances bactéricides du sébum éliminent bon nombre de bactéries. Les cellules de l'épiderme sécrètent aussi un antibiotique naturel appelé *défensine humaine* (ou peptide hBD-2), qui perfore la paroi bactérienne et la transforme en passoire. Lorsque la peau est blessée, les kératinocytes libèrent de grandes quantités de peptides protecteurs appelés *cathélicidines*, qui empêchent l'infection de la plaie par les streptocoques du groupe A avec une remarquable efficacité. Comme nous l'avons vu, la mélanine constitue une sorte de bouclier de pigments chimiques qui fait obstacle aux rayons ultraviolets ; ces derniers ne peuvent donc pas endommager les cellules viables de la peau.

Barrière physique

La barrière physique, ou barrière mécanique, est formée par la continuité de la peau elle-même et la résistance à l'abrasion des cellules kératinisées. Sur ce plan, la peau représente un remarquable compromis. Plus épais, l'épiderme serait sans doute encore plus impénétrable, mais nous y perdrions en souplesse et en agilité. La continuité de l'épiderme et le film de liquide acide jouent un rôle complémentaire dans la protection du corps contre les invasions bactériennes. Les glycolipides imperméabilisants de l'épiderme bloquent la diffusion de l'eau et des substances hydrosolubles entre les cellules, ce qui empêche l'eau et ces substances de sortir de l'organisme à travers la peau, aussi bien que d'y entrer. Cependant, il se produit une faible déperdition hydrique constante par l'épiderme ; et, d'autre part, immergée dans l'eau (sauf l'eau salée), la peau en absorbe un peu, surtout au niveau de la paume des mains et de la plante des pieds, et gonfle légèrement.

Les autres substances susceptibles de pénétrer dans la peau sont peu nombreuses. Ce sont : (1) les *substances liposolubles* comme l'oxygène, le gaz carbonique (dioxyde de carbone), les vitamines liposolubles (A, D, E et K) et les stéroïdes ; (2) les *oléorésines* de certaines plantes de la famille des Anacardiacées (*Rhus, Toxicodendron*), dont le tristement célèbre sumac vénéneux (« herbe à puce ») ; (3) les *solvants organiques* comme l'acétone, les détergents employés pour le nettoyage à sec et les diluants utilisés par les peintres, qui dissolvent les lipides des cellules ; (4) les *sels de métaux lourds* tels le plomb, le mercure et le nickel, qui deviennent solubles en se liant aux acides gras du sébum ; (5) certains médicaments (nitroglycérine, nicotine) ; et (6) les agents médicamenteux qui facilitent la pénétration d'autres médicaments dans l'organisme (dialkylaminoacétates). La perméabilité de la peau est grandement augmentée par la consommation d'alcool, pendant au moins 24 heures suivant l'ingestion.

DÉSÉQUILIBRE HOMÉOSTATIQUE

Les solvants organiques et les métaux lourds ont des effets destructeurs, voire mortels, sur l'organisme. Certains solvants organiques passent à travers la peau et entrent dans la circulation sanguine ; ils risquent alors d'arrêter la fonction rénale et de causer des lésions au cerveau ; quant à l'absorption de plomb, elle peut entraîner l'anémie et altérer le système nerveux. C'est pourquoi de telles substances ne devraient jamais être manipulées à mains nues. ■

Barrière biologique

La barrière biologique est composée des macrophagocytes intraépidermiques, des macrophagocytes du derme et de l'ADN lui-même. Les macrophagocytes intraépidermiques sont des éléments actifs du système immunitaire. Pour qu'une réaction immunitaire soit activée, les substances étrangères, ou *antigènes*, doivent être présentées aux globules blancs appelés lymphocytes.

Dans l'épiderme, ce rôle revient aux macrophagocytes intra-épidermiques. Après avoir capté l'antigène introduit dans la peau, ils migrent vers les organes lymphatiques, où s'effectue la présentation de cet antigène. (Ce mécanisme est étudié au chapitre 21.) Les macrophagocytes du derme forment une seconde ligne défensive capable d'éliminer les virus ou les bactéries qui seraient parvenus à franchir l'épiderme. Eux aussi «livrent» les antigènes aux lymphocytes.

Bien que la mélanine soit un bon écran solaire de nature chimique, l'ADN constitue lui-même un bouclier biologique d'une remarquable efficacité contre le soleil. Les électrons des molécules d'ADN absorbent les rayons UV et les transmettent aux noyaux des atomes, qui se réchauffent et vibrent vigoureusement. Toutefois, comme la chaleur se dissipe instantanément dans les molécules d'eau environnantes, l'ADN se trouve à convertir les radiations potentiellement destructrices en chaleur inoffensive.

Régulation de la température corporelle

Notre organisme fonctionne de façon optimale lorsque sa température reste dans les limites homéostatiques. Nous avons besoin d'évacuer la chaleur produite par nos réactions biochimiques internes, tout comme un moteur de voiture. Tant que la température extérieure est plus basse que la température de l'organisme, la surface de la peau évacue la chaleur dans l'air et dans les objets plus froids avec lesquels elle entre en contact, de la même façon que le radiateur d'une voiture permet de dégager dans l'air la plus grande partie de la chaleur produite par le moteur.

Dans des conditions normales de repos, et aussi longtemps que la température environnante ne dépasse pas 31 ou 32 °C, les glandes sudoripares sécrètent chaque jour près 500 mL (0,5 L). Cette sueur imperceptible et quotidienne est appelée *perspiration cutanée*. À mesure que la température de l'organisme augmente, le système nerveux stimule les vaisseaux sanguins dermiques, qui se dilatent, et les glandes sudoripares, qui se mettent à sécréter abondamment. En fait, quand il fait chaud, la transpiration devient perceptible, et l'organisme peut perdre jusqu'à 12 L d'eau par jour. Cette perte de sueur visible est la *perspiration sensible*. L'évaporation de la sueur à la surface de la peau expulse la chaleur du corps et rafraîchit efficacement le milieu interne pour empêcher un réchauffement excessif.

Lorsque la température extérieure est basse, les vaisseaux sanguins dermiques se contractent, ce qui réduit temporairement le volume du sang circulant dans la peau. Sa température baisse alors et s'adapte à la température de l'environnement. La perte de chaleur corporelle ralentit une fois que la température de la peau a atteint la température extérieure, ce qui contribue à conserver la chaleur de l'organisme. Nous revenons sur la régulation de la température corporelle au chapitre 24.

Sensations cutanées

La peau est riche en **récepteurs sensoriels cutanés**, qui sont des éléments du système nerveux. Les récepteurs cutanés se rangent parmi les *extérocepteurs* parce qu'ils perçoivent les stimulus venus de l'environnement. Par exemple, les corpuscules tactiles capsulés (situés dans les papilles du derme) et les corpuscules tactiles non capsulés nous permettent de sentir une caresse ou le contact de nos vêtements sur notre peau. De leur côté, les corpuscules lamelleux, enfouis dans les couches profondes du derme ou dans l'hypoderme, nous alertent lorsque nous recevons un coup ou que notre peau subit une forte pression. Les plexus situés à la racine des poils nous préviennent que le vent souffle sur nos poils ou que l'on nous tire les cheveux. Des terminaisons nerveuses libres qui serpentent dans toute la peau détectent les stimulus douloureux (irritation due aux produits chimiques, chaleur ou froid extrêmes, etc.). Nous abordons plus en détail les fonctions de ces récepteurs cutanés au chapitre 13. Mis à part les corpuscules tactiles capsulés, qui se trouvent seulement dans la peau dépourvue de poils, les récepteurs cutanés dont il est question plus haut sont représentés à la figure 5.1. On voit aussi un corpuscule tactile non capsulé à la figure 5.2b.

Fonctions métaboliques

La peau est une usine chimique alimentée en partie par les rayons du soleil. Lorsque les rayons du soleil bombardent la peau, les molécules de cholestérol modifiées qui circulent dans les vaisseaux sanguins du derme se transforment en un précurseur de la vitamine D, nommé *cholécalciférol*. Ce dernier est alors acheminé par la circulation sanguine vers le foie et les reins pour y être transformé en vitamine D, qui joue divers rôles dans le métabolisme du calcium. Par exemple, le calcium ne peut être absorbé par le système digestif en l'absence de vitamine D. Il en va de même pour le phosphore.

Outre son rôle dans la synthèse de la vitamine D, l'épiderme accomplit diverses autres fonctions métaboliques. Il réalise des conversions chimiques complémentaires à celles du foie – par exemple, les enzymes des kératinocytes peuvent: (1) neutraliser un grand nombre de substances chimiques cancérogènes qui s'introduisent dans l'épiderme; (2) inversement, transformer certaines substances inoffensives en produits cancérogènes; et (3) activer certaines hormones stéroïdes. Par exemple, elles remplissent cette troisième fonction lorsqu'elles transforment la cortisone appliquée localement sur la peau irritée en hydrocortisone, un anti-inflammatoire puissant. Les cellules de la peau fabriquent également plusieurs protéines essentielles sur le plan biologique, dont la collagénase, une enzyme qui contribue au renouvellement naturel du collagène (et qui prévient l'apparition des rides).

Réservoir sanguin

Le réseau vasculaire du derme est étendu et peut contenir environ 5 % du volume sanguin total du corps. Lorsque d'autres parties du corps, les muscles en action par exemple, ont besoin d'un plus grand apport de sang, le système nerveux provoque une constriction des vaisseaux sanguins dermiques afin que le sang qu'ils contiennent soit réparti dans les autres vaisseaux de la circulation sanguine systémique et mis à la disposition des muscles ou des autres organes (voir la figure 19.13).

Excrétion

Une faible quantité de déchets azotés (ammoniac, urée et acide urique) est éliminée du corps par l'intermédiaire de la sueur; la grande majorité de ces déchets sont en fait excrétés dans l'urine. Une transpiration abondante permet une élimination importante d'eau et de sel (chlorure de sodium).

VÉRIFIONS NOS ACQUIS

22. Quelles substances chimiques produites dans la peau servent de barrière contre les bactéries? Nommez-en au moins trois et expliquez leur rôle protecteur.
23. Quelles cellules de l'épiderme jouent un rôle dans l'immunité?
24. De quelle manière les rayons du soleil favorisent-ils la santé des os?
25. De quelle manière la peau contribue-t-elle aux fonctions métaboliques du corps?

Les réponses se trouvent à l'appendice G.

Déséquilibres homéostatiques de la peau

10 Donner les caractéristiques des trois principaux types de cancers de la peau.

11 Expliquer pourquoi une brûlure grave constitue une menace pour la vie. Exposer une technique servant à déterminer l'étendue d'une brûlure et comparer les brûlures des premier, deuxième et troisième degrés.

Lorsque notre peau se révolte, le phénomène ne passe pas inaperçu. En effet, un déséquilibre homéostatique des cellules et des organes peut se refléter sur la peau de façon spectaculaire. Par exemple, un dysfonctionnement sérieux du foie peut occasionner un ictère (jaunisse) et un prurit (démangeaison). En raison de sa complexité et de son étendue, la peau peut présenter plus de 1000 troubles différents dont les plus courants sont les infections dues aux bactéries, aux virus et aux mycètes présents dans l'environnement. Nous donnons un aperçu de certaines d'entre elles dans la liste des termes médicaux des pages 194-195. Les cancers de la peau et les brûlures, dont nous allons parler ci-après, sont moins fréquents, mais leurs effets sont beaucoup plus destructeurs pour l'organisme.

Cancers de la peau

Au Canada, en 2009, on s'attendait à diagnostiquer 80 000 cas de cancers de la peau, dont 1200 devaient être mortels (en France, on compte entre 80 000 et 90 000 cas de cancers de la peau par année et 1300 décès). La plupart des tumeurs qui prennent naissance sur la peau sont bénignes et ne s'étendent pas à d'autres régions du corps. (La verrue, une tumeur provoquée par un virus, en est un exemple.) Certaines tumeurs cependant sont malignes, ou cancéreuses, c'est-à-dire qu'elles se propagent aux autres parties du corps (métastases).

L'un des facteurs de risque les plus importants des cancers cutanés est l'exposition excessive aux rayons ultraviolets du soleil (autant les UV A que les UV B), dont nous sommes moins bien protégés par suite de l'amincissement de la couche d'ozone. Les rayons ultraviolets agissent sur les bases de l'ADN et souvent ils provoquent la fusion des bases de pyrimidine adjacentes, formant des lésions appelées *dimères*. Ils semblent aussi désactiver un gène suppresseur de tumeur (le gène *p53* ou le gène *ptc*). L'irritation répétée de la peau due à des infections, à des produits chimiques ou à des blessures peut aussi constituer, dans un nombre limité de cas, un facteur de risque.

Fait intéressant, la peau brûlée par le soleil accélère sa production de Fas, une protéine qui pousse les cellules de la peau dont les gènes sont endommagés à se suicider, ce qui réduit le risque de mutations pouvant produire des cancers de la peau dus au soleil. C'est la mort de ces cellules aux gènes abîmés qui entraîne la desquamation après un coup de soleil.

Voici une bonne nouvelle pour les adeptes du bronzage: il existe de nouvelles lotions pour la peau qui sont capables de réparer l'ADN endommagé avant que les cellules touchées ne se transforment en cancers. Ces lotions contiennent de minuscules vésicules lipidiques (liposomes) remplies d'enzymes qui déclenchent la réparation des mutations les plus fréquentes de l'ADN causées par l'exposition au soleil. Les liposomes pénètrent dans l'épiderme et s'introduisent dans les kératinocytes. Ils gagnent ensuite le noyau de ces cellules et se lient à l'ADN, là où deux bases ont fusionné. Puis, les enzymes contenues dans les liposomes, en coupant les brins d'ADN de façon sélective, mettent en branle un processus de réparation des gènes qui s'achève sous l'action d'enzymes cellulaires.

Épithélioma basocellulaire

L'**épithélioma basocellulaire** est à la fois le moins malin et le plus courant des cancers de la peau. Il représente environ 80 % des cancers cutanés. Les cellules de la couche basale prolifèrent et envahissent le derme et l'hypoderme. Les lésions cancéreuses apparaissent la plupart du temps dans les régions du visage exposées au soleil et prennent la forme de nodules brillants à la surface bombée **(figure 5.8a)**. L'épithélioma basocellulaire croît à une vitesse relativement faible et, en général, il est détecté avant d'avoir eu le temps de former des métastases. La guérison est totale dans 99 % des cas lorsqu'on effectue une excision chirurgicale.

Épithélioma spinocellulaire

L'**épithélioma spinocellulaire**, qui vient au second rang sur le plan de la fréquence, est issu des kératinocytes de la couche épineuse. La lésion se présente d'abord sous la forme d'une petite papule (petite saillie circulaire) écailleuse et rougeâtre qui prend naissance la plupart du temps sur la tête (cuir chevelu, oreilles, lèvre inférieure) ou sur les mains (figure 5.8b). L'épithélioma spinocellulaire a tendance à croître rapidement et à envahir les nœuds lymphatiques adjacents s'il n'est pas enlevé. Lorsque ce cancer est décelé assez tôt et traité chirurgicalement ou par radiothérapie, les chances de guérison complète sont bonnes.

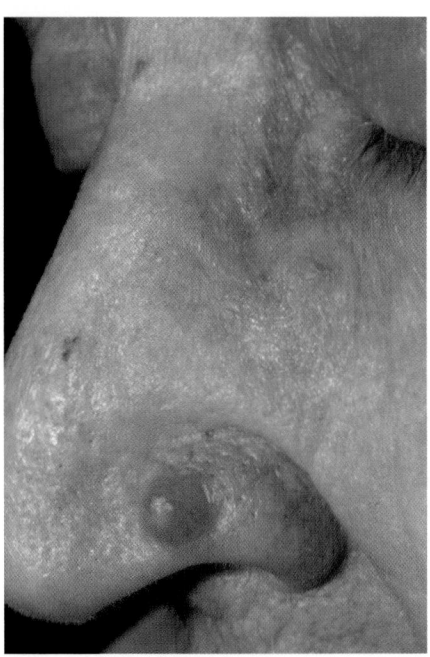

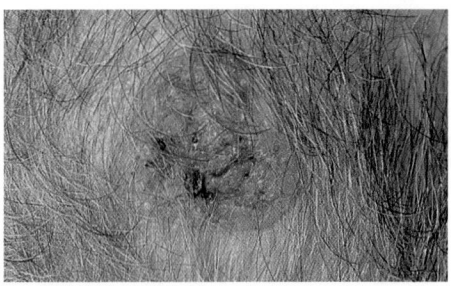

(b) Épithélioma spinocellulaire

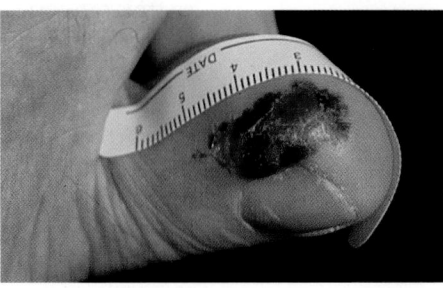

Figure 5.8 **Photographies de cancers de la peau.**

(a) Épithélioma basocellulaire

(c) Mélanome

5

Mélanome

Le **mélanome** est un cancer des mélanocytes (d'où son nom) et le plus dangereux des cancers de la peau parce qu'il produit des métastases en abondance et résiste à la chimiothérapie. Il constitue seulement 2 à 3 % de ces cancers, mais son incidence augmente rapidement partout : au cours des 50 dernières années, le nombre de cas a doublé tous les 10 ans. Son incidence mondiale moyenne actuelle est de l'ordre de 10 pour 100 000 habitants, mais celle-ci est 3 ou 4 fois plus élevée dans certains pays, comme l'Australie, plus directement touchés par la dégradation de la couche d'ozone protectrice. Les mélanomes peuvent prendre naissance à tous les endroits où il y a des mélanocytes. La plupart de ces cancers surgissent spontanément, mais environ un tiers d'entre eux se développent à partir d'un grain de beauté. Le mélanome apparaît sous la forme d'une tache qui s'agrandit sans cesse et dont la couleur varie du brun au noir (figure 5.8c). Il se propage rapidement aux vaisseaux lymphatiques et sanguins environnants.

Pour vaincre le mélanome, il est crucial de poser un diagnostic précoce. Les chances de survie sont minces si la lésion a plus de 4 mm d'épaisseur. On traite habituellement le mélanome par une excision chirurgicale étendue suivie d'une immunothérapie (qui immunise l'organisme contre ses cellules cancéreuses).

La Société canadienne du cancer suggère aux fanatiques du bronzage d'examiner régulièrement leur peau afin de vérifier s'il ne s'y trouve pas de nouveaux grains de beauté ou des taches pigmentées, et d'appliquer la **règle ABCD**, qui permet de reconnaître un mélanome. **A** pour **asymétrie** : les deux côtés d'une tache pigmentée sont dissemblables ; **B** pour **bordures irrégulières** : les bordures de la lésion ne sont pas régulières mais dentelées ; **C** pour **couleur** : la surface des taches pigmentées est de plusieurs couleurs (noir, brun, bronze et parfois bleu ou rouge) ;

D pour **diamètre** : le diamètre de la tache est supérieur à 6 mm (la taille d'une gomme à effacer au bout d'un crayon). Certains spécialistes estiment qu'on peut améliorer le diagnostic si on ajoute un **E**, pour **élévation** au-dessus de la surface de la peau. Ils appliquent ainsi la règle ABCD(E).

Brûlures

Les brûlures constituent un grave danger pour l'organisme, en raison surtout de leurs effets sur la peau. Une **brûlure** est une détérioration des tissus de la peau occasionnée par une chaleur intense, un courant électrique, les rayonnements ionisants ou certains produits chimiques. Chacun de ces agents dénature les protéines cellulaires de la région touchée avant d'entraîner la mort des cellules.

Dans la phase initiale, la survie des victimes de brûlures graves est menacée par la perte catastrophique de liquides de l'organisme contenant des protéines et des électrolytes, ce qui provoque une déshydratation et un déséquilibre électrolytique. Ces dérèglements entraînent à leur tour une insuffisance de la circulation sanguine causée par une réduction du volume sanguin (choc hypovolémique ; voir le chapitre 19) ainsi que l'arrêt de la fonction rénale. On doit immédiatement remplacer les liquides perdus pour sauver le patient.

Chez les adultes, il est possible d'évaluer le volume des liquides perdus en utilisant la **règle des neuf**, qui permet de calculer le pourcentage de la surface corporelle lésée. Selon cette méthode, le corps est divisé en régions de la façon suivante : (1) tête et cou, 9 % de la surface totale du corps ; (2) chaque membre supérieur, 9 % ; (3) chaque membre inférieur, 18 % ; (4) chacune des deux surfaces du tronc (antérieure et postérieure), 18 % ; (5) périnée, 1 % **(figure 5.9)**. Cette

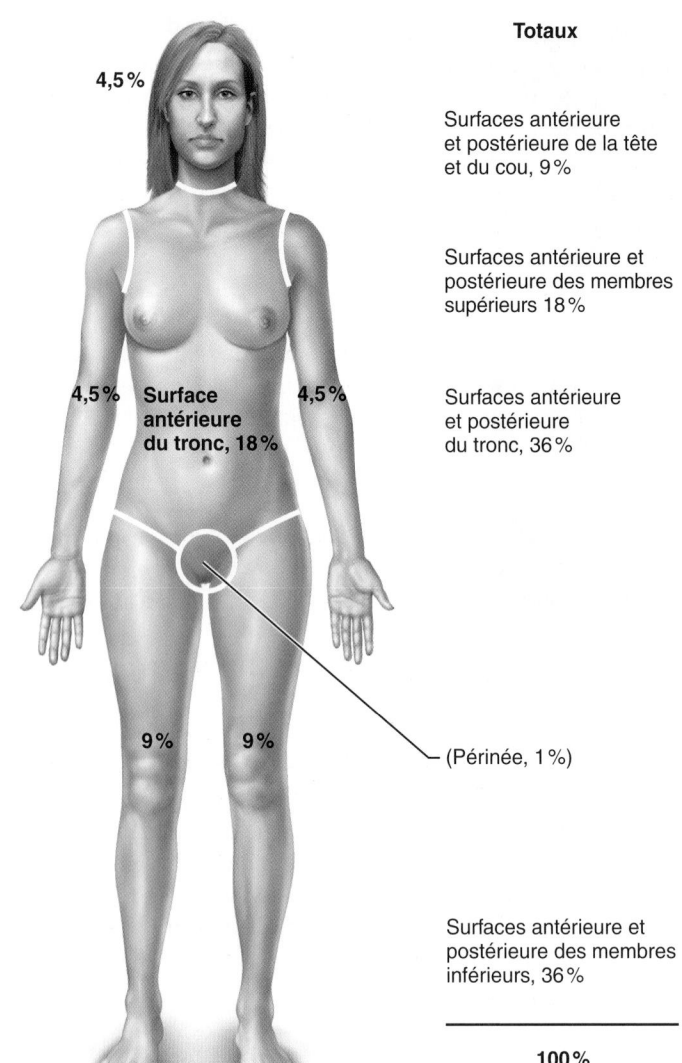

Totaux

Surfaces antérieure
et postérieure de la tête
et du cou, 9 %

Surfaces antérieure et
postérieure des membres
supérieurs 18 %

Surfaces antérieure et
postérieure du tronc, 36 %

(Périnée, 1 %)

Surfaces antérieure et
postérieure des membres
inférieurs, 36 %

100 %

4,5 %

4,5 % Surface antérieure du tronc, 18 % 4,5 %

9 %   9 %

Figure 5.9   Évaluation de l'étendue et de la gravité des brûlures grâce à la règle des neuf. Les surfaces correspondant à la partie antérieure du corps sont indiquées sur la silhouette humaine. Les surfaces totales (surfaces antérieure et postérieure du corps) de chacune des régions du corps sont indiquées à droite de la figure.

méthode demeure toutefois approximative (elle ne tient pas compte de l'âge et des variations morphologiques qu'il entraîne), de sorte qu'on doit utiliser des tables spéciales quand une évaluation plus précise s'impose. Dans le cas de brûlures de faible étendue et disséminées sur le corps, on peut employer la méthode de la paume, selon laquelle la paume de la main du patient équivaut à environ 1 % de sa surface corporelle totale.

Chez les brûlés, il faut aussi augmenter l'apport énergétique quotidien de plusieurs milliers de kilojoules afin de favoriser le renouvellement des protéines et la reconstitution des tissus. Comme aucun individu ne peut absorber une quantité de nourriture susceptible de lui fournir tous ces kilojoules, on procure un supplément nutritionnel au patient par l'intermédiaire d'une sonde gastrique ou par voie intraveineuse. Une fois la crise initiale surmontée, c'est l'infection qui représente le plus grand

danger : la *sepsie* (infection bactérienne généralisée) constitue en effet la principale cause de mortalité chez les grands brûlés. Une peau brûlée est stérile pendant environ 24 heures. Cette période écoulée, des bactéries, des mycètes et d'autres agents pathogènes peuvent aisément envahir les régions dans lesquelles la barrière de la peau a été anéantie. Les agents pathogènes se multiplient rapidement dans ce milieu riche en nutriments qui s'échappe des tissus morts. Ce problème est aggravé par une déficience du système immunitaire qui se manifeste un ou deux jours après une brûlure grave.

Les brûlures sont classées, selon leur gravité (profondeur), en trois catégories : premier, deuxième et troisième degrés. Dans les **brûlures du premier degré**, seul l'épiderme est touché. Les symptômes sont les suivants : rougeur localisée, enflure et douleur. Ce type de brûlure guérit en deux ou trois jours sans qu'il soit nécessaire d'y apporter des soins particuliers. Les coups de soleil sont généralement des brûlures du premier degré.

Les **brûlures du deuxième degré** endommagent l'épiderme et la couche superficielle du derme. Les symptômes sont sensiblement les mêmes que ceux des brûlures du premier degré, si ce n'est que des cloques apparaissent. Si l'on prend soin de prévenir l'infection, la peau se régénère en ne laissant qu'une petite cicatrice, voire aucune, après trois ou quatre semaines. Les brûlures du premier et du deuxième degré sont appelées *brûlures superficielles* (figure 5.10a).

Les **brûlures du troisième degré** détruisent toute l'épaisseur de la peau (figure 5.10b). Elles sont aussi nommées *brûlures profondes*. La région brûlée prend une coloration grisâtre, rouge cerise ou noire et ne présente pas d'œdème au début. Les terminaisons nerveuses ayant été détruites, la région brûlée n'est pas douloureuse. Une régénération de la peau à partir des bordures de la brûlure par prolifération des cellules épithéliales de la couche basale est possible, mais on ne peut généralement pas attendre qu'elle se produise à cause de la perte de liquides et des risques d'infection. En conséquence, on recourt habituellement à la greffe de peau.

Avant d'effectuer la greffe, il faut préparer la surface brûlée en excisant les *escarres*, c'est-à-dire la peau brûlée. Afin de prévenir l'infection et la perte de liquides, on enduit la région d'antibiotiques et on la recouvre temporairement soit d'une membrane synthétique, soit d'une peau d'animal (porc), soit d'une peau de cadavre ou encore d'un « bandage vivant » élaboré à partir de la membrane du sac amniotique qui entoure le fœtus. Une peau saine est ensuite transplantée sur le site de la brûlure. À moins que la peau ne provienne du patient lui-même (autogreffe), les risques de rejet par le système immunitaire sont importants (voir le chapitre 21, p. 919). Même si la greffe réussit, de grosses cicatrices se formeront souvent sur les régions brûlées.

Une technique fort prometteuse permet d'éliminer en partie les problèmes inhérents aux greffes de peau et responsables de leur rejet. On applique sur la surface nettoyée de la peau brûlée une peau synthétique constituée d'un « épiderme » en silicone, lui-même fixé à une couche « dermique » spongieuse composée de collagène de bœuf et de cartilage de requin broyé. Petit à petit, les fibroblastes et les vaisseaux sanguins du derme du patient viennent envahir et remplacer le derme artificiel. On

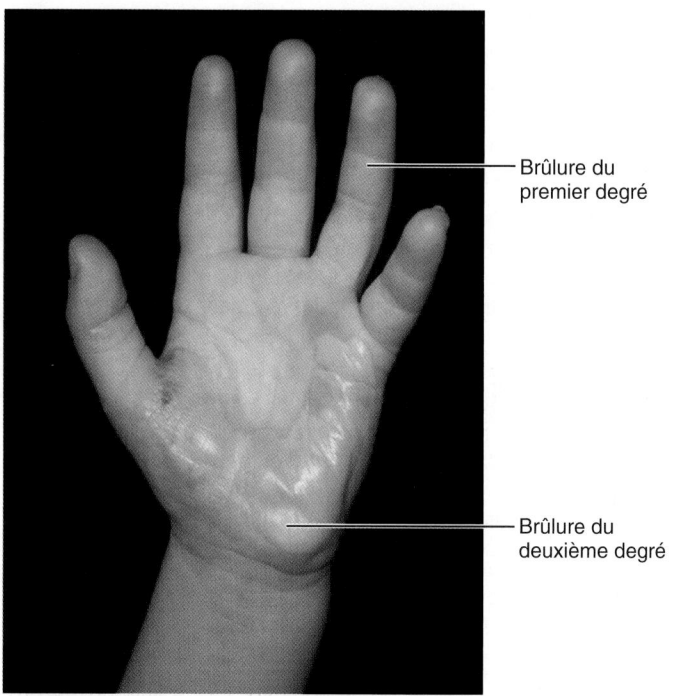

Brûlure du premier degré

Brûlure du deuxième degré

(a) Peau présentant des brûlures superficielles (du premier et du deuxième degré)

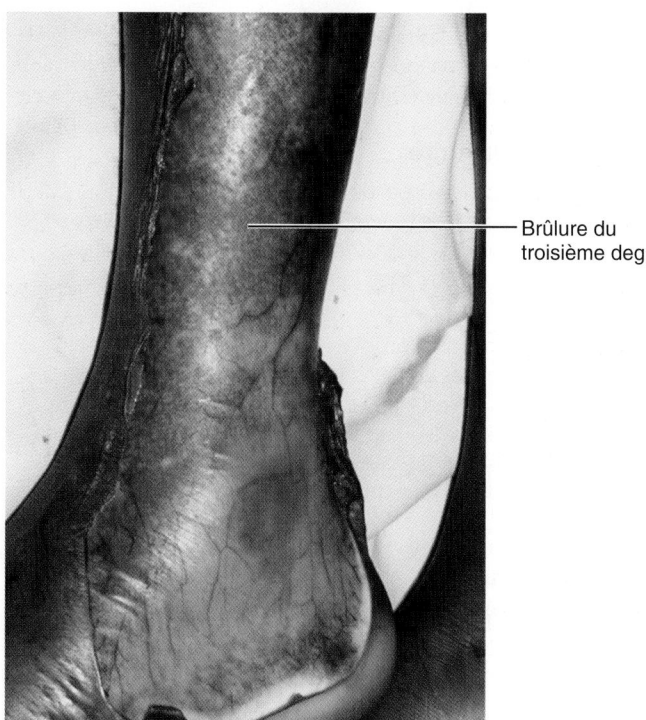

Brûlure du troisième degré

(b) Peau présentant des brûlures profondes (du troisième degré)

Figure 5.10 **Brûlures superficielles et brûlures profondes.**

soulève ensuite la couche de silicone et on la remplace par un réseau de cellules épidermiques produites à partir de la peau du patient (avec les quelques centimètres carrés de peau prélevés et

mis en culture, il est possible d'obtenir un mètre carré de peau au bout de trois semaines). La peau artificielle n'est pas rejetée par l'organisme, permet de sauver des vies et cicatrise bien. Elle est cependant plus susceptible de s'infecter qu'une autogreffe.

En règle générale, on considère que le brûlé est dans un état critique quand: (1) plus de 25 % du corps est brûlé au deuxième degré; (2) plus de 10 % du corps est brûlé au troisième degré; ou (3) le visage, les pieds ou les mains sont brûlés au troisième degré. En cas de brûlures faciales, les voies respiratoires peuvent être touchées: elles gonflent (œdème) et provoquent la suffocation. Les brûlures aux articulations posent souvent des problèmes sérieux, car la formation de tissu cicatriciel réduit gravement leur mobilité.

VÉRIFIONS NOS ACQUIS

26. Quel type de cancer de la peau se développe à partir des cellules épidermiques les plus jeunes?
27. Qu'est-ce qui cause la desquamation des cellules de la peau après un coup de soleil?
28. Quel nom donne-t-on à la règle qui permet de reconnaître les signes d'un mélanome?
29. La guérison d'une brûlure et la régénération de l'épiderme se déroulent habituellement sans incident, sauf s'il s'agit d'une brûlure du troisième degré. Pourquoi est-ce différent dans ce cas?
30. Même si les surfaces antérieure et postérieure de la tête et du visage ne représentent qu'un petit pourcentage de la surface du corps, les brûlures sont souvent plus graves dans ces régions que sur le tronc. Pourquoi?

Les réponses se trouvent à l'appendice G.

Développement et vieillissement du système tégumentaire

12 Décrire brièvement les changements que subit la peau de la naissance à la vieillesse et donner un aperçu de leurs causes.

L'épiderme se développe à partir de l'ectoderme embryonnaire, et le derme et l'hypoderme, à partir du mésoderme. Vers la fin du quatrième mois de développement, la peau est relativement bien formée. Toutes les couches de l'épiderme sont présentes, les papilles du derme deviennent évidentes et on note la présence de dérivés rudimentaires de l'épiderme comme les ongles. Pendant les cinquième et sixième mois, le fœtus est recouvert d'un manteau de poils fins appelé **lanugo**. Ce revêtement velu disparaît vers le septième mois et le duvet fait alors son apparition.

À la naissance, la peau du bébé est recouverte de *vernix caseosa* («vernis de fromage»), un enduit blanchâtre et gras produit par les glandes sébacées pour protéger la peau du fœtus pendant son séjour dans la cavité amniotique. La peau du nouveau-né est très mince sur le front et le nez, et on remarque souvent des

Tous pour un, un pour tous

Relations entre le système tégumentaire et les autres systèmes de l'organisme

Système squelettique

- La peau protège les os ; elle synthétise un précurseur de la vitamine D nécessaire à l'absorption normale du calcium et au dépôt des sels de calcium qui contribuent à durcir les os.
- Le système squelettique procure un support à la peau.

Système musculaire

- La peau protège les muscles.
- L'activité musculaire produit une grande quantité de chaleur qui accroît la circulation sanguine vers la peau et peut stimuler les glandes sudoripares.

Système nerveux

- La peau protège les organes du système nerveux et renferme des récepteurs sensoriels (figure 5.1).
- Le système nerveux règle le diamètre des vaisseaux sanguins dermiques ; il stimule les glandes sudoripares et contribue à la thermorégulation ; il interprète les sensations cutanées et active les muscles arrecteurs des poils.

Système endocrinien

- La peau protège les organes endocriniens et convertit certaines hormones pour les rendre actives.
- Les androgènes sécrétés par le système endocrinien stimulent les glandes sébacées et jouent un rôle dans la régulation de la croissance des poils.

Système cardiovasculaire

- La peau protège les organes cardiovasculaires ; elle empêche la perte des liquides de l'organisme et fait office de réservoir sanguin.
- Le système cardiovasculaire transporte l'oxygène et les nutriments vers la peau et en retire les déchets ; il fournit aux glandes de la peau les substances nécessaires à la production de leurs sécrétions.

Système lymphatique et immunitaire

- La peau protège les organes lymphatiques ; elle empêche les invasions pathogènes ; les macrophagocytes intraépidermiques et les macrophagocytes du derme contribuent à activer le système immunitaire.
- Le système lymphatique prévient l'œdème en absorbant les liquides qui s'échappent des capillaires de la peau ; le système immunitaire protège les cellules de la peau.

Système respiratoire

- La peau protège les organes respiratoires.
- Le système respiratoire procure de l'oxygène aux cellules de la peau et élimine le gaz carbonique par l'intermédiaire des échanges gazeux avec le sang.

Système digestif

- La peau protège les organes digestifs ; elle produit un précurseur de la vitamine D indispensable à l'absorption du calcium ; elle réalise certaines des conversions chimiques effectuées aussi par les cellules du foie.
- Le système digestif fournit les nutriments nécessaires à la peau.

Système urinaire

- La peau protège les organes urinaires ; elle élimine des sels minéraux et certains déchets azotés par la sueur.
- Le système urinaire active le précurseur de la vitamine D produit par les kératinocytes ; il élimine les déchets azotés du métabolisme de la peau.

Système génital

- La peau protège les organes génitaux ; les récepteurs cutanés réagissent aux stimulus érotiques ; des glandes sudoripares fortement modifiées (les glandes mammaires) produisent le lait maternel. Durant la grossesse, la peau s'étire à mesure que le fœtus croît ; des changements dans la pigmentation de la peau peuvent survenir.

5

RELATIONS ENTRE LE SYSTÈME TÉGUMENTAIRE et les systèmes nerveux, cardiovasculaire, lymphatique et immunitaire

La peau est d'abord et avant tout une barrière. Telle la peau d'un raisin, elle maintient l'hydratation et l'intégrité de ce qu'elle recouvre. Elle excelle quand il s'agit de réparer elle-même ses lésions et interagit étroitement avec d'autres systèmes de l'organisme en produisant un précurseur de la vitamine D nécessaire au durcissement des os ainsi que d'autres molécules utiles. Elle protège aussi les tissus profonds contre les agents externes qui pourraient les endommager. Les rôles les plus importants qu'elle joue dans l'homéostasie globale de l'organisme sont ceux qu'elle accomplit en collaboration avec les systèmes nerveux, cardiovasculaire et lymphatique. Ces interactions sont décrites ci-après.

Système nerveux

L'ensemble de l'organisme bénéficie de l'interaction de la peau avec le système nerveux. La peau abrite les minuscules récepteurs sensoriels qui nous fournissent nombre d'informations au sujet de notre environnement, c'est-à-dire la température ambiante, la pression qu'exercent les objets et la présence de substances dangereuses. Qu'arriverait-il si nous marchions sur du verre brisé ou de l'asphalte chaud et que notre peau était dépourvue de capteurs neuronaux? Si nous ne pouvions pas sentir un danger, notre système nerveux n'en serait pas averti. Il serait par conséquent incapable de se rendre compte qu'une réaction est nécessaire; il ne pourrait pas non plus prendre les mesures visant à nous protéger ou à nous procurer les premiers soins. Le corps tout entier bénéficie donc grandement de l'interaction de la peau avec le système nerveux.

Systèmes nerveux et cardiovasculaire

La peau nous permet de sentir la température ambiante et de réagir aux variations de température. Les vaisseaux sanguins dermiques (organes du système cardiovasculaire) et les glandes sudoripares (régies par le système nerveux) jouent un rôle essentiel dans la thermorégulation. Il en va de même du sang et des récepteurs du chaud et du froid de notre peau. Lorsque nous avons froid, notre sang perd de la chaleur au profit des organes internes et sa température diminue. Alerté, le système nerveux retient la chaleur en contractant les vaisseaux sanguins dermiques. Lorsque la température du corps et du sang augmente, les vaisseaux sanguins dermiques se dilatent et la transpiration commence.

La thermorégulation est un mécanisme vital, car la production excessive de chaleur risque de perturber les fonctions corporelles. Les réactions chimiques s'accélèrent et la chaleur excessive peut détruire des protéines vitales, ce qui provoque la mort de nos cellules. Le froid produit l'effet contraire: l'activité cellulaire ralentit et cesse au bout d'un certain temps.

Système lymphatique et immunitaire

Le rôle de la peau dans l'immunité est très complexe. Les kératinocytes de la peau fabriquent des interférons (des protéines qui bloquent les infections virales) et d'autres protéines essentielles à la réponse immunitaire. Les macrophagocytes intraépidermiques de la peau interagissent avec les antigènes (substances étrangères) qui ont pénétré la couche cornée. Ils migrent ensuite vers les organes lymphatiques, où ils présentent des particules d'antigènes aux cellules qui organiseront la réponse immunitaire contre les substances étrangères. Ils agissent donc comme un messager qui avertit sans délai le système immunitaire que des agents pathogènes sont présents dans l'organisme.

Le plus léger coup de soleil peut empêcher une réponse immunitaire normale, car les rayons ultraviolets inactivent les cellules présentatrices d'antigènes de la peau. C'est peut-être pourquoi, chez bien des gens atteints du virus de l'herpès (*Herpes simplex*), un bouton de fièvre apparaît après une exposition au soleil.

Système tégumentaire

Une terrible collision entre un train routier et un autocar a eu lieu sur l'autoroute. Plusieurs des passagers sont transportés d'urgence vers les centres hospitaliers de la région. Quelques-unes de ces personnes seront suivies dans le cadre des études de cas cliniques présentées pour chaque système tout au long de l'ouvrage.

Étude de cas: L'examen de Mme Deschênes, âgée de 45 ans, révèle plusieurs atteintes à l'homéostasie. En ce qui concerne son système tégumentaire, les observations suivantes sont notées dans son dossier:

- Abrasions de l'épiderme sur l'épaule droite et sur le bras
- Lacérations graves de la joue et de la tempe droites
- Cyanose apparente

Les régions lacérées sont nettoyées, suturées et recouvertes d'un pansement par le personnel de la salle d'urgence. Mme Deschênes est ensuite admise à l'hôpital pour subir d'autres tests.

Relativement aux signes qu'elle présente:

1. Quels mécanismes de protection ont été endommagés ou sont maintenant déficients dans les régions abrasées?

2. Si on suppose que des bactéries ont pénétré le derme dans ces régions, quels autres mécanismes de défense de la peau pourraient freiner l'invasion bactérienne?

3. Quel est l'avantage de la suture des lacérations? (*Indice:* voir le chapitre 4, p. 167.)

4. Quel autre problème (et l'atteinte de quels systèmes ou fonctions) la peau cyanotique de Mme Deschênes peut-elle indiquer?

(*Les réponses se trouvent à l'appendice G.*)

accumulations dans les glandes sébacées qui prennent la forme de petites taches blanches appelées *milia*. Ces taches disparaissent normalement vers la troisième semaine de vie.

La peau s'épaissit durant l'enfance et de la graisse se dépose dans l'hypoderme. Bien que nous ayons tous à peu près le même nombre de glandes sudoripares, le nombre de glandes qui commence à fonctionner dans les deux semaines suivant la naissance dépend du climat. Les habitants des pays chauds ont donc plus de glandes sudoripares actives que ceux qui ont grandi dans une région au climat plus froid.

Durant l'adolescence, la peau et les poils deviennent plus gras, parce que les glandes sébacées entrent en fonction; de l'acné peut apparaître. L'acné diminue généralement chez les jeunes adultes, et la peau acquiert son apparence optimale entre 20 et 30 ans. Par la suite, la peau commence à ressentir les effets des agressions constantes de l'environnement (abrasion, vent, soleil, substances chimiques). La desquamation et diverses inflammations de la peau, ou **dermatites**, sont alors plus fréquentes.

Au début de la vieillesse, le processus de renouvellement des cellules épidermiques ralentit, la peau s'amincit et se trouve plus sujette aux contusions et à d'autres types de blessures. Les papilles dermiques devenant moins proéminentes, la surface de contact entre le derme et l'épiderme est réduite et ces deux couches peuvent se séparer plus facilement. Les substances lubrifiantes produites par les glandes de la peau et qui contribuent à la douceur d'une peau jeune se raréfient. Par conséquent, la peau s'assèche et démange. Il semblerait toutefois que ce dessèchement survienne plus tard sur une peau naturellement grasse. Les fibres élastiques s'agglutinent tandis que les fibres collagènes durcissent et leur nombre diminue. La couche graisseuse sous-cutanée s'amincit et entraîne cette intolérance au froid si fréquente chez les personnes âgées; la diminution de la vascularisation du derme, perturbant la thermorégulation, accentue ce problème. En outre, la diminution du niveau des hormones sexuelles fait en sorte que la répartition des tissus adipeux chez les hommes et les femmes devient semblable. La diminution de l'élasticité de la peau, associée à la perte de tissus sous-cutanés, provoque inévitablement des rides. La diminution du nombre de mélanocytes et de macrophagocytes intraépidermiques accroît le risque et l'incidence du cancer de la peau dans cette tranche d'âge. En règle générale, les personnes aux cheveux roux ou clairs, qui possèdent moins de mélanine au départ, subissent plus rapidement des changements dus au vieillissement que les personnes dont les poils et la peau sont foncés.

Vers l'âge de 50 ans, le nombre de follicules pileux actifs est réduit à moins d'un tiers de ce qu'il était et il continue

ensuite à baisser. Les poils commencent alors à se clairsemer. Le cheveu perd de son lustre et les gènes à retardement responsables du grisonnement des cheveux et de la calvitie hippocratique sont activés.

Bien qu'il n'existe aucun moyen d'éviter le vieillissement de la peau, on peut ralentir ce processus en protégeant la peau contre le soleil avec des vêtements et des écrans solaires (crèmes renouvelées toutes les deux heures) dont le facteur de protection solaire est d'au moins 20. En effet, ce magnifique soleil qui donne un si beau bronzage peut aussi causer l'affaissement de la peau, la couperose, les rides et les lentigos séniles. (Il est intéressant de noter que la peau âgée qui a été protégée contre le soleil a perdu de l'élasticité et s'est amincie comme on s'y attend, mais elle est dépourvue de rides et de taches.) Une grande part des dégâts résultent de l'activation par les rayons UV d'enzymes appelées métalloprotéinases de la matrice (MMP) qui dégradent le collagène ainsi que d'autres composants du derme. On utilise maintenant la trétinoïne, un médicament apparenté à la vitamine A qui inhibe ces enzymes et qu'on ajoute à certaines crèmes dermiques, pour ralentir le vieillissement cutané photoinduit. Une bonne alimentation, une consommation adéquate de liquides et une hygiène appropriée peuvent également ralentir le vieillissement de la peau.

VÉRIFIONS NOS ACQUIS

31. L'épiderme et le derme ont-ils la même origine embryonnaire? Précisez votre réponse.
32. Quelle est l'origine du vernix caseosa qui recouvre la peau d'un nouveau-né?
33. Quel changement cutané produit une intolérance au froid chez les personnes âgées?
34. De quelle manière les rayons ultraviolets provoquent-ils des rides?

Les réponses se trouvent à l'appendice G.

La peau est à peu près aussi épaisse qu'un essuie-tout, ce qui n'est guère impressionnant pour un système de l'organisme! Pourtant, lorsqu'elle est gravement endommagée, presque tout l'organisme s'en ressent. Le métabolisme s'accélère ou peut être perturbé, le système immunitaire faiblit, le système cardiovasculaire peut connaître des défaillances, etc. Par contre, lorsque la peau est saine et qu'elle remplit adéquatement ses nombreuses fonctions, le corps entier en retire des bienfaits. Les corrélations les plus importantes qui existent entre le système tégumentaire et les différents systèmes de l'organisme sont résumées dans la Synthèse, aux pages 192-193.

TERMES MÉDICAUX

Albinisme (*albus*: blanc) Affection héréditaire (dont il existe plusieurs formes), touchant 1 individu sur 10 000, dans laquelle les mélanocytes ne synthétisent pas la mélanine par manque de tyrosinase. La peau d'un albinos est rose; ses poils et ses cheveux sont pâles ou blancs, et ses iris ont peu de pigmentation ou n'en ont pas. La vision peut être atteinte de diverses façons (photophobie, vision éloignée déficiente, strabisme, etc.); l'affection entraîne des risques élevés de carcinome.

Boutons de fièvre Petites cloques remplies de liquide provoquant des démangeaisons et une sensation de brûlure ; elles apparaissent généralement sur les lèvres et sur les muqueuses de la bouche. L'infection est due au virus de l'herpès (*Herpes simplex virus* type 1) ; ce virus se niche dans les neurofibres cutanées, où il demeure au repos jusqu'à ce qu'il soit activé par un choc émotionnel, de la fièvre ou les rayons ultraviolets.

Dermatite de contact Affection de la peau caractérisée par des démangeaisons, des rougeurs, un œdème et, enfin, la formation d'une cloque ; causée par l'exposition à des substances chimiques (comme l'huile contenue dans toutes les parties du sumac vénéneux [herbe à puce], les métaux de bijoux, le latex, etc.) qui provoquent, lors d'une seconde exposition à la même substance, une réaction allergique chez les personnes sensibles.

Dermatologie Branche de la médecine qui étudie et traite les maladies de la peau.

Eczéma Éruption cutanée caractérisée par des démangeaisons, des vésicules, un suintement et une desquamation de la peau. Réaction allergique fréquente chez les enfants, mais survenant également chez les adultes (sous une forme plus grave). Souvent causé par une réaction allergique à certains aliments (poisson, œufs ou autres) ou à la poussière et à des pollens. Le traitement est le même que celui des autres réactions allergiques.

Épidermolyse bulleuse congénitale Groupe d'affections héréditaires caractérisé par une synthèse insuffisante ou anormale de la kératine, du collagène et/ou du « ciment » de la membrane basale, qui perturbe la cohésion entre les couches de la peau (épiderme et derme) ou des muqueuses ; un simple contact cause la séparation de ces couches et la formation de cloques. Dans les cas graves, des phlyctènes fatales apparaissent sur les principaux organes vitaux. Les cloques se rompant aisément, les victimes contractent souvent des infections. Le traitement se résume à soulager les symptômes et à prévenir l'infection.

Escarre de décubitus Nécrose des cellules et ulcération localisée de la peau dues à un approvisionnement sanguin insuffisant ; apparaît généralement sur une protubérance osseuse (comme la hanche, le talon, le sacrum ou l'occiput) sujette à des pressions continues lorsqu'une personne est couchée et en état d'immobilisation prolongée ; couramment appelée « plaie de lit » ; le traitement est difficile.

Furoncles (clous) Inflammation aiguë de plusieurs follicules pileux et de glandes sébacées d'une région de la peau ; cette inflammation peut atteindre le derme et l'hypoderme et survient fréquemment à l'arrière du cou ; l'agent causal est souvent une bactérie, le staphylocoque doré. Un amas de furoncles est appelé *anthrax* ; un furoncle situé sur le bord de la paupière est nommé *orgelet*.

Gale Dermatose causée par un acarien (sarcopte, arthropode microscopique) parasite qui pénètre dans la peau et creuse des sillons dans la couche cornée, au fond desquels la femelle pond ses œufs ; affection très contagieuse par contacts interhumains.

Impétigo (*impetere* : attaquer) Lésions roses, pustuleuses et gonflées (touchant souvent le pourtour de la bouche et le nez) qui produisent une croûte jaune et finissent par se rompre et s'étendre ; causées par une infection à staphylocoques ou à streptocoques ; très contagieuses ; courantes chez les nourrissons ou les enfants d'âge scolaire ; le traitement fait appel aux antibiotiques.

Porphyrie (« pourpre ») Maladie héréditaire causée par l'absence de certaines enzymes essentielles à la formation de l'hème, qui fait partie de l'hémoglobine du sang. En l'absence de ces enzymes, les intermédiaires métaboliques de la voie de synthèse de l'hème, appelés porphyrines, s'accumulent. Ils se déversent dans la circulation et finissent par occasionner des lésions dans tout l'organisme, en particulier si ce dernier est exposé aux rayons UV du soleil. La peau se fragilise, formant des plaies et des cicatrices ; les doigts, les orteils et le nez sont déformés ; les gencives sont atteintes de dégénérescence et les dents se déchaussent. Sur la peau du visage et celle du dos de la main peut apparaître une hypertrichose (développement exagéré des poils). La maladie pourrait avoir donné naissance aux croyances populaires sur les vampires.

Psoriasis Affection chronique génétique auto-immune bénigne qui touche de 1 à 2 % de la population et peut apparaître à tout âge. Elle se caractérise par des lésions épidermiques formant des éminences rougeâtres couvertes d'écailles argentées et sèches qui démangent, brûlent, se fendillent et, parfois, saignent ou s'infectent. Ces différentes lésions s'accompagnent d'un taux de renouvellement de l'épiderme anormalement élevé (jusqu'à trois fois plus rapide). L'affection peut être défigurante et affaiblissante lorsqu'elle se manifeste de façon aiguë. Les crises de psoriasis sont souvent déclenchées par un trauma, une infection, des changements hormonaux, certains médicaments et le stress. Des médicaments topiques à base de cortisone ou contenant des dérivés de la vitamine D peuvent atténuer les crises légères. Dans les cas plus graves, des médicaments biologiques à auto-injection ou la photothérapie aux rayons ultraviolets associée à une chimiothérapie procurent un certain soulagement.

Rosacée Éruption cutanée chronique causée par la dilatation de petits vaisseaux sanguins du visage, en particulier sur le nez et les joues, et accompagnée ou non de papules et de boutons semblables à de l'acné. Plus fréquente chez la femme, mais a tendance à être plus grave chez l'homme. De cause inconnue, la rosacée peut être aggravée par le stress, les troubles endocriniens et tout ce qui cause des rougeurs (boissons chaudes, alcool, soleil, etc.).

Vitiligo (*vitiligo* : tache blanche) Le trouble de pigmentation de la peau le plus courant ; peut apparaître chez les deux sexes, atteindre toutes les régions du corps et se développer à tout âge (mais souvent dans la trentaine) ; caractérisé par une perte de mélanocytes et une répartition inégale de la mélanine ; se présente sous la forme de taches décolorées (taches claires) entourées de régions normalement colorées ; il pourrait s'agir d'une maladie auto-immune (les anticorps d'un individu s'attaqueraient à ses propres mélanocytes).

RÉSUMÉ DU CHAPITRE

Peau (p. 172)

1. La peau, ou tégument, est constituée de deux couches distinctes : l'épiderme, la couche la plus superficielle, et le derme, qui repose sur le tissu sous-cutané (l'hypoderme).

Épiderme (p. 173)

2. L'épiderme est un épithélium stratifié squameux kératinisé. Il n'est pas vascularisé. La majorité des cellules de l'épiderme sont des kératinocytes. On trouve aussi des mélanocytes, des cellules

de Merkel et des macrophagocytes intraépidermiques parmi les kératinocytes de la couche la plus profonde de l'épiderme.

3. De la plus profonde à la plus superficielle, les couches, ou strates, de l'épiderme sont la couche basale, la couche épineuse, la couche granuleuse, la couche claire et la couche cornée. On ne trouve pas de couche claire dans la peau fine. C'est dans la couche basale que sont produites par mitose les nouvelles cellules responsables de la croissance de l'épiderme. Les couches les plus superficielles sont de plus en plus kératinisées et de moins en moins viables.

Derme (p. 176)

4. Le derme est principalement composé de tissu conjonctif dense irrégulier. Il possède beaucoup de vaisseaux sanguins, de vaisseaux lymphatiques et de neurofibres. Les récepteurs cutanés, les glandes et la plus grande portion des follicules pileux se trouvent dans le derme.

5. La couche papillaire, la plus superficielle du derme, comprend les papilles du derme. Elles donnent un aspect gaufré à la face interne de l'épiderme et sont à l'origine des crêtes de la peau produisant les empreintes digitales.

6. Les fibres de tissu conjonctif sont plus étroitement entremêlées dans la couche réticulaire, la plus profonde et la plus épaisse couche du derme. Les régions moins denses qui se situent entre ces faisceaux de fibres collagènes forment dans la peau des lignes de tension, aussi appelées lignes de Langer. Les points d'attache entre le derme et l'hypoderme, dans la région des articulations surtout, entraînent la formation de lignes de flexion.

Couleur de la peau (p. 178)

7. La couleur de la peau dépend de la quantité de pigments (mélanine et carotène) présents dans la peau et du degré d'oxygénation de l'hémoglobine du sang.

8. La production de mélanine est stimulée par l'exposition du corps aux rayons ultraviolets du soleil. La mélanine, produite par les mélanocytes et transférée aux kératinocytes, protège le noyau des kératinocytes contre les effets nocifs des rayons ultraviolets.

9. Les émotions modifient la couleur de la peau. Des variations de la couleur normale de la peau (jaunisse, bronzage, érythème et autres) accompagnent souvent certains états pathologiques.

Annexes cutanées (p. 179)

1. Les annexes cutanées, qui dérivent de l'épiderme, comprennent les poils et les follicules pileux, les ongles et les glandes (sudoripares et sébacées).

Glandes sudoripares (p. 180)

2. Les glandes sudoripares mérocrines, à peu d'exceptions près, sont présentes sur toute la surface du corps. Leur principale fonction est de participer à la thermorégulation. Ce sont des glandes simples, tubuleuses et enroulées sur elles-mêmes, qui sécrètent une solution salée contenant de faibles quantités d'autres solutés. Leur conduit débouche habituellement à la surface de la peau par un pore.

3. Les glandes sudoripares apocrines, qui jouent peut-être le rôle de glandes odoriférantes, se trouvent principalement dans les régions axillaires et anogénitopérinéale. Leurs sécrétions sont similaires à celles des glandes mérocrines, si ce n'est qu'elles contiennent en plus des protéines et des substances graisseuses dont les bactéries sont friandes.

Glandes sébacées (p. 181)

4. Les glandes sébacées sont présentes sur toute la surface du corps à l'exception de la paume des mains et de la plante des pieds. Ce sont des glandes exocrines, simples, alvéolaires, ramifiées, holocrines ; leur sécrétion huileuse est appelée sébum. Le conduit des glandes sébacées débouche habituellement dans le follicule pileux.

5. Le sébum lubrifie la peau et les poils, empêche la déperdition d'eau par la peau et agit comme agent bactéricide. Les glandes sébacées sont activées à la puberté et régies par les androgènes.

Poils et follicules pileux (p. 181)

6. Le poil, produit par le follicule pileux, est constitué de cellules fortement kératinisées. Un poil typique se compose d'une médulla centrale, d'un cortex et d'une cuticule externe ; il comprend aussi une racine et une tige. La couleur du poil indique la quantité et la variété de mélanine produite.

7. Le follicule pileux est formé d'une gaine interne de tissu épithélial et d'une gaine externe de tissu conjonctif dérivée du derme. La base du follicule pileux est un bulbe pileux comportant une matrice qui permet la croissance du poil. Le follicule pileux est abondamment vascularisé et riche en neurofibres. Les muscles arrecteurs des poils permettent aux follicules de se redresser et produisent la « chair de poule ».

8. À l'exception des cheveux et des poils entourant les yeux, les poils sont d'abord duveteux, puis à la puberté, sous l'influence des androgènes, ils deviennent plus épais et plus foncés sous les aisselles et autour des organes génitaux.

9. La vitesse de croissance des poils varie selon les parties du corps, l'âge et le sexe. N'ayant pas tous la même longévité, les poils n'ont pas la même longueur sur les diverses parties du corps. La chute des cheveux dépend de facteurs qui prolongent les périodes de repos folliculaire, de l'atrophie des follicules associée au vieillissement et d'un gène à retardement.

Ongles (p. 185)

10. L'ongle est une modification écailleuse de l'épiderme qui recouvre la face dorsale du bout du doigt ou de l'orteil. La région de croissance se situe dans la matrice de l'ongle, la partie proximale du lit de l'ongle.

Fonctions du système tégumentaire (p. 186)

1. **Protection.** La peau protège l'organisme en dressant une barrière chimique (les propriétés antibactériennes du sébum, de la défensine humaine, des cathélicidines et du film de liquide acide, ainsi que le bouclier contre les rayons UV que constitue la mélanine), une barrière physique (une surface riche en lipides et durcie par la kératine) et une barrière biologique (macrophagocytes et ADN).

2. **Régulation de la température corporelle.** Les vaisseaux sanguins dermiques et les glandes sudoripares, régis par le système nerveux, jouent un rôle important dans le maintien de la température à l'intérieur des limites homéostatiques.

3. **Sensations cutanées.** Les récepteurs sensoriels cutanés réagissent à la température, au toucher, à la pression et aux stimulus douloureux.

4. **Fonctions métaboliques.** Un précurseur de la vitamine D est synthétisé par les cellules épidermiques à partir du cholestérol. Les cellules de la peau jouent aussi un rôle dans certaines conversions chimiques.

5. **Réservoir sanguin.** Le réseau vasculaire étendu du derme fait de la peau un réservoir sanguin.

6. **Excrétion.** La sueur élimine une petite quantité de déchets azotés et elle joue un rôle mineur dans l'excrétion.

Déséquilibres homéostatiques de la peau (p. 188)

1. Les problèmes cutanés les plus fréquents sont d'ordre infectieux.

Cancers de la peau (p. 188)

2. L'exposition aux rayons UV du soleil est la cause la plus fréquente des cancers de la peau.

3. La guérison des épithéliomas basocellulaires et des épithéliomas spinocellulaires est complète si on les retire avant qu'ils aient commencé à former des métastases. Plus rare, le mélanome, un cancer des mélanocytes, est redoutable.

Brûlures (p. 189)

4. Le danger initial que représente pour l'organisme une brûlure grave réside dans la perte de liquides riches en protéines et en électrolytes. Cette perte peut provoquer un choc hypovolémique. Le risque d'infection bactérienne importante menace ensuite la survie.

5. On peut utiliser la règle des neuf pour évaluer l'étendue d'une brûlure (voir p. 189). Les brûlures sont divisées en trois catégories selon leur profondeur: premier, deuxième ou troisième degré.

Pour guérir correctement, une brûlure du troisième degré requiert une greffe de peau.

Développement et vieillissement du système tégumentaire (p. 191)

1. L'épiderme se développe à partir de l'ectoderme embryonnaire; le derme (et l'hypoderme) à partir du mésoderme.

2. Le fœtus est recouvert d'un lanugo duveteux. Les glandes sébacées fœtales produisent une substance appelée vernix caseosa qui protège la peau du fœtus contre son milieu aqueux.

3. La peau d'un nouveau-né est fine mais, durant l'enfance, elle s'épaissit et de la graisse se dépose dans l'hypoderme. Les glandes sébacées s'activent à la puberté et les poils adultes font leur apparition.

4. Au cours du vieillissement, le processus de renouvellement des cellules de l'épiderme ralentit, et la peau et les poils se raréfient. L'activité des glandes de la peau décroît. La perte de fibres collagènes, de fibres élastiques et de graisse sous-cutanée entraîne un flétrissement de la peau. Des gènes à retardement sont à l'origine du grisonnement des cheveux et de la calvitie. L'exposition au soleil est une des principales causes du vieillissement de la peau.

QUESTIONS DE RÉVISION

Choix multiples/associations

(Il peut y avoir plus d'une bonne réponse à certaines questions. Choisissez les meilleures réponses parmi celles qui sont proposées. Les réponses se trouvent à l'appendice G.)

1. Quel type de cellules épidermiques est le plus abondant? (**a**) Les kératinocytes; (**b**) les mélanocytes; (**c**) les macrophagocytes intraépidermiques; (**d**) les cellules de Merkel.

2. Laquelle des couches suivantes de l'épiderme est responsable du remplacement continuel, par mitose, des cellules épidermiques? (**a**) La couche cornée; (**b**) la couche épineuse; (**c**) la couche basale; (**d**) la couche granuleuse.

3. L'épiderme forme une barrière physique en grande partie grâce à la présence: (**a**) de la mélanine; (**b**) du carotène; (**c**) des fibres collagènes; (**d**) de la kératine.

4. La couleur de la peau est déterminée par: (**a**) la quantité de sang; (**b**) les pigments; (**c**) le niveau d'oxygénation du sang; (**d**) toutes ces réponses.

5. Les sensations produites par le toucher ou la pression sont perçues par des récepteurs situés dans: (**a**) la couche basale; (**b**) le derme; (**c**) l'hypoderme; (**d**) la couche cornée.

6. Parmi ces énoncés concernant la couche papillaire, lequel est inexact? (**a**) Elle est essentiellement formée de tissu conjonctif aréolaire; (**b**) elle contribue à la résistance de la peau; (**c**) elle contient des terminaisons nerveuses réagissant aux stimulus; (**d**) elle est abondamment vascularisée.

7. Les marques, visibles à la surface de la peau, indiquant que le derme est étroitement lié aux tissus sous-jacents s'appellent: (**a**) lignes de tension; (**b**) crêtes de la peau; (**c**) lignes de flexion; (**d**) papilles du derme.

8. Parmi ces structures, laquelle n'est pas un dérivé de l'épiderme? (**a**) Le poil; (**b**) la glande sudoripare; (**c**) le récepteur sensoriel; (**d**) la glande sébacée.

9. Un muscle arrecteur du poil: (**a**) est associé à chaque glande sudoripare; (**b**) peut causer le redressement du poil; (**c**) permet à chaque poil de s'étirer lorsqu'il est mouillé; (**d**) fournit les nouvelles cellules nécessaires à la croissance continue du poil qui lui est associé.

10. La sécrétion de ce type de glande sudoripare comprend des protéines et des substances graisseuses qui deviennent odorantes sous l'action des bactéries. Laquelle est-ce? (**a**) La glande apocrine; (**b**) la glande mérocrine; (**c**) la glande sébacée; (**d**) la glande pancréatique.

11. Le sébum: (**a**) lubrifie la surface de la peau et les poils; (**b**) est constitué de cellules mortes et de substances graisseuses; (**c**) peut causer de la séborrhée lorsque sa sécrétion est trop abondante; (**d**) toutes ces réponses.

12. Quel type de cancer de la peau produit des cellules ayant tendance à envahir le plus rapidement les vaisseaux lymphatiques et sanguins? (**a**) Épithélioma basocellulaire; (**b**) épithélioma spinocellulaire; (**c**) mélanome.

13. La règle des neuf est utile d'un point de vue clinique: (**a**) pour diagnostiquer les cancers de la peau; (**b**) pour évaluer l'étendue d'une brûlure; (**c**) pour déterminer la gravité d'un cancer; (**d**) pour prévenir l'acné.

14. Au cours du vieillissement: (**a**) le renouvellement des cellules épidermiques ralentit; (**b**) les glandes sébacées produisent davantage de sébum; (**c**) le nombre de fibres collagènes augmente; (**d**) toutes ces réponses.

Questions à court développement

15. La peau (ou membrane cutanée) forme, avec les muqueuses et les séreuses, les membranes de revêtement de l'organisme. Quelle grande caractéristique structurale la peau partage-t-elle avec les deux autres types de membranes de revêtement?

16. Quelle cellule épidermique contient des granules de kératohyaline et des granules lamellés?

17. Un homme chauve ne possède-t-il réellement plus de cheveux? Expliquez.

18. Les nouveau-nés comme les personnes âgées n'ont que très peu de tissus sous-cutanés. Pourquoi cela augmente-t-il leur sensibilité aux basses températures?

19. Vous allez vous baigner à la plage par un très chaud après-midi de juillet. Décrivez deux des processus qu'emploiera votre système tégumentaire pour maintenir l'homéostasie de votre organisme durant cette sortie.

20. Différenciez clairement les brûlures des premier, deuxième et troisième degrés.

21. Décrivez le processus de croissance du poil et énoncez les différents facteurs qui peuvent influer sur: (**a**) le cycle de croissance; (**b**) la texture du poil.

22. De quel type de kératine (dure ou molle) est surtout constituée chacune des structures suivantes: l'épiderme, le poil, l'ongle? Citez deux avantages que présente la variété dure de kératine par rapport à la variété molle.

23. Distinguez alopécie et calvitie hippocratique.

24. La couleur grise ou blanche des cheveux est-elle produite par un pigment? Expliquez.

25. Qu'est-ce que la cyanose et qu'indique-t-elle?

26. Pourquoi la peau ride-t-elle et quels sont les facteurs qui accélèrent ce processus?

27. La peau présente trois types de plis caractéristiques; identifiez chacun de ces types et expliquez leur origine.

28. Expliquez chacun des phénomènes familiers suivants à la lumière de ce que vous avez appris dans le présent chapitre: (**a**) les boutons; (**b**) les pellicules; (**c**) les cheveux gras et le «nez luisant»; (**d**) les vergetures causées par un gain de poids; (**e**) les taches de rousseur; (**f**) les empreintes digitales; (**g**) les ampoules.

29. Qu'est-ce que la photosensibilité? Donnez des exemples de substances pouvant en être responsables.

30. Le célèbre comte Dracula, dont la légende se fonde sur l'histoire d'un individu qui a vécu en Europe de l'Est il y a quelque 600 ans, aurait tué pas moins de 200 000 personnes. Bien qu'il ait réellement été un «monstre», il n'était pas vraiment un vampire. De quelle affection souffrait-il vraisemblablement? (**a**) De porphyrie; (**b**) d'épidermolyse bulleuse congénitale; (**c**) de mauvaise haleine; (**d**) de vitiligo. Expliquez votre réponse.

31. Pourquoi le cancer de la peau ne provient-il jamais des cellules de la couche cornée?

32. Un homme a eu un doigt happé par une machine à l'usine. La blessure est moins grave qu'on ne le croyait, mais tout l'ongle de l'index droit a été arraché. L'homme a perdu le corps, la racine, le lit, la matrice et l'éponychium de l'ongle. Définissez chacun de ces termes. Selon vous, cet ongle peut-il repousser?

33. Sur un croquis du corps humain, indiquez les diverses régions délimitées par la règle des neuf. Quel pourcentage de la superficie totale du corps est touché si la peau qui recouvre les parties suivantes est brûlée? (**a**) Toute la surface postérieure du tronc et les fesses; (**b**) un des membres inférieurs en entier; (**c**) toute la surface antérieure du membre supérieur gauche.

34. Indiquez la principale cause de décès chez les grands brûlés et expliquez pourquoi il en est ainsi.

35. Une croyance populaire veut que le fait de se faire couper les cheveux les rende plus forts. Expliquez pourquoi cette croyance est fausse.

36. Les cellules de l'épiderme se renouvellent constamment: elles meurent et d'autres cellules les remplacent. Comment se fait-il alors qu'un tatouage ne disparaisse pas avec le temps?

Réflexion et application

1. Un maître-nageur de 40 ans vous explique que grâce à son bronzage il avait beaucoup de succès quand il était jeune, mais que maintenant son visage est tout ridé et que plusieurs taches pigmentées foncées sont apparues sur son corps et grandissent rapidement: elles sont devenues aussi grosses que des pièces de monnaie. Il vous montre les taches et vous pensez immédiatement «ABCD(E)». Qu'est-ce que cela signifie et pourquoi a-t-il de bonnes raisons de s'inquiéter?

2. Les brûlures du troisième degré permettent d'illustrer la perte des fonctions vitales normalement remplies par la peau. Quels sont les problèmes cliniques les plus importants qui se présentent en pareil cas? Expliquez chacune des conséquences qu'entraîne l'absence de peau.

3. Une femme de 30 ans, soignée pour des troubles mentaux, présente une croissance anormale des poils sur la face dorsale de l'index de sa main droite. L'infirmier explique qu'elle mordille continuellement ce doigt. Quelle est selon vous la relation entre cette manie et le doigt poilu de la patiente?

4. Une mannequin est préoccupée par une nouvelle cicatrice sur son abdomen. Elle déclare au chirurgien qu'il ne lui est pratiquement pas resté de cicatrice d'une opération de l'appendice subie à l'âge de 16 ans alors que cette cicatrice-ci, qui résulte d'une opération de la vésicule biliaire, est vraiment «affreuse». La petite cicatrice oblique de son appendicectomie est située dans la région inférieure droite de la paroi abdominale – elle est presque imperceptible. En revanche, la nouvelle cicatrice, grosse et protubérante, est perpendiculaire à l'axe central du tronc. Comment expliquez-vous le fait que les deux cicatrices sont si différentes?

5. L'ostéomalacie, une affection qui cause le ramollissement des os, est fréquente dans les pays musulmans où on impose aux femmes le port de la burka, un vêtement qui recouvre tout le corps, sauf les yeux. Décrivez la relation de cause à effet qui existe entre les deux.

6. Mme Gauthier s'est brûlée au deuxième degré sur l'abdomen avec de l'eau bouillante. Inquiète, elle demande au médecin si elle aura besoin d'une greffe cutanée. Selon vous, quelle a été la réponse du médecin?

7. Une étudiante doit identifier, pour son examen d'histologie, trois coupes microscopiques de peau humaine. Chacune de ces coupes provient d'une région différente de la peau: une provient de la région axillaire, une autre de la paume de la main et une autre du cuir chevelu. Pouvez-vous l'aider à identifier ces coupes microscopiques en vous basant sur les observations suivantes qu'elle a faites en examinant chacune?
Coupe 1: Derme épais, follicules pileux très nombreux et très développés, présence de nombreuses glandes sébacées.
Coupe 2: Follicules pileux moyennement nombreux, présence de glandes sudoripares apocrines.
Coupe 3: Épiderme épais, absence totale de glandes sébacées et de follicules pileux, crêtes épidermiques bien développées, glandes sudoripares mérocrines abondantes.

6

Cartilages (p. 200)

Structure, types et localisation
des cartilages (p. 200)

Croissance du cartilage (p. 200)

Classification des os (p. 201)

Fonctions des os (p. 203)

Structure des os (p. 203)

Anatomie macroscopique de l'os (p. 203)

Anatomie microscopique de l'os (p. 205)

Composition chimique de l'os (p. 209)

Développement des os (p. 210)

Formation du squelette osseux (p. 210)

Croissance des os après la naissance (p. 212)

**Homéostasie osseuse :
remaniement et consolidation (p. 214)**

Remaniement osseux (p. 214)

Consolidation des fractures (p. 218)

**Déséquilibres homéostatiques
des os (p. 220)**

Ostéomalacie et rachitisme (p. 220)

Ostéoporose (p. 220)

Maladie osseuse de Paget (p. 222)

**Développement et vieillissement
des os : chronologie (p. 222)**

Le tissu osseux et les os

Nous avons tous entendu des expressions comme « avoir mal aux os » et « ressembler à un sac d'os » – autant d'images assez peu flatteuses et inexactes de l'un des tissus les plus intéressants de notre organisme. Pourtant, c'est notre cerveau, et non les os, qui détermine la sensation d'épuisement ; pour ce qui est du « sac d'os », ils sont effectivement plus visibles chez certains d'entre nous, mais s'ils n'étaient pas là pour former notre squelette, nous ramperions comme des limaces, incapables de marcher debout. Les os sont les principaux éléments de notre squelette. Ce dernier comprend également des cartilages résistants et élastiques, dont nous parlons brièvement dans ce chapitre. Cependant, nous nous penchons plus particulièrement ici sur la structure et les fonctions du tissu osseux ainsi que sur la dynamique de sa formation et de son remaniement au cours de la vie.

Cartilages

1. Décrire les propriétés fonctionnelles de chacun des trois types de tissu cartilagineux.

2. Situer les principaux cartilages d'un squelette adulte et déterminer de quel type de cartilage il s'agit.

3. Expliquer et différencier les deux modes de croissance du cartilage.

Au début de la vie embryonnaire, le squelette humain se compose de cartilages et de membranes fibreuses, mais ces premiers supports sont rapidement remplacés par les os. Les quelques cartilages qui restent dans le squelette adulte sont principalement situés dans les régions où la souplesse des tissus est essentielle.

Structure, types et localisation des cartilages

Un **cartilage** du squelette se compose de l'une des trois variétés de *tissu cartilagineux*; ce tissu possède la caractéristique d'être constitué principalement d'eau. C'est cette haute teneur en eau qui lui confère son élasticité, c'est-à-dire sa capacité à reprendre sa forme initiale après avoir été comprimé.

Dépourvu de nerfs et de vaisseaux sanguins, le cartilage est entouré d'une couche de tissu conjonctif dense irrégulier appelée *périchondre* (*peri*: autour; *khondros*: cartilage). Tel un corset, le périchondre restreint l'expansion du cartilage lorsqu'il est comprimé. De plus, il contient les vaisseaux sanguins d'où partent les nutriments qui traversent la matrice par diffusion en direction des cellules du cartilage. Cette façon d'acheminer les nutriments impose des limites à l'épaisseur du tissu cartilagineux.

Comme nous l'avons vu au chapitre 4, le corps comprend trois types de tissu cartilagineux: le cartilage hyalin, le cartilage élastique et le cartilage fibreux. Tous ont la même composition de base: des cellules appelées *chondrocytes* sont emprisonnées dans de petites cavités (lacunes) à l'intérieur d'une *matrice extracellulaire* faite de substance fondamentale gélatineuse et de fibres. Les cartilages du squelette peuvent contenir les trois types de tissus cartilagineux.

Le **cartilage hyalin**, qui ressemble à l'état frais à du verre givré, est un support à la fois flexible et élastique. C'est le type de cartilage le plus répandu dans le corps humain. Ses chondrocytes sont sphériques (voir la figure 4.9g). Les seules fibres que contient sa matrice sont des fibres collagènes minces (invisibles au microscope optique). Coloré en bleu à la figure 6.1, le cartilage hyalin du squelette comprend: (1) le *cartilage articulaire*, qui recouvre les extrémités des os dans les articulations mobiles; (2) le *cartilage costal*, qui relie les côtes au sternum; (3) les *cartilages des voies respiratoires*, qui forment le squelette du larynx et fortifient les autres voies de passage du système respiratoire; et (4) les *cartilages du nez*, qui soutiennent les structures externes du nez.

Le **cartilage élastique** ressemble beaucoup au cartilage hyalin (voir la figure 4.9h), mais il contient un plus grand nombre de faisceaux de fibres élastiques, ce qui lui confère une meilleure résistance aux flexions répétées. On le trouve à quelques endroits seulement dans le squelette (en vert à la figure 6.1) – notamment dans l'oreille externe et dans l'épiglotte (languette mobile qui se replie pour couvrir l'orifice du larynx lors de la déglutition).

Le **cartilage fibreux**, ou **fibrocartilage**, résiste bien à la compression et à l'étirement. Sur le plan des propriétés, il se situe à mi-chemin entre le cartilage hyalin et le cartilage élastique, tandis que sur celui de la structure il constitue un intermédiaire entre le tissu conjonctif dense et le cartilage hyalin. Il se présente, en fait, comme une alternance de rangées de chondrocytes sensiblement parallèles et de faisceaux de fibres collagènes épaisses et orientées selon la direction des forces de tension (voir la figure 4.9i). On le trouve donc là où s'exercent des pressions et des étirements considérables, par exemple dans les coussins cartilagineux du genou (ménisques), les disques intervertébraux (en rouge à la figure 6.1) et à la jonction ligaments-os et tendons-muscles.

Croissance du cartilage

Contrairement à l'os, qui possède une matrice dure, le cartilage possède une matrice souple où la mitose peut se produire. Il s'agit du tissu parfait pour la formation du squelette embryonnaire et la croissance de nouveaux tissus squelettiques. Il y a deux modes de croissance du cartilage. Dans la **croissance par apposition** (à partir de l'extérieur), les cellules conjonctives du périchondre de la pièce cartilagineuse se transforment en chondroblastes et sécrètent une nouvelle matrice qui se dépose sur la face externe du tissu cartilagineux existant. Le mot «apposition» signifie «placer à côté», ce qui décrit assez bien le phénomène. Dans la **croissance interstitielle** – le principal processus de croissance pour un cartilage en formation –, les chondrocytes enfermés dans les lacunes du cartilage se divisent et sécrètent une nouvelle matrice. De ce fait, la croissance s'effectue à partir de l'intérieur du cartilage. Habituellement, le cartilage cesse de croître vers la fin de l'adolescence, en même temps que le squelette.

Dans certaines conditions – lors de la croissance normale des os pendant l'enfance et, à nouveau, durant la vieillesse –, des sels de calcium peuvent se déposer dans la matrice du cartilage et provoquer son durcissement, processus appelé calcification. Il faut toutefois noter que le cartilage calcifié ne constitue *pas* un tissu osseux; le cartilage et les os sont toujours deux tissus distincts.

VÉRIFIONS NOS ACQUIS

1. Quel type de cartilage est le plus abondant dans le squelette adulte?

2. Nommez les deux structures du corps qui renferment du cartilage élastique souple.

3. Le cartilage se forme notamment par croissance interstitielle. Que signifie cette affirmation?

Les réponses se trouvent à l'appendice G.

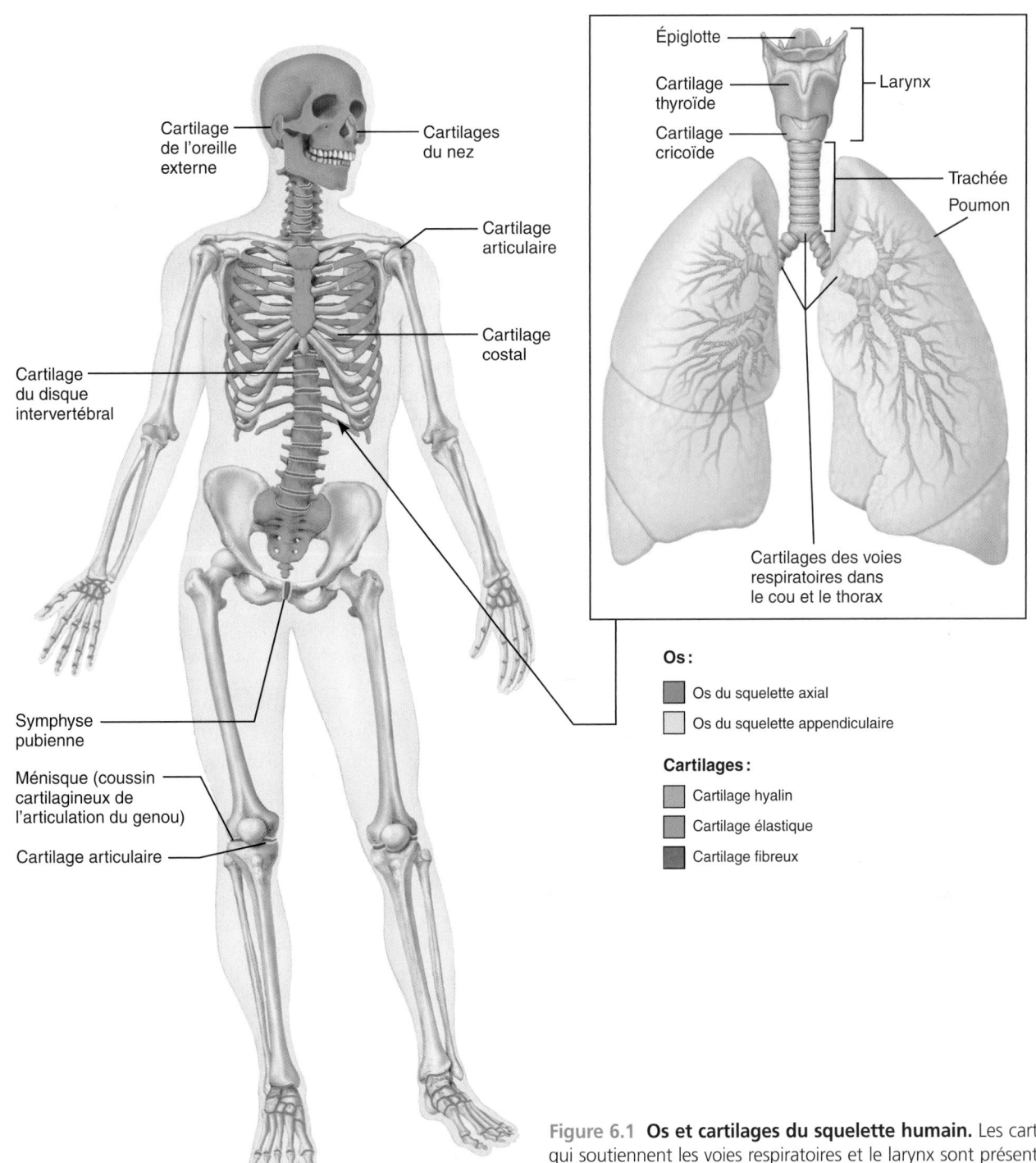

Cartilage de l'oreille externe

Cartilages du nez

Cartilage articulaire

Cartilage costal

Cartilage du disque intervertébral

Symphyse pubienne

Ménisque (coussin cartilagineux de l'articulation du genou)

Cartilage articulaire

Épiglotte

Cartilage thyroïde

Larynx

Cartilage cricoïde

Trachée

Poumon

Cartilages des voies respiratoires dans le cou et le thorax

Os :

Os du squelette axial

Os du squelette appendiculaire

Cartilages :

Cartilage hyalin

Cartilage élastique

Cartilage fibreux

Figure 6.1 Os et cartilages du squelette humain. Les cartilages qui soutiennent les voies respiratoires et le larynx sont présentés séparément à droite.

6

Classification des os

4 Nommer les grandes subdivisions du squelette humain et préciser les parties du corps formant chacune d'elles.

5 Comparer les quatre classes d'os ; indiquer les différences structurales qui les distinguent et donner des exemples d'os appartenant à chaque classe.

Les 206 os identifiés du squelette humain sont répartis en deux groupes : axial et appendiculaire. Le **squelette axial** suit l'axe longitudinal du corps humain et comprend les os de la tête, de la colonne vertébrale et de la cage thoracique. Ces os sont illustrés en orange à la figure 6.1. En règle générale, ces os ont pour principale fonction de protéger, de soutenir ou de porter les autres parties du corps.

Le **squelette appendiculaire** inclut les os des membres supérieurs et inférieurs, et les ceintures (os des épaules et des hanches) qui fixent les membres au squelette axial. Ces os sont illustrés en ocre à la figure 6.1. Les os des membres nous permettent de nous déplacer (locomotion) et de manipuler les objets de notre environnement.

Il existe des os de toutes les grosseurs et de toutes les formes. Par exemple, le petit os pisiforme du poignet ressemble à un petit pois, dont il a la forme et la taille, alors que le fémur (os de la cuisse) peut mesurer près de 60 cm chez certains sujets et possède une grosse tête sphérique. Chaque os présente une forme particulière qui répond à un besoin précis. Ainsi, le fémur doit pouvoir résister à de fortes pressions, et sa forme de cylindre creux lui assure la plus grande solidité possible pour un poids minimal, selon le principe de relation entre la structure et la fonction que nous avons établi au chapitre 1.

En règle générale, les os sont classés selon leur forme : c'est ainsi qu'on trouve des os longs, des os courts, des os plats et des os irréguliers **(figure 6.2)**.

1. **Os longs.** Comme leur nom l'indique, les os longs sont beaucoup plus longs que larges (figure 6.2a). Un os long comprend un corps et deux extrémités. Tous les os des membres sont longs, sauf ceux du poignet et de la cheville, ainsi que celui de la rotule. Remarquez bien que cette classification des os reflète leur forme allongée et *non* leur taille. Les trois os qui forment chacun de vos doigts (deux dans le pouce) sont des os longs, même s'ils sont très petits.

2. **Os courts.** Les os courts sont plus ou moins cubiques. Les os du poignet (carpe) et de la cheville (tarse) en sont des exemples (figure 6.2d).

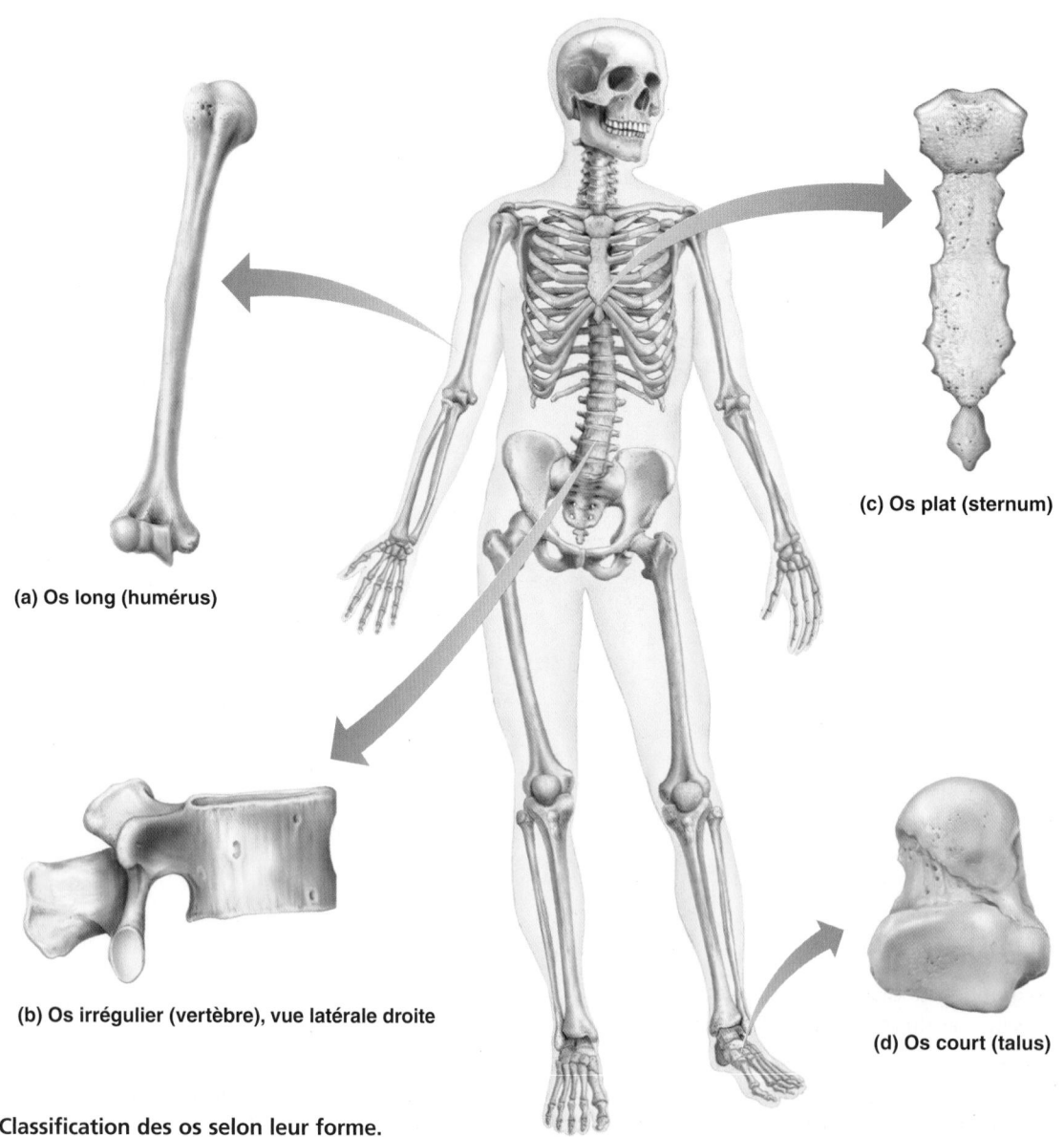

(a) Os long (humérus)

(b) Os irrégulier (vertèbre), vue latérale droite

(c) Os plat (sternum)

(d) Os court (talus)

Figure 6.2 **Classification des os selon leur forme.**

Les **os sésamoïdes** (*sêsamon:* sésame; *eidos:* forme) sont un type particulier d'os courts enchâssés dans un tendon (la rotule et certains petits os du pouce et du gros orteil, par exemple). Leur nombre et leur taille varient d'un individu à l'autre. On sait que certains d'entre eux modifient la direction de la traction exercée par un tendon, mais on ne connaît pas encore la fonction de certains autres.

3. **Os plats.** Les os plats sont minces, aplatis et en général légèrement courbés. Le sternum, les scapulas (omoplates), les côtes et la plupart des os du crâne sont des os plats (figure 6.2c).

4. **Os irréguliers.** Les os irréguliers ont des formes compliquées qui les distinguent de toutes les catégories précédentes. Les vertèbres et les os iliaques (os coxaux) sont des os irréguliers (figure 6.2b). De plus, entre les os du crâne, on trouve un nombre variable de petits os irréguliers, qu'on appelle *os suturaux* (ou os wormiens).

VÉRIFIONS NOS ACQUIS

4. Quelles structures composent le squelette axial?
5. Comparez la fonction générale du squelette axial avec celle du squelette appendiculaire.
6. À quelle classe d'os les côtes et les os du crâne appartiennent-ils?

Les réponses se trouvent à l'appendice G.

Fonctions des os

6 Énumérer et décrire cinq fonctions importantes des os.

En plus de donner à notre corps sa forme extérieure, nos os remplissent plusieurs fonctions importantes:

1. **Soutien.** Les os constituent une structure rigide qui sert de support à notre corps et d'ancrage à tous ses organes mous. Par exemple, les os des membres inférieurs agissent comme des piliers qui portent notre tronc lorsque nous nous tenons debout, et la cage thoracique soutient les parois du thorax.

2. **Protection.** L'encéphale est bien abrité par les os du crâne. Les vertèbres entourent la moelle épinière et la cage thoracique protège les organes vitaux du thorax.

3. **Mouvement.** Les muscles squelettiques, qui sont fixés aux os par des tendons, agissent sur les os comme des leviers pour déplacer le corps ou certains de ses membres. C'est ainsi que nous pouvons marcher, saisir un objet ou respirer. C'est l'agencement des os et des muscles squelettiques ainsi que la structure des articulations qui déterminent quels mouvements sont possibles.

4. **Stockage des minéraux et des facteurs de croissance.** Les os constituent un réservoir de minéraux, dont les plus essentiels sont le calcium et le phosphore (sous forme de phosphates). Au besoin, ces minéraux sont libérés dans la circulation sanguine sous forme d'ions, puis distribués aux différentes parties de l'organisme. En fait, les os sont le siège de «dépôts» et de «retraits» de minéraux presque continuels. De plus, la matrice osseuse minéralisée emmagasine des facteurs de croissance importants, comme les facteurs de croissance analogues à l'insuline (IGF-1), le facteur de croissance transformant (TGF), les protéines morphogénétiques osseuses (BMP) et d'autres encore.

5. **Formation des cellules sanguines.** Chez l'adulte, la formation des cellules sanguines (globules rouges, globules blancs, plaquettes), ou *hématopoïèse*, se produit dans les cavités médullaires de certains os.

6. **Stockage des triglycérides (lipides).** Les lipides sont emmagasinés dans les cavités osseuses et constituent une réserve d'énergie pour l'organisme.

VÉRIFIONS NOS ACQUIS

7. Sur le plan fonctionnel, quelle relation y a-t-il entre les muscles squelettiques et les os?
8. Nommez deux types de substances qui sont emmagasinées dans la matrice osseuse.
9. Nommez deux fonctions des cavités de la moelle osseuse.

Les réponses se trouvent à l'appendice G.

Structure des os

7 Nommer trois grandes fonctions que peut remplir le relief osseux; donner des exemples d'éléments du relief osseux responsables de chacune de ces fonctions.

8 Décrire l'anatomie macroscopique d'un os long typique et d'un os plat. Préciser la situation et les fonctions de la moelle osseuse rouge et jaune, du cartilage articulaire, du périoste et de l'endoste.

9 Décrire la structure microscopique du tissu osseux compact et du tissu osseux spongieux.

10 Expliquer la composition chimique des os. Montrer les avantages que confèrent leurs composants organiques et inorganiques.

Les os sont des *organes*, puisqu'ils contiennent plusieurs types de tissus. Même s'il est constitué principalement de tissu osseux, l'os contient également du tissu nerveux dans ses nerfs et du tissu cartilagineux dans ses cartilages articulaires; par ailleurs, ses cavités sont tapissées et remplies de tissu conjonctif, et les parois de ses vaisseaux sanguins sont composées de tissu musculaire et de tissu épithélial. Nous allons étudier ici l'anatomie des os des points de vue macroscopique, microscopique et chimique.

Anatomie macroscopique de l'os

Relief osseux

Les surfaces externes des os sont rarement lisses et uniformes: on peut y observer des protubérances, des dépressions et des ouvertures, qui constituent des points d'attache de muscles, de ligaments et de tendons, des surfaces d'articulation ou encore des passages de vaisseaux sanguins et de nerfs. Ces éléments du **relief osseux** portent différents noms.

Les protubérances qui dépassent de la surface osseuse sont les têtes, trochanters, épines, etc., et chacune d'elles possède des fonctions et des caractéristiques qui lui sont propres.

Les dépressions et les ouvertures incluent les fossettes, les sinus et les foramens. Le **tableau 6.1** présente une description des principaux éléments du relief osseux. Il vous sera utile d'apprendre ces termes parce que vous les reverrez en tant que repères pour l'identification de certains os, décrits au chapitre 7 et étudiés en travaux pratiques.

Les deux types de tissu osseux : os compact et os spongieux

Chaque os du squelette comporte une couche externe dense qui paraît lisse et solide à l'œil nu. C'est l'**os compact** (figures 6.3 et 6.5). À l'intérieur de cette couche se trouve l'**os spongieux**, caractérisé par une structure en nids d'abeilles constituée de petites pièces pointues ou plates appelées *travées* (*trabs*: poutre). Dans l'os vivant, les cavités entre les travées de l'os spongieux contiennent de la moelle osseuse rouge ou jaune.

Structure d'un os long typique

À quelques exceptions près, tous les os longs possèdent la même structure, qui comprend une diaphyse, des épiphyses et des membranes (figure 6.3).

Diaphyse La **diaphyse** (*dia*: à travers ; *phusis*: nature, formation), ou corps osseux, est de forme tubulaire et constitue l'axe longitudinal de l'os. Elle consiste en un *cylindre* d'os compact relativement épais qui renferme une **cavité médullaire** centrale. Chez l'adulte, cette cavité contient la moelle jaune, principalement composée de lipides.

Épiphyses Les **épiphyses** sont les extrémités de l'os (*epi*: sur). Elles sont souvent plus épaisses que la diaphyse. L'extérieur des épiphyses est formé d'une fine couche d'os compact ; l'intérieur est constitué d'os spongieux. La partie osseuse de l'épiphyse par laquelle les os s'articulent est couverte d'une mince couche de cartilage articulaire (hyalin) qui agit comme un coussin sur l'extrémité de l'os et amortit la pression lors des mouvements de l'articulation. À la jonction de la diaphyse et de chaque épiphyse d'un os long adulte se trouve la **ligne épiphysaire**. Cette ligne représente le reliquat du **cartilage épiphysaire**, le disque de cartilage hyalin où s'effectue la croissance des os pendant l'enfance. La région où la diaphyse et l'épiphyse se joignent, qu'il s'agisse du cartilage ou de la ligne épiphysaire, est parfois appelée *métaphyse*.

Membranes Les os longs présentent une troisième structure composée de deux membranes, le périoste et l'endoste. Sauf dans les articulations, toute la surface externe de l'os est recouverte et protégée par une membrane double, d'un blanc brillant, le **périoste** (*peri*: autour ; *osteon*: os). La *couche fibreuse* externe est composée de tissu conjonctif dense irrégulier ; la couche cellulaire interne est appelée *couche ostéogénique* et repose sur la surface osseuse ; elle comporte surtout des **ostéoblastes**, qui sécrètent les éléments de la matrice osseuse, et des **ostéoclastes**, des cellules qui détruisent la matière osseuse. Les membranes contiennent également des cellules souches primitives, les **cellules ostéogènes**, qui donnent naissance aux ostéoblastes (figure 6.4).

Le périoste est riche en neurofibres (ce qui explique les douleurs ressenties lors d'une fracture osseuse) et en vaisseaux lymphatiques et sanguins qui pénètrent l'os de la diaphyse par des **foramens nourriciers**, ou trous vasculaires. Il est fixé à l'os sous-jacent par des touffes de fibres collagènes nommées **fibres de Sharpey** (figure 6.3c), qui s'étendent de la couche fibreuse jusqu'à l'intérieur de la matrice osseuse. Le périoste constitue également une zone de points d'ancrage des tendons et des ligaments qui s'y fixent par l'intermédiaire des fibres de Sharpey extrêmement denses en ces points.

Les surfaces internes de l'os sont garnies d'une fine membrane de tissu conjonctif nommée **endoste** (*endon*: en dedans ; figure 6.3). L'endoste recouvre les travées de l'os spongieux et tapisse les canaux qui traversent l'os compact. À l'instar du périoste, l'endoste contient, en plus des cellules ostéoprogénitrices, des cellules qui sécrètent la matrice osseuse et celles qui la détruisent.

Structure des os courts, irréguliers et plats

Les os courts, irréguliers et plats présentent une structure simple : leur surface externe est constituée d'une fine couche d'os compact recouvert de périoste, et l'intérieur est formé d'os spongieux tapissé d'endoste. Comme ils ne sont pas cylindriques, ces os ne possèdent ni diaphyse ni épiphyses. Ils contiennent de la moelle osseuse (entre leurs travées) mais aucune cavité médullaire.

La **figure 6.5** représente un os plat typique du crâne. Dans les os plats, la couche interne d'os spongieux située entre les deux couches d'os compact est appelée **diploé** ; le tout ressemble à un sandwich rigide.

Disposition du tissu hématopoïétique dans les os

On nomme **cavités à moelle rouge** les cavités de l'os spongieux des os longs ainsi que le diploé des os plats, cavités où se trouve en général le tissu hématopoïétique, ou **moelle rouge**. Chez les nouveau-nés, la moelle rouge occupe la cavité médullaire de la diaphyse et toutes les cavités de l'os spongieux. Chez les adultes, la plupart des os longs possèdent une cavité médullaire remplie de moelle jaune qui empiète largement sur l'épiphyse, et il subsiste peu de moelle rouge dans les cavités de l'os spongieux. C'est pourquoi, parmi les os longs des adultes, seules les têtes proximales du fémur et de l'humérus (l'os long du bras) produisent des cellules sanguines.

La moelle rouge située dans le diploé des os plats (comme le sternum) et dans certains os irréguliers (comme le bassin) présente une plus forte activité hématopoïétique. C'est habituellement à ces endroits que l'on prélève des échantillons de moelle rouge, par ponction de la moelle osseuse, pour diagnostiquer

TABLEAU 6.1	**Relief osseux**	
ÉLÉMENT DU RELIEF	**DESCRIPTION**	**ILLUSTRATIONS**

Protubérances sur lesquelles s'attachent des muscles ou des ligaments

Tubérosité	Grosse protubérance ronde; parfois rugueuse	
Crête	Arête osseuse étroite; habituellement bien en évidence	
Trochanter	Apophyse (protubérance) très grosse, épaisse, de forme irrégulière (les seuls exemples se rencontrent sur le fémur)	
Ligne	Arête osseuse étroite; moins en évidence qu'une crête	
Tubercule	Protubérance ou relief arrondi et de petite taille	
Épicondyle	Partie renflée sur un condyle ou au-dessus	
Épine	Relief fin, étroit, souvent pointu	
Processus	Toute protubérance osseuse	

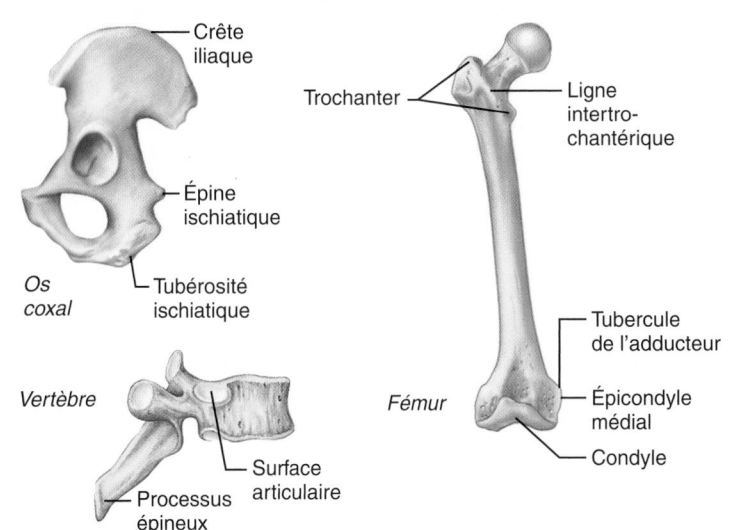

Éléments qui participent à la formation des articulations

Surface articulaire	Surface lisse, presque plate	
Tête	Renflement osseux porté sur un col étroit	
Condyle	Protubérance articulaire arrondie	
Ramus ou branche	Bras formé par un os	

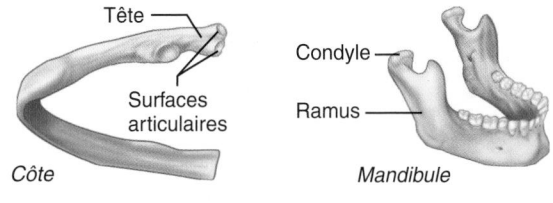

Dépressions et ouvertures

Servant de passage aux vaisseaux sanguins et aux nerfs

Sillon	Dépression linéaire	
Fissure	Ouverture étroite en forme de fente	
Foramen	Ouverture arrondie ou ovale dans un os	
Incisure ou échancrure	Encoche sur le bord d'une structure	
Autres		
Méat	Passage en forme de canal	
Sinus	Espace creux à l'intérieur d'un os; plein d'air et tapissé d'une muqueuse	
Fosse ou fossette	Dépression peu profonde et concave d'un os, servant souvent de surface articulaire	

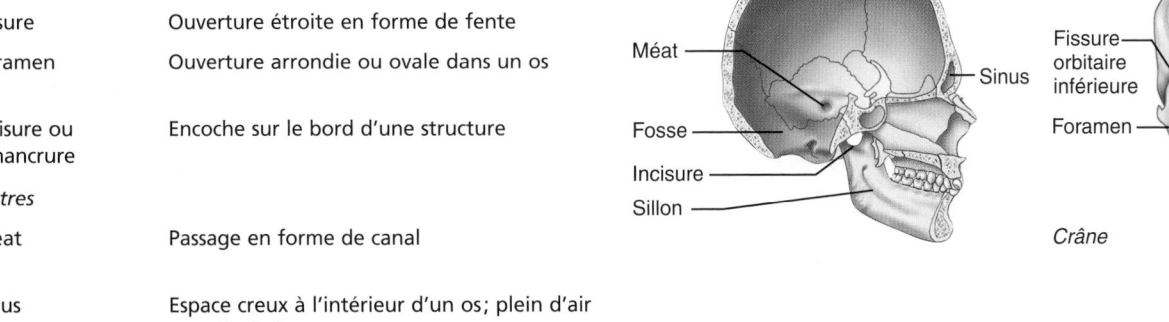

une maladie du tissu hématopoïétique telle que la leucémie. La moelle jaune de la cavité médullaire peut du reste se convertir en moelle rouge en cas d'anémie grave, lorsque l'organisme a besoin d'accroître sa production de globules rouges.

Anatomie microscopique de l'os

Le tissu osseux contient quatre types principaux de cellules: les cellules ostéogènes, les ostéoblastes, les ostéocytes et les ostéoclastes. Ces cellules, comme celles d'autres tissus conjonctifs,

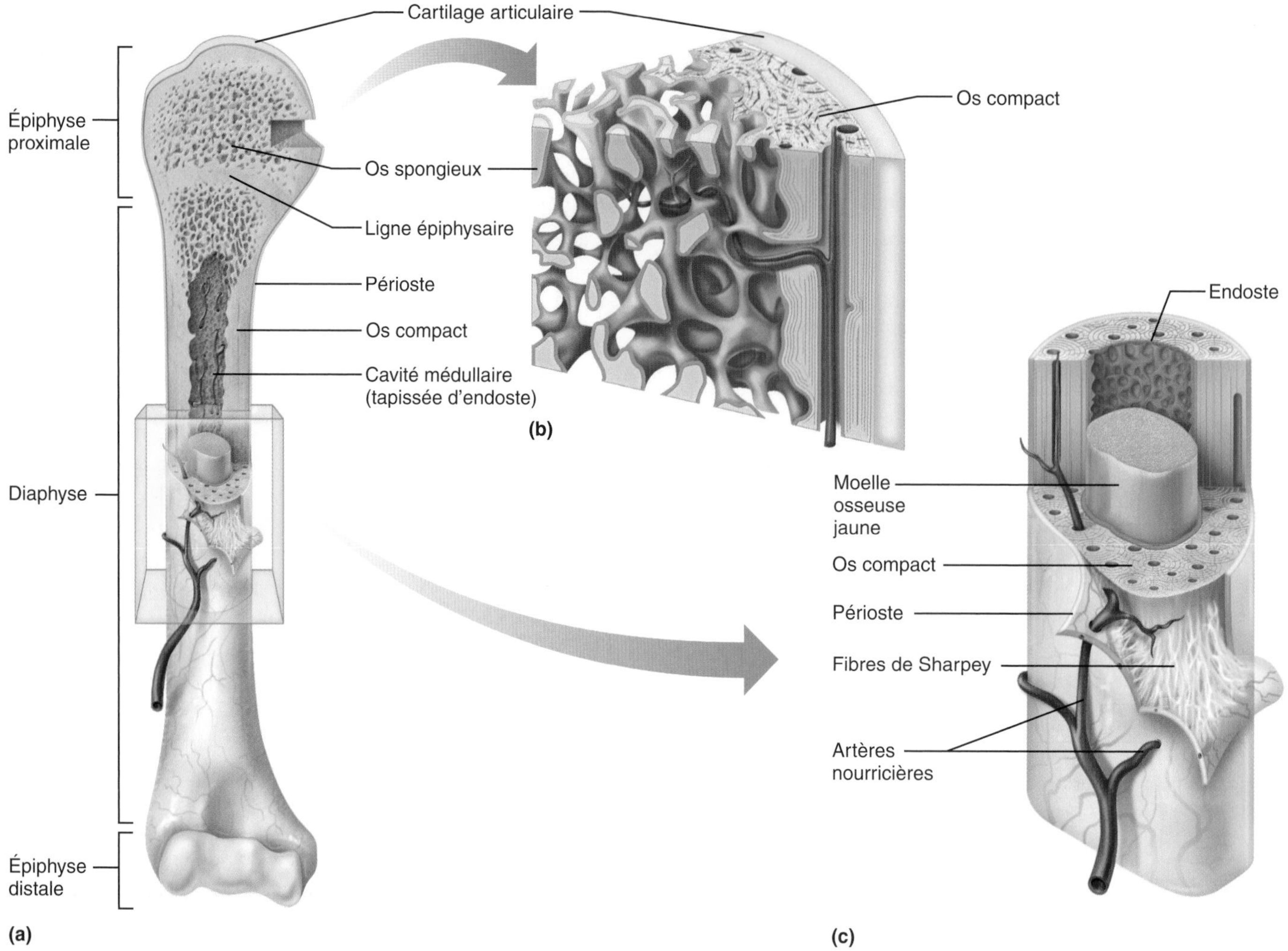

6

Cartilage articulaire

Épiphyse
proximale

Os spongieux

Ligne épiphysaire

Périoste

Os compact

Cavité médullaire
(tapissée d'endoste)

Diaphyse

Os compact

(b)

Endoste

Moelle
osseuse
jaune

Os compact

Périoste

Fibres de Sharpey

Artères
nourricières

Épiphyse
distale

(a)

(c)

Figure 6.3 Structure d'un os long (humérus). (a) Vue antérieure avec coupe frontale montrant l'intérieur de l'extrémité proximale. **(b)** Vue tridimensionnelle grossie de l'os spongieux et de l'os compact de l'épiphyse de (a). **(c)** Coupe transversale grossie du corps (diaphyse) de (a). Notez que la surface externe de la diaphyse est recouverte de périoste, mais que la surface articulaire de l'épiphyse est recouverte de cartilage hyalin.

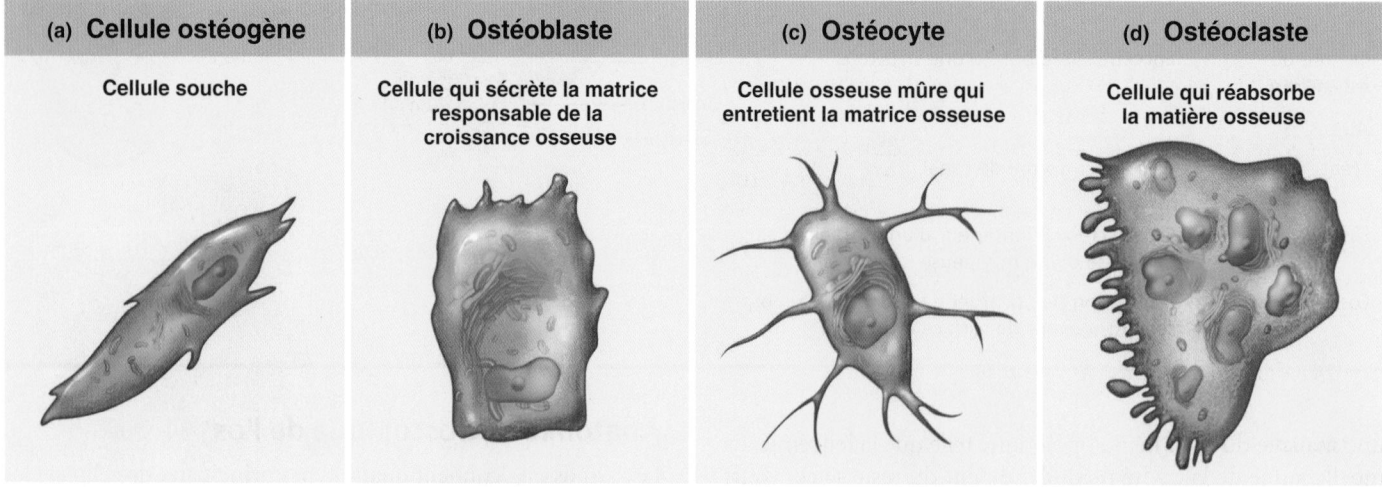

(a) Cellule ostéogène	**(b) Ostéoblaste**	**(c) Ostéocyte**	**(d) Ostéoclaste**
Cellule souche	Cellule qui sécrète la matrice responsable de la croissance osseuse	Cellule osseuse mûre qui entretient la matrice osseuse	Cellule qui réabsorbe la matière osseuse

Figure 6.4 Comparaisons des différents types de cellules osseuses.

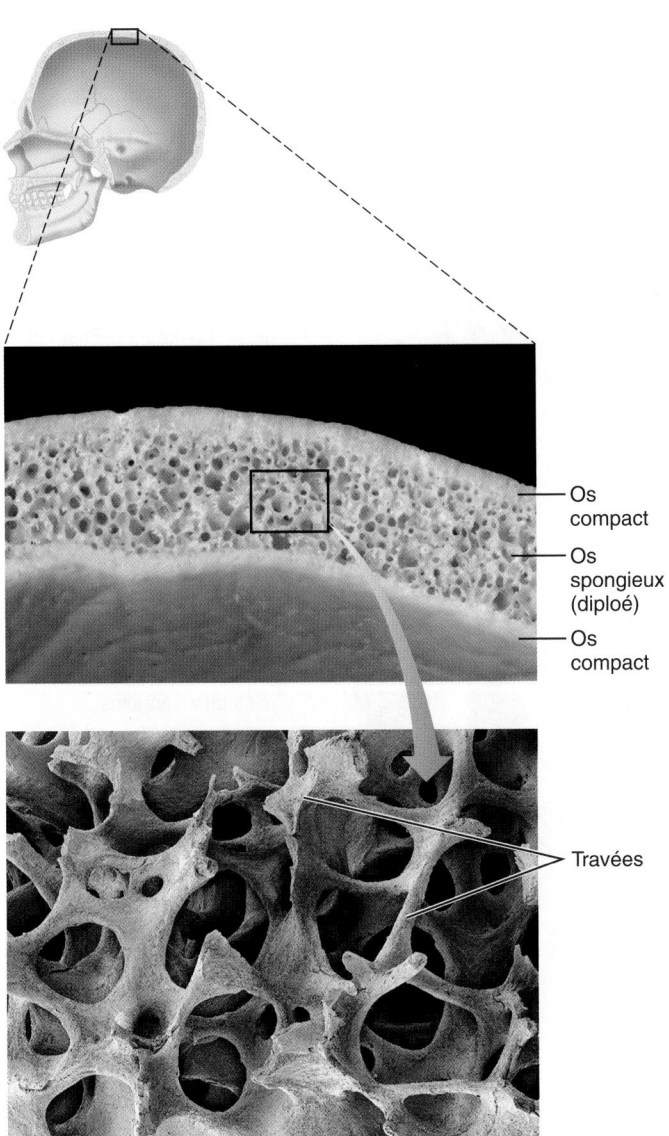

Figure 6.5 Les os plats comportent une épaisseur d'os spongieux (le diploé), intercalée entre deux fines couches d'os compact. (Photomicrographie du bas, 4×.)

Os compact

Os spongieux (diploé)

Os compact

Travées

sont entourées d'une matrice extracellulaire qu'elles produisent. Les *cellules ostéogènes*, également appelées *cellules ostéoprogénitrices*, sont des cellules souches qui sont le siège de nombreuses mitoses ; on les trouve dans la couche fibreuse interne du périoste et de l'endoste. Certains de leurs descendants se différencient en **ostéoblastes** (cellules productrices de matière osseuse), tandis que d'autres restent des cellules osseuses souches qui produiront d'autres ostéoblastes. Nous décrirons la structure et la fonction des deux autres types de cellules osseuses dans les sections qui suivent.

Os compact

L'os compact constitue 80 % de la masse totale des os chez l'humain. À l'œil nu, l'os compact paraît dense et solide, mais le microscope permet de distinguer une multitude de canaux

et de passages contenant des neurofibres, des vaisseaux sanguins et des vaisseaux lymphatiques (figure 6.7). L'unité structurale de l'os compact est appelée **ostéon** (ou ostéone), ou **système de Havers**. Chaque ostéon a la forme d'un cylindre allongé de 1 ou 2 cm de long et disposé parallèlement à l'axe longitudinal de l'os. Du point de vue fonctionnel, on peut se représenter l'ostéon comme un minuscule pilier qui supporte une masse.

Ainsi qu'on peut le voir à la **figure 6.6**, l'ostéon est constitué d'un ensemble de cylindres creux (de 6 à 20 par ostéon) composés de matrice osseuse et placés les uns dans les autres tels les anneaux de croissance d'un tronc d'arbre. Chacun de ces cylindres de matrice est une **lamelle de l'ostéon** ; c'est pourquoi l'os compact est souvent qualifié d'**os lamellaire**. Bien que les fibres collagènes dans la matrice d'une lamelle donnée soient toutes parallèles, les fibres de deux lamelles adjacentes sont toujours orientées dans des directions opposées. Cette alternance a pour effet de renforcer les lamelles adjacentes et d'offrir une résistance remarquable aux forces de torsion que subissent les os, si bien qu'on peut considérer l'ostéon comme une sorte de « barre de torsion ». Par ailleurs, les fibres collagènes ne sont pas le seul élément des lamelles qui présentent cet admirable agencement. Les minuscules cristaux des sels de l'os sont disposés dans le même sens que les fibres collagènes. Par conséquent, ils changent aussi d'orientation d'une lamelle à l'autre.

Le centre de chaque ostéon forme un **canal central de l'ostéon**, ou **canal de Havers**, dans lequel passent de petits vaisseaux sanguins (capillaires et veinules) et des neurofibres qui desservent les cellules de l'ostéon. Des canaux d'un autre type sont orientés perpendiculairement à l'axe de l'ostéon ; ce sont les **canaux perforants de l'os compact**. Aussi appelés **canaux de**

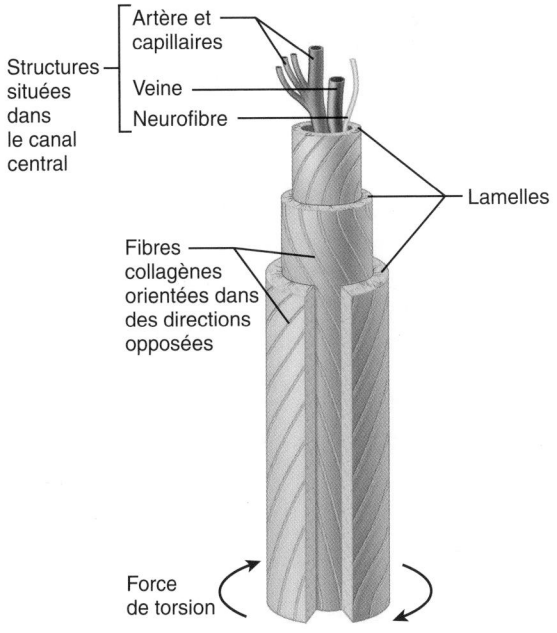

Structures situées dans le canal central

Artère et capillaires

Veine

Neurofibre

Lamelles

Fibres collagènes orientées dans des directions opposées

Force de torsion

Figure 6.6 Schéma d'un ostéon. L'ostéon a été dessiné comme s'il avait été étiré de façon télescopique pour en montrer toutes les lamelles.

Volkmann, ces structures permettent les connexions nerveuses et vasculaires entre le périoste, les canaux centraux de l'ostéon et la cavité médullaire **(figure 6.7a)**. Comme toutes les autres cavités internes de l'os, ces canaux sont tapissés d'endoste.

Les **ostéocytes** sont des cellules osseuses mûres en forme d'araignée (figures 6.4c et 6.7b) ; elles se rencontrent dans de petits espaces vides, appelés **lacunes**, situés à la jonction des lamelles. Des canaux très fins, les **canalicules**, relient les lacunes

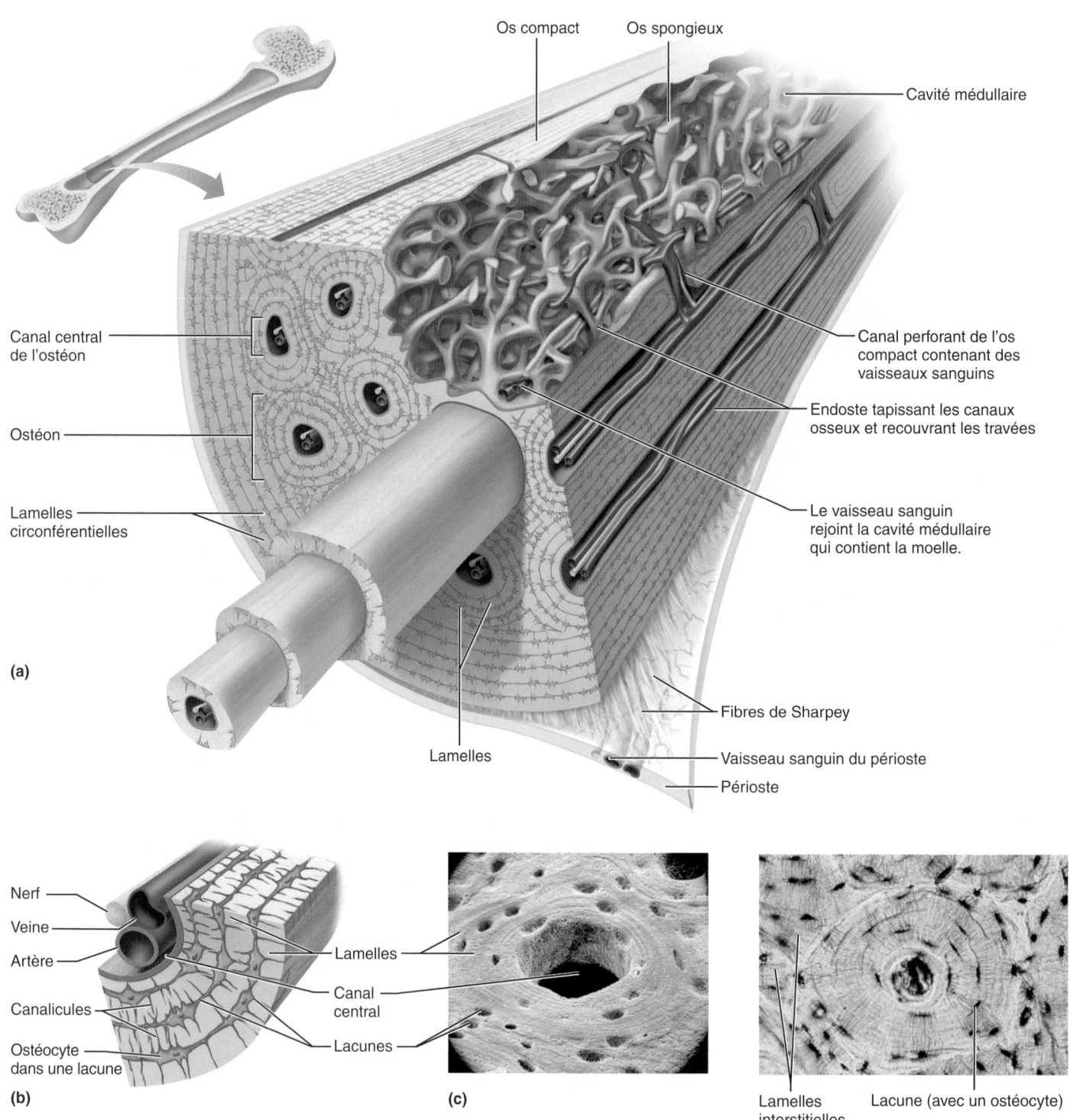

Figure 6.7 Structure microscopique de l'os compact. (a) Schéma en trois dimensions d'un segment d'os compact. **(b)** Une partie d'un ostéon à plus fort grossissement. Remarquez la situation des ostéocytes dans les lacunes osseuses. **(c)** Photographie par MEB (à gauche) et photomicrographie (à droite) d'un os en coupe transversale présentant un ostéon (180× et 160×, respectivement).

entre elles et communiquent avec le canal central de l'ostéon où, rappelons-le, se trouvent des vaisseaux sanguins. La formation de ces canalicules présente un certain intérêt. Au cours de la formation de l'os, les ostéoblastes qui sécrètent la matrice osseuse entourent les vaisseaux sanguins et restent en contact les uns avec les autres, grâce à des sortes de tentacules contenant des jonctions ouvertes. Puis, lorsque les cellules mûres sont emprisonnées dans la matrice durcie, il se forme tout un réseau de minuscules canaux (les canalicules) remplis de liquide interstitiel et contenant les excroissances des ostéocytes. Ces canalicules relient entre eux tous les ostéocytes d'un ostéon, ce qui permet aux nutriments et aux déchets de passer d'un ostéocyte à l'autre (par les jonctions ouvertes). C'est donc grâce à cette fonction de relais assumée par les canalicules et les lacunes que les ostéocytes sont nourris et débarrassés de leurs déchets même si la matrice osseuse est dure et imperméable aux nutriments.

Les ostéocytes ont également pour rôle d'entretenir la matrice osseuse. On croit qu'ils pourraient assurer le transfert des minéraux de l'intérieur de l'os vers les sites de croissance et de remaniement. S'ils meurent, la matrice environnante est résorbée. Les ostéocytes agissent aussi comme détecteurs de tension en cas de déformation de l'os ou en présence d'un autre stimulus indiquant une lésion. Ils transmettent l'information aux cellules responsables du remaniement osseux (ostéoblastes et ostéoclastes) pour que les mesures nécessaires soient prises ou les réparations effectuées. Nous décrirons les *ostéoclastes* qui détruisent la matière osseuse dans le contexte du remaniement osseux (voir p. 215).

Certaines lamelles de l'os compact ne font pas partie des ostéons. Entre les ostéons entiers se trouvent des lamelles incomplètes nommées **lamelles interstitielles** (figure 6.7c, photomicrographie de droite). Ces lamelles occupent les intervalles entre les ostéons en formation ou représentent des fragments d'ostéons qui ont été coupés par le remaniement osseux (dont nous parlerons plus loin). Par ailleurs, des **lamelles circonférentielles** situées juste au-dessous du périoste et au-dessus de l'endoste entourent la diaphyse (figure 6.7a). Ces lamelles offrent une résistance efficace aux forces de torsion qui s'exercent sur l'os long.

Os spongieux

Contrairement à l'os compact, l'os spongieux, qui est constitué de travées – d'où son autre nom, os trabéculaire –, semble être un tissu peu structuré, voire désorganisé (figures 6.5 et 6.3b). En fait, les travées sont loin d'être placées de façon aléatoire. Bien au contraire, la situation précise de ces minuscules éléments osseux reflète les contraintes subies par l'os et lui permet d'y résister le mieux possible. Les travées sont donc placées aussi stratégiquement que les arcs-boutants soutenant les murs d'une cathédrale gothique. Alors que la disposition des lamelles osseuses dans l'os compact lui permet de résister à des forces orientées dans un nombre plutôt restreint de directions, la disposition des lamelles dans l'os spongieux lui donne la possibilité de s'adapter à des forces agissant dans toutes les directions. L'os spongieux est aussi un os lamellaire.

D'une épaisseur de quelques cellules, les travées comportent des lamelles irrégulières et des ostéocytes interreliés par des canalicules. Il n'y a pas d'ostéons dans l'os spongieux. Les nutriments partent des capillaires de l'endoste entourant les travées et parviennent aux ostéocytes de l'os spongieux par diffusion à travers les canalicules.

Composition chimique de l'os

L'os contient à la fois des constituants organiques et des constituants inorganiques. Les *constituants organiques* sont les cellules (ostéoblastes, ostéocytes et ostéoclastes) et le **matériau ostéoïde**, qui est la partie organique de la matrice. Le matériau ostéoïde représente environ un tiers de la matrice; il comprend des protéines fibreuses (dont un peu plus de 80 % sont des fibres collagènes), diverses protéines globulaires (ostéonectine, ostéocalcine, ostéopontine) qui participent à la minéralisation et une substance fondamentale (composée de protéoglycanes et de glycoprotéines). Toutes ces substances organiques sont sécrétées par les ostéoblastes, et ce sont elles, le collagène en particulier, qui déterminent la structure de l'os et lui confèrent sa flexibilité ainsi que sa très grande résistance à la pression, à la tension et à la torsion.

La solidité des os et leur exceptionnelle résistance à la traction ont fait l'objet de recherches assidues. On estime à l'heure actuelle que ces propriétés reposent sur la présence de *liaisons protectrices* dans les molécules de collagène ou entre elles. Ces liaisons se brisent facilement à la suite d'un impact, dissipant ainsi l'énergie de façon à empêcher que l'effort accumulé n'atteigne le seuil de la fracture. Lorsque le trauma cesse, la plupart des liaisons protectrices se reforment.

Le reste de la matrice osseuse (65 % de sa masse) est formé de *constituants inorganiques*, principalement d'*hydroxyapatite*, ainsi que des *sels minéraux* composés de phosphates de calcium ($Ca_{10}(PO_4)_6(OH_2)$). Ces sels de calcium se présentent sous la forme de minuscules cristaux situés autour des fibres collagènes de la matrice extracellulaire. Les cristaux sont serrés les uns contre les autres et leur présence explique les caractéristiques les plus évidentes de l'os, c'est-à-dire sa dureté et sa rigidité exceptionnelles, qui lui permettent de résister à la compression. L'os contient aussi un peu de magnésium, de sodium et de potassium; on peut même y trouver certains polluants (métaux lourds ou radioactifs comme le strontium ou l'uranium) auxquels un individu est exposé au cours de sa vie.

Par ailleurs, c'est la combinaison adéquate d'éléments organiques et d'éléments inorganiques dans la matrice qui permet à l'os d'être extrêmement durable et résistant sans devenir cassant. Lorsqu'on le compare à l'acier, l'os sain est moitié moins résistant à la pression, mais il résiste tout aussi bien que lui à la tension.

C'est grâce aux sels minéraux que les os subsistent longtemps après la mort, constituant ainsi une sorte de relique qui peut se conserver pendant plusieurs centaines d'années, voire quelques milliers. Ces os fossiles nous ont permis de connaître la forme et la taille de représentants de peuples anciens, de savoir quelle sorte de travaux ils effectuaient et même de déterminer leur régime alimentaire. Les techniques d'imagerie médicale permettent de déceler les maladies dont ces individus souffraient (l'arthrite, par exemple ; on peut également détecter des maladies infectieuses – lèpre, tuberculose et tréponématoses, comme la syphilis).

Développement des os

🔟🔟 Comparer et montrer les principales différences entre l'ossification intramembraneuse et l'ossification endochondrale ; décrire et situer dans le temps les étapes de l'ossification endochondrale.

1️⃣2️⃣ Décrire le processus de croissance en longueur des os longs au niveau des cartilages épiphysaires ; expliquer comment un os long croît en épaisseur.

1️⃣3️⃣ Citer les différentes hormones intervenant dans la croissance osseuse et préciser leur contribution respective.

L'**ostéogenèse** et l'**ossification** sont des termes synonymes qui désignent le processus de formation des os (*osteon*: os ; *genesis*: génération). Chez l'embryon, ce processus mène à la *formation du squelette osseux*. La *croissance osseuse* – forme d'ossification survenant plus tard – se poursuit jusqu'à l'âge adulte, tant que le sujet continue de grandir. En fait, les os sont en mesure de croître en épaisseur tout au long de la vie d'un individu (ce qui explique les transformations reliées à l'acromégalie ; voir le chapitre 16). Chez l'adulte, cependant, l'ossification sert surtout au *remaniement* et à la consolidation des os.

Formation du squelette osseux

Avant la huitième semaine de gestation, le squelette de l'embryon humain est entièrement composé de membranes fibreuses et de cartilage hyalin. Puis le tissu osseux commence à se former et finit par remplacer la plus grande partie des structures fibreuses ou cartilagineuses. L'*ossification intramembraneuse* désigne le processus de formation d'un os à partir d'une membrane fibreuse ; l'os ainsi constitué est appelé **os intramembraneux**. Si l'ossification se produit à partir du cartilage hyalin, on parle d'*ossification endochondrale* (*endon*: en dedans ; *khondros*: cartilage) et l'os qui en résulte est nommé **os endochon-**

dral, ou **os cartilagineux**. Il est avantageux pour l'organisme de former le squelette de l'embryon à partir de structures (membranes et cartilages) souples et capables de se régénérer, car la mitose peut s'y dérouler activement et permettre une croissance rapide. Si le squelette était composé de tissu osseux dès le départ, la croissance serait beaucoup plus complexe.

Ossification intramembraneuse

Les os du crâne (frontal, occipital, pariétaux et temporaux), le maxillaire, une partie de la mandibule ainsi que les clavicules se forment par **ossification intramembraneuse** (figure 6.7). La plupart des os ainsi produits sont plats. Les membranes de tissu conjonctif fibreux composées de *cellules mésenchymateuses* constituent la structure de soutien sur laquelle l'ossification peut débuter, aux environs de la huitième semaine de gestation. Le processus passe par quatre stades principaux, qui sont représentés à la **figure 6.8**.

Ossification endochondrale

Sauf les clavicules, presque tous les os du squelette situés au-dessous de la base du crâne se forment par **ossification endochondrale**. Au cours du deuxième mois de développement, ce processus débute à partir de modèles d'« os » en cartilage hyalin déjà formés. Il est plus complexe que l'ossification intramembraneuse parce que le cartilage hyalin doit être désintégré au fur et à mesure que l'ossification progresse. Nous utiliserons comme exemple un os long en formation.

La formation d'un os long s'amorce habituellement à mi-longueur de la tige de cartilage hyalin, dans une région appelée **point d'ossification primaire**, ou centre d'ossification primaire. En premier lieu, des vaisseaux sanguins pénètrent dans le périchondre recouvrant la pièce de cartilage hyalin qui sera remplacée par de l'os. Le périchondre se transforme alors en périoste vascularisé. Sous l'influence des changements que cet événement produit au regard des apports nutritionnels, les cellules mésenchymateuses situées en dessous de ce périoste se différencient en cellules ostéoprogénitrices puis en ostéoblastes. Tout est alors prêt pour le déclenchement de l'ossification, illustrée à la **figure 6.9**.

① **Une gaine osseuse se forme autour de la diaphyse de cartilage hyalin.** Les ostéoblastes du périoste qui viennent de se former sécrètent le matériau ostéoïde de la matrice osseuse sur la face externe de la diaphyse de cartilage hyalin, l'enfermant ainsi dans une sorte de cylindre appelé gaine osseuse, ou virole périchondrale.

② **Le cartilage au centre de la diaphyse se calcifie et se creuse de cavités.** Pendant que la gaine osseuse se constitue sur la surface externe, les chondrocytes situés à l'intérieur s'hypertrophient et déclenchent la calcification de la matrice cartilagineuse qui les entoure. Comme la matrice de cartilage calcifié est imperméable à la diffusion des nutriments, les chondrocytes meurent et la matrice commence à se désintégrer. Bien que cette détérioration fasse apparaître des cavités, la tige se trouve renforcée par la gaine osseuse. Partout ailleurs, le cartilage demeure sain

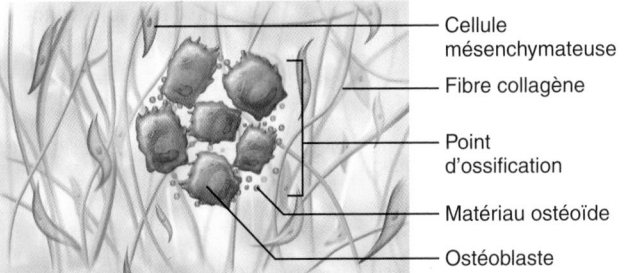

- Cellule mésenchymateuse
- Fibre collagène
- Point d'ossification
- Matériau ostéoïde
- Ostéoblaste

① **Un point d'ossification apparaît à l'intérieur de la membrane de tissu conjonctif fibreux.**
- Certaines cellules mésenchymateuses situées au centre s'amalgament puis se différencient en ostéoblastes pour former un point d'ossification; plusieurs points d'ossification apparaissent et fusionnent par la suite.

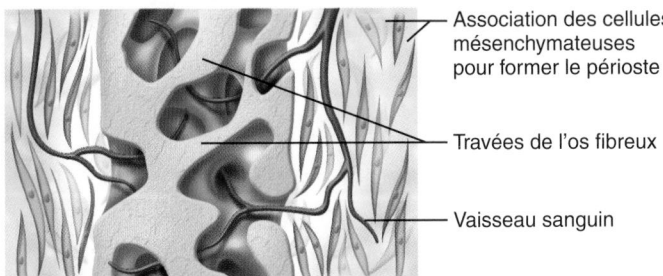

- Ostéoblaste
- Matériau ostéoïde
- Ostéocyte
- Matrice osseuse nouvellement calcifiée

② **Une matrice osseuse (matériau ostéoïde) est sécrétée dans la membrane fibreuse, puis elle est minéralisée.**
- Les ostéoblastes commencent à sécréter le matériau ostéoïde; au bout de quelques jours, celui-ci est minéralisé.
- Les ostéoblastes enfermés deviennent des ostéocytes.

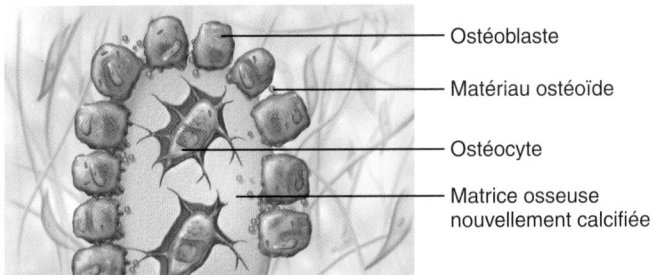

- Association des cellules mésenchymateuses pour former le périoste
- Travées de l'os fibreux
- Vaisseau sanguin

③ **L'os fibreux et le périoste se forment.**
- Le matériau ostéoïde est déposé entre les vaisseaux sanguins embryonnaires, qui forment des ramifications irrégulières. Il en résulte un réseau (plutôt que des lamelles) de travées.
- Les cellules du mésenchyme vascularisé s'associent à la surface externe de l'os fibreux et deviennent le périoste.

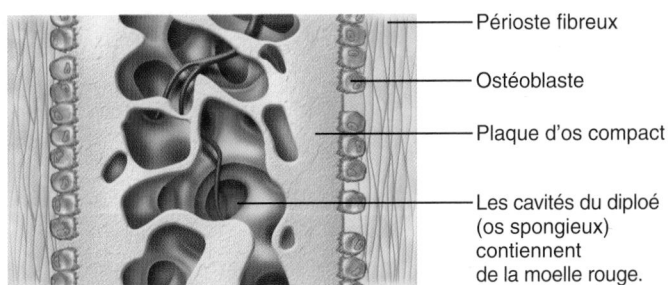

- Périoste fibreux
- Ostéoblaste
- Plaque d'os compact
- Les cavités du diploé (os spongieux) contiennent de la moelle rouge.

④ **L'os lamellaire remplace l'os fibreux, directement sous le périoste. La moelle rouge apparaît.**
- Les travées situées sous le périoste s'épaississent et forment une gaine osseuse d'os fibreux qui sera plus tard remplacée par de l'os compact lamellaire définitif.
- L'os spongieux (diploé), composé de travées distinctes, reste présent à l'intérieur; les cellules mésenchymateuses se différencient en moelle rouge.

Figure 6.8 Ossification intramembraneuse. Les schémas ③ et ④ représentent un grossissement moindre que celui des schémas ① et ②.

6

et continue à croître intensément, causant ainsi l'allongement du modèle de cartilage.

③ **Le bourgeon conjonctivovasculaire envahit les cavités internes et l'os spongieux se forme.** Durant le troisième mois de développement, les cavités en cours de formation sont envahies par un **bourgeon conjonctivovasculaire** qui va être à l'origine du point d'ossification primaire. Ce bourgeon contient une artère et une veine nourricières, des vaisseaux lymphatiques, des neurofibres, des éléments de moelle rouge, des fibroblastes qui se transforment en ostéoblastes ainsi que des ostéoclastes. Les ostéoclastes nouvellement arrivés érodent partiellement la matrice cartilagineuse calcifiée et les ostéoblastes sécrètent la matrice ostéoïde autour des derniers fragments de cartilage hyalin, formant ainsi des travées de cartilage recouvertes d'os: c'est la première forme d'os spongieux dans un os long en cours de développement.

④ **La diaphyse s'allonge et la cavité médullaire se forme.** Pendant que le point d'ossification primaire s'agrandit, les ostéoclastes dégradent l'os spongieux récemment produit et constituent, au centre de la diaphyse, une cavité médullaire. Pendant toute la durée de la vie fœtale (de la neuvième semaine à la naissance), les épiphyses, qui ont une croissance rapide, ne comportent que du cartilage, et le modèle de cartilage hyalin continue de s'allonger par divisions des cellules cartilagineuses viables des épiphyses. Puisque le cartilage se calcifie et qu'il est érodé et remplacé par des spicules osseux sur les surfaces de l'épiphyse faisant face à la cavité médullaire, l'ossification repousse en quelque sorte la formation de cartilage vers les extrémités de la diaphyse.

⑤ **Les épiphyses sont ossifiées.** À la naissance, la plupart de nos os longs possèdent deux épiphyses cartilagineuses, une cavité médullaire croissante ainsi qu'une diaphyse osseuse, à l'intérieur de laquelle se trouvent des restes d'os spongieux. Peu avant la naissance ou juste après, des **points d'ossification secondaires** apparaissent dans une épiphyse ou dans les deux, et du tissu osseux s'y forme. (En règle générale, il y a deux points d'ossification secondaires dans les grands os longs, un dans chaque épiphyse, alors qu'il n'y en a qu'un dans les petits os longs.) Le cartilage situé au centre des épiphyses se calcifie et se désintègre, ouvrant ainsi des cavités

6

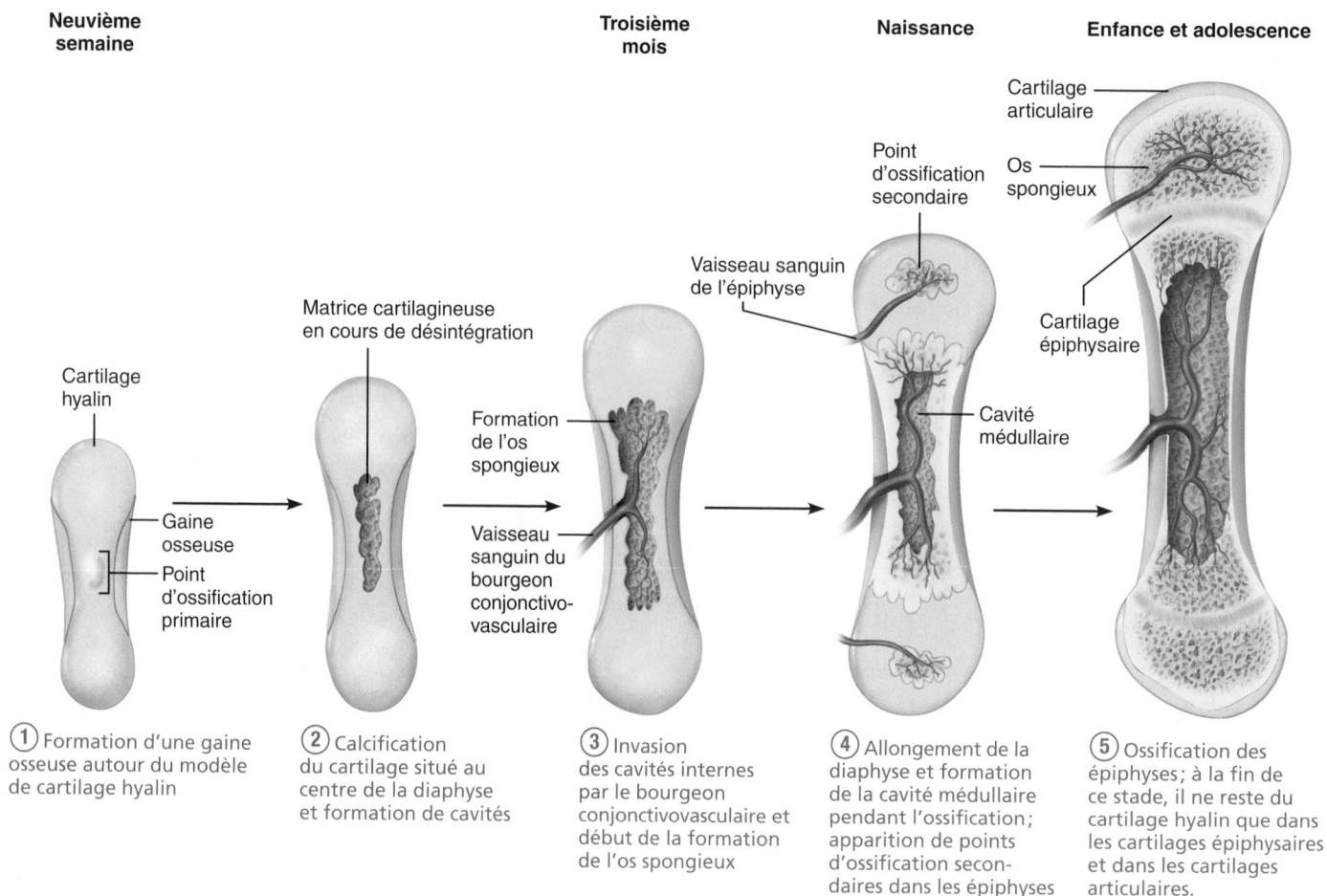

Figure 6.9 Ossification endochondrale dans un os long.

qui permettent l'entrée d'un bourgeon conjonctivovasculaire. Puis les travées osseuses apparaissent, tout comme cela s'est produit plus tôt autour du point d'ossification primaire. (Dans les os courts, seul le point d'ossification primaire apparaît. La plupart des os irréguliers se développent à partir de plusieurs points d'ossification distincts.)

L'ossification des épiphyses suit presque exactement les étapes de l'ossification diaphysaire, sauf qu'il ne se forme pas de gaine osseuse sur leur face externe et que l'os spongieux reste en place; il n'apparaît pas de cavité médullaire dans les épiphyses. À la fin de cette ossification, on ne trouve du cartilage hyalin qu'à deux endroits: (1) sur les surfaces de l'épiphyse, où il porte le nom de *cartilage articulaire*; et (2) à la jonction de la diaphyse et de l'épiphyse, où il est appelé *cartilage épiphysaire*, ou cartilage de conjugaison.

Croissance des os après la naissance

Au cours de l'enfance et de l'adolescence, les os longs s'allongent uniquement sous l'effet de la croissance interstitielle des cartilages épiphysaires et de leur remplacement par de l'os, et tous les os s'épaississent sous l'effet de l'activité du périoste selon un processus de croissance par apposition. La plupart des os cessent de croître vers la fin de l'adolescence. Cependant, certains os de la face tels que ceux du nez et de la mâchoire inférieure continuent leur croissance de manière imperceptible tout au long de la vie.

Croissance en longueur des os longs

Le processus de croissance en longueur des os s'articule autour de plusieurs événements qui se produisent au cours de l'ossification endochondrale. La face du cartilage épiphysaire située du côté de l'épiphyse, appelée *zone de cartilage quiescent*, est relativement inactive. À l'opposé, la structure du cartilage épiphysaire qui s'appuie sur la diaphyse est telle qu'elle permet une croissance rapide et efficace. Les chondrocytes forment de longues colonnes ressemblant à des pièces de monnaie empilées (cartilage sérié). Les cellules placées au «sommet» (du côté de l'épiphyse) de la pile adjacente à la zone de cartilage quiescent font partie de la *zone de croissance* (figure 6.10). Ces cellules se divisent rapidement, éloignant ainsi l'épiphyse de la diaphyse et causant un allongement de l'os dans son ensemble.

Dans le même temps, les chondrocytes plus âgés de la pile, qui se trouvent plus près de la diaphyse (*zone de cartilage hypertrophié* de la figure 6.10), s'hypertrophient, et leurs lacunes s'érodent et s'agrandissent, formant de grands espaces communiquant entre eux. Par la suite, la matrice de cartilage qui les entoure se calcifie et ces chondrocytes meurent et se

croît en longueur en même temps que l'os long. Pendant le développement, l'épaisseur du cartilage épiphysaire reste constante parce que sa croissance, du côté de l'épiphyse, est compensée par son remplacement par du tissu osseux du côté de la diaphyse.

La croissance en longueur s'accompagne d'un remaniement presque continu des extrémités épiphysaires, ce qui a pour effet de conserver des proportions adéquates entre la diaphyse et les épiphyses (figure 6.11). Le remaniement osseux, qui inclut à la fois la formation et la résorption (destruction) de matière osseuse, est décrit plus loin en détail, dans la section où nous traitons des modifications qui se produisent dans les os adultes.

Vers la fin de l'adolescence, le rythme de division des chondroblastes des cartilages épiphysaires ralentit et les cartilages s'amincissent au point d'être entièrement remplacés par du tissu osseux. La croissance en longueur se termine avec la fusion de la matière osseuse de la diaphyse avec celle des épiphyses. Cette fusion, appelée *soudure des cartilages épiphysaires*, survient vers l'âge de 18 ans chez la femme et vers 21 ans chez l'homme. (Étant donné qu'elle ne se produit pas au même moment dans tous les os du squelette d'un même individu, mais au même moment pour un os donné chez tous les individus, on peut, par radiographie des régions épiphysaires, estimer l'âge d'un squelette.) Cependant, comme nous l'avons mentionné plus haut, le périoste peut faire croître les os adultes en diamètre ou en épaisseur si l'activité musculaire ou le poids corporel engendrent des contraintes.

Croissance des os en épaisseur ou en diamètre

Les os en croissance doivent épaissir à mesure qu'ils s'allongent. Comme les cartilages, les os gagnent en épaisseur ou, dans le

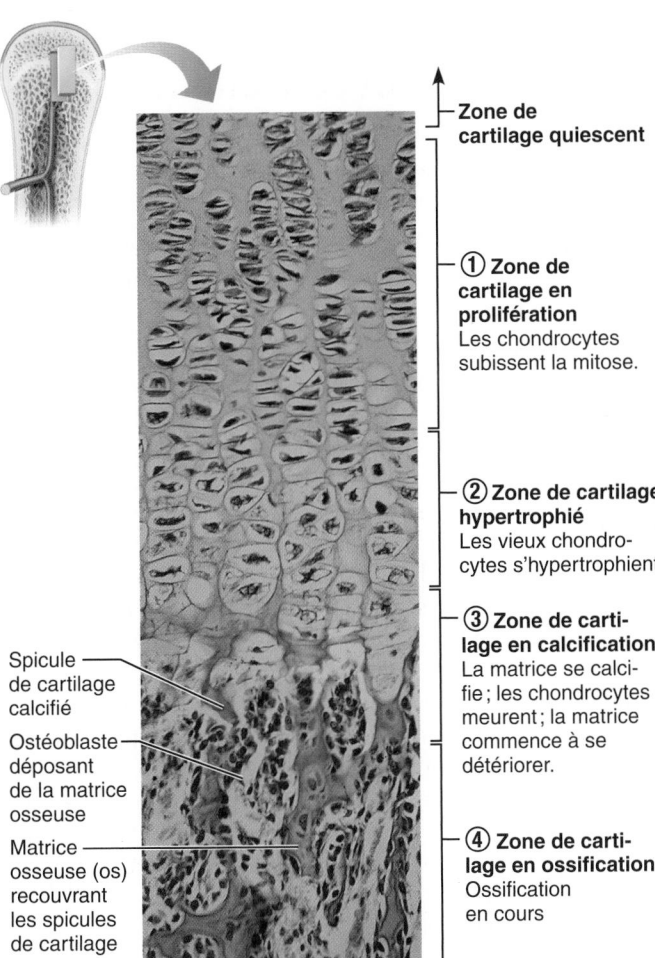

- Zone de cartilage quiescent

① **Zone de cartilage en prolifération** Les chondrocytes subissent la mitose.

② **Zone de cartilage hypertrophié** Les vieux chondrocytes s'hypertrophient.

③ **Zone de cartilage en calcification** La matrice se calcifie ; les chondrocytes meurent ; la matrice commence à se détériorer.

④ **Zone de cartilage en ossification** Ossification en cours

Spicule de cartilage calcifié

Ostéoblaste déposant de la matrice osseuse

Matrice osseuse (os) recouvrant les spicules de cartilage

Figure 6.10 La croissance en longueur d'un os long se fait au niveau du cartilage épiphysaire. Le côté du cartilage épiphysaire le plus proche de l'épiphyse (face distale) comprend des chondrocytes au repos. Les cellules du cartilage épiphysaire, situées du côté proximal du cartilage au repos, sont disposées en quatre zones, une zone de cartilage en prolifération, une zone de cartilage hypertrophié, une zone de cartilage en calcification et une zone de cartilage en ossification, qui vont du premier stade de croissance en ① jusqu'aux régions où l'os remplace le cartilage en ④ (150×).

désintègrent, produisant la *zone de cartilage en calcification*. Il reste à la jonction de l'épiphyse et de la diaphyse de longs spicules de cartilage calcifié comparables aux stalactites qui pendent du plafond d'une caverne. Ces spicules font maintenant partie de la *zone de cartilage en ossification*, ou *zone ostéogénique*, et sont investis par des éléments de moelle provenant de la cavité médullaire. Ils sont partiellement érodés par les ostéoclastes, puis rapidement recouverts de nouvelle matrice osseuse, que l'on appelle os fibreux (ou os réticulaire), par les ostéoblastes ; les fibres de collagène de l'os fibreux s'entrecroisent sans organisation particulière. Ce type d'os est finalement remplacé par de l'os spongieux. Ensuite, l'extrémité des spicules est digérée par les ostéoclastes, si bien que la cavité médullaire

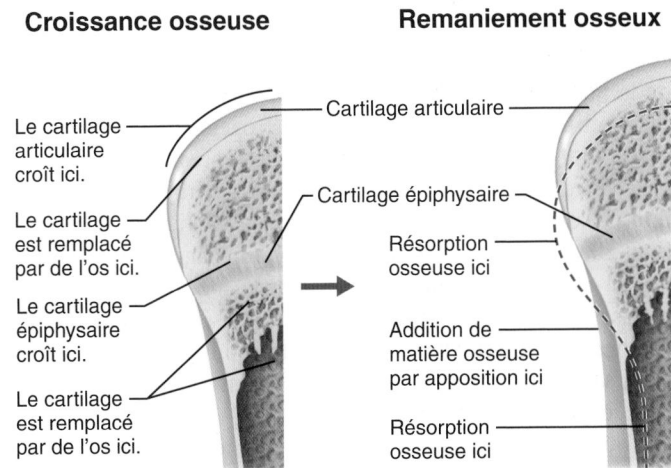

Croissance osseuse **Remaniement osseux**

Le cartilage articulaire croît ici.

Le cartilage est remplacé par de l'os ici.

Le cartilage épiphysaire croît ici.

Le cartilage est remplacé par de l'os ici.

Cartilage articulaire

Cartilage épiphysaire

Résorption osseuse ici

Addition de matière osseuse par apposition ici

Résorption osseuse ici

Figure 6.11 Croissance et remaniement d'un os long au cours de l'enfance. Les phénomènes indiqués à gauche constituent l'ossification endochondrale, qui se produit au niveau des cartilages articulaires et des cartilages épiphysaires pendant la croissance en longueur. Les phénomènes indiqués à droite sont ceux du remaniement osseux, qui a lieu pendant la croissance de l'os long et qui permet à ce dernier de conserver ses proportions.

cas des os longs, en diamètre, par le processus de croissance par apposition. Les ostéoblastes qui se trouvent sous le périoste sécrètent une matrice osseuse d'abord sous forme de lamelles circonférentielles à la surface externe de l'os, tandis que les ostéoclastes situés sur l'endoste de la diaphyse détruisent l'os avoisinant la cavité médullaire (figure 6.11). Cependant, la désintégration est en général moins importante que l'apport de matière osseuse. Ce processus produit donc un os plus épais et plus solide sans trop l'alourdir.

VÉRIFIONS NOS ACQUIS

15. Au début de son développement, le squelette n'est pas constitué d'os, mais plutôt de deux autres types de tissus. Quels sont-ils ?

16. Quand on décrit l'ossification endochondrale, on dit parfois que l'os repousse le cartilage. Que veut-on dire ?

17. Où est situé le point d'ossification primaire dans un os long ? Où sont les points d'ossification secondaires ?

18. Quand les os longs croissent en longueur, que se produit-il dans la zone de cartilage hypertrophié du cartilage épiphysaire ?

Les réponses se trouvent à l'appendice G.

Régulation hormonale de la croissance osseuse au cours de l'enfance

La croissance osseuse qui se poursuit tout au long de l'enfance et de l'adolescence est réglée de façon très précise par un ensemble d'hormones. Au cours de l'enfance, le stimulus qui a le plus d'effet sur l'activité des cartilages épiphysaires est l'*hormone de croissance* (GH) sécrétée par l'adénohypophyse (lobe antérieur de l'hypophyse). L'activité de l'hormone de croissance est modulée par les hormones thyroïdiennes, de sorte que le squelette conserve des proportions convenables pendant sa croissance. La puberté s'accompagne de la libération d'une quantité accrue d'hormones sexuelles mâles et femelles (testostérone et œstrogènes). Dans un premier temps, les hormones sexuelles provoquent la poussée de croissance typique de l'adolescence, de même que la masculinisation ou la féminisation de certaines parties du squelette. Puis elles entraînent la soudure des cartilages épiphysaires, c'est-à-dire leur remplacement par de l'os, ce qui met fin à la croissance en longueur des os. Plus précisément, sous l'effet des hormones sexuelles, la vitesse de production de matière osseuse au niveau des cartilages épiphysaires dépasse celle des mitoses des chondrocytes.

Tout excès ou toute insuffisance d'une de ces hormones peut causer des anomalies évidentes de la croissance du squelette. Par exemple, une hypersécrétion de l'hormone de croissance chez l'enfant peut provoquer une taille anormale (gigantisme), tandis qu'une insuffisance de l'hormone de croissance ou des hormones thyroïdiennes entraîne des types particuliers de nanisme. Le chapitre 16 traite plus en détail des effets de la régulation hormonale de la croissance.

Homéostasie osseuse : remaniement et consolidation

14 Comparer la situation des ostéoblastes, des ostéocytes et des ostéoclastes dans les os et leurs fonctions dans le remaniement osseux.

15 Expliquer de quelle façon s'effectue la régulation du remaniement osseux par les hormones et les forces mécaniques.

16 Distinguer les principaux types de fractures et décrire les étapes de la consolidation des fractures.

Les os semblent être les organes les plus inertes de l'organisme et nous font souvent penser à la mort. Mais, comme vous venez de l'apprendre, les apparences sont trompeuses. Le tissu osseux est très actif et dynamique, car de petits changements dans l'architecture de l'os se produisent de façon continuelle. Chaque semaine, nous recyclons de 5 à 7 % de notre masse osseuse, et il peut entrer dans le squelette adulte, ou en sortir, jusqu'à 500 mg de calcium par jour ! L'os spongieux est remplacé tous les 3 ou 4 ans et l'os compact, environ tous les 10 ans. Ce renouvellement est une bonne chose parce que, si l'os reste en place pendant longtemps, le calcium cristallise et devient plus friable, créant ainsi des conditions propices aux fractures. La vitalité de l'os se manifeste d'une autre manière : lorsqu'il survient une fracture (qui est le trouble de l'homéostasie osseuse le plus répandu), l'os passe par un remarquable processus d'autoguérison.

Remaniement osseux

Chez l'adulte, le dépôt et la résorption (retrait) de matière osseuse ont lieu à la fois à la surface du périoste et à celle de l'endoste. C'est l'ensemble des deux processus qui constitue le **remaniement osseux** ; ces processus sont couplés et synchronisés par l'intermédiaire de « paquets » d'ostéoblastes et d'ostéoclastes adjacents appelés *unités de remaniement* : une phase rapide de résorption longue de quelques semaines est suivie d'une phase de formation osseuse de quelques mois. Chez les adultes jeunes et en bonne santé, la masse osseuse totale demeure constante, ce qui indique que dans l'ensemble les taux de dépôt et de résorption osseux s'équilibrent. Cependant, le processus de remaniement n'est pas uniforme. Par exemple, la partie distale du fémur (os de la cuisse) est entièrement remplacée tous les cinq ou six mois, alors que la diaphyse est modifiée bien plus lentement.

Les **dépôts osseux** se produisent aux endroits où l'os subit des blessures ou, encore, là où il doit être plus résistant. Pour qu'un dépôt optimal soit assuré, il faut un régime alimentaire riche en protéines, en vitamine C, en vitamine D, en vitamine A et en minéraux (calcium, phosphore, magnésium, manganèse, etc.).

Les dépôts de nouvelle matrice se reconnaissent à la présence d'un **liséré ostéoïde**, bande de matrice osseuse non minéralisée semblable à de la gaze et mesurant de 10 à 12 μm de large.

Entre le liséré ostéoïde et l'os déjà minéralisé, on remarque une bordure nette appelée *front de calcification*. Comme la largeur du liséré ostéoïde est constante et que la transition entre matrice non minéralisée et matrice minéralisée se fait de façon brutale, on pense que le dépôt ostéoïde doit mûrir pendant environ une semaine avant de pouvoir se calcifier.

La nature exacte du facteur qui déclenche la calcification est l'objet de controverses. On peut affirmer cependant que le produit des concentrations locales d'ions calcium et phosphate $(Ca^{2+} \cdot P_i)$ constitue l'un des facteurs critiques de ce phénomène. Au départ, les sels de l'os se déposent sous forme amorphe ou non cristallisée; par contre, lorsque le produit $Ca^{2+} \cdot P_i$ atteint une certaine valeur, de minuscules cristaux d'hydroxyapatite se forment spontanément, puis servent à catalyser la cristallisation d'autres sels de calcium à cet endroit. D'autres facteurs interviennent probablement dans la calcification, notamment des protéines matricielles qui se lient au calcium et le concentrent, ainsi qu'une enzyme appelée **phosphatase alcaline** (contenue dans les vésicules matricielles que les ostéoblastes libèrent par exocytose). La présence de cette enzyme est indispensable à la minéralisation. Lorsque les conditions appropriées sont réunies, le dépôt des sels de calcium s'accomplit subitement, et avec une grande précision, dans l'ensemble de la matrice « mûre ». Normalement, un petit pourcentage des sels de calcium (20 %) demeure à l'état non cristallisé; ce faisant, l'organisme dispose toujours d'une source d'ions calcium utilisable immédiatement si le taux de calcium sanguin vient à descendre sous les valeurs homéostatiques.

La **résorption osseuse** est assurée par les ostéoclastes. Ces grosses cellules multinucléées (elles peuvent posséder jusqu'à 50 noyaux) sont issues de ces mêmes *cellules souches hématopoïétiques* qui se différencient en macrophagocytes. Les ostéoclastes se déplacent à la surface de l'os et, en dégradant la matrice osseuse, creusent des dépressions appelées *lacunes de Howship*. Le bord des ostéoclastes qui touche l'os est fortement plissé de façon à former une membrane ondulée (bordure en brosse) qui adhère étroitement à l'os et isole l'aire de destruction du tissu osseux en formant une chambre de digestion. De là, les ostéoclastes sécrètent: (1) les *enzymes lysosomiales*, qui digèrent la matrice osseuse; et (2) de l'*acide chlorhydrique*, formé par la réunion des ions H^+ et des ions Cl^-. Dans les lacunes de Howship, cet acide solubilise les sels de calcium. Par ailleurs, il est possible que les ostéoclastes phagocytent la matrice déminéralisée et les ostéocytes morts. Ils absorbent par endocytose les produits de la digestion de la matrice, les facteurs de croissance et les minéraux dissous, les acheminent à travers leur cytoplasme (par transcytose) et les larguent de l'autre côté de la cellule dans le liquide interstitiel. Ces substances gagnent ensuite la circulation sanguine. Le calcium enlevé à l'os est donc d'abord libéré dans un espace à l'extérieur de l'ostéoclaste (la lacune de Howship), ce qui prévient une élévation excessive de calcium intracellulaire qui serait incompatible avec le fonctionnement normal de la cellule. Il y a encore beaucoup de choses à apprendre sur l'activation des ostéoclastes, mais il semble bien que des protéines sécrétées par les lymphocytes T du système immunitaire y jouent un rôle majeur.

Régulation du remaniement

Le remaniement qui s'opère constamment dans notre squelette est soumis à l'influence de deux boucles de régulation qui servent « deux maîtres » à la fois. La première est un processus de régulation hormonale par rétro-inhibition qui maintient l'homéostasie du Ca^{2+} dans le sang. La seconde dépend des réactions aux forces mécaniques et gravitationnelles qui agissent sur le squelette.

La régulation hormonale prend tout son sens quand on comprend l'importance du calcium dans l'organisme. Les ions calcium sont nécessaires à un nombre étonnant de processus physiologiques, entre autres la transmission de l'influx nerveux, la contraction musculaire, la coagulation sanguine, la sécrétion par les cellules des glandes et par les neurones ainsi que la division cellulaire. Le corps humain contient de 1200 à 1400 g de calcium, dont plus de 99 % se trouvent sous forme minéralisée dans les os. La plus grande partie du reste se trouve à l'intérieur des cellules de l'organisme. Le sang contient moins de 1,5 g de calcium, et la boucle de régulation hormonale maintient normalement la concentration de calcium ionique sanguin dans un intervalle très étroit situé entre 2,24 et 2,74 mmol/L. Le calcium est absorbé à partir de l'intestin sous l'effet des métabolites de la vitamine D. L'apport de calcium quotidien recommandé est de 400 à 800 mg de la naissance jusqu'à l'âge de 10 ans, et de 1200 à 1500 mg de 11 à 24 ans.

Régulation hormonale Le mécanisme hormonal fait intervenir la **parathormone** (**PTH**) sécrétée par les glandes parathyroïdes et, dans une moindre mesure, la **calcitonine** issue des cellules parafolliculaires, ou cellules C, de la glande thyroïde. Comme l'illustre la **figure 6.12**, la parathormone est libérée en cas de diminution de la concentration d'ions calcium dans le sang. Elle se lie alors à des récepteurs situés sur la membrane des ostéoblastes et amène ceux-ci à produire des facteurs qui, à leur tour, stimulent les ostéoclastes. Ainsi, l'augmentation de la concentration de PTH stimule la résorption osseuse, avec pour conséquence la libération de calcium dans le sang. Notez que le calcium libéré provient de sels de phosphate de calcium, mais l'augmentation de parathormone n'entraîne pas l'élévation de la concentration des phosphates sanguins, car la PTH favorise leur élimination par les reins. Les ostéoclastes ne tiennent pas compte de l'âge de la matrice. Lorsqu'ils sont activés, ils dégradent à la fois de la matrice ancienne et de la matrice récente. Seul le matériau ostéoïde, qui ne contient pas de sels de calcium, échappe à la digestion. Quand la concentration de calcium sanguin augmente, le stimulus à l'origine de la libération de PTH prend fin. La diminution de la concentration de PTH produit l'effet inverse et entraîne une baisse du taux de calcium dans le sang.

Chez l'humain, le rôle de la calcitonine reste à élucider, parce que ses effets sur l'homéostasie du calcium sont négligeables. Il est vrai toutefois que lorsqu'on l'administre à des doses pharmacologiques (anormalement élevées) elle abaisse effectivement temporairement le taux de calcium dans le sang.

La régulation hormonale tend à conserver l'équilibre homéostatique en maintenant la concentration du calcium sanguin,

6

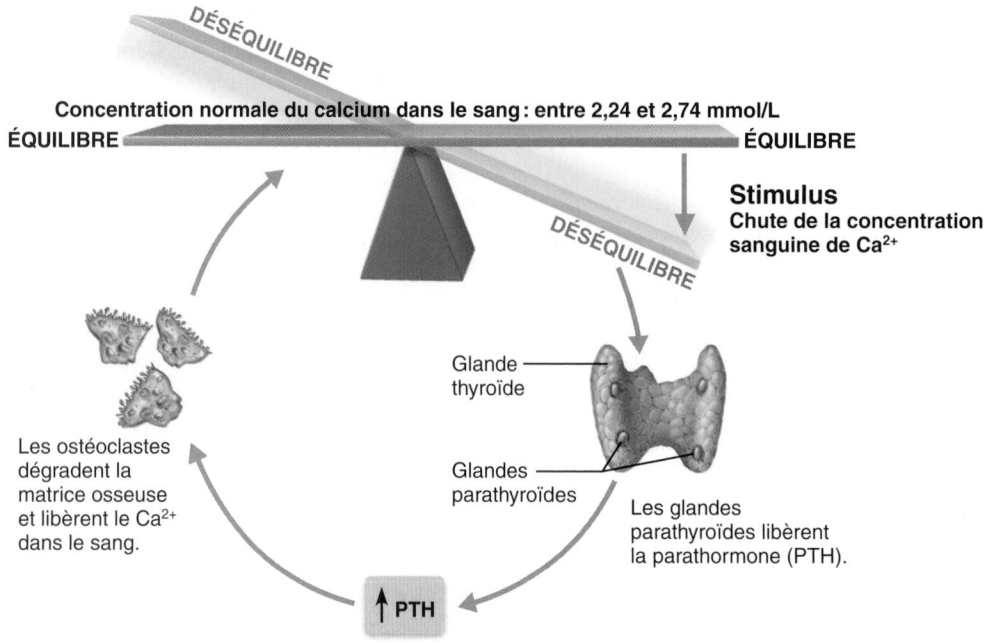

Figure 6.12   **Régulation du taux de calcium sanguin par la parathormone.**

plutôt qu'à préserver un squelette résistant ou en bon état. En effet, si la concentration de calcium sanguin reste trop basse pendant une longue période, les os peuvent se déminéraliser au point de laisser paraître de grands espaces vides. Les os fonctionnent donc comme un réservoir d'où l'organisme tire le calcium ionique dont il a besoin.

DÉSÉQUILIBRE HOMÉOSTATIQUE

De minuscules déviations de l'équilibre homéostatique du calcium sanguin peuvent entraîner des troubles neuromusculaires graves allant de l'hyperexcitabilité (quand la concentration de calcium sanguin est trop faible) à l'incapacité de réagir et à l'arrêt fonctionnel (si la teneur du sang en Ca^{2+} est trop élevée). Par ailleurs, une *hypercalcémie* – forte concentration de calcium sanguin – prolongée peut avoir pour conséquence un dépôt indésirable de sels de calcium dans les vaisseaux sanguins, les reins et les autres organes mous, ce qui peut entraver leur physiologie normale. (Nous en parlerons plus longuement à propos de l'hyperparathyroïdie ; voir le chapitre 16.) ■

En plus des hormones qui régissent le remaniement osseux en réponse aux concentrations locales de calcium dans le sang, on sait maintenant que la *leptine*, une hormone libérée par le tissu adipeux, participe à la régulation de la densité osseuse. Cette hormone est surtout connue pour ses effets sur le poids et l'équilibre énergétique (voir p. 1097), mais des études effectuées sur des animaux semblent indiquer qu'elle inhiberait les ostéoblastes en agissant sur l'hypothalamus et sur les neurofibres sympathiques desservant les os. L'ensemble de l'action de la leptine sur le remaniement osseux n'est cependant pas encore bien établi chez l'humain.

Régulation par sollicitation mécanique   Le second mécanisme de régulation du remaniement osseux, soit la réaction des os aux sollicitations mécaniques (traction des muscles) et à la gravitation, vise les besoins du squelette lui-même, puisqu'il renforce les os aux endroits où ils subissent de fortes contraintes. (On sait maintenant que la gravitation influe sur la structure osseuse : les astronautes perdent 0,5 % de leur masse osseuse par mois passé dans l'espace.) D'après la *loi de Wolff*, la croissance ou le remaniement des os se produisent en réaction aux sollicitations qu'ils subissent. Il faut bien comprendre en premier lieu que l'anatomie d'un os reflète très précisément les contraintes qui lui sont appliquées. Par exemple, un os est sollicité chaque fois qu'il doit supporter un poids ou qu'un muscle exerce une traction sur lui. Cette charge est habituellement décentrée et tend à *tordre* l'os. La torsion comprime l'os d'un côté et le soumet à une tension (l'étire) de l'autre **(figure 6.13)**. En raison de cette sollicitation mécanique, les os longs sont plus épais vers le milieu de la diaphyse, à l'endroit exact où les forces de torsion atteignent leur maximum (tordez une brindille et elle se cassera vers le milieu). Mais les forces de compression et d'étirement sont à leur minimum vers le centre de l'os (annulant chacune l'effet de l'autre), si bien que celui-ci peut être évidé, ce qui le rendra plus léger (par la mise en place d'os spongieux plutôt que d'os compact) sans représenter un désavantage.

D'autres observations peuvent être expliquées par la loi de Wolff, par exemple : (1) la latéralité manuelle, autrement dit le fait d'être droitier ou gaucher, entraîne un développement en épaisseur plus important du membre supérieur le plus fréquemment sollicité ; il en est de même de la force exercée par l'os, surtout si l'on pratique une activité physique intense **(figure 6.14)** ; (2) les os courbes atteignent leur plus grande épaisseur là où ils risquent le plus de se déformer ; (3) les travées de l'os

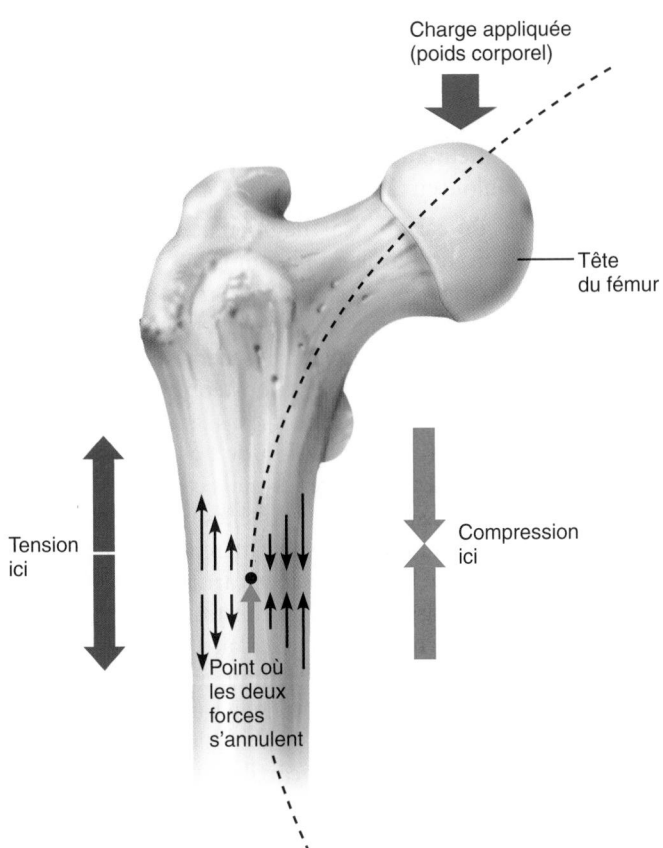

(a)

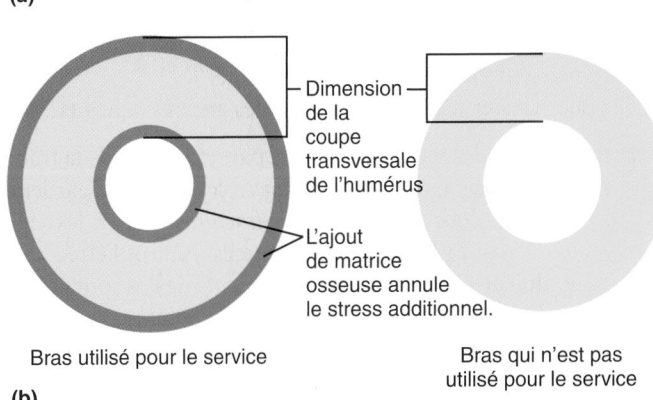

(b)

Figure 6.13 Effet d'une contrainte sur l'anatomie de l'os. Le poids corporel transmis à la tête du fémur (os de la cuisse) risque de faire fléchir cet os le long de l'arc illustré en pointillé, le comprimant d'un côté (flèches convergentes à droite) et l'étirant de l'autre, ce qui provoque une tension (flèches divergentes à gauche). Ces deux forces s'annulent en un point, au centre, de sorte que l'intérieur de l'os a besoin de moins de matière osseuse que sa face externe.

Figure 6.14 La pratique d'une activité physique intense peut entraîner un accroissement considérable de la force des os. Le diagramme montre l'écart moyen dans la dimension de la coupe transversale entre l'humérus du bras utilisé pour le service et celui qui n'est pas utilisé pour servir chez un joueur de tennis professionnel. Les données indiquent une augmentation moyenne de la rigidité et de la force des os de 62 % et de 45 %, respectivement, pour le bras utilisé pour le service. Les changements structuraux sont plus prononcés chez les joueurs qui ont commencé leur entraînement à un jeune âge.
SOURCE: C. B. Ruff, « Gracilization of the Modern Human Skeleton », *American Scientist,* 94(6), p. 513, nov.-déc. 2006.

spongieux forment des treillis ou des entretoises le long des lignes de compression; et (4) de volumineuses saillies osseuses se forment aux points d'attache des gros muscles actifs. (Les os des haltérophiles présentent d'énormes renflements aux points d'insertion des muscles les plus utilisés.) La loi de Wolff explique aussi l'absence de relief des os du fœtus et l'atrophie des os des personnes alitées dont les os ne subissent plus de contraintes mécaniques.

Comment les forces mécaniques agissent-elles sur les cellules chargées du remaniement osseux? Les mécanismes par lesquels les os réagissent aux stimulus mécaniques sont mal connus, mais on sait que, si l'on déforme un os, il se produira un faible champ électrique. Puisque les régions comprimées et les régions étirées ont des charges opposées, on croit que ce sont des champs électriques qui régissent le processus de remaniement. Ce principe sous-tend quelques-uns des dispositifs auxquels on a recours actuellement pour accélérer la guérison des os et la consolidation des fractures.

Le squelette subit en permanence l'effet des hormones et des forces mécaniques. Au risque d'échafauder des hypothèses hardies, on peut supposer que la boucle de régulation hormonale est le principal facteur qui détermine *si* un changement de concentration donné du calcium sanguin doit entraîner un remaniement, et *à quel moment*, tandis que l'*endroit* où ce remaniement doit se produire dépend des forces mécaniques et gravitationnelles. Par exemple, si la matière osseuse doit être désintégrée pour faire augmenter la concentration de calcium sanguin, il y aura libération de PTH, qui agira sur les ostéoclastes. Cependant, ce sont les forces mécaniques qui déterminent *quels* ostéoclastes seront les plus sensibles à la stimulation de la parathormone; ainsi, c'est la matière osseuse des zones où il y a le *moins* de contraintes (et dont on peut se passer provisoirement) qui sera dégradée.

Consolidation des fractures

En dépit de leur résistance remarquable, les os peuvent se fracturer, ou se casser. Jusqu'à l'âge adulte, la plupart des fractures sont dues à un traumatisme exceptionnel lors duquel l'os a été tordu ou fracassé (accidents de sport ou d'automobile et chutes, par exemple). Un apport excessif en vitamine A semble augmenter le risque de fracture chez certaines personnes. On a aussi pensé qu'une élévation du taux sanguin d'homocystéine, le dérivé d'un acide aminé, faisait monter le risque de fracture, mais des études récentes ont révélé qu'il s'agit en fait d'un marqueur de la densité et de la fragilité des os : il s'agirait donc plutôt du reflet de la situation plutôt que d'une cause. Chez les personnes âgées, la plupart des fractures ont lieu parce que les os s'amincissent et perdent de leur solidité.

On peut classer les **fractures** selon les critères suivants :

1. La position des segments d'os de part et d'autre de la fracture. Dans une *fracture non déplacée*, les segments gardent leur position normale ; dans une *fracture déplacée*, les segments ne sont plus alignés comme ils doivent l'être.
2. L'étendue de la fracture. Si les fragments de l'os sont entièrement séparés, il s'agit d'une *fracture complète* ; sinon, on parle de *fracture incomplète*.
3. L'orientation de la cassure par rapport à l'axe longitudinal de l'os. Si elle est parallèle au grand axe, la fracture est *linéaire* ; si elle est perpendiculaire, c'est une *fracture transverse*.
4. La pénétration de la peau ou des muqueuses par l'os fracturé. Si l'os perce la peau ou des muqueuses, la fracture est une *fracture ouverte* ; sinon, il s'agit d'une *fracture fermée*.

Outre cette classification binaire, on peut décrire toutes les fractures selon leur situation, leur aspect ou la nature de la cassure. Le **tableau 6.2** présente un résumé de ces diverses descriptions.

On traite une fracture par *réduction*, qui consiste à réaligner les parties fracturées. Dans la *réduction à peau fermée (externe)*, on replace les deux extrémités de l'os dans leur position normale de façon manuelle. Lors d'une *réduction chirurgicale (interne)*, on relie les deux extrémités fracturées au moyen de tiges ou de fils métalliques. Après réduction, l'os est immobilisé dans un plâtre ou par traction pour permettre le début de la consolidation. Chez les jeunes adultes, les fractures fermées sont consolidées au bout de six à huit semaines dans le cas des os de petite taille ou de taille moyenne. La consolidation peut requérir beaucoup plus de temps dans le cas de gros os porteurs ou chez les personnes âgées (parce que leur circulation se fait moins bien).

La consolidation d'une fracture passe par quatre phases principales (**figure 6.15**).

① **Formation d'un hématome.** Lors d'une fracture, les vaisseaux sanguins présents à l'intérieur de l'os et du périoste, et peut-être aussi dans les tissus voisins, se rompent, ce qui provoque une hémorragie. Il s'ensuit la formation d'un **hématome** (masse de sang coagulé) à l'endroit de la fracture. Peu après, les cellules osseuses qui ne sont plus alimentées meurent et le tissu du site de la fracture enfle, devient douloureux et présente une inflammation.

② **Formation du cal fibrocartilagineux.** Dans les quelques jours qui suivent, plusieurs phénomènes contribuent à la formation d'un *tissu de granulation* mou. Des capillaires s'infiltrent dans l'hématome, des macrophagocytes envahissent la région et se mettent à évacuer les débris. Pendant ce temps, des fibroblastes et des ostéoblastes du périoste et de l'endoste voisins pénètrent dans le site de la fracture, puis amorcent la reconstruction de l'os. Les fibroblastes produisent des fibres collagènes qui s'étendent d'un bord à l'autre de la cassure, reliant ainsi les deux bouts de l'os fracturé ; certains fibroblastes se différencient en chondroblastes, qui sécrètent une matrice cartilagineuse. À l'intérieur de cette masse de tissu reconstitué, les ostéoblastes commencent à former de l'os réticulaire, mais ceux qui sont les plus éloignés des capillaires nourriciers sécrètent une matrice de type cartilagineux qui fait saillie vers l'extérieur et qui finit par se calcifier. Cet ensemble de tissu reconstitué – qu'on appelle **cal fibrocartilagineux**, ou cal provisoire – forme une éclisse pour l'os fracturé.

③ **Formation du cal osseux.** En moins d'une semaine, de nouvelles travées osseuses commencent à apparaître dans le cal fibrocartilagineux. Celui-ci est alors graduellement converti en un **cal osseux** où l'os réticulaire cède graduellement sa place à de l'os lamellaire (os spongieux). La formation du cal osseux se poursuit jusqu'à ce que l'os soit fermement soudé, deux mois environ après l'accident.

④ **Remaniement osseux.** Dès le début de sa formation et pendant plusieurs mois par la suite, le cal osseux subit un remaniement. Les matériaux en excès à l'extérieur de la diaphyse et à l'intérieur de la cavité médullaire sont éliminés, et le corps de l'os est reconstruit par un dépôt d'os compact. Après le remaniement, on constate que la structure de la région remodelée est semblable à celle de l'os normal non fracturé, car elle est soumise aux mêmes sollicitations mécaniques.

VÉRIFIONS NOS ACQUIS

19. Si les ostéoclastes d'un os long sont plus actifs que les ostéoblastes, quel changement de masse osseuse devrait se produire ?
20. De la parathormone ou des forces mécaniques agissant sur le squelette, quel est le stimulus le plus important dans le maintien de l'homéostasie du calcium dans le sang ?
21. Quelles sont les différences entre une fracture ouverte et une fracture fermée ?
22. Quelles différences faites-vous entre la croissance osseuse et le remaniement osseux ?

Les réponses se trouvent à l'appendice G.

TABLEAU 6.2	Types de fractures les plus courants		
TYPE DE FRACTURE	**DESCRIPTION ET COMMENTAIRES**	**TYPE DE FRACTURE**	**DESCRIPTION ET COMMENTAIRES**
Plurifragmentaire (ou comminutive)	Os brisé en trois fragments ou plus. Courante chez les personnes âgées en particulier, dont les os sont plus cassants.	**Par tassement**	Os écrasé. Courante dans les os poreux (ostéoporotiques) soumis à un trauma important, tel qu'une chute.
En spirale	Cassure irrégulière; se produit lorsqu'une trop grande force tend à faire tourner l'os sur lui-même. Courante chez les sportifs.	**Épi-physaire**	L'épiphyse se sépare de la diaphyse le long du cartilage épiphysaire. Se produit le plus souvent là où les chondrocytes sont en train de mourir et où il y a calcification de la matrice.
Enfoncement localisé (ou fracture enfoncée)	La partie fracturée de l'os est poussée vers l'intérieur. Exemple typique de fracture du crâne.	**En bois vert**	Os fracturé de façon incomplète à la manière d'une brindille de bois vert. Un seul côté de la diaphyse est cassé; l'autre côté est courbé. Courante chez les enfants, dont les os possèdent relativement plus de matrice organique et sont plus flexibles que ceux des adultes.

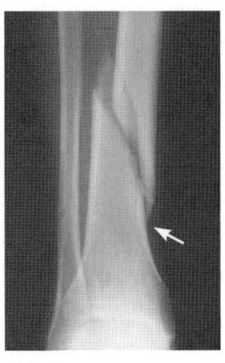
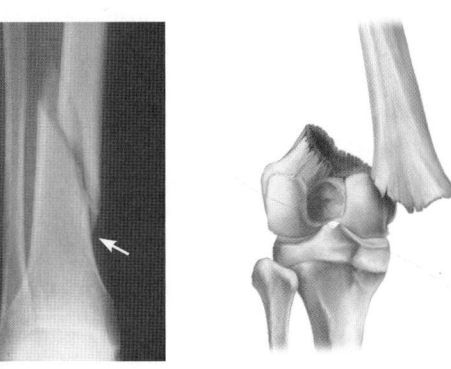

Vertèbre écrasée

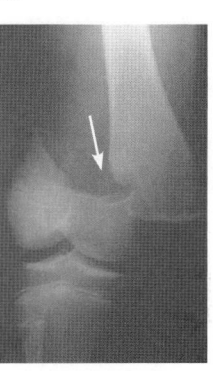

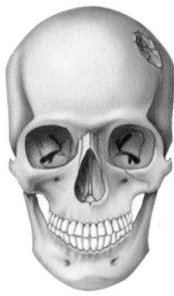
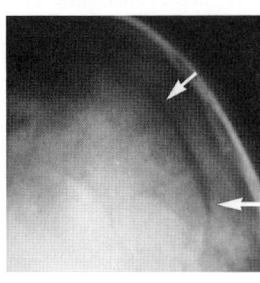
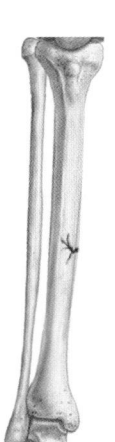
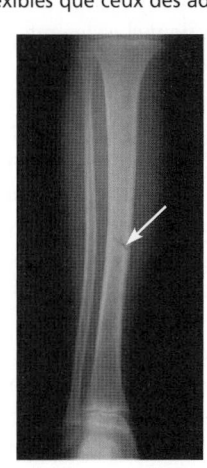

6

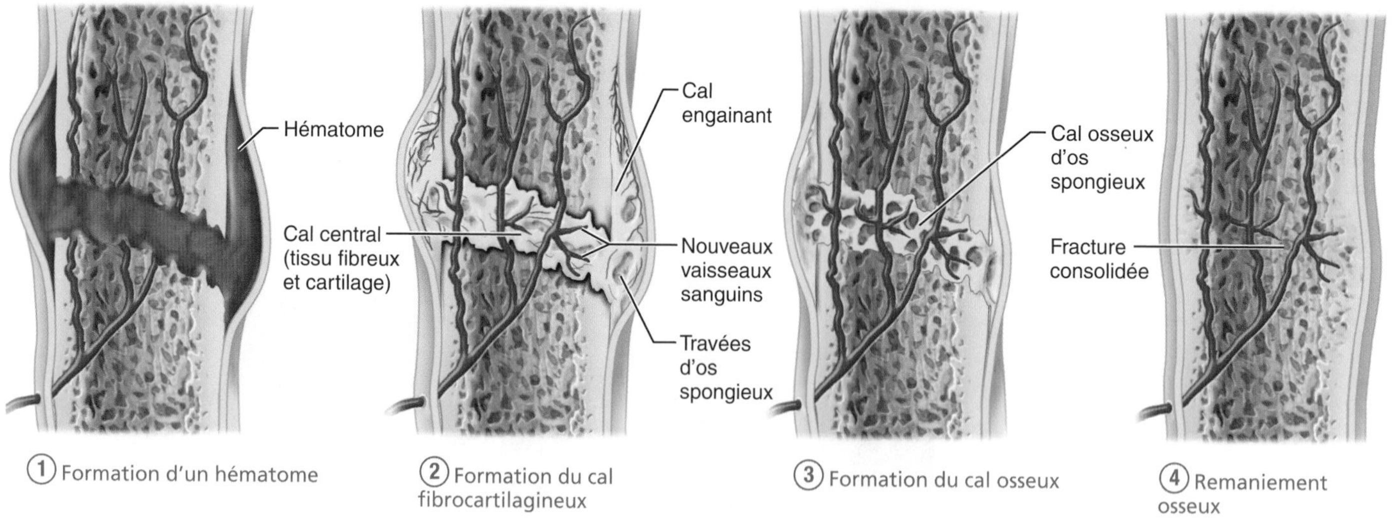

① Formation d'un hématome   ② Formation du cal fibrocartilagineux   ③ Formation du cal osseux   ④ Remaniement osseux

Figure 6.15 **Phases de la consolidation d'une fracture.**

Déséquilibres homéostatiques des os

17 Montrer les différences entre les troubles du remaniement osseux manifestes dans l'ostéoporose, dans l'ostéomalacie et le rachitisme ainsi que dans la maladie osseuse de Paget.

Presque toutes les maladies qui touchent le squelette adulte résultent de déséquilibres entre l'ossification et la résorption osseuse.

Ostéomalacie et rachitisme

L'**ostéomalacie** (*osteon*: os; *malakia*: mollesse) englobe un certain nombre de perturbations qui se traduisent par une minéralisation insuffisante des os. Il y a production de matériau ostéoïde, mais les sels de calcium ne se déposent pas. Les os ne durcissent pas: ils restent mous et fragiles, ce qui entraîne des déformations osseuses et augmente les risques de fractures. La maladie se manifeste principalement par l'apparition de douleurs à la palpation lorsqu'une pression est exercée sur les os.

Le **rachitisme** est l'équivalent chez les enfants de l'ostéomalacie. Comme les os sont encore en croissance rapide, la maladie est bien plus grave, car les os se déforment par suite d'une calcification insuffisante. Les jambes sont souvent arquées, tandis que le bassin, le crâne et la cage thoracique sont déformés. Les cartilages épiphysaires, qui ne peuvent se calcifier, continuent de croître et les extrémités des os longs grossissent nettement et deviennent anormalement longues.

L'ostéomalacie et le rachitisme sont causés en général par un manque de calcium dans le régime alimentaire ou une déficience en vitamine D qui entraîne des problèmes d'absorption intestinale du calcium. Quoique plus rarement, ces maladies résulteraient aussi d'un hyperfonctionnement des parathyroïdes responsable d'une perte excessive de phosphates dans l'urine.

Pour guérir ces deux affections, il suffit habituellement aux malades de boire du lait enrichi de vitamine D et de s'exposer aux rayons du soleil, car les rayons ultraviolets favorisent la formation de vitamine D par l'organisme. Même si l'éradication apparente du rachitisme dans les pays industrialisés a été saluée comme une réussite en santé publique, le rachitisme réapparaît de façon isolée. Par exemple, si une femme qui allaite ne produit pas suffisamment de vitamine D en raison de conditions hivernales difficiles, ou d'habitudes de vie ne favorisant pas l'exposition au soleil, son nourrisson présentera également cette carence et sera atteint de rachitisme.

Ostéoporose

Pour la plupart d'entre nous, les «problèmes de vieux os» évoquent le stéréotype de la victime d'ostéoporose – une vieille femme voûtée avançant péniblement avec un déambulateur. L'**ostéoporose** désigne un groupe de maladies dans lesquelles la résorption se fait plus rapidement que le dépôt de matière osseuse. Les os deviennent si fragiles qu'un simple éternuement ou le fait de descendre du trottoir pour traverser la rue peuvent occasionner une fracture. La composition de la matrice reste normale, mais la masse osseuse se trouve réduite et les os deviennent plus poreux et plus légers (figure 6.16). Bien que le processus de l'ostéoporose touche l'ensemble du squelette, l'os spongieux de la colonne vertébrale est le plus vulnérable, et les fractures par tassement des vertèbres sont courantes. La hanche est aussi de plus en plus exposée aux fractures (*fracture du col du fémur*) ainsi que le carpe.

Une femme sur 4 et 1 homme sur 8 âgés de 50 ans et plus souffrent d'ostéoporose, soit près de 2 millions d'individus au Canada et près de 3 millions de femmes en France. L'incidence augmente avec l'âge: chez les femmes âgées de 60 à 70 ans, 30 % d'entre elles souffrent d'ostéoporose, et ce pourcentage grimpe à 70 % chez celles de 80 ans. De plus, 30 % des femmes de race blanche (le groupe le plus à risque) subiront une fracture en

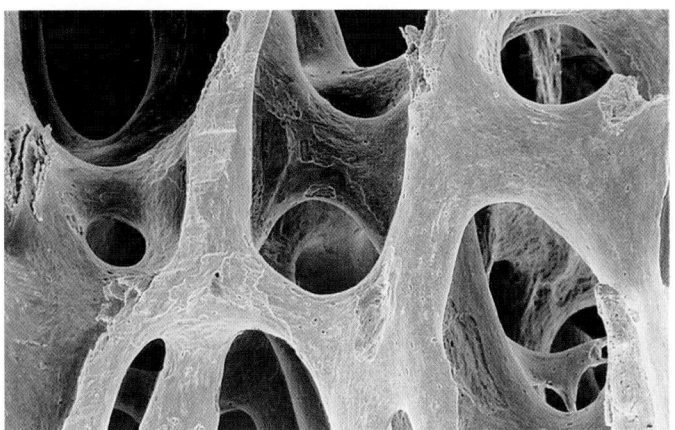

(a) Os normal

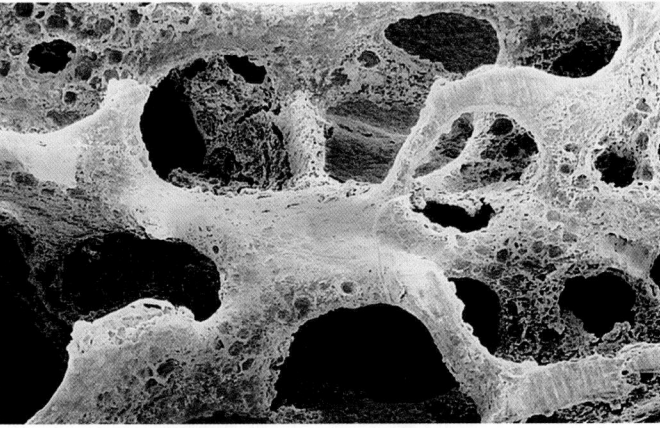

(b) Os ostéoporotique

Figure 6.16 Différences structurales entre un os normal et un os ostéoporotique. Microphotographie par balayage électronique, 10×.

raison de l'ostéoporose. Les hormones sexuelles, en particulier les œstrogènes, contribuent au maintien de la densité des os en limitant l'activité des ostéoclastes et en favorisant le dépôt de nouvelle matière osseuse. Après la ménopause, la production d'œstrogènes diminue ; cette déficience joue un grand rôle chez la femme âgée. En effet, la présence d'œstrogènes inhibe la production par les ostéoblastes d'un facteur qui stimule les ostéoclastes. Les œstrogènes ne constituent pas toutefois le seul facteur hormonal, car certains déséquilibres sont également à l'origine de cette maladie, parmi lesquels l'hyperthyroïdie, une faible concentration sanguine de thyréostimuline (mieux connu pour sa stimulation de la sécrétion des hormones thyroïdiennes) et le diabète sucré. D'autres facteurs favorisent également l'ostéoporose chez les personnes âgées : une ossature délicate, le manque d'exercice musculaire pour faire travailler les os, un régime pauvre en calcium et en protéines, une anomalie des récepteurs de la vitamine D et d'autres facteurs génétiques, ainsi que le tabagisme (qui réduit les taux d'œstrogènes). De plus, l'ostéoporose peut se manifester à

n'importe quel âge à la suite d'une période d'immobilité (par exemple, sur un lit d'hôpital ou dans la cabine d'un véhicule spatial).

Le traitement classique de l'ostéoporose consiste à ajouter du calcium et de la vitamine D au régime alimentaire, à faire plus d'exercices des articulations portantes et à suivre une *hormonothérapie substitutive* (ou THS) à base d'œstrogènes. Malheureusement, cette approche hormonale ne fait que ralentir la perte de matière osseuse sans parvenir à la compenser. De plus, certaines études ont suggéré l'existence d'un possible lien entre les traitements à base d'œstrogènes et l'accroissement des risques de crise cardiaque, d'accident vasculaire cérébral et de cancer du sein. L'hormonothérapie ne fait donc pas l'unanimité dans la communauté médicale canadienne et son utilisation a considérablement diminué au cours des dernières années.

On dispose toutefois de nouveaux médicaments, dont l'alendronate (Fosamax) et le risédronate (des biphosphonates), qui réduisent l'activité et le nombre des ostéoclastes en favorisant leur apoptose. Ces médicaments pourraient renverser le processus d'ostéoporose dans la colonne vertébrale. D'autres médicaments agissent en assurant une modulation sélective des récepteurs des œstrogènes (SERM pour *selective estrogen receptor modulator*). C'est le cas du raloxifène, qu'on surnomme « œstrogène léger » parce qu'il ralentit la perte osseuse, tout en exerçant une activité anti-œstrogénique sur l'utérus et le sein. Par ailleurs, un nouveau médicament comportant une partie de la séquence des acides aminés de la PTH, le tériparatide, agit, lui, en stimulant les ostéoblastes ; il favorise donc l'augmentation de la masse osseuse (contrairement à la PTH naturelle qui, elle, active les ostéoclastes). D'autres études ont révélé que les *statines* – médicaments utilisés par des dizaines de milliers de personnes pour faire baisser le taux de cholestérol – ont pour effet secondaire inattendu d'augmenter la densité minérale osseuse. L'amélioration peut atteindre 8 % en quatre ans. Bien qu'ils ne remplacent pas l'hormonothérapie substitutive, les phytœstrogènes – substances à action œstrogénique contenues dans les protéines de soja (surtout la daidzéine et la génistéine, des isoflavones) – constituent peut-être un complément utile pour certaines personnes. Enfin, la découverte récente du rôle inhibiteur de la sérotonine intestinale sur l'activité des ostéoblastes de même que des recherches sur le rôle de l'interféron gamma dans la différenciation des ostéoblastes font espérer des applications efficaces dans le traitement de l'ostéoporose.

Comment est-il possible d'empêcher l'apparition de l'ostéoporose, ou tout au moins de la retarder ? Il s'agit d'abord d'absorber une quantité suffisante de calcium pendant que la densité des os s'accroît encore (les os atteignent leur densité maximale au début de l'âge adulte), c'est-à-dire durant l'enfance et l'adolescence. Il est également bon de prendre l'habitude de boire de l'eau fluorée, qui favorise le durcissement des os (et des dents) et de réduire la consommation de boissons gazeuses à base de cola et de café. Enfin, il est conseillé de faire régulièrement des exercices de mise en charge qui font travailler les articulations portantes (marche, course à pied, tennis, etc.). Ces activités physiques font augmenter la masse osseuse au-delà des valeurs normales et fournit de meilleures réserves pour faire face à la perte de matière osseuse à un âge plus avancé.

Maladie osseuse de Paget

La **maladie osseuse de Paget**, souvent dépistée par hasard lors d'une radiographie prise pour un autre motif, se caractérise par une ossification et une résorption osseuse exagérées. L'os nouvellement formé, appelé *os pagétique*, se constitue rapidement et possède une masse anormalement élevée d'os spongieux par rapport à celle de l'os compact. Ce phénomène, accompagné d'une réduction de la minéralisation osseuse, provoque un ramollissement des os par endroits et une augmentation des risques de fractures. Dans les stades avancés de la maladie, l'activité des ostéoclastes diminue, mais les ostéoblastes poursuivent leur travail, faisant souvent apparaître sur l'os des renflements irréguliers ou remplissant la cavité médullaire d'os pagétique.

La maladie osseuse de Paget peut toucher n'importe quelle partie du squelette, mais elle reste habituellement localisée. Un seul et même os peut être touché pendant plusieurs années. La colonne vertébrale, le bassin, le fémur, le tibia (produisant des jambes arquées dans le cas de ces deux derniers os) et le crâne sont le plus souvent atteints ; la déformation et la douleur qui l'accompagne sont progressives. Cette maladie survient rarement avant l'âge de 40 ans. Elle touche de 1 à 3 % des personnes de plus de 40 ans. On en ignore la cause, mais elle pourrait bien être d'origine virale. Les thérapies font appel à des anti-inflammatoires pour calmer les douleurs, des médicaments comme l'étidronate, administré durant des périodes de trois à six mois à la fois, la calcitonine (maintenant administrée par inhalation) et, plus récemment, l'alendronate, qui prévient efficacement la désintégration des os.

VÉRIFIONS NOS ACQUIS

23. Quelle affection osseuse se caractérise par l'accumulation excessive de matière osseuse fragile dont la minéralisation est insuffisante ?

24. Quelles sont les trois mesures qui peuvent contribuer au maintien d'une bonne densité osseuse ?

25. Quel nom donne-t-on au rachitisme chez l'adulte ?

Les réponses se trouvent à l'appendice G.

Développement et vieillissement des os : chronologie

18 Décrire la succession et les causes des modifications de la structure osseuse et de la masse osseuse au cours de la vie.

Les os suivent un programme précis entre le moment de leur formation et celui de leur mort. Chez l'embryon, le mésoderme produit les cellules mésenchymateuses ; celles-ci donnent naissance aux membranes fibreuses et aux cartilages qui forment le squelette de l'embryon. Puis ces structures s'ossifient selon une chronologie d'une étonnante précision qui permet de déterminer facilement l'âge d'un fœtus au moyen d'une radiographie ou d'un sonogramme (images obtenues au moyen d'ultrasons). Bien que chaque os suive sa propre chronologie, l'ossification des os longs commence habituellement vers la huitième semaine après la conception et, à la douzième semaine, les points d'ossification primaires apparaissent **(figure 6.17)**.

À la naissance, la plupart des os longs du squelette sont bien ossifiés, à l'exception de leurs épiphyses. Après la naissance, les points d'ossification secondaires apparaissent dans les épiphyses, selon une séquence prévisible. Les cartilages épiphysaires assurent la croissance des os longs pendant l'enfance (processus sous la régulation de l'hormone de croissance) et lors de la poussée de croissance provoquée par les hormones sexuelles à l'adolescence. Vers l'âge de 25 ans, presque tous les os sont complètement ossifiés et la croissance du squelette s'arrête.

Chez les enfants et les adolescents, le taux de formation des os est supérieur au taux de résorption ; chez les jeunes adultes, ces deux processus sont en équilibre ; au cours de la vieillesse, la résorption prédomine. Même si les facteurs de l'environnement (présentés précédemment) influent sur la densité des os, ce sont principalement les facteurs génétiques qui déterminent dans quelle mesure la densité osseuse variera au cours de la vie.

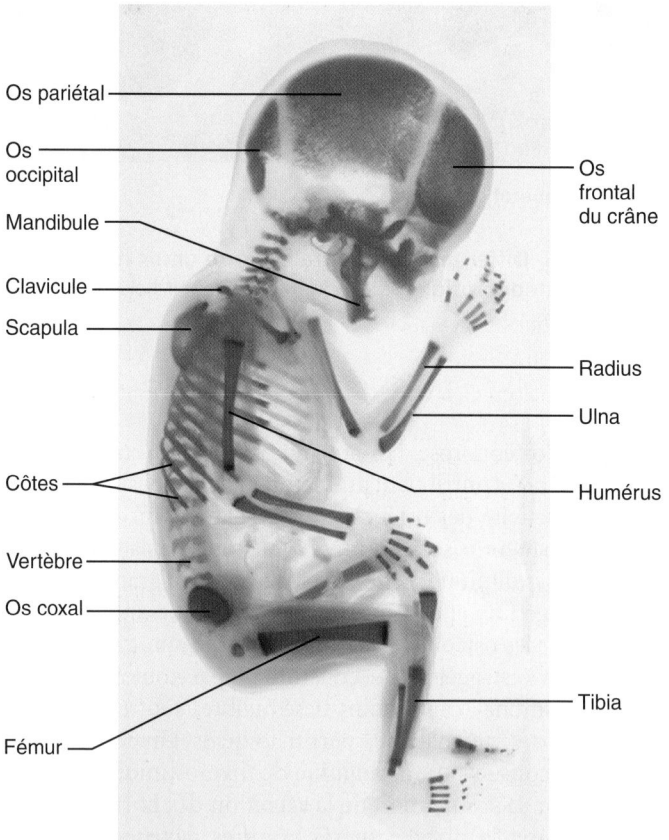

Os pariétal
Os occipital
Mandibule
Clavicule
Scapula
Côtes
Vertèbre
Os coxal
Fémur
Os frontal du crâne
Radius
Ulna
Humérus
Tibia

Figure 6.17 Points d'ossification primaires à 12 semaines. Les points d'ossification primaires dans le squelette de ce fœtus de 12 semaines correspondent aux régions plus foncées.

Le gène qui code pour le récepteur de la vitamine D (gène VDR) permet de déterminer à la fois la capacité d'accumulation de la masse osseuse dans les premières années de vie et les risques d'apparition de l'ostéoporose à un âge plus avancé.

À partir de la quatrième décennie de vie, la masse osseuse commence à diminuer, sauf dans les os du crâne, semble-t-il. Chez les jeunes adultes, la masse osseuse des hommes dépasse généralement celle des femmes, et celle des Noirs est supérieure à celle des Blancs. La perte de matière osseuse reliée au vieillissement est plus rapide chez les Blancs que chez les Noirs (dont les os étaient déjà plus denses au départ), et chez les femmes que chez les hommes. Des modifications qualitatives surviennent également. Un nombre croissant d'ostéons n'achèvent plus leur formation et la minéralisation est moins complète. On remarque de plus en plus d'os non viable, ce qui reflète une diminution de l'irrigation sanguine au cours des années. Ces changements liés au vieillissement comportent un autre inconvénient: les fractures guérissent moins vite chez les personnes âgées. Des traitements quotidiens aux ultrasons contribuent à accélérer la réparation des fractures; la stimulation électrique du site de la fracture augmente considérablement la vitesse de guérison. (On pense que les champs électriques inhibent la stimulation des ostéoclastes par la parathormone et entraînent la formation de facteurs de croissance qui stimulent les ostéoblastes au siège de la fracture.)

VÉRIFIONS NOS ACQUIS

26. Décrivez la structure osseuse à la naissance.
27. La diminution de la masse osseuse qui commence vers 40 ans touche pratiquement tous les os: lesquels semblent cependant épargnés?

Les réponses se trouvent à l'appendice G.

Dans ce chapitre, nous avons examiné en détail les cartilages et les os – leur architecture, leur composition et leur dynamique. Nous avons aussi parlé de leur rôle dans le maintien de l'homéostasie globale de l'organisme (la Synthèse en présente un résumé). Nous allons pouvoir étudier dans le chapitre suivant chacun des os du squelette et la manière dont ils contribuent, individuellement et collectivement, à son fonctionnement.

TERMES MÉDICAUX

Achondroplasie (*akhondros*: sans cartilage; *plassein*: former) Affection congénitale due à un défaut de croissance du cartilage et de l'os endochondral, se manifestant par des membres trop courts. Le tronc et les os intramembraneux sont de taille normale. Une forme de nanisme.

Bavure osseuse Projection osseuse anormale due à un excès de croissance du tissu osseux; courante sur les os des sujets âgés.

Élongation Le fait de soumettre une région du corps à une tension constante pour maintenir l'alignement des parties d'un os fracturé et prévenir les spasmes des muscles squelettiques qui pourraient séparer les extrémités de l'os fracturé ou écraser la moelle épinière (dans le cas de fractures de la colonne vertébrale).

Fracture pathologique (spontanée) Fracture d'un os malade survenant lors d'un traumatisme léger (comme tousser ou se retourner brusquement) ou spontanément (en l'absence de traumatisme). Par exemple, une hanche peut se fracturer par suite d'ostéoporose; c'est l'os fragilisé qui se brise et entraîne la chute de la personne, plutôt que l'inverse.

Fragilité osseuse héréditaire (ostéogenèse imparfaite) Aussi appelée «maladie des os de verre»; maladie génétique rare (1 personne sur 10 000 ou 15 000) se manifestant sous plusieurs variétés qui ont toutes en commun une fragilité osseuse des os longs et l'occurrence de fractures spontanées. Le gène défectueux entraîne des troubles dans la fabrication du collagène. Il amène aussi des anomalies des tissus conjonctifs autres que le tissu osseux; la sclérotique, par exemple, présente une teinte bleutée caractéristique.

Ostéalgie (*algos*: douleur) Douleur osseuse.

Ostéite Inflammation du tissu osseux.

Ostéomyélite Inflammation de l'os et de la moelle osseuse, parfois chronique, provoquée par des bactéries pyogènes (productrices de pus) qui pénètrent dans l'organisme par une blessure (fracture ouverte, par exemple), ou qui atteignent, par la circulation, l'os au voisinage d'un site d'infection; touche le plus souvent les os longs, provoquant une douleur aiguë et de la fièvre; peut entraîner une raideur des articulations, la destruction de la matière osseuse et le raccourcissement d'un membre; le traitement inclut le recours aux antibiotiques, le drainage des abcès (accumulations de pus) éventuels et l'extraction des fragments d'os mort (dont la présence empêche la guérison).

Sarcome ostéogène (ou ostéosarcome) Cancer des os touchant essentiellement l'os long d'un membre (fémur et tibia surtout), le plus souvent entre l'âge de 10 et 25 ans; de croissance fulgurante, il provoque une érosion douloureuse de l'os; les métastases migrent habituellement vers les poumons, où des tumeurs secondaires apparaissent; le traitement habituel consiste à amputer l'os ou le membre atteint, puis à instaurer une chimiothérapie et à procéder à l'extirpation chirurgicale de toute métastase; le taux de survie est d'environ 50 % si la tumeur est découverte assez tôt.

Tous pour un, un pour tous

Relations entre le système squelettique et les autres systèmes de l'organisme

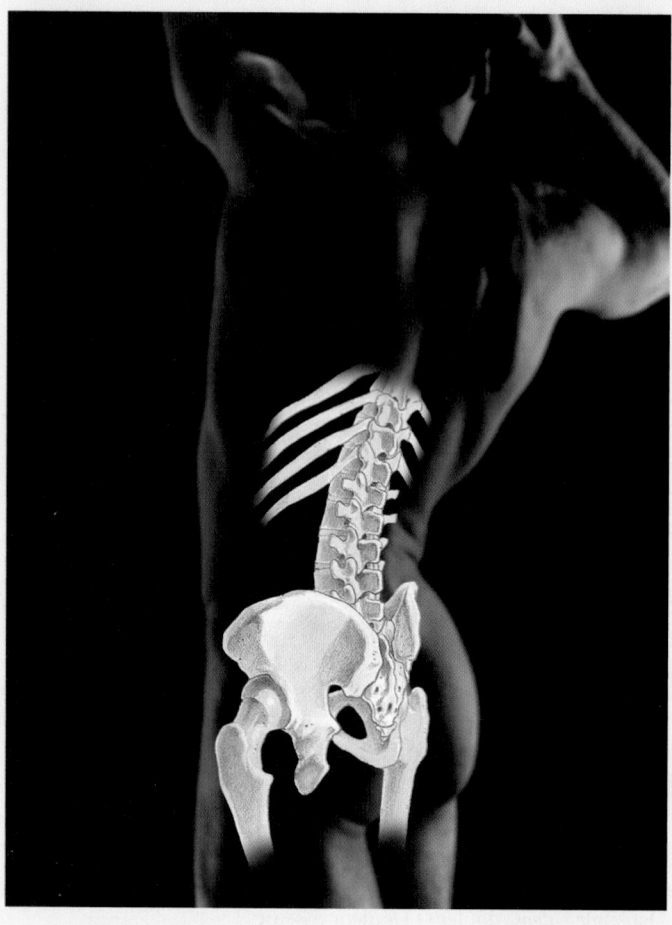

Système endocrinien

- Le système squelettique fournit une certaine protection osseuse à quelques glandes (hypophyse, entre autres); il emmagasine le calcium nécessaire aux mécanismes des seconds messagers.
- Les hormones règlent l'accumulation du calcium dans les os et sa libération; elles favorisent la croissance et la maturation des os longs.

Système cardiovasculaire

- La moelle rouge des os est le siège de la formation des globules rouges, des globules blancs et des plaquettes sanguines; la matrice osseuse emmagasine le calcium nécessaire à l'activité du muscle cardiaque et à la coagulation du sang.
- Le système cardiovasculaire achemine les nutriments et l'oxygène aux cellules osseuses; il emporte leurs déchets.

Système lymphatique et immunitaire

- Le système squelettique fournit une certaine protection aux organes lymphatiques; la moelle osseuse est le siège de la formation des leucocytes participant à la réponse immunitaire.
- Le système lymphatique draine les fluides du liquide interstitiel entourant les cellules osseuses; les cellules immunitaires protègent les différentes composantes du squelette contre les virus et les bactéries pathogènes.

Système respiratoire

- Le système squelettique protège les poumons en les enfermant (cage thoracique); le cartilage hyalin situé dans les parois des voies respiratoires maintient ces dernières ouvertes.
- Le système respiratoire fournit de l'oxygène aux cellules osseuses; il évacue le gaz carbonique (dioxyde de carbone) de ces cellules.

Système tégumentaire

- Le système squelettique fournit un support aux organes du corps, y compris la peau.
- La peau fournit la vitamine D nécessaire à l'absorption et à l'utilisation efficaces du calcium.

Système musculaire

- Le système squelettique fournit des leviers ainsi que des ions calcium pour l'activité musculaire.
- La traction des muscles sur les os accroît leur solidité et leur viabilité; elle contribue à la détermination de la forme des os.

Système nerveux

- Le système squelettique protège l'encéphale et la moelle épinière; il sert de réservoir aux ions calcium nécessaires au fonctionnement du système nerveux.
- Des nerfs innervent les os et les capsules articulaires et permettent ainsi la sensation de la douleur dans les articulations.

Système digestif

- Le système squelettique fournit une certaine protection osseuse aux intestins, aux organes pelviens et au foie; il permet la mastication et la déglutition.
- Le système digestif fournit les nutriments nécessaires au maintien et à la croissance des os.

Système urinaire

- Le système squelettique protège les organes pelviens (vessie, par exemple).
- Le système urinaire active la vitamine D; il évacue les déchets azotés des cellules osseuses.

Système génital

- Le système squelettique fournit une certaine protection aux organes génitaux internes.
- Les gonades produisent des hormones qui influent sur la forme du squelette et l'ossification des cartilages épiphysaires.

RELATIONS ENTRE LE SYSTÈME SQUELETTIQUE et les systèmes musculaire, endocrinien et tégumentaire

Notre squelette nous soutient, protège nos organes (la protection que le crâne procure à l'encéphale est primordiale), nous donne de la stature (étrangement, les personnes de grande taille inspirent plus le respect), détermine nos formes (les femmes *sont* différentes des hommes) et nous permet de bouger. Il est évident que le système squelettique interagit avec de nombreux autres systèmes de l'organisme, particulièrement avec les systèmes endocrinien et tégumentaire. Cependant, c'est avec le système musculaire que ses liens sont les plus intimes et les plus bénéfiques. Nous commencerons donc par là.

Système musculaire

L'interdépendance des systèmes squelettique et musculaire est frappante: quand l'un fonctionne bien, l'autre aussi. Si nous faisons régulièrement des exercices des articulations portantes (course, tennis, danse aérobique), nos muscles gagnent en efficacité et exercent une plus grande pression sur nos os. Par conséquent, nos os restent sains et forts et leur masse augmente afin d'assumer ces contraintes additionnelles.

Étant donné que l'os spongieux et l'os compact atteignent leur densité maximale vers le milieu de notre vie, il est important de pratiquer des exercices des articulations portantes lorsqu'on est jeune et d'avoir une alimentation saine et suffisamment riche en calcium; cela est surtout vrai pour les femmes, qui ont une masse osseuse moins élevée que les hommes et la perdent plus rapidement.

L'exercice régulier favorise également l'étirement des tissus conjonctifs qui lient les os aux muscles et à d'autres os, et il renforce les articulations. Par le fait même, la flexibilité globale augmente et les risques de blessures diminuent, ce qui nous permet de rester actifs jusqu'à un âge très avancé. (La douleur peut engendrer l'inactivité.)

Système endocrinien

Bien que certains facteurs mécaniques jouent indéniablement un rôle important dans la formation et le renforcement continu du squelette, les hormones jouent un rôle déterminant, qu'elles agissent individuellement ou en groupe. En effet, elles régissent la croissance des os durant la jeunesse et elles augmentent (ou diminuent) la force des os chez les adultes. Ainsi, l'hormone de croissance est essentielle à la croissance normale du squelette et à son entretien tout au long de la vie, tandis que la thyroïde et les hormones sexuelles veillent à ce que le squelette prenne des proportions normales pendant l'enfance et l'adolescence. Par ailleurs, la parathormone et la calcitonine ne sont pas utiles au squelette, mais plutôt à l'homéostasie du calcium sanguin. Toute interférence avec le fonctionnement normal des hormones devient vite apparente, puisqu'elle se manifeste par une anomalie osseuse ou des os mal proportionnés.

Système tégumentaire

Le système squelettique constitue en quelque sorte une «banque de calcium», élément nécessaire au maintien d'os durs et forts et essentiel pour de nombreuses autres fonctions dans l'organisme. Ce système dépend entièrement du système tégumentaire (la peau). La relation entre les deux systèmes est toutefois indirecte. Quand la peau est exposée aux rayons du soleil, il y a production d'un précurseur de la vitamine D dans le sang des capillaires du derme. Ce précurseur est activé ailleurs, puis il se joint au complexe qui, au niveau de l'intestin, absorbe le calcium des aliments ingérés. Les os se ramollissent et s'affaiblissent en l'absence de vitamine D, car aucun apport quotidien de calcium ne pénètre alors dans la circulation sanguine à partir du tube digestif.

Implications cliniques

Système squelettique

Étude de cas: Vous vous rappelez Mme Deschênes? Aux dernières nouvelles, elle s'apprêtait à subir d'autres examens. En ce qui concerne son système squelettique, les observations suivantes sont notées dans son dossier:

- Fracture du haut du tibia droit; lacération de la peau; zone nettoyée; réduction chirurgicale des fragments osseux faisant saillie et application d'un plâtre
- Lésion de l'artère nourricière du tibia
- Ménisque interne (disque de cartilage fibreux) de l'articulation du genou droit broyé; articulation du genou enflammée et douloureuse

Relativement à ces observations:

1. De quel type de fracture Mme Deschênes souffre-t-elle?

2. Quels sont les problèmes à prévoir avec de telles fractures et comment les traite-t-on?

3. Qu'est-ce qu'une réduction chirurgicale? Pourquoi a-t-on posé un plâtre?

4. Si elle se rétablit sans complications, combien de temps environ Mme Deschênes devra-t-elle patienter avant qu'un cal osseux solide se forme?

5. Quelles sont les complications prévisibles de la lésion de l'artère nourricière?

6. Quelles nouvelles techniques permettent d'améliorer la consolidation des fractures lorsque la guérison est retardée ou compromise?

7. Quelles sont les probabilités que le cartilage du genou de Mme Deschênes se régénère? Pourquoi?

(Les réponses se trouvent à l'appendice G.)

RÉSUMÉ DU CHAPITRE

Cartilages (p. 200)

Structure, types et localisation des cartilages (p. 200)

1. Le cartilage présente des chondrocytes logeant dans les lacunes (cavités) de la matrice extracellulaire (substance fondamentale et fibres). Sa haute teneur en eau lui confère son élasticité. Il est dépourvu de neurofibres, avasculaire et entouré d'un périchondre fibreux qui réprime son expansion.

2. Le cartilage hyalin ressemble à du verre givré; il ne possède que des fibres collagènes. Support à la fois flexible et élastique, il est le cartilage le plus répandu; on distingue le cartilage articulaire, le cartilage costal, les cartilages des voies respiratoires et les cartilages du nez.

3. Le cartilage élastique est riche en fibres élastiques, en plus des fibres collagènes. Il est donc plus flexible que le cartilage hyalin. Il soutient l'oreille externe et forme l'épiglotte, entre autres structures.

4. Le cartilage fibreux, qui contient de grosses fibres collagènes, est le plus compressible des cartilages et il résiste à l'étirement. Il forme les disques intervertébraux et les coussins cartilagineux du genou (ménisques).

Croissance du cartilage (p. 200)

5. Les deux modes de croissance du cartilage sont la croissance interstitielle (de l'intérieur) et la croissance par apposition (addition de nouveau tissu cartilagineux en périphérie).

Classification des os (p. 201)

1. On distingue les os longs, les os courts, les os plats et les os irréguliers, suivant leur forme et leur proportion d'os compact et d'os spongieux.

Fonctions des os (p. 203)

1. Les os donnent au corps sa forme; ils protègent et soutiennent les organes; ils servent de leviers aux muscles; ils emmagasinent du calcium et d'autres minéraux; ils sont le siège de la production des cellules sanguines.

Structure des os (p. 203)

Anatomie macroscopique de l'os (p. 203)

1. Les éléments du relief osseux sont d'importants repères anatomiques qui constituent les points d'attache de muscles, les points d'articulation ainsi que le passage de vaisseaux sanguins et de nerfs à l'intérieur de l'os (tableau 6.1).

2. Un os long comprend une diaphyse et deux épiphyses. La cavité médullaire de la diaphyse contient de la moelle jaune; les épiphyses comportent de l'os spongieux. La ligne épiphysaire représente le reliquat du cartilage épiphysaire. La diaphyse est recouverte de périoste; les cavités intérieures de l'os sont tapissées d'endoste. Les surfaces articulaires sont recouvertes de cartilage hyalin.

3. Les os plats sont formés de deux fines couches d'os compact entre lesquelles se trouve le diploé (couche d'os spongieux). Les os courts et irréguliers présentent une structure semblable à celle des os plats.

4. Chez les adultes, le tissu hématopoïétique se trouve à l'intérieur du diploé des os plats et parfois dans les épiphyses des os longs. Chez les nouveau-nés, la cavité médullaire contient aussi de la moelle rouge.

Anatomie microscopique de l'os (p. 205)

5. L'unité structurale de l'os compact se nomme ostéon; il s'agit d'un ensemble de lamelles de matrice osseuse concentriques formant en leur centre le canal central de l'ostéon. Les ostéocytes, enfermés dans les lacunes, sont reliés au canal central et entre eux, par des canalicules.

6. L'os spongieux est constitué de fines travées qui comportent des lamelles disposées de façon irrégulière et forment des cavités remplies de moelle. (Dans les os plats et certaines épiphyses d'os longs, il s'agit de moelle rouge.)

Composition chimique de l'os (p. 209)

7. L'os contient des cellules vivantes (ostéoblastes, ostéocytes et ostéoclastes) et de la matrice. La matrice comprend des substances organiques (matériau ostéoïde) qui sont sécrétées par les ostéoblastes et qui procurent à l'os sa résistance à la tension. Ses constituants inorganiques sont l'hydroxyapatite (sels de calcium), qui confère à l'os sa dureté.

Développement des os (p. 210)

Formation du squelette osseux (p. 210)

1. Les clavicules et la plupart des os du crâne se forment par ossification intramembraneuse. La substance fondamentale de la matrice osseuse se dépose entre les fibres collagènes, à l'intérieur de la membrane fibreuse, pour constituer l'os spongieux. Les plaques d'os compact finissent par enfermer le diploé.

2. La plupart des os se forment par ossification endochondrale à partir d'un modèle de cartilage hyalin. Les ostéoblastes qui se trouvent sous le périoste sécrètent une matrice osseuse sur le modèle du cartilage, constituant ainsi une gaine osseuse. La détérioration par l'intérieur de la matrice cartilagineuse forme des cavités, ce qui permet l'entrée du bourgeon conjonctivovasculaire. La matrice osseuse se dépose autour des restes de cartilage.

Croissance des os après la naissance (p. 212)

3. Les os longs s'allongent par croissance interstitielle des cartilages épiphysaires et leur remplacement par de la matière osseuse.

4. La croissance par apposition (du périoste) fait augmenter le diamètre et l'épaisseur de l'os.

Homéostasie osseuse: remaniement et consolidation (p. 214)

Remaniement osseux (p. 214)

1. Sous l'effet de stimulus hormonaux et mécaniques, il se produit continuellement un dépôt et une résorption de matière osseuse. L'ensemble de ces processus constitue le remaniement osseux.

2. Un liséré ostéoïde, bande étroite et non minéralisée de matrice osseuse, se forme à la limite des nouveaux dépôts osseux; des sels de calcium s'y déposent quelques jours plus tard.

3. Les ostéoclastes libèrent des enzymes lysosomiales et des acides sur les surfaces osseuses à résorber. Les produits dissous sont acheminés par transcytose vers le côté opposé de l'ostéoclaste et sont largués dans le liquide interstitiel.

4. Le remaniement osseux régi par voie hormonale tend à maintenir la concentration normale du calcium sanguin. Lorsque la concentration du calcium sanguin diminue, de la parathormone (PTH) est libérée afin de stimuler la digestion de la matrice osseuse par les ostéoclastes, provoquant ainsi la libération

de calcium ionique. L'augmentation de la concentration sanguine de calcium entraîne une réduction de la sécrétion de parathormone.

5. Les forces mécaniques et la gravitation qui agissent sur le squelette permettent d'en maintenir la solidité. Les os s'épaississent, il s'y forme de plus grosses saillies, ou bien de nouvelles travées apparaissent dans les sites qui subissent les sollicitations.

Consolidation des fractures (p. 218)

6. Le traitement des fractures consiste en une réduction à peau fermée ou par voie chirurgicale. Les étapes du processus de consolidation incluent l'apparition d'un hématome, la formation d'un cal fibrocartilagineux, puis d'un cal osseux et, enfin, le remaniement osseux.

Déséquilibres homéostatiques des os (p. 220)

1. Toutes les anomalies du squelette sont liées à un déséquilibre entre la formation et la résorption osseuses.

2. L'ostéomalacie et le rachitisme sont la conséquence d'une minéralisation insuffisante des os, qui deviennent mous et se déforment. Une carence en vitamine D est la cause la plus fréquente d'ostéomalacie.

3. On nomme ostéoporose toute affection dans laquelle les os se désagrègent plus rapidement qu'ils ne se reforment, ce qui les rend poreux et moins solides. Les femmes y sont particulièrement prédisposées après la ménopause.

4. La maladie osseuse de Paget se caractérise par un remaniement osseux excessif et anormal.

Développement et vieillissement des os: chronologie (p. 222)

1. L'ostéogenèse suit un cheminement prévisible et programmé avec précision.

2. La croissance des os longs se poursuit jusqu'à la fin de l'adolescence. La masse osseuse s'accroît fortement pendant la puberté et l'adolescence, alors qu'il se forme plus de matière osseuse qu'il ne s'en résorbe.

3. La masse osseuse reste relativement constante chez les jeunes adultes, mais, à partir de la quarantaine, la résorption est plus rapide que la formation osseuse.

QUESTIONS DE RÉVISION

Choix multiples/associations

(Il peut y avoir plus d'une bonne réponse à certaines questions. Choisissez les meilleures réponses parmi celles qui sont proposées. Les réponses se trouvent à l'appendice G.)

1. Les éléments, autres que des os, qui constituent le squelette humain sont formés de: (**a**) cartilage hyalin; (**b**) cartilage élastique; (**c**) cartilage fibreux; (**d**) toutes ces réponses.

2. Qu'est-ce qui constitue une fonction du système squelettique? (**a**) Le soutien; (**b**) le siège de l'hématopoïèse; (**c**) le stockage de minéraux; (**d**) l'effet de levier pour l'activité musculaire; (**e**) toutes ces réponses.

3. Un os qui a sensiblement les mêmes largeur, longueur et hauteur est probablement: (**a**) un os long; (**b**) un os court; (**c**) un os plat; (**d**) un os irrégulier.

4. Le nom exact du corps d'un os long est: (**a**) l'épiphyse; (**b**) le périoste; (**c**) la diaphyse; (**d**) l'os compact.

5. L'hématopoïèse se fait dans tous ces sites, sauf: (**a**) les cavités à moelle rouge de l'os spongieux; (**b**) le diploé des os plats; (**c**) les canaux médullaires des os chez les jeunes enfants; (**d**) les canaux médullaires des os chez les adultes en bonne santé.

6. Un ostéon comporte: (**a**) un canal central qui renferme des vaisseaux sanguins; (**b**) des lamelles concentriques; (**c**) des ostéocytes dans des lacunes; (**d**) des canalicules qui relient les lacunes au canal central; (**e**) toutes ces réponses.

7. Parmi les caractéristiques suivantes de l'os spongieux, lesquelles le différencient de l'os compact? (**a**) Il est constitué de travées osseuses; (**b**) les ostéocytes sont reliés par des canalicules; (**c**) les cavités contiennent de la moelle osseuse; (**d**) les ostéocytes sont nourris à partir des vaisseaux de l'endoste.

8. La partie organique de la matrice revêt une importance pour les caractéristiques suivantes, *sauf*: (**a**) la résistance à la tension; (**b**) la dureté; (**c**) la capacité de résister à l'étirement; (**d**) la flexibilité.

9. Les os plats du crâne se forment à partir: (**a**) de tissu conjonctif aréolaire; (**b**) de cartilage hyalin; (**c**) de tissu conjonctif; (**d**) d'os compact.

10. Lorsque le taux de calcium sanguin baisse: (**a**) la parathormone cesse d'être sécrétée et les ostéoclastes augmentent leur activité; (**b**) la sécrétion de calcitonine augmente et les ostéoclastes cessent leur activité; (**c**) la parathormone est sécrétée et les ostéoclastes s'activent; (**d**) la sécrétion de parathormone et de calcitonine augmente, ce qui stimule les ostéoblastes.

11. Par quelles cellules le remaniement osseux est-il assuré? (**a**) Les chondrocytes et les ostéocytes; (**b**) les ostéoblastes et les ostéoclastes; (**c**) les chondroblastes et les ostéoblastes; (**d**) les ostéoblastes et les ostéocytes.

12. Le remaniement osseux chez les adultes est régi et dirigé par: (**a**) l'hormone de croissance; (**b**) la thyroxine; (**c**) les hormones sexuelles; (**d**) les forces mécaniques; (**e**) la parathormone.

13. À l'intérieur du cartilage épiphysaire, où trouve-t-on les cellules cartilagineuses en cours de *division*? (**a**) Tout près de la diaphyse; (**b**) dans la cavité médullaire; (**c**) du côté opposé à la diaphyse; (**d**) dans le point d'ossification primaire.

14. La loi de Wolff concerne: (**a**) la concentration du calcium sanguin; (**b**) l'épaisseur et la forme d'un os, qui sont déterminées par les forces mécaniques et gravitationnelles qu'il subit; (**c**) la charge électrique des surfaces osseuses.

15. Lors de la consolidation d'une fracture, la formation du cal osseux est suivie: (**a**) de la formation d'un hématome; (**b**) de la formation du cal fibrocartilagineux; (**c**) du remaniement osseux qui transforme l'os fibreux en os compact; (**d**) de la formation du tissu de granulation.

16. Une fracture dans laquelle les fragments d'os ne sont pas complètement séparés est appelée une fracture: (**a**) en bois vert; (**b**) ouverte; (**c**) fermée; (**d**) plurifragmentaire; (**e**) par tassement.

17. La maladie dans laquelle des os sont poreux et minces mais d'une composition normale est: (**a**) l'ostéomalacie; (**b**) l'ostéoporose; (**c**) la maladie osseuse de Paget; (**d**) le rachitisme.

18. Parmi les affirmations suivantes, laquelle est *fausse*? (**a**) La masse osseuse commence à diminuer vers l'âge de 40 ans; (**b**) les facteurs génétiques sont plus importants que les facteurs environnementaux dans la détermination de la variation de la

masse osseuse d'un individu avec les années; (**c**) dès la naissance, les épiphyses des os longs sont généralement ossifiées; (**d**) l'hormone de croissance permet la croissance des os longs durant l'enfance et les hormones sexuelles font de même à l'adolescence.

Questions à court développement

19. Citez trois grands processus étudiés dans ce chapitre qui prouvent que l'os est bien un tissu *vivant*.
20. Comparez l'os avec le tissu cartilagineux en ce qui concerne l'élasticité, la vitesse de régénération et l'accès aux nutriments.
21. Dans ce chapitre, le tissu osseux a reçu plusieurs qualificatifs: on a mentionné l'os *compact*, l'os *fibreux*, l'os *lamellaire*, l'os *réticulaire*, l'os *spongieux* et l'os *trabéculaire*. Mettez de l'ordre dans tous ces termes (regroupez d'abord les termes qui sont des synonymes et précisez le principal critère qui distingue ces différentes catégories de tissu osseux).
22. Associez les grandes fonctions des os (protection, stockage de minéraux, mouvement, hématopoïèse) d'une part et les différentes classes d'os (os longs, os courts, os irréguliers, os plats) d'autre part.
23. Décrivez dans l'ordre les événements du processus d'ossification endochondrale. (Résumez chaque événement en une phrase.)
24. Les ostéocytes situés dans les lacunes des ostéons d'un os compact sain se trouvent à une bonne distance des vaisseaux sanguins des canaux centraux, mais ils sont bien «alimentés». Comment est-ce possible?
25. Pendant notre croissance, le diamètre de nos os longs augmente, mais l'épaisseur du cylindre d'os de la diaphyse reste relativement constante. Expliquez ce phénomène.
26. Décrivez le processus de formation de nouvelle matière osseuse dans un os d'adulte. Dans votre description, utilisez les termes «liséré ostéoïde» et «front de calcification».
27. Comparez et montrez les différences entre le remaniement osseux d'origine hormonale et celui engendré par les forces mécaniques et gravitationnelles; tenez compte de la véritable fonction de chaque système de régulation.
28. (**a**) Pendant quelle époque de la vie la masse squelettique augmente-t-elle de façon substantielle, et quand commence-t-elle à diminuer? (**b**) Pourquoi observe-t-on le plus grand nombre de fractures chez les personnes âgées? (**c**) Pourquoi les fractures en bois vert sont-elles très fréquentes chez les enfants?
29. On demande à Yolande d'examiner une coupe d'os que son professeur a placée sous le microscope. Elle observe des couches concentriques entourant une cavité centrale. Cette coupe provient-elle de la diaphyse ou du cartilage épiphysaire de l'échantillon?
30. Au cours d'une expérience, on a laissé tremper un os long durant plusieurs heures dans un bac contenant un acide fort. À la fin de cette période, l'os était flexible comme du caoutchouc. Expliquez ce qui s'est passé.

Réflexion et application

1. À la suite d'un accident de motocyclette, un homme de 22 ans a été conduit au service des urgences. La radiographie a révélé une fracture en spirale du tibia droit (os principal de la jambe). Deux mois plus tard, la radiographie montre qu'un bon cal osseux est en formation. Qu'est-ce qu'un cal osseux?
2. Mme Arcand conduit sa fille de quatre ans chez le médecin, disant que celle-ci n'a pas l'air de bien aller. Le front de la fillette est agrandi, il y a des bosses sur sa cage thoracique et ses membres inférieurs sont arqués et déformés. La radiographie montre des cartilages épiphysaires très épais. Le médecin conseille à Mme Arcand d'augmenter la ration alimentaire de vitamine D et de lait et d'envoyer sa fille jouer dehors au soleil. À votre avis, d'après les symptômes qu'elle présente, de quelle maladie cette fillette est-elle atteinte? Expliquez les suggestions du médecin.
3. Vous entendez des étudiants en anatomie rêver tout haut de ce que seraient leurs os s'ils avaient de l'os compact à l'intérieur et de l'os spongieux à l'extérieur, et non l'inverse. Vous leur déclarez que, du point de vue mécanique, de tels os seraient mal conçus et fragiles. Expliquez vos raisons.
4. À la fin de l'adolescence, à quoi ressembleraient les os longs si le remaniement osseux ne se produisait pas?
5. À votre avis, pourquoi les os des jambes et des cuisses des personnes paralysées des membres inférieurs et confinées dans un fauteuil roulant sont-ils fins et fragiles?
6. L'été de ses 11 ans, Jean Beauchemin a participé à un camp d'haltérophilie. L'entraîneur insistait beaucoup auprès de lui et de ses amis pour qu'ils améliorent leur force. Après une séance d'exercice particulièrement énergique, Jean a ressenti une douleur et une faiblesse extrêmes dans l'un de ses coudes. Le médecin a fait une radiographie de son bras et lui a expliqué qu'il s'agissait d'une blessure grave, car «l'extrémité de son humérus commençait à se tordre». Que s'était-il passé? Thérèse, la sœur de Jean, âgée de 23 ans, s'est inscrite à un programme d'haltérophilie; risque-t-elle de se faire une blessure similaire? Expliquez votre réponse.
7. Des récits en vieux norrois parlent d'un Viking célèbre appelé Egil, qui a vécu vers 900 après J.-C. Il avait un crâne énorme et difforme, aux os épaissis (atteignant 6 cm d'épaisseur). Après sa mort, on exhuma son crâne. Celui-ci supporta un coup de hache sans se briser. On rapporte que, durant sa vie, Egil éprouvait des maux de tête en raison de la compression de sa moelle épinière par les vertèbres hypertrophiées. Une bonne part de son sang était détournée vers ses os pour soutenir l'ampleur du remaniement qui s'y déroulait, si bien qu'il avait toujours les mains et les pieds froids et que son cœur était endommagé par le surmenage. Quelle est l'affection osseuse dont Egil était probablement atteint?
8. Stéphanie est une jeune athlète qui s'entraîne de façon soutenue, au point que ses cycles menstruels en sont perturbés. À quel risque s'expose-t-elle alors en ce qui concerne sa masse osseuse et pourquoi?

Le squelette

PREMIÈRE PARTIE
LE SQUELETTE AXIAL

Tête (p. 231)

Colonne vertébrale (p. 248)

Cage thoracique (p. 256)

DEUXIÈME PARTIE
LE SQUELETTE APPENDICULAIRE

Ceinture pectorale (scapulaire) (p. 258)

Membre supérieur (p. 261)

Ceinture pelvienne (p. 266)

Membre inférieur (p. 271)

Développement et vieillissement du squelette (p. 276)

L e mot «squelette» vient du grec et signifie «corps desséché» ou «momie», ce qui n'est guère flatteur! En fait, l'ossature du corps humain est un modèle d'ingéniosité et de technicité. Résistant mais léger, le squelette est parfaitement adapté aux fonctions de manipulation, de locomotion et de protection qu'il assume.

Le **squelette**, ou **système squelettique**, est composé d'os, de cartilages, d'articulations et de ligaments. Il représente 20 % de la masse corporelle (environ 15 kg chez un homme de 80 kg). Les os prédominent, alors que le cartilage ne se rencontre que dans certaines régions telles que le nez, les côtes et les articulations. Les ligaments relient les os entre eux et renforcent les articulations. Ils rendent possibles les mouvements nécessaires, tout en limitant les mouvements anormaux dans les autres directions. Les articulations, qui forment les jonctions entre les os, confèrent au squelette une remarquable mobilité. Nous traitons des articulations et des ligaments au chapitre 8.

PREMIÈRE PARTIE

LE SQUELETTE AXIAL

1 Nommer les deux grandes subdivisions du squelette humain et préciser les parties du corps comprises dans chacune.

Il est indiqué au chapitre 6 qu'on divise habituellement le squelette en deux parties, *axiale* et *appendiculaire*, pour en faciliter la description (voir les figures 6.1 et 7.1). Le **squelette axial** se compose de 80 os répartis en trois régions principales : la *tête*, la *colonne vertébrale* et la *cage thoracique* **(figure 7.1)**. Cette partie du squelette (1) forme l'axe longitudinal du corps, (2) supporte la tête, le cou et le tronc et (3) protège l'encéphale, la

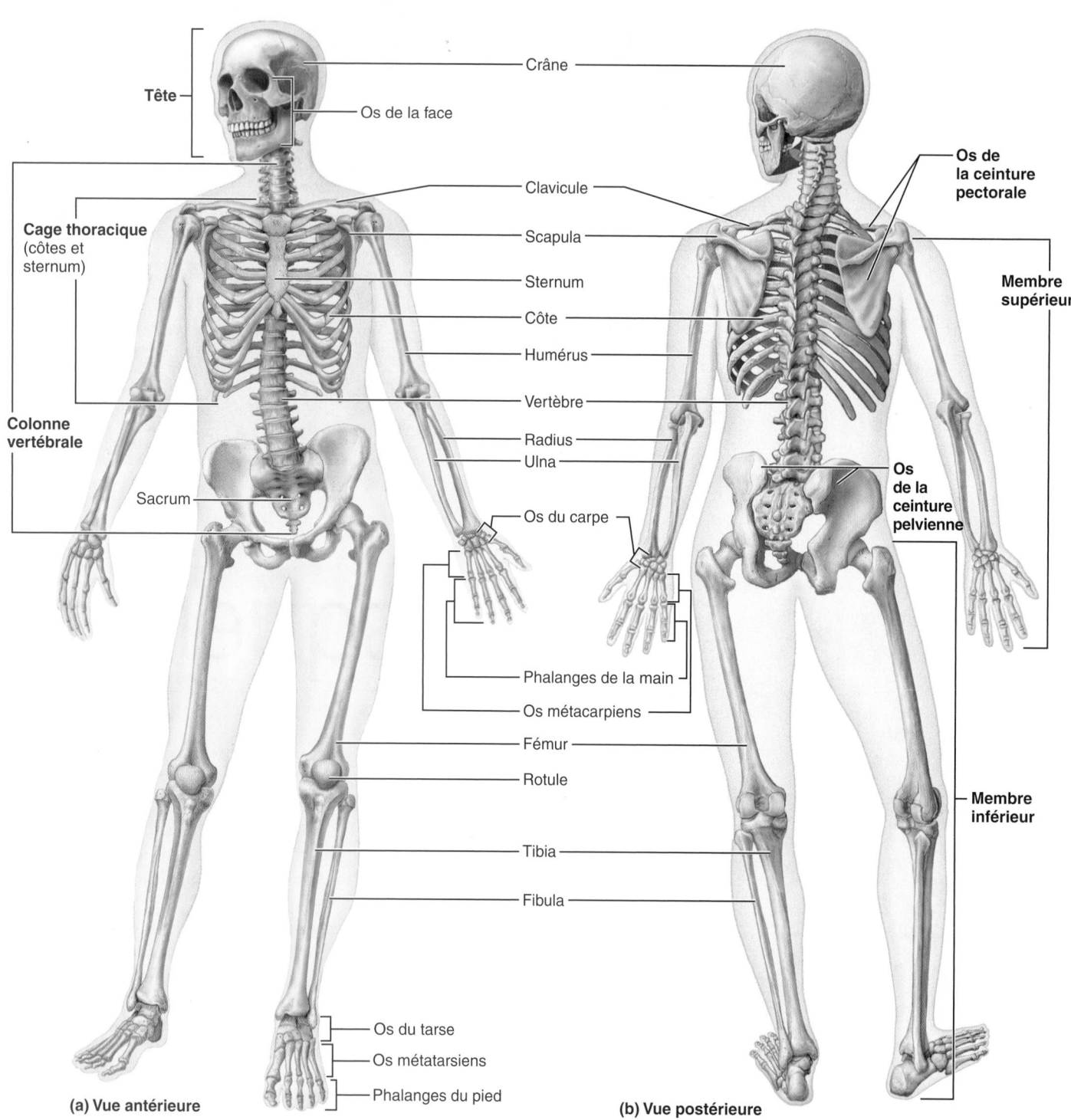

Figure 7.1 Squelette humain. Les os du squelette axial sont colorés en vert. Ceux du squelette appendiculaire sont en doré.

moelle épinière et les organes du thorax. Comme nous le verrons plus loin dans le présent chapitre, les os du squelette appendiculaire, qui nous permettent d'interagir avec l'environnement et de manipuler des objets, sont suspendus au squelette axial.

VÉRIFIONS NOS ACQUIS

1. Nommez les trois principales parties du squelette axial.
2. Quelle partie du squelette, axiale ou appendiculaire, sert à protéger les organes internes ?

Les réponses se trouvent à l'appendice G.

Tête

> **2** Nommer, décrire et situer les os de la tête. Nommer et situer leurs principaux repères anatomiques ; citer, en termes généraux, quelques-unes des fonctions de ces structures.
>
> **3** Énumérer et comparer les principales fonctions du crâne et du squelette facial.

La **tête** est la structure osseuse la plus complexe du corps humain. Elle comporte 22 os, divisés en deux groupes : les *os du crâne* et les *os de la face*. Les os du crâne, ou **crâne osseux**, entourent et protègent l'encéphale et fournissent des points d'attache aux muscles de la tête et du cou. Les os de la face assurent plusieurs fonctions : (1) ils forment l'ossature de la face ; (2) ils ménagent des cavités pour les organes sensoriels de la vision, du goût et de l'olfaction ; (3) ils procurent des ouvertures pour le passage de l'air et de la nourriture ; (4) ils fixent les dents ; et (5) ils permettent l'attachement des muscles faciaux responsables de l'expressivité du visage (traduction des émotions). Nous verrons plus loin comment les différents os de la tête sont parfaitement adaptés à leurs fonctions.

La plupart des os de la tête sont des os plats. Tous les os de la tête adulte sont soudés par des articulations appelées **sutures**, sauf la mandibule, qui est reliée au reste de la tête par une articulation mobile. Les lignes de suture présentent un tracé tortueux, en dents de scie.

Les principales sutures des os du crâne sont les *sutures coronale, sagittale, squameuse* et *lambdoïde* (figures 7.2a, 7.4b et 7.5a). Les autres sutures portent les noms des os de la face qu'elles relient.

Topographie de la tête

Avant de décrire un à un les os de la tête, arrêtons-nous quelques instants sur la « topographie » de la tête. La mâchoire inférieure enlevée, la tête ressemble à une sphère osseuse creuse et irrégulière. Les os de la face forment la face antérieure de la tête, tandis que les os du crâne constituent tout le restant **(figure 7.2a)**.

Le crâne est composé d'une voûte et d'une base. La *voûte crânienne*, appelée aussi *calvaria* ou *calotte*, occupe ses côtés supérieur, latéraux et postérieur, de même que le front. La *base du crâne*, ou *plancher*, forme sa partie inférieure. Des arêtes

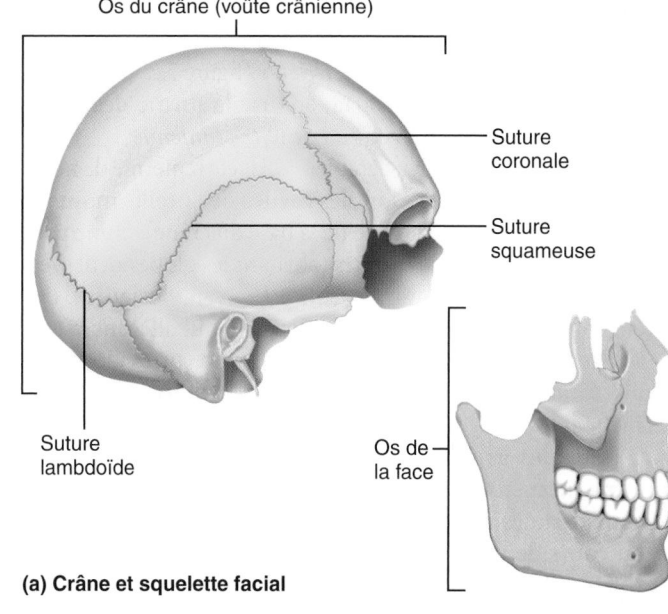

Os du crâne (voûte crânienne)

Suture coronale

Suture squameuse

Suture lambdoïde

Os de la face

(a) Crâne et squelette facial

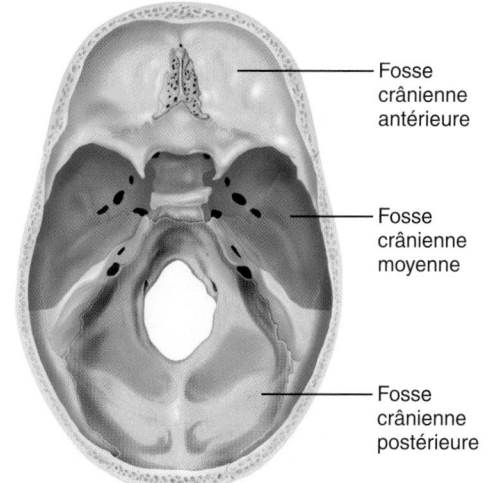

Fosse crânienne antérieure

Fosse crânienne moyenne

Fosse crânienne postérieure

(b) Vue supérieure des fosses crâniennes

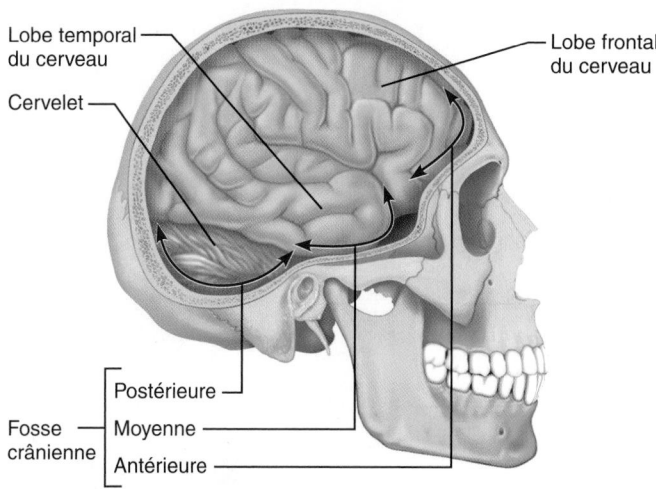

Lobe temporal du cerveau

Cervelet

Lobe frontal du cerveau

Fosse crânienne

Postérieure

Moyenne

Antérieure

(c) Vue latérale des fosses crâniennes montrant les parties de l'encéphale qu'elles contiennent

Figure 7.2 **Tête : crâne, squelette facial et fosses crâniennes.**

osseuses proéminentes, sur la face interne de la base, divisent celle-ci en trois « niveaux » ou fosses crâniennes : les *fosses crâniennes antérieure, moyenne* et *postérieure* (figure 7.2b, c). L'encéphale, encastré dans la calvaria, épouse la forme des fosses crâniennes. On dit qu'il occupe la *cavité crânienne*.

En plus de la grande cavité crânienne, la tête renferme de nombreuses petites cavités : ce sont les cavités de l'oreille moyenne et interne (dans la paroi latérale de la base du crâne), d'une part, et les cavités nasales et les *orbites* (abritant les globes oculaires) sur la face antérieure, d'autre part **(figure 7.3)**. Plusieurs os de la tête contiennent des sinus remplis d'air qui allègent la tête.

La tête possède par ailleurs quelque 85 ouvertures identifiées (trous, foramens, canaux, fissures, etc.). Les plus importantes permettent le passage de la moelle épinière, des principaux vaisseaux sanguins irriguant l'encéphale et des 12 paires de nerfs crâniens (numérotés de I à XII) par lesquels passent les influx nerveux destinés à l'encéphale ou en émanant.

Au cours de votre lecture, essayez de situer chaque os sur les différentes vues de la tête dans les **figures 7.4, 7.5 et 7.6**. Le **tableau 7.1** présente une récapitulation des os de la tête et de leurs principaux repères. La case colorée placée devant le nom d'un os correspond à la couleur de cet os dans les figures. Par exemple, vous pouvez facilement repérer la couleur de l'os frontal du tableau 7.1 dans les figures 7.4 et 7.5.

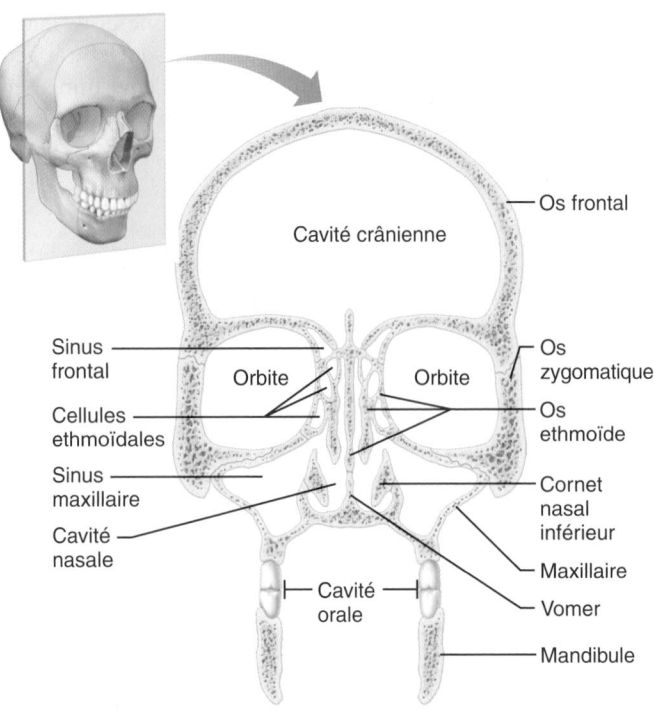

Figure 7.3   Principales cavités de la tête, coupe frontale.

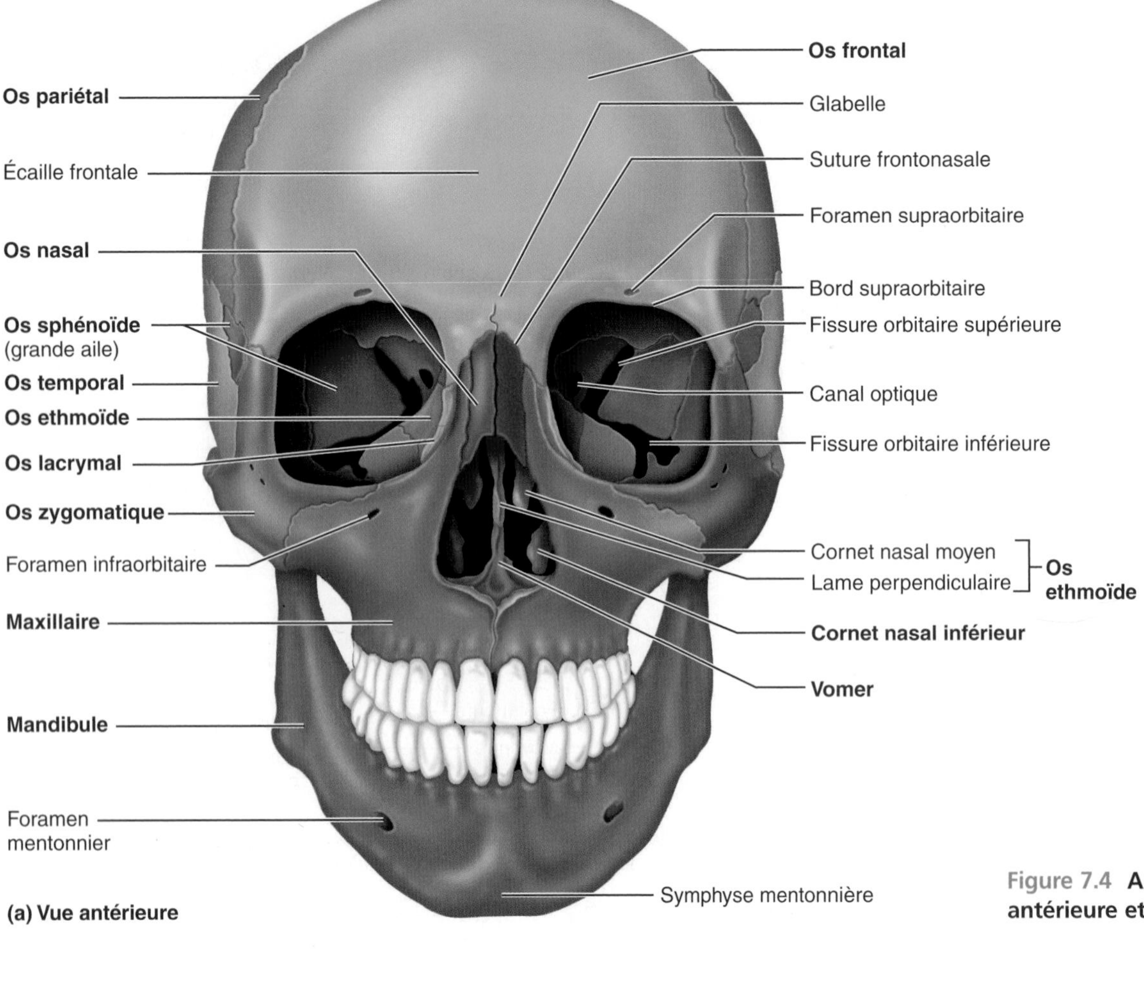

Os frontal
Cavité crânienne
Sinus frontal
Orbite — Orbite
Cellules ethmoïdales
Sinus maxillaire
Cavité nasale
Os zygomatique
Os ethmoïde
Cornet nasal inférieur
Maxillaire
Cavité orale
Vomer
Mandibule

Os pariétal
Écaille frontale
Os nasal
Os sphénoïde (grande aile)
Os temporal
Os ethmoïde
Os lacrymal
Os zygomatique
Foramen infraorbitaire
Maxillaire
Mandibule
Foramen mentonnier

Os frontal
Glabelle
Suture frontonasale
Foramen supraorbitaire
Bord supraorbitaire
Fissure orbitaire supérieure
Canal optique
Fissure orbitaire inférieure
Cornet nasal moyen — Os ethmoïde
Lame perpendiculaire
Cornet nasal inférieur
Vomer
Symphyse mentonnière

(a) Vue antérieure

Figure 7.4   Anatomie des faces antérieure et postérieure de la tête.

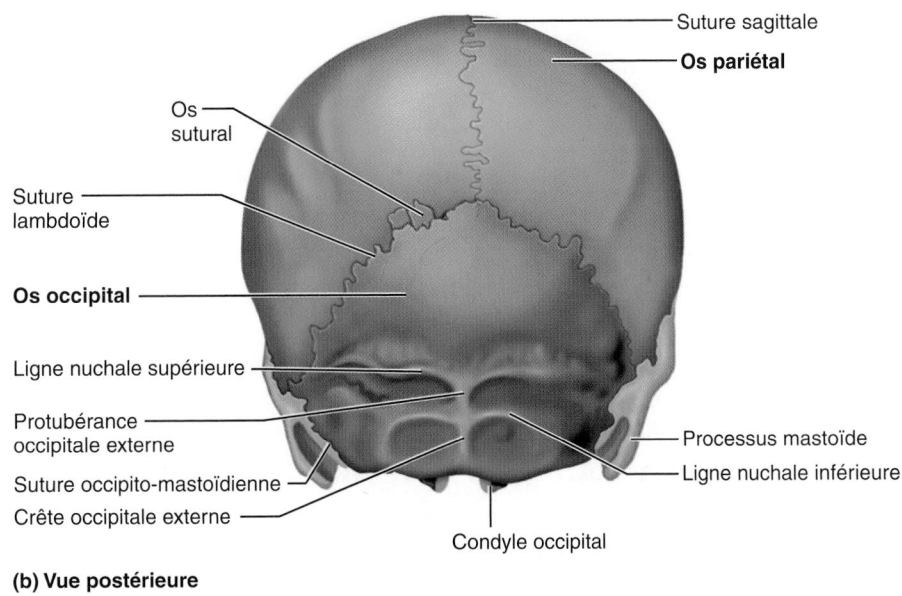

Suture sagittale

Os pariétal

Os sutural

Suture lambdoïde

Os occipital

Ligne nuchale supérieure

Protubérance occipitale externe

Suture occipito-mastoïdienne

Crête occipitale externe

Processus mastoïde

Ligne nuchale inférieure

Condyle occipital

(b) Vue postérieure

Figure 7.4 *(suite)*

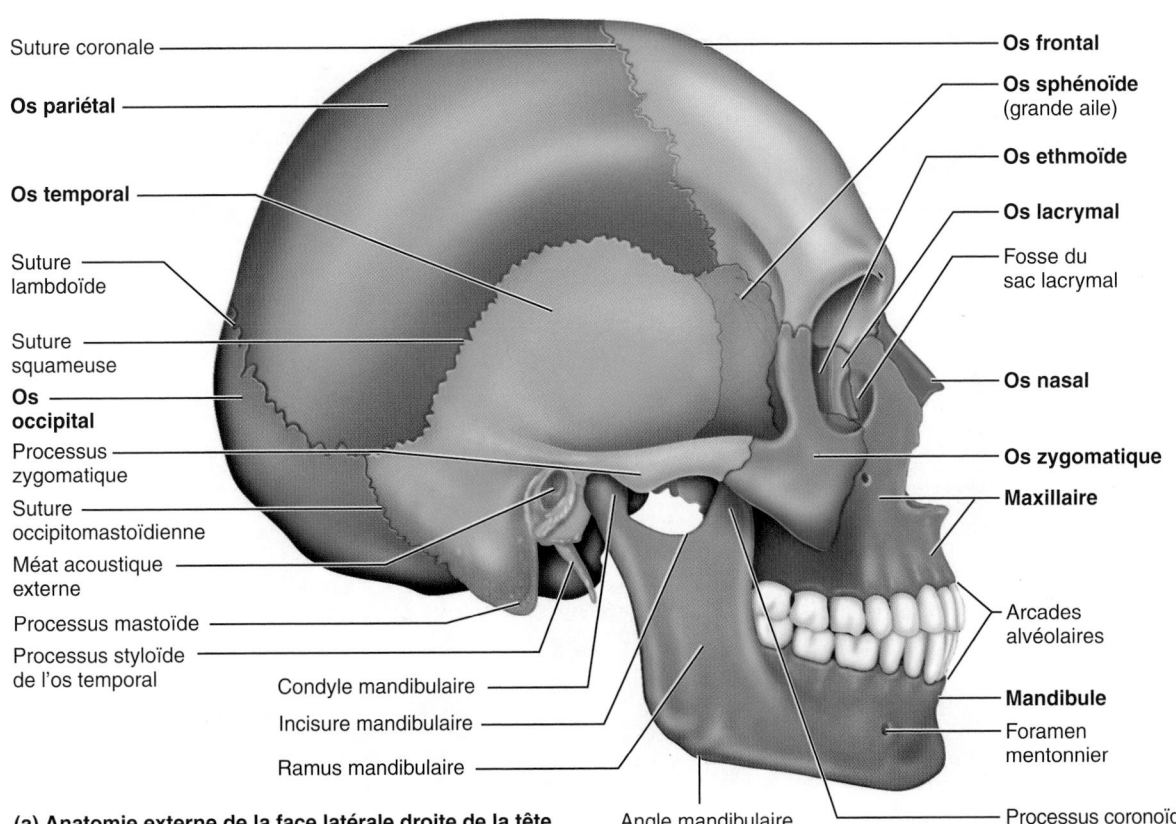

Suture coronale

Os pariétal

Os temporal

Suture lambdoïde

Suture squameuse

Os occipital

Processus zygomatique

Suture occipitomastoïdienne

Méat acoustique externe

Processus mastoïde

Processus styloïde de l'os temporal

Condyle mandibulaire

Incisure mandibulaire

Ramus mandibulaire

Os frontal

Os sphénoïde (grande aile)

Os ethmoïde

Os lacrymal

Fosse du sac lacrymal

Os nasal

Os zygomatique

Maxillaire

Arcades alvéolaires

Mandibule

Foramen mentonnier

Angle mandibulaire

Processus coronoïde

(a) Anatomie externe de la face latérale droite de la tête

Figure 7.5 Os des faces latérales de la tête, vues externe et interne.

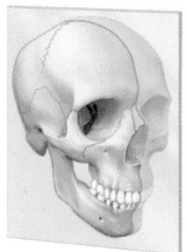

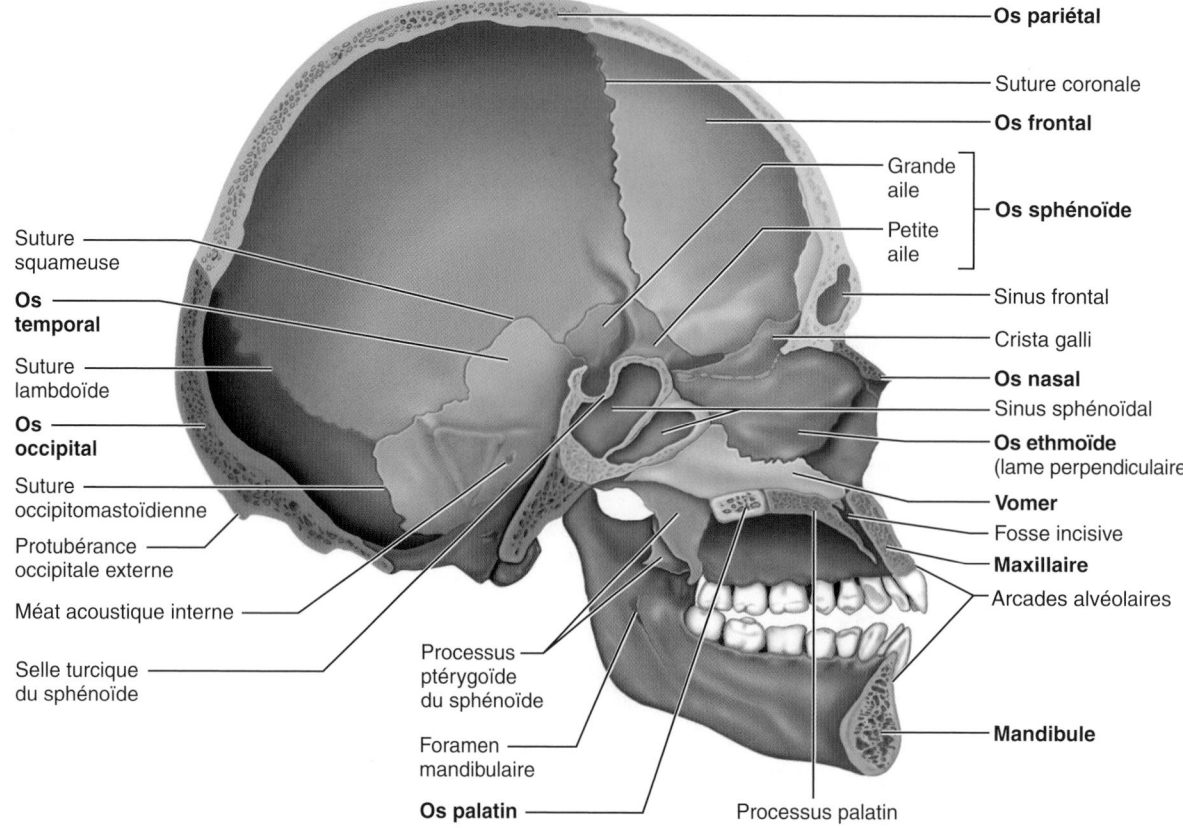

Os pariétal

Suture coronale

Os frontal

Grande aile

Petite aile

Os sphénoïde

Sinus frontal

Crista galli

Os nasal

Sinus sphénoïdal

Os ethmoïde (lame perpendiculaire)

Vomer

Fosse incisive

Maxillaire

Arcades alvéolaires

Mandibule

Suture squameuse

Os temporal

Suture lambdoïde

Os occipital

Suture occipitomastoïdienne

Protubérance occipitale externe

Méat acoustique interne

Selle turcique du sphénoïde

Processus ptérygoïde du sphénoïde

Foramen mandibulaire

Os palatin

Processus palatin

(b) Coupe sagittale montrant l'anatomie interne de la face latérale gauche de la tête

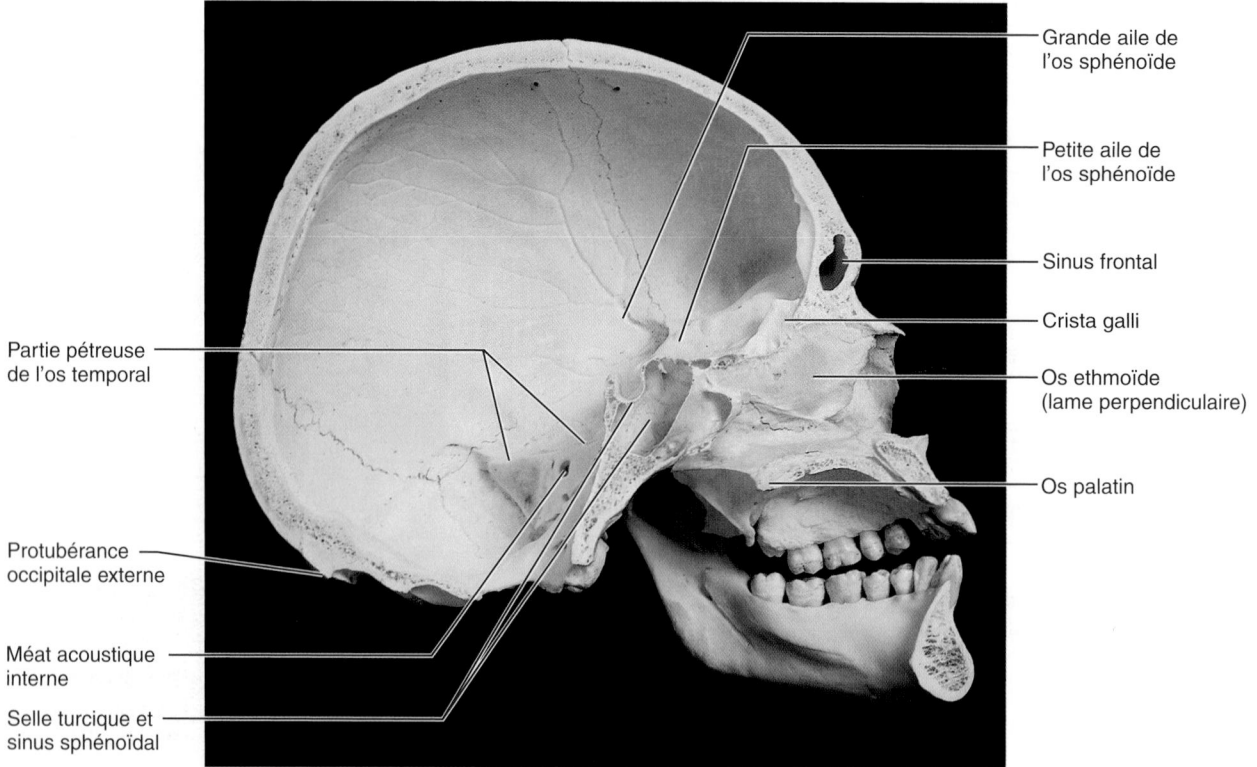

Grande aile de l'os sphénoïde

Petite aile de l'os sphénoïde

Sinus frontal

Crista galli

Os ethmoïde (lame perpendiculaire)

Os palatin

Partie pétreuse de l'os temporal

Protubérance occipitale externe

Méat acoustique interne

Selle turcique et sinus sphénoïdal

(c) Photographie d'une coupe médiane de la tête correspondant à l'illustration en (b)

Figure 7.5 *(suite)* **Os des faces latérales de la tête, vues externe et interne.**

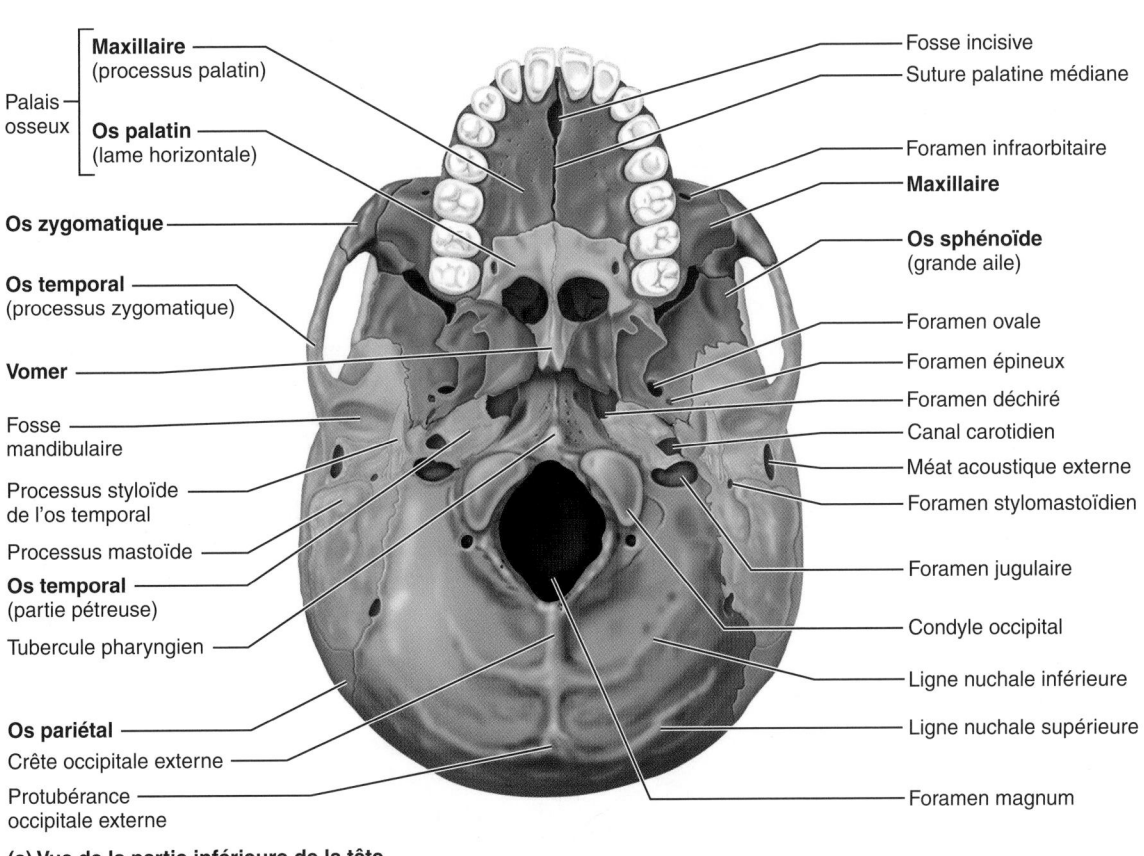

Maxillaire
(processus palatin)

Palais osseux

Os palatin
(lame horizontale)

Os zygomatique

Os temporal
(processus zygomatique)

Vomer

Fosse mandibulaire

Processus styloïde de l'os temporal

Processus mastoïde

Os temporal
(partie pétreuse)

Tubercule pharyngien

Os pariétal

Crête occipitale externe

Protubérance occipitale externe

Fosse incisive

Suture palatine médiane

Foramen infraorbitaire

Maxillaire

Os sphénoïde
(grande aile)

Foramen ovale

Foramen épineux

Foramen déchiré

Canal carotidien

Méat acoustique externe

Foramen stylomastoïdien

Foramen jugulaire

Condyle occipital

Ligne nuchale inférieure

Ligne nuchale supérieure

Foramen magnum

(a) Vue de la partie inférieure de la tête

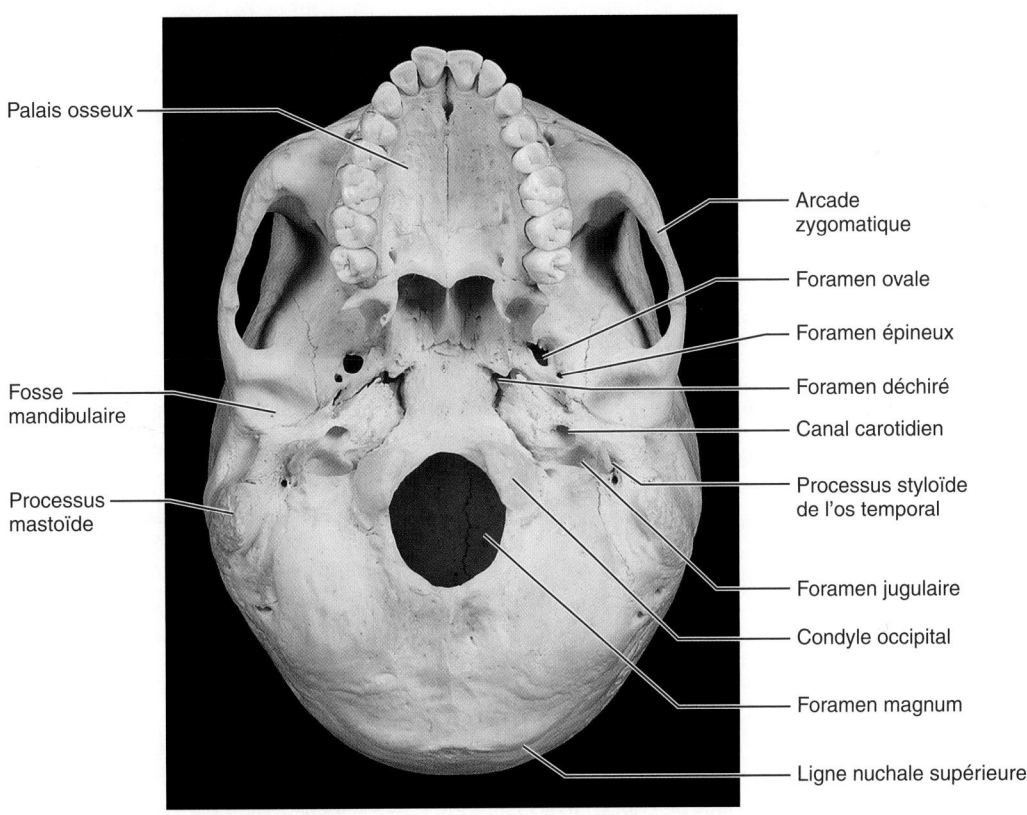

Palais osseux

Fosse mandibulaire

Processus mastoïde

Arcade zygomatique

Foramen ovale

Foramen épineux

Foramen déchiré

Canal carotidien

Processus styloïde de l'os temporal

Foramen jugulaire

Condyle occipital

Foramen magnum

Ligne nuchale supérieure

(b) Photographie d'une vue de la partie inférieure de la tête

Figure 7.6 **Face inférieure de la tête, mandibule enlevée.**

TABLEAU 7.1	Os de la tête	
CODE DE COULEUR DES OS*	**DESCRIPTION**	**REPÈRES ANATOMIQUES IMPORTANTS**
Os du crâne		
■ **Os frontal** (1) (figures 7.4a, 7.5 et 7.7)	Forme le front, la partie supérieure des orbites et la fosse crânienne antérieure; contient des sinus.	**Foramens supraorbitaires** (figure 7.4a): permettent le passage des artères et des nerfs supraorbitaires.
■ **Os pariétal** (2) (figures 7.4 et 7.5)	Forme la plus grande partie des faces supérieure et latérales du crâne.	
■ **Os occipital** (1) (figures 7.4b, 7.5, 7.6 et 7.7)	Forme la face postérieure et la plus grande partie de la base du crâne.	**Foramen magnum** (figure 7.6a): permet la communication entre l'encéphale et la moelle épinière par le tronc cérébral.
		Canal du nerf hypoglosse (figure 7.7a): permet le passage du nerf hypoglosse (nerf crânien XII).
		Condyles occipitaux (figure 7.6a): s'articulent avec l'atlas (première vertèbre).
		Protubérance occipitale externe et lignes nuchales (figure 7.6a): points d'attache musculaire.
		Crête occipitale externe (figure 7.6a): point d'attache du ligament nuchal.
■ **Os temporal** (2) (figures 7.5, 7.6, 7.7 et 7.8)	Forme les faces latéro-inférieures du crâne et une partie de la fosse crânienne moyenne; comprend les parties squameuse, mastoïdienne, tympanique et pétreuse.	**Processus zygomatique** (figure 7.5a): élément de l'arcade zygomatique, qui forme la pommette.
		Fosse mandibulaire (figure 7.6a): point d'articulation du condyle mandibulaire.
		Méat acoustique externe (figure 7.5a): canal reliant l'oreille externe au tympan.
		Processus styloïde (figure 7.5a): point d'attache d'un ligament de l'os hyoïde et de plusieurs muscles du cou.
		Processus mastoïde (figure 7.5a): point d'insertion de plusieurs muscles du cou et de la langue.
		Foramen stylomastoïdien (figure 7.6a): permet le passage du nerf crânien VII (nerf facial) et de l'artère stylomastoïdienne.
		Foramen jugulaire (figure 7.6a): permet le passage de la veine jugulaire interne et des nerfs crâniens IX, X et XI.
		Méat acoustique interne (figure 7.5c): permet le passage des nerfs crâniens VII et VIII.
		Canal carotidien (figure 7.6a): permet le passage de l'artère carotide interne.
■ **Os sphénoïde** (1) (figures 7.4a, 7.5, 7.6, 7.7 et 7.9)	Os clé du crâne, il forme une partie de la fosse crânienne moyenne et des orbites; ses principales parties sont le corps, les grandes ailes, les petites ailes et les processus ptérygoïdes.	**Selle turcique** (figure 7.7a): la partie formée par la fosse hypophysaire abrite l'hypophyse.
		Canaux optiques (figure 7.9a): permettent le passage du nerf crânien II et des artères ophtalmiques.
		Fissures orbitaires supérieures (figure 7.9a): permettent le passage des nerfs crâniens III, IV et VI, de la branche ophtalmique du nerf crânien V et de la veine ophtalmique.
		Foramen rond (figure 7.7a): permet le passage de la branche maxillaire du nerf crânien V.
		Foramen ovale (figure 7.7a): permet le passage de la branche mandibulaire du nerf crânien V.
		Foramen épineux (figure 7.7a): permet le passage de l'artère méningée moyenne.
■ **Os ethmoïde** (1) (figures 7.4a, 7.5, 7.7, 7.10 et 7.14)	Contribue à la fosse crânienne antérieure; forme une partie du septum nasal, des parois et du toit de la cavité nasale; contribue à la paroi médiale de l'orbite.	**Crista galli** (figure 7.7a): point d'attache de la faux du cerveau, feuillet de la dure-mère.
		Lame criblée (figures 7.7a et 7.10): permet le passage des filets du nerf olfactif (nerf crânien I) de la fosse nasale jusqu'au bulbe olfactif.

TABLEAU 7.1	Os de la tête *(suite)*	
CODE DE COULEUR DES OS*	**DESCRIPTION**	**REPÈRES ANATOMIQUES IMPORTANTS**
■ **Os ethmoïde** *(suite)*		**Cornets nasaux supérieur et moyen** (figure 7.14a): contribuent aux parois latérales de la cavité nasale; augmentent la turbulence de l'air.
Osselets de l'ouïe (malleus, incus et stapes) (2 séries) (voir les figures 15.25 et 15.26)	Dans la cavité de l'oreille moyenne; ils jouent un rôle dans la transmission du son (voir la figure 15.25b).	

Os de la face

CODE DE COULEUR DES OS*	DESCRIPTION	REPÈRES ANATOMIQUES IMPORTANTS
■ **Mandibule** (1) (figures 7.4a, 7.5 et 7.11a)	Mâchoire inférieure.	**Processus coronoïdes de la mandibule** (figure 7.11a): points d'attache des muscles temporaux.
		Condyles de la mandibule (figure 7.5a): s'articulent librement avec les os temporaux (articulations temporomandibulaires, ou articulations de la mâchoire).
		Symphyse mentonnière (figure 7.4a): fusion médiane des os mandibulaires.
		Alvéoles dentaires (voir la figure 23.11): cavités occupées par les dents.
		Foramens mandibulaires (figure 7.11a): permettent le passage des nerfs alvéolaires.
		Foramens mentonniers (figure 7.4a): permettent le passage de vaisseaux sanguins et de nerfs vers le menton et la lèvre inférieure.
■ **Maxillaire** (2) (figures 7.4a, 7.5, 7.6, 7.11b et 7.14)	Os clé du massif facial, forme la mâchoire supérieure et une partie du palais osseux, des orbites et des parois de la cavité nasale.	**Alvéoles dentaires** (voir la figure 23.11): cavités occupées par les dents.
		Processus zygomatiques (figure 7.11b): éléments des arcades zygomatiques.
		Processus palatins (figure 7.14a): forment la partie antérieure du palais osseux; sont reliés par la suture palatine médiane.
		Processus frontaux des maxillaires (figure 7.11b): forment une partie de la face latérale de l'arête du nez.
		Fosse incisive (figure 7.6a): permet le passage de vaisseaux sanguins et de nerfs dans le palais osseux.
		Fissures orbitaires inférieures (figure 7.13b): permettent le passage d'une branche du nerf crânien V et de vaisseaux sanguins.
		Foramen infraorbitaire (figure 7.11b): permet le passage du nerf infraorbitaire vers la peau du visage.
■ **Os zygomatique** (2) (figures 7.4a, 7.5a et 7.6a)	Forme la joue et une partie de l'orbite.	
■ **Os nasal** (2) (figures 7.4a et 7.5)	Forme l'arête du nez.	
■ **Os lacrymal** (2) (figures 7.4a et 7.5a)	Forme une partie de la paroi médiale de l'orbite.	**Fosse du sac lacrymal** (figure 7.5a): abrite le sac lacrymal qui déverse les larmes dans la cavité nasale.
■ **Os palatin** (2) (figures 7.5b, 7.6a et 7.14)	Forme la partie postérieure du palais osseux et une petite partie de la cavité nasale et des parois orbitaires.	
■ **Vomer** (1) (figures 7.4a et 7.14b)	Forme une partie du septum nasal.	
■ **Cornet nasal inférieur** (2) (figures 7.4a et 7.14a)	Forme une partie des parois latérales de la cavité nasale.	

* La case colorée devant chaque nom correspond à la couleur de l'os sur les figures 7.4 à 7.14. Le nombre entre parenthèses ( ) à la suite de chaque nom indique le nombre total de ces os dans le corps humain.

Crâne

Le crâne est formé de huit os : quatre sont pairs, soit les os pariétaux et les os temporaux ; quatre sont impairs, soit l'os frontal, l'os occipital, l'os sphénoïde et l'os ethmoïde. Cet ensemble constitue la protection osseuse de l'encéphale, laquelle est encore renforcée par la forme arrondie du crâne. Le crâne présente ainsi une très grande robustesse malgré sa légèreté et sa minceur, tout comme une coquille d'œuf.

Os frontal

En forme de dôme, l'**os frontal** (figures 7.4a, 7.5 et 7.7) constitue la région antérieure du crâne. Il s'articule à l'arrière avec la paire d'os pariétaux par l'intermédiaire d'une suture saillante appelée *suture coronale*.

Complètement à l'avant de l'os frontal, se trouve l'*écaille frontale*, communément appelée *front*. L'écaille frontale se prolonge vers le bas jusqu'aux **bords supraorbitaires**, ces marges supérieures épaissies des orbites, situées sous les sourcils. L'os frontal s'étend ensuite vers l'arrière en formant la paroi supérieure des *orbites* et la plus grande partie de la **fosse crânienne antérieure** (figure 7.7), laquelle soutient les lobes frontaux du cerveau. Chaque bord supraorbitaire est percé d'un **foramen supraorbitaire** emprunté par l'artère et le nerf supraorbitaires pour se rendre à la région frontale (figure 7.4a).

La **glabelle** est la surface lisse de l'os frontal située entre les deux orbites, sur laquelle persiste parfois jusque vers l'âge de six ans un vestige de la suture qui reliait les parties de l'os frontal. Juste en dessous, l'os frontal rejoint les os nasaux au niveau de la *suture frontonasale* (figure 7.4a). Dans l'épaisseur de l'os frontal, au niveau des régions prolongeant latéralement la glabelle, se trouvent des sinus appelés **sinus frontaux** (figures 7.3 et 7.5b).

Os pariétaux et sutures principales

Les deux grands **os pariétaux**, qui présentent une forme arrondie et rectangulaire, composent la majeure partie des faces latérale et supérieure du crâne ; ils constituent donc le plus gros de la calvaria. Les quatre sutures principales énumérées ci-dessous unissent les os pariétaux aux autres os du crâne.

1. La **suture coronale**, entre la partie antérieure des os pariétaux et l'os frontal (figures 7.2a et 7.5).
2. La **suture sagittale**, entre les os pariétaux, au niveau de la ligne médiane du crâne (figure 7.4b).
3. La **suture lambdoïde**, entre la partie postérieure des os pariétaux et l'os occipital (figures 7.2a, 7.4b et 7.5).
4. La **suture squameuse**, entre un os pariétal et un os temporal, de chaque côté du crâne (figures 7.2a et 7.5).

Os occipital

L'**os occipital** forme la majeure partie de la paroi postérieure et de la base du crâne. Il s'articule en avant avec les deux os pariétaux et les deux os temporaux par l'intermédiaire de la *suture lambdoïde* et de la *suture occipitomastoïdienne* respectivement (figure 7.5). Il s'attache également à l'os sphénoïde, sur la base du crâne, par l'intermédiaire d'une lame nommée partie basilaire de l'occipital, qui porte une protubérance médiane appelée *tubercule pharyngien* (figure 7.6a).

Intérieurement, l'os occipital constitue les parois de la **fosse crânienne postérieure** (figures 7.2c et 7.7), qui soutient le cervelet. À la base de l'os occipital, se situe le **foramen magnum**, ou trou occipital. C'est par cette ouverture que la partie inférieure de l'encéphale communique avec la moelle épinière ; des vaisseaux sanguins et une paire de nerfs crâniens y trouvent aussi une voie de passage. Le foramen magnum est bordé latéralement par deux condyles occipitaux (figure 7.6). Les **condyles occipitaux**, en forme de berceau, s'articulent avec la première vertèbre de la colonne vertébrale (l'atlas) de façon à permettre l'inclinaison de la tête. Au-dessus des condyles occipitaux, en retrait et du côté médial, se situent les **canaux des nerfs hypoglosses** (figure 7.7).

Juste au-dessus du foramen magnum, on trouve une proéminence médiane appelée **protubérance occipitale externe**, ou inion (figures 7.4, 7.5 et 7.6). On peut la palper juste en dessous de la partie bombée en arrière du crâne. Des crêtes peu marquées, la *crête occipitale externe* et les *lignes nuchales supérieure* et *inférieure*, se dessinent sur l'os occipital, près du foramen magnum. La crête occipitale externe fixe le *ligament nuchal*, large ligament élastique reliant les vertèbres du cou au crâne. Les lignes nuchales et les régions osseuses qui les séparent sont les points d'attache de nombreux muscles du cou et du dos. La ligne nuchale supérieure délimite la partie supérieure du cou.

Os temporaux

Les deux **os temporaux** sont clairement visibles sur la face latérale du crâne (figure 7.5). Ils sont situés au-dessous des os pariétaux, qu'ils rejoignent au niveau des sutures squameuses. Ils forment les côtés inférieurs et latéraux du crâne ainsi qu'une partie de la base du crâne (fosse crânienne moyenne). Les termes « tempe » et « temporal » viennent du latin *tempus*, qui signifie « temps » : les cheveux gris, témoins du temps qui passe, apparaissent d'abord le plus souvent aux tempes.

La forme de chaque os temporal est particulièrement complexe (figure 7.8) ; cet os possède en effet quatre parties principales auxquelles on se réfère pour le décrire, soit les *parties squameuse, tympanique, mastoïdienne et pétreuse*. La **partie squameuse** évasée est contiguë à la suture squameuse et présente un **processus zygomatique** de forme allongée qui s'articule en avant avec l'os zygomatique de la face. Ces deux structures osseuses constituent ensemble l'**arcade zygomatique**, ou pommette de la joue (*zugon* : joug). La petite **fosse mandibulaire** ovale, sur la face inférieure du processus zygomatique, reçoit le condyle mandibulaire (os de la mâchoire inférieure) ; l'*articulation temporomandibulaire* ainsi composée est très mobile.

La **partie tympanique** (*tumpanon* : tambour) de l'os temporal entoure le **méat acoustique externe**, ou conduit auditif externe, par où pénètrent les sons (figure 7.8). Le méat

Vue

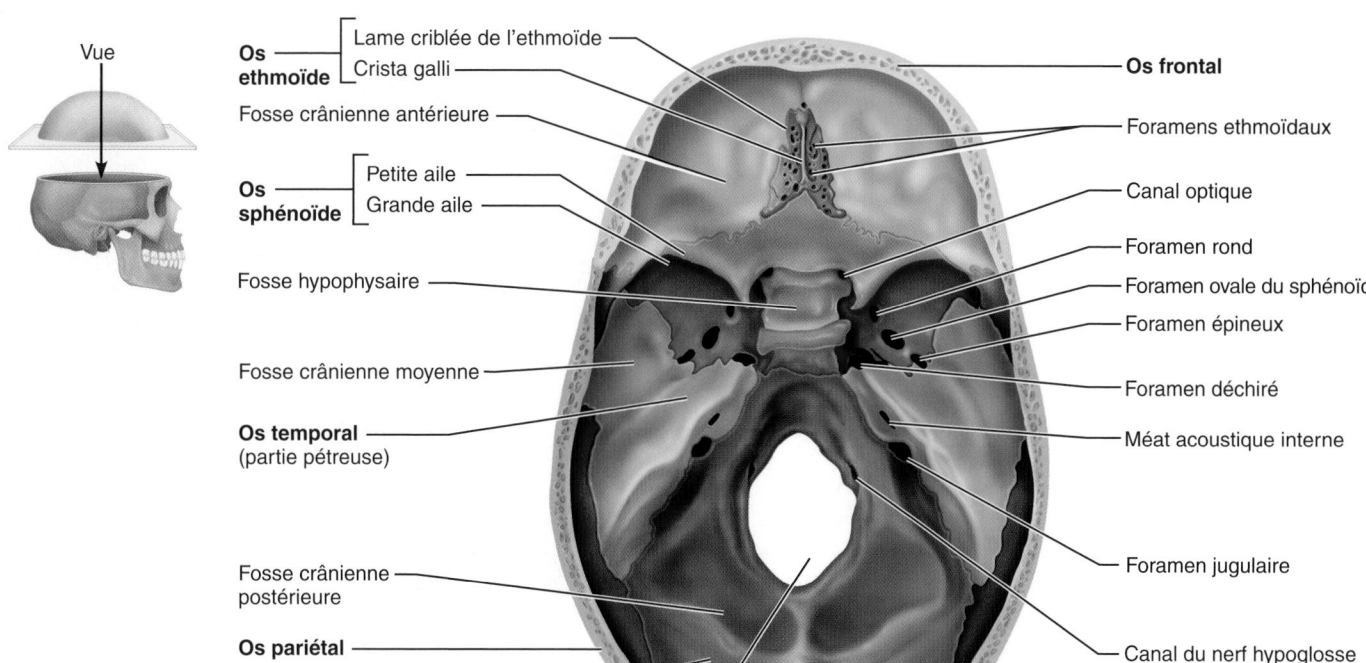

Os ethmoïde
- Lame criblée de l'ethmoïde
- Crista galli

Fosse crânienne antérieure

Os sphénoïde
- Petite aile
- Grande aile

Fosse hypophysaire

Fosse crânienne moyenne

Os temporal
(partie pétreuse)

Fosse crânienne postérieure

Os pariétal

Os occipital

Foramen magnum

Os frontal

Foramens ethmoïdaux

Canal optique

Foramen rond

Foramen ovale du sphénoïde

Foramen épineux

Foramen déchiré

Méat acoustique interne

Foramen jugulaire

Canal du nerf hypoglosse

7

(a) Vue supérieure de la cavité crânienne, décalottée

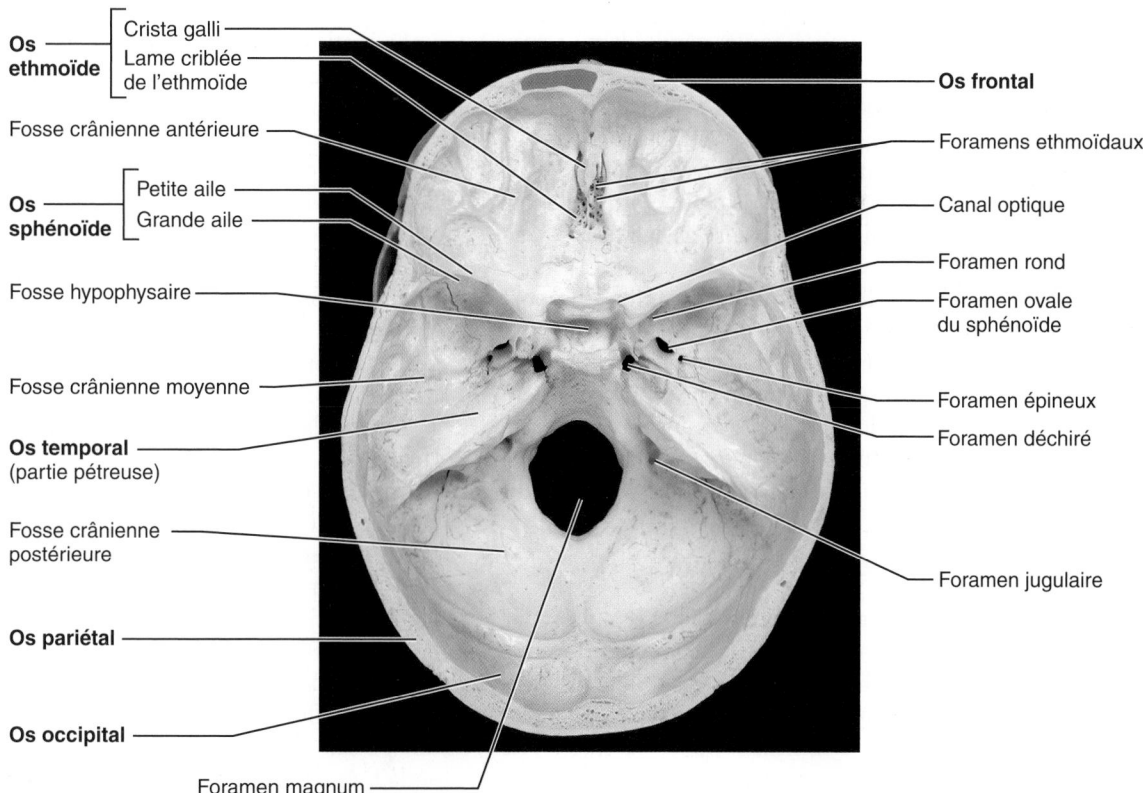

Os ethmoïde
- Crista galli
- Lame criblée de l'ethmoïde

Fosse crânienne antérieure

Os sphénoïde
- Petite aile
- Grande aile

Fosse hypophysaire

Fosse crânienne moyenne

Os temporal
(partie pétreuse)

Fosse crânienne postérieure

Os pariétal

Os occipital

Foramen magnum

Os frontal

Foramens ethmoïdaux

Canal optique

Foramen rond

Foramen ovale du sphénoïde

Foramen épineux

Foramen déchiré

Foramen jugulaire

(b) Photographie d'une vue supérieure de la cavité crânienne, décalottée

Figure 7.7 **Base de la cavité crânienne.** Les fosses sont qualifiées d'antérieure, de moyenne ou de postérieure en fonction de leur situation relative.

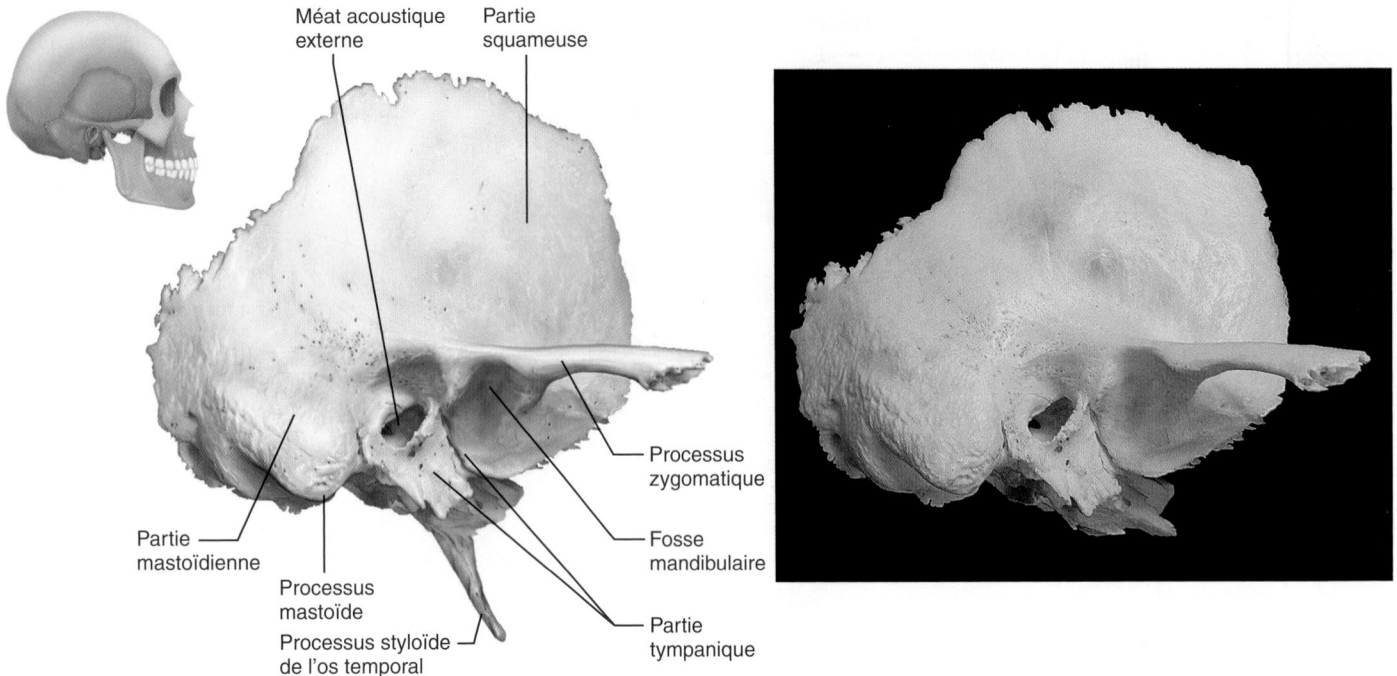

Figure 7.8 Os temporal. Vue latérale droite de la face externe.

acoustique externe et le tympan, à son extrémité la plus profonde, appartiennent à l'*oreille externe*. Sur un crâne d'étude dépourvu de tympan, on peut voir une partie de la cavité de l'oreille moyenne qui prolonge le méat acoustique externe. Sous celui-ci se trouve le **processus styloïde de l'os temporal** (*stylus*: tige pointue), aiguille osseuse qui sert de point d'attache à certains muscles du cou et au ligament fixant l'os hyoïde au crâne (figure 7.12).

La **partie mastoïdienne** de l'os temporal comprend l'important **processus mastoïde** (*mastos*: sein), point d'attache de quelques muscles du cou (figures 7.5, 7.6 et 7.8) qui forme une bosse juste derrière l'oreille. Le **foramen stylomastoïdien**, situé entre le processus styloïde et le processus mastoïde, permet au nerf facial (nerf crânien VII) de sortir de la cavité crânienne et à l'artère stylomastoïdienne d'y entrer (figure 7.6).

DÉSÉQUILIBRE HOMÉOSTATIQUE

Le processus mastoïde renferme de petites cavités remplies d'air appelées **cellules mastoïdiennes**. La cavité de l'oreille moyenne est très sensible aux infections de la gorge. Les cellules mastoïdiennes, contiguës à cette cavité, sont donc sujettes à une infection, la *mastoïdite*, qui est très difficile à traiter. La mastoïdite peut en effet se compliquer en une infection de l'encéphale, car les cellules mastoïdiennes ne sont séparées de ce dernier que par une lame osseuse extrêmement fine. Chez les personnes qui souffrent de mastoïdites à répétition, l'ablation chirurgicale du processus mastoïde était autrefois le meilleur moyen de prévenir les dangereuses infections de l'encéphale. De nos jours, l'antibiothérapie est le traitement le plus utilisé. ■

La partie inférieure profonde de l'os temporal, appelée **partie pétreuse**, contribue à la formation de la base du crâne (figures 7.6 et 7.7). Rappelant une chaîne de montagnes miniature (*petrosus*: rocheux), elle est située entre l'os sphénoïde antérieurement et l'os occipital postérieurement. Sa pente postérieure descend vers la fosse crânienne postérieure, tandis que sa pente antérieure se dirige vers la fosse crânienne moyenne. Ensemble, l'os sphénoïde et les parties pétreuses des os temporaux constituent la **fosse crânienne moyenne** (figures 7.2b et 7.7), qui soutient les lobes temporaux du cerveau. La partie pétreuse abrite les *cavités de l'oreille moyenne* et *interne*, qui renferment les récepteurs sensoriels de l'ouïe et de l'équilibre.

L'os de la partie pétreuse est percé de plusieurs orifices (figure 7.6). Le grand **foramen jugulaire**, à la jonction de l'os occipital et de la partie pétreuse de l'os temporal, achemine la veine jugulaire interne et trois nerfs crâniens (IX, X et XI). Le **canal carotidien**, juste devant le foramen jugulaire, fait pénétrer l'artère carotide interne dans la cavité crânienne. Les deux artères carotides internes fournissent l'apport sanguin de plus de 80 % des neurones des hémisphères cérébraux. La proximité des cavités de l'oreille interne explique pourquoi, lors d'un effort par exemple, nous percevons dans notre tête une pulsation forte et rapide qui ressemble à un grondement; en fait, ce n'est que l'écho de notre propre pouls. Le **foramen déchiré** est une ouverture aux bords dentelés localisée entre la partie pétreuse de l'os temporal et l'os sphénoïde. Il est presque entièrement comblé par du cartilage chez une personne vivante, alors qu'il est parfaitement visible sur un crâne d'étude et suscite souvent la curiosité des étudiants. Le **méat acoustique interne**, ou conduit auditif interne, situé au-dessus et à côté du foramen jugulaire (figures 7.5b, c, et 7.7), ouvre le passage à l'artère labyrinthique et aux nerfs facial (nerf crânien VII) et vestibulocochléaire (nerf crânien VIII).

Os sphénoïde

L'**os sphénoïde** (*sphenoeides*: coin) est un os en forme de papillon (ou d'avion biplan); il occupe toute la largeur de la fosse crânienne moyenne (figure 7.7). On le considère comme l'os clé du crâne parce que sa situation centrale lui permet de s'articuler avec tous les autres os du crâne. L'os sphénoïde est difficile à étudier en raison de sa forme complexe. Comme l'illustre la **figure 7.9**, il est composé d'un corps central et de trois paires d'appendices : les grandes ailes, les petites ailes et les processus ptérygoïdes (figure 7.6). Le **corps de l'os sphénoïde** renferme deux cavités qui constituent le **sinus sphénoïdal** (figures 7.5b et 7.14).

La surface supérieure du corps de l'os sphénoïde porte une proéminence en forme de selle, appelée **selle turcique** (figure 7.7). Le siège de cette selle, nommé **fosse hypophysaire**, offre un abri bien ajusté à l'hypophyse.

Les **grandes ailes** s'étendent de chaque côté du corps : elles constituent (1) une partie de la fosse crânienne moyenne (figures 7.2b et 7.7), (2) une partie des parois dorsales des orbites (figure 7.4a) et (3) une partie de la paroi externe de la tête, où elles apparaissent comme des « drapeaux » osseux, du côté médial de l'arcade zygomatique (figure 7.5). Les **petites ailes**, en forme de corne, contribuent à former le plancher de la fosse crânienne antérieure (figure 7.7) et une partie des parois médiales des orbites. Les **processus ptérygoïdes** (aussi en forme d'aile) sont constitués de deux lames osseuses qui s'avancent vers le bas à partir de la jonction du corps de l'os sphénoïde et des grandes ailes (figure 7.9b). Ils offrent un point d'attache aux muscles ptérygoïdiens, qui jouent un rôle prépondérant dans la mastication.

7

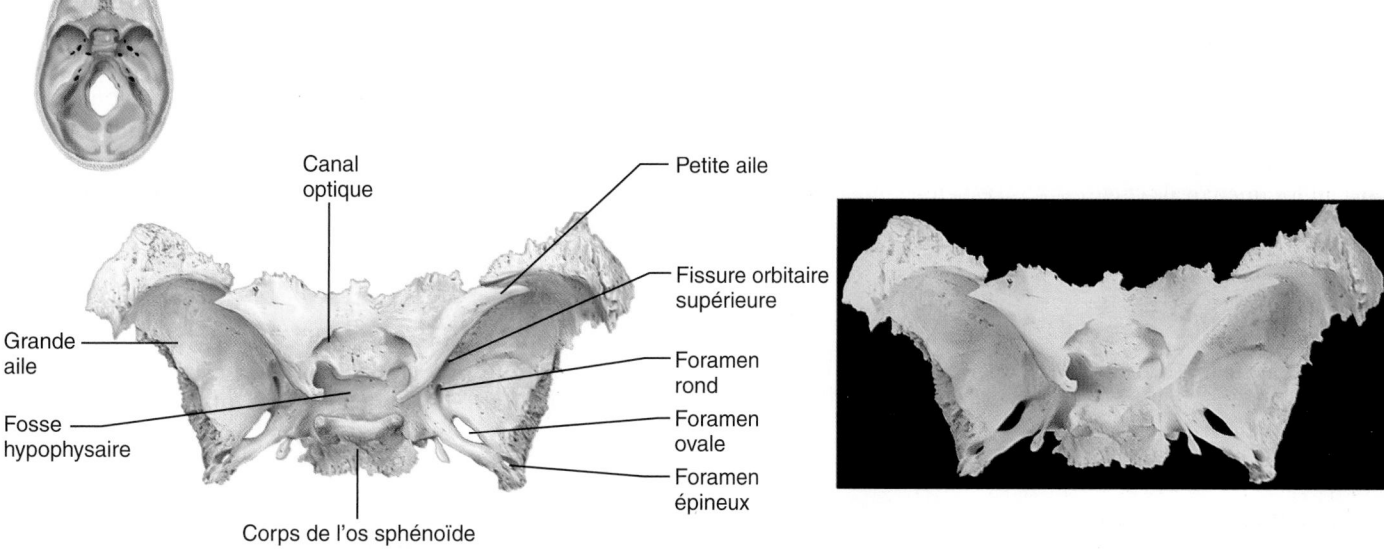

(a) Vue supérieure

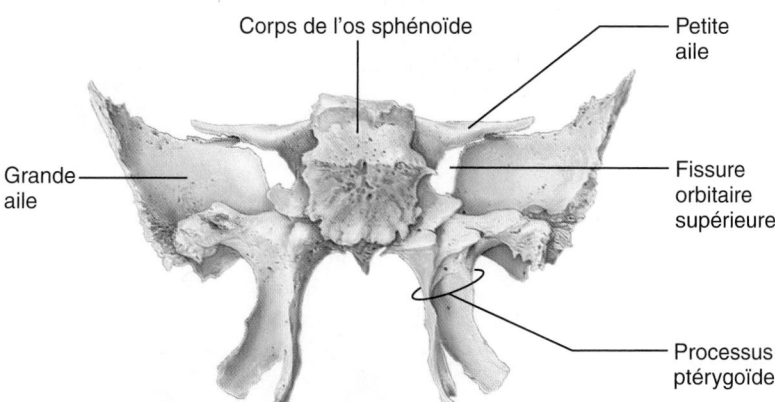
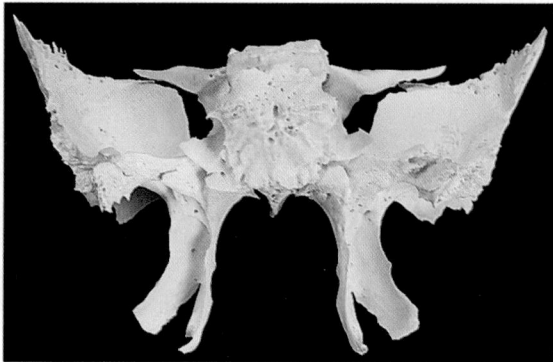

(b) Vue postérieure

Figure 7.9 Os sphénoïde.

L'endroit où la grande aile du sphénoïde rencontre l'os temporal, l'os pariétal et l'os frontal se nomme le *ptérion*. Ce point est un repère important sur le plan clinique ; il s'agit d'une région particulièrement sensible aux coups par suite de la minceur des os à cet endroit et de la présence, sous la jonction osseuse, d'une artère (l'artère méningée) dont la blessure pourrait causer un hématome fatal.

L'os sphénoïde présente plusieurs ouvertures dont certaines sont apparentes sur les figures 7.7 et 7.9. Les **canaux optiques**, reliés par le *sillon préchiasmatique*, passent devant la selle turcique ; ils livrent passage aux nerfs optiques (nerfs crâniens II) qui se rendent aux yeux. De chaque côté du corps de l'os sphénoïde, une série de quatre ouvertures est disposée en croissant. Complètement à l'avant se trouve la **fissure orbitaire supérieure**, longue fente logée entre les petites et les grandes ailes qui permet aux nerfs crâniens régissant les mouvements oculaires (nerfs crâniens III, IV et VI) de pénétrer dans l'orbite. Cette fissure est bien visible sur une vue antérieure de la tête (figures 7.4a et 7.9b). Le foramen rond et le foramen ovale du sphénoïde acheminent deux des trois branches du nerf crânien V (les nerfs maxillaire et mandibulaire, respectivement) jusqu'à la face (figure 7.7). Le **foramen rond** s'ouvre dans la partie médiale de la grande aile et adopte le plus souvent une forme ovale, contrairement à son nom. Le **foramen ovale**, grande ouverture ovale située derrière le foramen rond, apparaît sur une vue inférieure de la tête (figure 7.6). Enfin, le petit **foramen épineux** est en position dorsolatérale par rapport au foramen ovale (figure 7.7). Il est emprunté par l'*artère méningée moyenne*, qui dessert les faces internes de certains os du crâne.

■ Os ethmoïde

L'**os ethmoïde** possède une forme très compliquée, tout comme l'os sphénoïde et l'os temporal **(figure 7.10)**. Il est situé entre l'os sphénoïde et les os nasaux de la face, et forme la majeure partie de la région osseuse comprise entre la cavité nasale et l'orbite.

La face supérieure de l'os ethmoïde est formée des deux **lames criblées de l'ethmoïde**, qui sont horizontales (figure 7.7) ; elle constitue une partie du toit des cavités nasales et du plancher de la fosse crânienne antérieure. La lame criblée de l'ethmoïde (*êthmos*: tamis) est percée de minuscules trous, appelés *foramens ethmoïdaux*, empruntés par les neurofibres olfactives pour aller des récepteurs de l'odorat, situés dans les cavités nasales, jusqu'aux bulbes olfactifs de l'encéphale. Au-dessus de la ligne médiane de la lame criblée se trouve une expansion triangulaire appelée **crista galli**. L'enveloppe extérieure de l'encéphale (dure-mère), fixée à ce processus osseux, assure un point d'attache à l'encéphale dans la fosse crânienne antérieure.

La **lame perpendiculaire de l'ethmoïde** – perpendiculaire à la lame criblée – constitue la partie supérieure du septum nasal osseux qui sépare les cavités nasales gauche et droite (figure 7.5b, c). De chaque côté de cette lame, le **labyrinthe ethmoïdal**, ou masse latérale de l'ethmoïde, se rattache à l'extrémité de la lame criblée. Ses parois minces sont parsemées de cavités appelées **cellules ethmoïdales** (figures 7.10 et 7.15). Les **cornets nasaux moyen** et **supérieur** sont des projections osseuses délicatement enroulées ; ils prolongent les labyrinthes ethmoïdaux du côté interne et font saillie dans les cavités nasales (figures 7.10 et 7.14a). Chaque face externe des labyrinthes ethmoïdaux donne la **lame orbitaire**, qui forme la partie médiale de chacune des orbites.

Os suturaux

Les **os suturaux** sont de petits os irréguliers situés au niveau des sutures du crâne, notamment de la suture lambdoïde (figure 7.4b). Ils sont peu importants d'un point de vue

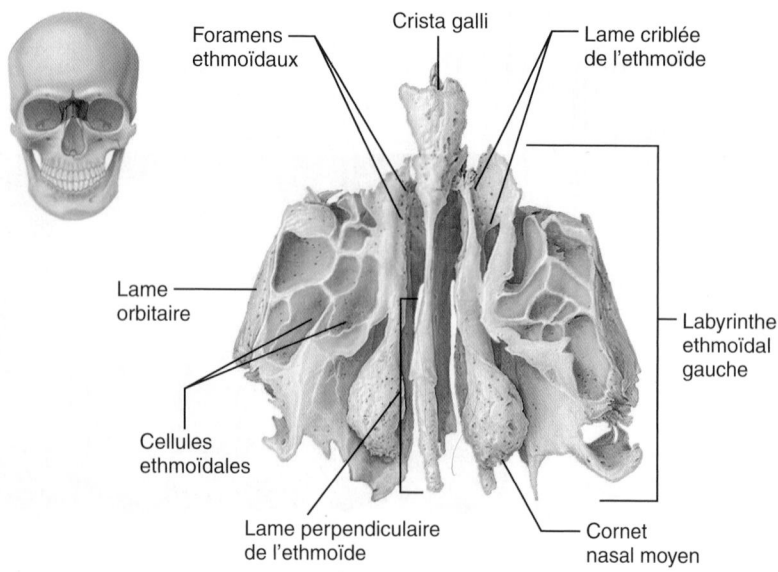
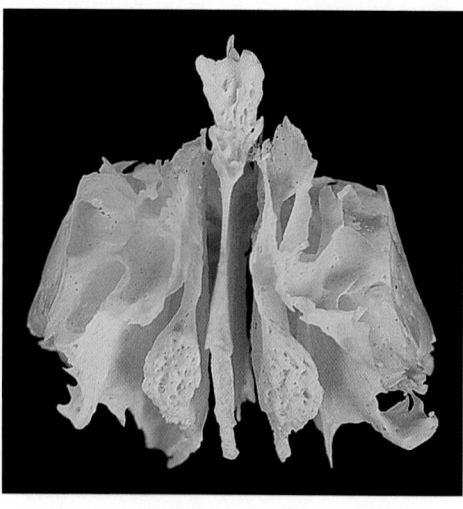

Figure 7.10 Os ethmoïde. Vue antérieure.

structural. Leur nombre varie d'un individu à l'autre, et ils ne sont pas toujours présents. L'utilité de ces petits os est encore inconnue.

VÉRIFIONS NOS ACQUIS

3. La plupart des os du crâne sont des os de quel type (par rapport à leur forme) ?
4. Reportez-vous à la figure 7.4. Parmi les os illustrés en (a), lesquels sont des os du crâne ?
5. Quel os forme la crista galli ?
6. Quels os de la tête abritent les conduits auditifs externes ?
7. Quels os la suture sagittale relie-t-elle ? Et la suture lambdoïde ?

Les réponses se trouvent à l'appendice G.

Os de la face

Le squelette facial, ou massif facial, est constitué de 14 os (figures 7.4a et 7.5a), parmi lesquels seuls la mandibule et le vomer sont des os impairs. Les maxillaires, les os zygomatiques, nasaux, lacrymaux et palatins ainsi que les cornets nasaux inférieurs sont des os pairs. En général, le massif facial de l'homme est plus allongé que celui de la femme, qui paraît plus arrondi et moins anguleux.

Mandibule

La **mandibule**, ou mâchoire inférieure, en forme de U (figures 7.4a et 7.5, et **figure 7.11a**), est l'os le plus volumineux et le plus résistant du visage. Le *corps de la mandibule* forme le menton, et les *ramus mandibulaires* montent afin de s'articuler avec les faces latérales de la cavité crânienne. À l'arrière, chacun de ces

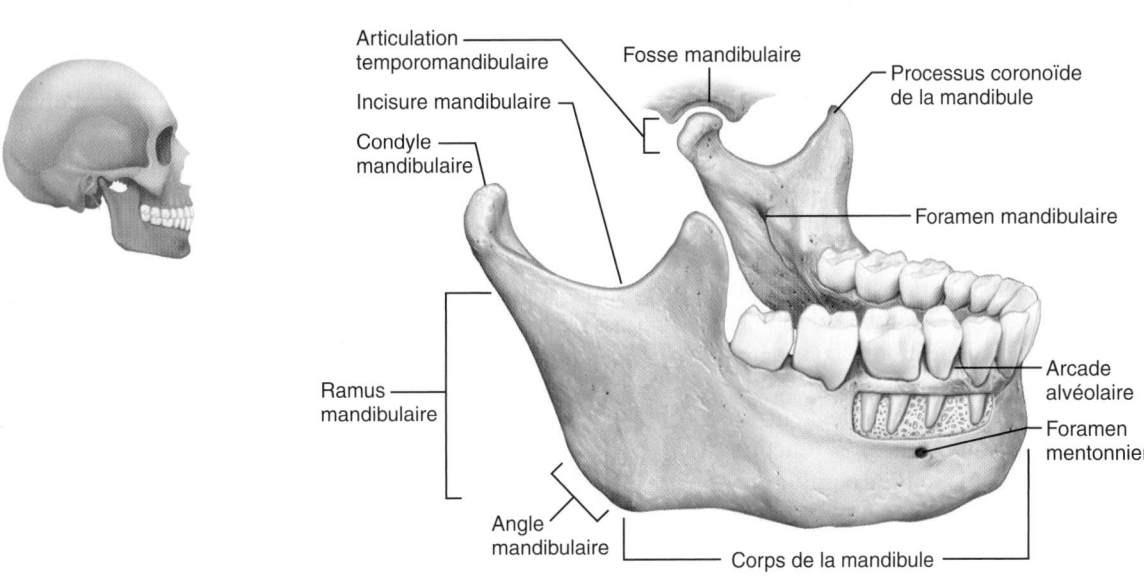

(a) **Mandibule, vue latérale droite**

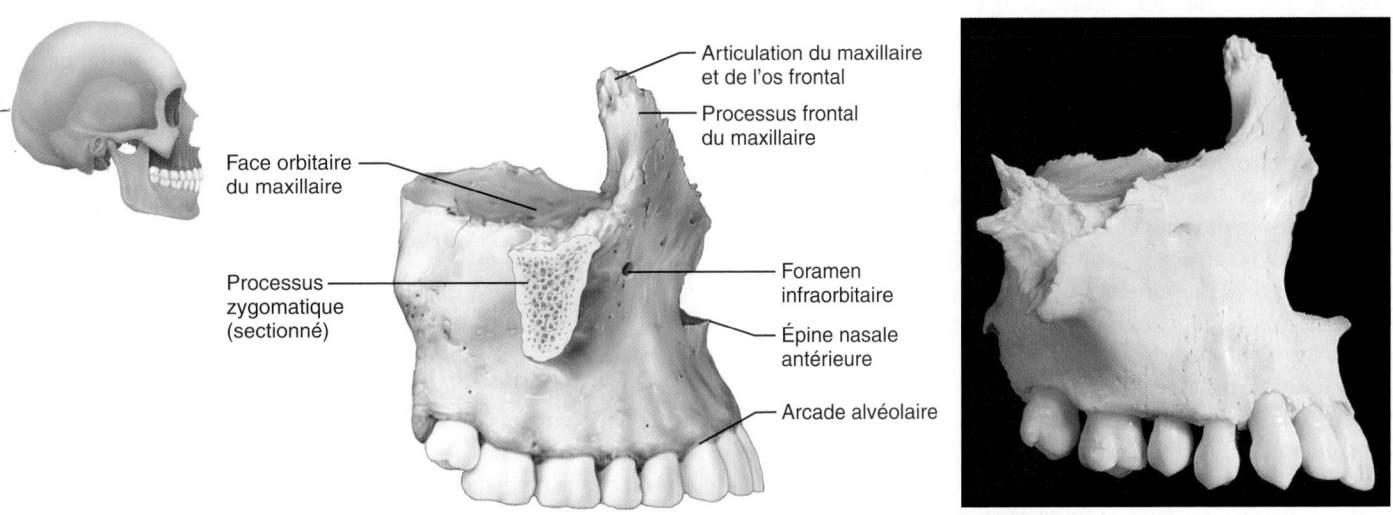

(b) **Maxillaire, vue latérale droite**

(c) **Maxillaire, photographie de la vue latérale droite**

Figure 7.11 Anatomie détaillée de la mandibule et du maxillaire.

ramus forme avec le corps l'**angle mandibulaire**. Au sommet de chaque ramus se trouvent un processus antérieur et un condyle postérieur séparés par l'**incisure mandibulaire**. Le **processus coronoïde de la mandibule** (« en forme de couronne ») est un point d'attache du muscle temporal, qui relève la mâchoire inférieure lors de la mastication. Le **condyle mandibulaire** s'articule avec la fosse mandibulaire du processus zygomatique de l'os temporal, constituant ainsi l'*articulation temporomandibulaire*.

Les dents inférieures s'insèrent sur le **corps de la mandibule**. Le bord supérieur de ce dernier, appelé **arcade alvéolaire**, est creusé de cavités (*alvéoles dentaires*) qui maintiennent les dents en place. Une légère dépression, la **symphyse mentonnière**, occupe le milieu du corps de la mandibule et marque l'endroit où les deux parties de la mandibule ont fusionné pendant l'enfance (figure 7.4a).

De gros **foramens mandibulaires**, un sur la face interne de chaque ramus, offrent un passage aux nerfs responsables de la sensibilité dentaire vers les dents de la mâchoire inférieure. C'est à cet endroit que les dentistes injectent de la lidocaïne pour anesthésier les dents inférieures. Les **foramens mentonniers**, sur la face externe de la partie antérieure du corps de la mandibule, permettent aux vaisseaux sanguins et aux nerfs de gagner le menton et la lèvre inférieure.

■ Maxillaires

Les **maxillaires** (figures 7.4 à 7.6, et 7.11b, c) sont soudés par le milieu et forment la mâchoire supérieure et la partie centrale du massif facial. Tous les os de la face, sauf la mandibule, s'articulent avec les maxillaires, que l'on peut donc considérer comme les os clés du massif facial.

Les **arcades alvéolaires** des maxillaires maintiennent les dents supérieures en place. Juste sous le nez, la jonction médiane des maxillaires forme une saillie, l'**épine nasale antérieure**. Les **processus palatins** des maxillaires prolongent la partie postérieure des arcades alvéolaires et fusionnent au milieu pour constituer les deux tiers antérieurs du palais osseux, ou palais dur, de la bouche ; ce dernier sépare la cavité orale des cavités nasales (figures 7.5b, c, et 7.6). Juste derrière les dents incisives centrales se trouve une dépression médiane appelée **fosse incisive**, contenant des foramens et des canaux empruntés par des vaisseaux sanguins et des nerfs.

Les **processus frontaux des maxillaires** s'élèvent en direction de l'os frontal et contribuent aux faces latérales de l'arête du nez (figures 7.4a et 7.11b). Les parties qui forment les parois latérales des cavités nasales contiennent les **sinus maxillaires**, les plus grands sinus paranasaux (figure 7.15). Ils s'étendent des orbites aux dents supérieures. Les maxillaires s'articulent latéralement avec les os zygomatiques par l'intermédiaire des **processus zygomatiques**.

La **fissure orbitaire inférieure** est située au fond de l'orbite (figure 7.4a), à la jonction du maxillaire et de la grande aile du sphénoïde. Elle laisse passer le nerf zygomatique, le nerf maxillaire (une branche du nerf trijumeau [nerf crânien V]) et des vaisseaux sanguins vers la face. Juste sous l'orbite, de chaque côté, le **foramen infraorbitaire** permet au nerf et à l'artère infraorbitaires d'atteindre la face (le nerf infraorbitaire est une branche terminale du nerf maxillaire).

■ Os zygomatiques

Les **os zygomatiques**, ou os malaires, de forme irrégulière, sont plus couramment appelés os des pommettes (figures 7.4a, 7.5a et 7.6). Ils s'articulent en arrière avec les processus zygomatiques des temporaux, en haut avec les processus zygomatiques de l'os frontal et en avant avec les processus zygomatiques des maxillaires, pour former les pommettes osseuses des joues et une partie des parois latéro-inférieures des orbites.

■ Os nasaux

Les **os nasaux** sont minces et grossièrement rectangulaires ; ils se joignent par le milieu pour former l'arête du nez (figures 7.4a et 7.5a). Ils s'articulent en haut avec l'os frontal, sur le côté avec les maxillaires et en arrière avec la lame perpendiculaire de l'ethmoïde. En bas, ils sont fixés aux cartilages qui constituent la majeure partie du squelette de la paroi externe du nez.

■ Os lacrymaux

Les **os lacrymaux**, délicatement sculptés en forme d'ongle, forment une partie des parois médiales de chaque orbite (figures 7.4a et 7.5a). Ils s'articulent en haut avec l'os frontal, en arrière avec l'ethmoïde et en avant avec les maxillaires. Chaque os lacrymal présente un sillon profond qui contribue à former la **fosse du sac lacrymal**. Cette fosse abrite le *sac lacrymal*, qui constitue une partie du conduit par lequel les larmes de la surface de l'œil s'écoulent dans la cavité nasale (*lacryma* : larme) (voir la figure 15.2).

■ Os palatins

Chacun des **os palatins**, dont la forme rappelle un L, est formé à partir de deux lames osseuses, la *lame horizontale* et la *lame perpendiculaire*, et présente trois processus articulaires importants, *pyramidal*, *sphénoïdal* et *orbitaire* (figures 7.6a et 7.14a). Les **lames horizontales du palatin** complètent la partie postérieure du palais osseux. La **lame perpendiculaire du palatin** est dirigée vers le haut et constitue une partie de la paroi latéropostérieure de la cavité nasale ainsi qu'une petite partie de l'orbite.

■ Vomer

Le **vomer** est un os mince, en forme de soc de charrue, situé à l'intérieur des cavités nasales et formant une partie du septum nasal (figures 7.4a et 7.14b). Nous le verrons plus loin lorsque nous étudierons les cavités nasales.

■ Cornets nasaux inférieurs

Les deux **cornets nasaux inférieurs**, symétriques, sont des os fins des cavités nasales en forme de volute. Ils constituent des projections médiales naissant sur les parois latérales des cavités nasales, juste au-dessous du cornet nasal moyen de l'ethmoïde (figures 7.4a et 7.14a). Les cornets nasaux inférieurs sont les plus volumineux des trois paires de cornets et ils forment, comme les autres, une partie des parois latérales des cavités nasales.

8. Les femmes ayant des pommettes saillantes sont souvent considérées comme de belles femmes. Quels os forment les pommettes ?

9. Jean entraîne énergiquement les seules articulations de sa tête qui sont mobiles. D'après vous, que fait-il ?

10. Quels os sont les os clés du massif facial ?

11. Un os de la face et deux os du crâne possèdent des processus zygomatiques. Quels sont ces os ?

Les réponses se trouvent à l'appendice G.

Os hyoïde

L'**os hyoïde** (figure 7.12) est situé juste sous la mandibule à l'avant du cou, mais il ne fait pas réellement partie du crâne. C'est le seul os du corps humain qui ne s'articule pas directement avec un autre os. Au lieu de cela, il est retenu par les étroits *ligaments stylohyoïdiens* aux processus styloïdes des os temporaux et il est fixé, par en dessous, au cartilage thyroïde du larynx. L'os hyoïde est en forme de fer à cheval : il se compose d'un *corps* et de deux paires de *cornes*. Il sert de base mobile à la langue. Son corps et ses grandes cornes servent de points d'attache aux muscles du cou qui relèvent et abaissent le larynx lorsque nous parlons et avalons.

Particularités anatomiques des orbites et des cavités nasales

4 Définir les limites osseuses des orbites, des cavités nasales et des sinus paranasaux.

5 Donner les fonctions des sinus paranasaux.

Un nombre considérable d'os contribuent à la formation des orbites et des cavités nasales, deux régions pourtant peu étendues de la tête. Une brève récapitulation s'avère nécessaire pour mieux comprendre l'agencement de tous ces os, même si nous les avons déjà décrits individuellement.

Orbites

Les **orbites** sont des cavités osseuses coniques tapissées de tissu adipeux dans lesquelles les globes oculaires sont solidement enchâssés. Les muscles responsables des mouvements oculaires ainsi que les glandes lacrymales occupent également les orbites. Sept os entrent dans la composition des parois orbitaires : l'os frontal, l'os sphénoïde, l'os zygomatique, le maxillaire, l'os palatin, l'os lacrymal et l'os ethmoïde (figure 7.13). L'orbite abrite aussi les fissures orbitaires supérieure et inférieure, de même que les canaux optiques, décrits plus haut.

Cavités nasales

Les **cavités nasales** sont constituées d'os et de cartilage hyalin (figure 7.14). Le *toit* des cavités nasales est formé par la lame criblée de l'ethmoïde, alors que la majeure partie des *parois latérales* est dessinée par les cornets nasaux supérieur et moyen de l'ethmoïde, le cornet nasal inférieur et les lames perpendiculaires des os palatins. Sur les parois latérales, à l'abri des cornets, apparaissent des dépressions appelées *méats* (*meatus* : passage, conduit), soit les méats nasaux supérieur, moyen et inférieur. Le *plancher* des cavités nasales est délimité par les processus palatins des maxillaires et les os palatins. Le *septum nasal* sépare les cavités nasales, droite et gauche, et présente une partie osseuse inférieure, le vomer, et une partie osseuse supérieure, la lame perpendiculaire de l'ethmoïde (figure 7.14b). Le septum nasal est prolongé vers l'avant par une lame cartilagineuse appelée *cartilage du septum nasal*.

Le septum nasal et les cornets sont tapissés d'une muqueuse qui humidifie et réchauffe l'air inspiré, et en retire les débris. Les volutes des cornets augmentent la turbulence de l'air à travers les cavités nasales. Ce tourbillon force l'air inhalé à entrer en contact avec la muqueuse humide et chaude, captant au passage les poussières, les bactéries et les particules en suspension (grains de pollen, aérosols, etc.) dans le mucus visqueux.

Sinus paranasaux (de la face)

Cinq os du crâne abritent des cavités appelées sinus, remplies d'air et tapissées d'une muqueuse ciliée. L'os frontal abrite les deux sinus frontaux, l'os sphénoïde possède un sinus sphénoïdal constitué de deux cavités, chaque os ethmoïde abrite des cellules ethmoïdales et chaque maxillaire, un sinus maxillaire. Ces cavités donnent à ces os un aspect « mité » sur les radiographies de la face. Les **sinus paranasaux** sont ainsi nommés parce qu'ils sont regroupés autour des cavités nasales (figure 7.15).

De petites ouvertures les relient à ces cavités et agissent comme « doubles voies de passage » : l'air provenant des cavités nasales pénètre dans les sinus, et le mucus sécrété par les muqueuses sinusales s'écoule dans les cavités nasales (par les méats nasaux). Notez que cette communication entre les cavités nasales et les sinus peut être responsable de l'infection des muqueuses sinusales, la sinusite (voir p. 936). Les muqueuses sinusales contribuent également au réchauffement et à l'humidification

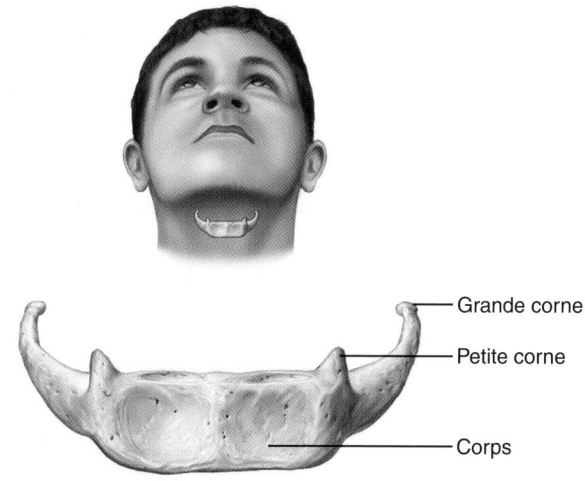

Grande corne

Petite corne

Corps

Figure 7.12 Os hyoïde, vue antérieure.

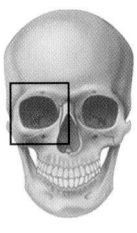

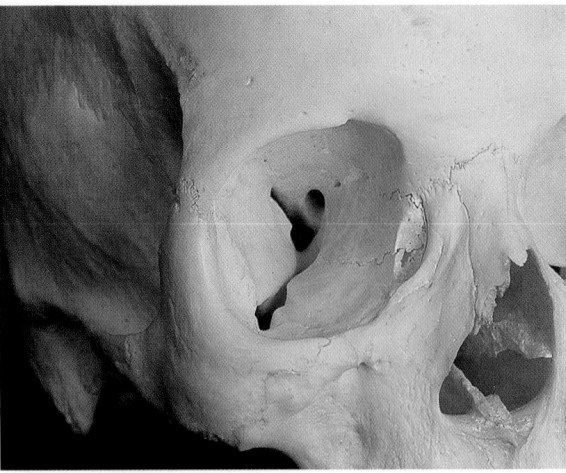

(a) Photographie de l'orbite droite

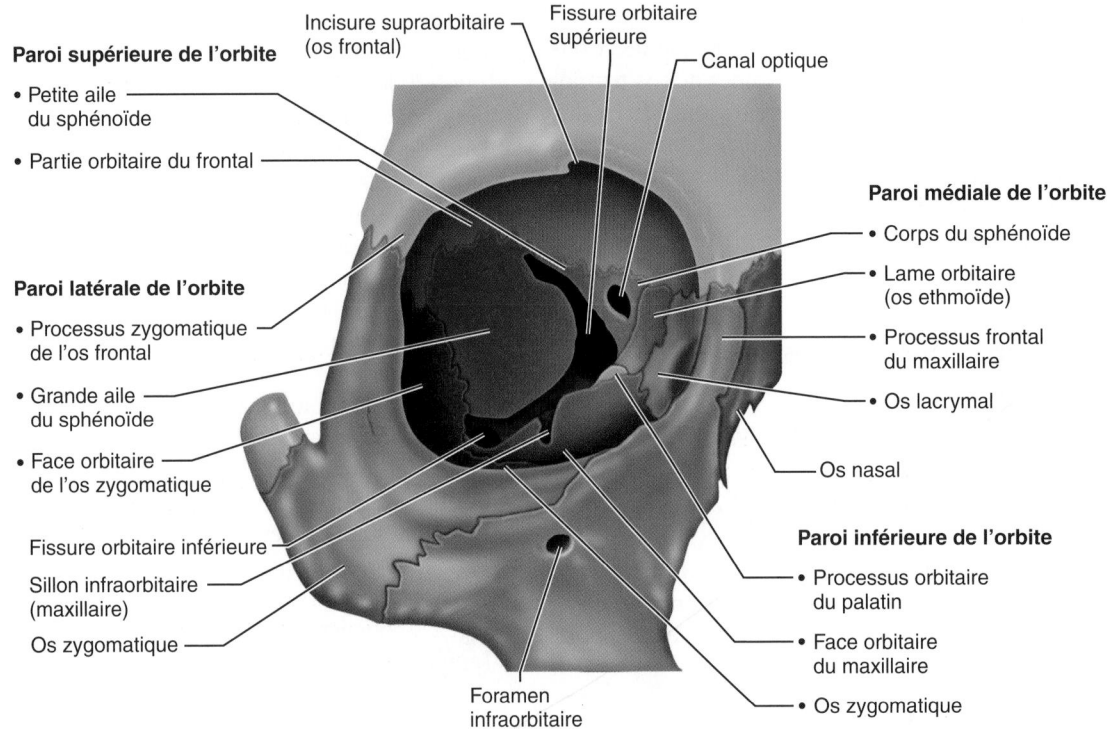

Paroi supérieure de l'orbite

- Petite aile du sphénoïde
- Partie orbitaire du frontal

Incisure supraorbitaire (os frontal)

Fissure orbitaire supérieure

Canal optique

Paroi latérale de l'orbite

- Processus zygomatique de l'os frontal
- Grande aile du sphénoïde
- Face orbitaire de l'os zygomatique

Fissure orbitaire inférieure

Sillon infraorbitaire (maxillaire)

Os zygomatique

Foramen infraorbitaire

Paroi médiale de l'orbite

- Corps du sphénoïde
- Lame orbitaire (os ethmoïde)
- Processus frontal du maxillaire
- Os lacrymal

Os nasal

Paroi inférieure de l'orbite

- Processus orbitaire du palatin
- Face orbitaire du maxillaire
- Os zygomatique

(b) Contribution des sept os qui forment l'orbite droite

Figure 7.13 **Os formant les orbites.**

de l'air inspiré. Les sinus paranasaux allègent le crâne et augmentent la résonance de la voix.

VÉRIFIONS NOS ACQUIS

12. Quels os abritent les sinus paranasaux?

13. Les lames perpendiculaires des os palatins et les cornets nasaux supérieur et moyen de l'os ethmoïde forment une grande partie des parois de la cavité nasale. Quel os en constitue le toit?

14. Quel os forme la plus grande partie du plancher d'une orbite? Quel organe sensoriel est logé dans l'orbite d'une personne vivante?

Les réponses se trouvent à l'appendice G.

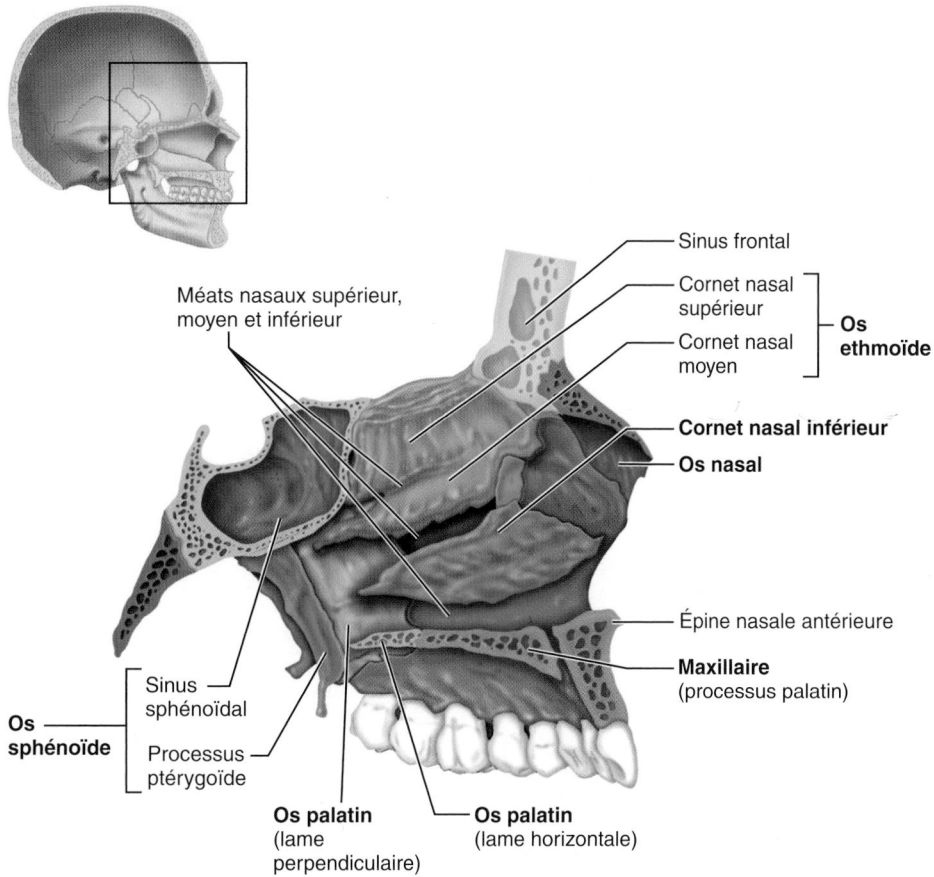

Méats nasaux supérieur, moyen et inférieur

Sinus frontal

Cornet nasal supérieur

Cornet nasal moyen

Os ethmoïde

Cornet nasal inférieur

Os nasal

Épine nasale antérieure

Maxillaire (processus palatin)

Sinus sphénoïdal

Os sphénoïde

Processus ptérygoïde

Os palatin (lame perpendiculaire)

Os palatin (lame horizontale)

(a) Os de la paroi latérale gauche de la cavité nasale (septum nasal retiré)

7

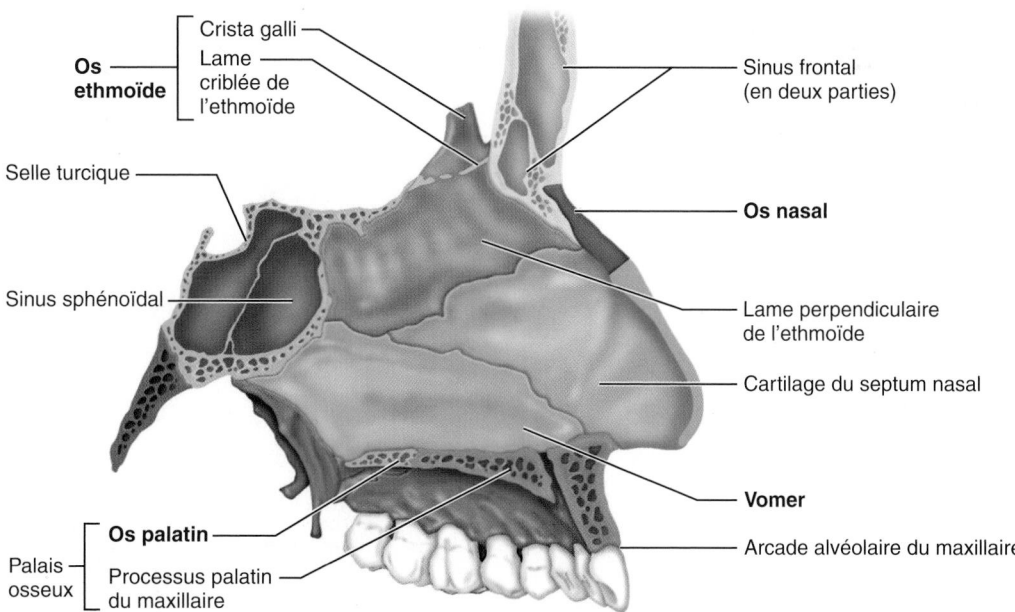

Os ethmoïde

Crista galli

Lame criblée de l'ethmoïde

Sinus frontal (en deux parties)

Selle turcique

Os nasal

Sinus sphénoïdal

Lame perpendiculaire de l'ethmoïde

Cartilage du septum nasal

Vomer

Arcade alvéolaire du maxillaire

Os palatin

Palais osseux

Processus palatin du maxillaire

(b) Cavité nasale avec le septum nasal montrant la contribution de l'ethmoïde, du vomer et du cartilage du septum nasal

Figure 7.14 **Os formant la cavité nasale.**

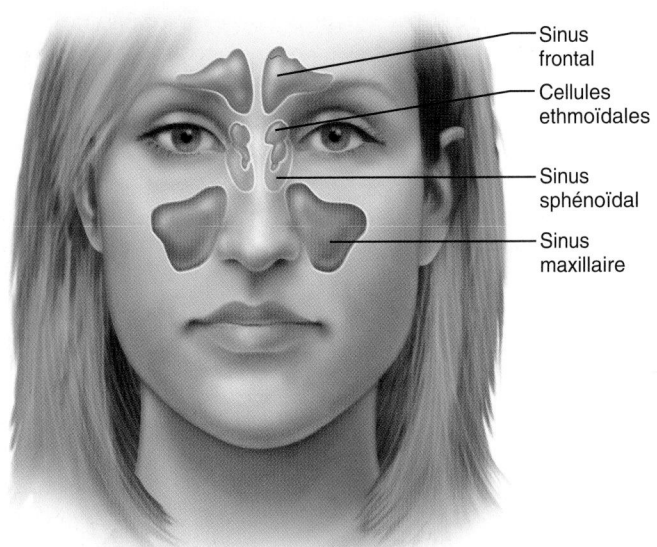

Sinus frontal
Cellules ethmoïdales
Sinus sphénoïdal
Sinus maxillaire

(a) Face antérieure

7

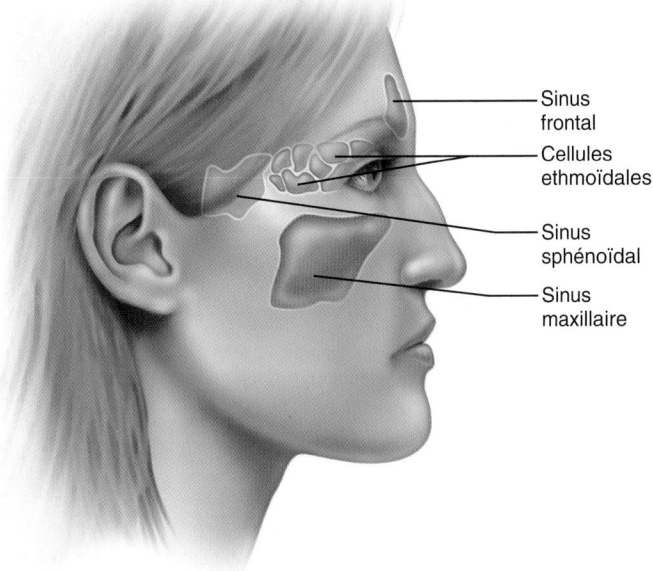

Sinus frontal
Cellules ethmoïdales
Sinus sphénoïdal
Sinus maxillaire

(b) Face médiale

Figure 7.15 **Sinus paranasaux.**

Colonne vertébrale

Caractéristiques générales

6 Décrire la structure et définir la fonction générale de la colonne vertébrale; nommer et situer ses différents segments.

7 Décrire les courbures normales de la colonne vertébrale; nommer et caractériser trois types de courbures anormales.

8 Nommer une fonction commune aux courbures vertébrales et aux disques intervertébraux; expliquer en quoi consiste une hernie discale et décrire ses conséquences.

On pense souvent à tort que la **colonne vertébrale** n'est qu'une tige de soutien rigide. Appelée également **épine dorsale**, c'est en fait un ensemble de 26 os formant une structure souple et ondulée **(figure 7.16)**. Elle offre un support axial au tronc et s'étend de la tête au bassin, où elle transmet le poids du tronc

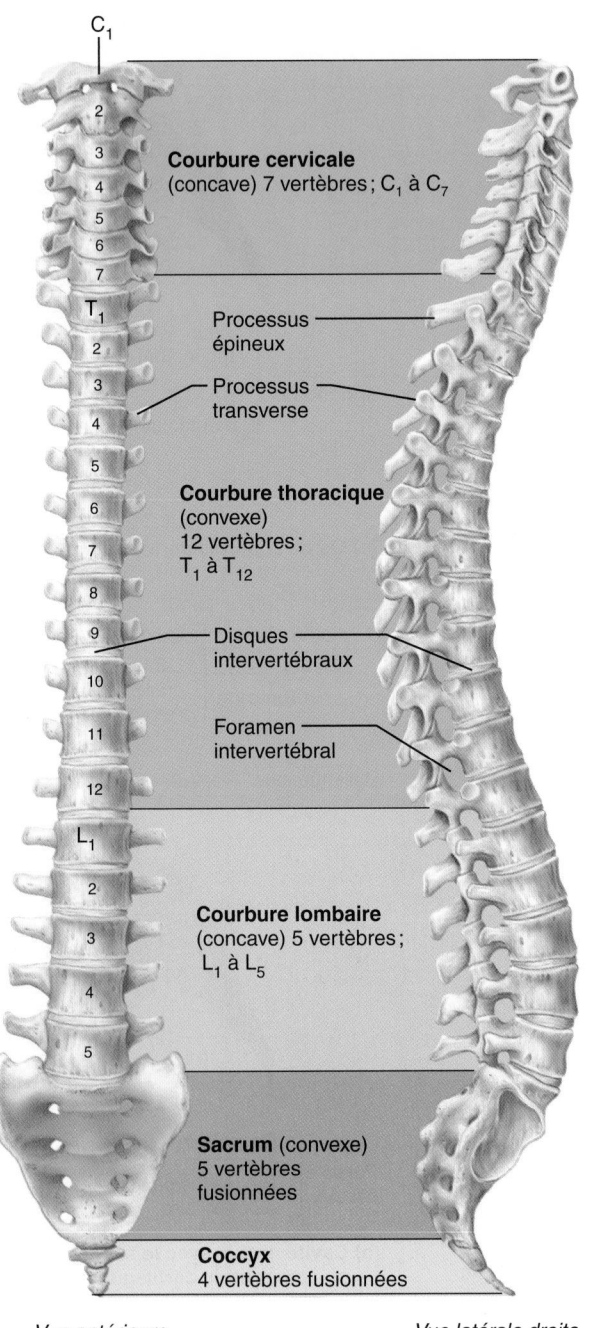

C_1

2
3
4
5
6
7

T_1
2
3
4
5
6
7
8
9
10
11
12

L_1
2
3
4
5

Courbure cervicale
(concave) 7 vertèbres; C_1 à C_7

Processus épineux

Processus transverse

Courbure thoracique
(convexe)
12 vertèbres;
T_1 à T_{12}

Disques intervertébraux

Foramen intervertébral

Courbure lombaire
(concave) 5 vertèbres;
L_1 à L_5

Sacrum (convexe)
5 vertèbres fusionnées

Coccyx
4 vertèbres fusionnées

Vue antérieure   *Vue latérale droite*

Figure 7.16 **Colonne vertébrale.** Remarquez les courbures dans la vue latérale. (Les termes « convexe » et « concave » font référence à la face postérieure de la colonne vertébrale.)

aux membres inférieurs. Elle renferme et protège la moelle épinière. Elle fournit en outre des points d'attache aux côtes et aux muscles du dos et du cou.

La colonne vertébrale du fœtus et du bébé comprend 33 os distincts, ou **vertèbres**. Les neuf du bas vont fusionner pour donner deux os, le sacrum et le coccyx. Les 24 autres demeurent des vertèbres distinctes, séparées par des disques intervertébraux. Tous les êtres humains possèdent le même nombre de vertèbres cervicales, mais le nombre des autres vertèbres varie chez 5 % de la population.

Segments et courbures de la colonne vertébrale

La colonne vertébrale (rachis) mesure environ 70 cm chez l'adulte moyen et comporte 5 segments principaux (figure 7.16). Les 7 vertèbres du cou sont les **vertèbres cervicales**, les 12 suivantes les **vertèbres thoraciques** et les 5 dernières les **vertèbres lombaires**, ou **lombales**. (Le moyen mnémotechnique pour retenir le nombre d'os de ces 3 segments de la colonne consiste à penser aux heures des repas : 7 h, 12 h et 5 h.) La taille des vertèbres va en augmentant du segment cervical au segment lombaire, pour supporter la charge qui va aussi en s'accroissant.

Le **sacrum** fait suite aux vertèbres lombaires et s'articule avec les os coxaux du bassin. La colonne vertébrale se termine par le minuscule **coccyx**.

En vue latérale, la colonne vertébrale présente quatre courbures qui lui donnent sa forme de S. Les **courbures cervicale** et **lombaire** sont concaves vers l'arrière, alors que les **courbures thoracique** et **sacrococcygienne** sont convexes vers l'arrière. Ces courbures augmentent l'élasticité et la souplesse de la colonne vertébrale, comparable à un ressort bien plus qu'à une tige rigide ! Elles présentent toutefois beaucoup de variabilité d'un individu à l'autre : les différentes courbures peuvent être plus ou moins accentuées et chez certaines personnes, la courbure thoracique est pratiquement inexistante.

DÉSÉQUILIBRE HOMÉOSTATIQUE

Il existe plusieurs types de courbures anormales de la colonne vertébrale. Certaines sont congénitales (présentes à la naissance), d'autres surviennent à la suite d'une maladie, d'une mauvaise posture ou d'une traction inégale des muscles sur la colonne vertébrale. La *scoliose* (*skolios*: tortueux) est une courbure *latérale* anormale le plus souvent localisée dans le segment thoracique. Elle est assez fréquente chez les préadolescents (en particulier chez les filles, pour une raison encore inconnue). Une configuration vertébrale anormale, des membres inférieurs de longueur inégale ou une paralysie musculaire sont responsables des cas les plus sérieux. Si les muscles d'un côté du corps sont non fonctionnels, ceux du côté opposé exercent une traction sur la colonne vertébrale, sans contrepartie, et finissent par entraîner une déviation. On traite la scoliose (par des moyens orthopédiques ou chirurgicaux) avant la fin de la croissance, afin d'éviter un handicap permanent et des difficultés respiratoires (causées par une compression continuelle des poumons).

La *cyphose* (dos bossu) est une courbure *thoracique* dont la convexité est exagérée. On la rencontre chez les personnes âgées atteintes d'ostéoporose, mais elle peut également être un symptôme de tuberculose osseuse, de rachitisme ou d'ostéomalacie.

La *lordose* est une courbure *lombaire* excessive, parfois due à une tuberculose osseuse ou à l'ostéomalacie. La lordose temporaire est fréquente chez les personnes qui portent une lourde charge en avant du corps, comme les hommes bedonnants et les femmes enceintes, parce qu'elles rejettent automatiquement leurs épaules vers l'arrière afin de déplacer leur centre de gravité. ■

Ligaments

La colonne vertébrale peut être comparée à un mât de télévision vacillant ou à une antenne de téléphonie cellulaire : elle ne peut pas se tenir dressée toute seule ; elle doit être maintenue par un système de haubans complexe, assuré dans son cas par des ligaments semblables à des courroies et par les muscles du tronc.

Les principaux ligaments de soutien sont le **ligament longitudinal antérieur** et le **ligament longitudinal postérieur** (figure 7.17), qui suivent la colonne vertébrale du cou au sacrum, sur deux bandes continues, l'une antérieure et l'autre postérieure. Le ligament longitudinal antérieur, plus large, est fixé à la fois aux vertèbres et aux disques intervertébraux. Outre son rôle de maintien, il empêche l'hyperextension de la colonne vertébrale (extension excessive vers l'arrière). Le ligament longitudinal postérieur, qui s'oppose à l'hyperflexion de la colonne (flexion avant excessive), est plus étroit et moins résistant. Il est fixé uniquement aux disques. Les courts *ligaments jaunes*, qui unissent les lames des vertèbres adjacentes entre elles et qui contiennent du tissu conjonctif élastique, sont particulièrement résistants. Ils s'étirent quand on se penche en avant et se rétractent quand on se redresse. Les courts *ligaments interépineux* et *intertransversaires* relient aussi chaque vertèbre, respectivement par son processus épineux et par ses processus transverses, à celles situées immédiatement au-dessous et au-dessus.

Disques intervertébraux

Chaque **disque intervertébral** ressemble à un coussinet constitué de deux parties. Le **nucléus pulposus**, gélatineux et constitué de près de 90 % d'eau, occupe la zone centrale ; il agit comme une balle de caoutchouc pour procurer au disque élasticité et compressibilité. Ce noyau est entouré d'un **anneau fibreux** composé de couches de fibres collagènes périphériques autour d'un cartilage fibreux résistant (figure 7.17a, c) ; l'orientation des fibres collagènes alterne d'une couche à l'autre, de sorte que lors des mouvements de torsion une couche est étirée pendant que l'autre se relâche. L'anneau fibreux limite l'expansion du nucléus pulposus quand la colonne est comprimée. Il solidarise aussi les vertèbres successives et résiste à la tension dans la colonne vertébrale.

Coincés entre le corps de vertèbres adjacentes, les disques intervertébraux font office d'amortisseurs lors de la marche, du saut et de la course ; ils permettent à la colonne vertébrale de fléchir, de s'étendre et de s'incliner sur le côté. Aux points de compression, ils s'aplatissent et se renflent un peu de part et d'autre des espaces intervertébraux. Les segments lombaire

7

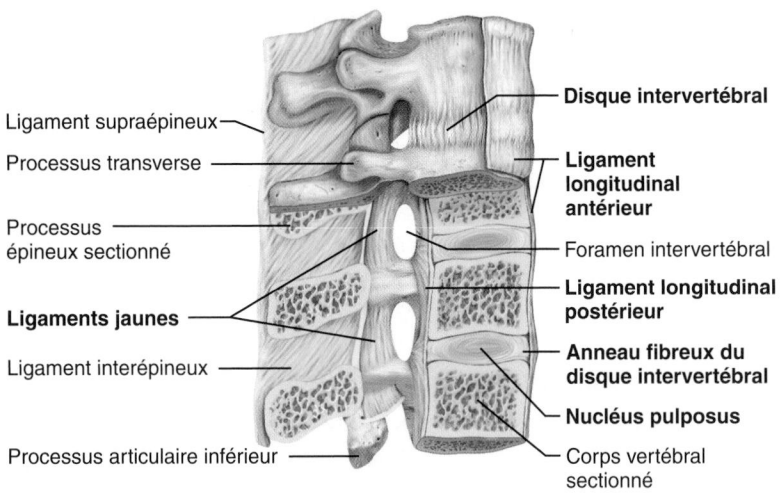

Ligament supraépineux

Processus transverse

Processus épineux sectionné

Ligaments jaunes

Ligament interépineux

Processus articulaire inférieur

Disque intervertébral

Ligament longitudinal antérieur

Foramen intervertébral

Ligament longitudinal postérieur

Anneau fibreux du disque intervertébral

Nucléus pulposus

Corps vertébral sectionné

(a) Coupe longitudinale de trois vertèbres montrant la structure des disques et les ligaments

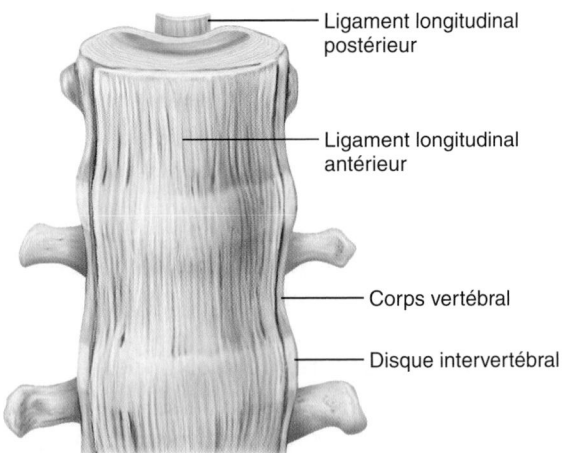

Ligament longitudinal postérieur

Ligament longitudinal antérieur

Corps vertébral

Disque intervertébral

(b) Vue antérieure d'une partie de la colonne vertébrale montrant le ligament longitudinal antérieur

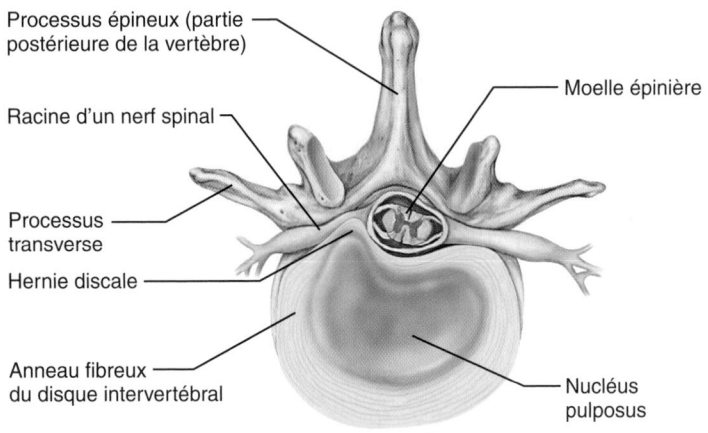

Processus épineux (partie postérieure de la vertèbre)

Racine d'un nerf spinal

Processus transverse

Hernie discale

Anneau fibreux du disque intervertébral

Moelle épinière

Nucléus pulposus

(c) Vue supérieure d'un disque hernié

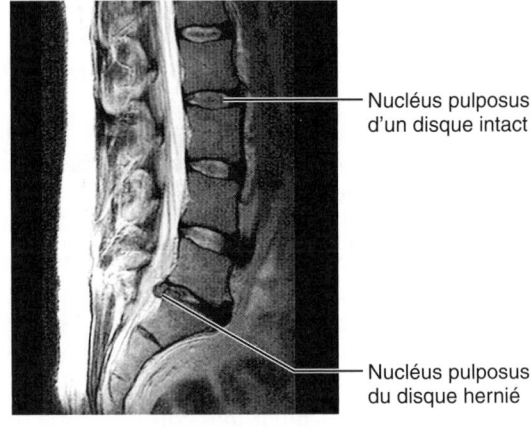

Nucléus pulposus d'un disque intact

Nucléus pulposus du disque hernié

(d) Image obtenue par résonance magnétique d'une coupe sagittale de la colonne vertébrale montrant un disque hernié

Figure 7.17 **Ligaments et disques de cartilage fibreux reliant les vertèbres.**

et cervical possèdent les disques dont l'épaisseur absolue ou relative (rapport épaisseur du disque/hauteur du corps vertébral) est la plus élevée, ce qui améliore la flexibilité de ces segments. Les muscles associés aux vertèbres contribuent également à protéger la colonne vertébrale contre les forces de compression qui s'exercent sur elle.

L'ensemble des disques occupe près de 25 % de la longueur de la colonne vertébrale. Ils s'aplatissent quelque peu au cours de la journée, de sorte que nous mesurons toujours quelques millimètres (jusqu'à une vingtaine) de moins le soir que le matin, à la suite des mouvements de l'eau hors du nucléus pulposus. Ces mouvements s'inversent durant la nuit.

DÉSÉQUILIBRE HOMÉOSTATIQUE

Soumettre la colonne vertébrale à des efforts violents ou intenses (se pencher en avant pour soulever un objet lourd, par exemple)

peut causer la hernie d'un ou de plusieurs disques, surtout dans le segment lombaire inférieur. Une **hernie discale** consiste généralement en la rupture de l'anneau fibreux ; le nucléus pulposus s'infiltre alors dans la brèche et fait saillie dans les tissus environnants (figure 7.17c, d). Si la partie herniée appuie sur la moelle épinière (ce qui est souvent le cas, car c'est du côté postérieur que l'anneau fibreux est le plus mince) ou sur les nerfs spinaux issus de celle-ci (l'une des faces latérales), elle peut provoquer de l'engourdissement et une douleur insupportable.

D'ordinaire, on soigne les hernies discales par une activité modérée, des massages, des traitements à la chaleur et une médication antalgique. S'il n'y a pas d'amélioration, il peut être nécessaire de procéder à l'ablation chirurgicale du disque hernié et à une greffe osseuse pour souder les vertèbres contiguës. Pour éviter l'anesthésie générale, on propose un traitement au laser ; cette intervention de 30 à 40 minutes pratiquée en externe consiste à vaporiser partiellement le disque avec un rayon laser. Si nécessaire, les déchirures des anneaux fibreux sont réparées en même temps à l'aide d'une technique électrothermique. Par la suite, seul un pansement adhésif indique le site d'intervention. ■

Structure générale des vertèbres

9 Décrire la structure d'une vertèbre typique et énumérer les caractéristiques des vertèbres cervicales, thoraciques et lombaires, et celles du sacrum ; décrire la structure et la fonction de l'atlas et de l'axis.

Toutes les vertèbres possèdent une structure de base commune **(figure 7.18)** : elles se composent en avant d'un **corps vertébral**

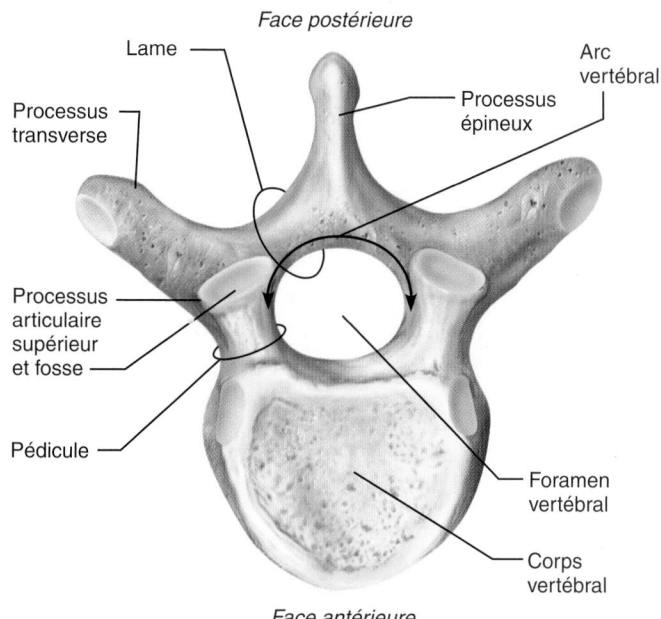

Face postérieure

Lame

Processus transverse

Arc vertébral

Processus épineux

Processus articulaire supérieur et fosse

Pédicule

Foramen vertébral

Corps vertébral

Face antérieure

Figure 7.18 Structure d'une vertèbre typique. Vue supérieure. Seules les caractéristiques des os sont illustrées dans cette figure et les suivantes. Le cartilage articulaire n'est pas représenté.

discoïde, qui constitue la région portante, et en arrière d'un **arc vertébral**. Le corps vertébral et l'arc vertébral délimitent une ouverture appelée **foramen vertébral**. La succession des trous vertébraux des vertèbres articulées forme le **canal vertébral**, qui renferme et protège la moelle épinière.

L'arc vertébral est composé de deux pédicules et de deux lames. Les **pédicules** (« petits pieds ») sont de petits piliers osseux prolongeant le corps vertébral vers l'arrière et formant les côtés de l'arc vertébral. Les **lames** sont des portions aplaties qui fusionnent dans le plan médian pour dessiner l'arrière de l'arc. Les pédicules présentent une incisure sur leurs bords supérieur et inférieur et circonscrivent ainsi une ouverture latérale appelée **foramen intervertébral** entre deux pédicules adjacents (figure 7.16). C'est par là que passent les nerfs spinaux reliant la périphérie de l'organisme à la moelle épinière.

L'arc vertébral émet sept processus. Le **processus épineux** est une lamelle osseuse médiane qui se dirige vers l'arrière ; il prolonge en arrière l'union des lames. Les deux **processus transverses** se situent de part et d'autre de l'arc vertébral. Les processus épineux et transverses servent de points d'attache aux ligaments qui maintiennent la colonne vertébrale ainsi qu'aux muscles squelettiques qui en assurent le mouvement. Les deux **processus articulaires supérieurs** se projettent vers le haut, à la jonction des pédicules et des lames, et les deux **processus articulaires inférieurs** vers le bas, au même niveau. Les surfaces de contact lisses des processus articulaires, appelées *fosses* (ou *facettes*), sont recouvertes de cartilage hyalin. Les processus articulaires inférieurs de chaque vertèbre entrent en contact avec les processus articulaires supérieurs de la vertèbre située au-dessous d'elle. Puisque les vertèbres successives s'articulent par leurs corps et par leurs processus articulaires, on peut considérer la colonne vertébrale comme une triple colonne, l'une étant constituée par les corps des vertèbres et les deux autres par les processus articulaires.

Caractéristiques des différentes vertèbres

Outre leurs caractéristiques anatomiques communes, les vertèbres des différents segments de la colonne vertébrale présentent des particularités liées à leurs fonctions et à leur mobilité. En règle générale, les mouvements possibles des vertèbres sont : (1) la flexion et l'extension (flexion avant et redressement de la colonne vertébrale) ; (2) la flexion latérale (flexion du *haut du corps* à gauche ou à droite) ; et (3) la rotation (les vertèbres tournent l'une sur l'autre dans l'axe longitudinal de la colonne). Le **tableau 7.2** présente une récapitulation et des illustrations de ces caractéristiques.

Vertèbres cervicales

Les sept **vertèbres cervicales**, numérotées de C_1 à C_7, sont les plus petites et les plus légères (figure 7.16). Les deux premières (C_1 et C_2) sont atypiques et nous y reviendrons plus loin. Les vertèbres cervicales typiques (C_3 à C_7) possèdent les particularités suivantes (figure 7.20 et tableau 7.2) :

1. Un corps vertébral ovale dont la largeur excède la longueur dans le sens antéropostérieur.

7

TABLEAU 7.2	Caractéristiques des vertèbres cervicales, thoraciques et lombaires		
CARACTÉRISTIQUES	CERVICALES (3 À 7)	THORACIQUES	LOMBAIRES
Corps vertébral	Petit, large	Plus grand que celui de la vertèbre cervicale; en forme de cœur; présente deux fosses costales	Massif, en forme de haricot
Processus épineux	Court, bifide, dirigé vers l'arrière (sauf pour C_7)	Long, étroit, dirigé vers le bas	Court, émoussé, dirigé vers l'arrière
Foramen vertébral	Triangulaire	Circulaire	Triangulaire
Processus transverses	Percés des foramens transversaires	Présentent des fosses costales (sauf T_{11} et T_{12})	Minces et effilés
Processus articulaires supérieurs et inférieurs	Surfaces articulaires supérieures dirigées vers le haut, en arrière	Surfaces articulaires supérieures dirigées vers l'arrière	Surfaces articulaires supérieures dirigées vers l'arrière et le centre
	Surfaces articulaires inférieures dirigées vers le bas, en avant	Surfaces articulaires inférieures dirigées vers l'avant	Surfaces articulaires inférieures dirigées vers l'avant et sur le côté
Mouvements	Flexion et extension; flexion latérale, rotation; segment permettant la plus vaste gamme de mouvements	Rotation; légère flexion latérale possible quoique limitée par les côtes; flexion et extension impossibles	Flexion et extension; flexion latérale; rotation impossible

7

Vue supérieure

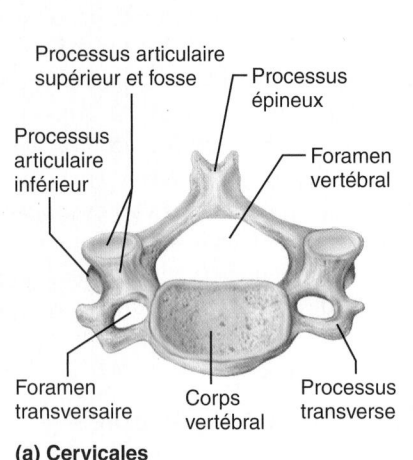

(a) Cervicales

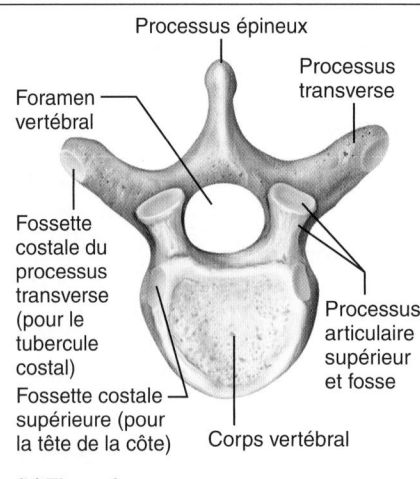

(b) Thoraciques

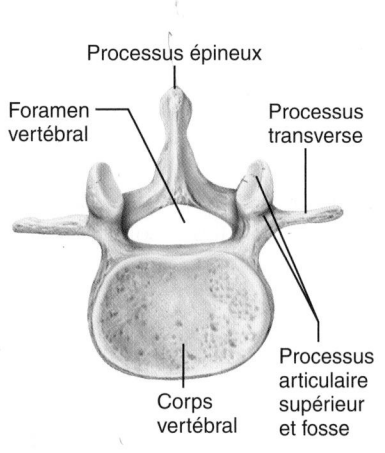

(c) Lombaires

Vue latérale droite

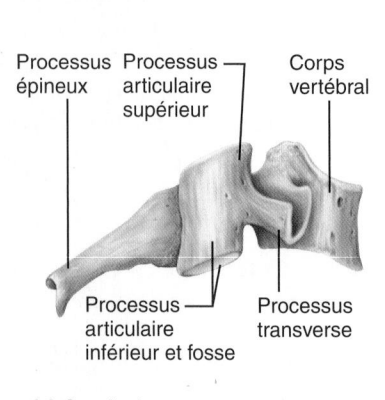

(a) Cervicales

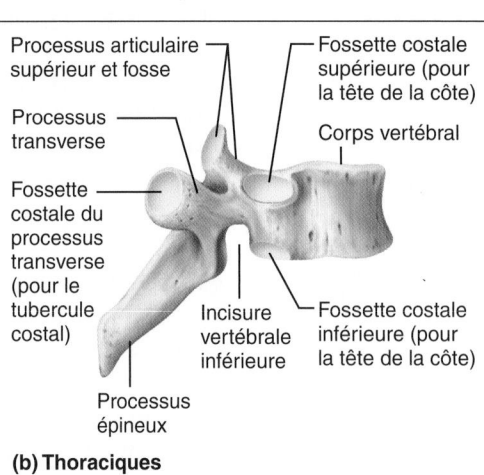

(b) Thoraciques

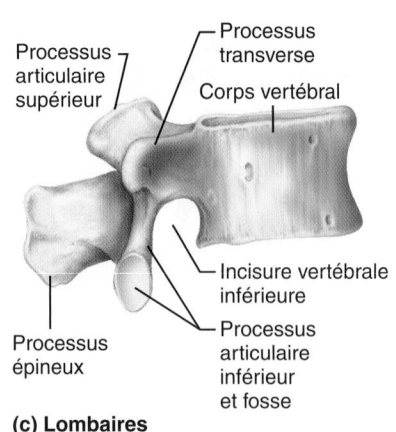

(c) Lombaires

2. Sauf pour C_7, un processus épineux court, *bifide* (fendu en deux à son extrémité) et dirigé directement vers l'arrière.
3. Un foramen vertébral large et généralement de forme triangulaire.
4. Des processus transverses percés d'un **foramen transversaire** par lequel les grosses artères vertébrales montent en direction de l'encéphale.

Le processus épineux de C_7, non bifide, est beaucoup plus long que celui des autres vertèbres cervicales (figure 7.20a). Comme il est visible sous la peau, il constitue un repère pratique pour compter les vertèbres. C'est la raison pour laquelle on désigne C_7 par le nom de **vertèbre proéminente**.

Les deux premières vertèbres cervicales, l'atlas et l'axis, montrent un aspect bien différent, qui traduit leurs fonctions spécifiques. En premier lieu, aucun disque intervertébral ne les sépare. L'**atlas** (C_1) ne possède ni corps vertébral ni processus épineux **(figure 7.19a, b)**. Il s'agit d'un anneau osseux formé de deux *masses latérales* réunies par les *arcs antérieur* et *postérieur de l'atlas*. Chacune de ces masses présente des surfaces articulaires sur ses faces supérieure et inférieure. Les fossettes articulaires supérieures reçoivent les condyles occipitaux de la tête; elles supportent celle-ci tout comme Atlas supportait les cieux dans la mythologie grecque. Ces articulations nous permettent d'incliner la tête en signe d'assentiment. Les fossettes articulaires inférieures s'articulent avec l'axis (C_2).

L'**axis** (C_2), qui possède un corps vertébral et les autres processus typiques d'une vertèbre (figure 7.18), n'est pas aussi spécialisé que l'atlas. Sa seule particularité est sa **dent**, processus en forme de dent qui s'élève au-dessus du corps de l'axis. Pour certains spécialistes, elle serait le corps «absent» de l'atlas, soudé à l'axis pendant le développement embryonnaire. Elle s'appuie contre l'arc antérieur de l'atlas par le truchement des ligaments transverses **(figure 7.20a)**, et l'atlas peut pivoter autour d'elle; on peut ainsi tourner la tête d'un côté à l'autre en signe de dénégation.

Vertèbres thoraciques

Les 12 **vertèbres thoraciques** (T_1 à T_{12}) s'articulent toutes avec les côtes (tableau 7.2 et figures 7.16 et 7.20b). La première ressemble beaucoup à C_7 par la longueur de son processus épineux et son orientation; les quatre dernières montrent une similitude croissante de structure avec les vertèbres lombaires. La taille des vertèbres thoraciques augmente progressivement avec leur rang. Les caractéristiques de ces vertèbres sont énumérées ci-après:

1. Le corps vertébral est plus ou moins en forme de cœur. Il présente de chaque côté deux surfaces articulaires, les *fosses costales supérieure* et *inférieure*, situées respectivement sur le bord supérieur et le bord inférieur du corps. Chaque fosse est en réalité une demi-facette qui, avec la

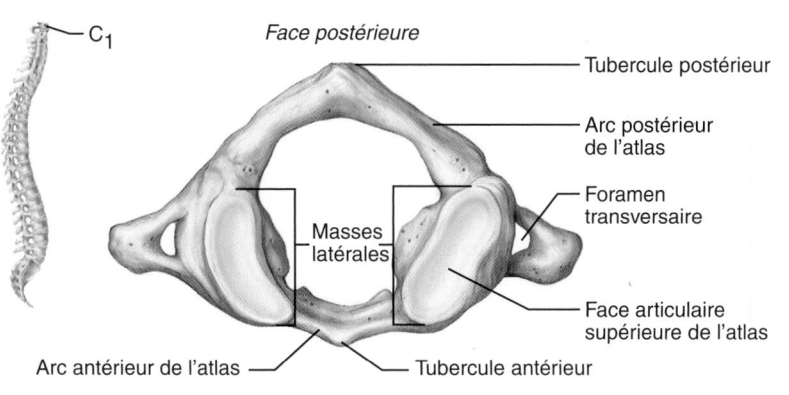

(a) Vue supérieure de l'atlas (C_1)

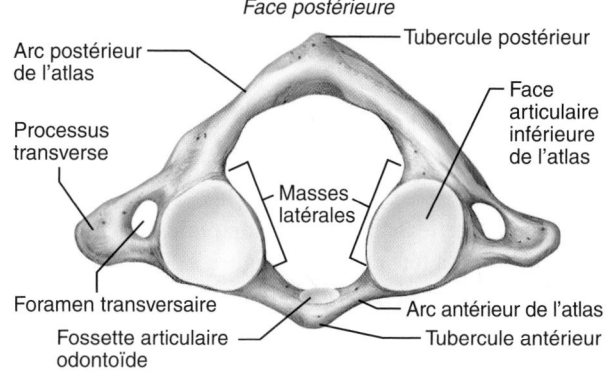

(b) Vue inférieure de l'atlas (C_1)

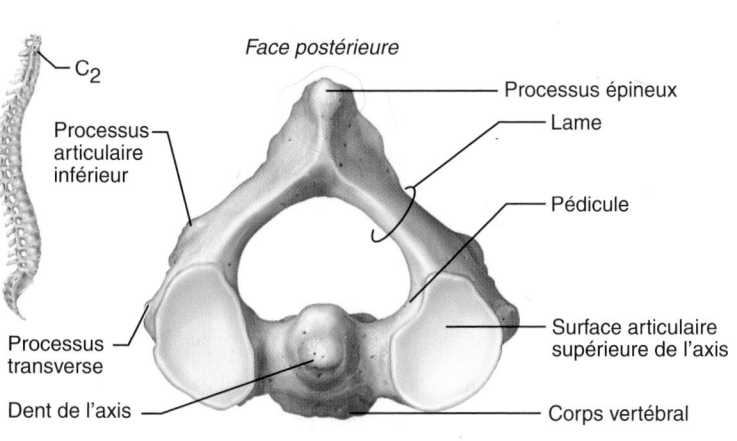

(c) Vue supérieure de l'axis (C_2)

Figure 7.19 Première et deuxième vertèbres cervicales.

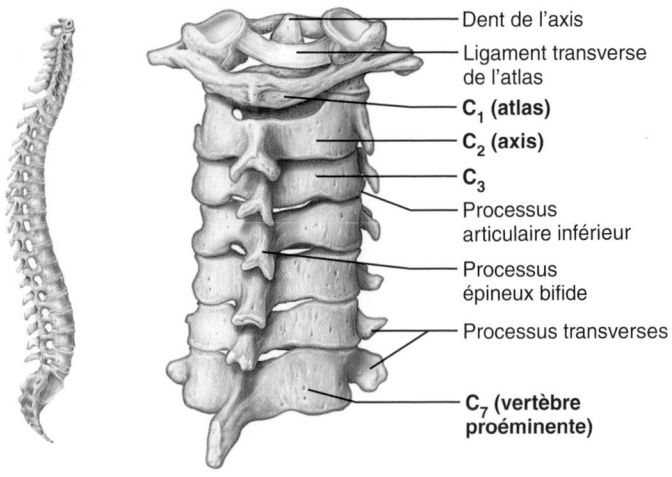

(a) Vertèbres cervicales

Dent de l'axis
Ligament transverse de l'atlas
C₁ (atlas)
C₂ (axis)
C₃
Processus articulaire inférieur
Processus épineux bifide
Processus transverses
C₇ (vertèbre proéminente)

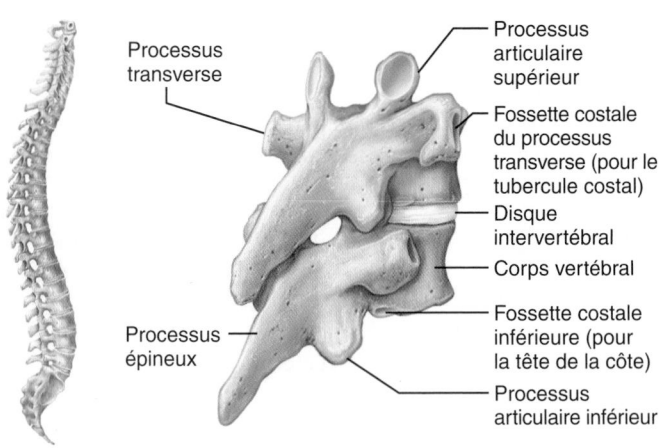

(b) Vertèbres thoraciques

Processus transverse
Processus articulaire supérieur
Fossette costale du processus transverse (pour le tubercule costal)
Disque intervertébral
Corps vertébral
Fossette costale inférieure (pour la tête de la côte)
Processus épineux
Processus articulaire inférieur

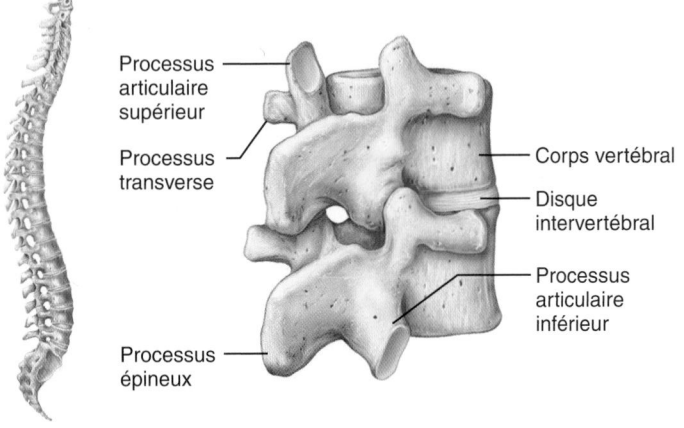

(c) Vertèbres lombaires

Processus articulaire supérieur
Processus transverse
Corps vertébral
Disque intervertébral
Processus articulaire inférieur
Processus épineux

Figure 7.20 **Vues postérolatérales des vertèbres articulées.** Remarquez le processus épineux à sommet arrondi (non bifide) de C₇, la vertèbre proéminente.

demi-facette de la vertèbre adjacente, constitue une cavité recevant la tête de la côte (figure 7.20). (Le corps des vertèbres T₁₀ à T₁₂ est différent, car il ne possède qu'une seule fosse pour chaque côte auquel il correspond.)

2. Le foramen vertébral est circulaire.
3. Le processus épineux est long, dirigé obliquement vers le bas et terminé par un tubercule.
4. À l'exception de T₁₁ et de T₁₂, les processus transverses possèdent des fosses costales transversaires qui s'articulent avec les *tubercules* des côtes.
5. Les surfaces articulaires supérieures et inférieures sont situées principalement dans le plan frontal, ce qui empêche la flexion et l'extension mais permet la rotation de cette partie de la colonne vertébrale.

Vertèbres lombaires

Le segment lombaire de la colonne vertébrale, au bas du dos, est soumis à une forte compression. Les cinq **vertèbres lombaires** (L₁ à L₅) ont pour fonction de supporter une lourde charge, comme en témoigne leur structure plus robuste. Leur corps massif est en forme de haricot (tableau 7.2 et figures 7.16 et 7.20). Leurs autres caractéristiques sont les suivantes:

1. Elles possèdent des lames et des pédicules plus courts et plus épais que les autres vertèbres.
2. Le processus épineux est court, aplati et en forme de «hachette»; il se dessine nettement sous la peau quand on se penche en avant. Massif, il est dirigé directement vers l'arrière pour fixer les grands muscles dorsaux.
3. Le foramen vertébral est triangulaire.
4. Les facettes de leurs processus articulaires sont orientées d'une façon qui les distingue nettement des autres types de vertèbres (tableau 7.2). Ces modifications permettent un verrouillage de l'ensemble des vertèbres lombaires, qui stabilise la colonne dans ce segment en empêchant toute rotation, tout en permettant la flexion, l'extension et la flexion latérale.
5. Les processus transverses ressemblent à des ébauches de côtes.

Sacrum

Le **sacrum** est un os de forme triangulaire (figure 7.16 et **figure 7.21**); il constitue la paroi postérieure du bassin et compte cinq vertèbres (S₁ à S₅), soudées chez l'adulte. Il s'articule en haut avec L₅ (par l'intermédiaire de ses **processus articulaires**

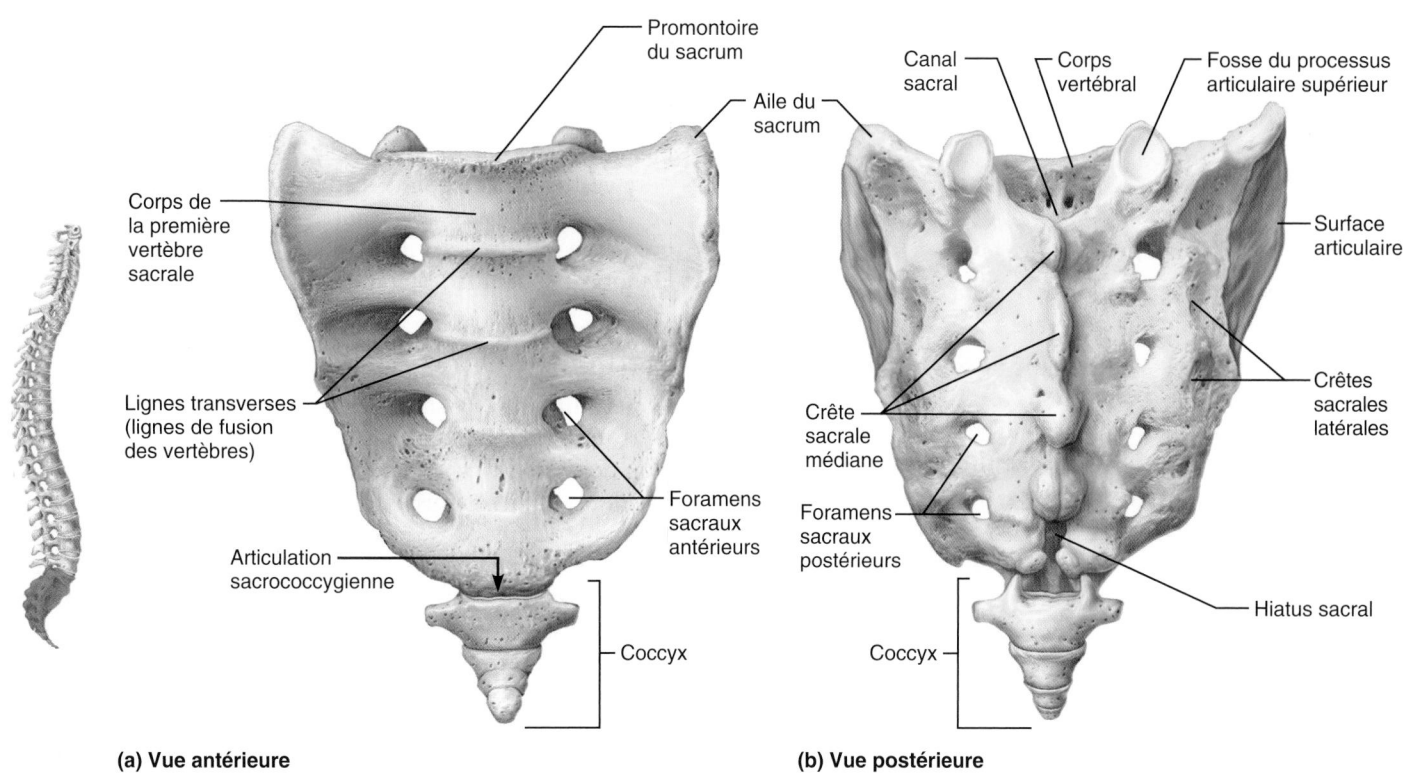

Figure 7.21 **Sacrum et coccyx.**

supérieurs) et en bas avec le coccyx. Sur les côtés, le sacrum s'articule par ses **surfaces auriculaires** avec les deux os des hanches pour former les **articulations sacro-iliaques** du bassin.

Le bord antérosupérieur de la première vertèbre sacrale, qui fait saillie en avant dans la cavité pelvienne, porte le nom de **promontoire du sacrum**. Le centre de gravité du corps se trouve à 1 cm environ derrière cet important repère anatomique. Quatre arêtes, les **lignes transverses**, traversent sa face antérieure concave ; elles représentent le site de fusion des vertèbres qui composent le sacrum. Ces lignes transverses se terminent latéralement par les **foramens sacraux** (correspondant aux foramens vertébraux) qu'empruntent des vaisseaux sanguins et les rameaux ventraux de nerfs spinaux. Le bord latéral de ces foramens s'étend vers le haut et forme les **ailes du sacrum**.

Sur la face postérieure, la ligne médiane du sacrum est surélevée par la **crête sacrale médiane** (fusion des processus épineux des vertèbres sacrales). De chaque côté de cette crête se trouvent les **foramens sacraux-dorsaux**, puis les **crêtes sacrales latérales** (vestiges des processus transverses de S_1 à S_5).

Le canal vertébral se poursuit dans le sacrum sous le nom de **canal sacral**. Comme les lames de la cinquième vertèbre sacrale (et parfois de la quatrième) n'ont pas fusionné dans le plan médian, une assez grande ouverture externe, le **hiatus sacral**, est visible à l'extrémité inférieure du canal sacral.

Coccyx

Le **coccyx** est un vestige de la queue des mammifères ; il compte quatre vertèbres (parfois trois ou cinq) soudées entre elles pour donner un petit os triangulaire (figures 7.16 et 7.21). Le coccyx s'articule en haut avec le sacrum. (Cet os ressemble à un bec d'oiseau, d'où son nom *kokkux* : coucou.) Le coccyx est un os quasiment inutile pour le corps humain, mis à part le faible soutien qu'il procure aux organes pelviens et le fait qu'il procure des points d'attache à quelques muscles et à un ligament. Il arrive qu'un bébé naisse avec un coccyx très long, qui peut être retiré par un chirurgien.

Le tableau 7.2 présente une récapitulation des caractéristiques des vertèbres des différents segments de la colonne vertébrale.

VÉRIFIONS NOS ACQUIS

19. Quel est le nombre normal de vertèbres cervicales ? De vertèbres thoraciques ?

20. Quelle vertèbre constitue un point de repère pratique pour compter les vertèbres et quel nom lui donne-t-on ?

21. Quel effet aurait une fracture complète de la dent de l'axis sur la mobilité de la colonne vertébrale ?

22. Quelles sont les principales différences entre une vertèbre lombaire et une vertèbre thoracique ?

23. Quel segment de la colonne vertébrale est le plus flexible et permet le plus de mouvements?

Les réponses se trouvent à l'appendice G.

Cage thoracique

10 Nommer, situer et décrire les os de la cage thoracique; préciser leur fonction générale.

11 Différencier les vraies côtes des fausses côtes.

Sur le plan anatomique, le thorax désigne la poitrine, et ses «éléments» osseux constituent la **cage thoracique** (ou **thorax osseux**), avec en arrière les vertèbres thoraciques, latéralement les côtes et en avant le sternum et les cartilages costaux. Ces derniers fixent les côtes au sternum **(figure 7.22a)**.

Le thorax osseux forme une cage en forme de cône dont la base inférieure est environ trois plus grande que le sommet; il protège les organes vitaux de la cavité thoracique (cœur, poumons et gros vaisseaux sanguins); il soutient les ceintures scapulaires sur lesquelles s'articulent les membres supérieurs; il offre également des points d'attache aux muscles du cou, du dos, de la poitrine et des épaules. Les *espaces intercostaux* sont occupés par les muscles intercostaux qui soulèvent et abaissent le thorax pendant la respiration.

Sternum

Le **sternum** se trouve sur la ligne médiane antérieure du thorax. C'est un os plat typique, allongé, dont la forme rappelle celle d'un poignard, et qui mesure près de 15 cm de longueur. Il est issu de la fusion de trois os: le manubrium sternal, le corps du sternum et le processus xiphoïde. *Le manubrium sternal*, tout en haut, ressemble à un nœud de cravate. Il s'articule latéralement avec les clavicules par l'intermédiaire de ses **incisures claviculaires** et, juste en dessous, avec les deux premières paires de côtes. Le **corps du sternum**, la partie moyenne, forme la plus grande partie du sternum. Ses côtés présentent des dépressions, là où il se joint aux cartilages des côtes 2 à 7. Le **processus xiphoïde** constitue la partie inférieure du sternum. Ce petit appendice

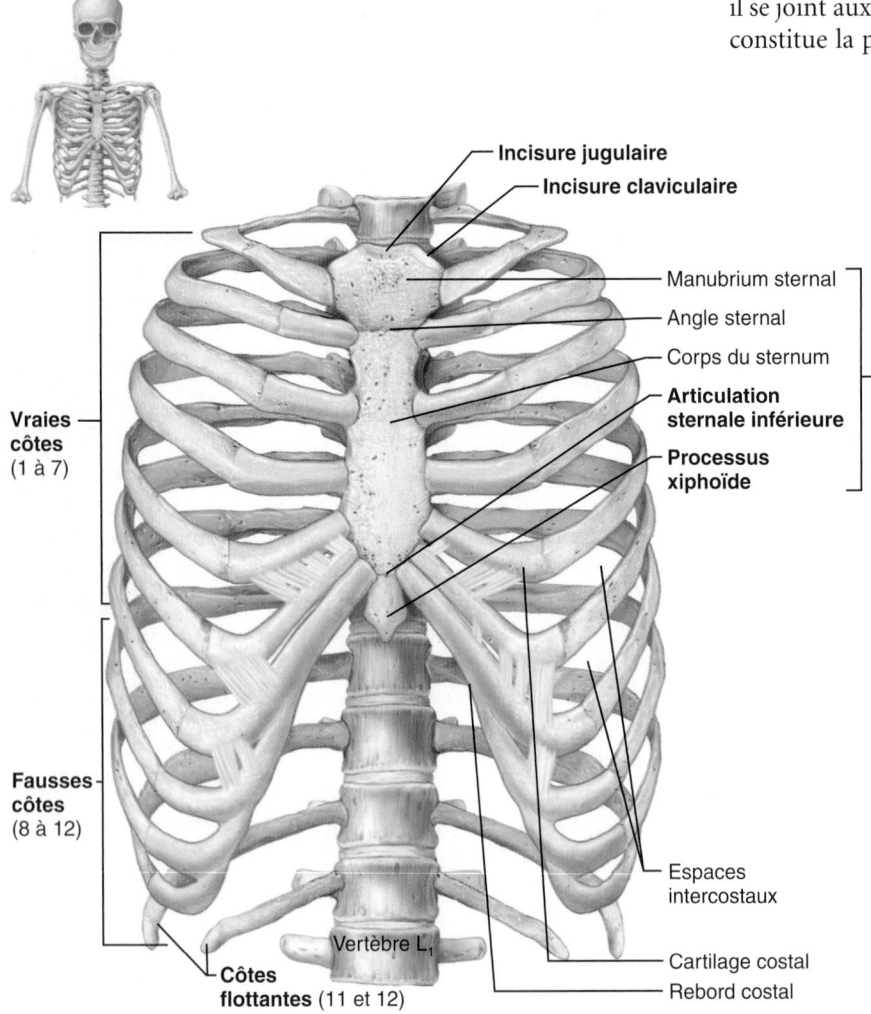

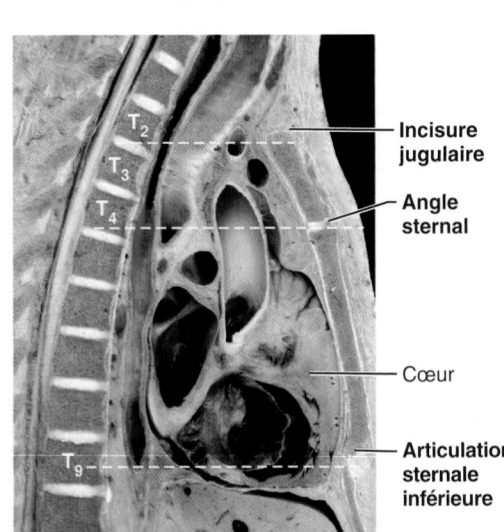

(a) Vue antérieure du squelette de la cage thoracique

(b) Coupe sagittale médiane du thorax montrant la relation entre les repères anatomiques superficiels du thorax et la colonne vertébrale

Figure 7.22 Cage thoracique.

de forme variable est une lame de cartilage hyalin chez l'enfant, mais il s'ossifie habituellement chez l'adulte après 40 ans. Le processus xiphoïde s'articule uniquement avec le corps du sternum et sert de point d'attache à quelques muscles abdominaux.

⚖ DÉSÉQUILIBRE HOMÉOSTATIQUE

Chez certaines personnes, le processus xiphoïde fait saillie vers l'arrière. Cela pose problème lors d'un enfoncement accidentel de la poitrine, car le processus xiphoïde peut pénétrer dans le cœur ou dans le foie et provoquer une forte hémorragie. ■

Le sternum présente trois repères anatomiques importants : l'incisure jugulaire, l'angle sternal et l'articulation sternale inférieure (figure 7.22). L'**incisure jugulaire**, aisément palpable, est l'échancrure centrale au bord supérieur du manubrium sternal. Si vous faites glisser un doigt sur la face antérieure de votre cou, il arrivera dans l'incisure jugulaire. Elle est généralement alignée sur le disque intervertébral séparant les deuxième et troisième vertèbres thoraciques, et c'est à cet endroit que l'artère carotide commune gauche naît de l'aorte (figure 7.22b).

L'**angle sternal** est une arête horizontale que l'on peut palper sur le sternum, là où le manubrium sternal est relié au corps du sternum. Cette articulation cartilagineuse sert de charnière et permet au corps du sternum de s'élever vers l'avant pendant l'inspiration. L'angle sternal se trouve à la même hauteur que le disque intervertébral qui sépare les quatrième et cinquième vertèbres thoraciques, et au niveau de la deuxième paire de côtes. Il fournit un repère pratique pour situer la deuxième côte puis toutes les autres, lors d'un examen médical, et pour écouter les bruits produits par certaines valves cardiaques.

L'**articulation sternale inférieure**, qui correspond à la jonction entre le corps du sternum et le processus xiphoïde, fait face à la neuvième vertèbre thoracique. Notez en outre que le processus xiphoïde permet de situer la limite supérieure du foie et la base du cœur.

Côtes

Les parois évasées de la cage thoracique sont formées de 12 paires de **côtes** (figure 7.22a), fixées en arrière aux vertèbres thoraciques (corps et processus transverses) et s'incurvant vers le bas en direction de la paroi antérieure du thorax. Les sept paires de côtes supérieures, appelées **vraies côtes** ou **côtes sternales**, sont jointes chacune au sternum par des cartilages costaux (segments de cartilage hyalin).

Les cinq autres paires de côtes sont dites **fausses côtes**, car leur point d'attache au sternum est soit indirect, soit inexistant. Les huitième, neuvième et dixième paires de côtes s'attachent indirectement au sternum par le cartilage costal commun ; chacune de ces côtes s'attache d'abord au cartilage de la côte située immédiatement au-dessus. La limite inférieure de la cage thoracique, ou **rebord costal**, est formée par les cartilages costaux de la septième à la dixième paire de côtes. Les onzième et douzième paires de côtes sont dites **côtes flottantes**, car elles n'ont pas de point d'ancrage antérieur sur le sternum. Le cartilage

qui recouvre leur extrémité est enfoui dans la paroi musculaire de la cavité antérieure. La douzième paire de côtes est souvent courte et a l'aspect d'un processus transverse.

La longueur des côtes augmente progressivement de la première à la septième paire, puis diminue de la huitième à la douzième. Mis à part la première, située sous la clavicule, les côtes sont facilement palpables chez les personnes dont le poids est normal.

La côte typique est un os plat recourbé (figure 7.23). Le *corps de la côte* possède un bord supérieur lisse et un bord inférieur mince et tranchant, déprimé sur sa face interne par le *sillon de la côte* qui reçoit les nerfs et vaisseaux intercostaux.

La côte comprend également une tête, un col et un tubercule. La *tête de la côte*, en forme de coin, à l'extrémité postérieure, s'articule avec les corps vertébraux par deux facettes : l'une est reliée au corps de la vertèbre thoracique de même rang, l'autre au corps de la vertèbre située juste au-dessus. Le *col de la côte* est la partie étranglée qui soutient la tête. À côté de lui, le *tubercule costal* présente une surface arrondie qui s'articule avec la fossette costale du processus transverse de la vertèbre thoracique de même rang. Au-delà du tubercule, le corps de la côte se recourbe brusquement (à l'angle costal) vers l'avant pour se fixer enfin à son cartilage costal. Les cartilages costaux constituent des points d'ancrage, solides mais flexibles, entre le sternum et les côtes. Les articulations postérieures (avec les vertèbres) et antérieures (avec le sternum) des côtes permettent les mouvements qui font varier le diamètre latéral et antéropostérieur de la cage thoracique lors de la respiration.

Toutes les côtes n'offrent pas exactement le même aspect. Ainsi, la première paire de côtes est aplatie et assez large, formant une tablette horizontale qui soutient les vaisseaux sanguins sous-claviers chargés d'irriguer les membres supérieurs. Quant aux paires de côtes 1, 10, 11 et 12, elles s'articulent avec un seul corps vertébral ; par ailleurs, les paires 11 et 12 ne s'articulent pas avec des processus transverses.

VÉRIFIONS NOS ACQUIS

24. Qu'est-ce qui distingue une vraie côte d'une fausse côte ?
25. Qu'est-ce que l'angle sternal et quel est son rôle sur le plan clinique ?
26. Mis à part les côtes et le sternum, il existe un troisième groupe d'os qui forme la cage thoracique. Nommez-le.

Les réponses se trouvent à l'appendice G.

DEUXIÈME PARTIE

LE SQUELETTE APPENDICULAIRE

Les os du **squelette appendiculaire** (c'est-à-dire des membres supérieurs et inférieurs) sont suspendus à des structures qui ressemblent à des jougs, les ceintures osseuses, elles-mêmes fixées

7

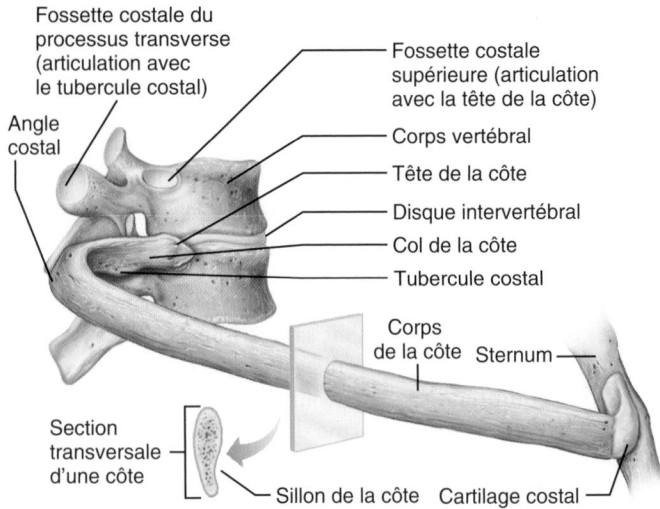

(a) Articulations vertébrale et sternale d'une vraie côte typique

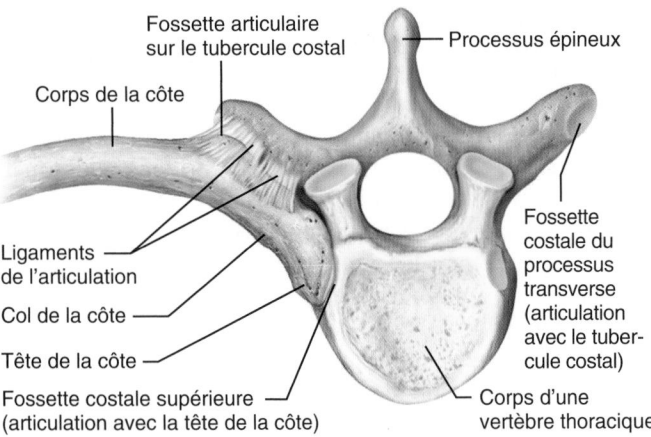

(b) Vue supérieure de l'articulation entre une côte et une vertèbre thoracique

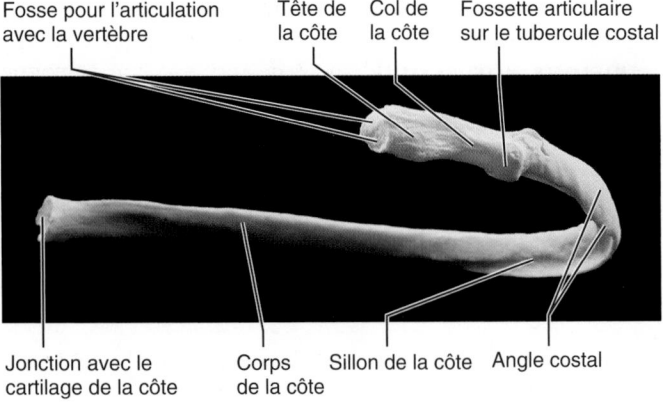

(c) Vue postérieure d'une côte typique (6ᵉ côte droite)

Figure 7.23 **Côtes.** Toutes les côtes illustrées sont situées à droite.

au squelette axial. Ils sont donc « appendus » à l'axe longitudinal du corps, comme leur nom l'indique (figure 7.1). Les *ceintures pectorales* fixent les membres supérieurs au tronc, tandis que les os des membres inférieurs sont rattachés à la *ceinture pelvienne*. Cette dernière est plus robuste, car elle doit soutenir

l'ensemble des structures anatomiques qui sont situées au-dessus. Les os des membres supérieurs et inférieurs ne possèdent ni les mêmes fonctions ni la même mobilité. Mais chaque membre présente une structure similaire, c'est-à-dire trois segments principaux reliés entre eux par des articulations mobiles.

Les os du squelette appendiculaire sont adaptés aux mouvements de manipulation et de rotation caractéristiques de notre mode de vie. Ce sont eux qui nous permettent des gestes simples comme monter un escalier, lancer une balle ou placer un caramel dans notre bouche.

Ceinture pectorale (scapulaire)

12 Nommer et situer les os de la ceinture pectorale ; établir un lien entre la fonction de cette ceinture et la structure et la disposition des os qui la constituent. Expliquer pourquoi l'appellation « ceinture pectorale » n'est pas vraiment pertinente.

13 Nommer et situer les principaux repères anatomiques des os composant la ceinture pectorale.

La **ceinture pectorale**, aussi appelée ceinture scapulaire ou ceinture du membre supérieur, est constituée de la *clavicule* en avant et de la *scapula* en arrière (**figure 7.24** et tableau 7.3). Les deux ceintures pectorales et les muscles associés forment les épaules. Le mot « ceinture » ne décrit pas tout à fait la réalité ; seules ou ensemble, les ceintures pectorales ne « ceinturent » pas le corps. En effet, l'extrémité interne de chaque clavicule s'articule antérieurement avec le sternum et l'extrémité externe, latéralement avec la scapula. Cependant, les scapulas ne bouclent pas le cercle du côté postérieur, car leurs bords médiaux ne se touchent pas et ne rejoignent pas le squelette axial ; seuls les muscles squelettiques qui les recouvrent les attachent au thorax et à la colonne vertébrale.

Les ceintures pectorales relient les membres supérieurs au squelette axial et offrent des points d'attache à plusieurs muscles squelettiques rattachés aux os des bras. Très légères, elles procurent aux membres supérieurs une mobilité unique, pour les raisons suivantes :

1. Puisque seule la clavicule est rattachée au squelette axial, la scapula peut se mouvoir assez librement sur le thorax et transférer cette mobilité au bras.
2. La cavité articulaire de l'épaule, appelée cavité glénoïdale de la scapula, est peu profonde et faiblement maintenue ; elle ne gêne donc pas le mouvement de l'humérus (os du bras). Elle procure une bonne flexibilité mais aussi, malheureusement, une mauvaise stabilité, responsable de la fréquence des luxations de l'épaule (déplacements de la tête de l'humérus, le plus souvent vers l'avant et le dedans).

Clavicules

Les **clavicules** (« petites clés ») sont les premiers os longs à s'ossifier. Elles sont minces et en forme de S, et on peut les palper sur toute leur longueur, en haut du thorax (figure 7.24).

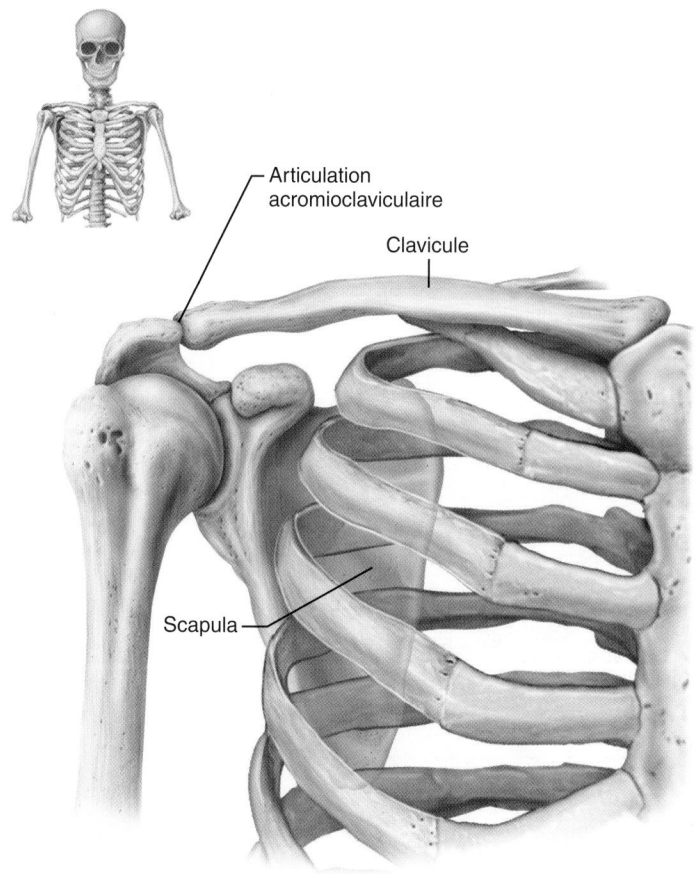

Articulation
acromioclaviculaire

Clavicule

Scapula

(a) Articulation des os de la ceinture pectorale

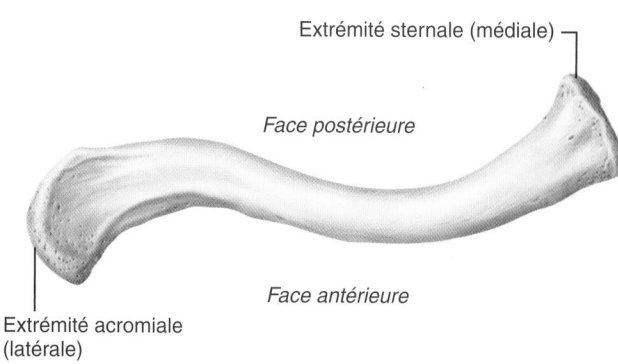

Extrémité sternale (médiale)

Face postérieure

Face antérieure

Extrémité acromiale
(latérale)

(b) Clavicule droite (vue supérieure)

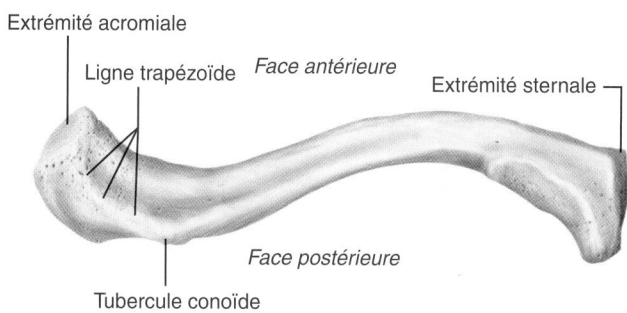

Extrémité acromiale

Ligne trapézoïde *Face antérieure*

Extrémité sternale

Face postérieure

Tubercule conoïde

(c) Clavicule droite (vue inférieure)

Figure 7.24 Ceinture pectorale et clavicule.

L'**extrémité sternale** (interne) de chaque clavicule est massive, conique et s'articule avec le manubrium sternal, tandis que l'**extrémité acromiale** (externe) est aplatie et s'articule avec la scapula. Les deux tiers internes de la clavicule sont convexes vers l'avant; son dernier tiers latéral est concave antérieurement. La face supérieure est lisse alors que la face inférieure est irrégulière et creusée par le passage des ligaments et l'action des muscles qui y sont fixés. La *ligne trapézoïde* et le *tubercule conoïde,* par exemple, constituent des points d'ancrage pour un ligament qui se fixe ensuite à la scapula.

Les clavicules offrent des points d'attache à de nombreux muscles du thorax et de l'épaule, et maintiennent les scapulas et les membres supérieurs écartés de la partie supérieure plus étroite du thorax. Cette dernière fonction devient évidente en cas de fracture de la clavicule: toute la région de l'épaule s'effondre alors vers l'intérieur. Les clavicules transmettent également les forces exercées par les membres supérieurs au squelette axial, comme lorsqu'on pousse une voiture vers une station-service.

Les clavicules sont peu résistantes et peuvent se fracturer, par exemple lors d'une chute amortie par les bras tendus. La courbure particulière de la clavicule favorise les fractures antérieures (externes) plutôt que postérieures (internes). Dans ce dernier cas, des fragments d'os pourraient percer l'artère subclavière qui passe juste derrière la clavicule pour aller desservir le membre supérieur. Les clavicules sont les os les plus susceptibles de varier considérablement de forme d'une personne à une autre. Comme elles sont particulièrement sensibles à la traction musculaire, elles deviennent remarquablement plus grandes et plus solides chez les personnes qui exercent un travail manuel ou pratiquent des sports sollicitant les muscles des bras et des épaules.

Scapulas

Les **scapulas**, ou omoplates, sont des os minces, plats et triangulaires (figure 7.24a et **figure 7.25**). Leur nom dérive d'un mot qui signifie «bêche» ou «pelle», outil que les peuples anciens fabriquaient avec des omoplates d'animaux. Elles sont placées sur la partie dorsale du thorax entre les deuxième et septième côtes.

Chaque scapula présente trois bords. Le *bord supérieur (cervical)* est le plus court et le plus aigu. Le *bord médial (spinal)* est parallèle à la colonne vertébrale. Le *bord latéral (axillaire),* contre l'aisselle, est le plus épais; il présente, à son extrémité supérieure, une petite cavité articulaire superficielle appelée

7

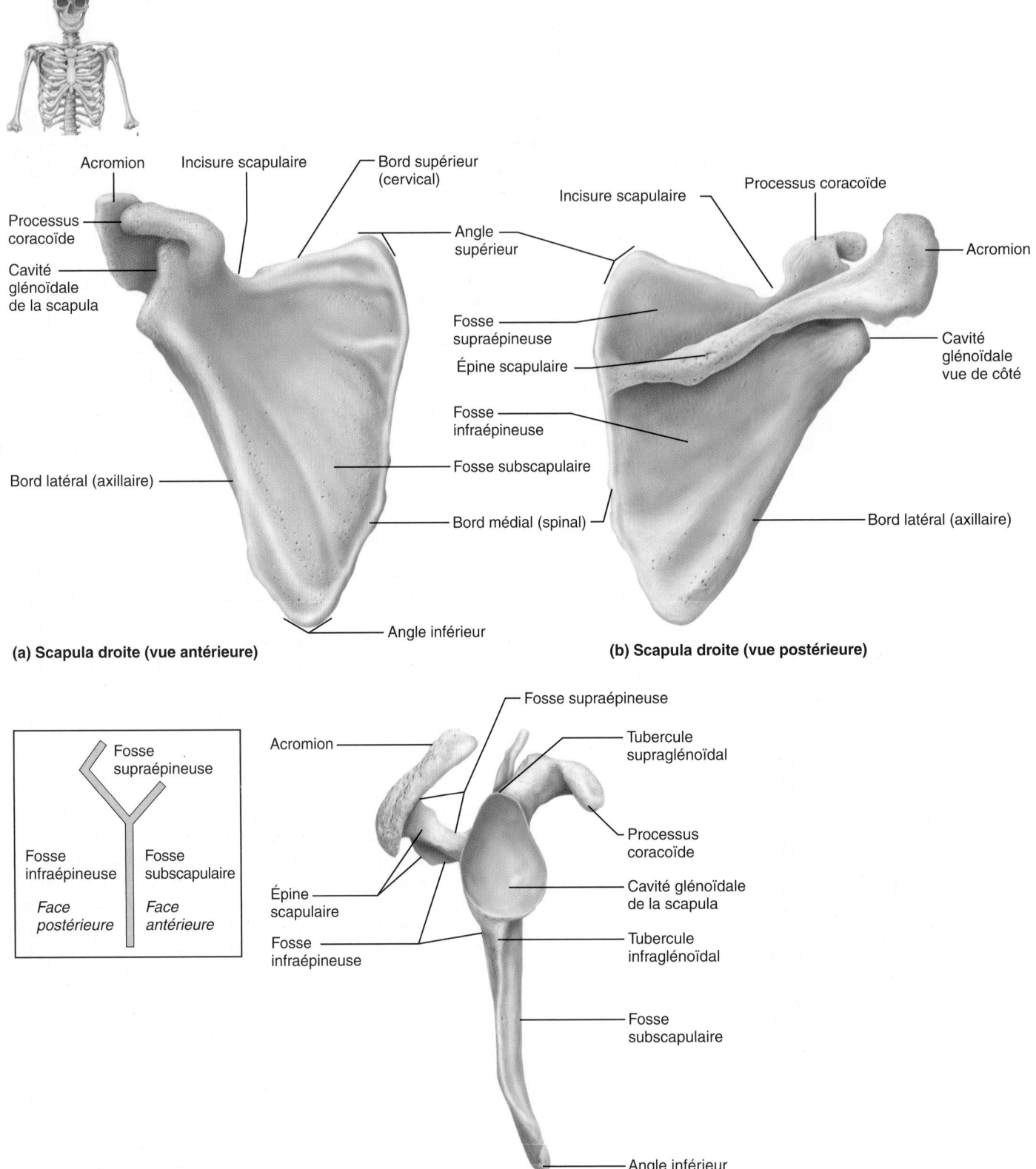

Acromion
Incisure scapulaire
Bord supérieur (cervical)
Processus coracoïde
Cavité glénoïdale de la scapula
Angle supérieur
Fosse supraépineuse
Épine scapulaire
Fosse infraépineuse
Fosse subscapulaire
Bord latéral (axillaire)
Bord médial (spinal)
Angle inférieur

(a) Scapula droite (vue antérieure)

Incisure scapulaire
Processus coracoïde
Acromion
Cavité glénoïdale vue de côté
Bord latéral (axillaire)

(b) Scapula droite (vue postérieure)

Fosse supraépineuse

Fosse infraépineuse | Fosse subscapulaire

Face postérieure | *Face antérieure*

Fosse supraépineuse
Acromion
Tubercule supraglénoïdal
Processus coracoïde
Épine scapulaire
Cavité glénoïdale de la scapula
Fosse infraépineuse
Tubercule infraglénoïdal
Fosse subscapulaire
Angle inférieur

(c) Scapula droite (vue latérale)

Figure 7.25 Scapula. La partie **(c)** de la figure est accompagnée d'un schéma représentant son orientation.

cavité glénoïdale de la scapula. Cette dernière s'articule avec l'humérus pour former l'articulation de l'épaule.

Comme tous les triangles, la scapula comporte trois sommets ou *angles*. Le bord supérieur rejoint le bord médial pour former l'*angle supérieur* et le bord latéral, pour former l'*angle latéral*. Les bords médial et latéral se rejoignent pour former l'*angle inférieur*. Ce dernier se déplace considérablement quand on lève et abaisse le bras, et représente un repère important dans l'étude des mouvements scapulaires.

La face antérieure, ou costale, de la scapula est concave et sans particularité notable. Sa face postérieure possède une lame transversale proéminente appelée **épine scapulaire**, que l'on perçoit facilement sous la peau. L'épine se termine latéralement par un large processus triangulaire et rugueux, l'**acromion**, qui s'articule avec l'extrémité acromiale de la clavicule, formant ainsi l'**articulation acromioclaviculaire**.

Le **processus coracoïde** fait saillie vers l'avant depuis le bord supérieur de la scapula; en dépit de son nom, il ne ressemble pas à un bec (*kôrax*: corbeau) mais plutôt à un petit doigt recourbé. Il contribue à la fixation de ligaments et du muscle biceps brachial; il est limité du côté médial par l'**incisure scapulaire** (un sillon nerveux) et du côté latéral par la cavité glénoïdale de la scapula.

De vastes fosses sont visibles sur les deux faces de la scapula. Elles sont désignées suivant leur localisation: la **fosse infraépineuse** et la **fosse supraépineuse** sont situées sur la face postérieure de la scapula, respectivement au-dessous et au-dessus de l'épine scapulaire, et la **fosse subscapulaire** occupe toute la surface antérieure de la scapula. Les muscles logés dans ces cavités portent des noms associés aux noms de ces fosses.

VÉRIFIONS NOS ACQUIS

27. Nommez les deux os qui forment chacune des ceintures pectorales.
28. Où est situé le seul point d'attache de la ceinture pectorale au squelette axial?
29. Quel est le principal inconvénient de la grande souplesse de l'articulation de l'épaule?

Les réponses se trouvent à l'appendice G.

Membre supérieur

14 Nommer et situer les os des différents segments du membre supérieur ainsi que leurs principaux repères anatomiques.

15 Nommer les os qui participent aux principales articulations du membre supérieur.

Trente os distincts forment le squelette de chaque membre supérieur (figures 7.26 à 7.28 et **tableau 7.3**). Ils se répartissent entre le bras, l'avant-bras et la main. (Rappelez-vous que le terme «bras» en anatomie désigne uniquement la partie du membre supérieur située entre l'épaule et le coude.)

Bras

L'**humérus**, l'unique os du bras, est un os long typique **(figure 7.26)**, le plus long et le plus volumineux du membre supérieur. Son épiphyse proximale s'articule avec la scapula au niveau de l'épaule; son épiphyse distale s'articule avec le radius et l'ulna (os de l'avant-bras) au niveau du coude.

La **tête de l'humérus** se trouve à son épiphyse proximale; elle est hémisphérique et lisse. Elle s'insère dans la cavité glénoïdale de la scapula de façon à laisser pendre librement le bras. Le **col anatomique de l'humérus** constitue la partie rétrécie qui supporte la tête. Sous ce col, le **tubercule majeur** de l'humérus (externe) et le **tubercule mineur** de l'humérus (interne) sont séparés par le **sillon intertuberculaire**. Les tubercules servent de points d'attache musculaire, tandis que le sillon intertuberculaire guide un tendon du muscle biceps brachial jusqu'à son point d'attache au bord de la cavité glénoïdale (le tubercule supraglénoïdal). Juste au-delà des tubercules, en allant vers l'extrémité distale, se trouve le **col chirurgical de l'humérus**, ainsi nommé parce qu'il est la partie la plus souvent fracturée de l'humérus. À mi-chemin environ de la diaphyse, sur la face latérale, la **tubérosité deltoïdienne** est le point d'attache d'aspect rugueux du gros muscle deltoïde de l'épaule. Près de là, le **sillon du nerf radial** traverse obliquement la face postérieure du corps de l'humérus. Ce sillon marque la trajectoire du nerf radial, un nerf important du membre supérieur.

À l'extrémité distale de l'humérus, il y a deux condyles: sur la face médiale, la **trochlée**, qui ressemble à un sablier couché sur le côté, s'articule avec l'ulna; sur la face latérale, le **capitulum** s'articule avec le radius (figure 7.26c, d). De part et d'autre se trouvent deux saillies osseuses, l'**épicondyle médial de l'humérus** (interne) et l'**épicondyle latéral de l'humérus** (externe), deux surfaces non articulaires qui servent de point d'attache aux muscles et aux ligaments. Directement au-dessus de ces épicondyles se situent les crêtes des épicondyles. Le nerf ulnaire passe derrière l'épicondyle médial et est responsable du fourmillement douloureux ressenti quand on se cogne le coude.

Au-dessus de la trochlée, la **fosse coronoïdienne** déprime la face antérieure et la **fosse olécrânienne**, bien plus profonde, creuse la face postérieure. Ces deux dépressions permettent aux processus correspondants de l'ulna de jouer librement lorsque le coude est fléchi ou étendu. La petite **fosse radiale**, du côté externe à la fosse coronoïdienne, reçoit la tête du radius quand le coude est fléchi.

Avant-bras

Deux os longs parallèles, le radius et l'ulna, constituent le squelette de l'avant-bras **(figure 7.27)**. On peut facilement les palper sur toute leur longueur, sauf sur un avant-bras particulièrement musclé. Leurs extrémités proximales s'articulent

TABLEAU 7.3	Os du squelette appendiculaire Première partie: os de la ceinture pectorale et du membre supérieur			
RÉGION DU CORPS	**OS***	**ILLUSTRATION**	**SITUATION**	**REPÈRES ANATOMIQUES**
Ceinture pectorale (figures 7.24 et 7.25)	Clavicule (2)		La clavicule est située dans la partie antérosupérieure du thorax; elle s'articule médialement avec le sternum et latéralement avec la scapula.	Extrémité acromiale; extrémité sternale
	Scapula (2)		La scapula est située dans la partie postérieure du thorax; elle forme une partie de l'épaule; elle s'articule avec l'humérus et la clavicule.	Cavité glénoïdale de la scapula; épine scapulaire; acromion; processus coracoïde; fosses infraépineuse, supra-épineuse et subscapulaire
Membre supérieur Bras (figure 7.26)	Humérus (2)		L'humérus est l'unique os du bras; il est situé entre la scapula et le coude.	Tête de l'humérus; tubercules majeur et mineur; sillon intertuberculaire; tubérosité deltoïdienne; trochlée; capitulum; fosse coronoïdienne; fosse olé-crânienne; sillon du nerf radial; épicondyles médial et latéral de l'humérus; fosse radiale
Avant-bras (figure 7.27)	Ulna (2)		L'ulna est l'os médial de l'avant-bras; il est situé entre le coude et le poignet; il forme l'articulation du coude.	Processus coronoïde de l'ulna; olécrâne; incisure radiale; incisure trochléaire; processus styloïde de l'ulna; tête de l'ulna
	Radius (2)		Le radius est l'os latéral de l'avant-bras; il s'articule avec les os du carpe pour former une portion de l'articulation du poignet.	Tête du radius; tubérosité radiale; processus styloïde du radius; incisure ulnaire
Main (figure 7.28)	8 os du carpe (16) • os scaphoïde • os lunatum • os triquétrum • os pisiforme • os trapèze • os trapézoïde • os capitatum • os hamatum		Les os du carpe forment un massif osseux au niveau du poignet; ils sont disposés en deux rangées de quatre os.	
	5 os métacarpiens (10)		Les os métacarpiens forment la paume; il y en a un dans le prolongement de chaque doigt.	
	14 phalanges (28) • distale • moyenne • proximale		Les phalanges forment les doigts; il y a trois phalanges dans les doigts II à V et deux dans le doigt I (pouce).	

Vue antérieure de la ceinture pectorale et du membre supérieur droit

* Le nombre entre parenthèses ( ) à la suite du nom de l'os indique le nombre total de ces os dans le corps.

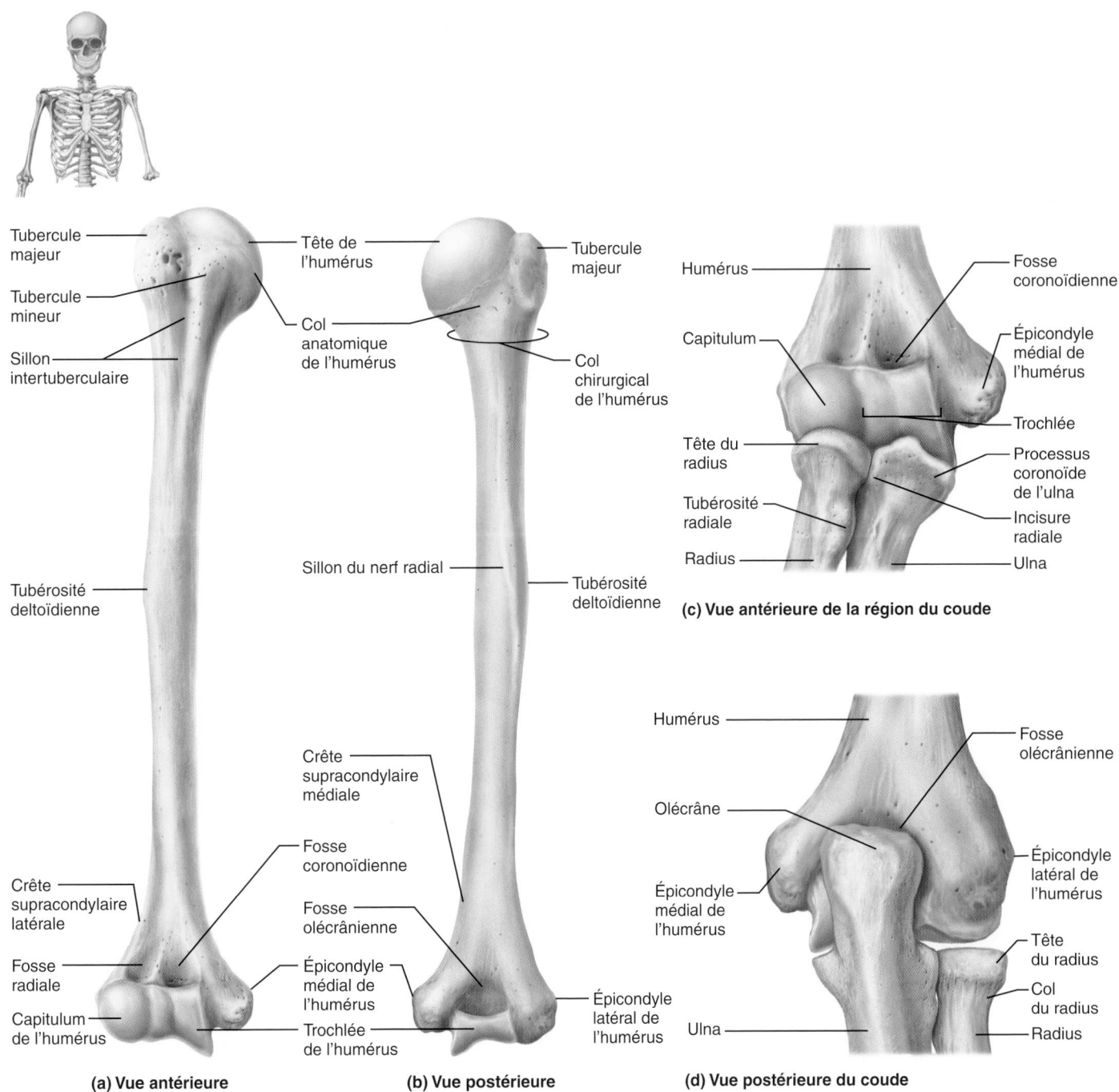

Tubercule majeur

Tubercule mineur

Sillon intertuberculaire

Tête de l'humérus

Col anatomique de l'humérus

Tubercule majeur

Col chirurgical de l'humérus

Tubérosité deltoïdienne

Sillon du nerf radial

Tubérosité deltoïdienne

Crête supracondylaire médiale

Crête supracondylaire latérale

Fosse radiale

Capitulum de l'humérus

Fosse coronoïdienne

Fosse olécrânienne

Épicondyle médial de l'humérus

Trochlée de l'humérus

Épicondyle latéral de l'humérus

(a) Vue antérieure

(b) Vue postérieure

Humérus

Capitulum

Tête du radius

Tubérosité radiale

Radius

Fosse coronoïdienne

Épicondyle médial de l'humérus

Trochlée

Processus coronoïde de l'ulna

Incisure radiale

Ulna

(c) Vue antérieure de la région du coude

Humérus

Olécrâne

Épicondyle médial de l'humérus

Ulna

Fosse olécrânienne

Épicondyle latéral de l'humérus

Tête du radius

Col du radius

Radius

(d) Vue postérieure du coude

Figure 7.26 **Humérus du bras droit et vues détaillées de l'articulation du coude.**

avec l'humérus, leurs extrémités distales avec les os du poignet. Le radius et l'ulna se joignent l'un à l'autre en haut et en bas au niveau des petites **articulations radio-ulnaires proximale** et **distale**. La **membrane interosseuse de l'avant-bras** est une membrane flexible qui relie ces deux os sur toute leur longueur.

En position anatomique, le radius est externe (du côté du pouce) et l'ulna, interne ; on peut constater que ces deux os présentent une courbure concave du côté antérieur. Quand on tourne l'avant-bras vers l'arrière (mouvement appelé pro-

nation), l'extrémité distale du radius croise l'ulna et les deux os dessinent alors un X (voir la figure 8.6a). Ce mouvement serait impossible si le radius et l'ulna étaient parfaitement rectilignes.

Ulna

L'**ulna**, ou cubitus, est un peu plus long que le radius et c'est surtout lui qui forme, avec l'humérus, l'articulation du coude. Son extrémité proximale ressemble à la tête d'une clé à molette

7

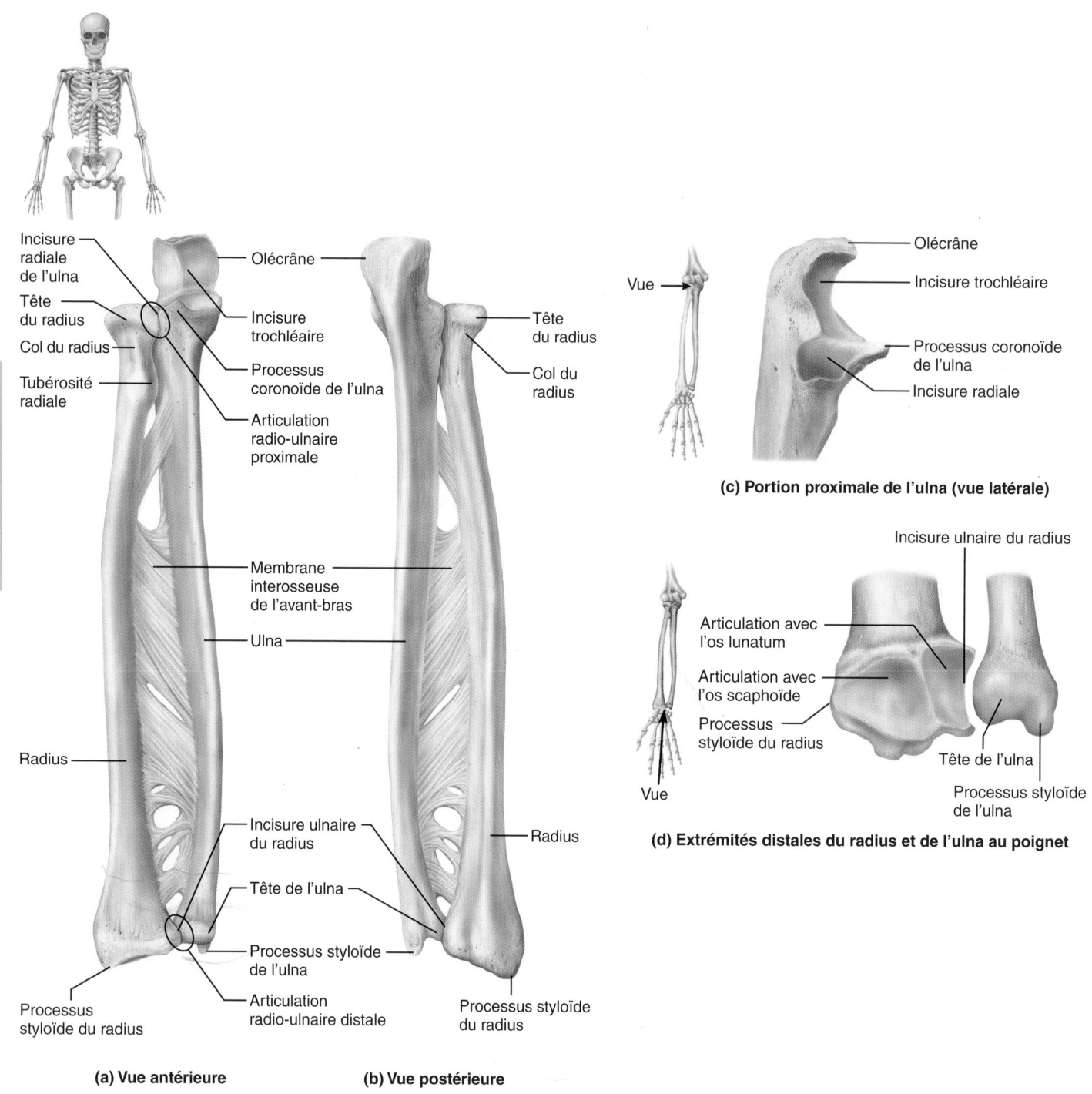

Incisure radiale de l'ulna
Tête du radius
Col du radius
Tubérosité radiale
Olécrâne
Incisure trochléaire
Processus coronoïde de l'ulna
Articulation radio-ulnaire proximale
Tête du radius
Col du radius
Membrane interosseuse de l'avant-bras
Ulna
Radius
Incisure ulnaire du radius
Tête de l'ulna
Radius
Processus styloïde de l'ulna
Processus styloïde du radius
Articulation radio-ulnaire distale
Processus styloïde du radius

(a) Vue antérieure   (b) Vue postérieure

Vue
Olécrâne
Incisure trochléaire
Processus coronoïde de l'ulna
Incisure radiale

(c) Portion proximale de l'ulna (vue latérale)

Incisure ulnaire du radius
Articulation avec l'os lunatum
Articulation avec l'os scaphoïde
Processus styloïde du radius
Vue
Tête de l'ulna
Processus styloïde de l'ulna

(d) Extrémités distales du radius et de l'ulna au poignet

Figure 7.27 **Radius et ulna de l'avant-bras droit.** Remarquez les détails structuraux de la tête de l'ulna et de la portion distale du radius et de l'ulna.

et porte deux processus proéminents, l'**olécrâne** (coude) et le **processus coronoïde de l'ulna**, qui circonscrivent une grande excavation articulaire appelée **incisure trochléaire** (figure 7.27c). L'incisure trochléaire s'articule avec la trochlée de l'humérus, et le capitulum reçoit la fossette articulaire de la tête du radius, formant ainsi une charnière qui permet à l'avant-bras de se replier sur le bras, puis de se redresser (s'étendre).

Lorsque l'avant-bras est en complète extension, l'olécrâne « verrouille » la fosse olécrânienne (figure 7.26d) et empêche toute hyperextension (c'est-à-dire la continuation du mouvement vers l'arrière, au-delà de l'articulation du coude). La partie postérieure du processus olécrânien constitue l'angle du coude, avant-bras fléchi, et la partie osseuse que l'on peut appuyer sur une table. Du côté externe du processus coronoïde se trouve une surface concave, l'**incisure radiale**, où l'ulna s'articule avec la tête du radius.

Le corps de l'ulna se rétrécit dans sa partie distale (au niveau du poignet) jusqu'à la **tête de l'ulna**, arrondie et plus petite (figure 7.27d). La face interne de la tête porte le **processus styloïde** («en forme de colonne») **de l'ulna**, d'où part un ligament vers le poignet. La tête de l'ulna est séparée des os du poignet par un disque de cartilage fibreux; elle joue un rôle négligeable dans les mouvements de la main.

Radius

Le **radius** est mince à son extrémité proximale et plus large à son extrémité distale, soit le contraire de l'ulna. La **tête du radius** (épiphyse proximale) a la forme d'une tête de clou (figure 7.27). Sa surface supérieure concave, c'est-à-dire la fossette articulaire de la tête du radius, s'articule avec le capitulum de l'humérus. La partie latérale interne de la tête s'insère dans l'incisure radiale de l'ulna (figure 7.26c). La **tubérosité radiale** apparaît en relief sous la tête; elle fournit le point d'attache au muscle biceps brachial. L'extrémité distale du radius est élargie. L'**incisure ulnaire** du radius (interne) permet l'articulation de son épiphyse distale avec celle de l'ulna (figure 7.27d). Le **processus styloïde du radius** (externe) est beaucoup plus gros que celui de l'ulna; il procure un point d'attache aux ligaments du poignet.

Entre ces deux repères, le radius présente une surface articulaire concave, appelée surface articulaire carpienne, qui se lie à deux des os carpiens du poignet. Si l'ulna joue un rôle majeur dans l'articulation du coude, le radius revêt une importance considérable dans l'articulation du poignet, puisque la main est solidaire du radius.

⚓ DÉSÉQUILIBRE HOMÉOSTATIQUE

La *fracture de Pouteau-Colles* est une cassure de l'extrémité distale du radius. Elle se produit fréquemment quand une personne allonge le bras en tombant, dans le but d'amortir sa chute. ∎

Main

Le squelette de la main **(figure 7.28)** comprend les *os du carpe* (poignet), les *os métacarpiens* (paume) et les *phalanges* (doigts).

Carpe (poignet)

On porte sa montre au bout de l'avant-bras, c'est-à-dire à l'extrémité distale du radius et de l'ulna, et non au poignet. Le poignet, ou **carpe**, est la partie proximale de ce que l'on appelle couramment la «main». Le carpe est un ensemble de huit os courts, ou **os du carpe**, chacun de la taille d'une bille, étroitement unis par des ligaments et d'une assez grande mobilité les uns par rapport aux autres; leurs surfaces articulaires sont recouvertes de cartilage. Le poignet est donc assez souple.

7

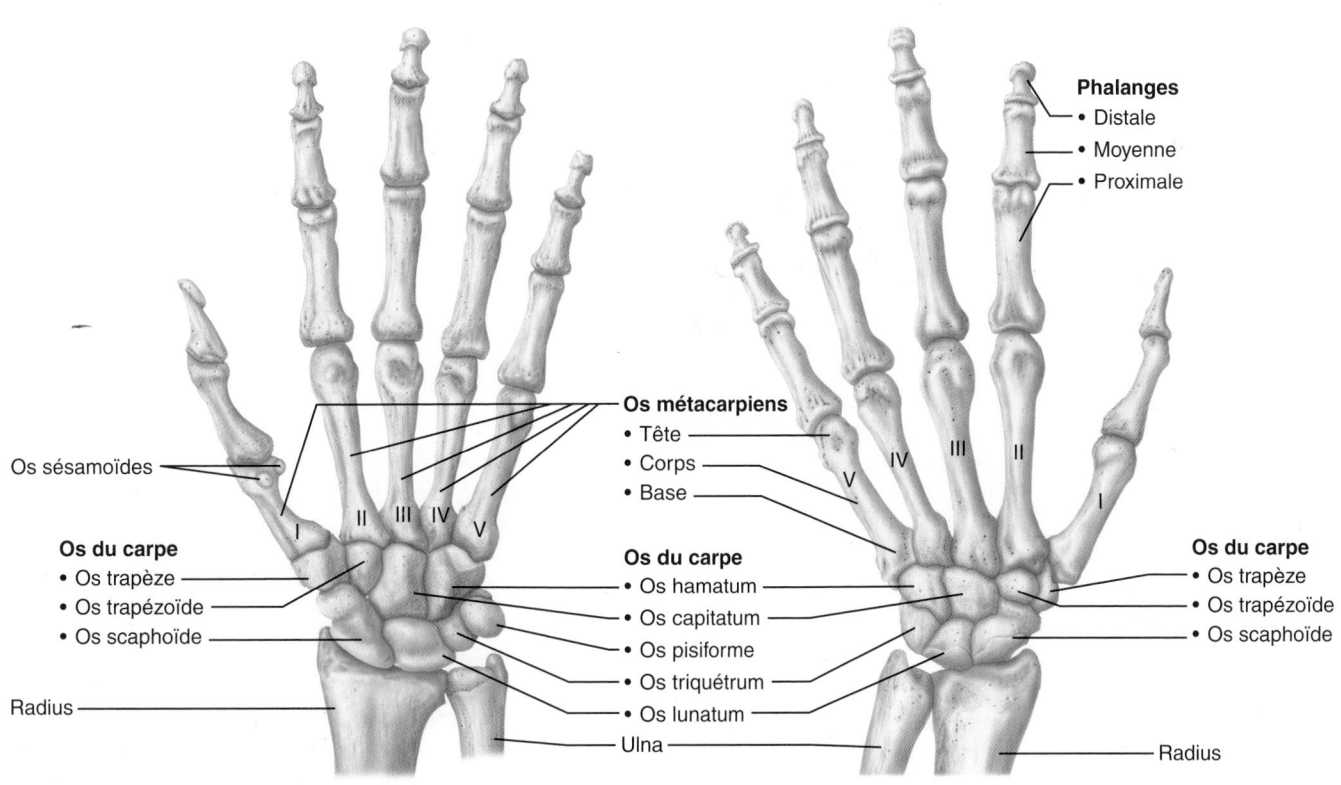

(a) Vue antérieure de la main gauche (b) Vue postérieure de la main gauche

Figure 7.28 **Os de la main gauche.**

Les os du carpe sont disposés sur deux rangées de quatre os chacune (figure 7.28). Les os de la rangée proximale sont, de l'extérieur vers l'intérieur, l'**os scaphoïde**, l'**os lunatum** (ou os semi-lunaire), l'**os triquétrum** (ou os pyramidal) et l'**os pisiforme**. Seuls l'os scaphoïde et l'os lunatum s'articulent avec le radius pour former l'articulation du poignet. Les os de la rangée distale sont, de l'extérieur vers l'intérieur, l'os **trapèze**, l'os **trapézoïde**, l'os **capitatum** (ou grand os) et l'os **hamatum** (ou os crochu).

On peut avoir recours à certains moyens mnémotechniques pour mémoriser le nom de ces os. Par exemple, pour les os de la rangée proximale de la main, on peut retenir le mot « **pétales** », où chacune des consonnes (en partant de la fin du mot) correspond à la première lettre de chacun des os (**s**caphoïde, **l**unatum, **t**riquétrum, **p**isiforme). Pour la rangée distale, on peut associer la première lettre de chacun des os aux consonnes dans le mot « **attache** » (**t**rapèze, **t**rapézoïde, **c**apitatum, **h**amatum).*

DÉSÉQUILIBRE HOMÉOSTATIQUE

La disposition des os du carpe est telle que le carpe est concave à l'avant. Un ligament coiffe cette dénivellation et forme ainsi le fameux *canal carpien*. Outre le nerf médian (qui innerve le côté de la main), huit tendons de muscles fléchisseurs sont entassés dans ce canal (voir la figure 10.18a). Une utilisation excessive et une inflammation des tendons peuvent entraîner un œdème qui compresse le nerf médian, provoque des picotements, un engourdissement des régions innervées et des douleurs dans les trois premiers doigts ainsi qu'une réduction des mouvements du pouce. La douleur s'exacerbe la nuit. Les personnes les plus exposées à cette atteinte nerveuse appelée *syndrome du canal carpien* sont celles qui effectuent des mouvements répétitifs en pliant fréquemment le poignet et les doigts, comme celles qui tapent sur un clavier d'ordinateur à longueur de journée. On traite ce syndrome au moyen d'une attelle portée la nuit ou par une intervention chirurgicale. ■

Métacarpe (paume)

La paume de la main est composée de cinq **os métacarpiens** (*meta* : au-delà) disposés en éventail à partir du poignet. Ces petits os longs n'ont pas reçu de nom mais sont numérotés de I à V, du pouce à l'auriculaire. Les **bases** des os métacarpiens s'articulent les unes avec les autres par leurs faces internes et externes, mais aussi avec les os du carpe du côté proximal (figure 7.28). Leurs **têtes** arrondies s'articulent avec les phalanges proximales des doigts, du côté distal. Poing serré, les têtes des os métacarpiens deviennent proéminentes ; c'est ce qu'on appelle de façon courante les *jointures*.

Le premier os métacarpien, solidaire du pouce, est le plus large, le plus court et le plus mobile. Il se trouve dans une position plus antérieure que les autres os métacarpiens. Par conséquent, l'articulation entre le premier os métacarpien et l'os trapèze est la seule articulation en selle qui permette

---

* Exemples fournis par Patrick Lachaîne.

l'opposition, c'est-à-dire l'action de toucher avec le pouce le bout des autres doigts.

Phalanges (doigts)

Les **doigts** de la main sont numérotés de I à V à partir du pouce, le troisième doigt étant en général le plus long. Chaque main comprend 14 os longs miniatures appelés **phalanges**. Chaque doigt, sauf le pouce, possède trois phalanges : une phalange *distale*, une phalange *moyenne* et une phalange *proximale*. Le pouce n'a pas de phalange moyenne.

VÉRIFIONS NOS ACQUIS

30. Quels os jouent le rôle le plus important dans la formation de l'articulation du coude ?
31. Quels os du membre supérieur possèdent un processus styloïde ?
32. Où sont situés les os du carpe ? De quel type d'os (courts, irréguliers, longs ou plats) s'agit-il ?
33. Quel os de l'avant-bras joue le rôle le plus important dans l'articulation du poignet ?

Les réponses se trouvent à l'appendice G.

Ceinture pelvienne

16 Nommer et situer les trois régions de l'os de la hanche ainsi que leurs principaux repères anatomiques. Expliquer la résistance de la ceinture pelvienne en la mettant en relation avec sa fonction.

17 Comparer l'anatomie des bassins masculin et féminin en expliquant leurs différences fonctionnelles. Situer le grand bassin, le petit bassin, l'ouverture supérieure et l'ouverture inférieure du bassin ; expliquer l'importance de ces régions anatomiques et de leurs dimensions chez la femme.

La **ceinture pelvienne**, ou ceinture du membre inférieur, soutient les viscères du bassin et relie les membres inférieurs au squelette axial. Elle permet de transférer le poids du corps jusqu'aux membres inférieurs et offre des points d'attache aux muscles qui produisent leurs mouvements (figures 7.29 et 7.30 et tableau 7.4). Alors que la ceinture pectorale est reliée à la cage thoracique par un nombre restreint d'attaches, la ceinture pelvienne est fixée au squelette axial par des ligaments qui sont parmi les plus solides du corps humain. De même, alors que la cavité glénoïdale de la scapula est peu profonde, les cavités correspondantes de la ceinture pelvienne sont en forme de coupe profonde et maintiennent la tête du fémur solidement ancrée. Voilà pourquoi bien peu de personnes, hormis les contorsionnistes, sont capables de mouvoir les jambes et les bras avec la même aisance, même si les articulations de l'épaule et de la hanche sont analogues (de type sphéroïde ; voir la figure 8.7f). La ceinture pelvienne n'a pas la mobilité de la ceinture pectorale, mais elle a l'avantage d'être beaucoup plus stable.

La ceinture pelvienne est formée de deux **os coxaux** symétriques (*coxa*: hanche), appelés aussi os iliaques ou, plus couramment, **os de la hanche**. Ils s'articulent antérieurement l'un à l'autre au niveau de la symphyse pubienne et postérieurement aux ailes du sacrum (au niveau des processus transverses des vertèbres; figure 7.29). Le **bassin** doit son nom à sa forme; cette structure profonde est aussi appelée **pelvis** et associe les os coxaux, le sacrum et le coccyx.

Chaque os coxal présente un contour irrégulier et provient de la fusion (après la puberté) de trois os distincts chez l'enfant: l'ilium, l'ischium et le pubis (figure 7.30). À la fin de l'adolescence, ces os intimement soudés ne présentent aucune ligne de suture visible. On conserve toutefois leur nom pour désigner les différentes régions de l'os coxal.

Au point de jonction de l'ilium, de l'ischium et du pubis, sur la face externe de l'os coxal, existe une profonde cuvette hémisphérique appelée **fosse de l'acétabulum** («vase à vinaigre») (figure 7.30). Une partie de cette cavité, l'**acétabulum**, ou cavité cotyloïde, reçoit la tête du fémur (l'os de la cuisse), formant ainsi l'*articulation coxofémorale*.

Ilium

L'**ilium**, ou ilion, est un grand os évasé qui constitue la partie supérieure de l'os coxal. Il comprend le **corps de l'ilium** et une partie supérieure en forme d'aile, appelée **aile de l'ilium**, qui peut être considérée comme l'équivalent de la scapula dans la ceinture pectorale. On peut palper (surtout antérieurement) ses bords supérieurs plus épais, les **crêtes iliaques**, en mettant les mains sur les hanches. De nombreux muscles y sont fixés. Chaque crête iliaque se termine en avant par une saillie émoussée, l'**épine iliaque antérosupérieure** et, en arrière, par une saillie aiguë, l'**épine iliaque postérosupérieure**.

Au-dessous se trouvent les *épines iliaques antéro-inférieure* et *postéro-inférieure*, qui sont moins accentuées. Tous ces reliefs constituent des points d'attache des muscles du tronc, de la hanche et de la cuisse. L'épine iliaque antérosupérieure est un repère anatomique particulièrement important, qu'on peut facilement toucher et voir à travers la peau d'une personne mince. L'épine iliaque postérosupérieure est plus difficile à palper, mais elle est révélée par la fossette de la région sacrale.

Juste sous l'épine iliaque postéro-inférieure, l'ilium se creuse profondément pour former la **grande incisure ischiatique** qu'emprunte le gros nerf sciatique, ou nerf ischiatique, pour pénétrer dans la cuisse. La face latéropostérieure large de l'ilium, appelée **face glutéale de l'os ilium**, présente trois lignes, les **lignes glutéales postérieure**, **antérieure** et **inférieure**, sur lesquelles se fixent les trois gros muscles fessiers.

La face interne de l'aile de l'ilium, légèrement concave, se nomme **fosse iliaque**. Plus en arrière, la **surface auriculaire de l'ilium**, d'aspect rugueux, s'articule avec la face auriculaire du sacrum pour former l'*articulation sacro-iliaque*, qui transfère le poids du tronc de la colonne vertébrale au bassin (figure 7.29); cette articulation permet certains mouvements lors de l'accouchement (appelés *nutation* et *contre-nutation*). La **ligne arquée de l'ilium** est une forte crête qui court depuis la surface auriculaire jusque vers le bas et l'avant de l'os coxal et contribue à délimiter l'**ouverture supérieure du bassin**; ce dernier constitue

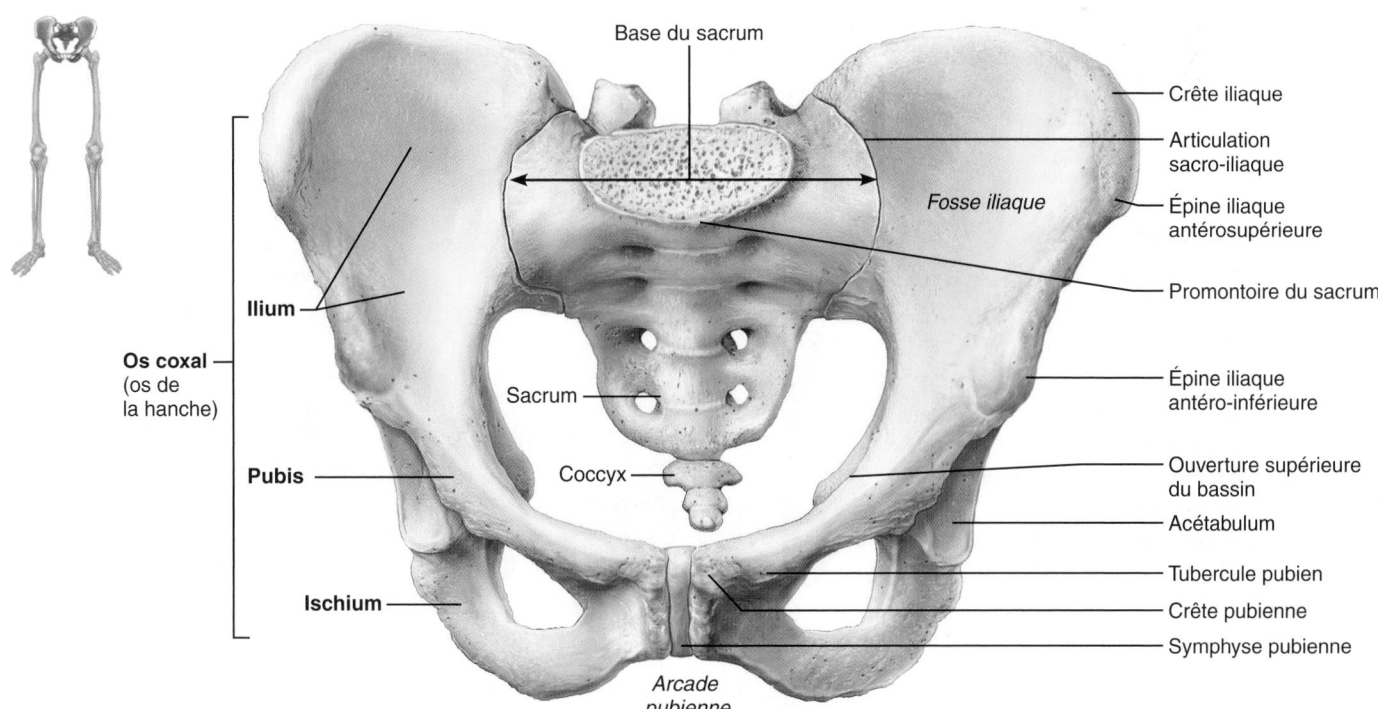

Base du sacrum

Crête iliaque

Articulation sacro-iliaque

Fosse iliaque

Épine iliaque antérosupérieure

Promontoire du sacrum

Ilium

Os coxal (os de la hanche)

Sacrum

Coccyx

Épine iliaque antéro-inférieure

Ouverture supérieure du bassin

Acétabulum

Pubis

Tubercule pubien

Crête pubienne

Ischium

Symphyse pubienne

Arcade pubienne

Figure 7.29 Bassin en position anatomique montrant les deux os coxaux (qui composent la ceinture pelvienne), le sacrum et le coccyx.

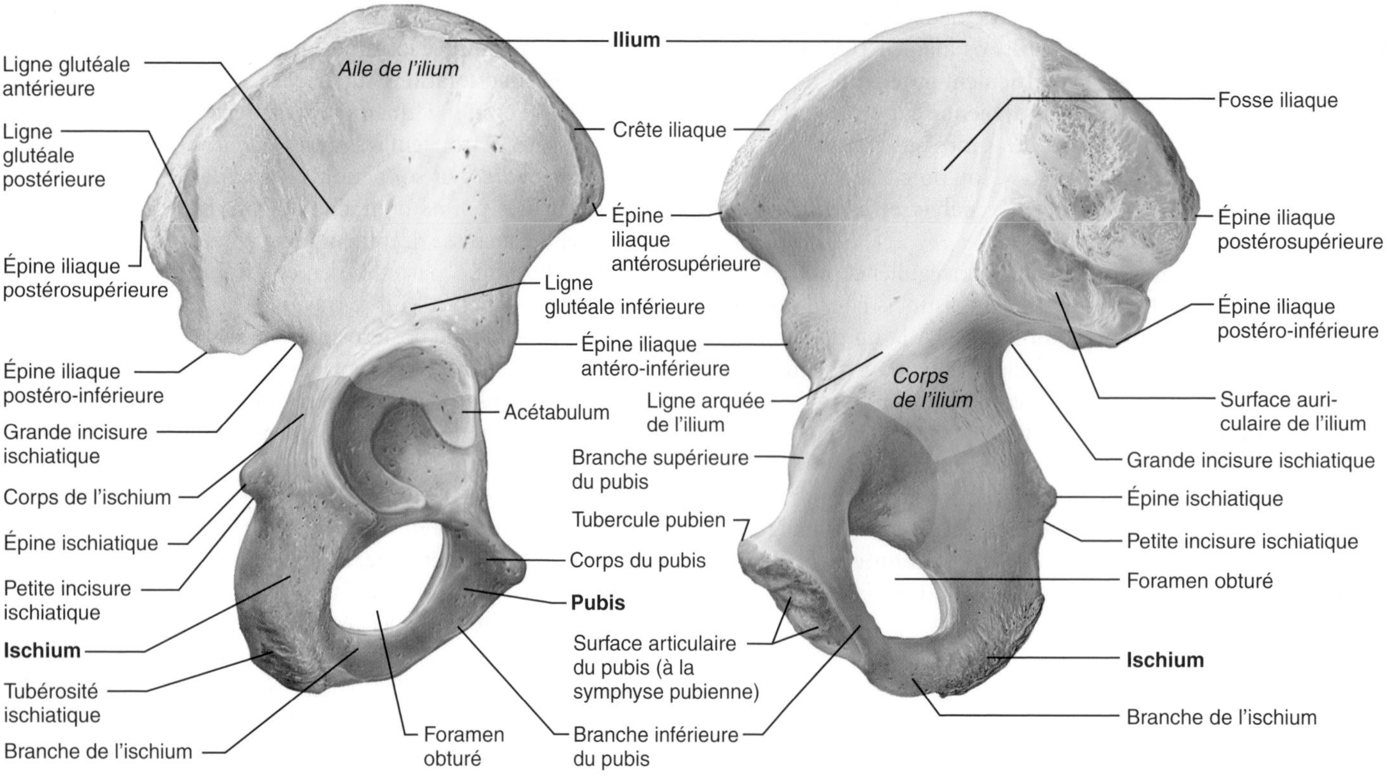

7

Ilium
Aile de l'ilium
Ligne glutéale antérieure
Ligne glutéale postérieure
Épine iliaque postérosupérieure
Épine iliaque postéro-inférieure
Grande incisure ischiatique
Corps de l'ischium
Épine ischiatique
Petite incisure ischiatique
Ischium
Tubérosité ischiatique
Branche de l'ischium
Crête iliaque
Épine iliaque antérosupérieure
Ligne glutéale inférieure
Épine iliaque antéro-inférieure
Acétabulum
Foramen obturé

(a) Vue externe de l'os coxal droit

Fosse iliaque
Épine iliaque postérosupérieure
Épine iliaque postéro-inférieure
Surface auri-culaire de l'ilium
Grande incisure ischiatique
Épine ischiatique
Petite incisure ischiatique
Foramen obturé
Ischium
Branche de l'ischium
Corps de l'ilium
Ligne arquée de l'ilium
Branche supérieure du pubis
Tubercule pubien
Corps du pubis
Pubis
Surface articulaire du pubis (à la symphyse pubienne)
Branche inférieure du pubis

(b) Vue interne de l'os coxal droit

Ligne glutéale antérieure
Ligne glutéale postérieure
Épine iliaque postéro-supérieure
Épine iliaque postéro-inférieure
Grande incisure ischiatique
Corps de l'ischium
Épine ischiatique
Petite incisure ischiatique
Ischium
Tubérosité ischiatique
Branche de l'ischium
Ilium
Épine iliaque antéro-supérieure
Épine iliaque antéro-inférieure
Ligne glutéale inférieure
Acétabulum
Branche supérieure du pubis
Corps du pubis
Tubercule pubien
Branche inférieure du pubis
Foramen obturé

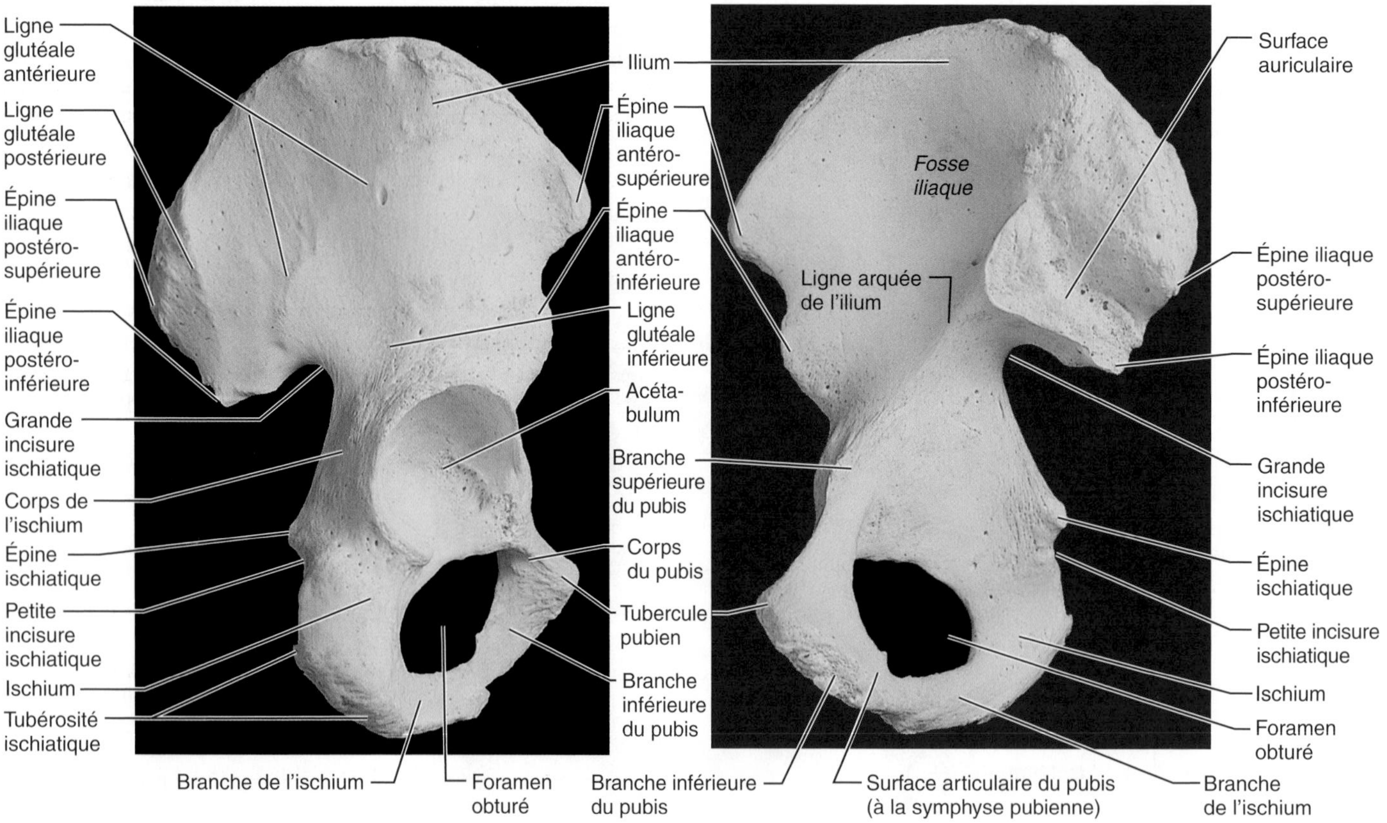

(c) Vue externe de l'os coxal droit

Surface auriculaire
Fosse iliaque
Ligne arquée de l'ilium
Épine iliaque postéro-supérieure
Épine iliaque postéro-inférieure
Grande incisure ischiatique
Épine ischiatique
Petite incisure ischiatique
Ischium
Foramen obturé
Branche de l'ischium
Surface articulaire du pubis (à la symphyse pubienne)
Branche inférieure du pubis

(d) Vue interne de l'os coxal droit

Figure 7.30 Os du bassin. Vues externe et interne de l'os coxal droit. Le point de jonction de l'ilium (en doré), de l'ischium (en mauve) et du pubis (en rouge) au niveau de l'acétabulum est indiqué dans les schémas **(a)** et **(b)**.

la limite supérieure du *petit bassin*, que nous décrivons plus loin. À l'avant, le corps de l'ilium rejoint le pubis, et l'ischium vers le bas.

Ischium

L'**ischium**, ou ischion, constitue la partie postéro-inférieure de l'os coxal (figures 7.29 et 7.30). En forme d'arc de cercle ou de L irrégulier, il comprend dans sa partie supérieure le **corps de l'ischium**, épais, soudé à l'ilium, et, dans sa partie inférieure, la **branche de l'ischium**, plus mince et qui rejoint le pubis antérieurement. L'ischium présente trois repères importants. L'**épine ischiatique** fait saillie jusque dans la cavité pelvienne et sert de point d'attache au *ligament sacroépineux*, qui relie cette épine au sacrum. La **petite incisure ischiatique** se trouve juste en dessous ; elle est traversée par plusieurs nerfs et vaisseaux sanguins qui desservent la région anogénitale. La face inférieure s'épaissit pour donner la **tubérosité ischiatique**. Les deux tubérosités ischiatiques sont les parties les plus solides des hanches et supportent entièrement le poids du corps lorsque nous nous assoyons correctement. Un ligament massif, le *ligament sacrotubéral* (non illustré), relie le sacrum à chaque tubérosité ischiatique et consolide la région pubienne. La tubérosité ischiatique sert également de point d'attache à différents muscles postérieurs de la cuisse.

Pubis

Le **pubis** (« maturité sexuelle ») constitue la partie antérieure de l'os coxal (figures 7.29 et 7.30). En position anatomique, il est quasi horizontal et soutient la vessie. Il a la forme d'un V, avec le **corps du pubis** médian aplati prolongé par la **branche supérieure du pubis** et la **branche inférieure du pubis**. Le bord antérieur du pubis est épaissi et est appelé **crête pubienne**. À l'extrémité externe de cette crête, le **tubercule pubien** constitue l'un des points d'attache pelviens du ligament inguinal. Les deux branches du pubis s'étalent latéralement pour rejoindre le corps et la branche de l'ischium ; elles délimitent ainsi dans l'os coxal une grande ouverture appelée **foramen obturé**. Une membrane fibreuse obstrue ce trou, ne laissant passage qu'à quelques nerfs et vaisseaux sanguins.

La **symphyse pubienne** constitue l'articulation antérieure des deux os coxaux. Elle consiste en un disque de cartilage fibreux qui relie la surface symphysaire de ces os. En dessous, les branches inférieures des os pubiens forment une arcade en V inversée, l'**arcade pubienne**. L'ouverture de l'angle dessiné par l'arcade pubienne (angle subpubien) permet de différencier les bassins masculin et féminin.

Structure du bassin et grossesse

Les différences entre les bassins masculin et féminin sont frappantes. Le bassin féminin est adapté à la grossesse : il est plus large, moins profond, plus léger et plus arrondi que celui de l'homme. En effet, il doit s'ajuster à la croissance fœtale et être suffisamment large pour laisser passer la tête assez volumi-

neuse de l'enfant à la naissance. Le **tableau 7.4** résume et illustre les principales différences entre les bassins masculin et féminin.

On peut diviser le bassin en petit bassin et en grand bassin. Ces structures sont séparées l'une de l'autre par l'**ouverture supérieure du bassin**, dont le bord en ovale forme une ligne continue qui s'étend, de chaque côté, de la crête pubienne au promontoire du sacrum en passant par la ligne arquée de l'ilium (figure 7.29). Le **grand bassin** est la partie située au-dessus de l'ouverture supérieure du bassin, limitée latéralement par les ailes de l'ilium et postérieurement par les vertèbres lombaires. Le grand bassin appartient en réalité à l'abdomen et soutient les viscères abdominaux ; il ne joue pas un rôle direct lors de l'accouchement.

Le **petit bassin**, sous l'ouverture supérieure du bassin, est circonscrit de tous côtés par des os et forme une sorte de coupe profonde, qui renferme les organes pelviens. Ses dimensions, notamment celles des *ouvertures supérieure* et *inférieure du bassin*, se révèlent très importantes au moment de l'accouchement ; c'est pourquoi l'obstétricien les mesure soigneusement (*pelvimétrie* ; voir les Termes médicaux à la page 279).

La plus grande dimension de l'**ouverture supérieure du bassin** est de droite à gauche dans un plan frontal. Au début du travail, la tête de l'enfant pénètre dans l'ouverture supérieure du bassin, le front face à un os coxal et l'occiput face à l'autre. Un promontoire du sacrum trop large peut gêner l'entrée de l'enfant dans le petit bassin.

L'**ouverture inférieure du bassin** (dont des photographies sont montrées au bas du tableau 7.4) indique la limite inférieure du petit bassin. Il est bordé en avant par l'arcade pubienne, sur les côtés par les ischiums et en arrière par le sacrum et le coccyx. Le coccyx et les épines ischiatiques s'avancent dans l'ouverture inférieure du bassin, si bien qu'un coccyx trop anguleux (qui se projette vers l'intérieur) ou des épines ischiatiques trop grandes peuvent compliquer l'accouchement. La plus grande dimension de l'ouverture inférieure du bassin est son diamètre antéropostérieur, ou diamètre conjugué.

Généralement, une fois qu'il a passé la tête dans l'ouverture supérieure du bassin, le bébé la tourne pour amener le front en arrière et l'occiput en avant. De cette façon, la tête fait un quart de tour pour passer dans le sens de la plus grande dimension du petit bassin.

VÉRIFIONS NOS ACQUIS

34. L'ilium et le pubis contribuent à la formation des os coxaux. Quel autre os en fait partie ?

35. La ceinture pelvienne est lourde et solide. Comment sa structure influe-t-elle sur sa fonction ?

36. Lesquels des énoncés suivants s'appliquent au bassin féminin : le sacrum est plus large et court ; la cavité est étroite et profonde ; l'ouverture supérieure du bassin est étroite et en forme de cœur ; le coccyx est plus mobile ; les épines ischiatiques sont longues ?

Les réponses se trouvent à l'appendice G.

TABLEAU 7.4	Comparaison des bassins masculin et féminin	
CARACTÉRISTIQUES	**FEMME**	**HOMME**
Structure générale et modifications fonctionnelles	Incliné vers l'avant; adapté à la grossesse; le petit bassin constitue la filière pelvigénitale; la cavité du petit bassin est large, peu profonde et plus volumineuse.	Moins incliné vers l'avant; adapté au soutien d'un corps plus lourd et de muscles plus forts; la cavité du petit bassin est étroite et profonde.
Épaisseur des os	Os lisses, plus légers et plus minces	Repères marqués, os plus épais et plus lourds
Fosses de l'acétabulum	Petites; écartées	Grandes; rapprochées
Foramen obturé	Ovale	Circulaire
Angle du pubis/arcade pubienne	Angle ouvert (de 80° à 90°); arcade arrondie	Angle fermé (de 50° à 60°)
Vue antérieure		

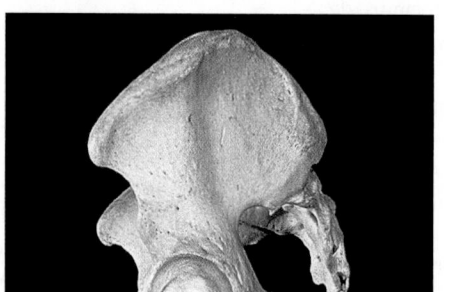

Ouverture supérieure

Arcade pubienne du bassin

Sacrum	Large, court; la courbure sacrale est plus marquée.	Étroit, long; le promontoire du sacrum est plus ventral.
Coccyx	Plus mobile; droit	Moins mobile; incurvé vers l'avant
Grande incisure ischiatique	Large et superficielle	Étroite et profonde
Vue latérale gauche		

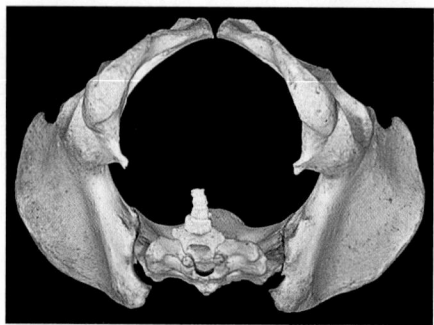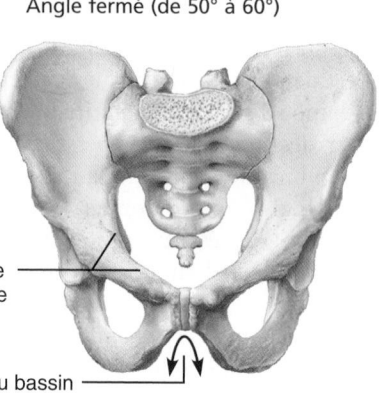

Ouverture supérieure du bassin	Large, ovale dans le sens transversal	Étroite, en forme de cœur
Ouverture inférieure du bassin	Large; tubérosités ischiatiques courtes, espacées et moins tournées vers l'intérieur	Étroite; tubérosités ischiatiques allongées, aiguës et tournées vers l'intérieur
Vue postéro-inférieure		

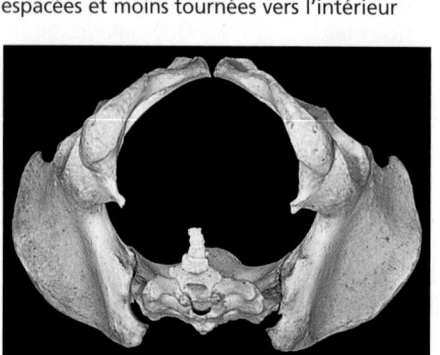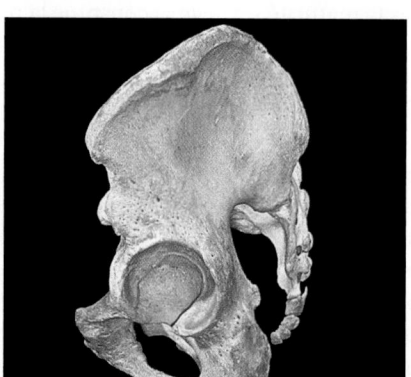

Membre inférieur

18 Nommer et situer les os du membre inférieur et leurs principaux repères anatomiques; établir un lien entre leurs caractéristiques structurales et leurs fonctions.

Les membres inférieurs supportent entièrement le poids du corps en position debout. Ils sont soumis à des forces exceptionnelles, lors d'un saut ou d'une course, par exemple, et il n'est donc pas surprenant que leurs os soient plus massifs et plus forts que ceux des membres supérieurs. Le membre inférieur compte trois segments: la cuisse, la jambe et le pied (tableau 7.5).

Cuisse

Le **fémur**, l'unique os de la cuisse **(figure 7.31)**, est le plus gros, le plus long (environ le quart de la taille de l'individu) et le plus fort de tous les os du corps. Sa robustesse lui permet de supporter des pressions pouvant atteindre 280 kg/cm^2 lors d'un saut puissant. Il est enveloppé de muscles volumineux qui empêchent de le palper sur toute sa longueur.

À son extrémité proximale, le fémur s'articule avec l'os coxal, puis oblique vers l'intérieur jusqu'au genou. Cette disposition permet aux genoux de se rapprocher du centre de gravité du corps et d'améliorer ainsi l'équilibre. L'orientation vers l'intérieur des deux fémurs est encore plus accusée chez la femme,

7

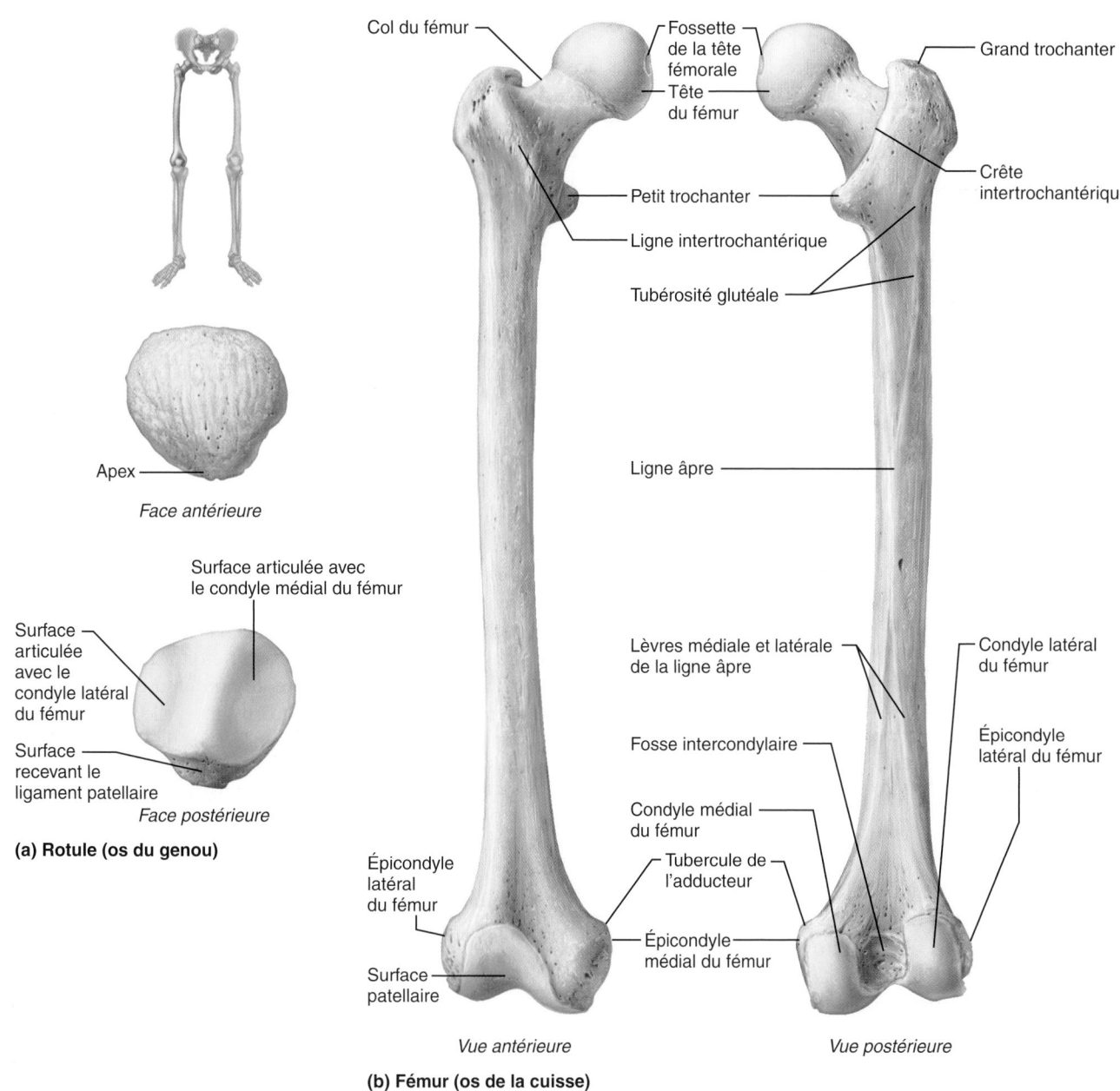

Figure 7.31 Os de la cuisse et du genou droits.

dont le bassin est plus large. Cette orientation pourrait expliquer la fréquence plus élevée de problèmes aux genoux chez les athlètes féminines.

La **tête du fémur** est sphérique et présente une petite dépression centrale, la **fossette de la tête fémorale**. Un court ligament, le *ligament de la tête fémorale*, relie cette fossette à l'acétabulum de l'os coxal, contribuant ainsi au maintien du fémur dans la fosse de l'acétabulum. Le *col du fémur* relie obliquement la tête du fémur à sa diaphyse, car le fémur s'articule avec le côté et non avec le dessous du bassin (l'os coxal). C'est cet angle – dont l'ouverture moyenne est de l'ordre de 125° (il s'agit donc d'un angle très ouvert) – qui en fait la partie du fémur la plus sujette aux fractures, plus particulièrement à ce que l'on appelle couramment fracture de la hanche.

À la jonction de la diaphyse et du col, le **grand trochanter** (externe) et le **petit trochanter** (postéromédial) servent de points d'attache aux muscles de la cuisse et de la fesse. Ils sont reliés par la **ligne intertrochantérique** en avant et par la **crête intertrochantérique** proéminente à l'arrière.

Juste en dessous de la crête intertrochantérique, sur la face postérieure de la diaphyse fémorale, se trouve la **tubérosité glutéale**, qui se poursuit vers le bas par une longue crête verticale, la **ligne âpre**. Cette ligne se sépare plus loin pour former la lèvre médiale et la lèvre latérale de la ligne âpre. Tous ces repères sont des points d'attache musculaire. La diaphyse fémorale est lisse et arrondie, excepté au niveau de la ligne âpre.

À son extrémité distale, le fémur s'épaissit et se termine par le **condyle latéral du fémur** et le **condyle médial du fémur**, qui ont la forme d'une roue et se lient à l'épiphyse proximale du tibia de la jambe. L'**épicondyle latéral du fémur** et l'**épicondyle médial du fémur** sont des points d'attache de muscles squelettiques situés au-dessus des condyles fémoraux. La partie supérieure de l'épicondyle médial est surmontée d'une saillie appelée **tubercule de l'adducteur**. La **surface patellaire**, aussi appelée **trochlée fémorale**, est une surface lisse située entre les deux condyles sur la face antérieure du fémur; elle s'articule avec la rotule (figure 7.31 et tableau 7.5).

La **fosse intercondylaire**, profonde, en forme de U, sépare les deux condyles sur la face postérieure du fémur. Au-dessus, sur la diaphyse, se trouve une zone lisse appelée surface poplitée.

La **rotule**, ou patella (« petit plat »), est un os sésamoïde triangulaire logé dans le tendon du muscle quadriceps fémoral; ce tendon fixe les muscles antérieurs de la cuisse au tibia. La rotule protège l'articulation du genou et accroît l'effet de levier transmis par les muscles de la cuisse à cette articulation.

Jambe

Le squelette de la jambe, c'est-à-dire la partie du membre inférieur située entre le genou et la cheville, comprend deux os parallèles: le tibia et la fibula (figure 7.32). Ces deux os s'articulent l'un avec l'autre à leurs extrémités proximale et distale et sont reliés par la *membrane interosseuse de la jambe*. Contrairement à l'articulation radio-ulnaire de l'avant-bras, l'*articulation tibiofibulaire* de la jambe ne permet guère de mouvements. Les os de la jambe sont donc moins mobiles que ceux de l'avant-bras, mais ils sont plus robustes et plus stables. Le tibia est un grand os en position interne; il s'articule à son extré-

mité proximale avec le fémur au niveau de l'articulation modifiée du genou, et à son extrémité distale avec le talus au niveau de la cheville. Par comparaison, la fibula ne joue aucun rôle dans l'articulation du genou et son rôle dans celle de la cheville consiste uniquement à stabiliser l'articulation.

Tibia

Le **tibia**, que seul le fémur dépasse en taille et en robustesse, transmet le poids du corps du fémur au pied. Son extrémité proximale plus large présente le **condyle latéral du tibia** (externe) et le **condyle médial du tibia** (interne). Ces structures concaves ressemblent à deux pièces d'un jeu de dames placées côte à côte. Elles sont séparées par un relief irrégulier, l'**éminence intercondylaire**. Les condyles du tibia s'articulent avec les condyles du fémur correspondants. La face inférieure du condyle latéral porte la surface articulaire fibulaire pour l'*articulation tibiofibulaire proximale*. Juste sous les condyles, sur la face antérieure du corps du tibia, se trouve la **tubérosité tibiale**, point d'attache du ligament patellaire. C'est cette partie du tibia qui est en contact avec le sol lorsque nous sommes à genoux.

La diaphyse tibiale est triangulaire en coupe transversale. Son **bord antérieur** saillant et sa surface interne sont aisément perceptibles sur toute leur longueur, juste sous la peau, car ils ne sont pas recouverts de muscles. Tout le monde a fait l'expérience douloureuse d'un « coup sur le tibia ». Vers l'extrémité distale, le tibia devient plat à l'endroit où il s'articule avec le talus de la cheville; son prolongement interne vers le bas se termine par la bosse interne de la cheville, la **malléole médiale** (littéralement, « petit marteau »). L'**incisure fibulaire** est située sur la face externe du tibia et contribue à l'*articulation tibiofibulaire distale*.

Fibula

La **fibula**, ou péroné, est un os en forme de baguette, dont les extrémités s'élargissent quelque peu pour s'articuler avec les faces externes des épiphyses proximale et distale du tibia. La **tête de la fibula** est située à son extrémité proximale; la **malléole latérale**, à son extrémité distale, forme la volumineuse bosse externe de la cheville et s'articule avec le talus. La diaphyse de la fibula semble avoir été tordue d'un quart de tour sur elle-même et présente de nombreuses crêtes. La fibula ne supporte pas le poids du corps, mais elle est le point d'attache de plusieurs muscles et, par le biais de la membrane interosseuse de la jambe qui l'associe au tibia, permet d'amortir les chocs que subit le pied lors de la marche.

⚒ **DÉSÉQUILIBRE HOMÉOSTATIQUE**

La *fracture de Dupuytren* se produit à l'extrémité distale de la fibula, du tibia ou des deux. Il s'agit d'une blessure fréquente chez les personnes qui pratiquent des sports (figure 7.32e). ∎

VÉRIFIONS NOS ACQUIS

37. Quel os du membre inférieur est le deuxième en importance sur le plan de la taille?

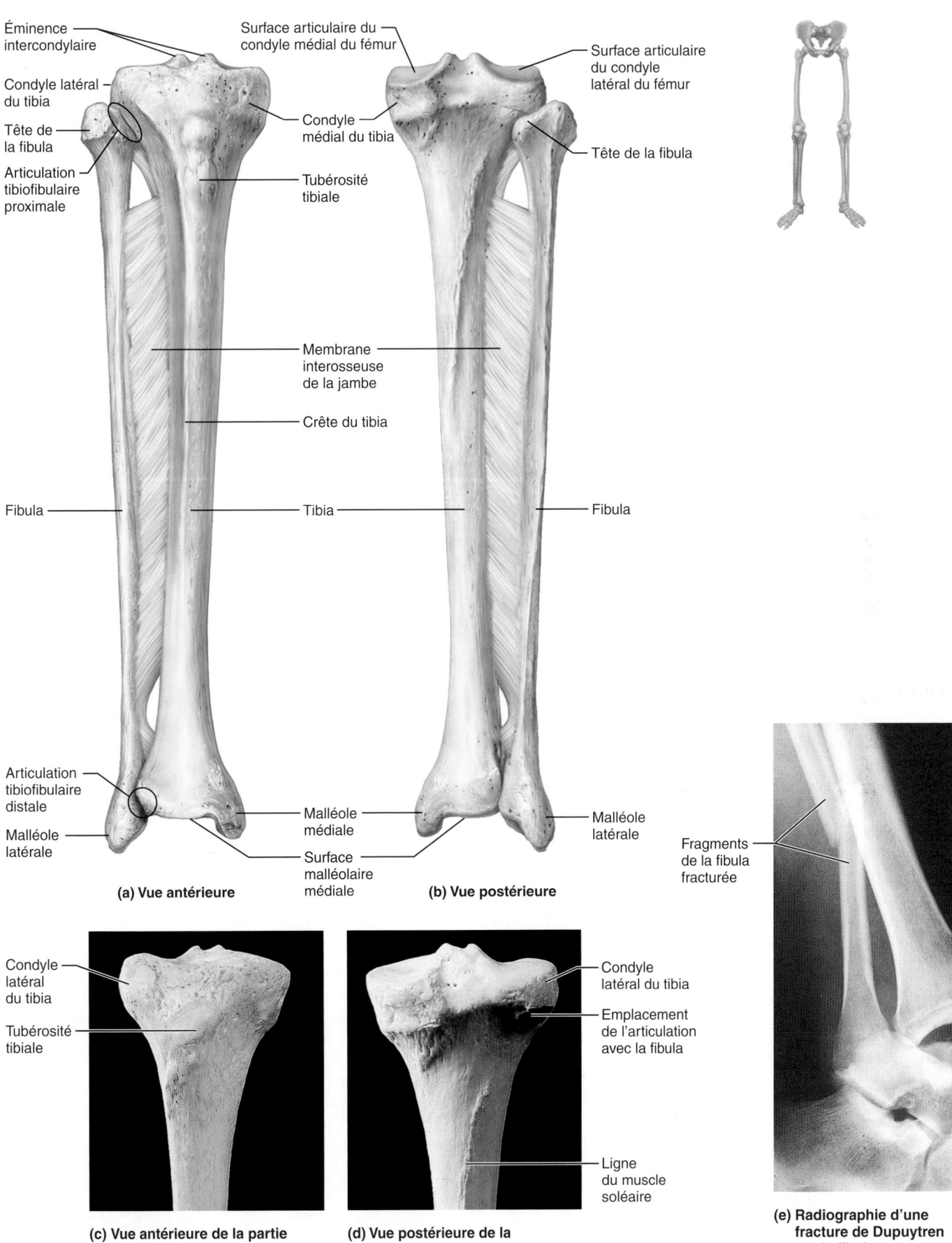

Éminence intercondylaire

Condyle latéral du tibia

Tête de la fibula

Articulation tibiofibulaire proximale

Surface articulaire du condyle médial du fémur

Condyle médial du tibia

Tubérosité tibiale

Membrane interosseuse de la jambe

Crête du tibia

Fibula

Tibia

Articulation tibiofibulaire distale

Malléole latérale

Surface malléolaire médiale

(a) Vue antérieure

Surface articulaire du condyle latéral du fémur

Tête de la fibula

Fibula

Malléole médiale

Malléole latérale

(b) Vue postérieure

Condyle latéral du tibia

Tubérosité tibiale

(c) Vue antérieure de la partie proximale du tibia

Condyle latéral du tibia

Emplacement de l'articulation avec la fibula

Ligne du muscle soléaire

(d) Vue postérieure de la partie proximale du tibia

Fragments de la fibula fracturée

(e) Radiographie d'une fracture de Dupuytren sur la fibula

7

Figure 7.32 **Tibia et fibula de la jambe droite.**

38. Où se situe la malléole médiale ?

39. La rotule est un os sésamoïde. Que pouvez-vous en déduire quant à sa localisation ?

40. Parmi les sites suivants, lequel n'est pas un point d'attache pour un muscle : le grand trochanter, le petit trochanter, la tubérosité glutéale, le condyle latéral ?

Les réponses se trouvent à l'appendice G.

Pied

19 Nommer et situer les os du pied.

20 Nommer et situer les trois arcs plantaires et expliquer leur rôle.

Le squelette du pied comprend les *os du tarse*, les *os métatarsiens* et les *phalanges*, ou os des orteils **(figure 7.33)**. Le pied remplit deux fonctions primordiales : c'est lui qui reçoit le poids du corps et il agit comme un levier pour propulser le corps en avant lors de la marche ou de la course. Un os unique pourrait suffire, mais il s'adapterait mal à des surfaces irrégulières, tandis que la structure segmentée du pied augmente sa souplesse.

Tarse

Les **os du tarse**, ou **os tarsiens**, sont au nombre de sept et constituent la moitié proximale du pied ; ils correspondent aux os carpiens du poignet. Le **talus**, ou astragale – qui s'articule en haut avec le tibia et la fibula –, et le robuste **calcanéus**, ou calcanéum – qui forme le talon et soutient le talus sur sa face supérieure –, sont les deux plus gros os du tarse situés dans la partie postérieure du pied. Ils supportent tout le poids du corps. Le *tendon calcanéen*, ou tendon d'Achille, large et épais, fixe le muscle du mollet à la face postérieure du calcanéus. Le calcanéus repose sur le sol par l'intermédiaire de la **tubérosité du calcanéus**. Il soutient une partie du talus grâce à une élévation en forme de console appelée **sustentaculum tali** (« support du talus ») ou **petite apophyse**. Le tibia s'articule avec le talus à la *trochlée* du talus. Les autres os du tarse sont l'**os cuboïde** (latéral), l'**os naviculaire** (médial) et, vers l'avant, les **os cunéiformes latéral**, **intermédiaire** et **médial**. Le cuboïde et les cunéiformes s'articulent à l'avant avec les os métatarsiens.

Métatarse

Le **métatarse** constitue la plante du pied et se compose de cinq petits os longs, les **os métatarsiens**, numérotés de I à V à partir de l'intérieur. Le premier os métatarsien est volumineux

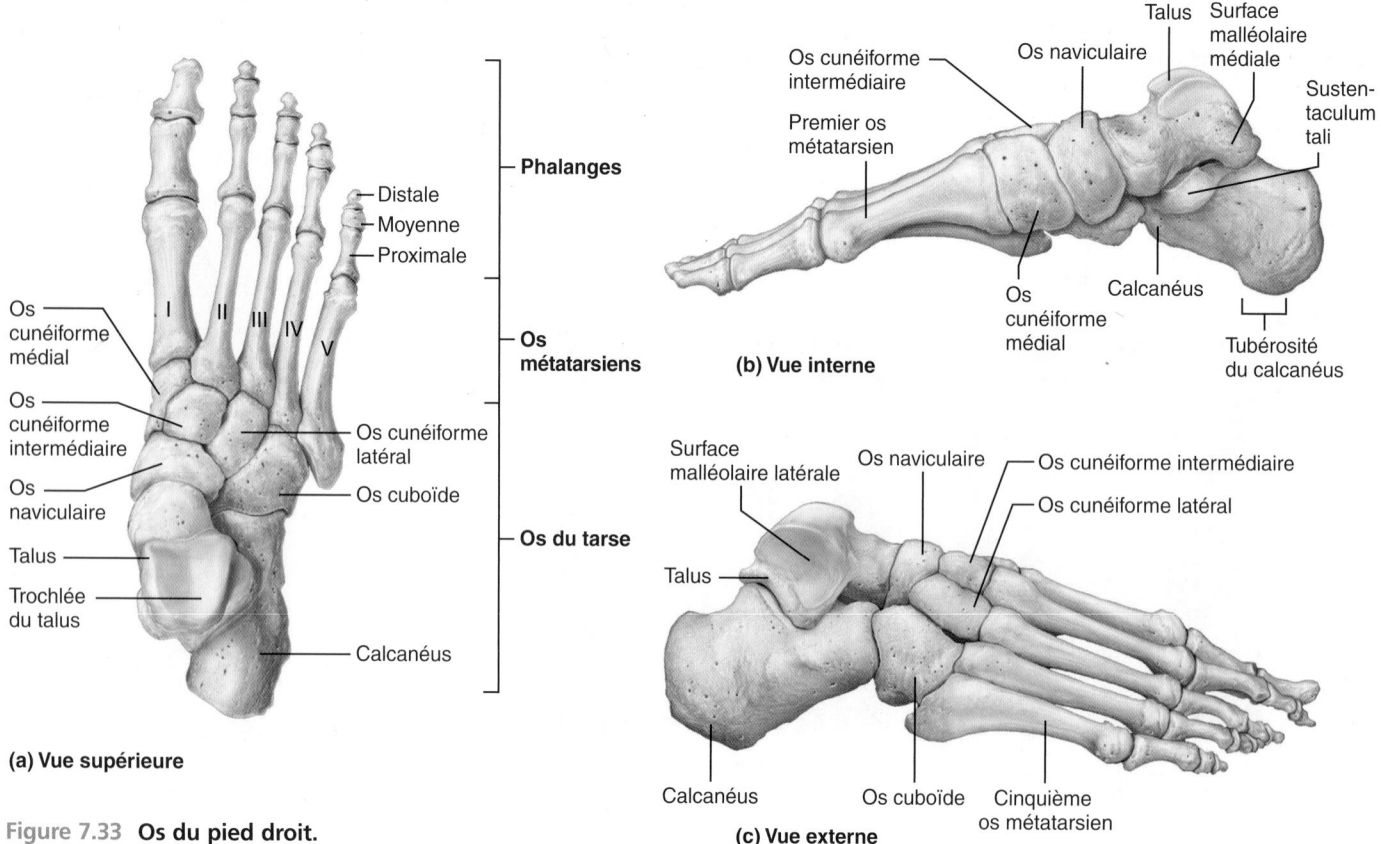

Figure 7.33 **Os du pied droit.**

(a) Vue supérieure

(b) Vue interne

(c) Vue externe

et robuste, et sa face plantaire repose sur deux os sésamoïdes (non illustrés) qui jouent un rôle important dans le soutien du poids du corps. Les os métatarsiens sont plus parallèles que les os métacarpiens de la main. À l'extrémité distale, à l'endroit où les os métatarsiens s'articulent avec les phalanges proximales des orteils, la large tête du premier os métatarsien forme l'« éminence métatarsienne ».

Phalanges (orteils)

La structure et la disposition osseuses des orteils sont identiques à celles des doigts de la main, mais leurs 14 phalanges sont nettement plus courtes et donc beaucoup moins agiles. Chaque orteil possède trois phalanges, sauf le **gros orteil**, ou hallux, qui n'en compte que deux (une proximale et une distale).

Arcs plantaires

Une structure segmentée ne peut supporter un poids que si elle est en forme d'arche. Le pied présente trois arcs : l'*arc longitudinal latéral*, l'*arc longitudinal médial* et l'*arc transversal* (**figure 7.34**), qui lui confèrent sa force extraordinaire. La forme et l'imbrication des os du pied, de forts ligaments et la traction de certains tendons (pendant la contraction musculaire) les maintiennent solidement en place. Ces ligaments et tendons permettent une certaine élasticité ; en général, les arcs « s'affaissent » un peu ou s'étirent légèrement sous le poids et se relèvent une fois allégés, ce qui réduit la quantité d'énergie nécessaire pour marcher et courir.

En examinant l'empreinte d'un pied mouillé, on constate que la partie intermédiaire, comprise entre le talon et la tête du premier os métatarsien, ne laisse aucune trace, car l'**arc longitudinal médial** élève cette partie du pied au-dessus du sol. Le talus est la clé de voûte (la pièce centrale) de l'arc médial, le calcanéus son pilier postérieur et les trois os métatarsiens internes son pilier antérieur.

L'**arc longitudinal latéral** est le plus près du sol et élève la partie externe du pied de manière à répartir une partie du poids sur le calcanéus et la tête du cinquième os métatarsien (c'est-à-dire aux extrémités de l'arc). L'os cuboïde constitue la clé de voûte de l'arc latéral.

L'**arc transversal**, qui traverse le pied obliquement, s'appuie sur les arcs longitudinaux. Il suit la ligne des articulations entre les os du tarse et les os métatarsiens. Les trois arcs, dans leur ensemble, représentent une demi-coupole qui répartit uniformément le poids du corps entre le talon et la tête des os métatarsiens, lors de la station debout ou de la marche.

⚓ DÉSÉQUILIBRE HOMÉOSTATIQUE

La station debout prolongée entraîne une tension excessive des tendons et ligaments des pieds (les muscles restant inactifs) et peut provoquer un affaissement des arcs, ou « pied plat », notamment chez les personnes obèses. La course sur une surface dure sans chaussures adaptées et le vieillissement peuvent également entraîner l'affaissement des voûtes plantaires par affaiblissement progressif des structures de soutien. ■

■ ■ ■

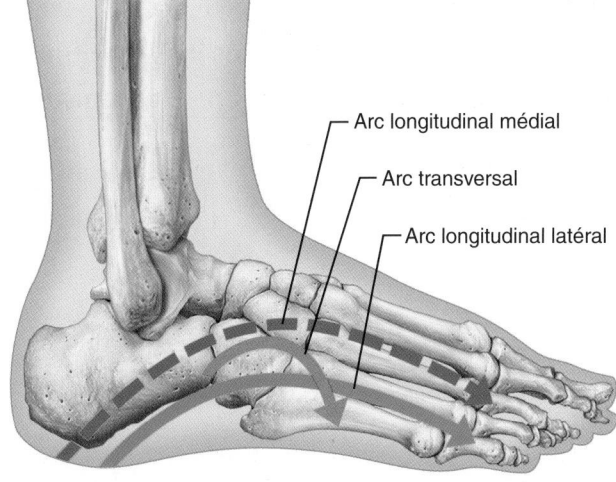

(a) Face latérale du pied droit

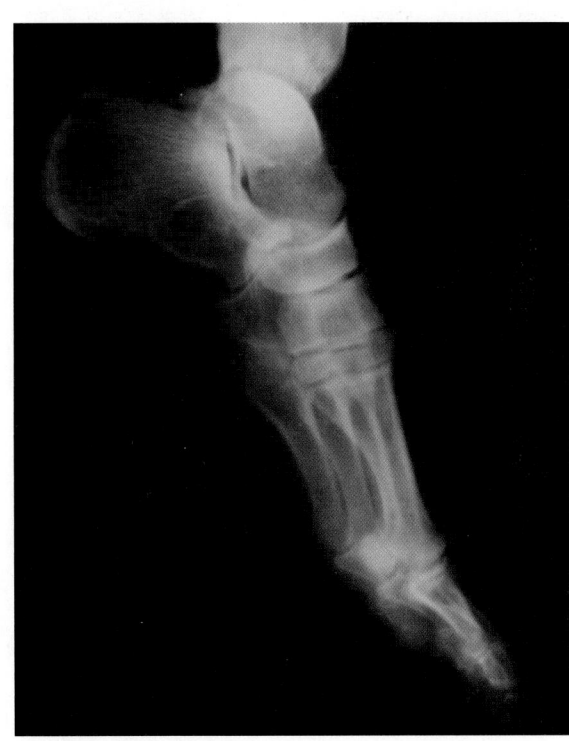

(b) Radiographie de la face interne du pied droit

Figure 7.34   **Arcs du pied.**

Le **tableau 7.5** présente une récapitulation des os de la cuisse, de la jambe et du pied.

VÉRIFIONS NOS ACQUIS

41. En plus de soutenir notre poids, quelle est la fonction principale des arcs plantaires ?

42. Nommez les deux plus gros os du tarse. Lequel forme le talon ?

Les réponses se trouvent à l'appendice G.

TABLEAU 7.5	Os du squelette appendiculaire Deuxième partie : os de la ceinture pelvienne et du membre inférieur			
RÉGION DU CORPS	**OS***	**ILLUSTRATION**	**SITUATION**	**REPÈRES ANATOMIQUES**
Ceinture pelvienne (figures 7.29 et 7.30)	Os coxal (2) (hanche)		Chaque os coxal est constitué par la fusion d'un ilium, d'un ischium et d'un os pubien; les os coxaux fusionnent à l'avant au niveau de la symphyse pubienne et forment avec le sacrum, en arrière, l'articulation sacro-iliaque; la ceinture composée par les deux os coxaux présente la forme d'un bassin.	Crête iliaque; épines iliaques antérieure et postérieure; surface auriculaire; grande et petite incisures ischiatiques; foramen obturé; épine ischiatique et tubérosité ischiatique; fosse de l'acétabulum; arcade pubienne; crête pubienne; tubercule pubien
Membre inférieur Cuisse (figure 7.31)	Fémur (2)		Le fémur est l'unique os de la cuisse; entre l'articulation de la hanche et le genou; le plus gros os du corps.	Tête du fémur; grand et petit trochanters; col du fémur; condyles et épicondyles latéraux et médiaux; fosse intercondylaire; tubercule de l'adducteur; tubérosité glutéale; ligne âpre
Genou (figure 7.31)	Rotule (2)		La rotule est un os sésamoïde logé dans le tendon du muscle quadriceps fémoral (à l'avant de la cuisse).	
Jambe (figure 7.32)	Tibia (2)		Le tibia est l'os le plus gros et le plus interne de la jambe, entre le genou et le pied.	Condyles latéral et médial du tibia; tubérosité tibiale; crête du tibia; malléole médiale
	Fibula (2)		La fibula est l'os latéral de la jambe; en forme de bâton.	Tête de la fibula; malléole latérale
Pied (figure 7.33)	7 os du tarse (14) • talus • calcanéus • os naviculaire • os cuboïde • os cunéiforme latéral • os cunéiforme intermédiaire • os cunéiforme médial		Les sept os du tarse forment la partie proximale du pied; le talus se lie aux os de la jambe au niveau de l'articulation de la cheville; le calcanéus, le plus gros os du tarse, forme le talon.	
	5 os métatarsiens (10)		Les os métatarsiens forment la plante du pied; cinq os numérotés de I à V à partir du gros orteil.	
	14 phalanges (28) • proximale • moyenne • distale	*Vue antérieure de la ceinture pelvienne et du membre inférieur gauche*	Les phalanges forment les orteils; trois phalanges dans les orteils II à V; deux dans l'orteil I (gros orteil).	

* Le nombre entre parenthèses ( ) à la suite du nom de l'os donne le nombre total de ces os dans le corps.

Développement et vieillissement du squelette

21 Définir et situer les fontanelles et expliquer leur importance.

22 Décrire l'évolution des proportions du squelette pendant l'enfance et l'adolescence.

23 Décrire l'effet sur la santé des modifications du squelette liées à l'âge.

L'ossification des membranes osseuses de la tête commence dès le deuxième mois du développement fœtal. La matrice osseuse qui se dépose très rapidement aux points d'ossification soulève des saillies coniques sur les os en développement. À la naissance, les os de la tête sont inachevés et reliés entre eux par les restes non ossifiés des membranes fibreuses, appelées **fontanelles (figure 7.35)**. C'est grâce à ces dernières que l'encéphale fœtal puis infantile peut poursuivre son développement, et que la tête peut subir une compression modérée lors de la naissance. On peut sentir le pouls du bébé en ces endroits, d'où leur nom (*fons*: petite fontaine). La grosse *fontanelle antérieure* (environ trois centimètres), en forme de losange, est perceptible jusqu'à un an et demi ou deux ans après la naissance. Les autres s'ossifient au cours de la première année. Tous les sinus paranasaux (sauf les cellules ethmoïdales) apparaissent après la naissance.

⚖ DÉSÉQUILIBRE HOMÉOSTATIQUE

Plusieurs anomalies congénitales peuvent toucher les os de la tête. La plus connue est sans doute le *bec-de-lièvre*, une fissure de la lèvre supérieure qui peut s'accompagner de la persistance

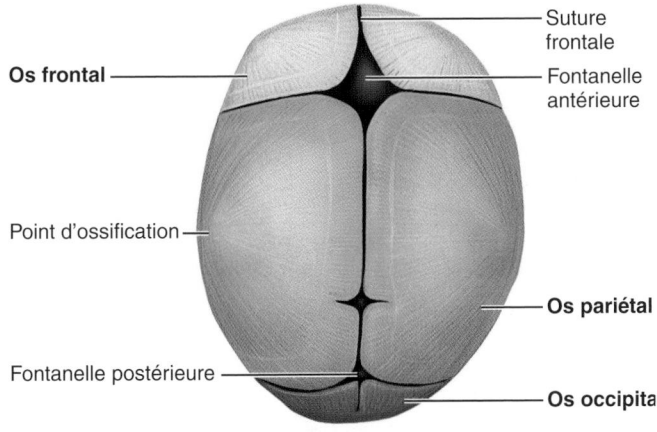

(a) Vue supérieure

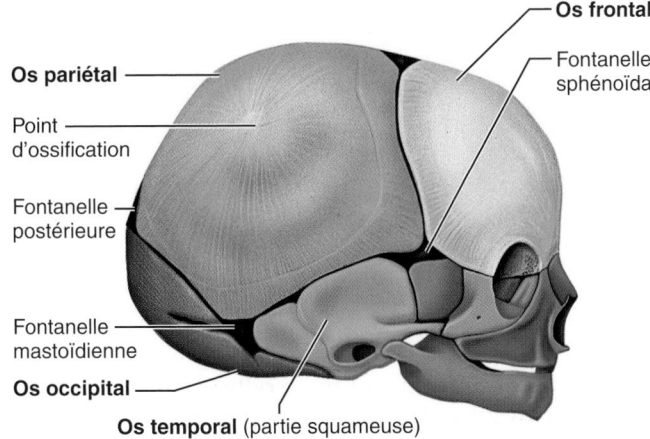

(b) Vue latérale

Figure 7.35 Crâne d'un nouveau-né. Remarquez que la tête du nouveau-né contient un plus grand nombre d'os que celle de l'adulte.

de la fente palatine, due à l'absence de fusion médiane des moitiés droite et gauche du palais **(figure 7.36)**. L'existence d'une ouverture entre les cavités nasale et orale gêne la tétée et peut provoquer une *pneumonie de déglutition* par le passage de nourriture dans les poumons. ■

Le squelette évolue tout au long de la vie, mais c'est chez l'enfant que les modifications sont les plus spectaculaires. À la naissance, le crâne du bébé est énorme par rapport au visage – la face ne représente alors que le huitième du volume du crâne – et plusieurs os ne sont pas encore soudés (par exemple, la mandibule et l'os frontal). Les maxillaires et la mandibule sont réduits et les contours du visage, sans relief (figure 7.38). Neuf mois après la naissance, le crâne a déjà atteint la moitié de sa taille adulte (volume) en raison de la croissance rapide de l'encéphale. Entre huit et neuf ans, il a pratiquement atteint ses dimensions définitives.

Entre 6 et 13 ans, la tête paraît grossir considérablement parce que la face se dessine: les mâchoires augmentent en volume et en masse, les pommettes et le nez sont plus accusés. Ces changements du faciès sont étroitement liés au développement des cavités nasales, des sinus paranasaux et des dents permanentes. La figure 7.38 illustre comment la croissance différentielle des os modifie les proportions du corps tout au long de la vie.

Seules les courbures thoracique et sacrococcygienne sont présentes à la naissance. Ces **courbures primaires**, à convexité postérieure, confèrent à l'enfant l'allure arquée d'un quadrupède **(figure 7.37)**.

Plus tard, apparaissent les **courbures secondaires** – cervicale et lombaire – à convexité antérieure. Elles proviennent d'un remodelage des disques intervertébraux et non de modifications des vertèbres osseuses. La courbure cervicale est présente avant la naissance, mais elle n'est pas très apparente tant que le bébé n'a pas commencé à relever sa tête de lui-même (vers 3 mois); la courbure lombaire commence à apparaître quand il se met à marcher (vers 12 mois), mais il faut attendre quelques années avant qu'elle atteigne sa configuration

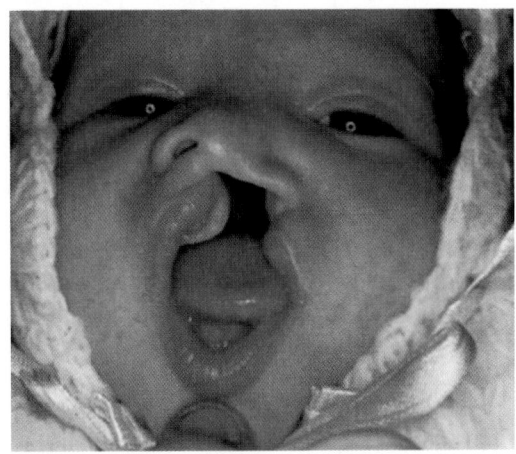

Figure 7.36 Nouveau-né présentant un bec-de-lièvre.

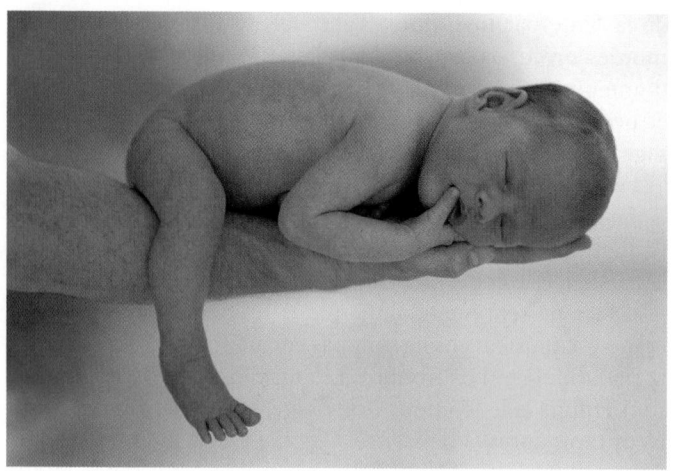

Figure 7.37 **Courbures primaires chez un nouveau-né.**

définitive. La courbure lombaire place le poids du tronc au-dessus du centre de gravité du corps et permet ainsi un meilleur équilibre en station debout.

Les déformations vertébrales (scoliose et lordose) peuvent apparaître au début de l'âge scolaire, lorsque de nombreux muscles sont étirés par la croissance osseuse rapide des membres. La lordose se manifeste souvent à l'âge préscolaire, mais elle est compensée par le renforcement des abdominaux et par la bascule vers l'avant de la ceinture pelvienne. Le thorax s'élargit, mais la position du garde-à-vous militaire (tête droite, épaules effacées, ventre rentré et poitrine bombée) n'apparaît qu'à l'adolescence.

DÉSÉQUILIBRE HOMÉOSTATIQUE

Tout comme le squelette axial, le squelette appendiculaire peut présenter un certain nombre d'anomalies congénitales. La *luxation congénitale de la hanche*, fréquente et assez grave, est due à un défaut de formation de l'acétabulum de l'os coxal ou à une tension insuffisante des ligaments de l'articulation de la hanche, qui font en sorte que la tête du fémur ne reste pas dans l'articulation. Un traitement précoce est essentiel pour prévenir une invalidité permanente. ■

Durant l'enfance, la croissance osseuse modifie non seulement la taille mais également les proportions du squelette (figure 7.38). À la naissance, la tête et le tronc sont environ une fois et demie plus longs que les membres inférieurs. À partir de ce moment-là, les membres inférieurs se développent beaucoup plus vite que le tronc, si bien qu'à l'âge de 10 ans la tête et le tronc sont à peu près de la même taille que les membres inférieurs; ce rapport demeure à peu près constant par la suite. À la puberté, le bassin des fillettes s'élargit en prévision d'éventuelles grossesses, et l'ensemble du squelette des garçons gagne en robustesse. Le squelette d'un adulte en bonne santé ne se modifie plus guère jusqu'à la fin de la cinquantaine.

La vieillesse fait sentir ses effets sur de nombreuses parties du squelette, en particulier la colonne vertébrale. Le risque de

hernie discale augmente avec la perte d'épaisseur, d'élasticité et d'eau des disques. On constate souvent que la taille d'une personne de 55 ans a diminué de plusieurs centimètres. L'ostéoporose de la colonne vertébrale ou une cyphose peuvent provoquer un tassement supplémentaire. À un âge avancé, la colonne vertébrale reprend peu à peu sa forme arquée d'origine en effaçant ses courbures.

Le thorax devient plus rigide, en raison surtout de l'ossification des cartilages costaux. La cage thoracique, moins élastique, provoque donc une réduction de la capacité respiratoire.

Au cours des années, les os subissent une perte de matrice osseuse qui, même si elle est moins sensible dans les os du crâne, contribue néanmoins à modifier la physionomie avec l'âge : fuite des mâchoires, traits moins accusés, réapparition du faciès enfantin. Chez les personnes âgées qui perdent leurs dents, la perte osseuse dans les mâchoires s'accélère parce que le tissu osseux des alvéoles se résorbe. Les os deviennent plus poreux et plus fragiles, en particulier au niveau des vertèbres et du col du fémur, ce qui augmente le risque de fractures.

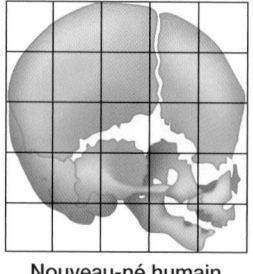 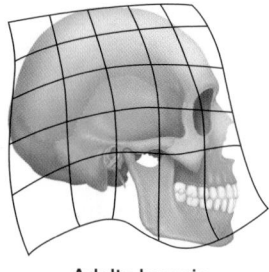

Nouveau-né humain   Adulte humain

(a)

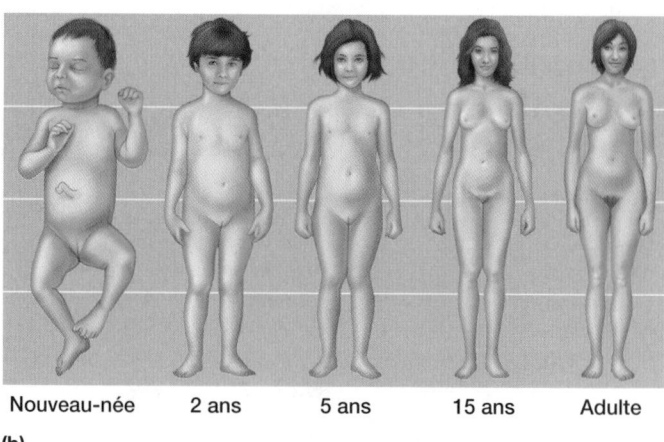

Nouveau-née   2 ans   5 ans   15 ans   Adulte

(b)

Figure 7.38 **Les différences dans le rythme de croissance des parties du corps déterminent les proportions du corps.** **(a)** Grâce à la croissance différentielle, le crâne arrondi et court du nouveau-né se transforme pour devenir le crâne incliné de l'adulte. **(b)** Pendant la croissance de l'humain, les bras et les jambes croissent plus rapidement que la tête et le tronc, comme l'illustre cette représentation d'individus d'âge différent mais dessinés à la même échelle.

43. Quelle étape du développement fait considérablement grossir le massif facial entre 6 et 13 ans?

44. Dans quelles conditions la courbure lombaire se forme-t-elle et quels éléments de la colonne vertébrale sont responsables de ce changement (les disques intervertébraux ou l'os des vertèbres elles-mêmes)?

Les réponses se trouvent à l'appendice G.

Notre squelette n'est pas seulement une merveilleuse infrastructure. Il protège et soutient les autres systèmes de l'organisme, et nos muscles ne seraient d'aucune utilité sans lui (et sans les articulations que nous étudions au chapitre 8). La Synthèse du chapitre 6 (p. 224-225) présente les relations entre le système squelettique et les autres systèmes de l'organisme.

TERMES MÉDICAUX

Arthrodèse des corps vertébraux Procédé chirurgical consistant à introduire des fragments osseux en vue d'immobiliser et de stabiliser un segment particulier de la colonne vertébrale, notamment en cas de fractures vertébrales ou de hernies discales.

Chiropratique Méthode thérapeutique consistant à effectuer diverses manipulations (*kheir*: main) sur la colonne vertébrale; fondée sur la théorie voulant que la plupart des affections sont causées par un mauvais alignement osseux qui exerce une pression sur les nerfs; le spécialiste de la chiropratique est le chiropraticien.

Laminectomie Ablation chirurgicale de une ou de plusieurs lames vertébrales; traitement classique de la hernie discale et de la sténose (rétrécissement) du canal vertébral; on y a aussi recours pour redresser la colonne vertébrale.

Orthopédiste ou **chirurgien orthopédiste** Médecin spécialiste des os et des articulations.

Pelvimétrie Mensuration des ouvertures supérieure et inférieure du bassin (dans le sens antéropostérieur surtout) afin de vérifier si leurs dimensions permettent la naissance normale du nouveau-né.

Pied bot Malformation (anomalie congénitale) du pied assez fréquente, dont il existe quatre grands types, et qui entraîne un appui du pied sur le sol ailleurs que sur la région normale; dans le type le plus fréquent (varus équin), la plante des pieds est tournée vers l'intérieur et les orteils vers le bas: l'appui du pied sur le sol se fait ainsi sur le bord externe du pied, ce qui rend la marche difficile; liée à des facteurs génétiques ou attribuable à une position anormale du pied pendant le développement fœtal.

Spina bifida Anomalie congénitale de la colonne vertébrale due à la fermeture incomplète d'un ou de plusieurs arcs vertébraux, surtout dans le segment lombosacral. Dans la forme la plus grave (spina bifida cystica), les méninges (méningocèle) ou même la moelle épinière (myéloméningocèle) peuvent faire saillie à travers l'ouverture dans la ou les vertèbres. Il peut s'ensuivre de sérieux problèmes d'ordre neurologique et une vulnérabilité aux infections du système nerveux. Dans sa forme la plus fréquente (spina bifida occulta), elle est sans conséquence et décelable seulement par la radiographie ou par la présence d'une touffe de poils sur la peau (voir la figure 12.36).

RÉSUMÉ DU CHAPITRE

1. Le squelette axial forme l'axe longitudinal du corps. Ses principales parties sont la tête, la colonne vertébrale et la cage thoracique. Il assure un rôle de soutien et de protection des centres nerveux ainsi que des organes contenus dans le thorax.

2. Le squelette appendiculaire comprend les os des ceintures pectorale et pelvienne ainsi que ceux des membres. Il permet la mobilité nécessaire à la locomotion et à la manipulation.

PREMIÈRE PARTIE – LE SQUELETTE AXIAL

Tête (p. 231)

1. La tête compte 22 os. Le crâne est constitué d'une voûte et d'une base qui enveloppent complètement l'encéphale et le protègent. Le squelette facial présente des ouvertures pour les voies respiratoires et digestives et des points d'insertion pour les muscles faciaux.

2. À l'exception de l'articulation temporomandibulaire, tous les os de la tête sont reliés par des sutures (articulations immobiles).

3. Crâne. Le crâne comprend huit os: des os pairs (temporaux et pariétaux) et des os impairs (frontal, occipital, ethmoïde et sphénoïde) (tableau 7.1).

4. Os de la face. La face comprend 14 os: des os pairs (maxillaires, zygomatiques, nasaux, lacrymaux, palatins et cornets nasaux inférieurs) et des os impairs (mandibule et vomer) (tableau 7.1).

5. Orbites et cavités nasales. Les orbites et les cavités nasales sont des régions osseuses complexes formées de plusieurs os.

6. Sinus paranasaux (de la face). Les sinus paranasaux occupent l'os frontal, l'os ethmoïde (qui contient les cellules ethmoïdales), l'os sphénoïde et les maxillaires.

7. Os hyoïde. L'os hyoïde, maintenu dans le cou par des ligaments, sert de point d'attache aux muscles de la langue et du cou.

Colonne vertébrale (p. 248)

1. Caractéristiques générales. La colonne vertébrale comprend 24 vertèbres mobiles distinctes (7 cervicales, 12 thoraciques et 5 lombaires) ainsi que le sacrum et le coccyx.

2. Les disques intervertébraux, faits de cartilage fibreux, amortissent les chocs, empêchent la friction et l'usure des corps vertébraux tout en permettant leur mouvement.

3. Les courbures thoracique et sacrococcygienne de la colonne vertébrale sont des courbures primaires. Les courbures cervicale et lombaire sont des courbures secondaires. Les courbures augmentent la flexibilité de la colonne vertébrale.

4. **Structure générale des vertèbres.** Toutes les vertèbres, à l'exception de C$_1$ et de C$_2$, sont constituées d'un corps vertébral, de deux processus transverses, de deux processus articulaires supérieurs et inférieurs, d'un processus épineux et d'un arc vertébral.

5. **Caractéristiques des différentes vertèbres.** Les vertèbres de chaque segment de la colonne vertébrale présentent certaines particularités (tableau 7.2).

Cage thoracique (p. 256)

1. La cage thoracique comprend les 12 paires de côtes, le sternum et les vertèbres thoraciques. Elle protège les organes de la cavité thoracique.

2. **Sternum.** Le sternum est issu de la fusion de trois os: le manubrium sternal, le corps du sternum et le processus xiphoïde.

3. **Côtes.** Les sept premières paires de côtes sont appelées vraies côtes, les cinq autres, fausses côtes; les deux dernières (11 et 12) sont nommées côtes flottantes.

DEUXIÈME PARTIE – LE SQUELETTE APPENDICULAIRE

Ceinture pectorale (scapulaire)* (p. 258)

1. Chacune des deux ceintures pectorales comprend une clavicule et une scapula. Les ceintures pectorales relient les membres supérieurs au squelette axial.

2. **Clavicules.** Les clavicules maintiennent les scapulas écartées du thorax. Les articulations sternoclaviculaires sont les seuls points d'ancrage de la ceinture pectorale au squelette axial.

3. **Scapulas.** Les scapulas s'articulent avec les clavicules et avec les humérus.

Membre supérieur* (p. 261)

1. Chaque membre supérieur comprend 30 os parfaitement adaptés à la mobilité.

2. **Bras/avant-bras/main.** L'humérus est le seul os du bras. Le radius et l'ulna forment le squelette de l'avant-bras; les os du carpe, les os métacarpiens et les phalanges forment le squelette de la main.

Ceinture pelvienne* (p. 266)

1. La ceinture pelvienne est une structure robuste adaptée au soutien du poids du corps; elle est formée de deux os coxaux qui relient les membres inférieurs au squelette axial. Le sacrum, le coccyx et les os coxaux constituent le squelette du bassin.

2. Chaque os coxal comprend trois os soudés ensemble: l'ilium, l'ischium et le pubis. L'acétabulum de l'os coxal reçoit la tête du fémur et se situe au point de jonction de ces trois os.

3. **Ilium/ischium/pubis.** L'ilium constitue la partie supérieure évasée de l'os coxal. Chaque ilium est solidement fixé en arrière aux ailes du sacrum. L'ischium est en forme de L; nous nous asseyons sur les tubérosités ischiatiques. Les os du pubis, en forme de V, s'articulent ensemble à l'avant pour former la symphyse pubienne.

4. **Structure du bassin et grossesse.** Le bassin masculin est étroit et profond, avec des os plus volumineux et plus lourds que ceux de la femme. Le bassin féminin, qui constitue la filière pelvigénitale, est large et peu profond.

Membre inférieur* (p. 271)

1. Chaque membre inférieur comprend la cuisse, la jambe et le pied; il est conçu pour supporter le poids du corps et pour le déplacer.

2. **Cuisse.** Le fémur est l'unique os de la cuisse. Sa tête sphérique s'articule avec l'acétabulum de l'os coxal.

3. **Jambe.** Les os de la jambe sont le tibia, qui joue un rôle dans les articulations du genou et de la cheville, et la fibula.

4. **Pied.** Les os du pied sont les os du tarse, les os métatarsiens et les phalanges. Les os du tarse les plus importants sont le calcanéus (os du talon) et le talus, qui s'articule en haut avec le tibia.

5. Trois arcs plantaires (latéral, médial et transversal) maintiennent le pied et distribuent le poids du corps sur le talon et l'éminence métatarsienne.

Développement et vieillissement du squelette (p. 276)

1. Les fontanelles, présentes sur le crâne à la naissance, permettent la croissance de l'encéphale et facilitent le passage de la tête lors de l'accouchement. Le développement du crâne après la naissance est lié à celui de l'encéphale. L'agrandissement du massif facial fait suite au développement dentaire et à l'élargissement de la cavité nasale et des sinus paranasaux.

2. La colonne vertébrale est arquée à la naissance (présence des courbures thoracique et sacrococcygienne). Les courbures secondaires apparaissent quand le bébé commence à redresser la tête puis à marcher.

3. Les os longs continuent leur croissance jusqu'à la fin de l'adolescence. À la naissance, la tête et le tronc mesurent une fois et demie la longueur des membres inférieurs. Vers l'âge de 10 ans, ils sont de la même longueur que les membres inférieurs.

4. Le bassin de la femme se modifie pendant la puberté, en prévision d'éventuelles grossesses.

5. Le squelette adulte varie peu jusqu'à la fin de la cinquantaine. Ensuite, les disques intervertébraux s'amincissent et l'ostéoporose peut s'installer, ce qui entraîne une diminution progressive de la taille et une augmentation du risque de hernie discale. La perte de masse osseuse prédispose les personnes âgées aux fractures, et la rigidité de la cage thoracique favorise les difficultés respiratoires.

---

* Voir les pages indiquées en tête de section pour trouver les repères anatomiques correspondants.

QUESTIONS DE RÉVISION

Choix multiples/associations

(Il peut y avoir plus d'une bonne réponse à certaines questions. Choisissez les meilleures réponses parmi celles qui sont proposées. Les réponses se trouvent à l'appendice G.)

1. Associez chaque description de la colonne A à un os de la colonne B (certaines descriptions correspondent à plusieurs os).

Colonne A	Colonne B
_____ (1) Sont reliés par la suture coronale.	(a) Os ethmoïde
_____ (2) Os clé du crâne.	(b) Os frontal
_____ (3) Os clé de la face.	(c) Mandibule
_____ (4) Forment le palais osseux.	(d) Maxillaire
_____ (5) Permet le passage de la moelle épinière.	(e) Os occipital
_____ (6) Forme le menton.	(f) Os palatin
_____ (7) Contiennent les sinus paranasaux.	(g) Atlas
_____ (8) Contient les cellules mastoïdiennes.	(h) Os pariétal
_____ (9) Ses fossettes articulaires nous permettent d'acquiescer de la tête.	(i) Os sphénoïde
_____ (10) Ce sont les deux seuls os du crâne non réunis par des sutures.	(j) Os temporal

2. Associez chacun des os suivants à l'une des descriptions (un même os peut correspondre à plus d'une description).
   Os: (a) Clavicule   (b) Ilium   (c) Ischium
          (d) Pubis   (e) Os hyoïde   (f) Sacrum
          (g) Scapula   (h) Sternum

   _____ (1) Os du squelette axial auquel s'attache la ceinture pectorale.

   _____ (2) Présente la cavité glénoïdale et l'acromion.

   _____ (3) Comprend une aile, une crête et la grande incisure ischiatique.

   _____ (4) En forme de S; présente une articulation avec le sternum.

   _____ (5) Os de la ceinture pelvienne qui s'articule avec le squelette axial.

   _____ (6) On s'assoit sur cet os.

   _____ (7) Os le plus antérieur de la ceinture pelvienne.

   _____ (8) Appartient à la colonne vertébrale.

   _____ (9) Le seul os de la tête qui ne s'articule pas directement avec un autre os.

   _____ (10) Sa fracture provoque un effondrement de l'épaule vers l'intérieur.

3. Associez chaque os suivant à l'une des définitions (un même os peut correspondre à plus d'une définition).
   Os: (a) Os du carpe   (b) Rotule   (c) Fémur
          (d) Fibula   (e) Humérus   (f) Radius
          (g) Os du tarse   (h) Tibia   (i) Ulna

   _____ (1) S'articule avec l'acétabulum et le tibia.

   _____ (2) Forme la face externe de la cheville.

   _____ (3) Os qui «tient» la main.

   _____ (4) Os du poignet.

   _____ (5) Extrémité proximale en forme de clé à molette.

   _____ (6) S'articule avec le capitulum de l'humérus.

   _____ (7) Le calcanéus est l'os le plus volumineux de ce groupe.

   _____ (8) Os sésamoïde.

   _____ (9) La trochlée se trouve sur la face médiale de son extrémité distale.

   _____ (10) Os occupant le deuxième rang parmi les os de l'organisme en ce qui concerne la robustesse.

Questions à court développement

4. Énumérez les os du crâne et de la face, puis comparez les fonctions du squelette crânien avec celles du massif facial.

5. Parmi les os de la tête, lesquels participent à la formation de: (a) la voûte crânienne seulement; (b) la base du crâne seulement; (c) ces deux parties à la fois?

6. On compare souvent la forme de l'os sphénoïde à celle d'un avion biplan. Quelles structures de cet os, dans cette comparaison, formeraient alors: (a) les ailes supérieures; (b) les ailes inférieures; (c) la cabine de pilotage; (d) les trains d'atterrissage?

7. Comparez les proportions de la cavité crânienne et de la face d'un fœtus avec celles d'un adulte.

8. Énumérez et schématisez les courbures vertébrales normales. Lesquelles sont primaires? Secondaires?

9. Donnez au moins deux caractéristiques anatomiques propres aux vertèbres cervicales, thoraciques et lombaires et permettant de les identifier _facilement_.

10. Quel est le rôle des disques intervertébraux?

11. Différenciez l'anneau fibreux du nucléus pulposus d'un disque intervertébral. Lequel est le plus résistant? Le plus souple? Lequel est responsable de la hernie discale?

12. Donnez la définition d'une vraie côte et d'une fausse côte.

13. Citez trois caractéristiques des vertèbres qui déterminent l'amplitude et le type de mouvement permis par un segment donné de la colonne vertébrale.

14. La plupart des vertèbres sont jointes les unes aux autres par trois articulations; quelles structures des vertèbres constituent chacune de ces articulations?

15. Pour chacun des os (ou groupe d'os) du membre supérieur, donnez le nom de l'os (ou du groupe d'os) qui lui correspond dans le membre inférieur.

7

16. La fonction principale de la ceinture pectorale est la flexibilité. Quelle est celle de la ceinture pelvienne ? Établissez un lien entre les différences fonctionnelles et les différences anatomiques de ces deux ceintures.

17. En position debout, le poids du tronc, de la tête et des membres supérieurs se transmet jusqu'aux pieds, par une chaîne de structures reliées entre elles. Replacez dans le bon ordre ces structures se transmettant le poids du corps : aile de l'ilium – articulation coxo-fémorale – articulation sacro-iliaque – calcanéus – colonne vertébrale – fémur – sacrum – talus – tibia.

18. Donnez trois caractéristiques importantes qui distinguent le bassin masculin du bassin féminin.

19. Décrivez brièvement les particularités anatomiques et les troubles fonctionnels liés au bec-de-lièvre et à la luxation congénitale de la hanche.

20. Comparez le squelette d'une jeune adulte avec celui d'une personne très âgée, en considérant d'abord la masse osseuse en général, puis les structures osseuses de la tête, de la cage thoracique et de la colonne vertébrale.

Réflexion et application

1. Justinio travaille dans un abattoir où sa tâche consiste à ouvrir et à éviscérer des poulets. Après le travail, il passe de longues heures à l'ordinateur, car il est en train d'écrire un livre sur son expérience à l'abattoir. Depuis quelque temps, il a mal à la main et au poignet chaque fois qu'il doit les plier et il se réveille la nuit avec des douleurs et des fourmillements dans la moitié de la main, du côté du pouce. De quel trouble souffre-t-il probablement ? Expliquez votre réponse.

2. Pierre a eu la poliomyélite étant jeune, et a souffert d'une paralysie partielle d'un membre inférieur pendant plus d'un an. Il s'est remis à marcher, mais il présente maintenant une déviation latérale importante du segment lombaire de la colonne vertébrale. Expliquez ce qui s'est passé et décrivez son état.

3. La grand-mère de Marie-Claude glisse sur une carpette et tombe lourdement sur le sol. Sa jambe gauche a subi une rotation latérale et elle est nettement plus courte que la droite. Lorsqu'elle tente de se relever, elle grimace de douleur. Marie-Claude suppose que sa grand-mère s'est « fracturé la hanche », ce qui se vérifiera par la suite. Quel est l'os probablement fracturé et à quel niveau l'est-il ? Pourquoi une « fracture de la hanche » est-elle courante chez les personnes âgées ?

4. Madame Laurin pense avoir trouvé une bonne idée pour ne pas faire la file à Disney World. Elle demande à son mari de louer un fauteuil roulant, et il l'amène ainsi d'un endroit à l'autre pendant trois jours. Au moment de s'asseoir dans l'avion qui les ramène à la maison, elle se plaint de douleurs à deux endroits aux fesses. Pourquoi ? Selon vous, que serait-il arrivé si elle était restée assise pendant quelques jours de plus ?

7

Classification des articulations (p. 284)

Articulations fibreuses (p. 284)

Sutures (p. 284)

Syndesmoses (p. 284)

Gomphoses (articulations alvéolodentaires)
(p. 285)

Articulations cartilagineuses (p. 285)

Synchondroses (p. 285)

Symphyses (p. 286)

Articulations synoviales (p. 286)

Structure générale (p. 288)

Bourses et gaines des tendons (p. 290)

Facteurs influant sur la stabilité
des articulations synoviales (p. 290)

Mouvements permis par les articulations
synoviales (p. 291)

Types d'articulations synoviales (p. 294)

Structure de quelques articulations synoviales
(p. 299)

**Déséquilibres homéostatiques
des articulations (p. 307)**

Blessures courantes des articulations (p. 307)

Inflammations et maladies dégénératives
(p. 308)

**Développement et vieillissement
des articulations (p. 311)**

Les articulations

Les mouvements gracieux des danseuses de ballet et les rudes bousculades des joueurs de football illustrent bien la grande variété de mouvements que les articulations rendent possibles. Et que dire de l'agilité de la main que procurent les articulations des doigts (et du pouce en particulier)! Pour remplacer ces articulations, un modèle de main artificielle hydraulique récemment mis au point nécessite les composantes suivantes: 18 actionneurs fluidiques, des conduites pour le fluide, des microvannes, une micropompe, un accumulateur, un circuit de commande... Et le degré d'efficacité est loin d'atteindre celui de la main naturelle!

Les **articulations** sont les points de contact de deux ou plusieurs os. Nos articulations assurent deux fonctions essentielles: elles confèrent à notre squelette une certaine mobilité et relient nos os entre eux, tout en jouant parfois un rôle de protection, comme dans le crâne ou la cage thoracique.

Les articulations sont les composantes les plus vulnérables de notre squelette. Néanmoins, leur structure résiste habituellement aux diverses forces, notamment à l'écrasement et au déchirement, qui pourraient les déplacer de leur position normale.

Classification des articulations

1 Définir une articulation et décrire ses deux fonctions essentielles.

2 Classer les articulations selon le plan structural et le plan fonctionnel.

Les articulations sont classées selon leur structure et selon leur fonction. La *classification structurale* est fondée sur les matériaux qui unissent les os et sur la présence ou l'absence d'une cavité articulaire. On parle alors d'*articulations fibreuses, cartilagineuses* et *synoviales* (tableau 8.1).

La *classification fonctionnelle* prend en compte le degré de mouvement permis par l'articulation. Cette classification comprend les **articulations immobiles** (ou synarthroses), les **articulations semi-mobiles** (ou amphiarthroses) et les **articulations mobiles** (ou diarthroses). Les articulations mobiles sont plus nombreuses dans les membres supérieurs et inférieurs; les articulations immobiles et semi-mobiles sont situées presque uniquement dans le squelette axial. Cette répartition des types fonctionnels d'articulations dans l'organisme est bien adaptée à ses besoins, parce que moins une articulation est mobile, plus il est probable qu'elle soit stable.

En règle générale, les articulations fibreuses sont immobiles et les articulations synoviales sont totalement mobiles. Par contre, les articulations cartilagineuses offrent des exemples d'articulations immobiles et d'articulations semi-mobiles. Les catégories structurales étant mieux définies que les catégories fonctionnelles, nous utiliserons la classification structurale dans ce chapitre et indiquerons les propriétés fonctionnelles lorsqu'elles seront pertinentes.

Articulations fibreuses

3 Décrire les articulations fibreuses sur les plans de la structure générale et du type de mouvement permis. Nommer et distinguer les trois types d'articulations fibreuses et donner un exemple de chacun.

Dans les **articulations fibreuses**, les os sont reliés par du tissu conjonctif dense et on ne trouve ni cavité articulaire ni cartilage. Quelques articulations fibreuses sont semi-mobiles; dans ce cas, le degré de mouvement permis est fonction de la longueur des fibres de tissu conjonctif qui unissent les os. La plupart des articulations fibreuses ne permettent cependant aucun mouvement. On distingue trois types d'articulations fibreuses, soit les *sutures*, les *syndesmoses* et les *gomphoses*.

Sutures

Les **sutures** (littéralement, « coutures ») sont des articulations présentes uniquement entre les os de la tête (figure 8.1a). Les bords ondulés des os contigus s'emboîtent les uns dans les autres ou se recouvrent partiellement, et la soudure est entièrement comblée par une quantité minimale de fibres de tissu conjonctif très courtes qui sont en continuité avec le périoste. Il en résulte une soudure quasi rigide qui maintient les os fermement en place, tout en permettant aux os de croître à leur périphérie durant l'enfance et l'adolescence. Quand l'individu arrive à l'âge adulte, le tissu conjonctif s'ossifie et les os fusionnent en une seule pièce. Les sutures sont alors appelées **synostoses**, c'est-à-dire « jonctions osseuses ». Tout mouvement des os crâniens pourrait endommager gravement l'encéphale: l'immobilité des sutures est donc tout à fait adaptée à leur fonction de protection.

Syndesmoses

Dans les **syndesmoses**, les os sont reliés par un *ligament* (*sundesmos:* ligament), c'est-à-dire un faisceau ou une bande de

TABLEAU 8.1	Résumé des classes d'articulations			
CLASSE STRUCTURALE	**CARACTÉRISTIQUES STRUCTURALES**	**TYPES**		**MOBILITÉ**
Fibreuse	Extrémités ou parties d'os réunies par des fibres collagènes	(1) Suture (fibres courtes)		Immobile
		(2) Syndesmose (fibres plus longues)		Légèrement mobile ou immobile
		(3) Gomphose (desmodonte)		Immobile
Cartilagineuse	Extrémités ou parties d'os réunies par du cartilage	(1) Synchondrose (cartilage hyalin)		Immobile
		(2) Symphyse (cartilage fibreux)		Légèrement mobile
Synoviale	Extrémités ou parties d'os recouvertes de cartilage articulaire et abritées dans une capsule articulaire tapissée d'une membrane synoviale	(1) Plane (2) Trochléenne (3) Trochoïde	(4) Condylaire (5) En selle (6) Sphéroïde	Entièrement mobile; mouvements permis selon la forme de l'articulation

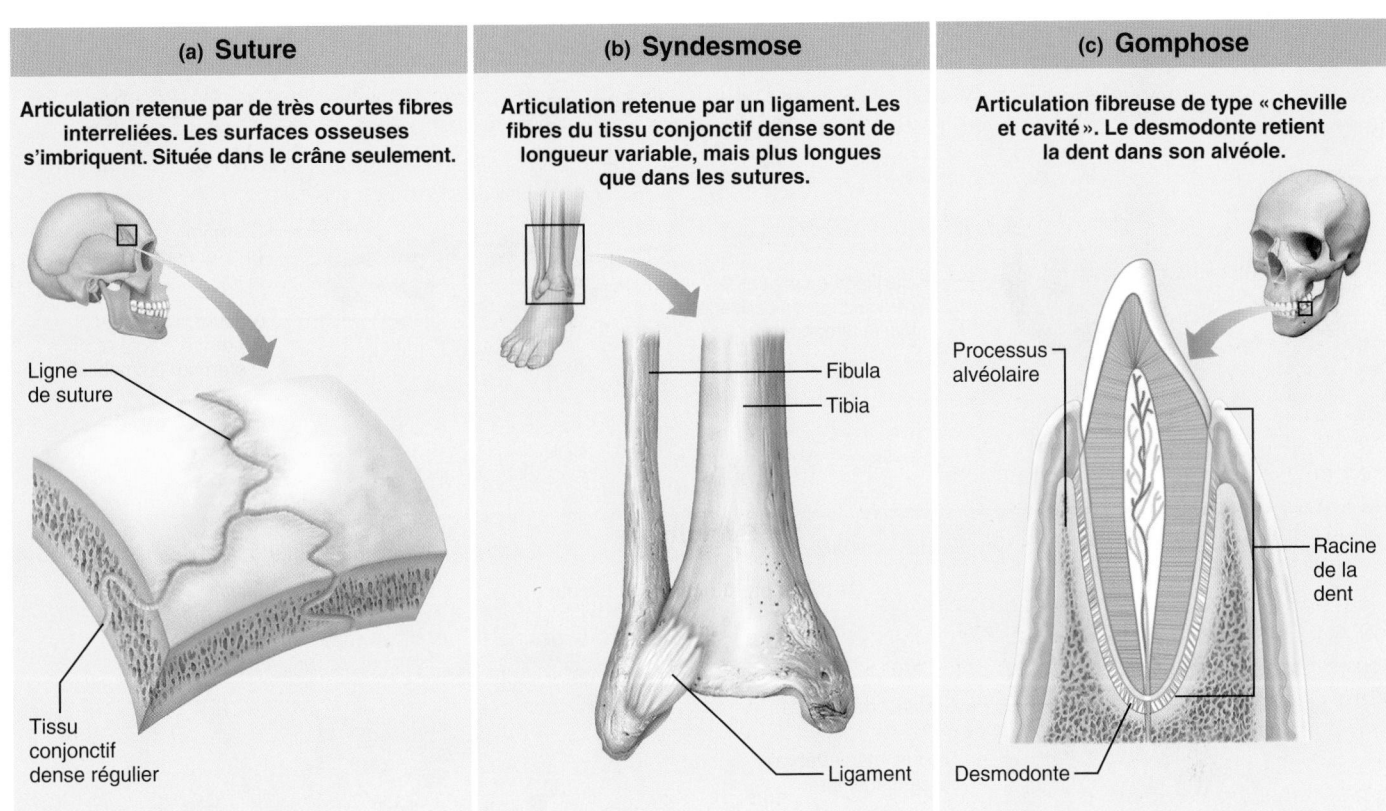

(a) Suture	**(b) Syndesmose**	**(c) Gomphose**
Articulation retenue par de très courtes fibres interreliées. Les surfaces osseuses s'imbriquent. Située dans le crâne seulement.	Articulation retenue par un ligament. Les fibres du tissu conjonctif dense sont de longueur variable, mais plus longues que dans les sutures.	Articulation fibreuse de type « cheville et cavité ». Le desmodonte retient la dent dans son alvéole.

Ligne de suture

Tissu conjonctif dense régulier

Fibula
Tibia
Ligament

Processus alvéolaire
Racine de la dent
Desmodonte

Figure 8.1 **Articulations fibreuses.**

tissu conjonctif dense. Les fibres du tissu conjonctif sont de longueur variable, mais toujours plus longues que dans les sutures.

Comme nous l'avons déjà souligné, l'amplitude du mouvement que permet l'articulation dépend de la longueur des fibres du tissu conjonctif, si bien que la mobilité des syndesmoses varie beaucoup. Par exemple, le ligament qui unit les extrémités distales du tibia et de la fibula est très court (figure 8.1b), et cette articulation est à peine plus lâche qu'une suture ; en d'autres termes, elle a un peu de « jeu ». Il reste que tout mouvement réel y est impossible, de sorte que l'articulation est classée, du point de vue fonctionnel, parmi les articulations immobiles. (Certains auteurs la classent toutefois parmi les articulations semi-mobiles.) Par contre, les fibres de la membrane interosseuse de l'avant-bras, qui joint longitudinalement le radius et l'ulna à la manière d'un ligament (voir la figure 7.27a, b), sont assez longues pour permettre la rotation du radius autour de l'ulna.

Gomphoses (articulations alvéolodentaires)

La **gomphose** (*gomphos:* clou, boulon) est une articulation fibreuse de type « cheville et cavité » (figure 8.1c), dont le seul exemple est celui de l'articulation d'une dent dans son alvéole osseuse. Le nom de cette articulation fait référence à la façon dont les dents sont fixées, comme si elles avaient été enfoncées au marteau. Une mince couche de tissu conjonctif dense forme un très court ligament, le **desmodonte**, qui assure la jonction

fibreuse (voir la figure 23.11). Les mouvements au niveau de cette articulation sont infimes mais servent à nous informer de la pression exercée sur les dents quand nous mordons.

Articulations cartilagineuses

4 Décrire les articulations cartilagineuses sur les plans de la structure générale et du type de mouvement permis. Nommer et distinguer les deux types d'articulations cartilagineuses et donner un exemple de chacun.

Dans les **articulations cartilagineuses**, les os sont unis par du cartilage. À l'instar des articulations fibreuses, elles sont dépourvues de cavité articulaire. Les deux types d'articulations cartilagineuses sont les *synchondroses* et les *symphyses*.

Synchondroses

Dans la **synchondrose** (littéralement, « jonction cartilagineuse »), appelée aussi articulation cartilagineuse primaire, c'est une lame de *cartilage hyalin* (voir la figure 4.9g) qui met les os en rapport. Pratiquement toutes les synchondroses sont des articulations immobiles.

Les exemples les plus courants de synchondroses sont les cartilages épiphysaires qui unissent les épiphyses à la diaphyse dans les os longs des enfants **(figure 8.2a)**. Les cartilages épiphysaires

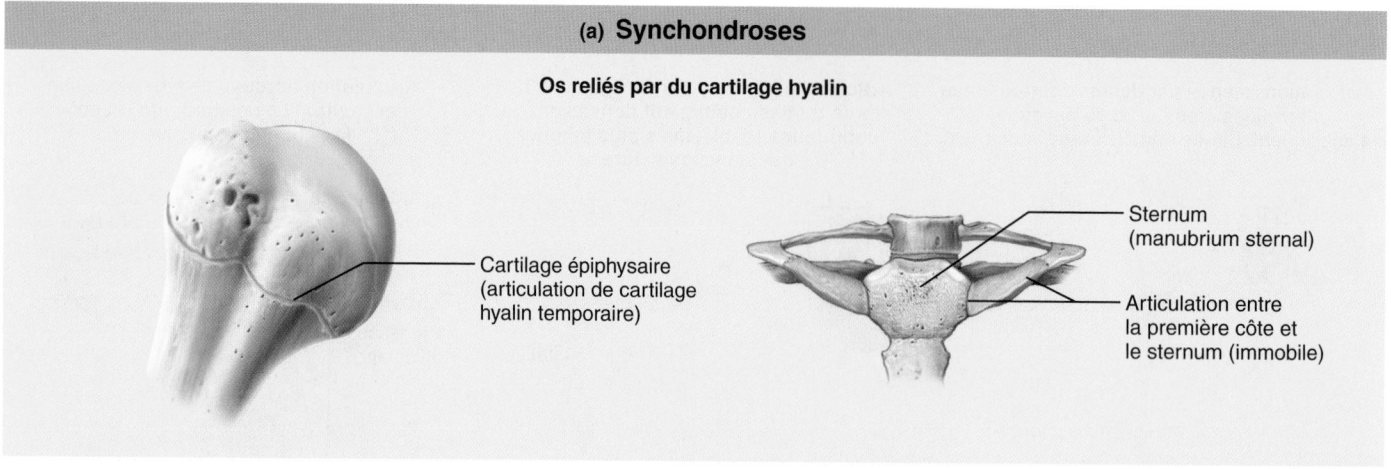

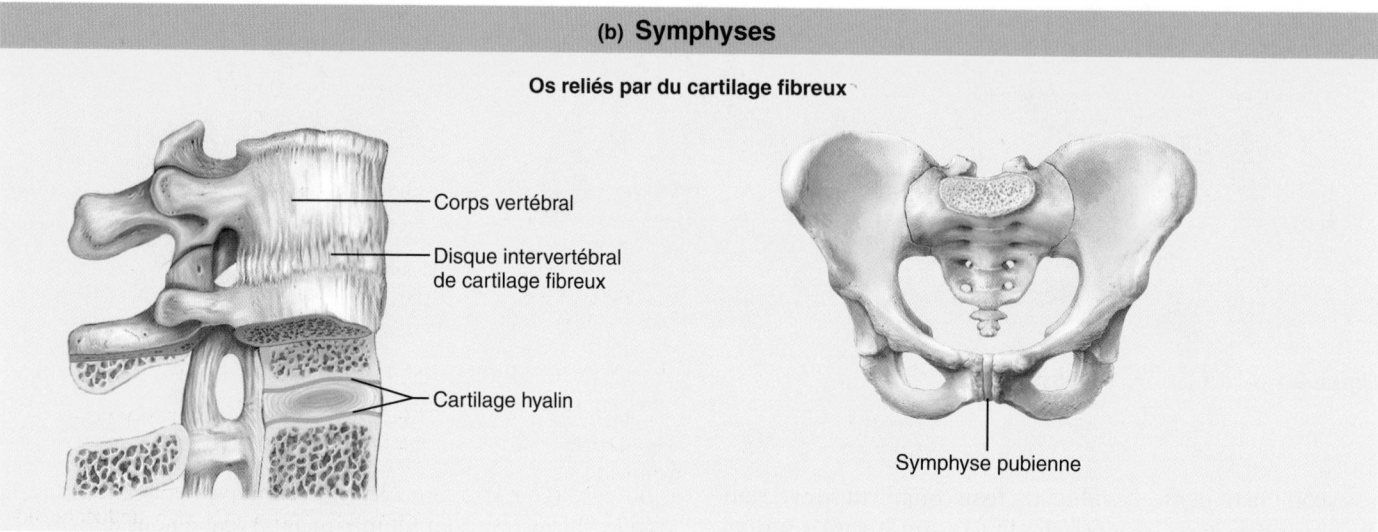

Figure 8.2 **Articulations cartilagineuses.**

sont des articulations temporaires qui deviendront des synostoses. L'articulation entre le cartilage costal de la première côte et le manubrium sternal est également une articulation cartilagineuse immobile dans laquelle le cartilage hyalin de l'articulation se transforme en tissu osseux (figure 8.2b).

Symphyses

Dans les **symphyses** (*sumphusis*: union), ou articulations cartilagineuses secondaires, les surfaces articulaires des os sont recouvertes de cartilage articulaire (hyalin), lequel est lui-même soudé à un coussinet, c'est-à-dire un disque intermédiaire, de *cartilage fibreux* (voir la figure 4.9i). Puisqu'il est un tissu compressible et élastique, le cartilage fibreux agit comme un amortisseur et assure un certain degré de mouvement au niveau de l'articulation. Les symphyses sont des articulations cartilagineuses semi-mobiles conçues pour allier force et flexibilité. Les articulations intervertébrales et la symphyse pubienne du bassin (figure 8.2b et **tableau 8.2**) en sont des exemples; dans ce dernier cas, la semi-mobilité constitue un avantage lors de l'accouchement.

VÉRIFIONS NOS ACQUIS

1. Quelles sont les deux grandes fonctions des articulations?
2. À quelle classe fonctionnelle d'articulations appartiennent les articulations les moins mobiles?
3. Parmi les articulations suivantes, lesquelles sont cartilagineuses: les sutures, les symphyses ou les synchondroses?
4. Quel est le lien entre la mobilité et la stabilité d'une articulation?

Les réponses se trouvent à l'appendice G.

Articulations synoviales

5 Décrire la structure générale d'une articulation synoviale; préciser les fonctions de chacune des six grandes composantes de cette dernière.

6 Comparer les structures et les fonctions des bourses et des gaines des tendons; donner la fonction des coussinets adipeux et des disques articulaires.

TABLEAU 8.2	**Caractéristiques structurales et fonctionnelles des articulations du corps**			
ILLUSTRATION	**ARTICULATION**	**OS QUI S'ARTICULENT**	**TYPE STRUCTURAL***	**TYPE FONCTIONNEL; MOUVEMENTS PERMIS**
	De la tête	Os du crâne et os de la face	Fibreuse; suture	Aucun mouvement
	Temporo-mandibulaire	Os temporal du crâne et mandibule	Synoviale; trochléenne modifiée† (comporte un disque articulaire)	Glissement et rotation uniaxiale; faible mouvement latéral, élévation, abaissement, protraction, rétraction de la mandibule
	Atlantooccipitale	Os occipital du crâne et atlas (C₁)	Synoviale; condylaire	Biaxial; flexion, extension, flexion latérale, circumduction de la tête sur le cou
	Atlantoaxoïdienne	Atlas (C₁) et axis (C₂)	Synoviale; trochoïde	Uniaxial; rotation de la tête
	De la colonne vertébrale	Entre les corps vertébraux adjacents	Cartilagineuse; symphyse	Léger mouvement
	Zygapophysaire	Entre les processus articulaires	Synoviale; plane	Glissement
	Costovertébrale	Vertèbres (processus transverses ou corps vertébraux) et côtes	Synoviale; plane	Glissement des côtes
	Sternoclaviculaire	Sternum et clavicule	Synoviale; en selle creuse (comporte un disque articulaire)	Multiaxial (permet à la clavicule de bouger autour de tous les axes)
	Sternocostale	Sternum et première côte	Cartilagineuse; synchondrose	Aucun mouvement
	Sternocostale	Sternum et côtes 2 à 7	Synoviale; à deux plans	Glissement
	Acromio-claviculaire	Acromion de la scapula et clavicule	Synoviale; plane (comporte un disque articulaire)	Glissement et rotation de la scapula sur la clavicule
	Scapulohumérale (épaule)	Scapula et humérus	Synoviale; sphéroïde	Multiaxial; flexion, extension, abduction, adduction, circumduction, rotation de l'humérus
	Du coude	Humérus avec l'ulna (et le radius)	Synoviale; trochléenne	Uniaxial; flexion, extension de l'avant-bras
	Radio-ulnaire proximale	Radius et ulna	Synoviale; trochoïde	Uniaxial; rotation du radius autour de l'axe longitudinal de l'avant-bras pour permettre la pronation et la supination
	Radio-ulnaire distale	Radius et ulna	Synoviale; trochoïde (comporte un disque articulaire)	Uniaxial; rotation (la tête convexe de l'ulna effectue une rotation dans l'incisure ulnaire du radius)
	Radiocarpienne (poignet)	Radius et os du carpe proximaux	Synoviale; condylaire	Biaxial; flexion, extension, abduction, adduction, circumduction de la main
	Intercarpienne	Os du carpe adjacents	Synoviale; plane	Glissement
	Carpo-métacarpienne du pouce	Os du carpe (os trapèze) et premier os métacarpien	Synoviale; en selle	Biaxial; flexion, extension, abduction, adduction, circumduction, opposition et reposition du premier os métacarpien
	Carpométacar-pienne de l'index au petit doigt	Os du carpe et os métacarpiens II à V	Synoviale; plane	Glissement des os métacarpiens
	Métacarpophalan-gienne (jointures des doigts)	Os métacarpien et phalange proximale	Synoviale; condylaire	Biaxial; flexion, extension, abduction, adduction, circumduction des doigts
	Interphalangienne de la main (doigts)	Phalanges adjacentes	Synoviale; trochléenne	Uniaxial; flexion, extension des doigts

8

TABLEAU 8.2	Caractéristiques structurales et fonctionnelles des articulations du corps *(suite)*			
ILLUSTRATION	**ARTICULATION**	**OS QUI S'ARTICULENT**	**TYPE STRUCTURAL***	**TYPE FONCTIONNEL; MOUVEMENTS PERMIS**
	Sacro-iliaque	Sacrum et os coxal	Synoviale; plane	Chez l'adulte, peu de mouvement, faible glissement possible (augmente au cours de la grossesse)
	Symphyse pubienne	Os pubiens	Cartilagineuse; symphyse	Faible mouvement (augmente au cours de la grossesse)
	Coxofémorale (hanche)	Os coxal et fémur	Synoviale; sphéroïde	Multiaxial; flexion, extension, abduction, adduction, rotation, circumduction de la cuisse
	Fémorotibiale (genou)	Fémur et tibia	Synoviale; trochléenne modifiée† (comporte des disques articulaires)	Biaxial; flexion, extension de la jambe, une certaine rotation
	Fémoropatellaire (genou)	Fémur et rotule	Synoviale; plane	Glissement de la rotule
	Tibiofibulaire proximale	Tibia et fibula	Synoviale; plane	Glissement de la fibula
	Tibiofibulaire distale	Tibia et fibula	Fibreuse; syndesmose	Un peu de «jeu» au cours de la dorsiflexion
	Intertarsienne	Os du tarse adjacents	Synoviale; plane	Glissement; inversion et éversion du pied
	Talocrurale	Tibia et fibula avec le talus	Synoviale; trochléenne	Uniaxial; dorsiflexion et flexion plantaire du pied
	Tarso-métatarsienne	Os du tarse et os métatarsien(s)	Synoviale; plane	Glissement des os métatarsiens
	Métatarso-phalangienne	Os métatarsien et phalange proximale	Synoviale; condylaire	Biaxial; flexion, extension, abduction, adduction, circumduction du gros orteil
	Interphalangienne du pied (orteils)	Phalanges adjacentes	Synoviale; trochléenne	Uniaxial; flexion, extension des orteils

* Les **articulations fibreuses** sont indiquées par des disques orangés; les **articulations cartilagineuses,** par des disques bleus; les **articulations synoviales,** par des disques pourpres.

† Ces articulations trochléennes modifiées ont la structure des articulations bicondylaires.

7 Énumérer trois facteurs naturels qui stabilisent les articulations synoviales; expliquer le mode d'action de chacun et préciser le facteur généralement le plus important.

Dans les **articulations synoviales,** les os s'unissent par l'intermédiaire d'une cavité remplie de synovie. Cette disposition offre une grande liberté de mouvement, si bien que toutes les articulations synoviales sont des articulations très mobiles. Pratiquement toutes les articulations des membres (en fait, la majorité des articulations du corps) appartiennent à cette classe.

Structure générale

Les articulations synoviales possèdent six caractéristiques énumérées ci-après (**figure 8.3**):

1. **Cartilage articulaire.** Les surfaces des os qui s'articulent sont recouvertes d'un cartilage articulaire (hyalin) lisse et luisant, composé de fibres collagènes d'un type particulier. Ces coussinets minces (d'au plus 1 mm) mais spongieux absorbent la compression que subit l'articulation et préviennent donc l'écrasement des extrémités osseuses.
2. **Cavité articulaire.** La cavité articulaire constitue la caractéristique la plus remarquable des articulations synoviales; il s'agit en fait d'un espace virtuel contenant une petite quantité de liquide.
3. **Capsule articulaire.** La capsule articulaire entoure la cavité articulaire; elle comprend deux couches de tissu. La couche externe est composée d'une **membrane (ou capsule) fibreuse** résistante, formée de tissu conjonctif dense irrégulier et fixée au périoste des os adjacents. Elle renforce l'articulation et empêche les os de se séparer lorsqu'ils sont

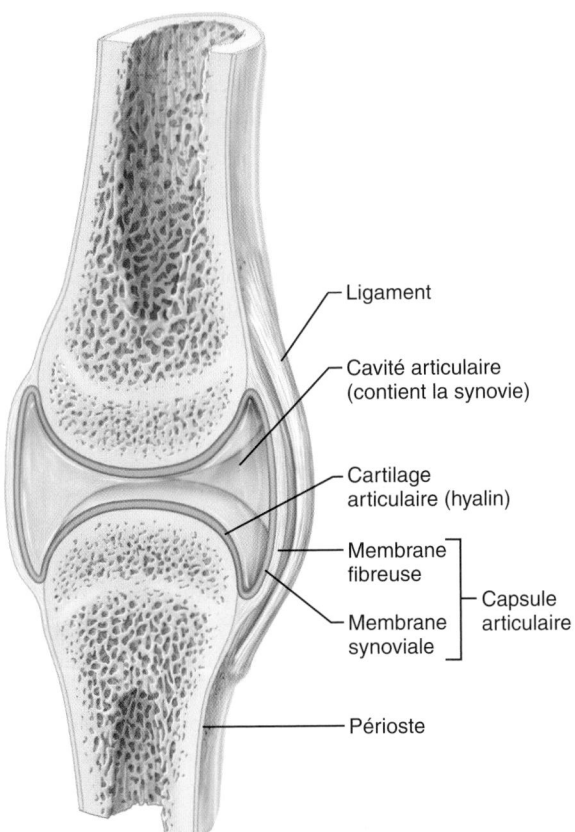

— Ligament

— Cavité articulaire
(contient la synovie)

— Cartilage
articulaire (hyalin)

— Membrane
fibreuse ⎤
⎥ — Capsule
articulaire
— Membrane ⎦
synoviale

— Périoste

Figure 8.3 Structure générale d'une articulation synoviale. Les deux extrémités des os sont revêtues de cartilage articulaire et enfermées dans une capsule articulaire, dont l'extérieur est généralement renforcé par des ligaments. L'intérieur de cette membrane fibreuse est tapissé d'une membrane synoviale lisse qui sécrète la synovie.

soumis à une traction. La **membrane synoviale**, constituée de tissu conjonctif lâche, tapisse l'intérieur de la membrane fibreuse en formant parfois des culs-de-sac, ou *plis synoviaux*. De plus, avec le cartilage hyalin, elle circonscrit le volume de la cavité articulaire. Elle comporte de une à quatre couches de cellules qui sont de deux types: un type de cellules joue un rôle phagocytaire permettant de débarrasser la cavité articulaire des microorganismes et des débris cellulaires qui peuvent l'envahir; l'autre type de cellules joue un rôle de synthèse protéique et sécrète la synovie.

4. **Synovie.** Une petite quantité de **synovie** (ou **liquide synovial**) lubrifiante occupe l'espace libre à l'intérieur de la capsule articulaire. Ce liquide provient principalement du sang qui circule dans les capillaires de la membrane synoviale (certains auteurs considèrent la synovie non pas comme une simple sécrétion des cellules de la membrane synoviale, mais comme une composante de la matrice extracellulaire que possède tout tissu conjonctif). L'acide hyaluronique et les glycoprotéines que renferme la synovie lui confèrent une consistance visqueuse semblable au blanc d'œuf (*sun:* avec; *ôon:* œuf); cette viscosité augmente avec la pression subie par l'articulation. Le mouvement d'une articulation provoque le réchauffement de la synovie et une diminution de sa viscosité.

La synovie, aussi présente *à l'intérieur* des cartilages articulaires, constitue une pellicule lisse porteuse qui réduit la friction (usure) entre les cartilages. Sans cette lubrification, le frottement userait les surfaces articulaires; plus encore, un frottement excessif risquerait de surchauffer les tissus des articulations et d'en provoquer la destruction. Lorsqu'une articulation synoviale subit une compression, les cartilages articulaires expulsent de la synovie dans la cavité; cette libération de liquide est favorisée par le fait que le cartilage articulaire, contrairement aux autres cartilages, ne possède pas de périchondre. Puis, au fur et à mesure que la pression est réduite, la synovie retourne dans les cartilages articulaires, un peu comme de l'eau dans une éponge, d'où elle est prête à être expulsée de nouveau lors d'une autre compression de l'articulation. Ce mécanisme, appelé *lubrification par suintement,* lubrifie les surfaces libres des cartilages et nourrit leurs cellules. (Rappelez-vous que le cartilage est avasculaire.)

Que se passe-t-il quand on fait « craquer » les articulations de ses doigts? Le fait de tirer sur les doigts augmente le volume de la cavité articulaire, ce qui diminue la pression synoviale jusqu'à des valeurs inférieures à la pression atmosphérique. Il y a alors formation de petites bulles de gaz qui, en prenant rapidement de l'expansion, émettent des craquements.

5. **Ligaments.** Les articulations synoviales sont renforcées par un certain nombre de ligaments ressemblant à des bandes. Il s'agit pour la plupart de **ligaments capsulaires**, ou **intrinsèques**, c'est-à-dire qu'ils constituent un épaississement de la membrane fibreuse. D'autres sont indépendants et se trouvent soit à l'extérieur (**ligaments extracapsulaires** ou **externes**), soit à l'intérieur (**ligaments intracapsulaires** ou **internes**) de la capsule. En réalité, les ligaments internes ne se situent pas *dans* la cavité articulaire, car ils sont recouverts par la membrane synoviale.

Les contorsionnistes, qu'on dit désarticulés, nous ébahissent par leur capacité de se placer les deux pieds derrière le cou. Toutefois, la raison de cet exploit n'est pas que leurs os sortent de leurs articulations ou qu'ils possèdent un nombre anormal d'articulations. En fait, leurs capsules articulaires et leurs ligaments sont plus élastiques et plus souples que la moyenne et un entraînement long (et douloureux) vient renforcer cette aptitude physique naturelle.

6. **Nerfs et vaisseaux sanguins.** Les articulations synoviales sont riches en neurofibres sensitives qui innervent la capsule articulaire. Certaines de ces neurofibres détectent la douleur, comme on le constate après une blessure à une articulation, mais la plupart règlent indirectement la position des articulations et l'étirement, ce qui contribue au maintien du tonus musculaire. L'étirement de ces structures envoie des influx nerveux au système nerveux central, qui analyse ces informations et retourne une

commande motrice qui produit la contraction appropriée des muscles entourant l'articulation. Par ailleurs, les articulations synoviales, et surtout la membrane synoviale, sont richement vascularisées. Leurs lits capillaires étendus élaborent un filtrat sanguin qui est à la base de la synovie, comme nous l'avons déjà mentionné.

Certaines articulations synoviales possèdent d'autres caractéristiques structurales. Par exemple, les articulations de la hanche et du genou comportent des **coussinets adipeux** amortisseurs entre la membrane fibreuse et la membrane synoviale ou l'os. D'autres articulations présentent des disques ou coins de cartilage fibreux entre les surfaces articulaires. Ces **disques articulaires**, ou **ménisques**, sont orientés vers l'intérieur de la capsule articulaire et divisent partiellement ou complètement la cavité articulaire en deux compartiments (voir les ménisques du genou à la figure 8.8a, b, e, f). Ces structures améliorent l'ajustement entre les extrémités des os; elles procurent ainsi une plus grande stabilité à l'articulation et réduisent nettement l'usure des surfaces articulaires. On en trouve dans l'articulation du genou, du carpe, de la mâchoire et dans quelques autres articulations (voir les remarques de la colonne portant l'en-tête « Type structural » du tableau 8.2).

Bourses et gaines des tendons

Les bourses et les gaines des tendons ne font pas véritablement partie des articulations synoviales, mais elles leur sont souvent associées (figure 8.4). Ce sont essentiellement des pochettes de lubrifiant que l'on peut comparer à des roulements à billes; elles jouent en effet un rôle de prévention en réduisant la friction entre les articulations et les structures adjacentes au cours des mouvements. Les **bourses** sont des sacs fibreux aplatis, tapissés d'une membrane synoviale; elles contiennent une mince pellicule de synovie. La majorité des bourses se trouvent aux endroits où les ligaments, les muscles, la peau, les tendons ou les os frottent les uns contre les autres.

Une **gaine du tendon** est une bourse allongée qui entoure un tendon soumis à un frottement, un peu comme le petit pain entoure la saucisse dans un hot dog. Les gaines se trouvent là où plusieurs tendons sont regroupés à l'intérieur d'un canal étroit (la région du poignet, par exemple).

Facteurs influant sur la stabilité des articulations synoviales

Parce qu'elles sont constamment étirées et comprimées, les articulations doivent faire preuve d'une bonne stabilité afin d'éviter les luxations, c'est-à-dire la perte de contact entre deux surfaces articulaires. La stabilité d'une articulation synoviale repose principalement sur trois facteurs: la forme des surfaces articulaires, le nombre et la position des ligaments ainsi que le tonus musculaire.

Surfaces articulaires

La forme des surfaces articulaires détermine les types de mouvements qu'une articulation peut effectuer, mais les surfaces

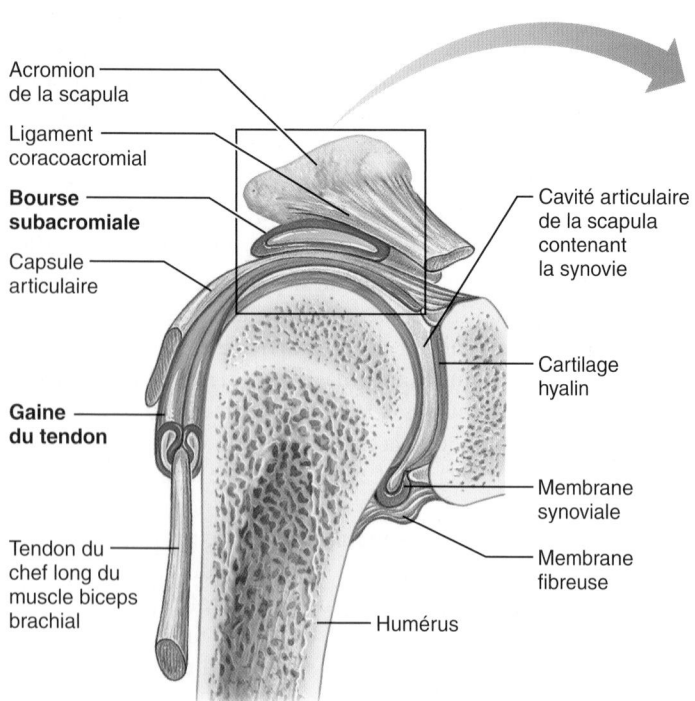

(a) Coupe frontale de l'articulation synoviale de l'épaule droite

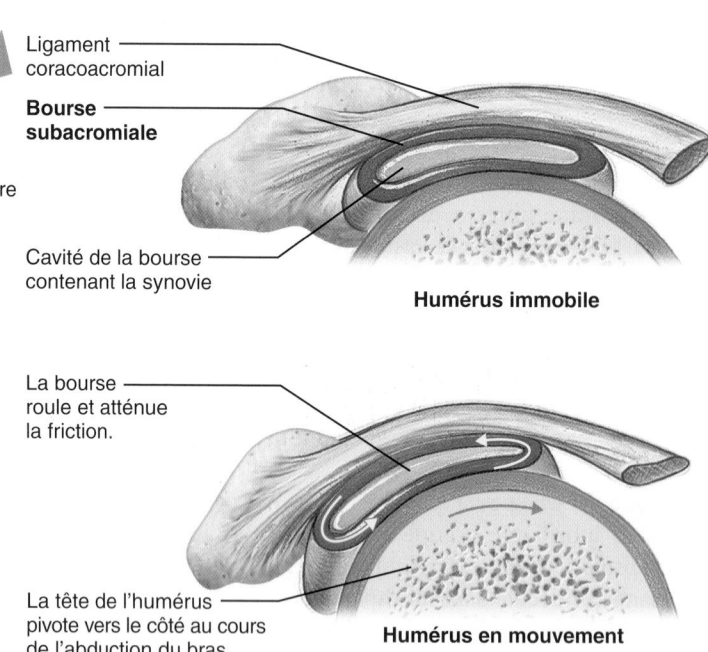

(b) Grossissement du schéma (a) montrant la manière dont une bourse élimine la friction à l'endroit où un ligament (ou une autre structure) pourrait frotter sur l'épiphyse d'un os

Figure 8.4 **Bourses et gaines des tendons.**

articulaires ne jouent qu'un rôle mineur dans la stabilité des articulations. En effet, de nombreuses articulations possèdent des cavités peu profondes ou même des surfaces articulaires non complémentaires (qu'on pourrait aussi qualifier de « mal adaptées »), qui constituent en fait un obstacle à la stabilité de l'articulation. En revanche, la stabilité se trouve grandement améliorée lorsque les surfaces articulaires sont assez étendues et qu'elles s'ajustent bien l'une à l'autre, ou lorsque la cavité est profonde. L'articulation sphéroïde de la hanche, dans laquelle la tête du fémur s'articule avec l'acétabulum de l'os coxal, fournit l'exemple de l'excellente stabilité dont bénéficie une articulation grâce à la forme des surfaces articulaires.

Ligaments

Les capsules et les ligaments des articulations synoviales assurent plusieurs fonctions : ils unissent les os et empêchent tout mouvement excessif ou non souhaitable. En règle générale, plus les ligaments sont nombreux, plus l'articulation est renforcée. Cependant, si les autres facteurs de stabilité sont insuffisants, les ligaments peuvent être soumis à une tension excessive qui provoquera leur étirement. Des ligaments étirés ne reviennent jamais à leur position initiale, un peu comme du caramel ; par ailleurs, ils se déchirent si l'étirement dépasse 6 % de leur longueur. Par conséquent, une articulation n'est pas très stable si ce sont des ligaments qui en constituent le principal moyen de soutien.

Tonus musculaire

Dans la plupart des cas, les tendons des muscles qui traversent les articulations représentent le facteur de stabilité le plus important. Ces tendons sont constamment maintenus sous tension par le tonus des muscles qu'ils rattachent aux os. (Le tonus musculaire se définit comme une légère contraction des muscles au repos qui leur permet de réagir à une stimulation nerveuse.) Nous verrons ultérieurement que le tonus musculaire joue un rôle essentiel dans le renforcement des articulations de l'épaule, du genou et des arcs plantaires.

VÉRIFIONS NOS ACQUIS

5. Nommez, de l'extérieur vers l'intérieur, les deux couches de la capsule articulaire.

6. Comment les bourses et les gaines des tendons améliorent-elles le fonctionnement des articulations ?

7. De manière générale, quelle structure joue le rôle le plus important dans la stabilisation des articulations synoviales ? Quel phénomène associé à cette structure lui permet de jouer ce rôle stabilisateur ?

8. Quelle est l'importance de la lubrification par suintement ?

Les réponses se trouvent à l'appendice G.

Mouvements permis par les articulations synoviales

8 Nommer et caractériser les trois principaux types de mouvements permis par les articulations synoviales.

9 Nommer et décrire (ou exécuter) les principaux mouvements du corps permis par les articulations synoviales.

10 Nommer et décrire (ou exécuter) les mouvements spéciaux qui ne sont possibles qu'au niveau de certaines articulations.

11 Nommer et décrire sommairement les six types d'articulations synoviales selon le mouvement qu'elles permettent. Fournir des exemples de chaque cas.

Chaque muscle squelettique se rattache en deux points au moins à des os ou à d'autres structures de tissu conjonctif. Le tendon de l'**origine musculaire** est lié à l'os immobile (ou le moins mobile) ; le tendon de l'autre extrémité, l'**insertion musculaire**, est attaché à l'os mobile. Lorsque le muscle se contracte (sur l'articulation) et que son insertion se rapproche de son origine, il se produit un mouvement de l'os. C'est le principe qui est à la base des mouvements des différentes parties du corps. Les mouvements peuvent être décrits en termes directionnels par rapport aux lignes, ou *axes*, autour desquelles les parties du corps bougent, et par rapport aux plans de l'espace dans lesquels les mouvements se réalisent, c'est-à-dire dans les plans transverse, frontal ou sagittal. (Reportez-vous à la figure 1.8 pour revoir ces plans.)

La gamme des mouvements permis par les articulations synoviales va du **mouvement non axial** (mouvement de glissement seulement, car il n'y a pas d'axe autour duquel le mouvement peut s'accomplir) au **mouvement multiaxial** (mouvement dans les trois plans de l'espace), en passant par le **mouvement uniaxial** (mouvement dans un seul plan) et le **mouvement biaxial** (mouvement dans deux plans). L'amplitude des mouvements peut varier de manière considérable d'une personne à une autre. Chez certaines personnes, tels les gymnastes ou les acrobates bien entraînés, l'amplitude des mouvements articulaires peut être exceptionnelle. Les mouvements permis par les principales articulations sont présentés dans la colonne de droite du tableau 8.2.

Il existe trois principaux types de mouvements : le *glissement*, les *mouvements angulaires* et la *rotation*. Nous allons décrire ici les principaux mouvements permis par les articulations synoviales ; ils sont représentés à la **figure 8.5**.

Mouvements de glissement

Les **mouvements de glissement**, ou **de translation** (figure 8.5a), sont les mouvements articulaires les plus simples. Une surface osseuse plane, ou presque plane, glisse sur une autre surface semblable (d'avant en arrière et d'un côté à l'autre) sans qu'il y ait d'angulation ou de rotation appréciable. Les mouvements de glissement se réalisent entre les os du carpe ou entre les os du tarse, et entre les processus articulaires plats des vertèbres, ainsi qu'en association avec d'autres mouvements (tableau 8.2).

Mouvements angulaires

Les **mouvements angulaires** (figure 8.5b à e) augmentent ou diminuent l'angle entre deux os réunis par une articulation. Les mouvements angulaires peuvent se dérouler dans tout plan du

Figure 8.5 **Mouvements permis par les articulations synoviales.**

corps et comprennent la flexion, l'extension, l'hyperextension, l'abduction, l'adduction et la circumduction.

Flexion La **flexion** est un mouvement de repli, habituellement dans le plan sagittal, qui *diminue l'angle* de l'articulation et rapproche les os en cause l'un de l'autre. Pencher la tête en avant sur la poitrine (figure 8.5b) et fléchir le tronc ou le genou d'une position droite à une position formant un angle (figure 8.5c, d) en sont des exemples. De façon moins évidente mais tout aussi exacte, le mouvement du bras vers une position antérieure à l'épaule constitue la flexion du bras (figure 8.5d).

Extension L'**extension** est le mouvement inverse de la flexion et elle se produit aux mêmes articulations. Ce type de mouvement a lieu dans un plan sagittal et *augmente l'angle* entre deux os souvent au cours du redressement d'un membre ou d'une partie du corps qui était fléchie. On trouve ce mouvement, par exemple, dans l'action de redresser le cou, le tronc, les coudes ou les genoux après une flexion (figure 8.5b à d). L'extension exagérée d'une articulation, comme quand l'articulation de la tête ou de la hanche est étirée au-delà de la position anatomique (figure 8.5b, c), est appelée **hyperextension**.

Abduction L'**abduction** (*abductio* : action d'emmener) est le mouvement qui *écarte* un membre du plan médian du corps, dans le plan frontal. L'élévation latérale du bras ou de la cuisse est un exemple d'abduction (figure 8.5e). Pour vous aider à mémoriser ces notions, vous pourriez associer le « **ab** » de « **ab**duction » avec l'expression « **là-b**as » (éloignement). Dans le cas des doigts ou des orteils, le terme « abduction » indique leur écartement ; le point de référence médian est alors le doigt le plus long (le troisième doigt ou le deuxième orteil). Par ailleurs, notez que le fait de pencher latéralement le tronc en l'éloignant de la ligne médiane du corps, dans le plan frontal, est appelé *flexion latérale* et non abduction.

Adduction L'**adduction** (*adductio* : action d'amener) est l'opposé de l'abduction ; il s'agit donc du mouvement d'un membre *vers* la ligne médiane du corps ou, dans le cas des doigts, vers la ligne médiane de la main ou du pied (figure 8.5e). Pour vous en rappeler plus facilement, associez les premières lettres de « **ad**duction » et de « **ad**hérer » (coller).

Circumduction La **circumduction** (*circumducere* : conduire autour) est le mouvement au cours duquel le membre décrit un cône dans l'espace (figure 8.5e). L'extrémité distale du membre trace un cercle alors que le sommet du cône (l'articulation de l'épaule ou de la hanche) est plus ou moins stationnaire. Au moment de son élan, un lanceur de baseball effectue un mouvement de circumduction avec le bras qui lance la balle. Parce que la circumduction est en fait le résultat de la séquence des mouvements de flexion, d'abduction, d'extension et

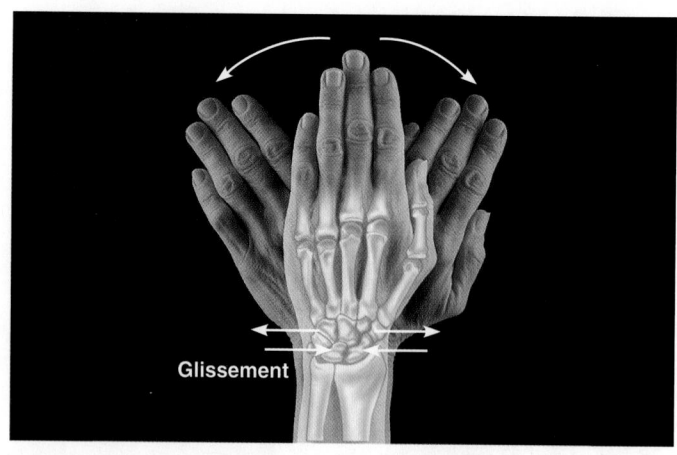

(a) Mouvements de glissement des os du poignet

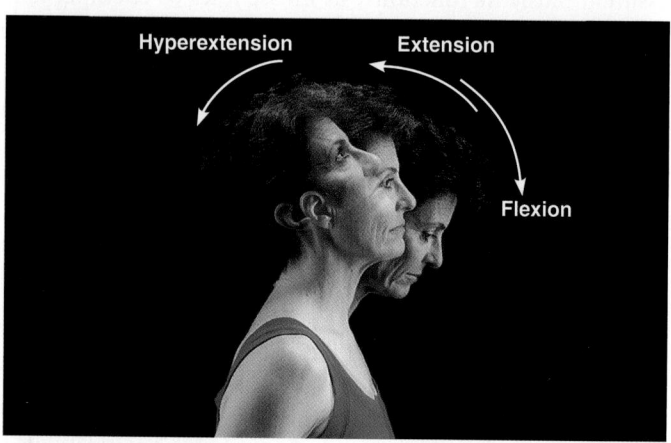

(b) Mouvements angulaires : flexion, extension et hyperextension du cou

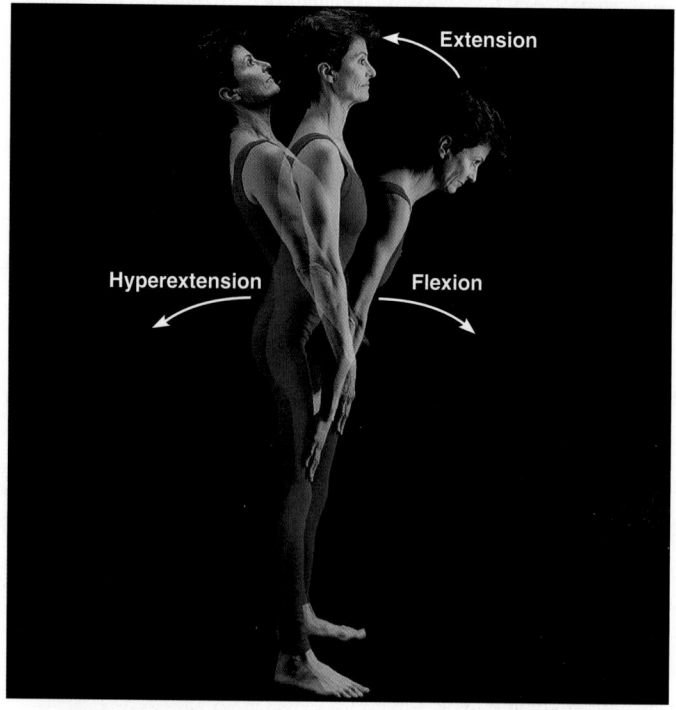

(c) Mouvements angulaires : flexion, extension et hyperextension de la colonne vertébrale

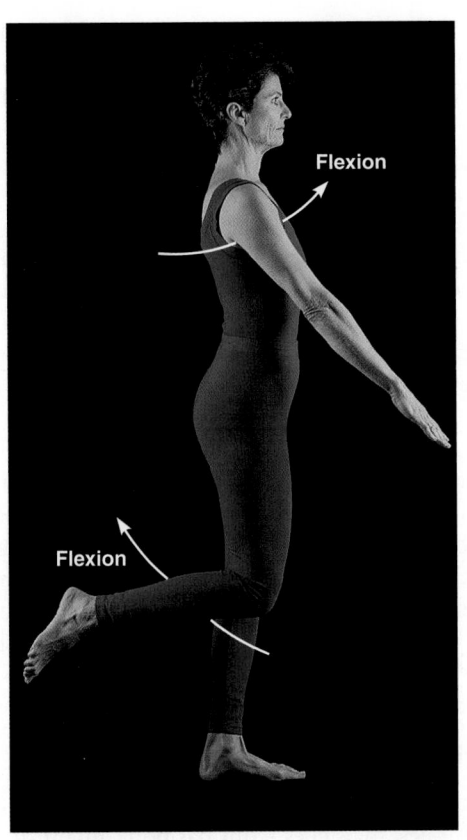

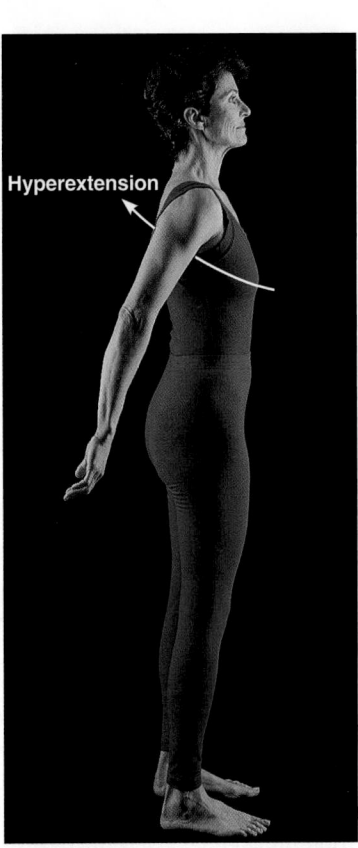

(d) Mouvements angulaires : flexion et extension de l'épaule et du genou

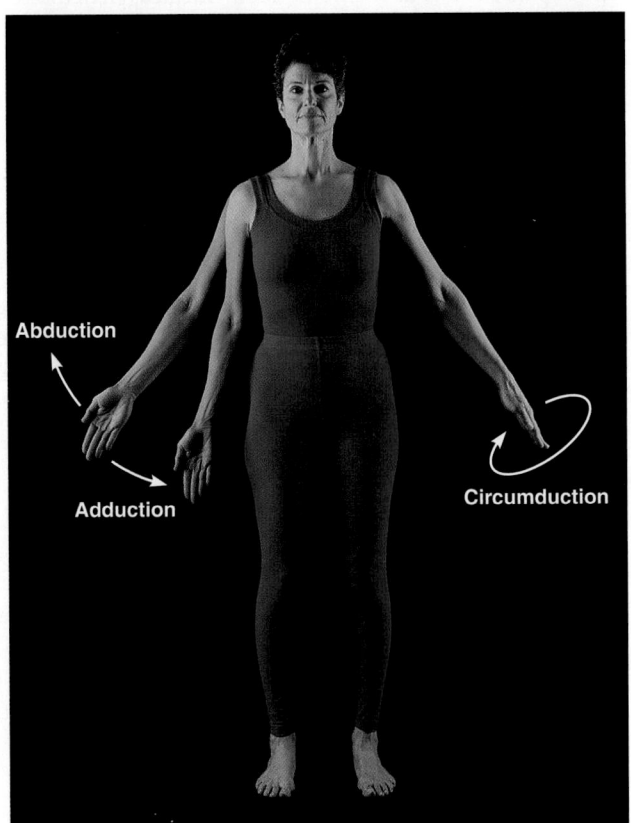
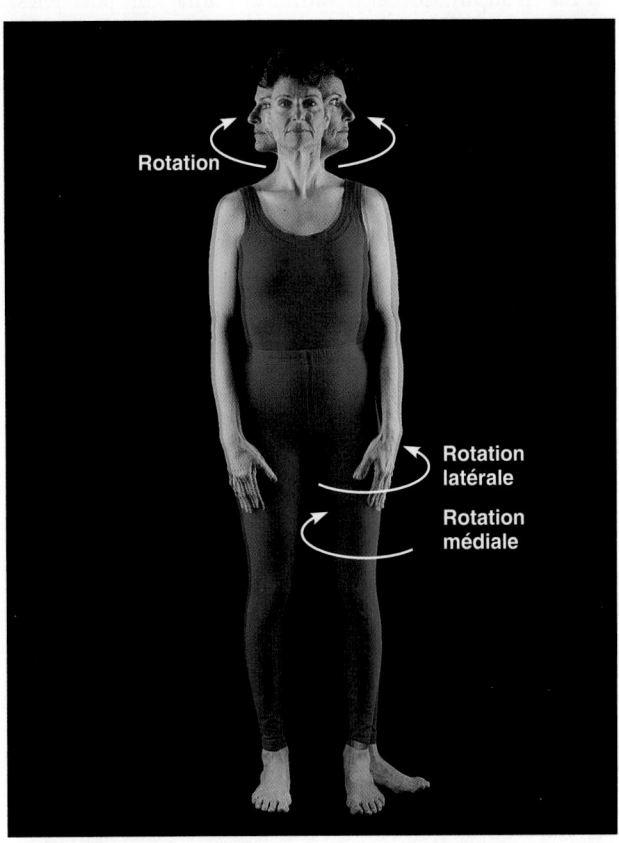

(e) Mouvements angulaires : abduction, adduction et circumduction du membre supérieur à l'épaule

(f) Rotation de la tête, du cou et du membre inférieur

Figure 8.5 *(suite)*

d'adduction, c'est le moyen le plus rapide d'exercer les nombreux muscles qui régissent les mouvements des articulations sphéroïdes de la hanche et de l'épaule.

Rotation

La **rotation** est le mouvement d'un os autour de son axe longitudinal. C'est le seul mouvement qui est possible entre les deux premières vertèbres cervicales et il se produit aussi aux articulations de la hanche et de l'épaule (figure 8.5f). La rotation peut se faire en direction de la ligne médiane du corps ou elle peut s'en éloigner. Par exemple, dans la *rotation médiale* de la cuisse, la face antérieure du fémur se déplace vers le plan médian du corps ; la *rotation latérale* est le mouvement opposé.

Mouvements spéciaux

Certains mouvements n'entrent dans aucune des catégories précédentes et ne sont possibles qu'au niveau de certaines articulations. Des exemples de ces mouvements spéciaux sont illustrés à la **figure 8.6**.

Supination et pronation Les termes **supination** et **pronation** ne désignent essentiellement que les mouvements du radius autour de l'ulna (figure 8.6a), bien que ces termes soient parfois associés également aux mouvements du pied. La supination est la rotation latérale de l'avant-bras pour tourner la paume en position antérieure ou supérieure. Dans la position anatomique, la main est en supination et le radius et l'ulna sont parallèles.

Dans la pronation, l'avant-bras décrit une rotation vers le plan médian et la paume se trouve en position postérieure ou inférieure ; l'extrémité distale du radius se déplace par rapport à l'ulna vers la ligne médiane du corps, de sorte que les deux os se croisent. C'est la position de détente de l'avant-bras. Ce type de mouvement est beaucoup plus faible que la supination, les muscles de la pronation étant moins puissants que ceux permettant la supination.

Pour mieux distinguer la supination de la pronation, rappelez-vous que la **pr**onation est le mouvement qu'on effectue pour **pr**endre alors que les mains tendues dans une attitude de **sup**plication sont en **sup**ination.

Dorsiflexion et flexion plantaire du pied On emploie des termes particuliers pour désigner les mouvements du pied dans le plan vertical au niveau de l'articulation de la cheville (figure 8.5b). Ainsi, on appelle **dorsiflexion** le mouvement consistant à lever le pied en direction du tibia (mouvement analogue à l'extension du poignet) et **flexion plantaire** l'action de pointer les orteils vers le bas (mouvement qui correspond à la flexion du poignet).

Inversion et éversion Les termes **inversion** et **éversion** font référence à des mouvements spéciaux du pied (figure 8.6c). Dans l'inversion, la plante du pied est tournée vers le plan médian ; dans l'éversion, elle est tournée vers l'extérieur.

Protraction et rétraction Les mouvements antérieurs et postérieurs non angulaires dans un plan transverse sont dénommés

respectivement **protraction**, ou **antépulsion**, et **rétraction**, ou **rétropulsion** (figure 8.6d). La mandibule est protractée lorsque la mâchoire est projetée en avant, et rétractée lorsqu'elle se déplace postérieurement et retourne à sa position originale. Redresser les épaules dans la position du garde-à-vous est un autre exemple de rétraction.

Élévation et abaissement **Élévation** signifie lever ou déplacer en position supérieure (figure 8.6e). Les scapulas s'élèvent lorsque nous haussons les épaules. Le mouvement inverse, quand la partie élevée revient vers le bas, est appelé **abaissement**. Le fait de mâcher élève et abaisse tour à tour la mandibule.

Opposition et reposition L'articulation en selle entre le premier os métacarpien et l'os trapèze permet un mouvement de flexion du pouce bien particulier appelé **opposition** : le pouce peut ainsi toucher le bout des autres doigts de la même main (figure 8.6f). C'est l'opposition qui fait de la main humaine un outil si bien adapté à la préhension et à la manipulation des objets. Le mouvement de retour du pouce à sa position est la **reposition**.

Types d'articulations synoviales

Toutes les articulations synoviales partagent certaines caractéristiques structurales, mais elles n'ont pas pour autant de plan structural commun. On peut les subdiviser en six catégories principales, selon la forme de leurs surfaces articulaires, qui déterminent les mouvements permis : plane, trochléenne, trochoïde, condylaire, en selle et sphéroïde.

Articulations planes

Dans les **articulations planes** (figure 8.7a), les surfaces articulaires sont plates, de faibles dimensions en général, et permettent seulement les petits mouvements de glissement ou de translation. Nous avons déjà parlé de quelques exemples d'articulations planes : les articulations entre les os du carpe ou entre les os du tarse ainsi que les articulations entre les processus articulaires des vertèbres. Dans le mouvement de glissement, aucune rotation ne s'effectue autour d'un axe, de sorte que les articulations planes sont les seules articulations non axiales.

Articulations trochléennes

Dans les **articulations trochléennes** (figure 8.7b), la saillie convexe ou cylindrique d'un os s'ajuste à la surface concave d'un autre os. Le mouvement s'effectue dans un seul plan et ressemble à celui d'une charnière mécanique (pensez aux mouvements d'une porte). Seules la flexion et l'extension sont possibles dans les articulations trochléennes uniaxiales comme les articulations interphalangiennes et celles du coude.

Articulations trochoïdes

Dans une **articulation trochoïde**, ou à pivot (figure 8.7c), l'extrémité arrondie d'un os s'adapte à un anneau osseux (ou formé de ligaments) d'un autre os. Le seul mouvement autorisé est

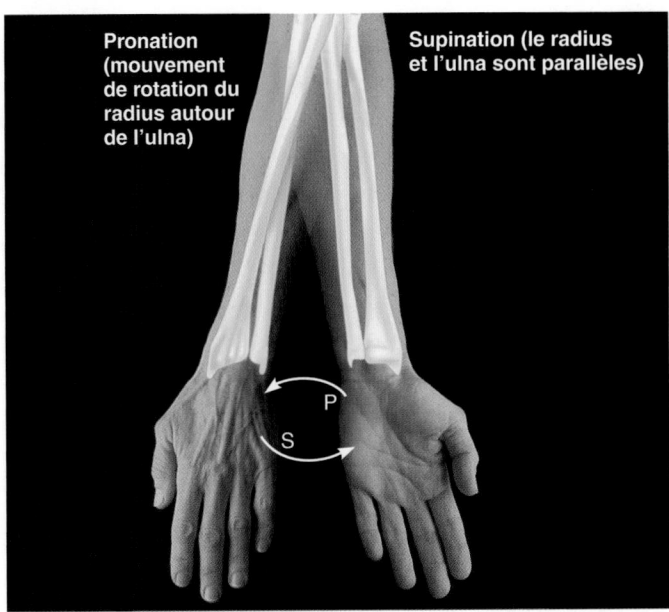

(a) Pronation (P) et supination (S)

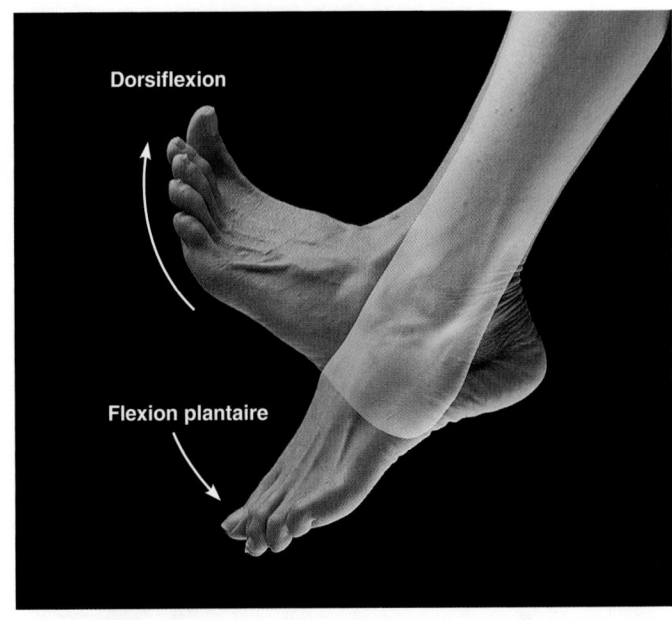

(b) Dorsiflexion et flexion plantaire

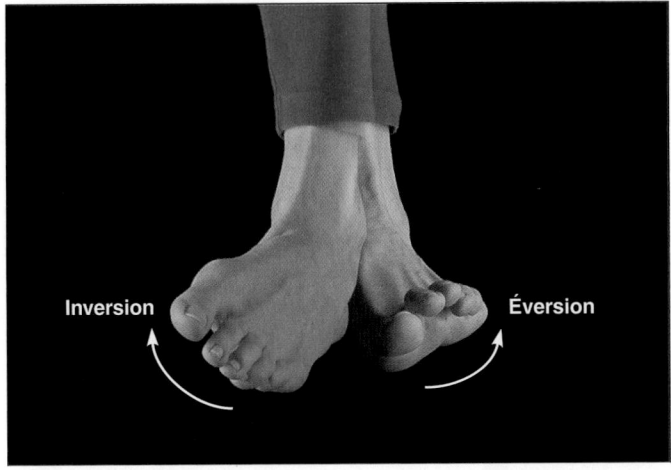

(c) Inversion et éversion

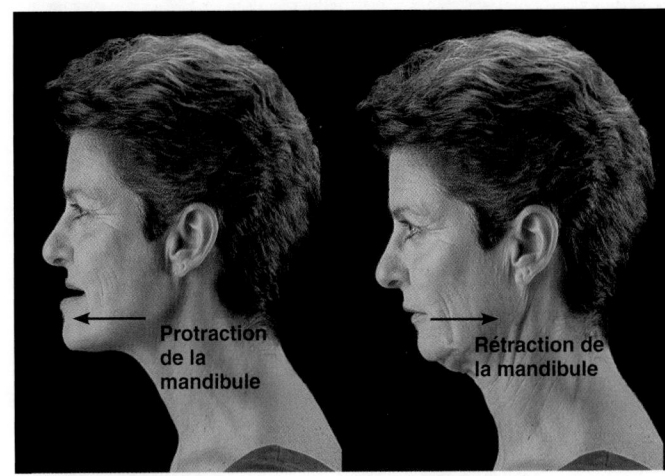

(d) Protraction et rétraction

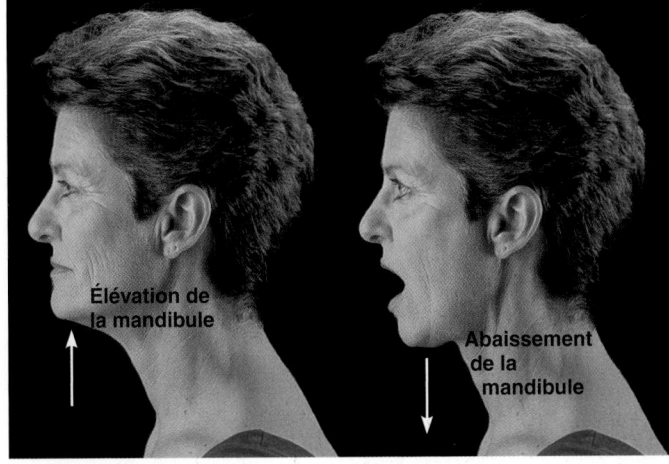

(e) Élévation et abaissement

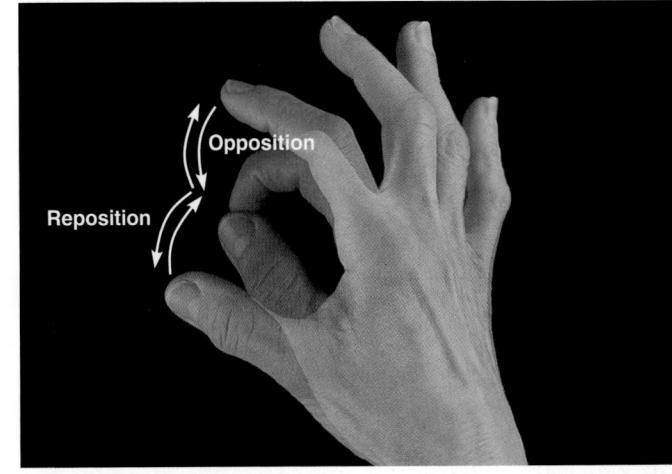

(f) Opposition et reposition

Figure 8.6 **Mouvements spéciaux du corps.**

(Suite du texte à la p. 297)

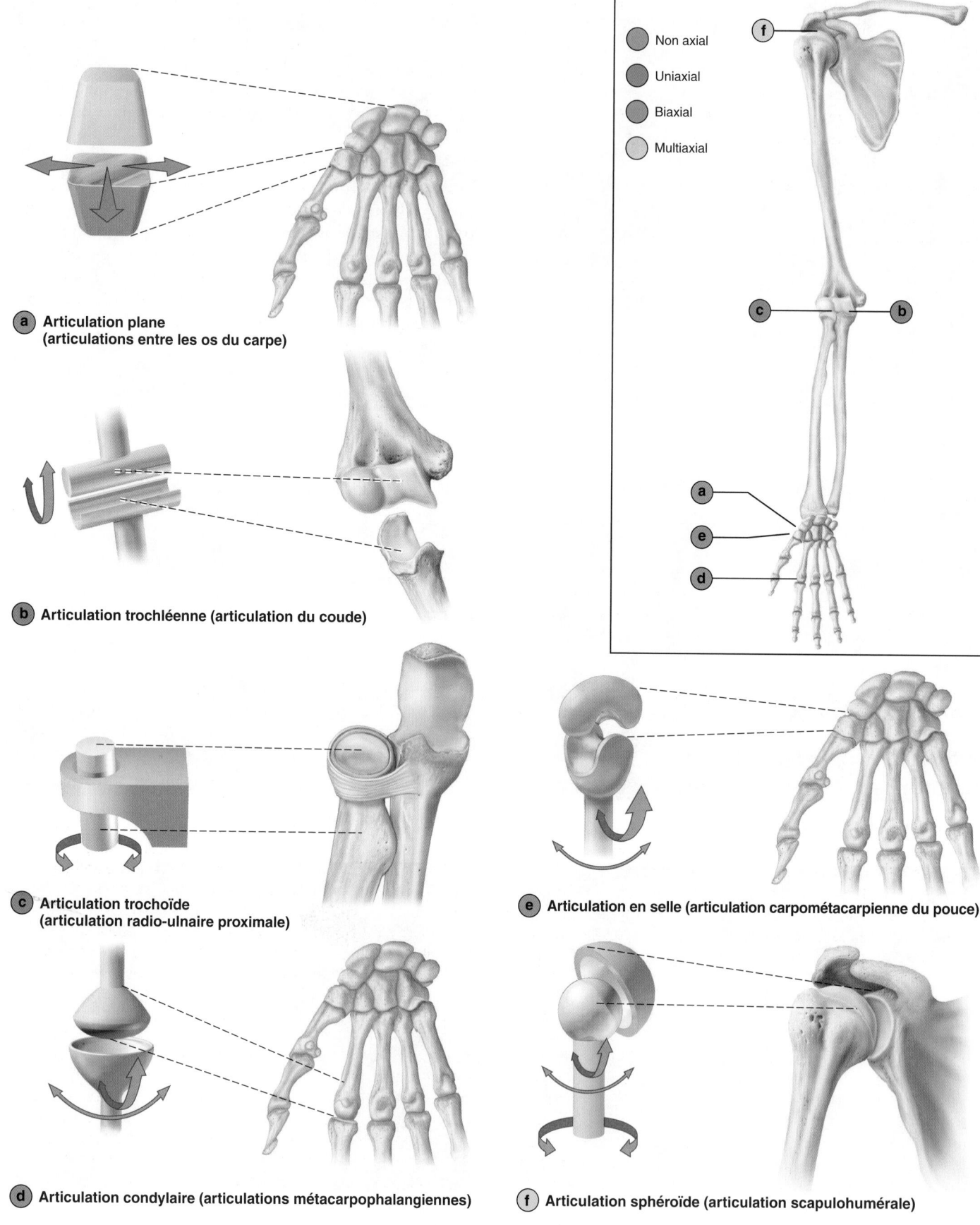

a Articulation plane
(articulations entre les os du carpe)

b Articulation trochléenne (articulation du coude)

c Articulation trochoïde
(articulation radio-ulnaire proximale)

d Articulation condylaire (articulations métacarpophalangiennes)

e Articulation en selle (articulation carpométacarpienne du pouce)

f Articulation sphéroïde (articulation scapulohumérale)

Non axial
Uniaxial
Biaxial
Multiaxial

Figure 8.7 Types d'articulations synoviales. Les pointillés indiquent les os dont l'articulation est en vedette dans chaque exemple.

la rotation uniaxiale d'un os autour de son axe longitudinal. L'articulation entre l'atlas et la dent de l'axis, qui permet de bouger la tête de chaque côté pour signifier «non», est une articulation trochoïde. Il en est de même de l'articulation radio-ulnaire proximale dans laquelle la tête du radius tourne à l'intérieur du ligament annulaire du radius qui la relie à une petite cavité, l'incisure radiale de l'ulna.

Articulations condylaires

Dans les **articulations condylaires** (*kondulos*: articulation) ou **ellipsoïdes**, la surface articulaire convexe d'un os s'ajuste au creux complémentaire d'un autre os (figure 8.7d). La forme ovale de chacune des deux surfaces articulaires distingue ce type d'articulation. Les articulations condylaires (biaxiales) rendent possibles tous les mouvements *angulaires*, c'est-à-dire la flexion et l'extension, l'abduction et l'adduction ainsi que la circumduction, mais ne permettent pas les mouvements de rotation. Les articulations radiocarpiennes (du poignet) et les articulations métacarpophalangiennes (des jointures) sont des articulations condylaires.

Articulations en selle

Les **articulations en selle** (figure 8.7e) ressemblent aux articulations condylaires, mais elles permettent une plus grande liberté de mouvement. Chacune des deux surfaces articulaires possède *à la fois* une partie concave dans une direction et une partie convexe dans l'autre direction. La surface convexe d'un des os peut donc s'articuler avec la surface concave de l'autre os. L'articulation se comporte comme un cavalier sur sa selle qui peut se mouvoir dans deux plans perpendiculaires l'un par rapport à l'autre: vers l'avant et l'arrière, d'une part, et sur les côtés, d'autre part. L'articulation carpométacarpienne du pouce illustre particulièrement bien ce type d'articulation et se tourner les pouces met en évidence les mouvements qu'elle permet.

Articulations sphéroïdes

Dans les **articulations sphéroïdes** (figure 8.7f), la tête sphérique ou hémisphérique d'un os s'emboîte dans la cavité concave d'un autre os. Multiaxiales, elles sont les articulations synoviales qui autorisent la plus grande liberté de mouvement. Elles favorisent un mouvement universel (c'est-à-dire le long de tous les axes et dans tous les plans, y compris la rotation). Les articulations de l'épaule et de la hanche sont les seules articulations sphéroïdes du corps.

VÉRIFIONS NOS ACQUIS

9. Jean se penche pour ramasser une pièce de monnaie. Quel mouvement se produit à l'articulation de sa hanche, à celle de son genou et entre son index et son pouce?
10. En fonction des mouvements permis, lesquelles des articulations suivantes sont uniaxiales: trochléenne, condylaire, en selle, trochoïde?
11. Quelles différences y a-t-il entre la rotation et la circumduction?

Les réponses se trouvent à l'appendice G.

Articulations: de l'armure du chevalier à l'être humain bionique

Il a fallu plusieurs siècles pour arriver à mettre au point les articulations des armures des chevaliers du Moyen Âge. Par comparaison, la technologie requise pour la réalisation des prothèses articulaires (articulations artificielles) a été inventée très rapidement, soit en moins de 60 ans. Contrairement aux articulations des armures moyenâgeuses portées sur le corps, les articulations artificielles actuelles (endoprothèses) doivent pouvoir être fonctionnelles à l'intérieur du corps. L'origine des prothèses articulaires remonte aux années 1940 et 1950, alors que les nombreux blessés de la Seconde Guerre mondiale et de la guerre de Corée avaient besoin de membres artificiels. On avait alors prévu que d'ici 2003 plus de 300 000 patients recevraient chaque année des prothèses articulaires complètes, le plus souvent en raison des effets destructeurs de l'arthrose

ou de la polyarthrite rhumatoïde. Cependant, le nombre réel de personnes ayant besoin d'une prothèse articulaire a largement dépassé cette prévision, en raison, entre autres, de l'augmentation de la longévité. Aujourd'hui, en Europe seulement, on implante annuellement plus de 500 000 prothèses de la hanche.

Afin de produire des articulations mobiles et durables, il était impératif de trouver un matériau robuste, non toxique et résistant aux effets corrosifs des acides organiques présents dans le sang. En 1963, un orthopédiste anglais, Sir John Charnley, réalisa la première prothèse totale de la hanche et révolutionna ainsi le traitement de l'arthrite de la hanche. Son appareil comprenait une boule métallique placée sur une tige et une cavité sphérique en polyéthylène fixée au bassin à l'aide d'une colle fabriquée à partir de méthyl-

méthacrylate. Étant particulièrement résistante, cette colle posa relativement peu de problèmes. Vinrent ensuite les prothèses partielles du genou, mais ce ne fut que 10 ans plus tard que des prothèses totales de l'articulation du genou fonctionnant en douceur purent être réalisées. Aujourd'hui, on met en place autant de prothèses du genou que de prothèses de la hanche. Les pièces métalliques des prothèses sont faites d'alliages résistants de cobalt et de titane, ou de cobalt et de chrome; on utilise aussi la céramique et du polyéthylène. Pour lier la prothèse à l'os, on emploie du ciment acrylique ou de l'hydroxyapatite.

Il existe maintenant des prothèses articulaires pour de nombreuses autres articulations comme les doigts, le coude, l'épaule, la cheville et les disques intervertébraux. La durée de vie des prothèses pour les hanches et les genoux est de

8

l'ordre de 10 à 15 ans chez les patients âgés qui ne forcent pas trop l'articulation. Lorsqu'on installe une prothèse, on vise généralement à réduire la douleur et à rétablir environ 80 % de la fonction articulaire originale, tout en ne nuisant pas au fonctionnement des articulations voisines.

Les articulations de rechange ne sont pas encore assez fortes et durables pour des personnes jeunes et actives, mais on s'intéresse de près à cette question. Les prothèses deviennent branlantes avec le temps et présentent des risques de descellements (décollements); en conséquence, on cherche des moyens de mieux ajuster l'implant à l'os. Une des solutions proposées consiste à améliorer la force de la colle qui les unit (l'élimination des bulles d'air semble accentuer la durabilité de la colle). Une autre solution qui a été mise au banc d'essai est un chirurgien-robot, baptisé ROBODOC, capable de percer un trou plus précis pour la prothèse fémorale au cours d'une chirurgie de la hanche, améliorant ainsi par un facteur de dix l'ajustement de la prothèse à l'os de la hanche, et donc allongeant considérablement la durée de vie de cette prothèse (cet outil ne semble cependant pas parfait et serait responsable de taux de luxation plus élevés, notamment). Du côté des prothèses sans colle, on étudie les façons de faire croître l'os pour qu'il se lie étroitement à l'implant. Il semble qu'un revêtement de titane extrêmement lisse favorise la croissance directe de l'os sur la prothèse.

On assiste à des changements spectaculaires dans la façon dont ces articulations sont conçues. Les techniques de conception et fabrication assistée par ordinateur (CFAO) ont considérablement réduit les délais et les coûts de création des prothèses sur mesure. Les empreintes du patient sont prises en quelques minutes à l'aide d'un scanneur spécial et fournies à l'ordinateur en même temps que des renseignements sur ses problèmes. L'ordinateur puise dans une base de données contenant des centaines d'articulations normales et il fournit un choix de modèles de prothèses et de modifications possibles. Une fois le meilleur modèle choisi, l'ordinateur crée un programme qui dirige les machines destinées à façonner la prothèse.

Le traitement par mise en place de prothèses articulaires ne semble pas avoir dit son dernier mot. L'utilisation des nanotechnologies pour le développement de nouveaux biomatériaux intelligents qui interagissent avec les cellules de l'organisme a permis à une équipe de chercheurs de Montréal de mettre au point des surfaces métalliques nanoporeuses (portant des alvéoles extrêmement petites) auxquelles les cellules adhèrent mieux qu'aux surfaces lisses. On a alors constaté que ces nouvelles surfaces stimulaient la croissance des cellules osseuses et des cellules souches. Cette recherche permettra probablement d'améliorer la tolérance de l'organisme à l'égard des nouvelles prothèses et le taux de succès des réparations articulaires.

Les techniques qui exploitent la capacité des tissus du patient à se régénérer suscitent également beaucoup d'espoir. Les méthodes suivantes font partie de ce nouvel arsenal :

- Greffe ostéocartilagineuse : du tissu osseux et du cartilage sont prélevés sur une partie saine de l'organisme et transplantés dans l'articulation lésée. Par exemple, on s'est servi de cartilage et de fragments osseux des côtes pour effectuer des réparations articulaires au niveau du carpe et des doigts de la main.

- Greffe de chondrocytes autologues : des chondrocytes sains sont retirés de l'organisme, mis en culture pendant deux à trois semaines en laboratoire et réintroduits, sous un fragment de périoste prélevé chez le même individu, dans l'articulation endommagée. Cette technique est utilisée chez l'humain, depuis 1994, pour guérir des lésions touchant certains cartilages du genou.

- Régénération par cellules souches mésenchymateuses : des cellules mésenchymateuses indifférenciées sont prélevées dans la moelle osseuse, cultivées *in vitro* pendant quelques semaines, sélectionnées et incorporées à un gel de biomatériaux contenant des facteurs de croissance, qu'on introduit ensuite dans le cartilage érodé.

Ces techniques sont pleines de promesses pour les patients plus jeunes puisqu'elles pourraient retarder de plusieurs années le recours à une prothèse articulaire.

On est donc passé, au cours des siècles, des armures articulées aux articulations artificielles qui peuvent être greffées dans le corps et restituer à l'articulation, dans sa presque totalité, sa fonction perdue. Les moyens techniques modernes ont permis des réalisations que les concepteurs d'armures du Moyen Âge n'auraient jamais imaginées.

VÉRIFIONS NOS ACQUIS

12. Nommez cinq types d'articulations pour lesquelles il existe aujourd'hui des prothèses artificielles.

Les réponses se trouvent à l'appendice G.

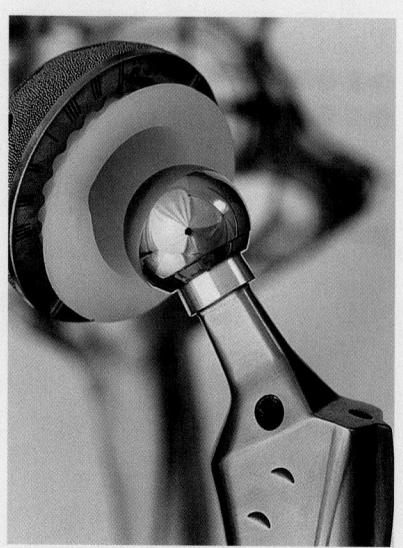

Prothèse de la hanche

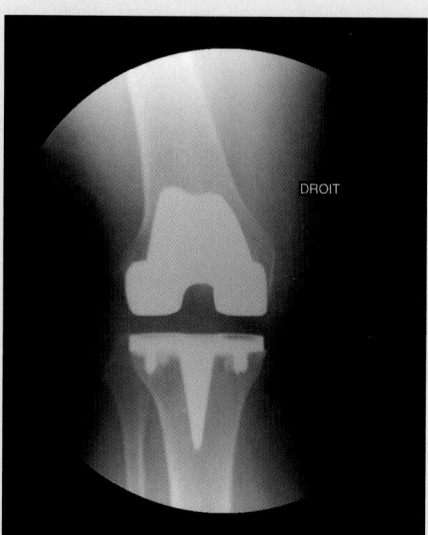

Radiographie du genou droit montrant une prothèse totale du genou (conçue en partie par le Dr Kenneth Gustke, du Florida Orthopedic Institute).

Structure de quelques articulations synoviales

12 Décrire les articulations du coude, du genou, de la hanche et de l'épaule. Tenir compte, dans chacun des cas, des os de l'articulation, des caractéristiques anatomiques de l'articulation, des mouvements permis et de la stabilité de l'articulation.

Nous allons étudier ici cinq articulations en détail (genou, épaule, hanche, coude et articulation temporomandibulaire). Chacune de ces articulations présente les six caractéristiques propres aux articulations synoviales; nous ne reviendrons pas sur ces caractéristiques communes. Nous insisterons plutôt sur leurs caractéristiques structurales particulières, leurs capacités fonctionnelles et, dans certains cas, leurs faiblesses fonctionnelles.

Articulation du genou

L'articulation du genou est la plus volumineuse et la plus complexe de toutes les articulations (figure 8.8). Elle permet l'extension, la flexion et une rotation limitée. Malgré son unique cavité articulaire, le genou comporte en fait trois articulations : (1) une

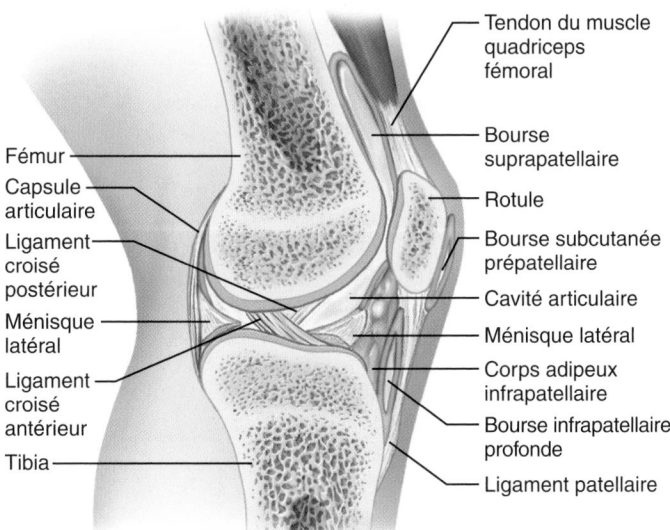

(a) Coupe sagittale du genou droit

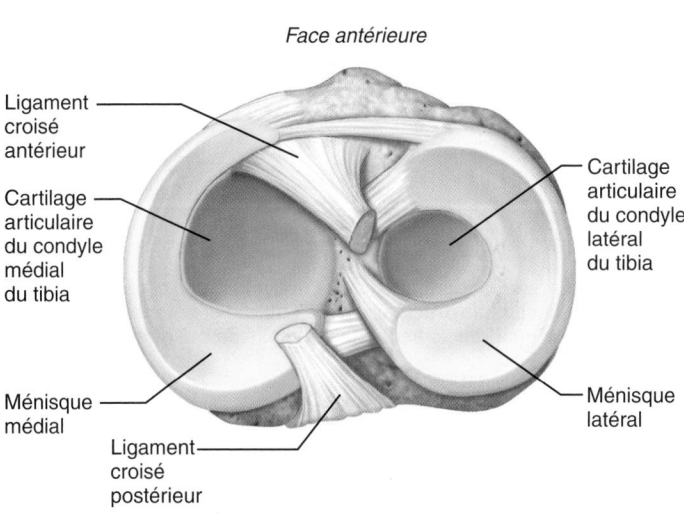

Face antérieure

(b) Vue supérieure du tibia droit montrant les ménisques et les ligaments croisés de l'articulation du genou

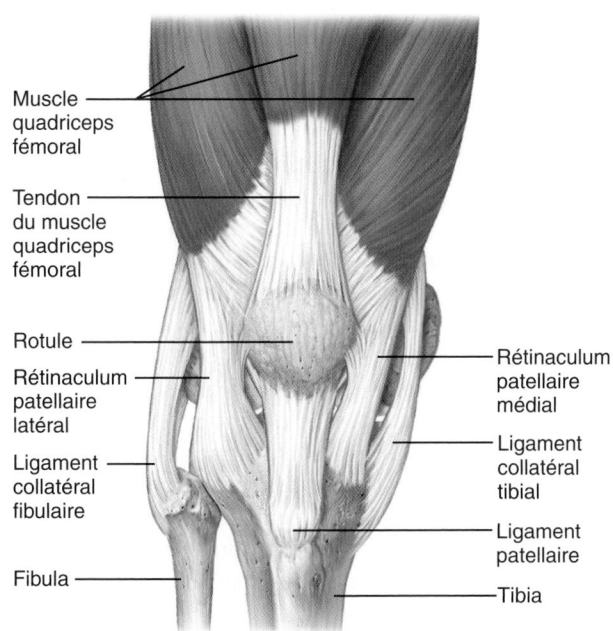

(c) Vue antérieure du genou droit

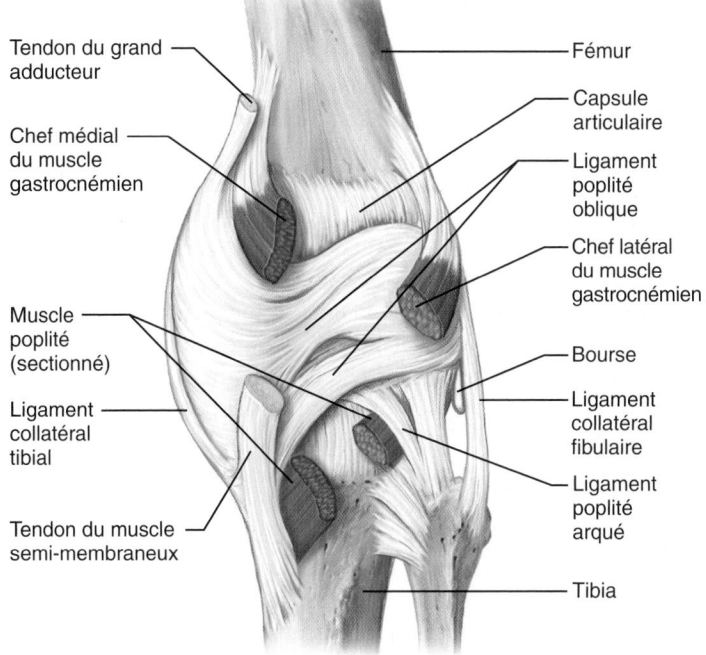

(d) Vue postérieure de la capsule articulaire et des ligaments

Figure 8.8 Articulation du genou.

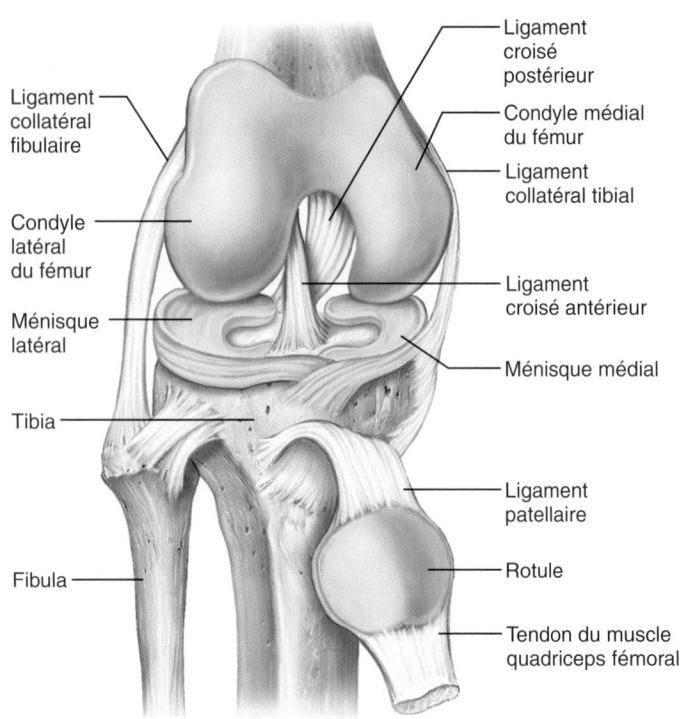

Ligament collatéral fibulaire

Condyle latéral du fémur

Ménisque latéral

Tibia

Fibula

Ligament croisé postérieur

Condyle médial du fémur

Ligament collatéral tibial

Ligament croisé antérieur

Ménisque médial

Ligament patellaire

Rotule

Tendon du muscle quadriceps fémoral

(e) Vue antérieure du genou légèrement fléchi montrant les ligaments croisés (la capsule articulaire a été enlevée et le tendon du muscle quadriceps sectionné et replié en position distale)

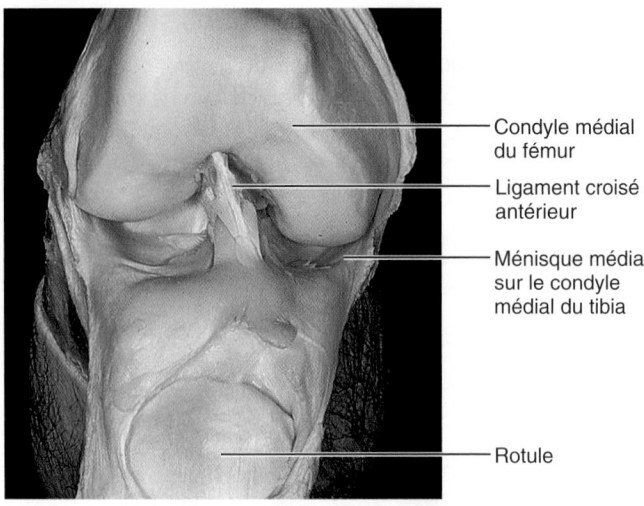

Condyle médial du fémur

Ligament croisé antérieur

Ménisque médial sur le condyle médial du tibia

Rotule

(f) Photographie d'une articulation ouverte du genou correspondant au schéma présenté en (e)

Figure 8.8 *(suite)* **Articulation du genou.**

articulation intermédiaire ; (2) une articulation médiale ; et (3) une articulation latérale. L'articulation intermédiaire est située entre la rotule (ou patella) et la partie inférieure du fémur, et porte le nom d'**articulation fémoropatellaire**. Les articulations médiale et latérale constituent l'**articulation fémorotibiale** ; elles sont situées entre les condyles du fémur au-dessus et les **ménisques latéral** et **médial** du tibia au-dessous. Les ménisques, ou *cartilages semi-lunaires*, sont en forme de croissant (figure 8.8b, e). En plus de rendre les surfaces articulaires du tibia (épiphyse proximale) plus profondes, ils contribuent à prévenir le ballottement latéral du fémur sur le tibia et absorbent les chocs transmis à l'articulation du genou. Les ménisques ne s'attachent cependant que par leurs bords extérieurs et sont souvent déchirés.

L'articulation fémorotibiale fonctionne principalement comme une articulation trochléenne et autorise la flexion et l'extension. Toutefois, elle possède la structure d'une articulation bicondylaire ; une certaine rotation est possible lorsque le genou est partiellement plié et étendu. Mais, lorsqu'il est en extension complète, les ligaments et les ménisques empêchent fermement les mouvements latéraux ainsi que la rotation. L'articulation fémoropatellaire est plane ; la rotule glisse sur l'extrémité distale du fémur au cours de la flexion du genou.

L'articulation du genou a ceci de particulier que sa cavité articulaire n'est que partiellement recouverte par une capsule. Relativement mince, cette capsule articulaire ne se rencontre que sur les faces latérales et postérieure du genou où elle engaine

la masse des condyles du fémur et des condyles du tibia. Sur la face antérieure, où la capsule est absente, trois ligaments descendent de la rotule pour s'attacher à la tubérosité antérieure du tibia. Il s'agit du **ligament patellaire** encadré par les **rétinaculums patellaires médial** et **latéral**, qui s'incorporent à la capsule articulaire (figure 8.8c). Le ligament patellaire et les rétinaculums sont en fait des prolongements du tendon du volumineux muscle quadriceps fémoral (partie antérieure de la cuisse). C'est le ligament patellaire que les médecins frappent pour évaluer le réflexe rotulien.

La cavité articulaire de l'articulation du genou présente une forme complexe avec plusieurs prolongements qui conduisent à des culs-de-sac. Au moins une douzaine de bourses sont associées à l'articulation du genou (certaines sont illustrées à la figure 8.8a). Par exemple, notez la *bourse subcutanée prépatellaire*, qui est souvent blessée lorsqu'un coup est porté sur la rotule.

Les trois types de ligaments dont il a été question plus haut dans l'étude de la structure générale d'une articulation synoviale (ligaments capsulaires, ligaments intracapsulaires et ligaments extracapsulaires) stabilisent et renforcent la capsule de l'articulation du genou. Les ligaments internes et externes empêchent l'hyperextension et sont tendus lorsque le genou est en extension. Ils comprennent les ligaments suivants :

1. Les **ligaments collatéraux fibulaire** et **tibial** sont des ligaments extracapsulaires qui sont aussi essentiels pour prévenir toute rotation latérale ou médiale lorsque le genou est en extension. Le large et plat ligament collatéral tibial va de l'épicondyle médial du fémur jusqu'au condyle médial du tibia situé plus bas. Il est soudé au ménisque médial de l'articulation du genou. Il est moins résistant que le ligament collatéral fibulaire, qui est en forme de cordon et n'est pas soudé au ménisque latéral (figure 8.8c à e).

2. Le **ligament poplité oblique** est en fait une partie du tendon du muscle semi-membraneux qui est soudée à la capsule et renforce la face postérieure de l'articulation du genou (figure 8.8d).

3. Le **ligament poplité arqué** s'étend du condyle latéral du fémur jusqu'à la tête de la fibula et renforce l'arrière de la capsule articulaire (figure 8.8d).

Les *ligaments internes* sont appelés *ligaments croisés du genou* parce qu'ils se croisent, en formant un X, dans la fosse intercondylaire du fémur. Ils agissent comme des dispositifs de retenue qui contribuent à prévenir le glissement de l'avant vers l'arrière des surfaces articulaires et relient le fémur et le tibia lorsque nous sommes debout (figure 8.8a, b, e). Comme nous l'avons déjà mentionné, bien qu'ils soient situés à l'intérieur de la capsule articulaire, ces ligaments se trouvent à l'*extérieur* de la cavité articulaire, et la membrane synoviale recouvre presque complètement leurs surfaces. Notez que les deux ligaments croisés s'étendent jusqu'au fémur et sont nommés d'après leur point d'attache au *tibia*.

Le **ligament croisé antérieur** (**LCA**) monte obliquement à partir de l'aire intercondylaire *antérieure* du tibia (figure 8.8b) pour s'attacher à la face médiale du condyle latéral du fémur. Lorsque le genou est en flexion, c'est ce ligament qui empêche le fémur de glisser vers l'arrière de la surface articulaire du tibia. Il s'oppose également à l'hyperextension du genou. Il est quelque peu relâché lorsque le genou est en flexion et tendu lorsque le genou est en extension.

Le **ligament croisé postérieur** (**LCP**), plus puissant, est attaché à l'aire intercondylaire *postérieure* du tibia et se dirige vers le haut et vers l'avant pour s'attacher sur la face latérale du condyle médial du fémur (figure 8.8a, b, e). Ce ligament prévient le glissement du fémur vers l'avant ou le déplacement du tibia vers l'arrière.

La capsule du genou est considérablement renforcée par les tendons. Les plus importants sont les solides tendons du muscle quadriceps fémoral de la face antérieure de la cuisse et le tendon du muscle semi-membraneux de la face postérieure de la cuisse (figure 8.8c, d). Plus la force et le tonus de ces muscles sont élevés, moins les risques de blessure au genou sont graves.

Les genoux possèdent un dispositif de verrouillage intégré qui stabilise le corps lorsque nous sommes debout. Quand nous nous levons, les condyles fémoraux roulent comme les billes d'un roulement à billes sur les condyles plats du tibia et la jambe, jusque-là fléchie, commence à se redresser en pivotant autour du genou. Puisque le condyle latéral du fémur cesse de pivoter avant le condyle médial, le fémur *réalise une rotation médiale* sur le tibia, jusqu'à ce que tous les principaux ligaments

de l'articulation du genou (croisés et collatéraux) soient tordus et tendus, et les ménisques comprimés. Cette tension dans les ligaments a pour effet de « verrouiller » l'articulation en une structure rigide qui ne peut pas fléchir à moins d'être déverrouillée. Cette dernière opération est accomplie par la contraction du muscle poplité (voir la figure 8.8d et le tableau 10.15, p. 423). Ce dernier fait effectuer au fémur une rotation latérale sur le tibia et permet aux ligaments de se détordre et de se relâcher.

DÉSÉQUILIBRE HOMÉOSTATIQUE

De toutes les articulations, ce sont les genoux qui sont le plus exposés aux blessures pendant l'activité sportive, parce qu'ils subissent le poids du corps, d'une part, et parce que leur stabilité dépend de facteurs non articulaires, d'autre part. Le genou peut absorber une force verticale d'environ sept fois le poids du corps. Toutefois, il est très sensible aux coups portés *horizontalement*, comme ceux qui se produisent au cours des manœuvres de blocage et de plaquage dans le football américain et le hockey sur glace.

Quand il est question des blessures aux genoux les plus fréquentes, il est utile de se rappeler les trois C : ligaments **c**ollatéraux, ligaments **c**roisés et **c**artilages (ménisques). Les coups les plus dangereux sont ceux qui sont portés *latéralement* sur le genou en extension, car ils peuvent déchirer le ligament collatéral tibial et le ménisque médial qui y est attaché, ainsi que le faible ligament croisé antérieur **(figure 8.9)**. On estime que 50 % des joueurs de football professionnels subissent des blessures graves au genou pendant leur carrière.

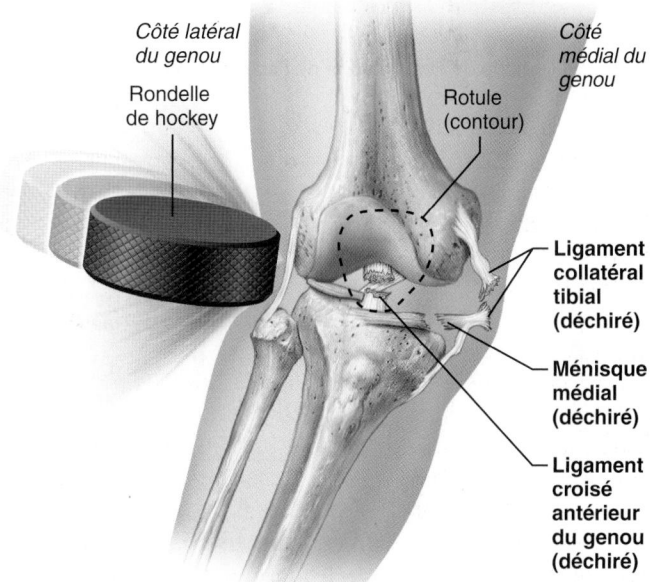

Côté latéral du genou

Rondelle de hockey

Côté médial du genou

Rotule (contour)

Ligament collatéral tibial (déchiré)

Ménisque médial (déchiré)

Ligament croisé antérieur du genou (déchiré)

Figure 8.9 Blessure courante du genou. Vue antérieure du genou droit frappé par une rondelle de hockey. Un tel coup porté latéralement déchire à la fois le ligament collatéral tibial et le ménisque médial, puisque ces deux éléments sont attachés ensemble. Le ligament croisé antérieur se déchire également.

8

8

Bien qu'elles causent moins de dégâts que celles dont nous venons de parler, les blessures qui touchent uniquement le ligament croisé antérieur (LCA) sont de plus en plus fréquentes, en particulier parce que les sports féminins deviennent de plus en plus vigoureux et compétitifs. La plupart des blessures au LCA se produisent quand un individu en pleine course change brusquement de direction, tordant ainsi le genou en hyperextension. Il s'agit aussi d'un type de blessure très courant dans les accidents de ski. Ce ligament guérit mal quand il est déchiré. Sa réparation exige habituellement une greffe qu'on réalise en prélevant du tissu conjonctif sur un des plus gros ligaments ou tendons (par exemple, le ligament patellaire, le tendon d'Achille ou le tendon du muscle semi-tendineux). ■

Articulation de l'épaule (scapulohumérale)

L'articulation de l'épaule est la plus mobile de toutes les articulations du corps ; la stabilité y est sacrifiée au profit de la mobilité. Dans cette articulation sphéroïde, la tête de l'humérus s'insère dans la cavité glénoïdale de la scapula, deux à trois fois plus petite qu'elle et peu profonde (figure 8.10), tout comme une balle de golf posée sur un tee. Bien que la cavité glénoïdale soit légèrement approfondie par un rebord de cartilage fibreux appelé **bourrelet glénoïdal**, sa contribution à la stabilité de l'articulation est minime (figure 8.10d).

La capsule articulaire entourant la cavité articulaire (depuis le bord de la cavité glénoïdale jusqu'au col anatomique de l'humérus) est singulièrement mince et lâche, deux qualités

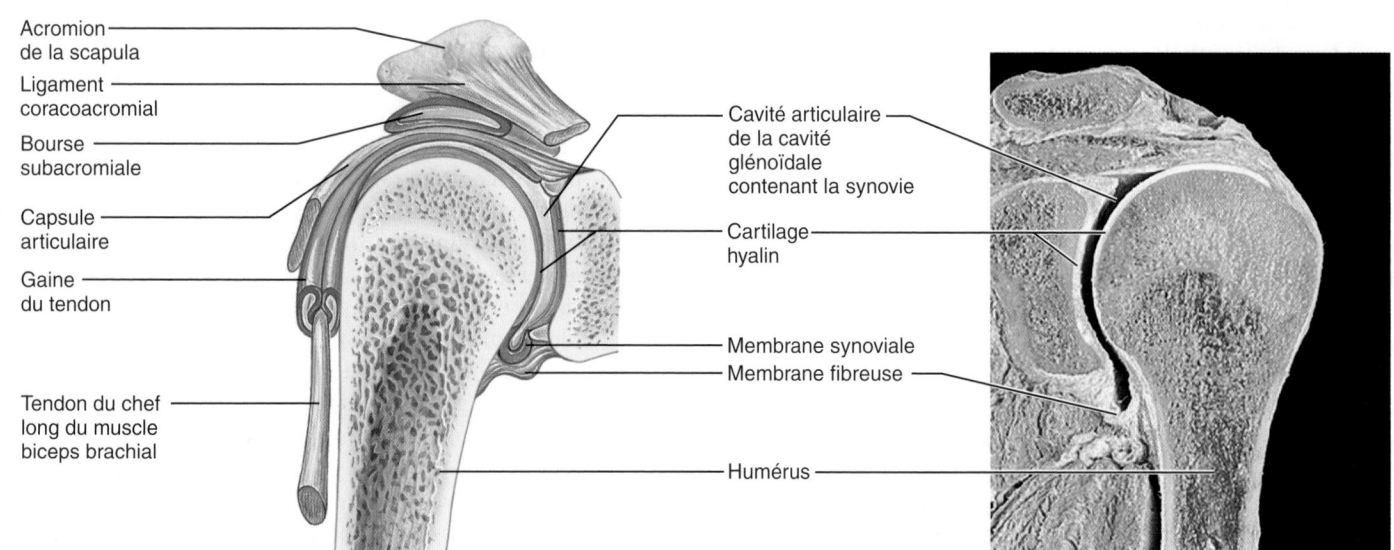

(a) Coupe frontale de l'articulation de l'épaule droite

(b) Photographie d'un cadavre correspondant à l'illustration en (a)

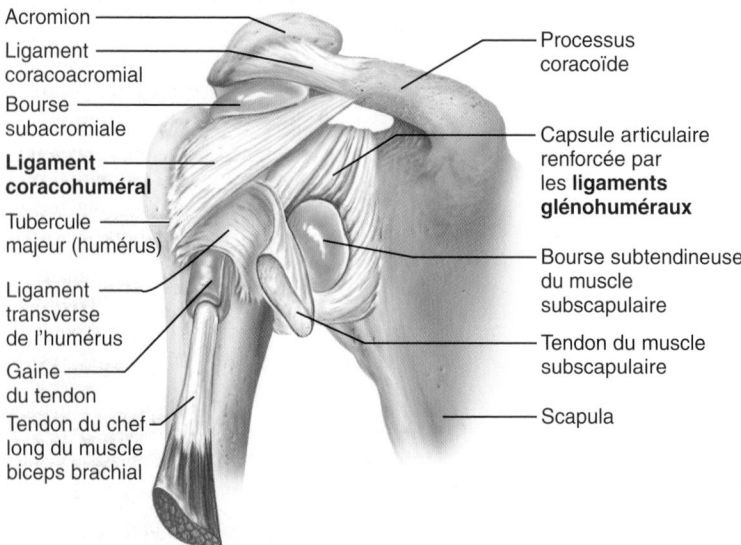

(c) Vue antérieure de la capsule articulaire de l'épaule droite

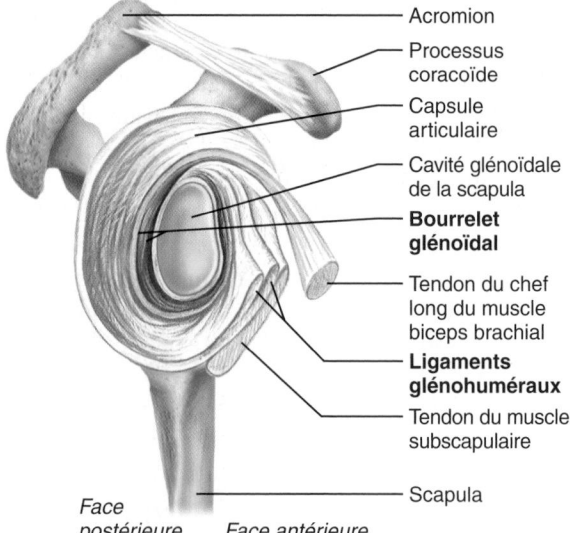

(d) Vue latérale de la cavité de l'articulation de l'épaule droite sans humérus

Figure 8.10 **Articulation de l'épaule.**

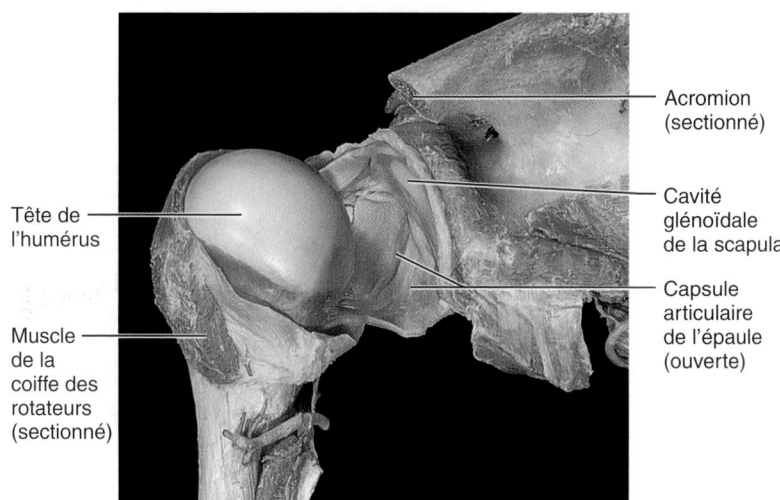

Tête de
l'humérus

Muscle
de la
coiffe des
rotateurs
(sectionné)

Acromion
(sectionné)

Cavité
glénoïdale
de la scapula

Capsule
articulaire
de l'épaule
(ouverte)

(e) Vue antérieure d'une articulation de l'épaule ouverte

Figure 8.10 *(suite)*

8

qui confèrent à l'articulation sa grande liberté de mouvement. Les quelques ligaments qui renforcent l'articulation de l'épaule sont situés surtout sur sa face antérieure. Le **ligament coracohuméral**, qui se trouve au-dessus, contribue à lui seul à l'épaississement de la capsule et supporte en partie le poids du membre supérieur (figure 8.10c). Les trois **ligaments glénohuméraux** raffermissent quelque peu la partie frontale de la capsule, mais ils sont faibles, laissent des espaces entre eux et sont parfois même absents (figure 8.10c, d).

Les tendons musculaires traversant l'articulation de l'épaule contribuent fortement à la stabilité de celle-ci. Le tendon du chef long du biceps brachial est le plus important à cet égard (figure 8.10c). Ce tendon s'attache sur la face supérieure du bourrelet glénoïdal, pénètre dans la cavité articulaire, puis passe dans le sillon intertuberculaire de l'humérus. Il maintient la tête de l'humérus dans la cavité glénoïdale de la scapula.

Quatre autres tendons (et leurs muscles associés), qui constituent un ensemble appelé **coiffe des rotateurs**, fusionnent au niveau de la capsule articulaire et entourent l'articulation. Ce sont les tendons des muscles subscapulaire, supraépineux, infraépineux et petit rond. (Ces muscles sont représentés à la figure 10.14.) La coiffe des rotateurs peut être brutalement étirée lorsque le bras effectue un vigoureux mouvement de circumduction, une blessure qui arrive régulièrement chez les lanceurs de baseball. Comme nous l'avons vu au chapitre 7, les luxations de l'épaule sont passablement fréquentes. Les parties les plus faibles de l'articulation de l'épaule sont les régions antérieure et inférieure. La partie supérieure, quant à elle, est protégée par une structure robuste – l'arche coracoacromiale – formée par le processus coracoïde, l'acromion et le ligament coracoacromial. C'est la raison pour laquelle l'humérus a tendance à se déplacer en avant et vers le bas, plutôt que vers le haut, en cas de luxation de l'épaule.

Articulation du coude

Nos membres supérieurs sont des prolongements flexibles qui nous permettent d'atteindre ou de manipuler les objets qui nous entourent. L'articulation du coude est l'articulation la plus importante du membre supérieur, à part celle de l'épaule. Il s'agit d'une articulation trochléenne stable qui fonctionne en souplesse et permet la flexion et l'extension (figure 8.11). Dans cette articulation, le radius et l'ulna s'articulent avec les condyles de l'humérus, mais c'est en fait la trochlée retenue fermement par l'incisure trochléaire de l'ulna qui constitue la « charnière » et stabilise cette articulation **(figure 8.11a)**. Une capsule articulaire relativement lâche se prolonge vers le bas, de l'humérus jusqu'à l'ulna et au **ligament annulaire du radius**, qui entoure la tête de ce dernier (figure 8.11b, c).

La capsule articulaire est mince à l'avant et à l'arrière ; elle assure une assez grande liberté à la flexion et à l'extension du coude. Cependant, deux ligaments capsulaires résistants empêchent les mouvements latéraux. Il s'agit du **ligament collatéral ulnaire**, en position médiale, composé de trois faisceaux qui renforcent la capsule, et du **ligament collatéral radial**, ligament triangulaire situé sur le côté latéral (figure 8.11b, c, d). De plus, les tendons de plusieurs muscles, tels que ceux du biceps brachial et du triceps brachial, entourent l'articulation du coude et lui procurent sa solidité.

Le radius ne prend pas une part active dans les mouvements angulaires du coude. Toutefois, au cours de la supination et de la pronation de l'avant-bras, sa tête effectue une rotation à l'intérieur du ligament annulaire du radius.

Articulation de la hanche (coxofémorale)

L'articulation de la hanche, comme celle de l'épaule, est une articulation sphéroïde ; elle possède une bonne amplitude de mouvement qui est cependant plus faible que celle de l'épaule. Les mouvements s'effectuent dans tous les plans possibles, mais leur amplitude est limitée par les puissants ligaments de l'articulation et par sa cavité profonde.

L'articulation de la hanche est formée par l'emboîtement de plus de la moitié de la tête sphérique du fémur dans la coupe creuse de l'acétabulum de l'os coxal **(figure 8.12)**. La profondeur de l'acétabulum est encore accrue grâce à un rebord circulaire

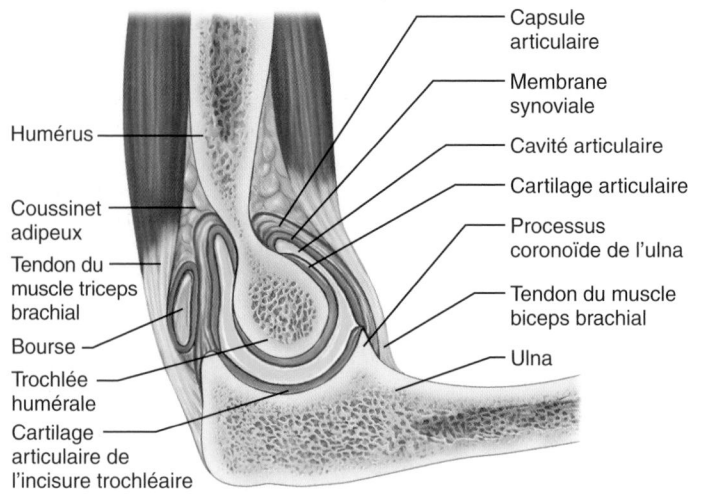

Humérus

Coussinet adipeux

Tendon du muscle triceps brachial

Bourse

Trochlée humérale

Cartilage articulaire de l'incisure trochléaire

Capsule articulaire

Membrane synoviale

Cavité articulaire

Cartilage articulaire

Processus coronoïde de l'ulna

Tendon du muscle biceps brachial

Ulna

(a) Coupe sagittale médiane de l'articulation du coude droit (vue latérale)

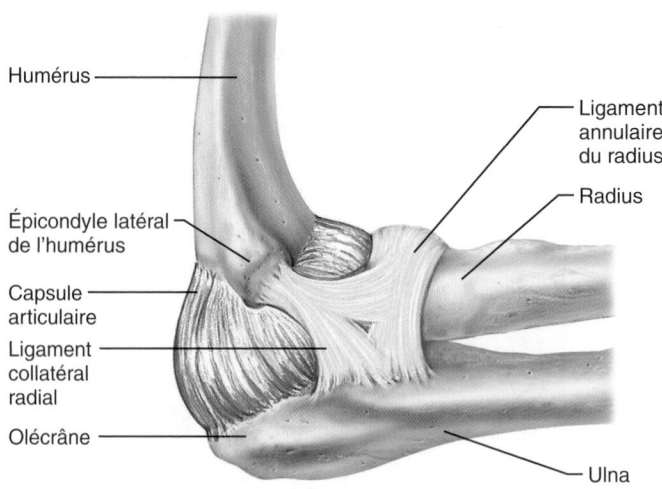

Humérus

Épicondyle latéral de l'humérus

Capsule articulaire

Ligament collatéral radial

Olécrâne

Ligament annulaire du radius

Radius

Ulna

(b) Vue latérale de l'articulation du coude droit

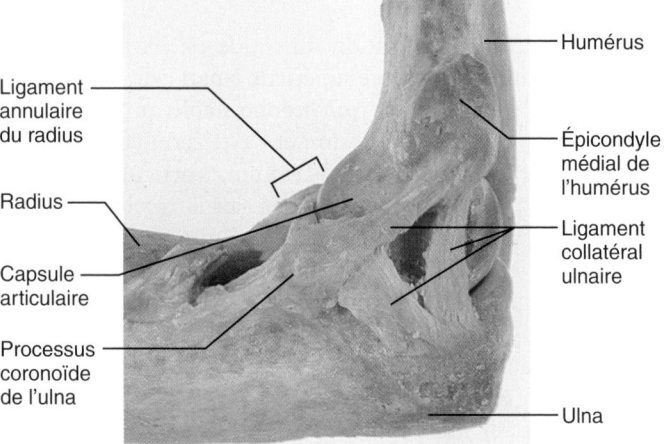

Ligament annulaire du radius

Radius

Capsule articulaire

Processus coronoïde de l'ulna

Humérus

Épicondyle médial de l'humérus

Ligament collatéral ulnaire

Ulna

(c) Photographie du coude droit d'un cadavre, vue médiale

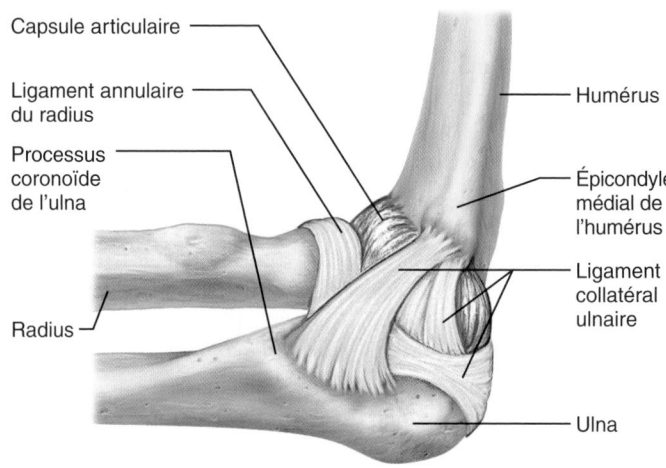

Capsule articulaire

Ligament annulaire du radius

Processus coronoïde de l'ulna

Radius

Humérus

Épicondyle médial de l'humérus

Ligament collatéral ulnaire

Ulna

(d) Vue médiale du coude droit

Figure 8.11 Articulation du coude.

de cartilage fibreux appelé **bourrelet acétabulaire** (figure 8.12a, b). Le diamètre de ce bourrelet est plus petit que celui de la tête du fémur. Ces surfaces articulaires s'ajustent bien ensemble, et les luxations de la hanche sont rares. Quand elles surviennent, elles entraînent souvent des lésions du bourrelet acétabulaire.

La capsule articulaire épaisse s'étend du rebord de l'acétabulum jusqu'au col du fémur et enferme complètement l'articulation. Plusieurs ligaments solides renforcent la capsule de l'articulation de la hanche; ce sont le **ligament iliofémoral**, un solide ligament en forme de Y renversé, situé sur la face antérieure, qui empêche l'hyperextension de la cuisse; le **ligament pubofémoral**, portion triangulaire épaissie de la partie inférieure et antérieure de la capsule qui limite l'abduction; et le **ligament ischiofémoral**, ligament en spirale situé en position postérieure qui empêche l'hyperextension de la cuisse (figure 8.12c, d). La disposition de ces ligaments est telle qu'ils fixent la tête du fémur dans l'acétabulum lorsque la personne

se tient debout, ce qui assure la stabilité nécessaire à cette articulation chargée de transférer le poids du tronc et des membres supérieurs au fémur.

Le **ligament de la tête fémorale** est un ligament en forme de cône aplati à l'intérieur de la capsule, tendu de la tête du fémur jusqu'à la surface semi-lunaire de l'acétabulum (figure 8.12a, b). Ce ligament reste lâche au cours de la plupart des mouvements de la hanche et ne joue donc pas un rôle essentiel dans la stabilité de l'articulation. En fait, sa fonction mécanique (s'il en a une) n'est pas bien définie; par contre, il renferme une artère qui contribue à desservir la tête du fémur. Toute atteinte à cette artère peut provoquer une arthrite grave de l'articulation de la hanche.

Les tendons qui l'entourent et les muscles volumineux de la hanche et de la cuisse qui la recouvrent contribuent à la stabilité et à la force de l'articulation de la hanche. Mais, dans cette articulation, ce sont les solides ligaments ainsi que la profonde

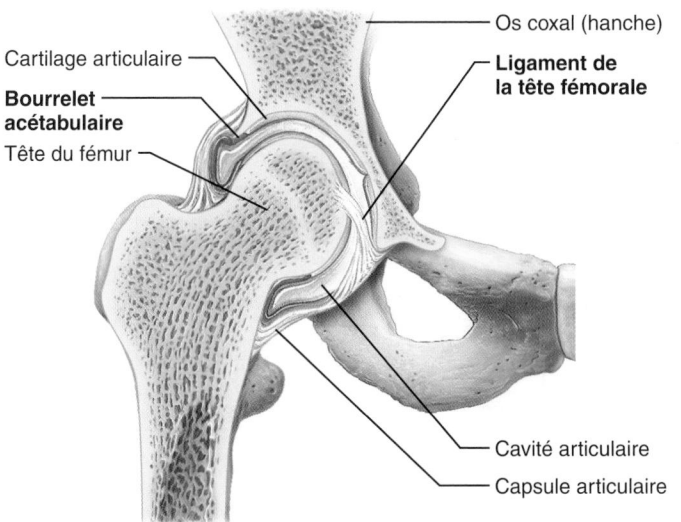

Os coxal (hanche)
Cartilage articulaire
Ligament de la tête fémorale
Bourrelet acétabulaire
Tête du fémur
Cavité articulaire
Capsule articulaire

(a) Coupe frontale de l'articulation de la hanche droite

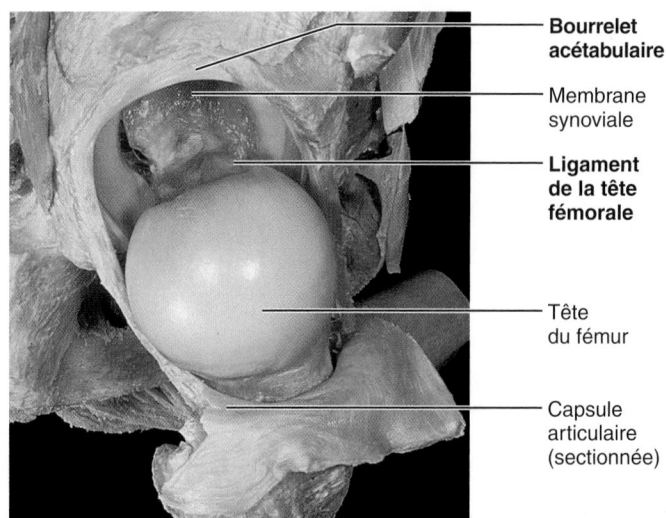

Bourrelet acétabulaire
Membrane synoviale
Ligament de la tête fémorale
Tête du fémur
Capsule articulaire (sectionnée)

(b) Photographie de l'intérieur de l'articulation de la hanche, vue latérale

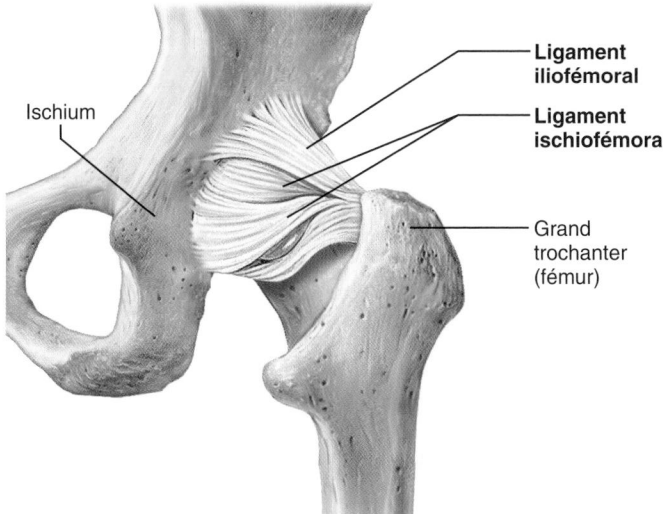

Ischium
Ligament iliofémoral
Ligament ischiofémoral
Grand trochanter (fémur)

(c) Vue postérieure de l'articulation de la hanche droite, capsule articulaire en place

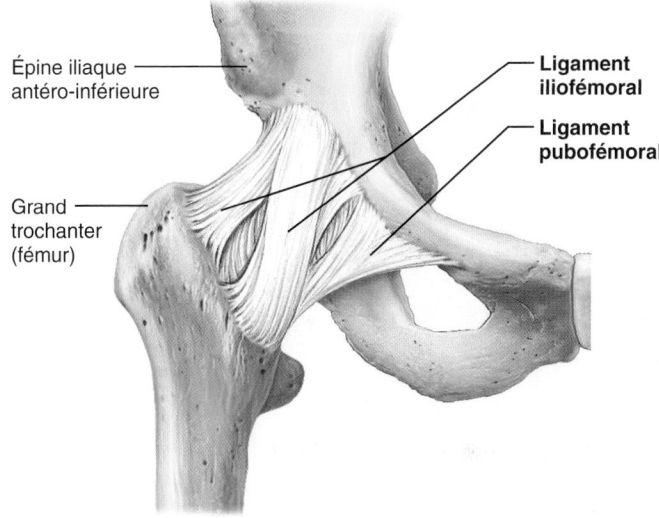

Épine iliaque antéro-inférieure
Ligament iliofémoral
Ligament pubofémoral
Grand trochanter (fémur)

(d) Vue antérieure de l'articulation de la hanche droite, capsule articulaire en place

Figure 8.12 Articulation de la hanche.

cavité (l'acétabulum) qui emprisonne fermement la tête du fémur qui assurent le rôle le plus important.

Articulation temporomandibulaire

L'**articulation temporomandibulaire**, ou articulation des mâchoires, est située juste sous l'oreille. C'est là que s'articule le condyle mandibulaire et la face inférieure de la partie pétreuse de l'os temporal (figure 8.13). Le condyle mandibulaire est ovale, tandis que la surface articulaire de l'os temporal a une forme plus complexe. À l'arrière se trouve la **fosse mandibulaire**, qui est concave (voir les figures 7.8 et 7.11a) ; à l'avant, une saillie pleine forme le **tubercule articulaire**. La face latérale de la capsule articulaire lâche qui renferme l'articulation s'épaissit pour former le **ligament latéral**. À

l'intérieur de la capsule, un disque articulaire divise la cavité articulaire en deux compartiments, supérieur et inférieur (figure 8.13a, b).

L'articulation temporomandibulaire effectue deux types de mouvements distincts. Premièrement, la surface concave du disque inférieur reçoit le condyle mandibulaire et permet le mouvement de charnière habituel, soit l'abaissement et l'élévation de la mandibule lors de l'ouverture et de la fermeture de la bouche. Deuxièmement, la surface supérieure du disque glisse vers l'avant sur le condyle mandibulaire lorsque la bouche est grande ouverte. Ce mouvement vers l'avant arc-boute le condyle contre le tubercule articulaire, de manière que la mandibule ne défonce pas le mince plafond de la fosse mandibulaire lorsqu'on mord dans un aliment dur, comme des noix ou des bonbons.

8

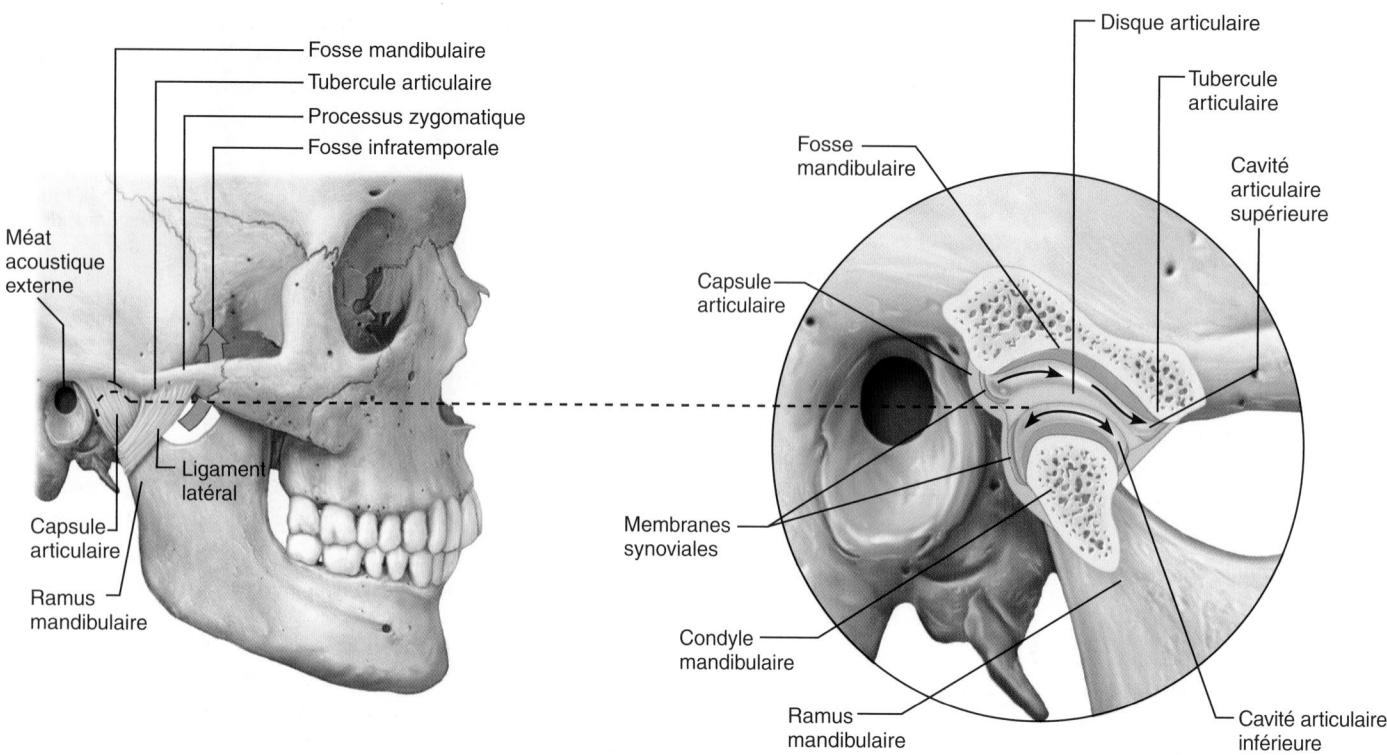

(a) Situation de l'articulation dans le crâne

(b) Agrandissement d'une coupe sagittale de l'articulation

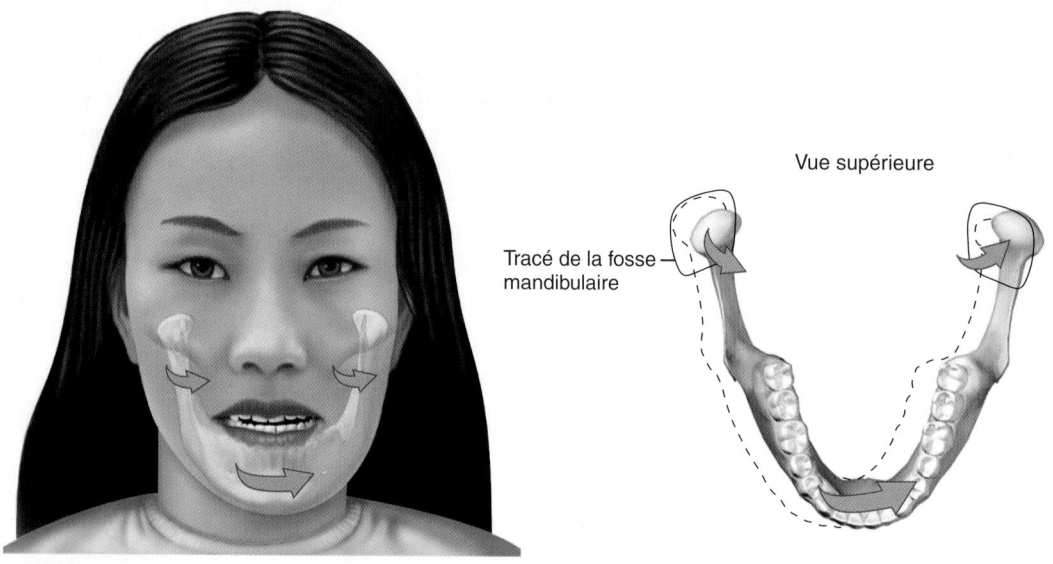

(c) Mouvements latéraux de la mandibule

Figure 8.13 Articulation temporomandibulaire. En **(b)**, remarquez que les deux parties de la cavité articulaire permettent des mouvements différents, indiqués par les flèches. Le compartiment inférieur de la cavité articulaire permet la rotation du condyle mandibulaire lors de l'ouverture et de la fermeture de la bouche. Le compartiment supérieur laisse le condyle mandibulaire se déplacer vers l'avant et s'arc-bouter contre le tubercule articulaire lorsque la bouche s'ouvre très grand ; il permet aussi le mouvement latéral de la mandibule.

Le compartiment supérieur permet également le glissement latéral de l'articulation. Lors de l'occlusion des dents postérieures pendant le broyage des aliments, la mandibule se déplace selon un mouvement latéral appelé *diduction* (figure 8.13c). Ce mouvement est unique aux mammifères et est très apparent pendant la mastication chez les chevaux et les vaches.

DÉSÉQUILIBRE HOMÉOSTATIQUE

En raison de la profondeur de sa cavité, l'articulation temporo-mandibulaire est l'articulation du corps la plus sujette aux luxations, qu'un simple bâillement peut déclencher. La luxation se produit presque toujours vers l'avant, le condyle mandibulaire se retrouvant dans une région du crâne appelée *fosse infratemporale* (figure 8.13a). Dans cette situation, la bouche reste grande ouverte. Pour réaligner l'articulation, le médecin place ses pouces dans la bouche du patient, entre les molaires inférieures et les joues, puis il pousse la mandibule vers le bas et l'arrière.

Environ 10 % de la population souffre de douloureux troubles de l'articulation temporomandibulaire, dont les symptômes les plus fréquents sont des douleurs dans les oreilles et la face, une sensibilité des muscles des mâchoires, des bruits secs à l'ouverture de la bouche et une raideur articulaire. Habituellement causés par des spasmes douloureux des muscles de la mastication, les troubles temporomandibulaires touchent souvent les personnes qui grincent des dents ; ils peuvent cependant aussi résulter d'un traumatisme de la mâchoire ou d'une mauvaise occlusion des dents. Le traitement se concentre habituellement sur le relâchement des muscles des mâchoires au moyen de massages, de l'application de chaleur humide ou de glace, de la prise de myorelaxants et de l'utilisation de techniques de réduction du stress. Pour les personnes qui grincent des dents, on recommande généralement l'utilisation d'une plaque d'occlusion pendant la nuit. ■

VÉRIFIONS NOS ACQUIS

13. Parmi les cinq articulations que nous venons de voir en détail – hanche, épaule, coude, genou et articulation temporomandibulaire –, lesquelles ont un ménisque ? Lesquelles agissent principalement comme une charnière uniaxiale ?
14. Quelle articulation dépend surtout des muscles et de leurs tendons pour assurer sa stabilité ? Laquelle dépend surtout des ligaments et de la profondeur de sa cavité ?

Les réponses se trouvent à l'appendice G.

Déséquilibres homéostatiques des articulations

13 Donner un aperçu des types les plus répandus de blessures des articulations ; décrire les symptômes et les problèmes qui sont rattachés à chacune de ces blessures.

14 Comparer les affections articulaires les plus fréquentes en fonction de la population touchée, des causes probables, des changements dans la structure des articulations, des conséquences de la maladie et du traitement.

15 Décrire les causes et les conséquences de la maladie de Lyme.

Compte tenu du travail que nous imposons tous les jours à nos articulations, il est étonnant qu'elles nous causent si peu d'ennuis. Les douleurs et le dysfonctionnement des articulations peuvent être dus à un certain nombre de facteurs, mais la plupart des problèmes résultent de blessures plus ou moins graves, d'inflammations ou de maladies dégénératives.

Blessures courantes des articulations

Pour la plupart d'entre nous, les entorses et les luxations sont les blessures les plus courantes des articulations, mais les athlètes subissent aussi fréquemment des lésions aux cartilages.

Ruptures du cartilage

Les adeptes des activités aérobiques, encouragés à se surpasser pendant les séances d'exercice, mettent souvent trop de pression sur leurs cartilages, ce qui provoque leur rupture. Bien que la plupart des lésions du cartilage soient des ruptures des ménisques du genou, les lésions causées par une utilisation excessive des cartilages articulaires des autres articulations sont de plus en plus fréquentes chez les jeunes athlètes.

Les ruptures de cartilage surviennent habituellement lorsqu'un ménisque est comprimé, tout en étant soumis à un stress intense. Or, le cartilage ne se répare pas car, étant avasculaire, les chondrocytes ne reçoivent pas assez de nutriments pour que la cicatrisation se produise. De plus, comme les fragments de cartilage entravent parfois le fonctionnement de l'articulation en causant un blocage ou une fusion de celle-ci, la plupart des spécialistes en médecine sportive recommandent l'ablation du cartilage endommagé. Il est possible de nos jours d'effectuer cette opération par **arthroscopie** (« regarder dans les articulations ») ; cette intervention se pratique maintenant sous anesthésie locale et les patients sortent généralement de l'hôpital le jour même. L'arthroscope est un petit instrument muni d'un objectif minuscule et d'une source lumineuse dont le faisceau est transmis par des fibres optiques. Il permet au chirurgien d'explorer visuellement la cavité d'une articulation, comme à la **figure 8.14**, de procéder à l'ablation de fragments

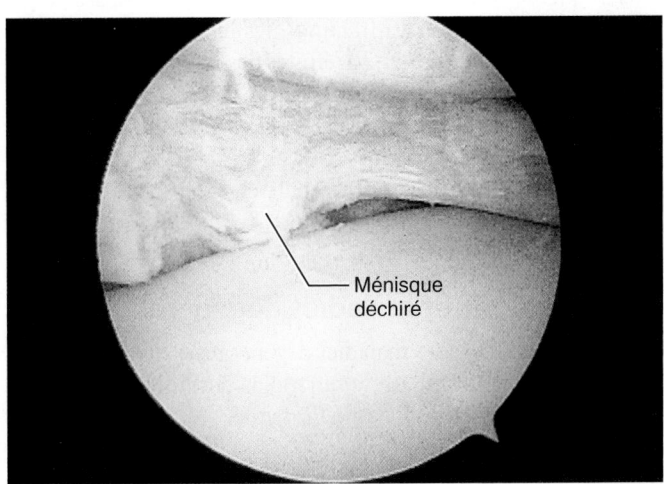

Figure 8.14 Photographie à l'arthroscope d'un ménisque médial déchiré. (Souvenir de l'une des auteures, conséquence d'une partie de tennis… qui a mal tourné !)

de cartilage ou de reconstruire un ligament à travers une ou plusieurs petites fentes, ce qui limite les lésions tissulaires et favorise la cicatrisation. L'ablation partielle d'un ménisque n'a pas de répercussions graves sur la mobilité de l'articulation, mais la stabilité de cette dernière est diminuée de façon permanente. L'ablation totale d'un ménisque entraîne souvent le déclenchement précoce de l'arthrose de l'articulation.

Entorses

Une **entorse** est une élongation ou une déchirure des ligaments qui renforcent une articulation. Les entorses les plus courantes sont celles de la région lombaire de la colonne vertébrale ainsi que celles de la cheville et du genou. Une déchirure partielle d'un ligament se répare d'elle-même mais, comme les ligaments sont mal vascularisés, les entorses guérissent lentement ; elles sont souvent douloureuses et empêchent tout mouvement.

Un ligament complètement arraché doit être immédiatement réparé au cours d'une intervention chirurgicale, car la réaction inflammatoire décomposera les tissus adjacents et transformera le ligament en une sorte de bouillie. La réfection chirurgicale n'est pas une tâche aisée : en effet, un ligament est constitué de plusieurs centaines de filaments fibreux, et recoudre un ligament déchiré peut se comparer à coudre ensemble deux brosses à cheveux.

Lorsque des ligaments importants sont endommagés au point d'interdire toute réparation, il faut les enlever et en greffer d'autres. Par exemple, il est possible d'agrafer un morceau du tendon d'un muscle ou des fibres collagènes aux os d'une articulation.

Luxations

Une **luxation** est un déplacement des os de leur alignement normal dans une articulation. Elle s'accompagne généralement d'entorses, d'inflammation et d'une immobilité articulaire. Les luxations peuvent survenir lors d'une chute grave et sont des blessures courantes dans les sports de contact. Les luxations les plus fréquentes sont celles des mâchoires, des épaules, des doigts et des pouces. Comme les fractures, les luxations doivent être *réduites*, c'est-à-dire que les extrémités des os doivent être replacées par un médecin dans leur position normale. La **subluxation** est une luxation incomplète d'une articulation.

Les luxations à répétition sont assez fréquentes. En effet, la luxation initiale étire les ligaments et la capsule articulaire, laquelle devient trop lâche pour bien renforcer l'articulation.

Inflammations et maladies dégénératives

Les inflammations et les maladies dégénératives qui frappent les articulations comprennent la bursite, la tendinite, les diverses formes d'arthrite et la maladie de Lyme.

Bursite et tendinite

La **bursite** est l'inflammation d'une bourse, habituellement causée par un traumatisme ou une friction. Une chute sur un genou peut engendrer une bursite douloureuse de la bourse subcutanée prépatellaire, appelée *bursite prérotulienne* (« eau dans le genou » ou hydarthrose). L'appui prolongé sur un coude peut abîmer la bourse près de l'olécrâne et provoquer une *bursite rétroolécrânienne*. Mais la bourse la plus fréquemment atteinte est la bourse subacromiale, à l'épaule. Les cas de bursite graves sont traités par injection d'anti-inflammatoires (cortisone, par exemple) dans la bourse. La pression provoquée par une accumulation excessive de liquide peut être réduite à l'aide d'une ponction.

La **tendinite** est une inflammation des gaines des tendons habituellement causée par une utilisation excessive. Ses symptômes (douleur et enflure) et son traitement (repos, application de glace et anti-inflammatoires) sont semblables à ceux de la bursite.

Arthrite

Le mot **arthrite** est un terme générique désignant plus d'une centaine de maladies inflammatoires ou dégénératives qui touchent les articulations. L'arthrite sous toutes ses formes touche 4,5 millions de personnes au Canada, soit 1 Canadien sur 6 âgé de 15 ans et plus. Au stade initial, toutes les variétés d'arthrite s'accompagnent plus ou moins des mêmes symptômes : douleur, raideur et enflure de l'articulation.

Les formes aiguës d'arthrite sont habituellement causées par une infection bactérienne qui doit être traitée à l'aide d'antibiotiques. La membrane synoviale s'épaissit et la production de liquide diminue, ce qui provoque une augmentation du frottement et de la douleur. Les variétés chroniques d'arthrite comprennent l'arthrose, la polyarthrite rhumatoïde et les arthropathies goutteuses.

Arthrose (ostéoarthrite) L'**arthrose** est la forme d'arthrite chronique la plus répandue (la moitié de tous les cas) ; les plus lointains ancêtres de l'humain en souffraient. Il s'agit d'une dégénérescence des articulations à évolution lente. Elle s'observe plus fréquemment chez les sujets âgés et elle est probablement liée au processus normal du vieillissement (bien qu'elle se rencontre parfois chez des personnes jeunes et que certaines formes soient liées à un facteur héréditaire, à l'obésité ou à une sollicitation excessive de certaines articulations). Les femmes sont touchées plus souvent que les hommes mais, au final, 3 millions de Canadiens (dont 700 000 Québécois) et près de 15 millions de personnes dans l'Union européenne (dont 6 millions en France) sont atteints à des degrés divers.

On ne connaît pas la cause de cette maladie. Les travaux de recherche actuels font ressortir le rôle de certaines enzymes (métalloprotéinases) dont le rôle est de détruire le cartilage articulaire au cours du fonctionnement normal des articulations.

Chez les personnes en bonne santé, le cartilage endommagé serait par la suite remplacé. Par contre, chez les personnes souffrant d'arthrose, la vitesse de destruction du cartilage dépasserait celle de sa reconstruction. Il se peut que l'arthrose soit l'expression des effets cumulatifs de la pression et du frottement sur les surfaces articulaires au fil des années, lesquels entraîneraient la libération de quantités excessives d'enzymes responsables de la destruction du cartilage. Au terme de ce processus, on trouve des cartilages articulaires ramollis, rugueux, rongés et érodés ; il arrive que des fragments de cartilage détachés soient libérés dans la cavité articulaire et nuisent aux mouvements. Comme ce processus se produit le plus souvent aux endroits où une orientation inégale des forces cause des microlésions étendues, les articulations mal alignées ou surmenées sont les plus susceptibles d'être touchées.

Au fur et à mesure que la maladie progresse, l'os dénudé s'épaissit et forme des excroissances osseuses (ostéophytes) qui rendent les extrémités des os plus volumineuses et réduisent l'amplitude des mouvements. Les patients se plaignent d'une raideur au lever qui s'estompe avec l'activité physique. Les articulations touchées peuvent faire entendre un craquement lorsqu'elles bougent ; ce bruit, appelé *crépitation*, est produit par le frottement de deux surfaces articulaires devenues rugueuses. Cependant, contrairement à la polyarthrite rhumatoïde, dont nous parlons un peu plus loin, l'arthrose ne s'accompagne généralement pas d'inflammation. Les articulations le plus souvent atteintes sont celles des vertèbres cervicales et lombaires et celles des doigts, des genoux et des hanches.

L'évolution de l'arthrose est généralement lente et irréversible. Cette affection est rarement invalidante, mais elle peut le devenir lorsqu'elle touche les articulations portantes de la hanche ou du genou. Dans la plupart des cas, il est possible de soulager les symptômes en recourant à un analgésique léger comme l'acide acétylsalicylique (l'aspirine, par exemple) ou l'acétaminophène et en s'adonnant à un programme d'exercices modérés gardant les articulations mobiles. Lorsque le genou est atteint, on a maintenant recours à un traitement appelé viscosuppléance, qui consiste à injecter un gel lubrifiant dans l'articulation ; l'efficacité de ce traitement semble cependant discutable. Des frictions d'une substance semblable au poivre de Cayenne, appelée capsaïcine, sur la peau couvrant les articulations douloureuses aident à atténuer la douleur de l'arthrose. Par ailleurs, il semble que, chez certaines personnes, les sulfates de glucosamine et de chondroïtine, des suppléments nutritionnels, diminuent la douleur et l'inflammation. Ces produits contribuent peut-être aussi à préserver le cartilage articulaire. En 2009, on a mis en évidence, chez la souris, le rôle d'une molécule particulière aux chondrocytes, le syndecan-4, dans l'activité des enzymes destructrices du cartilage. L'injection d'anticorps dirigés contre cette molécule a été utilisée avec succès chez cet animal, ce qui ouvre la voie à des recherches prometteuses chez l'humain.

Polyarthrite rhumatoïde   La **polyarthrite rhumatoïde** (PR) est une maladie inflammatoire chronique au début insidieux. Comme son nom l'indique (*poly*arthrite), elle touche plusieurs articulations. Elle survient habituellement chez les personnes âgées de 30 à 50 ans, mais elle peut se présenter à tout âge ; elle frappe environ 3 fois plus de femmes que d'hommes. Même si elle n'est pas aussi répandue que l'arthrose, la PR cause une incapacité chez des millions de personnes (environ 1 % de la population mondiale adulte, soit 4,5 millions de personnes en Europe, dont 300 000 personnes en France).

Au stade initial, on observe en général une sensibilité et une raideur articulaires. Plusieurs articulations, particulière-

ment les petites articulations comme celles des doigts, des poignets, des chevilles et des pieds, sont atteintes en même temps et de façon symétrique. Par exemple, si le coude droit est touché, il est fort probable que le gauche le sera aussi. L'évolution de la PR est variable et marquée de poussées (aggravation) suivies de rémissions. En plus de la douleur et de l'inflammation, les autres symptômes peuvent comprendre l'anémie, l'ostéoporose, la faiblesse musculaire et les troubles cardiovasculaires ; la PR peut également affecter les poumons et les yeux.

La PR est une *maladie auto-immune*, c'est-à-dire un trouble dans lequel le système immunitaire attaque les tissus de l'organisme. Le facteur déclenchant cette réaction est inconnu, mais il se pourrait que des streptocoques et des virus en soient la cause. Il est possible que ces microorganismes soient porteurs de molécules semblables à celles qui sont naturellement présentes dans les articulations (probablement des glucosaminoglycanes, des glucides complexes présents dans la synovie, dans les cartilages et d'autres tissus conjonctifs), et que le système immunitaire, après avoir été activé, tente de détruire les deux types de molécules.

La PR se manifeste par une inflammation de la membrane synoviale (*synovite*) des articulations atteintes. Des cellules associées à la réaction inflammatoire (lymphocytes, granulocytes neutrophiles et autres) sortent du sang et pénètrent dans la cavité articulaire. Elles y déversent alors un torrent de substances inflammatoires qui détruisent les tissus quand elles sont libérées de façon intempestive et en grande quantité, comme c'est le cas chez les personnes souffrant de PR. La membrane synoviale enflammée produit une plus grande quantité de synovie et en s'accumulant, ce liquide entraîne le gonflement de l'articulation. Avec le temps, la membrane synoviale enflammée s'épaissit pour constituer le **pannus** (« lambeau »), un tissu anormal qui adhère aux cartilages articulaires. Le cartilage (et parfois l'os sous-jacent) finit par être érodé par le pannus ; il se forme alors un tissu cicatriciel qui unit les extrémités osseuses. Par la suite, ce tissu cicatriciel s'ossifie et les extrémités des os se soudent, immobilisant l'articulation. Cet état ultime, appelé *ankylose*, provoque souvent la déformation des doigts (figure 8.15). Tous les cas de PR ne connaissent pas cette évolution invalidante, mais ils se caractérisent tous par une restriction du mouvement de l'articulation et une douleur intense.

Malheureusement, on n'a toujours pas trouvé le médicament miracle dont rêvent les victimes de la PR. Les traitements varient d'une simple combinaison d'aspirine, d'antibiothérapie prolongée (minocycline) et d'activité physique jusqu'aux thérapies progressives faisant appel aux immunosuppresseurs, comme le méthotrexate, ou aux anti-inflammatoires. L'étanercept (Enbrel) et l'infliximab (Remicade) paraissent particulièrement prometteurs. Ce sont les premiers représentants d'une classe de médicaments appelés *modificateurs de la réponse biologique* qui neutralisent certains des effets nocifs des substances inflammatoires. La thérapie génique suscite aussi des espoirs, même si les études n'ont été menées que chez un très petit nombre de sujets jusqu'ici. Ce traitement vise à introduire, dans une articulation atteinte, des cellules synoviales qui ont

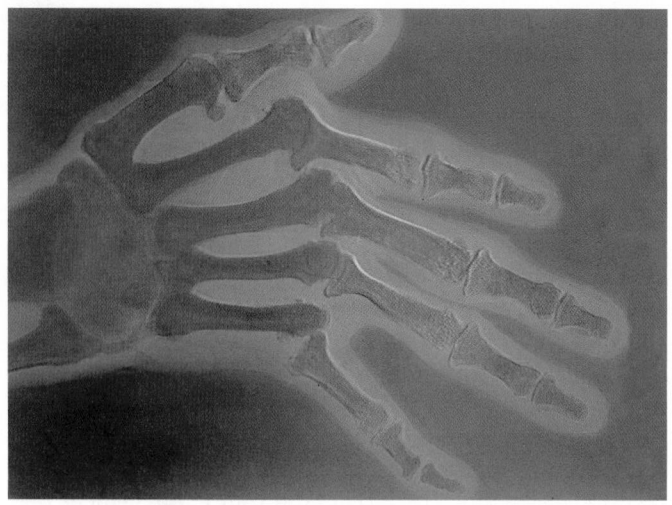

Figure 8.15 Radiographie d'une main déformée par la polyarthrite rhumatoïde.

8

été prélevées chez le patient, mises en culture et génétiquement modifiées. Le gène introduit amènerait la synthèse d'une substance agissant comme anti-inflammatoire en bloquant l'activité de l'interleukine 1, qui est responsable de la dégradation du cartilage. Selon certaines études, un traitement jumelant deux médicaments (le méthotrexate et l'étanercept) a connu un succès inattendu. Parmi les sujets traités, 35 % ont connu une rémission, et après 1 an de traitement, on a observé chez un certain nombre d'entre eux une amélioration de l'état de leurs articulations touchées. Malgré ces progrès et ces espoirs, les prothèses articulaires, lorsqu'elles existent, restent le dernier recours des malades rendus invalides par une PR grave (voir le Gros plan des pages 297-298). En fait, certaines personnes atteintes de PR ont plus d'une dizaine d'articulations artificielles.

Arthropathies goutteuses   L'acide urique est un déchet produit normalement par le métabolisme des acides nucléiques et habituellement éliminé sans problème dans l'urine. Cependant, lorsque le taux d'acide urique dans le sang devient trop élevé (en raison d'une production excessive ou d'une excrétion insuffisante), cet acide se transforme en urate de sodium, dont les cristaux en forme d'aiguille se déposent dans les tissus mous des articulations. La réaction inflammatoire causée par ces dépôts provoque une attaque de **goutte**, laquelle est généralement très douloureuse. Les cristaux d'urate peuvent aussi se déposer sous la peau, où ils forment des bosses (tophi) et provoquent des irritations. L'attaque initiale de goutte touche le plus souvent l'articulation de la base du gros orteil, mais elle peut atteindre d'autres articulations (celles du membre inférieur, surtout le genou, la cheville ou le pied). Elle survient la plupart du temps durant la nuit.

La goutte est quatre fois plus fréquente chez les hommes que chez les femmes parce que le taux d'acide urique dans le sang est naturellement plus élevé chez les hommes (peut-être parce que les œstrogènes augmentent son excrétion). Elle touche 1 personne sur 30 au Canada, le plus souvent entre l'âge de 30 et 50 ans ; sa fréquence en Europe est de 0,3 %. Comme la goutte semble frapper des familles entières, il est probable que des facteurs héréditaires sont en jeu.

Si elle n'est pas traitée, la goutte peut provoquer de véritables ravages ; les dépôts d'urate causent une inflammation des cartilages et les extrémités des os se soudent parfois, immobilisant ainsi les articulations. Fort heureusement, plusieurs médicaments (colchicine, anti-inflammatoires non stéroïdiens, glucocorticoïdes et autres) peuvent arrêter ou prévenir les accès de goutte. Il est conseillé aux patients de boire beaucoup d'eau et d'éviter les excès d'alcool (lequel favorise une surproduction d'acide urique) et les aliments contenant des acides nucléiques riches en purines tels que le foie, les rognons et les sardines.

Maladie de Lyme

La **maladie de Lyme** (nom d'une ville du Connecticut, aux États-Unis, où la maladie a été découverte en 1975) est une maladie inflammatoire causée par un spirochète du genre *Borrelia*. Elle touche les populations des zones tempérées de l'hémisphère Nord (au Canada, une trentaine de cas ont été rapportés en 2006). La bactérie est transmise par les piqûres des tiques qui vivent sur les souris et les cerfs ; trois espèces de *Borrelia* sont responsables de la maladie en Europe, mais une seule en Amérique. Au Canada, il y a 20 ans, les deux espèces de tiques impliquées dans la transmission de la maladie n'étaient présentes qu'en Ontario ; on les trouve maintenant dans au moins 6 provinces, dont le Québec.

La bactérie produit souvent des douleurs articulaires et de l'arthrite, en particulier des genoux, et se caractérise par une éruption cutanée, des symptômes semblables à ceux de la grippe et des troubles cognitifs. Si la maladie de Lyme n'est pas traitée, des troubles neurologiques et des irrégularités du rythme cardiaque peuvent survenir.

Comme les symptômes varient d'une personne à l'autre, le diagnostic est difficile à établir. Les antibiotiques sont le traitement habituel, mais la bactérie en cause est longue à tuer. Il n'existe pas de vaccin protégeant de façon absolue contre la maladie à cause de l'hétérogénéité de l'agent bactérien responsable. La meilleure façon de se protéger est d'éviter les piqûres de tique (par des vêtements appropriés, des répulsifs, etc.).

VÉRIFIONS NOS ACQUIS

15. Que signifie le terme « arthrite » ?

16. Pourquoi une articulation ayant déjà subi une luxation est-elle plus susceptible d'en subir d'autres par la suite ?

17. En examinant une personne atteinte d'arthrite, comment pouvez-vous déterminer si elle souffre d'arthrose ou de polyarthrite rhumatoïde ?

18. Quelle est la cause de la maladie de Lyme ?

Les réponses se trouvent à l'appendice G.

Développement et vieillissement des articulations

16 Décrire les facteurs qui maintiennent ou perturbent l'homéostasie des articulations.

Les articulations se constituent au cours des deux premiers mois du développement embryonnaire, parallèlement à la formation des os à partir du mésenchyme. À la huitième semaine, les articulations synoviales ont déjà la forme et l'agencement caractéristiques des articulations adultes, et la sécrétion de la synovie a commencé. Pendant l'enfance, la taille, la forme et la flexibilité des articulations changent en fonction de leur utilisation. Les articulations actives ont des capsules et des ligaments plus épais et des soutiens osseux plus larges.

Si l'on fait abstraction des blessures, les articulations fonctionnent bien jusqu'à la fin de la cinquantaine. Cependant, l'usure des cartilages est inéluctable. Les ligaments et les tendons raccourcissent et s'affaiblissent. Les disques intervertébraux sont de plus en plus exposés à une hernie; l'arthrose fait son apparition. Après l'âge de 70 ans, à peu près tout le monde souffre, à divers degrés, d'arthrose. On peut déjà observer dans la cinquantaine une fréquence accrue de la polyarthrite rhumatoïde.

Tout exercice sollicitant des articulations la gamme complète des mouvements, notamment les séances régulières d'étirement et d'exercices aérobiques, retarde les effets paralysants du vieillissement sur les ligaments et les tendons, assure la nutrition des cartilages et renforce les muscles qui stabilisent les articulations. Toutefois, la prudence est essentielle, car faire travailler ses articulations de façon excessive ou abusive est la meilleure façon de provoquer une apparition prématurée de l'arthrose. La poussée de l'eau allège beaucoup la tension sur les articulations qui supportent le poids du corps, et les personnes qui font de la natation ou de l'exercice en piscine conservent en général un bon fonctionnement articulaire durant toute leur vie.

VÉRIFIONS NOS ACQUIS

19. Quel est l'effet de la pratique régulière et modérée d'une activité physique sur la santé et la structure des articulations?

Les réponses se trouvent à l'appendice G.

Le rôle primordial des articulations est incontestable: la capacité du squelette à protéger les autres organes et à se mouvoir facilement dans l'environnement en est la manifestation éclatante. Nous avons examiné dans ce chapitre la structure des articulations et les types de mouvements qu'elles permettent. Nous pouvons maintenant nous pencher sur la façon dont les muscles sont attachés au squelette et voir comment leur action sur les articulations permet les mouvements du corps.

TERMES MÉDICAUX

Arthrologie (*arthron*: articulation; *logos*: discours) Étude des articulations.

Arthroplasie (ou arthroplastie) Remplacement d'une articulation endommagée par une prothèse.

Chondromalacie rotulienne («ramollissement du cartilage de la rotule») Lésion et ramollissement des cartilages articulaires de la face postérieure de la rotule et de la face antérieure de l'extrémité distale du fémur; elle survient le plus souvent chez les adolescents qui font beaucoup de sport (on appelle aussi cette affection «genou du coureur»). Elle s'accompagne d'une douleur aiguë dans le genou quand la jambe est en extension (par exemple, quand on monte un escalier). Elle peut être occasionnée par une traction inégale du quadriceps fémoral, le principal groupe de muscles du devant de la cuisse, sur la rotule. Celle-ci se trouve ainsi à frotter constamment contre le fémur dans l'articulation du genou. L'affection se traite souvent au moyen d'exercices qui renforcent les parties faibles du quadriceps.

Rhumatisme Terme du langage courant désignant toute maladie se manifestant par des douleurs musculaires, osseuses ou articulaires; peut s'appliquer à l'arthrite, à la bursite, etc., aussi bien qu'à des maladies non articulaires (par exemple la myosite).

Spondylarthrite ankylosante (*spondulos*: vertèbre) Forme de polyarthrite rhumatoïde touchant les articulations de la colonne vertébrale. Elle survient le plus souvent chez les hommes jeunes; elle débute habituellement dans les articulations sacro-iliaques et progresse vers le haut de la colonne vertébrale. Les ligaments entre les vertèbres peuvent se calcifier, ce qui provoque la rigidité de la colonne.

Synovite Inflammation de la membrane synoviale d'une articulation; il ne se trouve qu'une petite quantité de synovie dans les articulations saines, mais la synovite en provoque une production abondante qui cause le gonflement de l'articulation et limite sa mobilité. La *ténosynovite* est l'inflammation de la membrane synoviale de la gaine du tendon (souvent au niveau des doigts).

RÉSUMÉ DU CHAPITRE

1. Les articulations sont les points d'union entre les os. Leurs fonctions consistent à relier les os et à permettre la mobilité du squelette.

Classification des articulations (p. 284)

1. La classification structurale divise les articulations en articulations fibreuses, en articulations cartilagineuses et en articulations synoviales. Selon la classification fonctionnelle, une articulation peut être mobile, semi-mobile ou immobile.

Articulations fibreuses (p. 284)

1. Les articulations fibreuses relient les os par du tissu conjonctif dense ; il n'y a pas de cavité articulaire. Presque toutes les articulations fibreuses sont des articulations immobiles.
2. **Sutures/syndesmoses/gomphoses.** Les principaux types d'articulations fibreuses sont les sutures, les syndesmoses et les gomphoses.

Articulations cartilagineuses (p. 285)

1. Dans les articulations cartilagineuses, les os sont unis par du cartilage ; il n'y a pas de cavité articulaire.
2. **Synchondroses/symphyses.** Les articulations cartilagineuses comprennent les synchondroses et les symphyses. Les synchondroses sont des articulations immobiles ; toutes les symphyses sont semi-mobiles.

Articulations synoviales (p. 286)

1. La plupart des articulations du corps sont des articulations synoviales, qui sont toutes des articulations mobiles.

Structure générale (p. 288)

2. Toutes les articulations synoviales possèdent une cavité articulaire entourée d'une membrane fibreuse tapissée d'une membrane synoviale et renforcée par des ligaments ; les extrémités des os sont couvertes de cartilage articulaire, la cavité articulaire contient la synovie et l'ensemble de l'articulation est bien pourvu en terminaisons nerveuses et en vaisseaux sanguins. Certaines de ces articulations contiennent des disques articulaires, ou ménisques (l'articulation du genou, par exemple). Ces structures augmentent la stabilité de l'articulation et absorbent les chocs.

Bourses et gaines des tendons (p. 290)

3. Les bourses sont des sacs fibreux tapissés d'une membrane synoviale et contenant la synovie. Les gaines des tendons ressemblent aux bourses, mais ce sont des structures cylindriques qui entourent les tendons des muscles. Les bourses et les gaines des tendons diminuent la friction entre les structures adjacentes et leur permettent de bouger facilement l'une contre l'autre lors du mouvement d'un membre.

Facteurs influant sur la stabilité des articulations synoviales (p. 290)

4. Les surfaces articulaires qui assurent le plus de stabilité possèdent des surfaces étendues et des cavités profondes et s'ajustent bien ensemble.
5. Les ligaments empêchent les mouvements non souhaitables et renforcent les articulations.
6. Le tonus des muscles dont les tendons traversent l'articulation est le facteur de stabilité le plus important dans de nombreuses articulations.

Mouvements permis par les articulations synoviales (p. 291)

7. Lorsqu'un muscle squelettique se contracte, l'insertion musculaire (attachée à l'os mobile) se déplace vers l'origine musculaire (attachée à l'os immobile).
8. Les articulations synoviales se distinguent les unes des autres par les mouvements qu'elles permettent. Un mouvement peut être non axial (glissement), uniaxial (selon un plan), biaxial (selon deux plans) ou multiaxial (selon les trois plans).

9. Il peut se produire trois types de mouvements lorsque les muscles se contractent autour des articulations : (a) des mouvements de glissement ; (b) des mouvements angulaires (comprenant la flexion, l'extension, l'abduction, l'adduction et la circumduction) ; et (c) la rotation.
10. Les mouvements spéciaux sont la supination et la pronation, l'inversion et l'éversion, la protraction et la rétraction, l'élévation et l'abaissement, et l'opposition et la reposition.

Types d'articulations synoviales (p. 294)

11. Les six catégories principales d'articulations synoviales sont les articulations planes (mouvement non axial), les articulations trochléennes (mouvement uniaxial), les articulations trochoïdes (mouvement uniaxial avec rotation permise), les articulations condylaires (mouvement biaxial avec des mouvements angulaires selon deux plans), les articulations en selle (mouvement biaxial, comme les articulations condylaires, mais plus libre) et les articulations sphéroïdes (mouvement multiaxial et de rotation).

Structure de quelques articulations synoviales (p. 299)

12. L'articulation du genou est l'articulation la plus volumineuse du corps. C'est une articulation trochléenne formée des condyles du fémur et du tibia d'une part et de la rotule glissant sur la partie antérieure et distale du fémur d'autre part. L'extension, la flexion et une certaine rotation sont permises. Ses surfaces articulaires sont peu profondes et condylaires. Des ménisques en forme de croissant, et dont l'épaisseur diminue de la périphérie vers le centre du tibia, approfondissent les surfaces articulaires du tibia. La cavité articulaire est entourée d'une capsule, mais seulement sur les faces latérales et postérieure. Plusieurs ligaments contribuent à empêcher le déplacement anormal des condyles du fémur sur les surfaces articulaires du tibia. Le tonus des muscles quadriceps fémoral et semi-membraneux joue un rôle important dans la stabilité du genou.
13. L'articulation de l'épaule est une articulation sphéroïde formée de la tête de l'humérus et de la cavité glénoïdale de la scapula. C'est l'articulation la plus mobile de tout le corps ; elle permet tous les mouvements angulaires et la rotation. Ses surfaces articulaires sont peu profondes. Sa capsule est lâche et mal renforcée par les ligaments. La stabilité de cette articulation est assurée notamment par les tendons des muscles biceps brachial et de la coiffe des rotateurs.
14. Le coude est une articulation trochléenne dans laquelle l'ulna (et le radius) s'articule avec l'humérus, permettant la flexion et l'extension. Ses surfaces articulaires sont tout à fait complémentaires et constituent le facteur le plus important dans la stabilité de l'articulation.
15. L'articulation de la hanche est une articulation sphéroïde formée de la tête du fémur et de l'acétabulum de l'os coxal. Elle est extrêmement bien adaptée pour supporter le poids de la tête, du tronc et des membres supérieurs. Ses surfaces articulaires sont profondes et solides. Sa capsule épaisse est renforcée par des ligaments.
16. L'articulation temporomandibulaire est formée (1) du condyle mandibulaire et (2) de la fosse mandibulaire et du tubercule articulaire de l'os temporal. Cette articulation permet le mouvement, semblable à celui d'une charnière, d'ouverture et de fermeture de la bouche, un glissement vers l'avant de la mandibule ainsi que des mouvements latéraux. Elle se disloque souvent vers l'avant et est le siège de nombreux troubles.

Déséquilibres homéostatiques des articulations (p. 307)

Blessures courantes des articulations (p. 307)

1. Les lésions du cartilage, particulièrement ceux du genou, sont fréquentes dans les sports de contact et peuvent être causées par un mouvement de rotation excessif ou une forte compression. Le cartilage avasculaire ne peut pas se reconstituer de lui-même.
2. Les entorses sont liées à l'élongation ou à la rupture des ligaments de l'articulation. La guérison se fait lentement, car les ligaments sont mal vascularisés.
3. Les luxations sont des déplacements des surfaces articulaires des os. Elles doivent être réduites.

Inflammations et maladies dégénératives (p. 308)

4. La bursite et la tendinite sont des inflammations d'une bourse et d'une gaine du tendon, respectivement.
5. L'arthrite est une inflammation ou une dégénérescence d'une articulation, accompagnée de raideur, de douleur et d'enflure. Les formes aiguës sont généralement causées par une infection bactérienne. Les formes chroniques comprennent l'arthrose, la polyarthrite rhumatoïde et les arthropathies goutteuses.
6. L'arthrose est une affection dégénérative très fréquente chez les personnes âgées. Les articulations qui supportent le poids du corps sont les plus touchées.
7. La polyarthrite rhumatoïde est l'arthrite la plus invalidante ; c'est une maladie auto-immune qui comporte une grave inflammation des articulations et une restriction de leur mouvement. Elle peut aussi toucher les systèmes musculaire et cardiovasculaire.
8. Les arthropathies goutteuses sont des inflammations des articulations causées par le dépôt de cristaux d'urate de sodium, principalement dans les tissus mous des articulations.
9. La maladie de Lyme est une maladie infectieuse causée par la piqûre d'une tique infectée par une bactérie, le spirochète ; elle produit souvent des douleurs articulaires et de l'arthrite.

Développement et vieillissement des articulations (p. 311)

1. Les articulations se forment à partir du mésenchyme, parallèlement au développement embryonnaire des os.
2. Mis à part les blessures, les articulations fonctionnent bien jusqu'à la fin de la cinquantaine ; les symptômes de durcissement du tissu conjonctif et d'arthrose commencent alors à se manifester chez la plupart des personnes. L'exercice physique modéré retarde ces effets ; trop d'exercice peut cependant entraîner l'apparition prématurée de l'arthrite.

QUESTIONS DE RÉVISION

Choix multiples/associations

(Il peut y avoir plus d'une bonne réponse à certaines questions. Choisissez les meilleures réponses parmi celles qui sont proposées. Les réponses se trouvent à l'appendice G.)

1. Associez les termes suivants avec les descriptions appropriées.
   (a) Articulations fibreuses   (b) Articulations
   (c) Articulations synoviales   cartilagineuses

   _____ (1) Possèdent une cavité articulaire.
   _____ (2) Les différents types comprennent les sutures et les syndesmoses.
   _____ (3) Les os sont unis par des fibres collagènes.
   _____ (4) Les différents types comprennent les synchondroses et les symphyses.
   _____ (5) Toutes sont des articulations mobiles.
   _____ (6) Plusieurs sont des articulations semi-mobiles.
   _____ (7) Les os sont unis par un disque de cartilage hyalin ou du cartilage fibreux.
   _____ (8) Presque toutes sont des articulations immobiles.
   _____ (9) Les articulations de l'épaule, de la hanche, de la mâchoire et du coude.

2. Associez les types de mouvements suivants avec leurs descriptions.
   (a) Flexion   (b) Pronation
   (c) Circumduction   (d) Abduction
   (e) Inversion   (f) Opposition

   _____ (1) Mouvement qui éloigne un membre du plan médian.
   _____ (2) Diminution de l'angle entre deux segments du corps.
   _____ (3) Mouvement de l'avant-bras amenant la paume de la main vers l'arrière.
   _____ (4) Mouvement par lequel le pouce touche les autres doigts de la main.
   _____ (5) Mouvement qui tourne la plante du pied vers le plan médian.
   _____ (6) Mouvement permis par les articulations de la hanche et de l'épaule et dans lequel l'extrémité distale du membre décrit un cercle.

3. La grande majorité des articulations du corps et toutes les articulations des membres sont de type : (a) cartilagineux ; (b) synovial ; (c) fibreux.

4. Les caractéristiques anatomiques d'une articulation synoviale comprennent : (a) du cartilage articulaire ; (b) une cavité articulaire ; (c) une capsule articulaire ; (d) toutes ces réponses.

5. Lesquelles, parmi les articulations suivantes, comportent notamment du cartilage hyalin ? (a) Cubitus-humérus ; (b) frontal-pariétal ; (c) fémur-os coxal ; (d) vertèbre-vertèbre ; (e) extrémité distale du tibia - extrémité distale de la fibula.

6. Les facteurs qui influent sur la stabilité d'une articulation synoviale comprennent : (a) la forme des surfaces articulaires ; (b) la présence de solides ligaments ; (c) le tonus des muscles environnants ; (d) toutes ces réponses.

7. Les caractéristiques suivantes conviennent à l'articulation formée par l'humérus et l'ulna : (a) articulation en charnière ; (b) mouvement dans un seul plan ; (c) articulation trochoïde ; (d) articulation uniaxiale ; (e) capsule articulaire lâche.

8. La description suivante – « Surfaces articulaires profondes et solides ; une capsule fortement renforcée par des ligaments et des tendons musculaires ; articulation très stable » – décrit le mieux : (a) l'articulation du coude ; (b) l'articulation de la hanche ; (c) l'articulation du genou ; (d) l'articulation de l'épaule.

8

8

9. L'ankylose désigne : (**a**) la torsion d'une cheville ; (**b**) la déchirure des ligaments ; (**c**) le déplacement d'un os ; (**d**) l'immobilisation d'une articulation causée par la fusion de ses surfaces articulaires.

10. La maladie auto-immune dans laquelle les articulations sont touchées de façon symétrique et qui provoque la formation de pannus ainsi que l'immobilisation graduelle de l'articulation est : (**a**) une bursite ; (**b**) la goutte ; (**c**) l'arthrose ; (**d**) la polyarthrite rhumatoïde.

Questions à court développement

11. Définissez une articulation.

12. Expliquez l'importance relative des articulations mobiles, semi-mobiles et immobiles dans l'homéostasie de l'organisme.

13. Comparez la structure, la fonction et les situations les plus fréquentes dans le corps des bourses et des gaines des tendons.

14. Le mouvement d'une articulation peut être non axial, uniaxial, biaxial ou multiaxial. Donnez la définition de chacun de ces termes.

15. Comparez les mouvements symétriques de flexion et d'extension avec l'adduction et l'abduction ; montrez les différences.

16. Nommez l'articulation (en indiquant les os participants) où peuvent se produire chacun des mouvements suivants : (**a**) protraction ; (**b**) éversion ; (**c**) opposition ; (**d**) dorsiflexion ; (**e**) abaissement.

17. Nommez deux types d'articulations uniaxiales, biaxiales et multiaxiales.

18. Quel est le rôle précis des ménisques du genou ? Des ligaments croisés antérieur et postérieur ?

19. On dit souvent du genou qu'il est aussi pratique que fragile. Donnez les principales raisons pouvant expliquer sa fragilité.

20. Comparez l'articulation de l'épaule avec celle de la hanche sur les plans de la structure, de la stabilité et de la fonction.

21. Pourquoi les entorses et les lésions du cartilage sont-elles longues à guérir ou nécessitent-elles souvent une intervention ?

22. Parmi les formes d'arthrite étudiées dans ce chapitre, lesquelles sont directement associées à une réaction inflammatoire ?

23. Nommez les fonctions des éléments de l'articulation synoviale suivants : couche fibreuse de la capsule, synovie, disque articulaire.

24. Citez les trois facteurs qui influent sur la stabilité des articulations synoviales. Pour chacun de ces facteurs, donnez un exemple d'articulation où il joue un rôle particulièrement important.

25. Citez deux des principaux problèmes qui pourraient survenir lors de l'implant d'une prothèse articulaire.

Réflexion et application

1. Sophie a travaillé comme femme de ménage pendant 30 ans pour que ses deux enfants puissent aller à l'université. Il lui est souvent arrivé de téléphoner à ses employeurs pour les avertir qu'elle ne pourrait pas travailler, car l'une de ses rotules était enflée et douloureuse. De quoi Sophie souffre-t-elle, et quelle est la cause probable de ce problème ?

2. En faisant sa course à pied habituelle, Henri a trébuché et s'est tordu brutalement la cheville gauche. Lorsqu'il s'est relevé, il ne pouvait plus porter son poids sur cette cheville. Le diagnostic est une grave luxation et une entorse de la cheville gauche. L'orthopédiste déclare à Henri qu'elle effectuera une réduction orthopédique de la luxation et qu'elle tentera de réparer le ligament par arthroscopie. (**a**) L'articulation de la cheville est-elle normalement une articulation stable ? (**b**) De quels facteurs dépend sa stabilité ? (**c**) Qu'est-ce qu'une réduction orthopédique ? (**d**) Pourquoi est-il nécessaire de réparer le ligament ? (**e**) En quoi consiste une arthroscopie ? (**f**) Comment le recours à cette méthode diminuera-t-il le temps de rétablissement (et de souffrance) d'Henri ?

3. Âgée de 45 ans, Mme Béchard se présente au cabinet de son médecin et se plaint d'une douleur insupportable à l'articulation interphalangienne distale de son gros orteil droit. L'articulation paraît très rougie et enflée. Quand on lui demande si elle a déjà souffert d'un tel trouble dans le passé, elle se rappelle d'attaques semblables, deux ans auparavant, qui avaient disparu aussi rapidement qu'elles étaient apparues. Le médecin diagnostique une arthrite. (**a**) De quel type d'arthrite s'agit-il ? (**b**) Quel est le facteur déclenchant de ce type particulier d'arthropathie ?

4. Céline entend au bulletin de nouvelles télévisées que la population de cerfs de sa région a rapidement augmenté au cours des dernières années ; le soir, les gens en voient souvent dans les rues. Après l'émission, elle s'écrie : « C'est pour ça que trois garçons de la classe de mon fils ont eu la maladie de Lyme l'an dernier. » Expliquez ce qu'elle a voulu dire.

5. Thomas Paquin, un étudiant en biologie, a décidé d'assister au cours ce matin, bien qu'il se sente complètement épuisé. Au bout d'une trentaine de minutes, il devient de moins en moins attentif, puis il se met à somnoler. À la fin du cours, le bruit des chaises le réveille et il émet un bâillement spectaculaire. À sa grande surprise, il n'arrive plus à fermer la bouche : sa mâchoire est bloquée en position ouverte. D'après vous, que lui est-il arrivé ?

9

Muscles et tissu musculaire

Tissu musculaire : caractéristiques générales (p. 316)

Types de tissu musculaire (p. 316)

Caractéristiques fonctionnelles du tissu musculaire (p. 316)

Fonctions des muscles (p. 316)

Muscles squelettiques (p. 317)

Anatomie macroscopique d'un muscle squelettique (p. 317)

Anatomie microscopique d'une fibre musculaire squelettique (p. 320)

Mécanisme de la contraction : modèle du glissement des filaments (p. 325)

Physiologie d'une fibre musculaire squelettique (p. 326)

Contraction d'un muscle squelettique (p. 334)

Métabolisme des muscles (p. 340)

Force de la contraction musculaire (p. 344)

Vitesse et durée de la contraction (p. 345)

Effets de l'exercice physique sur les muscles (p. 348)

Muscles lisses (p. 349)

Structure microscopique des fibres musculaires lisses (p. 351)

Contraction des muscles lisses (p. 354)

Types de muscles lisses (p. 356)

Développement et vieillissement des muscles (p. 357)

I l y a très longtemps, parce que les muscles au travail lui faisaient penser à des souris s'activant sous la peau, un homme de science leur a donné le nom de *muscles*, du mot latin *mus* signifiant « petite souris ». En effet, lorsque nous entendons parler de muscles, ce sont ceux des boxeurs ou des haltérophiles qui nous viennent à l'esprit. Mais le cœur et les parois des autres organes creux contiennent aussi une certaine proportion de tissu musculaire. Sous ses différentes formes, le tissu musculaire constitue presque la moitié de notre masse corporelle. Du point de vue fonctionnel, la principale caractéristique des muscles est leur capacité de transformer une énergie chimique (ATP) en énergie mécanique dirigée. Grâce à cette propriété, les muscles sont capables d'exercer une force.

315

Tissu musculaire : caractéristiques générales

1. Comparer les trois types de tissu musculaire sur les plans suivants : situation, principales caractéristiques structurales et mode de déclenchement de la contraction.

2. Définir chacune des quatre grandes caractéristiques fonctionnelles du tissu musculaire.

3. Énumérer et expliquer brièvement quatre fonctions importantes du tissu musculaire.

Types de tissu musculaire

Les trois types de tissu musculaire, *squelettique*, *cardiaque* et *lisse*, ont été présentés au chapitre 4. Nous sommes maintenant prêts à examiner leurs caractéristiques, mais avant, voici un peu de vocabulaire. Premièrement, les cellules des muscles squelettiques et lisses – mais non celles du muscle cardiaque – ont une forme allongée et, de ce fait, sont appelées **fibres musculaires**. Deuxièmement, chaque fois que vous verrez les préfixes « myo » ou « mys » (deux racines signifiant « muscle »), ou « sarco » (« chair »), il sera fait référence au muscle. Par exemple, les cellules musculaires portent aussi le nom de *myocytes*, la membrane plasmique des fibres musculaires se nomme *sarcolemme* (*lemma* : enveloppe), et le cytoplasme de la fibre musculaire est appelé *sarcoplasme*. Maintenant, nous pouvons décrire les trois types de tissu musculaire.

Le **tissu musculaire squelettique** se présente sous forme de *muscles squelettiques*, un ensemble d'organes qui recouvrent le squelette osseux et s'y attachent. Les fibres musculaires squelettiques sont les fibres musculaires les plus longues ; elles portent des bandes transversales bien visibles nommées **stries** et peuvent être maîtrisées volontairement (voir la figure 4.11a). Bien qu'ils soient parfois activés par des réflexes, les muscles squelettiques sont aussi appelés **muscles volontaires** parce qu'ils sont *le seul type de muscle soumis* à la volonté. Lorsque vous penserez au tissu musculaire squelettique, vous devrez avoir à l'esprit ces trois mots clés : *squelettique, strié, volontaire*.

Les muscles squelettiques confèrent au corps la capacité de bouger et de se déplacer. Ils peuvent se contracter rapidement, mais ils se fatiguent facilement et doivent prendre quelque repos après de courtes périodes d'activité. Néanmoins, ils sont capables d'exercer une force considérable, comme en témoignent ces anecdotes de gens qui ont réussi à soulever des automobiles pour sauver un être cher. Les muscles squelettiques permettent également de répondre à une vaste gamme de besoins moteurs ; par exemple, les muscles de vos doigts peuvent employer une force équivalant à quelques grammes pour saisir un trombone, tandis que votre biceps brachial déploie une force de 30 kg pour vous permettre de saisir ce livre (le livre ne pèse pas 30 kg, heureusement, mais les lois de la mécanique des leviers, que nous étudierons au chapitre 10, exigent une telle force ; voir la figure 10.2).

Le **tissu musculaire cardiaque** n'existe que dans le cœur (la pompe qui propulse le sang dans l'organisme) : il représente la majeure partie des parois de cet organe. Les myocytes cardiaques sont striés (voir la figure 4.11b), comme les myocytes squelettiques, mais le muscle cardiaque n'est pas volontaire. La plupart d'entre nous n'exercent aucune maîtrise consciente sur leur rythme cardiaque. Les mots clés à retenir pour ce type de muscle sont donc : *cardiaque, strié, involontaire*.

Le muscle cardiaque se contracte à un rythme relativement constant déterminé par le centre rythmogène (centre de régulation intrinsèque situé dans la paroi du cœur), mais d'autres centres nerveux permettent d'en régir l'accélération pendant de courts moments, par exemple lorsque vous courez à l'autre bout d'un court de tennis pour tenter une volée.

On trouve le **tissu musculaire lisse** dans les parois des organes viscéraux creux tels que l'estomac, la vessie et les organes des voies respiratoires. Son rôle consiste à pousser les liquides et d'autres substances dans les canalisations internes de l'organisme. Les muscles lisses sont formés de « fibres » allongées, mais ils ne sont pas striés (voir la figure 4.11c) et, à l'instar du muscle cardiaque, ne sont pas soumis à la volonté. Pour les décrire avec précision, on peut dire qu'ils sont *viscéraux* et *non striés*, et que leurs mouvements sont *involontaires*. Les contractions des fibres musculaires lisses sont lentes et continues.

Caractéristiques fonctionnelles du tissu musculaire

Le tissu musculaire possède quatre propriétés particulières qui lui permettent de remplir ses fonctions.

L'**excitabilité**, ou **réactivité**, est la capacité de percevoir un stimulus et d'y répondre. Un *stimulus* est un changement dans le milieu interne ou dans l'environnement. En ce qui concerne les muscles, le stimulus est habituellement de nature chimique – par exemple, une modification locale du pH ou un neurotransmetteur libéré par une cellule nerveuse. La réponse (qui est parfois considérée comme une caractéristique distincte appelée *conductivité*) est la production et la propagation, le long du sarcolemme (membrane plasmique), d'une impulsion électrique (ou potentiel d'action) qui est à l'origine de la contraction musculaire.

La **contractilité** est la capacité de se contracter avec force en présence de la stimulation appropriée. C'est cette caractéristique qui rend les muscles si différents de tous les autres tissus.

L'**extensibilité** est la capacité d'étirement. Lorsqu'elles se contractent, les fibres musculaires raccourcissent mais, lorsqu'elles sont détendues, on peut les étirer au-delà de leur longueur au repos.

L'**élasticité** est la possibilité qu'ont les fibres musculaires de se rétracter et de reprendre leur longueur de repos lorsqu'on les relâche. C'est donc l'inverse de l'extensibilité. Même au repos, un muscle est un peu étiré : si les attaches qui le retiennent en place sont brusquement sectionnées, il se raccourcit.

Fonctions des muscles

Les muscles de notre organisme exercent plusieurs fonctions importantes que nous présenterons brièvement ici.

Production du mouvement

Presque tous les mouvements du corps humain et de ses parties sont dus à des contractions musculaires. Les muscles squelettiques assurent la locomotion et la manipulation. Ils vous permettent de réagir rapidement aux événements qui surviennent dans votre environnement et, par exemple, de bondir au dernier moment pour éviter une voiture qui fait une embardée, de tourner le regard en orientant vos globes oculaires, et de sourire ou de froncer les sourcils.

Votre circulation sanguine est assurée par le battement régulier du muscle cardiaque et par le travail des muscles lisses présents dans les parois de vos vaisseaux sanguins, ce qui a pour effet de maintenir une pression artérielle normale. C'est également la pression exercée par les muscles lisses qui déplace substances et objets le long des organes et des conduits des systèmes digestif, urinaire et génital (aliments, urine, fœtus).

Maintien de la posture

Le fonctionnement des muscles squelettiques qui déterminent notre posture atteint rarement le seuil de la conscience. Hormis durant notre sommeil, leur action est constante: ils effectuent sans cesse des ajustements infimes grâce auxquels nous pouvons conserver notre posture assise ou debout malgré l'effet omniprésent de la force gravitationnelle.

Stabilisation des articulations

Au cours même de la traction qu'ils exercent pour déplacer les os, les muscles stabilisent et renforcent les articulations de notre squelette (voir le chapitre 8). En cela, ils collaborent avec les ligaments. Pour mieux comprendre ce rôle, et en prenant l'exemple de l'épaule, examinez successivement les figures 7.24a, 8.10c et 10.14.

Dégagement de chaleur

Les contractions musculaires génèrent de la chaleur. Cette chaleur revêt une importance vitale parce qu'elle maintient l'organisme à une température adéquate: les réactions biochimiques peuvent ainsi s'effectuer normalement. Étant donné que les muscles squelettiques constituent au moins 40% de notre masse corporelle, ce sont eux qui dégagent le plus de chaleur.

Autres fonctions

Quelles sont les autres fonctions des muscles? Ils protègent les organes internes les plus fragiles (les viscères) en les enveloppant. Ils forment aussi les valves qui régissent le passage des substances par les ouvertures internes de l'organisme, ils permettent la dilatation et la contraction des pupilles, et ils composent les muscles arrecteurs des poils fixés aux follicules pileux.

∎ ∎ ∎

Dans la plus grande partie du chapitre qui suit, nous allons étudier en détail la structure et le fonctionnement des muscles squelettiques. Nous aborderons ensuite brièvement les muscles lisses, principalement en les comparant avec les muscles squelettiques. Quant au muscle cardiaque, l'ensemble du chapitre 8 lui est consacré, mais pour faciliter les comparaisons, nous avons inclus les caractéristiques des trois types de muscle au tableau 9.3.

VÉRIFIONS NOS ACQUIS

1. Dans la description d'un muscle, que signifie le qualificatif «strié»?

2. Henri essaie de répondre à la question suivante: «Quel type de muscle possède des cellules allongées et se trouve dans les parois de la vessie?» Que devrait-il écrire sur sa copie d'examen?

Les réponses se trouvent à l'appendice G.

Muscles squelettiques

4 Décrire la structure d'un muscle squelettique et ses différents niveaux d'organisation; nommer et situer les trois types de gaines conjonctives et distinguer les deux modes d'attaches des muscles.

5 Décrire la structure et les fonctions des myofibrilles, du réticulum sarcoplasmique et des tubules transverses des fibres (cellules) musculaires squelettiques.

6 Préciser en quoi consiste un sarcomère et nommer, dans l'ordre, les différentes bandes, stries et lignes qui le caractérisent. Relier les différentes bandes et stries à la disposition des myofilaments épais et minces.

7 Présenter la composition moléculaire des myofilaments épais et des myofilaments minces et préciser quelles parties de ces myofilaments peuvent interagir lors de la contraction musculaire.

8 Décrire le mécanisme en cause dans la théorie de la contraction par glissement des myofilaments; comparer l'aspect d'un sarcomère au repos à celui d'un sarcomère contracté. Montrer le rôle des protéines musculaires de régulation.

Le **tableau 9.1** présente un résumé pratique à consulter des différents niveaux d'organisation structurale des muscles squelettiques, en allant de l'échelle macroscopique à l'échelle microscopique, niveaux que nous allons décrire dans les sections qui suivent.

Anatomie macroscopique d'un muscle squelettique

Chaque **muscle squelettique** est un organe bien délimité, composé de plusieurs types de tissus. Les fibres musculaires squelettiques sont le principal composant du muscle, mais il y a également des vaisseaux sanguins, des neurofibres et une grande quantité de tissus conjonctifs. On peut facilement étudier à l'œil nu la forme d'un muscle et ses points d'attache.

TABLEAU 9.1   Structure et niveaux d'organisation d'un muscle squelettique

STRUCTURE ET NIVEAU D'ORGANISATION	DESCRIPTION	GAINES DE TISSU CONJONCTIF
Muscle (organe) 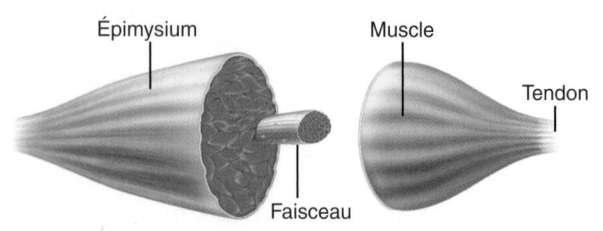 Épimysium — Muscle — Tendon — Faisceau	Un muscle est constitué de centaines ou de milliers de cellules musculaires ainsi que de gaines de tissu conjonctif, de vaisseaux sanguins et de neurofibres.	Recouvert par l'épimysium
Faisceau de fibres (partie du muscle) 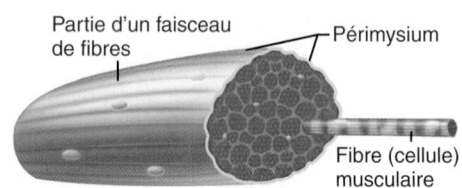 Partie d'un faisceau de fibres — Périmysium — Fibre (cellule) musculaire	Un faisceau de fibres est un assemblage de cellules musculaires, séparées du reste du muscle par une gaine de tissu conjonctif.	Recouvert par le périmysium
Fibre (cellule) musculaire 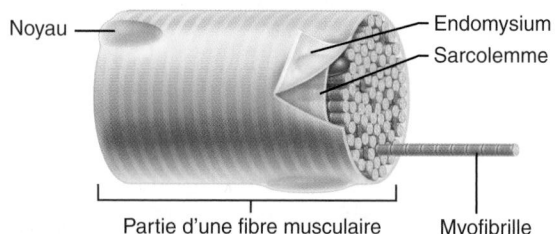 Noyau — Endomysium — Sarcolemme — Partie d'une fibre musculaire — Myofibrille	Une fibre musculaire est une cellule multi-nucléée allongée; son apparence est striée.	Recouverte par l'endomysium
Myofibrille ou fibrille (organite complexe constitué de groupes de filaments) 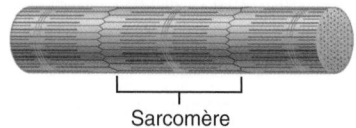 Sarcomère	Une myofibrille est un élément contractile cylindrique, constitué de sarcomères placés bout à bout; les myofibrilles occupent la plus grande partie du volume de la cellule musculaire; elles portent des stries, et les stries des myofibrilles voisines sont alignées.	
Sarcomère (segment d'une myofibrille) Sarcomère 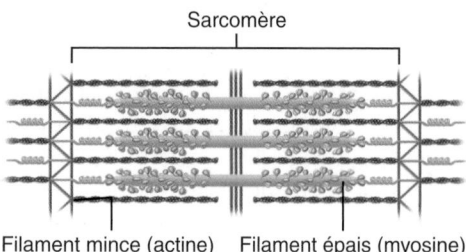 Filament mince (actine) Filament épais (myosine)	Un sarcomère est une unité contractile, constituée de myofilaments de protéines contractiles.	
Myofilament ou filament (structure macromoléculaire) Filament épais Tête de la molécule de myosine 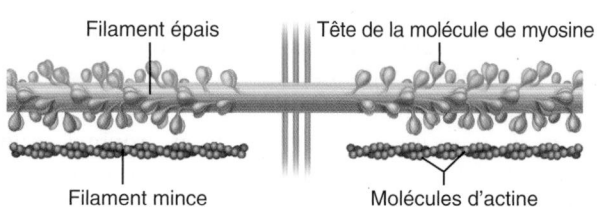 Filament mince Molécules d'actine	Contractiles, les myofilaments sont de deux types (minces et épais); les filaments épais renferment un assemblage parallèle de molécules de myosine; les filaments minces renferment des molécules d'actine (ainsi que d'autres protéines); le raccourcissement du muscle est assuré par le glissement des filaments minces le long des filaments épais. Les filaments élastiques (non représentés ici) maintiennent l'organisation de la strie A (figure 9.2) et rendent possible le retour à la longueur de repos après l'étirement du muscle.	

Innervation et irrigation sanguine

De façon générale, chaque muscle est desservi par un nerf, une artère et une ou plusieurs veines qui pénètrent le muscle (ou en sortent) en son milieu et se divisent en de nombreuses branches à l'intérieur des cloisons de tissu conjonctif (nous y reviendrons ci-après). Contrairement aux fibres musculaires cardiaques et lisses, qui peuvent se contracter en l'absence de toute stimulation nerveuse, chaque fibre musculaire squelettique est dotée d'une terminaison nerveuse qui régit son activité.

Les muscles squelettiques sont abondamment irrigués, car la contraction des fibres musculaires représente une énorme dépense d'énergie, d'où la nécessité d'un approvisionnement plus ou moins continu en oxygène et en nutriments par l'intermédiaire des artères. Par ailleurs, les cellules musculaires produisent de grandes quantités de déchets métaboliques qui doivent être évacués par les veines pour assurer l'efficacité de la contraction. Les capillaires sont les plus petits vaisseaux sanguins du corps; dans les muscles squelettiques, ils sont longs et sinueux, et reliés entre eux par de nombreux ponts. Ils peuvent donc s'adapter aux changements de longueur du muscle en se déroulant lors d'un étirement et en se repliant lors d'une contraction.

Gaines de tissu conjonctif

Dans un muscle intact, les fibres (ou cellules) musculaires sont enveloppées individuellement et maintenues ensemble par différentes gaines de tissu conjonctif. Ces gaines jouent un double rôle: elles soutiennent chaque cellule et renforcent l'ensemble du muscle, empêchant ainsi un muscle bombé de se désorganiser pendant une contraction particulièrement vigoureuse. Nous allons les examiner une à une, en commençant par celle qui est située le plus à l'intérieur (**figure 9.1** et trois premières rangées du tableau 9.1).

1. **Épimysium.** L'ensemble du muscle est enveloppé dans un revêtement de tissu conjonctif dense irrégulier. Cette enveloppe est appelée **épimysium** («à l'extérieur du muscle»). À l'occasion, l'épimysium se mêle au fascia qui se trouve entre les muscles contigus ou à l'hypoderme sous la peau.
2. **Périmysium et faisceaux de fibres.** Dans chaque muscle squelettique, les fibres musculaires recouvertes de leur endomysium sont regroupées en faisceaux (*fascis:* faisceau, bande), comme une poignée de bâtons alignés. Chaque faisceau de fibres est entouré d'une couche de tissu conjonctif dense régulier appelée périmysium («autour du muscle»).

9

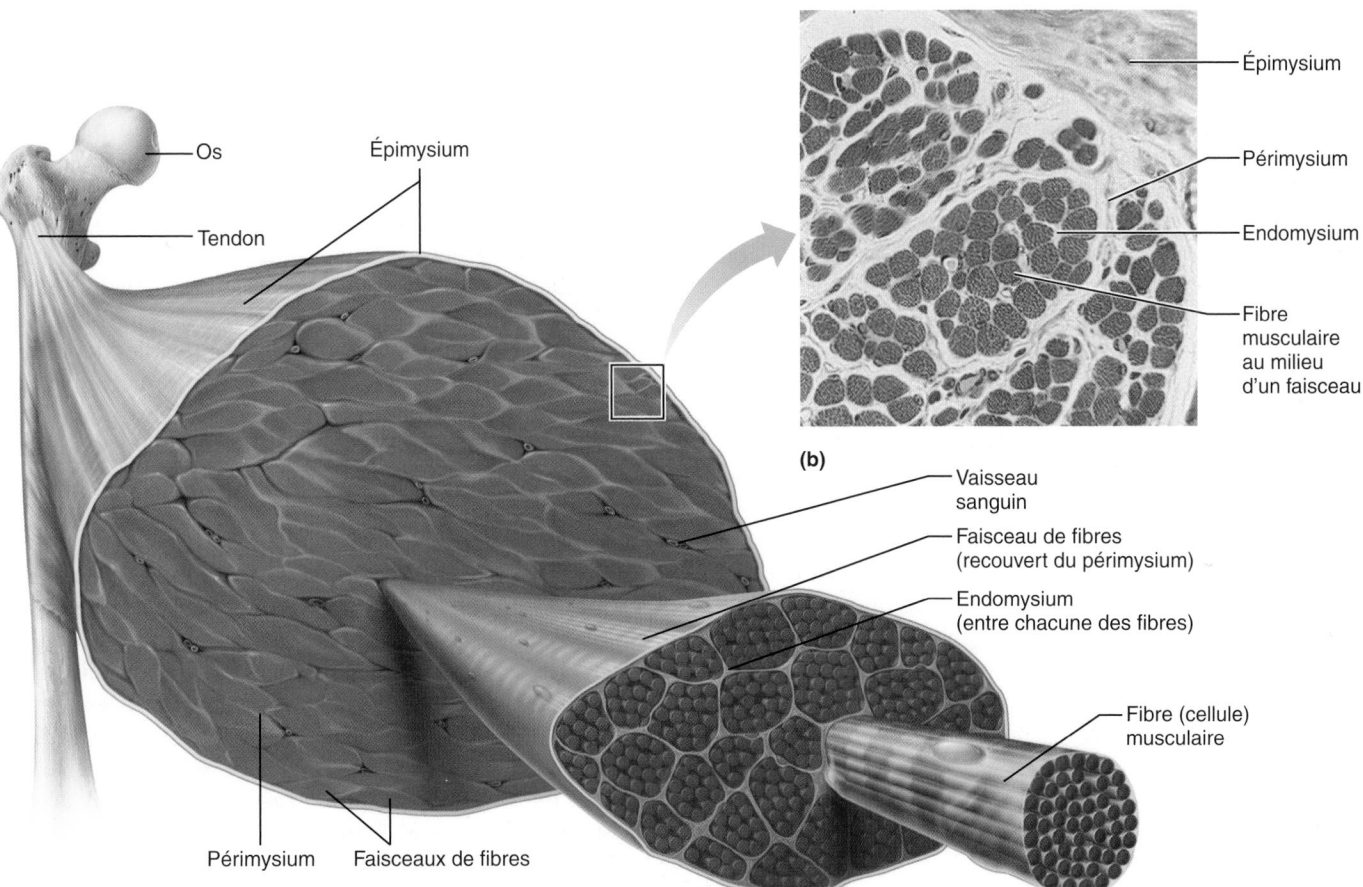

Os
Épimysium
Tendon

Épimysium
Périmysium
Endomysium
Fibre musculaire au milieu d'un faisceau

(b)

Vaisseau sanguin
Faisceau de fibres (recouvert du périmysium)
Endomysium (entre chacune des fibres)
Fibre (cellule) musculaire

Périmysium   Faisceaux de fibres

(a)

Figure 9.1 Gaines de tissu conjonctif d'un muscle squelettique: épimysium, périmysium et endomysium. (b) Photomicrographie de la coupe transversale d'une partie d'un muscle squelettique (150×).

La proportion de périmysium est relativement élevée dans les petits muscles effectuant des mouvements précis et elle est faible dans les gros muscles.

3. **Endomysium.** Chaque fibre musculaire se trouve à l'intérieur d'une fine gaine de tissu conjonctif composée de tissu conjonctif aréolaire contenant surtout des fibres réticulaires et appelée **endomysium** («à l'intérieur du muscle»).

Ainsi qu'on peut le voir à la figure 9.1, toutes ces gaines de tissu conjonctif constituent un ensemble continu incluant aussi les tendons qui relient les muscles aux os. Lorsqu'elles se contractent, les fibres musculaires tirent donc sur leurs différentes gaines, lesquelles, à leur tour, transmettent la force à l'os. Elles contribuent également à l'élasticité naturelle du tissu musculaire. Les enveloppes fournissent également les voies d'entrée et de sortie des vaisseaux sanguins et des neurofibres qui desservent le muscle.

Attaches

Nous avons vu au chapitre 8 que la plupart des muscles squelettiques recouvrent des articulations et s'attachent à des os (ou à d'autres structures) en au moins deux endroits; par ailleurs, lorsqu'un muscle se contracte, l'os mobile – l'**insertion** du muscle – se déplace en direction de l'os fixe ou moins mobile – l'**origine** du muscle. Dans les muscles des membres, l'origine se trouve en position proximale par rapport à l'insertion.

Les attaches du muscle, qu'il s'agisse de l'origine ou de l'insertion, peuvent être directes ou indirectes. Dans les **attaches directes**, ou **charnues**, l'épimysium du muscle est soudé au périoste d'un os ou au périchondre d'un cartilage. Dans les **attaches indirectes**, les enveloppes de tissu conjonctif se joignent à un tendon cylindrique ou à une **aponévrose** plate et large (figure 9.1a). Dans ce dernier cas, le muscle se trouve ancré à la gaine de tissu conjonctif d'un élément du squelette (os ou cartilage) ou au fascia d'autres muscles plutôt qu'au squelette lui-même.

De ces deux types d'attaches, les attaches indirectes sont de loin les plus répandues en raison de leur solidité. Les tendons sont composés presque entièrement de fibres collagènes résistantes qui supportent beaucoup mieux la friction des saillies osseuses que le tissu musculaire, car celui-ci est fragile et risque de se déchirer. Les tendons présentent aussi d'autres avantages en matière d'encombrement: dans une articulation, où il y a peu d'espace, ils occupent moins de place que les muscles, plus charnus. Avant d'aborder l'anatomie microscopique, vous devriez passer en revue les trois premières rangées du tableau 9.1.

Anatomie microscopique d'une fibre musculaire squelettique

Chaque fibre musculaire squelettique a la forme d'une longue cellule cylindrique et présente un niveau d'organisation très élevé; elle renferme de nombreux noyaux ovales situés juste au-dessous du **sarcolemme**, qui régissent la synthèse des diverses protéines contractiles **(figure 9.2b)**. Les fibres des muscles squelettiques sont des cellules énormes. Leur diamètre se situe habituellement entre 10 et 100 µm, soit jusqu'à 10 fois celui d'une cellule moyenne de l'organisme, et leur longueur prodigieuse peut atteindre de 30 à 35 cm. On s'étonne moins de la taille et du nombre de noyaux de ces cellules quand on sait que chacune d'elles est un *syncytium* (littéralement, «cellules fusionnées») résultant de l'union de centaines de cellules embryonnaires.

Le **sarcoplasme** d'une fibre musculaire est comparable au cytoplasme des autres cellules, mais il abrite des réserves importantes de glycogène sous forme de granules ainsi qu'une quantité considérable de **myoglobine**, une protéine qui se lie à l'oxygène. La myoglobine est un pigment rouge contenant du fer qui constitue un réservoir d'oxygène et qui s'apparente à l'hémoglobine, le pigment qui transporte l'oxygène dans les globules rouges du sang. (La myoglobine transporte aussi l'oxygène, mais il s'agit d'un transport intracellulaire, entre le sarcolemme et les mitochondries.) Les cellules musculaires contiennent les organites habituels ainsi que des organites fortement modifiés, soit les myofibrilles et le réticulum sarcoplasmique. Les tubules transverses, ou tubules T, sont des modifications particulières du sarcolemme. Maintenant, examinons de plus près ces trois structures uniques, car elles jouent un rôle important dans la contraction musculaire.

Myofibrilles

Chaque fibre musculaire comporte un grand nombre de **myofibrilles** parallèles, regroupées en faisceaux, qui parcourent toute la longueur de la cellule (figure 9.2b). Mesurant chacune de 1 à 2 µm de diamètre, les myofibrilles sont si serrées les unes contre les autres qu'elles semblent emprisonner les mitochondries et les autres organites. Selon sa taille, chaque fibre musculaire peut posséder des centaines ou des milliers de myofibrilles, qui constituent environ 80 % de son volume. Les myofibrilles contiennent les éléments contractiles des cellules des muscles squelettiques, les sarcomères, qui contiennent pour leur part des structures cylindriques encore plus petites, appelées *myofilaments*. Le tableau 9.1 (trois rangées du bas) présente un résumé de ces structures, que nous abordons maintenant.

Stries, sarcomères et myofilaments Sur la longueur de chaque myofibrille, on remarque une alternance de bandes sombres et de bandes claires. Dans une fibre musculaire intacte, les bandes sombres, les **stries A** (A pour anisotrope: qui polarise la lumière), et les bandes claires, les **stries I** (I pour isotrope: ne polarise pas la lumière), sont presque parfaitement alignées, d'où l'aspect strié de l'ensemble de la cellule. Pour faciliter la mémorisation, associez les stries A au mot «**A**ssombri» et les stries I au mot «**I**lluminé».

Comme le montre la figure 9.2c, chaque strie A possède en son milieu une rayure plus claire appelée **zone claire**, ou strie H (H peut être associé à *hélio*: semblable au soleil). Chaque zone claire est divisée en deux par une ligne verticale sombre, la **ligne M** (M, *Mittelscheibe*, qui signifie «au milieu des bandes»), formée de molécules de myomésine, une protéine.

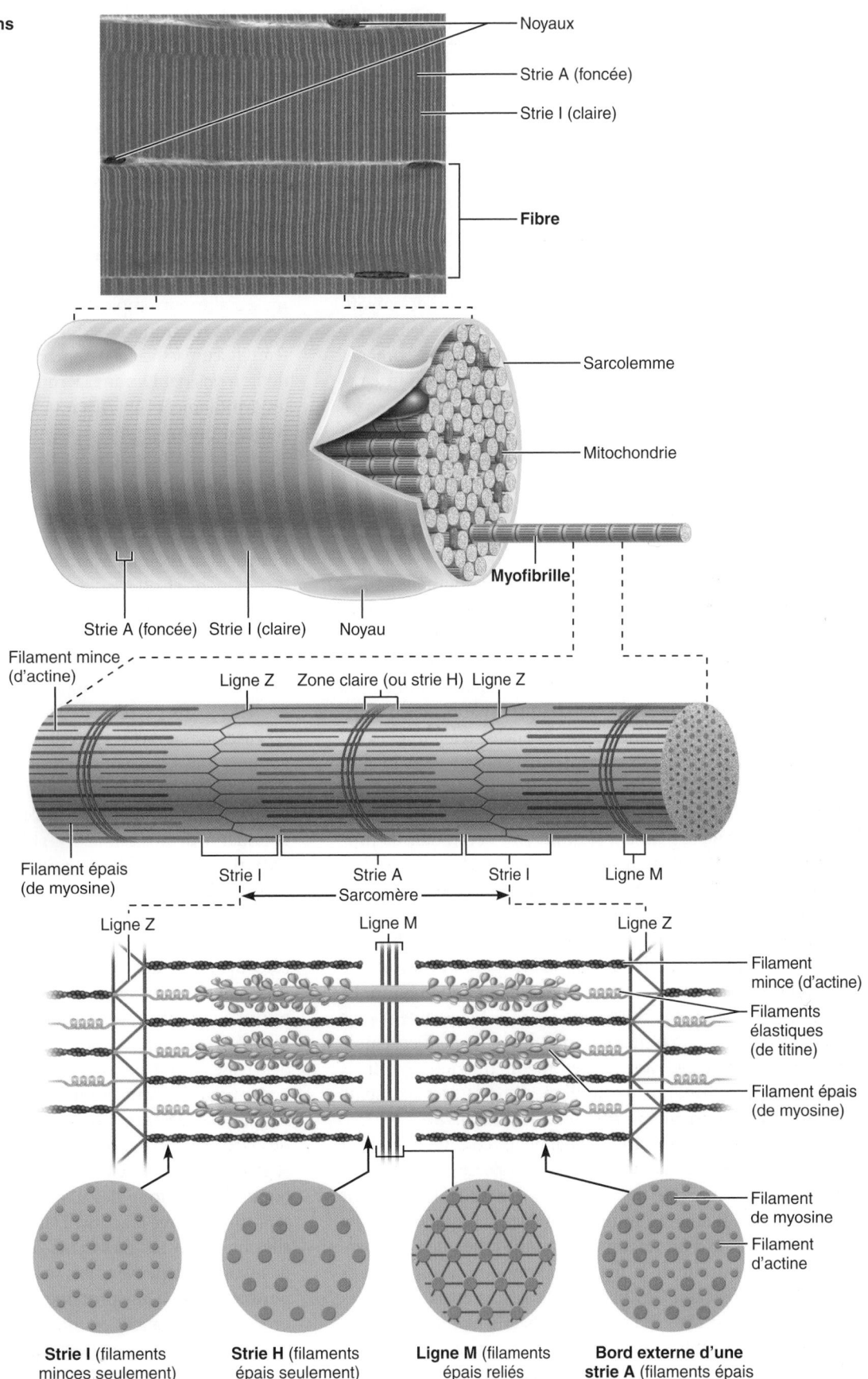

(a) Photomicrographie de **portions de deux fibres musculaires isolées** (700×). Remarquez les stries transversales évidentes (alternance de bandes claires et foncées).

Noyaux

Strie A (foncée)

Strie I (claire)

Fibre

(b) Schéma d'une **partie d'une fibre musculaire** montrant les myofibrilles. L'une des **myofibrilles** dépasse de la coupe faite dans la fibre musculaire.

Sarcolemme

Mitochondrie

Myofibrille

Strie A (foncée)   Strie I (claire)   Noyau

Filament mince (d'actine)

Ligne Z   Zone claire (ou strie H)   Ligne Z

(c) Agrandissement d'une petite partie de **myofibrille montrant les myofilaments** qui forment les stries. Chaque **sarcomère** s'étend d'une ligne Z à la suivante.

Filament épais (de myosine)

Strie I   Strie A   Strie I   Ligne M

Sarcomère

Ligne Z   Ligne M   Ligne Z

(d) Agrandissement d'un sarcomère (coupe longitudinale). Remarquez les têtes de myosine sur les filaments épais.

Filament mince (d'actine)

Filaments élastiques (de titine)

Filament épais (de myosine)

(e) Différentes coupes transversales d'un sarcomère

Filament de myosine

Filament d'actine

Strie I (filaments minces seulement)

Strie H (filaments épais seulement)

Ligne M (filaments épais reliés par des protéines)

Bord externe d'une strie A (filaments épais et minces se chevauchant)

Figure 9.2 Anatomie microscopique d'une fibre musculaire squelettique.

Au milieu des stries I, on remarque également une zone plus foncée que l'on nomme **ligne Z** (Z, *Zwischenscheiben*, qui signifie « entre les bandes »).

Un **sarcomère** (littéralement, « segment de muscle ») est la plus petite unité contractile de la fibre musculaire, c'est-à-dire l'*unité fonctionnelle* du muscle squelettique. Mesurant en moyenne 2 μm de long au repos, le sarcomère est la région d'une myofibrille comprise entre deux lignes Z successives. Il est composé d'une strie A flanquée de chaque côté par la moitié d'une strie I (figure 9.2c). Les sarcomères, placés bout à bout tels les wagons d'un train, forment les myofibrilles.

Au niveau moléculaire, on constate que les stries des myofibrilles sont formées par la *disposition ordonnée* de deux types de structures encore plus petites à l'intérieur des sarcomères. Ces petites structures, appelées **filaments**, ou **myofilaments**, correspondent dans les muscles aux microfilaments contenant de l'actine ou de la myosine, que nous avons décrits au chapitre 3. Comme vous le savez, l'actine et la myosine, des protéines, jouent un rôle dans la motilité et les changements de conformation de pratiquement toutes les cellules de l'organisme. Cette propriété atteint un sommet dans les fibres musculaires contractiles.

Comme on le voit à la figure 9.2c et d, les **filaments épais** contenant de la myosine (en rouge), au centre, parcourent toute la longueur de la strie A ; chaque myofibrille en compte environ 1500. Les **filaments minces**, contenant de l'actine (en bleu), enrobent les filaments épais et s'étendent le long de la strie I et d'une partie de la strie A ; chaque myofibrille en comporte environ 3000. La ligne Z, aussi appelée *télophragme*, est un disque en forme de pièce de monnaie composé principalement d'une protéine appelée *alpha-actinine*, qui ancre les filaments minces. Le troisième type de myofilament illustré dans la figure 9.2d, le *filament élastique*, est décrit dans la prochaine section. Des filaments intermédiaires (formés de desmine) émergeant de la ligne Z unissent les myofibrilles entre elles sur toute l'épaisseur de la cellule musculaire.

Quand on observe plus attentivement l'alternance des bandes, on constate que la zone claire de la strie A paraît moins dense parce qu'il n'y a pas de filaments minces dans cette région. La ligne M, située au centre de la zone claire, est légèrement plus sombre à cause de la présence de brins qui retiennent ensemble les filaments épais adjacents. Les myofilaments sont fixés au sarcolemme et retenus par les lignes Z (pour les filaments minces) et les lignes M (pour les filaments épais).

Une vue longitudinale des myofilaments, comme celle de la figure 9.2d, prête quelque peu à confusion parce qu'elle donne l'impression que chaque filament épais (en rouge) n'interagit qu'avec quatre filaments minces (en bleu). Cependant, une coupe transversale d'un sarcomère, comme celle que l'on aperçoit à l'extrême droite de la figure 9.2e, montre bien que, dans les régions renfermant des filaments à la fois épais et minces (strie A, de chaque côté de la strie H), chaque filament épais est en fait entouré de six filaments minces, et chaque filament mince se trouve au milieu d'un triangle formé par trois filaments épais.

Ultrastructure et composition moléculaire des myofilaments

Les contractions musculaires dépendent des myofilaments de myosine et d'actine. Comme nous l'avons vu, les filaments épais (d'un diamètre d'environ 16 nm) comprennent essentiellement une protéine appelée myosine. La molécule de myosine est composée de deux chaînes polypeptidiques lourdes et de quatre chaînes légères ; elle est à la fois une protéine de structure et une protéine fonctionnelle (enzyme). Elle possède une structure très particulière : semblable à un bâton de golf, sa *tige cylindrique* est fixée par une charnière souple à deux *têtes* sphériques (figure 9.3). La tige est composée de deux chaînes polypeptidiques *lourdes* identiques entrelacées (celles-ci peuvent prendre plusieurs formes [isoformes] différentes selon le type de fibre musculaire – on emploie le terme « isoformes » pour désigner des variantes biochimiques d'une même molécule). Les lobes de la tête, chacun associé à deux chaînes légères, sont les « sites actifs » de la myosine. Durant la contraction, les têtes lient ensemble les myofilaments épais et les myofilaments minces, formant des **ponts d'union** (figure 9.4). Ainsi que nous le verrons bientôt, ces ponts d'union sont les moteurs qui produisent la tension exercée lors de la contraction de la cellule musculaire.

Chaque filament épais compte environ 300 molécules de myosine qui sont bipolaires, c'est-à-dire qu'elles sont regroupées de telle sorte que leurs tiges constituent la partie centrale du filament et que leurs têtes se dressent à chaque extrémité dans des directions opposées (figure 9.3). Par conséquent, la partie centrale du filament épais (strie H) est lisse, mais ses extrémités sont garnies de têtes de myosine disposées de façon hélicoïdale autour de son axe. En plus de comporter des sites de liaison de l'actine et de l'ATP, les têtes contiennent des ATPases, des enzymes qui dissocient l'ATP pour libérer l'énergie nécessaire à la contraction musculaire.

Les filaments minces (d'un diamètre de 7 à 8 nm) sont principalement composés d'**actine**, la protéine intracellulaire la plus abondante de nos cellules (en bleu à la figure 9.3). L'actine possède des sous-unités de polypeptides réniformes, nommées *actine globulaire*, ou *actine G*, qui portent des sites de liaison sur lesquels les têtes de myosine se fixent lors de la contraction. Dans les filaments minces, les sous-unités d'actine G sont regroupées en polymères de longs filaments d'actine appelés *actine fibreuse*, ou *actine F*. L'épine dorsale de chaque filament mince est apparemment constituée de deux filaments d'actine, comprenant 13 monomères, qui forment une structure hélicoïdale ressemblant à deux colliers de perles entrelacés (figure 9.3).

Le filament mince comprend aussi plusieurs protéines de régulation. Des brins de polypeptides de **tropomyosine**, une protéine fibreuse, entourent le centre de l'actine, la rigidifient et la stabilisent. Des molécules de tropomyosine sont placées bout à bout le long des filaments d'actine ; chacune s'associe à sept monomères d'actine. Dans une fibre musculaire au repos, elles bloquent les sites actifs de l'actine, de sorte que les têtes de myosine ne peuvent pas se lier aux filaments minces. La **troponine**, la deuxième protéine régulatrice du filament mince par ordre d'importance, est une protéine globulaire formant un complexe de trois polypeptides (figure 9.3). L'un de ces polypeptides (TnI) est une sous-unité inhibitrice qui se lie à l'actine. Un autre (TnT) se lie à la tropomyosine et l'aligne avec l'actine. Le troisième (TnC) se lie aux ions Ca^{2+}. (Retenez ces trois mots clés : I : inhibitrice ; T : tropomyosine ; C : calcium.) La troponine

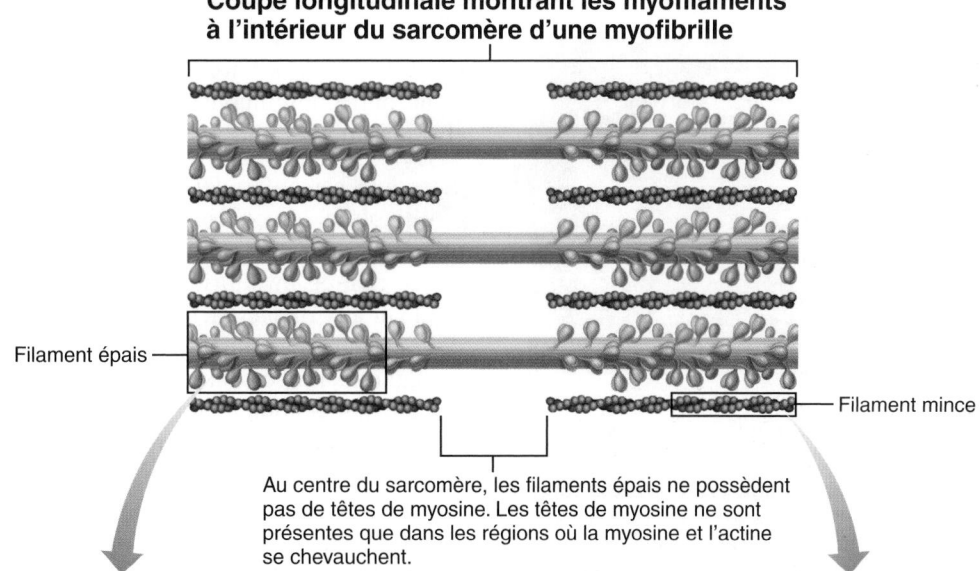

Coupe longitudinale montrant les myofilaments à l'intérieur du sarcomère d'une myofibrille

Filament épais

Filament mince

Au centre du sarcomère, les filaments épais ne possèdent pas de têtes de myosine. Les têtes de myosine ne sont présentes que dans les régions où la myosine et l'actine se chevauchent.

9

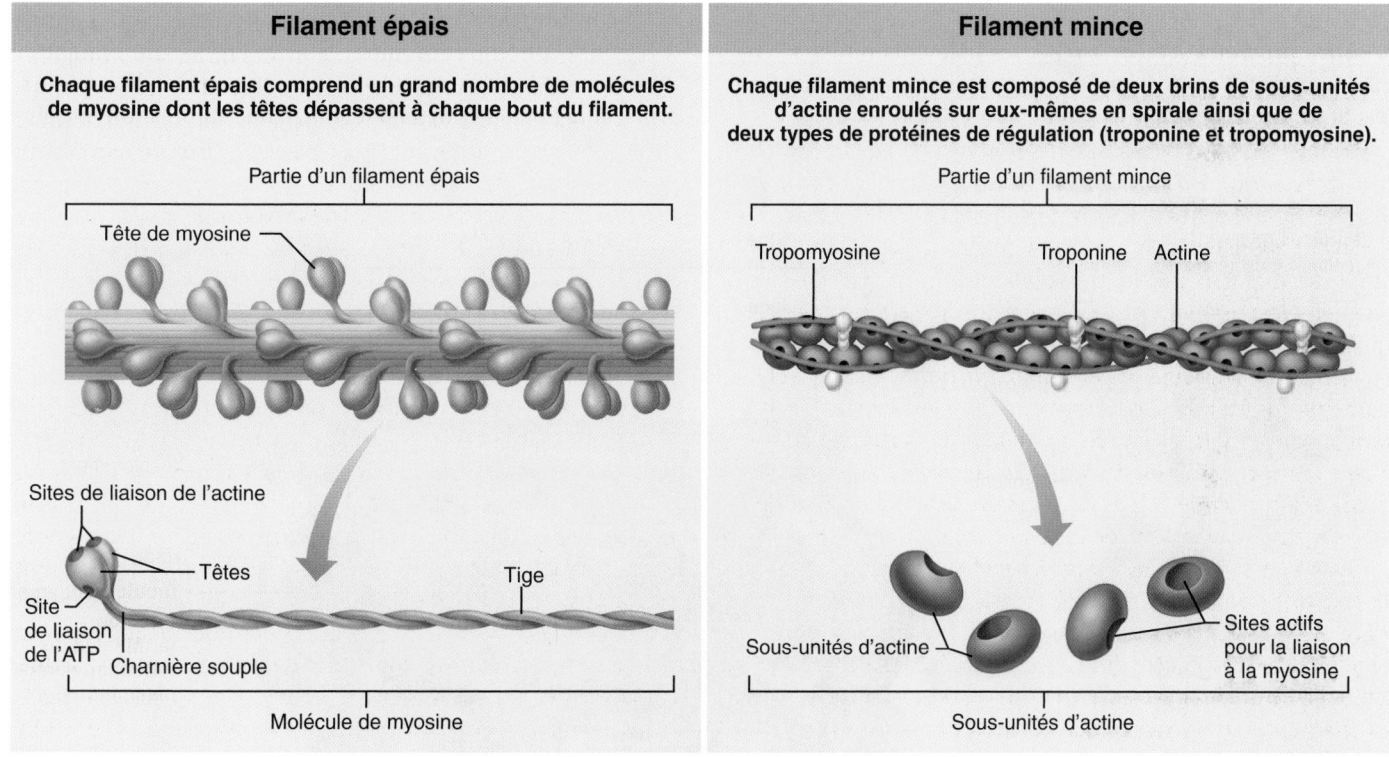

Filament épais	**Filament mince**
Chaque filament épais comprend un grand nombre de molécules de myosine dont les têtes dépassent à chaque bout du filament.	Chaque filament mince est composé de deux brins de sous-unités d'actine enroulés sur eux-mêmes en spirale ainsi que de deux types de protéines de régulation (troponine et tropomyosine).

Partie d'un filament épais

Tête de myosine

Partie d'un filament mince

Tropomyosine   Troponine   Actine

Sites de liaison de l'actine

Têtes

Tige

Site de liaison de l'ATP

Charnière souple

Molécule de myosine

Sous-unités d'actine

Sites actifs pour la liaison à la myosine

Sous-unités d'actine

Figure 9.3 Composition des filaments épais et des filaments minces.

et la tropomyosine contribuent à la régulation des interactions myosine-actine qui se produisent au cours de la contraction.

Le **filament élastique** – dont nous avons fait mention plus haut – est composé d'une des protéines les plus longues de l'organisme, la **titine** (aussi nommée **connectine**) (figure 9.2d). Cette protéine s'étend sur la moitié du sarcomère, soit depuis la ligne Z jusqu'au filament épais (dont il forme le cœur), pour aller se fixer à la ligne M. Le filament élastique maintient les filaments épais en place, stabilisant ainsi l'organisation de la strie A ; il aide la cellule musculaire à reprendre sa forme après

étirement. (Le segment de titine qui traverse la strie I est extensible, c'est-à-dire qu'il se déplie, jusqu'à tripler sa longueur, quand le muscle est étiré et raccourcit quand la tension cesse.) La titine ne s'oppose pas à l'étirement tant qu'il se maintient dans les limites normales, mais elle devient plus raide en se déroulant, augmentant ainsi la résistance du muscle aux étirements excessifs qui pourraient disloquer les sarcomères.

La **dystrophine**, une autre protéine structurale importante, lie les filaments minces aux protéines intégrées du sarcolemme (qui à leur tour sont amarrées à la matrice extracellulaire).

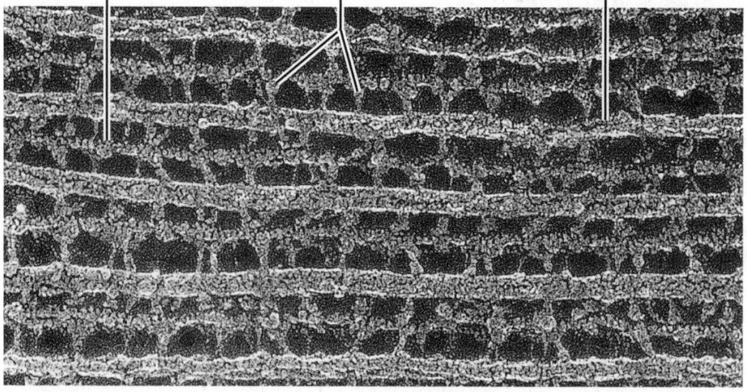

Filament mince (actine)   Têtes de myosine   Filament épais (myosine)

Figure 9.4 Cette micrographie électronique à transmission d'une partie d'un sarcomère montre clairement les têtes de myosine qui forment les ponts d'union produisant la force contractile. (277 000×)

D'autres protéines servent à relier les filaments ou les sarcomères ainsi qu'à assurer leur alignement, notamment la *nébuline* et les *protéines C*.

Réticulum sarcoplasmique et tubules transverses

Les fibres (cellules) musculaires squelettiques contiennent deux séries de tubules intracellulaires qui participent à la régulation de la contraction musculaire: (1) le réticulum sarcoplasmique et (2) les tubules transverses.

Réticulum sarcoplasmique Illustré en bleu à la **figure 9.5**, le **réticulum sarcoplasmique** (**RS**) est un réticulum endoplasmique lisse complexe (voir p. 98). Son réseau de tubules enlace chaque myofibrille, un peu comme la manche d'un chandail aux mailles lâches recouvre votre bras. La majorité de ces tubules parcourent la myofibrille longitudinalement et se joignent entre eux au niveau de la strie H. D'autres, appelés **citernes terminales**, forment de plus grands canaux transversaux à la jonction des stries A et I et sont toujours réunis deux à deux. Un grand nombre de mitochondries et de granules de glycogène sont accolés étroitement au réticulum sarcoplasmique; ces organites contribuent à la production de l'énergie utilisée pendant la contraction.

La fonction principale du réticulum sarcoplasmique consiste à régler la concentration intracellulaire de calcium ionique: il emmagasine le calcium en le liant à une protéine, la calséquestrine, et le libère sur demande lorsqu'une stimulation entraîne

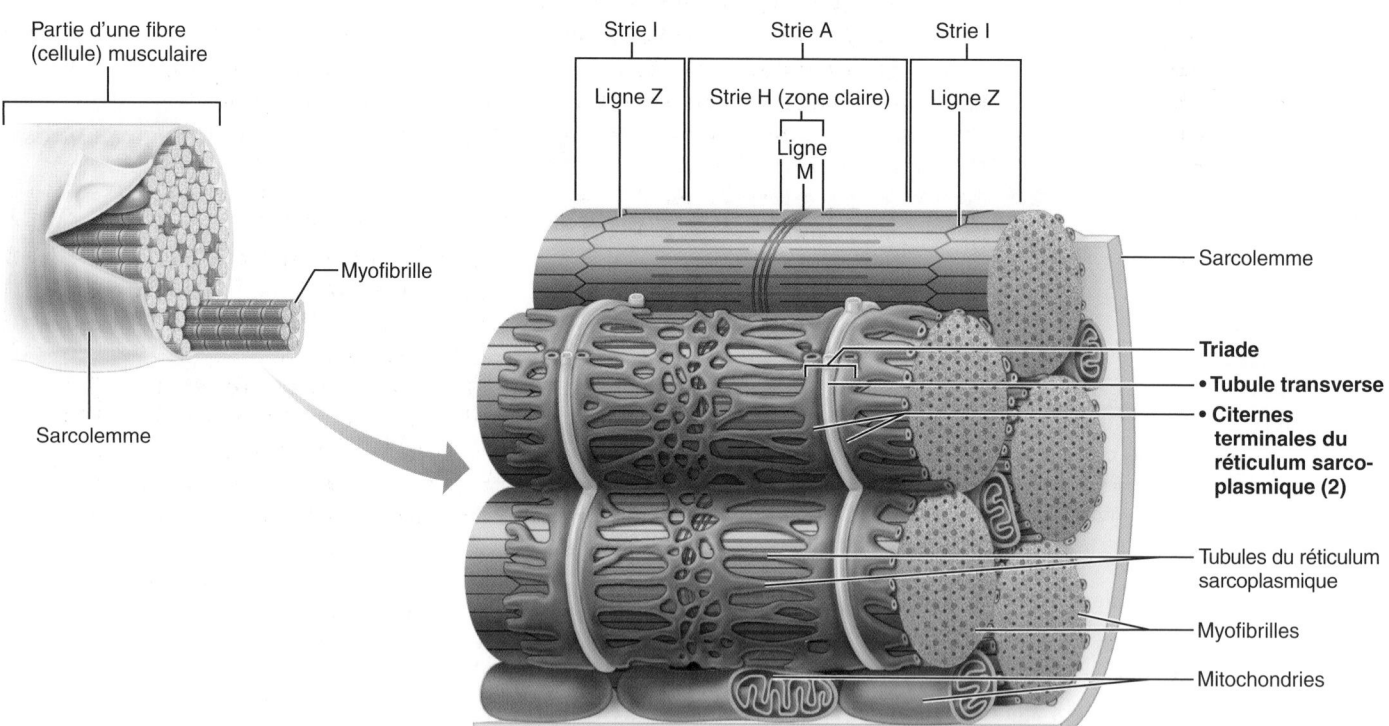

Figure 9.5 Relation entre le réticulum sarcoplasmique, les tubules transverses et les myofibrilles du muscle squelettique. Les tubules du RS (en bleu) enveloppent chaque myofibrille comme un manchon. Ces tubules fusionnent latéralement et forment un réseau de canaux communiquant entre eux au niveau de la zone claire (strie H) et au voisinage des jonctions A et I, où sont localisés les éléments en cul-de-sac nommés citernes terminales. Les tubules transverses (en gris) sont des invaginations du sarcolemme qui pénètrent loin à l'intérieur de la cellule, entre les citernes terminales. Les points de contact intime entre ces trois éléments (citerne terminale, tubule transverse, citerne terminale) sont appelés triades.

la contraction de la fibre musculaire. Comme nous le verrons, cette libération de calcium est le signal qui donne le feu vert à la contraction.

Tubules transverses À la jonction des stries A et I, le sarcolemme de la cellule musculaire pénètre à l'intérieur de la cellule et forme ainsi un long tube nommé **tubule transverse**, ou **tubule T**. Les tubules T, en gris à la figure 9.5, augmentent considérablement la surface de la fibre musculaire. La lumière des tubules T communique avec le liquide interstitiel de l'espace extracellulaire, probablement parce que ces structures proviennent de la fusion de cavéoles de forme tubuleuse (invaginations du sarcolemme). Sur toute sa longueur, chaque tubule transverse passe entre les paires de citernes terminales du RS, constituant ainsi des **triades**, qui sont les regroupements des trois structures membranaires – c'est-à-dire la citerne terminale située à l'extrémité d'un sarcomère, un tubule transverse et la citerne terminale du sarcomère adjacent. En se faufilant d'une myofibrille à l'autre, les tubules transverses entourent chaque sarcomère.

La contraction musculaire est avant tout régie par les influx de nature électrique qui parcourent le sarcolemme. Étant donné qu'ils sont en continuité avec le sarcolemme, les tubules transverses peuvent acheminer ces influx dans les régions les plus profondes de la cellule musculaire et à chaque sarcomère. Là, les influx provoquent la libération de calcium par les citernes terminales adjacentes. Par conséquent, les tubules transverses fonctionnent tel un réseau de communication rapide: ils permettent à toutes les myofibrilles de la fibre musculaire de se contracter pratiquement en même temps.

Relations entre les éléments d'une triade En ce qui concerne la transmission de signaux menant à la contraction, le rôle des tubules transverses et celui du RS sont intimement liés. Au niveau des triades, c'est-à-dire là où ces organites sont le plus étroitement en contact, une structure qui ressemble à une *fermeture à glissière double*, composée de protéines intégrées, s'enfonce dans l'espace intermembranaire. Les protéines intégrées du tubule T servent à détecter le voltage. Celles du RS, appelées *protéines à pieds de jonction*, forment des canaux à fonction active qui régissent la libération de Ca^{2+} depuis les citernes du RS. Nous reparlerons de leur interaction un peu plus loin.

Mécanisme de la contraction : modèle du glissement des filaments

Le terme **contraction** évoque presque toujours l'idée de «raccourcissement». Mais pour le physiologiste, il signifie seulement l'activation des ponts d'union de la myosine, là où est produite la force musculaire. Il y a raccourcissement seulement quand la tension exercée par les ponts d'union sur les filaments minces dépasse les forces qui s'opposent à ce raccourcissement et tire les filaments minces vers la ligne M. La contraction prend fin lorsque les ponts d'union sont inactivés et que la tension diminue, entraînant le *relâchement* de la fibre musculaire.

Basée sur l'observation de la disposition des différentes bandes dans le sarcomère, la **théorie de la contraction par glissement des filaments** propose l'explication suivante. Durant la contraction, les filaments minces glissent le long des filaments épais, de telle sorte que les filaments d'actine et de myosine se chevauchent davantage. Dans une fibre musculaire au repos, les filaments épais et minces ne se chevauchent qu'à l'extrémité de la strie A **(figure 9.6, ①)**.

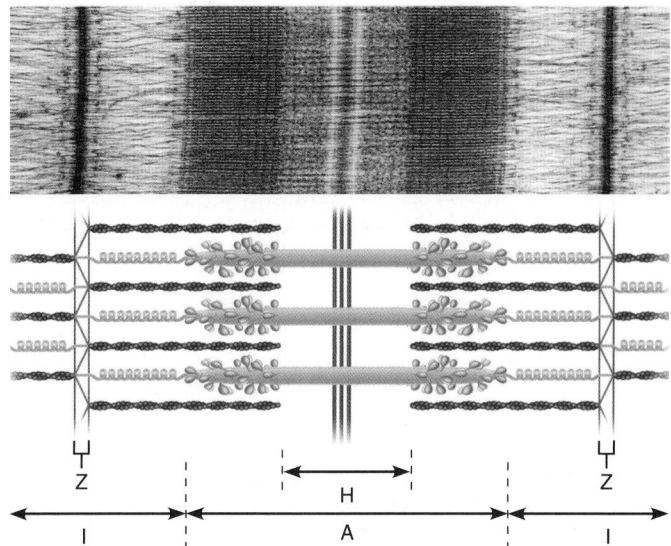

① Sarcomère d'une fibre musculaire complètement au repos

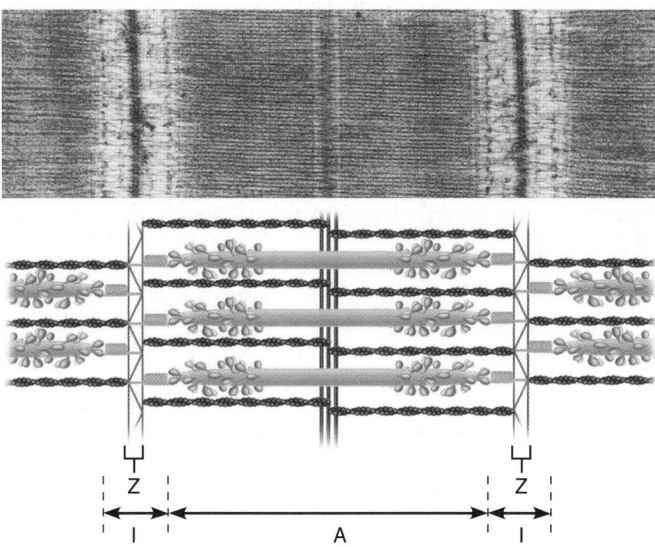

② Sarcomère d'une fibre musculaire complètement contractée

Figure 9.6 Modèle de contraction par glissement des filaments. Les numéros apparaissant à gauche de l'illustration indiquent la séquence des événements; le numéro ① correspond au muscle au repos et le numéro ②, au muscle complètement contracté. Lors de la contraction complète, les lignes Z deviennent contiguës aux filaments de myosine et les filaments d'actine se chevauchent. Ces photomicrographies (vue du dessus dans chaque cas) montrent un grossissement de 29 200×.

Quand les cellules musculaires sont stimulées par le système nerveux, les têtes de myosine des filaments épais s'accrochent aux sites de liaison de l'actine situés sur les filaments minces, et le glissement s'amorce. Chaque tête de myosine s'attache au myofilament d'actine et s'en détache plusieurs fois pendant la contraction, agissant comme une minuscule crémaillère pour produire une tension et tirer le filament mince vers le centre du sarcomère. Comme ce phénomène se déroule simultanément dans tous les sarcomères de toutes les myofibrilles, et comme ces dernières sont ancrées au sarcolemme qui est lui-même soudé aux fibres collagènes des attaches musculaires, la cellule musculaire tout entière raccourcit. Remarquez que, au cours du glissement des filaments minces vers le centre (zone claire), les lignes Z auxquelles ils sont attachés sont tirées *vers* la ligne M (figure 9.6, ②). Dans l'ensemble, la distance entre les lignes Z successives diminue, les zones claires disparaissent et les stries A se rapprochent les unes des autres sans raccourcissement de ces dernières stries et des filaments qui les composent.

VÉRIFIONS NOS ACQUIS

3. Quelles informations la composition du mot « épimysium » donne-t-elle sur la fonction et la localisation de cette enveloppe conjonctive ?

4. Quels myofilaments possèdent des sites de liaison pour le calcium ? Quelle molécule spécifique se lie au calcium ?

5. À l'aide des lettres suivantes, A, H, I, M et Z, décrivez la structure d'un sarcomère au repos.

6. Quelle structure contient la concentration la plus élevée de Ca^{2+} dans une cellule musculaire au repos : le tubule transverse, la mitochondrie ou le RS ? Laquelle fournit l'ATP nécessaire à l'activité musculaire ?

Les réponses se trouvent à l'appendice G.

Physiologie d'une fibre musculaire squelettique

9 Expliquer comment les fibres musculaires se contractent en décrivant les événements qui se produisent à la jonction neuromusculaire.

10 Montrer comment se forme et se propage un potentiel d'action.

11 Décrire les événements du couplage excitation-contraction et les différentes étapes du cycle des ponts d'union.

Le modèle du glissement des filaments explique comment une fibre musculaire se contracte. Mais quel événement déclenche cette contraction ? Pour qu'une fibre de muscle squelettique se contracte :

1. elle doit être activée, c'est-à-dire stimulée par une terminaison nerveuse jusqu'à ce que le potentiel de la membrane change ;

2. elle doit générer et propager un signal électrique, appelé **potentiel d'action**, sur son sarcolemme ;

3. il doit se produire une augmentation temporaire de la concentration intracellulaire de Ca^{2+}, ce qui provoque finalement la contraction musculaire.

L'étape 1, l'activation, se produit à la jonction neuromusculaire et prépare la voie aux événements subséquents. Les étapes 2 et 3, qui surviennent entre le signal électrique et la contraction proprement dite, correspondent au *couplage excitation-contraction*. Examinons ces événements en détail ci-après ; ils sont résumés à la **figure 9.7**.

Stimulus nerveux et événements se produisant à la jonction neuromusculaire

Les cellules nerveuses qui activent les fibres musculaires squelettiques sont appelées *neurones moteurs* ou *neurones moteurs du système nerveux somatique (volontaire)*. Ces neurones moteurs sont « situés » principalement dans l'encéphale et dans la moelle

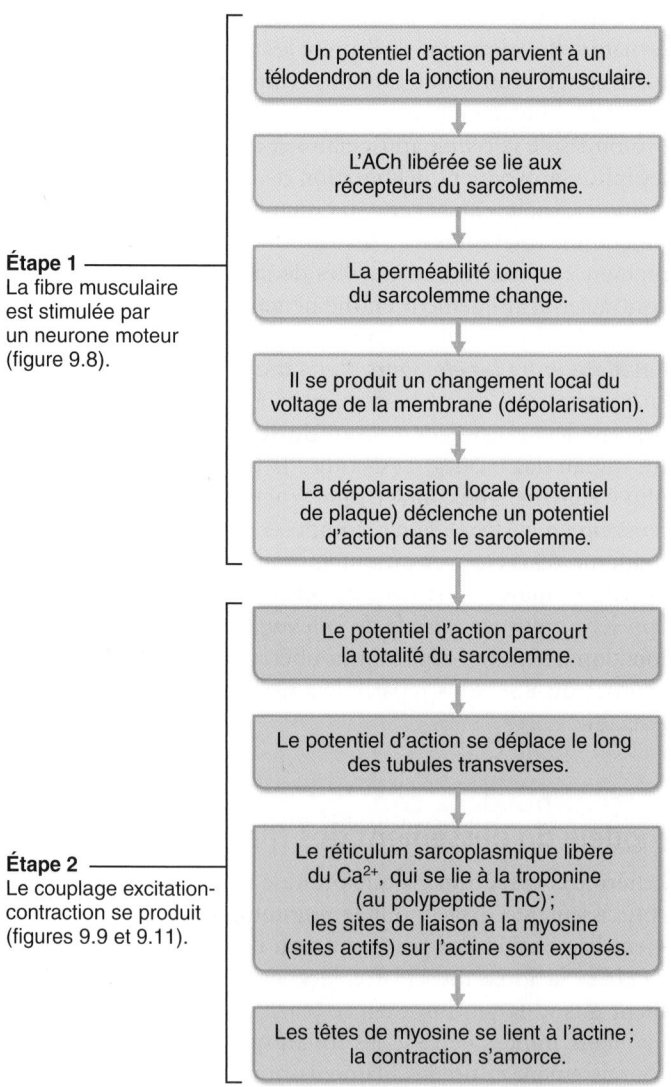

Étape 1
La fibre musculaire est stimulée par un neurone moteur (figure 9.8).

Un potentiel d'action parvient à un télodendron de la jonction neuromusculaire.

L'ACh libérée se lie aux récepteurs du sarcolemme.

La perméabilité ionique du sarcolemme change.

Il se produit un changement local du voltage de la membrane (dépolarisation).

La dépolarisation locale (potentiel de plaque) déclenche un potentiel d'action dans le sarcolemme.

Étape 2
Le couplage excitation-contraction se produit (figures 9.9 et 9.11).

Le potentiel d'action parcourt la totalité du sarcolemme.

Le potentiel d'action se déplace le long des tubules transverses.

Le réticulum sarcoplasmique libère du Ca^{2+}, qui se lie à la troponine (au polypeptide TnC) ; les sites de liaison à la myosine (sites actifs) sur l'actine sont exposés.

Les têtes de myosine se lient à l'actine ; la contraction s'amorce.

Figure 9.7 Étapes menant à la contraction d'une fibre musculaire.

épinière, mais leurs longs prolongements filiformes (les *axones*) se rendent, regroupés en nerfs, jusqu'aux cellules musculaires qu'ils desservent. À son entrée dans le muscle, l'axone de chaque neurone moteur se divise en de nombreuses branches et chacune de ces branches se ramifie à son tour en de multiples *télodendrons* (*ramifications terminales*) (voir la figure 11.4). Un ensemble de télodendrons constitue une **jonction neuromusculaire**, ou terminaison neuromusculaire, reliée à une seule fibre musculaire (figure 9.8). En général, chaque fibre musculaire ne possède qu'une seule jonction neuromusculaire placée à peu près en son milieu. Chacun des télodendrons d'une jonction neuromusculaire porte à son extrémité un *corpuscule nerveux terminal* qui a la forme d'une protubérance aplatie, où sont logées les **vésicules synaptiques**, petits sacs membraneux contenant un neurotransmetteur nommé **acétylcholine** (**ACh**). (Un corpuscule nerveux terminal peut renfermer 300 000 vésicules synaptiques, chaque vésicule comprenant elle-même 10 000 molécules d'ACh.) Le corpuscule nerveux terminal et la fibre musculaire sont très proches l'un de l'autre, mais ils sont séparés par un espace de 1 à 2 nm appelé **fente synaptique** (figure 9.8). Cette fente est remplie d'une substance gélatineuse extracellulaire riche en glycoprotéines et en fibres collagènes. La partie du sarcolemme de la fibre musculaire qui forme un creux et où se trouve la jonction neuromusculaire présente de très nombreux replis. Ces **replis jonctionnels**, ou **fentes synaptiques secondaires**, accroissent la superficie de la région où le neurone rejoint la fibre musculaire (région appelée *plaque motrice*), dans laquelle se trouvent des millions de récepteurs membranaires de l'ACh (figure 9.8). La jonction neuromusculaire comprend donc le corpuscule nerveux terminal, la fente synaptique et les replis jonctionnels du sarcolemme.

Comment un neurone moteur stimule-t-il une fibre musculaire squelettique ? Tout simplement, quand un influx nerveux atteint l'extrémité d'un axone, les corpuscules nerveux terminaux des télodendrons libèrent de l'ACh dans la fente synaptique. L'ACh diffuse et se fixe aux récepteurs de l'ACh situés sur le sarcolemme de la fibre musculaire, ce qui déclenche une série d'événements électriques qui aboutissent à la production d'un potentiel d'action. Ce processus est décrit en détail dans le Zoom sur les événements se produisant à la jonction neuromusculaire (figure 9.8). Examinez cette figure avant de poursuivre votre lecture.

Aussitôt après s'être liée aux récepteurs de l'acétylcholine, l'ACh se dissocie en acide acétique et en choline, ses constituants, grâce à l'**acétylcholinestérase**, une enzyme située dans la fente synaptique. Une fois l'ACh détruite, la contraction de la fibre musculaire (probablement devenue indésirable) cesse et ne peut avoir lieu de nouveau en l'absence de stimulation nerveuse. Par la suite, les constituants retournent à l'intérieur de la terminaison axonale et reforment de l'ACh.

🔻 **DÉSÉQUILIBRE HOMÉOSTATIQUE**

Les événements qui se déroulent à la jonction neuromusculaire peuvent être modifiés par de nombreuses toxines, drogues et maladies. Par exemple, la *myasthénie* (*a*: sans ; *sthenos*: force)

est due à un manque de récepteurs de l'ACh ; elle se manifeste par la chute des paupières supérieures (ptôsis), la perception de deux images pour un seul objet (diplopie), une difficulté à mastiquer, à avaler et à parler ainsi qu'une faiblesse et une fatigabilité musculaires. La sérologie révèle la présence d'anticorps antirécepteurs de l'ACh, ce qui porte à croire que la myasthénie est une maladie auto-immune. Bien que les récepteurs existent en nombre normal au départ, il semble qu'ils soient détruits au fur et à mesure que la maladie progresse. Le traitement consiste à administrer des produits anticholinestérasiques et des immunosuppresseurs. ■

Production d'un potentiel d'action de part et d'autre du sarcolemme

Comme toutes les membranes plasmiques des cellules, le sarcolemme au repos est *polarisé*. Ainsi, un voltmètre indiquerait qu'il y a une différence de potentiel (voltage) de part et d'autre de la membrane, et que l'intérieur de la cellule est négatif par rapport à la surface extérieure de la membrane. (Le potentiel de repos de la membrane est décrit au chapitre 3.)

Le **potentiel d'action** est le résultat d'une suite prévisible de phénomènes électriques qui, une fois déclenchés, se propagent sur toute la longueur du sarcolemme. Il comprend essentiellement trois étapes, illustrées à la **figure 9.9** :

① **Dépolarisation locale et génération d'un potentiel de plaque.** Lorsqu'elles se lient aux récepteurs de l'ACh de la jonction neuromusculaire, les molécules d'ACh commandent l'ouverture des canaux ioniques ligand-dépendants intégrés aux récepteurs de l'ACh qui laissent passer des ions Na^+ et K^+ (figure 9.8). Puisque la diffusion des ions Na^+ vers l'intérieur de la cellule est plus importante que celle des ions K^+ en sens inverse, le potentiel de membrane se modifie temporairement, si bien que l'intérieur du sarcolemme devient légèrement moins négatif ; ce phénomène se nomme **dépolarisation**.

② **Génération et propagation du potentiel d'action.** Au départ, la dépolarisation est un phénomène électrique local appelé *potentiel de plaque* (au niveau de la plaque motrice), mais elle déclenche le potentiel d'action qui parcourt le sarcolemme dans toutes les directions à partir de la jonction neuromusculaire, à la manière des ondes qui s'écartent du point de chute d'un caillou lancé dans un étang. Cette dépolarisation locale (potentiel de plaque) se propage alors aux régions de la membrane adjacente et provoque l'ouverture des canaux à sodium *voltage-dépendants* (voir le chapitre 3, p. 94) qui se trouvent là. Les ions Na^+ pénètrent dans la cellule, suivant leur gradient électrochimique, et engendrent un potentiel d'action dès qu'un certain voltage de la membrane, appelé *seuil*, est atteint.

Le potentiel d'action se *propage* à mesure que la vague de dépolarisation locale s'étend aux autres régions du sarcolemme et déclenche l'ouverture des canaux à sodium voltage-dépendants qui s'y trouvent. Les ions sodium, qui jusque-là ne pouvaient pas traverser la membrane, entrent alors dans la cellule en suivant leur gradient électrochimique.

Quand un influx nerveux atteint une jonction neuromusculaire, de l'acétycholine (ACh) est libérée. Quand elle se lie aux récepteurs du sarcolemme, l'ACh produit un changement dans la perméabilité du sarcolemme qui génère une variation du potentiel de membrane.

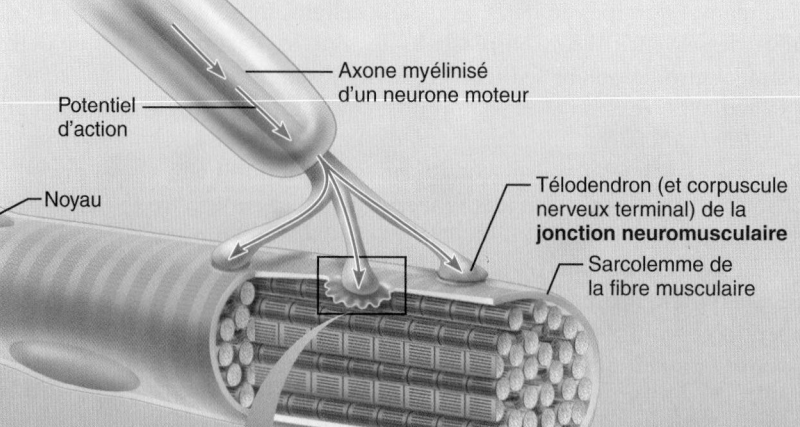

Potentiel d'action

Axone myélinisé d'un neurone moteur

Noyau

Télodendron (et corpuscule nerveux terminal) de la **jonction neuromusculaire**

Sarcolemme de la fibre musculaire

(1) Le potentiel d'action atteint le télodendron et le corpuscule nerveux terminal d'un neurone moteur.

(2) Les canaux à Ca^{2+} voltage-dépendants s'ouvrent et les ions Ca^{2+} entrent dans le corpuscule nerveux terminal.

(3) L'entrée des ions Ca^{2+} provoque la libération du contenu (acétylcholine) de certaines vésicules synaptiques par exocytose.

(4) L'ACh, un neurotransmetteur, diffuse dans la fente synaptique et se lie aux récepteurs du sarcolemme.

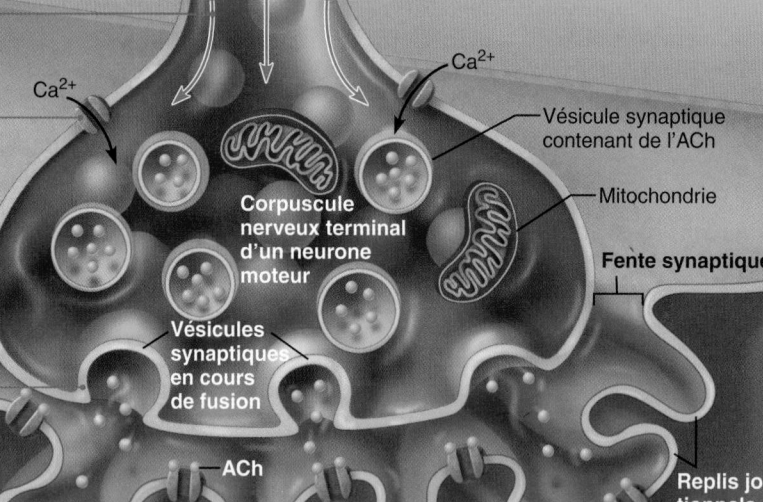

Ca^{2+}

Ca^{2+}

Vésicule synaptique contenant de l'ACh

Mitochondrie

Fente synaptique

Corpuscule nerveux terminal d'un neurone moteur

Vésicules synaptiques en cours de fusion

ACh

Replis jonctionnels du sarcolemme

Sarcoplasme d'une fibre musculaire

(5) La liaison de l'ACh provoque l'ouverture des canaux ioniques qui permettent le passage simultané du Na^+ vers l'intérieur de la fibre musculaire et du K^+ vers l'extérieur. Il y a plus d'ions Na^+ qui entrent que d'ions K^+ qui sortent, ce qui produit une variation locale du potentiel de membrane (dépolarisation).

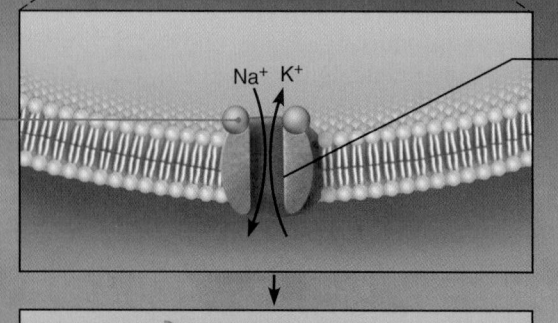

Na^+ K^+

Ouverture du canal ionique dans la membrane postsynaptique; circulation des ions

(6) La dégradation enzymatique de l'ACh par l'acétylcholinestérase dans la fente synaptique met fin aux effets de ce neurotransmetteur.

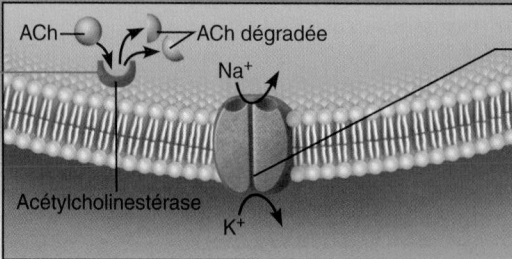

ACh

ACh dégradée

Na^+

Fermeture du canal ionique dans la membrane postsynaptique; aucune circulation d'ions

Acétylcholinestérase

K^+

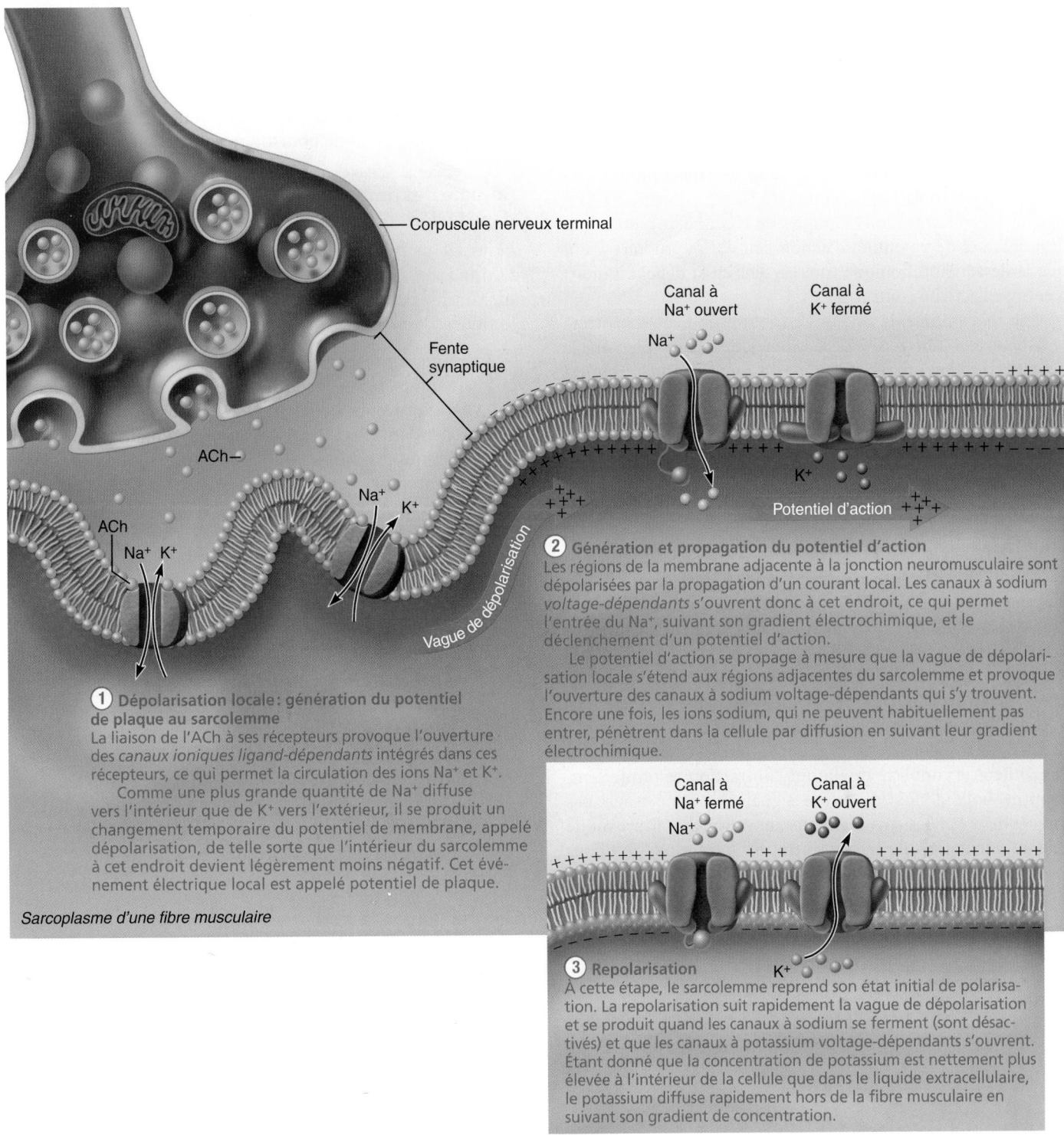

Corpuscule nerveux terminal

Fente synaptique

ACh—

Na⁺ K⁺

ACh

Na⁺ K⁺

Vague de dépolarisation

① Dépolarisation locale: génération du potentiel de plaque au sarcolemme
La liaison de l'ACh à ses récepteurs provoque l'ouverture des *canaux ioniques ligand-dépendants* intégrés dans ces récepteurs, ce qui permet la circulation des ions Na⁺ et K⁺.
Comme une plus grande quantité de Na⁺ diffuse vers l'intérieur que de K⁺ vers l'extérieur, il se produit un changement temporaire du potentiel de membrane, appelé dépolarisation, de telle sorte que l'intérieur du sarcolemme à cet endroit devient légèrement moins négatif. Cet événement électrique local est appelé potentiel de plaque.

Sarcoplasme d'une fibre musculaire

Canal à Na⁺ ouvert

Canal à K⁺ fermé

Na⁺

K⁺

Potentiel d'action

② Génération et propagation du potentiel d'action
Les régions de la membrane adjacente à la jonction neuromusculaire sont dépolarisées par la propagation d'un courant local. Les canaux à sodium *voltage-dépendants* s'ouvrent donc à cet endroit, ce qui permet l'entrée du Na⁺, suivant son gradient électrochimique, et le déclenchement d'un potentiel d'action.
Le potentiel d'action se propage à mesure que la vague de dépolarisation locale s'étend aux régions adjacentes du sarcolemme et provoque l'ouverture des canaux à sodium voltage-dépendants qui s'y trouvent. Encore une fois, les ions sodium, qui ne peuvent habituellement pas entrer, pénètrent dans la cellule par diffusion en suivant leur gradient électrochimique.

Canal à Na⁺ fermé

Canal à K⁺ ouvert

Na⁺

K⁺

③ Repolarisation
À cette étape, le sarcolemme reprend son état initial de polarisation. La repolarisation suit rapidement la vague de dépolarisation et se produit quand les canaux à sodium se ferment (sont désactivés) et que les canaux à potassium voltage-dépendants s'ouvrent. Étant donné que la concentration de potassium est nettement plus élevée à l'intérieur de la cellule que dans le liquide extracellulaire, le potassium diffuse rapidement hors de la fibre musculaire en suivant son gradient de concentration.

Figure 9.9 Résumé des événements survenant au cours de la production et de la propagation d'un potentiel d'action dans une fibre musculaire squelettique. La membrane plasmique du corpuscule nerveux terminal et le sarcolemme ne sont pas illustrés à la même échelle.

③ **Repolarisation.** Pendant la **repolarisation**, le sarcolemme retourne à son état initial. La vague de repolarisation, qui se produit peu après la vague de dépolarisation, est due

à la fermeture des canaux à sodium et à l'ouverture des canaux à potassium (K⁺) voltage-dépendants. Comme la concentration des ions K⁺ est beaucoup plus élevée à l'intérieur de la cellule que dans le liquide interstitiel, ceux-ci sortent rapidement de la fibre musculaire par diffusion (figure 9.10).

Pendant la repolarisation, on dit que la fibre musculaire est en **période réfractaire**, parce qu'elle ne peut plus être stimulée tant qu'elle n'est pas entièrement repolarisée. Remarquez que la repolarisation ne rétablit que l'*état électrique* propre à la phase de repos (polarisée). La pompe à Na⁺-K⁺, qui utilise l'ATP, rétablit les concentrations ioniques de la phase de repos, mais des centaines de potentiels d'action peuvent se produire avant que le déséquilibre ionique (qui caractérise la dépolarisation) n'entrave l'activité contractile.

Une fois amorcé, le potentiel d'action ne peut être arrêté et il mène à la contraction de la cellule musculaire. Bien que le potentiel d'action soit très court (de 1 à 2 millisecondes [ms]), la phase de contraction d'une fibre musculaire peut durer 100 ms ou plus, c'est-à-dire beaucoup plus longtemps que le phénomène électrique qui l'a déclenchée, parce qu'il faut beaucoup plus de temps pour transporter activement les ions Ca²⁺ vers l'intérieur du RS que pour les faire ressortir de celui-ci.

Couplage excitation-contraction

Le **couplage excitation-contraction** (**E-C**) est la succession d'événements par laquelle le potentiel d'action transmis le long du sarcolemme provoque le glissement des myofilaments. Étant très bref, le potentiel d'action prend fin bien avant que le moindre signe de contraction se manifeste. C'est durant le *temps de latence* (*latere*: être caché) – le laps de temps qui s'écoule depuis le début du potentiel d'action jusqu'au début de l'activité musculaire (contraction) – que les événements qui constituent le couplage excitation-contraction se produisent. Comme nous allons le voir, le signal électrique n'agit pas directement sur les myofilaments; en revanche, il provoque une augmentation de la concentration intracellulaire d'ions calcium, qui entraîne à son tour le glissement des filaments.

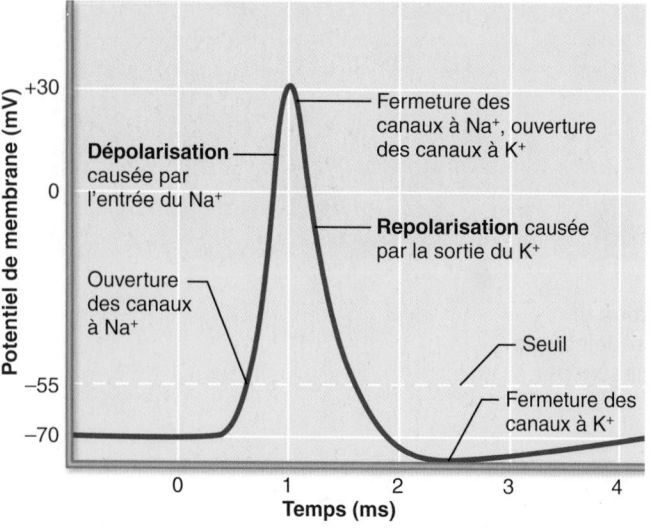

Figure 9.10 **Tracé d'un potentiel d'action montrant les changements d'état des canaux à sodium et à potassium.**

Le Zoom sur le couplage excitation-contraction (figure 9.11) illustre les étapes de ce mécanisme. Cette rubrique indique également comment les protéines intégrées de la *fermeture à glissière double* de la triade interagissent pour fournir le calcium nécessaire à une contraction. Assurez-vous de bien comprendre ce mécanisme avant de poursuivre votre lecture.

Résumé des différents types de canaux intervenant dans le déclenchement de la contraction musculaire

Nous allons maintenant résumer ce qui se produit entre la terminaison nerveuse et les cellules musculaires excitées. Ce mécanisme nécessite l'activation de quatre groupes de canaux ioniques:

1. Le mécanisme se déclenche lorsque l'influx nerveux atteint, par le télodendron, le corpuscule nerveux terminal et provoque l'ouverture des canaux à calcium voltage-dépendants dans la membrane axonale. L'entrée du calcium produit la libération d'ACh dans la fente synaptique.
2. L'ACh libérée se lie aux récepteurs de l'ACh dans le sarcolemme, provoquant l'ouverture des canaux à sodium et à potassium ligand-dépendants. L'afflux de sodium entraîne une variation locale du voltage (potentiel de plaque).
3. La dépolarisation locale provoque l'ouverture des canaux à sodium voltage-dépendants dans la région adjacente du sarcolemme. Une plus grande quantité de sodium pénètre dans la cellule, ce qui accroît la dépolarisation du sarcolemme, entraînant la production et la propagation d'un potentiel d'action.
4. La transmission d'un potentiel d'action le long des tubules transverses modifie la conformation des protéines sensibles au voltage dans les tubules transverses, ce qui stimule la libération de calcium dans le cytosol par les canaux calciques du réticulum sarcoplasmique.

Contraction de la fibre musculaire: activité des ponts d'union

Nous avons indiqué plus haut que la liaison des têtes de myosine à l'actine nécessite la présence d'ions Ca²⁺. Étudions de plus près de quelle manière les ions calcium favorisent la contraction des cellules musculaires. Lorsque la concentration intracellulaire de calcium est faible, la cellule musculaire reste au repos parce que le complexe troponine-tropomyosine s'interpose entre les têtes de myosine et les sites actifs de liaison à la myosine de l'actine. Lorsque leur concentration augmente, les ions Ca²⁺ se fixent aux sites de régulation de la troponine. Pour activer un groupe de sept actines, une molécule de troponine doit se lier à deux ions calcium, changer de conformation, puis déplacer la tropomyosine vers l'intérieur du sillon situé entre les deux filaments enroulés en hélice de l'actine, loin des sites de liaison à la myosine. En présence de calcium, le masque produit par la tropomyosine est donc levé. Dès que les sites de liaison de l'actine sont exposés, les événements du cycle des ponts d'union se succèdent rapidement, comme l'illustre le Zoom sur le cycle des ponts d'union (figure 9.12).

Figure 9.11 ZOOM **sur le couplage excitation-contraction**

Le couplage excitation-contraction correspond à la succession d'événements par laquelle le potentiel d'action transmis le long du sarcolemme provoque le glissement des myofilaments.

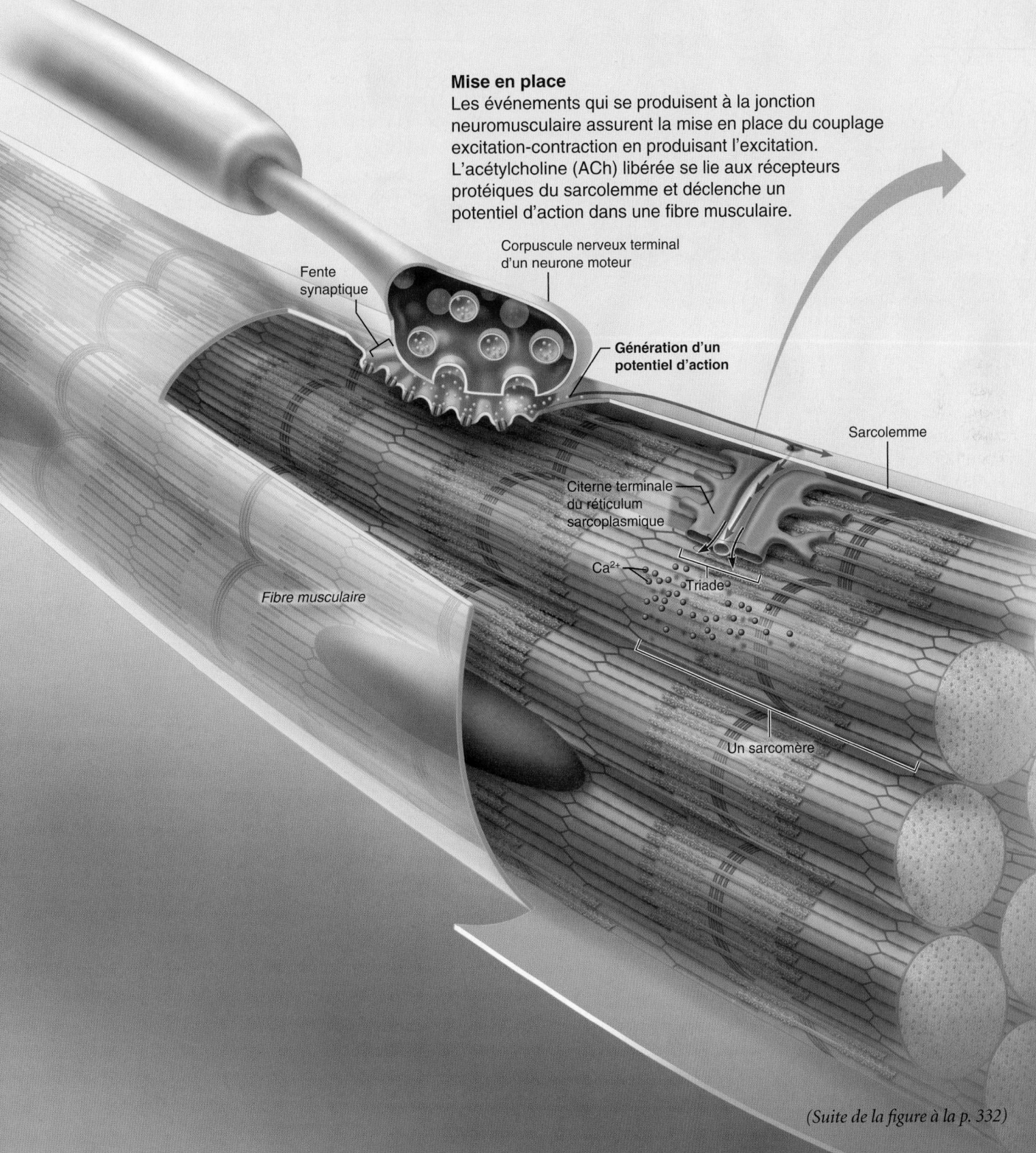

Mise en place

Les événements qui se produisent à la jonction neuromusculaire assurent la mise en place du couplage excitation-contraction en produisant l'excitation. L'acétylcholine (ACh) libérée se lie aux récepteurs protéiques du sarcolemme et déclenche un potentiel d'action dans une fibre musculaire.

Corpuscule nerveux terminal d'un neurone moteur

Fente synaptique

Génération d'un potentiel d'action

Sarcolemme

Citerne terminale du réticulum sarcoplasmique

Ca^{2+}

Triade

Fibre musculaire

Un sarcomère

(Suite de la figure à la p. 332)

Figure 9.11 **ZOOM** **sur le couplage excitation-contraction** *(suite)*

Étapes du couplage excitation-contraction

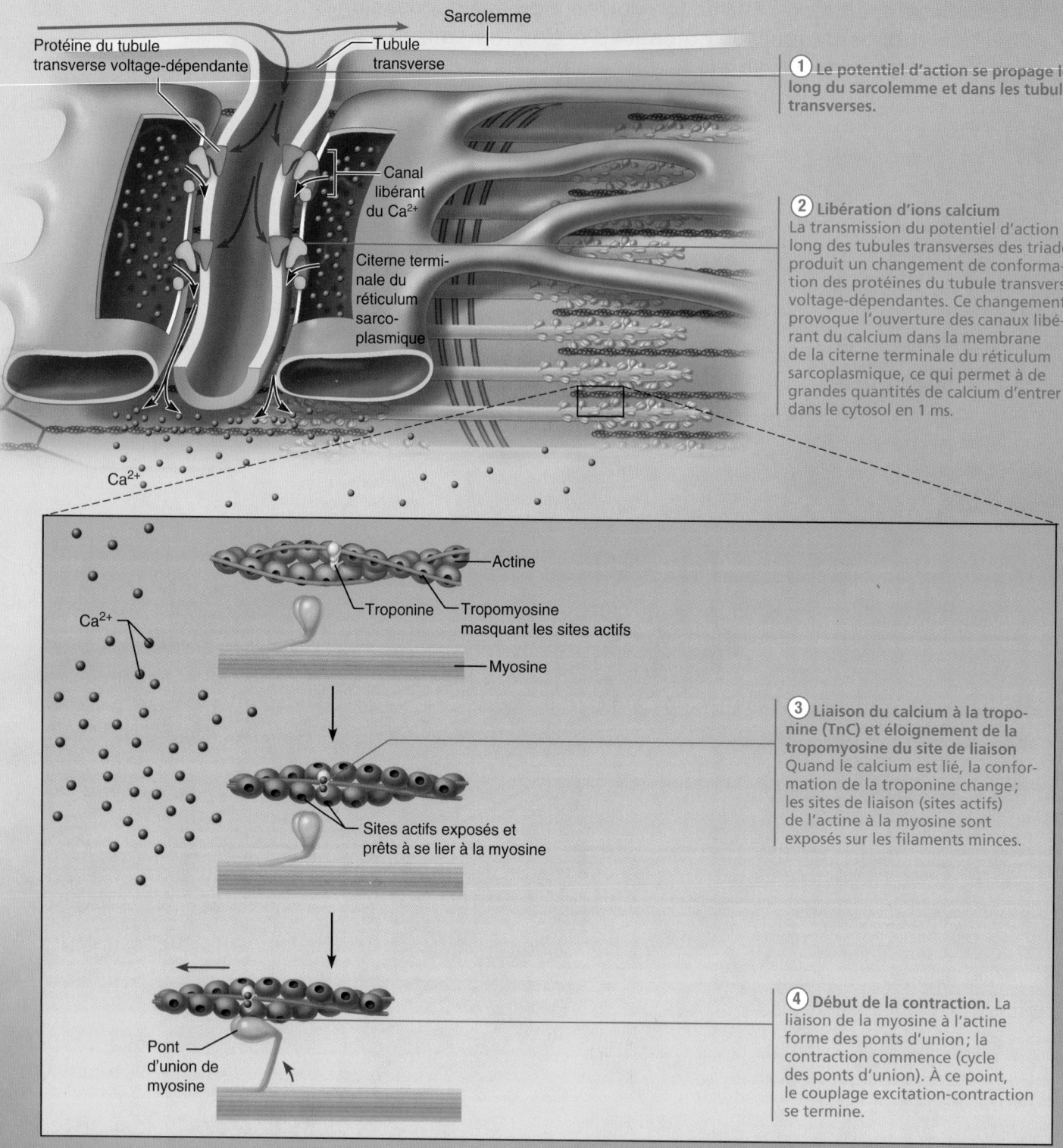

Sarcolemme

Protéine du tubule transverse voltage-dépendante — Tubule transverse

Canal libérant du Ca²⁺

Citerne terminale du réticulum sarcoplasmique

① Le potentiel d'action se propage le long du sarcolemme et dans les tubules transverses.

② Libération d'ions calcium
La transmission du potentiel d'action le long des tubules transverses des triades produit un changement de conformation des protéines du tubule transverse voltage-dépendantes. Ce changement provoque l'ouverture des canaux libérant du calcium dans la membrane de la citerne terminale du réticulum sarcoplasmique, ce qui permet à de grandes quantités de calcium d'entrer dans le cytosol en 1 ms.

Ca²⁺

Actine

Troponine — Tropomyosine masquant les sites actifs

Myosine

③ Liaison du calcium à la troponine (TnC) et éloignement de la tropomyosine du site de liaison
Quand le calcium est lié, la conformation de la troponine change; les sites de liaison (sites actifs) de l'actine à la myosine sont exposés sur les filaments minces.

Sites actifs exposés et prêts à se lier à la myosine

Pont d'union de myosine

④ Début de la contraction. La liaison de la myosine à l'actine forme des ponts d'union; la contraction commence (cycle des ponts d'union). À ce point, le couplage excitation-contraction se termine.

La suite
Les brefs signaux engendrés par le Ca²⁺ prennent fin et les concentrations de Ca²⁺ diminuent à mesure que les ions Ca²⁺ retournent, par transport actif, dans le RS. La tropomyosine reprend à nouveau son rôle inhibiteur, bloquant l'interaction actine-myosine; la fibre musculaire se détend. La séquence des événements constituant le couplage excitation-contraction suivi d'une chute de la concentration des ions Ca²⁺ se répète chaque fois qu'un signal nerveux atteint la jonction neuromusculaire.

Figure 9.12

ZOOM sur le cycle des ponts d'union

Le cycle des ponts d'union est une série d'événements au cours de laquelle les têtes de myosine tirent les filaments minces vers le centre du sarcomère.

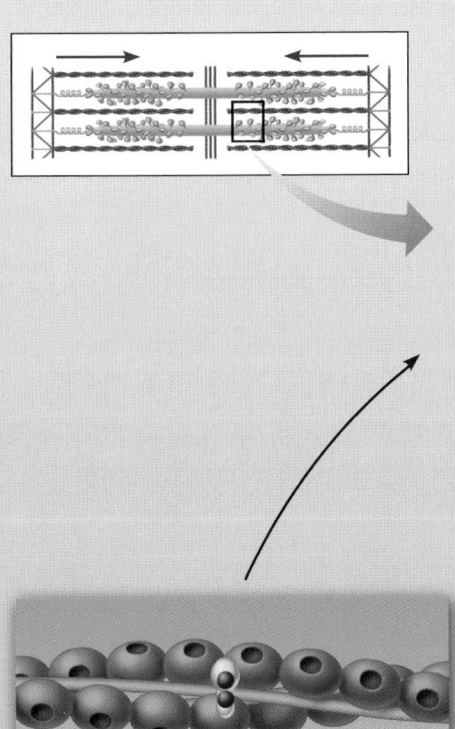

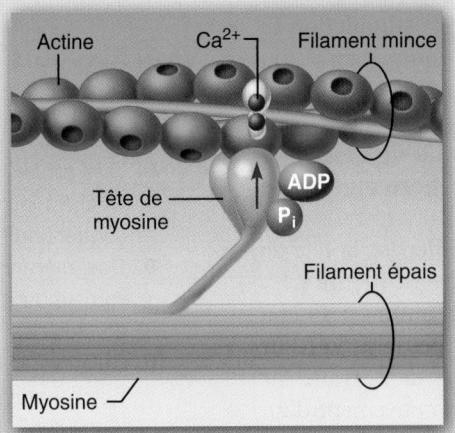

① **Formation des ponts d'union.** La myosine énergisée se lie au myofilament d'actine, formant des ponts d'union.

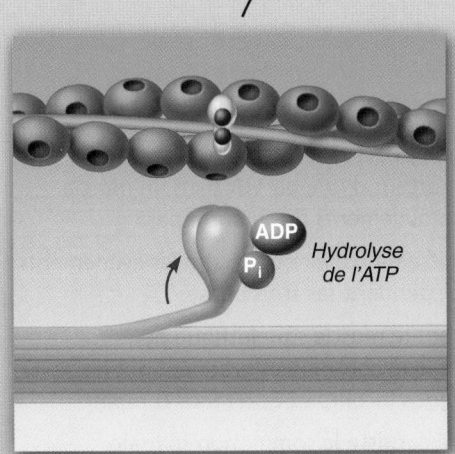

④ **Mise sous tension de la tête de myosine.** Pendant l'hydrolyse de l'ATP en ADP et en P$_i$, la tête de myosine reprend la forme riche en énergie (sous tension) qu'elle avait avant la phase de propulsion.

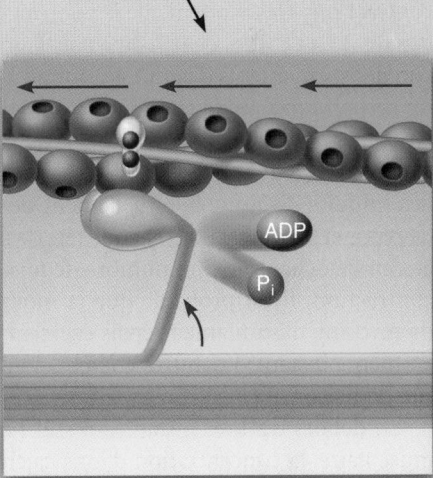

② **Phase active (de propulsion).** L'ADP et le P$_i$ sont libérés et la tête de myosine pivote et se replie, prenant une forme de basse énergie, permettant au filament d'actine de glisser vers la ligne M.

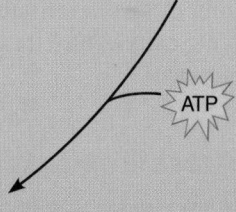

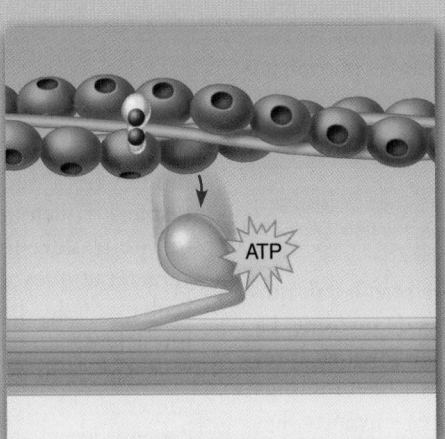

③ **Détachement des têtes de myosine** Après la liaison de l'ATP à la myosine, la liaison de la myosine à l'actine devient plus lâche et la tête de myosine se détache (le pont d'union se brise).

Le glissement des filaments minces continue tant que le signal calcique se poursuit et qu'il y a suffisamment d'ATP. Si les influx se succèdent très rapidement, les «bouffées» successives de libération d'ions Ca^{2+} du RS provoquent une forte augmentation de la concentration intracellulaire en ions Ca^{2+}. Dans ce cas, les cellules musculaires ne se détendent pas complètement entre les stimulus successifs; la contraction est donc plus intense et se poursuit jusqu'à la fin de la stimulation (à l'intérieur de certaines limites). Lorsque les pompes à Ca^{2+} du RS récupèrent les ions calcium du sarcoplasme et que la troponine change de nouveau sa forme, la tropomyosine masque les sites actifs de l'actine, la contraction prend fin et les filaments reprennent leur position initiale (la fibre musculaire se détend).

Quand le cycle est revenu à son point de départ, la tête de myosine a repris sa configuration de haute énergie (figure 9.12, étape ①), c'est-à-dire droite, prête à faire un autre «pas» et à s'attacher à un autre site de liaison situé un peu plus loin sur le filament d'actine. Cette «marche» des têtes de myosine sur les filaments minces adjacents ressemble au mouvement d'un mille-pattes. Ce cycle se répète à plusieurs reprises pendant la contraction; théoriquement, il pourrait se dérouler autant de fois qu'il y a de têtes de myosine par filament épais et pour chacun des six filaments d'actine entourant la myosine. Cependant, un certain nombre de têtes de myosine (les «pattes») demeure en contact avec l'actine (le «sol»), de sorte que les filaments d'actine ne peuvent retourner en arrière. Comme la longueur des muscles diminue habituellement de 30 à 35 % entre l'état de repos et la contraction, chaque tête de myosine se lie à l'actine et s'en détache un grand nombre de fois au cours d'une même contraction. Il est probable que la moitié seulement des têtes de myosine d'un filament épais exercent leur force de traction au même instant; les autres cherchent au hasard leur prochain site de liaison.

En dehors du bref instant qui suit l'excitation de la cellule musculaire, la concentration d'ions calcium dans le cytosol est presque trop faible pour être détectable. Ce fait a son utilité: c'est l'ATP qui fournit à la cellule l'énergie dont elle a besoin et, comme nous l'avons vu, l'hydrolyse de cette molécule produit du phosphate inorganique (P_i). Si la concentration de calcium ionique était toujours élevée, les ions calcium et phosphate se combineraient pour former des cristaux d'hydroxyapatite (les sels très durs présents dans la matrice osseuse), et les cellules ainsi calcifiées mourraient.

⚒ DÉSÉQUILIBRE HOMÉOSTATIQUE

La *rigidité cadavérique*, ou *rigor mortis*, illustre bien le fait que c'est l'ATP qui permet le détachement des têtes de myosine. La plupart des muscles commencent à durcir 3 ou 4 heures après la mort. La rigidité atteint un maximum après 12 heures, puis diminue peu à peu pendant les 48 à 60 heures suivantes. Les cellules qui meurent ne peuvent plus exécuter de transport actif pour se débarrasser du calcium, dont la concentration est normalement plus élevée dans le liquide interstitiel; l'afflux de calcium dans les cellules musculaires entraîne alors la formation de ponts d'union entre la myosine et l'actine. Cependant, peu

de temps après l'arrêt de la respiration, la synthèse de l'ATP prend fin et le détachement des têtes de myosine devient impossible. L'actine et la myosine sont désormais liées de façon irréversible, ce qui provoque la rigidité cadavérique, qui disparaît lorsque les protéines musculaires se dégradent quelques heures après la mort. ■

VÉRIFIONS NOS ACQUIS

7. Nommez les composantes structurales d'une jonction neuromusculaire.
8. Quel est le signal final du déclenchement d'une contraction? Quel est le premier signal du déclenchement d'une contraction?
9. Quel mécanisme empêche les filaments de glisser vers l'arrière dans leur position initiale chaque fois qu'un pont d'union de myosine se détache de l'actine?
10. Qu'arriverait-il si la fibre musculaire manquait soudainement d'ATP au moment où les sarcomères sont à mi-chemin d'une contraction?

Les réponses se trouvent à l'appendice G.

Contraction d'un muscle squelettique

12 Définir l'unité motrice; donner ses caractéristiques dans un muscle porteur d'une part et dans un muscle permettant des mouvements fins d'autre part.

13 Définir une secousse musculaire et décrire les événements qui se produisent pendant ses trois phases.

14 Expliquer comment le muscle squelettique peut se contracter de façon continue et graduée; définir et distinguer tétanos incomplet et tétanos complet.

15 Expliquer en quoi consiste la sommation spatiale et montrer l'avantage que l'application du principe de taille confère aux contractions musculaires.

16 Établir les différences entre les contractions isométriques et isotoniques (isotoniques concentriques d'une part et isotoniques excentriques d'autre part).

À l'état de repos, un muscle n'a rien d'impressionnant. Il est mou et on a peine à croire qu'il puisse faire bouger l'organisme. En quelques millisecondes, pourtant, il peut se contracter pour devenir un organe élastique et ferme doté de caractéristiques dynamiques qui suscitent la curiosité non seulement des biologistes, mais aussi des ingénieurs et des physiciens.

Avant de nous pencher sur la contraction du muscle dans son ensemble, rappelons quelques principes de la mécanique des muscles.

1. Les principes qui régissent la contraction d'une fibre (cellule) musculaire et ceux qui s'appliquent à un muscle squelettique composé d'une multitude de cellules sont pratiquement les mêmes.

2. La force exercée sur un objet par un muscle contracté est appelée **tension musculaire** et on nomme **charge** la force opposée au muscle par le poids de l'objet.

3. La contraction d'un muscle n'a pas toujours pour conséquence de le faire raccourcir et de déplacer la charge. Si la tension musculaire augmente mais que la charge reste immobile, la contraction est dite *isométrique* («même mesure»), comme quand on essaie de soulever une voiture. Si la tension musculaire dépasse la charge et produit un raccourcissement du muscle, la contraction est dite *isotonique*, comme quand on soulève un sac de sucre. Nous décrivons en détail, un peu plus loin, ces deux grands types de contractions. Pour l'instant, il importe de retenir, en étudiant les graphiques qui suivent, que c'est l'*augmentation de la tension musculaire* qui est mesurée lors d'une contraction isométrique, alors que c'est le *raccourcissement* (distance en millimètres) qui est mesuré lors d'une contraction isotonique.

4. La force et la durée de la contraction d'un muscle squelettique varient selon la fréquence et l'intensité des stimulus qu'il reçoit. Pour comprendre comment cela se produit, nous devons nous intéresser à l'ensemble fonctionnel nerveux et musculaire que l'on nomme *unité motrice*. C'est ce que nous allons aborder maintenant.

Unité motrice

Chaque muscle reçoit au moins un nerf moteur, qui est constitué des axones (prolongements fibreux) de centaines de neurones moteurs. À l'endroit où il pénètre dans le muscle, l'axone se divise en plusieurs branches dont chacune forme une grappe de télodendrons établissant une jonction neuromusculaire avec une seule fibre musculaire. Un même neurone peut régir plusieurs fibres musculaires, mais chaque fibre musculaire n'est connectée qu'à un seul neurone dans la très grande majorité des cas. L'ensemble formé par un neurone moteur et toutes les fibres musculaires qu'il dessert est appelé **unité motrice (figure 9.13)**. Lorsqu'un neurone moteur déclenche un potentiel d'action (c'est-à-dire lorsqu'il transmet une impulsion électrique), toutes les fibres musculaires qu'il innerve se contractent.

Le nombre de fibres musculaires par unité motrice peut varier de quatre à plusieurs centaines. Les unités motrices des muscles qui exigent une très grande précision (comme ceux qui déterminent le mouvement des doigts, des yeux et du larynx) sont petites. Par contre, les unités motrices des gros muscles porteurs (comme ceux des cuisses), dont les mouvements ne sont pas si précis, sont beaucoup plus grosses. Les fibres musculaires d'une même unité motrice ne sont pas regroupées; elles sont réparties dans l'ensemble du muscle en

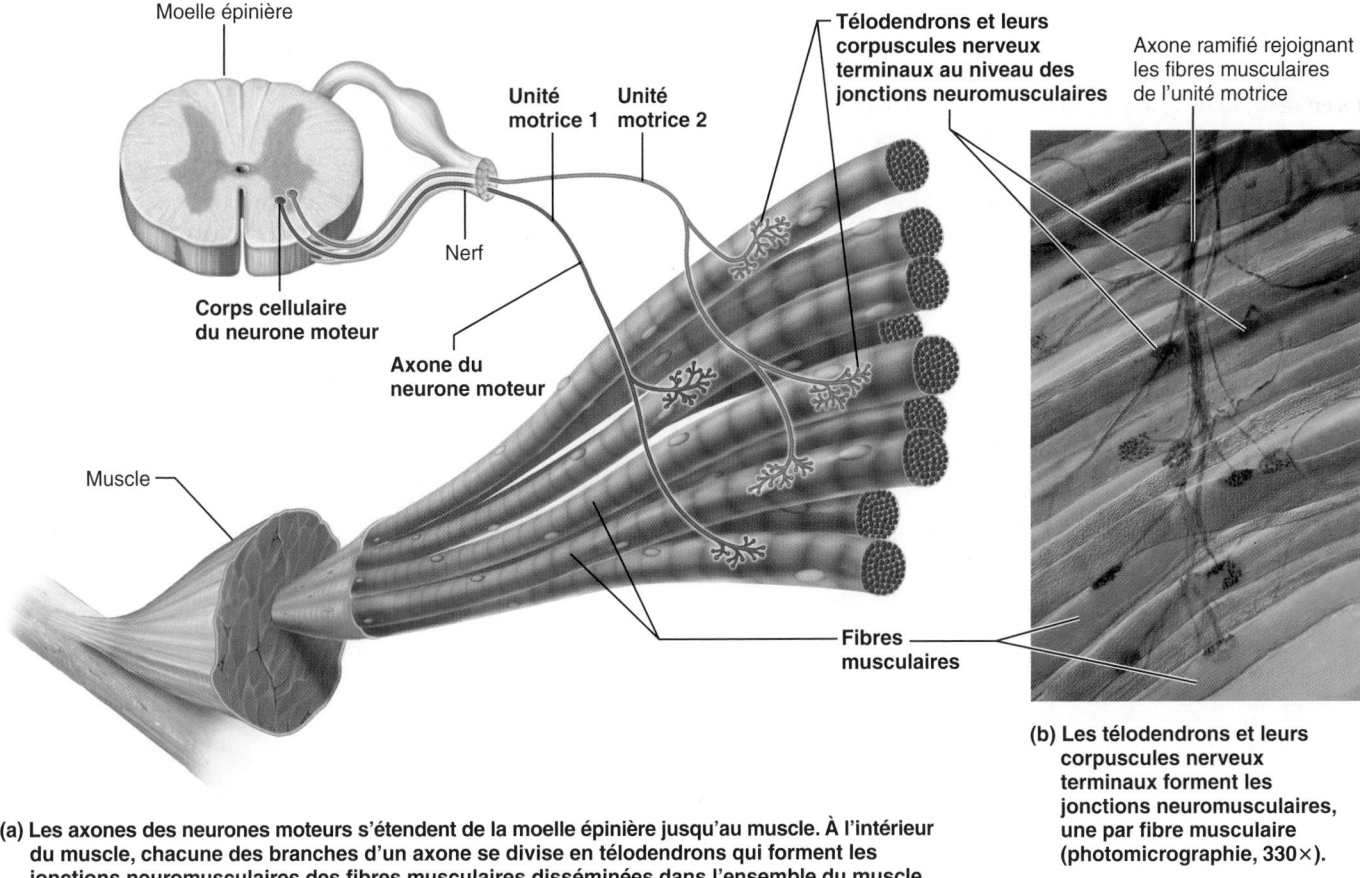

(a) Les axones des neurones moteurs s'étendent de la moelle épinière jusqu'au muscle. À l'intérieur du muscle, chacune des branches d'un axone se divise en télodendrons qui forment les jonctions neuromusculaires des fibres musculaires disséminées dans l'ensemble du muscle.

(b) Les télodendrons et leurs corpuscules nerveux terminaux forment les jonctions neuromusculaires, une par fibre musculaire (photomicrographie, 330×).

Figure 9.13 **L'unité motrice est constituée d'un neurone moteur et de toutes les fibres musculaires qu'il rejoint.**

fascicules comprenant de 3 à 15 fibres. La stimulation d'une seule unité motrice ne provoque donc qu'une faible contraction de *tout* le muscle.

Secousse musculaire

La contraction musculaire se prête bien à l'observation en laboratoire sur un muscle isolé. Le muscle est fixé à un appareil qui produit un enregistrement graphique de la contraction appelé **myogramme**. (La ligne qui représente l'activité est appelée *tracé*.)

La **secousse musculaire** est la réponse d'une unité motrice à un seul potentiel d'action de son neurone moteur. Les fibres musculaires se contractent rapidement, puis se relâchent. Le tracé du myogramme de toute secousse musculaire présente trois phases distinctes (**figure 9.14a**).

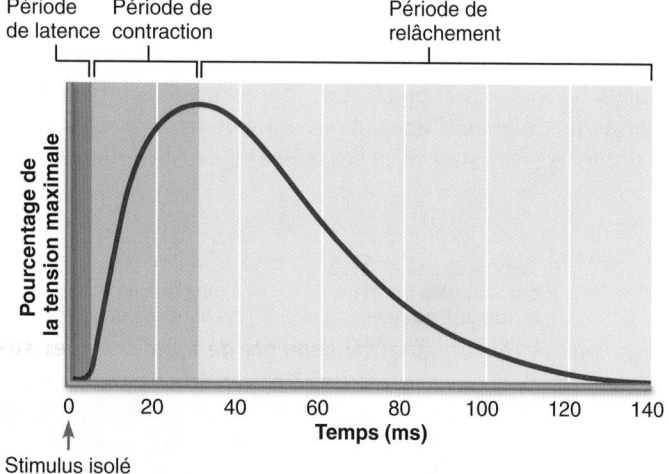

(a) Myogramme montrant les trois phases d'une secousse musculaire isométrique

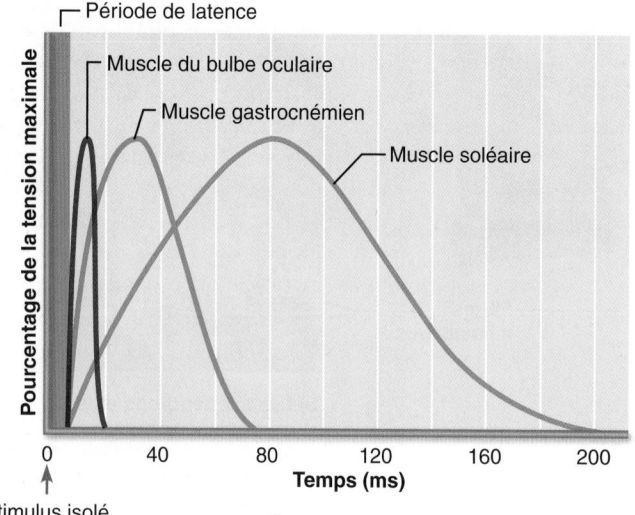

(b) Comparaison entre la durée relative des secousses musculaires de trois muscles

Figure 9.14 Secousse musculaire.

1. **Période de latence.** La période de latence dure les quelques premières millisecondes qui suivent la stimulation, c'est-à-dire le temps du couplage excitation-contraction ; le myogramme n'enregistre alors aucune réponse.
2. **Période de contraction.** La période de contraction est celle pendant laquelle les têtes de myosine sont actives, soit entre le début de la force de tension et son maximum. Le tracé du myogramme forme alors un pic. Cette étape dure de 10 à 100 ms. Si la tension (traction) suffit à vaincre la résistance de la charge, le muscle raccourcit.
3. **Période de relâchement.** La période de contraction est suivie de la période de relâchement. Cette dernière phase, qui dure aussi de 10 à 100 ms, est provoquée par un retour du Ca^{2+} dans le RS. Comme la force de contraction ne s'exerce plus, la tension du muscle diminue, puis disparaît complètement, et le tracé revient à sa valeur d'origine. S'il s'est raccourci pendant la contraction, le muscle revient maintenant à sa longueur initiale. Remarquez qu'un muscle se contracte plus vite qu'il ne se relâche, comme le révèle l'aspect asymétrique du tracé du myogramme.

Ainsi que vous pouvez le voir à la figure 9.14b, les secousses de certains muscles sont rapides et courtes, comme c'est le cas pour les muscles du bulbe oculaire. À l'opposé, les fibres des muscles épais de la jambe (muscles gastrocnémien et soléaire) se contractent plus lentement et leur contraction se prolonge habituellement beaucoup plus longtemps. Ces différences entre les divers muscles reflètent les caractéristiques métaboliques de leurs myofibrilles et la présence d'enzymes différentes.

Réponses musculaires graduées

Les *secousses musculaires* (telles que les contractions brusques et isolées provoquées en laboratoire) se produisent parfois à cause d'anomalies neuromusculaires, mais elles ne représentent *pas* la façon dont les muscles fonctionnent normalement dans l'organisme. En réalité, les contractions musculaires d'une personne saine sont relativement longues et continues, et leur force varie en fonction des besoins. Ces divers degrés de contraction musculaire (qui sont évidemment indispensables à la régulation adéquate des mouvements du squelette) sont appelés **réponses musculaires graduées**. En règle générale, la contraction musculaire peut être modulée de deux façons, soit (1) par le changement de la fréquence des stimulations, soit (2) par le changement de la force des stimulus.

Réponse du muscle aux changements de la fréquence des stimulations   Le système nerveux produit une plus grande force musculaire en augmentant la fréquence des influx dans les neurones moteurs. Par exemple, si deux stimulations identiques (impulsions électriques ou influx nerveux) sont appliquées à un muscle dans un court intervalle, la seconde contraction sera plus vigoureuse que la première. Sur le myogramme, elle paraîtra chevaucher la première contraction (**figure 9.15b**). Ce phénomène, appelé **sommation temporelle**, est dû au fait que le second stimulus survient avant que le muscle soit complètement détendu. Le muscle est déjà partiellement contracté quand

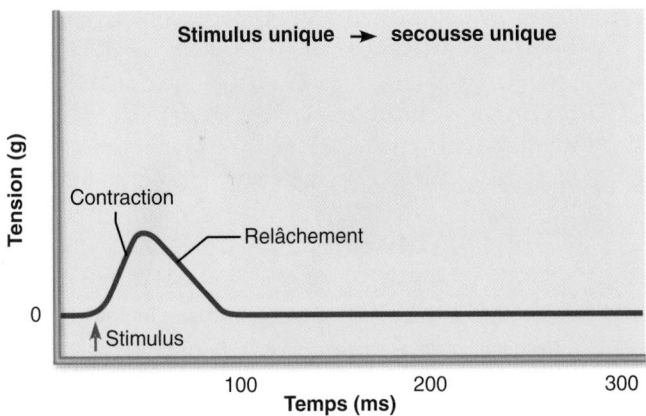

(a) Un seul stimulus est appliqué ; le muscle se contracte et se détend.

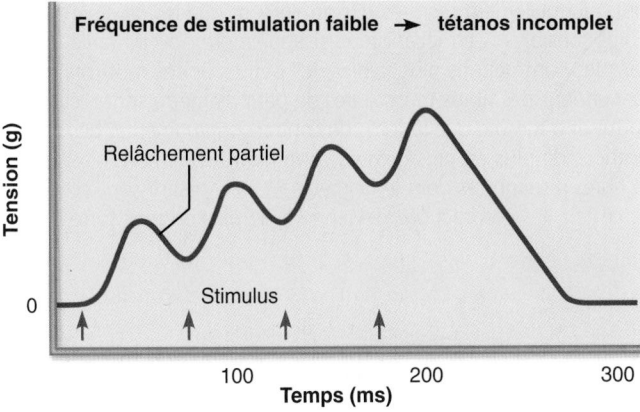

(b) Si un autre stimulus est appliqué avant que le muscle n'ait le temps de se relâcher complètement, la tension augmente. Il s'agit de la sommation temporelle des contractions ; elle produit le tétanos incomplet.

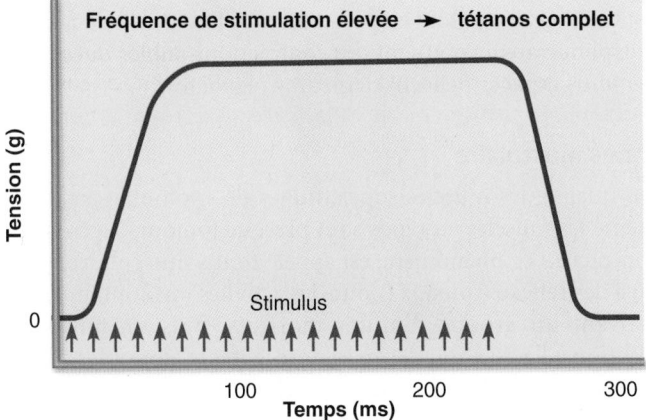

(c) Quand la fréquence de stimulation est plus élevée, il ne se produit pas de relâchement entre les stimulus, ce qui engendre le tétanos complet.

Figure 9.15 **Réponse du muscle aux changements de la fréquence de stimulation.**

arrive le nouveau stimulus, et une nouvelle bouffée de calcium vient remplacer celui que le RS a réabsorbé ; la seconde

contraction s'ajoute alors à la première et produit un raccourcissement plus appréciable du muscle. En d'autres termes, il y a sommation des contractions. (Cependant, la période réfractaire est *toujours* respectée. Donc, si le second stimulus arrive avant la fin de la repolarisation, il n'y aura pas de sommation.)

Si l'intensité du stimulus ne varie pas et si la fréquence de la stimulation s'accélère, la période de relâchement entre les contractions devient de plus en plus courte, la concentration de Ca^{2+} dans le sarcoplasme, de plus en plus élevée, et la sommation, de plus en plus importante. Il en résulte une contraction à la fois soutenue et frémissante appelée **tétanos incomplet** ou **intermittent** (figure 9.15b).

Pour finir, à mesure que la fréquence s'accroît, la tension musculaire augmente jusqu'à ce qu'une tension maximale soit atteinte. À ce point, tout signe de relâchement disparaît et les contractions fusionnent en une longue contraction régulière appelée **tétanos** (*tetanus*: rigidité, tension) **complet** ou **fusionné**. (On confond parfois le tétanos avec la maladie bactérienne du même nom qui provoque des contractions involontaires graves. Voir les Termes médicaux à la page 363.) En réalité, le tétanos complet se produit rarement ; il survient, par exemple, lorsqu'une personne déploie une force extraordinaire pour soulever un arbre tombé sur une autre personne.

Une activité musculaire intense ne peut pas se poursuivre indéfiniment. Lors d'un tétanos prolongé, le muscle en vient inévitablement à perdre sa capacité de se contracter et sa tension retombe à une valeur nulle ; c'est ce qu'on appelle la *fatigue musculaire*.

Réponse du muscle aux changements de l'intensité des stimulus Bien que la sommation temporelle des contractions donne plus de force à la réponse musculaire, sa fonction principale consiste à produire des contractions uniformes et continues par la stimulation rapide d'un certain nombre de cellules musculaires (toujours les mêmes). La force de la contraction dépend de la **sommation spatiale**, c'est-à-dire du nombre d'unités motrices qui se contractent simultanément.

On peut reproduire en laboratoire ce phénomène, aussi appelé **recrutement**, en administrant des impulsions électriques de voltage croissant pour mobiliser un nombre de plus en plus grand de fibres musculaires. Un stimulus qui ne produit aucune contraction observable est appelé **seuil sous-liminaire**. Le stimulus qui déclenche la première contraction observable est appelé **stimulus liminaire** (figure 9.16). Au-delà de ce seuil, au fur et à mesure que l'on fait augmenter l'intensité du stimulus, les contractions musculaires sont de plus en plus vigoureuses. Le **stimulus maximal** est l'intensité à partir de laquelle la force de la contraction musculaire ne s'accroît plus ; il correspond à la contraction de toutes les unités motrices du muscle. L'intensification du stimulus au-delà du stimulus maximal ne produit pas une contraction plus forte. Dans l'organisme, la stimulation nerveuse d'un nombre croissant d'unités motrices d'un même muscle entraîne le même phénomène.

Le mécanisme de recrutement n'est pas aléatoire ; il est plutôt dicté par le *principe de taille*. Dans n'importe quel muscle, les unités motrices qui possèdent les fibres musculaires les plus petites sont commandées par de petits neurones moteurs très

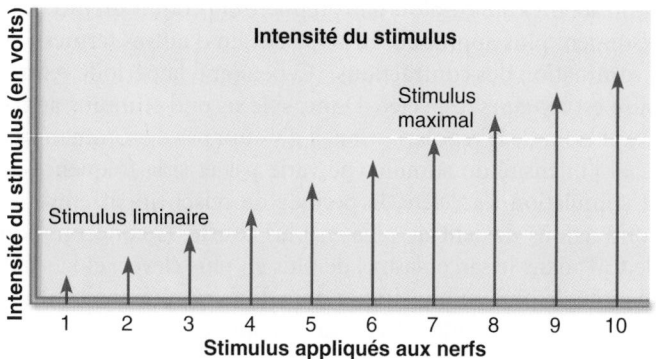

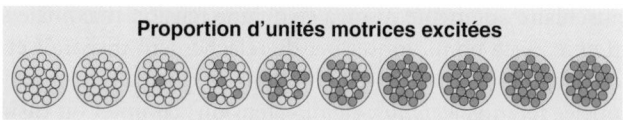

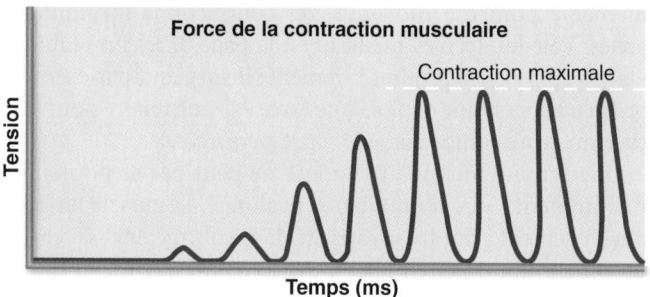

Figure 9.16 Rapport entre l'intensité du stimulus et la tension musculaire. Au-dessous du voltage liminaire, on n'observe aucune réponse musculaire sur le tracé (stimulus 1 et 2). Une fois le seuil atteint (3), les augmentations de voltage excitent (recrutent) un nombre de plus en plus grand d'unités motrices jusqu'à l'obtention du stimulus maximal (7). Toute autre augmentation de voltage ne produit plus d'accroissement de la force de contraction.

sensibles. Ce sont ces unités qui ont tendance à être activées les premières. Quand des unités motrices possédant des fibres musculaires de plus en plus grosses commencent à être excitées, la force de contraction augmente. Les unités motrices les plus grosses, qui possèdent des fibres musculaires de gros diamètre et en grand nombre, produisent une force de contraction jusqu'à 50 fois supérieure aux plus petites. Elles dépendent de neurones plus gros et moins sensibles (au seuil plus élevé), et ne sont activées que si la contraction la plus forte est nécessaire (figure 9.17). À l'inverse, lorsque l'application de la force diminue, ce sont d'abord les plus grosses unités motrices qui retournent au repos, suivies des plus petites.

Le principe de taille est important parce qu'il permet d'adapter l'intensité de la tension musculaire aux mouvements à effectuer. C'est ainsi que se réalisent par petites étapes les accroissements de tension pendant les contractions faibles (par exemple, celles du maintien de la position ou des mouvements lents). Par contre, mais toujours selon le même principe, la tension musculaire progresse plus rapidement lorsqu'une grande force est nécessaire pour des activités intenses, comme

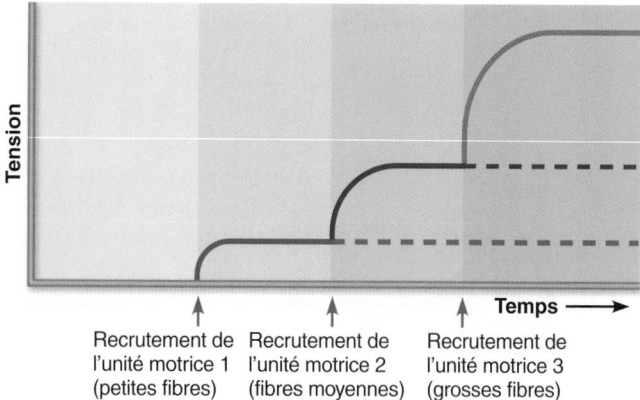

Figure 9.17 Principe du recrutement selon la taille. Le recrutement des neurones moteurs qui commandent les fibres musculaires squelettiques est structuré : les petits neurones moteurs très sensibles sont habituellement recrutés plus facilement que les gros neurones moins sensibles. Ce mécanisme est appelé *principe de taille*. Dans les contractions plus faibles, les petites unités motrices qui contiennent des fibres musculaires de petit diamètre sont recrutées. Au fur et à mesure que la force de contraction augmente, des unités motrices de plus en plus grosses contenant un nombre plus grand de fibres musculaires dont le diamètre va en croissant sont activées. De ce fait, les contractions deviennent de plus en plus fortes.

sauter ou courir. Voilà pourquoi la main qui vous tapote la joue pourrait aussi vous administrer une gifle cinglante.

Il peut arriver que *toutes* les unités motrices d'un muscle s'activent simultanément pour produire une contraction extrêmement forte mais, la plupart du temps, elles fonctionnent de manière asynchrone : certaines sont en tétanos (habituellement, en tétanos incomplet) pendant que d'autres sont au repos. Ce mode de fonctionnement contribue à prolonger les contractions fortes tout en prévenant ou en retardant la fatigue. Il explique aussi comment des contractions faibles dues à des stimulus espacés peuvent demeurer régulières.

Tonus musculaire

On qualifie les muscles squelettiques de « volontaires », mais même les muscles au repos sont presque toujours légèrement contractés : ce phénomène est appelé **tonus musculaire**. Il est dû à des réflexes spinaux (donc des activités involontaires) qui activent un groupe d'unités motrices, puis un autre, en réaction à l'activation des mécanorécepteurs (sensibles à l'étirement) situés dans les muscles. (Ces récepteurs et leur activité sont décrits au chapitre 13.) Bien qu'il ne produise aucun mouvement, le tonus musculaire permet aux muscles de rester fermes et prêts à répondre à une stimulation. En outre, le tonus des muscles squelettiques stabilise les articulations et assure le maintien de la posture.

Contractions isométriques et contractions isotoniques

Nous avons indiqué plus haut qu'il existe deux grandes catégories de contractions musculaires : *isotoniques* et *isométriques*.

Lors des **contractions isotoniques** (*isos :* même; *tonos :* tension), le muscle se raccourcit ou *s'allonge* (réduisant ainsi l'angle à l'articulation), et il déplace la charge. Lorsqu'elle est suffisante pour déplacer la charge, la tension demeure relativement constante pendant le reste de la contraction **(figure 9.18a)**.

Les contractions isotoniques sont de deux sortes, *concentriques* ou *excentriques*. Lors des **contractions concentriques**, le muscle *se raccourcit* et effectue un travail (il permet de saisir

un livre ou de frapper une balle, par exemple). Ce sont sans doute les plus connues des contractions isotoniques. Toutefois, les **contractions excentriques**, pendant lesquelles le muscle génère de la force en *s'allongeant*, sont tout aussi importantes pour la coordination et les mouvements volontaires. Par exemple, lorsque vous gravissez une colline dont la pente est abrupte, les muscles de vos mollets produisent des contractions excentriques. Pour une même charge, ces contractions

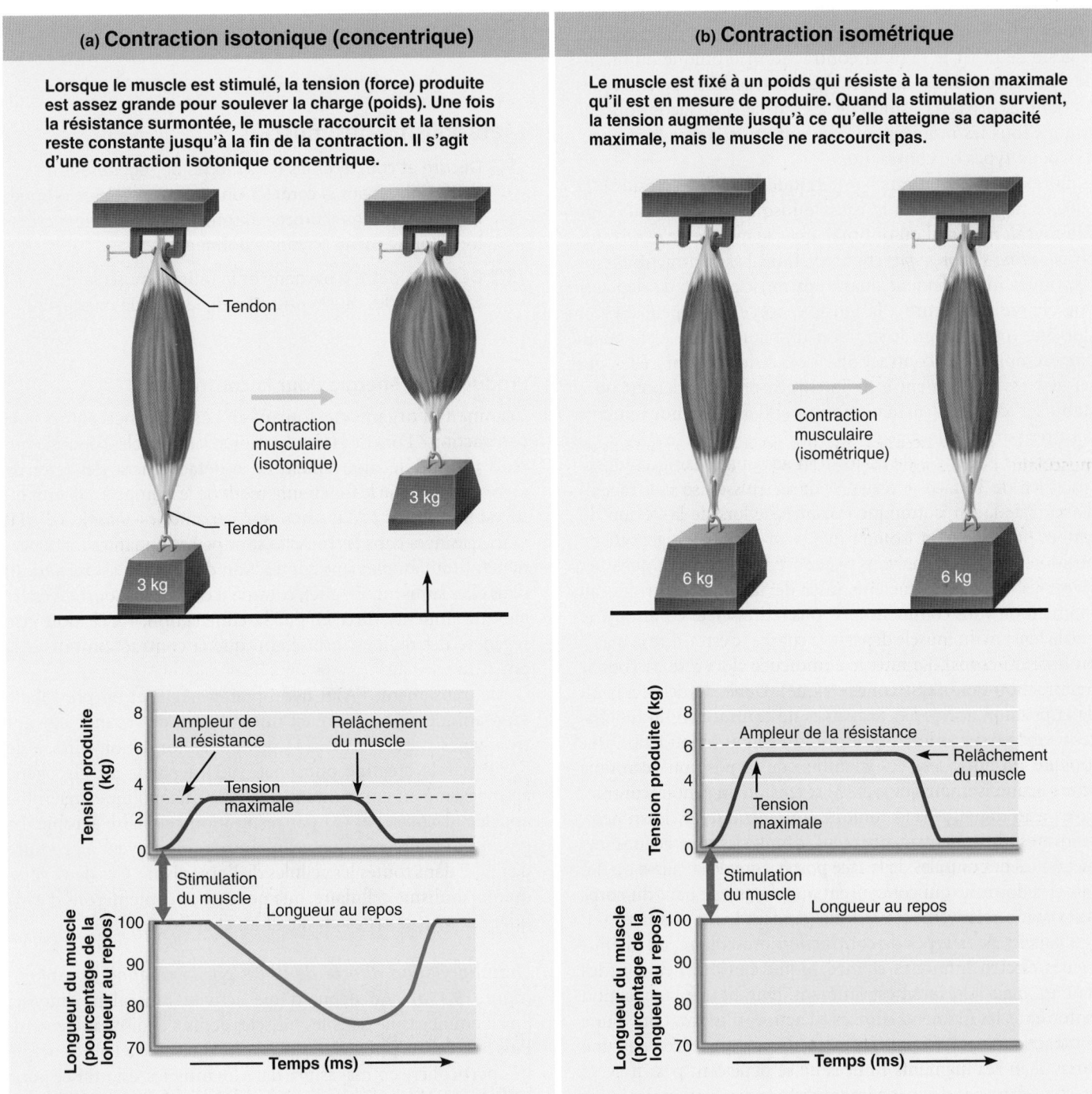

Figure 9.18 Contraction isotonique (concentrique) et contraction isométrique.

fournissent une puissance une fois et demi supérieure à celle des contractions concentriques et elles entraînent plus souvent des douleurs musculaires à retardement. (Pensez à la *sensation* que vous éprouvez dans vos mollets un ou deux jours après avoir escaladé cette fameuse colline.) On ne connaît pas exactement l'origine de cette douleur, mais il se peut qu'elle provienne de minuscules déchirures provoquées lors de l'étirement musculaire accompagnant ces contractions.

La flexion de l'avant-bras illustre bien le travail de coordination qu'effectuent les contractions excentriques et les contractions concentriques dans notre vie de tous les jours. Quand on plie le coude pour soulever un livre vers son épaule, le biceps se contracte de façon concentrique. Quand on fait le geste de poser le livre, la contraction isotonique du biceps devient excentrique. En fait, les contractions excentriques mettent le corps en position de se contracter de façon concentrique. Tous les mouvements de saut et de lancer font appel aux deux types de contractions.

Lors des **contractions isométriques** (*metron* : mesure), la tension augmente dans le muscle jusqu'à ce qu'elle atteigne son niveau maximal ou optimal, mais le muscle *ne se raccourcit pas et ne s'allonge pas* (figure 9.18b). Les contractions isométriques interviennent quand un muscle tente de déplacer une charge supérieure à la tension (force) qu'il peut exercer (lorsque vous essayez de soulever un piano d'une seule main, par exemple). Les contractions isométriques sont celles qui servent essentiellement à maintenir la position debout ou à stabiliser certaines articulations pendant les mouvements d'autres parties du corps.

Prenons l'exemple de la position accroupie. Les quadriceps (muscles de la face antérieure de la cuisse) se contractent d'abord de façon isotonique excentrique lors de la flexion du genou, puis de façon isométrique pour garder vos genoux en position fléchie lorsque vous restez accroupi pendant quelques secondes. Ils se contractent aussi de façon isométrique au moment où vous commencez à vous redresser, et ce, jusqu'à ce que la tension du muscle dépasse la charge (c'est-à-dire la masse du haut du corps). Le muscle commence alors à se raccourcir (contraction isotonique concentrique). Donc, du début à la fin de la position accroupie, les étapes de contraction du quadriceps sont les suivantes : (1) flexion du genou (contraction isotonique excentrique) ; (2) maintien de la position accroupie (contraction isométrique) ; et (3) extension du genou (contraction isométrique, puis isotonique concentrique). Évidemment, ces étapes ne tiennent aucunement compte des contractions isométriques des muscles de la face postérieure de la cuisse ou des muscles du tronc qui concourent à maintenir le haut du corps en position relativement verticale pendant le mouvement.

Dans les deux types de contraction musculaire, les phénomènes électrochimiques et mécaniques qui ont lieu sont les mêmes, mais le résultat est différent. Durant une contraction isotonique, les filaments minces (d'actine) glissent. Lors d'une contraction isométrique, les têtes de myosine exercent une force, mais les filaments minces ne se déplacent pas ; il ne se produit donc pas de changement dans la disposition des stries par rapport à l'état de repos. (On pourrait dire qu'elles font du «surplace» sur le même site de liaison de l'actine.)

VÉRIFIONS NOS ACQUIS

11. Qu'est-ce qu'une unité motrice ?

12. Que se passe-t-il dans un muscle pendant la période de latence d'une secousse musculaire ?

13. Quels sont les deux moyens par lesquels un muscle peut moduler la force de sa contraction ?

14. Jules participe à un concours de tractions à la barre fixe. Quel type de contraction musculaire se produit dans ses biceps au moment où il empoigne la barre ? Quand son corps commence à monter vers la barre ? Quand son corps se rapproche du matelas ?

Les réponses se trouvent à l'appendice G.

Métabolisme des muscles

17 Décrire et comparer les trois modes de régénération de l'ATP pendant la contraction d'un muscle squelettique ; indiquer dans quel ordre ces trois modes interviennent lors d'une activité physique donnée.

18 Définir la dette d'oxygène et la fatigue musculaire. Énumérer des causes possibles de la fatigue musculaire.

Production d'énergie pour la contraction

Comment l'organisme fournit-il l'énergie nécessaire à la contraction ? Lors de la contraction d'un muscle, l'énergie qui rend possible le mouvement et le détachement des têtes de myosine ainsi que le fonctionnement de la pompe à calcium du RS est fournie par l'ATP. Chose surprenante, les quantités d'ATP emmagasinées dans les muscles sont peu abondantes (elles permettent tout au plus une contraction de quatre à six secondes), mais elles suffisent. En effet, comme il est la *seule* source d'énergie qui alimente directement la contraction, l'ATP doit être régénéré dès qu'il est utilisé afin que la contraction puisse se poursuivre.

Heureusement, l'ATP hydrolysé en ADP et en phosphate inorganique est régénéré en une fraction de seconde suivant trois voies (figure 9.19) : (1) par phosphorylation directe de l'ATP par la créatine phosphate ; (2) à partir du glycogène emmagasiné en empruntant une voie métabolique anaérobie appelée glycolyse ; et (3) par respiration cellulaire aérobie. La glycolyse et la respiration cellulaire aérobie servent à produire de l'ATP dans toutes les cellules de l'organisme. Ces deux voies du métabolisme cellulaire, que nous nous contenterons d'évoquer ici, sont décrites en détail au chapitre 24.

Phosphorylation directe de l'ADP par la créatine phosphate (figure 9.19a) Au début d'une activité musculaire intense, l'ATP emmagasiné dans les muscles actifs s'épuise rapidement. Puis la **créatine phosphate** (**CP**), une molécule à haute énergie très particulière emmagasinée dans les muscles, est utilisée pour régénérer l'ATP pendant que les voies métaboliques s'adaptent à l'augmentation soudaine de la demande en ATP. La réaction qui a lieu alors couple la CP et l'ADP. Globalement, il en résulte

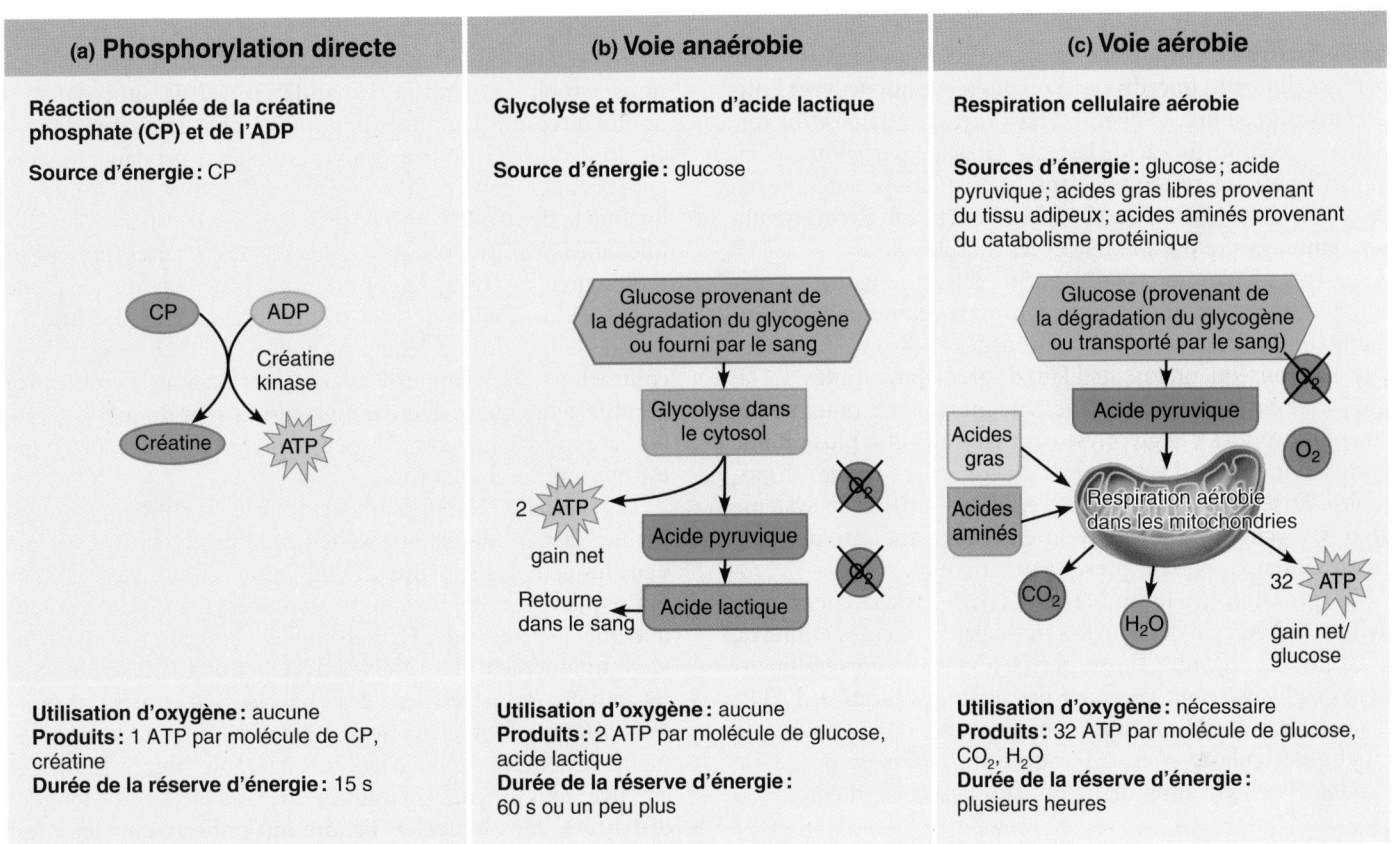

(a) **Phosphorylation directe**	(b) **Voie anaérobie**	(c) **Voie aérobie**
Réaction couplée de la créatine phosphate (CP) et de l'ADP	Glycolyse et formation d'acide lactique	Respiration cellulaire aérobie
Source d'énergie : CP	Source d'énergie : glucose	Sources d'énergie : glucose ; acide pyruvique ; acides gras libres provenant du tissu adipeux ; acides aminés provenant du catabolisme protéinique
Utilisation d'oxygène : aucune **Produits :** 1 ATP par molécule de CP, créatine **Durée de la réserve d'énergie :** 15 s	**Utilisation d'oxygène :** aucune **Produits :** 2 ATP par molécule de glucose, acide lactique **Durée de la réserve d'énergie :** 60 s ou un peu plus	**Utilisation d'oxygène :** nécessaire **Produits :** 32 ATP par molécule de glucose, CO_2, H_2O **Durée de la réserve d'énergie :** plusieurs heures

Figure 9.19 Voies de régénération de l'ATP durant l'activité musculaire. La voie la plus rapide est la phosphorylation directe **(a)** ; la plus lente est la voie aérobie **(c)**.

un transfert presque instantané d'énergie et d'un groupement phosphate de la CP vers l'ADP, qui devient de l'ATP :

$$\text{Créatine phosphate + ADP} \xrightarrow{\text{créatine kinase}} \text{créatine + ATP}$$

Les cellules musculaires emmagasinent environ deux à trois fois plus de CP que d'ATP, et la réaction CP-ADP, qui est catalysée par la **créatine kinase**, une enzyme, est tellement efficace que la concentration cellulaire d'ATP change très peu au début de la contraction.

Ensemble, l'ATP et la CP présents dans le muscle permettent de maintenir une puissance musculaire maximale pendant 10 à 15 secondes – cette puissance suffit à un sprinteur pour courir un 100 m ou pour accomplir une activité légèrement plus longue mais moins vigoureuse. La réaction couplée est facilement réversible, et les réserves de CP sont reconstituées au cours des périodes d'inactivité.

Mécanisme anaérobie: glycolyse et production d'acide lactique (figure 9.19b) Au moment même où les réserves d'ATP et de CP sont mises à contribution, d'autres quantités d'ATP sont produites par le catabolisme du glucose provenant de la circulation sanguine ou par la dégradation des réserves de glycogène musculaire. On nomme **glycolyse** («rupture du sucre») la première phase de dégradation du glucose. Cette voie s'active aussi

bien en présence qu'en l'absence d'oxygène mais, comme elle n'*utilise* pas d'oxygène, il s'agit d'une voie *anaérobie*. Le glucose y est scindé en deux molécules d'*acide pyruvique*, et une partie de l'énergie ainsi libérée sert à fabriquer un peu d'ATP (2 molécules d'ATP par molécule de glucose).

Habituellement, l'acide pyruvique obtenu par la glycolyse pénètre dans les mitochondries et réagit avec l'oxygène pour produire encore plus d'ATP par la voie appelée respiration cellulaire aérobie, que nous décrivons ci-après. Toutefois, lorsque les muscles se contractent vigoureusement pendant un temps assez long et que l'activité contractile atteint environ 70 % du maximum possible (par exemple lorsqu'on court le plus rapidement possible sur une distance de 600 m), les muscles se gonflent et compriment les vaisseaux sanguins qu'ils contiennent, entravant ainsi l'apport de sang et, par le fait même, celui d'oxygène. Dans ces conditions anaérobies, la plus grande partie de l'acide pyruvique provenant de la glycolyse est transformée en **acide lactique**, et l'ensemble du processus est appelé **glycolyse anaérobie**. En cas de déficit en oxygène, c'est donc l'acide lactique, et non le gaz carbonique (dioxyde de carbone) et l'eau (comme c'est le cas en présence d'une quantité d'oxygène suffisante), qui constitue le produit final de la dégradation du glucose.

La plus grande partie de l'acide lactique passe du muscle à la circulation sanguine par diffusion et est complètement éliminée du tissu musculaire dans les 30 minutes qui suivent la fin de l'activité physique. Par la suite, l'acide lactique est capté par les cellules du foie, du cœur ou des reins, qui peuvent l'utiliser comme source d'énergie. En outre, les cellules du foie peuvent reconvertir l'acide lactique en acide pyruvique ou en glucose pour le retourner dans la circulation sanguine en direction des muscles, ou alors le convertir en glycogène qui sera emmagasiné dans le foie et les muscles.

La voie anaérobie procure, par molécule de glucose, environ 5 % seulement de l'ATP que fournit la voie aérobie; cependant, elle produit de l'ATP environ deux fois et demie plus vite. Par conséquent, lorsqu'il faut de grandes quantités d'ATP durant de courtes périodes d'activité musculaire soutenue (de 30 à 40 secondes), la glycolyse peut en fournir la plus grande partie, si toutefois il y a assez de glucose et d'enzymes disponibles. Ensemble, les réserves d'ATP et de CP et le système glycolyse-acide lactique peuvent entretenir une activité musculaire intense pendant presque une minute.

La glycolyse anaérobie répond très efficacement à la demande d'énergie des activités musculaires intenses et brèves, mais elle a ses défauts. D'une part, il lui faut d'énormes quantités de glucose pour produire des quantités limitées d'ATP; d'autre part, l'acide lactique qui s'accumule contribue à la fatigue musculaire et est à l'origine, du moins en partie, de l'endolorissement musculaire qui suit l'exercice intense.

Respiration cellulaire aérobie (figure 9.19c) Au repos et lors d'une activité musculaire légère ou modérée, même prolongée, 95 % de l'ATP utilisé par les muscles est fourni par la respiration cellulaire aérobie. La **respiration cellulaire aérobie** se déroule dans les mitochondries; elle nécessite la présence d'oxygène et fait intervenir une suite de réactions chimiques au cours desquelles les liaisons des molécules de glucose et d'acides gras libres sont brisées. L'énergie ainsi libérée sert à la synthèse de l'ATP.

Pendant la respiration cellulaire aérobie, qui comprend la glycolyse et les réactions qui ont lieu dans les mitochondries, le glucose est entièrement dégradé; les produits finals de cette dégradation sont l'eau, le gaz carbonique et de grandes quantités d'ATP.

Glucose + oxygène → gaz carbonique + eau + ATP

Par diffusion, le gaz carbonique ainsi libéré passe du tissu musculaire au sang, puis il est évacué par les poumons.

Au début d'un exercice, le glycogène musculaire fournit la plus grande partie de l'énergie. Ensuite, les principales sources d'énergie sont le glucose transporté par le sang, l'acide pyruvique provenant de la glycolyse et des acides gras libres. Au bout d'environ 30 minutes, les acides gras deviennent la principale source d'énergie. La respiration cellulaire aérobie fournit de grandes quantités d'ATP (environ 32 molécules d'ATP par molécule de glucose oxydée), mais ce processus est relativement lent à cause de ses nombreuses étapes, sans compter qu'il nécessite un apport continu d'oxygène et de nutriments pour se maintenir en activité.

Systèmes énergétiques mis en jeu pendant les activités sportives Quelle voie prédomine en période d'exercice? Tant qu'elle dispose de quantités suffisantes d'oxygène et de glucose, la cellule musculaire fabrique de l'ATP au moyen de réactions aérobies. Quand la demande en ATP se situe dans les limites de ce que peut fournir la voie aérobie, une activité musculaire de légère à modérée peut se poursuivre pendant plusieurs heures chez une personne en forme **(figure 9.20)**. Toutefois, lorsque la demande commence à dépasser la capacité des cellules musculaires d'accomplir les réactions nécessaires assez rapidement, la glycolyse commence à procurer une partie de plus en plus grande de la quantité totale d'ATP produit. Le laps de temps durant lequel un muscle peut continuer de se contracter en utilisant les voies aérobies est appelé **endurance aérobie**, alors que le degré d'intensité à partir duquel le métabolisme musculaire commence à utiliser la glycolyse anaérobie est nommé **seuil anaérobie**.

Les spécialistes en physiologie de l'exercice physique ont pu évaluer la part de chaque système de production d'énergie dans les activités sportives. L'énergie nécessaire aux activités qui requièrent une puissance instantanée, mais qui ne durent que quelques secondes (haltérophilie, plongeon, sprint), provient uniquement des réserves d'ATP et de CP. Il semble que les activités qui nécessitent des « bouffées » d'efforts intermittentes (tennis, football, nage de 100 m) soient presque uniquement alimentées par la glycolyse anaérobie (figure 9.20). Les épreuves plus longues (marathon, course à pied sur de longues distances), dans lesquelles l'endurance, non la puissance, est essentielle, font appel principalement à la respiration cellulaire aérobie. Pendant une activité physique prolongée, les concentrations de CP et d'ATP varient peu parce que l'ATP est produit aussi vite qu'il est consommé. Comparativement à la génération d'énergie par la voie anaérobie, la production d'ATP par la voie aérobie est assez lente, mais la quantité d'ATP produite est énorme.

Fatigue musculaire

La **fatigue musculaire** est une *incapacité physiologique de se contracter* même si le muscle reçoit encore des stimulus. De nombreux facteurs semblent contribuer à la fatigue musculaire, mais ses causes exactes ne sont pas toutes connues. Les résultats de la plupart des études indiquent que la fatigue musculaire est causée par un problème de couplage excitation-contraction ou, dans de rares cas, à des problèmes de la jonction neuromusculaire. La disponibilité de l'ATP diminue pendant la contraction, mais il est inhabituel qu'un muscle épuise totalement son ATP. L'ATP n'est donc pas un facteur induisant la fatigue au cours d'une activité physique modérée. L'absence totale d'ATP produit des **contractures**, ou contractions continues, parce que les têtes de myosine ne peuvent plus se détacher de l'actine (un peu comme dans la rigidité cadavérique). La crampe des écrivains (de ceux qui utilisent encore le crayon) est un exemple bien connu de contracture passagère.

Plusieurs déséquilibres ioniques contribuent à la fatigue musculaire. Pendant la transmission des potentiels d'action, les cellules musculaires perdent du potassium, et les pompes à Na^+-K^+ n'arrivent pas à corriger rapidement le déséquilibre ionique. Il s'ensuit une accumulation de potassium dans le liquide des

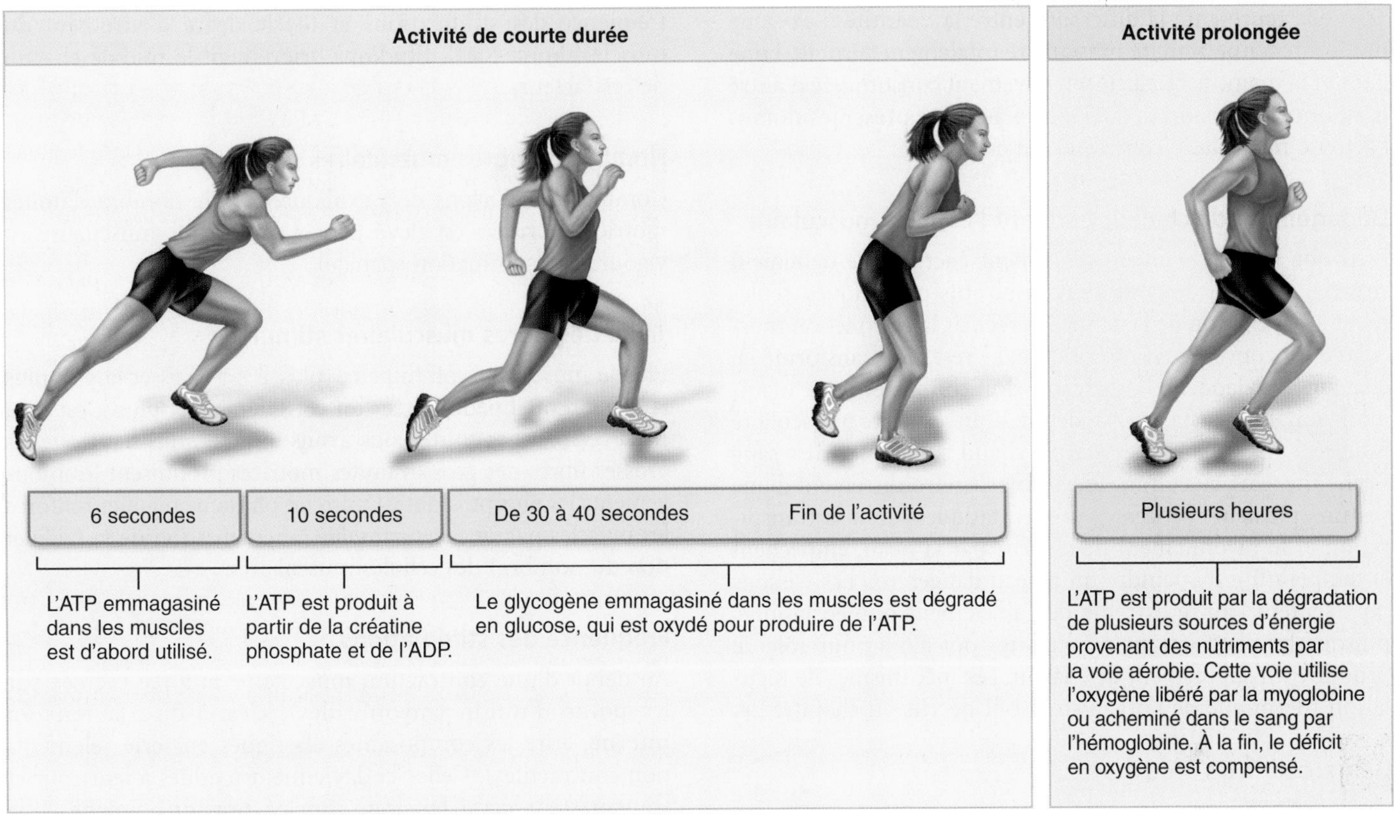

| **Activité de courte durée** | **Activité prolongée** |

| 6 secondes | 10 secondes | De 30 à 40 secondes | Fin de l'activité | Plusieurs heures |

L'ATP emmagasiné dans les muscles est d'abord utilisé. L'ATP est produit à partir de la créatine phosphate et de l'ADP. Le glycogène emmagasiné dans les muscles est dégradé en glucose, qui est oxydé pour produire de l'ATP. L'ATP est produit par la dégradation de plusieurs sources d'énergie provenant des nutriments par la voie aérobie. Cette voie utilise l'oxygène libéré par la myoglobine ou acheminé dans le sang par l'hémoglobine. À la fin, le déficit en oxygène est compensé.

Figure 9.20 **Comparaison des sources d'énergie utilisées pendant une activité physique de courte durée et une activité prolongée.**

tubules transverses, laquelle perturbe à son tour le potentiel de membrane des cellules musculaires et bloque la libération de Ca^{2+} par le réticulum sarcoplasmique. En théorie, au cours d'une activité physique de courte durée, l'accumulation de phosphate inorganique (P_i) provenant de la dégradation de CP et d'ATP peut altérer la libération de calcium par le réticulum sarcoplasmique ou bien la libération de P_i par la myosine, et donc affaiblir les phases actives de la myosine. On a longtemps pensé que l'acide lactique était l'une des principales causes de la fatigue musculaire, mais cette substance semble jouer un rôle plus important dans le déclenchement de la fatigue *psychologique* que dans celui de la *fatigue physiologique*. Tout se passe comme si les muscles de l'individu étaient prêts à agir, mais celui-ci se sent trop fatigué pour poursuivre l'activité. Une trop grande accumulation intracellulaire d'acide lactique (qui cause des douleurs musculaires) élève le taux des ions H^+ et altère les protéines contractiles. Toutefois, la concentration des ions H^+ est généralement maintenue dans les limites normales dans toutes les situations, sauf en cas d'épuisement extrême. De plus, on a découvert récemment que l'acide lactique annulait les concentrations élevées de potassium qui produisent la fatigue musculaire (comme on vient de le voir).

En règle générale, les exercices intenses de courte durée entraînent rapidement la fatigue par suite de perturbations ioniques qui modifient le couplage excitation-contraction, mais la récupération est également rapide : par exemple, après un sprint, le pH des fibres musculaires peut se rétablir en une trentaine de minutes. À l'opposé, la fatigue qui s'installe petit à petit au cours d'un exercice de faible intensité mais de longue durée peut nécessiter plusieurs heures de récupération pour être entièrement éliminée. Il semble que ce type d'exercice endommage le RS, altérant ainsi la régulation et la libération des ions Ca^{2+} et, de ce fait, l'activation des muscles.

Dette d'oxygène

Qu'il y ait fatigue ou non, l'exercice vigoureux provoque d'importants changements dans les caractéristiques chimiques du muscle. Pour qu'un muscle revienne à l'état de repos, ses réserves d'oxygène et de glycogène doivent être reconstituées, l'acide lactique qui a été accumulé doit être reconverti en acide pyruvique et de nouvelles réserves d'ATP et de créatine phosphate doivent être établies. De plus, le foie doit convertir en glucose ou en glycogène tout résidu d'acide lactique libéré dans le sang durant l'activité musculaire. Lors d'une contraction musculaire anaérobie, toutes ces activités consommatrices d'oxygène se déroulent plus lentement et sont reportées (au moins en partie) jusqu'au moment où l'oxygène redevient disponible. Il se produit donc une *dette d'oxygène* qui doit être remboursée. La **dette d'oxygène** est définie comme la quantité d'oxygène supplémentaire qui devra être consommée par l'organisme pour que ces processus de rétablissement puissent avoir lieu; elle représente la différence entre la quantité d'oxygène nécessaire à une activité musculaire totalement aérobie d'une part, et la quantité qui a été effectivement consommée d'autre part. Toutes les sources d'ATP non aérobies présentes durant l'activité musculaire contribuent à cette dette.

Dégagement de chaleur pendant l'activité musculaire

Bien que le muscle ait un rendement énergétique nettement supérieur à celui de nombreux dispositifs mécaniques, seulement 40 % environ de l'énergie libérée par la contraction musculaire est convertie en travail utile. Le reste est transformé en chaleur, avec laquelle l'organisme doit composer pour maintenir son homéostasie. Au début d'un exercice musculaire intense, vous vous mettez à avoir chaud parce que votre sang s'échauffe. Un peu comme le système de refroidissement d'une voiture, plusieurs processus homéostatiques, dont la transpiration et le rayonnement de chaleur par la peau, empêchent la température d'atteindre un niveau dangereux. Les frissons représentent l'autre extrême de l'ajustement homéostatique, puisque les contractions musculaires ont alors pour rôle de produire un supplément de chaleur. Les mécanismes de régulation thermique de l'organisme sont décrits au chapitre 24.

VÉRIFIONS NOS ACQUIS

15. Après être allé faire son jogging, Éric respire profondément, sue abondamment, se plaint de douleurs aux jambes et dit qu'il se sent faible. Sa femme lui sert une boisson pour sportifs et lui recommande de rester calme jusqu'à ce qu'il puisse reprendre son souffle. En vous appuyant sur ce que vous avez appris sur le métabolisme de l'énergie musculaire, répondez aux questions suivantes. Pourquoi Éric a-t-il de la difficulté à respirer? Quelle voie de génération d'ATP ses muscles au travail ont-ils utilisée pour qu'il soit essoufflé? Quels produits du métabolisme pourraient expliquer ses douleurs musculaires et sa sensation de faiblesse musculaire?

Les réponses se trouvent à l'appendice G.

Force de la contraction musculaire

19 Énumérer et décrire les facteurs qui déterminent la force, la vitesse et la durée de la contraction des muscles squelettiques.

20 Décrire les trois grands types de fibres musculaires squelettiques; expliquer les différentes caractéristiques structurales et fonctionnelles de chaque type en fonction de la vitesse de contraction et de la voie de production de l'ATP. Expliquer les avantages relatifs de chaque type de fibre dans l'organisme.

La force de la contraction musculaire peut être considérable : une contraction tétanique pourrait théoriquement produire une force de 3 à 4 kg/cm². Cette force dépend d'un certain nombre de facteurs, soit (1) le nombre de fibres musculaires en cours de contraction, (2) la taille relative des fibres, (3) la

fréquence des stimulations et (4) le degré d'étirement du muscle **(figure 9.21)**. Étudions brièvement le rôle de chacun de ces facteurs.

Nombre de fibres musculaires stimulées

Comme nous l'avons déjà expliqué, plus le nombre d'unités motrices recrutées est élevé, plus la contraction musculaire est vigoureuse (sommation spatiale).

Taille des fibres musculaires stimulées

Plus le muscle est volumineux (plus il est épais et large), plus la tension qu'il peut exercer est considérable et plus il est fort, mais ce n'est pas tout. Nous avons indiqué plus haut que les grosses fibres des grosses unités motrices produisent les mouvements les plus puissants. L'exercice physique régulier renforce les muscles par une *hypertrophie* (augmentation de la taille et non du nombre) des cellules musculaires.

Fréquence des stimulations

Au début d'une contraction musculaire, la force exercée par les ponts d'union (myofibrilles), c'est-à-dire la **tension interne**, étire les composantes élastiques en série (éléments non contractiles). Celles-ci deviennent tendues à leur tour et transmettent cette tension, appelée **tension externe**, à la charge (insertion du muscle). Puis, quand la contraction est terminée, les éléments non contractiles reviennent à leur position initiale et contribuent ainsi à ramener le muscle à sa longueur de repos.

Il faut un certain temps pour étirer et tendre les composantes élastiques en série, et, pendant ce temps-là, la tension interne commence déjà à diminuer. Par conséquent, dans une secousse musculaire brève, la tension externe est toujours

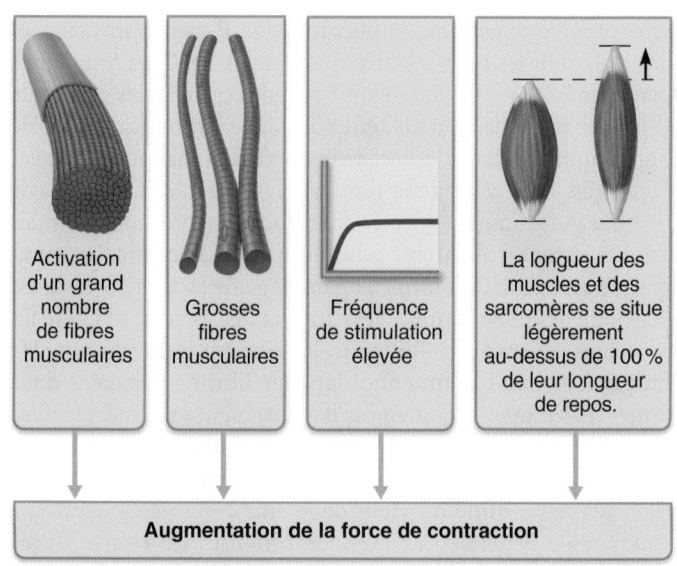

Activation d'un grand nombre de fibres musculaires

Grosses fibres musculaires

Fréquence de stimulation élevée

La longueur des muscles et des sarcomères se situe légèrement au-dessus de 100 % de leur longueur de repos.

Augmentation de la force de contraction

Figure 9.21 Facteurs qui déterminent la force de la contraction d'un muscle squelettique.

inférieure à la tension interne. Mais lorsque la stimulation d'un muscle est rapide, il y a sommation temporelle des contractions, qui deviennent alors plus vigoureuses et finissent par engendrer le tétanos (figure 9.15). Durant les contractions tétaniques, les composantes élastiques en série ont plus de temps pour s'étirer et la tension externe se rapproche de la tension interne. Donc, plus la stimulation d'un muscle est rapide, plus la force qu'il génère est grande.

Degré d'étirement du muscle

La longueur de repos optimale des fibres musculaires est celle à laquelle elles peuvent exercer une force maximale (figure 9.21 et **figure 9.22**). Dans un sarcomère, le **rapport longueur-tension** idéal correspond à un léger étirement du muscle, lorsque les filaments minces et les filaments épais se chevauchent de façon optimale, car le glissement peut alors se produire sur presque toute la longueur des filaments minces. Si la fibre musculaire est étirée au point que les filaments ne se chevauchent pas du tout, les têtes de myosine ne peuvent pas se lier aux filaments d'actine et exercer une tension. À l'autre extrême, les sarcomères sont tellement comprimés que les lignes Z s'appuient sur les myofilaments épais; ce faisant, les myofilaments minces se touchent et se gênent mutuellement. Dans de telles conditions, le raccourcissement possible est nul ou très limité.

Les mêmes relations existent dans l'ensemble du muscle. Si on étire un muscle à divers degrés et qu'on le stimule ensuite pour qu'il se tétanise, la tension active que le muscle peut produire varie en fonction de la longueur, comme l'indique la figure 9.22. Un muscle extrêmement étiré (à 180 % de sa longueur optimale, par exemple) est incapable de produire une tension. De même, si un muscle est contracté à 75 % de sa longueur de repos, il ne peut plus produire autant de force (ou se raccourcir beaucoup) parce que les myofilaments d'actine de ses sarcomères se chevauchent et que les filaments épais atteignent les lignes Z, ce qui limite encore le raccourcissement.

Dans l'organisme, les muscles squelettiques restent près de leur longueur optimale parce qu'ils sont attachés aux os. Les articulations interdisent normalement les mouvements des os qui produiraient un étirement des muscles au-delà des limites de la plage optimale.

Vitesse et durée de la contraction

La vitesse d'une contraction et sa durée avant qu'apparaisse la fatigue musculaire sont variables: la vitesse, par exemple, peut être aussi rapide que 1/40e de seconde dans un muscle externe de l'œil (qui permet des déplacements précis de l'œil) ou aussi lente que 1/3 de seconde dans le muscle soléaire de la jambe (qui joue un rôle de support). Ces caractéristiques dépendent du type de fibre musculaire, de la charge et du recrutement.

Types de fibres musculaires

Il existe plusieurs façons de classer les fibres musculaires, mais il vous sera plus facile de les comprendre si vous commencez par examiner attentivement leurs deux principales caractéristiques fonctionnelles.

- **Vitesse de contraction.** Du point de vue de la vitesse de raccourcissement ou de contraction, on distingue les **fibres à contraction lente** et les **fibres à contraction rapide**. La vitesse de contraction de ces fibres est fonction de la vitesse à laquelle les ATPases de leur myosine scindent l'ATP, et donc du type de chaînes lourdes de myosine présente. Comme nous l'avons déjà mentionné, il existe plusieurs isoformes différentes de chaînes lourdes de myosine dans les muscles squelettiques. La vitesse dépend aussi du type d'activité électrique des neurones moteurs de ces fibres. La durée d'une contraction varie en outre selon le type de fibre et la vitesse à laquelle les ions Ca^{2+} sont déplacés du cytosol vers le réticulum sarcoplasmique.

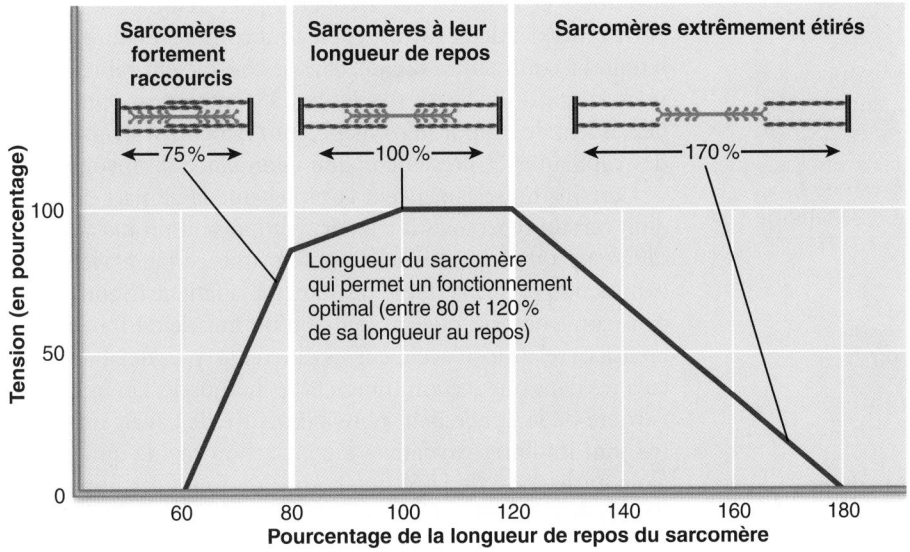

Figure 9.22 Relation entre la longueur et la tension dans les sarcomères des muscles squelettiques. La force exercée est maximale quand la longueur du muscle se situe entre 80 et 120 % de sa longueur optimale de repos. Au-dessous et au-dessus de cette plage optimale, le muscle perd progressivement sa force et sa capacité d'exercer une tension.

■ **Principales voies de production de l'ATP.** Les cellules qui dépendent essentiellement des voies aérobies (consommatrices d'oxygène) pour produire de l'ATP sont appelées **fibres oxydatives**; celles qui dépendent d'abord de la glycolyse sont nommées **fibres glycolytiques**.

À partir de ces deux critères, nous pouvons classer les cellules musculaires squelettiques dans l'une des trois grandes catégories suivantes: **fibres oxydatives à contraction lente** (ou de type I), **fibres oxydatives à contraction rapide** (ou de type IIa) et **fibres glycolytiques à contraction rapide** (ou de type IIb). Le tableau 9.2 décrit en détail chacune de ces catégories de fibres musculaires. Il faut bien noter cependant que certaines fibres peuvent contenir deux isoformes de myosine et donc posséder des caractères hybrides. Et un petit conseil avant de poursuivre: n'essayez pas de tout retenir par cœur sans comprendre, vous trouveriez cela plutôt désespérant. Commencez plutôt par examiner ce que vous savez déjà de ces catégories, puis voyez comment les caractéristiques énumérées s'insèrent dans tout cela. Par exemple, une cellule qui appartient à la catégorie des *fibres oxydatives à contraction lente* (tableau 9.2, première colonne, et **figure 9.23**, partie de droite) présente les caractéristiques suivantes:

■ elle se contracte de façon relativement lente parce que les ATPases de sa myosine sont lentes (premier des deux critères de classification);

■ elle dépend de l'apport d'oxygène et des mécanismes aérobies (grande capacité d'oxydation, second critère);

■ elle est résistante à la fatigue et possède une forte endurance (caractéristiques propres aux fibres qui dépendent du métabolisme aérobie);

■ elle est mince (une grande quantité de cytoplasme empêcherait la diffusion de l'oxygène et des nutriments provenant du sang);

■ elle a relativement peu de puissance (une cellule mince peut contenir seulement un nombre restreint de myofibrilles);

■ elle renferme un grand nombre de mitochondries (sites où se produit l'utilisation d'oxygène);

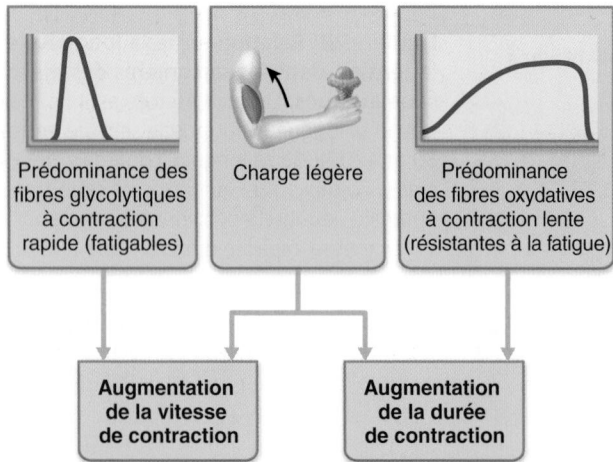

Figure 9.23 **Facteurs déterminant la vitesse et la durée de la contraction d'un muscle squelettique.**

■ elle est richement irriguée par des capillaires (caractéristique favorable à l'apport d'oxygène et de glucose transporté par le sang);

■ elle est rouge (sa couleur est due à l'abondance de myoglobine, un pigment du muscle qui sert à emmagasiner des réserves d'oxygène; ce pigment se lie à l'oxygène et facilite sa diffusion à travers la cellule musculaire).

Regroupez ces caractéristiques et vous obtenez les fibres qui conviennent le mieux aux activités d'endurance. Inversement, les *fibres glycolytiques à contraction rapide* (tableau 9.2, troisième colonne, et figure 9.23, partie de gauche) présentent les caractéristiques suivantes:

■ elles se contractent *rapidement* en raison de l'action rapide des ATPases de la myosine;

■ elles n'utilisent pas d'oxygène;

■ elles dépendent de l'abondance de leurs réserves de *glycogène* plutôt que de l'apport de nutriments venant de la circulation sanguine;

■ elles se fatiguent vite, car leurs réserves de glycogène s'épuisent en peu de temps, et elles accumulent rapidement de l'acide lactique; ce sont des fibres dites fatigables;

■ elles ont un grand diamètre, ce qui indique qu'elles possèdent un grand nombre de myofilaments contractiles qui leur permettent de produire des contractions puissantes avant de s'épuiser;

■ elles contiennent peu de mitochondries, renferment peu de myoglobine et leur réseau capillaire est moins dense (elles sont donc blanches); elles sont beaucoup plus grosses (puisqu'elles ne dépendent pas d'un apport continu d'oxygène et de nutriments en provenance du sang).

Les fibres glycolytiques à contraction rapide sont donc les mieux adaptées pour fournir des mouvements rapides, vigoureux et de courte durée (pour transporter des meubles à l'autre bout d'une pièce, par exemple).

Finalement, examinons le troisième type de fibre musculaire, type intermédiaire, le moins abondant, que l'on appelle *fibres oxydatives à contraction rapide* (**tableau 9.2**, colonne du centre). Un grand nombre de leurs caractéristiques (diamètre des fibres et réserves de glycogène, par exemple) se situent entre celles des deux autres types. Tout comme les fibres glycolytiques à contraction rapide, elles se contractent rapidement, mais comme les fibres oxydatives à contraction lente, elles dépendent de l'apport d'oxygène, sont richement irriguées par des capillaires et présentent une abondance de myoglobine.

Certains muscles peuvent compter une large part de fibres d'un certain type, mais la plupart comportent un mélange des différents types, ce qui leur confère une certaine vitesse de contraction et une certaine résistance à la fatigue **(figure 9.24)**. Ainsi, on a observé que la rapidité d'un muscle est fonction de la surface relative qu'occupent les différents types de fibres musculaires dans une section transversale du muscle. Un muscle de l'arrière de la jambe peut nous permettre de courir un sprint (ce sont les fibres oxydatives à contraction rapide qui entrent alors en jeu) ou de faire une course de fond (les fibres oxydatives à contraction lente et rapide sont mobilisées). Comme

TABLEAU 9.2	Caractéristiques structurales et fonctionnelles des trois types de fibres musculaires squelettiques		
	FIBRES OXYDATIVES À CONTRACTION LENTE (DE TYPE I)	**FIBRES OXYDATIVES À CONTRACTION RAPIDE (DE TYPE IIA)**	**FIBRES GLYCOLYTIQUES À CONTRACTION RAPIDE (DE TYPE IIB)**
Caractéristiques métaboliques			
Vitesse des contractions	Lente (de 100 à 200 ms)	Rapide	Rapide (40 ms)
Activité de l'ATPase de la myosine	Lente	Rapide	Rapide
Voie principale de la synthèse de l'ATP	Aérobie	Aérobie (un peu de glycolyse anaérobie)	Glycolyse anaérobie
Concentration de myoglobine	Élevée	Élevée	Faible
Réserves de glycogène	Faibles	Moyennes	Élevées
Ordre de recrutement	Premier	Deuxième	Troisième
Vitesse de fatigue	Lente (résistance à la fatigue)	Intermédiaire (résistance modérée à la fatigue)	Rapide (fibres fatigables)
Activités pour lesquelles chaque catégorie de fibres est le mieux adaptée			
	Activités d'endurance telles que marathon ou maintien de la posture (muscles antigravifiques)	Sprint, marche	Mouvements puissants ou intenses, de courte durée, comme frapper une balle de baseball ou soulever des haltères
Caractéristiques structurales			
Couleur	Rouge	De rose à rouge	Blanche (pâle)
Diamètre des fibres	Petit	Intermédiaire	Grand
Mitochondries	Nombreuses	Nombreuses	Peu nombreuses
Capillaires	Nombreux	Nombreux	Peu nombreux

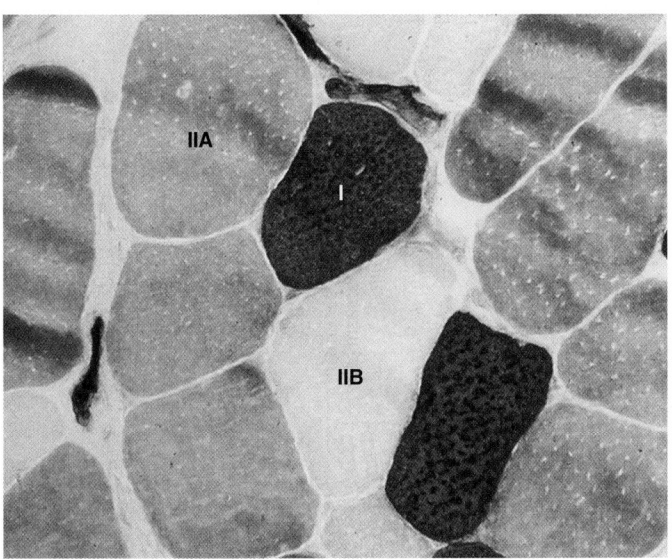

Figure 9.24 Coupe des trois types de fibres d'un muscle squelettique. De la plus petite à la plus grosse, il s'agit généralement des fibres oxydatives à contraction lente (I), des fibres oxydatives à contraction rapide (IIA) et des fibres glycolytiques à contraction rapide (IIB). La technique de coloration utilisée permet de distinguer les fibres en fonction de l'abondance de leurs mitochondries, qui contiennent des enzymes (600×).

on pouvait s'y attendre, et contrairement à ce qu'on observe au niveau du muscle entier, toutes les fibres musculaires d'une unité motrice donnée sont du même type. Le nombre de fibres dans une unité motrice et leur grosseur augmentent dans l'ordre suivant : I, IIa, IIb. Ainsi, les unités motrices ayant le moins de fibres et les plus petites fibres sont constituées de fibres de type I ; les unités motrices ayant le plus de fibres et les plus grosses fibres sont constituées de fibres de type IIb.

Les muscles de chacun et chacune d'entre nous renferment un mélange des trois types de fibres. Certaines personnes possèdent relativement plus de fibres d'un certain type – par exemple, en ce qui concerne le muscle quadriceps de la cuisse, le pourcentage de fibres lentes varie de 19 à 95 % selon les individus. Ces différences sont dues à des facteurs génétiques (ainsi, les vrais jumeaux présentent une composition identique en fibres musculaires), tout comme au type de neurones moteurs innervant les fibres musculaires ; cette innervation oriente à son tour le développement des différents types de fibres musculaires. Il ne fait pas de doute que la composition en fibres musculaires contribue à déterminer les capacités athlétiques. Par exemple, les muscles des marathoniens comprennent un fort pourcentage de fibres oxydatives à contraction lente (environ 80 %), alors que les sprinteurs possèdent un plus fort pourcentage de fibres oxydatives et glycolytiques à contraction rapide (environ 60 %). Le passage d'un type de fibre à contraction rapide à l'autre découle de programmes d'exercices particuliers, comme nous le verrons ci-après.

Charge Étant donné qu'ils sont fixés aux os, les muscles rencontrent toujours une certaine résistance (ou charge) lorsqu'ils se contractent. Comme vous vous en doutez probablement, ils se contractent plus vite lorsqu'il n'y a pas de charge supplémentaire. Plus la charge est importante, plus la période de latence est longue, plus la contraction est lente et plus la contraction est de courte durée **(figure 9.25)**. Si la charge dépasse la tension maximale du muscle, la vitesse de raccourcissement est nulle et la contraction est isométrique (figure 9.18b).

Recrutement Tout comme une équipe nombreuse occupée à un projet permet d'accomplir la tâche plus rapidement et peut aussi travailler plus longtemps, plus il y a d'unités motrices qui se contractent, plus les contractions sont rapides et prolongées.

VÉRIFIONS NOS ACQUIS

16. Nommez deux facteurs influant sur la force de la contraction et deux autres sur la vitesse de la contraction.
17. Justin a demandé à plusieurs amis de l'aider à déménager. Devrait-il favoriser ceux qui possèdent un plus grand nombre de fibres musculaires oxydatives à contraction lente ou ceux qui ont plus de fibres glycolytiques à contraction rapide ? Expliquez pourquoi.

Les réponses se trouvent à l'appendice G.

Effets de l'exercice physique sur les muscles

21 Comparer les effets exercés sur les muscles squelettiques et les autres systèmes de l'organisme par les exercices d'endurance (aérobiques) et par les exercices contre résistance (conditions anaérobies).

La somme de travail effectuée par un muscle engendre des modifications du muscle lui-même. Lorsqu'on les utilise souvent ou de façon soutenue, les muscles peuvent gagner en taille ou en force, ou devenir plus efficaces et résistants à la fatigue. Par ailleurs, quelles que soient ses causes, l'inactivité amène *toujours* un affaiblissement et une diminution du volume des muscles.

Adaptation à l'activité physique

Les **exercices aérobiques**, ou **d'endurance**, comme la natation, la course à pied sur de longues distances, la marche rapide, le ski de fond et le cyclisme, entraînent plusieurs modifications caractéristiques des muscles squelettiques. Il y a augmentation du nombre de capillaires (jusqu'à 10 % de plus) qui entourent les fibres musculaires ainsi que du nombre et de la taille des mitochondries situées à l'intérieur de celles-ci, sans compter que les fibres synthétisent plus de myoglobine (jusqu'à 80 % de plus). Ces changements se produisent dans tous les types de fibres, mais ils sont plus évidents dans les fibres oxydatives à contraction lente, dont le fonctionnement dépend principalement des voies aérobies. Ces transformations permettent un métabolisme musculaire plus efficace, une endurance accrue, une force plus grande et une meilleure résistance à la fatigue. De plus, la pratique régulière d'exercices d'endurance peut mener les fibres glycolytiques à contraction rapide à se transformer en fibres oxydatives à contraction rapide.

Figure 9.25 Influence de la charge sur la durée et la vitesse de la contraction.

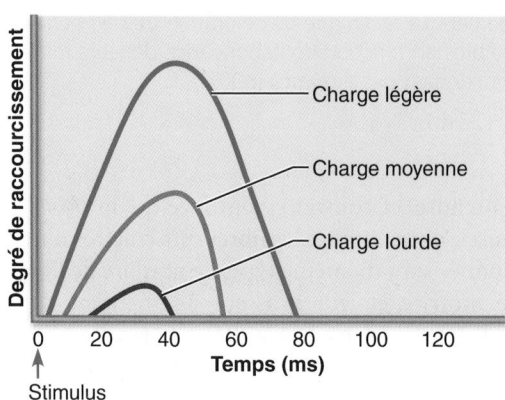

(a) Si la charge augmente, le raccourcissement du muscle est moindre et la durée de la contraction décroît.

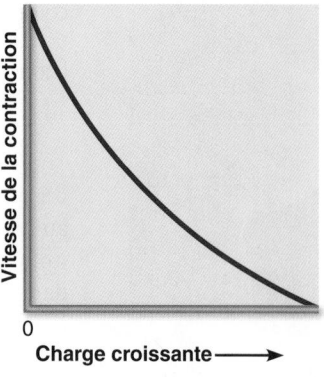

(b) Si la charge augmente, la vitesse de la contraction décroît.

Les exercices d'endurance, qui nécessitent un effort musculaire modéré mais prolongé, n'entraînent pas une hypertrophie notable des muscles squelettiques, même si l'exercice dure des heures. L'hypertrophie musculaire, comme celles des biceps brachiaux et des pectoraux des haltérophiles professionnels, est surtout la conséquence d'**exercices contre résistance** intensifs (habituellement dans des conditions anaérobies) comme le lever de poids ou les exercices isométriques, dans lesquels une forte résistance ou un poids immobile est opposé aux muscles. Ici, c'est la force, et non l'endurance, qui importe. Quelques minutes d'exercices contre résistance tous les deux jours suffisent. Elles permettent même aux gringalets d'augmenter leur masse musculaire de 50 % en une année !

L'augmentation du volume musculaire reflète surtout une dilatation de chaque fibre musculaire (surtout les fibres glycolytiques à contraction rapide) et non une multiplication du nombre de fibres, comme nous l'avons déjà souligné. (Cependant, deux hypothèses s'affrontent sur l'origine de l'augmentation de la taille du muscle : celle-ci proviendrait, en partie, soit de la séparation longitudinale ou de la déchirure des fibres et de la croissance subséquente de ces cellules « divisées », soit de la prolifération et de la fusion des cellules satellites [voir p. 357] avec la fibre musculaire.) Quoi qu'il en soit, les fibres musculaires soumises à un travail intensif contiennent plus de mitochondries, forment un plus grand nombre de myofilaments et de myofibrilles, et emmagasinent plus de glycogène. La quantité de tissu conjonctif entre les cellules augmente aussi. Ensemble, ces changements provoquent une augmentation notable du volume et de la force du muscle. Les fibres oxydatives à contraction rapide peuvent se transformer en fibres glycolytiques à contraction rapide en réaction à des exercices contre résistance. Toutefois, quand le programme d'exercice est abandonné, les fibres précédemment transformées reprennent leurs propriétés métaboliques initiales.

Les exercices contre résistance peuvent donner des muscles aux formes admirables mais, si l'entraînement n'est pas mené de manière judicieuse, certains muscles peuvent se développer plus que d'autres. Les muscles travaillent en couples (ou groupes) antagonistes, et ceux qui sont opposés doivent posséder la même force pour pouvoir fonctionner de façon harmonieuse. Lorsque l'exercice musculaire n'est pas équilibré, la musculature peut sembler *hypertrophiée*, c'est-à-dire que l'individu manque de flexibilité, présente une allure maladroite et ne peut pas faire un plein usage de ses muscles.

Quelle que soit l'activité choisie, l'exercice donne des résultats seulement si on suit le *principe de surcharge* et le *principe de progressivité*. Lorsque l'on oblige un muscle à travailler fort, on augmente sa force et son endurance. Lorsque les muscles s'habituent à donner leur maximum, il faut leur imposer une surcharge afin qu'ils travaillent encore plus. De même, pour devenir plus rapide, il faut s'entraîner à un rythme croissant. Une journée d'entraînement intense devrait être suivie d'une journée de repos ou d'entraînement léger pour permettre aux muscles de se reposer et de se réparer. Quand on se lance trop rapidement dans un entraînement excessif ou qu'on ne tient pas compte des signes avant-coureurs de la douleur musculaire ou articulaire, on risque de s'infliger des **lésions de surutilisa-**

tion. Ce type de blessure peut finir par empêcher l'activité physique et même par causer des incapacités permanentes.

Comme les exercices d'endurance et les exercices contre résistance entraînent différents modes de réponse musculaire, il est important de bien définir les objectifs que l'on vise lorsqu'on s'entraîne. Ainsi, le lever de poids n'aura aucun effet sur votre endurance au triathlon. De même, la course à pied ne vous donnera pas une musculature sculptée et elle ne vous rendra pas plus fort pour déménager des meubles. Un entraînement qui fait alterner les activités aérobies et les activités anaérobies demeure le meilleur programme d'entraînement pour la santé.

⚖ DÉSÉQUILIBRE HOMÉOSTATIQUE

Les muscles renouvellent constamment leurs protéines contractiles. On a observé que, dans les petits muscles, un renouvellement complet s'accomplit en deux semaines. Mais pour demeurer en forme, les muscles doivent être actifs. L'immobilisation complète, pendant un séjour forcé au lit ou à la suite de la perte de stimulation nerveuse, entraîne une *atrophie due à l'inactivité* (dégénérescence et perte de masse en raison d'une dégradation des protéines plus rapide que leur remplacement) qui s'amorce presque aussitôt que les muscles se trouvent immobilisés. Dans de telles conditions, la force musculaire peut décroître de 5 % par jour !

Comme nous l'avons déjà mentionné, même au repos, les muscles reçoivent du système nerveux de faibles stimulus intermittents. Lorsqu'il est entièrement privé de stimulation nerveuse, un muscle paralysé peut s'atrophier jusqu'à atteindre le quart de son volume initial. Des recherches ont montré que, chez les individus paralysés, les fibres lentes se transforment en fibres rapides. Mais le tissu musculaire finit par être remplacé par du tissu conjonctif fibreux qui empêche toute rééducation. L'atrophie d'un muscle qui a subi une dénervation peut être retardée par des stimulations électriques régulières, en attendant de savoir si les neurofibres endommagées pourront se reconstituer. ■

VÉRIFIONS NOS ACQUIS

18. En ce qui a trait à leur effet sur la taille et le fonctionnement des muscles, quelles sont les différences entre les exercices aérobiques et les exercices anaérobiques ?

Les réponses se trouvent à l'appendice G.

Muscles lisses

22 Présenter les principales caractéristiques des muscles lisses : situation dans l'organisme, disposition des fibres, fonctions générales.

23 Décrire la structure des cellules musculaires lisses ; mettre en évidence les caractéristiques qui les distinguent des cellules musculaires squelettiques.

24 Comparer les muscles squelettiques et les muscles lisses en fonction des critères suivants : mécanismes de contraction, modes d'activation et de régulation de la contraction.

25 Expliquer les deux particularités suivantes de la contraction des muscles lisses : réponse à l'étirement ; modifications de la longueur et de la tension.

26 Montrer les différences structurales et fonctionnelles entre les muscles lisses unitaires et multiunitaires ; donner des exemples de chaque type.

À l'exception du cœur, qui est constitué par le muscle cardiaque, les muscles des parois des organes creux sont presque tous des muscles lisses. Bien que les processus chimiques et mécaniques de la contraction soient essentiellement les mêmes dans tous les tissus musculaires, les muscles lisses ont des particularités importantes (tableau 9.3).

TABLEAU 9.3 **Comparaison des muscles squelettiques, cardiaque et lisses**

CARACTÉRISTIQUES	SQUELETTIQUES	CARDIAQUE	LISSES
Situation	Attachés aux os ou à la peau (pour certains muscles faciaux)	Parois du cœur	Muscles unitaires situés dans les parois des organes viscéraux creux (autres que le cœur) ; muscles multiunitaires situés dans les yeux (muscles ciliaire et sphincter de la pupille), les voies respiratoires et les grosses artères
Forme et apparence des cellules	Cellules autonomes, très longues, cylindriques, multinucléées et portant des stries transversales évidentes	Chaînes ramifiées de cellules ; à un ou deux noyaux ; striées	Cellules autonomes, fusiformes, mononucléées et non striées
Tissus conjonctifs	Épimysium, périmysium et endomysium	Endomysium fixé au squelette fibreux du cœur	Endomysium
Présence de myofibrilles composées de sarcomères	Oui	Oui, mais l'épaisseur des myofibrilles est irrégulière.	Non, mais les filaments d'actine et de myosine sont présents dans toute la cellule ; les corps denses ancrent les filaments d'actine.
Présence de tubules transverses et site de l'invagination	Oui ; deux dans chaque sarcomère aux jonctions A-I	Oui ; un dans chaque sarcomère aux lignes Z ; diamètre plus important que dans les muscles squelettiques	Non ; présence de cavéoles seulement

Épimysium · Périmysium · Endomysium · Cellules

Endomysium

Endomysium

Tubule T · RS · Strie I · Strie A · Strie I

Ligne Z

Structure microscopique des fibres musculaires lisses

Les fibres (cellules) musculaires lisses présentent une grande variation structurale selon l'organe considéré, les diverses régions d'un organe donné et même l'étape de fonctionnement de l'organe. On peut cependant en faire la description typique suivante. Elles sont fusiformes et possèdent un noyau en leur centre (**figure 9.26b**). Leur diamètre se situe généralement

TABLEAU 9.3 (suite)			
CARACTÉRISTIQUES	**SQUELETTIQUES**	**CARDIAQUE**	**LISSES**
Réticulum sarcoplasmique développé	Oui	Moins que dans le muscle squelettique (de 1 à 8 % du volume cellulaire); citernes terminales rares	Équivalent de celui du muscle cardiaque (de 1 à 8 % du volume cellulaire); le RS est joint au sarcolemme à quelques endroits
Présence de jonctions ouvertes	Non	Oui, aux disques intercalaires	Oui, dans les muscles unitaires
Les cellules ont des jonctions neuromusculaires individuelles.	Oui	Non	Pas dans les muscles unitaires; oui, dans les muscles multiunitaires
Régulation de la contraction	Volontaire, par l'intermédiaire des fibres nerveuses du système nerveux somatique	Involontaire; régulation par un système intrinsèque; régulation également par le système nerveux autonome; hormones; étirement	Involontaire; neurofibres autonomes, hormones, substances chimiques au niveau local, étirement
Source de Ca^{2+} pour le signal calcique	Réticulum sarcoplasmique (RS)	RS et liquide interstitiel	RS et liquide interstitiel
Siège de la régulation du calcium	Troponine sur les filaments minces d'actine	Troponine sur les filaments minces d'actine	Calmoduline dans le sarcoplasme
Présence d'un centre rythmogène	Non	Oui	Oui (dans les muscles unitaires seulement)
Effet de la stimulation nerveuse	Excitation	Excitation ou inhibition	Excitation ou inhibition
Vitesse de la contraction	De lente à rapide	Lente	Très lente
Contractions rythmiques	Non	Oui	Oui, dans les muscles unitaires
Réponse à l'étirement	La force de contraction augmente avec le degré d'étirement (jusqu'à une certaine valeur).	La force de contraction augmente avec le degré d'étirement.	Réponse contraction-relâchement
Respiration	Aérobie et anaérobie	Aérobie	Surtout aérobie

9

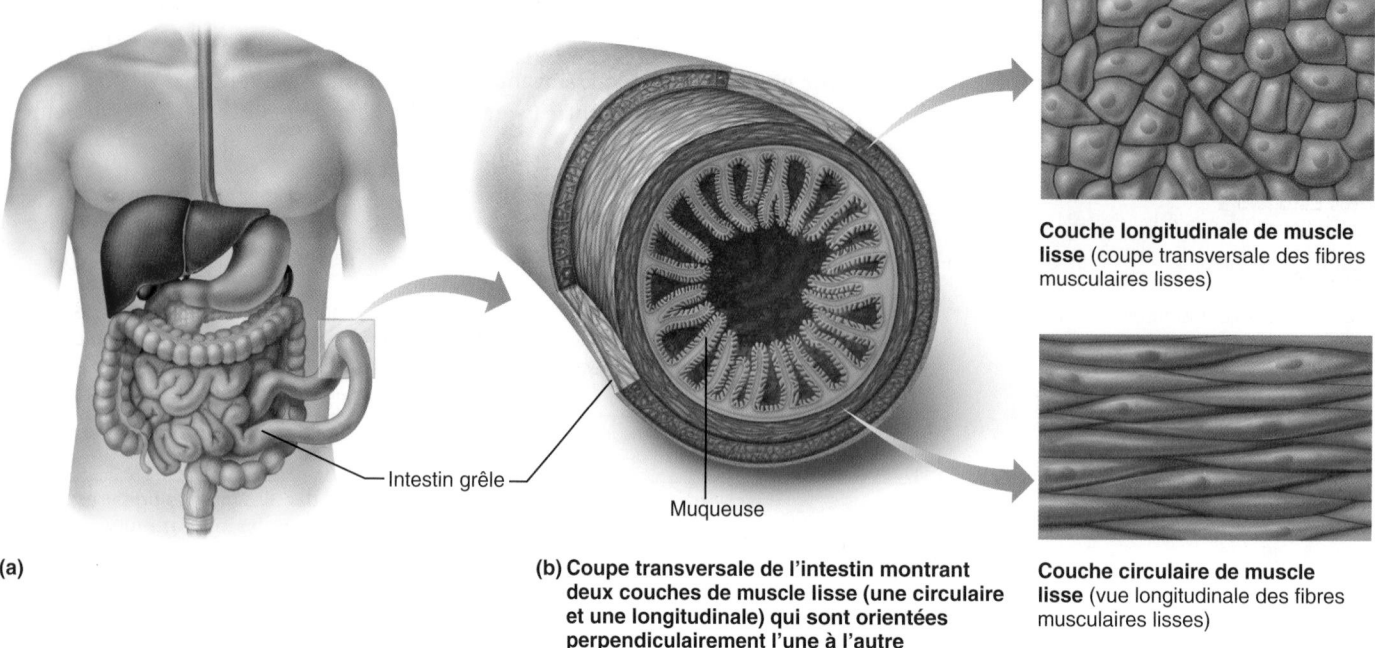

Couche longitudinale de muscle lisse (coupe transversale des fibres musculaires lisses)

Couche circulaire de muscle lisse (vue longitudinale des fibres musculaires lisses)

(a)

Intestin grêle

Muqueuse

(b) Coupe transversale de l'intestin montrant deux couches de muscle lisse (une circulaire et une longitudinale) qui sont orientées perpendiculairement l'une à l'autre

Figure 9.26 Disposition des muscles lisses dans les parois des organes creux.

entre 2 et 5 μm et leur longueur est de 100 à 400 μm. Par comparaison, les fibres musculaires squelettiques sont environ 20 fois plus larges et plusieurs milliers de fois plus longues.

Les fibres musculaires lisses sont dépourvues des épaisseurs de tissu conjonctif grossier qui existent dans le muscle squelettique. Toutefois, on trouve entre elles un peu de tissu conjonctif lâche (endomysium), sécrété par les muscles lisses eux-mêmes, et dans lequel passent les vaisseaux sanguins et les neurofibres.

Les muscles lisses sont habituellement composés de fibres juxtaposées en couches denses. Ces couches se rencontrent dans les parois de tous les vaisseaux sanguins, sauf les plus petits, et dans les parois des organes creux des voies respiratoires et digestives, ainsi que dans celles des systèmes urinaire et génital. Dans la plupart des cas, il y a deux couches de muscles lisses dont les fibres sont orientées perpendiculairement l'une à l'autre (figure 9.26). Dans la *couche longitudinale*, les fibres musculaires sont parallèles à l'axe longitudinal de l'organe. Ainsi, lorsque le muscle se contracte, l'organe se raccourcit et se dilate. Dans la *couche circulaire*, les fibres enveloppent l'organe; la contraction de cette couche resserre la lumière de l'organe (son espace intérieur) et le fait s'allonger.

L'alternance de contractions et de relâchements de ces couches opposées a pour effet de mélanger le contenu de la lumière et de le pousser le long des organes creux. Ce phénomène de propulsion est appelé **péristaltisme**. Les contractions des muscles lisses du rectum, de la vessie et de l'utérus permettent à ces organes d'expulser leur contenu. Les contractions des muscles lisses donnent aussi lieu à la gêne respiratoire caractéristique de l'asthme et aux crampes d'estomac.

Les muscles lisses ne possèdent pas de jonctions neuromusculaires très élaborées comme celles que l'on trouve dans les muscles squelettiques. Par contre, ils sont reliés à des neurofibres du système nerveux autonome (involontaire) qui présentent de nombreux renflements bulbeux, nommés **varicosités axonales** (il y en a plusieurs par fibre musculaire; figure 9.27); ces dernières libèrent le neurotransmetteur dans une large fente synaptique située dans la région des cellules musculaires lisses (les récepteurs de neurotransmetteurs sont dispersés sur le sarcolemme et non concentrés comme dans les muscles squelettiques). Ces jonctions sont appelées **jonctions diffuses**. Si on compare les particularités des influx nerveux transmis aux muscles squelettiques à ceux transmis aux muscles lisses, on peut dire que le muscle squelettique reçoit le courrier prioritaire et que le muscle lisse reçoit le courrier de seconde classe.

Le réticulum sarcoplasmique des fibres musculaires lisses est moins développé que celui des fibres musculaires squelettiques et sa disposition par rapport aux myofilaments n'a pas la même régularité. Certains tubules du RS entrent en contact avec le sarcolemme à plusieurs endroits, formant ainsi des ensembles qui ressemblent à des demi-triades dont le rôle est peut-être de coupler les potentiels d'action à la libération de calcium par le RS. Il n'y a pas de tubules transverses, mais le sarcolemme des fibres musculaires lisses possède un grand nombre de **cavéoles** (voir p. 89), des invaginations en forme d'ampoule qui retiennent du liquide interstitiel contenant une concentration élevée de Ca^{2+} tout près de la membrane (figure 9.28a). Par conséquent, lorsque les canaux à calcium s'ouvrent, le Ca^{2+} afflue rapidement. Donc, même si le RS libère *une partie* des ions calcium qui déclenchent la contraction, c'est de l'espace

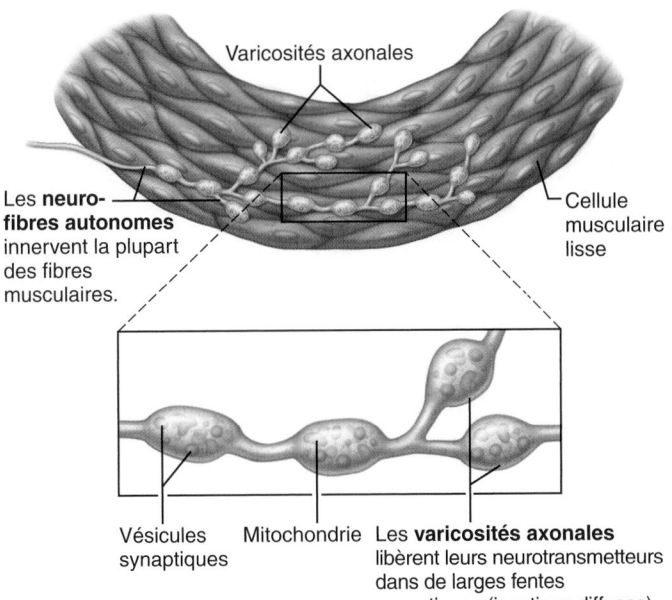

Varicosités axonales

Les **neuro-fibres autonomes** innervent la plupart des fibres musculaires.

Cellule musculaire lisse

Vésicules synaptiques

Mitochondrie

Les **varicosités axonales** libèrent leurs neurotransmetteurs dans de larges fentes synaptiques (jonctions diffuses).

Figure 9.27 Innervation du muscle lisse.

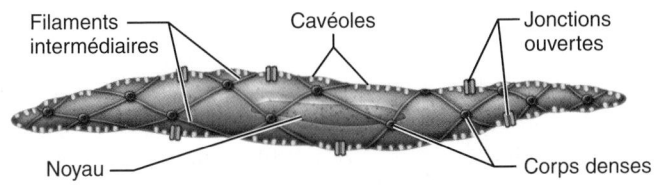

Filaments intermédiaires

Cavéoles

Jonctions ouvertes

Noyau

Corps denses

(a) Cellule musculaire lisse détendue (remarquez que les fibres adjacentes sont reliées par des jonctions ouvertes)

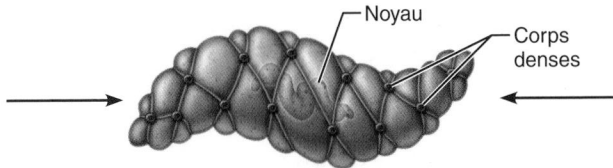

Noyau

Corps denses

(b) Cellule musculaire lisse contractée

Figure 9.28 Les filaments intermédiaires et les corps denses des fibres musculaires lisses orientent la traction exercée par les têtes de myosine. Les filaments intermédiaires se fixent aux corps denses dispersés un peu partout dans le sarcoplasme.

extracellulaire que provient la plus grande partie des ions calcium. La contraction cesse quand, propulsé par le transport actif, le calcium retourne dans le RS et sort de la cellule. Cette situation est très différente de ce qui se produit dans le muscle squelettique, qui ne dépend pas de la présence de calcium extracellulaire pour produire le couplage excitation-contraction.

Comme leur nom l'indique, les muscles lisses ne présentent pas de stries transversales, n'ont pas de sarcomères et leurs fibres ne sont pas constituées de myofibrilles, contrairement aux muscles squelettiques. Certes, ils contiennent des filaments épais (myosine) et des filaments minces (actine) qui se chevauchent, mais les filaments épais ne sont pas du même type que ceux des muscles squelettiques ; de taille variable, ils peuvent être beaucoup plus longs que dans ces derniers. La proportion et la disposition des myofilaments diffèrent également.

1. **Les filaments épais sont moins nombreux mais possèdent des têtes de myosine sur toute leur longueur.** Dans les muscles lisses, la proportion de filaments épais par rapport aux filaments minces est bien plus faible que dans les muscles squelettiques (1 à 13, comparativement à 1 à 2). Cependant, les filaments épais des muscles lisses portent des têtes de myosine sur *toute leur longueur*, caractéristique qui permet à ces muscles d'être aussi puissants que les muscles squelettiques de même taille.

2. **Il n'y a pas de complexes de troponine dans les filaments minces.** Contrairement aux muscles squelettiques, dont les filaments minces possèdent de la troponine se liant au calcium, les muscles lisses portent de la tropomyosine, mais ne semblent pas contenir de complexes de troponine. Une protéine appelée *calmoduline* sert plutôt de site de liaison au calcium.

3. **Les filaments épais et minces sont disposés « en biais ».** Des faisceaux de protéines contractiles s'entrecroisent à l'intérieur des cellules des muscles lisses, de sorte qu'ils semblent suivre l'axe longitudinal de la cellule du muscle lisse de façon hélicoïdale, comme les bandes de couleur sur une enseigne de coiffeur. En raison de cette disposition et de la forme générale des fibres, les fibres musculaires lisses se tordent en se contractant, si bien qu'elles ressemblent à de petits tire-bouchons (figure 9.28b).

4. **Les filaments intermédiaires et les corps denses forment un réseau.** Les fibres de muscle lisse contiennent des faisceaux longitudinaux composés de *filaments intermédiaires* non contractiles qui résistent à la tension. Ceux-ci sont fixés à intervalles réguliers à des structures appelées **corps denses** (figure 9.28), qui sont, pour une partie d'entre elles, aussi amarrées au sarcolemme. Les corps denses servent de points d'ancrage aux filaments minces et sont donc l'équivalent des lignes Z des muscles squelettiques. Le réseau formé par les filaments intermédiaires et les corps denses constitue un cytosquelette intracellulaire résistant, qui dirige la traction exercée par le glissement des filaments épais et minces. Durant la contraction, les régions du sarcolemme situées entre les corps denses sont poussées vers l'extérieur, donnant ainsi à la cellule un aspect boursouflé, comme on peut le voir à la figure 9.28b. Les corps denses à la surface du sarcolemme relient également les cellules musculaires aux fibres de tissu conjonctif qui se trouvent à l'extérieur (endomysium) et aux cellules adjacentes. Ces liens transmettent la force de traction au tissu conjonctif environnant et expliquent en partie le synchronisme des contractions du muscle lisse en général.

9

Contraction des muscles lisses

Mécanismes et caractéristiques de la contraction

Dans la plupart des cas, les fibres musculaires lisses voisines se contractent de façon lente et synchronisée ; c'est l'*ensemble* de la couche qui répond à un stimulus. Cette synchronisation est due au couplage électrique qui relie les cellules musculaires lisses ; ce couplage électrique est rendu possible par les *jonctions ouvertes*, passages spécialisés entre les cellules et par lesquelles les potentiels électriques peuvent se propager dans la couche musculaire (voir le chapitre 3, p. 77). Les fibres musculaires squelettiques sont isolées électriquement les unes des autres, et la contraction de chacune est déclenchée par sa propre jonction neuromusculaire.

Certaines fibres musculaires lisses de l'estomac et de l'intestin sont des *cellules rythmogènes* qui, lorsqu'elles sont stimulées, jouent le rôle de « chef d'orchestre » et déterminent la fréquence de contraction de toute la couche musculaire. De plus, certaines de ces cellules sont capables d'autostimulation, c'est-à-dire qu'elles peuvent se dépolariser spontanément en l'absence de stimulus externe. Cependant, le rythme et l'intensité de la contraction des muscles lisses peuvent aussi être influencés par des stimulus nerveux et chimiques, comme ceux des hormones.

Le mécanisme de contraction des muscles lisses est semblable à celui des muscles squelettiques, et ce, sur les plans suivants : (1) le mécanisme de glissement des myofilaments relève de l'interaction de l'actine et de la myosine ; (2) la contraction finit par être déclenchée par une augmentation de la concentration intracellulaire d'ions calcium ; et (3) le glissement des filaments est alimenté par l'ATP.

Pendant le couplage excitation-contraction, le Ca^{2+} est libéré par les tubules du réticulum sarcoplasmique, mais il pénètre aussi dans la cellule à partir du liquide interstitiel, grâce aux cavéoles mentionnées plus haut. En se liant à la troponine, le Ca^{2+} active la myosine dans tous les types de muscles striés mais, dans les muscles lisses, il active la myosine par un mécanisme particulier. En effet, il interagit avec la **calmoduline**, une protéine cytoplasmique à fonction régulatrice qui se lie au calcium. La calmoduline interagit à son tour avec une kinase appelée **kinase des chaînes légères de la myosine**, ou **MLC kinase**, ce qui entraîne la phosphorylation de la myosine, puis son activation. Cette séquence d'événements est décrite à la **figure 9.29**. (Remarquez qu'il ne s'agit que d'une voie d'activation des muscles lisses et qu'il en existe d'autres. Par exemple, dans certains muscles lisses, des protéines de régulation associées à l'actine semblent entrer en jeu.)

Comme le muscle squelettique, le muscle lisse se détend quand la concentration intracellulaire de Ca^{2+} diminue, mais pour que l'activité contractile d'un muscle cesse, la situation est un peu plus complexe dans le muscle lisse que dans le muscle squelettique. On sait que les événements mis en jeu comprennent notamment le détachement du calcium de la calmoduline, le transport actif des ions Ca^{2+} dans le réticulum sarcoplasmique et le liquide extracellulaire et la déphosphorylation de la myosine par une phosphorylase, ce qui réduit l'activité des ATPases de la myosine.

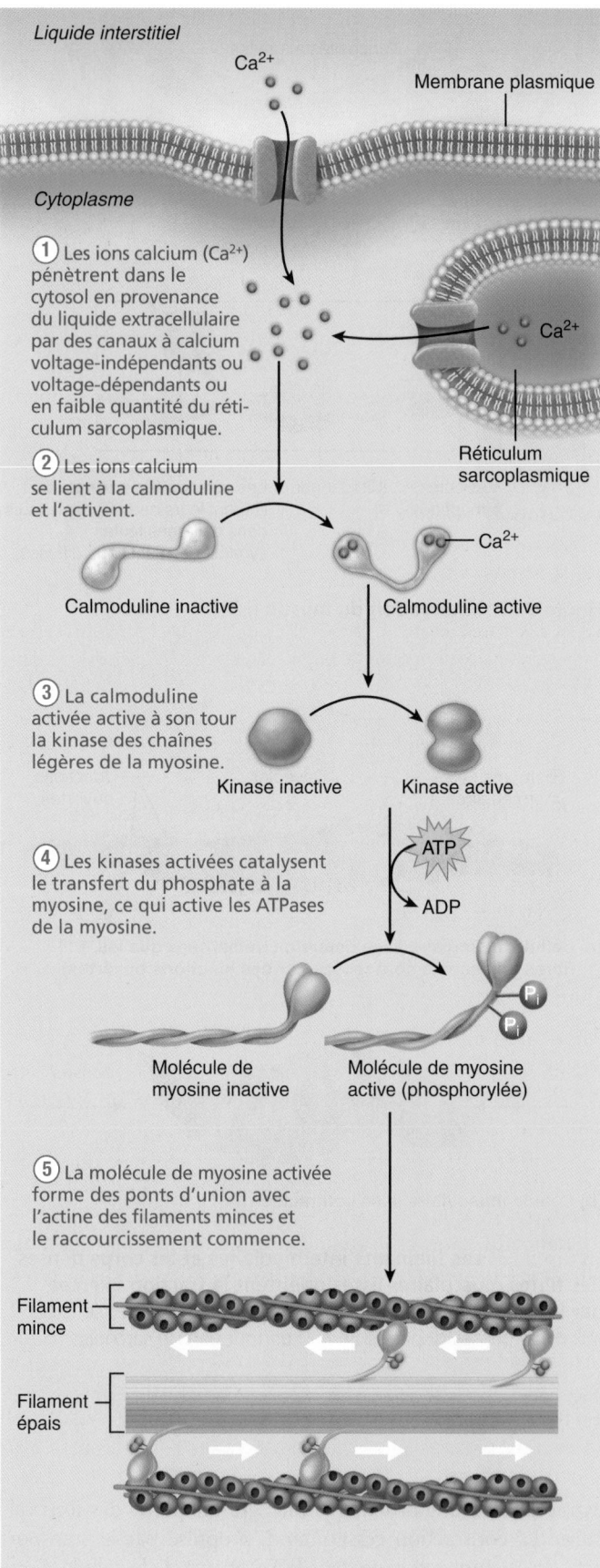

Figure 9.29 Séquence d'événements du couplage excitation-contraction dans un muscle lisse.

Si l'on compare la contraction et le relâchement du muscle lisse avec ceux du muscle squelettique, on constate que leur durée est 30 fois plus longue dans le muscle lisse, et que celui-ci peut exercer la même tension contractile pendant de longues périodes en ne consommant pas plus de 1 % de l'énergie que dépense un muscle squelettique. Si ce dernier est capable d'une activité quasi instantanée, mais rapidement épuisée, le muscle lisse est comme un moteur constant et robuste qui tourne à petit régime mais inlassablement.

En ce qui concerne la durée de la contraction, elle est due en partie au fait que les variations dans la concentration de calcium sont plus lentes dans le muscle lisse que dans le muscle squelettique. Quant à l'importante économie d'énergie réalisée par le muscle lisse, elle est partiellement due au fait que ses ATPases sont plus lentes que celles du muscle squelettique. De plus, les myofilaments du muscle lisse peuvent rester accrochés les uns aux autres pendant les contractions prolongées, ce qui économise l'énergie. Les cellules du muscle lisse peuvent maintenir ce *verrouillage* même après la déphosphorylation de la myosine.

Le type de contraction peu exigeant en ATP qui se produit dans les muscles lisses revêt une extrême importance pour l'homéostasie de l'organisme. Les muscles lisses des petites artérioles et autres organes viscéraux restent légèrement contractés (*tonus des muscles lisses*) pendant des jours entiers sans fatigue. Les muscles lisses ont besoin de peu d'énergie. En règle générale, la production d'ATP par la voie aérobie est assez élevée pour répondre à la demande.

Régulation de la contraction

La régulation de la contraction du muscle lisse est assurée par des nerfs, des hormones ou des changements chimiques locaux. Examinons ces trois mécanismes.

Régulation par le système nerveux Dans certains cas, l'activation des muscles lisses par le stimulus nerveux est identique à celle des muscles squelettiques : la liaison des neurotransmetteurs fait apparaître un potentiel d'action qui est couplé à la libération d'ions calcium dans le cytosol. Cependant, certains types de muscles lisses répondent aux stimulus nerveux par des potentiels gradués (impulsions électriques locales).

Rappelez-vous que toutes les terminaisons nerveuses somatiques – c'est-à-dire celles qui desservent les muscles squelettiques – libèrent de l'acétylcholine, dont l'effet est de stimuler les muscles squelettiques. Cependant, les différents nerfs du système autonome qui rejoignent les muscles lisses des organes viscéraux libèrent divers neurotransmetteurs, dont certains peuvent soit exciter, soit inhiber un groupe particulier de cellules musculaires lisses. L'effet qu'aura un neurotransmetteur particulier sur une fibre lisse donnée dépend du type de récepteur présent sur le sarcolemme. Par exemple, la liaison de l'acétylcholine aux récepteurs de l'ACh situés sur les muscles lisses des bronchioles (les petits canaux aériens des poumons), déclenche une forte contraction musculaire et le resserrement des bronchioles. Lorsque la noradrénaline, libérée par un autre type de neurofibres autonomes, se lie aux récepteurs de nora-

drénaline présents sur les *mêmes* cellules musculaires lisses, elle a un effet inhibiteur et le muscle se détend, ce qui dilate le passage aérien. Par contre, lorsqu'elle se lie aux récepteurs des muscles lisses des parois de la plupart des vaisseaux sanguins, la noradrénaline provoque leur contraction, réduisant ainsi le diamètre du vaisseau sanguin (vasoconstriction ; voir le chapitre 19, p. 802).

Hormones et facteurs chimiques à action locale L'activation des muscles lisses n'est pas toujours causée par des stimulus nerveux. Certaines couches de muscle lisse ne possèdent aucune terminaison nerveuse ; elles se dépolarisent spontanément ou en réponse à des facteurs chimiques qui se lient à des récepteurs associés à une protéine G. D'autres peuvent répondre à la fois à des stimulus nerveux et à des stimulus chimiques.

Parmi les facteurs de nature chimique qui entraînent une contraction ou un relâchement des muscles lisses en l'absence de potentiel d'action – en provoquant ou en empêchant l'entrée des ions Ca^{2+} dans le sarcoplasme –, on compte certaines hormones, le manque d'oxygène, l'histamine, l'excès de gaz carbonique, la baisse du pH, etc. C'est parce qu'ils réagissent immédiatement à ces stimulus chimiques que les muscles lisses peuvent pourvoir aux besoins spécifiques des tissus ; ce type de réaction est aussi probablement la principale cause du tonus des muscles lisses. Par exemple, la gastrine, une hormone, déclenche la contraction des muscles lisses de l'estomac, ce qui permet le brassage efficace des aliments. Dans des chapitres ultérieurs, nous étudierons l'activation des muscles lisses de certains organes.

Particularités des muscles lisses

Le fonctionnement de la plupart des organes creux dépend en grande partie des muscles lisses, lesquels présentent un certain nombre de caractéristiques très particulières. Nous avons déjà parlé de certaines de ces particularités – tonus des muscles lisses, contractions lentes et prolongées, faibles besoins énergétiques. Mais les muscles lisses peuvent aussi se raccourcir davantage que les autres types de muscles, leur réaction à l'étirement est différente et ils sont capables d'hyperplasie.

Réponse à l'étirement Lorsqu'il est étiré, le muscle cardiaque réagit par des contractions plus vigoureuses. Jusqu'à une certaine valeur (environ 120 % de sa longueur de repos), le muscle squelettique réagit de la même façon. Lorsqu'il est étiré, le muscle lisse se contracte aussi, et c'est ainsi que les substances sont poussées dans les canaux internes. Cependant, la tension n'est pas accrue très longtemps ; le muscle s'adapte rapidement à sa nouvelle longueur et se détend, mais retient la capacité de se contracter sur demande. Cette réponse, appelée **réponse contraction-relâchement**, permet aux organes creux de se dilater (à l'intérieur de certaines limites) afin de faire augmenter leur volume sans que des contractions fortes n'en expulsent le contenu. Cette particularité a son importance, car des organes comme l'estomac et l'intestin doivent retenir leur contenu un certain temps pour permettre la digestion et l'absorption des nutriments. De même, la vessie doit être en mesure de conserver l'urine, qui est produite de façon continue, jusqu'au moment où nous pouvons nous en débarrasser, faute de quoi nous passerions tout notre temps aux toilettes.

Modifications de la longueur et de la tension   Les muscles lisses s'étirent beaucoup plus que les muscles squelettiques et ils produisent une tension plus grande que des muscles squelettiques étirés de façon comparable. Comme nous l'avons vu à la figure 9.22, la structure précise et le haut degré d'organisation des sarcomères des muscles squelettiques imposent des limites à l'étirement que ceux-ci peuvent subir avant de perdre la capacité d'exercer une force. À l'opposé, l'absence de sarcomères et la disposition irrégulière des filaments, qui se recouvrent dans une large mesure, permettent aux cellules des muscles lisses d'exercer une force considérable, même lorsqu'elles sont très étirées. Pour qu'un muscle squelettique puisse fonctionner de manière efficace, sa longueur ne peut varier de plus de 60 % environ (entre 30 % de moins et de plus que sa longueur de repos). Par contre, un muscle lisse peut se contracter, qu'il soit au double ou à la moitié de sa longueur de repos, soit un changement de 150 %. Cela permet aux organes creux de tolérer d'énormes changements de volume sans devenir flasques lorsqu'ils sont vides.

Hyperplasie   En plus d'être capables d'hypertrophie (augmentation de la taille de la cellule), une caractéristique commune à toutes les cellules musculaires, certaines fibres musculaires lisses sont capables d'*hyperplasie*, c'est-à-dire de se multiplier par division. La réponse de l'utérus aux œstrogènes en constitue un exemple : à la puberté, la concentration plasmatique d'œstrogènes chez la jeune fille commence à augmenter. En se liant aux récepteurs membranaires des myocytes de l'utérus, les œstrogènes stimulent la division cellulaire, ce qui permet à l'utérus d'atteindre sa taille adulte. Puis, lorsque survient une grossesse, la concentration élevée d'œstrogènes dans le sang stimule une hyperplasie des muscles de l'utérus en réponse à l'accroissement de la taille du fœtus.

Types de muscles lisses

Les muscles lisses présents dans différents organes varient considérablement quant à la disposition des fibres et à leur innervation. Cependant, pour des raisons de simplicité, les muscles lisses sont habituellement classés en deux grandes catégories : les muscles lisses *unitaires* et les muscles lisses *multiunitaires*.

Muscles lisses unitaires

Les **muscles lisses unitaires**, aussi appelés **muscles viscéraux** parce qu'ils sont situés dans les parois des organes creux, sauf le cœur, sont de loin les plus nombreux. Toutes les caractéristiques des muscles lisses dont nous avons parlé jusqu'ici s'appliquent aux muscles unitaires. Par exemple, les cellules des muscles unitaires :

1. sont disposées en couches perpendiculaires (longitudinales et circulaires) ;

2. sont innervées par des varicosités axonales du SNA et présentent souvent des potentiels d'action rythmiques spontanés ;
3. sont couplées électriquement les unes aux autres par des jonctions ouvertes ; elles se contractent donc comme une seule unité (c'est pourquoi le recrutement n'est pas possible dans le muscle lisse unitaire) ;
4. répondent à une variété de stimulus chimiques.

Muscles lisses multiunitaires

Les muscles lisses des grosses voies respiratoires et des grandes artères ainsi que les muscles arrecteurs des poils, reliés aux follicules pileux, sont tous des **muscles lisses multiunitaires**, tout comme les muscles de l'œil qui règlent le diamètre de nos pupilles (muscle sphincter de la pupille) et effectuent la mise au point (muscle ciliaire).

Contrairement à ce que l'on observe dans le muscle unitaire, les jonctions ouvertes sont rares, ainsi que les dépolarisations spontanées et synchrones. Les muscles lisses multiunitaires présentent les caractéristiques suivantes en commun avec les muscles squelettiques :

1. ils sont constitués de fibres musculaires indépendantes les unes des autres ;
2. leur myosine est d'un type qui permet des contractions plus rapides que le type de myosine du muscle unitaire ;
3. ils sont bien pourvus en terminaisons nerveuses, et chacune de ces terminaisons forme une unité motrice avec un certain nombre de fibres musculaires (une même fibre musculaire peut cependant recevoir des influx de plusieurs neurones différents) ;
4. ils répondent à la stimulation nerveuse par des contractions graduées qui donnent lieu au recrutement.

Cependant, contrairement aux fibres musculaires squelettiques, qui sont innervées par la division somatique (volontaire) du système nerveux, les muscles lisses multiunitaires (tout comme les muscles lisses unitaires) sont innervés par la division autonome (involontaire) du système nerveux et réagissent à la régulation hormonale.

VÉRIFIONS NOS ACQUIS

19. Comparez la structure des fibres musculaires squelettiques à celle des fibres musculaires lisses.
20. Le calcium déclenche la contraction de tous les types de muscles. En quoi le site de liaison diffère-t-il dans le muscle squelettique et le muscle lisse ?
21. Comment la réponse contraction-relâchement est-elle adaptée au rôle du muscle lisse dans les organes creux ?
22. Quel type de muscle lisse (unitaire ou multiunitaire) présente le plus de caractéristiques communes avec le muscle squelettique ? Citez deux caractéristiques qui distinguent malgré tout ce type de muscle lisse du muscle squelettique.

Les réponses se trouvent à l'appendice G.

Développement et vieillissement des muscles

27 Décrire le développement embryonnaire des tissus musculaires et les transformations que subissent les muscles squelettiques au cours du vieillissement.

À de rares exceptions près, tous les tissus musculaires se développent à partir de **myoblastes**, des cellules mononucléées du mésoderme de l'embryon. Le tissu musculaire squelettique est formé par la fusion de plusieurs myoblastes, ce qui donne des *myotubes* multinucléés **(figure 9.30)**. Ce processus est réglé par les intégrines (protéines d'adhésion cellulaire) des membranes des myoblastes. Rapidement, des sarcomères fonctionnels apparaissent, et les fibres musculaires squelettiques se contractent déjà à la septième semaine de développement, lorsque l'embryon ne mesure que 2,5 cm de long.

Au début, des récepteurs de l'ACh apparaissent sur toute la surface des myoblastes en développement. Mais au fur et à mesure que les nerfs spinaux envahissent les masses musculaires, leurs terminaisons s'associent avec des myoblastes et libèrent un facteur de croissance appelé *agrine*. Cette substance chimique active une kinase musculaire (MuSK) qui stimule l'agrégation et l'entretien des récepteurs de l'ACh à la jonction neuromusculaire nouvellement formée sur chaque fibre musculaire. Puis, les terminaisons nerveuses produisent un signal chimique indépendant qui disperse les sites récepteurs qui ne sont pas innervés et stabilisés par l'agrine.

L'activité électrique dans les neurones qui desservent les fibres musculaires joue aussi un rôle clé dans la maturation de ces cellules. En même temps que les fibres musculaires deviennent soumises à la régulation du système nerveux somatique, le nombre de fibres contractiles à contraction rapide et à contraction lente est aussi établi.

Les myoblastes qui donnent naissance aux fibres lisses et aux fibres cardiaques ne fusionnent pas. Toutefois, ces deux types de fibres forment des jonctions ouvertes dès le début de la vie embryonnaire. Le muscle cardiaque pompe déjà du sang trois semaines après la conception.

Les cellules musculaires squelettiques et cardiaques cessent très tôt de se diviser; elles peuvent s'allonger et s'épaissir chez l'enfant qui grandit, et restent capables d'hypertrophie chez l'adulte. Cependant, les *cellules satellites* (figure 9.30) peuvent, dans une certaine mesure, reconstituer les fibres endommagées et permettre une régénération *très limitée* des fibres musculaires squelettiques mortes. Les cellules satellites sont des myoblastes (cellules souches) qui demeurent normalement indifférenciés chez l'adulte; une centaine de fois moins nombreuses que les myocytes, elles peuvent se mettre à se diviser et à se différencier en fibres musculaires squelettiques dans certaines circonstances. On a longtemps pensé que le muscle cardiaque était dépourvu de toute capacité de régénération, mais des études récentes suggèrent que les cellules cardiaques se divisent effectivement, mais bien modestement. Néanmoins, la réparation des lésions du muscle cardiaque se fait la plupart du temps par la formation de tissu cicatriciel. Quant aux muscles lisses, ils possèdent une bonne capacité de régénération pendant toute la vie de l'individu.

À la naissance, les mouvements du bébé sont mal coordonnés et sont déterminés en grande partie par des réflexes. Le développement musculaire reflète le niveau de coordination neuromusculaire, qui se fait de la tête vers les orteils et des parties proximales vers les parties distales. Ainsi, le bébé sait lever la tête avant d'apprendre à marcher. De même, les mouvements globaux apparaissent avant les mouvements fins. Pendant toute notre enfance, la maîtrise des muscles squelettiques se précise de plus en plus. Vers le milieu de l'adolescence, la maîtrise nerveuse *naturelle* de nos muscles a atteint son maximum, et nous pouvons soit l'accepter telle quelle, soit la perfectionner par un entraînement sportif ou autre.

On entend souvent demander si la différence entre la force musculaire d'un homme et celle d'une femme repose sur des facteurs biologiques. La réponse est oui. Il existe des variations individuelles, mais les muscles squelettiques des femmes représentent, en moyenne, environ 36 % de leur masse corporelle, alors que ceux des hommes comptent pour 42 %; par ailleurs, la surface de section des fibres musculaires est plus petite chez les femmes que chez les hommes. La plus grande

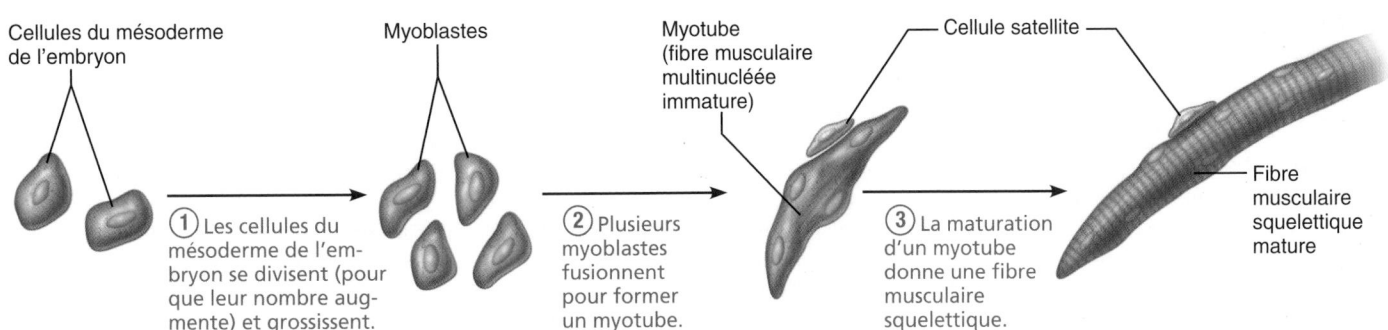

Figure 9.30 **Formation d'une fibre de muscle squelettique multinucléée par la fusion des myoblastes.**

GROS PLAN

Les athlètes améliorent-ils leur apparence et leur force grâce aux substances hormonales?

Les sociétés occidentales adorent les vainqueurs et récompensent largement les meilleurs athlètes, tant sur le plan social que sur le plan financier. Il n'est donc pas étonnant que certains d'entre eux n'hésitent pas à faire n'importe quoi pour améliorer leurs performances, voire à faire usage de substances hormonales, comme l'hormone de croissance et les stéroïdes anabolisants. Ces dernières substances sont des dérivés de la testostérone, l'hormone sexuelle mâle, que l'industrie pharmaceutique a mis au point dans les années 1950 pour soigner les victimes d'anémie et d'atrophie musculaire causées par certaines maladies et pour prévenir l'atrophie musculaire chez les patients immobilisés après une intervention chirurgicale. Ils sont maintenant prescrits sur ordonnance à plusieurs fins thérapeutiques, notamment dans le traitement de l'ostéoporose et des retards de croissance. La testostérone entraîne l'augmentation de la masse musculaire et osseuse. Elle provoque aussi d'autres changements physiques qui surviennent au cours de la puberté et font apparaître les caractères sexuels secondaires chez les garçons.

Persuadés que de fortes doses de stéroïdes pouvaient amplifier ces caractères chez l'homme adulte, un grand nombre d'athlètes et de culturistes se sont tournés vers l'usage des stéroïdes au début des années 1960; ces substances ont toutefois été interdites par le Comité international olympique en 1976. Au baseball américain, le rapport Mitchell, publié en 2007, a révélé les noms de plus de 90 joueurs qui auraient utilisé des stéroïdes ou des hormones de croissance. En France, l'Agence française de lutte contre le dopage a décelé des traces de stéroïdes chez des joueurs de football, de rugby, chez ceux qui pratiquent l'athlétisme et dans le monde du cyclisme. Dans ce dernier sport, on se rappellera le Tour de France 2006, où l'Américain Floyd Landis a perdu son titre de vainqueur et a été suspendu par suite de tests positifs pour la testostérone. Au Canada, le cas le plus célèbre est sans doute celui de Ben Johnson, grand vainqueur du 100 m aux Jeux de Séoul en 1988; son record a été invalidé une fois que les tests antidopage se furent révélés

positifs (traces de stanozolol, un stéroïde). Et les Jeux d'été de Pékin, en 2008, ont eux aussi apporté leur lot de cas de dopage aux stéroïdes, sans compter le grand nombre d'athlètes qui ont été bannis avant les compétitions, pour usage d'anabolisants. Du reste, les athlètes ne sont plus les seuls à consommer des stéroïdes; par exemple, en 2003, d'après l'Agence de santé publique du Canada, 83 000 jeunes Canadiens, en majorité des garçons de 11 à 18 ans, ont affirmé avoir consommé des stéroïdes anabolisants au moins 1 fois. La pratique se répand de plus en plus chez les filles également.

Il est difficile d'établir la fréquence d'utilisation des stéroïdes anabolisants, étant donné leur interdiction dans la majorité des compétitions internationales. Les utilisateurs (ainsi que les médecins prescripteurs et les pourvoyeurs de drogues) sont, bien sûr, réticents à en parler, et les utilisateurs arrêtent de se doper avant les compétitions, sachant que toute trace de drogue est difficile à détecter une semaine après la prise.

De plus, des fournisseurs clandestins de drogues améliorant la performance continuent de produire de nouvelles versions de stéroïdes de confection qui échappent aux tests de dépistage conventionnels. En 2003, le monde du sport a été secoué en apprenant que des athlètes de haut niveau avaient échoué à un test de dépistage de la tétrahydrogestrinone (THG), un stéroïde de synthèse inconnu jusque-là ou qui n'avait jamais été détecté. Toutefois, il fait peu de doute que de nombreux culturistes et athlètes qui participent à des compétitions exigeant une grande force musculaire (comme le lancer du poids ou du disque et l'haltérophilie) en sont de gros consomma-

teurs. En 2005, un autre stéroïde fabriqué en laboratoire et contenant des substances très toxiques, la désoxyméthyltestostérone (DMT), a heureusement été découvert avant qu'aucun athlète ne puisse en faire usage. Des personnalités sportives telles que des joueurs de football ont aussi admis qu'elles prenaient des stéroïdes en guise de complément à l'entraînement, au régime alimentaire et à la préparation psychologique pour les matchs. Les athlètes prétendent que les stéroïdes anabolisants favorisent l'accroissement de la masse musculaire et de la force ainsi que l'augmentation de la capacité de transport d'oxygène grâce à un nombre accru de globules rouges; ils croient aussi qu'ils facilitent la récupération après des périodes d'entraînement intenses.

Les culturistes consommateurs de stéroïdes suivent généralement un programme intensif d'exercices contre résistance, tout en prenant des doses élevées de ces produits (jusqu'à 200 mg par jour, c'est-à-dire jusqu'à 100 fois les doses pharmacologiques recommandées), administrées par injections intramusculaires ou par application de timbres transdermiques (les stéroïdes se présentent aussi sous forme de comprimés et de crèmes). L'usage intermittent commence plusieurs mois avant une compétition et se traduit souvent par la consommation de plusieurs types de suppléments à base de stéroïdes anabolisants (méthode dite de l'«empilement»). Les doses de stéroïdes sont augmentées graduellement à mesure que la compétition approche (*pyramiding*).

Ces drogues sont-elles aussi efficaces qu'on le prétend? Des recherches indiquent des augmentations de la force isométrique et de la masse corporelle chez les usagers de stéroïdes, de même qu'une hyperplasie des cellules musculaires associée à une augmentation des cellules satellites. Bien qu'il s'agisse là des effets escomptés par les haltérophiles, il n'est pas du tout certain que ces modifications améliorent les performances dans d'autres sports (comme la course) où une coordination musculaire précise et l'endurance sont essentielles. La question fait encore l'objet d'une controverse.

Les prétendus avantages des stéroïdes l'emportent-ils sur les risques encourus?

Absolument pas. Les médecins affirment que ces drogues peuvent avoir de nombreux effets indésirables : bouffissure du visage (syndrome de Cushing causé par la surcharge en stéroïdes) ; acné et chute des cheveux chez la femme autant que chez l'homme ; atrophie des testicules et infertilité par suite d'une diminution du volume du sperme ; augmentation de la taille (et cancer) de la prostate ; lésions du foie susceptibles de causer le cancer ; changements dans la cholestérolémie qui peuvent prédisposer les consommateurs de longue durée à la maladie coronarienne. De plus, les femmes ont tendance à la masculinisation, qui se traduit par l'apparition de traits masculins tels que la diminution des seins, l'hypertrophie du clitoris, des modifications au niveau de la voix, l'augmentation excessive de la pilosité, et par des perturbations du cycle menstruel. Les risques psychologiques liés à l'usage de stéroïdes anabolisants sont également élevés : des études récentes indiquent que le tiers des consommateurs souffrent de troubles mentaux graves, tels la dépression (pouvant mener jusqu'au suicide), le délire et l'anxiété, et de comportements maniaques accompagnés de sautes d'humeur et d'accès de violence.

Depuis peu, on trouve sur le marché de l'androstènedione (« Andro »), qu'il est possible de se procurer sans ordonnance. Vendue comme supplément nutritionnel

pour améliorer les performances, cette substance est convertie par l'organisme en testostérone. Bien qu'elle se prenne oralement (et qu'elle soit en grande partie détruite par le foie peu après son ingestion), les quelques milligrammes qui passent dans la circulation font temporairement monter le taux de testostérone. On s'inquiète d'apprendre que beaucoup de jeunes athlètes en herbe, n'ayant parfois pas plus de 11 ans, se précipitent dans les pharmacies pour s'en procurer. On craint le pire, d'autant plus que les effets à long terme de l'androstènedione sont imprévisibles et ne font pas l'objet de vérifications systématiques. Une étude a révélé que les hommes qui prennent de l'androstènedione, en plus de produire plus de testostérone, ont un taux plus élevé d'œstrogènes et sont ainsi exposés aux effets féminisants des hormones femelles tels que le développement des seins. Les jeunes qui ont des taux élevés d'œstrogènes ou de testostérone peuvent atteindre la puberté prématurément, ce qui freine la croissance des os et produit des adultes dont la taille est inférieure à la moyenne.

L'usage d'hormone de croissance n'est pas non plus sans danger : l'hypertrophie des organes, le diabète, les problèmes articulaires, cardiaques et circulatoires sont des risques réels. Certains avouent être prêts à tout, sauf au suicide, pour

gagner. Or, il est bien possible que la mort soit le résultat involontaire de leurs efforts.

Hélas, il y a peu d'espoirs à l'horizon pour apaiser nos craintes : en 2004, en effet, une étude a montré qu'il était possible de faire grossir de 15 à 30 % la masse musculaire de souris sédentaires et d'en faire des « souris Schwarzenegger », en leur injectant le gène du facteur de croissance IGF-1, un facteur normalement fabriqué par le foie stimulé par l'hormone de croissance (GH). Le « dopage génétique » par injection de gènes de facteur de croissance dans les cellules musculaires ou l'inactivation du gène qui inhibe la production de myostatine (une hormone qui freine la croissance musculaire) sera sans doute difficile, voire impossible à détecter. Cette pratique constituera-t-elle la forme de dopage des athlètes de l'avenir ? En tout cas, l'Agence mondiale antidopage prend déjà la chose au sérieux.

VÉRIFIONS NOS ACQUIS

23. Par quel mécanisme (hypertrophie ou hyperplasie) l'augmentation de la masse musculaire semble-t-elle être obtenue lors de la consommation de stéroïdes anabolisants ?

Les réponses se trouvent à l'appendice G.

---

capacité musculaire des hommes est due en premier lieu à l'influence de la testostérone sur les fibres musculaires et non à l'exercice physique. Toutefois, la force corporelle par unité de masse musculaire est la même chez les deux sexes. L'exercice musculaire intense provoque un développement musculaire plus important chez l'homme que chez la femme, encore à cause de la testostérone. Par ailleurs, certains athlètes prennent de fortes doses d'hormones sexuelles mâles synthétiques (« stéroïdes ») pour augmenter leur masse musculaire. Cette pratique illégale et dangereuse sur le plan physiologique est abordée dans le Gros plan des pages 358-359.

Comme ils sont bien irrigués, les muscles squelettiques offrent une résistance étonnante à l'infection, et ce, pendant toute la vie ; il suffit d'une bonne alimentation et d'un peu d'exercice pour qu'ils soient relativement bien protégés de la maladie. Cependant, la dystrophie musculaire est une affection grave sur laquelle nous allons nous pencher de plus près.

⚖ DÉSÉQUILIBRE HOMÉOSTATIQUE

Le terme **dystrophie musculaire** désigne un ensemble de maladies héréditaires qui attaquent les muscles et qui apparaissent généralement dans l'enfance. Les muscles atteints s'hypertrophient parce qu'il s'y dépose des graisses et du tissu conjonctif, mais les fibres musculaires elles-mêmes dégénèrent et s'atrophient.

La forme de dystrophie musculaire la plus répandue et la plus grave est la **dystrophie musculaire progressive de Duchenne (DMD)**, qui est héréditaire, récessive et liée au sexe. Les femmes portent et transmettent le gène anormal (ce gène a été identifié en 1986), qui s'exprime presque uniquement chez les hommes (1 cas sur 3500 naissances de garçons). Cette affection très grave est habituellement diagnostiquée entre la deuxième et la septième année de vie ; elle touche l'ensemble des cellules musculaires : squelettiques, cardiaques et certains

Tous pour un, un pour tous

Relations entre le système musculaire et les autres systèmes de l'organisme

- L'hormone de croissance et les androgènes déterminent la force et la masse musculaires ; d'autres hormones contribuent à la régulation de l'activité du cœur et des muscles lisses.

Système cardiovasculaire

- L'activité des muscles squelettiques augmente l'efficacité du système cardiovasculaire : elle prévient l'athérosclérose et provoque l'hypertrophie du cœur.
- Le système cardiovasculaire apporte aux cellules musculaires l'oxygène et les nutriments dont elles ont besoin, et il les débarrasse de leurs déchets.

Système lymphatique et immunitaire

- L'exercice physique peut améliorer ou entraver l'immunité, selon son intensité.
- Le système lymphatique draine les fuites de liquide hors des capillaires sanguins musculaires ; les cellules immunitaires protègent les muscles squelettiques contre les maladies.

Système respiratoire

- Les muscles squelettiques permettent les mouvements respiratoires ; l'exercice musculaire accroît la capacité pulmonaire et l'efficacité des échanges gazeux.
- Le système respiratoire fournit de l'oxygène aux cellules musculaires et en évacue le gaz carbonique.

Système digestif

- L'activité physique augmente la motilité intestinale et l'élimination au repos ; les contractions des muscles lisses de la paroi du tube digestif contribuent à la digestion des aliments.
- Le système digestif fournit les nutriments nécessaires au maintien des muscles et à la physiologie musculaire ; le foie métabolise l'acide lactique.

Système urinaire

- L'activité physique favorise une évacuation normale ; le muscle sphincter de l'urètre (volontaire) est un muscle squelettique.
- Le système urinaire évacue les déchets azotés des cellules musculaires et régularise les concentrations d'ions importants pour la contraction musculaire (Ca^{2+}, Na^+, K^+).

Système génital

- Les muscles squelettiques soutiennent les organes génitaux internes situés dans l'abdomen (par exemple l'utérus) ; les muscles lisses des vaisseaux du pénis et du clitoris interviennent directement dans le phénomène de l'érection.
- Les androgènes produits par les testicules entraînent une augmentation du volume des muscles.

Système tégumentaire

- L'exercice musculaire favorise l'irrigation de la peau et la maintient en bon état.
- La peau protège les muscles en les enveloppant ; elle contribue à dissiper la chaleur produite par les muscles.

Système squelettique

- L'activité des muscles squelettiques assure l'intégrité et la solidité des os.
- Les os fournissent des leviers pour l'activité musculaire.

Système nerveux

- L'activité des muscles faciaux permet l'expression des émotions ; les muscles en général sont des effecteurs de la réponse nerveuse.
- Le système nerveux stimule l'activité musculaire et en assure la régulation.

Système endocrinien

- L'activité du muscle cardiaque et des muscles lisses des parois des vaisseaux sanguins permet le transport des hormones.

9

RELATIONS ENTRE LE SYSTÈME MUSCULAIRE et les systèmes cardiovasculaire, endocrinien, lymphatique et immunitaire, et squelettique

Nos muscles squelettiques sont une véritable merveille. Chez les gens qui sont en bonne condition physique, ils s'activent énergiquement. Chez ceux qui sont un peu moins en forme, ils permettent tout de même de bouger et de se déplacer, ce qui est déjà remarquable. Tout le monde sait que le système nerveux est indispensable aux muscles parce qu'il leur permet de se contracter et qu'il les aide à maintenir le tonus dont ils ont besoin pour rester en bon état. Maintenant, examinons comment l'activité des muscles squelettiques influe sur les autres systèmes de l'organisme et comment elle favorise la santé et la prévention de la maladie.

Système cardiovasculaire

L'état de notre système cardiovasculaire est l'indicateur le plus important de notre santé «vieillissante». Plus que tout autre facteur, l'exercice régulier aide à préserver l'intégrité de notre système cardiovasculaire. Toutes les activités qui nous essoufflent un peu et que nous pratiquons de façon régulière, que ce soit le racquetball ou la marche rapide, contribuent à maintenir la santé et la force du muscle cardiaque. L'activité physique aide également à garder dégagés les vaisseaux sanguins, ce qui retarde l'apparition de l'athérosclérose et contribue à prévenir la forme la plus courante d'hypertension et la cardiopathie hypertensive (deux affections qui peuvent entraîner la détérioration du muscle cardiaque et des reins). En évitant l'obstruction des vaisseaux sanguins, on prévient aussi la claudication intermittente ischémique, dont nous avons parlé dans ce chapitre. Enfin, l'activité physique régulière fait augmenter la concentration sanguine de substances qui empêchent la formation de caillots, ce qui aide à prévenir les crises cardiaques et les accidents vasculaires cérébraux, deux fléaux chez les adultes vieillissants.

Système endocrinien

Le métabolisme musculaire est rapide; même au repos, le tissu musculaire utilise beaucoup plus d'énergie que le tissu adipeux. Par conséquent, les exercices qui augmentent modérément la masse musculaire contribuent à maintenir une masse corporelle adéquate et à prévenir l'obésité. L'obésité est un des facteurs de risque de l'apparition du diabète non insulinodépendant (ou de

type II). Ce type de diabète sucré est un trouble métabolique dans lequel les cellules de l'organisme sont insensibles à l'insuline sécrétée par le pancréas, ce qui les rend incapables d'utiliser correctement le glucose. Or, l'exercice aide à garder les cellules sensibles à l'insuline. Par ailleurs, certaines hormones, dont l'hormone de croissance, les hormones thyroïdiennes et les hormones sexuelles, sont essentielles au développement normal et à la maturation des muscles squelettiques.

Système lymphatique et immunitaire

L'exercice a un effet marqué sur l'immunité. L'activité physique modérée ou légère provoque une augmentation temporaire du nombre de phagocytes, de lymphocytes T (un groupe particulier de globules blancs) et d'anticorps; tous présents dans les organes lymphatiques, ils servent à monter la garde contre les maladies infectieuses. En revanche, l'activité physique trop intense déprime le système immunitaire. On ne sait pas encore comment expliquer les répercussions de l'exercice sur l'immunité (y compris les effets apparemment contradictoires que nous venons de mentionner), mais les hormones dites de stress jouent certainement un rôle. Comme d'autres agents de stress importants (interventions chirurgicales et brûlures graves, par exemple), l'activité physique trop intense fait augmenter les concentrations sanguines d'hormones de stress telles que l'épinéphrine et les glucocorticoïdes. En période de stress intense, ces hormones déprime le système immunitaire. Il s'agirait d'un mécanisme de protection, c'est-à-dire d'un moyen que l'organisme utilise pour empêcher le rejet de grandes quantités de cellules légèrement endommagées (résultant de l'activité physique trop intense notamment).

Système squelettique

Dernier point, mais non le moindre, les exercices contre résistance augmentent la solidité des os et aident à prévenir l'ostéoporose. Comme l'ostéoporose réduit considérablement la qualité de vie (elle accroît le risque de fractures), on peut dire que ce lien entre le système musculaire et le système squelettique est très important. Par ailleurs, sans les os auxquels ils sont attachés, les muscles ne pourraient pas mouvoir le corps.

Système musculaire

Étude de cas: Continuons notre examen des problèmes de santé de Mme Deschênes et penchons-nous sur les notes qui décrivent en détail l'état de ses muscles squelettiques.

- Lacérations graves des muscles de la jambe et du genou droits
- Lésion des vaisseaux sanguins desservant la jambe et le genou droits
- Section transversale du nerf sciatique (gros nerf qui dessert la majeure partie du membre inférieur), juste au-dessus du genou droit

Le médecin de Mme Deschênes prescrit des exercices passifs de mobilité articulaire et la stimulation électrique de sa jambe droite tous les jours, ainsi qu'une diète riche en protéines, en glucides et en vitamine C.

1. Décrivez, étape par étape, le processus de cicatrisation des lésions musculaires de Mme Deschênes et notez les conséquences du processus de réparation spécifique qui a lieu.

2. Sur le plan de la cicatrisation, quelles complications peut-on prévoir en raison des lésions vasculaires (vaisseaux sanguins) de la jambe droite?

3. Sur les plans de la structure et de la fonction musculaires, quelles complications résultent de la section transversale du nerf sciatique? Pourquoi prescrit-on des exercices passifs de mobilité articulaire et la stimulation électrique des muscles de la jambe droite?

4. Expliquez pourquoi on prescrit une diète spéciale à Mme Deschênes.

(Les réponses se trouvent à l'appendice G.)

muscles lisses. Des enfants actifs et apparemment normaux deviennent maladroits et tombent souvent parce que leurs muscles s'affaiblissent et se détruisent graduellement ; comme les cellules satellites disparaissent presque entièrement, les fibres musculaires mortes ne sont pas remplacées. Le mal progresse de façon implacable à partir des extrémités et finit par atteindre les muscles de la tête et du thorax, ainsi que le muscle cardiaque. La plupart des victimes de cette maladie meurent d'insuffisance respiratoire vers l'âge de 20 ans.

La recherche a récemment permis de découvrir la cause de la dystrophie musculaire progressive de Duchenne : les fibres musculaires atteintes sont dépourvues de *dystrophine*, une protéine cytoplasmique qui aide à stabiliser le sarcolemme. En effet, la dystrophine relie les filaments d'actine du cytosquelette à la matrice extracellulaire par l'intermédiaire d'un complexe de protéines traversant le sarcolemme. L'absence de dystrophine déstabilise l'interaction entre tous ces éléments. Le fragile sarcolemme des patients se déchire pendant la contraction, ce qui laisse entrer un excès de calcium. Le déséquilibre homéostatique du calcium endommage les fibres contractiles qui se rompent alors ; les cellules inflammatoires (macrophagocytes et lymphocytes) s'accumulent dans le tissu conjonctif avoisinant. La masse musculaire diminue inexorablement à mesure que le muscle perd sa capacité de régénération et que les cellules endommagées sont détruites par apoptose et remplacées par du tissu conjonctif et du tissu adipeux.

À ce jour, il n'existe rien qui guérisse la DMD. Le seul médicament qui, actuellement, améliore la force et la fonction musculaires est la prednisone (un corticostéroïde). Des essais sont toutefois en cours pour évaluer l'efficacité des inhibiteurs de l'enzyme de conversion de l'angiotensine. Par ailleurs, des découvertes récentes montrent que certaines substances mériteraient une étude plus approfondie. (Le sildénafil [Viagra], par exemple, s'est révélé bénéfique chez des souris atteintes de dystrophie musculaire.) Le *traitement par transfert de myoblastes* est une nouvelle technique prometteuse qui consiste à injecter dans les muscles atteints des myoblastes sains et à les faire fusionner avec les myoblastes malades. Une fois à l'intérieur des fibres, les noyaux des myoblastes sains fourniraient le gène normal par l'intermédiaire duquel les myocytes pourrait produire la dystrophine nécessaire et assurer une croissance normale des myocytes. Les travaux effectués sur des souris ont connu un certain succès, mais les résultats obtenus chez l'être humain sont décevants.

La grande taille du gène de la dystrophine et les dimensions des muscles humains représentent un obstacle énorme au perfectionnement de la technique de transfert de myoblastes. Deux nouveaux traitements expérimentaux réalisés sur des animaux atteints de DMD ont produit une régression remarquable des symptômes de la maladie. Un de ces traitements consiste en une thérapie génique faisant appel à des virus particuliers (virus associés aux adénovirus) dans lesquels on a préalablement introduit le gène de la microdystrophine (forme tronquée de la dystrophine). Quand on injecte ces virus chez les malades, les gènes s'intègrent aux cellules déficientes, qui se mettent à produire la substance désirée. Le deuxième traitement consiste en l'injection dans la circulation sanguine de mésangioblastes dystrophiques (cellules souches prélevées des vaisseaux sanguins) corrigés par l'intégration de gènes de microdystrophine. Une autre approche différente, actuellement à l'essai, consiste à stimuler les muscles dystrophiques pour qu'ils se mettent à produire plus d'*utrophine*, qui est semblable à une protéine présente en faible quantité chez les adultes, mais dont la concentration est beaucoup plus élevée dans les muscles du fœtus. L'utrophine compense, du moins chez la souris, le déficit en dystrophine. Enfin, en 2009, des chercheurs ont découvert une protéine (Wmt7a) qui favorise la multiplication des cellules satellites et la régénération musculaire chez la souris : on espère en tirer des applications dans le traitement de la DMD. ■

Au cours du vieillissement, la quantité de tissu conjonctif présente dans nos muscles squelettiques augmente, le nombre de fibres musculaires diminue et les muscles deviennent plus fibreux ou plus tendineux. Dès l'âge de 30 ans, même les personnes en bonne santé perdent graduellement une partie de leur masse musculaire. Cette atrophie progressive, appelée *sarcopénie*, est due au fait que la dégradation des protéines musculaires est plus rapide que leur renouvellement. On ne sait pas encore au juste pourquoi ce phénomène se produit, mais il ferait intervenir les molécules de régulation (facteurs de transcription, enzymes, hormones et autres) qui favorisent la croissance des muscles. Comme les muscles squelettiques constituent une grande partie de la masse corporelle, la force musculaire diminue en même temps que la masse corporelle. À 50 ans, l'être humain a perdu 10 % de sa masse musculaire et vers l'âge de 80 ans, la force musculaire se trouve habituellement réduite d'environ 50 %. Cette «fonte de la chair» a des répercussions graves sur la santé des personnes âgées, en particulier parce qu'elle occasionne des chutes de plus en plus fréquentes.

Mais nous ne sommes pas condamnés à l'inaction en vieillissant, car les muscles réagissent favorablement à l'exercice à tout âge. La pratique régulière d'exercices physiques aide, jusqu'à un certain point, à rétablir la musculature minée par la sarcopénie. Ainsi, les personnes âgées plutôt frêles qui se mettent à lever des poids (en utilisant leurs jambes et leurs bras) peuvent reconstituer leur masse musculaire et augmenter considérablement leur force ; l'exercice ne peut cependant empêcher complètement la diminution du nombre de fibres musculaires. Exécuter ce type d'exercices rapidement accroît la capacité de produire les mouvements «explosifs» qui permettent de s'arracher d'un fauteuil ou de s'empêcher de tomber. Même une activité modérée, comme une promenade quotidienne, améliore le fonctionnement neuromusculaire et favorise un mode de vie autonome. Outre l'activité, la nutrition a aussi un grand rôle à jouer dans le maintien de la masse musculaire : de récentes recherches ont montré que la consommation de fruits et de légumes riches en potassium contribue à diminuer la perte de masse musculaire inhérente au vieillissement.

Il arrive aussi que l'activité musculaire des personnes âgées soit perturbée indirectement par d'autres mécanismes. Ainsi, le vieillissement du système cardiovasculaire se répercute sur presque tous les organes du corps, y compris les muscles. Lorsque l'artériosclérose commence à boucher les artères distales, certaines personnes présentent parfois une anomalie du système circulatoire nommée *claudication intermittente ischémique*: la réduction de l'apport sanguin aux jambes provoque de si violentes douleurs dans les muscles des jambes que la personne en train de marcher doit s'arrêter et se reposer.

Les muscles lisses sont remarquablement exempts de maladies. Leur fonctionnement est principalement perturbé par des agents irritants d'origine externe. Dans le tube digestif, cette irritation peut être due à l'ingestion d'une trop grande quantité d'alcool ou de nourriture épicée, ou à une infection bactérienne. Les muscles deviennent alors plus sensibles à la stimulation et tendent à débarrasser l'organisme de l'agent irritant, d'où l'apparition de diarrhée ou de vomissements.

VÉRIFIONS NOS ACQUIS

24. Au cours du développement, comment les fibres musculaires squelettiques deviennent-elles multinucléées?

25. Que veut-on dire quand on affirme que les muscles deviennent plus fibreux au cours du vieillissement?

26. Comment peut-on faire reculer (ou corriger) certains des effets du vieillissement sur les muscles squelettiques?

Les réponses se trouvent à l'appendice G.

Le mouvement est une propriété de toutes les cellules; cependant, à l'exception des muscles, ces mouvements se trouvent surtout au niveau intracellulaire. Les muscles squelettiques, le principal objet de ce chapitre, nous permettent d'interagir de multiples façons avec notre environnement, mais ils contribuent aussi à l'homéostasie globale de l'organisme (la Synthèse en présente un résumé, p. 360). Dans le présent chapitre, nous avons parlé de l'anatomie des muscles en allant du niveau macroscopique au niveau moléculaire et nous avons examiné leur physiologie. Dans le chapitre 10, nous allons nous pencher sur les interactions qui existent entre les muscles et les os et entre les muscles eux-mêmes, puis nous décrirons chacun des muscles squelettiques qui forment notre système musculaire.

TERMES MÉDICAUX

Élongation musculaire Résultat d'un étirement exagéré et parfois d'une déchirure du muscle à la suite d'un effort trop intense; habituellement, le muscle atteint s'enflamme et devient douloureux (myosite) et les articulations voisines sont immobilisées.

Fibromyosite (*fibra*: filament; *ite*: inflammation) Ensemble d'affections consistant en l'inflammation d'un muscle, de ses gaines de tissu conjonctif, de ses tendons et des capsules articulaires avec lesquelles il est en contact. Les symptômes ne sont pas spécifiques et comprennent divers degrés de sensibilité associés à certaines régions précises, de même que de la fatigue et un sommeil perturbé par de fréquents réveils.

Hernie Saillie d'un organe à travers la paroi musculaire de la cavité où il se trouve. Elle peut être d'origine congénitale (à la suite de l'absence de fusion des muscles pendant le développement) mais, dans la majorité des cas, elle est causée par un effort violent (déplacement d'une grosse charge) ou par l'affaiblissement musculaire qui accompagne l'obésité. (La hernie inguinale est plus spécifiquement traitée à la page 1237.)

Myalgie (*algos*: douleur) Douleur musculaire résultant d'une affection musculaire.

Myopathie (*pathos*: maladie, souffrance) Toute affection musculaire.

Myotonie atrophique (ou maladie de Steinert) Forme de dystrophie musculaire moins répandue que la DMD (prévalence de 1 individu atteint sur 20 000 à 25 000, mais plus élevée dans certaines régions comme celle du Lac-Saint-Jean, au Québec, où elle est de l'ordre de 1 sur 500). Les symptômes comprennent une réduction graduelle de la masse musculaire et de la maîtrise des muscles squelettiques, un rythme cardiaque anormal et le diabète. Peut survenir à tout âge et n'est pas liée au sexe. L'anomalie héréditaire sous-jacente est la répétition à multiples reprises d'un gène particulier du chromosome 19. Le nombre de répétitions tend à augmenter d'une génération à l'autre, si bien que les symptômes des parents deviennent plus graves chez leurs descendants. Il n'y a pas de traitement efficace.

Spasme Contraction musculaire involontaire et soudaine (touchant un muscle ou un groupe de muscles, lisse ou squelettique) dont l'effet peut aller du simple agacement à une douleur intense; peut être provoqué par certains déséquilibres chimiques; des facteurs psychologiques pourraient contribuer aux spasmes des paupières ou des muscles faciaux, appelés tics; on peut tenter d'étirer ou de masser la zone touchée pour mettre fin au spasme. Une **crampe** est un spasme qui se prolonge; elle survient habituellement la nuit ou à la suite d'un exercice.

Syndrome de douleur chronique myofasciale Douleurs causées par une tension anormale dans une bande de fibres musculaires, laquelle est secouée par des soubresauts quand on touche la peau qui la recouvre. Surtout associé à des muscles posturaux surutilisés ou étirés. Se manifeste dans des régions précises (cou, épaule, bas du dos) et sous forme de points de douleur (points gâchettes).

Tétanos (1) État de contraction soutenu d'un muscle qui fait partie du fonctionnement normal des muscles squelettiques. (2) Maladie infectieuse aiguë causée par la toxine de la bactérie anaérobie *Clostridium tetani* et se manifestant par des spasmes douloureux persistants de certains muscles squelettiques. La maladie finit par entraîner une contracture des muscles masséters des mâchoires qui bloque l'ouverture de ces dernières (trismus) ainsi que des spasmes des muscles du tronc et des membres; sans vaccination préventive, la maladie cause la mort par insuffisance respiratoire ou épuisement.

RÉSUMÉ DU CHAPITRE

Tissu musculaire: caractéristiques générales (p. 316)

Types de tissu musculaire (p. 316)

1. Les muscles squelettiques sont striés, attachés au squelette et soumis à la volonté.
2. Le muscle cardiaque forme le cœur; il est strié et la régulation de sa fonction est involontaire.
3. Les muscles lisses sont situés en majorité dans les parois des organes creux, et la régulation de leur fonction est involontaire. Leurs fibres ne sont pas striées.

Caractéristiques fonctionnelles du tissu musculaire (p. 316)

4. Les caractéristiques fonctionnelles des muscles sont l'excitabilité, la contractilité, l'extensibilité et l'élasticité.

Fonctions des muscles (p. 316)

5. Les muscles font bouger des parties internes et externes du corps; ils permettent le maintien de la posture, contribuent à la stabilité des articulations et dégagent de la chaleur.

Muscles squelettiques (p. 317)

Anatomie macroscopique d'un muscle squelettique (p. 317)

1. Les fibres des muscles squelettiques (cellules musculaires ou myocytes) sont protégées et renforcées par des gaines de tissu conjonctif. De la couche superficielle à la couche profonde, on trouve l'épimysium, le périmysium et l'endomysium.
2. Les attaches des muscles squelettiques (origines et insertions) peuvent être soit directes, soit indirectes. Les attaches indirectes des tendons et des aponévroses résistent mieux à la friction.

Anatomie microscopique d'une fibre musculaire squelettique (p. 320)

3. Les fibres musculaires squelettiques sont longues, striées transversalement et multinucléées.
4. Les myofibrilles sont des éléments contractiles et elles occupent la plus grande partie du volume de la cellule. Leur apparence striée est due à l'alternance régulière de bandes sombres (stries A) et de bandes claires (stries I). Les myofibrilles sont des chaînes de sarcomères; chaque sarcomère contient des filaments minces (d'actine) et épais (de myosine) disposés de façon régulière. Les têtes des molécules de myosine forment des ponts d'union qui interagissent avec les filaments d'actine.
5. Le réticulum sarcoplasmique (RS) est un réseau de tubules membranaires qui entoure chaque myofibrille. Il a pour fonction de libérer, puis de reprendre et de retenir les ions calcium.
6. Les tubules transverses sont des invaginations du sarcolemme qui passent entre les citernes terminales du RS. Ils acheminent rapidement le stimulus électrique jusqu'aux parties profondes de la cellule.

Mécanisme de la contraction: modèle du glissement des filaments (p. 325)

7. Selon la théorie de la contraction par glissement des filaments, les filaments minces sont tirés vers le centre du sarcomère par les têtes de myosine des filaments épais.

Physiologie d'une fibre musculaire squelettique (p. 326)

8. La régulation de la contraction des cellules des muscles squelettiques comprend: (a) la production et la transmission d'un potentiel d'action le long du sarcolemme et (b) le couplage excitation-contraction.

9. Un potentiel de plaque se déclenche lorsque l'acétylcholine libérée par les corpuscules nerveux terminaux se lie aux récepteurs de l'acétylcholine situés sur le sarcolemme; cela modifie localement la perméabilité de la membrane, ce qui permet des échanges d'ions qui dépolarisent la membrane à cet endroit.
10. Le courant qui se propage à partir de la plaque motrice dépolarise les régions adjacentes du sarcolemme, ce qui ouvre les canaux à Na^+ voltage-dépendants et permet un afflux de Na^+. Ensuite, les canaux à Na^+ se referment et les canaux à K^+ voltage-dépendants s'ouvrent, repolarisant ainsi la membrane. Ces événements produisent le potentiel d'action. Lorsqu'il est amorcé, le potentiel d'action se propage de lui-même et ne peut être arrêté.
11. Pendant le couplage excitation-contraction, le potentiel d'action se propage le long des tubules transverses, provoquant ainsi la libération de calcium du réticulum sarcoplasmique vers l'intérieur de la cellule.
12. Le glissement des filaments est déclenché par l'augmentation de la concentration intracellulaire d'ions calcium. La liaison du calcium à la troponine écarte la tropomyosine des sites actifs de l'actine (sites de liaison à la myosine), ce qui permet la formation des ponts d'union. L'ATPase de la myosine dissocie l'ATP, ce qui fournit l'énergie pour la phase active; la liaison d'une nouvelle molécule d'ATP à la myosine permet le détachement des ponts d'union, dont la fonction cesse quand le calcium est à nouveau pompé dans le RS.

Contraction d'un muscle squelettique (p. 334)

13. Une unité motrice est constituée d'un neurone moteur et de toutes les cellules musculaires qu'il dessert. L'axone du neurone se divise en plusieurs branches qui se ramifient elles-mêmes en grappes de télodendrons; chacune de ces grappes forme une jonction neuromusculaire avec une cellule musculaire.
14. La secousse musculaire est la réponse d'un muscle squelettique à un seul stimulus liminaire de courte durée. La secousse musculaire comporte trois phases: la période de latence (lorsque les phénomènes préparatoires se produisent), la période de contraction (lorsque le muscle se tend et, dans certains cas, se raccourcit) et la période de relâchement (lorsque la tension musculaire diminue et que le muscle reprend sa longueur de repos).
15. Les réponses musculaires graduées à des stimulus de plus en plus rapides sont la sommation temporelle, le tétanos incomplet et le tétanos complet. La réponse graduée à des stimulus de plus en plus intenses est la sommation spatiale d'unités motrices ou le recrutement. Le type de recrutement et l'ordre dans lequel les unités motrices sont recrutées sont fonction du principe de taille.
16. Les contractions sont isotoniques si le muscle se raccourcit (contraction concentrique) ou s'allonge (contraction excentrique) pendant que la charge est déplacée. Elles sont isométriques si la tension musculaire ne produit ni raccourcissement ni allongement du muscle.

Métabolisme des muscles (p. 340)

17. La source d'énergie de la contraction musculaire est l'ATP, qui est produit par la réaction couplée de la créatine phosphate et de l'ADP, et par le métabolisme aérobie et anaérobie du glucose. Bien que la disponibilité de l'ATP diminue pendant la contraction musculaire, l'ATP n'est pas normalement un facteur de fatigue musculaire. Les causes de cette dernière ne sont pas toutes connues.

18. Lorsque l'ATP est synthétisé par les voies anaérobies, il y a accumulation d'acide lactique, les déséquilibres ioniques perturbent le potentiel de membrane et une dette d'oxygène apparaît. Pour que les muscles reviennent à leur état de repos, il faut que de l'ATP soit produit par la respiration cellulaire aérobie et utilisé pour régénérer la créatine phosphate, les réserves de glycogène doivent être reconstituées et l'acide lactique qui a été accumulé doit être oxydé.

19. Seule une proportion d'environ 40 % de l'énergie fournie par l'utilisation de l'ATP sert à produire la contraction. Le reste est libéré sous forme de chaleur.

Force de la contraction musculaire (p. 344)

20. La force de la contraction musculaire dépend du nombre et de la taille des cellules musculaires (plus elles sont nombreuses et grosses, plus la force est grande), de la fréquence des stimulations et du degré d'étirement du muscle.

21. Dans une secousse musculaire, la tension externe exercée sur la charge est toujours inférieure à la tension interne. Lorsqu'un muscle est tétanisé, la tension externe est égale à la tension interne.

22. Lorsque les filaments minces et épais se chevauchent légèrement, le muscle peut exercer sa force maximale. En cas d'étirement ou de raccourcissement exagérés du muscle, la force diminue.

Vitesse et durée de la contraction (p. 345)

23. Les facteurs qui déterminent la vitesse et la durée de la contraction musculaire sont la charge (plus elle est grande, plus la contraction est lente) et le type de fibres musculaires.

24. Il existe trois types de fibres musculaires : les fibres glycolytiques à contraction rapide (fatigables), les fibres oxydatives à contraction lente (résistantes à la fatigue) et les fibres oxydatives à contraction rapide (modérément résistantes à la fatigue). La plupart des muscles contiennent un mélange de ces différents types de fibres. Les types de fibres à contraction rapide peuvent se transformer d'un type à l'autre grâce à certains programmes d'entraînement.

Effets de l'exercice physique sur les muscles (p. 348)

25. La pratique régulière d'exercices aérobiques accroît l'efficacité, l'endurance, la force et la résistance à la fatigue des muscles squelettiques.

26. Les exercices contre résistance produisent une hypertrophie des muscles squelettiques et un gain important de force musculaire.

27. L'immobilisation des muscles mène à une faiblesse musculaire ainsi qu'à une atrophie grave.

28. Un entraînement inadéquat ou exagéré provoque des lésions de surutilisation qui peuvent être invalidantes.

Muscles lisses (p. 349)

Structure microscopique des fibres musculaires lisses (p. 351)

1. Les fibres des muscles lisses sont fusiformes et mononucléées ; elles ne sont pas striées.

2. Les cellules des muscles lisses sont le plus souvent disposées en couches. Elles ne possèdent pas de gaines complexes de tissu conjonctif, si ce n'est un peu d'endomysium.

3. Le réticulum sarcoplasmique est peu développé, et il n'y a pas de tubules transverses. Des filaments d'actine et de myosine sont présents, mais il n'y a pas de sarcomères. Les filaments intermédiaires et les corps denses forment un réseau intracellulaire qui dirige la traction exercée par les têtes de myosine et la transmet à la matrice extracellulaire.

Contraction des muscles lisses (p. 354)

4. Les fibres musculaires lisses sont parfois couplées électriquement par des jonctions ouvertes ; le rythme des contractions peut être établi par des cellules rythmogènes.

5. L'énergie nécessaire à la contraction des muscles lisses vient de l'ATP et elle est libérée par l'entrée du Ca^{2+}. Cependant, le calcium se lie à la calmoduline et non à la troponine (qui n'est pas présente dans les fibres musculaires lisses). En outre, la myosine doit être phosphorylée pour être active dans une contraction.

6. Les muscles lisses se contractent pendant de longues périodes en consommant peu d'énergie et sans se fatiguer.

7. Les neurotransmetteurs du système nerveux autonome peuvent soit inhiber, soit stimuler l'activité des muscles lisses. La contraction des muscles lisses peut aussi être déclenchée par les cellules rythmogènes, par des hormones ou par d'autres facteurs locaux de nature chimique qui font varier la concentration intracellulaire du calcium, ainsi que par un étirement mécanique.

8. Les fibres musculaires lisses possèdent certaines caractéristiques qui sont la réponse contraction-relâchement, la capacité d'exercer une force importante lors d'un fort étirement et l'hyperplasie dans certaines conditions.

Types de muscles lisses (p. 356)

9. Les fibres des muscles lisses unitaires sont couplées électriquement ; leurs contractions sont synchrones et souvent spontanées.

10. Les muscles lisses multiunitaires comprennent des fibres indépendantes et bien innervées ; ils ne possèdent pas de jonctions ouvertes ni de cellules rythmogènes. La stimulation vient des neurofibres du système nerveux autonome (ou d'hormones). Les contractions des muscles multiunitaires sont rarement synchrones.

Développement et vieillissement des muscles (p. 357)

1. Les tissus musculaires se développent à partir de cellules du mésoderme de l'embryon nommées myoblastes. Les fibres des muscles squelettiques sont formées par la fusion de plusieurs myoblastes. Les cellules lisses et les cellules cardiaques proviennent de myoblastes séparés et possèdent des jonctions ouvertes.

2. En se spécialisant, les fibres squelettiques et cardiaques perdent généralement le pouvoir de se diviser, mais elles gardent leur capacité d'hypertrophie. Les muscles lisses se régénèrent bien et sont capables d'hyperplasie.

3. Le développement des muscles squelettiques reflète la maturité du système nerveux ; il se déroule de la tête aux pieds et des parties proximales aux parties distales. La maîtrise neuromusculaire atteint son développement maximal vers le milieu de l'adolescence.

4. Les muscles squelettiques des femmes constituent environ 36 % de leur masse corporelle et ceux des hommes, environ 42 % ; la différence est due principalement à l'influence exercée par les hormones sexuelles mâles sur la croissance des muscles squelettiques.

5. Les muscles squelettiques sont richement vascularisés et assez résistants à l'infection mais, pendant le vieillissement, ils deviennent fibreux, perdent de la force et s'atrophient ; cependant, ce processus peut être ralenti si on suit un programme d'exercices approprié.

QUESTIONS DE RÉVISION

Choix multiples/associations

(Il peut y avoir plus d'une bonne réponse à certaines questions. Choisissez les meilleures réponses parmi celles qui sont proposées. Les réponses se trouvent à l'appendice G.)

1. Le tissu conjonctif qui recouvre le sarcolemme de chaque fibre musculaire se nomme: (**a**) épimysium; (**b**) périmysium; (**c**) endomysium; (**d**) périoste.

2. Parmi les structures suivantes, laquelle n'est pas une structure contractile? (**a**) La fibre musculaire; (**b**) le muscle; (**c**) la myofibrille; (**d**) le myofilament; (**e**) le sarcomère.

3. Les filaments minces et épais n'ont pas la même composition. Pour chacune de ces descriptions, dites si le filament correspondant est: (**a**) épais; (**b**) mince.
   _____ (**1**) Contient de l'actine.
   _____ (**2**) Contient de l'ATPase.
   _____ (**3**) Est relié à la ligne Z.
   _____ (**4**) Contient de la myosine.
   _____ (**5**) Contient de la troponine.
   _____ (**6**) Ne passe pas dans la strie I.

4. Pendant la contraction musculaire, la fonction des tubules transverses est de: (**a**) fabriquer et d'emmagasiner du glycogène; (**b**) libérer du Ca^{2+} à l'intérieur de la cellule, puis de le reprendre; (**c**) transmettre le potentiel d'action loin à l'intérieur des cellules musculaires; (**d**) former des protéines.

5. Les endroits où l'influx des neurones moteurs passe des terminaisons nerveuses à la membrane des cellules musculaires squelettiques sont: (**a**) les jonctions neuromusculaires; (**b**) les sarcomères; (**c**) les myofilaments; (**d**) les lignes Z.

6. Une contraction déclenchée par un seul stimulus de courte durée se nomme: (**a**) secousse musculaire; (**b**) sommation temporelle; (**c**) sommation spatiale d'unités motrices; (**d**) tétanos.

7. Une contraction longue et régulière provoquée par une stimulation très rapide du muscle, et dans laquelle il n'y a aucun signe de relâchement, s'appelle: (**a**) secousse musculaire; (**b**) sommation temporelle; (**c**) sommation spatiale d'unités motrices; (**d**) tétanos complet.

8. Toutes ces caractéristiques s'appliquent aux contractions isométriques, sauf une. Laquelle? (**a**) Le raccourcissement; (**b**) l'augmentation de la tension musculaire pendant toute la contraction; (**c**) l'absence de raccourcissement; (**d**) l'utilisation de ce type de contraction dans l'exercice contre résistance.

9. Pendant la contraction musculaire, l'ATP est fourni par: (**a**) une réaction couplée de la créatine phosphate et de l'ADP; (**b**) la dégradation du glucose par respiration cellulaire aérobie; (**c**) la glycolyse anaérobie.
   _____ (**1**) Par quelle voie l'ATP est-il fourni lors des toutes premières secondes d'activité?
   _____ (**2**) Laquelle (lesquelles) ne nécessite(nt) pas la présence d'oxygène?
   _____ (**3**) Quelle voie (aérobie ou anaérobie) produit le plus d'ATP par molécule de glucose?
   _____ (**4**) Laquelle produit de l'acide lactique?
   _____ (**5**) Laquelle a pour sous-produits le gaz carbonique et l'eau?
   _____ (**6**) Laquelle est la plus importante dans les sports d'endurance?

10. Le neurotransmetteur qui est libéré par les neurones moteurs somatiques est: (**a**) l'acétylcholine; (**b**) l'acétylcholinestérase; (**c**) la noradrénaline; (**d**) la calmoduline.

11. Les ions qui pénètrent dans le sarcoplasme pendant le déclenchement du potentiel d'action sont: (**a**) des ions calcium; (**b**) des ions chlorure; (**c**) des ions sodium; (**d**) des ions potassium.

12. Lors d'une contraction isotonique concentrique d'un muscle squelettique: (**a**) les sarcomères raccourcissent; (**b**) les myofilaments d'actine raccourcissent; (**c**) les myofilaments de myosine raccourcissent; (**d**) le muscle entier raccourcit; (**e**) il n'y a raccourcissement d'aucune structure musculaire.

13. La myoglobine a une fonction particulière dans le tissu musculaire. Elle: (**a**) dissocie le glycogène; (**b**) est une protéine contractile; (**c**) constitue une réserve d'oxygène à l'intérieur du muscle; (**d**) séquestre le calcium.

14. L'exercice aérobique entraîne toutes les conséquences suivantes, sauf une. Laquelle? (**a**) Accroissement de l'efficacité du système cardiovasculaire; (**b**) augmentation du nombre de mitochondries dans les cellules musculaires; (**c**) augmentation de la taille et de la force des cellules musculaires présentes; (**d**) augmentation de la résistance à la fatigue.

15. Les muscles lisses que l'on trouve dans les parois des systèmes digestif et urinaire et qui possèdent des jonctions ouvertes ainsi que des cellules rythmogènes sont du type: (**a**) multiunitaire; (**b**) unitaire.

16. Les muscles lisses ne présentent pas de striation parce qu'ils: (**a**) ne possèdent pas de filaments d'actine; (**b**) ne possèdent pas de filaments de myosine; (**c**) ne possèdent ni filaments d'actine ni filaments de myosine; (**d**) possèdent des filaments d'actine et de moyosine dont la disposition n'est pas régulière.

Questions à court développement

17. Le biceps brachial, un muscle squelettique, peut-il être considéré comme un organe? Expliquez.

18. Nommez et décrivez les quatre caractéristiques fonctionnelles du tissu musculaire qui sont à l'origine de la réponse musculaire.

19. Citez trois fonctions que remplit l'ensemble des gaines conjonctives du muscle squelettique.

20. Quelle est la différence (**a**) entre les attaches musculaires directes et indirectes et (**b**) entre un tendon et une aponévrose?

21. (**a**) Décrivez la structure d'un sarcomère et montrez les relations entre le sarcomère et les myofilaments. (**b**) Expliquez la théorie de la contraction par glissement des filaments en vous servant de schémas représentant un sarcomère détendu et un sarcomère contracté, et dans lesquels vous nommerez les différents éléments.

22. Quel est le rôle de l'acétylcholinestérase dans la contraction d'une cellule musculaire?

23. À l'aide des principaux éléments de la sommation spatiale des unités motrices, expliquez en quoi une contraction légère (mais régulière) diffère d'une contraction vigoureuse du même muscle. Montrez la différence entre la sommation spatiale et la sommation temporelle et précisez la fonction principale de cette dernière.

24. Expliquez ce que signifie l'expression «couplage excitation-contraction».

25. Définissez et dessinez une unité motrice; comparez l'unité motrice d'un muscle effectuant des mouvements délicats et précis avec l'unité motrice d'un muscle porteur.

26. Expliquez en quoi consiste le tonus musculaire; donnez trois fonctions du tonus musculaire.
27. Décrivez les trois différents types de fibres musculaires squelettiques.
28. Vrai ou faux? La plupart des muscles renferment une majorité de fibres musculaires squelettiques d'un type précis. Justifiez votre réponse.
29. Expliquez quelle est la cause (ou quelles sont les causes) de la fatigue musculaire et définissez clairement cette notion.
30. Définissez la dette d'oxygène.
31. Montrez les différences existant entre les fibres musculaires lisses et les fibres musculaires squelettiques en ce qui concerne les filaments que chaque type contient.
32. Les muscles lisses ont des caractéristiques particulières (faibles besoins énergétiques, capacité de maintenir une contraction pendant de longues périodes, réponse contraction-relâchement). Faites le lien entre ces propriétés et les fonctions des muscles lisses dans l'organisme.
33. Comparez les muscles lisses unitaires et les muscles lisses multiunitaires sur les plans de (**a**) la rapidité de leur contraction; (**b**) leur innervation; (**c**) la relation entre les fibres musculaires dans chaque type de muscle.
34. Qu'est-ce qu'un spasme musculaire? En quoi diffère-t-il d'une crampe musculaire?
35. Les effets recherchés par les utilisateurs des stéroïdes anabolisants concernent surtout le système musculaire. Citez quatre autres systèmes de l'organisme que ces substances peuvent aussi affecter et donnez, pour chacun, un exemple d'effet néfaste qu'elles peuvent entraîner.

Réflexion et application

1. Lorsqu'on a découvert le cadavre d'une personne qui s'était suicidée, le coroner était incapable de retirer le contenant de comprimés qu'il tenait dans sa main. Expliquez pourquoi. Si le cadavre avait été découvert trois jours plus tard, le coroner aurait-il réussi à faire ouvrir la main de la victime? Expliquez.
2. Un homme de 30 ans décide que son apparence laisse beaucoup à désirer. Pour essayer de remédier à cet état de choses, il s'inscrit à un club de mise en forme et commence à soulever des poids trois fois par semaine. Au bout de trois mois d'entraînement, pendant lesquels il a soulevé des haltères de plus en plus lourdes, il remarque que les muscles de ses bras et de son torse sont devenus nettement plus gros. Expliquez les raisons structurales et fonctionnelles de ces changements.
3. Des myorelaxants sont administrés à un patient au cours d'une intervention chirurgicale importante. Laquelle des deux substances chimiques décrites serait un bon myorelaxant pour le muscle lisse et pourquoi?
   - La substance A se lie aux récepteurs de l'acétylcholine des cellules musculaires et les masque.
   - La substance B produit un afflux de calcium dans le cytoplasme des cellules musculaires.
4. Michel répond à des questions portant sur l'excitation et la contraction des cellules du muscle squelettique. À la question «Quelle protéine change de conformation quand elle se lie au calcium?», il répond la tropomyosine. Quelle aurait dû être sa réponse et quel est le résultat de cette liaison calcique?

9

10

Le système musculaire

Interactions entre les muscles squelettiques (p. 370)

Noms des muscles squelettiques (p. 370)

Mécanique musculaire: importance des modes d'agencement des faisceaux de fibres et des systèmes de levier (p. 371)

Agencement des faisceaux de fibres (p. 371)

Systèmes de levier: relations entre les os et les muscles (p. 372)

Principaux muscles squelettiques (p. 375)

C'est grâce aux muscles que le corps humain est capable d'effectuer une gamme extraordinaire de mouvements, par exemple faire un clin d'œil, se tenir debout sur la pointe des pieds ou encore manier un gros marteau. Le terme «tissu musculaire» s'applique à tous les tissus contractiles (muscles squelettiques, cardiaque ou lisses), mais notre étude du système musculaire portera uniquement sur les **muscles squelettiques**, ces organes composés de fibres musculaires striées, et sur leurs gaines et attaches de tissu conjonctif. La «machinerie» musculaire qui permet au corps d'effectuer une multitude de mouvements constitue l'élément central de ce chapitre. Toutefois, avant d'entreprendre la description détaillée de chacun des muscles, nous allons décrire la façon dont un muscle «travaille» avec ou contre un autre pour produire un mouvement, nous examinerons les critères utilisés pour nommer les muscles et nous expliquerons les principes du levier.

Interactions entre les muscles squelettiques

1 Définir les rôles des muscles agonistes, antagonistes, synergiques et fixateurs, et donner un exemple de chaque type.

L'arrangement des muscles leur permet de travailler ensemble ou en opposition pour accomplir une grande variété de mouvements. Lorsque vous mangez, par exemple, vous portez votre fourchette à votre bouche, puis vous l'abaissez vers l'assiette : c'est grâce aux muscles de votre bras et de votre main que vous effectuez ces deux gestes. Mais les muscles ne peuvent que *tirer*; ils ne *poussent* jamais. Lorsqu'un muscle se raccourcit, son *insertion* ou *terminaison* (point d'attache sur l'os en mouvement) se déplace généralement vers son *origine* (point d'attache fixe ou immobile). (Le point d'attache qui est fixe dans un mouvement donné peut cependant devenir le point d'attache mobile pour un autre type de mouvement.) Ainsi, pour toute action d'un muscle (ou d'un groupe de muscles), un autre muscle ou groupe de muscles produit l'effet contraire.

Les muscles peuvent être répartis en quatre groupes *fonctionnels*: agonistes, antagonistes, synergiques et fixateurs. Le muscle qui est le principal responsable d'un mouvement est appelé **agoniste**. Dans la flexion du coude, l'agoniste est le muscle biceps brachial, qui recouvre la face antérieure du bras (et qui s'insère sur le radius).

Les muscles qui s'opposent à un mouvement ou produisent un effet contraire sont appelés **antagonistes**. Lorsqu'un agoniste est en activité, les muscles antagonistes peuvent être étirés ou même au repos. Cependant, les antagonistes servent habituellement à diriger l'action d'un agoniste en se contractant pour y opposer une certaine résistance. Ce faisant, ils contribuent à empêcher un geste de dépasser sa cible ou encore à ralentir ou à arrêter une action. En toute logique, un agoniste et son antagoniste sont situés de part et d'autre de l'articulation où ils agissent. Des antagonistes peuvent aussi être agonistes. Par exemple, le muscle triceps brachial, antagoniste du biceps brachial lors de la flexion du coude, devient l'agoniste dans le mouvement d'extension du coude. Comme nous l'avons vu au chapitre 9, il est important que les deux membres de toute paire agoniste-antagoniste soient sollicités et qu'ils se développent autant l'un que l'autre pour éviter une tension excessive sur le muscle le moins développé et une raideur articulaire.

La plupart des mouvements font également intervenir l'action d'un ou de plusieurs muscles **synergiques** (*sun*: avec; *ergon*: travail). Les synergiques aident les agonistes (1) en ajoutant un peu de force au même mouvement ou (2) en réduisant les mouvements inutiles ou indésirables qui peuvent survenir lorsqu'un agoniste se contracte. Cette dernière fonction mérite qu'on s'y attarde. Lorsqu'un muscle croise deux ou plusieurs articulations,

sa contraction provoque la mise en mouvement de toutes ces articulations, à moins que d'autres muscles ne les stabilisent. Par exemple, les muscles fléchisseurs des doigts croisent les articulations du poignet et des phalanges, mais il est quand même possible de fermer le poing sans fléchir le poignet, car les muscles synergiques stabilisent l'articulation. Pendant l'action de certains fléchisseurs, des mouvements de rotation indésirables risqueraient aussi de se produire; les synergiques empêchent ces mouvements, laissant ainsi toute la force de l'agoniste s'exercer dans la direction voulue.

Lorsqu'ils immobilisent un os, ou l'origine d'un muscle afin de fournir à l'agoniste un point d'appui solide, les synergiques prennent le nom de **fixateurs**. Au chapitre 7, nous avons vu que la scapula est très mobile, car elle n'est retenue au squelette axial que par des muscles. Le rôle des muscles fixateurs, qui s'étendent du squelette axial jusqu'à la scapula, est donc d'immobiliser celle-ci afin que seuls les mouvements désirés puissent s'accomplir à l'articulation de l'épaule. Les muscles qui concourent au maintien de la station debout sont aussi des fixateurs.

En résumé, bien que les agonistes soient les principaux responsables de la réalisation d'un mouvement, l'action des muscles antagonistes et synergiques est tout aussi importante pour assurer des mouvements harmonieux, précis et coordonnés. Par ailleurs, un même muscle peut être l'agoniste d'un mouvement, l'antagoniste d'un autre mouvement, le synergique d'un autre mouvement, et ainsi de suite.

Noms des muscles squelettiques

2 Énumérer les critères utilisés pour nommer les muscles. Donner un exemple illustrant la manière dont chacun de ces critères est utilisé.

Les muscles squelettiques sont nommés selon certains critères qui décrivent en quelque sorte un aspect du muscle dont on parle. En prêtant attention à ces indices, il devient plus facile d'apprendre les noms et les actions des muscles.

1. **Situation du muscle.** Certains noms de muscles indiquent l'os ou l'endroit du corps auxquels le muscle est associé. Par exemple, le muscle temporal recouvre l'os temporal et les muscles intercostaux sont situés entre les côtes.
2. **Forme du muscle.** Certains muscles possèdent une forme caractéristique et tirent leur nom de cette particularité. Par exemple, le deltoïde est presque triangulaire (*deltoïde*: en forme de triangle) et les trapèzes gauche et droit forment ensemble un trapèze.
3. **Taille relative du muscle.** Des termes tels que «grand», «petit», «long» et «court» apparaissent souvent dans les noms des muscles, comme dans grand fessier, petit fessier, long adducteur et court extenseur du pouce.
4. **Direction des fibres musculaires.** Le nom de certains muscles indique la direction de leurs fibres (et faisceaux de fibres) par rapport à une ligne imaginaire, généralement la ligne médiane du corps ou l'axe longitudinal de l'os d'un membre. Dans les muscles dont le nom comporte

le terme « droit », les fibres sont parallèles à cette ligne (axe) imaginaire ; les termes « transverse » et « oblique » indiquent que les fibres sont respectivement perpendiculaires et en diagonale par rapport à cette ligne. Le muscle droit fémoral et le muscle transverse de l'abdomen sont des muscles dont le nom indique la direction des fibres.

5. **Nombre d'origines.** Lorsque les termes « biceps », « triceps » ou « quadriceps » font partie du nom d'un muscle, on peut en déduire que ce dernier possède deux, trois ou quatre origines. Par exemple, le biceps brachial (du bras) a deux origines, ou *chefs*.

6. **Points d'attache.** Certains muscles sont nommés d'après leurs points d'origine et d'insertion. C'est l'origine qui est d'abord donnée. Par exemple, le muscle sternocléidomastoïdien a une double origine, sur le sternum (*sterno*) et sur la clavicule (*cléido*), et il s'insère sur le processus *mastoïde* de l'os temporal.

7. **Action du muscle.** Lorsque les muscles sont nommés d'après leur action, des termes tels que « fléchisseur », « extenseur », « adducteur » ou « abducteur » apparaissent dans leur nom. Par exemple, le muscle long adducteur, localisé sur la face interne de la cuisse, produit le mouvement d'adduction de la cuisse, et le muscle supinateur produit la supination de l'avant-bras (mouvement de la paume de la main vers le haut). (Pour revoir les termes associés aux différents mouvements, consulter le chapitre 8, figures 8.5 et 8.6.)

Souvent, les noms des muscles sont établis en fonction de plusieurs critères à la fois. Par exemple, le terme « long extenseur radial du carpe » désigne l'action du muscle (extension), l'endroit où s'exerce cette action (carpe) et sa taille (long, par rapport aux autres muscles extenseurs du poignet) ; il nous apprend également que ce muscle est situé près du radius (radial). Malheureusement, tous les noms des muscles ne sont pas aussi descriptifs.

VÉRIFIONS NOS ACQUIS

1. Sur le plan physiologique, que signifie le terme « agoniste » ?
2. Quels critères ont été utilisés pour nommer les muscles suivants : iliaque, petit adducteur, quadriceps crural ?
3. Pourriez-vous déduire les points d'attache du muscle stylohyoïdien d'après son nom ?

Les réponses se trouvent à l'appendice G.

Mécanique musculaire : importance des modes d'agencement des faisceaux de fibres et des systèmes de levier

3 Nommer et décrire les modes les plus courants d'agencement des faisceaux de fibres dans les muscles et expliquer le lien entre ces modes d'agencement et la production d'une force.

4 Définir un levier et expliquer la différence entre un levier qui fonctionne avec un avantage mécanique et un levier qui fonctionne avec un désavantage mécanique.

5 Nommer les trois genres de leviers ; pour chacun des cas, donner un exemple se présentant dans l'organisme, indiquer l'arrangement de la force, du point d'appui et de la charge, et préciser s'il fonctionne avec un avantage ou un désavantage mécanique.

La plupart des facteurs qui influent sur la force et la rapidité des muscles (charge, type de fibres, etc.) ont été vus au chapitre 9, sauf deux facteurs importants : les différents modes d'agencement des faisceaux de fibres dans les muscles et les systèmes de levier. La prochaine section portera donc sur ces deux facteurs.

Agencement des faisceaux de fibres

Tous les muscles sont composés de faisceaux de fibres, mais l'agencement de ces derniers est variable, si bien que les muscles diffèrent tant par leurs formes que par leurs capacités fonctionnelles. Les agencements les plus courants sont de type parallèle, penné, convergent ou circulaire **(figure 10.1)**.

L'agencement des faisceaux de fibres d'un muscle est qualifié de **circulaire** lorsque ceux-ci sont disposés en cercles concentriques (figure 10.1a). Le muscle orbiculaire de la bouche et le muscle orbiculaire de l'œil sont circulaires. La fonction de certains muscles circulaires consiste à fermer la lumière d'un conduit ; ils sont regroupés sous le nom générique de *sphincters* (*sphingein* : serrer). Le muscle sphincter externe de l'anus (squelettique) et le muscle interne de l'anus (lisse) en sont des exemples.

Un muscle est dit **convergent** lorsque son origine est large et que ses faisceaux aboutissent à un tendon unique au niveau de l'insertion. Sa forme est plus ou moins triangulaire, en éventail. Le muscle grand pectoral, situé sur la partie antérieure du thorax, est de type convergent (figure 10.1b).

Dans l'agencement **parallèle**, les axes longitudinaux des faisceaux de fibres sont orientés parallèlement à l'axe longitudinal du muscle. Ces muscles adoptent la forme d'une *courroie*, comme le muscle sartorius de la cuisse (figure 10.1c), ou sont *fusiformes* (en forme de fuseau) avec un ventre (partie centrale) épais, comme le muscle biceps brachial (figure 10.1f). Pour certains anatomistes, ce type de muscles doit faire partie d'une classe à part, celle des muscles **fusiformes**. C'est cette classification que nous retiendrons ici.

Dans le type **penné** (*penna* : plume), les faisceaux de fibres sont courts et ils s'attachent en diagonale à un tendon central qui suit l'axe du muscle. Si, comme c'est le cas du muscle long extenseur des orteils (muscle de la jambe), les faisceaux s'insèrent tous du même côté du tendon, le muscle est *unipenné* (figure 10.1d). Si les faisceaux s'insèrent sur deux côtés opposés du tendon et que le grain du muscle est semblable à celui d'une plume, on dit qu'il est *bipenné* (figure 10.1e). Le muscle droit fémoral est bipenné. Un muscle dont l'agencement des faisceaux de fibres est *multipenné* ressemble à un ensemble de plumes placées côte à côte, leurs tuyaux insérés obliquement sur un même gros tendon. Le muscle deltoïde, qui souligne l'arrondi de l'épaule, est multipenné (figure 10.1g).

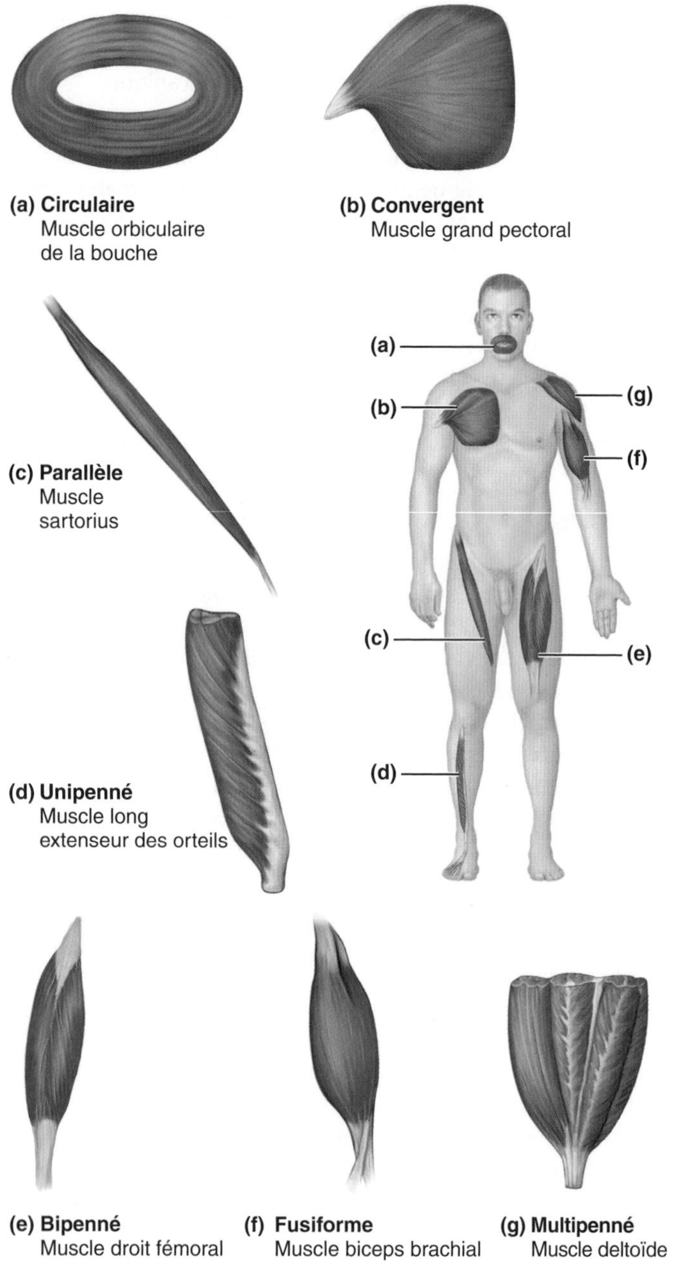

(a) Circulaire
Muscle orbiculaire
de la bouche

(b) Convergent
Muscle grand pectoral

(c) Parallèle
Muscle
sartorius

(d) Unipenné
Muscle long
extenseur des orteils

(e) Bipenné
Muscle droit fémoral

(f) Fusiforme
Muscle biceps brachial

(g) Multipenné
Muscle deltoïde

Figure 10.1   Mode d'agencement des faisceaux de fibres dans les muscles.

L'amplitude de mouvement d'un muscle (le mouvement produit quand un muscle raccourcit) et sa puissance sont fonction de l'agencement de ses faisceaux de fibres. Comme les fibres musculaires contractées mesurent environ 70 % de leur longueur de repos, plus les fibres sont longues et parallèles à l'axe longitudinal du muscle, plus le muscle peut se raccourcir. Les muscles dont les faisceaux de fibres sont parallèles raccourcissent davantage, mais ils ne sont pas très puissants en règle générale. La force d'un muscle dépend plutôt du nombre total de fibres qui le constituent : plus elles sont nombreuses, plus il est puissant. Les muscles épais de type bipenné et multipenné, qui renferment le plus grand nombre de fibres, raccourcissent très peu mais sont très puissants.

4. Parmi les muscles illustrés à la figure 10.1, lesquels possèdent la capacité de raccourcissement la plus grande ? Nommez les deux muscles qui sont probablement les plus puissants. Pourquoi ?

Les réponses se trouvent à l'appendice G.

Systèmes de levier : relations entre les os et les muscles

Le fonctionnement de la plupart des muscles squelettiques fait intervenir un **système de levier** (par lequel les *muscles* et le squelette travaillent ensemble). Un **levier** est une barre rigide se déplaçant autour d'un point fixe, le **point d'appui** (pivot), et soumise à l'action d'une force. La **force** est le travail fourni pour vaincre la résistance offerte par une **charge**. Dans le corps humain, les articulations constituent les points d'appui et les os du squelette agissent comme leviers. La force provient de la contraction d'un muscle et elle est appliquée sur l'os au point d'insertion du muscle. L'os lui-même, les tissus qui le recouvrent et tout ce que l'on veut déplacer avec ce levier constituent la charge.

Un levier permet de soulever, avec peu de force, une charge plus lourde ou de la déplacer sur une distance plus grande ou à une vitesse plus élevée qu'il ne serait possible autrement. Dans la **figure 10.2a**, la charge se situe près du point d'appui et la force est appliquée loin de celui-ci ; dans un tel cas, il suffit d'exercer une petite force à une distance relativement grande pour déplacer une charge lourde sur une courte distance. On dit d'un tel levier qu'il fonctionne avec un **avantage mécanique** et on l'appelle *levier de puissance*. Par exemple, comme le montre l'illustration de la partie droite de la figure 10.2a, une personne peut soulever une voiture avec ce genre de levier (ici un cric). Chaque poussée vers le bas sur le bras du cric n'élève la voiture qu'un petit peu, mais elle ne requiert qu'un minimum de force musculaire.

Si, au contraire, la charge se situe loin du point d'appui et si la force est appliquée près de celui-ci, la force déployée par le muscle doit être plus grande que la charge soutenue ou soulevée (figure 10.2b). Ce système de levier fonctionne avec un **désavantage mécanique** et est appelé *levier de vitesse*. Il se révèle cependant utile, car il permet de déplacer rapidement une charge sur une longue distance (avec des mouvements de grande amplitude). Lorsque nous manions une pelle, nous mettons en action ce genre de levier. Comme vous pouvez le voir, des situations légèrement différentes du point d'insertion d'un muscle (par rapport au point d'appui ou articulation) peuvent se traduire par des écarts importants dans la force que doit fournir un muscle pour déplacer une charge donnée ou vaincre une résistance.

Tous les leviers suivent le même principe de base :

Force appliquée plus loin du point d'appui que la charge	=	levier avec avantage mécanique
Force appliquée plus près du point d'appui que la charge	=	levier avec désavantage mécanique

**Force × longueur du bras de la force = charge × longueur du bras de la charge
(force × distance) = (résistance × distance)**

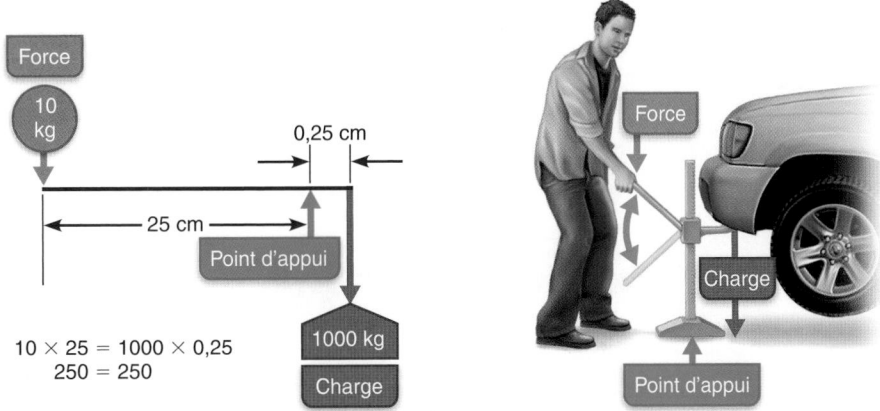

(a) Système de levier fonctionnant avec un avantage mécanique

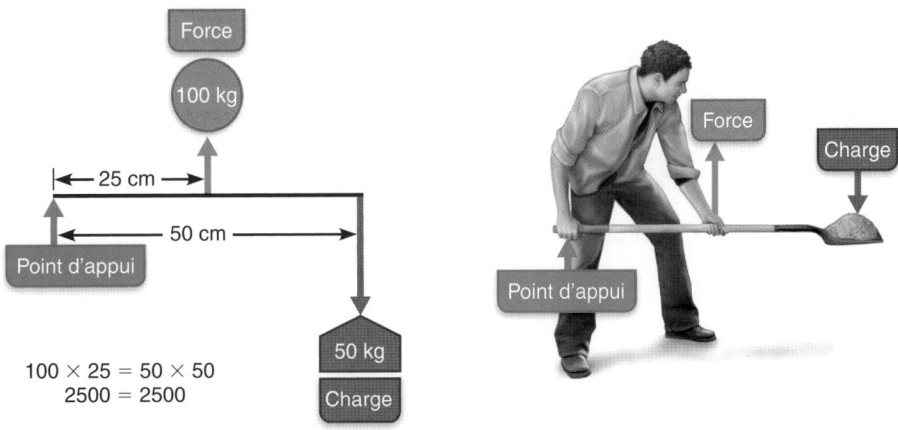

(b) Système de levier fonctionnant avec un désavantage mécanique

Figure 10.2 Systèmes de levier fonctionnant avec un avantage ou un désavantage mécaniques. L'équation en haut de la figure exprime la relation entre la force et la distance dans tout système de levier. **(a)** Système de levier fonctionnant avec un avantage mécanique. Quand on utilise un cric, la charge soulevée est plus grande que la force fournie par les muscles. Il faut fournir une force de 10 kg pour soulever une voiture de 1000 kg (la charge). **(b)** Système de levier fonctionnant avec un désavantage mécanique. Quand on soulève de la terre avec une pelle, la force musculaire déployée est supérieure à la charge. Pour soulever 50 kg de terre (la charge), il faut produire une force de 100 kg. Les leviers qui fonctionnent avec un désavantage mécanique sont nombreux dans le corps humain.

Selon la position relative des trois éléments – point d'application de la force, point d'appui et charge –, un levier appartient à l'un des trois genres suivants. Dans les **leviers du premier genre**, la force est appliquée à une extrémité du levier et la charge se trouve à l'autre bout, le point d'appui étant situé quelque part entre les deux. Une bascule et des ciseaux sont des exemples familiers de ce type de leviers ; de même, nous mettons en action un levier de ce genre quand nous relevons la tête **(figure 10.3a)**. Dans le corps humain, on trouve des leviers du premier genre qui fonctionnent avec un avantage mécanique (pour la force) ; d'autres, comme dans le cas de l'action du muscle triceps brachial dans l'extension de l'avant-bras contre une charge, fonctionnent avec un désavantage mécanique (pour la vitesse et la distance).

Dans les **leviers du deuxième genre**, la force est appliquée à une extrémité du levier et le point d'appui est situé à l'autre bout, avec la charge entre les deux, comme dans le cas de la brouette. Dans le corps humain, se tenir debout sur la pointe des pieds en est un exemple (figure 10.3b), mais il existe peu de situations nécessitant la mise en jeu de ce genre de leviers. Tous les leviers du deuxième genre de notre organisme travaillent avec un avantage mécanique parce que l'insertion du muscle est toujours plus loin du point d'appui que la charge à déplacer. Une grande force peut être fournie grâce à ce genre de leviers, mais l'amplitude et la vitesse des mouvements sont diminuées.

Dans les **leviers du troisième genre**, la force est appliquée entre la charge et le point d'appui. Ces leviers autorisent un

10

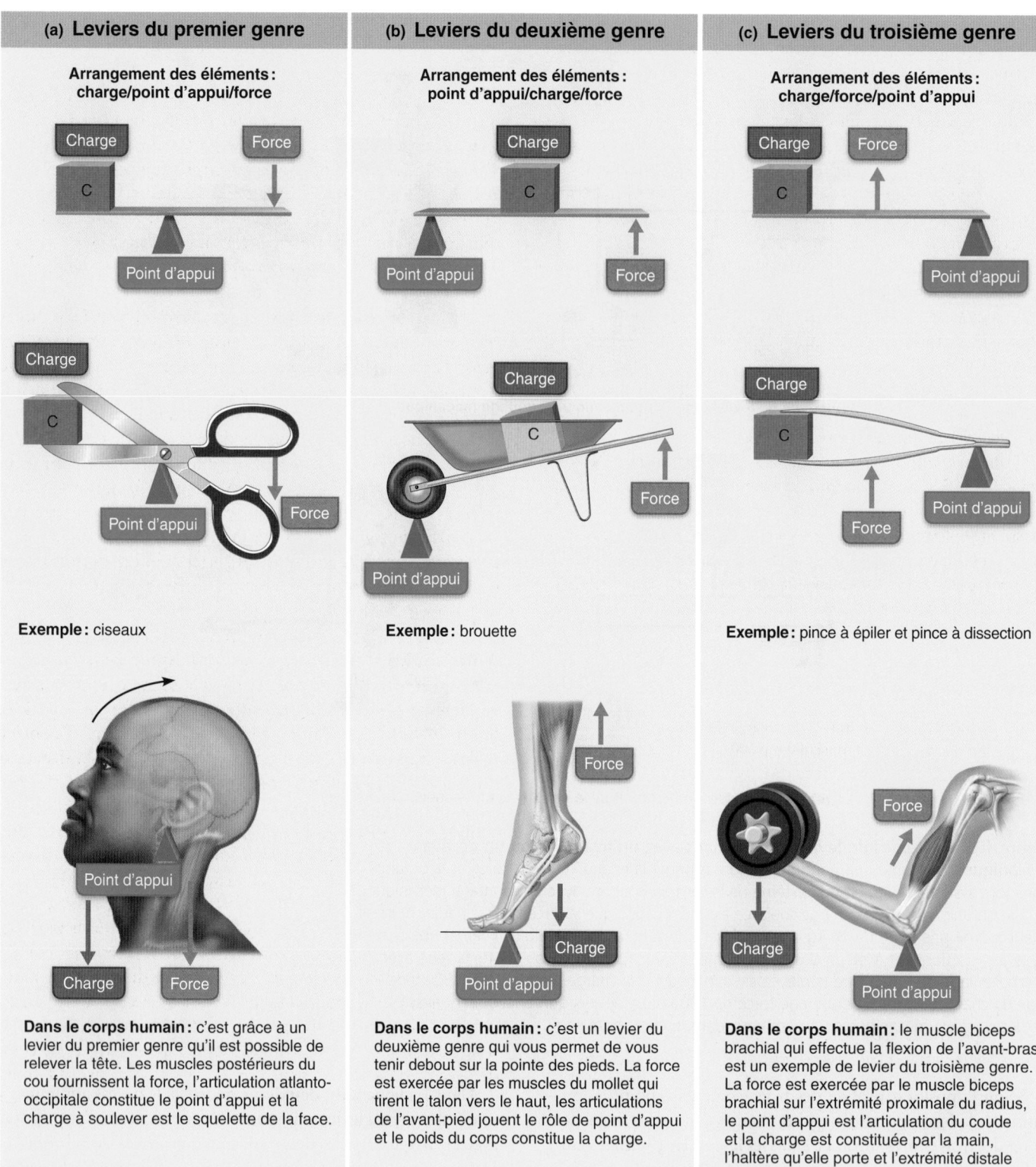

(a) Leviers du premier genre

Arrangement des éléments :
charge/point d'appui/force

Charge / Force / Point d'appui

Exemple : ciseaux

Dans le corps humain : c'est grâce à un levier du premier genre qu'il est possible de relever la tête. Les muscles postérieurs du cou fournissent la force, l'articulation atlanto-occipitale constitue le point d'appui et la charge à soulever est le squelette de la face.

(b) Leviers du deuxième genre

Arrangement des éléments :
point d'appui/charge/force

Charge / Point d'appui / Force

Exemple : brouette

Dans le corps humain : c'est un levier du deuxième genre qui vous permet de vous tenir debout sur la pointe des pieds. La force est exercée par les muscles du mollet qui tirent le talon vers le haut, les articulations de l'avant-pied jouent le rôle de point d'appui et le poids du corps constitue la charge.

(c) Leviers du troisième genre

Arrangement des éléments :
charge/force/point d'appui

Charge / Force / Point d'appui

Exemple : pince à épiler et pince à dissection

Dans le corps humain : le muscle biceps brachial qui effectue la flexion de l'avant-bras est un exemple de levier du troisième genre. La force est exercée par le muscle biceps brachial sur l'extrémité proximale du radius, le point d'appui est l'articulation du coude et la charge est constituée par la main, l'haltère qu'elle porte et l'extrémité distale de l'avant-bras.

Figure 10.3 **Systèmes de levier.**

déplacement rapide de la charge, mais *toujours* avec un désavantage mécanique. La pince à épiler et la pince à dissection sont des exemples de ce genre de leviers. La plupart des muscles squelettiques agissent dans des systèmes de levier du troisième genre. Une bonne illustration en est l'activité du muscle biceps brachial qui soulève la partie distale de l'avant-bras et la main avec tout ce qu'elle porte (figure 10.3c). Dans les systèmes de levier du troisième genre, un muscle peut avoir un point d'insertion très proche de l'articulation où s'effectue le mouvement, ce qui provoque un mouvement rapide et de grande amplitude (comme lors d'un lancer) ne nécessitant qu'un raccourcissement relativement faible du muscle. Les muscles qui actionnent des leviers du troisième genre doivent être plus épais et plus puissants que les autres pour compenser le fait qu'ils fonctionnent en désavantage mécanique.

En conclusion, on peut dire que, selon la disposition des trois éléments d'un levier, l'activité du muscle est modifiée quant à : (1) la vitesse de contraction ; (2) l'amplitude du mouvement ; et (3) le poids de la charge qui peut être levée. Dans les systèmes de levier qui fonctionnent avec un désavantage mécanique (leviers de vitesse), la force est sacrifiée au profit de la vitesse et de l'amplitude du mouvement, ce qui peut représenter un avantage marqué. Les systèmes qui fonctionnent avec un avantage mécanique (leviers de puissance) sont plus lents, plus stables et se rencontrent là où la force est primordiale.

VÉRIFIONS NOS ACQUIS

5. Lequel des trois systèmes de levier entrant en jeu dans la mécanique musculaire est le plus rapide ?
6. Quel est l'intérêt d'un levier qui fonctionne avec un avantage mécanique ?

Les réponses se trouvent à l'appendice G.

Principaux muscles squelettiques

6 Nommer et situer les muscles décrits aux tableaux 10.1 à 10.17. Préciser les points d'origine et d'insertion de chacun, leurs particularités ainsi que leurs actions.

Le plan d'ensemble du système musculaire est des plus impressionnants en raison du nombre très élevé de muscles squelettiques dans le corps humain – on en compte plus de 600 (beaucoup plus que ceux que l'on voit aux **figures 10.4** et **10.5**) ! Il est évident que la mémorisation du nom, de la situation et des actions de tous les muscles est une tâche énorme. Il ne sera fait mention ici que des principaux muscles (envi-

ron 125), mais il vous faudra quand même fournir un effort soutenu pour mémoriser toutes les informations qui les concernent.

Cette mémorisation sera plus facile si vous pouvez appliquer vos connaissances en pratique ou en clinique ; en d'autres termes, elle devra se faire dans une *perspective d'anatomie fonctionnelle*. Une fois que vous avez appris le nom d'un muscle et que vous pouvez le repérer sur un cadavre, un mannequin ou un schéma, vous devez enrichir votre savoir en cherchant quelle est la fonction de ce muscle. (Il peut être utile de réviser les mouvements du corps [voir p. 291-295] avant de passer à cette étape.)

Dans les tableaux qui suivent, les muscles ont été regroupés selon leur fonction et leur situation, en allant de la tête jusqu'aux pieds. Chaque tableau est associé à une figure ou à un ensemble de figures qui représente les muscles décrits. Le texte au début de chaque tableau donne une vue d'ensemble des types de mouvements effectués par les muscles décrits et permet d'établir des liens entre ces derniers. Quant au tableau lui-même, il fournit, pour chaque muscle, des informations sur sa forme, sa situation par rapport aux autres muscles, ses points d'origine et d'insertion, ses principales actions et son innervation. Nous avons mis en bleu les noms des os et des structures osseuses qui constituent les points d'origine et les points d'insertion afin d'en faciliter la mémorisation.

Quand vous étudiez chaque muscle, prêtez attention aux renseignements fournis par son nom. Après avoir lu sa description au complet, repérez-le dans la figure correspondante et, dans le cas des muscles superficiels, reportez-vous à la figure 10.4 ou 10.5. Cette méthode vous permettra d'associer la description du tableau à une représentation de la situation du muscle dans le corps. Essayez aussi d'établir un rapport entre ses points d'attache et sa situation, d'une part, et les actions qu'il autorise, d'autre part. Vous pourrez ainsi vous concentrer sur des détails fonctionnels qui échappent souvent à l'attention. Par exemple, les articulations du coude et du genou sont toutes deux des articulations trochléennes qui permettent la flexion et l'extension. Cependant, la flexion du genou produit le mouvement de la jambe vers l'arrière (le mollet se déplace vers la partie postérieure de la cuisse), alors que la flexion du coude amène l'avant-bras vers la face antérieure du bras. En conséquence, les fléchisseurs de la jambe sont situés sur la face postérieure de la cuisse, tandis que ceux de l'avant-bras se trouvent sur la face antérieure du bras. Comme plusieurs muscles produisent plus d'une action, nous avons indiqué la principale en caractères rouges dans les tableaux.

Enfin, rappelez-vous que le *meilleur* moyen d'apprendre à connaître les actions des muscles est d'effectuer soi-même des mouvements et de palper les muscles qui se contractent sous la peau.

10

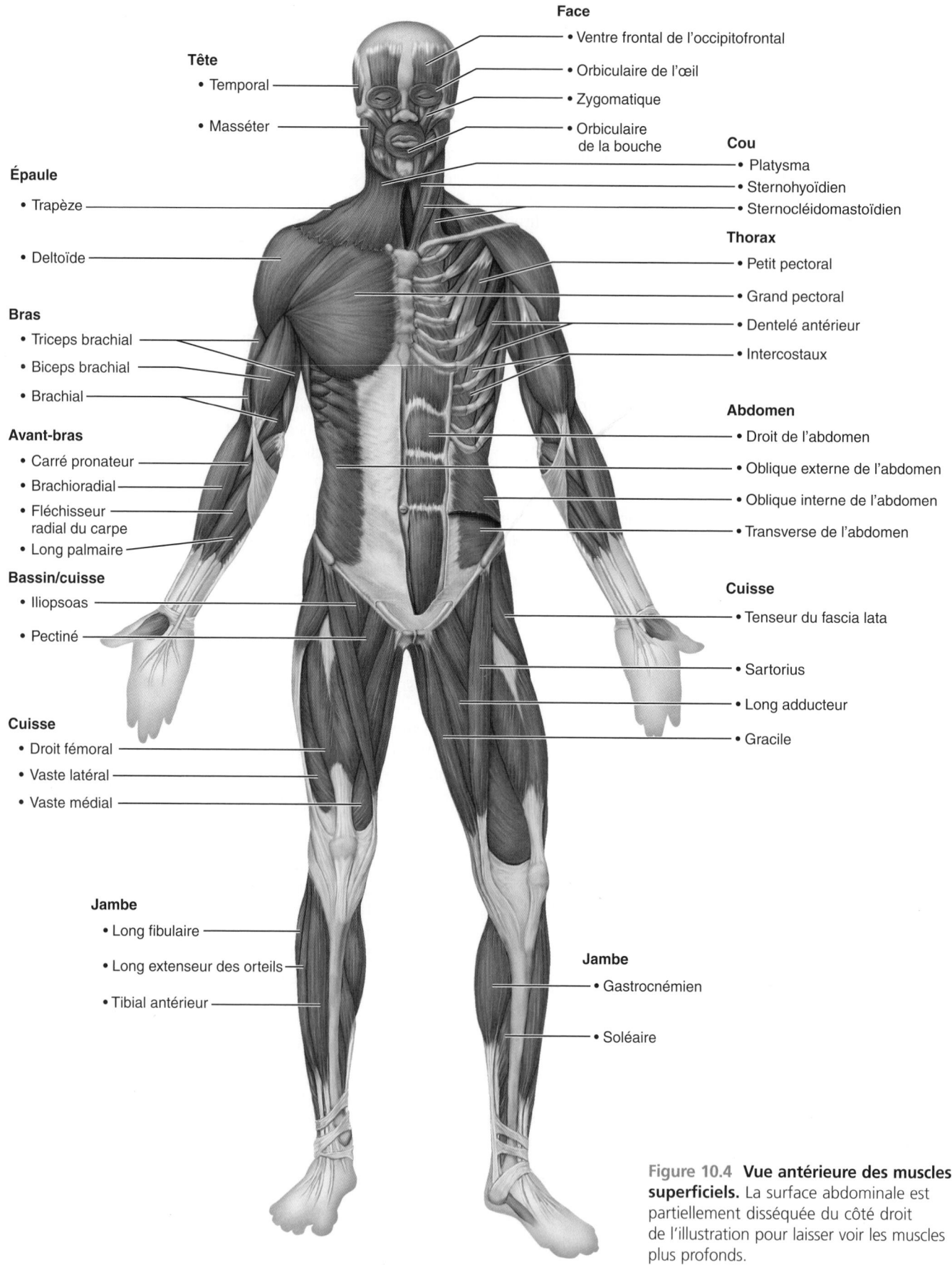

Face
• Ventre frontal de l'occipitofrontal
• Orbiculaire de l'œil
• Zygomatique
• Orbiculaire de la bouche

Tête
• Temporal
• Masséter

Cou
• Platysma
• Sternohyoïdien
• Sternocléidomastoïdien

Épaule
• Trapèze
• Deltoïde

Thorax
• Petit pectoral
• Grand pectoral
• Dentelé antérieur
• Intercostaux

Bras
• Triceps brachial
• Biceps brachial
• Brachial

Avant-bras
• Carré pronateur
• Brachioradial
• Fléchisseur radial du carpe
• Long palmaire

Abdomen
• Droit de l'abdomen
• Oblique externe de l'abdomen
• Oblique interne de l'abdomen
• Transverse de l'abdomen

Bassin/cuisse
• Iliopsoas
• Pectiné

Cuisse
• Tenseur du fascia lata
• Sartorius
• Long adducteur
• Gracile

Cuisse
• Droit fémoral
• Vaste latéral
• Vaste médial

Jambe
• Long fibulaire
• Long extenseur des orteils
• Tibial antérieur

Jambe
• Gastrocnémien
• Soléaire

Figure 10.4 Vue antérieure des muscles superficiels. La surface abdominale est partiellement disséquée du côté droit de l'illustration pour laisser voir les muscles plus profonds.

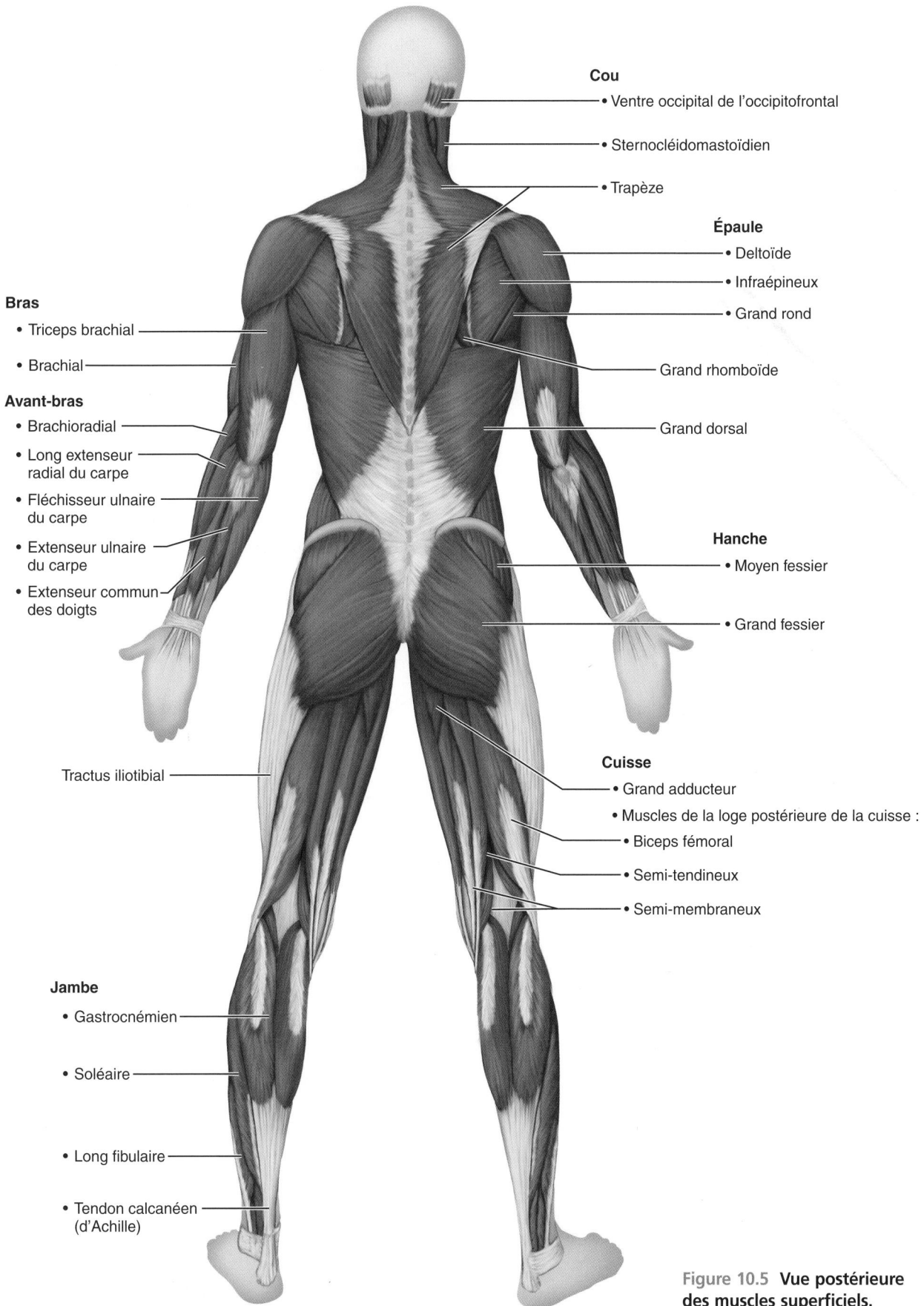

Cou
- Ventre occipital de l'occipitofrontal
- Sternocléidomastoïdien
- Trapèze

Épaule
- Deltoïde
- Infraépineux
- Grand rond

Grand rhomboïde

Grand dorsal

Bras
- Triceps brachial
- Brachial

Avant-bras
- Brachioradial
- Long extenseur radial du carpe
- Fléchisseur ulnaire du carpe
- Extenseur ulnaire du carpe
- Extenseur commun des doigts

Hanche
- Moyen fessier
- Grand fessier

Tractus iliotibial

Cuisse
- Grand adducteur
- Muscles de la loge postérieure de la cuisse :
- Biceps fémoral
- Semi-tendineux
- Semi-membraneux

Jambe
- Gastrocnémien
- Soléaire
- Long fibulaire
- Tendon calcanéen (d'Achille)

Figure 10.5 Vue postérieure des muscles superficiels.

L'organisation et l'ordre des tableaux de ce chapitre sont résumés dans la liste suivante:

■ **Tableau 10.1**

Muscles de la tête, première partie: expression faciale (figure 10.6); p. 379-381.

■ **Tableau 10.2**

Muscles de la tête, deuxième partie: mastication et mouvements de la langue (figure 10.7); p. 382-383.

■ **Tableau 10.3**

Muscles de la partie antérieure du cou et de la gorge: déglutition (figure 10.8); p. 384-385.

■ **Tableau 10.4**

Muscles du cou et de la colonne vertébrale: mouvements de la tête et du tronc (figure 10.9); p. 386-389.

■ **Tableau 10.5**

Muscles du thorax: respiration (figure 10.10); p. 390-391.

■ **Tableau 10.6**

Muscles de la paroi abdominale: mouvements du tronc et compression des viscères abdominaux (figure 10.11); p. 392-393.

■ **Tableau 10.7**

Muscles du plancher pelvien et du périnée: soutien des organes abdominopelviens (figure 10.12); p. 394-395.

■ **Tableau 10.8**

Muscles superficiels de la face antérieure et de la face postérieure du thorax: mouvements de la scapula (figure 10.13); p. 396-399.

■ **Tableau 10.9**

Muscles qui croisent l'articulation de l'épaule: mouvements du bras (figure 10.14); p. 400-402.

■ **Tableau 10.10**

Muscles qui croisent l'articulation du coude: flexion et extension de l'avant-bras (figure 10.14); p. 403.

■ **Tableau 10.11**

Muscles de l'avant-bras: mouvements du poignet, de la main et des doigts (figures 10.15 et 10.16); p. 404-407.

■ **Tableau 10.12**

Résumé des actions des muscles qui agissent sur le bras, l'avant-bras et la main (figure 10.17); p. 408-409.

■ **Tableau 10.13**

Muscles intrinsèques de la main: mouvements fins des doigts (figure 10.18); p. 410-412.

■ **Tableau 10.14**

Muscles qui croisent les articulations de la hanche et du genou: mouvements de la cuisse et de la jambe (figures 10.19 et 10.20); p. 413-419.

■ **Tableau 10.15**

Muscles de la jambe: mouvements de la cheville et des orteils (figures 10.21 à 10.23); p. 420-425.

■ **Tableau 10.16**

Muscles intrinsèques du pied: mouvements des orteils et soutien de la voûte plantaire (figure 10.24); p. 426-429.

■ **Tableau 10.17**

Résumé des actions des muscles qui agissent sur la cuisse, la jambe et le pied (figure 10.25); p. 430-431.

GALERIE DES MUSCLES

TABLEAU 10.1 Muscles de la tête, première partie: expression faciale (figure 10.6)

Les muscles responsables de l'expression faciale sont situés sous le cuir chevelu et la peau de la face. Ils sont minces, leur forme et leur force sont variables, et les muscles adjacents ont tendance à fusionner. Ces muscles sont particuliers, car ils ne s'insèrent pas sur des os mais plutôt dans la peau (ou sur d'autres muscles). Le principal muscle du cuir chevelu est l'**occipitofrontal**, qui est constitué de deux parties: un ventre frontal et un ventre occipital; chez l'humain, les muscles latéraux du cuir chevelu sont atrophiés. Les muscles qui recouvrent le squelette facial élèvent les sourcils, dilatent les narines, ouvrent et ferment les yeux et la bouche, et dotent les personnes de cet excellent instrument de communication qu'est le sourire. L'importance des muscles faciaux dans la communication non verbale devient particulièrement évidente lorsqu'ils sont paralysés, comme c'est le cas chez une victime d'accident vasculaire cérébral et dans le masque inexpressif des personnes atteintes de la maladie de Parkinson. Tous les muscles mentionnés dans ce tableau sont innervés par le *nerf facial* (*nerf crânien VII*) (voir le tableau 13.2, p. 571-572). Les muscles extrinsèques de l'œil, responsables des mouvements oculaires, ainsi que les muscles élévateurs de la paupière supérieure sont décrits au chapitre 15 et illustrés aux figures 15.1b et 15.3.

MUSCLE	DESCRIPTION ET SITUATION	ORIGINE (O) ET INSERTION (I)	ACTION	INNERVATION
MUSCLES DU CUIR CHEVELU				
Occipitofrontal	Muscle divisé en deux ventres, le ventre frontal et le ventre occipital, reliés par l'aponévrose épicrânienne (ou galéa aponévrotique); ces deux muscles agissent en alternance pour tirer le cuir chevelu vers l'avant et vers l'arrière			
▪ **Ventre frontal**	Recouvre le front et le sommet du crâne; aucune attache osseuse	O: aponévrose épicrânienne I: peau des sourcils et de la racine du nez	Quand l'aponévrose est fixe, élève les sourcils (air de surprise); fronce la peau du front	Nerf facial (nerf crânien VII)
▪ **Ventre occipital** (*occiput*: partie inférieure et postérieure du crâne)	Recouvre l'arrière de l'occiput; en tirant sur l'aponévrose, fixe l'origine du frontal	O: os occipital et temporal I: aponévrose épicrânienne	Fixe l'aponévrose et tire le cuir chevelu vers l'arrière	Nerf facial
MUSCLES DE LA FACE				
Corrugateur du sourcil	Petit muscle; son activité est associée à celle de l'orbiculaire de l'œil	O: arcade de l'os frontal au-dessus de l'os nasal I: peau des sourcils	Fronce et abaisse les sourcils; plisse la peau du front verticalement	Nerf facial
Orbiculaire de l'œil (*orbis*: anneau)	Sphincter mince de la paupière, divisé en trois parties; entoure l'orbite	O: os frontal, maxillaire et ligaments autour de l'orbite I: tissu des paupières	Ferme les paupières, protégeant les yeux de la lumière intense et des blessures; diverses parties peuvent être activées individuellement; provoque le clignement et le plissement des yeux, et abaisse les sourcils	Nerf facial

▶

GALERIE DES MUSCLES

TABLEAU 10.1	Muscles de la tête, première partie : expression faciale (figure 10.6) *(suite)*

MUSCLE	DESCRIPTION ET SITUATION	ORIGINE (O) ET INSERTION (I)	ACTION	INNERVATION
Zygomatiques, grand et petit (*zeugma*: joug)	Paire de muscles qui s'étendent en diagonale de la pommette jusqu'à la commissure des lèvres	O: os zygomatique I: peau et muscle à la commissure des lèvres	Tirent la commissure des lèvres latéralement et vers le haut (sourire)	Nerf facial
Risorius (*risorius*: riant)	Muscle effilé situé sous le zygomatique et latéral par rapport à lui	O: fascia* parotidien (engainant la glande parotide) I: peau de la commissure des lèvres	Tire les coins de la bouche vers l'extérieur (sourire); tend les lèvres, synergique du zygomatique	Nerf facial
Élévateur de la lèvre supérieure	Muscle mince situé entre l'orbiculaire de la bouche et le bord inférieur de l'œil	O: os zygomatique et bord infraorbitaire du maxillaire I: peau de la lèvre supérieure et muscle orbiculaire de la bouche	Ouvre les lèvres; élève et plisse la lèvre supérieure	Nerf facial
Abaisseur de la lèvre inférieure	Petit muscle qui s'étend de la mandibule jusqu'à la lèvre inférieure	O: corps de la mandibule, latéralement par rapport à sa ligne médiane I: peau et muscle de la lèvre inférieure	Tire la lèvre inférieure vers le bas (pour faire la moue)	Nerf facial
Abaisseur de l'angle de la bouche	Petit muscle situé latéralement par rapport à l'abaisseur de la lèvre inférieure	O: corps de la mandibule sous les incisives I: peau et muscle à la commissure des lèvres sous l'insertion des zygomatiques	Tire les coins de la bouche vers le bas et latéralement (grimace comme sur un masque tragique de théâtre); antagoniste des zygomatiques	Nerf facial
Orbiculaire de la bouche	Muscle complexe des lèvres formé de plusieurs couches de fibres dont la plupart sont circulaires; fait de deux parties: une partie labiale, formant les lèvres, et une partie marginale	O: s'attache indirectement au maxillaire et à la mandibule; les fibres se confondent avec celles d'autres muscles faciaux associés aux lèvres I: entoure la bouche; s'insère dans les muscles et la peau aux angles de la bouche	Ferme les lèvres; pince les lèvres et les projette vers l'avant (comme pour donner un baiser et siffler)	Nerf facial
Mentonnier	Muscle pair qui forme une masse en forme de V sur le menton; la fossette du menton se situe entre ces deux muscles	O: mandibule sous les incisives I: peau du menton	Plisse le menton; élève et avance la lèvre inférieure (expression de dédain)	Nerf facial
Buccinateur (*buccinare*: sonner de la trompette)	Muscle mince et horizontal; principal muscle de la joue; situé sous le masséter (voir aussi la figure 10.7a)	O: bords alvéolaires du maxillaire et de la mandibule, dans la région des molaires I: orbiculaire de la bouche, aux deux extrémités de la bouche	Presse les joues (pour siffler, sucer ou souffler, comme dans une trompette: il tire d'ailleurs son nom de cette dernière action); son action, semblable à celle d'un trampoline, maintient les aliments entre les dents pendant la mastication; tire les commissures des lèvres latéralement; très développé chez le nourrisson	Nerf facial
Platysma (*platus*: large)	Muscle superficiel du cou; unique, forme un mince feuillet; n'est pas vraiment un muscle de la tête, mais joue un rôle dans l'expression faciale	O: fascia du thorax (par-dessus les muscles pectoral et deltoïde) I: bord inférieur de la mandibule, et peau et muscle à la commissure des lèvres	Tend la peau du cou (p. ex. quand on se rase la barbe); contribue à abaisser la mandibule; ramène la lèvre inférieure vers le bas et vers l'arrière, c'est-à-dire produit un affaissement de la bouche (expression de tristesse)	Nerf facial

* Un fascia est une gaine de tissu conjonctif qui enveloppe une ou plusieurs structures.

GALERIE DES MUSCLES

TABLEAU 10.1 *(suite)*

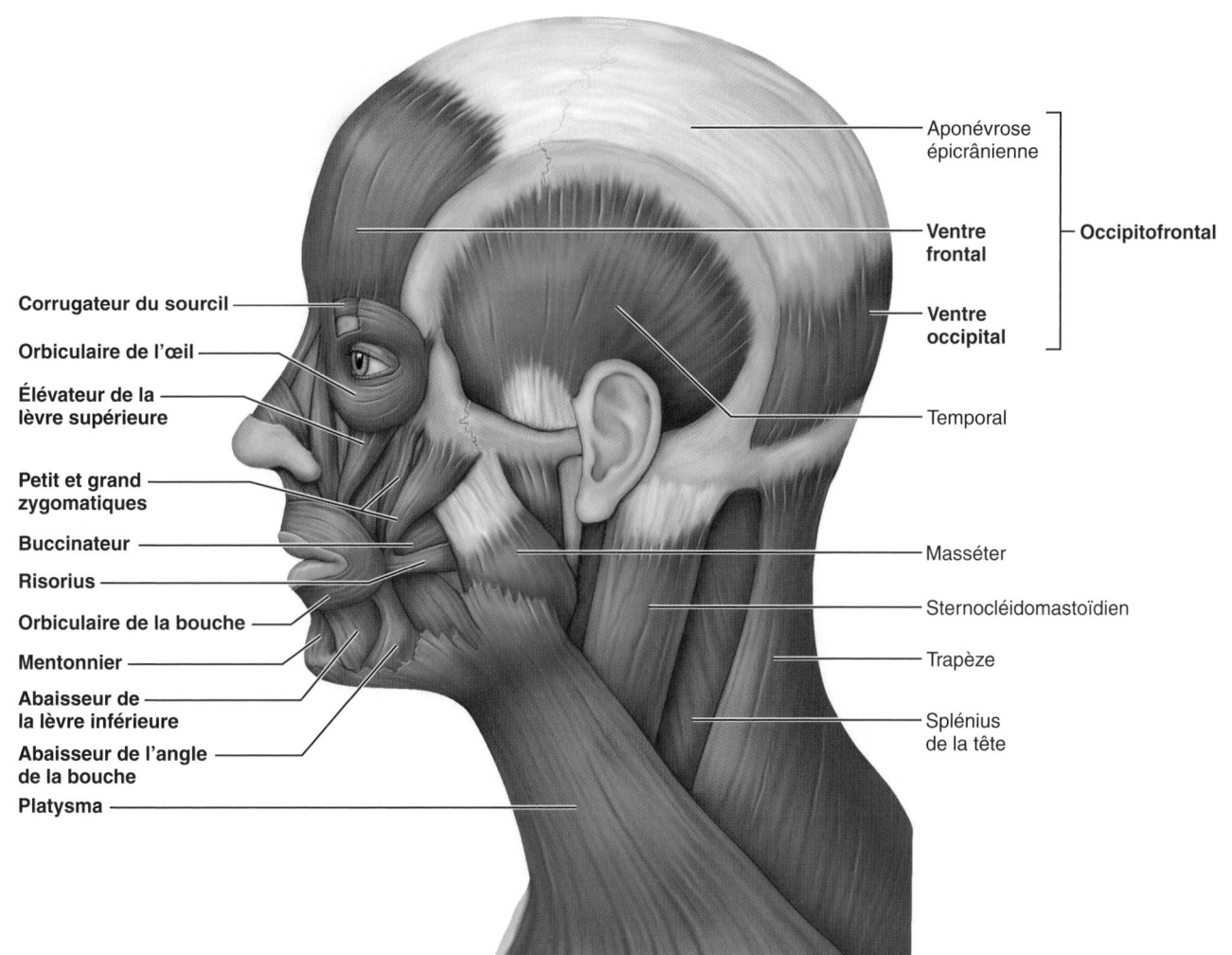

Aponévrose épicrânienne

Ventre frontal — Occipitofrontal

Ventre occipital

Temporal

Masséter

Sternocléidomastoïdien

Trapèze

Splénius de la tête

Corrugateur du sourcil

Orbiculaire de l'œil

Élévateur de la lèvre supérieure

Petit et grand zygomatiques

Buccinateur

Risorius

Orbiculaire de la bouche

Mentonnier

Abaisseur de la lèvre inférieure

Abaisseur de l'angle de la bouche

Platysma

10

Figure 10.6 Vue latérale des muscles du cuir chevelu, de la face et du cou.

GALERIE DES MUSCLES

TABLEAU 10.2 **Muscles de la tête, deuxième partie: mastication et mouvements de la langue** (figure 10.7)

Quatre paires de muscles servent à la mastication (broyer et mordre) et ils sont tous innervés par la branche mandibulaire du *nerf trijumeau* (*nerf crânien V*). Pour la fermeture des mâchoires (et pour mordre), les agonistes sont les puissants **masséter** et **temporal** qu'il est facile de palper lorsque les dents sont serrées (figure 10.7a). Les mouvements de broyage (mouvements latéraux) sont imprimés par les **ptérygoïdiens** (figure 10.7b). Les **buccinateurs** (tableau 10.1) jouent également un rôle dans la mastication. Normalement, la force gravitationnelle suffit à faire abaisser la mandibule mais, si une résistance s'oppose à l'ouverture de la mâchoire, des muscles du cou entrent en activité (muscles digastrique et mylohyoïdien; tableau 10.3).

La langue est composée de fibres musculaires qui la courbent, la pressent et la plient lorsque la personne parle ou mastique. Ces **muscles intrinsèques de la langue**, orientés selon plusieurs plans, changent sa forme mais ne sont pas vraiment responsables de sa mobilité. Ils sont étudiés au chapitre 23 en même temps que le système digestif. Seuls les **muscles extrinsèques de la langue**, qui servent à sa fixation et à sa mobilité, sont abordés dans le tableau ci-dessous (figure 10.7c). Les muscles extrinsèques de la langue sont tous innervés par le *nerf hypoglosse* (*nerf crânien XII*) (voir le tableau 13.2, p. 574).

MUSCLE	DESCRIPTION ET SITUATION	ORIGINE (O) ET INSERTION (I)	ACTION	INNERVATION
MUSCLES DE LA MASTICATION				
Masséter (*masêtêr:* masticateur)	Puissant muscle qui recouvre la face latérale du ramus mandibulaire	O: arcade zygomatique et os maxillaire I: angle et face latérale du ramus mandibulaire	Agoniste dans la fermeture de la mâchoire; élève la mandibule	Nerf trijumeau (nerf crânien V)
Temporal (*tempus:* tempe)	Muscle en forme d'éventail qui recouvre en partie les os temporal, frontal et pariétal	O: fosse temporale I: processus coronoïde de la mandibule par un tendon qui passe du côté médial de l'arcade zygomatique	Ferme la bouche; élève et rétracte la mandibule; maintient la mandibule en position de repos; la partie antérieure profonde peut contribuer à la protraction de la mandibule	Nerf trijumeau
Ptérygoïdien médial (*pterux:* aile)	Muscle profond à double chef, situé le long de la face interne de la mandibule et en grande partie caché par cet os	O: face médiale de l'aile latérale du processus ptérygoïde du sphénoïde; maxillaire et os palatin I: face médiale de la mandibule près de l'angle mandibulaire	Agit avec le ptérygoïdien latéral dans la protraction de la mandibule et pour effectuer des mouvements latéraux des mâchoires (broyage); synergique des muscles temporal et masséter dans l'élévation de la mandibule	Nerf trijumeau
Ptérygoïdien latéral	Muscle profond à double chef; situé au-dessus du ptérygoïdien médial	O: grande aile et lame latérale du processus ptérygoïde du sphénoïde I: condyle mandibulaire et capsule de l'articulation temporomandibulaire	Assure le glissement vers l'avant et le va-et-vient latéral des dents inférieures (broyage) durant la contraction des deux muscles de la paire en alternance; propulsion de la mandibule (vers l'avant) par contraction simultanée des deux muscles de la paire	Nerf trijumeau
Buccinateur	Voir le tableau 10.1.	Voir le tableau 10.1.	Compriment les joues; contribuent au maintien des aliments entre les dents pendant la mastication	Nerf facial (nerf crânien VII)
MUSCLES ASSURANT LES MOUVEMENTS DE LA LANGUE (MUSCLES EXTRINSÈQUES)				
Génioglosse (*genion:* menton; *glôssa:* langue)	Muscle en forme d'éventail; constitue l'essentiel de la partie inférieure de la langue; son attache sur la mandibule empêche la langue de tomber vers l'arrière et d'obstruer les voies respiratoires	O: face interne de la mandibule près de la symphyse mandibulaire I: face inférieure de la langue et bord supérieur du corps de l'os hyoïde	Tire la langue vers l'avant, mais peut aussi l'abaisser contre le plancher de la bouche et la rétracter conjointement avec d'autres muscles de la langue	Nerf hypoglosse (nerf crânien XII)
Hyoglosse (*hyo:* qui appartient à l'os hyoïde)	Muscle quadrilatéral plat	O: corps et grande corne de l'os hyoïde I: côté et face inférieure de la langue	Abaisse la langue et en tire les côtés vers le bas	Nerf hypoglosse
Styloglosse (*stylo:* qui appartient au processus styloïde)	Muscle effilé situé au-dessus de l'hyoglosse et à angle droit avec lui	O: processus styloïde de l'os temporal I: côté et face inférieure de la langue	Élève et rétracte la langue contre le voile du palais; permet de mettre la langue en U («rouler la langue»)	Nerf hypoglosse

GALERIE DES MUSCLES

TABLEAU 10.2   *(suite)*

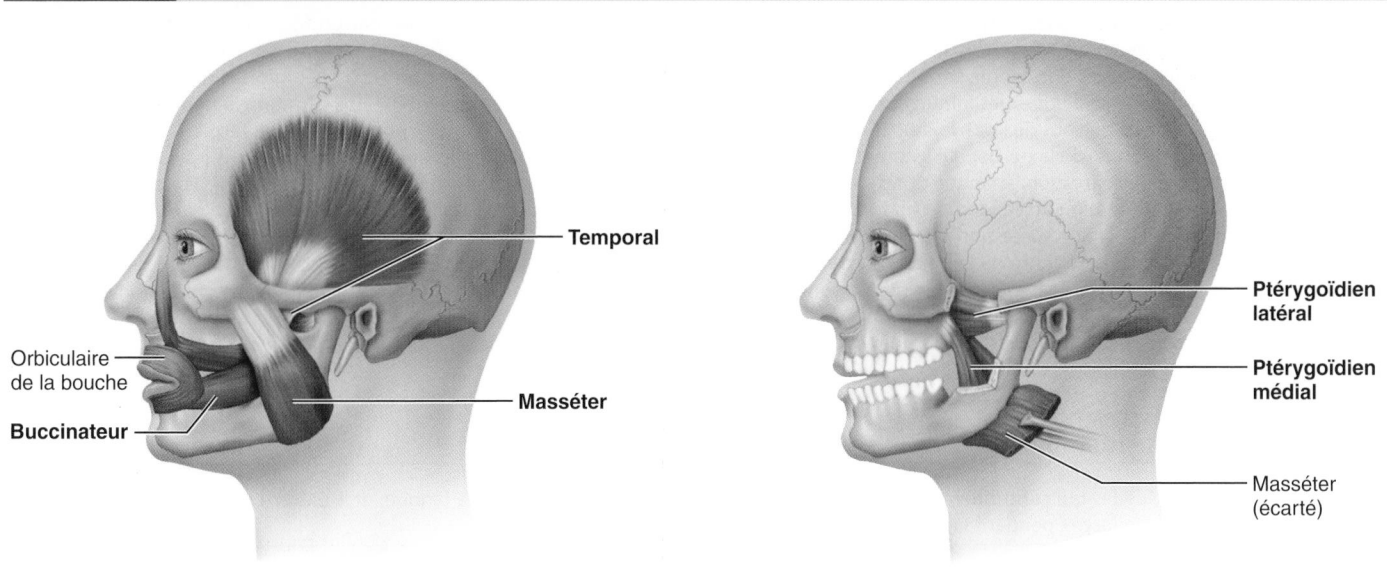

(a)

(b)

10

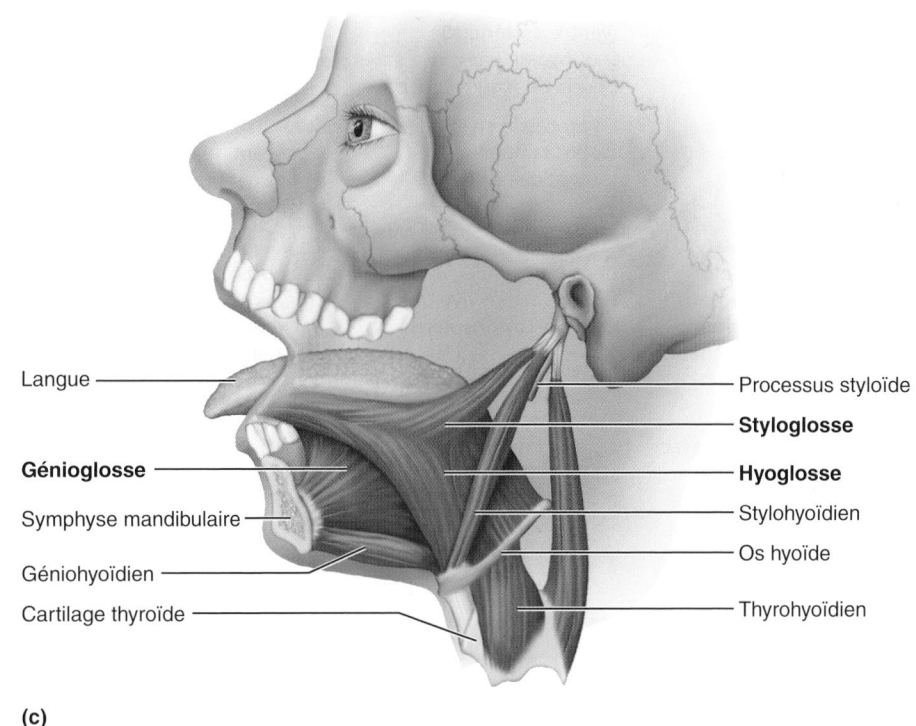

(c)

Figure 10.7 Muscles qui assurent la mastication et les mouvements de la langue.
(a) Vue latérale des muscles temporal, masséter et buccinateur. **(b)** Vue latérale des muscles
profonds de la mastication, les ptérygoïdiens médial et latéral. **(c)** Muscles extrinsèques
de la langue. Quelques muscles suprahyoïdiens de la gorge sont aussi représentés.

GALERIE DES MUSCLES

TABLEAU 10.3 **Muscles de la partie antérieure du cou et de la gorge : déglutition** (figure 10.8)

Le cou est divisé en deux triangles (antérieur et postérieur) par le muscle sternocléidomastoïdien (figure 10.8a). Le tableau suivant fournit des informations sur les muscles du triangle *antérieur*, qui se divisent en deux groupes, les **suprahyoïdiens** et les **infrahyoïdiens** (respectivement situés au-dessus et au-dessous de l'os hyoïde). Ce sont, pour la plupart, des muscles profonds (de la gorge) qui assurent la déglutition.

La déglutition commence lorsque la langue et les muscles buccinateurs des joues poussent les aliments le long du plafond de la cavité buccale, vers le pharynx. Puis une succession rapide de mouvements musculaires, dans la partie postérieure de la bouche et dans le pharynx, complète le processus. Les étapes de la déglutition sont les suivantes. (1) Les *muscles suprahyoïdiens* élèvent et avancent l'os hyoïde vers la mandibule, ce qui produit l'ouverture du pharynx, qui reçoit la nourriture. L'os hyoïde est relié par un fort ligament (membrane thyrohyoïdienne) au larynx (figure 10.8c) qui est, par conséquent, élevé et avancé lui aussi sous le couvert de l'épiglotte ; cette manœuvre ferme le conduit respiratoire (larynx) afin que la nourriture ne soit pas aspirée (inhalée) vers les poumons. (2) La fermeture des conduits du nez pour empêcher les aliments d'entrer dans les cavités nasales grâce à l'action de petits muscles qui élèvent le voile du palais. (Ces muscles, le *muscle tenseur du voile du palais* et le *muscle élévateur du voile du palais*, ne sont pas décrits dans le tableau mais sont illustrés à la figure 10.8c.) (3) Les aliments sont poussés dans le pharynx par les **muscles constricteurs du pharynx**. (4) La contraction des *muscles infrahyoïdiens* permet le retour de l'os hyoïde et du larynx à leur position inférieure, après la déglutition.

MUSCLE	DESCRIPTION ET SITUATION	ORIGINE (O) ET INSERTION (I)	ACTION	INNERVATION
MUSCLES SUPRAHYOÏDIENS	Muscles qui contribuent à former le plancher de la cavité buccale, à fixer la langue, et à élever l'os hyoïde et le larynx pendant la déglutition ; situés au-dessus de l'os hyoïde			
Digastrique (*dis* : deux ; *gaster* : ventre)	Est composé de deux ventres réunis par un tendon intermédiaire, formant un V sous le menton	O : fosse digastrique de la mandibule (ventre antérieur) et processus mastoïde du temporal (ventre postérieur) I : os hyoïde par une boucle de tissu conjonctif	Ouvre la bouche et abaisse la mandibule ; ensemble, les muscles digastriques élèvent l'os hyoïde et le maintiennent durant la déglutition et la phonation	Branche mandibulaire du nerf trijumeau (nerf crânien V) pour le ventre antérieur ; nerf facial (nerf crânien VII) pour le ventre postérieur
Stylohyoïdien (voir aussi la figure 10.7c)	Muscle mince sous l'angle mandibulaire ; parallèle au ventre postérieur du digastrique	O : processus styloïde de l'os temporal I : corps de l'os hyoïde	Élève et rétracte l'os hyoïde, allongeant de cette façon le plancher buccal durant la déglutition	Nerf facial
Mylohyoïdien (*mylo* : molaire)	Muscle triangulaire plat, sous le digastrique ; cette paire de muscles disposés comme une écharpe forme le plancher buccal antérieur	O : face interne de la mandibule I : corps de l'os hyoïde et raphé mylohyoïdien	Élève l'os hyoïde et le plancher buccal, permettant à la langue d'exercer une pression vers l'arrière et vers le haut pour pousser le bol alimentaire dans le pharynx ; abaisse la mandibule	Branche mandibulaire du nerf trijumeau
Géniohyoïdien (voir aussi la figure 10.7c) (*genio* : menton)	Muscle étroit en contact avec l'autre muscle de la paire en position médiale ; va du menton jusqu'à l'os hyoïde, sous le mylohyoïdien	O : face interne de la symphyse mandibulaire I : os hyoïde	Élève et avance l'os hyoïde en raccourcissant le plancher buccal et en élargissant le pharynx pour qu'il reçoive les aliments	Nerf cervical (C₁) par l'intermédiaire du nerf hypoglosse (nerf crânien XII)
MUSCLES INFRAHYOÏDIENS	Muscles en forme de courroie qui abaissent l'os hyoïde et le larynx pendant la déglutition et la phonation (voir aussi la figure 10.9c)			
Sternohyoïdien (*sternon* : sternum)	Muscle du cou en position la plus médiale ; mince ; superficiel sauf vers le bas, où il est recouvert par le sternocléidomastoïdien	O : face postérieure du manubrium sternal et extrémité médiale de la clavicule I : bord inférieur du corps de l'os hyoïde	Abaisse l'os hyoïde et indirectement le larynx lorsque la mandibule est fixe ; peut aussi effectuer la flexion de la tête	Nerfs cervicaux (C₁ à C₃) par l'anse cervicale du plexus cervical (collatérale du nerf hypoglosse)
Sternothyroïdien (*thureos* : bouclier ; *eidos* : forme)	En position latérale sous le sternohyoïdien	O : face postérieure du manubrium sternal et cartilage de la première côte I : cartilage thyroïde	Abaisse le larynx et l'os hyoïde	Voir sternohyoïdien.
Omohyoïdien (*ômos* : épaule)	Muscle rubané constitué de deux ventres (supérieur et inférieur) réunis par un tendon intermédiaire ; en position latérale par rapport au sternohyoïdien	O : face antérieure de la scapula I : bord inférieur du corps de l'os hyoïde	Abaisse et rétracte l'os hyoïde	Voir sternohyoïdien.

GALERIE DES MUSCLES

TABLEAU 10.3 *(suite)*

MUSCLE	DESCRIPTION ET SITUATION	ORIGINE (O) ET INSERTION (I)	ACTION	INNERVATION
Thyrohyoïdien (voir aussi la figure 10.7c)	Apparaît comme la continuation supérieure du sternothyroïdien	O : cartilage thyroïde I : os hyoïde (grande corne)	Abaisse l'os hyoïde et élève le larynx quand l'os hyoïde est fixe	Nerf cervical C₁ et C₂ (par le nerf hypoglosse)
Muscles constricteurs du pharynx, supérieur, moyen, inférieur	Ensemble de trois muscles dont les fibres courent circulairement dans la paroi du pharynx ; le muscle supérieur est le plus à l'intérieur alors que l'inférieur est plus à l'extérieur ; recouvrement important	O : relié à l'avant à la mandibule et à la lame médiale du processus ptérygoïde (supérieur), aux cornes de l'os hyoïde (moyen) et aux cartilages du larynx (inférieur) I : ligne d'union des muscles sur la paroi postérieure du pharynx (raphé du pharynx)	Resserrent le pharynx pendant la déglutition pour pousser le bol alimentaire dans l'œsophage (au moyen d'un mouvement ondulatoire appelé péristaltisme)	Plexus pharyngé (branches du nerf vague [nerf crânien X])

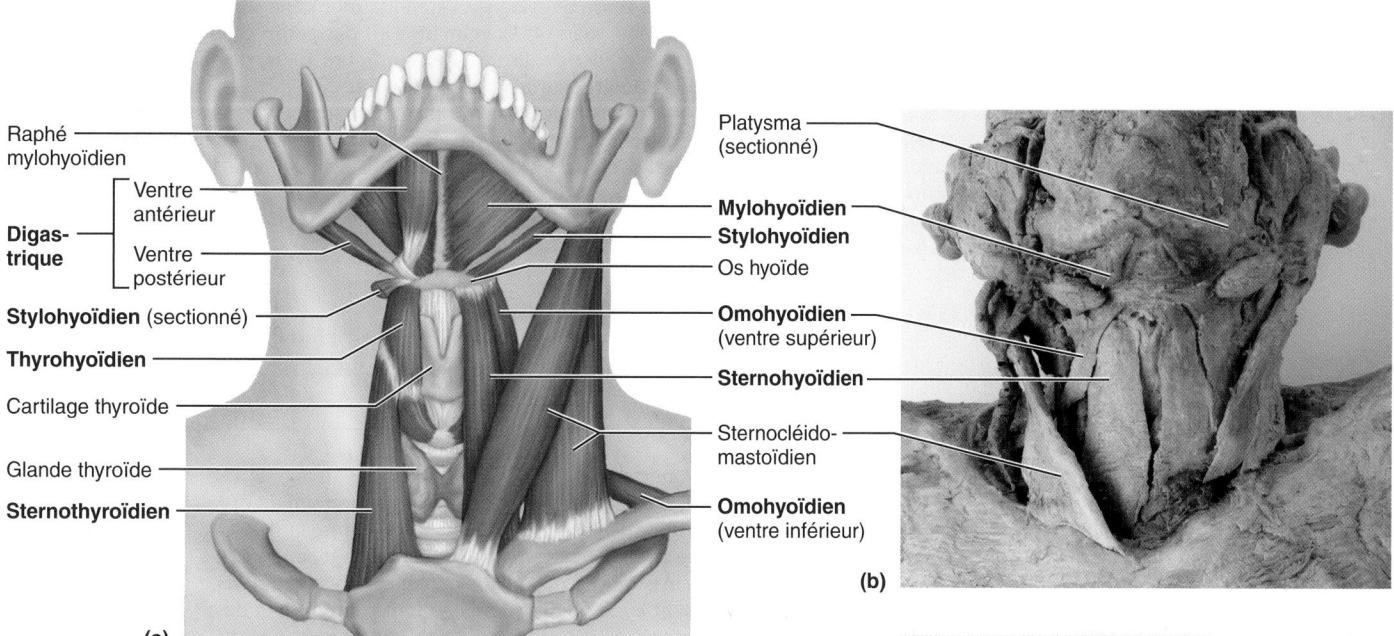

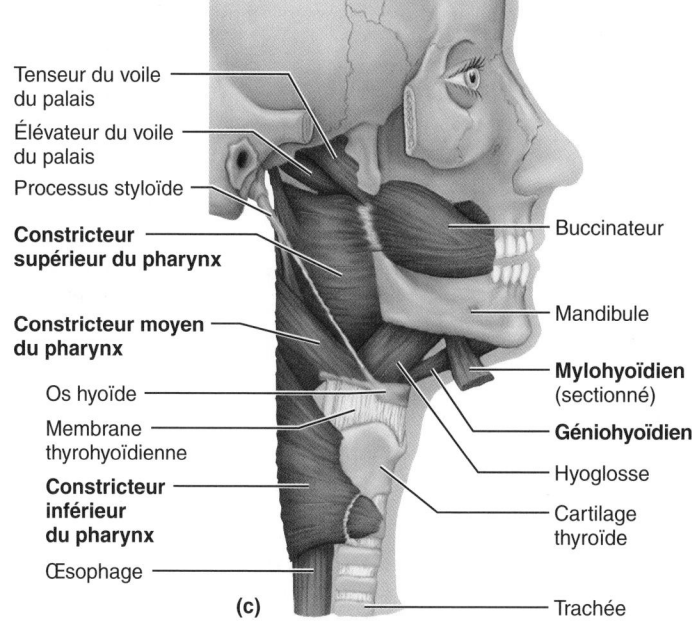

Figure 10.8 Muscles de la partie antérieure du cou et de la gorge qui assurent la déglutition. (a) Vue antérieure des muscles suprahyoïdiens et infrahyoïdiens. Le muscle sternocléidomastoïdien (qui ne contribue pas à la déglutition) est montré dans la partie droite de la figure comme repère anatomique. Les muscles situés en profondeur sont représentés dans la partie gauche de la figure. **(b)** Photographie d'un cadavre montrant les muscles suprahyoïdiens et infrahyoïdiens. **(c)** Vue latérale des muscles constricteurs du pharynx. Ces muscles sont montrés dans leur rapport anatomique réel avec le buccinateur (un muscle de la mastication) et le muscle hyoglosse (qui assure les mouvements de la langue).

GALERIE DES MUSCLES

TABLEAU 10.4 **Muscles du cou et de la colonne vertébrale: mouvements de la tête et du tronc** (figure 10.9)

Mouvements de la tête

Les mouvements de la tête sont assurés par des muscles qui prennent leur origine sur le squelette axial. Les principaux fléchisseurs de la tête sont les **sternocléidomastoïdiens** (figure 10.9a, c), mais les suprahyoïdiens et infrahyoïdiens décrits au tableau 10.3 contribuent aussi à cette action. Les mouvements latéraux de la tête (rotation ou inclinaison) sont produits par la contraction des muscles d'un seul côté de la tête. Ils sont effectués par les sternocléidomastoïdiens et par quelques muscles plus profonds du cou présentés dans le tableau suivant. L'extension de la tête est favorisée par les trapèzes du dos, mais les **splénius**, situés sous les trapèzes, sont les principaux responsables de l'extension de la tête.

Mouvements du tronc

L'extension du tronc est effectuée par les *muscles profonds du dos* (appelés aussi *muscles intrinsèques du dos*) associés aux os de la colonne vertébrale. Ces muscles profonds contribuent au maintien des courbures normales de la colonne et jouent donc un rôle comme muscles de la posture. En étudiant ces muscles, n'oubliez pas qu'ils sont situés en profondeur. Les muscles superficiels qui les recouvrent sont surtout responsables des mouvements de la ceinture pectorale et des membres supérieurs (tableaux 10.8 et 10.9).

Les muscles profonds du dos forment une colonne large et épaisse qui s'étend du sacrum jusqu'au crâne. De nombreux muscles de longueurs variées font partie de cette masse. Pour simplifier les choses, on peut comparer chacun de ces muscles à une corde qui, lorsqu'elle est tirée, provoque l'extension d'une ou de plusieurs vertèbres ou leur rotation sur les vertèbres inférieures. Le plus important des muscles profonds du dos est le muscle **érecteur du rachis**, constitué de trois groupes de muscles (figure 10.9d). Comme les points d'origine et d'insertion des différents groupes de muscles se superposent considérablement et qu'un grand nombre de ces muscles sont longs, des segments entiers de la colonne vertébrale peuvent bouger simultanément et en douceur. En agissant ensemble, les muscles profonds du dos peuvent provoquer l'extension (ou l'hyperextension) de la colonne; la contraction des muscles d'un seul côté peut causer la flexion latérale de la colonne. La flexion latérale est automatiquement accompagnée d'un certain degré de rotation dans la colonne vertébrale. Lorsque les vertèbres bougent, leurs surfaces articulaires glissent l'une sur l'autre.

Outre les muscles longs, les muscles profonds du dos comprennent quelques muscles courts qui s'étendent d'une vertèbre à l'autre. Ces petits muscles (rotateurs, multifides, interépineux et intertransversaires) agissent surtout comme synergiques dans l'extension et la rotation de la colonne et dans sa stabilisation. Ils ne sont pas décrits dans le tableau, mais un examen attentif des points d'origine et d'insertion de ces muscles, illustrés dans la figure 10.9e, devrait vous permettre de déduire leur action particulière.

Comme nous l'avons dit, le tableau qui suit décrit les *extenseurs* du tronc. Les muscles plus superficiels, qui exercent d'autres fonctions, sont décrits dans d'autres tableaux. Par exemple, les muscles de la paroi antérieure de l'abdomen, qui causent la *flexion* du tronc, sont décrits au tableau 10.6.

MUSCLE	DESCRIPTION ET SITUATION	ORIGINE (O) ET INSERTION (I)	ACTION	INNERVATION
MUSCLES DE LA PARTIE ANTÉROLATÉRALE DU COU (FIGURE 10.9a, c)				
Sternocléido-mastoïdien (*sternon:* sternum; *kleidion:* clavicule; *mastos:* sein; *eidos:* forme)	Muscle à double chef situé sous le platysma, sur la face antérolatérale du cou; les parties charnues de chaque côté du cou délimitent les triangles antérieur et postérieur; repère musculaire important dans le cou; les spasmes d'un de ces muscles peuvent causer le torticolis musculaire	O: manubrium sternal (pour un chef) et partie médiale de la clavicule (pour l'autre chef) I: processus mastoïde du temporal et ligne nuchale supérieure	Flexion et rotation latérale de la tête; la contraction simultanée des deux muscles cause la flexion du cou, généralement contre une résistance, comme lorsqu'on lève la tête en étant couché sur le dos; lorsqu'il agit seul, chaque muscle fait tourner la tête vers l'épaule du côté opposé et l'incline latéralement de son propre côté; peut permettre l'élévation de la cage thoracique et donc l'inspiration en cas de difficultés respiratoires	Nerf accessoire (nerf crânien XI) et branches des nerfs cervicaux C_2 à C_4 (branches ventrales)
Scalènes, antérieur, moyen et postérieur (*skalênos:* oblique)	Situés plutôt latéralement qu'antérieurement dans le cou; sous le platysma et le sternocléidomastoïdien	O: processus transverses des vertèbres cervicales I: antérieurement et latéralement sur les deux premières côtes	Élèvent les deux premières côtes (aident à l'inspiration); effectuent la flexion latérale de la tête	Nerfs cervicaux

GALERIE DES MUSCLES

TABLEAU 10.4 *(suite)*

MUSCLE	DESCRIPTION ET SITUATION	ORIGINE (O) ET INSERTION (I)	ACTION	INNERVATION

MUSCLES PROFONDS DU DOS (FIGURE 10.9b, d, e)

MUSCLE	DESCRIPTION ET SITUATION	ORIGINE (O) ET INSERTION (I)	ACTION	INNERVATION
Splénius, de la tête et du cou *(splênion:* compresse) (voir aussi la figure 10.6)	Muscle de la couche la plus superficielle des muscles profonds du dos, large, en deux parties (portion de la tête et portion du cou), qui s'étend des dernières vertèbres cervicales et des premières thoraciques jusqu'à l'os occipital et à l'os temporal; le splénius de la tête recouvre et retient les muscles plus profonds du cou, comme un bandage (d'où son nom)	O: ligament nuchal*, processus épineux des vertèbres C_7 à T_4 I: processus mastoïde du temporal et os occipital (splénius de la tête); processus transverses des vertèbres C_2 à C_4 (splénius du cou)	Extension ou hyperextension de la tête; lorsque les splénius agissent d'un côté seulement, inclinaison latérale et rotation homolatérale de la tête	Branches postérieures des nerfs cervicaux

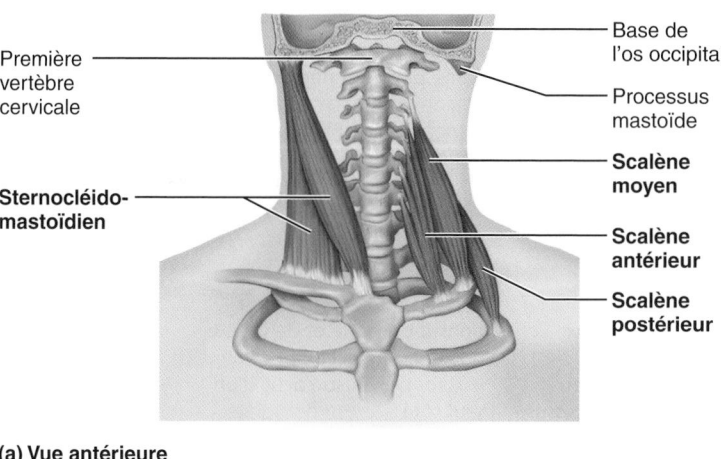

(a) Vue antérieure

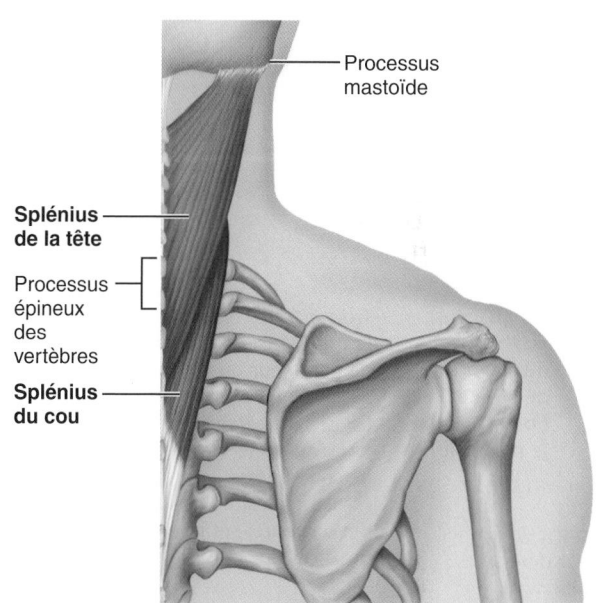

(b) Vue postérieure

Figure 10.9 Muscles du cou et de la colonne vertébrale qui permettent les mouvements de la tête et du tronc. (a) Muscles de la partie antérolatérale du cou. Le platysma et les muscles plus profonds ont été enlevés pour montrer clairement les points d'origine et d'insertion du sternocléidomastoïdien et des scalènes. **(b)** Muscles profonds de la partie postérieure du cou. Les muscles superficiels ont été enlevés. **(c)** Photographie des régions antérieure et latérale du cou.

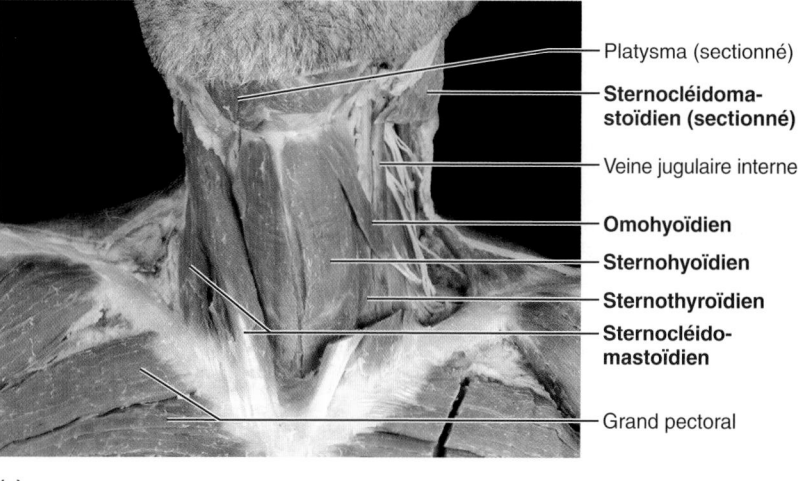

(c)

* Le ligament nuchal est un ligament solide et élastique qui s'étend le long des extrémités des processus épineux des vertèbres cervicales à partir de l'os occipital du crâne. Ce ligament relie les vertèbres cervicales et empêche la flexion excessive de la tête et du cou, évitant ainsi des lésions à la moelle épinière dans le canal vertébral.

GALERIE DES MUSCLES

TABLEAU 10.4	Muscles du cou et de la colonne vertébrale: mouvements de la tête et du tronc (figure 10.9) (suite)

MUSCLE	DESCRIPTION ET SITUATION	ORIGINE (O) ET INSERTION (I)	ACTION	INNERVATION
Érecteur du rachis (figure 10.9d, partie gauche)	Agonistes de l'extension du dos; les trois groupes de muscles constituant l'érecteur du rachis sont logés dans la gouttière située de chaque côté de la colonne vertébrale; ils sont répartis dans trois colonnes: les muscles iliocostal, longissimus et épineux, ces colonnes étant elles-mêmes divisées en portions verticales – lombes, thorax, cou et tête; ils représentent la couche intermédiaire des muscles profonds du dos; les muscles composant l'érecteur du rachis fournissent la résistance qui contribue à la maîtrise de la flexion de la taille vers l'avant et ils jouent le rôle de puissants extenseurs pour permettre le retour à la position debout; durant la flexion complète (c'est-à-dire lorsque le bout des doigts touche le sol), les muscles de l'érecteur du rachis sont relâchés et la résistance est entièrement fournie par les ligaments du dos; pendant l'inversion du mouvement, ces muscles sont d'abord inactifs et l'extension est engagée par les muscles de la loge postérieure de la cuisse et par le grand fessier. Par conséquent, soulever un poids ou se relever soudainement d'une position penchée entraîne un risque de blessure des muscles et des ligaments du dos et des disques intervertébraux; les muscles de l'érecteur du rachis sont sujets à des spasmes douloureux à la suite de blessures au dos.			
▪ **Iliocostal**, des lombes (parties thoracique et lombaire) et du cou (*ilia*: flancs; *costa*: côte)	Parmi les muscles de l'érecteur du rachis, ce groupe est le plus latéral; s'étend du bassin jusqu'au cou	O: portion des lombes: crêtes iliaques (partie lombaire); bord supérieur des six dernières côtes (partie thoracique); portion du cou: de la sixième à la troisième côte I: portion des lombes: angle costal des six dernières côtes (partie lombaire); angle costal des six premières côtes (partie thoracique); portion du cou: processus transverses des vertèbres C_6 à C_4	Extension de la colonne vertébrale, maintien de la position verticale; si un seul muscle d'une paire donnée est actif, flexion homolatérale de la colonne vertébrale, dans la région de cette paire	Nerfs spinaux (branches dorsales)
▪ **Longissimus**, du thorax, du cou et de la tête (*longissimus*: le plus long)	Trois muscles formant le groupe intermédiaire de l'érecteur du rachis; s'étendent, par plusieurs insertions, de la région lombaire jusqu'au crâne; passent principalement entre les processus transverses et épineux des vertèbres; le plus long des trois groupes de muscles	O: processus transverses des vertèbres lombaires jusqu'aux cervicales I: les longissimus du thorax et du cou s'insèrent sur les processus transverses et épineux des vertèbres thoraciques ou cervicales et sur les côtes, au-dessus de l'origine; le longissimus de la tête s'insère sur le processus mastoïde du temporal	Action simultanée des portions thoracique et de la tête pour l'extension de la colonne vertébrale; muscle actif d'un seul côté, flexion homolatérale de la colonne vertébrale; le longissimus de la tête effectue l'extension de la tête et la rotation homolatérale de la face	Nerfs spinaux (branches dorsales)
▪ **Épineux**, de la tête, du cou et du thorax	Cette colonne de muscles est située en position médiale par rapport aux muscles longissimus; l'épineux du cou est ordinairement rudimentaire et mal défini	O: processus épineux des vertèbres lombaires supérieures, thoraciques inférieures et de la vertèbre C_7 I: processus épineux des vertèbres thoraciques supérieures et cervicales et os occipital	Extension de la colonne vertébrale	Nerfs spinaux (branches dorsales)
Semi-épineux, du thorax, du cou et de la tête (figure 10.9d, partie droite)	Groupe de muscles qui forment la partie superficielle de la couche profonde des muscles intrinsèques du dos; s'étendent de la région thoracique jusqu'à la tête (soit sur la moitié de la colonne vertébrale, d'où leur nom)	O: processus transverses des vertèbres C_7 à T_{12} I: os occipital (semi-épineux de la tête) et processus épineux des vertèbres cervicales (semi-épineux du cou) et des vertèbres T_1 à T_4 (semi-épineux du thorax)	Extension de la colonne vertébrale et de la tête et rotation vers le côté opposé; synergiques du sternocléidomastoïdien du côté opposé	Nerfs spinaux (branches dorsales)
Carré des lombes (voir aussi la figure 10.19a)	Muscle charnu qui forme une partie de la paroi abdominale postérieure	O: crête iliaque et partie iliaque du fascia iliopsoas I: processus transverses des vertèbres L_1 à L_4 et bord inférieur de la douzième côte	Agissant séparément, provoque une flexion latérale de la colonne vertébrale; l'action collective des deux muscles de la paire produit l'extension de la région lombaire et la fixation de la douzième côte; responsable du maintien de la position debout; participe à l'inspiration forcée en abaissant les côtes	Nerf thoracique T_{12} et nerfs spinaux de la région lombaire supérieure (branches antérieures)

GALERIE DES MUSCLES

TABLEAU 10.4 *(suite)*

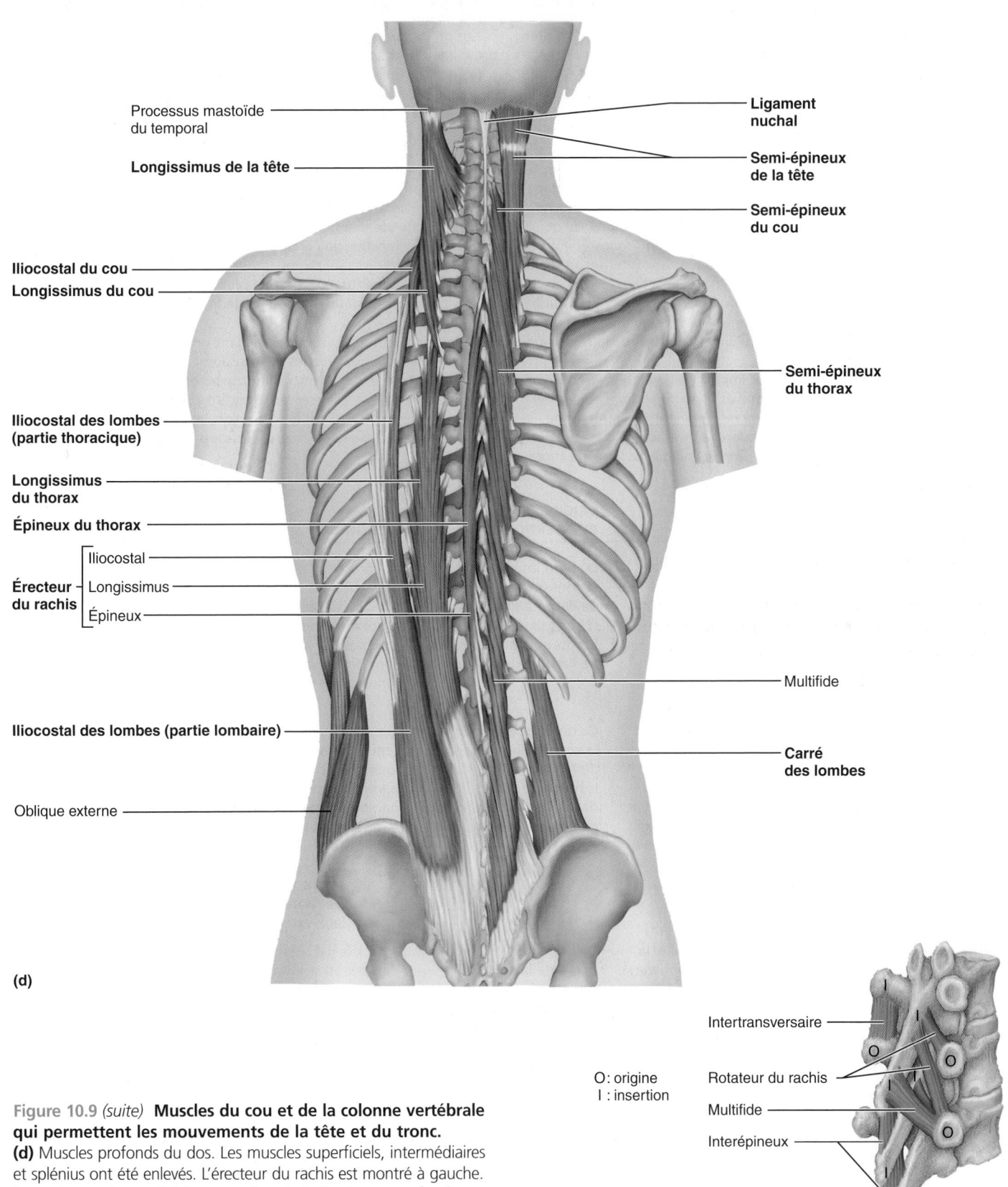

Processus mastoïde du temporal

Longissimus de la tête

Iliocostal du cou

Longissimus du cou

Iliocostal des lombes (partie thoracique)

Longissimus du thorax

Épineux du thorax

Érecteur du rachis
- Iliocostal
- Longissimus
- Épineux

Iliocostal des lombes (partie lombaire)

Oblique externe

Ligament nuchal

Semi-épineux de la tête

Semi-épineux du cou

Semi-épineux du thorax

Multifide

Carré des lombes

(d)

O : origine
I : insertion

Intertransversaire

Rotateur du rachis

Multifide

Interépineux

Figure 10.9 *(suite)* **Muscles du cou et de la colonne vertébrale qui permettent les mouvements de la tête et du tronc.**
(d) Muscles profonds du dos. Les muscles superficiels, intermédiaires et splénius ont été enlevés. L'érecteur du rachis est montré à gauche. Les trois muscles semi-épineux, qui sont situés plus en profondeur, sont représentés à droite. **(e)** Muscles les plus profonds du dos associés à la colonne vertébrale.

(e)

GALERIE DES MUSCLES

TABLEAU 10.5 **Muscles du thorax : respiration** (figure 10.10)

La fonction principale des muscles profonds du thorax est d'assurer les mouvements nécessaires à la respiration. La respiration s'effectue en deux phases : inspiration (ou inhalation) et expiration (ou exhalation) ; elle résulte des fluctuations cycliques du volume de la cavité thoracique.

Deux grandes couches de muscles participent à la formation de la paroi antérolatérale du thorax*. Les muscles du thorax sont très courts ; la plupart ne s'étendent que d'une côte à l'autre. En se contractant, ils rapprochent les unes des autres les côtes adjacentes légèrement flexibles. Les **muscles intercostaux externes**, considérés comme étant des muscles de l'inspiration, forment la majeure partie de la couche superficielle (figure 10.10a). Ils soulèvent la cage thoracique, ce qui augmente les dimensions du thorax dans le sens antéropostérieur et dans le sens transversal. Les **muscles intercostaux internes** forment la couche plus profonde et facilitent l'expiration active (forcée) en réduisant la capacité de la cage thoracique. (Cependant, l'expiration calme est en grande partie un phénomène passif résultant du relâchement des intercostaux externes et du diaphragme, et de la rétraction élastique des poumons.)

Le **diaphragme**, le muscle le plus important de l'inspiration, forme une cloison entre la cavité thoracique et la cavité abdominale et pelvienne (figure 10.10b, c). À l'état de relâchement, le diaphragme prend la forme d'un dôme mais, pendant la contraction, il se déplace vers le bas et s'aplatit, augmentant ainsi le volume de la cavité thoracique, ce qui attire l'air dans les voies du système respiratoire. L'alternance de la contraction et du relâchement rythmiques du diaphragme provoque des changements de pression dans la cavité abdominale et pelvienne, ce qui facilite le retour du sang veineux au cœur. De plus, le diaphragme peut aussi être fortement contracté pour pousser vers le bas les viscères abdominaux et augmenter volontairement la pression dans la cavité abdominale et pelvienne afin de contribuer à l'évacuation du contenu des organes pelviens (urine, fèces ou un fœtus) ou pour la pratique de l'haltérophilie. Lorsqu'un haltérophile prend une profonde inspiration pour bloquer son diaphragme, son abdomen devient telle une colonne qui ne ploie pas sous le poids soulevé. Inutile de mentionner qu'il est important d'avoir une bonne maîtrise des sphincters de l'anus et de l'urètre durant de tels exercices.

À l'exception du diaphragme, innervé par les *nerfs phréniques*, tous les muscles mentionnés dans le tableau ci-dessous sont innervés par les *nerfs intercostaux* qui, comme leur nom l'indique, se trouvent entre les côtes.

La respiration forcée (comme pendant une activité physique) fait intervenir d'autres muscles qui s'insèrent sur les côtes. Pendant l'inspiration forcée, par exemple, le scalène et le sternocléidomastoïdien du cou aident à soulever les côtes. L'expiration forcée est favorisée par les muscles qui tirent les côtes vers le bas et ceux qui poussent le diaphragme vers le haut en exerçant une pression sur le contenu abdominal.

MUSCLE	DESCRIPTION ET SITUATION	ORIGINE (O) ET INSERTION (I)	ACTION	INNERVATION
Intercostaux externes	Onze paires situées entre les côtes ; les fibres s'étendent obliquement (vers le bas et l'avant) entre les côtes adjacentes ; dans les espaces intercostaux inférieurs, les fibres sont en continuité avec le muscle oblique externe de l'abdomen qui forme une partie de la paroi abdominale	O : bord inférieur de la côte située au-dessus de l'espace intercostal I : bord supérieur de la côte située au-dessous de l'espace intercostal	Rapprochent les côtes les unes des autres pour soulever la cage thoracique, les premières côtes étant maintenues fixes par les scalènes ; les intercostaux externes sont des muscles inspirateurs ; synergiques du diaphragme	Nerfs intercostaux
Intercostaux internes	Onze paires situées entre les côtes ; leurs fibres situées sous celles des intercostaux externes sont à angle droit par rapport à ces dernières (c'est-à-dire dirigées vers le bas et l'arrière) ; les muscles intercostaux internes inférieurs sont en continuité avec les fibres du muscle oblique interne de l'abdomen	O : bord supérieur de la côte située au-dessous de l'espace intercostal I : bord inférieur (sillon) de la côte située au-dessus de l'espace intercostal	Les douzièmes côtes étant maintenues fixes par le carré des lombes, par les muscles de la paroi abdominale postérieure et par les obliques de la paroi abdominale, les intercostaux internes rapprochent les côtes les unes des autres et abaissent la cage thoracique ; ils facilitent l'expiration forcée ; antagonistes des intercostaux externes	Nerfs intercostaux
Diaphragme (*diaphragma :* barrière)	Muscle large traversé par l'aorte, la veine cave inférieure et l'œsophage ; forme le plancher de la cavité thoracique ; en forme de dôme à deux coupoles ; les fibres convergent des bords de la cage thoracique vers un tendon central en forme de boomerang	O : face interne et inférieure de la cage thoracique et du sternum (processus xiphoïde), cartilages costaux des six dernières côtes et les corps des vertèbres lombaires I : centre tendineux	Agoniste dans l'inspiration ; s'aplatit en se contractant, ce qui cause l'augmentation des dimensions verticales du thorax ; lorsqu'il est fortement contracté, il augmente considérablement la pression intraabdominale	Nerfs phréniques

* Il existe une troisième couche de muscles (plus profonde) sur la paroi thoracique, mais ces muscles sont petits et discontinus. De plus, leur fonction n'est pas bien connue ; c'est pourquoi ils ne sont pas présentés dans le tableau ci-dessus.

GALERIE DES MUSCLES

TABLEAU 10.5 *(suite)*

Figure 10.10 **Muscles de la respiration. (a)** Muscles profonds du thorax. Les intercostaux externes (muscles de l'inspiration) sont illustrés à gauche et les intercostaux internes (muscles de l'expiration), à droite. Ces deux couches musculaires sont dirigées obliquement et à angle droit l'une par rapport à l'autre. **(b)** Vue inférieure du diaphragme, agoniste dans l'inspiration. Notez que ses fibres convergent vers le centre tendineux, ce qui force le diaphragme à s'aplatir et à se déplacer vers le bas au moment où il se contracte. **(c)** Photographie du diaphragme, vue supérieure.

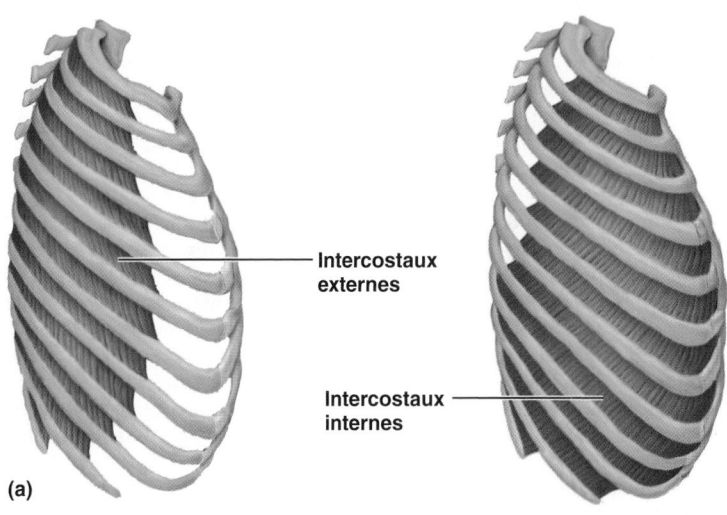

Intercostaux externes

Intercostaux internes

(a)

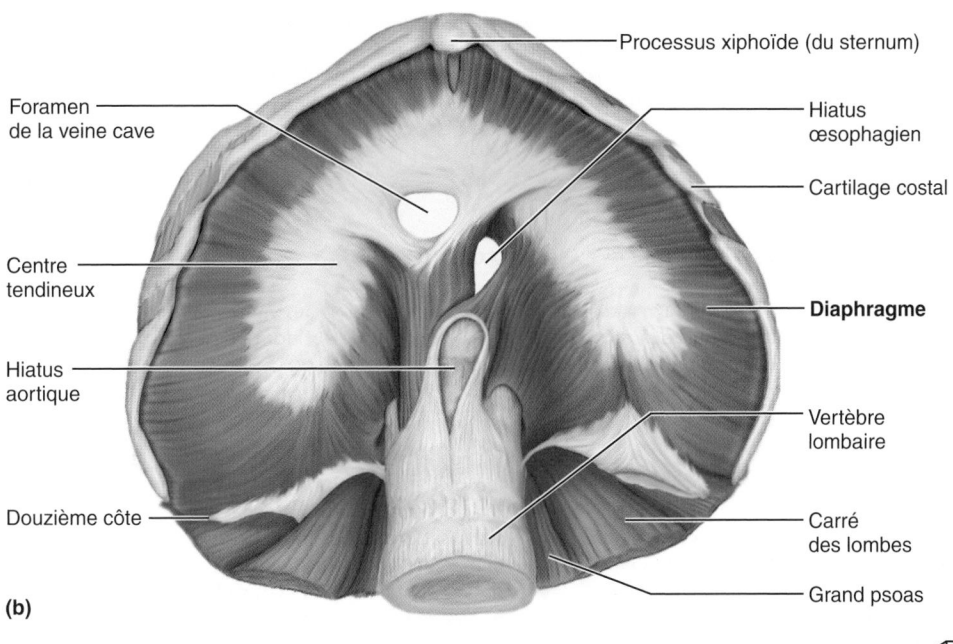

Processus xiphoïde (du sternum)

Foramen de la veine cave

Hiatus œsophagien

Cartilage costal

Centre tendineux

Diaphragme

Hiatus aortique

Vertèbre lombaire

Douzième côte

Carré des lombes

Grand psoas

(b)

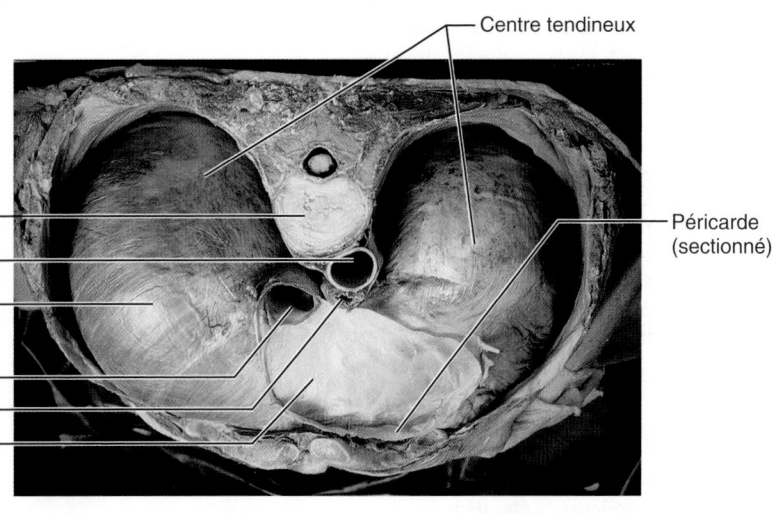

Centre tendineux

Corps de vertèbre thoracique

Aorte

Diaphragme (partie musculaire)

Veine cave inférieure

Œsophage

Péricarde fibreux

Péricarde (sectionné)

(c)

GALERIE DES MUSCLES

TABLEAU 10.6 **Muscles de la paroi abdominale: mouvements du tronc et compression des viscères abdominaux** (figure 10.11)

Contrairement au thorax, la paroi antérolatérale de l'abdomen ne possède aucun soutien osseux (côtes). Elle est composée de quatre paires de muscles, de leurs aponévroses d'insertion et de leurs membranes tendineuses. Trois paires de muscles larges et plats, disposées en couches superposées, constituent la paroi latérale de l'abdomen: les fibres de l'**oblique externe de l'abdomen** sont orientées inférieurement et en direction médiale et à angle droit par rapport à celles de l'**oblique interne de l'abdomen**, situé juste au-dessous (figure 10.11a, b). Les fibres du **transverse de l'abdomen**, plus en profondeur, sont en angle par rapport aux deux autres et s'étendent horizontalement. Cette alternance dans l'orientation des faisceaux fait penser à une feuille de contreplaqué (dont le bois est composé de plaques alternées et à fibres perpendiculaires) et forme une paroi très résistante. Les trois muscles s'assemblent antérieurement pour donner de larges aponévroses d'insertion. Ces aponévroses, à leur tour, enveloppent une quatrième paire de muscles, les **muscles droits de l'abdomen**, sur la ligne médiane, puis fusionnent pour former la **ligne blanche**, ou linea alba, un raphé fibreux (couture) qui s'étend du sternum jusqu'à la symphyse pubienne (figure 10.11a). Les aponévroses bien ajustées qui enveloppent les muscles droits de l'abdomen empêchent ces muscles, lors de leur contraction, de se courber comme la corde d'un arc en faisant saillie vers l'avant. Les carrés des lombes de la paroi abdominale postérieure sont présentés au tableau 10.4.

Les muscles abdominaux protègent et soutiennent les viscères de façon plus efficace si leur tonus est adéquat. Lorsqu'ils sont faibles ou qu'ils sont fortement étirés (pendant une grossesse, par exemple), l'abdomen devient distendu (formation d'un «bedon»). Ces muscles permettent également la flexion latérale et la rotation du tronc ainsi que la flexion antérieure du tronc contre une résistance (dans les redressements assis). Pendant l'inspiration calme, les muscles abdominaux se relâchent, et l'abaissement du diaphragme pousse les viscères de l'abdomen vers le bas. Au cours de la contraction simultanée de tous ces muscles abdominaux, plusieurs activités différentes peuvent être effectuées. Par exemple, quand tous les muscles abdominaux sont contractés, les côtes sont abaissées et le contenu de l'abdomen est comprimé. Cela a pour effet de pousser les viscères vers le haut sur le diaphragme et de provoquer une expiration forcée. Quand les muscles abdominaux se contractent avec le diaphragme et que la glotte est fermée (une action appelée *manœuvre de Valsalva*), l'augmentation de la pression intraabdominale qui en résulte facilite la miction, la défécation, le vomissement, la toux, l'action de crier, de se moucher le nez, l'éternuement, l'éructation et l'accouchement. (La prochaine fois que vous ferez l'une de ces activités, palpez vos muscles abdominaux qui se contractent sous la peau.) Ces muscles se contractent également lorsqu'on soulève des poids très lourds, parfois si violemment qu'il en résulte une hernie. La contraction des muscles abdominaux en même temps que celle des muscles profonds du dos contribue à prévenir l'hyperextension de la colonne et à former une gaine pour tout le tronc.

MUSCLE	DESCRIPTION ET SITUATION	ORIGINE (O) ET INSERTION (I)	ACTION	INNERVATION
MUSCLES DE LA PAROI ANTÉRIEURE ET LATÉRALE DE L'ABDOMEN	Quatre paires de muscles plats; jouent un rôle important dans le soutien et la protection des viscères abdominaux et contribuent à la flexion latérale et à la flexion de la colonne vertébrale. Le droit de l'abdomen est le seul des quatre muscles dont la contraction est observable sous la peau des personnes musclées.			
Droit de l'abdomen	Paire de muscles superficiels situés de part et d'autre de la ligne médiane; s'étendent du pubis jusqu'à la cage thoracique; les aponévroses des muscles latéraux forment une gaine autour d'eux; segmentés par trois intersections tendineuses	O: crête et symphyse pubiennes I: processus xiphoïde du sternum et cartilages des cinquième, sixième et septième côtes	Flexion et rotation de la région lombaire de la colonne vertébrale; fixation et abaissement des côtes, stabilisation du bassin au cours de la marche, augmentation de la pression intraabdominale; sollicité par les redressements assis	Nerfs intercostaux (T_6 ou T_7 à T_{12})
Oblique externe de l'abdomen	Le plus grand et le plus superficiel des trois muscles latéraux; les fibres sont dirigées vers le bas et la ligne médiane (même direction que celle des doigts allongés lorsque les mains sont dans les poches d'un pantalon); l'aponévrose s'incurve sous le muscle pour former le ligament inguinal; en continuité avec les muscles intercostaux externes	O: surfaces externes des huit dernières côtes par des digitations charnues I: la majorité des fibres s'insèrent antérieurement dans la ligne blanche par l'intermédiaire d'une aponévrose large; quelques-unes sur la crête pubienne, le tubercule pubien, et sur la partie antérieure de la crête iliaque	Contraction simultanée de la paire de muscles: flexion de la colonne vertébrale, compression de la paroi abdominale et augmentation de la pression intraabdominale; contraction d'un seul muscle: aide les muscles du dos dans la rotation de la région lombaire de la colonne vertébrale et dans la flexion latérale du tronc; sollicité lors d'exercices pour les obliques sur les ballons d'exercice	Nerfs intercostaux (T_7 à T_{12}) et L_1
Oblique interne de l'abdomen	La plupart des fibres sont dirigées vers le haut et la ligne médiane; mais le muscle forme un éventail, si bien que les fibres inférieures s'étendent vers le bas et la ligne médiane; en continuité avec les muscles intercostaux internes	O: fascia thoracolombaire*, crête iliaque et épine iliaque, ligament inguinal I: ligne blanche, crête pubienne, trois ou quatre dernières côtes et rebord costal	Voir l'oblique externe de l'abdomen	Nerfs intercostaux (T_7 à T_{12}) et L_1

* Le fascia thoracolombaire est une vaste enveloppe conjonctive en forme de losange à pointe supérieure effilée qui s'étend du sacrum jusqu'au crâne.

GALERIE DES MUSCLES

TABLEAU 10.6 *(suite)*

MUSCLE	DESCRIPTION ET SITUATION	ORIGINE (O) ET INSERTION (I)	ACTION	INNERVATION
Transverse de l'abdomen	Muscle le plus profond de la paroi abdominale ; ses fibres sont horizontales	O : ligament inguinal, fascia thoracolombaire, cartilages des six dernières côtes ; crête iliaque (bord interne) I : ligne blanche, crête pubienne, processus xiphoïde du sternum	Compression des organes abdominaux	Nerfs inter-costaux (T_6 ou T_7 à T_{12}) et L_1

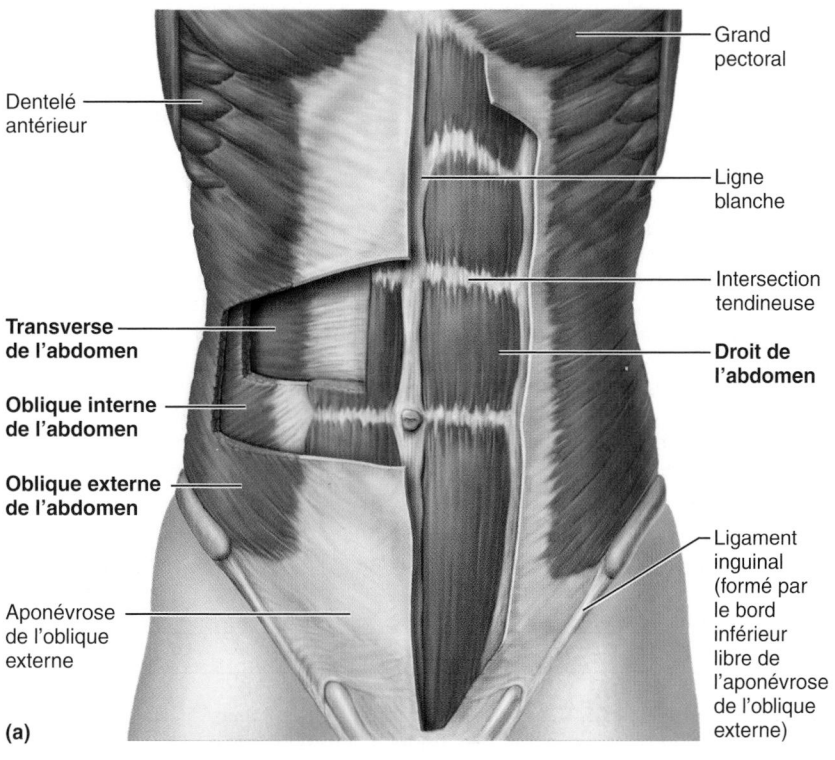

Dentelé antérieur

Grand pectoral

Ligne blanche

Intersection tendineuse

Transverse de l'abdomen

Oblique interne de l'abdomen

Oblique externe de l'abdomen

Droit de l'abdomen

Aponévrose de l'oblique externe

Ligament inguinal (formé par le bord inférieur libre de l'aponévrose de l'oblique externe)

(a)

Figure 10.11 Muscles de la paroi abdominale.
(a) Vue antérieure des muscles qui forment la paroi antérolatérale de l'abdomen. Les muscles superficiels ont été partiellement sectionnés pour montrer les muscles les plus profonds. **(b)** Vue latérale du tronc montrant la direction des fibres et les points d'attache de l'oblique externe, de l'oblique interne et du transverse de l'abdomen. Bien qu'il soit visible ici, le droit de l'abdomen est en fait recouvert par le fascia du muscle oblique interne. **(c)** Coupe transversale de la paroi abdominale antérolatérale (région médiane), montrant la contribution des aponévroses des muscles abdominaux latéraux dans la gaine du muscle droit de l'abdomen.

10

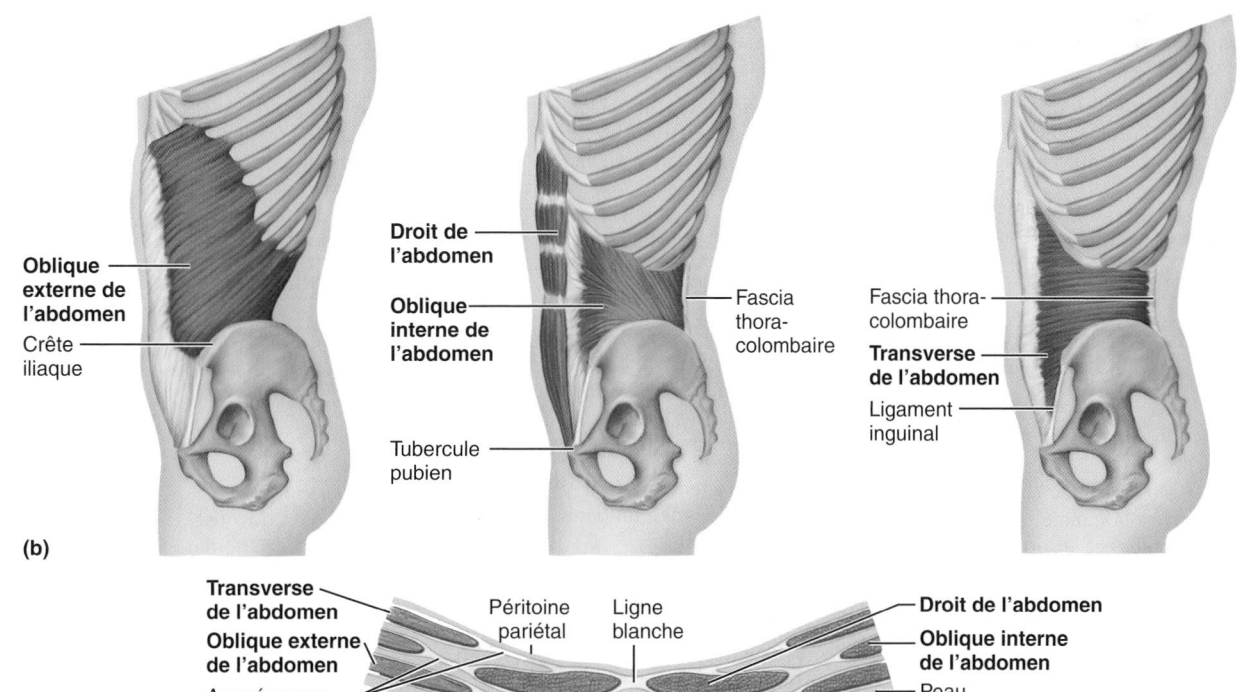

Oblique externe de l'abdomen

Crête iliaque

Droit de l'abdomen

Oblique interne de l'abdomen

Tubercule pubien

Fascia thoracolombaire

Fascia thoracolombaire

Transverse de l'abdomen

Ligament inguinal

(b)

Transverse de l'abdomen

Oblique externe de l'abdomen

Aponévroses

Péritoine pariétal

Ligne blanche

Droit de l'abdomen

Oblique interne de l'abdomen

Peau

(c)

TABLEAU 10.7 Muscles du plancher pelvien et du périnée : soutien des organes abdominopelviens (figure 10.12)

Deux muscles pairs, l'**élévateur de l'anus** et le **coccygien** (ou ischio-coccygien), constituent le plancher pelvien, aussi appelé **diaphragme pelvien**, en forme d'entonnoir et ressemblant à un hamac, qui serait attaché aux os du bassin (figure 10.12a). Ce plancher ou diaphragme (1) ferme l'ouverture inférieure du bassin; (2) soutient les organes pelviens; (3) élève le plancher pelvien pour expulser les fèces; et (4) résiste à l'augmentation de la pression intraabdominale (qui aurait pour effet d'expulser le contenu de la vessie, du rectum et de l'utérus). Le diaphragme pelvien comprend des orifices pour le rectum et l'urètre (conduit urinaire) et, chez la femme, un orifice pour le vagin. La partie inférieure au diaphragme pelvien est le *périnée*. Les liens entre les muscles du périnée sont quelque peu complexes et nécessitent des explications. Superficiel par rapport aux muscles du plancher pelvien et s'étendant entre les deux côtés de l'arcade pubienne dans la moitié antérieure du périnée, se trouve le **diaphragme urogénital** (figure 10.12b). Cette mince couche triangulaire de muscles contient le muscle **sphincter urétral externe**. Ce sphincter enveloppe l'urètre et permet la maîtrise volontaire de la miction. Sous la peau du périnée, et donc superficiel par rapport au diaphragme urogénital, se trouve l'*espace superficiel* qui comprend les muscles (**ischiocaverneux** et **bulbospongieux**) participant au maintien de l'érection du pénis et du clitoris (figure 10.12c). Dans la moitié postérieure du périnée se trouve le **sphincter externe de l'anus**, un muscle sphincter qui entoure l'anus et autorise la maîtrise volontaire de la défécation. Le **centre tendineux du périnée** est situé devant ce sphincter; c'est un tendon puissant sur lequel s'insèrent de nombreux muscles du périnée.

MUSCLE	DESCRIPTION ET SITUATION	ORIGINE (O) ET INSERTION (I)	ACTION	INNERVATION
MUSCLES DU DIAPHRAGME PELVIEN (FIGURE 10.12a)				
Élévateur de l'anus	Muscle large et mince, en trois parties (pubococcygien, puborectal [non représenté] et iliococcygien); ses fibres sont dirigées vers le bas et vers le milieu, et forment une «écharpe» autour de la prostate chez l'homme (ou autour du vagin chez la femme), de l'urètre et de la jonction anorectale avant de se rejoindre en position médiane	O: sur une ligne étendue à l'intérieur du bassin, à partir du pubis jusqu'à l'épine ischiatique I: surface interne du coccyx, élévateur de l'anus du côté opposé et (en partie) sur les structures qui le traversent (prostate, vagin, rectum)	Soutient et maintient en position les viscères pelviens; résiste aux poussées vers le bas qui accompagnent les augmentations de pression intra-pelvienne durant la toux, l'éternue-ment, le vomissement et les efforts d'expulsion des muscles abdominaux; sa contraction entraîne l'occlusion du canal anal et du vagin; soulève le canal anal durant la défécation	Nerfs S$_3$ et S$_4$ et nerf honteux
Coccygien (ou ischiococcygien)	Petit muscle triangulaire situé derrière l'élévateur de l'anus; forme la partie postérieure du diaphragme pelvien	O: épine ischiatique I: vertèbres S$_1$ et S$_2$ et coccyx	Soutient les viscères pelviens; soutient le coccyx et le ramène vers l'avant après la défécation et l'accouchement	Nerfs S$_4$ et S$_5$
MUSCLES DU DIAPHRAGME UROGÉNITAL (FIGURE 10.12b)				
Transverse profond du périnée	Les deux muscles de la paire comblent l'espace entre les branches ischiopubiennes; chez la femme, ils sont situés derrière le vagin	O: branches ischiopubiennes I: centre tendineux du périnée; quelques fibres dans la paroi vaginale chez la femme	Soutient les organes pelviens; immo-bilise le centre tendineux du périnée	Nerf honteux
Sphincter urétral externe (*sphingein*: serrer)	Muscle entourant le tiers moyen de l'urètre; chez la femme, entoure aussi le vagin	O: branches ischiopubiennes I: raphé du pénis chez l'homme et parois du vagin chez la femme	Sa contraction entraîne l'occlusion de la lumière de l'urètre; permet l'inhibition volontaire de la miction; participe au soutien des organes pelviens	Nerf honteux
MUSCLES DE L'ESPACE SUPERFICIEL (FIGURE 10.12c)				
Ischiocaverneux (*iskhion*: os du bassin)	S'étend du bassin jusqu'aux piliers du clitoris ou du pénis	O: branches ischiopubiennes et tubérosités ischiatiques I: pilier du corps caverneux du pénis chez l'homme et du clitoris chez la femme	Retarde le retour veineux et maintient l'érection du pénis et du clitoris	Nerf honteux
Bulbospongieux (*bulbus*: bulbe)	Muscle impair chez l'homme et pair chez la femme; renferme la base (bulbe) et le corps caverneux du pénis chez l'homme et est situé sous les lèvres chez la femme	O: centre tendineux du périnée et raphé du pénis chez l'homme I: antérieurement sur le corps caverneux du pénis ou sur la face dorsale du clitoris	Évacue l'urine et le sperme de l'urètre chez l'homme; favorise l'érection du pénis chez l'homme et du clitoris chez la femme	Nerf honteux
Transverse superficiel du périnée	Paire de muscles rubanés situés derrière l'orifice de l'urètre (et du vagin, chez la femme); inconstant; parfois absent	O: tubérosité ischiatique I: centre tendineux du périnée	Stabilise et renforce le centre tendineux du périnée	Nerf honteux

GALERIE DES MUSCLES

TABLEAU 10.7   *(suite)*

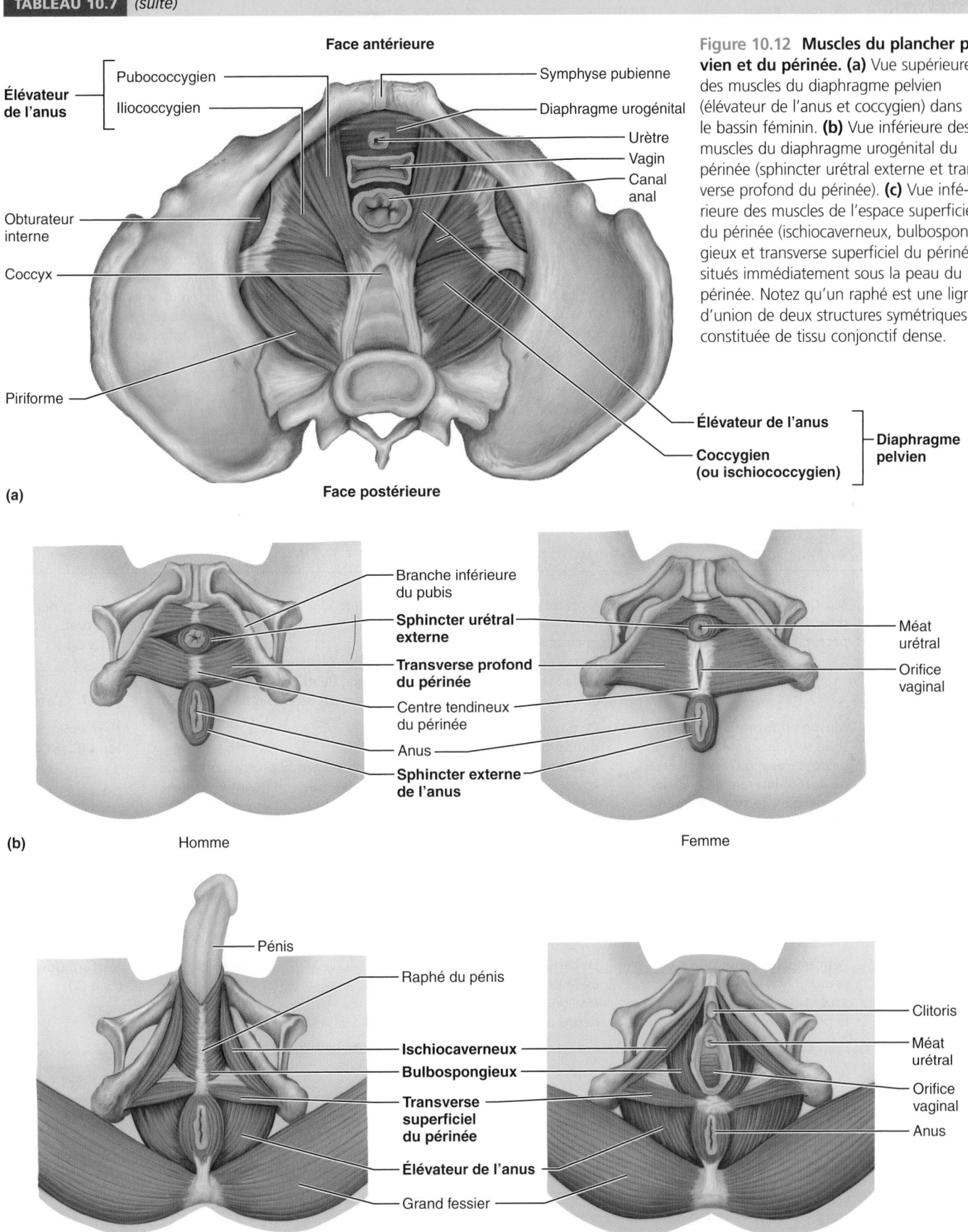

Face antérieure

Élévateur de l'anus
- Pubococcygien
- Iliococcygien

Obturateur interne

Coccyx

Piriforme

Symphyse pubienne

Diaphragme urogénital

Urètre
Vagin
Canal anal

Élévateur de l'anus

Coccygien (ou ischiococcygien)

Diaphragme pelvien

Face postérieure

(a)

Figure 10.12 **Muscles du plancher pelvien et du périnée. (a)** Vue supérieure des muscles du diaphragme pelvien (élévateur de l'anus et coccygien) dans le bassin féminin. **(b)** Vue inférieure des muscles du diaphragme urogénital du périnée (sphincter urétral externe et transverse profond du périnée). **(c)** Vue inférieure des muscles de l'espace superficiel du périnée (ischiocaverneux, bulbospongieux et transverse superficiel du périnée), situés immédiatement sous la peau du périnée. Notez qu'un raphé est une ligne d'union de deux structures symétriques constituée de tissu conjonctif dense.

(b)   Homme

Branche inférieure du pubis

Sphincter urétral externe

Transverse profond du périnée

Centre tendineux du périnée

Anus

Sphincter externe de l'anus

Méat urétral

Orifice vaginal

Femme

(c)   Homme

Pénis

Raphé du pénis

Ischiocaverneux

Bulbospongieux

Transverse superficiel du périnée

Élévateur de l'anus

Grand fessier

Clitoris

Méat urétral

Orifice vaginal

Anus

Femme

GALERIE DES MUSCLES

TABLEAU 10.8 Muscles superficiels de la face antérieure et de la face postérieure du thorax : mouvements de la scapula (figure 10.13)

La plupart des muscles superficiels du thorax sont des *muscles extrinsèques de l'épaule*, qui s'étendent des côtes et de la colonne vertébrale jusqu'à la ceinture pectorale. Ils maintiennent la scapula en place ou la font bouger pour augmenter l'amplitude des mouvements du bras. Les muscles de la face antérieure du thorax comprennent le **grand pectoral**, le **petit pectoral**, le **dentelé antérieur** et le **subclavier** (figure 10.13a). Tous les muscles du groupe antérieur s'insèrent sur la ceinture pectorale, sauf le grand pectoral, qui s'attache à l'humérus. Les muscles de la face postérieure du thorax sont le **grand dorsal** et le **trapèze**, à la surface, ainsi que l'**élévateur de la scapula** et les **rhomboïdes**, en profondeur (figure 10.13c). Le grand dorsal, tout comme le grand pectoral à l'avant, s'implante sur l'humérus et est davantage mis à contribution dans les mouvements du bras que dans ceux de la scapula. Nous reportons l'étude de ces deux paires de muscles au tableau 10.9 (muscles qui assurent les mouvements du bras).

Les mouvements amples de la ceinture pectorale, c'est-à-dire l'élévation, l'abaissement, la rotation, les mouvements latéraux (vers l'avant) et médiaux (vers l'arrière), nécessitent des déplacements de la scapula. Les clavicules effectuent une rotation autour de leur propre axe pour assurer à la fois stabilité et précision dans ces mouvements.

Les muscles antérieurs, sauf le dentelé antérieur, stabilisent et abaissent la ceinture pectorale. Ainsi, la plupart des mouvements de la scapula sont imprimés par le dentelé antérieur à l'avant et par les muscles postérieurs. Les muscles sont attachés à la scapula de telle façon qu'un muscle en particulier ne peut à lui seul provoquer un mouvement simple (linéaire). C'est l'action combinée (synergique) de plusieurs muscles qui rend possibles les mouvements de la scapula.

Le trapèze et l'élévateur de la scapula sont les agonistes dans l'élévation de l'épaule. Lorsqu'ils agissent ensemble pour hausser les épaules, leurs effets de rotation opposés s'équilibrent. L'abaissement de la scapula est dû en majeure partie à la force gravitationnelle (poids du bras), mais si le mouvement s'effectue contre une résistance, le trapèze et le dentelé antérieur entrent en jeu (de même que le grand dorsal ; tableau 10.9). Les mouvements antérolatéraux (abduction) qui tirent la scapula vers l'avant, sur la paroi thoracique (pour pousser ou donner un coup de poing, par exemple), sont principalement dus à l'action du dentelé antérieur. La rétraction postérolatérale (adduction) de la scapula est effectuée par le trapèze et les rhomboïdes. Le dentelé antérieur et le trapèze, bien qu'ils soient antagonistes dans les mouvements vers l'avant ou vers l'arrière, agissent ensemble pour coordonner les mouvements de *rotation* de la scapula.

MUSCLE	DESCRIPTION ET SITUATION	ORIGINE (O) ET INSERTION (I)	ACTION	INNERVATION
MUSCLES DE LA FACE ANTÉRIEURE DU THORAX (FIGURE 10.13a)				
Petit pectoral (*pectus :* poitrine)	Muscle plat et mince situé directement sous le grand pectoral, qui le masque	O : faces antérieures de la troisième à la cinquième côte I : processus coracoïde de la scapula	Lorsque les côtes sont fixes, abaissement et protraction de la scapula (et de l'épaule) ; lorsque la scapula est fixe, élévation de la cage thoracique (le muscle devient un inspirateur accessoire)	Les deux nerfs pectoraux (C_6 à C_8)
Dentelé antérieur (voir aussi la figure 10.11a)	Muscle en forme d'éventail ; situé sous la scapula et au-dessous des muscles pectoraux de la face latérale de la cage thoracique ; forme la paroi médiale de l'aisselle ; son origine a une apparence dentelée ; sa paralysie provoque un décollement du bord médial (par rapport au thorax) de la scapula, rendant impossible l'élévation du bras	O : par une série de digitations musculaires, à partir des 10 premières côtes I : toute la face antérieure du bord médial de la scapula	Rotation latérale et vers le haut de l'angle inférieur de la scapula ; agoniste dans la protraction de la scapula et de son maintien contre la paroi thoracique ; élévation de l'extrémité de l'épaule ; rôle important dans l'abduction et l'élévation du bras et dans les mouvements horizontaux du bras (pousser, donner un coup de poing).	Nerf thoracique long (C_5 à C_7)
Subclavier	Petit muscle cylindrique, presque horizontal, caché sous la clavicule ; tendu entre la première côte et la clavicule	O : cartilage costal de la première côte I : sillon sur la face inférieure de la clavicule	Contribue à la stabilisation et à l'abaissement de la ceinture scapulaire (par son action sur la clavicule)	Nerf subclavier (C_5 à C_6)

GALERIE DES MUSCLES

TABLEAU 10.8 *(suite)*

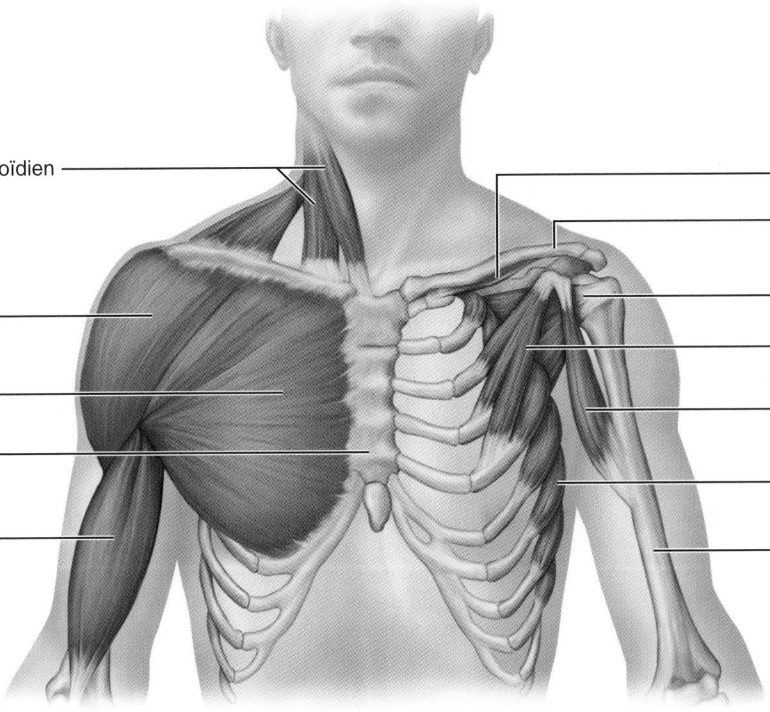

Sternocléidomastoïdien

Subclavier

Clavicule

Deltoïde

Subscapulaire

Petit pectoral

Grand pectoral

Coracobrachial

Sternum

Dentelé antérieur

Biceps brachial

Humérus

(a)

Subclavier   Deltoïde

Petit pectoral

Veine céphalique

Grand pectoral

Intercostaux internes (vus à travers les membranes intercostales externes)

Dentelé antérieur

Oblique externe de l'abdomen

Droit de l'abdomen

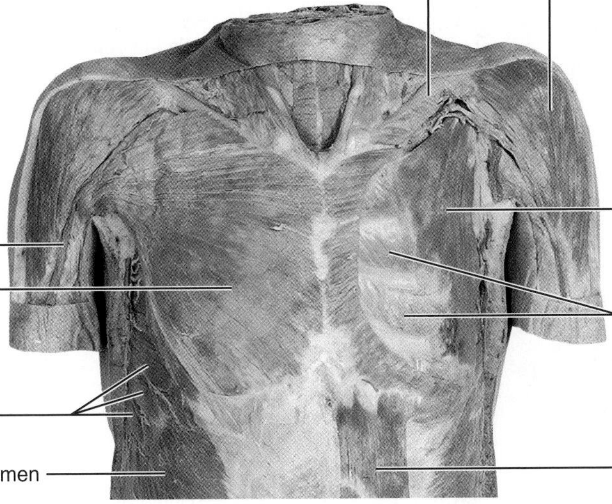

(b)

Figure 10.13 Muscles superficiels du thorax et de l'épaule qui agissent sur la scapula et sur le bras. (a) Vue antérieure. Les muscles superficiels, qui effectuent les mouvements du bras, sont représentés à gauche. Sur la droite, ces muscles ont été enlevés pour montrer ceux qui stabilisent ou qui font bouger la ceinture pectorale. **(b)** Photographie des muscles superficiels de la partie antérieure du thorax.

GALERIE DES MUSCLES

TABLEAU 10.8   **Muscles superficiels de la face antérieure et de la face postérieure du thorax :** **mouvements de la scapula** (figure 10.13) *(suite)*

MUSCLE	DESCRIPTION ET SITUATION	ORIGINE (O) ET INSERTION (I)	ACTION	INNERVATION
MUSCLES DE LA FACE POSTÉRIEURE DU THORAX (FIGURE 10.13b, c, d, e)				
Trapèze (*trapeza*: table)	Muscle le plus superficiel de la face postérieure du thorax; plat et triangulaire; l'ensemble des deux muscles forme de part et d'autre de la colonne vertébrale un grand losange tronqué à sa partie supérieure; les fibres du faisceau supérieur descendent vers la scapula; les fibres du faisceau moyen adoptent une direction horizontale vers la scapula, tandis que les fibres du faisceau inférieur montent vers la scapula	O: os occipital, ligament nuchal et processus épineux des vertèbres C_7 à T_{12} I: insertion continue le long de l'acromion et de l'épine scapulaire et tiers latéral de la clavicule	Stabilisation, élévation, rétraction et rotation de la scapula; fibres du faisceau moyen: rétraction (adduction) de la scapula; fibres du faisceau supérieur: élévation de la scapula et contribution à l'extension de la tête quand la scapula est immobile; fibres du faisceau inférieur: abaissement de la scapula (et de l'épaule)	Nerf accessoire (nerf crânien XI); nerfs C_3 et C_4
Élévateur de la scapula	Muscle épais et rubané; situé profondément sous le trapèze à l'arrière et sur le côté du cou	O: processus transverses des vertèbres C_1 à C_4 I: bord médial de la scapula, au-dessus de l'épine scapulaire	Élévation et rotation vers le bas de la scapula en synergie avec les fibres du faisceau supérieur du trapèze; inclinaison de la cavité glénoïdale de la scapula, vers le bas lorsque la scapula est immobile, flexion homolatérale du cou	Nerfs cervicaux (C_3 à C_5) et nerf dorsal de la scapula

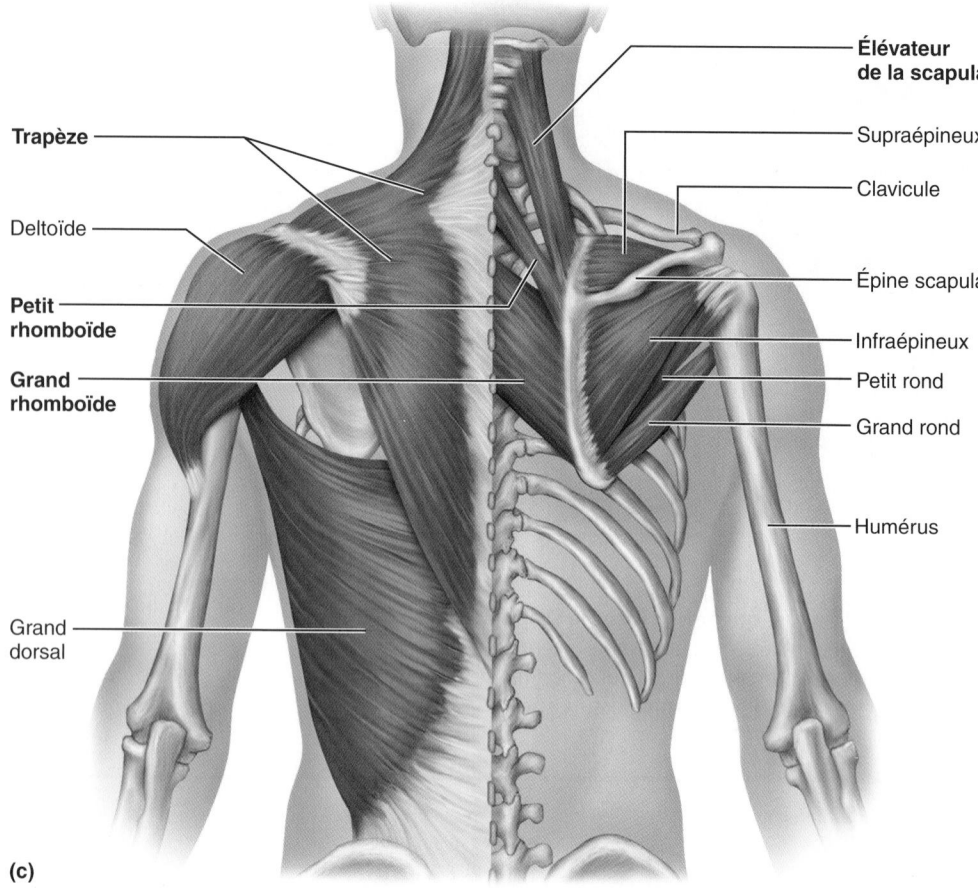

Trapèze

Deltoïde

Petit rhomboïde

Grand rhomboïde

Grand dorsal

Élévateur de la scapula

Supraépineux

Clavicule

Épine scapulaire

Infraépineux

Petit rond

Grand rond

Humérus

(c)

Figure 10.13 *(suite)* **Muscles superficiels du thorax et de l'épaule qui agissent sur la scapula et sur le bras. (c)** Vue postérieure. Les muscles superficiels sont montrés pour le côté gauche du corps, avec une photographie correspondante. Les muscles superficiels sont enlevés sur le côté droit pour montrer les muscles plus profonds qui agissent sur la scapula, ainsi que les muscles de la coiffe des rotateurs qui participent à la stabilisation de l'articulation de l'épaule.

GALERIE DES MUSCLES

TABLEAU 10.8 *(suite)*

MUSCLE	DESCRIPTION ET SITUATION	ORIGINE (O) ET INSERTION (I)	ACTION	INNERVATION
Rhomboïdes, grand et petit (*rhombos:* losange; *eidos:* forme)	Deux muscles rectangulaires situés sous le trapèze et au-dessous de l'élévateur de la scapula; le petit rhomboïde est le muscle supérieur	O: processus épineux des vertèbres C$_7$ et T$_1$ (petit) et processus épineux des vertèbres T$_2$ à T$_5$ (grand) I: bord médial de la scapula	Stabilisation de la scapula; leur action conjointe (et avec le concours des fibres du faisceau moyen du trapèze) provoque la rétraction (adduction) de la scapula, ce qui redresse les épaules; imprime un mouvement de rotation vers le bas à la cavité glénoïdale de la scapula (comme quand un bras est abaissé contre une résistance; p. ex., faire de l'aviron)	Nerf dorsal de la scapula (C$_4$ et C$_5$)

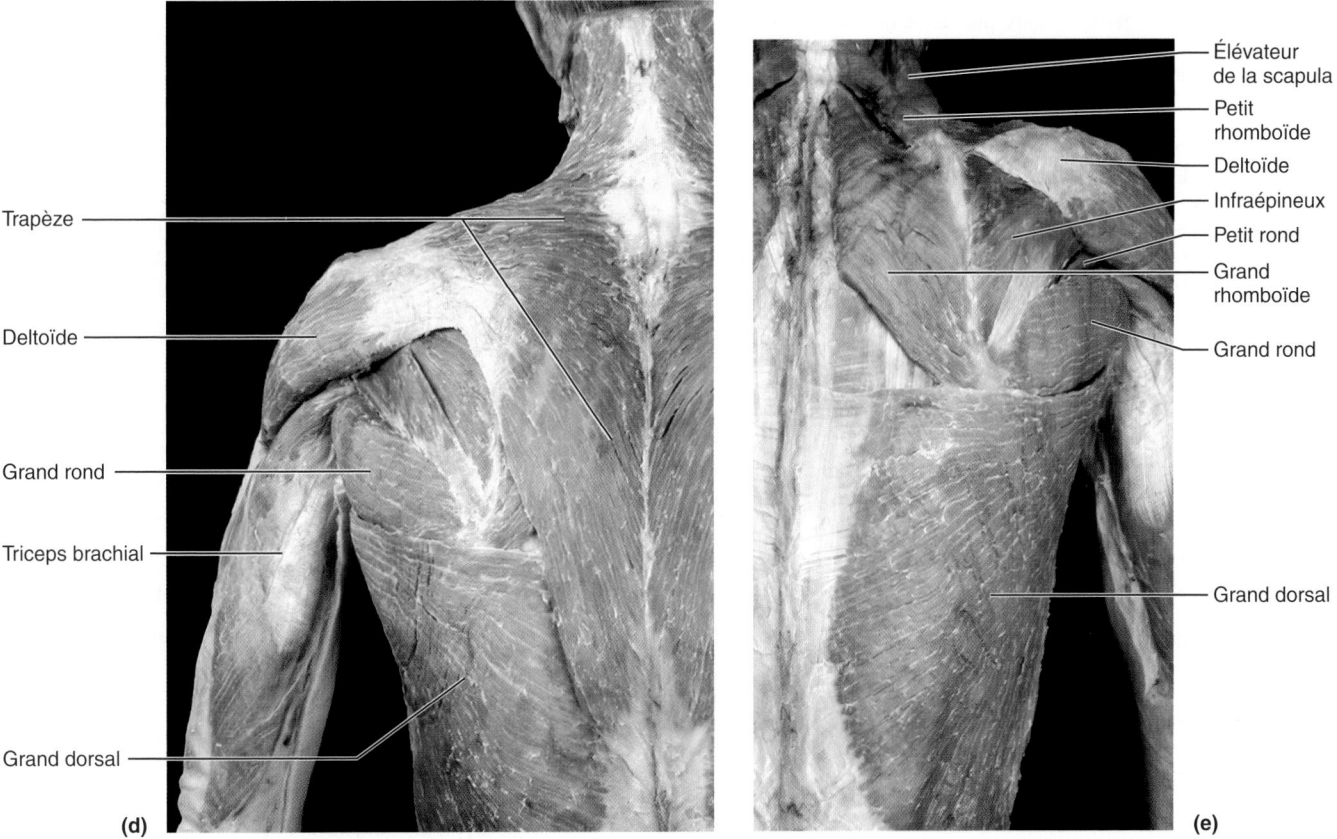

Figure 10.13 *(suite)* **(d)** Dissection montrant les muscles superficiels du dos, côté gauche. **(e)** Dans cette dissection, le trapèze a été retiré pour exposer les muscles plus profonds du dos, côté droit.

GALERIE DES MUSCLES

TABLEAU 10.9 **Muscles qui croisent l'articulation de l'épaule : mouvements du bras** (figure 10.14)

Il faut se rappeler que l'articulation sphéroïde de l'épaule est la plus mobile du corps humain, mais que cette mobilité se paie en instabilité. Plusieurs muscles croisent l'articulation de chaque épaule pour s'insérer sur l'humérus. L'ensemble des muscles qui agissent sur l'humérus prend son origine sur la ceinture pectorale; toutefois, le grand dorsal et le grand pectoral ont pour principale origine le squelette axial.

Parmi ces neuf muscles, seuls les superficiels, soit le **grand pectoral**, le **grand dorsal** et le **deltoïde**, sont agonistes dans les mouvements du bras (figure 10.14a, b). Les six autres sont des synergiques et des fixateurs. Quatre d'entre eux, le **supraépineux**, l'**infraépineux**, le **petit rond** et le **subscapulaire** (désignés par un astérisque à la figure 10.14b, d), sont connus sous le nom de *muscles de la coiffe des rotateurs* – bien que le premier ne soit pas un rotateur. Ils naissent sur la scapula, et leurs tendons, qui se dirigent vers l'humérus, se confondent avec la capsule fibreuse de l'articulation de l'épaule. Bien que les muscles de la coiffe des rotateurs agissent comme synergiques dans les mouvements angulaires et circulaires du bras, leur fonction principale est de renforcer la capsule de l'articulation de l'épaule pour empêcher la dislocation de l'humérus. Les deux derniers muscles, le **grand rond** et le **coracobrachial**, sont petits et croisent l'articulation de l'épaule, mais ne contribuent pas à son renforcement.

De façon générale, tout muscle qui naît sur la partie *antérieure* de l'articulation de l'épaule (grand pectoral, coracobrachial ainsi que les fibres de la partie antérieure du deltoïde) effectue la *flexion* du bras, c'est-à-dire le fait s'élever antérieurement. L'agoniste dans la flexion du bras est le grand pectoral. Le biceps brachial (figure 10.14a, c; tableau 10.10) participe aussi à cette action. Quant aux muscles qui naissent sur la partie *postérieure* de l'articulation de l'épaule, ils provoquent l'extension du bras. Ce sont le grand dorsal, les fibres postérieures du deltoïde (ces deux muscles sont des agonistes de l'extension du bras) et le grand rond. Notez que le grand dorsal et le grand pectoral sont des muscles *antagonistes* dans les mouvements de flexion-extension du bras.

Dans le mouvement d'abduction du bras, c'est le deltoïde (partie centrale) qui est l'agoniste. Il s'étend sur le bord superolatéral de l'humérus. Les principaux adducteurs sont le grand pectoral à l'avant et le grand dorsal, à l'arrière. Les petits muscles qui agissent sur l'humérus permettent la rotation latérale et médiale du bras. Les interactions de ces neuf muscles sont complexes et chaque muscle contribue à plus d'un mouvement. Nous proposons, au tableau 10.12 (première partie), un résumé des actions de ces muscles.

MUSCLE	DESCRIPTION ET SITUATION	ORIGINE (O) ET INSERTION (I)	ACTION	INNERVATION
Grand pectoral (*pectus :* poitrine)	Muscle large, en forme d'éventail, qui couvre la partie supérieure du thorax; forme le repli musculaire antérieur de l'aisselle; comprend une partie claviculaire et une partie sternale qui peuvent agir de façon séparée; les seins sont attachés à l'enveloppe de ces muscles (voir la figure 27.15)	O: partie claviculaire : côté sternal de la clavicule; partie sternale : sternum, cartilages costaux des six (ou sept) premières côtes et aponévrose du muscle oblique externe de l'abdomen I: les fibres convergent pour s'insérer par un court tendon dans le sillon intertuberculaire et sur le tubercule majeur de l'humérus	Agoniste dans la flexion du bras; rotation médiale du bras, adduction du bras contre une résistance; lorsque la scapula (et le bras) est fixe, élévation de la cage thoracique, ce qui aide à grimper, à lancer et à pousser; facilite l'inspiration forcée	Nerfs pectoraux latéral et médial (C_5 à C_8 et T_1)
Deltoïde (*delta :* triangle)	Muscle épais qui forme la masse arrondie de l'épaule; ses fibres moyennes sont multipennées, alors que ses fibres antérieures et postérieures sont unipennées; point souvent utilisé pour les injections intramusculaires, surtout chez l'homme, où ce muscle tend à être très charnu	O: empiète sur l'insertion du trapèze; tiers latéral de la clavicule; acromion et tiers latéral de l'épine scapulaire (bord postérieur) I: tubérosité deltoïdienne de l'humérus (diaphyse)	Agoniste dans l'abduction du bras lorsque toutes ses fibres se contractent simultanément; antagoniste du grand pectoral et du grand dorsal qui produisent l'adduction du bras; si les seules fibres antérieures se contractent, il peut agir avec puissance dans la flexion et la rotation médiale de l'humérus, étant alors synergique du grand pectoral; si seules ses fibres postérieures se contractent, il effectue l'extension et la rotation latérale du bras; actif au cours de la marche pour faire balancer les bras	Nerf axillaire (C_5 et C_6)

GALERIE DES MUSCLES

TABLEAU 10.9 *(suite)*

MUSCLE	DESCRIPTION ET SITUATION	ORIGINE (O) ET INSERTION (I)	ACTION	INNERVATION
Grand dorsal	Muscle large, plat et triangulaire du bas du dos (région lombaire); origines superficielles étendues; la partie supérieure est recouverte par le trapèze; contribue à la formation du bord postérieur de l'aisselle	O: indirectement, sur les processus épineux des vertèbres T₇ à L₅, sur les trois ou quatre dernières côtes et sur la partie postérieure de la crête iliaque, le tout par l'intermédiaire du fascia thoracolombaire I: s'incurve en spirale autour du grand rond pour s'insérer sur le bord médial du sillon intertuberculaire de l'humérus	Agoniste dans l'extension du bras, puissant adducteur du bras, rotation médiale du bras; abaissement de la scapula; grâce à sa puissance dans ces mouvements, joue un rôle important lorsque le bras est lancé vigoureusement vers le bas comme pour donner un coup, marteler, nager et ramer; quand les bras sont immobilisés au-dessus de la tête, tire le reste du corps vers le haut et l'avant (action de grimper)	Nerf thoracodorsal (C₆ à C₈)

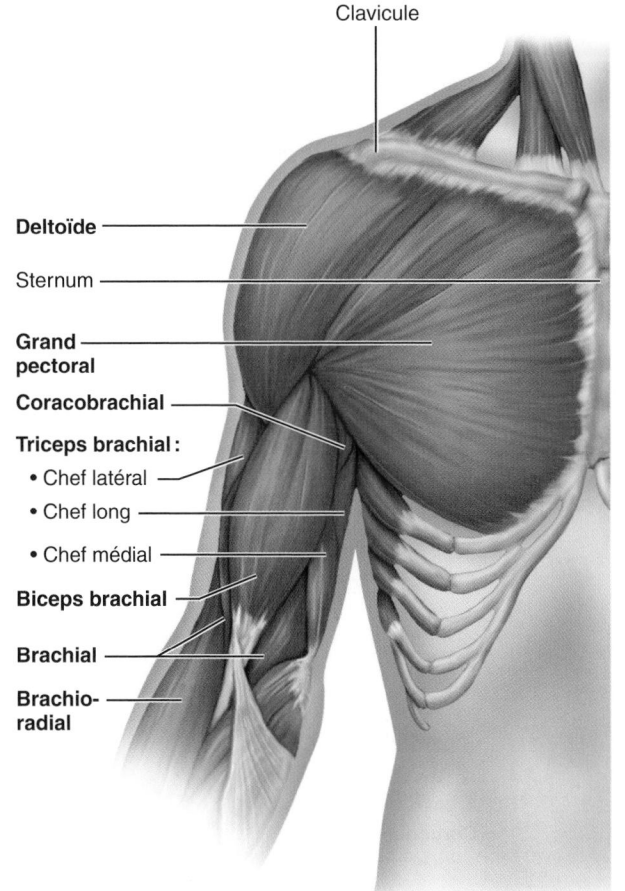

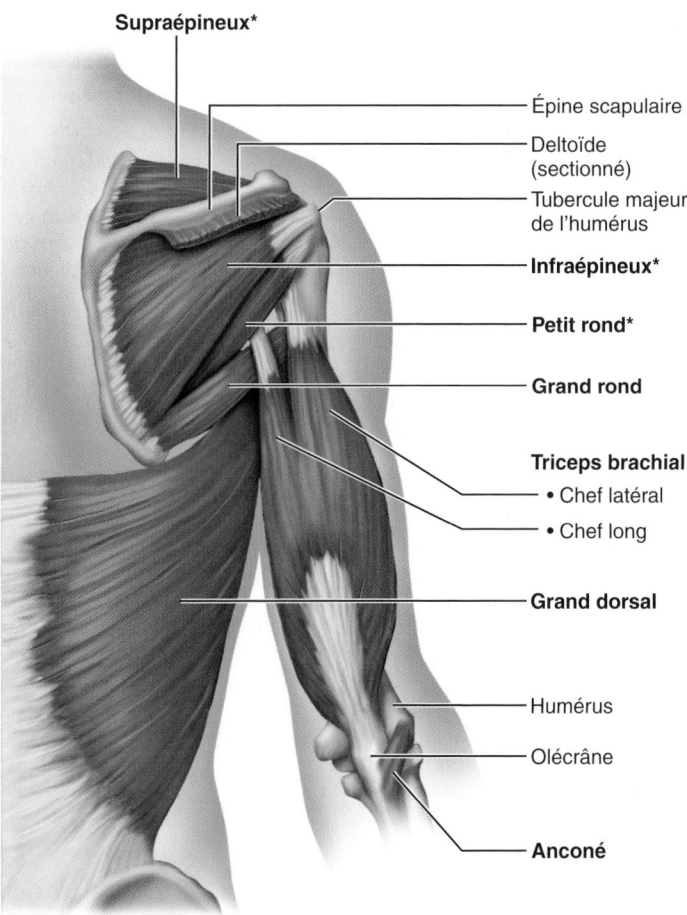

(a) Vue antérieure

(b) Vue postérieure

Figure 10.14 Muscles qui croisent les articulations de l'épaule et du coude, et qui assurent les mouvements du bras et de l'avant-bras, respectivement. (a) Muscles superficiels de la face antérieure du thorax, de l'épaule et du bras. **(b)** Triceps brachial de la partie postérieure du bras, montré en relation avec les muscles scapulaires profonds. Le deltoïde de l'épaule a été enlevé.

* Muscles de la coiffe des rotateurs.

GALERIE DES MUSCLES

TABLEAU 10.9 Muscles qui croisent l'articulation de l'épaule : mouvements du bras (figure 10.14) *(suite)*

MUSCLE	DESCRIPTION ET SITUATION	ORIGINE (O) ET INSERTION (I)	ACTION	INNERVATION
Subscapulaire (*scapula*: épaule)	Forme une partie du bord postérieur de l'aisselle ; le tendon d'insertion passe devant l'articulation de l'épaule ; muscle de la coiffe des rotateurs	O: fosse subscapulaire (d'où le nom du muscle) I: tubercule mineur de l'humérus	Principal responsable de la rotation médiale de l'humérus ; adduction du bras ; assisté du grand pectoral, maintient la tête de l'humérus dans la cavité glénoïdale de la scapula, stabilisant ainsi l'articulation de l'épaule	Nerfs subscapulaires (C$_5$ à C$_7$)
Supraépineux	Nommé d'après sa situation dans la fosse supraépineuse sur la face postérieure de la scapula ; sous le trapèze ; muscle de la coiffe des rotateurs	O: fosse supraépineuse de la scapula I: partie supérieure du tubercule majeur de l'humérus	Initiation de l'abduction ; stabilisation de l'articulation de l'épaule ; maintient la tête de l'humérus pour éviter la luxation lorsqu'on porte, par exemple, une lourde valise	Nerf suprascapulaire (C$_4$ à C$_6$)
Infraépineux	En partie recouvert par le deltoïde et le trapèze ; nommé d'après sa situation par rapport à la scapula ; muscle de la coiffe des rotateurs	O: fosse infraépineuse de la scapula I: tubercule majeur de l'humérus, postérieurement par rapport à l'insertion du supraépineux	Rotation latérale de l'humérus ; contribue à l'abduction du bras ; action synergique dans le maintien de la tête de l'humérus dans la cavité glénoïdale de la scapula, ce qui stabilise l'articulation de l'épaule.	Nerf suprascapulaire
Petit rond	Petit muscle allongé ; situé au-dessous de l'infraépineux et peut être inséparable de ce muscle ; muscle de la coiffe des rotateurs	O: bord latéral de la face dorsale de la scapula I: tubercule majeur de l'humérus, au-dessous de l'insertion de l'infraépineux	Mêmes actions que l'infraépineux	Nerf axillaire (C$_5$ et C$_6$)
Grand rond	Muscle rond et épais ; situé au-dessous du petit rond ; contribue à la formation du bord postérieur de l'aisselle (avec le grand dorsal et le subscapulaire)	O: face postérieure de la scapula, angle inférieur I: sillon intertuberculaire de l'humérus ; tendon d'insertion fusionné avec celui du grand dorsal	Extension, rotation médiale et adduction de l'humérus ; synergique du grand dorsal, mais moins puissant	Nerf subscapulaire inférieur (C$_6$ et C$_7$)
Coracobrachial (*kôrax*: corbeau ; *brakhiôn*: bras)	Petit muscle cylindrique	O: processus coracoïde de la scapula I: face médiale et milieu de la diaphyse de l'humérus	Flexion et adduction de l'humérus ; synergique du grand pectoral	Nerf musculocutané (C$_5$ à C$_7$)

Figure 10.14 *(suite)* **Muscles qui croisent les articulations de l'épaule et du coude, et qui assurent les mouvements du bras et de l'avant-bras, respectivement. (c)** Vue isolant le biceps brachial de la partie antérieure du bras. **(d)** Vue du brachial ainsi que du coracobrachial et du subscapulaire montrés isolément à gauche et sur un cadavre à droite.

* Muscles de la coiffe des rotateurs.

GALERIE DES MUSCLES

TABLEAU 10.10 Muscles qui croisent l'articulation du coude: flexion et extension de l'avant-bras (figure 10.14)

Les muscles du bras croisent l'articulation du coude pour s'insérer sur les os de l'avant-bras. Comme le coude est une articulation trochléenne, les mouvements permis par ces muscles sont presque entièrement limités à la flexion et à l'extension de l'avant-bras. Des parois d'aponévrose divisent le bras en deux loges musculaires: les *extenseurs postérieurs* et les *fléchisseurs antérieurs*. Le principal muscle responsable de l'extension de l'avant-bras est le volumineux **triceps brachial**, qui forme presque toute la musculature de la loge postérieure. Il est assisté (un peu) par le très petit muscle **anconé**, qui croise à peine la face postérieure de l'articulation du coude.

Tous les muscles de la face antérieure du bras participent à la flexion du coude. On trouve, par ordre décroissant de force, le **brachial**, le **biceps brachial** et le **brachioradial** (figure 10.14a à d). Le brachial et le biceps brachial s'attachent respectivement à l'ulna et au radius, et se contractent simultanément pendant la flexion; ils sont considérés comme étant les principaux fléchisseurs de l'avant-bras. Le biceps brachial, qui se bombe lorsque l'avant-bras est fléchi, est connu de tous; le brachial, situé sous le biceps, est moins apparent mais il joue un rôle également important dans la flexion du coude. Puisque le brachioradial naît de l'extrémité distale de l'humérus et s'insère sur la partie distale de l'avant-bras, il se trouve principalement dans l'avant-bras. Sa force s'exerce loin du point d'appui; c'est pourquoi le brachioradial est un fléchisseur faible de l'avant-bras. Le biceps brachial est aussi responsable de la supination de l'avant-bras et ne participe pas à la flexion du coude lorsque l'avant-bras *doit* rester en pronation. (C'est pourquoi il est plus difficile, lorsqu'on fait des élévations à la barre fixe, d'avoir les paumes tournées vers l'avant plutôt que vers l'arrière.)

Les actions des muscles décrits ici sont résumées dans le tableau 10.12 (deuxième partie).

MUSCLE	DESCRIPTION ET SITUATION	ORIGINE (O) ET INSERTION (I)	ACTION	INNERVATION
MUSCLES POSTÉRIEURS				
Triceps brachial (*tris*: trois; *caput*: tête; *brakhiôn*: bras)	Gros muscle charnu; seul muscle de la loge postérieure du bras; trois points d'origine; chef long et chef latéral situés superficiellement par rapport au chef médial	O: chef long: tubercule infraglénoïdal de la scapula; chef latéral: face postérieure et latérale de la diaphyse de l'humérus; chef médial: face postérieure de la diaphyse de l'humérus, en position distale par rapport au sillon du nerf radial I: olécrâne par un tendon commun	Extenseur puissant de l'avant-bras (agoniste, particulièrement le chef médial); antagoniste des fléchisseurs de l'avant-bras; les chefs long et latéral interviennent surtout lors de l'extension contre résistance; le tendon du chef long peut contribuer à la stabilisation de l'épaule et à l'adduction du bras	Nerf radial (C_6 à C_8)
Anconé (*ankôn*: coude) (voir aussi la figure 10.16)	Muscle triangulaire court; étroitement uni à (confondu avec) l'extrémité distale du triceps sur la face postérieure de l'humérus	O: épicondyle latéral de l'humérus I: face latérale de l'olécrâne	Imprime un mouvement d'abduction de l'ulna pendant la pronation de l'avant-bras; synergique du triceps brachial dans l'extension de l'avant-bras	Nerf radial (C_7, C_8 et T_1)
MUSCLES ANTÉRIEURS				
Biceps brachial	Muscle fusiforme composé de deux chefs; les ventres sont unis près des points d'insertion; le tendon du chef long contribue à la stabilisation de l'articulation de l'épaule; un troisième chef existe chez environ 10 % des individus	O: chef court: processus coracoïde de la scapula; chef long: tubercule supraglénoïdal et bourrelet glénoïdal; le tendon du chef long s'étend jusque dans la capsule articulaire et le sillon intertuberculaire de l'humérus I: tubérosité radiale par un tendon commun aux deux ventres	D'abord supination de l'avant-bras, puis flexion de l'articulation du coude (pour déboucher une bouteille de vin, ce muscle tourne le tire-bouchon et tire le bouchon); faible fléchisseur du bras à l'épaule	Nerf musculocutané (C_5 et C_6)
Brachial	Muscle puissant situé sous le biceps brachial à l'extrémité distale de l'humérus	O: partie distale de la face antérieure de l'humérus; recouvre l'insertion du deltoïde I: processus coronoïde et tubérosité de l'ulna	Principal fléchisseur de l'avant-bras sur le bras, quelle que soit la position de ce dernier (élève l'ulna pendant que le biceps brachial élève le radius)	Nerf musculocutané (C_5 et C_6)
Brachioradial (voir aussi les figures 10.15a et 10.16a)	Muscle superficiel de la face latérale de l'avant-bras; forme le bord latéral du pli du coude; s'étend de l'extrémité distale de l'humérus jusqu'à la partie distale du radius	O: crête supracondylaire latérale à l'extrémité distale de l'humérus I: face latérale de la base du processus styloïde du radius	Synergique dans la flexion de l'avant-bras; agit le plus avantageusement lorsque l'avant-bras est déjà partiellement plié et en semi-pronation; stabilise le coude lors d'une succession rapide de mouvements de flexion-extension	Nerf radial (constitue une exception notable: le nerf radial innerve habituellement les muscles extenseurs)

10

GALERIE DES MUSCLES

TABLEAU 10.11 **Muscles de l'avant-bras : mouvements du poignet, de la main et des doigts** (figures 10.15 et 10.16)

Les muscles de l'avant-bras remplissent plusieurs fonctions de base : certains assurent les mouvements du poignet, d'autres agissent sur les doigts et sur le pouce et quelques-uns contribuent à la pronation et à la supination de l'avant-bras. Dans la plupart des cas, leurs portions charnues forment la protubérance de la partie proximale de l'avant-bras, puis vont en diminuant progressivement pour devenir de longs tendons d'insertion dans la main. Au poignet, leurs points d'insertion sont solidement fixés grâce à de forts ligaments appelés **rétinaculum des muscles fléchisseurs** et **rétinaculum des muscles extenseurs** (figure 10.15a). Ces ligaments en « bracelet » empêchent les tendons de faire saillie lorsqu'ils sont tendus. Concentrés dans le poignet et la paume de la main, les tendons des muscles de l'avant-bras sont entourés de gaines synoviales lubrifiées qui réduisent la friction lorsqu'ils glissent les uns sur les autres.

Bien que beaucoup de muscles de l'avant-bras aient leur origine sur l'humérus et qu'ils croisent ainsi les articulations du coude et du poignet, ils agissent très peu sur le coude. La flexion et l'extension sont les mouvements typiques effectués aux articulations du poignet et des doigts. Le poignet peut aussi accomplir des mouvements d'abduction et d'adduction.

Les muscles de l'avant-bras sont séparés par des cloisons d'aponévrose en deux groupes (ou loges) principaux (*fléchisseurs antérieurs* et *extenseurs postérieurs*), et chaque groupe se divise encore en couches de muscles superficiels et profonds. La majorité des fléchisseurs de la loge antérieure prennent leur origine sur l'humérus, par l'intermé-

diaire d'un tendon commun, et sont innervés en grande partie par le nerf médian. Deux des muscles de la loge antérieure de l'avant-bras ne sont pas des fléchisseurs mais des pronateurs : le **rond pronateur** et le **carré pronateur** (figure 10.15a à c). Ces deux muscles sont responsables de la pronation de l'avant-bras, un des mouvements les plus importants de ce membre.

Les muscles de la loge postérieure servent principalement à l'extension du poignet et des doigts, sauf le muscle **supinateur**, qui assiste le biceps brachial dans le mouvement de supination de l'avant-bras (figures 10.15b, c et 10.16b). (Dans la loge postérieure se trouve également le muscle brachioradial, le faible fléchisseur du coude qui est décrit dans le tableau 10.10.) La plupart des muscles de la loge postérieure prennent naissance sur l'humérus par l'intermédiaire d'un tendon commun. Tous les muscles postérieurs de l'avant-bras sont innervés par le nerf radial.

Comme nous l'avons décrit plus haut, la plupart des muscles qui font bouger la main sont situés dans l'avant-bras et peuvent mouvoir les doigts par l'intermédiaire de longs tendons, un peu comme les fils d'un pantin. Grâce à cette structure, la main est peu charnue et bien adaptée à l'exécution de mouvements fins. Les mouvements de la main qui sont amorcés par les muscles de l'avant-bras sont complétés et rendus plus précis par les petits muscles *intrinsèques* de la main (tableau 10.13). Un résumé des actions des muscles de l'avant-bras est fourni au tableau 10.12 (deuxième et troisième parties).

MUSCLE	DESCRIPTION ET SITUATION	ORIGINE (O) ET INSERTION (I)	ACTION	INNERVATION
PREMIÈRE PARTIE : MUSCLES DE LA LOGE ANTÉRIEURE (FIGURE 10.15)	Les huit muscles de la loge antérieure sont énumérés en partant de la face latérale vers la face médiale. La plupart prennent leur origine sur un tendon fléchisseur commun attaché à l'épicondyle médial de l'humérus ; ils possèdent aussi d'autres points d'origine. La majorité des tendons d'insertion de ces fléchisseurs sont tenus en place au poignet par un épaississement d'une aponévrose profonde appelée *rétinaculum des muscles fléchisseurs*.			

MUSCLES DU PLAN SUPERFICIEL

MUSCLE	DESCRIPTION ET SITUATION	ORIGINE (O) ET INSERTION (I)	ACTION	INNERVATION
Rond pronateur (*pronation :* rotation de la paume vers l'arrière)	Muscle composé de deux chefs (huméral et ulnaire) ; dans une vue superficielle, il apparaît entre les bords proximaux du brachioradial et du fléchisseur radial du carpe ; forme le bord médial du pli du coude	O : face antérieure de l'épicondyle médial de l'humérus pour le plus gros des deux chefs ; processus coronoïde de l'ulna pour l'autre chef I : partie moyenne de la face latérale du radius, par un tendon commun	Pronation de l'avant-bras ; faible fléchisseur du coude	Nerf médian (C$_6$ et C$_7$)
Fléchisseur radial du carpe	Disposé en diagonale au milieu de l'avant-bras ; à partir de la mi-hauteur, son ventre charnu se termine par un tendon plat qui prend la forme d'un cordon bien visible au poignet, sous la peau de la face antérieure de l'avant-bras	O : face antérieure de l'épicondyle médial de l'humérus I : face palmaire de la base des os métacarpiens II et III ; le tendon d'insertion est bien visible et fournit un point de repère pour trouver, au poignet, l'artère radiale (prise du pouls)	Puissant fléchisseur du poignet ; abduction de la main ; synergique dans la flexion du coude	Nerf médian (C$_6$ et C$_7$)
Long palmaire	Petit muscle charnu avec un long tendon d'insertion bien visible sous la peau de l'avant-bras ; peut servir de point de repère pour trouver, au poignet, le nerf médian plus latéral ; parfois absent	O : face antérieure de l'épicondyle médial de l'humérus I : son tendon grêle s'étale au niveau du carpe et se termine dans l'aponévrose palmaire et le rétinaculum des muscles fléchisseurs ; aussi attaché à la peau et au fascia de la paume	Tenseur de la peau et du fascia de la paume pendant les mouvements de la main ; faible fléchisseur du poignet ; faible synergique dans la flexion du coude	Nerf médian (C$_6$ et C$_7$)

GALERIE DES MUSCLES

TABLEAU 10.11 *(suite)*

MUSCLE	DESCRIPTION ET SITUATION	ORIGINE (O) ET INSERTION (I)	ACTION	INNERVATION
Fléchisseur ulnaire du carpe	Muscle le plus médial de ce groupe; présente deux chefs; le nerf ulnaire passe latéralement à son tendon	O: épicondyle médial de l'humérus, olécrâne et les deux tiers supérieurs de la surface postérieure de l'ulna I: os pisiforme, os hamatum et base des os métacarpiens IV et V	Puissant fléchisseur du poignet; adduction de la main conjointement avec l'extenseur ulnaire du carpe (loge postérieure); stabilisation du poignet pendant l'extension des doigts	Nerf ulnaire (C₇ et C₈)
Fléchisseur superficiel des doigts	Muscle constitué de deux chefs; plus en profondeur que les autres, formant ainsi une couche intermédiaire; recouvert par d'autres muscles mais visible à l'extrémité distale de l'avant-bras	O: épicondyle médial de l'humérus, processus coronoïde de l'ulna pour un chef; bord antérieur de la diaphyse du radius pour l'autre chef I: face palmaire des phalanges moyennes des deuxième au cinquième doigts, par quatre tendons	Flexion des poignets et des phalanges moyennes des deuxième au cinquième doigts; constitue un important fléchisseur des doigts quand le mouvement doit être rapide et la flexion effectuée contre une résistance	Nerf médian (C₇, C₈ et T₁)

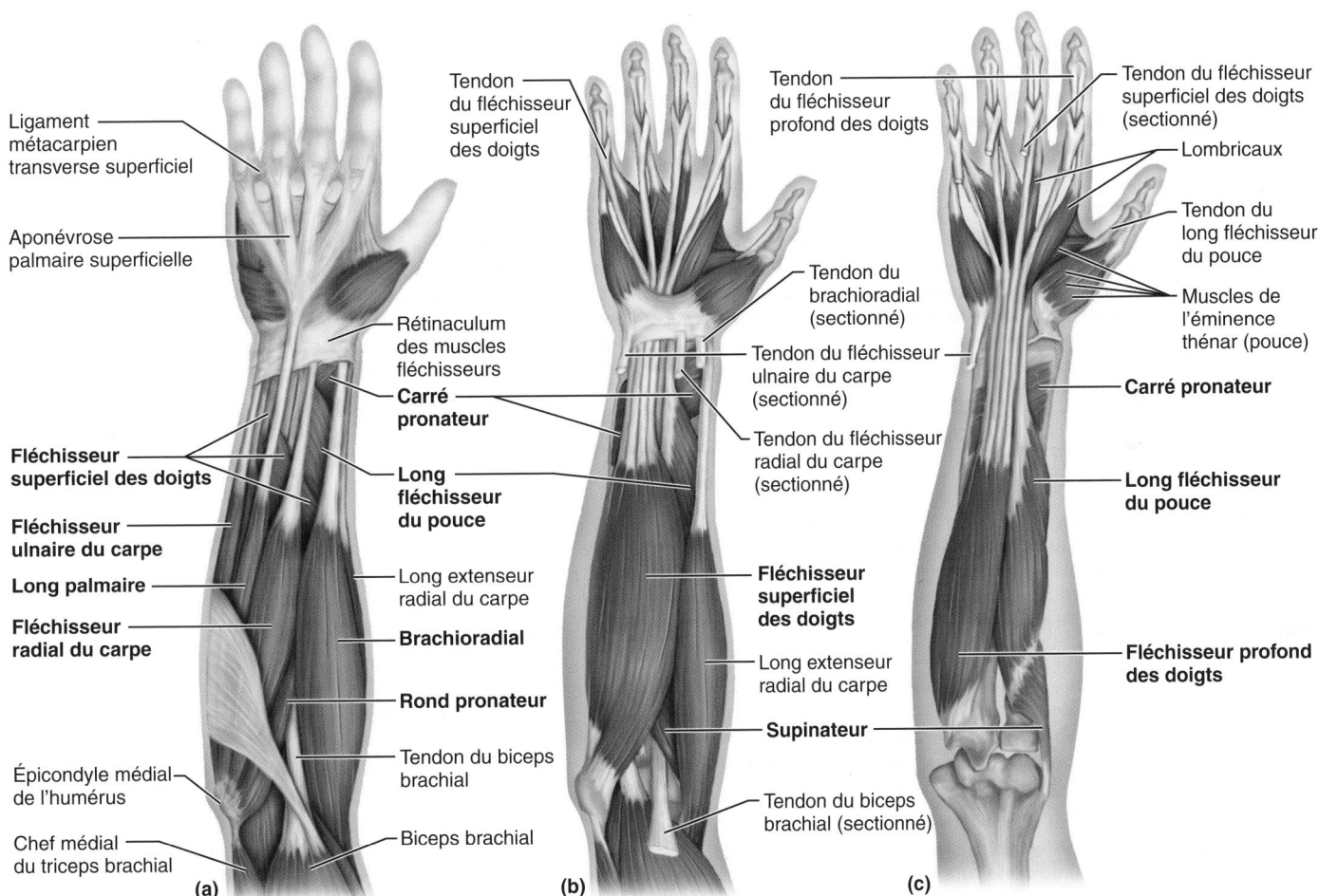

Figure 10.15 Muscles de la loge antérieure de l'avant-bras qui agissent sur le poignet droit et les doigts. (a) Vue superficielle. **(b)** Le brachioradial, le fléchisseur radial du carpe, le fléchisseur ulnaire du carpe et le long palmaire ont été enlevés pour montrer la situation du fléchisseur superficiel des doigts. **(c)** Muscles profonds de la loge antérieure. Les lombricaux et le groupe des muscles de l'éminence thénar (muscles intrinsèques de la main) sont aussi représentés.

GALERIE DES MUSCLES

TABLEAU 10.11 **Muscles de l'avant-bras: mouvements du poignet, de la main et des doigts** (figures 10.15 et 10.16) *(suite)*

MUSCLE	DESCRIPTION ET SITUATION	ORIGINE (O) ET INSERTION (I)	ACTION	INNERVATION
MUSCLES DU PLAN PROFOND				
Long fléchisseur du pouce	Partiellement recouvert par le fléchisseur superficiel des doigts; disposé latéralement par rapport au fléchisseur profond des doigts	O: face antérieure du radius et membrane interosseuse de l'avant-bras I: face palmaire de la base de la phalange distale du pouce	Flexion de la phalange distale du pouce	Branche du nerf médian (C_8, T_1)
Fléchisseur profond des doigts	Origine étendue; entièrement recouvert par le fléchisseur superficiel des doigts	O: processus coronoïde, face antéromédiale de l'ulna et membrane interosseuse de l'avant-bras I: face palmaire de la base des phalanges distales des deuxième au cinquième doigts, par quatre tendons (un pour chaque doigt)	Flexion des articulations interphalangiennes distales; flexion lente des doigts, séparément ou ensemble; contribue à la flexion du poignet	Portion médiale par le nerf ulnaire; portion latérale par le nerf médian
Carré pronateur	Muscle le plus profond de l'extrémité distale de l'avant-bras; ses fibres sont transversales; le seul muscle qui a l'ulna comme unique point d'origine et qui ne s'insère que sur le radius	O: partie distale et face antérieure du corps de l'ulna I: partie distale et face antérieure du radius	Agoniste de la pronation de l'avant-bras; action conjointe avec le rond pronateur; contribue aussi à tenir ensemble l'ulna et le radius	Nerf médian (C_8 et T_1)
DEUXIÈME PARTIE: MUSCLES DE LA LOGE POSTÉRIEURE (FIGURE 10.16)	La liste des muscles de la loge postérieure du bras a été dressée en allant de la face latérale à la face médiale. Tous les muscles de la loge postérieure du bras sont innervés par le nerf radial ou ses branches. Plus de la moitié prennent naissance sur un tendon extenseur commun attaché à la face postérieure de l'épicondyle latéral de l'humérus et de l'aponévrose adjacente. Les tendons extenseurs sont tenus en place sur la face postérieure du poignet par le *rétinaculum des muscles extenseurs*, qui empêche les tendons du poignet de soulever la peau lors de son hyperextension. Les muscles extenseurs des doigts se terminent dans de larges expansions (aponévrose dorsale du doigt) sur la face dorsale des doigts.			
MUSCLES DU PLAN SUPERFICIEL				
Brachioradial (voir le tableau 10.10)	(voir le tableau 10.10)	(voir le tableau 10.10)	(voir le tableau 10.10)	(voir le tableau 10.10)
Long extenseur radial du carpe	Situé sur la face latérale de l'avant-bras, parallèle au brachioradial, qui peut le recouvrir	O: crête supracondylaire latérale de l'humérus I: face dorsale de la base de l'os métacarpien II	Extension du poignet conjointement avec l'extenseur ulnaire du carpe et abduction du poignet conjointement avec le fléchisseur radial du carpe	Nerf radial (C_6 et C_7)
Court extenseur radial du carpe	Un peu plus court que le long extenseur radial du carpe, qui le recouvre	O: épicondyle latéral de l'humérus I: face dorsale de la base de l'os métacarpien III	Extension et abduction du poignet; action synergique avec le long extenseur radial du carpe pour stabiliser le poignet pendant la flexion des doigts	Branche profonde du nerf radial (C_7 et C_8)
Extenseur des doigts	Situé en position médiale par rapport au court extenseur radial du carpe; une partie distincte de ce muscle, appelée *extenseur du cinquième doigt*, assure l'extension du petit doigt	O: épicondyle latéral de l'humérus I: aponévroses dorsales et phalanges des deuxième au cinquième doigts par l'intermédiaire de quatre tendons	Rôle d'agoniste dans l'extension des doigts; extension du poignet; peut effectuer l'abduction (écartement) des doigts	Nerf interosseux postérieur, une branche du nerf radial (C_5 et C_6)
Extenseur ulnaire du carpe	Muscle superficiel postérieur situé en position la plus médiale; long et mince	O: épicondyle latéral de l'humérus et bord postérieur de l'ulna I: face dorsale de la base de l'os métacarpien V	Extension du poignet conjointement avec le long et le court extenseur radial du carpe et adduction du poignet conjointement avec le fléchisseur ulnaire du carpe	Nerf interosseux postérieur

10

GALERIE DES MUSCLES

TABLEAU 10.11 *(suite)*

MUSCLE	DESCRIPTION ET SITUATION	ORIGINE (O) ET INSERTION (I)	ACTION	INNERVATION
MUSCLES DU PLAN PROFOND				
Supinateur (*supination*: rotation de la paume vers l'avant)	Muscle court et profond, constitué de deux parties et situé sur la face postérieure du coude; en majeure partie caché par les muscles superficiels	O: épicondyle latéral de l'humérus (partie superficielle); extrémité proximale de l'ulna (partie profonde) I: extrémité proximale du radius	Aide le biceps brachial dans la supination vigoureuse de l'avant-bras; agit seul dans la supination lente; antagoniste des muscles pronateurs	Nerf interosseux postérieur (C_5 et C_6)
Long abducteur du pouce (*abduction*: mouvement d'éloignement du plan médian)	Situé latéralement et parallèlement au long extenseur du pouce; distal par rapport au supinateur	O: faces postérieures du radius, de l'ulna et de la membrane interosseuse de l'avant-bras I: face latérale de la base de l'os métacarpien I et os trapèze	Abduction et extension du pouce; abduction du poignet	Nerf interosseux postérieur (C_7 et C_8)
Long et court extenseurs du pouce	Paire de muscles profonds dont l'origine et l'action sont communes; recouverts par l'extenseur ulnaire du carpe	O: face postérieure du corps du radius et de l'ulna; membrane interosseuse de l'avant-bras I: face dorsale de la base de la phalange proximale (court) et de la phalange distale (long) du pouce	Extension du pouce (phalange distale et proximale)	Nerf interosseux postérieur (C_7 et C_8)
Extenseur de l'index	Muscle minuscule qui prend naissance près du poignet	O: face postérieure de l'extrémité distale de l'ulna; membrane interosseuse de l'avant-bras I: aponévrose dorsale de l'index; rejoint le tendon de l'extenseur des doigts	Extension de l'index; contribue à l'extension du poignet	Nerf interosseux postérieur (C_7 et C_8)

(a)

(b)

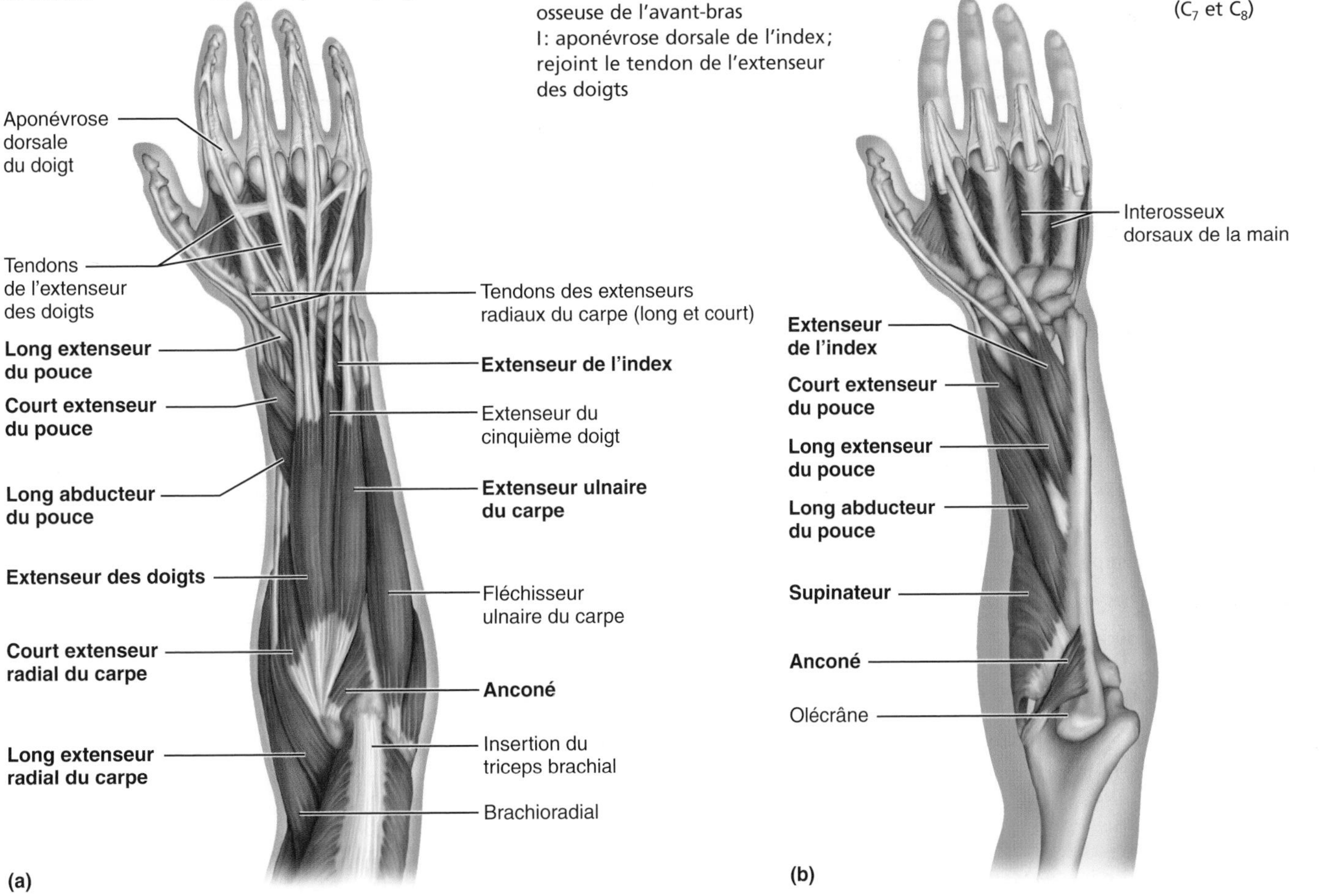

Figure 10.16 Muscles de la loge postérieure de l'avant-bras droit qui agissent sur le poignet et sur les doigts. (a) Muscles du plan superficiel, vue postérieure. **(b)** Muscles postérieurs du plan profond; les muscles superficiels ont été enlevés. Les interosseux dorsaux de la main, la couche la plus profonde des muscles intrinsèques de la main, sont aussi montrés.

GALERIE DES MUSCLES

TABLEAU 10.12 **Résumé des actions des muscles qui agissent sur le bras, l'avant-bras et la main** (figure 10.17)

Première partie: muscles qui agissent sur le bras (A: agoniste)

ACTIONS À L'ARTICULATION DE L'ÉPAULE

	Flexion	Extension	Abduction	Adduction	Rotation médiale	Rotation latérale
Pectoral	× (A)			× (A)	×	
Grand dorsal		× (A)		× (A)	×	
Deltoïde	× (A) (fibres antérieures)	× (A) (fibres postérieures)	× (A)		× (fibres antérieures)	× (fibres postérieures)
Subscapulaire					× (A)	
Supraépineux			×			
Infraépineux						× (A)
Petit rond				× (faible)		× (A)
Grand rond		×		×	×	
Coracobrachial	×			×		
Biceps brachial	× (faible)					
Triceps brachial				×		

Deuxième partie: muscles qui agissent sur l'avant-bras

ACTIONS SUR L'AVANT-BRAS

	Flexion du coude	Extension du coude	Pronation	Supination
Biceps brachial	× (A)			×
Triceps brachial		× (A)		
Anconé		×		
Brachial	× (A)			
Rond pronateur	× (faible)		×	
Carré pronateur			× (A)	
Supinateur				×
Brachioradial	×		×	×

Troisième partie: muscles qui agissent sur le poignet et sur les doigts

	ACTIONS SUR LE POIGNET				ACTIONS SUR LES DOIGTS	
	Flexion	Extension	Abduction	Adduction	Flexion	Extension
Loge antérieure:						
Fléchisseur radial du carpe	× (A)		×			
Long palmaire	× (faible)					
Fléchisseur ulnaire du carpe	× (A)			×		
Fléchisseur superficiel des doigts	× (A)				×	
Long fléchisseur du pouce					× (pouce)	
Fléchisseur profond des doigts	×				×	
Loge postérieure:						
Extenseurs radiaux du carpe (long et court)		×	×			
Extenseur des doigts		× (A)				× (et abduction)
Extenseur ulnaire du carpe		×		×		
Long abducteur du pouce			×			(abduction du pouce)
Long et court extenseurs du pouce						× (pouce)
Extenseur de l'index		× (faible)				× (index)

GALERIE DES MUSCLES

TABLEAU 10.12 *(suite)*

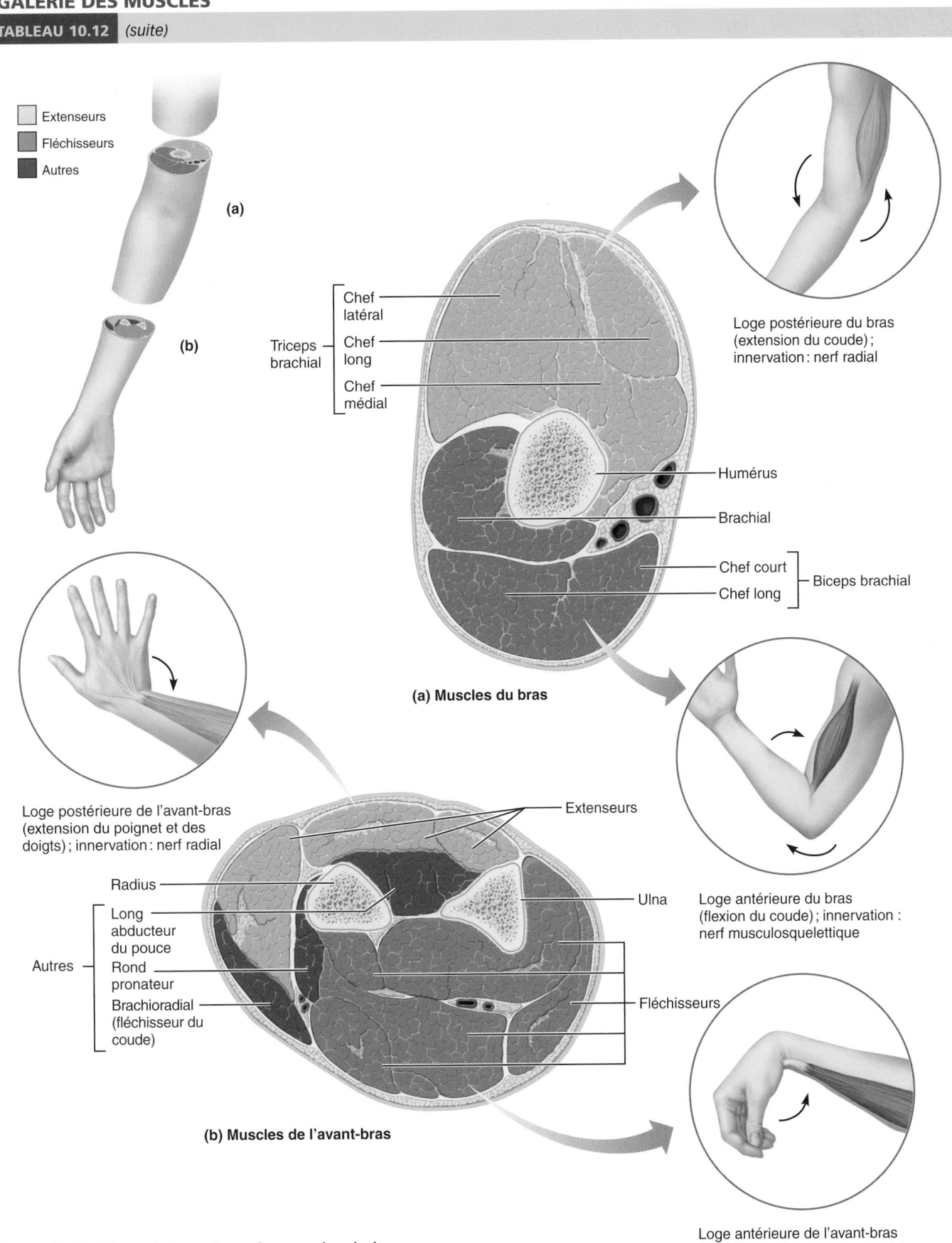

Extenseurs

Fléchisseurs

Autres

(a)

(b)

Chef latéral

Triceps brachial — Chef long

Chef médial

Loge postérieure du bras (extension du coude) ; innervation : nerf radial

Humérus

Brachial

Chef court
Chef long — Biceps brachial

(a) Muscles du bras

Extenseurs

Loge postérieure de l'avant-bras (extension du poignet et des doigts) ; innervation : nerf radial

Radius

Autres — Long abducteur du pouce

Rond pronateur

Brachioradial (fléchisseur du coude)

Ulna

Loge antérieure du bras (flexion du coude) ; innervation : nerf musculosquelettique

Fléchisseurs

(b) Muscles de l'avant-bras

Loge antérieure de l'avant-bras (flexion du poignet et des doigts) ; innervation : nerf médian ou ulnaire

Figure 10.17 **Résumé des actions des muscles du bras et de l'avant-bras.**

GALERIE DES MUSCLES

TABLEAU 10.13 Muscles intrinsèques de la main : mouvements fins des doigts (figure 10.18)

Ce tableau décrit les petits muscles qui se trouvent entièrement dans la main. Tous ces muscles se situent dans la paume – il n'y en a aucun sur le dos de la main – et tous font bouger les os métacarpiens et les doigts. Faibles et de petite taille, les muscles de la main sont essentiellement responsables des mouvements précis (comme passer un fil dans le chas d'une aiguille); les mouvements des doigts qui nécessitent de la puissance (prise de force) reviennent aux muscles de l'avant-bras.

Les muscles intrinsèques de la main comprennent les principaux abducteurs et adducteurs des doigts, de même que les muscles responsables du mouvement d'opposition – mouvement du pouce vers les autres doigts – qui nous permet de saisir des objets dans la paume de la main (un manche de marteau, par exemple). Plusieurs muscles de la main sont spécialisés dans le mouvement du pouce, tandis qu'un nombre étonnant d'autres muscles font bouger le petit doigt. Les mouvements du pouce sont différents de ceux des autres doigts parce que le pouce se trouve à angle droit par rapport à l'ensemble de la main. Le pouce fléchit en se courbant du côté médial et non vers l'avant comme les autres doigts. (Pour illustrer cette différence,

placez votre main en position anatomique pour mieux comprendre.) Le pouce s'étire en pointant vers le côté latéral (comme lorsqu'on fait de l'auto-stop), et non vers l'arrière comme les autres doigts. L'abduction des doigts se fait en étalant les doigts latéralement, alors que l'abduction du pouce se fait en le faisant pointer antérieurement. L'adduction du pouce le ramène vers l'arrière.

Les muscles intrinsèques de la paume sont divisés en trois groupes : (1) les muscles de l'*éminence thénar* (saillie arrondie à la base du pouce); (2) les muscles de l'*éminence hypothénar* (saillie à la base du petit doigt); et (3) les muscles du milieu de la paume (moins charnus et ne formant pas de saillies). Les muscles des éminences thénar et hypothénar sont presque des images inversées les uns des autres, et chacun de ces groupes comprend un petit fléchisseur, un abducteur et un opposant. Les muscles du milieu de la paume, appelés **lombricaux** et **interosseux**, sont responsables de l'extension des doigts aux articulations interphalangiennes. Les muscles interosseux sont également les principaux abducteurs et adducteurs des doigts.

MUSCLE	DESCRIPTION ET SITUATION	ORIGINE (O) ET INSERTION (I)	ACTION	INNERVATION
MUSCLES DE L'ÉMINENCE THÉNAR (SAILLIE À LA BASE DU POUCE) (thénar: paume)				
Court abducteur du pouce	Muscle latéral de l'éminence thénar; superficiel	O: rétinaculum des muscles fléchisseurs et os du carpe adjacents (os scaphoïde et os trapèze) I: bord latéral de la base de la phalange proximale du pouce	Abduction du pouce (à l'articulation carpométacarpienne)	Nerf médian (C$_8$ et T$_1$)
Court fléchisseur du pouce	Muscle médial et profond de l'éminence thénar	O: rétinaculum des muscles fléchisseurs et os trapèze, os trapézoïde et os capitatum I: face latérale de la base de la phalange proximale du pouce	Flexion du pouce (aux articulations carpométacarpienne et métacarpophalangienne)	Nerf médian (ou, à l'occasion, ulnaire) (C$_8$ et T$_1$)
Opposant du pouce	Situé au-dessous du court abducteur du pouce, sur l'os métacarpien I	O: rétinaculum des muscles fléchisseurs et os trapèze I: face latérale de l'os métacarpien I	Opposition: mouvement du pouce vers le bout des autres doigts	Nerf médian (ou, à l'occasion, ulnaire)
Adducteur du pouce	En forme d'éventail, les fibres étant à l'horizontale; en position distale par rapport aux autres muscles de l'éminence thénar; chefs oblique et transverse	O: os capitatum, os trapézoïde et base de l'os métacarpien II; face palmaire de l'os métacarpien III I: face médiale de la base de la phalange proximale du pouce	Adduction du pouce et participation à l'opposition	Nerf ulnaire (C$_8$ et T$_1$)
MUSCLES DE L'ÉMINENCE HYPOTHÉNAR (SAILLIE À LA BASE DU PETIT DOIGT)				
Abducteur du cinquième doigt	Muscle médial de l'éminence hypothénar; superficiel	O: os pisiforme et rétinaculum des muscles fléchisseurs I: face médiale de la phalange proximale du petit doigt	Abduction du petit doigt à l'articulation métacarpophalangienne	Nerf ulnaire (C$_8$ et T$_1$)
Court fléchisseur du cinquième doigt	Muscle latéral et profond de l'éminence hypothénar	O: os hamatum et rétinaculum des muscles fléchisseurs I: même insertion que l'abducteur du cinquième doigt	Flexion du petit doigt à l'articulation métacarpophalangienne	Nerf ulnaire (C$_8$ et T$_1$)
Opposant du cinquième doigt	Situé au-dessous de l'abducteur du cinquième doigt	O: même origine que le court fléchisseur du cinquième doigt I: presque tout le bord médial de l'os métacarpien V	Participe à l'opposition: amène l'os métacarpien V vers le pouce pour mettre la main en coupe	Nerf ulnaire (C$_8$ et T$_1$)

GALERIE DES MUSCLES

TABLEAU 10.13 *(suite)*

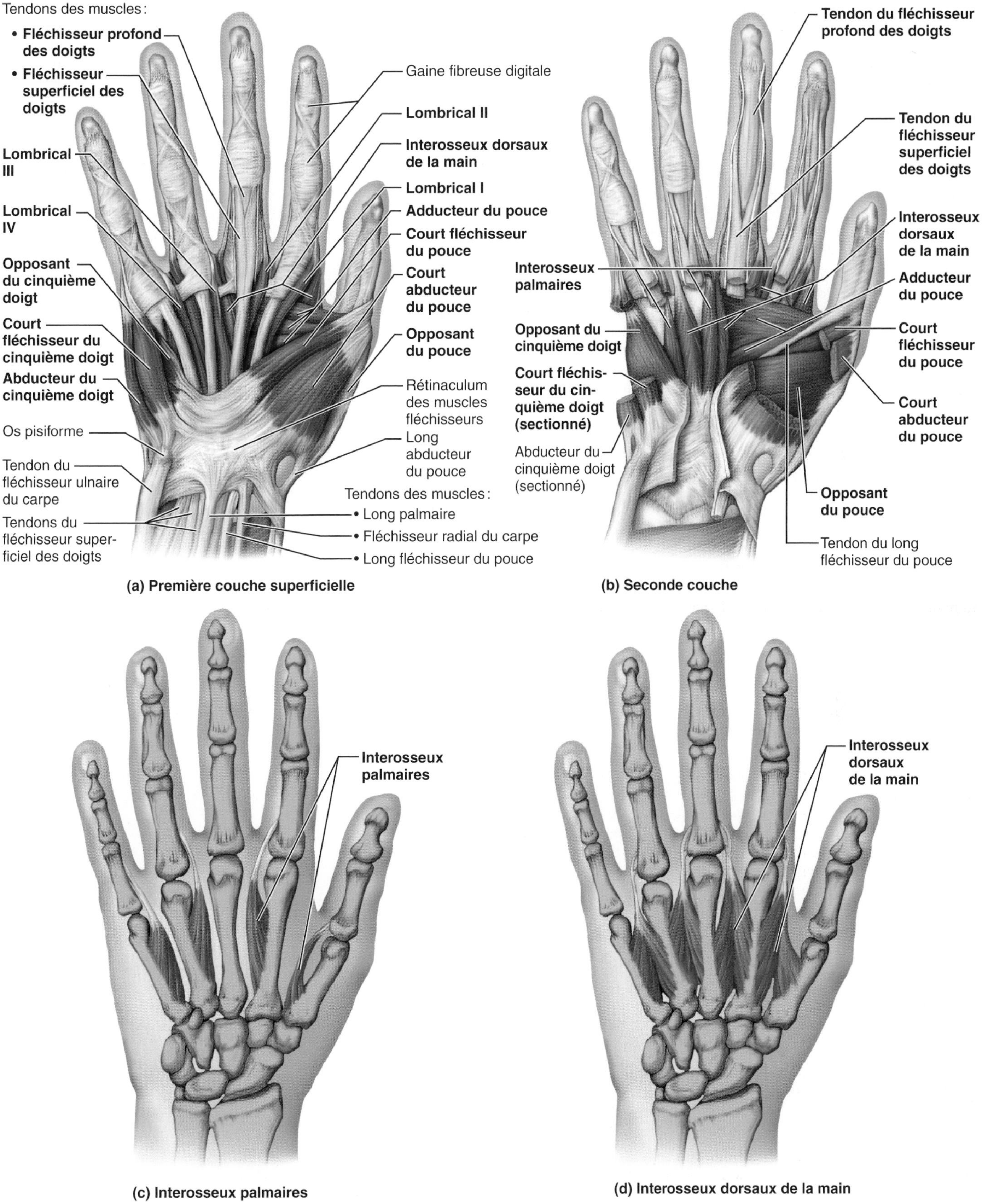

Tendons des muscles :

- **Fléchisseur profond des doigts**
- **Fléchisseur superficiel des doigts**

Lombrical III

Lombrical IV

Opposant du cinquième doigt

Court fléchisseur du cinquième doigt

Abducteur du cinquième doigt

Os pisiforme

Tendon du fléchisseur ulnaire du carpe

Tendons du fléchisseur superficiel des doigts

Gaine fibreuse digitale

Lombrical II

Interosseux dorsaux de la main

Lombrical I

Adducteur du pouce

Court fléchisseur du pouce

Court abducteur du pouce

Opposant du pouce

Rétinaculum des muscles fléchisseurs

Long abducteur du pouce

Tendons des muscles :
- Long palmaire
- Fléchisseur radial du carpe
- Long fléchisseur du pouce

(a) Première couche superficielle

Tendon du fléchisseur profond des doigts

Tendon du fléchisseur superficiel des doigts

Interosseux dorsaux de la main

Adducteur du pouce

Court fléchisseur du pouce

Court abducteur du pouce

Interosseux palmaires

Opposant du cinquième doigt

Court fléchisseur du cinquième doigt (sectionné)

Abducteur du cinquième doigt (sectionné)

Opposant du pouce

Tendon du long fléchisseur du pouce

(b) Seconde couche

10

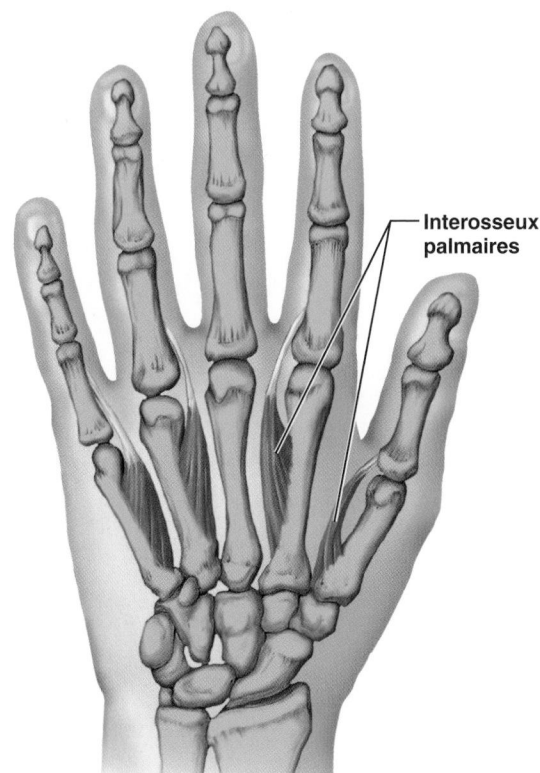

Interosseux palmaires

(c) Interosseux palmaires

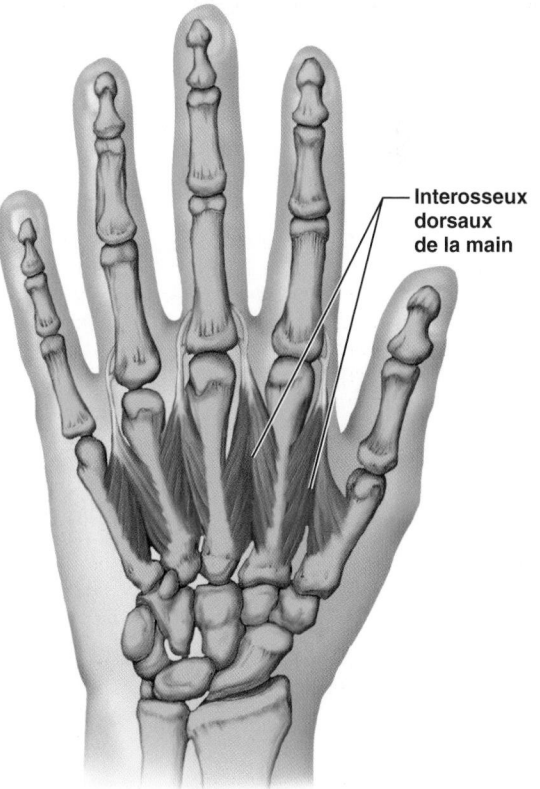

Interosseux dorsaux de la main

(d) Interosseux dorsaux de la main

Figure 10.18 Muscles de la main, face palmaire de la main droite.

GALERIE DES MUSCLES

| TABLEAU 10.13 | Muscles intrinsèques de la main: mouvements fins des doigts (figure 10.18) *(suite)* |

MUSCLE	DESCRIPTION ET SITUATION	ORIGINE (O) ET INSERTION (I)	ACTION	INNERVATION
MUSCLES DU MILIEU DE LA PAUME				
Lombricaux (*lombricus*: ver de terre)	Groupe de quatre muscles en forme de lombric et situés dans la paume, à raison de un par doigt (sauf le pouce); leur aspect particulier est dû à leur origine sur les tendons d'un autre muscle	O: face latérale de chaque tendon du muscle fléchisseur profond des doigts dans la paume I: bord latéral de l'aponévrose dorsale du doigt sur la phalange proximale des doigts II à V	Flexion des doigts aux articulations métacarpophalangiennes, mais extension des doigts aux articulations interphalangiennes	Nerf médian (deux branches latérales) et nerf ulnaire (deux branches médiales) (C_8 et T_1)
Interosseux palmaires	Groupe de trois muscles longs unipennés en forme de cône, situés entre les os métacarpiens (d'où leur nom), du côté palmaire de la main par rapport aux interosseux dorsaux	O: sur la face palmaire des os métacarpiens II, IV et V, sur le côté qui fait face à l'axe médian de la main (représenté par l'os métacarpien III, où ce muscle est absent) I: aponévrose dorsale du doigt sur la phalange proximale des doigts II, IV et V, du côté qui fait face à l'axe médian de la main	Adduction des doigts: traction des doigts vers le troisième doigt; agissent avec les lombricaux dans l'extension des doigts aux articulations interphalangiennes et dans leur flexion aux articulations métacarpophalangiennes	Nerf ulnaire (C_8 et T_1)
Interosseux dorsaux de la main	Groupe de quatre muscles bipennés situés entre les os métacarpiens; les plus profonds des muscles palmaires, visibles sur la face dorsale de la main (figure 10.16b)	O: faces latérales des os métacarpiens I: aponévrose dorsale du doigt sur la phalange proximale des doigts II à IV du côté opposé à l'axe médian de la main (doigt III), mais des *deux* côtés du doigt III	Abduction (écartement) des doigts; extension des doigts aux articulations interphalangiennes et flexion des doigts aux articulations métacarpophalangiennes	Nerf ulnaire (C_8 et T_1)

10

GALERIE DES MUSCLES

TABLEAU 10.14 **Muscles qui croisent les articulations de la hanche et du genou : mouvements de la cuisse et de la jambe** (figures 10.19 et 10.20)

Il est difficile de séparer en groupes, sur une base fonctionnelle, les muscles qui forment la partie charnue de la cuisse. Certains muscles de la cuisse n'agissent qu'à l'articulation de la hanche ou seulement à celle du genou, tandis que d'autres jouent un rôle aux deux endroits. Toutefois, les muscles les *plus antérieurs* de la hanche et de la cuisse sont à l'origine de la flexion du fémur à la hanche et de l'extension de la jambe au genou, ce qui constitue le mouvement de la première phase de la marche. En revanche, les muscles *postérieurs* de la hanche et de la cuisse assurent, pour la plupart, l'extension de la cuisse et la flexion de la jambe, c'est-à-dire la deuxième phase de la marche. Le troisième groupe de muscles de cette région, les muscles de la partie *médiale* de la cuisse (adducteurs), provoquent l'adduction de la cuisse ; ils sont sans effet sur la jambe. Les muscles antérieurs, postérieurs et adducteurs de la cuisse sont séparés, par des cloisons d'aponévroses, en *loges antérieure, postérieure* et *médiale* (figure 10.25a). Le *fascia lata* (aponévrose fémorale) entoure et enveloppe les trois groupes de muscles comme un bas de soutien.

Les mouvements de la cuisse (provoqués à l'articulation de la hanche) sont accomplis, en majeure partie, par des muscles qui prennent leur origine sur la ceinture pelvienne. Tout comme l'articulation de l'épaule, celle de la hanche est une articulation sphéroïde qui permet la flexion, l'extension, l'abduction, l'adduction, la circumduction et la rotation. Les muscles qui assurent ces mouvements sont parmi les plus puissants du corps humain.

Les *fléchisseurs* de la cuisse passent en majeure partie devant l'articulation de la hanche. Les plus importants parmi ceux-ci sont l'**iliopsoas**, le **tenseur du fascia lata** et le **droit fémoral** (figure 10.19a) ; ils sont assistés par les **muscles adducteurs** de la partie médiale de la cuisse et par le **sartorius**, qui ressemble à un ruban. L'iliopsoas est l'agoniste dans la flexion de la cuisse.

L'*extension* de la cuisse s'effectue surtout grâce aux gros **muscles de la loge postérieure de la cuisse** (figure 10.20a). Cependant, au cours d'une extension forcée, le **grand fessier** (ou grand glutéal) entre en action. Les muscles glutéaux situés latéralement par rapport à l'articulation de la hanche (**moyen** et **petit fessiers**, ou moyen et petit glutéaux) assurent l'*abduction* de la cuisse (figure 10.20c). Quant à l'adduction. elle est assurée par les muscles adducteurs de la partie médiale de la cuisse. L'abduction et l'adduction sont très importantes au cours de la marche pour garder le poids du corps en équilibre sur le membre qui repose au sol. Un grand nombre de muscles sont à l'origine de la rotation médiale et latérale de la cuisse.

La flexion et l'extension sont les principaux mouvements de l'articulation du genou. Le seul *extenseur* du genou est le **quadriceps fémoral** de la partie antérieure de la cuisse, le muscle le plus gros et le plus puissant du corps humain (figure 10.19a). Les muscles de la loge postérieure de la cuisse sont les antagonistes du quadriceps ; ils sont les principaux agonistes dans la flexion du genou.

Les actions des muscles décrits ici sont résumées dans le tableau 10.17 (première partie).

10

MUSCLE	DESCRIPTION ET SITUATION	ORIGINE (O) ET INSERTION (I)	ACTION	INNERVATION
PREMIÈRE PARTIE : MUSCLES ANTÉRIEURS ET MÉDIAUX (FIGURE 10.19)				
ORIGINE SUR LE BASSIN OU LA COLONNE VERTÉBRALE				
Iliopsoas	L'iliopsoas est composé de deux muscles étroitement apparentés l'un à l'autre (iliaque et grand psoas) ; leurs fibres passent sous le ligament inguinal (figure 10.11) pour s'insérer sur le fémur par l'intermédiaire d'un tendon commun.			
Iliaque (chef iliaque de l'iliopsoas) (*ilia :* flancs)	Grand muscle en forme d'éventail situé en position la plus latérale	O : fosse iliaque interne et crête iliaque, bord latéral du sacrum I : fémur sur et immédiatement sous le petit trochanter du fémur par l'intermédiaire du tendon du grand psoas	L'iliopsoas est l'agoniste dans la flexion de la cuisse ou celle du tronc sur la cuisse lorsqu'on fait une révérence	Nerf fémoral (L_2 et L_3)
Grand psoas (chef lombaire de l'iliopsoas) (*psoa :* lombes)	Muscle le plus long, le plus épais et dans la position la plus médiale de la paire. (C'est le filet mignon du boucher.)	O : par des fibres charnues sur les processus transverses, les corps et les disques intervertébraux des vertèbres T_{12} à L_5 I : petit trochanter du fémur	Comme ci-dessus ; effectue aussi la flexion latérale de la colonne vertébrale ; rôle postural important ; empêche l'hyperextension de la hanche	Branches des nerfs lombaires L_1 et L_3
Sartorius (*sartor :* couturier)	Muscle superficiel rubané qui croise obliquement la face antérieure de la cuisse vers le genou ; le plus long muscle du corps humain ; croise les articulations de la hanche et du genou	O : épine iliaque antérosupérieure I : s'incurve autour de la face médiale du genou et s'insère sur la face médiale de l'extrémité proximale du tibia	Flexion, abduction et rotation latérale de la cuisse ; flexion du genou ; permet de croiser les jambes	Nerf fémoral

➤

TABLEAU 10.14 Muscles qui croisent les articulations de la hanche et du genou : mouvements de la cuisse et de la jambe (figures 10.19 et 10.20) *(suite)*

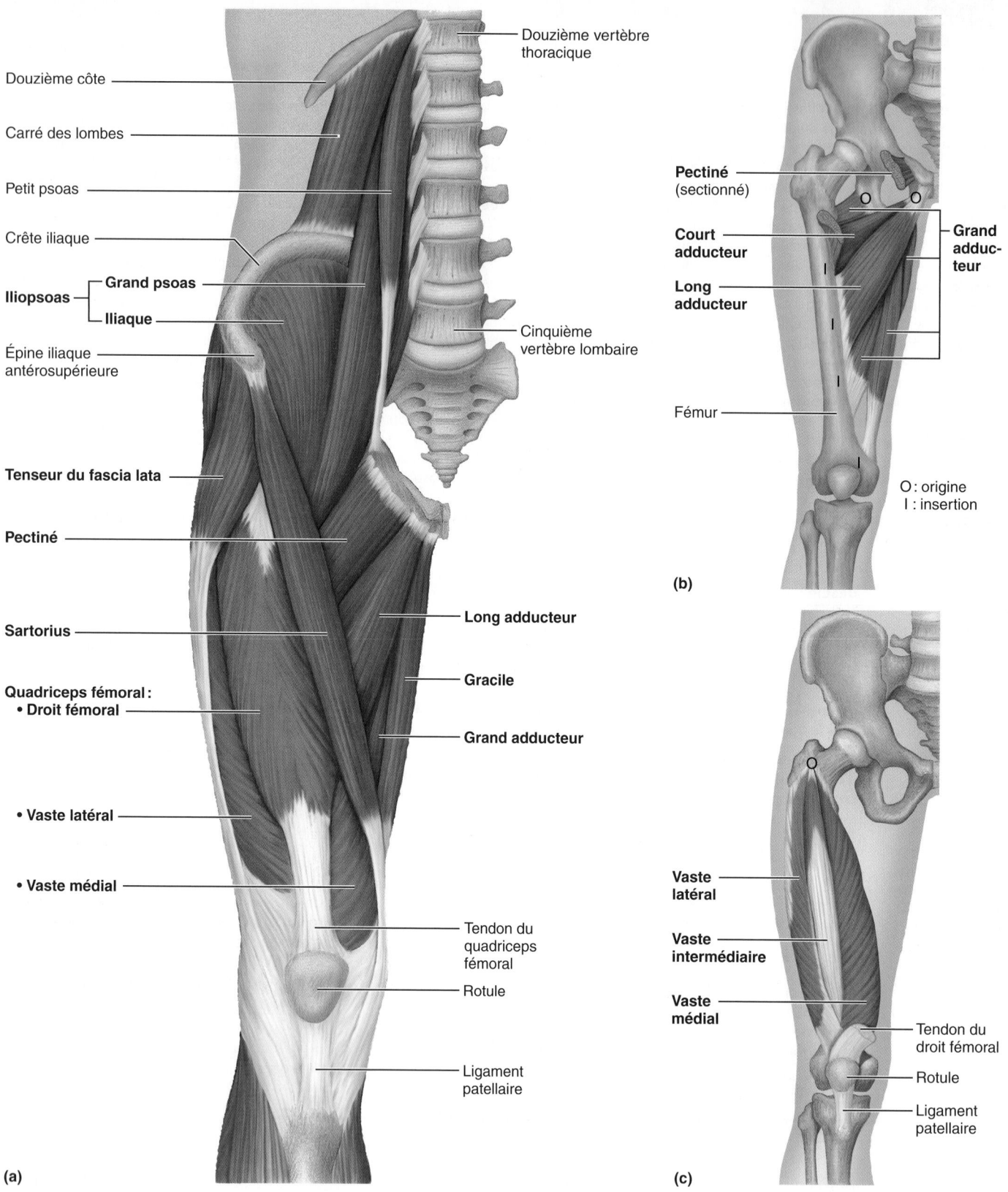

Figure 10.19 **Muscles antérieurs et médiaux qui assurent les mouvements de la cuisse et de la jambe.** **(a)** Vue antérieure des muscles profonds du bassin et des muscles superficiels de la cuisse droite. **(b)** Muscles adducteurs de la loge médiale de la cuisse. Les autres muscles ont été enlevés. **(c)** Les muscles vastes du groupe du quadriceps. Le droit fémoral du groupe du quadriceps et les muscles qui l'entourent ont été enlevés.

GALERIE DES MUSCLES

TABLEAU 10.14 *(suite)*

MUSCLE	DESCRIPTION ET SITUATION	ORIGINE (O) ET INSERTION (I)	ACTION	INNERVATION

MUSCLES DE LA LOGE MÉDIALE DE LA CUISSE

MUSCLE	DESCRIPTION ET SITUATION	ORIGINE (O) ET INSERTION (I)	ACTION	INNERVATION
Adducteurs	Masse musculaire importante composée de trois muscles (grand, long et court) qui forment la face médiale de la cuisse; ils naissent sur la partie inférieure du bassin et s'insèrent à différents niveaux sur le fémur; ces trois muscles sont en activité pendant les mouvements qui permettent de serrer les genoux, en chevauchant une monture, par exemple; importants dans les mouvements de bascule du bassin qui se produisent pendant la marche et pour fixer la hanche lorsque l'articulation du genou est fléchie et que le pied est levé; l'ensemble est innervé par le nerf obturateur; une élongation de ce groupe de muscles peut causer ce qui est communément appelé «claquage de l'aine» lors de la pratique de certains sports exigeant des départs rapides.			
Grand adducteur (*adduction:* déplace vers le plan médian)	Muscle triangulaire possédant une insertion large; le plus gros du groupe; composé de deux faisceaux (un antérieur et un postérieur); son action est en partie celle d'un adducteur et en partie celle d'un muscle de la loge postérieure de la cuisse	O: branche ischiopubienne et tubérosité ischiatique I: ligne âpre et épicondyle médial du fémur	Partie antérieure: adduction, rotation médiale et flexion de la cuisse; partie postérieure: action synergique avec les muscles de la loge postérieure pendant l'extension de la cuisse	Nerfs obturateur et sciatique (L_2 à L_4)
Long adducteur	Recouvre la face médiale du grand adducteur; le plus antérieur des adducteurs	O: pubis près de la symphyse pubienne I: ligne âpre du fémur (tiers moyen)	Adduction, flexion et rotation médiale de la cuisse	Branche antérieure du nerf obturateur (L_2 à L_4)
Court adducteur	En rapport avec l'obturateur externe; en majeure partie caché par le long adducteur et le pectiné	O: corps et branche inférieure du pubis I: ligne âpre du fémur au-dessus du long adducteur	Adduction et rotation médiale de la cuisse; peut contribuer à la flexion de la cuisse	Nerf obturateur
Pectiné (*pecten:* peigne)	Muscle court et plat; recouvre le court adducteur à l'extrémité proximale de la cuisse; adjacent à la partie latérale du long adducteur	O: pecten* du pubis (et branche supérieure) I: face postérieure du fémur, du petit trochanter à la ligne âpre	Adduction, flexion et rotation médiale de la cuisse	Nerf fémoral et parfois nerf obturateur
Gracile	Muscle superficiel, étroit et effilé de la partie médiale de la cuisse; le seul muscle du groupe à s'insérer sur le tibia; parfois utilisé lors de la transplantation de muscles dans la main	O: branche inférieure et corps du pubis, et branche de l'ischium adjacent I: surface médiale du tibia (tubérosité tibiale) juste sous son condyle médial	Adduction de la cuisse, flexion et rotation médiale de la jambe, pendant la marche en particulier; flexion du genou	Nerf obturateur

MUSCLES DE LA LOGE ANTÉRIEURE DE LA CUISSE

MUSCLE	DESCRIPTION ET SITUATION	ORIGINE (O) ET INSERTION (I)	ACTION	INNERVATION
Quadriceps fémoral	Est composé de quatre chefs distincts (*quadriceps:* quatre chefs) qui forment la partie charnue du devant et des côtés de la cuisse; ces chefs (droit fémoral, vastes intermédiaire, médial et latéral) possèdent un tendon d'insertion commun, le tendon du quadriceps, qui s'insère sur la rotule et, par l'intermédiaire du ligament patellaire, sur la tubérosité tibiale. Le quadriceps est un puissant extenseur de l'articulation du genou qui sert à grimper, à sauter, à courir, à descendre un escalier et à se lever de la position assise; le groupe est innervé par le nerf fémoral; la tonicité du quadriceps joue un rôle important dans le renforcement de l'articulation du genou.			
Droit fémoral	Muscle superficiel de la partie antérieure de la cuisse; descend verticalement, le long de la cuisse; le chef le plus long et le seul muscle du groupe à croiser l'articulation de la hanche	O: deux tendons, l'un sur l'épine iliaque antéroinférieure et l'autre sur le bord supérieur de l'acétabulum I: rotule et tubérosité antérieure du tibia par le ligament patellaire	Extension du genou et flexion de la cuisse à la hanche	Nerf fémoral (L_2 à L_4)
Vaste latéral	Le plus gros chef du groupe, constitue la face latérale de la cuisse; point d'injection intramusculaire courant, en particulier chez le nourrisson (dont les muscles des fesses et des bras sont peu développés)	O: grand trochanter, ligne intertrochantérique, ligne âpre du fémur I: même insertion que le droit fémoral	Extension et stabilisation du genou	Nerf fémoral

* Arête sur la face supérieure de la branche supérieure du pubis, prolongeant la ligne arquée de l'ilium.

GALERIE DES MUSCLES

TABLEAU 10.14 **Muscles qui croisent les articulations de la hanche et du genou : mouvements de la cuisse et de la jambe** (figures 10.19 et 10.20) *(suite)*

MUSCLE	DESCRIPTION ET SITUATION	ORIGINE (O) ET INSERTION (I)	ACTION	INNERVATION
Vaste médial	Constitue la face inféromédiale de la cuisse	O: ligne âpre, ligne inter-trochantérique du fémur I: même insertion que le droit fémoral	Extension de la jambe; stabilisation de la rotule par les fibres inférieures	Nerf fémoral
Vaste intermédiaire	Recouvert par le droit fémoral; situé entre le vaste latéral et le vaste médial sur la face antérieure de la cuisse	O: face antérieure et latérale de la diaphyse à l'extrémité proximale du fémur I: même insertion que le droit fémoral	Extension du genou	Nerf fémoral
Tenseur du fascia lata (*tensum*: tendre; *fascia*: bande; *lata*: large)	Enveloppé par les cloisons d'aponévrose de la face antérolatérale de la cuisse; apparenté fonctionnellement aux rotateurs médiaux et aux fléchisseurs de la cuisse	O: face antérieure de la crête iliaque et épine iliaque antérosupérieure I: tractus iliotibial*	Stabilise le genou et le tronc sur la cuisse en tendant le tractus iliotibial et le fascia lata (fascia fémoral); flexion et abduction de la cuisse; rotation médiale de la cuisse.	Nerf glutéal supérieur (L$_4$ et L$_5$)

DEUXIÈME PARTIE: MUSCLES POSTÉRIEURS (FIGURE 10.20)

MUSCLES GLUTÉAUX – ORIGINE SUR LE BASSIN

Grand fessier (ou grand glutéal)	Le plus volumineux et le plus superficiel des muscles glutéaux; constitue l'essentiel de la masse de la fesse; formé de grosses fibres; important point d'injection intramusculaire (point dorsofessier); recouvre le nerf sciatique; recouvre la tubérosité ischiatique seulement dans la station debout; dans la position assise, se déplace vers le haut, dégageant ainsi la tubérosité ischiatique (on ne s'assoit donc pas sur le muscle, mais sur les tissus qui recouvrent la tubérosité ischiatique)	O: partie postérieure de la crête iliaque, face postérieure du sacrum et côté du coccyx I: tubérosité glutéale du fémur et bord postérieur du tractus iliotibial (inséré sur le tibia)	Principal extenseur de la cuisse; complexe, puissant et plus efficace lorsque la cuisse est fléchie et qu'il faut exercer une force, par exemple en se relevant d'une position de flexion vers l'avant et en poussant la cuisse postérieurement (monter un escalier et courir); généralement inactif pendant la station debout et la marche; rotation latérale et abduction de la cuisse	Nerf glutéal inférieur (L$_5$, S$_1$ et S$_2$)
Moyen fessier (ou moyen glutéal)	Muscle épais en grande partie recouvert par le grand fessier; point important pour les injections intramusculaires (point ventrofessier); considéré comme plus sûr que le point dorsofessier, car il réduit les risques de toucher le nerf sciatique	O: entre les lignes glutéales antérieure et postérieure, sur la face latérale de l'ilium I: sur la face latérale du grand trochanter du fémur par un court tendon	Abduction et rotation médiale de la cuisse; stabilisation du bassin; son action est extrêmement importante pour la marche, car le muscle de la jambe d'appui s'oppose (abduction) à la tendance du bassin à basculer en avant du côté qui n'est plus supporté par le pied soulevé du sol	Nerf glutéal supérieur (L$_5$ et S$_1$)
Petit fessier (ou petit glutéal)	Le plus petit et le plus profond des muscles glutéaux	O: entre les lignes glutéales antérieure et inférieure sur la face latérale de l'ilium I: bord antérieur du grand trochanter du fémur	Même action que le moyen fessier	Nerf glutéal supérieur (L$_5$ et S$_1$)

ROTATEURS LATÉRAUX

Piriforme (*pirum*: poire)	Muscle triangulaire situé sur la face postérieure de l'articulation de la hanche; au-dessous du petit fessier; prend son origine sur le bassin par la grande incisure ischiatique; important point de repère anatomique	O: face antérolatérale du sacrum (du côté opposé à la grande incisure ischiatique) I: bord supérieur du grand trochanter du fémur	Rotation latérale de la cuisse en extension; à cause de son insertion au-dessus de la tête du fémur, il peut aussi promouvoir l'abduction de la cuisse lorsque la hanche est fléchie; stabilisation de l'articulation de la hanche	S$_1$ et S$_2$, L$_5$

* Le tractus iliotibial est un épaississement de la portion latérale du *fascia lata* (l'aponévrose qui enveloppe tous les muscles de la cuisse). Ce tractus est une membrane tendineuse qui s'étend de la crête iliaque jusqu'au genou (figure 10.20a).

GALERIE DES MUSCLES

TABLEAU 10.14 *(suite)*

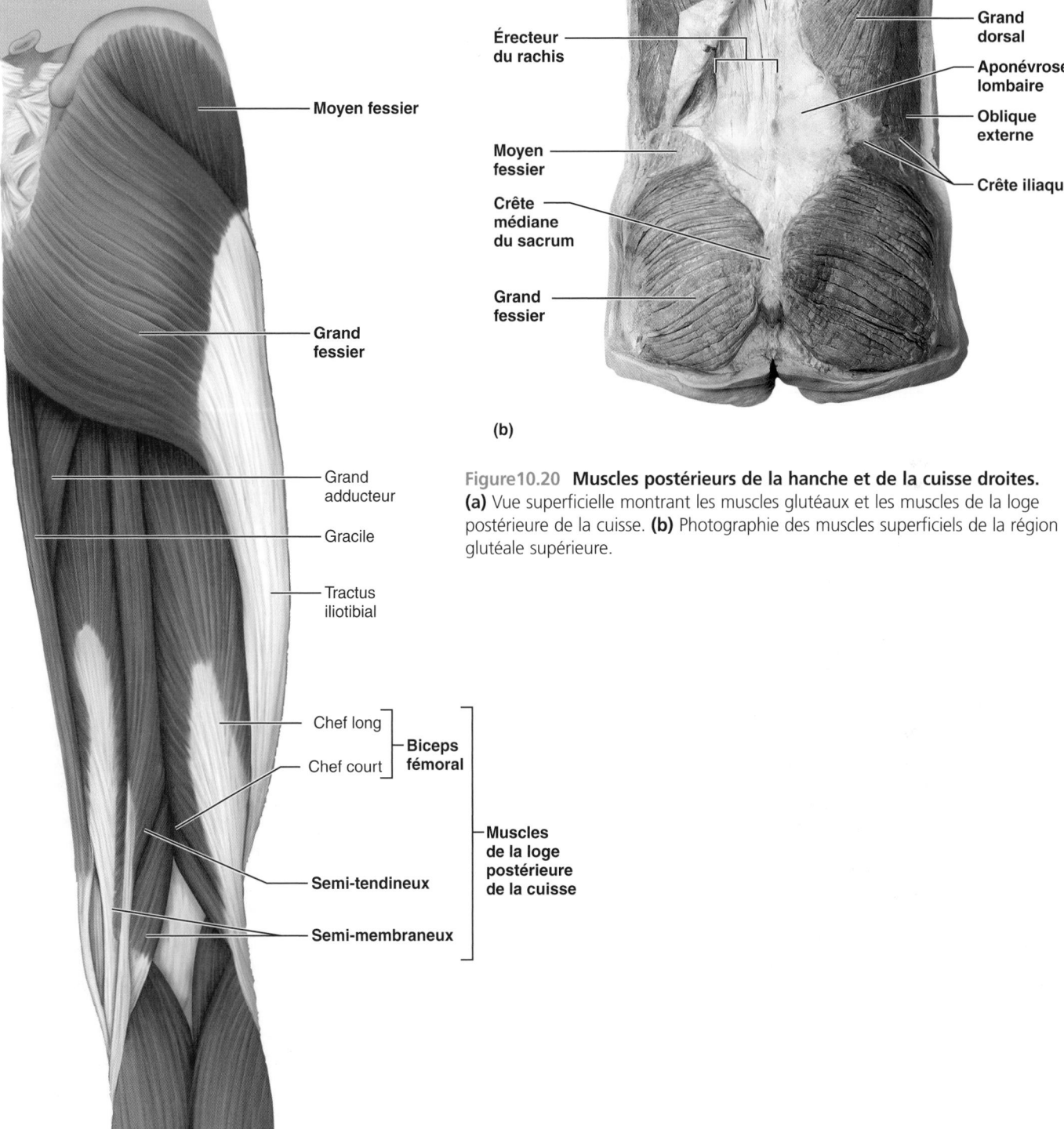

Moyen fessier

Grand fessier

Grand adducteur

Gracile

Tractus iliotibial

Chef long ⎤
Chef court ⎦ **Biceps fémoral**

Semi-tendineux

Semi-membraneux

Muscles de la loge postérieure de la cuisse

Érecteur du rachis

Moyen fessier

Crête médiane du sacrum

Grand fessier

Grand dorsal

Aponévrose lombaire

Oblique externe

Crête iliaque

(a)

(b)

Figure10.20 **Muscles postérieurs de la hanche et de la cuisse droites.** **(a)** Vue superficielle montrant les muscles glutéaux et les muscles de la loge postérieure de la cuisse. **(b)** Photographie des muscles superficiels de la région glutéale supérieure.

10

GALERIE DES MUSCLES

TABLEAU 10.14 **Muscles qui croisent les articulations de la hanche et du genou: mouvements de la cuisse et de la jambe** (figures 10.19 et 10.20) *(suite)*

MUSCLE	DESCRIPTION ET SITUATION	ORIGINE (O) ET INSERTION (I)	ACTION	INNERVATION
Obturateur externe	Muscle triangulaire plat situé en profondeur dans la face supérieure médiale de la cuisse	O: face externe de la membrane obturatrice, du pubis et de l'ischium; bords du foramen obturé I: par un tendon, dans la fosse trochantérique, face postérieure du fémur	Rotation latérale de la cuisse en extension	Nerf obturateur
Obturateur interne	Entoure la face interne du foramen obturé (dans le bassin); quitte le bassin par la petite incisure ischiatique, tourne à un angle aigu et se dirige vers l'avant pour s'insérer sur le fémur	O: face interne de la membrane obturatrice, grande incisure ischiatique et bords du foramen obturé I: grand trochanter du fémur devant le piriforme	Rotation latérale de la cuisse	Nerfs L_5 et S_1
Jumeaux supérieur et inférieur	Deux petits muscles possédant des insertions et des actions communes; considérés comme étant les portions extrapelviennes de l'obturateur interne	O: épine ischiatique (supérieur); tubérosité ischiatique (inférieur) I: grand trochanter du fémur par un tendon fusionné avec celui de l'obturateur interne	Mêmes actions que le piriforme	Nerfs L_5 et S_1
Carré fémoral	Muscle court et épais; le plus inférieur des muscles rotateurs latéraux; s'étend latéralement à partir du bassin	O: tubérosité ischiatique I: crête intertrochantérique du fémur	Rotation latérale de la cuisse et stabilisation de l'articulation de la hanche	Nerf sciatique L_5 et S_1

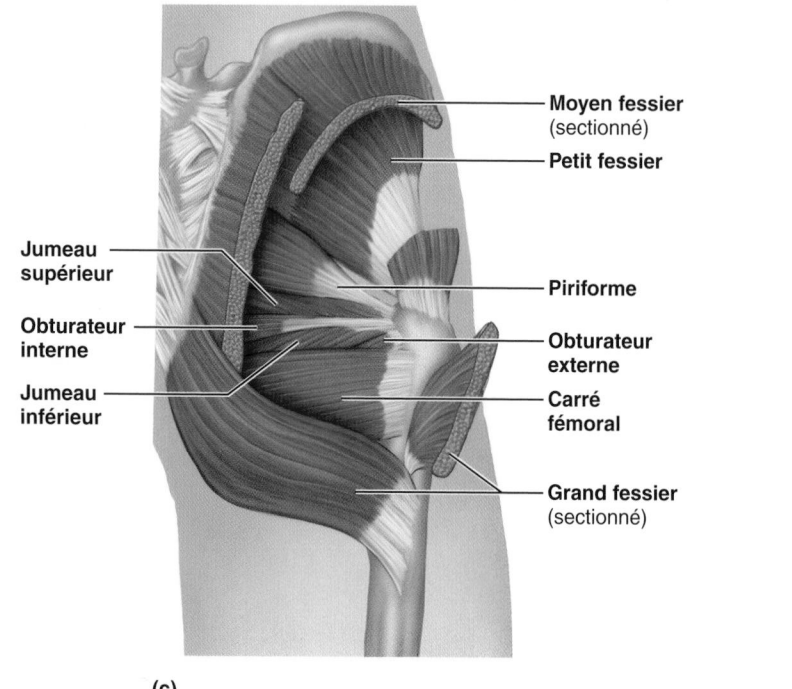

(c)

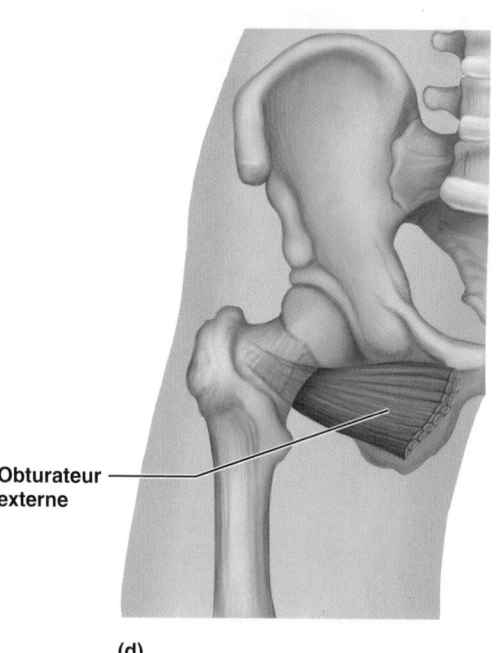

(d)

Figure 10.20 *(suite)* **Muscles postérieurs de la hanche et de la cuisse droites.**
(c) Muscles profonds de la région glutéale dont l'action principale est la rotation latérale de la cuisse. **(d)** Vue antérieure de l'obturateur externe isolé.

GALERIE DES MUSCLES

TABLEAU 10.14 *(suite)*

MUSCLE	DESCRIPTION ET SITUATION	ORIGINE (O) ET INSERTION (I)	ACTION	INNERVATION

MUSCLES DE LA LOGE POSTÉRIEURE DE LA CUISSE

Trois muscles charnus forment la partie postérieure de la cuisse (improprement dite «jarret» par certains): le biceps fémoral, le semi-tendineux et le semi-membraneux; ces muscles, appelés aussi muscles ischiojambiers, croisent les articulations de la hanche et du genou et sont agonistes dans l'extension de la cuisse et dans la flexion du genou; le groupe a un point d'origine commun et est innervé par le nerf sciatique (en fait par deux nerfs, le nerf tibial et le nerf fibulaire commun enveloppés dans la même gaine); les actions de ces muscles doivent être envisagées selon que c'est l'une ou l'autre des articulations croisées qui est fixe; par exemple, si le genou est fixe (en extension), les muscles provoquent l'extension de la hanche; si la hanche est en extension, ils assurent la flexion du genou; toutefois, lorsque les muscles de la loge postérieure sont étirés, ils ont tendance à restreindre l'exécution des mouvements antagonistes; par exemple, si les genoux sont en complète extension, il est difficile de fléchir entièrement la hanche (et de toucher ses orteils), et lorsque la cuisse est complètement fléchie comme pour dégager un ballon, il est presque impossible d'accomplir l'extension complète de la jambe en même temps (sans pratique intensive); le claquage des muscles de la loge postérieure est une blessure courante chez les athlètes qui courent beaucoup.

MUSCLE	DESCRIPTION ET SITUATION	ORIGINE (O) ET INSERTION (I)	ACTION	INNERVATION
Biceps fémoral (*biceps:* deux chefs)	Muscle le plus latéral du groupe; composé de deux chefs	O: tubérosité ischiatique (chef long); ligne âpre et extrémité distale du fémur (chef court) I: le tendon commun descend latéralement (formant le bord latéral du creux poplité) pour s'insérer sur la tête de la fibula et sur le condyle latéral du tibia	Extension de la cuisse et flexion du genou; rotation latérale de la jambe, spécialement lorsque le genou est fléchi	Nerf sciatique: nerf tibial vers le chef long et nerf fibulaire commun vers le chef court (L_5 et S_2)
Semi-tendineux	Situé en position médiale par rapport au biceps fémoral; son tendon d'insertion commence aux deux tiers inférieurs de la cuisse; bien que son nom laisse croire que ce muscle est en grande partie tendineux, il est en réalité pluôt charnu	O: tubérosité ischiatique par un tendon commun avec le chef long du biceps fémoral I: face médiale de la partie supérieure du corps du tibia	Extension de la cuisse sur la hanche; flexion du genou; rotation médiale de la jambe avec le semi-membraneux	Nerf sciatique: partie du nerf tibial (L_5 et S_2)
Semi-membraneux	Situé sous le semi-tendineux; son tendon d'origine est mince et aplati comme une membrane (d'où son nom)	O: tubérosité ischiatique I: condyle médial du tibia (face postérieure); condyle latéral du fémur par l'intermédiaire du ligament poplité oblique	Extension de la cuisse et flexion du genou; rotation médiale de la jambe	Nerf sciatique: partie du nerf tibial (L_5 et S_2)

10

10

GALERIE DES MUSCLES

TABLEAU 10.15 **Muscles de la jambe : mouvements de la cheville et des orteils** (figures 10.21 à 10.23)

L'aponévrose profonde de la jambe (appelée fascia jambier) forme une enveloppe en continuité avec le fascia lata, qui engaine les muscles de la cuisse. Elle retient fermement les muscles de la jambe, à la façon d'un « mi-bas » serré sous la peau, et contribue à empêcher le gonflement exagéré des muscles durant un exercice physique et à promouvoir le retour veineux. Ses prolongements vers l'intérieur séparent les muscles de la jambe en *loges antérieure*, *latérale* et *postérieure* (figure 10.25b), chacune possédant son innervation et sa vascularisation propres. À l'extrémité distale, l'aponévrose de la jambe s'épaissit pour former le **rétinaculum des muscles fléchisseurs des orteils**, les **rétinaculums inférieur** et **supérieur des muscles extenseurs** et les **rétinaculums inférieur** et **supérieur des muscles fibulaires**, qui maintiennent fermement à la cheville les tendons reliés au pied (figures 10.21a et 10.22a).

Les divers muscles de la jambe assurent les mouvements de la cheville (dorsiflexion et flexion plantaire), des articulations intertarsiennes (inversion et éversion du pied) ou de celles des orteils (flexion et extension). Les muscles de la *loge antérieure* de la jambe (**tibial antérieur**, **long extenseur des orteils**, **long extenseur de l'hallux** et

troisième fibulaire) sont les principaux responsables de l'*extension* des orteils et de la dorsiflexion de la cheville. La dorsiflexion n'est pas un mouvement puissant, mais elle joue un rôle non négligeable, car elle empêche les orteils de traîner pendant la marche. Les muscles de la *loge latérale* (**long fibulaire** et **court fibulaire**) effectuent la flexion plantaire et l'éversion du pied. Les muscles de la *loge postérieure* sont les principaux *fléchisseurs* plantaires du pied et fléchisseurs des orteils (figure 10.23b à d). La flexion plantaire est le mouvement le plus puissant de la cheville (et du pied), car il soulève tout le poids du corps. Ce mouvement est essentiel pour se tenir debout sur la pointe des pieds et fournit la propulsion dans la marche et la course. Le **muscle poplité** qui croise l'articulation du genou permet de « déverrouiller » le genou en extension avant d'effectuer sa flexion (figure 10.23b, f).

Les très petits muscles intrinsèques de la plante du pied (lombricaux du pied, interosseux dorsaux du pied et de nombreux autres) sont décrits séparément dans le tableau 10.16.

Les actions des muscles du présent tableau sont résumées dans le tableau 10.17 (deuxième partie).

MUSCLE	DESCRIPTION ET SITUATION	ORIGINE (O) ET INSERTION (I)	ACTION	INNERVATION
PREMIÈRE PARTIE : MUSCLES DE LA LOGE ANTÉRIEURE (FIGURES 10.21 ET 10.22)	Tous les muscles de la loge antérieure effectuent la dorsiflexion de la cheville et possèdent une innervation commune, le nerf fibulaire profond. La paralysie de ce groupe de muscles provoque le *pied tombant* ; il faut alors lever la jambe plus haut en marchant pour éviter de trébucher. Une des causes du syndrome tibial antérieur est une affection inflammatoire douloureuse des muscles de cette région (voir les Termes médicaux à la fin de ce chapitre).			
Tibial antérieur	Muscle superficiel de la partie antérieure de la jambe ; longe latéralement la crête tibiale	O : condyle latéral et les deux tiers supérieurs de la face latérale du corps du tibia ; membrane interosseuse de la jambe I : par un tendon, sur le bord médial de l'os cunéiforme médial et à la base de l'os métatarsien I	Agoniste dans la dorsiflexion ; inversion du pied ; contribue au maintien de l'arc plantaire longitudinal médial	Nerf fibulaire profond $(L_4$ et $L_5)$
Long extenseur des orteils	Muscle unipenné de la face antérolatérale de la jambe ; en position latérale par rapport au tibial antérieur	O : condyle latéral du tibia ; les trois quarts proximaux de la fibula, face antérieure ; membrane interosseuse de la jambe I : phalanges moyennes et distales des orteils II à V, chacune des quatre divisions du tendon principal étant elle-même divisée en trois languettes	Agoniste dans l'extension des orteils (agit surtout sur les articulations métatarsophalangiennes) ; dorsiflexion du pied	Nerf fibulaire profond $(L_5$ et $S_1)$
Troisième fibulaire	Petit muscle ; habituellement en continuité et fusionné avec la partie distale du long extenseur des orteils ; pas toujours présent	O : extrémité distale (dernier tiers) de la face antérieure de la fibula et membrane interosseuse de la jambe I : le tendon s'insère sur le dos et à la base de l'os métatarsien V	Dorsiflexion et éversion du pied	Nerf fibulaire profond $(L_5$ et $S_1)$
Long extenseur de l'hallux	Sous le long extenseur des orteils et le tibial antérieur	O : corps antéromédial de la fibula et membrane interosseuse de la jambe I : le tendon s'insère sur la base de la phalange distale du gros orteil (hallux)	Extension du gros orteil ; dorsiflexion et inversion du pied	Nerf fibulaire profond $(L_5$ et $S_1)$
DEUXIÈME PARTIE : MUSCLES DE LA LOGE LATÉRALE (FIGURES 10.22 ET 10.23) Ces muscles possèdent une innervation commune : le nerf fibulaire superficiel. En plus d'effectuer la flexion plantaire et l'éversion du pied, ils stabilisent latéralement la cheville et l'arc longitudinal latéral.				
Long fibulaire (voir aussi la figure 10.21a)	Muscle superficiel latéral ; recouvre la fibula	O : tête et partie supérieure de la face latérale de la fibula I : sur la face latérale de l'os métatarsien I et l'os cunéiforme médial par un long tendon qui s'incurve sous le pied	Flexion plantaire et éversion du pied ; contribue à garder le pied à plat sur le sol	Nerf fibulaire superficiel $(L_5$ à $S_2)$
Court fibulaire	Muscle plus petit ; situé sous le long fibulaire ; entouré d'une gaine commune aux deux muscles fibulaires (long et court)	O : extrémité distale (deux derniers tiers) de la surface latérale du corps de la fibula I : extrémité proximale de l'os métatarsien V par un tendon qui passe derrière la malléole latérale	Flexion plantaire et éversion du pied	Nerf fibulaire superficiel $(L_5$ à $S_2)$

GALERIE DES MUSCLES

TABLEAU 10.15   *(suite)*

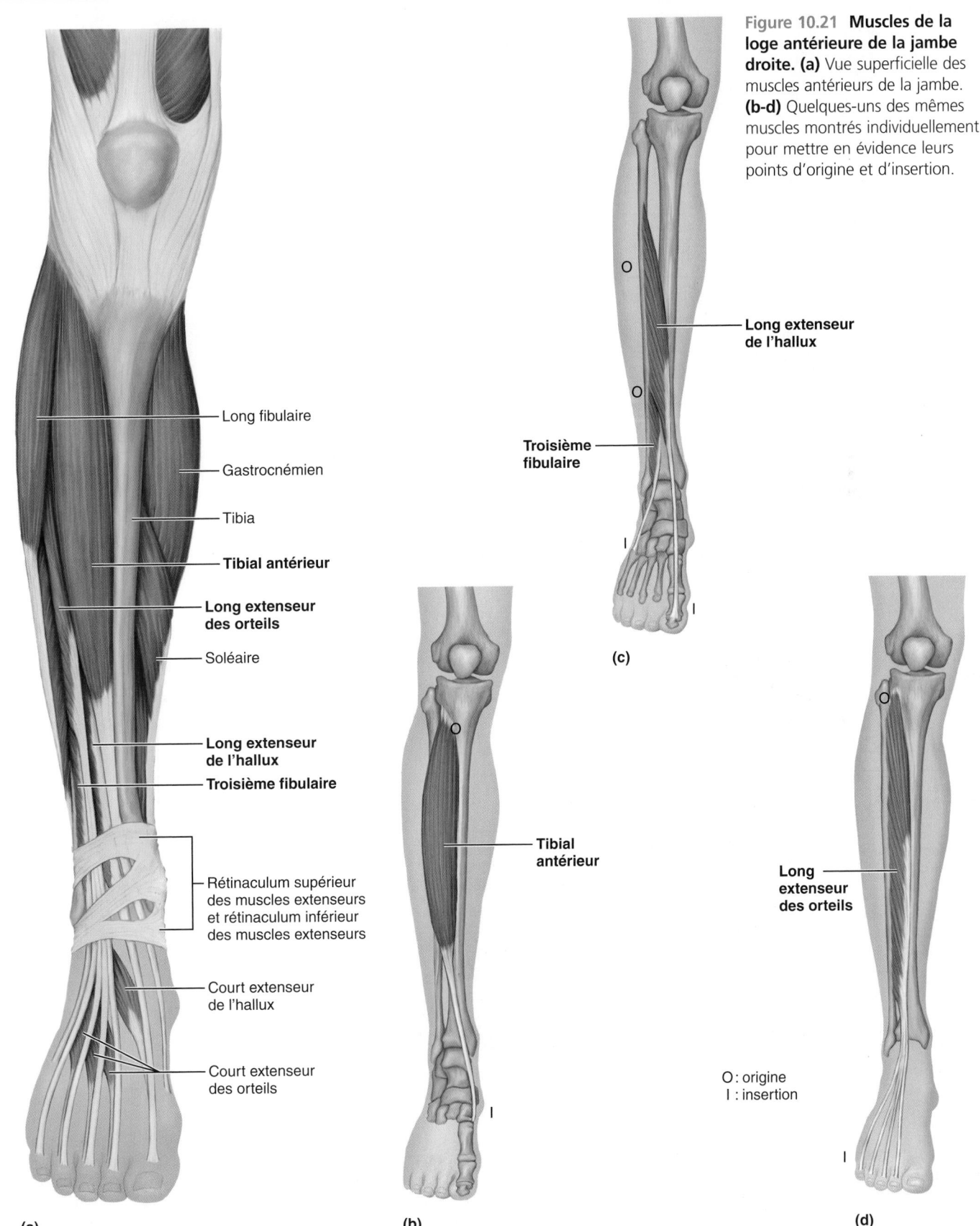

Long fibulaire

Gastrocnémien

Tibia

Tibial antérieur

**Long extenseur
des orteils**

Soléaire

**Long extenseur
de l'hallux**

Troisième fibulaire

Rétinaculum supérieur
des muscles extenseurs
et rétinaculum inférieur
des muscles extenseurs

Court extenseur
de l'hallux

Court extenseur
des orteils

(a)

**Figure 10.21 Muscles de la
loge antérieure de la jambe
droite. (a)** Vue superficielle des
muscles antérieurs de la jambe.
(b-d) Quelques-uns des mêmes
muscles montrés individuellement
pour mettre en évidence leurs
points d'origine et d'insertion.

O

O

**Long extenseur
de l'hallux**

**Troisième
fibulaire**

I

I

(c)

**Tibial
antérieur**

O

I

(b)

O

**Long
extenseur
des orteils**

O : origine
I : insertion

I

(d)

GALERIE DES MUSCLES

TABLEAU 10.15 Muscles de la jambe: mouvements de la cheville et des orteils (figures 10.21 à 10.23) *(suite)*

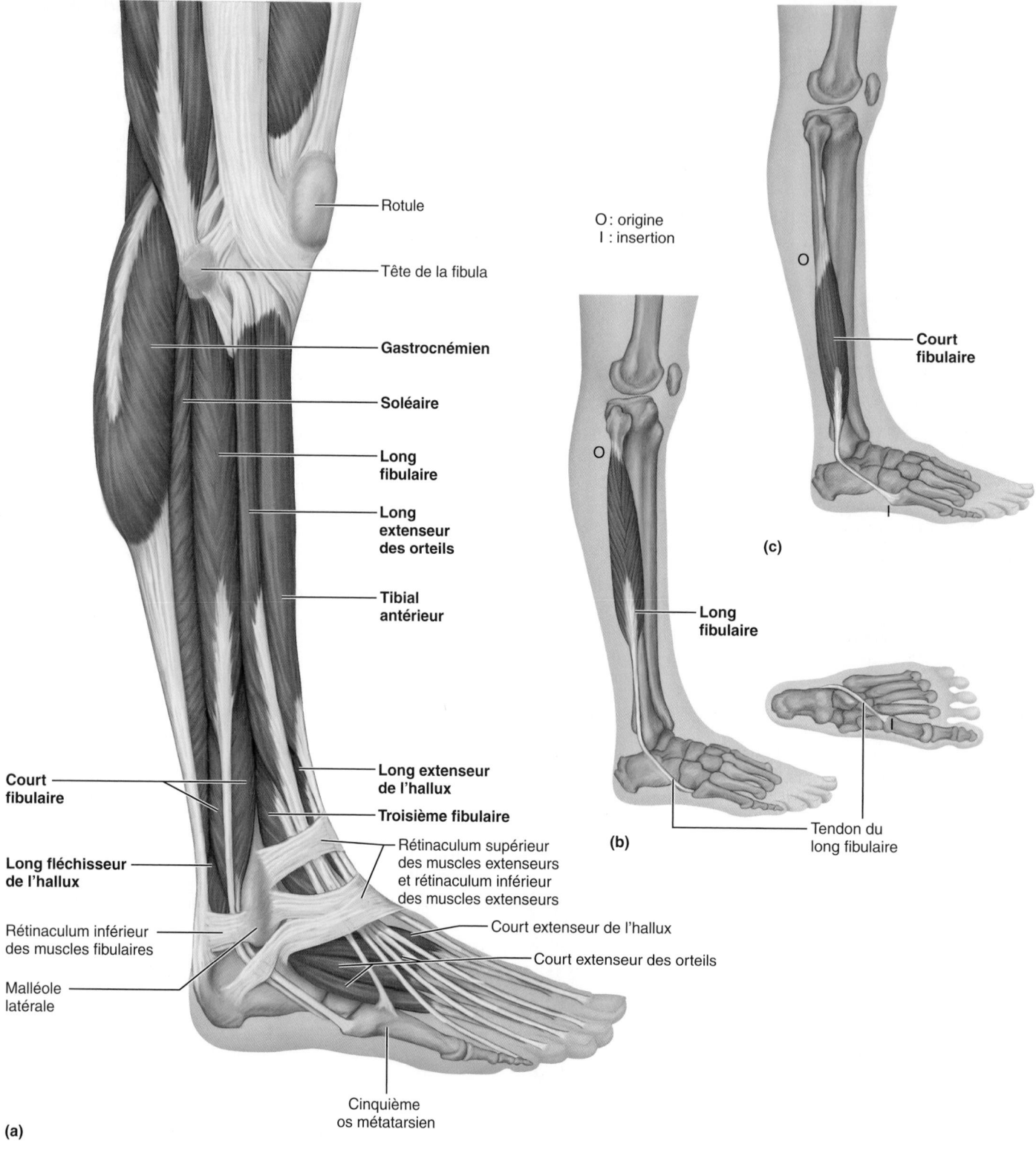

O: origine
I: insertion

(a)

(b)

(c)

Rotule

Tête de la fibula

Gastrocnémien

Soléaire

Long fibulaire

Long extenseur des orteils

Tibial antérieur

Court fibulaire

Long fléchisseur de l'hallux

Rétinaculum inférieur des muscles fibulaires

Malléole latérale

Long extenseur de l'hallux

Troisième fibulaire

Rétinaculum supérieur des muscles extenseurs et rétinaculum inférieur des muscles extenseurs

Court extenseur de l'hallux

Court extenseur des orteils

Cinquième os métatarsien

Long fibulaire

Court fibulaire

Tendon du long fibulaire

Figure 10.22 Muscles de la loge latérale de la jambe droite. (a) Vue superficielle de la face latérale de la jambe, montrant la situation des muscles de la loge latérale (long fibulaire et court fibulaire) par rapport à ceux des loges antérieure et postérieure. **(b)** Long fibulaire vu individuellement; la représentation adjacente montre l'insertion du long fibulaire sur la face plantaire. **(c)** Court fibulaire vu individuellement.

GALERIE DES MUSCLES

TABLEAU 10.15	*(suite)*

MUSCLE	DESCRIPTION ET SITUATION	ORIGINE (O) ET INSERTION (I)	ACTION	INNERVATION
TROISIÈME PARTIE: MUSCLES DE LA LOGE POSTÉRIEURE (FIGURE 10.23) La loge postérieure est la plus grande des trois loges de la jambe; les muscles qu'elle renferme ont une innervation commune, le nerf tibial, et ils agissent ensemble dans la flexion de la plante du pied et de la cheville.				
MUSCLES SUPERFICIELS				
Triceps sural (*sura*: mollet) (voir aussi la figure 10.22)	Terme désignant une paire de muscles (gastrocnémien et soléaire) qui sont responsables de la saillie caractéristique du mollet et qui s'insèrent par un tendon commun sur le calcanéus; ce tendon calcanéen (ou tendon d'Achille) est le plus gros du corps humain; agonistes dans la flexion de la plante du pied et de la cheville.			
▪ **Gastroc-némien**	Muscle le plus superficiel de la paire; deux ventres proéminents (chefs latéral et médial) qui forment la courbure de la partie proximale du mollet	O: par deux chefs, sur les condyles médial et latéral du fémur I: face postérieure du calcanéus par l'intermédiaire du tendon calcanéen	Flexion de la plante du pied lorsque le genou est en extension; comme il croise aussi l'articulation du genou, il peut effectuer la flexion du genou pendant la dorsi-flexion du pied; utilisé lors de la course et du saut (mouvements rapides)	Nerf tibial (S_1, S_2)
▪ **Soléaire** (*solea*: sole)	Muscle large et plat situé sous le gastrocnémien, sur la face postérieure du mollet; son nom lui vient de sa forme qui ressemble à celle de la sole (poisson plat)	O: origine étendue de forme conique; naît de la partie supérieure et postérieure du tibia et de la fibula, et de la membrane interosseuse de la jambe I: même insertion que le gastrocnémien	Flexion de la plante du pied; muscle important pour la locomotion et la posture au cours de la marche, de la course et de la danse	Nerf tibial
Plantaire	Généralement un petit muscle faible, mais son volume et son étendue sont variables; peut être absent; possède de nombreux récep-teurs de l'étirement; son tendon d'insertion est sou-vent utilisé comme greffon	O: face postérieure du condyle latéral du fémur I: calcanéus ou tendon calcanéen par l'intermédiaire d'un tendon long et mince	Participe à la flexion du genou et à la flexion plantaire	Nerf tibial
MUSCLES PROFONDS (FIGURE 10.23c À f)				
Poplité (*poples*: jarret)	Muscle triangulaire mince à la face postérieure du genou; se dirige vers le bas et la face médiale jusqu'à la surface du tibia	O: condyle latéral du fémur et ménisque latéral I: extrémité proximale du tibia, face postérieure	Flexion et rotation médiale de la jambe pour déverrouiller l'articulation du genou en extension; rotation latérale de la cuisse quand le tibia est fixe	Nerf tibial (L_4 à S_1)
Long fléchisseur des orteils	Muscle long et étroit; croise le tibial postérieur en posi-tion médiale et le recouvre partiellement	O: origine étendue sur la face postérieure de la diaphyse du tibia I: le tendon se dirige derrière la malléole médiale et s'insère sur la face plantaire des phalanges distales des orteils II à V	Flexion plantaire et inversion du pied; flexion des orteils II à V; aide le pied à tenir ferme au sol; soutient les arcs plantaires longitudinaux	Nerf tibial (L_5 à S_2)
Long fléchis-seur de l'hallux (voir aussi la figure 10.22a)	Muscle bipenné; situé le long de la partie latérale de la face inférieure du tibial postérieur	O: milieu du corps de la fibula; membrane interosseuse de la jambe I: le tendon se dirige sous le pied vers la phalange distale du gros orteil	Flexion plantaire et inversion du pied; flexion du gros orteil au niveau de toutes ses articulations; participe à la propulsion du corps au cours de la marche, de la course et du saut	Nerf tibial (L_5 et S_2)
Tibial postérieur	Muscle plat et épais situé sous le soléaire; placé entre les fléchisseurs postérieurs; le plus profond des muscles de cette loge	O: origine étendue sur la partie supérieure du tibia et de la fibula, et sur la membrane interosseuse de la jambe I: le tendon passe derrière la malléole médiale et sous la voûte plantaire; s'insère sur plusieurs os du tarse et sur les os métatarsiens II, III et IV	Agoniste dans l'inversion du pied; flexion plantaire; stabilisation de l'arc longi-tudinal médial du pied (p. ex. durant le patinage)	Nerf tibial (L_4 et L_5)

10

GALERIE DES MUSCLES

TABLEAU 10.15   Muscles de la jambe : mouvements de la cheville et des orteils (figures 10.21 à 10.23) *(suite)*

10

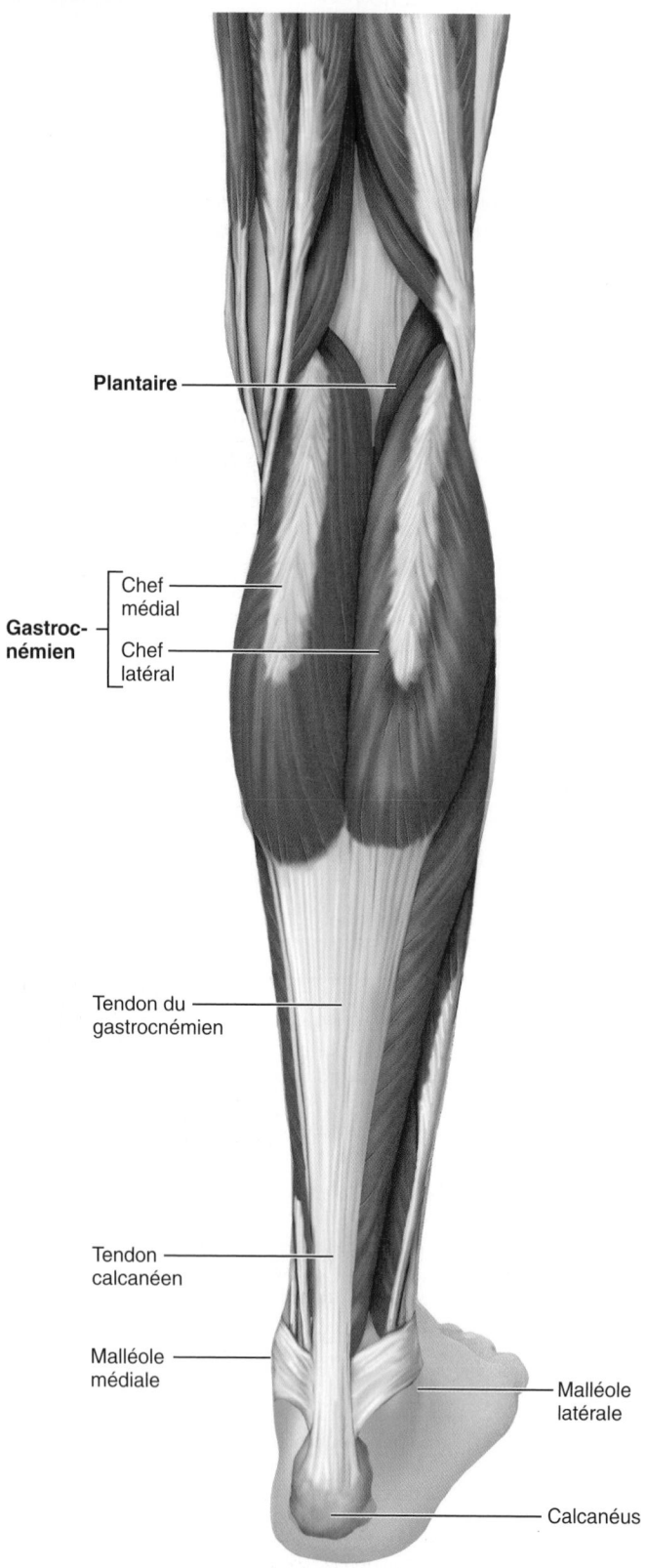

Plantaire

**Gastroc-
némien**
  Chef
  médial
  Chef
  latéral

Tendon du
gastrocnémien

Tendon
calcanéen

Malléole
médiale

Malléole
latérale

Calcanéus

(a) Vue superficielle de la face postérieure de la jambe

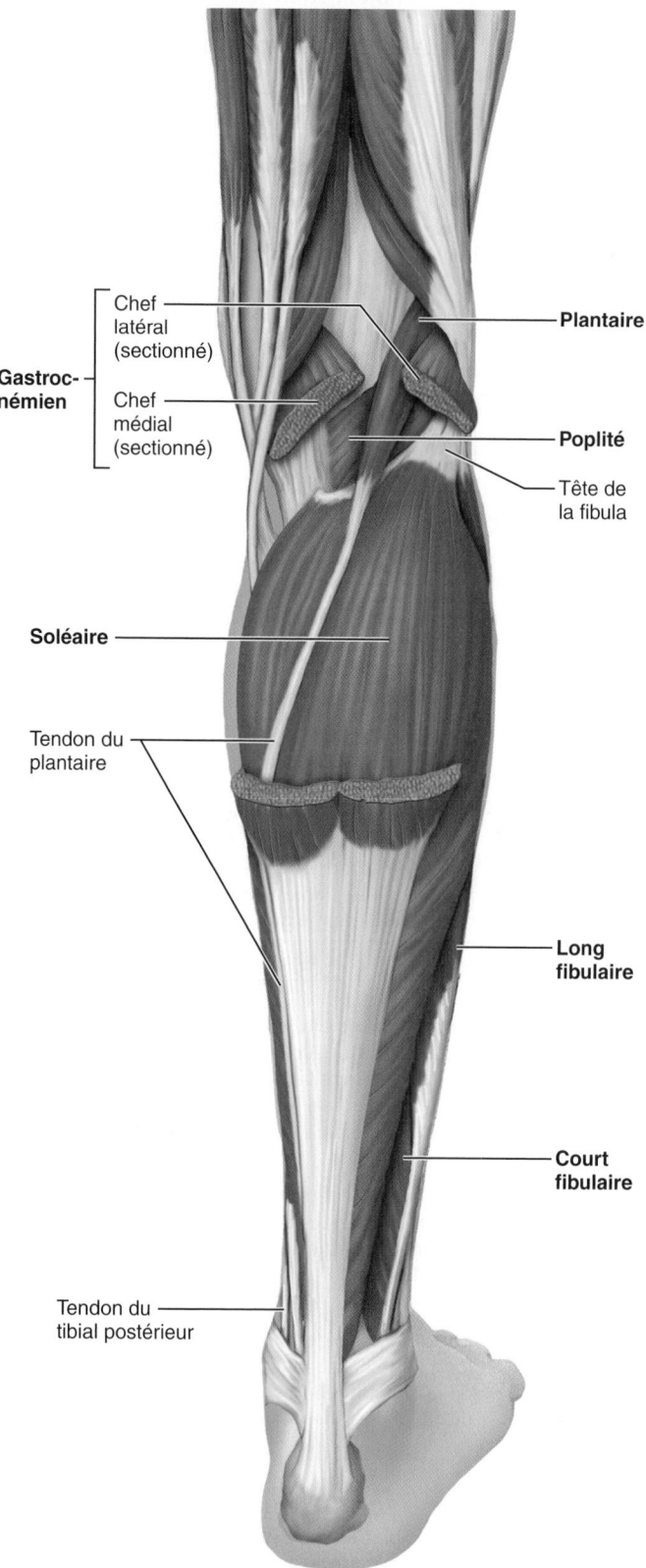

**Gastroc-
némien**
  Chef
  latéral
  (sectionné)

  Chef
  médial
  (sectionné)

Plantaire

Poplité

Tête de
la fibula

Soléaire

Tendon du
plantaire

**Long
fibulaire**

**Court
fibulaire**

Tendon du
tibial postérieur

**(b) Le gastrocnémien a été enlevé pour montrer
le soléaire juste en dessous.**

Figure 10.23 **Muscles de la loge postérieure de la jambe droite.**

GALERIE DES MUSCLES

TABLEAU 10.15 *(suite)*

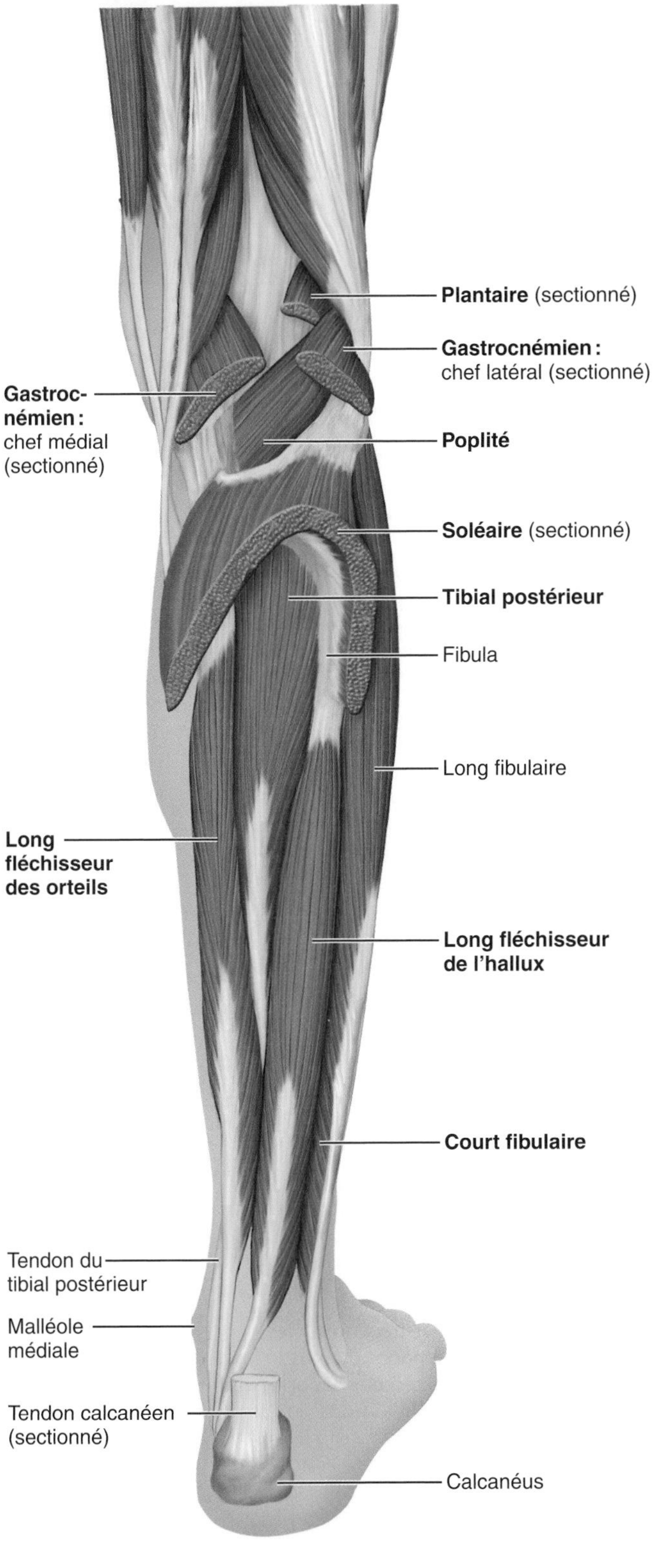

Gastroc-
némien :
chef médial
(sectionné)

Plantaire (sectionné)

Gastrocnémien :
chef latéral (sectionné)

Poplité

Soléaire (sectionné)

Tibial postérieur

Fibula

Long fibulaire

Long
fléchisseur
des orteils

Long fléchisseur
de l'hallux

Court fibulaire

Tendon du
tibial postérieur

Malléole
médiale

Tendon calcanéen
(sectionné)

Calcanéus

(c) Le triceps sural a été enlevé pour montrer
les muscles profonds de la loge postérieure.

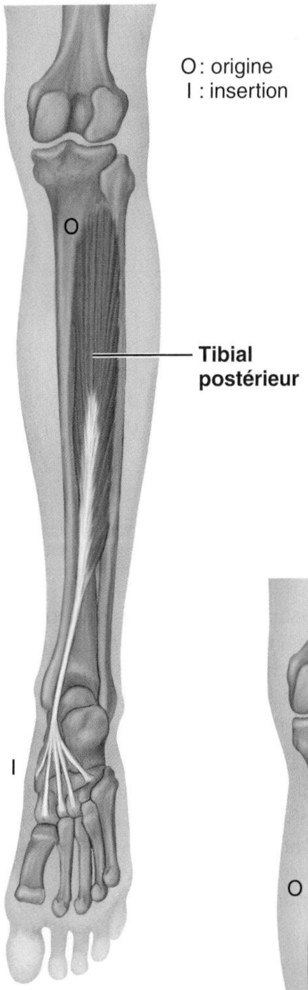

O : origine
I : insertion

O

Tibial
postérieur

I

(d) Tibial postérieur isolé

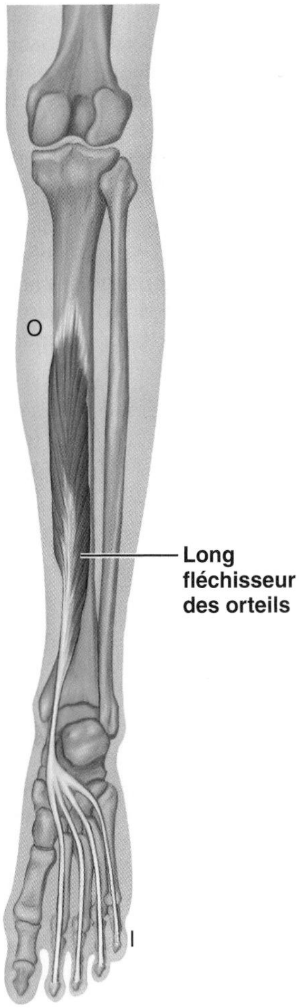

O

I

(e) Long fléchisseur
des orteils isolé

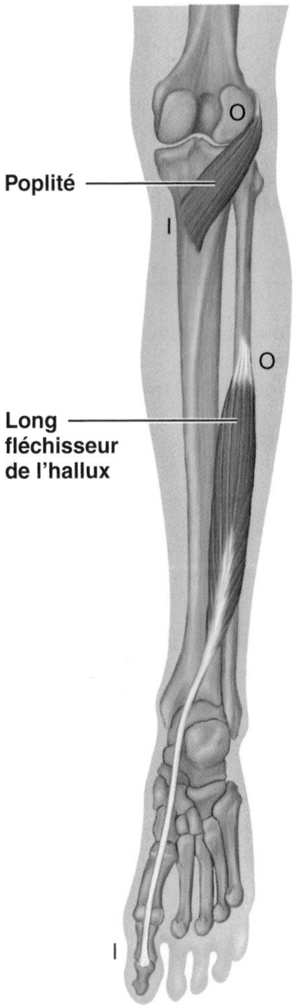

Long
fléchisseur
des orteils

Poplité

O

I

O

Long
fléchisseur
de l'hallux

I

(f) Poplité et long
fléchisseur
de l'hallux
isolés

10

Figure 10.23 *(suite)*

GALERIE DES MUSCLES

TABLEAU 10.16   **Muscles intrinsèques du pied: mouvements des orteils et soutien de la voûte plantaire** (figure 10.24)

Les muscles intrinsèques du pied participent à la flexion, à l'extension, à l'abduction et à l'adduction des orteils. Ensemble et avec l'aide des tendons de certains muscles de la jambe qui se prolongent dans la plante du pied, les muscles du pied contribuent au soutien des arcs plantaires. La partie dorsale du pied (le dessus) renferme un seul muscle, alors que la partie plantaire (le dessous) en comporte plusieurs. Les muscles plantaires forment quatre couches, de la couche superficielle à la couche profonde. Dans l'ensemble, les muscles du pied ressemblent de façon étonnante à ceux de la paume de la main.

MUSCLE	DESCRIPTION ET SITUATION	ORIGINE (O) ET INSERTION (I)	ACTION	INNERVATION
MUSCLES DE LA PARTIE DORSALE DU PIED				
Court extenseur des orteils (figures 10.21a et 10.22a)	Petit muscle divisé en quatre parties et situé dans la partie dorsale du pied, plus précisément sous les tendons du long extenseur des orteils; correspond aux muscles extenseurs de l'index et du pouce de l'avant-bras	O: partie antérieure du calcanéus; rétinaculum des muscles extenseurs I: base de la phalange proximale du gros orteil; aponévrose dorsale du gros orteil sur les orteils II à IV	Participe à l'extension des orteils II à IV aux articulations métatarsophalangiennes	Nerf fibulaire profond (L₅ et S₂)
MUSCLES DE LA PARTIE PLANTAIRE DU PIED – PREMIÈRE COUCHE (LA PLUS SUPERFICIELLE) (FIGURE 10.24a)				
Court fléchisseur des orteils	Muscle en forme de bandelette situé au milieu de la plante du pied; correspond au fléchisseur superficiel des doigts de l'avant-bras et s'insère sur les orteils de la même façon que ce muscle	O: tubérosité du calcanéus I: phalange moyenne des orteils II à V	Participe à la flexion des orteils II à V	Nerf plantaire médial (S₂ et S₃) (une branche du nerf tibial)
Abducteur de l'hallux	Situé en position médiale par rapport au court fléchisseur des orteils (rappelez-vous le muscle correspondant du pouce, le court abducteur du pouce)	O: tubérosité du calcanéus et rétinaculum des muscles fléchisseurs I: phalange proximale du gros orteil, sur la face médiale, dans le tendon du court fléchisseur de l'hallux (voir p. 428)	Abduction du gros orteil	Nerf plantaire médial (S₂ et S₃)
Abducteur du cinquième orteil	Le plus latéral des trois muscles plantaires superficiels (rappelez-vous l'abducteur correspondant de la paume)	O: tubérosité du calcanéus I: face latérale de la base de la phalange proximale du petit orteil	Abduction et flexion du petit orteil (V)	Nerf plantaire latéral (une branche du nerf tibial, S₁, S₂ et S₃)
MUSCLES DE LA PARTIE PLANTAIRE DU PIED – DEUXIÈME COUCHE (FIGURE 10.24b)				
Carré plantaire	Muscle rectangulaire situé juste sous le court fléchisseur des orteils dans la moitié postérieure de la plante du pied; possède deux chefs (voir aussi la figure 10.24c)	O: faces médiale et latérale du calcanéus I: tendon du long fléchisseur des orteils situé dans la partie centrale de la plante du pied	Redresse la traction oblique du long fléchisseur des orteils; flexion des orteils II à V	Nerf plantaire latéral
Lombricaux	Quatre muscles en forme de lombric (comme les lombricaux de la main)	O: sur chacun des tendons du long fléchisseur des orteils I: Base des phalanges proximales II à V et tendon du long extenseur des orteils	Par traction sur les tendons du muscle long extenseur des orteils, produisent la flexion des orteils II à V aux articulations métatarsophalangiennes et leur extension aux articulations interphalangiennes	Nerf plantaire médial (premier lombrical) et nerf plantaire latéral (lombricaux II à IV)

10

GALERIE DES MUSCLES

TABLEAU 10.16 *(suite)*

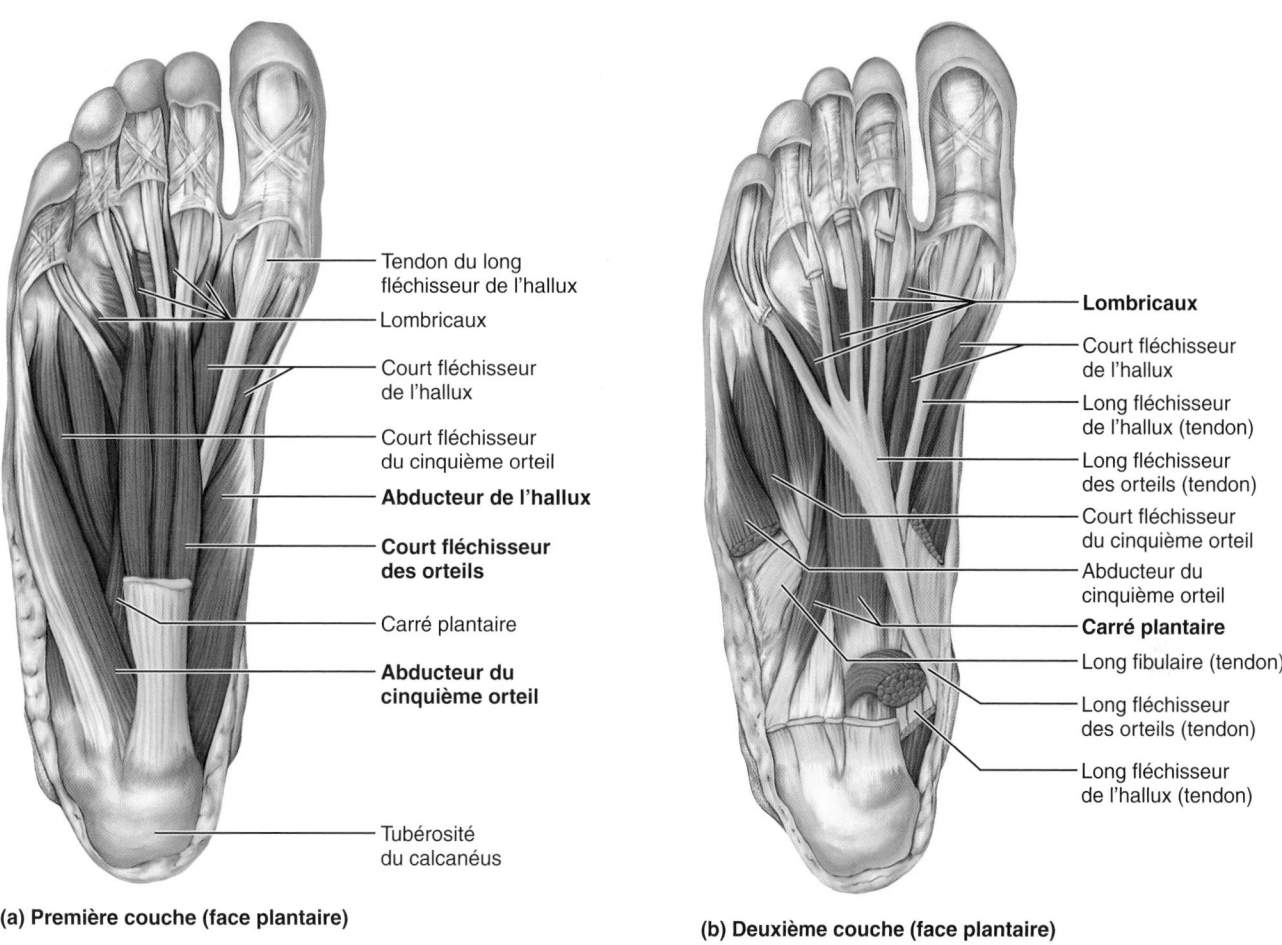

Tendon du long
fléchisseur de l'hallux

Lombricaux

Court fléchisseur
de l'hallux

Court fléchisseur
du cinquième orteil

Abducteur de l'hallux

**Court fléchisseur
des orteils**

Carré plantaire

**Abducteur du
cinquième orteil**

Tubérosité
du calcanéus

(a) Première couche (face plantaire)

Lombricaux

Court fléchisseur
de l'hallux

Long fléchisseur
de l'hallux (tendon)

Long fléchisseur
des orteils (tendon)

Court fléchisseur
du cinquième orteil

Abducteur du
cinquième orteil

Carré plantaire

Long fibulaire (tendon)

Long fléchisseur
des orteils (tendon)

Long fléchisseur
de l'hallux (tendon)

(b) Deuxième couche (face plantaire)

10

Figure 10.24 **Muscles du pied droit, face plantaire.**

GALERIE DES MUSCLES

TABLEAU 10.16	Muscles intrinsèques du pied : mouvements des orteils et soutien de la voûte plantaire (figure 10.24) *(suite)*

MUSCLE	DESCRIPTION ET SITUATION	ORIGINE (O) ET INSERTION (I)	ACTION	INNERVATION
MUSCLES DE LA PARTIE PLANTAIRE DU PIED – TROISIÈME COUCHE (FIGURE 10.24c)				
Court fléchisseur de l'hallux	Recouvre l'os métatarsien I; se divise en deux ventres (rappelez-vous le court fléchisseur du pouce)	O: os cunéiforme latéral et os cuboïde I: par l'intermédiaire de deux tendons sur la base de la phalange proximale du gros orteil	Flexion du gros orteil à l'articulation métatarsophalangienne	Nerf plantaire médial
Adducteur de l'hallux	Est composé de deux chefs: oblique et transverse; situé sous les lombricaux (rappelez-vous l'adducteur du pouce)	O: bases des os métatarsiens III et IV et gaine du tendon du long fibulaire (chef oblique); ligament qui traverse les articulations métatarsophalangiennes (chef transverse) I: base de la phalange proximale du gros orteil, sur la face latérale	Aide à maintenir l'arc transversal du pied; faible adducteur du gros orteil	Nerf plantaire latéral (S$_2$ et S$_3$)
Court fléchisseur du cinquième orteil	Recouvre l'os métatarsien V (rappelez-vous le même muscle de la main)	O: base de l'os métatarsien V et gaine du tendon du long fibulaire I: base de la phalange proximale du cinquième orteil	Flexion du petit orteil à l'articulation métatarsophalangienne	Nerf plantaire latéral
MUSCLES DE LA PARTIE PLANTAIRE DU PIED – QUATRIÈME COUCHE (LA PLUS PROFONDE) (FIGURE 10.24d, e)				
Interosseux plantaires (3) et dorsaux (4) du pied	Leurs situations, attaches et actions ressemblent à celles des interosseux palmaires et dorsaux de la main; toutefois, l'axe longitudinal du pied autour duquel ces muscles sont orientés correspond au deuxième doigt du pied (non au troisième, comme c'est le cas pour les doigts de la main)	Voir interosseux palmaires et dorsaux de la main (tableau 10.13).	Interosseux plantaires et dorsaux: flexion des phalanges proximales Interosseux plantaires: adduction des orteils III à V Interosseux dorsaux: abduction des orteils II à IV	Nerf plantaire latéral

GALERIE DES MUSCLES

TABLEAU 10.16 *(suite)*

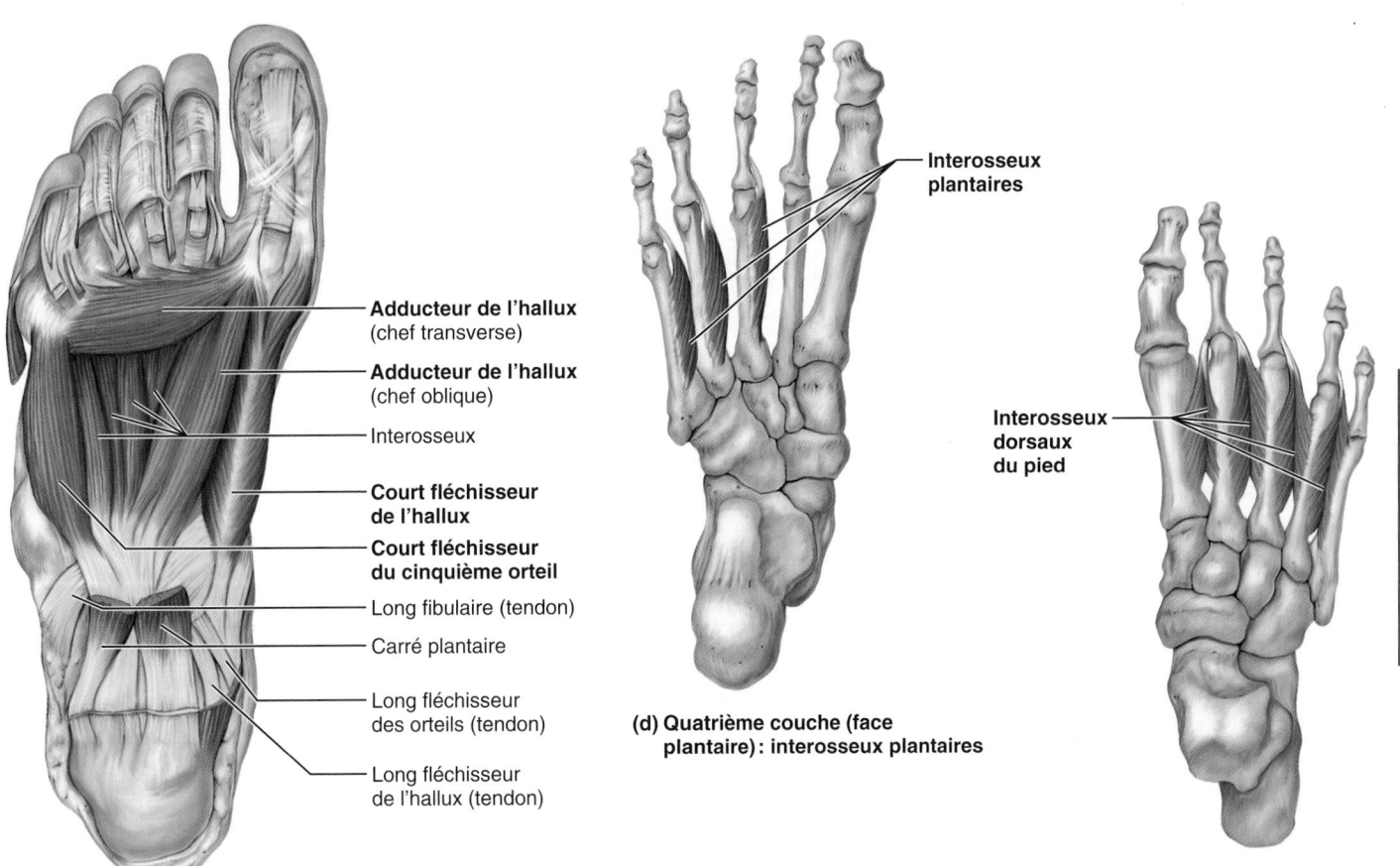

Adducteur de l'hallux
(chef transverse)

Adducteur de l'hallux
(chef oblique)

Interosseux

**Court fléchisseur
de l'hallux**

**Court fléchisseur
du cinquième orteil**

Long fibulaire (tendon)

Carré plantaire

Long fléchisseur
des orteils (tendon)

Long fléchisseur
de l'hallux (tendon)

Interosseux
plantaires

Interosseux
dorsaux
du pied

(c) Troisième couche (face plantaire)

**(d) Quatrième couche (face
plantaire) : interosseux plantaires**

**(e) Quatrième couche (face plantaire) :
interosseux dorsaux du pied**

Figure 10.24 *(suite)* **Muscles du pied droit, face plantaire.**

TABLEAU 10.17 **Résumé des actions des muscles qui agissent sur la cuisse, la jambe et le pied** (figure 10.25)

Première partie: muscles qui agissent sur la cuisse et la jambe (A: agoniste)	ACTIONS À L'ARTICULATION DE LA HANCHE						ACTIONS SUR LE GENOU	
	Flexion	Extension	Abduction	Adduction	Rotation médiale	Rotation latérale	Flexion	Extension
Muscles antérieurs et médiaux:								
Iliopsoas	× (A)							
Sartorius	×		×			×	×	
Grand adducteur	× (partie antérieure)	× (partie postérieure)		×	×			
Long adducteur	×			×	×			
Court adducteur				×	×			
Pectiné	×			×	×			
Gracile				×			×	
Droit fémoral	×							× (A)
Vastes								× (A)
Tenseur du fascia lata	×		×		×			
Muscles postérieurs:								
Grand fessier		× (A)	×			×		
Moyen fessier			× (A)		×			
Petit fessier			×		×			
Piriforme			×			×		
Obturateur interne						×		
Obturateur externe						×		
Jumeaux inférieur et supérieur						×		
Carré fémoral						×		
Biceps fémoral		× (A)					× (A)	
Semi-tendineux		×					×	
Semi-membraneux		×					×	
Gastrocnémien							×	
Plantaire							×	
Poplité							× (et rotation médiale de la jambe)	

Deuxième partie: muscles qui agissent sur la cheville et sur les orteils	ACTIONS À L'ARTICULATION DE LA CHEVILLE				ACTIONS SUR LES ORTEILS	
	Flexion plantaire	Dorsiflexion	Inversion	Éversion	Flexion	Extension
Loge antérieure:						
Tibial antérieur		× (A)	×			
Long extenseur des orteils		×				× (A)
Troisième fibulaire		×		×		
Long extenseur de l'hallux		×	× (faible)			× (gros orteil)
Loge latérale:						
Court et long fibulaires	×			×		
Loge postérieure:						
Gastrocnémien	× (A)					
Soléaire	× (A)					
Plantaire	×					
Long fléchisseur des orteils	×		×		× (A)	
Long fléchisseur de l'hallux	×		×		× (gros orteil)	
Tibial postérieur	×		× (A)			

10

GALERIE DES MUSCLES

TABLEAU 10.17 *(suite)*

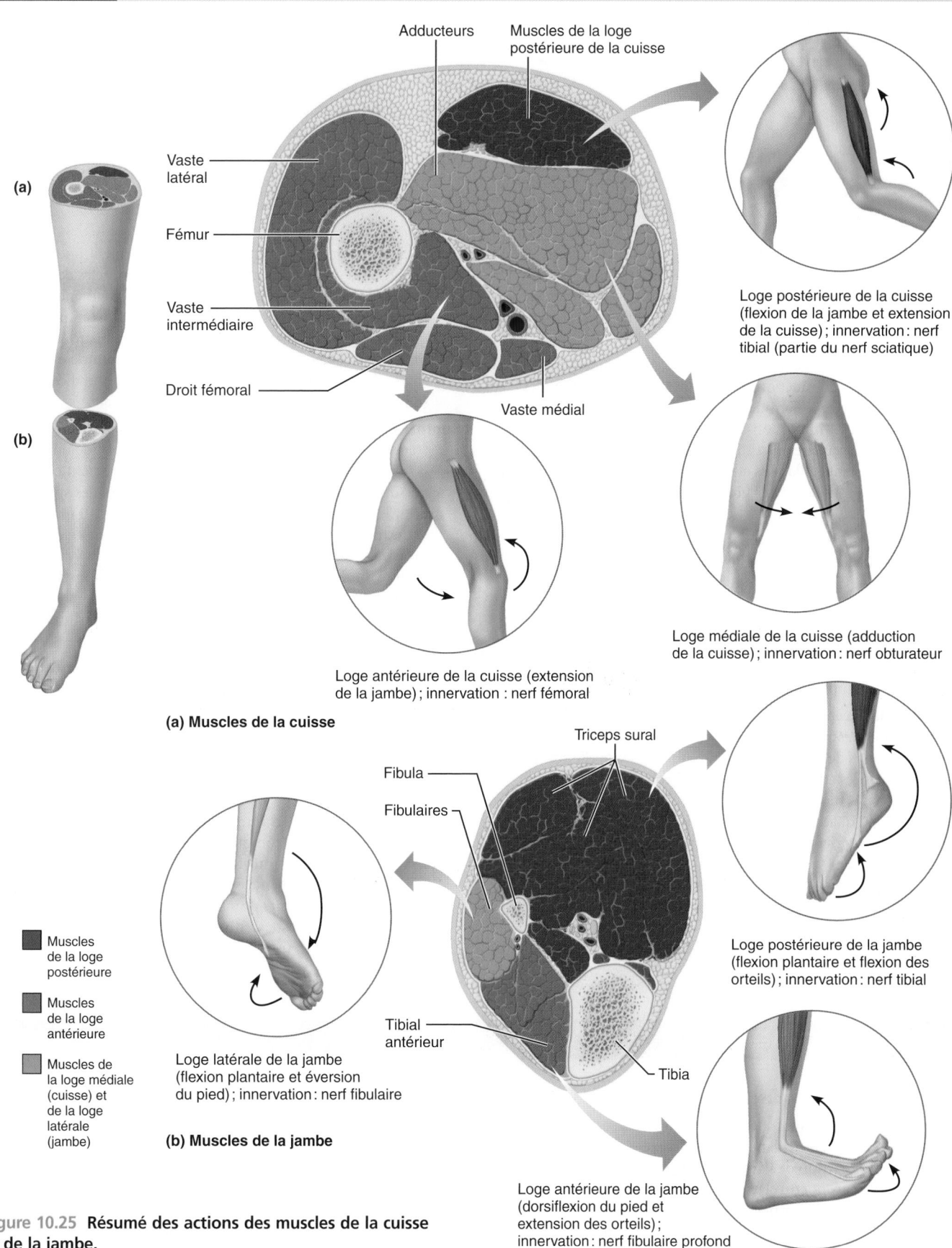

(a) Muscles de la cuisse

Adducteurs

Muscles de la loge postérieure de la cuisse

Vaste latéral

Fémur

Vaste intermédiaire

Droit fémoral

Vaste médial

Loge postérieure de la cuisse (flexion de la jambe et extension de la cuisse) ; innervation : nerf tibial (partie du nerf sciatique)

Loge médiale de la cuisse (adduction de la cuisse) ; innervation : nerf obturateur

Loge antérieure de la cuisse (extension de la jambe) ; innervation : nerf fémoral

(b) Muscles de la jambe

Triceps sural

Fibula

Fibulaires

Tibial antérieur

Tibia

Loge postérieure de la jambe (flexion plantaire et flexion des orteils) ; innervation : nerf tibial

Loge latérale de la jambe (flexion plantaire et éversion du pied) ; innervation : nerf fibulaire

Loge antérieure de la jambe (dorsiflexion du pied et extension des orteils) ; innervation : nerf fibulaire profond

■ Muscles de la loge postérieure

■ Muscles de la loge antérieure

■ Muscles de la loge médiale (cuisse) et de la loge latérale (jambe)

Figure 10.25 Résumé des actions des muscles de la cuisse et de la jambe.

VÉRIFIONS NOS ACQUIS

7. Jean écoute Roger se vanter d'avoir fait la cour à sa voisine. Il lève un sourcil, puis fait un clin d'œil à Sarah. Quels muscles de la face a-t-il utilisés ?

8. Quels muscles devez-vous contracter pour faire une face de clown triste ?

9. Comment les muscles deltoïdes peuvent-ils à la fois produire l'extension et la flexion du bras ? Ne s'agit-il pas de mouvements antagonistes ?

10. Lequel des muscles de l'éminence thénar ne s'insère pas sur les os du pouce ?

Les réponses se trouvent à l'appendice G.

TERMES MÉDICAUX

Contusion du muscle quadriceps fémoral Déchirure de fibres musculaires suivie d'une hémorragie dans les tissus (formation d'un hématome) ainsi que d'une douleur intense et prolongée ; blessure fréquente chez les mordus des sports de contact, en particulier chez les joueurs de football.

Électromyographie Enregistrement de l'activité électrique qui accompagne les contractions musculaires et interprétation des tracés obtenus. Des électrodes sont introduites dans les muscles et enregistrent les impulsions qui parcourent les membranes des cellules musculaires et stimulent la contraction. La technique la plus importante et la plus efficace pour déterminer les fonctions des muscles et des groupes de muscles.

Épicondylite des joueurs de tennis Sensibilité causée par un traumatisme ou une surutilisation du tendon d'origine des muscles extenseurs de l'avant-bras au niveau de l'épicondyle latéral de l'humérus. Ce syndrome douloureux survient et s'aggrave lorsque ces muscles sont appelés à se contracter vigoureusement pour effectuer l'extension de la main au poignet – comme lorsqu'on exécute un coup de revers au tennis ou qu'on soulève une pelletée de neige. L'articulation du coude n'est pas en cause. La plupart des cas résultent d'activités liées au travail.

Foulure du quadriceps ou des muscles de la loge postérieure de la cuisse Aussi appelée claquage, cette blessure comporte des déchirures de ces muscles ou de leurs tendons ; elle survient surtout chez les athlètes qui ne s'échauffent pas suffisamment et qui font des mouvements d'extension complète de la hanche (claquage du quadriceps) ou du genou (claquage des muscles de la loge postérieure de la cuisse) rapidement et avec vigueur (par exemple des sprinters ou des joueurs de tennis) ; elle n'est pas douloureuse au début, mais la douleur s'intensifie dans les 3 à 6 heures qui suivent (30 minutes si la déchirure est importante). Le meilleur traitement consiste en l'étirement des muscles, après une semaine de repos.

Hernie Saillie anormale des entrailles (habituellement une anse de l'intestin grêle) par une brèche dans les muscles de la paroi abdominale. Est causée le plus souvent par l'augmentation de la pression intraabdominale qui survient lorsqu'on force ou qu'on soulève une charge. La hernie traverse la paroi musculaire mais non la peau, si bien qu'elle se présente comme une bosse à la surface du corps. Les hernies inguinale et ombilicale sont des formes courantes de hernie abdominale.

Rupture du tendon calcanéen Même si le tendon calcanéen (tendon d'Achille) est le plus gros et le plus solide du corps, il se déchire relativement souvent, particulièrement chez les personnes âgées qui trébuchent ou chez les jeunes sprinters dont le tendon subit un traumatisme au départ d'une course ; la déchirure est suivie d'une douleur soudaine ; on aperçoit un creux juste au-dessus du talon et le mollet fait saillie à la suite du détachement du triceps sural de son insertion ; la flexion plantaire n'est plus possible, mais la dorsiflexion devient excessive. La réparation du tendon nécessite habituellement une intervention chirurgicale.

Syndrome tibial antérieur Douleur dans la loge antérieure de la jambe causée, entre autres, par une irritation du tibial antérieur à la suite d'un exercice exagéré ou inhabituel sans mise en forme préalable. Comme le muscle est enveloppé dans des aponévroses serrées, l'inflammation du tibial antérieur entrave sa propre circulation sanguine ; il gonfle et compresse douloureusement ses propres nerfs.

Torticolis musculaire (*tortum* : tordu ; *collum* : cou) Torsion du cou, avec rotation chronique et inclinaison de la tête de côté, causée par une lésion du sternocléidomastoïdien d'un côté ; se produit parfois à la naissance lorsque les fibres du muscle sont déchirées au cours d'un accouchement difficile ; le traitement habituel consiste à effectuer des exercices d'étirement du muscle atteint.

RÉSUMÉ DU CHAPITRE

Interactions entre les muscles squelettiques (p. 370)

1. Les muscles squelettiques sont réunis en groupes, qui s'opposent de chaque côté des articulations, de telle sorte qu'un groupe peut renverser l'action de l'autre ou la modifier.

2. Les muscles peuvent être classés en groupes fonctionnels : agonistes, qui sont les principaux responsables des mouvements ; antagonistes, qui s'opposent à l'action d'un autre muscle ; synergiques, qui aident les agonistes en effectuant la même action, en stabilisant les articulations ou en empêchant les mouvements indésirables ; et fixateurs, dont le rôle est d'immobiliser un os ou l'origine d'un muscle.

Noms des muscles squelettiques (p. 370)

1. Les critères fréquemment utilisés pour nommer les muscles comprennent leur situation, leur forme, leur taille relative, la direction de leurs faisceaux de fibres, le nombre d'origines,

la localisation de leurs points d'attache (origine/insertion) et leur action. Certains muscles sont nommés d'après plusieurs critères à la fois.

Mécanique musculaire : importance des modes d'agencement des faisceaux de fibres et des systèmes de levier (p. 371)

1. Les modes les plus courants d'agencement des faisceaux de fibres sont de type parallèle, fusiforme, penné, convergent et circulaire. Les muscles dont les fibres sont parallèles à leur axe longitudinal sont ceux qui raccourcissent le plus ; les gros muscles pennés raccourcissent peu mais sont les plus puissants.

2. Un levier est une barre mobile autour d'un point d'appui. Lorsqu'une force est appliquée sur le levier, une charge est déplacée. Dans le corps, les os sont les leviers, les articulations sont les points d'appui et la force est exercée par les muscles squelettiques à leurs points d'insertion.

3. Si la distance entre le point d'application de la force et le point d'appui est plus grande que la distance entre la charge et le point d'appui, il y a avantage mécanique (le levier est lent et fort). Lorsque la distance entre le point d'application de la force et le point d'appui est plus petite que la distance entre la charge et le point d'appui, il y a désavantage mécanique (le levier est rapide et produit un mouvement de grande amplitude).

4. Les leviers du premier genre (charge/point d'appui/force) peuvent fonctionner avec un avantage ou un désavantage mécaniques, selon la distance relative entre la force et le point d'appui. Les leviers du deuxième genre (point d'appui/charge/force) fonctionnent tous avec un avantage mécanique. Les leviers du troisième genre (charge/force/point d'appui) fonctionnent toujours avec un désavantage mécanique. La plupart des muscles squelettiques du corps fonctionnent comme des leviers du troisième genre.

Principaux muscles squelettiques (p. 375)

1. Les muscles de la tête responsables de l'expression faciale sont généralement petits et s'insèrent dans les tissus mous (peau et autres muscles) plutôt que sur les os. Ces muscles permettent l'ouverture et la fermeture des yeux et de la bouche, la compression des joues, le sourire et d'autres manifestations d'expression faciale (tableau 10.1*).

2. Les muscles de la tête qui servent à la mastication comprennent le masséter et le temporal, qui élèvent la mandibule, et deux paires de muscles profonds qui assurent les mouvements de broyage et de glissement de la mâchoire (tableau 10.2*). Les muscles extrinsèques de la langue la fixent à son point d'ancrage et régissent ses mouvements.

3. Les muscles profonds de la partie antérieure du cou assurent la déglutition, qui comprend l'élévation ou l'abaissement de l'os hyoïde, la fermeture des voies respiratoires et le péristaltisme du pharynx (tableau 10.3*).

4. Les mouvements de la tête et du tronc sont assurés par les muscles du cou et les muscles profonds de la colonne vertébrale (tableau 10.4*). Les muscles profonds du dos peuvent produire l'extension de régions importantes de la colonne vertébrale (et de la tête) simultanément. La flexion et la rotation de la tête sont effectuées par les muscles sternocléidomastoïdien et scalènes situés antérieurement.

5. Les mouvements de la respiration calme sont assurés par le diaphragme et par les muscles intercostaux externes du thorax (tableau 10.5*). Le mouvement descendant du diaphragme augmente la pression intraabdominale. Les intercostaux internes interviennent surtout dans l'expiration forcée.

6. Les quatre paires de muscles qui forment la paroi abdominale sont disposées en couches comme dans un panneau de contreplaqué et constituent ainsi une ceinture musculaire qui protège, soutient et comprime le contenu de l'abdomen. Ces muscles effectuent aussi la flexion et la rotation latérale du tronc (tableau 10.6*).

7. Les muscles du plancher pelvien et du périnée (tableau 10.7*) soutiennent les viscères pelviens et opposent une résistance aux augmentations de la pression intraabdominale, inhibent la miction et la défécation, et participent à l'érection.

8. À l'exception du grand pectoral et du grand dorsal, les muscles superficiels du thorax fixent la scapula ou assurent ses mouvements (tableau 10.8*). Ces derniers sont effectués principalement par les muscles de la face postérieure du thorax.

9. Neuf muscles croisent l'articulation de l'épaule pour effectuer les mouvements de l'humérus (tableau 10.9*). Parmi ceux-ci, sept trouvent leur origine sur la scapula et deux viennent du squelette axial. Quatre muscles font partie de la « coiffe des rotateurs » et contribuent à la stabilisation de l'articulation de l'épaule. En général, les muscles situés antérieurement effectuent la flexion, la rotation et l'adduction du bras. Les muscles situés postérieurement assurent l'extension, la rotation et l'adduction du bras. Le deltoïde est l'agoniste dans l'abduction de l'épaule.

10. Les muscles qui produisent les mouvements de l'avant-bras forment la partie charnue du bras (tableau 10.10*). Les muscles antérieurs du bras sont les fléchisseurs de l'avant-bras, tandis que les muscles postérieurs sont les extenseurs de l'avant-bras.

11. Les mouvements du poignet, de la main et des doigts sont principalement effectués par les muscles qui prennent leur origine sur l'avant-bras (tableau 10.11*). À l'exception des deux pronateurs, les muscles de la loge antérieure de l'avant-bras sont les fléchisseurs du poignet et/ou des doigts ; ceux de la loge postérieure sont les extenseurs du poignet et/ou des doigts.

12. Les muscles intrinsèques de la main participent aux mouvements précis des doigts (tableau 10.13*) et au mouvement d'opposition qui permet de saisir des objets dans la paume. Ces petits muscles se trouvent dans trois régions différentes de la main : l'éminence thénar, l'éminence hypothénar et la région médiane de la paume.

13. Les muscles qui croisent les articulations de la hanche et du genou permettent les mouvements de la cuisse et de la jambe (tableau 10.14*). Les muscles antéromédiaux comprennent les fléchisseurs et/ou les adducteurs de la cuisse et les extenseurs du genou. Les muscles de la région glutéale postérieure effectuent l'extension et la rotation de la cuisse. Les muscles de la loge postérieure de la cuisse autorisent l'extension de la hanche et la flexion du genou.

14. Les muscles de la jambe agissent sur la cheville et sur les orteils (tableau 10.15*). Les muscles de la loge antérieure sont en grande partie responsables de la dorsiflexion de la cheville. Les muscles de la loge latérale assurent la flexion plantaire et l'éversion du pied. Ceux de la loge postérieure effectuent la flexion plantaire.

15. Les muscles intrinsèques du pied (tableau 10.16*) soutiennent les arcs plantaires et participent aux mouvements des orteils. La plupart de ces muscles sont disposés en quatre couches dans la plante du pied. Ils ressemblent aux petits muscles de la paume de la main.

---

* Consultez le tableau mentionné pour avoir une description détaillée de chaque muscle du groupe.

QUESTIONS DE RÉVISION

Choix multiples/associations

(Il peut y avoir plus d'une bonne réponse à certaines questions. Choisissez les meilleures réponses parmi celles qui sont proposées. Les réponses se trouvent à l'appendice G.)

1. Un muscle qui assiste un agoniste en produisant un mouvement identique ou en stabilisant une articulation sur laquelle un agoniste agit est : (**a**) un antagoniste ; (**b**) un agoniste ; (**c**) un synergique ; (**d**) un fixateur.

2. Parmi les caractéristiques suivantes, lesquelles conviennent à un muscle tel que le muscle droit fémoral ? (**a**) Agencement des faisceaux de fibres parallèle au grand axe du muscle ; (**b**) pourcentage de raccourcissement faible ; (**c**) muscle penné ; (**d**) origine beaucoup plus large que l'insertion ; (**e**) muscle très puissant.

3. Associez les noms des muscles de la colonne B à la description des muscles de la face de la colonne A.

Colonne A	Colonne B
_____ (1) Fait loucher.	(**a**) Corrugateur du sourcil
_____ (2) Lève les sourcils.	(**b**) Abaisseur de l'angle
_____ (3) Fait sourire.	de la bouche
_____ (4) Plisse les lèvres.	(**c**) Ventre frontal
_____ (5) Tire le cuir chevelu	de l'occipitofrontal
vers l'arrière.	(**d**) Ventre occipital
	de l'occipitofrontal
	(**e**) Orbiculaire de l'œil
	(**f**) Orbiculaire de la bouche
	(**g**) Grand zygomatique

4. Associez les noms des muscles de la colonne B aux caractéristiques musculaires de la colonne A.

Colonne A	Colonne B
_____ (1) Le plus puissant muscle du corps.	(**a**) Vaste latéral
_____ (2) Point d'injection intramusculaire, en particulier chez le nouveau-né.	(**b**) Gastrocnémien
	(**c**) Sartorius
	(**d**) Quadriceps fémoral
_____ (3) Le spasme d'un muscle de cette paire peut causer le torticolis.	(**e**) Grand fessier
	(**f**) Occipitofrontal
	(**g**) Sternocléidomastoïdien
_____ (4) Constitue l'essentiel de la masse de la fesse.	
_____ (5) Le plus long muscle du corps.	
_____ (6) Muscle qui ne s'attache à aucun os.	
_____ (7) Muscle du mollet.	

5. L'agoniste de l'inspiration est : (**a**) le diaphragme ; (**b**) les intercostaux internes ; (**c**) les intercostaux externes ; (**d**) les muscles de la paroi abdominale.

6. Le muscle du bras qui assure la flexion du coude et la supination de l'avant-bras est : (**a**) le brachial ; (**b**) le brachioradial ; (**c**) le biceps brachial ; (**d**) le triceps brachial.

7. Les muscles de la mastication qui font avancer la mandibule et qui produisent les mouvements latéraux de broyage sont : (**a**) les buccinateurs ; (**b**) les masséters ; (**c**) les temporaux ; (**d**) les ptérygoïdiens.

8. Parmi les muscles suivants, le seul qui n'abaisse par l'os hyoïde et le larynx est : (**a**) le sternohyoïdien ; (**b**) l'omohyoïdien ; (**c**) le géniohyoïdien ; (**d**) le sternothyroïdien.

9. Parmi les muscles intrinsèques du dos suivants, les seuls qui ne provoquent pas l'extension de la colonne vertébrale (ou de la tête) sont : (**a**) les splénius ; (**b**) les semi-épineux ; (**c**) les scalènes ; (**d**) l'érecteur du rachis.

10. Plusieurs muscles jouent un rôle dans les mouvements et la stabilisation de la scapula. Parmi les muscles suivants, lesquels sont les petits muscles rectangulaires qui permettent de redresser les épaules en agissant ensemble pour effectuer la rétraction de la scapula ? (**a**) Les élévateurs de la scapula ; (**b**) les rhomboïdes ; (**c**) les dentelés antérieurs ; (**d**) les trapèzes.

11. Lequel des muscles suivants ne fait pas partie du quadriceps fémoral ? (**a**) Le vaste latéral ; (**b**) le vaste intermédiaire ; (**c**) le vaste médial ; (**d**) le biceps fémoral ; (**e**) le droit fémoral.

12. Quel muscle est un agoniste dans la flexion de la hanche ? (**a**) Le droit fémoral ; (**b**) l'iliopsoas ; (**c**) les vastes ; (**d**) le grand fessier.

13. Quel muscle est un agoniste dans l'extension de la hanche *contre* une résistance ? (**a**) Le grand fessier ; (**b**) le moyen fessier ; (**c**) le biceps fémoral ; (**d**) le semi-membraneux.

14. Lequel (lesquels) des muscles suivants ne produit (produisent) pas la flexion plantaire ? (**a**) Le gastrocnémien ; (**b**) le soléaire ; (**c**) le tibial antérieur ; (**d**) le tibial postérieur ; (**e**) les fibulaires.

15. Lesquels des muscles suivants sont des muscles qui, durant la marche, empêchent le pied de traîner sur le sol quand on le fait passer de l'arrière à l'avant ? (**a**) Le rond pronateur et le poplité ; (**b**) le long fléchisseur des orteils et le poplité ; (**c**) le long adducteur et l'abducteur du cinquième orteil ; (**d**) le troisième fibulaire et le tibial antérieur.

16. Quel gros muscle profond entraîne la protraction de la scapula lorsqu'on donne un coup de poing ? (**a**) Le dentelé antérieur ; (**b**) les rhomboïdes ; (**c**) l'élévateur de la scapula ; (**d**) le sub-scapulaire.

17. Parmi les énoncés suivants, déterminez l'énoncé qui est faux. (**a**) Le nombre de muscles qui agissent sur la hanche et la cuisse est supérieur à celui des muscles agissant au niveau de l'épaule et du bras ; (**b**) les muscles assurant la flexion de la cuisse se trouvent sur sa face postérieure ; (**c**) le grand, le long et le court adducteur sont des muscles antagonistes des muscles moyen et petit fessiers ; (**d**) les muscles droit fémoral, vaste intermédiaire, vaste médial et vaste latéral ont tous le même point d'insertion ; (**e**) la rotation latérale de la cuisse est effectuée par au moins six muscles.

Questions à court développement

18. Citez quatre critères utilisés pour nommer les muscles et donnez un exemple (différent de ceux employés dans le texte) pour chacun des cas.

19. Faites une distinction claire quant à l'arrangement des éléments (charge, point d'appui, force) entre les leviers du premier, du deuxième et du troisième genre.

20. Que signifie « un levier qui fonctionne avec un désavantage mécanique » et quel avantage peut-on tirer d'un tel système ? Expliquez pourquoi les leviers du troisième genre fonctionnent nécessairement avec un désavantage mécanique.

21. Expliquez pourquoi on ne trouve presque aucun terme en bleu dans la section concernant les points d'insertion (I) du tableau 10.1.

22. Quels muscles interviennent pour faire descendre le bol alimentaire dans le pharynx vers l'œsophage ?

23. Nommez le ou les muscles utilisés pour faire « non » de la tête et décrivez leur action. Même question, mais pour faire signe que oui.

24. (a) Nommez les quatre paires de muscles qui agissent ensemble pour comprimer les viscères abdominaux. **(b)** Comment leur arrangement (direction des faisceaux de fibres) contribue-t-il à la solidité de la paroi abdominale? **(c)** Lesquels parmi ces muscles peuvent effectuer la rotation latérale de la colonne vertébrale? **(d)** Lequel peut agir seul pour effectuer la flexion de la colonne vertébrale?

25. Les muscles bulbospongieux, coccygien, élévateur de l'anus, ischiocaverneux, sphincter externe de l'anus, sphincter urétral externe et transverse profond du périnée appartiennent à trois couches différentes de muscles, soit le plancher pelvien, le diaphragme urogénital et l'espace superficiel. Associez chaque muscle à la couche musculaire à laquelle il appartient et précisez dans quel ordre (de la plus superficielle à la plus profonde) ces trois couches sont disposées.

26. Dressez la liste de tous les mouvements possibles (six) au niveau de l'articulation de l'épaule et nommez l'agoniste (ou les agonistes) dans chaque mouvement. Nommez ensuite leurs antagonistes.

27. Nommez cinq muscles qui contribuent à former l'aisselle.

28. (a) Nommez deux muscles de l'avant-bras qui sont de puissants extenseurs et abducteurs du poignet. **(b)** Nommez l'unique muscle de l'avant-bras qui peut effectuer la flexion des articulations interphalangiennes distales des doigts.

29. Nommez les muscles formant le groupe musculaire qu'on pourrait qualifier de «groupe des rotateurs latéraux de la hanche».

30. Nommez trois muscles de la cuisse qui vous permettent de demeurer assis sur un cheval.

31. (a) Nommez trois muscles ou groupes de muscles utilisés comme points d'injections intramusculaires. **(b)** Lequel est utilisé le plus souvent chez le nourrisson et pour quelle raison?

32. Nommez six muscles agissant sur le pouce, donnez leur situation (avant-bras ou main) et précisez le mouvement effectué par chacun.

33. Nommez cinq muscles du pied pour lesquels on trouve des muscles correspondants dans la main.

34. Nommez deux muscles de chacune des loges ou régions suivantes: **(a)** éminence thénar (saillie à la base du pouce); **(b)** loge postérieure de l'avant-bras; **(c)** loge antérieure de l'avant-bras – muscles du plan profond; **(d)** muscles antérieurs du bras; **(e)** muscles de la mastication; **(f)** muscles du pied: troisième couche; **(g)** loge postérieure de la jambe; **(h)** loge médiale de la cuisse; **(i)** loge postérieure de la cuisse.

35. Qu'ont en commun les quatre muscles suivants: transverse superficiel du périnée, troisième fibulaire, long palmaire et plantaire?

36. Donnez trois exemples de muscles qui croisent *deux* articulations. Qu'est-ce qui caractérise ces muscles sur le plan de la dimension et sur celui du genre de mouvements qu'ils peuvent effectuer?

Réflexion et application

1. Supposons que vous tenez un poids de 5 kg dans votre main droite. Expliquez pourquoi il est plus facile de plier le coude droit lorsque votre avant-bras est en supination plutôt qu'en pronation.

2. Lorsque Mme Bédard retourne voir son médecin après son accouchement, elle lui dit qu'elle a de la difficulté à retenir son urine quand elle éternue (incontinence à l'effort). Le médecin demande alors à l'infirmier d'enseigner à Mme Bédard certains exercices pour renforcer les muscles du plancher pelvien. À quels muscles fait-il allusion?

3. Un homme de 45 ans décide de se remettre en forme. Il entreprend donc de faire de la course à pied quotidiennement. Un matin, en courant, il entend un bruit sec suivi immédiatement d'une douleur intense à la partie inférieure de son mollet droit. À l'examen, un trou est visible entre la partie supérieure enflée de son mollet et son talon; de plus, le patient est incapable d'effectuer la flexion de la plante du pied et de la cheville. D'après vous, que lui est-il arrivé? Pourquoi la partie supérieure de son mollet est-elle enflée?

4. Pierre assiste à un défilé de mode où Suzanne est mannequin. En la voyant s'avancer sur la piste, il contracte son orbiculaire de l'œil droit, lève le bras et contracte l'opposant du pouce. Est-il heureux ou non de la présentation de Suzanne? Comment le savez-vous?

5. Quel type de système de levier est décrit par les activités suivantes? **(a)** Le soléaire produit la flexion du pied. **(b)** Le deltoïde produit l'abduction du bras. **(c)** Le triceps brachial subit une foulure pendant des exercices d'extension des bras.

6. En faisant de l'équitation sur un très gros cheval, Julia s'est étiré des muscles dans la portion médiale de la cuisse en écartant les jambes pour pouvoir chevaucher le cheval. Quels muscles ont été étirés et comment appelle-t-on cette condition?

10

11

**Fonctions et divisions
du système nerveux (p. 438)**

Histologie du tissu nerveux (p. 440)

Névroglie (p. 440)

Neurones (p. 441)

Potentiels de membrane (p. 448)

Principes fondamentaux d'électricité
(p. 448)

Potentiel de repos de la membrane
(p. 450)

Potentiel de membrane : fonction
de signalisation (p. 450)

Synapse (p. 461)

Synapses électriques (p. 462)

Synapses chimiques (p. 463)

Potentiels postsynaptiques et intégration
synaptique (p. 465)

**Neurotransmetteurs et récepteurs
(p. 470)**

Classification des neurotransmetteurs
selon leur structure chimique (p. 470)

Classification des neurotransmetteurs
selon leur fonction (p. 477)

Récepteurs des neurotransmetteurs (p. 478)

**Intégration nerveuse :
concepts fondamentaux (p. 479)**

Organisation des neurones :
groupes de neurones (p. 479)

Types de réseaux (p. 480)

Modes de traitement neuronal (p. 481)

**Développement et vieillissement
des neurones (p. 482)**

Structure et physiologie du tissu nerveux

Voici trois événements anodins et sans aucun lien entre eux. Vous roulez sur une autoroute quand un avertisseur retentit à votre droite : vous donnez instantanément un coup de volant vers la gauche pour éviter la collision. Charles laisse un message sur la table de la cuisine : «À plus tard. Peux-tu préparer le repas pour 18 heures?» Vous savez que le «repas» se compose d'un couscous aux légumes. Nathalie somnole et se réveille aussitôt que son bébé pousse un petit cri.

Qu'ont en commun ces événements familiers? Ils témoignent tous du fonctionnement de votre système nerveux, le responsable de l'activité incessante de vos cellules.

Le **système nerveux** est le centre de régulation et de communication de l'organisme. Nos pensées, nos actions et nos émotions attestent son activité. Ses cellules communiquent au moyen de signaux électriques rapides et spécifiques qui entraînent généralement des réponses motrices quasi immédiates des effecteurs.

Le présent chapitre s'ouvre sur un aperçu de l'organisation du système nerveux. Il traite ensuite de l'anatomie fonctionnelle du tissu nerveux, en particulier des cellules nerveuses, ou *neurones*, qui constituent les pivots de ce système de régulation.

Fonctions et divisions du système nerveux

1 Énumérer les fonctions fondamentales du système nerveux.

2 Décrire l'organisation du système nerveux selon sa structure et ses fonctions; citer les principales caractéristiques de chacune de ses divisions et composantes.

Le système nerveux remplit trois fonctions étroitement liées, comme l'illustre la **figure 11.1** montrant une personne assoiffée qui voit un verre d'eau et l'attrape :

1. **Information sensorielle.** Par l'intermédiaire de ses millions de récepteurs sensoriels, le système nerveux reçoit de l'information sur les changements qui se produisent tant à l'intérieur qu'à l'extérieur de l'organisme. L'information recueillie est appelée **information sensorielle**.
2. **Intégration.** Le système nerveux traite l'information sensorielle et détermine l'action à entreprendre s'il y a lieu, ce qui constitue le processus de l'**intégration**.
3. **Réponse motrice.** Le système nerveux fournit une **réponse motrice** (commande) qui active des *effecteurs* (muscles ou glandes).

Prenons un autre exemple. Quand vous êtes au volant et que vous voyez un feu de circulation passer au rouge devant vous (information sensorielle), votre système nerveux assimile cette information (intégration : le feu rouge signifie «arrêtez»), et votre pied appuie sur la pédale de frein (réponse motrice).

Nous possédons un seul système nerveux formé de neurones en interaction fonctionnelle. Pour en faciliter l'étude, on le divise toutefois en deux grandes parties (figure 11.2). Le **système nerveux central** (**SNC**) se compose de l'*encéphale* et de la *moelle épinière*, laquelle est située dans la cavité postérieure (ou dorsale).

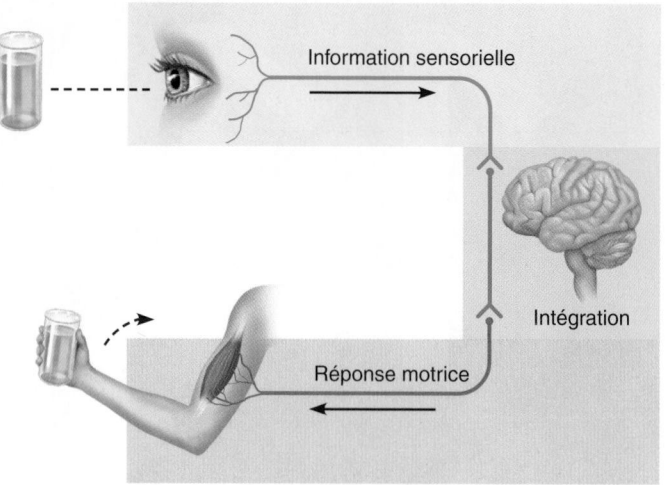

Figure 11.1 **Fonctions du système nerveux.**

Le SNC est le centre de régulation et d'intégration du système nerveux. Il interprète l'information sensorielle qui lui parvient et élabore des réponses motrices fondées sur l'expérience, les réflexes et les conditions ambiantes (**figure 11.2**).

Le **système nerveux périphérique** (**SNP**) est la partie du système nerveux située *à l'extérieur* du SNC; il est formé principalement des nerfs (regroupements d'axones) issus de l'encéphale et de la moelle épinière. Les *nerfs crâniens* acheminent les influx entre les régions du corps et l'encéphale, et inversement. Quant aux *nerfs spinaux ou rachidiens*, ils transmettent les influx entre les régions du corps et la moelle épinière, et inversement. Les nerfs du SNP sont de véritables lignes de communication qui relient l'organisme entier au SNC.

Du point de vue fonctionnel, le SNP comprend deux types de voies (figure 11.2). La **voie sensitive**, ou **afférente** (*afferre* : aller vers), se compose de neurofibres (axones) qui transportent *vers* le SNC les influx provenant des récepteurs sensoriels disséminés dans l'organisme (les fibres illustrées en bleu à la figure 11.2). Les neurofibres sensitives qui conduisent les influx provenant de la peau, des organes des sens, des muscles squelettiques et des articulations sont appelées *neurofibres afférentes somatiques* (*sôma* : corps), tandis que celles qui transmettent les influx provenant des viscères sont appelées *neurofibres afférentes viscérales*. La voie sensitive renseigne constamment le SNC sur les événements qui se déroulent tant à l'intérieur qu'à l'extérieur de l'organisme.

La **voie motrice**, ou **efférente** (*efferre* : partir de), du SNP est formée de neurofibres qui transmettent aux organes effecteurs, c'est-à-dire les muscles et les glandes, les influx *provenant* du SNC (les fibres illustrées en rouge à la figure 11.2). Ces influx nerveux provoquent la contraction des muscles et la sécrétion des glandes; autrement dit, ils *déclenchent* une réponse motrice adaptée à l'événement.

La voie motrice comprend elle aussi deux parties :

1. Le **système nerveux somatique** est composé de neurofibres motrices somatiques qui acheminent les influx nerveux du SNC aux muscles squelettiques. On l'appelle

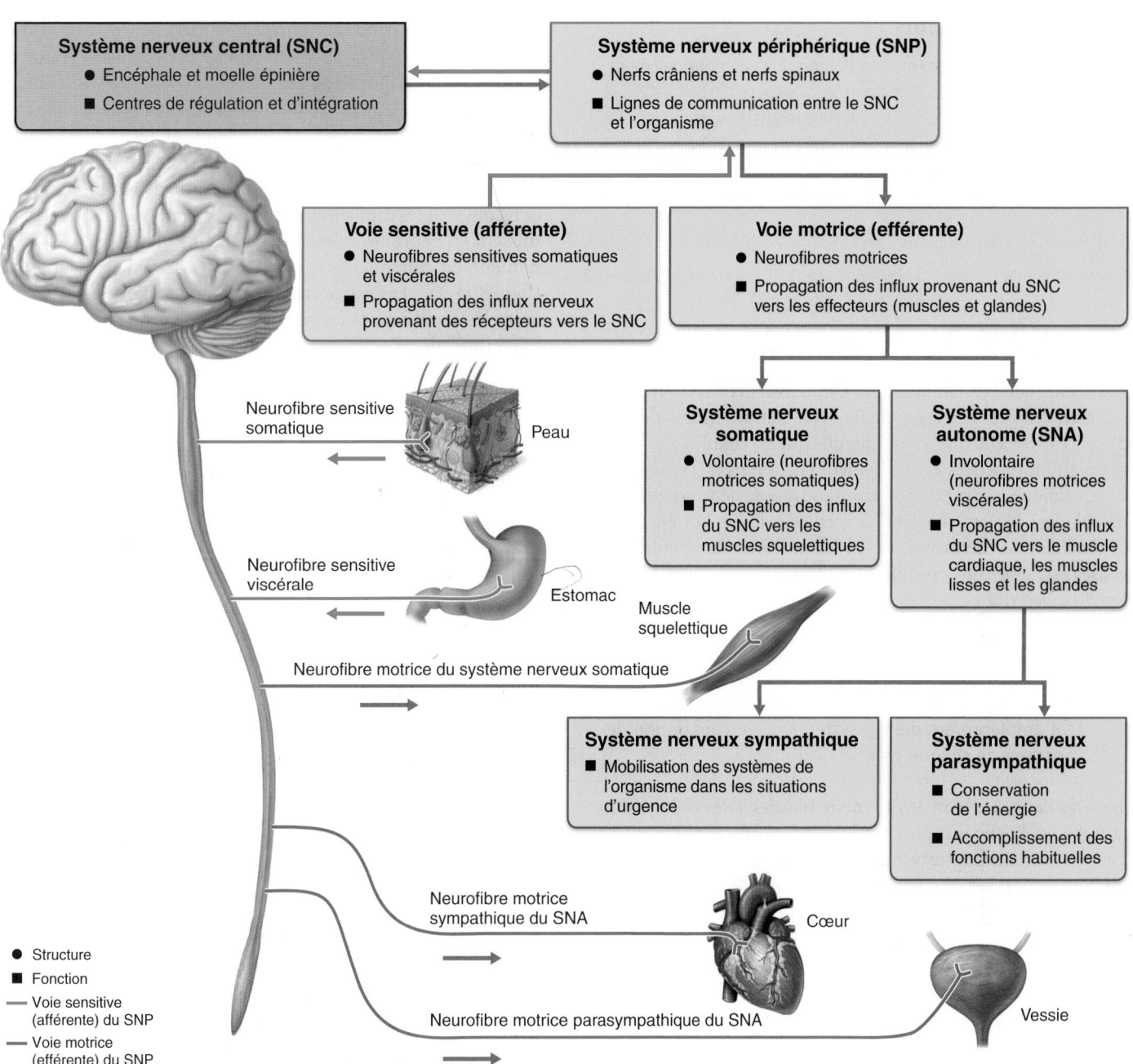

Figure 11.2 Organisation du système nerveux. Les *viscères* (situés pour la plupart dans la cavité antérieure) sont desservis par des neurofibres sensitives viscérales et par des neurofibres motrices du système nerveux autonome. Les *membres* et les *parois* du corps sont desservis par des neurofibres motrices du système nerveux somatique et par des neurofibres sensitives somatiques. Les flèches indiquent la direction des influx nerveux.

souvent **système nerveux volontaire**, car il nous permet de commander nos muscles squelettiques de façon consciente.

2. Le **système nerveux autonome** (**SNA**) est composé de neurofibres motrices viscérales qui règlent l'activité des muscles lisses, du muscle cardiaque et des glandes. Le terme « autonome » signifie littéralement « qui se régit par ses propres lois » ; nous n'avons habituellement aucun pouvoir sur des activités telles que les battements de notre cœur ou les mouvements des aliments dans notre tube digestif,

si bien que nous désignons aussi le SNA par le terme **système nerveux involontaire**. Comme nous l'indiquons dans la figure 11.2 et le décrivons au chapitre 14, le SNA comprend deux subdivisions fonctionnelles : le système nerveux **sympathique** et le système nerveux **parasympathique**, dont les activités les mettent généralement en opposition l'un et l'autre. En principe, le système sympathique stimule ce que le système parasympathique inhibe, et vice versa.

Histologie du tissu nerveux

Le système nerveux contient surtout du tissu nerveux, qui est très riche en cellules. Par exemple, le SNC compte moins de 20 % d'espace extracellulaire, ce qui signifie que ses cellules sont extrêmement rapprochées et étroitement enchevêtrées. Le tissu nerveux, quoique complexe, n'est composé que de deux grands types de cellules : (1) les *gliocytes,* de petites cellules qui entourent et protègent les neurones ; et (2) les *neurones,* les cellules nerveuses excitables qui produisent, conduisent et transmettent les signaux électriques.

Névroglie

3 Énumérer les types de cellules de la névroglie ; préciser leur emplacement dans le système nerveux et donner les fonctions de chaque type.

Tous les neurones sont étroitement associés à des cellules dont la taille est beaucoup plus faible et qui sont regroupées sous l'appellation **névroglie** («colle nerveuse») ou plus simplement **gliocytes.** La névroglie comprend six types de cellules : quatre se trouvent dans le SNC et deux dans le SNP **(figure 11.3).** Chaque type de gliocytes remplit une fonction particulière mais, en général, ils jouent un rôle de soutien et de protection. Par exemple, certains gliocytes produisent des substances qui guident les jeunes neurones vers les réseaux auxquels ils sont destinés et qui favorisent la croissance et l'intégrité des neurones. D'autres entourent et isolent les prolongements des neurones afin d'accélérer la propagation des potentiels d'action.

Névroglie du SNC

La névroglie du SNC comprend les *astrocytes,* les *microglies,* les *épendymocytes* et les *oligodendrocytes.* Comme les neurones, la plupart des gliocytes possèdent des prolongements ramifiés et un corps cellulaire central (figure 11.3). Cependant, les gliocytes sont beaucoup plus petits que les neurones et leur noyau retient plus le colorant. Ils sont environ 10 fois plus nombreux que les neurones dans le SNC et ils constituent environ la moitié de la masse de l'encéphale. Il est à noter que les tumeurs primaires du SNC sont principalement des gliomes, c'est-à-dire des tumeurs de la névroglie. Cette particularité proviendrait de la capacité de division presque illimitée de la névroglie, contrairement aux neurones et à la majorité des cellules. En effet, les neurones deviennent amitotiques une fois matures, c'est-à-dire incapables de se diviser ; quant aux autres cellules, elles ne se divisent pas plus d'une cinquantaine de fois.

Les gliocytes les plus abondants et les plus polyvalents sont les **astrocytes,** dont la forme rappelle une étoile de mer avec ses ramifications délicates. Leurs nombreux prolongements en étoile adhèrent aux neurones et à leurs terminaisons synaptiques, et recouvrent les capillaires avoisinants. Ils soutiennent et affermissent les neurones et les ancrent à leur source d'approvisionnement en nutriments, c'est-à-dire les capillaires sanguins (figure 11.3a). Les astrocytes interviennent dans les échanges entre les capillaires et les neurones et déterminent la perméabilité capillaire. En plus de participer à la migration des jeunes neurones en les orientant, les astrocytes aident à la formation des synapses. Ils régissent aussi le milieu chimique qui entoure les neurones ; à cet égard, leur tâche principale consiste à récupérer les ions K^+ échappés dans l'espace extracellulaire et à recapter (et à recycler) les neurotransmetteurs libérés. Enfin, les astrocytes, qui sont reliés les uns aux autres par des centaines de jonctions ouvertes, communiquent entre eux de différentes façons. Ils absorbent du calcium, créent des flux de Ca^{2+} intracellulaires qui déterminent la formation d'*ondes calciques* capables de se propager sur de grandes distances et libèrent des messagers chimiques extracellulaires. Selon des études récentes, les astrocytes influent également sur le fonctionnement des neurones. Les gliocytes participent donc au traitement de l'information dans l'encéphale. Depuis peu, la recherche médicale s'intéresse de très près à ces cellules, car elles pourraient constituer des cibles intéressantes pour des traitements alternatifs à certaines neuropathologies.

Les **microglies,** ou cellules microgliales, sont de petites cellules ovoïdes dotées de prolongements «épineux» relativement longs (figure 11.3b). Leurs prolongements touchent les neurones avoisinants et en «surveillent» l'intégrité. Lorsque les microglies détectent que certains neurones sont endommagés ou présentent des anomalies, elles migrent vers eux. Si des microorganismes étrangers sont présents ou que des neurones meurent, les microglies se transforment en macrophagocytes d'un type particulier ; elles phagocytent alors les microorganismes et les débris de neurones morts. Le rôle protecteur des microglies revêt une grande importance, car les cellules du système immunitaire n'ont pas accès au SNC.

Les **épendymocytes** («cellules de revêtement») sont des cellules de type épithélial qui ont une forme variable (cubique ou prismatique) ; nombre d'entre eux sont ciliés et possèdent des microvillosités. Ils tapissent les cavités centrales de l'encéphale et de la moelle épinière. Ils constituent une barrière perméable entre le liquide cérébrospinal qui remplit ces cavités et le liquide interstitiel dans lequel baignent les cellules du SNC. Le battement des cils des épendymocytes facilite la circulation du liquide cérébrospinal qui forme un coussin protecteur pour l'encéphale et la moelle épinière (figure 11.3c).

Les **oligodendrocytes** sont moins ramifiés que les astrocytes (*oligos:* peu nombreux ; *dendron:* ramification). Ils sont alignés le long des axones épais du SNC, et leurs prolongements cytoplasmiques s'enroulent fermement autour de ceux-ci ; ils

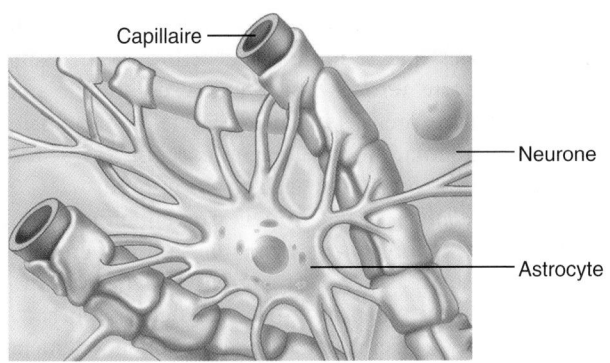

(a) Les astrocytes sont les névroglies les plus abondantes dans le SNC.

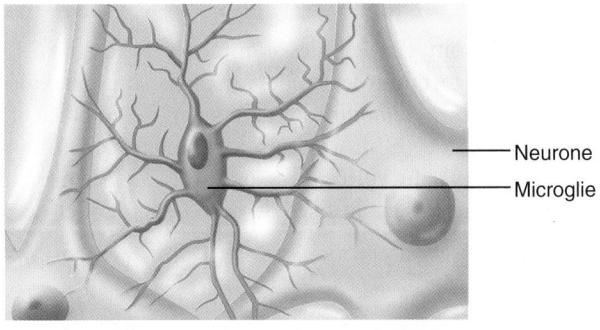

(b) Les microglies jouent un rôle protecteur dans le SNC.

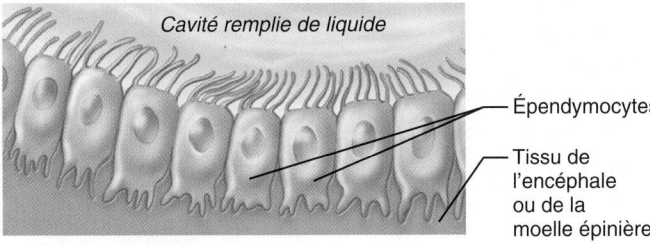

Cavité remplie de liquide

Épendymocytes

Tissu de l'encéphale ou de la moelle épinière

(c) Les épendymocytes tapissent les cavités remplies de liquide cérébrospinal.

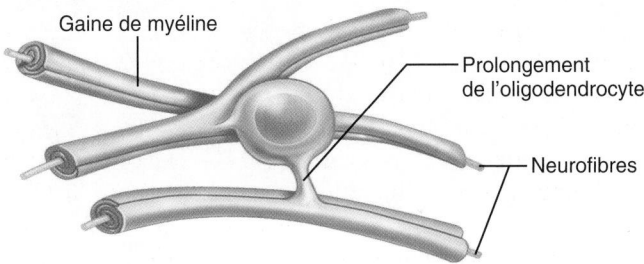

Gaine de myéline

Prolongement de l'oligodendrocyte

Neurofibres

(d) Les oligodendrocytes sont munis de prolongements qui forment les gaines de myéline des neurofibres du SNC.

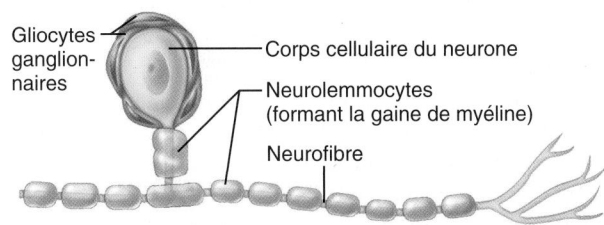

Gliocytes ganglion-naires

Corps cellulaire du neurone

Neurolemmocytes (formant la gaine de myéline)

Neurofibre

(e) Les gliocytes ganglionnaires et les neurolemmocytes (cellules myélinisantes) entourent les neurones du SNP.

constituent ainsi des enveloppes isolantes appelées *gaines de myéline* (figure 11.3d). Ils sont les gliocytes les plus abondants de la substance blanche.

Névroglie du SNP

Les deux types de cellules de la névroglie dans le SNP sont les *gliocytes ganglionnaires* et les *neurolemmocytes*. Ces types de cellules diffèrent principalement par leur localisation. Les **gliocytes ganglionnaires**, ou cellules satellites, entourent le corps cellulaire des neurones situés dans les ganglions du SNP (figure 11.3e). On pense qu'elles assurent dans le SNP un grand nombre des fonctions que les astrocytes ont dans le SNC.

Les **neurolemmocytes**, ou *cellules de Schwann*, constituent les gaines de myéline qui enveloppent les gros axones situés dans le SNP (figures 11.3e et 11.4b); ils sont donc semblables aux oligodendrocytes sur le plan fonctionnel. (Nous traiterons de la formation des gaines de myéline plus loin dans le chapitre.) Une protéine appelée *neuréguline* détectée par les neurolemmocytes contrôlerait le nombre de couches de myéline entourant l'axone. Par ailleurs, on a trouvé des formes mutantes de cette protéine chez de nombreuses personnes atteintes de troubles bipolaires et de schizophrénie. Les neurolemmocytes jouent également un rôle essentiel dans la régénération des neurofibres périphériques endommagées.

VÉRIFIONS NOS ACQUIS

3. Quel type de cellules de la névroglie régit le milieu (liquide interstitiel) entourant le corps cellulaire des neurones dans le SNC ? Dans le SNP ?

4. Quels types de cellules de la névroglie forment le revêtement isolant appelé *gaine de myéline* ? (Il y en a deux.)

Les réponses se trouvent à l'appendice G.

Neurones

4 Définir le neurone et énumérer ses principales caractéristiques. Décrire les structures anatomiques importantes du neurone et associer chaque structure à un rôle physiologique.

5 Distinguer un nerf d'un faisceau (ou tractus) et un noyau d'un ganglion.

6 Décrire les différentes parties de l'axone et expliquer comment ses composantes participent au transport axonal.

7 Expliquer l'importance de la gaine de myéline et décrire sa formation dans le SNC et dans le SNP.

Figure 11.3 Névroglie. (a-d) Cellules de soutien du SNC. **(e)** Cellules de soutien du SNP.

Les **neurones**, ou **cellules nerveuses**, sont les unités structurales et fonctionnelles du système nerveux. Ces cellules hautement spécialisées, dont le nombre tournerait autour de la centaine de milliards, acheminent les messages sous forme d'influx nerveux entre les différentes parties du corps. Les neurones possèdent également d'autres caractéristiques :

1. Les neurones ont une *longévité extrême*. S'ils reçoivent une bonne nutrition, ils peuvent vivre et fonctionner de manière optimale durant toute la vie d'un individu, donc pendant près d'une centaine d'années.
2. Les neurones sont *amitotiques*. Autrement dit, ils ont perdu leur capacité de se diviser, qui est incompatible avec leur fonction de liens de communication du système nerveux. Comme ils sont incapables de se reproduire, ils ne sont pas remplacés s'ils sont détruits. Il y a toutefois des exceptions à cette règle. Par exemple, il existerait dans l'épithélium olfactif et certaines régions de l'hippocampe des cellules souches capables de produire de nouveaux neurones durant toute la vie d'un individu. (L'hippocampe est une région du cerveau qui joue un rôle dans l'apprentissage et la mémoire.) C'est également grâce à ces cellules souches que le nombre de neurones augmente rapidement entre zéro et quatre ans. C'est toutefois au cours des quatre premiers mois de la vie embryonnaire que cette augmentation est la plus rapide, puisqu'il se formerait autour de 500 000 neurones par minute !

3. L'*activité métabolique* des neurones est exceptionnellement *élevée*. Les intenses réactions chimiques qui s'y déroulent leur permettent d'assurer le maintien de leur structure complexe et de fournir l'énergie nécessaire au transport actif sur lequel repose une grande partie de leur fonctionnement. De ce fait, les neurones requièrent un approvisionnement continuel et abondant en oxygène et en glucose. Ils ne peuvent survivre plus de quelques minutes sans oxygène.

Les neurones sont des cellules complexes et longues. Ils peuvent présenter certaines variations, mais ils sont généralement formés d'un *corps cellulaire* dont émergent un ou plusieurs fins *prolongements* (figure 11.4) ; les prolongements constituent parfois jusqu'à 90 % du volume du neurone. La membrane plasmique des neurones est le siège du déclenchement et de la

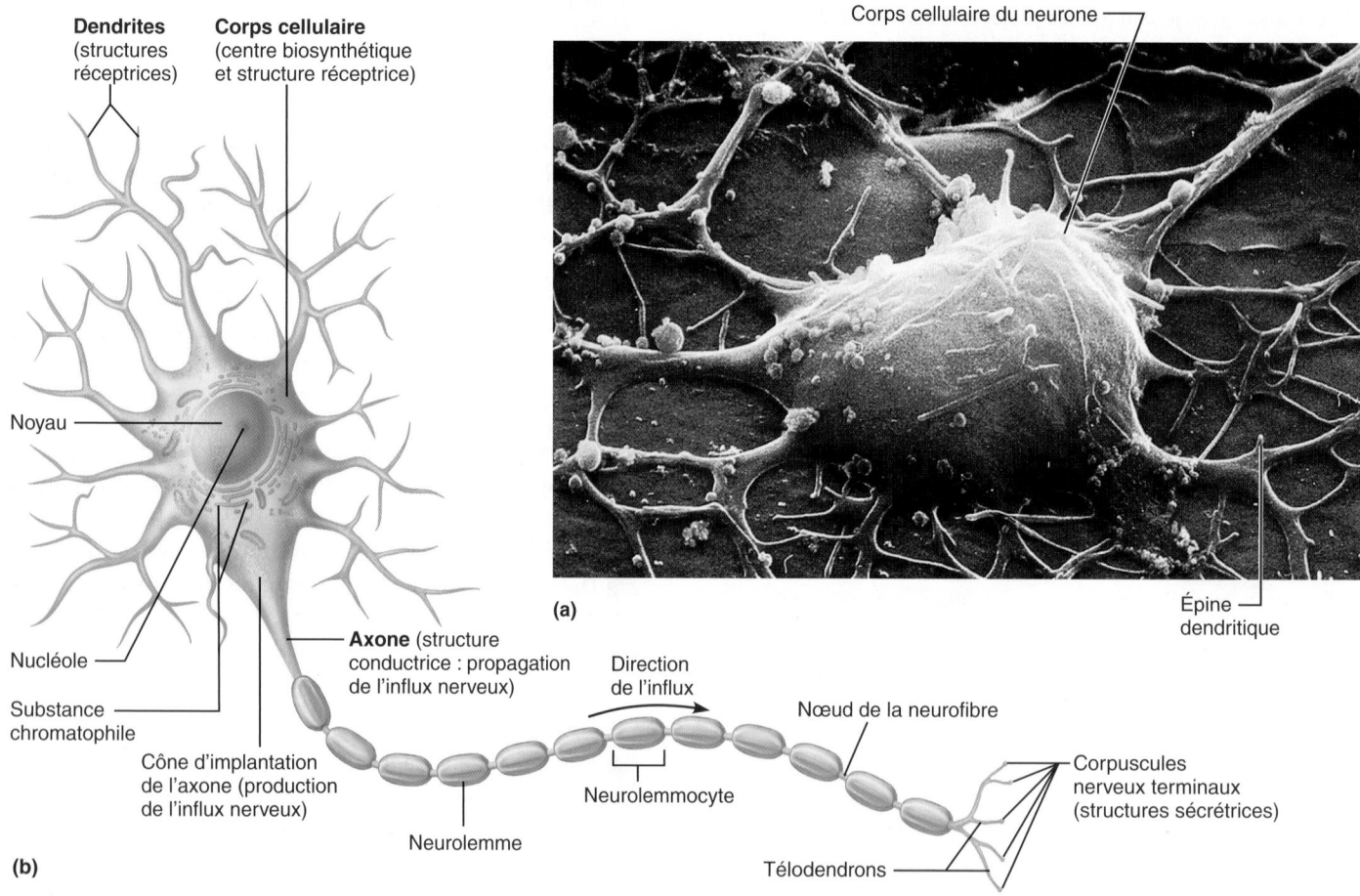

Figure 11.4 Structure d'un neurone moteur. (a) Micrographie au microscope électronique à balayage montrant le corps cellulaire du neurone et des dendrites avec des épines dendritiques bien définies (2000×). **(b)** Vue schématique.

propagation des influx nerveux; elle joue un rôle essentiel dans les interactions cellulaires qui se produisent au cours du développement.

Corps cellulaire

Le **corps cellulaire** du neurone est composé d'un cytoplasme entourant un noyau sphérique et transparent et dont le nucléole est bien défini. Le corps cellulaire est aussi appelé **péricaryon** (*peri*: autour; *karuon*: noyau) ou soma, et son diamètre varie entre 5 et 140 μm. Il est le *centre biosynthétique* du neurone dans lequel se trouvent les organites habituels.

La partie du corps cellulaire qui constitue son « usine » à protéines et à membranes est composée de ribosomes libres agglutinés et de réticulum endoplasmique (RE) rugueux; elle surpasse probablement en activité et en perfectionnement celle de toutes les autres cellules de l'organisme. Le RE rugueux, aussi appelé **substance chromatophile** («aimant la couleur») ou **corps de Nissl**, prend une teinte foncée sous l'effet de colorants basiques. Le complexe golgien est très développé et il forme un arc ou un cercle complet autour du noyau.

Les mitochondries sont dispersées parmi les autres organites. On trouve également dans le corps cellulaire les trois types d'éléments du cytosquelette: des microtubules, des **neurofibrilles** – qui sont des faisceaux de filaments intermédiaires (*neurofilaments*) – et des microfilaments d'actine. Ces structures, qui jouent un rôle majeur dans le maintien de la forme et de l'intégrité cellulaires, forment un réseau à travers le corps cellulaire.

Le corps cellulaire de certains neurones contient aussi des inclusions pigmentaires qui peuvent être composées d'une mélanine noire, d'un pigment ferreux rouge ou d'un pigment or brun appelé *lipofuscine*. La lipofuscine est un sous-produit inoffensif de l'activité lysosomiale; elle est parfois nommée «pigment du vieillissement», car elle s'accumule dans les neurones des personnes âgées.

Le corps cellulaire est le siège de la croissance des prolongements neuronaux au cours du développement embryonnaire. Dans la plupart des neurones, la membrane plasmique du corps cellulaire fait *partie de la structure réceptrice*, qui capte l'information provenant des autres neurones **(tableau 11.1)**.

Dans la plupart des cas, le corps cellulaire du neurone est situé à l'intérieur du SNC, où il est protégé par les os du crâne et de la colonne vertébrale. Les regroupements de corps cellulaires dans le SNC sont appelés **noyaux**; ceux qui sont situés le long des nerfs dans le SNP portent le nom de **ganglions** («nœud d'une corde, renflement»).

Prolongements neuronaux

Les neurones présentent des ramifications appelées **prolongements neuronaux** qui prennent naissance dans le corps cellulaire. L'encéphale et la moelle épinière (SNC) contiennent à la fois les corps cellulaires et leurs prolongements. À l'exception des ganglions, le SNP abrite des prolongements neuronaux. Les regroupements de prolongements neuronaux sont nommés **faisceaux** et **tractus** dans le SNC et **nerfs** dans le SNP.

Il existe deux types de prolongements neuronaux, les *dendrites* et les *axones*, qui diffèrent par la structure et les fonctions de leurs membranes plasmiques. Il est d'usage de décrire les prolongements neuronaux à partir de l'exemple du neurone moteur. Nous nous conformerons ici à cette pratique, mais rappelez-vous que nombre de neurones sensitifs et certains petits neurones du SNC ne ressemblent pas au modèle présenté ici.

Dendrites Les **dendrites** des neurones moteurs sont des prolongements courts et effilés portant des ramifications diffuses. Le corps cellulaire du neurone moteur en possède généralement des centaines, dotées des mêmes organites que le corps cellulaire lui-même.

Les dendrites forment la principale **structure réceptrice** (tableau 11.1). Elles peuvent recevoir un très grand nombre de signaux des autres neurones grâce à l'immense surface qu'elles couvrent. Il existe des dendrites plus fines qui, dans de nombreuses régions cérébrales, sont chargées de la collecte de l'information; elles sont hérissées d'appendices épineux aux extrémités bulbeuses ou pointues appelés *épines dendritiques* (figure 11.4a) qui constituent des points de contact étroit (synapses) avec d'autres neurones.

Les dendrites transmettent les signaux électriques *vers* le corps cellulaire. Ces signaux électriques *ne sont pas* des influx nerveux (potentiels d'action), mais des signaux de courte portée appelés *potentiels gradués*, que nous décrirons plus loin dans ce chapitre.

Axone Chaque neurone est muni d'un **axone** unique («axe»). L'axone est issu d'une région conique du corps cellulaire, appelée **cône d'implantation** ou *cône d'émergence*, d'où il rétrécit en formant un mince prolongement dont le diamètre reste uniforme jusqu'à son extrémité (figure 11.4b). Dans certains neurones, l'axone est très court, voire absent, tandis que dans d'autres il peut constituer presque toute la longueur de la cellule. Ainsi, les axones des neurones moteurs régissant les muscles squelettiques du gros orteil s'étendent de la région lombaire de la colonne vertébrale jusqu'au pied, soit sur une distance de 1 m ou plus. Ces neurones sont donc les plus longues cellules du corps humain. Tout axone long est appelé **neurofibre**, ou *fibre nerveuse*.

Un neurone possède un seul axone, mais ce dernier émet parfois quelques ramifications, nommées **collatérales**, qui forment avec lui des angles plus ou moins droits. Qu'un axone présente ou non des collatérales, son extrémité se divise habituellement en de très nombreuses ramifications terminales, appelées **télodendrons**. Il n'est pas rare qu'un neurone compte 10 000 télodendrons, voire plus. Les extrémités bulbeuses des télodendrons sont appelées **corpuscules nerveux terminaux**, ou boutons terminaux.

Les axones constituent la **structure conductrice** des neurones (tableau 11.1). Ils *produisent des influx nerveux* qu'ils *transmettent* jusqu'aux effecteurs musculaires et glandulaires, habituellement le long de la membrane plasmique ou **axolemme**. Dans les neurones moteurs, l'influx nerveux est produit au cône d'implantation de l'axone (d'où le nom de *zone*

11

TABLEAU 11.1	Comparaison des classes structurales de neurones

TYPES DE NEURONES

MULTIPOLAIRES	BIPOLAIRES	UNIPOLAIRES (PSEUDO-UNIPOLAIRES)

Classe structurale: selon le nombre de prolongements émergeant du corps cellulaire

De nombreux prolongements émergent du corps cellulaire: un grand nombre de dendrites et un seul axone.	Deux prolongements émergent du corps cellulaire: une seule dendrite et un axone.	Un prolongement émerge du corps cellulaire et forme un prolongement central et un prolongement périphérique qui, à eux deux, constituent l'axone.
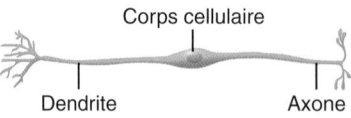		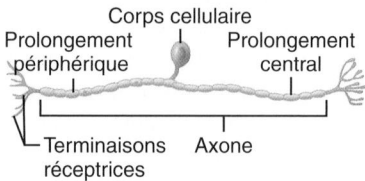

Relation entre l'anatomie et les trois structures fonctionnelles

☐ Structure réceptrice (reçoit le stimulus). La membrane plasmique présente des canaux ioniques ligand-dépendants.	☐ Structure conductrice (produit et propage le potentiel d'action). La membrane plasmique présente des canaux à Na^+ et à K^+ voltage-dépendants.	☐ Structure sécrétrice (corpuscules nerveux terminaux qui libèrent des neurotransmetteurs). La membrane plasmique présente des canaux à Ca^{2+} voltage-dépendants.
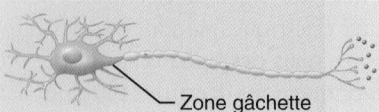	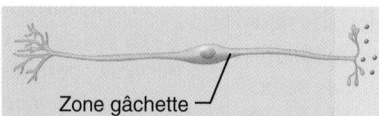	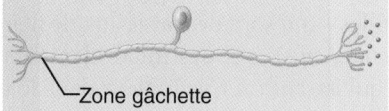
	(De nombreux neurones bipolaires ne produisent pas de potentiels d'action et, chez ceux qui en produisent, la zone gâchette n'est pas toujours située au même endroit.)	

Abondance relative et situation dans le corps humain

Les plus abondants. Principal type de neurones dans le SNC.	Rares. Se rencontrent dans certains organes des sens (muqueuse olfactive, rétine).	Se trouvent surtout dans le SNP. Répandus seulement dans les ganglions de la racine dorsale de la moelle épinière et dans les ganglions sensitifs des nerfs crâniens.

Variations structurales

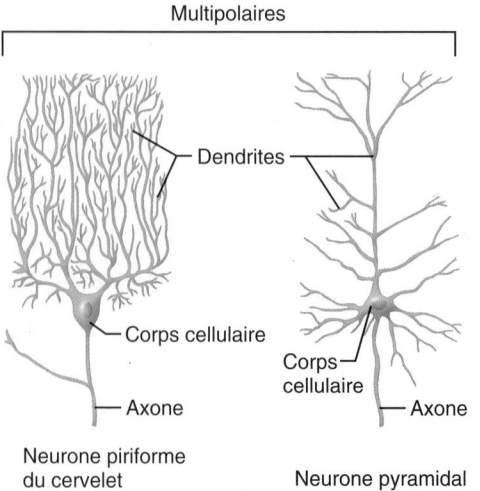

Neurone piriforme du cervelet — Neurone pyramidal

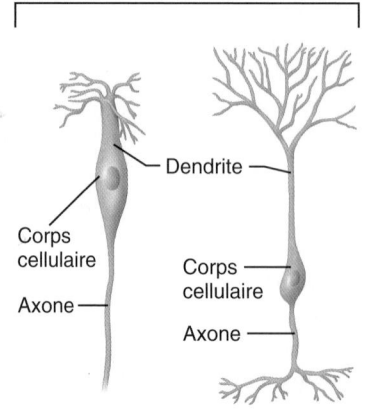

Cellule olfactive — Cellule de la rétine

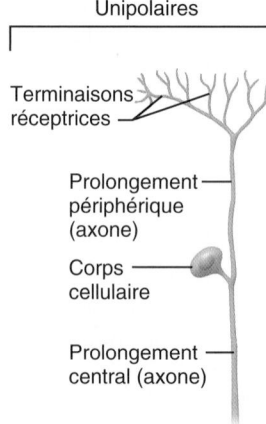

Cellule d'un ganglion de la racine dorsale

TABLEAU 11.1	*(suite)*	
	TYPES DE NEURONES	
MULTIPOLAIRES	**BIPOLAIRES**	**UNIPOLAIRES (PSEUDO-UNIPOLAIRES)**

Classe fonctionnelle: selon la direction de la propagation de l'influx nerveux

1. La plupart des neurones multipolaires sont des **interneurones (neurones d'association)** qui conduisent les influx à l'intérieur du SNC; un interneurone multipolaire peut appartenir à une chaîne de neurones du SNC ou relier un neurone sensitif et un neurone moteur.

2. Certains neurones multipolaires sont des **neurones moteurs** qui conduisent les influx le long des voies efférentes, du SNC à un effecteur (muscle ou glande).

Presque tous les neurones bipolaires sont des **neurones sensitifs** situés dans certains organes des sens. Par exemple, les neurones bipolaires de la rétine interviennent dans la transmission des informations visuelles de l'œil à l'encéphale (par une chaîne intermédiaire de neurones).

La plupart des neurones unipolaires sont des **neurones sensitifs** qui conduisent les influx le long de voies afférentes jusqu'au SNC, où ils seront interprétés. (Ces neurones sensitifs sont des neurones sensitifs de premier ordre; nous traiterons cette notion d'ordre des neurones au chapitre 12.)

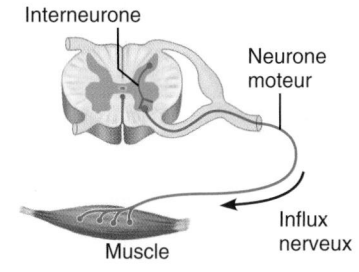

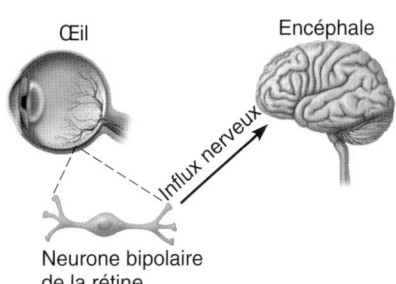

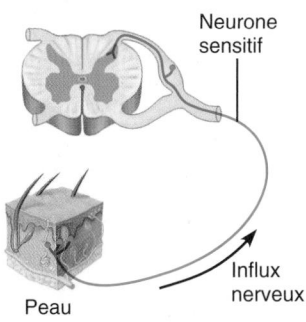

---

gâchette) et conduit jusqu'aux corpuscules nerveux terminaux, qui forment la **structure sécrétrice** du neurone. L'influx entraîne la libération dans l'espace extracellulaire de *neurotransmetteurs*, qui sont des messagers chimiques emmagasinés dans les vésicules des corpuscules nerveux terminaux. Les neurotransmetteurs excitent ou inhibent les neurones (ou les cellules effectrices) avec lesquels l'axone est en contact étroit. Comme chaque neurone échange des signaux avec une multitude d'autres neurones, on peut dire qu'il entretient des «conversations» simultanées avec de nombreux neurones.

L'axone contient les mêmes organites que les dendrites et le corps cellulaire, à l'exception de la substance chromatophile et un complexe golgien. Puisque ces deux structures interviennent dans la synthèse et l'emballage des protéines, l'axone a donc besoin: (1) du corps cellulaire pour renouveler ses protéines et ses composants membranaires; et (2) de mécanismes de transport efficaces pour les distribuer. C'est ce qui explique que les axones (plus précisément leur partie distale, comme nous le verrons plus loin) se décomposent rapidement s'ils sont coupés ou gravement endommagés.

Comme les axones sont souvent très longs, on pourrait s'attendre à ce que les molécules s'y déplacent difficilement. Toutefois, l'interaction des microtubules et des filaments d'actine (éléments du cytosquelette) permet aux substances de circuler sans interruption le long de l'axone, en provenance ou en direction du corps cellulaire (transport axoplasmique). La

circulation à destination des corpuscules nerveux terminaux s'appelle *déplacement antérograde* et celle en sens inverse est appelée *déplacement rétrograde*.

Au nombre des structures et des substances qui se déplacent dans le sens antérograde, il y a les mitochondries, les éléments du cytosquelette, les composants membranaires destinés au renouvellement de la membrane plasmique de l'axone, ainsi que différentes enzymes nécessaires à la synthèse de certains neurotransmetteurs. (D'autres neurotransmetteurs sont synthétisés dans le corps cellulaire puis transportés jusque dans les corpuscules nerveux terminaux.)

Les substances transportées le long de l'axone dans le sens rétrograde sont principalement des organites renvoyés dans le corps cellulaire pour y être dégradés ou recyclés. Le transport rétrograde est aussi un important moyen de communication intracellulaire. Il «informe» le corps cellulaire des conditions prévalant dans les corpuscules nerveux terminaux et il y achemine les vésicules contenant des molécules qui servent de signaux (telles que le facteur de croissance des cellules nerveuses, qui active certains gènes nucléaires régissant la croissance).

Un seul mécanisme de transport bidirectionnel semble être à l'œuvre dans l'axone. Il utilise des protéines «motrices» ATP dépendantes, telles que la kinésine, la dynéine et la myosine. Ces protéines propulsent les composants cellulaires le long de microtubules, comme des trains sur des rails, à une vitesse pouvant atteindre 40 cm par jour.

◢ DÉSÉQUILIBRE HOMÉOSTATIQUE

Le transport axonal rétrograde n'a pas que des effets positifs puisque plusieurs virus et certaines toxines bactériennes nuisibles au tissu nerveux empruntent aussi ce chemin pour atteindre le corps cellulaire et s'y multiplier. C'est le cas des virus de la poliomyélite, de la rage et de l'herpès, de la toxine tétanique et de quelques métaux lourds. Au-delà de ces inconvénients, plusieurs perspectives thérapeutiques pourraient faire appel à ce système de transport. On envisage, par exemple, de traiter certaines maladies génétiques grâce à ce système, en faisant pénétrer dans les noyaux cellulaires des virus inoffensifs contenant des gènes correcteurs. On pourrait aussi l'utiliser pour introduire des micro-ARN qui corrigeraient les gènes défectueux responsables de diverses paralysies. Ces virus inoffensifs pourraient être injectés dans un muscle et les cellules synthétiseraient une protéine protectrice. Celle-ci serait absorbée par le neurone pour finalement emprunter la voie axonale. Selon d'autres approches, le virus lui-même pourrait être transporté le long de l'axone vers le corps cellulaire. Le neurone fabriquerait alors directement la protéine et la libérerait pour agir et traiter les neurones voisins. ∎

Gaine de myéline et neurolemme Les axones de nombreux neurones, et en particulier ceux qui sont longs ou de diamètre important, sont recouverts d'une enveloppe blanchâtre, lipidique (lipoprotéinique) et segmentée appelée **gaine de myéline**. La myéline protège les axones et les isole électriquement les uns des autres; de plus, elle accroît la vitesse de transmission des influx nerveux. Les **axones myélinisés** (enveloppés d'une gaine de myéline) conduisent les influx nerveux rapidement, tandis que les **axones amyélinisés** les acheminent très lentement. (La différence peut être de l'ordre de 150 fois, c'est-à-dire de 150 m/s pour les premiers et de moins de 1 m/s pour les seconds.) La myéline ne recouvre que les axones. Les dendrites sont *toujours* amyélinisées.

Dans le SNP, les gaines de myéline entourant l'axone sont formées d'un très grand nombre de neurolemmocytes qui s'étendent tout le long de cette structure conductrice. D'abord, les neurolemmocytes s'incurvent pour recevoir l'axone, puis ils s'enroulent autour de lui à la façon d'un roulé à la confiture **(figure 11.5)**. Les enroulements sont lâches initialement, puis le cytoplasme des neurolemmocytes est graduellement expulsé d'entre les couches de membrane. Quand l'enroulement est achevé, l'axone se trouve entouré d'un grand nombre de couches concentriques (de 50 à 300) composées des membranes plasmiques des neurolemmocytes. L'ensemble prend l'aspect d'un doigt enveloppé de nombreuses couches de gaze. Ces couches concentriques constituent la gaine de myéline proprement dite; l'épaisseur de la gaine dépend du nombre de couches de membrane.

Les membranes plasmiques des neurolemmocytes contiennent beaucoup moins de protéines et beaucoup plus de lipides que celles de la plupart des autres cellules du corps. C'est ainsi qu'on n'y trouve pas de canaux protéiques ni de transporteurs protéiques, et cette caractéristique fait des gaines de myéline des isolants électriques exceptionnels. Ces membranes se distinguent aussi par la présence de molécules de protéines

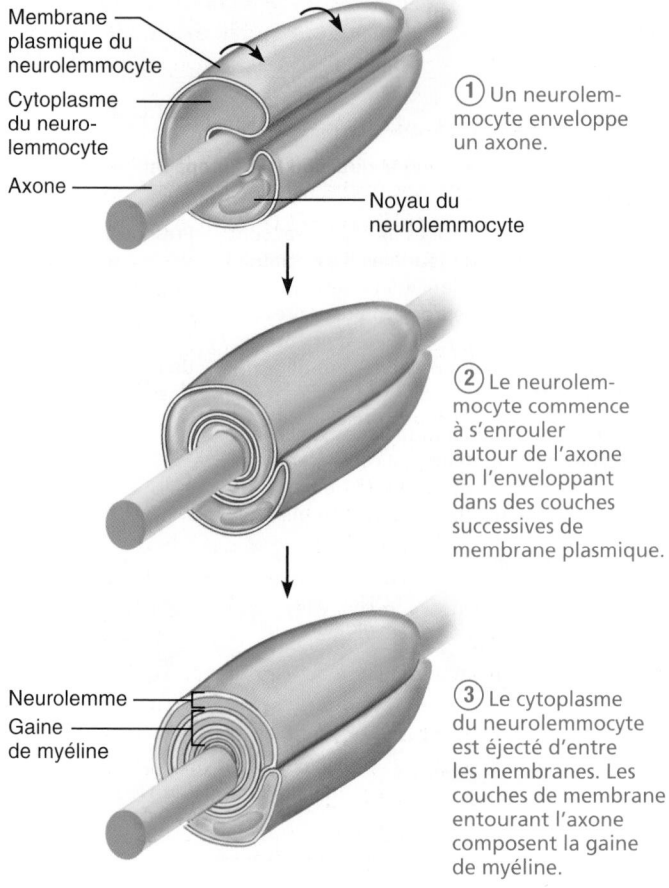

Membrane plasmique du neurolemmocyte

Cytoplasme du neurolemmocyte

Axone

① Un neurolemmocyte enveloppe un axone.

Noyau du neurolemmocyte

② Le neurolemmocyte commence à s'enrouler autour de l'axone en l'enveloppant dans des couches successives de membrane plasmique.

Neurolemme
Gaine de myéline

③ Le cytoplasme du neurolemmocyte est éjecté d'entre les membranes. Les couches de membrane entourant l'axone composent la gaine de myéline.

(a) Myélinisation d'une neurofibre (axone)

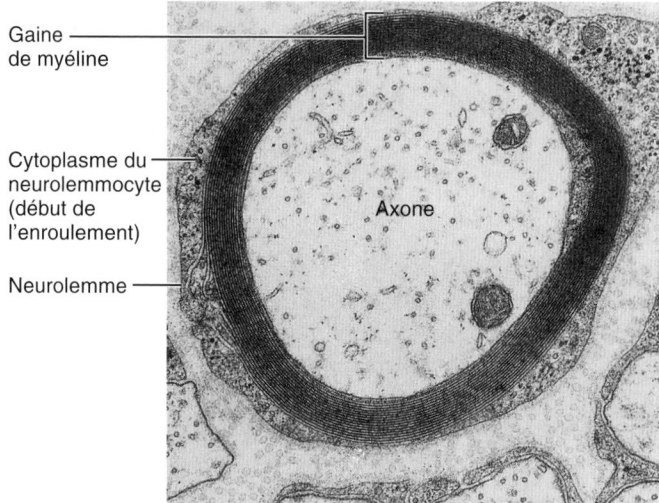

Gaine de myéline

Cytoplasme du neurolemmocyte (début de l'enroulement)

Axone

Neurolemme

(b) Coupe transversale d'un axone myélinisé (micrographie au microscope électronique 24 000×)

Figure 11.5 Myélinisation d'une neurofibre par les neurolemmocytes dans le SNP.

spécifiques (MBP, ou protéines basiques de la myéline) qui s'imbriquent les unes dans les autres pour former une sorte de velcro moléculaire entre les membranes adjacentes, dont l'ensemble constitue la couche de myéline.

Le noyau et la majeure partie du cytoplasme du neurolemmocyte se retrouvent concentrés dans un bourrelet à l'extérieur de la gaine de myéline; cette portion du neurolemmocyte, qui comprend la partie exposée de la membrane plasmique, est appelée **neurolemme** («enveloppe du neurone») (figure 11.5b). Les neurolemmocytes adjacents le long de l'axone ne se touchent pas; la gaine présente donc des intervalles réguliers (de 1 à 2 mm) appelés **nœuds de la neurofibre**, ou **nœuds de Ranvier**. C'est au niveau de ces nœuds que des collatérales peuvent émerger de l'axone.

Il arrive parfois que les neurolemmocytes entourent les axones de neurones périphériques, sans toutefois s'enrouler autour. Quinze axones ou plus peuvent alors occuper des renfoncements distincts dans la surface du neurolemmocyte. On dit que les axones ainsi liés aux neurolemmocytes sont *amyélinisés*; ils forment généralement des fibres minces.

On trouve également des axones myélinisés et des axones amyélinisés dans le SNC, mais ce sont des oligodendrocytes qui y constituent les gaines de myéline (figure 11.3d). Contrairement au neurolemmocyte, qui s'enroule pour former un seul segment entre deux nœuds d'une gaine de myéline, l'oligodendrocyte possède de nombreux prolongements plats qui peuvent s'enrouler autour de multiples axones (jusqu'à 60) à la fois; à l'inverse, une fibre nerveuse peut devoir son enveloppe de myéline à plusieurs oligodendrocytes différents. Comme dans le SNP, les sections adjacentes de la gaine de myéline d'un axone sont séparées par des nœuds de la neurofibre. Les gaines de myéline du SNC sont dépourvues de neurolemme, parce que ce sont des prolongements cellulaires qui s'enroulent et parce que le cytoplasme n'est pas repoussé vers la périphérie mais vers le centre de la cellule, où se situe le noyau. Comme dans le SNP, les axones dont le diamètre est très petit ne sont pas myélinisés. Ces axones amyélinisés sont recouverts par les longs prolongements des gliocytes adjacents.

Les régions de l'encéphale et de la moelle épinière qui comportent des groupements denses d'axones myélinisés forment la **substance blanche**; ces régions sont principalement constituées de faisceaux de neurofibres. La **substance grise** contient surtout des corps cellulaires et des axones amyélinisés.

VÉRIFIONS NOS ACQUIS

5. Quelle partie du neurone est contenue dans la neurofibre? En quoi les neurofibres diffèrent-elles des fibres du tissu conjonctif (voir le chapitre 4) et des fibres musculaires (voir le chapitre 9)?
6. En quoi un noyau qui se trouve dans le cerveau diffère-t-il d'un noyau d'un neurone?
7. Comment la gaine de myéline se forme-t-elle dans le SNC? Quelle est sa fonction?

Les réponses se trouvent à l'appendice G.

Classification des neurones

8 Classer les neurones selon leur structure et leur fonction; donner un aperçu de la localisation des différents types de neurones dans le système nerveux.

On classe les neurones selon leur structure ou leur fonction. Nous présenterons ici ces deux classifications mais, par la suite, c'est surtout la classification fonctionnelle que nous utiliserons.

Classification structurale La classification structurale répartit les neurones en trois groupes principaux selon le nombre de prolongements qui émergent du corps cellulaire: les neurones multipolaires (*polaire*: relatif à une extrémité, un pôle), les neurones bipolaires et les neurones unipolaires. Le tableau 11.1 est organisé en fonction de ces trois types de neurones; leur structure est présentée sur la première ligne.

Les **neurones multipolaires** possèdent trois prolongements ou plus. Ce sont les neurones les plus abondants chez l'être humain (plus de 99 % d'entre eux appartiennent à cette classe), et ils forment le principal type de neurone dans le SNC.

Les **neurones bipolaires** ont deux prolongements, soit un axone et une dendrite, qui sont issus de côtés opposés du corps cellulaire. Ces neurones rares se rencontrent seulement dans certains des organes des sens, notamment dans la rétine et dans la muqueuse olfactive, où ils jouent le rôle de cellules réceptrices.

Les **neurones unipolaires** comportent un seul court prolongement qui émerge du corps cellulaire et se divise en forme de T en une branche proximale et en une branche distale. La branche distale, souvent liée à un récepteur sensoriel, est appelée **prolongement périphérique**; la branche qui pénètre dans le SNC est appelée **prolongement central** (tableau 11.1). Les neurones unipolaires sont aussi désignés par le terme **neurones pseudo-unipolaires** (*pseudo*: faux), parce que ce sont des neurones bipolaires à l'origine. Au début du développement embryonnaire, les deux prolongements convergent et fusionnent partiellement de manière à former le prolongement unique qui sort du corps cellulaire. Les neurones unipolaires jouent le rôle de neurones sensitifs dans le SNP; leurs corps cellulaires sont situés dans les ganglions.

Du fait que le prolongement périphérique et le prolongement central fusionnés des neurones unipolaires fonctionnent comme une neurofibre unique, il est justifié de se demander s'il s'agit d'axones ou de dendrites. Le prolongement central est à coup sûr un axone, car il conduit les influx vers l'extérieur du corps cellulaire (ce qui correspond à une définition de l'axone). Par contre, le prolongement périphérique est plus complexe à définir. Certaines de ses caractéristiques nous poussent à l'assimiler à un axone. Premièrement, il produit et conduit un influx (ce qui correspond à la définition fonctionnelle de l'axone); deuxièmement, il est fortement myélinisé s'il est de dimension importante; troisièmement, il a un diamètre uniforme et il est identique à un axone au microscope. Toutefois, l'ancienne définition de la dendrite voulant qu'il s'agisse d'un prolongement qui transmet l'influx *en direction* du corps cellulaire continue à jeter un doute sur cette conclusion.

Alors, qu'est-ce qu'un prolongement périphérique? En dépit de la controverse, nous avons retenu la définition la plus récente de l'axone, selon laquelle il s'agit d'une structure qui produit et transmet un influx. Par conséquent, en ce qui concerne les *neurones unipolaires*, nous appellerons «axone» la longueur combinée des prolongements périphérique et central. À la place de « dendrites », les neurones unipolaires ont des *extrémités réceptrices* (terminaisons sensitives) au bout du prolongement périphérique.

Classification fonctionnelle La classification fonctionnelle regroupe les neurones selon le sens de la propagation de l'influx nerveux par rapport au SNC. C'est ainsi que l'on trouve des neurones sensitifs, des neurones moteurs et des interneurones (tableau 11.1, dernière ligne).

Les neurones qui transmettent les influx des récepteurs sensoriels de la peau ou des organes internes *vers* le SNC sont appelés **neurones sensitifs**, ou **neurones afférents**. À l'exception des neurones bipolaires présents dans certains organes des sens, la quasi-totalité des neurones sensitifs est unipolaire, et leurs corps cellulaires sont logés dans les ganglions sensitifs *à l'extérieur* du SNC. Seules les parties les plus distales des neurones unipolaires jouent le rôle de récepteurs, et les prolongements périphériques sont souvent très longs. Par exemple, les neurofibres qui acheminent les influx sensitifs provenant de la peau du gros orteil s'étendent sur plus de 1 m avant d'atteindre leurs corps cellulaires, qui forment un ganglion situé près de la moelle épinière.

Si les extrémités réceptrices de certains neurones sensitifs non recouverts de myéline servent directement de récepteurs sensoriels, beaucoup se terminent par des récepteurs qui comprennent d'autres types de cellules. Nous décrirons les divers types d'organes récepteurs, comme ceux de la peau, au chapitre 13, et les récepteurs des organes des sens (de l'oreille, de l'œil, etc.) au chapitre 15.

Les neurones qui transmettent les influx *hors* du SNC jusqu'aux organes effecteurs (muscles et glandes) situés à la périphérie du corps sont appelés **neurones moteurs**, ou **neurones efférents**. Ces neurones sont multipolaires et, exception faite de certains neurones du SNA, leurs corps cellulaires sont logés dans le SNC.

Les **interneurones**, ou **neurones d'association**, sont situés entre les neurones sensitifs (voies afférentes) et les neurones moteurs (voies efférentes) ; ils servent de relais aux influx nerveux qui sont acheminés vers les centres du SNC où s'effectue l'analyse des informations sensorielles. La plupart des interneurones sont confinés au SNC. Ils représentent plus de 99 % des neurones de l'organisme et constituent la grande majorité de ceux du SNC. Ils sont presque tous multipolaires, mais leur taille et les ramifications de leurs neurofibres varient beaucoup. Les neurones piriformes du cervelet et les neurones pyramidaux du cortex cérébral illustrent cette diversité, ainsi que vous pouvez le constater dans la section Variations structurales du tableau 11.1.

VÉRIFIONS NOS ACQUIS

8. Quand on se brûle un doigt, quel type de neurone, sur les plans structural et fonctionnel, est d'abord activé ? Quel type est stimulé en dernier pour qu'on éloigne son doigt de la source de chaleur ?

Les réponses se trouvent à l'appendice G.

Potentiels de membrane

Les neurones sont très sensibles aux stimulus : on dit qu'ils sont *excitables*. Lorsqu'un neurone reçoit un stimulus adéquat, il produit un signal électrique et le conduit tout le long de son axone. L'intensité du signal est toujours la même, quels que soient le type de stimulus et sa source. Ce phénomène électrique, appelé *potentiel d'action* ou *influx nerveux*, est à la base même du fonctionnement du système nerveux.

Dans cette section, nous décrirons la manière dont les neurones sont excités ou inhibés ainsi que leurs modes de communication avec les autres neurones et les cellules des effecteurs musculaires et glandulaires. Mais nous commencerons par étudier quelques-uns des principes fondamentaux d'électricité et revoir la notion de potentiel de repos.

Principes fondamentaux d'électricité

9 Décrire la nature des canaux ioniques membranaires et expliquer leur mécanisme.

Au point de vue électrique, le corps humain est neutre dans son ensemble ; il possède un nombre égal de charges positives et de charges négatives. Cependant, un type de charge prédomine dans certains endroits et rend ceux-ci positivement ou négativement chargés. Puisque les charges opposées s'attirent, il faut un apport d'énergie (un travail) pour les séparer. Inversement, quand des charges opposées s'unissent, l'énergie libérée peut servir à accomplir un travail. Par conséquent, dans toute situation où des charges opposées sont séparées, il y a création d'énergie potentielle.

Définitions : voltage, résistance et courant

La mesure de l'énergie potentielle produite par la séparation de charges est appelée **voltage**, et elle est exprimée en *volts* ou en *millivolts* (1 mV équivaut à 0,001 V). Le voltage se mesure toujours entre deux points de charges contraires ; on l'appelle **différence de potentiel**, ou simplement **potentiel**. Plus la différence de charge entre deux points est grande, plus le voltage est élevé.

Le déplacement, ou flux, des charges électriques d'un point à un autre est appelé **courant** ; il peut servir à accomplir un travail, par exemple à alimenter une lampe de poche. La quantité de charges qui se déplacent entre deux points dépend de deux facteurs : le voltage et la résistance. La **résistance** est l'opposition au flux des charges exercée par des substances que le courant doit traverser. Les substances qui présentent une forte résistance sont appelées *isolants*, tandis que celles qui exercent une faible résistance sont appelées *conducteurs*.

La relation entre voltage, courant et résistance s'exprime par la **loi d'Ohm** :

$$\text{Courant } (I) = \frac{\text{voltage } (V)}{\text{résistance} (R)}$$

On constate donc que le courant (I) est directement proportionnel au voltage : plus le voltage (différence de potentiel) est élevé, plus le courant est intense. On voit aussi qu'aucun courant ne circule entre des points ayant le même potentiel. Pour le vérifier, il suffit d'introduire dans l'équation une valeur de 0 V. La loi d'Ohm nous apprend également que le courant est inversement proportionnel à la résistance: plus la résistance est grande, plus le courant est faible.

Dans l'organisme, les courants électriques relèvent de la circulation des ions positifs et négatifs (charges) à travers la membrane plasmique plutôt que du mouvement d'électrons libres. (Il n'y a pas d'électrons libres qui «vagabondent» dans les organismes vivants.) Comme nous l'avons vu au chapitre 3, il existe une légère différence entre le nombre d'ions positifs et le nombre d'ions négatifs de part et d'autre de la membrane plasmique. Cette séparation des charges produit un voltage mesurable, ou différence de potentiel, entre le cytoplasme et le liquide interstitiel. La résistance au flux du courant est fournie par la membrane plasmique elle-même.

Rôle des canaux ioniques membranaires

Il ne faut pas oublier que les membranes plasmiques contiennent diverses protéines intégrées qui jouent le rôle de *canaux ioniques*. Chaque type de canal est sélectif; par exemple, un canal à potassium ne laisse généralement passer que des ions potassium.

Les canaux membranaires sont des protéines volumineuses, souvent formées de nombreuses sous-unités, dont les chaînes d'acides aminés serpentent dans la membrane. Certains canaux, les **canaux protéiques ouverts** ou **à fonction passive**, sont toujours ouverts. Dans d'autres canaux, une partie de la protéine comporte une «vanne» qui peut changer de forme pour ouvrir ou fermer le canal en réponse à divers signaux physiques ou chimiques. On les appelle **canaux protéiques fermés** ou **à fonction active**.

⚖ DÉSÉQUILIBRE HOMÉOSTATIQUE

On a établi un lien entre divers problèmes de santé et le fonctionnement des canaux ioniques. Même si la migraine résulte d'un trouble polygénique (sous le contrôle de plusieurs gènes), les études démontrent notamment des mutations aux niveaux des canaux ioniques appelés canalopathies. D'autres maladies découlent d'un mauvais fonctionnement des canaux ioniques. C'est notamment le cas de nombreux troubles cardiaques entraînés par l'altération des pompes à K^+ (fibrillation auriculaire) ou à Na^+ (bradycardie). Par ailleurs, la fibrose kystique ou mucoviscidose affecte les pompes à Cl^-, tandis que certains troubles des pompes à Ca^{2+} sont à l'origine de plusieurs maladies neurologiques telles que l'épilepsie, l'autisme et l'ataxie. ■

Les **canaux ligand-dépendants** s'ouvrent quand un ligand approprié (dans le cas présent, un neurotransmetteur) se lie à la membrane **(figure 11.6a)**. Les **canaux voltage-dépendants** s'ouvrent et se ferment en réponse à des modifications du potentiel de membrane, ou voltage (figure 11.6b). Les **canaux des mécanorécepteurs** s'ouvrent en réaction à une déformation du récepteur par des facteurs mécaniques (les canaux des récepteurs sensoriels du toucher et de la pression sont de ce type).

Quand les canaux ioniques à fonction active sont ouverts, les ions diffusent rapidement à travers la membrane dans le sens de leurs gradients électrochimiques; ils créent des courants

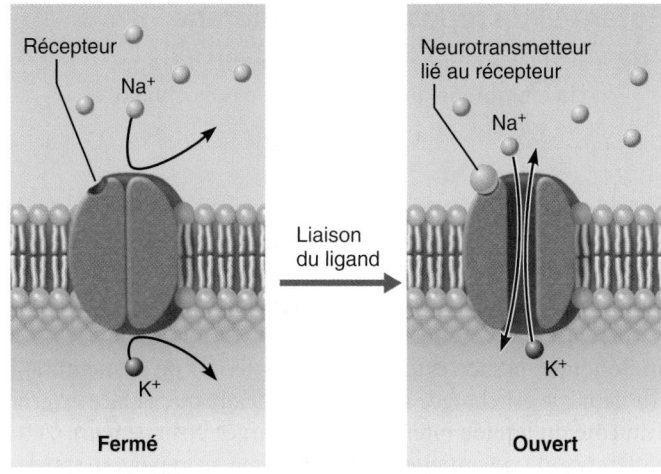

(a) Un canal ionique ligand-dépendant s'ouvre quand le neurotransmetteur approprié se lie au récepteur. Dans cet exemple, le mécanisme permet le mouvement simultané du Na^+ et du K^+ à travers le canal.

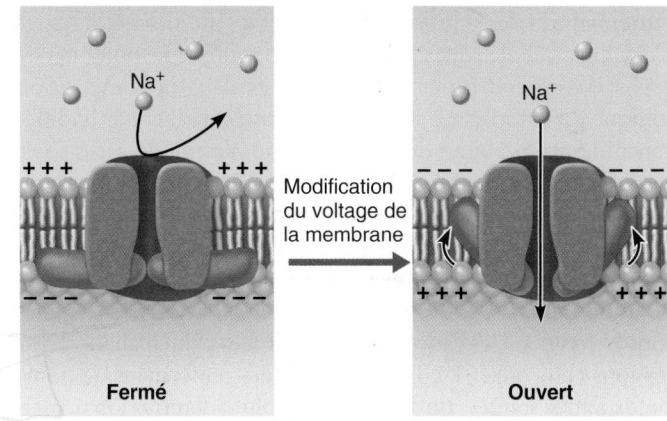

(b) Un canal voltage-dépendant s'ouvre ou se ferme en réponse à des modifications du voltage.

Figure 11.6 Fonctionnement des canaux à fonction active.

électriques et des modifications du voltage à travers la membrane, conformément à l'équation de la loi d'Ohm vue plus haut, mais présentée ici sous une autre forme:

$$\text{Voltage } (V) = \text{courant } (I) \times \text{résistance } (R)$$

Examinons de plus près la notion de gradient électrochimique. Lorsqu'un ion se trouve à des concentrations différentes de part et d'autre de la membrane plasmique, cette variation est appelée *gradient de concentration*: l'ion diffuse passivement d'une région de forte concentration vers une région de faible concentration. La concentration étant un concept de chimie, on parle aussi de *gradient chimique*. Par ailleurs, le transfert d'un ion vers une région de charge électrique opposée correspond à un *gradient électrique* (gradient de potentiel). Le gradient chimique et le gradient électrique forment le **gradient électrochimique**. La diffusion des ions à travers les canaux de la membrane plasmique du neurone se fait donc selon le gradient électrochimique de cette membrane. Ce processus de diffusion est à l'origine de la production d'influx par le neurone.

Potentiel de repos de la membrane

10 Expliquer en quoi consiste le potentiel de repos de la membrane du point de vue électrochimique et de son origine.

La différence de potentiel entre deux points se mesure à l'aide d'un voltmètre. Lorsqu'on insère une des microélectrodes du voltmètre dans le cytoplasme d'un neurone et qu'on place l'autre sur sa face externe, on enregistre un voltage d'environ –70 mV à travers la membrane **(figure 11.7)**. Le symbole «moins» indique que la face cytoplasmique (interne) de la membrane du neurone est chargée négativement, alors que la face externe (du côté du liquide interstitiel) est chargée positivement. Cette différence de potentiel dans un neurone au repos est appelée **potentiel de repos** (V_r); on dit alors que la membrane est **polarisée**. La mesure du potentiel de repos varie (de –40 à –90 mV) selon le type de neurone.

Le potentiel de repos n'existe qu'à travers la membrane; autrement dit, les solutions se trouvant à l'intérieur et à l'extérieur de la cellule sont électriquement neutres. Le potentiel de repos est engendré par des différences dans la composition ionique du cytoplasme et du liquide interstitiel, et par la différence de perméabilité de la membrane plasmique à ces ions.

Considérons d'abord la différence dans la composition ionique du cytoplasme et du liquide interstitiel, comme le montre la **figure 11.8**. Le cytosol contient une plus faible concentration de Na^+ et une plus forte concentration de K^+ que le liquide interstitiel. Dans ce dernier, les charges positives des ions Na^+ et d'autres cations sont équilibrées principalement par les ions chlorure (Cl^-). Les deux liquides renferment de nombreux autres solutés (du glucose, de l'urée et d'autres ions), mais c'est le K^+ qui est le plus important en ce qui concerne la production du potentiel de membrane.

Étudions maintenant la perméabilité relative de la membrane à différents ions (bas de la figure 11.8). À l'état de repos, la membrane est imperméable aux grosses protéines cytoplasmiques anioniques, très légèrement perméable aux ions Na^+, environ 75 fois plus perméable aux ions K^+ qu'aux ions Na^+ et très perméable aux ions Cl^-. Ces perméabilités de repos sont reliées aux propriétés des canaux ioniques à fonction passive présents dans la membrane. Les ions K^+ diffusent hors de la cellule, suivant leur gradient de concentration, avec beaucoup plus de facilité que les ions Na^+. En s'écoulant, les ions K^+ rendent l'intérieur de la cellule plus négatif. Les ions Na^+ qui entrent dans la cellule rendent cette dernière juste un peu plus positive qu'elle ne le serait si seulement des ions K^+ s'en écoulaient. Ainsi, au potentiel de repos de la membrane, la charge négative à l'intérieur de la cellule s'explique par le fait qu'il s'échappe de la cellule un plus grand nombre d'ions K^+ qu'il n'y entre d'ions Na^+.

Comme il y a toujours une certaine quantité de K^+ qui s'écoule de la cellule et une certaine quantité de Na^+ qui y entre, on pourrait penser que la concentration des ions Na^+ et K^+ de part et d'autre de la membrane va s'égaliser, ce qui entraînerait la disparition de leur gradient de concentration respectif, mais ce n'est pas le cas. En effet, la pompe à sodium et à potassium

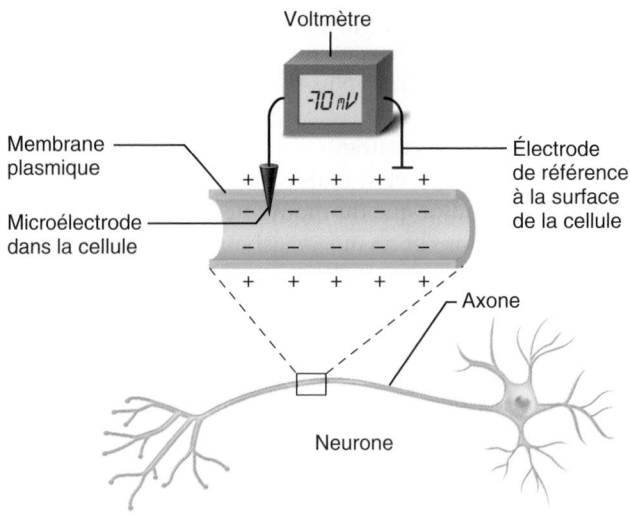

Figure 11.7 Mesure du potentiel de membrane dans les neurones. La différence de potentiel entre une électrode insérée dans un neurone et l'électrode de référence (mise à la terre) qui se trouve dans le liquide interstitiel est d'environ –70 mV (face interne négative).

actionnée par l'ATP éjecte trois ions Na^+ du cytoplasme puis récupère deux ions K^+. La pompe à sodium et à potassium se trouve donc à stabiliser le potentiel de repos en maintenant les gradients de concentration du sodium et du potassium.

VÉRIFIONS NOS ACQUIS

9. Pour un canal ouvert, quels facteurs déterminent la direction de diffusion des ions à travers ce canal?

10. Quel cation diffuse en plus grande quantité à travers la membrane plasmique (par les canaux à fonction passive)?

Les réponses se trouvent à l'appendice G.

Potentiel de membrane: fonction de signalisation

11 Expliquer le phénomène de dépolarisation, de repolarisation et d'hyperpolarisation.

12 Comparer le potentiel gradué avec le potentiel d'action.

13 Expliquer la production des potentiels d'action et leur propagation dans les neurones.

14 Expliquer la notion de seuil d'excitation et la loi du tout ou rien.

15 Définir la période réfractaire absolue et la période réfractaire relative.

16 Expliquer la conduction saltatoire et la comparer avec la propagation dans les neurofibres amyélinisées; caractériser les trois types de neurofibres (A, B et C) sur le plan de la vitesse de propagation de l'influx nerveux et sur celui de leurs principales fonctions respectives.

Figure 11.8 ZOOM sur le potentiel de repos de la membrane

**Le potentiel de repos de la membrane est engendré par
(1) les différences de concentration entre les ions K⁺ et Na⁺
à l'intérieur et à l'extérieur des cellules et (2) par les différences
de perméabilité de la membrane plasmique à ces ions.**

**Les concentrations des ions K⁺ et Na⁺ des deux côtés
de la membrane sont différentes.**

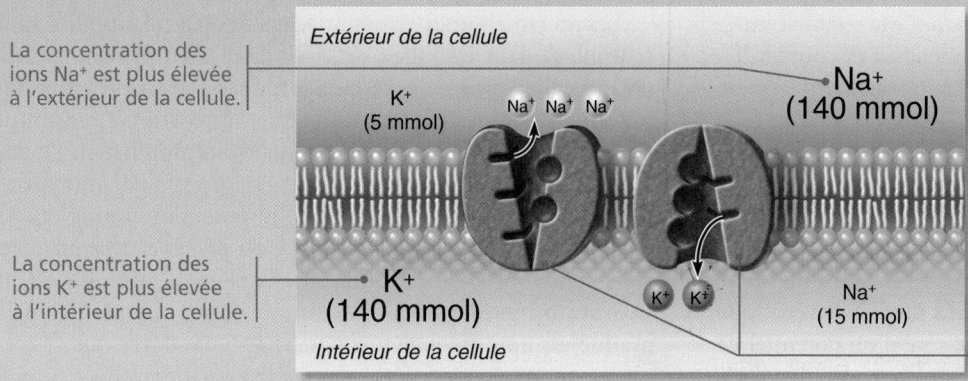

La concentration des ions Na⁺ est plus élevée à l'extérieur de la cellule.

Extérieur de la cellule

K⁺ (5 mmol)

Na⁺ (140 mmol)

La concentration des ions K⁺ est plus élevée à l'intérieur de la cellule.

K⁺ (140 mmol)

Na⁺ (15 mmol)

Intérieur de la cellule

La pompe à sodium et à potassium actionnée par l'ATP maintient le gradient de concentration des ions K⁺ et Na⁺ de part et d'autre de la membrane.

**La perméabilité de la membrane aux ions Na⁺ et K⁺
diffère.** Les trois illustrations ci-dessous expliquent
comment se forme le potentiel de repos de la membrane.

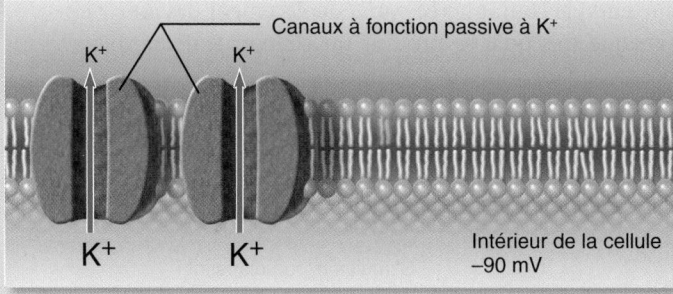

Canaux à fonction passive à K⁺

K⁺

Intérieur de la cellule −90 mV

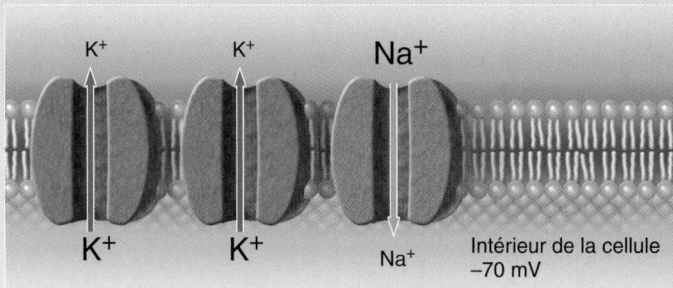

Na⁺

Intérieur de la cellule −70 mV

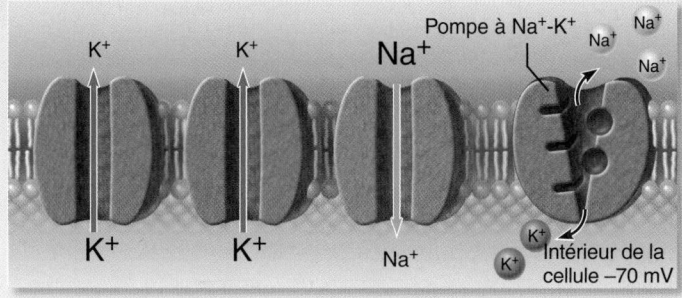

Pompe à Na⁺-K⁺

Na⁺

K⁺

Intérieur de la cellule −70 mV

Supposons qu'une cellule ne contient que des canaux à K⁺.

La diffusion des ions K⁺ à travers les nombreux canaux à fonction passive rend le potentiel de la membrane négatif. La diffusion du K⁺ est favorisée par son important gradient de concentration parce que la membrane est fortement perméable aux ions K⁺. À mesure que les ions K⁺ s'écoulent, le voltage négatif qui s'installe à l'intérieur de la membrane neutralise le gradient de concentration, ramenant de ce fait des ions K⁺ vers l'intérieur de la cellule. À un voltage de −90 mV, la concentration et les gradients des ions K⁺ sont en équilibre.

**Supposons maintenant que nous ajoutions
des ions Na⁺ à la cellule.**

L'entrée de Na⁺ à travers les canaux à fonction passive réduit légèrement la charge négative du potentiel de membrane. Le Na⁺ est attiré vers l'intérieur de la cellule par son important gradient de concentration, mais la membrane n'est que légèrement perméable aux ions Na⁺. Par conséquent, les ions Na⁺ qui diffusent vers l'intérieur de la cellule rendent le potentiel de membrane légèrement moins négatif que s'il n'y avait que des canaux à K⁺.

**Finalement, ajoutons une pompe qui s'oppose
à la diffusion des ions.**

La pompe à sodium et à potassium actionnée par l'ATP maintient les gradients de concentration, produisant le potentiel de repos de la membrane. Une cellule au repos se compare à un bateau qui perd constamment du K⁺ et prend du Na⁺ par des canaux à fonction passive. La pompe à écoper de ce bateau est une **pompe à Na⁺-K⁺ actionnée par l'ATP**, qui équilibre les fuites en évacuant du Na⁺ et en laissant entrer du K⁺.

Dans les neurones, les modifications du potentiel de membrane servent de signaux pour la réception des informations, leur intégration et l'acheminement de réponses appropriées. Un potentiel de membrane peut être modifié (1) par n'importe quel changement des concentrations ioniques de part et d'autre de la membrane plasmique ou (2) par tous les facteurs susceptibles d'altérer la perméabilité de la membrane à l'égard de n'importe quel ion. Cependant, seuls les changements de perméabilité sont importants pour la transmission des informations.

Une modification du potentiel de membrane peut produire deux types de signaux : des *potentiels gradués*, qui sont habituellement des signaux d'entrée qui interviennent sur de courtes distances, et des *potentiels d'action*, qui interviennent sur de longues distances dans les axones.

Il est important de bien comprendre les termes « dépolarisation » et « hyperpolarisation », car nous les emploierons dans les sections qui suivent pour décrire les modifications du potentiel de membrane *par rapport au potentiel de repos*. La **dépolarisation** est la réduction du potentiel de membrane : la face interne de la membrane devient *moins négative* (plus proche de zéro) que le potentiel de repos. Par exemple, le passage d'un potentiel de repos de –70 mV à un potentiel de –65 mV est une dépolarisation (figure 11.9a). On convient généralement que la dépolarisation comprend également les phénomènes pendant lesquels le potentiel de membrane s'inverse et passe au-dessus de zéro pour devenir positif.

L'**hyperpolarisation** se produit lorsque le potentiel de membrane augmente et devient *plus négatif* que le potentiel de repos. Par exemple, un changement de –70 à –75 mV est une hyperpolarisation (figure 11.9b). Comme nous allons le voir, la dépolarisation accroît la probabilité de production d'influx nerveux, tandis que l'hyperpolarisation la diminue.

Potentiels gradués

Les **potentiels gradués** sont des modifications locales et de courte durée du potentiel de membrane qui peuvent être soit des dépolarisations, soit des hyperpolarisations. Ces changements provoquent l'apparition d'un courant électrique local dont le voltage diminue avec la distance franchie. Ces potentiels sont dits « gradués » parce que leur voltage est directement proportionnel à l'intensité ou à la force du stimulus. Plus le stimulus est intense, plus le voltage augmente et plus grand est le trajet parcouru par le courant.

Les potentiels gradués sont déclenchés par une modification (stimulus) dans le milieu extracellulaire du neurone, laquelle entraîne l'ouverture des canaux ioniques à fonction active. Les potentiels gradués portent différents noms selon l'endroit où ils se produisent et les fonctions qu'ils accomplissent. Quand le récepteur d'un neurone sensitif est stimulé par une forme d'énergie (chaleur, lumière, etc.), le potentiel gradué qui en résulte est appelé *potentiel récepteur* ou *potentiel générateur* (ce sujet sera abordé au chapitre 13). Lorsque le stimulus est un neurotransmetteur libéré par un autre neurone, le potentiel gradué est nommé *potentiel postsynaptique*, parce que le neurotransmetteur est déversé dans un espace rempli de liquide (synapse) qui sépare les membranes plasmiques de deux neurones adjacents. Le neurotransmetteur agit sur la membrane du deuxième neurone, appelé neurone postsynaptique, et produit donc un potentiel postsynaptique.

Le cytoplasme et le liquide interstitiel sont d'assez bons conducteurs ; le courant créé par le déplacement des ions y circule chaque fois qu'il se produit un changement du voltage. Supposons qu'un stimulus a dépolarisé une petite région de la membrane plasmique d'un neurone (figure 11.10a). Le courant se propagera des deux côtés de la membrane entre la région

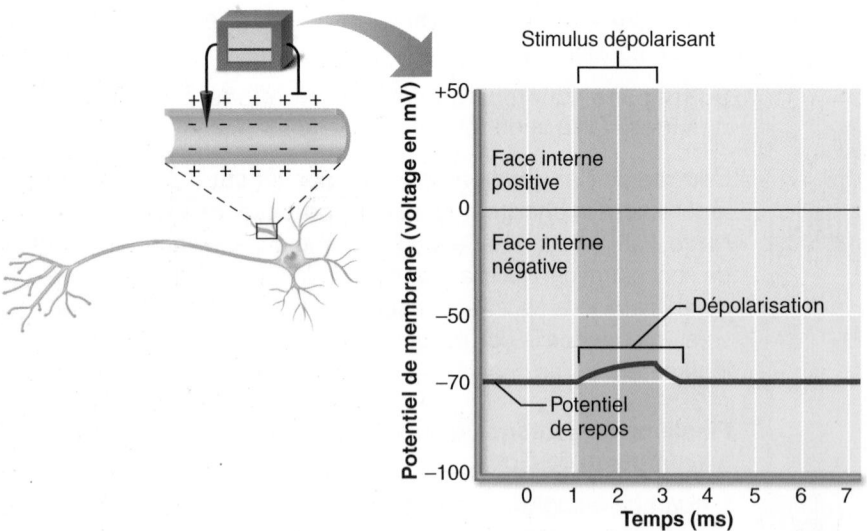

(a) Dépolarisation : Le potentiel de membrane s'approche de 0 mV et la face interne de la membrane devient moins négative (plus positive).

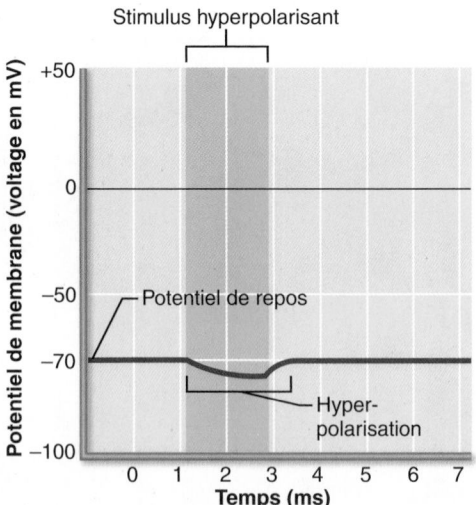

(b) Hyperpolarisation : Le potentiel de membrane augmente et la face interne de la membrane devient plus négative.

Figure 11.9 Dépolarisation et hyperpolarisation de la membrane plasmique.
Le potentiel de repos est d'environ –70 mV (face interne négative) dans les neurones.

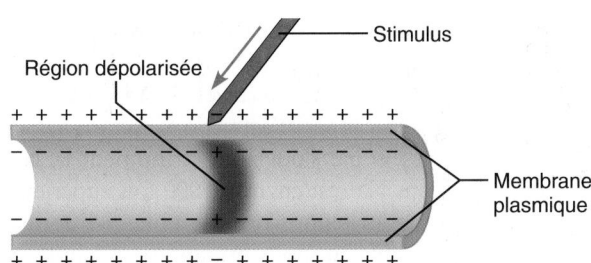

(a) Dépolarisation : Une petite région de la membrane (en rouge) s'est dépolarisée.

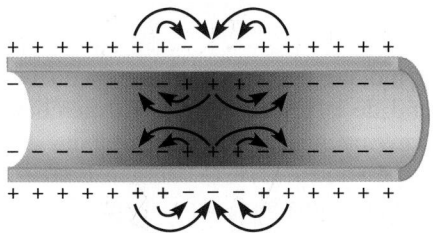

(b) Propagation de la dépolarisation : Il se crée des courants locaux (flèches) qui dépolarisent les régions adjacentes de la membrane et qui permettent la propagation de la vague de dépolarisation.

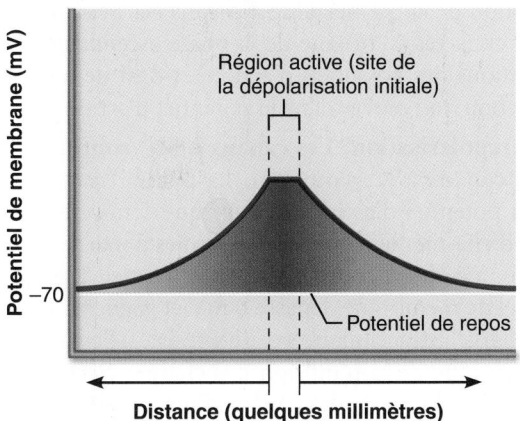

(c) Décroissance du potentiel de membrane avec la distance : Comme le courant est rapidement dissipé en raison de la « fuite » d'ions à travers la membrane plasmique, le voltage diminue (le voltage est *décroissant*) à mesure qu'on s'éloigne du stimulus. Les potentiels gradués sont donc des signaux électriques qui ne peuvent se propager que sur une courte distance.

Figure 11.10 Propagation et décroissance du potentiel gradué.

dépolarisée (active) et les régions polarisées adjacentes (au repos). Les ions positifs migrent vers les régions plus négatives (le sens du mouvement des cations est désigné comme le sens du flux du courant), et les ions négatifs se déplacent simultanément vers les régions plus positives (figure 11.10b).

Dans l'exemple, à l'intérieur de la cellule, les ions positifs (principalement K^+) quittent donc la région dépolarisée et s'accumulent dans les régions avoisinantes de la membrane, d'où ils délogent les ions négatifs. Pendant ce temps, les ions positifs de la face externe de la membrane se déplacent en direction de la région de polarité membranaire inversée (la région

dépolarisée), qui est provisoirement moins positive. À mesure que les ions positifs du liquide interstitiel se propagent sur la membrane, des ions négatifs (tels Cl^- et HCO_3^-) s'emparent de leurs « places », comme s'ils jouaient aux chaises musicales. Par conséquent, dans la région adjacente à celle qui est dépolarisée, la face externe de la membrane devient moins positive et la face interne, moins négative ; autrement dit, la région avoisinante est dépolarisée à son tour.

Comme nous venons de l'expliquer, le déplacement longitudinal des ions entraîne la modification du potentiel de repos des régions adjacentes. Mais la majeure partie des charges est vite perdue à travers la membrane plasmique, car celle-ci est perméable à la façon d'un tuyau qui fuit. Le déplacement des charges est donc *décroissant* : il devient nul à quelques millimètres de son origine (figure 11.10c).

C'est pourquoi les potentiels gradués ne peuvent se déplacer que sur une très courte distance (5 mm tout au plus) à partir du site de la dépolarisation initiale sur la membrane plasmique du neurone. Ils sont toutefois essentiels à la production des potentiels d'action, c'est-à-dire des dépolarisations qui se propagent le long des axones sur de très longues distances, et que nous allons maintenant étudier.

Potentiels d'action

Les neurones communiquent entre eux et avec les cellules des effecteurs musculaires et glandulaires en produisant et en propageant des potentiels d'action le long de leur axone. En règle générale, seules les cellules pourvues de *membranes excitables* – les neurones et les myocytes – peuvent générer des potentiels d'action. Un **potentiel d'action** est une brève inversion du potentiel de membrane, d'une amplitude totale (changement de voltage) d'environ 100 mV (de –70 mV à +30 mV). (Le potentiel d'action résulte donc d'une dépolarisation.) La phase de dépolarisation est suivie d'une phase de repolarisation et souvent d'une courte période d'hyperpolarisation. La durée totale du phénomène ne dépasse pas quelques millisecondes. Contrairement aux potentiels gradués, les potentiels d'action ne diminuent pas avec la distance.

La production et la propagation du potentiel d'action sont identiques dans les myocytes squelettiques et dans les neurones. Comme nous l'avons vu, dans un neurone, un potentiel d'action est aussi appelé **influx nerveux** et *seuls les axones* sont aptes à les produire. Un neurone produit un influx nerveux à la condition de recevoir une stimulation adéquate. Le stimulus modifie la perméabilité aux ions de la membrane du neurone en ouvrant des canaux voltage-dépendants spécifiques sur l'axone. Ces canaux s'ouvrent et se ferment en réponse à des changements du potentiel de membrane, et ils sont activés par les potentiels gradués locaux (dépolarisations) qui se propagent dans les dendrites et le corps cellulaire pour atteindre le cône d'implantation de l'axone.

Dans de nombreux neurones, la transition du potentiel gradué local au potentiel d'action s'effectue au cône d'implantation de l'axone. Dans les neurones sensitifs, le potentiel d'action est produit par le prolongement périphérique (axonal) adjacent à la région réceptrice. Par souci de simplification, nous utiliserons le terme «axone» dans la suite de notre explication. Nous aborderons d'abord la formation d'un potentiel d'action, puis sa propagation.

Production d'un potentiel d'action Le Zoom sur le potentiel d'action (figure 11.11) décrit le développement d'un potentiel d'action. La production d'un potentiel d'action repose sur trois modifications de la perméabilité membranaire qui se succèdent, tout en étant liées. Ces modifications sont dues à l'ouverture et à la fermeture des canaux ioniques voltage-dépendants, deux phénomènes provoqués par la dépolarisation de la membrane axonale (figure 11.12). Les modifications de la perméabilité sont les suivantes: un accroissement transitoire de la perméabilité aux ions sodium (les canaux à Na^+ sont ouverts); le rétablissement de l'imperméabilité aux ions sodium (décrit ci-après); et une augmentation de courte durée de la perméabilité aux ions potassium (les canaux à K^+ s'ouvrent puis se referment).

Les deux premières modifications marquent le début et la fin de la *phase de dépolarisation* de la production du potentiel d'action, phase qui correspond à la partie ascendante du tracé du potentiel d'action. La troisième modification provoque la *phase de repolarisation* (la partie descendante du tracé) et la *phase d'hyperpolarisation tardive* représentées dans la figure 11.11. Étudions chacune de ces phases en détail. Nous décrirons d'abord le neurone à l'état de repos (polarisé).

① **État de repos: Tous les canaux à Na^+ et à K^+ voltage-dépendants sont fermés.** Seuls les canaux à fonction passive sont ouverts, ce qui permet de maintenir le potentiel de repos de la membrane.

En réalité, les canaux à sodium sont pourvus de deux vannes qui réagissent aux changements de voltage: une *vanne d'activation*, fermée au repos, qui réagit à la dépolarisation en s'ouvrant rapidement, et une *vanne d'inactivation*, qui bloque le canal une fois qu'il est ouvert. Ainsi, *la dépolarisation provoque l'ouverture puis la fermeture des canaux à sodium*. Les deux vannes doivent être ouvertes pour que les ions Na^+ entrent dans le canal, mais la fermeture de *l'une* des deux vannes ferme le canal. À l'opposé, les canaux à potassium à fonction active n'ont qu'une vanne sensible au voltage; celle-ci est fermée au repos et s'ouvre lentement en réponse à la dépolarisation.

② **Phase de dépolarisation: Les canaux à Na^+ s'ouvrent.** Lorsqu'un potentiel gradué est assez fort pour se rendre à la zone gâchette de l'axone, il provoque l'ouverture rapide des vannes d'activation des canaux à sodium. Cette ouverture entraîne la diffusion du Na^+ du compartiment extracellulaire vers le compartiment intracellulaire. Cet afflux de charges positives dépolarise encore davantage cette portion de membrane axonale et ouvre d'autres vannes d'activation, si bien que l'intérieur de la cellule devient progressivement moins négatif. Quand la dépolarisation au site de stimulation atteint un niveau critique appelé **seuil d'excitation** (souvent situé entre −55 et −50 mV), le processus de dépolarisation se poursuit de lui-même, alimenté par la rétroactivation. Autrement dit, après avoir été déclenchée par le stimulus, la dépolarisation de l'axone se poursuit

grâce aux courants ioniques engendrés par les entrées de Na^+. La quantité de Na^+ qui entre dans la cellule augmentant progressivement, le voltage est à nouveau modifié et ouvre d'autres vannes d'activation, et tous les canaux à sodium finissent par s'ouvrir. À ce moment-là, la perméabilité aux ions Na^+ est environ 1000 fois supérieure à celle d'un neurone au repos. Ainsi, le potentiel de membrane devient de moins en moins négatif, puis monte à environ +30 mV à mesure que les ions Na^+ diffusent vers l'intérieur de la cellule (gradient électrochimique). Cette dépolarisation et cette inversion de polarité rapides de la membrane plasmique de l'axone produisent le *pic du potentiel d'action*.

Nous avons indiqué plus haut que le potentiel de membrane dépend de la perméabilité de la membrane, mais nous affirmons maintenant que la perméabilité de la membrane dépend du potentiel de membrane. En fait, ces deux assertions sont compatibles, car il s'agit là de relations distinctes qui établissent un cycle de *rétroactivation*. (L'augmentation de la perméabilité aux ions Na^+ due à l'ouverture d'un nombre croissant de canaux intensifie la dépolarisation. La dépolarisation, à son tour, provoque une augmentation de la perméabilité aux ions Na^+, et ainsi de suite.) Ce cycle est à l'origine de la phase ascendante (de dépolarisation) des potentiels d'action, et c'est de lui que vient l'«action» à l'œuvre dans le potentiel d'action.

③ **Phase de repolarisation: Les canaux à Na^+ sont inactivés et les canaux à K^+ s'ouvrent.** La phase d'ascension rapide du potentiel d'action ne dure que 1 ms environ. Elle cesse d'elle-même parce que les vannes d'inactivation des canaux à sodium commencent à se fermer. Lorsque le potentiel de membrane dépasse 0 mV et gagne en positivité, la charge intracellulaire positive résiste à l'entrée du sodium par suite de la répulsion des charges électriques de même signe. En outre, les vannes d'inactivation lentes des canaux à sodium se ferment après quelques millisecondes de dépolarisation. Ainsi, la perméabilité de la membrane au Na^+ retourne à sa valeur de repos et la diffusion nette de Na^+ cesse tout à fait. Par conséquent, la courbe du potentiel d'action arrête de s'élever.

À mesure que l'entrée de sodium diminue, les vannes lentes des canaux à potassium voltage-dépendants s'ouvrent, et les ions K^+ diffusent passivement vers l'extérieur de la cellule, dans le sens de leur gradient électrochimique. En conséquence, le neurone recouvre la charge intracellulaire négative de l'état de repos. Ce phénomène est appelé **repolarisation**. La brusque diminution de la perméabilité au sodium ainsi que l'augmentation de la perméabilité au potassium participent à la repolarisation.

④ **Hyperpolarisation: Certains des canaux à K^+ restent ouverts et les canaux à Na^+ se réactivent.** La période de perméabilité accrue aux ions K^+ dure un peu plus longtemps qu'il n'est nécessaire pour revenir à l'état de repos. Par suite de la perte excessive d'ions K^+, on observe une **hyperpolarisation tardive** sur le graphique du potentiel d'action, c'est-à-dire une légère inflexion du tracé après le pic représentant le potentiel d'action (et avant la fermeture des vannes des canaux à potassium). Pendant cette phase, les canaux à sodium commencent à se réactiver et reprennent leur position initiale en changeant de forme, de manière à rouvrir leurs vannes d'inactivation et à fermer leurs vannes d'activation.

La repolarisation rétablit les conditions électriques du potentiel de repos, mais elle *ne* rétablit *pas* les conditions ioniques de l'état de repos. La redistribution des ions s'accomplit par l'activation de la *pompe à sodium et à potassium* après la repolarisation. On pourrait penser qu'un très grand nombre d'ions Na$^+$ et K$^+$ changent de place pendant la production du potentiel d'action, mais tel n'est pas le cas. De petites quantités seulement de sodium et de potassium traversent la membrane. (L'afflux de Na$^+$ nécessaire pour atteindre le seuil d'excitation entraîne un changement de la concentration intracellulaire en Na$^+$ de seulement 0,012 %.) Comme une membrane axonale comprend des milliers de pompes à sodium et à potassium, ces petits changements ioniques sont vite corrigés.

Propagation d'un potentiel d'action Pour qu'il serve à des fins de signalisation, le potentiel d'action produit doit être **propagé** tout le long de l'axone. Comme nous l'avons vu, le potentiel d'action est engendré par l'afflux d'ions Na$^+$ traversant une portion de la membrane plasmique (cette portion, dans le cas d'un influx se déplaçant à vitesse moyenne, serait d'une longueur d'environ 2 cm). Cet influx produit des courants locaux qui dépolarisent les régions adjacentes de la membrane plasmique (en s'éloignant du point d'origine de l'influx nerveux), avec pour résultat l'ouverture des canaux voltage-dépendants de cette région de la membrane et le déclenchement d'un potentiel d'action à cet endroit **(figure 11.12)**.

Dans la région où un potentiel d'action vient de se produire, les canaux à sodium se referment et aucun nouveau potentiel d'action ne peut y être engendré. Par conséquent, le potentiel d'action se propage toujours en s'éloignant de son point d'origine. (Si un axone *isolé* est stimulé par une électrode, l'influx nerveux se déplacera dans les deux directions le long de la membrane, à partir du point de stimulus.) Dans l'organisme, les potentiels d'action sont toujours produits à l'une des deux extrémités de l'axone et, de là, envoyés vers ses terminaisons (c'est-à-dire, le plus souvent, le corpuscule nerveux terminal [*propagation orthodromique*] ou, dans certains cas particuliers, le corps cellulaire [*propagation antidromique*]). Une fois engendré, un potentiel d'action *se propage de lui-même* le long de l'axone à vitesse constante, non sans rappeler l'« effet domino ».

Après sa dépolarisation, chaque segment de la membrane axonale subit une repolarisation, ce qui a pour effet de rétablir le potentiel de repos dans la région. Ces changements électriques engendrent aussi des courants locaux, si bien que la vague de repolarisation chasse la vague de dépolarisation vers l'extrémité de l'axone.

Le processus de propagation que nous venons de décrire se produit sur les axones amyélinisés. Nous décrirons plus loin le processus de propagation qui se produit sur les axones myélinisés, et que l'on appelle *conduction saltatoire*.

Bien que courante, l'expression « conduction de l'influx nerveux » n'est pas exacte, dans la mesure où les influx nerveux ne sont pas vraiment conduits comme l'est le courant dans un fil isolé. En réalité, les neurones sont d'assez piètres conducteurs et, comme nous l'avons indiqué plus haut, les flux de courant locaux décroissent rapidement avec la distance parce que les charges fuient à travers la membrane. Il est plus juste de parler de *propagation de l'influx nerveux*, car un potentiel d'action est *régénéré* en chaque point de la membrane, et tout potentiel d'action subséquent est identique à celui qui avait été engendré initialement.

Seuil d'excitation et loi du tout ou rien Les phénomènes locaux de dépolarisation ne produisent pas tous des potentiels d'action. La dépolarisation doit atteindre un certain seuil pour qu'un axone puisse « faire feu ». Qu'est-ce qui détermine le *seuil d'excitation*? Selon une explication, ce seuil d'excitation serait déterminé par le potentiel de membrane, lorsque celui-ci parvient à une valeur donnée. Plus précisément, le seuil serait atteint lorsque le voltage attribuable au mouvement des ions K$^+$ vers l'extérieur du neurone est exactement égal au voltage attribuable au mouvement des ions Na$^+$ vers l'intérieur. L'équivalence des voltages correspondrait à une dépolarisation de membrane de 15 à 20 mV par rapport à sa valeur de repos (donc quand le potentiel de membrane passe de −70 mV à une valeur située entre −55 et −50 mV). Cet état de dépolarisation semble constituer un état d'équilibre précaire qu'un des deux événements suivants peut perturber. Si un ion Na$^+$ supplémentaire entre, la dépolarisation se poursuit, ce qui ouvre plus de canaux à sodium voltage-dépendants et laisse entrer plus d'ions Na$^+$. À l'inverse, si un autre ion K$^+$ sort, le potentiel de membrane s'éloigne du seuil d'excitation et les canaux à sodium voltage-dépendants se ferment. Pendant ce temps, les ions K$^+$ continuent de diffuser vers le liquide interstitiel jusqu'à ce que le potentiel de membrane revienne à sa valeur de repos.

Rappelez-vous que les dépolarisations locales sont des potentiels gradués et que leur voltage augmente avec l'intensité du stimulus. Des stimulus brefs et de faible intensité, ou *stimulus infraliminaires*, produisent des dépolarisations infraliminaires qui ne déclenchent pas de potentiel d'action. Par ailleurs, des stimulus forts, ou *stimulus liminaires*, entraînent des dépolarisations où le potentiel de membrane dépasse le voltage liminaire, de même qu'un accroissement de la perméabilité au sodium: le gain de Na$^+$ excède ainsi la perte de K$^+$. Le cycle de rétroactivation se met alors en place et engendre un potentiel d'action.

Le facteur critique est la quantité totale de courant qui circule à travers la membrane pendant un stimulus (charge électrique × temps). Les stimulus forts dépolarisent la membrane rapidement; les stimulus faibles doivent être appliqués plus longuement pour que le potentiel de membrane dépasse le voltage liminaire. Les stimulus très faibles ne déclenchent pas de potentiel d'action, car les flux de courant locaux qu'ils produisent sont si légers qu'ils se dissipent avant que le seuil d'excitation soit atteint.

Le potentiel d'action obéit à la **loi du tout ou rien**, c'est-à-dire que la zone gâchette de l'axone déclenche le potentiel d'action maximal ou ne le déclenche pas du tout. Par ailleurs,

Figure 11.11   **ZOOM** **sur le potentiel d'action**

Un potentiel d'action est une brève modification du potentiel de la membrane dans une région dépolarisée par des courants locaux.

Vue d'ensemble

Ce graphique montre comment le voltage varie dans le temps en un point donné à l'intérieur d'un axone pendant la production d'un potentiel d'action.

① État de repos. Aucun ion ne passe à travers les canaux voltage-dépendants.

② La dépolarisation est causée par la diffusion du Na⁺ vers l'intérieur de la cellule.

③ La repolarisation est causée par la diffusion du K⁺ vers l'extérieur de la cellule.

④ L'hyperpolarisation est causée par la perte excessive de K⁺.

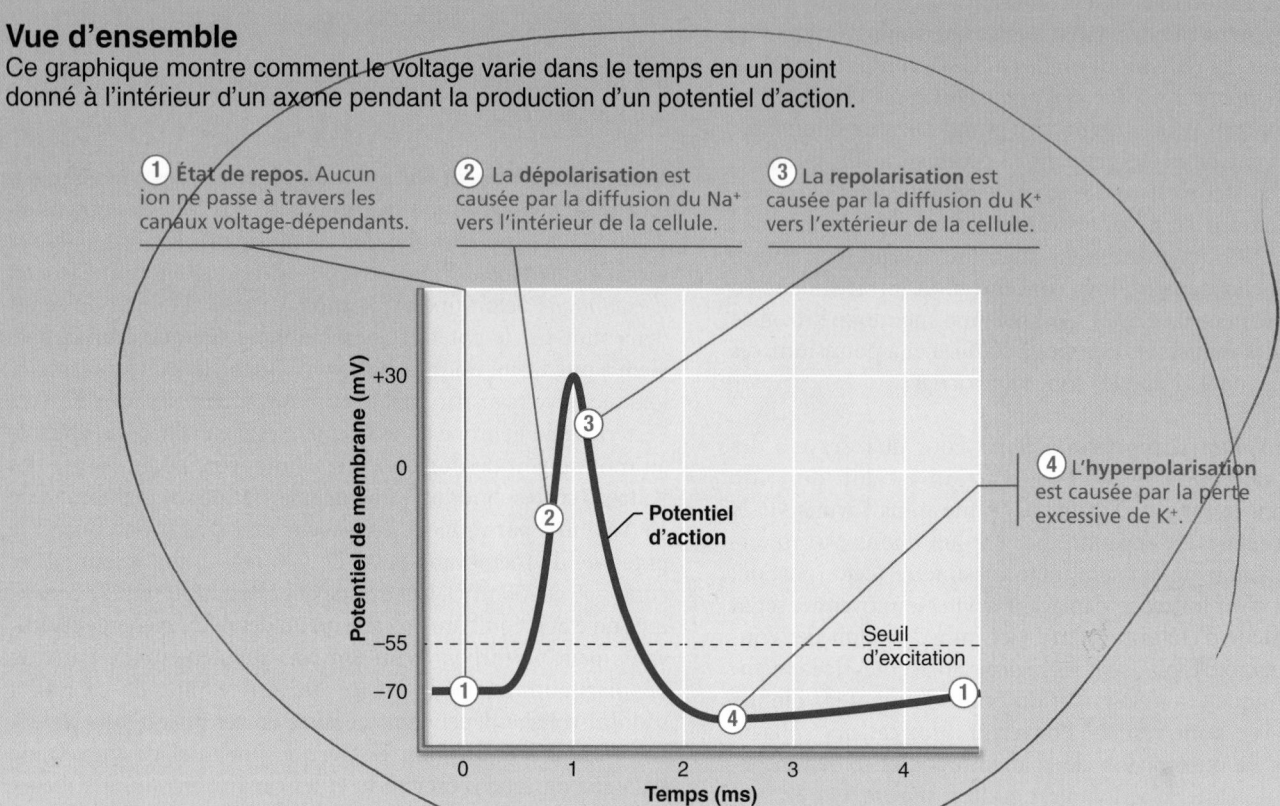

Le potentiel d'action est causé par les changements dans la perméabilité de la membrane plasmique. La perméabilité relative de la membrane indique le nombre relatif de canaux ioniques qui sont ouverts pour chaque ion. Il faut se rappeler que les canaux ioniques ouverts rendent la membrane plasmique perméable à ces ions.

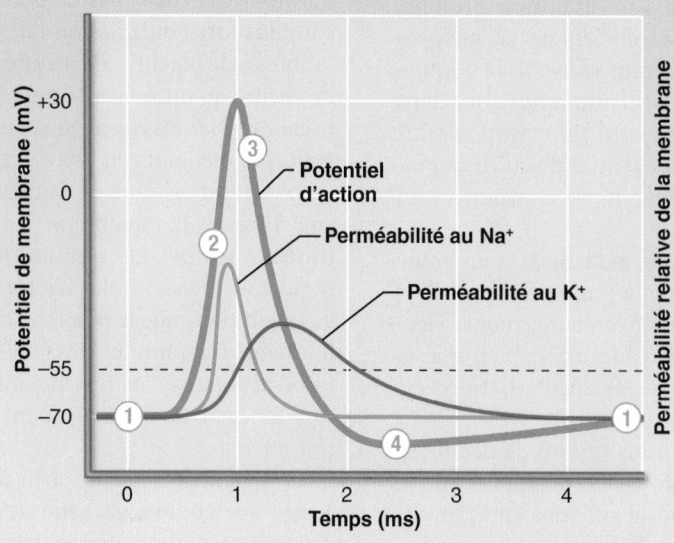

Éléments clés

Les canaux à sodium voltage-dépendants possèdent deux vannes et passent par trois états différents ; lors des deux premiers, les vannes d'inactivation sont ouvertes.

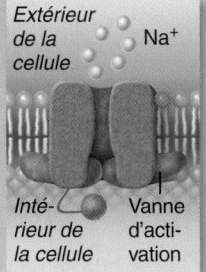

Extérieur de la cellule Na$^+$

Intérieur de la cellule Vanne d'activation

Fermés à l'état de repos. Aucun ion Na$^+$ n'entre dans la cellule.

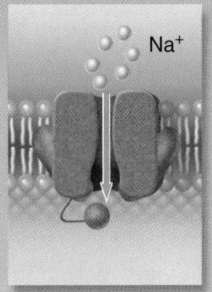

Na$^+$

Ouverts par la dépolarisation, ce qui permet l'entrée du Na$^+$.

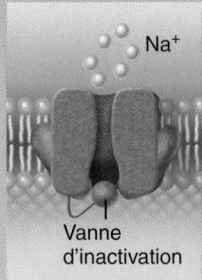

Na$^+$

Vanne d'inactivation

Inactivés, peu après leur ouverture, par suite d'un blocage automatique par les vannes d'inactivation.

Les canaux à potassium voltage-dépendants possèdent une vanne et deux états.

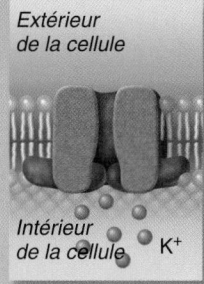

Extérieur de la cellule

Intérieur de la cellule K$^+$

Fermés, à l'état de repos. Aucun ion K$^+$ ne sort de la cellule.

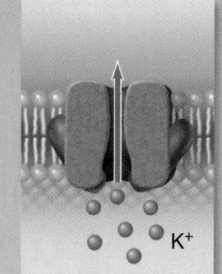

K$^+$

Ouverts par la dépolarisation, ce qui permet la sortie du K$^+$.

Événements

Chaque étape correspond à une partie du graphique du potentiel d'action.

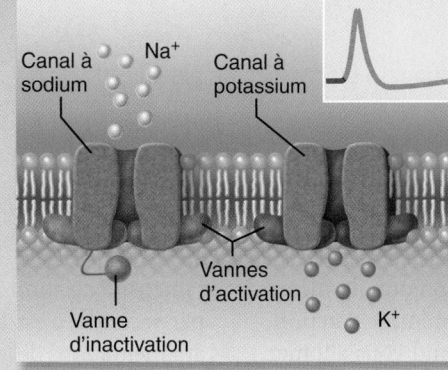

Canal à sodium Na$^+$

Canal à potassium

Vannes d'activation

Vanne d'inactivation

K$^+$

① État de repos : Tous les canaux à Na$^+$ et à K$^+$ sont fermés.

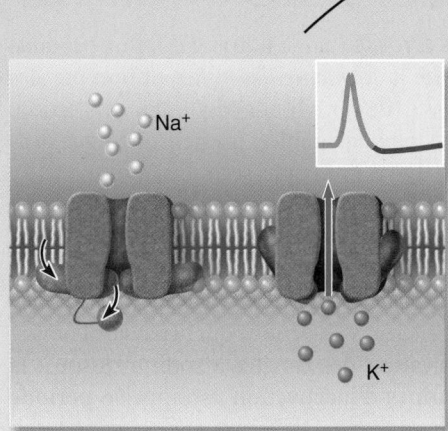

Na$^+$

K$^+$

④ Hyperpolarisation : Certains canaux à K$^+$ restent ouverts et les canaux à Na$^+$ sont réactivés.

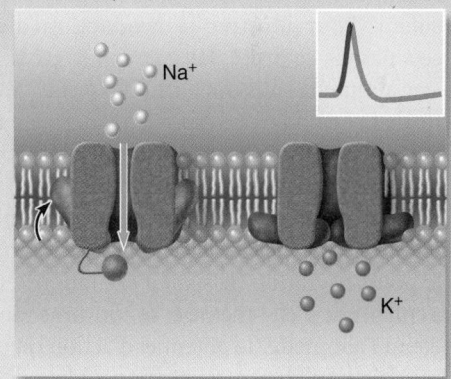

Na$^+$

K$^+$

② Dépolarisation : Les canaux à Na$^+$ s'ouvrent.

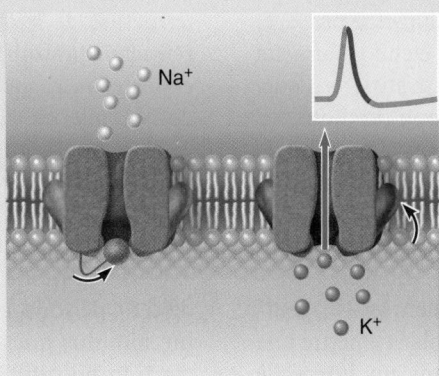

Na$^+$

K$^+$

③ Repolarisation : Les canaux à Na$^+$ sont inactivés, et les canaux à K$^+$ s'ouvrent.

457

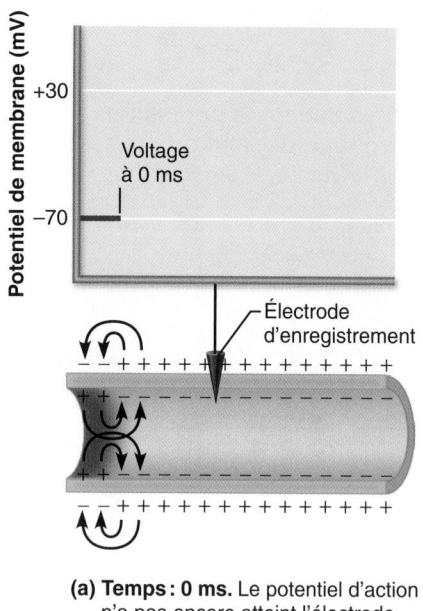

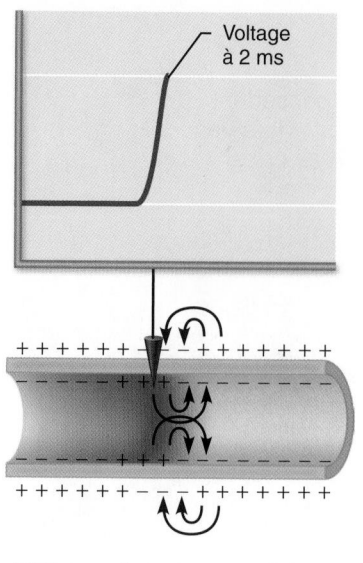

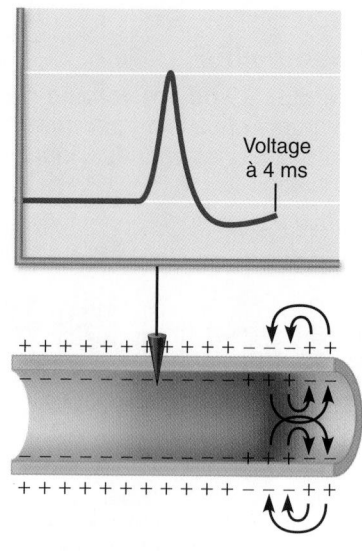

(a) Temps : 0 ms. Le potentiel d'action n'a pas encore atteint l'électrode.

(b) Temps : 2 ms. Le sommet du potentiel d'action atteint l'électrode.

(c) Temps : 4 ms. Le sommet du potentiel d'action a dépassé l'électrode. À ce point, la membrane est encore hyperpolarisée.

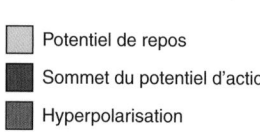

Potentiel de repos

Sommet du potentiel d'action

Hyperpolarisation

Figure 11.12 Propagation d'un potentiel d'action. La propagation du potentiel d'action le long de l'axone est montrée à trois moments successifs (de gauche à droite). Les flèches indiquent les courants locaux créés par le déplacement des ions positifs. Ce courant pousse la membrane au repos à la limite du potentiel d'action, ce qui propulse le potentiel d'action plus loin.

quand il est produit, le potentiel d'action a toujours la même valeur. Pour illustrer la production du potentiel d'action, comparons ce processus à ce qui se passe quand vous allumez une allumette sous une brindille sèche. Le chauffage d'une partie de la brindille correspond à l'augmentation de la perméabilité de la membrane qui, dans un premier temps, permet à un plus grand nombre d'ions Na$^+$ d'entrer dans la cellule. Quand cette partie de la brindille devient suffisamment chaude (quand un nombre suffisant d'ions Na$^+$ sont entrés dans la cellule), le point d'ignition (le seuil d'excitation) est atteint. La brindille s'enflamme d'elle-même et se consume tout entière, même si on éteint l'allumette (le potentiel d'action est produit et se propage, que le stimulus persiste ou non). Mais si l'on éteint l'allumette juste avant que la brindille atteigne la température critique, l'ignition ne se produira pas. De même, il ne se produira pas de seuil d'excitation si les ions Na$^+$ qui entrent dans la cellule sont trop peu nombreux pour parvenir au seuil d'excitation.

Codage de l'intensité du stimulus Une fois produits, les potentiels d'action sont tous indépendants de l'intensité du stimulus, et ils sont tous semblables. Alors, comment le SNC peut-il déterminer si un stimulus est intense ou faible et émettre une réponse appropriée ? C'est fort simple : dans un intervalle donné, les stimulus intenses produisent des influx nerveux plus *fréquemment* que ne le font les stimulus faibles. Par conséquent,

l'intensité du stimulus est codée par le nombre d'influx produits par seconde, c'est-à-dire la *fréquence des influx*, et non par des augmentations de la force (de l'amplitude) du potentiel d'action. Dans les conditions les plus favorables, un neurone peut propager jusqu'à une centaine d'influx par seconde **(figure 11.13)**.

Périodes réfractaires Quand la zone gâchette d'un axone produit un potentiel d'action et que ses canaux à sodium sont ouverts, le neurone est incapable de répondre à un autre stimulus, quelle que soit son intensité. La période qui s'étend de l'ouverture des vannes d'activation des canaux à sodium jusqu'à la fermeture de leurs vannes d'inactivation est appelée **période réfractaire absolue (figure 11.14)**. L'existence de cette période fait en sorte que chaque potentiel d'action est un événement distinct, de *type tout ou rien*, et sa transmission se fait en sens unique.

L'intervalle qui suit la période réfractaire absolue est appelé **période réfractaire relative**. À ce moment, les canaux à sodium sont fermés, et la plupart d'entre eux sont revenus à l'état de repos ; les canaux à potassium voltage-dépendants sont ouverts, et c'est à ce moment que la repolarisation se produit. Au cours de cette période, le seuil d'excitation de l'axone est très élevé et un stimulus qui aurait normalement déclenché un potentiel d'action ne suffit plus. Toutefois, un stimulus exceptionnellement intense peut forcer les canaux à sodium à s'ouvrir de nouveau, même s'ils ont déjà repris leur état de repos, et permettre

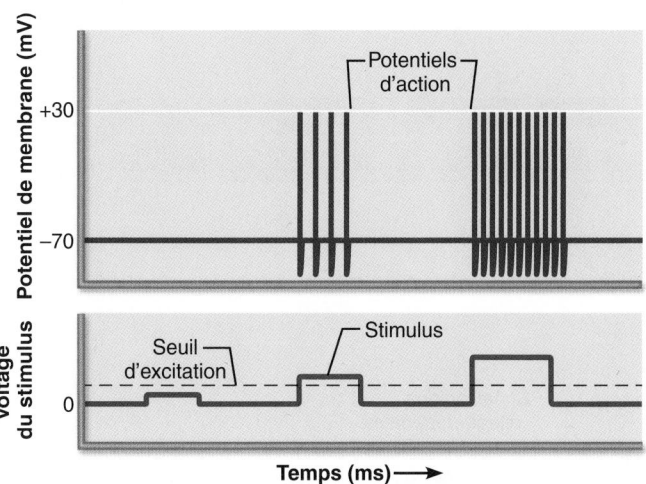

Figure 11.13 Relation entre l'intensité du stimulus et la fréquence du potentiel d'action. Les potentiels d'action sont représentés par des lignes verticales dans la partie supérieure du tracé. Le tracé du bas montre l'intensité du stimulus appliqué. Un stimulus infraliminaire n'engendre pas de potentiel d'action ; cependant, une fois que le voltage liminaire est atteint, plus le stimulus est intense, plus les potentiels d'action sont fréquents.

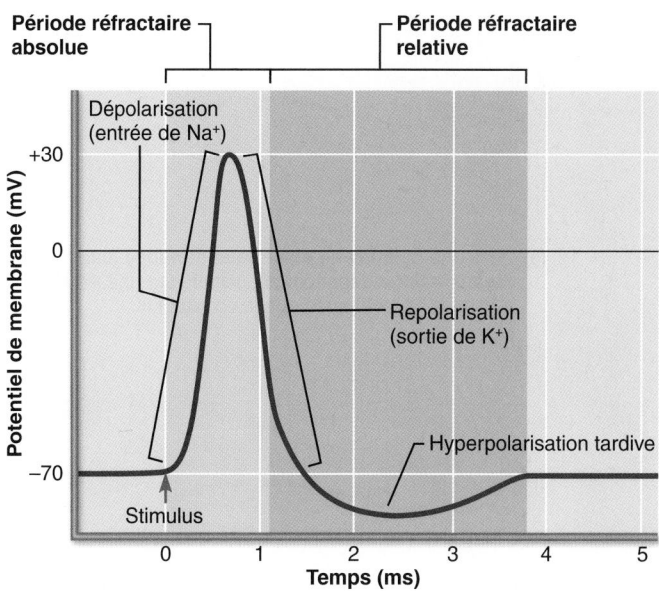

Figure 11.14 Période réfractaire absolue et période réfractaire relative d'un potentiel d'action.

ainsi le déclenchement d'un autre influx nerveux. Des stimulus intenses peuvent donc entraîner une production plus fréquente de potentiels d'action s'ils surviennent pendant la période réfractaire relative.

Vitesse de propagation de l'influx À quelle vitesse les potentiels d'action se propagent-ils ? La vitesse de propagation des influx dans les axones varie considérablement. Les vitesses les plus élevées se rencontrent dans les neurofibres qui doivent transmettre les influx très rapidement (soit à 100 m/s ou plus), là où la vitesse est un facteur essentiel, comme dans les voies nerveuses intervenant dans certains réflexes de posture. Les vitesses plus lentes s'observent dans les axones desservant généralement des organes internes (intestins, glandes et vaisseaux sanguins), dont les réactions n'exigent pas des réponses très rapides. La vitesse de la propagation de l'influx repose principalement sur deux facteurs :

1. **Diamètre de l'axone.** Le diamètre des axones varie beaucoup et, en règle générale, plus il est grand, plus l'axone achemine les influx rapidement. Il en est ainsi parce que les gros axones offrent moins de résistance aux courants locaux. De ce fait, les régions adjacentes de la membrane peuvent être amenées plus rapidement au seuil d'excitation. En effet, l'aire de la section transversale est plus importante dans les axones de grand diamètre, et une plus grande surface signifie qu'une plus grande quantité d'ions peut contribuer aux modifications de potentiel.

2. **Gaine de myéline.** Les potentiels d'action se propagent parce qu'ils sont régénérés par les canaux voltage-dépendants de la membrane **(figure 11.15a, b)**. Dans les axones amyélinisés, les potentiels d'action sont produits

dans des sites adjacents, et la transmission est relativement lente. On appelle **propagation continue** ce type de déplacement du potentiel d'action. La présence d'une gaine de myéline accroît radicalement la vitesse de propagation de l'influx, car la myéline joue le rôle d'un isolant. Ce faisant, elle empêche presque toutes les fuites de charges de l'axone et permet au voltage de la membrane de changer plus rapidement. La dépolarisation de la membrane plasmique d'un axone myélinisé peut avoir lieu *seulement* aux nœuds de la neurofibre, là où la gaine de myéline s'interrompt et où l'axone est dénudé. Les canaux à sodium voltage-dépendants sont concentrés aux nœuds de la neurofibre (10 000/mm^2) dans le cas des axones myélinisés, alors qu'ils sont répartis uniformément sur les axones amyélinisés (de 100 à 200/mm^2).

Lorsqu'un potentiel d'action est produit dans un axone myélinisé, la dépolarisation locale ne se dissipe pas à travers les régions adjacentes de la membrane, qui ne sont pas excitables. Elle est plutôt obligée de se déplacer vers le nœud suivant, 1 ou 2 mm plus loin, où elle déclenche un autre potentiel d'action. Les potentiels d'action ne peuvent donc être déclenchés qu'aux nœuds de la neurofibre. Ce type de propagation est appelé **conduction saltatoire** (*saltare* : sauter), car le signal électrique semble sauter d'un nœud à l'autre le long de l'axone (figure 11.15c). La conduction saltatoire est 30 fois plus rapide que la propagation continue.

⚖ DÉSÉQUILIBRE HOMÉOSTATIQUE

L'importance de la myéline dans la transmission nerveuse se manifeste avec une douloureuse éloquence chez les personnes atteintes de maladies démyélinisantes comme la **sclérose en plaques** (SEP). Il s'agit d'une maladie auto-immune, c'est-à-dire

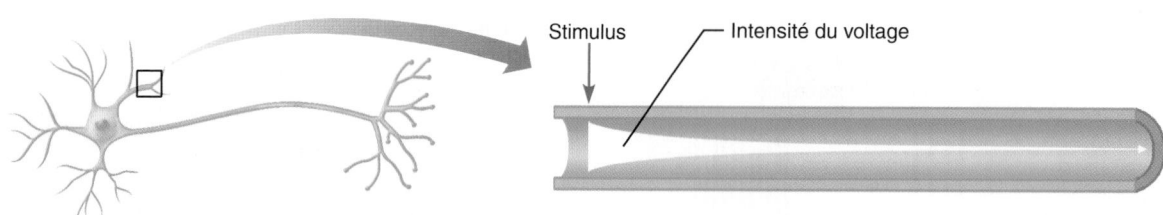

(a) Dans une **membrane plasmique dénudée** (sans canaux voltage-dépendants), comme sur une dendrite, le voltage décroît parce que le courant fuit.

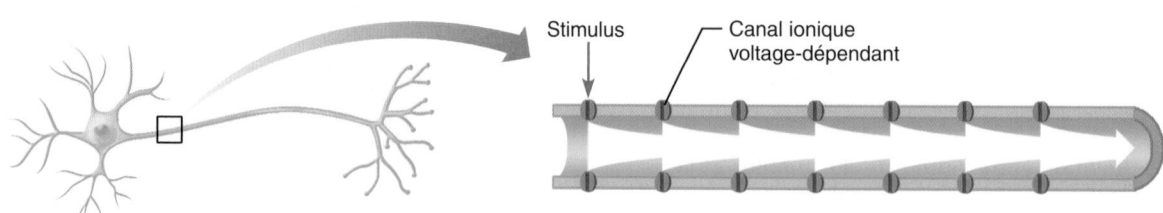

(b) Dans un **axone non myélinisé**, les canaux à sodium et à potassium voltage-dépendants régénèrent le potentiel d'action à tous les points le long de l'axone. C'est pourquoi le voltage ne décroît pas. La propagation est *lente* parce que le déplacement des ions et le mouvement des vannes des protéines des canaux prennent du temps et doivent se produire avant que la régénération du voltage survienne.

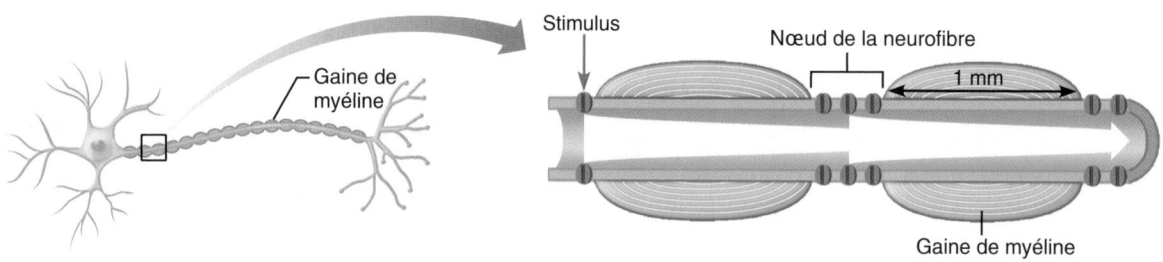

(c) Dans un **axone myélinisé**, la myéline garde le courant des les axones (le voltage ne décroît pas beaucoup). Les potentiels d'action sont générés *seulement* dans les nœuds de la neurofibre et semblent sauter *rapidement* d'un nœud à l'autre.

Figure 11.15 **Propagation d'un potentiel d'action dans des axones myélinisés et non myélinisés.**

d'une maladie induite par le système immunitaire, qui se met à réagir contre certaines structures de l'organisme qu'il ne reconnaît plus. Dans le cas de la SEP, le système immunitaire détruit les protéines de la myéline et les oligodendrocytes. Dans l'expression «sclérose en plaques», le terme « en plaques» traduit le fait que l'altération de la myéline produit des plaques de tissu *scléreux* visible par RMN dans diverses régions du SNC. Sous l'effet de la dérivation du courant qui découle de la perte de la myéline, l'excitation des nœuds successifs se fait de plus en plus lente et la propagation de l'influx finit par cesser. En revanche, les axones eux-mêmes sont intacts et un nombre croissant de canaux à sodium apparaissent spontanément dans les axones démyélinisés. La SEP atteint le plus souvent de jeunes adultes, dont les deux tiers sont des femmes. Dans le monde, elle touche plus de deux millions d'individus. On en dénombre 70 000 cas en France et presque autant au Canada (dont 12 000 au Québec), un pays où l'incidence est une des plus élevées au monde. Les symptômes courants sont des troubles de la vision, évoluant jusqu'à la cécité, une perte de la maîtrise musculaire (faiblesse, maladresse et finalement paralysie), des difficultés d'élocution et l'incontinence urinaire. À ce jour, les causes de la SEP demeurent inconnues, même si on a établi des liens avec certains facteurs génétiques, environnementaux et infectieux (notamment les virus de la rougeole, de la varicelle, de l'herpès et de la mononucléose). Par ailleurs, il ne semble pas y avoir de lien entre la SEP et certaines vaccinations.

La mise au point de médicaments qui modifient l'activité du système immunitaire, comme l'interféron et l'acétate deglatiramère (Copaxone), a permis d'améliorer la qualité de vie des personnes atteintes de SEP. Ces médicaments semblent contenir les symptômes, réduisant les complications et l'invalidité qui accompagnent souvent la SEP. On étudie aussi l'effet que pourraient exercer les médicaments anticholestérolémiants par leur action sur le système immunitaire et le rôle préventif que pourrait jouer la vitamine D. Enfin, chez les personnes aux prises avec les premiers stades de la SEP, la transplantation de cellules souches pourrait constituer un traitement fructueux pour traiter cette maladie considérée jusqu'ici comme incurable. ■

On peut classifier les neurofibres selon leur diamètre, leur degré de myélinisation et la vitesse à laquelle elles transmettent les influx. La plupart des **neurofibres du groupe A** sont des neurofibres sensitives somatiques et des neurofibres motrices desservant la peau, les muscles squelettiques et les articulations ; elles possèdent le plus grand diamètre et d'épaisses gaines de myéline, et acheminent les influx à une vitesse qui peut atteindre 150 m/s (540 km/h).

Les neurofibres motrices du SNA, qui desservent les viscères, les neurofibres sensitives viscérales et les neurofibres sensitives somatiques – plus petites et qui transmettent les influx afférents provenant de la peau (telles les neurofibres nociceptives et tactiles) – appartiennent aux groupes B et C. Les **neurofibres du groupe B** possèdent une mince couche de myéline ; elles sont de diamètre intermédiaire et elles acheminent les influx à une vitesse moyenne de 15 m/s (54 km/h). Les **neurofibres du groupe C** sont amyélinisées et ont le plus petit diamètre ; elles sont donc inaptes à la conduction saltatoire et transmettent les influx très lentement, soit à 1 m/s (3,6 km/h) ou moins.

Que se passe-t-il quand un potentiel d'action arrive à l'extrémité de l'axone d'un neurone ? C'est ce que nous verrons dans la prochaine section.

⚖ DÉSÉQUILIBRE HOMÉOSTATIQUE

Les anesthésiques locaux, administrés par injection, bloquent les influx nerveux en réduisant la perméabilité de la membrane aux ions, surtout au Na^+. Comme nous l'avons déjà mentionné, s'il n'y a pas d'entrée d'ions Na^+, il n'y a pas de potentiel d'action et donc pas de douleur.

Certains canaux sodiques voltage-dépendants sont également sensibles aux neurotoxines sécrétées par de nombreux organismes vivants. L'une des plus connues, qui est potentiellement mortelle pour l'humain, est la tétrodotoxine (TTX). Cette toxine est produite par certains mollusques et par le poisson-globe, ou fugu, fort prisé au Japon pour la confection de sushis. Comme ce poison se concentre dans le foie et les gonades de ce poisson, il est nécessaire d'enlever soigneusement ces organes, sinon la chair du poisson risque d'être contaminée et sa consommation peut s'avérer fatale. Il est à noter que la toxine est létale, même après cuisson. Ce poisson renferme également de la saxitoxine (STX), une toxine produite par des microorganismes aquatiques, telles des cyanobactéries, et dont les effets sont similaires à ceux de la TTX.

Dans notre quotidien, il arrive que certains facteurs réduisent la capacité de propagation des influx nerveux. C'est le cas notamment du froid ou d'une pression exercée de façon continue, qui interrompent la circulation sanguine, bloquant ainsi l'apport d'oxygène et de nutriments vers les prolongements neuronaux. Par exemple, si vous prenez un glaçon entre vos doigts, vous les sentirez s'engourdir au bout de quelques secondes. De même, votre pied finit par s'engourdir si vous vous asseyez dessus. Quand vous retirez l'objet froid ou la pression, la transmission des influx se rétablit et vous éprouvez une désagréable sensation de picotement.

Par ailleurs, l'insensibilité congénitale à la douleur est une maladie génétique rare dont les conséquences sont parfois dramatiques. Cette maladie se manifeste sous différentes formes et ferait intervenir de nombreux gènes, dont l'un d'eux coderait pour la synthèse d'une protéine qui interviendrait sur les mêmes canaux sodiques qui subissent l'action de la TTX, dont nous venons de décrire les effets néfastes. Il semble également que les personnes atteintes de cette maladie seraient dépourvues de neurofibres du groupe C, principalement chargées d'acheminer la douleur vers les centres supérieurs (voir le chapitre 13, p. 563). ■

VÉRIFIONS NOS ACQUIS

11. Quand on compare un potentiel gradué et un potentiel d'action, lequel est le plus puissant ? Lequel circule le plus vite ? Et lequel déclenche l'autre ?

12. Un potentiel d'action ne diminue pas à mesure qu'il se propage le long d'un axone. Pourquoi ?

13. Pourquoi la propagation des potentiels d'action est-elle plus rapide dans les axones myélinisés que dans les axones non myélinisés ?

14. Si un axone reçoit deux stimulus rapprochés en même temps, un seul potentiel d'action est généré. Pourquoi ?

Les réponses se trouvent à l'appendice G.

Synapse

17 Définir la synapse. Distinguer les synapses électriques des synapses chimiques en ce qui concerne leur structure, leurs mécanismes de transmission de l'information et leur localisation.

Le fonctionnement du système nerveux repose sur la circulation de l'information le long de chaînes de neurones reliés par des synapses. Une **synapse** (*sunapsis*: liaison, point de jonction) permet le transfert de l'information d'un neurone à un autre ou d'un neurone à une cellule effectrice. C'est là que l'action se déroule.

Les synapses situées entre les corpuscules nerveux terminaux d'un neurone et les dendrites d'autres neurones sont appelées **synapses axodendritiques**. Celles qui joignent les corpuscules nerveux terminaux d'un neurone au corps cellulaire d'autres neurones sont des **synapses axosomatiques** (figure 11.16). Les synapses situées entre les axones (*axoaxonales*), entre les dendrites (*dendrodendritiques*) ou entre les dendrites et les corps cellulaires (*dendrosomatiques*) sont moins nombreuses et leur rôle est encore obscur.

Le **neurone présynaptique** envoie les influx vers la synapse et émet de l'information. Le **neurone postsynaptique** transmet l'activité électrique par-delà la synapse et reçoit de l'information. La plupart des neurones sont à la fois présynaptiques et postsynaptiques. Un neurone est doté en moyenne de 1000 à 10 000 corpuscules nerveux terminaux (chez certains neurones, ce nombre peut s'élever à 200 000) qui forment des synapses, et il est stimulé par un nombre équivalent de neurones. La cel-

lule postsynaptique située dans la périphérie de l'organisme peut être soit un autre neurone, soit une cellule effectrice (musculaire ou glandulaire).

Il existe deux types de synapses: les *synapses électriques* et les *synapses chimiques*. Nous allons maintenant les décrire.

Synapses électriques

Les **synapses électriques**, les moins abondantes, sont des jonctions ouvertes entre les membranes plasmiques de deux neurones adjacents. Elles contiennent des canaux protéiques, composés de sous-unités de connexine, qui font communiquer

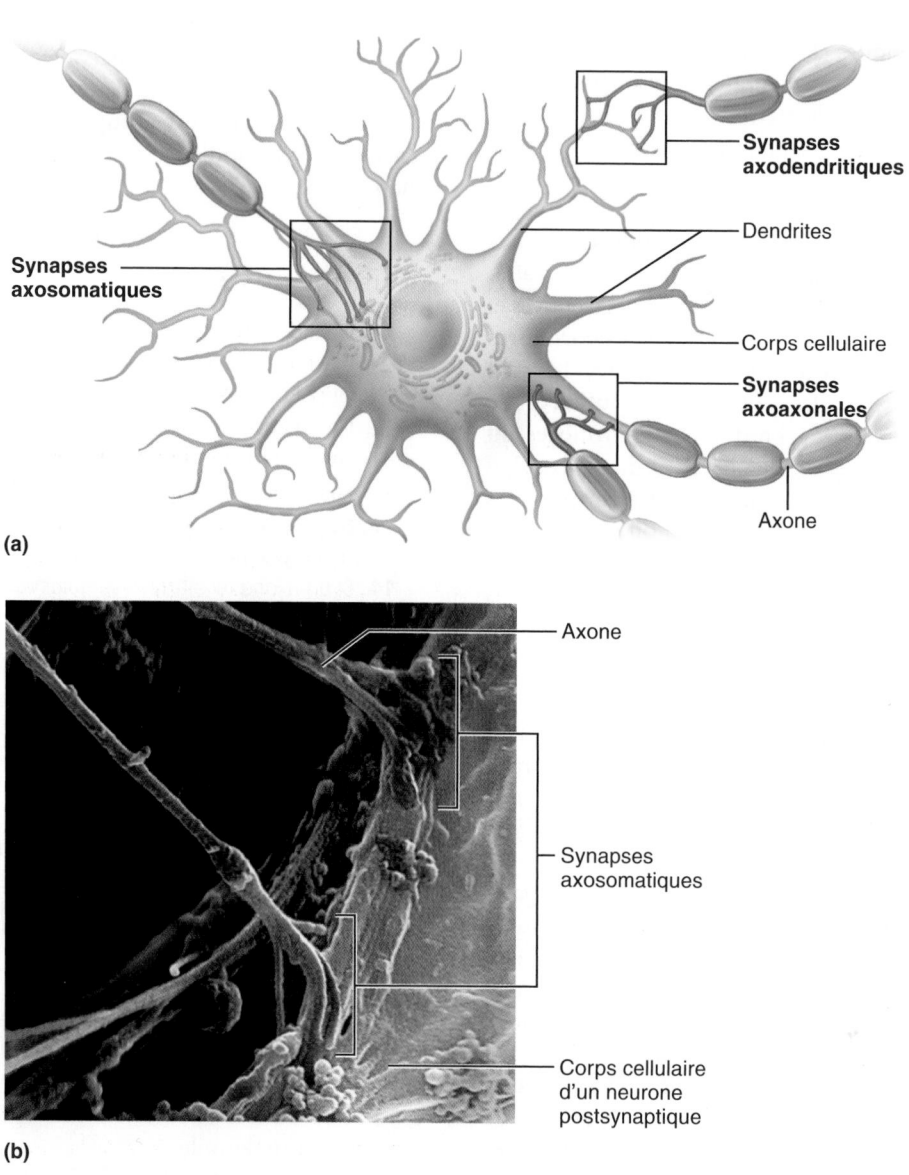

(a)

(b)

Figure 11.16 Synapses. (a) Synapses axodendritiques, axosomatiques et axoaxonales. **(b)** Micrographie au microscope électronique à balayage de fibres présynaptiques dans des synapses axosomatiques (5300×).

le cytoplasme des neurones ; c'est par ces canaux que les ions peuvent passer directement d'un neurone à l'autre et modifier le potentiel de membrane afin de déclencher une dépolarisation. La transmission à travers ces synapses est très rapide, soit de l'ordre de quelques microsecondes. Selon la nature de la synapse, la communication peut être unidirectionnelle ou bidirectionnelle.

La caractéristique des synapses électriques est de permettre la synchronisation de l'activité de plusieurs neurones en interaction fonctionnelle. Elles joueraient un rôle important dans l'éveil du SNC après le sommeil, ainsi que dans l'attention mentale et la perception consciente. Chez l'adulte, on observe la présence de synapses électriques dans les régions de l'encéphale qui contrôlent certains mouvements stéréotypés, tels que les tressautements normaux de l'œil. Il y en a aussi dans les synapses axoaxonales de l'hippocampe, une région étroitement liée aux émotions et à la mémoire. Les synapses électriques sont encore plus nombreuses dans le tissu nerveux embryonnaire. Au cours des premiers stades du développement neuronal, ces synapses interviennent dans l'échange de « signaux » qui permettront aux neurones de se relier adéquatement. Certaines synapses électriques sont remplacées par des synapses chimiques plus tard au cours du développement du système nerveux. Il y a aussi des synapses électriques entre les gliocytes du SNC qui jouent un rôle dans l'équilibre hydrique et électrolytique.

Synapses chimiques

Contrairement aux synapses électriques, dont les particularités structurales permettent la circulation des ions entre les neurones, les **synapses chimiques** se caractérisent par leur capacité de libérer et de recevoir des neurotransmetteurs chimiques (ligands). Une synapse chimique typique est composée de deux éléments :

1. Un *corpuscule nerveux terminal* d'un neurone présynaptique, qui renferme des dizaines de **vésicules synaptiques** en suspension dans le cytoplasme (ces petits sacs contiennent des milliers de molécules d'un neurotransmetteur).

2. Une *région réceptrice* du neurotransmetteur située sur la membrane d'une dendrite ou sur le corps cellulaire d'un neurone postsynaptique.

Bien que rapprochées, les membranes présynaptique et postsynaptique sont toujours séparées par la **fente synaptique**, un espace d'environ 30 à 50 nm de largeur (il est de l'ordre de 3 nm seulement au niveau des connexions des synapses électriques) rempli de liquide interstitiel. (Si une synapse électrique se compare au seuil d'une porte entre deux neurones, une fente synaptique serait analogue à un lac de bonne taille entre les deux.)

Comme le courant provenant de la membrane présynaptique se dissipe dans cette fente, les synapses chimiques empêchent la transmission *directe* de l'influx nerveux d'un neurone à un autre. La transmission des signaux à travers ces synapses est un *phénomène chimique* qui résulte de la libération, de la diffusion et de la liaison du neurotransmetteur à son récepteur spécifique.

Il s'agit là d'une *communication unidirectionnelle*. En fait, la propagation des influx nerveux le long d'un axone et à travers les synapses électriques est un processus purement électrique, tandis que les synapses chimiques convertissent les signaux électriques en signaux chimiques (neurotransmetteurs) qui traversent la synapse et atteignent les neurones postsynaptiques. Ils sont alors reconvertis en signaux électriques.

Transfert de l'information à travers les synapses chimiques

Au chapitre 9, nous avons présenté une synapse chimique particulière appelée *jonction neuromusculaire* (voir p. 326-327). La série d'événements qui s'y déroule n'est qu'un exemple du processus général que nous aborderons maintenant et que décrit le Zoom sur la synapse chimique **(figure 11.17)** :

① **Le potentiel d'action atteint le corpuscule nerveux terminal.** Le processus de transmission qui survient à une synapse chimique commence quand un potentiel d'action atteint le corpuscule nerveux terminal d'un neurone présynaptique.

② **Les canaux à calcium voltage-dépendants s'ouvrent, et le Ca^{2+} entre dans le corpuscule nerveux terminal.** La dépolarisation de la membrane plasmique causée par le potentiel d'action provoque non seulement l'ouverture des canaux à sodium, mais aussi celle des canaux à calcium voltage-dépendants. Pendant la brève période d'ouverture des canaux à calcium, les ions Ca^{2+} passent du liquide interstitiel, en suivant leur gradient de concentration, vers l'intérieur du corpuscule nerveux terminal.

③ **L'entrée du Ca^{2+} provoque la libération du contenu des vésicules de neurotransmetteur par exocytose.** L'afflux d'ions Ca^{2+} libres dans le corpuscule nerveux terminal sert de messager intracellulaire. Le détecteur de Ca^{2+}, la *synaptotagmine*, est une protéine qui se lie au Ca^{2+} et qui interagit avec les protéines SNARE qui régissent la fusion de la membrane (voir la figure 3.14). Les vésicules sympathiques fusionnent alors avec la membrane axonale et se vident de leur neurotransmetteur, qui s'écoule par exocytose dans la fente synaptique. Le Ca^{2+} est ensuite rapidement retiré du corpuscule : il est soit absorbé par les mitochondries, soit éjecté vers l'extérieur du neurone par la pompe à calcium. (Les vésicules synaptiques, quant à elles, peuvent être reformées sur place à partir de régions de la membrane présynaptique autres que celles de la zone active ; des fragments de membrane se recouvrent de clathrine, fusionnent avec un endosome et forment des vésicules qui captent des molécules de neurotransmetteurs.)

Chaque fois qu'un influx nerveux atteint le corpuscule nerveux terminal, le contenu de nombreuses vésicules (environ 300) s'écoule dans la fente synaptique. Plus la fréquence des influx est élevée (plus le stimulus est intense), plus les vésicules synaptiques seront nombreuses à éjecter leur contenu, et plus l'effet sera marqué sur la cellule postsynaptique.

Figure 11.17 **ZOOM** sur la synapse chimique

Les synapses chimiques transmettent des signaux d'un neurone à un autre au moyen de neurotransmetteurs.

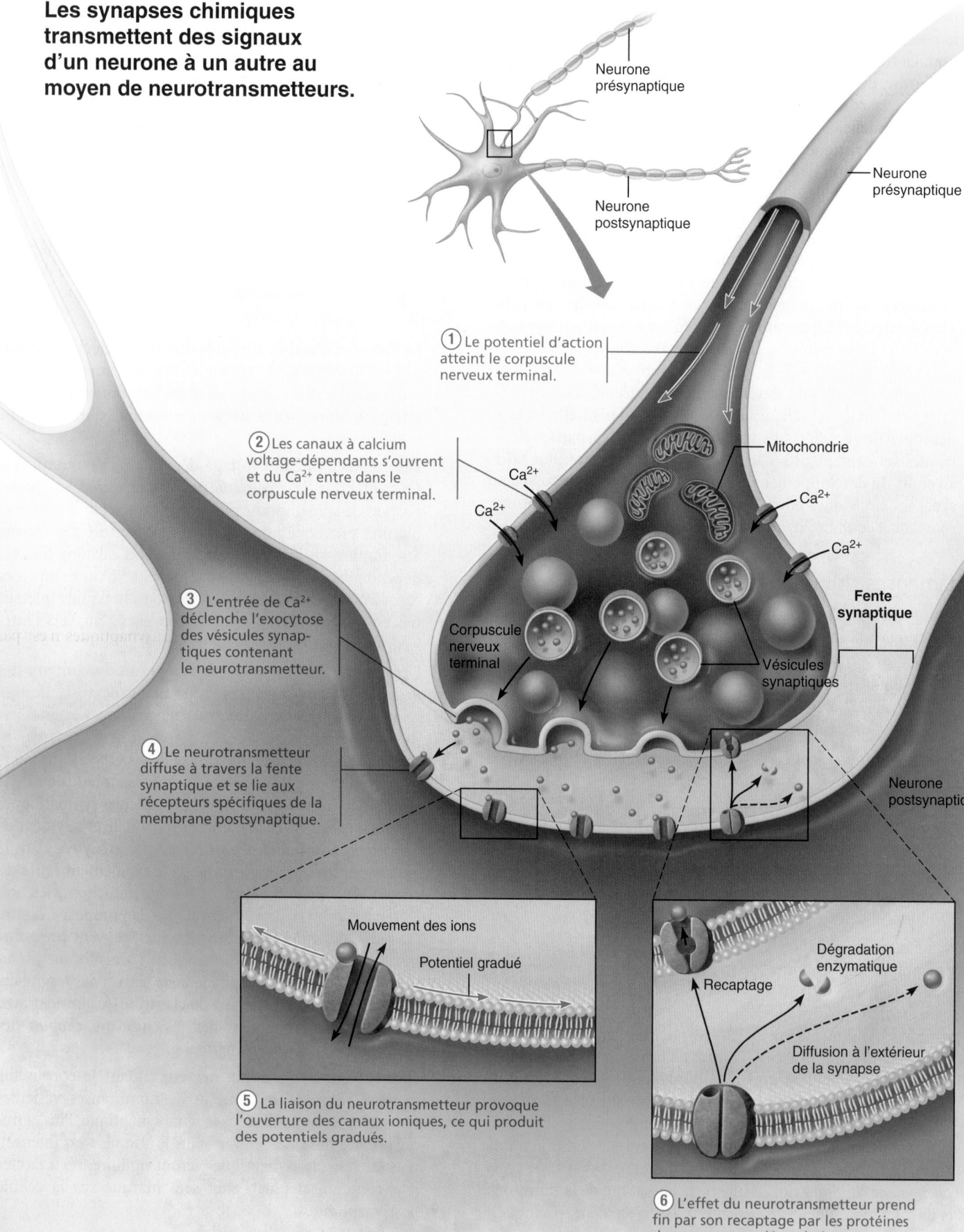

Neurone présynaptique

Neurone postsynaptique

Neurone présynaptique

① Le potentiel d'action atteint le corpuscule nerveux terminal.

② Les canaux à calcium voltage-dépendants s'ouvrent et du Ca^{2+} entre dans le corpuscule nerveux terminal.

Ca^{2+}

Ca^{2+}

Mitochondrie

Ca^{2+}

Ca^{2+}

③ L'entrée de Ca^{2+} déclenche l'exocytose des vésicules synaptiques contenant le neurotransmetteur.

Corpuscule nerveux terminal

Fente synaptique

Vésicules synaptiques

④ Le neurotransmetteur diffuse à travers la fente synaptique et se lie aux récepteurs spécifiques de la membrane postsynaptique.

Neurone postsynaptique

Mouvement des ions

Potentiel gradué

Dégradation enzymatique

Recaptage

Diffusion à l'extérieur de la synapse

⑤ La liaison du neurotransmetteur provoque l'ouverture des canaux ioniques, ce qui produit des potentiels gradués.

⑥ L'effet du neurotransmetteur prend fin par son recaptage par les protéines de transport, sa dégradation enzymatique ou sa diffusion à l'extérieur de la synapse.

④ **Le neurotransmetteur diffuse à travers la fente synaptique et il se lie à des récepteurs situés sur la membrane postsynaptique.**

⑤ **La liaison du neurotransmetteur provoque l'ouverture des canaux ioniques, ce qui produit des potentiels gradués.** Lorsque les molécules de neurotransmetteurs se lient aux récepteurs, ces derniers prennent une autre forme tridimensionnelle, ce qui provoque l'ouverture des canaux ioniques et la création de potentiels gradués. Les membranes postsynaptiques contiennent souvent des récepteurs protéiques et des canaux ioniques groupés en canaux ioniques ligand-dépendants. Selon le type de neurotransmetteurs libérés, le type de récepteurs protéiques auxquels ils se lient et le type de canaux régis par ces récepteurs, le neurone postsynaptique sera soit excité, soit inhibé.

⑥ **Cessation des effets du neurotransmetteur.** La liaison d'un neurotransmetteur à son récepteur est réversible. Tant qu'il demeure lié à un récepteur postsynaptique, le neurotransmetteur continue à agir sur la perméabilité de la membrane et il bloque la réception d'autres «messages» provenant des neurones présynaptiques. Il faut donc qu'un processus de «nettoyage» soit appliqué à la membrane postsynaptique. Il semble que les effets des neurotransmetteurs s'exercent pendant quelques millisecondes; après quoi, selon le neurotransmetteur, l'un des trois mécanismes suivants y mettrait fin.

■ *Recaptage* par les astrocytes (comme dans le cas du glutamate) ou par le corpuscule présynaptique, où le neurotransmetteur est emmagasiné ou détruit par des enzymes (c'est le cas de la noradrénaline).

■ *Dégradation* du neurotransmetteur par des enzymes associées à la membrane postsynaptique ou présentes dans la fente synaptique. (Tel est le cas de l'acétylcholine; voir la figure 9.7c.)

■ *Diffusion* à l'extérieur de la synapse. (Tel est probablement le cas de tous les neurotransmetteurs, pour une petite quantité au moins.)

Délai d'action synaptique

Un influx peut se déplacer à des vitesses approchant les 150 m/s (540 km/h) le long de l'axone, mais la transmission à travers une synapse chimique est relativement lente, étant donné le temps requis pour la libération du neurotransmetteur, sa diffusion à travers la fente synaptique et sa liaison aux récepteurs. Le **délai d'action synaptique**, qui dure de 0,3 à 0,5 ms, fait en sorte que la transmission à travers la fente synaptique constitue l'*étape limitante* (la plus lente) de la transmission nerveuse. C'est à cause du délai d'action synaptique que la transmission se produit rapidement dans les voies nerveuses composées de deux ou trois neurones seulement, tandis que la transmission s'effectue beaucoup plus lentement dans les voies nerveuses polysynaptiques qui caractérisent le fonctionnement mental supérieur. Mais, en pratique, la vitesse de transmission est telle que ces différences ne sont habituellement pas perceptibles.

Potentiels postsynaptiques et intégration synaptique

18 Distinguer le potentiel postsynaptique excitateur du potentiel postsynaptique inhibiteur.

19 Distinguer la sommation temporelle de la sommation spatiale; définir la potentialisation synaptique, l'inhibition présynaptique et la neuromodulation.

Un grand nombre des récepteurs présents sur les membranes postsynaptiques dans les synapses chimiques ont pour fonction d'ouvrir les canaux ioniques et de convertir ainsi les signaux chimiques en signaux électriques. Ces canaux ligand-dépendants sont relativement insensibles aux variations du potentiel de membrane, contrairement aux canaux ioniques voltage-dépendants qui produisent les potentiels d'action. Par conséquent, l'ouverture des canaux sur les membranes postsynaptiques n'est pas un phénomène qui peut s'autogénérer ou s'amplifier de lui-même. Les récepteurs du neurotransmetteur entraînent plutôt des variations locales du potentiel de membrane qui sont *graduées* selon la quantité de neurotransmetteur libérée et la durée du séjour du neurotransmetteur dans la fente synaptique. Le **tableau 11.2** met en parallèle les propriétés du potentiel d'action et celles des potentiels postsynaptiques.

Selon leur effet sur le potentiel de membrane du neurone postsynaptique, on divise les synapses chimiques en deux types, soit les synapses excitatrices et les synapses inhibitrices.

Synapses excitatrices et PPSE

La liaison du neurotransmetteur entraîne la dépolarisation de la membrane postsynaptique dans les synapses excitatrices. Contrairement à ce qui se produit sur les membranes axonales, la liaison du neurotransmetteur ouvre un seul type de canal ionique ligand-dépendant sur les membranes postsynaptiques (celles des dendrites et des corps cellulaires des neurones). L'ouverture de ce canal permet aux ions Na^+ et aux ions K^+ de diffuser *simultanément* à travers la membrane dans des directions opposées. Bien que cet échange de cations puisse sembler un moyen plutôt inefficace d'obtenir une dépolarisation, rappelez-vous que le gradient électrochimique du sodium est supérieur à celui du potassium. La diffusion du Na^+ vers le cytoplasme est donc plus importante que la sortie du K^+ vers

11

TABLEAU 11.2	Comparaison des potentiels d'action et des potentiels gradués	
	POTENTIEL GRADUÉ	**POTENTIEL D'ACTION**
Origine	Corps cellulaire et dendrites, principalement	Cône d'implantation de l'axone et axone

Distance parcourue	Courte distance, habituellement à l'intérieur du corps cellulaire jusqu'au cône d'implantation de l'axone (de 0,1 à 1,0 mm)	Longue distance, du cône d'implantation de l'axone le long de tout l'axone (de quelques millimètres à plus d'un mètre)

Amplitude	Variée (graduée), diminue avec la distance	Constante (obéit à la loi du tout ou rien), ne diminue pas avec la distance
Stimulus déclenchant l'ouverture des canaux ioniques	Stimulus chimique (neurotransmetteur) ou sensoriel (lumière, pression, température, par exemple)	Voltage (dépolarisation, déclenché par un potentiel gradué qui atteint le seuil d'excitation)
Rétroactivation	Absente	Présente
Repolarisation	Voltage-indépendante, se produit quand le stimulus a cessé	Voltage-dépendante, se produit quand les canaux à Na$^+$ sont inactivés et que les canaux à K$^+$ s'ouvrent
Sommation	Oui; sommation des réponses au stimulus pour augmenter l'amplitude du potentiel gradué	Non; obéit à la loi du tout ou rien

Sommation temporelle: augmentation de la fréquence des stimulus

Sommation spatiale: stimulus provenant de sources multiples

TABLEAU 11.2 (suite)			
	POTENTIEL GRADUÉ		**POTENTIEL D'ACTION**
	POTENTIEL POSTSYNAPTIQUE (TYPE DE POTENTIEL GRADUÉ)		
	EXCITATEUR (PPSE)	**INHIBITEUR (PPSI)**	
Fonction	Signal de courte portée; dépolarisation qui s'étend jusqu'au cône d'implantation de l'axone; *rapproche* le potentiel de membrane du seuil d'excitation	Signal de courte portée; hyperpolarisation qui s'étend jusqu'au cône d'implantation de l'axone; *éloigne* le potentiel de membrane du seuil d'excitation	Signal de longue portée; constitue l'influx nerveux
Effet initial du stimulus	Ouverture des canaux qui permettent la diffusion simultanée du Na^+ et du K^+	Ouverture des canaux à K^+ ou des canaux à Cl^-	Ouverture des canaux à Na^+, puis des canaux à K^+
Potentiel de membrane maximal	Devient dépolarisé, s'approche de 0 mV	Devient hyperpolarisé; s'approche de –90 mV	De +30 à +50 mV

11

le liquide interstitiel, ce qui donne lieu à une dépolarisation de la membrane plasmique.

Si le neurotransmetteur se lie à un nombre suffisant de canaux ioniques, la dépolarisation de la membrane postsynaptique peut atteindre 0 mV, ce qui est bien au-dessus du seuil d'excitation d'un axone (environ –50 mV). Mais il faut souligner que *les membranes postsynaptiques ne peuvent pas engendrer de potentiels d'action*, contrairement aux axones, qui en sont capables grâce à leurs canaux voltage-dépendants. L'inversion de polarité radicale que l'on observe dans les axones ne survient jamais dans les membranes qui contiennent *seulement* des canaux ligand-dépendants, parce que les mouvements opposés du K^+ et du Na^+ empêchent l'accumulation de charges posi-

tives excédentaires à l'intérieur de la cellule. Par conséquent, au lieu de potentiels d'action, ce sont des phénomènes locaux de dépolarisation (potentiels gradués) appelés **potentiels postsynaptiques excitateurs** (PPSE) qui se produisent dans les membranes postsynaptiques excitatrices (figure 11.18a).

Chaque PPSE ne dure que quelques millisecondes, puis la membrane revient au potentiel de repos. La seule fonction des PPSE consiste à favoriser la production d'un potentiel d'action par la zone gâchette de l'axone du neurone postsynaptique. Les courants créés par chacun des PPSE diminuent avec la distance, mais ils peuvent se propager jusqu'au cône d'implantation de l'axone; du reste, ils l'atteignent souvent. Si ceux qui parviennent au cône d'implantation sont suffisamment puissants

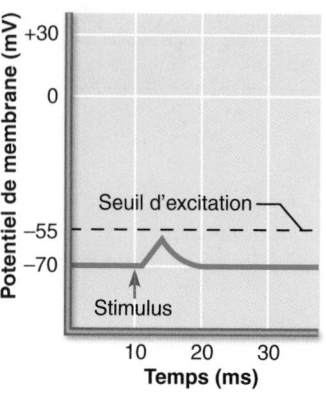

Un PPSE consiste en une dépolarisation locale (potentiel gradué) de la membrane postsynaptique qui rapproche le neurone du seuil d'excitation. Le neurotransmetteur se lie aux canaux ioniques ligand-dépendants, ce qui entraîne la diffusion simultanée du Na^+ et du K^+.

(a) Potentiel postsynaptique excitateur (PPSE)

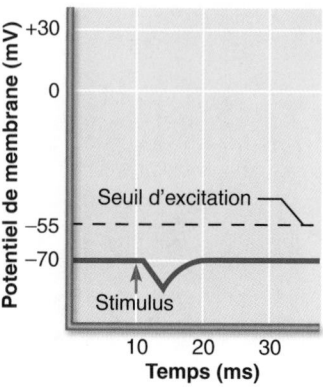

Un PPSI consiste en une hyperpolarisation locale de la membrane post-synaptique et éloigne le neurone du seuil d'excitation. La liaison du neurotransmetteur ouvre les canaux à K^+ ou à Cl^-.

(b) Potentiel postsynaptique inhibiteur (PPSI)

Figure 11.18   **Potentiels postsynaptiques.**

pour dépolariser l'axone jusqu'au seuil d'excitation, les canaux voltage-dépendants de la zone gâchette s'ouvriront et il y aura production d'un potentiel d'action.

Synapses inhibitrices et PPSI

La liaison du neurotransmetteur dans les synapses inhibitrices *réduit* la capacité d'un neurone postsynaptique d'engendrer un potentiel d'action. La plupart des neurotransmetteurs inhibiteurs entraînent une hyperpolarisation de la membrane postsynaptique en augmentant sa perméabilité aux ions K^+, aux ions Cl^- ou aux deux. La perméabilité aux ions Na^+ n'est pas modifiée. Si les canaux à potassium sont ouverts, les ions K^+ sortent de la cellule; si les canaux à chlorure sont ouverts, les ions Cl^- entrent. Dans un cas comme dans l'autre, la charge de la face interne de la membrane devient plus négative. À mesure que le potentiel de membrane s'accroît et s'écarte du seuil d'excitation de l'axone, le neurone postsynaptique devient moins susceptible de « faire feu », et il faudra des courants dépolarisants (des PPSE) plus importants pour créer un potentiel d'action. Ces changements de potentiel sont appelés **potentiels postsynaptiques inhibiteurs (PPSI)** (figure 11.18b).

Intégration et modification des phénomènes synaptiques

Sommation par le neurone postsynaptique   Un seul PPSE ne peut produire un potentiel d'action dans le neurone postsynaptique (figure 11.19a). Mais si des milliers de corpuscules nerveux terminaux excitateurs libèrent leur neurotransmetteur en direction de la même membrane postsynaptique, ou si un plus petit nombre de corpuscules fournissent des influx rapidement, la probabilité d'atteindre la dépolarisation liminaire s'accroît considérablement. Par conséquent, les PPSE peuvent s'additionner sur les dendrites ou sur les corps cellulaires pour influer sur l'activité d'un neurone postsynaptique. En fait, les influx nerveux ne seraient jamais engendrés sans cette **sommation** (somme des dépolarisations postsynaptiques).

Deux types de sommation sont possibles. La **sommation temporelle** a lieu lorsqu'au moins un corpuscule nerveux terminal d'un neurone présynaptique transmet plusieurs influx consécutifs et que la libération du neurotransmetteur s'effectue par décharges successives et rapprochées. Le premier influx produit un léger PPSE sur la membrane plasmique du neurone postsynaptique et, avant qu'il ne se dissipe, des influx successifs déclenchent d'autres PPSE. Ces derniers s'additionnent et entraînent une dépolarisation de la membrane postsynaptique beaucoup plus importante que celle qui résulterait d'un seul PPSE (figure 11.19b).

La **sommation spatiale** a lieu lorsque le neurone postsynaptique est stimulé en même temps par un grand nombre de corpuscules nerveux terminaux appartenant au même neurone ou, généralement, à différents neurones. Un très grand nombre de récepteurs peuvent alors se lier au neurotransmetteur et déclencher simultanément des PPSE; ces derniers s'additionnent, entraînant ainsi la dépolarisation de la membrane plasmique du corps cellulaire et éventuellement un potentiel d'action au niveau de l'axone (figure 11.19c).

Nous avons accordé une attention particulière aux PPSE, mais il faut noter que les PPSI peuvent également s'additionner, de manière temporelle aussi bien que spatiale. Il existe alors un plus haut degré d'inhibition du neurone postsynaptique et une plus faible probabilité de dépolarisation et de déclenchement d'un potentiel d'action.

La plupart des neurones reçoivent des messages excitateurs et des messages inhibiteurs de milliers de neurones. De plus, la même neurofibre peut former des synapses différentes (quant à leurs caractéristiques biochimiques et électriques) selon le type de neurone cible. Comment toutes ces informations sont-elles interprétées par le neurone postsynaptique?

Le cône d'implantation de l'axone de chaque neurone semble posséder un « registre » pour les PPSE et les PPSI qu'il reçoit. Non seulement les PPSE et les PPSI s'additionnent-ils séparément, mais les PPSE s'additionnent également aux PPSI. Si les effets stimulateurs des PPSE dominent suffisamment pour que le potentiel de membrane atteigne le seuil d'excitation, le cône d'implantation déclenche un potentiel d'action. Si le processus de sommation n'entraîne qu'une dépolarisation infraliminaire ou une hyperpolarisation, l'axone n'engendre pas de potentiel

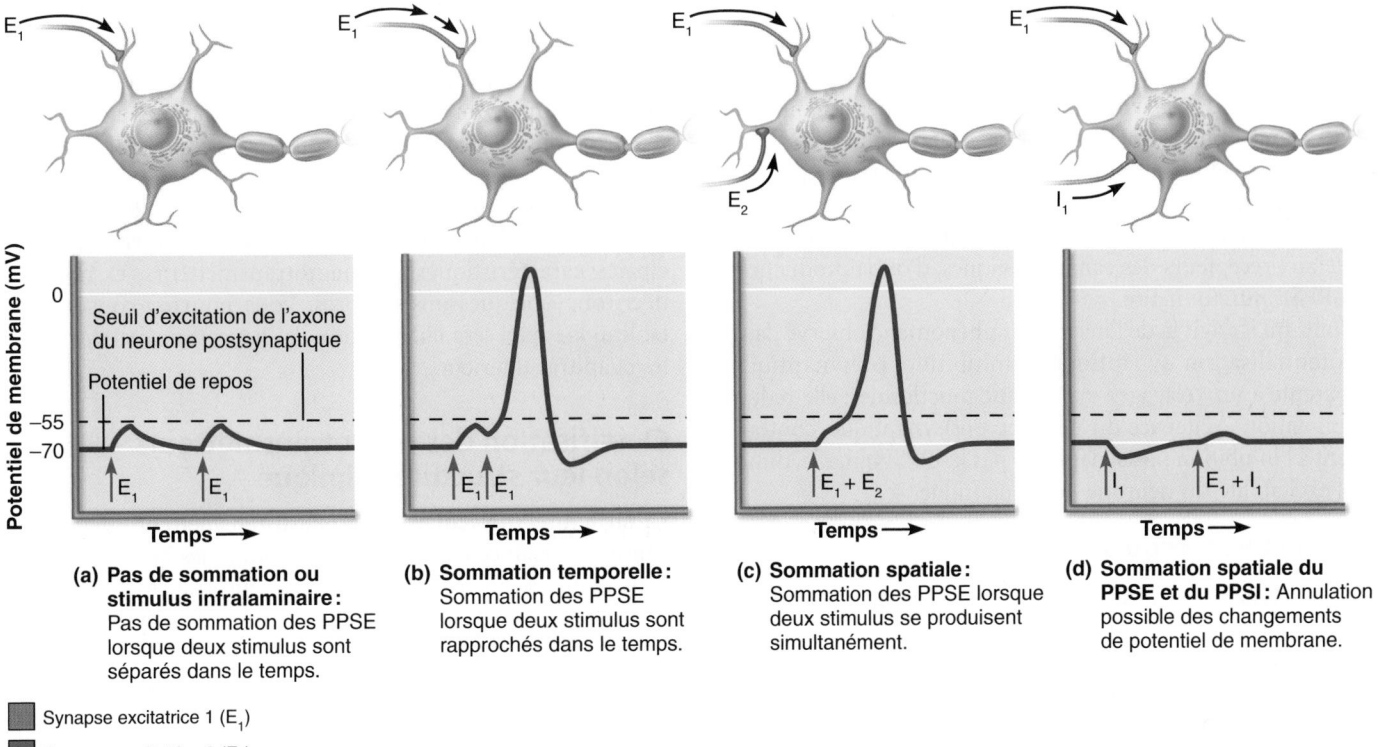

Figure 11.19 Intégration des PPSE et des PPSI.

d'action (figure 11.19d). Cependant, les neurones partiellement dépolarisés profitent d'une **facilitation** – c'est-à-dire qu'ils sont plus facilement excités par des dépolarisations successives – parce qu'ils sont déjà rapprochés du seuil d'excitation. La membrane du cône d'implantation de l'axone joue ainsi le rôle d'un *intégrateur nerveux*: son potentiel reflète à tout moment la somme des informations nerveuses qui parviennent au neurone postsynaptique.

Puisque les PPSE et les PPSI sont des potentiels gradués qui faiblissent à mesure qu'ils se propagent, les synapses les plus efficaces sont celles qui sont situées le plus près du cône d'implantation de l'axone. Plus précisément, les synapses inhibitrices sont plus efficaces quand elles sont situées entre le site du déclenchement de l'excitation et le site de la production du potentiel d'action (le cône d'implantation de l'axone). Par conséquent, les synapses inhibitrices sont plus fréquentes sur le corps cellulaire, et les synapses excitatrices, sur les dendrites (figure 11.19d).

Potentialisation synaptique L'utilisation répétée ou continue d'une synapse (même pour de courtes périodes) accroît la capacité du neurone présynaptique d'exciter le neurone postsynaptique et produit des potentiels postsynaptiques plus grands que le stimulus ne l'aurait laissé présager: c'est ce qu'on appelle la **potentialisation synaptique**. Les corpuscules nerveux terminaux présynaptiques d'une telle synapse contiennent des concentrations d'ions Ca^{2+} relativement élevées: on pense que ce surplus d'ions Ca^{2+} déclenche la libération d'une plus grande

quantité de neurotransmetteur, lequel produit à son tour de plus grands PPSE.

En outre, la potentialisation synaptique accroît aussi l'afflux de Ca^{2+} dans le neurone postsynaptique par l'intermédiaire des épines dendritiques. Une brève stimulation à haute fréquence dépolarise en partie la membrane postsynaptique. Cette dépolarisation partielle fait en sorte que certains canaux ligand-dépendants appelés *récepteurs du NMDA* (*N-méthyl D-aspartate*) laissent entrer du Ca^{2+}, ce qui ne se produit que lorsque la membrane est dépolarisée. À mesure qu'il pénètre dans la cellule, le Ca^{2+} active certaines kinases; ces enzymes provoquent des changements qui augmentent l'efficacité des réponses aux stimulus ultérieurs.

Dans certains neurones, un potentiel d'action déclenché au cône d'implantation de l'axone remonte aussi vers les dendrites. Ce courant modifie l'efficacité des synapses en provoquant l'ouverture des canaux à calcium voltage-dépendants, ce qui permet de nouveau l'entrée de calcium dans les dendrites et favorise la potentialisation synaptique.

La potentialisation synaptique, aussi appelée *potentialisation à long terme*, peut être considérée comme un processus d'apprentissage qui accroît l'efficacité de la neurotransmission le long d'une voie. Par exemple, l'hippocampe (une région de l'encéphale), qui joue un rôle important dans la mémorisation d'informations ainsi que dans les processus reliés à l'apprentissage, présente des potentialisations à long terme exceptionnellement longues.

Inhibition présynaptique L'activité postsynaptique peut également subir l'effet de phénomènes survenant dans la membrane présynaptique. Il y a **inhibition présynaptique** lorsque, par l'entremise d'une synapse axoaxonale, un neurone inhibe la libération d'un neurotransmetteur excitateur par un autre neurone. Plusieurs mécanismes peuvent intervenir, mais le résultat final se traduit par une sécrétion du neurotransmetteur moins importante; seule une faible quantité de ses molécules se fixe aux récepteurs des canaux ioniques, d'où la production d'un PPSE infraliminaire.

Notez qu'il s'agit là de l'inverse du phénomène observé dans la potentialisation synaptique. L'inhibition présynaptique s'apparente à un «élagage» synaptique fonctionnel: elle réduit la stimulation excitatrice du neurone postsynaptique, contrairement à l'inhibition postsynaptique par les PPSI qui, elle, diminue l'excitabilité du neurone postsynaptique.

VÉRIFIONS NOS ACQUIS

17. Quels ions s'écoulent à travers les canaux ligand-dépendants pour produire les PPSI? Les PPSE?
18. Quelle est la différence entre la sommation temporelle et la sommation spatiale?

Les réponses se trouvent à l'appendice G.

Neurotransmetteurs et récepteurs

20 Définir le neurotransmetteur et donner un aperçu de la classification des neurotransmetteurs selon leur nature chimique et leurs fonctions; donner quelques exemples de substances (médicaments, drogues, poisons) agissant sur la transmission synaptique et préciser leur mode d'action.

Avec les signaux électriques, les *neurotransmetteurs* constituent le langage du système nerveux, le code qui permet à chaque neurone de communiquer avec les autres afin de traiter et d'envoyer des messages dans le reste de l'organisme. Le sommeil, la pensée, la colère, la faim, la mobilité et même le sourire découlent de l'action de ces molécules de communication polyvalentes. La plupart des facteurs qui influent sur la transmission synaptique agissent en augmentant ou en empêchant la libération ou la dégradation de neurotransmetteurs ou encore en les empêchant de se lier aux récepteurs. Tout comme les troubles de la parole peuvent nuire à la communication interpersonnelle, les entraves à l'activité des neurotransmetteurs peuvent court-circuiter les «conversations» de l'encéphale ou son monologue intérieur (voir le Gros plan, p. 471-473).

On connaît actuellement plus de 50 substances qui sont ou pourraient être des neurotransmetteurs. Bien que certains neurones produisent et libèrent un seul neurotransmetteur, la plupart en élaborent deux ou plus et ils peuvent n'en libérer qu'un ou les libérer tous. Il semble que, dans la plupart des cas, la libération des différents neurotransmetteurs repose sur la fréquence de la stimulation, restriction qui évite la production d'un enche-vêtrement de messages inintelligibles. Toutefois, on a bel et bien démontré que les mêmes vésicules pouvaient libérer simultanément deux neurotransmetteurs. La coexistence de quelques neurotransmetteurs dans un seul neurone permet à ce dernier d'exercer plusieurs effets plutôt qu'un seul qui serait toujours le même.

On classe les neurotransmetteurs selon leur structure chimique et selon leur fonction. Le **tableau 11.3** présente les principales caractéristiques des neurotransmetteurs, et nous en décrirons quelques-uns ci-après. Vous pourrez consulter ce tableau lorsqu'il sera fait mention des neurotransmetteurs dans les chapitres ultérieurs.

Classification des neurotransmetteurs selon leur structure chimique

La structure moléculaire des neurotransmetteurs détermine leur appartenance à une des classes chimiques que nous décrivons ci-après. En règle générale, les neurotransmetteurs dont la molécule est de petite taille – comme l'acétylcholine, les amines biogènes et les acides aminés – agissent très rapidement (en quelques millisecondes) et interviennent, par exemple, dans les activités réflexes. À l'opposé, les neurotransmetteurs constitués par une molécule de grande taille – comme les neuropeptides – ont une action lente et prolongée et participent à des processus à plus long terme.

Acétylcholine

L'**acétylcholine (Ach)** a été le premier neurotransmetteur découvert. C'est aujourd'hui encore le mieux connu, car il est libéré dans les terminaisons neuromusculaires, dont l'étude est plus facile que celle des synapses enfouies dans le SNC. L'acétylcholine est synthétisée à partir de l'acide acétique (sous forme d'acétyl coenzyme A) et de la choline au cours d'une réaction dans laquelle intervient une enzyme appelée *choline acétyltransférase* (ChAT). L'Ach qui vient d'être synthétisée est transportée jusqu'aux vésicules synaptiques, d'où elle est ensuite libérée. Après sa libération par le corpuscule nerveux terminal, l'acétylcholine se lie brièvement aux récepteurs postsynaptiques. Elle s'en détache ensuite pour être dégradée en acide acétique et en choline sous l'action de l'**acétylcholinestérase** (AchE), une enzyme localisée dans la fente synaptique et sur les membranes postsynaptiques. La choline produite à l'issue de la réaction est recaptée par les corpuscules présynaptiques et réutilisée dans la synthèse de nouvelles molécules d'acétylcholine.

Tous les neurones qui stimulent les muscles squelettiques libèrent de l'acétylcholine, de même que certains neurones du SNA. C'est également le cas d'une grande partie des neurones du SNC.

Amines biogènes

La sérotonine et l'histamine, de même que les **catécholamines** telles que la dopamine, la noradrénaline et l'adrénaline, sont des neurotransmetteurs synthétisés à partir d'acides aminés, d'où leur nom d'**amines biogènes**. La *dopamine* et la *noradrénaline* sont synthétisées à partir de la tyrosine, un acide aminé,

Le plaisir, à quel prix ?

Faire l'amour! Se droguer! Danser! Boire, manger et se sentir bien! Pourquoi trouvons-nous ces activités si agréables? Au départ, parce que nos cerveaux sont programmés pour nous récompenser par le plaisir quand nous nous engageons dans un comportement nécessaire pour notre propre survie et pour celle de l'espèce. Ce circuit de récompense se compose de neurones qui produisent de la dopamine et qui sont situés dans plusieurs aires du cerveau: l'*aire tegmentale ventrale*, le *noyau accumbens* et l'*amygdale*.

Cette capacité de se sentir euphorique fait intervenir la production de neurotransmetteurs dans le circuit de récompense. Par exemple, il est tout à fait possible de décrire l'extase d'une passion amoureuse comme un véritable «déluge cérébral» de glutamate, de sérotonine et de noradrénaline. Malheureusement, il arrive que certains événements viennent bouleverser le fonctionnement de ce puissant système de récompense. C'est notamment le cas de la consommation de drogues, qui induisent une accoutumance extrêmement dangereuse et qui empoisonnent la vie d'au moins 1 personne sur 200 dans le monde.

Certains chanteurs contemporains célèbres ont glorifié la consommation de drogues, comme les amphétamines, des substances chimiquement très proches des neurotransmetteurs naturels. Les personnes qui consomment des méthamphétamines (*crystal meth*, *ice* ou *speed*) stimulent leur cerveau pour ressentir d'intenses plaisirs, une impression d'énergie, de puissance et d'invincibilité. L'euphorie est principalement attribuable à la dopamine, l'assurance à la sérotonine et l'énergie à l'adrénaline; d'autres neurotransmetteurs tels les opioïdes (les endorphines, par exemple) seraient quant à eux responsables du plaisir. Mais le bien-être éprouvé est de courte durée. En effet, en provoquant la libération des neurotransmetteurs tout en bloquant leur dégradation, le cerveau finit par en produire moins. Par ailleurs, ces drogues favorisent le développement de maladies neurodégénératives, d'AVC et de problèmes cardiaques.

La cocaïne vient aussi titiller le système de récompense. Autrefois jouet de riche, cette drogue se présente aujourd'hui

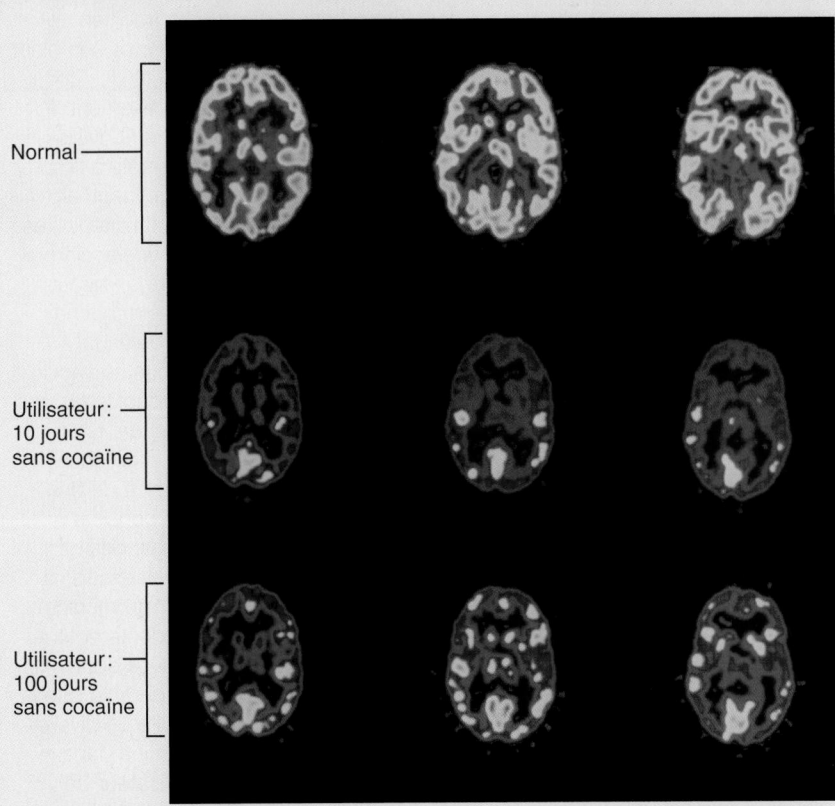

Normal

Utilisateur: 10 jours sans cocaïne

Utilisateur: 100 jours sans cocaïne

Cette tomographie (PET scan) montre que les niveaux normaux d'activité cérébrale (en jaune et en rouge) demeurent inférieurs bien longtemps après l'arrêt de la consommation de la cocaïne.

sous une forme fumable et plus puissante qu'auparavant, connue sous le nom de crack ou de *rock*. Pour 50 $, le non-initié peut se procurer ces petits cristaux et s'abandonner immédiatement à un raz-de-marée de plaisir. Mais le crack est une drogue insidieuse dont il devient rapidement très difficile de se passer. En effet, en plus de produire une euphorie plus intense que celle obtenue avec la cocaïne, il induit également une dépression plus profonde, qui incite l'utilisateur à consommer de plus en plus de crack. Par ailleurs, cette drogue est un puissant vasoconstricteur responsable de la nécrose de certains organes, d'infarctus et de problèmes respiratoires.

Comment la cocaïne produit-elle son effet? La drogue stimule le système de récompense en bloquant la dégradation des trois neurotransmetteurs (le glutamate, la sérotonine et l'adrénaline), qui ont normalement pour effet d'entraîner la libération de dopamine. Ils demeurent alors dans la synapse et stimulent sans arrêt les cellules postsynaptiques, ce qui explique le prolongement des effets de la cocaïne dans l'organisme. Cette sensation d'euphorie s'accompagne d'une augmentation de l'appétit sexuel, de la fréquence cardiaque et de la pression artérielle.

Comme la consommation répétée de cocaïne bloque le recaptage des neurotransmetteurs, l'organisme en libère de moins en moins. Par conséquent, les cellules postsynaptiques deviennent hypersensibles et tentent désespérément de capter d'autres signaux des neurotransmetteurs en augmentant le nombre de récepteurs sur leur membrane plasmique. Chez l'utilisateur, ces changements physiologiques s'accompagnent d'anxiété et de dépression. Le cercle vicieux de la dépendance s'installe: le cocaïnomane a besoin de cocaïne, pas tant pour le plaisir, mais pour revenir à son état normal.

Selon une autre théorie, plus récente, le maintien de l'accoutumance à la cocaïne dépend d'un autre neurotransmetteur, le glutamate, qui joue un rôle important dans l'apprentissage. Les signaux transmis par cette substance semblent produire dans l'encéphale des changements plus permanents (potentialisation synaptique) qui donnent naissance à un besoin compulsif de prendre la drogue sous l'influence de certains stimuli externes. C'est ce que démontrent certaines expériences portant sur des souris qu'on a génétiquement modifiées afin de supprimer un certain récepteur du glutamate (GluR5). Ces souris consomment la cocaïne qu'on leur donne, mais elles ne deviennent jamais dépendantes. (Évidemment, si elles ne possèdent pas de récepteurs GluR5, elles ne sont pas très futées non plus.)

Le glutamate serait donc responsable de l'apprentissage qui valide l'adage «accro un jour, accro toujours». Le système qui combine le glutamate aux autres neurotransmetteurs est tellement puissant qu'après des années certaines circonstances peuvent produire une envie intense de consommer de la cocaïne.

Il est notoire que ces envies désespérées et incontrôlables sont très difficiles à traiter. Les médicaments traditionnels prescrits contre l'accoutumance semblent inefficaces puisque la majorité des cocaïnomanes abandonnent le traitement. Il faut donc mettre au point de nouvelles approches. L'une d'elles consiste à empêcher la cocaïne de se rendre jusqu'au cerveau. Des chercheurs ont obtenu des résultats prometteurs avec un vaccin qui incite le système immunitaire à «neutraliser» les molécules de cocaïne, qui ne peuvent alors atteindre le cerveau. Un essai clinique a démontré que ce vaccin atténuait les sensations agréables ressenties par les utilisateurs dépendants et diminuait leur consommation de cocaïne. Une autre méthode permettant de briser le cercle de la dépendance consiste à réduire l'intensité des hauts et des bas éprouvés par l'utilisateur. Des essais cliniques en cours portent sur un médicament (vanoxerine) qui se lie lentement au transporteur du recaptage de la dopamine et l'inhibe de manière plus durable que la cocaïne ne le fait. Il en résulte un nivellement des niveaux de dopamine dans le cerveau, ce qui évite à l'utilisateur de

perdre le contrôle. Une dernière approche permettant de briser le cercle de la dépendance consiste à interrompre le renforcement appris par le consommateur de drogue. Le traitement repose sur l'emploi de l'ibogaïne, un remède traditionnel de la pharmacopée africaine. Bien qu'elle produise apparemment l'effet recherché, l'ibogaïne elle-même est trop nocive pour une utilisation clinique, comme l'ont découvert à leurs dépens certains utilisateurs clandestins. En revanche, la 18-méthoxycoronaridine (18-MC), une substance synthétique proche de la molécule naturelle, semble nettement moins toxique, tout en étant aussi efficace pour traiter la dépendance à l'égard de la cocaïne ainsi qu'à plusieurs autres drogues. Il faut cependant poursuivre les études afin de démontrer l'efficacité de cette molécule.

Ce besoin irrésistible de consommer (appelé *craving*) a poussé certains utilisateurs à s'improviser pharmacologistes. Très créatifs, ils sont prêts à essayer pratiquement n'importe quelle substance, peu importe qu'elle soit toxique ou dangereuse, pour obtenir la sensation qu'ils recherchent. C'est ainsi qu'en dissolvant dans l'acétone un mélange de divers

au cours d'un même processus composé de plusieurs étapes. La synthèse d'adrénaline dans les cellules de l'encéphale et de la médulla surrénale se fait par la même voie métabolique. La *sérotonine* est produite à partir d'un acide aminé appelé tryptophane, alors que l'*histamine* dérive de l'acide aminé appelé histidine.

L'encéphale contient de nombreuses amines biogènes, qui interviennent dans le comportement émotionnel et dans la régulation de l'horloge biologique. Par ailleurs, les catécholamines (la noradrénaline en particulier) sont libérées par certains neurones moteurs du SNA. Les déséquilibres de ces neurotransmetteurs sont associés à certaines maladies mentales, comme dans la schizophrénie, qui s'accompagne d'une production excessive de dopamine. En outre, certaines substances psychotropes (le LSD et la mescaline, notamment) peuvent se lier aux récepteurs des amines biogènes et provoquer des hallucinations.

Acides aminés

Il est plus difficile de prouver qu'un *acide aminé* est un neurotransmetteur, parce que ces molécules sont présentes dans toutes les cellules de l'organisme et jouent un rôle important dans un grand nombre de réactions biochimiques. Alors que l'acétylcholine et les amines biogènes ne se rencontrent que dans les neurones et les glandes surrénales (dans le cas de la noradrénaline et de l'adrénaline), on trouve des acides aminés dans toutes les cellules de l'organisme, et ils participent à de nombreuses réactions biochimiques autres que la synthèse des neurotransmetteurs. L'**acide gamma-aminobutyrique** (**GABA**), la **glycine**, l'**aspartate** et le **glutamate** sont des acides aminés dont le rôle de neurotransmetteurs est attesté, mais il en existe probablement d'autres.

Peptides

Les **neuropeptides** sont constitués essentiellement de chaînes d'acides aminés et comprennent un large éventail de molécules aux effets divers. Par exemple, un neuropeptide appelé **substance P** est un important médiateur des messages nociceptifs. À l'opposé, les **endorphines**, qui comprennent la bêta-endorphine et la **dynorphine**, et les **enképhalines** agissent comme des opiacés naturels en réduisant la perception de la douleur dans certaines conditions stressantes. L'activité des enképhalines s'accroît considérablement pendant l'accouchement. La libération d'endorphines s'intensifie lorsque les athlètes trouvent ce qu'on appelle communément le «second souffle», et c'est probablement ce phénomène qui explique la médicaments contre le rhume, des têtes d'allumettes et de l'iode, des apprentis sorciers ont mis au point le *crystal meth*, une drogue très populaire entraînant une forte dépendance, même au risque de détruire la vie de l'utilisateur. Un autre cocktail récemment apparu consiste à faire tremper de la marijuana dans du formaldéhyde, à l'assécher, puis à la fumer. Parmi les autres substances étonnantes, citons la «bombe H» (un mélange d'ecstasy et d'héroïne ou d'opium), le «sextasy» (mélange d'ecstasy et de sildénafil [Viagra]), l'octane (de la PCP imprégnée d'essence) et l'ozone (mélange de marijuana, de PCP et de crack ajouté au tabac d'une cigarette). Rappelons que le formaldéhyde cause le cancer et que l'essence endommage le foie, mais les plus grands dommages proviennent des drogues elles-mêmes.

Prenons l'exemple de l'ecstasy (MDMA), qui passe pour inoffensive aux yeux de nombreux utilisateurs, bien qu'elle cible les neurones qui libèrent la sérotonine. La vague de plaisir et d'énergie que les utilisateurs ressentent provient de la libération de sérotonine et d'autres neurotransmetteurs. Toutefois, l'ecstasy endommage et détruit parfois ces neurones,

entraînant une perte de la mémoire verbale et spatiale. Cette drogue peut causer des problèmes permanents de dépression, d'insomnie et de mémoire, un prix élevé à payer pour quelques moments de plaisir.

Entre le «Le monde est stone», de Plamondon, jusqu'au «Tu es ma came» de Bruni, bien des années se sont écoulées et la drogue est non seulement encore présente, mais de nouvelles sortes apparaissent sur le marché. Par contre, les personnes qui veulent des drogues pures, efficaces et «sûres» ne les achètent pas sur la rue. Elles se les procurent chez leur médecin ou auprès d'un inconnu qui leur vend des pilules d'oxycodone (OxyContin), un puissant opioïde obtenu sur ordonnance et dont les effets sont semblables à ceux de l'héroïne. Même une personne qui n'a jamais eu l'intention de consommer des drogues illégales peut se retrouver prise dans le cercle de la dépendance aux médicaments vendus sur ordonnance. Prescrite à bon escient pour soulager la douleur intense, l'oxycodone doit être prise oralement. Mais les accros réduisent les comprimés en poudre et les reniflent ou les dissolvent dans l'eau et s'injectent la solution. L'usage de cette drogue se répand rapidement. Dans de nombreux

États des États-Unis, les médecins légistes révèlent une augmentation sans précédent de visites à l'urgence, voire de morts, associées à l'usage de l'oxycodone.

Le cerveau, avec sa biochimie complexe, déjoue toutes les tentatives que nous mettons en œuvre pour le maintenir dans les brumes de l'euphorie. Peut-être faut-il en déduire que le plaisir doit être éphémère par nature, et qu'il se mesure seulement à l'aune de son absence.

VÉRIFIONS NOS ACQUIS

19. Plusieurs neurotransmetteurs sont responsables des effets de la drogue sur notre cerveau. À laquelle des sensations suivantes associez-vous principalement chacun des neurotransmetteurs en cause? a) L'efffet addictogène; b) l'euphorie; c) la confiance; d) l'énergie; e) le plaisir.
20. Comment un vaccin permettrait-il de briser le phénomène d'accoutumance à la cocaïne?

Les réponses se trouvent à l'appendice G.

---

sensation d'euphorie ressentie durant cet effort intense. Par ailleurs, des spécialistes attribuent l'effet placebo à la libération d'endorphines. La découverte de ces neurotransmetteurs analgésiques remonte à l'époque où des équipes de recherche ont commencé à étudier le rôle de la morphine et d'autres opiacés dans la réduction de l'anxiété et de la douleur. On s'est alors rendu compte que les molécules de ces médicaments s'attachent aux mêmes récepteurs que les opiacés naturels, et que ces médicaments produisent des effets semblables mais plus intenses.

Certains neuropeptides, en particulier la somatostatine et la cholécystokinine, sont aussi produits par des tissus non nerveux; on les trouve notamment en grande quantité dans le système digestif.

Purines

Comme les acides aminés, un autre composant des cellules répandu dans tout l'organisme, l'**adénosine triphosphate** (**ATP**), la forme universelle d'énergie dans la cellule, est un important neurotransmetteur (peut-être le plus primitif) dans le SNC et le SNP. À l'instar du glutamate et de l'acétylcholine, l'ATP produit une réponse excitatrice rapide au niveau de cer-

tains récepteurs. Selon le type de récepteur de l'ATP auquel il se lie, ce neurotransmetteur peut déclencher des réponses excitatrices rapides ou des réactions lentes avec l'intervention d'un second messager. Au moment de sa liaison aux récepteurs des astrocytes, l'ATP déclenche l'afflux de calcium.

En plus du rôle de neurotransmetteur de l'ATP extracellulaire, il faut aussi mentionner celui de l'**adénosine**, une partie de l'ATP, qui agit aussi à l'extérieur des cellules sur les récepteurs de l'adénosine. Par ailleurs, l'adénosine exerce de puissantes fonctions inhibitrices dans l'encéphale. Notons également que les effets stimulants bien connus de la caféine s'expliquent par le rôle inhibiteur que joue cette substance sur les récepteurs de l'adénosine.

Gaz et lipides

Il y a peu de temps encore, il aurait été suicidaire pour un scientifique de prétendre que le monoxyde d'azote et le monoxyde de carbone (deux molécules largement répandues dans tout l'organisme) pourraient être des neurotransmetteurs. Pourtant, la découverte du rôle inattendu de messagers que jouent ces substances a propulsé la recherche sur la transmission nerveuse vers de nouveaux horizons.

TABLEAU 11.3 Neurotransmetteurs et neuromodulateurs

NEUROTRANSMETTEURS	CLASSES FONCTIONNELLES	SITES DE SÉCRÉTION	REMARQUES
Acétylcholine (Ach)			
▪ Sur les récepteurs cholinergiques nicotiniques* (sur les muscles squelettiques, les ganglions autonomes et dans le SNC) ▪ Sur les récepteurs cholinergiques muscariniques** (sur les effecteurs viscéraux et dans le SNC) 	Excitatrice Action directe Excitatrice ou inhibitrice, selon le récepteur muscarinique Action indirecte par l'entremise de seconds messagers	SNC: très répandue dans tout le cortex, l'encéphale, l'hippocampe et le tronc cérébral SNP: toutes les terminaisons neuromusculaires avec les muscles squelettiques; certaines terminaisons motrices autonomes (toutes les neurofibres préganglionnaires et les neurofibres postganglionnaires parasympathiques)	Les gaz neurotoxiques et les insecticides organophosphorés (malathion) prolongent ses effets (causant des spasmes musculaires tétaniques par suite de leurs propriétés anticholinestérasiques). Le nombre de récepteurs diminue dans certaines aires cérébrales chez les personnes atteintes de la maladie d'Alzheimer. La toxine botulinique (Botox) inhibe sa libération. L'atropine inhibe sa liaison aux récepteurs cholinergiques muscariniques. Le curare (un myorésolutif) inhibe sa liaison aux récepteurs cholinergiques nicotiniques. Ces mêmes récepteurs sont détruits dans la myasthénie, tandis que la liaison de la nicotine aux récepteurs nicotiniques dans l'encéphale favorise la libération de dopamine, ce qui explique peut-être les effets comportementaux de la nicotine chez les fumeurs.
Amines biogènes			
Noradrénaline (NA) 	Excitatrice ou inhibitrice, selon le type de récepteur Action indirecte par l'entremise de seconds messagers	SNC: tronc cérébral, en particulier le locus céruleus du mésencéphale; système limbique; certaines régions du cortex cérébral SNP: principal neurotransmetteur des fibres postganglionnaires du système nerveux sympathique	Procure une sensation de bien-être; les amphétamines favorisent sa libération. Les antidépresseurs tricycliques (comme l'amitriptyline [Elavil]) et la cocaïne bloquent son recaptage, tout comme le méthylphénidate (plus connu sous le nom de Ritalin). La réserpine (un médicament antihypertenseur) réduit ses concentrations dans l'encéphale, ce qui entraîne la dépression.
Dopamine 	Excitatrice ou inhibitrice, selon le type de récepteur Action indirecte par l'entremise de seconds messagers	SNC: substantia nigra du mésencéphale; hypothalamus; principal neurotransmetteur de la voie motrice secondaire SNP: certains ganglions sympathiques	Procure une sensation de bien-être. La L-dopa, les amphétamines et la nicotine favorisent sa libération; la cocaïne bloque son recaptage, tout comme le méthylphénidate (Ritalin). Production insuffisante de dopamine dans la maladie de Parkinson et libération accrue chez les personnes schizophrènes. Le cannabis et les opiacés (telle l'héroïne) augmentent sa concentration en inhibant le GABA (voir ci-après).
Sérotonine (5-HT) 	Inhibitrice en général Action indirecte par l'entremise de seconds messagers; action directe sur les récepteurs 5-HT$_3$	SNC: tronc cérébral, le mésencéphale en particulier; hypothalamus; système limbique; cervelet; corps pinéal; moelle épinière	Interviendrait dans le sommeil, l'appétit, les nausées, la migraine et la régulation de l'humeur. Les médicaments qui bloquent son recaptage (comme la fluoxétine [Prozac] ou la parotexine [Paxil]) soulagent l'anxiété et la dépression en prolongeant son action. Le LSD bloque son activité tandis que l'ecstasy (MDMA) la stimule temporairement.
Histamine 	Excitatrice ou inhibitrice, selon le type de récepteur Action indirecte par l'entremise de seconds messagers	SNC: hypothalamus	Joue un rôle dans l'état de veille, la régulation de l'appétit, l'apprentissage et la mémoire; aussi libérée par l'estomac (cause des sécrétions acides) sous forme de paracrine (signal local) et par les mastocytes du tissu conjonctif (stimule l'inflammation et la vasodilatation).

TABLEAU 11.3 (suite)			
NEUROTRANSMETTEURS	CLASSES FONCTIONNELLES	SITES DE SÉCRÉTION	REMARQUES

Acides aminés

Acide gamma-aminobutyrique (GABA) $H_2N—CH_2—CH_2—CH_2—COOH$	Inhibiteur en général Action directe et indirecte par l'entremise de seconds messagers	SNC: très répandu dans le cortex cérébral; hypothalamus; neurones piriformes du cervelet; moelle épinière; cellules granuleuses du bulbe olfactif; rétine	Principal neurotransmetteur inhibiteur dans l'encéphale; rôle important dans l'inhibition présynaptique dans les synapses axoaxonales. Les médicaments contre les crises d'épilepsie augmentent sa production; ses effets inhibiteurs sont accentués par l'alcool ainsi que par les anxiolytiques de la classe des benzodiazépines (comme le Valium) et des somnifères (comme le Zolpidem), d'où le danger de prendre conjointement ces produits et du GABA. Les anesthésiques hypnotiques agissent aussi de la même façon, ce qui se traduit par une altération de la coordination motrice. Les substances qui bloquent sa synthèse, sa libération ou son action provoquent des convulsions.

Glutamate
 	
$H_2N—CH—CH_2—CH_2—COOH$
     $|$
     $COOH$
	Excitateur en général
	
	Action directe
		SNC: moelle épinière; abondant dans l'encéphale, où il constitue le principal neurotransmetteur excitateur	Rôle important dans l'apprentissage et la mémoire; «neurotransmetteur de l'accident vasculaire cérébral» – quand il est libéré en quantité excessive, il produit une excitotoxicité: les neurones sont stimulés jusqu'à ce qu'ils meurent; cet état est habituellement causé par une ischémie. (L'oxygène étant nécessaire pour le recaptage du glutamate, la carence en oxygène lors d'une ischémie explique son accumulation.) Lorsqu'il est libéré par un gliome, il favorise la croissance de la tumeur; responsable de l'accoutumance aux drogues.

Glycine $H_2N—CH_2—COOH$	Inhibitrice en général Action directe	SNC: moelle épinière et tronc cérébral; rétine	Principal neurotransmetteur inhibiteur de la moelle épinière. La strychnine inhibe ses récepteurs, ce qui provoque des convulsions et un arrêt respiratoire.

Peptides

Endorphines, dynorphine, enképhalines (exemple représenté) Tyr Gly Gly Phe Met	Inhibitrices en général Action indirecte par l'entremise de seconds messagers	SNC: très abondantes dans l'encéphale; hypothalamus; système limbique; hypophyse; moelle épinière	Opiacés naturels; réduisent la douleur en inhibant la substance P. La morphine, l'héroïne et la méthadone exercent des effets similaires.
Tachykinines: substance P (exemple représenté), neurokinine A (NKA) Arg Pro Lys Pro Gln Gln Phe Phe Gly Leu Met	Excitatrices Action indirecte par l'entremise de seconds messagers	SNC: noyaux basaux; mésencéphale; hypothalamus; cortex cérébral SNP: certains neurones sensitifs des ganglions de la racine dorsale de la moelle épinière (afférents nociceptifs), neurones entériques	Dans le SNP, la substance P est le neurotransmetteur qui intervient dans la transmission nociceptive. Dans le SNC, les tachykinines participent à la régulation des activités des systèmes respiratoire et cardiovasculaire, ainsi que dans le contrôle de l'humeur.
Somatostatine Ala Gly Cys Lys Asn Phe Phe Trp Cys Ser Thr Phe Thr Lys	Inhibitrice en général Action indirecte par l'entremise de seconds messagers	SNC: hypothalamus, septum, noyaux basaux, hippocampe, cortex cérébral Pancréas	Souvent libérée avec le GABA; agit sur le système digestif (hormone entérogastrique). Inhibe la libération de l'hormone de croissance.

* Ainsi appelés parce que la nicotine produit sur ces récepteurs des effets semblables à ceux de l'Ach.
** Ainsi appelés parce que la muscarine (une substance extraite d'un champignon du genre *Muscaria*) produit sur ces récepteurs des effets semblables à ceux de l'Ach.

TABLEAU 11.3 **Neurotransmetteurs et neuromodulateurs** *(suite)*

NEUROTRANSMETTEURS	CLASSES FONCTIONNELLES	SITES DE SÉCRÉTION	REMARQUES
Peptides *(suite)*			
Cholécystokinine (CCK) Asp–Tyr–Met–Gly–Trp–Met–Asp–Phe | SO_4	Généralement excitatrice Action indirecte par l'entremise de seconds messagers	Dans tout le SNC Intestin grêle	Joue un rôle dans l'anxiété, la douleur et la mémoire. Hormone intestinale; neurotransmetteur inhibiteur de l'appétit.
ATP			
ATP	Excitatrice ou inhibitrice, selon le type de récepteur Actions directe et indirecte par l'entremise de seconds messagers	SNC: noyaux basaux SNP: neurones des ganglions de la racine dorsale	L'ATP libérée par les neurones sensitifs et par les cellules qui ont subi des lésions provoque des sensations de douleur. L'ATP déclenche la propagation d'une onde de Ca^{2+} dans les astrocytes.
Adénosine	Généralement inhibitrice Action indirecte par l'entremise de seconds messagers	Dans tout le SNC	La caféine (café), la théophylline (thé) et la théobromine (chocolat) stimulent sa libération en bloquant les récepteurs de l'adénosine de l'encéphale. Pourrait jouer un rôle dans le cycle veille-sommeil et la cessation des crises d'épilepsie. Provoque la dilatation des artérioles, ce qui augmente l'irrigation sanguine du cœur et d'autres tissus, au besoin.
Gaz et lipides			
Monoxyde d'azote (NO)	Excitateur Action indirecte par l'entremise de seconds messagers	SNC: encéphale, moelle épinière SNP: glandes surrénales; nerfs du pénis SNA: neurones présynaptiques et postsynaptiques des systèmes sympathique et parasympathique	Sa libération potentialise les dommages causés par les accidents vasculaires cérébraux. Certains problèmes érectiles masculins et l'œdème pulmonaire sont traités en augmentant l'action du NO avec le sildénafil (Viagra).
Monoxyde de carbone (CO)	Excitateur Action indirecte par l'entremise de seconds messagers	Encéphale et certaines synapses neuromusculaires et neuroglandulaires	
Endocannabinoïdes, p. ex., le 2-arachidonoylglycérol (illustré) et l'anandamide	Inhibiteurs Action indirecte par l'entremise de seconds messagers	Dans tout le SNC	Jouent un rôle dans la mémoire (à titre de messager rétrograde), la régulation de l'appétit, la nausée et les vomissements, ainsi que dans le développement des neurones. Possèdent également des récepteurs dans les cellules immunitaires; leurs fonctions sont donc perturbées lorsque le THC, principe actif du cannabis, se lie à ces récepteurs.

Le **monoxyde d'azote** (**NO**), un gaz toxique instable, contredit toutes les définitions reconnues du neurotransmetteur. D'abord, il n'est pas entreposé dans des vésicules du neurone présynaptique et libéré par exocytose ; il est plutôt libéré à la demande, aussi bien par le neurone présynaptique que par le neurone postsynaptique, et c'est par simple diffusion qu'il sort des cellules qui le produisent. Ensuite, au lieu de s'attacher aux récepteurs membranaires postsynaptiques, le monoxyde d'azote traverse la membrane plasmique de plusieurs cellules adjacentes. Une fois dans le neurone présynaptique, il se lie à un récepteur intracellulaire singulier, en l'occurrence le fer de la *guanylyl cyclase* (l'enzyme qui produit le *GMP cyclique*, un second messager). Le monoxyde d'azote participe à de nombreux processus dans l'encéphale, notamment la formation de nouveaux souvenirs en renforçant certaines synapses. Au cours de ce processus, le neurotransmetteur se fixe aux récepteurs postsynaptiques et déclenche indirectement l'activation de la *NO synthétase* (*NOS*), l'enzyme nécessaire à la synthèse du monoxyde d'azote. Le monoxyde d'azote produit diffuse alors du neurone postsynaptique vers la terminaison présynaptique, où il active la guanylyl cyclase. On pense donc que le monoxyde d'azote joue le rôle d'un messager rétrograde qui envoie le signal faisant augmenter la force synaptique. Une grande partie des lésions cérébrales observées chez les victimes d'un accident vasculaire cérébral (voir p. 530) provient d'une libération excessive de monoxyde d'azote. Par ailleurs, dans le plexus myentérique, le monoxyde d'azote entraîne le relâchement du muscle lisse intestinal.

Le monoxyde d'azote est le premier membre d'une classe de gaz messagers qui pénètrent rapidement dans les cellules, se lient brièvement à des enzymes contenant un métal puis disparaissent. Le **monoxyde de carbone** (**CO**), un autre messager gazeux, stimule également la synthèse du GMP cyclique. On trouve du monoxyde d'azote et du monoxyde de carbone dans différentes régions de l'encéphale. Ces deux substances semblent agir selon des voies distinctes, mais leurs modes d'action sont analogues.

En plus de renfermer des neurotransmetteurs opiacés naturels, l'encéphale produit des neurotransmetteurs naturels qui agissent sur les mêmes récepteurs que les ingrédients actifs de la marijuana, le tétrahydrocannabinol (THC). Étonnamment, on a découvert récemment une nouvelle classe de neurotransmetteurs, celle des **endocannabinoïdes**. On sait maintenant que leurs récepteurs, les *récepteurs cannabinoïdes*, sont les protéines G combinées à des récepteurs les plus abondants de l'encéphale. Comme le monoxyde d'azote, les endocannabinoïdes sont liposolubles et synthétisés sur demande, plutôt qu'emmagasinés et libérés des vésicules. Les endocannabinoïdes sont formés par la fixation des lipides de la membrane plasmique de la cellule elle-même. Après avoir été synthétisées, ces substances diffusent librement par le neurone synaptique vers leurs récepteurs sur les terminaisons présynaptiques. Elles agissent alors comme messagers rétrogrades pour diminuer la libération de neurotransmetteur. Comme le monoxyde d'azote, les endocannabinoïdes joueraient un rôle dans l'apprentissage et la mémoire. On commence tout juste à comprendre les nombreux

autres processus auxquels participeraient ces neurotransmetteurs, dont le développement des neurones, la régulation de l'appétit et la suppression des nausées.

Classification des neurotransmetteurs selon leur fonction

Il serait impossible de décrire ici la prodigieuse diversité des fonctions dans lesquelles les neurotransmetteurs interviennent. Nous nous en tiendrons donc à deux types de classifications fonctionnelles, et nous donnerons plus de détails au besoin dans les chapitres ultérieurs.

Effet : excitateur ou inhibiteur

Nous pouvons résumer la première classification en disant que certains neurotransmetteurs sont excitateurs (ils produisent une dépolarisation), que d'autres sont inhibiteurs (ils provoquent une hyperpolarisation) et que d'autres encore sont les deux à la fois, selon les récepteurs avec lesquels ils interagissent. Par exemple, certains acides aminés comme l'acide gamma-aminobutyrique (GABA) et la glycine sont généralement inhibiteurs, tandis que le glutamate se comporte souvent comme un excitateur (tableau 11.3). Par ailleurs, l'acétylcholine et la noradrénaline se lient à au moins deux types de récepteurs qui ont des effets opposés. Ainsi, l'acétylcholine est excitatrice dans les terminaisons neuromusculaires des muscles squelettiques, mais elle est inhibitrice dans les terminaisons neuromusculaires du muscle cardiaque.

Mécanismes d'action : direct ou indirect

Les neurotransmetteurs *à action directe* ouvrent des canaux ioniques. Ils provoquent des réponses rapides dans les cellules postsynaptiques en favorisant des changements du potentiel de membrane. Les acides aminés neurotransmetteurs sont des neurotransmetteurs à action directe, tout comme l'acétylcholine lorsqu'elle se lie aux récepteurs nicotiniques.

Les neurotransmetteurs *à action indirecte* sont à l'origine d'effets plus étendus et plus durables en agissant par l'intermédiaire de molécules intracellulaires appelées *seconds messagers* (le plus souvent par des processus faisant intervenir une protéine G ; voir la figure 3.16). En ce sens, leur mécanisme d'action ressemble à celui de nombreuses hormones. Les amines biogènes, les neuropeptides et les gaz dissous sont des neurotransmetteurs à action indirecte.

Un **neuromodulateur** est un messager chimique libéré par un neurone qui ne cause pas directement des PPSE ou des PPSI, mais qui modifie plutôt la force de la transmission synaptique. Il peut agir soit à l'étape présynaptique pour favoriser la synthèse, la libération, la dégradation ou le recaptage du neurotransmetteur, soit à l'étape postsynaptique en altérant la sensibilité de la membrane postsynaptique au neurotransmetteur.

Les récepteurs des neuromodulateurs ne sont pas nécessairement situés dans une synapse. Un neuromodulateur est plutôt libéré d'une cellule et agit sur plusieurs cellules avoisinantes de la manière typique des paracrines (messagers chimiques à action locale et brève). La distinction entre les neurotransmetteurs et les neuromodulateurs est floue, mais des messagers chimiques comme le monoxyde d'azote, l'adénosine et certains neuropeptides sont souvent appelés des neuromodulateurs.

Récepteurs des neurotransmetteurs

Au chapitre 3, nous avons présenté les divers types de récepteurs qui interviennent dans la communication entre les cellules. Nous reprenons ici le fil de cet exposé pour décrire l'action des récepteurs auxquels se lient les neurotransmetteurs. La majorité des récepteurs des neurotransmetteurs sont soit associés à un canal, soit associés à une protéine G. Les premiers produisent une transmission synaptique rapide, tandis que les seconds déterminent des réponses synaptiques lentes.

Mécanisme d'action des récepteurs associés à un canal

Les **récepteurs associés à un canal**, qui sont des canaux ioniques ligand-dépendants, permettent une action directe du neurotransmetteur. Aussi appelés *récepteurs ionotropes*, ils sont composés de plusieurs sous-unités protéiques disposées en forme de rosette autour d'un pore central. Quand le ligand se lie à l'une (ou à plusieurs) des sous-unités du récepteur, les protéines changent aussitôt de forme. Le canal central s'ouvre et laisse passer les ions (figure 11.20a), ce qui modifie le potentiel de membrane de la cellule cible.

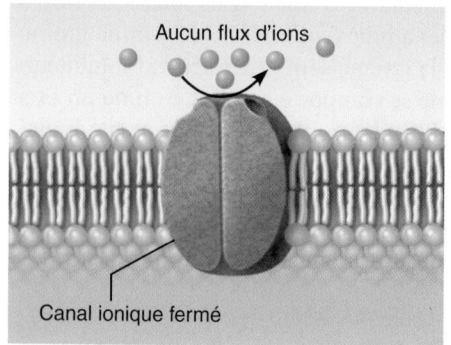 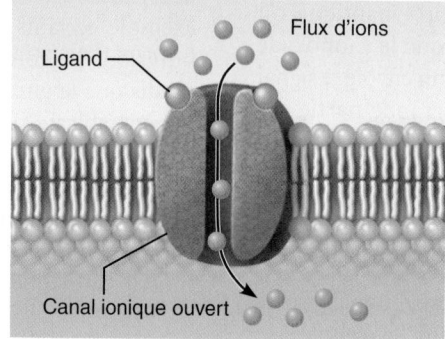

(a) Les récepteurs associés à un canal s'ouvrent à la suite de la liaison du ligand (l'acétylcholine dans l'exemple représenté ici).

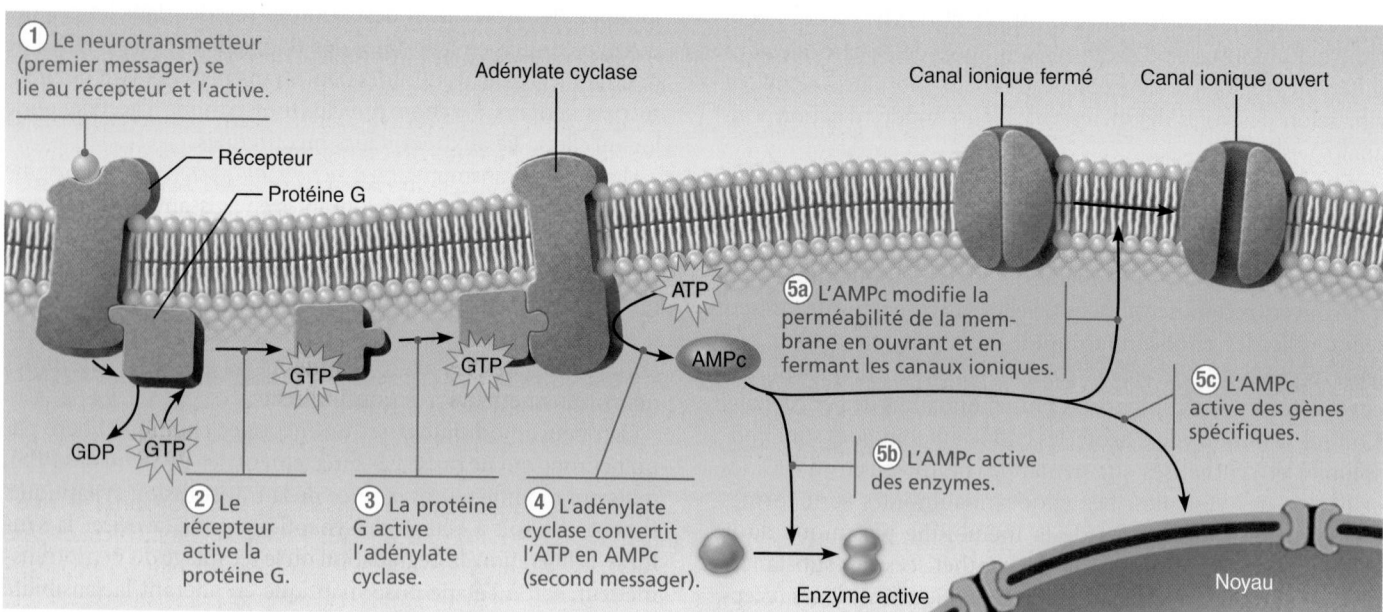

(b) Les récepteurs associés à une protéine G induisent la formation d'un second messager intracellulaire (l'AMP cyclique dans l'exemple) qui déclenche la réponse cellulaire.

Figure 11.20   Mécanismes d'action directs et indirects des récepteurs des neurotransmetteurs. (AMPc : AMP cyclique)

Les récepteurs associés à un canal sont toujours situés face au site de libération du neurotransmetteur; leurs canaux ioniques s'ouvrent dès que le ligand se lie au récepteur et ils restent ouverts pendant 1 ms ou moins au cours de la période de liaison du ligand. Dans les récepteurs excitateurs (tels les récepteurs cholinergiques nicotiniques ainsi que les récepteurs du glutamate, de l'aspartate et de l'ATP), les canaux sont *cationiques*, c'est-à-dire qu'ils laissent passer de petits cations (Na^+, K^+ et Ca^{2+}); cependant, les canaux cationiques favorisent surtout l'entrée du Na^+, qui contribue à la dépolarisation de la membrane. Les récepteurs associés à un canal qui réagissent au GABA et à la glycine et qui laissent s'écouler les ions K^+ ou Cl^- provoquent une inhibition rapide (une hyperpolarisation).

Mécanisme d'action des récepteurs associés à une protéine G

Les réactions à la liaison du neurotransmetteur dans le cas des récepteurs associés à un canal sont immédiates, simples, brèves et limitées à une seule cellule postsynaptique. À l'opposé, l'activité déclenchée par les **récepteurs associés à une protéine G** est indirecte, lente (durant des centaines de millisecondes ou plus), complexe, prolongée et diffuse. Il s'agit donc du genre d'activité idéal pour certains types d'apprentissage. Les récepteurs associés à une protéine G sont des complexes protéiques transmembranaires; ils comprennent notamment les récepteurs cholinergiques muscariniques ainsi que les récepteurs des amines biogènes et des neuropeptides. Puisque les effets produits tendent à susciter des changements métaboliques étendus, les récepteurs associés à une protéine G sont couramment appelés *récepteurs métabotropes*.

La liaison d'un neurotransmetteur à un récepteur associé à une protéine G active la protéine G (figure 11.20b). (Vous trouverez peut-être utile de réviser la figure 3.16, où le fonctionnement de la protéine G est présenté sous une forme simplifiée.) Les protéines G activées produisent le plus souvent leur effet en régissant la production ou la mobilisation de seconds messagers comme l'**AMP cyclique**, le **GMP cyclique**, le **diacylglycérol** et le **Ca^{2+}**. Ces seconds messagers jouent à leur tour le rôle d'intermédiaires pour induire l'ouverture *ou* la fermeture des canaux ioniques, ou encore pour activer des protéines-kinases qui déclenchent une cascade de réactions enzymatiques dans les cellules cibles. Certains de ces seconds messagers modifient (activent ou inactivent) d'autres protéines, dont les protéines des canaux, en leur attachant des groupements phosphate. D'autres interagissent avec des protéines du noyau qui activent des gènes et provoquent la synthèse de nouvelles protéines dans la cellule cible.

VÉRIFIONS NOS ACQUIS

21. L'Ach provoque l'excitation des muscles squelettiques tout en inhibant le muscle cardiaque. Comment est-ce possible?
22. Pourquoi dit-on que l'AMP cyclique est un second messager?

Les réponses se trouvent à l'appendice G.

Intégration nerveuse: concepts fondamentaux

Nous nous sommes penchés jusqu'à maintenant sur les activités des neurones pris individuellement. Or, les neurones fonctionnent en groupes, et chacun de ces groupes contribue à des fonctions encore plus complexes. On voit donc que l'organisation du système nerveux est de type hiérarchique.

Chaque fois que de très nombreux éléments sont réunis (et cela est valable pour les êtres humains), il doit y avoir *intégration*. Autrement dit, les parties doivent se fondre en un tout fonctionnant harmonieusement. Nous allons commencer l'étude de l'**intégration nerveuse** dans cette section. Pour le moment, nous en resterons au premier niveau en présentant les *groupes de neurones* et leurs modes fondamentaux de communication avec les autres parties du système nerveux. Les niveaux supérieurs de l'intégration nerveuse, soit la pensée et la mémoire, sont examinés au chapitre 12. Sur la base d'une vue d'ensemble du système nerveux et des principes de l'intégration nerveuse, nous verrons au chapitre 13 comment les informations sensorielles aboutissent à l'activité motrice.

Organisation des neurones: groupes de neurones

21 Décrire les principaux types de réseaux formés par les groupes de neurones et les principaux modes de traitement de l'influx nerveux dans ces réseaux; donner un exemple de fonction réalisée par chacun des types de réseaux.

Les milliards de neurones du SNC sont répartis en **groupes de neurones** qui traitent l'information en provenance des récepteurs ou d'autres groupes de neurones, puis acheminent l'information traitée vers d'autres destinations (autres régions des centres d'intégration, effecteurs musculaires ou glandulaires).

La **figure 11.21** montre la composition d'un groupe de neurones. Dans cet exemple simplifié, une neurofibre présynaptique se ramifie à son entrée dans le groupe, puis elle forme des synapses. Quand elle est excitée, la neurofibre entrante transmet son influx à certains neurones postsynaptiques et facilite la dépolarisation d'autres neurones. Les neurones les plus étroitement liés à la neurofibre entrante sont les plus susceptibles d'engendrer des influx nerveux, car c'est à leur niveau que se fait l'essentiel des contacts synaptiques. On dit que ces neurones sont dans la *zone de décharge* du groupe.

Généralement, les PPSE engendrés par la neurofibre entrante ne conduisent pas jusqu'au seuil d'excitation les neurones plus éloignés de la zone de décharge, mais ils aideront ces neurones à atteindre ce seuil quand ils recevront d'autres stimulus. C'est pourquoi on dit de ces neurones situés en périphérie qu'ils représentent la *zone de facilitation*. Rappelez-vous toutefois que la figure est grossièrement simplifiée. La plupart des groupes de neurones sont composés de milliers de neurones, tant inhibiteurs qu'excitateurs.

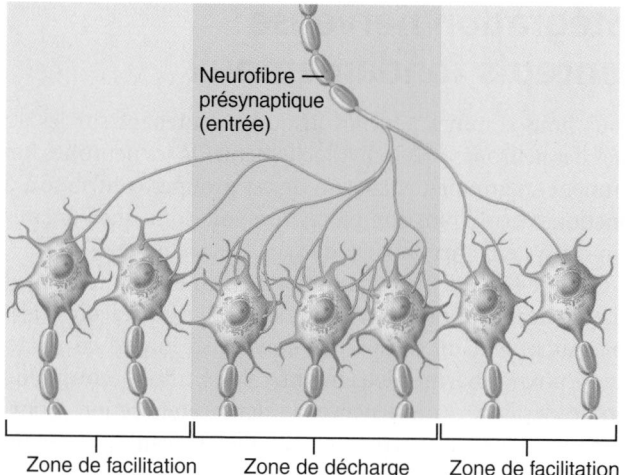

Figure 11.21 **Un groupe de neurones.** Les neurones du centre possèdent davantage de synapses et sont plus susceptibles de produire une décharge, autrement dit de générer des potentiels d'action. Les neurones de l'extérieur possèdent moins de synapses et profitent d'une facilitation. (Ils sont rapprochés du seuil d'excitation.)

Types de réseaux

Chaque neurone d'un groupe envoie et reçoit de l'information. Par ailleurs, les synapses peuvent induire soit une excitation (PPSE), soit une inhibition (PPSI). La disposition des synapses dans les groupes de neurones établit des **réseaux**, et ce sont ces derniers qui déterminent les capacités fonctionnelles des groupes. Quatre grands types de réseaux apparaissent sous forme simplifiée à la **figure 11.22**, mais il en existe d'autres.

Dans les **réseaux divergents**, une neurofibre entrante déclenche des réponses dans un nombre toujours croissant de neurones ; les réseaux divergents sont donc souvent des *réseaux amplificateurs*. La divergence peut survenir dans une ou plusieurs voies (figure 11.22a, b). On trouve ces réseaux à la fois dans les voies motrices et dans les voies sensitives. Par exemple, les commandes motrices qui se propagent à partir d'un neurone de l'encéphale peuvent activer plus d'une centaine de neurones moteurs dans la moelle épinière et, par conséquent, des milliers de myocytes squelettiques.

Les **réseaux convergents** possèdent une configuration opposée à celle des réseaux divergents, mais eux aussi se trouvent en grand nombre dans les voies sensitives comme dans les voies motrices. Dans ce type de réseau, un neurone postsynaptique reçoit de l'information de plusieurs neurones présynaptiques : le réseau a donc un effet *concentrateur*. Les stimulus entrants peuvent converger en provenance d'une seule région ou de nombreuses régions différentes (figure 11.22c, d). Telle est la raison pour laquelle différents types de stimulus sensoriels peuvent au final produire le même effet. Chez des parents, par exemple, voir le visage souriant de leur enfant, sentir sa peau ou entendre son babil sont des stimulus qui peuvent soulever la même vague d'émotions.

Dans les **réseaux réverbérants**, ou **à action prolongée** (figure 11.22e), le message entrant franchit une chaîne de

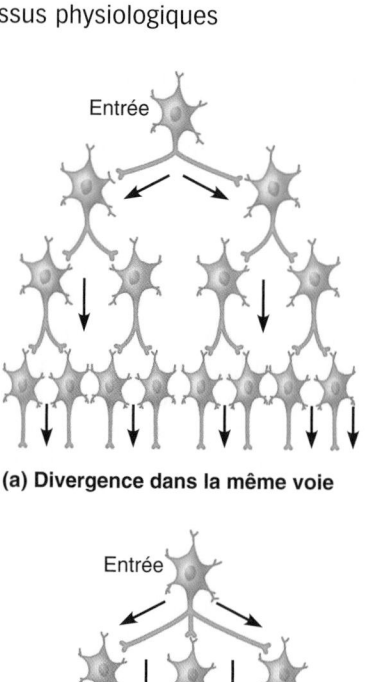

(a) Divergence dans la même voie

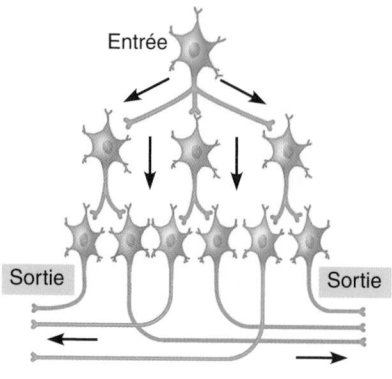

(b) Divergence en plusieurs voies

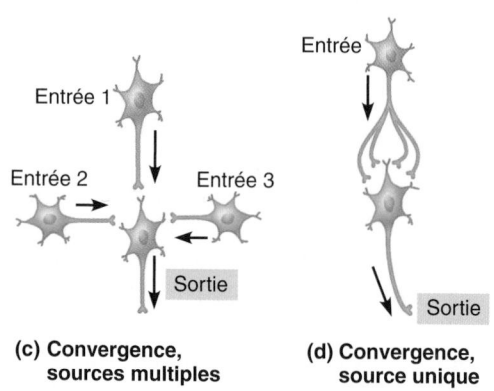

(c) Convergence, sources multiples **(d) Convergence, source unique**

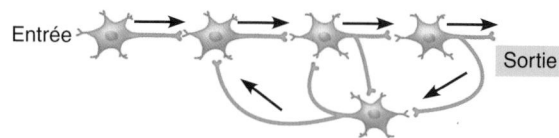

(e) Réseau réverbérant

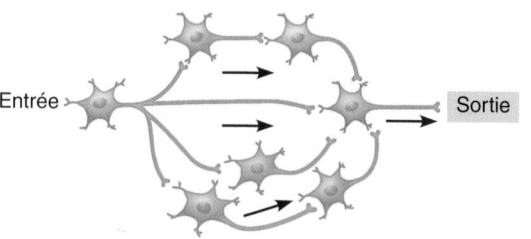

(f) Réseau parallèle postdécharge

Figure 11.22 **Types de réseaux dans les groupes de neurones.**

neurones qui établissent tous des synapses collatérales avec les neurones précédents (présynaptiques). À la suite de la rétroactivation, les influx *se réverbèrent* (c'est-à-dire qu'ils sont maintes fois renvoyés dans le réseau); une commande continue est alors produite, et elle durera jusqu'à ce qu'un neurone du réseau cesse de réagir. Les réseaux réverbérants contribuent à la régulation des activités rythmiques telles que le cycle veille-sommeil, la respiration et certaines actions motrices (comme le balancement des bras pendant la marche). Certains chercheurs croient que ces réseaux interviendraient dans la mémoire à court terme. Selon leurs particularités, les réseaux réverbérants peuvent fonctionner sans arrêter pendant des secondes, des heures, voire toute une vie (comme c'est le cas pour le réseau qui régit le rythme de la respiration).

Dans les **réseaux parallèles postdécharges**, la neurofibre entrante stimule quelques neurones disposés en parallèle qui, à leur tour, stimulent une même cellule (figure 11.22f). Les influx atteignent cette cellule à différents moments, ce qui crée une série d'influx appelée *décharge consécutive* qui peut survivre 15 ms ou plus à l'influx initial. Ce réseau ne comporte pas de rétroactivation et l'activité cesse une fois que tous les neurones ont produit des influx. Il se peut que les réseaux parallèles postdécharges interviennent dans des processus mentaux exigeants tels que la résolution de problèmes mathématiques.

Modes de traitement neuronal

22 Différencier le traitement en série simple du traitement parallèle de l'influx nerveux.

Le traitement de l'information dans les divers réseaux se fait soit *en série simple*, soit *en parallèle*. Dans le traitement en série simple, l'information se propage le long d'une voie unique jusqu'à une destination précise. Dans le traitement parallèle, l'information se déplace en empruntant plusieurs voies, et elle est intégrée dans des régions différentes du SNC. Chaque mode de traitement de l'information comporte des avantages particuliers pour l'ensemble du fonctionnement neuronal. Il n'en demeure pas moins que l'encéphale, en tant qu'unité centrale de traitement, tire sa puissance de sa capacité de traiter l'information en parallèle.

Traitement en série simple

Dans le **traitement en série simple**, l'ensemble du système fonctionne de manière prévisible, selon la loi du tout ou rien. Un neurone stimule le neurone suivant, lequel transmet le stimulus à celui qui lui fait suite, jusqu'au dernier de la chaîne, entraînant une réponse spécifique et prévisible. Les réflexes spinaux sont les manifestations les plus évidentes du traitement en série simple, mais les voies sensitives directes qui relient les récepteurs à l'encéphale en sont d'autres exemples. Puisque les réflexes correspondent à un processus fonctionnel du système nerveux, il est important que vous en ayez d'ores et déjà une compréhension sommaire.

Les **réflexes** sont des réponses rapides et automatiques aux stimulus: un stimulus particulier provoque toujours la *même* réponse motrice. L'activité réflexe, qui déclenche les comporte-

ments les plus simples, est stéréotypée et fiable. Par exemple, retirer notre main d'un objet chaud est une réaction qui a lieu malgré nous et nous cillons lorsque quelque chose approche de notre œil. Les réflexes se produisent le long de voies appelées **arcs réflexes**, qui comprennent cinq éléments essentiels: un récepteur, un neurone sensitif, un centre d'intégration dans le SNC, un neurone moteur et un effecteur (figure 11.23).

Traitement parallèle

Dans le **traitement parallèle**, les informations sensorielles sont réparties entre de nombreuses voies, et l'information que chacune d'entre elles achemine est traitée simultanément par des réseaux différents. Par exemple, le fait de humer un cornichon (l'information) peut vous rappeler les étés où vous cueilliez des concombres à la ferme quand vous étiez enfant, que vous n'aimiez pas les cornichons ou que vous devez penser à en acheter au marché; l'information peut aussi faire surgir *toutes* ces pensées dans votre esprit. Le traitement parallèle peut activer des voies particulières chez chaque personne. Le même stimulus, soit l'odeur des cornichons dont nous parlions plus haut, entraîne plusieurs réponses en plus de la simple perception de l'odeur. Le traitement parallèle n'est pas redondant, car les réseaux accomplissent différentes choses avec l'information, et chaque «canal» est décodé par rapport à tous les autres de manière à créer une image globale.

Imaginez par exemple que vous marchez pieds nus et que vous posez le pied sur un objet coupant. Vous levez instantanément le pied pour l'éloigner du stimulus douloureux. Ce réflexe de retrait fait l'objet d'un traitement en série. Pendant ce temps, les influx produits par les récepteurs de la douleur et de la pression empruntent des voies parallèles pour gagner l'encéphale. C'est ce traitement parallèle qui vous permet de choisir entre différentes actions: frotter le point douloureux ou appliquer un pansement.

Le traitement parallèle est aussi extrêmement important pour les fonctions mentales supérieures, celles qui nécessitent qu'on réunisse des éléments pour comprendre un tout. Par exemple, vous êtes capable de reconnaître un billet de banque

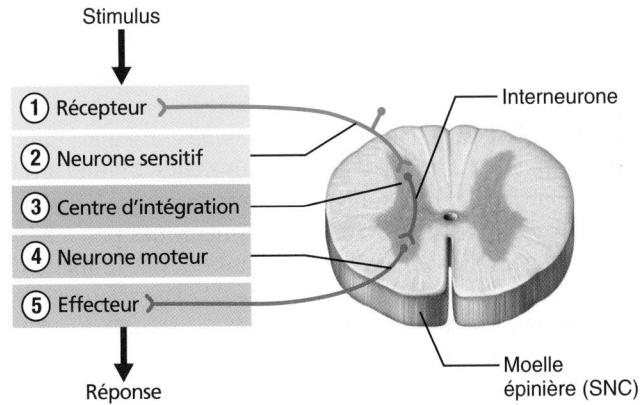

Figure 11.23 Arc réflexe simple. Les récepteurs détectent les changements qui surviennent dans le milieu interne ou externe. Les effecteurs sont des muscles ou des glandes.

en une fraction de seconde, alors qu'un ordinateur qui traite l'information en série met beaucoup plus de temps à accomplir cette tâche. La reconnaissance est instantanée parce que vous faites appel au traitement parallèle, qui permet à un neurone d'envoyer de l'information dans plusieurs voies au lieu d'une seule, ce qui rend l'encéphale capable de traiter instantanément une grande quantité d'informations.

VÉRIFIONS NOS ACQUIS

23. Quels types de réseaux de neurones produiraient une action prolongée après une seule stimulation ?

24. Quel mode de traitement neuronal se déclenche lorsque nous clignons des yeux quand un objet s'en approche ? Comment appelle-t-on cette réponse ?

25. Quel mode de traitement neuronal se déclenche lorsque nous sentons l'odeur d'une tarte aux pommes qui cuit et que nous nous rappelons la dernière fois que notre grand-mère en a fait, l'odeur de sa maison et d'autres souvenirs du genre ?

Les réponses se trouvent à l'appendice G.

Développement et vieillissement des neurones

23 Décrire le développement des neurones et la formation des synapses, tout en expliquant le rôle des astrocytes et de la molécule d'adhérence des cellules nerveuses.

Comme nous avons divisé l'étude du système nerveux en plusieurs chapitres, nous nous pencherons surtout sur le développement des neurones dans cette section. Comment les cellules nerveuses se forment-elles ? Comment parviennent-elles à maturité ? Pour répondre à cette dernière question, il faut comprendre comment les neurones créent, entre eux et avec les organes effecteurs, les connexions qui permettront l'émergence du comportement approprié.

Le système nerveux se développe à partir du *tube neural* et de la *crête neurale* (voir la figure 12.1) formés par l'ectoderme superficiel. Le tube neural, dont les parois sont à l'origine d'une couche de cellules *neuroépithéliales*, devient le SNC. Ces cellules s'engagent ensuite dans un processus de différenciation en trois phases, qui se déroule principalement durant le deuxième mois de la gestation. (1) Elles *prolifèrent*, à un rythme accéléré, qui peut atteindre 250 000 nouvelles cellules à la minute, pour former le nombre de cellules nécessaire au développement du système nerveux. (2) Les neurones potentiels, ou **neuroblastes**, deviennent alors amitotiques et se mettent à *migrer* vers leurs localisations précises. (3) Des axones surgissent des neuroblastes et se *lient* à leurs cibles fonctionnelles, puis se transforment en neurones.

Comment l'axone d'un neuroblaste « sait-il » qu'il doit se rendre à tel endroit et, une fois qu'il y est arrivé, où former la connexion appropriée ? La croissance d'un axone en direction

de sa cible particulière se déroule en plusieurs étapes et fait intervenir de nombreux signaux. L'extrémité d'un axone, appelée **cône de croissance**, est une structure hérissée en forme d'éventail, qui permet à l'axone d'interagir avec son milieu (figure 11.24). Les protéines d'adhérence situées à l'extérieur et à la surface de la cellule, comme la laminine, l'intégrine et la *molécule d'adhérence des cellules nerveuses* (N-CAM, *nerve cell adhesion molecule*), servent de points d'ancrage au cône de croissance, lui signifiant que c'est un bon endroit pour croître. Les *neurotropines* sont des substances chimiques qui indiquent au cône de croissance qu'il doit s'approcher, s'éloigner ou s'arrêter. Tout au long de leur croissance et de leur développement, les neuroblastes ne peuvent survivre sans la présence des facteurs neurotrophiques, comme le *facteur de croissance nerveuse* (NGF, *nerve growth factor*). L'absence de l'un de ces signaux cause des problèmes de développement catastrophiques. Par exemple, l'absence de N-CAM provoque l'effondrement du tissu nerveux en une masse enchevêtrée comparable à des spaghettis trop cuits. Le fonctionnement neuronal est alors irrémédiablement compromis.

Le cône de croissance se déplace à l'aveuglette comme une amibe grâce à des *filopodes*, c'est-à-dire des prolongements mobiles qui détectent les signaux de guidage émis par le milieu environnant. Les récepteurs de ces signaux produisent plusieurs

Figure 11.24 Cône de croissance d'un neurone. Cette photomicrographie prise en microscopie à fluorescence montre la localisation des récepteurs cannabinoïdes (en vert), de la tubuline (en bleu) et de l'actine (en rose) (1400×).

seconds messagers qui incitent les filopodes à aller de l'avant en modifiant la disposition du noyau des protéines d'actine. Une fois qu'il a atteint sa zone cible, l'axone doit sélectionner le site adéquat sur la cellule cible pour former une synapse. Certaines molécules d'adhérence des cellules particulières favorisent le rapprochement des membranes présynaptiques et postsynaptiques. Elles émettent également des signaux intracellulaires qui attirent des vésicules contenant des composants synaptiques préformés. L'ensemble de ce processus se traduit par la formation rapide d'une synapse. Dans l'encéphale et la moelle épinière, les astrocytes semblent fournir le cholestérol et le soutien physique essentiels à la formation des synapses. Les dendrites et les astrocytes s'associent activement dans ce processus. En présence de thrombaspondine libérée par les astrocytes, les dendrites s'étirent et attrapent des axones en migration, puis les synapses commencent à se former.

Les neurones qui n'ont pu établir de contacts synaptiques appropriés ou fonctionnels se comportent comme s'ils avaient été privés d'un nutriment essentiel et ils meurent. Il semble que la mort cellulaire résultant de la formation manquée des synapses de même que la *mort cellulaire programmée* (apoptose) soient des étapes normales du processus de développement. On estime que les deux tiers des neurones formés pendant la période embryonnaire disparaissent avant la naissance. Ceux qui subsistent constituent l'essentiel du capital neuronal que l'individu gardera toute sa vie. La nature généralement amitotique des neurones est une propriété importante parce que l'activité de ces cellules dépend des synapses qu'elles forment ; si les neurones se divisaient, leurs connexions pourraient être irrémédiablement démantelées. Cela dit, il semble bien que certaines populations spécifiques de neurones conservent leur pouvoir de se diviser. C'est le cas notamment des neurones olfactifs et de certaines cellules de l'hippocampe, une région du cerveau qui intervient activement dans l'apprentissage et la mémoire.

VÉRIFIONS NOS ACQUIS

26. Comment se nomme l'extrémité d'un axone qui détecte où elle doit s'orienter pendant son développement ? Quel est le nom commun des substances chimiques qui lui indiquent où aller ?

Les réponses se trouvent à l'appendice G.

La complexité des neurones est stupéfiante. Nous avons vu dans ce chapitre les rôles qu'ils jouent par l'intermédiaire de leurs signaux électriques et chimiques. Certains d'entre eux servent de sentinelles, d'autres traitent l'information en vue d'un usage immédiat ou ultérieur, d'autres encore stimulent les muscles et les glandes. Nous voilà prêts à aborder l'étude de la masse la plus perfectionnée de tissu nerveux, c'est-à-dire l'encéphale (et son prolongement, la moelle épinière). C'est l'objet du chapitre 12.

11

TERMES MÉDICAUX

Neuroblastome (*ome :* tumeur) Tumeur maligne qui touche les enfants (chez qui il représente le troisième type de cancer le plus répandu) ; se forme à partir de cellules qui retiennent des caractéristiques structurales propres aux neuroblastes. Il arrive que ces tumeurs apparaissent dans l'encéphale, mais elles prennent généralement naissance dans le SNP.

Neurologue Médecin spécialisé dans l'étude du système nerveux, de ses fonctions et de ses troubles.

Neuropathie Toute maladie du tissu nerveux ; en particulier, maladie dégénérative des nerfs.

Neuropharmacologie Étude scientifique des effets des médicaments sur le système nerveux.

Neurotoxine Substance toxique ou destructrice pour le tissu nerveux, comme certaines toxines microbiennes (botulique, diphtérique et tétanique), ainsi que le venin de certains serpents.

Rage Infection virale du système nerveux transmise à l'être humain par la morsure, la griffure ou simplement par le fait d'être léché par un animal porteur du virus (un mammifère tel que le chien, la chauve-souris, la mouffette, etc.). À son entrée dans l'organisme, le virus cause d'abord des symptômes légers comme des céphalées, des engourdissements et de la fièvre ; puis, lorsque le virus (qui était contenu dans la salive de l'animal) est transporté par les axones des nerfs périphériques jusque dans le SNC, il cause l'inflammation des tissus cérébraux, entraînant des convulsions, le délire, le coma et la mort. Le traitement recommandé dans le cas d'une morsure par un animal infecté consiste à injecter simultanément un vaccin antirabique (la période d'incubation du virus est assez longue pour permettre au vaccin d'agir) et des anticorps contenus dans un sérum antirabique. Ce traitement est efficace s'il est administré avant l'apparition des symptômes. La rage est très rare en Amérique du Nord et en Europe, où dans la plupart des cas la maladie a été contractée au cours d'un voyage à l'étranger.

Zona Infection virale des neurones sensitifs qui desservent la peau. Est caractérisé par des cloques squameuses et douloureuses (sensations de brûlure) qui se limitent habituellement à une bande étroite de l'épiderme, souvent d'un côté du tronc. Est causé par le virus de la varicelle et du zona (*Varicellovirus*), qui occasionne la varicelle (généralement durant l'enfance) ; lors de cette première infection, le virus est transporté des lésions cutanées jusqu'aux corps cellulaires des neurones sensitifs dans les ganglions sensitifs. Le virus est habituellement neutralisé par le système immunitaire et il reste dormant jusqu'à ce que ce dernier soit affaibli, souvent par le stress. C'est alors que les particules virales se multiplient et retournent à la peau, où elles produisent les éruptions qui caractérisent la maladie. Les crises durent plusieurs semaines et passent par des périodes de rétablissement alternant avec des rechutes. Atteint surtout les personnes de plus de 50 ans.

Fonctions et divisions du système nerveux (p. 438)

1. Le système nerveux joue un rôle prépondérant dans le maintien de l'homéostasie. Ses principales fonctions consistent à analyser et à intégrer l'information provenant de l'environnement, puis à y répondre.

2. Sur le plan anatomique, le système nerveux se compose du système nerveux central (encéphale et moelle épinière) et du système nerveux périphérique (nerfs crâniens, nerfs spinaux et ganglions).

3. Sur le plan fonctionnel, le système nerveux se compose d'une voie sensitive (afférente), qui achemine les influx vers le SNC, et d'une voie motrice (efférente), qui achemine les influx en provenance du SNC vers les effecteurs musculaires et glandulaires.

4. La voie efférente est formée du système nerveux somatique (volontaire), qui dessert les muscles squelettiques, et du système nerveux autonome (involontaire), qui innerve les muscles lisses, le muscle cardiaque et les glandes.

Histologie du tissu nerveux (p. 440)

Névroglie (p. 440)

1. La névroglie (gliocytes) a plusieurs rôles, et notamment ceux de soutenir, de séparer et d'isoler les neurones.

2. La névroglie du SNC comprend les astrocytes, les microglies, les épendymocytes et les oligodendrocytes. Celle du SNP est composée des gliocytes ganglionnaires et des neurolemmocytes.

Neurones (p. 441)

3. Les neurones comprennent un corps cellulaire et des prolongements cytoplasmiques appelés axones et dendrites.

4. Un regroupement de neurofibres est appelé faisceau ou tractus s'il est situé dans le SNC et nerf s'il est situé dans le SNP. Un regroupement de corps cellulaires est appelé noyau s'il est situé dans le SNC et ganglion s'il est situé dans le SNP.

5. Le corps cellulaire est le centre biosynthétique (et récepteur) du neurone. La majorité des corps cellulaires sont situés dans le SNC (noyaux); un certain nombre sont situés dans le SNP (ganglions).

6. La plupart des neurones sont pourvus de nombreuses dendrites; celles-ci sont des structures réceptrices qui acheminent les messages en provenance des autres neurones jusqu'au corps cellulaire. À quelques exceptions près, les neurones possèdent un axone qui produit des influx nerveux et les transmet à d'autres neurones ou à des effecteurs. Les terminaisons des axones, appelées corpuscules nerveux terminaux, libèrent des neurotransmetteurs.

7. Le transport bidirectionnel le long des axones fait appel à des protéines motrices dépendantes de l'ATP qui se déplacent dans les microtubules. Il achemine des vésicules, des mitochondries et des protéines du cytosol vers les corpuscules nerveux terminaux et conduit des substances à dégrader vers le corps cellulaire.

8. Les grosses neurofibres (les axones) sont myélinisées. La gaine de myéline est formée dans le SNP par les neurolemmocytes et dans le SNC par les oligodendrocytes. La gaine comprend des intervalles appelés nœuds de la neurofibre. Les neurofibres amyélinisées sont entourées de gliocytes, mais ces derniers ne s'enroulent pas autour de l'axone.

9. Sur le plan structural, les neurones sont dits multipolaires, bipolaires ou unipolaires, selon le nombre de prolongements issus du corps cellulaire.

10. Sur le plan fonctionnel, on classe les neurones d'après la direction que suivent les influx nerveux. Ainsi, les neurones sensitifs conduisent les influx vers le SNC, tandis que les neurones moteurs les conduisent hors du SNC. Les interneurones se trouvent entre les neurones sensitifs et les neurones moteurs dans les voies nerveuses.

Potentiels de membrane (p. 448)

Principes fondamentaux d'électricité (p. 448)

1. La mesure de l'énergie potentielle de charges électriques séparées est appelée voltage (V) ou potentiel. Le courant (I) est le flux de charges électriques d'un point à un autre. La résistance (R) est l'obstruction à la circulation du courant. La loi d'Ohm exprime comme suit la relation entre ces termes: $I = V/R$.

2. Dans l'organisme, les charges électriques sont fournies par les ions; les membranes plasmiques des cellules exercent une résistance à la circulation des ions. Les membranes contiennent des canaux à fonction passive (toujours ouverts) et des canaux à fonction active (à ouverture intermittente).

Potentiel de repos de la membrane (p. 450)

3. Un neurone au repos présente un voltage appelé potentiel de repos, dont la mesure est –70 mV (intérieur négatif), à cause des différences de concentration des ions sodium et des ions potassium à l'intérieur et à l'extérieur de la cellule et des différences de la perméabilité de la membrane à ces ions.

4. Les concentrations ioniques sont différentes parce que la membrane est plus perméable au potassium qu'au sodium et parce que la pompe à sodium et à potassium éjecte trois ions Na^+ de la cellule chaque fois qu'elle fait entrer deux ions K^+.

Potentiel de membrane: fonction de signalisation (p. 450)

5. La dépolarisation est une diminution du potentiel de membrane (l'intérieur devient moins négatif); l'hyperpolarisation est une augmentation du potentiel de membrane (l'intérieur devient plus négatif).

6. Les potentiels gradués sont des modifications locales, faibles et brèves du potentiel de membrane qui jouent le rôle de signaux de courte portée. Le courant produit se dissipe avec la distance.

7. Un potentiel d'action, ou influx nerveux, est un signal de dépolarisation (et d'inversion de polarité) intense mais bref qui sous-tend la communication neuronale de longue portée. Il obéit à la loi du tout ou rien.

8. La production du potentiel d'action s'effectue en trois phases. (1) Une augmentation de la perméabilité au sodium et une inversion du potentiel de membrane jusqu'à environ +30 mV (intérieur positif). La dépolarisation locale ouvre les canaux à sodium voltage-dépendants. Au seuil d'excitation, la dépolarisation se poursuit d'elle-même (rétroactivation sous l'effet de l'afflux d'ions Na^+). (2) Une diminution de la perméabilité au sodium. (3) Une augmentation de la perméabilité au potassium. La repolarisation se poursuit tout le long des phases 2 et 3.

9. Dans la propagation de l'influx nerveux, chaque potentiel d'action fournit le stimulus dépolarisant qui déclenche un potentiel d'action dans la région adjacente de la membrane. Les régions qui viennent de produire des potentiels d'action sont réfractaires; par conséquent, dans l'organisme, l'influx nerveux se propage dans une seule direction.

11

10. Si le seuil d'excitation est atteint, un potentiel d'action est produit ; sinon, la dépolarisation demeure locale.

11. Les potentiels d'action sont indépendants de l'intensité du stimulus. En effet, les potentiels d'action produits par des stimulus intenses sont plus fréquents que les potentiels d'action produits par des stimulus faibles, mais leur amplitude n'est pas plus grande.

12. Pendant la période réfractaire absolue, un neurone est incapable de répondre à un autre stimulus parce qu'il produit déjà un potentiel d'action. La période réfractaire relative est le laps de temps pendant lequel le seuil d'excitation du neurone est élevé du fait que la repolarisation est en train de s'effectuer.

13. Dans les neurofibres amyélinisées, les potentiels d'action sont produits en vagues tout le long de l'axone, c'est-à-dire par propagation continue. Dans les neurofibres myélinisées, les potentiels d'action ne sont produits qu'aux nœuds de la neurofibre et, grâce à la conduction saltatoire, ils se propagent plus rapidement que dans les neurofibres amyélinisées.

Synapse (p. 461)

1. Une synapse est une jonction fonctionnelle entre des neurones ou entre un neurone et une cellule des effecteurs musculaires ou glandulaires. Le neurone qui transmet l'information est le neurone présynaptique ; le neurone situé de l'autre côté de la synapse est le neurone postsynaptique.

Synapses électriques (p. 462)

2. Les synapses électriques permettent aux ions de circuler directement d'un neurone à un autre.

Synapses chimiques (p. 463)

3. Les synapses chimiques sont les sites de libération et de liaison des neurotransmetteurs. Quand l'influx atteint les corpuscules nerveux terminaux de l'axone présynaptique, les canaux à calcium voltage-dépendants s'ouvrent et le Ca^{2+} entre dans la cellule, où il permet la libération du neurotransmetteur. Les neurotransmetteurs diffusent à travers la fente synaptique et s'attachent à des récepteurs membranaires postsynaptiques spécifiques, ce qui provoque l'ouverture des canaux ioniques. Après la liaison, les neurotransmetteurs sont retirés de la fente synaptique par dégradation enzymatique, par recaptage dans le corpuscule présynaptique ou dans les astrocytes, ou par diffusion à l'extérieur de la fente synaptique.

Potentiels postsynaptiques et intégration synaptique (p. 465)

4. La liaison des neurotransmetteurs aux synapses chimiques excitatrices entraîne des dépolarisations graduées locales. Ces dépolarisations, appelées PPSE, sont causées par l'ouverture des canaux qui permettent le passage simultané de Na^+ et de K^+.

5. La liaison des neurotransmetteurs aux synapses chimiques inhibitrices entraîne des hyperpolarisations appelées PPSI, qui sont causées par l'ouverture de canaux à K^+, de canaux à Cl^- ou de canaux des deux types. Les PPSI éloignent le potentiel de membrane du seuil d'excitation.

6. Les PPSE et les PPSI s'additionnent dans le temps et dans l'espace. La membrane du cône d'implantation de l'axone joue le rôle d'intégrateur neuronal des PPSE et des PPSI.

7. La potentialisation synaptique, durant laquelle la réponse du neurone postsynaptique s'intensifie, est produite par une stimulation intense et répétée. Le calcium ionique semble produire cet effet, qui est peut-être à la base de l'apprentissage.

8. L'inhibition présynaptique est attribuable à des synapses axoaxonales qui réduisent la quantité de neurotransmetteur libérée par le neurone inhibé. Il y a neuromodulation lorsque des substances chimiques (souvent autres que des neurotransmetteurs) modifient l'activité du neurone présynaptique ou postsynaptique ou du neurotransmetteur.

Neurotransmetteurs et récepteurs (p. 470)

Classification des neurotransmetteurs selon leur structure chimique (p. 470)

1. Du point de vue chimique, les principales classes de neurotransmetteurs sont l'acétylcholine, les amines biogènes, les acides aminés, les peptides, les purines, les gaz dissous et les lipides.

Classification des neurotransmetteurs selon leur fonction (p. 477)

2. Du point de vue fonctionnel, les neurotransmetteurs sont : (1) inhibiteurs ou excitateurs (ou les deux) ; (2) à action directe ou à action indirecte. Les neurotransmetteurs à action directe entraînent l'ouverture des canaux ioniques. Les neurotransmetteurs à action indirecte agissent par l'intermédiaire de seconds messagers et provoquent des changements complexes dans le métabolisme de la cellule cible.

Récepteurs des neurotransmetteurs (p. 478)

3. Les récepteurs des neurotransmetteurs sont soit associés à un canal, soit associés à une protéine G. Les récepteurs associés à un canal ouvrent un canal ionique et provoquent ainsi des changements rapides du potentiel de membrane. Les récepteurs associés à une protéine G déterminent des réponses synaptiques lentes produites par la protéine G et par les seconds messagers intracellulaires. En règle générale, les seconds messagers activent des protéines-kinases ; celles-ci agissent sur des canaux ioniques ou activent d'autres protéines.

Intégration nerveuse : concepts fondamentaux (p. 479)

Organisation des neurones : groupes de neurones (p. 479)

1. Les neurones du SNC sont répartis en groupes de divers types. Dans chacun des groupes, les connexions synaptiques présentent une distribution caractéristique appelée réseau.

Types de réseaux (p. 480)

2. Les quatre principaux types de réseaux sont les réseaux divergents, les réseaux convergents, les réseaux réverbérants et les réseaux parallèles postdécharges.

Modes de traitement neuronal (p. 482)

3. Dans le traitement en série simple, un neurone stimule le suivant, ce qui produit des réponses spécifiques et prévisibles, tels les réflexes spinaux. Un réflexe est une réponse motrice rapide et involontaire à un stimulus.

4. Les influx à l'origine des réflexes se propagent le long de voies nerveuses appelées arcs réflexes. Un arc réflexe comprend au moins cinq éléments : un récepteur, un neurone sensitif, un centre d'intégration, un neurone moteur et un effecteur.

5. Dans le traitement parallèle, qui sous-tend les fonctions mentales complexes, les influx sont acheminés le long de plusieurs voies jusqu'à des centres d'intégration différents.

Développement et vieillissement des neurones (p. 482)

1. Le développement des neurones comprend une phase de prolifération, une phase de migration et une phase de différenciation

cellulaire. La différenciation cellulaire repose sur la spécialisation des neurones, la synthèse de neurotransmetteurs spécifiques et la formation de synapses.

2. La croissance de l'axone et la formation des synapses sont guidées par d'autres neurones, des neurofibres gliales et des substances chimiques (telles que les N-CAM et le facteur de croissance nerveuse). Les neurones qui n'établissent pas de synapses appropriées meurent. Les deux tiers environ des neurones formés dans l'embryon subissent une mort cellulaire programmée avant la naissance.

QUESTIONS DE RÉVISION

Choix multiples/associations

(Il peut y avoir plus d'une bonne réponse à certaines questions. Choisissez les meilleures réponses parmi celles qui sont proposées. Les réponses se trouvent à l'appendice G.)

1. Parmi les structures suivantes, laquelle ne fait pas partie du SNC ? (**a**) L'encéphale ; (**b**) un nerf ; (**c**) la moelle épinière ; (**d**) un faisceau.

2. Quel type de courant circule dans l'axolemme pendant la phase abrupte de la repolarisation ? (**a**) Principalement un courant de sodium ; (**b**) principalement un courant de potassium ; (**c**) des courants de sodium et de potassium d'intensités approximativement égales.

3. Associez les noms des gliocytes énumérés dans la colonne B aux descriptions de la colonne A.

Colonne A	Colonne B
_____ (**1**) Myélinise les neurofibres dans le SNC.	(**a**) Astrocyte
_____ (**2**) Tapisse les cavités de l'encéphale.	(**b**) Épendymocyte
	(**c**) Microglie
_____ (**3**) Myélinise les neurofibres dans le SNP.	(**d**) Oligodendrocyte
	(**e**) Gliocyte ganglionnaire
_____ (**4**) Phagocyte du SNC.	(**f**) Neurolemmocyte
_____ (**5**) Contribue peut-être à ajuster la composition ionique du liquide extracellulaire.	

4. Supposez qu'un PPSE est produit sur la membrane dendritique. Quel effet produira-t-il ? (**a**) L'ouverture des canaux à sodium ; (**b**) l'ouverture des canaux à potassium ; (**c**) l'ouverture des canaux d'un seul type et flux simultané de Na⁺ et de K⁺ ; (**d**) l'ouverture puis la fermeture des canaux à sodium, lors de l'ouverture des canaux à potassium.

5. Dans quel type de neurofibres la vitesse de propagation de l'influx nerveux est-elle la plus grande ? (**a**) Dans les neurofibres fortement myélinisées de grand diamètre ; (**b**) dans les neurofibres faiblement myélinisées de petit diamètre ; (**c**) dans les neurofibres amyélinisées de petit diamètre ; (**d**) dans les neurofibres amyélinisées de grand diamètre.

6. Parmi les caractéristiques suivantes, laquelle ne s'applique pas aux synapses chimiques ? (**a**) La libération d'un neurotransmetteur par les membranes présynaptiques ; (**b**) la présence, sur les membranes postsynaptiques, de récepteurs qui se lient aux neurotransmetteurs ; (**c**) un flux d'ions du neurone présynaptique au neurone postsynaptique à travers des canaux protéiques ; (**d**) un espace rempli de liquide qui sépare les neurones.

7. Parmi les substances suivantes, laquelle n'est pas une amine biogène ? (**a**) La noradrénaline ; (**b**) l'acétylcholine ; (**c**) la dopamine ; (**d**) la sérotonine.

8. Parmi les neuropeptides suivants, lesquels jouent le rôle d'opiacés naturels ? (**a**) La substance P ; (**b**) la somatostatine ; (**c**) la cholécystokinine ; (**d**) les enképhalines.

9. L'inhibition de l'acétylcholinestérase causée par une intoxication bloque la neurotransmission dans la terminaison neuromusculaire parce que : (**a**) le corpuscule présynaptique ne libère plus d'acétylcholine ; (**b**) la synthèse de l'acétylcholine est bloquée dans le corpuscule présynaptique ; (**c**) l'acétylcholine n'est pas dégradée, ce qui prolonge la dépolarisation sur le neurone postsynaptique ; (**d**) l'acétylcholine ne peut pas se lier aux récepteurs de l'acétylcholine postsynaptiques.

10. La région anatomique du neurone multipolaire qui présente le seuil d'excitation le plus bas est : (**a**) le corps cellulaire ; (**b**) les dendrites ; (**c**) le cône d'implantation de l'axone ; (**d**) l'axone distal.

11. Un PPSI est inhibiteur parce que : (**a**) il hyperpolarise la membrane postsynaptique ; (**b**) il réduit la quantité de neurotransmetteur libérée par le corpuscule présynaptique ; (**c**) il empêche l'entrée d'ions Ca²⁺ dans le corpuscule présynaptique ; (**d**) il modifie le seuil d'excitation du neurone.

12. Associez les noms des réseaux neuronaux suivants aux descriptions ci-dessous.

    (**a**) Réseau convergent (**c**) Réseau parallèle postdécharge
    (**b**) Réseau divergent   (**d**) Réseau réverbérant

_____ (**1**) Les influx parcourent le réseau jusqu'à ce qu'un neurone cesse de produire des potentiels d'action.

_____ (**2**) Une ou quelques informations sensorielles finissent par stimuler un grand nombre de neurones.

_____ (**3**) De nombreux neurones stimulent quelques neurones.

_____ (**4**) Intervient peut-être dans les activités mentales.

Questions à court développement

13. Expliquez les divisions et subdivisions anatomiques et fonctionnelles du système nerveux.

14. (**a**) Décrivez la composition et la fonction du corps cellulaire. (**b**) Quelles sont les similitudes entre les axones et les dendrites ? Quelles sont leurs différences (structurales et fonctionnelles) ?

15. Expliquez pourquoi les tumeurs du cerveau chez l'adulte affectent principalement les cellules de la névroglie.

16. Expliquez comment le rôle de la névroglie et des neurones se renforce pour permettre au système nerveux d'accomplir ses fonctions sensorielles et motrices.

17. (**a**) Qu'est-ce que la myéline ? (**b**) Expliquez ce qui distingue le processus de myélinisation dans le SNC et dans le SNP.

18. (**a**) Comparez les neurones unipolaires, les neurones bipolaires et les neurones multipolaires du point de vue structural. (**b**) Indiquez à quel endroit chaque type de neurones est le plus répandu.

19. Qu'est-ce que la polarisation d'une membrane? Comment est-elle maintenue? (Traitez du mécanisme passif et du mécanisme actif.)

20. Décrivez les phénomènes nécessaires à la production d'un potentiel d'action. Indiquez comment les canaux ioniques sont régis et expliquez pourquoi le potentiel d'action obéit à la loi du tout ou rien.

21. Puisque tous les potentiels d'action produits par une neurofibre donnée ont la même intensité, comment le SNC détermine-t-il si un stimulus est faible ou fort?

22. (**a**) Expliquez la différence entre un PPSE et un PPSI. (**b**) Qu'est-ce qui détermine si un PPSE ou un PPSI sera produit au niveau de la membrane postsynaptique?

23. Puisque la surface d'un neurone est toujours susceptible de recevoir les neurotransmetteurs libérés par des milliers de neurones, comment l'activité neuronale (la production ou la non-production d'un potentiel d'action) est-elle déterminée?

24. Les effets de la liaison des neurotransmetteurs sont très brefs. Expliquez l'utilité de cet état de fait et les mécanismes qui permettent qu'il en soit ainsi.

25. La rapidité d'action des neurotransmetteurs dépend notamment de leur taille. À l'aide d'exemples, faites la distinction entre ceux qui sont plus volumineux et ceux qui sont de plus petite taille. Comparez la rapidité d'action des neurotransmetteurs selon leur taille et nommez un exemple de chacun.

26. Pourquoi les consommateurs de cannabis ont-ils des pertes de mémoire?

27. Pendant un cours de neurobiologie, un professeur emploie fréquemment les termes «neurofibre du groupe A», «neurofibre du groupe B», «période réfractaire absolue» et «nœuds de la neurofibre». Définissez ces termes.

28. Faites la distinction entre le traitement en série simple et le traitement parallèle.

29. Décrivez brièvement les trois stades du développement du neurone.

30. Quels facteurs semblent guider la croissance d'un axone et sa capacité d'établir les contacts synaptiques appropriés?

Réflexion et application

1. M. Millaire est hospitalisé en raison de problèmes cardiaques. À la suite d'une erreur, il reçoit une solution intraveineuse enrichie en K$^+$ destinée à un patient qui prend des diurétiques (c'est-à-dire des médicaments qui causent une excrétion excessive de potassium dans l'urine). M. Millaire avait des concentrations de potassium normales avant la perfusion. Selon vous, comment la solution de K$^+$ modifiera-t-elle les potentiels de repos neuronaux de M. Millaire et la capacité de ses neurones de produire des potentiels d'action?

2. Les anesthésiques locaux bloquent les canaux à sodium voltage-dépendants. On pense que les anesthésiques généraux activent les canaux à chlore ligand-dépendants, entraînant la quiescence du système nerveux pendant une intervention chirurgicale. Quel processus les anesthésiques entravent-ils, et en quoi cela influe-t-il sur la propagation de l'influx nerveux?

3. Lorsqu'il est arrivé à l'urgence, Jean avait une plaie ouverte profonde dans la paume de la main droite. Il était tombé sur un clou dans une grange. On lui a fait une injection anti-tétanique afin de prévenir des complications neurologiques. La bactérie du tétanos prolifère dans les plaies profondes et peu aérées, mais comment se propage-t-elle dans le tissu nerveux?

4. Rachel souffre de sclérose en plaques depuis l'âge de 27 ans. Elle a maintenant 35 ans et elle a perdu presque complètement la maîtrise de ses muscles squelettiques. Comment cela s'est-il produit?

5. Aux Pays-Bas, un jeune homme est admis à l'urgence après être allé dans une fête techno. Selon ses amis qui l'ont accompagné jusqu'à l'hôpital, il a commencé à avoir des convulsions et des spasmes musculaires qui se sont amplifiés au point que tout son corps est devenu rigide à l'extrême. À l'examen, le personnel observe une augmentation marquée du tonus musculaire et une hyperflexie des muscles du visage et des membres. Dans sa poche, on trouve des comprimés jaune foncé tachetés de noir non identifiés. Après analyse, on découvre que les comprimés contiennent un mélange d'ecstasy et de strychnine. L'ecstasy ne produit pas ce genre de symptômes, mais la strychnine, qui bloque les récepteurs de la glycine, le peut. Expliquez comment.

12

Encéphale (p. 490)

Développement embryonnaire (p. 490)

Régions et organisation (p. 491)

Ventricules cérébraux (p. 493)

Hémisphères cérébraux (p. 493)

Diencéphale (p. 504)

Tronc cérébral (p. 507)

Cervelet (p. 511)

Systèmes de l'encéphale (p. 514)

Fonctions mentales supérieures (p. 516)

Ondes cérébrales et
électroencéphalogramme (p. 517)

Conscience (p. 518)

Sommeil et cycle veille-sommeil (p. 519)

Langage (p. 521)

Mémoire (p. 521)

Protection de l'encéphale (p. 525)

Méninges (p. 525)

Liquide cérébrospinal (p. 527)

Barrière hématoencéphalique (p. 527)

Déséquilibres homéostatiques
de l'encéphale (p. 529)

Moelle épinière (p. 532)

Développement embryonnaire (p. 532)

Anatomie macroscopique
et protection (p. 533)

Anatomie en coupe transversale (p. 533)

Traumatismes et affections
de la moelle épinière (p. 542)

**Diagnostic d'un dysfonctionnement
du SNC (p. 545)**

**Développement et vieillissement
du SNC (p. 545)**

Le système nerveux central

On a longtemps comparé le **système nerveux central** (SNC) – c'est-à-dire l'encéphale et la moelle épinière – à un système permettant d'établir simultanément d'innombrables communications entre les postes téléphoniques intérieurs et le système téléphonique urbain et interurbain. Aujourd'hui, l'évolution technologique introduit de nouvelles analogies et c'est plutôt à un superordinateur que l'on compare le SNC. Ces analogies expliquent partiellement le fonctionnement de la moelle épinière, mais aucune ne rend justice à la complexité extraordinaire de l'encéphale humain. Nous pouvons tenir l'encéphale humain pour un organe évolué, un puissant ordinateur ou un miracle : il est certes l'une des plus grandes merveilles que nous connaissions.

La **céphalisation** s'est produite au cours de l'évolution animale. Autrement dit, il y a eu élaboration de la partie antérieure du SNC et accroissement du nombre de neurones dans la tête. C'est chez l'humain que ce phénomène est le plus prononcé.

Le présent chapitre porte sur la structure du SNC et traite des fonctions associées à ses régions anatomiques. Nous examinons brièvement ses fonctions d'intégration, telles que le cycle veille-sommeil et la mémoire, qui sont plus complexes.

Encéphale

L'apparence quelque peu insignifiante de l'**encéphale** humain ne laisse rien transparaître de ses remarquables possibilités. Le cerveau, la principale structure de l'encéphale, se présente en effet comme une masse de tissu gris rosâtre deux fois grosse comme le poing; il est plissé comme une noix et sa consistance rappelle celle du gruau froid. La masse de l'encéphale est d'environ 1600 g chez l'homme adulte moyen et d'environ 1450 g chez la femme, ce qui, proportionnellement à la masse corporelle totale, correspond à des dimensions équivalentes.

Développement embryonnaire

■ Décrire le développement embryonnaire de l'encéphale.

■ Nommer et situer les principales régions de l'encéphale adulte ainsi que leurs subdivisions.

■ Décrire la disposition de la substance grise et de la substance blanche dans les différentes parties du SNC.

■ Nommer et situer les ventricules cérébraux; situer l'aqueduc du mésencéphale.

Nous traiterons en premier du développement embryonnaire de l'encéphale. En effet, il est plus facile de comprendre la terminologie associée aux divisions structurales de l'encéphale adulte si l'on s'est familiarisé avec son développement embryonnaire.

La **figure 12.1** montre la première phase du développement de l'encéphale. Dès la troisième semaine de la grossesse, l'*ectoderme* (couche de cellules de la face dorsale) s'épaissit le long de l'axe médian dorsal de l'embryon, et il forme la **plaque neurale**. Ensuite, la plaque neurale s'invagine et forme le **sillon neural**, flanqué de deux **plis neuraux**. À mesure que le sillon s'approfondit, la partie supérieure des plis neuraux se rapproche et fusionne, fermant ainsi le sillon, pour constituer le **tube neural**. Durant cette étape cruciale du développement appelée neurulation, l'encéphale est très sensible aux facteurs chimiques présents dans l'environnement cellulaire. Le tube neural va bientôt se détacher de l'ectoderme superficiel et s'enfoncer légèrement sous la surface.

Dès la quatrième semaine de la grossesse, le tube neural est constitué. Il se différencie rapidement et donne naissance aux organes du SNC. Sa partie antérieure (ou rostrale) donne l'encéphale et sa partie postérieure (ou caudale), la moelle épinière. De petits groupes de cellules des plis neuraux migrent latéralement entre l'ectoderme superficiel et le tube neural. Ils vont

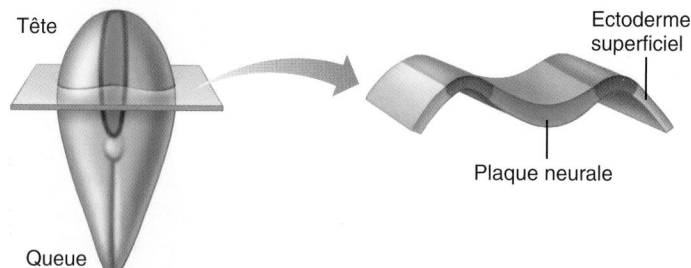

① La plaque neurale se forme à partir de l'ectoderme superficiel.

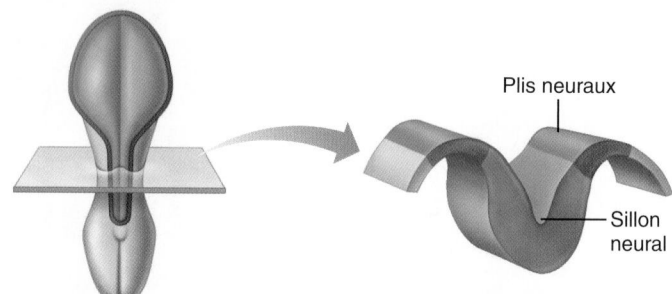

② La plaque neurale s'invagine et forme le sillon neural flanqué de plis neuraux.

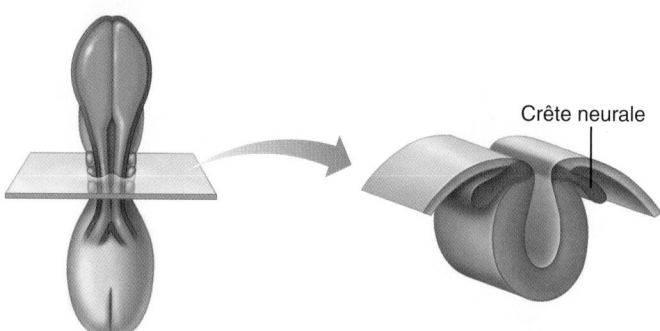

③ Les cellules des plis neuraux migrent pour former la crête neurale, à partir de laquelle apparaîtront les principales parties du système nerveux périphérique (SNP) ainsi que de nombreuses autres structures.

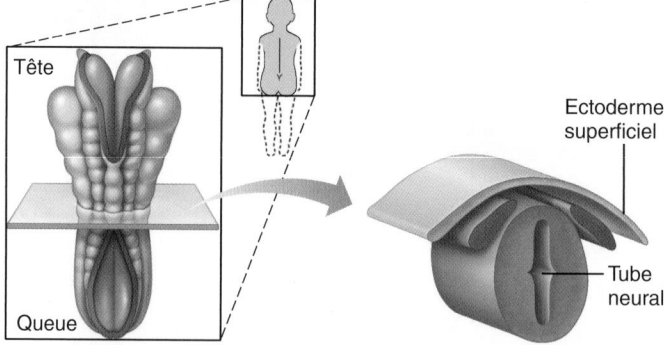

④ Le sillon neural forme le tube neural, qui donnera naissance aux structures du SNC.

Figure 12.1 Développement du tube neural à partir de l'ectoderme embryonnaire. À gauche, vues de la face dorsale de l'embryon; à droite, coupes transversales après 17, 19, 20 et 22 jours.

constituer la **crête neurale** (figures 12.1 à 12.3) dans laquelle prendront naissance certains neurones qui iront se loger dans les ganglions.

Dès que le tube neural se forme, son extrémité rostrale se met immédiatement à croître. Des constrictions apparaissent et délimitent les trois **vésicules encéphaliques primitives (figure 12.2a)**, soit le **prosencéphale** ou **cerveau antérieur**, le **mésencéphale** ou **cerveau moyen** et le **rhombencéphale** ou **cerveau postérieur**. Le reste du tube neural forme la moelle épinière (nous y reviendrons un peu plus loin).

À la cinquième semaine, les vésicules primitives donnent naissance aux **vésicules encéphaliques secondaires** (figure 12.2c). Le prosencéphale se divise en **télencéphale** et en **diencéphale**; le mésencéphale ne se divise pas; le rhombencéphale se divise en **métencéphale** et en **myélencéphale**.

Chacune des cinq vésicules secondaires croît ensuite rapidement; elles constitueront les principales structures de l'encéphale adulte (figure 12.2d). Les modifications les plus marquées surviennent dans le télencéphale, d'où émergent deux renflements qui se projettent latéralement, un peu comme les oreilles de Mickey Mouse. Ces renflements deviennent les *hémisphères cérébraux*, qui composent le cerveau. Le diencéphale, issu lui aussi du prosencéphale, forme trois régions spécialisées: l'*hypothalamus*, le *thalamus* et l'*épithalamus*. Des changements moins spectaculaires se produisent dans le mésencéphale, le métencéphale et le myélencéphale; le premier donne naissance au *cerveau moyen*, le deuxième au *pont* et au *cervelet*, et le troisième,

au *bulbe rachidien*. L'ensemble des structures du mésencéphale et du rhombencéphale, à l'exception du cervelet, forme le **tronc cérébral**. La cavité centrale du tube neural s'élargit à quatre endroits pour donner les *ventricules* («petits ventres») cérébraux (figure 12.2e), que nous décrirons plus loin.

Comme l'encéphale se développe plus rapidement que le crâne membraneux dans lequel il se trouve, deux courbures se forment, la *courbure mésencéphalique* et la *courbure cervicale*, qui infléchissent le prosencéphale en direction du tronc cérébral (figure 12.3a). Le manque d'espace a aussi pour conséquence de forcer les hémisphères cérébraux à croître vers l'arrière et les côtés, en fer à cheval (comme l'indiquent les flèches noires dans la figure 12.3b, c). Ils finissent donc par envelopper presque complètement le diencéphale et le mésencéphale. À 26 semaines, leur surface est en train de se froisser et de se plisser (figure 12.3c, d), ce qui produit les *gyrus* caractéristiques des hémisphères cérébraux et accroît leur superficie. C'est ainsi qu'un plus grand nombre de neurones peuvent occuper un volume restreint.

Régions et organisation

Certains auteurs abordent l'anatomie de l'encéphale selon le *modèle embryonnaire* (figure 12.2c). Quant à nous, nous l'étudierons selon le *modèle médical* avec les subdivisions montrées à la figure 12.3d: (1) hémisphères cérébraux; (2) diencéphale; (3) tronc cérébral (mésencéphale, pont et bulbe rachidien); et (4) cervelet.

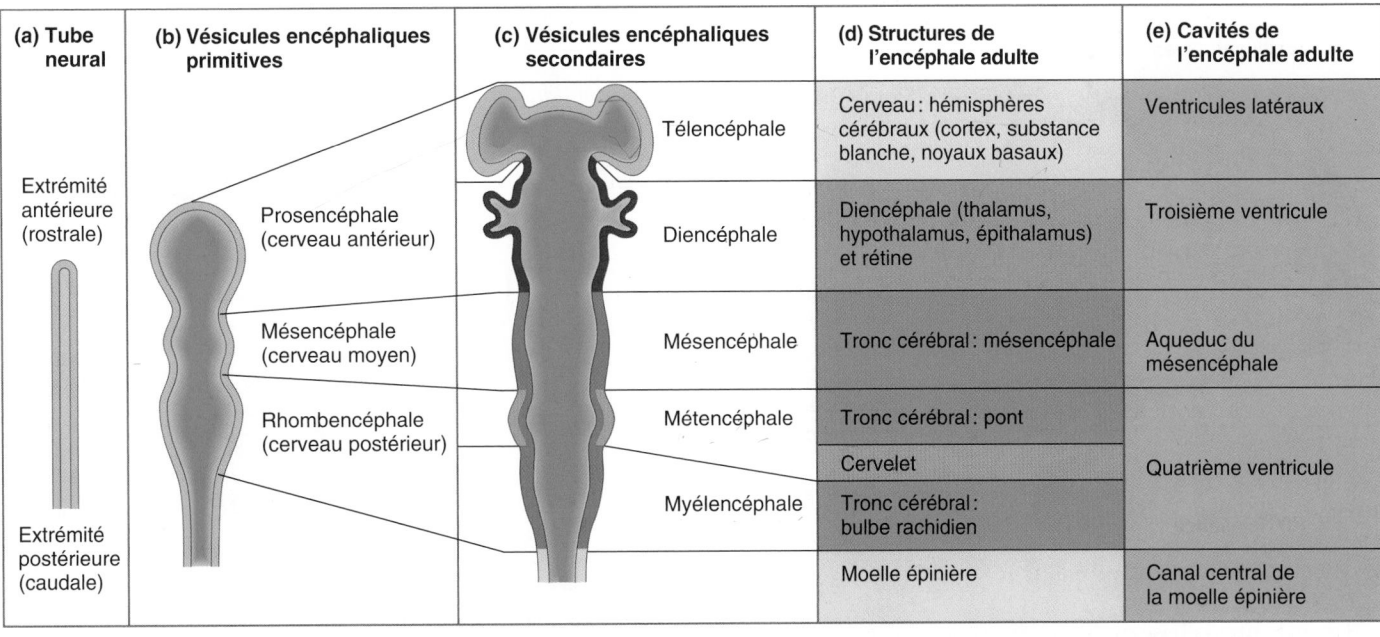

(a) Tube neural	(b) Vésicules encéphaliques primitives	(c) Vésicules encéphaliques secondaires	(d) Structures de l'encéphale adulte	(e) Cavités de l'encéphale adulte
Extrémité antérieure (rostrale)	Prosencéphale (cerveau antérieur)	Télencéphale	Cerveau: hémisphères cérébraux (cortex, substance blanche, noyaux basaux)	Ventricules latéraux
		Diencéphale	Diencéphale (thalamus, hypothalamus, épithalamus) et rétine	Troisième ventricule
	Mésencéphale (cerveau moyen)	Mésencéphale	Tronc cérébral: mésencéphale	Aqueduc du mésencéphale
	Rhombencéphale (cerveau postérieur)	Métencéphale	Tronc cérébral: pont	Quatrième ventricule
			Cervelet	
		Myélencéphale	Tronc cérébral: bulbe rachidien	
Extrémité postérieure (caudale)			Moelle épinière	Canal central de la moelle épinière

Figure 12.2 Développement embryonnaire de l'encéphale humain. (a) En place dès la quatrième semaine, le tube neural se subdivise rapidement en **(b)** vésicules encéphaliques primitives, qui formeront **(c)** les vésicules encéphaliques secondaires avant la cinquième semaine, lesquelles se différencieront pour donner naissance **(d)** aux structures de l'encéphale adulte. **(e)** Les structures de l'encéphale adulte dérivées du canal neural.

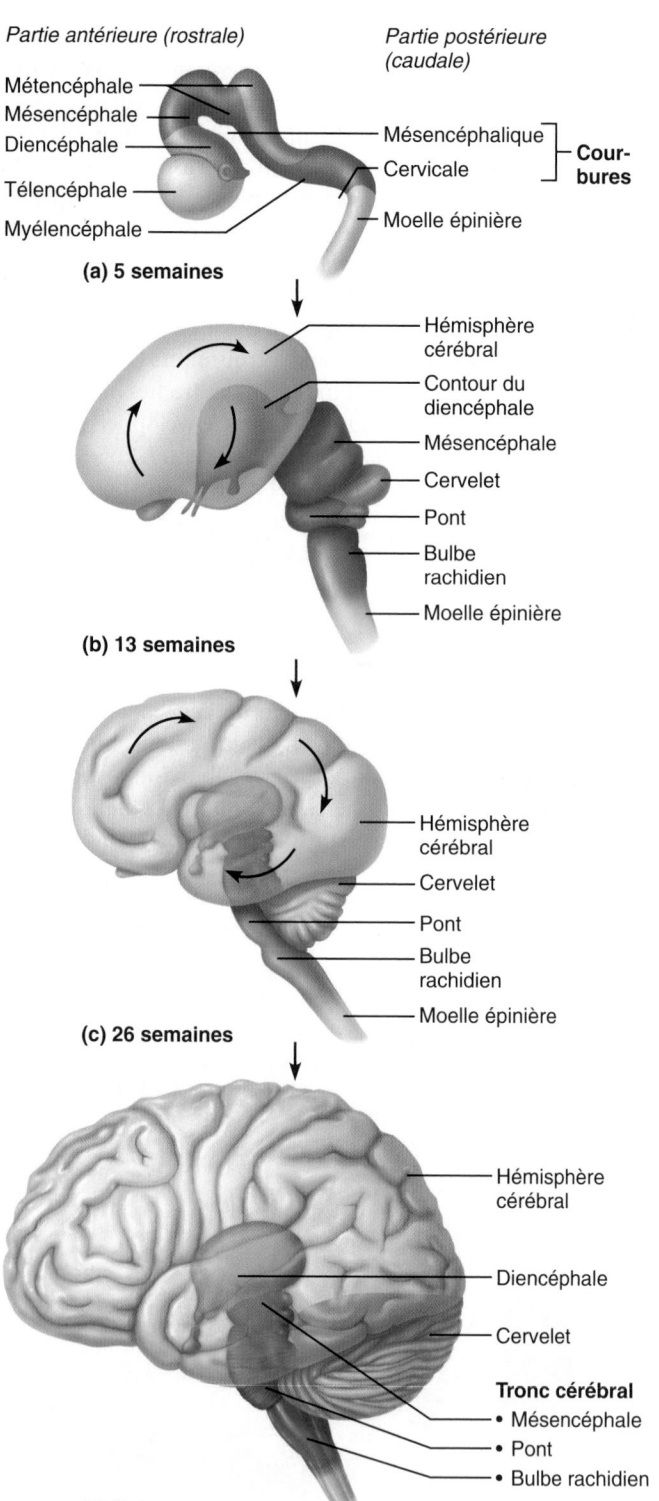

Partie antérieure (rostrale)

Métencéphale
Mésencéphale
Diencéphale
Télencéphale
Myélencéphale

Partie postérieure (caudale)

Mésencéphalique — } **Courbures**
Cervicale — }
Moelle épinière

(a) 5 semaines

Hémisphère cérébral
Contour du diencéphale
Mésencéphale
Cervelet
Pont
Bulbe rachidien
Moelle épinière

(b) 13 semaines

Hémisphère cérébral
Cervelet
Pont
Bulbe rachidien
Moelle épinière

(c) 26 semaines

Hémisphère cérébral
Diencéphale
Cervelet
Tronc cérébral
• Mésencéphale
• Pont
• Bulbe rachidien

(d) Naissance

Figure 12.3   Conséquences du manque d'espace sur le développement de l'encéphale. (a) La formation des deux grandes courbures à la cinquième semaine du développement repousse le télencéphale et le diencéphale vers le tronc cérébral. Développement des hémisphères cérébraux à : **(b)** 13 semaines ; **(c)** 26 semaines ; **(d)** la naissance. À l'origine, la surface de l'encéphale est lisse ; des plis commencent à se creuser au cours du sixième mois et les gyrus prennent forme au fur et à mesure du développement. Les hémisphères cérébraux se développent en direction postérolatérale et finissent par recouvrir complètement le diencéphale et la partie supérieure du tronc cérébral (ces dernières structures, normalement cachées par l'hémisphère cérébral, sont représentées ici par transparence).

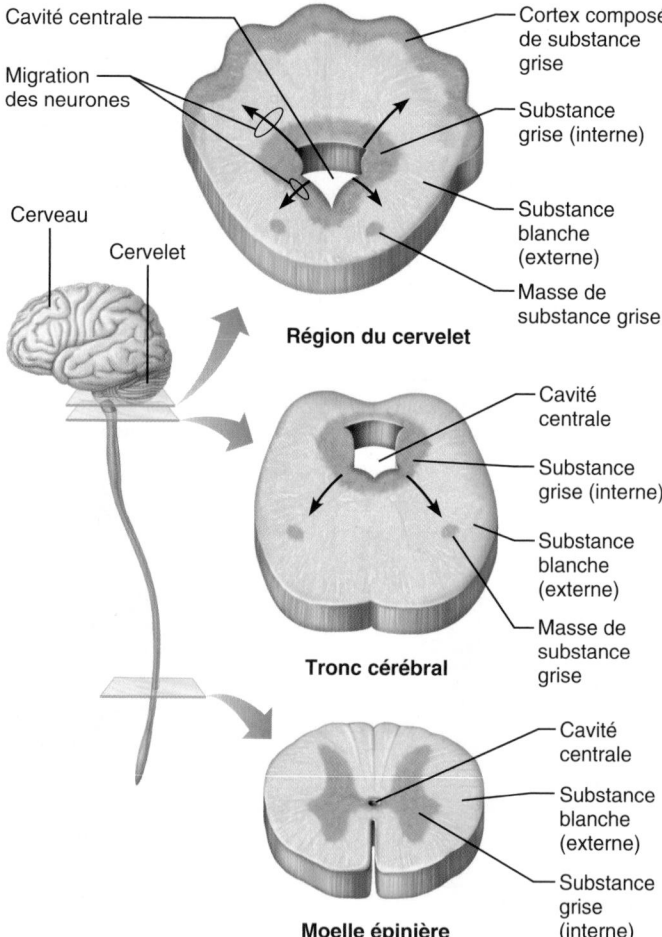

Cavité centrale
Migration des neurones
Cerveau
Cervelet

Cortex composé de substance grise
Substance grise (interne)
Substance blanche (externe)
Masse de substance grise

Région du cervelet

Cavité centrale
Substance grise (interne)
Substance blanche (externe)
Masse de substance grise

Tronc cérébral

Cavité centrale
Substance blanche (externe)
Substance grise (interne)

Moelle épinière

Figure 12.4   Disposition de la substance grise et de la substance blanche dans le SNC (schéma très simplifié). La face dorsale apparaît en haut dans les coupes. La substance blanche est généralement située en périphérie de la substance grise ; des masses de substance grise migrent cependant vers la substance blanche au cours du développement de l'encéphale (mouvement vers l'extérieur indiqué par des flèches noires). Le cerveau et le cervelet présentent un cortex composé de substance grise en périphérie.

La structure de base du SNC consiste en une cavité centrale entourée de substance grise puis, vers l'extérieur, d'une couche de substance blanche (neurofibres myélinisées). Le cerveau et le cervelet comprennent cependant des masses de substance grise dont la moelle épinière est dépourvue **(figure 12.4)**. Les hémisphères cérébraux et les hémisphères du cervelet possèdent un *cortex,* c'est-à-dire une «écorce» de substance grise. Cette composition se modifie en descendant dans le tronc cérébral : le cortex disparaît, mais des noyaux de substance grise sont disséminés dans la substance blanche. On retrouve la structure de base à l'extrémité caudale du tronc cérébral.

Ventricules cérébraux

Comme nous l'avons déjà mentionné, les **ventricules cérébraux** sont issus de renflements de la lumière du tube neural embryonnaire. Ils communiquent entre eux et avec le canal central de la moelle épinière (figure 12.5). Leur face interne est tapissée d'*épendymocytes* (un type de gliocyte) et leurs cavités sont remplies de liquide cérébrospinal (voir la figure 11.3c).

Les **ventricules latéraux** sont de grandes cavités symétriques dont la forme en C rappelle le déroulement de la croissance cérébrale. Il y a un ventricule latéral enfoui dans chaque hémisphère cérébral. À l'avant, les ventricules latéraux ne sont séparés que par une mince membrane appelée **septum pellucidum** (« cloison transparente ») (figure 12.12).

Chaque ventricule latéral communique avec le **troisième ventricule** (fente verticale assez étroite située dans le diencéphale) par le truchement d'un petit orifice appelé **foramen interventriculaire du cerveau**, ou trou de Monro.

Le troisième ventricule communique à son tour avec le **quatrième ventricule** par l'intermédiaire d'un canal qui traverse le mésencéphale, appelé **aqueduc du mésencéphale**, ou aqueduc de Sylvius. Le quatrième ventricule est situé dans le cerveau postérieur derrière le pont et la partie supérieure du bulbe rachidien ; sa partie inférieure communique avec le canal central de la moelle épinière. Ses parois latérales sont percées de deux orifices, nommés **ouvertures latérales du quatrième ventricule**, ou trous de Luschka ; l'orifice situé sur son toit est appelé **ouverture médiane du quatrième ventricule**, ou trou de Magendie. Ces orifices relient les ventricules à l'*espace subarachnoïdien*, qui entoure l'encéphale et la moelle épinière et qui est rempli de liquide cérébrospinal.

VÉRIFIONS NOS ACQUIS

1. De quelle vésicule encéphalique primitive le cervelet dérive-t-il ?
2. Quel ventricule est entouré par le diencéphale ?
3. Nommez les deux structures de l'encéphale adulte comportant une couche externe de substance grise appelée cortex.
4. Quelle est la fonction des gyrus dans l'encéphale ?

Les réponses se trouvent à l'appendice G.

Hémisphères cérébraux

5 Situer les principaux lobes, fissures et régions fonctionnelles du cortex cérébral ; citer les principales fonctions de chacune des régions.

6 Expliquer les caractéristiques du cortex cérébral ; décrire les principales régions motrices, sensitives et associatives.

7 Expliquer la latéralisation fonctionnelle des hémisphères cérébraux.

12

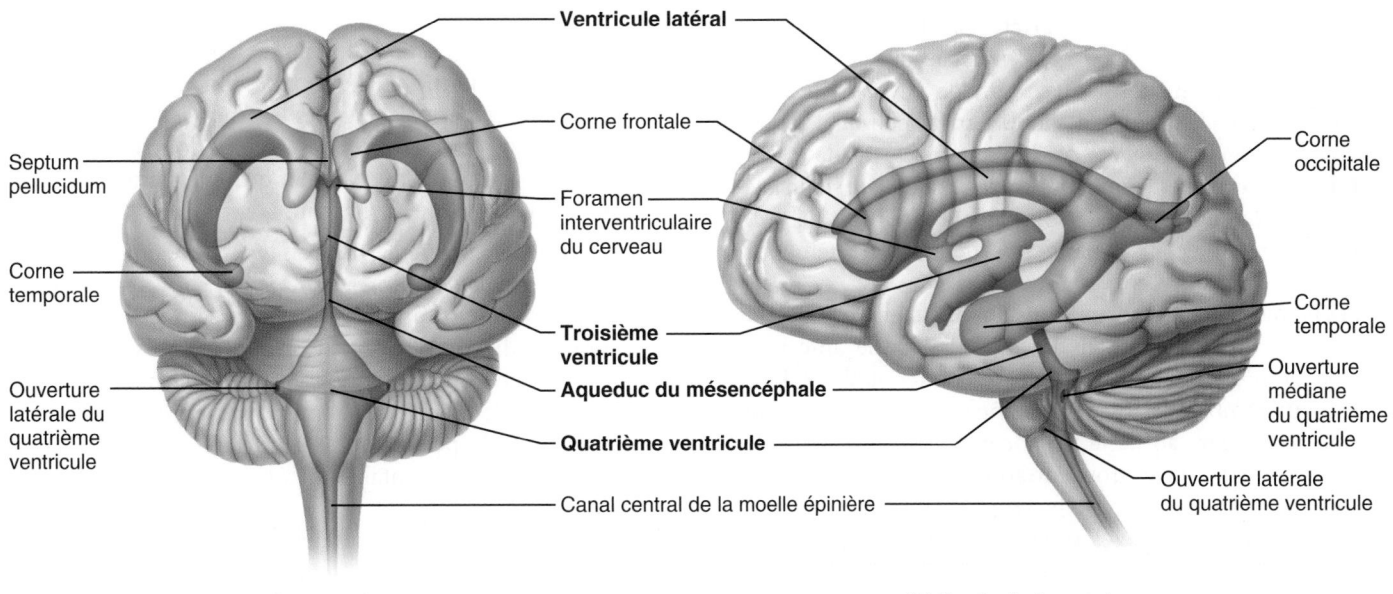

(a) **Vue antérieure**

(b) **Vue latérale gauche**

Septum pellucidum

Corne temporale

Ouverture latérale du quatrième ventricule

Ventricule latéral

Corne frontale

Foramen interventriculaire du cerveau

Troisième ventricule

Aqueduc du mésencéphale

Quatrième ventricule

Canal central de la moelle épinière

Corne occipitale

Corne temporale

Ouverture médiane du quatrième ventricule

Ouverture latérale du quatrième ventricule

Figure 12.5 Ventricules cérébraux. Différentes régions des grands ventricules latéraux comprennent une corne frontale, une corne occipitale et une corne temporale.

8 Décrire les fonctions respectives des neurofibres commissurales, des neurofibres associatives et des neurofibres de projection; donner des exemples de structures associées à chacun de ces groupes de neurofibres.

9 Situer les noyaux basaux; expliquer leurs fonctions et énumérer les structures qui les constituent.

Les **hémisphères cérébraux** composent la partie supérieure de l'encéphale (figure 12.6). Ils constituent environ 83 % de la masse de l'encéphale et ce sont les parties les plus visibles de l'encéphale intact. Les hémisphères cérébraux couvrent le diencéphale et le sommet du tronc cérébral (figure 12.3d), un peu comme le chapeau d'un champignon en couronne le pied.

La surface des hémisphères cérébraux (le cortex) est presque entièrement parcourue de saillies de tissu appelées **gyrus,** ou circonvolutions, qui sont séparées par des rainures. Les rainures profondes séparent le cortex en plusieurs parties et portent le nom de **fissures**, tandis que les rainures superficielles séparent les gyrus et sont appelées **sillons** (figure 12.6a).

Les gyrus et les sillons les plus prononcés constituent d'importants points de repère anatomiques, car on les trouve chez tous les individus. La **fissure longitudinale du cerveau** sépare les deux hémisphères cérébraux (figure 12.6c), tandis que la **fissure transverse du cerveau** subdivise les hémisphères cérébraux du cervelet situés en dessous (figure 12.6a, d).

Plusieurs sillons divisent la surface corticale de chaque hémisphère en cinq lobes – frontal, pariétal, temporal, occipital et insulaire (figure 12.6a, b) – qui, à l'exception du dernier, sont nommés d'après les os qui les surmontent (voir la figure 7.5). Dans le plan frontal, le **sillon central de l'hémisphère cérébral**, ou scissure de Rolando, sépare le **lobe frontal** du **lobe pariétal**. De part et d'autre du sillon central, on trouve deux gyrus importants: le **gyrus précentral** à l'avant et le **gyrus postcentral** à l'arrière. Plus loin derrière, le **lobe occipital** est séparé du lobe pariétal par le **sillon pariéto-occipital**, qui est situé sur la face médiale de l'hémisphère.

Le profond **sillon latéral**, ou scissure de Sylvius, délimite le **lobe temporal** en le séparant des lobes pariétal et frontal. Le cinquième lobe de l'hémisphère cérébral est appelé **insula** («île») ou **lobe insulaire**; il est enfoui profondément dans le sillon latéral et constitue une partie de son plancher (figure 12.6b). Le lobe insulaire est recouvert par des parties des lobes temporal, pariétal et frontal.

Les hémisphères cérébraux s'ajustent parfaitement au crâne. Les lobes frontaux occupent la fosse crânienne antérieure (voir la figure 7.2b), tandis que les parties antérieures des lobes temporaux comblent la fosse crânienne moyenne. La fosse crânienne postérieure abrite le tronc cérébral et le cervelet; les lobes occipitaux, qui se trouvent au-dessus du cervelet, sont situés bien au-dessus de cette fosse.

Chacun des hémisphères cérébraux présente trois régions fondamentales: en surface, le *cortex cérébral*, qui est composé de substance grise (corps cellulaires de neurones); la *substance blanche* (axones myélinisés); et les *noyaux basaux*, ou noyaux gris centraux, qui sont des amas de corps cellulaires de neurones distribués dans la substance blanche. Nous allons maintenant décrire ces régions.

Cortex cérébral

Le **cortex cérébral** est le sommet hiérarchique du système nerveux. Il est le siège de l'*esprit conscient*. C'est grâce à lui que nous avons conscience de nous-même et de nos sensations, c'est lui qui nous fournit nos facultés de communication, de mémorisation et de compréhension, et c'est lui encore qui nous permet de déclencher des mouvements volontaires. Le cortex cérébral est composé de substance grise, c'est-à-dire de corps cellulaires de neurones et de dendrites, ainsi que des gliocytes et des vaisseaux sanguins qui leur sont associés; il ne comprend ni faisceau ni tractus. Il contient des milliards de neurones disposés en six couches et constitue près de 40 % de la masse de l'encéphale. Son épaisseur ne dépasse pas 2 à 4 mm, mais les nombreux gyrus qui le parcourent augmentent considérablement sa surface, qui est d'environ 1 m^2 (elle serait de moins de 200 cm^2 sans gyrus).

À la fin du XIXe siècle, les anatomistes se sont mis à répertorier de subtiles variations de l'épaisseur et de la structure du cortex cérébral. En 1909, K. Brodmann, neuroanatomiste allemand, parvint à cartographier 52 aires corticales, appelées **aires de Brodmann**.

Disposant dès lors d'une carte structurale, les premiers neurologues se mirent fébrilement à la recherche des régions *fonctionnelles* du cortex. Aujourd'hui, il ne fait plus de doute que des fonctions motrices et sensitives sont effectivement reliées à l'activité d'aires corticales spécifiques, comme l'ont démontré les techniques d'imagerie modernes, telles la tomographie par émission de positons, ou TEP, qui révèle l'activité métabolique maximale dans l'encéphale, ou la RMN fonctionnelle, qui permet de visualiser la circulation sanguine (figure 12.7; voir aussi le Gros plan du chapitre 1, p. 19-20). Toutefois, plusieurs fonctions mentales supérieures (la mémoire et le langage, par exemple) semblent résulter du chevauchement des fonctions de plusieurs régions du cortex parfois éloignées les unes des autres.

Avant de nous pencher sur les régions fonctionnelles du cortex cérébral, nous allons examiner quelques caractéristiques générales de cette partie du cerveau.

1. Le cortex cérébral renferme trois types de régions fonctionnelles: les *régions motrices*, les *régions sensitives* et les *régions associatives*. Ne confondez pas les régions sensitives et motrices du cortex avec les neurones sensitifs et moteurs. Tous les neurones du cortex sont des interneurones.

2. Le cortex de chacun des hémisphères est essentiellement le siège de la perception sensorielle et de la régulation de la motricité volontaire du côté opposé (controlatéral) du corps.

3. La structure du cortex des deux hémisphères est presque symétrique, mais les hémisphères ne sont pas absolument égaux sur le plan fonctionnel. Il y a plutôt latéralisation,

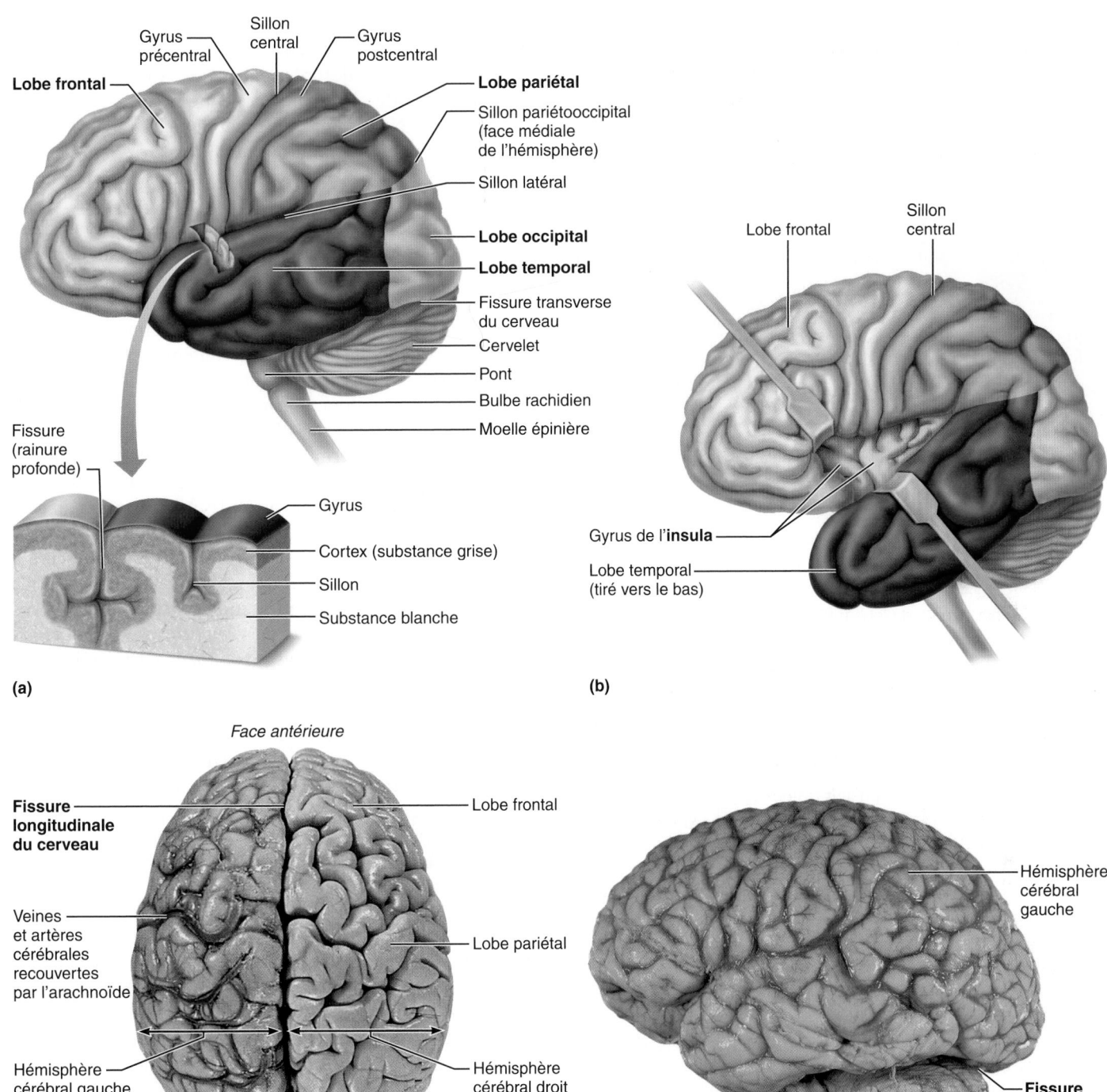

(a)

(b)

(c)

(d)

Figure 12.6 Lobes et fissures des hémisphères cérébraux. (a) Schéma des lobes, des fissures et des principaux sillons de l'encéphale. **(b)** Gyrus de l'insula révélé en retirant les lobes frontal et temporal de l'hémisphère gauche. **(c)** Face supérieure des hémisphères cérébraux; la substance de l'arachnoïde a été enlevée de l'hémisphère droit. **(d)** Vue latérale gauche de l'encéphale.

Sillon central de l'hémisphère cérébral —

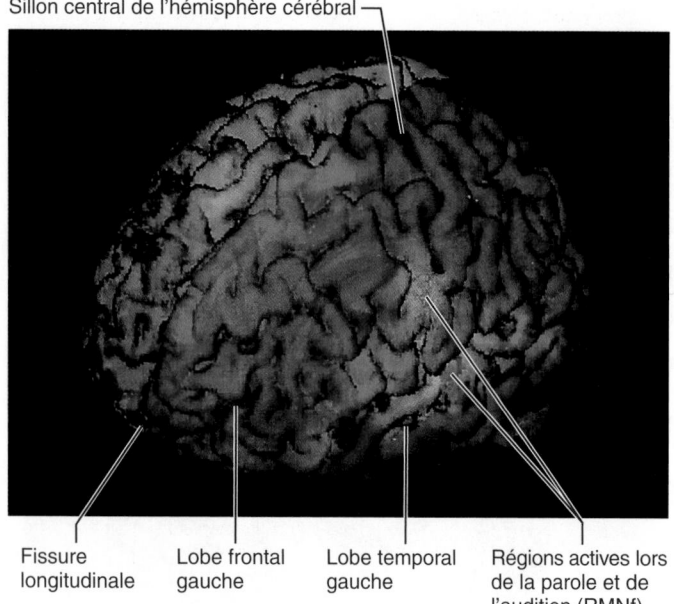

Fissure longitudinale | Lobe frontal gauche | Lobe temporal gauche | Régions actives lors de la parole et de l'audition (RMNf)

Figure 12.7 Imagerie fonctionnelle (RMNf) du cortex cérébral. La parole et l'audition s'accompagnent d'une augmentation de l'activité (circulation sanguine, régions en jaune et en orange) dans la partie postérieure du lobe frontal et dans la partie supérieure du lobe temporal respectivement.

12

c'est-à-dire spécialisation du cortex de chaque hémisphère au regard de certaines fonctions cérébrales.

4. Enfin, et surtout, il est important de se rappeler que notre approche est grossièrement simplifiée. *Aucune* région fonctionnelle du cortex n'agit isolément; le comportement conscient fait intervenir, d'une façon ou d'une autre, l'ensemble du cortex.

Régions motrices Les régions motrices du cortex, qui régissent les mouvements volontaires, sont situées dans la partie postérieure des lobes frontaux. Il s'agit du cortex moteur primaire, du cortex prémoteur, de l'aire motrice du langage (ou aire de Broca) et de l'aire oculomotrice frontale **(figure 12.8a)**.

1. **Cortex moteur primaire.** Le **cortex moteur primaire** (somatique) est situé dans le gyrus précentral (figure 12.8, région en rouge). En procédant à des stimulations expérimentales de cette région chez l'animal et chez l'humain, on a démontré que les gros neurones de ce gyrus, appelés **neurones pyramidaux**, commandent les mouvements volontaires (précis ou spécialisés) des muscles squelettiques. Les longs axones des neurones moteurs qui la composent forment la *voie motrice principale*, soit les **tractus corticospinaux** ou pyramidaux, qui se rendent jusque dans la moelle épinière. Tous les autres tractus descendants (moteurs) quittent les noyaux du mésencéphale et sont constitués de deux neurones ou plus.

Chaque partie du corps est projetée dans une section du gyrus précentral du cortex moteur primaire de chaque

hémisphère. Autrement dit, les neurones pyramidaux qui régissent les mouvements du pied sont regroupés à un endroit et ceux des mouvements de la main sont situés ailleurs. Cette correspondance entre le corps et les structures du SNC est appelée **somatotopie**.

La **figure 12.9** montre que le corps est représenté à l'envers dans le cortex cérébral – la tête correspond à l'extrémité latérale inférieure du gyrus précentral et les orteils, à la face médiale. La plupart des neurones de ce gyrus commandent les muscles des régions du corps où les contractions musculaires doivent être très précises, c'est-à-dire le visage, la langue et les mains. Chacune de ces régions s'étend ainsi sur une surface importante et disproportionnée de l'**homoncule moteur** («petit homme») dessiné au-dessus du gyrus dans la figure 12.9. La disproportion reflète donc le fait que ce n'est pas la taille des muscles contrôlés, mais bien le nombre de leurs unités motrices, qui détermine la surface occupée sur le cortex. Le gyrus gauche régit les muscles situés du côté droit du corps, et le gyrus droit contrôle les muscles situés du côté gauche: on dit que la motricité est croisée.

La notion d'*homoncule moteur*, qui est représenté à gauche dans la figure 12.9, suppose que le cortex moteur primaire constitue une projection systématique du corps et que certains neurones corticaux correspondent *spécifiquement* aux muscles qu'ils commandent. On sait maintenant que cette conception n'est pas tout à fait exacte. La recherche indique en effet qu'un muscle donné est régi par de nombreux points du cortex et qu'un neurone cortical envoie des influx nerveux à plus d'un muscle. Autrement dit, les neurones moteurs corticaux commandent des muscles qui fonctionnent en synergie pour produire un mouvement donné.

Tendre un bras vers l'avant, par exemple, est un mouvement qui fait intervenir des muscles de l'épaule et des muscles du coude. Le cortex moteur primaire n'est donc pas organisé de manière aussi rigoureuse que le laisse croire l'homoncule moteur; il s'agit plutôt d'une représentation ordonnée mais floue selon laquelle les neurones sont disposés de telle sorte qu'ils coordonnent des ensembles de muscles. Ainsi, les neurones qui commandent les muscles de l'épaule, du bras et de la main sont enchevêtrés et participent conjointement à l'activité des muscles du membre supérieur. Par contre, il n'y a pas de coopération entre les neurones qui régissent des mouvements bien distincts les uns des autres, par exemple ceux des muscles du bras et ceux des muscles du tronc. Aussi peut-on dire que l'homoncule moteur sert à montrer que de grandes régions du cortex moteur primaire sont consacrées à la motricité de la jambe, du bras, du torse et de la tête; cependant, l'organisation des neurones à l'intérieur de ces grandes régions est beaucoup plus diffuse qu'on ne le croyait autrefois.

2. **Cortex prémoteur primaire.** Le **cortex prémoteur primaire** est situé à l'avant du gyrus précentral (figure 12.8, région en saumon). Cette région régit les habiletés motrices

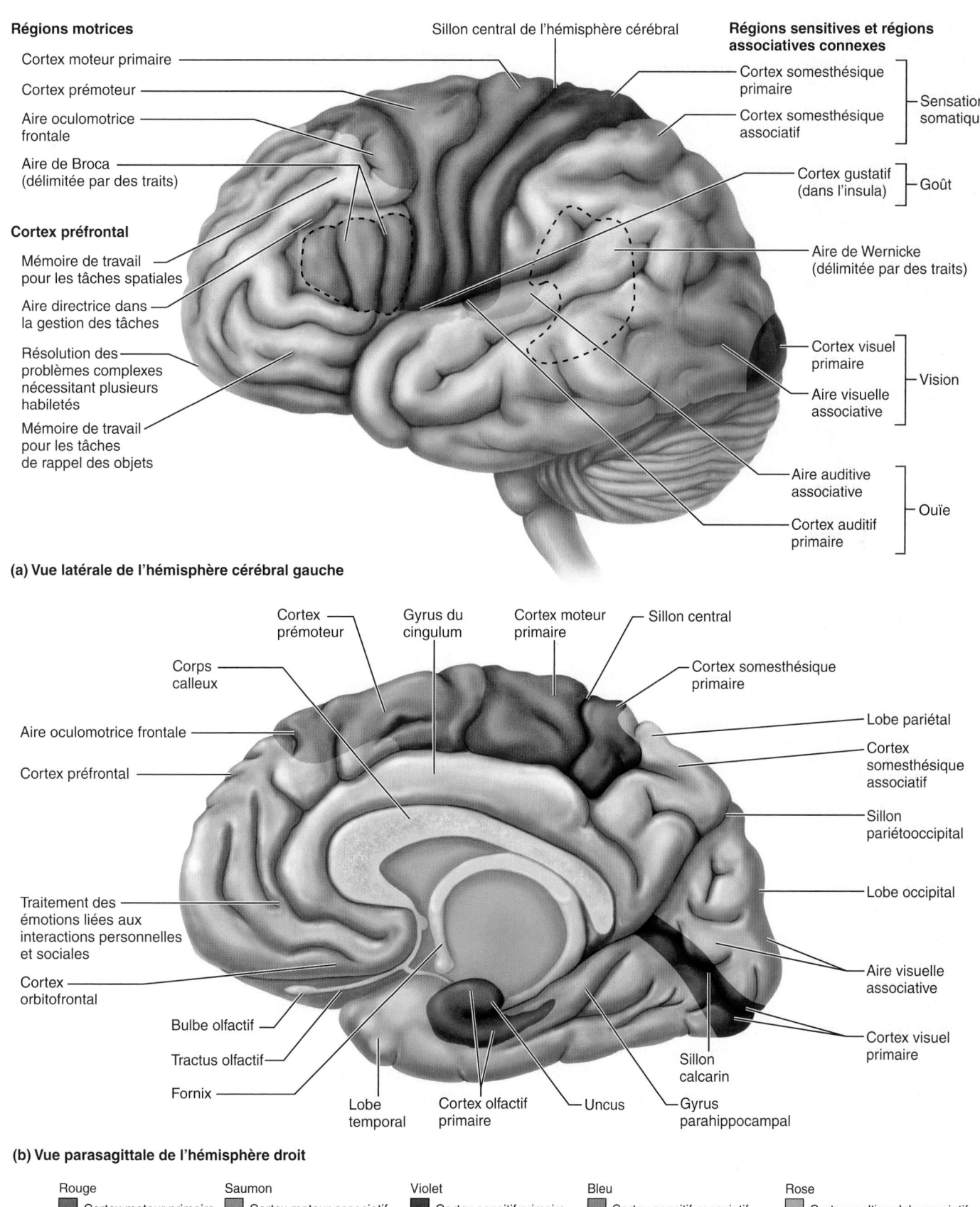

Régions motrices

Cortex moteur primaire

Cortex prémoteur

Aire oculomotrice frontale

Aire de Broca (délimitée par des traits)

Cortex préfrontal

Mémoire de travail pour les tâches spatiales

Aire directrice dans la gestion des tâches

Résolution des problèmes complexes nécessitant plusieurs habiletés

Mémoire de travail pour les tâches de rappel des objets

Sillon central de l'hémisphère cérébral

Régions sensitives et régions associatives connexes

Cortex somesthésique primaire

Cortex somesthésique associatif

⎱ Sensations somatiques

Cortex gustatif (dans l'insula) ⎱ Goût

Aire de Wernicke (délimitée par des traits)

Cortex visuel primaire

Aire visuelle associative

⎱ Vision

Aire auditive associative

Cortex auditif primaire

⎱ Ouïe

(a) Vue latérale de l'hémisphère cérébral gauche

Cortex prémoteur

Gyrus du cingulum

Cortex moteur primaire

Sillon central

Corps calleux

Cortex somesthésique primaire

Aire oculomotrice frontale

Lobe pariétal

Cortex préfrontal

Cortex somesthésique associatif

Sillon pariétooccipital

Lobe occipital

Traitement des émotions liées aux interactions personnelles et sociales

Aire visuelle associative

Cortex orbitofrontal

Cortex visuel primaire

Bulbe olfactif

Tractus olfactif

Sillon calcarin

Fornix

Lobe temporal

Cortex olfactif primaire

Uncus

Gyrus parahippocampal

(b) Vue parasagittale de l'hémisphère droit

Rouge	Saumon	Violet	Bleu	Rose
Cortex moteur primaire	Cortex moteur associatif	Cortex sensitif primaire	Cortex sensitif associatif	Cortex multimodal associatif

Figure 12.8 Régions structurales et fonctionnelles du cortex cérébral.

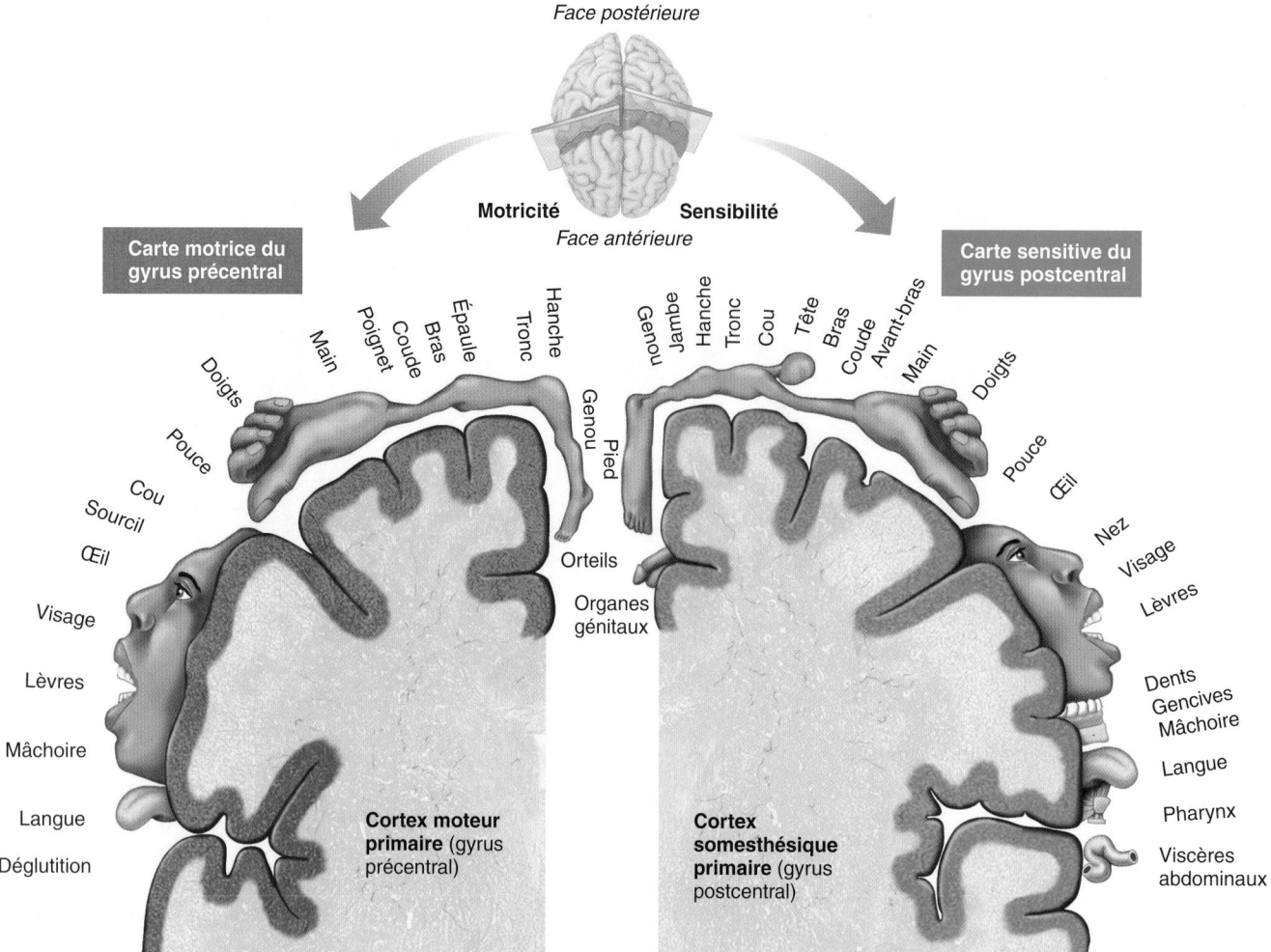

Figure 12.9 Représentation corporelle du cortex moteur primaire et du cortex somesthésique du cerveau. La quantité de tissu cortical consacrée à la motricité ou à la sensibilité de chaque partie du corps et son emplacement correspondent aux illustrations déformées des parties du corps (homoncule).

apprises qui mettent en jeu des activités de nature répétitive ou systématique, par exemple la pratique d'un instrument de musique ou le maniement d'une console de jeux vidéo. Le cortex prémoteur coordonne donc les mouvements de plusieurs groupes de muscles squelettiques, soit simultanément, soit successivement. Son mode d'action principal consiste à envoyer des influx activateurs au cortex moteur primaire. Elle exerce aussi une action plus directe sur l'activité motrice, dans la mesure où elle renferme environ 15 % des neurofibres des tractus corticospinaux ou pyramidaux. On peut comparer cette région à une base de données où sont enregistrées des activités motrices spécialisées.

Le cortex prémoteur interviendrait également dans la planification des mouvements. À partir d'informations sensorielles abondamment traitées au préalable, qui lui viennent d'autres régions du cortex, il peut régir les gestes volontaires qui dépendent d'une rétroaction sensorielle, tels qu'avancer le bras dans un labyrinthe pour saisir un objet invisible. Cette région semble également jouer un rôle inhibiteur, car une lésion occasionne une raideur musculaire, c'est-à-dire une contraction de la partie du corps se situant du côté opposé de la région lésée.

3. **Aire de Broca ou aire motrice du langage.** L'**aire de Broca** ou **aire motrice du langage** est située à l'avant du cortex prémoteur. On a longtemps cru que cette aire ne se trouvait que dans un seul hémisphère (généralement le gauche) et qu'elle était un *centre moteur du langage* dirigeant les muscles associés à la production de la parole. Cependant, des études utilisant la TEP pour révéler les régions du cortex cérébral activées indiquent que cette aire s'éveille également lorsque nous nous préparons à parler et à accomplir plusieurs autres activités motrices volontaires. Quand cette aire est lésée, on observe des difficultés d'articulation et

une élocution laborieuse appelée aphasie, dont nous traiterons plus loin.

4. **Aire oculomotrice frontale.** L'**aire oculomotrice frontale** est située partiellement au-dedans et à l'avant du cortex prémoteur, et au-dessus de l'aire de Broca. Cette aire contrôle les mouvements volontaires des yeux.

⚖ DÉSÉQUILIBRE HOMÉOSTATIQUE

Des lésions dans des régions spécifiques du *cortex moteur primaire* (comme celles que provoque un accident vasculaire cérébral) entraînent la paralysie des muscles squelettiques régis par ces régions. Si la lésion touche l'hémisphère droit, le côté gauche du corps est paralysé, et vice versa. Toutefois, seuls les mouvements *volontaires* sont impossibles ; les muscles demeurent aptes aux contractions réflexes, dont la plupart sont commandées par des centres de la moelle épinière.

La destruction totale ou partielle du *cortex prémoteur* entraîne la perte des habiletés motrices qui y sont programmées, sans diminuer la force des muscles squelettiques ni la capacité d'accomplir des mouvements individuels. Si, par exemple, la partie du cortex prémoteur qui régit le va-et-vient de vos doigts au-dessus d'un clavier était endommagée, vous ne pourriez plus taper aussi rapidement qu'auparavant, mais vous pourriez accomplir les mêmes mouvements avec vos doigts. Vous devriez faire des exercices pour reprogrammer l'habileté dans un autre groupe de neurones prémoteurs, tout comme il vous avait fallu le faire pour acquérir cette habileté. ■

Régions sensitives Les régions reliées à la conscience des sensations, c'est-à-dire les **régions sensitives** du cortex, sont situées dans les lobes pariétal, temporal et occipital (figure 12.8, régions en violet et en bleu).

1. **Cortex somesthésique primaire.** Le **cortex somesthésique primaire** se trouve dans le gyrus postcentral du lobe pariétal, juste derrière le cortex moteur primaire. Les neurones de ce gyrus reçoivent des messages provenant des récepteurs somatiques de la peau et des propriocepteurs (récepteurs sensibles à la locomotion, à la position spatiale et au tonus musculaire) des muscles squelettiques, des articulations et des tendons. Ils localisent ensuite la provenance des stimulus, faculté appelée **discrimination spatiale**.

   À l'instar du cortex moteur primaire, le corps est représenté à l'envers et l'hémisphère droit reçoit les informations sensorielles issues du côté gauche du corps. La perception des différents stimulus est donc aussi croisée. La surface du cortex somesthésique réservée à la perception sensorielle d'une région spécifique du corps dépend du degré de sensibilité de cette région (c'est-à-dire du nombre de récepteurs qu'elle renferme), et non de sa taille. Le visage (en particulier les lèvres) et le bout des doigts sont les régions les plus sensibles chez l'être humain. Ce sont donc les régions qui correspondent aux surfaces les plus importantes dans l'**homoncule somesthésique**, représenté à droite dans la figure 12.9. Le cortex somesthésique primaire comprend des aires spécifiques (quatre aires de Brodmann), dont chacune participe à des aspects particuliers de la perception, par exemple l'appréciation de la texture, de la taille ou de la forme des objets.

2. **Cortex somesthésique associatif.** Le **cortex somesthésique associatif** est situé dans le lobe pariétal, immédiatement à l'arrière du cortex somesthésique primaire ; il y est relié par de nombreuses connexions. Sa principale fonction consiste à intégrer les différentes informations somesthésiques (température, pression, etc.) qui lui sont acheminées par l'intermédiaire du cortex somesthésique primaire, puis d'en retirer ainsi une signification globale. Ainsi, quand vous plongez la main dans la poche de votre pantalon ou dans votre sac à main, votre cortex somesthésique associatif « consulte » les souvenirs d'expériences sensorielles mémorisées et identifie les objets que votre main rencontre, comme des pièces de monnaie ou des clés. Une personne chez qui cette aire aurait été endommagée souffrirait d'agnosie : elle ne pourrait reconnaître ces objets sans les regarder.

3. **Régions visuelles.** Le cortex **visuel primaire**, aussi appelé cortex strié, est situé à l'extrémité postérieure du lobe occipital ; la majeure partie est enfouie profondément dans le *sillon calcarin*, dans la partie médiale de ce lobe (figure 12.8b). C'est la plus étendue des régions sensitives corticales ; elle reçoit l'information visuelle en provenance de la rétine. Le cortex visuel primaire comporte une représentation croisée du champ visuel analogue à la représentation du corps présente dans le cortex somesthésique.

   Les **aires visuelles associatives**, ou cortex extrastrié, entourent le cortex visuel primaire et occupent une bonne partie du lobe occipital. Elles communiquent avec le cortex visuel primaire et interprètent les stimulus visuels (couleur, forme et mouvement) d'après les expériences visuelles antérieures. C'est grâce à elles que nous pouvons reconnaître une fleur ou un visage. La vision en tant que telle dépend des neurones corticaux de ces aires, bien que des expériences récemment effectuées sur des singes indiquent que le traitement visuel est un processus complexe qui fait intervenir toute la moitié postérieure des hémisphères cérébraux. C'est ainsi qu'on a observé deux grands systèmes de traitement des stimulus visuels qui sont particulièrement importants. Le premier s'étend dans la partie dorsale du cerveau, du cortex visuel primaire jusqu'au lobe pariétal, et analyse le mouvement et la localisation spatiale des objets ; le second s'étend dans la partie ventrale du cerveau jusqu'au lobe temporal et se spécialise dans la reconnaissance des objets (voir le chapitre 15). Outre les aires visuelles associatives, il existe donc un grand nombre d'autres aires à l'œuvre dans la perception visuelle ; elles sont situées dans les lobes occipital, pariétal et temporal.

4. **Régions auditives.** Le cortex **auditif primaire** est situé dans la partie supérieure du lobe temporal, accolé au sillon latéral. Les ondes sonores stimulent les récepteurs auditifs de l'oreille interne et déclenchent la transmission des influx nerveux au cortex auditif primaire, qui en décode l'amplitude, le rythme et l'intensité.

   Derrière le cortex auditif primaire, l'**aire auditive associative** permet ensuite la perception du stimulus sonore, que nous interprétons comme des paroles, un cri, de la musique, un coup de tonnerre, un bruit, etc. Il semble que les souvenirs des sons y sont emmagasinés. L'aire de Wernicke, dont nous parlons un peu plus loin, fait aussi partie de ces régions auditives. On estime que 5 % de la population souffre consciemment ou non d'amusie (manque ou perte du sens musical) à l'instar de Che Guevara ou de l'écrivain russe Nabokov. Ce trouble est encore incompris, mais on a observé qu'il y avait un lien entre l'hémisphère droit et la perte de la mélodie, tandis que la perte de rythme mettait en jeu à la fois l'hémisphère gauche et d'autres structures, dont les noyaux basaux et le cervelet, que nous décrivons plus loin.

5. **Cortex olfactif.** Le **cortex olfactif** fait partie du **rhinencéphale** («cerveau du nez») primitif. Ce dernier comprend toutes les parties du cerveau qui reçoivent des signaux olfactifs: (1) l'uncus (figure 12.8b), une structure en forme de crochet dans la partie antérieure du gyrus parahippocampal; (2) le cortex olfactif lui-même, situé sur ou dans la face médiale du lobe temporal; et (3) le tractus olfactif et le bulbe olfactif protubérant, qui s'étendent jusqu'au nez. Les neurofibres afférentes des récepteurs olfactifs situés dans les cavités nasales transmettent des influx nerveux le long des tractus olfactifs; ces influx parviendront finalement jusqu'au cortex olfactif, avec pour résultat la perception des odeurs.

Au cours de l'évolution, la majeure partie du rhinencéphale primitif a acquis de nouvelles fonctions rattachées principalement aux émotions et à la mémoire. Nous étudions ce «nouveau» rhinencéphale, appelé *système limbique*, plus loin dans le présent chapitre. Les seules parties du rhinencéphale qui interviennent encore dans l'odorat chez l'être humain sont les bulbes olfactifs et les tractus olfactifs (décrits au chapitre 13) ainsi que le cortex olfactif, qui se sont atrophiés au cours de l'évolution.

6. **Cortex gustatif.** Le **cortex gustatif** (figure 12.8a) est associé à la perception des stimulus gustatifs; il se trouve près du lobe temporal dans le lobe insulaire.

7. **Aire sensitive viscérale.** Le cortex de l'insula, qui est postérieur au cortex gustatif, participe à la perception consciente des sensations viscérales, comme les malaises gastriques, une vessie pleine et l'impression que vos poumons vont éclater quand vous retenez votre respiration trop longtemps.

8. **Cortex vestibulaire (de l'équilibre).** Il n'a pas été facile de localiser avec précision la partie du cortex qui régit la conscience de l'équilibre, c'est-à-dire de la position de la tête dans l'espace. Toutefois, grâce à l'imagerie médicale, on situe aujourd'hui cette région dans la partie postérieure de l'insula adjacente au lobe parietal.

⚖ DÉSÉQUILIBRE HOMÉOSTATIQUE

Des lésions du *cortex visuel primaire* (figure 12.8) entraînent la cécité fonctionnelle. Par ailleurs, les personnes qui ont subi des lésions des aires visuelles associatives sont capables de voir, mais elles ne comprennent pas ce qu'elles regardent. ∎

Régions associatives multimodales Les régions associatives que nous avons décrites jusqu'à maintenant (en saumon ou en bleu à la figure 12.8) sont toutes étroitement associées à un type de cortex moteur ou cortex sensitif primaire (en rouge ou en bleu foncé). La plupart du cortex est en fait relié de manière plus complexe, recevant de l'information de plusieurs sens et en transmettant à diverses régions. Il s'agit de régions **associatives multimodales** (en rose à la figure 12.8).

En général, l'information passe des récepteurs sensoriels à une région précise du cortex sensitif primaire, puis à une région sensitive associative et finalement à une région associative multimodale. Cette dernière nous permet de donner un sens à l'information reçue, de l'emmagasiner en mémoire, au besoin, de l'associer à une expérience passée et à des connaissances acquises et de décider quoi faire. Une fois la marche à suivre établie, la décision est acheminée au cortex prémoteur, qui l'envoie au cortex moteur. Les régions associatives multimodales semblent être l'endroit où les sensations, les pensées et les émotions deviennent conscientes. C'est ce qui forge notre personnalité.

Supposons par exemple qu'une bouteille d'acide vous tombe des mains dans le laboratoire de chimie et que le contenu vous éclabousse. Vous voyez la bouteille voler en éclats, vous entendez le bruit du verre brisé, vous sentez la brûlure sur votre peau et vous respirez les vapeurs de l'acide. Toutes ces sensations se regroupent dans les régions associatives multimodales. Avec le sentiment de panique, ces perceptions s'entremêlent en un tout homogène qui, on l'espère, vous rappellera quoi faire dans cette situation. Par conséquent, sur un signal de votre cortex prémoteur et de votre cortex moteur primaire, vos jambes vous portent vers la douche d'urgence et vous actionnez le mécanisme. Les régions associatives multimodales se divisent en trois grandes aires que nous décrirons maintenant.

1. **Aire associative antérieure.** L'**aire associative antérieure**, située dans le lobe frontal, est également appelée **cortex préfrontal**; elle constitue la plus complexe des régions corticales (figure 12.8). Elle est reliée à l'intellect, à la cognition (c'est-à-dire aux capacités d'apprentissage), à l'évocation ainsi qu'à la personnalité. Elle est le siège de la mémoire de travail dont dépendent la production des idées abstraites, le jugement, le raisonnement, la persévérance et la planification. Le fait que toutes ces facultés se développent très progressivement chez l'enfant indique que la croissance du cortex préfrontal s'effectue lentement et qu'elle est largement déterminée par les rétroactivations et les rétro-inhibitions provenant du milieu social.

2. **Aire associative postérieure.** L'**aire associative postérieure** est une vaste région comprenant des parties des lobes temporal, pariétal et occipital. Cette aire joue un rôle dans la reconnaissance des formes et des visages, dans l'orientation spatiale et dans l'association de différentes informations sensitives en un tout cohérent. Dans l'exemple de l'accident de laboratoire mentionné plus haut, votre conscience de l'ensemble de la situation provient de cette aire. Cette portion de l'encéphale est également responsable de l'attention portée à un emplacement ou à une partie du corps. Plusieurs zones de cette aire

(dont l'aire de Wernicke ; figure 12.8a) sont associées à la compréhension du langage écrit et parlé.

3. **Aire associative limbique.** L'**aire associative limbique** comprend le gyrus du cingulum, le gyrus parahippocampal et l'hippocampe (figures 12.8b et 12.18). Elle fait partie du système limbique, qui est décrit plus loin. L'aire associative limbique est responsable des réactions émotionnelles qui font qu'une scène est importante pour nous. Dans notre exemple, elle nous indique qu'il y a un danger quand de l'acide nous éclabousse les jambes. L'hippocampe fixe les souvenirs qui nous permettent de nous rappeler l'incident. Nous reviendrons plus loin sur ce sujet.

⚖ DÉSÉQUILIBRE HOMÉOSTATIQUE

Les tumeurs ou d'autres lésions de l'*aire associative antérieure* provoquent parfois des troubles mentaux et des troubles de la personnalité (c'était également le cas de certaines interventions chirurgicales – la lobotomie, par exemple – effectuées dans le passé). Elles peuvent causer notamment des difficultés sur le plan de la concentration et sur celui de la persévérance dans l'exécution d'une tâche ainsi qu'une perte du jugement et des inhibitions. Par exemple, la personne atteinte peut faire preuve d'indifférence à l'égard des normes sociales. Ainsi, elle peut négliger son apparence ou encore préférer l'attaque brutale à la fuite devant un opposant qui la dépasse d'une tête.

Par ailleurs, les personnes avec une lésion de la région pariétale postérieure de l'aire associative postérieure, qui est responsable de la conscience de soi dans l'espace, peuvent refuser de laver ou de vêtir la partie du corps à l'opposé de la lésion parce qu'elle ne lui « appartient » pas. ■

Latéralisation fonctionnelle des hémisphères cérébraux

Nous avons recours à nos deux hémisphères cérébraux dans presque toutes nos activités, et ils paraissent presque identiques malgré les 186 millions de neurones supplémentaires que renferme l'hémisphère droit. Il y a néanmoins division du travail entre les hémisphères. En effet, chacun est doté de propriétés dont l'autre est dépourvu, et l'un ou l'autre domine dans l'accomplissement de chacune de nos tâches. Ce phénomène est appelé **latéralisation fonctionnelle**. Les connaissances que nous en avons proviennent d'observations faites sur des individus ayant subi une déconnexion interhémisphérique. Le terme **dominance cérébrale** désigne la prépondérance d'un hémisphère *par rapport au langage*. Chez 80 à 90 % des gens, l'hémisphère gauche est analytique ; c'est celui qui exerce le plus de maîtrise sur les habiletés du langage, les mathématiques et la logique. Cet hémisphère dit dominant se met à l'œuvre lorsque nous écrivons une phrase, vérifions un relevé de compte et mémorisons une liste. L'autre hémisphère (généralement le droit) est holistique, synthétique ; il intervient plutôt dans les habiletés spatiovisuelles, l'intuition, l'émotion, de même que dans les aptitudes pour l'art et la musique et la reconnaissance des visages. C'est le côté poétique, sensible, créatif et intuitif de notre nature. La plupart des individus chez qui l'hémisphère gauche est dominant sont droitiers.

Chez les 10 à 20 % restants de la population, les rôles des hémisphères sont inversés ou égaux. La plupart des gens chez qui l'hémisphère droit est dominant sont gauchers et de sexe masculin. Certains gauchers dont les fonctions corticales sont bilatérales sont ambidextres. Autrefois, on pensait que les gauchers souffraient plus fréquemment de plusieurs troubles de l'apprentissage, tels que la *dyslexie*, cette difficulté d'apprentissage de la lecture et de l'écriture, en l'absence de toute déficience intellectuelle, par des inversions des lettres dans les mots (et des mots dans les phrases). On présumait que la dualité de la commande cérébrale occasionnait de la confusion (« Est-ce ton tour ou le mien ? »). La dyslexie est toutefois aussi fréquente chez les gauchers que chez les droitiers, et on croit maintenant qu'elle découle d'erreurs de traitement à l'intérieur d'un hémisphère.

Les deux hémisphères cérébraux communiquent presque instantanément l'un avec l'autre par l'intermédiaire de neurofibres commissurales (corps calleux), ce qui explique que l'intégration de leurs fonctions respectives soit totale. De plus, bien que le terme « latéralisation » signifie que chaque hémisphère s'acquitte mieux que l'autre de certaines fonctions, aucun ne prime de façon absolue. Par ailleurs, la latéralisation est plus accentuée chez l'homme, autant du point de vue de l'anatomie (formes des hémisphères cérébraux) que de la cognition (activités des corps amygdaloïdes, une partie du système limbique que nous verrons plus loin).

Substance blanche cérébrale

La **substance blanche cérébrale** est la deuxième des trois grandes régions des hémisphères cérébraux. On déduit de ce que nous avons vu jusqu'ici que l'échange d'informations est constant dans le cerveau. Les régions corticales des deux hémisphères cérébraux communiquent entre elles et avec les centres sous-corticaux du SNC par l'intermédiaire de la substance blanche. Cette substance est en grande partie composée de neurofibres myélinisées regroupées en faisceaux. Suivant leur orientation, ces neurofibres sont dites *commissurales, associatives* ou *de projection*. Les faisceaux correspondants sont dits *commissuraux, d'association* ou *de projection* (figure 12.10).

Les **commissures**, composées de **neurofibres commissurales**, relient les cortex homologues des hémisphères et permettent leur coordination. La principale commissure est le **corps calleux** (« corps épaissi »), qui est situé au-dessus des ventricules latéraux, au fond de la fissure longitudinale du cerveau. Il y a aussi une **commissure antérieure du cerveau** et une **commissure postérieure**, ou commissure épithalamique (figure 12.12). Les lésions du corps calleux sont plutôt rares, mais elles accompagnent parfois certaines maladies, comme la sclérose en plaques et plusieurs cancers. On a également observé une absence du corps calleux dans certaines formes d'autisme (*agénésie* du corps calleux). Par ailleurs, on procède parfois à l'ablation chirurgicale du corps calleux pour traiter certaines formes particulièrement graves d'épilepsie. Les effets secondaires de cette intervention s'estompent avec le temps, car le SNC semble s'adapter à l'ablation de cette structure. Notons enfin que, selon une étude récente, les gauchers bénéficient d'une meilleure coordination de leurs deux hémisphères grâce au

12

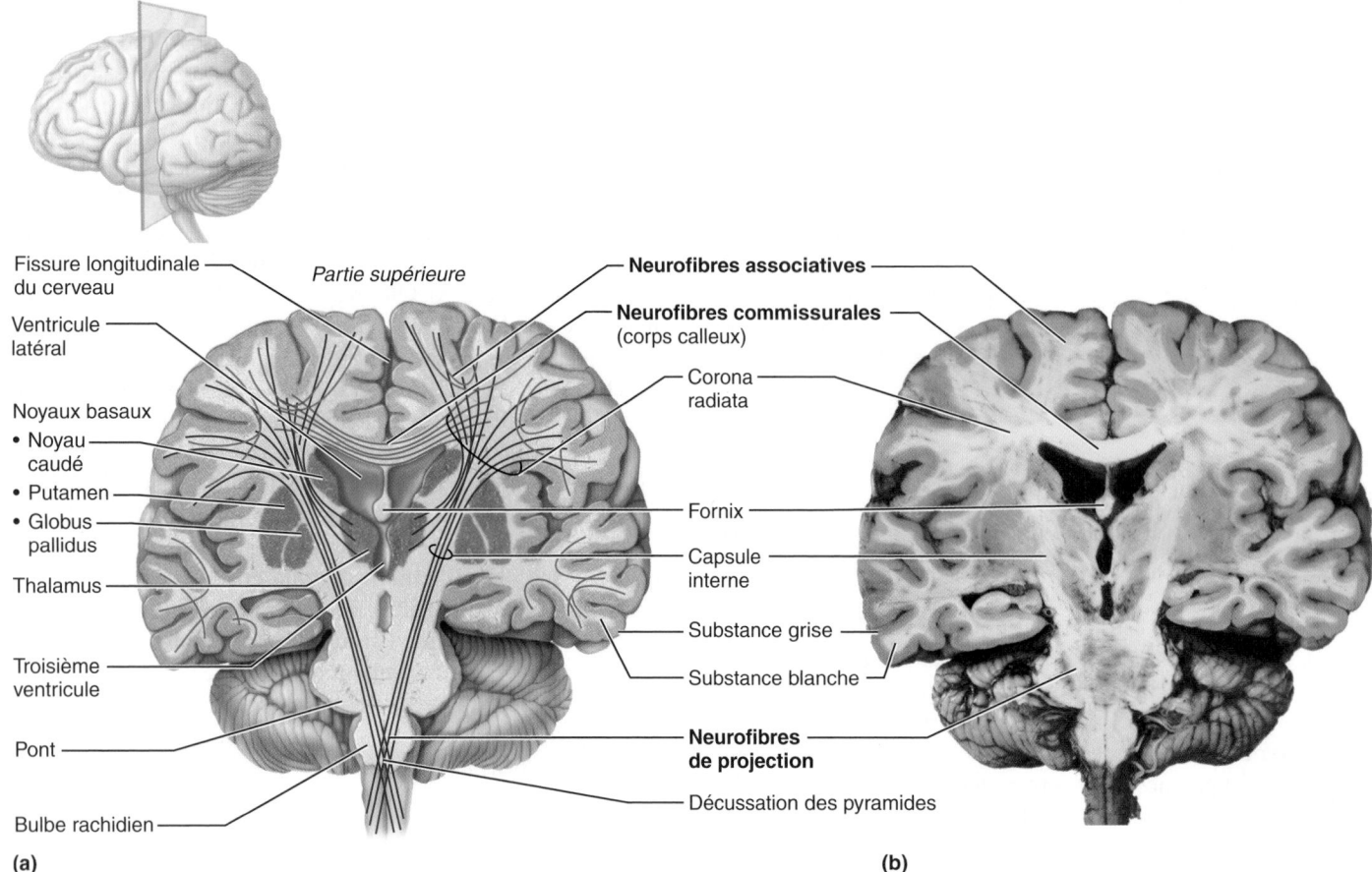

Partie supérieure

Fissure longitudinale du cerveau

Ventricule latéral

Noyaux basaux
• Noyau caudé
• Putamen
• Globus pallidus

Thalamus

Troisième ventricule

Pont

Bulbe rachidien

(a)

Neurofibres associatives

Neurofibres commissurales (corps calleux)

Corona radiata

Fornix

Capsule interne

Substance grise

Substance blanche

Neurofibres de projection

Décussation des pyramides

(b)

Figure 12.10 Neurofibres composant la substance blanche cérébrale. (a) Coupe frontale de l'encéphale montrant des neurofibres commissurales, des fibres de projection et des neurofibres associatives qui s'étendent à travers le cerveau ainsi qu'entre le cerveau et les centres inférieurs du SNC. Entre le thalamus et les noyaux basaux, les neurofibres de projection se regroupent en une bande compacte appelée capsule interne. Puis elles s'étalent en éventail pour former la corona radiata. **(b)** Photo de la même vue qu'en (a).

corps calleux et que cette structure diffère également chez les hommes et les femmes.

Les **neurofibres associatives** transmettent les influx nerveux à l'intérieur d'un même hémisphère. Les neurofibres courtes (neurofibres arquées du cerveau) relient les gyrus adjacents, tandis que les neurofibres longues relient les différents lobes corticaux entre eux (le cingulum, par exemple, relie le lobe frontal au lobe temporal).

Les **neurofibres de projection** pénètrent dans le cortex cérébral en provenance des centres inférieurs de l'encéphale ou de la moelle épinière; elles comprennent également les neurofibres qui partent du cortex en direction de régions inférieures. Les informations sensorielles atteignent le cortex cérébral et les signaux moteurs le quittent par ces neurofibres. Elles relient le cortex au reste du système nerveux ainsi qu'aux récepteurs et aux effecteurs du corps. Contrairement aux neurofibres commissurales et aux neurofibres associatives, qui sont disposées horizontalement, les neurofibres de projection sont verticales (figure 12.10a).

Les neurofibres de projection situées de part et d'autre du sommet du tronc cérébral forment une bande compacte appelée **capsule interne**, qui passe entre le thalamus et certains des noyaux basaux. Au-delà de ce point, elles rayonnent en éventail jusqu'au cortex à travers la substance blanche. Cette structure est appelée **corona radiata** («couronne rayonnante»).

Noyaux basaux

Au cœur de la substance blanche cérébrale se trouve la troisième grande région des hémisphères, soit un groupe de noyaux sous-corticaux appelés **noyaux basaux**. Bien que la question soit matière à controverse, on convient généralement que le **noyau caudé**, le **putamen** et le **globus pallidus** constituent la majeure partie de la masse de chaque groupe de noyaux basaux (figure 12.11).

Le putamen («gousse») – la structure la plus volumineuse – et le globus pallidus («globe pâle») constituent une masse ovoïde, le **noyau lenticulaire**, qui borde latéralement la capsule

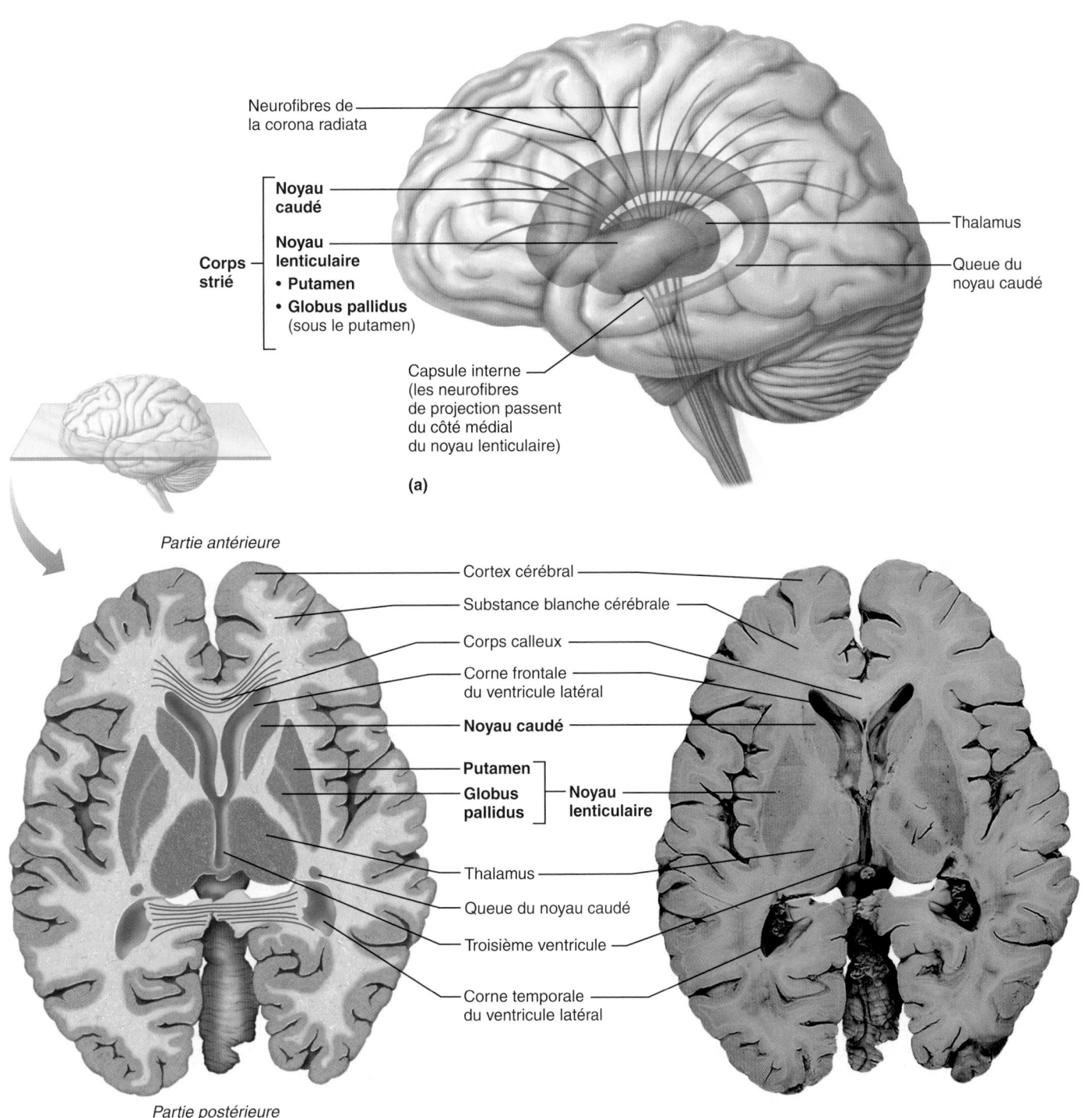

Neurofibres de la corona radiata

Noyau caudé

Corps strié

Noyau lenticulaire
• **Putamen**
• **Globus pallidus** (sous le putamen)

Capsule interne (les neurofibres de projection passent du côté médial du noyau lenticulaire)

Thalamus

Queue du noyau caudé

(a)

Partie antérieure

Cortex cérébral
Substance blanche cérébrale
Corps calleux
Corne frontale du ventricule latéral
Noyau caudé
Putamen
Globus pallidus — **Noyau lenticulaire**
Thalamus
Queue du noyau caudé
Troisième ventricule
Corne temporale du ventricule latéral

Partie postérieure

(b)

Figure 12.11 Noyaux basaux. (a) Vue en trois dimensions des noyaux basaux montrant leur situation dans le cerveau. **(b)** Coupe transversale du cerveau et du diencéphale montrant la situation des noyaux basaux par rapport au thalamus, au ventricule latéral et au troisième ventricule.

interne. Le noyau caudé est en forme de virgule et se recourbe par-dessus le diencéphale. Le noyau lenticulaire et le noyau caudé sont appelés ensemble **corps strié**, car les neurofibres de projection de la capsule interne qui les longent ou les traversent semblent leur imprimer des stries.

Sur le plan fonctionnel, les noyaux basaux sont associés aux *noyaux subthalamiques* (situés sur le «plancher» latéral du diencéphale) et à la *substantia nigra* du mésencéphale (figure 12.16a).

Les noyaux basaux reçoivent des informations sensorielles de l'ensemble du cortex cérébral ainsi que des autres noyaux sous-corticaux et des autres noyaux basaux. Par l'intermédiaire de tractus d'association passant par le thalamus, les noyaux basaux qui produisent des influx sortants (globus pallidus et substantia nigra) sont en communication avec le cortex prémoteur et le cortex préfrontal ; ils influent ainsi sur les mouvements musculaires dirigés par le cortex moteur primaire. Les noyaux basaux n'ont aucune liaison directe avec les voies motrices.

Le rôle précis des noyaux basaux est longtemps resté insaisissable, car leur situation les rend inaccessibles et leurs fonctions se superposent dans une certaine mesure à celles du cervelet. L'apport des noyaux basaux à la régulation motrice est très complexe, et on sait qu'ils interviennent dans la régulation de l'attention et dans la cognition. Ils jouent un rôle particulièrement important dans le déclenchement et la cessation des mouvements dirigés par le cortex, et dans la régulation de leur intensité, surtout lorsqu'il s'agit de mouvements relativement lents ou stéréotypés comme le balancement des bras pendant la marche. Ils semblent donc nécessaires à l'accomplissement simultané de plusieurs activités. En outre, les noyaux basaux inhibent les mouvements antagonistes ou superflus, une inhibition qui a disparu chez les personnes souffrant de tics ou qui sont atteintes du syndrome de la Tourette, par suite d'une perturbation d'origine inconnue du relais neuronal entre les noyaux basaux et le cortex préfrontal. Par ailleurs, plusieurs maladies psychiatriques, dont la schizophrénie, s'accompagnent de troubles de fonctionnement du circuit neuronal entre les noyaux basaux et le système limbique (cerveau émotionnel). Les atteintes des noyaux basaux entraînent également la production de mouvements dans les maladies hypercinétiques (chorée de Huntington) ou une insuffisance de mouvements dans les maladies hypocinétiques (maladie de Parkinson) (voir p. 531-532).

VÉRIFIONS NOS ACQUIS

5. À quelles régions du corps le cortex moteur primaire consacre-t-il la plus grande partie de sa surface ?
6. Quel point de repère anatomique du cortex cérébral sépare les régions motrices primaires des régions somesthésiques ?
7. Vincent, un gaucher, met son chandail préféré pour aller à son cours d'anatomie. Ce vêtement porte l'inscription : « Seuls les gauchers se servent de leur hémisphère droit. » Que veut dire cet énoncé ?
8. Quel type de neurofibre permet aux deux hémisphères cérébraux de se « parler » ?
9. Nommez les éléments qui composent les noyaux basaux.

Les réponses se trouvent à l'appendice G.

Diencéphale

10 Situer le diencéphale, nommer ses trois grandes subdivisions et énumérer leurs principales fonctions.

Le **diencéphale** est recouvert par les hémisphères cérébraux. Il est constitué essentiellement de trois structures paires, soit le thalamus, l'hypothalamus et l'épithalamus. Ces régions de substance grise entourent complètement le troisième ventricule **(figure 12.12)**.

Thalamus

Le **thalamus** (*thalamos:* chambre interne) est composé de noyaux bilatéraux ovoïdes, qui forment les parois supérolatérales du troisième ventricule (figures 12.10 et 12.12). Chez la majorité des individus, ces noyaux sont reliés par une commissure médiane appelée **adhérence interthalamique**, ou commissure grise. Bien enfouis dans l'encéphale, ils constituent 80 % du diencéphale.

Le thalamus est la station de relais par où passent les informations acheminées au cortex cérébral. Il comprend un grand nombre de noyaux aux fonctions spécifiques, dont la plupart sont nommés d'après leur situation relative **(figure 12.13a)**. Chacun de ces noyaux projette des neurofibres vers une région définie du cortex, et chacun reçoit des neurofibres issues de cette même région. Les afférences provenant de tous les organes des sens et de toutes les parties du corps convergent dans le thalamus et y font synapse avec au moins un de ses noyaux. Le *noyau ventral postérolatéral*, par exemple, reçoit des influx en provenance des récepteurs sensoriels somatiques (du toucher, de la pression, de la douleur, etc.). De même, le *corps géniculé latéral* et le *corps géniculé médial* sont d'importants relais pour les influx visuels et les influx auditifs respectivement.

Le thalamus assure le tri de l'information et il en effectue une certaine forme de traitement. Les influx reliés à des fonctions semblables y sont groupés et retransmis aux régions sensitives et associatives appropriées par l'intermédiaire des tractus d'association et des neurofibres de la capsule interne. À mesure que les afférences sensitives atteignent le thalamus, nous pouvons distinguer grossièrement si la sensation que nous sommes sur le point d'éprouver sera agréable ou désagréable. Toutefois, la localisation et la distinction des stimulus se déroulent dans le cortex cérébral.

En fait, la *quasi-totalité* des influx nerveux envoyés au cortex cérébral passe par les noyaux thalamiques : les influx qui contribuent à la régulation des émotions et des fonctions viscérales traversent les noyaux antérieurs du thalamus en provenance de l'hypothalamus ; certains de ceux qui dirigent l'activité du cortex moteur parcourent le noyau ventral latéral et le noyau ventral antérieur arrivant du cervelet et des noyaux basaux respectivement. Quelques-uns des noyaux thalamiques (le pulvinar, le noyau latéral dorsal et le noyau latéral postérieur) participent à l'intégration des informations sensorielles et projettent des neurofibres vers des régions associatives précises. L'ensemble des noyaux thalamiques est enveloppé par une mince couche de cellules qui forment le *noyau réticulaire du thalamus*; ce noyau semble influer sur la concentration et l'attention en exerçant des effets inhibiteurs sur tous les autres noyaux du thalamus. Le thalamus joue donc un rôle essentiel dans la sensibilité, la motricité, l'excitation corticale, l'apprentissage et la mémoire ; il constitue véritablement la porte d'entrée du cortex cérébral.

Hypothalamus

L'**hypothalamus** (« sous le thalamus ») couronne le tronc cérébral. Il compose les parois et le plancher du troisième ventricule (figure 12.12). Pénétrant par sa partie inférieure dans le mésencéphale, il s'étend du chiasma optique (le point de croisement

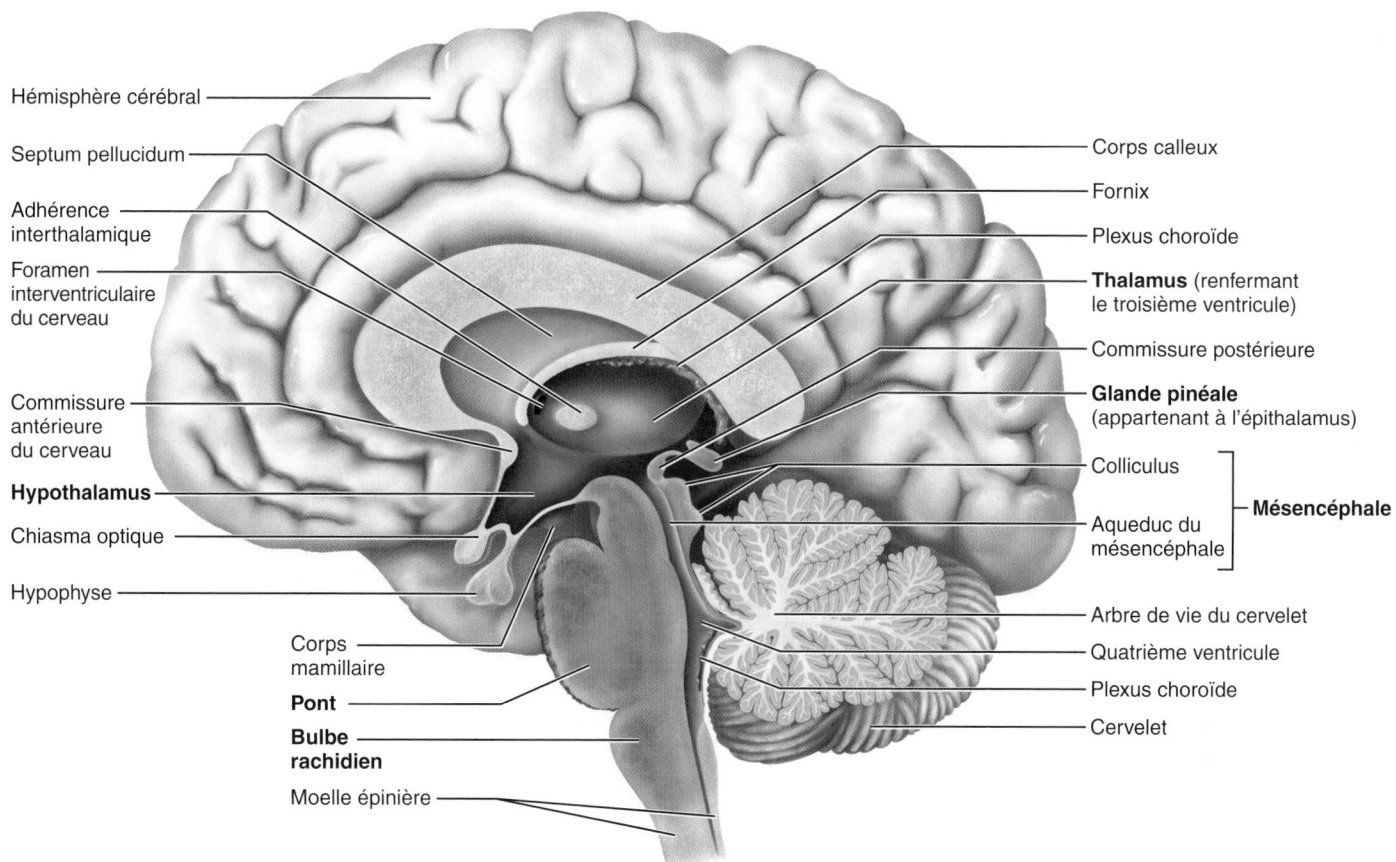

Hémisphère cérébral

Septum pellucidum

Adhérence interthalamique

Foramen interventriculaire du cerveau

Commissure antérieure du cerveau

Hypothalamus

Chiasma optique

Hypophyse

Corps mamillaire

Pont

Bulbe rachidien

Moelle épinière

Corps calleux

Fornix

Plexus choroïde

Thalamus (renfermant le troisième ventricule)

Commissure postérieure

Glande pinéale (appartenant à l'épithalamus)

Colliculus

Aqueduc du mésencéphale

Mésencéphale

Arbre de vie du cervelet

Quatrième ventricule

Plexus choroïde

Cervelet

Figure 12.12 Coupe sagittale médiane de l'encéphale montrant le diencéphale (en violet) et le tronc cérébral (en vert).

12

des nerfs optiques) à l'extrémité postérieure des corps mamillaires et comprend une douzaine de noyaux. Les **corps mamillaires** («petits seins») sont deux noyaux jumeaux en forme de pois qui font saillie à l'arrière de l'hypothalamus; ils servent de relais pour les stimulus olfactifs. L'**infundibulum** est une tige de tissu hypothalamique (principalement formée de neurofibres) qui relie la base de l'hypothalamus à l'**hypophyse**; il est situé entre le chiasma optique et les corps mamillaires. Comme le thalamus, l'hypothalamus contient plusieurs noyaux importants du point de vue fonctionnel (figure 12.13b).

En dépit de sa petite taille, l'hypothalamus constitue le principal centre de régulation des fonctions physiologiques et il est essentiel au maintien de l'homéostasie. En fait, on considère qu'il est le deuxième en importance (après le cortex cérébral) pour ce qui est de la multiplicité des fonctions exercées et des relations entretenues avec les autres parties de l'encéphale. La plupart des organes du corps se trouvent sous son influence. Nous résumons ci-après ses principales fonctions homéostatiques.

1. **Régulation des centres du SNA.** Rappelons que le système nerveux autonome (SNA) est une subdivision du SNP qui assure la régulation des muscles cardiaques et lisses ainsi que celle des sécrétions des glandes. L'hypothalamus régit l'activité du SNA en dirigeant les fonctions des centres du tronc cérébral et de la moelle épinière. L'hypothalamus intervient ainsi dans le contrôle de la pression artérielle, de la fréquence et de l'intensité des contractions cardiaques, de la motilité du tube digestif, de la fréquence et de l'amplitude respiratoires, du diamètre pupillaire et dans beaucoup d'autres activités viscérales.

2. **Régulation des réactions émotionnelles et du comportement.** L'hypothalamus constitue en fait le «cœur» du système limbique (la partie émotionnelle du cerveau). Il abrite les noyaux associés à la perception du plaisir, de la peur et de la colère ainsi que les noyaux reliés aux rythmes et aux pulsions biologiques (comme la pulsion sexuelle).

Par le truchement de voies du SNA, l'hypothalamus déclenche la plupart des manifestations physiques des émotions. Celles de la peur, par exemple, sont les palpitations, l'élévation de la pression artérielle, la pâleur, la transpiration et la bouche sèche (xérostomie).

3. **Régulation de la température corporelle.** Le thermostat de l'organisme réside dans l'hypothalamus. Des thermorécepteurs situés dans d'autres parties de l'encéphale et dans la périphérie du corps ainsi que certains neurones hypothalamiques «enregistrent» la température du sang. Selon ces signaux, l'hypothalamus déclenche les mécanismes de refroidissement (transpiration) ou de réchauffement (grelottement et frissons) nécessaires au maintien d'une température relativement constante du milieu interne.

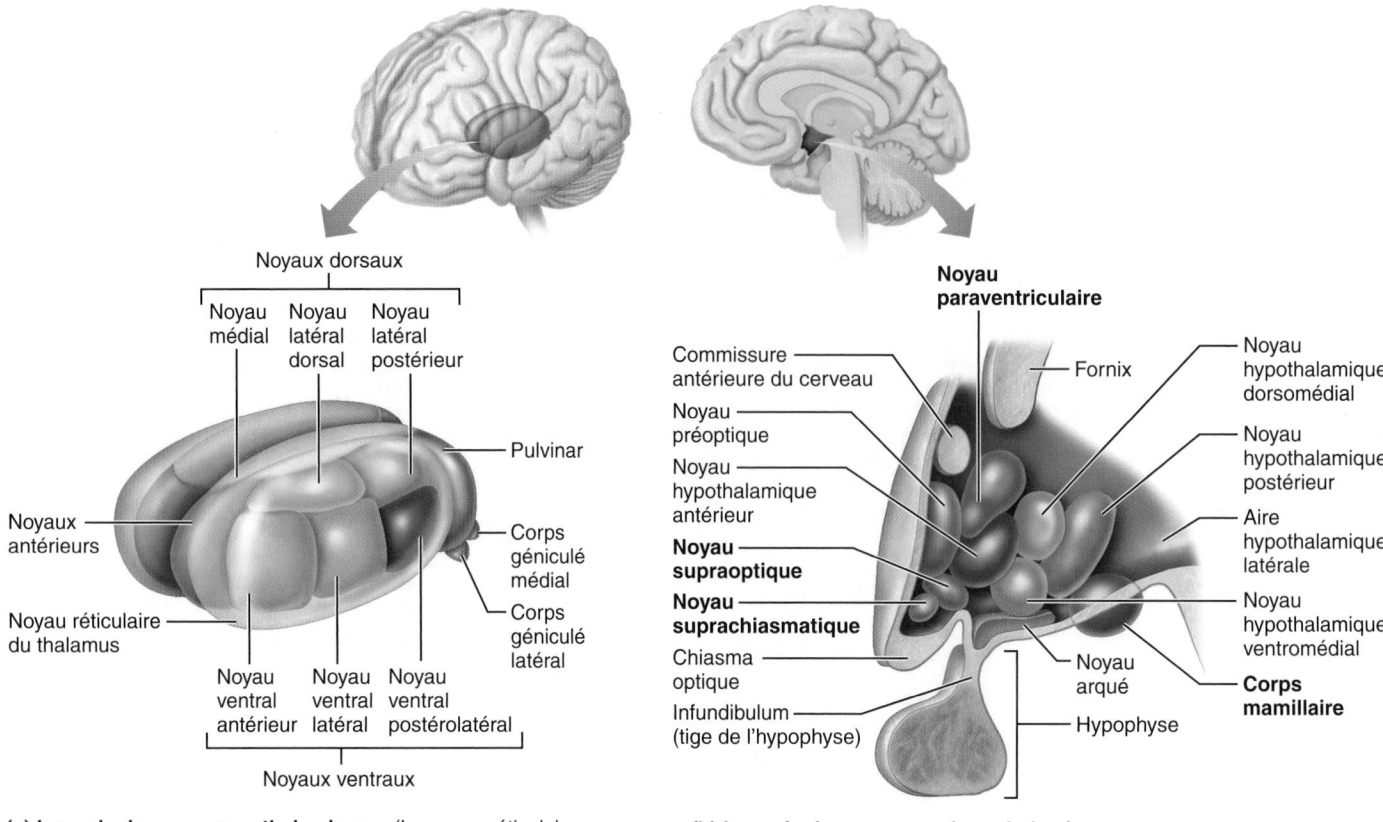

Noyaux dorsaux

Noyau médial — Noyau latéral dorsal — Noyau latéral postérieur

Noyaux antérieurs

Noyau réticulaire du thalamus

Pulvinar

Corps géniculé médial

Corps géniculé latéral

Noyau ventral antérieur — Noyau ventral latéral — Noyau ventral postérolatéral

Noyaux ventraux

(a) Les principaux noyaux thalamiques. (Le noyau réticulaire du thalamus qui entoure les noyaux thalamiques est représenté sous la forme d'une structure translucide incurvée.)

Noyau paraventriculaire

Commissure antérieure du cerveau

Noyau préoptique

Noyau hypothalamique antérieur

Noyau supraoptique

Noyau suprachiasmatique

Chiasma optique

Infundibulum (tige de l'hypophyse)

Fornix

Noyau hypothalamique dorsomédial

Noyau hypothalamique postérieur

Aire hypothalamique latérale

Noyau hypothalamique ventromédial

Noyau arqué

Corps mamillaire

Hypophyse

(b) Les principaux noyaux hypothalamiques

Figure 12.13 **Quelques structures du diencéphale.**

12

4. **Régulation de l'apport alimentaire.** En réponse aux variations des concentrations sanguines de certains nutriments (le glucose et probablement les acides aminés) ou de certaines hormones (notamment la cholécystokinine [CCK]), l'hypothalamus régit l'apport alimentaire en agissant sur la sensation de faim et de satiété (voir le chapitre 24).

5. **Régulation de l'équilibre hydrique et de la soif.** Des neurones de l'hypothalamus appelés *osmorécepteurs* perçoivent une augmentation excessive de la concentration de soluté dans les liquides organiques. Ils stimulent alors des noyaux hypothalamiques qui déclenchent la libération de l'hormone antidiurétique (ADH) par la neurohypophyse. Cette hormone « commande » aux reins de retenir l'eau. Les mêmes conditions stimulent les neurones hypothalamiques du *centre de la soif* et nous poussent à boire plus de liquides (voir le chapitre 26).

6. **Régulation du cycle veille-sommeil.** L'hypothalamus contribue à la régulation du sommeil, conjointement avec d'autres régions du cerveau. Par le truchement de son *noyau suprachiasmatique* (l'horloge biologique de l'organisme), il règle le cycle du sommeil en réponse aux informations relatives à la clarté ou à l'obscurité qui proviennent des voies visuelles.

7. **Régulation du fonctionnement endocrinien.** L'hypothalamus est à double titre le timonier du système endocrinien. Premièrement, il régit la sécrétion des hormones par l'adénohypophyse en produisant des *hormones de libération*. Deuxièmement, ses *noyaux supraoptiques* et ses *noyaux paraventriculaires* produisent respectivement l'ADH et l'ocytocine (voir le chapitre 16).

DÉSÉQUILIBRE HOMÉOSTATIQUE

Les troubles hypothalamiques sont à l'origine de plusieurs affections, notamment l'amaigrissement et l'obésité graves, les troubles du sommeil, la déshydratation et divers déséquilibres émotionnels. Par exemple, les nourrissons privés de soins et d'affection peuvent souffrir de troubles du sommeil qui entravent leur croissance. ■

Épithalamus

L'**épithalamus** est la partie postérieure du diencéphale; il forme le toit du troisième ventricule. De son extrémité postérieure pointe la **glande pinéale** (« en forme de cône de pin »), visible de l'extérieur (figures 12.12 et 12.15c). La glande pinéale sécrète l'hormone appelée *mélatonine* (le messager du sommeil et un antioxydant ; voir le chapitre 16). Il contribue, avec les noyaux hypothalamiques, à la régulation du cycle veille-sommeil et de l'humeur.

10. Pourquoi dit-on du thalamus qu'il constitue la porte d'entrée du cortex cérébral ?
11. De quelle division du SNP l'hypothalamus régit-il l'activité ?

Les réponses se trouvent à l'appendice G.

Tronc cérébral

11 Nommer et situer les trois principales régions du tronc cérébral, donner un aperçu de leur structure et expliquer leurs fonctions respectives.

De haut en bas, le tronc cérébral est constitué du mésencéphale, du pont et du bulbe rachidien (figures 12.12, 12.14 et 12.15). Chacune de ces régions mesure environ 2,5 cm de long. Le tronc cérébral est semblable (mais non identique) à la moelle épinière sur le plan histologique, c'est-à-dire qu'il est composé de substance grise entourée de faisceaux de substance blanche (figure 12.4). Toutefois, on observe dans le tronc cérébral des noyaux de substance grise enchâssés dans la substance blanche, ce qu'on n'observe pas dans la moelle épinière.

Les centres du tronc cérébral produisent les comportements automatiques et immuables qui sont nécessaires à la survie. Placé entre le cerveau et la moelle épinière, le tronc cérébral constitue un passage pour les tractus et les faisceaux ascendants et descendants reliant les centres inférieurs et supérieurs. En outre, le tronc cérébral est un élément primordial de l'innervation de la tête, car ses noyaux sont associés à 10 des 12 paires de nerfs crâniens (qui sont décrits au chapitre 13).

Mésencéphale

Le mésencéphale est situé au-dessous du diencéphale et au-dessus du pont (figures 12.14 et 12.15c). Sa face ventrale présente deux renflements, les **pédoncules cérébraux**, qui ressemblent à des piliers verticaux soutenant le cerveau, d'où leur nom, qui

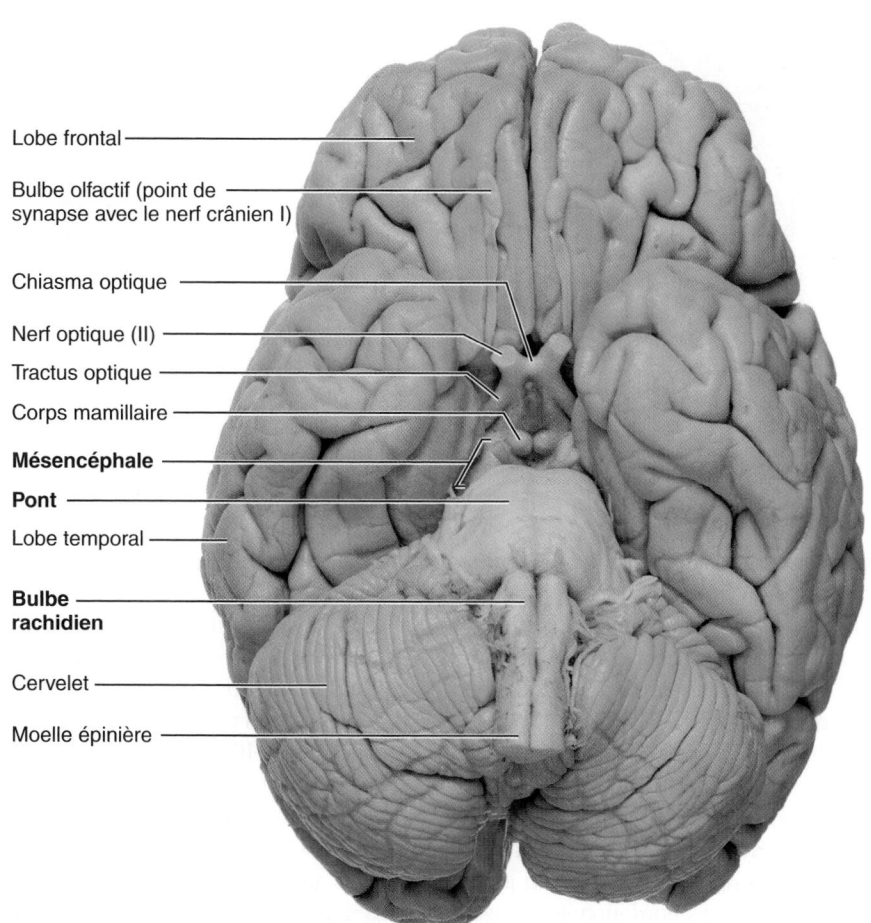

Lobe frontal

Bulbe olfactif (point de synapse avec le nerf crânien I)

Chiasma optique

Nerf optique (II)

Tractus optique

Corps mamillaire

Mésencéphale

Pont

Lobe temporal

Bulbe rachidien

Cervelet

Moelle épinière

Figure 12.14 Vue inférieure de l'encéphale montrant les trois régions du tronc cérébral : mésencéphale, pont et bulbe rachidien. Seule une petite partie du mésencéphale est visible, le reste étant entouré par d'autres régions de l'encéphale.

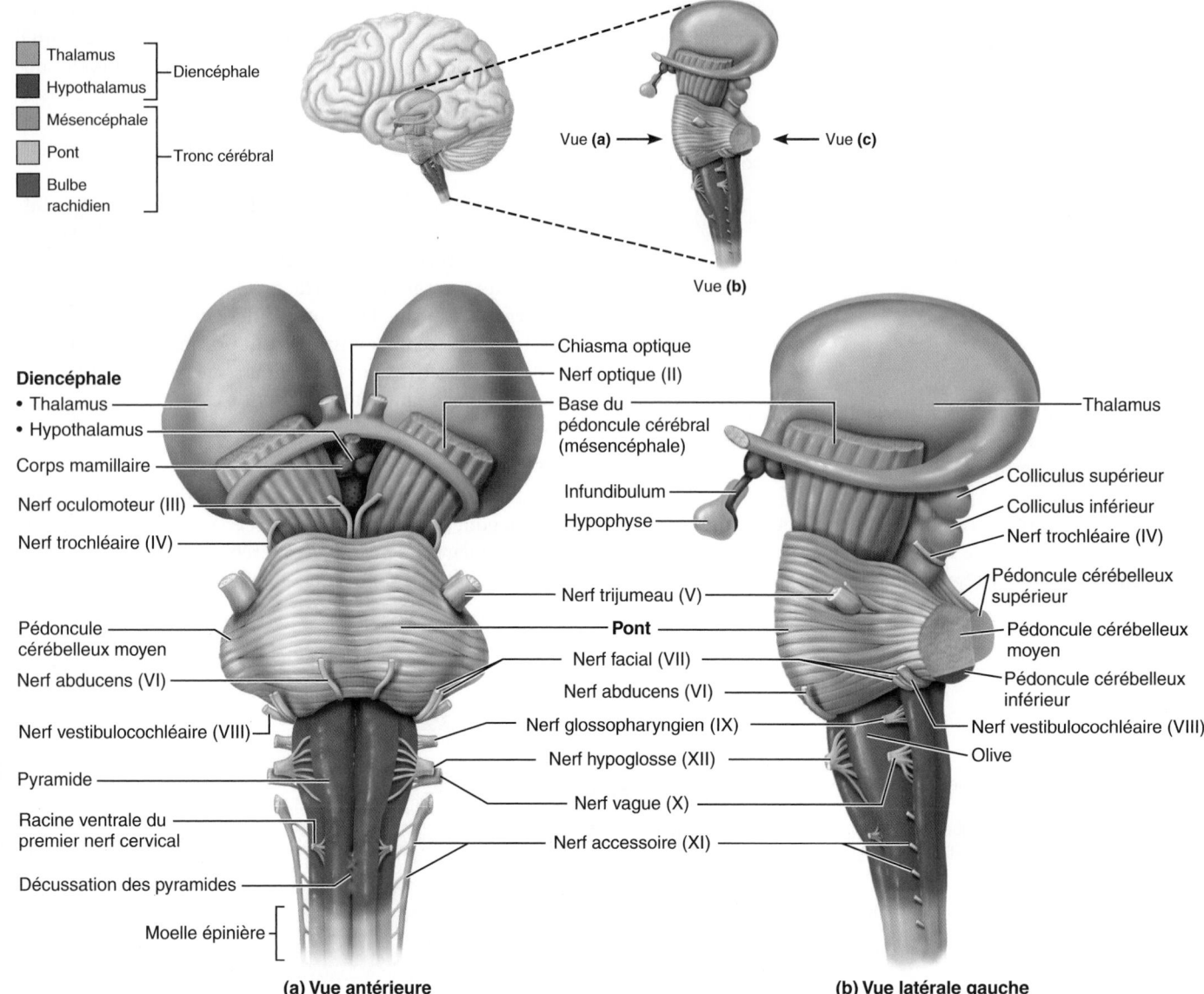

Figure 12.15 **Trois vues du tronc cérébral (en vert) et du diencéphale (en violet).**

signifie littéralement «petits pieds du cerveau» (figures 12.15a, b et 12.16a). La base de ces pédoncules contient les grands tractus de la voie motrice principale (pyramidale) qui descendent vers la moelle épinière. Les *pédoncules cérébelleux supérieurs,* qui sont eux aussi constitués de tractus, relient la partie dorsale du mésencéphale au cervelet (figure 12.15b, c).

Le mésencéphale est parcouru par l'**aqueduc du mésencéphale** (figures 12.12 et 12.16a), qui unit le troisième et le quatrième ventricule et sépare les pédoncules cérébraux du *tectum du mésencéphale,* ou toit du mésencéphale. L'aqueduc est entouré de la *substance grise centrale du mésencéphale,* qui joue un rôle dans la suppression des sensations douloureuses et sert de lien entre le corps amygdaloïde, centre de perception de la peur, et les voies du SNA qui régissent la réaction de lutte ou de fuite. La substance grise centrale du mésencéphale comprend également des noyaux qui commandent deux paires de nerfs

crâniens; ce sont les *noyaux des nerfs oculomoteurs* et les *noyaux des nerfs trochléaires.*

Des noyaux sont aussi disséminés dans la substance blanche qui enrobe le mésencéphale. Les plus gros portent le nom de **colliculus,** ou tubercules quadrijumeaux, et forment quatre protubérances sur la face dorsale du mésencéphale (figures 12.12 et 12.15c). Les **colliculus supérieurs,** qui se trouvent juste sous le corps pinéal, commandent les réflexes visuels. Ils coordonnent les mouvements de la tête et des yeux que nous accomplissons quand nous suivons des yeux le déplacement d'un objet, même si nous ne faisons pas attention à ce dernier. Les **colliculus inférieurs** appartiennent au relais auditif qui met en communication les récepteurs auditifs de l'oreille et les régions sensitives du cortex. Ils interviennent aussi dans les réponses réflexes au son, et notamment dans le *réflexe de tressaillement,* qui provoque un déplacement de la tête en direction d'un bruit inattendu.

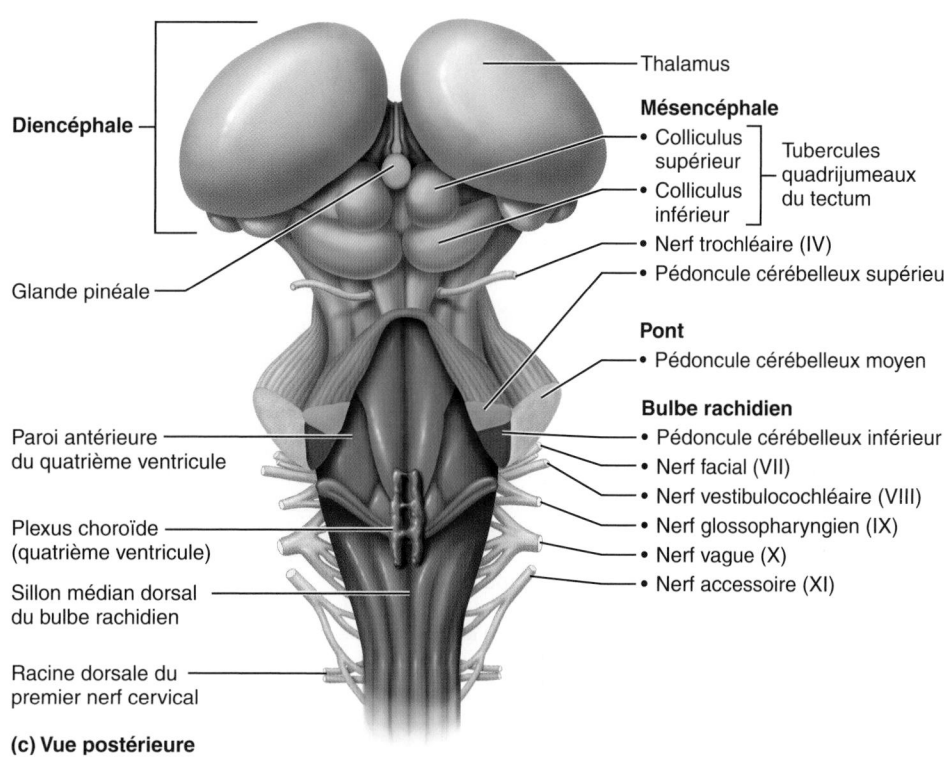

Diencéphale

Thalamus

Mésencéphale
- Colliculus supérieur
- Colliculus inférieur

Tubercules quadrijumeaux du tectum

- Nerf trochléaire (IV)
- Pédoncule cérébelleux supérieur

Pont
- Pédoncule cérébelleux moyen

Bulbe rachidien
- Pédoncule cérébelleux inférieur
- Nerf facial (VII)
- Nerf vestibulocochléaire (VIII)
- Nerf glossopharyngien (IX)
- Nerf vague (X)
- Nerf accessoire (XI)

Glande pinéale

Paroi antérieure du quatrième ventricule

Plexus choroïde (quatrième ventricule)

Sillon médian dorsal du bulbe rachidien

Racine dorsale du premier nerf cervical

(c) Vue postérieure

Figure 12.15 *(suite)*

La substance blanche du mésencéphale renferme également deux noyaux pigmentés, soit la substantia nigra et le noyau rouge. La **substantia nigra** (« substance noire ») est un noyau allongé, situé à la limite dorsale des pédoncules cérébraux **(figure 12.16a)**. Sa couleur sombre est due à sa forte teneur en mélanine, un pigment qui constitue le précurseur du neurotransmetteur appelé dopamine libéré par les neurones d'une partie de ce noyau (la *pars compacta*). Sur le plan fonctionnel, la substantia nigra est reliée aux noyaux basaux des hémisphères cérébraux (ses axones atteignent le globus pallidus), si bien que de nombreux spécialistes estiment qu'elle en fait partie. La dégénérescence des neurones de la substantia nigra dont la fonction est de libérer la dopamine constitue la cause première de la maladie de Parkinson (voir p. 531-532).

Le **noyau rouge**, de forme ovale, se trouve derrière la substantia nigra (figure 12.16a). Sa teinte rougeâtre est due à son abondante irrigation sanguine et à la présence de pigment ferreux dans ses neurones. Les noyaux rouges servent de relais dans certaines voies motrices descendantes qui produisent la flexion des membres; ils font partie d'un réseau de neurones qui joue un rôle de contrôle dans la motricité. Ce sont aussi les plus gros noyaux de la *formation réticulaire*, un système de petits noyaux répartis dans la masse du tronc cérébral (voir p. 515-516).

Pont

Le **pont** est la région proéminente du tronc cérébral comprise entre le mésencéphale et le bulbe rachidien (figures 12.12, 12.14 et 12.15). Sa face dorsale constitue une partie de la paroi antérieure du quatrième ventricule. Son nom provient du fait que, sur sa face antérieure, cette partie du tronc cérébral a l'aspect d'un pont reliant les deux hémisphères cérébelleux.

Le pont est composé principalement de neurofibres de projection disposées longitudinalement et transversalement. Les neurofibres longitudinales sont profondes; elles forment le relais entre les centres cérébraux supérieurs et la moelle épinière. Plus superficielles, les neurofibres transversales forment les *pédoncules cérébelleux moyens*; elles relient, des deux côtés, le pont au cervelet (figure 12.15). Les neurofibres sont issues de plusieurs noyaux du pont et agissent comme des relais dans les communications entre le cortex moteur et le cervelet.

Plusieurs paires de nerfs crâniens émergent des noyaux du pont, notamment les *nerfs trijumeaux*, les *nerfs abducens* et les *nerfs faciaux* (figures 12.15a, b et 12.16b). Nous reviendrons sur les nerfs crâniens et leurs fonctions au chapitre 13. D'autres noyaux importants du pont appartiennent à la formation réticulaire, et certains aident le bulbe rachidien à maintenir le rythme normal de la respiration.

Bulbe rachidien

Le **bulbe rachidien**, ou moelle allongée, de forme conique, constitue la partie inférieure du tronc cérébral. Il s'unit à la moelle épinière à la hauteur du foramen magnum (figures 12.12 et 12.14; voir la figure 7.6). Le canal central de la moelle épinière se poursuit dans le bulbe rachidien, où il s'élargit pour

12

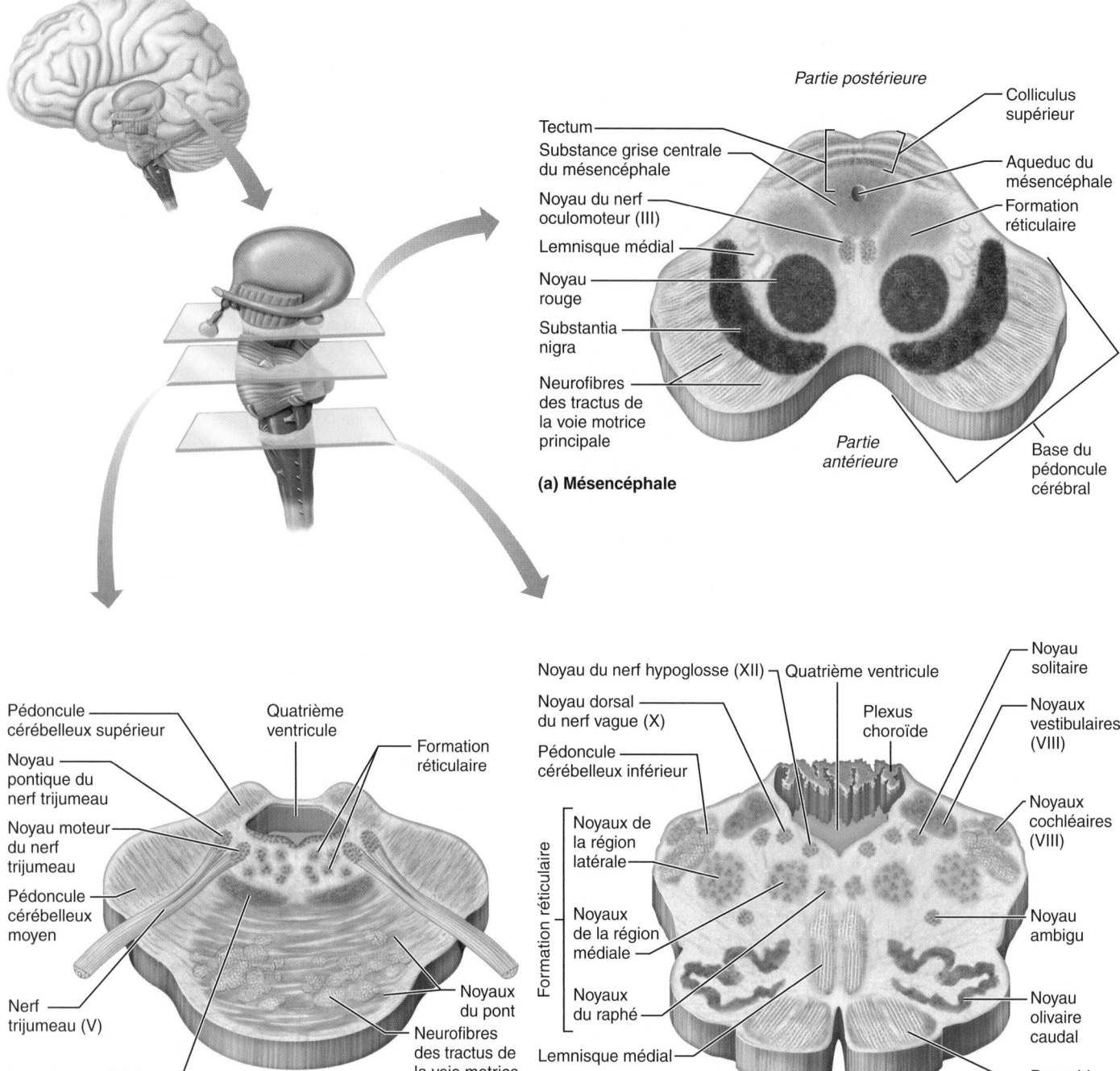

Tectum

Substance grise centrale du mésencéphale

Noyau du nerf oculomoteur (III)

Lemnisque médial

Noyau rouge

Substantia nigra

Neurofibres des tractus de la voie motrice principale

Partie postérieure

Colliculus supérieur

Aqueduc du mésencéphale

Formation réticulaire

Partie antérieure

Base du pédoncule cérébral

(a) Mésencéphale

Pédoncule cérébelleux supérieur

Noyau pontique du nerf trijumeau

Noyau moteur du nerf trijumeau

Pédoncule cérébelleux moyen

Nerf trijumeau (V)

Lemnisque médial

Quatrième ventricule

Formation réticulaire

Noyaux du pont

Neurofibres des tractus de la voie motrice principale ou pyramidale

(b) Pont

Noyau du nerf hypoglosse (XII)

Noyau dorsal du nerf vague (X)

Pédoncule cérébelleux inférieur

Formation réticulaire

Noyaux de la région latérale

Noyaux de la région médiale

Noyaux du raphé

Lemnisque médial

Quatrième ventricule

Plexus choroïde

Noyau solitaire

Noyaux vestibulaires (VIII)

Noyaux cochléaires (VIII)

Noyau ambigu

Noyau olivaire caudal

Pyramide

(c) Bulbe rachidien

Figure 12.16 Coupes transversales de différentes régions du tronc cérébral.

constituer la cavité du quatrième ventricule. Le bulbe rachidien et le pont forment donc la paroi ventrale du quatrième ventricule. (La paroi dorsale de ce ventricule est formée par une mince membrane riche en capillaires, le plexus choroïde, située à l'avant du cervelet; figure 12.12.)

Deux saillies longitudinales, les **pyramides**, longent la ligne médiane de la face ventrale du bulbe. Elles sont constituées par

les tractus corticospinaux (pyramidaux), qui descendent du cortex moteur primaire (figure 12.16c). Juste au-dessus de la jonction du bulbe rachidien et de la moelle épinière, 90 % de ces fibres bifurquent vers le côté opposé avant de poursuivre leur chemin dans la moelle épinière. Ce point de croisement est appelé **décussation des pyramides** (figure 12.10). Comme nous l'avons mentionné plus haut, la conséquence de ce croisement est que chaque hémisphère régit les mouvements volontaires des muscles du côté opposé, ou *controlatéral*, du corps.

Plusieurs autres structures sont également visibles de l'extérieur. Les *pédoncules cérébelleux inférieurs* sont des tractus qui relient la partie dorsale du bulbe rachidien au cervelet. Situées à côté des pyramides, les **olives** sont des renflements ovales qui ressemblent effectivement à des olives (figure 12.15b). Elles sont en fait des replis de substance grise des **noyaux olivaires caudaux** sous-jacents (figure 12.16c). Ces noyaux relaient au cervelet les informations sensorielles relatives à l'étirement des muscles et des articulations. Les racines des *nerfs hypoglosses* émergent du sillon séparant la pyramide de l'olive, de chaque côté du tronc cérébral. Les autres nerfs crâniens associés au bulbe rachidien sont les *nerfs glossopharyngiens* et les *nerfs vagues*. De plus, les neurofibres des *nerfs vestibulocochléaires* font synapse avec les **noyaux cochléaires** (relais auditifs) et avec plusieurs noyaux vestibulaires tant dans le pont que dans le bulbe rachidien. Les noyaux vestibulaires forment un complexe de noyaux qui contribuent à la transmission des commandes motrices en rapport avec le maintien de l'équilibre.

Le bulbe rachidien abrite aussi quelques noyaux associés à des faisceaux sensitifs ascendants. Le **noyau gracile** et le **noyau cunéiforme** sont les plus importants. Situés dans la partie dorsale du bulbe rachidien, ces noyaux contiennent les corps cellulaires des neurones qui forment le **lemnisque médial** (figure 12.16). Ils constituent le premier relais sur la voie sensitive par laquelle les informations sensorielles passent de la moelle épinière au thalamus (deuxième relais) et enfin au cortex somesthésique.

La petite taille du bulbe rachidien ne doit pas nous faire oublier qu'il est un important centre réflexe autonome et qu'il joue un rôle dans le maintien de l'homéostasie, comme le résume le **tableau 12.1**. Nous allons énumérer ci-dessous les importants noyaux moteurs viscéraux du bulbe rachidien.

1. **Le centre cardiovasculaire.** Le centre cardiovasculaire comprend le *centre cardiaque*, qui adapte la force et la fréquence des contractions cardiaques aux besoins de l'organisme, et le *centre vasomoteur*, qui régit la pression artérielle en modifiant le diamètre des vaisseaux sanguins.
2. **Les centres respiratoires.** Les centres respiratoires génèrent le rythme respiratoire et régissent le rythme et l'amplitude de la respiration avec l'aide des noyaux du pont.
3. **Divers autres centres.** D'autres centres gèrent des activités telles que le vomissement, le hoquet, la déglutition, la salivation, la toux et l'éternuement.

Notez aussi que plusieurs des fonctions que nous venons d'énumérer ont également été attribuées à l'hypothalamus (voir p. 504-505). Ce chevauchement s'explique facilement: l'hypothalamus régit la plupart des fonctions viscérales en transmettant ses commandes aux centres réticulaires du bulbe rachidien, qui les font exécuter par les effecteurs appropriés. Vu les rôles vitaux que joue le bulbe rachidien, il n'est pas étonnant qu'une lésion du bulbe rachidien puisse engendrer des troubles graves (par exemple, une paralysie du côté opposé du corps), voire mortels. C'est pour ces mêmes raisons que l'abus d'alcool risque

d'altérer la respiration et le contrôle de la température corporelle au point d'en être fatal.

VÉRIFIONS NOS ACQUIS

12. Quelle région du tronc cérébral est associée aux pédoncules cérébraux et aux colliculus supérieurs et inférieurs?

13. De quoi sont constituées les pyramides du bulbe rachidien? Quelle est la conséquence de la décussation des pyramides?

14. Quelle région du tronc cérébral joue un rôle important dans le maintien de l'homéostasie de plusieurs systèmes, tels les systèmes cardiovasculaire, respiratoire et digestif?

Les réponses se trouvent à l'appendice G.

Cervelet

12 Décrire la structure macroscopique et microscopique du cervelet; donner un aperçu de ses fonctions et expliquer son mode de fonctionnement.

Le **cervelet**, dont la forme évoque celle d'un chou-fleur, est la plus grosse partie de l'encéphale, après le cerveau. Il constitue environ 11% de la masse de l'encéphale. Le cervelet est situé à l'arrière du pont et du bulbe rachidien (dont il est séparé par le quatrième ventricule). Il fait saillie sous les lobes occipitaux des hémisphères cérébraux, dont il est séparé par la fissure transverse du cerveau (figure 12.6d).

Le cervelet traite les informations sensorielles reçues des régions motrices, de divers noyaux du tronc cérébral et de plusieurs récepteurs sensoriels. Il synchronise les contractions des muscles squelettiques et produit ainsi des mouvements coordonnés, comme ceux que nous accomplissons pour conduire une voiture, taper sur un clavier d'ordinateur et jouer d'un instrument de musique. L'activité du cervelet est subconsciente, c'est-à-dire que nous n'en avons nullement connaissance. Mais si elle s'applique aux gestes rapides, devenus presque automatiques, elle concerne aussi les gestes plus lents et réfléchis.

Anatomie

Le cervelet est composé de deux hémisphères latéraux et symétriques, les **hémisphères du cervelet**, qui sont réunis par une structure médiane en forme de ver, le **vermis** (figure 12.17). Sa surface présente de nombreuses circonvolutions formant de fins replis transversaux semblables à des feuillets superposés, les **lamelles du cervelet**. Des fissures profondes subdivisent chaque hémisphère en trois lobes: le **lobe antérieur**, le **lobe postérieur** et le **lobe flocculonodulaire**. Ce dernier est petit et en forme d'hélice; il est situé sous le vermis et le lobe postérieur, et n'est pas visible de l'extérieur.

Comme le cerveau, chaque hémisphère cérébelleux présente, de l'extérieur vers l'intérieur, un cortex de substance grise, une masse de substance blanche et des masses jumelles de substance grise formant les noyaux du cervelet, dont le plus connu est le *noyau denté du cervelet*. Le cortex cérébelleux comprend plusieurs

TABLEAU 12.1	Fonctions des principales régions de l'encéphale
RÉGION	**FONCTIONS**

Hémisphères cérébraux (p. 493-504)

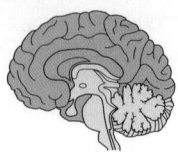

Substance grise corticale: Localisation et interprétation des influx sensitifs, contrôle de l'activité des muscles squelettiques volontaires et participation aux fonctions intellectuelles et aux réactions émotionnelles.

Noyaux basaux: Centres moteurs sous-corticaux jouant un rôle important dans le déclenchement des mouvements des muscles squelettiques.

Diencéphale (p. 504-507)

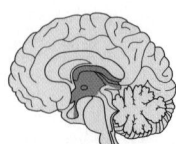

Noyaux thalamiques: Relais du parcours: (1) des influx sensitifs dirigés vers le cortex cérébral pour y être interprétés; (2) des influx dirigés vers le cortex moteur et les centres moteurs inférieurs (sous-corticaux), y compris le cervelet, et de ceux qui en proviennent; le thalamus intervient aussi dans la mémorisation d'informations.

Hypothalamus: Principal centre d'intégration du système nerveux autonome (involontaire); il régit la température corporelle, l'apport alimentaire, l'équilibre hydrique, la soif ainsi que les rythmes et les pulsions biologiques; il régularise la sécrétion hormonale de l'adénohypophyse et il constitue en soi une glande endocrine (il produit l'hormone antidiurétique et l'ocytocine); il fait partie du système limbique.

Système limbique (p. 514-515)

Système fonctionnel composé de structures appartenant aux hémisphères cérébraux et au diencéphale, et dont la fonction est d'adapter les différents systèmes de l'organisme en fonction des réactions émotionnelles; intervient aussi dans la mémorisation d'informations.

12

Tronc cérébral (p. 507-511)

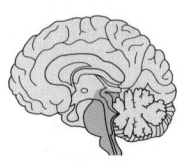

Mésencéphale: Lien entre les centres cérébraux inférieurs et supérieurs (par exemple, les pédoncules cérébraux contiennent les neurofibres des tractus corticospinaux); ses colliculus supérieurs et inférieurs sont des centres réflexes visuels et auditifs; la substantia nigra et les noyaux rouges sont des centres moteurs sous-corticaux; contient les noyaux des nerfs crâniens III et IV.

Pont: Lien entre les centres cérébraux inférieurs et supérieurs; ses noyaux servent de relais aux informations qui partent du cerveau pour se rendre au cervelet; ses centres respiratoires contribuent, avec ceux du bulbe rachidien, à la régulation de la fréquence et de l'amplitude respiratoires; abrite les noyaux des nerfs crâniens V, VI et VII.

Bulbe rachidien: Lien entre les centres cérébraux supérieurs et la moelle épinière; site de la décussation des tractus corticospinaux ou pyramidaux; abrite les noyaux des nerfs crâniens VIII à XII; contient le noyau cunéiforme et le noyau gracile (points de synapse des voies sensitives ascendantes qui transmettent les influx sensitifs des récepteurs cutanés et des propriocepteurs) ainsi que les noyaux viscéraux qui régissent la fréquence cardiaque, le diamètre des vaisseaux sanguins (vasomotricité), la fréquence respiratoire, le vomissement, la toux, etc.; les noyaux olivaires caudaux constituent des relais sensitifs vers le cervelet.

Formation réticulaire (p. 515-516)

Système fonctionnel du tronc cérébral qui assure la vigilance du cortex cérébral (système réticulaire activateur ascendant) et filtre les stimulus répétitifs; ses noyaux moteurs concourent à la régulation de l'activité des muscles squelettiques, des muscles lisses des viscères et du muscle cardiaque.

Cervelet (p. 511-514)

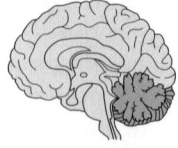

Traite l'information reçue du cortex moteur, des propriocepteurs ainsi que des voies de l'équilibre et de la vision; donne des «directives» à la région motrice et aux centres moteurs sous-corticaux pour maintenir l'équilibre et la posture et produire des mouvements coordonnés et harmonieux.

types de neurones, dont les **neurones piriformes**, ou cellules de Purkinje (voir la figure 11.1). Ces gros neurones, avec leurs dendrites très ramifiées, sont les seuls neurones corticaux dont les axones traversent la substance blanche et font synapse avec les noyaux centraux du cervelet. La disposition caractéristique de la substance blanche dans le cervelet évoque la forme d'un arbre, d'où son nom poétique d'**arbre de vie du cervelet** (figure 12.17a, b).

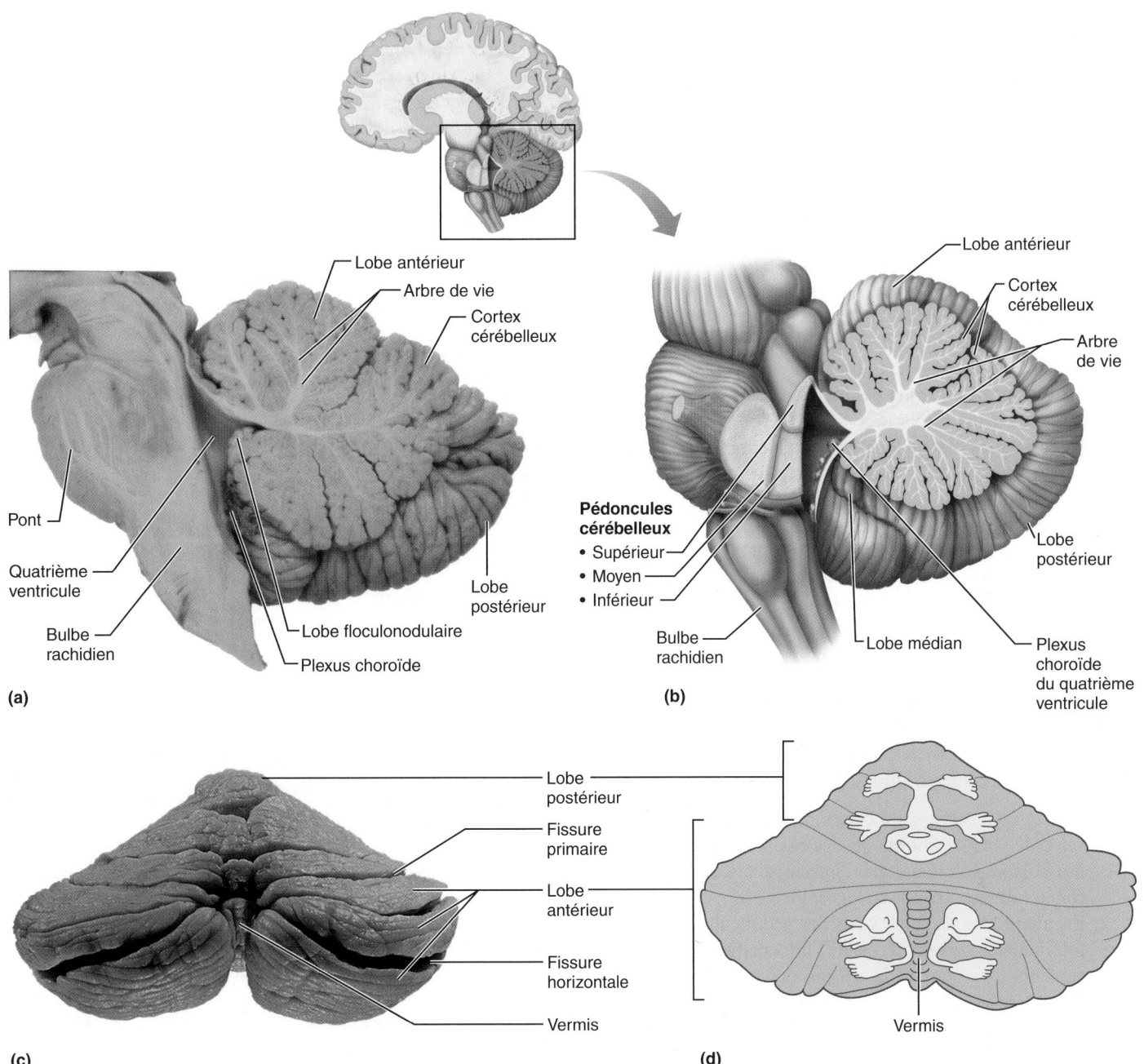

Figure 12.17 Cervelet. (a) Photographie d'une coupe sagittale médiane. **(b)** Illustration d'une coupe parasagittale. **(c)** Photographie d'une vue postérieure du cervelet. **(d)** Trois représentations du corps dans le cervelet (sous forme d'homoncules).

Un peu comme dans le cortex du cerveau, les différentes régions du corps sont projetées sur le cortex cérébelleux des lobes antérieurs et postérieurs, lesquels coordonnent les mouvements. Ces projections sont représentées par trois homoncules dans la figure 12.17d. La portion du cortex cérébral qui reçoit l'information sensorielle d'une partie du corps influe sur les signaux moteurs émis par cette partie. Les parties médiales influent sur les activités motrices des muscles du tronc et des ceintures. Les parties intermédiaires des hémisphères sont associées aux parties distales des membres et aux mouvements fins. Enfin, les parties latérales de chaque hémisphère effectuent l'intégration de l'information provenant des aires associatives du cortex cérébral; elles semblent jouer un rôle dans la planification plutôt que dans l'exécution des mouvements. Le petit lobe flocculonodulaire reçoit l'information sensorielle de l'appareil vestibulaire situé dans l'oreille interne et règle la posture pour assurer le maintien de l'équilibre.

Pédoncules cérébelleux

Comme nous l'avons déjà mentionné, trois paires de pédoncules cérébelleux relient le cervelet au tronc cérébral (figures 12.15 et 12.17b).

Contrairement à ce qui se produit dans le cortex cérébral (qui présente une distribution controlatérale), la plupart des neurofibres qui pénètrent dans le cervelet et qui en sortent ont une distribution homolatérale (*homo*: même), c'est-à-dire qu'elles relient à chacun des hémisphères du cervelet les parties du corps situées du *même* côté. Les **pédoncules cérébelleux supérieurs**, qui relient le cervelet au mésencéphale, transmettent les instructions provenant de neurones situés dans les noyaux cérébelleux profonds au cortex cérébral en passant par le thalamus, que l'on peut considérer comme un relais. À l'instar des noyaux basaux, le cervelet n'a aucun lien *direct* avec le cortex cérébral.

Les **pédoncules cérébelleux moyens** assurent une liaison à sens unique entre les neurones du pont et ceux du cervelet. Le cervelet se trouve ainsi «informé» des activités motrices volontaires déclenchées par le cortex moteur primaire (par l'intermédiaire de relais dans les noyaux du pont). Les **pédoncules cérébelleux inférieurs** relient le cervelet au bulbe rachidien. Ces pédoncules acheminent au cervelet l'information sensorielle provenant des propriocepteurs des muscles et des noyaux vestibulaires du tronc cérébral, qui sont associés à l'équilibre.

Fonctionnement du cervelet

En ce qui a trait à l'activité motrice, le fonctionnement du cervelet semble s'articuler selon les étapes décrites ci-dessous.

1. Les régions motrices du cortex cérébral informent le cervelet de leur intention de déclencher des contractions musculaires volontaires par l'intermédiaire des neurofibres collatérales des tractus corticospinaux.
2. En même temps, par le biais des pédoncules cérébelleux inférieurs, le cervelet reçoit de l'information des propriocepteurs (à propos de la tension des muscles et des tendons et de la position des articulations) ainsi que des voies de l'équilibre (oreille interne) et de la vision. Grâce à cette information, le cervelet est en mesure d'apprécier la position des parties du corps dans l'espace et la nature de leurs mouvements.
3. Le cortex cérébelleux détermine la meilleure façon de coordonner l'intensité, la direction et la durée de la contraction des muscles squelettiques pour éviter que les mouvements dépassent leur cible ainsi que pour conserver la posture et produire des mouvements coordonnés.
4. Enfin, par le biais des pédoncules cérébelleux supérieurs, le cervelet fait part de son «plan d'action» pour la coordination des mouvements au cortex moteur primaire du cortex cérébral. Les neurofibres cérébelleuses transmettent aussi de l'information aux noyaux du tronc cérébral, qui influent à leur tour sur les neurones moteurs de la moelle épinière.

Comme le pilote automatique d'un avion qui compare les réglages des instruments avec le trajet prévu, le cervelet compare sans cesse les intentions du cerveau avec les mouvements exécutés par le corps et émet les messages visant à effectuer les corrections nécessaires. Les lésions cérébelleuses entraînent une perte du tonus et de la coordination musculaires. Les lésions du cervelet causent une désynchronisation des mouvements appelée *ataxie* («désordre»), car les mouvements effectués ressemblent à ceux d'une personne ivre.

Fonction cognitive du cervelet

Des études employant l'imagerie fonctionnelle indiquent que le cervelet joue un rôle dans la cognition. Le cervelet reconnaît et prévoit des scénarios pour peaufiner la coordination des multiples forces qui s'exercent sur un membre durant les mouvements complexes qui font intervenir plusieurs articulations. On pense aussi que le cervelet joue un rôle dans certaines fonctions non motrices, comme l'association de mots et la résolution de problèmes.

VÉRIFIONS NOS ACQUIS

15. Quelles caractéristiques communes le cervelet et le cerveau possèdent-ils? Lesquelles sont différentes?

Les réponses se trouvent à l'appendice G.

Systèmes de l'encéphale

13 Situer le système limbique, énumérer ses principales composantes et expliquer son rôle; situer la formation réticulaire; décrire le mode de fonctionnement et le rôle du système réticulaire activateur ascendant.

Les systèmes de l'encéphale sont des réseaux de neurones et de noyaux qui contribuent à la même tâche bien qu'ils soient situés dans des parties différentes de l'encéphale. Le *système limbique* et la *formation réticulaire* en sont d'excellents exemples. Le tableau 12.1 présente un résumé de leurs fonctions, ainsi que de celles des hémisphères cérébraux, du diencéphale, du tronc cérébral et du cervelet.

Système limbique

Le **système limbique** se compose d'un groupe de structures situé sur la face médiale des hémisphères cérébraux et dans le diencéphale. Ses structures cérébrales entourent (*limbus*: frange) le sommet du tronc cérébral (figure 12.18) et comprennent des parties du rhinencéphale (le *septum précommissural*, le *gyrus du cingulum*, ou circonvolution du corps calleux, le *gyrus parahippocampal*, le *gyrus dentatus* et l'*hippocampe* en forme de C) ainsi qu'une partie du **corps amygdaloïde**, un noyau en forme d'amande situé sur l'extrémité du noyau caudé. Dans le diencéphale, les principales structures limbiques sont l'*hypothalamus* et les *noyaux antérieurs du thalamus*. Le **fornix** («arc»), qui est une commissure, et certains faisceaux relient ces régions du système limbique.

Le système limbique est le *cerveau émotionnel* ou *affectif*. Deux de ses éléments semblent jouer un rôle particulièrement

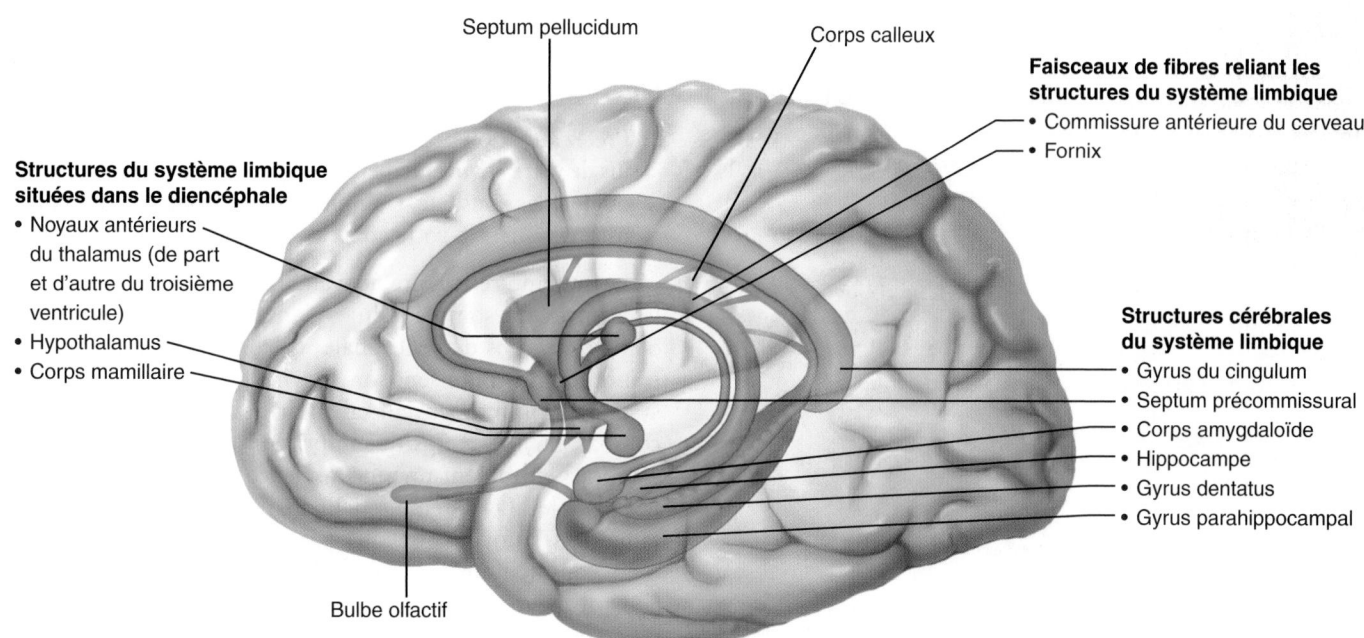

Figure 12.18 **Système limbique.** Vue latérale du cerveau montrant quelques-unes des structures du système limbique (le cerveau émotionnel et viscéral). Le tronc cérébral n'est pas représenté.

important dans les émotions : le corps amygdaloïde et la partie antérieure du **gyrus du cingulum**. Le corps amygdaloïde reconnaît les expressions faciales qui dénotent la colère ou inspirent la crainte, il évalue le danger et déclenche la réaction de peur ; la perturbation de son fonctionnement est associée à des problèmes d'anxiété et de dépression. Le gyrus du cingulum intervient dans l'expression gestuelle des émotions et la résolution des conflits mentaux provoqués par la frustration.

Si les odeurs suscitent des réactions émotionnelles et rappellent des souvenirs, c'est qu'une grande partie du système limbique trouve son origine dans le rhinencéphale (l'encéphale olfactif primitif). Les réactions aux odeurs sont rarement neutres (une mouffette sent *mauvais* et nous répugne) ; par ailleurs, les odeurs font souvent surgir les souvenirs liés aux expériences chargées d'émotion (rappelez-vous le souvenir de la madeleine évoqué par l'écrivain Marcel Proust dans *À la recherche du temps perdu*).

Les nombreuses connexions qui relient le système limbique aux régions corticales et sous-corticales des hémisphères cérébraux lui permettent d'intégrer des stimulus environnementaux divers et d'y réagir. La plupart des influx quittant le système limbique passent par l'hypothalamus, qui joue le rôle de relais à cet égard. Comme l'hypothalamus est en quelque sorte le bureau central tant des fonctions autonomes (viscérales) que des réactions émotionnelles, il n'est pas surprenant que les personnes soumises à une tension émotionnelle aiguë ou prolongée soient prédisposées aux maladies viscérales telles que l'hypertension artérielle et les brûlures d'estomac. Les maladies provoquées par les émotions sont appelées **maladies psychosomatiques**.

Le système limbique interagit également avec le cortex préfrontal, si bien que les sentiments (le cerveau affectif) sont liés de près aux pensées (le cerveau cognitif). C'est ainsi que nous pouvons réagir émotionnellement aux événements dont nous sommes conscients et, en plus, apprécier la richesse des émotions qui colorent notre vie. La communication entre le cortex cérébral et le système limbique explique pourquoi les émotions l'emportent parfois sur la logique et, inversement, pourquoi la raison nous empêche d'exprimer nos émotions de manière déplacée. Certaines parties du système limbique, soit les structures de l'**hippocampe** et le corps amygdaloïde, jouent aussi un rôle dans la mémoire.

Formation réticulaire

La **formation réticulaire**, ou formation réticulée, s'étend à travers le bulbe rachidien, le pont et le mésencéphale (figure 12.19). Elle est composée de neurones dont les corps cellulaires constituent des noyaux réticulaires disséminés dans la substance blanche. Les axones de ces neurones forment trois larges colonnes le long du tronc cérébral (figure 12.16c) : les **noyaux du raphé** («couture»), au milieu ; les **noyaux de la région médiale** (à grandes cellules) ; les **noyaux de la région latérale** (à petites cellules).

Les neurones de la formation réticulaire se démarquent par la grande étendue de leurs connexions axonales. En effet, ils rejoignent des cellules de l'hypothalamus, du thalamus, du cortex cérébral, du cervelet et de la moelle épinière. De ce fait, ils sont particulièrement aptes à gouverner l'excitation de l'encéphale dans son ensemble. À moins d'être inhibées par d'autres régions

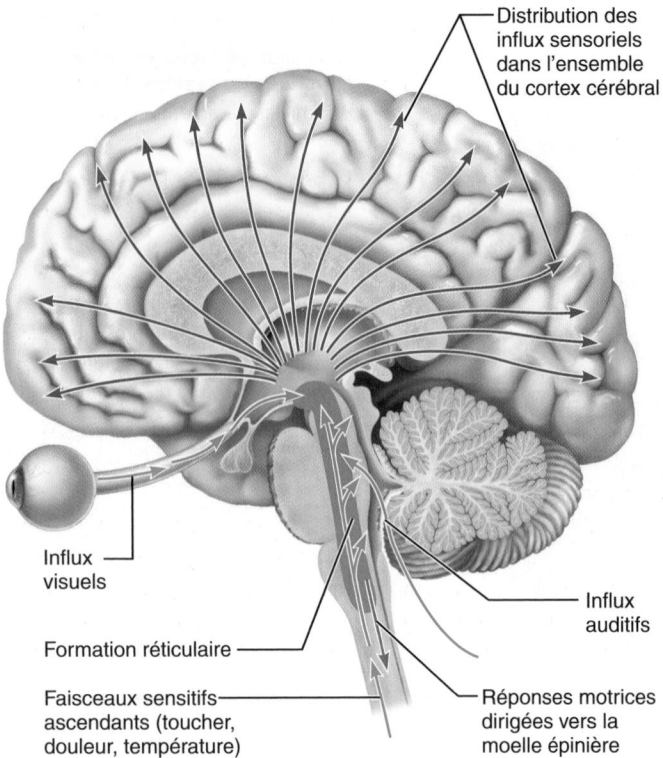

Distribution des influx sensoriels dans l'ensemble du cortex cérébral

Influx visuels

Formation réticulaire

Faisceaux sensitifs ascendants (toucher, douleur, température)

Influx auditifs

Réponses motrices dirigées vers la moelle épinière

Figure 12.19 Formation réticulaire. La formation réticulaire s'étend le long du tronc cérébral. Une portion de la formation réticulaire, le système réticulaire activateur ascendant, maintient le cortex cérébral en état de veille. Les flèches ascendantes en bleu représentent les influx sensitifs qui parviennent au système réticulaire activateur ascendant. Les flèches mauves représentent les influx réticulaires acheminés au cortex cérébral (certains par l'intermédiaire de noyaux thalamiques). La flèche descendante rouge représente les commandes motrices qui jouent un rôle dans la régulation du tonus musculaire.

cérébrales, certaines cellules réticulaires, par exemple, envoient un courant continu d'influx nerveux (par l'intermédiaire de noyaux thalamiques) au cortex cérébral, ce qui maintient ce dernier en état de veille et augmente son excitabilité. Cette « branche » de la formation réticulaire est appelée **système réticulaire activateur ascendant**. Les influx provenant de tous les grands faisceaux et tractus sensitifs ascendants parviennent aux neurones de ce système, les gardant ainsi en activité et augmentant leur effet excitateur sur le cerveau. (C'est peut-être ce qui explique pourquoi tant d'étudiants, stimulés par l'activité autour d'eux, se plaisent à travailler dans une cafétéria bondée.)

Le système réticulaire activateur ascendant sert aussi de filtre à cet afflux d'informations sensorielles. Il évacue les signaux répétitifs, familiers ou faibles, mais il laisse parvenir à la conscience les influx inusités, importants ou intenses. Par exemple, vous n'êtes probablement pas dérangé par le ronronnement du réfrigérateur mais, quand celui-ci cesse, vous le remarquez. Le système réticulaire activateur ascendant et le cortex cérébral négligent sans doute 99 % des stimulus sensoriels enregistrés

par nos récepteurs. S'il n'en était pas ainsi, la surcharge sensorielle viendrait à bout de notre raison. Le LSD désactive ces filtres sensoriels et entraîne une surcharge souvent accablante.

■ Prêtez attention pendant quelques secondes à tous les stimulus de votre environnement. Notez les couleurs, les formes, les odeurs, les sons, etc. Combien de ces stimulus parviennent ordinairement à votre conscience ?

Le système réticulaire activateur ascendant est inhibé par les centres du sommeil situés dans l'hypothalamus et dans d'autres régions de l'encéphale ; l'alcool, les somnifères et les tranquillisants réduisent son activité. Les lésions graves de ce système (comme peuvent en subir des boxeurs mis hors de combat par des coups qui impriment une torsion au tronc cérébral) entraînent une inconscience permanente (un *coma* irréversible). Le système réticulaire est essentiel à l'éveil ; certains de ses noyaux jouent également un rôle dans le sommeil, comme nous le verrons plus loin.

La formation réticulaire a aussi une « branche » *motrice*. En effet, certains de ses noyaux moteurs sont reliés à des neurones moteurs de la moelle épinière par l'intermédiaire des *tractus réticulospinaux* et ils contribuent à régir les muscles squelettiques pendant les mouvements amples des membres. D'autres noyaux moteurs de la formation réticulaire, tels les centres vasomoteur, cardiaque et respiratoire du bulbe rachidien, sont des centres autonomes qui régissent les fonctions motrices des muscles lisses des viscères et du muscle cardiaque.

VÉRIFIONS NOS ACQUIS

16. On dit du système limbique qu'il est le cerveau émotionnel ou affectif. Quelle partie du système limbique assure le lien affectif ?

17. Sentant le sommeil la gagner pendant qu'elle est au volant, Mélanie descend la vitre de sa voiture, monte le volume de la radio et prend une gorgée d'eau glacée. Comment ces gestes la gardent-elle éveillée ?

Les réponses se trouvent à l'appendice G.

Fonctions mentales supérieures

Au cours des 40 dernières années, notre « espace intérieur » ou ce que nous appelons communément l'*esprit* a fait l'objet d'une exploration passionnante. Cependant, les chercheurs qui se penchent sur les processus de la cognition n'ont pas encore réussi à comprendre comment les fonctions mentales supérieures naissent de tissus vivants et d'influx électriques. Il est difficile de trouver l'âme dans les synapses !

Puisque les ondes cérébrales témoignent de l'activité électrique sur laquelle reposent les fonctions mentales supérieures, nous les étudierons en premier lieu, en même temps que deux sujets apparentés, la conscience et le sommeil. Ensuite, nous traiterons du langage et de la mémoire, un domaine de recherches constantes qui touchent plus particulièrement la population vieillissante.

Ondes cérébrales et électroencéphalogramme

14 Décrire l'électroencéphalogramme et donner un aperçu de ses applications; distinguer les ondes alpha, bêta, thêta et delta.

Lorsque l'encéphale fonctionne normalement, les neurones sont en constante activité électrique. L'**électroencéphalogramme**, ou **EEG** (à ne pas confondre avec l'ECG, ou électrocardiogramme), enregistre certains aspects de cette activité. Pour procéder à un EEG, on place, à divers endroits du cuir chevelu, une vingtaine d'électrodes reliées à un appareil qui mesure les différences de potentiel entre diverses régions du cortex (figure 12.20a). Ce ne sont pas tant les potentiels d'action qui sont enregistrés que les modifications des potentiels postsynaptiques. Les tracés que l'on obtient alors, appelés **ondes cérébrales**, sont produits par l'activité des synapses à la surface du cortex, plutôt que par les potentiels d'action générés dans la substance blanche.

Chaque individu présente un tracé électroencéphalographique aussi unique que ses empreintes digitales. Cependant, à des fins de commodité, on peut grouper les ondes cérébrales en quatre classes selon leur fréquence. Ces classes sont représentées à la figure 12.20b. Chaque onde est une suite ininterrompue de pics et de vallées, et la fréquence de l'onde, exprimée en hertz (Hz), correspond au nombre de pics qui passent par un point donné en une seconde. Une fréquence de 1 Hz signifie qu'un pic passe chaque seconde par le point de référence.

L'amplitude ou l'intensité d'une onde est représentée par la hauteur des pics et la profondeur des vallées. Celle des ondes cérébrales reflète le nombre de neurones produisant simultanément des potentiels d'action, et non pas le degré d'activité électrique de neurones pris individuellement. Lorsqu'un individu est à l'état de veille, on observe des ondes cérébrales complexes et de faible amplitude. En revanche, lorsqu'un individu est inactif, pendant le sommeil notamment, un grand nombre de neurones déchargent simultanément, ce qui engendre des ondes semblables et de forte amplitude.

- Les **ondes alpha** (de 8 à 13 Hz) sont des ondes assez régulières et rythmiques, de faible amplitude et synchrones. Dans la plupart des cas, ces ondes indiquent un état de veille diffuse, de relaxation mentale.
- Les **ondes bêta** (de 14 à 25 Hz) sont rythmiques elles aussi, mais elles sont plus irrégulières que les ondes alpha et leur fréquence est plus élevée. Elles se produisent lorsque nous sommes à l'état de veille active, par exemple lorsque nous nous concentrons sur un problème ou un stimulus visuel.
- Les **ondes thêta** (de 4 à 7 Hz) sont encore plus irrégulières. Courantes chez les enfants, elles sont considérées comme anormales chez les adultes éveillés.
- Les **ondes delta** (4 Hz ou moins) ont une forte amplitude. Elles surviennent pendant le sommeil profond et lorsque le système réticulaire activateur ascendant est amorti, au cours d'une anesthésie, par exemple. Chez l'adulte éveillé, elles indiquent une lésion cérébrale.

Les ondes cérébrales sont influencées par l'âge, les stimulus sensoriels, les affections cérébrales et l'état chimique de l'organisme. On utilise les tracés électroencéphalographiques pour diagnostiquer et localiser de nombreux types de lésions cérébrales, par exemple les tumeurs, les accidents vasculaires cérébraux et les lésions épileptiques. Des ondes cérébrales trop rapides ou trop lentes indiquent une perturbation des fonctions corticales; l'inconscience s'ensuit à un extrême comme à l'autre. Durant les périodes d'inconscience ou de coma, les ondes cérébrales sont toujours présentes; leur absence, traduite par un EEG plat, est un signe clinique de mort cérébrale.

12

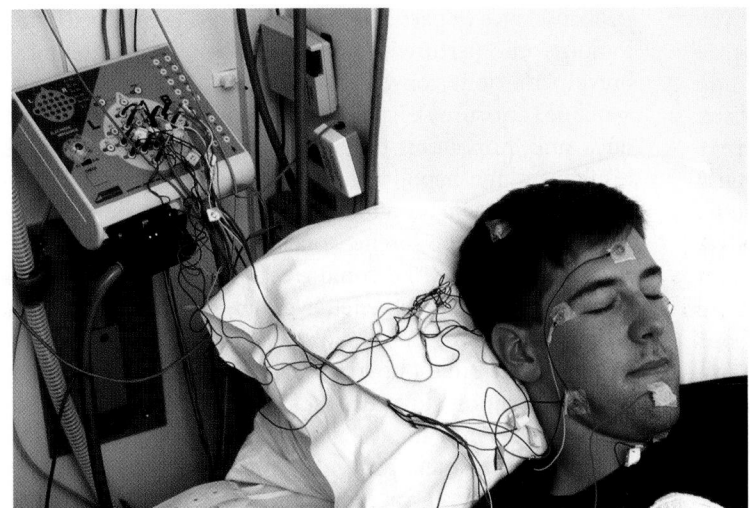

(a) Des électrodes placées sur le cuir chevelu servent à enregistrer l'activité électrique des ondes cérébrales (EEG).

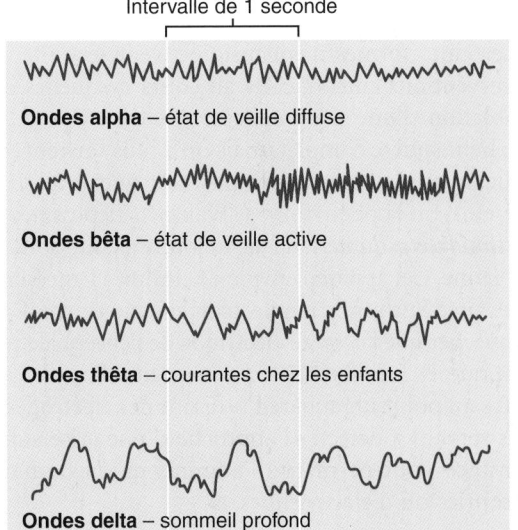

(b) Les ondes cérébrales enregistrées sur un EEG se divisent en quatre grandes catégories.

Figure 12.20 Électroencéphalogramme et ondes cérébrales.

12

⚖ DÉSÉQUILIBRE HOMÉOSTATIQUE

Les crises d'épilepsie surviennent généralement sans signes précurseurs. Saisie par des spasmes incoercibles, la personne épileptique perd conscience et tombe brutalement sur le sol, les muscles raidis. La plupart du temps, ces **crises d'épilepsie** sont dues à des décharges torrentielles et rythmiques de groupes de neurones cérébraux ; aucun autre message ne peut être analysé par les différentes structures du cerveau pendant l'activité anarchique de ces neurones. L'épilepsie, qui atteint de 2 à 5 % de la population en général (300 000 personnes au Canada et 500 000 en France), n'est pas associée à des déficits intellectuels et elle n'en provoque pas non plus. Elle peut résulter de facteurs génétiques, mais également de lésions cérébrales causées par des coups à la tête, des accidents vasculaires cérébraux, des troubles métaboliques, des infections, une fièvre élevée ou des tumeurs. Dans la majorité des cas, les causes restent cependant inconnues.

Les manifestations et la gravité de l'épilepsie varient énormément. Le *petit mal*, ou *absence épileptique*, est une forme mineure qui touche les jeunes enfants et disparaît habituellement vers l'âge de 10 ans. Cette forme d'épilepsie se manifeste par des secousses des muscles faciaux et par une perte de l'expression du visage durant quelques secondes (moins de 30 secondes en général). Les crises d'*épilepsie tonicoclonique* (aussi appelée *grand mal* ou *épilepsie généralisée*) sont la forme la plus grave de l'épilepsie. Elles peuvent durer plus d'une minute et se traduisent par une perte de conscience et des convulsions si intenses que les contractions musculaires causent parfois des fractures. De plus, on observe fréquemment une perte de la maîtrise des sphincters et de graves morsures de la langue. Au bout de quelques minutes, les muscles se décontractent et la personne revient à elle, mais elle reste désorientée pendant un certain temps. Lorsque le foyer de la crise épileptique est localisé dans une région sensitive, le sujet peut éprouver une hallucination de nature gustative, olfactive ou visuelle juste avant le début de la crise. Ce phénomène, appelé **aura**, a au moins l'avantage de constituer un avertissement dont la personne peut profiter pour se prémunir contre les chutes brutales.

Certaines formes d'épilepsie peuvent se traiter au moyen d'interventions chirurgicales au cours desquelles on procède à l'ablation d'une zone épileptique, du corps calleux, voire d'un hémisphère complet, mais on a plus souvent recours aux médicaments anticonvulsivants, tels que la carbamazépine (Tegretol) ou la phénytoïne (Dilantin). Depuis peu, on utilise un *stimulateur du nerf vague*, qu'on implante sous la peau de la poitrine. Cet appareil envoie des influx à l'encéphale à intervalles prédéterminés par le truchement du nerf vague afin d'empêcher que l'activité électrique de l'encéphale ne devienne chaotique. Des recherches se poursuivent à l'heure actuelle pour mettre au point un appareil utilisant des électrodes programmées servant à détecter l'approche d'une crise suffisamment à l'avance pour permettre l'administration de médicaments appropriés ou d'électrochocs. ∎

Conscience

15 Définir la conscience du point de vue clinique et en relation avec les phénomènes d'évanouissement, de coma et de mort cérébrale.

La **conscience** englobe la perception consciente des sensations, le déclenchement volontaire et la maîtrise des mouvements ainsi que les capacités associées au traitement mental supérieur (la mémoire, la logique, le jugement, la persévérance, etc.). Cliniquement, la conscience peut être considérée comme un continuum qui se définit selon les différents niveaux de comportement présentés en réponse aux stimulus, soit (1) la *vigilance* ; (2) la *somnolence* ou *léthargie* (qui précède le sommeil) ; (3) la *stupeur* ; et (4) le *coma*. La vigilance est le niveau le plus élevé de la conscience et de l'activité corticale, tandis que le coma en est le niveau le plus bas.

La conscience est difficile à définir. Et, soyons francs, décrire notre réaction devant un magnifique coucher de soleil au bord de la mer par une série d'interactions entre des dendrites, des axones et des neurotransmetteurs ne rend pas justice à ce qui rend cette scène tellement spéciale. Une personne endormie est manifestement dépourvue de quelque chose qu'elle possède lorsqu'elle est éveillée, et nous appelons ce « quelque chose » conscience.

À l'heure actuelle, les présupposés qui sous-tendent le concept de la conscience sont les suivants.

1. **La conscience suppose l'activité simultanée de régions étendues du cortex cérébral.**
2. **La conscience se superpose à d'autres types d'activités neuronales.** À tout moment, des neurones et des groupes de neurones précis contribuent à la fois à des activités localisées (telles que la régulation motrice) et à la cognition.
3. **La conscience est un phénomène holistique qui fait appel à tous les circuits cérébraux.** L'information nécessaire à la « pensée » peut être tirée simultanément de nombreux endroits du cerveau. Par exemple, le rappel d'un souvenir précis peut être provoqué par un facteur parmi tant d'autres, une odeur, un lieu, une personne, etc.

⚖ DÉSÉQUILIBRE HOMÉOSTATIQUE

L'inconscience (à part celle qui caractérise le sommeil) indique toujours une perturbation du fonctionnement cérébral. Une brève perte de la conscience est appelée **évanouissement**, ou **syncope** (« brisure »). La plupart du temps, l'évanouissement est dû à une diminution de l'irrigation sanguine de l'encéphale résultant d'une hypotension artérielle, à la suite par exemple d'une hémorragie ou d'une tension émotionnelle soudaine.

Le **coma** est une absence totale et prolongée de réponse aux stimulus sensoriels. Le coma *n'est pas* un sommeil profond. Pendant le sommeil, en effet, le cortex et le tronc cérébral sont actifs et la consommation d'oxygène est comparable (ou supérieure) à celle qui est observée dans l'état de veille. À l'opposé, la consommation d'oxygène est toujours inférieure aux niveaux de repos chez les patients comateux.

Les coups à la tête peuvent induire le coma en causant des lésions étendues du cortex ou du tronc cérébral. De même, les tumeurs et les infections qui envahissent le tronc cérébral peuvent entraîner le coma. Les troubles métaboliques tels que l'hypoglycémie (un taux sanguin de glucose anormalement bas), les doses excessives de médicaments ou de drogues, ainsi que l'insuffisance hépatique ou rénale perturbent le fonctionnement global de l'encéphale et peuvent mener au coma. Les accidents vasculaires cérébraux causent rarement le coma, à moins qu'ils ne soient massifs et qu'ils ne s'accompagnent d'un œdème très important ou qu'ils surviennent dans le tronc cérébral.

Lorsque le cerveau et le tronc cérébral ont subi des lésions irréparables, un coma irréversible survient, même si des mesures de maintien des fonctions vitales conservent le fonctionnement normal des autres organes. C'est la **mort cérébrale**. Les médecins doivent alors déterminer si le patient est mort aux yeux de la loi. ■

Sommeil et cycle veille-sommeil

16 Comparer le sommeil lent avec le sommeil paradoxal ; décrire le déroulement d'une nuit normale par rapport à ces deux types de sommeil et montrer l'importance de chaque type ; indiquer les variations que présentent les deux types de sommeil au cours de la vie ; décrire trois troubles associés au sommeil.

Le **sommeil** se définit comme une inconscience partielle à laquelle on peut mettre fin par une stimulation. La relative précarité du sommeil le distingue du *coma*, état d'inconscience qui *résiste* aux stimulus les plus vigoureux. Bien que la plus grande partie de l'activité corticale diminue pendant le sommeil, certaines fonctions régies par des noyaux du tronc cérébral subsistent, notamment la régulation de la respiration, de la fréquence cardiaque et de la pression artérielle. Le dormeur conserve même un certain contact avec l'environnement puisque des stimulus forts (des bruits dans la nuit) le réveillent. Du reste, les somnambules se déplacent sans se heurter aux obstacles tout en étant profondément endormis.

Types de sommeil

Les deux principaux types de sommeil, qui alternent durant la majeure partie du cycle du sommeil, sont le **sommeil lent** (**SL**) et le **sommeil paradoxal** (**SP**). Les types de sommeil sont déterminés par les ondes enregistrées sur les tracés électro-encéphalographiques. Pendant les 30 à 45 minutes suivant l'endormissement, on passe par les deux premiers stades du sommeil lent, puis par les stades 3 et 4, qui correspondent au **sommeil profond**, au cours duquel la fréquence des ondes cérébrales diminue, tandis que leur amplitude augmente **(figure 12.21)**. La pression sanguine et la fréquence cardiaque diminuent également pendant le sommeil profond.

Environ 90 minutes après l'endormissement, une fois achevé le stade 4 du sommeil lent, le tracé électroencéphalographique change de façon soudaine. Il devient très irrégulier et semble rétrograder rapidement à travers les différents stades jusqu'à l'apparition des ondes alpha (généralement associées plutôt à l'état de veille) annonciatrices du sommeil paradoxal. Ce changement s'accompagne d'une augmentation de la température corporelle, des fréquences cardiaque et respiratoire et de la pression artérielle ainsi que d'une diminution de la motilité gastro-intestinale et de l'activité du système sympathique en général.

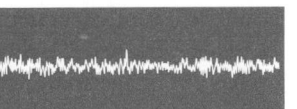

Veille

Sommeil paradoxal : Les muscles squelettiques (sauf les muscles oculaires et le diaphragme) sont fortement inhibés. C'est le stade où se déroulent la plupart des rêves.

Sommeil lent, stade 1 : La détente commence. L'EEG montre des ondes alpha. L'éveil est facile.

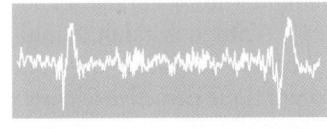

Sommeil lent, stade 2 : L'EEG devient irrégulier ; les fuseaux du sommeil (bouffées d'ondes à fréquence rapide et de forte amplitude) apparaissent, et le réveil est plus difficile.

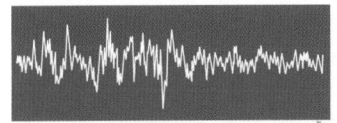

Sommeil lent, stade 3 : Le sommeil s'approfondit, et les ondes thêta et delta apparaissent. Les signes vitaux s'abaissent.

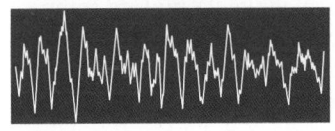

Sommeil lent, stade 4 : L'EEG est dominé par les ondes delta. Le réveil est difficile. L'énurésie (miction involontaire), les terreurs nocturnes et le somnambulisme surviennent pendant cette phase.

(a) EEG typiques

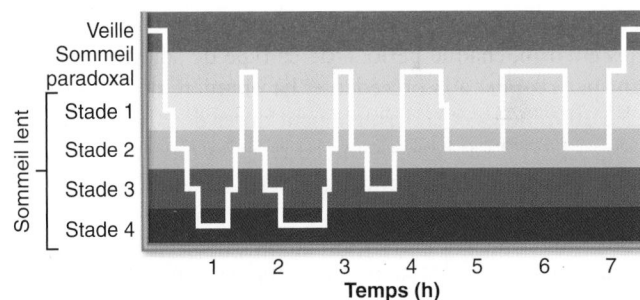

(b) Progression typique des stades du sommeil d'une nuit pour un adulte

Figure 12.21 Types et stades du sommeil. Les quatre stades du sommeil lent et le sommeil paradoxal sont représentés.

Le cerveau consomme une énorme quantité d'oxygène et de glucose au cours du sommeil paradoxal, plus encore que durant l'état de veille (augmentation de 30 à 40 %).

Bien que les yeux se déplacent rapidement sous les paupières pendant le sommeil paradoxal – aussi appelé, de ce fait, *sommeil MOR* (pour mouvements oculaires rapides, ou *REM, rapid eye movement*) –, la plupart des muscles squelettiques sont temporairement paralysés (inhibés activement), ce qui nous empêche d'effectuer en réalité les mouvements que nous

12

accomplissons en rêve. Les rêves se produisent généralement pendant le sommeil paradoxal et, selon certains chercheurs, les mouvements des yeux sont reliés à l'imagerie onirique. (Notez cependant que la plupart des cauchemars et des terreurs nocturnes surviennent au cours des stades 3 et 4 du sommeil lent.) Chez l'adolescent et l'adulte, les épisodes de sommeil paradoxal sont fréquemment associés à l'érection ou à l'engorgement du clitoris.

Organisation du sommeil

L'alternance du sommeil et de l'état de veille suit un rythme naturel de 24 heures, le *rythme circadien*. L'hypothalamus fixe l'ordre dans lequel se déroulent les stades du sommeil, en ce sens que son *noyau suprachiasmatique* (notre horloge biologique) régit son *noyau préoptique* (le centre qui induit le sommeil). En inhibant le système réticulaire activateur du tronc cérébral (figure 12.19), le noyau préoptique désactive le cortex cérébral. Cependant, le sommeil ne se réduit pas à la « mise hors tension » du mécanisme d'excitation de ce système. Les centres du système réticulaire activateur ascendant contribuent non seulement au maintien de l'état de veille, mais ils sont aussi à l'origine de certains stades du sommeil, particulièrement du stade du rêve.

Au début et au milieu de l'âge adulte, la nuit de sommeil type est faite d'une alternance de périodes de sommeil lent et de périodes de sommeil paradoxal. Son déroulement pourrait se résumer ainsi: (1) endormissement, (2) stades 1 à 4 du sommeil lent, (3) sommeil paradoxal, (4) stades 2 à 4 du sommeil lent, (5) sommeil paradoxal. Par la suite, les étapes 4 et 5 se répètent. Il y a quatre ou cinq périodes de sommeil paradoxal par nuit. Le sommeil paradoxal recommence toutes les 90 minutes environ, chaque période de ce type de sommeil s'allongeant par rapport à la précédente. La première de la nuit dure de 5 à 10 minutes et la dernière peut durer de 20 à 50 minutes (figure 12.21b). Par conséquent, les rêves les plus longs ont lieu à la fin de la période de sommeil (les rêves se déroulent en temps réel et non en accéléré, comme on le croit souvent). Juste avant le réveil, les neurones de l'hypothalamus libèrent des peptides, les *orexines*, qui, dans cette situation, stimulent l'éveil. Par conséquent, certains neurones de la formation réticulaire du tronc cérébral atteignent leur activité maximale, ce qui stimule le cortex endormi.

Les lentes ondes thêta et delta du sommeil profond résultent de l'activation simultanée des neurones du thalamus, qui sont habituellement inhibés pendant l'éveil par le système réticulaire activateur du pont. Certains neurones du pont dans la formation réticulaire régissent le passage du sommeil lent au sommeil paradoxal; d'autres suppriment l'activité motrice, produisant une paralysie. Un grand nombre de substances chimiques de l'organisme entraînent le sommeil, mais leur importance relative est encore peu connue.

Importance du sommeil

Pourquoi dormons-nous? Le sommeil lent, plus particulièrement les stades 3 et 4, et le sommeil paradoxal jouent des rôles importants mais différents. On pense que le stade 4 du sommeil lent constitue le stade réparateur, la période pendant laquelle la plupart des mécanismes nerveux retournent à leurs niveaux de base. De fait, à la suite d'un manque de sommeil, le sommeil lent dure plus longtemps qu'en temps normal et il est concentré au début de l'endormissement, comme si c'était le besoin de ce type de sommeil qu'il fallait d'abord combler. On a récemment découvert qu'il existait un lien direct entre l'ancrage des apprentissages intellectuels et l'activité électrique du cerveau pendant le sommeil lent. C'est également au cours de ce stade que l'hypophyse sécrète l'hormone de croissance, d'où l'importance de longues périodes de sommeil chez les enfants et les adolescents.

Les personnes qui sont continuellement privées de sommeil paradoxal présentent une certaine instabilité émotionnelle et divers troubles de la personnalité pouvant aller jusqu'à l'hallucination. Il se peut que le sommeil paradoxal donne au cerveau l'occasion d'analyser les événements de la journée et de s'attaquer par le rêve aux problèmes émotionnels. D'autres spécialistes estiment que le sommeil paradoxal est un apprentissage inversé. D'après eux, nous captons sans cesse des messages contingents, répétitifs et absurdes que nous devons éliminer de nos réseaux neuronaux au moyen du rêve pour conserver à notre cerveau sa stabilité et sa vigueur. Autrement dit, nous rêverions pour oublier.

L'alcool et la plupart des somnifères (les barbituriques notamment) diminuent le sommeil paradoxal, mais non le sommeil lent. Par ailleurs, certains tranquillisants, tel le diazépam (Valium), réduisent le sommeil lent bien davantage que le sommeil paradoxal.

Par rapport aux autres mammifères, les besoins en sommeil quotidien de l'humain sont moyens. Ils suivent une courbe à peu près régulièrement descendante au cours des années: ils sont de l'ordre de 16 heures environ chez le nourrisson et d'approximativement 7,5 à 8,5 heures chez le jeune adulte; ils se stabilisent alors, puis baissent encore chez la personne âgée. L'organisation du sommeil change également au cours de la vie. Le sommeil paradoxal occupe environ la moitié du temps de sommeil total chez le nourrisson, puis il diminue jusqu'à ce que l'enfant atteigne l'âge de 10 ans. La durée du sommeil paradoxal se stabilise alors à environ 25%. Par contre, le stade 4 du sommeil lent raccourcit constamment à compter de la naissance et, souvent, il disparaît complètement chez les personnes de plus de 60 ans.

◣ DÉSÉQUILIBRE HOMÉOSTATIQUE

Les personnes atteintes de **narcolepsie** (*narco*: sommeil; *lepsis*: attaque) ou *maladie de Gélineau*, tombent inopinément endormies au beau milieu de la journée; en général, elles entrent immédiatement dans le sommeil paradoxal. Leurs épisodes de sommeil diurne durent environ 15 minutes, peuvent survenir à tout moment et sont souvent provoqués par des circonstances agréables, qu'il s'agisse d'une bonne plaisanterie, d'une partie de cartes, etc. Chez la plupart des personnes atteintes de narcolepsie, une émotion intense peut aussi déclencher un épisode de *cataplexie,* caractérisée par une perte soudaine du tonus musculaire semblable aux manifestations du sommeil paradoxal. Pendant une crise de cataplexie, qui dure quelques secondes ou minutes, la personne ne perd pas connaissance, mais ne peut pas bouger. Évidemment, la cataplexie comporte des risques considérables pour la personne en train de conduire une voiture ou de prendre un bain. Il semble que le cerveau des personnes atteintes de narcolepsie contient moins de cellules dans l'hypothalamus, qui sécrète les orexines (hypocrétines), dont nous avons déjà parlé et qui jouent le rôle de stimulateurs de l'éveil. Cette découverte pourrait ouvrir la porte à de nouveaux traitements. Par contre, les médicaments qui bloquent l'action de ces peptides favorisent le sommeil; ils pourraient donc être utiles pour traiter un tout autre problème: l'insomnie.

L'**insomnie** est l'incapacité chronique d'obtenir la *quantité* ou la *qualité* de sommeil nécessaires à l'accomplissement des activités quotidiennes. Les besoins de sommeil varient de quatre à neuf heures par jour chez les individus en bonne santé, si bien qu'il est impossible de déterminer ce qu'est la «bonne» quantité de sommeil. Les personnes insomniaques ont tendance à exagérer l'étendue de leur manque de sommeil, et certaines ont recours aux somnifères, ce qui risque d'aggraver leur problème.

L'insomnie véritable est souvent liée à des changements dus au vieillissement, à cause de la perturbation de divers rythmes biologiques (température et hormones). Cependant, les troubles psychologiques en sont la cause la plus fréquente. Nous avons de la difficulté à trouver le sommeil lorsque nous sommes anxieux ou inquiets, et la dépression s'accompagne souvent de nuits courtes.

Les **apnées du sommeil** sont des cessations temporaires (de 15 à 30 secondes) de la respiration pendant le sommeil, un phénomène qui n'a rien de rassurant. La personne se réveille brusquement en raison de l'hypoxie (manque d'oxygène) provoquée par les apnées, lesquelles peuvent être nombreuses durant la nuit. L'apnée obstructive du sommeil, la forme d'apnée la plus courante, est causée par l'obstruction des voies respiratoires supérieures par du tissu adipeux excédentaire ou une autre anomalie structurale en raison de la perte du tonus musculaire causée par le sommeil. Elle est associée à l'obésité et aggravée par la consommation d'alcool et d'autres neurodépresseurs. Mis à part une perte de poids, le traitement consiste à porter un masque qui souffle de l'air dans le nez, ce qui garde les voies respiratoires ouvertes, ou à subir une chirurgie permettant de corriger le problème. ■

VÉRIFIONS NOS ACQUIS

18. À quel moment les ondes delta apparaissent-elles sur l'EEG?

19. Quels sont les deux niveaux de la conscience entre la vigilance et le coma?

20. Pendant quel stade du sommeil la plupart des muscles squelettiques sont-ils fortement inhibés?

21. De quelles façons différentes l'alcool et le diazépam (Valium) perturbent-ils le sommeil?

Les réponses se trouvent à l'appendice G.

Langage

Le langage est une fonction tellement importante de l'encéphale que la quasi-totalité des aires associatives de l'hémisphère gauche y participe d'une manière ou d'une autre, que l'on soit droitier (95% des cas) ou gaucher (70% des cas). Des études d'avant-garde portant sur des personnes *aphasiques* (qui ont perdu certaines compétences langagières en raison de lésions à des régions précises du cerveau) ont permis de circonscrire deux régions essentielles au langage, l'aire de Broca et l'aire de Wernicke (voir les régions tiretées à la figure 12.8a). Les personnes dont des lésions touchent l'**aire de Broca** peuvent comprendre le langage, mais elles ont de la difficulté à parler (et parfois, elles ne peuvent ni écrire ni utiliser le langage des signes). Par contre, les personnes ayant des lésions de l'**aire de Wernicke** sont capables de parler, mais leurs paroles n'ont pas de sens et leur discours est incohérent. Elles ont également beaucoup de difficulté à comprendre le langage.

Des études fonctionnelles récentes de l'encéphale indiquent que cette description est utile sur le plan clinique, mais beaucoup trop simplificatrice. En fait, les aires de Broca et de Wernicke, qui sont jumelées aux noyaux basaux, constituent un seul système de mise en œuvre du langage qui analyse et produit les sons des mots et les structures grammaticales. Un ensemble avoisinant d'aires corticales forme un pont entre ce système et les régions du cortex qui contiennent les concepts et les idées, et qui sont réparties dans l'ensemble des aires associatives.

Les régions correspondantes de l'hémisphère droit, ou hémisphère non dominant quant au langage, assurent le «langage du corps» – la composante non verbale et émotionnelle (affective) de la communication. Grâce à ces aires, le rythme ou le ton de notre voix ainsi que nos gestes expriment nos émotions pendant que nous parlons, et nous comprenons le contenu émotionnel de ce que nous entendons. Par exemple, une réponse douce et mélodieuse ne véhicule pas la même signification qu'une répartie sèche.

Curieusement, malgré leur incapacité de parler, certaines personnes aphasiques peuvent chanter, tout comme les bègues d'ailleurs. Par conséquent, il se pourrait que la musique ait également pour effet de stimuler la plasticité du cerveau, permettant ainsi à l'hémisphère droit de participer plus activement aux actions langagières en cas de lésion de l'aire de Broca.

Mémoire

17 Comparer les stades de la mémoire (court terme et long terme) ainsi que les catégories de la mémoire (déclarative et procédurale).

18 Décrire les rôles respectifs des principales structures cérébrales associées à la mémoire déclarative et à la mémoire procédurale.

Le stockage et le rappel d'informations ou, plus simplement, la capacité de se souvenir du passé constituent la **mémoire**. Cette capacité d'emmagasiner, de conserver et de récupérer des

12

informations est essentielle à l'apprentissage, au façonnement du comportement et à la conscience. En un mot, toute votre vie repose dans les coffres de votre mémoire.

Stades de la mémoire

Le stockage des données s'effectue en deux stades : celui de la mémoire à court terme et celui de la mémoire à long terme **(figure 12.22)**. La **mémoire à court terme**, aussi appelée *mémoire de travail*, est l'antichambre de la mémoire à long terme, l'instrument qui permet de chercher un numéro de téléphone dans l'annuaire, de le composer et de l'oublier à tout jamais. La capacité de la mémoire à court terme est limitée à sept ou huit unités d'information, tels les chiffres d'un numéro de téléphone ou les mots d'une phrase complexe. On peut cependant augmenter cette capacité de plusieurs façons (en regroupant les éléments en unités, par exemple).

Contrairement à la mémoire à court terme, la **mémoire à long terme** semble dotée d'une capacité illimitée. Alors que la mémoire à court terme peut à peine retenir un numéro de téléphone, la mémoire à long terme peut en receler des dizaines. Toutefois, les souvenirs anciens peuvent s'estomper ou le contenu de la mémoire se modifier au fil du temps. Le souvenir

n'est souvent pas conservé dans sa forme originale : il subit des modifications au cours des différentes étapes de son catalogage (élimination de détails et même ajouts). De plus, la capacité de stocker et de récupérer de l'information décline avec les années.

La figure 12.22 illustre comment les données sont traitées en vue de leur stockage. Nous ne nous rappelons pas la majeure partie des événements qui se déroulent dans notre vie, pas plus d'ailleurs que nous ne les enregistrons consciemment. Notre cortex cérébral traite les influx à mesure qu'ils lui parviennent (voir la boîte jaune de la figure 12.22), et il choisit quelque 5 % de cette information pour la transférer dans la mémoire à court terme (voir la boîte vert pâle de la figure 12.22). La mémoire à court terme joue en quelque sorte le rôle d'entrepôt temporaire pour des données que nous conserverons ou non.

Les données sont ensuite transférées de la mémoire à court terme à la mémoire à long terme (voir la boîte vert foncé de la figure 12.22). Plusieurs facteurs influent sur le transfert de l'information de la mémoire à court terme à la mémoire à long terme.

1. **État émotionnel.** La qualité de l'apprentissage repose sur la vigilance, la motivation, l'étonnement et la stimulation. Ainsi, devant un événement bouleversant, le transfert est quasi immédiat. En effet, le traitement mnésique des événements chargés d'émotion fait intervenir la noradrénaline, un neurotransmetteur qui est libéré lorsque nous sommes excités ou tendus.
2. **Répétition.** La répétition des données favorise leur stockage.
3. **Association.** Établir des liens entre de nouvelles données et celles qui sont déjà stockées dans la mémoire à long terme semble jouer un rôle très important dans la mémorisation des faits.
4. **Mémoire automatique.** Les impressions qui s'intègrent à la mémoire à long terme ne sont pas toutes formées consciemment. Ainsi, nous pouvons enregistrer le motif de la cravate d'un conférencier en même temps que le contenu de son exposé.

Les souvenirs transférés dans la mémoire à long terme mettent un certain temps à devenir permanents. La **consolidation mnésique** consiste apparemment à classer des données nouvelles dans les diverses catégories de connaissances déjà établies dans le cortex cérébral. Le sommeil (paradoxal) aurait un rôle à jouer dans ce travail de rangement, mais il faut auparavant acquérir les informations. (On ne peut remplacer une période d'étude par l'« écoute » d'une cassette durant le sommeil.)

Catégories de la mémoire

Le cerveau fait la distinction entre les connaissances factuelles et les habiletés ; il les traite et les emmagasine différemment. La **mémoire déclarative** (**mémoire des faits et des événements**) est associée à l'apprentissage de données explicites telles que des noms, des visages, des mots et des dates. Elle est reliée à nos pensées conscientes et à notre capacité de manier les symboles et le langage. Lorsqu'ils sont transférés dans la mémoire à long terme, les souvenirs factuels sont généralement classés avec les autres éléments du contexte dans lequel ils ont été formés. Ainsi,

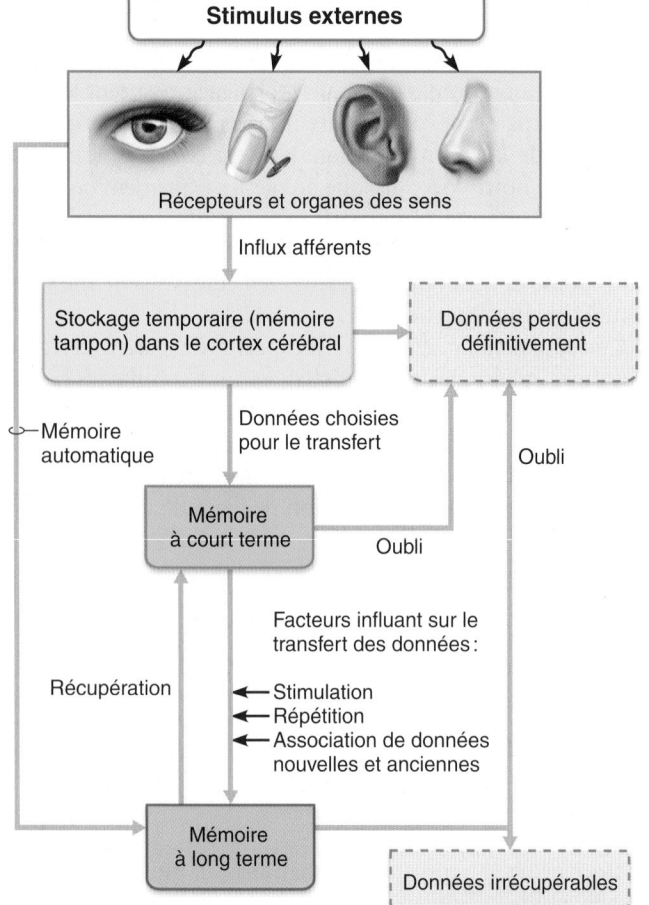

Figure 12.22 Traitement mnésique.

lorsque vous pensez à votre nouvel ami Alex, vous le voyez sans doute à la partie de hockey où vous l'avez rencontré.

La *mémoire non déclarative* passe par un apprentissage moins conscient, voire inconscient. Les catégories de la mémoire non déclarative sont la **mémoire procédurale**, c'est-à-dire la mémoire des savoir-faire (jouer du piano, par exemple), la **mémoire motrice** (faire du vélo) et la **mémoire émotionnelle** (le son d'un serpent à sonnettes faisant battre votre cœur plus fort). L'exercice et la pratique constituent les seuls moyens d'acquérir ces types de mémoires. Elles n'enregistrent pas les circonstances dans lesquelles une habileté a été acquise; en fait, c'est en exerçant une habileté motrice que nous la mémorisons. Ainsi, vous n'avez pas à réfléchir pour nouer vos lacets. Une fois qu'une habileté est acquise, il est difficile de s'en débarrasser. Il est toutefois possible d'expliciter la mémoire déclarative, par exemple en demandant à une personne la façon dont elle exécute une procédure donnée: « Alors, comment faites-vous pour nouer vos lacets? »

Structures cérébrales associées à la mémoire

La majeure partie des connaissances que nous possédons au sujet de l'apprentissage et de la mémoire proviennent de deux sources: des expériences effectuées sur des macaques et des études sur l'amnésie chez l'être humain. Ces recherches ont montré que les deux catégories de la mémoire font intervenir différentes structures cérébrales.

Apparemment, le cerveau emmagasine des éléments précis de chaque souvenir près des régions qui en ont besoin afin d'associer rapidement les nouveaux influx aux anciens. Ainsi, les souvenirs visuels seraient stockés dans le cortex occipital, les souvenirs musicaux dans le cortex temporal, et ainsi de suite.

Mais comment les liens s'effectuent-ils? Il semble que différents types de souvenirs sont créés dans diverses régions de l'encéphale. Hypothétiquement, l'information suit le trajet illustré à la **figure 12.23a**. Lorsqu'un influx sensoriel est traité dans les aires associatives, les neurones corticaux distribuent les influx dans la face médiale du lobe temporal, qui comprend l'hippocampe et les régions corticales temporales avoisinantes. Ces régions du lobe temporal jouent un rôle majeur dans la consolidation mnésique et l'accès aux souvenirs, par des connexions avec le thalamus et le cortex préfrontal. Le cortex préfrontal et la face médiale du lobe temporal reçoivent des influx provenant de neurones libérant de l'acétylcholine (Ach) dans le télencéphale ventral. On pense que l'irrigation de ces structures par l'Ach les incite à créer des souvenirs. L'absence d'influx provenant de l'Ach, comme dans la maladie d'Alzheimer, semble perturber la formation de nouveaux souvenirs et la récupération des souvenirs anciens. Un souvenir peut ressurgir lorsque survient une stimulation des mêmes neurones qui ont participé à sa formation.

DÉSÉQUILIBRE HOMÉOSTATIQUE

Les lésions de l'hippocampe ou du corps amygdaloïde n'entraînent qu'une légère perte de mémoire, mais la destruction bilatérale des deux structures cause une amnésie répandue. Les souvenirs consolidés subsistent, mais il est impossible d'associer les nouveaux influx sensitifs aux anciens; la personne atteinte vit donc littéralement dans l'instant présent. Ce trouble est appelé *amnésie antérograde* (*antéro*: après) et se manifeste par la perte des souvenirs après l'agression ou l'accident). Il se distingue de l'*amnésie rétrograde* (*rétro*: avant), qui consiste en une perte des souvenirs formés dans le passé lointain. Une personne atteinte d'amnésie antérograde peut soutenir avec vous une conversation animée et vous avoir oublié cinq minutes plus tard. ■

Les personnes atteintes d'amnésie antérograde peuvent quand même apprendre des habiletés sensorimotrices, le dessin, par exemple, ce qui signifie que la mémoire procédurale utilise un second réseau d'apprentissage. Comme l'illustre la figure 12.23b, les noyaux basaux (en rose) jouent un rôle central dans la mémoire procédurale. Les influx moteurs et sensoriels passent par l'aire associative des noyaux basaux avant d'être acheminés au cortex prémoteur par le thalamus. Les noyaux basaux reçoivent des influx provenant de neurones libérant de la dopamine dans la substantia nigra du mésencéphale. Tout comme l'Ach est essentielle à la mémoire déclarative, la dopamine semble donc nécessaire au fonctionnement de ce circuit de la mémoire procédurale. L'absence de cet afflux de dopamine, comme dans la maladie de Parkinson, altère la mémoire procédurale.

Les deux autres catégories de la mémoire non déclarative font appel à des régions différentes du cerveau. Le cervelet participe à la mémoire motrice, et le corps amygdaloïde est essentiel à la mémoire émotionnelle (figure 12.18). Ces réseaux ne seront toutefois pas décrits dans le présent manuel.

Fondement moléculaire de la mémoire

Nous avons examiné les structures du cerveau auxquelles la mémoire fait appel, mais que se passe-t-il au niveau moléculaire quand des souvenirs se forment? La mémoire humaine est un sujet d'étude difficile, mais les résultats d'études effectuées sur des animaux révèlent que, durant l'apprentissage: (1) la teneur en acide ribonucléique (ARN) des neurones est modifiée, et des molécules d'ARNm nouvellement synthétisées sont expédiées aux axones et aux dendrites; (2) les épines dendritiques changent de forme; (3) des protéines extracellulaires spéciales se déposent dans les synapses contribuant à la mémoire à long terme; (4) les terminaisons présynaptiques peuvent se multiplier et grossir; (5) la libération de neurotransmetteurs par les neurones présynaptiques augmente.

Chacune de ces modifications représente un aspect de la **potentialisation à long terme**, une augmentation durable de l'efficacité synaptique qui est essentielle au processus de mémorisation. La potentialisation à long terme a initialement été détectée dans les neurones de l'hippocampe dont le neurotransmetteur est le glutamate. Un type de récepteur du glutamate, le **récepteur du NMDA**, joue le rôle de canal à calcium et provoque les changements cellulaires qui entraînent une potentialisation à long terme.

Les récepteurs du NMDA sont normalement bloqués, ce qui empêche l'entrée du Ca^{2+}. Lorsqu'une terminaison postsynaptique est dépolarisée par la liaison du glutamate à différents

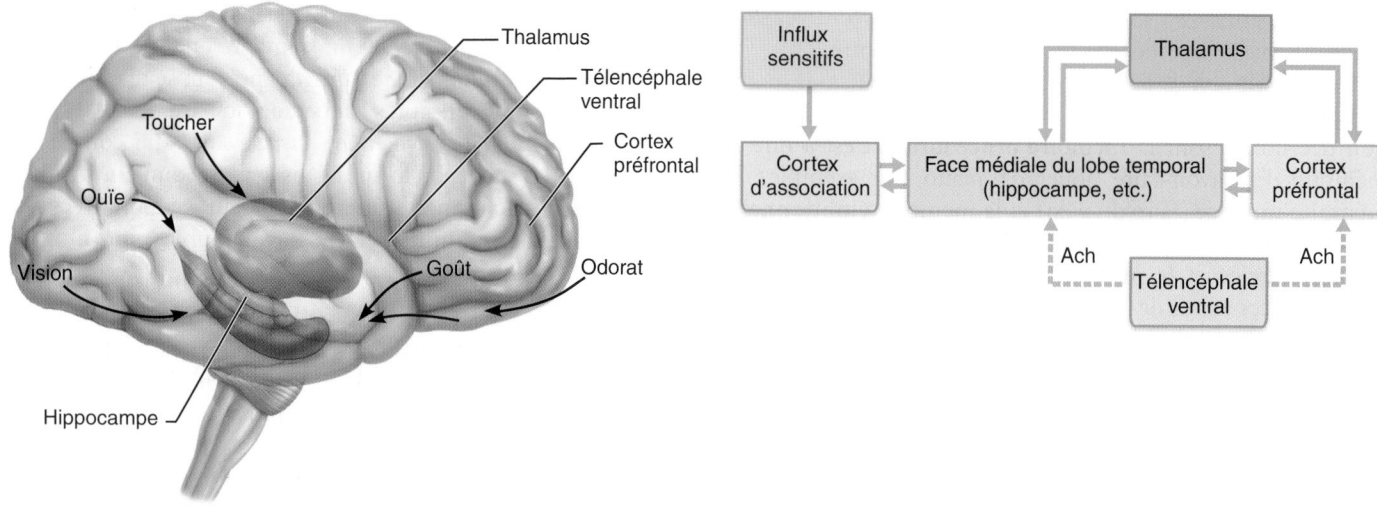

(a) Réseaux de la mémoire déclarative

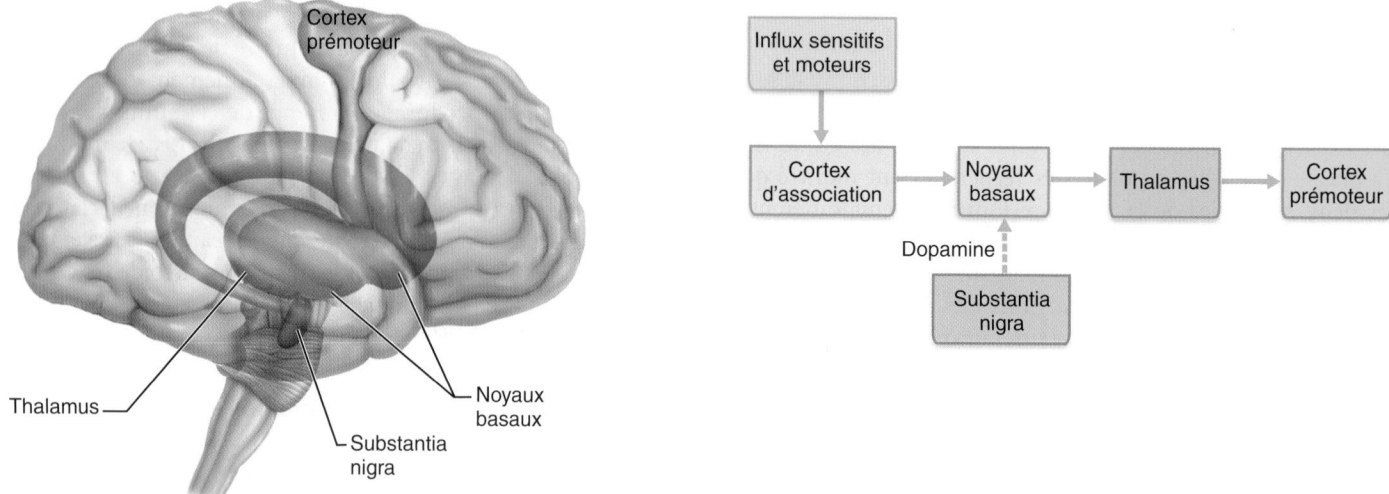

(b) Réseaux de la mémoire procédurale

Figure 12.23 Réseaux hypothétiques du traitement mnésique. (a) Structures essentielles à la formation de souvenirs par la mémoire déclarative. L'organigramme indique l'enchaînement des interactions probables de ces structures. L'information provenant du cortex d'association est acheminée à la face médiale du lobe temporal (dont l'hippocampe fait partie), qui communique avec le thalamus et le cortex préfrontal. Les structures de la face médiale du lobe temporal réacheminent ensuite les influx du cortex d'association. Ce réseau ne peut fonctionner sans la sécrétion d'acétylcholine (Ach) par le télencéphale ventral. **(b)** Structures essentielles à la mémoire procédurale. Les influx sensitifs et moteurs passent par le cortex d'association et sont acheminés par les noyaux basaux du thalamus au cortex prémoteur. La dopamine, libérée par la substantia nigra, est nécessaire au fonctionnement de ce réseau.

récepteurs, comme dans le cas de l'arrivée rapide de potentiels d'action à la synapse, les récepteurs du NMDA sont débloqués et le Ca^{2+} entre dans la cellule postsynaptique.

L'afflux de Ca^{2+} déclenche l'activation des enzymes qui assument deux tâches principales. Premièrement, elles modifient les protéines dans la terminaison postsynaptique ainsi que dans la terminaison présynaptique au moyen de messagers rétrogrades, comme l'oxyde d'azote (NO) et les endocannabinoïdes. Ces changements amplifient la réponse aux stimulus subséquents. Deuxièmement, elles provoquent l'activation de gènes dans le noyau du neurone postsynaptique, ce qui déclenche la synthèse de protéines synaptiques.

La molécule messager informant le noyau qu'une plus grande quantité de protéines est nécessaire est une protéine se liant au promoteur CRE (*AMPc response element*) appelée CREB (*AMPc response element binding protein*). La CREB a pour effet d'augmenter la production du BDNF (*brain derived neutrophic factor*), un facteur neurotrophique dérivé du cerveau, qui est nécessaire à la phase de synthèse des protéines de la potentialisation à long terme. Combinés, ces changements produisent les augmentations à long terme de l'efficacité synaptique qui semblent sous-tendre la mémorisation.

Les événements qui surviennent au niveau cellulaire nous indiquent l'existence de plusieurs voies menant à la consolidation du processus de mémorisation. Actuellement, de nombreux médicaments visant à accroître la mémoire en sont aux essais cliniques. Parmi ces médicaments, citons ceux qui augmentent la production de CREB : plus la quantité de CREB produite est grande, plus le nombre de protéines synthétisées est important et plus les synapses deviennent efficaces.

VÉRIFIONS NOS ACQUIS

22. Nommez trois facteurs permettant d'améliorer la transmission de l'information de la mémoire à court terme à la mémoire à long terme.

23. Quelles régions fonctionnelles du cerveau interviennent dans la mémoire procédurale, mais pas dans la mémoire déclarative ?

24. De quelle façon la molécule messager appelée CREB contribue-t-elle à améliorer la mémorisation ?

Les réponses se trouvent à l'appendice G.

Protection de l'encéphale

19 Nommer, décrire et situer les méninges ; nommer et situer les principaux espaces qu'elles délimitent ; décrire le mode de formation et la circulation du liquide céré-brospinal ; expliquer en quoi consiste la barrière hématoencéphalique ; montrer comment ces trois facteurs de protection du SNC jouent leur rôle.

20 Expliquer la différence entre commotion cérébrale et contusion cérébrale.

21 Décrire la cause (connue ou soupçonnée) ainsi que les principaux signes et symptômes des accidents vasculaires cérébraux, de la maladie d'Alzheimer, de la chorée de Huntington et de la maladie de Parkinson.

Le tissu nerveux est fragile : une pression même légère peut endommager les neurones qui le constituent. Mais l'encéphale est abrité par des os (le crâne), des membranes (les méninges) et un coussin aqueux (le liquide cérébrospinal). Il est également protégé contre les substances nuisibles présentes dans le sang par la barrière hématoencéphalique. Nous avons déjà décrit le crâne au chapitre 7. Nous nous pencherons ici sur les autres protections de l'encéphale.

Méninges

Les **méninges** (*mênigx :* membrane) sont trois membranes de tissu conjonctif. Elles se nomment, de l'extérieur vers l'intérieur, la dure-mère, l'arachnoïde et la pie-mère **(figure 12.24)**. Ces membranes recouvrent et protègent le SNC (encéphale et moelle épinière) ; elles protègent également les vaisseaux sanguins et délimitent les sinus de la dure-mère. Les méninges contiennent une partie du liquide cérébrospinal et forment des cloisons à l'intérieur du crâne.

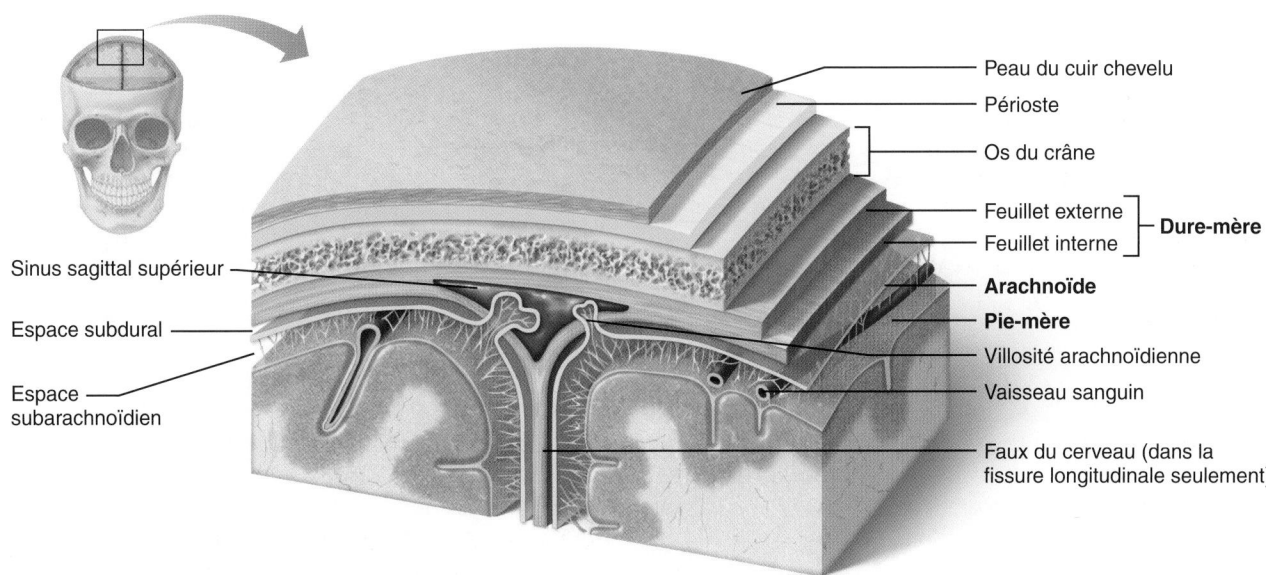

Peau du cuir chevelu
Périoste
Os du crâne
Feuillet externe — **Dure-mère**
Feuillet interne
Arachnoïde
Pie-mère
Villosité arachnoïdienne
Vaisseau sanguin
Faux du cerveau (dans la fissure longitudinale seulement)

Sinus sagittal supérieur
Espace subdural
Espace subarachnoïdien

Figure 12.24 Méninges : dure-mère, arachnoïde et pie-mère. Le feuillet interne de la dure-mère forme la faux du cerveau. Un sinus de la dure-mère, le sinus sagittal supérieur, s'ouvre entre les deux feuillets de la dure-mère. On voit aussi les villosités arachnoïdiennes qui renvoient le liquide cérébrospinal dans le sinus de la dure-mère (coupe frontale).

Dure-mère

La **dure-mère** est la plus résistante des méninges. Elle est formée de deux feuillets de tissu conjonctif dense là où elle entoure l'encéphale. Le *feuillet externe* est attaché à la surface interne de la boîte crânienne (le périoste); il ne recouvre pas la moelle épinière. Le *feuillet interne* constitue l'enveloppe la plus externe de l'encéphale; il se prolonge à l'arrière dans le canal vertébral en formant la dure-mère spinale qui protège la moelle épinière. Les deux feuillets de la dure-mère sont soudés, sauf en quelques endroits où ils se séparent pour envelopper les **sinus de la dure-mère**, qui recueillent le sang veineux de l'encéphale et l'envoient dans les veines jugulaires internes du cou (figure 12.25b).

Le feuillet interne de la dure-mère s'enfonce à plusieurs endroits dans l'encéphale et forme des cloisons plates qui subdivisent la cavité crânienne. Ces cloisons limitent ainsi les mouvements de l'encéphale à l'intérieur du crâne; en voici une description (figure 12.25a).

- La **faux du cerveau**, comme son nom l'indique, est un pli en forme de faucille qui pénètre dans la fissure longitudinale du cerveau entre les hémisphères cérébraux. Elle s'insère sur la crista galli de l'ethmoïde située à la base de la boîte crânienne.
- La **faux du cervelet** est une petite cloison médiane qui prolonge la partie inférieure de la faux du cerveau et qui s'étend le long du vermis entre les hémisphères du cervelet.
- La **tente du cervelet** est un pli presque horizontal qui pénètre dans la fissure transverse du cerveau. Comme son nom l'indique, elle ressemble à une tente qui surmonterait le cervelet. Elle forme une cloison entre celui-ci et les hémisphères cérébraux, qu'elle soutient en partie.

Arachnoïde

La méninge intermédiaire, appelée **arachnoïde**, constitue une enveloppe souple de l'encéphale, qui ne pénètre jamais dans les sillons. Elle est séparée de la dure-mère par l'**espace subdural**, une étroite cavité séreuse contenant une pellicule de liquide, et de la pie-mère, la méninge la plus profonde, par l'espace **subarachnoïdien**, ou espace sous-arachnoïdien; l'arachnoïde se rattache à la pie-mère par des prolongements filamenteux. (L'enchevêtrement de ces prolongements évoque une toile d'araignée, d'où le nom d'*arachnoïde*.) L'espace subarachnoïdien est rempli de liquide cérébrospinal; il contient d'une part les plus gros vaisseaux sanguins qui desservent l'encéphale et d'autre part les racines des nerfs crâniens. Ces vaisseaux sanguins ne sont pas bien protégés, car l'arachnoïde est fine et élastique.

Des saillies de l'arachnoïde appelées **villosités arachnoïdiennes** traversent la dure-mère située au-dessus et pénètrent dans le sinus sagittal supérieur (figure 12.24). Ces villosités font passer le liquide cérébrospinal dans le sang veineux des sinus de la dure-mère.

Pie-mère

La **pie-mère** est composée de tissu conjonctif délicat et elle est parcourue d'un grand nombre de minuscules vaisseaux sanguins. C'est la seule méninge qui adhère fermement à l'encéphale comme une feuille de cellophane et en épouse tous les gyrus et sillons. Des gaines de pie-mère enveloppent de courts segments des petites artères qui pénètrent dans le tissu cérébral.

DÉSÉQUILIBRE HOMÉOSTATIQUE

La *méningite*, l'inflammation des méninges, constitue une menace grave pour l'encéphale. En effet, la méningite virale ou bactérienne peut se propager au SNC et dégénérer en *encéphalite*. On diagnostique habituellement la méningite en prélevant un échantillon de liquide cérébrospinal par ponction lombaire et en l'examinant pour déceler la présence de microorganismes (figure 12.30). ■

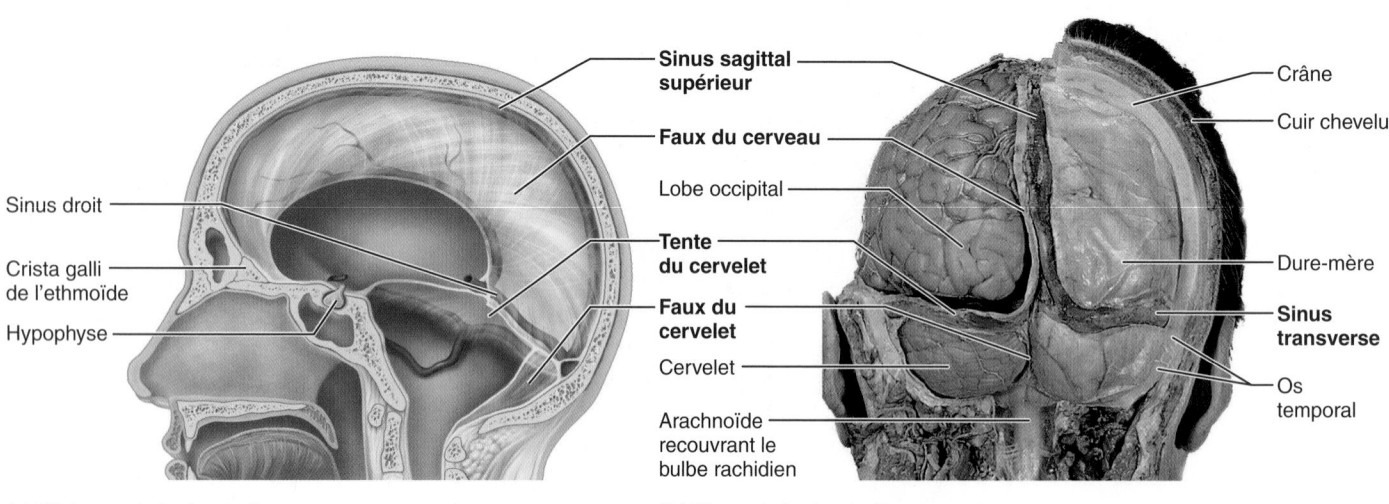

(a) Cloisons de la dure-mère

(b) Sinus de la dure-mère

Figure 12.25 Cloisons et sinus de la dure-mère. (a) Les cloisons de la dure-mère subdivisent la cavité crânienne. **(b)** Vue postérieure de l'encéphale *in situ*. Les sinus de la dure-mère sont des espaces qui séparent le feuillet externe du feuillet interne qui contient le sang veineux.

Liquide cérébrospinal

Le **liquide cérébrospinal** (**LCS**), ou liquide céphalorachidien, que l'on trouve à l'intérieur et autour de l'encéphale et de la moelle épinière, constitue un coussin aqueux pour les organes du SNC. En flottant dans le LCS, l'encéphale, qui est gélatineux, perd 97 % de son poids et évite ainsi de s'effondrer sous son propre poids. En outre, le LCS protège l'encéphale et la moelle épinière contre les chocs et autres traumatismes. Enfin, bien que l'encéphale soit abondamment irrigué, le LCS contribue aussi à le nourrir, et certains résultats expérimentaux indiquent qu'il sert au transport de messagers chimiques (tels que des hormones et des molécules qui induisent le sommeil ou stimulent l'appétit) entre diverses parties de l'encéphale.

Le LCS est un « bouillon » aqueux dont la composition est semblable à celle du plasma sanguin, à partir duquel il est formé. Toutefois, il contient moins de protéines et de glucose que le plasma, et sa concentration ionique est différente. Par exemple, le LCS contient plus d'ions Na^+, Cl^- et H^+ et moins d'ions Ca^{2+} et K^+ que le plasma.

La plus grande partie du LCS est élaborée par les **plexus choroïdes** qui pendent du toit de chaque ventricule. Ces plexus sont des amas de capillaires en forme de fronde (*plexus* : entrelacement). Ces gros capillaires présentent des parois minces ; ils sont entourés d'abord par la pie-mère, puis par une couche d'épendymocytes qui tapisse aussi les ventricules (**figure 12.26b**). Les capillaires des plexus choroïdes sont assez perméables, et une partie du plasma sanguin filtre continuellement de la circulation sanguine vers le liquide interstitiel. Cependant, les épendymocytes des plexus choroïdes sont unis par des jonctions serrées, et ils sont dotés de pompes ioniques qui leur permettent de modifier ce filtrat en transportant activement certains ions à travers leurs membranes, jusque dans le LCS. Cette régulation minutieuse de la composition du LCS est importante, car celui-ci se mélange avec le liquide interstitiel dans lequel baignent les neurones ; il influe donc sur la composition de ce dernier. Le pompage des ions établit des gradients ioniques qui entraînent la diffusion de l'eau dans les ventricules. Le LCS est donc une véritable sécrétion de l'épithélium des plexus choroïdes.

Chez l'adulte, le volume total du LCS est d'environ 150 mL ; il est remplacé toutes les huit heures environ. Il se forme donc quotidiennement quelque 500 mL de LCS. Les plexus choroïdes contribuent aussi à débarrasser le LCS des déchets et des solutés inutiles (qui sont renvoyés dans le sang).

Une fois produit, le LCS circule librement dans les ventricules. Une certaine quantité passe dans le canal central de la moelle épinière, mais la majeure partie pénètre dans l'espace subarachnoïdien par les ouvertures latérales et l'ouverture médiane du quatrième ventricule (figure 12.26a). Les longs cils des épendymocytes qui tapissent les ventricules facilitent le mouvement continuel du LCS. Dans l'espace subarachnoïdien, le LCS baigne les surfaces externes de l'encéphale et de la moelle épinière ; il sera alors absorbé à l'intérieur des sinus de la dure-mère par les villosités arachnoïdiennes. Ce sont donc les villosités arachnoïdiennes des sinus de la dure-mère qui assurent le drainage du LCS vers le sang et en maintiennent le volume constant.

DÉSÉQUILIBRE HOMÉOSTATIQUE

Habituellement, la production et le drainage du LCS se font à une vitesse régulière. Cependant, le LCS peut s'accumuler dans les ventricules et exercer une pression sur les hémisphères cérébraux si quelque chose (une tumeur ou une sténose de l'aqueduc du mésencéphale, par exemple) fait obstacle à sa circulation ou à son drainage. C'est ce qu'on appelle l'**hydrocéphalie**. Chez le nouveau-né, dont les os du crâne ne sont pas encore soudés, l'hydrocéphalie provoque une augmentation du volume de la tête (**figure 12.27**). Chez l'adulte, dont le crâne est rigide, l'hydrocéphalie entraîne plutôt des lésions cérébrales. En effet, l'accumulation de liquide comprime les vaisseaux sanguins qui desservent l'encéphale et écrase le fragile tissu nerveux. L'hydrocéphalie se traite par l'insertion dans les ventricules latéraux d'une dérivation munie d'une valve permettant de drainer le surplus de liquide dans la cavité abdominale. Une autre technique avant-gardiste, appelée *ventriculostomie*, consiste à pomper le liquide directement de l'espace subarachnoïdien en effectuant une perforation au niveau du troisième ventricule. ■

Barrière hématoencéphalique

La **barrière hématoencéphalique** est un mécanisme de protection qui assure une stabilité au milieu interne de l'encéphale. Le tissu nerveux de l'encéphale est, de tous les tissus de l'organisme, celui qui a le plus besoin d'un milieu interne absolument constant pour bien fonctionner. Dans les autres régions de l'organisme, les concentrations extracellulaires d'hormones, d'acides aminés et d'ions varient considérablement, surtout après les repas et les périodes d'activité physique. Si l'encéphale était soumis à de telles fluctuations chimiques, ses neurones ne pourraient pas fonctionner correctement. En effet, certaines hormones et certains acides aminés sont des neurotransmetteurs, et certains ions (notamment les ions K^+) influent sur le seuil d'excitation et de dépolarisation des neurones.

Le sang qui circule dans les capillaires de l'encéphale est séparé de l'espace extracellulaire et des neurones par : (1) l'endothélium continu de la paroi du capillaire ; (2) une lame basale relativement épaisse entourant la face externe des capillaires ; et (3) les pieds bulbeux (appelés pieds périvasculaires) des astrocytes fixés aux capillaires. Laquelle de ces couches constitue la barrière hématoencéphalique ? Comme on peut s'y attendre, les pieds périvasculaires des astrocytes contribuent à la barrière hématoencéphalique, mais ne la constituent pas. Ils acheminent plutôt aux cellules endothéliales les signaux qui les incitent à former des *jonctions serrées*. Ces jonctions unissent les cellules endothéliales de manière presque parfaite, ce qui forme la barrière hématoencéphalique proprement dite, et font de ces capillaires les plus imperméables de l'organisme.

La barrière hématoencéphalique ne fonctionne pas de manière absolue mais sélective. Des nutriments comme le glucose, les acides aminés essentiels et certains électrolytes la franchissent passivement par diffusion facilitée à travers les membranes des cellules endothéliales des capillaires. Les déchets du métabolisme transportés par le sang, les protéines, certaines

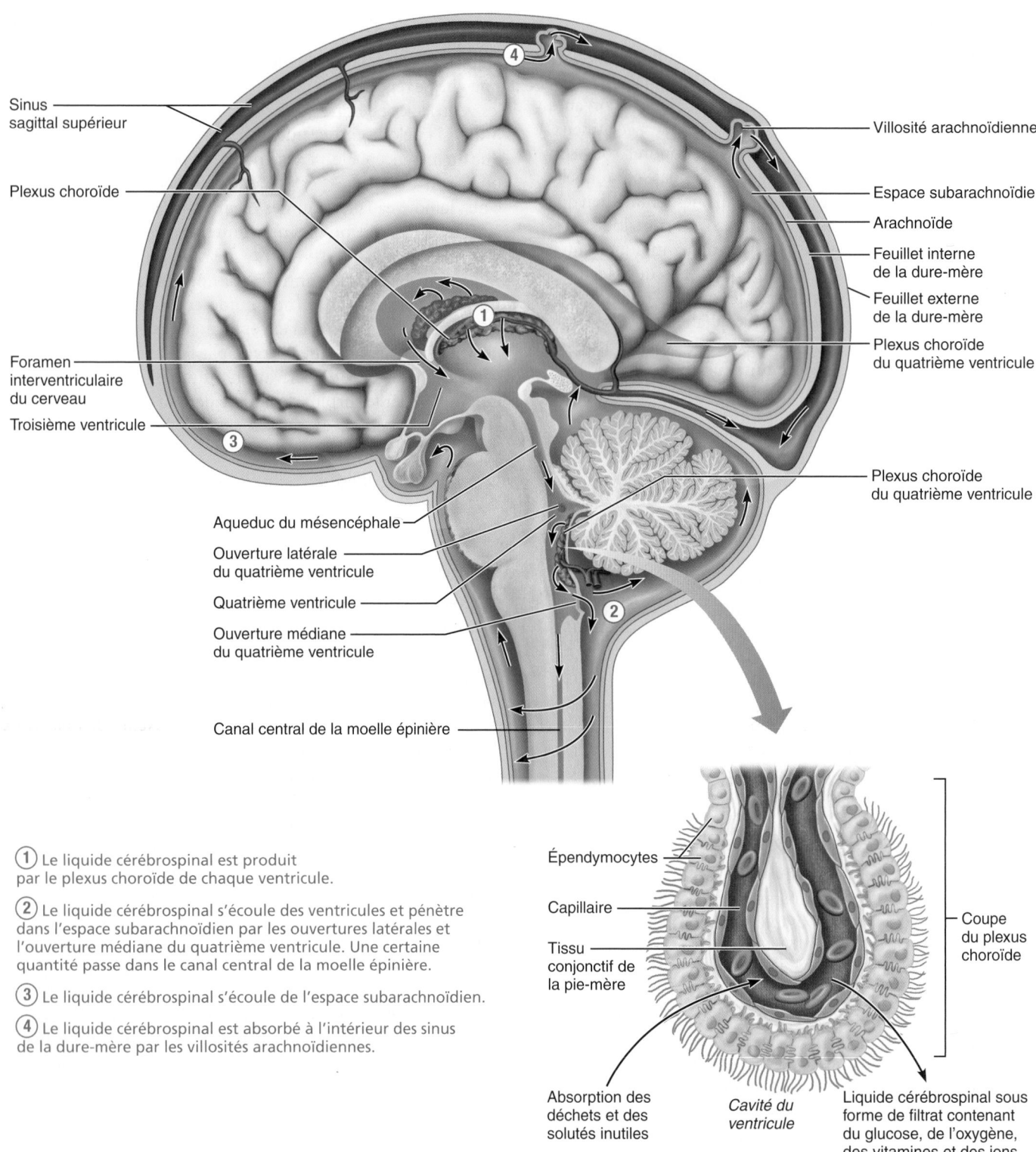

Sinus sagittal supérieur

Plexus choroïde

Foramen interventriculaire du cerveau

Troisième ventricule

Aqueduc du mésencéphale

Ouverture latérale du quatrième ventricule

Quatrième ventricule

Ouverture médiane du quatrième ventricule

Canal central de la moelle épinière

Villosité arachnoïdienne

Espace subarachnoïdien

Arachnoïde

Feuillet interne de la dure-mère

Feuillet externe de la dure-mère

Plexus choroïde du quatrième ventricule

Plexus choroïde du quatrième ventricule

① Le liquide cérébrospinal est produit par le plexus choroïde de chaque ventricule.

② Le liquide cérébrospinal s'écoule des ventricules et pénètre dans l'espace subarachnoïdien par les ouvertures latérales et l'ouverture médiane du quatrième ventricule. Une certaine quantité passe dans le canal central de la moelle épinière.

③ Le liquide cérébrospinal s'écoule de l'espace subarachnoïdien.

④ Le liquide cérébrospinal est absorbé à l'intérieur des sinus de la dure-mère par les villosités arachnoïdiennes.

(a) Circulation du liquide cérébrospinal

Épendymocytes

Capillaire

Tissu conjonctif de la pie-mère

Coupe du plexus choroïde

Absorption des déchets et des solutés inutiles

Cavité du ventricule

Liquide cérébrospinal sous forme de filtrat contenant du glucose, de l'oxygène, des vitamines et des ions (Na^+, Cl^-, Mg^{2+}, etc.)

(b) Formation du liquide cérébrospinal par les plexus choroïdes

Figure 12.26 Formation, emplacement et circulation du liquide cérébrospinal.
(a) Emplacement et trajet du liquide cérébrospinal. Les flèches indiquent le sens de la circulation.
(b) Chacun des plexus choroïdes consiste en un amas de capillaires poreux entourés par une couche simple d'épendymocytes ; ces cellules sont reliées par des jonctions serrées et portent de longs cils. Le liquide qui passe à travers les capillaires subit un traitement dans les épendymocytes avant de former le liquide cérébrospinal dans les ventricules.

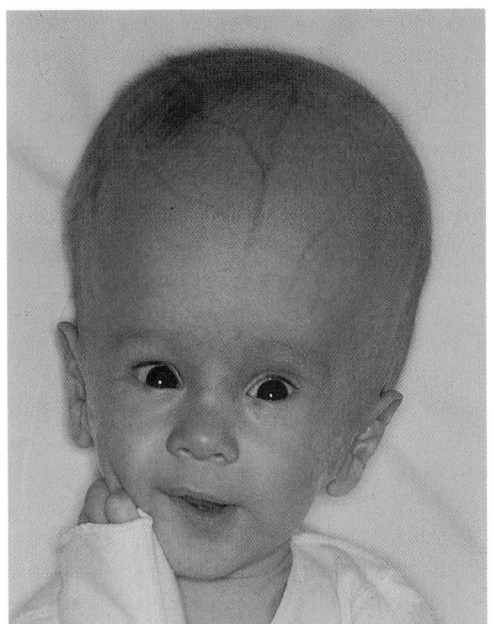

Figure 12.27 Hydrocéphalie chez le nouveau-né.

toxines et la plupart des médicaments ne peuvent diffuser du sang vers le tissu cérébral. Non seulement les petits acides aminés non essentiels et les ions K^+ ne peuvent-ils pénétrer dans l'encéphale, mais ils en sont retirés activement par l'endothélium des capillaires.

La barrière hématoencéphalique est incapable de retenir les matières liposolubles comme les acides gras, l'oxygène et le gaz carbonique, qui diffusent aisément à travers la couche de phospholipides de toutes les membranes plasmiques. C'est pourquoi l'alcool, la nicotine, les drogues et les anesthésiques circulant dans le sang peuvent entraver le fonctionnement des neurones de l'encéphale.

La barrière hématoencéphalique n'est pas présente partout dans l'encéphale. Elle est absente dans certaines régions autour des troisième et quatrième ventricules; l'endothélium des capillaires étant perméable à ces endroits, les molécules transportées par le sang ont alors un accès facile au tissu nerveux.

Tel est le cas du centre du vomissement dans le tronc cérébral, qui détecte les substances toxiques dans le sang, ainsi que de l'hypothalamus, qui régit l'équilibre hydrique, la température corporelle et de nombreuses activités métaboliques. S'il était pourvu d'une barrière hématoencéphalique, l'hypothalamus ne pourrait analyser la composition chimique du sang. La barrière hématoencéphalique est incomplète chez les nouveaunés et les prématurés; des substances potentiellement toxiques peuvent donc pénétrer dans leur SNC et causer des problèmes qui ne surviennent jamais chez les adultes.

Toute atteinte à l'encéphale, quelle qu'en soit la cause, peut entraîner une destruction locale de la barrière hématoencéphalique, résultant probablement de modifications structurales dans les cellules endothéliales des capillaires ou au niveau de leurs jonctions serrées.

Déséquilibres homéostatiques de l'encéphale

Les dysfonctionnements qui touchent l'encéphale sont innombrables et variés. Nous en avons déjà mentionné quelques-uns; nous nous pencherons ici sur les traumatismes de l'encéphale, sur les accidents vasculaires cérébraux et sur les affections dégénératives de l'encéphale.

Traumatismes de l'encéphale

Les traumatismes crâniens sont la principale cause de mort accidentelle. Généralement, ces traumatismes sont reliés aux activités sportives, aux agressions violentes, aux accidents du travail et à la moitié des accidents de la route. Songez par exemple à ce qui peut se produire si votre voiture emboutit l'arrière d'un autre véhicule. Si vous n'avez pas bouclé votre ceinture de sécurité et s'il n'y a pas de coussin gonflable, votre tête sera entraînée violemment vers l'avant, puis brusquement arrêtée dans son mouvement quand elle viendra percuter le parebrise. Votre encéphale subira des lésions non seulement à l'endroit du choc contre le parebrise, mais également à l'endroit où, par contrecoup, il se comprimera sur la paroi opposée du crâne.

Une **commotion cérébrale** est une altération du fonctionnement de l'encéphale, habituellement temporaire, par suite d'un coup reçu à la tête, comme lorsqu'un boxeur est mis K.-O. La personne peut être étourdie ou perdre brièvement connaissance. Une commotion cérébrale se caractérise généralement par des symptômes bénins et transitoires; mais même ce qui semble être un léger choc peut causer des lésions et on sait maintenant que les commotions cérébrales répétées produisent des dommages cumulatifs. Les commotions les plus graves peuvent entraîner des hématomes de l'encéphale et des lésions neurologiques permanentes. C'est ce que l'on appelle une **contusion cérébrale**. Elle se caractérise par une destruction importante du tissu nerveux. Les contusions corticales ne s'accompagnent pas toujours d'inconscience, contrairement aux contusions graves du tronc cérébral, toujours marquées par un coma de longueur variable (de quelques heures à un coma irréversible) en raison des lésions du système réticulaire activateur ascendant.

Quand un individu qu'un traumatisme crânien avait laissé lucide commence à présenter des signes de détérioration neurologique, on peut orienter le diagnostic vers une hémorragie intracrânienne, dont le nom évoquera l'endroit précis où elle s'est produite. Par exemple, un **hématome subdural** ou une **hémorragie subarachnoïdienne** se manifestent respectivement par accumulation de sang dans l'espace subdural ou dans l'espace subarachnoïdien par suite de la rupture des vaisseaux sanguins. Ces accidents, dont les signes ne peuvent survenir qu'après plusieurs jours, voire quelques mois, sont parfois mortels. L'accumulation de sang à l'intérieur du crâne accroît la pression intracrânienne et comprime le tissu cérébral. Si la

12

pression pousse le tronc cérébral vers le bas, dans le foramen magnum, la pression artérielle, la fréquence cardiaque et la respiration se dérèglent. Le traitement chirurgical des hémorragies consiste à évacuer l'hématome (la masse de sang) et à réparer les vaisseaux sanguins rompus. Dans le cas d'un **hématome extradural**, le sang s'accumule alors entre la voûte crânienne et la dure-mère; il est alors urgent d'intervenir dans les plus brefs délais, car la mort peut survenir après quelques heures seulement. Ce type de traumatisme ne représente toutefois que 1 % des cas observés.

Les traumatismes crâniens entraînent aussi un **œdème** cérébral, qui se traduit par un gonflement de l'encéphale. D'ordinaire, on administre systématiquement des anti-inflammatoires aux personnes victimes d'un traumatisme crânien afin d'éviter qu'un œdème n'aggrave leurs lésions.

Accidents vasculaires cérébraux

Les **accidents vasculaires cérébraux** (**AVC**), plus souvent appelés attaques, sont les plus répandus et aussi les plus meurtriers des troubles du SNC. C'est la seconde cause de mortalité dans le monde (la troisième en France et au Québec) et la sixième en ce qui a trait au nombre d'années d'invalidité. Une attaque se produit lorsqu'une région de l'encéphale est privée d'irrigation sanguine et que le tissu nerveux est détruit. (La diminution ou l'arrêt de l'apport sanguin dans un tissu, l'**ischémie** – littéralement, « qui arrête le sang » –, prive les cellules de l'oxygène et des nutriments qui leur sont essentiels.) La plupart du temps, les AVC sont causés par l'obstruction d'une artère cérébrale par un caillot, mais il existe d'autres facteurs, tels le rétrécissement des artères cérébrales dont les parois sont attaquées par l'athérosclérose, la compression du tissu cérébral à la suite d'une hémorragie, une tumeur (un gliome) ou un œdème post-traumatique.

Si elles ne sont pas emportées par l'attaque, la plupart des personnes qui ont un AVC vivent avec des séquelles ou des déficits plus ou moins permanents. Elles peuvent rester paralysées d'un côté (hémiplégie), présenter des déficits sensoriels, connaître des difficultés de compréhension ou avoir de la difficulté à parler. Pourtant, la situation n'est pas désespérée. Certains patients recouvrent au moins une partie de leurs facultés, car les neurones intacts produisent de nouveaux prolongements qui vont s'étendre dans la région de la lésion et s'acquitter de quelques-unes des fonctions perdues. On amorce habituellement une physiothérapie dès que possible afin de prévenir les contractures (raccourcissement anormal des muscles en raison de différences dans les forces exercées par les groupes de muscles antagonistes).

Toutes les attaques ne sont pas foudroyantes. Les **accidents ischémiques transitoires** (**AIT**) sont un type d'attaque fréquent; ils durent de 5 à 50 minutes et se caractérisent par un engourdissement, une paralysie et une altération du langage. Ces déficits sont passagers, mais les AIT constituent des avertissements qui préviennent la personne du risque d'accidents plus graves.

On peut comparer les AVC avec les tremblements de terre sous-marins. Ce ne sont pas les premières secousses qui causent le plus de dommages, c'est le tsunami qui déferle par la suite sur la côte. De même, l'obstruction initiale du vaisseau sanguin qui provoque l'attaque n'est pas catastrophique en général, parce qu'il y a beaucoup d'autres vaisseaux dans l'encéphale qui peuvent prendre la relève. Les conséquences les plus graves résultent d'événements aboutissant à la destruction de neurones se trouvant à distance de la région immédiate de l'ischémie d'origine.

Des recherches récentes indiquent que le principal responsable est le *glutamate*, un neurotransmetteur excitateur qui intervient dans l'apprentissage et la mémoire. Normalement, la liaison du glutamate aux récepteurs du NMDA ouvre des canaux ioniques qui laissent entrer les ions Ca^{2+} dans le neurone stimulé. Après une lésion cérébrale, les neurones qui ont été totalement privés d'oxygène commencent à se désintégrer et libèrent autour d'eux d'énormes quantités de glutamate. Dans ces conditions, cette substance agit comme une *excitotoxine*, qui excite littéralement les cellules avoisinantes jusqu'à ce qu'elles en meurent. Les changements initiaux de l'excitotoxicité sont identiques à ceux de la potentialisation à long terme: du Ca^{2+} pénètre dans les cellules par les canaux des récepteurs du NMDA (voir p. 523-524). Toutefois, dans le cas de l'excitotoxicité, le Ca^{2+} libéré en grande quantité inonde la cellule, entraînant la rupture de l'homéostasie du calcium par suite de l'incapacité de la cellule de gérer cet apport soudain. Les fortes concentrations de Ca^{2+} causent la mort de la cellule de deux manières. Premièrement, le Ca^{2+} endommage les mitochondries, ce qui favorise la production de superoxyde, un radical libre, qui peut détruire directement les cellules et activer le processus de mort programmée des cellules (apoptose). Deuxièmement, le Ca^{2+} déclenche la synthèse de plusieurs protéines. Les unes stimulent l'apoptose, d'autres sont des agents inflammatoires puissants, tandis que d'autres encore sont des enzymes qui produisent du NO, un autre radical libre.

Même si les récepteurs du NMDA et les enzymes catalysant la production de NO semblent des cibles faciles pour des pharmacothérapies visant à réduire les lésions autour du centre de l'attaque, les essais cliniques n'ont pas encore donné de résultats probants. À l'heure actuelle, le seul traitement approuvé est l'administration de l'activateur tissulaire du plasminogène (TPA), un médicament thrombolytique. Récemment approuvé, un dispositif mécanique peut être inséré dans le caillot sanguin, ce qui permet de le retirer du vaisseau comme on enlève un bouchon d'une bouteille de vin. D'autres méthodes encore à l'étude visent le rétablissement des fonctions après une attaque. L'une d'elles consiste à implanter des neurones immatures dans les régions de l'encéphale touchées par l'AVC en espérant qu'ils acquerront les propriétés des neurones matures avoisinants. Une autre technique tente d'inciter les cellules du tronc cérébral d'un adulte à remplacer les neurones endommagés. Des souris ayant subi une attaque arrivent à générer du tissu neuf et à récupérer leur fonction motrice quand elles sont traitées avec une combinaison de facteurs de croissance pendant une période critique suivant l'AVC. Il faut espérer que ce traitement sera également efficace chez l'humain.

Maladies dégénératives de l'encéphale

Maladie d'Alzheimer La **maladie d'Alzheimer** (du nom d'un neurologue allemand qui en a le premier décrit les traces caractéristiques dans le cerveau en 1907) est une encéphalopathie dégénérative, c'est-à-dire une dégénérescence des tissus de l'encéphale qui conduit à la démence (détérioration mentale). De 5 à 15 % des plus de 65 ans en sont atteints et jusqu'à 50 % des plus de 85 ans en meurent. Avec le vieillissement de la population, on estime que d'ici 20 ans presque 50 millions de personnes dans le monde souffriront de cette maladie. Pour l'instant, on en dénombre 500 000 au Canada, 800 000 en France, 100 000 au Québec et 5 millions en Europe.

La maladie d'Alzheimer se caractérise par une perte de mémoire ou amnésie (touchant particulièrement les événements récents), la réduction de la durée de l'attention et la désorientation. Dans les derniers stades de la maladie, on observe parfois la perte de plusieurs autres fonctions, et les malades deviennent incapables de parler (aphasie), d'exécuter des mouvements volontaires précis (apraxie) ou de reconnaître les objets (agnosie). Des personnes auparavant de caractère agréable deviennent en quelques années irritables, maussades et désorientées, et finissent par avoir des hallucinations.

L'examen microscopique du tissu cérébral de personnes décédées atteintes de la maladie d'Alzheimer révèle la présence de plaques séniles, qui encombrent l'encéphale comme des éclats d'obus entre les neurones. Ces plaques sont formées d'agrégats extracellulaires de *peptides bêta-amyloïdes*, que des enzymes détachent de la membrane normale d'une protéine précurseur amyloïde. Une des formes de la maladie d'Alzheimer est causée par une mutation héréditaire d'un gène de cette protéine, ce qui semble indiquer que la bêta-amyloïde est toxique. Certains chercheurs croient que de petits amas de fragments de cette protéine tuent les cellules en perforant leur membrane plasmique. Jusqu'à maintenant, les essais cliniques portant sur des vaccins visant à stimuler une réponse immunitaire éliminant les peptides bêta-amyloïdes se sont révélés infructueux.

Une autre caractéristique de la maladie d'Alzheimer est la présence d'enchevêtrements neurofibrillaires à l'intérieur des neurones. Ces enchevêtrements comportent une protéine appelée *tau* qui, à l'instar des traverses d'une voie ferrée, relierait les « rails » que constituent les microtubules. Dans l'encéphale des individus atteints de la maladie d'Alzheimer, la protéine tau cesse de stabiliser les microtubules ; elle s'attache plutôt à d'autres molécules tau. Il se forme alors des enchevêtrements neurofibrillaires, qui tuent les neurones en perturbant leurs mécanismes de transport.

À mesure que les cellules meurent, la taille de l'encéphale diminue. L'hippocampe et le télencéphale ventral, qui participent à la cognition et à la mémoire (figure 12.23), sont les régions de l'encéphale les plus fortement touchées. La perte de neurones dans le télencéphale ventral proviendrait d'un manque de l'acétylcholine (Ach), un neurotransmetteur. D'ailleurs, les médicaments qui inhibent la dégradation de l'Ach améliorent légèrement la fonction cognitive des personnes atteintes de la maladie d'Alzheimer. Il est intéressant de souligner qu'un médicament qui bloque les récepteurs du NMDA, la mémantine, améliore aussi un peu le processus de la pensée chez les personnes qui ont atteint un stade avancé de la maladie d'Alzheimer, ce qui semble indiquer que l'excitotoxicité du glutamate joue également un rôle dans cette maladie.

On espère que les recherches sur le peptide bêta-amyloïde et sur la protéine tau convergeront un jour et aboutiront à la découverte d'un traitement pour la maladie d'Alzheimer. En attendant, on doit se contenter d'administrer aux personnes atteintes des médicaments inhibiteurs de la cholinestérase qui atténuent les symptômes en inhibant la dégradation de l'Ach. Des recherches en cours laissent penser que l'administration d'œstrogènes pourrait retarder l'apparition de la maladie. Parmi les autres pistes explorées, citons : (1) les médicaments ayant la propriété d'inhiber les enzymes produisant le peptide bêta-amyloïde ; (2) l'utilisation de cellules souches capables de se transformer en neurones ; et (3) l'utilisation de substances anti-oxydantes (notamment la vitamine E) qui pourraient aider à freiner la détérioration des neurones.

Maladie de Parkinson Nommée ainsi en l'honneur du médecin anglais qui en a le premier décrit les symptômes en 1817, la **maladie de Parkinson** survient généralement chez des personnes dans la cinquantaine et la soixantaine, bien que dans 10 % des cas elle puisse survenir plus tôt, comme c'était le cas de l'acteur américain Michael J. Fox. Au point de vue de la prévalence, elle représente la deuxième maladie neurodégénérative invalidante après l'Alzheimer. On estime que six millions d'individus dans le monde en souffrent. L'incidence est de 10 cas sur 100 000 par année et, contrairement à la maladie d'Alzheimer, la maladie de Parkinson est plus fréquente chez les hommes que chez les femmes. Aux États-Unis, où 300 000 personnes sont atteintes de cette maladie, la décision prise en 2009 par le président Barak Obama de financer les recherches sur les cellules souches embryonnaires devrait redonner espoir aux malades. La maladie de Parkinson est provoquée par une dégénérescence des neurones de la substantia nigra qui libèrent de la dopamine. À mesure que ces neurones se détériorent, les noyaux basaux qu'ils approvisionnent normalement en dopamine deviennent hyperactifs (les effets de l'Ach ne sont pas inhibés), d'où les symptômes bien connus de la maladie. Typiquement, le sujet malade présente un tremblement persistant au repos (qui se traduit par le hochement de la tête et les mouvements d'émiettement des doigts), il marche lentement, en étant incliné vers l'avant et d'un pas traînant, et son visage est inexpressif.

La cause de la maladie de Parkinson est encore inconnue, mais on pense que l'interaction de nombreux facteurs entraîne la mort des neurones qui libèrent de la dopamine. Des études récentes ont révélé des anomalies dans la régulation du transport de la dopamine et dans certaines protéines des mitochondries. L'administration de *lévodopa* (L-dopa) soulage souvent certains des symptômes. Contrairement à la dopamine, la L-dopa a la propriété de pouvoir traverser la barrière hématoencéphalique. Elle est par la suite convertie en dopamine, mais elle ne guérit pas la maladie ; de plus, elle perd son efficacité au fur et à mesure que la destruction des neurones s'amplifie. On

12

peut toutefois prolonger l'efficacité du traitement en combinant l'administration de la L-dopa à celle de médicaments inhibiteurs de la dégradation de la dopamine (comme le déprényl). De plus, le déprényl lui-même ralentit quelque peu la détérioration neurologique lorsqu'il est administré durant les premiers stades de la maladie. Il peut alors retarder de 18 mois la nécessité de recourir à la lévodopa. Le recours à la stimulation auditive, avec un métronome, par exemple, s'est montré également très efficace pour aider les patients à marcher.

Par ailleurs, on installe parfois un appareil semblable à un stimulateur cardiaque (*pacemaker*), qui envoie des signaux électriques au thalamus. Ces signaux bloquent les influx responsables des tremblements. Ce traitement est délicat, onéreux et risqué; c'est pourquoi il est réservé aux personnes qui ne répondent plus à la pharmacothérapie. Un autre traitement consiste à utiliser la thérapie génétique en insérant des gènes dans des cellules de l'encéphale adulte, ce qui les stimule à sécréter un neurotransmetteur inhibiteur, l'acide 4-aminobutanoïque (GABA). Cet acide inhibe à son tour l'activité cérébrale anormale, comme le fait la stimulation électrique. L'implantation de cellules embryonnaires ou fœtales pour remplacer les cellules mortes ou endommagées constitue une autre voie prometteuse. Toutefois, l'utilisation de tissus fœtaux suscite une vive controverse et se heurte à des obstacles d'ordre éthique et juridique.

Chorée de Huntington La **chorée de Huntington** (*khoreia*: danse), décrite en 1872 par le médecin américain George Huntington, est une affection héréditaire mortelle à transmission dominante qui survient généralement à l'âge mûr. Elle touche 1 personne sur 10 000, sauf dans certains pays d'Asie et en Finlande, où la prévalence est pratiquement nulle. Une répétition anormale plus ou moins élevée du triplet ACG du gène codant pour la protéine appelée *huntingtine* déterminera la gravité de la maladie (autrement dit, l'intensité et la gravité de la maladie croissent avec la répétition du triplet). Des enchevêtrements d'*huntingtine*, rendue collante par un surplus de glutamine, s'accumulent dans les cellules de l'encéphale et détruisent le tissu cérébral, entraînant la dégénérescence des noyaux basaux, puis du cortex cérébral. Cette maladie se manifeste par une diminution de la neutrophine BDNF, dont le rôle est de protéger les neurones et de stimuler la formation de synapses et de neurones. À ses débuts, la maladie se caractérise souvent par des mouvements désordonnés, saccadés et presque continuels dont l'amplitude augmente avec le temps. Contrairement aux apparences, les mouvements anormaux sont involontaires. Dans ses dernières phases, la chorée de Huntington cause une détérioration mentale prononcée. La maladie évolue progressivement et la mort survient au cours des 15 années qui suivent l'apparition des symptômes.

Les manifestations hypercinétiques de la chorée de Huntington se situent à l'opposé de celles qui accompagnent la maladie de Parkinson (surstimulation plutôt qu'inhibition de l'appareil moteur), et on les traite généralement au moyen de médicaments qui bloquent les effets de la dopamine. Les implants de tissus fœtaux semblent prometteurs pour le traitement de cette maladie, comme pour celui de la maladie de Parkinson. Les recherches portent aussi sur l'utilisation de facteurs de croissance dans le but de stimuler la formation de nouvelles cellules nerveuses, et sur la thérapie génique dans l'espoir de remplacer le gène défectueux.

VÉRIFIONS NOS ACQUIS

25. En dessous de quelle méninge trouve-t-on les plus gros vaisseaux sanguins qui irriguent l'encéphale?
26. Décrivez le liquide cérébrospinal et dites quelles sont ses fonctions.
27. Quelles substances traversent la barrière hémato-encéphalique? Quelles substances ne la traversent pas?
28. Qu'est-ce qu'un accident ischémique transitoire? En quoi est-il différent d'un accident vasculaire cérébral?
29. M. Leblanc est suivi par un neurologue. Il sourit peu, marche d'un pas traînant et renverse souvent son café. De quelle maladie dégénérative de l'encéphale pourrait-il être atteint?

Les réponses se trouvent à l'appendice G.

Moelle épinière

22 Expliquer le développement embryonnaire de la moelle épinière.

23 Décrire la structure macroscopique et microscopique de la moelle épinière et citer ses principales fonctions; identifier tous les éléments d'une coupe transversale de moelle épinière.

24 Décrire l'organisation structurale et fonctionnelle de la substance grise et de la substance blanche de la moelle épinière.

25 Énumérer et situer les principaux faisceaux et tractus de la moelle épinière; donner leurs différentes caractéristiques structurales et leurs fonctions.

Développement embryonnaire

La moelle épinière dérive de la partie caudale du tube neural embryonnaire (figure 12.2). Six semaines après la conception, on distingue dans la moelle deux masses de neuroblastes qui ont migré vers l'extérieur à partir du tube neural: la **lame dorsale** et la **lame ventrale** (figure 12.28).

Les neuroblastes de la lame dorsale deviennent des interneurones. Ceux de la lame ventrale deviennent des neurones moteurs; ils produisent des axones qui s'étendent jusqu'aux organes effecteurs. Les axones qui émergent des cellules de la lame dorsale (et de quelques cellules de la lame ventrale) forment la substance blanche externe de la moelle épinière en croissant vers l'extérieur le long du SNC. À mesure que se poursuit le développement, les lames s'étendent et produisent la masse centrale de substance grise en forme de H caractéristique de la moelle épinière adulte.

Les cellules de la crête neurale qui s'implantent le long de la moelle forment les *ganglions spinaux*. Ceux-ci contiennent des

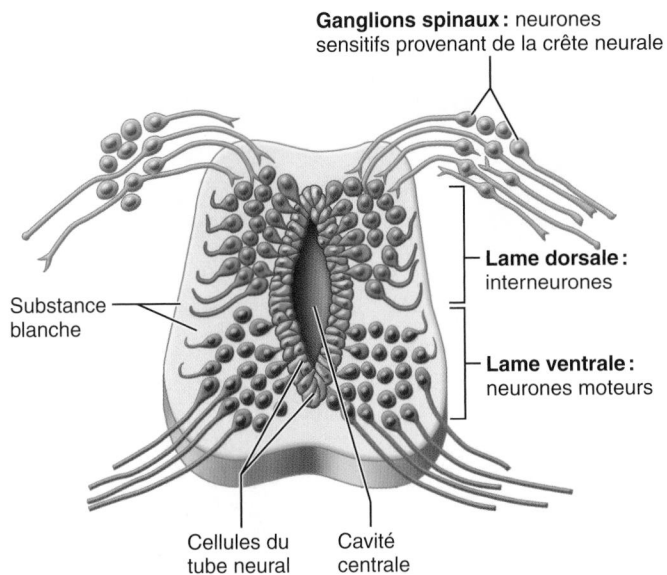

Ganglions spinaux: neurones
sensitifs provenant de la crête neurale

Lame dorsale:
interneurones

Lame ventrale:
neurones moteurs

Substance
blanche

Cellules du
tube neural

Cavité
centrale

Figure 12.28 Structure de la moelle épinière embryonnaire.
Six semaines après la conception, on observe la formation
d'agrégats de substance grise appelés lames dorsales (futurs
interneurones) et lames ventrales (futurs neurones moteurs) ainsi
que l'apparition des ganglions spinaux (futurs neurones sensitifs)
formés à partir des cellules de la crête neurale.

corps cellulaires de neurones sensitifs qui projettent leurs
axones dans la partie dorsale de la moelle épinière.

Anatomie macroscopique et protection

La moelle épinière est enfermée dans la colonne vertébrale ;
elle s'étend du foramen magnum jusqu'à la première ou à la
deuxième vertèbre lombaire, juste sous les côtes (figure 12.29).
D'un blanc luisant à l'extérieur, la **moelle épinière** se présente
sous la forme d'un cordon d'environ 42 cm de longueur et de
1,8 cm d'épaisseur. Elle achemine les influx provenant de
l'encéphale et ceux qui se dirigent vers lui. De plus, elle constitue un important centre réflexe : celui des réflexes spinaux.
Nous présenterons les fonctions réflexes et l'activité motrice
de la moelle épinière dans les chapitres à venir. La présente
section porte sur l'anatomie de la moelle épinière ainsi que
sur l'emplacement et la dénomination de ses faisceaux et tractus ascendants et descendants.

Comme l'encéphale, la moelle épinière est protégée par des
os, par les méninges et par le liquide cérébrospinal. Elle est enveloppée par le feuillet interne de la dure-mère, appelé **dure-mère
spinale** (figure 12.29c), qui n'est pas fixé aux parois osseuses de
la colonne vertébrale. Entre les vertèbres et la dure-mère spinale se trouve l'**espace épidural** (figure 12.31a), un espace rempli de graisse et renfermant un réseau de veines. La graisse forme
un coussin moelleux autour de la moelle épinière. L'espace subarachnoïdien, situé entre l'*arachnoïde* et la *pie-mère*, est rempli
de liquide cérébrospinal.

La dure-mère et l'arachnoïde se prolongent bien au-delà de
l'extrémité inférieure de la moelle épinière dans le canal verté-

bral, puisqu'elles se prolongent jusqu'à la deuxième vertèbre
sacrale (S_2) environ. Comme la moelle épinière se termine
habituellement entre L_1 et L_2 (figure 12.29a), il n'y a en général
aucun risque de l'atteindre au-delà de L_3. C'est donc à partir
de ce niveau qu'on peut effectuer une **ponction lombaire**, c'est-
à-dire un prélèvement de liquide cérébrospinal (figure 12.30).
De plus, les délicates racines nerveuses s'écartent du point
d'insertion de l'aiguille.

Dans sa partie inférieure, la moelle épinière se termine par
une structure conique appelée **cône médullaire**. Le **filum terminal** est un prolongement fibreux du cône médullaire recouvert de pie-mère ; il s'étend du cône médullaire jusqu'au coccyx,
sur lequel il s'attache (figure 12.29a). Cette structure maintient
la moelle épinière en place et lui évite de tressauter au gré des
mouvements du corps. La moelle épinière est aussi attachée sur
toute sa longueur aux parois osseuses du canal vertébral par
une lame en dents de scie de la pie-mère appelée **ligament dentelé** (figure 12.29c).

Chez l'être humain, 31 paires de *nerfs spinaux* naissent de
la moelle épinière à partir de deux racines. Chaque nerf
émerge de la colonne vertébrale en passant au-dessus de sa
vertèbre correspondante par les foramens intervertébraux,
puis s'étend jusqu'aux parties du corps qu'il dessert. Même si
chaque paire de nerfs spinaux émerge d'un segment médullaire (« de la moelle »), la moelle épinière présente sur toute
sa longueur une structure continue qui ne change que
graduellement.

Sur presque toute son étendue, la moelle épinière n'est pas
plus large que le pouce, mais elle présente des renflements
notables dans les régions cervicale et lombosacrale, d'où
émergent les nerfs qui desservent les membres supérieurs et
inférieurs. Ces renflements sont le **renflement cervical**, ou
intumescence cervicale, et le **renflement lombaire**, ou intumescence lombaire (figure 12.29a).

Comme la moelle épinière n'atteint pas l'extrémité inférieure de la colonne vertébrale, les racines des nerfs spinaux
lombaires et sacraux tournent à angle droit et parcourent une
courte distance dans le canal vertébral avant de rejoindre leur
foramen intervertébral. L'ensemble des racines situées à l'extrémité inférieure du canal vertébral porte le nom évocateur de
queue de cheval (figure 12.29a, c). Cette configuration quelque
peu étrange s'explique par le fait que la colonne vertébrale croît
plus rapidement vers le bas que la moelle épinière au cours du
développement fœtal. Les racines des nerfs spinaux inférieurs
sont alors contraintes de chercher leur point d'émergence plus
bas dans le canal vertébral.

Anatomie en coupe transversale

De l'avant vers l'arrière, la moelle épinière est quelque peu
aplatie, et sa surface présente deux dépressions linéaires : la
fissure médiane ventrale et le **sillon médian dorsal**, moins
profond que la première (figure 12.31b). Ces dépressions parcourent toute la longueur de la moelle et la divisent partiellement en une moitié gauche et en une moitié droite. La
substance grise occupe le milieu de la moelle ; elle est enveloppée par la substance blanche.

12

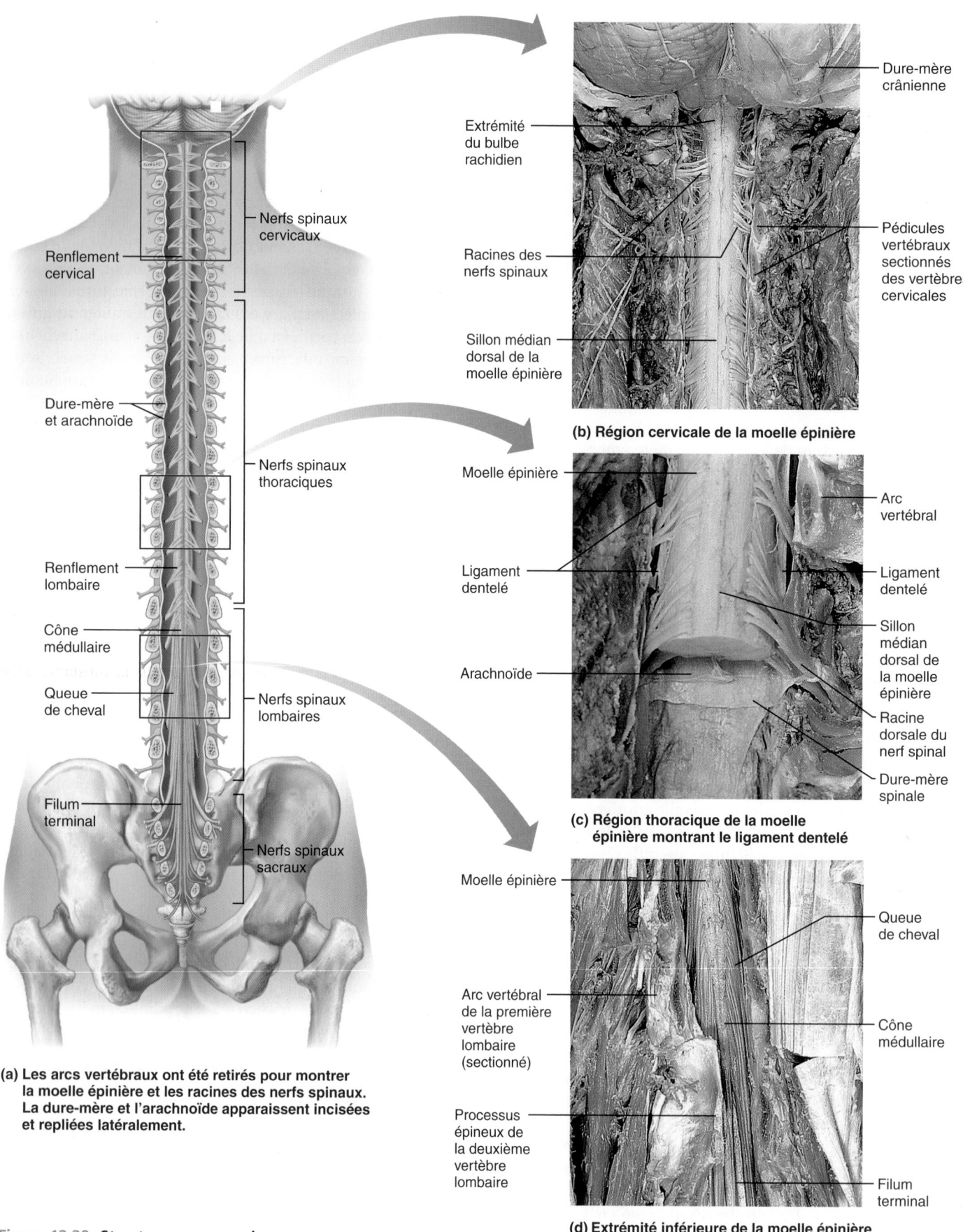

Nerfs spinaux cervicaux

Renflement cervical

Dure-mère et arachnoïde

Nerfs spinaux thoraciques

Renflement lombaire

Cône médullaire

Queue de cheval

Nerfs spinaux lombaires

Filum terminal

Nerfs spinaux sacraux

(a) Les arcs vertébraux ont été retirés pour montrer la moelle épinière et les racines des nerfs spinaux. La dure-mère et l'arachnoïde apparaissent incisées et repliées latéralement.

Dure-mère crânienne

Extrémité du bulbe rachidien

Racines des nerfs spinaux

Pédicules vertébraux sectionnés des vertèbres cervicales

Sillon médian dorsal de la moelle épinière

(b) Région cervicale de la moelle épinière

Moelle épinière

Arc vertébral

Ligament dentelé

Ligament dentelé

Sillon médian dorsal de la moelle épinière

Arachnoïde

Racine dorsale du nerf spinal

Dure-mère spinale

(c) Région thoracique de la moelle épinière montrant le ligament dentelé

Moelle épinière

Queue de cheval

Arc vertébral de la première vertèbre lombaire (sectionné)

Cône médullaire

Processus épineux de la deuxième vertèbre lombaire

Filum terminal

(d) Extrémité inférieure de la moelle épinière montrant le cône médullaire, la queue de cheval et le filum terminal

Figure 12.29 **Structure macroscopique de la moelle épinière, vue postérieure.**

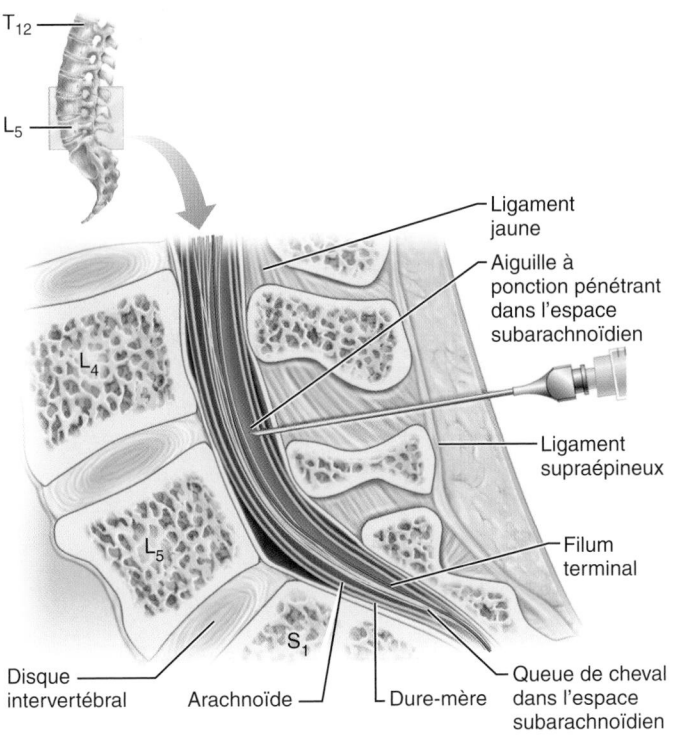

Figure 12.30 **Ponction lombaire.**

Substance grise et racines des nerfs spinaux

En coupe transversale, la substance grise de la moelle épinière présente la forme d'un H ou d'un papillon (figure 12.31b). Elle est formée de masses grises symétriques reliées par un pont de substance grise, appelé **commissure grise**, qui entoure le canal central de la moelle épinière, ou canal de l'épendyme. Les deux projections postérieures de la substance grise sont appelées **cornes dorsales** (ou **postérieures**), tandis que les deux projections antérieures sont appelées **cornes ventrales** (ou **antérieures**). Dans une représentation tridimensionnelle, ces cornes forment des colonnes de substance grise qui s'étendent sur toute la longueur de la moelle épinière. On trouve une autre paire de projections de substance grise, moins étendues que les précédentes, les **cornes latérales**, dans les segments thoracique et lombaire supérieur de la moelle.

Tous les neurones dont le corps cellulaire est situé dans la substance grise de la moelle épinière sont des neurones multipolaires. Les cornes dorsales sont constituées entièrement d'interneurones. Les cornes ventrales sont en partie formées d'interneurones, mais elles renferment principalement des corps cellulaires de neurones moteurs somatiques. Les axones de ces neurones passent dans les **racines ventrales des nerfs spinaux** (figure 12.31b) avant d'atteindre les muscles squelettiques.

La quantité de substance grise des cornes ventrales dans un segment donné de la moelle épinière est reliée à la quantité de muscle squelettique à innerver. Par conséquent, les cornes ventrales atteignent leurs plus grandes dimensions dans les régions cervicale et lombaire de la moelle, qui innervent les membres, ce qui explique la présence de renflements à ces niveaux.

Les cornes latérales renferment des neurones moteurs du système nerveux autonome (sympathique) qui desservent les muscles lisses des viscères, le muscle cardiaque et les glandes. Leurs axones sortent de la moelle épinière par les racines ventrales, avec ceux des neurones moteurs somatiques. Puisqu'elles comportent à la fois des efférents somatiques et des efférents autonomes, les racines ventrales servent autant au système nerveux somatique qu'au système nerveux autonome (figure 12.32).

Les axones des neurones afférents qui acheminent les influx provenant des récepteurs sensoriels périphériques forment les **racines dorsales** de la moelle épinière qui se divisent en petites racines avant de pénétrer dans la moelle épinière (voir la figure 12.31). Les corps cellulaires de ces neurones se trouvent dans un renflement de la racine dorsale appelé **ganglion spinal**. Une fois entrés dans la moelle épinière, les axones de ces neurones peuvent prendre plusieurs directions. Ainsi, quelques-uns s'introduisent directement dans la substance blanche postérieure de la moelle épinière et vont faire synapse plus haut dans la moelle ou dans l'encéphale. D'autres font synapse avec des interneurones dans la substance grise des cornes dorsales de la moelle épinière, à la hauteur où ils y pénètrent.

Les racines dorsales et ventrales sont très courtes et fusionnent latéralement pour former les **nerfs spinaux**, ou nerfs rachidiens, qui émergent de chaque côté de la moelle épinière. Nous étudierons ces nerfs, qui font partie du système nerveux périphérique, au chapitre 13.

On peut subdiviser encore la substance grise de la moelle épinière selon le rôle que jouent ses neurones dans l'innervation des régions somatiques et viscérales de l'organisme. On distingue ainsi les quatre zones suivantes dans la substance grise de la moelle épinière (figure 12.32): la **zone sensitive somatique** (**SS**), la **zone sensitive viscérale** (**autonome**) (**SV**), la **zone motrice viscérale** (**MV**) et la **zone motrice somatique** (**MS**).

Substance blanche

La substance blanche de la moelle épinière comprend des neurofibres myélinisées et des neurofibres amyélinisées. Cette partie de la moelle épinière prend la couleur blanche de la myéline, car le nombre d'axones myélinisés y est de beaucoup supérieur à celui des axones amyélinisés; c'est également le cas de la région sous-corticale du cerveau. Les neurofibres *ascendantes* sont orientées vers les centres supérieurs de l'encéphale (influx sensitifs); les neurofibres *descendantes* sont orientées vers le bas de la moelle épinière à partir de l'encéphale ou de la moelle (influx moteurs); les neurofibres *commissurales* (transversales) sont orientées d'un côté de la moelle épinière à l'autre. Les neurofibres ascendantes et descendantes prédominent.

De part et d'autre de la moelle épinière, la substance blanche se divise en trois **cordons** appelés, selon leur position, **cordon dorsal**, **cordon latéral** et **cordon ventral** (figure 12.31b). Chaque cordon contient quelques faisceaux et tractus*, et chacun de

---

* Dans ce manuel, nous employons le terme «tractus» lorsque toutes les parties des neurones en cause se trouvent à l'intérieur des centres nerveux, et le terme «faisceau» quand certaines parties des neurones en cause se trouvent à l'extérieur des centres nerveux.

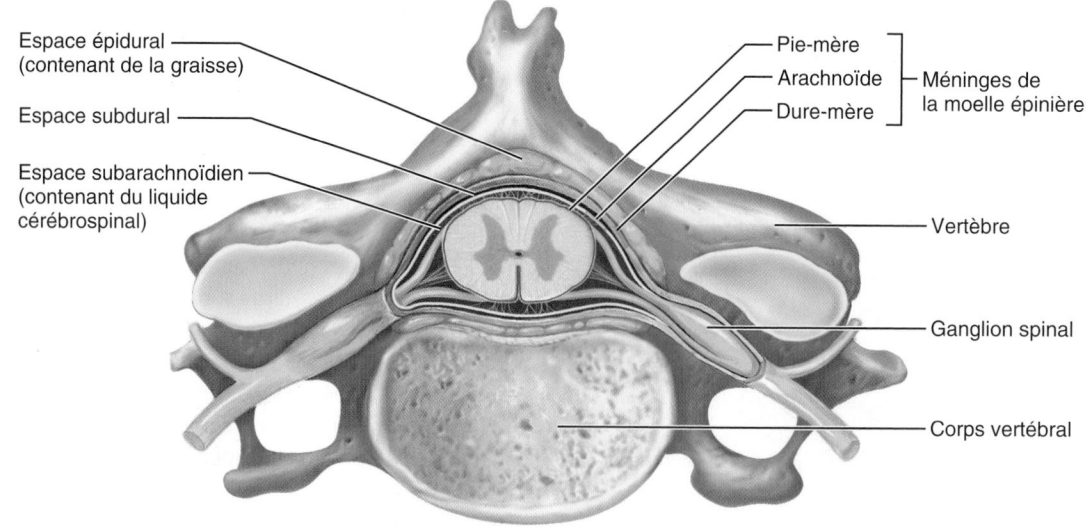

Espace épidural
(contenant de la graisse)

Espace subdural

Espace subarachnoïdien
(contenant du liquide
cérébrospinal)

Pie-mère
Arachnoïde
Dure-mère
Méninges de
la moelle épinière

Vertèbre

Ganglion spinal

Corps vertébral

(a) Coupe transversale de la moelle épinière et d'une vertèbre

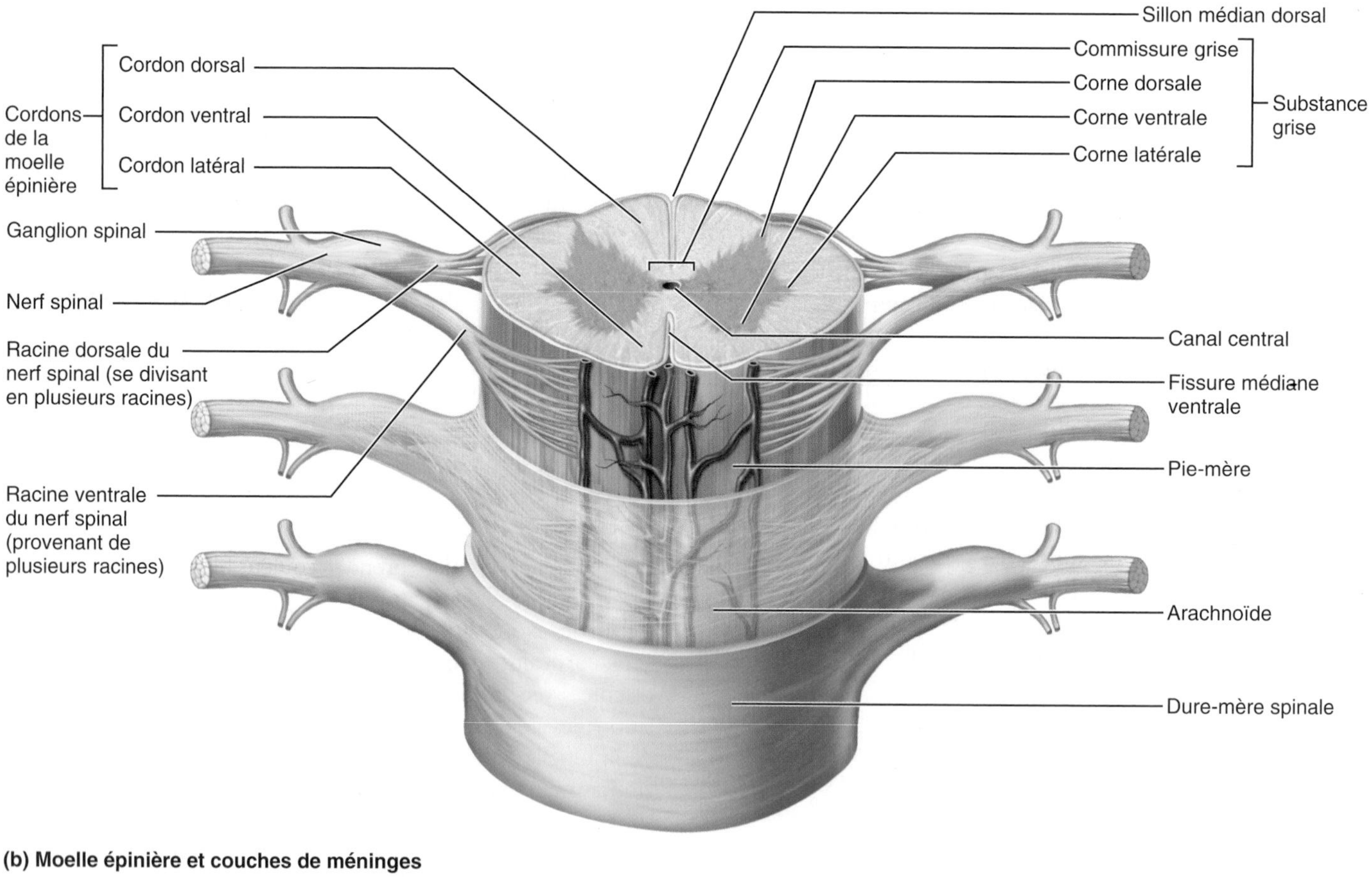

Cordons
de la
moelle
épinière

Cordon dorsal
Cordon ventral
Cordon latéral

Ganglion spinal

Nerf spinal

Racine dorsale du
nerf spinal (se divisant
en plusieurs racines)

Racine ventrale
du nerf spinal
(provenant de
plusieurs racines)

Sillon médian dorsal
Commissure grise
Corne dorsale
Corne ventrale
Substance grise
Corne latérale

Canal central

Fissure médiane
ventrale

Pie-mère

Arachnoïde

Dure-mère spinale

(b) Moelle épinière et couches de méninges

Figure 12.31 Anatomie de la moelle épinière. (a) Coupe transversale de la moelle épinière montrant ses relations avec la colonne vertébrale. **(b)** Vue antérieure de la moelle épinière et de ses couches de méninges.

ceux-ci est composé d'axones aux destinations et aux fonctions semblables. À quelques exceptions près, les noms des faisceaux et des tractus de la moelle épinière indiquent à la fois leur origine et leur destination. Les principaux faisceaux et tractus ascendants et descendants sont représentés schématiquement à la **figure 12.33**.

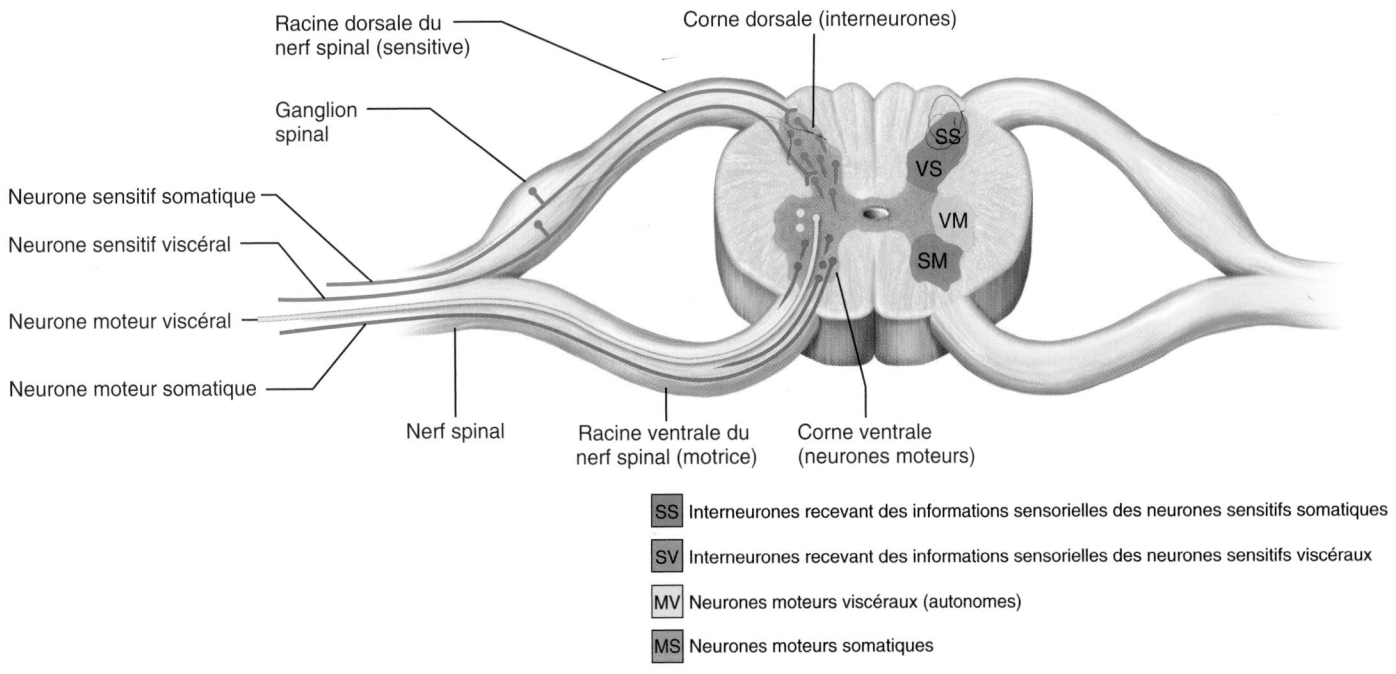

Figure 12.32 Organisation de la substance grise de la moelle épinière. On divise la substance grise de la moelle épinière en une partie sensitive (dorsale) et en une partie motrice (ventrale). Notez que la racine dorsale et la racine ventrale du nerf spinal font partie du SNP et non de la moelle épinière.

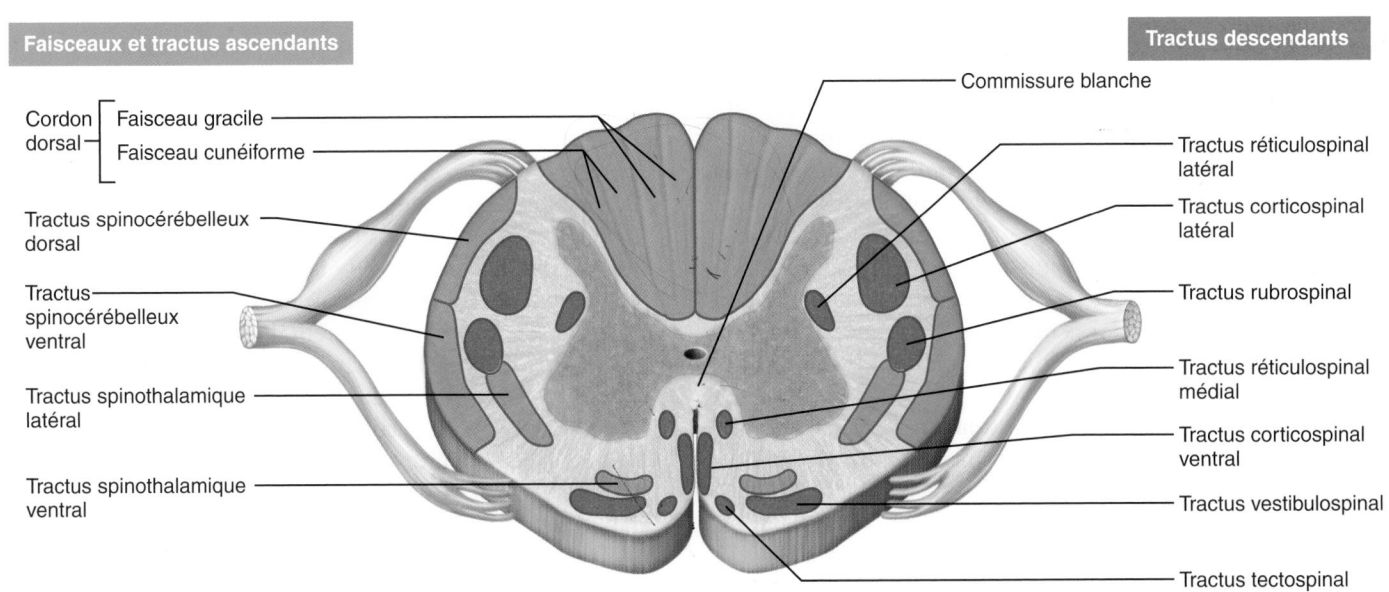

Figure 12.33 Coupe transversale montrant les principaux faisceaux et tractus ascendants (sensitifs) et tractus descendants (moteurs) de la moelle épinière.

Les principaux faisceaux et tractus de la moelle épinière font partie de *voies multineuronales* qui relient l'encéphale à la périphérie du corps (récepteurs et muscles). Ces voies ascendantes et descendantes contiennent non seulement les axones de neurones médullaires, mais également des portions d'axones de neurones périphériques et de neurones cérébraux. Avant d'aller plus loin dans l'étude des faisceaux et des tractus de la moelle épinière, nous allons présenter certaines de leurs caractéristiques générales.

1. **Décussation.** Les neurofibres de la plupart des voies passent d'un côté du SNC à l'autre (croisent la ligne médiane) en un point spécifique de leur trajectoire.

2. **Trajet.** La relation entre la périphérie et l'encéphale se fait généralement par deux ou trois neurones qui établissent des jonctions synaptiques. Les points où s'établissent ces jonctions ainsi que le cordon médullaire où chemine l'axone permettent de différencier les faisceaux et les tractus.

3. **Somatotopie.** La plupart des faisceaux et des tractus sont *somatotopiques*, c'est-à-dire que leur emplacement dans l'espace (les cordons de la moelle épinière) reflète l'organisation du corps. Dans un faisceau ou un tractus sensitif ascendant, par exemple, les neurofibres qui transmettent les influx provenant des récepteurs sensoriels des parties supérieures du corps sont situées à côté de celles qui véhiculent l'information provenant des régions inférieures.

4. **Symétrie.** Tous les faisceaux et tractus vont par paires. Autrement dit, on trouve un membre de la paire dans un cordon situé du côté gauche de la moelle épinière et l'autre, dans un cordon situé du côté droit de la moelle épinière ou du tronc cérébral.

Faisceaux et tractus ascendants

Types de neurones Les faisceaux et tractus ascendants transportent les influx sensitifs vers les diverses régions de l'encéphale au moyen de trois neurones consécutifs unis par des synapses (neurones de premier ordre, de deuxième ordre et de troisième ordre; figure 12.33). (Notez que les neurones de deuxième et de troisième ordre sont des interneurones.)

- Les **neurones de premier ordre**, dont les corps cellulaires sont situés dans un ganglion (spinal ou crânien), transmettent les influx des récepteurs cutanés et des propriocepteurs jusqu'à la moelle épinière ou au tronc cérébral, où ils font synapse avec les neurones de deuxième ordre. Les influx en provenance du visage sont transmis par les nerfs crâniens; les nerfs spinaux acheminent les influx sensitifs somatiques du reste du corps au SNC. Les neurones de premier ordre qui pénètrent dans la moelle épinière sont illustrés dans le bas de la figure 12.34.

- Les **neurones de deuxième ordre** sont illustrés au milieu de la figure 12.34. Leurs corps cellulaires se trouvent dans la corne dorsale de la moelle épinière ou dans les noyaux du bulbe rachidien. Ils transmettent les influx au thalamus ou au cervelet, où ils font synapse.

- Les corps cellulaires des **neurones de troisième ordre** font partie du thalamus (illustré dans le haut de la figure 12.34). Ils acheminent les influx au cortex somesthésique. (Il n'y a pas de neurones de troisième ordre dans le cervelet.)

En règle générale, les informations somesthésiques cheminent dans trois grandes voies, chacune étant représentée des deux côtés de la moelle épinière. Deux de ces voies (la *voie antérolatérale* et la *voie du cordon dorsal et lemnisque médial*) transmettent les influx au cortex somesthésique, où ces derniers déterminent le *toucher discriminant* (épicritique) et la *proprioception consciente* (sensibilité profonde). Les deux voies croisent la ligne médiane, la première dans la moelle épinière et la deuxième dans le bulbe rachidien.

La troisième voie, composée des *tractus spinocérébelleux*, mène au cervelet et, de ce fait, ne contribue pas à la perception sensorielle consciente. Examinons ces voies de plus près.

1. **Voie du cordon dorsal et du lemnisque médial.** La **voie du cordon dorsal et du lemnisque médial** (*lemniscus:* ruban) est celle de la transmission précise et directe des influx provenant d'un type unique (ou de quelques types apparentés) de récepteurs sensoriels qu'on peut localiser avec précision à la surface du corps, tels que ceux du toucher discriminant et des vibrations. Cette voie est composée des faisceaux pairs du **cordon dorsal** de la moelle épinière, soit le **faisceau cunéiforme** et le **faisceau gracile**, ainsi que du **tractus du lemnisque médial**. Ce dernier prend naissance dans le bulbe rachidien et aboutit dans le thalamus (figure 12.34a et **tableau 12.2**). À partir du thalamus, les influx sont acheminés, par la capsule interne et la corana radiata, à des régions précises du cortex somesthésique primaire.

2. **Voie antérolatérale.** La **voie antérolatérale** (ainsi nommée parce qu'elle est située dans les cordons ventraux et latéraux de la moelle épinière) reçoit les influx de nombreux types de récepteurs sensoriels et fait de multiples synapses dans le tronc cérébral. Cette voie est principalement formée du **tractus spinothalamique ventral** et du **tractus spinothalamique latéral** (figure 12.34b et tableau 12.2). La décussation des neurofibres a lieu dans la moelle épinière.

Figure 12.34 Chaînes de neurones de quelques faisceaux et tractus ascendants. Coupes transversales jusqu'au cerveau, qui est présenté en coupe frontale. **(a)** Le tractus spinocérébelleux (à gauche) transmet l'information proprioceptive seulement au cervelet; il est donc inconscient. La voie du cordon dorsal et du lemnisque médial transmet les influx du toucher discriminant et de la proprioception consciente au cortex cérébral, dans le faisceau gracile et le faisceau cunéiforme, et dans le tractus du lemnisque médial qui leur sert de relais. À gauche : dorsal (qui s'étend jusqu'au cervelet seulement). **(b)** Le tractus spinothalamique latéral est la voie de transmission de la douleur et de la température. Le tractus spinothalamique ventral (non illustré) transmet les influx du toucher grossier et de la pression.

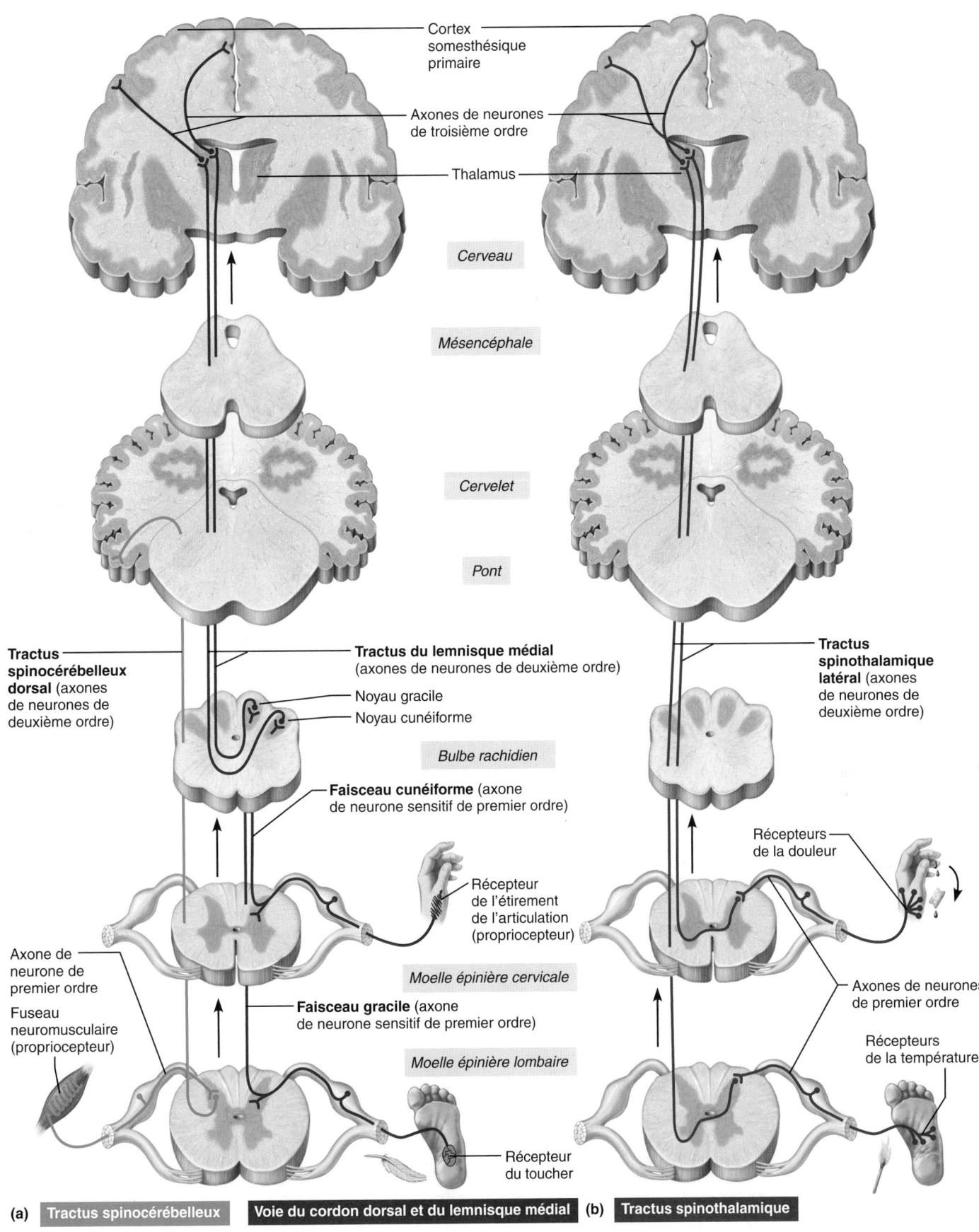

Cortex somesthésique primaire

Axones de neurones de troisième ordre

Thalamus

Cerveau

Mésencéphale

Cervelet

Pont

Tractus spinocérébelleux dorsal (axones de neurones de deuxième ordre)

Tractus du lemnisque médial (axones de neurones de deuxième ordre)

Noyau gracile

Noyau cunéiforme

Bulbe rachidien

Tractus spinothalamique latéral (axones de neurones de deuxième ordre)

Faisceau cunéiforme (axone de neurone sensitif de premier ordre)

Récepteur de l'étirement de l'articulation (propriocepteur)

Récepteurs de la douleur

Axone de neurone de premier ordre

Fuseau neuromusculaire (propriocepteur)

Moelle épinière cervicale

Faisceau gracile (axone de neurone sensitif de premier ordre)

Moelle épinière lombaire

Axones de neurones de premier ordre

Récepteurs de la température

Récepteur du toucher

(a) Tractus spinocérébelleux | Voie du cordon dorsal et du lemnisque médial | **(b)** Tractus spinothalamique

12

TABLEAU 12.2	Principaux faisceaux et tractus ascendants (sensitifs) de la moelle épinière				
FAISCEAU ET TRACTUS DE LA MOELLE ÉPINIÈRE	**EMPLACEMENT (CORDON)**	**ORIGINE**	**TERMINAISON**	**FONCTIONS**	

Voies du cordon dorsal et du lemnisque médial

| Faisceau cunéiforme et faisceau gracile (cordon dorsal) | Dorsal | Les axones de neurones sensitifs (de premier ordre) entrent dans la racine dorsale du nerf spinal et se ramifient; les ramifications entrent dans le cordon dorsal du même côté sans faire synapse. | Synapses avec des neurones de deuxième ordre dans le noyau cunéiforme et le noyau gracile du bulbe rachidien; les neurofibres des neurones du bulbe rachidien croisent la ligne médiane et montent dans les lemnisques médiaux jusqu'au thalamus, où elles font synapse avec des neurones de troisième ordre; les neurones thalamiques transmettent ensuite les influx nerveux au cortex somesthésique du gyrus postcentral. | Ces deux faisceaux transmettent les influx sensitifs provenant des récepteurs cutanés et des propriocepteurs, qui sont ensuite interprétés dans le cortex somesthésique opposé comme des sensations tactiles, baresthésiques (perception de la pression) et «positionnelles» (position et déplacement des membres et des articulations); le faisceau cunéiforme achemine les influx afférents provenant des membres supérieurs, de la partie supérieure du tronc et du cou; le faisceau gracile transporte les influx provenant des membres inférieurs et de la partie inférieure du tronc. |

Voies antérolatérales

| Tractus spinothalamique latéral | Latéral | Interneurones (neurones de deuxième ordre) des cornes dorsales; les neurofibres croisent la ligne médiane avant leur ascension. | Synapses avec des neurones de troisième ordre dans le thalamus; les neurones thalamiques acheminent ensuite les influx jusqu'au cortex somesthésique. | Transmet les influx sensitifs du cortex somesthésique situé du côté opposé du cerveau par rapport aux récepteurs cutanés; ces influx sont interprétés comme de la douleur ou de la chaleur par les neurones de cette région. |
| Tractus spinothalamique ventral | Ventral | Interneurones (neurones de deuxième ordre) des cornes dorsales; les neurofibres croisent la ligne médiane avant leur ascension. | Synapses avec des neurones de troisième ordre dans le thalamus; les neurones thalamiques acheminent ensuite les influx jusqu'au cortex somesthésique. | Transmet les influx sensitifs du cortex somesthésique situé du côté opposé du cerveau, où ils sont interprétés comme étant une sensation tactile (toucher grossier, contact) ou une pression intense par les neurones de cette région. |

Tractus spinocérébelleux

| Tractus spinocérébelleux dorsal* | Latéral (partie dorsale) | Interneurones (neurones de deuxième ordre) de la corne dorsale du même côté de la moelle; les neurofibres ne croisent pas la ligne médiane avant leur ascension. | Synapses dans le cervelet. | Transmet les influx provenant des propriocepteurs du tronc et du membre inférieur d'un côté du corps au même côté du cervelet; proprioception inconsciente. |
| Tractus spinocérébelleux ventral* | Latéral (partie ventrale) | Interneurones (neurones de deuxième ordre) de la corne dorsale; contient des neurofibres croisées qui croisent à nouveau la ligne médiane dans le pont. | Synapses dans le cervelet. | Transmet les influx provenant du tronc et du membre inférieur d'un côté du corps au même côté du cervelet; proprioception inconsciente. |

* Les tractus spinocérébelleux dorsal et ventral transmettent seulement les influx provenant des membres inférieurs et du tronc. L'étude des tractus qui transmettent les influx provenant des membres supérieurs et du cou dépasse les limites du présent ouvrage.

La plupart des neurofibres de cette voie transmettent les influx associés à la douleur, à la température et au toucher grossier. Il s'agit de sensations dont nous sommes conscients, mais qu'il n'est pas facile de localiser avec exactitude à la surface du corps.

3. **Tractus spinocérébelleux.** La dernière voie ascendante, composée du **tractus spinocérébelleux ventral**, ou faisceau spinocérébelleux croisé, et du **tractus spinocérébelleux dorsal**, ou faisceau spinocérébelleux direct, transmet l'information sur l'étirement des muscles et des tendons au cervelet, qui l'interprète de manière à coordonner l'activité des muscles squelettiques (figure 12.34a et tableau 12.2). Comme nous l'avons mentionné plus haut, ces tractus *ne* contribuent *pas* aux sensations conscientes. Les axones de ces tractus ou bien croisent deux fois la ligne médiane – ce qui, en principe, « annule » la décussation –, ou bien ne la croisent pas du tout.

Tractus descendants

Plusieurs tractus moteurs sont nécessaires pour acheminer les influx efférents des régions motrices du cerveau à la moelle épinière. Ils se divisent en deux groupes : (1) les tractus de la *voie motrice principale* et (2) les tractus de la *voie motrice secondaire*. Les voies motrices sont composées de deux neurones, soit le neurone moteur supérieur et le neurone moteur inférieur. Les neurones pyramidaux du cortex moteur primaire, ainsi que les neurones des noyaux moteurs sous-corticaux qui donnent naissance à d'autres voies motrices descendantes, sont appelés *neurones moteurs supérieurs*. Les neurones moteurs de la corne ventrale, qui innervent les muscles squelettiques (leurs effecteurs), sont appelés *neurones moteurs inférieurs*. Nous nous contenterons ici d'une description sommaire des tractus descendants ; vous trouverez d'autres renseignements au **tableau 12.3**.

Voie motrice principale ou pyramidale Les **tractus corticospinaux** et **corticonucléaires** constituent les tractus de la voie motrice principale ; ils acheminent les commandes motrices qui permettent la contraction des muscles squelettiques et la régulation des mouvements volontaires. Les premiers conduisent les influx nerveux vers les muscles squelettiques des membres supérieurs et inférieurs, alors que les seconds transportent les influx vers les noyaux des nerfs crâniens qui régissent la motricité des muscles squelettiques de la tête et du cou. Les tractus corticospinaux commandent les mouvements fins et précis requis pour écrire ou enfiler une aiguille **(figure 12.35a)**. Ils s'étendent des neurones pyramidaux du cortex moteur primaire, dans le gyrus précentral, jusqu'à la moelle épinière en passant par le tronc cérébral, mais sans faire synapse. Ils font synapse dans la moelle épinière, essentiellement avec des interneurones, mais également avec des neurones moteurs de la corne ventrale, en particulier avec ceux qui gouvernent les muscles squelettiques des membres. La stimulation des neurones moteurs de la corne ventrale active les muscles squelettiques auxquels ils sont associés. Les tractus corticospinaux latéraux croisent la ligne médiane dans le bulbe rachidien à la décussation des pyramides, et leurs neurofibres présentent une disposition somatotopique, c'est-à-dire selon l'homoncule moteur du gyrus précentral. Les tractus corticospinaux ventraux, beaucoup plus petits, croisent la ligne médiane dans la moelle épinière juste avant de faire synapse.

Voie motrice secondaire Les tractus descendants de la voie motrice secondaire possèdent une organisation beaucoup plus complexe que ceux de la voie motrice principale ; leurs synapses sont plus nombreuses et ils acheminent les influx nerveux vers les muscles squelettiques à partir de plusieurs noyaux moteurs du tronc cérébral. Il s'agit des **tractus rubrospinal**, **vestibulospinal**, **réticulospinal** et **tectospinal**, qui assurent principalement la contraction musculaire semi-volontaire. Ces tractus servent à la régulation : (1) des muscles de la tête et du tronc assurant le maintien de l'équilibre et la posture ; (2) des muscles qui dirigent les mouvements grossiers des membres ; et (3) des mouvements de la tête, du cou et des yeux permettant de suivre les objets placés dans le champ visuel. Plusieurs activités régies par les noyaux moteurs sous-corticaux sont étroitement reliées à l'activité réflexe. Par exemple, le tractus rubrospinal véhicule des influx nerveux moteurs semi-volontaires qui régissent le tonus des muscles squelettiques. La figure 12.35b représente l'organisation des neurones du tractus rubrospinal.

On désignait autrefois l'ensemble de ces tractus par les termes « faisceaux extrapyramidaux » ou « système extrapyramidal », car on pensait que les noyaux sous-corticaux, où ils prennent leur origine, étaient indépendants des tractus corticospinaux du système pyramidal. On sait maintenant que les neurones de ces derniers émettent des collatérales qui rejoignent la plupart des noyaux du système extrapyramidal et influent sur leur activité. C'est pourquoi les anatomistes modernes préfèrent employer les termes **tractus de la voie motrice secondaire** ou, simplement, les noms de ces différents tractus moteurs.

D'une manière générale, les **tractus réticulospinaux** (tableau 12.3) maintiennent l'équilibre en faisant varier le tonus des muscles posturaux. Le **tractus rubrospinal** gouverne les muscles fléchisseurs, alors que les colliculus supérieurs et le **tractus tectospinal** régissent les mouvements de la tête en réponse aux stimulus visuels.

VÉRIFIONS NOS ACQUIS

30. Quel type de neurones fonctionnels provient de la lame dorsale ? De la lame ventrale ?

31. Comment expliquez-vous la présence du renflement cervical et du renflement lombaire de la moelle épinière ?

32. Quels sont les tractus ou faisceaux ne faisant pas de décussation ou dont les décussations s'annulent ?

33. Dans le tractus spinothalamique, où sont situés les corps cellulaires des neurones sensitifs de premier, de deuxième et de troisième ordre ?

Les réponses se trouvent à l'appendice G.

12

TABLEAU 12.3	**Principaux tractus descendants (moteurs) de la moelle épinière**			
TRACTUS DE LA MOELLE ÉPINIÈRE	**EMPLACEMENT (CORDON)**	**ORIGINE**	**TERMINAISON**	**FONCTIONS**
Tractus de la voie motrice principale (pyramidale)				
Tractus corticospinal latéral	Latéral	Neurones pyramidaux du cortex moteur primaire; décussation dans les pyramides du bulbe rachidien.	Synapse avec les interneurones de la corne ventrale qui influent sur les neurones moteurs inférieurs; parfois synapse directement avec les neurones moteurs inférieurs de la corne ventrale.	Transmet les influx moteurs du cortex moteur primaire aux neurones moteurs inférieurs de la moelle épinière (qui activent les muscles squelettiques situés de l'autre côté du corps); tractus moteur de la motricité volontaire.
Tractus corticospinal ventral	Ventral	Neurones pyramidaux du cortex moteur primaire; les neurofibres croisent la ligne médiane dans la moelle épinière.	Corne ventrale (comme ci-dessus).	Comme le tractus corticospinal latéral.
Tractus de la voie motrice secondaire (autrefois appelée *extrapyramidale*)				
Tractus tectospinal	Ventral	Colliculus supérieur dans le mésencéphale (les neurofibres traversent du côté opposé de la moelle épinière).	Corne ventrale (comme ci-dessus).	Permet les mouvements du cou pour que les yeux puissent suivre un objet qui se déplace.
Tractus vestibulospinal	Ventral	Noyaux vestibulaires du bulbe rachidien (les neurofibres descendent sans croiser la ligne médiane).	Corne ventrale (comme ci-dessus).	Transmet les influx moteurs qui maintiennent le tonus musculaire et activent les muscles extenseurs homolatéraux des membres et du tronc qui déplacent la tête; préserve ainsi l'équilibre en position debout et pendant la marche.
Tractus rubrospinal	Latéral	Noyau rouge du mésencéphale (les neurofibres traversent du côté opposé immédiatement au-dessous du noyau rouge).	Corne ventrale (comme ci-dessus).	Chez les animaux qui ont été étudiés, transmet les influx moteurs reliés au tonus des muscles de la partie distale des membres (principalement des fléchisseurs) du côté opposé du corps; chez l'humain, sa fonction suscite la controverse: le tractus est peut-être atrophié, sa fonction est assurée en grande partie par les tractus corticospinaux.
Tractus réticulospinaux (ventral, médial et latéral)	Ventral et latéral	Formation réticulaire du tronc cérébral (noyaux de la région médiale du pont et du bulbe rachidien); certaines neurofibres croisent la ligne médiane et d'autres ne la croisent pas.	Corne ventrale (comme ci-dessus).	Transmettent les influx reliés au tonus musculaire et à de nombreuses fonctions motrices viscérales; régissent peut-être la plupart des mouvements grossiers.

Traumatismes et affections de la moelle épinière

26 Distinguer la paralysie flasque de la paralysie spastique, et la paralysie de la paresthésie; définir la paraplégie, la quadriplégie et l'hémiplégie.

27 Expliquer les causes et les conséquences de la poliomyélite et de la sclérose latérale amyotrophique (SLA).

Traumatismes de la moelle épinière

La moelle épinière est élastique et elle s'étire à chaque mouvement de la tête ou à chaque flexion du tronc; elle est cependant extrêmement sensible à la pression directe. Toute lésion de la moelle épinière ou des racines des nerfs spinaux cause une perte fonctionnelle, qu'il s'agisse de **paralysie** (perte de la fonction motrice) ou de **paresthésie** (perte sensorielle). Les lésions graves

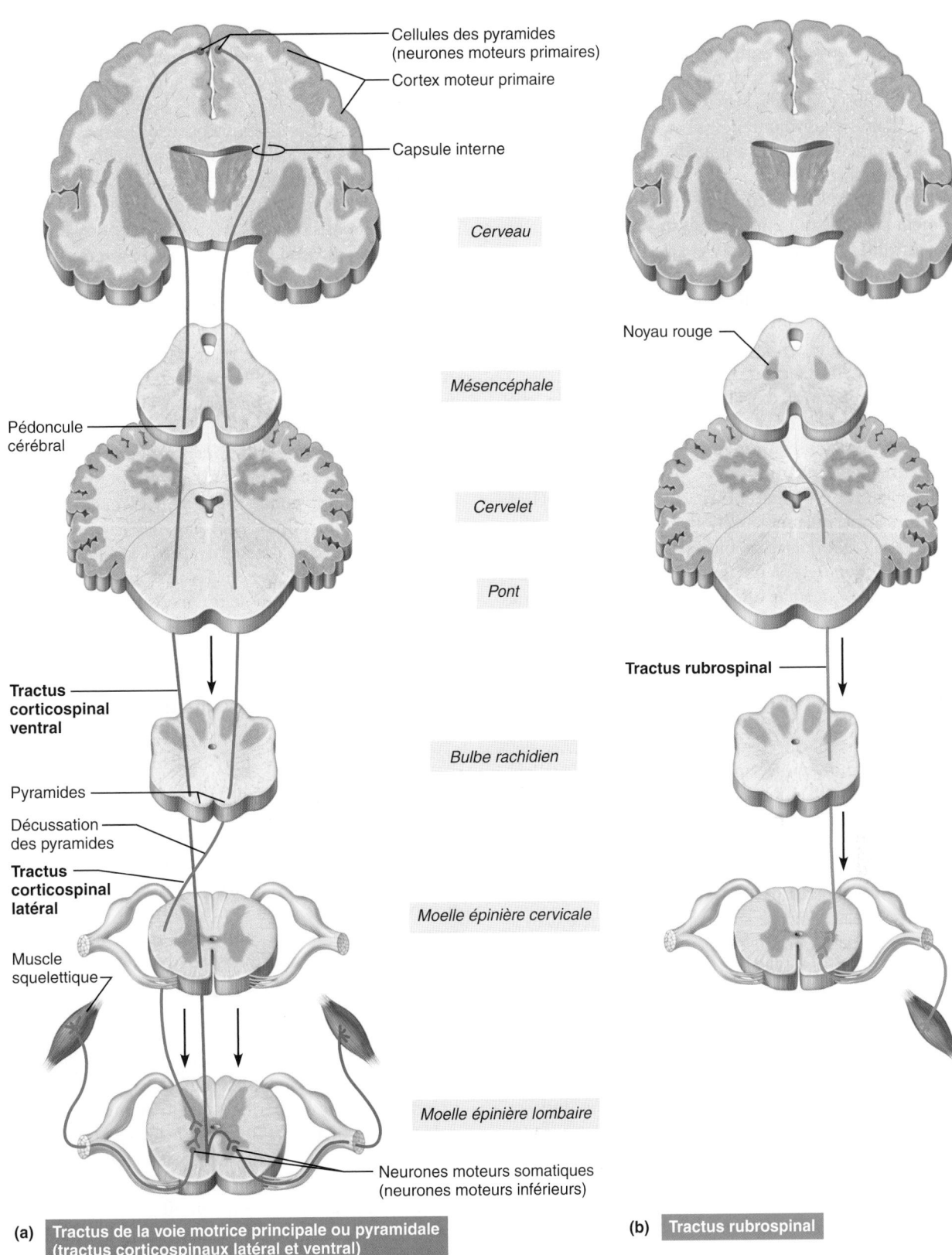

Cellules des pyramides
(neurones moteurs primaires)

Cortex moteur primaire

Capsule interne

Cerveau

Noyau rouge

Mésencéphale

Pédoncule
cérébral

Cervelet

Pont

**Tractus
corticospinal
ventral**

Tractus rubrospinal

12

Bulbe rachidien

Pyramides

Décussation
des pyramides

**Tractus
corticospinal
latéral**

Moelle épinière cervicale

Muscle
squelettique

Moelle épinière lombaire

Neurones moteurs somatiques
(neurones moteurs inférieurs)

(a) **Tractus de la voie motrice principale ou pyramidale
(tractus corticospinaux latéral et ventral)**

(b) **Tractus rubrospinal**

**Figure 12.35 Trois tractus descendants permettant à l'encéphale de produire des
mouvements.** Coupes transversales jusqu'au cerveau, qui est présenté en coupe frontale.
(a) La voie motrice principale ou pyramidale (tractus corticospinaux latéral et ventral)
est la voie directe qui régit les mouvements volontaires. **(b)** Trajet et jonctions synaptiques
des neurones à l'intérieur du tractus rubrospinal, qui appartient à la voie motrice secondaire
(extrapyramidale) et joue un rôle dans la régulation du tonus musculaire.

des cellules de la racine ventrale (des nerfs spinaux) ou de la corne ventrale entraînent la **paralysie flasque** des muscles squelettiques correspondants. Les influx nerveux n'atteignent pas ces muscles et, par conséquent, ils deviennent incapables de mouvements volontaires ou involontaires (c'est-à-dire que même les réflexes n'engendrent aucune contraction). Privés de stimulation, les muscles s'atrophient.

Les lésions limitées aux neurones moteurs supérieurs du cortex moteur primaire causent la **paralysie spastique**; les neurones moteurs inférieurs sont intacts, et l'activité réflexe spinale continue de stimuler les muscles, quoique de manière irrégulière. Les muscles squelettiques ne s'atrophient pas aussi rapidement que dans la paralysie flasque, mais leur mouvement échappe à la commande volontaire. Dans bien des cas, les muscles raccourcissent de façon permanente.

Tout sectionnement transversal de la moelle épinière, quel qu'en soit le niveau, entraîne une perte de la motricité et de la sensibilité dans les régions situées au-dessous de la lésion. Si le sectionnement se produit entre T_1 et L_1, les deux membres inférieurs sont touchés: c'est la **paraplégie** (*para*: à côté de; *plêgê*: coup, blessure). Si, par ailleurs, le sectionnement se produit dans la région cervicale, les quatre membres sont touchés: c'est la **quadriplégie**. L'*hémiplégie*, la paralysie d'un côté du corps, est généralement provoquée par une lésion du cerveau (comme un accident vasculaire cérébral) plutôt que par une lésion de la moelle épinière. Étant donné que la motricité est croisée, cette paralysie atteint le côté opposé du corps par rapport à l'hémisphère qui a subi la lésion.

Il faut observer de près les personnes qui viennent de subir un traumatisme de la moelle épinière afin de détecter chez elles les symptômes du **choc spinal**, une période de perte fonctionnelle qui suit l'accident. Ce phénomène entraîne une réduction immédiate de toute l'activité réflexe produite au-dessous du siège de la lésion. Le réflexe vésical et le réflexe de défécation cessent, la pression artérielle chute et tous les muscles squelettiques (somatiques) et lisses (viscéraux) situés sous la lésion deviennent paralysés et insensibles. Comme la transpiration s'arrête dans la région paralysée, la personne atteinte peut présenter de la fièvre. La fonction nerveuse se rétablit habituellement quelques heures après l'accident. Si elle ne reprend pas dans les 48 heures, la paralysie devient permanente dans la plupart des cas.

Poliomyélite

Les symptômes de la *poliomyélite* (*polios*: gris; *myelos*: moelle; *ite*: inflammation) proviennent de la destruction des neurones moteurs de la corne ventrale par le virus de la poliomyélite. Les premiers symptômes de la maladie sont de la fièvre, des maux de tête, des douleurs et une faiblesse musculaires, ainsi que la perte de certains réflexes somatiques. La maladie évolue en paralysie et en atrophie musculaire. Si des neurones du bulbe rachidien sont détruits, la paralysie des muscles respiratoires ou un arrêt cardiaque peuvent causer la mort.

Le virus pénètre généralement dans l'organisme par l'intermédiaire d'eau contaminée des matières fécales de personnes malades (l'eau d'une piscine publique, par exemple). D'ailleurs, l'incidence de la maladie a toujours été plus élevée chez les enfants que chez les adultes ainsi que pendant les mois d'été. Fort heureusement, les vaccins ont pratiquement éliminé la poliomyélite et on s'emploie partout dans le monde à éradiquer la maladie.

La moitié environ des survivants de la grande épidémie de poliomyélite de la fin des années 1940 et des années 1950 ont commencé à présenter une léthargie extrême, de vives brûlures dans les muscles et les articulations ainsi qu'une faiblesse et une atrophie musculaires progressives. Ces personnes pouvaient aussi éprouver des problèmes respiratoires. On a cru à l'origine que ces symptômes étaient attribuables à la grippe ou à une maladie psychosomatique, mais on sait à présent qu'ils constituent le **syndrome de postpoliomyélite**. La cause de ce syndrome est inconnue, mais on suppose qu'il est dû au fait que les personnes atteintes continuent de perdre des neurones tout au long de leur vie, comme nous tous au demeurant. Un système nerveux en bonne santé peut compenser les pertes en mobilisant d'autres neurones dans les environs des neurones détruits, mais celui des survivants de la poliomyélite a déjà épuisé cette réserve. Ce sont les personnes qui ont été le plus gravement touchées dans le premier stade de la maladie (phase aiguë) qui sont le plus susceptibles de subir les effets du syndrome de postpoliomyélite.

Sclérose latérale amyotrophique

La *sclérose latérale amyotrophique (SLA)*, aussi appelée maladie de Charcot ou maladie de Lou Gehrig (du nom d'un célèbre joueur de baseball américain des années 1920-1930), est une très grave affection neuromusculaire qui touche 70 000 personnes sur la planète. Elle affecte 3000 Canadiens, dont 600 Québécois. En France, son incidence est de 1000 nouveaux cas par an. Elle se caractérise par une destruction sélective et progressive des neurones moteurs de la corne ventrale et des neurofibres du tractus corticospinal, et entraîne habituellement la paralysie des membres d'un seul côté du corps (d'où l'adjectif «latérale»). La personne malade perd peu à peu la capacité de parler, d'avaler et de respirer. La mort survient à la suite d'insuffisance respiratoire, généralement dans les cinq ans qui suivent l'apparition de la maladie. Dans 90 % des cas, la cause de la SLA n'est pas connue, mais les personnes qui en sont atteintes semblent présenter des taux supérieurs de glutamate extracellulaire. Les chercheurs croient maintenant que les neurones moteurs sont tués en raison de l'effet d'excitotoxicité relié au glutamate, par une attaque du système immunitaire ou par une combinaison des deux. Le seul progrès qu'on ait réalisé en 50 ans dans le traitement de la SLA est la mise au point du Riluzole, un médicament qui semble prolonger de quelques mois la vie des personnes atteintes en diminuant les effets toxiques que l'accumulation du glutamate exerce sur les synapses.

Diagnostic d'un dysfonctionnement du SNC

28 Énumérer et expliquer quelques techniques servant à diagnostiquer les troubles cérébraux.

Quiconque a déjà subi un examen médical de routine sait en quoi consiste la recherche du réflexe patellaire. Le médecin frappe doucement le ligament patellaire au moyen d'un marteau à percussion, provoquant ainsi l'étirement du tendon du muscle quadriceps fémoral ; les muscles antérieurs de la cuisse se contractent et produisent une extension partielle de la jambe. Cette réponse indique que la moelle épinière et les centres cérébraux supérieurs fonctionnent normalement. Une réponse anormale peut signaler une affection grave, telle qu'une hémorragie intracrânienne, la sclérose en plaques ou l'hydrocéphalie. Il faut alors procéder à des épreuves neurologiques plus poussées afin de formuler un diagnostic.

Les nouvelles techniques d'imagerie ont révolutionné le diagnostic des lésions cérébrales (voir le Gros plan, p. 18-21). Les diverses formes de *tomographie* et de *remnographie* permettent de déceler rapidement la plupart des tumeurs, des lésions intracrâniennes, des plaques de sclérose et des infarctus. La tomographie par émission de positrons (TEP) permet de localiser les lésions cérébrales qui engendrent les crises convulsives (foyers épileptogènes) et de diagnostiquer la maladie d'Alzheimer.

Prenons l'exemple d'une personne qui arrive à l'urgence après avoir subi un accident vasculaire cérébral (AVC). S'amorce alors une course contre la montre visant à sauver la région de l'encéphale touchée. La première étape consiste à déterminer si l'AVC a été causé par un caillot ou par une hémorragie, généralement à l'aide d'un tomodensitogramme. Si l'AVC est causé par un caillot, on peut alors administrer un médicament qui le dissoudra, comme l'activateur tissulaire du plasminogène (TPA). Toutefois, ce traitement ne peut être entrepris que dans les premières heures suivant l'attaque. On administre habituellement ce médicament par voie intraveineuse, mais son action sera encore plus efficace s'il est injecté à proximité du caillot en utilisant un cathéter. Pour voir l'emplacement du cathéter par rapport au caillot, on injecte un colorant qui fait ressortir les artères sur une radiographie ; c'est ce qu'on appelle une *angiographie cérébrale*.

On utilise également cette procédure chez les personnes qui ont eu une attaque légère ou un accident ischémique transitoire (AIT). Les artères carotides du cou irriguent la plupart des vaisseaux de l'encéphale et rétrécissent souvent avec le vieillissement, ce qui peut causer des attaques. Plus économique et moins invasive que l'angiographie, l'échographie permet d'examiner rapidement les artères carotides, et même de mesurer la quantité de sang qui y circule.

34. Maxime a subi un plaquage en jouant au football. Après être tombé au sol, il ne peut plus bouger ses membres. Comment appelle-t-on cet état ? Selon vous, la lésion touche quelle région de la moelle épinière spinale (cervicale, thoracique, lombaire ou sacrale) ? S'agit-il d'une blessure permanente ? Quelles méthodes diagnostiques pourraient être utiles pour déterminer ce dont il souffre ?

Les réponses se trouvent à l'appendice G.

Développement et vieillissement du SNC

29 Indiquer quelques facteurs maternels susceptibles de perturber le développement du système nerveux embryonnaire ; préciser les conséquences d'un développement anormal.

30 Décrire quelques-uns des principaux aspects du développement et du vieillissement du SNC.

Commençant à se former durant le premier mois du développement embryonnaire sous l'impulsion de plusieurs centres organisateurs, l'encéphale et la moelle épinière poursuivent leur croissance et leur maturation durant toute la période prénatale. Pendant ce temps, des régions spécialisées selon le sexe prennent naissance dans l'encéphale et la moelle épinière. Par exemple, certains noyaux de l'hypothalamus qui ont pour fonction la régulation de comportements sexuels typiquement masculins et certains groupes de neurones de la moelle épinière qui desservent les organes génitaux externes sont beaucoup plus gros chez le fœtus masculin. Les bébés féminins ont un corps calleux plus volumineux, et on observe des différences entre les sexes en ce qui a trait aux régions auditives et à celles du langage dans le cortex cérébral. La clé de ces différences dans le développement du SNC réside dans la sécrétion de testostérone par le fœtus. Si elle est produite, cette hormone détermine l'apparition des traits masculins.

L'exposition de la mère aux radiations, à diverses substances (alcool, nicotine, opiacés, etc.) ainsi que des infections peuvent empêcher le développement normal des neurones et endommager le système nerveux du fœtus, particulièrement pendant les premiers stades de son développement. Ainsi, la rubéole entraîne souvent la surdité et d'autres lésions du SNC chez le nouveau-né. L'usage du tabac diminue la quantité d'oxygène présente dans la circulation sanguine ; or, une privation d'oxygène de courte durée (même de quelques minutes) peut détruire des neurones, qui ne seront pas remplacés. Une femme enceinte qui fume expose donc son enfant à des risques de lésions cérébrales.

⚠ DÉSÉQUILIBRE HOMÉOSTATIQUE

L'**infirmité motrice cérébrale** peut être causée par une privation temporaire d'oxygène au cours d'une naissance difficile, mais également par n'importe lequel des facteurs énumérés dans le paragraphe précédent. Elle résulte d'une lésion cérébrale et elle se traduit par une mauvaise maîtrise des muscles squelettiques qui régissent les mouvements volontaires ou par leur paralysie. Les personnes atteintes de cette maladie présentent de la spasticité, des difficultés d'élocution et d'autres troubles moteurs. Environ la moitié d'entre elles connaissent des crises convulsives, la moitié ont une déficience intellectuelle et le tiers souffrent d'un déficit auditif. Les déficiences visuelles ne sont pas rares non plus. L'infirmité motrice cérébrale n'évolue pas, mais les déficits qu'elle entraîne sont irréversibles. Avec une incidence d'environ 2,5 cas sur 1000 naissances, c'est la cause de handicap la plus répandue chez les enfants en Amérique du Nord et en Europe.

De nombreuses autres anomalies congénitales liées à des facteurs génétiques ou environnementaux peuvent toucher le SNC pendant les premiers stades du développement embryonnaire. Les plus graves de ces malformations sont l'hydrocéphalie, l'anencéphalie et le spina bifida.

Dans l'**anencéphalie** («absence d'encéphale»), le cerveau et une partie du tronc cérébral ne se forment pas, probablement parce que les parties antérieures des replis neuraux ne fusionnent pas. L'enfant mène une vie complètement végétative; il est incapable de voir, d'entendre et d'éprouver des sensations. Ses muscles sont flasques et tout mouvement volontaire est impossible. Il n'y a pas de vie mentale à proprement parler. Généralement, la mort survient peu de temps après la naissance.

Le **spina bifida** («épine fendue en deux») est la conséquence d'une formation incomplète des arcs vertébraux et touche habituellement la région lombosacrale. Cette anomalie se définit techniquement comme l'absence de lames vertébrales et de processus épineux sur au moins une vertèbre: la queue de cheval de la moelle épinière peut sortir du canal vertébral et former une protubérance (hernie) au niveau lombaire ou sacral. Dans les cas graves, il se produit aussi des déficits neurologiques. Le *spina bifida occulta* est la forme la moins grave de cette maladie; il ne touche qu'une ou quelques vertèbres et n'entraîne pas de troubles neurologiques. Il ne se traduit extérieurement que par une petite fossette ou une touffe de poils surmontant la malformation. Le *spina bifida aperta* est la forme la plus répandue et la plus grave: une hernie sacciforme des méninges émerge de la colonne vertébrale de l'enfant. Si la hernie contient des méninges et du liquide cérébrospinal, l'anomalie est une *méningocèle*; si la hernie renferme une partie de la moelle épinière et des racines des nerfs spinaux, l'anomalie est une *myéloméningocèle* **(figure 12.36)**. Plus la hernie est volumineuse et plus elle contient de structures nerveuses, plus le déficit neurologique est prononcé. Dans le pire des cas, lorsque la partie inférieure de la moelle épinière est atteinte, il y a incontinence anale, paralysie des muscles de la vessie (qui prédispose l'enfant aux infections urinaires et à l'insuffisance rénale) et paralysie des membres inférieurs. Les infections sont fréquentes, car la paroi de la hernie est mince et poreuse, et elle a tendance à se rompre

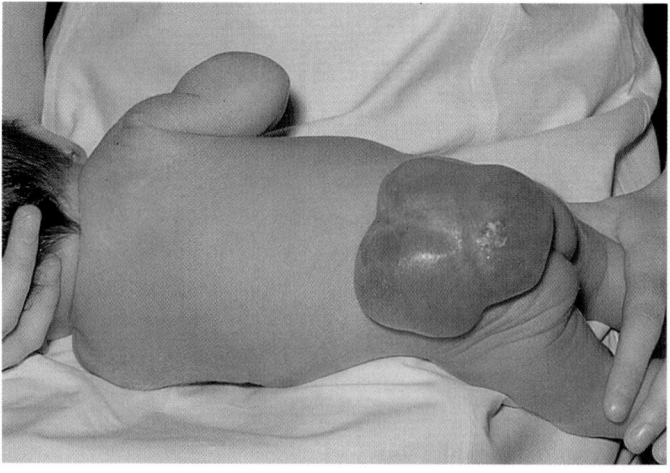

Figure 12.36 **Nouveau-né présentant une myéloméningocèle lombaire.**

ou à suinter. Le spina bifida aperta s'accompagne d'hydrocéphalie dans 90 % des cas.

En Europe et en Amérique du Nord, le spina bifida touche 1 naissance sur 1000. L'incidence est plus élevée dans les pays du Nord et nettement plus faible en Afrique subsaharienne (Afrique noire). Près de 70 % des cas de spina bifida sont toutefois causés par une carence nutritionnelle maternelle en acide folique, une vitamine du groupe B. C'est pourquoi on recommande aux femmes enceintes un apport quotidien d'acide folique de 400 µg. Par ailleurs, dans certains pays, on s'est employé à corriger cette carence en enrichissant d'acide folique le pain, la farine et les pâtes alimentaires. ■

L'hypothalamus est l'une des dernières structures du SNC à atteindre la maturité. Comme cet organe contient les centres de régulation de la température corporelle, les nouveau-nés prématurés sont sujets à des pertes de chaleur et doivent être placés en incubateur. La TEP a montré que le thalamus et l'aire somesthésique sont actifs chez l'enfant de cinq jours, mais non les aires visuelles. C'est ce qui explique pourquoi les nouveau-nés répondent au toucher mais ont une faible perception visuelle de leur environnement. À 11 semaines, une plus grande partie du cortex est active, et le bébé peut tendre les mains vers un jouet. À huit mois, le cortex est très actif et l'enfant peut penser à ce qu'il voit. La croissance et la maturation du système nerveux se poursuivent pendant l'enfance, parallèlement à la progression de la myélinisation des axones. Comme nous l'avons vu au chapitre 9, la coordination neuromusculaire se développe dans les directions céphalocaudale et proximodistale, et nous savons que la myélinisation se déroule dans le même ordre.

L'encéphale atteint sa masse maximale au début de l'âge adulte, avec une différence de 9 % entre les hommes et les femmes. Cependant, chez ces dernières, l'hippocampe et le noyau caudé semblent proportionnellement plus grands, tandis que le corps amygdaloïde est proportionnellement plus petit. Pendant les quelque 60 ans qui suivent, les neurones se détériorent et meurent, et la masse et le volume de l'encéphale diminuent constamment. Toutefois, le nombre de neurones que nous perdons au fil du temps ne représente qu'un faible pourcentage du total. De plus, les neurones qui subsistent peuvent modifier leurs connexions synaptiques et nous pouvons ainsi continuer d'apprendre tout au long de notre vie.

L'habileté spatiale, la vitesse de perception, l'aptitude à la prise de décisions, le temps de réaction et la mémoire déclinent avec l'âge. Cependant, ces pertes n'ont de conséquences notables chez l'*individu sain* qu'à compter de l'âge de 80 ans environ. À ce moment, le cerveau devient de plus en plus fragile, probablement à cause d'une augmentation de la densité des canaux à Ca^{2+} dans les neurones (nous avons vu que de fortes concentrations de Ca^{2+} sont neurotoxiques); certaines facultés subissent alors un déclin rapide. Le recours à l'expérience, les habiletés mathématiques et la facilité d'expression verbale ne diminuent pas avec l'âge, et beaucoup de gens s'acquittent de tâches intellectuellement astreignantes toute leur vie. Moins de 5% des personnes de 65 ans et plus présentent une véritable sénilité. Malheureusement, l'hypotension artérielle cause de nombreux cas de sénilité réversible, tout comme la constipation, une mauvaise alimentation, les effets nocifs de certains médicaments, la dépression, la déshydratation et des déséquilibres hormonaux non diagnostiqués. Le meilleur moyen de conserver ses facultés mentales pendant la vieillesse est vraisemblablement de s'adonner à des activités intellectuelles toute sa vie.

L'atrophie du cerveau est un phénomène normal et s'accélère à mesure que l'on avance en âge, mais certaines personnes (notamment les alcooliques et les boxeurs professionnels) précipitent le déclenchement du processus. Chez un boxeur, chaque coup reçu accroît la probabilité de lésions et d'atrophie cérébrales. Par ailleurs, il est reconnu que l'alcool a des effets marqués tant sur le corps que sur l'esprit. Or, ces effets ne sont peut-être pas tous temporaires. La tomographie démontre que la diminution de la taille et de la densité du cerveau survient précocement chez les alcooliques, tout comme les boxeurs, qui présentent des signes de sénilité sans rapport avec le vieillissement. Par exemple, il arrive que des alcooliques souffrent d'un dysfonctionnement important de la mémoire, particulièrement évident au cours de l'apprentissage et de la mémorisation de nouvelles connaissances.

VÉRIFIONS NOS ACQUIS

35. Quelle substance est responsable de la différenciation sexuelle du cerveau et quelles sont ces différences?
36. Pourquoi les nouveau-nés prématurés ont-ils de la difficulté à réguler leur température?
37. Nommez quelques-unes des causes de la démence chez les personnes âgées qui peuvent être corrigées.

Les réponses se trouvent à l'appendice G.

La complexité des hémisphères cérébraux est stupéfiante. Le diencéphale et le tronc cérébral, les régions de l'encéphale qui gouvernent toutes les fonctions subconscientes du SNA ne sont pas moins complexes, surtout si l'on tient compte de leur taille relativement petite. La moelle épinière, qui sert de centre réflexe et de lien de communication entre l'encéphale et le reste du corps, est tout aussi importante pour l'homéostasie.

Vous avez appris beaucoup de termes dans ce chapitre, et vous retrouverez une bonne partie de cette terminologie dans les autres chapitres qui portent sur le système nerveux. Le chapitre 13, que vous aborderez sous peu, porte sur les structures du SNP qui informent le SNC et acheminent ses ordres jusqu'aux effecteurs.

12

TERMES MÉDICAUX

Autisme Trouble neurologique du développement complexe apparaissant habituellement au cours des trois premières années de la vie et se manifestant par des difficultés à communiquer, à établir des relations avec les autres et à réagir correctement au milieu. Même si aucune cause unique n'a été établie, on pense qu'un certain nombre de gènes jouent un rôle dans cette maladie et que des anomalies structurales de l'encéphale sont présentes. D'après l'Organisation mondiale de la santé, l'autisme touche environ 8 enfants sur 10 000 naissances. Un traitement comportemental précoce contribue à atténuer les manifestations de la maladie.

Chordotomie Intervention chirurgicale qui consiste à sectionner un cordon de la moelle épinière (les tractus spinothalamiques le plus souvent), généralement afin de soulager une douleur irréductible.

Encéphalopathie (*enkephalos*: encéphale; *pathê*: maladie) Altérations graves des structures anatomiques de l'encéphale, survenant à la suite de divers événements (infections, intoxications, etc.).

Hypersomnie (*hyper*: excès; *somnus*: sommeil) Affection qui pousse à dormir jusqu'à 15 heures par jour.

Microencéphalie Anomalie congénitale, à transmission récessive, se traduisant par un arrêt dans le développement du cerveau et donc par la formation d'un petit encéphale, le signe en étant la taille réduite du crâne. La plupart des enfants atteints présentent un déficit intellectuel.

Myélite (*myelos*: moelle épinière; *ite*: inflammation) Inflammation de la moelle épinière dont il existe plusieurs formes, se traduisant, entre autres symptômes, par divers degrés de paralysie.

Myélographie (*graphê*: écriture) Radiographie de la moelle épinière après injection dans l'espace subarachnoïdien d'une substance de contraste (radioopaque).

Myoclonie (*myo*: muscle; *klonos*: agitation) Contraction soudaine d'un muscle ou d'une partie de muscle, généralement dans un membre. Des spasmes cloniques surviennent chez les individus sains sur le point de s'endormir; d'autres peuvent aussi être causés par une maladie de la formation réticulaire ou du cervelet.

Névroses Classe la moins incapacitante des troubles cérébraux fonctionnels comprenant notamment l'anxiété grave (attaques de panique), les phobies (peurs irrationnelles) et les comportements obsessionnels-compulsifs (comme se laver les mains des dizaines de fois par jour). Les personnes atteintes gardent le contact avec la réalité.

Pallidectomie («ablation du pallidus») Lésion chirurgicale d'une partie du globus pallidus des noyaux basaux pour soulager certains symptômes de la maladie de Parkinson.

Psychoses Classe de troubles mentaux graves provoquant une perte du contact avec la réalité et des comportements singuliers; comprennent la *schizophrénie*, la *dépression* et la *psychose maniacodépressive*.

Troubles cérébraux fonctionnels Troubles psychologiques auxquels on ne peut trouver de cause structurale; comprennent les névroses et les psychoses (voir précédemment).

RÉSUMÉ DU CHAPITRE

Encéphale (p. 490)

1. Le cerveau gouverne les mouvements volontaires, l'interprétation et l'intégration des sensations, la conscience et la cognition.

Développement embryonnaire (p. 490)

2. L'encéphale croît à partir de la partie rostrale du tube neural embryonnaire.

3. Les premières structures cérébrales apparaissant au cours du développement embryonnaire sont les trois vésicules encéphaliques primitives: le prosencéphale (les hémisphères cérébraux et le diencéphale), le mésencéphale et le rhombencéphale (le pont, le bulbe rachidien et le cervelet).

4. La céphalisation provoque l'enveloppement du diencéphale et de la partie supérieure du tronc cérébral par les hémisphères cérébraux.

Régions et organisation (p. 491)

5. On divise généralement l'encéphale adulte en quatre régions: les hémisphères cérébraux, le diencéphale, le tronc cérébral et le cervelet.

6. Les hémisphères cérébraux et le cervelet sont composés d'un cortex (formé de substance grise), de substance blanche et de plusieurs noyaux de substance grise disséminés dans la substance blanche. Le tronc cérébral et le diencéphale sont dépourvus de cortex.

Ventricules cérébraux (p. 493)

7. L'encéphale contient quatre ventricules remplis de liquide cérébrospinal. Les ventricules latéraux se trouvent dans les hémisphères cérébraux. Le troisième ventricule est situé dans le diencéphale. Le quatrième ventricule est situé dans le tronc cérébral et il communique avec le canal central de la moelle épinière.

Hémisphères cérébraux (p. 493)

8. Les deux hémisphères cérébraux présentent des gyrus, des sillons et des fissures. La fissure longitudinale du cerveau sépare partiellement les hémisphères. D'autres fissures et sillons divisent les hémisphères en lobes.

9. Chaque hémisphère cérébral est formé du cortex cérébral en surface et, sous le cortex, de substance blanche et de noyaux basaux.

10. Le cortex de chaque hémisphère cérébral reçoit des influx sensitifs du côté opposé du corps et y envoie des commandes motrices. Le corps est représenté tête en bas (homoncule) dans les régions motrices et sensitives.

11. Les régions fonctionnelles du cortex cérébral sont: (1) les régions motrices, soit le cortex moteur primaire, le cortex prémoteur, l'aire oculomotrice frontale et l'aire de Broca, située dans le lobe frontal d'un hémisphère (généralement le gauche); (2) les régions sensitives, soit le cortex somesthésique primaire et le cortex associatif somesthésique dans le lobe pariétal, le cortex visuel primaire dans le lobe occipital, le cortex olfactif et le cortex auditif primaire dans le lobe temporal, et le cortex gustatif, vestibulaire et l'aire viscérale dans l'insula; (3) les régions associatives, soit l'aire associative antérieure dans le lobe frontal et les aires associatives postérieure et limbique dans plusieurs lobes.

12. Les fonctions corticales sont latéralisées. L'hémisphère gauche (spécialisé dans le langage et les habiletés mathématiques) est dominant chez la plupart des gens; l'hémisphère droit intervient dans les habiletés spatiovisuelles et la créativité.

13. Les faisceaux de la substance blanche cérébrale sont formés par les neurofibres commissurales, les neurofibres associatives et les neurofibres de projection.

14. Les noyaux basaux comprennent le noyau lenticulaire (le globus pallidus et le putamen) et le noyau caudé. Ce sont des noyaux sous-corticaux qui jouent un rôle dans la régulation du mouvement des muscles squelettiques. Sur le plan fonctionnel, ils sont étroitement associés à la substantia nigra du mésencéphale.

Diencéphale (p. 504)

15. Le diencéphale est composé du thalamus, de l'hypothalamus et de l'épithalamus, et il recouvre le troisième ventricule.

16. Le thalamus constitue le principal relais pour: (1) les influx sensitifs qui montent dans la région sensitive; (2) les influx qui vont des noyaux moteurs sous-corticaux et du cervelet aux régions motrices; (3) les influx qui vont des centres inférieurs aux régions associatives.

17. L'hypothalamus est un important centre de régulation du système nerveux autonome, et la pierre angulaire du système limbique. Il maintient l'équilibre hydrique; il régit la soif, l'appétit, l'activité gastro-intestinale, la température corporelle ainsi que l'activité de l'adénohypophyse.

18. L'épithalamus est composé de la glande pinéale, qui sécrète une hormone, la mélatonine.

Tronc cérébral (p. 507)

19. Le tronc cérébral comprend le mésencéphale, le pont et le bulbe rachidien.

20. Le mésencéphale contient les colliculus (centres réflexes visuels et auditifs), le noyau rouge (centre moteur sous-cortical) et la

substantia nigra. La substance grise centrale du mésencéphale est à l'origine de la réaction de la peur et contient les noyaux moteurs des nerfs crâniens III et IV. Les pédoncules cérébraux, sur la face ventrale du mésencéphale, abritent les tractus corticospinaux (moteurs). Le mésencéphale entoure l'aqueduc du mésencéphale.

21. Le pont est principalement une structure servant à la propagation des influx nerveux ascendants et descendants. Ses noyaux contribuent à la régulation de la respiration et donnent naissance aux nerfs crâniens V, VI et VII.

22. Les pyramides du bulbe rachidien sont formées par les tractus corticospinaux descendants et constituent sa face ventrale. Ces neurofibres croisent la ligne médiane (décussation des pyramides) avant d'entrer dans la moelle épinière. D'importants noyaux du bulbe rachidien régissent le rythme respiratoire, la fréquence cardiaque et la pression artérielle, et donnent naissance aux nerfs crâniens VIII à XII. Le noyau olivaire de même que les centres de la toux, de l'éternuement, de la déglutition et du vomissement sont situés dans le bulbe rachidien.

Cervelet (p. 511)

23. Le cervelet est formé de deux hémisphères parcourus de lamelles transversales et séparés par le vermis. Le cervelet est relié au tronc cérébral par les pédoncules cérébelleux supérieurs, moyens et inférieurs.

24. Le cervelet traite et interprète les influx provenant des régions motrices et des voies sensitives, et il coordonne l'activité motrice de manière à synchroniser les mouvements. Il joue aussi un rôle encore obscur dans la cognition.

Systèmes de l'encéphale (p. 514)

25. Le système limbique est composé de nombreuses structures qui entourent le diencéphale. Il correspond au «cerveau émotionnel et viscéral». Il joue aussi un rôle dans la mémoire.

26. La formation réticulaire comprend des noyaux qui s'étendent sur toute la longueur du tronc cérébral. Elle maintient la vigilance du cortex cérébral (système réticulaire activateur ascendant), et ses noyaux moteurs interviennent dans les activités motrices tant somatiques que viscérales.

Fonctions mentales supérieures (p. 516)

Ondes cérébrales et électroencéphalogramme (p. 517)

1. L'activité électrique du cortex cérébral se traduit par des ondes cérébrales; l'enregistrement de cette activité est un électroencéphalogramme (EEG). Les ondes cérébrales se distinguent par leur fréquence et leur amplitude; ce sont les ondes alpha, bêta, thêta et delta.

2. L'épilepsie est une anomalie de l'activité électrique des neurones cérébraux. Les crises d'épilepsie sont souvent précédées d'auras et elles se caractérisent par des contractions musculaires involontaires.

Conscience (p. 518)

3. La conscience comprend la perception sensorielle, le déclenchement et la maîtrise des mouvements volontaires ainsi que les aptitudes mentales supérieures. Sur le plan clinique, elle peut se décrire comme un continuum dont les principaux niveaux sont la vigilance, la somnolence, la stupeur et le coma.

4. On pense que la conscience humaine fait intervenir un traitement holistique de l'information (1) qui est impossible à localiser, (2) qui se superpose à d'autres types d'activités neuronales et (3) dont les éléments sont étroitement liés.

5. L'évanouissement (la syncope) est une perte temporaire de la conscience généralement due à une diminution de l'irrigation sanguine de l'encéphale. Le coma est un état d'inconscience auquel les stimulus ne peuvent mettre fin.

Sommeil et cycle veille-sommeil (p. 519)

6. Le sommeil est une altération de la conscience à laquelle une stimulation peut mettre fin. Les deux principaux types de sommeil sont le sommeil lent (SL) et le sommeil paradoxal (SP).

7. Pendant les stades 1 à 4 du sommeil lent, les ondes cérébrales perdent en régularité et gagnent en amplitude jusqu'à l'apparition des ondes delta (stade 4). Le sommeil paradoxal se manifeste par un retour au stade 1 du sommeil lent. Durant le sommeil paradoxal, les yeux se déplacent rapidement sous les paupières. Les périodes de sommeil lent et de sommeil paradoxal alternent au cours de la nuit.

8. Le sommeil réparateur semble être celui du stade 4 du sommeil lent. Le sommeil paradoxal est important pour la stabilité émotionnelle.

9. Le sommeil paradoxal représente la moitié du temps de sommeil du nourrisson, et environ 25 % de celui de l'enfant de 10 ans. La durée du stade 4 du sommeil lent diminue constamment au cours de la vie.

10. La narcolepsie consiste en accès involontaires et soudains de sommeil. L'insomnie est l'incapacité chronique d'obtenir la quantité ou la qualité de sommeil nécessaire au bon fonctionnement de la personne. Les apnées du sommeil sont des cessations temporaires de la respiration pendant le sommeil, causant une hypoxie.

Langage (p. 521)

11. Chez la plupart des gens, le langage est régi dans l'hémisphère gauche. Le système de mise en œuvre du langage, qui comprend l'aire de Broca, l'aire de Wernicke et les noyaux basaux, analyse le langage entendu et permet de parler. L'hémisphère opposé se charge du contenu émotionnel du langage.

Mémoire (p. 521)

12. La mémoire est la capacité de se rappeler nos pensées. Elle est essentielle à l'apprentissage et elle s'incorpore à la conscience.

13. La mémorisation s'effectue en deux stades: celui de la mémoire à court terme et celui de la mémoire à long terme. Le transfert de l'information de la mémoire à court terme à la mémoire à long terme dure de quelques minutes à quelques heures, mais il faut plus de temps pour que soient consolidés les souvenirs à long terme.

14. La mémoire déclarative est la capacité d'apprendre et de mémoriser consciemment de l'information. La mémoire procédurale est l'apprentissage d'actes moteurs qui peuvent ensuite être accomplis sans réflexion consciente.

15. La mémoire déclarative semble faire intervenir l'hippocampe, le corps amygdaloïde, le diencéphale, le télencéphale ventral et le cortex préfrontal. Les voies de la mémoire procédurale passent par le corps strié.

16. On ne comprend pas encore tout à fait la nature des traces mnésiques, mais on sait que les récepteurs du NMDA jouent un rôle important dans la potentialisation à long terme. Ces récepteurs (qui sont essentiellement des canaux calciques) sont activés successivement par la dépolarisation et par la liaison du glutamate. L'afflux de Ca^{2+} consécutif à l'activation des récepteurs du NMDA mobilise les enzymes qui déclenchent les événements nécessaires à la formation des souvenirs.

12

Protection de l'encéphale (p. 525)

Méninges (p. 525)

1. Les fragiles structures de l'encéphale sont protégées par les os de la tête, les méninges, le liquide cérébrospinal et la barrière hématoencéphalique.

2. De l'extérieur vers l'intérieur, les méninges sont la dure-mère, l'arachnoïde et la pie-mère. Elles entourent l'encéphale et la moelle épinière ainsi que leurs vaisseaux sanguins. En se repliant vers l'intérieur, le feuillet interne de la dure-mère attache l'encéphale au crâne.

Liquide cérébrospinal (p. 527)

3. Le liquide cérébrospinal est élaboré par les plexus choroïdes à partir du plasma sanguin et il circule à travers les ventricules et dans l'espace subarachnoïdien. Les villosités arachnoïdiennes le renvoient dans les sinus de la dure-mère. Le liquide cérébrospinal sert de soutien et de coussin à l'encéphale et à la moelle épinière, et il contribue à les nourrir.

Barrière hématoencéphalique (p. 527)

4. La barrière hématoencéphalique est engendrée par l'imperméabilité relative de l'épithélium des capillaires de l'encéphale. Elle laisse entrer l'eau, l'oxygène, les nutriments essentiels et les molécules liposolubles dans le tissu nerveux, mais elle en interdit l'accès aux substances hydrosolubles potentiellement nuisibles.

Déséquilibres homéostatiques de l'encéphale (p. 529)

5. Les traumatismes crâniens peuvent causer des lésions cérébrales appelées commotions (lésions réversibles) ou contusions (lésions irréversibles). Quand le tronc cérébral est touché, une inconscience temporaire ou permanente survient. Les lésions cérébrales causées par des traumatismes peuvent être aggravées par une hémorragie intracrânienne ou par un œdème cérébral, qui ont pour effet de comprimer le tissu cérébral.

6. Les accidents vasculaires cérébraux (attaques) surviennent lorsque les neurones cérébraux sont partiellement ou entièrement privés d'irrigation sanguine et que le tissu cérébral est détruit. Ils peuvent entraîner l'hémiplégie, des déficits sensoriels ou des troubles de l'élocution.

7. La maladie d'Alzheimer est une maladie cérébrale dégénérative caractérisée par l'apparition de dépôts de peptides bêta-amyloïdes et d'enchevêtrements neurofibrillaires dans les neurones. Elle est associée à un déficit en Ach. La maladie cause une perte progressive de la mémoire et de la régulation motrice, ainsi qu'une démence progressive.

8. La maladie de Parkinson et la chorée de Huntington sont des maladies neurodégénératives des noyaux basaux. Elles sont dues à une sécrétion insuffisante (dans le premier cas) ou excessive (dans le second) de dopamine et se caractérisent par des mouvements anormaux.

Moelle épinière (p. 532)

Développement embryonnaire (p. 532)

1. La moelle épinière se développe à partir du tube neural. Sa substance grise se forme à partir des lames dorsale et ventrale. Des faisceaux et des tractus composent la substance blanche externe. La crête neurale forme les ganglions spinaux (sensitifs).

Anatomie macroscopique et protection (p. 533)

2. La moelle épinière achemine les influx dans les deux sens. Elle est aussi un centre réflexe. Elle est située à l'intérieur de la colonne vertébrale, et elle est protégée par les méninges et le liquide cérébrospinal. Elle s'étend du foramen magnum jusqu'à la première vertèbre lombaire.

3. Trente et une paires de nerfs spinaux émergent de la moelle épinière. La moelle épinière présente des renflements (intumescences) dans les régions cervicale et lombaire, aux endroits où naissent les nerfs spinaux qui desservent les muscles squelettiques des membres.

Anatomie en coupe transversale (p. 533)

4. La substance grise située au centre de la moelle épinière a la forme d'un H. Les cornes ventrales contiennent des neurones moteurs somatiques. Les cornes latérales contiennent des neurones moteurs viscéraux. Les cornes dorsales contiennent des interneurones.

5. Les axones des neurones des cornes latérales et ventrales émergent de la moelle épinière par l'intermédiaire des racines ventrales des nerfs spinaux. Les axones des neurones sensitifs (dont les corps cellulaires sont situés dans les ganglions spinaux) entrent dans la partie postérieure de la moelle épinière et forment les racines dorsales des nerfs spinaux. Les racines ventrales et dorsales s'associent pour former les nerfs spinaux.

6. De chaque côté de la moelle épinière, la substance blanche se répartit en cordons dorsal, latéral et ventral. Chaque cordon contient des faisceaux et des tractus ascendants et descendants. Tous les faisceaux et tractus sont pairés et la plupart croisent la ligne médiane à un niveau ou à un autre de la moelle.

7. Les faisceaux et les tractus ascendants (sensitifs) sont le faisceau gracile et le faisceau cunéiforme, les tractus spinothalamiques et les tractus spinocérébelleux.

8. La voie du cordon dorsal et du lemnisque médial est composée du cordon dorsal (faisceau cunéiforme, faisceau gracile) et du lemnisque médial, qui assurent la transmission directe et précise des influx provenant d'une seule modalité sensorielle (ou de quelques modalités apparentées). La voie antérolatérale (principalement le tractus spinothalamique) est une voie multimodale qui permet le traitement des influx ascendants par le tronc cérébral. Les tractus spinocérébelleux, qui aboutissent dans le cervelet, sont au service du sens kinesthésique et non de la perception sensorielle consciente.

9. Les tractus descendants (moteurs) sont les tractus corticospinaux ventral et latéral et certains autres tractus moteurs, qui prennent naissance dans les noyaux moteurs sous-corticaux. Ces neurofibres descendantes, issues des noyaux moteurs du tronc cérébral (voie motrice secondaire) et du cortex moteur primaire (voie motrice principale), s'étendent jusqu'au niveau segmentaire qu'elles régissent.

Traumatismes et affections de la moelle épinière (p. 542)

10. Les lésions des neurones des cornes ventrales (neurones moteurs inférieurs) ou des racines ventrales des nerfs spinaux entraînent la paralysie flasque. (Les lésions des neurones moteurs supérieurs de l'encéphale provoquent la paralysie spastique.) L'atteinte des racines dorsales des nerfs spinaux ou des tractus sensitifs cause la paresthésie.

11. La poliomyélite est causée par le poliovirus, qui provoque l'inflammation et la destruction des neurones des cornes ventrales. Elle a pour conséquence la paralysie et l'atrophie musculaire.

12. La sclérose latérale amyotrophique (SLA) résulte de la destruction des neurones des cornes ventrales et du tractus corticospinal. La personne atteinte perd peu à peu la capacité d'avaler, de

parler et de respirer. La mort survient dans les cinq ans qui suivent l'apparition de la maladie.

Diagnostic d'un dysfonctionnement du SNC (p. 545)

1. Les procédés diagnostiques servant à l'évaluation neurologique vont de la recherche des réflexes aux techniques perfectionnées telles que la pneumoencéphalographie, l'angiographie cérébrale, la tomographie, la remnographie et la tomographie par émission de positrons.

Développement et vieillissement du SNC (p. 545)

1. Des facteurs maternels et environnementaux peuvent entraver le développement cérébral de l'embryon. Par ailleurs, la privation d'oxygène détruit les cellules cérébrales. Au nombre des anomalies congénitales graves de l'encéphale, on compte l'infirmité motrice cérébrale, l'anencéphalie, l'hydrocéphalie et le spina bifida.

2. La régulation de la température corporelle est entravée chez les bébés prématurés, car l'hypothalamus est l'une des dernières structures de l'encéphale à atteindre la maturité pendant le développement prénatal.

3. L'évolution de la régulation motrice est parallèle à la myélinisation et à la maturation du système nerveux de l'enfant.

4. La croissance de l'encéphale prend fin au début de l'âge adulte. Tout au long de la vie, des neurones meurent sans être remplacés. Par conséquent, la masse et le volume de l'encéphale diminuent au cours des années.

5. Les personnes âgées en bonne santé jouissent d'un fonctionnement intellectuel optimal. La maladie est une des principales causes du déclin des fonctions mentales au cours de la vieillesse.

QUESTIONS DE RÉVISION

Choix multiples/associations

(Il peut y avoir plus d'une bonne réponse à certaines questions. Choisissez les meilleures réponses parmi celles qui sont proposées. Les réponses se trouvent à l'appendice G.)

1. Le cortex moteur primaire, l'aire de Broca et le cortex prémoteur sont situés dans: (**a**) le lobe frontal; (**b**) le lobe pariétal; (**c**) le lobe temporal; (**d**) le lobe occipital.

2. La méninge la plus profonde, qui est composée de tissu délicat et adhère au tissu cérébral, est: (**a**) la dure-mère; (**b**) le corps calleux; (**c**) l'arachnoïde; (**d**) la pie-mère.

3. Le liquide cérébrospinal est élaboré par: (**a**) les villosités arachnoïdiennes; (**b**) la dure-mère; (**c**) les plexus choroïdes; (**d**) toutes ces réponses.

4. Un patient a subi une hémorragie cérébrale qui a entraîné un dysfonctionnement du gyrus préfrontal de l'hémisphère droit. Cette personne ne peut donc plus: (**a**) remuer volontairement son bras ou sa jambe gauches; (**b**) éprouver de sensation du côté gauche du corps; (**c**) éprouver de sensation du côté droit du corps.

5. Associez les termes suivants à leurs définitions. (Un même terme peut revenir plus d'une fois.)

(**a**) Cervelet   (**d**) Corps strié   (**g**) Mésencéphale
(**b**) Colliculus   (**e**) Hypothalamus   (**h**) Pont
(**c**) Corps calleux   (**f**) Bulbe rachidien   (**i**) Thalamus

_____ (**1**) Noyaux basaux intervenant dans la motricité fine.
_____ (**2**) Région où les neurofibres des tractus corticospinaux descendants de la voie motrice principale croisent la ligne médiane.
_____ (**3**) Régit la température, les réflexes du système nerveux autonome, la faim et l'équilibre hydrique.
_____ (**4**) Abrite la substantia nigra et l'aqueduc du mésencéphale.
_____ (**5**) Relais pour les influx visuels et auditifs situé dans le mésencéphale.
_____ (**6**) Abrite les centres de régulation de la fréquence cardiaque, de la respiration et de la pression artérielle.
_____ (**7**) Région du cerveau que doivent traverser tous les influx sensitifs pour atteindre le cortex cérébral.

_____ (**8**) Région de l'encéphale intervenant surtout dans l'équilibre, la posture et la coordination de l'activité motrice.

6. Lesquelles des voies suivantes acheminent les vibrations et d'autres sensations qui peuvent être localisées avec précision? (**a**) La voie motrice secondaire; (**b**) le lemnisque médial; (**c**) le tractus spinothalamique latéral; (**d**) le tractus réticulospinal.

7. La destruction des cellules de la corne ventrale de la moelle épinière entraîne une perte: (**a**) des influx intégrateurs; (**b**) des influx sensitifs; (**c**) des influx moteurs volontaires; (**d**) toutes ces réponses.

8. Les neurofibres qui permettent la communication entre les neurones d'un même hémisphère cérébral sont: (**a**) les neurofibres associatives; (**b**) les neurofibres commissurales; (**c**) les neurofibres de projection.

9. Inscrivez **g** si les structures cérébrales suivantes sont composées principalement de substance grise, et **b** si elles sont composées principalement de substance blanche.

_____ (**1**) Cortex cérébral
_____ (**2**) Corps calleux et corona radiata
_____ (**3**) Noyau rouge
_____ (**4**) Noyaux de la région médiale et de la région latérale de la formation réticulée
_____ (**5**) Lemnisque médial
_____ (**6**) Noyaux des nerfs crâniens
_____ (**7**) Tractus spinothalamique
_____ (**8**) Fornix
_____ (**9**) Gyrus du cingulum et gyrus précentral

10. Tout à coup, un professeur souffle dans un clairon pendant un cours d'anatomie et de physiologie. Tous les étudiants lèvent les yeux, ébahis. Les mouvements réflexes de leurs yeux sont commandés par: (**a**) le cortex cérébral; (**b**) les noyaux olivaires caudaux; (**c**) les noyaux du raphé; (**d**) les colliculus supérieurs; (**e**) le noyau gracile.

11. Associez les stades du sommeil aux caractéristiques suivantes. (Les réponses (**a**) à (**d**) correspondent au sommeil lent.)

Stades: (**a**) stade 1;   (**d**) stade 4;
(**b**) stade 2;   (**e**) sommeil paradoxal.
(**c**) stade 3;

_____ (**1**) Stade pendant lequel les signes vitaux (fréquence respiratoire, pouls, pression artérielle et température corporelle) atteignent leurs niveaux les plus bas.

_____ (**2**) Stade pendant lequel se produisent les rêves et les mouvements des yeux sous les paupières.

_____ (**3**) Stade pendant lequel se produisent les cauchemars.

_____ (**4**) Stade des ondes alpha, pendant lequel le dormeur peut s'éveiller très facilement.

12. Toutes les phrases suivantes sauf une s'appliquent à la voie du cordon dorsal et du lemnisque médial. (**a**) Elle comprend le faisceau gracile et le faisceau cunéiforme ; (**b**) elle est formée de chaînes de trois neurones ; (**c**) ses connexions sont diffuses et polymodales ; (**d**) elle assure la transmission précise d'une seule modalité sensorielle ou de quelques modalités apparentées.

Questions à court développement

13. Faites un schéma montrant les trois vésicules encéphaliques primitives (embryonnaires). Nommez chaque vésicule ainsi que la région cérébrale adulte à laquelle elle donne naissance, en employant la terminologie clinique.

14. (**a**) Quels avantages nous confèrent les nombreux gyrus du cerveau ? (**b**) Par quel terme désigne-t-on ses rainures ? Ses saillies ? (**c**) Quelle rainure divise le cerveau en deux hémisphères ? (**d**) Quelle rainure sépare le lobe pariétal du lobe frontal ? Le lobe pariétal du lobe temporal ?

15. (**a**) Faites un schéma du profil de l'hémisphère cérébral gauche. (**b**) Vous vous dites que vous n'avez aucun talent pour le dessin ? Alors, nommez l'hémisphère qui intervient dans la capacité de dessiner chez la plupart des gens. (**c**) Dans votre dessin, situez les régions suivantes et indiquez leurs principales fonctions : cortex moteur primaire, cortex prémoteur, cortex somesthésique associatif, cortex somesthésique primaire, cortex visuel primaire, cortex auditif primaire, cortex préfrontal, aire de Wernicke et aire de Broca.

16. (**a**) Qu'est-ce que la latéralisation du fonctionnement cortical ? (**b**) Pourquoi le terme « dominance cérébrale » est-il impropre ?

17. (**a**) Quelle est la fonction des noyaux basaux ? (**b**) Quels noyaux basaux forment le noyau lenticulaire ? (**c**) Lesquels se recourbent par-dessus le diencéphale ?

18. Expliquez comment le cervelet est physiquement relié au tronc cérébral.

19. Expliquez comment le cervelet coordonne et synchronise l'activité des muscles squelettiques.

20. (**a**) Où est situé le système limbique ? (**b**) Quelles structures composent ce système ? (**c**) Quel est le rôle du système limbique par rapport au comportement ?

21. (**a**) Situez la formation réticulaire dans l'encéphale. (**b**) Qu'est-ce que le système réticulaire activateur ascendant et quelle est sa fonction ?

22. Qu'est-ce qu'une aura ?

23. Quelles sont les variations de l'organisation du sommeil, du temps de sommeil et de la durée du sommeil lent et du sommeil paradoxal au cours de la vie ?

24. Comparez la mémoire à court terme avec la mémoire à long terme du point de vue de la capacité de stockage et de la durée de rétention.

25. Définissez la consolidation mnésique.

26. Comparez la mémoire déclarative avec la mémoire procédurale du point de vue des données mémorisées et de l'importance de la récupération consciente.

27. De quelle façon l'aire de Broca et l'aire de Wernicke se complètent-elles ?

28. Citez quatre facteurs de protection du SNC.

29. (**a**) Comment le liquide cérébrospinal est-il formé et drainé ? Indiquez le trajet qu'il parcourt à l'intérieur et autour de l'encéphale. (**b**) Qu'arrive-t-il lorsque le liquide cérébrospinal n'est pas adéquatement drainé ? Pourquoi cette conséquence est-elle plus grave chez l'adulte que chez l'enfant ?

30. Qu'est-ce qui compose la barrière hématoencéphalique ?

31. Un neurochirurgien est sur le point d'effectuer une intervention chirurgicale intracrânienne. Il doit commencer par faire une incision. Nommez toutes les couches de tissus qu'il traversera pour se rendre de la peau à l'encéphale.

32. (**a**) Définissez une commotion cérébrale et une contusion cérébrale. (**b**) Pourquoi les contusions graves du tronc cérébral provoquent-elles l'inconscience ?

33. Décrivez la moelle épinière du point de vue de son étendue, de sa composition en substance grise et en substance blanche, ainsi que des racines des nerfs spinaux.

34. Distinguez les types d'activités motrices qui sont régis par les systèmes de la voie motrice principale (pyramidale) et secondaire (extrapyramidale).

35. Décrivez les troubles fonctionnels qui pourraient affliger une personne dont les tractus suivants ont été coupés : (**a**) spinothalamique latéral ; (**b**) spinocérébelleux ventral et dorsal ; (**c**) tectospinal.

36. Distinguez la paralysie spastique de la paralysie flasque.

37. Quelles sont les différences entre la paraplégie, l'hémiplégie et la quadriplégie ?

38. (**a**) Qu'est-ce qu'un accident vasculaire cérébral (AVC) ? (**b**) Décrivez ses causes et ses conséquences possibles.

39. (**a**) Quels facteurs peuvent influer sur le développement de l'encéphale chez le fœtus ? (**b**) Énumérez quelques-uns des changements structuraux de l'encéphale associés au vieillissement.

Réflexion et application

1. Un nourrisson de 10 mois présente une augmentation du périmètre crânien et un retard général de développement. Sa fontanelle antérieure fait saillie et la pression de son liquide cérébrospinal est élevée. (**a**) Quelles sont les causes possibles de l'augmentation du périmètre crânien ? (**b**) À quels examens pourrait-on procéder pour diagnostiquer le trouble dont souffre l'enfant ? (**c**) En supposant que les examens révèlent une constriction de l'aqueduc du mésencéphale, quels ventricules ou quelles régions contenant du liquide cérébrospinal seront probablement distendus ? Lesquels ne seront sans doute pas visibles ? Répondez aux mêmes questions en supposant que les examens révèlent une obstruction des villosités arachnoïdiennes.

2. Mᵐᵉ Dubuc a présenté un déclin progressif des facultés mentales au cours des cinq ou six dernières années. Au début, les membres de sa famille attribuaient ses trous de mémoire occasionnels, sa désorientation et son agitation au chagrin causé par le décès de M. Dubuc, survenu six ans plus tôt. L'examen révèle que Mᵐᵉ Dubuc est consciente de ses problèmes cognitifs et que son QI est inférieur d'environ 30 points à celui que laissent présager ses antécédents professionnels. Une tomographie indique une atrophie cérébrale diffuse. Le médecin prescrit un inhibiteur de l'acétylcholinestérase (AchE) à Mᵐᵉ Dubuc et dit à sa famille qu'il ne peut faire plus. De quel trouble Mᵐᵉ Dubuc souffre-t-elle ? Pourquoi l'administration d'un tel médicament est-elle utile ?

3. Victor, un brillant programmeur-analyste, a reçu une pierre sur le devant du crâne au cours d'une escalade. Peu de temps après, ses collègues ont constaté d'importants changements dans son comportement. Contrairement à son habitude, il négligeait sa tenue vestimentaire. Un jour, quelqu'un l'a surpris alors qu'il déféquait dans une corbeille à papiers. Son supérieur lui a enjoint de consulter sans tarder le médecin de l'entreprise. Quelle région de l'encéphale de Victor a été atteinte par le choc?

4. Mme Lefebvre est sur le point de donner naissance à son premier enfant. Il semble malheureusement que le bébé présente une myéloméningocèle. Recommanderiez-vous un accouchement par voie vaginale ou une césarienne? Justifiez votre réponse.

5. On trouve les notes suivantes dans le dossier médical d'un homme de 68 ans: «Léger tremblement de la main droite au repos; visage inexpressif; difficulté à amorcer les mouvements.» (**a**) Formulez un diagnostic en vous fondant sur vos connaissances actuelles. (**b**) À quelles régions du cerveau la maladie dont souffre cet homme est-elle associée? À quel déficit est-elle due? (**c**) Comment traite-t-on cette maladie de nos jours?

6. Jessica, 16 ans, a fait une mauvaise chute aux barres asymétriques et elle est transportée d'urgence à l'hôpital. Après un examen neurologique complet, le médecin annonce à ses parents qu'elle a une paralysie permanente de la moitié inférieure du corps, à partir de la taille. Le neurologue explique ensuite aux parents de Jessica qu'il est important de prévenir les complications qui accompagnement généralement ce type de paralysie, à savoir les infections urinaires, les escarres de décubitus (névrose cutanée) et les spasmes musculaires. À l'aide de vos connaissances en neuroanatomie, expliquez ce qui est à l'origine de ces complications.

7. Il y a deux semaines, Mme Henri a subi un accident vasculaire cérébral. Au début, elle était incapable de bouger son bras droit et le côté droit de son visage, mais sa paralysie a considérablement diminué. Elle a cependant encore beaucoup de difficulté à parler. Elle n'arrive à émettre que quelques mots. Elle fait de gros efforts pour produire ces mots, qui sont déformés et séparés par de longues pauses. Sa compréhension du langage écrit et parlé est intacte. Elle est parfaitement consciente de ce qui lui est arrivé et elle pleure beaucoup. Quel côté de l'encéphale a été touché par l'AVC? Quelle région en particulier?

8. Charlotte a cinq ans. Elle réveille ses parents à trois heures du matin en pleurant et en se plaignant de douleurs au cou, de maux de tête et de nausées. Sa température est de 40 °C. Elle se couvre les yeux en disant que la lumière est trop forte. Le médecin de l'urgence pense qu'il s'agit d'une méningite et effectue une ponction lombaire. En fondant votre réponse sur vos connaissances en neuroanatomie, décrivez dans quelle cavité et à quel niveau de la colonne vertébrale l'aiguille doit être insérée pour procéder à cet examen de façon sécuritaire. Quel liquide est prélevé et pourquoi?

13

PREMIÈRE PARTIE
RÉCEPTEURS SENSORIELS ET SENSATION

Récepteurs sensoriels (p. 556)

Intégration sensorielle : de la sensation à la perception (p. 560)

DEUXIÈME PARTIE
LIGNES DE TRANSMISSION : LES NERFS, LEUR STRUCTURE ET LEUR RÉPARATION

Nerfs et ganglions (p. 563)

Nerfs crâniens (p. 566)

Nerfs spinaux (p. 575)

TROISIÈME PARTIE
TERMINAISONS MOTRICES ET ACTIVITÉ MOTRICE

Terminaisons motrices périphériques (p. 585)

Intégration motrice : de l'intention à l'acte (p. 587)

QUATRIÈME PARTIE
ACTIVITÉ RÉFLEXE

Arc réflexe (p. 588)

Réflexes spinaux (p. 589)

Développement et vieillissement du SNP (p. 596)

Le système nerveux périphérique et l'activité réflexe

1 Définir le système nerveux périphérique, montrer son importance et énumérer ses éléments.

En dépit de son haut degré de perfectionnement, l'encéphale humain n'aurait pas une grande utilité s'il était dépourvu de liens avec le monde extérieur, c'est-à-dire si le **système nerveux périphérique** (**SNP**) n'existait pas. L'expérience suivante illustre bien cette affirmation. Des volontaires en bonne santé, et à qui on avait bandé les yeux, ont été enfermés dans un caisson de déprivation sensorielle où ils flottaient sur l'eau chaude. Ils furent rapidement victimes d'hallucinations. L'un vit des éléphants roses et violets qui fonçaient sur lui ; un autre entendit chanter un chœur ; d'autres encore eurent des hallucinations gustatives. Le fonctionnement des centres d'intégration de l'encéphale, qui contribue à notre santé mentale, repose donc sur un apport constant d'informations en provenance de l'environnement.

Les ordres que le système nerveux central (SNC) envoie presque continuellement sous forme d'influx nerveux aux muscles volontaires et aux autres effecteurs musculaires et glandulaires ne sont pas moins importants que les stimulus sensoriels, dans la mesure où ils nous permettent de bouger et de pourvoir à nos besoins fondamentaux.

Le SNP est composé de nerfs répartis dans tout le corps. Ce sont eux qui transmettent les informations sensorielles au SNC et qui permettent l'exécution de ses décisions en transportant ses commandes motrices vers les effecteurs. Le SNP comprend toutes les structures nerveuses autres que l'encéphale et la moelle épinière, soit les *récepteurs sensoriels*, les *nerfs périphériques* et leurs *ganglions* ainsi que les *terminaisons motrices* ; ses relations avec les autres composantes du système nerveux sont présentées à la **figure 13.1**. La première partie de ce chapitre traite de l'anatomie fonctionnelle des éléments du SNP. Nous

décrivons ensuite les composants des arcs réflexes et nous expliquons comment le SNP, par l'intermédiaire d'importants réflexes somatiques, participe au maintien de l'homéostasie.

RÉCEPTEURS SENSORIELS ET SENSATION

Récepteurs sensoriels

2 Classer les récepteurs sensoriels selon leur structure, les stimulus qu'ils captent et leur localisation.

3 Situer les différents types de récepteurs non capsulés et capsulés. Décrire leur structure et préciser leurs fonctions.

Les **récepteurs sensoriels** sont des structures chargées de réagir aux changements qui se produisent dans l'environnement, c'est-à-dire les **stimulus**. En règle générale, la stimulation d'un récepteur sensoriel par un stimulus suffisamment puissant engendre des potentiels gradués. À leur tour, ceux-ci déclenchent des potentiels d'action (influx nerveux) dans les neurofibres afférentes du SNP menant au SNC. La *sensation* (la conscience du stimulus) et la *perception* (l'interprétation du stimulus) ont lieu dans les régions sensitives du cerveau.

Mais avant d'aller plus loin, il nous faut présenter la classification des récepteurs sensoriels. Il existe trois grandes façons de classer les récepteurs sensoriels : selon (1) le type de stimulus qu'ils captent ; (2) leur localisation ; et (3) la complexité de leur structure.

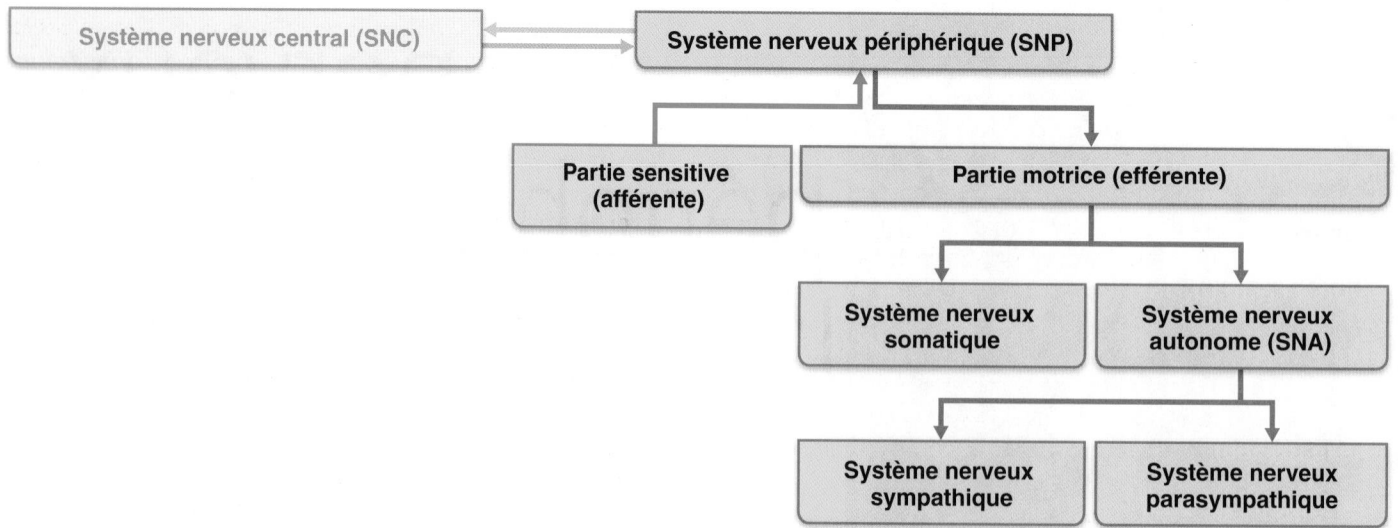

Figure 13.1 **Place du SNP dans l'organisation structurale du système nerveux.**

Classification selon le type de stimulus

On divise les récepteurs en cinq classes en fonction des stimulus qu'ils enregistrent. Le nom de ces classes indique le type de stimulus.

1. Les **mécanorécepteurs** réagissent à des facteurs mécaniques tels que le toucher, la pression (y compris la pression artérielle), les vibrations et l'étirement.
2. Les **thermorécepteurs** répondent aux changements de température.
3. Les **photorécepteurs**, comme ceux de la rétine, réagissent à l'énergie lumineuse.
4. Les **chimiorécepteurs** sont sensibles aux substances chimiques en solution ou présentes dans l'air, par exemple celles que nous goûtons ou que nous inhalons, ainsi que les ions ou les molécules qui changent la composition chimique du sang ou du liquide interstitiel.
5. Les **nocicepteurs** (*noci:* mal) réagissent aux stimulus potentiellement nuisibles, et les informations sensorielles qu'ils transmettent sont interprétées comme étant de la douleur par le cerveau. Par exemple, la chaleur intense, le froid extrême, la pression excessive et les médiateurs chimiques de l'inflammation sont des stimulus perçus comme des sensations douloureuses. Ces signaux stimulent divers sous-types de thermorécepteurs, de mécanorécepteurs et de chimiorécepteurs.

Classification selon la localisation

Selon leur localisation ou celle des stimulus auxquels ils réagissent, les récepteurs se divisent en trois classes.

1. Les **extérocepteurs** sont sensibles aux stimulus provenant de l'environnement. C'est pourquoi la plupart des extérocepteurs sont situés à la surface du corps ou à proximité. Ce sont les récepteurs cutanés du toucher, de la pression, de la douleur et de la température ainsi que la plupart des récepteurs des organes des sens (vue, ouïe, équilibre, goût, odorat). Les stimulus qu'ils enregistrent deviennent conscients au niveau du cortex cérébral.
2. Les **intérocepteurs**, ou *viscérocepteurs*, réagissent aux stimulus produits dans le milieu interne, c'est-à-dire dans les viscères et les vaisseaux. Divers stimulus, comme les changements chimiques, l'étirement des tissus et la température, excitent différents intérocepteurs. Ils peuvent provoquer de la douleur, une sensation de malaise, la faim ou la soif. Les stimulus captés par les intérocepteurs parviennent aux structures de l'encéphale, mais demeurent souvent inconscients.
3. Les **propriocepteurs**, tout comme les intérocepteurs, réagissent aux stimulus internes, mais on ne les trouve que dans les muscles squelettiques, les tendons, les articulations, les ligaments et le tissu conjonctif qui recouvre les os et les muscles. (Certains spécialistes estiment que les récepteurs de l'équilibre situés dans l'oreille interne font également partie des propriocepteurs.) Les propriocepteurs informent constamment l'encéphale des mouvements de notre corps (*proprio:* à soi) en mesurant le degré d'étirement des tendons et des muscles. La majorité des informations sensorielles captées par les propriocepteurs restent inconscientes.

Classification selon la complexité de la structure

Sur le plan de la structure, on trouve des **récepteurs simples** et des **récepteurs complexes**. La plupart des récepteurs sont simples; ce sont des terminaisons dendritiques modifiées de neurones sensitifs. Les récepteurs simples sont situés partout dans le corps et ils enregistrent la plupart des informations sensorielles.

Quant aux récepteurs complexes, ce sont en fait des **organes des sens**, c'est-à-dire des amas de cellules (généralement de plusieurs types) associés à un même processus de réception. Ainsi, l'œil, l'organe de la vue, est composé non seulement de neurones sensitifs, mais également d'autres types de cellules non nerveuses formant sa paroi de soutien, le cristallin, et d'autres structures encore. Les récepteurs complexes sont associés aux sensibilités particulières que sont la vue, l'ouïe, l'équilibre, l'odorat et le goût.

Nous connaissons mieux les organes des sens, mais les récepteurs sensoriels simples associés à la sensibilité générale sont tout aussi importants. La section suivante porte sur leur structure et leur fonction. Les sens font l'objet du chapitre 15.

Récepteurs sensoriels simples

Les récepteurs sensoriels simples sont disséminés dans tout le corps. Ils captent les stimulus tactiles (toucher, pression, étirement et vibration), la température et la douleur; ils enregistrent également (c'est la fonction des propriocepteurs) les étirements dans les tendons et les muscles squelettiques. Dans votre découverte de ces récepteurs, remarquez qu'il n'existe pas de relation parfaite entre un récepteur et une fonction. Un type de récepteur peut plutôt réagir à différentes sortes de stimulus. De la même manière, plusieurs types de récepteurs peuvent réagir à des stimulus semblables. Sur le plan anatomique, ces récepteurs sont soit des *terminaisons nerveuses libres*, soit des *terminaisons nerveuses capsulées*. Le **tableau 13.1** présente des illustrations des récepteurs sensoriels simples de même que leurs classes structurale et fonctionnelle. Vous trouverez utile de consulter les illustrations de ce tableau tout au long des descriptions qui suivent.

Terminaisons dendritiques non capsulées Les **terminaisons nerveuses libres**, ou **dénudées**, **des neurones sensitifs** sont présentes dans la plupart des tissus, mais elles sont particulièrement abondantes dans le tissu épithélial et le tissu conjonctif. La plupart de ces neurofibres sensitives sont des fibres C amyélinisées, de faible diamètre, et leurs extrémités (les terminaisons sensitives) sont généralement renflées. Elles réagissent surtout à la température et aux stimulus douloureux, mais certaines captent aussi les mouvements des tissus causés par la pression. Les terminaisons nerveuses peuvent capter des différences de température aussi minimes que 0,01 °C. Celles qui réagissent au froid (de 10 à 40 °C) se trouvent dans la couche superficielle

13

TABLEAU 13.1	Classification des récepteurs sensoriels simples selon leur structure et leur fonction		
CLASSE STRUCTURALE	**ILLUSTRATION**	**CLASSE FONCTIONNELLE SELON LA LOCALISATION (L) ET SELON LE TYPE DE STIMULUS (S)**	**LOCALISATION PRÉCISE**
Terminaisons non capsulées			
Terminaisons nerveuses libres des neurones sensitifs	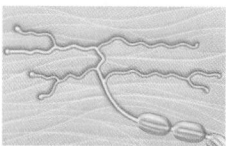	L: extérocepteurs, intérocepteurs et propriocepteurs S: thermorécepteurs (chaleur et froid), chimiorécepteurs (démangeaison, pH, etc.), mécanorécepteurs (pression), nocicepteurs (douleur, chaleur, froid, pincement et substances chimiques)	La plupart des tissus; très nombreux dans les tissus conjonctifs (ligaments, tendons, derme, capsules articulaires, périoste) et les épithéliums (épiderme, cornée, muqueuses et glandes)
Terminaisons nerveuses libres modifiées: corpuscules tactiles non capsulés (disques de Merkel)	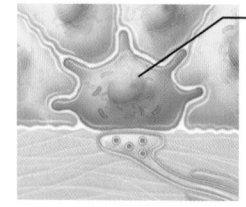 Cellule tactile	L: extérocepteurs S: mécanorécepteurs (pression légère); adaptation lente	Couche basale de l'épiderme
Récepteurs des follicules pileux	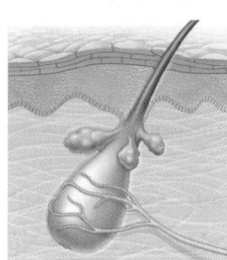	L: extérocepteurs S: mécanorécepteurs (mouvement des poils); adaptation rapide	À l'intérieur et autour des follicules pileux
Terminaisons capsulées			
Corpuscules tactiles capsulés (corpuscules de Meissner)	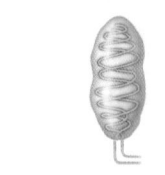	L: extérocepteurs S: mécanorécepteurs (pression légère, toucher discriminant, vibrations de basse fréquence); adaptation rapide	Papilles du derme de la peau glabre, et particulièrement des mamelons, des organes génitaux externes, de l'extrémité des doigts, de la plante des pieds et des paupières
Corpuscules lamelleux (corpuscules de Vater-Pacini)	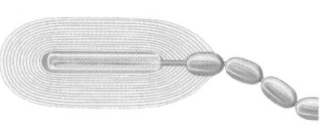	L: extérocepteurs, intérocepteurs et, pour certains, propriocepteurs S: mécanorécepteurs (pression intense, étirement, vibrations de haute fréquence); adaptation rapide	Derme et hypoderme; périoste, mésentère, tendons, ligaments, capsules articulaires; très abondants dans les doigts, la plante des pieds, les organes génitaux externes et les mamelons
Corpuscules de Ruffini	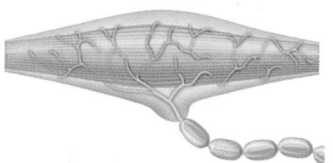	L: extérocepteurs et propriocepteurs S: mécanorécepteurs (pression intense et étirement); adaptation lente ou inexistante	Profondeur du derme, hypoderme et capsules articulaires

du derme; celles qui réagissent à la chaleur (de 32 à 48 °C) sont enfoncées dans le derme. Les températures qui se situent hors des plages thermiques pour le froid et le chaud provoquent des sensations de douleur, ainsi que de l'insensibilité dans le cas du froid. Par conséquent, bien qu'on associe le plus souvent les terminaisons nerveuses libres aux récepteurs de la douleur (nocicepteurs), elles peuvent aussi jouer le rôle de mécanorécepteurs et de thermorécepteurs.

TABLEAU 13.1 *(suite)*			
CLASSE STRUCTURALE	**ILLUSTRATION**	**CLASSE FONCTIONNELLE SELON LA LOCALISATION (L) ET SELON LE TYPE DE STIMULUS (S)**	**LOCALISATION PRÉCISE**
Terminaisons capsulées *(suite)*			
Fuseaux neuromusculaires	Myocytes intrafusoriaux	L : propriocepteurs S : mécanorécepteurs (étirement et longueur des muscles)	Muscles squelettiques, et particulièrement ceux des membres
Fuseaux neurotendineux (de Golgi)		L : propriocepteurs S : mécanorécepteurs (étirement des tendons, tension)	Tendons
Récepteurs kinesthésiques des articulations		L : propriocepteurs S : mécanorécepteurs et nocicepteurs	Capsules articulaires des articulations synoviales

Les sensations de froid ou de chaleur qui dépassent les valeurs perçues par les thermorécepteurs activent les nocicepteurs et sont perçues comme étant douloureuses. Les nocicepteurs réagissent également à la sensation de pincement et à des substances chimiques que libère un tissu endommagé. Un récepteur récemment découvert dans la membrane plasmique des terminaisons nerveuses libres des nocicepteurs, le *récepteur vanilloïde*, est un canal ionique qui s'ouvre sous l'influence de la chaleur, d'une baisse du pH et d'une substance contenue dans les piments, appelée capsaïcine.

La démangeaison est une autre sensation perçue par les terminaisons nerveuses libres. Situé dans le derme, le *récepteur de la démangeaison* n'a été découvert qu'en 1997 ; il était jusque-là passé inaperçu en raison de son faible diamètre. Certaines substances chimiques, dont l'*histamine*, présentes là où il y a de l'inflammation, activent ces terminaisons nerveuses.

Certaines terminaisons nerveuses libres se lient à de grandes cellules épidermiques en forme de rondelle (les *cellules de Merkel* ou *tactiles*) et constituent ainsi les **corpuscules tactiles non capsulés**, ou disques de Merkel ; ceux-ci se trouvent dans les couches profondes de l'épiderme de la peau glabre et jouent le rôle de récepteurs du toucher léger (voir la figure 5.2). D'autres terminaisons nerveuses libres, les **récepteurs des follicules pileux**, s'entrecroisent autour des follicules pileux ; ce sont des récepteurs du toucher léger qui détectent le mouvement des poils. (Vous ressentez un léger chatouillement lorsqu'un moustique se pose sur votre peau : cela correspond à la perception des informations sensorielles transmises au cerveau par ces récepteurs.)

Terminaisons nerveuses capsulées Dans toutes les **terminaisons nerveuses capsulées**, il y a au moins une terminaison dendritique d'un neurone sensitif enfermée dans une capsule de tissu conjonctif. Les récepteurs capsulés sont pour la plupart des mécanorécepteurs, mais leur forme, leur taille et leur distribution sont très variables.

Les **corpuscules tactiles capsulés**, ou corpuscules de Meissner, sont de petits récepteurs ovoïdes formés d'une mince capsule de tissu conjonctif enfermant quelques terminaisons sensitives enroulées en spirale et entourées de neurolemmocytes. Les corpuscules tactiles capsulés sont situés dans les papilles du derme, sous l'épiderme (voir la figure 5.1) ; ils abondent dans les régions sensibles et glabres de la peau telles que les mamelons, le bout des doigts et la plante des pieds. Ce sont des récepteurs du toucher discriminant et, apparemment, ils sont à la peau glabre ce que les récepteurs des follicules pileux sont à la peau velue. Ils sont sensibles à des vibrations de faible fréquence de 30 à 50 Hertz (Hz) exercées par le glissement sur la peau d'un objet texturé, par exemple.

Les **corpuscules lamelleux**, ou corpuscules de Vater-Pacini, sont disséminés dans les profondeurs du derme et dans le tissu sous-cutané, et aussi bien dans la peau glabre que dans la peau velue. Ces mécanorécepteurs ne réagissent qu'à une pression intense, et seulement à la première application de cette pression. Ils sont donc particulièrement aptes à reconnaître la vibration (une pression *intermittente*). Leur sensibilité maximale se situe entre 200 et 300 Hz ; par ailleurs, ils sont à peu près insensibles à une pression continue. Ce sont les plus grands récepteurs corpusculaires et ceux qui ont été le plus étudiés. Certains mesurent plus de 3 mm de longueur et 1,5 mm de largeur et apparaissent à l'œil nu comme des structures blanches et ovoïdes. En coupe, un corpuscule lamelleux ressemble à un oignon tranché. Son unique dendrite est entourée d'une capsule contenant jusqu'à 70 couches de fibres collagènes et de gliocytes aplatis.

Les **corpuscules de Ruffini** sont logés dans le derme, le tissu sous-cutané et les capsules articulaires ; ils sont composés d'une gerbe de terminaisons nerveuses enfermée dans une capsule aplatie. Ils ressemblent à s'y méprendre aux fuseaux neurotendineux (qui mesurent l'étirement des tendons), et on pense qu'ils jouent un rôle analogue dans d'autres tissus conjonctifs denses, c'est-à-dire qu'ils y captent la pression intense et *continue*.

Les **fuseaux neuromusculaires** sont des propriocepteurs fusiformes disséminés dans le périmysium des muscles squelettiques. Chaque fuseau neuromusculaire est composé d'un groupe de myocytes modifiés, appelés myocytes intrafusoriaux (*intra* : à l'intérieur ; *fusorial* : du fuseau), enfermé dans une capsule de tissu conjonctif (tableau 13.1). Les myocytes intrafusoriaux détectent l'étirement du *muscle* ; les neurofibres acheminent alors les informations sensorielles au SNC, qui va déclencher un réflexe s'opposant à cet étirement. Nous reviendrons plus loin sur les fuseaux neuromusculaires, lorsque nous décrirons le réflexe d'étirement (Zoom sur le réflexe d'étirement, figure 13.17).

Les **fuseaux neurotendineux**, ou organes musculotendineux de Golgi, sont intégrés aux tendons, près du point d'insertion du muscle squelettique. Ils sont constitués de petits amas de fibres tendineuses (collagènes) entre lesquelles ou autour desquelles des terminaisons sensitives s'insèrent ou s'enroulent ; le tout est enfermé dans une capsule formée de couches conjonctives superposées. Les terminaisons nerveuses sont activées par compression quand les fibres des tendons sont étirées au cours d'une contraction musculaire. La contraction musculaire est ensuite inhibée et le muscle se détend.

Le fuseau neuromusculaire et le fuseau neurotendineux sont donc tous deux sensibles à un étirement : étirement du muscle pour le premier, étirement du tendon pour le second.

Les **récepteurs kinesthésiques des articulations** sont des propriocepteurs qui mesurent l'étirement dans les capsules articulaires entourant les articulations synoviales. Ils comprennent au moins quatre types de récepteurs (corpuscules lamelleux et corpuscules de Ruffini, terminaisons nerveuses libres et récepteurs ressemblant aux fuseaux neurotendineux) qui, collectivement, informent le cerveau de la position et du mouvement (*kines* : mouvement) des articulations. Nous sommes très conscients de cette sensation.

- Fermez les yeux et remuez votre index. Vous *sentez* précisément quelles articulations se meuvent.

VÉRIFIONS NOS ACQUIS

1. Le SNP est essentiellement constitué de nerfs. Quels autres éléments le composent ?
2. À quel endroit précis se trouvent les propriocepteurs ? À quel genre de stimulus réagissent-ils ?
3. Vous vous coupez au doigt sur un bécher brisé pendant une séance de travaux pratiques. Classez les récepteurs

sensoriels participant à la perception de la douleur selon les stimulus auxquels ils répondent, leur emplacement et leur complexité structurale.

4. Quelles terminaisons nerveuses capsulées réagissent aux vibrations ? Dans quelles régions du corps les trouve-t-on ?

Les réponses se trouvent à l'appendice G.

Intégration sensorielle : de la sensation à la perception

4 Distinguer la sensation de la perception ; décrire brièvement les trois types de traitement des informations réalisés par le système somesthésique (au niveau des récepteurs, des voies ascendantes et de la perception).

5 Comparer les potentiels récepteurs avec les potentiels générateurs, et définir l'adaptation.

6 Décrire les principaux aspects de la perception sensorielle.

7 Distinguer douleur aiguë et douleur persistante ; décrire le type de neurofibres et de substances mises en jeu dans la douleur.

Notre survie dépend non seulement de la **sensation**, mais aussi de la **perception**. La première se définit comme la conscience des variations dans le milieu interne et l'environnement, et la seconde comme l'interprétation consciente des stimulus. Par exemple, lorsqu'un caillou se loge dans votre chaussure, vous avez une *sensation* de pression intense mais une *perception* de douleur. Vous vous empressez de retirer votre chaussure pour vous débarrasser du caillou. En effet, la perception détermine nos réactions aux stimulus.

Organisation générale du système somesthésique

Lorsque nous avons présenté l'organisation générale du système nerveux au chapitre 11, nous n'avons pas parlé de système somesthésique, car il ne s'agit pas d'une subdivision, à proprement parler, du système nerveux. Cette expression fait référence à un ensemble de structures associées à la réception, au transport et au traitement final des informations dans le système nerveux.

Le **système somesthésique** reçoit des influx des extérocepteurs, des propriocepteurs et des intérocepteurs. Par conséquent, il transmet des renseignements relatifs à différentes modalités sensitives du milieu interne du corps comme de son environnement.

Comme l'illustre la **figure 13.2**, dans le système somesthésique, l'intégration nerveuse comprend trois niveaux :

① **Niveau des récepteurs :** récepteurs sensoriels ;

② **Niveau des voies ascendantes :** faisceaux et tractus ascendants ;

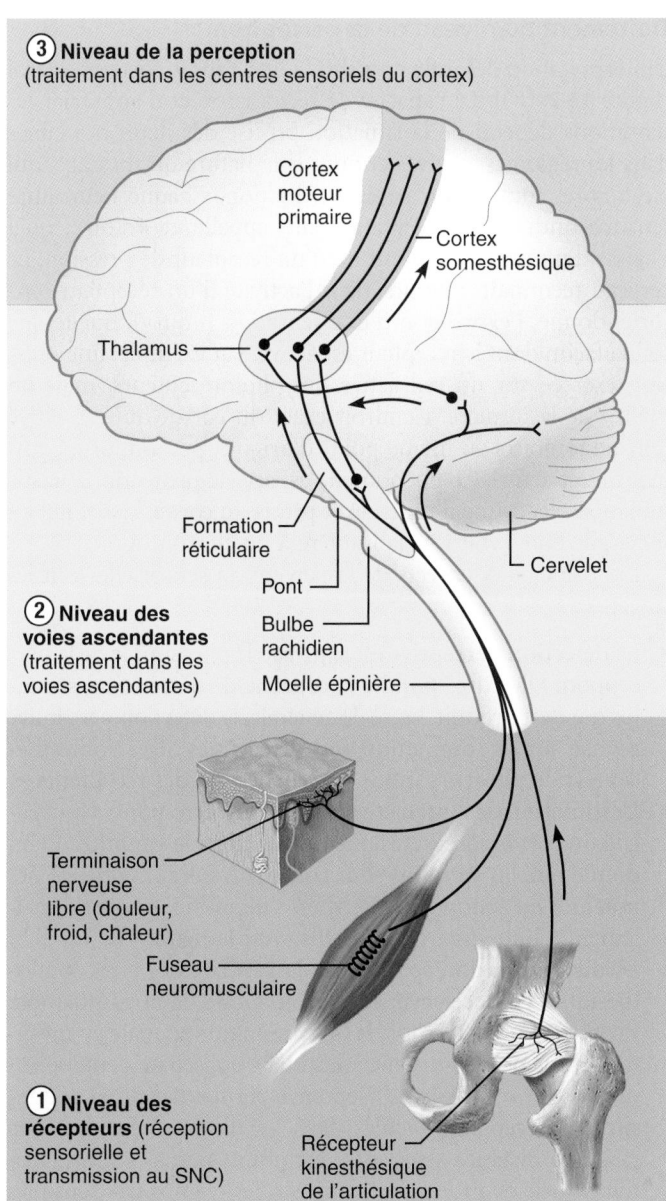

③ **Niveau de la perception**
(traitement dans les centres sensoriels du cortex)

Cortex moteur primaire

Cortex somesthésique

Thalamus

Formation réticulaire

Pont

Bulbe rachidien

Moelle épinière

Cervelet

② **Niveau des voies ascendantes**
(traitement dans les voies ascendantes)

Terminaison nerveuse libre (douleur, froid, chaleur)

Fuseau neuromusculaire

① **Niveau des récepteurs** (réception sensorielle et transmission au SNC)

Récepteur kinesthésique de l'articulation

Figure 13.2 Les trois niveaux fondamentaux de l'intégration nerveuse du système sensoriel.

③ **Niveau de la perception:** réseaux neuronaux du cortex cérébral.

Les neurones relaient les influx sensitifs en direction de l'encéphale, mais ils traitent et utilisent ces informations en cours de route.

Examinons maintenant les tâches qui doivent être accomplies à chacun des niveaux du système.

Traitement au niveau des récepteurs

Pour qu'il y ait sensation, un stimulus doit exciter un récepteur et des potentiels d'action doivent atteindre le SNC (figure 13.2, ①). Ce phénomène se produit quand les conditions suivantes sont remplies.

- Le stimulus doit être *spécifique* du récepteur; autrement dit, le signal doit être émis sous une forme d'énergie susceptible d'être captée et décodée par le récepteur en question. Par exemple, un récepteur du toucher peut être sensible à la pression mécanique, à l'étirement et à la vibration, mais non à l'énergie lumineuse (laquelle fait réagir les récepteurs de l'œil). Plus un récepteur sensoriel est complexe, plus grande est sa spécificité.

- Le stimulus doit être appliqué dans le *champ récepteur* de sa cible, c'est-à-dire dans la région particulière que le récepteur est chargé de surveiller. En règle générale, plus le champ récepteur est petit, plus le cerveau est en mesure de localiser le stimulus avec précision. Par exemple, les corpuscules tactiles capsulés ont un champ récepteur plus étroit que les corpuscules lamelleux et, de ce fait, ils permettent une meilleure discrimination tactile que ces derniers.

- L'énergie du stimulus doit être convertie en *potentiel gradué*. Ce dernier, qui porte le nom de **potentiel récepteur**, est créé par un processus appelé **transduction**. Ce potentiel récepteur peut être un potentiel gradué dépolarisant ou hyperpolarisant semblable aux PPSE et aux PPSI qui se produisent dans les membranes postsynaptiques en réaction à la liaison d'un neurotransmetteur, comme il est décrit au chapitre 11 (voir p. 465-468). Les dépolarisations de la membrane qui s'additionnent et amènent directement la création de potentiels d'action dans une neurofibre afférente sont appelées **potentiels générateurs**.

  Quand la structure réceptrice fait partie d'un neurone sensitif (comme dans le cas des terminaisons nerveuses libres ou capsulées de la plupart des récepteurs sensoriels simples), les expressions «potentiel récepteur» et «potentiel générateur» sont synonymes. Quand le récepteur est lui-même une cellule, le potentiel récepteur et le potentiel générateur sont des phénomènes tout à fait distincts. Lorsqu'elle est stimulée, la cellule réceptrice produit un potentiel récepteur en se dépolarisant. Elle libère alors un neurotransmetteur qui peut produire à son tour un potentiel générateur dans le neurone afférent auquel elle est associée.

- Le potentiel générateur déclenché dans le neurone sensitif associé (neurone de premier ordre) doit atteindre le seuil d'excitation (*intensité liminaire*) pour que les canaux à sodium voltage-dépendants de l'axone s'ouvrent et que soient créés des influx nerveux qui se propagent jusqu'au SNC. (Ces canaux sont habituellement situés tout près de la membrane réceptrice, souvent au niveau du premier nœud de la neurofibre.)

L'information concernant le stimulus – son intensité, sa durée et ses variations – est inscrite dans la fréquence des influx nerveux (plus ils sont fréquents, plus le stimulus est fort). La plupart des récepteurs sensoriels, mais pas tous, sont capables d'**adaptation**, c'est-à-dire d'une modification de leur sensibilité (et de leur production d'influx nerveux) lorsqu'ils sont soumis à un stimulus invariable. Par exemple, quand on passe d'une pièce sombre au plein soleil, on est d'abord ébloui, puis les photorécepteurs s'adaptent rapidement, ce qui permet de voir les régions brillantes et les régions sombres de la scène. Une adaptation est

13

dite *lente* lorsque les récepteurs continuent de répondre au stimulus durant toute la durée de la stimulation, tandis que l'adaptation est qualifiée de *rapide* lorsque le débit de potentiel d'action diminue après une courte durée.

Les **récepteurs phasiques** sont des récepteurs qui *s'adaptent rapidement* et qui produisent des vagues d'influx nerveux au début et à la fin d'un stimulus. Leur principale fonction est de rendre compte des changements dans le milieu interne ou externe. Les corpuscules lamelleux (*Vater-Pacini*) et les corpuscules tactiles capsulés (*disques de Merkel*) sont des exemples de récepteurs phasiques.

Les **récepteurs toniques** produisent une réponse continue faisant appel à peu d'adaptation ou à aucune. Les nocicepteurs et la plupart des propriocepteurs sont des récepteurs toniques en raison de l'importance des informations qu'ils transmettent pour notre protection.

Traitement au niveau des voies ascendantes

Au deuxième niveau fondamental de l'intégration nerveuse, celle des voies ascendantes, la tâche est de faire parvenir les influx aux régions appropriées du cortex cérébral qui se chargent de la localisation du stimulus et de la perception (figure 13.2, ②). Au chapitre 12, nous avons vu que les faisceaux et les tractus ascendants sont habituellement formés d'une chaîne de trois neurones, les neurones sensitifs de premier, de deuxième et de troisième ordre. Les axones des neurones sensitifs de premier ordre, dont les corps cellulaires sont situés dans les ganglions spinaux ou les ganglions sensitifs des nerfs crâniens, relient le niveau des récepteurs et celui des voies ascendantes. Les prolongements centraux des neurones de premier ordre se ramifient considérablement à leur entrée dans la moelle épinière. Certaines branches contribuent aux réflexes déclenchés localement dans la moelle épinière ; d'autres font synapse avec les neurones de deuxième ordre, qui font ensuite synapse avec les neurones de troisième ordre, qui transmettent le message au cortex cérébral.

Les influx qui suivent la voie du cordon dorsal et du lemnisque médial et le tractus spinothalamique ascendant parviennent à la conscience dans le cortex somesthésique (voir la figure 12.34). En règle générale, les neurofibres du tractus spinothalamique ascendant transmettent les influx de la douleur, de la température et du toucher grossier. Elles projettent de nombreuses collatérales dans la formation réticulaire du tronc cérébral et font synapse dans le thalamus. L'information transmise à l'encéphale possède un caractère général et imprécis, et concourt aux aspects émotionnels de la perception (plaisir, douleur, etc.).

La voie ascendante du cordon dorsal et du lemnisque médial se charge plutôt de l'information concernant la discrimination tactile, la vibration, la pression et la proprioception consciente (position des membres et des articulations).

Les influx proprioceptifs transportés par les *tractus spinocérébelleux* aboutissent dans le cervelet, qui utilise cette information pour coordonner l'activité des muscles squelettiques. Ces tractus ne contribuent pas à la sensibilité consciente en tant que telle.

Traitement au niveau de la perception

L'interprétation des influx sensitifs a lieu dans le cortex cérébral (figure 13.2, ③). La capacité de reconnaître et d'apprécier les sensations dépend de la situation précise des neurones cibles dans les régions sensitives et non de la nature du message, qui n'est, après tout, qu'un potentiel d'action. Chaque neurofibre sensitive indique au cerveau «qui» appelle et «d'où», qu'il s'agisse d'un calicule gustatif ou d'un récepteur de pression. Le cerveau reconnaît toujours, dans l'activité d'un récepteur sensoriel donné, l'expression d'une sensation («qui»), quelle que soit la façon dont le récepteur est activé. Par exemple, une pression exercée sur un œil active des photorécepteurs, mais on «voit» de la lumière. L'endroit exact du cortex qui est activé renvoie toujours au même point d'origine, peu importe comment il est activé. Ce phénomène est appelé **projection**. La stimulation électrique d'un endroit précis du cortex visuel fait en sorte que l'on «voit» de la lumière à un endroit donné.

Les principaux aspects de la perception sensorielle sont les suivants :

- La **détection perceptive** est le niveau le plus simple de la perception. Elle correspond à la capacité de détecter un stimulus qui s'est produit. En règle générale, la détection perceptive repose sur la sommation (au niveau des aires somesthésiques) de plusieurs influx déclenchés par des récepteurs.

- L'**estimation de l'intensité du stimulus** correspond à la capacité du cortex somesthésique de *quantifier* le stimulus. Étant donné que les stimulus sont codés suivant la fréquence des potentiels d'action, la perception s'intensifie proportionnellement à l'intensité du stimulus (voir la figure 11.13).

- La **discrimination spatiale** est la capacité des aires somesthésiques de déceler le siège ou le mode de la stimulation. En laboratoire, on étudie la discrimination spatiale en mesurant sur la peau la distance minimale qui sépare deux points perçus comme distincts. L'épreuve permet d'estimer la densité des récepteurs tactiles dans les diverses régions de la peau. La distance séparant deux points perçus comme distincts varie de moins de 5 mm (sur les régions très sensibles du corps comme le bout de la langue) à plus de 50 mm (sur les régions moins sensibles comme le dos). Cette distance dépend aussi bien de la densité des récepteurs que de l'étendue du champ récepteur.

- La **discrimination des caractéristiques** est le mécanisme suivant lequel un neurone ou un réseau de neurones est apte à capter une caractéristique plutôt qu'une autre. La perception sensorielle repose généralement sur l'interaction de plusieurs propriétés d'un stimulus. Ainsi, en froissant un tissu de velours, le toucher nous indique qu'il s'agit une matière chaude, souple, douce mais pas parfaitement lisse, et c'est l'ensemble de ces caractéristiques qui constituent la perception du velours. La discrimination des caractéristiques nous permet d'identifier des aspects plus complexes d'une sensation.

- La **discrimination des qualités** est la capacité de distinguer les sous-modalités d'une sensation. Chaque modalité sensorielle est dotée de quelques **qualités**, ou sous-modalités. Par exemple, les sous-modalités du goût comprennent le sucré et l'amer.

- La **reconnaissance des formes** est la capacité de détecter, au milieu de toutes les informations que nous pouvons tirer de notre environnement, une forme familière, une forme inconnue ou une forme chargée de sens. Par exemple, nous reconnaissons un visage connu dans un ensemble de points et, lorsque nous écoutons de la musique, nous entendons la mélodie et pas seulement une suite de notes.

Perception de la douleur

Nous avons tous un jour ou l'autre ressenti de la douleur, qu'elle ait été causée par une piqûre d'insecte, un mal de tête intense et persistant ou une coupure à un doigt. On ne l'apprécie généralement pas sur le coup, mais la douleur est très utile parce qu'elle nous informe que nos tissus sont endommagés ou risquent de l'être, et elle incite l'individu à mettre en œuvre des réactions de protection. Il est souvent difficile de gérer la douleur d'un patient, parce qu'elle est extrêmement personnelle et ne peut être mesurée objectivement.

Les récepteurs de la douleur sont activés par des pressions ou des températures extrêmes, ainsi que par une véritable «soupe» de substances chimiques libérées par les tissus endommagés. L'histamine, le K^+, l'ATP, des acides et la bradykinine font partie des substances chimiques qui causent le plus efficacement la douleur. Toutes ces substances agissent sur des neurofibres de petit diamètre.

Quand on se coupe à un doigt, on ressent d'abord une douleur aiguë, puis quelque temps plus tard, une douleur cuisante ou persistante prend la relève. La douleur aiguë est transmise dans des neurofibres A delta (δ) finement myélinisées, tandis que la douleur cuisante est acheminée plus lentement par de petites neurofibres C myélinisées. Ces deux types de neurofibres libèrent des neurotransmetteurs, le *glutamate* et la *substance P*, qui activent les neurones sensitifs de deuxième ordre. Les axones de ces neurones remontent vers l'encéphale par le tractus spinothalamique et d'autres voies antérolatérales.

Quand on se coupe en se bagarrant avec quelqu'un d'autre, on ne s'en rend généralement pas compte. Comment cela se peut-il? Le cerveau possède ses propres systèmes analgésiques dans lesquels des opioïdes endogènes (*endorphines* et *enképhalines*) jouent un rôle central. Des signaux analgésiques descendant des voies corticales et hypothalamiques sont acheminés à divers noyaux du tronc cérébral, dont la substance grise entourant l'aqueduc du mésencéphale. Les neurofibres descendantes activent les interneurones de la moelle épinière, qui libèrent des neurotransmetteurs, des opioïdes, appelés enképhalines. Les enképhalines sont des neurotransmetteurs inhibiteurs qui étouffent les signaux de douleur que les neurones des nocicepteurs génèrent (voir p. 472).

DÉSÉQUILIBRE HOMÉOSTATIQUE

L'organisme demeure normalement dans un état d'équilibre où la douleur est corrélée avec une lésion. Or, des influx douloureux persistants ou très intenses peuvent perturber cette adéquation et provoquer l'**hyperalgésie** (amplification de la douleur), une douleur chronique et la **douleur du membre fan-**tôme, comme on l'observe après l'amputation d'un membre. Une douleur soutenue ou continuelle entraîne l'activation des *récepteurs du NMDA* (récepteur du glutamate), ceux-là mêmes qui renforcent les connexions neuronales établies pendant certains types d'apprentissage (voir p. 523-524). En fait, la moelle épinière *apprend* l'hyperalgésie. Par conséquent, il est essentiel que la douleur soit rapidement soulagée afin d'éviter l'installation d'une douleur chronique. La *douleur du membre fantôme* (douleur perçue dans des tissus qui ont été amputés) est un exemple étrange de l'hyperalgésie. Jusqu'à tout récemment, l'amputation d'un membre se faisait uniquement sous anesthésie générale; la moelle épinière ressentait donc la douleur de l'amputation. Aujourd'hui, on bloque la neurotransmission dans la moelle épinière en ajoutant une anesthésie par épidurale combinée en plus à des antagonistes au NMDA, telles des kétamines, réduisant ainsi considérablement la fréquence de la douleur du membre fantôme. ■

VÉRIFIONS NOS ACQUIS

5. Nommez les trois niveaux de l'intégration sensorielle.
6. Quelles sont les principales différences entre les récepteurs toniques et les récepteurs phasiques? Pourquoi les récepteurs de la douleur sont-ils toniques?
7. Votre cortex décode les potentiels d'action provenant des voies sensorielles. Quelle voie ascendante lui transmet les influx de la température? Comment distingue-t-il la chaleur et le froid? Comment fait-il pour savoir que le glaçon se trouve dans votre main ou sous votre pied?

Les réponses se trouvent à l'appendice G.

DEUXIÈME PARTIE

LIGNES DE TRANSMISSION : LES NERFS, LEUR STRUCTURE ET LEUR RÉPARATION

Nerfs et ganglions

8 Décrire la structure générale du nerf et expliquer le processus de régénération des neurofibres.

9 Définir un ganglion et situer les ganglions dans les parties périphériques du corps.

Structure et classification

Un **nerf** est un organe en forme de cordon qui appartient au SNP. La taille des nerfs varie mais pas leur composition : ils sont tous formés de faisceaux parallèles d'axones périphériques (myélinisés et amyélinisés) entourés d'enveloppes superposées de tissu conjonctif (**figure 13.3**).

Dans un nerf, chaque axone, avec sa gaine de myéline ou son neurolemme (ou avec les deux), est entouré d'une mince

13

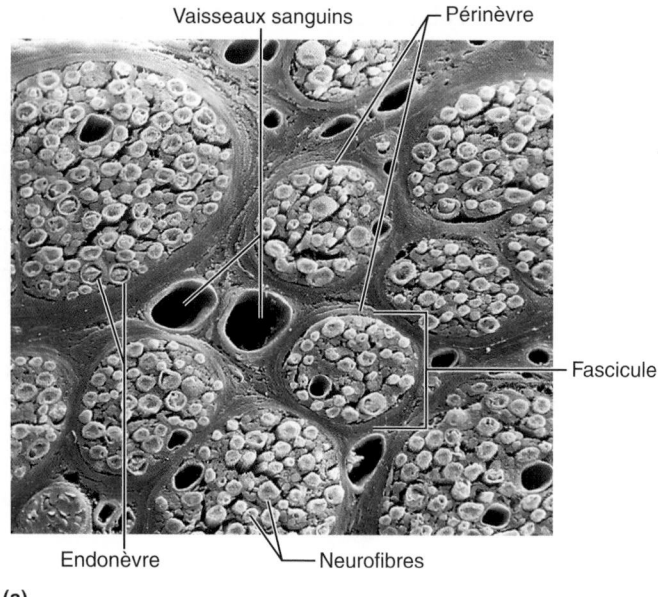

Vaisseaux sanguins — Périnèvre

Fascicule

Endonèvre — Neurofibres

(a)

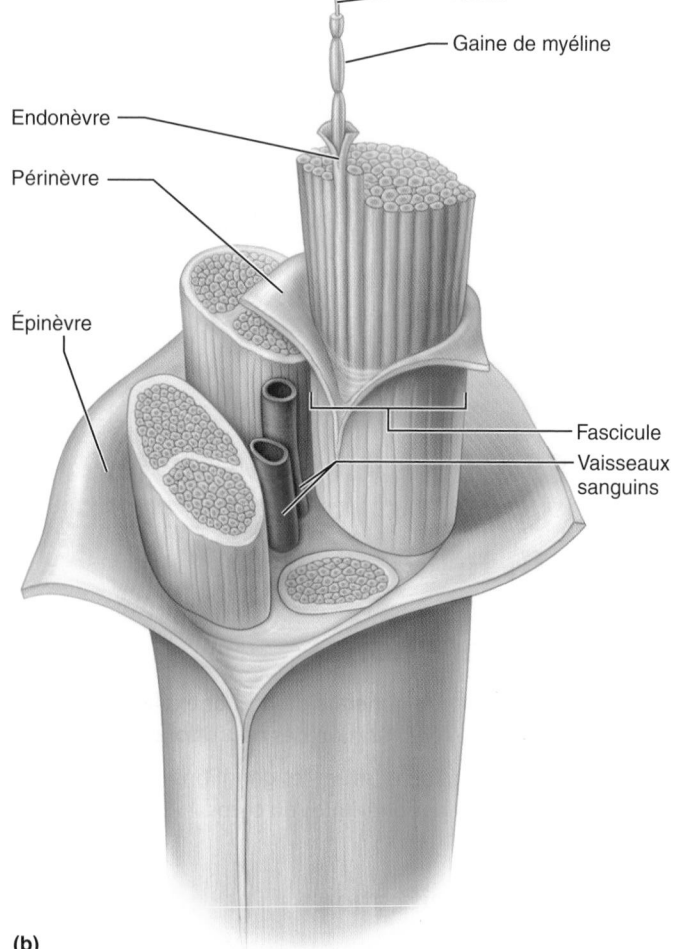

Axone

Gaine de myéline

Endonèvre

Périnèvre

Épinèvre

Fascicule

Vaisseaux sanguins

(b)

Figure 13.3 Structure d'un nerf. (a) Photomicrographie électronique d'un nerf en coupe transversale (1150×). **(b)** Vue en trois dimensions d'une partie de nerf montrant les enveloppes de tissu conjonctif.
SOURCE: R. G. Kessel et R. H. Kardon

13

couche de tissu conjonctif lâche appelée **endonèvre**. Les axones sont groupés en **fascicules** par une enveloppe de tissu conjonctif plus épaisse que la première, le **périnèvre**. Enfin, tous les fascicules sont enveloppés d'une gaine fibreuse résistante, l'**épinèvre**. La structure d'un nerf présente donc une certaine similitude avec celle d'un muscle squelettique (voir la figure 9.2). Les axones ne forment qu'une petite fraction du nerf, puisque la majeure partie de sa masse est constituée par la myéline et par les enveloppes protectrices de tissu conjonctif. Le nerf contient également des vaisseaux sanguins et des vaisseaux lymphatiques.

Nous avons vu que le SNP comprend une partie *sensitive* (afférente) et une partie *motrice* (efférente). Par conséquent, on classe aussi les nerfs selon le type d'influx nerveux qu'ils acheminent, soit une information sensorielle, soit une commande motrice. Les nerfs qui contiennent des neurofibres sensitives et des neurofibres motrices (qui transmettent des influx dirigés vers le SNC et des influx qui en proviennent) sont des **nerfs mixtes**. Les nerfs qui transmettent les influx vers le SNC seulement sont des **nerfs sensitifs** (**afférents**). Enfin, les nerfs qui conduisent les influx provenant du SNC seulement sont des **nerfs moteurs** (**efférents**). La plupart des nerfs sont mixtes; les nerfs exclusivement sensitifs ou moteurs sont rares.

Les nerfs mixtes comprennent souvent des neurofibres du système nerveux somatique et des neurofibres du système nerveux autonome (viscéral). On peut donc classer ces neurofibres, selon la région qu'elles innervent, en *afférentes somatiques*, *efférentes somatiques*, *afférentes viscérales* (autonomes) et *efférentes viscérales*.

Pour des raisons de commodité, on classe les nerfs périphériques en *nerfs crâniens* et en *nerfs spinaux*, selon qu'ils émergent de l'encéphale ou de la moelle épinière. Nous ferons parfois référence aux neurofibres efférentes autonomes des nerfs crâniens dans ce chapitre, mais nous nous attacherons surtout aux fonctions somatiques du SNP. Nous traitons du SNA et des fonctions viscérales qu'il assure au chapitre 14.

Les **ganglions** sont constitués d'amas de corps cellulaires de neurones associés aux nerfs du SNP. Les ganglions associés aux nerfs *afférents* contiennent des corps cellulaires de neurones sensitifs: ce sont les *ganglions spinaux* que nous avons étudiés au chapitre 12. Les ganglions liés aux nerfs *efférents* contiennent des corps cellulaires de neurones moteurs autonomes de même qu'une variété particulière de neurones d'intégration. Nous revenons sur ces ganglions particulièrement complexes du SNA au chapitre 14.

Régénération des neurofibres

Les lésions du tissu nerveux sont sérieuses parce que, en règle générale, les neurones matures ne se divisent pas. Si elle est grave ou proche du corps cellulaire, la lésion peut détruire toute la cellule ainsi que les neurones que son axone stimulait ou même ceux qui stimulaient le neurone endommagé. Cependant, si les corps cellulaires sont intacts, les axones sectionnés ou écrasés des nerfs périphériques peuvent se régénérer.

Les extrémités d'un axone périphérique se referment peu de temps après un sectionnement ou un écrasement et gonflent rapidement à cause de l'accumulation des substances transportées dans l'axone. En quelques heures, la partie de l'axone et de sa gaine de myéline située en aval du siège de la lésion commence à se désintégrer parce qu'elle ne reçoit plus de nutriments du corps cellulaire (figure 13.4, ①). Ce processus dégénératif est appelé **dégénérescence wallérienne**; il s'étend vers l'extrémité distale à partir de la lésion, en fragmentant complètement l'axone. Généralement, la partie distale de l'axone est complètement dégradée en une semaine par les phagocytes, tandis que le neurolemme reste intact dans l'endonèvre (figure 13.4, ②). Une fois les débris nettoyés, les neurolemmocytes intacts prolifèrent sous l'action des substances chimiques mitogènes libérées par les macrophagocytes; ils migrent ensuite vers le site de la lésion. Une fois sur place, ils libèrent des facteurs de croissance et commencent à produire des molécules d'adhérence des cellules nerveuses (N-CAM) qui favorisent la croissance de l'axone. Ils forment en outre un *tube de régénérescence*, c'est-à-dire un alignement cellulaire qui guide les « repousses » de l'axone en voie de régénération vers leurs points de contact antérieurs (figure 13.4, ③ et ④). Ces mêmes neurolemmocytes protègent, soutiennent et remyélinisent l'axone.

Le corps cellulaire du neurone subit également des changements après la désintégration de la partie distale de son axone. Deux jours après la survenue de la lésion, sa substance chromatophile se divise, puis le corps cellulaire gonfle au fur et à mesure que s'accélère la synthèse des protéines servant à la régénération de l'axone.

Les axones en voie de régénération croissent d'environ 1,5 mm par jour. Plus les extrémités sont éloignées, plus la probabilité de guérison est faible, car les tissus adjacents entravent la croissance en faisant irruption dans les vides. En outre, les repousses de l'axone ne trouvent pas le tube de régénérescence. Les neurochirurgiens réunissent les extrémités de l'axone sectionné afin de favoriser la régénération. Dans les cas de lésions graves des nerfs périphériques, ils réussissent à guider la croissance de l'axone en greffant des supports (des tubes de silicone remplis de collagène biodégradable). Mais, quelles que soient les mesures entreprises, l'axone ne retrouve jamais exactement son état antérieur à la lésion. De fait, la réadaptation fonctionnelle après une lésion nerveuse consiste essentiellement à rétablir la coordination du stimulus et de la réponse par une véritable rééducation du système nerveux.

Contrairement aux neurofibres du SNP, la plupart de celles du SNC ne se régénèrent pas. Par conséquent, les lésions de l'encéphale ou de la moelle épinière sont considérées comme irréversibles. Il semble que cette différence entre le SNC et le SNP ne soit pas tant liée aux neurones qu'aux oligodendrocytes. Ces derniers sont parsemés de protéines qui inhibent la croissance (Nogo-A et autres) en agissant sur les récepteurs inhibiteurs et provoquent la destruction et la répulsion du cône de croissance. Les neurofibres ne peuvent reprendre leur croissance. De plus, au site de la lésion, les astrocytes forment du tissu cicatriciel riche en chondroïtine sulfate (voir p. 144) qui empêche la croissance axonale. Le médecin qui traite une personne ayant une lésion de la moelle épinière doit donc bloquer

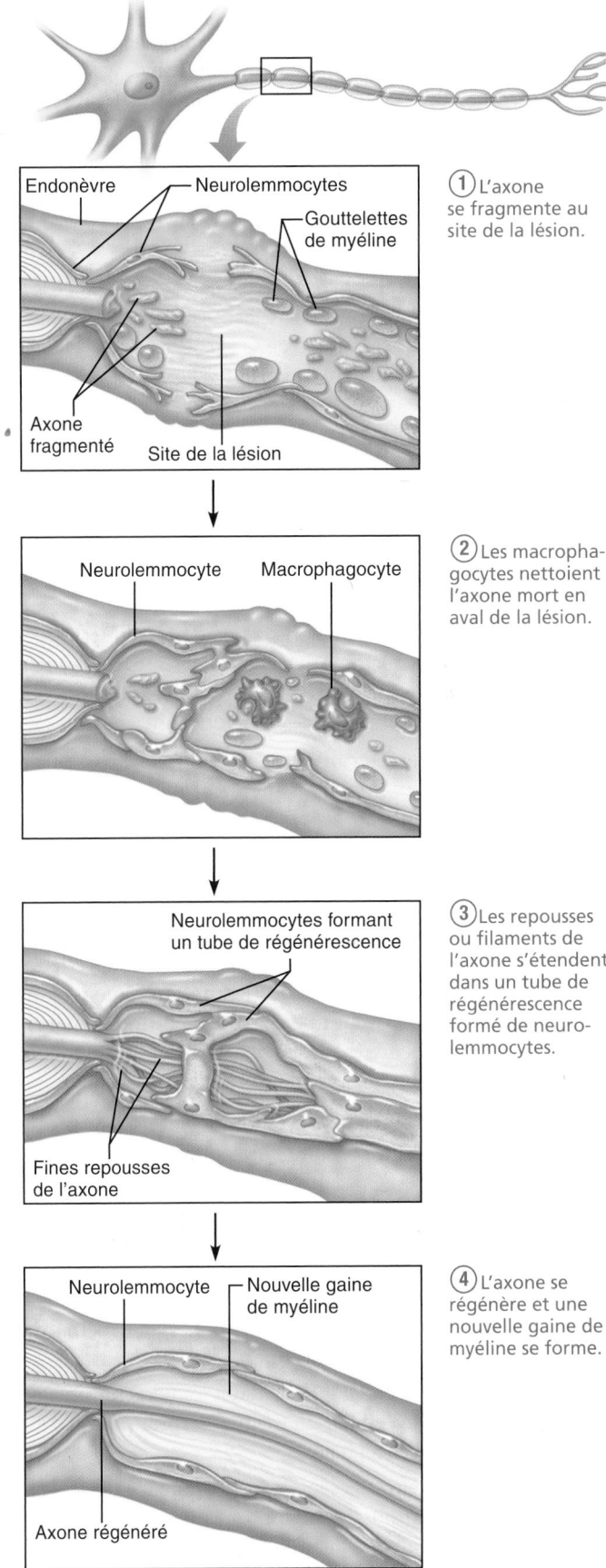

① L'axone se fragmente au site de la lésion.

② Les macrophagocytes nettoient l'axone mort en aval de la lésion.

③ Les repousses ou filaments de l'axone s'étendent dans un tube de régénérescence formé de neurolemmocytes.

④ L'axone se régénère et une nouvelle gaine de myéline se forme.

Figure 13.4 Régénération d'une neurofibre d'un nerf périphérique.

simultanément de nombreux processus inhibiteurs pour favoriser la croissance axonale. Jusqu'à maintenant, la neutralisation des inhibiteurs de croissance liés à la myéline, le blocage de leurs récepteurs ou la destruction du chondroïtine sulfate avec des enzymes ont produit des résultats prometteurs.

VÉRIFIONS NOS ACQUIS

8. Décrivez la structure d'un ganglion.
9. Mis à part les axones, que contient un nerf ?
10. En tentant de contrôler l'hémorragie d'une artère fémorale, le médecin a écrasé le nerf fémoral de Guillaume. Il a donc perdu l'usage et la sensibilité de sa jambe, mais tout est rentré dans l'ordre durant l'année suivante. Quelles cellules ont joué un rôle important dans sa récupération ?

Les réponses se trouvent à l'appendice G.

Nerfs crâniens

10 Nommer les 12 paires de nerfs crâniens et indiquer la région et les structures que chacun dessert ; préciser, pour chacune des paires, si elle est sensitive, motrice ou mixte et donner ses principales fonctions.

Douze paires de **nerfs crâniens** émergent de l'encéphale (figure 13.5). Les deux premières prennent naissance dans le prosencéphale (cerveau antérieur) et les autres sont associées au tronc cérébral. Exception faite des nerfs vagues, qui s'étendent jusque dans les cavités thoracique et abdominale, les nerfs crâniens ne desservent que les structures de la tête et du cou.

Dans la plupart des cas, les noms des nerfs crâniens indiquent les principales structures qu'ils desservent ou encore leurs principales fonctions. Par ailleurs, les nerfs crâniens sont numérotés (la tradition veut que ce soit en chiffres romains) de l'extrémité postérieure (rostrale) vers l'extrémité antérieure (caudale). Voici une brève présentation des nerfs crâniens.

I. Nerfs olfactifs. Les nerfs olfactifs sont les nerfs sensitifs de l'odorat ; ils sont en réalité constitués de petits faisceaux d'axones très fins et amyélinisés. Ces faisceaux, ou *filets du nerf olfactif* (une vingtaine pour chaque nerf olfactif), sont isolés les uns des autres et s'étendent de la muqueuse nasale jusqu'aux bulbes olfactifs. Notez que les bulbes et les tractus olfactifs, représentés à la figure 13.5a, sont des structures de l'encéphale et ne font pas partie des nerfs crâniens I. (Un schéma du tableau 13.2 illustre les filets d'un nerf olfactif.)

II. Nerfs optiques. Les nerfs optiques sont les nerfs sensitifs de la vision. Chacun forme en fait un tractus cérébral, puisqu'il est une excroissance de l'encéphale.

III. Nerfs oculomoteurs. Les nerfs oculomoteurs desservent chacun quatre des six muscles du bulbe oculaire (responsables du mouvement du bulbe oculaire dans l'orbite), comme leur nom l'indique.

IV. Nerfs trochléaires. Les nerfs trochléaires desservent chacun un muscle du bulbe oculaire qui décrit une boucle à travers la trochlée, ligament en forme de poulie (d'où leur nom) situé dans l'orbite. Ce sont les plus petits nerfs crâniens.

V. Nerfs trijumeaux. Les nerfs trijumeaux, les plus gros des nerfs crâniens, se divisent chacun en trois branches. Ils fournissent des neurofibres sensitives au visage et des neurofibres motrices aux muscles de la mastication.

VI. Nerfs abducens. Chacun des nerfs abducens gouverne le muscle qui tourne le bulbe oculaire vers l'extérieur (abduction).

VII. Nerfs faciaux. Les nerfs faciaux sont de grandes dimensions ; ils desservent entre autres structures les muscles qui produisent les expressions du visage.

VIII. Nerfs vestibulocochléaires. Les nerfs vestibulocochléaires, anciennement appelés *nerfs auditifs*, sont les nerfs sensitifs de l'ouïe et de l'équilibre.

IX. Nerfs glossopharyngiens. Comme leur nom l'indique, les nerfs glossopharyngiens desservent la langue et le pharynx.

X. Nerfs vagues. Les nerfs vagues (au sens ancien de « vagabonds »), parfois appelés nerfs *pneumogastriques*, sont les seuls nerfs crâniens à s'étendre au-delà de la tête et du cou, jusque dans le thorax et l'abdomen.

XI. Nerfs accessoires. Les nerfs accessoires (ainsi appelés, car ils sont une partie *accessoire* des nerfs vagues) émergent du bulbe rachidien et de la partie cervicale de la moelle épinière.

XII. Nerfs hypoglosses. Comme leur nom l'indique, les nerfs hypoglosses (« sous la langue ») s'étendent sous la langue et desservent quelques-uns des muscles qui lui permettent de se déplacer dans la bouche.

La première lettre du nom des différents nerfs crâniens peut être mémorisée à l'aide d'une phrase comme celle-ci, inspirée d'une célèbre fable : « **O**yez ! **O**yez ! **O**bstinée, **T**ortue **T**enace **a** **f**inalement **v**aincu ; **G**rand **V**antard **a** **h**onte. »

Dans le chapitre précédent, nous avons expliqué que tous les nerfs spinaux sont formés par la fusion d'une racine ventrale (motrice) et d'une racine dorsale (sensitive). Les nerfs crâniens, quant à eux, présentent une plus grande diversité de structure. La plupart sont des nerfs mixtes (figure 13.5b) ; cependant, le nerf olfactif et le nerf optique sont associés à des organes des sens et on considère généralement qu'ils sont strictement sensitifs. Les corps cellulaires des neurones sensitifs du nerf olfactif et du nerf optique sont situés *à l'intérieur* des organes des sens auxquels ces nerfs sont associés. Dans les autres cas où des neurones sensitifs font partie de nerfs crâniens (V, VII, IX et X), les corps cellulaires se trouvent dans des **ganglions sensitifs crâniens**, juste à l'extérieur de l'encéphale. Certains nerfs crâniens ne possèdent qu'un seul ganglion sensitif, d'autres en ont plusieurs et d'autres enfin n'en ont aucun.

Quelques-uns des nerfs crâniens mixtes comprennent à la fois des neurofibres motrices somatiques et des neurofibres motrices autonomes ; ils desservent donc des muscles squelettiques, des muscles lisses, le muscle cardiaque et des glandes. À l'exception de certains neurones moteurs autonomes situés dans des ganglions, les corps cellulaires des neurones moteurs des nerfs crâniens se trouvent dans les noyaux du tronc cérébral (masses ventrales de substance grise).

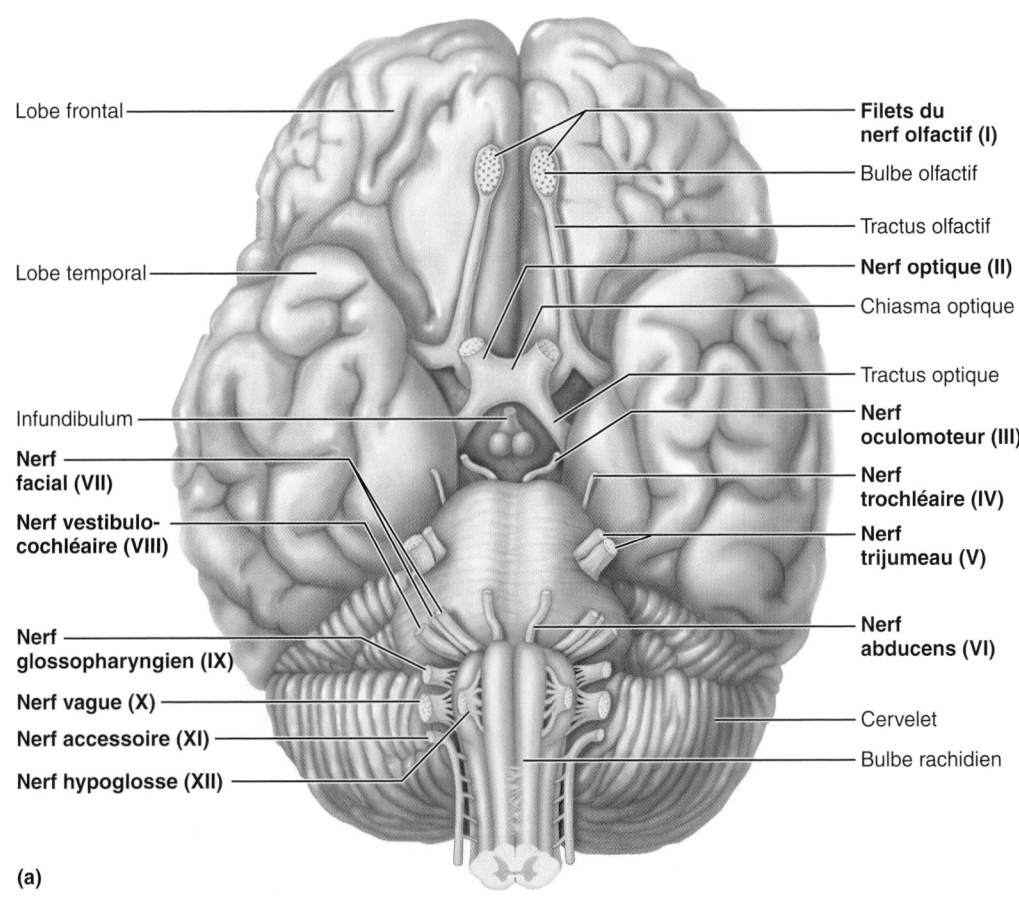

Lobe frontal

Filets du nerf olfactif (I)

Bulbe olfactif

Tractus olfactif

Lobe temporal

Nerf optique (II)

Chiasma optique

Tractus optique

Infundibulum

Nerf oculomoteur (III)

Nerf facial (VII)

Nerf trochléaire (IV)

Nerf vestibulo-cochléaire (VIII)

Nerf trijumeau (V)

Nerf abducens (VI)

Nerf glossopharyngien (IX)

Cervelet

Nerf vague (X)

Bulbe rachidien

Nerf accessoire (XI)

Nerf hypoglosse (XII)

(a)

13

Nerf crânien I-VI	Fonction sensorielle	Fonction motrice	Neurofibres parasympathiques
I Olfactif	Oui (odorat)	Non	Non
II Optique	Oui (vision)	Non	Non
III Oculomoteur	Non	Oui	Oui
IV Trochléaire	Non	Oui	Non
V Trijumeau	Oui (sensations tactiles)	Oui	Non
VI Abducens	Non	Oui	Non

Nerf crânien VII-XII	Fonction sensorielle	Fonction motrice	Neurofibres parasympathiques
VII Facial	Oui (goût)	Oui	Oui
VIII Vestibulo-cochléaire	Oui (ouïe et équilibre)	Non	Non
IX Glossopharyngien	Oui (goût)	Oui	Oui
X Vague	Oui (goût)	Oui	Oui
XI Accessoire	Non	Oui	Non
XII Hypoglosse	Non	Oui	Non

(b)

Figure 13.5 Nerfs crâniens : situation anatomique et fonctions. (a) Vue de la face inférieure de l'encéphale humain montrant les nerfs crâniens. **(b)** Récapitulation des nerfs crâniens selon leurs fonctions. Deux nerfs crâniens (I et II) ont uniquement une fonction sensorielle. Quatre nerfs crâniens (III, VII, IX et X) comprennent des neurofibres parasympathiques qui desservent des muscles lisses, le muscle cardiaque et des glandes. Tous les nerfs crâniens qui innervent des muscles contiennent aussi des neurofibres afférentes provenant des propriocepteurs des muscles qu'ils desservent ; seules les fonctions sensorielles autres que la proprioception sont indiquées dans le tableau.

Le **tableau 13.2** présente le nom, le numéro, l'origine, le trajet et la fonction de chaque nerf crânien. Notez que nous décrivons les voies des nerfs strictement ou pratiquement sensitifs (I, II et VIII) des récepteurs vers l'encéphale, tandis que nous décrivons les voies des autres nerfs dans le sens contraire. Remarquez aussi que, en ce qui concerne les nerfs moteurs et les nerfs mixtes, « origine », le terme utilisé ici, désigne le point d'émergence *superficiel* du nerf, c'est-à-dire l'endroit où il quitte le SNC, et non l'endroit précis où commencent (ou finissent) les neurofibres

(Suite du texte à la p. 575)

TABLEAU 13.2	Nerfs crâniens

I Nerfs olfactifs

Origine et trajet: Les neurofibres des nerfs olfactifs émergent des cellules olfactives réceptrices situées dans la région olfactive de la muqueuse nasale; elles traversent la lame criblée de l'ethmoïde et font synapse dans le bulbe olfactif. Les neurofibres des neurones du bulbe olfactif s'étendent vers l'arrière en formant le tractus olfactif, qui passe sous le lobe frontal du cerveau, pénètre dans les hémisphères cérébraux et se termine dans le cortex primaire olfactif. Voir aussi la figure 15.21.

Fonction: Les nerfs olfactifs sont strictement sensitifs; ils transmettent les influx afférents de l'odorat.

Épreuve clinique: Évaluation de la fonction olfactive par l'identification de diverses substances aromatiques, telles l'huile de clou de girofle et la vanille.

Déséquilibre homéostatique: Les fractures de l'ethmoïde (lame criblée) ou les lésions des neurofibres olfactives peuvent entraîner une perte totale (*anosmie*) ou partielle (*hyposmie*) de l'odorat. ■

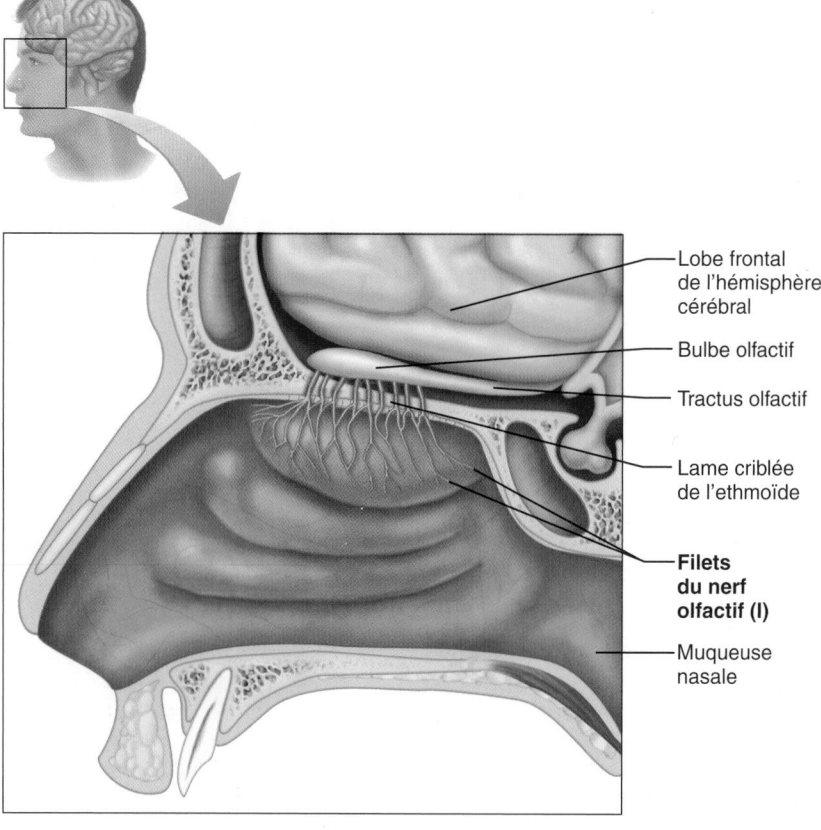

Lobe frontal de l'hémisphère cérébral

Bulbe olfactif

Tractus olfactif

Lame criblée de l'ethmoïde

Filets du nerf olfactif (I)

Muqueuse nasale

13

II Nerfs optiques

Origine et trajet: Les neurofibres émergent de la rétine et forment le nerf optique, qui traverse le canal optique situé dans la partie postérieure du sphénoïde. Les nerfs optiques convergent et forment le chiasma optique, où une partie de leurs fibres croisent la ligne médiane; de là, ils constituent les tractus optiques, ou bandelettes optiques, entrent dans le thalamus (corps géniculés latéraux) et y font synapse. Sous la forme des radiations optiques, les neurofibres thalamiques rejoignent le cortex occipital (visuel), où ont lieu la perception et l'interprétation des stimulus visuels. Voir aussi la figure 15.19.

Fonction: Les nerfs optiques sont strictement sensitifs; ils acheminent les influx afférents de la vision.

Épreuve clinique: Évaluation de la vision et du champ visuel à l'aide d'un tableau d'optotypes et en cherchant le point où un objet (le doigt de l'examinateur) entre dans le champ visuel du sujet; observation du fond de l'œil avec un ophtalmoscope pour détecter l'œdème papillaire (si les bords du disque du nerf optique sont flous, on suspecte une tumeur ou un traumatisme crânien) et examen de l'état des vaisseaux sanguins de la rétine.

Déséquilibre homéostatique: Les lésions d'un des nerfs optiques entraînent la cécité de l'œil desservi par le nerf. Les lésions de la voie visuelle située en aval du chiasma optique causent des pertes visuelles partielles. Les cécités passagères sont appelées *anopsies. De nombreuses maladies inflammatoires et vasculaires ainsi que des toxines peuvent atteindre les nerfs optiques.* ■

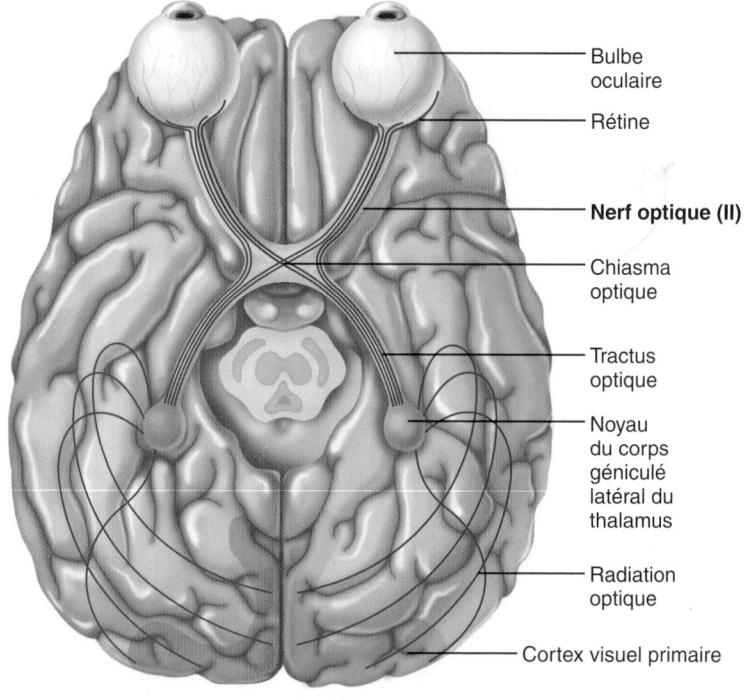

Bulbe oculaire

Rétine

Nerf optique (II)

Chiasma optique

Tractus optique

Noyau du corps géniculé latéral du thalamus

Radiation optique

Cortex visuel primaire

TABLEAU 13.2 *(suite)*

III Nerfs oculomoteurs

Origine et trajet: Les neurofibres s'étendent de la partie ventrale du mésencéphale (près de sa jonction avec le pont); elles traversent l'orbite par la fissure orbitaire supérieure de l'os sphénoïde avant de rejoindre l'œil.

Fonction: Les nerfs oculomoteurs sont principalement moteurs, comme leur nom l'indique. Chaque nerf renferme quelques afférents proprioceptifs et contient:

- des neurofibres motrices somatiques rejoignant quatre des six muscles du bulbe oculaire (l'oblique inférieur, le droit supérieur, le droit inférieur et le droit médial) et le muscle élévateur de la paupière supérieure;

- des neurofibres motrices parasympathiques (autonomes) rejoignant le muscle sphincter de la pupille (muscle circulaire), qui ajuste l'ouverture de la pupille en fonction de la quantité de lumière, et le muscle ciliaire, qui gouverne la forme du cristallin pour l'accommodation de l'œil; les ganglions ciliaires contiennent quelques corps cellulaires parasympathiques;

- des neurofibres afférentes en provenance des propriocepteurs, qui s'étendent des quatre mêmes muscles du bulbe oculaire jusqu'au mésencéphale.

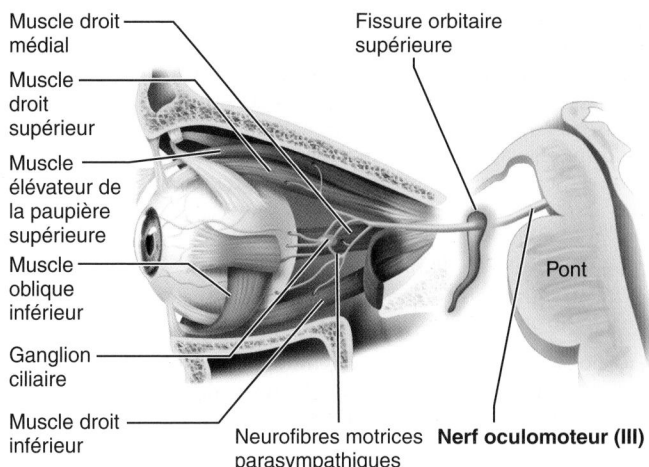

Épreuve clinique: Examen du diamètre, de la forme et de la symétrie des pupilles; recherche du réflexe pupillaire à l'aide d'un crayon lumineux (même si un seul œil est éclairé, les deux pupilles devraient se contracter sous l'effet de la lumière: c'est le réflexe consensuel); vérification de la convergence de la vision de près, de même que de la capacité de suivre les mouvements des objets.

Déséquilibre homéostatique: La paralysie du nerf oculomoteur empêche l'œil de se déplacer vers le haut, vers le bas ou vers l'intérieur. Au repos, l'œil tourne vers l'extérieur (*strabisme divergent*) parce que rien ne s'oppose aux actions des deux muscles du bulbe oculaire non desservis par le nerf crânien III. La paupière supérieure s'affaisse (*ptose*) et la pupille se dilate (*mydriase*). Le sujet est atteint de diplopie (il voit en double les objets rapprochés en raison de problèmes d'accommodation). Une atteinte du nerf trochléaire cause également une diplopie lorsque l'œil doit se diriger vers le bas (pour lire ou descendre un escalier). ■

IV Nerfs trochléaires

Origine et trajet: Les neurofibres émergent de la partie dorsale du mésencéphale, le contournent et entrent dans les orbites par les fissures orbitaires supérieures de l'os sphénoïde, avec les nerfs oculomoteurs.

Fonction: Les nerfs trochléaires sont principalement moteurs; ils fournissent des neurofibres motrices somatiques au muscle oblique supérieur, l'un des muscles du bulbe oculaire (comprennent aussi des neurofibres proprioceptives qui en proviennent).

Épreuve clinique: Évaluation simultanée avec celle des nerfs crâniens III.

Déséquilibre homéostatique: Les lésions ou la paralysie des nerfs trochléaires causent la diplopie et entravent la capacité de faire tourner l'œil dans le sens inférolatéral. ■

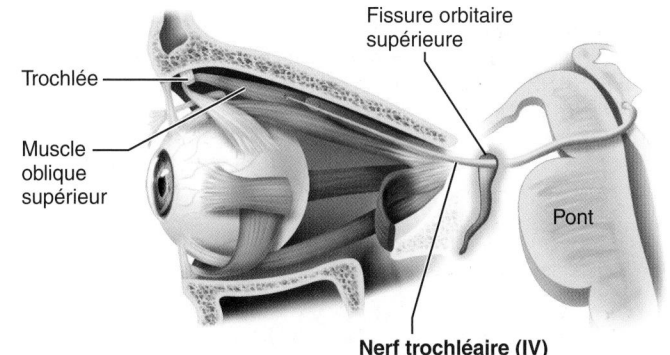

13

➤

TABLEAU 13.2	Nerfs crâniens *(suite)*

V Nerfs trijumeaux

Ce sont les plus gros des nerfs crâniens; ils s'étendent du pont jusqu'au visage et, comme leur nom l'indique, se divisent en trois branches: le nerf ophtalmique, le nerf maxillaire et le nerf mandibulaire. Ils constituent les principaux nerfs sensitifs du visage. Ils transmettent les influx afférents associés au toucher, à la température et à la douleur. Les corps cellulaires des neurones sensitifs des trois branches sont situés dans le gros *ganglion trigéminal* au dessus du foramen déchiré de l'os sphénoïde. Les nerfs mandibulaires contiennent aussi quelques neurofibres motrices qui innervent les muscles de la mastication.

Les dentistes insensibilisent les mâchoires en injectant des anesthésiques locaux (comme la lidocaïne) près des nerfs alvéolaires, qui sont des ramifications des nerfs maxillaire et mandibulaire. Les neurofibres qui transmettent la douleur à partir des dents se trouvent anesthésiées, ce qui provoque l'engourdissement des tissus avoisinants.

	Nerf ophtalmique (V₁)	**Nerf maxillaire (V₂)**	**Nerf mandibulaire (V₃)**
Origine et trajet:	Les neurofibres s'étendent du visage jusqu'au pont en passant par la fissure orbitaire supérieure du sphénoïde.	Les neurofibres s'étendent du visage jusqu'au pont en passant par le foramen rond.	Les neurofibres traversent le crâne en passant par le foramen ovale du sphénoïde.
Fonction:	Il achemine les influx sensitifs provenant de la peau de la partie antérieure du cuir chevelu, de la paupière supérieure, du nez, de la muqueuse de la cavité nasale, de la cornée et de la glande lacrymale.	Il achemine les influx sensitifs provenant de la muqueuse de la cavité nasale, du palais, des dents supérieures, de la peau des joues, de la lèvre supérieure et de la paupière inférieure.	Il achemine les influx sensitifs provenant de la partie antérieure de la langue (calicules gustatifs exceptés), des dents inférieures, de la peau du menton et de la partie temporale du cuir chevelu; il fournit des neurofibres motrices aux muscles de la mastication et renferme des neurofibres proprioceptives qui en proviennent.
Épreuve clinique:	Recherche du réflexe cornéen: le contact d'un brin de coton avec la cornée devrait provoquer le cillement.	Évaluation des sensations douloureuses, tactiles et thermiques à l'aide d'une épingle de sûreté ainsi que d'objets chauds et froids.	Évaluation de la branche motrice par palpation des muscles de la mastication pendant que le sujet serre les dents, ouvre la bouche contre une résistance et bouge la mâchoire latéralement.

Déséquilibre homéostatique: La *névralgie essentielle du trijumeau,* ou *tic douloureux de la face,* est due à l'inflammation du nerf trijumeau (surtout les branches maxillaire et mandibulaire); on convient généralement qu'il est la pire des douleurs qui ont une cause bénigne. La douleur pongitive (en coup de poignard) dure de quelques secondes à une minute, mais elle peut survenir une centaine de fois par jour. La douleur est d'ordinaire déclenchée par un stimulus sensitif, le brossage des dents, le rasage ou même une bouffée d'air atteignant le visage. Elle semble découler d'une compression du nerf trijumeau par une boucle formée par une artère ou une veine située près de l'emplacement où le nerf émerge du tronc cérébral. Une visite régulière chez le dentiste est de mise puisque la personne atteinte ne ressent pas de douleur en cas d'affection dentaire. Dans les cas graves, la chirurgie peut soulager la souffrance, soit par le déplacement du vaisseau qui provoque la compression, soit par la destruction du nerf, ce qui entraîne également une perte de la sensation du côté du visage touché. Les analgésiques et la carbamazépine (un anticonvulsivant) n'ont qu'une efficacité partielle contre cette douleur. ∎

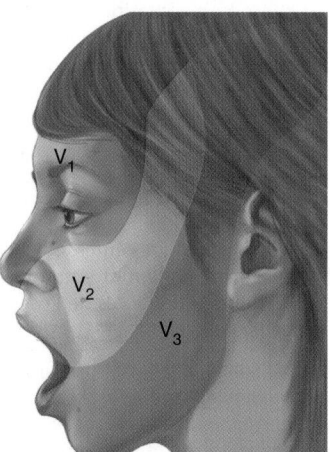

(b) Distribution des neurofibres sensitives des trois branches du nerf trijumeau

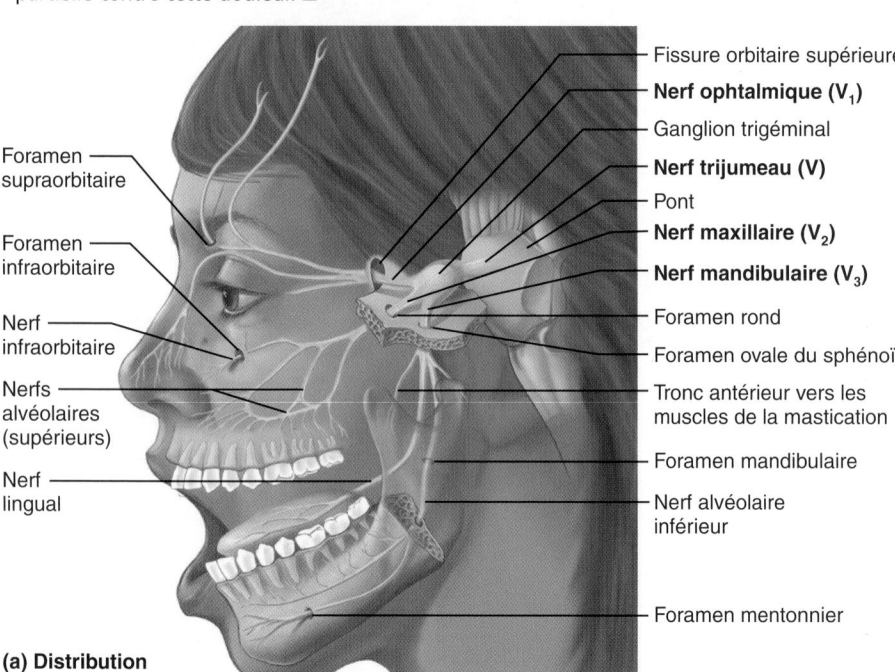

Fissure orbitaire supérieure
Nerf ophtalmique (V₁)
Ganglion trigéminal
Nerf trijumeau (V)
Pont
Nerf maxillaire (V₂)
Nerf mandibulaire (V₃)
Foramen rond
Foramen ovale du sphénoïde
Tronc antérieur vers les muscles de la mastication
Foramen mandibulaire
Nerf alvéolaire inférieur
Foramen mentonnier

Foramen supraorbitaire
Foramen infraorbitaire
Nerf infraorbitaire
Nerfs alvéolaires (supérieurs)
Nerf lingual

(a) Distribution du nerf trijumeau

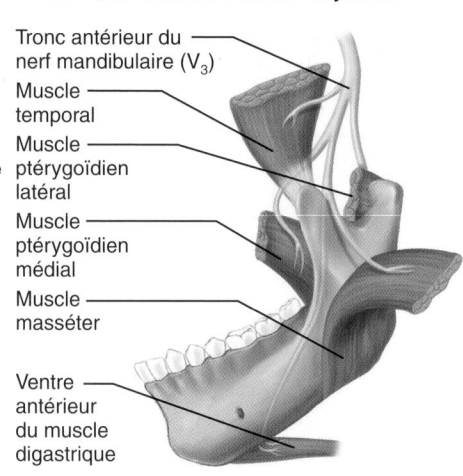

Tronc antérieur du nerf mandibulaire (V₃)
Muscle temporal
Muscle ptérygoïdien latéral
Muscle ptérygoïdien médial
Muscle masséter
Ventre antérieur du muscle digastrique

(c) Branches motrices du nerf mandibulaire (V₃)

13

| TABLEAU 13.2 | *(suite)* |

VI Nerfs abducens

Origine et trajet: Les neurofibres des nerfs abducens émergent de la partie inférieure du pont, entrent dans l'orbite par la fissure orbitaire supérieure de l'os sphénoïde et s'étendent jusqu'aux muscles de l'œil. Le trajet de ce nerf à l'intérieur du crâne est le plus long de tous les nerfs crâniens.

Fonction: Les nerfs abducens sont principalement moteurs; ils fournissent des neurofibres motrices somatiques au muscle droit latéral, un des muscles du bulbe oculaire; ils acheminent à l'encéphale les influx proprioceptifs provenant de ce muscle.

Épreuve clinique: Évaluation simultanée avec celle du nerf crânien III.

Déséquilibre homéostatique: La paralysie du nerf abducens empêche les mouvements latéraux de l'œil; au repos, le bulbe oculaire touché tourne vers l'intérieur (*strabisme convergent*). ∎

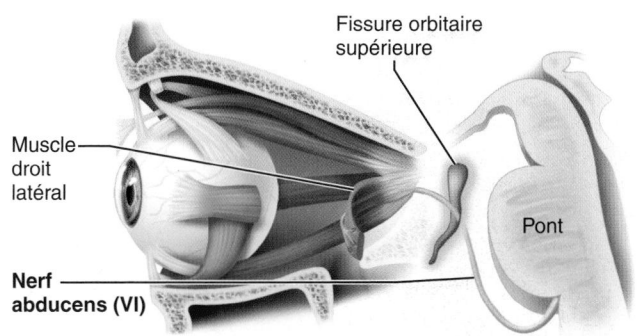

VII Nerfs faciaux

Origine et trajet: Les neurofibres des nerfs faciaux émergent du pont, juste à côté du nerf abducens (figure 13.5), entrent dans l'os temporal par le *méat acoustique interne* et y cheminent (ainsi que dans la cavité de l'oreille interne) avant d'émerger par le *foramen stylomastoïdien*. Chaque nerf se ramifie ensuite vers le côté du visage qu'il dessert.

Fonction: Les nerfs faciaux sont des nerfs mixtes. Ce sont les principaux nerfs moteurs du visage; plusieurs branches terminales du nerf facial s'anastomosent pour former le plexus parotidien (situé dans la glande salivaire parotide), duquel émergent les rameaux temporal, zygomatique, buccal et marginal de la mandibule, et cervical (voir les parties **b** et **c** de la figure). De ces rameaux partent les neurofibres qui innervent les muscles squelettiques de la face.

- Ils acheminent les influx moteurs aux muscles squelettiques du cuir chevelu et du visage (muscles de l'expression), à l'exception des muscles de la mastication, qui sont desservis par les nerfs trijumeaux; ils transmettent au pont les influx proprioceptifs provenant des muscles du visage (voir **b**).

- Ils transmettent les influx moteurs parasympathiques (autonomes) aux glandes lacrymales, nasales, palatines, submandibulaires et sublinguales. Certains corps cellulaires de neurones moteurs parasympathiques sont situés dans les *ganglions ptérygopalatins* et *submandibulaires* des nerfs trijumeaux (voir **a**).

- Ils transportent les influx sensitifs provenant des calicules gustatifs du palais, des calicules gustatifs des deux tiers antérieurs de la langue, ainsi que de l'oreille externe; les corps cellulaires des neurones sensitifs sont situés dans les *ganglions géniculés* au niveau de l'os temporal (voir **a**).

Épreuve clinique: Évaluation de la perception du sucré, du salé, de l'acide (vinaigre) et de l'amer (quinine) dans les deux tiers antérieurs de la langue; vérification de la symétrie du visage en demandant au sujet d'effectuer différents mouvements: fermer les yeux, froncer ou lever les sourcils, sourire, gonfler les joues, etc.; évaluation du larmoiement à l'aide de vapeurs d'ammoniac.

Déséquilibre homéostatique: Le nerf facial est le nerf crânien moteur le plus fréquemment paralysé. Une des conséquences

les plus communes d'une lésion de ce nerf est la *paralysie de Bell*, ou paralysie faciale périphérique. Celle-ci se manifeste par la paralysie des muscles faciaux du côté touché, par des douleurs dans les régions de l'oreille et de l'œil et par une perte partielle des sensations gustatives; la paupière inférieure s'abaisse et le coin de la bouche s'affaisse (ce qui nuit à l'alimentation et à la parole), l'œil pleure continuellement et ne peut se fermer complètement (ce qui peut entraîner le syndrome de l'œil sec). Cette paralysie est en général sans cause apparente (paralysie idiopathique). Elle peut s'installer rapidement (souvent du jour au lendemain) et disparaître spontanément en l'absence de traitement. Elle résulte le plus souvent d'une infection virale par l'herpès simplex 1, qui provoque l'inflammation du nerf. ∎

13

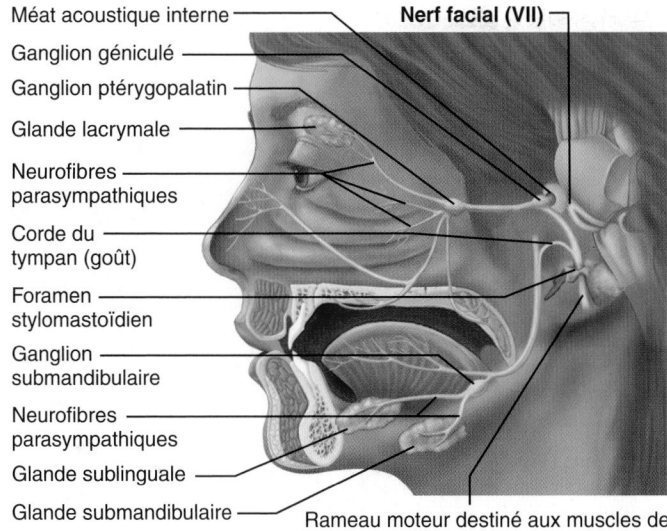

(a) Efférences parasympathiques et afférences sensitives

| **TABLEAU 13.2** | **Nerfs crâniens** *(suite)* |

VII Nerfs faciaux *(suite)*

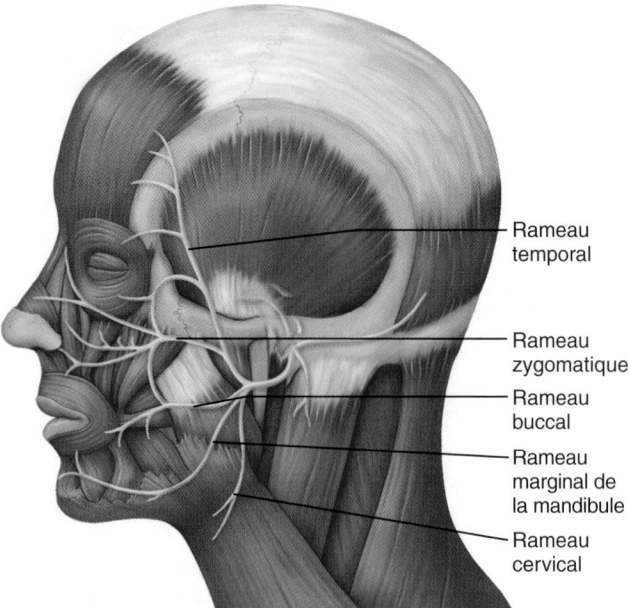

(b) Rameaux moteurs innervant les muscles du cuir chevelu et de l'expression du visage (voir p. 379-381)

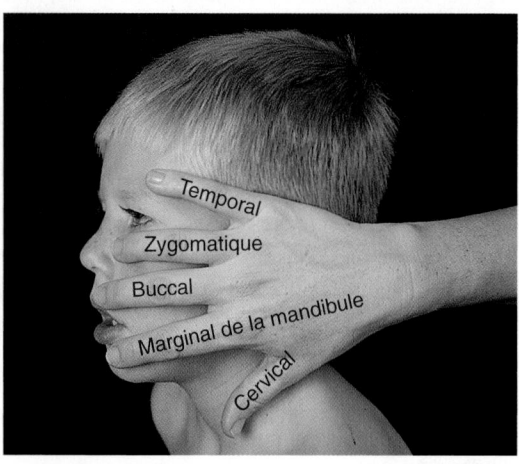

(c) Une méthode simple pour mémoriser les trajets des cinq rameaux moteurs du nerf facial

---

VIII Nerfs vestibulocochléaires

Origine et trajet: Les neurofibres des nerfs vestibulocochléaires prennent naissance dans l'appareil de l'audition et de l'équilibre, situé dans l'os temporal. Elles traversent le méat acoustique interne et pénètrent dans le tronc cérébral à la limite entre le pont et le bulbe rachidien. Les neurofibres afférentes provenant des récepteurs de l'audition de la cochlée constituent le *nerf cochléaire*. Les neurofibres afférentes provenant des récepteurs de l'équilibre dans les canaux semi-circulaires (ampoules) et dans le vestibule (utricule et saccule) constituent le *nerf vestibulaire*; ces deux branches fusionnent et forment le nerf vestibulo-cochléaire. Voir aussi la figure 15.27.

Fonction: Les nerfs vestibulo-cochléaires sont principalement sensitifs. Le nerf vestibulaire transmet les influx afférents du

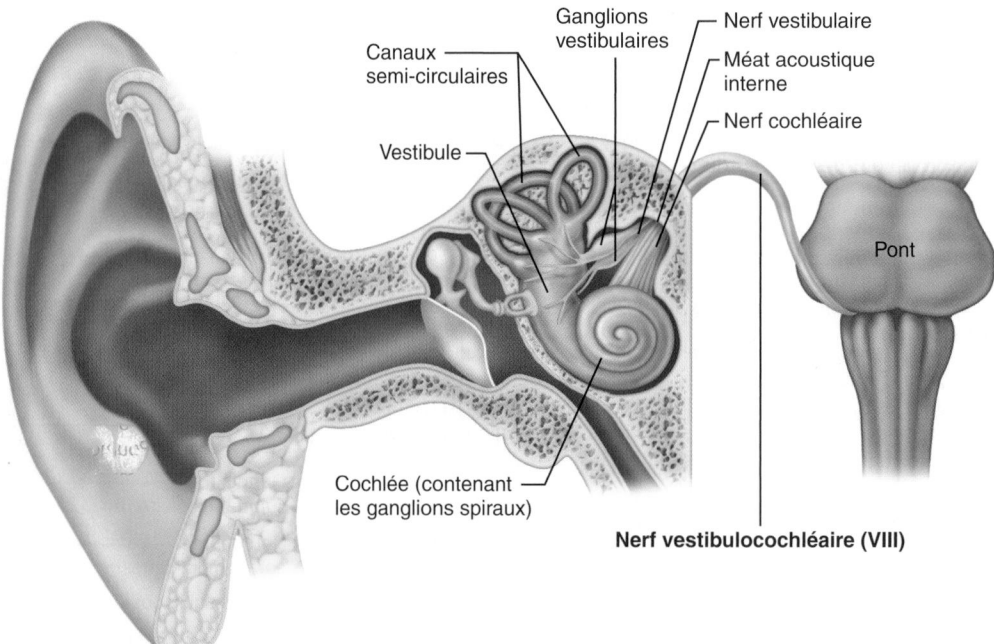

sens de l'équilibre, et les corps cellulaires des neurones sensitifs sont situés dans les *ganglions vestibulaires*. Le nerf cochléaire transmet les influx afférents du sens de l'ouïe, et les corps cellulaires des neurones sensitifs sont situés dans les *ganglions spiraux*, à l'intérieur de la cochlée. Une petite composante motrice ajuste la sensibilité des récepteurs sensoriels. Voir aussi la figure 15.28c.

Épreuve clinique: Évaluation de l'audition par conduction aérienne et osseuse au moyen d'un diapason.

Déséquilibre homéostatique: Les lésions du nerf cochléaire ou des récepteurs cochléaires entraînent la *surdité centrale,* ou *surdité nerveuse*; les lésions du nerf vestibulaire causent des vertiges, des mouvements involontaires des yeux (*nystagmus*), la perte de l'équilibre, des nausées et des vomissements. ■

TABLEAU 13.2 *(suite)*

IX Nerfs glossopharyngiens

Origine et trajet: Les neurofibres des nerfs glossopharyngiens émergent du bulbe rachidien, sortent du crâne par le *foramen jugulaire* de l'os temporal et s'étendent jusqu'à la gorge.

Fonction: Les nerfs glossopharyngiens sont des nerfs mixtes qui innervent une partie de la langue et du pharynx. Ils fournissent des neurofibres motrices au *muscle stylopharyngien*, qui élève le pharynx durant la déglutition, et ils contiennent des neurofibres proprioceptives qui en proviennent. Ils fournissent des neurofibres motrices parasympathiques aux glandes parotides. (Certains corps cellulaires de ces neurones moteurs parasympathiques sont situés dans le *ganglion otique*, qui se trouve au-dessous du foramen ovale de l'os sphénoïde.)

Les neurofibres sensitives conduisent les influx associés au goût, au toucher, à la pression et à la douleur provenant de la muqueuse du pharynx et de la partie postérieure de la langue. Ces fibres acheminent également les influx provenant des glomus carotidiens (chimiorécepteurs qui enregistrent la teneur en O_2 et en CO_2 du sang et qui contribuent à la régulation de la fréquence et de l'amplitude respiratoires) et les influx provenant des barorécepteurs du sinus carotidien (qui surveille la pression artérielle). Les corps cellulaires des neurones sensitifs sont situés dans les *ganglions supérieur* et *inférieur* du nerf glossopharyngien.

Épreuve clinique: Vérification de la position de la luette et du palais mou. (Il ne devrait pas y avoir de déviation latérale.) Recherche du réflexe nauséeux et du réflexe palatin (on demande au sujet de parler et de tousser). Évaluation du goût dans le tiers postérieur de la langue.

⚖ **Déséquilibre homéostatique:** Les lésions ou l'inflammation touchant exclusivement les nerfs glossopharyngiens sont rares: en effet, les nerfs crâniens X et XI sont souvent atteints en même temps, car ils quittent le crâne ensemble par la même ouverture. Les lésions ou l'inflammation entravent la déglutition et les sensations gustatives (*agueusie*). ■

X Nerfs vagues

Origine et trajet: Les nerfs vagues sont les seuls nerfs crâniens à s'étendre au-delà de la tête et du cou; les neurofibres prennent naissance dans le bulbe rachidien, traversent le crâne en passant par le foramen jugulaire de l'os temporal, descendent le long du cou et atteignent le thorax et l'abdomen; voir aussi la figure 14.4.

Fonction: Les nerfs vagues sont des nerfs mixtes; presque toutes les neurofibres motrices sont des efférences parasympathiques, sauf celles qui desservent les muscles squelettiques du pharynx et du larynx (intervenant dans la déglutition) et un muscle de la langue. Les neurofibres motrices parasympathiques desservent le cœur, les poumons et les viscères abdominaux, et elles contribuent à la régulation de la fréquence cardiaque, de la respiration et de l'activité du système digestif. Les nerfs vagues transmettent aussi les influx sensitifs provenant des viscères thoraciques et abdominaux, des barorécepteurs de la crosse de l'aorte (récepteurs de la pression artérielle), des zones chimioréceptrices de la crosse de l'aorte, des glomus carotidiens (chimiorécepteurs pour la respiration), ainsi que des calicules gustatifs de la partie postérieure de la langue et de l'épiglotte. Enfin, ils transportent des neurofibres proprioceptives provenant des muscles du larynx et du pharynx.

Épreuve clinique: La même que pour le nerf crânien IX. (Évaluation simultanée des nerfs IX et X en raison de leur innervation commune des muscles de la gorge et de la bouche.)

⚖ **Déséquilibre homéostatique:** Puisque la plupart des muscles du larynx sont innervés par des branches du nerf vague (les nerfs laryngés), la paralysie du nerf vague peut entraîner l'enrouement ou l'aphonie, entraver la déglutition et perturber la motilité du tube digestif. La destruction totale des deux nerfs vagues est mortelle, car ces nerfs parasympathiques sont essentiels au maintien de l'activité viscérale et donc de l'homéostasie. Sans leur influence, rien ne s'opposerait à l'activité des nerfs sympathiques, qui mobilisent et accélèrent les processus vitaux (et qui arrêtent aussi la digestion). ■

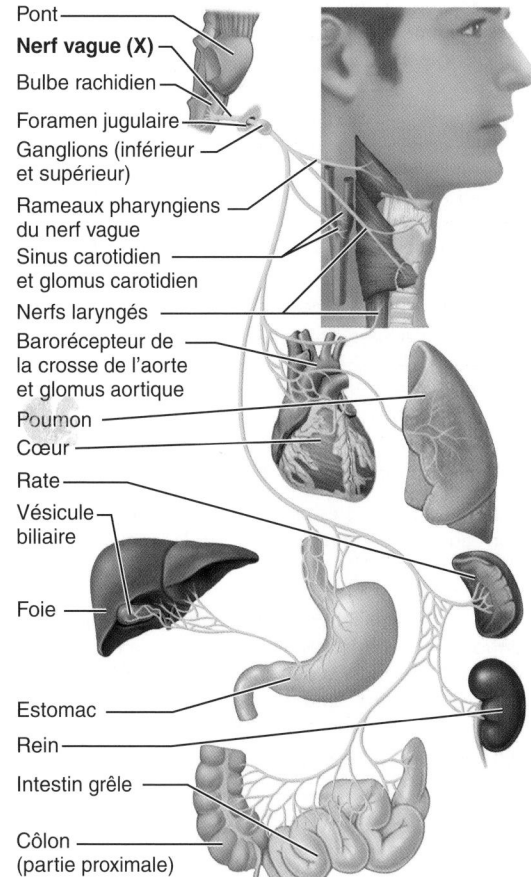

Glande parotide
Neurofibres parasympathiques
Pont
Nerf glosso-pharyngien (IX)
Foramen jugulaire
Ganglion supérieur
Ganglion inférieur
Ganglion otique
Muscle stylopharyngien
Vers le sinus carotidien et le glomus carotidien
Muqueuse du pharynx
Artère carotide commune

Pont
Nerf vague (X)
Bulbe rachidien
Foramen jugulaire
Ganglions (inférieur et supérieur)
Rameaux pharyngiens du nerf vague
Sinus carotidien et glomus carotidien
Nerfs laryngés
Barorécepteur de la crosse de l'aorte et glomus aortique
Poumon
Cœur
Rate
Vésicule biliaire
Foie
Estomac
Rein
Intestin grêle
Côlon (partie proximale)

13

TABLEAU 13.2	Nerfs crâniens *(suite)*

XI Nerfs accessoires

Origine et trajet: Les nerfs accessoires sont uniques en ce sens qu'ils sont formés par l'union de petites racines ventrales qui émergent de la moelle épinière et non pas du bulbe rachidien. Ces petites racines naissent de la région supérieure de la moelle épinière (C_1 à C_5), montent le long de la moelle épinière et entrent dans le crâne par le foramen magnum pour former les nerfs accessoires. Les nerfs accessoires sortent du crâne par le *foramen jugulaire*, en compagnie des nerfs vagues, et innervent deux gros muscles du cou. Jusqu'à tout récemment, on pensait que les nerfs accessoires étaient en partie formés par de petites racines crâniennes, mais on a maintenant établi que, chez la plupart des gens, ces petites racines font plutôt partie des nerfs vagues. Cette découverte soulève cependant une question intéressante: devrait-on continuer de considérer les nerfs accessoires comme des nerfs crâniens? Certains anatomistes répondent par l'affirmative, parce que ces nerfs passent par le crâne. D'autres prétendent le contraire, parce que les nerfs accessoires ne prennent pas naissance dans l'encéphale. C'est une histoire à suivre.

Fonction: Les nerfs accessoires sont des nerfs mixtes, mais principalement moteurs. La racine crânienne s'unit aux neurofibres du nerf vague (X) et fournit des neurofibres motrices au larynx, au pharynx et au voile du palais. La racine spinale fournit des neurofibres motrices aux muscles trapèze et sternocléidomastoïdien, dont l'action combinée permet les mouvements de la tête et du cou. Cette racine achemine également les influx proprioceptifs provenant de ces muscles.

Épreuve clinique: Vérification de la force des muscles sternocléidomastoïdien et trapèze en demandant au sujet de tourner la tête et de hausser les épaules contre une résistance.

Déséquilibre homéostatique: Les lésions de la racine spinale d'un des nerfs accessoires provoquent une rotation de la tête vers le côté touché, en raison de la paralysie du muscle sternocléidomastoïdien. Le haussement de l'épaule (dû au muscle trapèze), du côté touché, est difficile. ■

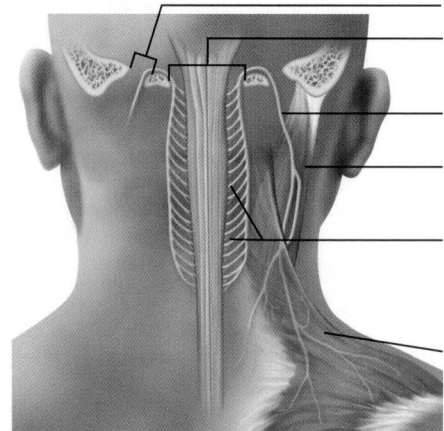

- Foramen jugulaire
- Foramen magnum
- **Nerf accessoire (XI)**
- Muscle sternocléidomastoïdien
- Petites racines des nerfs accessoires émergeant de la moelle épinière (C_1 à C_5)
- Muscle trapèze

XII Nerfs hypoglosses

Origine et trajet: Comme leur nom l'indique (*hypo*: au-dessous; *glossa*: langue), les nerfs hypoglosses desservent principalement la langue; les neurofibres naissent de plusieurs racines situées dans le bulbe rachidien, sortent du crâne par le *canal du nerf hypoglosse* de l'os occipital et atteignent la langue (figure 13.5).

Fonction: Les nerfs hypoglosses sont des nerfs mixtes, mais principalement moteurs. Ils conduisent des neurofibres motrices somatiques aux muscles intrinsèques et extrinsèques de la langue et ils acheminent au tronc cérébral des neurofibres proprioceptives en provenance de ces muscles; ils permettent les mouvements de la langue servant à la mastication, à la déglutition et à la parole.

Épreuve clinique: Recherche des déviations de la langue en demandant au sujet de tirer et de rentrer la langue et de la bouger d'un côté à l'autre.

Déséquilibre homéostatique: Les lésions des nerfs hypoglosses entraînent des troubles de la parole et de la déglutition. Si les deux nerfs sont atteints, la personne ne peut tirer la langue; si un seul est touché, la langue pend du même côté parce que la contraction du muscle du côté opposé n'est pas compensée. Avec le temps, le côté paralysé s'atrophie. ■

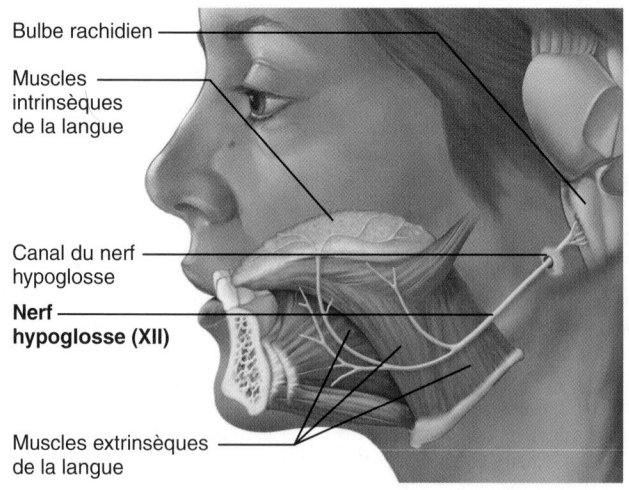

- Bulbe rachidien
- Muscles intrinsèques de la langue
- Canal du nerf hypoglosse
- **Nerf hypoglosse (XII)**
- Muscles extrinsèques de la langue

qui le constituent. Vous y trouverez également une description de l'épreuve clinique et du déséquilibre homéostatique souvent causé par des tumeurs ou des traumatismes crâniens (seules les autres causes possibles sont mentionnées). Il n'est pas toujours facile de se rappeler la fonction principale des nerfs crâniens (fonction **s**ensorielle, fonction **m**otrice ou les **d**eux). Vous y arriverez peut-être plus facilement en répétant la phrase suivante: « **S**ouvenirs! **S**ouvenirs! **M**a **m**émoire **d**emain **m**e **d**ira **s**ans **d**oute **d**e **m**ultiples **m**ensonges! »

VÉRIFIONS NOS ACQUIS

11. Nommez les nerfs crâniens dont la fonction principale est: le mouvement de l'œil dans l'orbite; l'étirement de la langue hors de la bouche; la régulation de la fréquence cardiaque et de la digestion; le haussement des épaules.

Les réponses se trouvent à l'appendice G.

Nerfs spinaux

11 Expliquer la structure d'un nerf spinal et décrire la distribution de ses rameaux.

12 Définir un plexus. Nommer et situer les principaux plexus; décrire la distribution et la fonction des nerfs périphériques auxquels ils donnent naissance. Définir le dermatome.

Trente et une paires de **nerfs spinaux** contenant chacun des milliers de neurofibres émergent de la moelle épinière et innervent toutes les parties du corps, à l'exception de la tête et de certaines régions du cou. Tous ces nerfs sont mixtes. Comme le montre la **figure 13.6**, les nerfs spinaux sont nommés d'après leur point d'émergence de la moelle épinière. Il y a 8 paires de nerfs cervicaux (C_1 à C_8), 12 paires de nerfs thoraciques (T_1 à T_{12}), 5 paires de nerfs lombaires (L_1 à L_5), 5 paires de nerfs sacraux (S_1 à S_5) et 1 paire de minuscules nerfs coccygiens (Co_1), qui est absente chez 5 % des individus.

Le fait qu'il y ait huit paires de nerfs cervicaux mais seulement sept vertèbres cervicales s'explique aisément. En effet, les sept premières paires de nerfs cervicaux quittent le canal vertébral *au-dessus* de la vertèbre d'après laquelle elles sont nommées. Le nerf C_8, en revanche, émerge *en dessous* de la septième vertèbre cervicale (entre C_7 et T_1). Au-delà de la région cervicale, chaque nerf spinal sort de la colonne vertébrale *au-dessous* de la vertèbre portant le même numéro que lui.

Comme nous l'avons vu au chapitre 12, chaque nerf spinal est relié à la moelle épinière par une racine dorsale et une racine ventrale **(figure 13.7)**. Chaque racine est composée d'une série de **filets radiculaires** qui s'attachent, sur toute la longueur, au segment correspondant de la moelle épinière (figure 13.7a). Les **racines ventrales** renferment des neurofibres *motrices* (efférentes), c'est-à-dire les axones des neurones moteurs

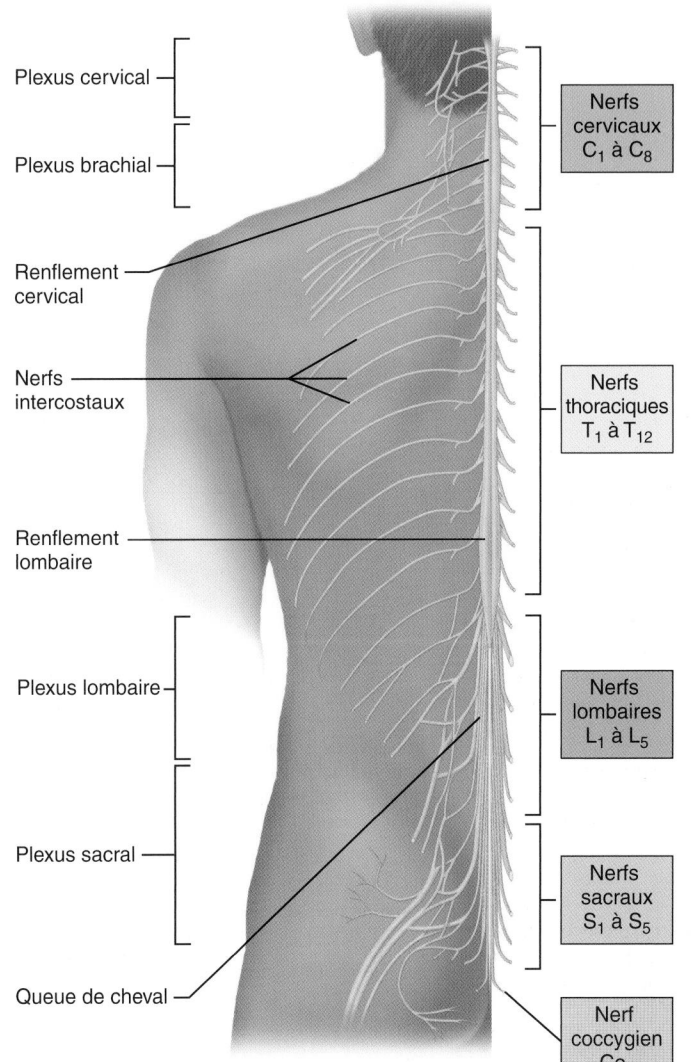

Figure 13.6 Nerfs spinaux. (Vue postérieure) Les courts nerfs spinaux sont illustrés à droite et leurs rameaux ventraux, à gauche. La plupart des rameaux ventraux forment les plexus nerveux (cervical, brachial, lombaire et sacral).

de la corne ventrale qui se rendent jusqu'aux muscles squelettiques. (Nous décrivons au chapitre 14 les efférences du SNA qui font également partie des racines ventrales.) Les **racines dorsales** contiennent des neurofibres *sensitives* (afférentes), c'est-à-dire les axones des neurones sensitifs dont les corps cellulaires sont localisés dans les ganglions spinaux; ces neurofibres acheminent à la moelle épinière les influx provenant des extérocepteurs (peau), des propriocepteurs (muscles squelettiques et tendons) et des viscérocepteurs.

La racine ventrale et la racine dorsale du nerf spinal émergent de la moelle épinière et s'unissent en aval du ganglion spinal.

13

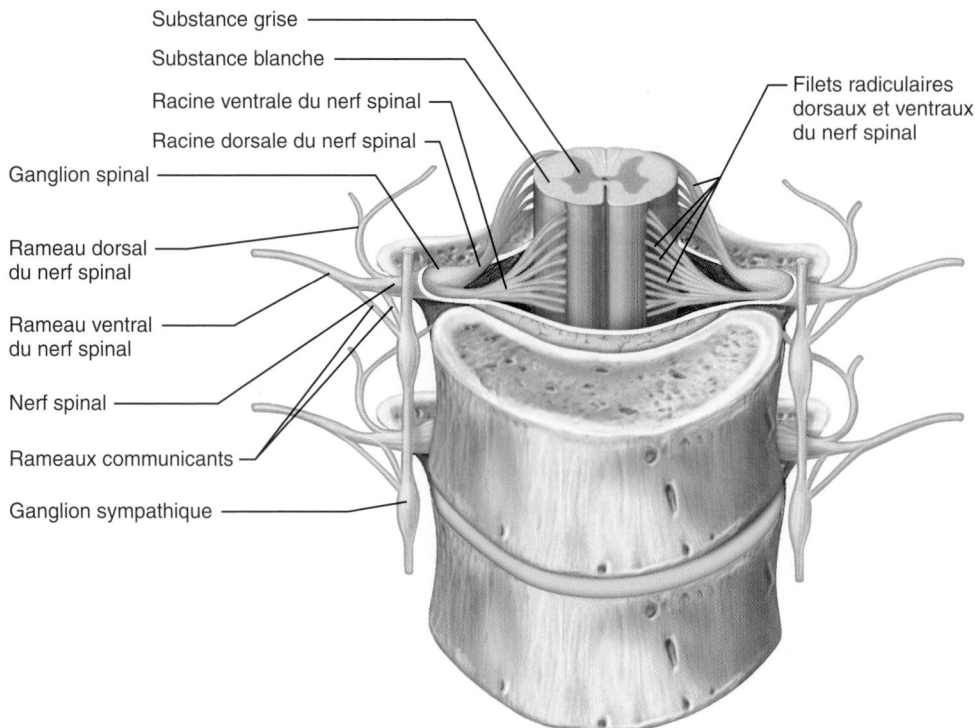

Substance grise
Substance blanche
Racine ventrale du nerf spinal
Racine dorsale du nerf spinal
Ganglion spinal
Rameau dorsal du nerf spinal
Rameau ventral du nerf spinal
Nerf spinal
Rameaux communicants
Ganglion sympathique
Filets radiculaires dorsaux et ventraux du nerf spinal

(a) Vue antérieure montrant la moelle épinière, les nerfs et les vertèbres. La racine ventrale et la racine dorsale émergent par les côtés sous forme de filets radiculaires et s'unissent pour former un nerf spinal.

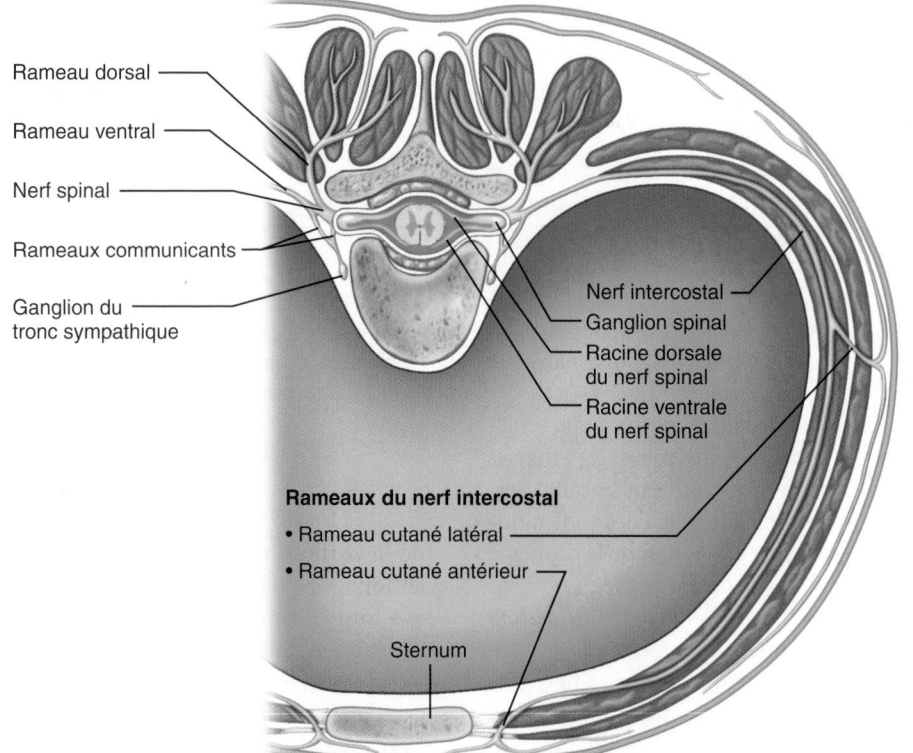

Rameau dorsal
Rameau ventral
Nerf spinal
Rameaux communicants
Ganglion du tronc sympathique
Nerf intercostal
Ganglion spinal
Racine dorsale du nerf spinal
Racine ventrale du nerf spinal

Rameaux du nerf intercostal
• Rameau cutané latéral
• Rameau cutané antérieur

Sternum

(b) Coupe transversale du thorax montrant les principaux rameaux et racines d'un nerf spinal

Figure 13.7 Formation d'un nerf spinal et distribution des rameaux. Remarquez en **(b)** les racines et les rameaux dorsaux et ventraux, ainsi que les rameaux communicants. Dans le thorax, chaque rameau ventral se prolonge pour former un nerf intercostal. (Le petit rameau méningé n'est pas représenté.)

Le nerf spinal ainsi formé sort de la colonne vertébrale par un foramen intervertébral. Le nerf spinal réunit des neurofibres motrices et des neurofibres sensitives, si bien qu'il contient à la fois des neurofibres afférentes et des neurofibres efférentes. La longueur des racines des nerfs spinaux augmente progressivement de haut en bas de la moelle épinière. Dans la région cervicale, les racines sont courtes et horizontales ; dans la partie inférieure du canal vertébral, les racines des nerfs lombaires et sacraux sont orientées vers le bas, formant ainsi la *queue de cheval* (figure 13.6).

Le nerf spinal proprement dit est court (de 1 à 2 cm), car il se ramifie presque immédiatement après avoir émergé de son foramen intervertébral. Chaque nerf spinal se divise en un **rameau dorsal**, en un **rameau ventral** et en un minuscule **rameau méningé du nerf spinal**. Celui-ci rentre dans le canal vertébral et innerve les méninges et leurs vaisseaux sanguins. Chaque rameau, comme le nerf spinal lui-même, est mixte. On trouve enfin une catégorie de rameaux uniques, les **rameaux communicants**, qui contiennent des neurofibres autonomes (motrices) ; ils sont reliés à la base des rameaux ventraux des nerfs spinaux de la région thoracique (figure 13.7).

Innervation des parties du corps

Les rameaux des nerfs spinaux et leurs principales ramifications desservent toute la partie somatique du corps à partir du cou (muscles squelettiques et peau). Les rameaux dorsaux innervent la partie postérieure du tronc. Les rameaux ventraux, dont le diamètre est plus grand, innervent le reste du tronc et les membres.

Il est essentiel de bien faire la différence entre les racines et les rameaux. Les racines sont à la base (en amont) des nerfs spinaux et elles sont plus profondes qu'eux ; elles sont toutes soit strictement sensitives, soit strictement motrices. Les rameaux sont situés en aval des nerfs spinaux et ils en sont des divisions ; à l'instar des nerfs spinaux, les rameaux contiennent à la fois des neurofibres sensitives et des neurofibres motrices.

Avant de voir comment les rameaux et leurs ramifications innervent le corps, il est important d'apporter des précisions à propos des rameaux ventraux des nerfs spinaux. Tous les nerfs spinaux, à l'exception de T_2 à T_{12}, présentent des ramifications de leurs rameaux ventraux qui s'enchevêtrent en **plexus** complexes (figure 13.6). On trouve des plexus dans les régions cervicale, brachiale, lombaire et sacrale ; ils desservent principalement les membres. Notez que *seuls les rameaux ventraux des nerfs spinaux forment des plexus* ; les rameaux dorsaux n'en forment pas.

Les neurofibres des rameaux ventraux s'entrecroisent et se redistribuent dans les plexus, si bien que : (1) chaque branche qui en résulte comprend des neurofibres provenant de nerfs spinaux différents ; et (2) les neurofibres de chaque rameau ventral s'étendent jusqu'aux parties périphériques du corps en empruntant différents trajets. (Un groupe de muscles innervés par les branches d'un même rameau ventral est appelé **myotome**.) Par conséquent, tous les muscles d'un membre sont innervés par plusieurs nerfs spinaux. Ce regroupement des neurofibres de plusieurs nerfs constitue un avantage puisqu'un

muscle d'un membre ne peut paralyser complètement à la suite d'une lésion d'une racine ou d'un segment spinal.

Tout au long de cette section, nous nommerons les principaux groupes de muscles squelettiques desservis par les nerfs spinaux. Consultez les tableaux 10.1 à 10.17 pour obtenir des détails sur l'innervation des muscles.

Innervation du dos

Les rameaux dorsaux innervent la partie postérieure du tronc suivant une distribution simple et segmentaire. Chacun innerve l'étroite bande de muscle (et de peau) qui correspond à son point d'émergence de la moelle épinière par l'intermédiaire de quelques ramifications (figure 13.7b).

Innervation de la partie antérolatérale du thorax et de la paroi abdominale

Dans le thorax, et là seulement, les rameaux ventraux ont une distribution segmentaire simple qui correspond à celle des rameaux dorsaux. Les rameaux ventraux de T_1 à T_{12} s'étendent vers la partie antérieure du corps, sous chaque côte, et forment les **nerfs intercostaux**. Le long de leur trajet, ces nerfs émettent des *rameaux cutanés* qui se rendent à la peau (figure 13.7b).

Deux des nerfs thoraciques se distinguent des autres. Il s'agit du minuscule nerf T_1, dont la plupart des neurofibres entrent dans le plexus brachial, et du nerf T_{12}, qui s'étend sous la douzième côte, devenant ainsi un **nerf subcostal**. Les nerfs intercostaux et leurs ramifications desservent les muscles intercostaux, les muscles et la peau de la partie antérolatérale du thorax et la majeure partie de la paroi abdominale.

Plexus cervical et cou

Le **plexus cervical** est enfoui profondément dans le cou, sous le muscle sternocléidomastoïdien. Il est composé des rameaux ventraux des quatre nerfs cervicaux supérieurs (figure 13.8). Le **tableau 13.3** présente les ramifications de ce plexus en boucle. La plupart d'entre elles constituent des **nerfs cutanés**, c'est-à-dire des nerfs qui desservent seulement une région de la peau. Ils transmettent les influx sensitifs provenant de la peau du cou, de la région de l'oreille, de l'arrière de la tête et de l'épaule. Les autres ramifications innervent les muscles de la partie antérieure du cou.

Le nerf le plus important du plexus cervical est le **nerf phrénique** (dont les principaux tributaires sont C_3, C_4 et C_5). Le nerf phrénique s'étend vers le bas et traverse le thorax pour se rendre au diaphragme, auquel il fournit son innervation motrice et sensitive (*phrén* : diaphragme). C'est principalement ce muscle qui intervient dans les mouvements de la respiration.

DÉSÉQUILIBRE HOMÉOSTATIQUE

L'irritation du nerf phrénique entraîne des spasmes du diaphragme connus sous le nom de hoquet (*myoclonie phénoglottique*). Dans de très rares cas (1 personne sur 100 000), il arrive que le hoquet soit chronique et dure des années. Pour y mettre fin, on dispose de plusieurs moyens, qui agissent tous en provoquant l'hypercapnie, c'est-à-dire l'augmentation du

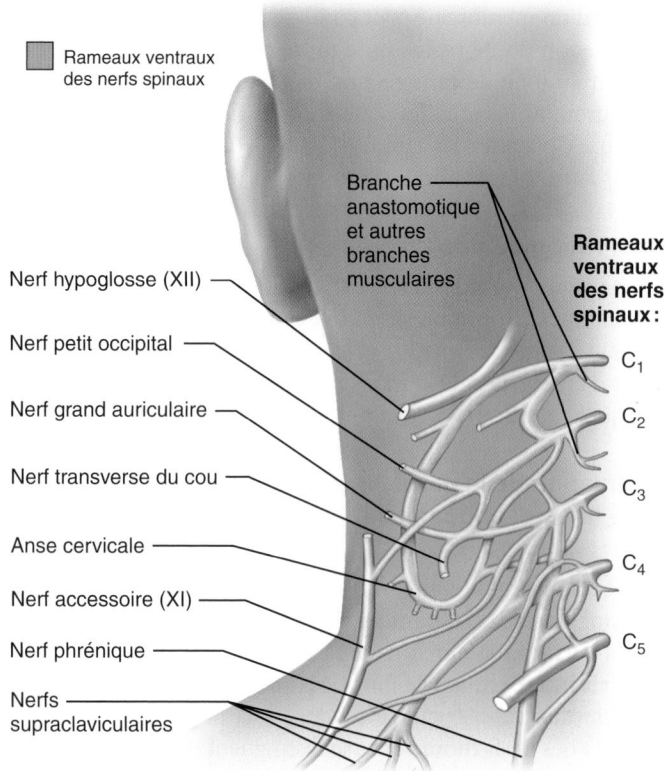

Rameaux ventraux des nerfs spinaux

Branche anastomotique et autres branches musculaires

Rameaux ventraux des nerfs spinaux :

Nerf hypoglosse (XII)

Nerf petit occipital

Nerf grand auriculaire

Nerf transverse du cou

Anse cervicale

Nerf accessoire (XI)

Nerf phrénique

Nerfs supraclaviculaires

C_1
C_2
C_3
C_4
C_5

Figure 13.8　Plexus cervical. Les nerfs qui apparaissent en gris sont reliés au plexus, mais ils n'en font pas partie. Voir le tableau 13.3 pour connaître les structures innervées. (Vue postérieure)

13

taux de gaz carbonique. Si les deux nerfs phréniques sont sectionnés, ou si la région de la moelle épinière comprise entre C_3 et C_5 est écrasée ou détruite, le diaphragme est paralysé, ce qui entraîne un arrêt respiratoire. On peut sauver la vie des personnes ayant subi de telles lésions grâce à des respirateurs mécaniques qui insufflent de l'air dans les poumons. ∎

Plexus brachial et membre supérieur

Le **plexus brachial** est de grandes dimensions : une partie est située dans le cou et une autre dans l'aisselle. Il joue un rôle majeur, car il regroupe pratiquement tous les nerfs qui desservent le membre supérieur **(tableau 13.4)**. On peut le palper chez un sujet vivant juste au-dessus de la clavicule, sur le bord latéral du muscle sternocléidomastoïdien.

Le plexus brachial est composé de l'enchevêtrement des rameaux ventraux de C_5 à C_8 et de la majeure partie de T_1. En outre, il n'est pas rare que des neurofibres de C_4, de T_2 ou des deux à la fois y soient jointes.

La complexité du plexus brachial est telle que son étude peut représenter un véritable cauchemar pour les étudiants en anatomie. La façon la plus simple de l'aborder consiste probablement à assimiler les termes qui désignent ses quatre principaux groupes de ramifications **(figure 13.9a, d)**. De la partie proximale à la partie distale, ces groupes sont : (1) les *rameaux ventraux des nerfs spinaux*, (2) les *troncs*, (3) les *divisions* et (4) les *faisceaux*. Pour mémoriser dans l'ordre ces diverses ramifications, on peut considérer ce trajet nerveux, dans son ensemble, comme une « **route de fou** » !

TABLEAU 13.3	Ramifications du plexus cervical (figure 13.8)	
NERFS	**RAMEAUX VENTRAUX DES NERFS SPINAUX**	**STRUCTURES INNERVÉES**
Branches cutanées (superficielles)		
Nerf petit occipital	C_2 (C_3)	Peau de la partie postérolatérale du cou
Nerf grand auriculaire	C_2 et C_3	Peau autour de l'oreille et peau recouvrant la glande parotide
Nerf transverse du cou	C_2 et C_3	Peau des parties antérieure et latérale du cou
Nerfs supraclaviculaires (médial, intermédiaire et latéral)	C_3 et C_4	Peau de l'épaule et de la clavicule
Branches motrices (profondes)		
Anse cervicale (racines supérieure et inférieure)	C_1 à C_3	Muscles infrahyoïdiens du cou (omohyoïdien, sternohyoïdien et sternothyroïdien)
Branche anastomotique (communique avec le nerf accessoire) et autres branches musculaires	C_1 à C_5	Muscles profonds du cou (géniohyoïdien et thyrohyoïdien) et parties des muscles scalènes, élévateur de la scapula, du trapèze et du sternocléidomastoïdien
Nerf phrénique	C_3 à C_5	Diaphragme (seul nerf moteur)

TABLEAU 13.4	Ramifications du plexus brachial (figure 13.9)	
NERFS	**FAISCEAUX ET RAMEAUX VENTRAUX DES NERFS SPINAUX**	**STRUCTURES INNERVÉES**
Nerf musculocutané	Faisceau latéral (C_5 à C_7)	Branches musculaires: muscles fléchisseurs de la loge antérieure du bras (biceps brachial, brachial et coracobrachial) Branches cutanées: peau de la partie antérolatérale de l'avant-bras (extrêmement variable)
Nerf médian	Formé par l'anastomose du faisceau médial (C_8 et T_1) et du faisceau latéral (C_5 à C_7)	Branches musculaires destinées au groupe fléchisseur de la loge antérieure de l'avant-bras (long palmaire, fléchisseur radial du carpe, fléchisseur superficiel des doigts, long fléchisseur du pouce, moitié latérale du fléchisseur profond des doigts et rond pronateur); muscles intrinsèques de la partie latérale de la paume; branches digitales dans les doigts Branches cutanées: peau des deux tiers latéraux de la main, côté de la paume et dos des doigts II et III
Nerf ulnaire	Faisceau médial (C_8 et T_1)	Branches musculaires: muscles fléchisseurs de la loge antérieure de l'avant-bras (fléchisseur ulnaire du carpe et moitié médiale du fléchisseur profond des doigts); la plupart des muscles intrinsèques de la main Branches cutanées: peau du tiers médial de la main, faces postérieure et antérieure
Nerf radial	Faisceau postérieur (C_5 à C_8 et T_1)	Branches musculaires: muscles postérieurs du bras et de l'avant-bras (triceps brachial, anconé, supinateur, brachioradial, extenseurs radiaux du carpe, extenseur ulnaire du carpe et quelques muscles extenseurs des doigts) Branches cutanées: peau de la face postérolatérale du membre entier (sauf le dos des doigts II et III)
Nerf axillaire	Faisceau postérieur (C_5 et C_6)	Branches musculaires: muscles deltoïde et petit rond Branches cutanées: une partie de la peau de l'épaule
Nerf dorsal de la scapula	Ramifications du rameau de C_5	Muscles rhomboïdes et élévateur de la scapula
Nerf thoracique long	Ramifications des rameaux de C_5 à C_7	Muscle dentelé antérieur
Nerfs subscapulaires (supérieur et inférieur)	Faisceau postérieur; ramifications des rameaux de C_5 et de C_6	Muscles grand rond et subscapulaire
Nerf suprascapulaire	Tronc supérieur (C_5 et C_6)	Articulation de l'épaule; muscles supraépineux et infraépineux
Nerfs pectoraux (latéral et médial)	Ramifications des faisceaux latéral (C_5 à C_7) et médial (C_8 et T_1)	Muscles grand pectoral et petit pectoral

13

Les cinq **rameaux ventraux** (de C_5 à T_1) du plexus brachial sont situés sous le muscle sternocléidomastoïdien. Ils s'unissent au bord latéral de ce muscle pour former les **troncs supérieur, moyen** et **inférieur** du plexus brachial. Chacun de ces troncs se sépare presque immédiatement en une **division antérieure** et en une **division postérieure**. Les noms des divisions indiquent lesquelles des neurofibres innervent la partie avant ou arrière du membre. Les divisions s'étendent sous la clavicule et pénètrent dans l'aisselle, où elles donnent naissance à trois grands ensembles de neurofibres appelés **faisceaux latéral, postérieur** et **médial** (ainsi nommés en raison de leur situation par rapport à l'artère axillaire qui traverse l'aisselle; voir la figure 19.23). Le plexus brachial émet sur toute sa longueur de petits nerfs qui desservent les muscles et la peau de l'épaule et de la partie supérieure du thorax. Sur le plan clinique, on regroupe aussi les différentes branches issues du plexus brachial en branches supraclaviculaires et en branches infraclaviculaires.

DÉSÉQUILIBRE HOMÉOSTATIQUE

Lors de l'accouchement, il est nécessaire de prendre certaines précautions afin d'éviter une lésion du plexus brachial du bébé lors de la délivrance. La prévalence se situe entre 1 et 6 naissances sur 1000. Le plexus supérieur est le plus souvent touché et on la nomme alors paralysie d'Erb. Dans le cas d'une atteinte du plexus inférieur, c'est la paralysie de Klumpk. Dans la plupart des cas, les lésions guérissent naturellement, mais des séquelles permanentes demeurent parfois. Les lésions du plexus brachial sont également fréquentes lors d'accidents variés; les plus graves entraînent la faiblesse, voire la paralysie de tout le membre supérieur. La lésion peut provenir d'un étirement causé par une

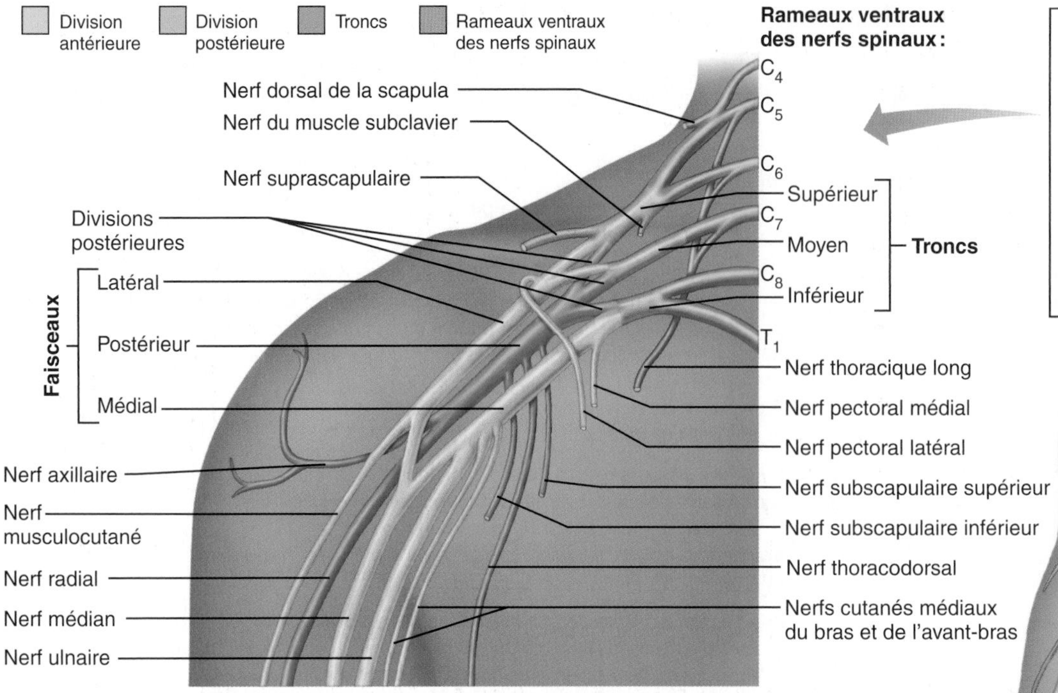

Division antérieure | Division postérieure | Troncs | Rameaux ventraux des nerfs spinaux

Rameaux ventraux des nerfs spinaux :

C$_4$
C$_5$
C$_6$
C$_7$
C$_8$
T$_1$

Nerf dorsal de la scapula
Nerf du muscle subclavier
Nerf suprascapulaire

Divisions postérieures
Latéral
Postérieur
Médial

Faisceaux

Supérieur
Moyen — **Troncs**
Inférieur

Nerf thoracique long
Nerf pectoral médial
Nerf pectoral latéral

Nerf axillaire
Nerf musculocutané
Nerf radial
Nerf médian
Nerf ulnaire

Nerf subscapulaire supérieur
Nerf subscapulaire inférieur
Nerf thoracodorsal
Nerfs cutanés médiaux du bras et de l'avant-bras

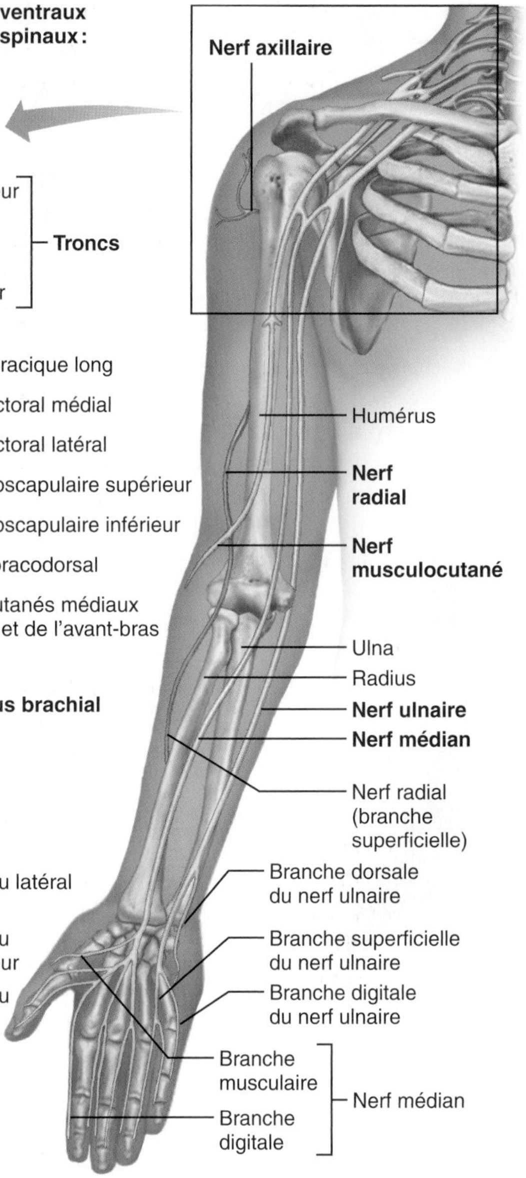

Nerf axillaire

Humérus
Nerf radial
Nerf musculocutané
Ulna
Radius
Nerf ulnaire
Nerf médian
Nerf radial (branche superficielle)

(a) Rameaux ventraux des nerfs spinaux (C$_5$ à T$_1$), troncs, divisions et faisceaux du plexus brachial

Nerf musculocutané
Nerf axillaire
Muscle biceps brachial
Muscle coracobrachial
Nerf médian
Nerf radial (branche vers le triceps)

Faisceau latéral
Faisceau postérieur
Faisceau médial
Nerf radial
Nerf ulnaire

(b) Photo d'un cadavre

Branche dorsale du nerf ulnaire
Branche superficielle du nerf ulnaire
Branche digitale du nerf ulnaire
Branche musculaire
Branche digitale
Nerf médian

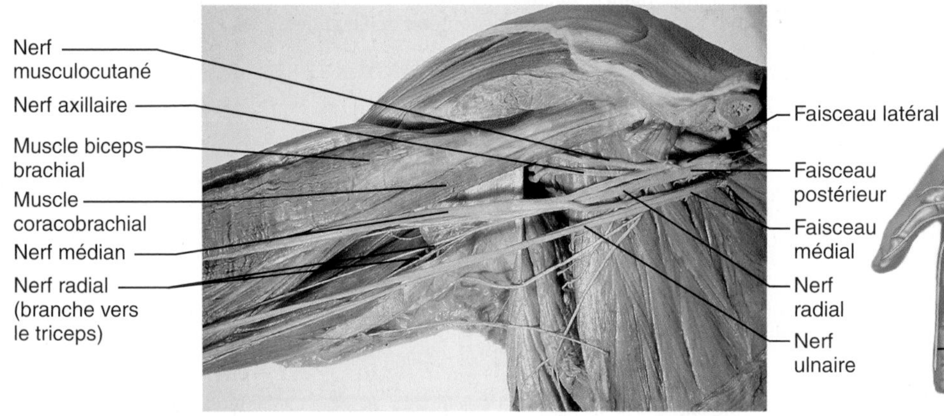

(c) Principaux nerfs du membre supérieur

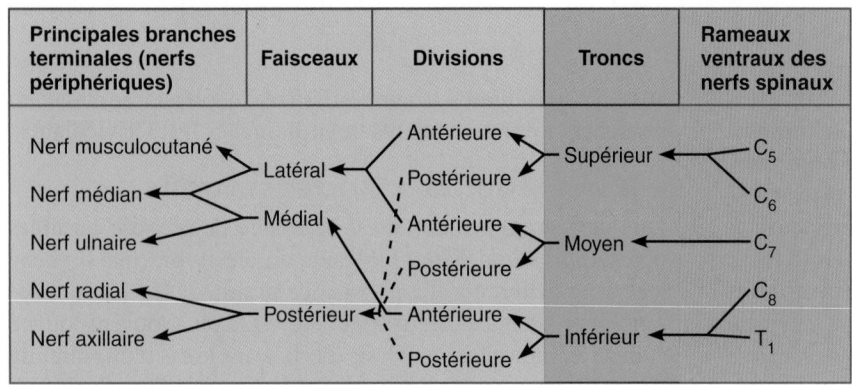

Principales branches terminales (nerfs périphériques)	Faisceaux	Divisions	Troncs	Rameaux ventraux des nerfs spinaux
Nerf musculocutané	Latéral	Antérieure / Postérieure	Supérieur	C$_5$ / C$_6$
Nerf médian				
Nerf ulnaire	Médial	Antérieure	Moyen	C$_7$
Nerf radial		Postérieure		
Nerf axillaire	Postérieur	Antérieure / Postérieure	Inférieur	C$_8$ / T$_1$

(d) Relations des ramifications du plexus brachial

Figure 13.9 **Plexus brachial.** (Vue antérieure)

traction horizontale du bras (par exemple lors d'un plaquage au football ou au rugby) ou d'un écrasement produit par un coup reçu sur le dessus de l'épaule et qui pousse l'humérus vers le bas (comme lorsqu'un cycliste est projeté la tête la première sur le sol et se heurte l'épaule sur la chaussée). ■

Le plexus brachial se termine dans la région axillaire, où ses trois faisceaux suivent l'artère axillaire et donnent naissance aux principaux nerfs du membre supérieur (figure 13.9b, c). Cinq de ces nerfs sont particulièrement importants: ce sont le nerf axillaire, le nerf musculocutané, le nerf médian, le nerf ulnaire et le nerf radial. Nous décrivons brièvement leur distribution et leurs cibles ci-dessous et plus en détail au tableau 13.4.

Le **nerf axillaire** est issu du faisceau postérieur. Il s'étend à l'arrière du col chirurgical de l'humérus, et il innerve les muscles deltoïde et petit rond ainsi que la peau et la capsule articulaire de l'épaule.

Le **nerf musculocutané** est la principale branche terminale du faisceau latéral. Il s'étend vers le bas dans la partie antérieure du bras, et il fournit des neurofibres motrices aux muscles biceps brachial et brachial. Au-delà du coude, il transmet les sensations cutanées de la partie latérale de l'avant-bras.

Le **nerf médian** parcourt le bras jusqu'à la partie antérieure de l'avant-bras, où il émet des ramifications dans la peau et dans la plupart des muscles fléchisseurs. Parvenu dans la main, il innerve cinq muscles intrinsèques de la partie latérale de la paume. Le nerf médian stimule les muscles responsables de la pronation de l'avant-bras, de la flexion du poignet et des doigts et de l'opposition du pouce.

DÉSÉQUILIBRE HOMÉOSTATIQUE

Les lésions du nerf médian entravent l'opposition du pouce à l'index et, par conséquent, la préhension des petits objets. Ce nerf suit l'axe médian de l'avant-bras et du poignet et se trouve donc souvent sectionné par les personnes qui tentent de se suicider en se tailladant les poignets. Dans le cas du syndrome du canal carpien (voir p. 266), le nerf médian est compressé. Ce syndrome accompagne diverses maladies et touche particulièrement les personnes qui exécutent des mouvements répétitifs, tels les secrétaires, les caissiers, les coiffeurs ou les plombiers. On l'observe également chez les cyclistes qui montent des vélos aux poignées inadéquates ou avec une selle trop inclinée vers l'avant. ■

Le **nerf ulnaire** naît du faisceau médial du plexus brachial. Il parcourt la partie médiale du bras en direction du coude, passe derrière l'épicondyle médial et suit l'ulna dans la partie médiale de l'avant-bras. Là, il innerve le muscle fléchisseur ulnaire du carpe et la partie médiale du muscle fléchisseur profond des doigts (les muscles que le nerf médian ne dessert pas). Il se poursuit dans la main, où il innerve la plupart des muscles intrinsèques et la peau de la partie médiale. Le nerf ulnaire produit la flexion et l'adduction du poignet et des doigts, de même que l'abduction des doigts IV et V (avec le nerf médian). Son atteinte est fréquente chez les golfeurs, les haltérophiles et les gymnastes.

DÉSÉQUILIBRE HOMÉOSTATIQUE

Le nerf ulnaire est très vulnérable dans la partie superficielle de son trajet. Sa stimulation à la hauteur de l'épicondyle médial ou du poignet provoque un picotement dans le petit doigt. Les lésions graves ou chroniques entraînent parfois l'insensibilité, la paralysie et l'atrophie des muscles qu'il dessert. Les personnes atteintes de telles lésions sont incapables d'écarter les doigts et elles ont du mal à fermer le poing ou à saisir les objets. Elles ont également de la difficulté à exécuter certains mouvements que nécessitent les activités quotidiennes, comme tourner une poignée de porte, serrer la main ou verser le contenu d'une bouteille. La flexion des deux dernières phalanges du petit doigt et de l'annulaire et l'extension de leurs premières phalanges sur le carpe provoquent parfois une déformation de la main appelée *main en griffe*. ■

Le **nerf radial** est un prolongement du faisceau postérieur et constitue la ramification la plus remarquable du plexus brachial. Ce nerf s'enroule autour de l'humérus (dans le sillon du nerf radial) et passe devant l'épicondyle latéral au niveau du coude. Là, il se divise en une branche superficielle qui suit le bord latéral du radius jusqu'à la main et en une branche profonde (n'apparaissant pas dans la figure) qui se dirige vers la face postérieure. Tout le long de son trajet, le nerf radial dessert la peau de la face postérieure du membre. Ses branches motrices innervent tous les muscles extenseurs du membre supérieur. Le nerf radial permet l'extension du coude, la supination de l'avant-bras, l'extension du poignet et des doigts ainsi que l'abduction du pouce.

DÉSÉQUILIBRE HOMÉOSTATIQUE

Les lésions du nerf radial empêchent le mouvement de la main au niveau du poignet: cette affection est appelée *main tombante*, ou main en col de cygne. Lorsqu'une personne utilise une béquille de façon inadéquate ou s'endort avec un bras pendant d'un fauteuil ou d'un canapé, le nerf radial est comprimé, ce qui produit une ischémie (arrêt de l'irrigation sanguine). ■

Plexus lombosacral et membre inférieur

Le plexus sacral et le plexus lombaire se chevauchent en grande partie. On les désigne fréquemment par le terme **plexus lombosacral**, car de nombreuses neurofibres du plexus lombaire parcourent le plexus sacral par l'intermédiaire du **tronc lombosacral**. Le plexus lombosacral dessert principalement le membre inférieur, mais il émet aussi des ramifications vers l'abdomen, le bassin et les fesses.

Plexus lombaire Le **plexus lombaire** naît des nerfs spinaux L_1 à L_4 et s'étend dans la partie postérieure du muscle grand psoas (figure 13.10). Ses branches proximales innervent des parties des muscles de la paroi abdominale et le muscle psoas; par contre, ses branches principales desservent les parties antérieure et médiale de la cuisse.

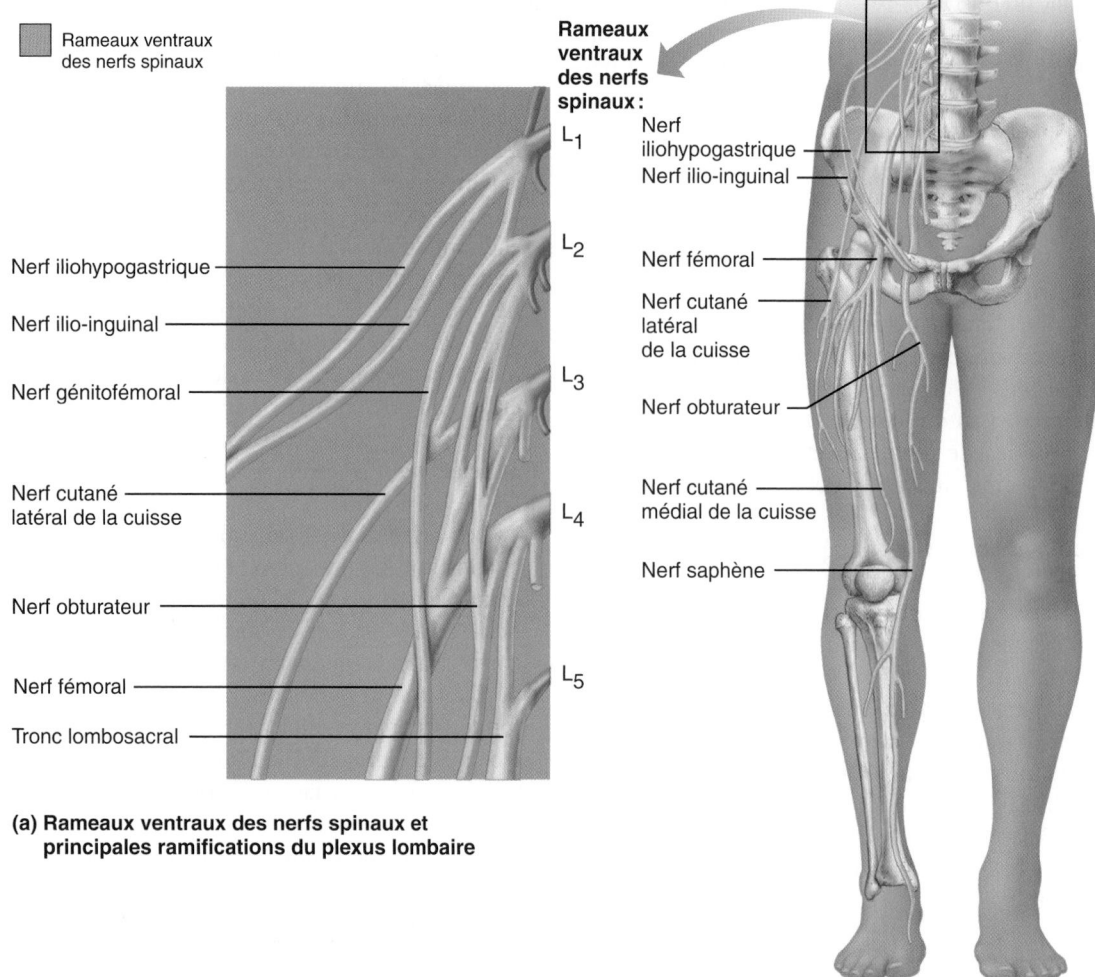

Rameaux ventraux
des nerfs spinaux

Rameaux
ventraux
des nerfs
spinaux :

L₁   Nerf
iliohypogastrique
Nerf ilio-inguinal

L₂   Nerf fémoral

Nerf cutané
latéral
de la cuisse

L₃

Nerf obturateur

Nerf iliohypogastrique

Nerf ilio-inguinal

Nerf génitofémoral

Nerf cutané
latéral de la cuisse

Nerf obturateur

Nerf fémoral

Tronc lombosacral

L₄   Nerf cutané
médial de la cuisse

Nerf saphène

L₅

**(a) Rameaux ventraux des nerfs spinaux et
principales ramifications du plexus lombaire**

**(b) Distribution des principaux nerfs du
plexus lombaire au membre inférieur**

Figure 13.10 **Plexus lombaire.** (Vue antérieure)

13

TABLEAU 13.5	Ramifications du plexus lombaire (figure 13.10)	
NERFS	**RAMEAUX VENTRAUX DES NERFS SPINAUX**	**STRUCTURES INNERVÉES**
Nerf fémoral	L_2 à L_4	Peau des faces antérieure et médiale de la cuisse par l'intermédiaire du *nerf cutané médial de la cuisse*; peau de la face médiale de la jambe et du pied, de la hanche et de l'articulation du genou par l'intermédiaire du *nerf saphène*; nerf moteur des muscles antérieurs de la cuisse (quadriceps et sartorius); muscles pectiné et iliaque
Nerf obturateur	L_2 à L_4	Nerf moteur des muscles grand adducteur (en partie), long adducteur, court adducteur, gracile et obturateur externe; nerf sensitif de la peau de la face médiale de la cuisse ainsi que des articulations de la hanche et du genou
Nerf cutané latéral de la cuisse	L_2 et L_3	Peau de la face latérale et postérieure de la cuisse; quelques branches sensitives destinées au péritoine
Nerf iliohypogastrique	L_1	Peau de la région pubienne et de la hanche; muscles de la partie antérolatérale de la paroi abdominale (obliques internes et transverse de l'abdomen) et du pubis
Nerf ilio-inguinal	L_1	Peau des organes génitaux externes et de la partie proximale médiale de la cuisse; muscles oblique interne et transverse de l'abdomen
Nerf génitofémoral	L_1 et L_2	Peau du scrotum, des grandes lèvres de la vulve et de la face antérieure de la cuisse en dessous de la partie médiale de la région inguinale; muscle crémaster chez l'homme

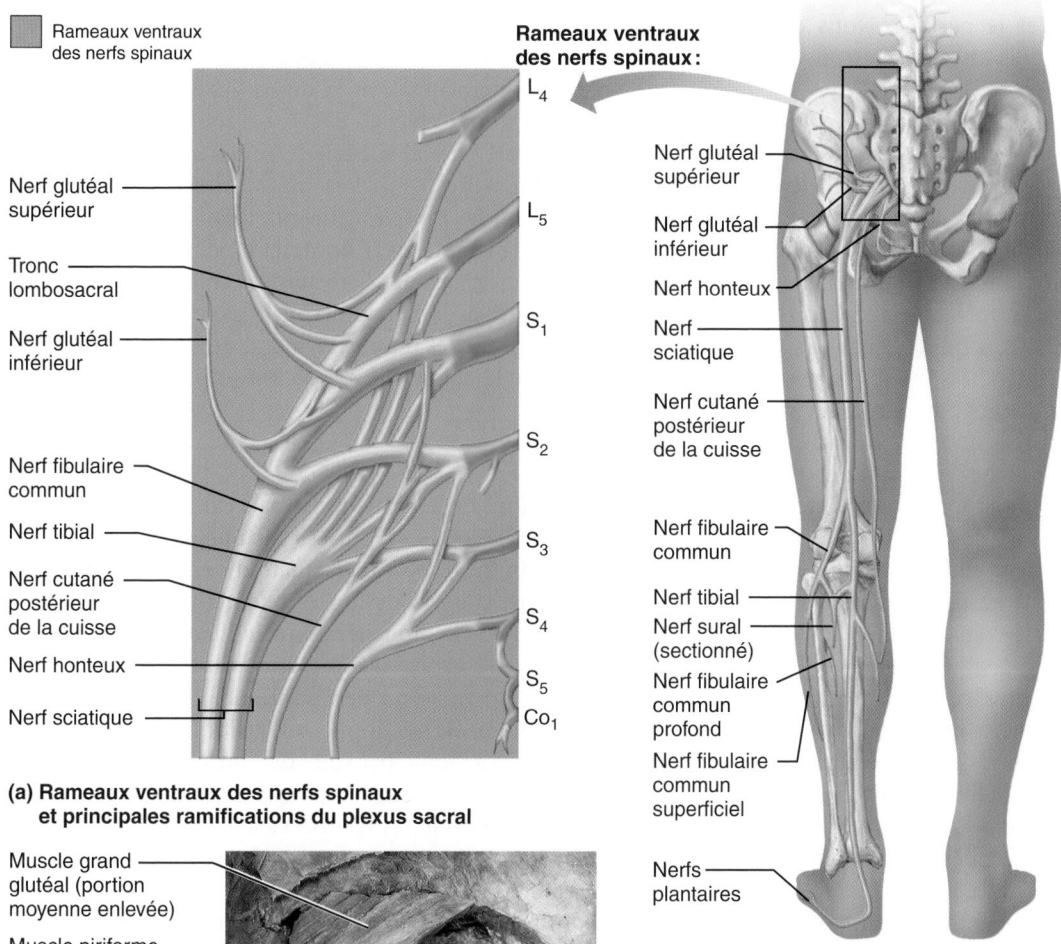

Rameaux ventraux des nerfs spinaux

Rameaux ventraux des nerfs spinaux :

- L₄
- Nerf glutéal supérieur
- Tronc lombosacral
- Nerf glutéal inférieur
- L₅
- S₁
- Nerf fibulaire commun
- Nerf tibial
- Nerf cutané postérieur de la cuisse
- S₂
- S₃
- Nerf honteux
- S₄
- Nerf sciatique
- S₅
- Co₁

(a) Rameaux ventraux des nerfs spinaux et principales ramifications du plexus sacral

- Nerf glutéal supérieur
- Nerf glutéal inférieur
- Nerf honteux
- Nerf sciatique
- Nerf cutané postérieur de la cuisse
- Nerf fibulaire commun
- Nerf tibial
- Nerf sural (sectionné)
- Nerf fibulaire commun profond
- Nerf fibulaire commun superficiel
- Nerfs plantaires

(b) Distribution des principaux nerfs du plexus sacral au membre inférieur

- Muscle grand glutéal (portion moyenne enlevée)
- Muscle piriforme
- Nerf glutéal inférieur
- Nerf honteux
- Grand trochanter du fémur
- Nerf fibulaire commun
- Nerf tibial
- Nerf cutané postérieur de la cuisse
- Nerf sciatique
- Tubérosité sciatique

(c) Photo d'un cadavre

Figure 13.11 **Plexus sacral.** (Vue postérieure)

Le **nerf obturateur** entre dans la face médiale de la cuisse par le foramen obturé et innerve les muscles adducteurs. Le **tableau 13.5** présente les différentes branches du plexus lombaire.

DÉSÉQUILIBRE HOMÉOSTATIQUE

La compression des rameaux ventraux du plexus lombaire, qui peut notamment être causée par une hernie discale, perturbe gravement la démarche, car le nerf fémoral dessert les principaux muscles fléchisseurs de la hanche et extenseurs du genou. Les autres symptômes de l'atteinte sont des douleurs et l'insensibilité de la face antérieure et de la face médiale de la cuisse, si le nerf obturateur est touché. ■

Plexus sacral Le **plexus sacral** naît des nerfs spinaux L₄ à S₄ ; il est situé immédiatement à l'arrière du plexus lombaire **(figure 13.11)**. Nous avons indiqué plus haut que certaines des neurofibres du plexus lombaire passent dans le plexus sacral par l'intermédiaire du *tronc lombosacral*. Une douzaine de ses branches sont nommées et environ la moitié d'entre elles desservent la fesse et le membre inférieur ; les autres innervent

Le **nerf fémoral** est le plus gros nerf terminal de ce plexus ; il pénètre dans la cuisse au-dessous du ligament inguinal, puis il se divise en plusieurs grosses branches. Les branches motrices innervent les muscles de la partie antérieure de la cuisse (groupe du quadriceps), qui sont les principaux fléchisseurs de la cuisse et extenseurs du genou. Les branches cutanées desservent la peau du devant de la cuisse et la face médiale de la jambe, du genou au pied.

13

les structures du bassin et le périnée. Nous décrivons les branches les plus importantes de ce plexus plus loin et dans le **tableau 13.6**.

Le **nerf sciatique**, ou nerf ischiatique, est le plus gros (2 cm de diamètre) et le plus long des nerfs de tout le corps; il constitue la principale branche du plexus sacral. Il dessert tout le membre inférieur, sauf les parties antérieure et médiale de la cuisse. Il est irrigué par une artère qui lui est propre.

Le nerf sciatique est en fait formé de deux nerfs enveloppés dans une même gaine, le *nerf tibial* et le *nerf fibulaire commun*. Chez la plupart des individus, il quitte le bassin par la grande incisure ischiatique, en passant sous le muscle piriforme. Ensuite, il court sous le muscle grand glutéal et entre dans la partie postérieure de la cuisse juste à l'intérieur de l'articulation de la hanche (*iskhion*: hanche). Là, il émet des branches motrices vers les muscles de la loge postérieure de la cuisse (qui sont tous des extenseurs de la cuisse et des fléchisseurs du genou) et vers le muscle grand adducteur. Ses deux nerfs constitutifs se séparent juste au-dessus du genou.

Le **nerf tibial** parcourt le creux poplité (la région située à l'arrière de l'articulation du genou) et innerve les muscles de la loge postérieure, la peau du mollet et la plante du pied. Près du genou, il émet une branche, le **nerf sural**, qui dessert la peau de la partie postérolatérale de la jambe. Le nerf tibial se divise à la cheville pour donner le **nerf plantaire médial** et le **nerf plantaire latéral**, qui innervent la majeure partie du pied. Le **nerf fibulaire commun** descend de son point d'émergence, s'enroule autour de la tête de la fibula, puis se divise en une branche superficielle et en une branche profonde. Ces branches innervent l'articulation du genou, la peau de la face antérieure et latérale de la jambe et le dos du pied, ainsi que les muscles de la face antérolatérale de la jambe (les extenseurs qui assurent la dorsiflexion du pied).

Le **nerf glutéal supérieur** et le **nerf glutéal inférieur** sont également des branches importantes du plexus sacral. Ils innervent les muscles glutéaux (fessiers) et le muscle tenseur du fascia lata. Le **nerf honteux** innerve les muscles et la peau du périnée, permet l'érection et intervient dans la maîtrise volontaire de la miction (voir le tableau 10.7, p. 394-395). Les autres branches du plexus sacral desservent les muscles rotateurs de la cuisse et les muscles du plancher pelvien.

DÉSÉQUILIBRE HOMÉOSTATIQUE

Les lésions de la partie proximale du nerf sciatique, et notamment celles qui sont causées par une chute, une hernie discale ou l'administration inadéquate d'une injection dans la fesse, entraînent divers dysfonctionnements du membre inférieur, selon les racines touchées. La *sciatique* est une affection répandue; elle se caractérise par une douleur pongitive qui irradie le long du trajet du nerf sciatique. Un individu dont le nerf sciatique a été sectionné est pratiquement incapable de se servir de sa jambe par suite de l'impossibilité de la fléchir (les muscles de la loge postérieure de la cuisse sont paralysés) et de bouger la cheville et le pied. Celui-ci s'affaisse alors en flexion plantaire: c'est ce qu'on appelle le *pied tombant*. Les adeptes de certains sports qui sollicitent intensément les muscles fessiers éprouvent parfois une douleur causée par la compression du

TABLEAU 13.6	Ramifications du plexus sacral (figure 13.11)	
NERFS	**RAMEAUX VENTRAUX DES NERFS SPINAUX**	**STRUCTURES INNERVÉES**
Nerf sciatique	L_4 et L_5, S_1 à S_3	Formé de deux nerfs (tibial et fibulaire commun) enveloppés dans une même gaine; ils divergent juste au-dessus du genou
▪ Tibial (y compris le nerf sural, les nerfs plantaires médial et latéral et les branches médiales du calcanéus)	L_4 à S_3	Branches cutanées: peau de la face postérieure et latérale de la jambe et peau de la plante du pied Branches motrices: muscles de la face postérieure de la cuisse, de la jambe et du pied (muscles de la loge postérieure à l'exception du chef court du biceps fémoral, partie postérieure du grand adducteur, triceps sural, tibial postérieur, poplité, fléchisseur des orteils, long fléchisseur de l'hallux et muscles intrinsèques du pied)
▪ Fibulaire commun (branches superficielle et profonde)	L_4 à S_2	Branches cutanées: peau de la face antérieure de la jambe et du dos du pied Branches motrices: chef court du biceps fémoral, muscles fibulaires de la loge latérale de la jambe, tibial antérieur et muscles extenseurs des orteils (long extenseur de l'hallux, court extenseur des orteils et long extenseur des orteils)
Nerf glutéal supérieur	L_4, L_5 et S_1	Branches motrices: muscles moyen glutéal et petit glutéal et muscle tenseur du fascia lata
Nerf glutéal inférieur	L_5 à S_2	Branches motrices: muscle grand glutéal
Nerf cutané postérieur de la cuisse	S_1 à S_3	Peau des fesses, de la face postérieure de la cuisse et de la région poplitée; longueur variable; peut aussi innerver une partie de la peau du mollet et du talon
Nerf honteux	S_2 à S_4	Innerve la majeure partie de la peau et des muscles du périnée (région comprenant les organes génitaux externes et l'anus ainsi que le clitoris, les lèvres et la muqueuse vaginale chez la femme, le scrotum et le pénis chez l'homme); muscle sphincter externe de l'anus

nerf sciatique. Généralement, la guérison des lésions du nerf sciatique est lente et incomplète.

Les muscles de la cuisse sont épargnés si la lésion survient sous le genou. Quand le nerf tibial est touché, les muscles du mollet sont paralysés et ne peuvent assurer la flexion plantaire, et la démarche devient traînante. Le nerf fibulaire commun est exposé aux blessures du fait de sa situation superficielle au niveau de la tête et du col de la fibula. Un plâtre serré autour de la jambe ou le fait de demeurer trop longtemps couché sur le côté sur un matelas ferme peut comprimer ce nerf et provoquer le pied tombant. ■

Innervation de la peau : dermatome

Un **dermatome** («segment de peau») correspond à la surface de peau innervée par les branches cutanées d'un nerf spinal (ses neurofibres sensitives). Tous les nerfs spinaux, à l'exception de C_1, délimitent des dermatomes. Chez une personne ayant une lésion de la moelle épinière, on peut repérer les nerfs qui sont endommagés et situer la région de la lésion à la moelle épinière en établissant les dermatomes qui sont touchés.

Les dermatomes adjacents du tronc ont une largeur uniforme, ils sont presque horizontaux, et leur distribution correspond à celle des nerfs spinaux **(figure 13.12)**. La disposition des dermatomes des membres est moins précise et plus variable. (C'est pourquoi leur représentation varie selon les auteurs.) La peau des membres supérieurs est desservie par les rameaux ventraux de C_5 à T_1 (ou T_2). Les nerfs lombaires innervent la majeure partie de la face antérieure des cuisses et des jambes, tandis que les nerfs sacraux desservent la majeure partie de la face postérieure des membres inférieurs. (Cette distribution correspond dans l'ensemble aux régions desservies par le plexus lombaire et par le plexus sacral, respectivement.)

En réalité, les dermatomes adjacents ne sont pas aussi clairement définis que dans un schéma. Les dermatomes adjacents du tronc se chevauchent en grande partie (d'environ 50 %) ; par conséquent, la destruction d'un seul nerf spinal n'entraîne nulle part un engourdissement complet. Le chevauchement est moins complet dans les membres, et certaines zones de la peau ne sont innervées que par un seul nerf spinal. Puisqu'ils sont en relation avec les segments de la moelle épinière, les dermatomes aident à déterminer le niveau médullaire d'une lésion.

Innervation des articulations

Pour vous rappeler quels nerfs desservent chaque articulation synoviale, pensez à la **loi de Hilton** : *tout nerf desservant un muscle responsable du mouvement d'une articulation innerve aussi l'articulation et la peau qui la recouvre.* Vous pouvez donc vous contenter d'apprendre quels nerfs desservent les principaux muscles et groupes musculaires. Par exemple, les mouvements du genou sont produits par le muscle quadriceps, par le muscle gracile et par les muscles de la loge postérieure de la cuisse. Les nerfs qui desservent ces muscles sont le nerf fémoral à l'avant et des branches des nerfs sciatique et obturateur à l'arrière. Par conséquent, ces nerfs innervent également l'articulation du genou.

TROISIÈME PARTIE

TERMINAISONS MOTRICES ET ACTIVITÉ MOTRICE

Terminaisons motrices périphériques

13 Comparer les terminaisons motrices des neurofibres somatiques et des neurofibres autonomes.

Nous avons étudié jusqu'à présent la structure des récepteurs sensoriels qui enregistrent les stimulus, ainsi que celle des nerfs qui contiennent des neurofibres afférentes et efférentes acheminant les influx vers le SNC et hors de celui-ci. Nous allons maintenant passer en revue les **terminaisons motrices** qui transmettent les influx nerveux aux effecteurs musculaires et glandulaires en libérant des neurotransmetteurs. Nous n'en ferons qu'un bref résumé, car nous avons abordé le sujet au chapitre 9 lorsque nous avons traité de l'innervation des muscles. Ensuite, pour faire pendant à la vue d'ensemble de la fonction sensorielle que nous avons donnée au début du chapitre, nous présenterons un aperçu de l'intégration motrice.

Innervation des muscles squelettiques

Ainsi que vous pouvez le voir dans la figure 9.8, les terminaisons des neurofibres motrices somatiques qui innervent les muscles squelettiques forment des **jonctions neuromusculaires** (synapses) avec leurs cellules effectrices. Quand une branche d'un axone rejoint son myocyte cible, il se ramifie en *télodendrons*. Les extrémités des télodendrons, nommées corpuscules nerveux terminaux, contiennent des mitochondries et des vésicules synaptiques remplies d'acétylcholine (Ach), un neurotransmetteur.

13

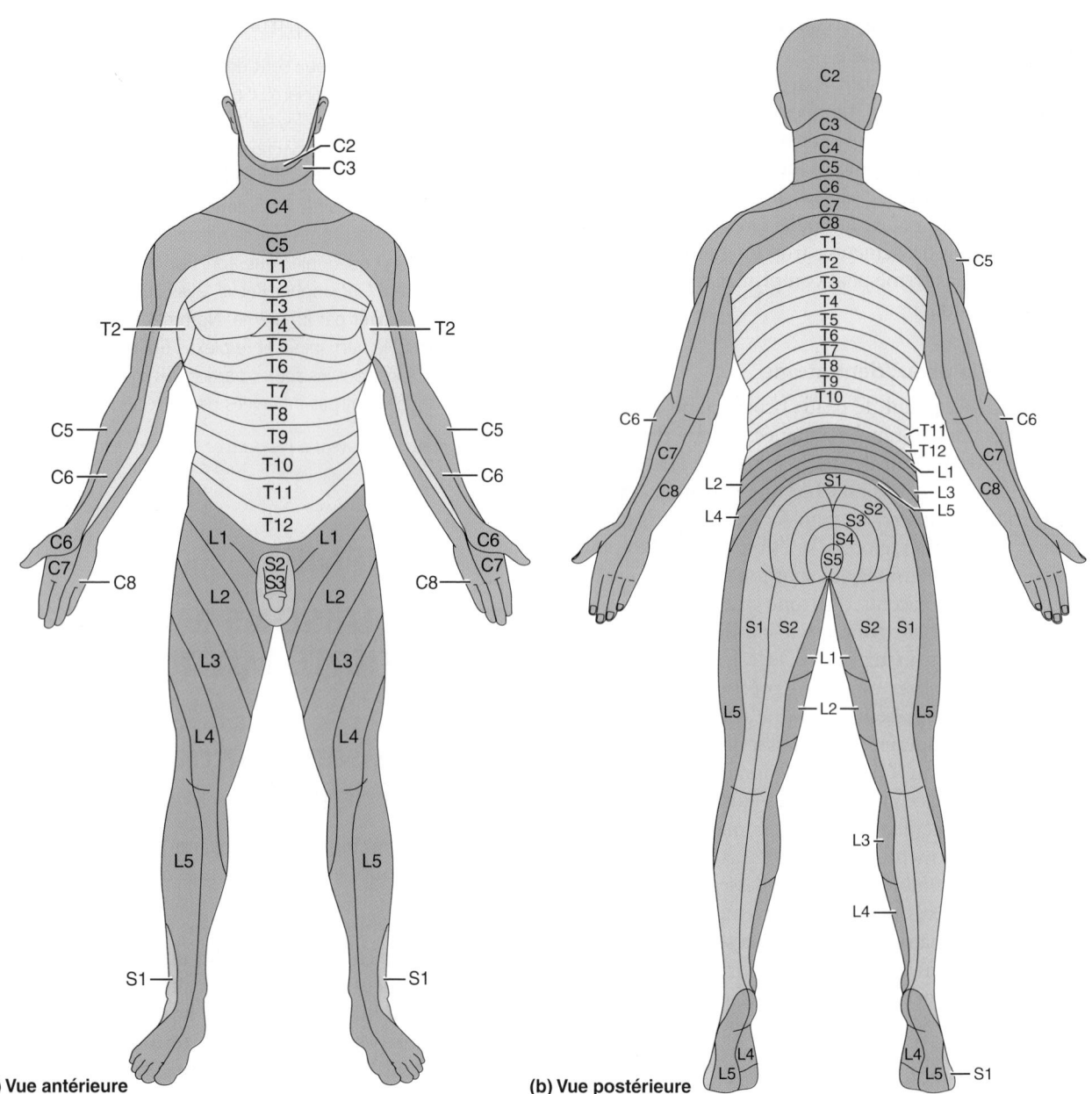

Figure 13.12 **Disposition des dermatomes.** Chaque dermatome correspond au segment de peau innervé par les branches sensitives cutanées d'un seul nerf spinal. Tous les nerfs spinaux, à l'exception de C_1, délimitent des dermatomes.

Lorsqu'un influx nerveux atteint un corpuscule nerveux terminal (membrane présynaptique), le neurotransmetteur est libéré par exocytose; il diffuse alors à travers la fente synaptique remplie de liquide interstitiel (d'une largeur d'environ 50 nm), puis il se lie aux récepteurs de l'Ach sur le sarcolemme (membrane postsynaptique) fortement invaginé de la jonction synaptique. La liaison de l'Ach déclenche l'ouverture de canaux ligand-dépendants responsables du passage du Na^+ et du K^+. Comme la quantité de Na^+ qui entre dans la cellule est supérieure à celle de K^+ qui en sort, l'intérieur du myocyte à cet endroit se dépolarise, produisant un type de potentiel gradué, appelé *potentiel de plaque*. Ce potentiel s'étend aux régions voisines de la membrane et déclenche l'ouverture de canaux à sodium voltage-dépendants. Ces événements amènent la propagation d'un potentiel d'action dans le sarcolemme, lequel stimule la contraction du myocyte. La fente synaptique d'une jonction neuromusculaire somatique est partiellement remplie d'une lame basale riche en glycoprotéines (une structure absente dans les autres synapses). La lame basale contient de l'*acétylcholinestérase*, l'enzyme qui dégrade l'Ach très rapidement après s'être fixée sur son récepteur.

Innervation des muscles lisses et des glandes

Les terminaisons des neurones moteurs autonomes établissent des jonctions avec les muscles lisses, le muscle cardiaque et les glandes viscérales. Ces jonctions sont beaucoup plus simples que celles qui s'établissent entre les neurofibres somatiques et les myocytes squelettiques. En effet, les axones moteurs autonomes se ramifient successivement, chaque ramification formant des *synapses consécutives* avec ses cellules effectrices. L'axone qui dessert un muscle lisse ou une glande (mais non le muscle cardiaque) ne se termine pas par un regroupement de corpuscules nerveux terminaux. Il présente plutôt une série de renflements remplis de mitochondries et de vésicules synaptiques, appelés **varicosités axonales**, qui lui confèrent l'apparence d'un collier de perles (voir la figure 9.27).

Les vésicules synaptiques des neurones moteurs autonomes contiennent un neurotransmetteur – de l'acétylcholine ou de la noradrénaline. Ces deux substances agissent de manière indirecte sur leurs cibles par l'intermédiaire des seconds messagers. Par conséquent, les réponses motrices viscérales ont tendance à être plus lentes que les réponses motrices somatiques, qui entraînent directement l'ouverture des canaux ioniques. (Les différences entre le système nerveux somatique et le système nerveux autonome sont discutées en détail au chapitre 14, p. 605-606.)

Intégration motrice : de l'intention à l'acte

14 Décrire les trois niveaux hiérarchiques de la régulation motrice.

15 Comparer le rôle du cervelet et celui des noyaux basaux dans la régulation de l'activité motrice.

En quoi l'intégration dans le système moteur est-elle semblable à l'intégration dans les systèmes sensitifs ? À l'instar du système somesthésique, le système moteur somatique n'est pas à proprement parler une subdivision du système nerveux : il s'agit d'un ensemble fonctionnel regroupant divers types de structures. Le système moteur somatique possède une organisation différente de celle du système sensitif dans la mesure où il comprend des effecteurs (des myocytes squelettiques) plutôt que des récepteurs sensoriels, et des tractus efférents descendants plutôt que des tractus et faisceaux afférents ascendants. En outre, il est voué au comportement moteur plutôt qu'à la perception. En revanche, les mécanismes fondamentaux du système moteur, tout comme ceux du système sensitif, s'articulent en trois niveaux.

Niveaux de la régulation motrice

Le cortex cérébral se situe au sommet des voies motrices conscientes, mais il *n'est pas* l'ultime étape de la planification et de la coordination des activités motrices complexes. Ce rôle appartient en effet au cervelet et aux noyaux basaux, ce qui les place au faîte de la hiérarchie de la régulation motrice. Pour ce qui est des niveaux inférieurs, certaines activités motrices sont régies par des *arcs réflexes*, mais le comportement moteur complexe, comme la marche et la nage, semble dépendre de modèles qui se situent à un niveau de complexité plus élevé. À l'heure actuelle, on définit trois niveaux de régulation motrice : le *niveau segmentaire*, le *niveau de la projection* et le *niveau de précommande* **(figure 13.13)**.

13

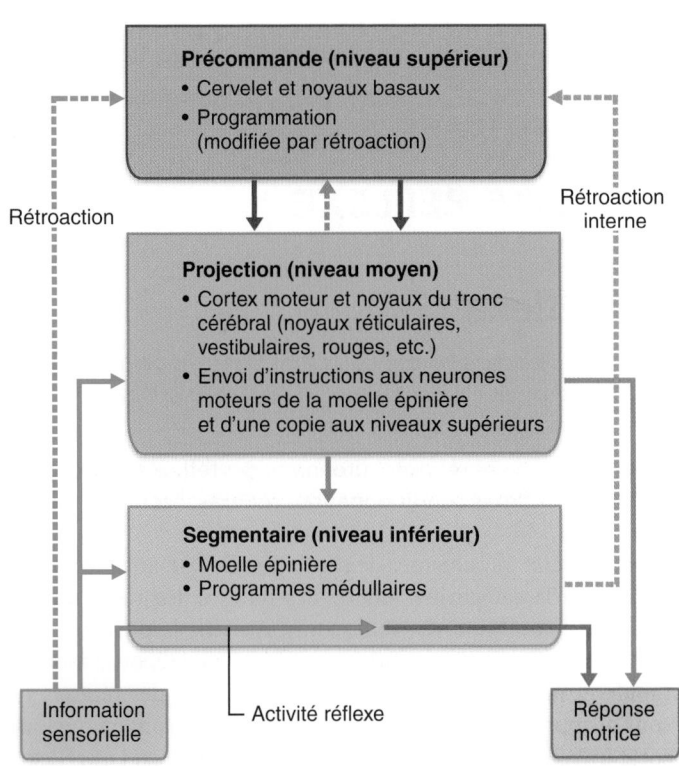

(a) Niveaux de la régulation motrice et leurs interactions

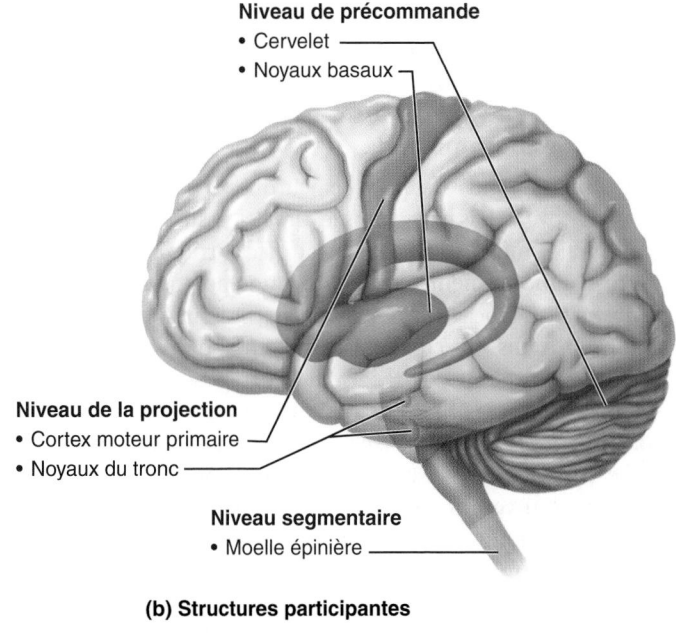

(b) Structures participantes

Figure 13.13 Hiérarchie de la régulation motrice.

13

Niveau segmentaire

Le niveau le plus bas de la hiérarchie motrice, le **niveau segmentaire**, est constitué des réseaux segmentaires de la moelle épinière. Un réseau segmentaire est généralement composé de quelques neurones de la substance grise qui activent les neurones de la corne ventrale d'un groupe de segments médullaires, ce qui amène ces derniers à stimuler un groupe précis de muscles. Ces réseaux engendrent des **programmes médullaires** spécifiques qui régissent la locomotion et d'autres activités motrices maintes fois répétées. Un programme médullaire est formé de réseaux de neurones inhibiteurs et excitateurs qui oscillent, ce qui donne des rythmes bruts et des mouvements en alternance.

Niveau de la projection

Les différents segments de la moelle épinière sont directement régis par le **niveau de la projection**. Ce niveau comprend les *neurones moteurs* supérieurs du cortex moteur, point de départ de la *voie motrice principale*, ou *voies pyramidales*, et les noyaux moteurs du tronc cérébral, point de départ de la *voie motrice secondaire*, ou *voies extrapyramidales* (voir le tableau 12.3, p. 542). Les axones des neurones de la voie motrice principale produisent les mouvements volontaires des muscles squelettiques. Les axones issus de la voie motrice secondaire contribuent à la régulation des réflexes et des réponses motrices déclenchées par les programmes médullaires, régissant ainsi les neurones du niveau segmentaire.

Les tractus du niveau de projection acheminent de l'information aux neurones moteurs inférieurs et ils en envoient une copie (*rétroaction interne*) vers les niveaux de commande supérieurs. Ces derniers sont donc constamment informés de l'exécution de la commande motrice par les muscles squelettiques. Les voies motrices principale et secondaire fournissent des tractus distincts et parallèles pour la régulation du niveau segmentaire de la moelle épinière, mais ces systèmes travaillent en synergie.

Niveau de précommande

Deux autres grands systèmes de neurones encéphaliques, situés dans les noyaux basaux et dans le cervelet, assurent la régulation de l'activité motrice. Ils veillent au déclenchement et à l'arrêt précis des mouvements, à la coordination des mouvements avec la posture, au blocage des mouvements indésirables et à la régulation du tonus musculaire. Ces systèmes, qui portent le nom collectif de **système de précommande**, régissent les influx provenant des centres moteurs du cortex et du tronc cérébral et constituent le plus haut niveau de la hiérarchie motrice.

Le **cervelet** est la structure clé de l'encéphale en ce qui concerne l'intégration sensorimotrice. Nous avons vu en effet que cet organe est la cible des influx ascendants relatifs à la proprioception, au toucher, à la vision et à l'équilibre, c'est-à-dire de la rétroaction dont il a besoin pour corriger rapidement les « erreurs » de l'activité motrice. Il reçoit également de l'information par l'intermédiaire de collatérales des tractus moteurs corticospinaux (descendants) et de divers noyaux du tronc cérébral. Étant donné qu'il est dépourvu de connexions directes à la moelle épinière, le cervelet agit sur les tractus des voies motrices principale et secondaire par l'entremise du niveau de projection du tronc cérébral, et sur le cortex moteur par l'intermédiaire du thalamus.

Les **noyaux basaux** reçoivent des influx de *toutes* les régions du cortex et ils en émettent principalement du cortex prémoteur et au cortex préfrontal par l'intermédiaire du thalamus. Comparativement au cervelet, les noyaux basaux semblent contribuer à des aspects plus complexes de la régulation motrice. Au repos, ils inhibent les divers centres moteurs de l'encéphale ; lorsque cette inhibition active cesse, les mouvements coordonnés peuvent s'amorcer.

Les cellules des noyaux basaux et du cervelet interviennent dans cette planification inconsciente de l'activité motrice et émettent leurs influx *préalablement* aux mouvements volontaires des muscles squelettiques. Lorsque vos doigts se mettent à bouger, le système de précommande du cortex moteur primaire est actif. Au risque de simplifier à l'excès, on peut dire que des régions motrices associatives du cortex déclarent : « Je veux faire ceci », puis laissent le système de précommande coordonner l'exécution des mouvements désirés. Ce système régit les régions du cortex moteur et les prépare à déclencher un acte volontaire. Ensuite, la partie consciente du cortex choisit d'agir ou de ne pas agir, mais le terrain est déjà préparé.

VÉRIFIONS NOS ACQUIS

16. Décrivez les varicosités axonales et précisez où elles se trouvent.

17. Quelles parties du système nerveux assurent l'étape ultime de la planification et de la coordination des activités motrices complexes ?

Les réponses se trouvent à l'appendice G.

QUATRIÈME PARTIE

ACTIVITÉ RÉFLEXE

Arc réflexe

16 Nommer, dans l'ordre où ils sont traversés par l'influx nerveux, les éléments d'un arc réflexe et préciser la fonction de chacun.

17 Distinguer les réflexes autonomes des réflexes somatiques et les réflexes conditionnés des réflexes inconditionnés.

De nombreux mécanismes de régulation de l'organisme appartiennent à la catégorie générale des réflexes, lesquels peuvent être soit inconditionnés, soit acquis. Au sens le plus strict du terme, un *réflexe inconditionné*, ou *inné*, est une réponse motrice rapide et prévisible à un stimulus. La plupart des réflexes ne sont ni appris, ni prémédités, ni volontaires ; ils sont en quelque sorte intégrés à la physiologie du système nerveux. Les réflexes nous évitent de devoir penser à tous les détails qui font qu'on se tient debout, qu'on ne se blesse pas et qu'on survit, en nous aidant à maintenir notre posture, à éviter la douleur et à réguler nos activités viscérales.

Par exemple, voici comment se déroule un réflexe inconditionné: vous tenez une casserole remplie d'eau bouillante et celle-ci vous éclabousse le bras; vous laissez tomber la casserole sur-le-champ et involontairement avant même d'éprouver une douleur. Cette réponse est la conséquence d'un réflexe spinal dans lequel l'encéphale n'intervient pas. Dans bien des cas, nous avons conscience du résultat de l'activité réflexe (nous constatons que la casserole est par terre). Beaucoup d'autres réflexes se produisent sans atteindre le seuil de notre conscience. C'est le cas de nombreuses activités viscérales, qui sont régies par les régions inférieures du SNC, plus précisément le tronc cérébral et la moelle épinière.

Outre les réflexes élémentaires inconditionnés, il existe des *réflexes acquis*, ou *conditionnés*, qui résultent de l'exercice ou de la répétition. Pensez par exemple à l'enchaînement complexe de réactions qui se déroule lorsqu'un conducteur expérimenté prend le volant. La plupart de ses actes sont automatiques, mais ils ne le sont devenus qu'au prix d'un apprentissage long et appliqué. En réalité, la distinction est loin d'être nette entre les réflexes inconditionnés et les réflexes acquis. La plupart des premiers peuvent être modifiés par l'apprentissage et le travail. Pour reprendre l'exemple que nous avons donné plus haut, si vous vous éclaboussez d'eau bouillante alors qu'un petit enfant est à vos côtés, vous prendrez le temps de déposer la casserole, car vous savez que la laisser tomber représenterait un danger pour l'enfant.

Au chapitre 11, nous avons examiné le traitement en série simple et le traitement parallèle de l'information sensorielle. Ce qui se passe quand vous vous ébouillantez est un bon exemple de la conjonction entre ces deux mécanismes. Vous lâchez la casserole avant d'éprouver de la douleur, mais les messages douloureux recueillis par les interneurones de la moelle épinière sont transmis sans délai à l'encéphale, si bien qu'en quelques secondes vous devenez effectivement conscient de la douleur et, du même coup, vous comprenez ce qui l'a causée. Le réflexe de retrait relève d'un traitement en série par la moelle épinière, et la perception de la douleur résulte du traitement simultané et en parallèle de l'information sensorielle.

Éléments d'un arc réflexe

Comme nous l'avons vu au chapitre 11, les réflexes se produisent dans des voies nerveuses très particulières appelées **arcs réflexes**, qui comprennent cinq éléments essentiels **(figure 13.14)**.

① Un **récepteur**, sur lequel le stimulus agit.

② Un **neurone sensitif**, qui achemine les influx afférents au SNC (généralement à la moelle épinière).

③ Un **centre d'intégration** qui, dans les arcs réflexes simples, peut être constitué d'une synapse unique entre un neurone sensitif et un neurone moteur (**réflexes monosynaptiques**). Les réflexes complexes font intervenir des chaînes de neurones et, partant, de nombreuses synapses (**réflexes polysynaptiques**). Le centre d'intégration des réflexes que nous décrirons dans le présent chapitre est situé dans le SNC.

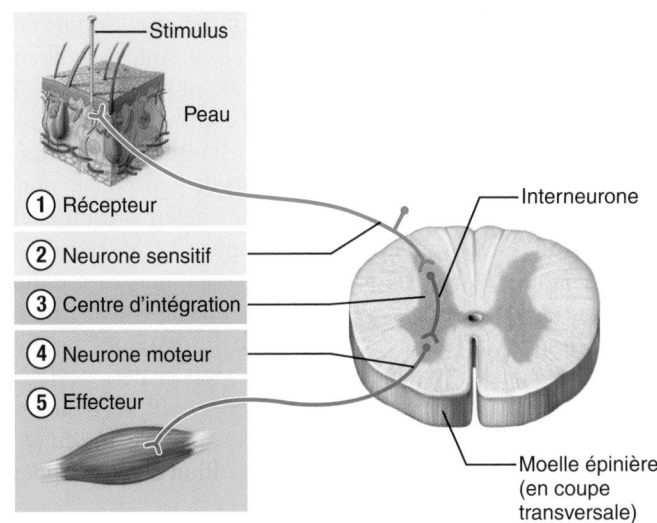

Figure 13.14 Les cinq éléments fondamentaux de tous les arcs réflexes. L'arc réflexe représenté est polysynaptique.

④ Un **neurone moteur**, qui achemine les influx efférents du centre d'intégration à un organe effecteur (muscle ou glande).

⑤ Un **effecteur**, c'est-à-dire un myocyte ou une cellule glandulaire, qui répond aux influx efférents (par la contraction ou la sécrétion).

Sur le plan fonctionnel, on classe les réflexes en **réflexes somatiques** et en **réflexes autonomes** (**viscéraux**), selon qu'ils activent des muscles squelettiques ou des effecteurs viscéraux (comme les muscles lisses, le muscle cardiaque et les glandes). Nous allons étudier ici les réflexes somatiques dont les centres d'intégration sont situés dans la moelle épinière (réflexes spinaux). Nous traiterons des réflexes autonomes dans des chapitres ultérieurs, en même temps que des processus viscéraux qu'ils contribuent à régir.

Réflexes spinaux

18 Décrire la structure et le mécanisme de fonctionnement d'un fuseau neuromusculaire.

19 Comparer le réflexe d'étirement, le réflexe tendineux, le réflexe des raccourcisseurs et le réflexe d'extension croisée sur le plan du trajet de l'influx nerveux et sur celui de la fonction du réflexe.

20 Nommer les deux réflexes superficiels les plus connus; expliquer ce que chacun permet d'évaluer.

Les **réflexes spinaux** sont des réflexes somatiques dont les centres d'intégration sont situés dans la moelle épinière. Les centres encéphaliques n'interviennent pas dans la plupart des réflexes spinaux. Généralement, ces réflexes subsistent chez les animaux dont on a détruit l'encéphale aussi longtemps que la moelle épinière demeure intacte. Toutefois, le cortex cérébral recueille la plupart des informations sensorielles à l'origine des réflexes spinaux et peut décider d'agir en facilitant, en inhibant ou en modifiant la réponse motrice de l'arc réflexe en fonction des circonstances (comme le montre l'exemple de la casserole remplie d'eau bouillante). De plus, la moelle épinière doit recevoir constamment des signaux facilitants de l'encéphale pour que les réflexes spinaux fonctionnent normalement. En effet, comme nous l'avons mentionné au chapitre 12, le sectionnement de la moelle épinière provoque le *choc spinal*, c'est-à-dire l'arrêt immédiat de toutes les fonctions qu'elle gouverne.

En clinique, la recherche des réflexes somatiques permet d'évaluer l'état des systèmes nerveux central et périphérique. L'exagération, la perturbation ou l'absence des réflexes dénotent une dégénérescence ou une affection de certaines régions du système nerveux, souvent même avant l'apparition d'autres signes.

Réflexe d'étirement et réflexe tendineux

De quelles informations le système nerveux a-t-il besoin pour coordonner sans heurts l'activité des muscles squelettiques? En fait, il doit disposer de deux types d'informations sur l'état actuel d'un muscle. Premièrement, le système nerveux doit connaître la longueur du muscle. Les *fuseaux neuromusculaires* situés dans les muscles squelettiques fournissent cette information. Deuxièmement, le système nerveux doit connaître le degré de tension des muscles et de leurs tendons, ce dont l'informent les *fuseaux neurotendineux* situés dans les tendons. Ces deux types de propriocepteurs jouent un rôle important dans les réflexes spinaux et fournissent une rétroaction essentielle au cortex cérébral et au cervelet. Voyons maintenant plus en détail l'anatomie fonctionnelle de ces propriocepteurs et leurs rôles dans certains réflexes spinaux.

Anatomie fonctionnelle des fuseaux neuromusculaires

Chaque fuseau neuromusculaire est composé de 3 à 10 myocytes squelettiques modifiés, appelés **myocytes intrafusoriaux** enfermés dans une capsule de tissu conjonctif **(figure 13.15)**. Ces myocytes sont quatre fois plus petits que les myocytes effecteurs, appelés **myocytes extrafusoriaux**.

Les parties centrales des myocytes intrafusoriaux sont dépourvues de myofilaments et ne sont pas contractiles. Ces parties constituent les surfaces réceptrices du fuseau neuromusculaire. Deux types de terminaisons afférentes les enrobent et envoient des influx sensitifs au SNC: les **terminaisons sensitives primaires**, ou terminaisons nerveuses annulospiralées, et les **terminaisons sensitives secondaires**. Les terminaisons sensitives primaires des grosses **neurofibres de type Ia** (ou Aα)* sont stimulées par la fréquence et le degré d'étirement du fuseau; ces terminaisons sont rattachées au centre du fuseau. Les terminaisons sensitives secondaires des petites **neurofibres de type II** (ou Aβ) ne sont stimulées que par le degré d'étirement du muscle; ces terminaisons sont associées aux extrémités du fuseau neuromusculaire.

Les myocytes intrafusoriaux sont dotés de régions contractiles aux extrémités seulement; ce sont les seules régions à contenir des myofilaments d'actine et de myosine. Ces régions

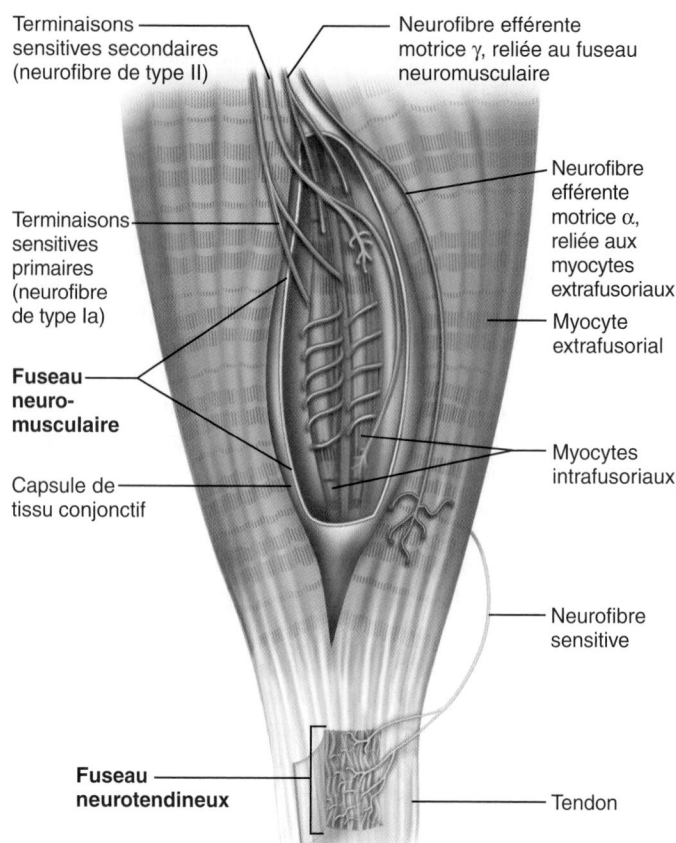

Figure 13.15 Anatomie du fuseau neuromusculaire et du fuseau neurotendineux. Notez les neurofibres afférentes provenant du fuseau neuromusculaire et les neurofibres efférentes qui s'y rendent. (La myéline des neurofibres n'est pas représentée pour plus de clarté.)

Labels de la figure:
- Terminaisons sensitives secondaires (neurofibre de type II)
- Neurofibre efférente motrice γ, reliée au fuseau neuromusculaire
- Terminaisons sensitives primaires (neurofibre de type Ia)
- Neurofibre efférente motrice α, reliée aux myocytes extrafusoriaux
- **Fuseau neuro-musculaire**
- Myocyte extrafusorial
- Capsule de tissu conjonctif
- Myocytes intrafusoriaux
- Neurofibre sensitive
- **Fuseau neurotendineux**
- Tendon

sont innervées par des **neurofibres efférentes gamma** (γ)** qui émergent de petits neurones moteurs situés dans la corne ventrale de la moelle épinière. Ces neurofibres motrices γ, qui ont pour rôle d'assurer la stimulation du fuseau (fonction que nous décrirons bientôt), sont différentes des **neurofibres efférentes alpha** (α) (ou Aα) des gros **neurones moteurs alpha** (α), qui provoquent la contraction des myocytes extrafusoriaux.

L'étirement, et donc l'excitation du fuseau neuromusculaire, peut se produire de deux façons: (1) par l'allongement du muscle entier sous l'effet d'une force extérieure comme le soulèvement d'un objet lourd ou la contraction de muscles antagonistes (*étirement externe*); et (2) par la stimulation des neurones moteurs γ qui causent la contraction des extrémités distales des

---

* Il y a deux systèmes de classification des fibres nerveuses. Celui qui emploie les lettres A, B et C a été exposé à la page 461. L'autre emploie des chiffres romains. Dans ce dernier système, les catégories de fibres sont les suivantes (des plus grosses fibres – possédant donc la vitesse de conduction de l'influx nerveux la plus rapide – aux plus petites fibres – ayant la plus faible vitesse): fibres de type Ia, Ib, II, III, IV.
** Le diamètre et la vitesse de conduction des fibres gamma sont du même ordre de grandeur que ceux des fibres de type III.

myocytes intrafusoriaux, étirant ainsi la partie centrale du fuseau (*étirement interne*). Lorsque les fuseaux sont étirés, la fréquence des influx envoyés à la moelle épinière par les neurones sensitifs augmente (figure 13.16a, b).

La contraction volontaire d'un muscle squelettique provoque son raccourcissement. Si les myocytes intrafusoriaux ne se contractaient pas en même temps que les myocytes extrafusoriaux, le fuseau neuromusculaire se relâcherait et cesserait de générer des potentiels d'action (figure 13.16c). Il serait alors incapable d'envoyer des signaux sur la modification de la longueur du muscle et n'aurait donc aucune utilité.

Heureusement, la **coactivation α-γ** empêche cette situation de se produire. En effet, les neurofibres descendantes des voies motrices font synapse et avec des neurones moteurs α et avec des neurones moteurs γ, et les influx moteurs sont transmis simultanément aux myocytes intrafusoriaux et aux myocytes extrafusoriaux du fuseau neuromusculaire. La stimulation des myocytes intrafusoriaux préserve la tension (et la sensibilité) du fuseau neuromusculaire pendant la contraction musculaire, si bien que l'encéphale est continuellement informé de l'évolution de la contraction du muscle (figure 13.16d). Sans un tel système, l'information relative aux changements de longueur du muscle cesserait d'être émise par le muscle contracté.

Réflexe d'étirement

En envoyant des commandes aux neurones moteurs, l'encéphale fixe en fait la longueur d'un muscle. Le **réflexe d'étirement** fait en sorte que le muscle reste de cette longueur. Par exemple, le **réflexe patellaire** est un réflexe d'étirement qui empêche nos genoux de flancher quand nous sommes debout. Quand nos genoux commencent à plier et que le muscle quadriceps s'allonge, le réflexe d'étirement provoque la contraction involontaire du muscle quadriceps. Le réflexe d'étirement et un exemple précis, le réflexe patellaire, sont l'objet du Zoom sur le réflexe d'étirement (figure 13.17).

Le réflexe d'étirement est essentiel au maintien du tonus musculaire et à l'adaptation des muscles aux exigences de la posture et du mouvement. Le réflexe d'étirement atteint son intensité maximale dans les muscles posturaux du tronc et dans les grands muscles extenseurs qui maintiennent la station debout. Par exemple, les contractions des muscles posturaux de la colonne vertébrale sont presque continuellement régies par des réflexes d'étirement déclenchés d'un côté de la colonne, puis de l'autre.

Examinons maintenant le fonctionnement d'un réflexe d'étirement. Comme nous l'avons vu à la figure 13.16, lorsque les neurones sensitifs des fuseaux neuromusculaires sont stimulés

13

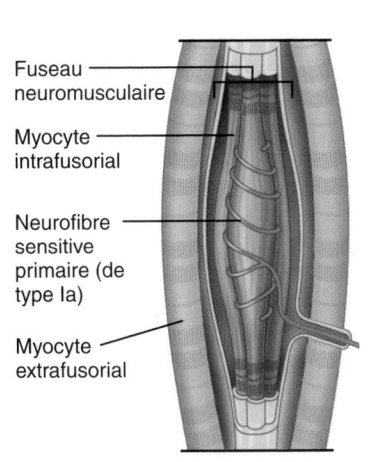

Fuseau neuromusculaire
Myocyte intrafusorial
Neurofibre sensitive primaire (de type Ia)
Myocyte extrafusorial

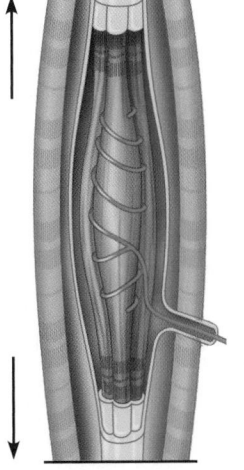

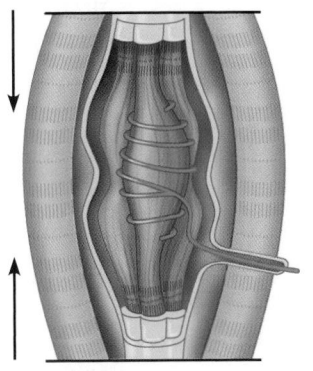

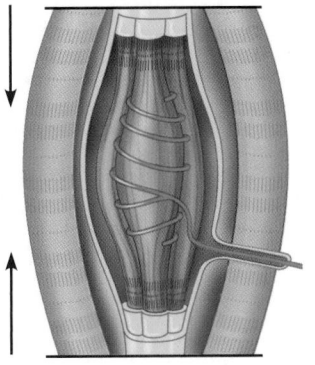

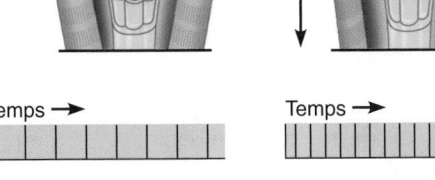

Temps →

(a) Muscle non étiré. La fréquence des potentiels d'action est constante dans les neurofibres sensitives de type Ia.

Temps →

(b) Muscle étiré. L'étirement du muscle stimule le fuseau neuromusculaire et provoque une augmentation de la fréquence des potentiels d'action.

Temps →

(c) Seuls les neurones moteurs α sont activés. Seuls les myocytes extrafusoriaux se contractent. Le fuseau neuromusculaire se relâche et aucun potentiel d'action n'est généré. Il n'arrive plus à envoyer de l'information sur la modification de la longueur du muscle.

Temps →

(d) Coactivation α-γ. Les myocytes extrafusoriaux et intrafusoriaux se contractent. La tension est maintenue dans le fuseau neuromusculaire, ce qui lui permet d'envoyer de l'information sur la modification de la longueur du muscle.

Figure 13.16 Fonctionnement du fuseau neuromusculaire. Les potentiels d'action générés dans les neurofibres sensitives de type Ia sont illustrés dans chaque cas par des lignes noires dans les boîtes jaunes.

Figure 13.17 **ZOOM** **sur le réflexe d'étirement**

L'étirement d'un fuseau neuromusculaire provoque un réflexe d'étirement, en causant la contraction du muscle étiré et l'inhibition du muscle antagoniste.

Les étapes menant à l'inhibition de l'étirement du muscle

1 Quand les fuseaux neuromusculaires sont activés par l'étirement d'un muscle, les neurones sensitifs correspondants (en bleu) transmettent des influx afférents à la moelle épinière à une fréquence supérieure.

2 Les neurones sensitifs font synapse directement avec les neurones moteurs alpha (en rouge), ce qui excite les myocytes extrafusoriaux du muscle étiré. Les neurofibres motrices font également synapse avec les interneurones (en vert), ce qui inhibe les neurones moteurs (en violet) qui régissent les muscles antagonistes.

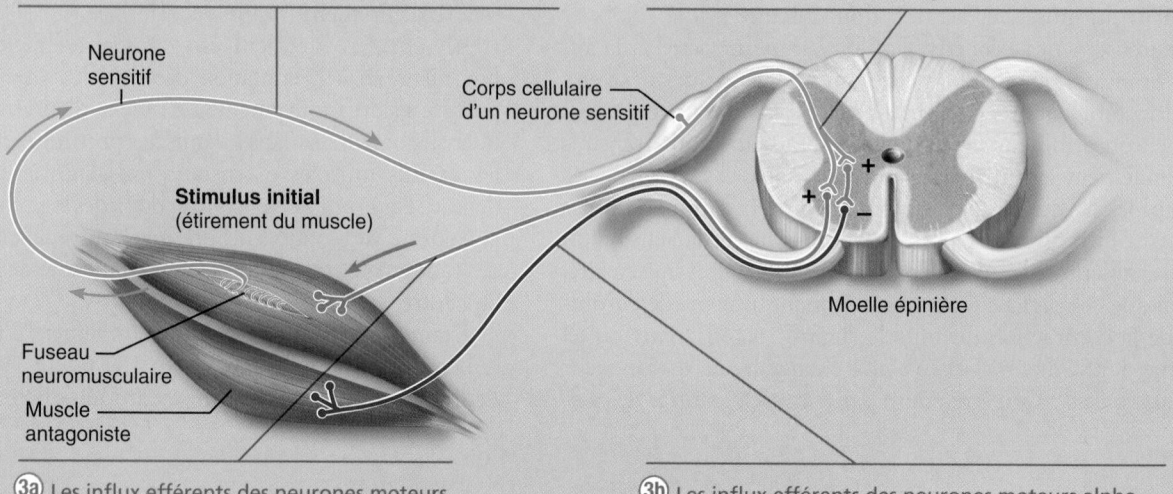

Neurone sensitif

Corps cellulaire d'un neurone sensitif

Stimulus initial (étirement du muscle)

Moelle épinière

Fuseau neuromusculaire

Muscle antagoniste

3a Les influx efférents des neurones moteurs alpha provoquent la contraction du muscle étiré, qui résiste ou s'oppose à l'étirement.

3b Les influx efférents des neurones moteurs alpha acheminés aux muscles antagonistes sont atténués (inhibition réciproque).

Le réflexe patellaire, un exemple précis de réflexe d'étirement

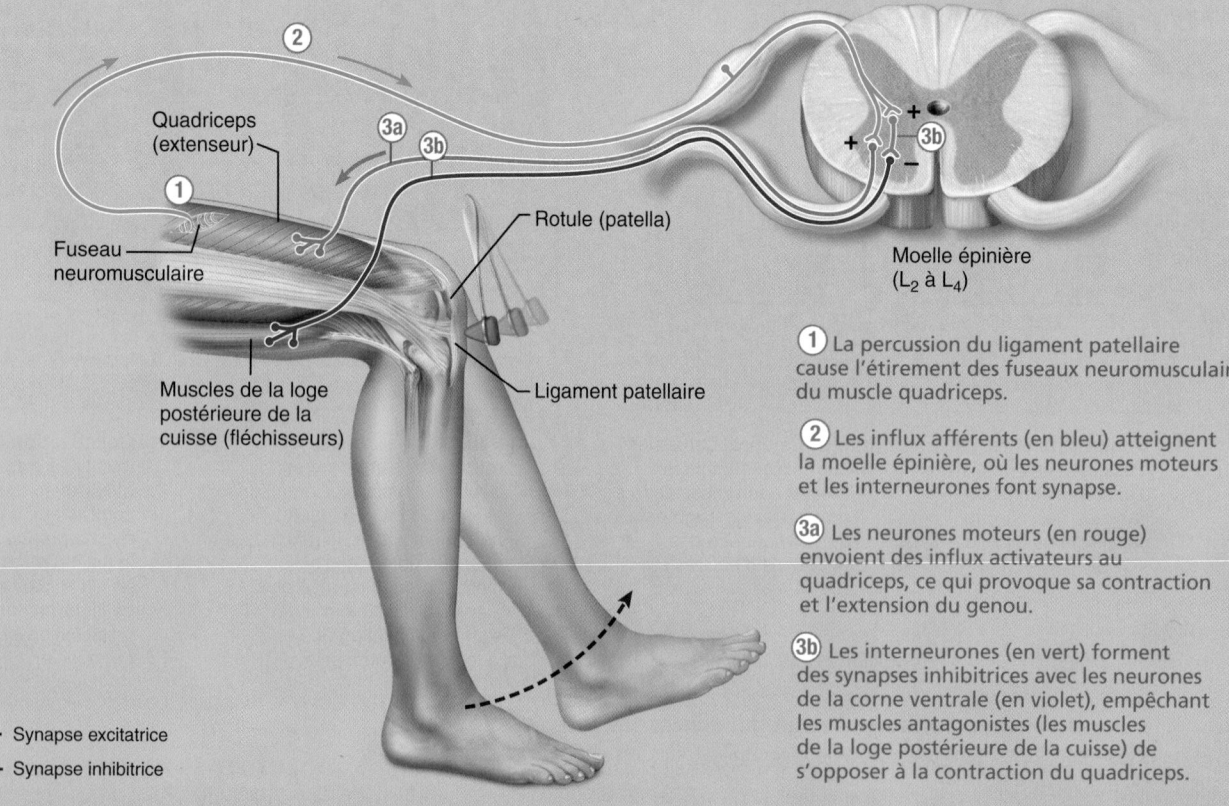

2

Quadriceps (extenseur)

3a

3b

1

Fuseau neuromusculaire

Rotule (patella)

Muscles de la loge postérieure de la cuisse (fléchisseurs)

Ligament patellaire

Moelle épinière (L_2 à L_4)

3b

1 La percussion du ligament patellaire cause l'étirement des fuseaux neuromusculaires du muscle quadriceps.

2 Les influx afférents (en bleu) atteignent la moelle épinière, où les neurones moteurs et les interneurones font synapse.

3a Les neurones moteurs (en rouge) envoient des influx activateurs au quadriceps, ce qui provoque sa contraction et l'extension du genou.

3b Les interneurones (en vert) forment des synapses inhibitrices avec les neurones de la corne ventrale (en violet), empêchant les muscles antagonistes (les muscles de la loge postérieure de la cuisse) de s'opposer à la contraction du quadriceps.

+ Synapse excitatrice

− Synapse inhibitrice

par un étirement, la fréquence des influx envoyés à la moelle épinière augmente. Les neurones sensitifs y font directement synapse avec les neurones moteurs α, qui excitent rapidement les myocytes extrafusoriaux du muscle squelettique étiré (figure 13.17). La contraction musculaire réflexe qui s'ensuit (exemple de traitement en série) s'oppose à un étirement plus important de ce muscle.

Des ramifications des neurofibres afférentes font aussi synapse avec des interneurones qui inhibent les neurones moteurs régissant les muscles antagonistes (traitement parallèle); l'inhibition qui en résulte est appelée **inhibition réciproque**. Par conséquent, le stimulus d'étirement provoque, dans une certaine mesure, le relâchement des muscles antagonistes, de telle sorte qu'ils ne peuvent plus s'opposer au raccourcissement du muscle «étiré», c'est-à-dire à la contraction induite par l'arc réflexe principal. Au cours de ce réflexe spinal, les influx transitent par les cordons dorsaux de la moelle épinière et parviennent aux centres encéphaliques (traitement en parallèle), qu'ils informent de la longueur du muscle et de la vitesse du raccourcissement.

L'exemple clinique le mieux connu du réflexe d'étirement est le réflexe patellaire, que l'on vient de décrire. On peut provoquer des réflexes d'étirement dans tout muscle squelettique en le percutant brusquement ou en percutant son tendon. Tous les réflexes d'étirement sont **monosynaptiques** et **homolatéraux**, c'est-à-dire qu'ils font intervenir une seule synapse et qu'ils déclenchent l'activité motrice du même côté du corps. Par contre, même si l'arc réflexe du réflexe d'étirement *lui-même* est monosynaptique, les arcs réflexes qui inhibent les neurones moteurs desservant les muscles antagonistes sont polysynaptiques.

L'extension de la jambe (ou un résultat positif à la recherche de tout réflexe d'étirement) fournit deux renseignements importants. Premièrement, elle prouve le bon fonctionnement des connexions motrices et sensitives entre le muscle et la moelle épinière. Deuxièmement, la vigueur de la réponse motrice indique le degré d'excitabilité de la moelle épinière. Lorsque les influx descendant des centres encéphaliques stimulent fortement les neurones moteurs de la corne ventrale de la moelle épinière, le seul fait de toucher le tendon provoque une vigoureuse réponse réflexe. Au contraire, si les neurones moteurs de la corne ventrale reçoivent des signaux inhibiteurs, on pourrait marteler le tendon sans pour autant obtenir de réponse réflexe.

DÉSÉQUILIBRE HOMÉOSTATIQUE

Les réflexes d'étirement sont en général faibles, voire absents, dans les cas de lésions des nerfs périphériques ou de la corne ventrale correspondant à la région évaluée. Ils sont absents chez les personnes atteintes de diabète chronique ou de neurosyphilis ainsi que chez les sujets comateux. En revanche, les réflexes d'étirement sont exagérés lorsque des lésions du tractus corticospinal amoindrissent l'effet inhibiteur de l'encéphale sur la moelle épinière (comme dans les cas d'accident vasculaire cérébral). ■

Adaptation de la sensibilité du fuseau neuromusculaire

L'innervation motrice du fuseau neuromusculaire permet au cerveau de modifier volontairement le réflexe d'étirement et la fréquence des influx des neurones moteurs α. Quand les neurones moteurs γ sont stimulés rapidement par des influx provenant de l'encéphale, le fuseau est étiré et très sensible; la force de la contraction musculaire est alors maintenue ou augmentée. Quand les neurones γ sont inhibés, le fuseau ressemble à un élastique détendu et il n'est pas sensible; dans ce cas, les myocytes extrafusoriaux se détendent.

La capacité de modifier le réflexe d'étirement est importante dans bien des situations. À mesure que la vitesse et la difficulté d'exécution d'un mouvement augmentent, le cerveau fait monter le nombre d'influx moteurs γ pour accroître la sensibilité des fuseaux neuromusculaires. Par exemple, une gymnaste à la poutre doit posséder des fuseaux neuromusculaires très sensibles, sans quoi elle tombe. Par ailleurs, si vous vous préparez à lancer une balle de baseball, il est essentiel que le réflexe d'étirement soit supprimé, de façon que vos muscles puissent produire un mouvement ample (circumduction du bras qui projette la balle). D'autres athlètes qui ont besoin d'une force maximale apprennent à produire un étirement du muscle aussi poussé et aussi rapide que possible juste avant le mouvement. On voit une manifestation de cet avantage lorsque les athlètes s'accroupissent juste avant de sauter ou de s'élancer.

Comme nous l'avons vu, les voies du réflexe d'étirement doivent être intactes pour assurer le tonus musculaire et la coordination sans heurts des mouvements. Les neurofibres afférentes et efférentes du fuseau neuromusculaire ont une importance vitale. Si l'une ou l'autre des neurofibres est sectionnée, le muscle perd immédiatement son tonus et devient flasque.

Réflexe tendineux

Le résultat du réflexe d'étirement est la contraction du muscle en réaction à son allongement. Celui du **réflexe tendineux** (un réflexe polysynaptique) se traduit, au contraire, par le relâchement et l'allongement du muscle en réaction à la tension. Les fuseaux neurotendineux à seuil d'activation élevé sont stimulés lorsque la tension appliquée sur le tendon, donc sur le muscle, s'accroît de façon importante pendant la contraction ou l'étirement passif. Ils transmettent alors des influx afférents à la moelle épinière et, de là, au cervelet, qui ajuste la tension musculaire. En même temps, les neurones moteurs de la moelle épinière desservant le muscle contracté sont inhibés, et les muscles antagonistes sont stimulés: c'est ce qu'on appelle l'**activation réciproque**. En conséquence, le muscle contracté se détend alors que le muscle antagoniste se contracte (figure 13.18).

Les réflexes tendineux et les réflexes d'étirement assurent donc des fonctions différentes (voyez ci-après les termes mnémotechniques pour vous aider à les mémoriser): les premiers régissent la *tension* dans le muscle (associez «**ten**sion» et «neuro**ten**dineux»), les seconds agissent sur la *longueur* du muscle (associez «**m**étrique» [longueur] et «neuro**m**usculaire»). Cette différence est liée non seulement à la structure des deux types d'appareils récepteurs, mais aussi à leur disposition, qui sous-tend leur activité électrophysiologique. En effet, les fuseaux neuromusculaires sont situés à côté des myocytes extrafusoriaux et orientés dans la même direction (traitement en parallèle); l'étirement des myocytes extrafusoriaux déclenche donc celui

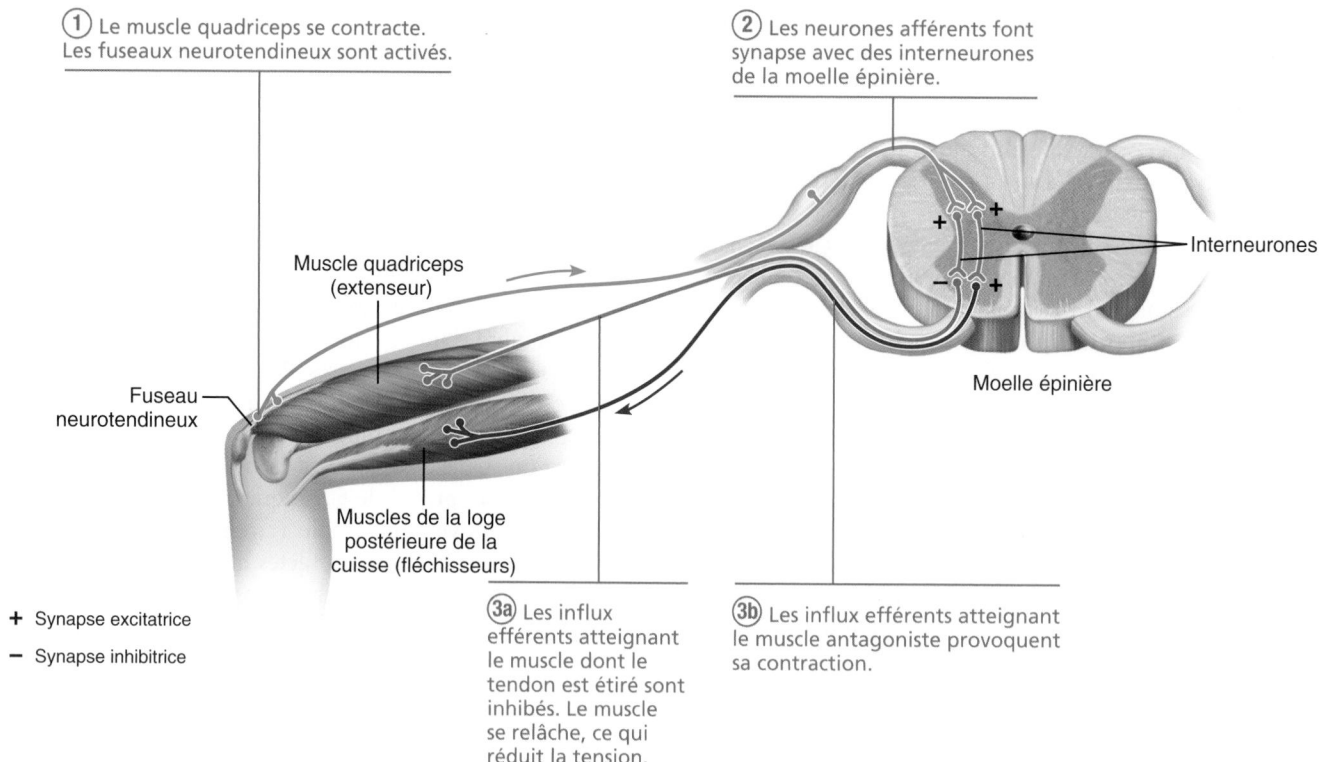

① Le muscle quadriceps se contracte. Les fuseaux neurotendineux sont activés.

② Les neurones afférents font synapse avec des interneurones de la moelle épinière.

Muscle quadriceps (extenseur)

Fuseau neurotendineux

Muscles de la loge postérieure de la cuisse (fléchisseurs)

Interneurones

Moelle épinière

③a Les influx efférents atteignant le muscle dont le tendon est étiré sont inhibés. Le muscle se relâche, ce qui réduit la tension.

③b Les influx efférents atteignant le muscle antagoniste provoquent sa contraction.

+ Synapse excitatrice
− Synapse inhibitrice

Figure 13.18 **Réflexe tendineux.**

13

des myocytes intrafusoriaux des fuseaux neuromusculaires. Quant aux fuseaux neurotendineux, ils sont disposés à la jonction du tendon et du muscle, soit à la suite des myocytes (traitement en série) ; la contraction du muscle, et des myocytes, entraîne donc une augmentation de la tension dans les fuseaux neurotendineux.

Les fuseaux neurotendineux protègent les muscles et les tendons contre les déchirures qui pourraient survenir lorsqu'ils sont soumis à des forces de traction potentiellement dommageables. Les fuseaux neurotendineux fonctionnent également sous une tension musculaire normale. Dans ce cas, ils assurent le déclenchement et la cessation de la contraction musculaire en douceur.

Réflexe des raccourcisseurs et réflexe d'extension croisée

Le **réflexe des raccourcisseurs**, ou réflexe de retrait, est déclenché par un stimulus douloureux. Il a pour effet d'éloigner automatiquement du stimulus la partie du corps menacée (figure 13.19, à gauche). Vous pouvez observer ce réflexe lorsque vous vous piquez un doigt ou que quelqu'un fait mine de vous donner un coup de poing dans l'abdomen et que vous fléchissez le tronc. Le réflexe des raccourcisseurs est homolatéral et polysynaptique. Cette dernière propriété est essentielle, car plusieurs muscles doivent être stimulés pour éloigner la partie du corps menacée. Puisqu'il s'agit d'un réflexe de protection important pour la survie, il mobilise les voies spinales, c'est-à-dire qu'il en interdit l'accès à tous les autres réflexes. Toutefois, ce réflexe, comme

d'autres réflexes spinaux, peut être annulé par des influx descendant de l'encéphale. C'est ce qui arrive quand on s'attend à un stimulus douloureux, comme avant une prise de sang.

Le **réflexe d'extension croisée** accompagne souvent le réflexe des raccourcisseurs dans les membres porteurs ; il est particulièrement important dans le maintien de l'équilibre. C'est un réflexe spinal complexe constitué d'un réflexe des raccourcisseurs homolatéral et d'un réflexe d'extension controlatéral. Les neurofibres afférentes font synapse avec des interneurones qui gouvernent le réflexe des raccourcisseurs du même côté du corps, ainsi qu'avec des interneurones qui régissent les muscles extenseurs du côté opposé.

Ce réflexe se manifeste lorsque vous posez un pied nu sur des éclats de verre. La réponse homolatérale vous fait soulever le pied blessé, tandis que la réponse controlatérale active les muscles extenseurs de la jambe opposée pour qu'ils supportent la masse qui leur est soudainement transférée. Ce réflexe se manifeste également lorsque quelqu'un empoigne soudainement votre bras. Vous retirez le bras empoigné en même temps que votre autre bras repousse l'assaillant (figure 13.19).

Réflexes superficiels

Les **réflexes superficiels** sont provoqués par une stimulation cutanée légère, comme celle qui est produite par le contact d'un bâtonnet sur la peau. Sur le plan clinique, les réflexes superficiels témoignent du bon fonctionnement des voies motrices supérieures et des arcs réflexes spinaux. Les réflexes

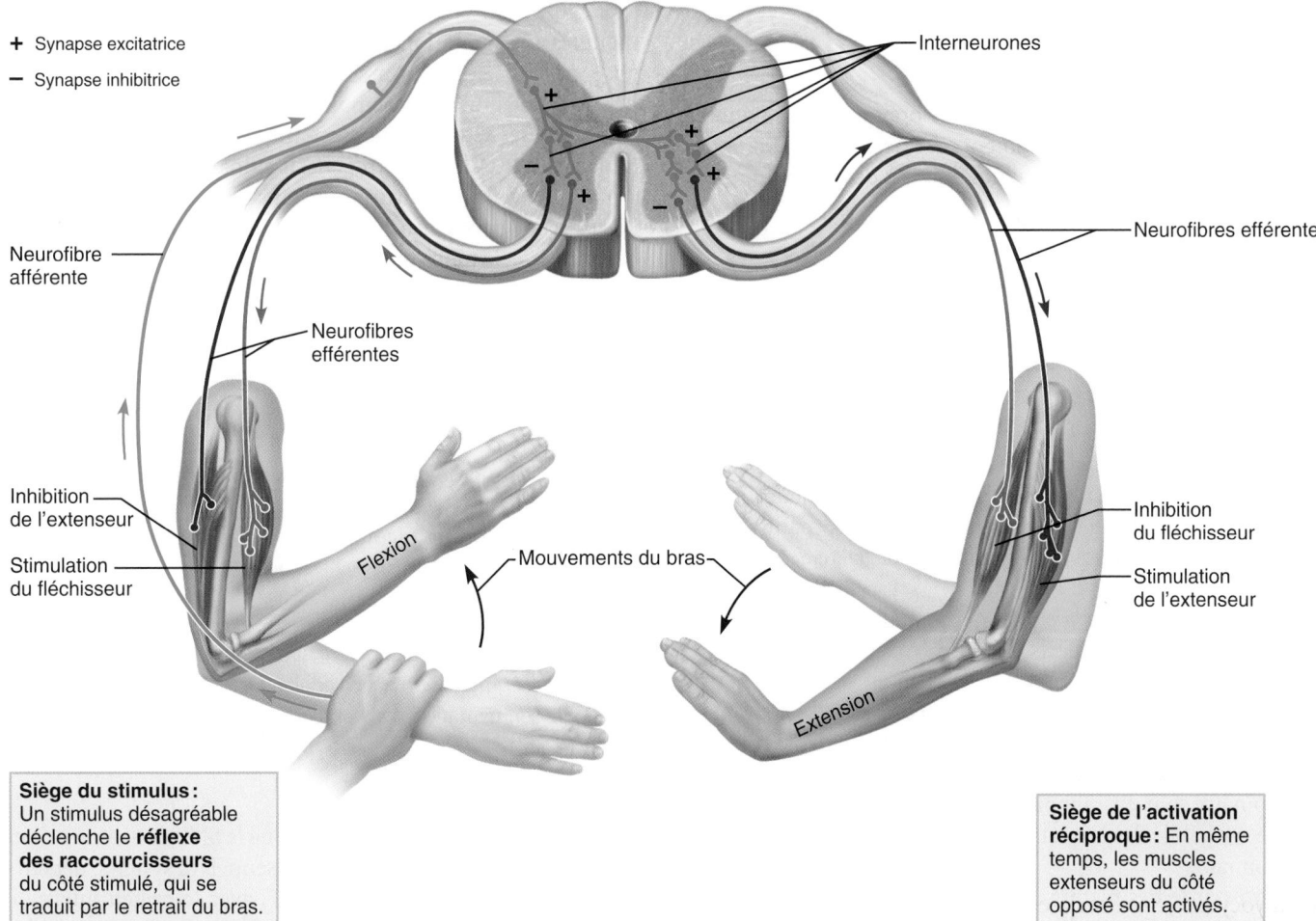

+ Synapse excitatrice
− Synapse inhibitrice

Interneurones

Neurofibre afférente

Neurofibres efférentes

Neurofibres efférentes

Inhibition de l'extenseur

Stimulation du fléchisseur

Flexion

Mouvements du bras

Inhibition du fléchisseur

Stimulation de l'extenseur

Extension

Siège du stimulus : Un stimulus désagréable déclenche le **réflexe des raccourcisseurs** du côté stimulé, qui se traduit par le retrait du bras.

Siège de l'activation réciproque : En même temps, les muscles extenseurs du côté opposé sont activés.

Figure 13.19 Réflexe d'extension croisée. Dans l'exemple illustré, un inconnu vous attrape brusquement le bras droit, dont le retrait est provoqué par un réflexe, tandis qu'un autre réflexe vous fait étendre l'autre bras (le gauche) pour repousser l'inconnu.

superficiels les plus connus sont le réflexe plantaire et les réflexes cutanés abdominaux.

Le **réflexe plantaire** permet d'évaluer l'intégrité de la moelle épinière de L_4 à S_2 et, indirectement, le bon fonctionnement des tractus corticospinaux (descendants). Pour le provoquer, on gratte la partie latérale de la plante du pied de l'arrière vers l'avant avec un objet émoussé. La réponse normale est une flexion des orteils. Cependant, si le cortex moteur primaire ou le tractus corticospinal sont endommagés, le réflexe plantaire est remplacé par le **signe de Babinski** (du nom du neurologue), qui consiste en une dorsiflexion du gros orteil et en une abduction des autres orteils. Les nourrissons présentent le signe de Babinski jusqu'à l'âge de un an environ parce que les axones de leur système nerveux ne sont pas encore complètement myélinisés. En dépit de l'importance clinique du signe de Babinski, on ne comprend pas encore le mécanisme physiologique qui y préside.

En grattant la peau de l'abdomen au-dessus, à côté ou en dessous de l'ombilic, on peut induire des contractions des muscles abdominaux et un déplacement de l'ombilic en direc-

tion de l'endroit du stimulus. Ces réflexes, appelés **réflexes cutanés abdominaux**, permettent de vérifier l'intégrité de la moelle épinière et des rameaux ventraux de T_8 à T_{12}. Les réflexes cutanés abdominaux varient en intensité d'un sujet à l'autre. Ils sont absents dans les cas de lésions des tractus corticospinaux.

VÉRIFIONS NOS ACQUIS

18. Nommez les cinq éléments d'un arc réflexe.
19. À quel type de réflexe les réflexes spinaux correspondent-ils ? Qu'arrive-t-il en cas de lésion grave de l'encéphale ?
20. À quoi sert le réflexe d'étirement ? Le réflexe tendineux ? Le réflexe des raccourcisseurs ?
21. Jean s'est blessé au dos en tombant. Quand le médecin de l'urgence lui gratte la plante du pied, elle remarque une dorsiflexion du gros orteil et une abduction des autres orteils. Quel est le nom de ce réflexe ? Que signifie-t-il ?

Les réponses se trouvent à l'appendice G.

13

Développement et vieillissement du SNP

21 Expliquer, du point de vue du développement, la relation entre la disposition en segments des nerfs périphériques, celle des muscles squelettiques et celles des dermatomes.

22 Décrire les changements du système sensoriel qui surviennent avec l'âge.

La plupart des muscles squelettiques dérivent de masses appariées de mésoderme (somites) distribuées en segments dans la partie postérieure et médiale de l'embryon. Les nerfs spinaux émergent de la moelle épinière et de la crête neurale adjacente, sortent entre les vertèbres en voie de formation, et chacun d'eux s'associe à la masse musculaire qui se trouve devant lui. Les nerfs spinaux fournissent des neurofibres motrices et des neurofibres sensitives aux muscles et contribuent à guider leur maturation. Les nerfs crâniens innervent les muscles de la tête de façon comparable.

L'innervation de la peau par les nerfs cutanés s'effectue selon un modèle similaire. Les nerfs trijumeaux viennent innerver la majeure partie du cuir chevelu et de la peau du visage. Les nerfs spinaux fournissent des branches cutanées à des dermatomes précis (adjacents), qui deviennent ultérieurement des segments dermiques. Par conséquent, la distribution et la croissance des nerfs spinaux sont en rapport avec la segmentation du corps, laquelle est établie dès la quatrième semaine du développement embryonnaire.

La croissance des membres et celle, inégale, des autres parties du corps expliquent l'inégalité de la taille, de la forme et du chevauchement des dermatomes chez les adultes. Comme les cellules musculaires de l'embryon migrent considérablement, la segmentation initiale disparaît en grande partie. Il est primordial que les médecins connaissent la distribution des nerfs sensitifs. Par exemple, dans les régions où le chevauchement des dermatomes est important, il est nécessaire d'insensibiliser deux ou trois nerfs spinaux avant de procéder à une intervention chirurgicale sous anesthésie locale.

Les récepteurs sensoriels s'atrophient quelque peu au cours des années, et le tonus musculaire décroît dans le visage et dans le cou. En outre, les réflexes deviennent un peu plus lents pendant la vieillesse. Il semble que ce phénomène soit dû à une déperdition neuronale, à une diminution du nombre de synapses par neurone et à un ralentissement de l'intégration nerveuse plutôt qu'à des modifications majeures des neurofibres périphériques. En fait, les nerfs périphériques demeurent en état de fonctionner tout au long de la vie, sauf s'ils subissent un traumatisme ou une ischémie. Le symptôme le plus courant de l'ischémie est une sensation de picotement ou d'engourdissement.

VÉRIFIONS NOS ACQUIS

22. La segmentation embryonnaire donne naissance à la segmentation chez l'adulte. Donnez deux exemples de segmentation dans un corps adulte.

Les réponses se trouvent à l'appendice G.

Nous avons vu dans ce chapitre que le SNP, constitué principalement de nerfs, est un élément essentiel du système nerveux. C'est lui qui met en contact le SNC avec le milieu interne et l'environnement. Nous pouvons maintenant aborder au chapitre 14 l'étude du SNA.

TERMES MÉDICAUX

Analgésie (*an*: sans; *algos*: douleur) Réduction ou suppression de la perception de la douleur, sans perte de conscience. Un analgésique est un médicament qui soulage la douleur.

Anesthésie (*an*: sans; *aisthesia*: sensibilité) (1) Perte de la sensibilité par suite d'un traumatisme ou d'une maladie. (2) Suppression totale ou partielle de la sensibilité provoquée par l'utilisation de substances dites «anesthésiques».

Dysarthrie Difficulté d'élocution causée par une atteinte des voies motrices qui cause de la faiblesse, un manque de coordination et la perturbation de la respiration ou du rythme du langage. Par exemple, les lésions des nerfs crâniens IX, X et XII se soldent par une prononciation nasillarde et haletante, et les lésions des voies motrices supérieures provoquent l'enrouement. Ne pas confondre avec la *dysphasie* ou l'*aphasie*, qui sont des troubles du traitement du langage.

Dystonie Perturbations généralisées ou localisées du tonus musculaire menant à des contractions musculaires involontaires. Elle peut être héréditaire, provoquée par une blessure ou causée par un dysfonctionnement des centres nerveux. Il est important de ne pas confondre ces contractions parfois brèves et plus rythmées avec des tremblements.

Études de la conduction nerveuse Épreuves diagnostiques qui visent à évaluer l'intégrité des nerfs d'après leur vitesse de conduction des influx nerveux. Elles consistent à stimuler un nerf en un point, à enregistrer l'activité à un deuxième point situé à une distance connue du premier et à noter le temps que met la réponse à atteindre l'électrode. On procède à ces études pour confirmer un diagnostic de neuropathie périphérique.

Névralgie (*neuron*: nerf; *algos*: douleur) Douleur intense à caractère spastique ressentie soit au niveau des racines d'un ou de plusieurs nerfs, soit dans la région innervée; peut être causée par l'inflammation ou la lésion d'un ou de plusieurs nerfs; elle peut être aussi sans cause apparente (par exemple, la névralgie essentielle du trijumeau décrite à la p. 570).

Névrite Inflammation d'un nerf. Il existe différentes formes de névrites, chacune présentant des effets particuliers (diminution ou augmentation de la sensibilité du nerf, paralysie de la structure desservie et douleur).

Paresthésie Sensation anormale (de brûlure, d'engourdissement ou de picotement), en l'absence de stimulus, résultant de l'atteinte d'un nerf sensitif. Le *syndrome de la jambe sans repos*, qui se caractérise par un besoin impérieux de bouger et qui survient surtout en fin de journée ou durant la nuit, est une forme de paresthésie.

Tabès dorsalis Aussi appelé maladie de Duchenne de Boulogne ; maladie à évolution lente provoquée par la détérioration des faisceaux gracile et cunéiforme et des racines dorsales qui y sont associées ; il s'agit d'une manifestation tardive des lésions neurologiques causées par la bactérie de la syphilis. Les faisceaux qui transportent les influx provenant des propriocepteurs des articulations sont détruits, ce qui entraîne une mauvaise coordination musculaire et une démarche instable chez les personnes atteintes. L'invasion des racines sensitives (dorsales) par la bactérie provoque des douleurs qui cessent lorsque les racines sont complètement détruites.

RÉSUMÉ DU CHAPITRE

1. Le SNP comprend des récepteurs sensoriels, des nerfs (qui acheminent des influx hors du SNC et vers le SNC), des ganglions qui leur sont associés et des terminaisons motrices.

PREMIÈRE PARTIE – RÉCEPTEURS SENSORIELS ET SENSATION

Récepteurs sensoriels (p. 556)

1. Les récepteurs sensoriels produisent des influx nerveux lorsqu'ils sont stimulés par des changements dans l'environnement (stimulus).
2. On trouve des récepteurs sensoriels simples dans la peau, où ils servent à capter la douleur, le toucher, la pression et la température ; on en trouve également dans les muscles squelettiques, les tendons et les viscères. Les récepteurs complexes (les organes des sens), composés de neurones sensitifs et d'autres cellules, sont ceux de la vision, de l'ouïe, de l'équilibre, de l'odorat et du goût.
3. Selon les stimulus détectés, on classe les récepteurs en mécanorécepteurs, en thermorécepteurs, en photorécepteurs, en chimiorécepteurs ou en nocicepteurs. Selon leur localisation, on les classe en extérocepteurs, en intérocepteurs ou en propriocepteurs.
4. Sur le plan de la structure, on classe les récepteurs sensoriels simples en terminaisons nerveuses libres et en terminaisons nerveuses capsulées de neurones sensitifs. Les terminaisons libres sont surtout des thermorécepteurs et des nocicepteurs ; elles forment aussi deux récepteurs du toucher léger (corpuscules tactiles non capsulés [disques de Merkel] et récepteurs des follicules pileux). Les terminaisons nerveuses capsulées, qui sont des mécanorécepteurs, comprennent les corpuscules tactiles capsulés (Meissner), les corpuscules lamelleux (Vater-Pacini), les corpuscules de Ruffini, les fuseaux neuromusculaires, les fuseaux neurotendineux et les récepteurs kinesthésiques des articulations.

Intégration sensorielle : de la sensation à la perception (p. 560)

1. La sensation est la conscience des stimulus provenant du milieu interne et de l'environnement ; la perception en est l'interprétation consciente.
2. L'intégration sensorielle comprend le niveau des récepteurs, le niveau des voies ascendantes et le niveau de la perception. Ces niveaux relèvent respectivement des récepteurs sensoriels, des tractus et faisceaux ascendants et du cortex cérébral.
3. Les récepteurs sensoriels effectuent la transduction (conversion) de l'énergie du stimulus en potentiels d'action par l'intermédiaire de potentiels récepteurs ou générateurs. L'intensité du stimulus se traduit par la fréquence de transmission des influx. L'adaptation (diminution de la réponse d'un récepteur sensoriel à une stimulation prolongée ou invariable) est une propriété de tous les récepteurs simples sauf les nocicepteurs et les propriocepteurs.
4. Certaines neurofibres sensitives entrant dans la moelle épinière interviennent dans les arcs réflexes. Certaines font synapse avec les neurones de la corne dorsale (tractus spinothalamiques de la voie ascendante) ; d'autres continuent leur course vers le haut et font synapse dans les noyaux du bulbe rachidien (faisceaux de la voie ascendante du cordon dorsal et du lemnisque médial). Les neurones de deuxième ordre de ces deux voies ascendantes se terminent dans le thalamus.
5. La perception, l'image interne et consciente du stimulus qui constitue le fondement de la réponse, est le fruit du traitement cortical.
6. Les principaux aspects de la perception sensorielle sont la détection, l'estimation de l'intensité du stimulus, la discrimination spatiale, la discrimination des caractéristiques, la discrimination des qualités et la reconnaissance des formes.

DEUXIÈME PARTIE – LIGNES DE TRANSMISSION : LES NERFS, LEUR STRUCTURE ET LEUR RÉPARATION

Nerfs et ganglions (p. 563)

1. Un nerf est un ensemble d'axones du SNP. L'enveloppe de chaque neurofibre est appelée endonèvre, celle des fascicules, périnèvre, et celle du nerf dans son ensemble, épinèvre.
2. Selon la direction des influx nerveux qu'ils transmettent, on classe les nerfs en nerfs moteurs, en nerfs sensitifs et en nerfs mixtes. La plupart des nerfs sont mixtes. Les neurofibres efférentes peuvent être somatiques ou autonomes.
3. Les ganglions sont des regroupements de corps cellulaires de neurones dont les axones sont associés à des nerfs du SNP. Il y a des ganglions spinaux (sensitifs) et des ganglions autonomes (moteurs).
4. Les neurofibres endommagées du SNP peuvent se régénérer si des macrophagocytes pénètrent dans la région, phagocytent les débris et favorisent la prolifération des neurolemmocytes. Ceux-ci constituent un canal et sécrètent des substances chimiques pour guider les repousses de l'axone vers leurs points de contact originel. Normalement, les neurofibres du SNC ne se régénèrent pas, parce que les oligodendrocytes inhibent la formation et la croissance des repousses de l'axone.

Nerfs crâniens (p. 566)

1. Douze paires de nerfs crâniens émergent de l'encéphale, sortent du crâne et innervent la tête et le cou. Seuls les nerfs vagues s'étendent jusque dans les cavités thoracique et abdominale. Tous les nerfs crâniens, sauf les nerfs accessoires, prennent naissance dans l'encéphale.

13

2. Les nerfs crâniens sont (généralement) numérotés de l'avant vers l'arrière, selon leur ordre d'émergence de l'encéphale. Leurs noms indiquent les structures qu'ils desservent ou leurs fonctions, ou les deux. Les nerfs crâniens sont les suivants :

- Les nerfs olfactifs (I) : strictement sensitifs ; ils sont associés au sens de l'odorat.
- Les nerfs optiques (II) : strictement sensitifs ; ils acheminent les influx visuels de la rétine au thalamus.
- Les nerfs oculomoteurs (III) : principalement moteurs ; ils émergent du mésencéphale et desservent quatre des muscles du bulbe oculaire ainsi que le muscle élévateur de la paupière supérieure, le muscle ciliaire et le muscle sphincter de la pupille (muscle circulaire) ; ils transmettent aussi des influx proprioceptifs provenant des muscles squelettiques qu'ils desservent.
- Les nerfs trochléaires (IV) : principalement moteurs ; ils émergent de la partie dorsale du mésencéphale et transmettent des influx moteurs au muscle oblique supérieur de l'œil ainsi que des influx proprioceptifs qui en proviennent.
- Les nerfs trijumeaux (V) : nerfs mixtes ; ils émergent de la partie latérale du pont. Ce sont les principaux nerfs sensitifs du visage. Chacun comprend trois branches : le nerf ophtalmique, le nerf maxillaire et le nerf mandibulaire ; ce dernier contient aussi des neurofibres motrices qui innervent les muscles de la mastication.
- Les nerfs abducens (VI) : principalement moteurs ; ils émergent du pont et contribuent aux fonctions motrices et proprioceptives des muscles droits latéraux des yeux.
- Les nerfs faciaux (VII) : nerfs mixtes ; ils émergent du pont. Ce sont les principaux nerfs moteurs du visage. Ils transmettent aussi les influx sensitifs provenant des calicules gustatifs des deux tiers antérieurs de la langue.
- Les nerfs vestibulocochléaires (VIII) : surtout sensitifs ; ils transmettent les influx provenant des récepteurs de l'audition et de l'équilibre situés dans l'oreille interne.
- Les nerfs glossopharyngiens (IX) : nerfs mixtes ; ils émergent du bulbe rachidien. Ils transmettent les influx sensitifs provenant des calicules gustatifs de la partie postérieure de la langue, du pharynx, des chimiorécepteurs de la crosse de l'aorte, des glomus carotidiens et des barorécepteurs des sinus carotidiens. Ils innervent les muscles du pharynx et les glandes parotides.
- Les nerfs vagues (X) ou pneumogastriques : nerfs mixtes ; ils émergent du bulbe rachidien. Les neurofibres motrices sont presque toutes des neurofibres parasympathiques autonomes. Ils donnent des efférences motrices au pharynx, au larynx ainsi qu'aux viscères des cavités thoracique et abdominale. Ils comprennent des neurofibres sensitives qui proviennent de ces organes.
- Les nerfs accessoires (XI) : principalement moteurs ; ils prennent naissance dans les petites racines spinales émergeant de la moelle épinière cervicale. La racine spinale fournit des efférences somatiques aux muscles trapèze et sternocléidomastoïdien du cou, et elle comprend des afférents proprioceptifs qui en proviennent.
- Les nerfs hypoglosses (XII) : principalement moteurs ; ils émergent du bulbe rachidien. Ils comprennent des efférences somatiques destinées aux muscles de la langue ainsi que des neurofibres proprioceptives qui en proviennent.

Nerfs spinaux (p. 575)

1. Les 31 paires de nerfs spinaux (tous mixtes) sont numérotées successivement d'après leur point d'émergence de la moelle épinière.

2. Les nerfs spinaux sont constitués par l'union d'une racine dorsale et d'une racine ventrale de la moelle épinière. Ces nerfs sont courts et dépassent à peine les foramens intervertébraux.

3. Chaque nerf spinal se divise en un rameau dorsal, en un rameau ventral, en un rameau méningé et, dans la région thoracique, en des rameaux communicants (appartenant au SNA).

4. Les rameaux ventraux, à l'exception de ceux de T_2 à T_{12}, forment des plexus qui desservent les membres.

5. Les rameaux dorsaux desservent les muscles et la peau de la partie postérieure du tronc. Les rameaux ventraux de T_2 à T_{12} donnent naissance aux nerfs intercostaux qui desservent la paroi du thorax et la surface abdominale.

6. Le plexus cervical (C_1 à C_4) innerve les muscles et la peau du cou et de l'épaule. Son nerf phrénique dessert le diaphragme.

7. Le plexus brachial dessert l'épaule, certains muscles du thorax et le membre supérieur. Il émerge principalement de C_5 à T_1. Dans le sens proximodistal, le plexus brachial comprend des rameaux ventraux, des troncs, des divisions et des faisceaux. Les principaux nerfs issus de ces derniers sont les nerfs axillaire, musculocutané, médian, radial et ulnaire.

8. Le plexus lombaire (L_1 à L_4) fournit l'innervation motrice aux muscles des parties antérieure et médiale de la cuisse ainsi que l'innervation cutanée de la partie antérieure de la cuisse et d'une portion de la jambe. Ses principales branches sont les nerfs fémoral et obturateur.

9. Le plexus sacral (L_4 à S_4) innerve les muscles postérieurs et la peau du membre inférieur. Le nerf principal est le nerf sciatique, formé du nerf tibial et du nerf fibulaire commun.

10. Les articulations sont innervées par les mêmes nerfs que leurs muscles. Tous les nerfs spinaux, à l'exception de C_1, innervent des segments de peau appelés dermatomes.

TROISIÈME PARTIE – TERMINAISONS MOTRICES ET ACTIVITÉ MOTRICE

Terminaisons motrices périphériques (p. 585)

1. Les terminaisons motrices des neurofibres somatiques (corpuscules nerveux terminaux) concourent à former les jonctions neuromusculaires avec les myocytes squelettiques. Les corpuscules nerveux terminaux comprennent des vésicules synaptiques remplies d'acétylcholine. Lorsqu'il est libéré, ce neurotransmetteur entraîne la contraction des myocytes. Une lame basale élaborée remplit partiellement la fente synaptique.

2. Les terminaisons motrices autonomes, appelées varicosités axonales, sont des terminaisons renflées semblables aux précédentes sur le plan fonctionnel, mais plus simples au point de vue de la structure. Elles innervent les muscles lisses et les glandes. Elles ne forment pas de jonctions neuromusculaires spécialisées, et les réponses motrices sont généralement plus lentes.

Intégration motrice : de l'intention à l'acte (p. 587)

1. Le système moteur somatique comprend des effecteurs (myocytes squelettiques) et des tractus descendants, et sa régulation est hiérarchisée.

2. La hiérarchie de la régulation motrice est constituée du niveau segmentaire, du niveau de la projection et du niveau de précommande.

3. Le niveau segmentaire est formé par l'ensemble des réseaux de neurones de la moelle épinière. Ces réseaux activent les neurones moteurs de la corne ventrale qui, à leur tour, stimulent les muscles squelettiques. Le niveau segmentaire régit directement les réflexes et les programmes médullaires, réseaux segmentaires régissant la locomotion.

4. Le niveau de la projection est constitué des tractus descendants qui atteignent le niveau segmentaire et le régissent. Les neurofibres qui composent ces tractus naissent des noyaux moteurs du tronc cérébral (voie motrice secondaire, ou voies extrapyramidales) et du cortex (voie motrice principale, ou voies pyramidales). Les neurones de commande, dans le tronc cérébral, semblent moduler les programmes médullaires.

5. Le cervelet et les noyaux basaux forment le système de précommande qui intègre au niveau subconscient les commandes que transportent les tractus du niveau de la projection.

QUATRIÈME PARTIE – **ACTIVITÉ RÉFLEXE**

Arc réflexe (p. 588)

1. Un réflexe est une réponse motrice rapide et involontaire à un stimulus. L'arc réflexe fait intervenir cinq éléments: un récepteur, un neurone sensitif, un centre d'intégration, un neurone moteur et un effecteur.

Réflexes spinaux (p. 589)

1. En clinique, l'observation des réflexes spinaux donne des indications sur l'intégrité des voies réflexes et sur le degré d'excitabilité de la moelle épinière.

2. Les réflexes spinaux somatiques sont le réflexe d'étirement, le réflexe tendineux, le réflexe des raccourcisseurs, le réflexe d'extension croisée et les réflexes superficiels.

3. Le réflexe d'étirement est déclenché par l'étirement des fuseaux neuromusculaires; il provoque la contraction du muscle stimulé et l'inhibition de son muscle antagoniste (inhibition réciproque). C'est un réflexe homolatéral et monosynaptique. Les réflexes d'étirement sont essentiels au tonus musculaire et au maintien de la posture.

4. Le réflexe tendineux est déclenché par la stimulation des fuseaux neurotendineux qui réagissent à une tension musculaire excessive. C'est un réflexe polysynaptique. Les réflexes tendineux provoquent le relâchement du muscle stimulé et la contraction de son muscle antagoniste (activation réciproque); ils préviennent ainsi les lésions des muscles et des tendons.

5. Le réflexe des raccourcisseurs est déclenché par un stimulus douloureux. C'est un réflexe polysynaptique et homolatéral qui joue un rôle de protection.

6. Le réflexe d'extension croisée est constitué d'un réflexe des raccourcisseurs homolatéral et d'un réflexe d'extension controlatéral.

7. Les réflexes superficiels (réflexe plantaire et réflexes cutanés abdominaux) sont provoqués par une stimulation cutanée. Ils révèlent le bon fonctionnement des arcs réflexes spinaux et des tractus corticospinaux.

Développement et vieillissement du SNP (p. 596)

1. Chaque nerf spinal fournit l'innervation sensitive et motrice à une masse musculaire adjacente (destinée à former les muscles squelettiques) et l'innervation cutanée à un dermatome (segment de peau).

2. Les réflexes ralentissent au cours des années, probablement en raison d'une déperdition neuronale ou d'un affaiblissement des réseaux d'intégration du SNC.

13

QUESTIONS DE RÉVISION

Choix multiples/associations

(Il peut y avoir plus d'une bonne réponse à certaines questions. Choisissez les meilleures réponses parmi celles qui sont proposées. Les réponses se trouvent à l'appendice G.)

1. Les grands récepteurs en forme d'oignon situés dans le derme et dans le tissu sous-cutané et qui réagissent à la pression intense sont: (**a**) les corpuscules tactiles non capsulés (disques de Merkel); (**b**) les corpuscules lamelleux (Vater-Pacini); (**c**) les terminaisons nerveuses libres; (**d**) les fuseaux neuromusculaires.

2. Les propriocepteurs comprennent toutes les structures suivantes sauf: (**a**) les fuseaux neuromusculaires; (**b**) les fuseaux neurotendineux; (**c**) les corpuscules tactiles non capsulés (disques de Merkel); (**d**) les récepteurs kinesthésiques des articulations.

3. L'aspect de la perception sensorielle grâce auquel le cortex cérébral détermine le siège ou la modalité d'une stimulation est: (**a**) la détection perceptive; (**b**) la discrimination des caractéristiques; (**c**) la reconnaissance des formes; (**d**) la discrimination spatiale.

4. Les réseaux de neurones de la moelle épinière se trouvent au niveau: (**a**) de précommande; (**b**) de la projection; (**c**) segmentaire.

5. Les ganglions spinaux contiennent: (**a**) les corps cellulaires des neurones moteurs somatiques; (**b**) les terminaisons axonales des neurones moteurs somatiques; (**c**) les corps cellulaires des neurones moteurs autonomes; (**d**) les terminaisons axonales des neurones sensitifs; (**e**) les corps cellulaires des neurones sensitifs.

6. La gaine de tissu conjonctif qui entoure un fascicule de neurofibres est: (**a**) l'épinèvre; (**b**) l'endonèvre; (**c**) le périnèvre; (**d**) le neurolemme.

7. Associez les types de récepteurs de la colonne B aux descriptions de la colonne A.

Colonne A	**Colonne B**
_____ (**1**) Récepteur de la douleur, de la démangeaison et de la température.	(**a**) Corpuscule de Ruffini
_____ (**2**) Contient des myocytes intrafusoriaux et des terminaisons sensitives (Meissner) de types I et II.	(**b**) Fuseau neurotendineux
_____ (**3**) Récepteur du toucher discriminant dans la peau glabre (bout des doigts).	(**c**) Fuseau neuromusculaire
_____ (**4**) Contient des terminaisons réceptrices enroulées autour d'épais faisceaux collagène.	(**d**) Terminaison nerveuse libre
_____ (**5**) Récepteur à adaptation rapide, sensible à la pression intense.	(**e**) Corpuscule lamelleux (Vater-Pacini)
_____ (**6**) Récepteur à adaptation lente, sensible à la pression intense.	(**f**) Corpuscule tactile

8. Associez les noms des nerfs crâniens de la colonne B aux descriptions de la colonne A.

Colonne A	**Colonne B**
_____ (**1**) Provoque la constriction des pupilles.	(**a**) Nerf abducens
_____ (**2**) Principal nerf sensitif du visage.	(**b**) Nerf accessoire
_____ (**3**) Dessert les muscles sternocléidomastoïdien et trapèze.	(**c**) Nerf facial
	(**d**) Nerf glossopharyngien
_____ (**4**) Strictement sensitifs (deux nerfs).	(**e**) Nerf hypoglosse
_____ (**5**) Dessert les muscles de la langue.	(**f**) Nerf oculomoteur
_____ (**6**) Permet la mastication.	(**g**) Nerf olfactif
_____ (**7**) Atteint dans la paralysie faciale périphérique (paralysie de Bell).	(**h**) Nerf optique
	(**i**) Nerf trijumeau
_____ (**8**) Contribue à la régulation de l'activité cardiaque.	(**j**) Nerf trochléaire
_____ (**9**) Contribue à l'audition et à l'équilibre.	(**k**) Nerf vague
_____ (**10**) Contiennent des neurofibres motrices parasympathiques (quatre nerfs).	(**l**) Nerf vestibulocochléaire
_____ (**11**) Est formé par l'union d'une racine crânienne et d'une racine spinale.	
_____ (**12**) Ils permettent les mouvements du globe oculaire (trois nerfs).	

9. Indiquez les plexus (liste A) et les nerfs périphériques (liste B) correspondant aux régions ou aux muscles suivants.

Régions ou muscles	**Liste A : plexus**
_____ (**1**) Diaphragme	(**a**) Brachial
_____ (**2**) Muscles de la loge postérieure de la cuisse	(**b**) Cervical
_____ (**3**) Muscle de la loge antérieure de la cuisse	(**c**) Lombaire
_____ (**4**) Muscles de la loge médiale de la cuisse	(**d**) Sacral
_____ (**5**) Muscles de la loge antérieure du bras qui fléchissent l'avant-bras	**Liste B : nerfs**
_____ (**6**) Muscles fléchisseurs du poignet et des doigts (deux nerfs)	(**1**) Fibulaire commun
	(**2**) Fémoral
	(**3**) Médian
_____ (**7**) Muscles extenseurs du poignet et des doigts	(**4**) Musculocutané
	(**5**) Obturateur
_____ (**8**) Peau et muscles extenseurs de la loge postérieure du bras	(**6**) Phrénique
	(**7**) Radial
_____ (**9**) Muscles fibulaire, tibial antérieur et long extenseur des orteils	(**8**) Tibial
	(**9**) Ulnaire
_____ (**10**) Articulation du coude	

10. Caractérisez chacun des récepteurs stimulés dans les situations suivantes en choisissant la lettre et le numéro appropriés dans la liste A et la liste B.

Situations	**Liste A**
____, ____ (**1**) Vous dégustez une glace.	(**a**) Extérocepteur
____, ____ (**2**) Vous renversez du café chaud sur vous.	(**b**) Intérocepteur
	(**c**) Propriocepteur
____, ____ (**3**) Les rétines de vos yeux sont stimulées.	**Liste B**
____, ____ (**4**) Vous êtes dans une pièce complètement sombre et cherchez l'interrupteur.	(**1**) Chimiorécepteur
	(**2**) Mécanorécepteur
	(**3**) Nocicepteur
	(**4**) Photorécepteur
____, ____ (**5**) Vous vous sentez mal après un repas copieux.	(**5**) Thermorécepteur

11. Le réflexe qui provoque l'activation réciproque du muscle antagoniste est : (**a**) le réflexe d'extension croisée ; (**b**) le réflexe des raccourcisseurs ; (**c**) le réflexe tendineux ; (**d**) le réflexe d'étirement.

Questions à court développement

12. Quelle est, du point de vue fonctionnel, la relation entre le SNP et le SNC ?
13. Énumérez les principaux éléments du SNP et décrivez leurs fonctions.
14. Distinguez clairement la sensation de la perception.
15. Quels neurotransmetteurs sont libérés par les terminaisons nerveuses motrices somatiques et autonomes, respectivement ?
16. Les programmes médullaires se trouvent au niveau segmentaire de la régulation motrice. (**a**) Quelle est la fonction des programmes médullaires ? (**b**) Qu'est-ce qui les régit et où ce centre de commande est-il situé ?
17. Faites un schéma de la hiérarchie de la régulation motrice. Indiquez les programmes médullaires, les neurones de commande, les noyaux du cervelet et les noyaux basaux.
18. Pourquoi le cervelet et les noyaux basaux sont-ils considérés comme des centres de *précommande* ?
19. Expliquez pourquoi les lésions des neurofibres du SNP sont souvent réversibles, tandis que celles des neurofibres du SNC le sont rarement.
20. (**a**) Décrivez la formation et la composition d'un nerf spinal. (**b**) Nommez les branches d'un nerf spinal (autres que les rameaux communicants) et indiquez leur distribution.
21. (**a**) Définissez le terme « plexus ». (**b**) Indiquez les rameaux ventraux qui donnent naissance aux quatre principaux plexus et nommez les régions du corps que chaque plexus innerve.
22. En quoi un réflexe simple se différencie-t-il d'un réflexe complexe ? Nommez un exemple de chaque.

13

23. Distinguez un réflexe homolatéral d'un réflexe controlatéral.

24. Sur le plan homéostatique, quel est le rôle des réflexes des raccourcisseurs ?

25. Comparez le réflexe des raccourcisseurs au réflexe d'extension croisée.

26. Expliquez en quoi le réflexe d'extension croisée constitue à la fois un exemple de traitement en série et un exemple de traitement en parallèle.

27. Quels renseignements cliniques peut-on obtenir à l'aide de la recherche des réflexes somatiques ?

28. Quelles sont les relations structurales et fonctionnelles entre les nerfs spinaux, les muscles squelettiques et les dermatomes ?

29. Expliquez pour quelle raison la connaissance des dermatomes s'avère cruciale lors d'une intervention chirurgicale.

Réflexion et application

1. En 1962, un garçon qui jouait sur une voie ferrée fut happé par un train, et une roue lui sectionna le bras droit. Les chirurgiens replacèrent le bras et suturèrent les nerfs et les vaisseaux sanguins. Ils annoncèrent au garçon qu'il retrouverait l'usage de son bras, mais que le membre ne redeviendrait jamais assez fort pour lancer une balle. Expliquez pourquoi.

2. Julien, un quart-arrière au football, a subi une déchirure des ménisques articulaires du genou droit après avoir été plaqué de côté. La même blessure a écrasé le nerf fibulaire commun contre la tête de la fibula. De quels problèmes locomoteurs Julien souffre-t-il ?

3. En tombant d'une échelle, Marie a agrippé une branche d'arbre de la main droite, mais elle n'a pu se retenir et a chuté lourdement. Plusieurs jours plus tard, Marie s'est plainte d'un engourdissement du membre supérieur. Quelle lésion la chute a-t-elle provoquée ?

4. M. Filion s'est remarquablement bien remis d'un accident vasculaire cérébral. Dernièrement, il a commencé à éprouver de la difficulté à lire. Il dit voir double et il a du mal à monter et à descendre les escaliers. Il est incapable d'orienter son œil gauche vers le bas et le côté. Quel nerf crânien est endommagé ? Précisez s'il s'agit du droit ou du gauche.

5. Au cours d'une partie de chasse, un chasseur a accidentellement reçu une volée de chevrotines dans les fesses. Ses compagnons, voyant qu'il allait survivre à ses blessures, ont fait force plaisanteries à ce propos. Mais l'hilarité a fait place à la consternation une semaine plus tard lorsqu'ils apprirent que le blessé souffrirait d'une paralysie et d'une insensibilité permanentes des genoux aux pieds et dans la partie postérieure des cuisses. Qu'est-il arrivé au malheureux chasseur (quel nerf a été atteint) ?

6. Vous êtes chez Chloé, qui vous a invité à passer une soirée entre amis. On vous bande les yeux et on vous met un objet (une clé ou une patte de lièvre) dans la main. Quels faisceaux ou tractus de la moelle épinière font parvenir au cortex cérébral les signaux qui vous permettront de distinguer ces objets et quels aspects de la perception sensorielle interviennent ici ?

7. Émeline, une étudiante en soins infirmiers de 19 ans, souffre d'écoulement nasal et de maux de gorge depuis plusieurs jours. À son réveil, elle a l'impression d'avoir le visage « tordu ». Quand elle se regarde dans le miroir, elle remarque que le côté droit de son visage a l'air flasque ; elle est incapable de faire bouger les muscles de ce côté de son visage. Elle éprouve de la difficulté à manger et à parler clairement. Lequel de ses nerfs crâniens est touché ? De quel côté ? Quelle est l'une des causes fréquentes de cet état ?

13

14

Le système nerveux autonome

Introduction (p. 604)

Comparaison entre le système
nerveux somatique et le SNA (p. 604)

Subdivisions du SNA (p. 606)

Anatomie du SNA (p. 607)

Système nerveux parasympathique
(craniosacral) (p. 608)

Système nerveux sympathique
(thoracolombaire) (p. 609)

Réflexes viscéraux (p. 613)

Physiologie du SNA (p. 614)

Neurotransmetteurs et récepteurs (p. 615)

Effets des médicaments (p. 616)

Interactions des systèmes nerveux
sympathique et parasympathique (p. 617)

Régulation du SNA (p. 620)

**Déséquilibres homéostatiques
du SNA (p. 622)**

**Développement et vieillissement
du SNA (p. 622)**

Le corps humain est extrêmement sensible aux variations du milieu interne et il travaille sans cesse à répondre à des demandes concurrentes pour l'utilisation des ressources dans des conditions qui changent constamment. Tous les organes contribuent à la stabilité du milieu interne, mais c'est le **système nerveux autonome** (SNA), ou système nerveux végétatif, qui y préside par l'intermédiaire de neurones moteurs innervant les muscles lisses, le muscle cardiaque et les glandes **(figure 14.1)**.

À chaque instant, les viscères transmettent des signaux au SNC par des voies sensitives, tandis que les nerfs des voies motrices autonomes acheminent les commandes nécessaires au bon fonctionnement de

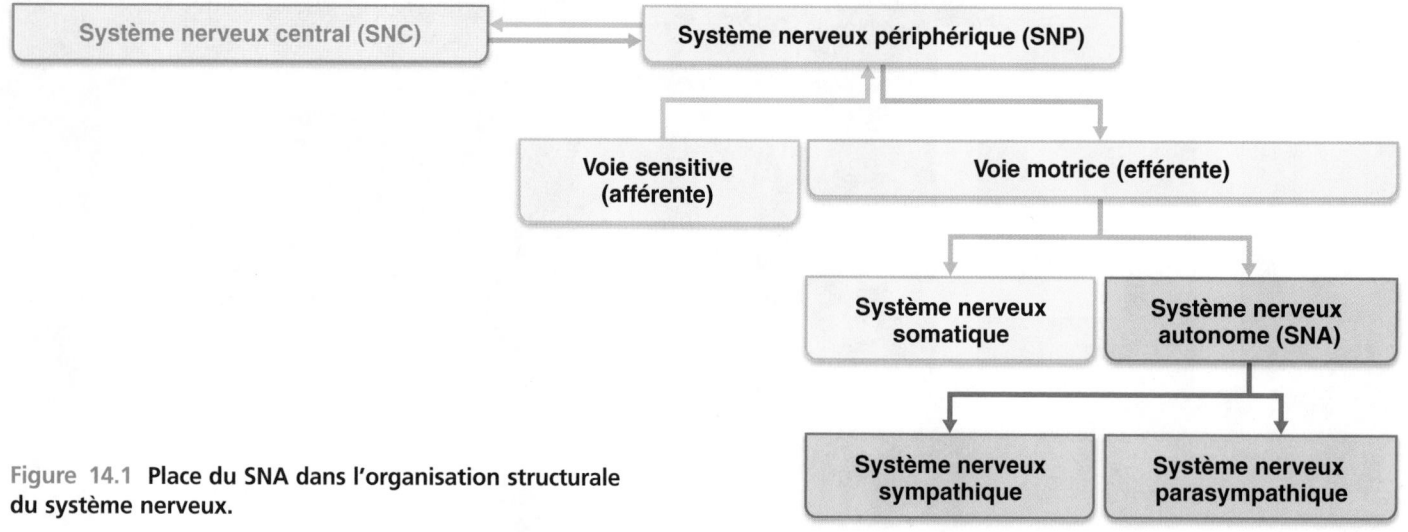

Figure 14.1 Place du SNA dans l'organisation structurale du système nerveux.

l'organisme. Le SNA répond aux fluctuations de l'environnement en augmentant l'irrigation dans les régions qui nécessitent un apport sanguin accru, en accélérant ou en ralentissant la fréquence cardiaque, en ajustant la pression artérielle et la température corporelle, ou encore en augmentant ou en diminuant les sécrétions gastriques. Mais son rôle ne se borne pas à réagir : avec la contribution des centres nerveux supérieurs, il peut anticiper les besoins à venir et amorcer un ajustement avant même que l'organisme ait commencé à ressentir les effets d'un déséquilibre.

La plupart des modulations effectuées par le SNA ne franchissent pas le seuil de la conscience. Ainsi, rares sont les personnes qui se rendent compte de la dilatation de leurs pupilles ou de la constriction de leurs artères. En revanche, s'il vous est déjà arrivé d'être « torturé » par votre vessie lorsque vous patientiez à la caisse du supermarché, vous avez parfaitement ressenti les effets de cette activité viscérale. Ces fonctions, qu'elles soient conscientes ou non, sont dirigées par le SNA. Comme son nom l'indique (*autos*: soi-même ; *nomos*: loi), le SNA est doté d'une certaine indépendance. Il est aussi appelé **système nerveux involontaire** à cause de ses mécanismes inconscients, qui ne nécessitent pas l'intervention de la volonté, et **système moteur viscéral** en raison de l'emplacement de la majorité de ses effecteurs.

Introduction

1. Définir le SNA et expliquer ses rapports avec le système nerveux périphérique (SNP).

2. Comparer le SNA et le système nerveux somatique du point de vue de la situation des centres d'intégration, des voies efférentes, des neurotransmetteurs libérés et des effecteurs.

3. Comparer les fonctions générales du système nerveux sympathique avec celles du système nerveux parasympathique ; donner des exemples de situations dans lesquelles chacun est actif.

Comparaison entre le système nerveux somatique et le SNA

Jusqu'à présent, notre étude des nerfs moteurs a porté principalement sur les nerfs qui composent le système nerveux somatique. Avant d'aborder l'anatomie du SNA, nous allons donc souligner ce qui le distingue du système nerveux somatique, d'une part, et ce qui l'en rapproche sur le plan fonctionnel, d'autre part.

Les deux systèmes comprennent des neurofibres motrices, mais ils diffèrent sur trois points essentiels : (1) leurs effecteurs ; (2) leurs voies efférentes ; et (3) dans une certaine mesure, les réponses que provoquent leurs neurotransmetteurs dans les organes cibles. La **figure 14.2** présente un résumé de ces différences, qui sont expliquées ci-après.

Effecteurs

Le système nerveux somatique stimule les muscles squelettiques, tandis que le SNA innerve le muscle cardiaque, les muscles lisses et les glandes. Les autres différences entre les effets somatiques et les effets autonomes sur les organes cibles reposent pour la plupart sur les caractéristiques physiologiques de ces derniers.

Voies efférentes et ganglions

Dans le système nerveux somatique, les corps cellulaires des neurones moteurs sont situés dans le SNC, et leurs axones s'étendent dans les nerfs spinaux ou crâniens jusqu'aux muscles squelettiques qu'ils activent. Généralement, les neurofibres motrices somatiques sont des neurofibres de type A, épaisses et fortement myélinisées, qui transmettent rapidement les influx nerveux.

Le SNA, quant à lui, comprend des *chaînes de deux neurones moteurs* qui s'étendent aux effecteurs. Le corps cellulaire du premier neurone, ou **neurone préganglionnaire**, est situé dans l'encéphale ou dans la moelle épinière. Son axone, appelé **axone préganglionnaire**, fait synapse avec le corps cellulaire du second

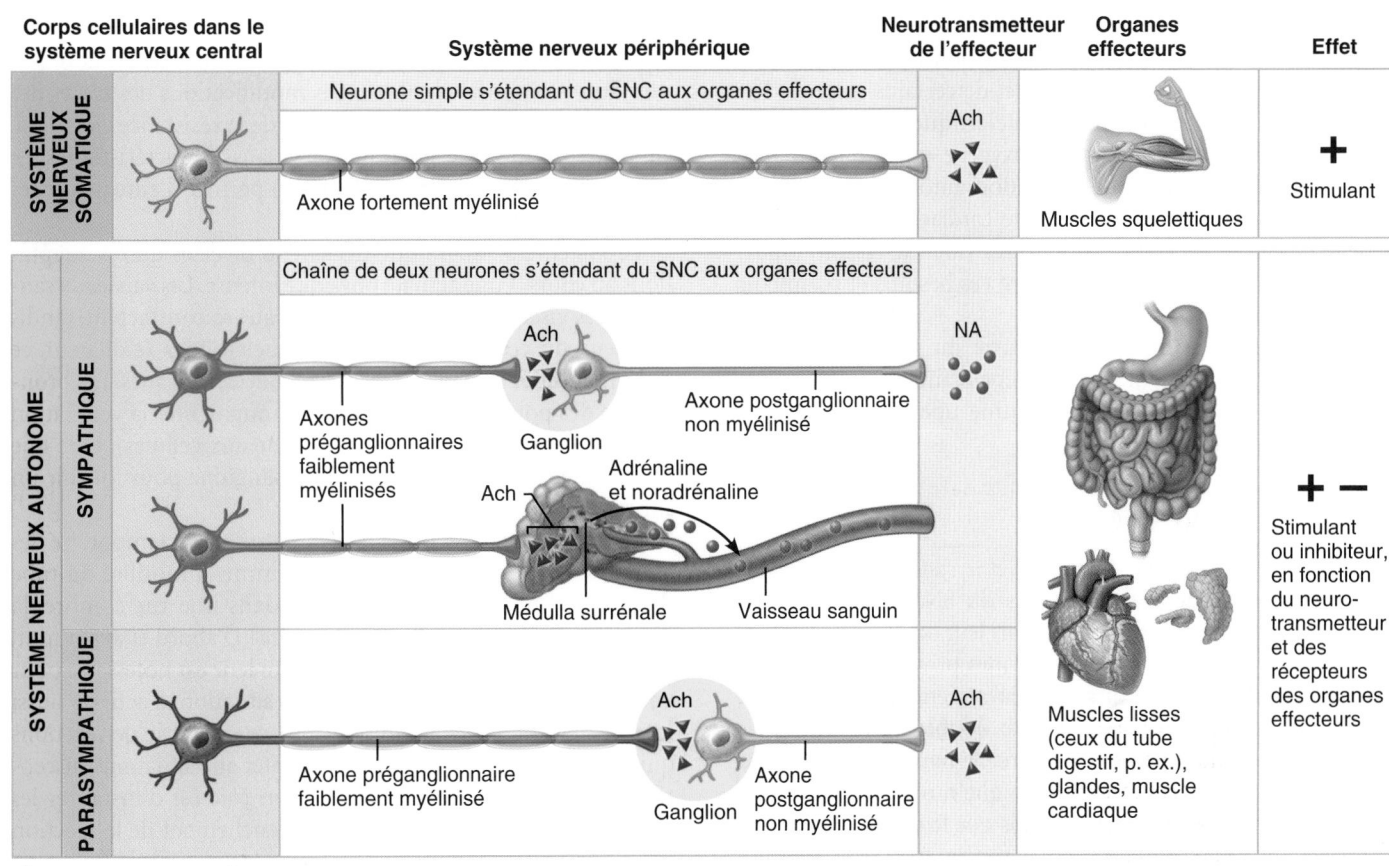

Figure 14.2 Comparaison entre le système nerveux somatique et le SNA.

neurone moteur, ou **neurone ganglionnaire**, dans un **ganglion autonome** situé à l'extérieur du SNC. L'axone du neurone ganglionnaire, appelé **axone postganglionnaire**, rejoint ensuite l'organe effecteur. Si vous assimilez la signification de ces termes tout en consultant la figure 14.2, votre étude du chapitre s'en trouvera grandement facilitée.

De nombreux axones préganglionnaires et postganglionnaires se joignent à des nerfs spinaux ou crâniens sur l'essentiel de leur trajet. Les axones préganglionnaires sont minces et faiblement myélinisés ; les axones postganglionnaires sont encore plus minces et ils sont amyélinisés. La propagation de l'influx nerveux est par conséquent plus lente dans la chaîne efférente autonome que dans le système nerveux somatique. La fréquence des influx dans les deux chaînes constitue aussi une différence notable entre le SNA et le système nerveux somatique : elle est beaucoup plus faible (jusqu'à 20 fois moins élevée) dans les neurofibres autonomes que dans les neurofibres somatiques.

Rappelez-vous que les ganglions autonomes sont des ganglions *moteurs* qui contiennent les corps cellulaires de neurones moteurs. Techniquement parlant, il s'agit de synapses et de points de transmission de l'information entre des neurones préganglionnaires et des neurones ganglionnaires. En outre, souvenez-vous que la voie motrice du système nerveux somatique est totalement *dépourvue* de ganglions. Les ganglions spinaux appartiennent uniquement à la voie sensitive du SNP.

Effets des neurotransmetteurs

Tous les neurones moteurs somatiques libèrent de l'**acétylcholine** (**Ach**) à leurs synapses avec les myocytes squelettiques. L'effet est toujours *excitateur*, et, si la stimulation est forte ou liminaire, les myocytes squelettiques se contractent.

Les neurotransmetteurs que les neurofibres autonomes postganglionnaires libèrent à leur synapse avec un organe effecteur viscéral sont la **noradrénaline** (**NA**), sécrétée par la plupart des neurofibres sympathiques, et l'Ach, libérée par les neurofibres parasympathiques. Selon le type de récepteurs sur l'organe cible, ces neurotransmetteurs ont un effet excitateur ou un effet inhibiteur (figure 14.2 et tableau 14.2).

Chevauchement fonctionnel des systèmes nerveux somatique et autonome

Les centres cérébraux supérieurs régissent et coordonnent les activités motrices somatiques et autonomes, et la plupart des nerfs spinaux (ainsi que de nombreux nerfs crâniens) comportent à la fois des neurofibres motrices somatiques et des neurofibres motrices autonomes. En outre, la plupart des adaptations de l'organisme aux changements du milieu interne et de l'environnement se traduisent par la stimulation ou l'inhibition de l'activité des muscles squelettiques *et* de certains viscères. Par exemple, lorsque les muscles squelettiques travaillent de manière intense, leurs besoins en oxygène et en glucose augmentent ; les mécanismes de régulation autonomes accélèrent alors la fréquence cardiaque (muscle cardiaque : effecteur viscéral) et dilatent les voies respiratoires (muscles respiratoires : effecteurs somatiques) pour satisfaire ces besoins et maintenir l'homéostasie.

Le SNA ne constitue qu'une partie du système nerveux, auquel il est parfaitement intégré. Cependant, ainsi que le veut la tradition, nous l'aborderons comme une entité propre et décrirons son rôle isolément.

Subdivisions du SNA

Le *système nerveux parasympathique* et le *système nerveux sympathique* sont les deux subdivisions du SNA[*] ; ils desservent généralement les mêmes viscères, mais leur action est essentiellement antagoniste. Si l'un des systèmes provoque la contraction de certains muscles lisses ou la sécrétion d'une glande, l'autre inhibe cet effet. Grâce à cette **double innervation**, les deux se font contrepoids pour assurer le bon fonctionnement de l'organisme. Le système sympathique mobilise l'organisme pendant les périodes d'activité, tandis que le système parasympathique s'acquitte des fonctions routinières et économise l'énergie. Examinons maintenant d'un peu plus près les différences fonctionnelles entre ces systèmes en décrivant brièvement les situations où chacun prédomine.

Rôle du système nerveux parasympathique

Le **système nerveux parasympathique**, qui est notamment associé au repos et aux fonctions digestives, réduit la consommation d'énergie tout en accomplissant les activités banales, mais vitales, que sont par exemple la digestion et l'élimination des déchets. C'est d'ailleurs pour empêcher l'activité sympathique d'entraver la digestion qu'il est recommandé de se reposer après un repas copieux. Ainsi, une personne qui se détend en lisant son journal après un repas rend possible l'activité du système parasympathique. La pression artérielle de cette personne et sa fréquence cardiaque sont basses, et son tube digestif digère le repas. Ses pupilles sont en constriction et ses cristallins sont en action pour la vision de près, ce qui améliore la clarté des images rapprochées.

Rôle du système nerveux sympathique

C'est le **système nerveux sympathique** (ou orthosympathique) qui, dans les situations d'urgence, nous prépare à la fuite ou à la lutte. Son activité se manifeste lorsque nous sommes excités, effrayés ou menacés. Le cœur qui s'emballe, la respiration rapide

et profonde, la bouche sèche, la peau froide et moite et les pupilles dilatées sont des signes incontestables de la mobilisation du système sympathique. Les modifications des tracés des ondes électroencéphalographiques et de la résistance électrique cutanée sont moins visibles mais tout aussi caractéristiques. Le polygraphe (détecteur de mensonges) permet d'enregistrer ces événements.

Le système sympathique déclenche diverses autres adaptations au cours d'une activité physique intense. Les vaisseaux sanguins des viscères (et, parfois, de la peau) se contractent, tandis que ceux du cœur et des muscles squelettiques se dilatent, ce qui a pour effet d'accroître l'irrigation de ces organes. Les bronchioles des poumons se dilatent pour augmenter la ventilation (et, par conséquent, l'apport d'oxygène aux cellules), et le foie libère du glucose dans la circulation sanguine pour fournir un surcroît d'énergie aux cellules.

Simultanément, on observe le ralentissement temporaire des activités de moindre importance, comme la motilité du tube digestif. Si vous fuyez un assaillant dans une rue sombre, la digestion de votre souper peut attendre ! D'abord et avant tout, vos muscles doivent obtenir tout ce qui leur est nécessaire pour vous éloigner du danger. Dans une situation d'activité aussi intense, le système sympathique amorce une série de réactions qui permettent à l'organisme de s'adapter aux situations susceptibles de perturber l'homéostasie. Son rôle est d'instaurer les conditions les plus favorables au déclenchement de la réaction appropriée à toute menace, que cette réaction soit la fuite, une meilleure vision ou la pensée critique.

Nous venons de voir deux situations extrêmes dans lesquelles l'une ou l'autre des subdivisions du SNA domine. Voici un bon moyen de mémoriser les principaux rôles des deux subdivisions du SNA : associez le système nerveux parasympathique à la lettre **D** (détente, digestion, défécation et diurèse) et le système nerveux sympathique à la lettre **E** (exercice, excitation, énervement et embarras). Le tableau 14.4 donne un résumé plus complet des effets de chaque subdivision sur divers organes.

Rappelez-vous toutefois que, malgré les apparences, le fonctionnement du système nerveux sympathique et celui du système nerveux parasympathique ne sont pas mutuellement exclusifs. En fait, leur antagonisme est plutôt d'ordre dynamique, et les deux procèdent sans cesse à de subtils ajustements.

VÉRIFIONS NOS ACQUIS

1. Nommez les trois types d'effecteurs du SNA.
2. Lequel des systèmes suivants achemine le plus rapidement les instructions du SNC aux muscles : le système nerveux somatique ou le SNA ? Justifiez votre réponse.
3. Nommez le neurotransmetteur que libèrent respectivement les neurofibres du système nerveux sympathique et parasympathique.
4. Quelle partie du SNA prédomine quand une personne est étendue au soleil et qu'elle écoute le bruit des vagues ? Quelle partie prend le relais quand elle est sur une planche de surf et qu'elle voit un requin à moins d'un mètre ?

Les réponses se trouvent à l'appendice G.

---

[*] Certains auteurs considèrent le système nerveux entérique (SNE) comme une troisième subdivision du SNA. Le SNE est constitué de neurones formant des plexus autour du tube digestif ; il en est question à la p. 614.

Anatomie du SNA

4 Comparer le système nerveux parasympathique et le système nerveux sympathique sur les plans de leur origine dans le SNC, de l'emplacement de leurs ganglions, de la longueur respective de leurs neurofibres préganglionnaires et postganglionnaires et de leurs neurotransmetteurs.

5 Décrire les voies motrices du système parasympathique: neurofibres d'origine crânienne et d'origine sacrale, nerfs impliqués, ganglions, effecteurs.

6 Décrire chacune des trois grandes voies motrices du système sympathique (selon l'endroit de la synapse): nerfs en cause, noms et situations des ganglions ou des plexus, et effecteurs.

7 Comparer un arc réflexe viscéral avec un arc réflexe somatique.

Sur le plan anatomique, le système nerveux sympathique et le système nerveux parasympathique se distinguent par:

1. **Leurs lieux d'origine:** les neurofibres parasympathiques émergent de l'encéphale et de la région sacrale de la moelle épinière (elles font partie du système craniosacral), tandis que les neurofibres sympathiques prennent naissance dans la région thoracolombaire de la moelle épinière.

2. **La longueur de leurs neurofibres:** les neurofibres préganglionnaires sont longues et les neurofibres postganglionnaires sont courtes dans le système nerveux parasympathique, et inversement dans le système nerveux sympathique.

3. **L'emplacement de leurs ganglions:** la plupart des ganglions parasympathiques sont situés dans les organes viscéraux (effecteurs), tandis que les ganglions sympathiques se trouvent à proximité de la moelle épinière.

Le **tableau 14.1** résume ces distinctions, et la **figure 14.3** les schématise.

Nous commencerons notre étude du SNA en abordant le système nerveux parasympathique, dont la structure anatomique est plus simple que celle du système nerveux sympathique.

TABLEAU 14.1	Différences anatomiques et physiologiques entre le système nerveux parasympathique et le système nerveux sympathique	
CARACTÉRISTIQUES	**SYSTÈME NERVEUX PARASYMPATHIQUE**	**SYSTÈME NERVEUX SYMPATHIQUE**
Origine	Neurofibres d'origine craniosacrale: noyaux des nerfs crâniens III, VII, IX et X dans le tronc cérébral; segments médullaires S_2 à S_4.	Neurofibres d'origine thoracolombaire: corne latérale de substance grise des segments médullaires T_1 à L_2.
Emplacement des ganglions	Ganglions (ganglions terminaux) situés à l'intérieur (ganglions intramuraux) ou près des viscères desservis (ganglions extramuraux).	Ganglions situés à quelques centimètres du SNC: le long de la colonne vertébrale (ganglions du tronc sympathique) et à l'avant de la colonne vertébrale (ganglions prévertébraux ou collatéraux).
Longueur respective des neurofibres préganglionnaires et postganglionnaires	Neurofibres préganglionnaires longues; neurofibres postganglionnaires courtes.	Neurofibres préganglionnaires courtes; neurofibres postganglionnaires longues.
Rameaux communicants	Aucun.	Rameaux communicants gris et blancs; les blancs contiennent des neurofibres préganglionnaires myélinisées; les gris contiennent des neurofibres postganglionnaires amyélinisées.
Degré de ramification des neurofibres préganglionnaires	Minime.	Élevé.
Rôle fonctionnel	Maintien des grandes fonctions physiologiques; stockage et économie de l'énergie; associé au repos et aux fonctions digestives.	Nous prépare à la fuite ou à la lutte.
Neurotransmetteurs	Toutes les neurofibres préganglionnaires et postganglionnaires libèrent de l'Ach (elles sont cholinergiques).	Toutes les neurofibres préganglionnaires libèrent de l'Ach; la plupart des neurofibres postganglionnaires libèrent de la noradrénaline (elles sont adrénergiques); les neurofibres postganglionnaires qui desservent les glandes sudoripares et certains vaisseaux sanguins des muscles squelettiques libèrent de l'Ach; la libération des hormones de la médulla surrénale (la noradrénaline et l'adrénaline) augmente l'activité de plusieurs effecteurs du système sympathique.

14

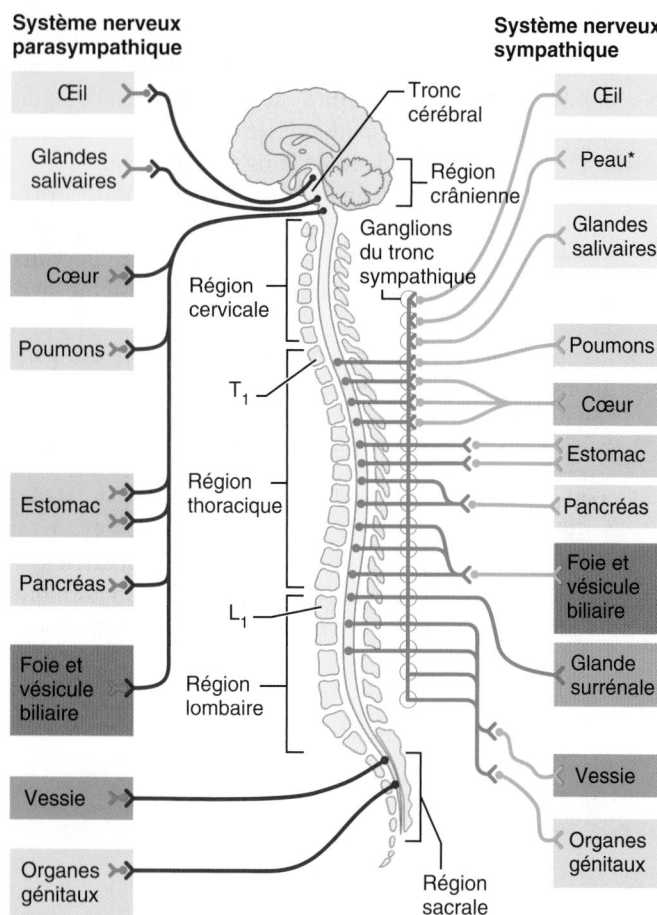

Système nerveux parasympathique

Œil

Glandes salivaires

Cœur

Poumons

Estomac

Pancréas

Foie et vésicule biliaire

Vessie

Organes génitaux

Tronc cérébral

Région crânienne

Région cervicale

T_1

Région thoracique

L_1

Région lombaire

Région sacrale

Ganglions du tronc sympathique

Système nerveux sympathique

Œil

Peau*

Glandes salivaires

Poumons

Cœur

Estomac

Pancréas

Foie et vésicule biliaire

Glande surrénale

Vessie

Organes génitaux

14

Figure 14.3 Vue d'ensemble du SNA. Le système nerveux sympathique et le système nerveux parasympathique se distinguent sur le plan anatomique par (1) le lieu d'origine de leurs nerfs, (2) la longueur de leurs neurofibres préganglionnaires et postganglionnaires et (3) l'emplacement de leurs ganglions (indiquée dans le schéma par la position des synapses).

* Même si l'innervation sympathique de la peau est associée à la région cervicale dans le schéma, tous les nerfs en périphérie du corps possèdent des neurofibres sympathiques postganglionnaires.

Système nerveux parasympathique (craniosacral)

Le système parasympathique est aussi appelé **système craniosacral**, car ses neurofibres préganglionnaires émergent des extrémités opposées du SNC – le tronc cérébral et la région sacrale de la moelle épinière **(figure 14.4)**. Les axones préganglionnaires s'étendent du SNC jusqu'aux structures qu'ils innervent; une fois qu'ils y sont parvenus, ils font synapse avec des neurones ganglionnaires situés dans des **ganglions terminaux** qui se trouvent soit très près des organes cibles, soit à l'intérieur ou dans la paroi de ceux-ci. Les axones postganglionnaires, très courts (certains ont moins de 1 mm de longueur), naissent des ganglions terminaux et font synapse avec des cellules effectrices se trouvant à proximité.

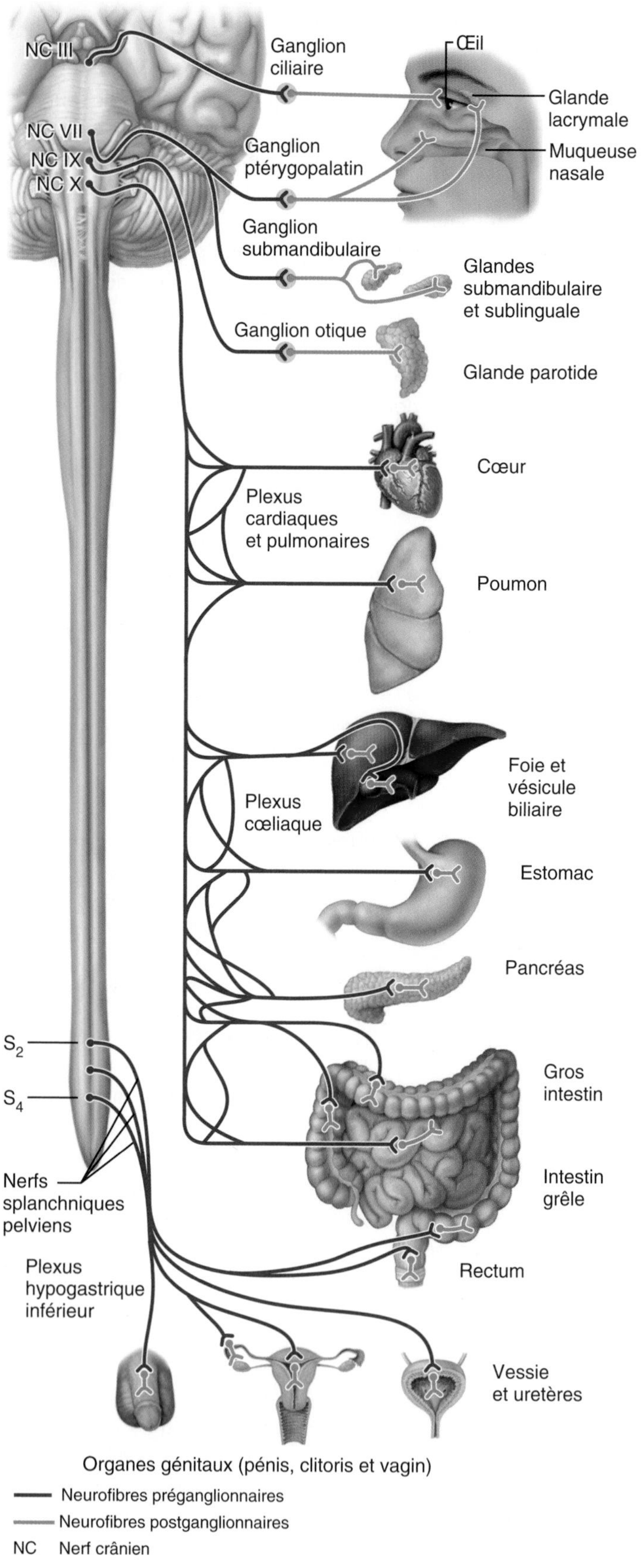

NC III

NC VII
NC IX
NC X

Ganglion ciliaire

Ganglion ptérygopalatin

Ganglion submandibulaire

Ganglion otique

Plexus cardiaques et pulmonaires

Plexus cœliaque

S_2

S_4

Nerfs splanchniques pelviens

Plexus hypogastrique inférieur

Œil

Glande lacrymale

Muqueuse nasale

Glandes submandibulaire et sublinguale

Glande parotide

Cœur

Poumon

Foie et vésicule biliaire

Estomac

Pancréas

Gros intestin

Intestin grêle

Rectum

Vessie et uretères

Organes génitaux (pénis, clitoris et vagin)

—— Neurofibres préganglionnaires

—— Neurofibres postganglionnaires

NC   Nerf crânien

Figure 14.4 Système nerveux parasympathique.

Neurofibres d'origine crânienne

Des neurofibres préganglionnaires sont situées dans les nerfs oculomoteurs, faciaux, glossopharyngiens et vagues. Leurs corps cellulaires se trouvent dans les noyaux moteurs de ces nerfs crâniens, localisés dans le tronc cérébral (voir les figures 12.15 et 12.16). Nous présentons ci-dessous l'emplacement exact des neurofibres parasympathiques d'origine crânienne.

1. **Nerfs oculomoteurs (III).** Les neurofibres parasympathiques des nerfs oculomoteurs innervent les muscles lisses de l'œil qui déclenchent la constriction des pupilles et le bombement des cristallins, ce qui permet l'accommodation sur les objets rapprochés. Les axones préganglionnaires situés dans les nerfs oculomoteurs émergent des *noyaux oculomoteurs accessoires* du mésencéphale. Les corps cellulaires des neurones ganglionnaires sont situés dans les **ganglions ciliaires**, à l'intérieur des orbites (voir le tableau 13.2, p. 569).

2. **Nerfs faciaux (VII).** Les neurofibres parasympathiques des nerfs faciaux stimulent de nombreuses glandes de grandes dimensions situées dans la tête. Celles qui stimulent les glandes nasales et lacrymales prennent naissance dans les *noyaux lacrymaux* du pont. Les neurofibres préganglionnaires font ensuite synapse avec des neurones ganglionnaires situés dans les **ganglions ptérygopalatins**, juste à l'arrière des maxillaires. Les neurones préganglionnaires qui stimulent les glandes submandibulaires et sublinguales émergent des *noyaux salivaires supérieurs* du pont, et ils font synapse avec des neurones ganglionnaires dans les **ganglions submandibulaires**, situés sous les angles mandibulaires (voir le tableau 13.2, p. 571-572).

3. **Nerfs glossopharyngiens (IX).** Les neurofibres parasympathiques des nerfs glossopharyngiens émergent des *noyaux salivaires inférieurs* situés dans le bulbe rachidien; elles font synapse dans les **ganglions otiques**, qui se trouvent au-dessous du foramen ovale de l'os sphénoïde. Ensuite, les neurofibres postganglionnaires rejoignent et activent les glandes parotides, situées à l'avant des oreilles (voir le tableau 13.2, p. 573).

   Les nerfs crâniens III, VII et IX assurent la totalité de l'innervation parasympathique de la tête. Cependant, on n'y rencontre que des *neurofibres préganglionnaires*. En effet, de nombreuses neurofibres postganglionnaires sont reliées aux branches des *nerfs trijumeaux* (V), qui sont les nerfs crâniens les plus largement distribués, tandis que d'autres suivent un parcours distinct.

4. **Nerfs vagues (X).** Les autres neurofibres parasympathiques d'origine crânienne empruntent les nerfs vagues (X), qui contiennent environ 90 % de toutes les neurofibres préganglionnaires parasympathiques du corps. Les deux nerfs vagues fournissent des neurofibres au cou et aux plexus nerveux (réseaux de nerfs), qui desservent pratiquement tous les organes des cavités thoracique et abdominale. Les axones préganglionnaires des nerfs vagues émergent principalement des *noyaux dorsaux* et *ambigus* du bulbe rachidien et font synapse dans des ganglions terminaux qui sont habituellement situés dans les parois de l'organe cible. La plupart des ganglions terminaux ne portent pas de nom individuel : ils sont appelés *ganglions intramuraux*, ce qui signifie «ganglions à l'intérieur des parois».

   Sur leur trajet dans le thorax, les nerfs vagues émettent des ramifications dans les **plexus cardiaques**, qui fournissent au cœur des neurofibres ralentissant la fréquence cardiaque, dans les **plexus pulmonaires**, qui desservent les poumons et les bronches, et dans les **plexus œsophagiens**, qui innervent l'œsophage.

   Lorsque les principaux troncs des nerfs vagues atteignent l'œsophage, leurs neurofibres s'entremêlent et forment les **troncs vagaux antérieur** et **postérieur**, qui contiennent chacune des neurofibres provenant des deux nerfs vagues. Ces troncs descendent ensuite le long de l'œsophage jusque dans la cavité abdominale, et ils émettent des neurofibres par l'intermédiaire du **plexus aortique abdominal** (formé par un certain nombre de petits plexus – par exemple, *cœliaque, mésentérique supérieur* et *hypogastrique* – attachés à l'aorte abdominale) avant de donner des ramifications aux viscères abdominaux. Les nerfs vagues innervent le foie, la vésicule biliaire, l'estomac, l'intestin grêle, les reins, le pancréas et la moitié proximale du gros intestin.

Neurofibres d'origine sacrale

Le reste du gros intestin et les organes de la région pubienne sont desservis par les neurofibres parasympathiques d'origine sacrale, qui émergent de neurones situés dans la substance grise latérale des segments médullaires S_2 à S_4. Les axones de ces neurones s'étendent dans les racines ventrales des nerfs spinaux, jusqu'à leurs rameaux ventraux, puis se ramifient et forment les **nerfs splanchniques pelviens**, qui passent par le **plexus hypogastrique inférieur** dans le plancher pelvien (figure 14.4). Certaines neurofibres préganglionnaires font synapse avec des ganglions dans ce plexus, mais la plupart le font dans les ganglions terminaux (intramuraux) situés dans les parois de la moitié distale du gros intestin, de la vessie, des uretères et des organes génitaux.

Système nerveux sympathique (thoracolombaire)

Le système nerveux sympathique est plus complexe sur le plan anatomique que le système nerveux parasympathique, en partie parce qu'il innerve plus d'organes. Il dessert non seulement les viscères, mais également des éléments internes de la peau et des muscles squelettiques. Cette étonnante constatation s'explique du fait que certaines glandes (comme les glandes sudoripares) et certains muscles lisses (comme les muscles arrecteurs des poils) nécessitent une innervation autonome et ne sont desservis que par des neurofibres sympathiques. En outre, toutes les artères et toutes les veines (qu'elles soient profondes ou superficielles)

14

possèdent dans leurs parois des myocytes lisses innervés par des neurofibres sympathiques. Nous reviendrons ultérieurement sur ce sujet; pour l'instant, concentrons-nous sur l'anatomie du système sympathique.

Tous les axones préganglionnaires du système sympathique émergent des corps cellulaires de neurones préganglionnaires situés dans les segments médullaires T_1 à L_2 (figure 14.3). C'est la raison pour laquelle le système sympathique est aussi appelé **système thoracolombaire**. Les nombreux neurones préganglionnaires sympathiques présents dans la substance grise de la moelle épinière forment les **cornes latérales**, que l'on désigne aussi par le terme **zones motrices viscérales** (voir les figures 12.31b et 12.32). Les cornes latérales font saillie entre les cornes dorsales et ventrales; ces dernières abritent les neurones moteurs somatiques. (Les neurones préganglionnaires parasympathiques de la région sacrale de la moelle épinière sont beaucoup moins abondants que les neurones sympathiques analogues de la région thoracolombaire; par ailleurs, il *n'y a pas de cornes latérales* dans la région sacrale de la moelle épinière. Il s'agit là d'une importante différence anatomique entre le système sympathique et le système parasympathique.)

Après être sorties de la moelle épinière par la racine ventrale, les neurofibres préganglionnaires sympathiques passent par un **rameau communicant blanc** pour entrer dans un **ganglion du tronc sympathique** (figure 14.5). Les **troncs sympathiques**, ou *chaînes sympathiques*, s'étendent de part et d'autre de la colonne vertébrale et ressemblent à des chapelets de billes luisantes. Les ganglions de ces troncs sont nommés d'après leur emplacement. Les ganglions du tronc sympathique sont également appelés *ganglions paravertébraux* (situés près des vertèbres).

Bien que les *troncs* sympathiques s'étendent du cou jusqu'au bassin, les *neurofibres* sympathiques émergent seulement des segments thoraciques et lombaires de la moelle épinière, comme le montre la figure 14.3. La taille, l'emplacement et le nombre des ganglions peuvent varier, mais on en trouve généralement 23 dans chaque tronc sympathique, soit 3 cervicaux, 11 thoraciques, 4 lombaires, 4 sacraux et 1 coccygien.

Une fois qu'un axone préganglionnaire a atteint un ganglion d'un tronc sympathique, il peut emprunter une des trois voies décrites à la figure 14.5b.

(1) L'axone peut faire synapse avec le corps cellulaire d'un neurone ganglionnaire situé dans le même ganglion.

(2) L'axone peut monter ou descendre dans le tronc sympathique et faire synapse dans un autre ganglion de ce même tronc. Ces neurofibres, passant d'un ganglion à un autre, relient les ganglions pour former le tronc sympathique.

(3) L'axone peut traverser le ganglion et émerger du tronc sympathique sans faire synapse.

Les axones préganglionnaires qui empruntent la troisième voie contribuent à former les *nerfs splanchniques*, qui font synapse avec des *ganglions collatéraux* appelés **ganglions prévertébraux**, tel le ganglion cœliaque, situés à l'avant de la colonne vertébrale. Contrairement aux ganglions du tronc sympathique, les ganglions collatéraux ne sont ni pairs ni disposés

de manière segmentaire, et ils ne sont présents que dans l'abdomen et le bassin.

Quel que soit l'endroit de la synapse, tous les ganglions sympathiques sont proches de la moelle épinière, et les neurofibres postganglionnaires sont généralement beaucoup plus longues que les neurofibres préganglionnaires. Rappelez-vous que l'on observe l'inverse dans le système parasympathique. Ces distinctions anatomiques ont aussi leur importance.

Voies avec synapses dans un ganglion du tronc sympathique

Quand les axones préganglionnaires font synapse dans les ganglions du tronc sympathique, les axones postganglionnaires pénètrent dans le rameau ventral (ou dorsal) des nerfs spinaux adjacents par les **rameaux communicants gris** (figure 14.5). Les axones postganglionnaires constituent un peu moins de 10% des neurofibres d'un nerf de grosseur moyenne innervant un muscle squelettique; ils s'étendent par l'intermédiaire des nerfs spinaux jusqu'à leurs effecteurs, notamment les glandes sudoripares et les muscles arrecteurs des poils. Tout au long de leur trajet, ils peuvent se diriger vers des vaisseaux sanguins, puis suivre et innerver leurs myocytes lisses.

Notez que les qualificatifs «gris» et «blancs» dénotent l'apparence des rameaux communicants; ils révèlent si leurs axones sont myélinisés ou non (ils *n'ont aucun* rapport avec les substances grise et blanche du SNC). Les axones préganglionnaires qui composent les rameaux blancs sont myélinisés. Les axones postganglionnaires – de très petites neurofibres de type C formant les rameaux gris – sont amyélinisés.

Les rameaux communicants blancs, qui acheminent les axones préganglionnaires aux troncs sympathiques, ne se trouvent que dans les segments médullaires T_1 à L_2, soit les régions d'où partent les axones des neurones sympathiques. Cependant, des rameaux gris transportent les axones postganglionnaires destinés à la périphérie du corps émergent de *chaque* ganglion des troncs sympathiques de la région cervicale à la région sacrale. Les axones des neurones sympathiques peuvent ainsi atteindre toutes les parties du corps. Remarquez que *les rameaux communicants ne sont associés qu'au système nerveux sympathique* et qu'ils ne contiennent jamais de neurones parasympathiques.

Voies à destination de la tête Les axones préganglionnaires sympathiques desservant la tête émergent des segments médullaires T_1 à T_4 et montent dans le tronc sympathique pour faire synapse avec des neurones ganglionnaires du **ganglion cervical supérieur** (figure 14.6). Certains axones de neurones émergeant de ce ganglion rejoignent des nerfs crâniens et les trois ou quatre nerfs spinaux cervicaux supérieurs; ils empruntent également leur trajet. Ces neurofibres se distribuent dans la peau et les vaisseaux sanguins de la tête, et elles stimulent les muscles dilatateurs des pupilles, inhibent les glandes nasales et salivaires (d'où la sécheresse de la bouche provoquée par la peur) et innervent le muscle tarsal supérieur (muscle lisse) qui soulève la paupière. Le ganglion cervical supérieur envoie aussi des ramifications directes au cœur.

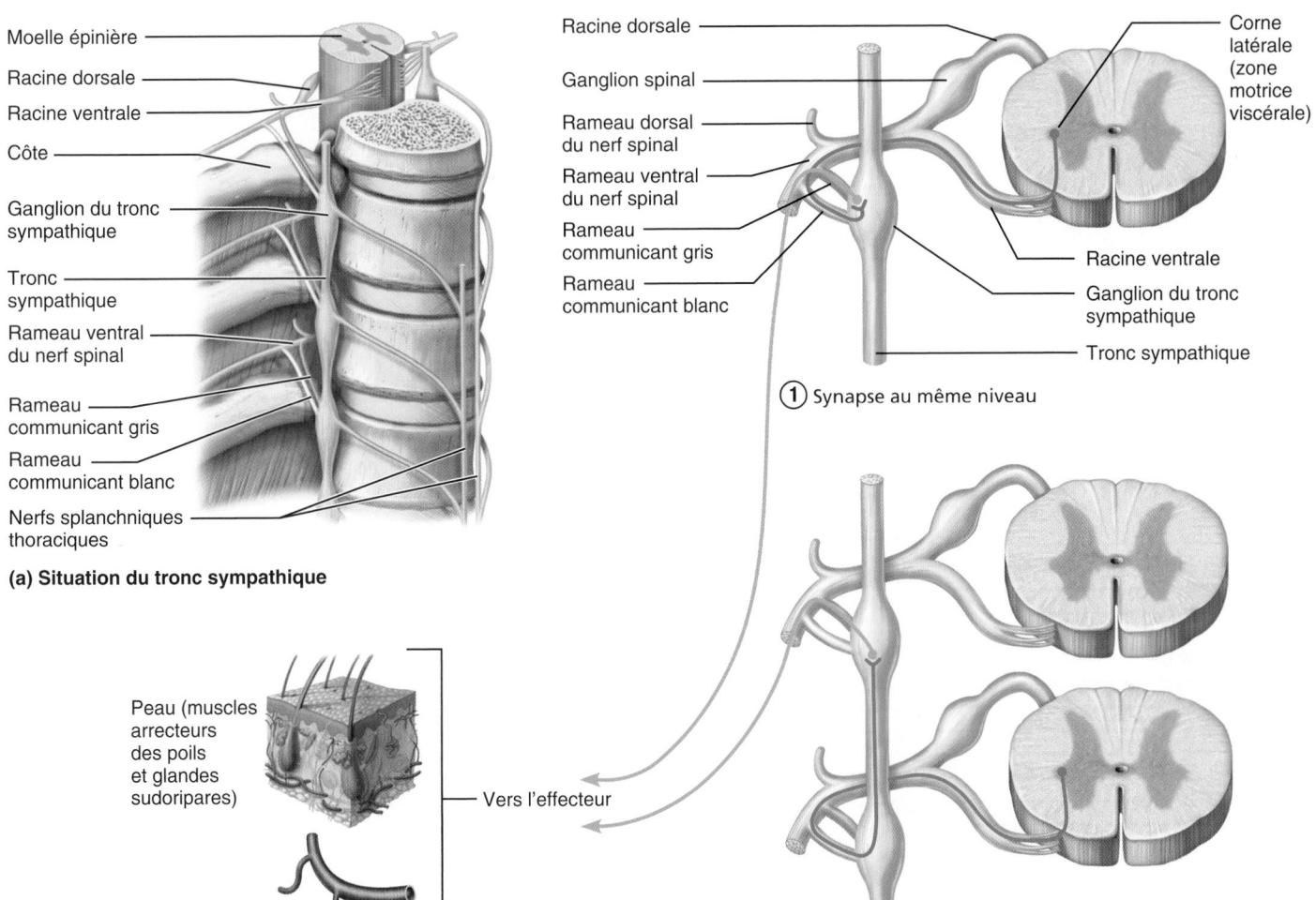

Moelle épinière
Racine dorsale
Racine ventrale
Côte
Ganglion du tronc sympathique
Tronc sympathique
Rameau ventral du nerf spinal
Rameau communicant gris
Rameau communicant blanc
Nerfs splanchniques thoraciques

(a) Situation du tronc sympathique

Racine dorsale
Ganglion spinal
Rameau dorsal du nerf spinal
Rameau ventral du nerf spinal
Rameau communicant gris
Rameau communicant blanc

Corne latérale (zone motrice viscérale)
Racine ventrale
Ganglion du tronc sympathique
Tronc sympathique

(1) Synapse au même niveau

Peau (muscles arrecteurs des poils et glandes sudoripares)
Vaisseaux sanguins
Vers l'effecteur

(2) Synapse à un niveau plus haut ou plus bas

Nerf splanchnique
Ganglion collatéral (comme le ganglion cœliaque)
Organe cible (p. ex. l'intestin)

(3) Synapse dans un ganglion collatéral distant à l'avant de la colonne vertébrale

(b) Trois voies nerveuses sympathiques

Figure 14.5 Troncs et voies sympathiques. (a) Illustration du tronc sympathique droit de la partie antérieure du thorax, vue du côté de la colonne vertébrale. **(b)** Des synapses peuvent se former entre des neurones sympathiques préganglionnaires et ganglionnaires à trois niveaux : soit au même niveau dans un ganglion du tronc sympathique ou à un niveau différent, ou dans un ganglion collatéral.

Voies à destination du thorax Les axones préganglionnaires sympathiques desservant les organes du thorax prennent naissance dans les segments médullaires T_1 à T_6. De là, ils se rendent dans les ganglions cervicaux du tronc sympathique pour y faire synapse. Les neurofibres postganglionnaires issues des **ganglions cervical moyen** et **cervicothoracique** entrent dans les nerfs cervicaux C_4 à C_8 (figure 14.6). Certaines de ces neurofibres innervent le cœur en passant par le plexus cardiaque, d'autres innervent la glande thyroïde, mais la plupart desservent la peau. En outre, certaines neurofibres préganglionnaires issues de T_1 à T_6 font synapse dans le premier ganglion du tronc sympathique qu'elles rencontrent, et les neurofibres postganglionnaires passent directement à l'organe desservi. C'est le cas des

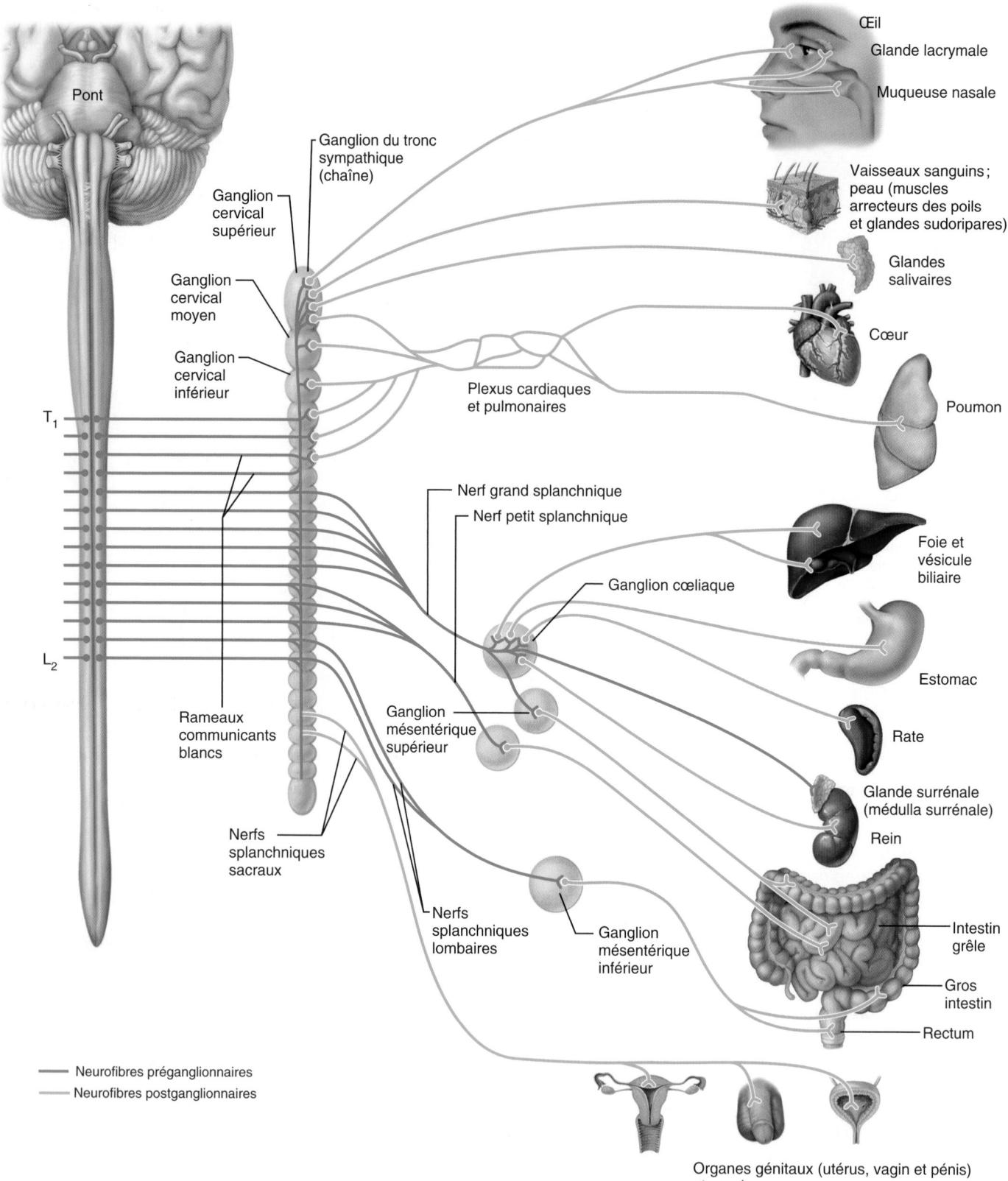

Œil

Glande lacrymale

Muqueuse nasale

Vaisseaux sanguins ;
peau (muscles
arrecteurs des poils
et glandes sudoripares)

Glandes
salivaires

Cœur

Poumon

Foie et
vésicule
biliaire

Estomac

Rate

Glande surrénale
(médulla surrénale)

Rein

Intestin
grêle

Gros
intestin

Rectum

Pont

Ganglion du tronc
sympathique
(chaîne)

Ganglion
cervical
supérieur

Ganglion
cervical
moyen

Ganglion
cervical
inférieur

Plexus cardiaques
et pulmonaires

Nerf grand splanchnique

Nerf petit splanchnique

Ganglion cœliaque

Ganglion
mésentérique
supérieur

T_1

L_2

Rameaux
communicants
blancs

Nerfs
splanchniques
sacraux

Nerfs
splanchniques
lombaires

Ganglion
mésentérique
inférieur

Neurofibres préganglionnaires
Neurofibres postganglionnaires

Organes génitaux (utérus, vagin et pénis)
et vessie

Figure 14.6 Système nerveux sympathique. L'innervation sympathique des structures
périphériques (vaisseaux sanguins, glandes et muscles arrecteurs des poils) est présente dans
toutes les parties du corps, mais n'est représentée que dans la région cervicale.

14

neurofibres destinées au cœur, à l'aorte, aux poumons et à l'œsophage. En cours de route, elles passent dans les plexus associés à ces organes.

Voies avec synapses dans un ganglion prévertébral

La plupart des neurofibres préganglionnaires à partir de T_5 vers le bas font synapse dans les ganglions prévertébraux. Ces neurofibres pénètrent, par un rameau communicant blanc, dans les troncs sympathiques, en sortent sans faire synapse et forment les nerfs splanchniques. Les **nerfs grands splanchniques**, les **nerfs petits splanchniques** et les **nerfs splanchniques inférieurs** prennent naissance dans la cavité thoracique et traversent le diaphragme pour se rendre dans la cavité abdominale. Les **nerfs splanchniques lombaires** et **sacraux** prennent naissance dans la partie abdominale du tronc sympathique et desservent les organes de la région pubienne.

Les nerfs splanchniques se joignent à un certain nombre de plexus enchevêtrés qui forment ensemble le *plexus aortique abdominal*, attaché à la surface de l'aorte abdominale (figure 14.5). Ce plexus complexe contient plusieurs ganglions qui desservent les viscères abdominopelviens (*splagkhnon:* viscère). De haut en bas, les plus importants de ces ganglions sont appelés **ganglions cœliaque, mésentérique supérieur** et **mésentérique inférieur** selon les artères auxquelles ils sont associés (figure 14.6). Les neurofibres postganglionnaires issues de ces ganglions atteignent habituellement leurs organes cibles en compagnie des artères qui les desservent.

Remarquez, dans les descriptions des voies nerveuses qui suivent, qu'un organe n'est pas nécessairement situé au même niveau que le ganglion contenant le neurone ganglionnaire qui l'innerve. L'emplacement du ganglion est plutôt en relation avec le lieu d'origine embryonnaire d'un organe; le cœur, par exemple, provient de la région cervicale de l'embryon et il est innervé par des neurones issus de ganglions cervicaux.

Voies à destination de l'abdomen L'innervation sympathique de l'abdomen est assurée par des neurofibres préganglionnaires provenant de T_5 à L_2, qui empruntent certains nerfs splanchniques (grands splanchniques, petits splanchniques et splanchniques inférieurs) et font synapse principalement dans les ganglions cœliaque et mésentérique supérieur. Les neurofibres postganglionnaires issues de ces ganglions desservent l'estomac, les intestins (à l'exception de la moitié distale du gros intestin), le foie, la rate et les reins.

Voies à destination du bassin Les neurofibres préganglionnaires qui innervent le bassin émergent des segments médullaires T_{10} à L_2 et descendent par le tronc sympathique jusqu'aux ganglions lombaires et sacraux. Certaines neurofibres font synapse à cet endroit; les neurofibres postganglionnaires s'étendent des nerfs lombaires et splanchniques sacraux jusqu'aux plexus de la partie inférieure de l'aorte et du bassin. D'autres neurofibres préganglionnaires se rendent directement à ces plexus et font synapse dans les ganglions prévertébraux, dont le ganglion mésentérique inférieur. Les neurofibres postganglionnaires passent de ces plexus aux organes de la région pubienne (vessie et organes génitaux) et à la portion distale du gros intestin. La plupart des neurofibres sympathiques *inhibent* l'activité des muscles et des glandes de ces viscères.

Voies avec synapses dans la médulla surrénale

Certaines des neurofibres qui empruntent les nerfs splanchniques passent dans le ganglion cœliaque sans faire synapse, mais se terminent en faisant synapse avec les cellules productrices d'hormones (cellules chromaffines) de la médulla surrénale (figure 14.6). Lorsqu'elles sont stimulées par les neurofibres préganglionnaires, les cellules médullaires sécrètent de la noradrénaline et de l'adrénaline (parfois appelées *norépinéphrine* et *épinéphrine*) dans le liquide interstitiel; ces hormones diffusent vers les capillaires sanguins pour être transportées par la circulation sanguine vers les autres organes du corps, où leur action excitatrice est à l'origine de ce que l'on appelle la « poussée d'adrénaline ». Les ganglions sympathiques et la médulla surrénale proviennent du même tissu embryonnaire. C'est pour cette raison que certains chercheurs assimilent la médulla surrénale à un ganglion sympathique « égaré » et ses cellules productrices d'hormones – bien qu'elles soient dépourvues des prolongements de la cellule nerveuse –, à des neurones ganglionnaires sympathiques.

Réflexes viscéraux

Comme la plupart des anatomistes estiment que le SNA est un système moteur viscéral, la présence de neurofibres sensitives (pour la plupart des afférents nociceptifs viscéraux) est souvent passée sous silence. Toutefois, les **neurones sensitifs viscéraux**, qui signalent les changements chimiques, l'étirement et l'irritation des viscères (même si nous ne sommes pas conscients de la plupart de ces changements), sont les premiers maillons des réflexes autonomes qui sont à l'origine des mécanismes de régulation physiologique reliés au maintien de l'homéostasie. Les **arcs réflexes viscéraux** comprennent essentiellement les mêmes éléments que les arcs réflexes somatiques (soit un récepteur, un neurone sensitif, un centre d'intégration, un neurone moteur et un effecteur); par contre, ils font intervenir une voie motrice polysynaptique de *deux neurones* (comparer la figure 14.7 à la figure 13.14).

Presque toutes les neurofibres sympathiques et parasympathiques dont nous avons fait la description sont accompagnées par des neurofibres afférentes qui conduisent les influx sensitifs provenant des muscles et des glandes. C'est pourquoi les prolongements périphériques des neurones sensitifs viscéraux, dont la grande majorité sont amyélinisés, se trouvent dans les nerfs crâniens VII, IX et X (entre 80 et 90 % des neurofibres des nerfs vagues sont des neurofibres afférentes), dans les nerfs splanchniques et dans d'autres nerfs qui sont rattachés au tronc sympathique, ainsi que dans les nerfs spinaux.

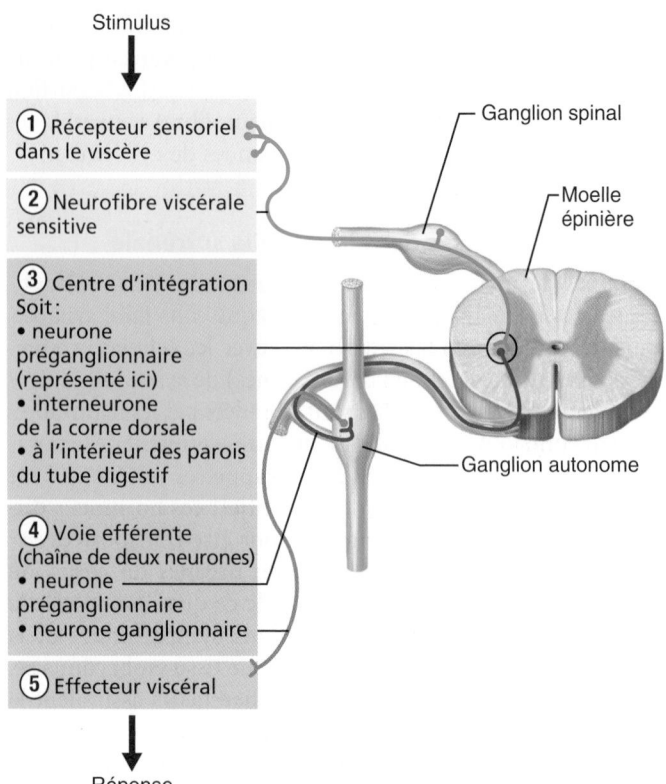

Figure 14.7 Réflexes viscéraux. Les arcs réflexes viscéraux comprennent les mêmes cinq éléments que les arcs réflexes somatiques. Les neurofibres afférentes viscérales (sensitives) se trouvent tant dans les nerfs spinaux (situation représentée ici) que dans les nerfs crâniens et les nerfs autonomes.

Comme pour les neurones sensitifs qui desservent les structures somatiques (muscles squelettiques et peau), les corps cellulaires des neurones sensitifs viscéraux sont situés dans les ganglions sensitifs des nerfs crâniens associés ou dans les ganglions spinaux. Il y a aussi des neurones sensitifs viscéraux dans les ganglions sympathiques où les neurones préganglionnaires font synapse.

De plus, il existe des arcs réflexes complets, comprenant trois neurones (neurone sensitif, interneurone et neurone moteur), dans les parois du tube digestif. Les neurones qui forment ces arcs réflexes constituent le *système nerveux entérique* (SNE), qui joue un rôle essentiel dans la régulation de l'activité du tube digestif. Nous aborderons le SNE plus en détail au chapitre 23.

La **douleur projetée** est une douleur qui prend naissance dans les viscères, mais qui est perçue en périphérie du corps. Ce phénomène s'explique par le fait que les afférences nociceptives viscérales empruntent les mêmes voies que les neurofibres nociceptives somatiques, soit principalement des neurofibres sympathiques associées aux nerfs spinaux. Par exemple, une crise cardiaque peut produire une douleur qui irradie jusque dans la partie supérieure de la paroi thoracique et sur la face médiale du bras gauche. Comme le cœur et les régions de projection des douleurs du tissu cardiaque sont innervés par les mêmes segments médullaires (soit T_1 à T_5), le cortex somes-

thésique cérébral en conclut que les influx douloureux proviennent de la voie somatique la plus utilisée. La **figure 14.8** montre les régions cutanées où se projette habituellement la douleur viscérale.

VÉRIFIONS NOS ACQUIS

5. Parmi les caractéristiques suivantes, lesquelles s'appliquent au système nerveux sympathique et lesquelles s'appliquent au système nerveux parasympathique : courtes neurofibres préganglionnaires ; prend naissance dans la région thoraco-lombaire de la moelle épinière ; ganglions terminaux (intra-muraux) ; ganglions prévertébraux (collatéraux) ; innerve la médulla surrénale ?

6. Qu'est-ce qui distingue un réflexe viscéral d'un réflexe somatique ?

Les réponses se trouvent à l'appendice G.

Physiologie du SNA

■8 Définir les neurofibres cholinergiques et adrénergiques ; énumérer et situer les différents types de récepteurs cholinergiques et adrénergiques.

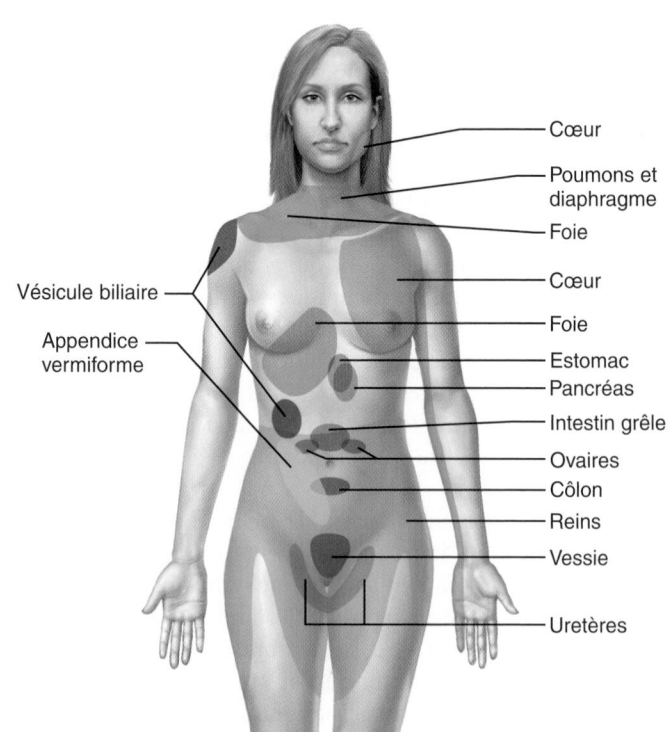

Figure 14.8 Distribution de la douleur projetée. La figure montre les régions cutanées de la face antérieure du corps où se projette la douleur provenant de certains organes.

9 Exposer l'importance clinique des médicaments qui reproduisent ou inhibent les effets adrénergiques et cholinergiques.

10 Décrire les effets des systèmes sympathique et parasympathique sur le cœur, les vaisseaux sanguins, le tube digestif, les poumons, la vessie et l'urètre, la médulla surrénale et les organes génitaux externes.

11 Expliquer ce qu'on entend par «double innervation» des viscères; donner un exemple de situation où les systèmes sympathique et parasympathique agissent comme antagonistes et un autre où ils agissent en synergie; expliquer comment se manifestent le tonus sympathique d'une part et le tonus parasympathique d'autre part.

12 Décrire les principaux rôles exclusifs du SNA.

13 Expliquer les mécanismes de régulation du SNA.

Neurotransmetteurs et récepteurs

L'*acétylcholine* (Ach) et la *noradrénaline* (NA) sont les principaux neurotransmetteurs libérés par les neurones du SNA. L'Ach, qui est sécrétée par les neurones moteurs somatiques, est libérée par: (1) tous les axones préganglionnaires du système sympathique et du système parasympathique; et (2) par tous les axones postganglionnaires parasympathiques à leurs synapses avec les effecteurs. Les neurofibres qui libèrent de l'Ach sont appelées **neurofibres cholinergiques**.

Par ailleurs, la plupart des axones postganglionnaires sympathiques libèrent de la NA et sont appelés **neurofibres adrénergiques**. Les quelques exceptions sont les neurofibres postganglionnaires sympathiques innervant les glandes sudoripares et certains vaisseaux sanguins situés dans les muscles squelettiques; ces neurofibres sécrètent de l'Ach.

Malheureusement pour ceux qui doivent mémoriser leurs caractéristiques, l'Ach et la NA n'ont pas toujours le même effet – soit excitateur, soit inhibiteur – sur les effecteurs musculaires ou glandulaires. Pourquoi en est-il ainsi? La réaction de ces effecteurs dépend non seulement des neurotransmetteurs eux-mêmes, mais également des récepteurs de la membrane plasmique auxquels les neurotransmetteurs se lient. Comme il existe au moins deux types de récepteurs pour chaque neurotransmetteur autonome, ces substances chimiques exercent des effets différents (activation ou inhibition) sur les cellules cibles des différents effecteurs. (Mais, quel que soit l'effet produit, les mécanismes d'action se résument à deux grands types: soit une modification de la perméabilité cellulaire aux différents ions, soit l'activation ou l'inhibition d'enzymes à l'intérieur de la cellule.) Le **tableau 14.2** présente un résumé complet des types de récepteurs dont nous parlerons.

Récepteurs cholinergiques

Les deux types de récepteurs cholinergiques (auxquels se lie l'Ach) sont nommés d'après les substances exogènes qui, en se liant à eux, reproduisent les effets de l'Ach. La *nicotine* active

les **récepteurs nicotiniques**, qui ont été les premiers déterminés. La *muscarine*, une substance toxique extraite d'un champignon, active un autre groupe de récepteurs cholinergiques, les **récepteurs muscariniques**. Tous les récepteurs cholinergiques sont soit nicotiniques, soit muscariniques.

On trouve des récepteurs nicotiniques: (1) sur les jonctions neuromusculaires du sarcolemme des myocytes squelettiques (qui sont, comme vous le savez, des cibles somatiques et non autonomes); (2) sur *tous* les neurones ganglionnaires, tant sympathiques que parasympathiques; et (3) sur les cellules productrices d'hormones de la médulla surrénale. L'effet de la liaison de l'Ach aux récepteurs nicotiniques est *toujours* stimulant, peu importe la situation. Comme dans le cas du sarcolemme des myocytes squelettiques (présenté au chapitre 9), la liaison de l'Ach à tout récepteur nicotinique produit directement l'ouverture des canaux ioniques, en dépolarisant le neurone postsynaptique. Les récepteurs nicotiniques sont de type ionotrope (voir p. 479) et permettent donc des réponses rapides.

On trouve des récepteurs muscariniques sur toutes les cellules effectrices stimulées par les neurofibres cholinergiques postganglionnaires, c'est-à-dire sur tous les organes cibles du système parasympathique et sur quelques cibles du système sympathique telles que les glandes sudoripares mérocrines et certains vaisseaux sanguins des muscles squelettiques. L'effet de la liaison de l'Ach aux récepteurs muscariniques est inhibiteur ou excitateur, selon le type de récepteur muscarinique situé sur l'organe cible. Par exemple, la liaison de l'Ach aux récepteurs du muscle cardiaque ralentit l'activité du cœur, tandis que la liaison de l'Ach aux récepteurs des muscles lisses du tube digestif accroît la motilité de ce dernier. Les récepteurs muscariniques sont de type métabotrope (voir p. 479); ils supposent l'intervention de seconds messagers et permettent donc des réponses lentes et prolongées.

Récepteurs adrénergiques

Il existe également deux classes principales de récepteurs adrénergiques (auxquels se lie la NA): les **récepteurs alpha** (α) et les **récepteurs bêta** (β). Ces récepteurs α et β se divisent en sous-classes (α_1 et α_2; β_1, β_2 et β_3). Les organes qui réagissent à la NA (ou à l'adrénaline) présentent une ou plusieurs de ces sous-classes de récepteurs.

La NA ou l'adrénaline peuvent avoir un effet excitateur ou inhibiteur, selon le type de récepteur qui prédomine dans l'organe cible. Par exemple, la liaison de la NA aux récepteurs β_1 du muscle cardiaque stimule l'activité du cœur, tandis que sa liaison aux récepteurs β_2 des muscles lisses des bronchioles produit le relâchement et la dilatation des bronchioles.

Particularités

L'organisme humain est d'une telle complexité que, quelle que soit la partie étudiée, il s'y trouve toujours des exceptions aux règles et aux classifications que l'on tente d'établir. Ainsi, dans le cas des récepteurs du SNA, certains neurones ganglionnaires possèdent à la fois des récepteurs muscariniques et des récepteurs nicotiniques. De plus, certaines synapses dans le SNA ne

TABLEAU 14.2	Récepteurs cholinergiques et récepteurs adrénergiques		
NEURO-TRANSMETTEUR	**TYPES DE RÉCEPTEURS**	**PRINCIPALES LOCALISATIONS***	**EFFETS DE LA LIAISON**
Acétylcholine	**Cholinergiques**		
	Nicotiniques	Tous les neurones ganglionnaires; cellules de la médulla surrénale (et jonctions neuromusculaires des muscles squelettiques)	Excitation
	Muscariniques	Tous les organes cibles du système parasympathique	Excitation dans la plupart des cas; inhibition du muscle cardiaque
		Certaines cibles du système sympathique:	
		■ glandes sudoripares mérocrines	Activation
		■ vaisseaux sanguins des muscles squelettiques	Vasodilatation (peut ne pas se produire chez l'humain)
Noradrénaline (et adrénaline libérée par la médulla surrénale)	**Adrénergiques**		
	β_1	Principalement le cœur, mais aussi les reins et le tissu adipeux	Accroissement de la fréquence et de la force cardiaques; déclenchement de la sécrétion de rénine par les reins
	β_2	Poumons et la plupart des autres organes cibles du système sympathique; abondants sur les vaisseaux sanguins desservant le cœur, le foie et les muscles squelettiques	Effets principalement inhibiteurs; dilatation des vaisseaux sanguins et des bronchioles; relâchement des muscles lisses de la paroi du tube digestif et de certains organes du système urinaire; relâchement de la paroi de l'utérus
	β_3	Tissu adipeux	Déclenchement de la lipolyse dans les cellules adipeuses
	α_1	Principalement les vaisseaux sanguins desservant la peau, les muqueuses, les organes abdominaux, les reins et les glandes salivaires; pratiquement tous les organes cibles du système sympathique, à l'exception du cœur	Constriction des vaisseaux sanguins et des sphincters des viscères; dilatation des pupilles
	α_2	Membrane des corpuscules nerveux terminaux des axones adrénergiques; pancréas; membrane plasmique des plaquettes sanguines	Inhibition de la libération de NA par les terminaisons adrénergiques; inhibition de la sécrétion d'insuline par le pancréas; facilitation de la coagulation sanguine

* Tous ces types de récepteurs se trouvent également dans le SNC.

sont ni cholinergiques ni adrénergiques et requièrent des substances tout à fait différentes, telles que l'ATP et le NO.

Effets des médicaments

Connaître la localisation des divers récepteurs cholinergiques et adrénergiques permet de prescrire des médicaments qui provoquent l'effet approprié (inhibiteur ou stimulant) sur les organes cibles. Certains médicaments stimulent le système sympathique (sympathomimétiques), d'autres le bloquent (sympatholytiques), tels les alphabloqueurs ou bêtabloqueurs; certains médicaments stimulent le système parasympathique (parasympathomimétiques), d'autres le bloquent (anticholinergiques). Par exemple, l'*atropine* est un médicament anticholinergique inhibiteur des récepteurs muscariniques de l'Ach; on l'administre fréquemment avant une intervention chirurgicale pour supprimer la production de salive et de

sécrétions respiratoires. Les ophtalmologistes l'emploient aussi pour dilater les pupilles pendant un examen des yeux. La *néostigmine*, un médicament anticholinestérasique, inhibe l'acétylcholinestérase, une enzyme, et prévient la dégradation enzymatique de l'Ach, ce qui permet son accumulation dans les synapses et prolonge ses effets. On l'utilise dans le traitement de la *myasthénie*, c'est-à-dire une perturbation de l'activité des muscles squelettiques causée par une diminution notable du nombre de récepteurs de l'Ach sur la membrane plasmique des myocytes squelettiques (voir le chapitre 9, p. 327).

Comme nous l'expliquons dans le chapitre 11, la NA est l'un des « neurotransmetteurs du plaisir », et les médicaments qui prolongent son effet sur la membrane postsynaptique aident à soulager la dépression. Des centaines de médicaments en vente libre destinés au traitement du rhume, de la toux, des allergies et de la congestion nasale contiennent des agents sympathomimétiques (telle la phényléphrine) qui stimulent les récepteurs adrénergiques α et soulagent la congestion par leurs effets vasoconstricteurs.

La recherche pharmaceutique est en grande partie orientée vers l'élaboration de médicaments susceptibles d'agir sur une seule sous-classe de récepteurs, sans perturber l'ensemble du système adrénergique ou cholinergique. C'est ainsi que la découverte de médicaments qui activent principalement les récepteurs β_2 a constitué un progrès important en pharmacologie. Les personnes atteintes d'asthme prennent de tels activateurs β_2 afin de dilater leurs bronchioles sans stimuler les récepteurs β_1, ce qui augmenterait leur fréquence cardiaque. Le **tableau 14.3** présente quelques-unes des classes de médicaments qui influent sur l'activité du SNA.

Interactions des systèmes nerveux sympathique et parasympathique

Comme nous l'avons déjà mentionné, la plupart des organes sont innervés par des neurofibres sympathiques et des neurofibres parasympathiques, c'est-à-dire qu'ils reçoivent une *double innervation*. C'est cet antagonisme dynamique des systèmes nerveux sympathique et parasympathique qui permet une régulation très précise de l'activité viscérale et, par le fait même, le maintien de l'homéostasie. Cependant, un système ou l'autre prédomine généralement dans des circonstances données, et, dans quelques cas, les deux travaillent ensemble. Le **tableau 14.4** présente les principaux effets du système sympathique et du système parasympathique.

Effets antagonistes

Comme nous l'avons vu plus haut, les effets antagonistes touchent particulièrement l'activité du cœur, du système respiratoire et du système digestif. Dans une situation d'urgence, le système sympathique accroît la fréquence cardiaque et dilate les voies respiratoires, tout en inhibant la digestion et l'élimination. Lorsque la situation d'urgence est passée, le système parasympathique ramène la fréquence cardiaque et le diamètre des voies respiratoires au repos, puis favorise le réapprovisionnement des cellules en nutriments et l'élimination des déchets.

TABLEAU 14.3	Quelques classes de médicaments qui influent sur l'activité du système nerveux autonome				
CLASSE DE MÉDICAMENTS	**RÉCEPTEUR**	**EFFETS**	**EXEMPLE**	**TRAITEMENTS**
Nicotinique (valeur thérapeutique négligeable; agent important en raison de la présence de nicotine dans le tabac)	Récepteurs nicotiniques de l'Ach de tous les neurones ganglionnaires et du SNC	En règle générale, stimulation des effets sympathiques; la pression artérielle augmente.	Nicotine	Sert au sevrage tabagique.
Parasympathomimétique (muscarinique)	Récepteurs muscariniques de l'ACh	Produit les mêmes effets que l'Ach, augmente les effets sur le système parasympathique.	Pilocarpine	Glaucome (ouverture des pores de drainage de l'humeur aqueuse).
			Béthanechol	Miction difficile (augmentation de la contraction de la vessie).
Anticholinestérasique	Aucun; se lie à l'enzyme (AchE) qui dégrade l'Ach	Effet indirect sur tous les récepteurs de l'Ach; prolonge l'action de l'Ach.	Néostigmine	Myasthénie (augmentation de l'Ach disponible).
			Sarin	Agent de guerre chimique (semblable à des insecticides communément utilisés).
Sympathomimétique	Récepteurs adrénergiques	Favorise l'activité sympathique en augmentant la libération de la NA ou en se liant aux récepteurs adrénergiques.	Salbutamol (Ventolin)	Asthme (dilatation des bronchioles par liaison aux récepteurs β_2).
			Phényléphrine (Benylin)	Rhume (décongestionnant nasal par liaison aux récepteurs α_1).
Sympatholytique	Récepteurs adrénergiques	Diminue l'activité sympathique en bloquant les récepteurs adrénergiques ou en inhibant la libération de la NA.	Propranolol	Hypertension (membre d'une catégorie de médicaments, les *bêtabloqueurs,* qui diminuent la fréquence cardiaque et la pression artérielle).

14

TABLEAU 14.4	Effets des systèmes nerveux sympathique et parasympathique sur divers organes	
CIBLE (ORGANE OU SYSTÈME)	**EFFETS DU SYSTÈME NERVEUX PARASYMPATHIQUE**	**EFFETS DU SYSTÈME NERVEUX SYMPATHIQUE**
Œil (iris)	Stimulation du muscle sphincter de la pupille (muscle circulaire); constriction des pupilles	Stimulation du muscle dilatateur de la pupille; dilatation des pupilles
Œil (muscle ciliaire)	Stimulation du muscle ciliaire entraînant le bombement du cristallin pour la vision de près	Légère inhibition du muscle entraînant l'affaissement du cristallin pour la vision de loin
Glandes (glandes nasales, lacrymales, salivaires, gastriques et pancréas)	Stimulation de l'activité sécrétoire	Inhibition de l'activité sécrétoire; vasoconstriction des vaisseaux sanguins desservant les glandes (ou libération d'une sécrétion concentrée)
Glandes salivaires	Stimulation de la sécrétion de salive aqueuse	Stimulation de la sécrétion de salive épaisse et visqueuse
Glandes sudoripares (mérocrines et apocrines)	Aucun (absence d'innervation)	Déclenchement de la diaphorèse (neurofibres cholinergiques, sauf pour la plante des pieds et la paume des mains, qui sont innervées par des neurofibres adrénergiques)
Médulla surrénale	Aucun (absence d'innervation)	Déclenchement de la sécrétion d'adrénaline et de noradrénaline par les cellules de la médulla surrénale
Muscles arrecteurs des poils attachés aux follicules pileux	Aucun (absence d'innervation)	Déclenchement de la contraction (redresse les poils et produit la chair de poule)
Muscle cardiaque	Diminution de la fréquence cardiaque; ralentissement du cœur	Accroissement de la fréquence et de la force cardiaques
Cœur: vaisseaux coronaires	Aucun (absence d'innervation)	Vasodilatation*
Vessie/urètre	Contraction du muscle lisse de la paroi vésicale; relâchement du sphincter lisse de l'urètre; stimulation de la miction	Relâchement du muscle lisse de la paroi vésicale; contraction du sphincter lisse de l'urètre; inhibition de la miction
Poumons	Constriction des bronchioles	Dilatation des bronchioles*
Système digestif	Accroissement de la motilité (péristaltisme) et de la sécrétion; relâchement des sphincters pour permettre la progression des aliments dans le tube digestif	Diminution de l'activité des glandes et des muscles lisses du système digestif et contraction des sphincters (comme le sphincter externe de l'anus); ces effets n'apparaissent que lors d'une forte stimulation du système sympathique
Foie	Augmentation de l'absorption de glucose par le sang	Libération de glucose dans le sang*
Vésicule biliaire	Excitation (contraction de la vésicule biliaire pour provoquer l'expulsion de la bile)	Inhibition (relâchement de la vésicule biliaire)
Reins	Aucun (absence d'innervation)	Libération de rénine; vasoconstriction; diminution de la diurèse*
Pénis	Érection (vasodilatation)	Éjaculation
Vagin/clitoris	Érection (vasodilatation) du clitoris; augmentation de la lubrification vaginale	Contraction du vagin
Vaisseaux sanguins	Minimes ou nuls	Constriction de la plupart des vaisseaux sanguins et augmentation de la pression artérielle; constriction des vaisseaux des organes abdominaux et de la peau pour permettre la dérivation du sang vers les muscles squelettiques, l'encéphale et le cœur au besoin; la NA produit la constriction de la plupart des vaisseaux; l'adrénaline entraîne la dilatation des vaisseaux des muscles squelettiques pendant une activité physique
Coagulation sanguine	Aucun (absence d'innervation)	Accroissement de la coagulation*
Métabolisme cellulaire	Aucun (absence d'innervation)	Augmentation de la vitesse du métabolisme*
Tissu adipeux	Aucun (absence d'innervation)	Déclenchement de la lipolyse (dégradation des graisses)

* La libération d'adrénaline dans la circulation sanguine par la médulla surrénale produit ces effets.

14

Tonus sympathique et tonus parasympathique

Bien que nous ayons mentionné que le système parasympathique est surtout associé au repos et à la digestion, le système sympathique est le principal agent régulateur de la pression artérielle, même au repos. À quelques exceptions près, les vaisseaux sanguins sont entièrement innervés par des neurofibres sympathiques, qui maintiennent leurs muscles lisses dans un état de constriction partielle (à environ la moitié de leur diamètre maximal) appelé **tonus sympathique** ou **vasomoteur**. Lorsque la pression artérielle doit s'accélérer pour maintenir l'irrigation sanguine, les neurofibres sympathiques émettent des influx plus rapidement, ce qui entraîne la constriction des vaisseaux et l'élévation de la pression artérielle. Inversement, lorsque la pression artérielle doit diminuer, les neurofibres provoquent la dilatation des vaisseaux en diminuant le nombre des influx nerveux. Si le tonus sympathique n'existait pas, les vaisseaux seraient entièrement dilatés à l'état de repos et toute variation dans le nombre d'influx sympathiques ne pourrait que produire une vasoconstriction. On traite parfois l'hypertension à l'aide d'*alphabloqueurs*, des médicaments qui diminuent l'activité de ces **neurofibres vasomotrices**.

Lorsqu'une personne est en état de choc (irrigation inadéquate des tissus) ou que des muscles squelettiques nécessitent un surcroît de sang, les vaisseaux sanguins desservant la peau et les organes abdominaux se contractent. Cette « dérivation » du sang contribue à maintenir l'irrigation du cœur et de l'encéphale ainsi que celle des muscles squelettiques.

Par ailleurs, les effets parasympathiques prédominent dans le fonctionnement normal du cœur et des muscles lisses des systèmes digestif et urinaire. Ces organes présentent un **tonus parasympathique**. Le système parasympathique ralentit le cœur et établit les niveaux d'activité normaux des systèmes digestif et urinaire. Toutefois, le système sympathique peut annuler les effets parasympathiques en situation d'urgence. Les médicaments qui bloquent les réactions parasympathiques accroissent la fréquence cardiaque et provoquent la rétention fécale et urinaire. À l'exception des surrénales et des glandes sudoripares, la plupart des glandes sont activées par des neurofibres parasympathiques.

Effets synergiques

Les effets synergiques des systèmes nerveux sympathique et parasympathique ne sont nulle part plus manifestes que dans la régulation des organes génitaux externes. En effet, pendant l'excitation sexuelle, la stimulation parasympathique amène *d'abord* la dilatation des vaisseaux qui les irriguent et déclenche l'érection du pénis ou du clitoris. (Cela peut expliquer pourquoi la libido diminue parfois lorsque les gens sont anxieux ou bouleversés et que le système sympathique prédomine.) La stimulation sympathique entraîne *ensuite* chez l'homme l'émission de sperme (c'est-à-dire la projection de sperme dans l'urètre), qui sera suivie de l'éjaculation (cette dernière est un réflexe somatique); chez la femme, la stimulation sympathique produit la contraction réflexe du vagin.

◥ DÉSÉQUILIBRE HOMÉOSTATIQUE

L'une des complications fréquentes du diabète est la **neuropathie autonome ou végétative** (lésion des nerfs autonomes). Un des symptômes les plus précoces et les plus dérangeants est la dysfonction sexuelle : jusqu'à 75 % des hommes diabétiques ont présenté une dysérection (trouble de l'érection). Pour leur part, les femmes diabétiques présentent une diminution de la lubrification vaginale. Parmi les autres manifestations fréquentes de la neuropathie autonome, on trouve des étourdissements au moment du lever (mauvaise régulation de la pression artérielle), l'incontinence urinaire, des réactions lentes de la pupille et des troubles de la transpiration. On ne sait pas encore par quel mécanisme l'élévation du glucose sanguin endommage les nerfs. ■

Rôles exclusifs du système nerveux sympathique

La médulla surrénale, les glandes sudoripares, les muscles arrecteurs des poils, les reins et la plupart des vaisseaux sanguins ne reçoivent que des neurofibres sympathiques. Il est facile de se rappeler que le système nerveux sympathique innerve ces structures, car une situation d'urgence déclenche la transpiration, la peur donne la chair de poule et l'excitation fait monter en flèche la pression artérielle, sous l'effet d'une vasoconstriction généralisée. Nous avons déjà vu que l'influence du système sympathique sur les vaisseaux sanguins permet la régulation de la pression artérielle et la dérivation du sang dans le système cardiovasculaire. Il y a lieu de mentionner ici quelques autres fonctions exclusives du système sympathique.

Thermorégulation Les neurofibres du système sympathique transmettent les informations sensorielles ainsi que les commandes motrices reliées aux réflexes qui régissent la température corporelle. Par exemple, l'application de chaleur sur la peau amène la dilatation réflexe des vaisseaux sanguins de la région touchée. Lorsque la température systémique est élevée, les neurofibres sympathiques déclenchent une dilatation généralisée des vaisseaux cutanés (artérioles), ce qui entraîne un afflux de sang chaud à la peau. Elles activent également les glandes sudoripares qui sécrètent la sueur, dont l'évaporation a pour conséquence un refroidissement de la peau (comme l'évaporation de l'alcool ou de l'éther sur la peau). Inversement, lorsque la température corporelle s'abaisse, les neurofibres sympathiques déclenchent une vasoconstriction des vaisseaux sanguins de la peau pour confiner le sang aux organes vitaux profonds et empêcher ainsi un refroidissement généralisé.

Libération de rénine Sous l'effet d'influx nerveux sympathiques, les reins libèrent de la rénine, une hormone qui permet la formation d'angiotensine; l'action de cette molécule sur des effecteurs spécifiques élève la pression artérielle. Nous expliquons au chapitre 25 les mécanismes d'action du système rénine-angiotensine.

Effets métaboliques Par l'intermédiaire et de la stimulation directe et de la libération d'hormones par les cellules de la médulla surrénale, le système sympathique déclenche un certain nombre d'effets métaboliques que l'activité parasympathique ne contre pas. Ainsi: (1) il augmente la vitesse du métabolisme des cellules; (2) il élève le taux de glucose sanguin; et (3) il mobilise les graisses pour qu'elles soient utilisées comme combustibles. Les hormones de la médulla surrénale augmentent également la force et la rapidité des contractions des muscles squelettiques.

Les fuseaux neuromusculaires se trouvent ainsi stimulés plus fréquemment, ce qui accroît le synchronisme des influx nerveux envoyés aux muscles. Ces volées d'influx qui favorisent les contractions musculaires sont bénéfiques à un athlète en compétition, mais elles peuvent devenir embarrassantes, voire nuisibles, pour un musicien ou un chirurgien nerveux.

Effets localisés, brefs, et effets diffus, prolongés

Dans le système parasympathique, un neurone préganglionnaire fait synapse avec un très petit nombre de neurones ganglionnaires (un, la plupart du temps), et un neurone ganglionnaire très court naît dans un ganglion situé dans l'effecteur ou très près de lui. De plus, toutes les neurofibres parasympathiques libèrent de l'acétylcholine, mais celle-ci est rapidement dégradée (hydrolysée) par l'acétylcholinestérase. Le système parasympathique exerce donc une régulation éphémère et très localisée sur ses effecteurs.

En revanche, les axones préganglionnaires sympathiques se ramifient considérablement à leur entrée dans le tronc sympathique et ils font synapse à plusieurs niveaux avec des neurones ganglionnaires (on estime que le rapport entre les axones préganglionnaires et postganglionnaires est de 1 à 200). C'est pourquoi le système sympathique a des réactions diffuses et fortement interdépendantes lorsqu'il est activé. D'ailleurs, au sens étymologique, le terme «sympathique» (*sun:* ensemble; *pathos:* ce qu'on éprouve) fait référence à la mobilisation générale de l'organisme. Cependant, une partie du système nerveux sympathique peut être activée seule. Par exemple, ce n'est pas parce que votre pupille se dilate sous un éclairage faible que votre fréquence cardiaque augmentera nécessairement.

Les effets de l'activation sympathique sont beaucoup plus durables que ceux de l'activation parasympathique. La noradrénaline est inactivée plus lentement que l'Ach, qui active le système nerveux parasympathique, parce qu'elle doit être recaptée dans la terminaison présynaptique avant d'être emmagasinée à nouveau dans les vésicules synaptiques ou hydrolysée. De plus, lorsque le système sympathique est mobilisé, les cellules de la médulla surrénale libèrent dans la circulation sanguine de la noradrénaline et de l'adrénaline. Bien que l'adrénaline augmente la fréquence cardiaque, le taux de sucre sanguin et la vitesse du métabolisme de manière plus efficace que la noradrénaline, ces deux hormones provoquent essentiellement les mêmes effets que la noradrénaline libérée par les neurones sympathiques. En fait, les hormones circulantes de la médulla surrénale produisent de 25 à 50 % des effets sympathiques agissant sur l'organisme à un moment donné. Ces effets se font sentir pendant quelques minutes, jusqu'à ce que le foie dégrade ces hormones.

En bref, bien qu'ils aient une durée d'action brève, les influx des neurofibres sympathiques produisent des effets hormonaux de longue durée. L'effet prolongé et généralisé de l'activation sympathique explique pourquoi les symptômes du stress extrême mettent un certain temps à se dissiper, même après la disparition du stimulus.

Régulation du SNA

On tient d'ordinaire pour acquis que le SNA est involontaire, mais son activité n'en est pas moins soumise à la régulation du SNC, grâce à des mécanismes qui ont leur siège dans la moelle épinière, le tronc cérébral, l'hypothalamus et le cortex cérébral (figure 14.9). L'hypothalamus joue en général le rôle de centre d'intégration, c'est-à-dire de sommet hiérarchique dans la régulation du SNA. À partir de l'hypothalamus, les commandes descendent vers les centres inférieurs du SNC pour y être exécutées. Bien que le cortex cérébral puisse modifier

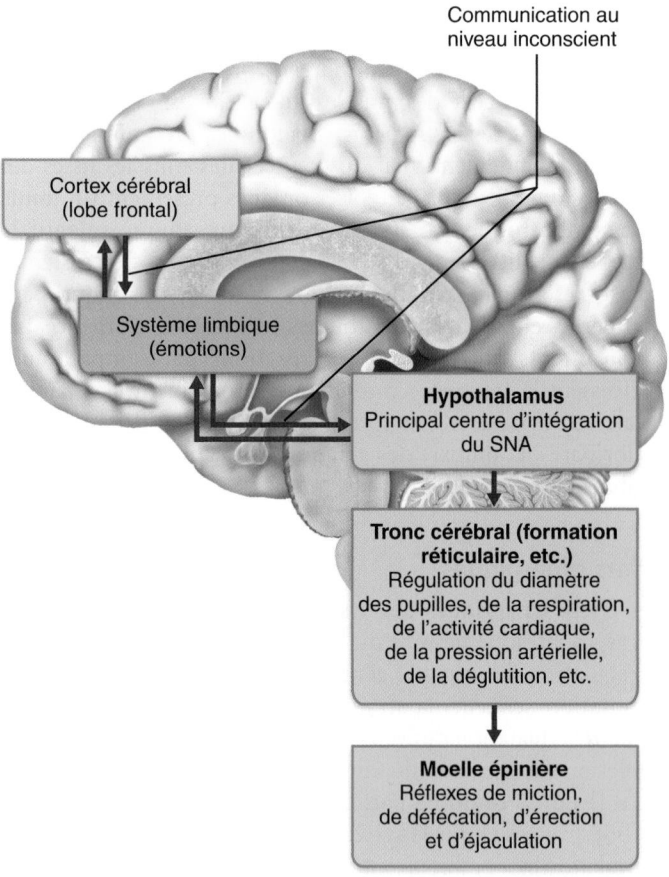

Figure 14.9 Niveaux de régulation du SNA. L'hypothalamus occupe le sommet hiérarchique dans la régulation de l'activité du SNA, mais des influx nerveux inconscients d'origine cérébrale influent sur le fonctionnement de l'hypothalamus par l'intermédiaire de connexions avec le système limbique.

le fonctionnement du SNA, il le fait au niveau inconscient et par l'intermédiaire de structures du système limbique agissant sur les centres hypothalamiques.

Tronc cérébral et moelle épinière

L'hypothalamus préside à la régulation du SNA, mais c'est la formation réticulaire du tronc cérébral et le noyau solitaire du bulbe qui semblent exercer l'influence la plus *directe* sur les fonctions autonomes (voir la figure 12.16). Par exemple, certains neurones moteurs de la partie ventrolatérale du bulbe rachidien (*centres cardiaque* et *vasomoteur*) régissent de manière réflexe la fréquence cardiaque et le diamètre des vaisseaux sanguins. D'autres régions médullaires régissent les activités gastro-intestinales. La plupart des influx sensitifs qui provoquent ces réflexes autonomes sont acheminés au tronc cérébral par l'intermédiaire de neurofibres afférentes du nerf vague. Bien qu'on ne considère pas qu'ils fassent partie du SNA, le bulbe rachidien et le pont contiennent également des centres respiratoires qui modulent la régulation de la respiration et reçoivent des influx de l'hypothalamus. Certains centres du mésencéphale (*noyaux des nerfs oculomoteurs*) contribuent à la régulation des muscles qui modifient le diamètre des pupilles et l'accommodation du cristallin.

Les réflexes de défécation et de miction, qui entraînent l'évacuation des fèces et de l'urine, sont intégrés à l'échelon de la moelle épinière, mais ils sont soumis à une inhibition consciente par les centres cérébraux supérieurs. Nous décrivons tous ces réflexes autonomes dans des chapitres ultérieurs, en même temps que les organes qu'ils desservent.

Hypothalamus

Nous avons vu que l'hypothalamus est le principal centre d'intégration du SNA. Généralement, plusieurs noyaux de la partie antérieure de l'hypothalamus remplissent des fonctions parasympathiques, tandis que d'autres noyaux de la partie postérieure exercent des fonctions sympathiques. Ces centres agissent directement, mais aussi par l'intermédiaire de relais situés dans la *formation réticulaire*, qui influe à son tour sur les neurones moteurs préganglionnaires du tronc cérébral et de la moelle épinière (figure 14.9). Non seulement l'hypothalamus contient-il des centres qui coordonnent l'activité cardiaque et endocrinienne, la pression artérielle, la température corporelle et l'équilibre hydrique, mais il en renferme aussi qui ont un effet sur diverses émotions (la colère et le plaisir) et sur les pulsions biologiques (la soif, la faim et le désir sexuel).

Par son association avec le corps amygdaloïde et la substance grise centrale du mésencéphale, l'hypothalamus dirige aussi les réactions déclenchées par la peur. Les réactions émotionnelles au danger et aux situations génératrices d'anxiété, en provenance du système limbique dans le cerveau, signalent à l'hypothalamus de régler le système nerveux sympathique en mode «lutte ou fuite». L'hypothalamus est donc la pierre angulaire du cerveau émotionnel et viscéral, et c'est par ses centres que les émotions se répercutent sur le fonctionnement du SNA et sur le comportement.

Cortex cérébral

On a longtemps pensé que le SNA échappait à la volonté. Or, nous pouvons tous, à volonté, provoquer l'emballement de notre cœur en nous remettant en mémoire un moment de grande peur que nous avons vécu (sympathique); de même, nous pouvons amener nos glandes salivaires à libérer de la salive à la simple pensée d'un aliment appétissant (parasympathique). Les influx qui déclenchent ces réactions convergent dans l'hypothalamus en passant par les connexions qui le relient au système limbique.

Des études ont aussi démontré qu'il est possible de maîtriser les activités viscérales, même si cette capacité demeure inexploitée chez la plupart des gens.

Influence de la rétroaction biologique Pendant les séances d'apprentissage de la **rétroaction biologique**, les sujets sont reliés à un appareil qui leur permet de prendre conscience de ce qui se passe dans leur corps. C'est cette prise de conscience qu'on appelle la rétroaction biologique. L'appareil détecte et amplifie certains processus physiologiques tels que la fréquence cardiaque et la pression artérielle; ces données sont ensuite retransmises au sujet sous la forme de clignotants ou de tonalités. On demande au sujet d'essayer de modifier ou de maîtriser certaines fonctions «involontaires» en se concentrant sur des pensées calmes ou agréables. L'appareil indique les changements physiologiques recherchés, si bien que le sujet peut reconnaître les sentiments qui leur sont associés et apprend peu à peu à susciter ces changements à volonté.

Les techniques de rétroaction biologique apportent un soulagement certain aux personnes qui souffrent de migraines. De même, elles permettent aux personnes cardiaques de gérer leur anxiété et de diminuer leur risque de crise cardiaque. Les personnes souffrant d'ulcères peuvent aussi acquérir une certaine maîtrise de leurs sécrétions gastriques. Toutefois, l'apprentissage de la rétroaction biologique est long et souvent frustrant, et les appareils utilisés sont coûteux et difficiles à utiliser.

VÉRIFIONS NOS ACQUIS

7. Nommez la partie du SNA qui assure chacune des fonctions suivantes: augmentation de l'activité digestive; augmentation de la pression artérielle; dilatation des bronchioles; diminution de la fréquence cardiaque; stimulation de la médulla surrénale à libérer ses hormones; éjaculation.

8. Y a-t-il des récepteurs nicotiniques dans un muscle squelettique? Un muscle lisse? Les glandes sudoripares eccrines? La médulla surrénale? Les neurones du SNC?

9. Expliquez la raison pour laquelle le système nerveux parasympathique a un effet plus localisé et bref que le système nerveux sympathique.

10. Quelle partie de l'encéphale agit comme principal centre d'intégration du SNA? Quelle partie exerce l'influence la plus directe sur les fonctions autonomes?

Les réponses se trouvent à l'appendice G.

14

Déséquilibres homéostatiques du SNA

14 Décrire l'hypertension artérielle, la maladie de Raynaud et la dysréflexie autonome en tant que troubles du SNA.

Comme le SNA joue un rôle dans presque toutes les fonctions d'importance, il n'est pas étonnant que ses anomalies aient des effets étendus et puissent même entraîner la mort. La plupart des troubles du SNA sont reliés à un excès ou à une insuffisance de la régulation des muscles lisses. Les plus graves touchent les vaisseaux sanguins et engendrent l'hypertension ; il s'agit entre autres de la maladie de Raynaud et de la dysréflexie autonome.

L'*hypertension* peut être causée par une vasoconstriction excessive d'origine sympathique due au stress extrême et prolongé. L'hypertension est toujours grave, d'une part parce qu'elle impose un surcroît de travail au cœur, ce qui peut hâter la cardiopathie, d'autre part parce qu'elle use prématurément les parois des artères. On traite l'hypertension liée au stress à l'aide de médicaments qui bloquent les récepteurs adrénergiques.

La *maladie de Raynaud*, qui touche plus fréquemment les femmes, se caractérise par des crises durant lesquelles la peau des doigts et des orteils devient pâle, cyanosée puis douloureuse. Ces crises sont généralement provoquées par l'exposition au froid ou par des stress d'origine émotionnelle. Il s'agit d'une réponse exagérée de vasoconstriction. Les effets de la maladie vont du simple malaise à une constriction vasculaire qui entraîne ischémie et gangrène. L'administration de vasodilatateurs (comme les inhibiteurs adrénergiques) suffit généralement, mais pour traiter les cas graves, on sectionne les neurofibres sympathiques préganglionnaires desservant les régions atteintes (cette intervention est appelée *sympathectomie*). Les vaisseaux touchés se dilatent et l'irrigation se rétablit. À cause de leur effet hypertenseur, le tabac et l'alcool sont à proscrire.

La *dysréflexie autonome* est un phénomène très grave qui se caractérise par une activation anarchique des neurones moteurs autonomes. Dans la plupart des cas, ce problème survient chez des personnes quadriplégiques ou atteintes de lésions médullaires situées au-dessus de T_6, habituellement dans l'année suivant la lésion. Le facteur déclenchant est habituellement un stimulus cutané douloureux ou la distension d'un viscère, la vessie notamment. La pression artérielle s'élève à un niveau critique, ce qui peut causer la rupture d'un vaisseau sanguin de l'encéphale et un accident vasculaire cérébral. La personne se plaint également de céphalées, son visage présente des rougeurs, elle transpire au-dessus du niveau de la lésion et sa peau est moite et froide en dessous. On ne connaît pas le mécanisme exact de la dysréflexie autonome, mais certains y voient une forme d'épilepsie de la moelle épinière.

VÉRIFIONS NOS ACQUIS

11. Jean, un contrôleur aérien, travaille de longues heures stressantes dans un aéroport très achalandé. Son médecin lui a prescrit des bêtabloqueurs. Pourquoi ? Quel est le mode d'action de ce médicament ?

Les réponses se trouvent à l'appendice G.

Développement et vieillissement du SNA

15 Décrire certains effets du vieillissement sur le SNA.

Les neurones préganglionnaires du SNA se développent à partir du *tube neural* embryonnaire, tout comme les neurones moteurs somatiques. Les structures du SNA dans le SNP – les neurones ganglionnaires, la médulla surrénale et tous les ganglions autonomes – proviennent quant à elles de la **crête neurale** (de même que tous les neurones sensitifs) (voir la figure 12.1, **③**). Les cellules de la crête neurale atteignent leur destination en migrant le long des axones en voie de développement. Les ganglions en formation reçoivent des axones des neurones préganglionnaires situés dans la moelle épinière ou l'encéphale, et ils émettent des axones qui font synapse avec leurs cellules effectrices en périphérie du corps. Ce processus dépend de la présence du **facteur de croissance des cellules nerveuses** (**NGF**, *nerve growth factor*) et est guidé par plusieurs substances chimiques semblables à celles qui agissent sur le SNC.

Pendant la jeunesse, les perturbations du SNA sont habituellement causées par des lésions de la moelle épinière ou des nerfs autonomes. Par ailleurs, l'efficacité du SNA diminue au cours des années. Il semble que ce déclin soit en partie lié à une accumulation de neurofilaments dans certains corpuscules nerveux terminaux d'axones préganglionnaires. Congestionnés par les neurofilaments, les corpuscules nerveux terminaux subissent des changements structuraux (renflements).

Beaucoup de personnes âgées se plaignent de constipation (provoquée par un ralentissement de la motilité gastro-intestinale), ont les yeux secs et souffrent d'infections oculaires répétées (en raison d'une diminution de la sécrétion lacrymale). En outre, certaines personnes âgées ont tendance à s'évanouir quand elles passent de la position couchée à la position debout. Elles souffrent alors d'**hypotension orthostatique** (*orthos* : droit ; *statos* : debout), une forme d'hypotension artérielle causée par une réponse plus lente des barorécepteurs aux variations de la pression artérielle et un ralentissement de la réponse des centres vasoconstricteurs sympathiques. Bien qu'ils soient ennuyeux, ces problèmes sont généralement bénins, et la plupart peuvent être surmontés par des changements dans le mode de vie ou par l'emploi de substances artificielles. Ainsi, on conseille aux personnes âgées de changer de position lentement pour laisser à leur système nerveux sympathique le temps de stabiliser la pression artérielle. On leur recommande aussi d'humecter leurs yeux à l'aide de gouttes pour instillations oculaires (des larmes artificielles).

VÉRIFIONS NOS ACQUIS

12. Quelle structure embryonnaire donne naissance à la fois aux ganglions autonomes et à la médulla surrénale ?

Les réponses se trouvent à l'appendice G.

Nous avons décrit dans ce chapitre la structure et le fonctionnement du SNA, qui constitue l'une des parties motrices du SNP. Nous y reviendrons à plusieurs reprises, car la plupart des organes que nous allons étudier dans les chapitres ultérieurs sont soumis à des mécanismes de régulation autonomes. À présent que vous avez étudié l'essentiel du système nerveux, prenez le temps de vous pencher sur ses interactions avec les autres systèmes de l'organisme et lisez la Synthèse, à la page suivante.

TERMES MÉDICAUX

« Larmes de crocodile » Larmoiement d'un œil durant la mastication ; causé par une régénération erratique du nerf facial lésé, qui amène une innervation croisée des glandes salivaires et lacrymales.

Malaise vagal (ou syncope vasovagale) Cause la plus fréquente d'évanouissement. Peut être provoqué par un stress émotif, une douleur ou la déshydratation, mais survient habituellement après une longue station debout. L'évanouissement est causé par une chute de la pression artérielle, ce qui diminue l'irrigation sanguine du cerveau et provoque la perte de conscience.

Syndrome de Horner (ou syndrome de Claude Bernard-Horner en l'honneur de l'ophtalmologiste suisse Johann Horner) Syndrome consécutif à une lésion qui peut être située à trois niveaux : (1) dans les centres nerveux (hypothalamus, tronc cérébral ou moelle épinière), (2) dans le tronc sympathique cervical (d'un côté du corps) ou sur la voie d'un neurone préganglionnaire et (3) sur la voie d'un neurone ganglionnaire ; entraîne un affaissement (ptose) de la paupière supérieure, le myosis (constriction de la pupille), l'énophtalmie (bulbe de l'œil enfoncé) et l'anhidrose (absence ou diminution de la sudation) du côté touché de la tête.

Vagotomie Section du nerf vague, souvent pratiquée pour faire diminuer la sécrétion de suc gastrique dans les cas d'ulcère gastroduodénal pour les patients n'ayant pas répondu aux médicaments.

Vessie atonique Flaccidité de la vessie entraînant un remplissage excessif et des fuites d'urine par les sphincters. L'affection peut résulter d'une perte temporaire du réflexe de miction à la suite d'une lésion de la moelle épinière.

14

RÉSUMÉ DU CHAPITRE

1. Le SNA est le volet moteur du SNP qui régit les activités viscérales pour préserver l'homéostasie.

Introduction (p. 604)

Comparaison entre le système nerveux somatique et le SNA (p. 604)

1. Le système nerveux somatique (volontaire) fournit des neurofibres motrices aux muscles squelettiques. Le SNA (involontaire ou moteur viscéral) donne des neurofibres motrices aux muscles lisses, au muscle cardiaque et aux glandes.
2. Dans le système nerveux somatique, un neurone moteur unique forme la voie efférente qui va du SNC aux effecteurs. Dans le

SNA, la voie efférente consiste en une chaîne de deux neurones moteurs : un neurone préganglionnaire dans le SNC et un neurone ganglionnaire dans un ganglion.
3. L'acétylcholine est le neurotransmetteur des neurones moteurs somatiques ; elle stimule les myocytes squelettiques. Les neurotransmetteurs libérés par les neurones moteurs autonomes (l'acétylcholine et la noradrénaline) peuvent être excitateurs ou inhibiteurs.

Subdivisions du SNA (p. 606)

4. Le SNA est composé du système nerveux sympathique et du système nerveux parasympathique. Ces deux systèmes exercent généralement des effets antagonistes sur les mêmes organes cibles.

Tous pour un, un pour tous

Relations entre le système nerveux et les autres systèmes de l'organisme

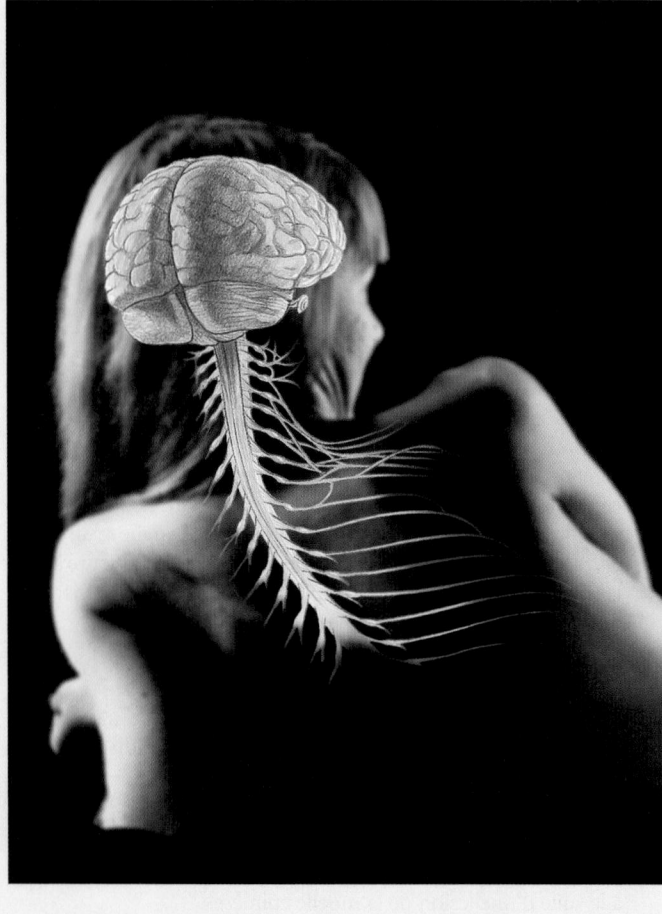

Système endocrinien

- Le système nerveux sympathique active la médulla surrénale ; l'hypothalamus concourt à la régulation de l'activité de l'adénohypophyse et produit lui-même deux hormones libérées par la neurohypophyse.
- Les hormones influent sur le métabolisme et le fonctionnement des neurones ; les hormones thyroïdiennes sont essentielles au développement du système nerveux.

Système cardiovasculaire

- Le système nerveux concourt à la régulation de la fréquence cardiaque et de la pression artérielle.
- Le système cardiovasculaire fournit du sang riche en oxygène et en nutriments au système nerveux et il évacue les déchets.

Système lymphatique et immunitaire

- Des nerfs innervent les organes lymphoïdes ; l'encéphale concourt à la régulation de la fonction immunitaire.
- Les vaisseaux lymphatiques débarrassent les tissus entourant les structures du système nerveux des liquides échappés des capillaires ; les éléments du système immunitaire protègent tous les organes contre les agents pathogènes (le SNC possède aussi d'autres mécanismes de défense).

Système respiratoire

- Le système nerveux déclenche et régit le rythme et l'amplitude des mouvements respiratoires.
- Le système respiratoire fournit l'oxygène essentiel à la vie des cellules nerveuses et il en évacue le gaz carbonique.

Système digestif

- Le SNA (en particulier le système nerveux parasympathique) régit la motilité digestive et l'activité des glandes annexes du système digestif.
- Le système digestif fournit aux neurones les nutriments nécessaires à la synthèse de l'ATP et des neurotransmetteurs ; il apporte les ions Na^+ et K^+ nécessaires à la conduction de l'influx nerveux et les ions Ca^{2+} nécessaires à sa transmission.

Système urinaire

- Le SNA régit la miction et la pression artérielle rénale.
- Les reins évacuent les déchets du métabolisme et maintiennent une composition électrolytique et un pH du sang appropriés au fonctionnement neuronal.

Système génital

- Le SNA régit l'érection du pénis et l'éjaculation chez l'homme ainsi que la lubrification du vagin et l'érection du clitoris chez la femme ; par l'intermédiaire de l'hypophyse, l'hypothalamus contribue également par voie hormonale à toutes les activités du système reproducteur.
- La testostérone est à l'origine de la masculinisation du cerveau, et elle intervient dans la libido et l'agressivité.

Système tégumentaire

- Le système nerveux sympathique régit les glandes sudoripares et les vaisseaux sanguins de la peau (et, par conséquent, la déperdition ou la rétention de chaleur).
- La peau concourt à la déperdition de chaleur ; elle renferme de nombreux types d'extérocepteurs.

Système squelettique

- Les nerfs innervent les os et les articulations. Ils contribuent à la perception de la douleur et au sens arthrocinétique (du mouvement des articulations).
- Les os emmagasinent du calcium qui servira à la fonction nerveuse et ils protègent les structures du SNC.

Système musculaire

- Le système nerveux somatique transporte les informations sensorielles provenant des fuseaux neuromusculaires et les commandes actionnant ou inhibant les muscles squelettiques.
- Les muscles squelettiques sont les effecteurs du système nerveux somatique.

14

Relations entre le système nerveux et les systèmes musculaire, respiratoire et digestif

Le système nerveux influe sur la plupart des systèmes de l'organisme. Tenter de sélectionner les interactions les plus décisives constitue donc une tâche presque impossible. Qu'est-ce qui a le plus d'importance : la digestion, l'élimination des déchets ou la mobilité ? Votre réponse dépendra probablement de l'état dans lequel vous vous trouvez en lisant cette page : vous ne répondrez pas la même chose selon que vous avez faim ou que vous ressentez un besoin pressant de vous rendre aux toilettes. Nous nous contenterons de présenter ici les principales relations entre le système nerveux et les systèmes musculaire, respiratoire et digestif, car nous traiterons en détail des interactions du système nerveux avec quelques autres systèmes dans des chapitres ultérieurs.

Système musculaire

C'est bien simple : le système musculaire cesserait de fonctionner sans le système nerveux. Contrairement aux muscles viscéraux et au muscle cardiaque, qui possèdent d'autres mécanismes de régulation, les muscles squelettiques dépendent *entièrement* des neurofibres motrices somatiques pour ce qui est de l'activation et de la régulation. Non seulement les neurofibres somatiques commandent-elles aux muscles squelettiques de se contracter, mais elles leur «indiquent» aussi avec quelle force le faire. En formant ses premières synapses avec les myocytes squelettiques, le système nerveux détermine si leurs contractions seront rapides ou lentes et, par le fait même, établit de manière définitive le potentiel de vitesse et d'endurance des muscles. Les relations entre les diverses régions de l'encéphale (les noyaux basaux, le cervelet, le cortex prémoteur, etc.) et les informations provenant des mécanorécepteurs (sensibles à l'étirement) dictent également la finesse et la coordination de nos mouvements. Par ailleurs, tant qu'ils sont sains, les myocytes squelettiques ont un effet sur la viabilité des neurones avec lesquels ils font synapse. La relation est véritablement synergique.

Système respiratoire

Comme celui du système musculaire, le fonctionnement du système respiratoire dépend entièrement du système nerveux. Le système respiratoire oxygène le sang continuellement (donc les cellules) et évacue le gaz carbonique. Les centres nerveux du bulbe rachidien et du pont déclenchent et maintiennent les mouvements d'inspiration et d'expiration de l'air en activant des muscles squelettiques qui modifient le volume des poumons (et, par conséquent, la pression des gaz à l'intérieur). Les récepteurs périphériques acheminent de l'information sur la concentration des gaz, l'étirement des poumons et l'activité des muscles squelettiques à ces centres respiratoires du SNC.

Système digestif

Bien que le système digestif réagisse, de lui-même, à de nombreux facteurs (tels que les hormones, le pH local, les substances chimiques irritantes et les bactéries), le système nerveux parasympathique n'en est pas moins essentiel au fonctionnement normal du tube digestif. Sans les influx des neurofibres parasympathiques, l'activité sympathique, qui inhibe la digestion, ne rencontrerait aucune opposition. L'importance de la régulation parasympathique est telle que certains des neurones parasympathiques sont situés dans la paroi même des organes du système digestif, plus précisément dans les plexus intrinsèques. Ainsi, même si tous les mécanismes extrinsèques disparaissent, les mécanismes intrinsèques de régulation peuvent maintenir la digestion. Le système digestif joue le même rôle pour le système nerveux et tous les autres systèmes : il fait passer dans la circulation sanguine les nutriments contenus dans les aliments ingérés pour les mettre à la disposition des cellules.

14

Système nerveux

Étude de cas : À son arrivée au centre hospitalier, le petit Samuel, âgé de 10 ans, est couché sur une civière rigide, la tête et le tronc immobilisés. Les ambulanciers indiquent qu'ils l'ont trouvé conscient à 15 m de l'autobus ; il pleurait, disait qu'il était incapable de se lever pour retrouver sa mère et se plaignait d'un «gros mal de tête». Samuel présente de graves contusions dans le haut du dos et sur la tête ainsi que des lacérations sur le dos et le cuir chevelu. Sa pression artérielle est basse, sa température est élevée (39,5 °C) et ses membres inférieurs sont paralysés et insensibles aux stimulus douloureux sous le niveau des mamelons. Peu de temps après son arrivée au centre hospitalier, Samuel se met à avoir de fréquentes périodes d'inconscience.

On fait immédiatement subir une tomodensitométrie à Samuel et on lui réserve une salle d'opération.

1. Pourquoi a-t-on immobilisé la tête et le torse de Samuel pendant le transport vers le centre hospitalier ?

2. Selon toute probabilité, qu'indique la dégradation des signes neurologiques (somnolence, incohérence, etc.) chez Samuel ? (Établissez le rapport avec le type d'intervention chirurgicale qu'on pratiquera.)

3. Si les déficits sensoriels et moteurs de Samuel sont dus à une lésion de la moelle épinière, à quel endroit cette lésion devrait-elle se situer ?

4. Deux jours après l'intervention chirurgicale, Samuel est alerte. L'examen IRM ne révèle aucune lésion cérébrale résiduelle, mais un important œdème et des dommages étendus dans le segment médullaire T_1. L'examen physique de Samuel montre

Implications cliniques

Système nerveux *(suite)*

qu'il n'y a pas d'activité réflexe sous le siège de la lésion. Sa pression artérielle est toujours basse. Pourquoi ses membres inférieurs et son abdomen ne présentent-ils pas de réflexes?

5. Les jours suivants, les réflexes reviennent dans les membres inférieurs de Samuel, mais ils sont maintenant exagérés et l'enfant est incontinent. Pourquoi souffre-t-il d'hyperréflexie et d'incontinence?

À une occasion, Samuel s'est plaint d'un mal de tête intense et sa pression artérielle s'est élevée nettement au-dessus de la nor-male. À l'examen, le médecin remarque qu'il transpire abondamment à la hauteur des mamelons et au-dessus, mais que sa peau est froide et moite en dessous. Sa fréquence cardiaque est très lente.

6. De quel trouble Samuel souffre-t-il? Quelles en sont les causes déterminantes?

7. Quels sont les risques associés à l'hypertension artérielle dans le cas de Samuel?

(Les réponses se trouvent à l'appendice G.)

---

5. Le système nerveux parasympathique (repos et digestion) économise l'énergie et maintient les activités corporelles à leurs niveaux de base.

6. Les effets parasympathiques comprennent la constriction des pupilles, la sécrétion glandulaire, l'accroissement de la motilité gastro-intestinale et les mécanismes musculaires menant à l'élimination des matières fécales et de l'urine.

7. Le système nerveux sympathique prépare l'organisme à l'activité physique et à affronter des situations d'urgence.

8. Les effets sympathiques sont la dilatation des pupilles et des bronchioles, l'augmentation de la fréquence cardiaque, l'élévation de la pression artérielle, l'augmentation du taux de glucose sanguin et la transpiration. Pendant une activité physique, la vasoconstriction sympathique détourne le sang de la peau et du système digestif vers le cœur, l'encéphale et les muscles squelettiques.

Anatomie du SNA (p. 607)

Système nerveux parasympathique (craniosacral) (p. 608)

1. Les neurones préganglionnaires parasympathiques émergent du tronc cérébral et de la région sacrale (S_2 à S_4) de la moelle épinière.

2. Les neurofibres préganglionnaires font synapse avec des neurones ganglionnaires dans des ganglions terminaux situés à l'intérieur (ganglions intramuraux) ou près de leurs organes effecteurs. Les neurofibres préganglionnaires sont longues, tandis que les neurofibres postganglionnaires sont courtes.

3. Les neurofibres d'origine crânienne naissent dans les noyaux des nerfs crâniens III, VII, IX et X, dans le tronc cérébral, et elles font synapse dans des ganglions situés dans la tête, le thorax et l'abdomen. Le nerf vague dessert pratiquement tous les organes des cavités thoracique et abdominale.

4. Les neurofibres d'origine sacrale (S_2 à S_4) sont issues de la région latérale de la substance grise de la moelle épinière et elles forment certains des nerfs splanchniques. Ces nerfs desservent les viscères du bassin. Les axones préganglionnaires n'empruntent pas les rameaux communicants.

Système nerveux sympathique (thoracolombaire) (p. 609)

5. Les axones préganglionnaires sympathiques sont issus de la corne latérale des segments médullaires T_1 à L_2.

6. Les axones préganglionnaires quittent la moelle épinière en passant par les rameaux communicants blancs et atteignent les ganglions du tronc sympathique. Un axone peut faire synapse dans un de ces ganglions situé au même niveau ou à un niveau différent, ou encore émerger du tronc sympathique sans faire synapse. Les neurofibres préganglionnaires sont courtes, tandis que les neurofibres postganglionnaires sont longues.

7. Lorsqu'il y a synapse dans un ganglion du tronc sympathique, la neurofibre postganglionnaire peut entrer dans un rameau du nerf spinal par le rameau communicant gris puis atteindre la périphérie du corps. Les neurofibres postganglionnaires issues des ganglions cervicaux du tronc sympathique desservent aussi les viscères et les vaisseaux sanguins de la tête, du cou et du thorax.

8. Lorsqu'il n'y a pas de synapse dans un ganglion du tronc sympathique, les neurofibres préganglionnaires forment les nerfs splanchniques (grands et petits splanchniques, splanchniques inférieurs, splanchniques lombaires et sacraux). La plupart des neurofibres des nerfs splanchniques font synapse dans des ganglions collatéraux (prévertébraux), et les neurofibres postganglionnaires desservent les organes abdominaux. Les exceptions sont (1) certaines neurofibres des nerfs splanchniques qui font synapse avec des cellules de la médulla surrénale et (2) certaines neurofibres des nerfs splanchniques lombaires et sacraux qui font synapse dans les ganglions du tronc cérébral.

Réflexes viscéraux (p. 613)

9. Les arcs réflexes viscéraux comprennent les mêmes éléments que les arcs réflexes somatiques.

10. Les corps cellulaires des neurones sensitifs viscéraux sont situés dans les ganglions spinaux, dans les ganglions sensitifs des nerfs crâniens ou dans les ganglions autonomes. On trouve des afférents viscéraux dans les nerfs spinaux et dans presque tous les nerfs autonomes.

Physiologie du SNA (p. 614)

Neurotransmetteurs et récepteurs (p. 615)

1. Les neurones moteurs autonomes libèrent deux neurotransmetteurs importants, l'acétylcholine (Ach) et la noradrénaline (NA). Selon le neurotransmetteur qu'elles libèrent, les neurofibres sont dites cholinergiques ou adrénergiques.

14

2. L'acétylcholine est libérée par toutes les neurofibres préganglionnaires et par toutes les neurofibres postganglionnaires parasympathiques. La noradrénaline est libérée par toutes les neurofibres postganglionnaires sympathiques, à l'exception de celles qui desservent les glandes sudoripares de la peau et certains vaisseaux sanguins des muscles squelettiques.

3. Selon les récepteurs auxquels ils se lient, les neurotransmetteurs ont des effets différents. Les récepteurs cholinergiques (Ach) sont soit muscariniques, soit nicotiniques. Les récepteurs adrénergiques (NA) se divisent en cinq sous-classes : α_1, α_2, β_1, β_2 et β_3.

Effets des médicaments (p. 616)

4. On traite les troubles dus à un fonctionnement excessif ou inadéquat du SNA par des médicaments qui reproduisent, favorisent ou inhibent l'action de ses neurotransmetteurs. Certains médicaments se lient à un seul type de récepteurs, ce qui permet de faciliter ou d'inhiber des activités précises.

Interactions des systèmes nerveux sympathique et parasympathique (p. 617)

5. Les systèmes nerveux sympathique et parasympathique innervent tous deux la plupart des organes ; ils ont de nombreuses interactions, mais ils présentent habituellement un antagonisme dynamique. Les effets antagonistes touchent principalement le cœur, le système respiratoire et le système digestif. Le système nerveux sympathique stimule l'activité cardiaque, dilate les bronchioles et ralentit l'activité gastro-intestinale. Le système nerveux parasympathique inverse ces effets.

6. La plupart des vaisseaux sanguins ne sont innervés que par des neurofibres sympathiques et présentent un tonus vasomoteur. L'activité parasympathique prédomine dans le cœur, les muscles lisses du système digestif (qui présentent normalement un tonus parasympathique) et les glandes.

7. Les systèmes nerveux sympathique et parasympathique ont des effets synergiques sur les organes génitaux externes.

8. Les rôles exclusifs du système nerveux sympathique sont la régulation de la pression artérielle, la dérivation du sang dans le système cardiovasculaire, la thermorégulation, le déclenchement de la sécrétion de rénine par les reins et les effets métaboliques.

9. L'activation du système nerveux sympathique entraîne une mobilisation prolongée de l'organisme en vue d'une situation d'urgence (réaction de lutte ou de fuite). Les effets parasympathiques sont localisés et de courte durée.

Régulation du SNA (p. 620)

10. La régulation du SNA s'effectue à divers échelons. (1) L'activité réflexe dépend des centres de la moelle épinière et du tronc cérébral (particulièrement ceux du bulbe rachidien). (2) Les centres d'intégration hypothalamiques interagissent avec les centres supérieurs et inférieurs pour orchestrer les réactions autonomes, somatiques et endocriniennes. (3) Les centres corticaux influent sur le fonctionnement autonome par l'intermédiaire de connexions avec le système limbique. La maîtrise consciente des fonctions autonomes est rare mais possible, notamment par la rétroaction biologique.

Déséquilibres homéostatiques du SNA (p. 622)

1. La plupart des troubles du SNA se répercutent sur la régulation des muscles lisses. Les anomalies de la régulation vasculaire, comme l'hypertension, la maladie de Raynaud et la dysréflexie autonome, en sont les plus graves exemples.

Développement et vieillissement du SNA (p. 622)

1. Les neurones préganglionnaires se développent à partir du tube neural ; les neurones postganglionnaires proviennent de la crête neurale embryonnaire.

2. L'âge entraîne une perte d'efficacité du SNA, qui se traduit par une diminution de la sécrétion glandulaire et de la motilité gastro-intestinale ainsi que par un ralentissement des réactions vasomotrices sympathiques aux changements de position.

QUESTIONS DE RÉVISION

Choix multiples/associations

(Il peut y avoir plus d'une bonne réponse à certaines questions. Choisissez les meilleures réponses parmi celles qui sont proposées. Les réponses se trouvent à l'appendice G.)

1. Parmi les caractéristiques suivantes, laquelle n'appartient pas au SNA ? (a) Des chaînes efférentes de deux neurones ; (b) la présence de corps cellulaires de neurones dans le SNC ; (c) la présence de corps cellulaires de neurones dans les ganglions ; (d) l'innervation des muscles squelettiques.

2. Associez les structures ou les caractéristiques suivantes au système nerveux sympathique (S) ou au système nerveux parasympathique (P).

____ (1) Neurofibres préganglionnaires courtes et neurofibres postganglionnaires longues
____ (2) Ganglions intramuraux (terminaux)
____ (3) Neurofibres d'origine craniosacrale
____ (4) Neurofibres adrénergiques
____ (5) Ganglions cervicaux
____ (6) Ganglions otiques et ciliaires
____ (7) Action généralement de courte durée
____ (8) Augmentation de la fréquence cardiaque et élévation de la pression artérielle
____ (9) Augmentation de la motilité gastrique et sécrétion des larmes, de la salive et des sucs digestifs
____ (10) Innervation des vaisseaux sanguins
____ (11) Principal système activé lorsque vous vous balancez dans un hamac
____ (12) Est activé lorsque vous courez un marathon.

3. Les neurones préganglionnaires se développent à partir : (a) de cellules de la crête neurale ; (b) de cellules du tube neural ; (c) de cellules de la lame dorsale ; (d) de l'endoderme.

4. Quel type de neurofibres y a-t-il dans les rameaux communicants blancs ? (a) Parasympathique préganglionnaire ; (b) parasympathique postganglionnaire ; (c) sympathique préganglionnaire ; (d) sympathique postganglionnaire.

5. Les ganglions sympathiques collatéraux (ganglions prévertébraux) contribuent à l'innervation : (a) des organes abdominaux ; (b) des organes thoraciques ; (c) de la tête ; (d) des muscles arrecteurs des poils ; (e) de toutes ces structures.

Questions à court développement

6. Expliquez brièvement pourquoi l'on qualifie parfois le SNA d'involontaire et de moteur viscéral et pourquoi on l'associe aux émotions.

7. Décrivez la relation anatomique entre les rameaux communicants gris et blanc et le nerf spinal et indiquez le type de neurofibres que l'on trouve dans chaque rameau.

8. Énumérez les effets de l'activation du système nerveux sympathique sur les glandes sudoripares, les pupilles, la médulla surrénale, le cœur, les bronchioles des poumons, le foie, les vaisseaux sanguins des muscles squelettiques pendant une activité physique intense, les vaisseaux sanguins du système digestif et les glandes salivaires.

9. Parmi les effets que vous avez mentionnés dans vos réponses à la question 8, lesquels sont inversés par l'activité du système nerveux parasympathique?

10. Quel neurotransmetteur est à la fois libéré par le système nerveux somatique et par le système nerveux autonome parasympathique?

11. Définissez le tonus sympathique et le tonus parasympathique et expliquez leur importance.

12. Énumérez les sous-classes de récepteurs de l'acétylcholine et de la noradrénaline et indiquez les principaux endroits où l'on trouve chacune de ces sous-classes.

13. Quelle région de l'encéphale intervient le plus directement dans les réflexes autonomes?

14. Expliquez l'importance de l'hypothalamus dans la régulation du SNA.

15. Définissez la rétroaction biologique et expliquez ses différentes utilisations.

16. Comment la perte d'efficacité du SNA se manifeste-t-elle chez les personnes âgées?

17. Les neurones ganglionnaires étaient appelés autrefois neurones postganglionnaires. Pourquoi cette appellation était-elle impropre?

Réflexion et application

1. M. Gendron souffre de rétention urinaire fonctionnelle et d'atonie de la vessie. On lui prescrit du béthanéchol, un médicament qui reproduit les effets de l'acétylcholine sur le SNA. Justifiez ce choix thérapeutique. Ensuite, relevez parmi les réactions indésirables suivantes celles que M. Gendron est susceptible d'éprouver en prenant ce médicament: vertiges, hypotension artérielle, sécheresse oculaire, respiration sifflante, augmentation de la production de mucus dans les bronches, xérostomie (bouche sèche), diarrhée, crampes, diaphorèse (sudation excessive) et érections inopportunes.

2. Lorsqu'il a été admis à l'hôpital, M. Lacroix se plaignait de douleurs atroces dans l'épaule et le bras gauches. On a diagnostiqué une crise cardiaque. Expliquez le phénomène de douleur projetée observé chez M. Lacroix.

3. Une femme de 32 ans se plaint de douleurs aux majeurs et aux annulaires et indique que, lorsqu'elles se produisent, ses doigts pâlissent puis bleuissent. On note ses antécédents médicaux, et on remarque qu'elle fume beaucoup. Le médecin lui conseille d'arrêter de fumer. Il ajoute qu'il ne lui prescrira aucun médicament avant qu'elle n'ait passé un mois sans faire usage du tabac. De quoi souffre cette femme et pourquoi doit-elle cesser de fumer?

4. Marjorie, une étudiante de 21 ans, a de la difficulté à dormir, pleure souvent et a fréquemment des pensées suicidaires. Son médecin lui a prescrit des antidépresseurs. Comme d'autres médicaments semblables, cet antidépresseur a des effets anticholinergiques. Quels effets secondaires Marjorie pourrait-elle ressentir au cours de sa première semaine de traitement?

5. L'arôme du café frais qui se répand dans la pièce passe sous les narines d'Antoine, qui est en train de somnoler. Il se met à saliver instantanément et son estomac commence à gargouiller. Dites comment l'activité du SNA permet d'expliquer ces réactions.

6. Quelle est l'affection dont le signe classique est une cyanose du bout des doigts qui se transforme par la suite en rougeur?

15

Les sens

Œil et vision (p. 630)

Structures annexes de l'œil (p. 630)

Structure du bulbe oculaire (p. 633)

Physiologie de la vision (p. 639)

Sens chimiques : goût et odorat (p. 653)

Épithélium de la région olfactive
et odorat (p. 654)

Calicules gustatifs et gustation (p. 656)

Déséquilibres homéostatiques
des sens chimiques (p. 659)

Oreille : ouïe et équilibre (p. 659)

Structure de l'oreille (p. 660)

Physiologie de l'audition (p. 663)

Déséquilibres homéostatiques
de l'audition (p. 670)

Équilibre et orientation (p. 670)

**Développement et vieillissement
des organes des sens (p. 674)**

Goût et odorat (p. 675)

Vision (p. 675)

Ouïe et équilibre (p. 676)

Les êtres humains sont très sensibles aux stimulus. L'odeur d'une miche de pain chaud nous met l'eau à la bouche. Un coup de tonnerre nous fait sursauter. Notre système nerveux ne cesse de capter et d'interpréter des stimulus.

On nous apprend généralement que nous avons cinq sens : le toucher, le goût, l'odorat, la vue et l'ouïe. En réalité, le toucher résulte de l'activité des récepteurs sensoriels simples dont nous avons traité au chapitre 13. Par ailleurs, nous sommes aussi dotés du sens de l'*équilibre*, dont les récepteurs sont situés dans l'oreille, avec ceux de l'ouïe.

Les récepteurs de ce que l'on appelle communément le toucher sont disséminés dans la peau et sont pour la plupart des terminaisons nerveuses modifiées de neurones sensitifs, alors que les **récepteurs sensoriels spécifiques** de l'*odorat*, du *goût*, de la *vue* et de l'*ouïe* sont des *cellules réceptrices* à proprement parler. Ces cellules sont regroupées dans la tête et elles occupent des endroits précis, soit dans les organes des sens (les yeux et les oreilles), soit dans des structures épithéliales bien délimitées (les calicules gustatifs et l'épithélium de la région olfactive).

Dans le présent chapitre, nous aborderons l'anatomie et la physiologie de l'odorat, du goût, de la vue, de l'ouïe et de l'équilibre. Rappelez-vous en le lisant que nos perceptions sensorielles se chevauchent et que nous appréhendons notre environnement par l'intermédiaire de stimulus amalgamés.

Œil et vision

1. Situer les structures annexes de l'œil, les trois tuniques, le cristallin, l'humeur aqueuse et le corps vitré ; décrire leur structure et leur fonction.

2. Exposer les causes, les conséquences et, éventuellement, les principaux traitements de la cataracte et du glaucome.

La vision est le sens le plus développé chez l'être humain : environ 70 % des récepteurs sensoriels de l'organisme sont situés dans les yeux et près de la moitié du cortex cérébral participe à un aspect ou à un autre du traitement de l'information visuelle.

L'œil adulte est une sphère d'un diamètre d'environ 2,5 cm. Seul le sixième antérieur de la surface de l'œil est visible **(figure 15.1a)**. Le reste est entouré et protégé par un coussin de graisse et par les parois osseuses de l'orbite. Le coussin de graisse occupe presque tout le volume de l'orbite laissé libre par l'œil lui-même. L'œil est une structure complexe et une petite partie seulement de ses tissus est consacrée à la photoréception. Avant d'étudier l'œil proprement dit, examinons les structures annexes qui le protègent ou qui permettent son fonctionnement.

Structures annexes de l'œil

Les **structures annexes** de l'œil sont le sourcil, les paupières, la conjonctive, l'appareil lacrymal et les muscles du bulbe oculaire.

Sourcil

Le **sourcil** est composé de poils courts et grossiers surmontant l'arcade sourcilière (figure 15.1). Il protège l'œil de la lumière et des gouttes de sueur coulant du front. Sous la peau du sourcil se trouvent des parties du muscle orbiculaire de l'œil et du muscle corrugateur du sourcil. La contraction du muscle orbiculaire de l'œil abaisse le sourcil, tandis que celle du muscle corrugateur du sourcil le déplace vers l'axe médian.

Paupières

À l'avant, l'œil est protégé par des **paupières** mobiles qui, séparées par la **fente palpébrale**, s'unissent aux angles interne et externe de l'œil, respectivement appelés **angle médial de l'œil** (canthus interne) et **angle latéral de l'œil** (canthus externe) (figure 15.1a).

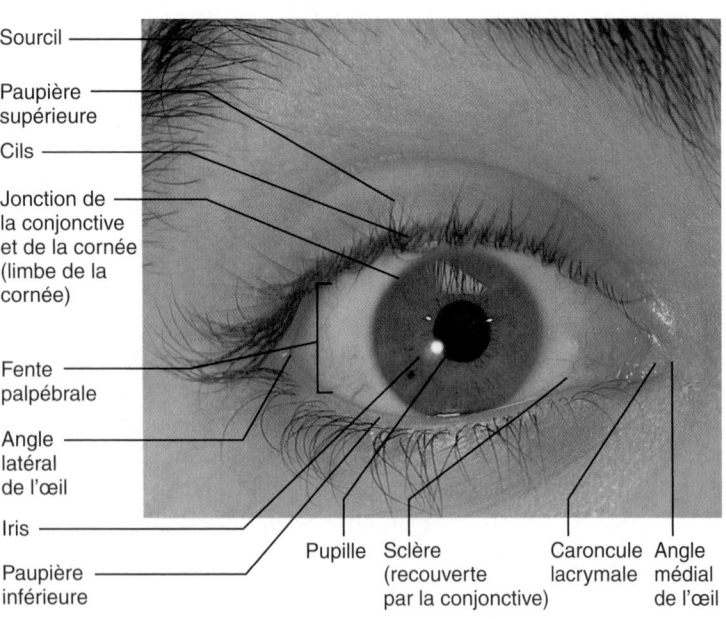

Sourcil
Paupière supérieure
Cils
Jonction de la conjonctive et de la cornée (limbe de la cornée)
Fente palpébrale
Angle latéral de l'œil
Iris
Paupière inférieure
Pupille
Sclère (recouverte par la conjonctive)
Caroncule lacrymale
Angle médial de l'œil

(a) Anatomie de surface de l'œil droit

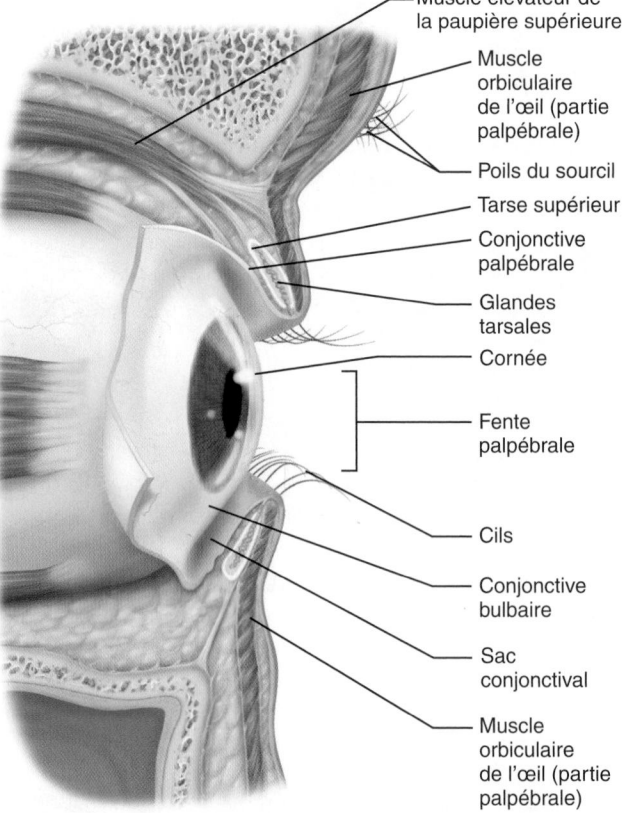

Muscle élévateur de la paupière supérieure
Muscle orbiculaire de l'œil (partie palpébrale)
Poils du sourcil
Tarse supérieur
Conjonctive palpébrale
Glandes tarsales
Cornée
Fente palpébrale
Cils
Conjonctive bulbaire
Sac conjonctival
Muscle orbiculaire de l'œil (partie palpébrale)

(b) Vue latérale ; certaines structures sont présentées en coupe sagittale.

Figure 15.1 L'œil et ses structures annexes.

15

L'angle médial de l'œil présente une éminence charnue appelée **caroncule lacrymale**. La caroncule lacrymale contient des glandes sébacées et sudoripares, et elle produit la sécrétion huileuse et blanchâtre qui s'accumule parfois dans l'angle médial de l'œil, pendant le sommeil notamment. Beaucoup de personnes d'origine asiatique présentent de part et d'autre du nez un pli de peau vertical, appelé *bride épicanthique*, qui recouvre parfois l'angle médial de l'œil.

Les paupières sont de minces replis recouverts de peau que soutiennent intérieurement deux feuillets de tissu conjonctif appelés **tarse supérieur** pour la paupière supérieure et **tarse inférieur** pour la paupière inférieure (figure 15.1b). Ces deux tarses servent d'ancrage au muscle orbiculaire de l'œil et au **muscle élévateur de la paupière supérieure**, qui parcourent la paupière. Le muscle orbiculaire de l'œil encercle le bord orbitaire de l'œil; quand il se contracte, l'œil se ferme. La paupière supérieure est plus grande et beaucoup plus mobile que la paupière inférieure, grâce surtout à la présence du muscle élévateur de la paupière supérieure qui la lève pour ouvrir l'œil.

Les muscles des paupières ont une activité réflexe qui produit le clignement toutes les 3 à 7 secondes et qui protège l'œil contre les corps étrangers. Le clignement prévient la dessiccation de l'œil, car ce mouvement réflexe permet d'étaler sur la surface du bulbe oculaire les sécrétions des structures annexes (huile, mucus et solution saline).

Le bord libre de chaque paupière porte des **cils**. Les follicules des cils sont richement pourvus de terminaisons nerveuses (plexus de la racine du poil); tout objet (et même un souffle d'air) qui entre en contact avec les cils déclenche le réflexe du clignement.

Plusieurs types de glandes sont associés aux paupières. Les **glandes tarsales** ou *glandes de Meïbomius* sont enfermées dans les deux tarses des paupières (figure 15.1b), et leurs conduits s'ouvrent sur le bord de la paupière, juste à l'arrière des cils. Ces glandes sébacées modifiées produisent une sécrétion huileuse qui lubrifie l'œil et les paupières et qui empêche ces dernières de se coller l'une à l'autre. Un certain nombre de glandes sébacées plus petites et plus typiques sont associées aux follicules des cils. Des glandes sudoripares modifiées appelées *glandes ciliaires* se trouvent entre les follicules pileux.

DÉSÉQUILIBRE HOMÉOSTATIQUE

L'inflammation de la paupière, appelée blépharite (*blepharon*: paupière; *ite*: inflammation), est courante et généralement d'origine bactérienne (staphylocoques). Cette inflammation peut causer un chalazion ou un orgelet. Il est important toutefois de bien faire la distinction entre les deux, malgré le fait qu'un kyste disgracieux accompagné de rougeur peut apparaître dans les deux cas. Le chalazion est une inflammation des glandes tarsales, qui se traduit par une rougeur et une petite boule assez dure, généralement peu douloureuse, située sous la peau de la paupière. Il est parfois nécessaire de procéder à l'ablation chirurgicale. Quant à l'orgelet, il résulte d'une inflammation du bulbe pileux du cil ou des glandes sébacées, beaucoup plus rarement des glandes tarsales. Il ressemble à un petit furoncle centré autour d'un cil et contient du pus; il est douloureux, mais il guérit souvent spontanément. ■

Conjonctive

La **conjonctive** (*conjunctio*: union) est une muqueuse transparente qui tapisse les paupières (**conjonctive palpébrale**) et se replie sur la face antérieure du bulbe oculaire (**conjonctive bulbaire**) (figure 15.1b). La conjonctive bulbaire recouvre le blanc de l'œil seulement, et non la cornée (c'est-à-dire la « fenêtre » transparente posée sur l'iris et la pupille). La conjonctive bulbaire est très mince et laisse transparaître les vaisseaux sanguins sous-jacents (qui sont encore plus visibles quand l'œil est « injecté de sang »).

Lorsque l'œil est fermé, un espace très mince, le **sac conjonctival**, sépare le bulbe oculaire recouvert de la conjonctive et les paupières. Les lentilles cornéennes s'insèrent dans le sac conjonctival et les collyres (médicaments pour les yeux) sont souvent administrés dans son repli inférieur. La principale fonction de la conjonctive est de produire un mucus lubrifiant qui prévient le dessèchement de l'œil.

DÉSÉQUILIBRE HOMÉOSTATIQUE

L'inflammation de la conjonctive, la *conjonctivite*, provoque une rougeur et une irritation des yeux. La *conjonctivite aiguë contagieuse* est une forme infectieuse de la conjonctivite, d'origine virale et très contagieuse. La conjonctivite peut également être induite par divers irritants, telles la fumée ou les poussières, par le froid et par diverses bactéries, notamment celles de certaines infections transmissibles sexuellement (ITS). ■

Appareil lacrymal

L'**appareil lacrymal** est constitué de la glande lacrymale et des conduits qui drainent les sécrétions lacrymales dans la cavité nasale **(figure 15.2)**. La **glande lacrymale** est située dans l'orbite, au-dessus du bord latéral de l'œil, et elle est visible à travers la conjonctive lorsque la paupière est retournée. Elle libère continuellement une solution saline diluée appelée **sécrétion lacrymale** ou, plus communément, **larmes**, dans la partie supérieure du sac conjonctival, par l'intermédiaire de quelques canalicules excréteurs de petites dimensions.

Le clignement répand les larmes vers le bas et la partie médiale du bulbe oculaire, jusqu'à l'angle médial de l'œil. À cet endroit, les larmes entrent dans les deux **canalicules lacrymaux** par deux minuscules orifices appelés **points lacrymaux**, qui apparaissent sous forme de points rouges sur le bord médial de chaque paupière. Des canalicules lacrymaux, les larmes s'écoulent dans le **sac lacrymal** puis dans le **conduit nasolacrymal**, qui s'ouvre dans la cavité nasale, juste sous le méat nasal inférieur.

Les larmes contiennent du mucus, des anticorps et du **lysozyme**, une enzyme antibactérienne. Elles nettoient, protègent, humectent et lubrifient la surface de l'œil. Lorsque la sécrétion lacrymale est excessive, les larmes débordent des paupières et remplissent les cavités nasales, provoquant une congestion. Ce débordement se produit quand les yeux sont irrités et quand nous éprouvons un bouleversement émotionnel. Dans le cas d'une irritation de l'œil, l'accroissement de la sécrétion lacrymale a pour fonction d'éliminer ou de diluer la substance

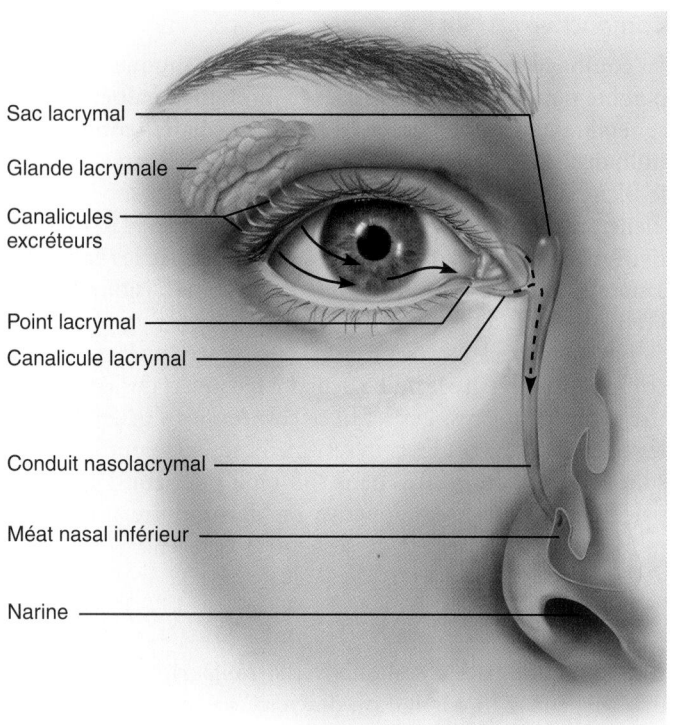

Sac lacrymal

Glande lacrymale

Canalicules excréteurs

Point lacrymal

Canalicule lacrymal

Conduit nasolacrymal

Méat nasal inférieur

Narine

Figure 15.2 **Appareil lacrymal de l'œil.** Les flèches indiquent le trajet des sécrétions lacrymales (larmes) de la glande lacrymale à la cavité nasale.

irritante. Quant aux larmes produites par les émotions, leur importance est encore mal comprise.

DÉSÉQUILIBRE HOMÉOSTATIQUE

Étant donné que la muqueuse de la cavité nasale et les conduits lacrymaux sont abouchés, un rhume ou une inflammation nasale causent souvent une inflammation et un œdème de la muqueuse du conduit lacrymal. Le drainage de la surface de l'œil s'en trouve réduit, et l'œil devient larmoyant. ■

Muscles du bulbe oculaire

Comment le bulbe de l'œil bouge-t-il? Le mouvement du bulbe oculaire est commandé par six longs muscles, les **muscles du bulbe oculaire**, ou muscles extrinsèques de l'œil. Ces muscles naissent de l'orbite et s'insèrent sur la face externe du bulbe oculaire **(figure 15.3)**. Ils permettent à l'œil de suivre le mouvement d'un objet et constituent des sortes de haubans qui préservent la forme du bulbe oculaire et le maintiennent dans l'orbite.

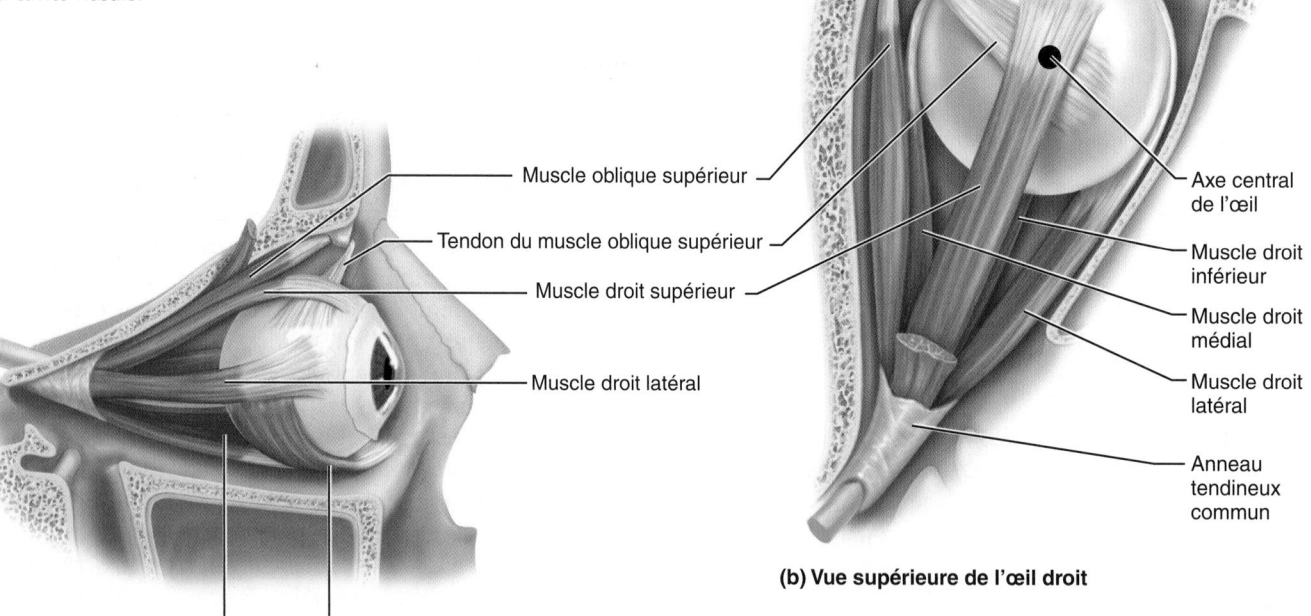

Trochlée

Muscle oblique supérieur

Tendon du muscle oblique supérieur

Muscle droit supérieur

Muscle droit latéral

Axe central de l'œil

Muscle droit inférieur

Muscle droit médial

Muscle droit latéral

Anneau tendineux commun

Muscle droit inférieur

Muscle oblique inférieur

(a) Vue latérale de l'œil droit

(b) Vue supérieure de l'œil droit

Muscle	Action	Nerf crânien
Droit latéral	Déplace l'œil vers l'extérieur.	VI (abducens)
Droit médial	Déplace l'œil vers l'intérieur.	III (oculomoteur)
Droit supérieur	Élève l'œil et le tourne vers l'intérieur.	III (oculomoteur)
Droit inférieur	Abaisse l'œil et le tourne vers l'intérieur.	III (oculomoteur)
Oblique inférieur	Élève l'œil et le tourne vers l'extérieur.	III (oculomoteur)
Oblique supérieur	Abaisse l'œil et le tourne vers l'extérieur.	IV (trochléaire)

Figure 15.3 **Muscles du bulbe oculaire.**

(c) Résumé des actions des muscles du bulbe oculaire et de l'innervation crânienne

Quatre muscles du bulbe oculaire, les *muscles droits*, émergent d'un même anneau tendineux situé à l'arrière de l'orbite, l'**anneau tendineux commun**, et vont directement vers leurs points d'insertion sur le bulbe oculaire. Les noms qu'ils portent indiquent leurs points d'insertion et les mouvements qu'ils permettent: **muscles droits supérieur, inférieur, latéral et médial**.

On comprend moins facilement les mouvements produits par les deux *muscles obliques,* car ces muscles suivent des trajets assez singuliers dans l'orbite. Les muscles obliques déplacent l'œil dans le plan vertical lorsque le bulbe oculaire est déjà tourné vers l'intérieur par le muscle droit médial. Le **muscle oblique supérieur** a la même origine que les muscles droits et il suit la paroi médiale de l'orbite; ensuite, il décrit un angle droit et passe à travers une boucle fibrocartilagineuse suspendue à l'os frontal appelée **trochlée** («poulie»), avant de s'insérer sur la partie supérolatérale du bulbe oculaire. Il fait tourner l'œil vers le bas et, dans une certaine mesure, vers l'extérieur.

Le **muscle oblique inférieur** naît sur la face médiale de l'orbite, s'étend obliquement vers l'extérieur et s'insère sur la face inférolatérale du bulbe oculaire. Par conséquent, il déplace l'œil vers le haut et vers l'extérieur.

Les quatre muscles droits paraissant aptes à produire tous les mouvements nécessaires (vers l'intérieur, vers l'extérieur, vers le haut et vers le bas), on peut se demander pourquoi il nous faut des muscles obliques. La façon la plus simple de répondre à cette question consiste à expliquer que les muscles droits supérieur et inférieur ne peuvent élever ni abaisser le bulbe oculaire *sans le tourner aussi vers l'intérieur*; en effet, ces muscles s'attachent au bulbe oculaire dans le sens postéromédial. Pour que le bulbe oculaire s'élève ou s'abaisse *verticalement*, les muscles obliques doivent exercer une traction latérale qui s'oppose à la traction médiale des muscles droits supérieur et inférieur.

À l'exception des muscles droit latéral et oblique supérieur, qui sont innervés respectivement par le *nerf abducens* (nerf crânien VI) et par le *nerf trochléaire* (nerf crânien IV), tous les muscles du bulbe oculaire sont desservis par le *nerf oculomoteur* (nerf crânien III). La figure 15.3c résume les actions exercées par ces muscles ainsi que leur innervation. Les trajets des nerfs crâniens associés sont présentés dans le tableau 13.2, p. 569, 571 et 572.

Les muscles du bulbe oculaire font partie des muscles squelettiques dont la régulation nerveuse est la plus précise et la plus rapide. En effet, le rapport des axones aux fibres musculaires y est très élevé. Contrairement aux muscles squelettiques, dans lesquels chaque terminaison nerveuse commande une centaine de fibres musculaires, les unités motrices des muscles du bulbe oculaire desservent entre 8 et 12 fibres musculaires, voire pas plus de 2 ou 3 dans certains cas.

⚖ DÉSÉQUILIBRE HOMÉOSTATIQUE

Lorsque les mouvements des muscles du bulbe de chaque œil ne sont pas parfaitement coordonnés, les images provenant de la même région du champ visuel se forment en des points différents des deux rétines, ce qui produit deux images au lieu d'une seule. Appelé **diplopie**, ou *vision double*, ce trouble résulte de la paralysie ou de la faiblesse congénitale de cer-

tains muscles du bulbe oculaire; on l'observe également, de façon passagère, chez les personnes ivres.

La faiblesse congénitale des muscles du bulbe oculaire peut causer le **strabisme** (*strabos*: louche), soit le défaut de parallélisme des yeux. Pour compenser, les yeux peuvent fixer alternativement les objets. Il arrive aussi que seul l'œil normal soit utilisé et que le cerveau néglige les influx provenant de l'œil déviant, qui devient paresseux. Il est possible de traiter certaines formes de strabisme par des exercices visant à renforcer les muscles faibles ou par le port d'un cache-œil, qui oblige l'enfant à utiliser son œil le plus faible. Seule la chirurgie peut venir à bout des cas les plus tenaces. Depuis quelques années, on a également recours à la toxine botulique, ou Botox, dans le traitement du strabisme. ■

Structure du bulbe oculaire

L'œil proprement dit, appelé **bulbe oculaire**, est une sphère creuse légèrement irrégulière **(figure 15.4)**. Comme sa forme ressemble à celle du globe terrestre, on dit qu'il présente deux pôles: le **pôle antérieur** (le point situé le plus à l'avant) et le **pôle postérieur** (le point situé le plus à l'arrière). Sa paroi est composée d'une tunique fibreuse, d'une tunique vasculaire et d'une tunique interne. Il est rempli de liquides qui concourent à lui donner sa forme. Le cristallin – la «lentille» de l'œil – est soutenu verticalement à l'intérieur du bulbe oculaire, et il le divise en un *segment antérieur* et en un *segment postérieur*.

Tuniques du bulbe oculaire

Tunique fibreuse L'enveloppe externe de l'œil, la **tunique fibreuse du bulbe**, est composée d'un tissu conjonctif dense et peu vascularisé. Elle comprend deux parties bien définies, la sclère et la cornée. La **sclère** ou sclérotique, qui forme la partie postérieure et l'essentiel de la tunique fibreuse, est d'un blanc brillant et opaque. Se présentant sur la face antérieure comme le «blanc de l'œil», la sclère, résistante et de texture tendineuse (*skléros*: dur), protège et façonne le bulbe oculaire, tout en fournissant un ancrage solide aux muscles de celui-ci. À l'arrière, à l'endroit où le nerf optique la perce, la sclère est réunie à la dure-mère.

Le sixième antérieur de la tunique fibreuse se modifie et forme la **cornée**, qui fait saillie vers l'avant. Grâce à sa transparence cristalline, la cornée forme une fenêtre qui laisse pénétrer la lumière dans l'œil. Elle fait aussi partie de l'appareil de réfraction de la lumière.

Les deux faces de la cornée sont recouvertes par des feuillets épithéliaux. Le feuillet externe, un épithélium stratifié squameux, s'unit à la conjonctive bulbaire à la jonction de la sclère et de la cornée et protège celle-ci de toute abrasion. (L'absence de couche kératinisée est compensée par la présence d'un film lacrymal riche en lipides qui a pour fonction de ralentir l'évaporation des larmes et de procurer l'oxygène aux cellules du feuillet externe.) C'est au niveau de cette jonction que se situent les cellules épithéliales qui assurent le renouvellement continuel de la cornée. L'*endothélium cornéen*, composé d'un épithélium simple squameux, tapisse la face interne de la cornée.

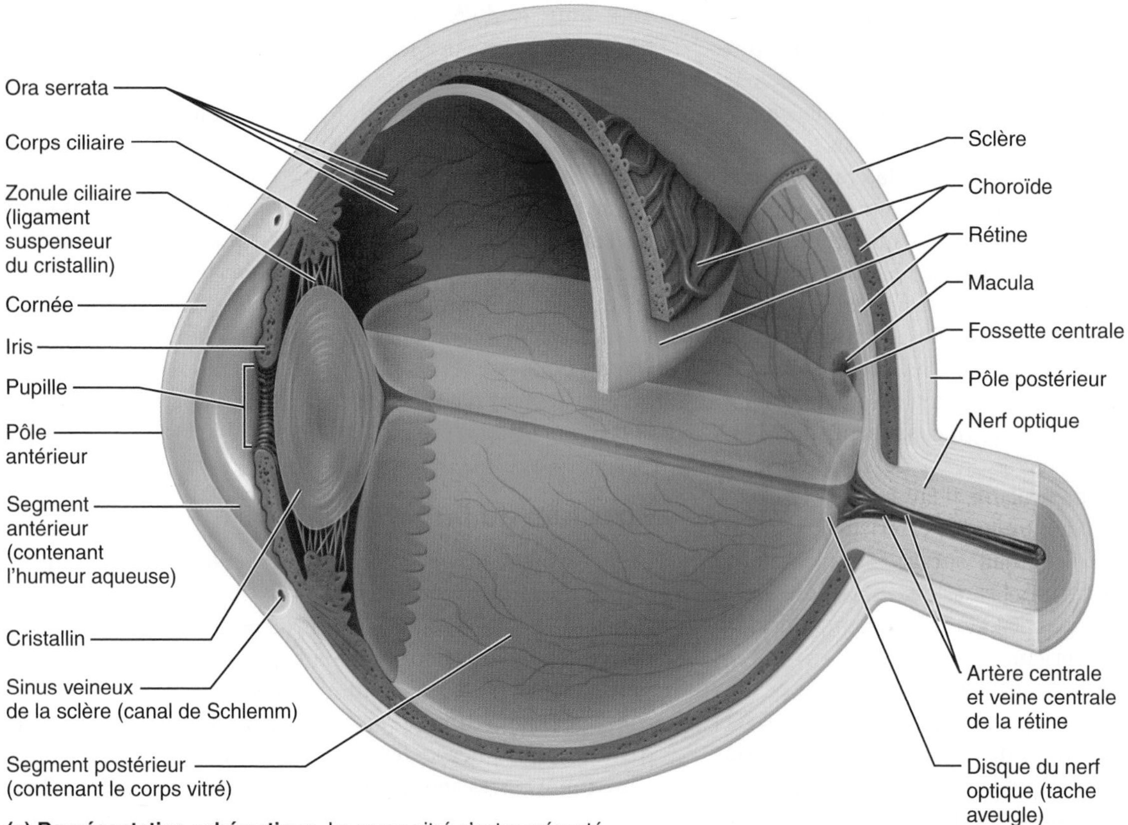

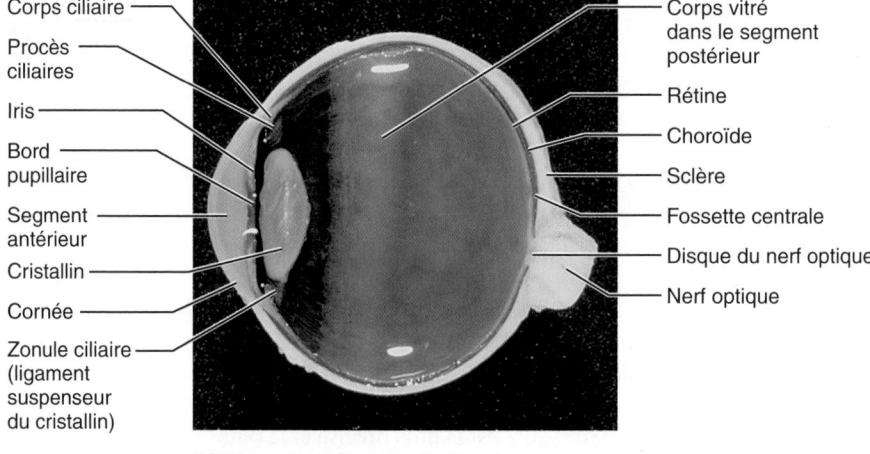

Ora serrata

Corps ciliaire

Zonule ciliaire
(ligament
suspenseur
du cristallin)

Cornée

Iris

Pupille

Pôle
antérieur

Segment
antérieur
(contenant
l'humeur aqueuse)

Cristallin

Sinus veineux
de la sclère (canal de Schlemm)

Segment postérieur
(contenant le corps vitré)

Sclère

Choroïde

Rétine

Macula

Fossette centrale

Pôle postérieur

Nerf optique

Artère centrale
et veine centrale
de la rétine

Disque du nerf
optique (tache
aveugle)

(a) Représentation schématique. Le corps vitré n'est représenté
que dans la moitié inférieure du bulbe oculaire.

Corps ciliaire

Procès
ciliaires

Iris

Bord
pupillaire

Segment
antérieur

Cristallin

Cornée

Zonule ciliaire
(ligament
suspenseur
du cristallin)

Corps vitré
dans le segment
postérieur

Rétine

Choroïde

Sclère

Fossette centrale

Disque du nerf optique

Nerf optique

(b) Photographie de l'œil humain

Figure 15.4 **Structure interne de l'œil (coupe sagittale).**

Ses cellules sont dotées de pompes à Na⁺ actives qui préservent la transparence de la cornée en réduisant sa teneur en eau.

La cornée est riche en terminaisons nerveuses, pour la plupart des nocicepteurs. (Telle est la raison pour laquelle certaines personnes ne s'adaptent jamais au port de lentilles cornéennes.) Le contact d'un objet avec la cornée provoque le réflexe du clignement et accroît la sécrétion lacrymale. La cornée demeure cependant la partie la plus exposée de l'œil, et le froid, la poussière, les éclats, etc., sont souvent à l'origine

de lésions. Heureusement, elle possède une extraordinaire capacité de régénération et de guérison. De plus, c'est le seul tissu de l'organisme qu'on peut transplanter sans risque de rejet (ou avec des risques minimes). En effet, elle ne contient aucun vaisseau sanguin et se trouve donc hors de portée du système immunitaire.

Tunique vasculaire La **tunique vasculaire du bulbe** forme l'enveloppe moyenne du bulbe oculaire; elle est aussi appelée *uvée* (*uva*: raisin). Cette tunique pigmentée comprend trois éléments distincts: la choroïde, le corps ciliaire et l'iris (figure 15.4).

La **choroïde** est une membrane (*khorion*: membrane) riche en vaisseaux sanguins, de couleur brun foncé, qui forme les cinq sixièmes postérieurs de la tunique vasculaire. Ses nombreux vaisseaux sanguins fournissent des nutriments à toutes les tuniques du bulbe. (Ces vaisseaux sanguins sont responsables des yeux rouges s'ils sont éclairés brutalement par le flash des appareils photographiques, alors que la pupille n'a pas eu le temps de se refermer.) Elle sert également d'isolant pour la rétine quand il fait froid. Son pigment brun, produit par des mélanocytes, absorbe la lumière, l'empêchant de diffuser et de se réfléchir à l'intérieur de l'œil (ce qui brouillerait la vision). La choroïde s'interrompt à l'arrière, à l'endroit où le nerf optique quitte l'œil.

À l'avant, la choroïde se modifie pour former le **corps ciliaire**, un anneau de tissu épais qui entoure le cristallin. Le corps ciliaire est composé principalement de faisceaux musculaires lisses entrecroisés qui constituent le **muscle ciliaire** (muscle intrinsèque) et régissent la forme du cristallin. Près du cristallin, la surface postérieure du corps ciliaire se plisse radialement pour former les **procès ciliaires**, dont les capillaires sécrètent, par transport actif, le liquide qui remplit la cavité du segment antérieur du bulbe oculaire. La **zonule ciliaire** (*ligament suspenseur du cristallin*) s'étend des procès ciliaires jusqu'au cristallin. Ce halo de fibres délicates entoure le cristallin et le maintient à la verticale dans l'œil.

L'**iris**, la partie colorée et visible de l'œil, est la portion la plus antérieure de la tunique vasculaire du bulbe. De la forme d'un beignet aplati, il est situé entre la cornée et le cristallin, et sa partie postérieure est unie au corps ciliaire. Son ouverture centrale, la **pupille**, est ronde et laisse pénétrer la lumière dans l'œil. L'iris est composé de deux feuillets de cellules musculaires lisses (dont une des particularités est de provenir de l'ectoderme plutôt que du mésoderme comme toutes les autres fibres musculaires). Par leur action réflexe sur le diamètre de la pupille, ces muscles intrinsèques permettent à l'iris de jouer le rôle d'un diaphragme (figure 15.5). Lorsque l'œil fixe un objet rapproché et que la lumière est abondante, le *muscle sphincter de la pupille* (muscle circulaire) se contracte et la pupille se resserre. À l'inverse, lorsque l'œil fixe un objet éloigné et que la lumière est faible, le *muscle dilatateur de la pupille* (muscle radial) se contracte et la pupille se dilate, ce qui laisse entrer un surcroît de lumière dans l'œil. La dilatation et la constriction de la pupille sont régies respectivement par des neurofibres sympathiques et des neurofibres parasympathiques.

Les variations du diamètre pupillaire sont également liées à l'intérêt porté aux stimulus visuels ou aux réactions émotionnelles qu'ils suscitent. En effet, il arrive fréquemment que les pupilles se dilatent pendant l'étude d'un sujet intéressant, en réaction à la peur ou pendant la résolution de problèmes. (Ainsi, vos pupilles devraient se dilater quand vous êtes en amour ou quand vous êtes surpris.) Inversement, l'ennui ou les images désagréables entraînent la contraction des pupilles.

On trouve des iris de différentes couleurs (*iris*: arc-en-ciel), mais tous contiennent le même pigment brun. Si celui-ci est abondant, les yeux paraissent bruns ou noirs. S'il est peu abon-

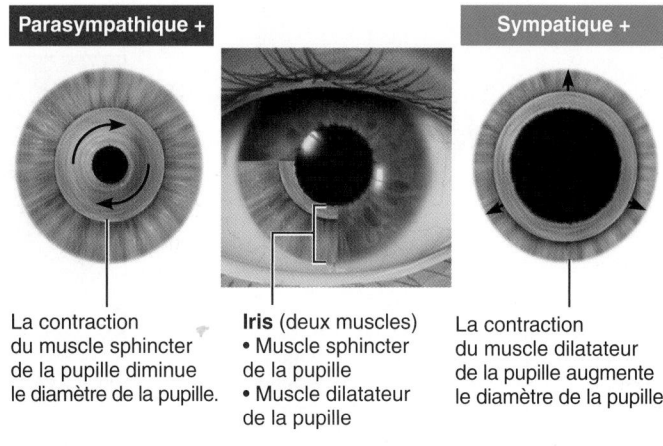

Parasympathique +
Sympatique +

La contraction du muscle sphincter de la pupille diminue le diamètre de la pupille.

Iris (deux muscles)
• Muscle sphincter de la pupille
• Muscle dilatateur de la pupille

La contraction du muscle dilatateur de la pupille augmente le diamètre de la pupille.

Figure 15.5 Dilatation et contraction de la pupille, vue antérieure. (Le signe + représente une activation.)

dant et circonscrit à la face postérieure des iris, les parties non pigmentées diffusent les longueurs d'onde les plus courtes de la lumière, et les yeux paraissent bleus, verts ou gris (figure 15.10). La plupart des nouveau-nés ont les yeux bleus ou gris foncé parce que la pigmentation de leurs iris n'est pas encore développée. La présence de pigment dans l'iris joue un rôle important dans la vision, car elle permet l'absorption des rayons lumineux divergents qui pourraient être nuisibles.

Tunique interne (rétine) La délicate tunique interne de l'œil (0,5 mm), la **rétine**, est formée de deux couches. La couche externe, appelée **partie pigmentaire de la rétine**, est composée d'une seule épaisseur de cellules; elle est contiguë à la choroïde et, à l'avant, elle couvre le corps ciliaire et la face postérieure de l'iris. La mélanine des *cellules pigmentaires de la rétine*, comme celle des cellules de la choroïde, absorbe la lumière et l'empêche de se diffuser dans l'œil. Ces cellules épithéliales jouent également le rôle de phagocytes, en éliminant les cellules photoréceptrices mortes ou endommagées, et contiennent des réserves de vitamine A pour les cellules photoréceptrices, de même qu'une enzyme qui permet la régénération du pigment visuel. La couche interne de la rétine, appelée **partie nerveuse de la rétine**, est transparente; elle s'étend vers l'avant jusqu'au bord postérieur du corps ciliaire. Cette jonction est appelée **ora serrata** («marge en dents de scie») (figure 15.4).

La rétine équivaut en fait à une émergence des cellules nerveuses du cerveau; elle contient les millions de neurones photorécepteurs qui réalisent la transduction (conversion) de l'énergie lumineuse (photons) ainsi que d'autres neurones participant au traitement des stimulus lumineux, et, enfin, des gliocytes. La partie pigmentaire et la partie nerveuse de la rétine sont très rapprochées mais non pas fusionnées. Seule la partie nerveuse de la rétine joue un rôle direct dans la vision.

De l'arrière vers l'avant, la partie nerveuse de la rétine comprend trois principaux types de neurones: des **photorécepteurs**, des **neurones bipolaires** et des **cellules ganglionnaires** (figure 15.6). Les signaux produits sous l'effet de la lumière

15

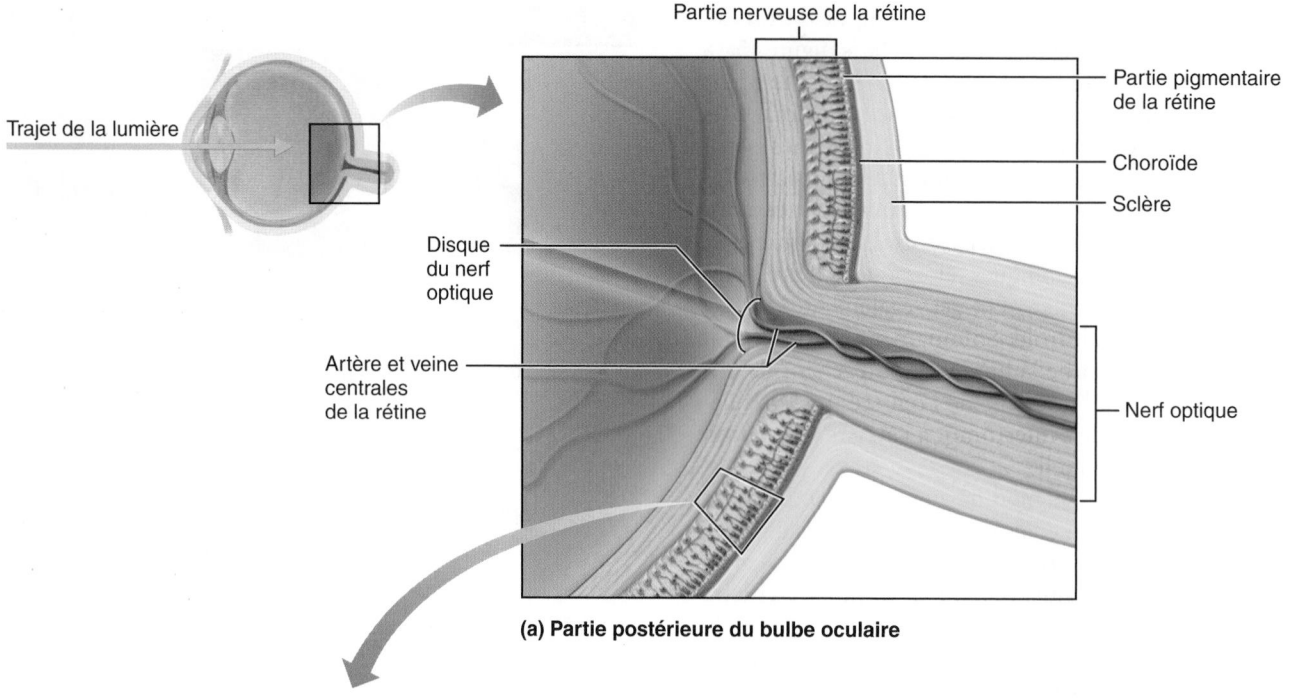

(a) Partie postérieure du bulbe oculaire

15

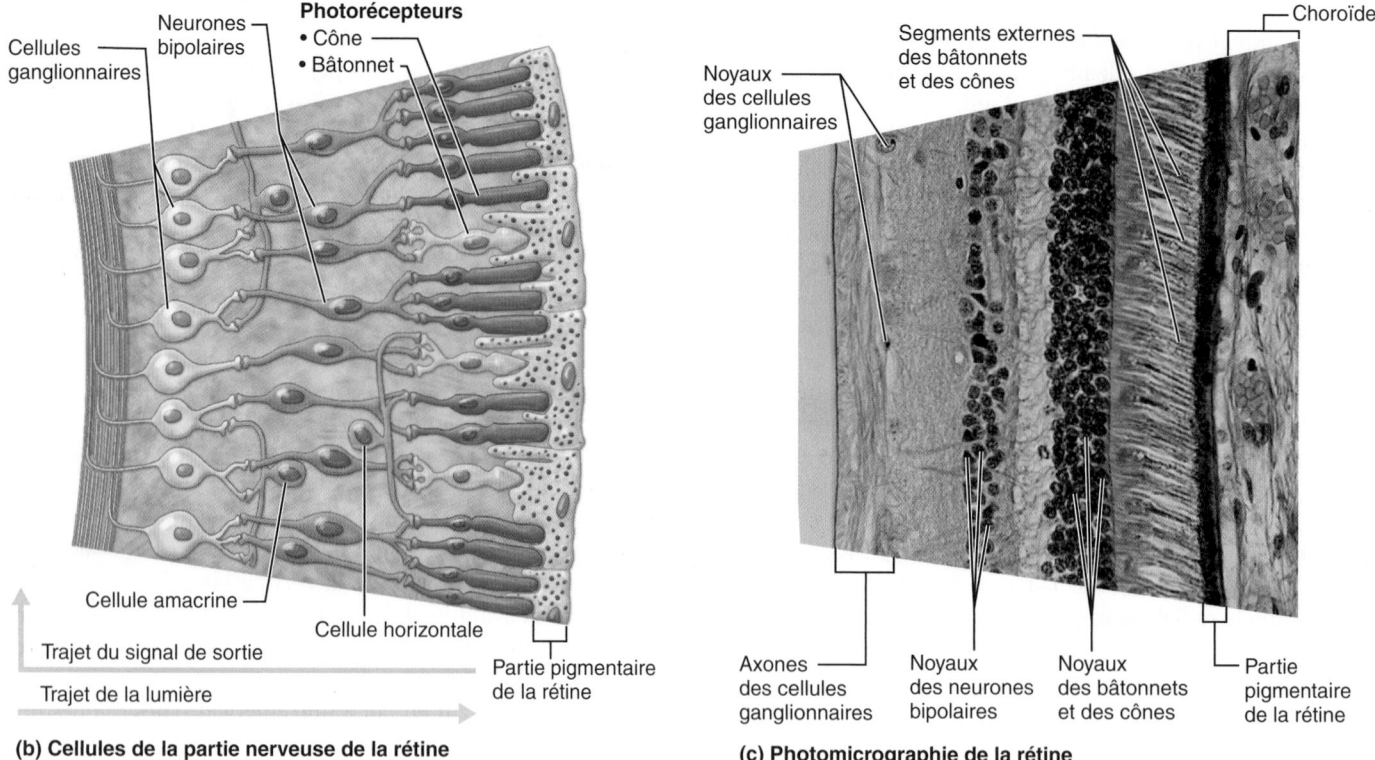

(b) Cellules de la partie nerveuse de la rétine

(c) Photomicrographie de la rétine

Figure 15.6 Anatomie microscopique de la rétine. (a) Les axones des cellules ganglionnaires forment le nerf optique, qui sort de l'arrière du bulbe oculaire au niveau du disque du nerf optique. **(b)** La lumière (indiquée par la flèche jaune) traverse la rétine pour stimuler les photorécepteurs (bâtonnets et cônes). L'information (signaux de sortie) circule dans la direction opposée par les cellules bipolaires et ganglionnaires. **(c)** Photomicrographie (150×).

dans les photorécepteurs (contigus à la partie pigmentaire) sont conduits aux neurones bipolaires puis aux cellules gan-glionnaires, où sont engendrés les potentiels d'action qui transportent les informations sensorielles jusqu'au cortex visuel du lobe occipital. Les axones des cellules ganglionnaires forment un angle droit sur la face interne de la rétine, puis ils quittent la partie postérieure de l'œil en constituant le nerf optique. La rétine contient aussi d'autres types de neurones – soit les cellules horizontales et les cellules amacrines – qui jouent un rôle dans le traitement visuel. Le **disque du nerf optique**, l'endroit où le nerf optique sort de l'œil, est un point faible du **fond d'œil** (paroi postérieure de l'œil), car il est privé du soutien de la sclère. Une augmentation de la pression intracrânienne peut y survenir et causer un œdème de la pupille, affection susceptible, si elle n'est pas traitée, de provoquer l'atrophie du nerf optique. Le disque du nerf optique est aussi appelé **tache aveugle**, car il est dépourvu de photorécepteurs. En temps ordinaire, cependant, nous ne remarquons pas cette lacune de notre vision grâce au *remplissement*, une fonction visuelle complexe qui permet au cerveau de combler l'absence d'informations visuelles.

Les deux yeux renferment au total 250 millions de photorécepteurs dans la partie nerveuse de la rétine; ces récepteurs se répartissent en deux types: les bâtonnets et les cônes. Les **bâtonnets**, qui sont environ 20 fois plus nombreux que les cônes, sont à l'origine de la vision périphérique et de la vision crépusculaire. Ils sont beaucoup plus sensibles à la lumière que les cônes, mais ils fournissent des images floues et incolores. C'est pourquoi les couleurs et les contours des objets sont indistincts dans la pénombre et à la périphérie du champ visuel. En revanche, les **cônes** s'activent en pleine lumière et fournissent une vision très précise des couleurs.

Du côté latéral du disque du nerf optique et située précisément au pôle postérieur de l'œil se trouve une zone ovale appelée **macula**, ou tache jaune, dont le centre est creusé d'une minuscule dépression (0,4 mm) appelée **fossette centrale**, ou *fovea centralis* (figure 15.4). Dans cette région, les structures rétiniennes contiguës au corps vitré (soit les cellules ganglionnaires et les neurones bipolaires) sont déplacées vers les côtés. La lumière peut ainsi atteindre presque directement les photorécepteurs plutôt que de traverser les couches de la rétine, ce qui améliore considérablement l'acuité visuelle. Les cônes sont les seuls photorécepteurs de la fossette centrale et ils sont majoritaires dans la macula de la rétine; puis, du bord de la macula à la périphérie de la rétine, la densité des cônes décroît graduellement. La périphérie de la rétine contient principalement des bâtonnets, dont la densité décroît constamment à mesure que l'on s'approche de la macula.

Seule la fossette centrale est assez densément pourvue de cônes pour fournir une vision détaillée des couleurs, et c'est pourquoi l'image des objets que nous observons attentivement se forme à son niveau. Comme chaque fossette centrale n'est pas plus grande qu'une tête d'épingle, un millième seulement du champ visuel converge à tout moment vers elle. Par conséquent, si nous voulons capter une scène animée (lorsque nous conduisons à l'heure de pointe, par exemple), nos yeux doivent se porter successivement sur différentes parties du champ visuel par des mouvements saccadés et rapides.

La partie nerveuse de la rétine est irriguée par deux sources. Son tiers externe (qui contient les photorécepteurs) est alimenté par des vaisseaux de la choroïde. Ses deux tiers internes sont desservis par l'**artère centrale de la rétine** (une ramification de l'artère ophtalmique) et par la **veine centrale de la rétine**, qui entrent dans l'œil et en sortent par le centre du nerf optique (figure 15.4a). Rayonnant à partir du disque du nerf optique, ces vaisseaux donnent naissance à un riche réseau vasculaire que l'on distingue clairement en examinant l'intérieur du bulbe oculaire à l'aide d'un ophtalmoscope (figure 15.7). Cet instrument permet d'examiner l'intérieur du bulbe oculaire afin de dépister des maladies comme le diabète, l'artériosclérose ainsi que la dégénérescence du nerf optique et de la rétine. Il est à noter que le fond d'œil est le seul endroit du corps où l'on peut observer directement de petits vaisseaux sanguins chez un sujet vivant.

DÉSÉQUILIBRE HOMÉOSTATIQUE

À cause de son anatomie, la rétine est prédisposée au *décollement*. Cette lésion entraîne parfois la cécité permanente, car les photorécepteurs ne reçoivent plus les nutriments nécessaires. Le décollement se caractérise par une séparation des parties pigmentaire et nerveuse de la rétine et par un écoulement du corps vitré entre celles-ci. Il survient généralement à la suite d'un coup à la tête ou lorsqu'un mouvement de la tête est soudainement interrompu et suivi d'un déplacement brusque dans le sens opposé (comme dans le saut à l'élastique ou un accident d'automobile); il peut aussi être associé à une tumeur ou à une maladie vasculaire. La plupart des personnes atteintes disent qu'elles ont l'impression qu'« un rideau est tiré devant leur œil », mais d'autres voient des taches noirâtres ou des éclairs de lumière (phosphènes). Si le décollement est diagnostiqué assez tôt, il est souvent possible de le corriger par différents types d'interventions chirurgicales ou par des traitements au laser (photocoagulation), mais il est nécessaire d'intervenir avant que les dommages infligés aux photorécepteurs ne deviennent permanents. ■

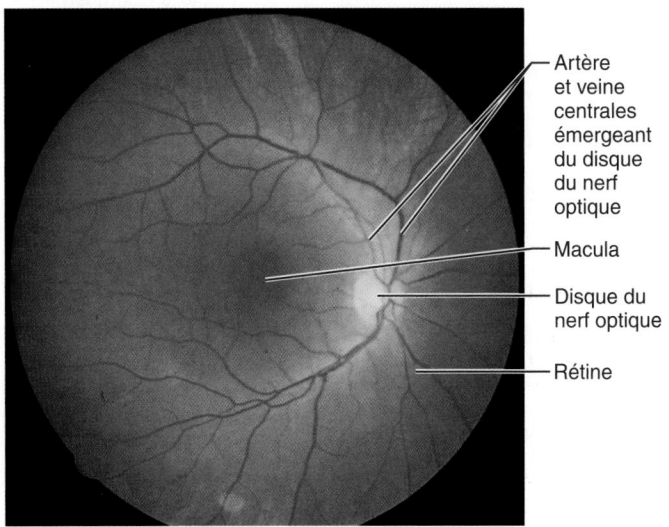

Figure 15.7 **Partie de la paroi postérieure de l'œil (fond d'œil) vue à l'ophtalmoscope.**

Artère et veine centrales émergeant du disque du nerf optique

Macula

Disque du nerf optique

Rétine

Chambres et liquides de l'œil

Comme nous l'avons déjà mentionné, le cristallin et sa zone ciliaire divisent l'œil en un segment antérieur et en un segment postérieur plus grand (figure 15.4a). Le **segment postérieur** est rempli d'une substance gélatineuse transparente, appelée **corps vitré**, qui se lie à d'énormes quantités d'eau. Le corps vitré assure plusieurs fonctions : (1) il transmet la lumière ; (2) il soutient la face postérieure du cristallin et presse fermement la partie nerveuse de la rétine contre sa partie pigmentaire ; et (3) il contribue à la pression intraoculaire, compensant ainsi la traction exercée sur la partie externe du bulbe oculaire par les muscles du bulbe. Le corps vitré se forme dans l'embryon et dure toute la vie.

L'iris subdivise partiellement le **segment antérieur (figure 15.8)** en une **chambre antérieure** (située entre la cornée et l'iris) et en une **chambre postérieure** (située entre l'iris et le cristallin). Le segment antérieur est *entièrement* rempli d'**humeur aqueuse**, liquide transparent contenant, entre autres composés, du glucose, mais moins d'électrolytes que le plasma ; il ne contient pas de protéines. Contrairement au corps vitré, l'humeur aqueuse est continuellement renouvelée. Elle est produite par les capillaires des procès ciliaires dans la chambre postérieure ; une partie diffuse librement à travers le corps vitré dans le segment postérieur et le reste s'écoule dans le segment antérieur. Après avoir traversé la pupille et pénétré dans la chambre antérieure, l'humeur aqueuse s'écoule vers le sang veineux par l'intermédiaire du **sinus veineux de la sclère (canal de**

Schlemm). Ce canal veineux particulier entoure l'œil et est situé dans l'angle formé par la jonction de la sclère et de la cornée.

Normalement, la production et le drainage de l'humeur aqueuse s'effectuent au même rythme. Par conséquent, la pression intraoculaire demeure constante, à environ 16 mm Hg, ce qui contribue à soutenir le bulbe oculaire par l'intérieur. L'humeur aqueuse fournit des nutriments et de l'oxygène au cristallin, à la cornée et à certaines cellules de la rétine, et elle les débarrasse de leurs déchets métaboliques ; elle élimine aussi les ions et l'eau du cristallin.

DÉSÉQUILIBRE HOMÉOSTATIQUE

Si le drainage de l'humeur aqueuse est entravé, le liquide s'accumule comme dans un évier bouché. La pression intraoculaire peut atteindre un niveau dangereux et comprimer la rétine et le nerf optique ; cette affection est appelée glaucome et constitue une cause importante de cécité dans le monde. La maladie se manifeste notamment par la teinte verdâtre que prend l'œil gravement atteint (*glaukos* : verdâtre) ; selon des études récentes, elle aurait un caractère polygénétique (implication de plusieurs gènes). Malheureusement, certaines formes de glaucome évoluent si lentement et si insidieusement que les personnes atteintes ne se rendent compte que trop tard du problème (d'où l'utilité du dépistage). Les signes tardifs comprennent la vision en tunnel et une vision trouble. Des recherches en cours laissent penser que dans le glaucome l'oxyde nitrique

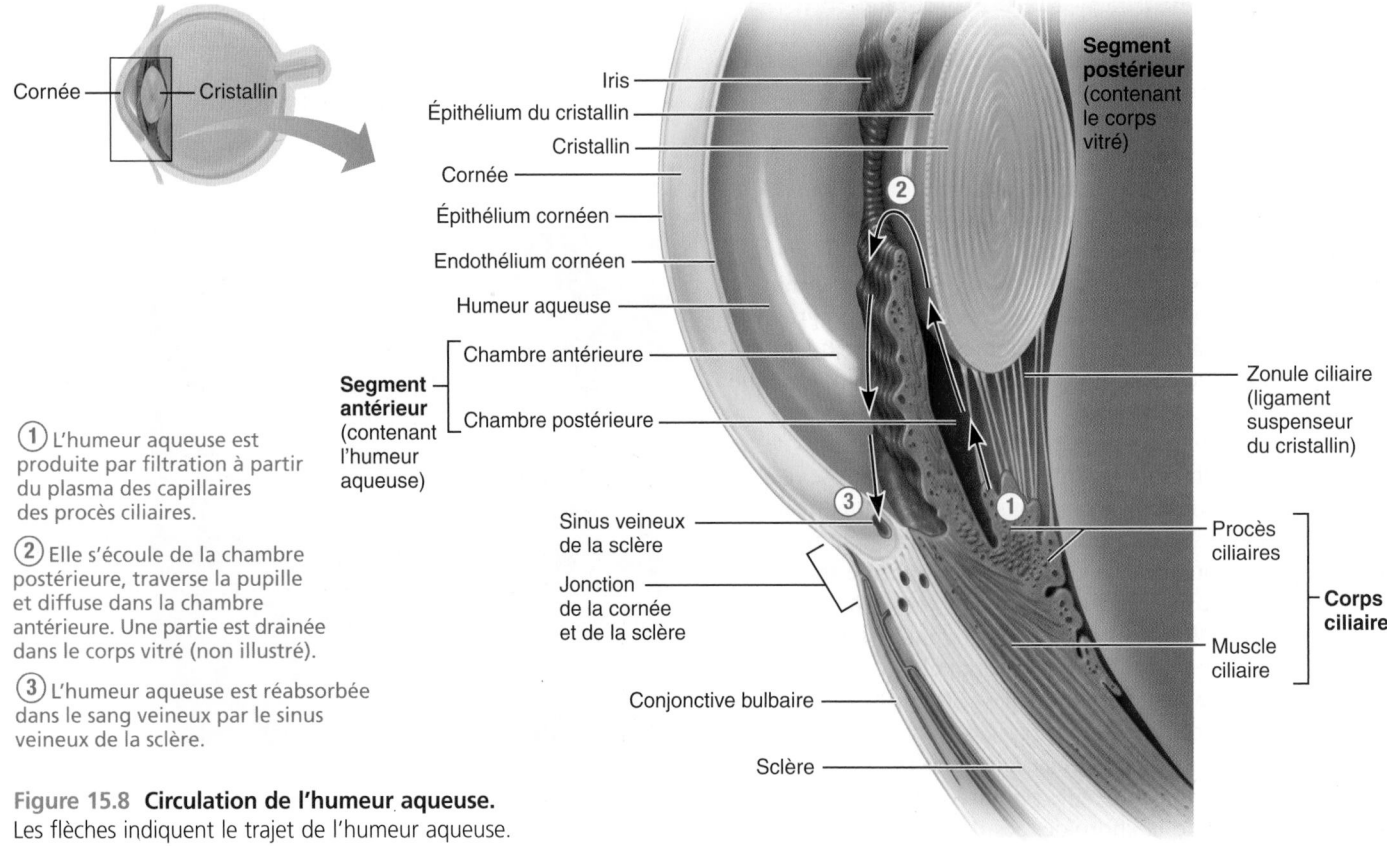

① L'humeur aqueuse est produite par filtration à partir du plasma des capillaires des procès ciliaires.

② Elle s'écoule de la chambre postérieure, traverse la pupille et diffuse dans la chambre antérieure. Une partie est drainée dans le corps vitré (non illustré).

③ L'humeur aqueuse est réabsorbée dans le sang veineux par le sinus veineux de la sclère.

Figure 15.8 Circulation de l'humeur aqueuse.
Les flèches indiquent le trajet de l'humeur aqueuse.

ou certains facteurs induisant l'apoptose pourraient être à l'origine de la dégénérescence du nerf optique.

L'examen visant à détecter le glaucome est simple. Il consiste à déterminer la pression intraoculaire en projetant un jet d'air sur la cornée et en mesurant la déformation qu'il y occasionne. Les personnes de plus de 40 ans devraient subir cet examen annuellement. On traite généralement le glaucome au moyen de collyres qui accroissent la vitesse de drainage de l'humeur aqueuse ou en diminuent la production. On a aussi recours à des traitements au laser et à la chirurgie. ■

Cristallin

Le **cristallin** est une «lentille» biconvexe, transparente (*krustallos*: glace) et flexible qui peut changer de forme de manière à focaliser précisément la lumière sur la rétine. Il est enfermé dans une capsule mince et élastique et maintenu juste à l'arrière de l'iris par la zonule ciliaire (figure 15.8). Comme la cornée, le cristallin n'est pas vascularisé, car les vaisseaux sanguins nuisent à la transparence.

Le cristallin comprend deux éléments: l'**épithélium du cristallin** et les **fibres du cristallin**. L'épithélium du cristallin, cantonné à la surface antérieure, est composé d'une seule couche de cellules cuboïdes; ces cellules se divisent, s'allongent et se différencient pour former les fibres du cristallin, qui constituent l'essentiel de la masse du cristallin. Les fibres du cristallin sont superposées comme les couches d'un oignon et unies entre elles par des jonctions particulières qui préservent la forme du cristallin lorsque celui-ci subit les changements d'épaisseur caractéristiques de l'accommodation; les fibres sont anucléées et contiennent peu d'organites. Elles renferment cependant des protéines transparentes, repliées selon un plan bien précis et appelées **cristallines**, qui forment le corps du cristallin. Comme de nouvelles fibres ne cessent de s'ajouter au cristallin, celui-ci grossit au cours de la vie. Il devient donc plus dense, plus convexe et moins souple et perd peu à peu sa capacité d'accommodation.

DÉSÉQUILIBRE HOMÉOSTATIQUE

Une **cataracte** («chute d'eau») est une opacité du cristallin qui embrouille la vision **(figure 15.9)**. Certaines cataractes sont congénitales (consécutives à la rubéole, par exemple), d'autres surviennent à la suite d'un traumatisme, mais la plupart résultent d'une opacification progressive du cristallin au cours du vieillissement ou sont causées par des maladies comme le diabète sucré ou par d'autres troubles métaboliques. Le tabagisme et l'exposition fréquente au soleil prédisposent aux cataractes; en revanche, la consommation à long terme de compléments alimentaires de vitamine C pourrait en réduire le risque.

Mais quels que soient les facteurs prédisposants, la cause *immédiate* des cataractes est probablement un apport insuffisant de nutriments aux fibres profondes du cristallin. Les changements métaboliques qui s'ensuivent favorisent l'agrégation des cristallines. La cataracte serait à l'origine de 20 millions de cas de cécité à travers le monde. Fort heureusement, on peut exciser chirurgicalement le cristallin touché et le remplacer par un cristallin artificiel. ■

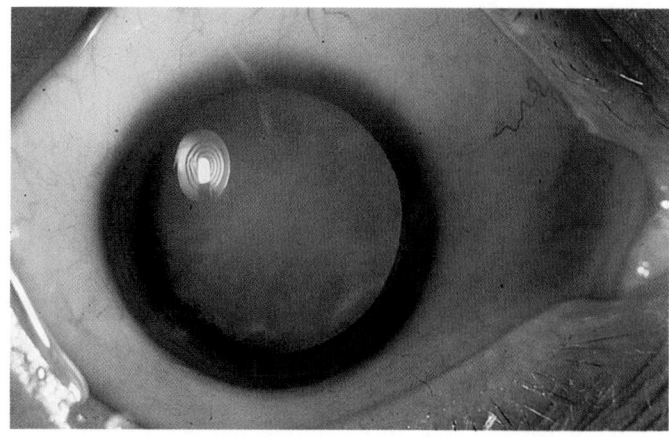

Figure 15.9 Photographie d'une cataracte. Le cristallin est laiteux et opaque, pas la cornée.

VÉRIFIONS NOS ACQUIS

1. Comment se nomme la muqueuse transparente qui tapisse la paupière? Et quelle partie de l'œil son repli antérieur recouvre-t-il?
2. Décrivez la composition chimique des larmes. Quelle structure les sécrète?
3. Nommez les deux parties de la tunique fibreuse. Laquelle des deux contient le plus grand nombre de nocicepteurs et quel inconvénient cela risque-t-il de causer?
4. Décrivez la tache aveugle. Pourquoi dit-on qu'elle est «aveugle»?
5. L'optométriste de Samuel lui dit que sa pression intraoculaire est élevée. Comment appelle-t-on cet état? Quel liquide y joue un rôle?

Les réponses se trouvent à l'appendice G.

Physiologie de la vision

3 Expliquer le trajet que parcourt la lumière, de son entrée dans le bulbe oculaire jusqu'aux photorécepteurs de la rétine, et expliquer comment la lumière est focalisée pour la vision éloignée et la vision rapprochée; définir les termes «punctum proximum», «punctum remotum», «accommodation» et «convergence».

4 Exposer les causes, les conséquences et, éventuellement, les principaux traitements de l'astigmatisme, de la myopie, de l'hypermétropie et de la presbytie.

Lumière et optique

Pour bien comprendre le fonctionnement de l'œil en tant qu'organe de la photoréception, il faut connaître les propriétés de la lumière.

15

Longueur d'onde et couleur Le **rayonnement électromagnétique** comprend toutes les ondes de l'énergie, de celles des longues ondes radio (qui se mesurent en mètres) à celles des très courtes des rayons gamma (γ) et des rayons X, égales ou inférieures à 1 nm. Les seules longueurs d'onde auxquelles les yeux humains réagissent sont celles de la portion du spectre dite de la **lumière visible**, qui mesurent de 400 à 700 nm **(figure 15.10a)**. (Un nanomètre, c'est 10^{-9} m, ou 1 milliardième de mètre.)

La lumière visible se propage sous forme d'ondes dont on peut mesurer très précisément la longueur. On peut aussi représenter la lumière comme étant composée de particules d'énergie appelées **photons** ou **quanta** d'énergie lumineuse. Ce paradoxe amène les scientifiques à décrire la lumière comme des particules d'énergie (des photons) qui se propagent sous forme d'ondes à la vitesse de 300 000 km/s. La lumière est donc une vibration d'énergie pure (« une ondulation qui brille ») plutôt qu'une substance matérielle.

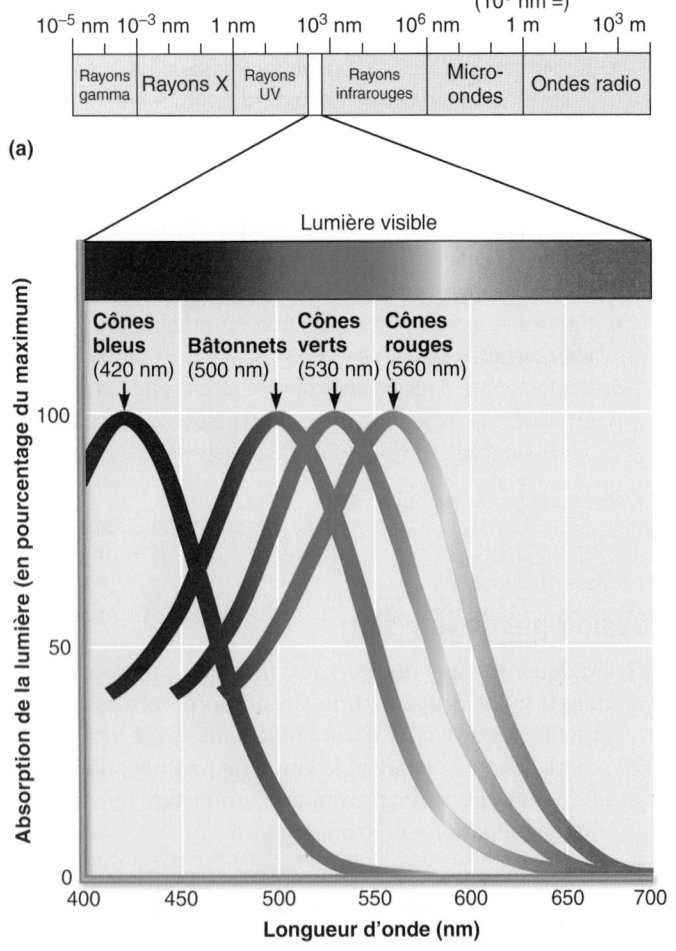

(a)

(b)

Figure 15.10 **Spectre électromagnétique et sensibilité des photorécepteurs. (a)** Le spectre de la lumière visible ne constitue qu'une petite portion du spectre électromagnétique. (nm : nanomètre) **(b)** Sensibilité des bâtonnets et des trois types de cônes aux différentes longueurs d'onde du spectre visible.

Lorsqu'un rayon de lumière traverse un prisme, chacune des ondes qui le composent est déviée à un degré qui lui est propre, de telle façon que le rayon se décompose en un **spectre visible** (figure 15.10b). (De même, l'arc-en-ciel qui se forme après une averse est dû à la décomposition de la lumière frappant les gouttelettes d'eau en suspension dans l'atmosphère.) Les ondes de la lumière rouge sont les plus longues, tandis que celles de la lumière violette sont les plus courtes. Les objets sont colorés parce qu'ils absorbent certaines longueurs d'onde et en réfléchissent d'autres. Les objets blancs réfléchissent toutes les longueurs d'onde de la lumière, et les objets noirs les absorbent toutes. Ainsi, une pomme rouge réfléchit principalement de la lumière rouge (provenant des pigments qui composent sa pulpe), et le gazon réfléchit surtout de la lumière verte (provenant de sa chlorophylle). Ces considérations permettent de comprendre pourquoi chez les individus à peau blanche, le sang des veines paraît bleu, alors qu'il est rouge en réalité. En effet, la peau blanche absorbe faiblement les longueurs d'onde de la lumière, mais encore moins le rouge ; au contraire, les vaisseaux sanguins absorbent presque toutes les longueurs d'onde, à l'exception du rouge. La couleur bleue des vaisseaux sanguins est donc le résultat d'une illusion d'optique du sang rouge sur un fond teinté de rouge qu'est la peau qui agit comme un filtre.

Réfraction et lentilles La lumière se propage en ligne droite, et tout objet opaque lui fait obstacle. Comme le son, la lumière peut rebondir sur une surface : ce phénomène est appelé **réflexion**. La majeure partie de la lumière qui atteint nos yeux a été réfléchie par les objets qui nous entourent.

Dans un milieu uniforme, la lumière se propage à une vitesse constante. Mais lorsqu'elle passe d'un milieu transparent à un autre milieu transparent de densité différente, sa vitesse se modifie. La lumière accélère en entrant dans un milieu moins dense, et elle ralentit en pénétrant dans un milieu plus dense. Ces changements de vitesse sont à l'origine de la **réfraction** qu'un rayon de lumière subit lorsqu'il atteint la surface d'un deuxième milieu obliquement plutôt que perpendiculairement. Plus cet angle est grand, plus la déviation est forte. La **figure 15.11** illustre la réfraction : une cuillère placée dans un verre semble se briser à la surface de séparation de l'air et de l'eau. Le même phénomène explique que la profondeur d'un lac ou d'une piscine nous paraît toujours moins grande qu'elle ne l'est en réalité.

Une lentille est un objet transparent dont au moins une des deux surfaces est courbe et qui réfracte la lumière lorsque celle-ci atteint sa surface obliquement. Une lentille convexe, c'est-à-dire plus épaisse au centre qu'en périphérie (comme l'objectif d'un appareil photo), fait converger la lumière en un point appelé foyer **(figure 15.12a)**. En règle générale, plus la lentille est épaisse (plus elle est convexe), plus la lumière dévie et plus la distance focale (la distance entre la lentille et le foyer) est courte. L'image formée par une lentille convexe, appelée **image réelle**, est inversée de haut en bas et de gauche à droite (figure 15.12b).

La lentille concave, qui est plus épaisse en périphérie qu'au centre (comme la lentille d'une loupe), fait diverger la lumière. La distance focale d'une lentille concave est plus longue que celle d'une lentille convexe.

Figure 15.11 Réfraction. Une cuillère placée dans un verre d'eau semble se briser à la surface de séparation de l'eau et de l'air. Ce phénomène est dû au fait que la lumière dévie vers la perpendiculaire lorsqu'elle passe d'un milieu moins dense à un milieu plus dense (ici, de l'air à l'eau).

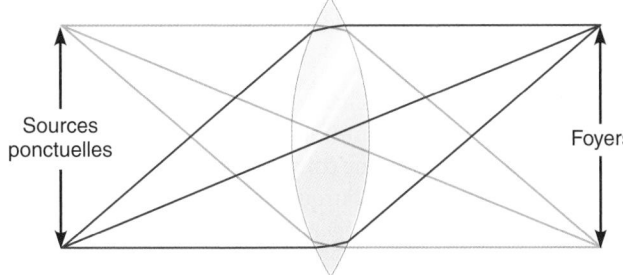

Sources ponctuelles — Foyers

(a) Focalisation de rayons issus de deux points

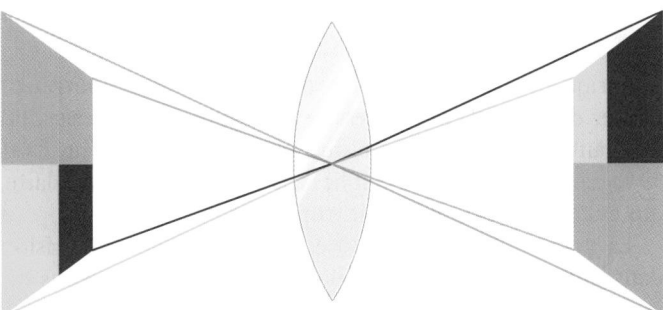

(b) Formation d'une image inversée de haut en bas et de gauche à droite

Figure 15.12 Réfraction de la lumière par une lentille convexe.

Convergence de la lumière sur la rétine

Quand elle entre dans l'œil, la lumière traverse successivement la cornée, l'humeur aqueuse, le cristallin, le corps vitré puis *toute l'épaisseur de la partie nerveuse de la rétine* avant de stimuler les photorécepteurs, qui sont contigus à la partie pigmentaire de la rétine (figures 15.4 et 15.6). La lumière est donc déviée trois fois: à son entrée dans la cornée, à son entrée dans le cristallin et à sa sortie du cristallin. La puissance de réfraction de l'humeur aqueuse, du corps vitré et de la cornée est constante. Le cristallin, lui, est normalement très élastique, si bien que sa courbure et son pouvoir de réfraction peuvent se modifier pour permettre une focalisation précise de l'image.

Convergence pour la vision éloignée Les yeux humains sont mieux adaptés à la vision éloignée qu'à la vision rapprochée. Pour regarder des objets éloignés, nous n'avons qu'à fixer les bulbes de nos yeux sur le même point. Le **punctum remotum** est le point au-delà duquel la vision distincte d'un objet ne nécessite aucun changement (accommodation): la courbure du cristallin n'a pas besoin d'être modifiée pour permettre la convergence de la lumière sur la rétine. Pour l'œil normal, ou **emmétrope**, le punctum remotum est situé à environ 6 m.

On peut dire que tout objet capté par la vue est composé de très nombreux points desquels la lumière rayonne dans toutes les directions. La lumière provenant d'un objet situé au punctum remotum ou plus loin atteint l'œil sous forme de rayons quasi parallèles et elle est précisément focalisée sur la rétine par l'appareil de réfraction statique (la cornée, l'humeur aqueuse et le corps vitré) et par le cristallin au repos (figure 15.13a).

Pour la vision éloignée, les muscles ciliaires semblables à des sphincters sont complètement relâchés, et le cristallin (qui est aplati sous l'effet de la tension exercée par sa zone ciliaire) est à son épaisseur minimale. Par conséquent, sa puissance de réfraction est à son plus bas. Les muscles ciliaires se relâchent quand l'influx sympathique qu'ils reçoivent augmente et que l'influx parasympathique diminue.

Convergence pour la vision rapprochée Les rayons lumineux provenant des objets situés à moins de 6 m ne sont pas parallèles, comme dans le cas des objets éloignés, mais divergents; ils convergeraient derrière la rétine si rien ne venait modifier leur trajet. C'est pourquoi la vision de près demande à l'œil trois adaptations: l'accommodation, la contraction de la pupille et la convergence du bulbe de chaque œil. Il semble que la formation d'une image floue sur la rétine provoque ces trois réflexes simultanés.

1. **Accommodation du cristallin.** L'**accommodation** est le processus par lequel la puissance de réfraction du cristallin augmente pour faire dévier les rayons lumineux divergents. Elle s'effectue par la contraction des muscles ciliaires, qui tirent le corps ciliaire vers l'avant et l'intérieur, en direction de la pupille, relâchant ainsi la tension de la zonule ciliaire. (Curieusement, c'est une *contraction* musculaire qui crée un *relâchement* du ligament suspenseur.) Libéré de la traction, le cristallin bombe. Sa distance focale s'en trouve raccourcie et

15

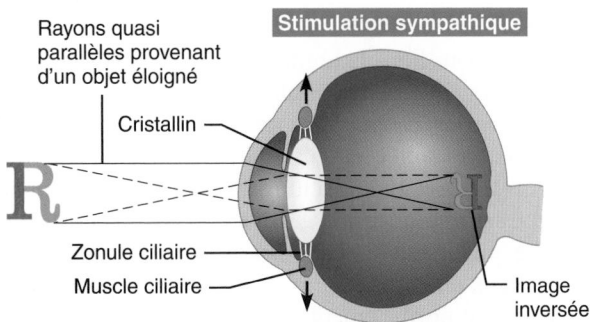

Stimulation sympathique

Rayons quasi parallèles provenant d'un objet éloigné

Cristallin

Zonule ciliaire

Muscle ciliaire

Image inversée

(a) Aplatissement du cristallin pour la vision éloignée. Sous l'effet d'une stimulation sympathique, le muscle ciliaire se relâche, la zone ciliaire se resserre et le cristallin s'aplatit.

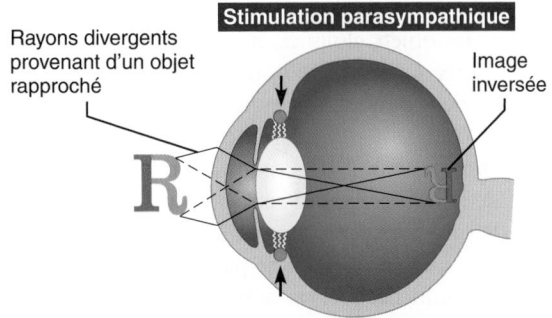

Stimulation parasympathique

Rayons divergents provenant d'un objet rapproché

Image inversée

(b) Bombement du cristallin pour la vision rapprochée. Sous l'effet d'une stimulation parasympathique, le muscle ciliaire se contracte et la zone ciliaire se relâche, ce qui produit le bombement du cristallin.

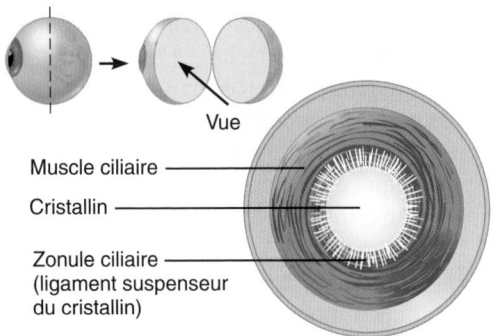

Vue

Muscle ciliaire

Cristallin

Zonule ciliaire (ligament suspenseur du cristallin)

(c) Le muscle ciliaire et la zone ciliaire sont disposés comme des sphincters autour du cristallin. (Segment antérieur vu de l'intérieur de l'œil.)

Figure 15.13 **Convergence pour la vision éloignée et la vision rapprochée.**

l'image d'un objet rapproché peut ainsi converger sur la rétine (figure 15.13b). La contraction des muscles ciliaires est régie principalement par les neurofibres parasympathiques du nerf oculomoteur (nerf crânien III).

Le point le plus rapproché de l'espace que l'œil peut distinguer nettement est appelé **punctum proximum**; c'est à ce point que le cristallin atteint son renflement maximal pour permettre la convergence de la lumière sur la rétine. Pour le jeune adulte dont les yeux sont emmétropes, le punctum proximum est situé entre 8 et 15 cm

de l'œil. Le punctum proximum est plus rapproché chez l'enfant et il recule au cours des années, ce qui explique pourquoi les enfants peuvent tenir leur livre très près de leur visage et pourquoi bon nombre de personnes âgées lisent leur journal en le tenant à bout de bras. La diminution graduelle de l'amplitude de l'accommodation est liée à la perte d'élasticité du cristallin. Vers l'âge de 40 ans, l'amplitude de l'accommodation diminue, ce qui constitue une anomalie appelée **presbytie** («vision de la personne âgée»).

2. **Contraction de la pupille.** Le muscle sphincter de la pupille (muscle circulaire) accentue l'effet de l'accommodation en réduisant le diamètre de la pupille à 2 mm (figure 15.5). Ce **réflexe d'accommodation de la pupille**, qui fait intervenir les neurofibres parasympathiques du nerf oculomoteur, empêche les rayons lumineux les plus divergents d'entrer dans l'œil et de traverser le pourtour du cristallin. En effet, ces rayons ne se focaliseraient pas correctement sur la fossette centrale de la macula de la rétine et ils embrouilleraient la vision.

3. **Convergence des bulbes oculaires.** L'effort visuel a pour fonction de toujours focaliser les images sur la fossette centrale. Lorsque nous regardons des objets éloignés, nous dirigeons nos deux yeux parallèlement, que ce soit droit devant nous ou de côté; en revanche, lorsque nous observons un objet rapproché, nos yeux convergent. La **convergence** se définit comme la rotation médiale que les bulbes oculaires subissent sous l'action des muscles droits médiaux. Ce faisant, chaque œil se trouve dirigé vers l'objet considéré. La convergence est régie par les neurofibres motrices somatiques des nerfs oculomoteurs. Plus l'objet est rapproché, plus le degré de convergence doit être élevé, comme lorsque l'on regarde le bout de son nez.

La lecture et les autres tâches réalisées à courte distance des yeux nécessitent une accommodation par le cristallin, une contraction des pupilles et une convergence des bulbes oculaires presque continuelles. C'est pourquoi les longues séances de lecture causent parfois de la *fatigue oculaire*. Si vous lisez durant de longues périodes, vous devriez de temps en temps lever les yeux et regarder au loin afin de décontracter les muscles des yeux (qui sont contractés pour la vision rapprochée).

DÉSÉQUILIBRE HOMÉOSTATIQUE

Théoriquement, les défauts de réfraction oculaire pourraient relever d'une réfraction excessive ou insuffisante du cristallin ou d'anomalies structurales du bulbe oculaire. En fait, dans 99 % des cas, ces défauts sont liés à la forme du bulbe oculaire, qui est soit trop allongé, soit trop court.

La **myopie** («courte vue») est une anomalie de la vision dans laquelle l'image des objets éloignés se forme non pas sur la rétine mais à l'avant de la fossette centrale (figure 15.14, partie de gauche). Les personnes myopes ont une vision nette des objets rapprochés, parce que leur image peut se former sur la rétine, mais elles distinguent mal les objets éloignés. La myopie est généralement due à une élongation du bulbe oculaire.

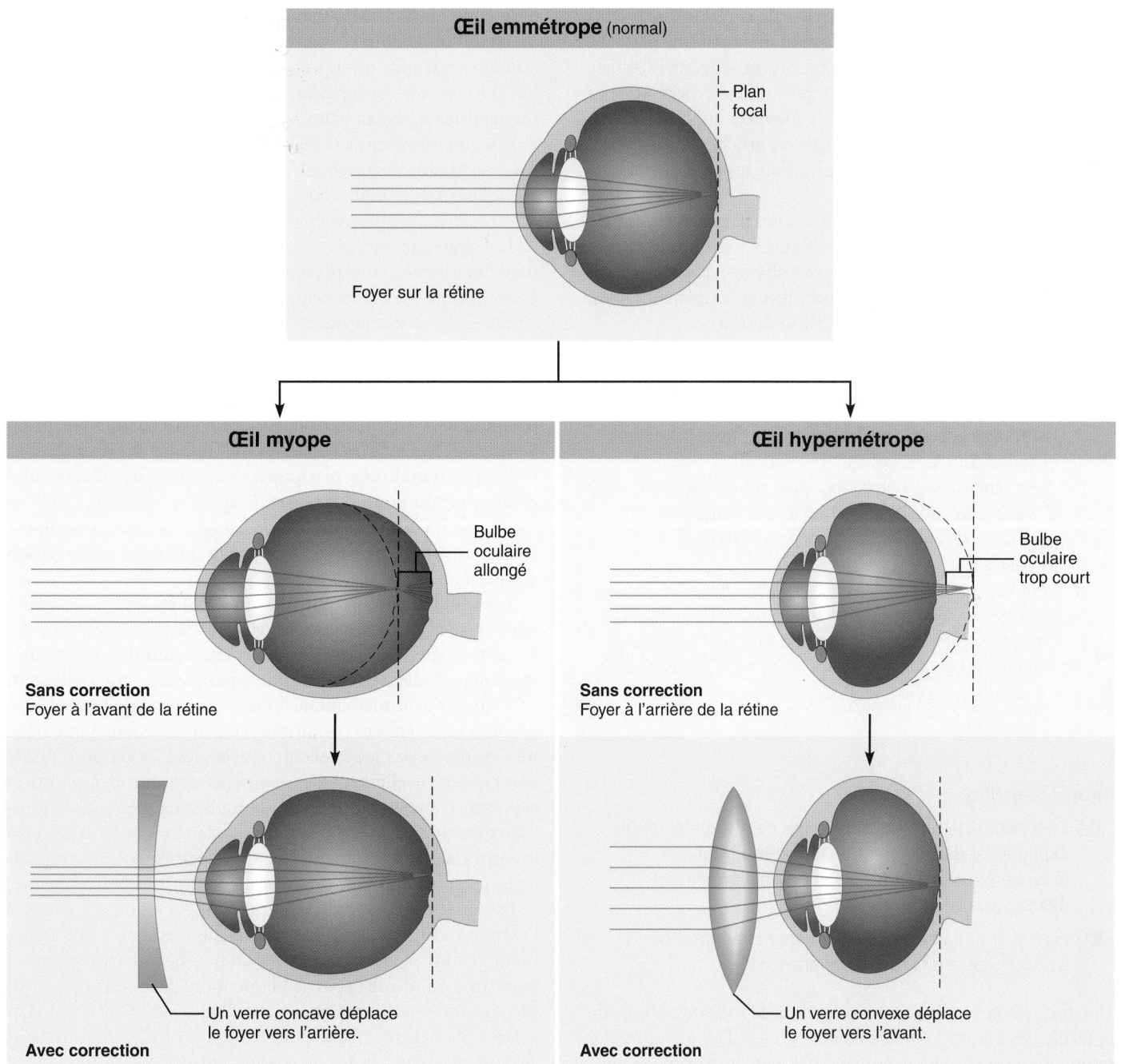

Figure 15.14 Défauts de réfraction. La puissance de réfraction de la cornée, qui représente normalement les deux tiers de la puissance de réfraction de la lumière, est omise ici.

Elle atteint une personne sur quatre en Occident, mais elle est encore plus fréquente en Asie, où elle touche jusqu'à 60 % de la population.

On la corrige traditionnellement avec un verre concave qui fait diverger la lumière avant son entrée dans l'œil. Parmi les autres options de traitement, on trouve des interventions chirurgicales qui aplatissent légèrement la cornée telles que la kératotomie radiaire (RK) et le traitement au laser (PRK, LASIK).

L'**hypermétropie** («vision longue») est une anomalie dans laquelle les rayons lumineux parallèles des objets éloignés se focalisent *à l'arrière* de la rétine (figure 15.14, partie de droite). Les personnes hypermétropes voient parfaitement bien les objets éloignés, car leurs muscles ciliaires se contractent presque continuellement pour augmenter la puissance de réfraction du cristallin et ainsi avancer le foyer jusque sur la rétine. Cependant, les rayons lumineux divergents provenant d'objets *rapprochés* se focalisent si loin à l'arrière de la rétine que le cristallin, même à sa puissance de réfraction maximale, ne parvient pas à focaliser les images sur la rétine. Par conséquent, les objets rapprochés paraissent flous et les personnes hypermétropes doivent porter des verres correcteurs convexes qui font converger la lumière provenant des objets rapprochés. En général, l'hypermétropie est due à une diminution anormale de la longueur du bulbe oculaire.

L'inégalité de la courbure des différentes parties de la cornée ou du cristallin produit une vision floue. Ce défaut de réfraction est appelé **astigmatisme** (*astigma* : absence de point), et on le corrige au moyen de verres cylindriques spécialement taillés, d'implants cornéens ou par l'utilisation du laser. ■

VÉRIFIONS NOS ACQUIS

6. Classez les structures suivantes dans l'ordre où la lumière les traverse pour atteindre les photorécepteurs (bâtonnets et cônes) dans la rétine : cristallin, neurones bipolaires, corps vitré, cornée, humeur aqueuse, cellules ganglionnaires. (*Conseil* : consultez la figure 15.6 si vous voulez connaître la situation des cellules ganglionnaires et des neurones bipolaires.)

7. Vous lisez votre manuel depuis un certain temps et vos yeux commencent à être fatigués. Quels muscles intrinsèques de l'œil se relâchent quand on regarde au loin et pourquoi ?

8. Pourquoi le punctum proximum recule-t-il avec l'âge ?

Les réponses se trouvent à l'appendice G.

Photoréception

5 Décrire la structure des deux types de photorécepteurs ; expliquer le déroulement de leur stimulation par la lumière ; comparer le rôle et le fonctionnement des cônes avec ceux des bâtonnets.

6 Expliquer l'adaptation à la lumière et l'adaptation à l'obscurité ; en faire la comparaison.

Une fois que la lumière s'est focalisée sur la fossette centrale de la rétine, les photorécepteurs entrent en jeu. Dans un premier temps, nous décrirons l'anatomie fonctionnelle des cellules photoréceptrices, les bâtonnets et les cônes, puis nous traiterons de la chimie des pigments visuels et de leur réaction à la lumière. Enfin, nous expliquerons l'activation des photorécepteurs et la phototransduction. La **phototransduction** est le processus par lequel l'énergie lumineuse est convertie en un potentiel récepteur qui induira éventuellement un potentiel d'action.

Anatomie fonctionnelle des photorécepteurs Les photorécepteurs sont des neurones modifiés, mais ils s'assimilent sur le plan structural à de grandes cellules épithéliales renversées dont l'extrémité serait enfouie dans la partie pigmentaire de la rétine (figure 15.15a). Cette extrémité, la région réceptrice des bâtonnets et des cônes, est appelée **segment externe**. De la partie pigmentaire à la partie nerveuse de la rétine, le segment externe

d'un cône ou d'un bâtonnet est uni à un **segment interne** par un cil de connexion. Le segment interne est alors relié au *corps cellulaire*, qui communique avec une *fibre interne*, laquelle établit des *jonctions synaptiques* avec les neurones bipolaires. Le segment externe des bâtonnets est allongé (d'où leur nom), et le segment interne est relié au corps cellulaire par une *fibre externe*. Quant au segment externe des cônes, il est court et conique ; par ailleurs, leur segment interne communique directement avec leur corps cellulaire.

Les segments internes possèdent une forte concentration de mitochondries qui fournissent l'énergie nécessaire aux réactions photoréceptrices. Les segments externes contiennent un réseau élaboré de **pigments visuels**, ou **photopigments**, qui changent de forme en absorbant la lumière. Les pigments visuels sont contenus dans des disques formés par des invaginations de la membrane plasmique (figure 15.15b). Ces invaginations augmentent la surface consacrée à la réception de la lumière. Dans les cônes, les membranes des disques sont unies à la membrane plasmique ; l'intérieur des disques des cônes communique donc avec l'espace interstitiel. Dans les bâtonnets, les disques sont détachés les uns des autres – empilés dans un cylindre de membrane plasmique comme des pièces de monnaie dans un rouleau.

Les cellules photoréceptrices sont très fragiles ; si la partie nerveuse de la rétine se détache de la partie pigmentaire (décollement de la rétine), les photorécepteurs commencent immédiatement à dégénérer. Les photorécepteurs sont également détruits par la lumière intense, l'énergie même qu'ils sont censés détecter. Dans ces conditions, comment se fait-il que nous ne devenions pas graduellement aveugles ? La réponse réside dans le renouvellement des segments externes des photorécepteurs. Dans les bâtonnets, à la fin de chaque nuit, de nouveaux disques formés à partir de substances synthétisées dans le corps cellulaire s'ajoutent à l'extrémité proximale du segment externe. À mesure qu'ils se forment, les nouveaux disques poussent les autres vers la périphérie. Les disques situés à l'extrémité du segment externe se fragmentent continuellement et sont phagocytés par les cellules de la partie pigmentaire (une cellule de la partie pigmentaire de la rétine pourrait phagocyter quotidiennement de 2000 à 4000 disques). Les extrémités des segments externes des cônes se renouvellent également, mais à la fin de chaque journée.

Comme ils contiennent des pigments visuels qui leur sont propres, les bâtonnets et les trois types de cônes absorbent différentes longueurs d'onde de la lumière et présentent des seuils d'excitation distincts. Ainsi, les bâtonnets sont très sensibles (ils réagissent à la lumière très faible, même à un seul photon) et sont donc adaptés à la vision nocturne et à la vision périphérique ; par ailleurs, comme ils contiennent un seul type de pigment visuel, leurs influx ne sont perçus par le cortex visuel que comme des nuances de gris. Quant aux cônes, ils sont peu sensibles (ils réagissent à la lumière très intense), mais ils contiennent un des trois pigments qui nous permettent de capter toute une gamme de couleurs.

Les bâtonnets et les cônes sont reliés différemment aux autres neurones rétiniens. Jusqu'à 100 bâtonnets peuvent communiquer

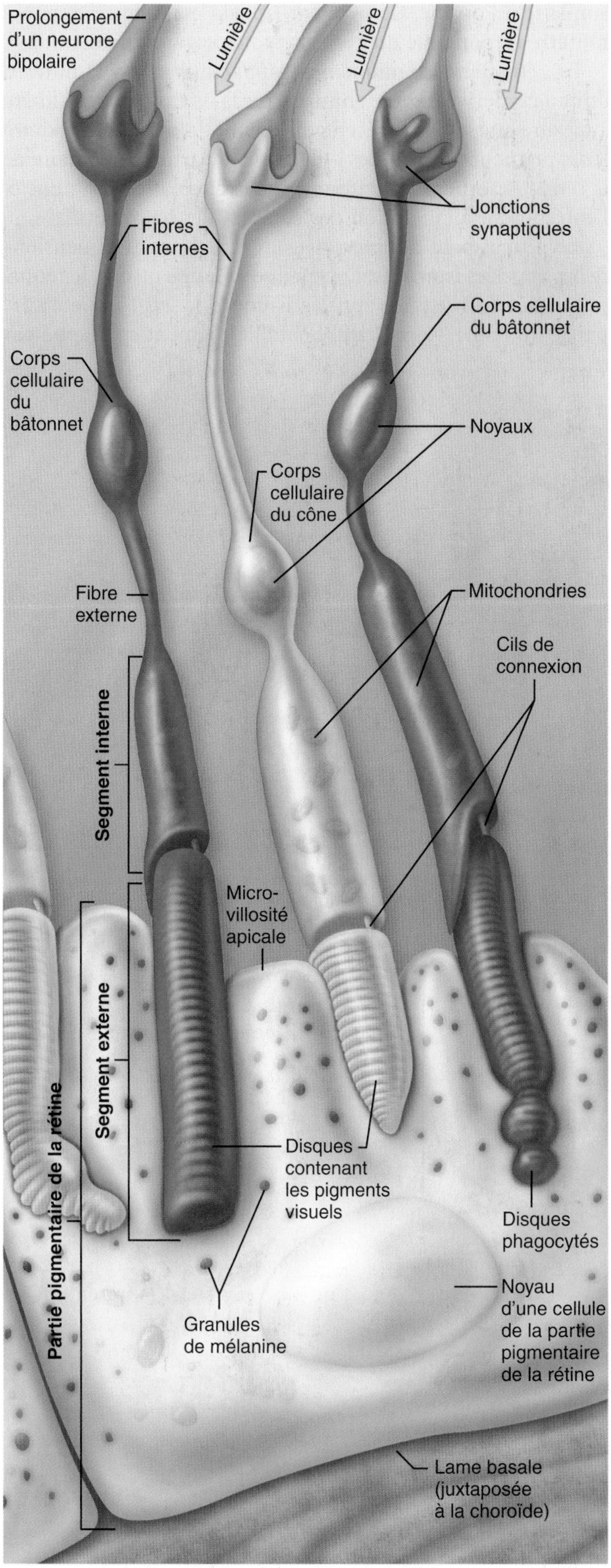

Prolongement d'un neurone bipolaire

Lumière

Lumière

Lumière

Jonctions synaptiques

Fibres internes

Corps cellulaire du bâtonnet

Corps cellulaire du bâtonnet

Corps cellulaire du cône

Noyaux

Fibre externe

Mitochondries

Segment interne

Cils de connexion

Micro-villosité apicale

Segment externe

Partie pigmentaire de la rétine

Disques contenant les pigments visuels

Disques phagocytés

Granules de mélanine

Noyau d'une cellule de la partie pigmentaire de la rétine

Lame basale (juxtaposée à la choroïde)

(a) Les segments externes des bâtonnets et des cônes sont intégrés à la partie pigmentaire de la rétine.

Disques d'un bâtonnet

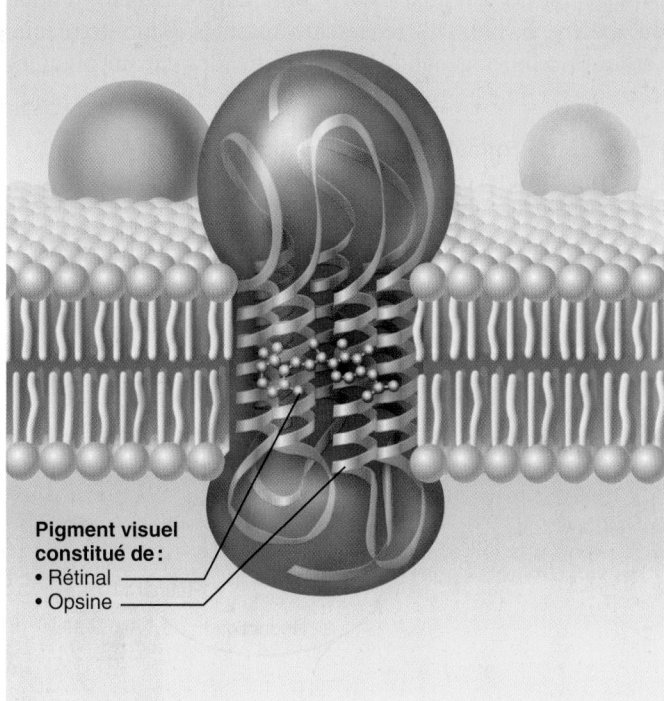

Pigment visuel constitué de :
• Rétinal
• Opsine

(b) La rhodopsine, pigment visuel des bâtonnets, est intégrée à la membrane qui forme les disques du segment externe.

Figure 15.15 **Photorécepteurs de la rétine.**

avec une cellule ganglionnaire; ils forment ainsi des réseaux convergents. En conséquence, les effets des bâtonnets s'additionnent et sont traités collectivement, ce qui produit une faible résolution et une vision floue. (Le cortex visuel n'a aucun moyen de distinguer, parmi le grand nombre de bâtonnets qui influent sur une cellule ganglionnaire, ceux qui sont activés.)

À l'inverse, les cônes de la fossette centrale sont reliés individuellement (ou en très petits nombres) par leurs «neurones bipolaires personnels» à une cellule ganglionnaire (figure 15.6b). En fait, chaque cône est uni par une «ligne» aux centres visuels. C'est pourquoi les cônes fournissent des images nettes et détaillées de portions très petites du champ visuel.

Puisqu'il n'y a pas de bâtonnets dans les fossettes centrales et que les cônes ne réagissent pas à la lumière faible, nous voyons mieux les objets faiblement éclairés lorsque nous ne les regardons pas directement et nous les distinguons mieux lorsqu'ils sont en mouvement. Si vous en doutez, sortez dans votre jardin au clair de lune et constatez par vous-même votre capacité de discrimination.

Chimie des pigments visuels Comment les photorécepteurs convertissent-ils la lumière en signaux électriques? Ce processus s'effectue au moyen d'une molécule photosensible appelée **rétinal** qui se combine avec des protéines appelées **opsines** et forme quatre types de pigments visuels. Suivant le type d'opsine à laquelle il se lie, le rétinal absorbe différentes longueurs d'onde du spectre visible. Des recherches récentes démontrent que certaines cellules ganglionnaires contiendraient un pigment

similaire à l'opsine. Ce pigment, appelé **mélanopsine**, pourrait être responsable du cycle circadien (voir p. 650).

Le rétinal est chimiquement apparenté à la vitamine A, dont il est dérivé. Le foie emmagasine la vitamine A et la libère à mesure que les photorécepteurs en ont besoin pour produire leurs pigments visuels. Les cellules de la partie pigmentaire de la rétine absorbent la vitamine A de la circulation sanguine et l'entreposent à l'intention des cônes et des bâtonnets.

Le rétinal peut adopter diverses structures tridimensionnelles appelées **isomères**. Lorsqu'il se lie à une opsine, le rétinal prend une forme pliée appelée **isomère 11-*cis*** (**figure 15.16**, partie du haut). Cependant, quand le pigment est frappé par

Figure 15.16 Formation et dégradation de la rhodopsine. Le rétinal 11-*cis* peut être régénéré à partir du tout-*trans*-rétinal ou formé à partir de la vitamine A.

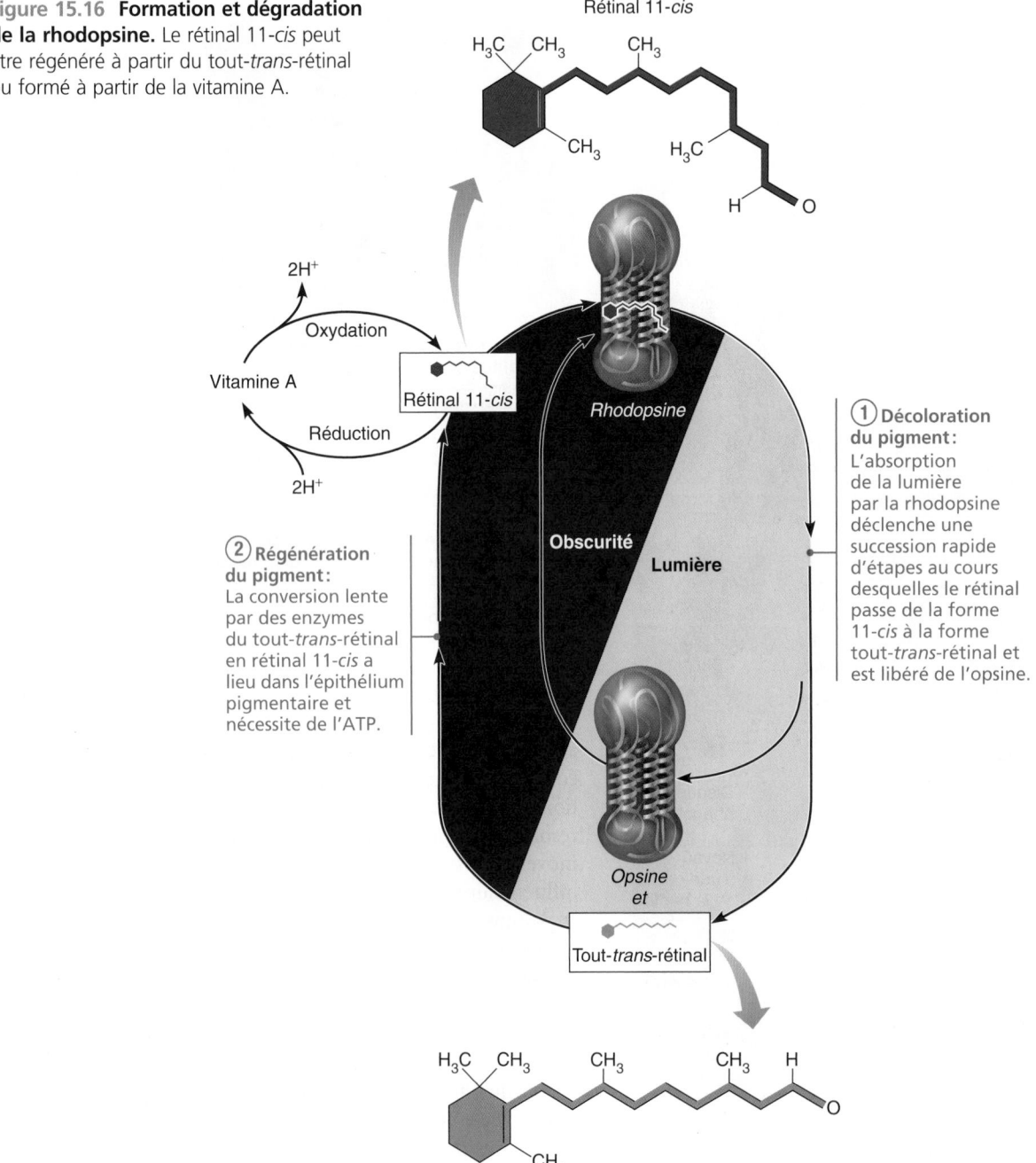

la lumière et qu'il absorbe des photons, le rétinal se redresse et prend une nouvelle forme d'isomère nommée **tout-*trans*-rétinal** (figure 15.16, partie du bas). Sous l'effet de ce redressement, l'opsine change à son tour de forme et prend son aspect activé.

L'absorption de la lumière par les pigments visuels est le *seul* stade qui dépend de la lumière, et ce phénomène photochimique simple déclenche une chaîne de réactions chimiques et électriques dans les cônes et les bâtonnets. Ces réactions finissent par entraîner la propagation d'influx nerveux dans les nerfs optiques. Voyons maintenant en détail comment se déroule ce phénomène dans les bâtonnets et les cônes.

Stimulation des photorécepteurs

1. **Excitation des bâtonnets.** Le pigment visuel des bâtonnets est la **rhodopsine** (*rhodon*: rose; *opsis*: vision). Les molécules de ce pigment pourpre sont disposées en une couche unique dans les membranes des milliers de disques des segments externes des bâtonnets (figure 15.15b).

   La rhodopsine se forme et s'accumule dans l'obscurité, au cours de l'enchaînement de réactions montré dans la partie gauche de la figure 15.16. La vitamine A s'oxyde (isomérisation) et se mue en rétinal 11-*cis* puis se combine avec l'opsine pour former la rhodopsine. Lorsque la rhodopsine absorbe la lumière, le rétinal se transforme en son isomère tout-*trans*-rétinal, ce qui permet à la protéine qui l'entoure de se relâcher rapidement, comme le ferait un ressort, pour prendre sa forme activée par la lumière (la métarhodopsine II). Par la suite, la combinaison rétinal-opsine se dégrade, ce qui permet au rétinal et à l'opsine de se séparer. Cette série d'événements, appelée **décoloration de la rhodopsine**, est illustrée dans la partie droite de la figure 15.16.

   Une fois que le tout-*trans*-rétinal frappé par la lumière est détaché de l'opsine, des enzymes le reconvertissent, dans l'épithélium pigmentaire, en son isomère 11-*cis* au cours d'un processus nécessitant de l'ATP. Ensuite, le rétinal retourne dans les segments externes des photorécepteurs. La rhodopsine se régénère lorsque le rétinal 11-*cis* se lie à nouveau à l'opsine.

2. **Excitation des cônes.** La dégradation et la régénération des pigments visuels des cônes se déroulent essentiellement de la même façon que pour la rhodopsine. Les cônes sont cependant des milliers de fois moins sensibles que les bâtonnets, ce qui signifie qu'ils ont besoin d'une lumière de plus grande intensité pour être activés.

   Les pigments visuels des trois types de cônes, comme ceux des bâtonnets, se composent de rétinal et d'opsines. Toutefois, les opsines des cônes diffèrent les unes des autres et de l'opsine des bâtonnets. Suivant les propriétés de l'opsine qu'ils contiennent, les cônes se divisent en trois types sensibles à des longueurs d'onde différentes. Les noms des types de cônes indiquent les couleurs (autrement dit, les longueurs d'onde) qu'ils absorbent préférentiellement. Les cônes bleus réagissent surtout aux longueurs d'onde d'environ 420 nm, les verts, aux lon-

gueurs d'onde de 530 nm, et les rouges, aux longueurs d'onde d'environ 560 nm (figure 15.10b).

Comment percevons-nous les autres couleurs? Les spectres d'absorption des cônes bleus, verts et rouges se chevauchent et notre perception des couleurs intermédiaires comme l'orangé, le jaune et le violet résulte de l'activation simultanée, mais plus ou moins prononcée, de plusieurs types de cônes. Par exemple, la lumière jaune stimule les cônes rouges et les cônes verts, mais si les premiers sont stimulés plus fortement que les seconds, nous voyons de l'orangé à la place du jaune. Lorsque tous les cônes sont stimulés avec la même intensité, nous voyons du blanc.

DÉSÉQUILIBRE HOMÉOSTATIQUE

La **dyschromatopsie** est un ensemble d'anomalies héréditaires dues à une insuffisance congénitale d'au moins un type de cônes. Le daltonisme, la forme la plus fréquente de dyschromatopsie, résulte d'une déficience totale ou partielle en cônes verts ou en cônes rouges ou du dysfonctionnement de ces types de cônes.

Les personnes atteintes perçoivent le rouge et le vert comme une seule et même couleur, soit le rouge, soit le vert, suivant le type de cônes qu'elles possèdent. Ces personnes ignorent souvent leur état, car elles ont appris à s'en remettre à d'autres indices – comme les différences d'intensité – pour distinguer les objets rouges des objets verts, les feux de circulation par exemple. Le daltonisme est une anomalie dont la transmission est liée au sexe. Chez les populations caucasiennes, de 8 à 10 % des hommes, contre 1 % des femmes, présentent la perte ou le dysfonctionnement du pigment rouge ou du pigment vert (mutation du chromosome X). La perte ou le dysfonctionnement du pigment bleu n'est pas lié au sexe et se trouve plutôt sur le chromosome 7. Seulement 0,001 % de la population ne perçoit aucune couleur (individus monochromates). ■

Transduction dans les photorécepteurs Que se passe-t-il lorsque la lumière amorce la dégradation des pigments? Il se produit une cascade enzymatique qui aboutit à la fermeture des canaux à cations qui demeurent normalement ouverts dans l'obscurité. Ce processus est représenté en détail à la figure 15.17. En bref, la rhodopsine activée par la lumière active une protéine G appelée **transducine**. La transducine active à son tour la *phosphodiestérase (PDE)*, l'enzyme qui dégrade le **GMP cyclique (GMPc)**. Dans l'obscurité, le GMPc se lie aux canaux cationiques dans les segments externes des cellules photoréceptrices et les garde ouverts. Ainsi, le Na^+ et le Ca^{2+} pénètrent dans le segment externe, dépolarisant la cellule à son *potentiel d'obscurité* d'environ –40 mV. À la lumière, le GMPc se dégrade, les canaux cationiques se ferment, le Na^+ et le Ca^{2+} n'entrent plus dans la cellule et cette dernière se dépolarise à environ –7 mV.

Voilà qui est déroutant, c'est le moins qu'on puisse dire. Des récepteurs destinés à détecter la lumière sont dépolarisés dans l'obscurité et hyperpolarisés dans la clarté! Néanmoins, seul un

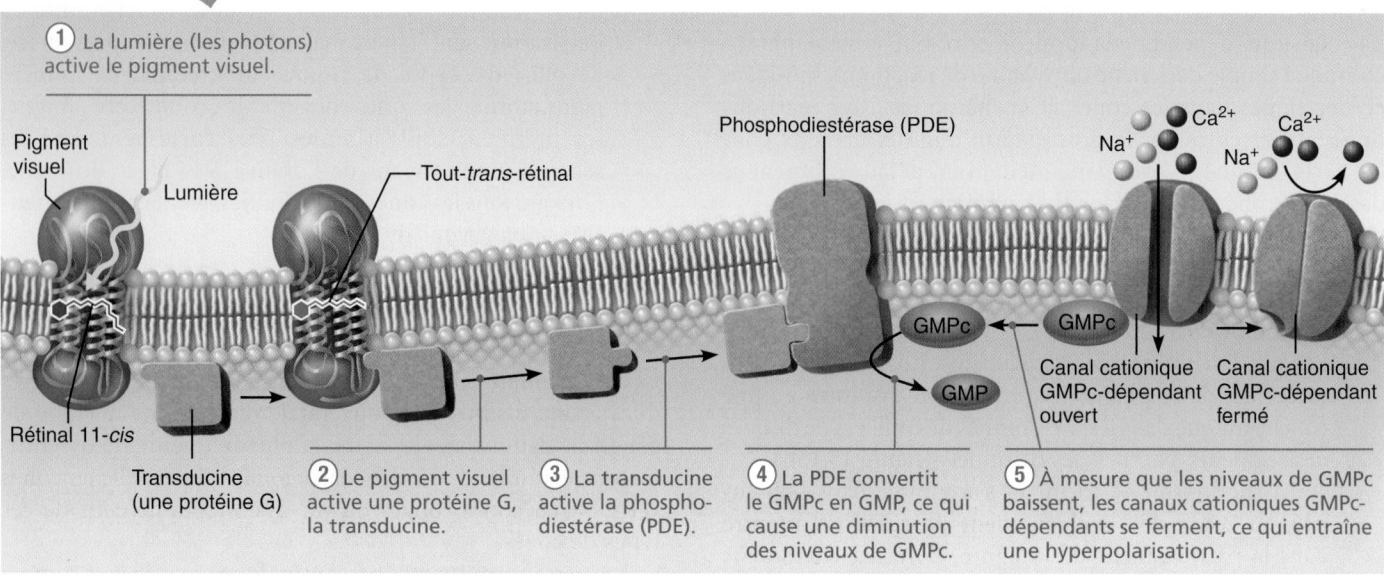

① La lumière (les photons) active le pigment visuel.

Pigment visuel

Lumière

Tout-*trans*-rétinal

Phosphodiestérase (PDE)

Ca^{2+} Na^+ Na^+ Ca^{2+}

Rétinal 11-*cis*

Transducine (une protéine G)

GMPc   GMPc

GMP

Canal cationique GMPc-dépendant ouvert

Canal cationique GMPc-dépendant fermé

② Le pigment visuel active une protéine G, la transducine.

③ La transducine active la phospho-diestérase (PDE).

④ La PDE convertit le GMPc en GMP, ce qui cause une diminution des niveaux de GMPc.

⑤ À mesure que les niveaux de GMPc baissent, les canaux cationiques GMPc-dépendants se ferment, ce qui entraîne une hyperpolarisation.

Figure 15.17 Événements de la phototransduction. Une portion de la membrane du disque d'un photorécepteur est illustrée. Pour plus de lisibilité et pour simplifier l'illustration, la conversion par la protéine G de la GTP en GDP n'est pas représentée et les canaux GMPc-dépendants ont été placés sur la même membrane que le pigment visuel plutôt que sur la membrane plasmique.

15

signal est nécessaire, et l'hyperpolarisation transmet l'information de manière tout aussi efficace que la dépolarisation.

Comment l'hyperpolarisation des photorécepteurs est-elle transmise par la rétine à l'encéphale? Ce mécanisme est illustré à la figure 15.18. En observant le déroulement de ce mécanisme, remarquez que les photorécepteurs n'engendrent pas de potentiels d'action, pas plus que les neurones bipolaires situés entre les photorécepteurs et les cellules ganglionnaires. Les photorécepteurs et les neurones bipolaires ne produisent que des potentiels gradués, des potentiels postsynaptiques excitateurs (PPSE) et des potentiels postsynaptiques inhibiteurs (PPSI). Cela ne devrait pas vous surprendre si vous vous rappelez que la fonction première des potentiels d'action est de transporter rapidement de l'information sur de longues distances. Comme les cellules rétiniennes sont petites et très rapprochées, les potentiels récepteurs peuvent servir adéquatement de signaux pour régir la libération du neurotransmetteur à la synapse par l'ouverture ou la fermeture des canaux à calcium voltage-dépendants. Comme l'illustre la partie droite de la figure 15.18, par exemple, la lumière hyperpolarise les photorécepteurs, qui arrêtent de libérer leur neurotransmetteur inhibiteur (le glutamate). Maintenant qu'ils ne sont plus inhibés, les neurones bipolaires se dépolarisent et libèrent leur neurotransmetteur dans les cellules ganglionnaires. Une fois qu'il a atteint ces cellules, le signal est converti en un potentiel d'action. Celui-ci est alors trans-mis à l'encéphale le long des axones des cellules ganglionnaires qui forment le nerf optique.

Adaptation à la lumière et à l'obscurité La rhodopsine est extraordinairement sensible; même la lumière des étoiles entraîne la décoloration de quelques molécules. Tant que la lumière est faible, il y a relativement peu de rhodopsine qui se décolore, et la rétine continue de réagir aux stimulus lumineux. Dans la lumière intense, cependant, le pigment se décolore massivement, et la rhodopsine se décolore presque aussi vite qu'elle est produite. À ce moment, les bâtonnets n'ont plus d'efficacité, mais les cônes réagissent encore. La sensibilité de la rétine s'adapte donc automatiquement à l'intensité de la lumière.

L'**adaptation à la lumière** se produit lorsque nous passons de l'obscurité à la clarté, comme lorsque nous quittons une salle de cinéma et sortons au grand jour. Nous sommes momentanément aveuglés (nous ne voyons que de la lumière blanche), car la sensibilité de la rétine est encore réglée en «mode pénombre». Les bâtonnets et les cônes sont fortement stimulés, et de grandes quantités de pigments visuels se dégradent presque instantanément, produisant un déluge de signaux et causant l'aveuglement.

Des mécanismes de compensation se mettent alors en place promptement. Le système des bâtonnets se désactive: toute la transducine retourne dans le segment interne, détachant la

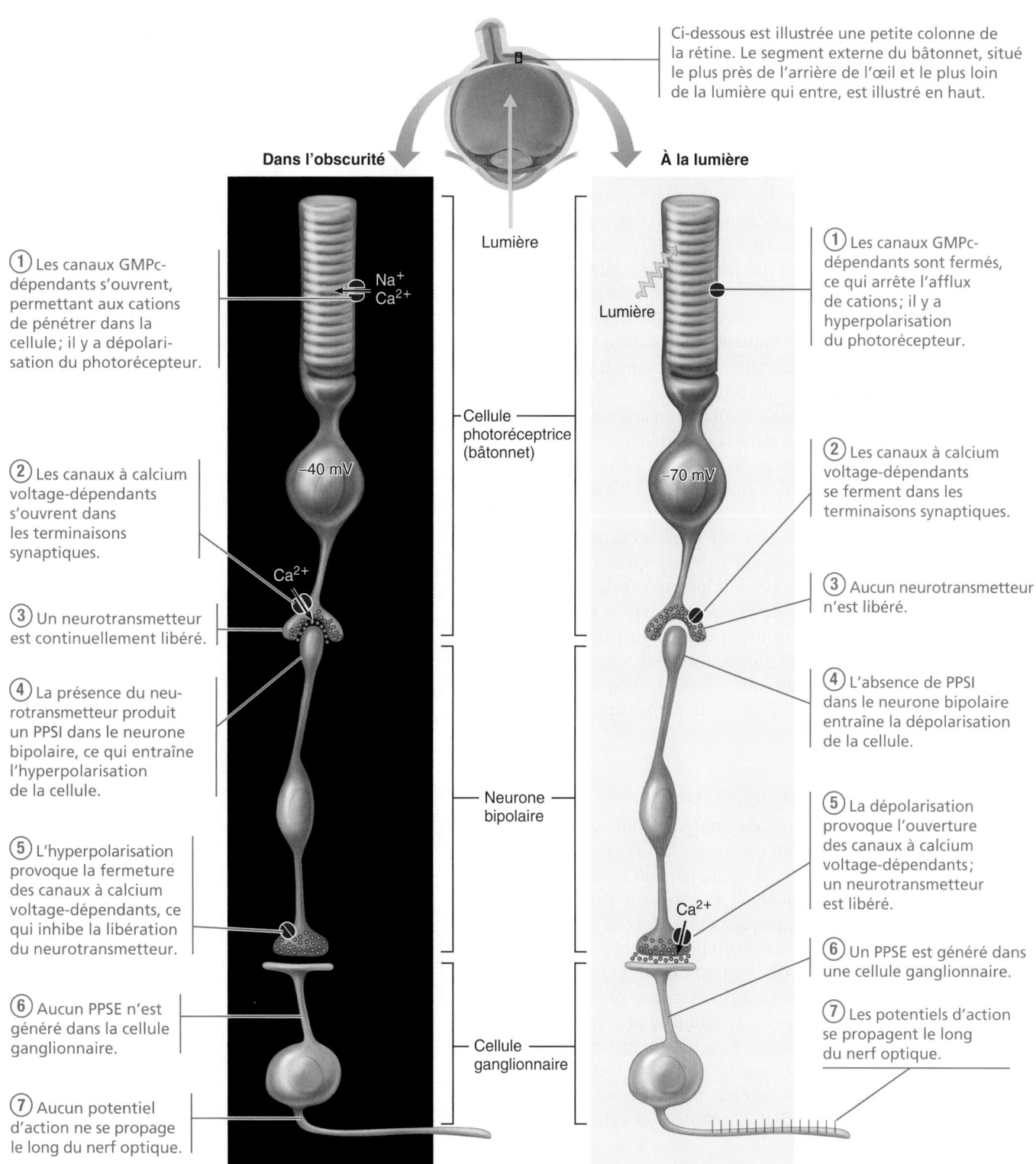

Ci-dessous est illustrée une petite colonne de la rétine. Le segment externe du bâtonnet, situé le plus près de l'arrière de l'œil et le plus loin de la lumière qui entre, est illustré en haut.

Dans l'obscurité

À la lumière

① Les canaux GMPc-dépendants s'ouvrent, permettant aux cations de pénétrer dans la cellule ; il y a dépolarisation du photorécepteur.

Lumière

Na^+ Ca^{2+}

Lumière

Cellule photoréceptrice (bâtonnet)

① Les canaux GMPc-dépendants sont fermés, ce qui arrête l'afflux de cations ; il y a hyperpolarisation du photorécepteur.

② Les canaux à calcium voltage-dépendants s'ouvrent dans les terminaisons synaptiques.

−40 mV

−70 mV

② Les canaux à calcium voltage-dépendants se ferment dans les terminaisons synaptiques.

Ca^{2+}

③ Un neurotransmetteur est continuellement libéré.

③ Aucun neurotransmetteur n'est libéré.

④ La présence du neurotransmetteur produit un PPSI dans le neurone bipolaire, ce qui entraîne l'hyperpolarisation de la cellule.

④ L'absence de PPSI dans le neurone bipolaire entraîne la dépolarisation de la cellule.

Neurone bipolaire

⑤ L'hyperpolarisation provoque la fermeture des canaux à calcium voltage-dépendants, ce qui inhibe la libération du neurotransmetteur.

⑤ La dépolarisation provoque l'ouverture des canaux à calcium voltage-dépendants ; un neurotransmetteur est libéré.

Ca^{2+}

⑥ Aucun PPSE n'est généré dans la cellule ganglionnaire.

⑥ Un PPSE est généré dans une cellule ganglionnaire.

⑦ Aucun potentiel d'action ne se propage le long du nerf optique.

Cellule ganglionnaire

⑦ Les potentiels d'action se propagent le long du nerf optique.

15

Figure 15.18 Transmission d'un signal dans la rétine. PPSE : potentiel postsynaptique excitateur ; PPSI : potentiel postsynaptique inhibiteur.

rhodopsine du reste de la réaction de transduction. Quand il n'y a plus de transducine dans le segment externe, la lumière qui frappe la rhodopsine ne produit plus de signal. En même temps, le système des cônes, moins sensible, et d'autres neu-

rones rétiniens s'adaptent rapidement et la sensibilité de la rétine décroît abruptement. En 60 secondes environ, les cônes, d'abord surstimulés par la lumière vive, sont suffisamment désensibilisés pour prendre le relais. L'acuité visuelle et la vision des couleurs continuent de s'améliorer au cours des 5 à 10 minutes suivantes. Par conséquent, la sensibilité rétinienne (fonctionnement des bâtonnets) diminue pendant l'adaptation à la lumière, mais l'acuité visuelle (capacité à voir les détails) augmente.

L'**adaptation à l'obscurité** est l'inverse de l'adaptation à la lumière et elle se produit lorsque nous passons d'un endroit bien éclairé à un lieu sombre. Dans un premier temps, nous ne voyons qu'une noirceur veloutée parce que : (1) les cônes cessent de fonctionner quand la lumière est faible ; et (2) la lumière intense a décoloré les pigments de nos bâtonnets et inhibé leur fonctionnement. Mais la rhodopsine s'accumule peu à peu, la transducine revient dans le segment externe et la sensibilité de la rétine augmente. L'adaptation à l'obscurité est beaucoup plus lente que l'adaptation à la lumière et elle peut se poursuivre pendant des heures. En règle générale, cependant, il faut de 20 à 30 minutes pour que la rhodopsine s'accumule en assez grande quantité pour permettre la vision dans la pénombre.

Pendant que se déroulent ces phénomènes d'adaptation, le diamètre de la pupille subit des changements réflexes. La lumière intense atteignant les yeux cause la contraction de la pupille (les commandes motrices du *réflexe photomoteur* ou *pupillaire* atteignent le muscle sphincter de la pupille, qui se contracte ; le *réflexe consensuel* se produit lorsqu'on éclaire un seul œil : dans ce cas, la pupille de l'autre œil rétrécit également). Ces réflexes pupillaires trouvent leur origine dans le noyau prétectal du mésencéphale, et les influx sont acheminés par des neurofibres parasympathiques. Dans la pénombre, les pupilles sont dilatées, ce qui laisse entrer un surcroît de lumière dans l'œil.

15

DÉSÉQUILIBRE HOMÉOSTATIQUE

La *cécité nocturne*, ou *hespéranopie*, est un dysfonctionnement des bâtonnets qui peut, par exemple, empêcher la conduite d'une voiture en soirée ou la nuit. Dans les pays où la malnutrition sévit, le problème est causé le plus souvent par une carence prolongée en vitamine A, associée à une dégénérescence des bâtonnets. Les suppléments de vitamine A rétablissent le fonctionnement des bâtonnets s'ils sont administrés très tôt. Dans les pays qui ne sont pas touchés par la malnutrition, un groupe de maladies dégénératives de la rétine, appelé *rétinite pigmentaire*, qui se manifeste par une destruction surtout des bâtonnets, constitue la principale cause de cécité nocturne. Dans la rétinite pigmentaire, les cellules épithéliales des pigments n'arrivent pas à réutiliser les extrémités des bâtonnets quand ils se détachent. ■

VÉRIFIONS NOS ACQUIS

9. Pour chacune des caractéristiques suivantes, indiquez si elle s'applique aux bâtonnets ou aux cônes : vision sous un éclairage intense ; un seul type de pigment visuel ; plus abondants en périphérie de la rétine ; un grand nombre convergent vers une cellule ganglionnaire ; vision des couleurs ; plus grande sensibilité ; meilleure acuité (capacité de voir les détails).

10. Décrivez le mécanisme de décoloration d'un pigment. Quand cette décoloration se produit-elle ?

Les réponses se trouvent à l'appendice G.

Voie visuelle

7 Décrire le trajet de la voie visuelle jusqu'au cortex visuel du lobe occipital et expliquer brièvement le traitement visuel rétinien, thalamique et cortical ; préciser le cheminement des neurofibres des nerfs optiques à la hauteur du chiasma optique et montrer les effets, sur la vision, d'une lésion à différents niveaux des voies visuelles.

Comme nous l'avons déjà mentionné, les axones des cellules ganglionnaires quittent l'arrière du bulbe oculaire en formant le **nerf optique** (figure 15.19). Au niveau du **chiasma optique** (*khiasmos* : disposé en croix), les neurofibres issues de la partie médiale de chaque œil croisent la ligne médiane et forment les **tractus optiques**. Par conséquent, chaque tractus optique contient les neurofibres issues de la partie latérale (temporale) de l'œil homolatéral et les neurofibres issues de la partie médiale (nasale) de l'œil controlatéral ; en outre, il achemine tous les messages provenant de la même moitié du champ visuel.

Comme le cristallin inverse les images, la moitié médiale de chaque rétine reçoit les rayons lumineux provenant de la partie *temporale* du champ visuel (c'est-à-dire de l'extrême gauche ou de l'extrême droite), et la moitié latérale de chaque rétine reçoit les rayons lumineux provenant de la partie *nasale* (centrale) du champ visuel. Chaque tractus optique achemine ainsi au cerveau une représentation complète de la moitié opposée du champ visuel.

Les deux tractus optiques contournent l'hypothalamus et la majeure partie de leurs axones font synapse avec des neurones du **noyau géniculé latéral** du thalamus (situé dans les corps géniculés latéraux). Cette structure préserve la séparation des neurofibres établie au niveau du chiasma, mais équilibre et combine l'information rétinienne pour l'expédier au cortex visuel. Les axones des neurones thalamiques traversent la capsule interne pour former la **radiation optique** que l'on peut observer dans la région sous-corticale du cerveau (la substance blanche) (figure 15.19). Les neurofibres de la radiation optique s'étendent jusqu'au cortex **visuel primaire** du lobe occipital, où se produit la perception consciente des stimulus visuels (la vision proprement dite).

Certaines neurofibres des tractus optiques émettent des ramifications dans le mésencéphale. Un de ces groupes de neurofibres se termine dans les **colliculus supérieurs**, centres visuels réflexes qui régissent les muscles du bulbe oculaire. Un autre groupe provient d'un petit amas de cellules ganglionnaires de la rétine qui contient la mélanopsine, dit pigment circadien. Ces cellules ganglionnaires réagissent directement aux stimulus de la lumière et leurs neurofibres s'étendent jusqu'aux **noyaux prétectaux**, qui envoient les influx à l'origine du réflexe photomoteur de la pupille, et au **noyau suprachiasmatique**

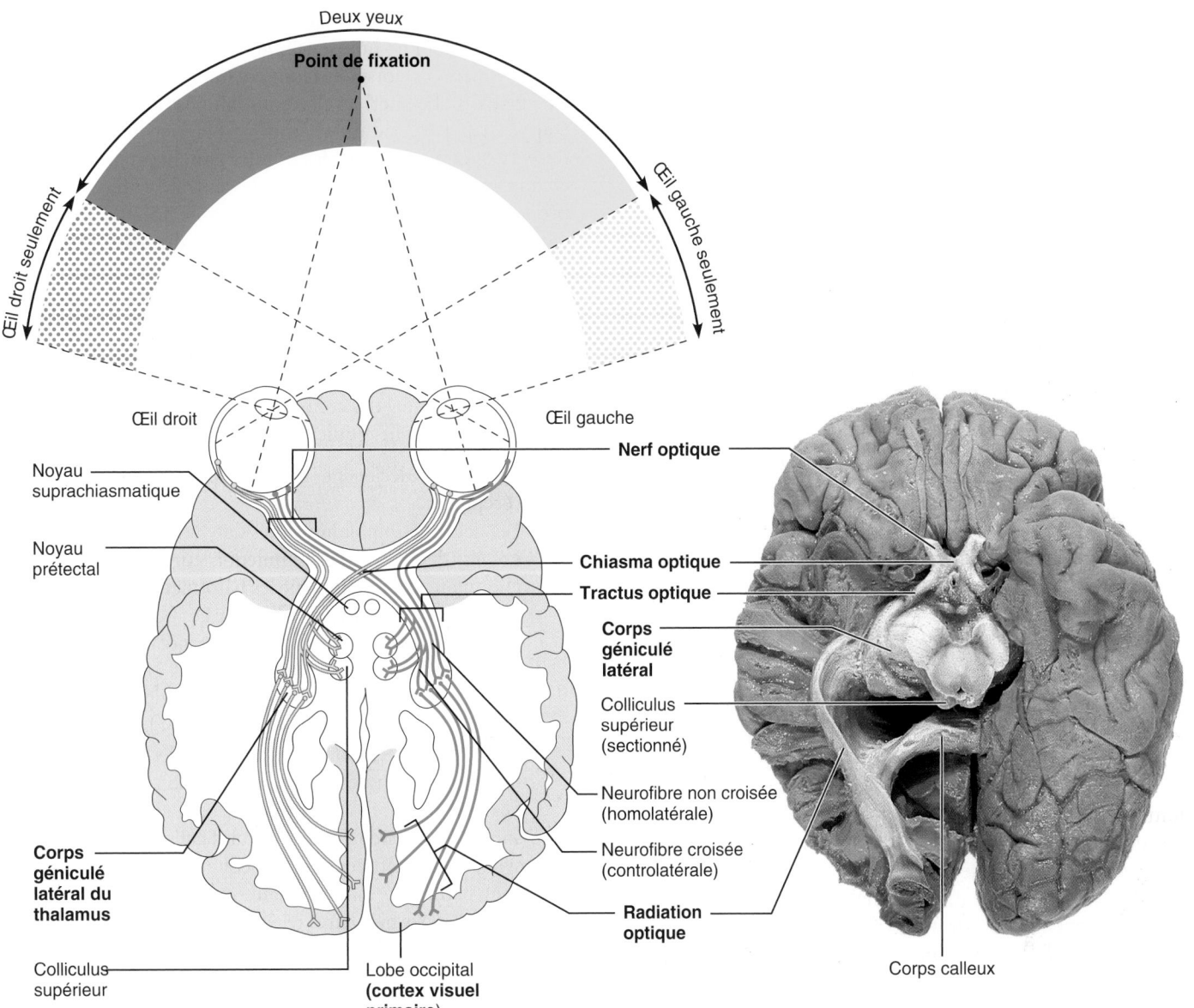

Deux yeux

Point de fixation

Œil droit seulement

Œil gauche seulement

Œil droit

Œil gauche

Noyau suprachiasmatique

Noyau prétectal

Corps géniculé latéral du thalamus

Colliculus supérieur

Lobe occipital **(cortex visuel primaire)**

Nerf optique

Chiasma optique

Tractus optique

Corps géniculé latéral

Colliculus supérieur (sectionné)

Neurofibre non croisée (homolatérale)

Neurofibre croisée (controlatérale)

Radiation optique

Corps calleux

(a) Les champs visuels des deux yeux se chevauchent considérablement. Notez que les fibres provenant de la portion latérale du champ visuel de chaque rétine ne se croisent pas au chiasma optique.

(b) Photographie du cerveau humain ; le côté droit est disséqué pour montrer les structures internes.

Figure 15.19 **Champs visuels des yeux et vue inférieure de la voie visuelle.**

de l'hypothalamus, qui joue le rôle de minuterie de nos biorythmes quotidiens.

Les deux yeux sont placés à l'avant du crâne et regardent à peu près dans la même direction. Leurs champs visuels (d'environ 170° chacun) se chevauchent considérablement. Néanmoins, ils captent les images sous des angles différents (figure 15.19a). Le cortex visuel de chaque hémisphère fusionne les images légèrement différentes envoyées par les deux yeux, permettant la **vision stéréoscopique**, moyen précis de situer les objets dans l'espace. Cette faculté est aussi

appelée vision du relief. Beaucoup d'animaux, comme les pigeons et les lapins, sont dotés d'une *vision panoramique*. Leurs yeux sont placés sur les côtés de la tête, de sorte que les champs visuels se chevauchent très peu ; le croisement des neurofibres du nerf optique est presque total chez ces animaux. Par conséquent, chacun de leur hémisphère cérébral reçoit des influx provenant en très grande partie d'un seul œil et d'un champ visuel complètement différent de l'autre.

La vision stéréoscopique nécessite une coordination des deux yeux. Une personne qui perd l'usage d'un œil perd aussi la vision stéréoscopique et elle doit apprendre à évaluer la position des objets d'après des indices cognitifs. (Elle doit se dire par exemple que plus un objet est près, plus il paraît grand, et que les lignes parallèles convergent à l'horizon.)

DÉSÉQUILIBRE HOMÉOSTATIQUE

Les relations que nous venons de décrire expliquent les formes de cécité dues aux lésions des différentes structures visuelles. La destruction d'un œil ou d'un nerf optique anéantit la vision stéréoscopique et abolit la vision périphérique du côté homolatéral. Par exemple, si vous perdiez votre œil gauche dans un accident, vous ne pourriez rien voir dans la partie du champ visuel représentée en jaune à la figure 15.19. D'autre part, si la lésion se situait au-delà du chiasma optique – soit dans un des tractus optiques, dans le thalamus ou dans le cortex visuel –, alors vous perdriez la moitié opposée de votre champ visuel (entièrement ou en partie). Ainsi, un accident vasculaire cérébral touchant les régions visuelles gauche du cortex fait perdre la vision de la moitié droite du champ visuel mais épargne celle de la moitié gauche, car le cortex visuel droit (intact) reçoit encore des influx des deux yeux. ∎

Traitement visuel

Comment l'information captée par les cônes et les bâtonnets se mue-t-elle en sensation visuelle? De très nombreuses études ont porté sur la question au cours de ces dernières années. Nous en présentons ici quelques résultats fondamentaux.

Traitement rétinien La dizaine de cellules ganglionnaires différentes de la rétine engendrent des potentiels d'action à une fréquence constante (de 20 à 30 par seconde), même dans l'obscurité. Curieusement, l'illumination uniforme de la rétine entière n'a aucun effet sur cette fréquence basale. Cependant, l'activité des cellules ganglionnaires prises individuellement se modifie de manière substantielle lorsqu'un type particulier de faisceau de lumière atteint certaines portions de leur champ récepteur. Le champ récepteur d'une cellule ganglionnaire est une partie de la rétine contenant des cônes ou des bâtonnets qui, lorsqu'elle est stimulée, provoque une modification de l'activité électrique de cette cellule ganglionnaire (autrement dit, il s'agit de l'ensemble des photorécepteurs dont les potentiels d'action convergent vers la cellule ganglionnaire). Diverses cellules ganglionnaires détectent différents types de faisceaux de lumière, dont certains sont complexes, comme des lignes faisant un angle particulier ou se déplaçant dans une direction donnée à une certaine vitesse. Le type le plus facile à comprendre est toutefois un simple rayon lumineux et c'est celui que nous décrirons ici.

En étudiant des cellules ganglionnaires ne recevant d'influx que des bâtonnets, des chercheurs ont découvert que ces cellules possèdent deux types de champs récepteurs, en forme de beignets (de cercles concentriques). Ces champs sont appelés **champ récepteur à photosensibilité centrale « on »** et **champ récepteur à photosensibilité centrale « off »**, suivant ce qui arrive à la cellule ganglionnaire lorsque les photorécepteurs du centre du champ sont illuminés. Comme l'illustre la colonne

centrale de la **figure 15.20**, les cellules ganglionnaires ayant un champ récepteur à photosensibilité centrale « on » sont stimulées (dépolarisées) lorsque la lumière frappe le centre du champ (le « trou » du beignet), et elles sont inhibées lorsque la lumière frappe la périphérie du champ (le beignet lui-même). On observe le contraire dans les cellules ganglionnaires ayant un champ récepteur à photosensibilité centrale « off », comme le présente la colonne de droite de la figure 15.20. Une illumination égale du centre et de la périphérie du champ récepteur modifie peu la fréquence basale de production d'influx. Cette organisation particulière fait en sorte que ce sont les variations d'intensité lumineuse dans de petites régions du champ visuel qui sont captées plutôt que des intensités globales de lumière atteignant la rétine.

Dans l'état actuel des connaissances, on estime que le mécanisme du traitement rétinien est le suivant :

1. La lumière déclenche une hyperpolarisation des photorécepteurs.
2. Les neurones bipolaires situés dans les régions « on » sont excités (dépolarisés) et stimulent à leur tour la cellule ganglionnaire associée lorsque les bâtonnets qui y convergent sont illuminés (et hyperpolarisés). Les neurones bipolaires des régions « off » sont inhibés (hyperpolarisés) et inhibent la cellule ganglionnaire lorsque les bâtonnets qui y convergent sont stimulés. Les réponses opposées des neurones bipolaires des régions « on » (dépolarisées) et « off » (hyperpolarisées) sont liées au fait qu'ils captent le glutamate au moyen de différents types de récepteurs.
3. Les neurones bipolaires recevant des signaux des cônes sont unis directement aux cellules ganglionnaires par des synapses excitatrices. Par conséquent, les influx des cônes sont perçus de manière claire et nette (et en couleurs).
4. Les neurones bipolaires recevant des influx des bâtonnets excitent les cellules amacrines par l'intermédiaire de jonctions ouvertes. Ce sont des intégrateurs locaux qui modifient les influx des bâtonnets et dirigent finalement les influx excitateurs vers les cellules ganglionnaires appropriées. Non seulement les influx des bâtonnets s'additionnent-ils, mais ils décrivent aussi des « détours » avant d'atteindre les cellules ganglionnaires. La conjonction de ces facteurs fait que l'image produite par les bâtonnets est plus floue que l'image produite par les cônes.
5. Les influx sont également modifiés et sujets à un type de traitement appelé *inhibition latérale* exercé par les contacts synaptiques (jonctions ouvertes) avec les cellules horizontales. Ces cellules intégratrices locales permettent à la rétine de convertir les points de lumière en une image cohérente en accentuant les contrastes.
6. Les deux types de cellules ganglionnaires les plus courants sont les cellules P et les cellules M. Les cellules P, qui captent les influx des cônes, transmettent l'information reçue sur les petits objets immobiles au centre du champ de vision; leur fonction est de relayer les détails de ces objets ainsi que leur couleur. Les cellules M, qui reçoivent également les influx des bâtonnets, réagissent le mieux aux gros objets qui se déplacent, en particulier à la

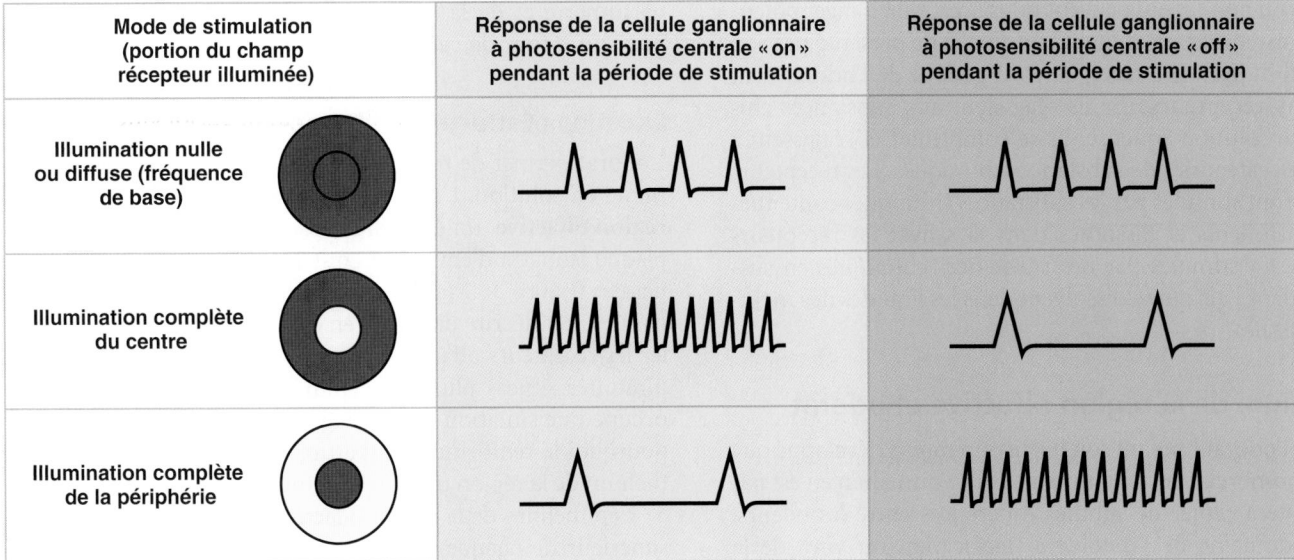

Figure 15.20 Réponses d'une cellule ganglionnaire à champ récepteur à photosensibilité centrale «on» et à champ récepteur à photosensibilité centrale «off» aux différents types d'illumination. Les illuminations intermédiaires du centre et de la périphérie entraînent des fréquences intermédiaires de transmission d'influx.

périphérie de l'image. Conjointement, les différents types de cellules ganglionnaires acheminent à l'encéphale de nombreux flux d'information parallèles qui y sont traités.

Traitement thalamique Les corps géniculés latéraux du thalamus relaient l'information relative au mouvement, «isolent» les axones des cellules ganglionnaires aux fins de la vision stéréoscopique, accentuent les influx visuels provenant des cônes et précisent l'information relative aux contrastes reçue de la rétine. La séparation des signaux des yeux est transmise précisément au cortex visuel.

Traitement cortical Deux parties du cortex visuel traitent les influx provenant de la rétine. **Le cortex visuel primaire**, aussi appelé cortex strié, reçoit les neurofibres provenant du corps géniculé latéral. Cette région renferme une carte topographique précise de la rétine; le cortex visuel gauche reçoit les influx du champ visuel droit, et vice versa. À ce stade, le traitement visuel est plutôt élémentaire, les neurones réagissant aux contrastes entre les régions claires et les régions obscures ainsi qu'à l'orientation des objets.

Le cortex visuel primaire fournit aussi aux *aires visuelles associatives* des informations relatives à la forme, à la couleur et au mouvement. Les régions les plus antérieures des **aires visuelles associatives** (cortex extrastrié) sont des centres du lobe occipital qui continuent le traitement de l'information visuelle relative à la forme, à la couleur et au mouvement.

Chez l'humain, des études de neuro-imagerie fonctionnelle ont révélé la présence de traitements visuels complexes dans les régions antérieures du cerveau, jusque dans les lobes temporaux, pariétaux et frontaux. Cette activité se divise en deux branches principales: (1) la branche de traitement du «quoi» passe par la partie ventrale du lobe temporal et se spécialise dans l'identification des objets du champ visuel; (2) la branche de traitement du «où» suit une voie dorsale à travers le cortex pariétal qui aboutit au gyrus postcentral. Elle utilise l'information du cortex visuel primaire pour évaluer la situation des objets dans l'espace. Il semble alors que l'information produite par ces deux régions se rende au cortex frontal, où elle est utilisée pour diriger certaines activités qui peuvent mener, entre autres choses, à des mouvements comme tendre la main vers un objet désiré.

VÉRIFIONS NOS ACQUIS

11. Comparez les deux types de cellules ganglionnaires au regard de l'efficacité de transmission vis-à-vis de certains objets.

12. Quelle partie du champ visuel serait touchée par une tumeur du cortex visuel droit? Par une tumeur comprimant le nerf optique droit?

Les réponses se trouvent à l'appendice G.

Sens chimiques: goût et odorat

8 Situer les récepteurs gustatifs et olfactifs, décrire leurs structures et leurs voies afférentes; expliquer comment ces récepteurs sont stimulés (activation et mécanisme de transduction).

Le goût et l'odorat sont des sens primitifs qui nous indiquent grossièrement si les substances qui nous entourent ou que nous mettons dans notre bouche ont une saveur et une odeur agréables ou non (et qui peuvent nous avertir du danger potentiel de consommer un aliment connu qui ne présente pas son odeur habituelle). Les récepteurs du goût et de l'odorat sont des **chimiorécepteurs**, car ils réagissent aux substances chimiques en solution aqueuse. Ils se complètent et réagissent à différentes catégories de substances chimiques. Les récepteurs gustatifs sont stimulés par les substances chimiques contenues dans les aliments et dissoutes dans la salive ; les récepteurs olfactifs sont stimulés par des substances chimiques en suspension dans l'air qui se dissolvent dans les liquides des membranes nasales.

Épithélium de la région olfactive et odorat

Bien que l'odorat humain soit beaucoup moins développé que celui de nombreux autres animaux, le nez humain n'en est pas moins apte à capter de subtiles différences entre les odeurs. Dans le domaine de l'œnologie (fabrication du vin), de la parfumerie et de la production de thé et de café, certaines personnes font de cette faculté leur gagne-pain.

Situation et structure des récepteurs olfactifs

L'odorat permet de reconnaître les substances chimiques *odorantes* en solution. L'organe de l'odorat est l'**épithélium de la région olfactive**, un épithélium pseudostratifié qui forme une plaque jaunâtre d'environ 5 cm² située dans le toit des cavités nasales **(figure 15.21a)**. Comme l'air qui entre dans les cavités nasales doit décrire un virage en épingle à cheveux pour stimuler les récepteurs olfactifs avant de pénétrer dans les voies respiratoires situées plus bas, l'épithélium de la région olfactive occupe une situation désavantageuse chez l'être humain. C'est pourquoi le reniflement, qui attire un surcroît d'air vers l'épithélium de la région olfactive, augmente les capacités olfactives.

L'épithélium de la région olfactive surmonte le cornet nasal supérieur de chaque côté du septum nasal et il contient des

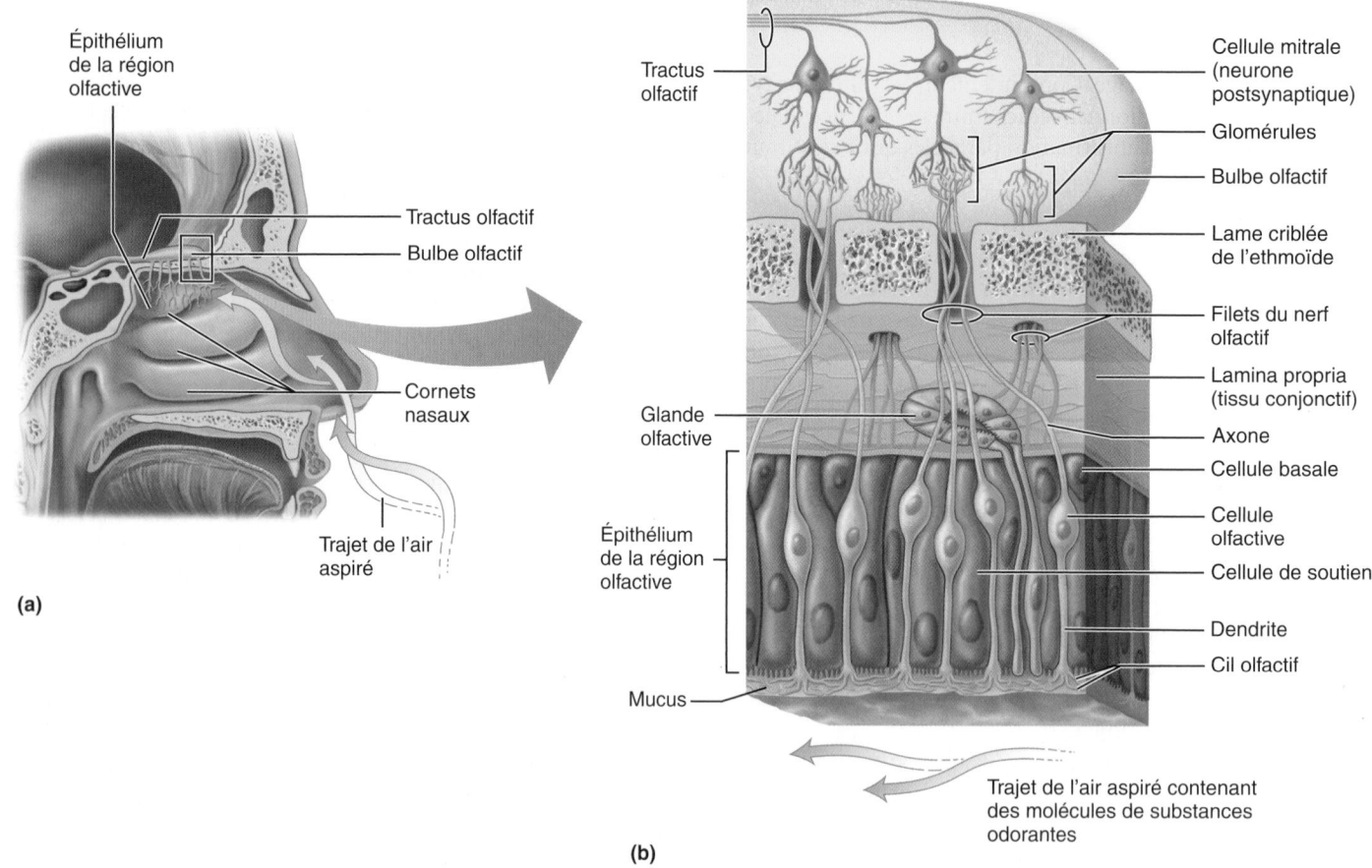

Figure 15.21 **Région olfactive de la muqueuse du nez. (a)** Situation de l'épithélium de la région olfactive dans la partie supérieure de la cavité nasale. **(b)** Agrandissement montrant l'épithélium de la région olfactive et le trajet des neurofibres (filets) du nerf olfactif (nerf crânien I) à travers la lame criblée de l'ethmoïde. Ces neurofibres font synapse dans les glomérules du bulbe olfactif sus-jacent. Les cellules mitrales sont les neurones postsynaptiques du bulbe olfactif.

millions de **cellules olfactives**, qui jouent le rôle de récepteurs. Ces neurones en forme de quille sont entourés et protégés par des **cellules de soutien** prismatiques, qui composent l'essentiel de la fine muqueuse (figure 15.21b). Les cellules de soutien contiennent un pigment jaune brun semblable à la lipofuscine, qui donne à l'épithélium de la région olfactive sa teinte jaunâtre. Les «courtes» **cellules basales** constituent la base de l'épithélium.

Les cellules olfactives sont des neurones bipolaires particuliers : elles sont toutes pourvues d'une fine dendrite apicale terminée par un renflement portant de 5 à 20 longs cils appelés **cils olfactifs**. Ces cils, qui augmentent considérablement la surface réceptrice, sont généralement repliés sur l'épithélium nasal et recouverts d'une couche de mucus clair sécrété par les cellules de soutien et par les glandes olfactives du tissu conjonctif sous-jacent. Le mucus constitue un solvant pour les molécules des substances odorantes. Contrairement aux autres cils de l'organisme, qui vibrent rapidement et de manière coordonnée, les cils olfactifs sont essentiellement immobiles (les «bras» de dynéine y sont absents).

Les minces axones amyélinisés des cellules olfactives sont rassemblés en une vingtaine de petits faisceaux, les **filets du nerf olfactif** (nerf crânien I). Les neurofibres de ces filets montent à travers les orifices de la lame criblée de l'ethmoïde et elles font synapse dans le bulbe olfactif sus-jacent. La lame criblée étant fragile, les personnes qui ont subi de graves accidents de la route entraînant des lésions du nerf olfactif perdent fréquemment le sens de l'odorat.

Les cellules olfactives ont ceci de particulier qu'elles sont, parmi les cellules nerveuses, les *seules* à se renouveler de façon notable tout au long de l'âge adulte. Étant en contact direct avec l'environnement, elles sont facilement endommagées et vivent de 30 à 60 jours; après quoi, elles sont remplacées par différenciation des cellules basales de l'épithélium de la région olfactive.

Spécificité des cellules olfactives

L'olfaction est un sujet de recherche difficile et ses mécanismes sont encore incertains. (En 2004, Linda Buck et Richard Axel ont obtenu le prix Nobel de physiologie/médecine pour leurs travaux sur l'olfaction.) S'il en est ainsi, c'est que toute odeur, la fumée du tabac par exemple, renferme souvent plusieurs centaines de substances chimiques. Contrairement aux saveurs, qui se répartissent commodément en cinq groupes, les odeurs échappent encore aux tentatives de classification scientifique. L'odorat de l'être humain peut distinguer quelque 10 000 odeurs, mais la recherche tend à montrer que tel un code braille, les cellules olfactives sont stimulées par diverses combinaisons d'un nombre plus limité d'odeurs primaires.

Les recherches les plus intéressantes à ce sujet ont été effectuées au début des années 1990. Elles laissent croire qu'il existe au moins 1000 «gènes de l'odorat» (sur un total de 30 000 à 40 000 gènes chez l'humain) qui ne sont actifs que dans le nez. Chacun de ces gènes code pour une protéine réceptrice particulière. D'une part, chaque protéine réceptrice réagirait à une ou à plusieurs molécules odorantes et, d'autre part, chaque molécule odorante se lierait à plusieurs types de récepteurs. Même s'il existe un millier de types de récepteurs différents, chaque cellule olfactive ne posséderait toutefois qu'un seul type de protéine réceptrice.

Les neurones olfactifs sont extrêmement sensibles, au point que quelques molécules seulement suffisent à activer certains d'entre eux. Les sensations olfactives sont parfois douloureuses. Les cavités nasales contiennent des nocicepteurs qui réagissent aux agents irritants tels que l'âcreté de l'ammoniac, le «feu» du piment et le «froid» du menthol. Les influx provenant de ces nocicepteurs sont acheminés au cortex olfactif (voir la figure 12.8) par des neurofibres afférentes des nerfs trijumeaux.

Physiologie de l'odorat

Pour être odorante, une substance chimique doit être *volatile*, c'est-à-dire qu'elle doit entrer à l'état gazeux dans la cavité nasale. De plus, elle doit se dissoudre dans le mucus qui recouvre l'épithélium de la région olfactive.

Activation des cellules olfactives Une fois dissoutes, les substances odorantes stimulent les cellules olfactives en se liant aux protéines réceptrices des membranes des cils olfactifs et en ouvrant des canaux cationiques et en générant un potentiel récepteur. Finalement, à condition que la stimulation soit liminaire, un potentiel d'action se propage dans les neurofibres du nerf olfactif jusqu'au premier relais synaptique, situé dans le bulbe olfactif. Grâce aux cellules souches, les cellules du bulbe olfactif se renouvellent à un rythme de 80 000 cellules par jour, voire plus chez les personnes exposées à des odeurs soutenues.

Transduction dans les cellules olfactives La transduction des substances olfactives fait intervenir un récepteur lié à une protéine G. Vous apprendrez facilement les événements qui suivent la liaison des substances odorantes si vous les comparez à ceux que vous connaissez déjà : fonctionnement général des récepteurs et des protéines G (voir la figure 11.20) et phototransduction (figure 15.17).

Comme l'illustre la **figure 15.22**, la transduction des cellules olfactives commence quand une substance odorante se lie à un récepteur. Cet événement active une protéine G (G_{olf}), qui stimule les enzymes (adénylate cyclases) qui convertissent l'AMP cyclique en second messager. L'AMP cyclique agit ensuite directement sur le canal cationique de la membrane plasmique, causant son ouverture et l'entrée de Na^+ et de Ca^{2+}.

L'afflux de Na^+ entraîne la dépolarisation de la cellule et la transmission d'un influx. L'afflux de Ca^{2+} provoque l'adaptation du mécanisme de transduction, qui diminue sa réponse à un stimulus constant. Cette inhibition contribue au mécanisme de l'*adaptation olfactive*, lequel permet de comprendre comment des employés des papeteries et des usines de traitement des eaux usées peuvent encore apprécier leur repas du midi!

Voie olfactive

Comme nous l'avons déjà mentionné, les axones des cellules olfactives forment les nerfs olfactifs et ils se terminent dans les **bulbes olfactifs**, qui constituent les extrémités distales des

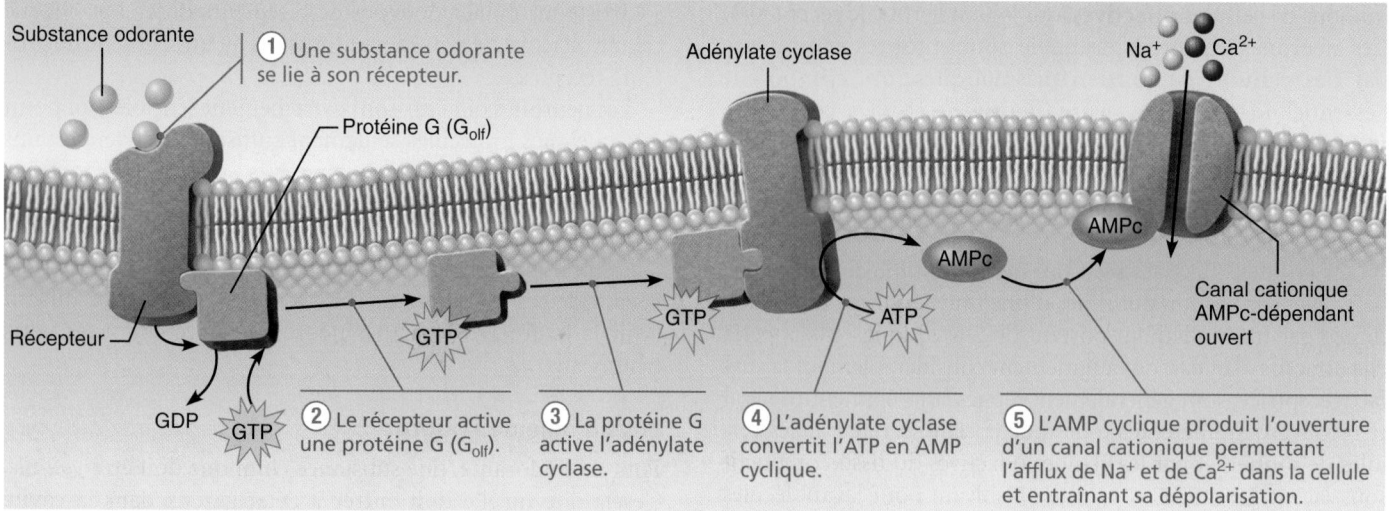

① Une substance odorante se lie à son récepteur.

② Le récepteur active une protéine G (G$_{olf}$).

③ La protéine G active l'adénylate cyclase.

④ L'adénylate cyclase convertit l'ATP en AMP cyclique.

⑤ L'AMP cyclique produit l'ouverture d'un canal cationique permettant l'afflux de Na$^+$ et de Ca^{2+} dans la cellule et entraînant sa dépolarisation.

Figure 15.22 Mécanisme de la transduction dans les cellules olfactives. Une partie de la membrane du cil olfactif est illustrée.

tractus olfactifs (voir le tableau 13.2, p. 568). Là, les filets des nerfs olfactifs font synapse avec des **cellules mitrales**, qui sont des neurones de deuxième ordre, dans des structures complexes appelées **glomérules** («pelotes») (figure 15.21).

Les axones des neurones dont les récepteurs sont du même type se rencontrent, par groupes d'environ 10 000, dans un glomérule spécifique. Chaque glomérule représenterait donc un aspect unique d'une odeur (comme une note dans un accord), et chaque odeur activerait un ensemble donné de glomérules (l'accord lui-même). Les différentes odeurs activeraient des sous-ensembles distincts de glomérules (la production de plusieurs accords partageant certaines notes). Les cellules mitrales raffinent le signal, l'amplifient, puis le relaient. Les bulbes olfactifs renferment aussi des *cellules granuleuses* qui libèrent de l'acide gamma-aminobutyrique (GABA): l'action de ce neurotransmetteur sur les cellules mitrales est inhibitrice (par l'entremise de synapses dendrodendritiques), de façon à n'assurer que la transmission des influx olfactifs hautement excitateurs.

Lorsque les cellules mitrales sont activées, les influx provenant des bulbes olfactifs empruntent les **tractus olfactifs** (composés principalement des axones des cellules mitrales) pour aller dans deux directions principales. La première voie passe, via le thalamus, dans le cortex olfactif (ensemble complexe constitué de plusieurs régions comprenant entre autres le lobe piriforme et le lobe frontal, ce dernier étant situé juste au-dessus des orbites), où les odeurs sont consciemment interprétées et identifiées. Dans le cortex olfactif, chaque neurone peut recevoir et analyser les influx d'une centaine de cellules olfactives.

La deuxième voie contourne le thalamus et passe directement par la région sous-corticale pour s'acheminer vers l'hypothalamus, le corps amygdaloïde et d'autres régions du système limbique, d'où naissent les réactions émotives aux odeurs. Il est à remarquer qu'une partie des informations olfactives se rendent au cortex sans faire relais dans le thalamus, contrairement à tous les autres types de sensations. Les émanations associées au danger, celles de la fumée, du gaz et de la mouffette, par exemple, déclenchent les réactions du système nerveux sympathique rattachées à la réaction de fuite ou de lutte. Les odeurs alléchantes accroissent la salivation et stimulent le système digestif, tandis que certaines odeurs désagréables provoquent des réflexes de défense comme l'éternuement et l'étouffement.

Calicules gustatifs et gustation

L'étymologie nous enseigne que les mots «goût» et «gustation» viennent d'un mot indo-européen, *geus,* qui signifie «éprouver, goûter, apprécier». Effectivement, le goût nous permet d'éprouver ou de juger directement notre environnement. Beaucoup de personnes estiment que le goût est le sens qui nous procure le plus de plaisir.

Localisation et structure des calicules gustatifs

La plupart des quelque 10 000 récepteurs sensoriels du goût, appelés **calicules gustatifs**, ou bourgeons du goût, sont situés surtout sur la langue. On en trouve quelques-uns sur le palais mou, sur la face interne des joues, sur le pharynx et sur l'épiglotte, mais la majorité est localisée dans des éminences de la muqueuse linguale appelées **papilles**, qui donnent à la surface de la langue sa texture rugueuse. Les calicules gustatifs sont situés surtout au sommet des **papilles fungiformes** (qui sont disséminées sur toute la surface de la langue) et dans l'épithélium des parois latérales des **papilles foliées** et des **papilles circumvallées**, ou papilles caliciformes. Ces grosses papilles rondes sont moins nombreuses que les autres, mais ce sont les plus grandes; on en trouve de 7 à 12, en V inversé, à l'arrière de la langue (figure 15.23a, b).

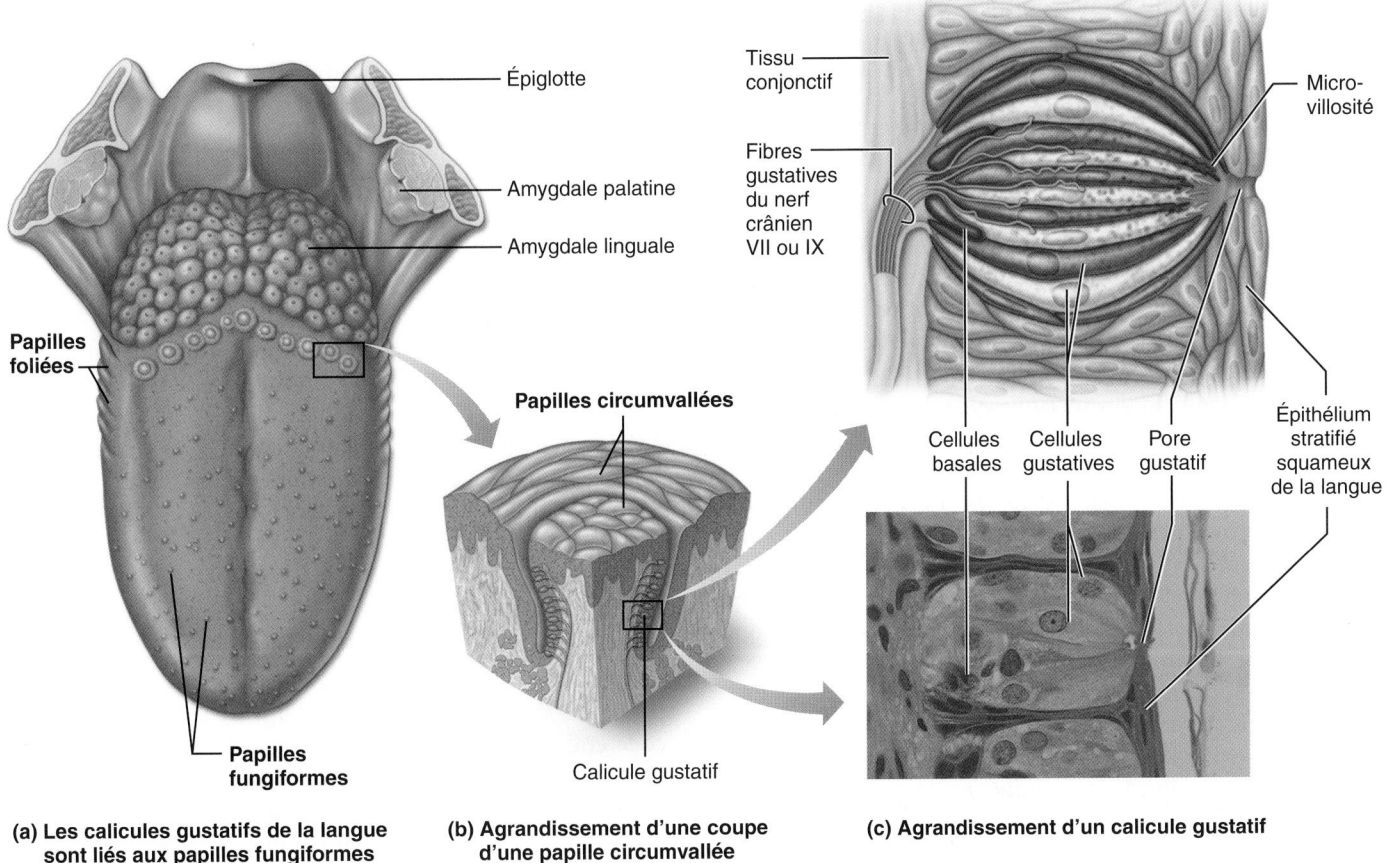

(a) **Les calicules gustatifs de la langue sont liés aux papilles fungiformes et circumvallées, des éminences de la muqueuse linguale.**

(b) **Agrandissement d'une coupe d'une papille circumvallée**

(c) **Agrandissement d'un calicule gustatif**

Figure 15.23 **Localisation et structure des calicules gustatifs de la langue.**

Chaque calicule gustatif, de forme ovoïde, est composé de 50 à 100 *cellules épithéliales* de deux types des **cellules gustatives** et des cellules basales (figure 15.23c). De longues **microvillosités** émergent des extrémités de toutes les cellules gustatives, passent par un **pore gustatif** et se projettent à la surface de l'épithélium, où elles baignent dans la salive. Les microvillosités sont les parties sensitives (*membranes réceptrices*) des cellules gustatives. Celles-ci sont entourées de dendrites sensitives entremêlées qui constituent le segment initial de la voie gustative menant au cerveau (plus précisément à la région du cortex somesthésique correspondant à la langue). Chaque neurofibre afférente reçoit des signaux provenant de plusieurs cellules réceptrices situées à l'intérieur du calicule gustatif. Il existe au moins deux types de cellules gustatives. Un type forme des synapses conventionnelles avec les dendrites sensitives et libère de la sérotonine, un neurotransmetteur. Un autre type ne contient pas de vésicules synaptiques, mais libère plutôt de l'ATP, qui agit comme neurotransmetteur.

Étant donné leur localisation, les cellules des calicules gustatifs sont sujettes à une friction intense et elles sont fréquemment brûlées par les aliments chauds. Heureusement, elles sont parmi les plus dynamiques de l'organisme et elles se renouvellent tous les 7 à 10 jours. Les **cellules basales** jouent le rôle de cellules souches, c'est-à-dire qu'elles se divisent et se différencient en de nouvelles cellules gustatives.

Saveurs fondamentales

Normalement, les sensations gustatives sont provoquées par des mélanges complexes de saveurs. Cependant, les épreuves réalisées au moyen de composés chimiques purs permettent de décomposer les saveurs en cinq groupes fondamentaux : le sucré, l'acide, le salé, l'amer et l'umami.

- De nombreuses substances organiques comportant le groupement –OH ont un goût *sucré*. Ce groupe caractérise la fonction alcool que l'on trouve dans les sucres.
- Les acides, et plus précisément les ions hydrogène (H^+) qu'ils libèrent en solution, ont bien entendu un goût *acide*.
- Les ions des métaux (les sels inorganiques) ont un goût *salé*. Le sel ordinaire (NaCl) est la substance la plus « salée ».
- Enfin, les alcaloïdes (comme la quinine, la nicotine, la caféine, la morphine et la strychnine), ainsi qu'un certain nombre de substances non alcaloïdes (comme l'acide acétylsalicylique), ont un goût *amer*.

■ L'*umami* («délicieux»), une nouvelle saveur découverte par les Japonais, est produit par le glutamate et l'aspartate. Il semble que cet acide aminé donne le «goût de bœuf» au steak, le goût piquant au fromage fort et qu'il soit à l'origine de la saveur du glutamate de sodium (MSG), un additif alimentaire.

N'oubliez pas que beaucoup de substances ont une saveur mixte (un point particulier de la langue ne répond donc pas qu'à une seule saveur en général); les calicules gustatifs réagissent généralement aux cinq saveurs. Toutefois, il semble qu'une cellule gustative donnée ne possède de récepteurs que pour une seule saveur.

On voit souvent dans les anciennes versions des manuels des cartes gustatives qui situent les récepteurs du sucré au bout de la langue, ceux du salé et de l'acide sur les côtés, ceux de l'amer à l'arrière et ceux de l'umami dans le pharynx. Toutefois, les chercheurs savent depuis longtemps qu'il s'agit là de représentations pour le moins douteuses. En réalité, des données moléculaires et fonctionnelles récentes indiquent que toutes les nuances du goût sont perçues par toutes les régions qui présentent des calicules gustatifs.

En matière de goût, les préférences et les aversions ont une valeur homéostatique. L'umami nous amène à manger des protéines. Une prédilection pour le sucré et le salé pousse à satisfaire les besoins en glucides et en minéraux (ainsi qu'en certains acides aminés). De nombreux aliments naturellement acides (comme les agrumes et la tomate) sont riches en vitamine C, une vitamine essentielle. Par ailleurs, un goût très aigre nous avertit souvent de la dégradation d'un aliment. Ainsi, beaucoup de poisons naturels (les alcaloïdes) et d'aliments gâtés ont un goût amer, si bien que notre aversion pour l'amertume a une fonction protectrice.

Physiologie du goût

Pour provoquer une sensation gustative, une substance chimique doit se dissoudre dans la salive, diffuser dans le pore gustatif et entrer en contact avec les microvillosités des cellules gustatives.

Activation des récepteurs gustatifs Les cellules gustatives contiennent des neurotransmetteurs, et la liaison de la substance chimique *sapide* au récepteur de la membrane plasmique entraîne une dépolarisation graduée qui aboutit à la libération d'un neurotransmetteur. La liaison de ce dernier aux dendrites sensitives liées aux cellules gustatives déclenche des potentiels générateurs qui produisent des potentiels d'action dans ces fibres.

Les divers types de cellules gustatives présentent des seuils d'excitation différents. Conformément à leur fonction protectrice, les récepteurs de l'amer détectent les substances présentes en d'infimes quantités. Les autres récepteurs sont moins sensibles. Les récepteurs gustatifs s'adaptent très rapidement; plus précisément, l'adaptation partielle s'effectue en trois à cinq secondes et l'adaptation complète, en une à cinq minutes.

Transduction dans les cellules gustatives Les mécanismes de la transduction dans les cellules gustatives commencent tout juste à livrer leurs secrets. Trois mécanismes sous-tendent la gustation.

■ La saveur salée est due à un afflux de Na^+ dans la cellule par les canaux à sodium, ce qui dépolarise la cellule gustative.

■ La saveur acide résulte des ions H^+, qui agissent directement dans la cellule et provoquent l'ouverture des canaux qui laissent passer d'autres cations.

■ Quant à l'amer, au sucré et à l'umami, ils partagent le même mécanisme, mais chaque réponse se produit dans une cellule différente. Le récepteur propre à chaque saveur est jumelé à une protéine G courante, la *gustducine*. L'activation de cette protéine entraîne la libération du Ca^{2+} préalablement emmagasiné dans la cellule, ce qui provoque l'ouverture des canaux cationiques de la membrane plasmique, et la cellule se dépolarise.

Voie gustative

Les neurofibres afférentes qui acheminent les messages gustatifs provenant de la langue se trouvent en majorité dans deux paires de nerfs crâniens. Comme l'illustre la **figure 15.24**, une collatérale du **nerf facial** (nerf crânien VII), la *corde du tympan*, transmet les influx issus des récepteurs gustatifs situés dans les deux tiers antérieurs de la langue. Le rameau lingual du **nerf glossopharyngien** (nerf crânien IX) en dessert le tiers postérieur et le pharynx juste derrière. Les influx gustatifs provenant des rares calicules gustatifs situés dans l'épiglotte et dans la région inférieure du pharynx empruntent principalement le **nerf vague** (nerf crânien X). Les neurofibres afférentes font synapse dans le **noyau solitaire** du bulbe rachidien; de là, les influx gagnent le thalamus et, enfin, le *cortex gustatif* situé dans l'insula. Le cerveau peut reconnaître les différentes saveurs par le fait que chaque aliment stimule un sous-ensemble particulier de neurones dont chacun comprend un grand nombre de cellules, mais qui ne sont pas stimulées avec la même intensité : certaines cellules le sont fortement, d'autres moyennement et d'autres encore, très faiblement. Les neurofibres atteignent aussi l'hypothalamus et des structures du système limbique; ces régions déterminent notre appréciation des substances goûtées.

Parmi les rôles du goût, l'un des plus importants est de provoquer les réflexes associés à la digestion. En traversant le noyau solitaire, les influx gustatifs déclenchent des réflexes autonomes (par l'intermédiaire de synapses formées avec certains noyaux parasympathiques des nerfs glossopharyngien et vague) qui accroissent la sécrétion de salive dans la bouche et de suc gastrique dans l'estomac. La salive contient un mucus qui humecte les aliments et une enzyme digestive qui commence à digérer l'amidon. Les aliments acides sont d'exceptionnels déclencheurs du réflexe salivaire. Par ailleurs, l'ingestion de substances répugnantes peut déclencher des haut-le-cœur, voire le réflexe du vomissement, associé à un noyau moteur du bulbe rachidien situé près du noyau solitaire.

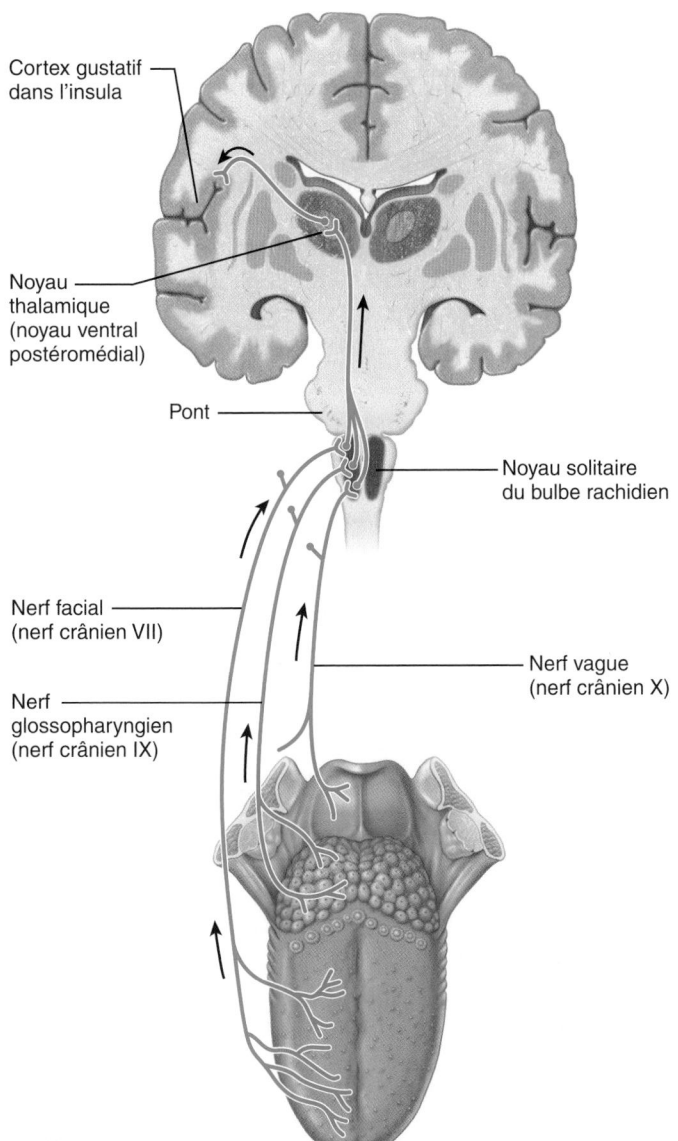

Cortex gustatif
dans l'insula

Noyau
thalamique
(noyau ventral
postéromédial)

Pont

Noyau solitaire
du bulbe rachidien

Nerf facial
(nerf crânien VII)

Nerf vague
(nerf crânien X)

Nerf
glossopharyngien
(nerf crânien IX)

Figure 15.24 Voie gustative. À partir des calicules gustatifs, les signaux gustatifs sont acheminés jusqu'à la région gustative du cortex cérébral.

Déséquilibres homéostatiques des sens chimiques

La plupart des troubles de l'odorat, tel l'*anosmie* («absence d'odeur»), qui touchent 5 % de la population, résultent de traumatismes crâniens qui rompent les nerfs olfactifs, d'inflammations des cavités nasales et du vieillissement. Certaines affections cérébrales engendrent parfois des *crises uncinées*, c'est-à-dire des hallucinations olfactives au cours desquelles les individus atteints perçoivent une odeur particulière (généralement répugnante), comme celle de l'essence ou de la viande pourrie. Certaines de ces hallucinations sont indéniablement d'origine psychologique, mais beaucoup résultent d'une irritation de la voie olfactive survenue à la suite d'une intervention chirurgicale à l'encéphale, d'un traumatisme crânien ou encore d'une tumeur dans la région de l'*uncus* de l'hippocampe. Les *auras olfactives* que certaines personnes épileptiques éprouvent juste avant une crise sont des crises uncinées.

Les troubles du goût, telle l'*agueusie* («absence de goût»), sont beaucoup plus rares, en partie parce que les récepteurs gustatifs sont desservis par trois nerfs différents; il est donc moins probable que ce sens soit complètement désactivé. Les infections des voies respiratoires supérieures, les blessures à la tête, des substances chimiques, des médicaments ou la radiothérapie de la tête et du cou pour le traitement du cancer peuvent causer des troubles du goût. On a découvert que les suppléments de zinc corrigeaient parfois les troubles du goût causés par la radiothérapie.

VÉRIFIONS NOS ACQUIS

13. Dans quelle région du nez se trouve l'épithélium olfactif? Quelles cellules sont responsables de la couleur jaune de l'épithélium olfactif?
14. Nommez les cinq saveurs. Donnez les trois types de papilles qui possèdent des calicules gustatifs.
15. Les cellules olfactives ont des cils et les cellules gustatives ont des microvillosités. De quelle manière ces structures contribuent-elles à la fonction des cellules?

Les réponses se trouvent à l'appendice G.

15

Influence des autres sensations sur le goût

Le goût relève à 80 % de l'odorat. Lorsque la congestion (ou l'obstruction mécanique des narines) inhibe les récepteurs olfactifs des cavités nasales, les aliments paraissent insipides. Sans l'odorat, le café du matin perdrait toute sa richesse pour ne conserver que son amertume.

La bouche contient aussi des thermorécepteurs, des mécanorécepteurs et des nocicepteurs; de ce fait, la température et la texture des aliments ajoutent ou nuisent à leur saveur. Les aliments à saveur forte, comme les piments forts, provoquent un effet agréable en excitant les nocicepteurs de la bouche.

Oreille: ouïe et équilibre

9 Situer l'oreille externe, l'oreille moyenne et l'oreille interne; décrire leur structure et leur fonction.

10 Expliquer la transmission du son jusqu'aux liquides de l'oreille interne; montrer comment se produit l'activation des cellules sensorielles ciliées de la cochlée; décrire la voie auditive, de l'organe spiral à l'aire auditive du cortex temporal.

11 Expliquer comment s'effectue la reconnaissance de la hauteur, de l'intensité et de la source des sons.

12 Énumérer les causes possibles, les symptômes et, éventuellement, les principaux traitements de l'otite moyenne, des deux formes de surdité, des acouphènes et du syndrome de Ménière.

De prime abord, les mécanismes de l'ouïe et de l'équilibre paraissent fort rudimentaires. En effet, les mécanorécepteurs de l'oreille interne sont stimulés lorsque les liquides dans lesquels ils baignent sont agités. Pourtant, l'ouïe humaine capte un extraordinaire éventail de sons, et les récepteurs de l'équilibre fournissent continuellement des informations à plusieurs structures du système nerveux sur la position et les mouvements de la tête. Bien que les organes de l'ouïe et de l'équilibre, à l'intérieur de l'oreille, soient structuralement associés, leurs récepteurs respectifs réagissent à des stimulus différents et ils sont activés indépendamment les uns des autres. (C'est ce qui explique que les personnes sourdes sont capables de garder leur équilibre.)

Structure de l'oreille

L'oreille se divise en trois grandes régions : l'oreille externe, l'oreille moyenne et l'oreille interne (figure 15.25a). L'oreille externe et l'oreille moyenne servent uniquement à l'audition et leurs configurations sont relativement simples. L'oreille interne sert à l'audition et à l'équilibre, et sa structure est extrêmement complexe.

Oreille externe

L'**oreille externe** est composée de l'auricule et du méat acoustique externe. L'**auricule** (pavillon) est ce que l'on appelle « oreille » dans le langage courant ; il s'agit de la partie saillante en forme de coquille qui entoure l'orifice du méat acoustique externe. L'auricule est constituée de cartilage élastique recouvert d'une mince couche de peau et de poils clairsemés. Son bord, l'**hélix**, est plus épais que son centre, et sa partie inférieure charnue, le **lobule** (communément appelé « lobe de l'oreille »), ne contient pas de cartilage. La fonction de l'auricule est de diriger les ondes sonores dans le méat acoustique externe.

Le **méat acoustique externe** est un tube court et courbé (d'environ 2,5 cm de long sur 0,6 cm de large) qui relie le pavillon à la membrane du tympan. Il est creusé dans l'os temporal, sauf près du pavillon, où sa charpente est formée de cartilage élastique. La peau qui le recouvre comporte des poils, des glandes sébacées et des glandes sudoripares apocrines modifiées, les **glandes cérumineuses**. Ces glandes sécrètent une substance cireuse de couleur jaune brunâtre appelée **cérumen** (*cera* : cire), qui emprisonne les corps étrangers et chasse les insectes.

Chez beaucoup de gens, l'oreille se nettoie naturellement au fur et à mesure que le cérumen sèche et tombe du méat acoustique externe. (Les mouvements des mâchoires qui accompagnent la mastication, l'élocution, etc., évacuent imperceptiblement le cérumen à la manière d'un convoyeur silencieux.) Chez d'autres individus, le cérumen s'accumule, durcit et forme un bouchon qui peut nuire à l'audition.

Les ondes sonores qui entrent dans le méat acoustique externe frappent la **membrane tympanique**, ou **tympan** (*tumpanum* : tambourin), la limite entre l'oreille externe et l'oreille moyenne. Le tympan est une membrane mince et translucide de tissu conjonctif dont la face externe est recouverte de peau et la face interne, d'une muqueuse. Il a la forme d'un cône aplati dont le sommet pénètre dans l'oreille moyenne. Les ondes sonores font vibrer le tympan, qui transfère cette énergie aux osselets de l'ouïe situés dans l'oreille moyenne et les fait vibrer.

Oreille moyenne

L'**oreille moyenne**, ou **caisse du tympan**, est une petite cavité, remplie d'air et tapissée d'une muqueuse, creusée dans la partie pétreuse de l'os temporal. Sa limite latérale est le tympan et sa limite médiale, une paroi osseuse percée de deux orifices, la **fenêtre vestibulaire**, de forme ovale, et la **fenêtre cochléaire**, de forme ronde. La partie supérieure arquée de la caisse du tympan est appelée **récessus épitympanique**, ou logette des osselets, et forme le toit de l'oreille moyenne. Une cavité pratiquée dans la paroi postérieure de la caisse du tympan, l'**antre mastoïdien**, met celle-ci en communication avec les *cellules mastoïdiennes* situées dans le processus mastoïde de l'os temporal.

La paroi antérieure de l'oreille moyenne est contiguë à l'artère carotide interne (principale artère irriguant le cerveau) et débouche dans la **trompe auditive**. Ce conduit oblique, autrefois appelé trompe d'Eustache, relie l'oreille moyenne au nasopharynx (la partie supérieure de la gorge) ; la muqueuse de l'oreille moyenne est donc unie à celle du pharynx (gorge).

Normalement, la trompe auditive est aplatie et fermée, mais la déglutition et le bâillement l'ouvrent momentanément (0,02 s) pour équilibrer la pression de l'air entre l'oreille moyenne et l'environnement (4 min d'ouverture au total par jour). Il s'agit d'un mécanisme important, car le tympan peut vibrer librement seulement si la pression exercée sur ses deux surfaces est égale. Dans le cas contraire, les sons sont déformés. L'équilibration de la pression « débouche » les oreilles, sensation que connaissent toutes les personnes qui ont déjà pris l'avion ; l'inconfort éprouvé en altitude provient du fait que, la pression atmosphérique y étant plus faible, la pression dans l'oreille moyenne devient relativement plus forte que celle de l'oreille externe et le tympan a alors tendance à se déformer vers l'extérieur.

⚖ DÉSÉQUILIBRE HOMÉOSTATIQUE

L'inflammation de l'oreille moyenne, l'**otite moyenne**, est une conséquence fréquente des infections de la gorge, particulièrement chez les enfants, dont les trompes auditives sont courtes et horizontales. L'otite moyenne constitue la cause la plus fréquente de perte auditive chez les enfants. Les formes infectieuses aiguës causent la saillie, l'inflammation et le rougissement du tympan. On traite la plupart des cas d'otite moyenne à l'aide d'antibiotiques. Lorsque de grandes quantités de liquide ou de pus s'accumulent dans la cavité, il faut parfois pratiquer d'urgence une *myringotomie* (paracentèse du tympan) pour réduire la pression. Pendant l'intervention, on implante

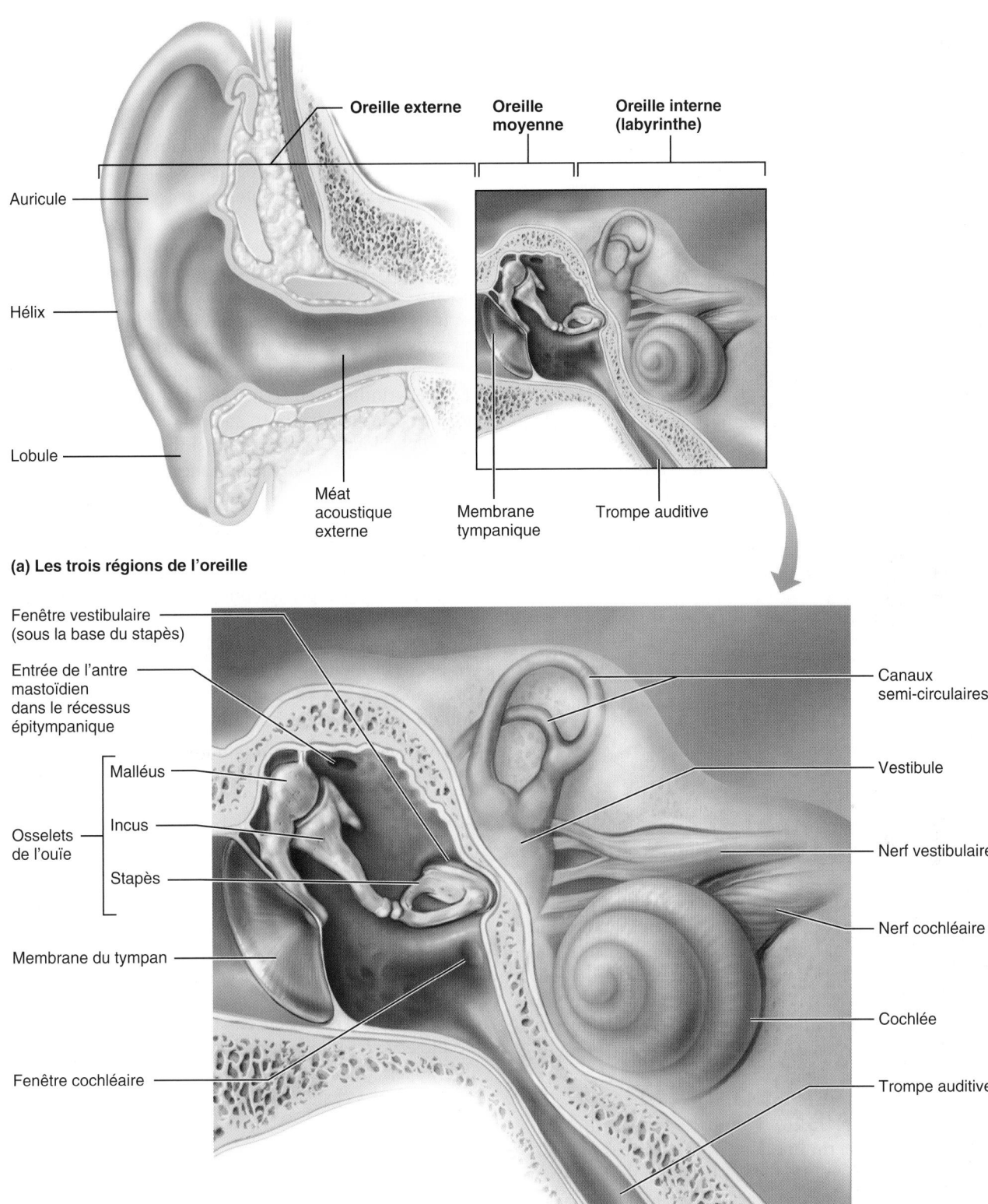

(a) Les trois régions de l'oreille

Oreille externe · Oreille moyenne · Oreille interne (labyrinthe)

Auricule

Hélix

Lobule

Méat acoustique externe

Membrane tympanique

Trompe auditive

(b) Oreille moyenne et oreille interne

Fenêtre vestibulaire (sous la base du stapès)

Entrée de l'antre mastoïdien dans le récessus épitympanique

Osselets de l'ouïe
- Malléus
- Incus
- Stapès

Membrane du tympan

Fenêtre cochléaire

Canaux semi-circulaires

Vestibule

Nerf vestibulaire

Nerf cochléaire

Cochlée

Trompe auditive

Figure 15.25 Structure de l'oreille. Les structures de l'oreille interne en **(b)** semblent voilées parce qu'il s'agit de cavités à l'intérieur de l'os temporal.

un petit tube dans le tympan pour permettre au pus de s'écouler dans l'oreille externe. Ce tube tombe de lui-même dans l'année qui suit. ■

La caisse du tympan renferme les trois plus petits os du corps, les **osselets de l'ouïe** (figure 15.25 et figure 15.26). Les noms des osselets évoquent leur forme : le **malléus** (marteau), l'**incus**

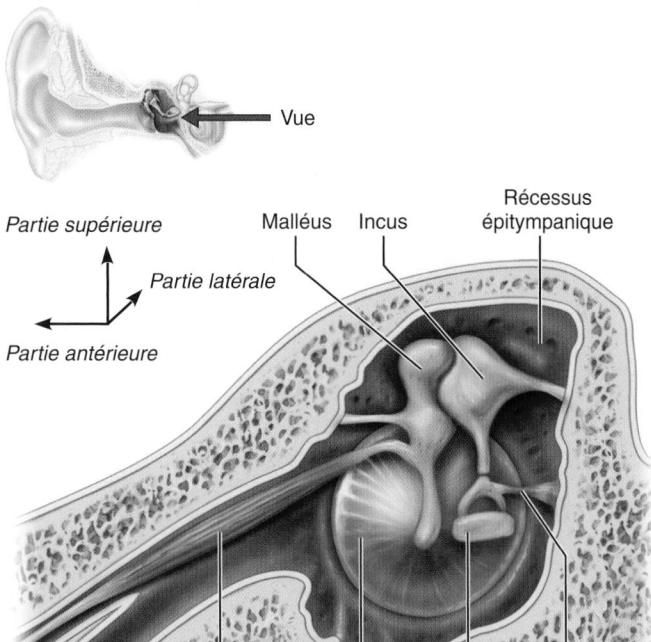

Partie supérieure

Partie latérale

Partie antérieure

Vue

Malléus Incus Récessus épitympanique

Trompe auditive

Muscle tenseur du tympan

Membrane tympanique (vue médiale)

Stapès

Muscle stapédien

Figure 15.26 **Les trois osselets et les muscles squelettiques correspondants.** Oreille droite, vue médiale.

15

(enclume) et le **stapès** (étrier). Le « manche » du malléus est rattaché au tympan, et la base du stapès s'insère dans la fenêtre vestibulaire.

De minuscules ligaments soutiennent les osselets et de petites articulations synoviales les relient en une chaîne qui s'étend dans la caisse du tympan. L'incus s'articule avec le malléus du côté latéral et avec le stapès du côté médial. Les osselets transmettent le mouvement vibratoire du tympan à la fenêtre du vestibule qui, à son tour, agite les liquides de l'oreille interne. Ce sont les mouvements de ces liquides qui excitent les récepteurs de l'audition.

Deux minuscules muscles squelettiques sont associés aux osselets de l'ouïe (figure 15.26). Le **muscle tenseur du tympan** naît de la paroi de la trompe auditive et s'insère sur le malléus. Le **muscle stapédien** (5 mm, soit le plus petit du corps), ou muscle de l'étrier, naît de la paroi postérieure de la caisse du tympan et s'insère sur le stapès. Dans les deux oreilles, ces muscles se contractent de façon réflexe, juste après qu'une oreille a capté un son intense ou juste avant qu'on parle, de façon à protéger les récepteurs de l'audition. Plus précisément, le muscle tenseur du tympan tend le tympan en le tirant vers l'intérieur, et le muscle stapédien atténue les vibrations de la chaîne des osselets ainsi que les mouvements du stapès dans la fenêtre vestibulaire. En affaiblissant surtout les basses fréquences, ces muscles jouent un rôle de filtre sélectif : ils

permettent de distinguer les voix humaines, qui contiennent beaucoup de hautes fréquences.

Oreille interne

L'**oreille interne** est aussi appelée **labyrinthe**, étant donné sa forme compliquée (figure 15.25). Sa situation dans l'os temporal, à l'arrière de l'orbite, protège les délicats récepteurs qu'elle abrite.

L'oreille interne comprend deux grandes divisions : le labyrinthe osseux et le labyrinthe membraneux. Le **labyrinthe osseux** est un système de canaux tortueux creusés dans l'os ; ses trois régions sont le *vestibule*, la *cochlée* et les *canaux semi-circulaires*. Les schémas que l'on trouve dans les manuels, y compris le présent ouvrage, ont quelque chose de trompeur, car le labyrinthe osseux est en réalité une *cavité*. La représentation que fournit la figure 15.25 peut se comparer à un moulage de cette cavité. Le **labyrinthe membraneux** est un réseau de vésicules et de conduits membraneux logé dans le labyrinthe osseux et épousant plus ou moins ses contours (figure 15.27).

Le labyrinthe osseux est rempli de **périlymphe**, un liquide qui est semblable au liquide cérébrospinal (pauvre en K^+ et riche en Na^+) et qui communique avec lui. Le labyrinthe membraneux flotte dans la périlymphe ; il contient l'**endolymphe**, un liquide dont la composition chimique est semblable à celle du liquide intracellulaire riche en K^+. La périlymphe et l'endolymphe transmettent les vibrations sonores et réagissent aux forces mécaniques produites lors des changements de position du corps et de l'accélération.

Vestibule Le **vestibule** est la cavité ovoïde située au centre du labyrinthe osseux. Il est situé à l'arrière de la cochlée et à l'avant des canaux semi-circulaires, et borde la face médiale de l'oreille moyenne. La fenêtre du vestibule est percée dans sa paroi latérale. Deux vésicules du labyrinthe membraneux, le **saccule** et l'**utricule**, sont unies par un petit conduit et flottent dans sa périlymphe (figure 15.27). Le saccule se prolonge vers l'avant et est en continuité avec le labyrinthe membraneux qui rejoint le conduit cochléaire dans la cochlée ; l'utricule, plus grand que le saccule, est en continuité avec les conduits semi-circulaires qui s'étendent vers l'arrière dans les canaux semi-circulaires. Le saccule et l'utricule abritent les régions réceptrices de l'équilibre, appelées *macules*, qui réagissent à la force gravitationnelle et encodent les changements de position de la tête.

Canaux semi-circulaires Les **canaux semi-circulaires** sont postérieurs et latéraux par rapport au vestibule, et chacun d'eux décrit environ deux tiers de cercle. Ce sont des conduits osseux issus de la partie postérieure du vestibule. Ils occupent chacun un des trois plans de l'espace. On trouve donc un canal semi-circulaire *antérieur*, un canal semi-circulaire *postérieur* et un canal semi-circulaire *latéral*. Le canal antérieur et le canal postérieur forment un angle droit dans le plan vertical, tandis que le canal latéral est horizontal (figure 15.27).

Chaque canal semi-circulaire osseux contient un **conduit semi-circulaire** membraneux qui s'ouvre dans l'utricule, à l'avant. Ces conduits membraneux portent chacun une

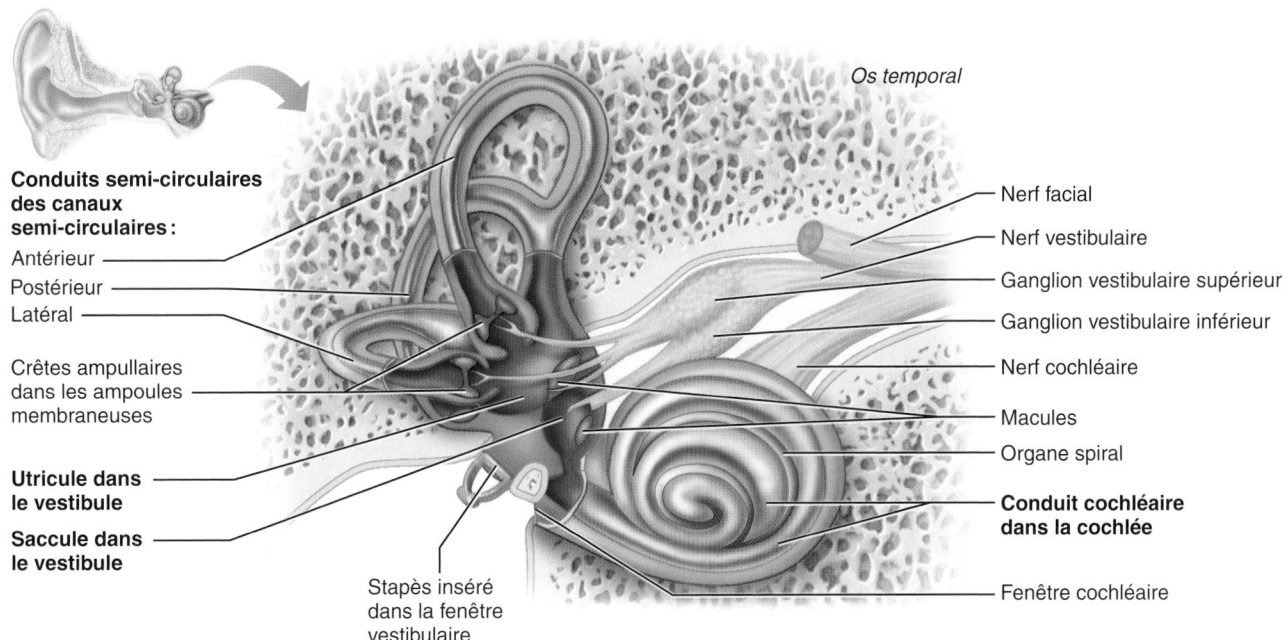

Figure 15.27 **Labyrinthe membraneux de l'oreille interne.** Le labyrinthe membraneux (en bleu) est logé dans les cavités du labyrinthe osseux (en beige). Les localisations des organes sensitifs de l'audition (organe spiral) et de l'équilibre (macules et crêtes ampullaires) sont indiquées en violet.

extrémité renflée appelée **ampoule**, qui abrite la *crête ampullaire*, région réceptrice de l'équilibre qui réagit aux mouvements angulaires (rotatoires) de la tête.

Cochlée La **cochlée** (*cochlea*: limaçon) est une cavité osseuse spiralée et conique deux fois plus petite qu'un pois cassé. La cochlée naît de la partie antérieure du vestibule, puis elle décrit environ deux tours et demi autour d'un pilier osseux appelé **modiolus de la cochlée**, ou columelle (figure 15.28a). Déroulée, la cochlée formerait un tube de 32 mm de long et de 2 mm de diamètre. Le **conduit cochléaire** membraneux serpente au centre de la cochlée et se termine en cul-de-sac à son sommet. Le conduit cochléaire abrite l'**organe spiral**, ou organe de Corti, le récepteur de l'audition (figures 15.27 et **15.28b**).

Le conduit cochléaire et la **lame spirale osseuse**, prolongement mince et plat qui s'enroule en spirale autour du modiolus, divisent la cochlée en trois cavités distinctes. Ces cavités sont, de haut en bas, la **rampe vestibulaire**, unie au vestibule et contiguë à la fenêtre vestibulaire, le **conduit cochléaire** proprement dit et la **rampe tympanique**, qui se termine à la fenêtre cochléaire.

Le conduit cochléaire est rempli d'endolymphe, car il fait partie du labyrinthe membraneux. La rampe vestibulaire et la rampe tympanique sont remplies de périlymphe, puisqu'elles font partie du labyrinthe osseux. Les deux rampes communiquent entre elles au sommet de la cochlée, région appelée **hélicotréma** («ouverture dans la spirale»).

Le toit du conduit cochléaire (situé entre ce dernier et la rampe vestibulaire) est formé par la **paroi vestibulaire du conduit cochléaire** (figure 15.28b). Sa paroi externe, la **strie vasculaire**, est une muqueuse richement vascularisée qui sécrète l'endolymphe. Le plancher du conduit cochléaire est composé de la lame spirale osseuse et de la **lame basilaire**, flexible et fibreuse, qui soutient l'organe spiral. (Nous décrirons l'organe spiral lorsque nous exposerons le mécanisme de l'audition.) La lame basilaire, qui joue un rôle primordial dans la réception du son, est étroite, épaisse et rigide près de la fenêtre vestibulaire, mais elle s'élargit, s'amincit et devient plus souple près du sommet de la cochlée. Le *nerf cochléaire*, une ramification du *nerf vestibulocochléaire* (nerf crânien VIII), naît de l'organe spiral et traverse le modiolus de la cochlée avant de se diriger vers le cerveau.

Physiologie de l'audition

Le mécanisme de l'audition humaine peut se résumer en une seule phrase: dans l'air, le son produit des vibrations qui frappent le tympan, qui ébranlent une chaîne d'osselets, qui poussent le liquide de l'oreille interne contre des membranes, qui créent des forces de cisaillement tirant sur des cellules sensorielles ciliées, qui stimulent les neurones à proximité, qui engendrent des influx aboutissant au cerveau, lequel interprète ces influx – et nous entendons! Nous reviendrons sur chacune des étapes de cet enchaînement, mais auparavant, nous allons considérer le son, stimulus de l'audition.

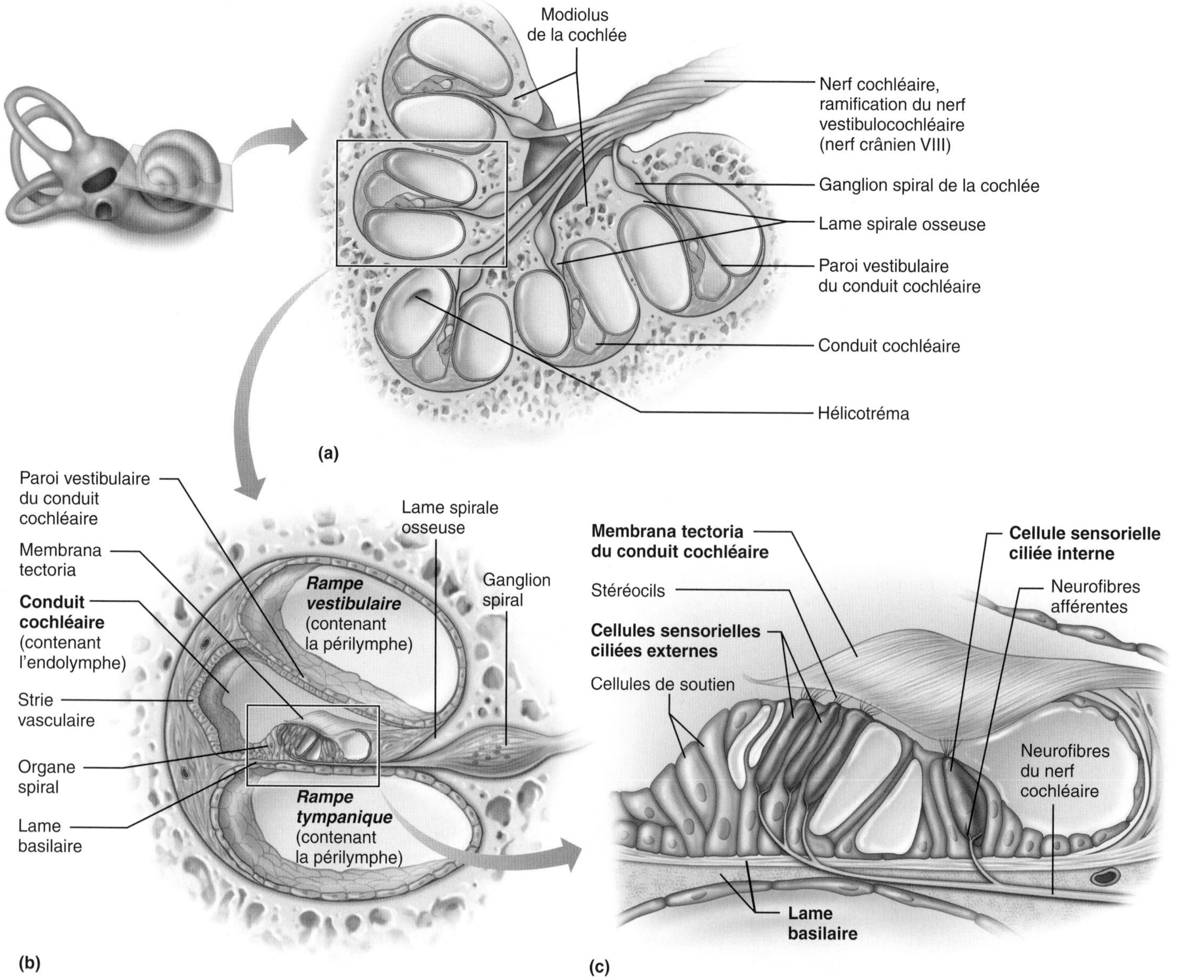

Modiolus
de la cochlée

Nerf cochléaire,
ramification du nerf
vestibulocochléaire
(nerf crânien VIII)

Ganglion spiral de la cochlée

Lame spirale osseuse

Paroi vestibulaire
du conduit cochléaire

Conduit cochléaire

Hélicotréma

(a)

Paroi vestibulaire
du conduit
cochléaire

Membrana
tectoria

**Conduit
cochléaire**
(contenant
l'endolymphe)

Strie
vasculaire

Organe
spiral

Lame
basilaire

Lame spirale
osseuse

*Rampe
vestibulaire*
(contenant
la périlymphe)

Ganglion
spiral

*Rampe
tympanique*
(contenant
la périlymphe)

(b)

**Membrana tectoria
du conduit cochléaire**

Stéréocils

**Cellules sensorielles
ciliées externes**

Cellules de soutien

**Cellule sensorielle
ciliée interne**

Neurofibres
afférentes

Neurofibres
du nerf
cochléaire

**Lame
basilaire**

(c)

Cellule
sensorielle
ciliée
interne

Cellule
sensorielle
ciliée
externe

(d)

Figure 15.28 **Anatomie de la cochlée. (a)** Coupe transversale de la cochlée; la partie supérieure a été retirée. La région qui contient l'hélicotréma est située au sommet de la cochlée. **(b)** Agrandissement d'un tour de spire de la cochlée en coupe transversale montrant la situation des deux rampes séparées par le conduit cochléaire. **(c)** Détail de l'organe spiral. **(d)** Photographie au microscope électronique de cellules sensorielles ciliées de la cochlée (550×).

15

Propriétés du son

Contrairement à la lumière, qui peut se propager dans le vide (et notamment dans l'espace interplanétaire), le son ne se transmet que dans un milieu *élastique*. Alors que la vitesse de la lumière est d'environ 300 000 km/s, celle du son dans l'air sec n'est que de 331 m/s. Un éclair est presque instantanément visible, mais le son qu'il produit (le tonnerre) met un certain temps à atteindre l'oreille. (En comptant les secondes qui s'écoulent entre l'éclair et le coup de tonnerre et en multipliant le résultat par 300, on peut estimer grossièrement la distance en mètres à laquelle se trouve l'orage.) La vitesse du son est constante dans un milieu uniforme ; elle est plus grande dans les solides que dans les gaz, y compris l'air.

Le **son** est une perturbation de la pression – une alternance de zones de haute pression et de zones de basse pression – causée par un objet vibrant et propagée par les molécules du milieu. Prenons l'exemple du son émis par un diapason **(figure 15.29a)**. Si l'on frappe la gauche du diapason, ses branches se déplacent d'abord vers la droite et créent une zone de haute pression de ce côté en comprimant les molécules de l'air. Puis, en rebondissant, les branches compriment l'air à gauche du diapason, et la pression s'en trouve réduite à droite (puisque la majeure partie des molécules de l'air de cette zone ont déjà été poussées plus loin vers la droite).

En vibrant de droite à gauche, le diapason produit une série de zones de compression et de raréfaction, c'est-à-dire une *onde sonore*, qui se propage dans toutes les directions (figure 15.29b). Toutefois, chaque molécule de l'air ne vibre que sur une courte distance, car elle heurte d'autres molécules et rebondit. Comme les molécules qui se déplacent vers l'extérieur donnent de l'énergie cinétique aux molécules qu'elles heurtent, l'énergie est toujours transférée dans la direction qu'emprunte l'onde sonore. C'est pourquoi l'énergie de l'onde diminue avec le temps et la distance, et le son s'éteint.

On peut représenter graphiquement une onde sonore sous la forme d'une courbe en S, ou onde sinusoïdale, dont les crêtes sont formées par les zones de compression et les creux, par les zones de raréfaction (figure 15.29a). D'un tel graphique se dégagent deux propriétés physiques du son, soit la fréquence et l'amplitude.

La **fréquence** est le nombre d'ondes qui passent par un point donné en un temps donné. L'onde sinusoïdale d'un son pur est *périodique* ; autrement dit, ses crêtes et ses creux se répètent à des distances définies. La distance entre deux crêtes consécutives (ou deux creux consécutifs) est appelée **longueur d'onde**, et elle est constante pour un son donné. Plus la longueur d'onde est courte, plus la fréquence du son est élevée **(figure 15.30a)** et plus ce son est aigu.

L'ouïe humaine est sensible aux fréquences de 20 à 20 000 ondes par seconde, ou *hertz* (Hz), et plus particulièrement aux fréquences de 1500 à 4000 Hz, parmi lesquelles elle peut distinguer des différences de l'ordre de 2 à 3 Hz. La

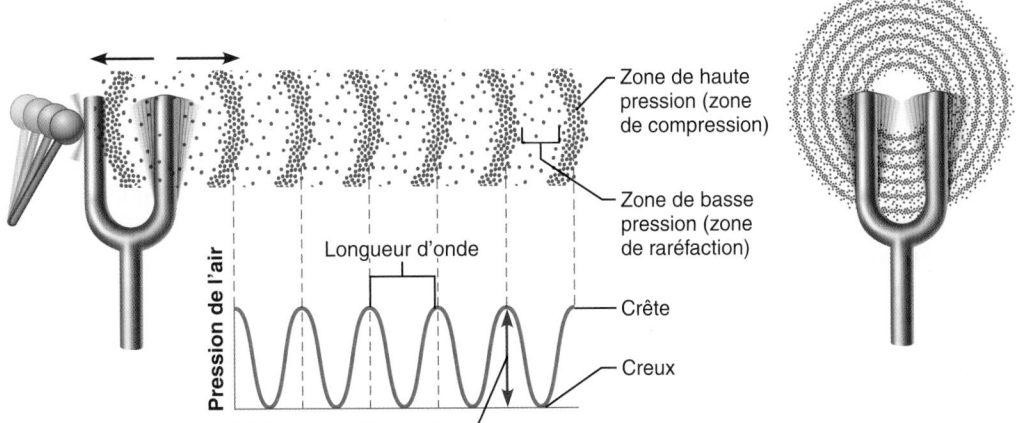

(a) Quand on frappe un diapason à l'aide d'un marteau, ses branches compriment les molécules de l'air dans cette zone puis créent une zone de raréfaction, produisant une alternance de zones de haute pression et de zones de basse pression.

(b) Les ondes sonores se propagent dans toutes les directions à partir de la source sonore.

Figure 15.29 Source et propagation du son. L'illustration en **(a)** montre qu'on peut représenter une alternance de zones de haute pression et de zones de basse pression sous la forme d'une onde sinusoïdale. La hauteur (amplitude) des crêtes est proportionnelle à l'énergie, ou intensité, de l'onde sonore. La distance entre deux points correspondants de l'onde (crêtes ou creux) est appelée longueur d'onde.

■ Haute fréquence (courte longueur d'onde) = son aigu

■ Basse fréquence (longue longueur d'onde) = son grave

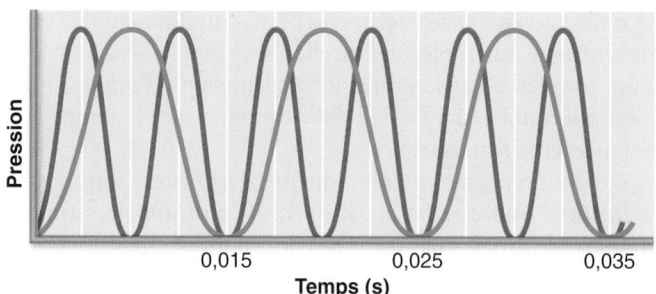

(a) La fréquence du son correspond à sa hauteur.

■ Forte amplitude = son fort

■ Faible amplitude = son faible

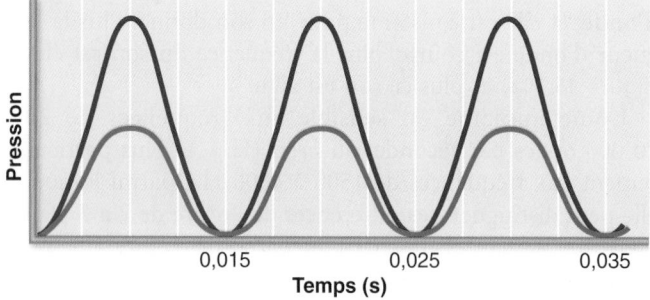

(b) L'amplitude correspond à l'intensité.

Figure 15.30 **Fréquence et amplitude des ondes sonores.**

fréquence d'un son correspond pour nous à sa **hauteur**: plus la fréquence est élevée, plus le son est aigu.

Un diapason produit un *son pur* (simple) ne possédant qu'une seule fréquence, tandis que la plupart des sons sont composés de plusieurs fréquences. Cette caractéristique du son, appelée **timbre**, nous permet de reconnaître une note de musique, un *do* par exemple, qu'elle soit chantée par une soprano ou jouée sur un piano ou une clarinette. C'est le timbre qui donne aux sons et à la musique leur richesse et leur complexité.

L'**amplitude**, ou hauteur, des crêtes de l'onde sinusoïdale indique l'**intensité** d'un son, laquelle est liée à son énergie, c'est-à-dire aux différences de pression entre ses zones de compression et ses zones de raréfaction (figure 15.30b).

La **force** d'un son correspond à notre interprétation subjective de son intensité. Notre champ auditif est extrêmement étendu: du bruit d'une épingle qui tombe à celui d'un moteur à réaction, l'intensité du son se multiplie par 10 millions. C'est pourquoi on mesure l'intensité (et la force) des sons à l'aide d'une unité logarithmique appelée **décibel** (**dB**). Sur un audio-

mètre médical, le début de l'échelle des décibels est arbitrairement fixé à 0 dB, soit le seuil de l'audition (sons à peine audibles) pour l'oreille normale. Chaque augmentation de 3 dB correspond approximativement à un doublement de l'intensité sonore, et une augmentation de 10 dB représente un décuplement de cette intensité: un son de 10 dB renferme 10 fois plus d'énergie qu'un son de 0 dB, et un son de 20 dB possède 100 fois (10 × 10) plus d'énergie qu'un son de 0 dB. En d'autres mots, la plupart des gens ont la sensation qu'un son de 20 dB leur paraît 2 fois plus fort qu'un son de 10 dB. Le champ auditif normal couvre plus de 120 dB. (Le seuil de la douleur se situe à 120 dB.)

L'exposition fréquente ou prolongée à des sons de plus de 90 dB cause une perte auditive importante; c'est pourquoi, dans certains pays, les travailleurs doivent porter des protecteurs auditifs. Il est à noter qu'au Québec on permet aux travailleurs de rester 8 heures dans un environnement de 90 dB, tandis qu'en Europe et dans le reste du Canada la limite est de 4 heures à 85 dB. Ce chiffre prend tout son sens lorsqu'on considère qu'une conversation normale se situe aux environs de 50 dB, le bruit de fond dans un restaurant animé à 70 dB et la musique rock amplifiée à 120 dB ou plus, soit bien au-dessus de la limite de danger de 90 dB.

Transmission du son à l'oreille interne

L'audition résulte de la stimulation des régions auditives, dans les lobes temporaux. Pour qu'il y ait audition, cependant, les ondes sonores doivent traverser de l'air, des membranes, des os et des liquides, puis stimuler les cellules réceptrices de l'organe spiral dans la cochlée (figure 15.31a).

Les sons qui pénètrent dans le méat acoustique externe frappent le tympan et le font vibrer à la même fréquence qu'eux. Plus l'intensité du son est grande, plus l'amplitude du mouvement vibratoire du tympan augmente. Le mouvement du tympan est amplifié et transmis à la fenêtre du vestibule par les osselets, qui forment en quelque sorte un système de leviers. Ce système, semblable en cela à une presse hydraulique, transmet intégralement à la fenêtre du vestibule la force exercée sur le tympan.

Comme l'aire du tympan est de 17 à 20 fois plus grande que celle de la fenêtre vestibulaire, la pression (la force par unité d'aire) réellement exercée sur cette dernière est environ 20 fois plus grande que la force exercée sur le tympan. Une fois multipliée, la pression surmonte la rigidité et l'inertie du liquide cochléaire et lui imprime des mouvements ondulatoires. (Il faut se rappeler que l'oreille moyenne contient du liquide et non de l'air et qu'un liquide est plus difficile à faire vibrer qu'un gaz.) Pour mieux expliquer ce phénomène de multiplication, prenons l'exemple de deux personnes de 70 kg marchant sur un plancher recouvert d'un revêtement de vinyle souple, l'une avec de larges talons de caoutchouc et l'autre, avec des talons aiguilles. Le poids de la première personne se répartit sur plusieurs dizaines de centimètres carrés, et ses

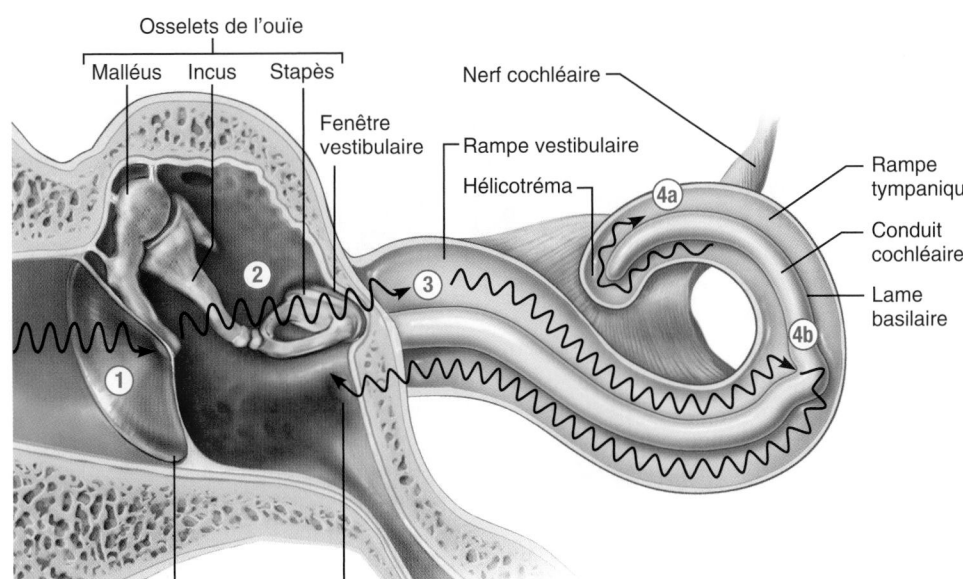

Osselets de l'ouïe

Malléus Incus Stapès

Nerf cochléaire

Fenêtre vestibulaire

Rampe vestibulaire

Hélicotréma

Rampe tympanique

Conduit cochléaire

Lame basilaire

Membrane tympanique

Fenêtre cochléaire

(a) Trajet des ondes sonores dans l'oreille

① Les ondes sonores font vibrer la membrane tympanique.

② Les osselets de l'ouïe vibrent. La pression augmente.

③ Les ondes de pression créées par le stapès qui pousse sur la fenêtre vestibulaire produisent le déplacement du liquide dans la rampe vestibulaire.

④a Les sons dont la fréquence est inférieure au seuil de l'audition passent par l'hélicotréma sans exciter les cellules ciliées.

④b Les sons qui font partie du champ auditif passent par le conduit cochléaire, faisant vibrer la lame basilaire et fléchissant les stéréocils des cellules sensorielles ciliées internes.

Figure 15.31 Trajet des ondes sonores et résonance de la lame basilaire. La cochlée est déroulée. Le graphique au bas de **(b)** représente les fibres qui parcourent toute la largeur de la lame basilaire. La tension des fibres «accorde» les vibrations de régions précises de la lame basilaire à des fréquences particulières.

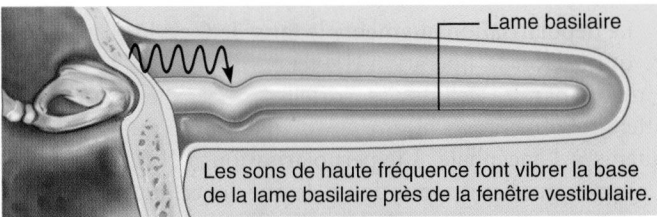

Lame basilaire

Les sons de haute fréquence font vibrer la base de la lame basilaire près de la fenêtre vestibulaire.

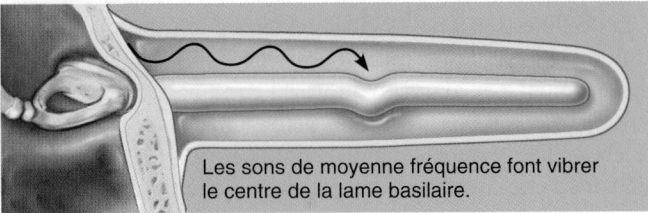

Les sons de moyenne fréquence font vibrer le centre de la lame basilaire.

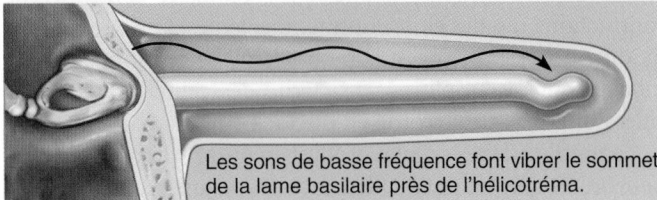

Les sons de basse fréquence font vibrer le sommet de la lame basilaire près de l'hélicotréma.

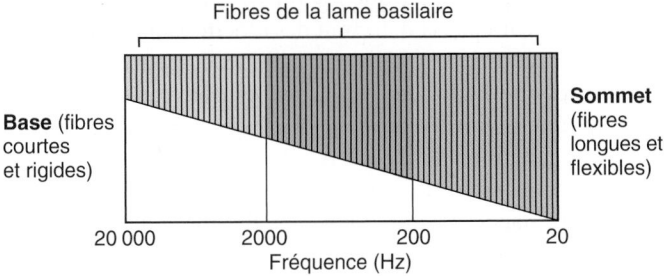

Fibres de la lame basilaire

Base (fibres courtes et rigides)

Sommet (fibres longues et flexibles)

20 000   2000   200   20
Fréquence (Hz)

(b) Différentes fréquences traversant la lame basilaire à divers endroits

talons n'abîment pas le revêtement. Par contre, le poids de la seconde personne se concentre sur une aire d'environ 2,5 cm², et ses talons *abîment* le revêtement.

Résonance de la lame basilaire

En vibrant contre la fenêtre vestibulaire, le stapès transmet ses vibrations à la périlymphe de la rampe vestibulaire et crée une onde de pression qui se propage dans la périlymphe de l'extrémité basale vers l'hélicotréma, comme le mouvement ondulatoire imprimé à l'extrémité d'une corde tenue horizontalement se propage à l'autre extrémité. Les sons de très basse fréquence (moins de 20 Hz) créent des ondes de pression qui parcourent toute la cochlée: elles montent dans la rampe vestibulaire, contournent l'hélicotréma, suivent la rampe tympanique et parviennent à la fenêtre cochléaire (figure 15.31a). Ces sons n'activent pas l'organe spiral et se trouvent donc sous le seuil de l'audition.

Au contraire, les sons d'une fréquence suffisamment élevée pour être audible créent des ondes de pression qui «prennent un raccourci» plutôt que d'atteindre l'hélicotréma. Elles sont transmises à travers le conduit cochléaire jusque dans la périlymphe de la rampe tympanique. Or, les liquides sont incompressibles. Pour le réaliser, asseyez-vous sur un des bords d'un lit d'eau, par exemple: vous constaterez que le matelas fait saillie de l'autre côté. De la même façon, la membrane de la fenêtre cochléaire fait saillie dans la cavité de l'oreille moyenne et joue le rôle de soupape chaque fois que le stapès pousse sur le liquide adjacent à la fenêtre vestibulaire.

15

L'onde de pression qui descend à travers le conduit cochléaire flexible fait vibrer la lame basilaire tout entière. L'oscillation atteint un maximum aux endroits où les fibres de la lame sont « accordées » avec une fréquence sonore particulière (figure 15.31b). (Cette caractéristique de nombreuses substances naturelles est appelée *résonance*.) Les fibres de la lame basilaire parcourent sa largeur comme les cordes d'une harpe. Les fibres situées près de la fenêtre vestibulaire (base de la cochlée) sont courtes et rigides, et elles résonnent sous l'effet d'ondes de pression de haute fréquence (figure 15.31b). Les fibres situées près du sommet de la cochlée, longues et flexibles, résonnent sous l'effet d'ondes de pression de basse fréquence. Les signaux sonores sont donc traités mécaniquement, avant même d'atteindre les récepteurs, par la résonance de la lame basilaire.

Excitation des cellules sensorielles ciliées dans l'organe spiral

L'organe spiral, qui repose sur la lame basilaire, est composé de cellules de soutien et de cellules réceptrices de l'ouïe appelées *cellules sensorielles ciliées*. Ces cellules sont disposées en une rangée de **cellules sensorielles ciliées internes** et en trois rangées de **cellules sensorielles ciliées externes** ; elles sont comprises entre la membrana tectoria du conduit cochléaire et la lame basilaire (figure 15.28c). Leur base est entourée par les neurofibres afférentes du **nerf cochléaire**, une ramification du nerf vestibulocochléaire (nerf crânien VIII).

Les cellules sensorielles ciliées portent de nombreux *stéréocils* (en réalité de longues microvillosités) et un unique *kinocil* (véritable cil) qui émerge de leur sommet. Les « cils » de ces cellules (qui sont en fait des stéréocils rigides, au nombre d'une centaine par cellule) sont alignés en trois ou quatre rangées et sont renforcés par des filaments d'actine ; les cils d'une même rangée sont reliés par de minuscules fibres d'élastine qui forment des *liens apicaux* entre les cellules **(figure 15.32)**. L'extrémité des cils baigne dans l'endolymphe riche en K^+ et les plus longs s'implantent dans la **membrana tectoria** du conduit cochléaire, de texture gélatineuse (figure 15.28c).

Les mouvements localisés de la lame basilaire fléchissent les stéréocils des cellules ciliées, et c'est alors que la transduction des stimulus sonores se produit. D'une part, l'inflexion des stéréocils vers le plus long d'entre eux, le kinocil (les plus longs attirant les plus courts), crée une tension dans les liens apicaux, ce qui provoque l'ouverture de canaux cationiques dans les stéréocils courts, un peu comme une trappe que l'on ouvre avec une corde. Il en résulte un afflux de K^+ et de Ca^{2+} de l'endolymphe vers l'intérieur de la cellule sensorielle ciliée et une dépolarisation graduée (potentiel récepteur). (Il s'agit là d'un fait remarquable : une entrée de K^+ dans ce type de cellule dépolarise la cellule, alors qu'à peu près partout ailleurs dans l'organisme il y a hyperpolarisation de la cellule.) D'autre part, l'inflexion des stéréocils dans le sens opposé relâche la tension dans les liens apicaux et provoque la fermeture de canaux ioniques à fonctionnement mécanique, ce qui permet la repolarisation et peut même produire une hyperpolarisation graduée.

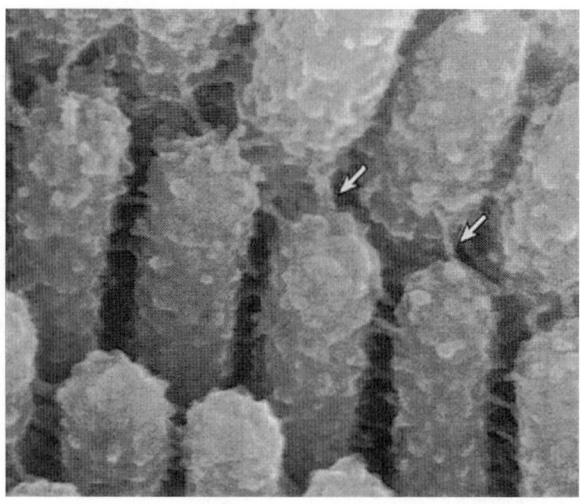

Figure 15.32 Photographie de cellules sensorielles ciliées de la cochlée montrant l'alignement précis des stéréocils. Deux liens apicaux sont indiqués par des flèches blanches.

La dépolarisation augmente le taux de Ca^{2+} intracellulaire, ce qui accroît la libération d'un neurotransmetteur (le glutamate) par les cellules sensorielles ciliées ; les neurofibres afférentes du nerf cochléaire envoient donc des influx plus fréquents à l'encéphale. L'hyperpolarisation a l'effet contraire. Comme vous l'aurez sans doute deviné, les cellules ciliées sont activées aux endroits où la lame basilaire vibre avec force.

Les cellules sensorielles ciliées externes sont beaucoup plus nombreuses que les cellules sensorielles ciliées internes, mais elles envoient peu d'information à l'encéphale. Elles influent plutôt sur la lame basilaire elle-même. Quand les cellules sensorielles ciliées externes dépolarisent et hyperpolarisent la cellule sous l'effet des mouvements de la lame basilaire, elles se contractent et s'étirent en une danse cellulaire constituée de contractions rapides et de contractions lentes. Ces ondulations modifient la rigidité de la lame basilaire, ce qui influe sur ses mouvements et amplifie la réactivité des cellules sensorielles ciliées internes – et accorde en quelque sorte la cochlée.

La motilité de ces cellules produit en outre des sons (*otoémissions acoustiques*) dans l'oreille ; ces sons atteignent une telle force chez certaines personnes que les autres peuvent les entendre. En pédiatrie clinique, la détection des otoémissions acoustiques spontanées constitue un moyen rapide et peu coûteux de dépister les anomalies de l'ouïe chez les nouveau-nés.

La grande majorité (de 90 à 95 %) des neurofibres sensorielles du ganglion spiral sont reliées aux cellules sensorielles ciliées internes ; ce sont donc celles-ci qui envoient presque tous les messages auditifs à l'encéphale. Par ailleurs, la plupart des neurofibres enroulées autour des cellules sensorielles ciliées externes sont des neurofibres *efférentes* qui acheminent des messages venant du tronc cérébral vers l'oreille. Là ne s'arrête pas la singularité des cellules sensorielles ciliées externes. En effet, un son grave déclenche un processus de rétroaction entre le tronc cérébral et les cellules sensorielles ciliées externes par suite duquel le mouvement de ces dernières ralentit, ce qui propage l'énergie sonore sur une plus vaste zone de la lame basilaire. Ce mécanisme pourrait contribuer à protéger les cellules sensorielles ciliées internes contre les lésions causées par les bruits forts.

Voie auditive

Les voies auditives ascendantes acheminent l'information auditive principalement des récepteurs cochléaires (les cellules sensorielles ciliées internes) au cortex cérébral. Les influx engendrés dans la cochlée empruntent les neurofibres afférentes du nerf cochléaire, traversent le **ganglion spiral de la cochlée**, où sont situés les neurones sensitifs bipolaires de l'audition, puis atteignent les **noyaux cochléaires** du bulbe rachidien (figure 15.33).

De là, les neurones se dirigent vers le **noyau olivaire supérieur**, situé juste à la jonction du bulbe rachidien et du pont. Plus loin, les axones remontent le **lemnisque latéral** (un faisceau de fibres) et transitent par le **colliculus inférieur** (centre auditif réflexe du mésencéphale), qui communique avec le **noyau géniculé médial** du thalamus. Les axones des neurones

du thalamus aboutissent enfin au **cortex auditif primaire**, où les sons parviennent à la conscience.

La voie auditive a ceci de particulier que toutes les neurofibres ne croisent pas la ligne médiane. En conséquence, chaque cortex auditif reçoit des influx provenant des deux oreilles.

Traitement auditif

Lorsque vous assistez à une comédie musicale, le son des instruments, les voix des chanteurs et le bruissement des costumes se fondent en un tout. Pourtant, le cortex auditif arrive à distinguer les divers éléments de cet assemblage de sons. Chaque fois que la différence entre les longueurs d'onde suffit à la discrimination, vous entendez deux sons distincts. En fait, la puissance analytique du cortex auditif est telle que nous sommes capables de reconnaître les différents instruments dans un orchestre.

Le traitement cortical des stimulus sonores est complexe. Par exemple, certaines cellules corticales se dépolarisent au début d'un son, tandis que d'autres se dépolarisent à la fin. Certaines cellules corticales se dépolarisent continuellement, tandis que d'autres semblent présenter des seuils d'excitation élevés (une faible sensibilité), etc. Nous nous attarderons ici aux aspects les plus simples de la détection corticale de la hauteur, de l'intensité et de la source des sons.

Perception de la hauteur Suivant la situation qu'elles occupent le long de la lame basilaire, les cellules sensorielles ciliées réagissent à des fréquences particulières, et les influx issus de cellules particulières sont interprétés comme des hauteurs distinctes. Lorsque le son est composé de plusieurs fréquences, quelques populations de cellules sensorielles ciliées et de cellules corticales sont activées simultanément et en permettent la perception.

Détection de l'intensité Les sons plus intenses provoquent des mouvements plus importants du tympan, des osselets de l'ouïe et de la fenêtre vestibulaire, ainsi que des ondes de plus grande amplitude dans les liquides contenus dans la cochlée. À leur tour, ces ondes produisent des mouvements plus importants de la lame basilaire, un fléchissement plus marqué des stéréocils des cellules sensorielles ciliées et des potentiels gradués plus puissants dans ces cellules. Par conséquent, une plus grande quantité de neurotransmetteur est libérée et les potentiels d'action sont générés plus fréquemment. L'encéphale interprète la fréquence accrue des potentiels d'action comme une plus grande intensité. De plus, à mesure que la libération du neurotransmetteur augmente, la majorité de la dizaine de neurones bipolaires reliés à une cellule sensorielle ciliée donnée sont recrutés pour déclencher des potentiels d'action. Toutefois, les neurotransmetteurs produits en trop grande quantité risquent de détruire les terminaisons du nerf vestibulocochléaire.

Localisation du son Deux indices permettent à plusieurs noyaux du tronc cérébral (et particulièrement aux noyaux olivaires supérieurs) de situer l'origine d'un son dans l'espace: la

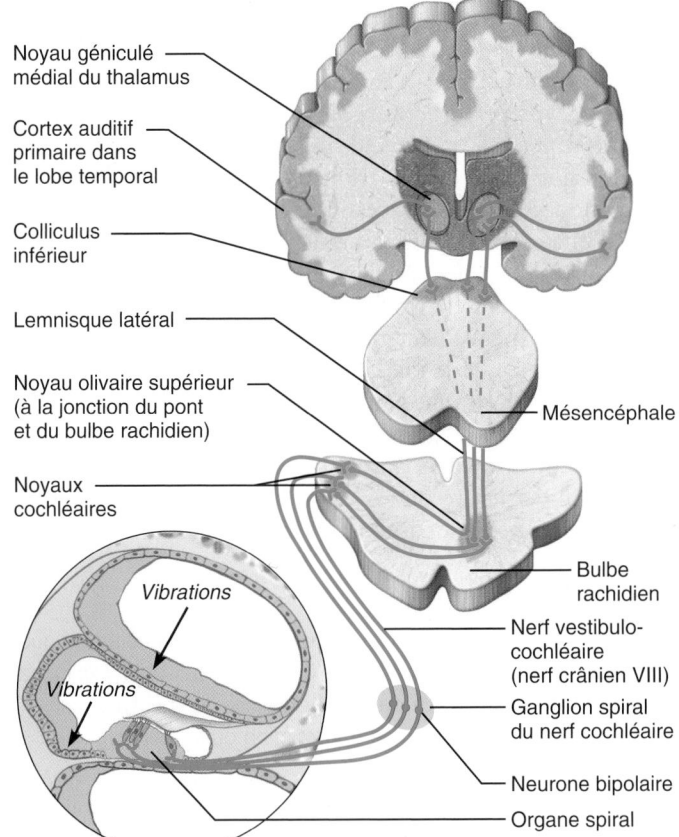

Figure 15.33 Voie auditive. Pour simplifier, seule la voie issue de l'oreille droite est représentée.

Noyau géniculé médial du thalamus

Cortex auditif primaire dans le lobe temporal

Colliculus inférieur

Lemnisque latéral

Noyau olivaire supérieur (à la jonction du pont et du bulbe rachidien)

Noyaux cochléaires

Vibrations

Vibrations

Mésencéphale

Bulbe rachidien

Nerf vestibulo-cochléaire (nerf crânien VIII)

Ganglion spiral du nerf cochléaire

Neurone bipolaire

Organe spiral

différence d'intensité et *l'écart temporel* entre les ondes sonores atteignant chaque oreille. Si la source sonore se situe directement à l'avant, à l'arrière ou au-dessus de la tête, le son parvient aux deux oreilles simultanément et avec la même intensité. Si la source sonore est située d'un côté ou de l'autre de la tête, les récepteurs de l'oreille la plus proche sont activés un peu plus tôt et un peu plus vigoureusement que ceux de l'autre (à cause de la plus grande intensité des ondes sonores atteignant cette oreille).

VÉRIFIONS NOS ACQUIS

16. Expliquez comment les muscles de l'oreille moyenne nous protègent contre les sons trop forts.
17. Mis à part les limites osseuses, quelles sont les deux structures non osseuses qui séparent l'oreille moyenne de l'oreille externe ?
18. Quelle structure située à l'intérieur de l'organe spiral nous permet de distinguer les sons de différentes hauteurs ?
19. Si le tronc cérébral ne reçoit pas d'influx des deux oreilles, quelle fonction serait-il incapable d'assurer ?

Les réponses se trouvent à l'appendice G.

Déséquilibres homéostatiques de l'audition

Surdité

Toute perte auditive, quel qu'en soit le degré, constitue une forme de **surdité**. Selon sa cause, la surdité est dite de transmission ou de perception.

La **surdité de transmission** résulte d'entraves à la propagation des vibrations jusqu'aux liquides de l'oreille interne. Par exemple, un bouchon de cérumen peut obstruer le méat acoustique ou la *perforation* (*déchirure*) du tympan peut empêcher la transmission des vibrations jusqu'aux osselets. Les causes les plus courantes de la surdité de transmission sont l'inflammation de l'oreille moyenne (l'otite moyenne) et l'**otospongiose**, une maladie héréditaire plus fréquente chez les femmes. L'otospongiose est une fusion de la base du stapès et de la fenêtre du vestibule ou une fusion des osselets due à une prolifération de tissu osseux. Le son est alors envoyé aux récepteurs à travers les os du crâne et donc perçu moins clairement. L'otospongiose se traite au moyen d'une intervention chirurgicale.

La **surdité de perception** résulte de lésions des structures nerveuses situées entre les cellules sensorielles ciliées et les neurones des régions auditives du cerveau inclusivement. Elle est généralement causée par la perte graduelle de cellules sensorielles ciliées de l'audition. Une détonation ou l'exposition prolongée à des sons très intenses, comme la musique rock amplifiée et le bruit assourdissant qui règne aux environs d'un aéroport, peuvent littéralement déchirer leurs cils.

Les lésions dégénératives du nerf cochléaire, les accidents vasculaires cérébraux et les tumeurs touchant les régions auditives peuvent en faire autant. Pour traiter les lésions cochléaires liées à l'âge ou au bruit, on peut forer une cavité dans l'os temporal et y insérer un implant cochléaire. Cet appareil convertit l'énergie sonore en stimulus électriques. Les premiers implants

cochléaires donnaient à la voix humaine un son métallique. Les perfectionnements successifs qu'ils ont connus au fil des ans permettent maintenant à un enfant sourd de naissance d'entendre assez bien pour apprendre à parler adéquatement.

Acouphène

Un **acouphène** est un tintement, un bourdonnement ou un sifflement perçu dans l'oreille en l'absence de stimulus auditifs. Les acouphènes sont des symptômes plus que des troubles et ils sont parmi les premiers à se manifester dans les cas de dégénérescence du nerf cochléaire. Ils résultent aussi d'une inflammation de l'oreille moyenne ou de l'oreille interne et constituent un effet indésirable de certains médicaments, notamment de l'acide acétylsalicylique (Aspirine).

Certaines études récentes suggèrent que les acouphènes sont analogues à l'algohallucinose (phénomène du membre fantôme), c'est-à-dire qu'ils constituent une « hallucinose » cochléaire consécutive à la destruction de certains neurones de la voie auditive et à l'envahissement du vide ainsi créé par les neurones avoisinants, dont les signaux sont interprétés comme du bruit par le système nerveux central.

Syndrome de Ménière

Le **syndrome de Ménière** classique est un trouble du labyrinthe qui semble toucher les trois parties de l'oreille interne. Il entraîne des crises répétées de vertiges, de nausées et de vomissements, de même que des acouphènes (il s'agit parfois d'un hurlement continuel) qui nuisent à l'audition et, finalement, l'abolissent. L'équilibre est perturbé au point que la station debout est presque impossible. La cause de ce syndrome est obscure, mais il peut s'agir d'une déformation du labyrinthe membraneux due à une accumulation excessive d'endolymphe ; il peut aussi s'agir d'une rupture des membranes qui provoque un mélange de la périlymphe et de l'endolymphe, entraînant ainsi une diminution du gradient électrochimique du K^+ et d'autres ions.

On peut généralement traiter les cas légers au moyen de médicaments contre le mal des transports ou en diminuant le volume de l'endolymphe par un régime hyposodé et des diurétiques. Dans les cas les plus débilitants, on peut parfois apporter un soulagement en drainant l'excès d'endolymphe de l'oreille interne. En dernier recours, c'est-à-dire lorsque la perte auditive est complète, on excise le labyrinthe atteint.

VÉRIFIONS NOS ACQUIS

20. Antoine a six ans. Il a un rhume et dit qu'il a l'impression que ses oreilles sont pleines et qu'il n'entend pas bien. Expliquez ce qui est arrivé aux oreilles d'Antoine. De quel type de surdité est-il atteint ? De transmission ou de perception ?

Les réponses se trouvent à l'appendice G.

Équilibre et orientation

13 Décrire la structure des organes de l'équilibre situés dans les canaux semi-circulaires et dans le vestibule et montrer comment ils sont activés; expliquer leur rôle dans l'équilibre statique et dynamique; décrire les voies nerveuses permettant l'équilibre et l'orientation.

Il est malaisé de décrire le sens de l'équilibre: il ne nous fournit pas de «sensations» à proprement parler mais réagit (souvent sans même que nous en soyons conscients) aux divers mouvements de la tête. De plus, ce sens repose sur des influx provenant non seulement de l'oreille interne, mais aussi des yeux et des récepteurs de l'étirement situés dans les muscles et les tendons.

Les récepteurs de l'équilibre sont situés dans les conduits semi-circulaires et dans le vestibule, et ils constituent l'**appareil vestibulaire**; dans des conditions normales, les messages qu'ils envoient à l'encéphale déclenchent les réflexes nécessaires tant aux simples changements de position qu'à l'exécution d'un service précis au tennis. Les récepteurs de l'équilibre de l'oreille interne se divisent en deux groupes: ceux de l'**équilibre statique**, dans le vestibule, et ceux de l'**équilibre dynamique**, dans les conduits semi-circulaires.

Fonction des macules dans l'équilibre statique

Les récepteurs sensoriels servant à l'équilibre statique sont situés dans la paroi du saccule et dans la paroi de l'utricule, en des points appelés **macules** (*macula*: tache), un dans chaque paroi **(figure 15.34)**. Ces récepteurs détectent la position de la tête dans l'espace et jouent ainsi un rôle primordial dans la régulation de la posture. Ils réagissent aux variations *rectilignes* de la vitesse et de la direction, mais non pas à la rotation.

Anatomie des macules Les macules sont des plaques d'épithélium contenant des **cellules sensorielles**. Les cellules sensorielles, comme toutes les cellules de l'oreille interne, portent des *stéréocils* et un unique *kinocil* qui se projettent dans une masse gélatineuse. Dispersées dans les macules, les cellules sensorielles sont entourées de **cellules de soutien** (figure 15.34). Les «cils» des cellules sensorielles pénètrent dans la **membrane des statoconies**, ou membrane otolithique sus-jacente, plaque gélatineuse parsemée de cristaux de carbonate de calcium. Chaque cristal mesure de 1 à 5 μm de diamètre et porte le nom de **statoconies**, ou otolithe (*lithos*: pierre). Bien que minuscules, les statoconies sont denses et elles ajoutent à la masse et à l'inertie (résistance au mouvement) de la membrane.

Dans l'utricule, la macule est horizontale et les cils sont orientés verticalement lorsque la tête est droite (figure 15.34). C'est pourquoi la macule de l'utricule réagit surtout à l'accélération dans le plan horizontal et à la flexion latérale de la tête, car les mouvements verticaux ne remuent pas sa membrane des statoconies.

Dans le saccule, par contre, la macule est presque verticale, et les cils s'introduisent horizontalement dans la membrane des statoconies. La macule du saccule réagit surtout aux mouvements verticaux comme l'accélération soudaine d'un ascenseur.

Les cellules sensorielles font synapse avec les neurofibres du **nerf vestibulaire**, dont les terminaisons sont enroulées autour de leurs bases. (Comme le nerf cochléaire, le nerf vestibulaire

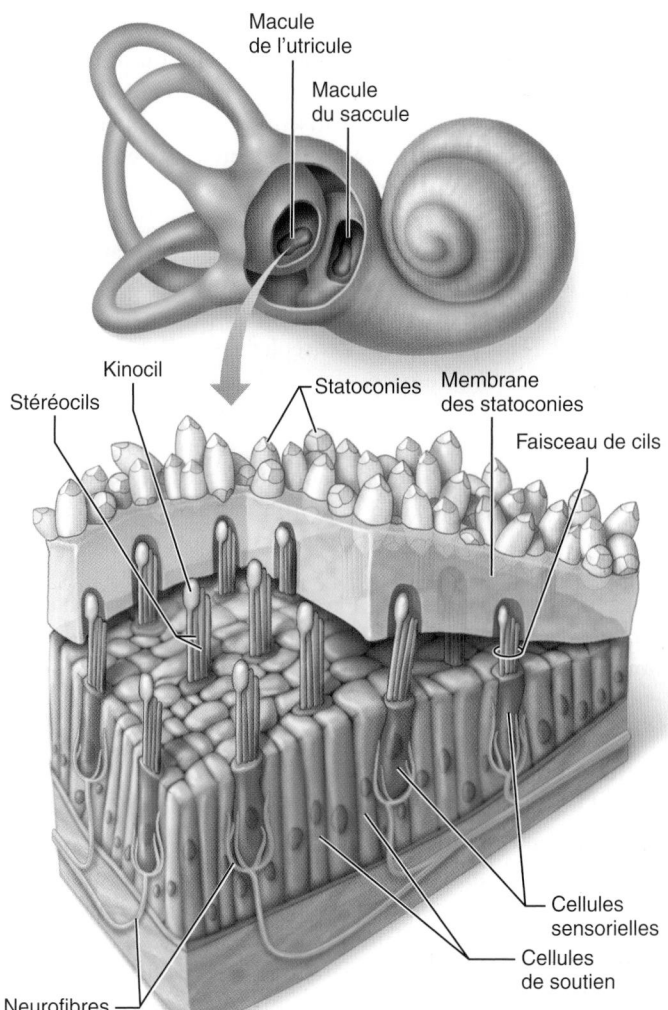

Figure 15.34 Structure d'une macule. Les «cils» des cellules réceptrices de la macule pénètrent dans la membrane des statoconies gélatineuses. Les neurofibres du nerf vestibulaire s'enroulent autour de la base des cellules sensorielles.

est une ramification du nerf vestibulocochléaire, ou nerf crânien VIII.) Les corps cellulaires des neurones sensitifs sont logés dans les **ganglions vestibulaires supérieur** et **inférieur**, situés à proximité des cellules réceptrices (figure 15.27).

Activation des récepteurs des macules Quels phénomènes aboutissent à la transduction dans les macules? Lorsque la tête commence ou termine un mouvement linéaire, l'inertie fait glisser la membrane des statoconies vers l'arrière ou vers l'avant par-dessus les cellules sensorielles, ce qui courbe les cils. Lorsque vous commencez à courir, par exemple, les membranes des statoconies de vos macules de l'utricule reculent et fléchissent les cils vers l'arrière. Si vous arrêtez soudainement, les membranes des statoconies sont brusquement projetées vers l'avant (comme un conducteur qui applique les freins), et les cils plient vers l'avant. De même, lorsque vous remuez la tête de haut en bas ou lorsque vous tombez, les statoconies de vos macules du saccule glissent vers le bas et plient les cils.

Les cellules sensorielles libèrent continuellement un neurotransmetteur, mais la quantité libérée dépend du mouvement de leurs cils. Quand les cils s'inclinent *en direction du kinocil*, les cellules sensorielles se dépolarisent (un déplacement des cils de 0,5 μm, soit la largeur d'un cil, est suffisant) et libèrent le neurotransmetteur en quantité accrue. Par conséquent, la fréquence des influx nerveux envoyés par le nerf vestibulaire augmente **(figure 15.35)**. Quand les cils s'inclinent dans le sens opposé, les cellules sensorielles sont hyperpolarisées, si bien que la libération de neurotransmetteur et la production d'influx diminuent. Dans les deux cas, l'encéphale est informé de la position de la tête dans l'espace.

Il est important de se rappeler que les macules réagissent *seulement aux variations* de la vitesse des mouvements de la tête (accélération ou décélération). Comme elles s'adaptent rapidement (ramenant la quantité de neurotransmetteurs libérés à son niveau de base), les cellules sensorielles n'informent pas l'encéphale des positions constantes de la tête. Les macules ont donc pour fonction de conserver à la tête une position normale par rapport à la force gravitationnelle. Elles participent aussi à l'équilibre dynamique en réagissant aux variations de l'accélération et de la décélération linéaires.

Fonction de la crête ampullaire dans l'équilibre dynamique

Les récepteurs de l'équilibre dynamique, appelés **crêtes ampullaires**, sont de minuscules éminences situées dans les ampoules des conduits semi-circulaires (figure 15.27). À l'instar des macules, les crêtes ampullaires sont excitées par les mouvements de la tête (accélération et décélération), et les principaux stimulus dans leur cas sont les mouvements rotatoires (angulaires). On peut comparer les crêtes ampullaires à des gyroscopes. Lorsque vous virevoltez sur une piste de danse ou subissez le roulis d'un navire, vos crêtes ampullaires sont mises à rude épreuve. Comme les conduits semi-circulaires sont orientés dans les trois plans de l'espace, tous les mouvements rotatoires

de la tête perturbent l'une des trois *paires* de crêtes ampullaires (il y a une crête de chaque paire dans chaque oreille).

Anatomie de la crête ampullaire Chaque crête ampullaire est composée de cellules de soutien et de cellules sensorielles, dont la structure et la fonction sont pratiquement les mêmes que celles des cellules sensorielles de la cochlée et de la macule. Dans ce cas-ci, la masse gélatineuse est une **cupule**, laquelle ressemble à un capuchon pointu **(figure 15.36)**. La cupule est un délicat réseau de filaments gélatineux qui rayonnent pour entrer en contact avec les cils des cellules sensorielles. Les dendrites des neurones du nerf vestibulaire entourent la base des cellules sensorielles de la crête ampullaire, comme pour les cellules sensorielles de la macule.

Activation des récepteurs de la crête ampullaire Les crêtes ampullaires réagissent aux *changements* de vitesse des mouvements rotatoires de la tête. À cause de l'inertie, l'endolymphe des conduits semi-circulaires membraneux se déplace brièvement dans la direction *opposée* à celle de la rotation du corps et déforme la crête ampullaire. À mesure que les cils se courbent, les cellules sensorielles se dépolarisent et les influx atteignent l'encéphale à un rythme accru (figure 15.36c, partie du centre). L'inclinaison des cils dans le sens contraire entraîne une hyperpolarisation et une réduction de la fréquence des influx. Étant donné que les axes des cellules sensorielles sont opposés dans les conduits semi-circulaires des deux oreilles, la rotation dans une direction donnée provoque la dépolarisation des récepteurs d'une ampoule de la paire et l'hyperpolarisation des récepteurs de l'autre ampoule.

Si la rotation du corps se poursuit à un rythme constant, l'endolymphe finit par s'immobiliser (par se déplacer à la même vitesse que le corps) et la stimulation des cellules sensorielles cesse. Par conséquent, après les premières secondes d'une rotation continue effectuée les yeux bandés, nous ne pouvons déterminer si nous nous bougeons à vitesse constante ou si nous sommes immobiles. Or, si nous nous arrêtons soudainement,

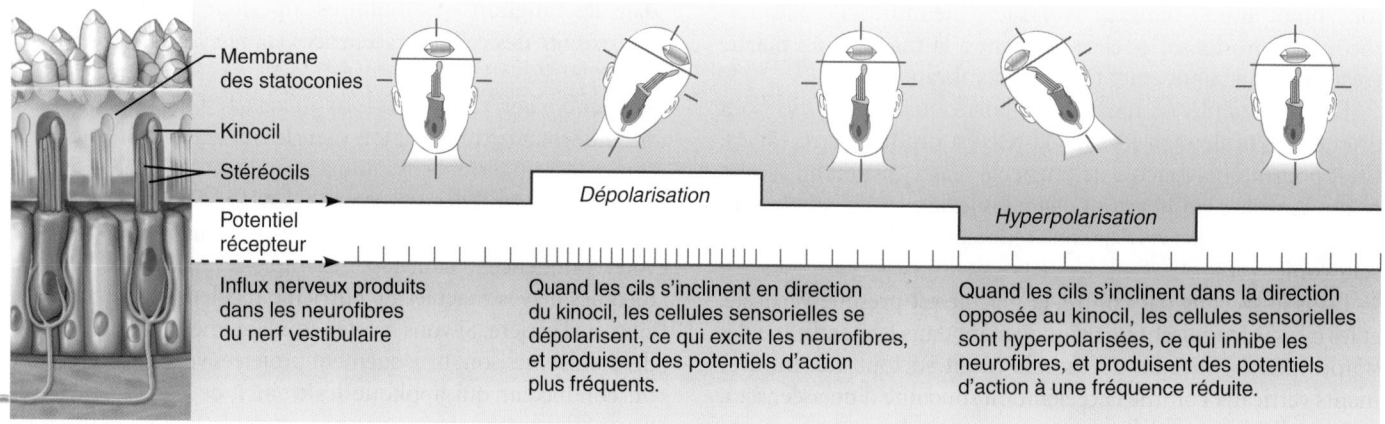

Figure 15.35 Effet de la force gravitationnelle sur une cellule sensorielle de la macule, dans l'utricule.

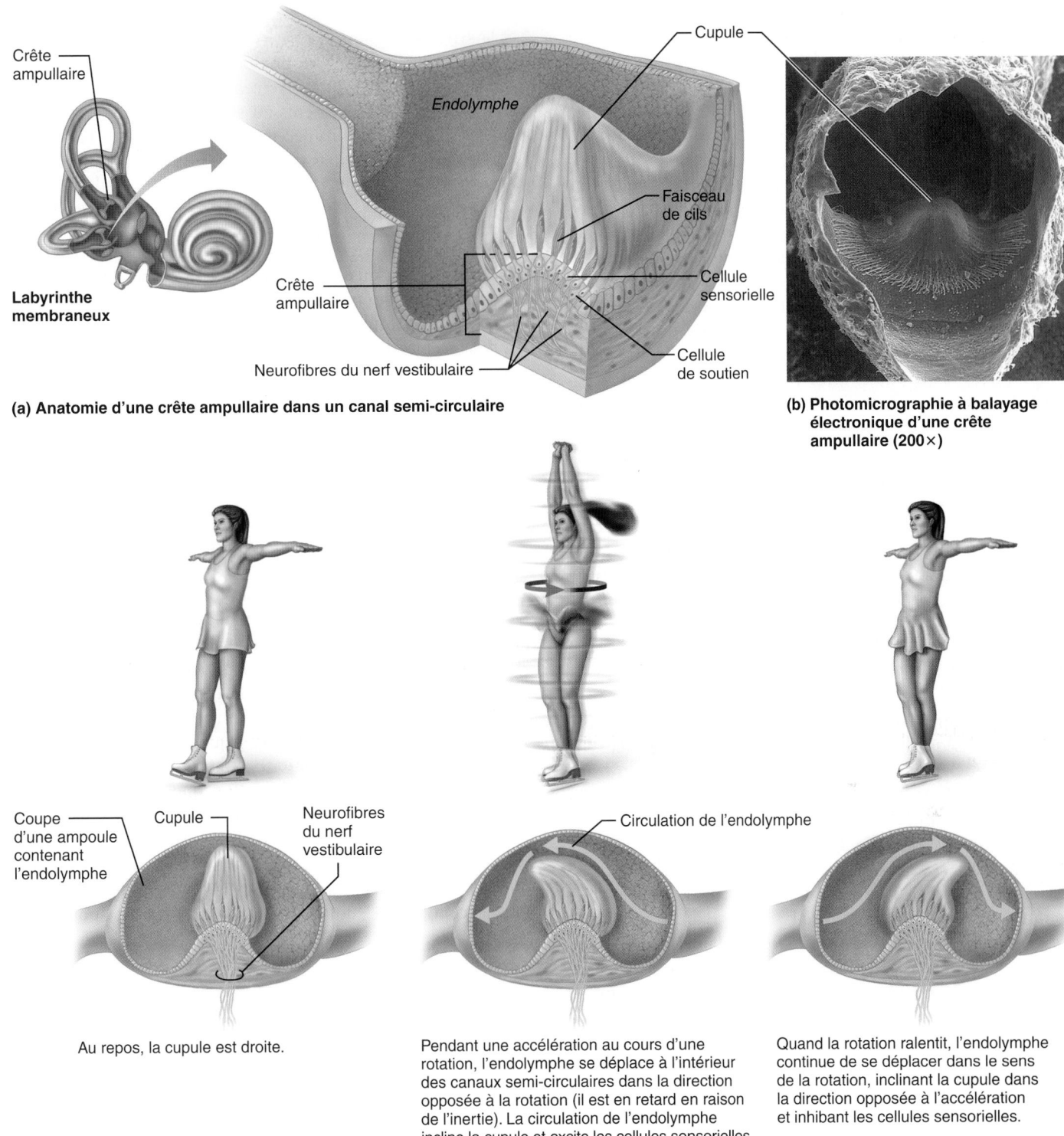

(a) Anatomie d'une crête ampullaire dans un canal semi-circulaire

(b) Photomicrographie à balayage électronique d'une crête ampullaire (200×)

Au repos, la cupule est droite.

Pendant une accélération au cours d'une rotation, l'endolymphe se déplace à l'intérieur des canaux semi-circulaires dans la direction opposée à la rotation (il est en retard en raison de l'inertie). La circulation de l'endolymphe incline la cupule et excite les cellules sensorielles.

Quand la rotation ralentit, l'endolymphe continue de se déplacer dans le sens de la rotation, inclinant la cupule dans la direction opposée à l'accélération et inhibant les cellules sensorielles.

(c) Mouvement de la cupule pendant une accélération et une décélération au cours d'une rotation

Figure 15.36 Localisation, structure et fonction d'une crête ampullaire dans l'oreille interne.

l'endolymphe continue de se déplacer, mais en sens inverse à l'intérieur du conduit. Cette inversion soudaine de la courbure des cils fait varier le voltage membranaire dans les cellules réceptrices et modifie aussi la fréquence des influx nerveux, ce qui indique au cerveau que nous avons ralenti ou que nous nous sommes arrêtés (figure 15.36c, partie de droite).

Le fonctionnement des deux types de récepteurs de l'équilibre (statique et dynamique) tient essentiellement au fait que le labyrinthe osseux, rigide, se déplace avec le corps, tandis que les liquides (et les substances gélatineuses) contenus dans le labyrinthe membraneux sont libres de se mouvoir à différentes vitesses, selon les forces (force gravitationnelle, accélération, etc.) qui s'exercent sur eux.

Les influx provenant des conduits semi-circulaires jouent un rôle particulièrement important dans les mouvements réflexes des yeux. Le **nystagmus vestibulaire** est un ensemble de mouvements oculaires quelque peu singuliers qui se produisent pendant et immédiatement après un mouvement de rotation. Quand vous tournez, vos yeux glissent lentement dans la direction opposée à votre mouvement, comme s'ils étaient fixés sur un objet de votre environnement. Cette réaction est liée au reflux de l'endolymphe dans les conduits semi-circulaires. Puis, à cause des mécanismes de compensation du SNC, vos yeux se meuvent rapidement dans la direction de la rotation pour trouver un nouveau point de fixation. Cette alternance de mouvements oculaires se poursuit jusqu'à ce que l'endolymphe s'immobilise. Lorsque vous arrêtez de tourner, vos yeux continuent de se déplacer dans la direction de votre dernière rotation, puis ils bougent brusquement dans la direction opposée. Ce changement soudain est causé par l'inversion de la courbure des crêtes ampullaires. Le nystagmus est souvent accompagné de vertige.

Voie de l'équilibre

Les réponses à la perte de l'équilibre doivent être rapides et automatiques. Si nous prenions le temps de réfléchir à la façon de nous rétablir, nous finirions notre réflexion étendus par terre! Par conséquent, les messages provenant des récepteurs de l'équilibre atteignent directement les centres réflexes du tronc cérébral, contrairement aux messages émis par les organes des autres sens, qui sont destinés aux aires du cortex cérébral.

Les voies nerveuses qui relient l'appareil vestibulaire à l'encéphale sont complexes et obscures. La transmission débute lorsque les cellules sensorielles des récepteurs de l'appareil vestibulaire sont activées. Comme le montre la figure 15.37, les influx se dirigent initialement vers les **noyaux vestibulaires**, dans le tronc cérébral, ou vers le **cervelet**. Les noyaux vestibulaires, le principal centre d'intégration de l'équilibre, reçoivent aussi des influx des récepteurs visuels et somatiques, et particulièrement des propriocepteurs situés dans les muscles du cou, qui rendent compte de la position de la tête. Les noyaux vestibulaires intègrent ces données, puis envoient des ordres aux centres moteurs du tronc cérébral qui régissent les muscles du bulbe oculaire (noyaux des nerfs crâniens III, IV et VI) et les mouvements réflexes des muscles du cou, des membres et du tronc (noyaux du nerf crânien XI et tractus vestibulospinaux). Les mouvements réflexes des yeux et du corps produits par ces muscles nous permettent de conserver un point de fixation et d'adapter rapidement notre position de manière à préserver ou à rétablir notre équilibre.

Le cervelet intègre lui aussi les influx provenant des yeux et des récepteurs somatiques (de même que du cerveau). Il coordonne l'activité des muscles squelettiques et régit le tonus musculaire de manière à conserver la position de la tête, la posture et l'équilibre face, souvent, à des influx versatiles. Sa « spécialité » est la régulation des mouvements posturaux fins et la synchronisation.

Notez que l'appareil vestibulaire *ne compense pas automatiquement* les forces qui s'exercent sur le corps. Son rôle est d'émettre des avertissements au système nerveux central, qui effectue les rectifications nécessaires au maintien de l'équilibre, à la répartition de la masse corporelle et à la fixation des yeux.

DÉSÉQUILIBRE HOMÉOSTATIQUE

Les réponses aux signaux relatifs à l'équilibre sont totalement réflexes, si bien qu'en règle générale nous ne nous rendons compte du fonctionnement de l'appareil vestibulaire que lorsqu'il se dérègle. Les troubles de l'équilibre sont généralement évidents et désagréables. Ils se traduisent le plus souvent par des nausées, des vertiges et des pertes d'équilibre et, occasionnellement, par un nystagmus en l'absence de mouvement rotatoire.

Le **mal des transports** est resté longtemps mystérieux, mais on pense à présent qu'il est dû à une « dissonance » des influx sensoriels. Par exemple, si vous êtes à bord d'un navire pendant une tempête, les influx visuels indiquent que votre corps est immobile par rapport à un milieu stationnaire (votre cabine). Mais votre appareil vestibulaire détecte les mouvements que la houle imprime au navire, et il émet des influx qui « contredisent » l'information visuelle. Votre cerveau reçoit des messages contradictoires et cette « confusion » produit le mal des transports. C'est pourquoi le fait de regarder à l'horizon confirme les mouvements détectés par l'oreille interne et soulage parfois le mal de mer. Les signaux d'alarme, qui précèdent les nausées et les vomissements, sont une sécrétion salivaire exagérée (ptyalisme), la pâleur, une respiration rapide et profonde ainsi qu'une transpiration abondante (diaphorèse). La cessation du stimulus met habituellement fin aux symptômes. Les médicaments en vente libre contre le mal des transports, telle que la méclizine (Bonamine), abaissent les influx vestibulaires et apportent un certain soulagement. Ils ont plus d'efficacité s'ils sont pris avant l'apparition des symptômes. Les timbres transdermiques libérant progressivement de la scopolamine soulagent aussi le mal des transports. ■

VÉRIFIONS NOS ACQUIS

21. Indiquez si chacune des caractéristiques suivantes s'applique à la macule ou à la crête ampullaire : est située à l'intérieur d'un canal semi-circulaire ; contient des statoconies ; réagit à l'accélération ou à la décélération linéaire ; possède une cupule ; réagit à une accélération ou à une décélération au cours d'une rotation ; située dans un saccule.

Les réponses se trouvent à l'appendice G.

Développement et vieillissement des organes des sens

14 Énumérer les changements que subissent tous les organes des sens au cours du vieillissement ; résumer le développement embryonnaire de l'œil et de l'oreille.

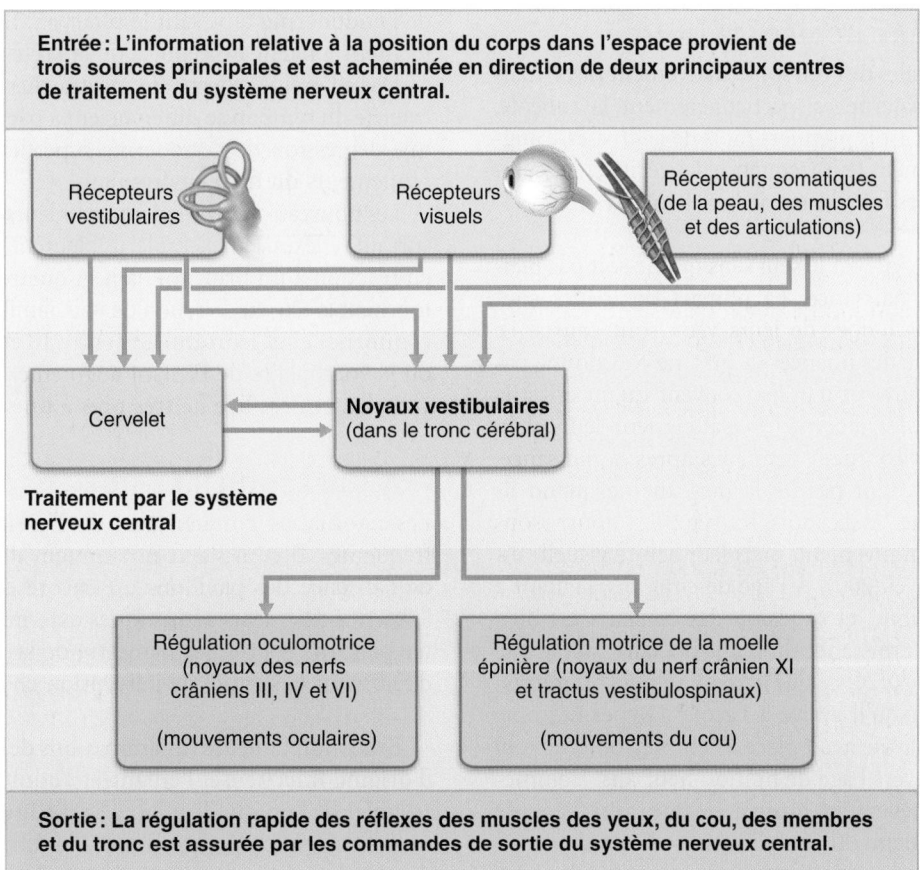

Figure 15.37 **Voies du système de l'équilibre et de l'orientation.**

Goût et odorat

Tous les sens fonctionnent, à un degré ou à un autre, dès la naissance. L'odorat et le goût sont alors aiguisés, de sorte que les nourrissons raffolent d'aliments que les adultes trouvent insipides. Certains chercheurs affirment que l'odorat, autant que le toucher, guide le nourrisson vers le sein de sa mère. Toutefois, les très jeunes enfants semblent indifférents aux odeurs et peuvent manipuler leurs excréments avec beaucoup de plaisir.

Les troubles des sens chimiques sont rares au cours de l'enfance et au début de l'âge adulte. L'odorat des femmes est généralement plus fin que celui des hommes, de même que celui des non-fumeurs est plus aiguisé que celui des fumeurs. Au début de la quarantaine, l'odorat et le goût déclinent, car la régénération des récepteurs ralentit. La perte de l'odorat est plus marquée chez les hommes que chez les femmes ; cependant, des recherches tendent à montrer que la ménopause réduit considérablement la capacité gustative chez les femmes. Plus de 50 % des personnes de plus de 80 ans ont énormément de difficulté à détecter les saveurs et les odeurs, ce qui explique peut-être leur manque d'appétit et leur indifférence face à des odeurs qu'elles trouvaient autrefois désagréables. Ces difficultés peuvent avoir des conséquences sur le plan de la santé, les personnes âgées étant alors portées à ajouter plus de sucre ou de sel à leurs aliments.

Vision

À la quatrième semaine du développement embryonnaire, l'œil commence à s'élaborer dans la **vésicule optique** qui fait saillie sur le diencéphale (voir la figure 12.2c). Bientôt, cette vésicule creuse s'enfonce et forme les deux couches de la **cupule optique** ; le pédoncule de cette dernière forme le nerf optique et fournit un passage (fissure optique) par lequel les vaisseaux sanguins peuvent atteindre l'intérieur de l'œil. Une fois que la vésicule optique a rejoint l'ectoderme superficiel sus-jacent, celui-ci s'épaissit et forme la **vésicule cristallinienne** qui se détache et s'enfonce dans la cavité de la cupule optique, où elle forme le cristallin. La couche interne de la cupule optique produit la partie nerveuse de la rétine, et la couche externe de la cupule forme la partie pigmentaire de la rétine. Le reste des tissus oculaires et le corps vitré se forment à partir de cellules mésenchymateuses dérivées du mésoderme qui entoure la cupule optique.

Dans l'obscurité de l'utérus, le fœtus ne voit pas. Néanmoins, même avant que ne se développent les portions photosensibles des récepteurs, les connexions sont établies et opérantes dans l'encéphale. Pendant la première année de la vie, les connexions synaptiques se raffinent, et les champs typiques des régions corticales permettant la vision binoculaire sont définis.

15

Les affections congénitales de l'œil sont relativement rares, mais certaines infections maternelles, particulièrement la rubéole, survenant au cours des trois premiers mois de la grossesse augmentent considérablement leur fréquence. La cécité et les cataractes sont des séquelles fréquentes de la rubéole. ■

En règle générale, la vue est le seul sens qui ne soit pas pleinement opérant à la naissance. La plupart des bébés sont hypermétropes, car les bulbes de leurs yeux sont courts. Le nouveau-né ne voit que des nuances de gris, ne coordonne pas ses mouvements oculaires et n'utilise souvent qu'un œil à la fois. Comme les glandes lacrymales n'atteignent leur plein développement qu'environ deux semaines après la naissance, les nouveau-nés ne versent pas de larmes, même quand ils pleurent à fendre l'âme. À six mois, les yeux des nourrissons suivent des objets en mouvement, mais leur acuité visuelle est encore faible (6/60 ou 20/200). À l'âge de cinq ans, l'enfant a une vision stéréoscopique, et sa vision des couleurs est bien développée. Grâce à la croissance du bulbe oculaire, son acuité visuelle atteint 6/6 ou 20/20, ce qui le rend apte à l'apprentissage de la lecture. Lorsqu'il arrive à l'école, l'hypermétropie des premières années de vie a fait place à l'emmétropie, et l'œil atteint sa taille adulte vers l'âge de huit ou neuf ans. L'emmétropie subsiste habituellement jusqu'à ce que, vers l'âge de 40 ans, la perte d'élasticité du cristallin cause la presbytie.

Au cours des années, le cristallin s'opacifie et se décolore. En conséquence, il se met à disperser la lumière et cause un éblouissement qui rend la conduite pénible la nuit. Le réflexe pupillaire n'est plus aussi efficace, car les variations de diamètre de la pupille en fonction de la lumière ambiante ne se font plus aussi rapidement. Tous ces changements influent sur la quantité de lumière qui atteint la rétine, et l'acuité visuelle des personnes de plus de 70 ans s'en trouve affaiblie. De plus, l'activité des glandes lacrymales diminue, si bien que les yeux ont tendance à s'assécher et sont plus exposés aux infections. Les personnes âgées sont sujettes à des troubles qui entraînent la cécité, notamment la dégénérescence maculaire, le glaucome, les cataractes, le diabète sucré et l'artériosclérose (cette dernière affection diminue l'irrigation sanguine de l'œil).

Ouïe et équilibre

La formation de l'oreille débute au cours de la troisième semaine du développement embryonnaire. L'oreille interne commence à s'élaborer en premier, à partir d'un épaississement de l'ectoderme superficiel appelé **placode otique**, situé sur la face latérale du rhombencéphale. La placode otique s'invagine et forme la **fosse otique**, puis la **vésicule otique**, qui se détache de l'épithélium superficiel. La vésicule otique donne naissance au labyrinthe membraneux. Le mésenchyme environnant forme le labyrinthe osseux.

La caisse du tympan et la trompe auditive se forment à partir des **sacs pharyngiens**, qui sont des évaginations latérales

de l'endoderme tapissant le pharynx. Les osselets de l'ouïe se forment à partir de cellules de la crête neurale.

Dans l'oreille externe, le méat acoustique externe et la face externe du tympan se différencient à partir du **sillon branchial**, une dépression de l'ectoderme superficiel. Le pavillon naît de renflements du tissu environnant.

Les nouveau-nés entendent, mais leurs réponses aux sons sont surtout réflexes. Par exemple, ils pleurent et plissent les paupières en réaction à un bruit soudain. À quatre mois, les nourrissons tournent la tête en direction de voix familières. L'écoute attentive commence chez le trottineur (entre 18 et 30 mois), au moment où le vocabulaire de l'enfant augmente. L'habileté à s'exprimer verbalement est liée de très près à une bonne audition.

Les anomalies congénitales de l'oreille sont relativement fréquentes. Il peut s'agir notamment d'une malformation ou de l'absence des pavillons ou encore de l'obstruction ou de l'absence des méats acoustiques externes. La rubéole contractée pendant le premier trimestre de la grossesse entraîne fréquemment la surdité de perception chez l'enfant. ■

Exception faite des inflammations de l'oreille, généralement d'origine infectieuse, l'enfant et l'adulte sont peu sujets aux troubles de l'oreille. Toutefois, vers l'âge de 60 ans, on assiste à une détérioration progressive de l'audition liée à la calcification des osselets ou à une perte de souplesse de la lame basilaire. Cependant, l'altération de la fonction auditive est due à la disparition graduelle des cellules sensorielles. À la naissance, on compte environ 40 000 cellules sensorielles dans chaque oreille, mais leur nombre diminue si elles sont endommagées ou détruites par des bruits forts, des maladies ou des médicaments. En réalité, elles sont remplacées, mais la lenteur du processus est telle qu'il n'y a pas de véritable régénérescence fonctionnelle. On estime que, si nous pouvions atteindre l'âge de 140 ans, nous aurions alors perdu tous nos récepteurs auditifs.

L'audition des sons aigus décline en premier. Les consonnes de haute fréquence s'atténuent avant les voyelles (on confondra « bain » et « pain », par exemple). Cette affection, appelée **presbyacousie**, est une forme de surdité de perception. Bien qu'elle soit considérée comme un trouble de la vieillesse, la presbyacousie se répand parmi les jeunes, qui vivent dans un monde de plus en plus bruyant. Il n'est pas étonnant qu'à l'ère du baladeur numérique les troubles d'audition soient 2,5 fois plus fréquents qu'il y a 10 ans et que le nombre de porteurs de prothèses auditives ait doublé depuis 2000.

Le bruit étant un facteur de stress, l'une de ses conséquences physiologiques est la vasoconstriction, et une irrigation inadéquate rend l'oreille encore plus sensible aux effets nocifs du bruit.

Au-delà des causes relevant de l'anatomie et de la physiologie de l'oreille, la surdité associée au vieillissement peut aussi avoir sa source dans un ralentissement fonctionnel du cerveau ; en effet, ce dernier met plus de temps à interpréter le sens des mots et la personne éprouve donc plus de difficulté à suivre une conversation.

VÉRIFIONS NOS ACQUIS

22. Quel sens démontre une différence entre les hommes et les femmes et de quelle manière cette différence se manifeste-t-elle ?

23. Quel changement lié au vieillissement entraîne des difficultés de vision nocturne chez les personnes âgées ?

Les réponses se trouvent à l'appendice G.

La vue, l'ouïe, le goût et l'odorat, ainsi que certaines réponses aux effets de la force gravitationnelle, relèvent principalement du fonctionnement de l'encéphale. Il n'en reste pas moins que les récepteurs sensoriels, avec leurs grandes dimensions et leurs structures élaborées, sont eux-mêmes de véritables œuvres d'art, comme nous l'avons vu dans ce dernier chapitre consacré au système nerveux.

Le dernier chapitre de cette partie décrit la façon dont les substances chimiques appelées hormones régissent les fonctions de l'organisme. Vous constaterez en l'étudiant que la régulation hormonale diffère grandement de la régulation nerveuse.

TERMES MÉDICAUX

Dégénérescence maculaire liée à l'âge (DMLA) Détérioration progressive de la rétine qui touche la macula et finit par entraîner la perte de la vision centrale ; principale cause de diminution de la vision chez les personnes de plus de 65 ans. Les premiers stades et les cas légers sont caractérisés par une accumulation de pigments dans la macula et une altération du fonctionnement de l'épithélium pigmentaire. Si l'accumulation se poursuit, on observe la forme « sèche » de la DMLA, dans laquelle un grand nombre de cellules pigmentaires et de photorécepteurs maculaires meurent. Cette forme est pratiquement impossible à traiter, bien qu'une combinaison précise de vitamines et de zinc semble en ralentir l'évolution. La forme « humide » est moins fréquente ; elle est marquée par un développement excessif de nouveaux vaisseaux sanguins qui envahissent la rétine à partir de la choroïde. Les fuites de sang et de liquides de ces vaisseaux causent des lésions cicatricielles et le décollement de la rétine. La cause de la DMLA humide est inconnue, mais certains traitements en retardent la progression, comme les interventions au laser, qui détruisent une partie des vaisseaux en croissance, et des médicaments qui empêchent la croissance des vaisseaux.

Énucléation Ablation chirurgicale d'un bulbe oculaire par suite d'un traumatisme, d'une maladie ou d'une infection. Les muscles du bulbe oculaire enlevé sont suturés à une prothèse qui peut alors se déplacer en suivant les mouvements de l'autre œil.

Épreuve de Weber Épreuve audiométrique consistant à faire résonner un diapason posé sur le front. Chez le sujet normal, l'audition du son est égale dans les deux oreilles (le son semble entendu au milieu de la tête). La sensation sonore est perçue dans l'oreille saine en cas de surdité de perception, et dans l'oreille atteinte en cas de surdité de transmission.

Exophtalmie (*exô* : au-dehors de ; *ophthalmos* : œil) Saillie du bulbe oculaire hors de son orbite, quelquefois causée par l'hyperthyroïdie.

Labyrinthite Inflammation du labyrinthe.

Œdème papillaire Saillie du disque du nerf optique dans le bulbe oculaire révélée par l'ophtalmoscopie et parfois due à un accroissement de la pression intracrânienne.

Ophtalmologie Branche de la médecine qui traite de l'œil et de ses maladies. Un ophtalmologiste est un médecin spécialisé dans le traitement des troubles de l'œil.

Opticien : Technicien qui fabrique et vend des instruments optiques conformément aux ordonnances des ophtalmologistes et des optométristes.

Optométriste Professionnel de la santé qui mesure la vision et prescrit des verres correcteurs.

Otalgie (*algia* : douleur) Douleur d'oreille.

Otite externe Inflammation et infection du méat acoustique externe causées par des bactéries ou des mycètes provenant de l'environnement et proliférant dans l'humidité de la trompe auditive (souvent contractée lors d'une baignade).

Scotome (*skotôma* : obscurcissement) Lacune, ou îlot de non-perception, fixe dans une partie du champ visuel (centre ou périphérie, mais ailleurs qu'au niveau de la tache aveugle) ; plusieurs causes possibles, dont la présence d'une tumeur cérébrale comprimant les neurofibres des voies optiques (le plus souvent du nerf optique).

Trachome (*trakhôma* : aspérité) Infection très contagieuse de la conjonctive et de la cornée, provoquée par *Chlamydia trachomatis*, un microorganisme transmis par contact direct ou indirect. Très répandu dans le monde, et particulièrement dans les pays pauvres d'Afrique et d'Asie, le trachome est la deuxième cause de cécité (après la cataracte) et fait des millions d'aveugles. On le traite à l'aide d'onguents oculaires antibiotiques.

15

RÉSUMÉ DU CHAPITRE

Œil et vision (p. 630)

1. L'œil est inséré dans l'orbite et protégé par un coussin de graisse.

Structures annexes de l'œil (p. 630)

2. Le sourcil protège l'œil de la lumière et des gouttes de sueur coulant du front.

3. Les paupières protègent et lubrifient l'œil par leurs clignements réflexes. À l'intérieur des paupières se trouvent le muscle orbiculaire de l'œil, le muscle élévateur de la paupière supérieure, des glandes sébacées modifiées et des glandes sudoripares.

4. La conjonctive est une muqueuse qui tapisse les paupières et recouvre la face antérieure du bulbe oculaire (sauf la cornée). Son mucus lubrifie la surface du bulbe oculaire.

5. L'appareil lacrymal est composé de la glande lacrymale (qui produit une solution saline contenant du mucus, du lysozyme et des anticorps), des canalicules lacrymaux, du sac lacrymal et du conduit nasolacrymal.

6. Les muscles du bulbe oculaire (muscles droits supérieur, inférieur, latéral et médial et muscles obliques supérieur et inférieur) meuvent le bulbe oculaire.

Structure du bulbe oculaire (p. 633)

7. La paroi de l'œil comprend trois tuniques. La tunique externe, ou tunique fibreuse du bulbe, est composée de la sclère et de la cornée. La sclère protège l'œil et lui donne sa forme; la cornée laisse entrer la lumière dans l'œil.

8. La tunique moyenne pigmentée, ou tunique vasculaire du bulbe, est composée de la choroïde, du corps ciliaire et de l'iris. La choroïde fournit des nutriments à l'œil et empêche la lumière de s'y diffuser. Le muscle ciliaire du corps ciliaire modifie la forme du cristallin; l'iris régit le diamètre de la pupille.

9. La tunique interne, ou rétine, est composée d'une partie pigmentaire et d'une partie nerveuse. La partie nerveuse contient des photorécepteurs (les cônes et les bâtonnets), des neurones bipolaires et des cellules ganglionnaires. Les axones des cellules ganglionnaires forment le nerf optique, qui sort de l'œil au niveau du disque du nerf optique («tache aveugle»).

10. Les bâtonnets réagissent à la lumière faible et permettent la vision nocturne et la vision périphérique. Les cônes réagissent à la lumière intense et permettent la vision des couleurs et des détails. Toutes les images que l'on regarde attentivement se focalisent sur la fossette centrale riche en cônes.

11. Le segment postérieur de l'œil, à l'arrière du cristallin, contient le corps vitré, qui donne sa forme au bulbe oculaire et soutient la rétine. Le segment antérieur, à l'avant du cristallin, est rempli d'humeur aqueuse, liquide formé par les capillaires des procès ciliaires et drainé par le sinus veineux de la sclère. L'humeur aqueuse contribue au maintien de la pression intraoculaire.

12. Le cristallin est biconvexe et suspendu dans l'œil par la zone ciliaire du cristallin, attaché au corps ciliaire. C'est la seule structure réfractrice de l'œil qui joue un rôle actif.

Physiologie de la vision (p. 639)

13. La lumière est composée des longueurs d'onde du spectre électromagnétique qui stimulent les photorécepteurs.

14. La lumière dévie quand elle passe d'un milieu transparent à un autre milieu transparent de densité différente. Les lentilles concaves font diverger les rayons de lumière, tandis que les lentilles convexes les font converger en un point appelé foyer. Plus la courbure de la lentille est prononcée, plus la lumière dévie.

15. En traversant l'œil, la lumière est déviée par la cornée et le cristallin et focalisée sur la rétine. La cornée produit l'essentiel de la réfraction, mais le cristallin focalise activement la lumière en fonction de la distance la séparant de l'œil.

16. La convergence pour la vision éloignée ne demande aucun mouvement particulier aux structures de l'œil. La convergence pour la vision rapprochée fait intervenir l'accommodation (bombement du cristallin), la contraction de la pupille et la convergence des bulbes oculaires. Ces trois réflexes sont régis par les neurofibres du nerf crânien III.

17. Les défauts de réfraction sont la presbytie, la myopie, l'hypermétropie et l'astigmatisme.

18. Dans le segment externe des photorécepteurs, des disques entourés d'une membrane contiennent le pigment visuel photosensible.

19. Le rétinal, une molécule photosensible, se combine à diverses opsines dans les pigments visuels. Sous l'effet de la lumière, le rétinal change de forme (il passe de la forme 11-*cis* à la forme tout-*trans*-rétinal) et il active l'opsine. L'opsine activée active la transducine (une protéine G) et celle-ci active à son tour la PDE, une enzyme qui dégrade le GMPc, ce qui entraîne la fermeture des canaux cationiques. Il s'ensuit une hyperpolarisation des cellules réceptrices et une inhibition de la libération du neurotransmetteur.

20. Le pigment visuel des bâtonnets, la rhodopsine, est une combinaison de rétinal et d'opsine. Les changements que la lumière provoque dans le rétinal entraînent l'hyperpolarisation des bâtonnets. Les photorécepteurs et les neurones bipolaires n'engendrent que des potentiels récepteurs; ce sont les cellules ganglionnaires qui produisent les potentiels d'action.

21. Les trois types de cônes contiennent du rétinal mais des opsines différentes. Chaque type de cônes réagit plus particulièrement à une couleur de la lumière, soit le rouge, le bleu ou le vert. Du point de vue chimique, le fonctionnement des cônes est semblable à celui des bâtonnets.

22. Pendant l'adaptation à la lumière, les pigments photosensibles sont décolorés et les bâtonnets sont inactivés; puis, à mesure que la sensibilité à la lumière des cônes diminue, l'acuité de la vision augmente. Pendant l'adaptation à l'obscurité, les cônes cessent de fonctionner et l'acuité visuelle diminue; les bâtonnets commencent à fonctionner lorsque la rhodopsine s'est accumulée en quantité suffisante.

23. La voie visuelle commence avec les neurofibres du nerf optique (les axones des cellules ganglionnaires), dans la rétine. Au niveau du chiasma optique, les neurofibres issues de la moitié médiale de chaque rétine croisent la ligne médiane et continuent jusqu'au thalamus. Les neurones thalamiques se projettent jusqu'au cortex visuel du lobe occipital en passant par la radiation optique. Les neurofibres s'étendent aussi de la rétine aux noyaux prétectaux et aux colliculus supérieurs du mésencéphale ainsi qu'au noyau suprachiasmatique de l'hypothalamus.

24. Chaque œil reçoit une image légèrement différente d'un même champ visuel. Le cortex visuel des deux hémisphères fusionne ces images et produit la vision stéréoscopique.

25. Au cours du traitement rétinien, l'élimination sélective d'influx accentue les contrastes entre les couleurs et les zones d'ombre et de lumière. (Les cellules horizontales et les cellules amacrines de la rétine assurent la modification et le traitement local des influx dirigés vers les cellules ganglionnaires.) Le traitement thalamique favorise l'acuité visuelle en matière de couleurs et la vision stéréoscopique. Le traitement cortical fait intervenir les neurones corticaux du cortex visuel primaire et les neurones corticaux des aires visuelles associatives. Les premiers reçoivent des influx des cellules ganglionnaires de la rétine. Les seconds reçoivent des influx de neurones du cortex visuel primaire, mais intègrent surtout les influx relatifs à la couleur, à la forme et au mouvement. Le traitement visuel se poursuit, en se déplaçant vers l'avant du cerveau, dans les branches de traitement du « quoi » et du « où » qui passent respectivement par les lobes temporaux et les lobes pariétaux.

Sens chimiques : goût et odorat (p. 653)

Épithélium de la région olfactive et odorat (p. 654)

1. L'épithélium de la région olfactive est situé dans le toit des cavités nasales. Les récepteurs olfactifs, ou cellules olfactives, sont des neurones bipolaires ciliés. Leurs axones forment les filets du nerf olfactif (nerf crânien I).

2. Les différents neurones olfactifs sont plus ou moins sensibles à diverses substances chimiques. Les cellules olfactives dont les récepteurs captent les mêmes substances odorantes font synapse dans le même type de glomérule.

3. Les neurones olfactifs sont excités par des substances chimiques volatiles qui se lient aux différents récepteurs membranaires des cils olfactifs.

4. Les potentiels d'action des filets du nerf olfactif sont transmis au bulbe olfactif, où les filets font synapse avec des cellules mitrales. Les cellules mitrales envoient des influx aux aires olfactives par l'intermédiaire du tractus olfactif. Les neurofibres qui acheminent les influx issus des récepteurs olfactifs se projettent aussi dans le système limbique.

Calicules gustatifs et gustation (p. 656)

5. Les calicules gustatifs sont situés dans la cavité orale et le pharynx, mais la plupart se trouvent sur les papilles linguales.

6. Les cellules gustatives – les cellules réceptrices des calicules gustatifs – présentent des microvillosités. La liaison de substances chimiques sapides aux membranes de ces microvillosités stimule les cellules gustatives.

7. Les cinq saveurs fondamentales sont le sucré, l'acide, le salé, l'amer et l'umami.

8. La gustation fait intervenir les nerfs crâniens VII, IX et X, qui envoient des influx au noyau solitaire du bulbe rachidien. De là, les influx sont transmis au thalamus et au cortex gustatif dans l'insulaire.

Déséquilibres homéostatiques des sens chimiques (p. 659)

9. La plupart des dysfonctionnements des sens chimiques touchent l'odorat (par exemple l'anosmie). Les causes les plus répandues sont les lésions ou l'obstruction des structures nasales.

Oreille : ouïe et équilibre (p. 659)

Structure de l'oreille (p. 660)

1. L'oreille externe est composée de l'auricule et du méat acoustique externe. La membrane tympanique, ou tympan, constitue la limite entre l'oreille externe et l'oreille moyenne et transmet les ondes sonores à cette dernière.

2. L'oreille moyenne est une petite cavité creusée dans l'os temporal ; elle est reliée au nasopharynx par la trompe auditive. Les osselets de l'ouïe, qui contribuent à amplifier les sons, sont logés dans l'oreille moyenne et transmettent les vibrations sonores du tympan à la fenêtre vestibulaire.

3. L'oreille interne est composée du labyrinthe osseux, dans lequel le labyrinthe membraneux est suspendu. Les cavités du labyrinthe osseux contiennent la périlymphe ; les conduits et les vésicules du labyrinthe membraneux contiennent l'endolymphe.

4. Le vestibule contient le saccule et l'utricule. Les canaux semi-circulaires osseux sont situés à l'arrière du vestibule et ils sont orientés dans les trois plans de l'espace. Ils contiennent les conduits semi-circulaires membraneux.

5. La cochlée abrite le conduit cochléaire, qui contient l'organe spiral ou organe de Corti (le récepteur de l'audition). Dans le conduit cochléaire, les cellules sensorielles ciliées (réceptrices) reposent sur la lame basilaire de la cochlée, et leurs cils pénètrent dans la membrana tectoria du conduit cochléaire, à texture gélatineuse.

Physiologie de l'audition (p. 663)

6. Le son naît d'un objet vibrant et se propage sous forme d'ondes où alternent des zones de compression et des zones de raréfaction.

7. La longueur d'onde d'un son est la distance entre deux crêtes de l'onde sinusoïdale. Plus la longueur d'onde est courte, plus la fréquence (mesurée en hertz) est élevée. La fréquence correspond à la hauteur du son.

8. L'amplitude d'un son est la hauteur des pics de l'onde sinusoïdale et elle détermine l'intensité. L'intensité sonore se mesure en décibels et correspond à la force du son.

9. En traversant le méat acoustique externe, le son transmet ses vibrations au tympan. Les osselets amplifient les vibrations et les communiquent à la fenêtre du vestibule.

10. Les ondes de pression qui se propagent dans les liquides cochléaires produisent la résonance de certaines fibres de la lame basilaire. Aux endroits où les vibrations de la membrane atteignent un maximum, les cellules sensorielles ciliées de l'organe spiral sont dépolarisées et hyperpolarisées en alternance par le mouvement vibratoire. Les mouvements en direction du kinocil dépolarisent les cellules sensorielles et augmentent la fréquence des influx produits dans les neuro-fibres du nerf vestibulaire. Les mouvements à l'opposé du kinocil ont l'effet contraire. Les sons de haute fréquence excitent les cellules sensorielles ciliées situées près de la fenêtre vestibulaire ; les sons de basse fréquence excitent les cellules sensorielles ciliées situées près du sommet. Ce sont les cellules sensorielles ciliées internes qui transmettent la plupart des influx auditifs au cerveau. Les cellules sensorielles ciliées externes augmentent la sensibilité des cellules sensorielles ciliées internes.

11. Les influx produits dans le nerf cochléaire passent par les noyaux cochléaires du bulbe rachidien et par plusieurs noyaux du tronc cérébral ; ils gagnent ensuite le noyau géniculé médial du thalamus avant d'atteindre le cortex auditif. Chaque cortex auditif reçoit des influx des deux oreilles.

12. Le traitement auditif est analytique, c'est-à-dire que chaque son est perçu indépendamment. La perception de la hauteur est reliée à la situation des cellules sensorielles ciliées excitées sur la lame basilaire de la cochlée. La perception de l'intensité

15

est reliée à un accroissement de la mobilité de la lame basilaire (plus le son est intense, plus la mobilité de la membrane augmente) et à un accroissement de la fréquence des influx envoyés au cortex auditif. Les différences d'intensité et l'écart temporel entre les sons parvenant à chaque oreille permettent la localisation du son.

Déséquilibres homéostatiques de l'audition (p. 670)

13. La surdité de transmission résulte d'entraves à la propagation des vibrations sonores dans les liquides de l'oreille interne. La surdité de perception est due à des lésions des structures nerveuses.

14. L'acouphène est un signe annonciateur de la surdité de perception ; il peut aussi constituer un effet indésirable de certains médicaments.

15. Le syndrome de Ménière est un trouble du labyrinthe membraneux. Il se manifeste par des acouphènes, la surdité et des vertiges. On pense qu'il est causé par une accumulation d'endolymphe.

Équilibre et orientation (p. 670)

16. Les récepteurs de l'équilibre, situés dans l'oreille interne, forment l'appareil vestibulaire.

17. Les récepteurs de l'équilibre statique sont les macules situées dans le saccule et dans l'utricule. Une macule est composée de cellules sensorielles dotées de stéréocils et d'un kinocil pénétrant dans la membrane des statoconies sus-jacente. Les mouvements linéaires entraînent la membrane des statoconies ; ce déplacement fléchit les cils des cellules sensorielles et modifie la fréquence des influx produits par les neurofibres du nerf vestibulaire.

18. Les récepteurs de l'équilibre dynamique sont les crêtes ampullaires situées dans l'ampoule de chaque conduit semi-circulaire. Ils réagissent aux mouvements angulaires ou rotatoires dans un plan de l'espace. Une crête ampullaire est composée d'un groupe de cellules sensorielles dont les microvillosités pénètrent dans une cupule gélatineuse. Les rotations déplacent l'endolymphe dans la direction opposée à celle du mouvement, ce qui fait fléchir la cupule et stimule ou inhibe les cellules sensorielles.

19. Les influx provenant de l'appareil vestibulaire se propagent dans les neurofibres du nerf vestibulaire et se rendent principalement au cervelet et aux noyaux vestibulaires du tronc cérébral. Ces centres activent les muscles qui concourent au maintien de l'équilibre et permettent aux yeux de fixer un objet.

Développement et vieillissement des organes des sens (p. 674)

Goût et odorat (p. 675)

1. Les sens chimiques ont une acuité maximale à la naissance, puis ils s'émoussent au cours des années, à mesure que ralentit la régénération des cellules réceptrices.

Vision (p. 675)

2. Les affections congénitales de l'œil sont rares, mais la rubéole contractée pendant la grossesse peut causer la cécité chez l'enfant.

3. L'œil se développe à partir de la vésicule optique, une saillie du diencéphale qui s'invagine pour former la cupule optique, puis la rétine. L'ectoderme sus-jacent se plie et forme la vésicule cristallinienne, qui devient le cristallin. Les autres tissus de l'œil et les structures annexes sont formés par le mésenchyme.

4. Le bulbe oculaire est court à la naissance et atteint sa taille adulte à l'âge de huit ou neuf ans. La vision stéréoscopique et la vision chromatique se développent pendant la petite enfance.

5. Au cours des années, le cristallin perd son élasticité et sa transparence, et la pupille perd sa capacité de se dilater. L'acuité visuelle diminue. Les personnes âgées sont prédisposées aux troubles oculaires dus au dessèchement des yeux et à la maladie.

Ouïe et équilibre (p. 676)

6. Le labyrinthe membraneux se développe à partir de la placode otique, un épaississement de l'ectoderme situé sur la face latérale du rhombencéphale. Le mésenchyme forme les structures osseuses environnantes. L'endoderme des sacs pharyngiens, en conjonction avec le mésenchyme, forme les structures de l'oreille moyenne ; l'oreille externe provient en grande partie de l'ectoderme.

7. Les anomalies congénitales de l'oreille sont fréquentes. La rubéole contractée pendant la grossesse peut causer la surdité chez l'enfant.

8. Chez le nouveau-né, les réactions au son sont de nature réflexe. À l'âge de cinq mois, le nourrisson peut localiser les sons. L'écoute attentive se développe au stade du trottineur (de 18 à 30 mois).

9. Le bruit, la maladie et les médicaments auxquels les cellules sensorielles ciliées de la cochlée sont exposées au cours de la vie causent la détérioration de l'organe spiral. La presbyacousie (perte auditive liée au vieillissement) apparaît autour de 60 ou 70 ans.

QUESTIONS DE RÉVISION

Choix multiples/associations

(Il peut y avoir plus d'une bonne réponse à certaines questions. Choisissez les meilleures réponses parmi celles qui sont proposées. Les réponses se trouvent à l'appendice G.)

1. Les glandes annexes qui produisent une sécrétion huileuse sont : (**a**) la conjonctive ; (**b**) les glandes lacrymales ; (**c**) les glandes tarsales.

2. La portion blanche et opaque de la tunique fibreuse est : (**a**) la choroïde ; (**b**) la cornée ; (**c**) la rétine ; (**d**) la sclère.

3. Parmi les trajets suivants, lequel les larmes empruntent-elles pour passer du bulbe oculaire à la cavité nasale ? (**a**) Canalicules lacrymaux, conduits nasolacrymaux, cavité nasale ; (**b**) canalicules excréteurs, canalicules lacrymaux, conduits nasolacrymaux ; (**c**) conduits nasolacrymaux, canalicules lacrymaux, sacs lacrymaux.

4. L'activation du système nerveux sympathique cause : (**a**) la contraction du muscle sphincter de la pupille ; (**b**) la contraction du muscle dilatateur de la pupille ; (**c**) la contraction des muscles ciliaires ; (**d**) un relâchement de la zonule ciliaire.

5. Une lésion du muscle droit médial de l'œil peut entraver : (**a**) l'accommodation ; (**b**) la réfraction ; (**c**) la convergence ; (**d**) la contraction de la pupille.

6. L'adaptation à la lumière s'explique par le fait que : (**a**) la rhodopsine ne fonctionne pas dans la pénombre ; (**b**) la rhodopsine se dégrade lentement ; (**c**) les bâtonnets exposés à la lumière intense produisent lentement la rhodopsine ; (**d**) les cônes sont stimulés par la lumière intense.

7. L'obstruction du sinus veineux de la sclère peut causer : (**a**) un orgelet ; (**b**) un glaucome ; (**c**) une conjonctivite ; (**d**) une cataracte.

15

8. La myopie est un problème de l'œil où: (**a**) le bulbe oculaire est trop long; (**b**) l'image se forme derrière la rétine; (**c**) le cristallin a une courbure irrégulière.

9. Parmi les neurones de la rétine, quels sont ceux dont les axones forment le nerf optique? (**a**) Les neurones bipolaires; (**b**) les cellules ganglionnaires; (**c**) les cônes; (**d**) les cellules horizontales.

10. Quel enchaînement de réactions se produit lorsqu'une personne regarde un objet éloigné? (**a**) Les pupilles se contractent, la zonule ciliaire (ligaments suspenseurs) du cristallin se relâche, les cristallins s'aplatissent; (**b**) les pupilles se dilatent, la zonule ciliaire se tend, les cristallins s'aplatissent; (**c**) les pupilles se dilatent, la zonule ciliaire se tend, les cristallins bombent; (**d**) les pupilles se contractent, la zonule ciliaire se relâche, les cristallins bombent.

11. Pendant le développement embryonnaire, le cristallin se forme à partir: (**a**) de la choroïde; (**b**) de l'ectoderme superficiel susjacent à la cupule optique; (**c**) de la sclère; (**d**) du mésoderme.

12. Le disque du nerf optique est situé: (**a**) à l'endroit où les bâtonnets sont plus nombreux que les cônes; (**b**) à la macula de la rétine; (**c**) à l'endroit où il n'y a que des cônes; (**d**) à l'endroit où le nerf optique sort de l'œil.

13. Les lésions du tractus olfactif nuisent à: (**a**) la vision; (**b**) l'audition; (**c**) la perception de la douleur; (**d**) l'olfaction.

14. Les influx sensitifs transmis par les nerfs faciaux, glossopharyngiens et vagues donnent lieu: (**a**) aux sensations gustatives; (**b**) aux sensations tactiles; (**c**) à la sensation de l'équilibre; (**d**) aux sensations olfactives.

15. Les calicules gustatifs sont situés: (**a**) sur la partie antérieure de la langue; (**b**) sur la face interne des joues; (**c**) sur le palais; (**d**) toutes ces réponses.

16. Les cellules gustatives sont stimulées par: (**a**) le mouvement des statoconies; (**b**) l'étirement; (**c**) les substances en solution; (**d**) les photons.

17. Les cellules du bulbe olfactif qui réalisent l'intégration locale des influx olfactifs sont: (**a**) les cellules sensorielles ciliées; (**b**) les cellules granuleuses; (**c**) les cellules basales; (**d**) les cellules mitrales; (**e**) les cellules de soutien.

18. Les filets des nerfs olfactifs passent dans: (**a**) les bulbes olfactifs; (**b**) la lame criblée de l'ethmoïde; (**c**) les tractus olfactifs; (**d**) les régions olfactives du cortex.

19. Le son est transmis de l'oreille moyenne à l'oreille interne par les vibrations: (**a**) du malléus contre la membrane du tympan; (**b**) du stapès dans la fenêtre du vestibule; (**c**) de l'incus dans la fenêtre de la cochlée; (**d**) du stapès contre la membrane du tympan.

20. Les vibrations sonores sont transmises dans l'oreille interne principalement par: (**a**) des neurofibres; (**b**) l'air; (**c**) un liquide; (**d**) l'os.

21. Parmi les énoncés suivants, lequel ne correspond pas à l'organe spiral? (**a**) Les sons de haute fréquence stimulent les cellules sensorielles ciliées de la base de la lame basilaire; (**b**) les «cils» des cellules réceptrices pénètrent dans la membrana tectoria du conduit cochléaire; (**c**) la lame basilaire joue le rôle de résonateur; (**d**) le grand nombre de cellules sensorielles est responsable de la perception des sons.

22. La hauteur des sons est à la fréquence ce que la force est: (**a**) au timbre; (**b**) à l'intensité; (**c**) aux harmoniques; (**d**) toutes ces réponses.

23. La structure qui rétablit l'équilibre entre la pression de l'oreille interne et la pression atmosphérique est: (**a**) l'auricule; (**b**) la trompe auditive; (**c**) la membrane tympanique; (**d**) la fenêtre vestibulaire.

24. Parmi les éléments suivants, lequel (ou lesquels) contribue(nt) au maintien de l'équilibre? (**a**) Les indices visuels; (**b**) les conduits semi-circulaires; (**c**) le saccule; (**d**) les propriocepteurs; (**e**) toutes ces réponses.

25. Les récepteurs de l'équilibre statique qui détectent la position de la tête par rapport à la force gravitationnelle sont: (**a**) les organes spiraux; (**b**) les macules; (**c**) les statoconies.

26. Lequel des troubles suivants *ne* cause *pas* la surdité de transmission? (**a**) Le bouchon de cérumen; (**b**) l'otite moyenne; (**c**) la dégénérescence du nerf cochléaire; (**d**) l'otospongiose.

27. Parmi les muscles suivants, lesquels sont des muscles situés à l'*intérieur* du bulbe oculaire? (**a**) Le muscle droit supérieur; (**b**) le muscle orbiculaire de l'œil; (**c**) les muscles lisses de l'iris et du corps ciliaire; (**d**) le muscle élévateur de la paupière supérieure.

28. Parmi les éléments suivants, lequel se trouve le plus près du pôle postérieur de l'œil? (**a**) Le nerf optique; (**b**) le disque du nerf optique; (**c**) la macula; (**d**) le point d'entrée de l'artère centrale dans l'œil.

29. Les statoconies sont: (**a**) une cause de la surdité; (**b**) un type d'appareils auditifs; (**c**) des structures importantes dans l'équilibre; (**d**) des os temporaux durs comme de la pierre.

Questions à court développement

30. Pourquoi a-t-on souvent besoin de se moucher après avoir pleuré?

31. Quelles sont les différences fonctionnelles entre les cônes et les bâtonnets?

32. Où la fossette centrale est-elle située et quelle est son importance?

33. Expliquez pour quelle raison le punctum proximum varie selon l'âge.

34. Décrivez la réaction de la rhodopsine aux stimulus lumineux. Quel est le résultat de cet enchaînement d'événements?

35. Expliquez pourquoi nous voyons de très nombreuses couleurs en dépit du fait qu'il n'existe que trois types de cônes.

36. Décrivez les raisons possibles qui expliqueraient que l'image produite par les bâtonnets est plus floue que celle produite par les cônes.

37. Où sont situées les cellules olfactives et pourquoi cette situation est-elle mal adaptée à leur fonction?

38. Chaque cellule olfactive réagit à une seule molécule odorante. Vrai ou faux? Justifiez votre réponse.

39. Nommez les cinq saveurs fondamentales et les nerfs crâniens qui transmettent le goût.

40. Indiquez quelles régions de la lame basilaire vibrent en réponse aux sons aigus et en réponse aux sons graves respectivement.

41. À quel endroit sont situés les récepteurs stimulés lors d'une rotation du corps? De quelle manière permettent-ils d'acheminer l'information au cerveau?

42. Expliquez le rôle du cervelet et du tronc cérébral en rapport au maintien de l'équilibre. Décrivez comment ils communiquent avec l'oreille.

43. Expliquez l'effet du vieillissement sur les organes des sens.

 **Réflexion et application**

1. L'ophtalmoscopie révèle que Mme Julien souffre d'un œdème papillaire bilatéral. Un examen approfondi montre que son état est dû à une tumeur intracrânienne en croissance rapide. Définissez l'œdème papillaire, puis expliquez sa présence par rapport au diagnostic formulé à l'endroit de Mme Julien.

2. Sabrine, une fillette de neuf ans, dit à son médecin «qu'elle a mal à la bosse de l'oreille, qu'elle est étourdie et qu'elle tombe souvent». Tout en parlant, Sabrine montre son processus mastoïde. L'otoscopie du méat acoustique externe révèle une rougeur et un œdème du tympan; il y a également une inflammation de la gorge. Le médecin diagnostique une mastoïdite doublée d'une labyrinthite (inflammation du labyrinthe) secondaire. Décrivez le trajet probable de l'infection et nommez les structures infectées. Expliquez aussi la cause de ses étourdissements et de ses chutes.

3. M. Joly se présente à l'hôpital en disant qu'il a un éclat de bois dans l'œil. On ne trouve aucun corps étranger dans son œil, mais on constate que la conjonctive est enflammée. Quel nom donne-t-on à cette inflammation? Dans quelle région de l'œil chercheriez-vous un corps étranger qui a séjourné pendant un certain temps sur la surface de l'œil?

4. Depuis quelque temps, Mme Bélanger perçoit des phosphènes et des corps flottants dans son champ visuel droit. Elle a pris rendez-vous avec son ophtalmologiste lorsqu'elle a commencé à voir un «voile» flotter devant son œil droit. Quel est votre diagnostic? L'état de Mme Bélanger est-il grave? Justifiez votre réponse.

5. David Noiret, un étudiant en génie, travaille dans une discothèque depuis environ huit mois pour payer ses études. Il remarque qu'il a de plus en plus de difficulté à entendre les sons aigus. Quelle est la relation de cause à effet dans son cas?

6. Supposez qu'une personne présente une tumeur de l'hypophyse ou de l'hypothalamus qui comprime le chiasma optique. Quelles seraient les conséquences pour la vision de cette personne?

7. Jérémie, quatre ans, est emmené chez son ophtalmologiste pour un examen de routine. Jérémie est albinos. Selon vous, de quelle façon l'albinisme nuit-il à la vision?

8. Jeanne Hudon est une personne âgée chez qui on a retiré un gros bouchon de cérumen qui s'était formé dans l'oreille. Juste auparavant, elle s'était mise à entendre un hurlement dans l'oreille, qui ne lui laissait aucun repos. C'était très désagréable et stressant, si bien qu'elle avait dû consulter un psychologue pour apprendre à vivre avec ce bruit affreux. De quoi Mme Hudon souffrait-elle?

9. Pendant un laboratoire d'anatomie et de physiologie sur l'utilisation d'un ophtalmoscope, vous remarquez que votre coéquipier a de la difficulté à voir les objets dans la pièce sombre. En examinant sa rétine avec l'appareil, vous remarquez des traits et des plaques de pigments foncés à l'arrière de l'œil. Quel pourrait être son problème?

10. Henri, le chef cuisinier d'un restaurant français cinq étoiles, est atteint de leucémie. Il doit entreprendre un traitement de chimiothérapie, qui détruira les cellules à division rapide de son organisme. Il doit continuer à travailler entre ses traitements. Quelles conséquences de la chimiothérapie, selon vous, auront une incidence sur son travail de chef?

15

16

Système endocrinien : caractéristiques générales (p. 684)

Hormones (p. 685)

Chimie des hormones (p. 685)

Mécanismes de l'action hormonale (p. 685)

Spécificité des cellules cibles (p. 688)

Demi-vie, apparition et durée de l'activité hormonale (p. 688)

Interactions hormonales au niveau des cellules cibles (p. 689)

Régulation de la libération des hormones (p. 690)

Hypophyse et hypothalamus (p. 691)

Relations entre l'hypophyse et l'hypothalamus (p. 692)

Hormones adénohypophysaires (p. 692)

Neurohypophyse et hormones hypothalamiques (p. 698)

Glande thyroïde (p. 699)

Situation anatomique et structure (p. 699)

Hormones thyroïdiennes (p. 700)

Calcitonine (p. 704)

Glandes parathyroïdes (p. 704)

Glandes surrénales (p. 706)

Cortex surrénal (p. 707)

Médulla surrénale (p. 712)

Glande pinéale (p. 712)

Autres glandes et tissus endocriniens (p. 714)

Pancréas (p. 714)

Gonades et placenta (p. 717)

Sécrétion d'hormones par d'autres organes (p. 718)

Développement et vieillissement du système endocrinien (p. 721)

Le système endocrinien

P our vous plonger dans le drame et l'action, vous n'avez pas besoin de regarder des séries policières à la télévision. En effet, les molécules et les cellules de votre corps participent à des aventures qui se nouent à l'échelle microscopique mais qui n'en sont pas moins palpitantes. Lorsque les molécules d'insuline, transportées passivement dans le sang, s'accrochent aux récepteurs protéiniques des cellules cibles, la réaction est spectaculaire : les molécules de glucose disparaissent de la circulation, happées par les cellules dont l'activité commence aussitôt à s'intensifier. Tel est le pouvoir du **système endocrinien**, le second système de régulation de l'organisme en importance, qui travaille en synergie avec le système nerveux pour coordonner l'activité cellulaire dont dépend l'homéostasie.

16

Système endocrinien: caractéristiques générales

1 Indiquer les principales différences entre la régulation hormonale et la régulation nerveuse.

2 Énumérer et situer les principales glandes strictement endocrines et les glandes mixtes.

3 Citer les autres structures hormonopoïétiques.

Les mécanismes et la vitesse d'action du système endocrinien diffèrent grandement de ceux du système nerveux. Le système nerveux régit l'activité des muscles et des glandes au moyen de signaux électrochimiques déclenchés par les neurones; la réaction des organes effecteurs ne se fait pas attendre plus de quelques millisecondes. Le système endocrinien, quant à lui, influe sur les activités métaboliques des cellules par l'intermédiaire d'*hormones* («exciter»), ces messagers chimiques déversés dans le sang et transportés dans tout l'organisme. La liaison d'une hormone aux récepteurs cellulaires provoque des réactions qui surviennent généralement après une période de latence de quelques secondes, voire de quelques jours. Une fois amorcées, cependant, elles tendent à durer beaucoup plus longtemps que les réactions induites par le système nerveux.

Les hormones influent sur la plupart des cellules de l'organisme (et non exclusivement sur celles des muscles et des glandes) et ont des effets étendus et diversifiés. Les principaux processus qu'elles régissent et intègrent sont la reproduction, la croissance et le développement, le maintien de l'équilibre des électrolytes, de l'eau et des nutriments dans le sang, la régulation du métabolisme cellulaire et de l'équilibre énergétique ainsi que la mobilisation des moyens de défense de l'organisme contre les facteurs de stress. C'est dire que le système endocrinien coordonne des fonctions sur de longues périodes, voire la vie durant. L'étude scientifique des hormones et des organes endocriniens est appelée **endocrinologie**.

Comparativement aux autres organes, les glandes qui forment le système endocrinien sont de petites dimensions et d'apparence modeste. Pour recueillir 1 kg de tissu hormonopoïétique, il faudrait prélever tous les tissus endocriniens de huit ou neuf adultes! Contrairement à la disposition des autres systèmes de l'organisme, les organes du système endocrinien ne sont pas regroupés. En effet, les glandes endocrines sont disséminées dans tout l'organisme.

Comme nous l'avons expliqué au chapitre 4, il existe deux types de glandes. Les *glandes exocrines* produisent des substances non hormonales, telles que la sueur et la salive, et sont dotées de conduits au moyen desquels elles acheminent leurs sécrétions à la surface d'une membrane. Les **glandes endocrines**, aussi appelées *glandes à sécrétion interne*, produisent des hormones et sont dépourvues de conduits. Elles libèrent leurs hormones dans le liquide interstitiel environnant (*endo*: en dedans; *krinein*: sécréter) et elles sont généralement pourvues d'un abondant drainage vasculaire et lymphatique qui emporte leurs sécrétions. La disposition caractéristique des cellules hormonopoïétiques en chapelets et en réseaux multiplie leurs contacts avec les capillaires sanguins et lymphatiques.

Les glandes endocrines sont l'hypophyse, la glande thyroïde, les glandes parathyroïdes, les glandes surrénales et la glande pinéale (figure 16.1). L'hypothalamus, en plus de ses fonctions nerveuses, produit et libère des hormones, si bien qu'on peut le considérer comme un **organe neuroendocrinien**. Par ailleurs, plusieurs organes, dont le pancréas, les gonades (les ovaires et les testicules) et le placenta, renferment du tissu endocrinien et assurent d'autres fonctions.

De nombreux autres organes contiennent également des cellules endocrines dispersées ou de petits groupes de cellules endocrines. Par exemple, les adipocytes libèrent de la leptine et le thymus libère des hormones thymiques. On trouve aussi des cellules hormonopoïétiques dans les parois d'organes dont les fonctions principales sont tout autres que la production d'hormones, notamment l'intestin grêle, l'estomac, les reins et le cœur. Nous décrirons ces autres structures hormonopoïétiques aux pages 719 et 721.

Selon certains physiologistes, les messagers chimiques locaux – hormones autocrines et paracrines – feraient aussi partie du système endocrinien. Mais les opinions sont partagées sur ce sujet. Les hormones sont des messagers chimiques qui agissent sur des cibles éloignées et qui se répandent dans tout le corps en empruntant la circulation sanguine et la circulation lymphatique. Par contraste, les **hormones autocrines**

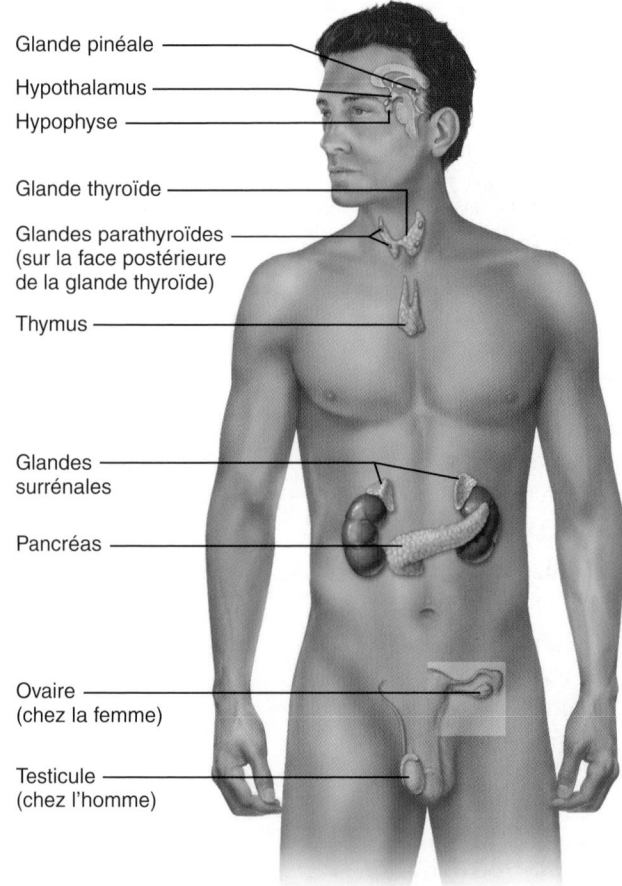

Glande pinéale
Hypothalamus
Hypophyse

Glande thyroïde

Glandes parathyroïdes
(sur la face postérieure
de la glande thyroïde)

Thymus

Glandes
surrénales

Pancréas

Ovaire
(chez la femme)

Testicule
(chez l'homme)

Figure 16.1 **Situation de quelques glandes endocrines.**

sont des molécules qui exercent leur action sur les cellules qui les sécrètent. Par exemple, certaines prostaglandines provoquent la contraction des myocytes non striés qui les ont libérées. Les **hormones paracrines** ont aussi une action locale, mais elles ont pour cible d'autres types de cellules que ceux dont elles proviennent. Ainsi, certaines cellules du pancréas produisent la somatostatine qui inhibe la libération d'insuline, laquelle est sécrétée par une autre population de cellules pancréatiques.

DÉSÉQUILIBRE HOMÉOSTATIQUE

Certaines cellules tumorales, comme celles qui apparaissent dans certains cancers du poumon et du pancréas, synthétisent des hormones identiques à celles qu'élaborent les glandes endocrines normales; elles le font toutefois de manière excessive et anarchique, ce qui cause des pathologies découlant de la production d'hormones. ■

VÉRIFIONS NOS ACQUIS

1. Indiquez si chacune des caractéristiques suivantes s'applique davantage au système endocrinien ou au système nerveux: rapide; réponses discrètes; régule la croissance et le développement; réponses de longue durée.
2. Nommez les deux glandes endocrines qui sont situées dans le cou.
3. Quelle est la différence entre une hormone autocrine et une hormone paracrine?

Les réponses se trouvent à l'appendice G.

Hormones

4 Définir le terme «hormone»; expliquer la classification chimique des hormones; faire la distinction entre hormones circulantes et hormones locales.

5 Décrire les deux principaux mécanismes d'action des hormones.

6 Expliquer la différence entre une régulation positive et une régulation négative.

7 Nommer et décrire trois types d'interaction susceptibles de se produire entre différentes hormones qui influent sur la même cellule cible.

8 Expliquer, en termes généraux, comment s'effectue la régulation de la libération des hormones.

9 Présenter les principaux facteurs pouvant stimuler la libération d'une hormone; expliquer comment une hormone est reconnue par une cellule cible; montrer comment son taux sanguin est régulé et comment s'effectue son élimination du sang.

Chimie des hormones

Les **hormones** sont des substances chimiques que des cellules sécrètent dans le liquide interstitiel (extracellulaire) et qui régissent le métabolisme d'autres cellules, la contraction des myocytes non striés ainsi que la sécrétion de certaines glandes. Bien que l'organisme produise des hormones très diverses, on peut presque toutes les classer en deux grands groupes: les hormones dérivées d'acides aminés, qui sont hydrosolubles, et les hormones stéroïdes, qui sont liposolubles.

La plupart des hormones font partie du groupe des **hormones dérivées d'acides aminés**. Des amines et de la thyroxine (dérivées de la tyrosine, un acide aminé) aux macromolécules protéiques (longs polymères d'acides aminés), en passant par les peptides (courtes chaînes d'acides aminés), la taille des molécules de ce groupe varie considérablement.

Les **hormones stéroïdes** sont synthétisées à partir du cholestérol. Parmi les hormones élaborées par les principales glandes endocrines, seules les hormones gonadiques et les hormones du cortex surrénal sont des stéroïdes.

Si nous tenons compte des **eicosanoïdes**, qui comprennent les *leucotriènes* et les *prostaglandines*, nous devons ajouter un troisième groupe à la classification. Ces hormones locales sont des lipides biologiquement actifs (produits à partir de l'acide arachidonique, lui-même provenant de la transformation des phospholipides membranaires); elles sont libérées par presque toutes les membranes plasmiques. Les leucotriènes sont des signaux chimiques qui interviennent dans le déclenchement de la réaction inflammatoire et de certaines réactions allergiques. Les prostaglandines ont des cibles et des effets multiples. Ainsi, ce sont elles qui élèvent la pression artérielle, intensifient les contractions utérines pendant l'accouchement (en stimulant le muscle lisse de l'utérus) et favorisent la coagulation du sang; elles interviennent également dans la douleur et dans l'inflammation. Leur synthèse est inhibée par plusieurs anti-inflammatoires tels que l'acide acétylsalicylique (aspirine).

Comme ils ont en général des effets très localisés, c'est-à-dire limités aux cellules situées tout près de leur point d'origine, les eicosanoïdes agissent habituellement comme des hormones paracrines et autocrines et ne correspondent pas tout à fait à la définition des *hormones*, qui agissent sur des cibles éloignées. Par conséquent, nous ne donnerons pas de détails ici sur ces substances analogues à des hormones, mais nous les décrirons lorsqu'il conviendra de le faire dans des chapitres ultérieurs.

Mécanismes de l'action hormonale

Bien que les principales hormones atteignent presque tous les tissus par la circulation sanguine, leur influence ne s'exerce pas sur toutes les cellules, mais seulement sur certaines d'entre elles, qu'on appelle **cellules cibles**. Les hormones agissent sur les cellules cibles en *modifiant* leur activité, c'est-à-dire en accélérant ou en ralentissant leurs processus normaux.

La réponse particulière suscitée par l'hormone est fonction du type de cellule cible. Par exemple, les myocytes non striés des vaisseaux sanguins sont les *seules* cellules à se contracter à la suite de la liaison de l'adrénaline (l'adrénaline agit également sur d'autres types de cellules cibles, mais elle aura d'autres effets que la contraction).

En général, un stimulus hormonal produit au moins un des effets suivants:

1. Modification de la perméabilité ou du potentiel de repos (ou des deux) de la membrane plasmique à la suite de l'ouverture ou de la fermeture de canaux ioniques.
2. Synthèse de protéines ou de molécules régulatrices (comme des enzymes) dans la cellule.
3. Activation ou désactivation d'enzymes.
4. Déclenchement de l'activité sécrétrice.
5. Stimulation de la mitose et de la méiose.

Comment les hormones communiquent-elles avec leurs cellules cibles? En d'autres mots, comment couplent-elles leur liaison à un récepteur avec les réactions intracellulaires nécessaires pour produire l'action de l'hormone? La réponse dépend de la nature chimique de l'hormone et de la situation du récepteur cellulaire; les hormones agissent comme récepteurs de deux manières principales. Premièrement, les *hormones hydrosolubles* (toutes les hormones dérivées d'acides aminés, sauf l'hormone thyroïdienne) agissent sur les *récepteurs de la membrane plasmique*. Ces récepteurs sont couplés au moyen de molécules régulatrices appelées protéines G à au moins un second messager intracellulaire, qui entraîne la réaction de la cellule cible à l'hormone. Deuxièmement, les *hormones liposolubles* (hormones stéroïdes et thyroïdiennes) agissent sur les *récepteurs intracellulaires*, qui activent directement un gène.

Ces mécanismes sont faciles à comprendre si on pense à la *raison* pour laquelle les hormones doivent se lier où elles le font. Les récepteurs des hormones hydrosolubles doivent se trouver dans la membrane plasmique parce que ces hormones *ne peuvent pas* pénétrer dans la cellule. Les récepteurs des hormones stéroïdes et thyroïdiennes liposolubles se trouvent à l'intérieur de la cellule parce que ces hormones *peuvent* entrer dans la cellule. Évidemment, les choses ne sont pas aussi simples. Des études récentes ont révélé que les hormones stéroïdes produisent certains de leurs effets les plus rapides par l'intermédiaire des récepteurs de la membrane plasmique et que les seconds messagers de certaines hormones hydrosolubles peuvent activer des gènes.

Récepteurs de la membrane plasmique et seconds messagers

Mis à part l'hormone thyroïdienne, toutes les hormones dérivées d'acides aminés (hydrosolubles) agissent par l'intermédiaire de **seconds messagers** intracellulaires produits par la liaison des hormones aux récepteurs de la membrane plasmique. Vous connaissez bien l'un de ces seconds messagers, l'**AMP cyclique**, qui est utilisée par les neurotransmetteurs (voir le chapitre 11) et les récepteurs olfactifs (voir le chapitre 15).

Mécanisme de signalisation lié à l'AMP cyclique Comme vous le savez déjà, ce mécanisme fait intervenir trois éléments de la membrane plasmique qui interagissent pour déterminer la concentration intracellulaire d'AMP cyclique (AMPc): il s'agit du récepteur de l'hormone, d'une protéine G et de l'enzyme effectrice (l'adénylate cyclase). La **figure 16.2** présente les étapes de ce mécanisme:

① **L'hormone se lie au récepteur.** L'hormone, considérée comme le **premier messager**, se lie à son récepteur sur la membrane plasmique.

② **Le récepteur active une protéine G.** La liaison de l'hormone modifie la conformation du récepteur et lui permet de se lier à une molécule inactive de **protéine G**, située à proximité. Cette protéine est activée lorsque la guanosine diphosphate (GDP) à laquelle elle est liée est déplacée par la *guanosine triphosphate* (*GTP*), un composé riche en énergie. On peut comparer la protéine G à un interrupteur : le courant, qui est coupé quand elle est liée à la GDP, passe quand elle est liée à la GTP.

③ **La protéine G active l'adénylate cyclase.** La protéine G activée (qui se déplace dans le plan de la membrane) se lie à l'enzyme effectrice, l'**adénylate cyclase**. Certaines des protéines G (G_s) *stimulent* l'adénylate cyclase (comme l'illustre la figure 16.2), mais d'autres (G_i) *l'inhibent*. Par la suite, la GTP à laquelle la protéine G est liée est hydrolysée en GDP et la protéine G se trouve de nouveau inactivée. (La protéine G détache le groupement phosphate terminal de la GTP, tout comme les enzymes ATPases hydrolysent l'ATP.)

④ **L'adénylate cyclase convertit l'ATP en AMP cyclique.** Tant que la protéine G_s activée y est liée, l'adénylate cyclase produit l'AMPc, le *second messager*, à partir de l'ATP.

⑤ **L'AMP cyclique active les protéines-kinases.** L'AMPc, qui est libre de diffuser dans la cellule, déclenche une série de réactions chimiques en cascade en activant les *protéines-kinases A*. Les **protéines-kinases** sont des enzymes qui catalysent la *phosphorylation* de diverses protéines (c'est-à-dire leur ajoutent un groupement phosphate). Ces protéines sont souvent d'autres enzymes. Étant donné que la phosphorylation active certaines de ces dernières et en inhibe d'autres, diverses réactions peuvent survenir simultanément dans la même cellule cible.

Dans la cellule, l'effet amplificateur de ce type de cascade enzymatique est énorme. Chaque molécule d'adénylate cyclase activée engendre un grand nombre de molécules d'AMPc, et une seule protéine-kinase peut catalyser des centaines de réactions. À mesure que cette série de réactions en chaîne progresse, passant d'un intermédiaire enzymatique à l'autre, le nombre de molécules produites augmente considérablement. La liaison d'une seule molécule d'hormone à un récepteur peut produire des millions de molécules de produit final !

La succession des réactions amorcées par l'AMPc dépend du type de cellule cible, des protéines-kinases qu'elle contient et des substrats que contient la cellule disponible pour une phosphorylation par la protéine-kinase. Dans les cellules thyroïdiennes, par exemple, la liaison de la thyréotrophine (TSH) entraîne la synthèse de la thyroxine; dans les cellules hépatiques, la liaison du glucagon active des enzymes qui dégradent le glycogène, libérant du glucose dans le sang. Comme certaines protéines G n'activent pas l'adénylate cyclase, mais au

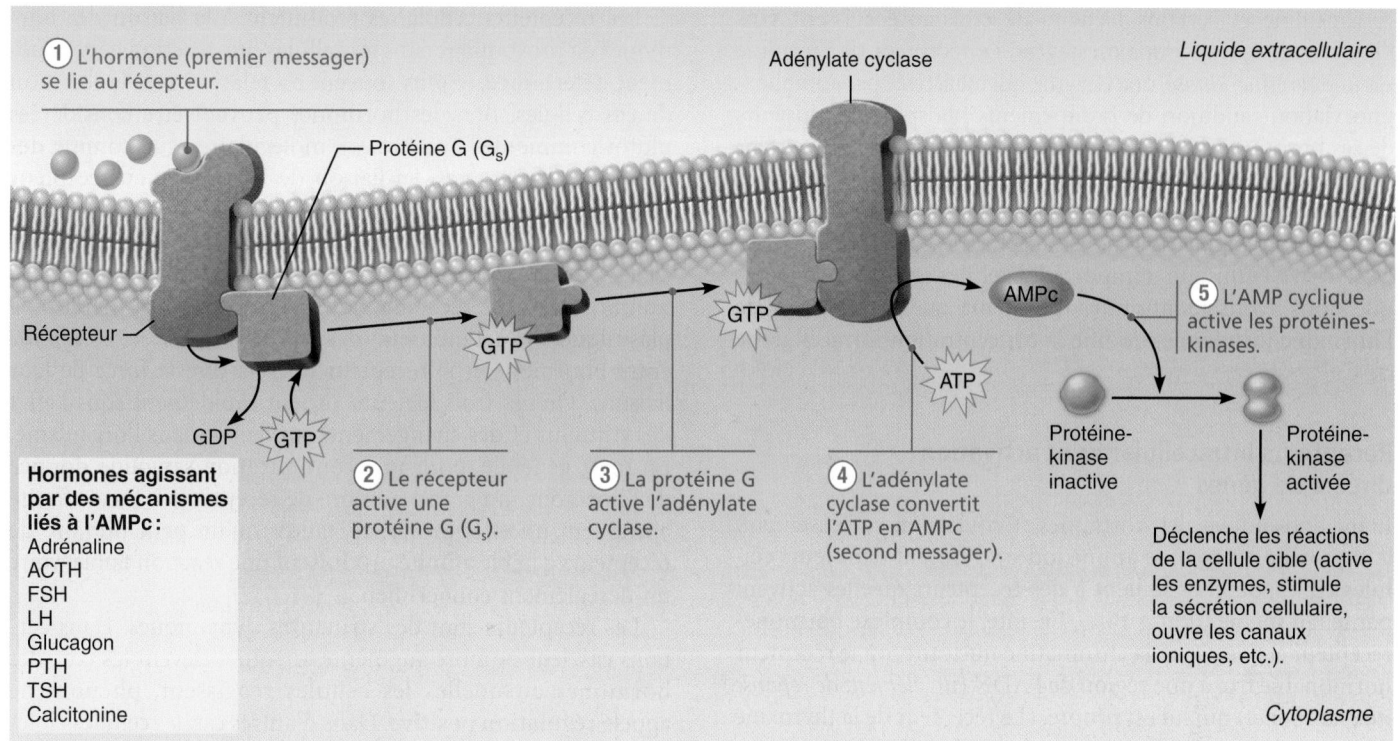

① L'hormone (premier messager) se lie au récepteur.

Adénylate cyclase

Liquide extracellulaire

Protéine G (G$_s$)

AMPc

GTP

GTP

⑤ L'AMP cyclique active les protéines-kinases.

Récepteur

ATP

GDP GTP

Hormones agissant par des mécanismes liés à l'AMPc :
Adrénaline
ACTH
FSH
LH
Glucagon
PTH
TSH
Calcitonine

② Le récepteur active une protéine G (G$_s$).

③ La protéine G active l'adénylate cyclase.

④ L'adénylate cyclase convertit l'ATP en AMPc (second messager).

Protéine-kinase inactive

Protéine-kinase activée

Déclenche les réactions de la cellule cible (active les enzymes, stimule la sécrétion cellulaire, ouvre les canaux ioniques, etc.).

Cytoplasme

Figure 16.2 Mécanisme de signalisation lié au second messager l'AMP cyclique, activé par une hormone hydrosoluble.

16

contraire l'inhibent, elles réduisent la concentration cytoplasmique d'AMPc. Ces effets opposés permettent de moduler l'activité d'une cellule cible par des variations, parfois infimes, du taux des hormones antagonistes en présence. La figure 16.2 contient des exemples d'hormones qui agissent au moyen de mécanismes de l'AMPc intervenant comme second messager.

La durée d'action de l'AMPc est brève parce que la molécule est rapidement dégradée par la **phosphodiestérase**, une enzyme intracellulaire. Cela pourrait sembler problématique à première vue, mais il n'en est rien. La plupart des hormones dérivées d'acides aminés provoquent les résultats désirés en très peu de temps grâce à leur effet amplificateur. Une production hormonale continuelle entraîne une activité cellulaire continuelle ; aucune régulation extracellulaire n'est nécessaire à la cessation de l'activité.

Mécanisme de signalisation lié au PIP et au calcium Dans certains tissus, l'AMP cyclique est le second messager activateur d'au moins 10 hormones dérivées d'acides aminés, mais quelques-unes de ces mêmes hormones (l'adrénaline, par exemple) agissent dans d'autres tissus par l'intermédiaire d'un second messager différent. Dans l'un de ces mécanismes, appelé mécanisme du PIP$_2$ et du calcium, les ions Ca^{2+} intracellulaires servent de dernier intermédiaire.

Comme le mécanisme de l'AMP cyclique, le mécanisme du PIP$_2$ et du calcium fait intervenir une protéine G (G$_q$) et une enzyme effectrice, la **phospholipase C**. La phospholipase C scinde un phospholipide de la membrane plasmique appelé **PIP$_2$** (**p**hosphatidyl-**i**nositol di**p**hosphate) en **diacylglycérol** (**DAG**) et en **inositol triphosphate** (**IP$_3$**). Le DAG, comme l'AMPc, active une enzyme (la protéine-kinase C, dans ce cas) et déclenche des réactions dans la cellule cible. De plus, l'IP$_3$ libère des ions Ca^{2+} des sites de stockage intracellulaires.

Le Ca^{2+} libéré joue aussi le rôle d'un second messager, soit en modifiant directement l'activité d'enzymes particulières et de canaux, soit en se liant à une protéine régulatrice intracellulaire appelée **calmoduline**. La liaison du Ca^{2+} à la calmoduline active des enzymes qui amplifient la réponse cellulaire.

Les hormones reconnues pour agir sur leurs cellules cibles par l'intermédiaire du mécanisme du PIP$_2$ comprennent la thyréolibérine (TRH), l'hormone antidiurétique (ADH) ou vasopressine, la gonadolibérine (Gn-RH), l'ocytocine et l'adrénaline.

Autres mécanismes D'autres hormones qui se lient aux récepteurs de la membrane plasmique agissent sur leurs cellules cibles au moyen de mécanismes différents. Ainsi, la guanosine monophosphate cyclique (GMPc) est le second messager de certaines hormones.

L'insuline et certains facteurs de croissance agissent sans l'intervention de seconds messagers. Le récepteur de l'insuline est une *tyrosine-kinase*, une enzyme qui est activée par autophosphorylation (addition de groupements phosphate à plusieurs de ses propres tyrosines) lorsque l'insuline s'y lie. Le récepteur activé expose alors des sites d'arrimage pour des *protéines relais* qui provoquent à leur tour une série de phosphorylations de protéines à l'origine de réponses cellulaires spécifiques.

Il arrive enfin que n'importe lequel des seconds messagers que nous avons mentionnés, de même que le récepteur de l'hormone lui-même, modifie la concentration intracellulaire de Ca^{2+}.

Récepteurs intracellulaires et activation directe de gènes

Étant liposolubles, les hormones stéroïdes (et, curieusement, la thyroxine, une petite amine iodée) diffusent dans leurs cellules cibles, où elles se lient à des récepteurs qu'elles activent par le fait même **(figure 16.3)**. Ensuite, le complexe hormone-récepteur activé gagne la chromatine nucléaire, où le récepteur hormonal se fixe à une région de l'ADN (un *élément de réponse aux hormones*) qui lui est propre. (Le récepteur de la thyroxine fait exception du fait qu'il est toujours lié à l'ADN, même en l'absence de thyroxine.) Cette interaction déclenche la transcription de gènes de l'ADN en molécules d'ARN messager (ARNm). Ces molécules sont ensuite traduites dans les ribosomes cytoplasmiques et produisent des molécules protéiques spécifiques. Il peut s'agir d'enzymes qui favorisent les activités métaboliques induites par l'hormone et qui, dans certains cas, déclenchent la synthèse de protéines structurales, ou bien de protéines qui seront libérées par la cellule cible.

En l'absence d'une hormone, les récepteurs forment des complexes avec la chaperonine; cette association semble empêcher le récepteur libre de se lier à l'ADN et le protège peut-être contre la protéolyse. (Relisez la page 60, au chapitre 2, à propos des protéines chaperons.) En présence d'une hormone, cependant, le complexe se dissocie et le récepteur lié à l'hormone peut se fixer à la molécule d'ADN et influer sur la transcription.

Spécificité des cellules cibles

Pour réagir à une hormone, une cellule cible doit posséder, sur sa membrane plasmique ou à l'intérieur même, des récepteurs protéiniques *spécifiques* auxquels l'hormone peut se lier de manière complémentaire. (Les récepteurs membranaires des hormones sont des protéines intégrées qui ont la même fonction que les récepteurs membranaires des neurotransmetteurs, c'est-à-dire capter une molécule ayant une structure tridimensionnelle complémentaire; mais, contrairement aux récepteurs des neurotransmetteurs, les récepteurs des hormones ne possèdent pas de canaux permettant la diffusion d'ions à travers la membrane plasmique.) Par exemple, on ne trouve normalement des récepteurs de la corticotrophine (ACTH) que sur certaines cellules du cortex surrénal. En revanche, presque toutes les cellules de l'organisme possèdent des récepteurs de la thyroxine, le principal stimulant hormonal du métabolisme cellulaire.

Les récepteurs cellulaires répondent à la liaison des hormones en provoquant dans les cellules une réaction génétiquement déterminée, le plus souvent en relation avec la fonction de ces cellules. Bref, les hormones peuvent être considérées plutôt comme des «gâchettes» moléculaires que comme des molécules messagères. La liaison de l'hormone au récepteur constitue certes une étape primordiale, mais l'étendue de l'activation des cellules cibles repose sur trois facteurs d'importance égale: (1) la concentration sanguine de l'hormone; (2) le nombre relatif de récepteurs de l'hormone sur la membrane plasmique ou à l'intérieur des cellules cibles; (3) l'*affinité* entre l'hormone et le récepteur (c'est-à-dire la force de leur liaison). Or, ces trois facteurs varient rapidement sous l'effet des stimulus et des changements survenant dans l'organisme. En règle générale, pour une concentration sanguine donnée de l'hormone, un grand nombre de récepteurs à forte affinité entraînent un effet prononcé, tandis qu'un petit nombre de récepteurs à faible affinité produisent une réaction faible, voire un dérèglement endocrinien.

Les récepteurs sont des structures dynamiques. Dans certains cas, leur nombre augmente lorsque s'élèvent les taux des hormones auxquelles les cellules réagissent, phénomène appelé **régulation positive**. Dans d'autres cas, les cellules cibles longuement exposées à de fortes concentrations hormonales se désensibilisent et réagissent de plus en plus faiblement à la stimulation hormonale. On pense que ce phénomène de **régulation négative** est dû à une diminution du nombre des récepteurs et qu'il prévient une réponse excessive à des taux d'hormone continuellement élevés.

Les hormones influent sur le nombre et sur l'affinité non seulement des récepteurs qui les captent, mais aussi des récepteurs d'autres hormones. Par exemple, la progestérone provoque une diminution des récepteurs des œstrogènes dans l'utérus, s'opposant ainsi à leur action. Les œstrogènes, au contraire, favorisent l'augmentation des récepteurs de la progestérone sur la membrane plasmique de ces cellules et accroissent ainsi leur sensibilité à la progestérone.

Demi-vie, apparition et durée de l'activité hormonale

Les hormones sont des substances puissantes et, même à de très faibles concentrations sanguines, elles exercent des effets marqués sur leurs organes cibles. Elles circulent dans le sang sous deux formes – à l'état libre ou liées à une protéine de transport. En règle générale, les hormones liposolubles (stéroïdes et thyroxine) se déplacent dans la circulation sanguine fixées à des protéines plasmatiques. La plupart des autres circulent librement, sans protéines de transport.

À tout moment, la concentration sanguine d'une hormone circulante est liée à la vitesse de sa libération, d'une part, et à la vitesse de son inactivation et de son élimination de l'organisme, d'autre part. Bien que certaines hormones soient rapidement dégradées par des enzymes à l'intérieur de leurs cellules cibles, la plupart sont éliminées du sang par les reins ou le foie. Ensuite, ces organes rejettent le produit de leur dégradation dans l'urine et, dans une moindre mesure, les

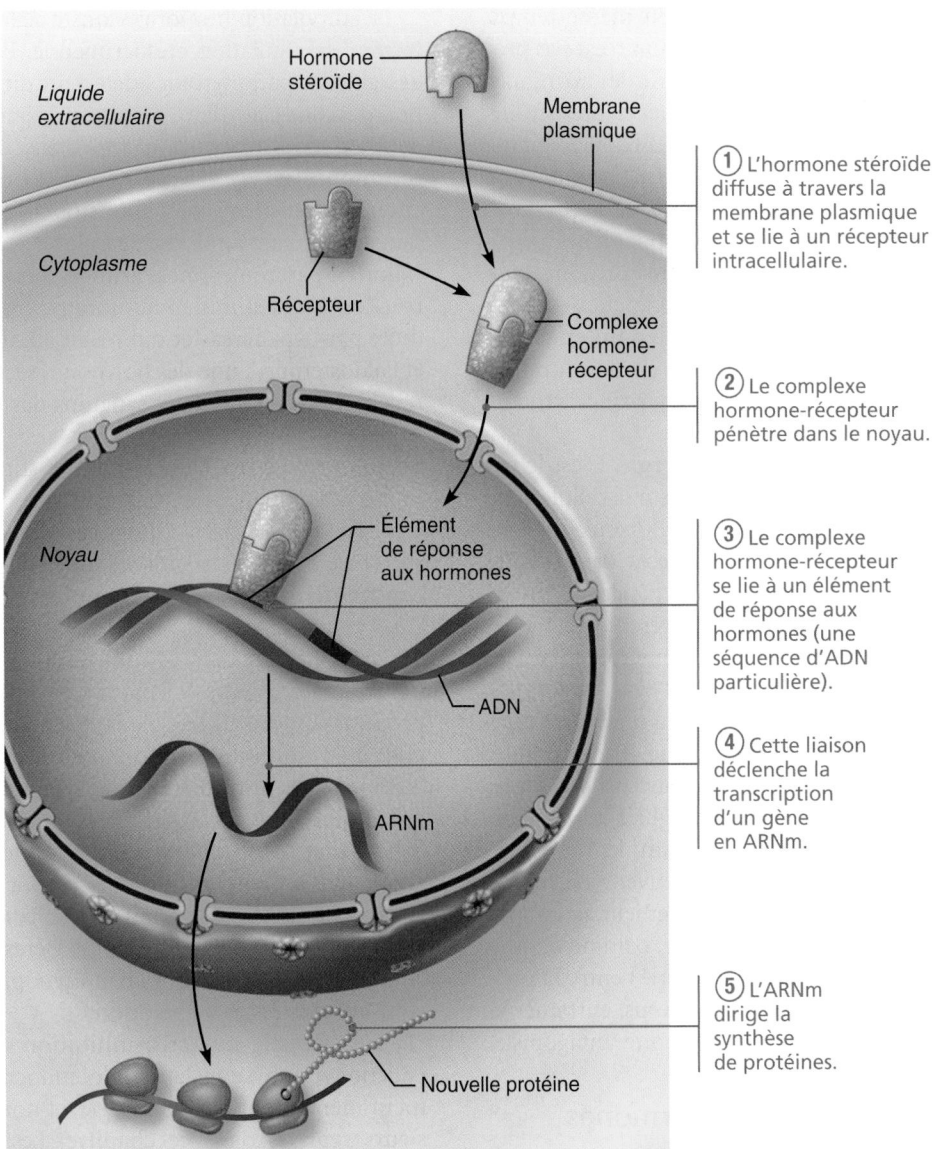

Liquide extracellulaire

Hormone stéroïde

Membrane plasmique

Cytoplasme

Récepteur

Complexe hormone-récepteur

Noyau

Élément de réponse aux hormones

ADN

ARNm

Nouvelle protéine

① L'hormone stéroïde diffuse à travers la membrane plasmique et se lie à un récepteur intracellulaire.

② Le complexe hormone-récepteur pénètre dans le noyau.

③ Le complexe hormone-récepteur se lie à un élément de réponse aux hormones (une séquence d'ADN particulière).

④ Cette liaison déclenche la transcription d'un gène en ARNm.

⑤ L'ARNm dirige la synthèse de protéines.

16

Figure 16.3 Activation directe d'un gène par une hormone liposoluble. Représentation d'une hormone stéroïde se liant à son récepteur nucléaire (la thyroxine agit également de cette façon).

matières fécales. Par conséquent, le temps que met la concentration sanguine d'une hormone pour diminuer de moitié, c'est-à-dire sa **demi-vie**, varie de quelques secondes à une semaine. Les hormones hydrosolubles possèdent les demi-vies les plus courtes.

Combien de temps met une hormone à produire un effet ? Il n'y a pas de réponse unique à cette question, car le temps nécessaire à l'apparition des effets hormonaux varie considérablement. Certaines hormones provoquent des réactions quasi immédiates ; d'autres, et particulièrement les hormones stéroïdes, ne font sentir leurs effets qu'au bout de quelques heures, voire de plusieurs jours. De plus, certaines hormones sont sécrétées sous une forme relativement inactive et doivent être activées dans les cellules cibles.

La durée d'action des hormones est limitée et peut aller de 10 secondes à quelques heures, suivant l'hormone. Les effets peuvent disparaître aussi rapidement que s'abaisse le taux sanguin ou peuvent se prolonger pendant des heures après l'atteinte d'un taux d'hormones très bas. Étant donné ces nombreuses variations, les taux sanguins d'hormones doivent être précisément et individuellement régis pour que soient satisfaits les besoins fluctuants de l'organisme.

Interactions hormonales au niveau des cellules cibles

Rendre compte des effets des hormones est plus compliqué qu'on ne le pense parce qu'un grand nombre d'hormones peuvent agir sur les mêmes cellules cibles en même temps. Dans bien des cas, le résultat de cette interaction n'est pas prévisible, même si on connaît les effets de chacune des hormones en jeu. Nous nous pencherons ici sur trois types d'interactions hormonales – soit la permissivité, la synergie et l'antagonisme.

On dit qu'il y a **permissivité** dans les situations où une hormone ne peut pas produire tous ses effets sans la présence d'une autre hormone. Par exemple, le développement du système génital est régi en grande partie par les hormones que le système génital sécrète lui-même, comme on peut s'en douter. Toutefois, la thyroxine est nécessaire (elle a un effet permissif) pour que les structures génitales se développent normalement et *en temps opportun*: sans la thyroxine, la maturation du système génital est retardée.

Certaines hormones fonctionnent en **synergie**. C'est le cas si deux ou plusieurs hormones, dont les effets sur la cellule cible sont identiques, voient leur action amplifiée lorsqu'elles sont combinées. Par exemple, le foie libère du glucose dans le sang sous l'action du glucagon (qui provient du pancréas) ou de l'adrénaline; quand ces deux hormones sont présentes en même temps, la quantité de glucose libérée atteint environ 150% de celle obtenue lorsqu'elles agissent seules.

Quand une hormone s'oppose à l'action d'une autre hormone, l'interaction est appelée **antagonisme**. Par exemple, l'action de l'insuline, qui fait diminuer la concentration sanguine du glucose, est neutralisée par celle du glucagon, qui fait augmenter le taux de glucose dans le sang. Comment un antagonisme se produit-il? Les antagonistes peuvent entrer en compétition pour les mêmes récepteurs, exercer leur action par des voies métaboliques différentes, ou encore, comme dans le cas de l'interaction (dont nous avons déjà parlé) entre la progestérone et les œstrogènes au niveau de l'utérus, entraîner la régulation négative des récepteurs de l'hormone antagoniste.

Régulation de la libération des hormones

La synthèse et la libération de la plupart des hormones sont régies par **rétro-inhibition** (voir le chapitre 1). Autrement dit, un stimulus interne ou externe déclenche la sécrétion d'une hormone; l'augmentation de la concentration de l'hormone influe sur les organes cibles et inhibe sa libération par la glande endocrine. Par conséquent, les taux sanguins de nombreuses hormones ne varient que très peu.

Stimulation des glandes endocrines

Trois principaux types de stimulus amènent les glandes endocrines à produire et à libérer des hormones: les *stimulus humoraux*, les *stimulus nerveux* et les *stimulus hormonaux*.

Stimulus humoraux Les variations des taux sanguins de certains ions et de certains nutriments entraînent la libération de certaines hormones. On qualifie ces variations de *stimulus humoraux* pour les distinguer des stimulus hormonaux, les hormones étant aussi des substances chimiques qui diffusent du sang vers le liquide interstitiel. L'adjectif « humoral » est dérivé du terme archaïque « humeur », qui désignait les liquides organiques (le sang, la bile, etc.).

La stimulation humorale constitue le plus simple des mécanismes de régulation endocrinienne. Par exemple, les cellules des glandes parathyroïdes détectent directement la concentration des ions Ca^{2+} dans le sang, qui sont essentiels. Lorsqu'elles décèlent une diminution anormale, elles sécrètent la parathormone (PTH) (figure 16.4a). Comme la parathormone emprunte plusieurs voies pour stopper cette diminution, le taux sanguin de Ca^{2+} a tôt fait de s'élever et de mettre fin à la libération de parathormone. Parmi les autres hormones libérées en réaction à des stimulus humoraux, on trouve l'insuline, produite par le pancréas et qui réagit au taux sanguin de glucose, et l'aldostérone, l'une des hormones sécrétées par le cortex surrénal, qui réagit aux taux sanguins des ions Na^+ et K^+.

Stimulus nerveux Des neurofibres stimulent parfois la libération d'hormones. L'exemple classique de stimulus nerveux est celui du système nerveux sympathique, qui amène la médulla surrénale à libérer de l'adrénaline et de la noradrénaline (catécholamines) pendant les périodes de stress (figure 16.4b).

Stimulus hormonaux Enfin, de nombreuses glandes endocrines libèrent leurs hormones en réaction à des hormones produites par d'autres glandes endocrines. Elles réagissent alors à des stimulus hormonaux. Par exemple, la libération de la plupart des hormones adénohypophysaires est régie par des hormones hypothalamiques de libération et d'inhibition; à leur tour, de nombreuses hormones adénohypophysaires amènent d'autres glandes endocrines à libérer leurs hormones (figure 16.4c). À mesure qu'elles se concentrent dans le sang, les hormones produites par les dernières glandes cibles inhibent la libération d'hormones adénohypophysaires et, au bout du compte, leur propre libération.

Cette boucle de rétro-inhibition entre l'hypothalamus, l'adénohypophyse et la glande endocrine cible est le fondement même de l'endocrinologie, et nous y reviendrons à plusieurs reprises dans ce chapitre. Les stimulus hormonaux favorisent la rythmicité de la libération des hormones, les taux sanguins d'hormones s'élevant et s'abaissant dans un enchaînement précis.

Bien qu'ils soient représentatifs, ces trois types de stimulus ne constituent en rien une liste exhaustive des mécanismes régulateurs de la libération hormonale. Ils ne sont pas non plus mutuellement exclusifs, car certaines glandes endocrines réagissent à des stimulus multiples.

Modulation par le système nerveux

L'activité du système nerveux peut modifier tant les facteurs stimulants (les stimulus hormonaux, humoraux et nerveux) que les facteurs inhibiteurs (la rétro-inhibition notamment) agissant sur le système endocrinien. Sans cette influence, le système endocrinien aurait une activité strictement mécanique et fonctionnerait ni plus ni moins comme un thermostat. Un thermostat peut maintenir la température de votre maison à un certain degré, mais il ne peut sentir les frissons de votre grand-mère revenue de la Floride et ajuster la température ambiante en conséquence. *Vous* devez faire l'ajustement nécessaire. Dans

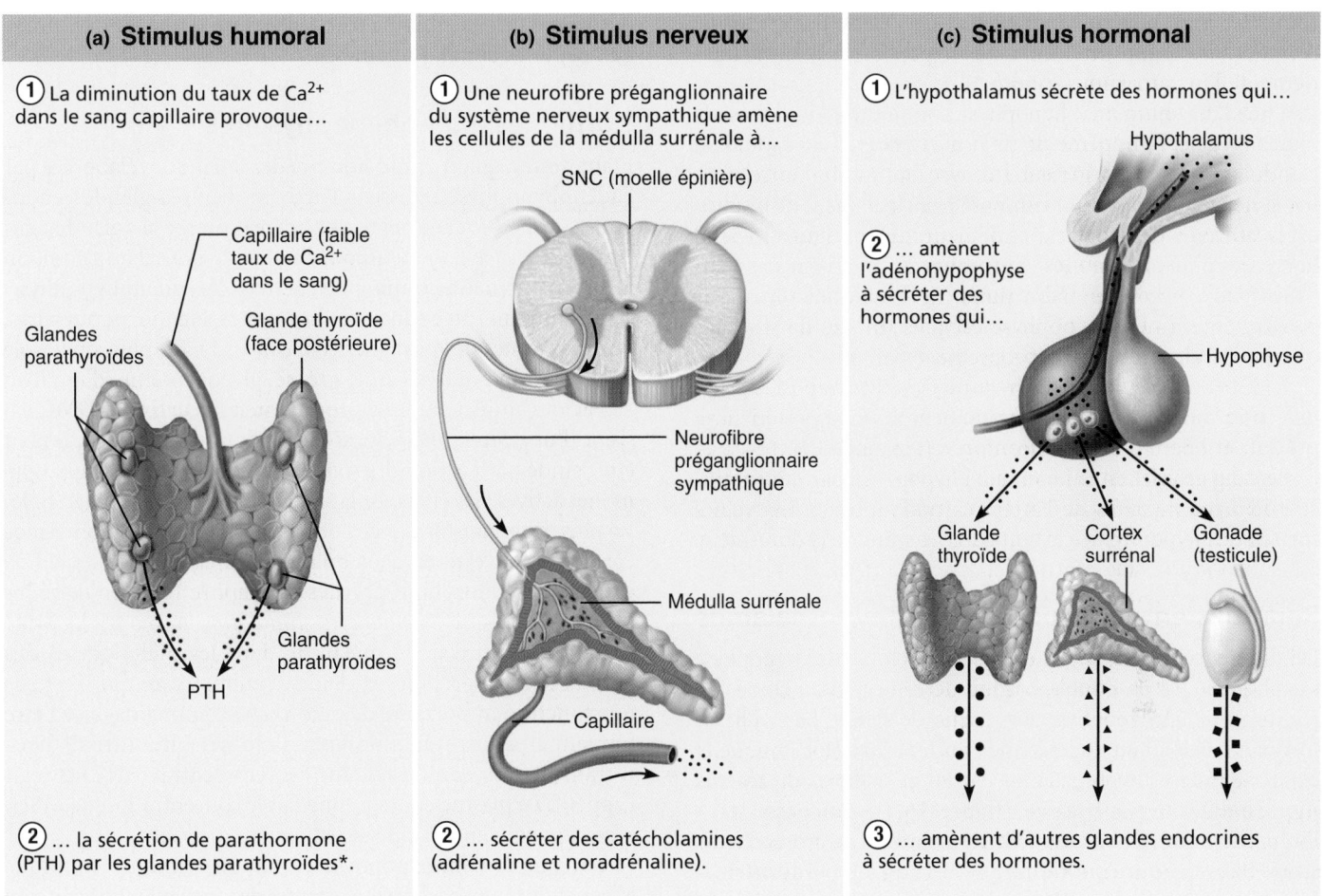

(a) Stimulus humoral

① La diminution du taux de Ca²⁺ dans le sang capillaire provoque...

Capillaire (faible taux de Ca²⁺ dans le sang)

Glande thyroïde (face postérieure)

Glandes parathyroïdes

Glandes parathyroïdes

PTH

② ... la sécrétion de parathormone (PTH) par les glandes parathyroïdes*.

(b) Stimulus nerveux

① Une neurofibre préganglionnaire du système nerveux sympathique amène les cellules de la médulla surrénale à...

SNC (moelle épinière)

Neurofibre préganglionnaire sympathique

Médulla surrénale

Capillaire

② ... sécréter des catécholamines (adrénaline et noradrénaline).

(c) Stimulus hormonal

① L'hypothalamus sécrète des hormones qui...

Hypothalamus

② ... amènent l'adénohypophyse à sécréter des hormones qui...

Hypophyse

Glande thyroïde

Cortex surrénal

Gonade (testicule)

③ ... amènent d'autres glandes endocrines à sécréter des hormones.

Figure 16.4 **Trois types de stimulus agissant sur les glandes endocrines.**
* La PTH augmente le taux de Ca²⁺ dans le sang (figure 16.12).

votre corps, c'est le système nerveux qui apporte certains ajustements pour maintenir l'homéostasie en prenant le pas sur les mécanismes endocriniens habituels de régulation.

Par exemple, l'action de l'insuline et de diverses autres hormones maintient normalement la glycémie entre 4,4 et 6,7 mmol/L de sang. Mais lorsque l'organisme est soumis à un stress important, l'hypothalamus et les centres du système nerveux sympathique sont fortement activés et élèvent la glycémie. Le système nerveux fait en sorte que les cellules reçoivent le carburant (c'est-à-dire le glucose) que requiert le surcroît de stress.

VÉRIFIONS NOS ACQUIS

4. Nommez les deux grandes classes d'hormones. Quel groupe d'hormones est entièrement composé d'hormones liposolubles ? Nommez la seule hormone de l'autre classe à être liposoluble.

5. Dans le mécanisme des hormones hydrosolubles et dans celui des hormones liposolubles, où sont situés les récepteurs et quel est le résultat final ?

6. Quel type d'hormone possède des demi-vies plus longues ? Quel est par conséquent le temps d'effet ?

7. Nommez les trois types de stimulus qui régissent la libération des hormones.

Les réponses se trouvent à l'appendice G.

Hypophyse et hypothalamus

10 Décrire les relations structurales et fonctionnelles entre l'hypothalamus et l'hypophyse ; définir les termes « hormone de libération » et « hormone d'inhibition ».

11 Énumérer les hormones de l'adénohypophyse, décrire leurs principaux effets et expliquer les mécanismes qui régissent leur sécrétion ; définir le terme « stimulines ».

12 Expliquer la structure de la neurohypophyse ; nommer les deux hormones qu'elle libère, décrire leurs effets et expliquer les mécanismes qui régissent leur sécrétion.

L'**hypophyse** (« croissance en dessous »), autrefois appelée glande pituitaire, est située dans la selle turcique du sphénoïde ; elle sécrète au moins neuf hormones. On dit volontiers qu'elle a la forme et la taille d'un pois, mais il serait plus juste de la

16

comparer à un pois surmontant une tige. Cette tige en forme d'entonnoir, l'**infundibulum**, relie l'hypophyse à la partie inférieure de l'hypothalamus (figure 16.5).

Chez l'être humain, l'hypophyse comprend deux lobes, de masse inégale, l'un formé de tissu nerveux et l'autre, de tissu glandulaire. Le lobe postérieur qui, avec l'infundibulum, constitue la **neurohypophyse** est composé principalement de pituitocytes (un type de gliocytes) et de neurofibres (figure 16.5). Il libère des **neurohormones** (hormones sécrétées par des neurones) qu'il reçoit, préfabriquées, de l'hypothalamus. Par conséquent, la neurohypophyse est plus un site de stockage qu'une glande endocrine à proprement parler.

Le lobe antérieur, l'**adénohypophyse**, est composé de cellules hormonopoïétiques; contrairement au lobe postérieur, il produit et libère plusieurs hormones (tableau 16.1).

Le sang artériel est acheminé à l'hypophyse par des ramifications hypophysaires de l'artère carotide interne. Les veines sortant de l'hypophyse se jettent dans les sinus de la dure-mère.

Relations entre l'hypophyse et l'hypothalamus

Les différences histologiques entre les deux lobes de l'hypophyse s'expliquent par la double origine de cette petite glande. En réalité, la neurohypophyse fait partie de l'encéphale. Elle se forme à partir d'une excroissance du tissu hypothalamique et elle reste unie à l'hypothalamus par les neurofibres du **tractus hypothalamohypophysaire** (figure 16.5), qui passe dans l'infundibulum. Ce tractus naît de neurones neurosécréteurs situés dans le **noyau supraoptique** et le **noyau paraventriculaire** de l'hypothalamus. Les neurones paraventriculaires synthétisent en grande partie l'ocytocine, et les neurones supraoptiques élaborent surtout l'hormone antidiurétique. Ils acheminent ces neurohormones le long de leurs axones jusqu'à la neurohypophyse. Lorsque les neurones hypothalamiques produisent des potentiels d'action, les hormones sont déversées (par exocytose) dans le liquide interstitiel, à proximité d'un lit capillaire d'où elles seront distribuées dans l'organisme.

Le lobe antérieur, qui est de nature glandulaire, provient d'une évagination de la partie supérieure de la muqueuse orale (*saccule hypophysaire de l'embryon*, ou *diverticule de Rathke*) et il est dérivé du tissu épithélial. Après être entré en contact avec le lobe postérieur, le lobe antérieur se dissocie de la muqueuse orale et adhère à la neurohypophyse. La connexion entre le lobe antérieur et l'hypothalamus n'est pas nerveuse mais vasculaire (donc indirecte). Plus précisément, la partie inférieure du **réseau capillaire primaire**, dans l'infundibulum, communique avec le **réseau capillaire secondaire**, dans le lobe antérieur, au moyen des petites **veines portes hypophysaires**. Les réseaux capillaires primaire et secondaire ainsi que les veines portes hypophysaires forment le **système porte hypothalamohypophysaire** (figure 16.5). Notez qu'un système porte est un réseau de vaisseaux sanguins où un lit capillaire aboutit à des veines qui, à leur tour, se jettent dans un autre lit capillaire. Par l'intermédiaire du système porte, les **hormones de libération** et **d'inhibition** sécrétées par les neurones de l'hypothalamus ventral atteignent immédiatement (sans passer par le cœur) l'adénohypophyse, où elles régissent la sécrétion de ses hormones. Toutes les hormones hypothalamiques régulatrices sont dérivées d'acides aminés; leur taille varie d'une simple amine aux peptides et aux protéines.

Hormones adénohypophysaires

Étant donné qu'un grand nombre des hormones élaborées par l'adénohypophyse régissent l'activité d'autres glandes endocrines, celle-ci était autrefois considérée comme la « glande maîtresse ». Ce titre revient aujourd'hui à l'hypothalamus qui, on le sait maintenant, commande l'activité de l'adénohypophyse.

Néanmoins, on connaît six hormones adénohypophysaires, qui sont toutes des protéines (tableau 16.1). De plus, on a isolé de l'adénohypophyse une grosse glycoprotéine d'environ 285 acides aminés, appelée **proopiomélanocortine** (**POMC**). Il s'agit d'une *prohormone*, c'est-à-dire d'un précurseur qui peut être scindé par l'action d'enzymes en une ou en plusieurs hormones actives. Ses effets sur la satiété sont décrits à la page 1096. En plus de se transformer en corticotrophine, la proopiomélanocortine se convertit en deux opiacés naturels (une enképhaline et une bêta-endorphine, décrites au chapitre 11) et en *hormone mélanotrope* (MSH, *melanocyte-stimulating hormone*). La MSH stimule la synthèse de mélanine dans les mélanocytes des amphibiens, des reptiles et d'autres animaux, ce qui n'est pas une fonction importante de celle-ci chez l'humain. Chez l'être humain et d'autres mammifères, la MSH agit à titre de neurotransmetteur dans le système nerveux central (SNC) et régit l'appétit. Le plasma contient une faible concentration de MSH, mais son rôle en périphérie est encore incertain.

Lorsque l'adénohypophyse reçoit un stimulus chimique adéquat de l'hypothalamus, certaines de ses cellules libèrent une hormone ou plus. Bien que de nombreuses hormones passent de l'hypothalamus à l'adénohypophyse, les diverses cellules cibles de l'adénohypophyse distinguent les messages qui leur parviennent grâce à la présence de récepteurs spécifiques sélectifs, et elles réagissent de façon appropriée. Ainsi, elles sécrètent des hormones spécifiques en réaction à des hormones de libération particulières (RH, *releasing hormones*) et elles cessent de libérer des hormones spécifiques en réaction à des hormones d'inhibition particulières (IH, *inhibiting hormones*).

Quatre des six hormones adénohypophysaires – la thyréotrophine, la corticotrophine, l'hormone folliculostimulante et l'hormone lutéinisante – sont des **stimulines**, c'est-à-dire qu'elles régissent l'action sécrétrice d'autres glandes endocrines. Toutes les hormones adénohypophysaires, sauf l'hormone de croissance, agissent par l'intermédiaire d'un second messager, l'AMP cyclique.

Hormone de croissance

L'**hormone de croissance** (**GH**, *growth hormone*), aussi appelée **somatotrophine**, est produite par les **cellules somatotropes** du lobe antérieur de l'hypophyse. Cette hormone produit des effets métaboliques et stimule la croissance, comme l'illustre la figure 16.6. Bien que la GH provoque la croissance et la division de la plupart des cellules de l'organisme, ses cibles principales sont les os et les muscles squelettiques. En effet, la GH entraîne la croissance des os longs en stimulant l'activité du cartilage épiphysaire et favorise l'accroissement de la masse musculaire en stimulant les muscles squelettiques.

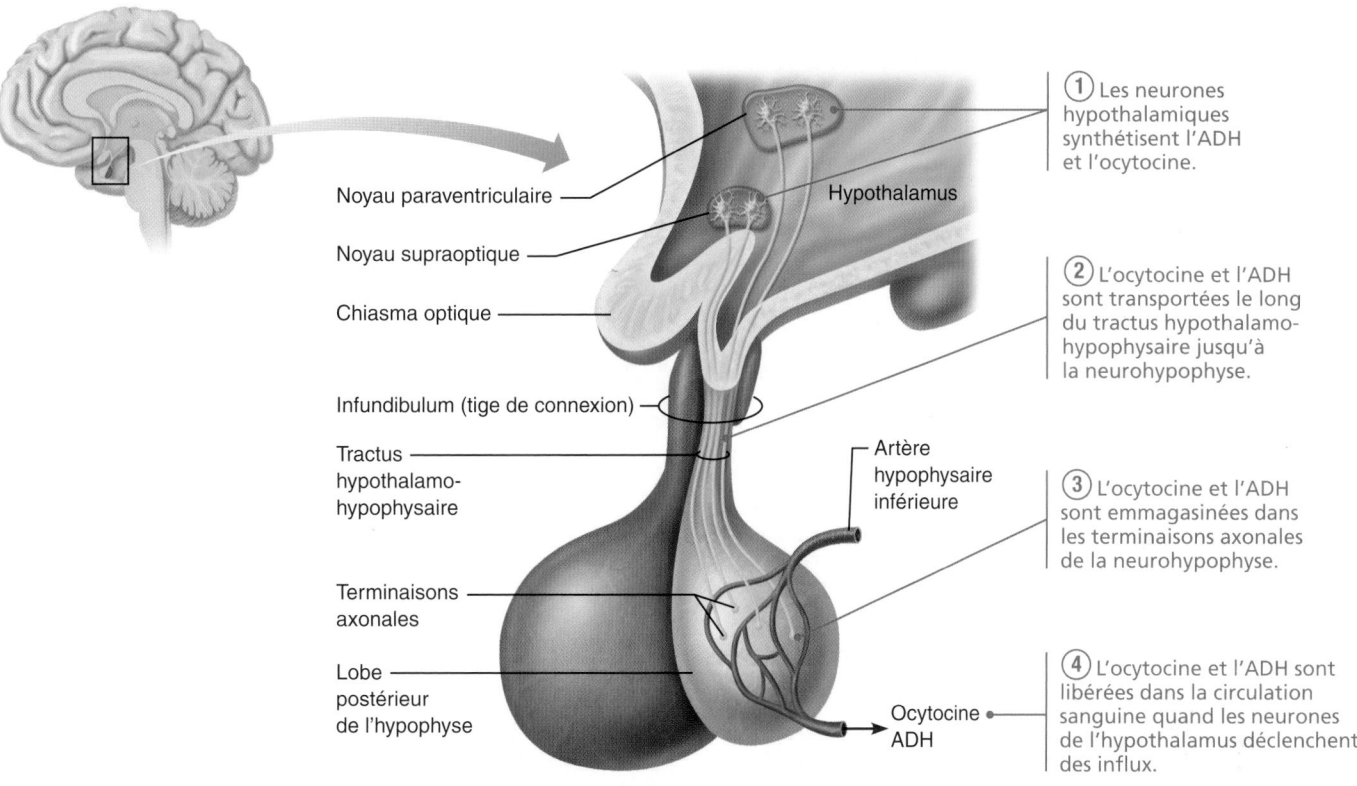

Noyau paraventriculaire

Noyau supraoptique

Chiasma optique

Hypothalamus

① Les neurones hypothalamiques synthétisent l'ADH et l'ocytocine.

② L'ocytocine et l'ADH sont transportées le long du tractus hypothalamo-hypophysaire jusqu'à la neurohypophyse.

Infundibulum (tige de connexion)

Tractus hypothalamo-hypophysaire

Artère hypophysaire inférieure

③ L'ocytocine et l'ADH sont emmagasinées dans les terminaisons axonales de la neurohypophyse.

Terminaisons axonales

Lobe postérieur de l'hypophyse

Ocytocine ADH

④ L'ocytocine et l'ADH sont libérées dans la circulation sanguine quand les neurones de l'hypothalamus déclenchent des influx.

(a) Relations structurales et fonctionnelles entre la neurohypophyse et l'hypothalamus

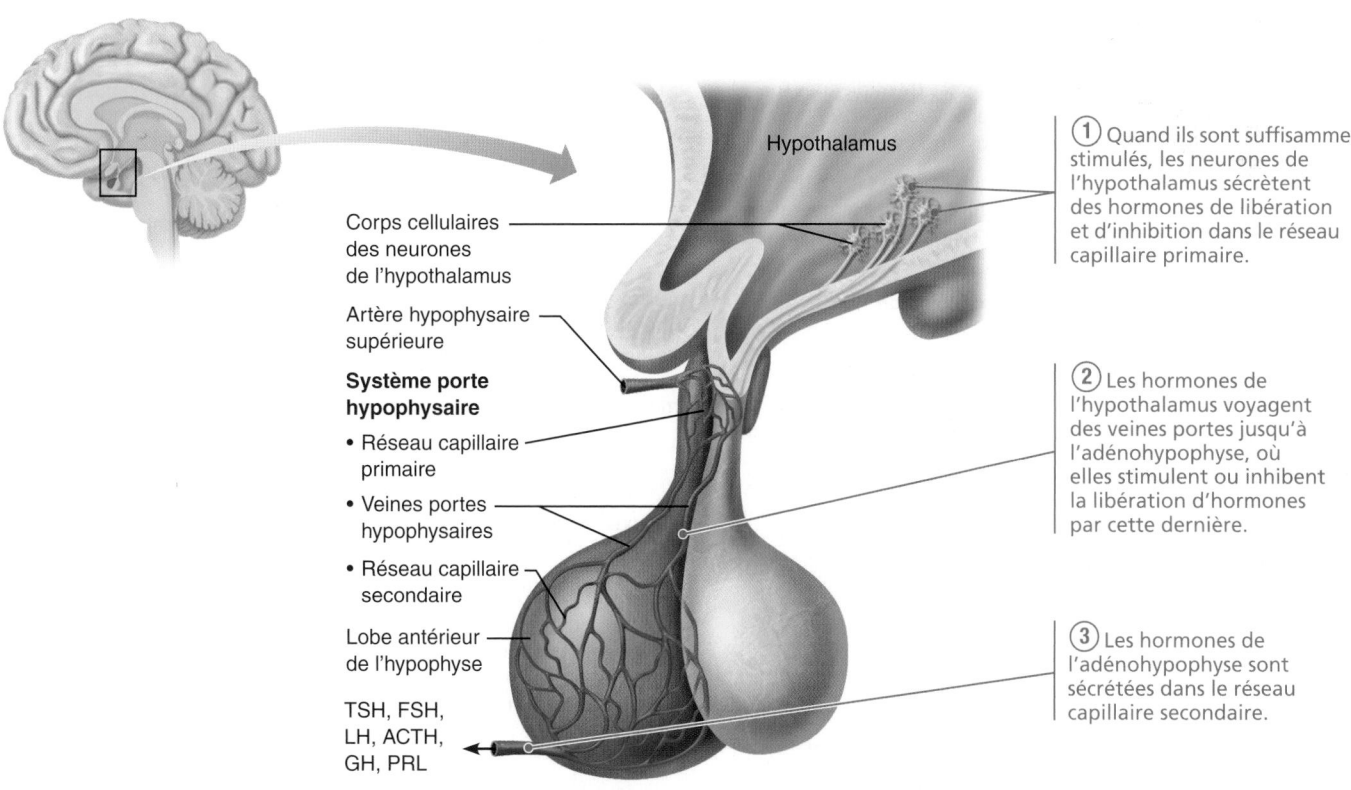

Hypothalamus

Corps cellulaires des neurones de l'hypothalamus

Artère hypophysaire supérieure

Système porte hypophysaire

• Réseau capillaire primaire

• Veines portes hypophysaires

• Réseau capillaire secondaire

Lobe antérieur de l'hypophyse

TSH, FSH, LH, ACTH, GH, PRL

① Quand ils sont suffisamment stimulés, les neurones de l'hypothalamus sécrètent des hormones de libération et d'inhibition dans le réseau capillaire primaire.

② Les hormones de l'hypothalamus voyagent des veines portes jusqu'à l'adénohypophyse, où elles stimulent ou inhibent la libération d'hormones par cette dernière.

③ Les hormones de l'adénohypophyse sont sécrétées dans le réseau capillaire secondaire.

(b) Relations structurales et fonctionnelles entre l'adénohypophyse et l'hypothalamus

Figure 16.5 Relations structurales et fonctionnelles entre l'hypophyse et l'hypothalamus.

TABLEAU 16.1	Résumé de la régulation et des effets des hormones hypophysaires		
HORMONE (STRUCTURE CHIMIQUE ET TYPE DE CELLULES)	**LIBÉRATION**	**ORGANES CIBLES ET EFFETS**	**CONSÉQUENCES D'UNE HYPOSÉCRÉTION ↓ ET D'UNE HYPERSÉCRÉTION ↑**

Hormones adénohypophysaires

Hormone de croissance ou somatotrophine (GH) (protéine; cellules somatotropes)	**Stimulée** par la libération de GH-RH*, elle-même provoquée par la diminution du taux sanguin de GH ainsi que par des déclencheurs secondaires, dont l'hypoglycémie, l'élévation du taux sanguin d'acides aminés, la diminution du taux sanguin d'acides gras, l'exercice et autres facteurs de stress, les œstrogènes, etc. **Rétro-inhibition** par la GH et les IGF (somatomédines) ainsi que par l'hyperglycémie, l'hyperlipidémie, l'obésité et les carences affectives, qui provoquent un accroissement de la libération de GH-IH* (somatostatine) ou une diminution de la libération de GH-RH*	 Foie, muscles, os, cartilage et autres tissus: hormone anabolisante; stimule la croissance somatique; mobilise les triglycérides; épargne le glucose. Les effets stimulants sur la croissance sont reliés indirectement à l'action des IGF (somatomédines).	↓ Nanisme hypophysaire chez l'enfant ↑ Gigantisme chez l'enfant; acromégalie chez l'adulte
Thyréotrophine (TSH) (glycoprotéine; cellules thyréotropes)	**Stimulée** par la TRH* et, indirectement, par la grossesse et le froid (chez les nourrissons) **Rétro-inhibition** par les hormones thyroïdiennes sur l'adénohypophyse et l'hypothalamus ainsi que par la GH-IH*	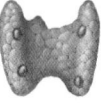 Glande thyroïde: stimule la libération des hormones thyroïdiennes.	↓ Crétinisme chez l'enfant; myxœdème chez l'adulte ↑ Hyperthyroïdie; effets semblables à ceux de la maladie de Basedow, dans laquelle des anticorps imitent la TSH
Corticotrophine (ACTH) (polypeptide de 39 acides aminés; cellules corticotropes)	**Stimulée** par la CRH*; les stimulus qui favorisent la libération de CRH sont la fièvre, l'hypoglycémie et d'autres facteurs de stress **Rétro-inhibition** par les glucocorticoïdes	 Cortex surrénal: favorise la libération des glucocorticoïdes et des androgènes (et, dans une moindre mesure, des minéralocorticoïdes).	↓ Rare ↑ Maladie de Cushing
Hormone folliculostimulante (FSH) (glycoprotéine; cellules gonadotropes)	**Stimulée** par la Gn-RH* **Rétro-inhibition** par l'inhibine, et les œstrogènes chez la femme; et la testostérone chez l'homme	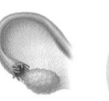 Ovaires et testicules: chez la femme, stimule la maturation du follicule ovarique et la production d'œstrogènes; chez l'homme, stimule la spermatogenèse.	↓ Absence de maturation sexuelle ↑ Aucun effet important

De nature essentiellement anabolisante (c'est-à-dire qui stimule la formation des tissus), l'hormone de croissance favorise la synthèse des protéines et facilite la conversion des triglycérides en acides gras (carburant), épargnant ainsi le glucose. La

TABLEAU 16.1 *(suite)*

HORMONE (STRUCTURE CHIMIQUE ET TYPE DE CELLULES)	LIBÉRATION	ORGANES CIBLES ET EFFETS	CONSÉQUENCES D'UNE HYPOSÉCRÉTION ↓ ET D'UNE HYPERSÉCRÉTION ↑
Hormone lutéinisante (LH) (glycoprotéine; cellules gonadotropes)	**Stimulée** par la Gn-RH* **Rétro-inhibition** par les œstrogènes et la progestérone chez la femme et par la testostérone chez l'homme	  Ovaires et testicules: chez la femme, déclenche l'ovulation et stimule la production ovarienne d'œstrogènes et de progestérone; chez l'homme, favorise la production de testostérone.	Identiques à ceux de la FSH
Prolactine (PRL) (protéine; cellules lactotropes)	**Stimulée** par une diminution de la PIH*; la libération de PRL est favorisée par les œstrogènes, les contraceptifs oraux, l'allaitement et les médicaments bloquant l'action de la dopamine **Rétro-inhibition** par la PIH* (dopamine)	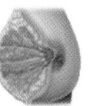 Tissu sécréteur des seins: stimule la production du lait.	↓ Insuffisance de la sécrétion lactée chez la femme qui allaite ↑ Production intempestive de lait (galactorrhée); aménorrhée chez la femme; impuissance chez l'homme

 **Hormones neurohypophysaires (produites par les neurones hypothalamiques et emmagasinées dans la neurohypophyse)**

Ocytocine (peptide provenant principalement des neurones du noyau paraventriculaire de l'hypothalamus)	**Stimulée** (rétroactivation) par des influx provenant des neurones hypothalamiques émis en réaction à la dilatation de l'utérus et du col et à la succion du lait durant l'allaitement **Inhibée** par l'absence des stimulus nerveux appropriés	 Utérus: stimule les contractions utérines; déclenche le travail; seins: provoque l'éjection du lait.	Inconnus
Hormone antidiurétique (ADH), ou **vasopressine** (peptide provenant principalement des neurones du noyau supraoptique de l'hypothalamus)	**Stimulée** par des influx provenant des neurones hypothalamiques émis en réaction à une augmentation de l'osmolarité sanguine ou à une diminution du volume sanguin; aussi stimulée par la douleur, certains médicaments et l'hypotension artérielle **Inhibée** par une hydratation adéquate et par l'alcool	 Reins: stimule la réabsorption de l'eau par les tubules rénaux.	↓ Diabète insipide ↑ Syndrome de sécrétion inappropriée d'hormone antidiurétique (ADH)

* Hormones hypothalamiques de libération ou d'inhibition: GH-RH: somatocrinine; GH-IH: somatostatine; TRH: thyréolibérine; CRH: corticolibérine; Gn-RH: gonadolibérine; PIH: dopamine.

plupart des effets de cette hormone sur la croissance sont indirects; en d'autres termes, ils font intervenir les **somatomédines**, aussi appelées **facteurs de croissance analogues à l'insuline** (**IGF**, *insulin-like growth factor*). Ces protéines, ainsi appelées parce que leur structure ressemble à celle de la pro-insuline, favorisent la croissance et sont produites par le foie, les muscles squelettiques, les os et d'autres tissus. Les IGF produits par le foie agissent comme des hormones, tandis que les IGF produits dans d'autres tissus exercent un effet local à l'intérieur des tissus (comme les hormones paracrines). Plus précisément, les somatomédines produisent les effets requis pour stimuler la croissance: (1) absorption des nutriments du sang et synthèse des

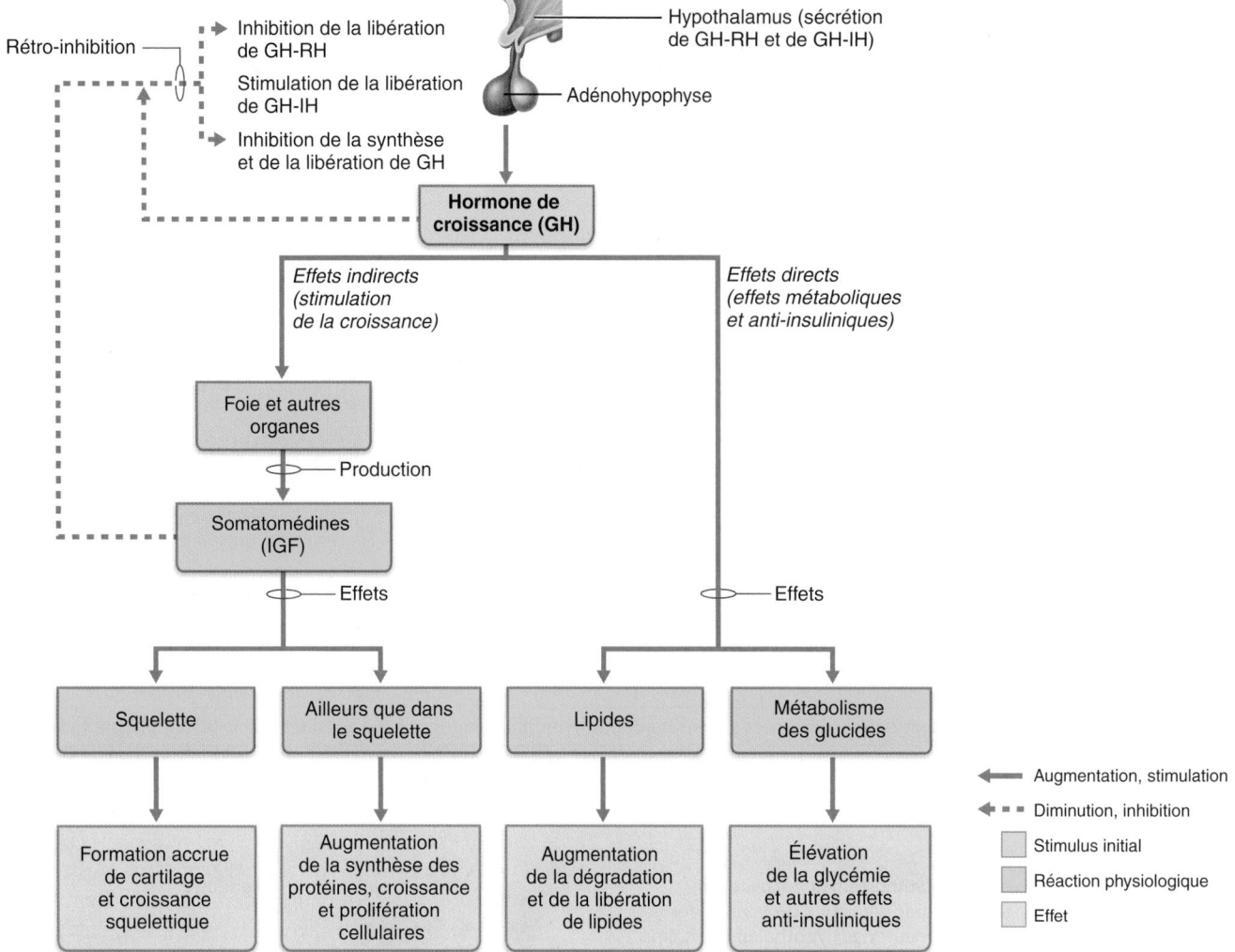

Figure 16.6 Effets directs (effets métaboliques et anti-insuliniques) et effets indirects (stimulation de la croissance) de l'hormone de croissance (GH).

protéines et de l'ADN, ce qui stimule la croissance par division cellulaire ; et (2) formation de collagène et dépôt de matrice osseuse.

Quant à la GH, elle a une action *directe* qui entraîne des effets métaboliques. Elle favorise la lipolyse des triglycérides dans les cellules adipeuses, élevant ainsi le taux sanguin d'acides gras. Elle ralentit aussi l'absorption du glucose et son métabolisme. Dans le foie, la GH favorise la dégradation du glycogène et la libération du glucose dans le sang. L'élévation de la glycémie qui résulte de cet *effet d'épargne du glucose* correspond à l'*effet anti-insuline* de la GH, ainsi appelé parce qu'il produit l'effet opposé à celui de l'insuline.

Deux hormones hypothalamiques aux effets antagonistes régissent la sécrétion de l'hormone de croissance. La **somato-crinine** (**GH-RH**, *growth hormone-releasing hormone*) provoque la libération de GH, tandis que la **somatostatine** (GH-IH, *growth hormone-inhibiting hormone*) l'inhibe. Il semble que la libération de somatostatine soit amorcée par la rétroaction de la GH et des IGF (somatomédines). L'augmentation du taux

de GH provoque également une rétro-inhibition qui ralentit sa propre libération. Ainsi que l'indique le tableau 16.1, un certain nombre de déclencheurs secondaires influent aussi sur la libération de GH. La sécrétion de GH suit en général un rythme quotidien et culmine pendant le sommeil nocturne (stades 3 et 4 du sommeil ; voir le tableau 12.2, p. 540). La sécrétion quotidienne totale atteint son maximum pendant l'adolescence, puis diminue au cours des années.

La GHIH (somatostatine) inhibe en outre la libération de la TSH (thyréotrophine). Elle est produite à divers endroits des intestins, où elle inhibe la libération de presque toutes les sécrétions gastro-intestinales et pancréatiques, tant endocrines qu'exocrines.

DÉSÉQUILIBRE HOMÉOSTATIQUE

L'hypersécrétion et l'hyposécrétion de l'hormone de croissance peuvent causer des anomalies. Chez l'enfant, l'hypersécrétion peut entraîner le **gigantisme**, car la GH cible les cartilages épiphysaires (zones de croissance), qui sont en pleine activité. La personne peut atteindre une taille excessive sans altération des proportions corporelles, comme on peut l'observer chez une vedette chinoise de basketball du nom de Zhao Ling, qui mesure 2,46 m. La sécrétion de quantités très élevées de GH après la soudure des cartilages épiphysaires cause l'**acromégalie** (*akron:* extrémité; *megas:* grand). Ce trouble, plutôt rare (50 individus atteints sur 1 million), se caractérise par l'hypertrophie et l'épaississement des régions osseuses encore sensibles à la GH, notamment les os des mains, des pieds et du visage. L'hypersécrétion résulte généralement d'une tumeur bénigne touchant les cellules somatotropes de l'adénohypophyse, qui libère alors des quantités excessives de GH. Le traitement courant consiste à pratiquer l'ablation chirurgicale de la tumeur; on peut aussi avoir recours à la radiothérapie. Les changements anatomiques déjà survenus sont toutefois irréversibles. En l'absence de traitement, des complications diverses (cardiaques et respiratoires, entre autres) peuvent être fatales.

L'hyposécrétion de GH chez l'adulte demeure le plus souvent sans conséquence. Chez l'enfant, le déficit en GH ralentit la croissance des os longs et cause le **nanisme hypophysaire**. Les personnes atteintes de ce trouble ne dépassent pas 1,2 m, mais présentent habituellement des proportions corporelles relativement normales. Le déficit en GH s'accompagne souvent d'autres déficits en hormones adénohypophysaires; une insuffisance de thyréotrophine (TSH) ou de gonadotrophines (FSH et LH) perturbe les proportions corporelles de même que le développement sexuel. Fort heureusement, grâce au génie génétique, la GH est produite commercialement et, lorsque le nanisme hypophysaire est diagnostiqué avant la puberté, l'administration de GH humaine, par injection, peut rétablir une croissance presque normale.

La commercialisation de la GH synthétique n'a pas que des bons côtés. Des athlètes et des personnes âgées ont tenté de s'en procurer et de profiter de sa capacité à accroître la masse musculaire. (Depuis 2004, il existe un test de dépistage). Certains parents ont même administré de la GH à leur enfant dans l'espoir qu'il devienne plus grand. Bien que la GH produise un accroissement de la masse musculaire, rien n'indique qu'elle augmente la force musculaire ni chez les athlètes ni chez les personnes âgées, et elle n'entraîne qu'un faible gain de taille chez un enfant normal. De plus, la prise de GH peut entraîner une rétention de liquides, des douleurs articulaires et musculaires, le diabète ainsi que certains types de cancer. ■

Thyréotrophine

La **thyréotrophine** (**TSH**, *thyroid-stimulating hormone*), ou **hormone thyréotrope**, est une stimuline qui favorise le développement normal et l'activité sécrétrice de la thyroïde. Sa libération est conforme à la boucle de rétroaction propre à un organe endocrinien cible du circuit hypothalamus-hypophyse décrite précédemment et illustrée à la **figure 16.7**. La thyréotrophine est libérée par les **cellules thyréotropes** de l'adénohypophyse, sous l'effet d'un peptide hypothalamique appelé **thyréolibérine** (**TRH**, *thyrotropin-releasing hormone*). L'élévation des taux sanguins des hormones thyroïdiennes agit tant sur l'hypophyse que sur l'hypothalamus et inhibe la libération de thyréotrophine par rétro-inhibition.

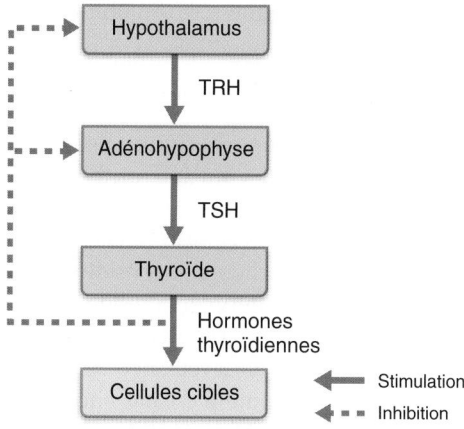

Figure 16.7 Régulation de la sécrétion des hormones thyroïdiennes. TRH: thyréolibérine; TSH: thyréotrophine.

Corticotrophine

La **corticotrophine** (**ACTH**, *adrenocorticotropic hormone*), ou **hormone corticotrope**, est sécrétée par les **cellules corticotropes** de l'adénohypophyse. Elle amène le cortex surrénal à libérer les hormones corticostéroïdes, et plus particulièrement les hormones glucocorticoïdes, qui aident l'organisme à résister aux facteurs de stress. La libération de la corticotrophine, provoquée par la **corticolibérine** (**CRH**, *corticotropin-releasing hormone*) hypothalamique, suit un rythme quotidien, les plus fortes concentrations étant atteintes le matin, peu avant l'éveil. L'élévation de la concentration de glucocorticoïdes exerce une rétro-inhibition sur la sécrétion de CRH par l'hypothalamus et, par conséquent, sur la libération d'ACTH par l'adénohypophyse. La fièvre, l'hypoglycémie et les facteurs de stress en tout genre font varier le rythme normal de sécrétion d'ACTH en déclenchant la libération de CRH.

Gonadotrophines

Les gonadotrophines sont l'**hormone folliculostimulante** (**FSH**, *follicle-stimulating hormone*) et l'**hormone lutéinisante** (**LH**, *luteinizing hormone*). Elles régissent le fonctionnement des gonades (les ovaires et les testicules). Chez les deux sexes, la FSH stimule la production des gamètes (spermatozoïdes et ovules), et la LH favorise la production des hormones gonadiques. Chez les femmes, la FSH agit en synergie avec la LH pour provoquer la maturation du follicule ovarique; ensuite, la LH déclenche à elle seule l'ovulation et stimule la synthèse et la libération des hormones ovariennes. Chez les hommes, la LH stimule la production de la testostérone par les cellules interstitielles des testicules.

Avant la puberté, les gonadotrophines sont virtuellement absentes. Pendant la puberté, les **cellules gonadotropes** de l'adénohypophyse s'activent et les concentrations de FSH et de LH commencent à s'élever, ce qui entraîne la maturation des gonades. Chez les deux sexes, la libération des gonadotrophines par l'adénohypophyse est provoquée par la **gonadolibérine** (**Gn-RH**, *gonadotropin-releasing hormone*) que produit l'hypothalamus. Les hormones gonadiques, élaborées en réaction aux gonadotrophines, exercent une rétro-inhibition sur la libération de FSH et de LH.

Prolactine

La **prolactine** (**PRL**) est une hormone protéique dont les 199 acides aminés présentent, sur une certaine séquence, des similitudes avec la GH. Élaborée par les **cellules lactotropes**, elle stimule les gonades de certains animaux (autres que les êtres humains), et des chercheurs la considèrent comme une gonadotrophine. Son seul effet bien attesté chez l'humain est la stimulation de la lactation (la fabrication de lait par les glandes mammaires) (*pro*: en faveur de; *lactus*: lait). Le rôle de la prolactine chez l'homme n'est pas encore bien connu. Des études démontrent toutefois qu'elle exercerait des fonctions immunitaires et qu'elle interviendrait dans l'osmorégulation et l'angiogénie.

Contrairement à celle des autres hormones adénohypophysaires, la libération de la PRL est régie principalement par une hormone d'inhibition, appelée **PIH** (*prolactin-inhibiting hormone*), qui empêche la sécrétion de prolactine. On sait maintenant qu'il s'agit de *dopamine*. La diminution de la sécrétion de PIH produit un afflux de prolactine. Il existe un certain nombre de *facteurs stimulant la libération de la prolactine,* dont la TRH, mais leur rôle exact n'est pas encore bien connu.

Chez les femmes, le taux de prolactine fluctue en fonction du taux sanguin d'œstrogènes. Les œstrogènes stimulent la libération de prolactine, tant directement qu'indirectement. L'élévation transitoire du taux de PRL avant les règles (lorsque le taux d'œstrogènes dans le sang est bas) est une des causes du gonflement et de la sensibilité des seins que certaines femmes éprouvent alors; cependant, le séjour de la PRL dans le sang est trop bref pour déclencher la lactation. En revanche, chez les femmes enceintes, l'action de la PRL est bloquée par le fort taux d'œstrogènes en circulation; à la fin de la grossesse, le taux de PRL peut être multiplié par un facteur de 10 (après que le taux d'œstrogènes a subi une chute brusque) et il provoque cette fois la lactation. Après l'accouchement, la succion provoque la libération de facteurs stimulant la libération de prolactine et prolonge la durée de production de lait.

DÉSÉQUILIBRE HOMÉOSTATIQUE

L'hypersécrétion de prolactine est plus répandue que son hyposécrétion (qui n'est problématique que pour les femmes qui désirent allaiter). L'hyperprolactinémie est la plus fréquente des anomalies causées par les tumeurs de l'adénohypophyse. Elle est également causée par les effets de certains médicaments sur l'hypothalamus. Ainsi, les antipsychotiques peuvent provoquer l'hyperprolactinémie en bloquant les récepteurs de la dopamine. Les signes cliniques du trouble sont la galactorrhée (production excessive de lait), l'aménorrhée (absence de menstruation) et l'infertilité chez les femmes, et l'impuissance chez les hommes. ■

Neurohypophyse et hormones hypothalamiques

La neurohypophyse, composée principalement d'axones appartenant à des neurones hypothalamiques, n'est pas une glande endocrine à proprement parler. Les corpuscules nerveux terminaux emmagasinent dans des granules l'ocytocine et l'hormone antidiurétique (ADH) synthétisées et libérées par les neurones hypothalamiques des noyaux supraoptiques et des noyaux paraventriculaires. Ces hormones, transportées jusqu'à la neurohypophyse grâce aux microtubules des 100 000 axones du tractus hypothalamohypophysaire, sont sécrétées « sur demande » lorsque les corpuscules nerveux terminaux sont stimulés par des influx nerveux.

L'ADH et l'ocytocine ne diffèrent que par deux des neuf acides aminés dont elles sont composées. Pourtant, elles ont des effets physiologiques fort dissemblables, comme l'indique le tableau 16.1. L'ADH influe sur l'équilibre hydrique, et l'ocytocine stimule la contraction du muscle lisse de l'utérus et celle des cellules myoépithéliales des glandes mammaires.

Ocytocine

L'**ocytocine** est un puissant stimulant des contractions utérines; elle est libérée en grande quantité pendant l'accouchement (*ôkus*: rapide; *tokos*: accouchement) et la lactation. Dans l'utérus, le nombre de récepteurs de l'ocytocine (situés sur la membrane plasmique des myocytes) augmente considérablement à la fin de la grossesse, et le muscle lisse devient alors de plus en plus sensible aux effets stimulants de l'ocytocine. La dilatation de l'utérus et du col observée à l'approche de l'accouchement provoque l'envoi d'influx nerveux à l'hypothalamus. Celui-ci réagit en synthétisant l'ocytocine et en stimulant sa libération par la neurohypophyse. L'ocytocine agit par l'intermédiaire d'un second messager produit par le mécanisme du PIP_2 et du calcium et mobilise le calcium, ce qui amène des contractions plus intenses. À mesure que la concentration sanguine d'ocytocine augmente, les contractions utérines s'intensifient et provoquent l'expulsion du fœtus.

L'ocytocine stimule aussi l'éjection du lait (le réflexe de déclenchement de la sécrétion lactée) chez les femmes dont les seins produisent du lait en réaction à la prolactine. La succion cause la libération réflexe de l'ocytocine, laquelle atteint les cellules myoépithéliales spécialisées entourant les glandes mammaires. Ces cellules se contractent et éjectent le lait dans la bouche de l'enfant. Ces deux mécanismes (accouchement et éjection) constituent une *rétroactivation*; nous y reviendrons plus en détail au chapitre 28.

On emploie des médicaments ocytociques naturels et synthétiques pour provoquer le travail ou l'accélérer. Plus rarement, on administre des ocytociques pour combattre les hémorragies de la délivrance (ces médicaments entraînent la constriction des vaisseaux sanguins rompus au niveau de l'endomètre) et pour stimuler l'éjection de lait.

Le rôle de l'ocytocine chez les hommes et chez les femmes qui ne sont pas enceintes et qui n'allaitent pas est resté obscur jusqu'à tout récemment. Mais des études viennent de révéler que ce puissant peptide joue un rôle dans l'excitation sexuelle et dans l'orgasme, au moment où les hormones sexuelles ont déjà préparé l'organisme à la reproduction. L'ocytocine serait donc à l'origine de la sensation de satisfaction éprouvée après une relation sexuelle. On pense qu'elle favorise aussi le comportement affectueux dans les interactions non sexuelles et qu'elle constitue en quelque sorte une «hormone de la tendresse».

Hormone antidiurétique

La *diurèse* étant la production d'urine, un *antidiurétique* est une substance chimique qui inhibe ou empêche la formation d'urine. L'**hormone antidiurétique** (**ADH**, *antidiuretic hormone*) prévient les fluctuations excessives du bilan hydrique et, par conséquent, la déshydratation ou la surhydratation. Des neurones hypothalamiques, appelés *osmorécepteurs*, détectent constamment la concentration de solutés (et donc la concentration de l'eau) dans le sang. Lorsque les solutés deviennent trop concentrés (à cause de la diaphorèse ou d'un apport hydrique insuffisant), les osmorécepteurs émettent des influx excitateurs en direction des neurones hypothalamiques qui synthétisent et libèrent l'ADH. Cette hormone, libérée dans le sang par la neurohypophyse, se lie aux cellules des tubules rénaux par l'AMPc. Ceux-ci réagissent en réabsorbant un surcroît d'eau de l'urine en formation et en la renvoyant dans la circulation sanguine. Ainsi, la production d'urine ralentit, tout comme la concentration sanguine des solutés. À mesure que diminue cette dernière, les osmorécepteurs cessent d'émettre des influx nerveux et mettent ainsi fin à la libération d'ADH. La douleur, l'hypotension artérielle et certaines substances (telles que la nicotine, la morphine et les barbituriques) déclenchent aussi la libération d'ADH.

L'ingestion d'alcool inhibe la sécrétion d'ADH et provoque une abondante diurèse. La xérostomie (bouche sèche) et la soif intense du «lendemain» sont dues à l'effet déshydratant de l'alcool. Comme vous pouviez vous y attendre, l'ingestion de quantités excessives d'eau inhibe aussi la libération d'ADH. Certains médicaments, appelés *diurétiques*, s'opposent aux effets de l'ADH et accroissent la diurèse. Ces médicaments servent à traiter certains cas d'hypertension artérielle ainsi que l'œdème (rétention d'eau dans les tissus) caractéristique de l'insuffisance cardiaque.

Lorsque sa concentration sanguine est élevée, l'ADH cause une vasoconstriction, en particulier celle des vaisseaux sanguins des viscères. Cette réaction cible différents récepteurs de l'ADH présents sur les muscles lisses des vaisseaux sanguins. Dans certaines conditions, en particulier lors d'une hémorragie, la neurohypophyse libère d'énormes quantités d'ADH. Ce phénomène entraîne une élévation de la pression artérielle. C'est la raison pour laquelle l'ADH est aussi appelée vasopressine. Ces propriétés de l'ADH sont également discutées au chapitre 19, page 819, et au chapitre 25, pages 1139-1140.

DÉSÉQUILIBRE HOMÉOSTATIQUE

Un des troubles causés par l'hyposécrétion d'ADH est le *diabète insipide*, syndrome caractérisé par l'excrétion de grandes quantités d'urine diluée (plus de quatre litres par jour) et par une soif intense. Jadis, les médecins goûtaient à l'urine pour déterminer la cause de la polyurie. Ils qualifièrent cette forme de diabète d'«insipide» pour la distinguer du diabète sucré, dans lequel l'insuffisance d'insuline provoque la glycosurie (présence de glucose dans l'urine) par augmentation de la glycémie (présence de glucose dans le sang).

Le diabète insipide peut être causé par un traumatisme de l'hypothalamus ou de la neurohypophyse, comme peut en provoquer un coup à la tête, ou par des lésions d'origine interne. Quelle que soit la structure touchée (l'hypothalamus ou la neurohypophyse), il y a insuffisance d'ADH. Bien qu'incommodant, le trouble est sans gravité si le centre de la soif fonctionne normalement et si la personne atteinte boit suffisamment pour prévenir la déshydratation. Toutefois, le diabète insipide peut constituer un danger mortel pour une personne inconsciente ou comateuse; c'est pourquoi il faut surveiller de près les victimes de traumatismes crâniens. La forme synthétique d'ADH s'avère également efficace contre l'énurésie (incontinence nocturne).

L'hypersécrétion d'hormone antidiurétique s'observe chez les enfants atteints de méningite, peut suivre une intervention de neurochirurgie ou une lésion de l'hypothalamus, ou peut constituer une conséquence de la sécrétion ectopique d'ADH par des cellules cancéreuses (particulièrement des cellules engendrées par le cancer du poumon). Ce trouble peut aussi faire suite à une anesthésie générale ou à l'administration de certains médicaments. Il provoque le *syndrome de sécrétion inappropriée d'hormone antidiurétique*, qui se caractérise par une rétention d'eau, une céphalée et une désorientation dues à l'œdème cérébral, un accroissement pondéral et une diminution de la concentration sanguine des solutés. Le traitement du syndrome de sécrétion inappropriée d'hormone antidiurétique nécessite une limitation de la consommation de liquides et de fréquentes mesures de la concentration sanguine de sodium. ■

VÉRIFIONS NOS ACQUIS

8. Expliquez la principale différence entre le mode de communication de l'hypothalamus à l'adénohypophyse et celui intervenant entre l'hypothalamus et la neurohypophyse.

9. Nommez les quatre hormones adénohypophysaires qui sont des stimulines et donnez leur glande cible.

10. Anita a trop bu d'alcool hier soir. Quel mécanisme a causé le mal de tête et les nausées qu'elle ressent ce matin?

Les réponses se trouvent à l'appendice G.

Glande thyroïde

13 Nommer les hormones produites par la glande thyroïde et décrire leurs principaux effets.

14 Expliquer la synthèse et la libération de la thyroxine ainsi que le mécanisme qui régit sa sécrétion.

Situation anatomique et structure

Organe en forme de papillon, la **glande thyroïde** est située dans la partie antérieure du cou; elle repose sur la trachée, juste au-dessous du larynx (figure 16.1 et **figure 16.8a**). Ses deux *lobes* latéraux sont reliés par une masse de tissu, l'*isthme*. La thyroïde est la plus grande des glandes purement endocrines et son irrigation (fournie par les *artères thyroïdiennes supérieure* et *inférieure*) est extrêmement abondante, ce qui complique énormément les interventions chirurgicales qui la touchent.

La thyroïde possède la caractéristique unique de mettre en réserve d'importantes quantités de ses hormones dans des structures situées à l'extérieur des cellules thyroïdiennes. L'intérieur de la glande thyroïde est en effet constitué de structures sphériques creuses appelées **follicules** (figure 16.8b). Les parois des follicules sont formées principalement de cellules épithéliales cuboïdes ou squameuses (la forme varie selon l'état d'activité de la glande) nommées *cellules folliculaires*, qui produisent la **thyroglobuline**, une glycoprotéine. La cavité centrale des follicules est remplie d'un **colloïde** ambré composé de molécules de thyroglobuline auxquelles s'attachent des atomes d'iode. Deux hormones appelées communément *hormones thyroïdiennes* sont dérivées de cette substance.

Les follicules sont séparés les uns des autres par du tissu conjonctif contenant les *cellules parafolliculaires*, qui élaborent une hormone nommée *calcitonine* dont la composition et l'action sont entièrement différentes de celles des hormones thyroïdiennes.

Hormones thyroïdiennes

Les **hormones thyroïdiennes**, que beaucoup considèrent comme les principales hormones métaboliques, sont des hormones dérivées d'acides aminés qui contiennent toutes deux de l'iode. Il s'agit de la **thyroxine**, ou T_4 (tétraiodothyronine), et de la **triiodothyronine**, ou T_3. La T_4 est sécrétée par les follicules thyroïdiens, tandis que la majeure partie de la T_3 est formée dans les tissus cibles à partir de la thyroxine. Étant composées de deux tyrosines (des acides aminés) liées chimiquement, ces hormones sont fort semblables ; mais alors que la thyroxine possède quatre atomes d'iode, la triiodothyronine n'en a que trois (d'où les abréviations T_4 et T_3).

Les hormones thyroïdiennes agissent sur les cellules de presque tous les tissus, comme l'indique le **tableau 16.2**. Les hormones thyroïdiennes, à l'instar des hormones stéroïdes, pénètrent dans la cellule cible et se fixent à des récepteurs situés dans le noyau, déclenchant ainsi la transcription de l'ARNm qui servira à la synthèse des protéines. En activant la transcription des gènes effectuant l'oxydation du glucose, elles accélèrent le métabolisme basal et augmentent la production de chaleur. Cet effet des hormones est appelé **effet calorigène**. De plus, les hormones thyroïdiennes provoquent une augmentation du nombre de récepteurs adrénergiques dans les vaisseaux sanguins et jouent de ce fait un rôle important dans la stabilisation de la pression

16

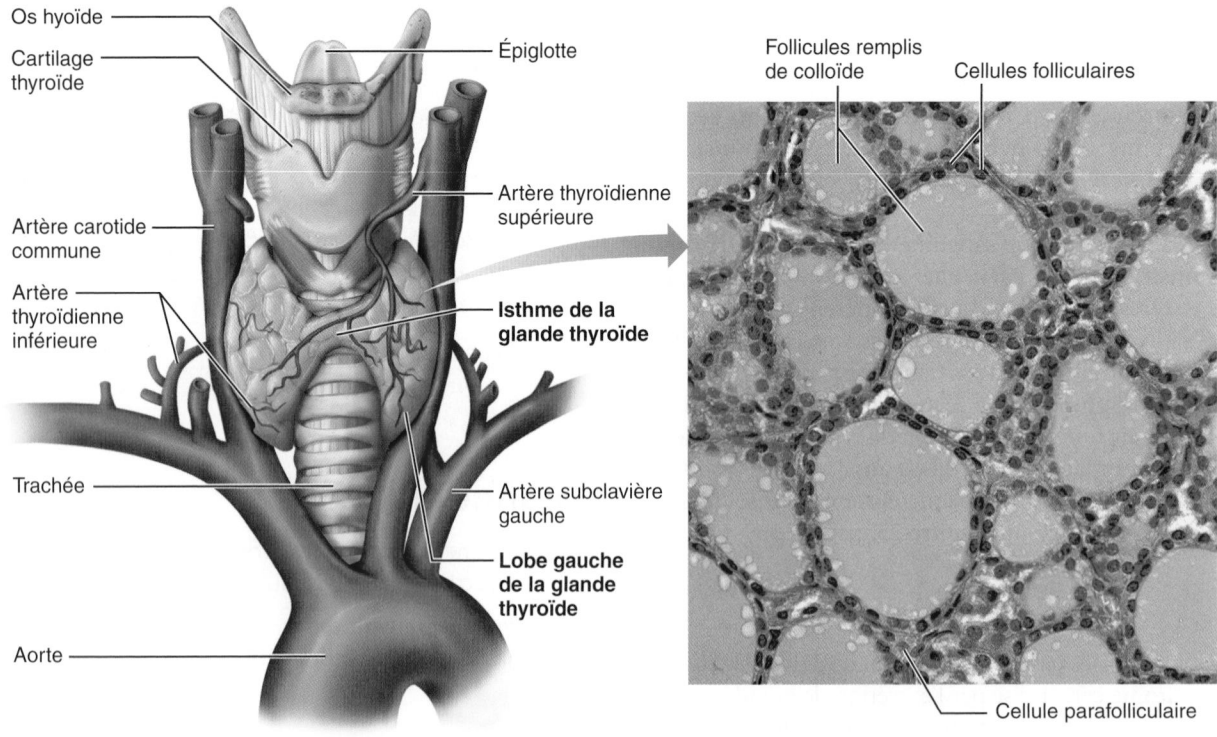

(a) **Anatomie macroscopique de la glande thyroïde, vue antérieure**

Os hyoïde
Cartilage thyroïde
Artère carotide commune
Artère thyroïdienne inférieure
Trachée
Aorte
Épiglotte
Artère thyroïdienne supérieure
Isthme de la glande thyroïde
Artère subclavière gauche
Lobe gauche de la glande thyroïde

(b) **Photomicrographie des follicules de la glande thyroïde (125×)**

Follicules remplis de colloïde
Cellules folliculaires
Cellule parafolliculaire

Figure 16.8 Glande thyroïde.

TABLEAU 16.2	Principaux effets des hormones thyroïdiennes (T_4 et T_3)		
PROCESSUS OU SYSTÈME TOUCHÉ	**EFFETS PHYSIOLOGIQUES NORMAUX**	**CONSÉQUENCE D'UNE HYPOSÉCRÉTION**	**CONSÉQUENCE D'UNE HYPERSÉCRÉTION**
Métabolisme basal/régulation de la température	Stimulent la consommation d'oxygène et accélèrent le métabolisme basal; augmentent la production de chaleur; amplifient les effets du système nerveux sympathique.	Diminution du métabolisme basal; diminution de la température corporelle; intolérance au froid; perte d'appétit; gain pondéral; diminution de la sensibilité aux catécholamines	Augmentation du métabolisme basal; augmentation de la température corporelle; intolérance à la chaleur; augmentation de l'appétit; perte pondérale
Métabolisme des glucides, des lipides et des protéines	Favorisent le catabolisme du glucose; mobilisent les lipides; essentielles à la production d'énergie pour la synthèse des protéines; intensifient la synthèse hépatique de cholestérol.	Diminution du métabolisme du glucose; augmentation des taux sanguins de cholestérol et de triglycérides; diminution de la synthèse des protéines; œdème	Augmentation du catabolisme du glucose, des protéines et des lipides; perte pondérale; diminution de la masse musculaire
Système nerveux	Favorisent le développement du système nerveux chez le fœtus et le nourrisson; nécessaires au fonctionnement du système nerveux chez l'adulte.	Chez l'enfant, ralentissement ou déficience du développement cérébral, arriération mentale; chez l'adulte, diminution des aptitudes mentales, dépression, paresthésies, troubles de la mémoire, diminution des réflexes	Irritabilité, agitation, insomnie, exophtalmie (maladie de Basedow)
Système cardiovasculaire	Favorisent le fonctionnement normal du cœur.	Diminution de l'efficacité de l'action de pompage du cœur; diminution de la fréquence cardiaque et de la pression artérielle	Augmentation de la sensibilité aux catécholamines pouvant causer une augmentation de la fréquence cardiaque et parfois des palpitations; hypertension artérielle; si prolongée, cause l'insuffisance cardiaque
Système musculaire	Favorisent le développement et le fonctionnement des muscles.	Hypotonie; crampes musculaires; myalgie	Atrophie et faiblesse musculaires
Système squelettique	Favorisent la croissance et la maturation du squelette.	Chez l'enfant, retard de la croissance, arrêt de la croissance squelettique, proportions inadéquates du squelette; chez l'adulte, douleurs articulaires	Chez l'enfant, croissance squelettique excessive au début, suivie par la soudure précoce des cartilages épiphysaires et l'atteinte d'une faible taille; chez l'adulte, déminéralisation squelettique
Système digestif	Favorisent la motilité et le tonus gastro-intestinaux; accroissent la sécrétion de sucs digestifs.	Diminution de la motilité, de l'activité sécrétrice et du tonus gastro-intestinaux; constipation	Motilité gastro-intestinale excessive; diarrhée; augmentation de l'appétit
Système génital	Permettent le fonctionnement normal des organes génitaux et stimulent la lactation chez la femme.	Diminution de la fonction ovarienne; stérilité; diminution de la lactation	Chez la femme, diminution de la fonction ovarienne; chez l'homme, impuissance
Système tégumentaire	Favorisent l'hydratation de la peau et stimulent son activité sécrétrice.	Peau pâle, épaisse et sèche; œdème facial; cheveux rudes et épais	Peau rouge, mince et humide; cheveux fins et doux; ongles mous et minces

artérielle. Par ailleurs, les hormones thyroïdiennes influent sur la régulation de la croissance et du développement des tissus; elles sont essentielles au développement du système squelettique et du système nerveux ainsi qu'aux fonctions de reproduction.

Synthèse

La thyroïde est la seule des glandes endocrines à emmagasiner ses hormones à l'extérieur de ses cellules et en grande quantité. Dans une glande thyroïde saine, le volume de colloïde emmagasiné est relativement constant et il suffit à produire des quantités normales d'hormones pendant deux ou trois mois.

Lorsque la TSH sécrétée par l'adénohypophyse se lie aux récepteurs des cellules folliculaires, leur réaction *initiale* consiste à sécréter des hormones thyroïdiennes emmagasinées. Leur réaction *secondaire* se traduit par le début de la synthèse de colloïde pour « faire le plein » de la lumière des follicules. En règle générale, le taux de TSH est faible pendant le jour, culmine juste avant l'endormissement et reste élevé pendant la nuit. Par conséquent, la libération et la synthèse d'hormones thyroïdiennes se font sur un mode similaire.

Voyons de quelle manière les cellules folliculaires synthétisent des hormones thyroïdiennes. La numérotation des paragraphes suivants correspond à celle des étapes représentées dans la figure 16.9.

① **Synthèse de la thyroglobuline et libération dans la lumière du follicule.** La thyroglobuline est synthétisée dans les ribo-somes des cellules folliculaires de la thyroïde, puis transportée dans le complexe golgien, où elle se lie à des résidus de sucre et s'entasse dans des vésicules de transport. Celles-ci se déplacent vers le sommet des cellules folliculaires et déchargent leur contenu dans la lumière du follicule, où la thyroglobuline s'intègre au colloïde. Ce précurseur de la thyroxine (T₄) et de la triiodothyronine (T₃) est composé de résidus de tyrosine sur lesquels de l'iode vient se fixer.

② **Captage de l'iodure.** Pour que soient produites les hormones thyroïdiennes, les cellules folliculaires doivent prélever dans le sang les iodures (des anions d'iode, I⁻) apportés par les aliments. Le captage des I⁻ repose sur un transport actif. (Leur concentration intracellulaire est plus de 30 fois supérieure à celle du sang.) Une fois prisonniers à l'intérieur des cellules, les iodures se déplacent dans la lumière du follicule par diffusion facilitée.

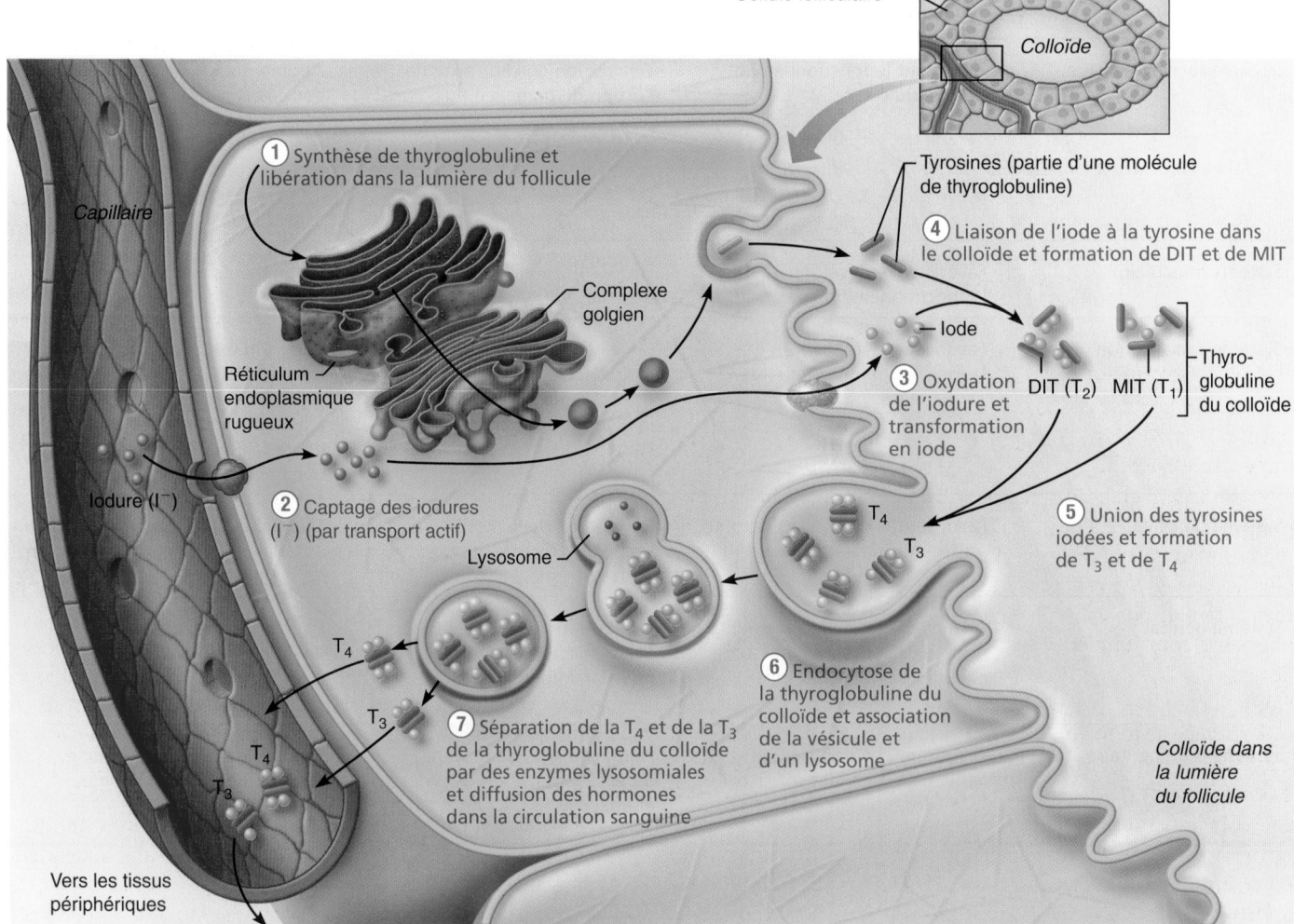

Figure 16.9 Synthèse des hormones thyroïdiennes. Seules quelques tyrosines de la thyroglobuline du colloïde sont indiquées. Le colloïde est représenté par un jaune vif à l'extérieur de la cellule.

③ **Oxydation de l'iodure et transformation en iode.** À la limite entre la cellule folliculaire et le colloïde, les iodures sont oxydés (par élimination d'électrons) et transformés en iode (I_2).

④ **Liaison de l'iode à la tyrosine.** Une fois formé, l'iode se lie à la tyrosine de la thyroglobuline du colloïde. Cette réaction d'iodation se produit à la jonction de la cellule folliculaire (région apicale) et du colloïde et elle repose sur l'action d'une peroxydase (enzyme faisant partie des protéines intégrées de la membrane). La liaison d'un atome d'iode à une tyrosine produit la **monoiodotyrosine** (**MIT** ou **T_1**), tandis que la liaison de deux atomes d'iode produit la **diiodotyrosine** (**DIT** ou **T_2**).

⑤ **Union des tyrosines iodées et formation de T_3 et de T_4.** Des enzymes du colloïde unissent la MIT et la DIT entre elles. Deux molécules de diiodotyrosine forment la thyroxine (T_4); l'union d'une molécule de monoiodotyrosine et d'une molécule de diiodotyrosine forme la triiodothyronine (T_3); ces hormones sont encore liées à la thyroglobuline.

⑥ **Endocytose de la thyroglobuline du colloïde.** Pour que les hormones soient sécrétées, il faut que les cellules folliculaires absorbent la thyroglobuline iodée par endocytose (pinocytose) et que les vésicules qui en résultent s'associent à des lysosomes.

⑦ **Séparation de la T_3 et de la T_4 de la thyroglobuline par les enzymes lysosomiales et diffusion des hormones des cellules folliculaires jusque dans la circulation sanguine.** La principale hormone sécrétée est la T_4. Une partie de cette T_4 est convertie en T_3 avant que survienne la sécrétion, mais ce processus de conversion est accessoire puisque la majeure partie de la T_3 est produite dans les tissus périphériques.

Transport et régulation

La majeure partie des hormones thyroïdiennes libérées se lie immédiatement à des protéines de transport, dont la plus importante est la *TBG* (*thyroxine-binding globulin*, c'est-à-dire «globuline se liant à la thyroxine»), produite par le foie. La thyroxine (T_4) et la triiodothyronine (T_3) se lient aux récepteurs membranaires des cellules cibles; la seconde est environ 10 fois plus active que la première et se lie aussi beaucoup plus facilement (son affinité est très grande). La plupart des tissus périphériques sont dotés des enzymes nécessaires à la conversion de la T_4 en T_3, selon un processus qui passe par le retrait d'un atome d'iode.

La boucle de rétro-inhibition qui régit les concentrations sanguines d'hormones thyroïdiennes est illustrée à la figure 16.7. La diminution du taux sanguin d'hormones thyroïdiennes provoque la libération de *thyréotrophine* (*TSH*) par l'adénohypophyse et, finalement, la libération d'hormones thyroïdiennes. En revanche, l'augmentation du taux sanguin d'hormones thyroïdiennes exerce une rétro-inhibition sur l'axe hypothalamus-adénohypophyse, interrompant ainsi le stimulus déclencheur de la libération de TSH.

L'accroissement des besoins énergétiques, causé notamment par la grossesse et l'exposition d'un nourrisson au froid, stimule la sécrétion de *thyréolibérine* (*TRH*, *thyrotropin-releasing hormone*) par l'hypothalamus, laquelle entraîne la libération de TSH; dans de telles conditions, la TRH surmonte la rétro-inhibition. Comme la thyroïde libère une quantité accrue d'hormones thyroïdiennes, le métabolisme s'accélère et la production de chaleur augmente.

Parmi les facteurs qui inhibent la libération de TSH, on trouve la somatostatine (GHIH), la dopamine et l'élévation des taux de glucocorticoïdes, ainsi qu'un taux sanguin d'iode excessivement élevé.

⚖ DÉSÉQUILIBRE HOMÉOSTATIQUE

Tant l'hyperfonctionnement que l'hypofonctionnement de la glande thyroïde peuvent causer de graves troubles métaboliques. Les hypothyroïdies peuvent résulter d'une anomalie de la glande thyroïde ou être secondaires à une déficience en TSH ou en TRH. Elles surviennent aussi à la suite de l'ablation chirurgicale de la glande thyroïde ou d'une carence alimentaire en iode. On évalue à 200 millions le nombre de personnes à travers le monde souffrant d'hypothyroïdie et seulement 20 % d'entre elles seraient traitées.

Chez l'adulte, le syndrome hypothyroïdien complet est appelé **myxœdème** (*muxa*: mucus; *oidêma*: gonflement). Il se manifeste par un métabolisme basal lent, des sensations de froid, la constipation, l'assèchement et l'épaississement cutanés, la bouffissure des yeux, l'œdème, la léthargie et la diminution des aptitudes mentales (mais non l'arriération). Si le myxœdème est causé par une carence en iode, la glande thyroïde s'hypertrophie, ce qui produit un renflement antérieur caractéristique au cou. Ce trouble est appelé **goitre endémique** ou **myxœdémateux** (figure 16.10a). Les cellules folliculaires élaborent la thyroglobuline du colloïde, mais elles ne peuvent l'ioder ni produire des hormones actives. L'hypophyse sécrète plus de TSH afin de stimuler la production d'hormones thyroïdiennes, mais il n'en résulte que l'accumulation de colloïde *inutilisable* dans les follicules. En l'absence de traitement, les cellules thyroïdiennes finissent par s'épuiser et la glande s'atrophie.

Bien qu'il soit possible de consommer du sel iodé, le goitre demeure encore très répandu dans le monde. On l'observe surtout dans les régions éloignées des océans (les poissons constituent une source d'iode alimentaire) et dans les zones montagneuses dont le sol est pauvre en iode (certains végétaux emmagasinent l'iode du sol). On estime que deux milliards de personnes risquent de ne pas consommer suffisamment d'iode. Suivant la cause, on peut traiter le myxœdème au moyen de suppléments iodés ou d'une hormonothérapie de substitution (Synthroid). Les problèmes thyroïdiens, qui touchent surtout les femmes, sont parmi les plus fréquents sur la planète.

Comme dans le cas de nombreuses autres hormones, certains effets importants des hormones thyroïdiennes dépendent de l'âge et du stade de développement. Chez l'enfant, l'hypothyroïdie grave est appelée **crétinisme**. Ce trouble se manifeste par une petite taille et des proportions corporelles anormales, une langue et un cou épais, ainsi qu'une arriération mentale. Le crétinisme peut résulter d'anomalies génétiques de la glande thyroïde fœtale ou encore de facteurs maternels, telle une

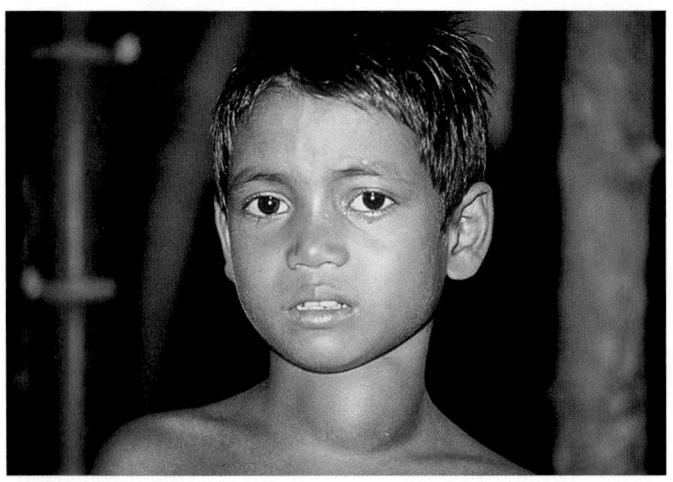

(a)

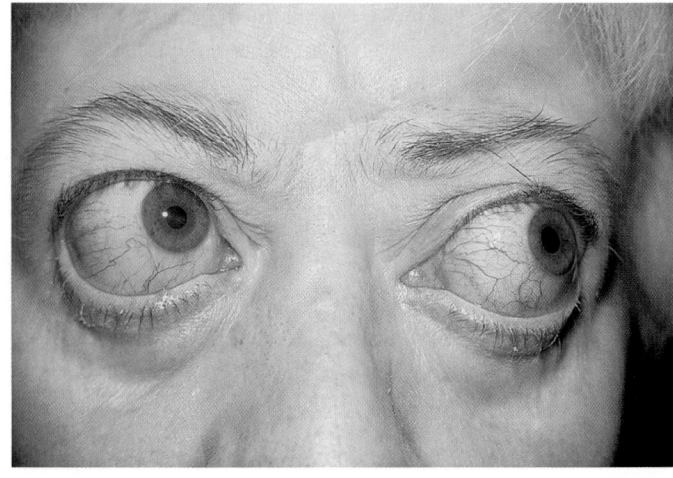

(b)

Figure 16.10 Troubles thyroïdiens. (a) Thyroïde hypertrophiée (goitre) d'un jeune Bangladais. **(b)** Exophtalmie produite par la maladie de Basedow.

carence alimentaire en iode. Si on découvre assez tôt la maladie, on peut prévenir le crétinisme par une hormonothérapie thyroïdienne de substitution. Toutefois, quand elles sont apparues, les anomalies du développement et l'arriération mentale sont irréversibles.

Le trouble hyperthyroïdien le plus répandu est une maladie auto-immune appelée **maladie de Basedow** ou **maladie de Graves**. La personne atteinte produit des anticorps anormaux dirigés contre les cellules folliculaires de la thyroïde. Plutôt que de détruire ces cellules, comme le ferait tout anticorps normal, ces anticorps reproduisent étrangement les effets de la TSH et stimulent continuellement la libération d'hormones thyroïdiennes, provoquant une hypertrophie de la thyroïde qui mène également au goitre. La maladie de Basedow, plus fréquente chez la femme que chez l'homme, se manifeste le plus souvent par une accélération du métabolisme basal, la diaphorèse, des pulsations cardiaques rapides et irrégulières, une augmentation de la nervosité et une perte pondérale (en dépit d'un apport alimentaire adéquat). On observe parfois une *exophtalmie*, ou saillie anormale des bulbes oculaires, si le tissu situé à l'arrière des yeux devient œdémateux puis fibreux (figure 16.10b). Le traitement consiste en l'ablation chirurgicale de la glande thyroïde ou en l'administration d'iode radioactif (^{131}I), qui se fixe dans la glande thyroïde et détruit sélectivement les cellules les plus actives. ■

Calcitonine

La **calcitonine** est une hormone polypeptidique produite par les **cellules parafolliculaires**, ou **cellules C**, situées dans certaines régions de la glande thyroïde. Ces cellules n'ont pas la même origine embryonnaire que les cellules folliculaires, bien qu'elles soient dispersées parmi ces dernières. L'effet de la calcitonine est d'abaisser le taux sanguin de Ca^{2+}; elle est donc un antagoniste de la parathormone élaborée par les glandes parathyroïdes. La

calcitonine agit sur le squelette de deux façons : (1) elle inhibe l'activité des ostéoclastes et, par conséquent, la résorption osseuse et la libération de Ca^{2+} de la matrice osseuse; (2) elle stimule le captage du Ca^{2+} et son incorporation à la matrice osseuse. Elle a donc une fonction d'épargne du calcium.

Un taux sanguin excessif de Ca^{2+} (supérieur à la normale d'environ 20 %) constitue un stimulus humoral pour la libération de calcitonine; inversement, un taux sanguin insuffisant inhibe l'activité sécrétrice des cellules parafolliculaires. La régulation qu'exerce la calcitonine sur le taux sanguin de Ca^{2+} est de courte durée mais extrêmement rapide.

La calcitonine ne semble pas jouer un rôle important dans l'homéostasie du calcium chez l'humain. Par exemple, la calcitonine n'a pas besoin d'être remplacée chez les personnes qui ont subi une ablation de la glande thyroïde. On administre cependant de la calcitonine pour le traitement de la maladie de Paget (une maladie osseuse décrite au chapitre 6, à la page 222).

Glandes parathyroïdes

15 Décrire l'effet général de la parathormone; indiquer ses trois organes cibles, montrer son action sur ces organes et expliquer le mécanisme qui régit sa sécrétion.

Les petites **glandes parathyroïdes**, de couleur jaune brun, s'incrustent dans la face postérieure de la glande thyroïde, où elles sont à peine visibles (figure 16.11a). Leur taille varie beaucoup de même que leur nombre. On en compte habituellement quatre, mais ce nombre peut monter jusqu'à huit. Chez certains sujets, il arrive qu'on en trouve ailleurs que sur la thyroïde, et même dans le thorax. Les cellules glandulaires des glandes parathyroïdes sont disposées en d'épais cordons ramifiés contenant des *cellules oxyphiles* disséminées et un grand nombre de **cellules principales**, plus petites (figure 16.11b).

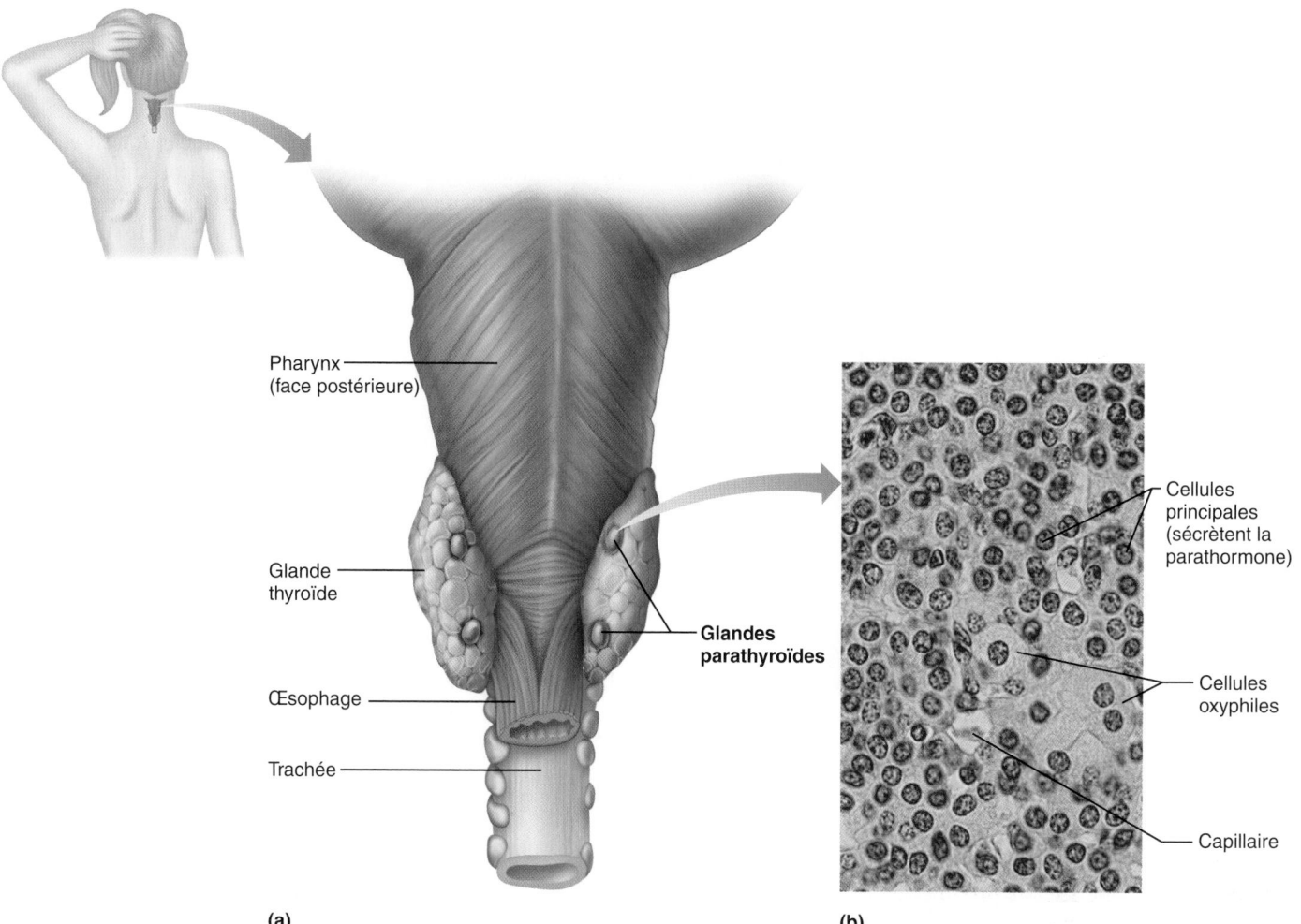

Pharynx
(face postérieure)

Glande
thyroïde

Œsophage

Trachée

**Glandes
parathyroïdes**

Cellules
principales
(sécrètent la
parathormone)

Cellules
oxyphiles

Capillaire

(a)

(b)

Figure 16.11 Glandes parathyroïdes. (a) Les glandes parathyroïdes sont situées sur la face postérieure de la glande thyroïde et peuvent être encore moins visibles qu'elles ne le sont dans la figure. **(b)** Photomicrographie du tissu d'une glande parathyroïde (500×).

Les cellules principales sécrètent la parathormone. La fonction des cellules oxyphiles est obscure.

C'est par hasard que les glandes parathyroïdes ont été découvertes. Autrefois, les chirurgiens constataient, déroutés, que la majorité des patients se rétablissaient parfaitement après l'ablation partielle (voire totale) de la glande thyroïde, tandis que d'autres présentaient des spasmes musculaires incoercibles, souffraient de douleurs intenses et glissaient rapidement vers la mort. Ce n'est qu'après de nombreux décès qu'on décela l'existence des glandes parathyroïdes et de leurs hormones, fort différentes des hormones thyroïdiennes.

La **parathormone** (**PTH**, *parathyroid hormone*), ou *hormone parathyroïdienne,* est l'hormone protéique produite par les glandes parathyroïdes; elle préside au maintien de l'équilibre calcique dans le sang et a un effet antagoniste à celui de la calcitonine. La régulation du taux de calcium revêt une importance capitale parce que l'équilibre des ions Ca^{2+} est essentiel à de très nombreuses fonctions, y compris la transmission des influx nerveux, la contraction des cellules musculaires, la

coagulation du sang et l'activité d'un grand nombre de systèmes enzymatiques.

La diminution du taux sanguin de Ca^{2+} provoque la libération de PTH, et l'augmentation de ce taux l'inhibe. La PTH élève le taux sanguin de Ca^{2+} en stimulant trois organes cibles: le squelette (dont la matrice osseuse contient des quantités considérables de sel de calcium), les reins et l'intestin **(figure 16.12)**. Notons que, parallèlement à son effet sur le calcium, la PTH agit sur les phosphates en augmentant leur excrétion par les reins.

Trois événements suivent la libération de la parathormone: ① la PTH agit sur les ostéoblastes, lesquels produisent des facteurs qui activent à leur tour les ostéoclastes (les cellules effectuant la résorption osseuse); ces derniers digèrent une partie de la matrice osseuse et libèrent du calcium ionique et des phosphates dans le sang; ② les cellules des tubules rénaux réabsorbent plus d'ions Ca^{2+} (et retiennent moins de PO_4^{3-}); ③ la PTH favorise l'activation de la vitamine D, ce qui permet aux cellules de la muqueuse intestinale d'absorber une plus grande quantité de Ca^{2+}. La vitamine D est nécessaire à l'absorption

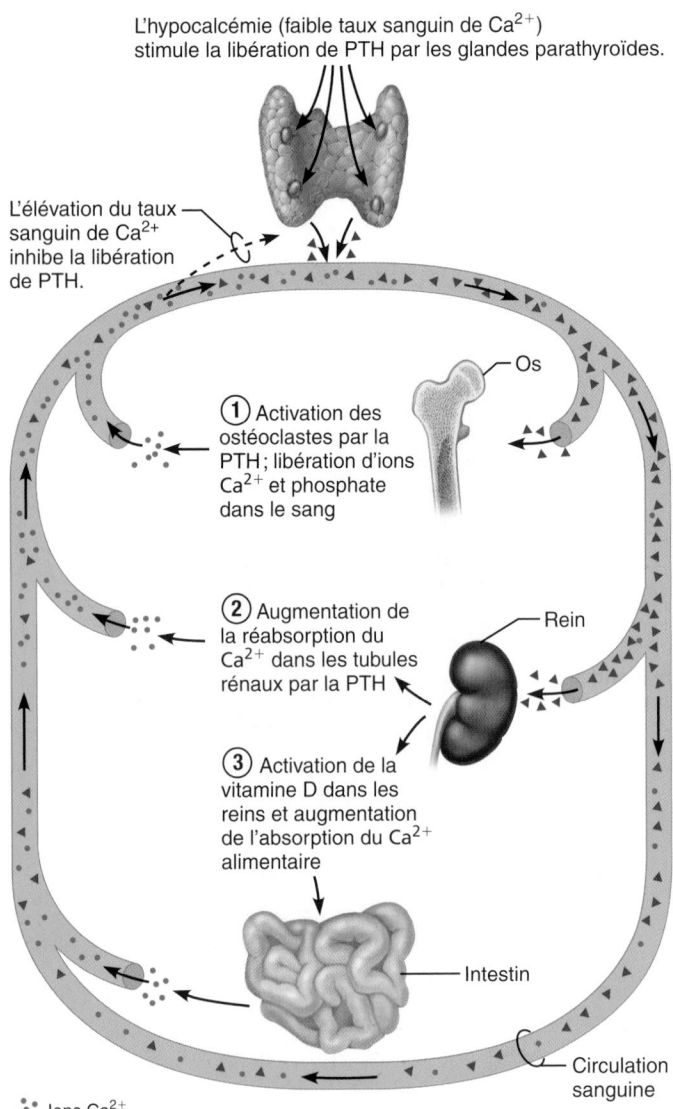

L'hypocalcémie (faible taux sanguin de Ca²⁺) stimule la libération de PTH par les glandes parathyroïdes.

L'élévation du taux sanguin de Ca²⁺ inhibe la libération de PTH.

① Activation des ostéoclastes par la PTH; libération d'ions Ca²⁺ et phosphate dans le sang

Os

② Augmentation de la réabsorption du Ca²⁺ dans les tubules rénaux par la PTH

Rein

③ Activation de la vitamine D dans les reins et augmentation de l'absorption du Ca²⁺ alimentaire

Intestin

Circulation sanguine

.·.: Ions Ca²⁺

▸▴ Molécules de PTH

Figure 16.12 Effets de la parathormone sur les os, les reins et l'intestin. L'effet de la parathormone sur l'intestin s'exerce par l'intermédiaire de la forme active de la vitamine D.

DÉSÉQUILIBRE HOMÉOSTATIQUE

L'*hyperparathyroïdie* est rare et résulte généralement d'une tumeur d'une glande parathyroïde. Comme l'hyperthyroïdie entraîne le lessivage du calcium osseux, la substitution de tissu conjonctif aux sels minéraux cause le ramollissement et la déformation des os. Dans l'*ostéite fibrokystique*, une forme grave de ce trouble, les os présentent un aspect criblé à la

radiographie et ils ont tendance à se fracturer spontanément. L'élévation du taux sanguin de Ca²⁺ (l'hypercalcémie) a de nombreuses conséquences, dont les deux plus notables sont: (1) la réduction de l'activité nerveuse, qui se traduit par des réflexes anormaux et une faiblesse des muscles squelettiques; et (2) la formation de calculs rénaux par suite de la précipitation dans les tubules rénaux des sels calciques en excès. En outre, des dépôts de calcium peuvent se former dans les tissus mous et entraver le fonctionnement des organes vitaux; on parle alors de *calcification métastatique*. Lors d'une ablation partielle de la parathyroïde, il est possible de préserver le tissu et de le réimplanter dans l'avant-bras pour réajuster le niveau de PTH.

L'*hypoparathyroïdie*, la déficience en parathormone, est le plus souvent secondaire aux lésions des glandes parathyroïdes ou à leur ablation lors d'une thyroïdectomie. Une hypoparathyroïdie fonctionnelle peut résulter d'une carence prolongée en magnésium dans l'alimentation (le magnésium est nécessaire à la sécrétion de PTH). L'hypocalcémie (faible taux sanguin de calcium) provoquée par l'hypoparathyroïdie accroît l'excitabilité des neurones et explique les symptômes classiques de la *tétanie*, soit la paresthésie, les spasmes musculaires et les convulsions. Laissé sans traitement, le trouble cause des spasmes du larynx, la paralysie respiratoire et la mort. ■

VÉRIFIONS NOS ACQUIS

11. Quel est le principal effet des hormones thyroïdiennes? De la parathormone? De la calcitonine?

12. Nommez les cellules qui libèrent chacune des trois hormones indiquées dans la question précédente.

Les réponses se trouvent à l'appendice G.

Glandes surrénales

16 Nommer les hormones produites par la glande surrénale et indiquer leurs effets physiologiques; présenter les principaux mécanismes de régulation de la sécrétion d'aldostérone.

17 Comparer les rôles respectifs des glandes surrénales et du système nerveux sympathique dans la réaction aux facteurs de stress.

Les deux **glandes surrénales** sont des organes en forme de pyramide, perchés au-dessus des reins (d'où leur nom) et enveloppés d'une capsule fibreuse et d'une couche de graisse (figure 16.1 et **figure 16.13**).

Chaque glande surrénale comprend deux portions qui diffèrent du point de vue structural comme du point de vue fonctionnel. La portion interne, appelée **médulla surrénale**, tient plus du nœud de tissu nerveux que de la glande et appartient au système nerveux sympathique. La portion externe, appelée **cortex surrénal**, est la plus volumineuse et elle recouvre la médulla; elle est formée de tissu glandulaire provenant du mésoderme embryonnaire. Chacune de ces portions produit ses propres hormones, qui sont présentées au **tableau 16.3**,

---

du calcium alimentaire, mais elle est ingérée ou produite par la peau sous une forme inactive. Pour que la vitamine D exerce ses effets physiologiques, les reins doivent d'abord la convertir en sa forme active, le *calcitriol* (vitamine D₃ ou 1,25-dihydroxycholécalciférol), et cette transformation est stimulée par la parathormone.

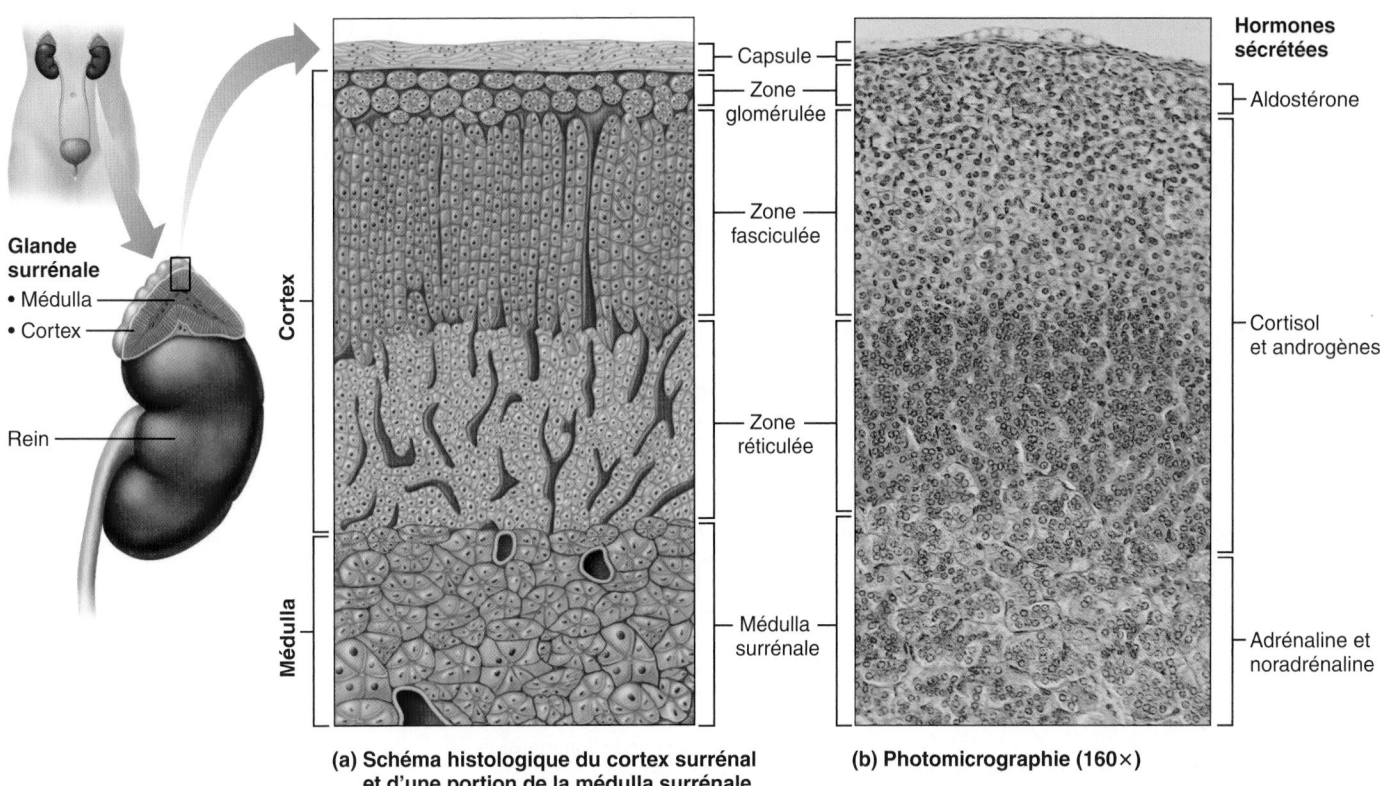

(a) Schéma histologique du cortex surrénal et d'une portion de la médulla surrénale

(b) Photomicrographie (160×)

Figure 16.13 **Structure microscopique de la glande surrénale.**

mais la plupart des hormones surrénaliennes favorisent l'adaptation au stress.

Cortex surrénal

Le cortex surrénal synthétise une trentaine d'hormones stéroïdes, appelées **corticostéroïdes**, à partir du cholestérol. Le processus de synthèse des stéroïdes comprend de nombreuses étapes et fait intervenir divers intermédiaires, suivant l'hormone formée. Contrairement à celles qui sont dérivées d'acides aminés, les hormones stéroïdes ne sont pas emmagasinées dans les cellules. En conséquence, la vitesse à laquelle elles sont libérées par suite d'une stimulation dépend de la rapidité avec laquelle elles sont synthétisées.

Les cellules corticales, de grandes dimensions et chargées de gouttelettes lipidiques contenant du cholestérol, sont disposées en trois zones concentriques (figure 16.13). Les amas de cellules formant la **zone glomérulée**, en surface, produisent notamment les minéralocorticoïdes, hormones qui concourent à l'équilibre hydroélectrolytique du sang. Au milieu, les cellules de la **zone fasciculée** sont disposées en cordons plus ou moins rectilignes et forment la zone la plus développée du cortex surrénal. Les cellules de cette zone sécrètent principalement les hormones métaboliques appelées glucocorticoïdes. Enfin, les cellules de la **zone réticulée**, la partie la plus interne, sont contiguës à la médulla surrénale et déterminent des structures en réseaux ; elles élaborent surtout de petites quantités d'hormones

sexuelles surrénaliennes. Remarquez cependant que les deux zones internes du cortex surrénal se partagent la production de glucocorticoïdes et d'hormones sexuelles, même si chaque zone a sa spécialité.

Minéralocorticoïdes

La principale fonction des **minéralocorticoïdes** est la régulation des concentrations d'électrolytes (sels minéraux), et particulièrement celles des ions Na^+ et K^+, dans le sang et le liquide extracellulaire. Le Na^+ est le cation le plus abondant dans le liquide extracellulaire. La quantité de Na^+ dans l'organisme détermine en grande partie le volume du liquide extracellulaire : la réabsorption de l'eau suit fidèlement celle du Na^+. Une variation de la concentration des ions Na^+ modifie le volume sanguin et la pression artérielle. De plus, la régulation de plusieurs autres ions, notamment K^+, H^+, HCO_3^- (bicarbonate) et Cl^- (chlorure), est associée à celle du Na^+. La concentration extracellulaire de K^+ est également vitale : elle détermine le potentiel de repos de la membrane de toutes les cellules et établit la facilité avec laquelle des potentiels d'action sont générés dans un nerf ou un muscle. Comme on peut s'y attendre, la régulation de la concentration des ions Na^+ et K^+ est essentielle au bon fonctionnement de l'organisme. Le maintien de l'équilibre des ions Na^+ et K^+ est le rôle premier de l'**aldostérone**, le plus puissant des minéralocorticoïdes. L'aldostérone représente plus de 95 % de la production de minéralocorticoïdes.

16

TABLEAU 16.3	Résumé de la régulation et des effets des hormones surrénaliennes		
HORMONES	LIBÉRATION	ORGANES CIBLES ET EFFETS	CONSÉQUENCES D'UNE HYPERSÉCRÉTION ↑ ET D'UNE HYPOSÉCRÉTION ↓
Hormones corticosurrénales			
Minéralocorticoïdes (principalement l'aldostérone)	Stimulée par le système rénine-angiotensine (lui-même activé par la diminution du volume sanguin ou de la pression artérielle), l'augmentation du taux sanguin de K^+ et l'ACTH (influence minime); inhibée par l'augmentation du volume sanguin et de la pression artérielle et la diminution du taux sanguin de K^+.	Reins: augmentation du taux sanguin de Na^+ et diminution du taux sanguin de K^+; comme la réabsorption d'eau accompagne la rétention de sodium, le volume sanguin et la pression artérielle augmentent.	↑ Hyperaldostéronisme ↓ Maladie d'Addison
Glucocorticoïdes (principalement le cortisol)	Stimulée par l'ACTH; inhibée par une rétro-inhibition déclenchée par le cortisol.	Cellules de l'organisme: favorisent la néoglucogenèse et l'hyperglycémie; mobilisent les graisses en vue du métabolisme énergétique; stimulent le catabolisme des protéines; aident l'organisme à résister aux facteurs de stress; réduisent la réaction inflammatoire et la réponse immunitaire.	↑ Maladie de Cushing ↓ Maladie d'Addison
Gonadocorticoïdes (principalement les androgènes, convertis en testostérone ou en œstrogènes après leur libération)	Stimulée par l'ACTH; le mécanisme d'inhibition demeure obscur, mais il ne semble pas comprendre de rétro-inhibition.	Effets négligeables chez l'homme; responsables de la libido féminine, de la pousse des poils pubiens et axillaires chez la femme et source d'œstrogènes après la ménopause.	↑ Masculinisation chez la femme (syndrome androgénique) ↓ Aucun effet connu
Hormones de la médulla surrénale			
Catécholamines (adrénaline et noradrénaline)	Stimulée par les neurofibres préganglionnaires du système nerveux sympathique.	Organes cibles du système nerveux sympathique: leurs effets imitent l'activation du système nerveux sympathique; augmentent la fréquence cardiaque, la mobilisation des acides gras et le métabolisme; augmentent la pression artérielle en favorisant la vasoconstriction.	↑ Prolongation de la réaction de lutte ou de fuite; hypertension ↓ Effets négligeables

L'aldostérone réduit l'excrétion du Na^+. Sa cible principale est la partie distale des tubules rénaux, où elle stimule la réabsorption des ions Na^+, la rétention de l'eau et l'élimination des ions K^+ ainsi que, dans une certaine mesure, la régulation de l'équilibre acidobasique du sang (par l'excrétion d'ions H^+). L'aldostérone augmente aussi la réabsorption des ions Na^+ contenus dans la sueur, la salive et les sucs gastriques. Comme les effets régulateurs de l'aldostérone sont de courte durée (ils ne durent généralement qu'une vingtaine de minutes), l'organisme est en mesure de contrôler l'équilibre des électrolytes plasmatiques avec une grande précision et de l'ajuster à tout moment. Le mode d'action de l'aldostérone fait intervenir la synthèse et l'activation des protéines nécessaires au transport du Na^+, comme la Na^+-K^+ ATPase, la pompe à sodium qui échange du K^+ contre du Na^+.

Nous avons présenté ici les principaux rôles de l'aldostérone libérée dans le sang par le cortex surrénal, mais cette hormone est aussi sécrétée par des organes du système cardiovasculaire. Elle joue alors, en tant qu'hormone paracrine, une fonction complètement différente dans la régulation de la fonction cardiaque.

La sécrétion de l'aldostérone est stimulée par la diminution du volume sanguin et de la pression artérielle et par l'élévation du taux sanguin d'ions K^+. Les conditions opposées inhibent la sécrétion de l'aldostérone. Quatre mécanismes président à la sécrétion de l'aldostérone, mais les deux premiers sont de loin les plus importants (figure 16.14 et tableau 16.3). Ce sont:

1. **Le système rénine-angiotensine.** Le système rénine-angiotensine influe tant sur le volume sanguin que sur

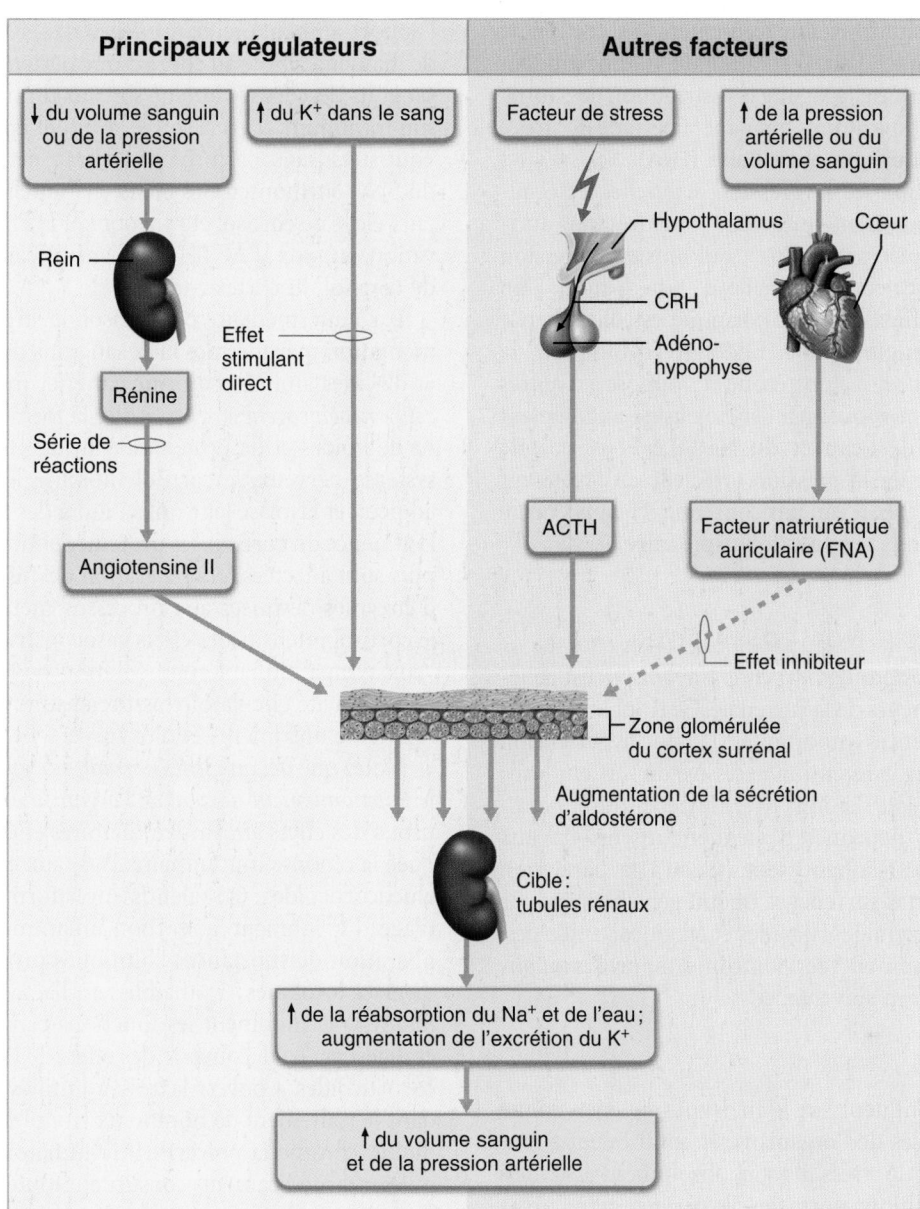

Figure 16.14 **Principaux mécanismes de régulation de la libération de l'aldostérone par le cortex surrénal.**

la pression artérielle, car il assure la régulation de la libération d'aldostérone, et donc la réabsorption de Na$^+$ et d'eau par les reins. Les cellules spécialisées de l'*appareil juxtaglomérulaire*, dans les reins, sont stimulées lorsque la pression artérielle (ou le volume sanguin) diminue. Elles réagissent en libérant dans le sang la **rénine**, une enzyme, qui rompt une partie de l'**angiotensinogène**, une protéine plasmatique. L'enchaînement de réactions enzymatiques qui s'amorce alors aboutit à la formation d'**angiotensine II**, puissant stimulant de la libération de l'aldostérone par les cellules glomérulées du cortex surrénal.

Toutefois, le système rénine-angiotensine fait bien plus que déclencher la libération de l'aldostérone, et l'ensemble

de ses effets concourt à élever la pression artérielle. Nous traitons de ces effets en détail aux chapitres 25 et 26.

2. **La concentration plasmatique d'ions potassium.** Les variations des concentrations sanguines d'ions K$^+$ influent directement sur les cellules de la zone glomérulée du cortex surrénal. L'augmentation de la concentration de K$^+$ stimule la libération d'aldostérone; la condition inverse l'inhibe.

3. **La corticotrophine (ACTH).** Dans des conditions normales, l'ACTH libérée par l'adénohypophyse a peu d'effet ou n'en a aucun sur la libération de l'aldostérone. Cependant, un stress intense accroît la sécrétion de corticolibérine (CRH) par l'hypothalamus. L'élévation du taux sanguin

d'ACTH qui s'ensuit intensifie légèrement la sécrétion de l'aldostérone. Ensuite, l'augmentation du volume sanguin et de la pression artérielle facilite la distribution des nutriments et des gaz respiratoires pendant la période de stress.

4. **Le facteur natriurétique auriculaire (FNA).** Sous l'effet d'une augmentation de la pression artérielle, les oreillettes du cœur sécrètent le facteur natriurétique auriculaire (aussi appelé auriculine), qui ajuste la pression artérielle ainsi que l'équilibre de l'eau et du sodium. L'un des principaux effets de cette hormone est d'inhiber le système rénine-angiotensine. Elle agit en bloquant la sécrétion de rénine et d'aldostérone et s'oppose à d'autres mécanismes qui, provoqués par l'angiotensine, augmentent la réabsorption de l'eau et du Na⁺. Le FNA a donc pour effet d'abaisser la pression artérielle en favorisant l'excrétion de Na⁺ (et d'eau par conséquent) dans l'urine (*natriurétique*: «qui produit de l'urine salée»).

⚖ DÉSÉQUILIBRE HOMÉOSTATIQUE

L'hypersécrétion d'aldostérone, l'*hyperaldostéronisme*, est généralement due à des tumeurs de la surrénale. Ce trouble entraîne deux types de conséquences importantes: (1) une hypertension et un œdème causés par la rétention excessive de Na⁺ et d'eau; (2) une excrétion accélérée des ions K⁺. Si la déperdition potassique est extrême, les neurones deviennent insensibles aux stimulus et les muscles s'affaiblissent (jusqu'à la paralysie). L'hyposécrétion du cortex surrénal se traduit généralement par une insuffisance en minéralocorticoïdes et en glucocorticoïdes. Nous décrivons brièvement ce syndrome, appelé *maladie d'Addison*, dans la section suivante. ■

Glucocorticoïdes

Les **glucocorticoïdes** influent sur le métabolisme énergétique de la plupart des cellules de l'organisme et contribuent à leur résistance aux facteurs de stress. Ils sont absolument essentiels à la vie. Dans des conditions normales, ils permettent à l'organisme de s'adapter à l'intermittence de l'apport alimentaire en stabilisant la glycémie; de plus, ils maintiennent l'équilibre de la pression artérielle en augmentant les effets vasoconstricteurs. Tout stress important, qu'il soit causé par une hémorragie, une infection ou un traumatisme physique ou émotionnel, provoque une augmentation spectaculaire de la sécrétion de glucocorticoïdes, qui aide l'organisme à traverser la crise. Les glucocorticoïdes sont le **cortisol**, ou **hydrocortisone**, la **cortisone** et la **corticostérone**; parmi ces hormones, seul le cortisol est sécrété en quantité notable chez l'être humain. Comme toutes les hormones stéroïdes, les glucocorticoïdes agissent sur les cellules cibles en modifiant l'activité des gènes.

La régulation de la sécrétion des glucocorticoïdes s'effectue par rétro-inhibition. La libération du cortisol est déclenchée par l'ACTH (corticotrophine), qui est sécrétée sous l'effet de la CRH (corticolibérine) hypothalamique. En agissant sur l'hypothalamus et sur l'adénohypophyse, l'élévation du taux de cortisol inhibe la libération de CRH et, par le fait même, la sécrétion d'ACTH et de cortisol. La sécrétion de cortisol est fonction de l'apport alimentaire et du degré d'activité, et elle s'échelonne de manière définie au cours d'une période de 24 heures. Le taux sanguin de cortisol atteint son maximum peu avant l'éveil et son minimum, dans la soirée, avant et après l'endormissement. Tout stress aigu perturbe ce rythme, car les centres supérieurs du SNC surmontent les effets (habituellement) inhibiteurs du taux élevé de cortisol et provoquent la libération de CRH. L'élévation du taux d'ACTH qui s'ensuit cause un «déversement» de cortisol du cortex surrénal.

Par l'intermédiaire du cortisol, le stress provoque une augmentation marquée des taux sanguins de glucose, d'acides gras et d'acides aminés. Le principal effet métabolique du cortisol est la *néoglucogenèse*, c'est-à-dire la formation de glucose à partir de lipides et de protéines. Afin de «réserver» le glucose au système nerveux, le cortisol mobilise les acides gras du tissu adipeux et favorise leur utilisation à des fins énergétiques. Sous l'influence du cortisol, les protéines emmagasinées se dégradent puis sont affectées à la réparation des tissus ou à la fabrication d'enzymes destinées aux processus métaboliques. Par ailleurs, le cortisol intensifie les effets vasoconstricteurs du système nerveux sympathique. L'augmentation de la pression artérielle et de l'efficacité circulatoire assure ensuite aux cellules un apport rapide de nutriments et d'oxygène.

Notez que *des quantités normales de glucocorticoïdes favorisent le fonctionnement normal de l'organisme*, mais un excès de cortisol a des effets anti-inflammatoires et diminue de façon marquée la réponse immunitaire. Des taux excessivement élevés de glucocorticoïdes: (1) ralentissent la formation des os et du cartilage; (2) inhibent la réaction inflammatoire en diminuant la libération de substances chimiques pro-inflammatoires telles diverses cytokines; 3) affaiblissent l'activité du système immunitaire; (4) modifient les fonctions cardiovasculaire, nerveuse et digestive. La découverte des effets de l'hypersécrétion de glucocorticoïdes a ouvert la voie à l'utilisation de ces substances dans le traitement de nombreux troubles inflammatoires chroniques comme la polyarthrite rhumatoïde et les allergies. Ces puissants médicaments constituent toutefois une lame à double tranchant: s'ils soulagent certains symptômes, ils causent aussi les mêmes effets indésirables que des taux excessifs des hormones naturelles (effet inhibiteur sur le système immunitaire, par exemple).

⚖ DÉSÉQUILIBRE HOMÉOSTATIQUE

L'excès pathologique de glucocorticoïdes (le cortisol, par exemple) est à l'origine du **syndrome de Cushing**. Il arrive que ce syndrome résulte d'une tumeur de l'hypophyse libérant de l'ACTH (corticotrophine) (on qualifie alors cet état de **maladie de Cushing**), d'une tumeur maligne des poumons, du pancréas ou des reins libérant de l'ACTH, ou encore d'une tumeur du cortex surrénal, mais il est surtout la conséquence de l'administration répétée de fortes doses de glucocorticoïdes. Il se caractérise par une élévation persistante de la glycémie (*diabète stéroïde*), par une perte marquée des protéines musculaires et osseuses ainsi que par une rétention d'eau et de sel, ce qui provoque de l'hypertension et un œdème. Les signes dits *cushingoïdes* (figure 16.15) sont l'arrondissement lunaire du visage, la redistribution de

(a) Patiente avant la maladie

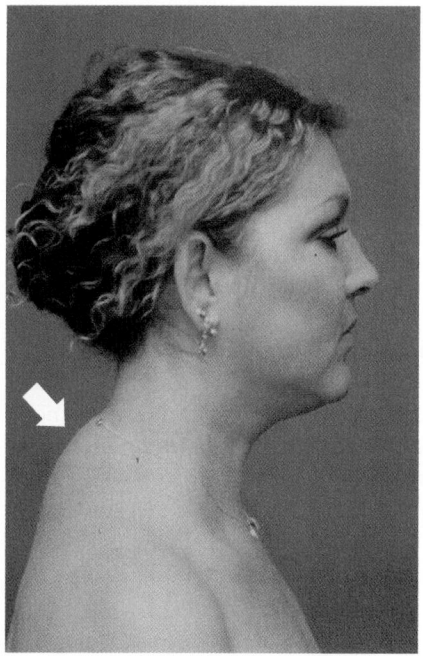

(b) **Même patiente avec le syndrome de Cushing.** La flèche blanche montre l'accumulation de tissu adipeux dans le haut du dos formant la « bosse de bison » caractéristique de la maladie.

Figure 16.15   **Conséquences d'un excès de glucocorticoïdes.**

graisse dans l'abdomen et à l'arrière du cou (causant la « bosse de bison »), les vergetures, la fragilité cutanée aux traumatismes (tendance aux ecchymoses) et la lenteur de la cicatrisation. Comme la cortisone intensifie les effets anti-inflammatoires, les infections peuvent ne produire de symptômes reconnaissables qu'une fois devenues extrêmement virulentes. Avec le temps, la faiblesse musculaire et le risque de fractures spontanées confinent la personne atteinte au lit. Le seul traitement possible est l'élimination de la cause, c'est-à-dire l'ablation chirurgicale de la tumeur ou la suppression du médicament.

La **maladie d'Addison**, le principal trouble hyposécrétoire du cortex surrénal, se traduit généralement par des déficiences en glucocorticoïdes (cortisol) et en minéralocorticoïdes (aldostérone). Un des principaux signes de cette maladie est une hyperpigmentation de la peau et de la muqueuse buccale, car la synthèse de l'ACTH est liée à celle de la mélatonine, responsable de la pigmentation. Ce trouble s'accompagne souvent d'une perte pondérale, d'une diminution des taux plasmatiques de glucose et de sodium et d'une augmentation du taux de potassium. Par ailleurs, la diminution de la sécrétion d'aldostérone entraîne souvent une déshydratation et une hypotension graves. Le traitement courant consiste à administrer des corticostéroïdes de substitution aux doses physiologiques afin de rétablir les valeurs normales de l'organisme. ■

Hormones sexuelles du cortex surrénal

La plupart des **hormones sexuelles du cortex surrénal** sont des **androgènes** (hormones sexuelles mâles) faibles, tels l'*androstènedione* et la *dihydroépiandrostérone* (*DHEA*). Chez l'homme, ces précurseurs sont convertis dans les cellules des tissus en *testostérone*, la forme active de l'hormone sexuelle mâle, tandis que chez la femme ils sont transformés en *œstrogènes* (hormones sexuelles femelles). Le cortex surrénal élabore aussi de petites quantités d'hormones femelles (œstradiol et autres œstrogènes). La quantité d'hormones sexuelles fabriquée par le cortex surrénal est négligeable comparativement à celle que produisent les gonades à la fin de la puberté et à l'âge adulte. Le rôle précis des hormones sexuelles surrénaliennes demeure obscur, mais on pense que les androgènes surrénaliens contribuent au déclenchement de la puberté et à l'apparition des poils pubiens et axillaires pendant cette période. En effet, le taux d'androgènes surrénaliens augmente constamment entre 7 et 13 ans chez les garçons et chez les filles. On suppose aussi que les androgènes surrénaliens sont à l'origine de la libido chez la femme adulte. Il se peut que, après la ménopause, ils soient convertis en œstrogènes par les tissus périphériques, une fois que la production ovarienne d'œstrogènes a cessé. La régulation de la sécrétion des hormones sexuelles du cortex surrénal n'est pas mieux définie. Il semble que l'ACTH stimule la libération des hormones sexuelles du cortex surrénal, mais celles-ci n'exerceraient pas de rétro-inhibition sur la libération d'ACTH.

⚖ DÉSÉQUILIBRE HOMÉOSTATIQUE

Comme les androgènes prédominent, l'hypersécrétion des hormones sexuelles du cortex surrénal cause le *syndrome androgénique* (masculinisation). Cet effet peut être dissimulé chez l'homme adulte, puisque la testostérone testiculaire s'est déjà acquittée de la virilisation. Avant la puberté, cependant, les conséquences peuvent être dramatiques. Chez le garçon atteint de ce syndrome, la maturation des organes génitaux, l'apparition des caractères sexuels secondaires et l'émergence de la libido sont précoces. Chez la jeune fille, on observe le développement d'une pilosité masculine (barbe et répartition des poils), et le clitoris s'hypertrophie au point de ressembler à un petit pénis. Également appelé hyperplasie congénitale des glandes surrénales, ce syndrome est la cause la plus fréquente de l'ambiguïté sexuelle qui avantage dans certains cas les athlètes féminines. ■

Médulla surrénale

Comme nous avons décrit la **médulla surrénale** dans le chapitre consacré au système nerveux autonome (chapitre 14), nous n'en traiterons que brièvement ici. Les **cellules chromaffines** sphériques de la médulla surrénale s'entassent autour de capillaires et de sinusoïdes; ce sont des neurones sympathiques ganglionnaires modifiés: en culture, ils prennent d'ailleurs l'aspect de neurones (des prolongements apparaissent). Les cellules chromaffines élaborent et stockent dans des granules cytoplasmiques l'**adrénaline** et la **noradrénaline**. Elles synthétisent ces *catécholamines* à partir de la tyrosine qu'elles convertissent en dopamine, puis en noradrénaline et enfin en adrénaline. Elles peuvent emmagasiner de très grandes quantités de ces médiateurs chimiques avant de les déverser dans le sang. La médulla surrénale produit aussi des enképhalines, des peptides connus pour leurs effets calmants sur la douleur.

Lorsqu'un facteur de stress transitoire amorce la réaction de lutte ou de fuite dans l'organisme, les neurofibres du système nerveux sympathique mettent en jeu plusieurs fonctions physiologiques. La glycémie s'élève, les vaisseaux sanguins se contractent et la fréquence cardiaque augmente (ce qui élève la pression artérielle); en outre, le sang est dérivé vers le cœur et les muscles squelettiques. De plus, les terminaisons nerveuses sympathiques préganglionnaires qui atteignent la médulla surrénale stimulent la libération des catécholamines; celles-ci prolongent ou intensifient la réaction de lutte ou de fuite.

L'adrénaline représente environ 80 % et la noradrénaline 20 % de la quantité de catécholamines emmagasinée et libérée. À quelques exceptions près, ces deux hormones ont les mêmes effets (voir le tableau 14.2, p. 616). L'adrénaline agit surtout sur le métabolisme, la dilatation des bronches et l'augmentation de l'irrigation sanguine des muscles squelettiques et du cœur, tandis que la noradrénaline amène principalement la vasoconstriction périphérique et l'augmentation de la pression artérielle. L'adrénaline est employée à des fins médicales comme stimulant cardiaque et comme bronchodilatateur pour soulager les crises d'asthme aiguës.

Contrairement aux hormones corticosurrénales, qui suscitent des réponses prolongées aux facteurs de stress, les catécholamines provoquent des réactions brèves. La **figure 16.16** présente les rapports entre les hormones surrénaliennes et l'hypothalamus, le «chef d'orchestre» de la réponse au stress.

⚖ DÉSÉQUILIBRE HOMÉOSTATIQUE

Comme les hormones de la médulla surrénale ne font qu'intensifier les activités instaurées par les neurones du système nerveux sympathique, leur insuffisance est sans conséquence. Contrairement aux glucocorticoïdes et aux minéralocorticoïdes, les catécholamines surrénaliennes ne sont pas essentielles à la vie. Cependant, leur surabondance, quelquefois causée par une tumeur des cellules chromaffines appelée *phéochromocytome*, provoque les symptômes d'une activité sympathique anarchique, soit l'**hyperglycémie** (élévation du taux de glucose dans le sang), l'accélération du métabolisme et de la fréquence cardiaque, les palpitations, l'hypertension, la nervosité et la diaphorèse (sueur abondante). ■

VÉRIFIONS NOS ACQUIS

13. Nommez les trois catégories d'hormones libérées par le cortex surrénal et donnez leurs principaux effets.

Les réponses se trouvent à l'appendice G.

Glande pinéale

18 Décrire le rôle de la mélatonine.

La **glande pinéale**, ou épiphyse, est une petite glande (de 6 à 10 mm de long) de forme conique qui s'accroche au toit du troisième ventricule, dans le diencéphale (figure 16.1). Ses cellules sécrétrices, appelées **pinéalocytes**, sont disposées en grappes et en cordons compacts. Chez l'adulte, on trouve des concrétions composées de sels de calcium entre les pinéalocytes («sable pinéal»). Comme ils sont radioopaques, ces sels font de la glande pinéale un point de repère commode pour déterminer l'orientation du cerveau dans les radiographies.

La fonction endocrine de la glande pinéale est encore obscure. Bien qu'on ait isolé de nombreux peptides et de nombreuses amines de cette glande minuscule, sa seule sécrétion importante reste la **mélatonine**, un antioxydant puissant et une hormone du groupe des amines; elle dérive du tryptophane, qui se transforme en sérotonine, puis en mélatonine. La concentration sanguine de mélatonine oscille suivant un cycle diurne (quotidien). Elle atteint son maximum vers le milieu de la nuit (c'est pourquoi elle est aussi appelée «hormone du sommeil» ou «hormone de l'obscurité»), entraînant alors la somnolence, et son minimum, aux alentours de midi.

La glande pinéale reçoit indirectement des voies visuelles des influx relatifs à l'intensité et à la durée de la lumière du jour (rétine → noyau suprachiasmatique de l'hypothalamus → ganglion cervical supérieur → glande pinéale). Chez certains

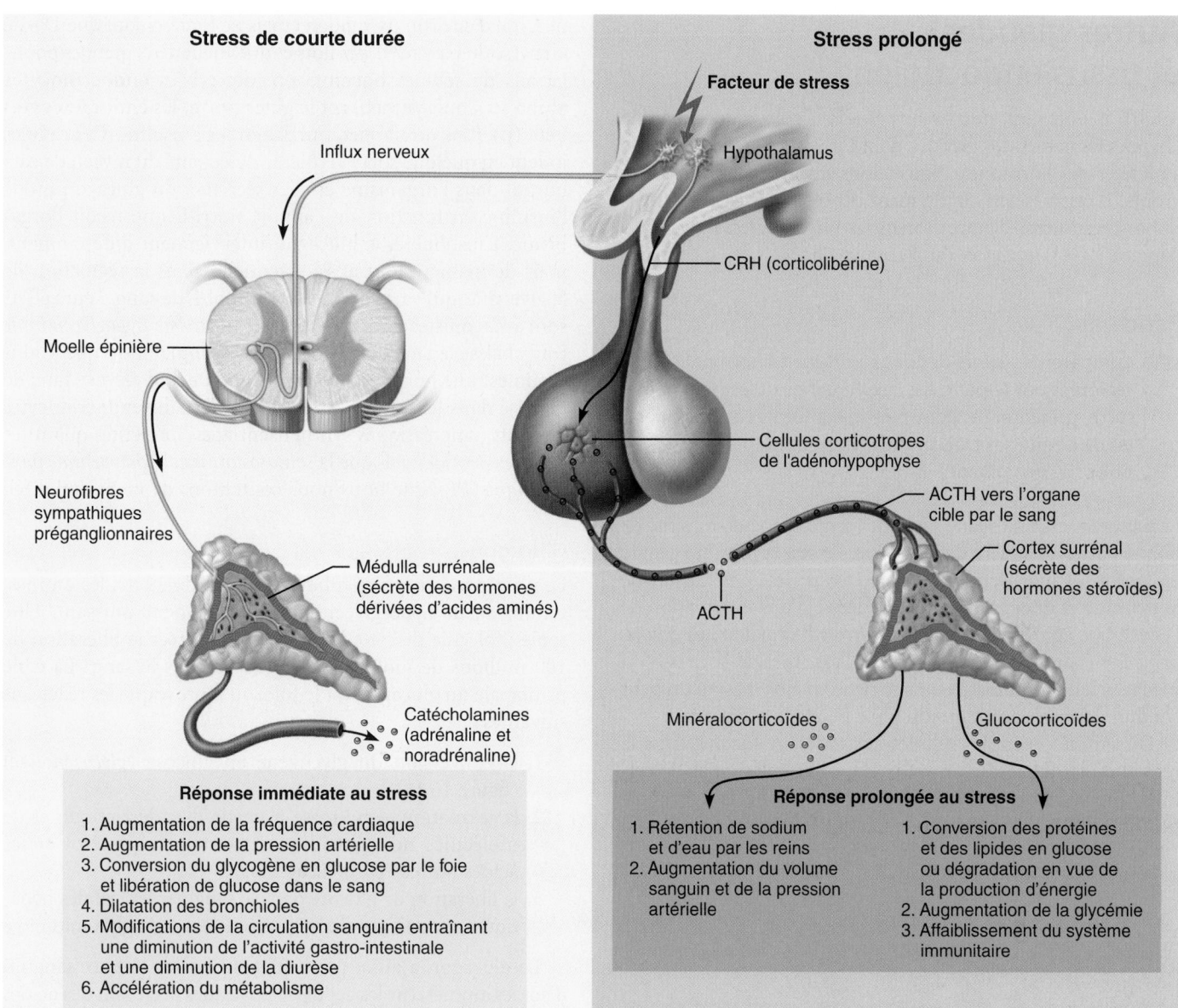

Stress de courte durée

Influx nerveux

Moelle épinière

Neurofibres
sympathiques
préganglionnaires

Médulla surrénale
(sécrète des hormones
dérivées d'acides aminés)

Catécholamines
(adrénaline et
noradrénaline)

Réponse immédiate au stress

1. Augmentation de la fréquence cardiaque
2. Augmentation de la pression artérielle
3. Conversion du glycogène en glucose par le foie et libération de glucose dans le sang
4. Dilatation des bronchioles
5. Modifications de la circulation sanguine entraînant une diminution de l'activité gastro-intestinale et une diminution de la diurèse
6. Accélération du métabolisme

Stress prolongé

Facteur de stress

Hypothalamus

CRH (corticolibérine)

Cellules corticotropes
de l'adénohypophyse

ACTH vers l'organe
cible par le sang

Cortex surrénal
(sécrète des
hormones stéroïdes)

ACTH

Minéralocorticoïdes

Glucocorticoïdes

Réponse prolongée au stress

1. Rétention de sodium et d'eau par les reins
2. Augmentation du volume sanguin et de la pression artérielle

1. Conversion des protéines et des lipides en glucose ou dégradation en vue de la production d'énergie
2. Augmentation de la glycémie
3. Affaiblissement du système immunitaire

Figure 16.16 Stress et glande surrénale. Les facteurs de stress amènent l'hypothalamus à activer la médulla surrénale par l'intermédiaire d'influx nerveux sympathiques et le cortex surrénal par l'intermédiaire de signaux hormonaux.

animaux, le comportement sexuel et les dimensions des gonades varient selon la durée du jour et de la nuit, et c'est la mélatonine qui induit ces effets. Chez les enfants, la mélatonine semble avoir un effet antigonadotrope, c'est-à-dire qu'elle préviendrait une maturation sexuelle précoce et influerait ainsi sur le moment de l'apparition de la puberté.

Le *noyau suprachiasmatique* de l'hypothalamus, région appelée «horloge biologique», contient un grand nombre de récepteurs de la mélatonine, et l'exposition à la lumière intense (qui supprime la sécrétion de mélatonine) peut régler cette horloge. Par conséquent, il se peut que les variations du taux de mélatonine soient le moyen qu'emprunte le cycle circadien pour influer sur des processus physiologiques rythmiques, tels la température corporelle, le sommeil et l'appétit. La mélatonine

qui est en vente libre dans certains pays, notamment en Amérique du Nord, est utilisée contre les troubles du sommeil et les problèmes associés au décalage horaire, ainsi que pour ralentir le vieillissement. Par contre, d'autres pays en contrôlent la commercialisation à cause de ses effets indésirables possibles et en permettent la vente uniquement aux 55 ans et plus.

VÉRIFIONS NOS ACQUIS

14. Des suppléments de mélatonine synthétique sont en vente libre, même si leur efficacité et leur innocuité n'ont pas été prouvées. Selon vous, quelle est l'utilité de ces suppléments?

Les réponses se trouvent à l'appendice G.

Autres glandes et tissus endocriniens

Jusqu'à maintenant, nous avons étudié le rôle endocrinien de l'hypothalamus et des glandes dont l'unique fonction consiste à sécréter des hormones. Nous allons maintenant aborder un groupe d'organes qui contiennent du tissu endocrinien, mais qui assurent aussi d'autres fonctions importantes. Il s'agit du pancréas, des gonades et du placenta.

Pancréas

19 Comparer les effets des deux principales hormones sécrétées par le pancréas; expliquer ce qu'est le diabète sucré, présenter ses deux principales formes et expliquer les causes de ses trois grands symptômes (polydipsie, polyurie, polyphagie).

Le **pancréas** est un organe mou, de forme triangulaire, situé en bonne partie à l'arrière de l'estomac. Il est à la fois une glande endocrine et une glande exocrine (figure 16.1). À l'instar de la thyroïde et des parathyroïdes, il dérive d'une évagination de l'enveloppe épithéliale des voies gastro-intestinales. Les *cellules acineuses* (partie exocrine) forment l'essentiel de la masse du pancréas; elles produisent un suc riche en enzymes qu'un petit conduit déverse dans l'intestin grêle pendant la digestion.

Disséminés entre les cellules acineuses, et surtout dans la région de la queue du pancréas, de minuscules amas de cellules appelés **îlots pancréatiques**, ou **îlots de Langerhans**, produisent les hormones pancréatiques **(figure 16.17)**. Au

nombre d'environ un million (mais ne représentent que 1% de la masse du pancréas), ces îlots contiennent deux grandes populations de cellules hormonopoïétiques : les **endocrinocytes alpha** (α), qui synthétisent le glucagon, et les **endocrinocytes bêta** (β), plus nombreux, qui élaborent l'insuline. Ces cellules jouent en quelque sorte le rôle de détecteurs du niveau de carburant dans l'organisme et elles sécrètent du glucagon ou de l'insuline en fonction de l'apport nutritif que reçoit l'organisme. L'insuline et le glucagon interviennent différemment, mais de manière tout aussi essentielle, dans la régulation de la glycémie, qui varie de 3,9 à 6,1 mmol/L de sang. Leurs effets sont antagonistes : l'insuline est une hormone *hypoglycémiante* (qui abaisse le taux de glucose dans le sang), tandis que le glucagon est une hormone *hyperglycémiante* (qui élève le taux de glucose dans le sang) **(figure 16.18)**. Certains endocrinocytes des îlots pancréatiques synthétisent aussi de petites quantités d'autres peptides, tels que la *somatostatine* et le *polypeptide pancréatique (PP)*, que nous nous contentons de mentionner ici.

Glucagon

Le **glucagon**, un polypeptide composé de 29 acides aminés, est un agent hyperglycémiant extrêmement puissant. Une seule molécule de cette hormone peut forcer la libération de 100 millions de molécules de glucose dans le sang! La cible principale du glucagon est le foie, où il provoque les réactions suivantes :

1. la conversion du glycogène en glucose (*glycogénolyse*) (figure 16.18);
2. la formation de glucose à partir d'acide lactique et de molécules non glucidiques, comme le glycérol et les acides aminés (*néoglucogenèse*);
3. la libération de glucose dans le sang par les cellules hépatiques, ce qui entraîne une élévation de la glycémie.

Le glucagon a aussi pour effet d'abaisser le taux sanguin d'acides aminés, car les cellules hépatiques prélèvent des acides aminés dans le sang pour synthétiser de nouvelles molécules de glucose.

Ce sont des stimulus humoraux qui provoquent la sécrétion du glucagon par les endocrinocytes α. Le principal stimulus est la chute de la glycémie, mais il faut aussi mentionner l'action du système nerveux sympathique et l'augmentation du taux d'acides aminés (qui suit notamment un repas riche en protéines). L'élévation de la glycémie, l'insuline et la somatostatine inhibent la libération du glucagon.

Insuline

L'**insuline** est une petite protéine dont les 51 acides aminés sont répartis en deux chaînes reliées par des ponts disulfure (–S–S–). Elle est synthétisée sous forme de longue chaîne polypeptidique appelée **pro-insuline**, dont des enzymes rompent la portion médiane, libérant ainsi l'insuline. Cette rupture survient dans les vésicules sécrétrices, juste avant que l'endocrinocyte β sécrète l'insuline.

C'est après les repas que les effets de l'insuline sont les plus manifestes. En effet, l'insuline ne fait pas qu'abaisser la

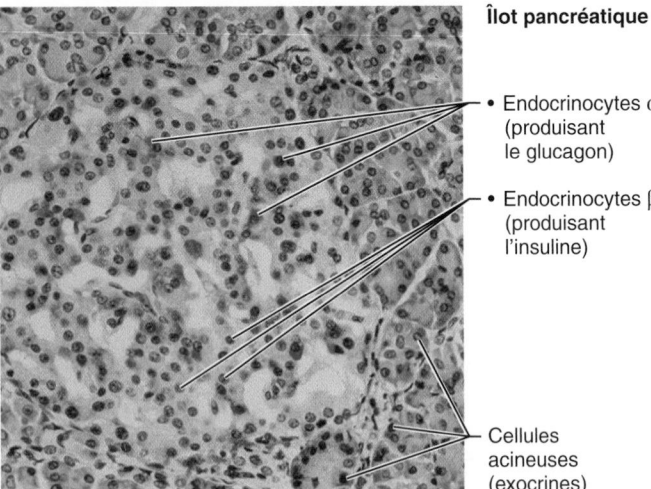

Îlot pancréatique

- Endocrinocytes α (produisant le glucagon)
- Endocrinocytes β (produisant l'insuline)
- Cellules acineuses (exocrines)

Figure 16.17 Photomicrographie du tissu pancréatique après coloration différentielle. Un îlot pancréatique est entouré de cellules acineuses (colorées en gris bleu), qui élaborent une substance exocrine (un suc pancréatique riche en enzymes). Les endocrinocytes β, des îlots, produisant l'insuline, apparaissent en rose pâle; les endocrinocytes α, produisant le glucagon, apparaissent en rose vif (230×).

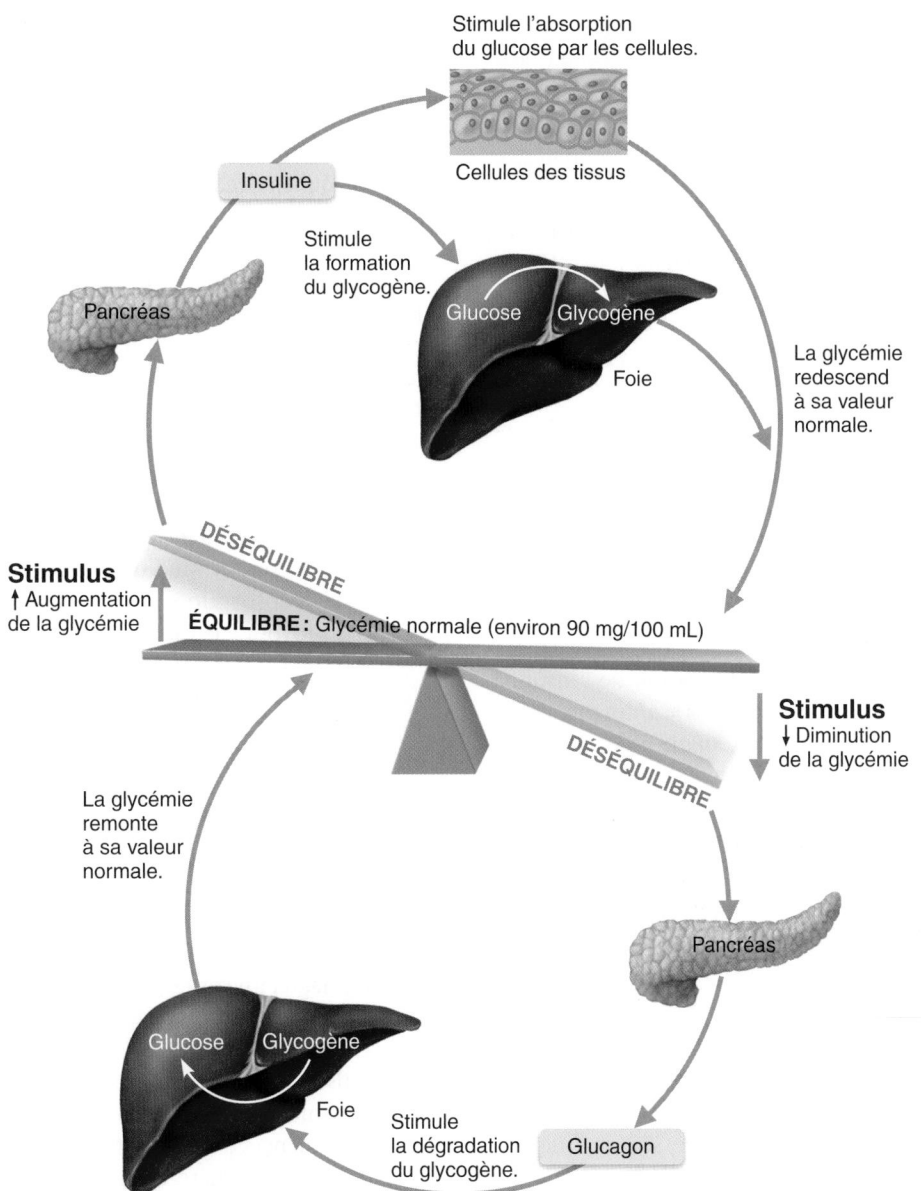

Figure 16.18 Régulation de la glycémie par l'insuline et le glucagon produits par le pancréas.

glycémie (figure 16.18); elle influe aussi sur le métabolisme des protéines et des lipides. L'insuline circulante abaisse la glycémie de trois manières. (1) L'insuline favorise le transport membranaire du glucose (et d'autres glucides simples) dans les cellules, et particulièrement les myocytes et les adipocytes. (L'insuline *n'accélère pas* l'entrée du glucose dans le foie, les reins et l'encéphale, dont les cellules sont abondamment pourvues en glucose sanguin quel que soit le taux d'insuline. Cependant, l'insuline joue des rôles importants dans l'encéphale en rapport avec la croissance des neurones, le comportement alimentaire, l'apprentissage et la mémoire.) (2) L'insuline inhibe la dégradation du glycogène en glucose et (3) la conversion des acides aminés et du glycérol des triglycérides en glucose. Ces effets inhibiteurs

s'opposent ainsi à toute activité métabolique qui élèverait la concentration plasmatique du glucose.

Quel est le mécanisme d'action de l'insuline au niveau cellulaire? L'insuline active son récepteur (une enzyme, la tyrosine-kinase), ce qui entraîne la phosphorylation de protéines spécifiques et déclenche une série de réactions qui accélèrent la réabsorption du glucose et amplifient les autres effets de l'insuline. Après l'entrée du glucose dans les cellules cibles, la liaison de l'insuline suscite des réactions enzymatiques qui :

1. catalysent l'oxydation du glucose en vue de la production d'ATP;
2. unissent des molécules de glucose de façon à former du glycogène;

3. transformer le glucose en acides gras et en glycérol, ces molécules nécessaires à la synthèse des triglycérides (particulièrement dans le tissu adipeux).

En règle générale, les besoins énergétiques sont satisfaits en premier, après quoi il y a synthèse du glycogène. Enfin, s'il reste encore du glucose, il est transformé en triglycérides dans les cellules adipeuses et le foie. Par ailleurs, l'insuline induit le captage des acides aminés et la synthèse des protéines dans le tissu musculaire. En résumé, l'insuline retire le glucose du sang afin qu'il serve à la production d'énergie ou qu'il soit converti en glycogène ou en graisses (en vue du stockage), et elle favorise la synthèse des protéines.

Le principal stimulus de la sécrétion d'insuline par les endocrinocytes β est l'augmentation de la glycémie, mais sa production est aussi déclenchée par l'augmentation des taux plasmatiques d'acides gras et d'acides aminés ou par l'acétylcholine provenant des neurofibres parasympathiques. À mesure que les cellules absorbent du glucose et d'autres nutriments, les taux plasmatiques de ces substances s'abaissent et la sécrétion d'insuline diminue (par rétro-inhibition).

D'autres hormones influent sur la libération de l'insuline. Ainsi, toute hormone hyperglycémiante (tels le glucagon, l'adrénaline, l'hormone de croissance, la thyroxine et les glucocorticoïdes) qui entre en jeu sous l'effet de la diminution de la glycémie stimule indirectement la libération de l'insuline en favorisant l'entrée de glucose dans la circulation sanguine. La somatostatine (GH-IH) et l'activation du système nerveux sympathique réduisent la libération d'insuline. Comme vous le constatez, la glycémie repose sur un équilibre entre les influences humorales, neurales et hormonales (figure 16.4). L'insuline est le principal facteur hypoglycémiant qui compense les effets de nombreuses hormones hyperglycémiantes.

DÉSÉQUILIBRE HOMÉOSTATIQUE

Le **diabète sucré** résulte soit de l'insuffisance, soit de l'inefficacité de l'insuline. Étant donné que le glucose ne peut être absorbé par les cellules, le diabète sucré se traduit par une glycémie élevée après les repas (de 3 à 10 fois supérieure à la valeur normale). Cependant, cette hyperglycémie laisse les cellules dans un état semblable à celui du jeûne, puisqu'elles sont incapables d'utiliser le glucose en excès dans le sang. Il s'ensuit toutes les réactions que provoque normalement l'hypoglycémie (le jeûne) pour mettre du glucose en circulation, soit la glycogénolyse, la lipolyse (dégradation des lipides) et la néoglucogenèse. Par conséquent, la glycémie s'élève encore davantage et l'organisme commence à excréter le surplus de glucose dans l'urine (*glycosurie*).

Lorsque le glucose ne peut servir de combustible cellulaire, l'organisme mobilise une quantité accrue d'acides gras, mais, en passant dans le sang, ces derniers occasionnent une lipidémie, ou lipémie. Dans les cas graves de diabète sucré, les taux sanguins d'acides gras et de leurs métabolites (acide acétylacétique, acétone, etc.) s'élèvent de façon marquée. Les métabolites des acides gras, appelés **cétones**, ou **corps cétoniques**, sont des acides organiques. S'ils s'accumulent plus rapidement dans le sang que l'organisme ne peut les utiliser ou les éliminer, le pH sanguin chute, ce qui cause la **cétose**, ou **acidocétose**; les corps cétoniques sont alors excrétés dans l'urine (*cétonurie*). L'acidocétose peut être mortelle. Le système nerveux y réagit en instaurant une respiration rapide et profonde (hyperpnée) afin que le gaz carbonique s'évacue du sang et que l'élimination des ions H+ qui en découle relève le pH sanguin. (Nous expliquons les fondements physiologiques de ce mécanisme au chapitre 22.) Laissée sans traitement, l'acidocétose perturbe l'activité cardiaque et le transport de l'oxygène, et l'affaiblissement de l'activité nerveuse amène le coma et la mort.

Le diabète sucré présente trois signes majeurs. Le premier, la **polyurie**, est l'excrétion de quantités excessives d'urine. Le terme « diabète » veut dire littéralement « qui passe à travers ». Il a été donné par les Grecs, qui avaient remarqué que l'eau ne restait pas dans le corps, mais qu'elle était éliminée rapidement chez les personnes atteintes de cette maladie. La polyurie est due à la présence dans le filtrat rénal d'un surcroît de glucose, qui se comporte comme un diurétique osmotique, c'est-à-dire qu'il inhibe la réabsorption de l'eau par les tubules rénaux. La polyurie provoque la diminution du volume sanguin et la déshydratation. Cherchant à éliminer l'excès de corps cétoniques, l'organisme excrète aussi de grandes quantités d'électrolytes. En effet, les corps cétoniques ont une charge négative et ils entraînent avec eux des ions positifs, notamment du sodium et du potassium. Le déséquilibre électrolytique cause des douleurs abdominales et des vomissements, et le stress physiologique continue de s'accentuer. Le deuxième signe du diabète sucré est la **polydipsie**, c'est-à-dire une soif excessive. La polydipsie est occasionnée par la déshydratation qui stimule les centres hypothalamiques de la soif. Enfin, le troisième signe est la **polyphagie**, une exagération de l'appétit et de la consommation d'aliments. La polyphagie indique que l'organisme ne peut utiliser le glucose dont il est pourtant abondamment pourvu et qu'il puise dans ses réserves de lipides et de protéines pour son métabolisme énergétique. Le **tableau 16.4** présente un résumé des conséquences d'un déficit en insuline. Nous traitons plus en détail du diabète sucré dans le Gros plan des pages 718-719.

L'*hyperinsulinisme*, la sécrétion excessive d'insuline, cause l'**hypoglycémie**. Cet état provoque la libération d'hormones hyperglycémiantes et, par le fait même, l'anxiété, la nervosité, les tremblements et la faiblesse. Un apport insuffisant de glucose perturbe le fonctionnement de l'encéphale, entraînant désorientation, convulsions et inconscience, et parfois la mort. Dans de rares cas, l'hyperinsulinisme est causé par une tumeur des îlots pancréatiques. La plupart du temps, il résulte de l'administration d'une dose excessive d'insuline chez une personne diabétique et il ne résiste pas à l'ingestion de sucre. ■

VÉRIFIONS NOS ACQUIS

15. Vous avez assisté à une partie de football avec Sandra, une amie diabétique. Sandra n'a pas consommé plus d'une bière durant tout le match, mais elle a de la difficulté à marcher droit ; elle a des troubles d'élocution et tient des propos incohérents. Le comportement de Sandra vous permet-il de conclure qu'elle est diabétique ? Que pourriez-vous faire pour l'aider à retrouver son état normal ?

TABLEAU 16.4	Symptômes d'une déficience en insuline (diabète sucré)				
ORGANES OU TISSUS TOUCHÉS	**RÉACTIONS DES ORGANES OU DES TISSUS À UNE DÉFICIENCE EN INSULINE**	**EFFETS SUR :**		**SIGNES ET SYMPTÔMES**	
		SANG	**URINE**		
Foie Tissu adipeux Muscle	Diminution de l'absorption et de l'utilisation du glucose	Hyperglycémie	Glycosurie Diurèse osmotique	Polyurie (et déshydratation et ramollissement des bulbes oculaires) Polydipsie (et fatigue, perte pondérale) Polyphagie	
Foie	Glycogénolyse				
Foie Muscle	Catabolisme des protéines et néoglucogenèse				
Foie Tissu adipeux	Lipolyse et cétogenèse	Lipidémie et acidocétose	Cétonurie Perte de Na+ et de K+; déséquilibres électrolytique et acidobasique	Odeur acétonique de l'haleine Hyperpnée Nausées, vomissements, douleurs abdominales Arythmies cardiaques Dysfonctionnement du système nerveux central; coma	

16. Le diabète sucré et le diabète insipide résultent tous les deux d'une insuffisance d'une hormone. De quelle hormone s'agit-il ? Que pourriez-vous trouver dans l'urine d'une personne qui est atteinte de l'une de ces maladies, mais pas dans celle de l'autre ?

Les réponses se trouvent à l'appendice G.

Gonades et placenta

20 Décrire les rôles des hormones produites par les testicules, les ovaires et le placenta.

Chez l'homme comme chez la femme, les hormones sexuelles que produisent les **gonades** sont des hormones stéroïdes identiques à celles qu'élabore le cortex surrénal (figure 16.1), sauf qu'elles les produisent en plus grande quantité. Les gonadotrophines régissent la libération d'hormones par les gonades, comme nous l'avons décrit précédemment.

Les *ovaires* sont deux petits organes de forme ovale logés dans la cavité pelvienne de la femme. Les ovaires produisent les ovules et synthétisent plusieurs hormones, dont les plus importantes sont les **œstrogènes** et la **progestérone**. Les premiers provoquent à eux seuls la maturation des organes génitaux et l'apparition des caractères sexuels secondaires féminins à la puberté. En conjonction avec la seconde, ils favorisent le développement des seins et les modifications cycliques de la muqueuse utérine (le cycle menstruel).

Les *testicules* sont enfermés dans une enveloppe cutanée externe attachée à la partie inférieure de l'abdomen, le scrotum. Ils produisent les spermatozoïdes et les hormones sexuelles mâles, en particulier la **testostérone**. Cette hormone est responsable de la maturation des organes génitaux, de l'apparition des caractères sexuels secondaires masculins et de l'émergence de la libido à la puberté. De plus, la testostérone est nécessaire à la production de spermatozoïdes ainsi qu'au fonctionnement des organes génitaux chez l'homme adulte.

Le *placenta* est un organe endocrinien temporaire. En plus de rendre disponibles l'oxygène et des nutriments nécessaires au fœtus, le placenta sécrète quelques hormones stéroïdes et protéiques qui influent sur le déroulement de la grossesse. Les hormones placentaires comprennent notamment les œstrogènes et la progestérone (des hormones qu'on associe le plus souvent aux ovaires) ainsi que la gonadotrophine chorionique humaine (hCG, *human chorionic gonadotropin*).

La libération des hormones gonadiques est régie par les gonadotrophines (FHS et LH), comme nous l'avons mentionné plus haut. Nous traiterons des gonadotrophines, des hormones gonadiques et des hormones placentaires en détail aux chapitres 27 et 28, qui sont consacrés aux organes génitaux et à la grossesse.

GR⊙S PLAN

Ô douce revanche : la biotechnologie s'apprêterait-elle à vaincre le monstre du diabète sucré ?

Peu de découvertes ont su électriser le monde médical autant que celle de l'insuline réalisée à l'université de Toronto entre 1921 et 1922 par deux chercheurs canadiens, Frederick Banting et Charles Best, avec la collaboration de leurs collègues, Jones McLeod et James Collip. Ces travaux leur valurent le prix Nobel de physiologie et de médecine de 1923, même si, quelques années auparavant, un chercheur roumain du nom de Nicolas Paulescu avait réussi à traiter un chien diabétique avec un extrait pancréatique. Grâce à l'insuline, le diabète sucré, jusque-là incurable et fatal, est devenu une maladie qui se traite. Néanmoins, il s'agit encore d'un énorme problème de santé publique qui touche plus de 250 millions de personnes dans le monde. La mesure précise de la glycémie et le maintien d'un taux de sucre approprié présentent des défis de taille pour la biotechnologie. Examinons de plus près les caractéristiques du diabète de type 1 et du diabète de type 2, les deux formes les plus importantes de diabète sucré, et passons en revue les difficultés que chacune de ces maladies pose à la médecine.

On estime que, dans le monde, 10 % de tous les diabétiques (60 000 personnes au Québec et 150 000 en France) sont atteints du **diabète de type 1**, que l'on appelait auparavant *diabète insulinodépendant* (*DID*). Les symptômes se manifestent soudainement, en général avant l'âge de 15 ans. L'apparition des symptômes est cependant précédée par une longue période asymptomatique pendant laquelle des anticorps produits par le système immunitaire détruisent les endocrinocytes, ce qui prive d'insuline les personnes atteintes de diabète de type 1.

Les chercheurs ont localisé sur plusieurs chromosomes des gènes qui prédisposent au diabète de type 1, ce qui laisse croire

que cette maladie constitue une réponse auto-immune multigénique. (Le locus du complexe majeur d'histocompatibilité, ou CMH, est mis en cause dans 50 % des cas de diabète de type 1.) Certains spécialistes pensent toutefois que la cause de l'affection réside au moins en partie dans le *mimétisme moléculaire*. Autrement dit, un corps étranger (un virus, par exemple) s'est introduit dans l'organisme et est si semblable à certaines protéines du soi (celles des endocrinocytes β) que le système immunitaire s'en prend aux endocrinocytes aussi bien qu'à l'envahisseur.

De fait, de brillantes études effectuées sur certaines souches de souris diabétiques, mises en état de stress par des infections ou d'autres agents irritants, ont montré qu'elles produisent d'importantes quantités d'une certaine protéine du stress (protéine de choc thermique 60) ainsi que des anticorps dirigés contre cette même protéine. Quand des fragments de la protéine du stress appelés p277 sont injectés dans des souris présentant les premiers signes du diabète, les endocrinocytes échappent à l'attaque auto-immune. Des essais cliniques récents portant sur des sujets diabétiques de fraîche date qui ont reçu le fragment de la protéine sous la forme d'un médicament appelé DiaPep277 ont donné des résultats non concluants. Selon certaines études, les diabétiques avaient moins besoin d'insuline supplémentaire, alors que dans d'autres cas il n'y avait pas de changement.

Le diabète de type 1 est difficile à contrôler. Les personnes qui en sont atteintes présentent des complications de nature vasculaire et nerveuse à plus ou moins longue échéance. La lipidémie et l'hypercholestérolémie caractéristiques de la maladie entraînent des problèmes vasculaires graves comme l'athérosclérose,

les accidents vasculaires cérébraux, les crises cardiaques, l'oligoanurie, la gangrène et la cécité. La perte de sensibilité, les troubles vésicaux et l'impuissance découlent des lésions nerveuses. Les femmes atteintes du diabète de type 1 présentent plus souvent que les autres des nodules aux seins et leur ménopause est plus précoce, ce qui les prédispose à des troubles cardiaques.

C'est l'hyperglycémie qui est responsable de toutes ces complications. Plus la glycémie demeure près de la normale, moins la personne présente de complications. C'est pourquoi il est recommandé d'établir une étroite surveillance de la glycémie. À l'heure actuelle, on recommande d'effectuer de fréquentes injections d'insuline, c'est-à-dire quatre fois par jour, ou mieux encore, d'utiliser une pompe à perfusion continue, ce qui permet de prévenir les complications vasculaires et rénales. Certains détecteurs de glucose communiquent directement avec les pompes à insuline, mais malgré les calculs automatiques de la quantité d'insuline à injecter, c'est encore au patient que revient la décision. C'est pourquoi ces dispositifs combinés ne sont toujours pas de véritables « pancréas artificiels ». Il existe d'autres modes d'administration de l'insuline : l'utilisation d'inhalateurs d'insuline en aérosol est maintenant approuvée et les timbres d'insuline sont sur le point d'être mis en marché.

Les greffes de cellules des îlots pancréatiques donnent des résultats de plus en plus encourageants pour les personnes atteintes de diabète de type 1. Toutefois, seulement 33 % des patients n'ont toujours pas besoin d'injections d'insuline après deux ans. Les greffes nécessitent une immunosuppression à long terme qui limite ce traitement

---

VÉRIFIONS NOS ACQUIS

17. À laquelle des deux classes d'hormones présentées au début du chapitre les hormones produites par les gonades appartiennent-elles ? Quelle glande endocrine importante sécrète des hormones de cette classe ?

Les réponses se trouvent à l'appendice G.

Sécrétion d'hormones par d'autres organes

21 Nommer une hormone produite par le cœur.

22 Donner l'emplacement des endocrinocytes gastro-intestinaux.

23 Expliquer brièvement les fonctions hormonales des reins, de la peau, du tissu adipeux, des os et du thymus.

aux diabétiques qui ne peuvent pas contrôler leur glycémie autrement.

Les individus atteints du **diabète de type 2**, appelé auparavant *diabète non insulinodépendant* (*DNID*), constituent plus de 90 % des cas connus de diabète sucré et la fréquence de cette maladie augmente avec l'âge et l'obésité. La prévalence en Amérique du Nord est une des plus élevées (17 millions d'individus, dont 540 000 au Québec) ainsi que dans les régions nord et sud de l'Europe, mais ce chiffre ne représenterait que la moitié des malades, car ceux-ci n'ont pas reçu de diagnostic. Les personnes atteintes de diabète de type 2 présentent les mêmes complications que celles du diabète de type 1, soit les cardiopathies, les nécroses tissulaires nécessitant des amputations, l'insuffisance rénale et la cécité.

L'hérédité est le facteur prédominant de cette maladie et plusieurs gènes seraient en cause (origine multifactorielle). De 25 à 30 % des Nord-Américains seraient porteurs d'un gène prédisposant au diabète de type 2 ; la proportion est de beaucoup supérieure dans la population non blanche. Le diabète de type 2 se caractérise non pas par une absence d'insuline, mais par une insensibilité des récepteurs de l'insuline à cette hormone, phénomène appelé **insulinorésistance**. Ce type de diabète peut également résulter d'une sécrétion défectueuse de l'insuline. Selon une étude génétique récente, il existerait un lien entre un SNP (polymorphisme singulier de nucléotide) du gène *IRS1* (*insulin receptor substrate 1*) et le risque de développer le diabète de type 2. On observe en effet que les personnes portant la variante « C » de ce polymorphisme dans leur génome présentent plus de risques de souffrir du diabète de type 2 parce que

celle-ci est responsable d'une réduction de près de 40 % de l'activité de ce récepteur de l'insuline.

Le mode de vie est aussi un facteur de cette maladie. Le diabète de type 2 est presque toujours associé à l'obésité et à la sédentarité. Les adipocytes des personnes obèses produisent un excès de différentes substances chimiques, dont le *facteur nécrosant des tumeurs-alpha* (TNFα, *tumor necrosis factor*, ou cachectine) et la *résistine*, qui peuvent altérer la série de réactions enzymatiques déclenchée par la liaison de l'insuline. Un essai clinique majeur, le Diabetes Prevention Program, a révélé que le risque de diabète de type 2 diminue de façon spectaculaire chez les personnes qui maigrissent et font régulièrement de l'exercice, même si elles sont à risque élevé.

Souvent, l'exercice physique, une perte de poids et un régime alimentaire approprié viennent à bout des symptômes (voir le Gros plan sur l'obésité, p. 1100-1102). Certains patients peuvent prendre des médicaments oraux qui abaissent la glycémie ou diminuent la résistance à l'insuline. Un des plus utilisés est la metformine (Glucophage), un hypoglycémiant ; il peut cependant provoquer une complication métabolique mortelle dans 50 % des cas, appelée acidose lactique. Une nouvelle classe de médicaments très prometteurs cible certaines hormones, les incrétines (GIP et GLP-1). Normalement sécrétées dans le tube digestif, elles améliorent la libération d'insuline sous l'influence du glucose par

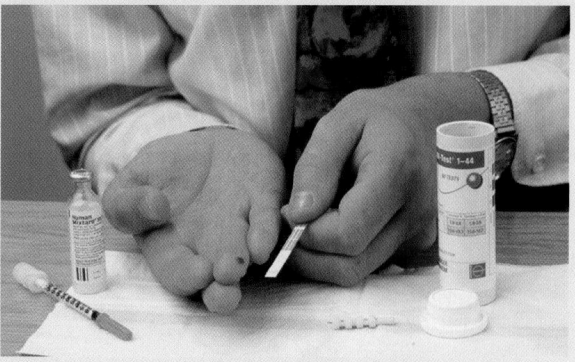

les endocrinocytes β selon une voie physiologique normale. Toutefois, la plupart des patients finissent par avoir recours aux injections d'insuline, dont les dispositifs d'administration ne cessent d'être améliorés. Les derniers sur le marché sont dotés d'une faible force d'injection, d'un sélecteur de dose et même d'une fonction de retour en arrière en cas d'erreur. Puisque 60 % des diabétiques souffrent également d'hypertension avec un taux de cholestérol élevé pour la plupart d'entre eux, des traitements combinés peuvent réduire significativement le risque de décès.

Le diabète ne peut toujours pas être guéri, mais la biotechnologie, qui continue d'améliorer la régulation de la glycémie, est sur le point de prendre le monstre d'assaut et pourrait bien gagner le combat bientôt.

VÉRIFIONS NOS ACQUIS

18. Quelles sont les deux substances produites par les adipocytes et pour quelles raisons sont-elles en cause dans le diabète de type 2 ?

19. De quelle manière le mimétisme moléculaire de certains microorganismes peut-il entraver la production d'insuline ?

On trouve des cellules hormonopoïétiques dans des organes qui ne font pas partie du système endocrinien à proprement parler **(tableau 16.5)**.

1. **Cœur.** Les oreillettes contiennent quelques myocytes cardiaques spécialisés qui sécrètent le **facteur natriurétique auriculaire** (**FNA**) (« facteur qui produit une urine salée »). Le FNA abaisse le volume sanguin, la pression artérielle et la quantité de sodium dans le liquide extracellulaire en signalant aux reins d'accroître leur production d'urine salée et en inhibant la libération d'aldostérone par le cortex surrénal (figure 16.14 et chapitre 19, p. 819).

2. **Voies gastro-intestinales.** Les *endocrinocytes gastro-intestinaux* sont des cellules hormonopoïétiques disséminées dans la muqueuse des voies gastro-intestinales. Ils libèrent plusieurs peptides qui contribuent, par leur action hormonale, à régir diverses fonctions digestives. Nous en discutons à nouveau au chapitre 23 (voir le tableau 23.1, p. 1008), mais certaines d'entre elles sont résumées au tableau 16.5. Les endocrinocytes gastro-intestinaux libèrent également des amines, comme la sérotonine, qui jouent le rôle d'hormones paracrines en diffusant dans les cellules cibles situées à proximité sans pénétrer d'abord dans la circulation sanguine. Les endocrinocytes gastro-intestinaux

TABLEAU 16.5 **Quelques hormones produites par des organes autres que les principales glandes endocrines**

SOURCES	HORMONES	COMPOSITION CHIMIQUE	FACTEUR DÉCLENCHANT	ORGANES CIBLES ET EFFETS
Tissu adipeux	Leptine	Peptide	Sécrétion proportionnelle aux lipides emmagasinés, stimulée par l'apport alimentaire	Encéphale: inhibe l'appétit; augmente la dépense énergétique.
Tissu adipeux	Résistine, adiponectine	Peptides	Inconnu	Tissu adipeux, muscles, foie: la résistine est un antagoniste de l'insuline et l'adiponectine la stimule.
Muqueuse gastro-intestinale				
▪ Estomac	Gastrine	Peptide	Sécrétion stimulée par les aliments	Estomac: déclenche la libération d'acide chlorhydrique (HCl).
▪ Duodénum	Gastrine intestinale	Peptide	Sécrétion stimulée par les aliments, en particulier les matières grasses	Estomac: stimule la sécrétion de HCl et la motilité gastro-intestinale.
▪ Duodénum	Sécrétine	Peptide	Sécrétion stimulée par les aliments	Pancréas et foie: stimule la libération de suc riche en bicarbonate. Estomac: inhibe l'activité sécrétrice.
▪ Duodénum	Cholécystokinine (CCK)	Peptide	Sécrétion stimulée par les aliments	Pancréas: stimule la libération de suc riche en enzymes. Vésicule biliaire: stimule l'expulsion de la bile emmagasinée; muscle sphincter de l'ampoule hépatopancréatique: cause un relâchement qui permet à la bile et au suc pancréatique de se déverser dans le duodénum.
▪ Duodénum (et autres régions du tube digestif)	Incrétines (GIP, peptide insulinotropique glucose-dépendant et GLP-1, peptide analogue au glucagon-1)	Peptides	Sécrétion en réponse à la présence de glucose dans la lumière intestinale	Pancréas: accroissent la libération d'insuline et inhibent celle du glucagon découlant de l'élévation de la glycémie.
Cœur (oreillettes)	Facteur natriurétique auriculaire (FNA)	Peptide	Sécrétion stimulée par la dilatation des oreillettes (par suite de l'augmentation de la pression artérielle)	Reins: inhibe la réabsorption du Na^+ et la libération de rénine; cortex surrénal: inhibe la sécrétion d'aldostérone; abaisse la pression artérielle.
Reins	Érythropoïétine (EPO)	Glycoprotéine	Sécrétion stimulée par l'hypoxie	Moelle osseuse: stimule la production d'érythrocytes.
Reins	Rénine	Peptide	Sécrétion stimulée par une baisse de la pression artérielle ou du volume plasmatique, ou par une stimulation sympathique	Agit comme une enzyme et déclenche le système rénine-angiotensine libérant de l'aldostérone; ramène la pression artérielle à la normale.
Squelette	Ostéocalcine	Peptide	Inconnu	Augmente la production d'insuline et la sensibilité à l'insuline.
Peau (cellules épidermiques)	Cholécalciférol (provitamine D_3)	Stéroïde	Les reins le transforment en vitamine D_3 active (calcitriol) et la libèrent en réaction à la parathormone.	Intestin: stimule le transport actif du calcium alimentaire à travers la membrane plasmique des cellules de l'intestin.
Thymus	Thymuline, thymopoïétines, thymosines	Peptides	Inconnu	Agissent surtout localement comme des hormones paracrines; contribuent au développement des lymphocytes T et à l'établissement de la réponse immunitaire.

sont parfois appelés *paraneurones*, car ils présentent certaines ressemblances avec les neurones et plusieurs de leurs hormones et de leurs paracrines sont identiques sur le plan chimique aux neurotransmetteurs.

3. **Reins.** Des cellules rénales interstitielles sécrètent l'**érythropoïétine** (*eruthros:* rouge; *poêsis:* formation). Cette hormone protéique signale à la moelle osseuse rouge d'accroître sa production d'érythrocytes. Les reins libèrent aussi de la **rénine**, une hormone qui agit comme une enzyme et met en route le système rénine-angiotensine libérant de l'adostérone, que nous avons déjà décrit (voir le chapitre 19, p. 820, et le chapitre 25, p. 1130).

4. **Peau.** La peau produit le **cholécalciférol**, une forme inactive de vitamine D_3, lorsque des molécules modifiées de cholestérol contenues dans les cellules épidermiques sont exposées aux rayonnements ultraviolets. Ensuite, ce composé entre dans le sang par l'intermédiaire des capillaires du derme, est transformé dans le foie et devient pleinement actif dans les reins. La forme active de la vitamine D_3, le **calcitriol**, constitue un élément régulateur essentiel du système de transport que les cellules intestinales utilisent pour absorber le Ca^{2+} alimentaire. Sans cette vitamine, les os s'affaiblissent et perdent de leur dureté.

5. **Tissu adipeux.** Les adipocytes libèrent de la **leptine**, qui informe l'organisme de la quantité d'énergie (sous forme de lipides) emmagasinée. Plus la quantité emmagasinée de triglycérides est grande, plus la quantité de leptine dans le sang est élevée. Comme nous le décrivons au chapitre 24 (voir p. 1097), la leptine se lie aux neurones du SNC qui régissent l'appétit, produisant la satiété. Il semble aussi qu'elle favorise l'accroissement de la dépense énergétique. Deux autres hormones libérées par les adipocytes altèrent la sensibilité des cellules à l'insuline. La *résistine* est un antagoniste de l'insuline, tandis que l'*adiponectine* accroît d'activité de celle-ci.

6. **Squelette.** Les ostéoblastes des os sécrètent de l'*ostéocalcine*, une hormone qui stimule les endocrinocytes β à se diviser et à sécréter plus d'insuline. Cette hormone limite également l'entreposage des lipides dans les adipocytes et déclenche la libération d'adiponectine. Il se produit donc une amélioration du traitement du glucose et une réduction de l'adiposité du corps. Le taux d'ostéocalcine est bas chez les personnes atteintes de diabète de type 2, et une augmentation de ce taux pourrait être à la base de nouveaux traitements.

7. **Thymus.** Le **thymus** est composé de deux lobes et il est situé dans le thorax, à l'arrière du sternum (figure 16.1). De grandes dimensions chez l'enfant, cette glande diminue de volume au cours de l'âge adulte. À la fin de la vie, il n'en reste à peu près plus que du tissu adipeux.

Les cellules épithéliales du thymus sécrètent plusieurs familles d'hormones peptidiques, dont la **thymuline**, la **thymopoïétine** et la **thymosine**. Ces hormones semblent jouer un rôle dans le développement normal des *lymphocytes T* et dans l'établissement de la réponse immunitaire, mais ce rôle est encore mal connu. Bien qu'on les qualifie d'hormones, elles exercent leurs effets surtout localement, comme les hormones paracrines. Nous décrivons le thymus au chapitre 20 (voir p. 873-874), qui traite des organes et des tissus lymphoïdes.

VÉRIFIONS NOS ACQUIS

20. Quelle hormone est produite par le cœur? Quelle est sa fonction?
21. Quel est le rôle de l'hormone sécrétée par la peau?

Les réponses se trouvent à l'appendice G.

Développement et vieillissement du système endocrinien

24 Décrire les principaux effets du vieillissement sur le système endocrinien.

Les glandes hormonopoïétiques dérivent des trois tissus embryonnaires. Les glandes endocrines issues du mésoderme produisent les hormones stéroïdes; toutes les autres élaborent des hormones qui sont des amines, des peptides ou des protéines.

En règle générale, on ne considère pas comme importante l'influence exercée sur l'efficacité des hormones par l'exposition à de nombreux polluants présents dans l'environnement, dont les pesticides, les produits chimiques industriels, l'arsenic, la dioxine et d'autres polluants du sol et de l'eau. Mais des études ont montré que ces facteurs perturbent les fonctions endocriniennes. Jusqu'ici, on est parvenu à établir que les hormones sexuelles, les hormones thyroïdiennes et les glucocorticoïdes sont vulnérables aux effets de ces polluants. Le dérèglement des glucocorticoïdes, qui activent de nombreux gènes soupçonnés d'inhiber le cancer, expliquerait la fréquence élevée de différents cancers dans certaines régions.

Exception faite de l'exposition aux polluants environnementaux et des troubles liés à l'hyposécrétion ou à l'hypersécrétion, la plupart des glandes endocrines fonctionnent sans heurt jusqu'à la fin de la vie. Le vieillissement peut faire varier la fréquence de la sécrétion hormonale, la sensibilité des récepteurs des cellules cibles ou la vitesse de la dégradation et de l'excrétion des hormones. Cependant, il est difficile d'étudier le fonctionnement endocrinien des personnes âgées, car il est souvent perturbé par les maladies chroniques qui frappent ce groupe d'âge.

Le vieillissement modifie la structure de l'adénohypophyse; la quantité de tissu conjonctif augmente, la vascularisation décroît et le nombre de cellules hormonopoïétiques diminue. Chez la femme, par exemple, ces changements n'ont aucun effet sur la production et la libération de la corticotrophine (ACTH), tandis qu'ils font augmenter les taux de gonadotrophines (FSH et LH). Le taux de l'hormone de croissance (GH) diminue au

Tous pour un, un pour tous

Relations entre le système endocrinien et les autres systèmes de l'organisme

Système nerveux

- Plusieurs hormones (la GH, la T_4 et les hormones sexuelles) influent sur le développement et sur le fonctionnement du système nerveux.
- L'hypothalamus commande l'adénohypophyse et produit lui-même deux hormones.

Système cardiovasculaire

- Plusieurs hormones influent sur le volume sanguin, la pression artérielle et la contractilité cardiaque; l'érythropoïétine stimule la production d'érythrocytes.
- Le sang transporte les hormones; le cœur produit le facteur natriurétique auriculaire (FNA).

Système lymphatique et immunitaire

- Des lymphocytes «programmés» par les hormones thymiques parsèment les nœuds lymphatiques; les glucocorticoïdes affaiblissent la réaction inflammatoire et la réponse immunitaire.
- Les messagers chimiques du système immunitaire stimulent la libération de cortisol et d'ACTH; la lymphe transporte les hormones vers le sang.

Système respiratoire

- L'adrénaline influe sur la ventilation en dilatant les bronchioles.
- Le système respiratoire fournit de l'oxygène et élimine le gaz carbonique; une enzyme pulmonaire convertit l'angiotensine I en angiotensine II.

Système digestif

- Des hormones gastro-intestinales et des hormones locales (paracrines) influent sur la digestion; la vitamine D activée est nécessaire à l'absorption du calcium alimentaire; les catécholamines influent sur la motilité et sur l'activité sécrétrice gastro-intestinales.
- Le système digestif fournit des nutriments aux glandes endocrines.

Système urinaire

- L'aldostérone et l'ADH influent sur le fonctionnement rénal; l'érythropoïétine produite par les reins agit sur la formation des érythrocytes.
- Les reins activent la vitamine D (considérée comme une hormone).

Système génital

- Les hormones hypothalamiques, adénohypophysaires et gonadiques régissent le développement et le fonctionnement du système génital; l'ocytocine et la prolactine jouent un rôle pendant l'accouchement et l'allaitement.
- Les hormones gonadiques (produites par des glandes appartenant au système génital) influent par rétroaction sur le fonctionnement du système endocrinien.

Système tégumentaire

- Les androgènes stimulent les glandes sébacées; les œstrogènes favorisent l'hydratation de la peau.
- La peau produit le cholécalciférol (provitamine D_3).

Système squelettique

- La PTH régit le taux sanguin de calcium; la GH, la T_3, la T_4 et les hormones sexuelles sont nécessaires au développement du squelette.
- Le squelette protège les glandes endocrines, particulièrement celles qui sont situées dans l'encéphale, dans le thorax et dans le bassin.

Système musculaire

- La GH est indispensable au développement musculaire; d'autres hormones (la T_4 et les catécholamines) influent sur le métabolisme des muscles.
- Le système musculaire protège de façon mécanique certaines glandes endocrines; l'activité musculaire provoque la libération des catécholamines.

RELATIONS ENTRE LE SYSTÈME ENDOCRINIEN et les systèmes nerveux et génital

Comme la plupart des systèmes de l'organisme, le système endocrinien accomplit de nombreuses fonctions qui profitent au corps tout entier. Ainsi, sans l'insuline, la T_4 et diverses autres hormones métaboliques, les cellules seraient incapables d'obtenir et d'utiliser le glucose et elles mourraient. De même, la croissance du corps repose entièrement sur le système endocrinien, qui coordonne les poussées de croissance avec les augmentations de la masse squelettique et de la masse musculaire, si bien que les proportions du corps sont harmonieuses pendant la majeure partie de la vie. Cependant, les interactions les plus remarquables et les plus importantes du système endocrinien sont celles qu'il a avec le système nerveux et le système génital. Ces relations s'établissent au demeurant avant même la naissance.

Système nerveux

Les hormones ont sur le comportement une influence frappante. Pendant que le fœtus flotte dans l'obscurité de l'utérus maternel, la testostérone (ou son absence) détermine le «sexe» de son cerveau. Si les minuscules testicules du fœtus mâle produisent de la testostérone, alors certaines régions du cerveau augmentent de volume et un grand nombre de récepteurs des androgènes y apparaissent ; c'est ainsi que sont déterminés les aspects prétendus masculins du comportement (comme l'agressivité). En l'absence de testostérone, le cerveau se féminise. À la puberté, les «petits anges» de papa et de maman se transforment en étrangers sous l'effet des fluctuations hormonales. L'afflux d'androgènes (produits d'abord par le cortex surrénal, puis par les gonades en voie de maturation) donne lieu à une agressivité souvent irréfléchie et à une libido impérieuse, et ce, longtemps avant que les capacités cognitives du cerveau puissent les endiguer.

L'influence du système nerveux sur le fonctionnement hormonal n'est pas moins étonnante. Non seulement l'hypothalamus constitue-t-il une glande endocrine, mais il coordonne également l'essentiel de l'activité hormonale en régissant l'hypophyse ou la médulla surrénale par des mécanismes hormonaux ou nerveux. Et nous n'avons encore rien dit des situations exceptionnelles. En effet, les conséquences d'une lésion de l'axe hypothalamohypophysaire peuvent être graves. L'absence d'affection et de soins peut entraver la croissance d'un nouveau-né ; un entraînement athlétique exceptionnellement vigoureux peut amener une déperdition osseuse et l'infertilité chez une jeune fille pubère. C'est dire l'étendue de l'influence du système nerveux sur le système endocrinien.

Système génital

L'apparition d'organes génitaux conformes au sexe génétique est tout entière assujettie aux hormones. La sécrétion de testostérone par les testicules de l'embryon mâle détermine la formation des voies génitales masculines et des organes génitaux externes masculins. Sans testostérone, ce sont des structures féminines qui se développent, quel que soit le sexe gonadique. La puberté constitue aussi une étape cruciale, car la production d'hormones sexuelles gonadiques provoque et oriente la maturation des organes génitaux, leur conférant ainsi leur structure et leur fonctionnement adultes. Sans ces signaux hormonaux, les organes génitaux conservent l'apparence qu'ils avaient pendant l'enfance et la personne est infertile.

La grossesse occasionne une recrudescence des interactions du système endocrinien et du système génital. Le placenta est un organe endocrinien temporaire qui produit des œstrogènes et de la progestérone ; ces hormones, ainsi que plusieurs autres qui influent sur le métabolisme maternel, contribuent au maintien de la grossesse et préparent les seins de la femme à la lactation. Pendant et après l'accouchement, l'ocytocine et la prolactine occupent l'avant-scène : elles favorisent le travail et l'expulsion du fœtus, puis la production et l'éjection du lait. En dehors de la rétro-inhibition exercée par les hormones sexuelles sur l'axe hypothalamohypophysaire, l'influence des organes génitaux sur le système endocrinien est négligeable.

Système endocrinien

Étude de cas : M. Gendron, âgé de 70 ans, est amené à la salle d'urgence dans un état comateux. Il a manifestement subi un grave traumatisme crânien : il présente des lacérations profondes au cuir chevelu et une fracture engrenée du crâne. Les résultats des premières épreuves de laboratoire (sang et urine) sont à l'intérieur des limites normales. Les médecins traitent la fracture et donnent, entre autres indications, les directives suivantes.

- Vérifier et noter les points suivants toutes les heures : comportement spontané, degré de réactivité à la stimulation, mouvements, diamètre des pupilles et réaction à la lumière, langage et signes vitaux.

- Changer le patient de position toutes les quatre heures ; lui apporter des soins cutanés méticuleux et s'assurer que sa peau reste sèche.

1. Expliquez la raison d'être de ces directives.

Le lendemain de l'hospitalisation de M. Gendron, l'infirmière auxiliaire signale que celui-ci a une respiration irrégulière et que sa peau est sèche et flasque. Elle mentionne aussi qu'elle a vidé le réservoir d'urine de M. Gendron plusieurs fois au cours de la journée. Après avoir pris connaissance de ces renseignements, le médecin donne les directives suivantes.

Implications cliniques

Système endocrinien *(suite)*

- Recherche de glucose et de corps cétoniques dans le sang et l'urine.
- Notation rigoureuse des ingesta et des excreta.

On note que M. Gendron excrète une grande quantité d'eau dans son urine, et on lui administre une solution de remplissage vasculaire par perfusion intraveineuse. La recherche de glucose et de corps cétoniques dans le sang et l'urine donne des résultats négatifs.

Relativement à ces observations :

2. Selon vous, quel est le problème hormonal de M. Gendron et quelle est sa cause ?

3. Le trouble dont souffre M. Gendron est-il mortel ? (Justifiez votre réponse.)

(Les réponses se trouvent à l'appendice G.)

---

cours des années, autant chez les hommes que chez les femmes, ce qui explique en partie la fonte musculaire progressive.

Les surrénales présentent également des changements structuraux liés au vieillissement, mais la régulation du cortisol semble demeurer intacte tant que la personne est en bonne santé et qu'elle n'est pas exposée au stress. En revanche, le stress chronique élève le taux sanguin de cortisol et semble contribuer à la détérioration de l'hippocampe (et de la mémoire). La concentration plasmatique d'aldostérone diminue de moitié chez la personne âgée, mais elle est peut-être associée au fait que les reins libèrent moins de rénine par suite de leur moindre sensibilité aux stimulus. Enfin, les chercheurs n'ont trouvé aucune différence liée à l'âge dans la libération des catécholamines (adrénaline et noradrénaline) par la médulla surrénale.

Le vieillissement fait subir des changements marqués aux gonades, et particulièrement aux ovaires. À la fin de l'âge mûr, les ovaires deviennent insensibles aux gonadotrophines, et leur taille et leur masse diminuent. L'arrêt de la production des hormones femelles par les ovaires met fin à la capacité de reproduction et s'accompagne de divers troubles associés à la déficience en œstrogènes, notamment l'artériosclérose et l'ostéoporose. Chez les représentants de l'autre sexe, la production de testostérone ne diminue pas avant un âge très avancé.

La tolérance au glucose (la capacité d'éliminer efficacement une charge en glucose) commence à se détériorer dès la quarantaine. La glycémie monte plus haut et revient plus lentement à la normale chez la personne âgée que chez le jeune adulte. Comme les îlots pancréatiques continuent de sécréter des quantités d'insuline proches de la normale chez ces sujets, on pense que l'affaiblissement de la tolérance au glucose est dû à une diminution de la sensibilité des récepteurs de l'insuline (prédiabète de type 2).

La synthèse et la libération des hormones thyroïdiennes diminuent quelque peu au cours des années. Les follicules thyroïdiens de la personne âgée sont le plus souvent surchargés de colloïde, et la fibrose envahit la glande. Le métabolisme basal ralentit, mais l'hypothyroïdie légère n'est pas le seul facteur en cause. L'augmentation des dépôts de graisse au détriment du muscle joue un rôle tout aussi important dans ce cas, car le tissu musculaire est beaucoup plus actif du point de vue métabolique que le tissu adipeux.

Bien que les glandes parathyroïdes se chargent de plus en plus d'adipocytes au cours du vieillissement, la parathormone (PTH) conserve une concentration normale. Néanmoins, les femmes ménopausées, déjà menacées par l'ostéoporose, sont sensibles aux effets déminéralisants de la PTH, que les œstrogènes ne sont plus là pour contrer.

VÉRIFIONS NOS ACQUIS

22. Chez les personnes âgées, la diminution du taux de quelle hormone est associée à l'atrophie musculaire ? À l'ostéoporose chez la femme ?

Les réponses se trouvent à l'appendice G.

Nous avons présenté dans ce chapitre les grands mécanismes de l'action hormonale. Nous avons également passé en revue les principales glandes endocrines, leurs cibles et leurs effets physiologiques les plus importants (voir la Synthèse, p. 722). Soulignons toutefois que nous revenons sur chacune des hormones étudiées ici dans au moins un autre chapitre, lorsque nous considérons ses actions au regard d'un système en particulier. Par exemple, nous décrivons les effets qu'ont la parathormone et la calcitonine sur la déminéralisation osseuse au chapitre 6, en même temps que nous exposons le remaniement osseux.

TERMES MÉDICAUX

Crise thyrotoxique Exacerbation soudaine et grave de tous les symptômes de l'hyperthyroïdie due à un excès d'hormones thyroïdiennes circulantes. Les symptômes de cet état hypermétabolique sont la fièvre, l'augmentation de la fréquence cardiaque, l'hypertension artérielle, la déshydratation, la nervosité et les tremblements. Les facteurs déclenchants sont les infections graves, un apport excessif de suppléments d'hormones thyroïdiennes et les lésions.

Hirsutisme («hérissé») Développement excessif du système pileux; le phénomène est considéré comme un trouble dans le cas des femmes, chez lesquelles il est lié à une hypersécrétion d'androgènes par le cortex surrénal.

Hypophysectomie Ablation chirurgicale de l'hypophyse.

Obésité Masse corporelle excessive due à un excès de tissu adipeux; parfois causée par un problème endocrinien (hormones de la thyroïde, des surrénales, du pancréas) ou métabolique. (Voir le Gros plan, p. 1100-1102.)

Prolactinome Type le plus courant de tumeur de l'hypophyse (de 30 à 40% ou plus des cas) se traduisant par une hypersécrétion de prolactine et des troubles menstruels chez la femme.

RÉSUMÉ DU CHAPITRE

1. Le système nerveux et le système endocrinien sont les principaux systèmes de régulation de l'organisme. Le système nerveux agit rapidement et brièvement par l'intermédiaire d'influx nerveux; le système endocrinien agit lentement et sur une plus longue durée par l'intermédiaire des hormones.

Système endocrinien: caractéristiques générales (p. 684)

1. De nombreux processus physiologiques sont régis par des hormones: la reproduction, la croissance et le développement, l'équilibre des électrolytes, des liquides et des nutriments, la régulation du métabolisme cellulaire et de l'équilibre énergétique et la mobilisation des moyens de défense de l'organisme.
2. Les glandes endocrines sont richement vascularisées; elles ne possèdent pas de conduits et déversent des hormones directement dans le sang ou dans la lymphe. Elles sont de petites dimensions et disséminées dans l'organisme.
3. Les glandes strictement endocrines sont l'hypophyse, la glande thyroïde, les glandes parathyroïdes, les glandes surrénales et la glande pinéale. L'hypothalamus est un organe neuroendocrinien. Le pancréas, les gonades et le placenta contiennent du tissu endocrinien.
4. En règle générale, on considère que le système endocrinien ne comprend pas les messagers chimiques locaux. Ces derniers sont les hormones autocrines, dont l'action s'exerce sur les cellules qui les sécrètent, et les hormones paracrines, qui agissent sur d'autres types de cellules situées à proximité.

Hormones (p. 685)

Chimie des hormones (p. 685)

1. La plupart des hormones sont des hormones stéroïdes ou des hormones dérivées d'acides aminés.

Mécanismes de l'action hormonale (p. 685)

2. Les hormones modifient l'activité cellulaire en stimulant ou en inhibant les processus caractéristiques de leurs cellules cibles.
3. Dans les cellules, les stimulus hormonaux provoquent, entre autres réponses, des modifications de la perméabilité membranaire, la synthèse, l'activation ou l'inhibition d'enzymes, le déclenchement de l'activité sécrétrice, l'activation de gènes ainsi que la mitose et la méiose.
4. Les hormones dérivées d'acides aminés interagissent avec leurs cellules cibles par l'intermédiaire de seconds messagers intracellulaires et de protéines G. Ainsi, certaines hormones se lient à un récepteur de la membrane plasmique qui s'associe à une protéine G. Quand cette dernière est activée, elle s'associe à son tour à l'adénylate cyclase, laquelle catalyse la synthèse de l'AMP cyclique à partir de l'ATP. L'AMP cyclique déclenche des réactions au cours desquelles des protéines-kinases et d'autres enzymes sont activées, ce qui aboutit à la réponse cellulaire. D'autres hormones, empruntant le mécanisme du PIP et du calcium, agissent par l'intermédiaire du phosphatidylinositol diphosphate. On suppose enfin que le GMP cyclique et le calcium servent aussi de messagers.
5. Les hormones stéroïdes (et la thyroxine) pénètrent dans leurs cellules cibles, activent l'ADN, provoquent la formation d'ARN messager et entraînent ainsi la synthèse de protéines.

Spécificité des cellules cibles (p. 688)

6. La sensibilité d'une cellule cible à une hormone repose sur la présence, sur la membrane plasmique ou à l'intérieur de la cellule, de récepteurs auxquels l'hormone peut se lier.
7. Les récepteurs des hormones sont des structures dynamiques. Leur nombre et leur sensibilité peuvent varier suivant que les taux d'hormones stimulantes sont faibles ou élevés.

Demi-vie, apparition et durée de l'activité hormonale (p. 688)

8. Les concentrations sanguines des hormones reposent sur un équilibre entre la sécrétion, d'une part, et la dégradation et l'excrétion, d'autre part. Les hormones sont dégradées principalement par le foie et les reins; le produit de la dégradation est excrété dans l'urine et les matières fécales.
9. La demi-vie et la durée de l'activité des hormones sont limitées et varient d'une hormone à l'autre.

Interactions hormonales au niveau des cellules cibles (p. 689)

10. Il y a permissivité dans les situations où une hormone doit être présente pour qu'une autre puisse produire tous ses effets.

16

11. La synergie s'observe quand deux hormones ou plus produisent le même effet sur une cellule cible et que ces effets sont amplifiés quand elles sont présentes en même temps.

12. L'antagonisme s'observe quand une hormone s'oppose à l'action d'une autre hormone ou en annule les effets.

Régulation de la libération des hormones (p. 690)

13. La libération des hormones est déclenchée par des stimulus humoraux, nerveux et hormonaux. La rétro-inhibition est un important mécanisme de régulation des concentrations sanguines des hormones.

14. Le système nerveux, par l'intermédiaire de mécanismes hypothalamiques, peut dans certains cas prendre le pas sur les effets hormonaux ou les moduler.

Hypophyse et hypothalamus (p. 691)

Relations entre l'hypophyse et l'hypothalamus (p. 692)

1. L'hypophyse s'attache à la base de l'encéphale par une tige et elle est entourée d'os. Elle comprend une portion glandulaire hormonopoïétique (adénohypophyse) et une portion nerveuse (neurohypophyse) qui constitue un prolongement de l'hypothalamus.

2. L'hypothalamus régit la sécrétion hormonale de l'adénohypophyse par l'intermédiaire d'hormones de libération et d'inhibition ; par ailleurs, il synthétise deux hormones qui sont emmagasinées puis libérées par la neurohypophyse.

Hormones adénohypophysaires (p. 692)

3. Quatre des six hormones adénohypophysaires sont des stimulines qui régissent le fonctionnement d'autres glandes endocrines. La plupart des hormones adénohypophysaires sont libérées suivant un rythme quotidien subordonné à des stimulus qui agissent sur l'hypothalamus.

4. L'hormone de croissance (GH) est une hormone anabolisante qui stimule la croissance de tous les tissus, et particulièrement des muscles squelettiques et des os. Elle peut agir directement ou par l'intermédiaire des somatomédines (IGF). Elle mobilise les acides gras, stimule la synthèse des protéines et inhibe l'absorption du glucose et son métabolisme. Sa sécrétion est régie par la somatocrinine (GH-RH) et la somatostatine (GH-IH). L'hypersécrétion de GH cause le gigantisme chez l'enfant et l'acromégalie chez l'adulte ; l'hyposécrétion chez l'enfant provoque le nanisme hypophysaire.

5. La thyréotrophine (TSH) favorise le développement normal et l'activité de la glande thyroïde. Sa libération est stimulée par la thyréolibérine (TRH) et inhibée par la rétro-inhibition des hormones thyroïdiennes (T_4 et T_3).

6. La corticotrophine (ACTH) stimule la libération des corticostéroïdes par le cortex surrénal. Sa libération est stimulée par la corticolibérine (CRH) et inhibée par l'élévation de la concentration de glucocorticoïdes.

7. Les gonadotrophines – l'hormone follicustimulante (FSH) et l'hormone lutéinisante (LH) – régissent le fonctionnement des gonades chez les deux sexes. La FSH stimule la production de cellules sexuelles ; la LH stimule la production d'hormones gonadiques. Le taux de gonadotrophines s'élève en réaction à la libération de gonadolibérine (Gn-RH). La rétro-inhibition des hormones gonadiques inhibe la libération des gonadotrophines.

8. La prolactine (PRL) stimule la production de lait chez les humains. Sa sécrétion est provoquée par l'hormone déclenchant la sécrétion de prolactine (PRH) et inhibée par l'hormone inhibant la sécrétion de prolactine (PIH).

Neurohypophyse et hormones hypothalamiques (p. 00)

9. La neurohypophyse emmagasine et libère deux hormones hypothalamiques, l'ocytocine et l'hormone antidiurétique (ADH).

10. L'ocytocine stimule le muscle lisse de l'utérus (au cours du travail et de l'accouchement) et les cellules myoépithéliales des glandes mammaires (éjection de lait). Sa libération est induite de manière réflexe par l'hypothalamus et obéit à une rétroactivation.

11. L'hormone antidiurétique (ADH) stimule la réabsorption de l'eau par les tubules rénaux, ce qui produit de petits volumes d'urine très concentrée et une diminution de l'osmolarité sanguine. La libération d'ADH est déclenchée par de fortes concentrations sanguines de solutés et inhibée par la situation inverse. L'hyposécrétion d'ADH cause le diabète insipide.

Glande thyroïde (p. 699)

1. La glande thyroïde est située dans la partie antérieure du cou. Les follicules thyroïdiens renferment un colloïde qui contient la thyroglobuline, une glycoprotéine dont les hormones thyroïdiennes sont dérivées.

2. Les hormones thyroïdiennes sont la thyroxine (T_4) et la triiodothyronine (T_3). Ces hormones accélèrent le métabolisme cellulaire et, par le fait même, favorisent la consommation d'oxygène et la production de chaleur.

3. Pour que les hormones thyroïdiennes soient sécrétées, sous l'effet de la thyréotrophine (TSH), les cellules folliculaires doivent absorber la thyroglobuline et les hormones doivent s'en détacher. L'augmentation du taux d'hormones thyroïdiennes exerce une rétro-inhibition qui inhibe l'hypophyse et l'hypothalamus.

4. La majeure partie de la thyroxine (T_4) est convertie en triiodothyronine (T_3, forme la plus active) dans les tissus cibles. Ces hormones agissent en activant la transcription des gènes et la synthèse des protéines.

5. La maladie de Basedow (ou Graves) cause principalement l'hyperthyroïdisme ; l'hyposécrétion provoque le crétinisme chez l'enfant et le myxœdème chez l'adulte.

6. La calcitonine, produite par les cellules parafolliculaires (ou cellules C) de la glande thyroïde en réaction à l'augmentation du taux sanguin de calcium, inhibe la résorption de la matrice osseuse et favorise le dépôt du calcium dans les os. Elle n'est généralement pas importante dans l'homéostasie du calcium.

Glandes parathyroïdes (p. 704)

1. Les glandes parathyroïdes sont situées sur la face postérieure de la glande thyroïde. Elles sécrètent la parathormone (PTH), qui élève le taux sanguin de calcium en ciblant les os, les reins et les intestins (indirectement par l'activation de la vitamine D). La PTH est la principale hormone dans l'homéostasie du calcium.

2. La libération de la parathormone est stimulée par la diminution du taux sanguin de calcium et inhibée par la situation inverse.

3. L'hyperparathyroïdie cause l'hypercalcémie et une perte osseuse très importante. L'hypoparathyroïdie provoque l'hypocalcémie, qui se traduit par la tétanie et la paralysie respiratoire.

Glandes surrénales (p. 706)

1. Les deux glandes surrénales sont situées au-dessus des reins. Chacune comprend une portion corticale (le cortex surrénal) et une portion médullaire (la médulla surrénale).

Cortex surrénal (p. 707)

2. Le cortex surrénal élabore trois groupes d'hormones stéroïdes à partir du cholestérol.

3. Les minéralocorticoïdes (principalement l'aldostérone) régissent la réabsorption des ions Na$^+$ et l'excrétion des ions K$^+$ par les reins. La réabsorption des ions Na$^+$ entraîne la réabsorption d'eau et une augmentation du volume sanguin et de la pression artérielle. La libération de l'aldostérone est stimulée par le système rénine-angiotensine, l'augmentation du taux sanguin d'ions K$^+$ et l'ACTH. Le facteur natriurétique auriculaire (FNA) inhibe la libération de l'aldostérone.

4. Les glucocorticoïdes (principalement le cortisol) sont d'importantes hormones métaboliques qui aident l'organisme à résister aux facteurs de stress en augmentant les taux sanguins de glucose, d'acides gras et d'acides aminés et en élevant la pression artérielle. De fortes concentrations de glucocorticoïdes affaiblissent le système immunitaire et la réaction inflammatoire. L'ACTH est le principal stimulus de la libération des glucocorticoïdes.

5. Les hormones sexuelles du cortex surrénal (principalement les androgènes) sont produites en petite quantité tout au long de la vie.

6. L'hyposécrétion des hormones corticosurrénaliennes cause la maladie d'Addison. L'hypersécrétion provoque l'hyperaldostéronisme, la maladie de Cushing et le syndrome androgénique.

Médulla surrénale (p. 712)

7. Stimulée par des neurofibres sympathiques, la médulla surrénale libère les catécholamines (adrénaline et noradrénaline). Ces hormones intensifient et prolongent la réaction de lutte ou de fuite vis-à-vis de facteurs de stress passagers. L'hypersécrétion cause les symptômes caractéristiques de l'hyperactivité sympathique.

Glande pinéale (p. 712)

1. Le corps pinéal est situé dans le diencéphale. Il sécrète principalement la mélatonine, qui semble avoir un effet antigonadotrope chez l'être humain et qui influe sur les processus physiologiques rythmiques.

Autres glandes et tissus endocriniens (p. 714)

Pancréas (p. 714)

1. Le pancréas, situé près de l'estomac, est à la fois une glande endocrine et une glande exocrine. Sa portion endocrine (les îlots pancréatiques) libère l'insuline et le glucagon, ainsi que de petites quantités d'autres hormones dans le sang.

2. Le glucagon, libéré par les endocrinocytes alpha (α) lorsque la glycémie est faible, stimule la libération de glucose dans le sang par le foie.

3. L'insuline est libérée par les endocrinocytes bêta (β) lorsque les taux sanguins de glucose (et d'acides aminés) sont élevés.

Elle accélère l'absorption du glucose et son métabolisme par la plupart des cellules. L'hyposécrétion d'insuline ou son hyperactivité causent le diabète sucré, dont les signes majeurs sont la polyurie, la polydipsie et la polyphagie.

Gonades et placenta (p. 717)

4. Les ovaires, situés dans la cavité pelvienne de la femme, libèrent deux types d'hormones. La sécrétion des œstrogènes par les follicules ovariens commence à la puberté sous l'influence de la FSH. Les œstrogènes stimulent la maturation des organes génitaux et l'apparition des caractères sexuels secondaires. La progestérone est libérée sous l'effet de fortes concentrations de LH. En conjonction avec les œstrogènes, elle établit le cycle menstruel.

5. Chez l'homme, les testicules commencent à produire la testostérone à la puberté sous l'influence de la LH. La testostérone provoque la maturation des organes génitaux, l'apparition des caractères sexuels secondaires et la production de spermatozoïdes.

6. Le placenta produit les hormones de la grossesse : œstrogènes, progestérone et autres.

Sécrétion d'hormones par d'autres organes (p. 718)

7. De nombreux organes qui ne font pas partie du système endocrinien proprement dit contiennent des cellules hormonopoïétiques. Il s'agit notamment du cœur (facteur natriurétique auriculaire ou FNA), des organes des voies gastro-intestinales (gastrine, sécrétine, incrétines, etc.), des reins (érythropoïétine et rénine), de la peau (cholécalciférol), du tissu adipeux (leptine, résistine et adiponectine), des os (ostéocalcine) et du thymus (hormones thymiques).

8. Le thymus, situé dans la partie supérieure du thorax, diminue de volume au cours de la vie. Les hormones qu'il sécrète – thymuline, thymosine et thymopoïétine – concourent à l'établissement de la réponse immunitaire.

Développement et vieillissement du système endocrinien (p. 721)

1. Les glandes endocrines dérivent des trois tissus embryonnaires. Celles qui sont issues du mésoderme produisent les hormones stéroïdes ; les autres élaborent les hormones dérivées d'acides aminés.

2. Le déclin naturel de l'activité ovarienne, vers la cinquantaine, cause la ménopause.

3. L'efficacité de toutes les glandes endocrines semble décroître graduellement au cours des années. Par conséquent, le risque de diabète sucré augmente et le métabolisme ralentit.

16

QUESTIONS DE RÉVISION

Choix multiples/associations

(Il peut y avoir plus d'une bonne réponse à certaines questions. Choisissez les meilleures réponses parmi celles qui sont proposées. Les réponses se trouvent à l'appendice G.)

1. La libération de la parathormone est déclenchée principalement par un stimulus : (**a**) hormonal ; (**b**) humoral ; (**c**) nerveux.

2. L'adénohypophyse ne sécrète pas : (**a**) l'hormone antidiurétique ; (**b**) l'hormone de croissance ; (**c**) les gonadotrophines ; (**d**) la thyréotrophine.

3. Parmi les hormones suivantes, laquelle n'intervient pas dans le métabolisme du glucose? (**a**) Le glucagon; (**b**) la cortisone; (**c**) l'aldostérone; (**d**) l'insuline.

4. La parathormone: (**a**) favorise la formation des os et abaisse le taux sanguin de calcium; (**b**) augmente l'excrétion du calcium; (**c**) diminue l'absorption intestinale du calcium; (**d**) déminéralise les os et élève le taux sanguin de calcium.

5. Associez les hormones suivantes aux descriptions.

Hormones: (**a**) Aldostérone   (**e**) Ocytocine
        (**b**) Hormone   (**f**) Prolactine
            antidiurétique   (**g**) Thyroxine et
        (**c**) Hormone   triiodothyronine
            de croissance   (**h**) Thyréotrophine
        (**d**) Hormone lutéinisante

_____ (**1**) Importante hormone anabolisante dont plusieurs effets sont déclenchés par les somatomédines.

_____ (**2**) Concourt à la réabsorption de l'eau et du sel par les reins (deux choix).

_____ (**3**) Stimule la lactation.

_____ (**4**) Stimuline qui provoque la sécrétion des hormones sexuelles par les gonades.

_____ (**5**) Intensifie les contractions utérines pendant l'accouchement.

_____ (**6**) Principale(s) hormone(s) métabolique(s).

_____ (**7**) Cause la réabsorption des ions sodium par les reins.

_____ (**8**) Stimuline qui déclenche la sécrétion des hormones thyroïdiennes.

_____ (**9**) Hormone sécrétée par la neurohypophyse (deux choix).

_____ (**10**) Seule hormone stéroïde de la liste.

6. Une injection hypodermique d'adrénaline: (**a**) augmente la fréquence cardiaque, élève la pression artérielle, dilate les bronches et intensifie le péristaltisme; (**b**) diminue la fréquence cardiaque, abaisse la pression artérielle, contracte les bronches et intensifie le péristaltisme; (**c**) diminue la fréquence cardiaque, élève la pression artérielle, contracte les bronches et diminue le péristaltisme; (**d**) augmente la fréquence cardiaque, élève la pression artérielle, dilate les bronches et diminue le péristaltisme.

7. Parmi les hormones suivantes, laquelle est à la femme ce que la testostérone est à l'homme? (**a**) L'hormone lutéinisante; (**b**) la progestérone; (**c**) les œstrogènes; (**d**) la prolactine.

8. Si la sécrétion des hormones adénohypophysaires est insuffisante chez un enfant, celui-ci: (**a**) sera atteint d'acromégalie; (**b**) sera atteint de nanisme mais conservera des proportions corporelles normales; (**c**) parviendra précocement à la maturité sexuelle; (**d**) sera toujours vulnérable à la déshydratation.

9. Si l'apport glucidique est adéquat, la sécrétion d'insuline: (**a**) abaisse la glycémie; (**b**) favorise l'utilisation du glucose dans les cellules; (**c**) provoque le stockage du glycogène; (**d**) toutes ces réponses.

10. Les hormones: (**a**) sont produites par les glandes exocrines; (**b**) sont distribuées dans tout l'organisme par le sang; (**c**) sont en concentrations constantes dans le sang; (**d**) influent seulement sur des organes non hormonopoïétiques.

11. Certaines hormones agissent: (**a**) en accroissant la synthèse d'enzymes; (**b**) en convertissant une enzyme inactive en une enzyme active; (**c**) sur des organes cibles précis seulement; (**d**) toutes ces réponses.

12. L'absence de thyroxine cause: (**a**) une accélération de la fréquence cardiaque et une intensification des contractions cardiaques; (**b**) l'affaiblissement du système nerveux central et la léthargie; (**c**) l'exophtalmie; (**d**) une accélération du métabolisme.

13. Les cellules chromaffines se trouvent dans: (**a**) les glandes parathyroïdes; (**b**) l'adénohypophyse; (**c**) les glandes surrénales; (**d**) le corps pinéal.

14. Parmi les hormones suivantes, laquelle est sécrétée par la zone glomérulée et a des effets opposés à ceux du facteur natriurétique auriculaire? (**a**) L'hormone antidiurétique; (**b**) l'adrénaline; (**c**) la calcitonine; (**d**) l'aldostérone; (**e**) l'androstènedione.

Questions à court développement

15. Définissez le terme «hormone».

16. Selon vous, lequel des deux types de récepteur hormonal – intégré à la membrane plasmique ou intracellulaire – est le plus apte à produire, après la liaison de l'hormone, la réaction qui s'étendra sur la plus longue période? Pourquoi?

17. Citez un exemple d'hormone régie par une rétro-inhibition et une autre par une rétroactivation en expliquant la distinction entre ces deux phénomènes.

18. (**a**) Situez l'adénohypophyse, le corps pinéal, le pancréas, les ovaires, les testicules et les glandes surrénales. (**b**) Nommez les hormones que ces glandes endocrines produisent.

19. Nommez deux glandes (ou régions) endocrines qui interviennent dans la réponse au stress et expliquez leur importance. (Précisez les circonstances dans lesquelles elles sécrètent leurs hormones respectives.)

20. Expliquez comment il se fait que la femme produise également de la testostérone.

21. L'adénohypophyse est souvent appelée la «glande hormonale maîtresse», mais elle est aussi subordonnée à un organe. Quel est-il?

22. De quelle façon l'ocytocine et la prolactine contribuent-elles à l'allaitement? À quel endroit sont-elles sécrétées?

23. La neurohypophyse n'est pas une glande endocrine à proprement parler. Pourquoi? Quelle est sa nature?

24. Le goitre endémique ne résulte pas véritablement d'un dysfonctionnement de la glande thyroïde. Quelle en est la cause?

25. Quel lien y a-t-il entre l'hyperglycémie et la lipidémie causées par l'insuffisance d'insuline?

26. Nommez une hormone sécrétée par un myocyte et deux hormones sécrétées par des neurones.

27. Nommez et décrivez quatre troubles survenant parfois chez les personnes âgées par suite d'une diminution de la production hormonale.

Réflexion et application

1. Richard Noël présentait les symptômes d'une hypersécrétion de parathormone (il avait notamment un fort taux sanguin de calcium). Ses médecins étaient persuadés qu'il était atteint d'une tumeur d'une des glandes parathyroïdes. Pourtant, pendant l'intervention pratiquée dans son cou, le chirurgien ne put trouver ces glandes. Où le chirurgien devrait-il alors chercher la glande parathyroïde dans laquelle s'est formée la tumeur?

2. Marie Bédard vient d'être admise à la salle d'urgence du centre hospitalier. Elle transpire abondamment et sa respiration est rapide et irrégulière. Son haleine a une odeur d'acétone (sucrée et fruitée) et sa glycémie est de 36 mmol/L. Elle est en état d'acidose. Quelle hormone faut-il lui administrer, et pourquoi?

3. Sébastien, un garçon de cinq ans, a connu une poussée de croissance phénoménale: sa taille est de 100% supérieure à la normale pour son groupe d'âge. Il se plaint de maux de tête et de troubles de la vision. La tomodensitométrie révèle qu'il

est atteint d'une volumineuse tumeur de l'hypophyse. (a) Quelle hormone son organisme sécrète-t-il en excès? (b) Comment s'appelle le trouble que présentera Sébastien si son état reste sans traitement? (c) Quelle est la cause probable de ses maux de tête et de ses troubles visuels?

4. Serge, un père célibataire de 42 ans, consulte un médecin pour des nausées et une fatigue chronique. Il dit que depuis six mois il se sent fatigué et sans énergie, qu'il a perdu beaucoup de poids et que tout cela est dû au stress. Le médecin note qu'il a le teint basané, même si Serge affirme qu'il passe de longues heures au bureau et très peu de temps à l'extérieur. Sa pression artérielle est très basse et son pouls, rapide et faible. Les analyses sanguines indiquent que Serge ne souffre pas d'anémie, mais que ses taux sanguins de glucose, de cortisol et de sodium sont bas, et que son taux de potassium est élevé. Son médecin lui demande de passer un test de stimulation à l'ACTH, au cours duquel la sécrétion de cortisol est mesurée après l'administration d'une forme synthétique d'ACTH. (a) Comment expliqueriez-vous que son taux sanguin de glucose est bas et son taux de potassium, élevé? (b) Pour quelle raison Serge doit-il passer un test de stimulation à l'ACTH? (c) Quelle glande est surtout touchée quand l'ACTH *ne produit pas* une élévation normale de la sécrétion de cortisol? Comment appelle-t-on ce trouble? (d) Quelle glande est surtout touchée quand l'ACTH produit une élévation de la sécrétion de cortisol?

5. Roger Proulx souffre d'une forme grave d'arthrite et prend de fortes doses de prednisone (un glucocorticoïde) depuis deux mois. Il ne se sent pas bien, se plaint d'avoir eu plusieurs fois le «rhume» et paraît très boursouflé (œdémateux). Expliquez l'origine de ces symptômes.

17

Composition et fonctions du sang : caractéristiques générales (p. 732)

Composants (p. 732)

Caractéristiques physiques et volume (p. 732)

Fonctions (p. 732)

Plasma (p. 733)

Éléments figurés (p. 733)

Érythrocytes (p. 734)

Leucocytes (p. 742)

Plaquettes (p. 748)

Hémostase (p. 749)

Spasme vasculaire (p. 749)

Formation du clou plaquettaire (p. 749)

Coagulation (p. 750)

Rétraction du caillot et réfection du vaisseau (p. 752)

Fibrinolyse (p. 752)

Limitation de la croissance du caillot et prévention de la coagulation (p. 753)

Anomalies de l'hémostase (p. 753)

Transfusion et rétablissement du volume sanguin (p. 755)

Transfusion d'érythrocytes (p. 755)

Rétablissement du volume sanguin (p. 757)

Analyses sanguines (p. 758)

Développement et vieillissement du sang (p. 759)

Le sang

Comme un fleuve impétueux, le sang transporte dans l'organisme presque tout ce qui doit y circuler. Bien avant la naissance de la médecine moderne, nos ancêtres accordaient au sang des propriétés magiques, quasi mystiques. À leurs yeux, en effet, le sang était le principe vital, l'élixir qui, en s'écoulant du corps, emportait la vie avec lui. Les siècles ont passé, mais la médecine n'a pas perdu son intérêt à l'égard du sang. Plus que tout autre tissu, c'est le sang qu'on analyse pour tenter de déterminer la cause d'une maladie.

Dans ce chapitre, nous décrivons la composition, les fonctions et les propriétés exceptionnelles du sang, ce liquide vital qui sert de « transporteur » au système cardiovasculaire. Nous commençons par donner un aperçu de la circulation sanguine, qui est rendue possible par l'action de pompage du cœur. Le sang sort du *cœur* par les *artères*, qui se ramifient pour former des *capillaires*. En traversant les minces parois de ces minuscules vaisseaux, l'oxygène et les nutriments se séparent du sang et pénètrent dans le liquide interstitiel des tissus; en sens inverse, le gaz carbonique et les déchets passent du liquide interstitiel au sang. En quittant les capillaires, le sang pauvre en oxygène s'engage dans les *veines* et, par cette voie, atteint le cœur. De là, il entre dans les poumons, où il s'approvisionne en oxygène, puis il retourne au cœur, d'où il sera renvoyé dans tout l'organisme. Penchons-nous maintenant sur la nature du sang.

Composition et fonctions du sang: caractéristiques générales

1 Décrire la composition et les caractéristiques physiques du sang total. Expliquer pourquoi le sang est considéré comme un tissu conjonctif.

2 Énumérer huit fonctions du sang.

Composants

Le sang est le seul tissu liquide de l'organisme. Il semble épais et homogène, mais il contient des éléments solides visibles au microscope et un composant liquide. Le sang est un tissu conjonctif spécialisé où des cellules vivantes, appelées *éléments figurés*, sont en suspension dans une matrice extracellulaire liquide inerte appelée *plasma*. Contrairement à la plupart des autres tissus conjonctifs, le sang est dépourvu de fibres collagènes et élastiques, mais des protéines fibreuses dissoutes apparaissent sous forme de filaments de fibrine lorsque le sang coagule.

Si on centrifuge un échantillon de sang, les éléments figurés se déposent au fond de l'éprouvette tandis que le plasma, moins dense, flotte à la surface (figure 17.1). La majeure partie de la masse rougeâtre accumulée au fond de l'éprouvette est composée d'*érythrocytes* (*eruthros*: rouge), ou globules rouges, dont la fonction est de transporter l'oxygène. Une mince couche blanchâtre, la **couche leucocytaire**, se forme à la surface de séparation des érythrocytes et du plasma. Comme son nom l'indique, cette couche comprend les *leucocytes* (*leukos*: blanc), ou globules blancs, qui constituent un des moyens de défense de l'organisme, et les *plaquettes*, des fragments de cellules qui interviennent dans la coagulation.

Normalement, le volume d'un échantillon de sang est composé d'environ 45 % d'érythrocytes (cette proportion est appelée **hématocrite**, c'est-à-dire « sang séparé »), de moins de 1 % de leucocytes et de plaquettes et de 55 % de plasma. La valeur normale de l'hématocrite est variable. Chez l'homme en bonne santé, la normale est de 47 % ± 5 %; chez la femme, elle est de 42 % ± 5 %.

Caractéristiques physiques et volume

Le sang est un liquide dense, visqueux et opaque. Sa densité est supérieure à celle de l'eau et il est environ cinq fois plus visqueux, surtout à cause de ses éléments figurés. Le sang cons-

titue environ 8 % de la masse corporelle. Chez l'adulte sain, son volume moyen est de 5 à 6 L chez l'homme et de 4 à 5 L chez la femme. Dès notre plus tendre enfance, nous découvrons une autre de ses caractéristiques, son goût salé et métallique, lorsque nous portons à notre bouche un doigt blessé. Le sang riche en oxygène a une couleur écarlate, tandis que le sang pauvre en oxygène est d'un rouge sombre. Le pH du sang varie entre 7,35 et 7,45: il est donc légèrement alcalin. Sa température est toujours un peu plus élevée que celle du corps (38 °C).

Fonctions

Le sang assure de nombreuses fonctions qui sont toutes liées de près ou de loin au transport de substances, à la régulation de certaines caractéristiques physiques du milieu interne et à la protection de l'organisme.

Transport

Au point de vue du *transport*, les fonctions du sang sont les suivantes.

- Apport à toutes les cellules d'oxygène et de nutriments provenant respectivement des poumons et du système digestif.
- Transport des déchets du métabolisme cellulaire vers les sites d'élimination (les principaux étant les poumons pour le gaz carbonique et les reins pour les déchets azotés).
- Transport des hormones des glandes endocrines vers leurs organes cibles.

Régulation

Au point de vue de la *régulation*, les fonctions du sang sont les suivantes.

- Maintien d'une température corporelle appropriée au moyen de l'absorption de la chaleur et de sa répartition dans tout l'organisme, notamment à la surface de la peau pour favoriser la dissipation de l'excédent.
- Maintien d'un pH normal dans les tissus. De nombreuses protéines sanguines et d'autres solutés du sang servent de tampons et préviennent ainsi les variations brusques ou excessives du pH sanguin qui peuvent perturber l'activité normale des cellules. De plus, le sang constitue un réservoir de bicarbonate (réserve alcaline).
- Maintien d'un volume adéquat de liquide dans le système circulatoire. Le chlorure de sodium et d'autres sels, en conjonction avec des protéines sanguines comme l'albumine, empêchent le transfert d'une quantité excessive de liquide dans l'espace interstitiel. Ainsi, le volume de liquide dans les vaisseaux sanguins reste suffisant pour assurer l'irrigation de toutes les parties de l'organisme.

Protection

Au point de vue de la *protection* de l'organisme, les fonctions du sang sont les suivantes.

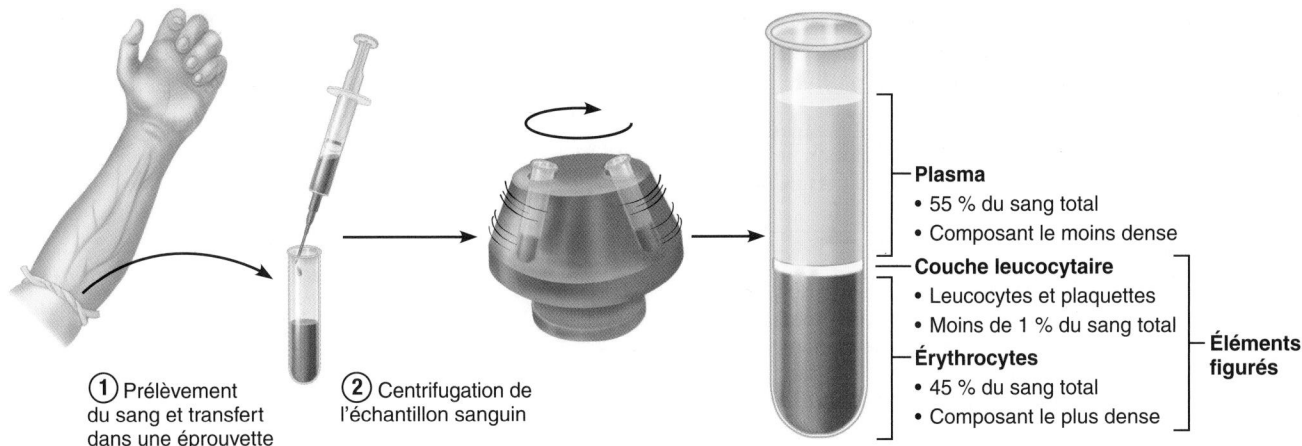

Figure 17.1   Principaux composants du sang total.

■ Prévention de l'hémorragie. Lorsqu'un vaisseau sanguin se rompt, les plaquettes et les protéines plasmatiques forment un caillot et arrêtent l'écoulement du sang.

■ Prévention de l'infection. Le sang transporte des anticorps, des protéines du complément ainsi que des leucocytes qui, tous, défendent l'organisme contre des corps étrangers tels que les bactéries et les virus.

Plasma

3 Décrire la composition du plasma et énumérer les fonctions de ses différents composants.

Le **plasma** est un liquide légèrement visqueux de couleur jaunâtre (figure 17.1). Composé à 90 % d'eau, le plasma contient plus d'une centaine de solutés, dont des nutriments, des gaz, des hormones, divers produits et déchets de l'activité cellulaire, des ions et des protéines. Le **tableau 17.1** présente un résumé des principaux composants du plasma.

Les protéines plasmatiques, qui constituent environ 8 % (au poids) du volume plasmatique, sont les solutés du plasma les plus abondants. Exception faite des hormones et des gammaglobulines, la plupart des protéines plasmatiques sont produites par le foie. Les protéines plasmatiques assurent diverses fonctions, mais les cellules *ne* les utilisent *pas* à des fins énergétiques ou métaboliques comme elles le font avec la plupart des autres solutés plasmatiques, notamment le glucose, les acides gras et les acides aminés.

L'**albumine**, qui constitue environ 60 % des protéines plasmatiques, sert de navette à certaines molécules dans la circulation et de tampon important pour le sang, et elle participe au maintien du pH sanguin. Parmi les protéines sanguines, c'est elle qui contribue le plus à la pression osmotique du plasma (la pression qui garde l'eau dans les vaisseaux), suivie par d'autres solutés, dont les plus essentiels sont les ions sodium.

La composition du plasma varie continuellement, selon que les cellules captent ou libèrent des substances dans le sang.

Toutefois, si le régime alimentaire est sain, divers mécanismes homéostatiques conservent au plasma une composition relativement constante. Par exemple, lorsque la concentration sanguine de protéines s'abaisse trop, le foie fabrique plus de protéines. Lorsque le sang devient trop acide (acidose), le système respiratoire et les reins entrent en action pour rétablir le pH normal du plasma, légèrement alcalin. À tout moment, divers organes procèdent à des réajustements afin de maintenir les nombreux solutés plasmatiques aux concentrations physiologiques.

VÉRIFIONS NOS ACQUIS

1. Qu'est-ce que l'hématocrite ? Quelle en est la valeur normale ?
2. Donnez deux des fonctions de protection du sang.
3. Les protéines plasmatiques sont-elles utilisées comme carburant par les cellules de l'organisme ? Motivez votre réponse.

Les réponses se trouvent à l'appendice G.

Éléments figurés

Les **éléments figurés** du sang comprennent les *érythrocytes*, les *leucocytes* et les *plaquettes*. Ils présentent certaines caractéristiques uniques. (1) Deux de ces types ne sont pas de véritables cellules ; les érythrocytes ne contiennent pas de noyau et à peu près pas d'organites, et les plaquettes sont des fragments de cellules. Seuls les leucocytes sont des cellules complètes. (2) La plupart des éléments figurés survivent dans la circulation sanguine pendant quelques jours seulement (chaque seconde, 15 millions sont détruits). (3) La plupart des cellules sanguines ne se divisent pas. Elles sont plutôt constamment renouvelées par division continue des cellules souches dans la moelle osseuse, dont elles sont issues.

Si vous examinez un frottis coloré de sang humain au microscope optique, vous y verrez des érythrocytes en forme

17

TABLEAU 17.1	Composition du plasma
COMPOSANTS	**DESCRIPTION ET IMPORTANCE**
Eau	Constitue 90 % du volume plasmatique ; milieu de dissolution et de suspension pour les solutés du sang ; absorbe la chaleur.
Solutés Protéines plasmatiques	Constituent 8 % (au poids) du volume plasmatique ; contribuent toutes à la pression osmotique et au maintien de l'équilibre hydrique du sang et des tissus ; assurent aussi d'autres fonctions (transport, rôle enzymatique, etc.).
▪ Albumine	Constitue 60 % des protéines plasmatiques ; produite par le foie ; facteur principal de la pression osmotique.
▪ Globulines	Constituent 36 % des protéines plasmatiques ; rôles de transport et de défense.
alpha et bêta	Produites par le foie ; la plupart sont des protéines vectrices qui se lient aux lipides, aux ions des métaux et aux vitamines liposolubles.
gamma	Anticorps libérés par les cellules plasmatiques pendant la réaction immunitaire.
▪ Fibrinogène	Constitue 4 % des protéines plasmatiques ; produit par le foie ; forme les filaments de fibrine qui interviennent dans la coagulation.
Substances azotées non protéiques	Sous-produits du métabolisme cellulaire comme l'urée, l'acide urique, la créatinine et les sels d'ammonium.
Nutriments (organiques)	Matières absorbées par le tube digestif et transportées dans l'organisme entier ; comprennent le glucose et d'autres glucides simples, les acides aminés (produits de la digestion des protéines), les acides gras, le glycérol et les triglycérides (lipides), le cholestérol et les vitamines.
Électrolytes	Cations, dont le sodium, le potassium, le calcium, le fer et le magnésium ; anions, dont le chlorure, le phosphate, le sulfate et le bicarbonate ; concourent à maintenir la pression osmotique du plasma et le pH sanguin.
Gaz respiratoires	Oxygène et gaz carbonique ; oxygène en majeure partie lié à l'hémoglobine dans les érythrocytes ; le gaz carbonique est transporté par l'hémoglobine des érythrocytes et sous forme d'ions bicarbonate dissous dans le plasma.
Hormones	Hormones stéroïdes et thyroïdiennes transportées par des protéines plasmatiques.

de disque, des leucocytes multicolores et, çà et là, quelques plaquettes à l'allure de débris (figure 17.2). Les érythrocytes sont beaucoup plus nombreux que les autres éléments figurés. Le tableau 17.2 présente un résumé des principales caractéristiques des éléments figurés.

Érythrocytes

4 Décrire la structure et la fonction des érythrocytes ; préciser la structure de l'hémoglobine relativement à cette fonction.

5 Donner les facteurs qui influent sur la production des érythrocytes ; décrire les différentes étapes de la vie de ces derniers (lieu de formation, longévité, sites de destruction) et ce qu'il advient des composants de l'hémoglobine.

6 Donner des exemples de troubles causés par des anomalies des érythrocytes. Expliquer le mécanisme de chaque trouble.

Structure

Avec leur diamètre d'environ 7,5 mm, les **érythrocytes**, aussi appelés **globules rouges** ou **hématies**, sont de petites cellules. Ils ont la forme de disques biconcaves dont le centre, mince, paraît plus pâle que la périphérie (figure 17.3). Au microscope, ils ressemblent à de minuscules beignes. Les érythrocytes matures, entourés d'une membrane plasmique, sont *anucléés*

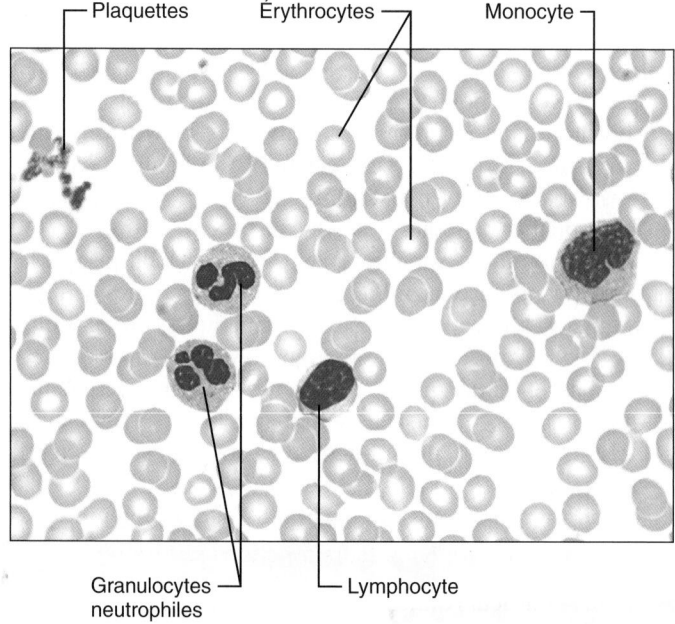

Figure 17.2 **Photomicrographie d'un frottis de sang humain** (coloration de Wright ; 640×).

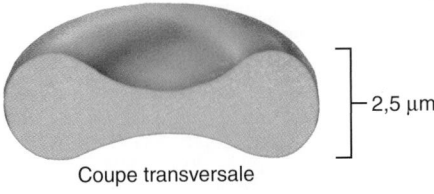

Coupe transversale

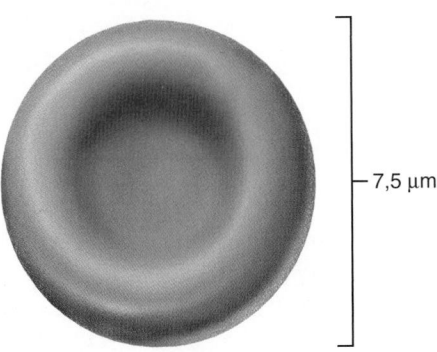

Face supérieure

Figure 17.3 Structure des érythrocytes. Notez la forme biconcave caractéristique.

(sans noyau) et ne possèdent que de rares organites. En fait, ils constituent des «sacs» de molécules d'*hémoglobine* (*Hb*), cette protéine des érythrocytes intervenant dans le transport des gaz. Il y a d'autres protéines dans les érythrocytes – telles que des enzymes antioxydantes qui débarrassent le corps des dangereux radicaux libres dérivés de l'oxygène –, mais la principale fonction de ces protéines est de maintenir l'intégrité de la membrane plasmique ou de modifier la forme du globule au besoin.

En effet, l'érythrocyte maintient sa forme biconcave grâce à un réseau de protéines fibreuses (constituant son cytosquelette), dont l'une des plus actives est la *spectrine* qui adhère à la face interne de sa membrane plasmique. Comme la spectrine est déformable, les érythrocytes possèdent la flexibilité qui leur permet de changer de forme. Ils peuvent donc se tordre, se plier et se creuser lorsqu'ils passent dans les capillaires (dont le diamètre peut être deux fois plus petit que le leur), puis reprendre leur forme biconcave quand ils arrivent dans des vaisseaux plus larges.

Les érythrocytes sont de merveilleux exemples d'adaptation de la structure à la fonction. Ils captent l'oxygène dans les lits capillaires des poumons et le distribuent aux cellules des tissus par le biais d'autres capillaires. Ils transportent également vers les poumons environ 20 % du gaz carbonique provenant des cellules des tissus. Trois caractéristiques structurales des érythrocytes contribuent à leurs fonctions respiratoires.

1. Du fait de leurs dimensions et de leur forme biconcave, les érythrocytes présentent une surface relativement étendue par rapport à leur volume (supérieure d'environ 30 % à celle de cellules sphériques comparables). Leur forme

convient parfaitement aux échanges gazeux avec le liquide interstitiel des tissus, car aucun point du cytoplasme n'est loin de la membrane plasmique.
2. Si on exclut sa teneur en eau, un érythrocyte contient plus de 97 % d'hémoglobine, la molécule qui se lie aux gaz respiratoires et les transporte.
3. Comme ils sont dépourvus de mitochondries et produisent de l'ATP à partir du glucose, par des mécanismes anaérobies, les érythrocytes n'utilisent pas l'oxygène qu'ils transportent et constituent de ce fait des transporteurs hautement efficaces.

Les érythrocytes sont les principaux facteurs de la viscosité du sang. Ils sont 1000 fois plus nombreux que les leucocytes. Pour des raisons que nous expliquerons plus loin dans ce chapitre, les femmes possèdent généralement moins d'érythrocytes que les hommes (de 4,3 à 5,2 × 10^{12} cellules par litre de sang et de 5,1 à 5,8 × 10^{12} cellules par litre de sang respectivement). Lorsque le nombre d'érythrocytes s'élève au-dessus de la normale, la viscosité du sang augmente, ce qui risque de provoquer le ralentissement de la circulation sanguine. Inversement, lorsque le nombre d'érythrocytes baisse sous la normale, le sang s'éclaircit et circule plus rapidement.

Fonction

Les érythrocytes se consacrent entièrement à leur tâche, qui est de transporter des gaz respiratoires (oxygène et gaz carbonique). L'**hémoglobine**, la protéine qui donne leur couleur aux globules rouges, se lie facilement et de façon réversible à l'oxygène; du reste, la majeure partie de l'oxygène transporté dans le sang est liée à l'hémoglobine. Normalement, la concentration de l'hémoglobine dans le sang est de 140 à 200 g/L chez l'enfant, de 130 à 180 g/L chez l'homme adulte et de 120 à 160 g/L chez la femme adulte.

La molécule d'hémoglobine est formée de quatre groupements prosthétiques d'un pigment rouge appelé **hème** et d'une protéine globulaire appelée **globine**. La globine est composée de quatre chaînes polypeptidiques, deux alpha (α) et deux bêta (β) **(figure 17.4a)**. Chaque hème, en forme d'anneau, porte en son centre un atome de fer (figure 17.4b). Puisque chaque atome de fer peut se combiner de façon réversible avec une molécule d'oxygène (avec deux atomes), une molécule d'hémoglobine peut transporter quatre molécules d'oxygène (ou huit atomes). Comme un érythrocyte contient quelque 250 millions de molécules d'hémoglobine, il peut capter environ un milliard de molécules d'oxygène!

Le fait que l'hémoglobine se trouve dans les érythrocytes plutôt qu'en circulation libre dans le plasma lui évite: (1) de se diviser en fragments qui se déverseraient hors de la circulation sanguine (par les membranes capillaires, qui sont plutôt poreuses); et (2) d'accroître la viscosité et la pression osmotique du sang.

Le «chargement» de l'oxygène s'effectue dans les poumons et de là, il est transporté jusqu'aux cellules des tissus. Lorsque le sang pauvre en oxygène passe dans les poumons, l'oxygène

17

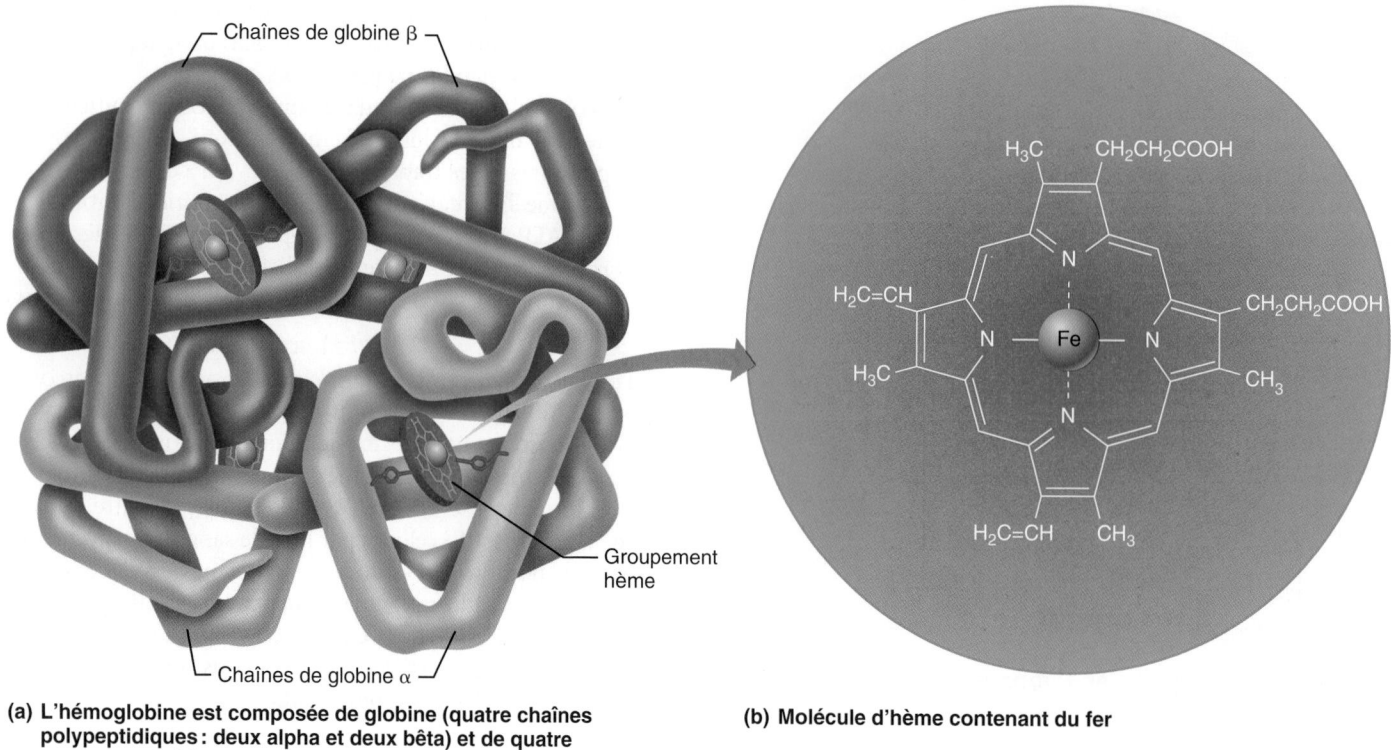

Chaînes de globine β

Groupement hème

Chaînes de globine α

(a) L'hémoglobine est composée de globine (quatre chaînes polypeptidiques: deux alpha et deux bêta) et de quatre groupements hèmes.

(b) Molécule d'hème contenant du fer

Figure 17.4 **Structure de l'hémoglobine.**

diffuse des alvéoles pulmonaires vers le plasma sanguin, puis traverse la membrane plasmique des érythrocytes et se lie aux molécules d'hémoglobine libre présentes dans leur cytoplasme. Au moment où l'oxygène se lie au fer, l'hémoglobine adopte une nouvelle structure tridimensionnelle; elle prend alors le nom d'**oxyhémoglobine** et se colore en rouge vif. Dans les capillaires des tissus, le processus est inversé. L'oxygène se dissocie du fer, et l'hémoglobine reprend sa forme antérieure; elle porte alors le nom de **désoxyhémoglobine**, ou *hémoglobine réduite*, et se colore en rouge sombre. L'oxygène libéré diffuse du cytoplasme des érythrocytes vers le plasma, du plasma vers le liquide interstitiel et, enfin, du liquide interstitiel vers le cytoplasme des cellules.

Environ 20 % du gaz carbonique transporté dans le sang se lie à l'hémoglobine des érythrocytes pour former la **carbhémoglobine**; plus précisément, le CO_2 se lie à un acide aminé (lysine) de la globine plutôt qu'aux atomes de fer des groupements hèmes. La formation de carbhémoglobine est plus facile lorsque l'hémoglobine a libéré son oxygène (s'est réduite) dans les capillaires systémiques. Le sang transporte ensuite le gaz carbonique jusqu'aux poumons (capillaires pulmonaires) afin de l'éliminer et de faire le plein oxygène. Nous décrivons au chapitre 22 les mécanismes de liaison et de libération des gaz respiratoires.

La partie aminée de la globine se fixe également au glucose. Il se forme alors une hémoglobine particulière, dite hémoglobine glyquée, et dont on se sert pour évaluer l'équilibre glycémique d'un patient diabétique.

Production des érythrocytes

La formation des cellules sanguines est appelée **hématopoïèse**, ou **hémopoïèse** (*haima, haimatos*: sang; *poiein*: faire). Ce processus se déroule dans la **moelle osseuse rouge**, composée principalement d'un réseau de tissu conjonctif réticulaire bordant de larges capillaires appelés *sinusoïdes*. Dans ce réseau se trouvent des globules immatures, des macrophagocytes, des cellules adipeuses et des *cellules réticulaires* (qui sécrètent les fibres). Chez l'adulte, ce tissu est situé principalement dans les os plats du tronc et des ceintures, ainsi que dans les épiphyses proximales de l'humérus et du fémur.

La production des divers types de cellules varie en nombre selon les besoins de l'organisme et elle est soumise à différents facteurs de régulation. Au fur et à mesure de leur maturation, les cellules sanguines passent entre les cellules non jointives des sinusoïdes pour entrer dans la circulation. En moyenne, la moelle osseuse produit chaque jour environ 28 g de sang nouveau comprenant quelque 100 milliards de nouvelles cellules, dont 2,5 milliards d'érythrocytes.

En dépit de leurs fonctions différentes, les éléments figurés ont une origine commune. Tous naissent d'une même *cellule souche*, l'**hémocytoblaste** (*kutos*: cellule; *blastos*: germe). Ce précurseur indifférencié réside dans la moelle osseuse rouge. Certains chercheurs appellent cette cellule *cellule souche hématopoïétique pluripotente*, car elle donne naissance à plusieurs types d'éléments. (Nous emploierons quant à nous le terme «hémocytoblaste», plus général.) Cette cellule souche se divise par mitose pour donner différents types de *précurseurs* (cellules progénitrices organisées en clones ou CFU, *colony-forming units*); le potentiel de différenciation de ces dernières cellules étant restreint, chaque type de précurseur va produire une lignée particulière d'éléments. En effet, des récepteurs spécifiques apparaissent sur la membrane plasmique des précurseurs; ils réagissent à certaines hormones ou à certains facteurs de croissance qui orientent la spécialisation, ou différenciation, de la cellule.

La production des érythrocytes, ou **érythropoïèse**, débute lorsqu'un descendant de l'hémocytoblaste, la **cellule souche myéloïde**, se différencie en **proérythroblaste** (figure 17.5). À son tour, celui-ci engendre un **érythroblaste basophile** qui produit un grand nombre de ribosomes; ceux-ci synthétisent les chaînes α et les chaînes β de la globine (tandis que les molécules d'hème sont assemblées dans les mitochondries). Pendant les deux premières phases, les cellules se divisent à de nombreuses reprises. La synthèse de l'hémoglobine et l'accumulation de fer ont lieu au cours de la transformation de l'**érythroblaste basophile** en **érythroblaste polychromatophile**, puis en **érythroblaste acidophile** (ou normoblaste). La « couleur » du cytoplasme de la cellule change à mesure que la couleur bleue que prennent les nombreux ribosomes des érythroblastes basophiles se mêle au rose de l'hémoglobine (la synthèse des protéines étant terminée, le cytoplasme contient moins d'ARN et de ribosomes, ce qui permet au rose de l'hémoglobine de ressortir). Lorsqu'un érythroblaste acidophile présente une concentration d'hémoglobine presque complète, il éjecte la plupart de ses organites. De plus, ses fonctions nucléaires cessent et son noyau dégénère. Le noyau est ensuite expulsé, entraînant l'affaissement du centre de la cellule, qui prend alors sa forme biconcave caractéristique. On a alors un **réticulocyte**, c'est-à-dire un jeune érythrocyte qui contient un réseau (« réticulum ») clairsemé de ribosomes – d'où son nom.

La transformation d'un hémocytoblaste en réticulocyte dure une quinzaine de jours. Le réticulocyte, bourré de molécules d'hémoglobine, entre dans la circulation sanguine et commence à y transporter l'oxygène. Deux jours après, il atteint sa pleine maturité à mesure que ses ribosomes devenus inutiles (leur travail de synthèse de l'hémoglobine étant terminé) sont détruits, dans le cytosol, par des enzymes intracellulaires.

Les réticulocytes constituent de 1 à 2 % des érythrocytes dans le sang d'une personne en bonne santé. Au cours d'évaluations cliniques, la **numération des réticulocytes** donne une indication approximative de la *vitesse* de l'érythropoïèse – un pourcentage inférieur ou supérieur à 1 ou 2 % est un signe de production anormale d'érythrocytes.

Régulation et conditions de l'érythropoïèse

Le nombre d'érythrocytes circulant chez un individu est remarquablement constant. Il est important que s'établisse un équilibre entre la production et la destruction des globules rouges, car un nombre insuffisant d'érythrocytes cause l'**hypoxémie** (manque d'oxygène dans le sang), tandis qu'un nombre trop élevé confère au sang une viscosité excessive. Pour que la teneur du sang en érythrocytes demeure à l'intérieur des valeurs limites normales, l'organisme d'un sujet sain produit de nouvelles cellules au taux vertigineux de deux millions par seconde. Ce processus obéit à une régulation hormonale et il nécessite un apport adéquat de fer, d'acides aminés et de certaines vitamines du groupe B.

Régulation hormonale Le stimulus à l'origine de l'érythropoïèse est l'**érythropoïétine** (**EPO**), une hormone glycoprotéique (figure 17.6). Normalement, une petite quantité d'EPO circule dans le sang en tout temps et maintient l'érythropoïèse à son rythme minimal. L'EPO est produite par les reins et, dans une moindre mesure, par le foie. Lorsque certaines cellules rénales deviennent *hypoxiques* (ne reçoivent pas assez d'oxygène), les enzymes sensibles à l'oxygène ne peuvent plus assumer leur fonction normale qu'est la dégradation d'une molécule de signalisation, le facteur induit par l'hypoxémie. À mesure qu'il s'accumule, ce facteur accélère la synthèse et la libération de l'EPO.

17

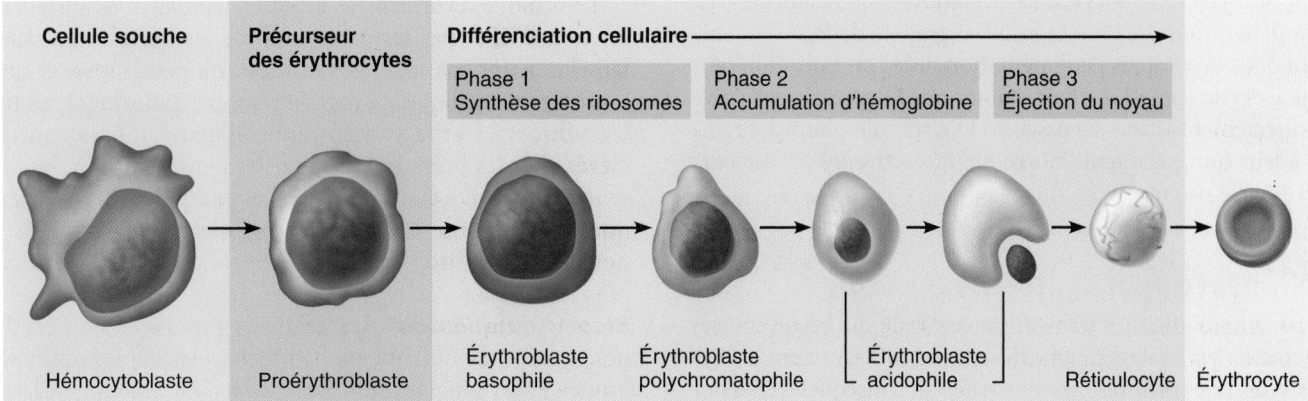

Cellule souche	Précurseur des érythrocytes	Différenciation cellulaire ⟶		
		Phase 1 Synthèse des ribosomes	Phase 2 Accumulation d'hémoglobine	Phase 3 Éjection du noyau
Hémocytoblaste	Proérythroblaste	Érythroblaste basophile	Érythroblaste polychromatophile	Érythroblaste acidophile — Réticulocyte — Érythrocyte

Figure 17.5 Érythropoïèse: production des globules rouges. Les réticulocytes sont libérés dans la circulation sanguine. La cellule souche myéloïde, soit la phase intermédiaire entre l'hémocytoblaste et le proérythroblaste, n'est pas représentée.

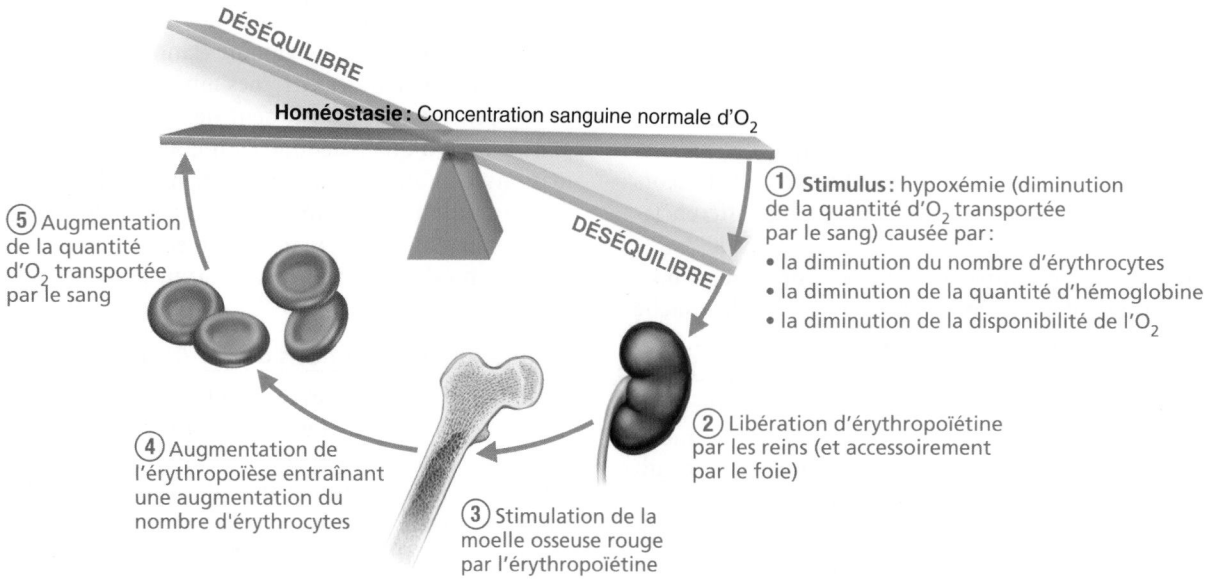

Figure 17.6 **Régulation de l'érythropoïèse par l'érythropoïétine.**

La diminution de la concentration d'oxygène, qui stimule la formation d'EPO, peut résulter des facteurs suivants.

1. Diminution du nombre d'érythrocytes causée par une hémorragie ou par une destruction excessive.
2. Quantité d'hémoglobine insuffisante dans les érythrocytes (comme dans une insuffisance en fer).
3. Diminution de la disponibilité de l'oxygène causée notamment par l'altitude ou par des problèmes respiratoires ou cardiaques.

Inversement, une surabondance d'érythrocytes ou d'oxygène dans la circulation ralentit la production d'érythropoïétine. Il faut bien se rappeler que la vitesse de l'érythropoïèse repose sur la capacité des érythrocytes de transporter la quantité requise d'oxygène aux tissus et *non* sur leur concentration dans le sang.

L'érythropoïétine stimule la prolifération des *précurseurs* (proérythroblastes) et accélère les différentes étapes de leur différenciation en réticulocytes. La libération des réticulocytes (et, partant, leur nombre dans le sang) augmente de façon notable un ou deux jours après l'augmentation de la concentration sanguine d'érythropoïétine. Il est à noter que l'hypoxémie n'active pas directement la moelle osseuse. Elle stimule plutôt les reins qui, à leur tour, sécrètent l'hormone qui active les précurseurs de la moelle osseuse.

DÉSÉQUILIBRE HOMÉOSTATIQUE

Les personnes atteintes d'insuffisance rénale qui reçoivent des traitements par dialyse ne produisent pas suffisamment d'EPO pour avoir une érythropoïèse normale. Par conséquent, elles ont généralement deux fois moins d'érythrocytes que les individus sains. L'administration d'EPO, maintenant produite par génie génétique (érythropoïétine recombinante ou rhEPO), améliore nettement l'état de ces patients. Cependant, certains athlètes, en particulier les cyclistes professionnels et les marathoniens, passent outre à l'interdiction déclarée par le CIO en 1991 et s'injectent cette substance pour accroître leur endurance et leur performance. Or, cette pratique est dangereuse : elle peut entraîner de graves conséquences sur la santé future des athlètes, voire causer la mort. La rhEPO contient les mêmes acides aminés que l'EPO humaine dite endogène, mais elle en diffère par sa composition en sucres. L'injection d'EPO recombinante, telles que l'epoétine (Eprex) et la darbépoïétine (Aranesp), chez un athlète en bonne santé fait grimper son hématocrite à un maximum de 65 % (alors que sa valeur normale est de 45 %). Or, dans une épreuve de fond, l'athlète se déshydrate, de sorte que son sang se concentre au point de devenir une « boue » épaisse et visqueuse pouvant entraîner la formation de caillots, un accident vasculaire cérébral et parfois même une défaillance cardiaque. (Rappelez-vous que la viscosité du sang augmente avec la quantité d'érythrocytes.) ∎

L'hormone sexuelle mâle, la *testostérone*, favorise aussi la production d'EPO par les reins. Comme les hormones sexuelles femelles n'ont pas cet effet stimulant, on peut supposer que la testostérone explique, en partie du moins, pourquoi le nombre d'érythrocytes et la concentration d'hémoglobine sont plus élevés chez les hommes que chez les femmes. Enfin, les différentes substances chimiques libérées par les leucocytes, les plaquettes et même les cellules réticulaires provoquent des poussées d'érythropoïèse.

Besoins nutritionnels Les matières premières de l'érythropoïèse sont les nutriments habituels – les acides aminés, les lipides et les glucides. En outre, le fer est essentiel à la synthèse de l'hémoglobine. Le fer provient de l'alimentation et son absorption dans la circulation sanguine est régie de manière très précise par des cellules intestinales activées en réaction aux fluctuations des réserves de fer de l'organisme.

Environ 65 % des réserves de fer de l'organisme (soit approximativement 4000 mg) se trouvent dans l'hémoglobine. La majeure partie du reste est emmagasinée dans le foie, la rate et, dans une très faible mesure, la moelle osseuse. En raison de sa cytotoxicité, le fer libre (Fe^{2+}, Fe^{3+}) est emmagasiné dans les cellules sous forme de complexes protéiques tels que la **ferritine** et l'**hémosidérine**. Dans le sang, le fer est associé de manière lâche à une protéine vectrice appelée **transferrine** (ou sidérophiline), et les érythrocytes en voie de formation captent du fer au besoin pour élaborer de l'hémoglobine **(figure 17.7)**. Chaque jour, l'organisme excrète de petites quantités de fer dans les matières fécales, l'urine, la sueur et la desquamation des cellules des muqueuses. La déperdition quotidienne moyenne de fer est de 1,7 mg chez la femme et de 0,9 mg chez l'homme. La valeur plus élevée chez la femme est liée à la perte additionnelle lors des menstruations (une perte de 50 mL de sang équivaut à une perte de 25 mg de fer).

Deux vitamines du groupe B, soit les vitamines B_{12} et B_9, aussi appelée acide folique, sont nécessaires à la synthèse normale de l'ADN. Une carence, même légère, a tôt fait de mettre en danger les populations de cellules souches, qui se divisent rapidement, et notamment les hémocytoblastes qui donnent naissance aux érythrocytes.

Destinée et destruction des érythrocytes

Chaque seconde, notre corps produit entre deux et trois millions de globules rouges. L'absence de noyau et d'organites pose aux érythrocytes un certain nombre de limites importantes. Ils ne peuvent ni synthétiser de protéines, ni croître, ni se diviser ; c'est pourquoi leur durée de vie utile ne dépasse pas 100 à 120 jours (figure 17.7). À mesure qu'ils « vieillissent », leur membrane plasmique devient rigide et se fragilise ; quant à l'hémoglobine qu'ils contiennent, elle perd progressivement ses propriétés chimiques. Par ailleurs, incapables de se déformer, les érythrocytes sont pris au piège dans les petits vaisseaux, particulièrement ceux de la rate, où ils sont phagocytés et digérés par les macrophagocytes. Du reste, la rate est parfois appelée le « cimetière des globules rouges ».

Au cours de la destruction des érythrocytes, l'hème de l'hémoglobine est séparé de la globine. Son noyau de fer est récupéré, associé à une protéine (comme la ferritine ou l'hémosidérine) et emmagasiné en vue d'une réutilisation ultérieure. Le reste du groupement hème est dégradé en **bilirubine**, un pigment jaune libéré dans la circulation sanguine et transporté par l'albumine, à laquelle il se lie (figure 17.7, ⑤). La bilirubine est absorbée par les cellules du foie qui, à leur tour, la déversent dans l'intestin (bile), où elle est transformée en *urobilinogène*. La majeure partie de ce pigment est excrétée dans les matières fécales sous la forme d'un sous-produit de couleur brune, la *stercobiline*. La globine est dégradée en acides aminés, qui sont libérés dans la circulation.

Un mécanisme semblable assure l'élimination de l'hémoglobine lorsqu'elle s'échappe des érythrocytes et se déverse dans le sang (par exemple, dans les cas de drépanocytose ou dans l'anémie hémorragique ; voir plus loin). Toutefois, ce processus se déroule beaucoup plus rapidement afin d'éviter une intoxication

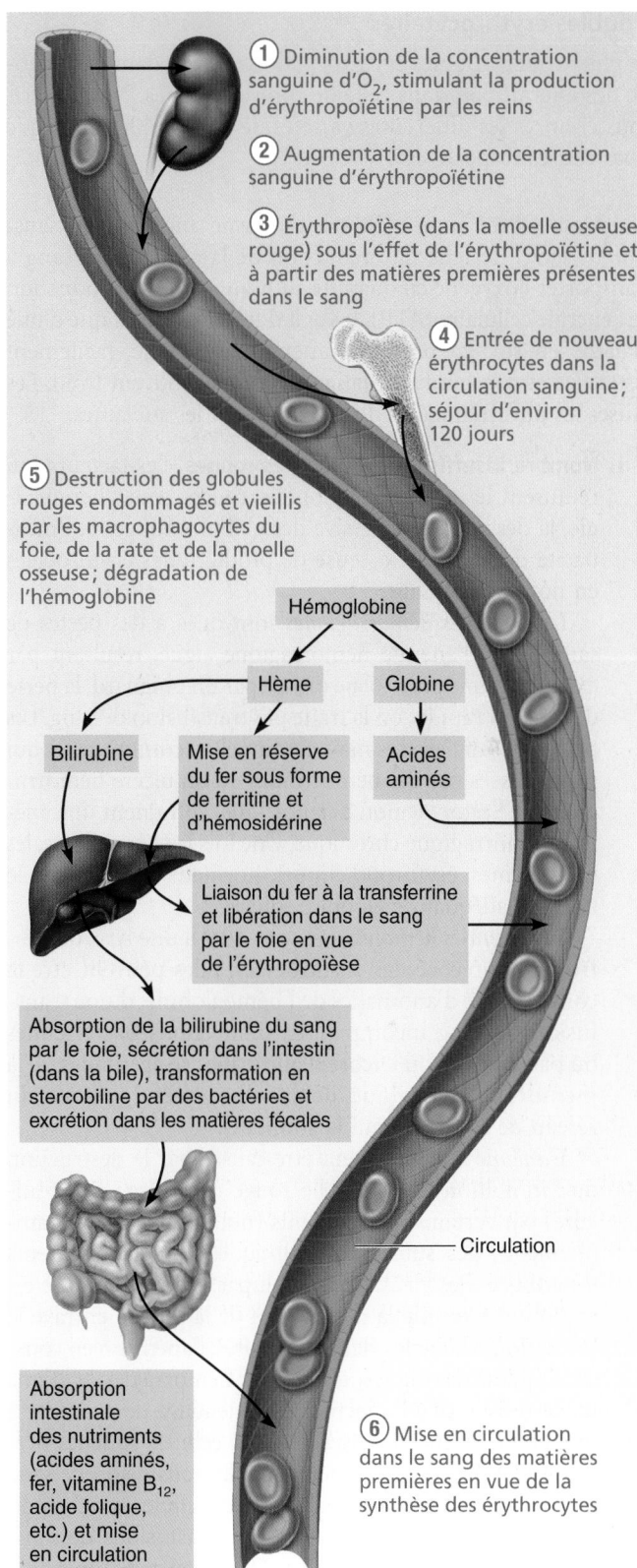

① Diminution de la concentration sanguine d'O_2, stimulant la production d'érythropoïétine par les reins

② Augmentation de la concentration sanguine d'érythropoïétine

③ Érythropoïèse (dans la moelle osseuse rouge) sous l'effet de l'érythropoïétine et à partir des matières premières présentes dans le sang

④ Entrée de nouveaux érythrocytes dans la circulation sanguine ; séjour d'environ 120 jours

⑤ Destruction des globules rouges endommagés et vieillis par les macrophagocytes du foie, de la rate et de la moelle osseuse ; dégradation de l'hémoglobine

Hémoglobine

Hème   Globine

Bilirubine   Mise en réserve du fer sous forme de ferritine et d'hémosidérine   Acides aminés

Liaison du fer à la transferrine et libération dans le sang par le foie en vue de l'érythropoïèse

Absorption de la bilirubine du sang par le foie, sécrétion dans l'intestin (dans la bile), transformation en stercobiline par des bactéries et excrétion dans les matières fécales

Absorption intestinale des nutriments (acides aminés, fer, vitamine B_{12}, acide folique, etc.) et mise en circulation dans le sang

⑥ Mise en circulation dans le sang des matières premières en vue de la synthèse des érythrocytes

Circulation

Figure 17.7 Cycle de vie des globules rouges.

causée par l'accumulation de fer dans le sang. L'hémoglobine libérée est captée par une protéine plasmatique, l'*haptoglobine*, et le complexe est phagocyté par les macrophagocytes.

Troubles érythrocytaires

La plupart des troubles érythrocytaires entrent dans la catégorie des anémies ou dans celle des polycythémies. Nous décrivons ci-après les différentes variétés de ces troubles ainsi que leurs causes respectives.

Anémies D'une façon générale, le terme **anémie** (*an*: sans; *haima*: sang) désigne une réduction de la capacité du sang à transporter l'oxygène en quantité suffisante pour la production de l'énergie cellulaire (ATP). Il s'agit d'un *signe* plutôt que d'une maladie en soi. La personne anémique est pâle, facilement essoufflée et constamment fatiguée, et elle a souvent froid. Les causes les plus fréquentes de l'anémie sont les suivantes.

1. **Nombre insuffisant de globules rouges.** Les facteurs qui réduisent le nombre de globules rouges sont l'hémorragie, la destruction excessive des globules rouges et l'incapacité de la moelle osseuse de produire des érythrocytes en nombre suffisant.

   Les *anémies hémorragiques* sont dues à des pertes de sang. Dans l'anémie hémorragique aiguë, résultant par exemple d'une grave plaie causée par un poignard, la perte de sang est rapide; on la traite par transfusion de sang. Les pertes de sang légères mais continuelles, comme celles qui sont causées par des hémorroïdes ou un ulcère hémorragique de l'estomac non diagnostiqué, entraînent une anémie hémorragique chronique. Une fois la cause traitée, les mécanismes érythropoïétiques normaux rétablissent le nombre adéquat de globules rouges.

   Les *anémies hémolytiques* sont dues à une lyse, ou destruction, précoce des érythrocytes. Elles peuvent être la conséquence d'anomalies de l'hémoglobine, d'une transfusion de sang incompatible, d'infections bactériennes ou parasitaires, ou encore d'anomalies congénitales de la membrane plasmique des érythrocytes (surtout du réseau de spectrine qui la soutient).

   L'*anémie aplasique* peut être causée par la destruction ou l'inhibition de la moelle rouge (insuffisance médullaire) par certains médicaments (notamment le chloramphénicol), des substances chimiques, les rayonnements ionisants et des virus. Dans la plupart des cas, la cause est inconnue. Comme la destruction de la moelle entrave la formation de *tous* les éléments figurés, l'anémie n'en constitue qu'un des signes, à côté des hémorragies et d'une faible résistance à l'infection. En attendant de procéder à une greffe de moelle osseuse ou de cellules souches prélevées du sang d'un donneur ou à la transfusion de sang de cordon ombilical, qui contient des cellules souches, on traite la personne atteinte par des transfusions de sang.

2. **Faible teneur en hémoglobine.** En présence de molécules d'hémoglobine normales mais en nombre insuffisant dans les érythrocytes, on soupçonne toujours une anémie nutritionnelle.

   L'*anémie ferriprive* résulte d'un apport inadéquat d'aliments riches en fer, d'un défaut de l'absorption du fer ou, plus fréquemment, d'une anémie hémorragique. Les érythrocytes produits, appelés **microcytes**, sont petits et pâles.

Le traitement consiste évidemment en l'administration de suppléments de fer. Si une hémorragie chronique est en cause, des transfusions de globules rouges peuvent aussi s'imposer.

En période d'entraînement intensif, le volume sanguin des athlètes peut augmenter de 35 %. En raison de cette augmentation de volume, les composants du sang peuvent s'en trouver dilués; une mesure de la teneur en fer du sang effectuée à ce moment porterait à formuler un diagnostic d'anémie ferriprive. Cette carence apparente, appelée **anémie des athlètes**, disparaît dès que les composants du sang retrouvent leurs valeurs physiologiques, soit une semaine environ après la reprise des activités normales.

L'*anémie pernicieuse* est due à une carence en vitamine B_{12}. La viande, la volaille et le poisson fournissent de grandes quantités de cette vitamine, si bien que le régime alimentaire constitue rarement un facteur de cette forme d'anémie, sauf chez les végétariens stricts. Une substance produite par la muqueuse gastrique, le **facteur intrinsèque**, est nécessaire à l'absorption de la vitamine B_{12} par les cellules intestinales. Or, la plupart des personnes souffrant d'anémie pernicieuse ne produisent pas suffisamment de facteur intrinsèque. Les érythrocytes en voie de formation croissent mais ne se divisent pas et donnent naissance à de grandes cellules pâles appelées **macrocytes**. Touchant surtout les personnes âgées, l'anémie pernicieuse est une maladie auto-immune caractérisée par une atrophie de la muqueuse de l'estomac. Le traitement consiste en des injections intramusculaires de vitamine B_{12} ou en l'application hebdomadaire sur la muqueuse nasale, au moyen d'un vaporisateur, d'un gel contenant de la vitamine B_{12} synthétique (Nascobal).

3. **Anomalies de l'hémoglobine.** Les anomalies de la formation de l'hémoglobine ont généralement des causes héréditaires. Deux de ces affections, la thalassémie et l'anémie à hématies falciformes, sont des maladies graves, incurables et parfois mortelles. Dans les deux cas, la partie globine de la molécule d'hémoglobine est anormale et les érythrocytes produits, fragiles, se rompent prématurément.

   La **thalassémie** («sang de la mer») existe sous plusieurs formes dont une (la thalassémie β) atteint typiquement des sujets d'ascendance méditerranéenne, tels que les Grecs et les Italiens. L'une des chaînes de globine n'est pas synthétisée ou est défectueuse, ce qui produit des érythrocytes minces, délicats et pauvres en hémoglobine. Il existe plusieurs types de thalassémie, classés en fonction de la chaîne d'hémoglobine touchée et de l'emplacement de l'anomalie, allant de légère à grave. Dans les cas graves, il faut administrer des transfusions sanguines tous les mois.

   Dans la **drépanocytose**, ou **anémie à hématies falciformes**, les ravages dus à la formation d'hémoglobine anormale, appelée *hémoglobine S* (*HbS*), résultent de la substitution d'*un seul* des 146 acides aminés de la chaîne bêta de la molécule de globine (**figure 17.8**). Quand le taux d'oxygène est faible, les chaînes bêta se soudent les unes aux autres et forment des tiges rigides, si bien que les molécules d'hémoglobine S deviennent pointues et acérées. Par

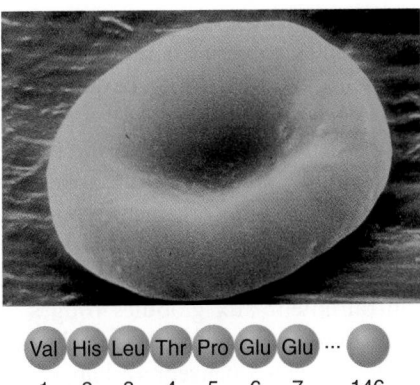

(a) La chaîne bêta d'un érythrocyte normal contient la séquence d'acides aminés d'une molécule d'hémoglobine normale.

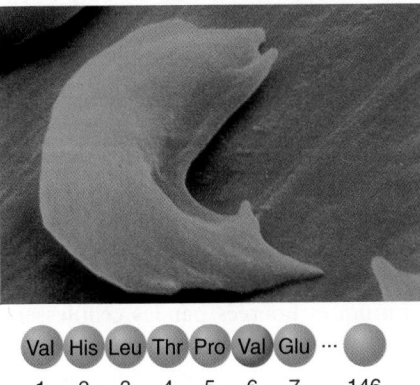

(b) Les hématies falciformes résultent de la substitution d'un seul des acides aminés de la chaîne bêta de la molécule d'hémoglobine.

Figure 17.8 Drépanocytose ou anémie à hématies falciformes. Photomicrographie à balayage électronique (5700×).

conséquent, les globules rouges prennent la forme de faucilles – on les appelle alors drépanocytes (*drepanon*: serpe) – lorsqu'ils se délestent des molécules d'oxygène ou lorsque la concentration sanguine d'oxygène descend en dessous de la normale, sous l'effet d'un exercice musculaire vigoureux ou d'autres activités accélérant le métabolisme.

Les érythrocytes raidis et déformés se rompent facilement et ont tendance à s'entasser dans les petits vaisseaux sanguins. Ces phénomènes entravent la distribution de l'oxygène, ce qui cause la suffocation et de violentes douleurs chez les personnes qui en sont victimes. Les douleurs dans les os et la poitrine sont particulièrement intenses; l'infection et les accidents vasculaires cérébraux sont des séquelles courantes. Le traitement habituel d'une crise aiguë est encore la transfusion de sang. Les résultats préliminaires d'études portant sur l'utilisation du monoxyde d'azote (NO) pour la dilatation des vaisseaux sanguins sont prometteurs.

La drépanocytose atteint principalement les Noirs vivant dans la ceinture du paludisme située en Afrique (Afrique subsaharienne et équatoriale) et touche également leurs descendants. Dans le monde, de 300 à 500 millions de personnes sont touchées par le paludisme causé par le parasite *Plasmodium falciparum* (de 80 à 95 % des cas d'infections) et plus de 1 million en meurt chaque année. Apparemment, le gène responsable de la falciformation des globules rouges désoxygénés provoque également l'adhérence des érythrocytes infectés aux parois des capillaires, de sorte que le parasite se trouve séquestré. Voilà pourquoi les personnes porteuses de deux copies du gène à l'origine de la falciformation des globules rouges souffrent de drépanocytose ou d'anémie à hématies falciformes, tandis que les porteurs d'une seule copie de ce gène (trait drépanocytaire) ont de meilleures chances de survie dans les régions où le paludisme est répandu. La falciformation de leurs cellules ne se produit que dans des circonstances anormales, en particulier quand ils sont atteints de paludisme. La falciformation semble réduire la capacité de survie des parasites et accroît la capacité des macrophagocytes de détruire les érythrocytes infectés et les parasites qu'ils contiennent.

Première maladie génétique identifiée, la drépanocytose constitue l'anomalie de l'hémoglobine la plus répandue dans le monde, avec 50 millions de personnes touchées. Plusieurs traitements visent à empêcher la falciformation des érythrocytes. L'hémoglobine fœtale (HbF) ne se «falciforme» pas, même chez les sujets qui présenteront l'anémie à hématies falciformes. L'*hydroxyurée*, un médicament employé dans le traitement de la leucémie chronique, réactive le gène de l'hémoglobine fœtale. Ce médicament réduit considérablement (de 50 %) la douleur lancinante et les complications causées par l'anémie à hématies falciformes de même que son intensité. Un autre médicament, le clotrimazole, limite la falciformation en bloquant les canaux ioniques de la membrane plasmique, conservant ainsi les ions et l'eau à l'intérieur de la cellule. D'autres traitements encore à l'essai comprennent l'administration d'arginine par voie orale pour stimuler la production de NO et la dilatation des vaisseaux sanguins, la greffe de cellules souches et une thérapie génique visant l'administration de gènes codant pour la synthèse de chaînes bêta normales.

Polycythémie Dans la **polycythémie** («nombreux globules»), ou *polyglobulie*, l'excès d'érythrocytes augmente la viscosité du sang et ralentit sa circulation. La *polycythémie primitive* (ou maladie de Vasquez), résultant le plus souvent d'un cancer de la moelle osseuse, est caractérisée par des étourdissements et une numération érythrocytaire exceptionnellement élevée (soit de 8 à 11×10^{12} cellules/L de sang). L'hématocrite peut atteindre 80 % et le volume sanguin peut doubler, ce qui engorge le système cardiovasculaire et fait obstacle à la circulation. Cette forme de polycythémie a une prévalence de cinq individus sur un million.

Les *polycythémies secondaires* sont la conséquence d'une diminution de la disponibilité de l'oxygène ou d'une augmentation de la production d'érythropoïétine. La polycythémie secondaire qui apparaît chez les personnes vivant en altitude constitue une

17

réaction physiologique normale à la diminution de la pression atmosphérique et à la raréfaction de l'oxygène. Des numérations érythrocytaires de l'ordre de 6 à 8 × 10^{12} cellules/L de sang sont fréquentes chez ces sujets. On traite les cas graves de polycythémie en diluant le sang, c'est-à-dire en retirant une partie du sang et en le remplaçant par une solution saline.

Le **dopage sanguin** auquel s'adonnent certains athlètes pratiquant des sports aérobiques est une polycythémie artificielle. Appliquée pour la première fois chez des sportifs en 1970, cette technique consiste à prélever des érythrocytes de l'athlète et à les lui réinjecter quelques jours avant une compétition. Comme le retrait des globules rouges stimule la production d'érythropoïétine, l'organisme remplace rapidement les érythrocytes perdus. Puis, au moment où le sang est réinjecté, une polycythémie transitoire s'installe. Puisque les érythrocytes transportent l'oxygène, cette transfusion de nouveaux érythrocytes devrait se traduire par une plus grande capacité de transport de l'oxygène, par suite d'une élévation de l'hématocrite, et entraîner une augmentation de l'endurance et de la force musculaire. Malgré les risques d'accident vasculaire cérébral et d'insuffisance cardiaque découlant de l'élévation de l'hématocrite et de la plus grande viscosité du sang, le dopage sanguin semble connaître une certaine faveur, bien qu'il soit contraire à l'esprit sportif et interdit aux Jeux olympiques. Le Comité international olympique permet toutefois aux athlètes d'utiliser des tentes ou des chambres hypoxiques qui simulent l'effet de l'altitude et augmentent ainsi le taux d'érythrocytes.

VÉRIFIONS NOS ACQUIS

4. Combien de molécules d'oxygène chaque molécule d'hémoglobine peut-elle transporter? À quel endroit l'oxygène s'attache-t-il?
5. Les personnes atteintes d'une maladie rénale avancée souffrent souvent d'anémie. Expliquez le lien entre les deux pathologies.
6. Quelle est la fonction exacte de la vitamine B$_{12}$ dans l'érythropoïèse? Comment expliquer que la carence en vitamine B$_{12}$ n'est pas habituellement due à un apport alimentaire suffisant?

Les réponses se trouvent à l'appendice G.

Leucocytes

7. Énumérer les classes, les caractéristiques structurales et les fonctions des différentes classes de leucocytes.
8. Décrire les différents aspects de la formation des leucocytes (lieu de formation et cellules d'origine, longévité).
9. Donner des exemples de troubles causés par des anomalies des leucocytes. Expliquer le mécanisme de chaque trouble.

Structure et caractéristiques fonctionnelles

Les **leucocytes** (*leukos*: blanc), ou **globules blancs**, sont les seuls éléments figurés du sang à posséder un noyau et les organites habituels. Les leucocytes sont beaucoup moins nombreux que les globules rouges. En moyenne, on compte de 4,8 à 10,8 × 10^9 leucocytes/L de sang, ce qui représente moins de 1 % du volume sanguin.

Les leucocytes jouent un rôle crucial quand nous combattons une maladie. On peut les comparer à une armée sur le pied de guerre; en effet, ils protègent l'organisme contre les bactéries, les virus, les parasites, les toxines et les cellules tumorales. Pour ce faire, ils sont dotés de caractéristiques fonctionnelles très particulières. Contrairement aux globules rouges, qui accomplissent leurs fonctions en demeurant à l'intérieur des vaisseaux sanguins, les globules blancs peuvent s'échapper des capillaires selon un processus appelé **diapédèse** (*dia*: à travers; *pêdân*: jaillir). Ils n'empruntent les vaisseaux sanguins que pour cheminer jusqu'aux régions (principalement les tissus conjonctifs lâches et le tissu lymphoïde) où ils instaureront les réactions inflammatoire et immunitaire.

Comme nous le verrons au chapitre 21, les signaux qui indiquent aux leucocytes de quitter la circulation sanguine à certains endroits sont des protéines CAM exprimées par les cellules endothéliales formant les parois des capillaires dans les régions enflammées. Une fois hors de la circulation sanguine, les leucocytes se déplacent dans le liquide interstitiel par des **mouvements amiboïdes**, c'est-à-dire en émettant des prolongements cytoplasmiques. Les leucocytes réagissent aux substances chimiques libérées par les cellules endommagées ou par d'autres leucocytes et repèrent ainsi le siège d'une lésion ou d'une infection. Ce phénomène, appelé **chimiotactisme positif**, les rassemble en grand nombre autour des particules étrangères ou des cellules mortes, dont ils entreprennent aussitôt la phagocytose et la destruction.

Chaque fois que les globules blancs se mobilisent, l'organisme accélère leur production et peut en doubler le nombre en quelques heures. L'**hyperleucocytose** indique un *nombre de globules blancs* supérieur à 11 × 10^9/L de sang. Cet état constitue une réponse homéostatique normale à une infection dans l'organisme.

Suivant leurs caractéristiques structurales et chimiques, les leucocytes se divisent en deux grandes catégories: les *granulocytes* et les *agranulocytes*. Les deux types de leucocytes contiennent des granulations délimitées par une membrane, mais, alors que celles-ci sont perceptibles au microscope optique chez les granulocytes, elles sont plus difficiles à mettre en évidence chez les agranulocytes. Nous décrivons ci-après les divers types de leucocytes, et nous donnons des détails supplémentaires à leur sujet dans la **figure 17.9** et le **tableau 17.2**.

La phrase suivante peut vous aider à mémoriser les noms des différents types de leucocytes, classés par ordre décroissant d'abondance dans le sang: «Nature, le monde est beau»; la première lettre de chaque mot est la première lettre du nom des différents types de globules blancs: **n**eutrophiles (granulocytes), **l**ymphocytes, **m**onocytes, **é**osinophiles (granulocytes), **b**asophiles (granulocytes).

Granulocytes

Les **granulocytes**, qu'ils soient neutrophiles, basophiles ou éosinophiles, sont tous de forme à peu près sphérique. Ils sont plus

TABLEAU 17.2	Résumé des éléments figurés du sang				
CELLULE	ILLUSTRATION	DESCRIPTION*	NOMBRE DE CELLULES/L DE SANG	DURÉE DU DÉVELOPPEMENT (D) ET DE LA VIE (V)	FONCTION
Érythrocytes (globules rouges)		Disques biconcaves, anucléés; couleur saumon; de 7 à 8 μm de diamètre	De 4 à 6 × 10^{12}	D: environ 15 jours V: de 100 à 120 jours	Transport de l'oxygène et du gaz carbonique
Leucocytes (globules blancs)		Cellules sphériques nucléées	De 4,8 à 10,8 × 10^9		
Granulocytes					
▪ Granulocytes neutrophiles		Noyau plurilobé; granulations cytoplasmiques difficilement visibles; de 10 à 12 μm de diamètre	De 3 à 7 × 10^9	D: environ 14 jours V: de 6 h à quelques jours	Phagocytose des bactéries
▪ Granulocytes éosinophiles		Noyau bilobé; granulations cytoplasmiques rouges difficilement visibles; de 10 à 14 μm de diamètre	De 0,1 à 0,4 × 10^9	D: environ 14 jours V: environ 5 jours	Destruction des vers parasites; rôle complexe dans les allergies et l'asthme
▪ Granulocytes basophiles		Noyau bilobé; grosses granulations cytoplasmiques violet sombre; de 10 à 14 μm de diamètre	De 0,02 à 0,05 × 10^9	D: de 1 à 7 jours V: de quelques heures à quelques jours	Libération de l'histamine et d'autres médiateurs chimiques associés à la réaction inflammatoire; contient de l'héparine, un anticoagulant
Agranulocytes					
▪ Lymphocytes		Noyau sphérique ou échancré; cytoplasme violacé; de 5 à 17 μm de diamètre	De 1,5 à 3,0 × 10^9	D: de quelques jours à quelques semaines V: de quelques heures à quelques années	Défense de l'organisme par l'attaque directe de cellules ou par l'entremise d'anticorps
▪ Monocytes		Noyau en forme de U ou de haricot; cytoplasme gris bleu; de 14 à 24 μm de diamètre	De 0,1 à 0,7 × 10^9	D: de 2 à 3 jours V: plusieurs mois	Phagocytose; transformation en macrophagocytes dans les tissus
Plaquettes		Fragments cytoplasmiques discoïdes contenant des granulations violettes; de 2 à 4 μm de diamètre	De 150 à 400 × 10^9	D: de 4 à 5 jours V: de 5 à 10 jours	Réparation des petites déchirures des vaisseaux sanguins; coagulation

17

* Apparence à la coloration de Wright.

gros que les érythrocytes et vivent (pour la plupart) beaucoup moins longtemps. Ils sont typiquement dotés d'un noyau présentant plusieurs lobes reliés entre eux par de très fins ponts. Ils ont des granulations cytoplasmiques limitées par une membrane auxquelles la coloration de Wright donne une teinte caractéristique. Au point de vue fonctionnel, tous les granulocytes sont des phagocytes jusqu'à un certain point.

Granulocytes neutrophiles Les **granulocytes neutrophiles** forment habituellement de 50 à 70 % de la population des glo-

bules blancs. Ils sont environ deux fois plus gros que les érythrocytes.

Le cytoplasme des granulocytes neutrophiles se colore en lilas et il contient deux types de granulations très fines difficiles à discerner (tableau 17.2 et figure 17.10a). L'adjectif « neutrophile » (« qui aime le neutre ») indique qu'un type de granulation absorbe le *colorant basique* (bleu) et l'autre, le *colorant acide* (rouge). La réunion des deux types donne au cytoplasme une couleur lilas. Certaines granulations contiennent des enzymes hydrolytiques (dont le lysozyme), et elles sont considérées

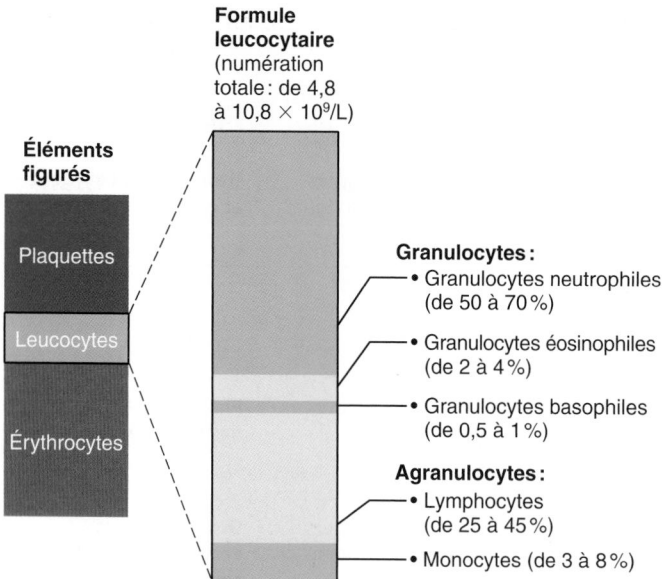

Formule leucocytaire (numération totale : de 4,8 à 10,8 × 10⁹/L)

Éléments figurés

Plaquettes

Leucocytes

Érythrocytes

Granulocytes :
- Granulocytes neutrophiles (de 50 à 70 %)
- Granulocytes éosinophiles (de 2 à 4 %)
- Granulocytes basophiles (de 0,5 à 1 %)

Agranulocytes :
- Lymphocytes (de 25 à 45 %)
- Monocytes (de 3 à 8 %)

Figure 17.9 Types de leucocytes et pourcentage de chacun dans la population des globules blancs. (Notez que, dans la colonne de gauche, les proportions ne sont pas à l'échelle. Les érythrocytes constituent presque 98 % des éléments figurés ; les leucocytes et les plaquettes ensemble forment les quelque 2 % restants.)

comme des lysosomes. D'autres, particulièrement les plus petites, renferment un puissant mélange de protéines à caractère antimicrobien, appelées collectivement **défensines**.

Les granulocytes neutrophiles possèdent des noyaux composés de trois à six lobes ; c'est pourquoi on les appelle aussi **polynucléaires**. (Certains scientifiques emploient ce terme pour désigner tous les granulocytes, bien qu'ils ne possèdent qu'un seul noyau.)

Les granulocytes neutrophiles sont chimiquement attirés vers les sièges d'inflammation où ils accomplissent activement leur mission de phagocytes et leur nombre augmente de façon spectaculaire au cours d'infections bactériennes aiguës, telles que la méningite et l'appendicite. Cette sorte de granulocytes s'acharne aussi sur sur certains mycètes et sur plusieurs types de virus. Les granulations (lysosomes) qu'ils contiennent se fixent au phagosome et y déversent le lysozyme ; cette protéine enzymatique peut perforer la membrane plasmique de l'« ennemi » ingéré. Par ailleurs, l'**explosion oxydative** utilise l'oxygène absorbé par les granulocytes neutrophiles et produit du peroxyde d'hydrogène (H_2O_2), du superoxyde (O_2^-) et des hypochlorites (ClO^-), de puissants germicides oxydants déversés aussi bien dans le phagosome qu'à l'extérieur de la cellule.

Granulocytes éosinophiles Les **granulocytes éosinophiles** représentent de 2 à 4 % des leucocytes et ont à peu près les mêmes dimensions que les granulocytes neutrophiles. Leur noyau violacé comprend deux lobes reliés par une large bande de matériau nucléaire (tableau 17.2 et figure 17.10b).

Leur cytoplasme est rempli de grosses granulations rugueuses que les colorants acides (éosine) teintent du rouge brique au violet. Ces granulations sont des lysosomes élaborés contenant une variété unique d'enzymes digestives. Cependant, elles sont dépourvues des enzymes digérant les bactéries que possèdent les lysosomes typiques.

Le rôle le plus important des granulocytes éosinophiles est de mener l'attaque contre les vers parasites comme les plathelminthes (ténias, douves et schistosomes) et les némathelminthes (oxyures et ankylostomes), trop gros pour être phagocytés. Ces vers pénètrent dans l'organisme par l'intermédiaire des aliments (surtout le poisson cru) ou à travers la peau et se logent le plus

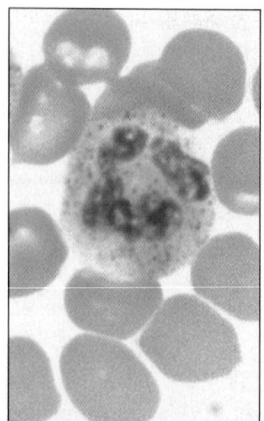 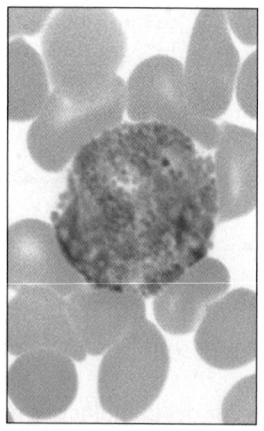 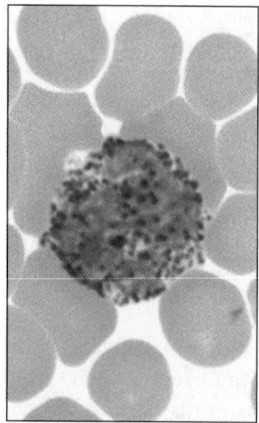 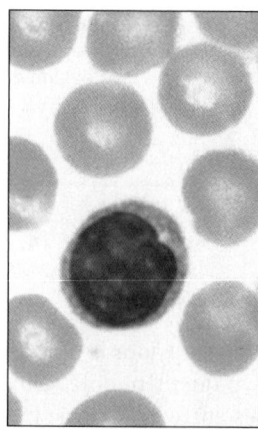 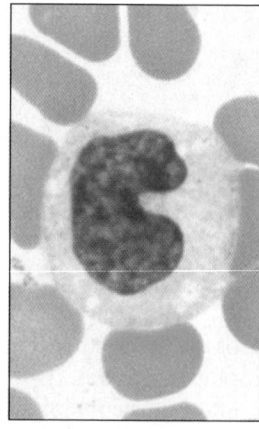

(a) Granulocyte neutrophile ; noyau plurilobé

(b) Granulocyte éosinophile ; noyau bilobé, granulations cytoplasmiques rouges

(c) Granulocyte basophile ; noyau bilobé ; granulations cytoplasmiques violet sombre

(d) Petit lymphocyte ; gros noyau sphérique

(e) Monocyte ; noyau en forme de haricot

Figure 17.10 Leucocytes. Dans chaque cas, le leucocyte est entouré d'érythrocytes (coloration de Wright ; 1850×).

souvent dans la muqueuse intestinale ou respiratoire. Or, c'est dans les tissus conjonctifs lâches de ces endroits que résident les granulocytes éosinophiles. Lorsqu'ils rencontrent un ver parasite, un grand nombre d'entre eux l'encerclent et libèrent à sa surface les enzymes de leurs granulations cytoplasmiques qui vont permettre sa digestion. Par ailleurs, les granulocytes éosinophiles jouent des rôles complexes dans de nombreuses maladies, dont les allergies et l'asthme. Ils concourent aux lésions tissulaires qui surviennent lors de diverses réactions immunitaires, mais on commence à se rendre compte qu'ils agissent comme modulateurs importants de la réponse immunitaire.

Granulocytes basophiles Les **granulocytes basophiles** sont les moins nombreux des globules blancs, dont ils représentent seulement de 0,5 à 1 % de la population. On trouve dans leur cytoplasme de grosses granulations contenant de l'histamine qui ont une affinité pour les colorants basiques (*basophile*: qui aime la base) et qui se teintent à leur contact en violet sombre (figure 17.10c). L'*histamine* est un médiateur sécrété au cours de la réaction inflammatoire. Elle est à l'origine de la vasodilatation et de l'augmentation de la perméabilité des capillaires, et attire les autres globules blancs dans la région enflammée (chimiotactisme). Les antihistaminiques sont des médicaments qui s'opposent à cet effet. Le noyau pourpre des granulocytes basophiles a généralement la forme d'un U ou d'un S et présente deux ou trois étranglements bien visibles.

On trouve, dans les tissus conjonctifs des cellules granulées semblables aux granulocytes basophiles, les *mastocytes*. Bien que son noyau soit ovale plutôt que lobé, il est presque impossible de discerner un granulocyte basophile d'un mastocyte au microscope, et les deux se lient à un anticorps (l'immunoglobuline E) qui provoque la libération de l'histamine. Toutefois, ces deux types de cellules sont issus de lignées différentes (figure 17.11).

Agranulocytes

Les **agranulocytes** comprennent les lymphocytes et les monocytes, qui sont tous dépourvus de granulations cytoplasmiques *visibles* au microscope optique. Bien que semblables du point de vue structural, ils jouent des rôles très différents et n'ont aucune parenté. Leurs noyaux ont généralement la forme de sphères ou de haricots.

Lymphocytes Parmi les leucocytes, les **lymphocytes** sont les plus nombreux dans le sang après les granulocytes neutrophiles. Ils comptent pour 25 % ou plus des globules blancs. À la coloration, un lymphocyte typique présente un gros noyau violet qui occupe l'essentiel du volume de la cellule. Le noyau est généralement sphérique, mais il peut être légèrement échancré; il est entouré d'un mince anneau de cytoplasme violacé (tableau 17.2 et figure 17.10d). Le diamètre des lymphocytes varie de 5 à 17 μm; de 5 à 8 μm, on parle de petits lymphocytes, de 10 à 12 μm, de lymphocytes moyens, et de 14 à 17 μm, de gros lymphocytes.

Malgré cette abondance, une faible proportion seulement de leur population se trouve dans la circulation sanguine (principalement les petits lymphocytes). D'ailleurs, le nom de ces leucocytes témoigne de leur étroite association avec le tissu lymphoïde (nœuds lymphatiques, rate, etc.), où ils jouent un rôle prépondérant dans l'immunité. Les **lymphocytes T** participent à la réaction immunitaire en combattant activement les cellules infectées par un virus et les cellules tumorales. Les **lymphocytes B** (cellules B) donnent naissance aux *plasmocytes*, qui produisent les **anticorps** (immunoglobulines) libérés dans le sang. On peut aussi considérer les cellules tueuses naturelles (ou cellules NK, *natural killer cells*) comme une classe distincte de lymphocytes. (Nous décrivons plus en détail, au chapitre 21, les fonctions de ces différents types de lymphocytes.)

Monocytes Avec un diamètre moyen de 18 μm, les **monocytes** sont les plus gros des leucocytes. Ils constituent de 3 à 8 % des globules blancs. Ils sont pourvus d'un abondant cytoplasme bleu pâle et d'un noyau violet en forme de U ou de haricot caractéristique (tableau 17.2 et figure 17.10e).

Quand ils quittent la circulation sanguine et pénètrent dans les tissus par diapédèse, les monocytes se transforment en **macrophagocytes** dont la mobilité et le potentiel phagocytaire sont remarquables. Les macrophagocytes sont essentiels à la lutte contre les virus, contre certains parasites bactériens intracellulaires et contre certaines infections *chroniques* telles que la tuberculose. Comme nous l'expliquons au chapitre 21, ils concourent également à lancer les lymphocytes dans la réponse immunitaire.

Production et durée de vie des leucocytes

De même que l'érythropoïèse, la **leucopoïèse**, ou production de globules blancs, est stimulée par des messagers chimiques. Ces messagers, qui agissent comme des hormones ou des paracrines, sont des glycoprotéines que l'on classe dans deux familles de facteurs hématopoïétiques: les **interleukines** et les **facteurs de croissance des colonies** (CSF, *colony-stimulating factors*). Les interleukines portent des numéros (IL-3, IL-5, etc.), tandis que la plupart des facteurs de croissance des colonies prennent le nom des leucocytes qu'ils stimulent; ainsi, le *facteur de croissance des granulocytes* (*G-CSF*) stimule la production des granulocytes. Les facteurs hématopoïétiques, libérés par les cellules de soutien de la moelle osseuse rouge et les leucocytes matures, provoquent non seulement la division et la différenciation des précurseurs des différentes lignées leucocytaires, mais ils accroissent également la force défensive des leucocytes matures.

Apparemment, les hormones stimulatrices sont libérées lorsqu'elles reçoivent certains signaux chimiques du milieu interne. Le réseau d'interactions chimiques qui mobilise une armée de leucocytes est fort complexe et s'associe de près à la réaction immunitaire. Bon nombre des hormones hématopoïétiques (l'EPO et plusieurs CSF) servent à stimuler la moelle osseuse des patients atteints de cancer qui subissent une chimiothérapie (un traitement qui supprime l'action de la moelle osseuse). On les emploie également chez les personnes qui ont reçu une greffe de cellules souches et pour renforcer les réactions immunitaires des sidatiques.

17

La **figure 17.11** illustre le processus de différenciation des leucocytes, qui commence avec la cellule souche hématopoïétique, ou hémocytoblaste, qui donne naissance à tous les éléments figurés du sang. Dès le début, les **cellules souches lymphoïdes**, qui donnent naissance aux lymphocytes, se séparent des **cellules souches myéloïdes**, dont dérivent tous les autres éléments figurés. Dans la lignée des granulocytes, le précurseur est appelé **myéloblaste** et accumule des lysosomes pour devenir un **promyélocyte**. Au stade des **myélocytes** apparaissent les granulations caractéristiques qui vont différencier les trois types de granulocytes. Ensuite, la division cellulaire s'arrête. Au stade suivant, les noyaux s'incurvent pour former des **cellules non segmentées**. Juste avant que la moelle osseuse ne déverse les granulocytes dans la circulation sanguine, les noyaux se compriment et commencent à se segmenter.

La moelle osseuse emmagasine les granulocytes matures, et elle contient généralement environ 10 fois plus de granulocytes que le sang. Le rapport normal entre les granulocytes et les érythrocytes produits est de 3 à 1 environ, étant donné que les premiers ont une durée de vie beaucoup plus brève (de 0,25 à 9,0 jours) que les seconds. En effet, la plupart des granulocytes « périssent » en combattant des microorganismes.

En dépit de leurs similitudes physiques, les deux types d'agranulocytes ont des origines très dissemblables. Les monocytes dérivent de la cellule souche myéloïde et partagent un précurseur avec les granulocytes neutrophiles, qui n'est pas commun aux autres granulocytes. Les cellules qui suivent la branche du monocyte passent par les stades du **monoblaste**, puis du **promonocyte**, avant de quitter la moelle osseuse et de devenir des monocytes (figure 17.11d). Les lymphocytes, pour leur part, dérivent de la cellule souche lymphoïde et passent par les stades du **lymphoblaste** et du **prolymphocyte** (figure 17.11e). Après avoir quitté la moelle osseuse, les prolymphocytes cheminent jusqu'au tissu lymphoïde, où leur différenciation se poursuit (voir le chapitre 21). Les monocytes peuvent vivre plusieurs mois, tandis que les lymphocytes ont une durée de vie de quelques heures à quelques décennies.

Troubles leucocytaires

La leucémie et la mononucléose infectieuse se caractérisent par une production excessive de leucocytes anormaux. À l'opposé, la **leucopénie** (*penia* : pauvreté) se définit comme une réduction prononcée du nombre des globules blancs. Elle est fréquemment causée par des médicaments, surtout les glucocorticoïdes et les agents anticancéreux.

Leucémie Le terme « leucémie » (« sang blanc ») désigne un groupe d'états cancéreux mettant en cause des globules blancs. En règle générale, les leucocytes anormaux appartiennent à un même *clone* (descendent d'un seul précurseur) ; ils ne se différencient pas et se divisent constamment par mitose. Ces cellules cancéreuses entravent la fonction hématopoïétique de la moelle osseuse rouge. Les formes de leucémie sont nom-

mées d'après le type de cellules anormales produites. Ainsi, la *leucémie myéloïde* concerne les descendants des myéloblastes (les granulocytes), tandis que la *leucémie lymphoïde* concerne les descendants des lymphoblastes (les lymphocytes). La leucémie est *aiguë* (à évolution rapide) si elle touche des cellules blastiques comme les lymphoblastes, et *chronique* (à évolution lente) si elle fait intervenir la prolifération de cellules plus matures comme les myélocytes. Les lymphomes peuvent également être divisés en maladie de Hodgkin et en lymphomes non hodgkiniens, ce dernier état étant six fois plus fréquent (voir le chapitre 20, p. 879).

Les formes aiguës sont plus graves et atteignent principalement les enfants, alors que les formes chroniques s'observent le plus souvent chez les personnes âgées. Laissées sans traitement, toutes les formes de leucémie sont mortelles, à plus ou moins long terme.

Dans toutes les leucémies, les leucocytes anormaux finissent par occuper presque toute la moelle osseuse, et la circulation sanguine est envahie de globules blancs immatures. Le nombre de cellules souches et de précurseurs des autres éléments figurés diminue au point qu'une anémie grave s'installe (par manque de globules rouges) et que des hémorragies se déclarent (par manque de plaquettes). Les autres symptômes de la maladie sont la fièvre, la perte pondérale et les douleurs osseuses. En dépit de leur nombre prodigieux, les leucocytes ne sont pas en mesure de remplir leur fonction de défense contre les microorganismes provenant de l'environnement. Le plus souvent, ce sont des hémorragies internes et des infections foudroyantes qui entraînent la mort du sujet atteint.

On traite la leucémie par la radiothérapie et la chimiothérapie ; cette dernière méthode consiste à administrer des médicaments antileucémiques visant à détruire les cellules anarchiques, tant de la tumeur d'origine (tumeur primaire) que des métastases (tumeurs secondaires). Ce traitement permet d'obtenir des rémissions (des disparitions provisoires des symptômes) allant de quelques mois à quelques années. Certains patients peuvent également subir une greffe de cellules souches provenant d'un donneur compatible. Chez les enfants, on a mis récemment au point des greffes à partir des cellules souches de leur cordon ombilical prélevées à la naissance.

Mononucléose infectieuse Surnommée la « maladie du baiser », la *mononucléose infectieuse* est une affection virale hautement contagieuse qui atteint la plupart du temps de jeunes adultes. Elle est causée par le virus d'Epstein-Barr et se caractérise par un nombre excessif d'un type particulier de lymphocytes (ces cellules étaient autrefois appelées « mononucléaires », ce qui explique l'origine du nom de cette maladie). Elle occasionne de la fatigue, des douleurs, un mal de gorge chronique et une légère élévation de la température. Il n'existe aucun médicament contre la mononucléose infectieuse mais, avec du repos, elle régresse spontanément et guérit habituellement en quelques semaines (voir aussi le chapitre 20, p. 879).

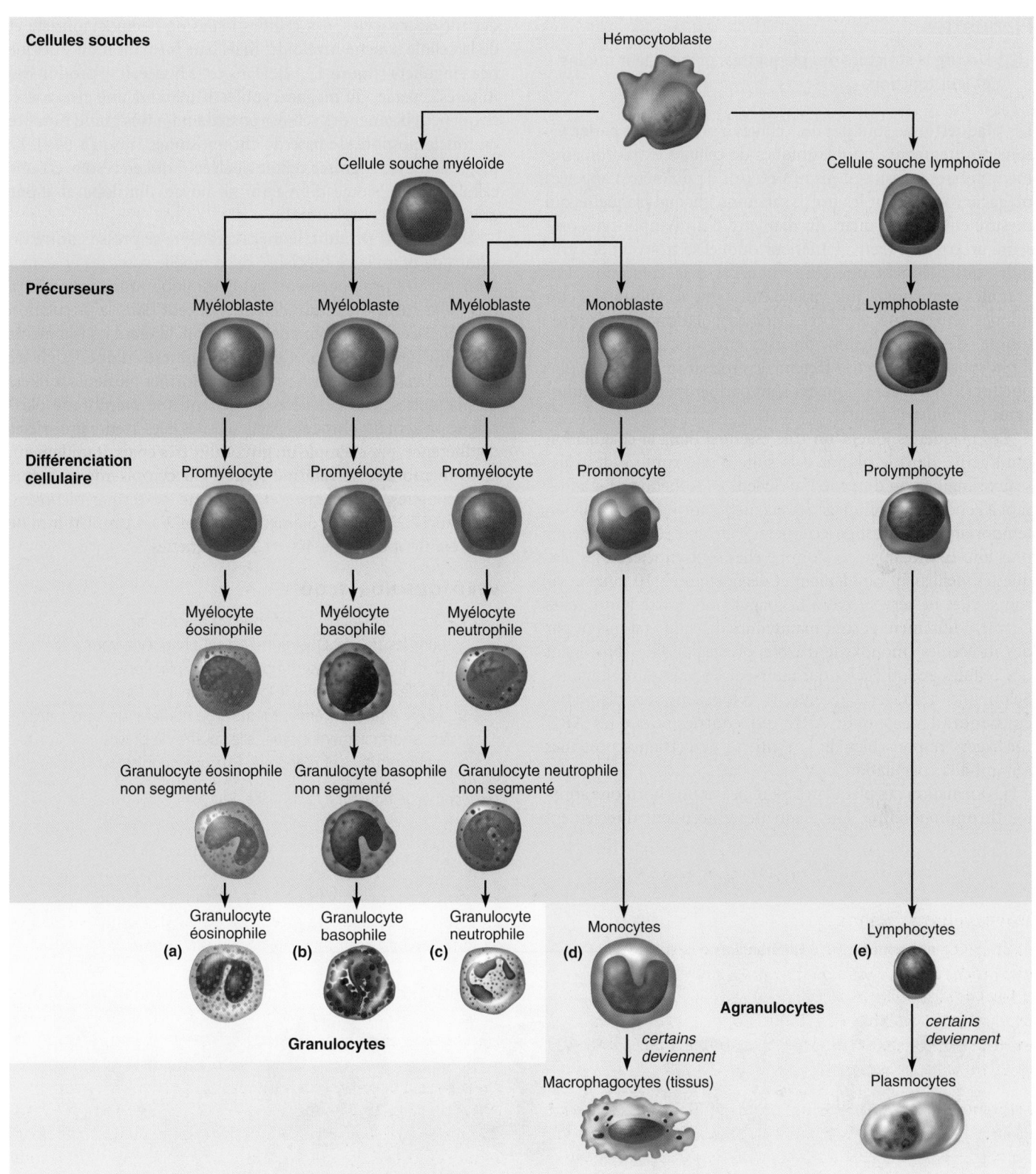

Figure 17.11 Formation des leucocytes. Les leucocytes sont issus de cellules souches appelées hémocytoblastes. **(a-c)** Les granulocytes descendent d'une lignée commencée par les myéloblastes. **(d)** Les monocytes, comme les granulocytes, sont engendrés par la cellule souche myéloïde et partagent un précurseur commun avec les granulocytes neutrophiles. **(e)** Seuls les lymphocytes naissent de la lignée lymphoïde.

17

Plaquettes

10 Décrire la structure des plaquettes; préciser leur origine et leur fonction.

Les **plaquettes** ne sont pas des cellules à proprement parler. Ce sont des fragments cytoplasmiques de cellules extraordinairement grosses (mesurant jusqu'à 60 µm de diamètre) appelées **mégacaryocytes**. Sur les frottis sanguins, chaque plaquette, qui mesure environ un quart du diamètre d'un lymphocyte, présente un contour bleu à l'intérieur duquel se trouvent des granules qui prennent une teinte pourpre à la coloration. Ces granules contiennent une variété étonnante de substances chimiques actives dans le processus de coagulation, dont la sérotonine, des ions calcium, diverses enzymes, de l'adénosine diphosphate (ADP) et le facteur de croissance dérivé des plaquettes (PDGF). Les plaquettes sont parfois appelées **thrombocytes** (*thrombos*: caillot).

Les plaquettes jouent un rôle essentiel dans la coagulation qui s'active dans le plasma à la suite d'une rupture des vaisseaux sanguins ou d'une lésion de leur endothélium. En adhérant à l'endroit endommagé, les plaquettes forment un bouchon temporaire qui contribue à colmater la brèche. (Nous décrivons plus loin ce mécanisme.) Comme elles sont anucléées, les plaquettes vieillissent rapidement et dégénèrent en 10 jours environ si elles ne servent pas à la coagulation. Entre-temps, elles circulent librement et sont maintenues dans un état inactif par des molécules (monoxyde d'azote, prostaglandine) provenant des cellules endothéliales qui tapissent les vaisseaux sanguins. Selon une découverte récente, le cytoplasme des plaquettes contiendrait des micro ARN qui contrôleraient les ARN messagers responsables de la synthèse de certaines protéines servant à la coagulation.

La formation des plaquettes est régie par une hormone appelée **thrombopoïétine**. Les plaquettes descendent directement des mégacaryocytes, des cellules issues de l'hémocytoblaste et de la cellule souche myéloïde, mais leur formation est quelque peu singulière (figure 17.12). Dans cette lignée, il se produit des mitoses répétées du **mégacaryoblaste**, mais aucune cytocinèse, ce qui peut donner des cellules possédant un très grand nombre de fois le nombre de base de chromosomes (jusqu'à 64n). Le mégacaryocyte («grosse cellule nucléée») qui en résulte est une cellule bizarre dotée d'un énorme noyau plurilobé et d'une grande masse cytoplasmique.

Dès qu'il est produit, le mégacaryocyte se presse contre un sinusoïde (capillaire spécialisé de la moelle osseuse) et se met à former des prolongements cytoplasmiques qui s'insinuent à travers la paroi du sinusoïde et s'avancent dans la circulation sanguine. Ces prolongements se rompent, libérant les fragments de plaquettes comme on déchire des timbres d'une feuille de timbres. Un seul mégacaryoblaste peut former plusieurs milliers de plaquettes. Ces dernières possèdent une membrane plasmique présentant plusieurs particularités liées à leurs propriétés d'adhérence, par exemple un glycocalyx très épais. Rapidement, cette membrane se referme autour du cytoplasme et forme les plaquettes, granuleuses et en forme de disque biconvexe (tableau 17.2), dont le diamètre varie de 2 à 4 µm. Un litre de sang contient de 150 à 400 × 10^9 plaquettes.

VÉRIFIONS NOS ACQUIS

7. Quel leucocyte se transforme en macrophagocyte dans les tissus? Quel autre est un phagocyte vorace?

8. Quel autre terme sert à désigner les plaquettes? Quelle est l'hormone responsable de leur formation?

9. Annie a une leucémie. Même si sa numération leucocytaire est anormalement élevée, elle souffre de graves infections, d'hémorragies et d'anémie. Expliquez pourquoi.

Les réponses se trouvent à l'appendice G.

17

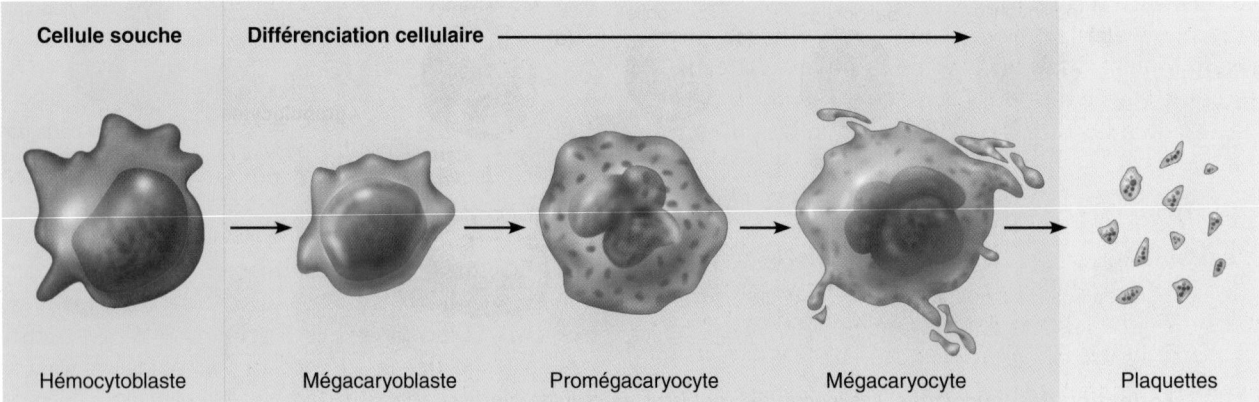

| Cellule souche | Différenciation cellulaire ⟶ | | | |

| Hémocytoblaste | Mégacaryoblaste | Promégacaryocyte | Mégacaryocyte | Plaquettes |

Figure 17.12 Genèse des plaquettes. L'hémocytoblaste engendre des cellules qui, après plusieurs mitoses sans division du cytoplasme, deviennent des mégacaryocytes. Des membranes compartimentent le cytoplasme du mégacaryocyte, puis la membrane plasmique se fragmente, libérant les plaquettes, ou thrombocytes. (Les stades intermédiaires entre l'hémocytoblaste et le mégacaryoblaste ne sont pas représentés.)

Hémostase

11 Donner un aperçu des trois phases de l'hémostase et expliquer en détail le mécanisme de coagulation du sang. Énumérer les facteurs qui limitent la croissance du caillot et ceux qui préviennent la coagulation dans les vaisseaux intacts.

12 Donner des exemples de troubles hémostatiques. Indiquer la cause de chacun de ces troubles.

Normalement, le sang circule librement contre l'endothélium intact des vaisseaux sanguins. Mais en cas de rupture d'un vaisseau sanguin, une série de réactions s'établit pour arrêter le saignement : c'est l'**hémostase** (*stasis* : arrêt) – à ne pas confondre avec *homéostasie* (l'hémostase constitue une facette de l'homéostasie). Sans cette réaction défensive rappelant l'endiguement d'un cours d'eau, nous perdrions rapidement tout notre sang, même après une minuscule coupure.

Cette réponse rapide, localisée et précise fait intervenir de nombreux *facteurs de coagulation* normalement présents dans le plasma, de même que des substances libérées par les plaquettes et les cellules des tissus endommagés. L'hémostase s'effectue en trois étapes successives : ① spasme vasculaire ; ② formation du clou plaquettaire ; et ③ coagulation, ou formation du caillot. Une fois que des filaments de fibrine se sont développés dans le caillot, ils comblent l'ouverture présente dans le vaisseau sanguin et empêchent le saignement à cet endroit. Examinons maintenant ces trois étapes en détail, comme l'illustre la figure 17.13.

Spasme vasculaire

La première réaction que provoque la lésion d'un vaisseau sanguin est sa constriction (vasoconstriction) (figure 17.13, ①). Plusieurs facteurs favorisent ce **spasme vasculaire** : l'atteinte du muscle lisse du vaisseau, les substances chimiques libérées par les cellules endothéliales et les plaquettes ainsi que les réflexes amorcés par l'activation des nocicepteurs de la région. Le mécanisme du spasme vasculaire augmente en efficacité proportionnellement à la gravité de la lésion et c'est dans les petits vaisseaux sanguins qu'il agit le mieux. Cette réaction comporte un avantage évident : l'intense contraction d'une artère peut endiguer une hémorragie pendant 20 à 30 minutes, soit le temps nécessaire à la formation du clou plaquettaire et du caillot.

Formation du clou plaquettaire

À la deuxième étape, le rôle des plaquettes dans l'hémostase est capital : elles adhèrent les unes aux autres pour former un bouchon qui obture temporairement l'ouverture dans le vaisseau sanguin (figure 17.13, ②). En outre, les plaquettes interviennent dans la coordination des phases subséquentes de la formation du caillot.

En règle générale, les plaquettes n'adhèrent ni les unes aux autres ni à l'endothélium lisse des vaisseaux sanguins. Les cellules endothéliales intactes libèrent du monoxyde d'azote et une prostaglandine, appelée **prostacycline** (*PGI₂*). Ces deux substances chimiques préviennent l'agrégation plaquettaire

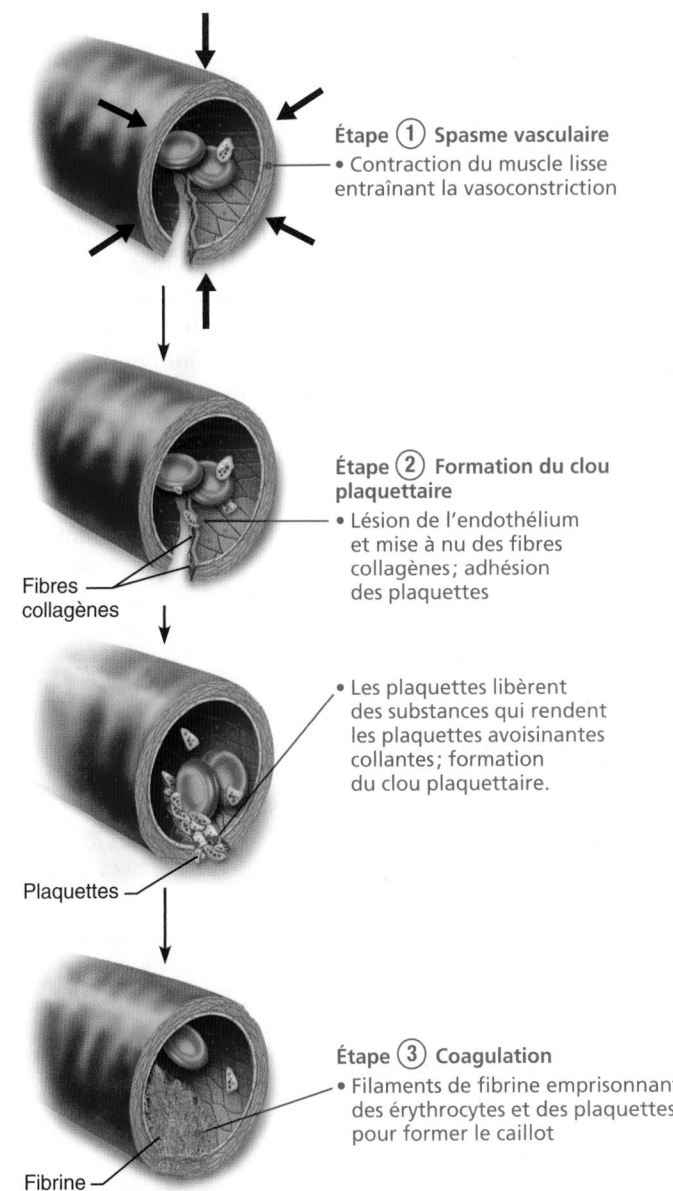

Étape ① Spasme vasculaire
• Contraction du muscle lisse entraînant la vasoconstriction

Étape ② Formation du clou plaquettaire
• Lésion de l'endothélium et mise à nu des fibres collagènes ; adhésion des plaquettes

Fibres collagènes

• Les plaquettes libèrent des substances qui rendent les plaquettes avoisinantes collantes ; formation du clou plaquettaire.

Plaquettes

Étape ③ Coagulation
• Filaments de fibrine emprisonnant des érythrocytes et des plaquettes pour former le caillot

Fibrine

Figure 17.13 Déroulement de l'hémostase.

17

dans le tissu normal et limitent l'agrégation à l'emplacement de la lésion.

Mais dès que cet endothélium est endommagé et que les fibres collagènes sous-jacentes sont exposées, les plaquettes s'amarrent fermement aux fibres collagènes exposées. Une grosse protéine plasmatique, appelée facteur Willebrand (VWF), stabilise la liaison des plaquettes en formant un pont entre le collagène et les plaquettes. Ces dernières gonflent, forment des prolongements acérés, deviennent collantes et libèrent des messagers chimiques, dont les suivants :

■ L'**adénosine diphosphate** (**ADP**) : un puissant agent d'agrégation qui fait qu'un surcroît de plaquettes adhèrent ensemble et leur fait libérer leur contenu.

- La **sérotonine** et la **thromboxane A$_2$** (un dérivé de prosta-glandine dont la demi-vie est très courte) favorisent le spasme vasculaire et l'agrégation plaquettaire.

À mesure qu'elles s'accumulent, les plaquettes libèrent davantage de substances chimiques et l'agrégation se poursuit selon une boucle de rétroactivation. En moins d'une minute, une petite masse appelée clou plaquettaire ou *thrombus blanc* se forme, qui endigue généralement le saignement. Les plaquettes suffisent à elles seules à boucher les milliers de petites déchirures et lésions que subissent les petits vaisseaux sanguins dans le cadre de l'activité normale. Comme les clous plaquettaires sont lâchement tissés, les plus grandes ouvertures doivent être plus solidement fermées.

Coagulation

La troisième étape, la **coagulation**, ou **formation du caillot**, est le renforcement du clou plaquettaire par des filaments de fibrine, qui servent en quelque sorte de «colle moléculaire»

pour les plaquettes agrégées (figure 17.13, ③). Le caillot qui en résulte (filaments de fibrine) permet de fermer des lésions plus grosses d'un vaisseau sanguin. Le sang se transforme en une masse gélatineuse par un processus comportant plusieurs étapes et faisant intervenir des substances appelées **facteurs de coagulation (tableau 17.3)**.

La plupart des facteurs de coagulation sont des protéines plasmatiques, élaborées par le foie. Ils sont numérotés de I à XIII suivant l'ordre dans lequel ils ont été découverts et non pas celui dans lequel ils interviennent. Tous les facteurs de coagulation (sauf le facteur tissulaire) circulent sous forme inactive dans le sang jusqu'à ce qu'ils soient utilisés dans le processus de coagulation. Bien que la vitamine K n'intervienne pas directement dans le processus de coagulation, cette vitamine liposoluble est nécessaire à la synthèse de quatre facteurs de coagulation (tableau 17.3).

La **figure 17.14** illustre les interactions entre les facteurs de coagulation qui mènent à la formation d'un caillot. Le déroulement de la coagulation peut sembler complexe de prime

TABLEAU 17.3	Facteurs de coagulation			
N° DU FACTEUR	NOM DU FACTEUR	NATURE	ORIGINE	FONCTION OU VOIE
I	Fibrinogène	Protéine plasmatique	Foie	Voie commune; converti en fibrine (filaments insolubles du caillot).
II	Prothrombine	Protéine plasmatique	Foie*	Voie commune; convertie en thrombine (transforme le fibrinogène en fibrine).
III	Facteur tissulaire (FT)	Glycoprotéine de la membrane plasmique	Cellules des tissus	Active la voie extrinsèque.
IV	Ions calcium (Ca^{2+})	Ion inorganique	Plasma	Nécessaires à presque toutes les étapes de la coagulation; toujours présents.
V VI†	Proaccélérine	Protéine plasmatique	Foie, plaquettes	Voie commune.
VII	Proconvertine	Protéine plasmatique	Foie*	Voies extrinsèque et intrinsèque.
VIII	Facteur antihémophilique A, ou thromboplastinogène	Protéine plasmatique	Foie	Voie intrinsèque; un déficit cause l'hémophilie A.
IX	Facteur antihémophilique B, ou facteur Christmas	Protéine plasmatique	Foie*	Voie intrinsèque; un déficit cause l'hémophilie B.
X	Facteur Stuart	Protéine plasmatique	Foie*	Voie commune.
XI	Facteur prothrombo-plastique plasmatique C	Protéine plasmatique	Foie	Voie intrinsèque; un déficit cause l'hémophilie C.
XII	Facteur Hageman	Protéine plasmatique; activé par les surfaces à charge électrique négative, comme le verre	Foie	Voie intrinsèque; active la plasmine; déclenche la coagulation *in vitro*; son activation déclenche l'inflammation.
XIII	Facteur de stabilisation de la fibrine (FSF)	Protéine plasmatique	Foie, moelle osseuse	Stabilise les monomères de fibrine dans les filaments; forme un caillot solide et stable.

* La vitamine K est nécessaire à sa formation.
† Ce numéro n'est plus usité; cette substance serait identique au facteur V.

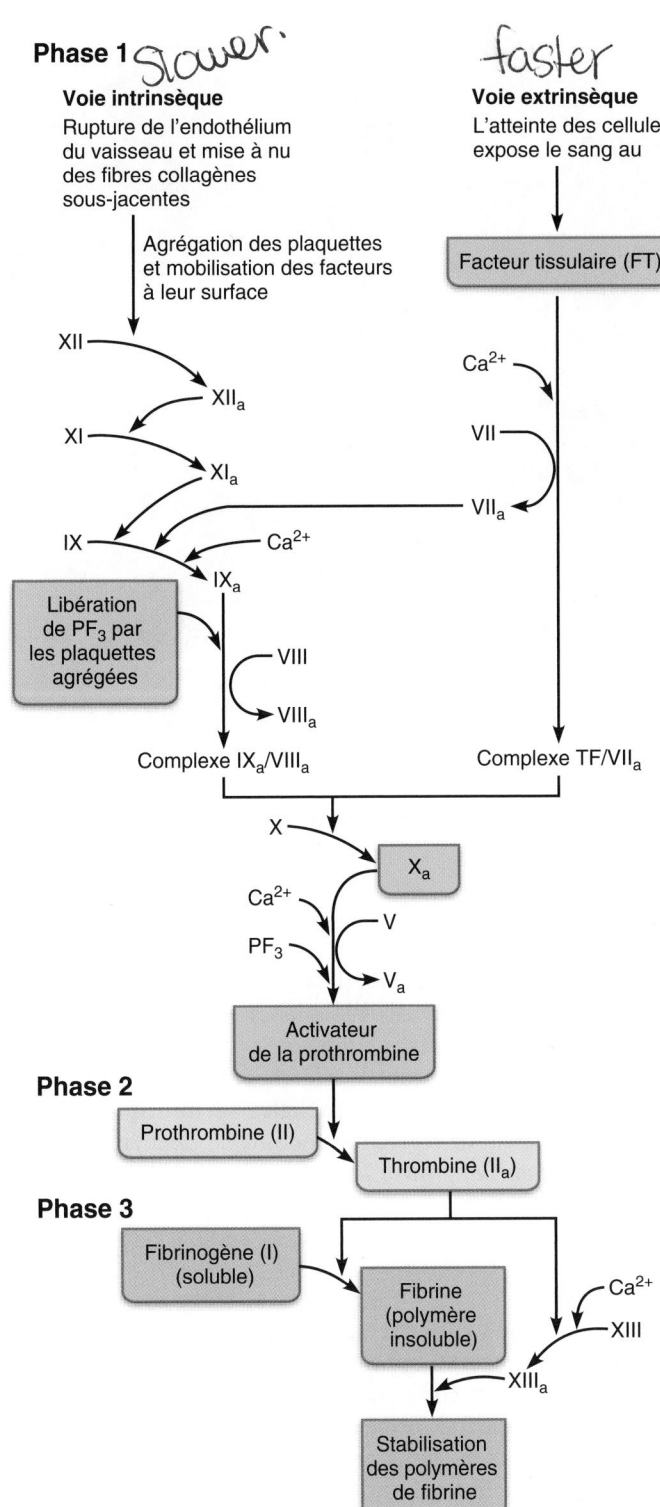

Figure 17.14 Voies intrinsèque et extrinsèque de la coagulation. La lettre « a » en indice indique le facteur de coagulation activé.

conformation. Une fois qu'un facteur de coagulation est activé, il active à son tour le facteur suivant, et le mécanisme se poursuit de la même manière. (Dans la figure 17.14, la lettre « a » en indice indique le facteur de coagulation activé.) Le fibrinogène et le Ca^{2+} constituent deux exceptions importantes à cette généralisation, comme nous le verrons sous peu.

La deuxième stratégie qui peut vous venir en aide consiste à diviser la coagulation en trois étapes survenant chacune à un emplacement donné :

1. *Étape 1: Deux voies vers l'activateur de la prothrombine.* Une substance complexe appelée *activateur de la prothrombine* se forme.
2. *Étape 2: Voie commune vers la thrombine.* L'activateur de la prothrombine convertit une protéine plasmatique, la *prothrombine*, en une enzyme, la *thrombine*.
3. *Étape 3: Voie commune vers les filaments de fibrine.* La thrombine catalyse la transformation des molécules de *fibrinogène* présentes dans le plasma en *filaments de fibrine*, qui emprisonnent les globules sanguins ; le *caillot* ainsi formé colmate le vaisseau jusqu'à sa guérison définitive.

Voyons maintenant ces trois étapes en détail.

Phase 1 : Deux voies vers l'activateur de la prothrombine

La coagulation peut emprunter la **voie intrinsèque** ou la **voie extrinsèque** dans l'organisme, toutes deux étant déclenchées par des lésions aux tissus. La coagulation *in vitro* (à l'extérieur de l'organisme, dans une éprouvette, par exemple) n'est amenée *que* par la voie intrinsèque. Avant d'examiner les raisons de cette différence, voyons ce que ces voies ont en commun.

Les deux voies font intervenir un élément clé, une membrane portant une charge négative, en particulier celle des plaquettes contenant de la phosphatidylsérine ou **PF₃** (facteur plaquettaire 3). Il semble que de nombreux facteurs de coagulation relevant des deux voies ne puissent être activés qu'en présence du facteur plaquettaire 3. Les étapes intermédiaires de chaque voie se déroulent en *cascade* vers un facteur commun, le **facteur X**, qu'elles activent (figure 17.14). Après l'activation du facteur X, ce dernier forme un complexe avec les ions Ca^{2+}, le PF₃ et le facteur V, et donne naissance à l'**activateur de la prothrombine**. Cette étape est généralement la plus lente de la coagulation, mais une fois l'activateur de la prothrombine produit, il faut moins de 15 secondes pour former le caillot proprement dit.

Les voies intrinsèque et extrinsèque se déroulent ensemble et sont liées de plusieurs manières, mais il existe de nombreuses différences entre elles. La *voie intrinsèque* est :

- activée par des surfaces portant une charge négative, comme celle des plaquettes activées, du collagène ou du verre. (C'est pourquoi cette voie peut être activée dans une éprouvette en laboratoire) ;
- appelée *intrinsèque* parce que les facteurs nécessaires à la coagulation sont présents *à l'intérieur* du sang ;
- plus lente parce qu'elle comporte de nombreuses étapes intermédiaires.

abord, mais deux stratégies peuvent vous aider à le rendre plus simple. D'abord, remarquez que dans la plupart des cas *l'activation transforme les facteurs de coagulation en enzymes* en supprimant une partie de la protéine, ce qui en change la

17

La *voie extrinsèque* est :

- activée par l'exposition du sang à un facteur qui se trouve dans les tissus situés sous l'endothélium endommagé ; ce facteur est appelé **facteur tissulaire (FT)** ou **facteur III** ;
- appelée *extrinsèque* parce que les facteurs tissulaires nécessaires se trouvent à *l'extérieur* du sang ;
- plus rapide parce qu'elle saute de nombreuses étapes de la voie intrinsèque. En cas de traumatisme grave, elle favorise la formation d'un caillot en 15 secondes.

Phase 2 : Voie commune vers la thrombine

L'activateur de la prothrombine catalyse la transformation de la protéine plasmatique appelée **prothrombine** en une enzyme appelée **thrombine.**

Phase 3 : Voie commune vers les filaments de fibrine

La thrombine catalyse la transformation du facteur de coagulation *soluble*, le **fibrinogène**, en **fibrine**. Les molécules de fibrine se polymérisent ensuite (se lient les unes aux autres) de façon à former de longs filaments de fibrine *insolubles*. (Remarquez que, contrairement aux autres facteurs de coagulation, l'activation du fibrinogène ne le convertit pas en une enzyme, mais lui permet plutôt de se polymériser.) Ces filaments s'attachent aux plaquettes et s'entremêlent de façon à former la charpente du caillot, lequel emprisonne les éléments figurés présents (figure 17.15).

En présence d'ions Ca^{2+}, la thrombine active aussi le **facteur XIII**, ou **facteur de stabilisation de la fibrine**, l'enzyme qui catalyse la formation de liaisons entre les monomères de fibrine et qui mène à la formation des filaments de fibrine. La formation des liaisons renforce et stabilise encore le caillot, fermant de manière efficace l'ouverture jusqu'à ce que le vaisseau sanguin soit réparé de manière permanente.

Les facteurs qui inhibent la coagulation sont appelés **facteurs anticoagulants.** L'efficacité de la coagulation repose sur un fragile équilibre entre les facteurs de coagulation et les facteurs anticoagulants. En situation normale, les anticoagulants prédominent et inhibent la coagulation ; mais en cas de rupture d'un vaisseau, l'activité des facteurs de coagulation s'intensifie aux alentours de la lésion et un caillot commence à se former. La formation du caillot s'achève normalement en trois à six minutes après la rupture du vaisseau sanguin.

Rétraction du caillot et réfection du vaisseau

En 30 à 60 minutes, la **rétraction du caillot**, un processus provoqué par les plaquettes, complète la stabilisation du caillot. Les plaquettes contiennent en effet des protéines contractiles (actine et myosine) qui leur permettent de se contracter à la façon des cellules musculaires. Ce faisant, elles exercent une traction sur les filaments de fibrine et expulsent le **sérum** (le plasma moins les protéines de coagulation) de la masse. Le caillot se resserre et les lèvres de la lésion se rapprochent.

À cette étape, la cicatrisation a déjà débuté. Le **facteur de croissance dérivé des plaquettes** (**PDGF**, *platelet-derived*

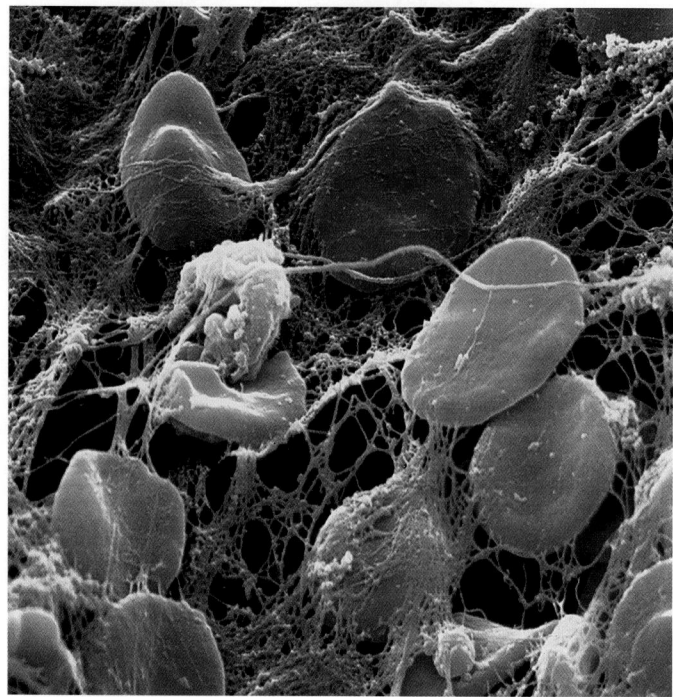

Figure 17.15 **Micrographie au microscope électronique à balayage d'érythrocytes emprisonnés dans un réseau de fibrine.** (2700×)

growth factor), libéré pendant la dégranulation, stimule la division des cellules musculaires lisses et des fibroblastes et favorise ainsi la reconstruction de la paroi vasculaire. En même temps que les fibroblastes forment une « pièce » de tissu conjonctif, les cellules endothéliales se multiplient sous l'action du facteur de croissance endothélial vasculaire (VEGF, *vascular endothelial growth factor*) et réparent l'endothélium du vaisseau.

Fibrinolyse

Le caillot est une solution temporaire aux lésions des vaisseaux sanguins. Un processus appelé **fibrinolyse** l'élimine et favorise ainsi le passage des composantes nécessaires à la cicatrisation des tissus. Comme il se forme continuellement de petits caillots dans les vaisseaux sanguins, ce processus revêt une importance cruciale. Sans la fibrinolyse, l'obstruction complète guetterait tous les vaisseaux sanguins.

La fibrinolyse résulte de l'action d'une enzyme protéolytique appelée **plasmine**, ou fibrinolysine, qui est capable de dégrader la fibrine ; elle est le produit de l'activation du **plasminogène**. Cette protéine plasmatique s'incorpore au caillot en cours de formation, pour lequel elle a une grande affinité ; elle y demeure inactive jusqu'à ce qu'elle reçoive les signaux appropriés. La présence d'un caillot à l'intérieur ou autour d'un vaisseau sanguin amène les cellules endothéliales intactes à sécréter **l'activateur tissulaire du plasminogène (TPA)**. Le facteur XII activé et la thrombine libérée pendant la coagulation jouent aussi le rôle d'activateurs du plasminogène. Par conséquent, la plasmine agit presque exclusivement sur le caillot et, s'il s'en échappe dans le plasma, les enzymes circulantes ont tôt fait de la détruire ou de l'inhiber, l'empêchant ainsi de provoquer des hémorragies. La fibrinolyse débute dans les deux jours qui suivent la lésion et se poursuit lentement pendant quelques jours jusqu'à dissolution complète du caillot.

DÉSÉQUILIBRE HOMÉOSTATIQUE

En médecine, les fibrinolytiques constituent des produits intéressants pour le traitement des thromboses qu'il est possible de soigner en éliminant les caillots. Ce processus intéresse les chercheurs au plus haut point. On utilise depuis plusieurs années la streptokinase, une enzyme bactérienne (streptocoques) ; on a réussi à produire de l'activateur tissulaire du plasminogène (TPA) par génie génétique et, plus récemment encore, on a démontré la présence dans la salive de chauve-souris d'une enzyme fibrinolytique dont l'efficacité serait 2000 fois supérieure à celle du TPA. Nommée DSPA (*desmodus salivary plasminogen activator*), elle agit comme un antithrombotique qui pourrait également être utilisée contre les accidents vasculaires cérébraux habituellement traités par les TPA. ■

Limitation de la croissance du caillot et prévention de la coagulation

Limitation de la croissance du caillot

Une fois déclenchée, la coagulation suit son cours jusqu'à la formation d'un caillot. Normalement, deux mécanismes homéostatiques empêchent les caillots d'atteindre des dimensions excessives : (1) le retrait rapide des facteurs de coagulation ; (2) l'inhibition des facteurs de coagulation activés. Pour que la coagulation se produise, les concentrations de facteurs de coagulation activés doivent parvenir à des niveaux précis. Toute amorce de coagulation échoue dans le sang circulant, car les facteurs de coagulation activés sont dilués et entraînés dans la circulation sanguine. Pour les mêmes raisons, le contact avec le sang circulant limite la croissance d'un caillot en formation.

D'autres mécanismes entravent l'étape finale, celle de la polymérisation des monomères de fibrine, en cantonnant la thrombine au caillot ou encore en l'inactivant si elle s'échappe dans la circulation. Quand un caillot se forme, presque toute la thrombine produite est fixée par les filaments de fibrine. Il s'agit là d'une réaction de protection importante, car la thrombine exerce également des effets rétroactifs positifs sur le processus de coagulation avant que la voie commune s'active. Non seulement accélère-t-elle la production de l'activateur de la prothrombine par l'action indirecte du facteur V, mais elle précipite aussi les étapes antérieures de la voie intrinsèque en activant les plaquettes. Ainsi, en fixant la thrombine, la fibrine joue donc aussi le rôle d'un anticoagulant en prévenant l'augmentation du volume du caillot et en empêchant la thrombine d'amorcer la transformation d'autres molécules de fibrinogène en monomères de fibrine.

La thrombine qui n'est pas fixée par la fibrine est rapidement inactivée par l'**antithrombine III**, une protéine présente dans le plasma. On est désormais capable d'obtenir cette protéine dans le lait de chèvres transgéniques (c'est-à-dire d'animaux dont les cellules contiennent des gènes étrangers, ici le gène codant pour la synthèse de l'antithrombine humaine). Il s'agit du premier médicament conçu à partir d'un animal transgénique destiné à traiter une carence héréditaire de cet anticoagulant naturel. L'antithrombine III et la **protéine C**, une autre protéine produite par les cellules du foie, inhibent également l'activité d'autres facteurs de coagulation de la voie intrinsèque.

L'**héparine**, l'anticoagulant contenu dans les granulations des granulocytes basophiles et des mastocytes, se trouve aussi à la surface des cellules endothéliales. Elle joue le rôle d'inhibiteur de la thrombine en favorisant l'activité de l'antithrombine III. Comme la plupart des inhibiteurs de la coagulation, l'héparine inhibe aussi la voie intrinsèque.

Prévention de la coagulation

Tant que l'endothélium est lisse et intact, les plaquettes ne peuvent ni s'y attacher ni s'accumuler. De même, les substances antithrombiques sécrétées par les cellules endothéliales – la prostacycline et le monoxyde d'azote (NO) – préviennent normalement l'agrégation plaquettaire. De plus, la quinone (molécule provenant de l'oxydation de la vitamine E dans l'organisme) est un puissant anticoagulant.

Anomalies de l'hémostase

Bien qu'elle soit l'un des mécanismes les plus raffinés que nous offre la nature, la coagulation a parfois des ratés. Les deux principales catégories d'anomalies de l'hémostase sont diamétralement opposées. Les **affections thromboemboliques** résultent de la formation inopportune d'un caillot, tandis que les **affections hémorragiques** découlent de phénomènes empêchant la coagulation. La **coagulation intravasculaire disséminée (CIVD)** est caractérisée par la formation généralisée de caillots et des hémorragies graves.

Affections thromboemboliques

En dépit des nombreux mécanismes qui s'y opposent, il arrive parfois que des caillots se forment à l'intérieur des vaisseaux sanguins. Un caillot qui se développe dans un vaisseau sanguin *intact* et qui y demeure est un **thrombus**. Quand il est de grandes dimensions, ce thrombus peut bloquer l'irrigation des cellules situées en aval et causer la nécrose des tissus. Par exemple, une obstruction de la circulation coronarienne (thrombose coronaire) peut provoquer la mort des fibres musculaires cardiaques au cours d'un infarctus du myocarde, qui pourrait être fatal.

Par ailleurs, un caillot qui se détache de la paroi du vaisseau et est entraîné passivement dans la circulation est appelé **embole** (« insertion »). Habituellement, un embole ne cause aucun dégât sauf s'il s'engage dans un vaisseau dont le calibre est trop petit pour le laisser passer ; il produit alors une **embolie**, qui obstrue le vaisseau. Par exemple, il entrave l'apport d'oxygène aux tissus s'il est retenu dans les poumons (embolie pulmonaire) et peut causer un accident vasculaire cérébral s'il se loge dans l'encéphale (embolie cérébrale). Nous présentons dans le Gros plan sur l'athérosclérose des pages 810-811 du chapitre 19 de nouveaux médicaments fibrinolytiques, par exemple l'activateur tissulaire du plasminogène (TPA), ainsi que des techniques innovatrices de retrait des caillots.

La rugosité persistante de l'endothélium vasculaire, causée notamment par l'artériosclérose et l'inflammation, prédispose aux affections thromboemboliques, car elle offre des points d'attache aux plaquettes. La lenteur de la circulation et la stase sanguine accroissent les risques de thromboembolie, particulièrement chez les patients alités. C'est pourquoi il est recommandé de les faire lever le plus rapidement possible. Par ailleurs, il peut arriver que certaines personnes qui restent assises et immobiles plus de quatre heures, quand elles voyagent à l'étroit, par exemple en avion sur les sièges des classes économiques, fassent une thrombose veineuse, mais le risque reste faible. Chez les personnes immobiles, les facteurs de coagulation ne se dissipent pas normalement et ils s'accumulent au point de permettre la formation d'un caillot.

Bon nombre de médicaments, principalement l'acide acétylsalicylique, l'héparine et la warfarine, préviennent la coagulation chez les patients prédisposés aux crises cardiaques ou aux accidents vasculaires cérébraux. L'**acide acétylsalicylique**, ou AAS – plus connu sous l'un de ses noms commerciaux, Aspirin –, s'oppose à l'action des prostaglandines et inhibe la formation de thromboxane A_2 (et, par voie de conséquence, l'agrégation plaquettaire et l'élaboration du clou plaquettaire). Des études cliniques ont montré que l'incidence des crises cardiaques diminuait de 50 % chez des hommes prenant de faibles doses d'AAS (un comprimé tous les deux jours) pendant plusieurs années.

De même, l'héparine (voir plus haut), qui potentialise l'action de l'antithrombine III, est prescrite comme agent anticoagulant. Administrée par voie intraveineuse, l'héparine extraite des intestins de porc est l'anticoagulant le plus couramment utilisé chez les patients cardiaques avant ou après une intervention chirurgicale et chez les receveurs d'une transfusion de sang. En se basant sur la structure de l'héparine, on a mis au point plusieurs médicaments antithrombotiques de synthèse (des pentasaccharides) possédant un mode d'action identique, mais avec moins d'effets secondaires. La **warfarine** (Coumadin), un ingrédient des raticides, est administrée par voie orale. Il s'agit de la substance de base utilisée dans le traitement des patients externes prédisposés à la fibrillation auriculaire, une affection dans laquelle le sang s'accumule dans le cœur ; elle réduit les risques d'accident vasculaire cérébral. Elle exerce ses effets suivant un mécanisme différent de celui de l'héparine, soit en entravant l'action de la vitamine K lors de la synthèse de certains facteurs de coagulation (voir ci-contre la section sur la perturbation de la fonction hépatique).

Syndrome de coagulation intravasculaire disséminée

La *coagulation intravasculaire disséminée (CIVD)* est une affection caractérisée par la formation généralisée de caillots dans les petits vaisseaux sanguins intacts. En même temps, le sang résiduel perd le pouvoir de coaguler, car une grande quantité des facteurs de coagulation est accaparée par la formation excessive de caillots que ce déséquilibre occasionne. Le blocage de la circulation sanguine qui s'ensuit s'accompagne d'hémorragies graves. La CIVD est le plus souvent attribuable à une complication de la grossesse, à la septicémie ou à une transfusion de sang incompatible.

Affections hémorragiques

Tout ce qui fait obstacle à la coagulation peut causer des hémorragies. Il s'agit le plus souvent d'un déficit en plaquettes (thrombopénie) et de déficits en certains facteurs de coagulation provoqués par une perturbation de la fonction hépatique ou par certaines maladies héréditaires.

Thrombopénie La **thrombopénie** (ou thrombocytopénie), c'est-à-dire l'insuffisance du nombre de plaquettes circulantes, se traduit par des saignements spontanés des petits vaisseaux sanguins. Les mouvements les plus banals provoquent des hémorragies étendues révélées par l'apparition sur la peau de marques violacées appelées *pétéchies*. La thrombopénie est causée par des facteurs qui s'attaquent à la moelle osseuse rouge, par exemple le cancer de la moelle osseuse, l'exposition aux rayonnements ionisants et certains médicaments. Une numération plaquettaire inférieure à 50×10^9 plaquettes/L de sang permet généralement de poser le diagnostic de cette maladie. On pallie temporairement les hémorragies qu'elle entraîne par des transfusions de plaquettes concentrées.

Perturbation de la fonction hépatique Lorsque le foie est incapable de synthétiser les quantités normales de facteurs de coagulation, des saignements anormaux et souvent graves surviennent. À l'origine de cette insuffisance, on trouve les maladies hépatiques graves comme l'hépatite et la cirrhose, mais aussi les carences en vitamine K, fréquentes chez les nouveau-nés. L'administration d'antibiotiques à large spectre peut aussi provoquer une carence en vitamine K en tuant les bactéries intestinales qui la produisent. La synthèse hépatique des facteurs de coagulation requiert de la vitamine K. Cette vitamine étant produite par la flore bactérienne intestinale, l'alimentation est rarement en cause. Les carences en vitamine K sont surtout dues à une malabsorption des lipides, car la vitamine K, qui est liposoluble, est absorbée par le sang avec les lipides. Circonstance aggravante, les maladies du foie entravent non seulement la production des facteurs de coagulation, mais aussi celle de la bile, qui est nécessaire à la digestion et à l'absorption des lipides, dont dépend à son tour l'absorption de cette vitamine.

Hémophilie Le terme **hémophilie** désigne des affections hémorragiques héréditaires qui se manifestent de façon semblable. L'*hémophilie A*, qui représente 77 % des cas, résulte d'un déficit en **facteur VIII** (ou **facteur antihémophilique**). L'*hémophilie B* est due à un déficit en facteur IX. Les deux formes de la maladie sont liées au chromosome X et atteignent donc presque uniquement des hommes. Parmi les cas les plus célèbres, mentionnons les familles régnantes d'Espagne et de

Russie, dont les hommes avaient épousé les filles de la reine Victoria, porteuse de la maladie. L'*hémophilie C*, une forme moins grave d'hémophilie touchant les deux sexes, est causée par une carence en facteur XI. Elle est relativement moins grave que les formes A et B car le facteur de coagulation (facteur IX) activé par le facteur XI peut également être activé par le facteur VII (figure 17.14). De plus, certains cas d'hémophilie que l'on croyait auparavant liés à un déficit en facteur XI sont en fait causés par des modifications du facteur VII.

Les symptômes de l'hémophilie apparaissent dans les premières années de la vie; la moindre blessure provoque un saignement prolongé dans les tissus qui peut mettre en danger la vie de la personne atteinte. L'exercice physique et les traumatismes causent des hémarthroses si fréquentes que les articulations perdent leur mobilité et deviennent douloureuses. On traite toutes les formes d'hémophilie par des transfusions de plasma frais ou par des injections du facteur de coagulation approprié, sous forme purifiée. Ces traitements sont efficaces pendant plusieurs jours, mais ils sont onéreux et plutôt incommodants.

De plus, la dépendance des hémophiles à l'égard des transfusions et des injections de facteurs leur ont causé d'autres problèmes. Par le passé, beaucoup d'hémophiles ont contracté par cette voie le virus de l'hépatite et, depuis le début des années 1980, le VIH, qui cause le SIDA en affaiblissant le système immunitaire (voir le chapitre 21, p. 920-921). Fort heureusement, les nouveaux modes de dépistage du VIH dans le sang, la mise en marché de facteurs de coagulation produits par génie génétique et les vaccins contre l'hépatite protègent maintenant les hémophiles contre ces risques.

VÉRIFIONS NOS ACQUIS

10. Nommez les trois étapes de l'hémostase.
11. Quelles sont les principales différences entre le fibrinogène et la fibrine ? Entre la prothrombine et la thrombine ? Entre la plupart des facteurs de coagulation avant et après leur activation ?
12. Quelle affection hémorragique est causée par un nombre insuffisant de plaquettes ? Par l'absence du facteur VIII ?

Les réponses se trouvent à l'appendice G.

Transfusion et rétablissement du volume sanguin

13 Décrire les systèmes ABO et Rh. Expliquer comment peut survenir la réaction hémolytique et donner un aperçu de ses manifestations.

14 Décrire les fonctions des liquides utilisés pour rétablir le volume sanguin et les circonstances dans lesquelles ils sont généralement administrés.

Le système cardiovasculaire de l'être humain se protège des conséquences d'une perte de sang (1) en réduisant le volume des vaisseaux sanguins et (2) en accélérant l'érythropoïèse. Cependant, ces mécanismes de compensation ont leurs limites. Les pertes de 15 à 30 % du volume sanguin causent la pâleur et la faiblesse. Les pertes supérieures à 30 % entraînent un état de choc grave, voire fatal.

Transfusion d'érythrocytes

Les **transfusions de sang total** visent généralement à compenser les pertes de sang rapides et importantes et à traiter la thrombopénie. Dans les autres cas, on a plutôt recours à des injections de **globules rouges concentrés** (c'est-à-dire de sang total dont la majeure partie du plasma a été retirée) pour rétablir la capacité de transporter de l'oxygène du sang. Habituellement, la banque de sang prélève le sang d'un donneur puis le mélange à un anticoagulant (un sel de citrate ou d'oxalate, par exemple) qui, en se liant aux ions calcium, empêche ces derniers de participer au processus de la coagulation. La durée de conservation à 4 °C du sang recueilli est d'environ 35 jours. Comme le sang est très précieux, on le divise généralement en ses éléments constitutifs pour que chacun puisse être utilisé au moment opportun et à l'endroit approprié.

Groupes sanguins humains

La membrane plasmique de toutes les cellules porte, sur sa face externe, des glycoprotéines hautement spécifiques qui font de chaque individu un être unique. Ces glycoprotéines agissent comme des *antigènes*, c'est-à-dire une substance que l'organisme perçoit comme étrangère, dont les bactéries et leurs toxines, les virus, les cellules cancéreuses et les érythrocytes mal appariés. Dans le cas des érythrocytes, ces antigènes sont appelés **agglutinogènes**, car ils provoquent l'agglutination des globules rouges dans certaines conditions. La transfusion de sang incompatible (c'est-à-dire de sang dont les globules rouges portent des agglutinogènes différents de ceux du receveur) peut être fatale. En effet, l'organisme du receveur ne reconnaît pas les antigènes étrangers, et des anticorps spécifiques de son plasma causent l'agglutination des cellules du donneur, qui sont alors détruites.

On compte au moins 30 variétés d'agglutinogènes dans la population humaine. Qui plus est, on en dénombre quelque 100 autres chez certaines familles (« antigènes privés »). La présence ou l'absence de chaque antigène permet de classer les globules sanguins de tout individu. Les antigènes déterminant les systèmes ABO et Rh causent de fortes réactions hémolytiques (au cours desquelles les érythrocytes étrangers sont détruits) s'ils sont transfusés à un receveur incompatible. C'est pourquoi l'on procède *toujours* à la détermination du groupe sanguin avant de transfuser du sang.

Les autres antigènes (les systèmes MNS, Duffy, Kell et Lewis) ont été moins étudiés; ils ont surtout une importance sur le plan judiciaire ou sur celui de la recherche. Comme ces facteurs entraînent des réactions hémolytiques faibles ou nulles, il est rare qu'on recherche leur présence, à moins qu'on ne prévoie administrer plusieurs transfusions à la même personne, auquel cas les différentes réactions hémolytiques faibles pourraient s'additionner et causer des problèmes. Nous ne décrivons ci-après que les systèmes ABO et Rh.

17

Système ABO La découverte des groupes ABO par Karl Landsteiner fut récompensée par un prix Nobel en 1930. Comme le montre le **tableau 17.4**, le **système ABO** est fondé sur la présence ou sur l'absence de l'agglutinogène A et de l'agglutinogène B. (Le groupe sanguin d'un individu dépend des antigènes qui lui ont été transmis par ses parents.) Le groupe O, caractérisé par l'absence d'agglutinogènes, est le plus répandu des groupes du système ABO autant chez la population blanche, noire, asiatique, que chez les Amérindiens ; le groupe AB, caractérisé par la présence des deux agglutinogènes, est le moins fréquent. La présence de l'agglutinogène A ou de l'agglutinogène B donne lieu respectivement au groupe A et au groupe B. Notez que la répartition des groupes sanguins de la population blanche des États-Unis est également représentative de celle des Canadiens et des Européens. Ces différences sont purement statistiques et n'impliquent pas l'existence de race dans le sens propre du terme, d'autant plus qu'on observe de plus grands écarts génétiques à l'intérieur d'une éthnie qu'entre deux éthnies différentes.

Les groupes du système ABO se distinguent par la présence dans le plasma d'*anticorps naturels* appelés **agglutinines**. Les agglutinines s'attaquent aux antigènes qui ne sont pas présents sur les érythrocytes d'un individu. Elles sont absentes à la naissance, mais elles apparaissent dans le plasma au cours des deux premiers mois de la vie. Elles atteignent leur concentration maximale entre l'âge de 8 et 10 ans. Comme l'indique le tableau 17.4, une personne qui n'a ni l'antigène A ni l'antigène B (groupe O) possède les anticorps anti-A et anti-B,

également appelés respectivement *agglutinines anti-A* et *agglutinines anti-B*. Les sujets de groupe A ont des agglutinines anti-B, tandis que les sujets de groupe B possèdent des agglutinines anti-A. Les sujets de groupe AB ne forment aucune de ces agglutinines.

Système Rh Il existe au moins 45 agglutinogènes Rh, ou **facteurs Rh**, mais seuls les agglutinogènes C, D et E sont répandus. La dénomination « Rh » vient du fait qu'on a identifié un des agglutinogènes du système Rh (l'agglutinogène D) chez le singe *rhésus* avant de le découvrir chez l'être humain. La plupart des Nord-Américains et des Européens (soit environ 85 %) sont Rh positif (Rh$^+$), c'est-à-dire que leurs érythrocytes portent l'agglutinogène D. En règle générale, lorsqu'on parle du groupe sanguin d'une personne, on utilise un symbole qui indique où elle se situe dans les systèmes ABO et Rh ; ainsi, on écrit O$^+$, A$^-$ et ainsi de suite.

Contrairement aux agglutinines du système ABO, les agglutinines anti-Rh ne se forment pas spontanément dans le sang des individus Rh négatif (Rh$^-$). Toutefois, si une personne Rh$^-$ reçoit du sang Rh$^+$, son système immunitaire se sensibilise et, peu après la transfusion, commence à produire des agglutinines anti-D pour combattre l'agglutinogène D des globules rouges étrangers. La première transfusion de sang incompatible ne provoque pas l'hémolyse, car le système immunitaire met un certain temps à réagir et à produire des agglutinines. Mais toutes les transfusions subséquentes occasionnent une réaction au

TABLEAU 17.4	Système ABO							
GROUPE SANGUIN	FRÉQUENCE (% DE LA POPULATION DES ÉTATS-UNIS)*				ANTIGÈNES DES ÉRYTHROCYTES (AGGLUTINOGÈNES)	ILLUSTRATION	ANTICORPS DU PLASMA (AGGLUTININES)	SANG COMPATIBLE
	BLANCS	NOIRS	ASIA-TIQUES	AUTOCH-TONES				
AB	4	4	5	<1	A B		Aucun	A, B, AB, O
B	11	20	27	4	B		Anti-A (a)	B, O
A	40	27	28	16	A		Anti-B (b)	A, O
O	45	49	40	79	Aucun		Anti-A (a) Anti-B (b)	O

* La répartition est semblable au Canada et en Europe.

cours de laquelle les agglutinines anti-D du receveur attaquent et détruisent les érythrocytes du donneur.

⚖ DÉSÉQUILIBRE HOMÉOSTATIQUE

Un grave problème est associé au facteur Rh chez les femmes enceintes Rh⁻ qui portent des fœtus Rh⁺. Quand elles sont enceintes pour la première fois, elles donnent habituellement naissance à des bébés bien-portants. Cependant, lors de l'accouchement ou du décollement du placenta, il arrive qu'un certain volume de sang du bébé entre en contact avec le sang maternel. (La même chose peut également se produire au cours d'un avortement ou d'une fausse couche.) Dans les semaines suivantes, le système immunitaire de la mère réagit et forme des agglutinines anti-D, à moins d'avoir reçu un sérum contenant des agglutinines anti-D (sérum RhoGAM) avant ou juste après l'accouchement. En se fixant aux agglutinogènes D des globules rouges du fœtus, les agglutinines anti-D injectées empêchent l'apparition d'une réponse immunitaire dans le sang de la mère.

Si cette précaution n'a pas été prise, au cours d'une seconde grossesse, les agglutinines anti-D de la mère traversent la barrière placentaire et détruisent les globules rouges du fœtus (Rh⁺), qui portent l'agglutinogène D. Le fœtus sera atteint de la **maladie hémolytique du nouveau-né**, ou **érythroblastose fœtale**, et souffrira d'anémie et d'hypoxémie. Dans les cas graves, des dommages à l'encéphale et même la mort peuvent survenir. Certaines situations nécessitent des transfusions intra-utérines (*avant* la naissance) afin de remplacer les érythrocytes détruits. Ce traitement permet d'assurer le transport d'oxygène nécessaire à la survie et au développement normal du fœtus. En outre, on effectue une ou plusieurs *transfusions d'échange* (voir les Termes médicaux, p. 760). Après la naissance, on retire du sang Rh⁺ du bébé et on lui substitue du sang Rh⁻. En six semaines environ, l'organisme du bébé dégrade les érythrocytes Rh⁻ transfusés et les remplace par des globules Rh⁺. ∎

Réaction hémolytique: agglutination et hémolyse

L'injection de sang incompatible entraîne une **réaction hémolytique** au cours de laquelle les agglutinines (anticorps) du receveur se fixent aux agglutinogènes (antigènes) des érythrocytes du donneur. (Il est à noter que les anticorps du donneur agglutinent aussi les érythrocytes du receveur, mais ils sont tellement dilués dans la circulation sanguine qu'ils ne causent habituellement aucun problème grave.)

L'événement initial, l'agglutination des globules rouges étrangers, obstrue les petits vaisseaux sanguins de l'organisme entier. Au cours des heures qui suivent, les érythrocytes agglutinés se décomposent ou sont phagocytés par les macrophagocytes, et leur hémoglobine est libérée dans la circulation sanguine. (Lorsque la réaction hémolytique est exceptionnellement grave, la lyse des érythrocytes est quasi immédiate.)

Ces événements engendrent deux problèmes manifestes: (1) les érythrocytes agglutinés perdent leur capacité de transporter l'oxygène; (2) l'agglutination des érythrocytes dans les petits vaisseaux entrave l'irrigation des tissus situés en aval. Les conséquences de la libération de l'hémoglobine dans la circulation sont moins évidentes mais plus néfastes encore. L'hémoglobine circulante pénètre librement dans les tubules rénaux, causant la mort cellulaire et l'oligoanurie, voire l'anurie totale (insuffisance rénale aiguë), qui peut être mortelle.

Une réaction hémolytique peut se manifester par de la fièvre, des frissons, une chute de la pression artérielle, de la tachycardie, des nausées, des vomissements et une intoxication générale; en l'absence d'oligoanurie, toutefois, la réaction est rarement mortelle. Pour prévenir l'atteinte rénale, on procède à des injections de liquides et de diurétiques afin d'augmenter le débit urinaire ainsi que de diluer et de dissoudre l'hémoglobine.

Ainsi que l'indique le tableau 17.4, les érythrocytes du groupe O ne portent ni l'antigène A ni l'antigène B. C'est pourquoi on a longtemps considéré les personnes de ce groupe sanguin comme des **donneurs universels**. De fait, certains laboratoires élaborent des méthodes permettant de faire la conversion enzymatique du sang d'autres groupes en sang de groupe O par l'élimination des molécules de sucre excédentaires (spécifiques du groupe A ou B). Selon le même raisonnement, on appelait autrefois **receveurs universels** – c'est-à-dire pouvant recevoir des transfusions de n'importe quel groupe du système ABO – les sujets du groupe AB, dépourvus des anticorps qui attaquent les antigènes A et B. Ces deux notions ont toutefois été abandonnées, car elles ne tenaient pas compte des autres agglutinogènes du sang susceptibles de causer des réactions hémolytiques.

Les transfusions de sang provenant d'un groupe de donneurs présentent des risques de réaction hémolytique et de transmission d'infections potentiellement mortelles (en particulier le VIH); c'est pourquoi l'intérêt pour les **autotransfusions** va en s'accroissant. Les patients en attente d'une intervention chirurgicale élective et dont la vie n'est pas en danger privilégient cette option, qui consiste à donner *d'avance* de son propre sang pour qu'il soit mis en réserve et disponible en cas de besoin pendant ou après l'intervention. Des suppléments de fer sont administrés et, tant que l'hématocrite du patient est d'au moins 30%, on peut prélever une unité (de 400 à 500 mL) de sang tous les 4 jours, la dernière étant prélevée 72 heures avant l'intervention.

Détermination du groupe sanguin

Il va de soi que la détermination du groupe sanguin du donneur et du receveur *avant* la transfusion est d'une importance capitale. La **figure 17.16** présente succinctement la marche à suivre. Pour plus de sûreté, on effectue également une épreuve de *compatibilité croisée*. Le procédé consiste à vérifier si le sérum du receveur provoque l'agglutination des érythrocytes du donneur et si le sérum du donneur provoque l'agglutination des érythrocytes du receveur. On détermine les groupes du système Rh de la même façon que les groupes du système ABO.

Rétablissement du volume sanguin

Lorsque le volume sanguin d'un patient baisse au point d'entraîner un état de choc potentiellement mortel, l'équipe médicale n'a pas toujours le temps de procéder à une détermination du groupe sanguin ou de trouver le sang total approprié. Une telle situation d'urgence exige que l'on rétablisse le

17

Sang de l'échantillon   **Sérum**

Anti-A   Anti-B

Groupe AB (contient les agglutinogènes A et B; l'agglutination se produit avec les deux sérums)

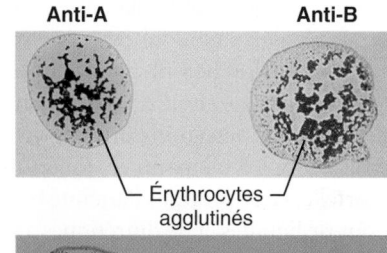

Érythrocytes agglutinés

Groupe A (contient l'agglutinogène A; l'agglutination se produit avec le sérum anti-A)

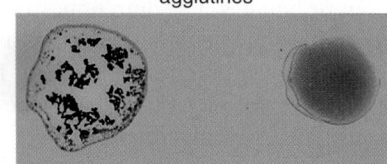

Groupe B ((contient l'agglutinogène B; l'agglutination se produit avec le sérum anti-B)

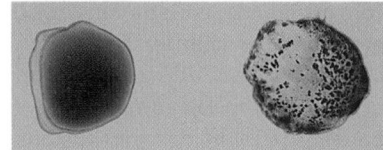

Groupe O (ne contient aucun agglutinogène; aucun des deux sérums ne cause l'agglutination)

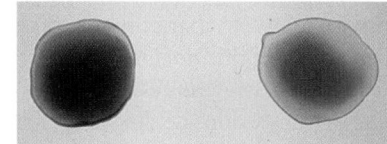

Figure 17.16 Détermination des groupes sanguins dans le système ABO. On place deux gouttes de sang, préalablement dilué avec une solution physiologique salée, sur une lame de verre et on y ajoute du sérum contenant soit de l'agglutinine anti-A, soit de l'agglutinine anti-B. Les agglutinines se fixent aux agglutinogènes correspondants (A ou B).

volume sanguin sans délai afin de restaurer la circulation dans tout l'organisme.

En fait, le sang est formé de protéines et de cellules en suspension dans une solution salée. Le rétablissement du volume sanguin consiste essentiellement à remplacer la solution salée isotonique perdue. Ainsi, il est courant d'employer une *solution physiologique salée* ou une *solution d'électrolytes* reproduisant la composition électrolytique du plasma (la *solution de Ringer*, par exemple). On pourrait croire qu'il est aussi important d'ajouter des substances qui reproduisent les propriétés osmotiques de l'albumine dans le sang, et c'est effectivement une pratique courante. Cependant, des études ont révélé que les **solutions de remplissage vasculaire**, comme l'*albumine sérique humaine purifiée*, le *héta-amidon* et le *dextran*, ne présentent aucun avantage par rapport à des solutions électrolytiques beaucoup plus économiques; par ailleurs, leur emploi risque d'entraîner certaines complications. Le rétablissement du volume sanguin ramène une bonne circulation, mais ne peut évidemment pas restaurer la capacité de transporter de l'oxygène des globules

rouges perdus. Des études portant sur des manières de restaurer cette capacité en utilisant du sang artificiel sont en cours.

VÉRIFIONS NOS ACQUIS

13. Nicolas s'est fait dire que son groupe sanguin est de type B. Quels anticorps ABO son plasma contient-il? Quels agglutinogènes ses érythrocytes portent-ils? Pourrait-il donner de son sang à un receveur de type AB? Pourrait-il recevoir le sang d'un donneur de type AB? Justifiez vos réponses.

Les réponses se trouvent à l'appendice G.

Analyses sanguines

15 Expliquer l'importance des analyses sanguines en tant qu'outils diagnostiques et donner des exemples d'épreuves couramment effectuées (noms d'épreuves et interprétations des résultats).

L'analyse du sang en laboratoire fournit des renseignements qui peuvent servir à évaluer l'état de santé d'une personne. Par exemple, un sang pâle et un hématocrite faible sont des signes d'anémie. Un sang laiteux contient une forte concentration de lipides (*hyperlipémie*), un état qui devrait alerter les personnes atteintes d'une cardiopathie. De même, chez la personne diabétique, la mesure de la glycémie permet de savoir si le régime alimentaire est bien contrôlé. Les infections se manifestent par l'hyperleucocytose et, dans les cas graves, par l'épaississement de la couche leucocytaire dans l'hématocrite.

En dévoilant des variations de la taille et de la forme des érythrocytes, les analyses microscopiques du sang peuvent révéler une carence en fer ou l'anémie pernicieuse. En outre, la détermination des proportions des divers leucocytes, ou **formule leucocytaire**, constitue un instrument diagnostique appréciable; ainsi, un nombre élevé de granulocytes éosinophiles peut indiquer une infection parasitaire ou une réaction allergique.

Diverses épreuves donnent des indications sur le fonctionnement des mécanismes hémostatiques. On évalue par exemple la capacité de coagulation du sang en déterminant le **temps de prothrombine**, et on procède à une **numération plaquettaire** si on suspecte une thrombopénie.

On effectue couramment deux batteries d'épreuves – celles réalisées au moyen de l'autoanalyseur SMAC (SMA20, CHEM-20, etc.) et une **numération globulaire**, ou **hémogramme** – dans le cadre d'un bilan de santé ou à l'occasion d'une hospitalisation. L'autoanalyseur SMAC donne un *profil chimique* du sang. L'hémogramme fournit une numération des différents éléments figurés, un hématocrite, différentes valeurs permettant d'évaluer le contenu en hémoglobine et la taille des érythrocytes. En comparant les résultats de ces deux batteries d'épreuves avec les valeurs normales, on obtient un tableau général de l'état de santé d'un individu.

L'appendice F présente une liste des valeurs normales pour certaines analyses sanguines.

Développement et vieillissement du sang

16 Indiquer les organes hématopoïétiques aux différents stades de la vie et le type d'hémoglobine produit avant et après la naissance.

17 Citer quelques-uns des troubles sanguins qui accompagnent le vieillissement.

Au début du développement fœtal, des cellules sanguines se forment à de nombreux endroits – le sac vitellin, le foie et la rate, entre autres –, mais, au septième mois de la vie fœtale, la moelle osseuse rouge devient le siège principal de l'hématopoïèse, et elle le demeure jusqu'à la mort, sauf en cas de maladie grave. Cependant, lorsque la production de globules sanguins doit être stimulée d'urgence, le foie et la rate peuvent reprendre le rôle hématopoïétique qu'ils assumaient pendant la vie fœtale. De plus, la moelle osseuse jaune (essentiellement composée de graisse) peut se convertir en moelle rouge active.

Les globules sanguins sont issus de cellules mésenchymateuses dérivées du mésoderme embryonnaire, les *îlots sanguins*. Le fœtus possède une hémoglobine spéciale, l'**hémoglobine F**, qui a plus d'affinité pour l'oxygène que l'hémoglobine adulte (hémoglobine A). La molécule d'hémoglobine F contient deux chaînes polypeptidiques alpha et deux chaînes polypeptidiques gamma (γ) au lieu des paires de chaînes alpha et de chaînes bêta de l'hémoglobine A typique. Après la naissance, le foie détruit rapidement les érythrocytes fœtaux portant l'hémoglobine F, et les érythroblastes du nouveau-né commencent à produire de l'hémoglobine A.

Les troubles hématologiques le plus souvent associés au vieillissement sont les formes chroniques de la leucémie, l'anémie et les troubles de la coagulation. Il faut cependant préciser que la plupart des troubles hématologiques liés au vieillissement sont généralement déclenchés par des affections cardiaques, vasculaires ou immunitaires. Par exemple, on pense que l'apparition de la leucémie est due à l'affaiblissement du système immunitaire, tandis que les thrombus et les emboles résulteraient de l'athérosclérose qui durcit les parois des vaisseaux sanguins.

VÉRIFIONS NOS ACQUIS

14. Émilie a 17 ans. Elle se présente à l'urgence avec de la fièvre, un mal de tête et une raideur de la nuque. Ces symptômes vous font soupçonner une méningite bactérienne. Bien que l'analyse du liquide céphalorachidien (LCR) soit le principal outil diagnostique pour une méningite, pensez-vous que sa formule leucocytaire révélera tout de même un nombre élevé de granulocytes neutrophiles? Pourquoi?

15. Qu'est-ce qui distingue l'hémoglobine F (fœtale) de l'hémoglobine d'un adulte?

Les réponses se trouvent à l'appendice G.

Compte tenu de la fonction de transporteur assurée par le sang, on peut le considérer comme le serviteur du système cardiovasculaire. Mais sachant que les fonctions du cœur et des vaisseaux ne sauraient s'accomplir sans lui, on pourrait tout aussi bien affirmer que ces organes, présentés aux chapitres 18 et 19, lui sont subordonnés. Quoi qu'il en soit, le sang et les organes du système cardiovasculaire sont indissociablement liés par leurs fonctions: apporter les nutriments, l'oxygène et les autres substances vitales à toutes les cellules de l'organisme et, par la même occasion, les débarrasser de leurs déchets.

TERMES MÉDICAUX

Analyses biochimiques du sang Analyses portant sur la concentration des molécules du plasma sanguin et des ions H+ (pH) et sur la teneur en glucose, en fer, en calcium, en protéines et en bilirubine.

Biopsie de la moelle osseuse Prélèvement par aspiration d'un échantillon de moelle osseuse rouge (habituellement de la crête iliaque antérieure ou postérieure). L'examen des cellules permet de diagnostiquer les anomalies de l'hématopoïèse, la leucémie, diverses infections médullaires et l'anémie résultant d'une lésion ou d'une insuffisance de la moelle osseuse.

Fraction du sang Tout composant du sang total, comme les plaquettes ou les facteurs de coagulation, qui a été isolé des autres.

Hématologie Étude du sang.

Hématome Accumulation de sang coagulé dans les tissus, résultant généralement d'un traumatisme; se manifeste par des ecchymoses ou des «bleus». Un hématome se résorbe graduellement, sauf en cas d'infection.

Hémochromatose Trouble héréditaire lié à une surcharge en fer dans l'organisme. Le fer est absorbé en quantité excessive par l'intestin et s'accumule dans les tissus où il est oxydé, formant des composés toxiques qui s'attaquent en particulier aux articulations, au foie et au pancréas.

Plasmaphérèse (*aphaïrésis*: action d'enlever) Technique de filtration servant à débarrasser le plasma de composants qui retourneront dans le patient ou donneur. On a principalement recours à ce procédé pour retirer du sang des anticorps ou des complexes immuns chez des personnes souffrant de certaines maladies auto-immunes (sclérose en plaques, myasthénie grave, etc.); utilisée également par les banques de sang afin de recueillir le plasma des victimes brûlées et d'obtenir des composants du plasma à usage thérapeutique.

Septicémie (*sêpein*: pourrir) État d'infection générale grave causé par une décharge importante de bactéries (ou de leurs toxines) dans le sang; communément appelée «empoisonnement du sang».

Syndrome myéloprolifératif (*muelos*: moelle) Appellation regroupant plusieurs hémopathies, dont l'anémie leucoérythroblastique avec myélofibrose, la polycythémie primitive et la leucémie.

Transfusion d'échange Technique consistant à prélever le sang d'un sujet et à le remplacer à mesure par le sang d'un donneur

jusqu'à ce qu'une grande partie du sang du sujet soit remplacée par celui du donneur. Ce type de transfusion est employé dans le traitement des intoxications et de certaines incompatibilités (comme la maladie hémolytique du nouveau-né).

RÉSUMÉ DU CHAPITRE

Composition et fonctions du sang: caractéristiques générales (p. 732)

Composants (p. 732)

1. Le sang est composé d'éléments figurés et de plasma. L'hématocrite est une mesure d'un des éléments figurés, les érythrocytes, exprimée en pourcentage du volume sanguin.

Caractéristiques physiques et volume (p. 732)

2. Le sang est un liquide visqueux et légèrement alcalin constituant environ 8 % de la masse corporelle. Le volume sanguin d'un adulte en bonne santé est d'environ 5 L.

Fonctions (p. 732)

3. Au point de vue du transport, les fonctions du sang sont l'apport d'oxygène et de nutriments aux tissus, l'élimination des déchets du métabolisme et la distribution des hormones.

4. Au point de vue de la régulation, les fonctions du sang sont le maintien de la température corporelle, du pH et d'un volume liquidien adéquat.

5. Au point de vue de la protection de l'organisme, les fonctions du sang sont l'hémostase et la prévention de l'infection.

Plasma (p. 733)

1. Le plasma est un liquide légèrement visqueux de couleur jaunâtre composé à 90 % d'eau et à 10 % de solutés, tels que des nutriments, des gaz respiratoires, des sels, des hormones et des protéines. Le plasma constitue 55 % du sang total.

2. Les protéines plasmatiques, pour la plupart élaborées par le foie, comprennent l'albumine, les globulines et les facteurs de coagulation. L'albumine est un important tampon du sang et contribue à sa pression osmotique.

Éléments figurés (p. 733)

1. Les éléments figurés sont les érythrocytes, les leucocytes et les plaquettes. Ils constituent 45 % du sang total. Ils dérivent tous des hémocytoblastes situés dans la moelle osseuse rouge.

Érythrocytes (p. 734)

2. Les érythrocytes (aussi appelés globules rouges ou hématies) sont de petites cellules biconcaves renfermant de grandes quantités d'hémoglobine. Ils sont dépourvus de noyau et ne possèdent à peu près pas d'organites. Grâce à la spectrine qu'ils contiennent, ils peuvent changer de forme pour se glisser dans les capillaires.

3. La principale fonction des érythrocytes est le transport de l'oxygène. Dans les poumons, l'oxygène de l'air se lie aux atomes de fer des molécules d'hémoglobine, ce qui produit l'oxyhémoglobine. Dans les tissus, l'oxygène se sépare du fer, ce qui produit la désoxyhémoglobine.

4. Les érythrocytes sont issus des hémocytoblastes. Au cours de l'érythropoïèse, ils passent par le stade du proérythroblaste (précurseur), de l'érythroblaste (basophile, polychromatophile et acidophile) et du réticulocyte. Pendant ce processus, l'hémoglobine s'accumule dans la cellule, et le noyau et les organites en sont expulsés. La différenciation des réticulocytes en globules rouges matures s'achève dans la circulation sanguine.

5. L'érythropoïétine et la testostérone favorisent l'érythropoïèse.

6. Le fer, la vitamine B_{12} et l'acide folique sont essentiels à la production de l'hémoglobine.

7. Les érythrocytes ont une durée de vie d'environ 120 jours. Les macrophagocytes du foie et de la rate éliminent de la circulation sanguine les érythrocytes vieillis et endommagés. Le fer libéré de l'hémoglobine est emmagasiné sous forme de ferritine ou d'hémosidérine, puis réutilisé. Le reste du groupement hème est dégradé en bilirubine et sécrété dans la bile. Les acides aminés de la globine sont métabolisés ou recyclés.

8. Les troubles érythrocytaires comprennent les anémies et la polycythémie.

Leucocytes (p. 742)

9. Les leucocytes (ou globules blancs) sont tous nucléés. Ils jouent un rôle capital dans la lutte de l'organisme contre les maladies (notamment les infections). Il en existe deux grandes catégories : les granulocytes et les agranulocytes.

10. Les granulocytes comprennent les granulocytes neutrophiles, les granulocytes basophiles et les granulocytes éosinophiles. Les granulocytes neutrophiles sont des phagocytes actifs contre les bactéries. Les granulocytes basophiles contiennent de l'histamine, une substance qui favorise la vasodilatation et la migration des leucocytes vers les sièges d'infection. Les granulocytes éosinophiles combattent les vers parasites et leur nombre s'accroît pendant les réactions allergiques.

11. Les agranulocytes jouent un rôle fondamental dans l'immunité. Ils comprennent les lymphocytes (les «cellules immunitaires») et les monocytes (qui se différencient en macrophagocytes dans les tissus).

12. La leucopoïèse dépend des facteurs de croissance des colonies (CSF) et des interleukines libérés par les cellules de soutien de la moelle osseuse rouge et les leucocytes matures.

13. Les troubles leucocytaires comprennent la leucémie et la mononucléose infectieuse.

Plaquettes (p. 748)

14. Les plaquettes sont des fragments détachés des mégacaryocytes, de grandes cellules formées dans la moelle osseuse rouge. Lorsqu'un vaisseau sanguin se rompt, les plaquettes forment un bouchon appelé clou plaquettaire qui empêche l'effusion de sang; elles jouent un rôle essentiel dans la coagulation.

Hémostase (p. 749)

1. L'hémostase est la prévention et l'arrêt des hémorragies. Les trois principales phases de ce processus sont le spasme vasculaire, la formation du clou plaquettaire et la coagulation.

Spasme vasculaire et formation du clou plaquettaire (p. 749)

2. Les spasmes des muscles lisses dans les parois des vaisseaux sanguins et l'accumulation de plaquettes (clou plaquettaire) dans la lésion constituent un moyen temporaire d'endiguer le flot du sang jusqu'à ce que la coagulation ait lieu.

Coagulation (p. 750)

3. La coagulation peut suivre la voie intrinsèque ou la voie extrinsèque. Les deux font intervenir un phospholipide appelé facteur plaquettaire 3 (PF_3). Le facteur tissulaire (facteur III) exposé par les tissus endommagés permet à la voie extrinsèque de « sauter » de nombreuses étapes de la voie intrinsèque. Les étapes intermédiaires de chaque voie sont déterminées par l'activation en cascade d'une série de facteurs de coagulation. Les deux voies convergent lorsque la prothrombine est convertie en thrombine.

Rétraction du caillot et réfection du vaisseau (p. 752)

4. Après sa formation, le caillot se rétracte. Le sérum en est expulsé et les lèvres de la lésion du vaisseau se rapprochent. La prolifération et la migration des cellules musculaires lisses, des cellules endothéliales et des fibroblastes du tissu conjonctif réparent le vaisseau.

Fibrinolyse (p. 752)

5. Une fois la guérison achevée, le caillot est décomposé (fibrinolyse).

Limitation de la croissance du caillot et prévention de la coagulation (p. 753)

6. Le retrait des facteurs de coagulation au contact de la circulation sanguine et l'inhibition des facteurs activés empêchent le caillot d'atteindre des dimensions excessives. La prostacycline (PGI_2) et le monoxyde d'azote sécrétés par les cellules endothéliales préviennent la coagulation dans les vaisseaux intacts.

Anomalies de l'hémostase (p. 753)

7. Les affections thromboemboliques résultent de la formation d'un caillot dans un vaisseau intact. Un thrombus ou un embole peuvent obstruer un vaisseau sanguin. La CIVD est une affection caractérisée par la formation généralisée de caillots dans les vaisseaux sanguins intacts, donnant lieu par la suite à des hémorragies.

8. La thrombopénie, le déficit en plaquettes, provoque des saignements spontanés dans les petits vaisseaux sanguins.

L'hémophilie est causée par l'absence d'un facteur de coagulation dans le sang que l'on attribue à une anomalie génétique. Les maladies hépatiques peuvent aussi entraîner des troubles hémorragiques, car la grande majorité des facteurs protéiques de la coagulation sont synthétisés par les cellules hépatiques.

Transfusion et rétablissement du volume sanguin (p. 755)

Transfusion d'érythrocytes (p. 755)

1. Les transfusions de sang total visent à compenser les pertes de sang rapides et importantes. Les injections de globules rouges concentrés servent à restaurer la capacité de transporter de l'oxygène du sang.

2. Les groupes sanguins sont déterminés par les agglutinogènes (antigènes) présents sur la membrane des érythrocytes.

3. À la suite d'une transfusion de sang incompatible, les agglutinines (anticorps du plasma) du receveur entraînent l'agglutination des érythrocytes étrangers et provoquent ainsi leur lyse. Les érythrocytes agglutinés peuvent obstruer les vaisseaux sanguins; l'hémoglobine libérée durant l'hémolyse peut précipiter dans les tubules rénaux et causer l'oligoanurie.

4. Avant de procéder à une transfusion de sang total, il faut effectuer une détermination du groupe sanguin (systèmes ABO et Rh en particulier) ainsi qu'une épreuve de compatibilité croisée, de manière à éviter une réaction hémolytique.

Rétablissement du volume sanguin (p. 757)

5. On rétablit le volume sanguin par l'administration de solutions électrolytiques équilibrées, que l'on préfère aux solutions de remplissage vasculaire.

Analyses sanguines (p. 758)

1. Les analyses sanguines diagnostiques peuvent fournir de nombreux renseignements sur le sang et sur l'état de santé en général.

Développement et vieillissement du sang (p. 759)

1. Avant la naissance, la vésicule ombilicale, le foie et la rate font partie des nombreux organes hématopoïétiques. Au septième mois de la vie fœtale, la moelle osseuse rouge devient le siège principal de l'hématopoïèse.

2. Les globules sanguins sont issus d'îlots sanguins dérivés du mésoderme. Le sang fœtal contient l'hémoglobine F, qui a une plus grande affinité pour l'oxygène que l'hémoglobine A qui la remplace après la naissance.

3. Les principaux troubles hématologiques associés au vieillissement sont la leucémie, l'anémie et les affections thromboemboliques.

17

QUESTIONS DE RÉVISION

Choix multiples/associations

(Il peut y avoir plus d'une bonne réponse à certaines questions. Choisissez les meilleures réponses parmi celles qui sont proposées. Les réponses se trouvent à l'appendice G.)

1. En moyenne, le volume sanguin d'un adulte est d'environ: (**a**) 1 L; (**b**) 3 L; (**c**) 5 L; (**d**) 7 L.

2. L'hormone qui déclenche la formation des globules rouges est: (**a**) la sérotonine; (**b**) l'héparine; (**c**) l'érythropoïétine; (**d**) la thrombopoïétine.

3. Parmi les caractéristiques suivantes, laquelle *ne s'applique pas* aux érythrocytes matures? (**a**) Ils ont la forme de disques concaves;

(b) ils ont une durée de vie d'environ 120 jours; (c) ils contiennent de l'hémoglobine; (d) ils possèdent un noyau.

4. Les globules blancs les plus nombreux sont les: (a) granulocytes éosinophiles; (b) granulocytes neutrophiles; (c) monocytes; (d) lymphocytes.

5. Les protéines sanguines jouent un rôle important dans: (a) la coagulation; (b) l'immunité; (c) le maintien du volume sanguin; (d) toutes ces réponses.

6. Les globules blancs qui libèrent de l'histamine et d'autres substances intervenant dans la réaction inflammatoire sont les: (a) granulocytes basophiles; (b) granulocytes neutrophiles; (c) monocytes; (d) granulocytes éosinophiles.

7. Le globule sanguin qui devient une cellule sécrétant des anticorps est le: (a) lymphocyte; (b) mégacaryocyte; (c) granulocyte neutrophile; (d) granulocyte basophile.

8. Laquelle des substances suivantes permet de sauter des étapes dans la coagulation? (a) PF_3; (b) facteur XI; (c) thrombine; (d) Ca^{2+}.

9. Le pH normal du sang est d'environ: (a) 8,4; (b) 7,8; (c) 7,4; (d) 4,7.

10. Supposez que votre sang est AB positif. Cela signifie que: (a) vos globules rouges présentent les agglutinogènes A et B; (b) votre plasma ne contient ni agglutinines anti-A ni agglutinines anti-B; (c) votre sang est du groupe Rh^+; (d) toutes ces réponses.

Questions à court développement

11. (a) Définissez les éléments figurés et énumérez-en les trois principales catégories. (b) Lesquels sont les moins nombreux? (c) Lesquels forment la couche leucocytaire dans un hématocrite?

12. Décrivez la structure chimique de l'hémoglobine, sa fonction et les changements de couleur qu'elle subit lorsqu'elle se charge et se décharge d'oxygène.

13. Si votre hématocrite est élevé, est-ce que la teneur en hémoglobine de votre sang est forte ou faible? Justifiez votre réponse.

14. Quels nutriments sont nécessaires à l'érythropoïèse?

15. (a) Décrivez le processus de l'érythropoïèse. (b) Quel nom donne-t-on aux globules immatures libérés dans la circulation? (c) En quoi diffèrent-ils des érythrocytes matures?

16. Outre les mouvements amiboïdes, quelles caractéristiques physiologiques permettent aux globules blancs de remplir leurs fonctions?

17. (a) Si vous êtes atteint d'une infection grave, la valeur de votre numération leucocytaire sera-t-elle de l'ordre de 5000, de 10 000 ou de 15 000 leucocytes/μL de sang? (b) Comment s'appelle cet état?

18. (a) Décrivez l'apparence des plaquettes et indiquez leur principale fonction. (b) Pourquoi ne devrait-on pas qualifier les plaquettes de «cellules»?

19. (a) Définissez l'hémostase. (b) Énumérez et décrivez les trois principales étapes de la coagulation. (c) Quelles sont les différences fondamentales entre la voie intrinsèque et la voie extrinsèque? (d) Quel ion est essentiel à presque toutes les étapes de la coagulation?

20. (a) Définissez la fibrinolyse. (b) Quelle est l'importance de ce processus?

21. (a) Qu'est-ce qui limite habituellement la croissance du caillot? (b) Indiquez deux troubles qui peuvent provoquer la formation indésirable d'un caillot dans un vaisseau intact.

22. Indiquez l'origine et la fonction des substances suivantes qui interviennent dans l'hémostase: activateur de la prothrombine, activateur tissulaire du plasminogène, antithrombine III, facteur plaquettaire 3, héparine, plasmine, prostacycline, protéine C, sérotonine, thromboplastine tissulaire, thromboxane A_2.

23. Pourquoi les maladies du foie peuvent-elles causer des troubles hémorragiques?

24. (a) Qu'est-ce qu'une réaction hémolytique et quelle en est la cause? (b) Quelles sont ses conséquences possibles?

25. Comment une alimentation inadéquate peut-elle entraîner une anémie?

26. Quels sont les problèmes hématologiques les plus répandus chez les personnes âgées?

 **Réflexion et application**

1. Les médicaments antinéoplasiques détruisent les cellules à division rapide. Pourquoi procède-t-on à de fréquentes numérations érythrocytaires et leucocytaires chez les personnes atteintes du cancer qui reçoivent de tels médicaments?

2. Marie Landry vient d'être admise à l'urgence parce qu'elle présente des saignements vaginaux abondants. Elle est enceinte de trois mois et le volume de sang qu'elle perd inquiète le médecin. (a) Quel type de transfusion cette jeune femme est-elle susceptible de recevoir? (b) Quelles analyses sanguines réalisera-t-on avant de procéder à la transfusion?

3. Un homme d'âge mûr, professeur dans une université québécoise, compte passer son année sabbatique dans les Alpes à étudier l'astronomie. Deux jours après son arrivée, il remarque qu'il s'essouffle facilement et que toute activité physique le fatigue anormalement. Mais ces symptômes disparaissent graduellement et, au bout de deux mois, il retrouve une bonne forme physique. À son retour au Québec, il subit un examen physique complet, et son médecin lui indique que sa numération érythrocytaire est supérieure à la normale. (a) Expliquez ce résultat. (b) La numération érythrocytaire de cet homme restera-t-elle supérieure à la normale? Justifiez votre réponse.

4. On diagnostique une leucémie aiguë lymphoblastique chez une fillette prénommée Mylène. Ses parents ne comprennent pas pourquoi toute infection présente des risques particuliers pour elle, étant donné que sa numération leucocytaire est exceptionnellement élevée. Quelle explication pourriez-vous donner aux parents de Mylène?

5. Mme Lafontaine, une femme d'âge mûr, présente de nombreuses ecchymoses de petites dimensions et des saignements de nez abondants. Elle se rend à la clinique, et le médecin apprend au cours de l'anamnèse (informations recueillies sur l'histoire de la maladie) que le travail de Mme Lafontaine consiste à appliquer de la colle sur des pièces de caoutchouc dans une usine de la région. Or, cette colle contient du benzène, qui est toxique pour la moelle osseuse rouge. En faisant appel à vos connaissances en physiologie, expliquez le lien entre le trouble hémorragique de Mme Lafontaine et le benzène.

6. Les analyses sanguines de Thomas révèlent une polycythémie, une numération des réticulocytes de 5% et un hématocrite de 65%. Expliquez le lien entre ces trois résultats.

7. En 2006, des études cliniques ont démontré l'innocuité de la formule améliorée d'une colle chirurgicale utilisée depuis quelques années déjà. Cet agent hémostatique, produit à des fins commerciales, sert à arrêter les hémorragies, durant certaines opérations. Cette substance, appelée Tisseel, forme un treillis flexible sur les vaisseaux sanguins qui suintent, aidant à endiguer le saignement dans les cinq minutes après son application. Elle

est composée de deux protéines du sang qui provoquent naturellement la coagulation lorsqu'elles se lient l'une à l'autre. Nommez ces protéines.

8. Sophie est une jeune femme en bonne santé qui a passé un examen médical complet en vue d'obtenir un emploi. Au moment de l'examen, sa numération érythrocytaire était à la limite supérieure de la normale, mais quatre semaines plus tard, elle a considérablement dépassé cette valeur. Interrogée sur les événements qui auraient pu provoquer ce changement, elle déclare qu'elle a commencé à fumer. Comment cette nouvelle habitude peut-elle expliquer l'élévation de la numération érythrocytaire?

9. M. Nguyen doit se faire remplacer une hanche, très endommagée par l'arthrite. Son médecin lui dit qu'il doit cesser de prendre de l'acide acétylsalicylique (Aspirine) pour soulager ses douleurs et passer à l'acétaminophène (p. ex. Tylenol) avant la chirurgie. Pourquoi?

18

Le système cardiovasculaire : le cœur

Anatomie du cœur (p. 766)

    Dimensions, situation et orientation (p. 766)

    Enveloppe du cœur (p. 766)

    Tuniques de la paroi du cœur (p. 766)

    Cavités et gros vaisseaux du cœur (p. 768)

    Trajet du sang dans le cœur (p. 772)

    Circulation coronarienne (p. 773)

    Valves cardiaques (p. 775)

Fibres musculaires cardiaques (p. 778)

    Anatomie microscopique (p. 778)

    Mécanisme et déroulement
    de la contraction (p. 778)

    Besoins énergétiques (p. 781)

Physiologie du cœur (p. 781)

    Phénomènes électriques (p. 781)

    Bruits du cœur (p. 786)

    Phénomènes mécaniques :
    la révolution cardiaque (p. 788)

    Débit cardiaque (p. 790)

**Développement et vieillissement
du cœur (p. 794)**

On peut dire que le cœur est *au cœur* des préoccupations humaines. Il existe en effet un grand nombre d'expressions comportant le nom de cet organe : avoir du cœur, le cœur gros, mal au cœur, le cœur sur la main, en avoir le cœur net… Il y en a tant qu'on ne saurait en apprendre la liste par cœur ! Depuis des siècles, l'être humain s'interroge sur l'organe qui bat sans cesse au creux de sa poitrine. Les Grecs de l'Antiquité croyaient que le cœur était le siège de l'intelligence; d'autres y ont vu la source des émotions. Ces théories sont depuis longtemps tombées en désuétude, mais il est vrai que les émotions se répercutent sur la fréquence cardiaque. Lorsque votre cœur s'emballe, vous prenez brusquement conscience que votre vie tout entière dépend des battements de cet organe.

Plus prosaïquement, on peut comparer les vaisseaux sanguins à un réseau routier, et les cellules de l'organisme, aux habitants de la ville desservie par le réseau. Jour et nuit, ces «habitants» absorbent de l'oxygène et des nutriments et ils excrètent des déchets. Or, les cellules n'ont aucun moyen de se déplacer et, pour échapper à la disette et à la pollution, elles dépendent des allées et venues d'un transporteur, le sang.

Ce transporteur ne peut se mouvoir par lui-même. Une pompe doit le propulser à travers le réseau de vaisseaux. Cette pompe, c'est le **cœur**. Sa structure et son fonctionnement font l'objet de ce chapitre. Les autres éléments du «système de transport», le sang et les vaisseaux sanguins, sont traités respectivement aux chapitres 17 et 19.

Anatomie du cœur

1 Indiquer les dimensions et la forme du cœur; préciser sa situation et son orientation dans le thorax.

2 Décrire l'enveloppe du cœur; décrire la péricardite et la tamponnade cardiaque.

3 Décrire la structure et la fonction des trois tuniques de la paroi du cœur.

Dimensions, situation et orientation

La taille et le poids du cœur ne laissent deviner ni sa force ni son endurance. En effet, le cœur n'est pas plus gros qu'un poing fermé, et son poids varie entre 250 et 350 g. Entre cet organe de forme conique et son image populaire existent des ressemblances vagues mais suffisantes pour contenter les plus romantiques **(figure 18.1)**.

Le cœur est logé à l'intérieur du **médiastin**, la cavité centrale du thorax. Il s'étend obliquement de la deuxième côte au cinquième espace intercostal, et mesure de 12 à 14 cm (figure 18.1a). Il repose sur la face supérieure du diaphragme, à l'avant de la colonne vertébrale et à l'arrière du sternum; latéralement, il est bordé et partiellement recouvert par les poumons (figure 18.1b, c). Les deux tiers environ de sa masse se trouvent à gauche de l'axe médian du sternum, et l'autre tiers, à droite.

Sa **base** plate, ou face postérieure, mesure environ 9 cm de large et elle fait face à l'épaule droite. Son **apex** pointe vers le bas en direction de la hanche gauche. Si vous posez vos doigts sous votre mamelon gauche, entre la cinquième et la sixième côte, vous percevrez facilement le **choc de la pointe** du cœur causé par les battements de votre cœur contre la paroi thoracique.

Enveloppe du cœur

Le cœur est enveloppé dans un sac à double paroi appelé **péricarde** (*peri*: autour; *kardia*: cœur) **(figure 18.2)**. La couche superficielle du péricarde, le **péricarde fibreux**, est lâche et composée de tissu conjonctif dense. Résistant, le péricarde fibreux: (1) protège le cœur; (2) l'amarre au diaphragme, au sternum et aux gros vaisseaux; et (3) lui évite toute accumulation excessive de sang.

Le péricarde fibreux recouvre le **péricarde séreux**, une séreuse formée de deux lames. La **lame pariétale du péricarde séreux** tapisse la face interne du péricarde fibreux. Sur le bord supérieur du cœur, la lame pariétale se rattache aux grandes artères qui émergent du cœur, tourne vers le bas et se prolonge sur la face externe du cœur pour constituer la **lame viscérale du péricarde séreux**, aussi appelée **épicarde** («sur le cœur»). L'épicarde fait partie intégrante de la paroi du cœur.

Les lames pariétale et viscérale du péricarde séreux délimitent la très mince **cavité du péricarde**, qui renferme un film de sérosité. Ce liquide lubrifie les lames et élimine une bonne part de la friction créée entre elles par les battements du cœur.

DÉSÉQUILIBRE HOMÉOSTATIQUE

La *péricardite*, soit l'inflammation du péricarde, abrase les lames de la membrane séreuse. En battant contre le péricarde, le cœur produit alors un crissement audible au stéthoscope, le *frottement péricardique*. La péricardite est caractérisée par une douleur au niveau du sternum. Elle peut mener à la formation d'adhérences qui réunissent les lames pariétale et viscérale et gênent l'activité du cœur. Dans les cas graves, la situation change et la péricardite provoque un épanchement *substantiel* dans la cavité du péricarde. L'excédent de liquide comprime le cœur et limite sa capacité à pomper du sang. Cette compression du cœur par un épanchement est appelée *tamponnade cardiaque*. Le traitement consiste à insérer une seringue (c'est-à-dire à faire une ponction) dans la cavité du péricarde pour en évacuer le liquide. ■

Tuniques de la paroi du cœur

La paroi du cœur est formée de trois tuniques, toutes trois richement vascularisées: l'épicarde, le myocarde et l'endocarde (figure 18.2).

Comme nous l'avons vu, la tunique externe, l'**épicarde**, est la lame viscérale du péricarde séreux. Elle est souvent infiltrée par de la graisse, surtout chez les personnes âgées.

Le **myocarde** («muscle du cœur») forme la tunique intermédiaire. Il est constitué principalement de cellules musculaires cardiaques et forme l'essentiel de la masse du cœur. C'est la tunique dotée de la capacité de se contracter. À l'intérieur du myocarde, les cellules ramifiées du muscle cardiaque sont rattachées par des fibres de tissu conjonctif enchevêtrées et elles forment des *faisceaux* spiralés ou circulaires **(figure 18.3)**. Ces faisceaux entrelacés relient toutes les parties du cœur.

Les fibres collagènes et élastiques de tissu conjonctif tissent un réseau dense, le **squelette fibreux du cœur**, qui renforce le myocarde. Par endroits, le réseau s'épaissit et forme des anneaux de tissu fibreux qui soutiennent les points d'émergence des gros vaisseaux et le pourtour des valves (figure 18.8a). Sans ce renforcement, les vaisseaux et les valves risqueraient à la longue de s'étirer sous l'effet de la pression continuelle exercée par le sang

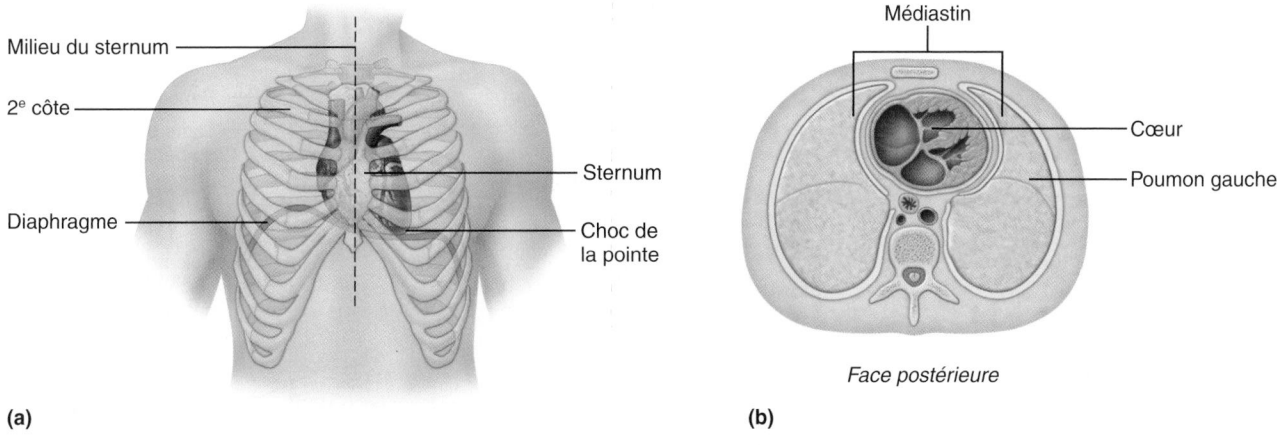

Milieu du sternum

2ᵉ côte

Diaphragme

Sternum

Choc de la pointe

(a)

Médiastin

Cœur

Poumon gauche

Face postérieure

(b)

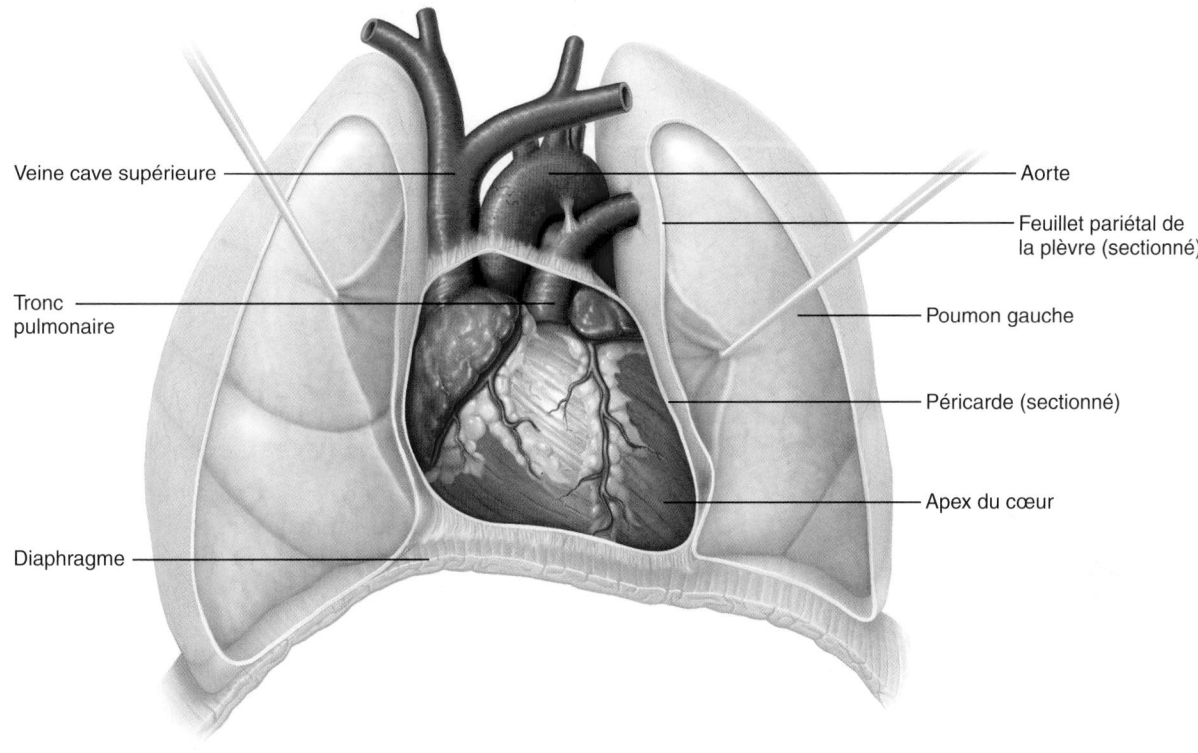

Veine cave supérieure

Tronc pulmonaire

Diaphragme

Aorte

Feuillet pariétal de la plèvre (sectionné)

Poumon gauche

Péricarde (sectionné)

Apex du cœur

(c)

Figure 18.1 Situation du cœur dans le médiastin. (a) Situation du cœur par rapport au sternum, aux côtes et au diaphragme chez une personne en position couchée (le cœur est légèrement plus bas en position debout). **(b)** Vue inférieure d'une coupe transversale du thorax montrant la situation du cœur. **(c)** Situation du cœur et des gros vaisseaux par rapport aux poumons.

qui les traverse. De plus, le squelette fibreux limite la propagation des influx à travers le cœur à certains parcours et à certaines structures, car le tissu conjonctif ne peut transmettre les potentiels d'action (phénomène électrique) nécessaires à la contraction des cellules musculaires cardiaques.

L'**endocarde** (« intérieur du cœur ») est la tunique interne. Il s'agit d'un endothélium (épithélium simple squameux) d'un blanc brillant posé sur une mince couche de tissu conjonctif lâche. Accolé à la face interne du myocarde, il tapisse les cavités du cœur et recouvre le squelette fibreux des valves. L'endocarde

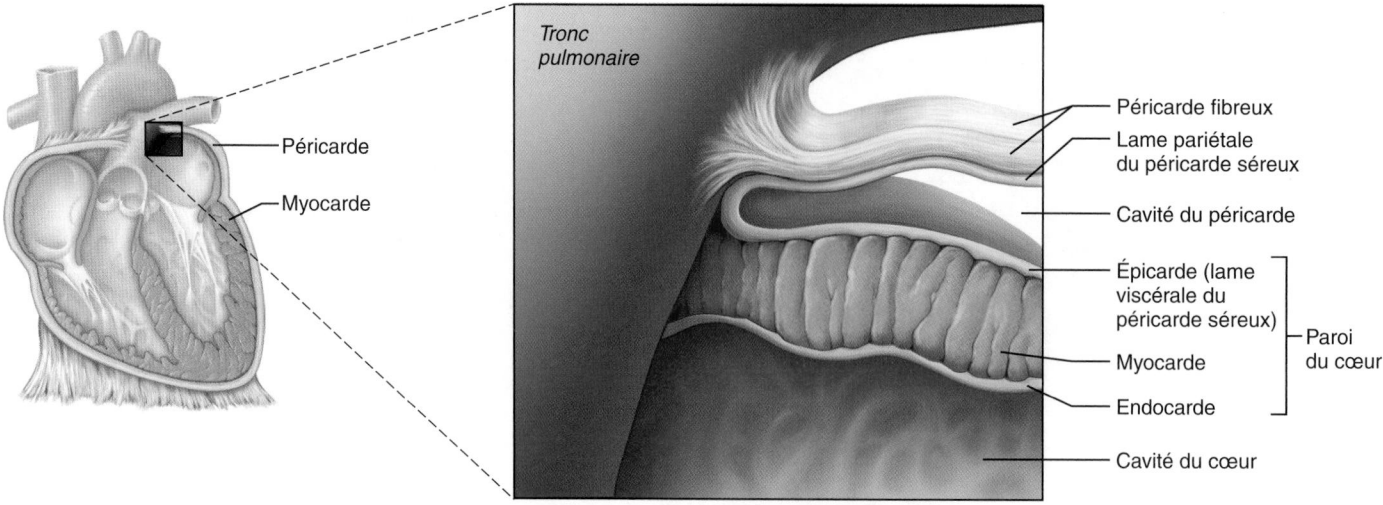

Figure 18.2 Péricarde et tuniques de la paroi du cœur.

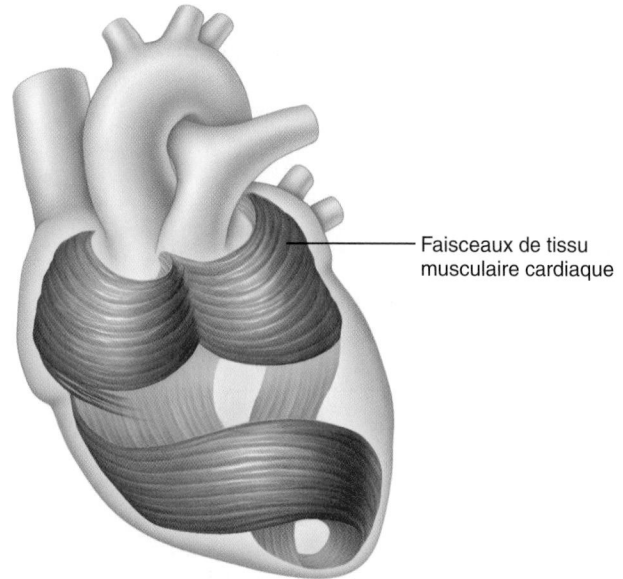

Figure 18.3 Spirales et cercles formés par les faisceaux de tissu musculaire cardiaque dans le myocarde.

est en continuité avec l'endothélium des vaisseaux sanguins qui aboutissent au cœur (veines) ou qui en émergent (artères). Il constitue un revêtement parfaitement lisse qui diminue la friction du sang contre les parois cardiaques.

VÉRIFIONS NOS ACQUIS

1. Le cœur est situé dans le médiastin. Décrivez cette structure.
2. De l'intérieur vers l'extérieur, nommez les tuniques de la paroi du cœur et les enveloppes du cœur.

3. Quelle est la fonction de la sérosité qui se trouve à l'intérieur de la cavité du péricarde ?

Les réponses se trouvent à l'appendice G.

Cavités et gros vaisseaux du cœur

4 Nommer et situer les quatre cavités du cœur, et décrire leur structure et leurs fonctions ; nommer les gros vaisseaux associés à chaque cavité ainsi que le parcours général.

Le cœur renferme quatre cavités (**figure 18.4e**): deux **oreillettes** (ou *atriums*) dans sa partie supérieure et deux **ventricules** dans sa partie inférieure. La cloison qui divise longitudinalement l'intérieur du cœur est appelée **septum interauriculaire** (ou *septum interatrial*) là où elle sépare les oreillettes et **septum interventriculaire** là où elle sépare les ventricules. Le ventricule droit constitue la majeure partie de la face antérieure du cœur. Le ventricule gauche domine la partie postéro-inférieure du cœur et forme l'apex du cœur.

Deux sillons visibles à la surface du cœur indiquent les limites des quatre cavités et portent les vaisseaux sanguins qui irriguent le myocarde. Le **sillon coronaire** (*sillon auriculoventriculaire* ou *atrioventriculaire*) (figure 18.4b, d) entoure la jonction des oreillettes et des ventricules à la manière d'une couronne. Le **sillon interventriculaire antérieur**, qui abrite le rameau interventriculaire antérieur, marque, sur la face antérieure du cœur, la situation du septum interventriculaire séparant les ventricules droit et gauche. Sur la face postéro-inférieure du cœur, le **sillon interventriculaire postérieur** fournit un repère équivalent.

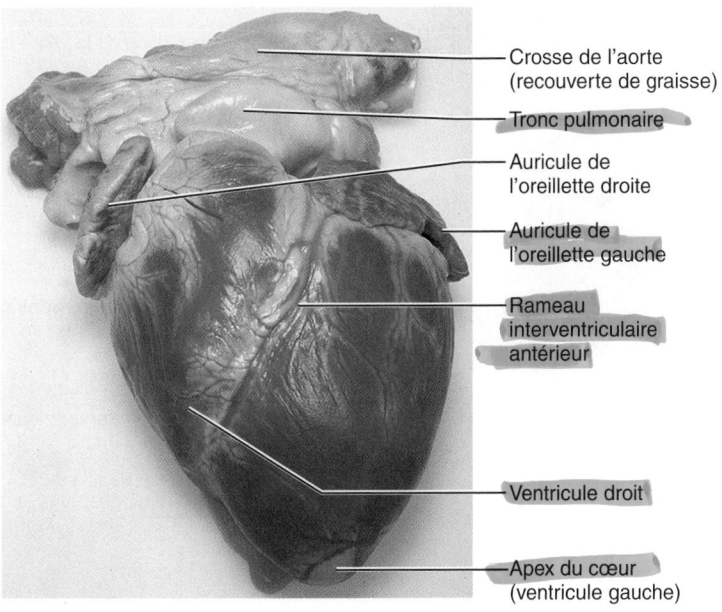

(a) Face antérieure du cœur (péricarde retiré)

Crosse de l'aorte
(recouverte de graisse)

Tronc pulmonaire

Auricule de
l'oreillette droite

Auricule de
l'oreillette gauche

Rameau
interventriculaire
antérieur

Ventricule droit

Apex du cœur
(ventricule gauche)

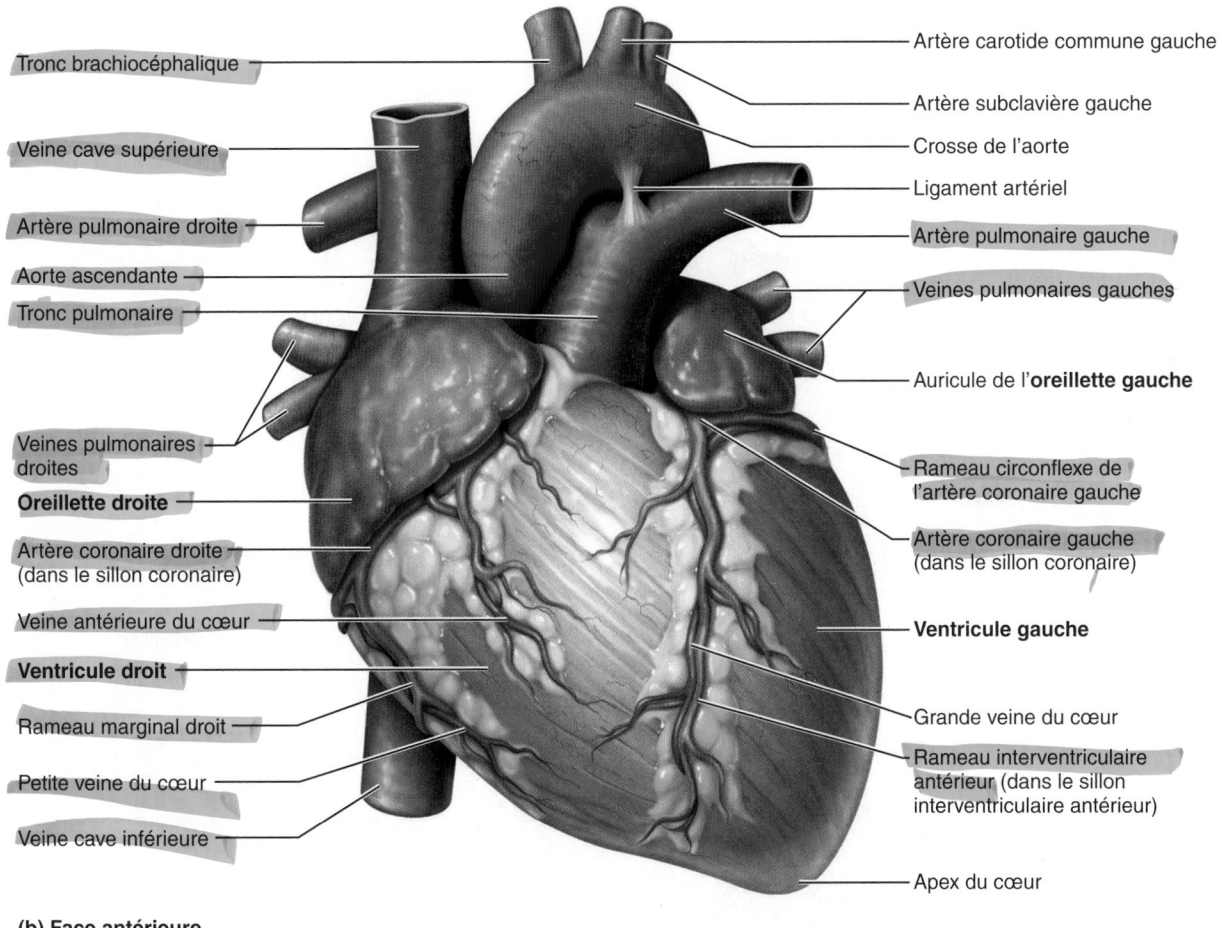

Tronc brachiocéphalique

Veine cave supérieure

Artère pulmonaire droite

Aorte ascendante

Tronc pulmonaire

Veines pulmonaires
droites

Oreillette droite

Artère coronaire droite
(dans le sillon coronaire)

Veine antérieure du cœur

Ventricule droit

Rameau marginal droit

Petite veine du cœur

Veine cave inférieure

Artère carotide commune gauche

Artère subclavière gauche

Crosse de l'aorte

Ligament artériel

Artère pulmonaire gauche

Veines pulmonaires gauches

Auricule de l'**oreillette gauche**

Rameau circonflexe de
l'artère coronaire gauche

Artère coronaire gauche
(dans le sillon coronaire)

Ventricule gauche

Grande veine du cœur

Rameau interventriculaire
antérieur (dans le sillon
interventriculaire antérieur)

Apex du cœur

(b) Face antérieure

Figure 18.4 Anatomie macroscopique du cœur. Dans les dessins, les vaisseaux qui transportent du sang oxygéné sont représentés en rouge ; ceux qui transportent du sang désoxygéné sont en bleu.

18

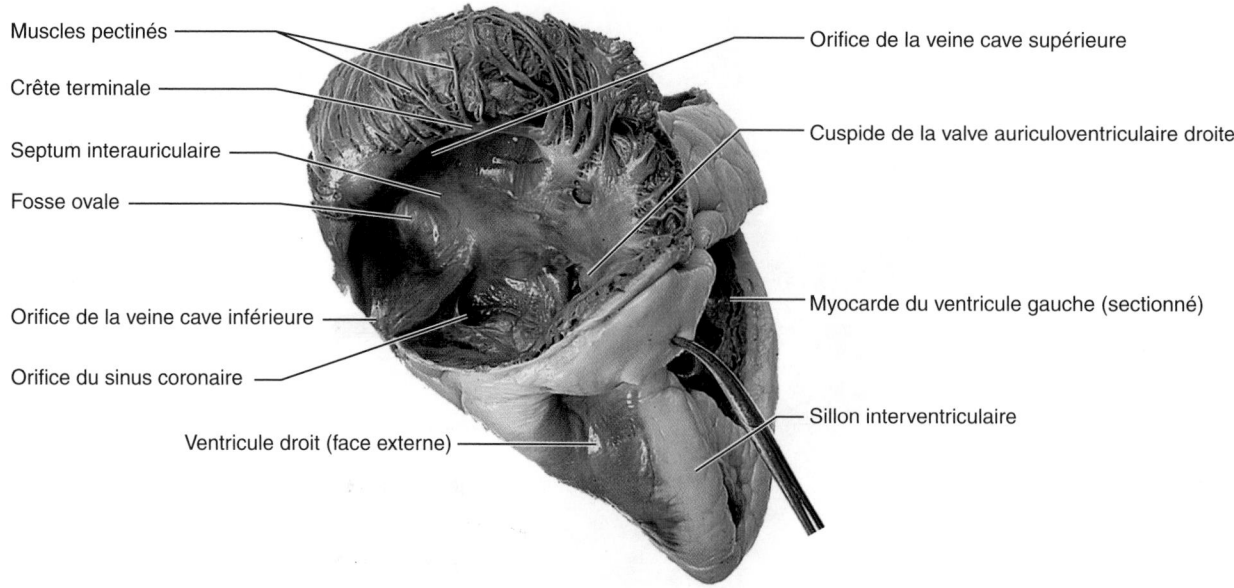

Muscles pectinés

Crête terminale

Septum interauriculaire

Fosse ovale

Orifice de la veine cave inférieure

Orifice du sinus coronaire

Ventricule droit (face externe)

Orifice de la veine cave supérieure

Cuspide de la valve auriculoventriculaire droite

Myocarde du ventricule gauche (sectionné)

Sillon interventriculaire

(c) Face interne de l'oreillette droite, vue du côté antérieur droit

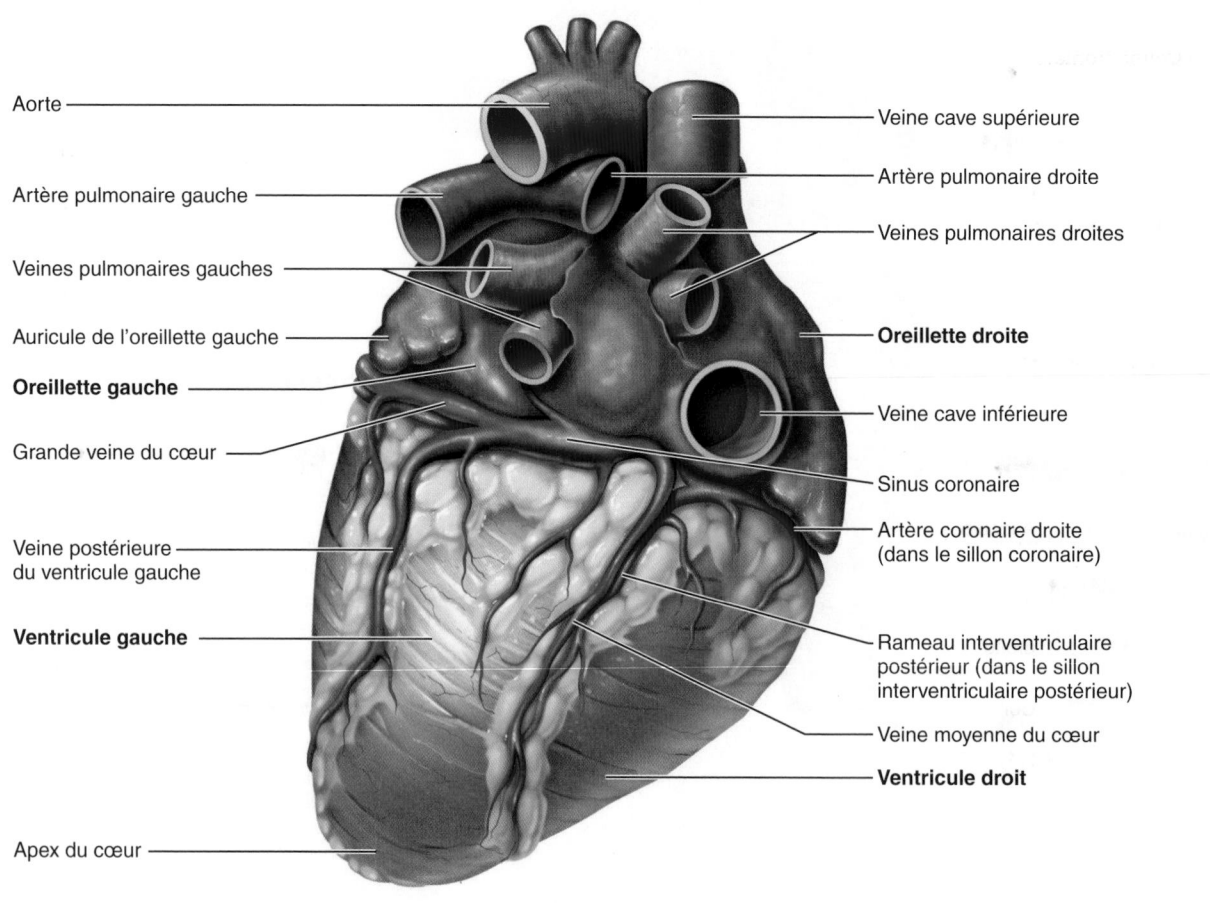

Aorte

Artère pulmonaire gauche

Veines pulmonaires gauches

Auricule de l'oreillette gauche

Oreillette gauche

Grande veine du cœur

Veine postérieure du ventricule gauche

Ventricule gauche

Apex du cœur

Veine cave supérieure

Artère pulmonaire droite

Veines pulmonaires droites

Oreillette droite

Veine cave inférieure

Sinus coronaire

Artère coronaire droite (dans le sillon coronaire)

Rameau interventriculaire postérieur (dans le sillon interventriculaire postérieur)

Veine moyenne du cœur

Ventricule droit

(d) Face postérieure du cœur

Figure 18.4 *(suite)* **Anatomie macroscopique du cœur.** En **(c)**, la paroi antérieure de l'oreillette a été incisée et rabattue vers le haut.

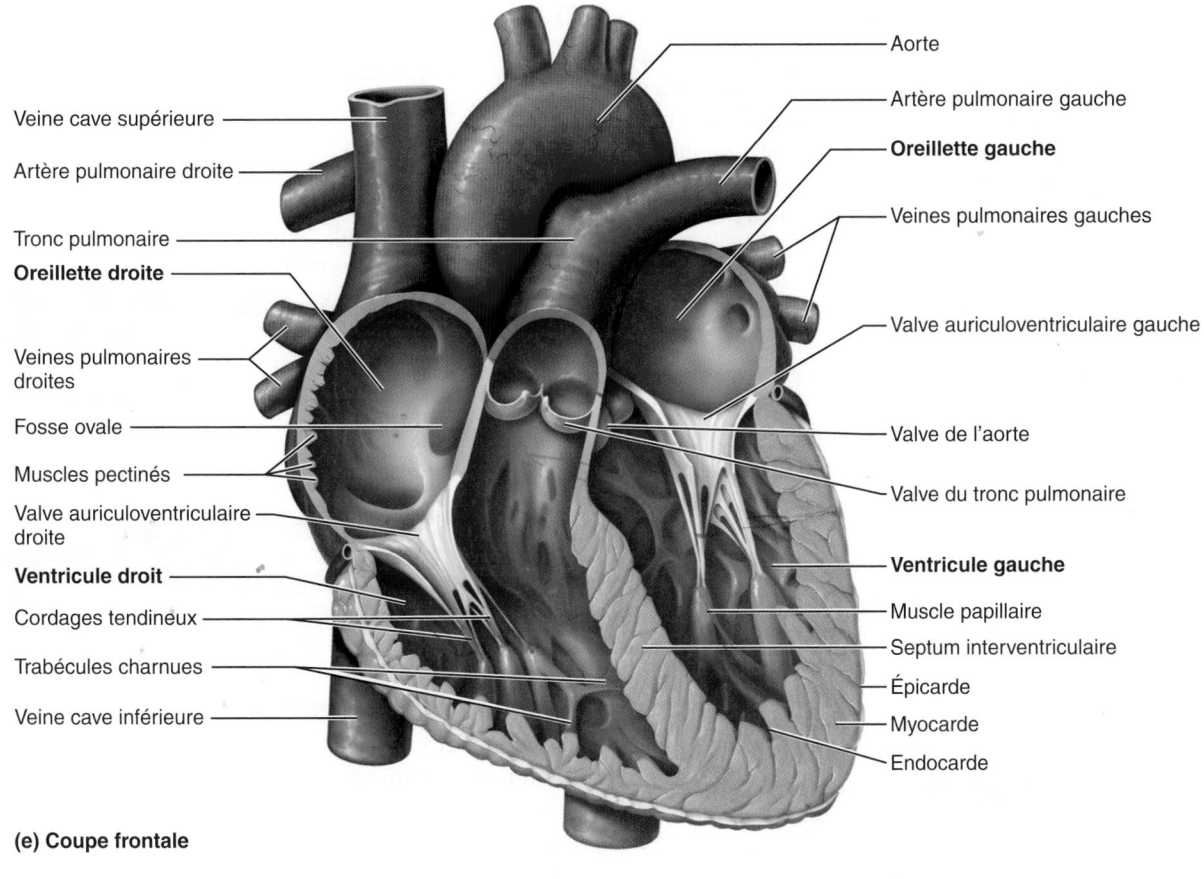

Aorte

Artère pulmonaire gauche

Oreillette gauche

Veines pulmonaires gauches

Valve auriculoventriculaire gauche

Valve de l'aorte

Valve du tronc pulmonaire

Ventricule gauche

Muscle papillaire

Septum interventriculaire

Épicarde

Myocarde

Endocarde

Veine cave supérieure

Artère pulmonaire droite

Tronc pulmonaire

Oreillette droite

Veines pulmonaires droites

Fosse ovale

Muscles pectinés

Valve auriculoventriculaire droite

Ventricule droit

Cordages tendineux

Trabécules charnues

Veine cave inférieure

(e) Coupe frontale

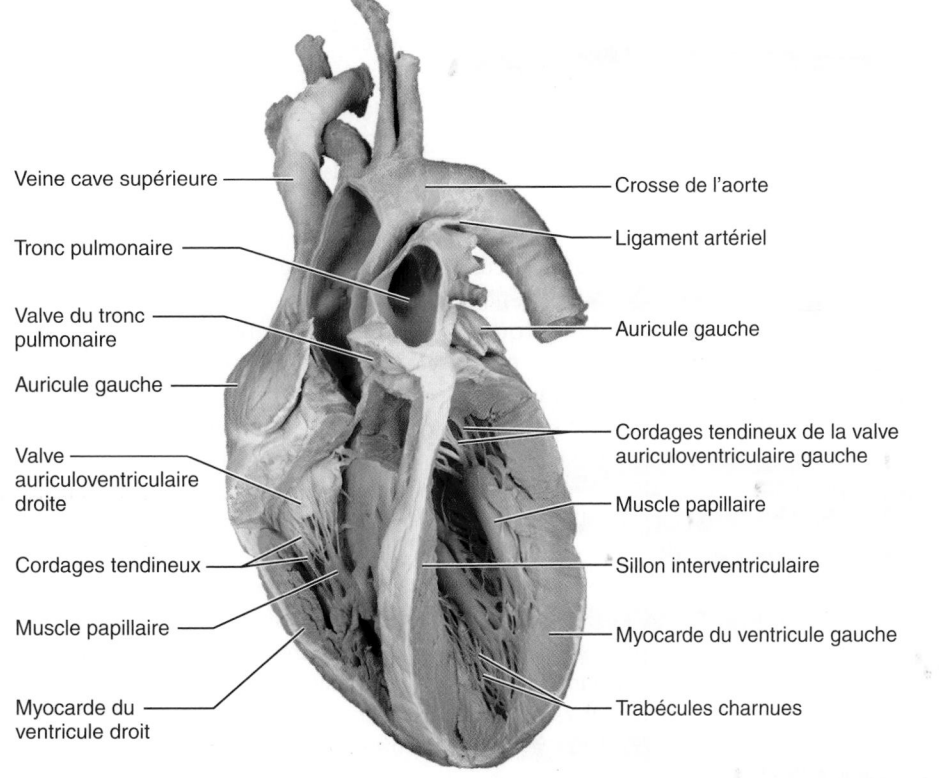

Veine cave supérieure

Tronc pulmonaire

Valve du tronc pulmonaire

Auricule gauche

Valve auriculoventriculaire droite

Cordages tendineux

Muscle papillaire

Myocarde du ventricule droit

Crosse de l'aorte

Ligament artériel

Auricule gauche

Cordages tendineux de la valve auriculoventriculaire gauche

Muscle papillaire

Sillon interventriculaire

Myocarde du ventricule gauche

Trabécules charnues

(f) Photographie d'une vue similaire à (e)

Figure 18.4 *(suite)* **Anatomie macroscopique du cœur.**

18

Oreillettes : points d'arrivée du sang

Les oreillettes droite et gauche sont remarquablement dépourvues de signes distinctifs, si l'on fait exception de leurs **auricules** (« oreille »), ces petits appendices ridés qui font saillie et augmentent quelque peu leur volume. À l'intérieur, l'oreillette droite présente deux grandes régions (figure 18.4c) : une région postérieure aux parois lisses et une région antérieure dont les parois sont tapissées de faisceaux de tissu musculaire. Étant donné l'aspect qu'ils donnent à la paroi, ces faisceaux musculaires sont appelés **muscles pectinés** (*pecten*: peigne). Les régions postérieure et antérieure de l'oreillette droite sont séparées par une saillie en forme de croissant appelée *crête terminale*. Par contre, l'oreillette gauche est principalement lisse, et seule son auricule contient des muscles pectinés. Le septum interauriculaire est creusé d'une légère dépression, la **fosse ovale** (figure 18.4c), qui constitue un vestige du *foramen ovale*, un orifice du cœur fœtal (figure 18.4c, e).

Au point de vue fonctionnel, les oreillettes constituent le point d'arrivée du sang en provenance de la circulation. Comme elles n'ont pas à se contracter fortement pour faire passer le sang dans les ventricules juste en dessous d'elles, les oreillettes sont de petite taille, et leurs parois sont relativement minces ; elles ne contribuent pas beaucoup au remplissage des ventricules ni à l'action de pompage du cœur.

Trois veines entrent dans l'*oreillette droite* : (1) la **veine cave supérieure** déverse le sang provenant des régions situées au-dessus du diaphragme ; (2) la **veine cave inférieure** transporte le sang provenant des régions situées en dessous du diaphragme ; (3) le **sinus coronaire** recueille le sang drainé du myocarde (figure 18.4c à e).

Quatre **veines pulmonaires** pénètrent dans l'*oreillette gauche*, qui forme la majeure partie de la base du cœur. Ces veines, qui ramènent le sang des poumons au cœur, s'observent mieux sur la face postérieure du cœur (figure 18.4d).

Ventricules : points de départ du sang

Les ventricules constituent presque toute la masse du cœur. Comme nous l'avons vu, le ventricule droit occupe la plus grande partie de la face antérieure du cœur, et le ventricule gauche domine sur la face postéro-inférieure. Des saillies musculaires irrégulières appelées **trabécules charnues** sillonnent les parois internes des ventricules. D'autres faisceaux musculaires, les **muscles papillaires** – en général trois dans le ventricule droit et deux dans le ventricule gauche –, qui jouent un rôle dans le fonctionnement des valves cardiaques, épousent la forme de cônes et pénètrent dans la cavité ventriculaire (figure 18.4e).

Les ventricules (« petits ventres ») sont les points de départ de la circulation du sang, les pompes proprement dites du cœur. Leurs parois sont d'ailleurs beaucoup plus épaisses que celles des oreillettes (figure 18.4e, f). En se contractant, les ventricules projettent le sang hors du cœur, dans les vaisseaux. Le ventricule droit éjecte le sang dans le **tronc pulmonaire**, qui achemine le sang dans les poumons, où ont lieu les échanges gazeux. Le ventricule gauche propulse le sang dans l'**aorte**, la plus grosse des artères, dont les ramifications successives alimentent tous les organes.

Trajet du sang dans le cœur

5 Décrire la circulation pulmonaire et la circulation systémique et les distinguer l'une de l'autre.

Jusqu'au XVIᵉ siècle, on croyait que le sang circulait d'un côté à l'autre du cœur en s'écoulant par des pores dans le septum auriculoventriculaire. Nous savons aujourd'hui que les déplacements du sang dans le cœur ne sont pas horizontaux mais bien verticaux. En fait, le cœur est composé de deux pompes placées côte à côte qui commandent chacune un circuit distinct (**figure 18.5**). Les vaisseaux qui apportent le sang dans les poumons et l'en retirent forment la **circulation pulmonaire**, ou **petite circulation**, qui sert aux échanges gazeux. Les vaisseaux qui assurent l'irrigation sanguine fonctionnelle des tissus de l'organisme et le retour du sang au cœur constituent la **circulation systémique**, ou **grande circulation**.

Le côté droit du cœur est la *pompe de la circulation pulmonaire*. Le sang qui vient de l'organisme est relativement pauvre en oxygène et riche en gaz carbonique. Il entre dans l'oreillette droite puis descend vers le ventricule droit, d'où partent les deux artères pulmonaires qui transportent le sang vers les poumons (figure 18.4e). Dans les poumons, le sang se débarrasse du gaz carbonique et absorbe de l'oxygène. Il emprunte ensuite les veines pulmonaires pour retourner au cœur dans l'oreillette gauche.

Cette circulation est unique en son genre. Ailleurs dans l'organisme, les veines transportent un sang relativement pauvre en oxygène vers le cœur, et les artères transportent un sang riche en oxygène à partir du cœur. Dans la circulation pulmonaire, la situation d'oxygénation des veines et des artères est inversée.

Le côté gauche du cœur est la *pompe de la circulation systémique*. À sa sortie des poumons, le sang fraîchement oxygéné entre dans l'oreillette gauche puis dans le ventricule gauche, qui l'expulse dans l'aorte. De là, les petites artères systémiques transportent le sang jusqu'aux tissus, où gaz et nutriments sont échangés à travers les parois des capillaires. Le sang, encore une fois chargé de gaz carbonique et délesté de son oxygène, retourne au côté droit du cœur par les veines systémiques ; il entre dans l'oreillette droite par les veines caves supérieure et inférieure. Ce cycle se répète continuellement.

Des quantités égales de sang sont poussées par les deux ventricules vers les circulations pulmonaire et systémique en tout temps, mais les ventricules sont loin de travailler aussi fort l'un que l'autre. En effet, la circulation pulmonaire, desservie par le ventricule droit, est peu étendue et la pression y est faible. À l'opposé, la circulation systémique, associée au ventricule gauche, couvre l'organisme entier, et la résistance opposée à l'écoulement du sang y est environ cinq fois plus grande que dans la circulation pulmonaire.

L'anatomie comparative des deux ventricules révèle cette différence fonctionnelle (figure 18.4e et **figure 18.6**). Les parois du ventricule gauche sont trois fois plus épaisses que celles du ventricule droit, et sa cavité est presque circulaire. Le ventricule droit s'aplatit en forme de croissant et entoure partiellement le ventricule gauche, un peu à la manière d'une main posée autour d'un poing fermé. Par conséquent, le ventricule gauche déploie

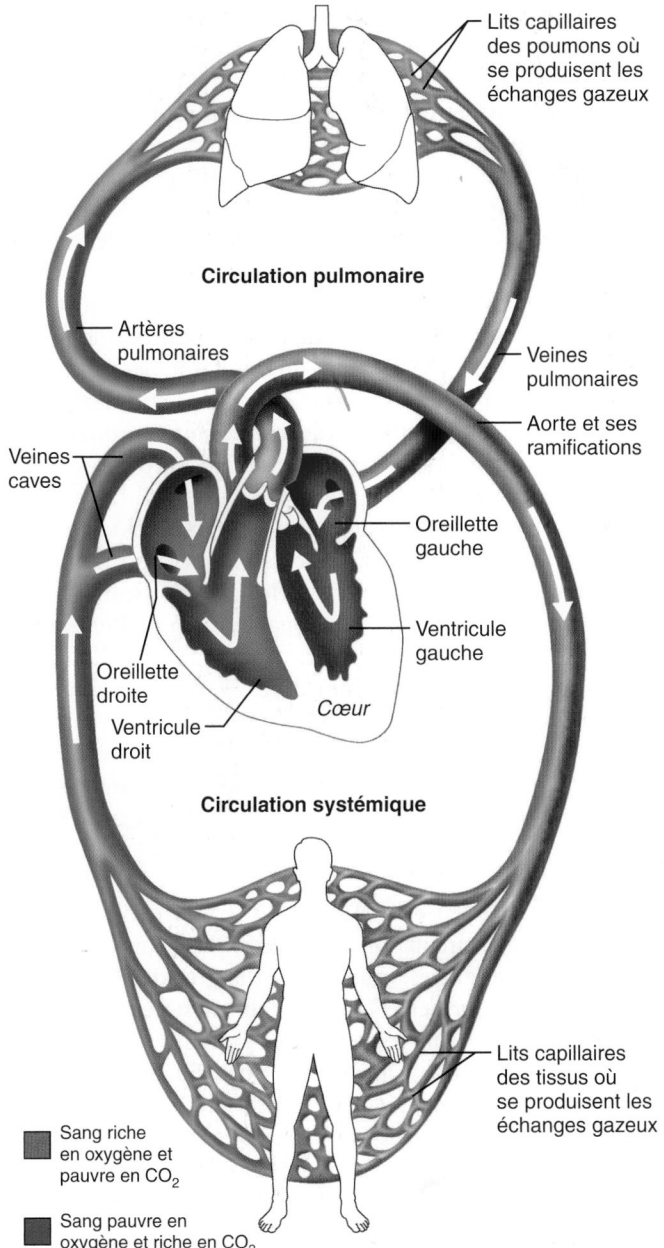

Circulation pulmonaire

— Lits capillaires des poumons où se produisent les échanges gazeux

— Artères pulmonaires

Veines pulmonaires

Aorte et ses ramifications

Veines caves

Oreillette gauche

Ventricule gauche

Oreillette droite

Cœur

Ventricule droit

Circulation systémique

— Lits capillaires des tissus où se produisent les échanges gazeux

Sang riche en oxygène et pauvre en CO_2

Sang pauvre en oxygène et riche en CO_2

Figure 18.5 Circulation pulmonaire et circulation systémique. Le côté droit du cœur est la pompe de la circulation pulmonaire* (qui va aux poumons, puis revient au côté gauche du cœur). Le côté gauche est la pompe de la circulation systémique, qui transporte le sang vers les tissus de l'organisme et le rapporte ensuite au cœur, où il entre du côté droit.

* Bien qu'il existe deux artères pulmonaires et quatre veines pulmonaires, le schéma ne montre qu'une artère et une veine pour plus de simplicité.

beaucoup plus de puissance que le ventricule droit au cours de sa contraction, ce qui en fait une pompe nettement plus efficace.

Circulation coronarienne

6 Expliquer la raison d'être de la circulation coronarienne ; nommer les principales ramifications

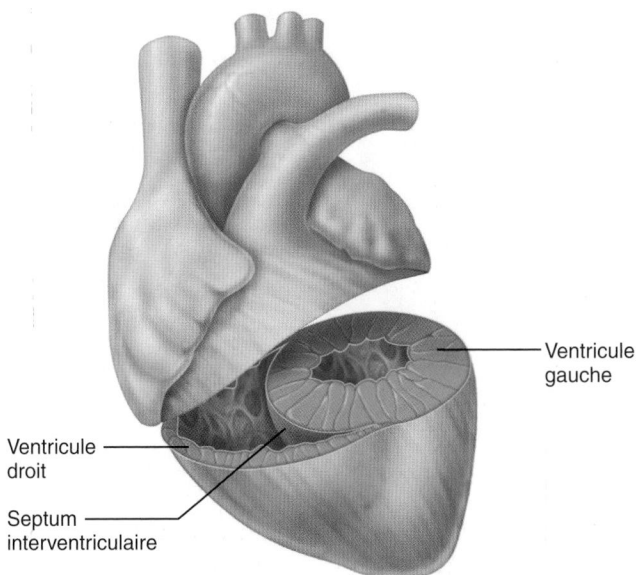

— Ventricule gauche

Ventricule droit

Septum interventriculaire

Figure 18.6 Différences anatomiques entre le ventricule gauche et le ventricule droit. La paroi du ventricule gauche est plus épaisse et sa cavité est presque circulaire ; la cavité du ventricule droit a la forme d'un croissant et entoure le ventricule gauche.

des artères coronaires et des veines du cœur, et leur distribution ; nommer et décrire deux troubles associés à une entrave à la circulation coronarienne.

Le sang qui circule presque continuellement dans les cavités du cœur ne nourrit pratiquement pas l'endocarde. (Le myocarde est trop épais pour que la diffusion des nutriments et des gaz puisse répondre aux besoins de toutes ses cellules.) Mais alors, comment le cœur se nourrit-il ?

L'irrigation fonctionnelle du cœur relève de la **circulation coronarienne**, la moins étendue des circulations de l'organisme. La contribution artérielle à la circulation coronarienne est assurée par les *artères coronaires droite* et *gauche*. Ces artères débutent à la base de l'aorte et entourent le cœur dans le sillon coronaire **(figure 18.7a)**. L'**artère coronaire gauche** se dirige du côté gauche du cœur puis elle se subdivise en artères plus petites appelées **rameau interventriculaire antérieur** et **rameau circonflexe** de l'artère coronaire gauche. Le premier rameau suit le sillon interventriculaire antérieur et il irrigue le septum interventriculaire et les parois antérieures des deux ventricules ; le second rameau dessert l'oreillette gauche et la paroi postérieure du ventricule gauche.

L'**artère coronaire droite** s'étend vers le côté droit du cœur, où elle donne naissance à deux ramifications. Le **rameau marginal droit** irrigue le myocarde du côté latéral droit du cœur. Le **rameau interventriculaire postérieur** atteint l'apex du cœur et dessert les parois postérieures des deux ventricules et le septum interventriculaire. Les ramifications des rameaux interventriculaires antérieur et postérieur se rejoignent (s'anastomosent) près de l'apex du cœur. Ensemble, les rameaux de l'artère coronaire droite irriguent l'oreillette droite et presque tout le ventricule droit.

18

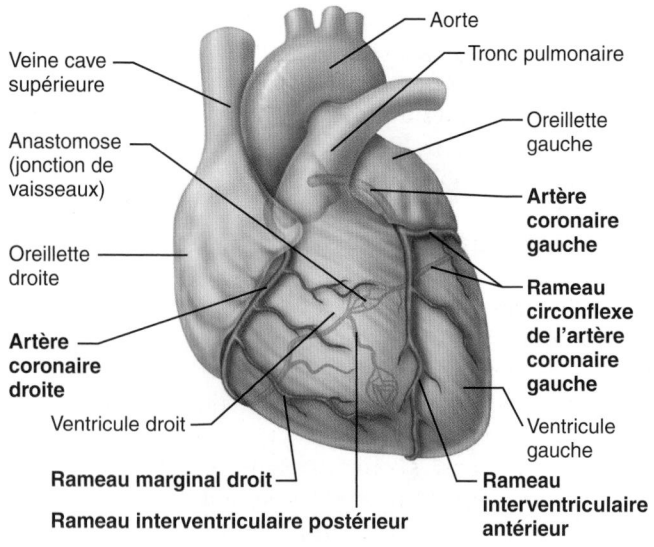

Veine cave
supérieure

Anastomose
(jonction de
vaisseaux)

Oreillette
droite

**Artère
coronaire
droite**

Ventricule droit

Rameau marginal droit

Rameau interventriculaire postérieur

Aorte

Tronc pulmonaire

Oreillette
gauche

**Artère
coronaire
gauche**

**Rameau
circonflexe
de l'artère
coronaire
gauche**

Ventricule
gauche

**Rameau
interventriculaire
antérieur**

(a) Principales artères coronaires

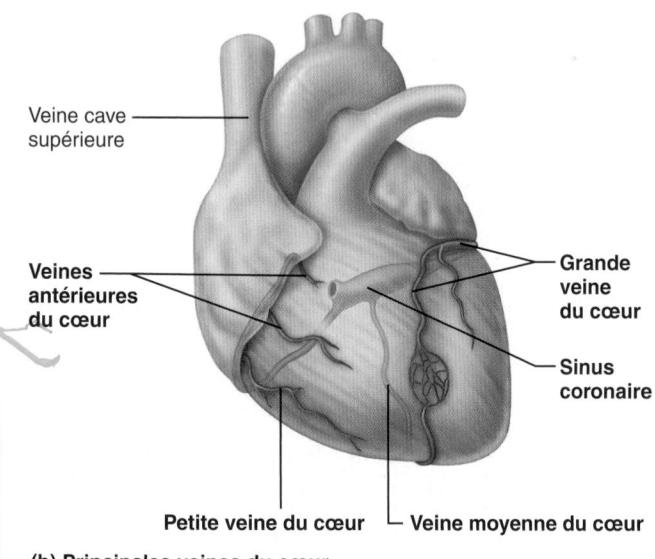

Veine cave
supérieure

**Veines
antérieures
du cœur**

Grande
veine
du cœur

Sinus
coronaire

Petite veine du cœur

Veine moyenne du cœur

(b) Principales veines du cœur

Figure 18.7   Circulation coronarienne. Les vaisseaux de couleur plus claire sont situés dans la partie postérieure du cœur.

La constitution du réseau artériel du cœur est fort variable. Chez 15% des gens, par exemple, l'artère coronaire gauche donne naissance aux *deux* rameaux interventriculaires, antérieur et postérieur; chez environ 4%, une seule artère coronaire irrigue tout le cœur; certains individus possèdent trois artères coronaires. De plus, il peut y avoir des rameaux marginaux droit et gauche. Les ramifications des artères coronaires forment de nombreuses anastomoses (jonctions) fournissant des voies supplémentaires (*collatérales*) pour l'irrigation du muscle cardiaque, mais elles ne sont pas suffisamment robustes pour maintenir une irrigation adéquate quand une artère coronaire se bloque subitement. L'obstruction complète entraîne la mort des cellules et un infarctus du myocarde.

Les artères coronaires fournissent au myocarde un apport sanguin intermittent et rythmique. Ces vaisseaux et leurs principales ramifications sont logés dans l'épicarde ou juste en dessous, et leurs branches pénètrent dans le myocarde pour le nourrir. Ils transportent du sang lorsque le muscle cardiaque est relâché, mais ils sont virtuellement inefficaces au cours de la contraction ventriculaire, parce qu'ils sont alors comprimés par le myocarde contracté. Bien qu'il ne constitue qu'environ 1/200 de la masse corporelle, le cœur utilise 1/20 du sang. Il va sans dire que le ventricule gauche reçoit la majeure partie de cet apport.

Après son passage dans les lits capillaires du myocarde, le sang veineux est recueilli par les **veines du cœur**, dont les trajets sont plus ou moins jumelés avec ceux des artères coronaires. Ces veines se réunissent en un gros vaisseau, le **sinus coronaire**, qui déverse le sang dans l'oreillette droite. Le sinus coronaire est bien visible sur la face postérieure du cœur (figure 18.7b). Il reçoit le sang de quatre grands tributaires: (1) la **grande veine du cœur** (à gauche de l'artère coronaire gauche), dont la portion verticale est située dans le sillon interventriculaire antérieur et la portion horizontale, dans le sillon coronaire; (2) la **petite veine du cœur** (satellite de l'artère coronaire droite), dans le sillon coronaire droit; (3) la **veine moyenne du cœur**, dans le sillon interventriculaire postérieur; et (4) la **veine postérieure du ventricule gauche**, qui draine la face diaphragmatique du ventricule gauche. De plus, quelques **veines antérieures du cœur** se jettent directement dans la partie antérieure de l'oreillette droite.

DÉSÉQUILIBRE HOMÉOSTATIQUE

Toute entrave à la circulation artérielle coronarienne peut avoir des conséquences graves, voire fatales. L'**angine de poitrine** (ou *angor pectoris*; *angor*: serrer) est une douleur, siégeant au niveau du sternum, qui irradie souvent vers l'épaule gauche, la partie interne du bras et la machoire inférieure. Elle est causée par une diminution momentanée de l'irrigation du myocarde. Elle peut résulter de spasmes des artères coronaires dus au stress ou encore d'un surcroît de travail imposé à un cœur dont le réseau artériel est partiellement obstrué (on estime que le diamètre du vaisseau a diminué de moitié avant l'apparition de l'angine). Les symptômes peuvent disparaître spontanément ou sous l'effet de la nitroglycérine, un médicament dont le monoxyde d'azote (NO) cause une vasodilatation des artères coronaires et le relâchement du muscle cardiaque. Le manque temporaire d'oxygène affaiblit les cellules myocardiques mais ne les détruit pas. L'obstruction ou le spasme prolongés d'une artère coronaire sont plus inquiétants, car ils peuvent provoquer un **infarctus du myocarde**, communément appelé **crise cardiaque**. Chaque année, au Canada, 70 000 personnes subissent un infarctus et 19 000 en meurent. Cependant, depuis 10 ans, la mortalité est en baisse grâce aux progrès accomplis dans les domaines de la prévention et des soins. Cette diminution a aussi été observée dans de nombreux autres pays, dont la France, où on compte annuellement 100 000 cas d'infarctus. Comme les cellules du muscle cardiaque adulte sont essentiellement amitotiques, un tissu cicatriciel non contractile s'étend dans la plupart des régions nécrosées. Les chances de survivre à un infarctus du myocarde dépendent de l'endroit où se sont produites les lésions et de leur étendue. Compte tenu du rôle du ventricule gauche dans la circulation systémique, les lésions de cette structure sont plus graves. Des tests sanguins, tels ceux de la créatine kinase, de la troponine et de la myoglobine (l'indicateur le plus précoce, puisque sa concentration s'élève deux heures après l'infarctus), peuvent confirmer qu'un patient a réellement subi un infarctus. Dans le cas d'un arrêt cardiaque, chaque minute d'attente diminue de 7 à 10 % les chances de survie. C'est pourquoi il est crucial d'entreprendre immédiatement des manœuvres de réanimation cardiorespiratoire (RCR), qui consiste à faire des compressions sur la poitrine au rythme de 100 à la minute. ∎

VÉRIFIONS NOS ACQUIS

4. Quel côté du cœur sert de pompe à la circulation pulmonaire ? Lequel sert à la circulation systémique ?
5. Dites si les énoncés suivants sont vrais ou faux. (a) La paroi du ventricule gauche est plus épaisse que celle du ventricule droit. (b) Le ventricule gauche pompe le sang à une pression plus élevée que dans le ventricule droit. (c) Le ventricule gauche pompe plus de sang à chaque battement que le ventricule droit. Justifiez vos réponses.
6. Nommez les deux principaux rameaux de l'artère coronaire droite.

Les réponses se trouvent à l'appendice G.

Valves cardiaques

7 Nommer et situer les valves cardiaques ; décrire leur structure et leur rôle, et expliquer leur mécanisme de fonctionnement ; décrire deux troubles associés à leur dysfonctionnement.

Le sang circule à sens unique dans le cœur : il passe des oreillettes aux ventricules, puis il s'engage dans les grosses artères qui émergent de la partie supérieure du cœur. Quatre valves, qui s'ouvrent et se ferment en réaction aux variations de la pression sanguine exercée sur leurs surfaces, assurent l'immuabilité de ce trajet (figure 18.4e et **figure 18.8**).

Valves auriculoventriculaires

Les deux **valves auriculoventriculaires** ou *atrioventriculaires*, situées à la jonction des oreillettes et de leurs ventricules correspondants, empêchent le sang de refluer dans les oreillettes lorsque les ventricules se contractent. La valve auriculoventriculaire droite, ou **valve tricuspide**, est composée de trois cuspides (lames d'endocarde renforcées par du tissu conjonctif). La valve auriculoventriculaire gauche, appelée aussi *valve bicuspide* ou encore **valve mitrale** (à cause de sa ressemblance avec la mitre, la coiffure que portent les évêques lors de certaines cérémonies), comprend deux cuspides. De fins cordons de collagène blanc nommés **cordages tendineux** sont attachés à chacune des valves auriculoventriculaires. Ils ancrent leurs cuspides aux muscles papillaires qui jaillissent des parois internes des ventricules (figure 18.8c, d).

Lorsque le cœur est complètement relâché, les valves auriculoventriculaires pendent, inertes, dans la partie supérieure des ventricules ; le sang s'écoule dans les oreillettes, traverse passivement les valves ouvertes et entre dans les ventricules **(figure 18.9a)**. Ensuite, les ventricules se contractent à partir de l'apex et la pression intraventriculaire s'élève, ce qui pousse le sang vers le haut, contre les cuspides des valves auriculoventriculaires. En conséquence, les bords des cuspides se touchent et les valves se ferment (figure 18.9b).

Les cordages tendineux et les muscles papillaires maintiennent les cuspides des valves en position *fermée*. Sans cet ancrage, les cuspides seraient repoussées dans l'oreillette, comme un parapluie qu'une rafale tourne à l'envers. Les muscles papillaires se contractent avec le reste du myocarde ventriculaire, si bien qu'ils tendent les cordages tendineux et préparent ainsi les cuspides à résister à la vague de sang qui va être projetée en force contre elles par la contraction ventriculaire.

Valves de l'aorte et du tronc pulmonaire

Les **valves de l'aorte** et **du tronc pulmonaire** sont situées à la base de l'aorte et du tronc pulmonaire, respectivement, et elles empêchent le sang de refluer dans les ventricules. Chacune de ces valves (aussi dites **sigmoïdes**) est constituée de trois valvules semi-lunaires en forme de pochette ou de croissant.

Comme les valves auriculoventriculaires, les valves sigmoïdes s'ouvrent et se ferment en fonction de variations de pression. Lorsque les ventricules se contractent, la pression intraventriculaire *dépasse* la pression régnant dans l'aorte et dans le tronc pulmonaire. En conséquence, les valves du tronc pulmonaire et de l'aorte s'ouvrent et le passage du sang aplatit les valvules contre leurs parois **(figure 18.10a)**. Lorsque les ventricules se relâchent, la pression intraventriculaire diminue et le sang commence à se retirer en direction du cœur. Il remplit alors les valvules semi-lunaires et ferme les valves (figure 18.10b).

Notre description des valves serait incomplète si nous omettions le fait qu'aucune valve ne garde l'entrée des veines caves et pulmonaires, situées respectivement dans les oreillettes droite et gauche. De petites quantités de sang refoulent bien dans ces vaisseaux pendant la contraction auriculaire, mais ce reflux est minime en raison de l'inertie du sang et parce que, en se contractant, le myocarde auriculaire comprime ces points d'entrée veineux et provoque leur affaissement.

⚖ DÉSÉQUILIBRE HOMÉOSTATIQUE

Les valves cardiaques sont des dispositifs assez simples. Comme n'importe quelle pompe mécanique, le cœur peut fonctionner en dépit de « fuites » mineures de ses valves souvent asymptomatiques. Toutefois, certaines malformations graves des valves peuvent gêner considérablement le fonctionnement du cœur et causer des douleurs à la poitrine et de la fatigue. Ainsi, l'*insuffisance valvulaire*, qui est un défaut de fermeture d'une valve entraînant le reflux du sang, oblige le cœur à pomper sans cesse le même sang. Dans le *rétrécissement valvulaire*, aussi appelé *sténose*, les valves durcissent (en raison, très souvent, de la présence de tissu cicatriciel causé par une endocardite ou d'un dépôt de sels de calcium) et obstruent l'orifice. Cette rigidité force le cœur

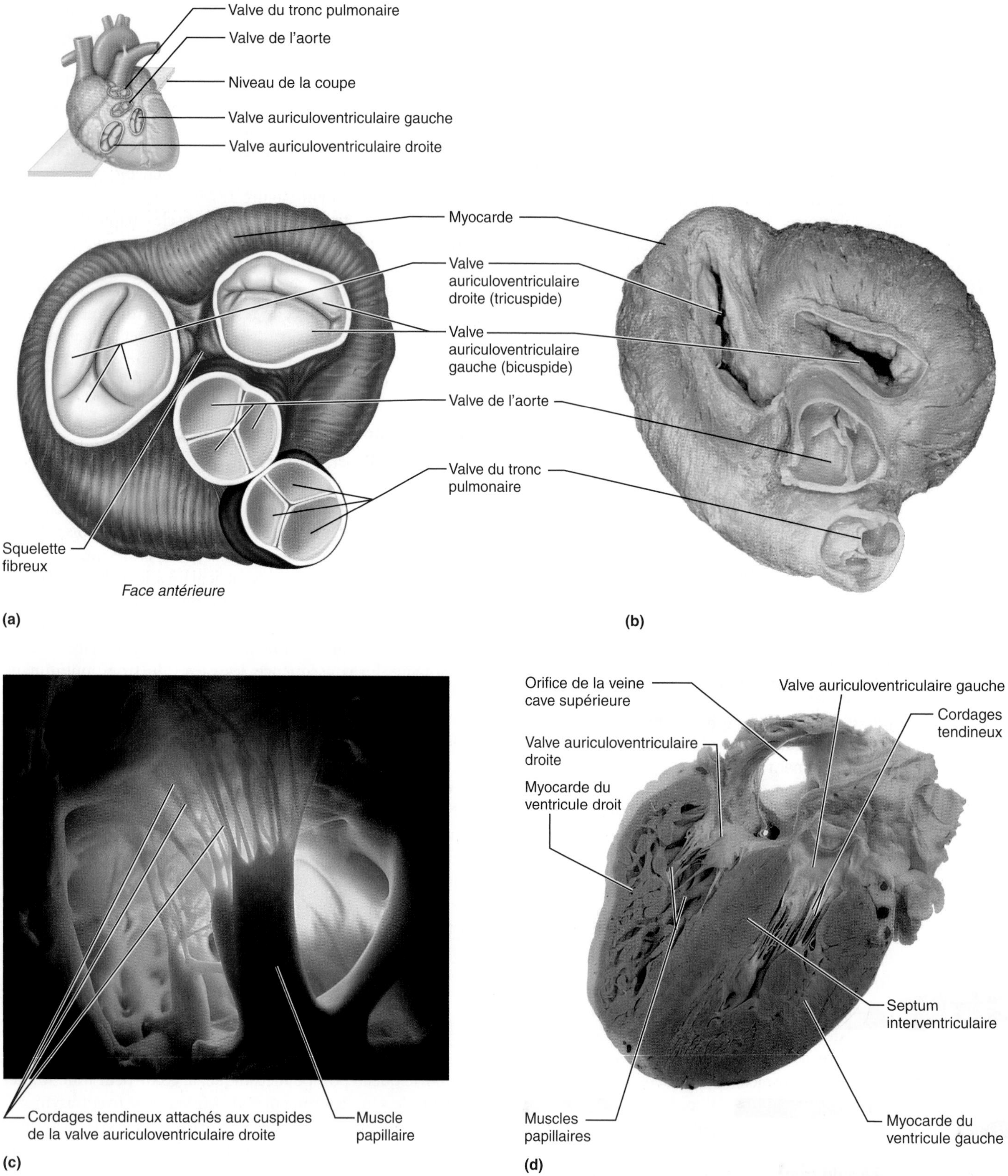

Valve du tronc pulmonaire

Valve de l'aorte

Niveau de la coupe

Valve auriculoventriculaire gauche

Valve auriculoventriculaire droite

Myocarde

Valve auriculoventriculaire droite (tricuspide)

Valve auriculoventriculaire gauche (bicuspide)

Valve de l'aorte

Valve du tronc pulmonaire

Squelette fibreux

Face antérieure

(a)

(b)

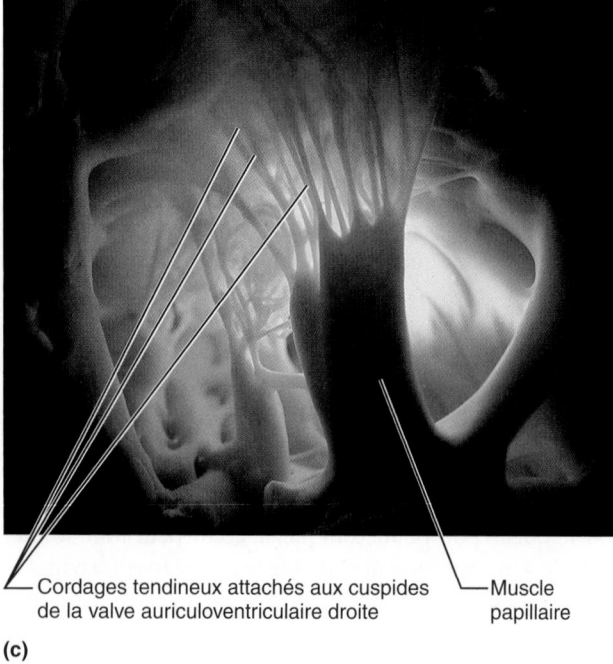

Cordages tendineux attachés aux cuspides de la valve auriculoventriculaire droite

Muscle papillaire

(c)

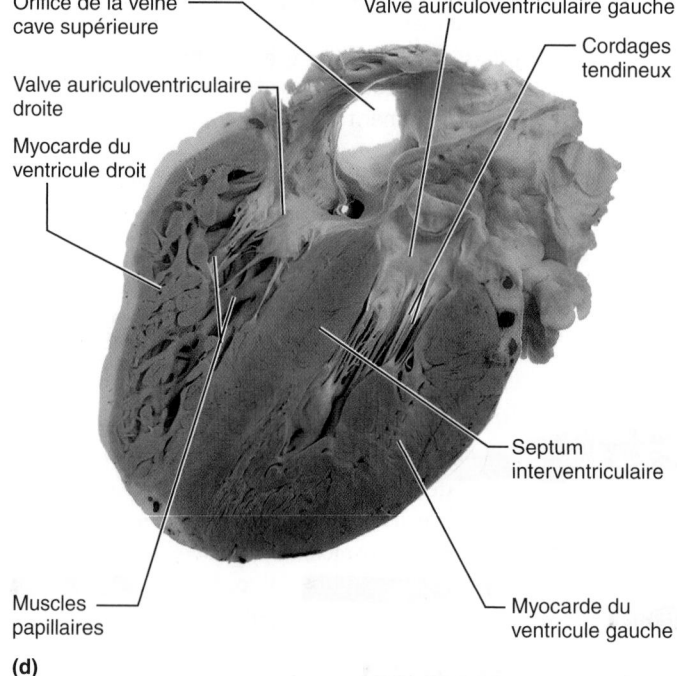

Orifice de la veine cave supérieure

Valve auriculoventriculaire gauche

Cordages tendineux

Valve auriculoventriculaire droite

Myocarde du ventricule droit

Muscles papillaires

Septum interventriculaire

Myocarde du ventricule gauche

(d)

Figure 18.8 Valves cardiaques. (a) Vue de la face supérieure du cœur montrant les deux paires de valves (oreillettes retirées). Les deux valves auriculoventriculaires sont situées entre les oreillettes et les ventricules; les valves du tronc pulmonaire et de l'aorte sont situées à la jonction des ventricules et des artères qui en émergent. **(b)** Photographie de la face supérieure du cœur montrant les valves. **(c)** Photographie de la valve auriculoventriculaire droite. La vue est en contre-plongée et montre la valve vue du ventricule droit. **(d)** Coupe coronale du cœur.

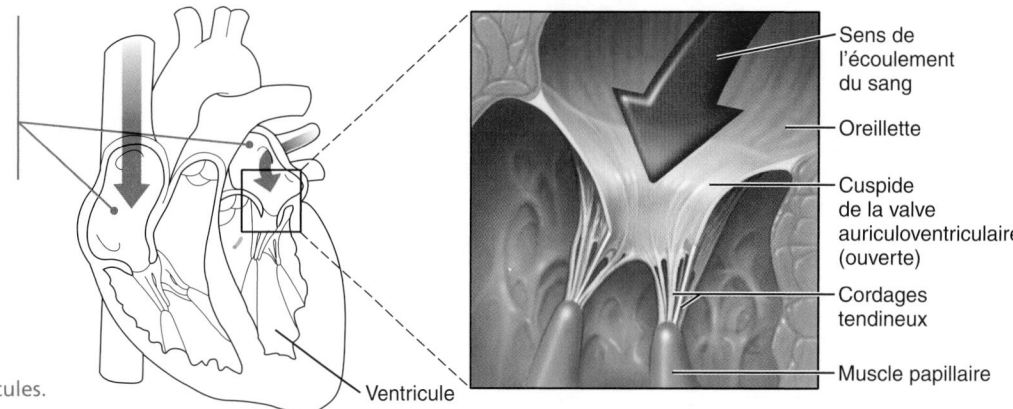

① Le sang qui retourne au cœur remplit les oreillettes et exerce une pression contre les valves auriculoventriculaires ; le relâchement des ventricules entraîne une diminution de la pression intraventriculaire, qui permet l'ouverture des valves auriculoventriculaires.

② Pendant que les ventricules se remplissent, les cuspides des valves auriculoventriculaires pendent dans les cavités ventriculaires.

③ Les oreillettes se contractent et poussent plus de sang dans les ventricules.

Ventricule

Sens de l'écoulement du sang

Oreillette

Cuspide de la valve auriculoventriculaire (ouverte)

Cordages tendineux

Muscle papillaire

(a) Les valves auriculoventriculaires s'ouvrent ; la pression dans l'oreillette est supérieure à la pression dans le ventricule.

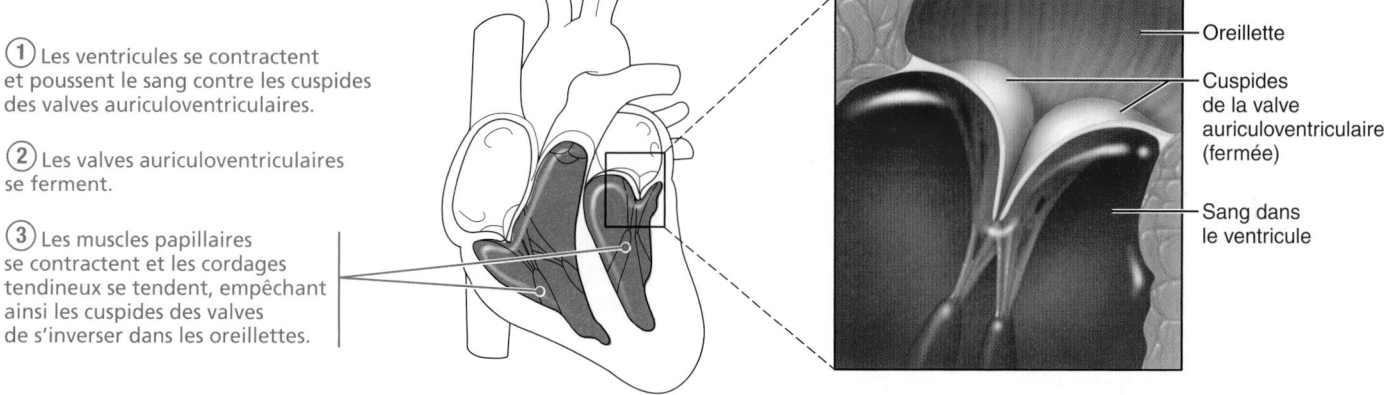

① Les ventricules se contractent et poussent le sang contre les cuspides des valves auriculoventriculaires.

② Les valves auriculoventriculaires se ferment.

③ Les muscles papillaires se contractent et les cordages tendineux se tendent, empêchant ainsi les cuspides des valves de s'inverser dans les oreillettes.

Oreillette

Cuspides de la valve auriculoventriculaire (fermée)

Sang dans le ventricule

(b) Les valves se ferment ; la pression dans l'oreillette est inférieure à la pression dans le ventricule.

Figure 18.9 Valves auriculoventriculaires.

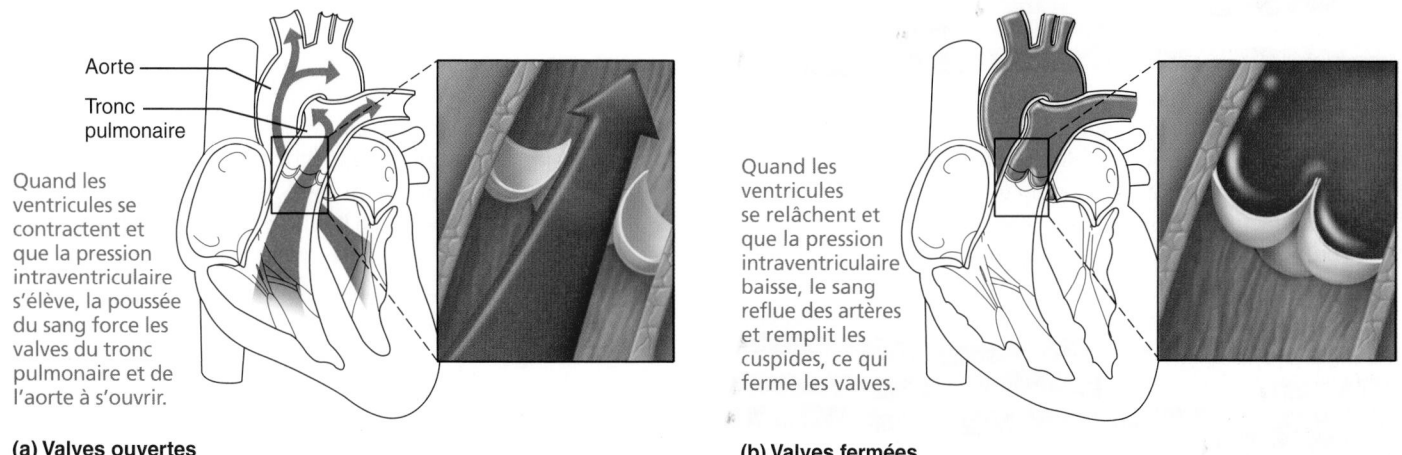

Aorte

Tronc pulmonaire

Quand les ventricules se contractent et que la pression intraventriculaire s'élève, la poussée du sang force les valves du tronc pulmonaire et de l'aorte à s'ouvrir.

(a) Valves ouvertes

Quand les ventricules se relâchent et que la pression intraventriculaire baisse, le sang reflue des artères et remplit les cuspides, ce qui ferme les valves.

(b) Valves fermées

Figure 18.10 Valves du tronc pulmonaire et de l'aorte.

à se contracter plus fortement qu'il ne le devrait. Dans les deux cas, le cœur fournit un surcroît de travail, s'hypertrophie et, avec le temps, s'affaiblit.

Ces troubles commandent un remplacement de la valve défectueuse (la valve auriculoventriculaire gauche, le plus souvent) par une valve artificielle, une valve provenant d'un cœur de porc ou de vache (traitée chimiquement pour prévenir les risques de rejet) ou une valve de cadavre humain cryoconservée. On s'emploie actuellement à créer des valves par génie tissulaire à partir de tissus vivants prélevés sur le patient et mis en culture sur des matrices biodégradables. ■

VÉRIFIONS NOS ACQUIS

7. Quelle est la fonction des muscles papillaires et des cordages tendineux ?

Les réponses se trouvent à l'appendice G.

Fibres musculaires cardiaques

8. Indiquer les propriétés structurales et fonctionnelles du tissu musculaire cardiaque et expliquer ce qui le distingue du tissu musculaire squelettique.

9. Décrire brièvement la contraction des cellules du muscle cardiaque et expliquer le rôle joué par les canaux lents à Ca^{2+}.

Bien que le tissu musculaire cardiaque présente de nombreuses similitudes avec le tissu musculaire squelettique, il est doté de caractéristiques anatomiques propres à son rôle de pompe.

Anatomie microscopique

Le **muscle cardiaque**, comme le muscle squelettique, est strié, et ses contractions s'effectuent suivant le même mécanisme de glissement des myofilaments. Mais tandis que les fibres musculaires squelettiques sont longues, cylindriques et multinucléées, les fibres musculaires cardiaques sont courtes, épaisses et ramifiées, et elles communiquent entre elles. Chacune porte en son *centre* un ou, au plus, deux gros noyaux pâles (figure 18.11a). Les espaces intercellulaires sont remplis d'une trame de tissu conjonctif lâche (l'*endomysium*) qui renferme de nombreux capillaires. Cette trame délicate est rattachée au squelette fibreux du cœur qui joue le double rôle de tendon et de point d'insertion. C'est sur ce « squelette » que les cellules cardiaques exercent leur force lorsqu'elles se contractent.

Contrairement aux fibres musculaires squelettiques, qui sont indépendantes tant du point de vue structural que du point de vue fonctionnel, les cellules cardiaques sont étroitement liées les unes aux autres. À la jonction de deux cellules, appelée **disque intercalaire** (figure 18.11), la membrane plasmique présente des ondulations qui épousent parfaitement les sinuosités de la cellule adjacente. Les disques intercalaires, qui prennent une teinte foncée à la coloration, contiennent des *desmosomes* et des *jonctions ouvertes* (jonctions cellulaires dont nous avons traité au chapitre 3). Les desmosomes jouent un rôle mécanique et empêchent les cellules cardiaques de se séparer pendant la contraction. Les jonctions ouvertes, quant à elles, laissent passer les ions d'une cellule à une autre et permettent la transmission du courant dans tout le tissu cardiaque. Parce que les jonctions ouvertes couplent électriquement toutes les cellules cardiaques,

le myocarde fonctionne d'un bloc : il *se comporte* comme un **syncytium fonctionnel**.

De grosses mitochondries occupent environ 25 à 35 % du volume des cellules cardiaques (contre 2 % seulement dans le muscle squelettique) et confèrent à ces cellules une grande résistance à la fatigue. La majeure partie de l'espace restant est comblée par des gouttelettes lipidiques et des myofibrilles composées de sarcomères typiques. Les sarcomères présentent des lignes Z et des stries A et I, formées de filaments de myosine (épais) et d'actine (minces). Toutefois, contrairement à celles du muscle squelettique, les myofibrilles du muscle cardiaque ont un diamètre très variable et tendent à se ramifier pour se disposer entre les nombreuses mitochondries qui les séparent. Les stries sont donc moins bien définies que dans le muscle squelettique.

Dans les fibres musculaires cardiaques, le système de transport du Ca^{2+} est moins complexe. Les tubules transverses sont cinq fois plus larges que ceux du muscle squelettique et ils sont moins nombreux. Il n'y en a qu'un par sarcomère, qui pénètre dans la cellule au niveau des lignes Z. (Rappelez-vous que les tubules transverses sont des invaginations du sarcolemme. Dans le muscle squelettique, ils se replient aux jonctions des stries A et I. Il y en a donc deux par sarcomère.) Le réticulum sarcoplasmique cardiaque est moins développé que celui du muscle squelettique, et il est dépourvu des grandes citernes terminales propres à ce dernier. Par conséquent, il n'y a pas de *triades* dans les fibres musculaires cardiaques.

Mécanisme et déroulement de la contraction

Bien qu'ils soient tous deux des tissus contractiles, le muscle cardiaque et le muscle squelettique présentent quelques différences fondamentales :

1. **Moyens de stimulation.** Pour se contracter, chaque fibre musculaire squelettique doit être stimulée par une terminaison nerveuse. Or, certaines cellules musculaires cardiaques sont autoexcitables. Elles peuvent non seulement produire elles-mêmes leur dépolarisation, mais aussi la conduire au reste du cœur, de manière spontanée et rythmique. Nous décrivons cette propriété, appelée **automatisme cardiaque**, dans la section suivante.

2. **Contraction au niveau de l'unité motrice ou de l'ensemble de l'organe.** Dans le muscle squelettique, toutes les cellules d'une unité motrice donnée (mais pas forcément toutes les unités motrices du muscle) sont stimulées et se contractent en même temps. Les influx ne se propagent pas d'une cellule à une autre. Dans le muscle cardiaque, l'organe tout entier se contracte d'un bloc ou il ne se contracte pas du tout. Ce mouvement coordonné se produit parce que des jonctions ouvertes rassemblent tous les myocytes cardiaques en une seule entité contractile. Par conséquent, l'onde de dépolarisation transmise d'une cellule cardiaque à une autre s'effectue par le passage d'ions dans les jonctions ouvertes.

3. **Longueur de la période réfractaire absolue.** Dans les cellules musculaires cardiaques, la période réfractaire absolue (la période d'inexcitabilité associée à l'état –

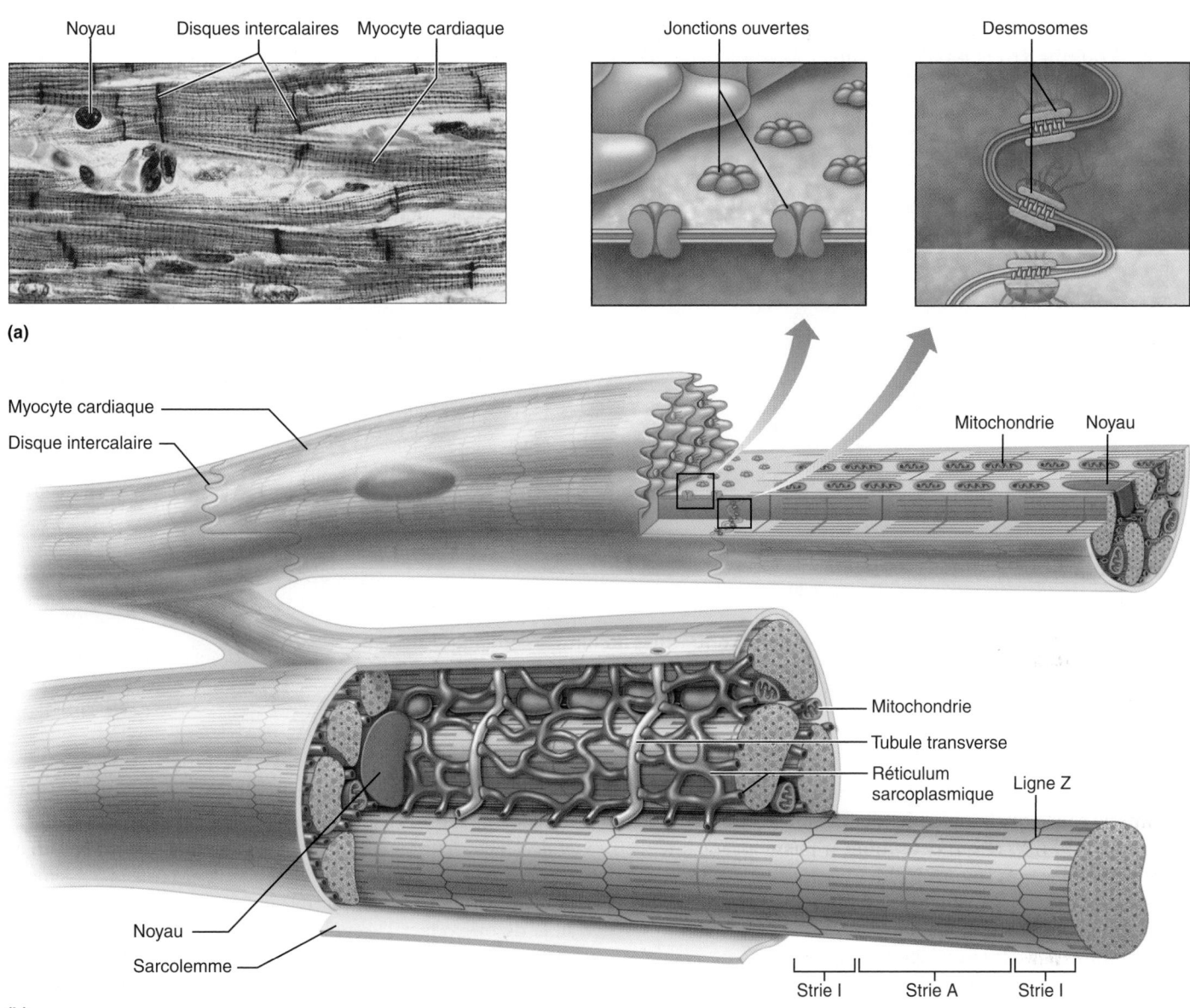

Noyau   Disques intercalaires   Myocyte cardiaque

Jonctions ouvertes   Desmosomes

(a)

Myocyte cardiaque

Disque intercalaire

Mitochondrie   Noyau

Mitochondrie

Tubule transverse

Réticulum sarcoplasmique

Ligne Z

Noyau

Sarcolemme

Strie I   Strie A   Strie I

(b)

18

Figure 18.11 Anatomie microscopique du muscle cardiaque. (a) Photomicrographie du muscle cardiaque (600×). Notez que les myocytes cardiaques sont courts, ramifiés et striés. Remarquez aussi les disques intercalaires sombres entre les cellules adjacentes. **(b)** Éléments des disques intercalaires et des myocytes cardiaques.

ouvert ou désactivé – des canaux à Na⁺) dure environ 250 ms, soit presque aussi longtemps que la contraction (figure 18.12). Dans les fibres musculaires squelettiques, en revanche, la période réfractaire absolue est courte ; elle dure de 1 à 2 ms et la contraction, de 15 à 100 ms. Normalement, cette longue période réfractaire empêche les contractions tétaniques (contractions prolongées) qui mettraient fin à l'action de pompage du cœur.

Maintenant que nous avons examiné les principales différences entre le muscle cardiaque et le muscle squelettique, nous pouvons nous pencher sur les similitudes de leur mécanisme de contraction. Comme dans le muscle squelettique, la contraction du muscle cardiaque est déclenchée par des potentiels d'action

qui se propagent dans les membranes des cellules. Environ 1 % des fibres cardiaques sont *cardionectrices*, c'est-à-dire qu'elles ont la capacité de se dépolariser spontanément et, partant, d'amorcer la contraction du cœur. Mis à part un certain nombre de cellules de la paroi des oreillettes qui ont une fonction endocrine, le reste du muscle cardiaque est essentiellement composé de *fibres musculaires contractiles* responsables de l'action de pompage. L'enchaînement des phénomènes menant à la contraction est semblable à celui qui se déroule dans les fibres musculaires squelettiques :

- La dépolarisation engendre l'ouverture de quelques **canaux rapides à Na⁺ voltage-dépendants** dans le sarcolemme, ce qui permet l'entrée des ions Na⁺ du liquide interstitiel. L'afflux

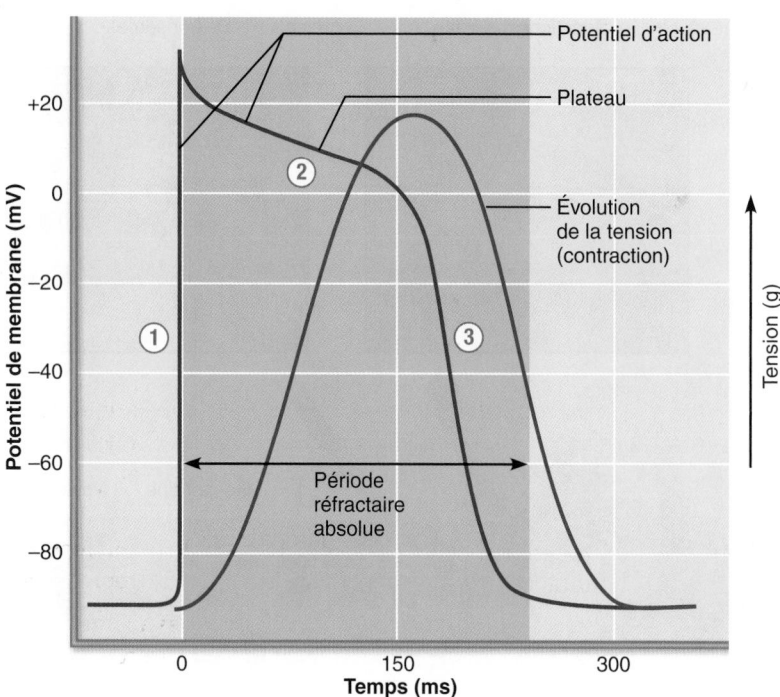

① La **dépolarisation** est causée par l'entrée d'ions Na⁺ par les canaux rapides à Na⁺ voltage-dépendants. Un mécanisme de rétroaction a pour effet d'ouvrir rapidement plusieurs canaux à Na⁺, ce qui inverse le potentiel de membrane. L'inactivation des canaux met fin à cette phase.

② La **phase de plateau** correspond au passage des ions Na⁺ par les canaux lents à Ca²⁺, ce qui maintient la dépolarisation de la cellule parce que peu de canaux à K⁺ sont ouverts.

③ La **repolarisation** est causée par l'inactivation des canaux à Ca²⁺ et l'ouverture des canaux à K⁺, ce qui permet l'entrée de K⁺ et ramène le potentiel de membrane à sa valeur de repos.

Figure 18.12 **Potentiel de membrane des cellules contractiles du muscle cardiaque.** Relation entre le potentiel d'action, la période de contraction et la période réfractaire absolue dans une cellule ventriculaire.

des ions Na⁺ a pour effet, par un mécanisme de rétroactivation, d'inverser le potentiel de membrane de −90 mV à près de −30 mV, ce qui détermine la phase ascendante du potentiel d'action (figure 18.12, ①). L'afflux des ions Na⁺ est très bref, car les canaux à sodium s'inactivent rapidement et l'afflux cesse.

- La transmission de l'onde de dépolarisation dans les tubules transverses amène le réticulum sarcoplasmique (RS) à libérer des ions Ca²⁺ dans le sarcoplasme.

- Le couplage excitation-contraction se produit lorsque le Ca²⁺ émet un signal (par l'entremise de sa liaison à la troponine) pour l'activation des têtes de myosine et couple l'onde de dépolarisation au glissement des filaments d'actine et de myosine.

Ces trois étapes sont les mêmes dans les myocytes squelettiques et les myocytes cardiaques (voir la figure 9.11), mais la façon de stimuler le RS pour qu'il libère du Ca²⁺ est différente dans ces deux types de cellules. Voici en quoi.

Quelque 10 à 20 % du Ca²⁺ nécessaire à l'impulsion qui déclenche la contraction du myocyte cardiaque provient du liquide interstitiel; une fois à l'intérieur de la cellule, il stimule la libération par le RS des 80 % qui manquent pour obtenir la contraction. Les ions Ca²⁺ ne peuvent pénétrer dans les fibres cardiaques non stimulées, mais lorsque, sous l'effet de l'entrée d'ions Na⁺, la dépolarisation de la membrane sarcoplasmique se produit, le changement de voltage entraîne *aussi* l'ouverture des canaux à calcium qui permettent l'entrée de Ca²⁺ du liquide interstitiel. Ces canaux sont appelés **canaux lents à Ca²⁺**, car

leur ouverture est légèrement retardée. L'entrée de Ca²⁺ influe localement sur les canaux sensibles au Ca²⁺ des tubules du RS et déclenche leur ouverture. Il en résulte une série de décharges de Ca²⁺ en provenance du RS qui augmente considérablement la concentration de Ca²⁺ intracellulaire. Il est également possible de provoquer l'accumulation de Ca²⁺ dans le cytosol au moyen de médicaments tels les glucosides cardiotoniques ou digitaliques (initialement tirés de la plante *Digitalis purpurea*), qui ont pour conséquence d'augmenter la force de contraction. C'est pourquoi les bloqueurs calciques, tel le verapamil, diminuent la force de contraction.

Bien que les canaux à sodium soient inactivés et que, à partir de ce moment, la repolarisation ait déjà débuté, l'afflux de calcium dans la cellule prolonge un peu le potentiel de dépolarisation, dessinant ainsi un **plateau** dans le tracé du potentiel d'action (figure 18.12, ②). Simultanément, quelques canaux à potassium s'ouvrent, ce qui prolonge ainsi le plateau et prévient une repolarisation rapide. Les cellules continuent leur contraction tant qu'elles reçoivent des ions Ca²⁺. Notez sur la figure 18.12 que la tension musculaire s'établit pendant le plateau et atteint son maximum tout juste après qu'il a pris fin.

Remarquez aussi que la durée du potentiel d'action et de la période de contraction est beaucoup plus longue dans le muscle cardiaque que dans le muscle squelettique. Dans le muscle squelettique, le potentiel d'action dure en règle générale de 1 à 2 ms et la contraction, de 15 à 100 ms (pour un seul stimulus). Dans le muscle cardiaque, le potentiel d'action dure 200 ms ou plus (à cause du plateau), produisant ainsi la contraction soutenue grâce à laquelle le sang peut être expulsé du cœur.

Après quelque 200 ms, le tracé du potentiel d'action s'infléchit abruptement (figure 18.12, ③). Cette chute correspondant à la repolarisation est causée par la fermeture des canaux à calcium et par l'ouverture des canaux à K^+ voltage-dépendants, ce qui donne lieu à une brusque diffusion des ions K^+ du sarcoplasme vers le liquide interstitiel et au rétablissement du potentiel de repos de la membrane. Durant la repolarisation, le Ca^{2+} est pompé à nouveau dans le réticulum sarcoplasmique et le liquide interstitiel.

Besoins énergétiques

Comme nous l'avons déjà mentionné, il y a plus de mitochondries dans le muscle cardiaque que dans le muscle squelettique. Cette abondance est nécessaire à l'entretien du métabolisme énergétique du cœur, qui a besoin d'un apport continuel d'oxygène. Contrairement au muscle squelettique, qui peut se contracter pendant de longues périodes – même si l'oxygène est insuffisant – grâce à la respiration cellulaire anaérobie, le muscle cardiaque a une respiration cellulaire presque exclusivement aérobie, et il ne peut fonctionner de manière efficace avec une lourde dette d'oxygène.

Les deux types de tissu musculaire peuvent utiliser de nombreuses molécules pour produire l'ATP nécessaire à leur contraction, notamment le glucose et les acides gras. Cependant, le muscle cardiaque s'adapte plus facilement que le muscle squelettique, car il peut utiliser plusieurs voies métaboliques selon la disponibilité des molécules, y compris l'acide lactique produit par l'activité du muscle squelettique. Le myocarde est donc beaucoup plus sensible au manque d'oxygène qu'au manque de nutriments.

⚖ DÉSÉQUILIBRE HOMÉOSTATIQUE

Lorsqu'une région du muscle cardiaque cesse de recevoir du sang (est ischémique), les cellules privées d'oxygène adoptent un métabolisme anaérobie et produisent de l'acide lactique. L'augmentation de la concentration d'ions H^+ qui s'ensuit empêche les cellules cardiaques de produire toute l'ATP dont elles ont besoin pour pomper les ions Ca^{2+} dans le liquide interstitiel. L'augmentation des taux intracellulaires d'ions H^+ et Ca^{2+} amène la fermeture des jonctions ouvertes. Il s'ensuit un isolement électrique des cellules lésées, que les potentiels d'action doivent contourner pour atteindre les cellules cardiaques situées en aval. Si la zone ischémique est étendue, la capacité de pomper du cœur tout entier peut être gravement affaiblie, et une crise cardiaque peut survenir. ∎

VÉRIFIONS NOS ACQUIS

8. Pour chacune des caractéristiques suivantes, indiquez si elle s'applique au muscle squelettique, au muscle cardiaque ou aux deux : (a) la période réfractaire est presque aussi longue que la contraction ; (b) la source de Ca^{2+} pour la contraction est *uniquement* le RS ; (c) le potentiel d'action a une phase de plateau ; (d) contient de la troponine ; (e) contient des triades.

9. Il ne peut y avoir de contractions tétaniques dans le cœur. Pourquoi ?

Les réponses se trouvent à l'appendice G.

Physiologie du cœur

Phénomènes électriques

10 Nommer et situer les éléments du système de conduction du cœur et décrire le trajet de l'onde de dépolarisation dans le cœur ; comparer le rythme de dépolarisation de ces différents éléments ; décrire le foyer ectopique, l'extrasystole, l'arythmie, le bloc cardiaque et la fibrillation.

11 Dessiner un électrocardiogramme normal ; nommer les ondes et les intervalles et indiquer ce qu'ils représentent.

12 Relier au tracé obtenu quelques-unes des anomalies que l'électrocardiogramme permet de détecter.

Normalement, la capacité de dépolarisation et de contraction du muscle cardiaque est intrinsèque, c'est-à-dire qu'elle ne repose pas sur le système nerveux. En effet, même lorsqu'il est détaché de toutes ses connexions nerveuses, le cœur continue de battre régulièrement, comme on peut le constater au cours des greffes du cœur. Il n'en demeure pas moins que le cœur sain est largement alimenté par des neurofibres du système nerveux autonome qui peuvent modifier le rythme de l'activité du cœur régi par des facteurs intrinsèques.

Régulation du rythme de base : système de conduction du cœur

L'activité indépendante, mais coordonnée, du cœur est due à deux facteurs : (1) la présence de jonctions ouvertes et (2) le système de commande « intégré » du cœur. Le **système de conduction du cœur**, ou **système cardionecteur**, est composé de cellules cardiaques non contractiles nommées cellules cardionectrices. La fonction de ces cellules consiste à produire des potentiels d'action (influx) et à les propager dans le cœur afin que les cellules musculaires se dépolarisent et se contractent suivant un ordre bien établi. Par conséquent, le cœur bat comme s'il n'était formé que d'une seule cellule. Voyons comment ce système fonctionne.

Production des potentiels d'action par les cellules cardionectrices Au cours de la dépolarisation des cellules contractiles du cœur, le potentiel de la membrane plasmique passe rapidement de son potentiel de repos au potentiel d'action (phase ascendante rapide de la dépolarisation). La dépolarisation des **cellules cardionectrices** se déroule différemment. Immédiatement après avoir atteint leur *potentiel de repos*, ces cellules amorcent une dépolarisation lente – appelée **potentiel de « pacemaker »** ou **prépotentiel** – qui élève le potentiel de membrane vers le seuil d'excitation, lequel permet le déclenchement d'un potentiel d'action (figure 18.13).

18

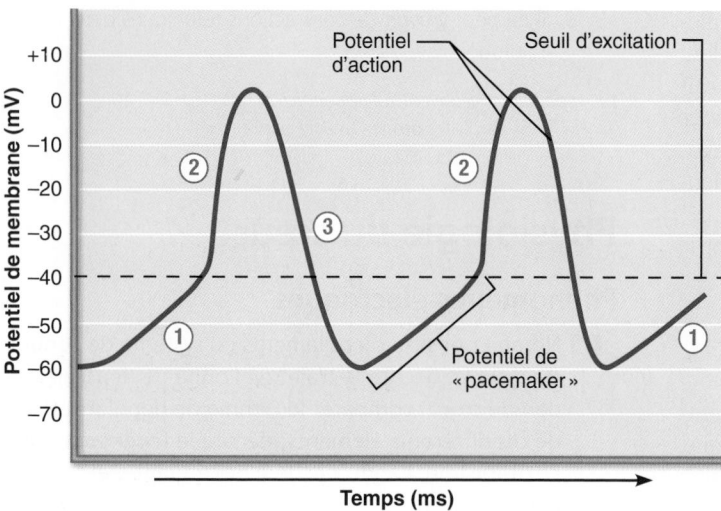

① **Potentiel de «pacemaker».** Cette lente dépolarisation est causée par l'ouverture des canaux à Na^+ et par la fermeture des canaux à K^+. Remarquez que le potentiel de membrane n'est jamais représenté par une ligne horizontale.

② **Dépolarisation.** Le potentiel d'action prend naissance quand le potentiel de «pacemaker» atteint un seuil d'excitation. La dépolarisation est causée par l'entrée de Ca^{2+} par les canaux ioniques.

③ La **repolarisation** résulte de l'inactivation des canaux à Ca^{2+} et de l'ouverture des canaux à K^+, ce qui permet l'entrée de K^+ et le retour du potentiel de membrane à son voltage le plus négatif.

Figure 18.13 **Potentiel de «pacemaker» et potentiel d'action des cellules cardionectrices.**

Le potentiel de «pacemaker» est attribuable aux propriétés particulières des canaux ioniques du sarcolemme. Dans ces cellules, l'hyperpolarisation qui se produit à la fin d'un potentiel d'action entraîne la fermeture des canaux à K^+ et l'ouverture des canaux lents à Na^+. L'entrée de Na^+ perturbe l'équilibre entre la perte de K^+ et l'afflux de Na^+, et l'intérieur de la membrane devient de moins en moins négatif (plus positif, comme à la figure 18.13, ①). Lorsque le seuil d'excitation (environ –40 mV) est atteint, les **canaux à Ca^{2+}** s'ouvrent et permettent l'entrée massive du Ca^{2+}. Dans les cellules cardionectrices, c'est la diffusion du Ca^{2+} (plutôt que celle du Na^+) vers le sarcoplasme qui est donc à l'origine de l'inversion du potentiel de membrane et de la phase ascendante du potentiel d'action (figure 18.13, ②).

Comme dans d'autres cellules excitables, la phase descendante du potentiel d'action et la repolarisation traduisent l'ouverture des canaux à K^+ et la diffusion d'ions K^+ vers le liquide interstitiel (figure 18.13, ③). Lorsque la repolarisation est complète, les canaux à K^+ se ferment, ce qui réduit la sortie de K^+ et ramène la membrane sarcoplasmique à son potentiel de repos avant que ne débute une autre dépolarisation lente.

Déroulement de l'excitation Les cellules cardionectrices sont situées dans les régions suivantes **(figure 18.14)**: (1) le nœud sinusal; (2) le nœud auriculoventriculaire; (3) le faisceau auriculoventriculaire; (4) les branches droite et gauche du faisceau auriculoventriculaire; et (5) les myofibres de conduction cardiaque des parois ventriculaires. Les influx parcourent le cœur dans l'ordre de cette énumération et suivent le trajet indiqué en jaune à la figure 18.14a.

① **Nœud sinusal.** Le **nœud sinusal** (ou *sinuatrial* ou *de Keith-Flack*) se trouve dans la paroi de l'oreillette droite, au-dessous de l'entrée de la veine cave supérieure. En tant que **centre rythmogène**, ou «pacemaker», ce minuscule amas de cellules en forme de croissant accomplit une

tâche herculéenne. Typiquement, le nœud sinusal se dépolarise spontanément environ 75 fois par minute. (Sa fréquence intrinsèque de dépolarisation, en l'absence de facteurs hormonaux et d'influx nerveux inhibiteurs, est d'environ 100 fois par minute.) Comme cette fréquence de dépolarisation dépasse celle des autres éléments du système de conduction du cœur, le nœud sinusal marque la cadence de toutes les cellules contractiles cardiaques. Le rythme caractéristique du nœud sinusal, le **rythme sinusal**, détermine donc la fréquence cardiaque.

② **Nœud auriculoventriculaire.** Du nœud sinusal, l'onde de dépolarisation (potentiel d'action) se propage dans les oreillettes par les jonctions ouvertes des cellules contractiles. Elle emprunte ensuite les *tractus internodaux* qui relient le nœud sinusal au **nœud auriculoventriculaire** (ou *atrioventriculaire* ou *d'Aschoff-Tawara*) situé dans la partie inférieure du septum interauriculaire, juste au-dessus de la valve auriculoventriculaire droite (ce trajet prend 0,04 s). Au nœud auriculoventriculaire, l'influx est retardé pendant environ 0,1 s, ce qui permet aux oreillettes de réagir et d'achever leur contraction avant que les ventricules amorcent la leur. Ce retard est lié au fait que, à cet endroit, les fibres ont un petit diamètre et un moins grand nombre de jonctions ouvertes pour laisser passer le courant. En conséquence, le nœud auriculoventriculaire achemine le potentiel d'action plus lentement que ne le font les autres éléments du système de conduction, tout comme la circulation ralentit lorsqu'une autoroute passe de quatre voies à deux voies. Ensuite, l'influx parcourt rapidement le reste du système de conduction.

③ **Faisceau auriculoventriculaire.** Du nœud auriculoventriculaire, l'influx rejoint le **faisceau auriculoventriculaire** ou *atrioventriculaire* – aussi appelé **faisceau de His** –, situé en haut du septum interventriculaire. Bien qu'ils soient adjacents, les oreillettes et les ventricules *ne* sont *pas* reliés par

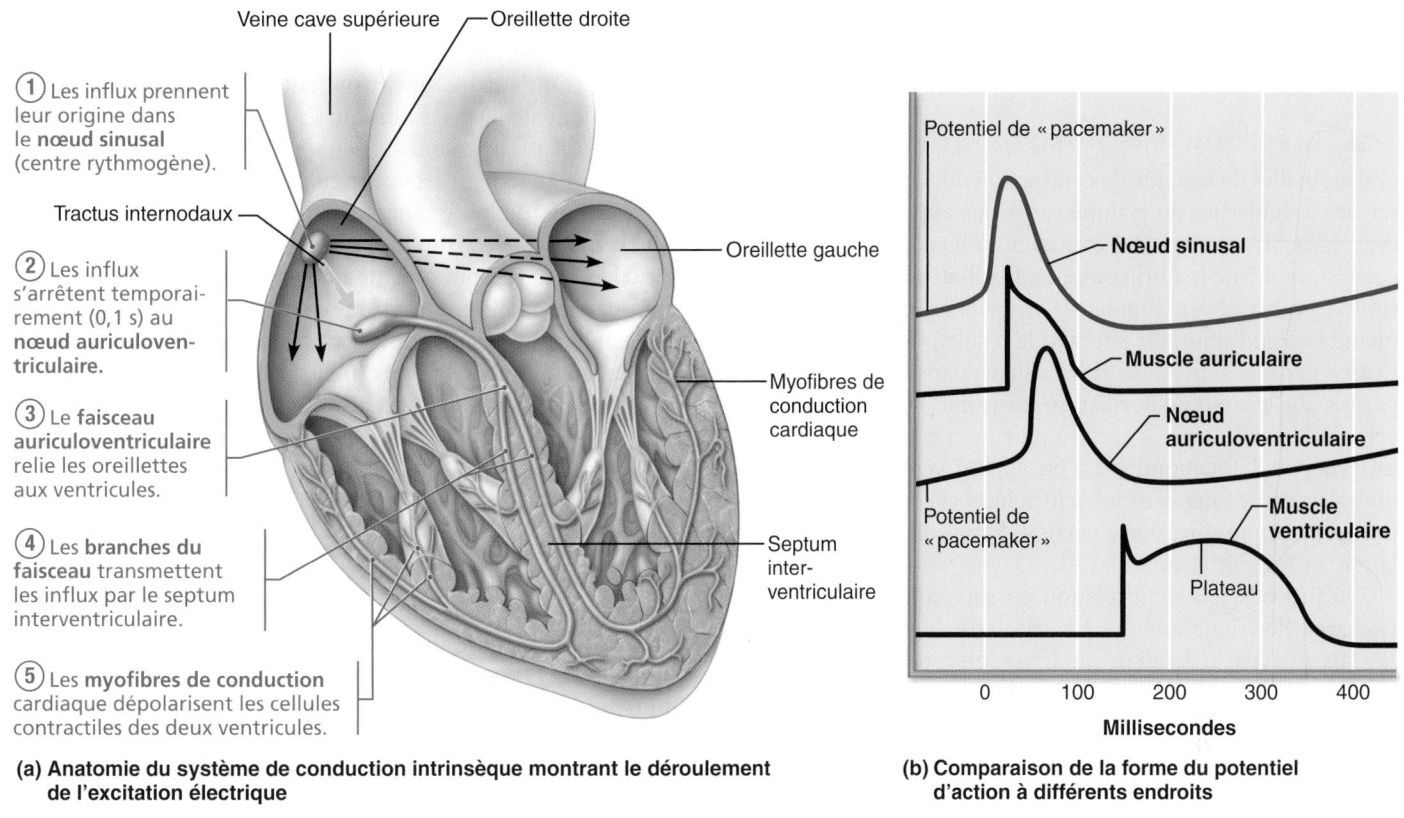

(a) **Anatomie du système de conduction intrinsèque montrant le déroulement de l'excitation électrique**

(b) **Comparaison de la forme du potentiel d'action à différents endroits**

Figure 18.14   Système de conduction du cœur et succession des potentiels d'action pendant un battement.

---

des jonctions ouvertes. Le faisceau auriculoventriculaire est le *seul* lien électrique qui les unit. Quant au reste de la jonction auriculoventriculaire, il est isolé par le squelette fibreux non conducteur du cœur.

④ **Branches droite et gauche du faisceau auriculoventriculaire.** Le faisceau auriculoventriculaire se divise rapidement en deux voies distinctes, les **branches droite** et **gauche du faisceau auriculoventriculaire**. Celles-ci parcourent le septum interventriculaire jusqu'à l'apex du cœur.

⑤ **Myofibres de conduction cardiaque.** Les **myofibres de conduction cardiaque**, ou *rameaux subendocardiques* ou **fibres de Purkinje**, qui sont essentiellement de longs chapelets de cellules ventrues contenant peu de myofibrilles, terminent le trajet à travers le septum interventriculaire, pénètrent dans l'apex du cœur puis remontent dans les parois des ventricules. Les branches du faisceau auriculoventriculaire assurent l'excitation des cellules du septum, mais l'essentiel de la dépolarisation ventriculaire relève des grosses myofibres de conduction cardiaque et, en fin de compte, de la transmission de l'influx d'une cellule musculaire à l'autre par le truchement des jonctions ouvertes. Parce que le ventricule gauche est beaucoup plus volumineux que le droit, le réseau des myofibres de conduction cardiaque est plus élaboré dans cette partie du myocarde.

De la production de l'influx par le nœud sinusal à la dépolarisation des dernières cellules musculaires des ventricules,

il s'écoule approximativement 0,22 s (220 ms) dans un cœur humain sain.

La contraction ventriculaire suit presque immédiatement l'onde de dépolarisation ventriculaire. Elle naît à l'apex du cœur et se propage en direction des oreillettes, suivant la direction de l'onde d'excitation dans les parois des ventricules. Elle engendre l'ouverture des valves de l'aorte et du tronc pulmonaire et éjecte *vers le haut* un certain volume de sang dans ces vaisseaux.

La fréquence de dépolarisation spontanée des cellules cardionectrices n'est pas la même dans toutes les parties du cœur. Le nœud sinusal impose normalement au cœur une cadence de 75 battements par minute. Sans l'influx produit par le nœud sinusal, le nœud auriculoventriculaire ne se dépolarise qu'environ 50 fois par minute. De la même manière, le faisceau auriculoventriculaire et les myofibres de conduction cardiaque, en dépit de leur conduction très rapide, se dépolarisent 30 fois par minute seulement, sans l'influx généré par le nœud auriculoventriculaire. Notez que ces autres centres rythmogènes ne peuvent prendre le dessus qu'en cas de défaillance des centres plus rapides qu'eux.

Le système cardionecteur coordonne et synchronise l'activité cardiaque. Sans lui, l'influx se propagerait beaucoup plus lentement dans le myocarde, soit à la vitesse de 0,3 à 0,5 m/s, comparativement aux quelques mètres par seconde qu'il parcourt dans la plupart des éléments du système cardionecteur.

18

Certaines fibres musculaires se contracteraient alors bien avant d'autres, ce qui nuirait à l'action de pompage.

DÉSÉQUILIBRE HOMÉOSTATIQUE

Les anomalies du système de conduction du cœur peuvent causer des irrégularités du rythme cardiaque appelées **arythmies**, des désynchronisations des contractions auriculaires et ventriculaires, et même la fibrillation. La **fibrillation** est une succession de contractions rapides et irrégulières qui surviennent quand le nœud sinusal se fait ravir la régulation du rythme cardiaque par une activité débridée ailleurs dans le cœur. (On dit parfois que le cœur en fibrillation ressemble à un sac rempli de vers frétillants.) Dans ce cas, le cœur ne travaille plus comme un syncytium fonctionnel. La fibrillation ventriculaire brasse littéralement le sang dans les ventricules; elle abolit l'action de pompage et entraîne, si elle persiste, l'arrêt de la circulation et la mort cérébrale (figure 18.18d).

On procède à la défibrillation en exposant le cœur à une décharge électrique intense qui dépolarise le myocarde entier. En faisant repartir le cœur «à zéro», on espère que le nœud sinusal retrouvera son fonctionnement normal et que le rythme sinusal se rétablira de lui-même. L'accès à des défibrillateurs portables dans divers lieux publics a permis d'augmenter de 10% le taux de survie des victimes d'arrêt cardiaque. Il existe également des défibrillateurs implantables, de la taille d'une carte de crédit, qui enregistrent continuellement le rythme cardiaque et ralentissent le cœur s'il s'emballe ou lui donnent une décharge électrique s'il est en fibrillation. À l'heure actuelle dans le monde, près de 500 000 personnes bénéficient de ce dispositif. Par ailleurs, il semble que les décharges provenant des pistolets à impulsions électriques tels que le Taser comportent des dangers pour la santé, notamment des risques cardiaques graves.

L'automatisme cardiaque peut présenter diverses anomalies. Ainsi, on parle de **foyer ectopique** («hors de sa place») lorsque l'excitation prend sa source ailleurs que dans le nœud sinusal, et notamment dans le nœud auriculoventriculaire. La cadence établie par le nœud auriculoventriculaire, appelée **rythme jonctionnel** ou **rythme nodal**, de 40 à 60 battements par minute, est plus lente que le rythme sinusal, mais elle suffit quand même à assurer la circulation (figure 18.18b).

Il arrive aussi que des foyers ectopiques apparaissent dans un système cardionecteur normal. Une petite région du cœur devient hyperexcitable, à la suite parfois de l'absorption d'un excès de caféine (plusieurs tasses de café) ou de nicotine (plusieurs cigarettes). Elle se met alors à engendrer des influx plus rapidement que ne le fait le nœud sinusal. Une *contraction prématurée*, ou **extrasystole**, survient avant que le nœud sinusal déclenche la prochaine contraction. Alors, parce que le cœur a plus de temps pour se remplir, la contraction suivante (normale) produit un battement plus lourd qui semble résonner dans la poitrine. Comme on le devine, les extrasystoles *ventriculaires* sont les plus inquiétantes.

Étant donné que l'influx ne peut se transmettre des oreillettes aux ventricules que par l'intermédiaire du nœud auriculoventriculaire, toute lésion de ce nœud, appelée **bloc cardiaque**, peut empêcher les ventricules de recevoir l'onde de dépolarisation

sinusale. Dans le bloc auriculoventriculaire complet, ou bloc du troisième degré, aucun influx ne passe et les ventricules battent à leur rythme intrinsèque, trop lent pour assurer une circulation adéquate. Dans le bloc auriculoventriculaire incomplet, ou bloc du premier ou du deuxième degré, certains influx seulement atteignent les ventricules (figure 18.18c). Dans les deux cas, on implante généralement un stimulateur cardiaque («pacemaker» électronique) qui recouple les oreillettes et les ventricules au besoin à l'aide de sondes. Ces dispositifs programmables accélèrent le rythme en réponse à un accroissement de l'activité physique, comme un cœur normal le ferait. Certains permettent même de transmettre par téléphone au médecin des renseignements diagnostiques sur le patient. ∎

Modification du rythme de base: innervation extrinsèque du cœur

Bien que le rythme cardiaque de base soit régi par le système de conduction intrinsèque, les neurofibres du système nerveux autonome modifient cette cadence quasi militaire en faisant varier subtilement les battements. Le système nerveux sympathique (l'«accélérateur») augmente à la fois le rythme et la force du battement cardiaque. Le système nerveux parasympathique (le «frein») le ralentit. Nous reviendrons plus loin sur ces mécanismes de régulation; nous nous contentons ici de décrire l'innervation du cœur.

Les centres cardiaques sont situés dans le bulbe rachidien. Le **centre cardioaccélérateur** projette des prolongements jusqu'aux neurones sympathiques du segment T_1 à T_5 de la moelle épinière. À leur tour, ces neurones préganglionnaires font synapse avec des neurones ganglionnaires situés dans les ganglions cervicaux et thoraciques supérieurs des troncs sympathiques (figure 18.15). De là, les neurofibres postganglionnaires traversent le plexus cardiaque et atteignent le cœur, où elles innervent les nœuds sinusal et auriculoventriculaire, le muscle cardiaque et les artères coronaires.

Les neurofibres du **centre cardio-inhibiteur** transmettent des influx au noyau dorsal du nerf vague (parasympathique) situé dans le bulbe rachidien qui, à son tour, transmet des influx inhibiteurs au cœur par l'intermédiaire du nerf vague. La plupart des neurones moteurs ganglionnaires parasympathiques sont logés dans des ganglions de la paroi du cœur, et leurs neurofibres sont surtout dirigées vers les nœuds sinusal et auriculoventriculaire.

Électrocardiographie

Les courants électriques engendrés et acheminés dans le cœur se propagent facilement dans les liquides (eau et ions) de l'organisme, et on peut les détecter au moyen d'un instrument appelé **électrocardiographe**. Le tracé de l'activité cardiaque obtenu est appelé **électrocardiogramme** (**ECG**) (*gramma:* écriture). L'ECG est un enregistrement de tous les potentiels d'action produits par les cellules des nœuds et les cellules contractiles à un moment donné (figure 18.16) et *non*, comme on l'imagine parfois, le tracé d'un potentiel d'action isolé.

On place d'abord des électrodes à divers endroits sur le corps du patient. Habituellement, en clinique, on utilise 12 dérivations

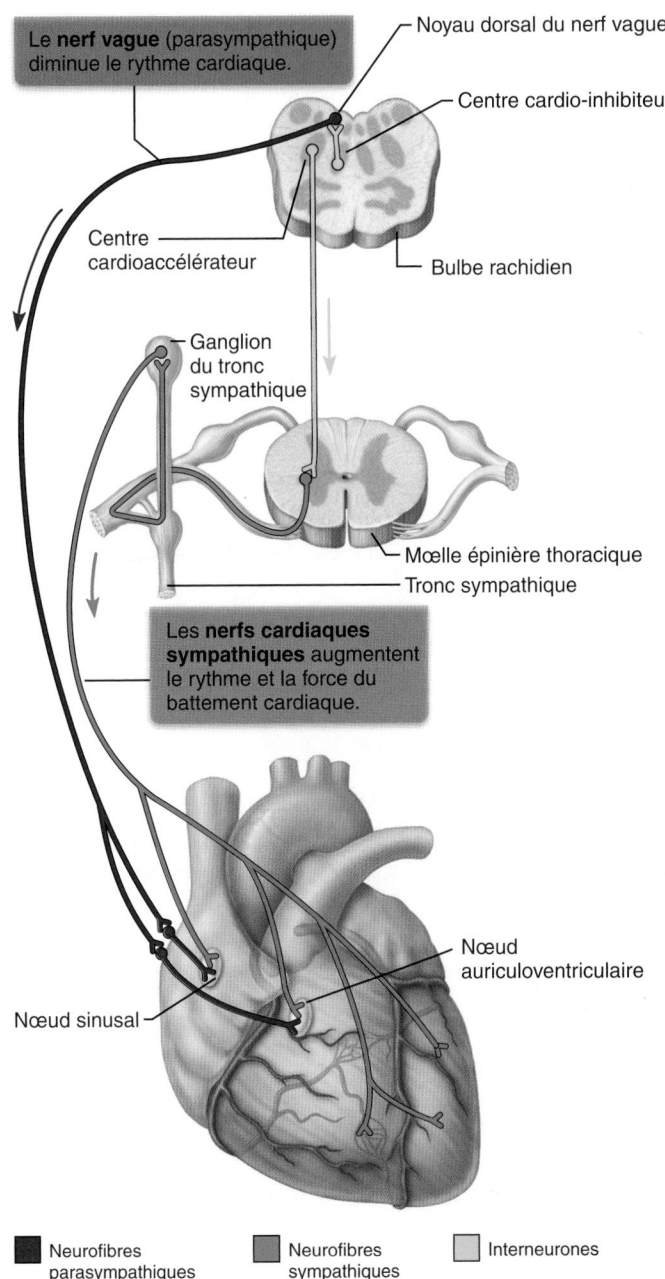

Figure 18.15 **Innervation autonome du cœur.**

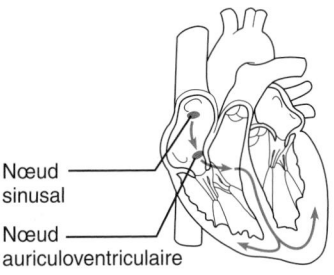

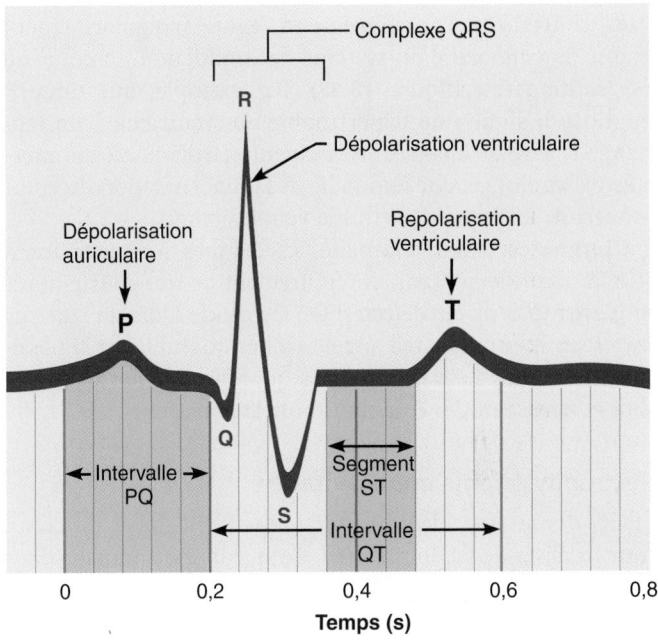

Figure 18.16 **Électrocardiogramme normal (dérivation I).**
Les cinq ondes et les intervalles importants sont indiqués.

pour enregistrer l'ECG, dont 3 sont bipolaires et mesurent la différence de voltage entre les bras ou entre un bras et une jambe ; les 9 autres dérivations sont unipolaires. L'ensemble des dérivations fournit un tableau global de l'activité électrique du cœur.

Un électrocardiogramme typique est composé de cinq **ondes** (figure 18.16). La première, l'**onde P**, est de faible amplitude et dure environ 0,08 s ; elle résulte de la dépolarisation des oreillettes engendrée par le nœud sinusal. Environ 0,1 s après le début de l'onde P, les oreillettes se contractent.

Le **complexe QRS** est constitué des ondes Q, R et S. Il est lié à la dépolarisation ventriculaire et précède la contraction des ventricules. Sa forme est compliquée parce que le parcours des ondes de dépolarisation qui se propagent dans les parois des ventricules change continuellement, produisant ainsi des modifications correspondantes de la direction du courant. De plus, la taille inégale des ventricules influe sur le temps que chacun met à se dépolariser. Le complexe QRS a une durée moyenne de 0,08 s.

L'**onde T** est causée par la repolarisation ventriculaire et elle dure généralement 0,16 s. Comme la repolarisation est plus lente que la dépolarisation, l'onde T est plus longue que le complexe QRS et son amplitude (sa hauteur) est plus faible. Parce que la repolarisation auriculaire survient pendant la période de dépolarisation ventriculaire, son déroulement et l'onde qu'elle produit sont généralement masqués par l'enregistrement simultané du grand complexe QRS.

L'**intervalle PQ** représente le temps qui s'écoule (environ 0,16 s) entre le début de la dépolarisation auriculaire et celui de la dépolarisation ventriculaire. Parfois appelé **intervalle PR** parce que l'onde Q est souvent très petite, il couvre la dépolarisation et la contraction des oreillettes ainsi que le passage de l'onde de dépolarisation dans le reste du système de conduction du cœur.

18

Durant le segment **ST** de l'ECG, lorsque le potentiel d'action des myocytes ventriculaires a atteint son plateau, l'ensemble du myocarde ventriculaire est dépolarisé. L'**intervalle QT**, d'une durée d'environ 0,38 s, est la période qui s'étend entre le début de la dépolarisation des ventricules et leur repolarisation. La **figure 18.17** montre les correspondances entre les parties de l'électrocardiogramme et le déroulement de la dépolarisation et de la repolarisation dans le cœur.

Dans un cœur sain, la durée et la succession des ondes sont assez constantes. Par conséquent, toute irrégularité peut révéler une anomalie du système de conduction du cœur ou une cardiopathie **(figure 18.18)**. Par exemple, une onde R amplifiée indique une hypertrophie des ventricules, un segment ST élevé ou abaissé, une ischémie cardiaque et un intervalle QT prolongé, une anomalie de la repolarisation du cœur qui accroît le risque d'arythmie ventriculaire.

Comme certaines anomalies cardiaques ne surviennent qu'occasionnellement, un enregistrement de très courte durée ne permet pas de les détecter. On demande alors au sujet de porter sur lui un appareil appelé Holter qui lui laisse la possibilité de vaquer à ses occupations quotidiennes normales ; on obtient ainsi un ECG couvrant toute la journée.

Électrophysiologie endocavitaire

L'ECG donne une idée du fonctionnement global du cœur. Pour localiser de façon précise la source d'une anomalie dans la conduction électrique cardiaque, on a recours depuis une dizaine d'années à l'exploration électrophysiologique endocavitaire. Ce procédé consiste à introduire des sondes, par une veine ou une artère, à l'intérieur des cavités du cœur. Ces sondes sont reliées à un appareil qui enregistre l'activité électrique du cœur.

VÉRIFIONS NOS ACQUIS

10. Quelle partie du système de conduction intrinsèque excite directement les cellules myocardiques des ventricules ? Dans quelle direction l'onde de dépolarisation se déplace-t-elle dans les ventricules ?
11. Décrivez les événements électriques qui se produisent dans le cœur pendant : (a) l'onde QRS ; (b) l'onde T ; (c) l'intervalle PQ.

Les réponses se trouvent à l'appendice G.

Bruits du cœur

13 Décrire les bruits normaux du cœur, expliquer leur origine et dire ce qui les distingue des souffles cardiaques.

Lors de chaque battement du cœur, l'auscultation du thorax au stéthoscope révèle deux bruits. Souvent évoqués par l'onomatopée « toc-tac », les **bruits du cœur** sont émis par la fermeture des valves cardiaques. (Le haut de la figure 18.20 montre leur succession dans la révolution cardiaque.)

Le rythme fondamental des bruits du cœur est toc-tac, pause, toc-tac, pause, et ainsi de suite. La pause correspond à la période

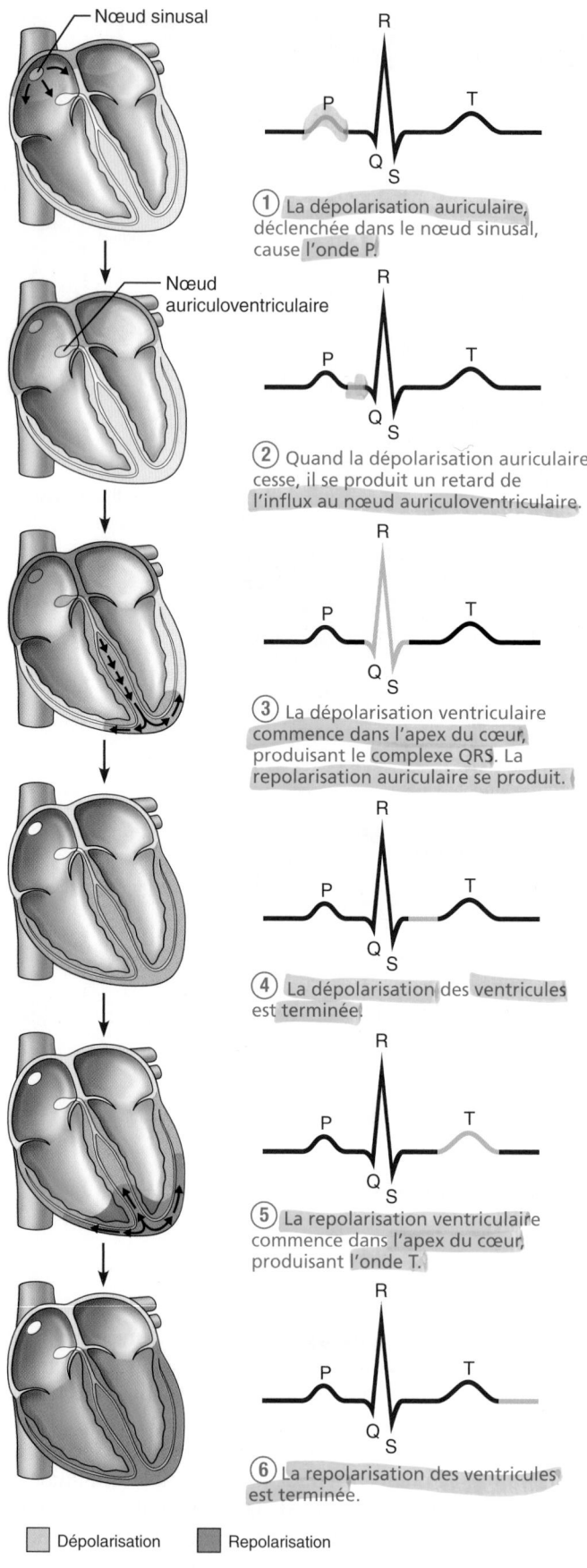

— Nœud sinusal

① La dépolarisation auriculaire, déclenchée dans le nœud sinusal, cause l'onde P.

— Nœud auriculoventriculaire

② Quand la dépolarisation auriculaire cesse, il se produit un retard de l'influx au nœud auriculoventriculaire.

③ La dépolarisation ventriculaire commence dans l'apex du cœur, produisant le complexe QRS. La repolarisation auriculaire se produit.

④ La dépolarisation des ventricules est terminée.

⑤ La repolarisation ventriculaire commence dans l'apex du cœur, produisant l'onde T.

⑥ La repolarisation des ventricules est terminée.

☐ Dépolarisation   ☐ Repolarisation

Figure 18.17 Correspondances entre les étapes de la dépolarisation et de la repolarisation du cœur et les ondes de l'électrocardiogramme.

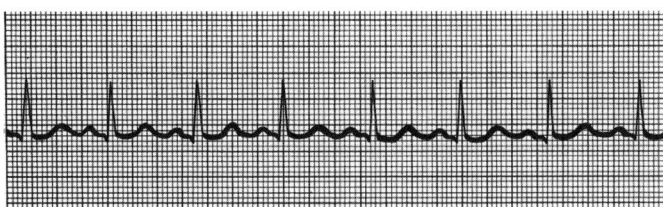

(a) Rythme sinusal normal

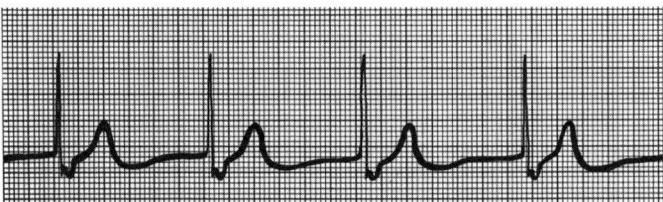

(b) Rythme jonctionnel. Le nœud sinusal ne fonctionne pas, les ondes P sont absentes et le nœud auriculoventriculaire fixe la fréquence cardiaque entre 40 et 60 battements par minute.

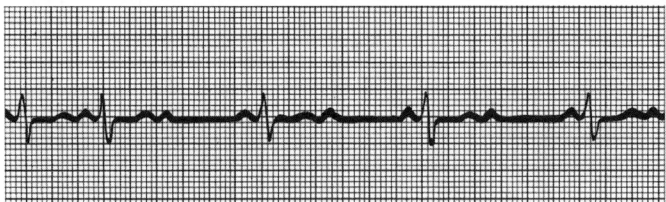

(c) Bloc auriculoventriculaire du deuxième degré. Les ondes P ne sont pas toutes conduites dans le nœud auriculoventriculaire ; par conséquent, on enregistre plus d'ondes P que de complexes QRS. Dans ce tracé, le rapport entre les ondes P et les complexes QRS est pratiquement de 2 à 1.

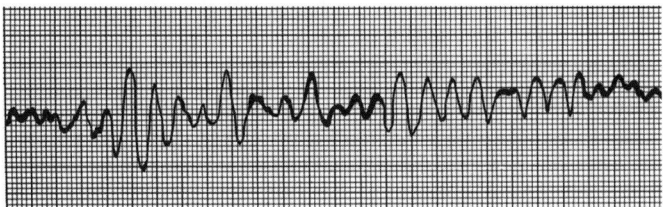

(d) Fibrillation ventriculaire. La dépolarisation des fibres musculaires est anarchique, les ondes sont très irrégulières. On obtient un tel tracé dans les cas de crise cardiaque aiguë et de décharge électrique.

Figure 18.18 **Électrocardiogrammes. Tracé normal et tracés anormaux.**

pendant laquelle le cœur se relâche. Le premier bruit est fort, long et résonant ; associé à la fermeture des valves auriculoventriculaires, il indique le moment où la pression ventriculaire dépasse la pression auriculaire (et le début de la systole ventriculaire, décrite plus loin). Le second bruit est bref et sec ; il traduit la fermeture soudaine des valves de l'aorte et du tronc pulmonaire, au début du relâchement des ventricules (la diastole ventriculaire).

Comme la valve auriculoventriculaire gauche se ferme avant la valve auriculoventriculaire droite et que la fermeture de la valve de l'aorte précède généralement celle de la valve du tronc pulmonaire, il est possible de distinguer le bruit de chaque valve

en auscultant quatre points précis du thorax **(figure 18.19)**. Bien que ces points ne soient pas situés directement au-dessus des valves (parce que les sons arrivent à la paroi thoracique par un chemin oblique), ils définissent tout de même les quatre coins du cœur normal. Pour dépister une hypertrophie (agrandissement souvent pathologique) du cœur, il est essentiel de connaître la situation et les dimensions normales de cet organe.

DÉSÉQUILIBRE HOMÉOSTATIQUE

Les bruits anormaux du cœur sont appelés **souffles**. Le sang circule silencieusement tant que son écoulement est continu. Mais s'il rencontre des obstacles, son écoulement devient turbulent et produit des souffles audibles au stéthoscope. Beaucoup de jeunes enfants (et de personnes âgées) au cœur parfaitement sain présentent des *souffles fonctionnels* ; on pense que ces souffles sont dus aux vibrations que le passage du sang imprime aux parois plus minces de leur cœur.

La plupart du temps, néanmoins, les souffles signalent des troubles des valves cardiaques. Quand une valve ne se ferme pas complètement, le reflux, ou régurgitation, du sang produit un sifflement *après* la fermeture (incomplète) de la valve atteinte. Ce trouble est appelé *insuffisance valvulaire*. Quand une valve ne s'ouvre pas complètement, son ouverture rétrécie (*sténose*) rend le passage du sang plus difficile ; on parle alors de *rétrécissement valvulaire*. Une valve sténosée de l'aorte, par exemple, crée un son aigu ou clic que l'on peut détecter au moment où la valve devrait être grande ouverte, soit pendant la systole ventriculaire. ■

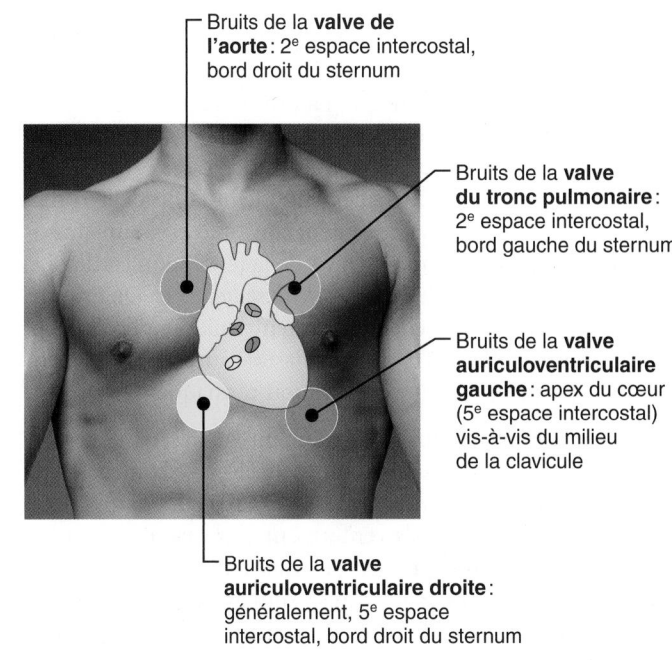

Bruits de la **valve de l'aorte** : 2e espace intercostal, bord droit du sternum

Bruits de la **valve du tronc pulmonaire** : 2e espace intercostal, bord gauche du sternum

Bruits de la **valve auriculoventriculaire gauche** : apex du cœur (5e espace intercostal) vis-à-vis du milieu de la clavicule

Bruits de la **valve auriculoventriculaire droite** : généralement, 5e espace intercostal, bord droit du sternum

Figure 18.19 **Points de la surface du thorax où l'on peut entendre les bruits du cœur.**

18

Phénomènes mécaniques : la révolution cardiaque

14 Définir la révolution cardiaque et décrire les différents phénomènes qui l'accompagnent à chaque étape.

Le cœur est sans cesse animé de mouvements vigoureux : le tissu musculaire formant la paroi des oreillettes et des ventricules se contracte pour éjecter le sang, puis il se relâche pour que ces cavités se remplissent. Les termes **systole** et **diastole** désignent respectivement ces phases successives de *contraction* et de *relâchement* (*sustolê* : contraction ; *diastolê* : dilatation). La systole et la diastole auriculaires suivies de la systole et de la diastole ventriculaires correspondent à la **révolution cardiaque**. Ces phénomènes mécaniques *suivent* toujours les phénomènes électriques de l'électrocardiogramme.

La révolution cardiaque est marquée par des variations successives de la pression et du volume sanguins à l'intérieur du cœur. Comme le sang circule sans interruption, il nous faut, pour expliquer son trajet dans le cœur, choisir arbitrairement un point de départ. Admettons donc qu'il se situe entre la mésodiastole (milieu de la diastole) et la télédiastole (fin de la diastole). Le cœur est complètement décontracté ; les oreillettes et les ventricules sont au repos. La **figure 18.20** montre ce qui se passe à partir de ce moment dans le côté gauche du cœur.

① **Remplissage ventriculaire : de la mésodiastole à la télédiastole.** La pression est basse à l'intérieur des cavités cardiaques et le sang provenant de la circulation s'écoule passivement dans les oreillettes et, par les valves auriculoventriculaires ouvertes, dans les ventricules. Les valves de l'aorte et du tronc pulmonaire sont fermées. Les ventricules se remplissent à environ 80 % pendant cette période, et les cuspides des valves auriculoventriculaires commencent à monter vers la position fermée. Tout est alors prêt pour la systole auriculaire. Suivant la dépolarisation des parois auriculaires (onde P de l'ECG), les oreillettes se contractent (la droite très légèrement avant la gauche) et compriment le sang qu'elles contiennent. La pression auriculaire s'élève faiblement mais soudainement, et le sang résiduel (les 20 % manquants) est éjecté dans les ventricules.

À ce stade, les ventricules ont atteint la fin de leur diastole et le sang qu'ils renferment constitue le volume maximal qu'ils retiendront au cours de la révolution cardiaque. Ce volume est appelé *volume télédiastolique* (*VTD*). Ensuite, les oreillettes se relâchent et les ventricules se dépolarisent (complexe QRS de l'ECG). La diastole auriculaire se maintient jusqu'à la fin de la révolution cardiaque.

② **Systole ventriculaire.** Au moment où les oreillettes se relâchent, les ventricules commencent à se contracter (le gauche très légèrement avant le droit). Leurs parois compriment le sang qu'ils renferment, et la pression ventriculaire s'élève abruptement, forçant ainsi la fermeture des valves auriculoventriculaires. Pendant une fraction de seconde, toutes les issues des ventricules sont fermées, et le volume du sang y reste constant pendant la contraction des ventricules ; c'est la **phase de contraction isovolumétrique**.

La pression ventriculaire continue de monter et elle finit par dépasser la pression qui règne dans les grosses artères émergeant des ventricules. La phase de contraction isovolumétrique se termine quand les valves de l'aorte et du tronc pulmonaire s'ouvrent, expulsant ainsi le sang dans l'aorte et le tronc pulmonaire. Pendant cette **phase d'éjection ventriculaire**, la pression atteint normalement 120 mm Hg dans l'aorte.

③ **Relaxation isovolumétrique : protodiastole.** Durant la protodiastole (début de la diastole), la courte phase suivant l'onde T, les ventricules se relâchent. Comme le sang qui y est demeuré, constituant maintenant le *volume télésystolique* (*VTS*), n'est plus comprimé, la pression ventriculaire chute, et le sang contenu dans l'aorte et dans le tronc pulmonaire reflue vers les ventricules, fermant ainsi les valves de l'aorte et du tronc pulmonaire. La fermeture de la valve de l'aorte cause une brève élévation de la pression aortique puisque le sang refluant rebondit contre les cuspides de la valve ; ce phénomène commence avec ce qu'on appelle l'**incisure catacrote**, illustrée dans le haut de la figure 18.20. Une fois de plus, les ventricules sont entièrement clos.

Pendant toute la systole ventriculaire, les oreillettes sont en diastole. Elles se remplissent de sang et la pression s'y élève. Lorsque la pression exercée sur la face auriculaire des valves auriculoventriculaires dépasse celle qui règne dans les ventricules, les valves auriculoventriculaires s'ouvrent et le remplissage ventriculaire, la phase 1, recommence. La pression auriculaire atteint son point le plus bas et la pression ventriculaire commence à s'élever, ce qui complète la révolution.

En supposant que le cœur bat 75 fois par minute, la durée de la révolution cardiaque est d'environ 0,8 s, soit 0,1 s pour la systole auriculaire, 0,3 s pour la systole ventriculaire et 0,4 s pour la période de relâchement complète, ou **phase de quiescence**.

Deux points importants sont à retenir : (1) la circulation du sang dans le cœur est entièrement régie par des variations de pression ; et (2) le sang suit un gradient de pression, c'est-à-dire qu'il s'écoule toujours des régions de haute pression vers les régions de basse pression, empruntant pour ce faire n'importe quelle ouverture disponible. D'autre part, les variations de pression résultent de l'alternance des contractions et des relâchements du myocarde ; elles provoquent l'ouverture des valves cardiaques, qui orientent la circulation du sang.

Le côté droit du cœur se trouve dans la même situation que le côté gauche, *sauf* en ce qui a trait à la pression. La circulation pulmonaire s'effectue à basse pression, comme en témoigne la faible épaisseur du myocarde dans le ventricule droit. Ainsi, les pressions systolique et diastolique dans l'artère pulmonaire sont normalement de 24 et de 8 mm Hg respectivement par comparaison avec les valeurs systémiques de 120 et de 80 mm Hg qu'on observe dans l'aorte. Néanmoins, les deux côtés du cœur expulsent le même volume de sang à chaque battement.

VÉRIFIONS NOS ACQUIS

12. À quelle valve est associé le second bruit du cœur ?

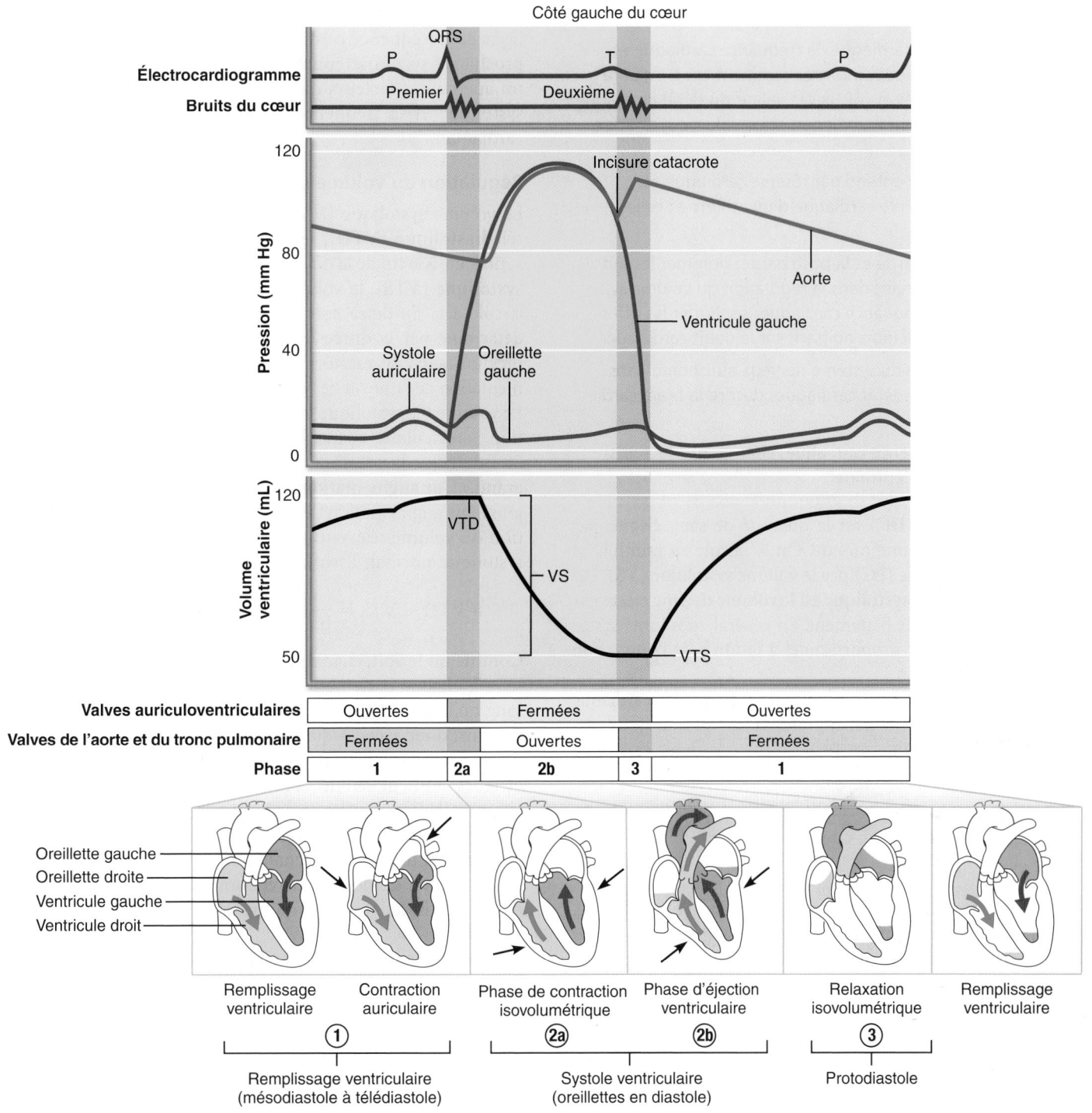

Figure 18.20 Révolution cardiaque. Électrocardiogramme (en haut) mis en corrélation avec le graphique des variations de pression et celui de la variation de volume (au centre) dans le côté gauche du cœur. Les pressions sont moins élevées dans le côté droit du cœur. Les bruits du cœur sont aussi indiqués en fonction du temps. (En bas) Schémas du cœur montrant les phases 1 à 3 de la révolution cardiaque.

13. En cas d'insuffisance de la valve auriculoventriculaire gauche, doit-on s'attendre à entendre le murmure du passage du sang par la valve qui devrait être fermée pendant la systole ou la diastole ventriculaire ?

14. Nommez les deux périodes au cours desquelles les quatre valves sont fermées pendant la révolution cardiaque.

Les réponses se trouvent à l'appendice G.

Débit cardiaque

15 Définir le débit cardiaque, la fréquence cardiaque et le volume systolique; montrer comment ces trois paramètres sont reliés et calculer la valeur du débit cardiaque pour une fréquence cardiaque et un volume systolique donnés.

16 Définir ce qu'on entend par réserve cardiaque et comparer la réserve cardiaque d'un athlète et celle d'un sédentaire.

17 Définir la précharge et la postcharge; nommer les autres facteurs intervenant dans la régulation du volume systolique et de la fréquence cardiaque; expliquer les effets des différents facteurs agissant sur le débit cardiaque.

18 Expliquer le rôle du système nerveux autonome dans la régulation du débit cardiaque; décrire la bradycardie et la tachycardie.

19 Décrire l'insuffisance cardiaque; citer quatre facteurs susceptibles de l'entraîner.

Le **débit cardiaque** (**DC**) est la quantité de sang éjectée par *chaque* ventricule en une minute. On le calcule en multipliant la fréquence cardiaque (FC) par le volume systolique (VS). Par définition, le **volume systolique** est le volume de sang éjecté par un ventricule à chaque battement. En général, le volume systolique est directement proportionnel à la force de contraction des parois ventriculaires.

Étant donné les valeurs normales de la fréquence cardiaque au repos (75 battements par minute) et du volume systolique (70 mL par battement), on peut calculer le débit cardiaque moyen de l'adulte :

$$DC = FC \times VS = \frac{75 \text{ battements}}{\text{min}} \times \frac{70 \text{ mL}}{\text{battement}}$$

$$= \frac{5250 \text{ mL}}{\text{min}} = \frac{5,25 \text{ L}}{\text{min}}$$

Le volume sanguin normal de l'adulte est d'environ 5 L. Comme on peut le voir, la totalité du sang passe dans les deux côtés du cœur en 1 min. (Au cours d'une vie d'une durée moyenne, le cœur pompe donc plus de 400 millions de litres de sang.)

Remarquez que le débit cardiaque est directement proportionnel au volume systolique et à la fréquence cardiaque, c'est-à-dire qu'il s'élève lorsque le volume systolique et/ou la fréquence cardiaque augmentent et baisse lorsque ces paramètres diminuent.

Le débit cardiaque est très variable et peut s'élever considérablement dans des circonstances particulières (par exemple, lorsqu'on court pour attraper son autobus). La différence entre le débit cardiaque au repos et le débit cardiaque à l'effort est appelée **réserve cardiaque**. Chez le commun des mortels, le débit cardiaque maximal est de 4 à 5 fois plus grand que le débit cardiaque au repos (de 20 à 25 L/min); chez les athlètes en compétition, cependant, le débit cardiaque peut atteindre 35 L/min (7 fois plus que le débit au repos).

Comment le cœur parvient-il à produire une telle augmentation du débit cardiaque? Pour comprendre ce qui donne au

cœur une telle capacité, voyons ce qui régit le volume systolique et la fréquence cardiaque. Au cours de votre lecture des prochaines sections, reportez-vous à la figure 18.22 pour avoir un aperçu des facteurs qui ont une incidence sur le volume systolique et la fréquence cardiaque, et donc sur le débit cardiaque.

Régulation du volume systolique

Le volume systolique (VS) est la différence entre le **volume télédiastolique** (**VTD**), le volume de sang présent dans un ventricule à la fin de la diastole ventriculaire, et le **volume télésystolique** (**VTS**), le volume de sang qui reste dans un ventricule à la *fin* de sa contraction. Le volume télédiastolique, déterminé par la durée de la diastole ventriculaire et par la pression veineuse, est normalement de 120 mL environ. (L'augmentation de l'une ou de l'autre *élève* le volume télédiastolique.) Le volume télésystolique, déterminé par la force de la contraction ventriculaire et par la pression artérielle, est d'environ 50 mL. (Plus la pression artérielle est élevée, plus le VTS est grand.) Une augmentation du volume systolique entraîne toujours une augmentation de la pression artérielle et une diminution du volume télésystolique. Ainsi, pour calculer le volume systolique normal, il suffit de résoudre l'équation suivante :

$$VS = VTD - VTS = \frac{120 \text{ mL}}{\text{battement}} - \frac{50 \text{ mL}}{\text{battement}} = \frac{70 \text{ mL}}{\text{battement}}$$

Comme on le voit, chaque ventricule éjecte environ 70 mL de sang à chaque battement, ce qui constitue environ 60 % du sang qu'il contient.

Mais, direz-vous, à quoi veut-on en venir ici? Que faut-il tirer de cette avalanche de sigles? Bien qu'un grand nombre de facteurs influent sur le volume systolique en modifiant le volume télédiastolique ou le volume télésystolique, les trois plus importants sont la *précharge*, la *contractilité* et la *postcharge*. Nous allons décrire maintenant comment la précharge influe sur le volume télédiastolique et comment la contractilité et la postcharge influent sur le volume télésystolique.

Précharge: degré d'étirement du muscle cardiaque Selon la **loi de Starling**, le facteur déterminant du volume systolique est la **précharge ventriculaire**, soit le degré d'étirement que présentent les cellules myocardiques juste avant leur contraction. Rappelez-vous qu'à un étirement *optimal* des fibres musculaires et des sarcomères: (1) le nombre maximal de ponts d'union actifs peut se créer entre l'actine et la myosine; et (2) la force de la contraction est maximale. Il y a dans le muscle cardiaque, comme dans le muscle squelettique, une *relation entre l'étirement des filaments, la tension présentée et la force de contraction*.

Cependant, tandis que les fibres musculaires squelettiques au repos conservent la longueur optimale (ou presque) qui leur permet une tension maximale, les fibres cardiaques au repos ont une longueur *moindre* que leur longueur optimale. Par conséquent, tout étirement des cellules cardiaques augmente formidablement leur force contractile. Le principal facteur de l'étirement du muscle cardiaque est la quantité de sang qui retourne au cœur par les veines et qui distend ses ventricules. Ce facteur est appelé **retour veineux**.

18

Tout ce qui accroît le volume ou la vitesse du retour veineux, notamment la diminution de la fréquence cardiaque ou l'exercice physique, augmente aussi le volume télédiastolique et, par le fait même, la force de la contraction et le volume systolique (figure 18.22). Une fréquence cardiaque basse laisse plus de temps pour le remplissage ventriculaire. L'exercice accélère le retour veineux, car il intensifie l'activité du système nerveux sympathique et provoque une compression des veines par les muscles squelettiques (ce que l'on appelle *pompe musculaire*), ce qui diminue le volume de sang qu'elles contiennent et retourne plus de sang au cœur. Lors d'un exercice intense, l'augmentation du retour veineux peut doubler le volume systolique. Inversement, un faible retour veineux, résultant par exemple d'une hémorragie grave ou de la tachycardie, réduit l'étirement des fibres musculaires. La diminution de la précharge ventriculaire qui s'ensuit atténue la force de contraction des ventricules ainsi que le volume systolique.

Parce que la circulation pulmonaire et la circulation systémique sont «en série», le mécanisme intrinsèque que nous venons de décrire égalise les débits des ventricules et répartit le sang entre les deux circulations. Si un côté du cœur se met soudainement à pomper plus de sang que l'autre, l'augmentation du retour veineux dans le ventricule opposé force celui-ci à pomper un volume égal, par un étirement accru du muscle cardiaque, prévenant ainsi l'immobilisation ou l'accumulation du sang dans la circulation correspondante.

Contractilité   Le volume télédiastolique est le principal *facteur intrinsèque* influant sur le volume systolique, mais des *facteurs extrinsèques* peuvent aussi augmenter la contractilité du myocarde. On définit la **contractilité** comme la force de contraction pour une longueur musculaire donnée. À la figure 18.22, on remarque que la contractilité est *indépendante* de l'étirement musculaire et du volume télédiastolique. Une augmentation de la contractilité est une conséquence directe de la plus grande quantité de Ca^{2+} passant du liquide interstitiel et du réticulum sarcoplasmique dans le sarcoplasme. L'augmentation de la contractilité permet l'éjection d'une plus grande quantité de sang du cœur (et l'accroissement du volume systolique), ce qui abaisse le volume télésystolique.

L'augmentation de la stimulation sympathique provoque un accroissement de la contractilité du cœur. Comme nous l'avons mentionné plus haut, les neurofibres sympathiques innervent non seulement le système cardionecteur intrinsèque, mais aussi l'ensemble du muscle cardiaque. La libération de noradrénaline et d'adrénaline a, entre autres effets, celui de déclencher un système d'activation par second messager, en l'occurrence l'AMP cyclique, qui accroît l'entrée de Ca^{2+} dans le sarcoplasme ; cet afflux favorise la liaison des têtes de myosine à l'actine et intensifie la force de contraction des ventricules (figure 18.21).

Diverses autres substances chimiques influent aussi sur la contractilité. Par exemple, la contractilité augmente en présence d'une grande quantité d'ions Ca^{2+} dans le liquide interstitiel. Elle s'accroît également sous l'effet de certaines hormones, tels le glucagon, la thyroxine et l'adrénaline, et de la digitaline, un médicament. Les facteurs qui augmentent la contractilité sont appelés *agents inotropes positifs* (*inos*: fibre). Les facteurs ou

agents qui inhibent ou diminuent la contractilité sont appelés *agents inotropes négatifs*; ils comprennent l'acidose (excès de H^+), une élévation des taux de K^+ dans le liquide interstitiel et les antagonistes du calcium.

Postcharge: contre-pression exercée par le sang artériel   La **postcharge** est la pression qui s'oppose à celle que produisent les ventricules lorsqu'ils éjectent le sang du cœur. Il s'agit essentiellement de la contre-pression exercé sur les valves de l'aorte et du tronc pulmonaire par le sang artériel, soit environ 80 mm Hg dans l'aorte et 8 mm Hg dans le tronc pulmonaire. Chez les personnes en bonne santé, la postcharge n'influe pas beaucoup sur le volume systolique, car elle est relativement constante. Cependant, dans les cas d'hypertension artérielle, la postcharge revêt une certaine importance, car elle réduit la capacité des ventricules à éjecter du sang. Par conséquent, une plus grande quantité de sang demeure dans le cœur après la systole, ce qui augmente le volume télésystolique et réduit le volume systolique.

Régulation de la fréquence cardiaque

Dans un système cardiovasculaire sain, le volume systolique est relativement constant. Mais si le volume sanguin diminue abruptement ou que le cœur est gravement affaibli, le volume systolique diminue ; la fréquence cardiaque doit s'accélérer et la contractilité augmenter pour pallier cette diminution. Par ailleurs, des facteurs de stress passagers peuvent influer sur la fréquence cardiaque et, partant, sur le débit cardiaque, par le biais de mécanismes nerveux, chimiques et physiques. Un facteur qui augmente la fréquence cardiaque est appelé *facteur chronotrope positif* (*khrônos*: temps) ; s'il diminue la fréquence cardiaque, il est appelé *facteur chronotrope négatif*.

Régulation nerveuse par le système nerveux autonome   Parmi les mécanismes extrinsèques de régulation de la fréquence cardiaque, le système nerveux autonome est le plus important, comme l'indique le côté droit de la **figure 18.22**. Lorsque des facteurs de stress émotionnel ou physique tels que la peur, l'anxiété ou l'exercice activent le système nerveux sympathique, les neurofibres sympathiques libèrent de la noradrénaline à leurs synapses cardiaques. Comme ce neurotransmetteur se lie aux récepteurs adrénergiques β_1, le seuil d'excitation du nœud sinusal diminue ; le nœud sinusal augmente alors la fréquence de ses potentiels d'action et le cœur bat plus vite.

La stimulation sympathique augmente aussi la contractilité et accélère le relâchement du muscle cardiaque en favorisant le déplacement de Ca^{2+} dans les cellules contractiles, ainsi que nous l'avons décrit précédemment et illustré sur la figure 18.21. Le volume télésystolique diminue par suite de cette augmentation de la contractilité ; le volume systolique ne diminue donc pas comme ce serait le cas s'il ne se produisait qu'une augmentation de la *fréquence* cardiaque. (Rappelons que, lorsque le cœur bat plus vite, le remplissage ventriculaire est écourté et le volume télédiastolique diminue.)

Le système nerveux parasympathique a un effet contraire (antagoniste) à celui du système sympathique, et il réduit la fréquence cardiaque une fois passée la situation stressante. Les

18

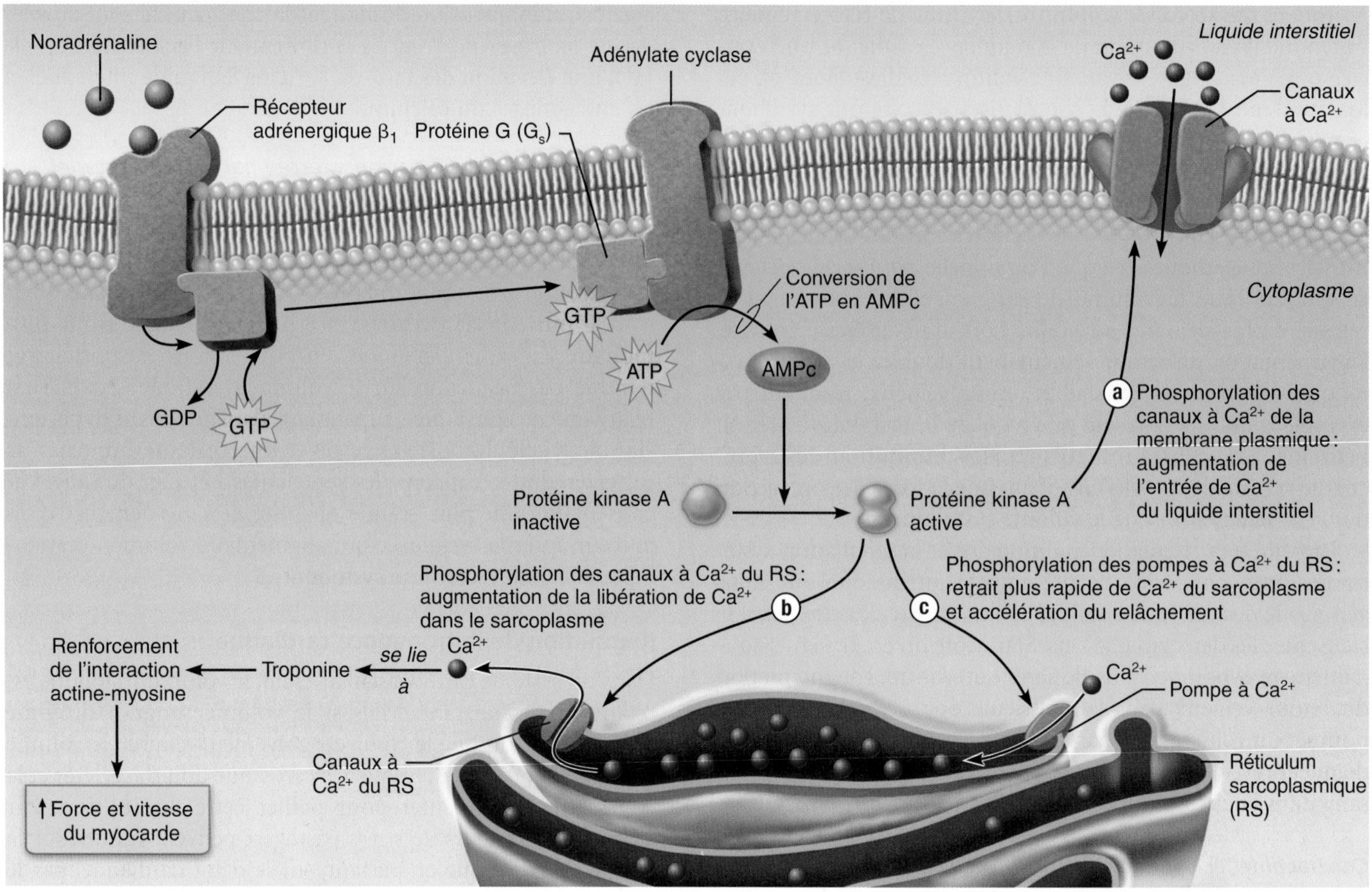

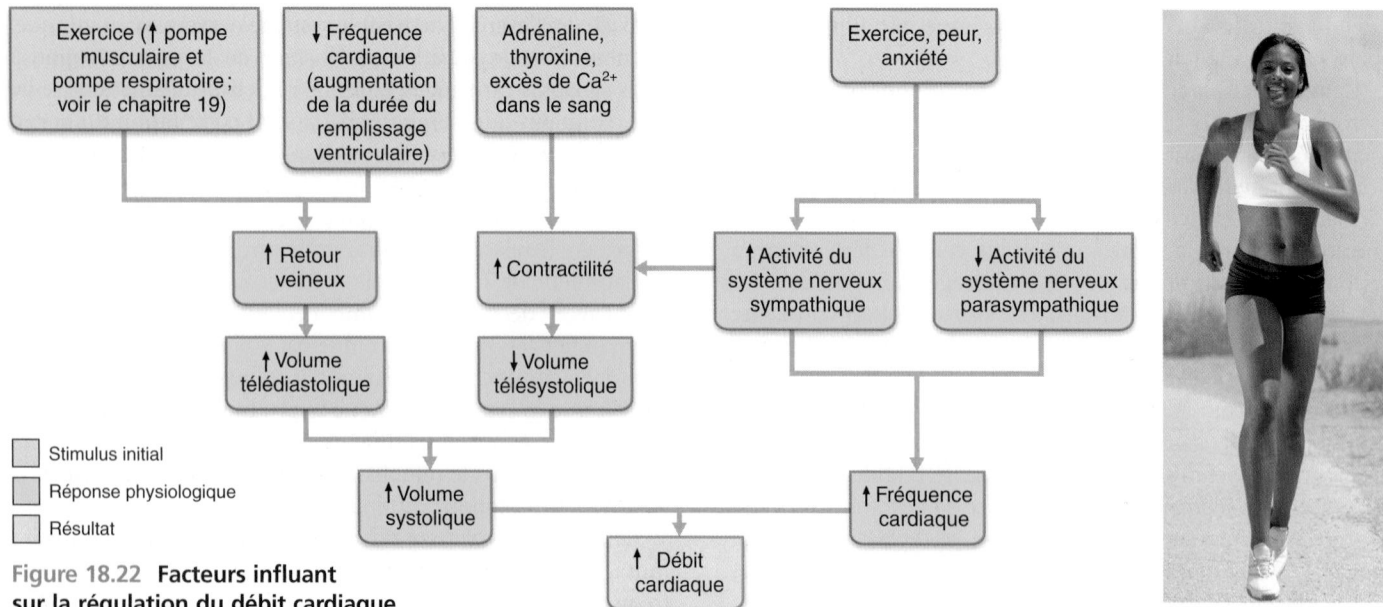

Noradrénaline

Récepteur adrénergique β₁

Adénylate cyclase

Protéine G (G$_s$)

Liquide interstitiel

Ca²⁺

Canaux à Ca²⁺

Cytoplasme

GTP

GDP GTP

Conversion de l'ATP en AMPc

ATP

AMPc

a Phosphorylation des canaux à Ca²⁺ de la membrane plasmique : augmentation de l'entrée de Ca²⁺ du liquide interstitiel

Protéine kinase A inactive

Protéine kinase A active

Phosphorylation des canaux à Ca²⁺ du RS : augmentation de la libération de Ca²⁺ dans le sarcoplasme

b

c

Phosphorylation des pompes à Ca²⁺ du RS : retrait plus rapide de Ca²⁺ du sarcoplasme et accélération du relâchement

Renforcement de l'interaction actine-myosine

Troponine

se lie à

Ca²⁺

Ca²⁺

Pompe à Ca²⁺

↑ Force et vitesse du myocarde

Canaux à Ca²⁺ du RS

Réticulum sarcoplasmique (RS)

Figure 18.21 La noradrénaline augmente la contractilité du cœur au moyen d'un système de second messager, l'AMP cyclique. L'AMP cyclique active les protéines kinases, ce qui produit la phosphorylation **a** des canaux à Ca²⁺ de la membrane plasmique qui favorise l'entrée dans le cytoplasme d'une plus grande quantité d'ions Ca²⁺ en provenance du liquide interstitiel ; **b** des canaux à Ca²⁺ du RS, ce qui déclenche la libération par le RS d'une plus grande quantité d'ions Ca²⁺ ; **c** des pompes à Ca²⁺ du RS, ce qui permet de faire sortir le Ca²⁺ plus rapidement du sarcoplasme et accélère le relâchement du muscle cardiaque, rendant une plus grande quantité de Ca²⁺ disponible pour le prochain battement.

18

Exercice (↑ pompe musculaire et pompe respiratoire ; voir le chapitre 19)

↓ Fréquence cardiaque (augmentation de la durée du remplissage ventriculaire)

Adrénaline, thyroxine, excès de Ca²⁺ dans le sang

Exercice, peur, anxiété

↑ Retour veineux

↑ Contractilité

↑ Activité du système nerveux sympathique

↓ Activité du système nerveux parasympathique

↑ Volume télédiastolique

↓ Volume télésystolique

Stimulus initial

Réponse physiologique

Résultat

↑ Volume systolique

↑ Fréquence cardiaque

↑ Débit cardiaque

Figure 18.22 Facteurs influant sur la régulation du débit cardiaque.

réponses cardiaques à la stimulation parasympathique dépendent alors de la libération d'acétylcholine, qui hyperpolarise les membranes plasmiques en *ouvrant* les canaux à K$^+$ des cellules musculaires. Puisque l'innervation vagale des ventricules est clairsemée, l'activité parasympathique a des effets négligeables ou nuls sur la contractilité cardiaque.

Au repos, les systèmes nerveux sympathique et parasympathique envoient sans cesse des influx au nœud sinusal, mais l'influence *prédominante* est l'inhibition provenant de la stimulation du nœud sinusal par les neurofibres motrices des nerfs vagues (nerfs crâniens X). Le muscle cardiaque a donc un **tonus vagal**, et la sécrétion d'acétylcholine par les neurofibres des nerfs vagues ralentit la fréquence de ses battements. Ainsi, le sectionnement de ces nerfs a pour effet presque immédiat d'accélérer la fréquence cardiaque d'environ 25 battements par minute (autrement dit, elle passe de 75 à 100 battements par minute), soit la cadence déterminée par le nœud sinusal.

Lorsque les influx sensoriels provenant des diverses parties du système cardiovasculaire stimulent inégalement les deux parties du système nerveux autonome, celui qui est le plus faiblement excité est temporairement inhibé. La plupart de ces influx sont issus de *barorécepteurs*, ces récepteurs qui réagissent aux variations de la pression artérielle systémique, comme nous le verrons au chapitre 19. Par exemple, le **réflexe de Bainbridge** est un réflexe sympathique déclenché par une hausse du retour veineux et du remplissage des oreillettes. L'étirement des parois auriculaires accroît la fréquence cardiaque en stimulant à la fois le nœud sinusal et les mécanorécepteurs des oreillettes ; le réflexe se déclenche alors et provoque une stimulation accrue du cœur par le système nerveux sympathique.

Une augmentation ou une diminution du débit cardiaque entraîne une variation correspondante de la pression artérielle systémique ; donc, la régulation de la pression artérielle fait souvent intervenir des mécanismes de régulation réflexes de la fréquence cardiaque. Nous revenons plus en détail sur les mécanismes de régulation nerveuse de la pression artérielle au chapitre 19.

Régulation chimique   Les substances chimiques normalement présentes dans le sang et dans les autres liquides organiques peuvent influer sur la fréquence cardiaque, particulièrement si elles deviennent excessives ou insuffisantes.

1. **Hormones.** L'*adrénaline,* une hormone libérée par la médulla surrénale lors de l'activation du système nerveux sympathique, a sur le cœur le même effet que la noradrénaline libérée par les neurofibres sympathiques : elle augmente sa force de contraction et la fréquence de ses battements.

   La *thyroxine,* une hormone thyroïdienne, accélère le métabolisme et la production de chaleur. Lorsqu'elle est libérée en grande quantité, elle cause une augmentation plus lente mais plus durable de la fréquence cardiaque que l'adrénaline. Puisqu'elle *potentialise* aussi l'action de l'adrénaline et de la noradrénaline, les personnes atteintes d'hyperthyroïdie chronique peuvent voir leur cœur s'affaiblir.

2. **Ions.** Pour que le cœur fonctionne normalement, les rapports de concentration entre les ions intracellulaires et les ions du liquide interstitiel doivent demeurer à l'intérieur des limites physiologiques. Les déséquilibres des électrolytes plasmatiques et, par conséquent, du liquide interstitiel peuvent entraîner de véritables dysfonctionnements de la pompe cardiaque.

DÉSÉQUILIBRE HOMÉOSTATIQUE

La diminution de la concentration sanguine de Ca^{2+} (*hypocalcémie*) déprime l'activité cardiaque. Inversement, un taux supérieur à la normale (*hypercalcémie*) resserre le couplage excitation-contraction et prolonge le plateau du potentiel d'action. Ces phénomènes augmentent l'irritabilité du cœur à tel point que ses contractions peuvent devenir spastiques et exténuantes. Beaucoup de médicaments cardiovasculaires agissent sur le transport du calcium dans les cellules cardiaques.

Les excès ou les carences de potassium sont particulièrement inquiétants et surviennent dans différentes circonstances. Un excès de K$^+$ (*hyperkaliémie*) gêne la dépolarisation en abaissant le potentiel de repos, ce qui peut mener au bloc et à l'arrêt cardiaques. Un taux anormalement bas de K$^+$ (*hypokaliémie*) est également dangereux, car il affaiblit les battements du cœur et provoque l'apparition d'arythmies. ■

Autres facteurs   L'âge, le sexe, l'exercice et la température corporelle influent aussi sur la fréquence cardiaque, même s'ils sont moins importants que les facteurs nerveux. Chez le fœtus, la fréquence cardiaque varie entre 140 et 160 battements par minute, puis elle diminue graduellement au cours de la vie. Elle est, en moyenne, de 72 à 80 battements par minute chez les femmes et de 64 à 72 battements par minute chez les hommes.

Par l'intermédiaire du système nerveux sympathique, l'exercice accélère la fréquence cardiaque (figure 18.22). Il augmente aussi la pression artérielle systémique et améliore l'irrigation des muscles. Toutefois, la fréquence cardiaque au repos est beaucoup plus basse chez les personnes en bonne forme physique que chez les sédentaires, et elle peut même se situer à 40 battements par minute chez les athlètes. Nous expliquons ci-après cet apparent paradoxe.

La chaleur augmente la vitesse du métabolisme des cellules cardiaques et, par le fait même, la fréquence cardiaque. C'est pourquoi une forte fièvre et l'exercice (pendant lequel les muscles produisent de la chaleur) accélèrent la fréquence cardiaque. Le froid a l'effet opposé.

DÉSÉQUILIBRE HOMÉOSTATIQUE

La fréquence cardiaque varie suivant le degré d'activité. Cependant, des variations marquées et persistantes traduisent généralement une maladie cardiovasculaire. La **tachycardie** (« cœur rapide ») est une fréquence cardiaque anormalement élevée (supérieure à 100 battements par minute) ; elle peut être causée par une température corporelle excessive, le stress, certains médicaments (comme les amphétamines) ou une cardiopathie. Parce qu'elle est propice à la fibrillation, la tachycardie persistante est considérée comme pathologique. Elle peut nécessiter l'implantation d'un défibrillateur automatique.

La **bradycardie** (*bradus:* lent) est une fréquence cardiaque inférieure à 60 battements par minute. Elle peut être provoquée par une température corporelle basse, certains médicaments ou l'activation du système nerveux parasympathique. C'est aussi une conséquence bien connue et désirable de l'entraînement axé sur l'endurance. À mesure que la condition physique et cardiovasculaire s'améliore, le cœur s'hypertrophie et son volume systolique augmente. Par conséquent, la fréquence cardiaque au repos, même faible, suffit à produire un débit cardiaque adéquat. Chez les personnes sédentaires, toutefois, la bradycardie persistante peut priver les tissus d'une irrigation adéquate. Enfin, elle constitue un signe fréquent de l'œdème cérébral consécutif à un traumatisme crânien. ■

Déséquilibres homéostatiques du débit cardiaque

En temps normal, l'action de pompage du cœur maintient l'équilibre entre le débit cardiaque et le retour veineux. Si tel n'était pas le cas, le sang s'accumulerait (congestion) dans les veines qui le renvoient au cœur.

L'**insuffisance cardiaque** désigne une faiblesse de l'action de pompage telle que la circulation ne suffit pas à satisfaire les besoins des tissus. Cette affection touche plus de 400 000 personnes au Canada. En France, 32 000 personnes en meurent chaque année. L'évolution de l'insuffisance cardiaque est généralement défavorable à cause de l'affaiblissement du myocarde par divers facteurs qui ont des effets différents mais tout aussi néfastes. Nous les examinons ci-dessous.

1. **Athérosclérose des artères coronaires.** Cette affection, qui se définit essentiellement comme une obstruction des vaisseaux coronaires par des dépôts lipidiques (athérome artériel), entrave l'apport de sang et d'oxygène aux cellules cardiaques. Le cœur devient de plus en plus hypoxique et ses contractions perdent leur efficacité.

2. **Hypertension artérielle persistante.** Normalement, la pression dans l'aorte est de 80 mm Hg à la fin de la diastole (pression diastolique), et le ventricule gauche exerce une force à peine supérieure pour expulser le sang qu'il contient. Mais si la pression dans l'aorte dépasse 90 mm Hg à la fin de la diastole, le myocarde doit forcer davantage pour faire ouvrir la valve de l'aorte et pour chasser le sang du ventricule. Si cette situation de postcharge accrue se prolonge, le volume télésystolique augmente. Le myocarde s'hypertrophie et, peu à peu, s'affaiblit.

3. **Infarctus multiples du myocarde.** Les infarctus répétés affaiblissent l'action de pompage, car un tissu fibreux non contractile (cicatriciel) se substitue aux cellules cardiaques mortes.

4. **Myocardie.** On ignore souvent ce qui entraîne la myocardie; les ventricules s'étirent et se ramollissent et le myocarde dégénère. On met toutefois en cause certaines substances toxiques (alcool, cocaïne, excès de catécholamines, agents chimiothérapeutiques), l'hyperthyroïdie et l'inflammation du cœur à la suite d'une infection. Les efforts déployés par le cœur pour s'acquitter de sa tâche se soldent par une augmentation de la concentration des ions Ca^{2+} dans les myocytes cardiaques. Le calcium active la calcineurine, une enzyme dont le fonctionnement est régi par le calcium. Cette enzyme amorce une cascade de réactions amenant l'activation de gènes qui provoquent l'hypertrophie du cœur. Parce que la contractilité ventriculaire est amoindrie, le débit cardiaque faiblit et l'état du patient se détériore progressivement.

Le cœur étant une double pompe, l'insuffisance cardiaque peut toucher un de ses côtés avant l'autre. Si elle atteint le côté gauche, elle cause la **congestion pulmonaire**. Le ventricule droit continue de propulser le même volume de sang vers les poumons, mais le ventricule gauche n'est plus en mesure d'éjecter le volume de sang qui en revient dans la circulation systémique. Puisque le ventricule droit éjecte plus de sang que le ventricule gauche, les vaisseaux sanguins des poumons s'engorgent, la pression s'y élève et le plasma sanguin diffuse dans le tissu pulmonaire, produisant ainsi l'œdème pulmonaire. Laissé sans traitement, l'œdème pulmonaire entraîne la suffocation et la mort de l'individu.

L'insuffisance cardiaque du côté droit provoque la **congestion périphérique**. Le sang stagne dans les organes et l'accumulation de liquides dans les espaces interstitiels gêne l'apport d'oxygène et de nutriments aux cellules, de même que l'élimination de leurs déchets. L'œdème qui se forme se remarque surtout dans les extrémités (pieds, chevilles et doigts), et la peau peut garder quelque temps l'empreinte des doigts.

L'insuffisance d'un côté du cœur impose un surcroît de travail au côté opposé et finit par s'installer dans le cœur entier, ce qui cause un affaiblissement extrême et incurable du cœur (insuffisance cardiaque *décompensée*). Le traitement vise principalement: (1) à éliminer l'excès d'eau en administrant un *diurétique* (médicament qui augmente l'excrétion de Na$^+$ et d'eau par les reins); (2) à réduire la postcharge par des médicaments qui abaissent la pression artérielle; et (3) à augmenter la contractilité avec des dérivés digitaliques. Depuis peu, les transplantations cardiaques, les interventions chirurgicales et les dispositifs mécaniques donnent une lueur d'espoir à certains patients.

VÉRIFIONS NOS ACQUIS

15. Après avoir couru pour prendre l'autobus, Joseph remarque que son cœur bat plus vite que d'habitude et qu'il bat avec force dans sa poitrine. Comment se produit un accroissement de la fréquence cardiaque et du volume systolique?

16. Quel trouble lié au débit cardiaque risque de survenir si le cœur bat trop rapidement pendant une longue période de temps, c'est-à-dire en cas de tachycardie? Justifiez votre réponse.

Les réponses se trouvent à l'appendice G.

Développement et vieillissement du cœur

20 Décrire la formation du cœur fœtal et indiquer ce qui le distingue du cœur adulte.

21 Énumérer quelques effets du vieillissement sur le fonctionnement du cœur.

Dérivé du mésoderme et orienté par de puissantes molécules servant de signaux, le cœur humain commence à s'élaborer sous forme de deux tubes, les cœurs primordiaux. La fusion de ces deux tubes crée une cavité simple qui pompe le sang dès le 22e jour de la gestation **(figure 18.23)**. Cette cavité produit quatre petites bosses qui représentent les futures cavités cardiaques. De l'extrémité caudale à l'extrémité crânienne, dans le sens de la circulation sanguine, les quatre cavités primitives sont les suivantes :

1. **Sinus veineux.** Cette cavité reçoit d'abord tout le sang veineux de l'embryon. Elle devient ensuite la portion à paroi lisse de l'oreillette droite et le sinus coronaire. Elle donne aussi naissance au nœud sinusal, qui prend en quelque sorte les commandes et règle la fréquence cardiaque dès le début du développement embryonnaire.
2. **Oreillette primitive.** Cette cavité embryonnaire se modifie pour former les muscles pectinés des oreillettes.
3. **Ventricule primitif.** Cette cavité, la plus forte des cavités de pompage du cœur embryonnaire, donne le ventricule *gauche* adulte.
4. **Bulbe primitif du cœur.** Cette cavité ainsi que son extension crânienne, le *tronc artériel* (4a dans la figure), sont à l'origine du tronc pulmonaire, du vestibule de l'aorte et de la majeure partie du ventricule *droit*.

Au cours des trois semaines qui suivent, la « cavité » cardiaque subit des contorsions spectaculaires (elle forme une boucle vers la droite). Des changements structuraux majeurs la transforment en un organe à quatre cavités qui, dès lors, fonctionne comme une double pompe fiable et régulière. Pour prendre leurs positions définitives, le ventricule primitif amorce sa descente et l'oreillette monte. Le cœur se divise en quatre cavités (en suivant un certain nombre d'étapes), les septums interauriculaire et interventriculaire se forment et le bulbe primitif se sépare en deux sections, donnant le tronc pulmonaire et l'aorte ascendante. Après le deuxième mois, le cœur ne fait que croître jusqu'à la naissance.

Le septum interauriculaire du cœur fœtal est percé par le **foramen ovale** (« trou ovale ») ; grâce à cet orifice, le sang qui entre dans le cœur droit ne se rend pas aux poumons, affaissés et inactifs (figure 18.23e). Une autre voie de contournement des poumons, le **conduit artériel**, relie le tronc pulmonaire et l'aorte. À la naissance ou peu après, la fermeture de ces dérivations achève la séparation des deux côtés du cœur. Dans le cœur adulte, le foramen ovale et le conduit artériel laissent deux vestiges, la fosse ovale et le **ligament artériel**, respectivement (figure 18.4b). Le chapitre 28 contient une description plus détaillée de la circulation chez le fœtus et le nouveau-né (voir la figure 28.14).

⚖ DÉSÉQUILIBRE HOMÉOSTATIQUE

Mettre au point un cœur parfait n'est pas chose facile. Tous les ans, 8 enfants sur 1000 naissent avec une ou plusieurs des

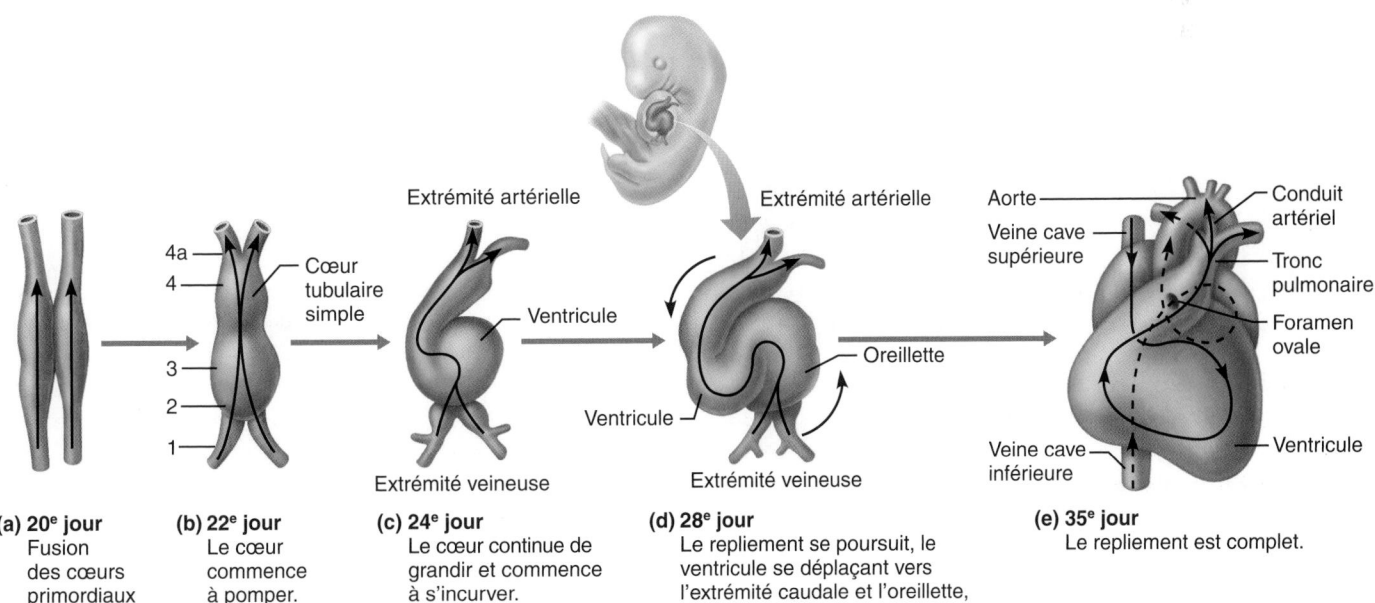

(a) 20e jour
Fusion des cœurs primordiaux

(b) 22e jour
Le cœur commence à pomper.

(c) 24e jour
Le cœur continue de grandir et commence à s'incurver.

(d) 28e jour
Le repliement se poursuit, le ventricule se déplaçant vers l'extrémité caudale et l'oreillette, vers l'extrémité crânienne.

(e) 35e jour
Le repliement est complet.

Figure 18.23 Développement du cœur humain. Vue antérieure, extrémité crânienne orientée vers le haut des illustrations. Les flèches indiquent le sens de la circulation sanguine. Les jours sont approximatifs. En **(b)**, le numéro 1 correspond au sinus veineux, le 2 à l'oreillette primitive, le 3 au ventricule primitif, le 4 au bulbe primitif du cœur et le 4a au tronc artériel.

30 **cardiopathies congénitales** connues. Il s'agit du type d'anomalie congénitale le plus courant. La plupart des affections sont imputables à des facteurs environnementaux ou maternels (infection maternelle, absorption de drogues, etc.) qui atteignent l'embryon au cours du deuxième mois de grossesse, pendant lequel le cœur se forme.

Les anomalies les plus courantes causent deux types de troubles : (1) elles font entrer en contact le sang systémique pauvre en oxygène et le sang oxygéné provenant des poumons (les tissus reçoivent un sang mal oxygéné) ou (2) elles produisent des valves ou des vaisseaux rétrécis qui augmentent considérablement l'effort demandé au cœur. Parmi les anomalies du premier type, mentionnons la *communication interauriculaire* et la *communication interventriculaire* **(figure 18.24a)** ainsi que la *persistance du conduit artériel*, dans laquelle l'aorte reste en contact avec le tronc pulmonaire. La *coarctation de l'aorte* (figure 18.24b) est un exemple du deuxième type de trouble. La *tétralogie de Fallot*, une affection grave caractérisée par une cyanose apparaissant quelques minutes après la naissance, relève des deux types d'anomalies (figure 18.24c). La plupart de ces malformations nécessitent un traitement chirurgical. ■

En revanche, un cœur bien constitué est admirablement résistant et peut fonctionner pendant de très nombreuses années. Normalement, les mécanismes homéostatiques sont si efficaces que le cœur, même quand il travaille plus fort, le fait sans se faire remarquer. Chez les gens qui s'adonnent régulièrement à un exercice intense, le cœur s'adapte graduellement à l'effort : il grossit et gagne en puissance et en efficacité. Par conséquent, le volume systolique augmente et la fréquence cardiaque au repos diminue. Les chercheurs ont découvert que l'exercice aérobique concourt également à éliminer les dépôts lipidiques des vaisseaux sanguins et, de ce fait, qu'il prévient l'athérosclérose et la cardiopathie. En l'absence de maladies chroniques, ces bienfaits de l'exercice peuvent se faire sentir jusqu'à un âge très avancé.

Cependant, l'exercice n'est bénéfique que s'il est *régulier*. En effet, c'est à cette condition seulement qu'il améliore l'endurance et la force du myocarde. Par exemple, des séances d'exercice modérément vigoureux à raison de 30 minutes par jour (marche rapide, bicyclette ou travaux d'entretien extérieur) sont bénéfiques à la plupart des adultes. Toutefois, l'exercice vigoureux occasionnel, celui que font les « athlètes du dimanche », peut imposer au cœur un effort qu'il est incapable de fournir et provoquer un infarctus du myocarde.

Étant donné l'incroyable quantité de travail qu'accomplit le cœur en une vie, le vieillissement lui fait subir des changements anatomiques inévitables tels que :

1. **Sclérose et épaississement des valves.** Comme l'écoulement du sang atteint sa force maximale dans le ventricule gauche, ce sont surtout les cuspides de la valve auriculo-ventriculaire gauche qui durcissent et épaississent. Les souffles cardiaques sont relativement répandus chez les personnes âgées.

2. **Diminution de la réserve cardiaque.** Les années modifient peu la fréquence cardiaque au repos. Au fil des ans, toutefois, le cœur réagit de moins en moins vigoureusement aux facteurs de stress, soudains ou prolongés, qui exigent un accroissement de son débit. Les mécanismes de régulation sympathiques perdent leur efficacité (probablement parce que la quantité d'AMPc produite à la stimulation diminue avec l'âge). La fréquence cardiaque devient de plus en plus variable et la fréquence maximale diminue.

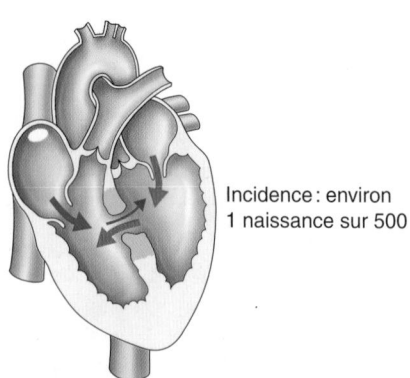

(a) Communication interventriculaire.
La partie supérieure du septum interventriculaire ne se forme pas ; le sang circule donc entre les deux ventricules, mais, comme le ventricule gauche est le plus fort, l'échange se fait surtout de gauche à droite.

Incidence : environ 1 naissance sur 500

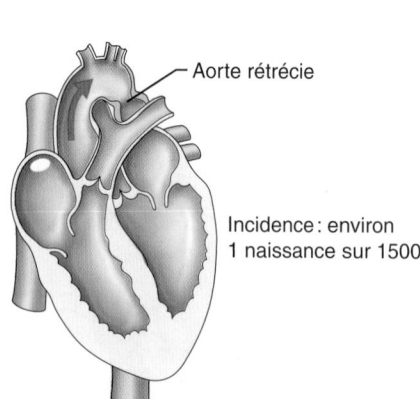

Aorte rétrécie

(b) Coarctation de l'aorte. Une partie de l'aorte se rétrécit, ce qui augmente la charge de travail du ventricule gauche.

Incidence : environ 1 naissance sur 1500

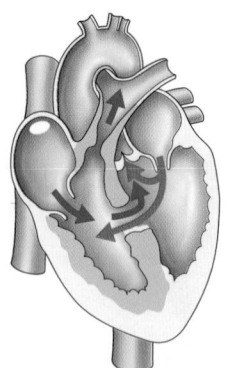

(c) Tétralogie de Fallot. Malformations multiples (*tetra* : quatre). (1) Tronc pulmonaire trop étroit et valve pulmonaire sténosée, ce qui entraîne (2) l'hypertrophie du ventricule droit ; (3) communication interventriculaire ; (4) aorte ouverte sur les deux ventricules.

Incidence : environ 1 naissance sur 2000

Figure 18.24 Trois exemples d'anomalies congénitales. Les sections en beige indiquent l'emplacement des malformations.

Ces changements sont moins prononcés chez les personnes âgées physiquement actives.

3. **Fibrose du myocarde.** Avec l'âge, les cellules cardiaques meurent en nombre croissant et sont remplacées par du tissu fibreux. En conséquence, le cœur devient moins souple et son remplissage, précédant chaque contraction, est moins efficace, ce qui entraîne une diminution du volume systolique. De plus, les nœuds sinusal et auriculoventriculaire du système de conduction du cœur deviennent parfois fibreux. Ce phénomène augmente l'incidence des arythmies et des autres problèmes de conduction.

4. **Athérosclérose.** L'athérosclérose commence dès l'enfance ses insidieux ravages, mais l'inactivité, le tabagisme et le stress accélèrent sa progression. Ses conséquences les plus graves sur le cœur sont la cardiopathie due à l'hypertension et l'occlusion des artères coronaires. Ces troubles, à leur tour, prédisposent à l'infarctus du myocarde et à l'accident vasculaire cérébral. Bien que le vieillissement lui-même altère les parois des vaisseaux, bon nombre de chercheurs estiment que le régime alimentaire est le plus important facteur causal des maladies cardiovasculaires. On convient généralement qu'un régime alimentaire pauvre en graisses animales, en cholestérol et en sel réduit les risques de maladie cardiovasculaire (voir le Gros plan du chapitre 19, p. 810-811).

VÉRIFIONS NOS ACQUIS

17. Nommez les deux structures du cœur fœtal qui permettent au sang de contourner les poumons.

18. Au cours des 10 dernières années, de nombreuses personnes âgées de plus de 70 ans ont participé à la compétition *Ironman* d'Hawaï. De quelle manière les changements liés au vieillissement du cœur pourraient-ils limiter la performance de ces athlètes ?

Les réponses se trouvent à l'appendice G.

La structure du cœur est remarquable de finesse et d'efficacité. Fiable et précise, cette double pompe propulse le sang dans les grosses artères qui s'y abouchent. Or, le fonctionnement de ce mécanisme repose essentiellement sur les variations de la pression dans les vaisseaux sanguins. Au chapitre suivant, nous étudions la structure et la fonction des vaisseaux sanguins, et nous faisons le lien entre ces données et le travail du cœur. À la fin du chapitre 19, nous aurons brossé un tableau complet du système cardiovasculaire.

TERMES MÉDICAUX

Asystole Disparition des contractions cardiaques ; le cœur reste en diastole par suite de l'absence complète de stimulations.

Cardiomyopathie hypertrophique Première cause de décès chez les jeunes athlètes ; cette affection, généralement héréditaire, se caractérise par une hypertrophie des myocytes cardiaques, qui entraîne un épaississement des parois du cœur. Le cœur pompe avec force, mais ne se détend pas bien durant la diastole quand il se remplit.

Cathétérisme cardiaque Procédé diagnostique qui consiste à introduire un fin cathéter (tube) dans le cœur en passant par un vaisseau sanguin. Les résultats de l'analyse des échantillons de sang, notamment de la concentration en oxygène, la mesure de la pression intracardiaque ainsi que la mesure de la vitesse de la circulation sanguine permettent le dépistage de troubles valvulaires, de malformations et d'autres cardiopathies.

Cœur pulmonaire Dans sa forme aiguë, insuffisance cardiaque droite consécutive à l'élévation soudaine de la pression artérielle dans la circulation pulmonaire (hypertension pulmonaire) ; l'embolie pulmonaire en est souvent la cause. Sa forme chronique correspond à une hypertrophie du ventricule droit qui peut mener à une insuffisance de ce dernier ; elle est généralement associée à un trouble pulmonaire chronique tel que l'emphysème ou l'asthme.

Commotio cordis Insuffisance cardiaque et mort subite causées par un coup relativement faible à la poitrine survenant au cours d'un bref moment de vulnérabilité (2 ms) qui coïncide avec la repolarisation du cœur. Ce phénomène explique les rares cas où une jeune personne tombe morte sur le terrain de jeu après avoir été frappée à la poitrine par une balle.

Endocardite Inflammation de l'endocarde généralement localisée au niveau des valves cardiaques ; souvent causée par une infection bactérienne du sang, mais parfois aussi par une infection fongique ou une réaction auto-immune. Les toxicomanes peuvent contracter une endocardite en utilisant une aiguille contaminée.

Myocardite Nom générique des inflammations du myocarde ; elle peut être aiguë et résulter d'une infection streptococcique ou virale laissée sans traitement chez l'enfant. La myocardite peut affaiblir le cœur et entraver son action de pompage.

Palpitation Battement fort, rapide ou irrégulier au point d'être incommodant. Les palpitations peuvent être causées par des médicaments, des drogues, la nervosité ou une cardiopathie.

Prolapsus mitral (ou ballonnement de la valve mitrale) Anomalie d'au moins une cuspide de la valve auriculoventriculaire gauche (mitrale), qui ballonne dans l'oreillette gauche au moment de la systole ventriculaire et laisse refluer le sang. Atteignant jusqu'à 1 % de la population, le plus souvent des jeunes femmes, l'anomalie semble due à une dégénérescence du tissu conjonctif et serait d'origine génétique ; on observe un allongement ou même une rupture des cordages tendineux de même qu'un dysfonctionnement des muscles papillaires. Le remplacement de la valve est parfois nécessaire.

Tachycardie auriculaire paroxystique (TAP) Contractions auriculaires en rafales se succédant presque sans interruption.

Tachycardie ventriculaire (TV) Contractions ventriculaires rapides qui ne sont pas coordonnées avec l'activité des oreillettes.

18

RÉSUMÉ DU CHAPITRE

Anatomie du cœur (p. 766)

Dimensions, situation et orientation (p. 766)

1. Le cœur humain a la taille d'un poing fermé. Il est placé obliquement dans le médiastin.

Enveloppe du cœur (p. 766)

2. Le cœur est enveloppé dans un sac à double paroi formé du péricarde fibreux externe et du péricarde séreux interne (lames pariétale et viscérale). La cavité du péricarde, entre les lames de la séreuse, contient la sérosité, un liquide lubrifiant.

Tuniques de la paroi du cœur (p. 766)

3. Les tuniques du cœur sont, de l'intérieur vers l'extérieur, l'endocarde, le myocarde (renforcé par un squelette fibreux) et l'épicarde (lame viscérale du péricarde séreux).

Cavités et gros vaisseaux du cœur (p. 768)

4. Le cœur renferme deux oreillettes dans sa partie supérieure et deux ventricules, dans sa partie inférieure. Du point de vue fonctionnel, le cœur est une double pompe.

5. La veine cave supérieure, la veine cave inférieure et le sinus coronaire entrent dans l'oreillette droite. Quatre veines pulmonaires pénètrent dans l'oreillette gauche.

6. Le ventricule droit expulse le sang dans les artères du tronc pulmonaire; le ventricule gauche propulse le sang dans l'aorte.

Trajet du sang dans le cœur (p. 772)

7. Le côté droit du cœur est la pompe de la circulation pulmonaire. Le sang des veines systémiques, pauvre en oxygène, entre dans l'oreillette droite, passe dans le ventricule droit, emprunte le tronc pulmonaire pour se rendre aux poumons et revient, oxygéné, dans l'oreillette gauche par les veines pulmonaires.

8. Le côté gauche du cœur est la pompe de la circulation systémique. Le sang riche en oxygène provenant des poumons entre dans l'oreillette gauche, s'écoule dans le ventricule gauche et emprunte l'aorte, dont les ramifications le distribuent dans tout l'organisme. Les veines systémiques rapportent le sang pauvre en oxygène dans l'oreillette droite.

Circulation coronarienne (p. 773)

9. Les artères coronaires gauche et droite, nées de l'aorte, émettent des ramifications (rameaux interventriculaires antérieur et postérieur, rameau marginal droit et rameau circonflexe de l'artère coronaire gauche) qui irriguent le cœur lui-même. Le sang veineux, recueilli par les veines du cœur (grande, moyenne et petite) et la veine postérieure du ventricule gauche, se jette dans le sinus coronaire.

10. Le myocarde est irrigué pendant le relâchement du cœur.

Valves cardiaques (p. 775)

11. Les valves auriculoventriculaires droite et gauche (tricuspide et bicuspide) empêchent le reflux du sang dans les oreillettes au moment de la contraction ventriculaire. Les valves de l'aorte et du tronc pulmonaire empêchent le reflux du sang dans les ventricules au moment du relâchement du muscle cardiaque.

Fibres musculaires cardiaques (p. 778)

Anatomie microscopique (p. 778)

1. Les cellules musculaires cardiaques sont ramifiées, striées et généralement mononucléées. Elles contiennent des myofibrilles composées de sarcomères typiques.

2. Les cellules cardiaques adjacentes sont rattachées par des disques intercalaires contenant des desmosomes et des jonctions ouvertes. Grâce au couplage électrique fourni par ces dernières, le myocarde se comporte comme un syncytium fonctionnel.

Mécanisme et déroulement de la contraction (p. 778)

3. Dans les cellules contractiles du muscle cardiaque, les potentiels d'action sont produits de la même façon que dans les cellules musculaires squelettiques. La dépolarisation de la membrane ouvre les canaux à Na^+ voltage-dépendants. L'entrée du Na^+ détermine la phase ascendante de la courbe du potentiel d'action. En outre, la dépolarisation ouvre les canaux lents à Ca^{2+}; l'entrée du Ca^{2+} prolonge la période de dépolarisation (ce qui crée le plateau). Les ions Ca^{2+} libérés par le réticulum sarcoplasmique (ainsi que le calcium qui diffuse du liquide interstitiel) permettent de coupler le potentiel d'action au glissement des filaments d'actine et de myosine. La période réfractaire est plus longue dans le muscle cardiaque que dans le muscle squelettique, ce qui prévient la contraction tétanique.

Besoins énergétiques (p. 781)

4. Les cellules du muscle cardiaque contiennent d'abondantes mitochondries. Leur production d'ATP repose presque exclusivement sur la respiration aérobie.

Physiologie du cœur (p. 781)

Phénomènes électriques (p. 781)

1. Certaines cellules non contractiles du muscle cardiaque présentent un automatisme qui leur permet de déclencher d'elles-mêmes des potentiels d'action. Ces cellules cardionectrices amorcent une lente dépolarisation, appelée potentiel de « pacemaker », immédiatement après avoir atteint leur potentiel de repos. Cette forme de dépolarisation explique pourquoi le potentiel de membrane tend lentement vers le seuil d'excitation, lequel permet le déclenchement d'un potentiel d'action. Ces cellules composent le système de conduction du cœur.

2. Le système de conduction du cœur, ou système cardionecteur, est formé du nœud sinusal, du nœud auriculoventriculaire, du faisceau auriculoventriculaire et de ses branches ainsi que des myofibres de conduction cardiaque. Ce système coordonne la dépolarisation et les battements du cœur. Étant donné qu'il a la fréquence de dépolarisation spontanée la plus rapide, le nœud sinusal constitue le centre rythmogène; il détermine le rythme sinusal.

3. Les anomalies du système de conduction du cœur peuvent causer des arythmies, la fibrillation et le bloc cardiaque.

4. Le cœur est innervé par le système nerveux autonome. Les centres cardiaques sont situés dans le bulbe rachidien. Les neurones du centre cardioaccélérateur sympathique émettent des prolongements jusqu'aux neurones du segment T_1 à T_5

de la moelle épinière. À leur tour, ces neurones sont reliés aux ganglions cervicaux et thoraciques supérieurs des troncs sympathiques. Les neurofibres postganglionnaires innervent les nœuds sinusal et auriculoventriculaire ainsi que les cellules du muscle cardiaque. Le centre cardio-inhibiteur parasympathique exerce son influence par l'intermédiaire des nerfs vagues (X), qui s'étendent jusqu'à la paroi du cœur. La plupart des neurofibres parasympathiques desservent les nœuds sinusal et auriculoventriculaire.

5. Un électrocardiogramme est une représentation graphique des phénomènes électriques survenant dans le muscle cardiaque. L'onde P est associée à la dépolarisation auriculaire, le complexe QRS, à la dépolarisation ventriculaire et l'onde T, à la repolarisation ventriculaire. L'exploration électrophysiologique endocavitaire permet de repérer un trouble de conduction cardiaque.

Bruits du cœur (p. 786)

6. Les bruits normaux du cœur proviennent essentiellement de turbulences se produisant pendant la fermeture des valves. Les bruits anormaux, appelés souffles, traduisent généralement des troubles valvulaires.

Phénomènes mécaniques : la révolution cardiaque (p. 788)

7. La révolution cardiaque est l'ensemble des événements qui se produisent pendant un battement. De la mésodiastole à la télédiastole, les ventricules se remplissent et les oreillettes se contractent. La systole ventriculaire recouvre la phase de contraction isovolumétrique et la phase d'éjection ventriculaire. Pendant la protodiastole, les ventricules sont relâchés et complètement clos. Ensuite, la pression auriculaire étant supérieure à la pression ventriculaire, les valves auriculoventriculaires s'ouvrent, ce qui marque le début d'une autre révolution. À la fréquence normale de 75 battements par minute, une révolution cardiaque dure 0,8 s.

8. Les variations de la pression font circuler le sang à l'intérieur du cœur, et elles entraînent l'ouverture et la fermeture des valves.

Débit cardiaque (p. 790)

9. Le débit cardiaque est typiquement de 5 L/min. Il correspond à la quantité de sang éjectée par chaque ventricule en 1 min. Le volume systolique est la quantité de sang expulsée par un ventricule à chaque contraction. On calcule le débit cardiaque en multipliant la fréquence cardiaque par le volume systolique.

10. Le volume systolique repose dans une grande mesure sur le degré d'étirement que le sang veineux imprime aux fibres musculaires des ventricules. D'environ 70 mL, il constitue la différence entre le volume télédiastolique et le volume télésystolique. Tout ce qui influe sur la fréquence cardiaque et sur le volume sanguin influe aussi sur le retour veineux et, par conséquent, sur le volume systolique.

11. L'activation du système nerveux sympathique accroît la fréquence et la contractilité du muscle cardiaque. L'activation du système nerveux parasympathique diminue la fréquence cardiaque, mais a peu d'effet sur la contractilité. Le cœur présente ordinairement un tonus vagal.

12. La régulation chimique de la fréquence cardiaque est effectuée par des hormones (l'adrénaline et la thyroxine) et par des ions (surtout le K^+ et le Ca^{2+}). Les déséquilibres ioniques entravent considérablement l'activité de la pompe cardiaque.

13. L'âge, le sexe, l'exercice et la température corporelle influent sur la fréquence cardiaque.

14. L'insuffisance cardiaque désigne une faiblesse de l'action de pompage telle que la circulation ne suffit pas à satisfaire les besoins des tissus. L'insuffisance cardiaque du côté droit cause la congestion périphérique ; l'insuffisance cardiaque du côté gauche entraîne la congestion pulmonaire.

Développement et vieillissement du cœur (p. 794)

1. Le cœur se forme à partir d'une cavité simple dérivée du mésoderme qui présente une action de pompage dès la quatrième semaine de gestation. Le cœur fœtal contient deux dérivations pulmonaires : le foramen ovale et le conduit artériel.

2. Les cardiopathies congénitales sont les anomalies les plus fréquentes chez les nouveau-nés. Les plus répandues provoquent une oxygénation inadéquate du sang ou une augmentation de la charge de travail du cœur.

3. Le vieillissement cause la sclérose et l'épaississement des valves, la diminution de la réserve cardiaque, la fibrose du myocarde et l'athérosclérose.

4. La consommation de graisses animales et de sel, le stress excessif, l'usage du tabac et le manque d'exercice exposent l'individu aux maladies cardiovasculaires.

18

QUESTIONS DE RÉVISION

Choix multiples/associations

(Il peut y avoir plus d'une bonne réponse à certaines questions. Choisissez les meilleures réponses parmi celles qui sont proposées. Les réponses se trouvent à l'appendice G.)

1. Qu'arrive-t-il lorsque les valves de l'aorte et du tronc pulmonaire sont ouvertes ? (**a**) 2, 3, 5, 6 ; (**b**) 1, 2, 3, 7 ; (**c**) 1, 3, 5, 6 ; (**d**) 2, 4, 5, 7.
   (**1**) Les artères coronaires se remplissent.
   (**2**) Les valves auriculoventriculaires sont fermées.
   (**3**) Les ventricules se contractent.
   (**4**) Les ventricules se dilatent.

   (**5**) Le sang entre dans l'aorte.
   (**6**) Le sang entre dans le tronc pulmonaire.
   (**7**) Les oreillettes se contractent.

2. La partie du système de conduction du cœur qui est située dans le septum interventriculaire est : (**a**) le nœud auriculoventriculaire ; (**b**) le nœud sinusal ; (**c**) le faisceau auriculoventriculaire ; (**d**) les myofibres de conduction cardiaque.

3. Un électrocardiogramme révèle : (**a**) le débit cardiaque ; (**b**) le mouvement de l'onde de dépolarisation dans le cœur ; (**c**) l'état de la circulation coronarienne ; (**d**) l'insuffisance valvulaire.

4. Dans les cavités du cœur, la contraction se propage : (**a**) de manière aléatoire ; (**b**) des cavités gauches aux cavités droites ;

(c) des deux oreillettes aux deux ventricules ; (d) de l'oreillette droite au ventricule droit, à l'oreillette gauche et au ventricule gauche.

5. La paroi du ventricule gauche est plus épaisse que celle du ventricule droit parce qu'elle : (a) expulse un plus grand volume de sang ; (b) doit surmonter une plus grande résistance ; (c) dilate la cage thoracique ; (d) expulse le sang à travers une valve plus petite.

6. Les cordages tendineux : (a) ferment les valves auriculoventriculaires ; (b) empêchent les cuspides des valves auriculoventriculaires de s'inverser ; (c) contractent les muscles papillaires ; (d) ouvrent les valves de l'aorte et du tronc pulmonaire.

7. Parmi les phrases suivantes, lesquelles sont vraies ? Dans le cœur : (1) les potentiels d'action sont transmis d'une cellule du myocarde à l'autre par l'intermédiaire de jonctions ouvertes ; (2) le nœud sinusal détermine la fréquence des battements ; (3) les cellules peuvent se dépolariser spontanément en l'absence de stimulation nerveuse ; (4) le muscle peut se contracter longtemps sans oxygène. (a) Toutes ces réponses ; (b) 1, 3, 4 ; (c) 1, 2, 3 ; (d) 2, 3.

8. L'activité du cœur repose sur les propriétés intrinsèques du myocarde et sur des facteurs nerveux. Par conséquent : (a) les nerfs vagues stimulent le nœud sinusal et provoquent un ralentissement de la fréquence cardiaque ; (b) la stimulation sympathique du cœur raccourcit la période permettant le remplissage ventriculaire ; (c) la stimulation sympathique du cœur accroît la force de contraction des ventricules ; (d) toutes ces réponses.

9. Le sang riche en oxygène entre d'abord dans : (a) l'oreillette droite ; (b) l'oreillette gauche ; (c) le ventricule droit ; (d) le ventricule gauche.

10. Associez chacune des affections cardiaques suivantes à la structure susceptible d'en être responsable.

_____ (1) Angine de poitrine   (a) Péricarde
_____ (2) Arythmie   (b) Système de
_____ (3) Fibrillation   conduction du cœur
_____ (4) Infarctus du myocarde (c) Vaisseaux coronaires
_____ (5) Péricardite   (d) Valves cardiaques
_____ (6) Souffle
_____ (7) Sténose
_____ (8) Tamponnade cardiaque

Questions à court développement

11. Décrivez la situation et la position du cœur dans l'organisme.

12. Décrivez le péricarde et distinguez le péricarde fibreux du péricarde séreux du point de vue de leur situation et de leur structure histologique.

13. Montrez les différences structurales entre les valves auriculoventriculaires, d'une part, et les valves de l'aorte et du tronc pulmonaire, d'autre part ; reliez ces différences de structure à la fonction de ces deux types de valves cardiaques.

14. (a) Décrivez le cheminement d'une goutte de sang de son entrée dans l'oreillette droite à son entrée dans l'oreillette gauche. Comment appelle-t-on ce trajet ? (b) Décrivez, dans ses grandes lignes, le cheminement d'une goutte de sang de l'oreillette gauche à l'oreillette droite. Comment appelle-t-on ce trajet ?

15. Comparez la fibre musculaire squelettique et la fibre musculaire cardiaque sur le plan structural et sur le plan fonctionnel.

16. (a) Expliquez l'influence de la contraction et du relâchement du muscle cardiaque sur le débit coronarien. (b) Nommez les principales ramifications des artères coronaires et indiquez les parties du cœur que chacune irrigue.

17. La période réfractaire du muscle cardiaque est beaucoup plus longue que celle du muscle squelettique. Pourquoi s'agit-il là d'une propriété fonctionnelle opportune ?

18. (a) Nommez les éléments du système de conduction du cœur dans l'ordre, en commençant par le centre rythmogène. (b) Quelle est l'importante fonction du système de conduction du cœur ?

19. Dessinez un électrocardiogramme normal. Nommez les ondes et expliquez leur signification.

20. Définissez la révolution cardiaque et énumérez ses étapes.

21. Qu'est-ce que le débit cardiaque et comment le calcule-t-on ?

22. Déterminez quel sera l'effet de chacun des événements suivants sur le débit cardiaque et précisez les étapes intermédiaires qui mèneront à cet effet : (a) augmentation du retour veineux ; (b) augmentation de la température corporelle ; (c) diminution du volume télédiastolique ; (d) augmentation du taux de thyroxine.

23. Comment la loi de Starling explique-t-elle l'influence du retour veineux sur le volume systolique ?

24. (a) Décrivez la fonction commune du foramen ovale et du conduit artériel chez le fœtus. (b) Quels troubles résultent de la persistance de ces dérivations après la naissance ?

Réflexion et application

1. Au cours d'une bagarre, un jeune homme est poignardé à la poitrine. À son arrivée au centre hospitalier, il est cyanosé et, du fait de l'ischémie cérébrale, inconscient. L'équipe médicale diagnostique une tamponnade cardiaque. Décrivez cet état et expliquez comment il cause les symptômes que présente le patient.

2. On vous demande de faire la démonstration de la technique d'auscultation des bruits du cœur. (a) Où placeriez-vous votre stéthoscope pour détecter l'insuffisance grave de la valve de l'aorte ? Le rétrécissement de la valve auriculoventriculaire gauche ? (b) À quel(s) moment(s) êtes-vous susceptible d'entendre le plus clairement les souffles produits par ces anomalies (pendant la diastole auriculaire, la systole ventriculaire, la diastole ventriculaire ou la systole auriculaire) ? (c) Sur quels indices vous baseriez-vous pour distinguer l'insuffisance valvulaire du rétrécissement d'une valve ?

3. Florence Sauvé, une femme d'âge mûr, est admise à l'unité de soins coronariens pour une insuffisance du ventricule gauche résultant d'un infarctus du myocarde. L'anamnèse révèle que des douleurs thoraciques aiguës ont réveillé la patiente au milieu de la nuit. Sa peau est pâle et froide, et on entend des râles humides dans la partie inférieure de ses poumons. Expliquez comment l'insuffisance du ventricule gauche peut causer ces symptômes.

4. Hortense, une nouveau-née, doit subir une intervention chirurgicale parce qu'elle présente une transposition totale des gros vaisseaux ; en effet, son aorte émerge du ventricule droit et son tronc pulmonaire, du ventricule gauche. Quelles sont les conséquences physiologiques de cette anomalie ?

5. Gabriel, un héroïnomane, se sent fatigué, faible et fiévreux et il ressent des douleurs diffuses. Craignant d'être atteint du SIDA, il consulte un médecin, qui lui apprend qu'il présente un souffle cardiaque accompagné d'une endocardite. Quelle est la cause la plus probable de l'endocardite de Gabriel ?

6. Tandis qu'elle procède à une dissection, Karine songe avec irritation au fait que plusieurs structures qu'elle étudie portent plus d'un nom courant. Donnez un synonyme pour chacune des structures suivantes : (a) sillon coronaire ; (b) valve tricuspide ; (c) valve bicuspide (donnez deux synonymes) ; (d) faisceau auriculoventriculaire.

19

PREMIÈRE PARTIE

STRUCTURE ET FONCTION DES VAISSEAUX SANGUINS : CARACTÉRISTIQUES GÉNÉRALES

Structure des parois vasculaires (p. 802)

Réseau artériel (p. 804)

Capillaires (p. 806)

Réseau veineux (p. 808)

Anastomoses vasculaires (p. 809)

DEUXIÈME PARTIE

PHYSIOLOGIE DE LA CIRCULATION

Débit sanguin, pression sanguine et résistance (p. 812)

Pression sanguine systémique (p. 813)

Maintien de la pression artérielle (p. 815)

Débit sanguin dans les tissus : irrigation des tissus (p. 823)

TROISIÈME PARTIE

VOIES DE LA CIRCULATION : ANATOMIE DU SYSTÈME CARDIOVASCULAIRE

Les deux principales circulations de l'organisme (p. 831)

Différences entre les artères et les veines systémiques (p. 831)

Principaux vaisseaux de la circulation systémique (p. 833)

Développement et vieillissement des vaisseaux sanguins (p. 857)

Le système cardiovasculaire : les vaisseaux sanguins

L' analogie qui compare les vaisseaux sanguins à un système de tuyaux ne peut servir que de point de départ. En effet, les vaisseaux sanguins ne sont ni rigides ni statiques. Ce sont des structures dynamiques qui se contractent, se relâchent et, même, qui prolifèrent. Ce chapitre porte sur la structure et la fonction de ces importantes voies de circulation.

Les **vaisseaux sanguins** forment un réseau qui commence et finit au cœur. La découverte de la circulation sanguine a été effectuée dans les années 1620 par William Harvey, un médecin anglais. De Galien (médecin grec du IIᵉ siècle) jusqu'à cette époque, on croyait que le sang allait et venait dans l'organisme comme une marée, partant du cœur et y retournant par les mêmes vaisseaux.

PREMIÈRE PARTIE

STRUCTURE ET FONCTION DES VAISSEAUX SANGUINS : CARACTÉRISTIQUES GÉNÉRALES

Les vaisseaux sanguins se divisent en trois grandes catégories : les *artères*, les *capillaires* et les *veines*. Les contractions du cœur chassent le sang dans les grosses artères issues des ventricules. Ensuite, le sang parcourt les ramifications des artères, jusqu'aux plus petites, les *artérioles* (« petites artères »). Il aboutit ainsi dans les lits capillaires des organes et des tissus. À sa sortie des capillaires, le sang emprunte les *veinules*, qui sont les plus petites veines, puis il se jette dans des veines qui vont grossissant et se déverse enfin dans les grosses veines qui convergent vers le cœur. Le voyage est long : mis bout à bout, les vaisseaux sanguins d'un humain adulte mesureraient quelque 100 000 km !

Puisqu'elles transportent le sang *en provenance* du cœur, les **artères** « se ramifient » ou « se divisent » en vaisseaux de plus en plus petits. Quant aux **veines**, qui convoient le sang *vers* le cœur, elles « fusionnent » ou « convergent » pour former les vaisseaux de plus en plus gros qui aboutissent à cet organe. Dans la circulation systémique, les artères transportent toujours du sang oxygéné et les veines, du sang pauvre en oxygène. L'inverse est vrai dans la circulation pulmonaire, où les artères, qui demeurent par définition les vaisseaux partant du cœur, emportent le sang désoxygéné vers les poumons, alors que les veines rapportent le sang riche en oxygène des poumons au cœur. Dans les vaisseaux ombilicaux du fœtus, le rôle des veines et des artères diffère aussi de celui de la circulation systémique.

Parmi les vaisseaux sanguins, seuls les capillaires sont en contact étroit avec les cellules. Leurs parois extrêmement fines permettent les échanges entre le sang et le liquide interstitiel dans lequel baignent les cellules. Ces échanges fournissent aux cellules ce qui est nécessaire à leur physiologie normale.

Structure des parois vasculaires

1 Décrire les trois tuniques qui forment la paroi d'un vaisseau sanguin typique et indiquer la fonction de chacune.

2 Définir la vasoconstriction et la vasodilatation ; préciser quels types de vaisseaux et quelles composantes de leur paroi interviennent dans ces phénomènes.

Les parois des artères et des veines, sauf celles des plus petites, sont composées de trois couches, ou *tuniques* (enveloppes), entourant un espace central rempli de sang, la **lumière** (figure 19.1).

La **tunique interne**, ou *intima*, est composée d'**endothélium**, un épithélium simple squameux qui tapisse la lumière de tous les vaisseaux. L'endothélium est en continuité avec l'endocarde ; ses cellules plates s'imbriquent les unes dans les autres et constituent une surface lisse qui réduit au minimum la friction entre le sang et la face interne des vaisseaux. Dans les vaisseaux dont le diamètre est supérieur à 1 mm, l'endothélium repose sur une *couche sous-endothéliale*, composée d'une membrane basale et de tissu conjonctif lâche.

La **tunique moyenne**, ou *média*, comprend principalement des cellules musculaires lisses disposées en anneaux et des feuillets d'élastine continus. L'activité du muscle lisse vasculaire est régie par les *neurofibres vasomotrices* du système nerveux sympathique et par une panoplie de molécules. Selon les besoins de l'organisme, ces neurofibres peuvent rapidement causer la **vasoconstriction** (réduction du calibre due à la contraction du muscle lisse) ou la **vasodilatation** (augmentation du calibre due au relâchement du muscle lisse). Comme de légères variations du diamètre des vaisseaux sanguins ont des effets marqués sur le débit et sur la pression du sang, la tunique moyenne joue un rôle prépondérant dans la régulation de la circulation. Généralement, la tunique moyenne est la couche la plus épaisse dans les artères.

La **tunique externe**, aussi appelée *externa* (auparavant *adventice* : « qui s'ajoute accessoirement »), est composée principalement de fibres collagènes lâchement entrelacées qui protègent et renforcent les vaisseaux, et les ancrent aux structures environnantes. Elle est parcourue de neurofibres et de vaisseaux lymphatiques ; en plus, dans les grosses veines, cette tunique renferme des fibres d'élastine. Dans les gros vaisseaux, elle contient aussi de minuscules vaisseaux sanguins. Ces vaisseaux, nommés **vasa vasorum** (« vaisseaux des vaisseaux »), nourrissent les tissus externes de la paroi des gros vaisseaux. La partie interne ou luminale est nourrie directement par le sang qui coule dans la lumière.

Les différents types de vaisseaux se distinguent par leur longueur, par leur diamètre ainsi que par l'épaisseur et la composition de leurs parois (tableau 19.1). Nous décrivons ces différences ci-après. Les relations des divers canaux vasculaires sanguins entre eux et avec les vaisseaux du système lymphatique (qui recueillent les liquides laissés dans les tissus par la circulation) sont résumées dans la figure 19.2.

VÉRIFIONS NOS ACQUIS

1. Quelle division du système nerveux autonome innerve les vaisseaux sanguins ? Dans quelle tunique de la paroi des vaisseaux sanguins ces nerfs se trouvent-ils ? Quelles sont les cellules effectrices (cellules qui acheminent la réponse) ?

2. Quand le muscle lisse vasculaire se contracte, qu'advient-il du diamètre du vaisseau sanguin ? Comment appelle-t-on ce phénomène ?

Les réponses se trouvent à l'appendice G.

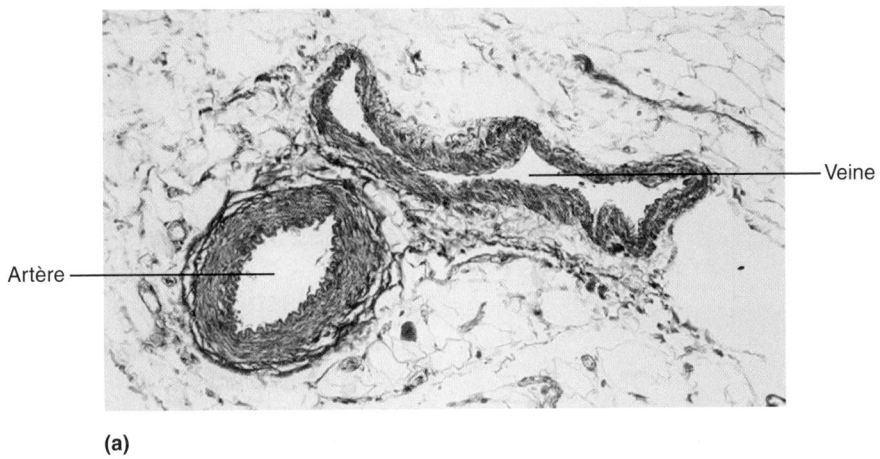

(a)

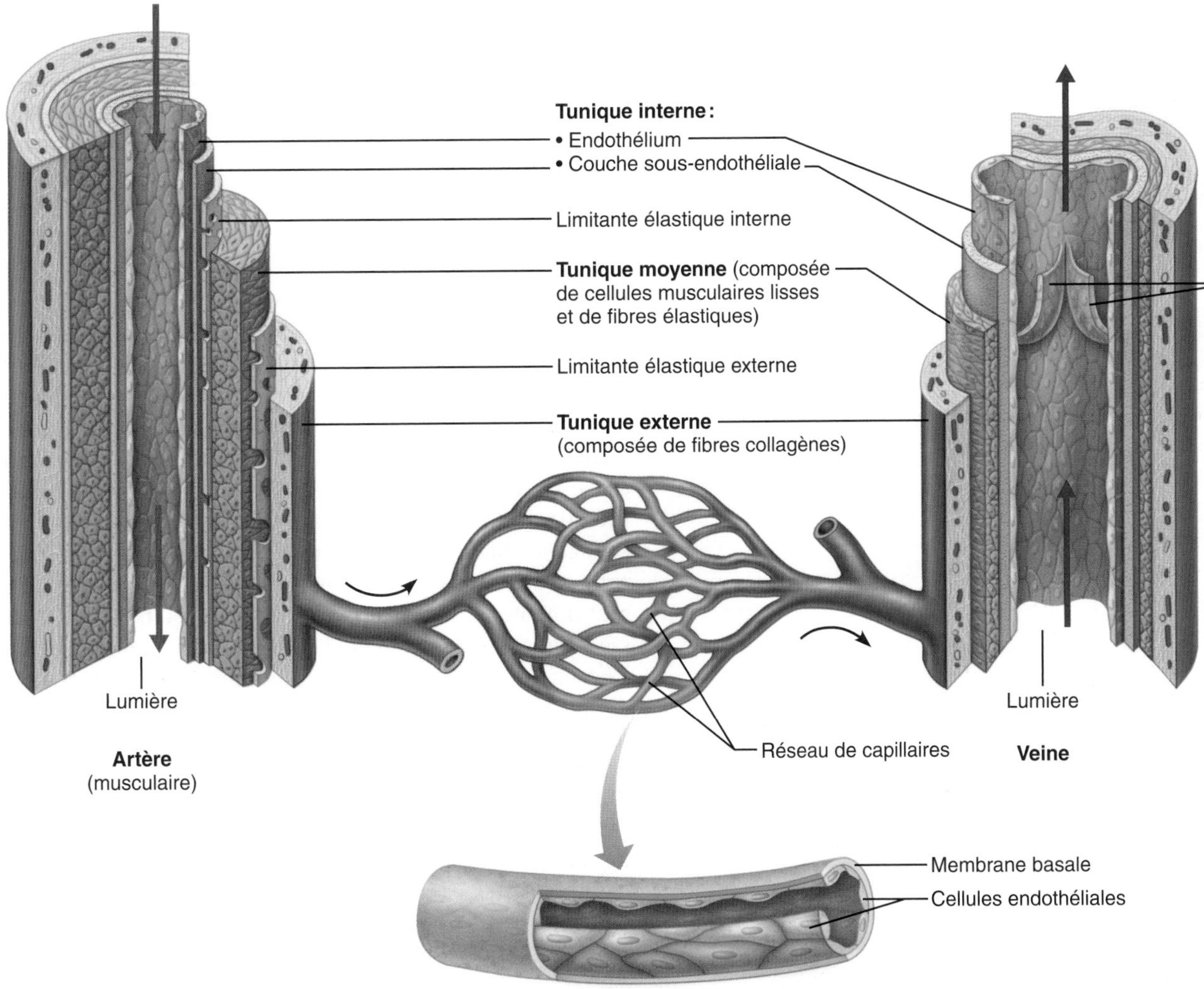

Tunique interne :
- Endothélium
- Couche sous-endothéliale

Limitante élastique interne

Tunique moyenne (composée de cellules musculaires lisses et de fibres élastiques)

Limitante élastique externe

Tunique externe (composée de fibres collagènes)

Valvule

Lumière

Lumière

Artère (musculaire)

Réseau de capillaires

Veine

Membrane basale

Cellules endothéliales

Capillaire

(b)

Figure 19.1 Structure des artères, des veines et des capillaires (modèle général).
(a) Photomicrographie au microscope optique d'une coupe transversale d'une artère musculaire et de la veine qui lui correspond (70×). **(b)** Comparaison de la structure des parois des artères, des veines et des capillaires. Notez que la tunique moyenne est épaisse dans les artères et relativement mince dans les veines, tandis que la tunique externe est mince dans les artères et relativement épaisse dans les veines.

19

TABLEAU 19.1 Structure comparative des vaisseaux sanguins		COMPOSITION RELATIVE			
TYPES DE VAISSEAUX*	DIAMÈTRE (D) DE LA LUMIÈRE ET ÉPAISSEUR (E) DE LA PAROI (VALEURS MOYENNES)	Endothélium	Tissu élastique	Muscle lisse	Tissu fibreux (collagène)
Artère élastique	D : 1,5 cm E : 1,0 mm				
Artère musculaire	D : 6,0 mm E : 1,0 mm				
Artériole	D : 37,0 µm E : 6,0 µm				
Capillaire	D : 9,0 µm E : 0,5 µm				
Veinule	D : 20,0 µm E : 1,0 µm				
Veine	D : 5,0 mm E : 0,5 mm				

* Les divers vaisseaux ne sont pas représentés à l'échelle. La taille des petits vaisseaux est exagérée pour montrer certains détails. Les dimensions réelles sont données dans la deuxième colonne.

Réseau artériel

3 Comparer la structure et la fonction des trois types d'artères.

Selon leur taille et leur fonction, les artères se divisent en trois groupes : les artères élastiques, les artères musculaires et les artérioles.

Artères élastiques (conductrices)

Les **artères élastiques** sont les grosses artères à la paroi épaisse situées près du cœur, soit l'aorte et ses principales ramifications. Ces artères sont celles qui possèdent le plus grand diamètre – entre 1 et 2,5 cm – et la plus grande élasticité (tableau 19.1). Étant donné leur gros calibre, elles servent de conduits à faible résistance pour le sang qui va du cœur aux artères de taille moyenne ; c'est pourquoi on les appelle parfois **artères conductrices** (figure 19.2).

Les artères élastiques contiennent plus d'élastine que tous les autres vaisseaux. On trouve de l'élastine dans leurs trois tuniques, mais surtout dans leur tunique moyenne. Dans cette dernière, l'élastine forme des feuillets épais, « troués » et concentriques de tissu conjonctif, appelés lames élastiques fenestrées (l'aorte en compte une cinquantaine), semblables à des tranches de gruyère et entre lesquels s'insèrent des cellules musculaires lisses. Bien qu'elles contiennent aussi des quantités substantielles de muscle lisse, les artères élastiques ont un rôle peu actif dans la vasoconstriction. Sur le plan fonctionnel, elles s'assimilent à de simples tubes élastiques.

Les artères élastiques sont des réservoirs dont les parois se dilatent et se resserrent passivement pendant que le sang est éjecté du cœur. Par conséquent, le sang s'écoule de manière presque continue et non par à-coups, au gré des contractions cardiaques. Mais si les vaisseaux sanguins durcissent et raidissent, comme c'est le cas dans l'artériosclérose, le sang s'y écoule par intermittence, un peu comme l'eau s'écoule d'un tuyau d'arrosage rigide. Lorsqu'on ouvre le robinet, la pression chasse l'eau à l'extérieur du tuyau. Mais lorsqu'on ferme le robinet, le flux diminue puis s'arrête, car les parois du tuyau ne peuvent se resserrer pour maintenir la pression. Qui plus est, si les artères élastiques n'exercent pas cette régulation de la pression, les parois de toutes les artères sont soumises à une plus forte pression ; les artères s'affaiblissent graduellement et peuvent se gonfler, voire éclater. (Nous décrivons ces problèmes dans le Gros plan des pages 810-811.)

Artères musculaires (distributrices)

Les artères élastiques donnent naissance aux **artères musculaires**, ou **distributrices**, qui apportent le sang aux divers organes. Ce sont surtout elles que l'anatomie nomme et étudie. Leur diamètre interne va de celui du petit doigt (1 cm) à celui d'une mine de crayon (0,3 mm).

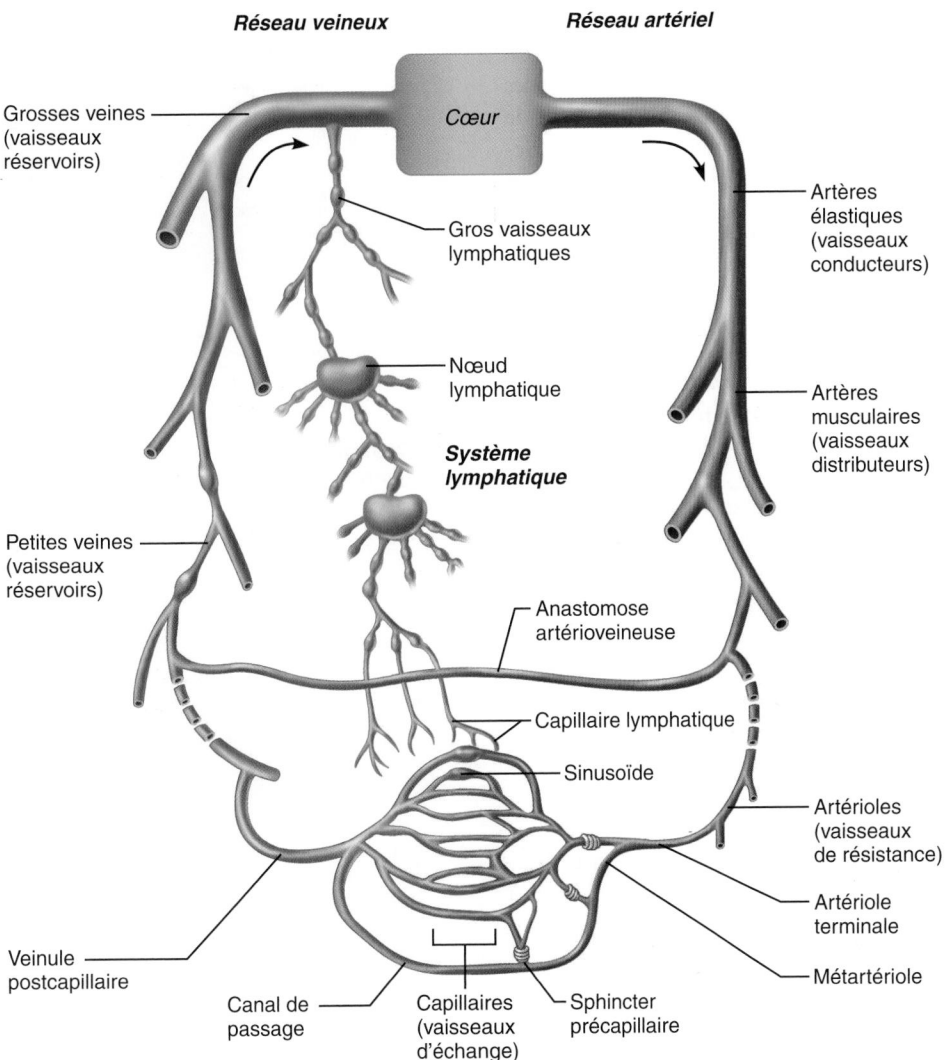

Figure 19.2 Relation des vaisseaux sanguins entre eux et avec les vaisseaux du système lymphatique. Les vaisseaux lymphatiques récupèrent l'excédent de liquide tissulaire et le retournent dans le sang.

Toutes proportions gardées, la tunique moyenne des artères musculaires dépasse en épaisseur celle de tous les autres vaisseaux. En outre, elle contient plus de muscle lisse et moins de tissu élastique que celle des artères élastiques (tableau 19.1) ; par conséquent, les artères musculaires ont un rôle plus actif que les artères élastiques dans la vasoconstriction, mais elles sont moins extensibles. On remarque toutefois que chacune des faces de leur tunique moyenne porte un feuillet élastique (*limitante élastique externe* à la jonction avec l'adventice et *limitante élastique interne* à la jonction avec l'intima).

Artérioles

Avec leur calibre se situant entre 0,3 mm et 10 μm, les **artérioles** sont les plus petites artères. Les plus grosses artérioles sont dotées de trois tuniques, mais leur tunique moyenne est composée principalement de muscle lisse et de quelques fibres élastiques clairsemées. Les plus petites artérioles, qui se jettent dans les lits capillaires, ne sont constituées que d'une seule couche de cellules musculaires lisses enroulées en spirale autour de l'endothélium. Dans tous les types d'artérioles, l'adventice est très réduite.

L'écoulement du sang dans les lits capillaires est déterminé par des variations du diamètre des artérioles (vasomotricité). Ces variations font suite aux stimulus nerveux et aux influences chimiques locales et hormonales que subit le muscle lisse de leur paroi. Lorsque les artérioles se contractent (vasoconstriction), le sang contourne les tissus qu'elles desservent. Mais lorsqu'elles se dilatent (vasodilatation), le débit sanguin augmente de façon marquée dans les capillaires locaux.

Capillaires

4 Décrire la structure de la paroi des trois types de capillaires; présenter l'anatomie et le fonctionnement d'un lit capillaire.

Les **capillaires** sont les plus petits vaisseaux sanguins. Leurs parois, extrêmement minces (0,5 μm), ne sont composées que de cellules endothéliales; les capillaires n'ont donc qu'une tunique interne (figure 19.1b). Dans certains cas, une seule cellule endothéliale constitue l'entière circonférence de la paroi. À des endroits stratégiques de la face externe de certains capillaires se trouvent des cellules en forme d'étoile semblables à des cellules musculaires lisses, appelées *péricyte*s, qui stabilisent la paroi des capillaires et aident à assurer leur perméabilité (figure 19.3a).

Les capillaires mesurent en moyenne 1 mm de long et leur calibre n'est que de 8 à 10 μm, soit juste ce qu'il faut pour laisser passer les globules rouges à la file. Si l'on mettait bout à bout l'ensemble des capillaires du corps humain, on obtiendrait un réseau de 8000 km de long, ce qui signifie que la plupart des tissus sont riches en capillaires, bien qu'il y ait plusieurs exceptions. Les tendons et les ligaments sont peu vascularisés; le cartilage et les épithéliums sont dépourvus de capillaires, mais ils reçoivent leurs nutriments des vaisseaux sanguins des tissus conjonctifs environnants; enfin, la cornée et le cristallin de l'œil ne sont aucunement irrigués et reçoivent leurs nutriments de l'humeur aqueuse.

Si l'on compare les vaisseaux sanguins à un réseau routier, alors les capillaires en sont les ruelles et les allées, car ils fournissent un accès à presque toutes les cellules (une substance parcourt moins de 0,2 mm pour entrer dans une cellule ou pour en sortir). Compte tenu de leur situation et de la minceur de leurs parois, les capillaires sont admirablement bien adaptés à leur rôle, c'est-à-dire à l'échange de substances – gaz, nutriments, hormones, etc. – entre le sang et le liquide interstitiel (figure 19.2 et tableau 19.1). Nous décrivons plus loin les mécanismes de ces échanges; nous allons dans un premier temps examiner la structure des capillaires.

Types de capillaires

Au point de vue de la structure, les capillaires se divisent en trois types: les *capillaires continus*, les *capillaires fenestrés* et les *sinusoïdes*. Les **capillaires continus**, abondants dans la peau et dans les muscles, sont les plus répandus (figure 19.3a). Ils sont continus dans la mesure où leurs cellules endothéliales forment un revêtement ininterrompu. Les cellules adjacentes sont

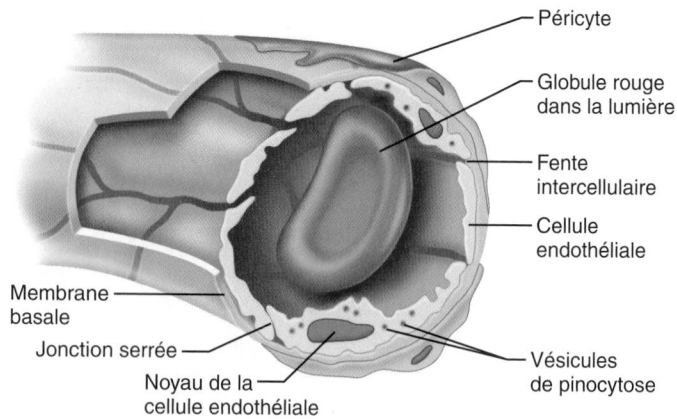

(a) Capillaire continu. Le moins perméable et le plus répandu (dans la peau et les muscle, par exemple).

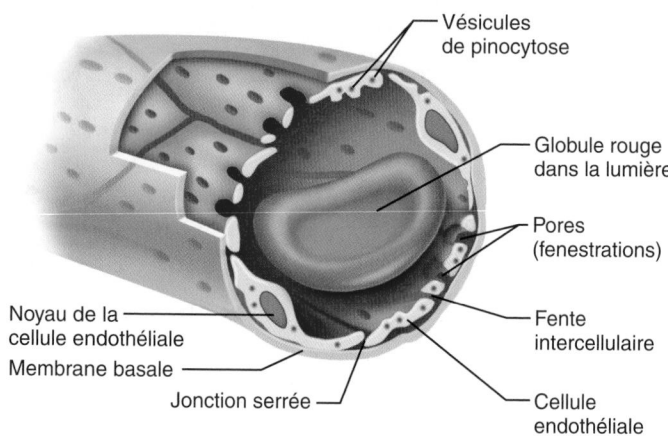

(b) Capillaire fenestré. Les grandes ouvertures (pores) augmentent la perméabilité. Présent à des endroits particuliers (les reins et l'intestin grêle, par exemple).

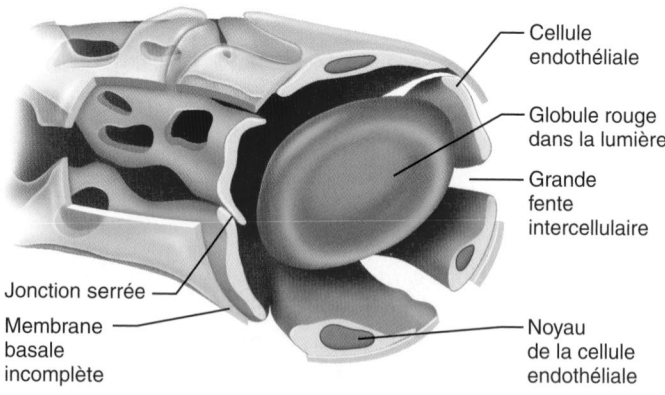

(c) Sinusoïde, ou capillaire discontinu. Le plus perméable. Présent à des endroits particuliers (le foie, la moelle osseuse et la rate, par exemple).

Figure 19.3 **Structure des capillaires.** *Note:* la membrane basale est incomplète seulement en **(c)** et les péricytes sont plus répandus sur les capillaires continus.

réunies latéralement par des *jonctions serrées*. Cependant, ces jonctions sont incomplètes dans la plupart des cas et laissent entre les membranes des espaces disjoints appelés **fentes intercellulaires**. Ces fentes sont juste assez larges pour permettre le passage de quantités limitées de liquides et de petites molécules de solutés. Typiquement, le cytoplasme des cellules endothéliales contient de nombreuses vésicules qui transportent les liquides et diverses molécules à travers la paroi capillaire par *pinocytose* (type d'endocytose faisant appel à des vésicules tapissées de clathrine et permettant au liquide extracellulaire d'entrer dans la cellule ; voir le chapitre 3).

Les capillaires de l'encéphale sont uniques en ce qui concerne les jonctions serrées : ces dernières circonscrivent entièrement les cellules endothéliales, et leur intégrité constitue le fondement structural de la *barrière hématoencéphalique* décrite au chapitre 12.

Les **capillaires fenestrés** sont semblables aux capillaires continus, sauf en un point : certaines de leurs cellules endothéliales sont percées de *pores* ovales, ou *fenestrations* (figure 19.3b). Ces pores sont généralement recouverts d'une membrane, ou diaphragme. Très mince, elle mesure 7 nm d'épaisseur environ et elle est probablement constituée d'une forme condensée de la substance à l'origine de la membrane basale. En dépit de ce diaphragme, la perméabilité des capillaires fenestrés aux liquides et aux solutés demeure nettement supérieure à celle des capillaires continus.

On trouve des capillaires fenestrés dans les organes où se produit une absorption capillaire importante ou la formation de filtrats. Par exemple, les capillaires fenestrés de l'intestin grêle reçoivent les nutriments absorbés par la muqueuse intestinale, ceux des plexus choroïdes autorisent la formation du liquide cérébrospinal et ceux des glandes endocrines permettent aux hormones d'entrer rapidement dans le sang. Il y a dans les reins des capillaires fenestrés dont les pores sont dépourvus de diaphragme (donc entièrement ouverts), car il est essentiel que la filtration du plasma sanguin s'y fasse rapidement.

Un type particulier de capillaires, les **sinusoïdes**, ou **capillaires discontinus**, relient les artérioles et les veinules dans le foie, la moelle osseuse, la rate et la médulla surrénale. Les sinusoïdes possèdent de grandes lumières irrégulières, et ils sont généralement « troués ». Leur endothélium est différent : les jonctions serrées sont moins nombreuses, les fentes intercellulaires sont plus larges que celles des capillaires ordinaires et la membrane basale est absente ou discontinue (figure 19.3c).

Les grosses molécules et même les cellules sanguines peuvent donc passer du sang aux tissus environnants, et vice versa. Dans le foie, l'endothélium des sinusoïdes est *discontinu* (les « trous » dans l'endothélium ne sont pas recouverts d'un diaphragme) et leur paroi est constituée en partie de gros macrophagocytes mobiles appelés **macrophagocytes stellaires**, ou cellules de Kupffer, qui absorbent et détruisent les bactéries transportées par le sang. Dans d'autres organes, telle la rate, des phagocytes situés juste à la surface des sinusoïdes enfoncent leurs prolongements cytoplasmiques dans les fentes intercellulaires, jusqu'à la lumière des sinusoïdes, pour capturer leurs « proies ». Le sang s'écoule lentement dans les méandres des sinusoïdes, ce qui laisse aux organes qu'il traverse le temps de le transformer.

Lits capillaires

Les capillaires ont tendance à se regrouper en réseaux appelés **lits capillaires**. La circulation du sang d'une artériole à une veinule, qui se fait par l'entremise d'un lit capillaire, est appelée **microcirculation**. Dans la plupart des régions de l'organisme, les lits capillaires sont composés de deux types de vaisseaux : (1) une *dérivation vasculaire* (constituée d'une *métartériole* et d'un *canal de passage*) qui relie directement l'artériole et la veinule situées de part et d'autre du lit ; (2) des *capillaires vrais*, où s'effectuent les échanges entre le sang et le liquide interstitiel (figure 19.4).

L'**artériole terminale** s'anastomose avec une **métartériole** (court vaisseau intermédiaire, du point de vue structural, entre une artère et un capillaire). Le **canal de passage**, à son tour, mène à la **veinule postcapillaire**.

On compte généralement de 10 à 100 **capillaires vrais** dans un lit capillaire, selon l'organe ou le tissu irrigués. Ils se ramifient habituellement à partir de l'extrémité proximale de la métartériole et la plupart d'entre eux s'anastomosent avec son extrémité distale. À l'occasion, ils naissent de l'artériole terminale

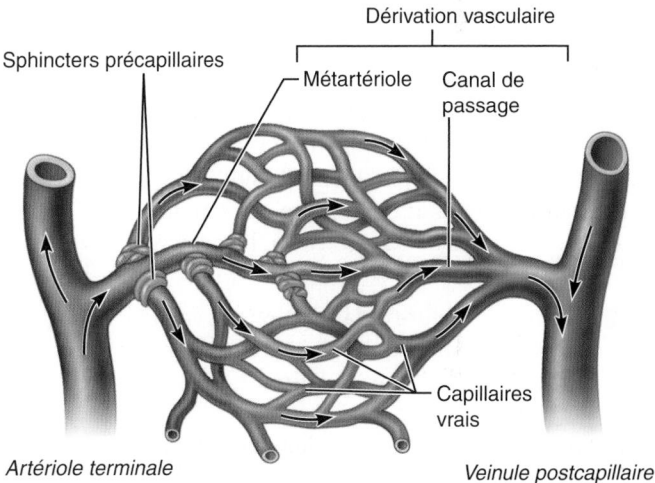

Artériole terminale　　　　　　　*Veinule postcapillaire*

(a) Sphincters ouverts – le sang passe à travers les capillaires vrais.

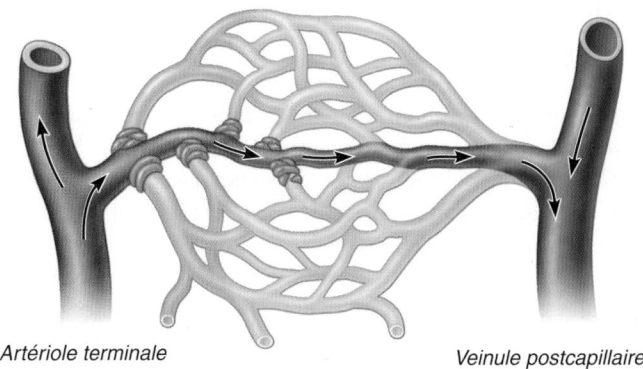

Artériole terminale　　　　　　　*Veinule postcapillaire*

(b) Sphincters fermés – la dérivation formée par la métartériole et le canal de passage permet au sang de contourner les capillaires vrais.

Figure 19.4 **Anatomie d'un lit capillaire.**

et se jettent directement dans la veinule. Un manchon de muscle lisse appelé **sphincter précapillaire** entoure la racine de chaque capillaire vrai qui se détache de la métartériole. Son rôle est de régir, comme une valvule, l'écoulement du sang dans le capillaire.

À partir d'une artériole terminale, le sang peut prendre deux voies: il peut soit emprunter la dérivation et passer dans les capillaires vrais, soit s'écouler dans la dérivation seulement. Si les sphincters précapillaires sont dilatés (ouverts), comme dans la figure 19.4a, le sang s'écoule dans les capillaires vrais et contribue aux échanges avec les cellules du tissu. S'ils sont contractés (fermés), comme dans la figure 19.4b, le sang s'écoule dans la métartériole et le canal de passage, et contourne les capillaires vrais et les cellules.

La quantité de sang qui s'écoule dans un lit capillaire est régie par les conditions chimiques locales et par des neurofibres vasomotrices. Le sang peut inonder un lit capillaire ou le contourner presque complètement, selon les conditions qui règnent dans l'organisme ou dans un organe donné. Imaginez par exemple qu'après un bon repas vous écoutez tranquillement votre musique préférée. Durant la digestion, le sang circule librement dans les capillaires vrais de votre système digestif, où il reçoit les produits de la digestion. Entre les repas, cependant, la plupart de ces capillaires sont fermés.

De même, lorsque vous vous livrez à un exercice intense, le sang est dérivé de votre système digestif (que vous ayez mangé ou non) vers les lits capillaires de vos muscles squelettiques, qui en ont davantage besoin. C'est pourquoi faire un exercice violent immédiatement après un repas peut causer une indigestion ou des crampes abdominales.

Réseau veineux

5 Décrire la structure et la fonction des veinules et des veines; préciser ce qui distingue les veines des artères; expliquer ce que sont les varices.

Les veines apportent le sang des lits capillaires au cœur. Le long du trajet, le diamètre des veines augmente, et leurs parois épaississent graduellement.

Veinules

Les **veinules**, dont le diamètre varie entre 8 et 100 μm, sont formées par l'union des capillaires. Les plus petites, les *veinules postcapillaires*, sont entièrement composées d'endothélium autour duquel quelques péricytes s'assemblent. Les veinules sont extrêmement poreuses (ce qui les fait ressembler davantage aux capillaires qu'aux veines); le plasma et les globules blancs traversent aisément leurs parois. De fait, pour déterminer le siège d'une inflammation, il suffit de trouver à quel endroit les globules blancs adhèrent à l'endothélium des veinules postcapillaires avant de traverser leur paroi pour migrer vers le tissu enflammé. Les plus grosses veinules possèdent une ou deux couches de cellules musculaires lisses (c'est-à-dire une tunique moyenne rudimentaire) et une mince tunique externe.

Veines

Les *veines* sont généralement constituées de trois tuniques (dont les limites sont moins nettes que celles des artères); cependant, leurs parois sont toujours plus minces et leurs lumières, plus grandes que celles des artères correspondantes (figure 19.1 et tableau 19.1). En conséquence, dans les préparations histologiques courantes, les veines apparaissent habituellement affaissées et leur lumière semble réduite à l'état de fente.

La tunique moyenne des veines est plutôt élémentaire; elle est mince, même celle des plus grosses veines, et elle contient peu de muscle lisse et d'élastine. La tunique externe est la plus robuste. Elle est composée de réseaux élastiques et de fibres collagènes disposées en gros faisceaux longitudinaux. Elle est souvent bien plus épaisse que la tunique moyenne. Dans les plus grosses veines – les veines caves (qui déversent le sang dans l'oreillette droite) –, des bandes longitudinales de muscle lisse ajoutent encore à l'épaisseur de la tunique externe.

Grâce à leur grande lumière – qui peut atteindre jusqu'à 3 cm de diamètre dans les plus grosses veines – et à leurs parois minces, les veines peuvent contenir d'importantes quantités de sang. Les veines renferment à tout moment jusqu'à 65 % du sang de l'organisme **(figure 19.5)**, et elles constituent un réservoir de sang. Néanmoins, elles ne sont que partiellement remplies.

En dépit de la minceur de leurs parois, les veines ne risquent pas d'éclater, car la pression du sang y est basse. Pour renvoyer le sang au cœur au même rythme qu'il a été propulsé dans le réseau artériel, les veines sont donc dotées d'adaptations structurales. Ainsi, le grand diamètre de leur lumière offre peu de résistance à l'écoulement du sang.

En outre, les veines contiennent des valvules qui empêchent le reflux du sang. Les **valvules veineuses** sont des replis de la tunique interne et, tant par leur structure que par leur

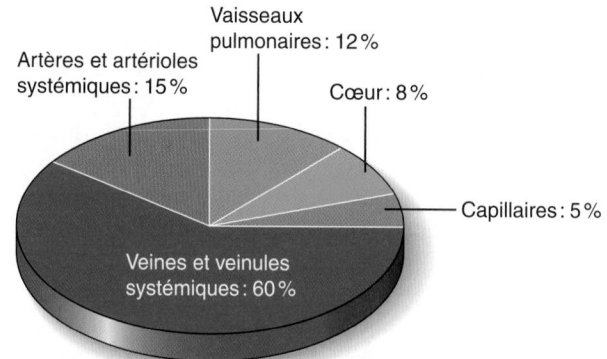

Figure 19.5 Proportions relatives du volume sanguin dans l'ensemble du système cardiovasculaire. Les veines systémiques sont des vaisseaux « réservoirs » parce qu'elles sont extensibles et qu'elles contiennent une grande partie du volume sanguin. Les vaisseaux pulmonaires irriguent les poumons; le réseau vasculaire systémique irrigue le reste du corps.

fonction, elles ressemblent aux valvules semi-lunaires du cœur (figure 19.1). Elles sont particulièrement abondantes dans les veines des membres, où la force gravitationnelle s'oppose à la remontée du sang. Il n'y a pas de valvules dans les veines des cavités abdominale et thoracique.

Une expérience simple vous démontrera l'efficacité de ces valvules. Laissez pendre une de vos mains le long du corps jusqu'à ce que les vaisseaux de sa face dorsale se gorgent de sang. Ensuite, placez le bout de deux doigts sur l'une des veines distendues et, en appuyant fermement, déplacez le doigt supérieur vers votre poignet, puis relevez ce doigt. La veine demeurera aplatie, en dépit de la force gravitationnelle. Enfin, soulevez le doigt inférieur. La veine aura tôt fait de se remplir à nouveau.

⚖ DÉSÉQUILIBRE HOMÉOSTATIQUE

Les **varices** (*varix* : veines gonflées) sont des veines dilatées et tortueuses du fait de l'insuffisance de leurs valvules (qui fuient). Plus de 15 % des adultes souffrent de varices, habituellement dans les membres inférieurs. Elles ont plusieurs causes, notamment l'hérédité et les facteurs qui entravent le retour veineux – telles la position debout prolongée, l'obésité et la grossesse. L'abdomen d'une personne obèse et l'utérus distendu d'une femme enceinte compriment les vaisseaux des aines et réduisent le retour veineux. Par conséquent, le sang tend à stagner dans les membres inférieurs ; peu à peu, les valvules s'affaiblissent et les parois des veines se distendent. Les veines superficielles, mal soutenues par les tissus environnants, sont particulièrement fragiles. Habituellement bénignes, les varices peuvent toutefois entraîner de graves complications, telle une thrombophlébite (voir p. 860).

Les varices peuvent aussi être provoquées par une forte pression veineuse. Par exemple, les efforts déployés pendant l'accouchement ou la défécation élèvent la pression intraabdominale et empêchent le sang de s'écouler du canal anal. Les varices des veines anales sont appelées *hémorroïdes* (« sang qui coule »).

Les varices des membres inférieurs se traitent de plusieurs façons. Dans les cas bénins ou légers, le port de collants ou de bas de compression suffit généralement à régler le problème. Sinon, il est possible de procéder à l'ablation chirurgicale des veines variqueuses ou de faire appel à la sclérothérapie. Selon cette méthode, on injecte dans les veines une substance sous l'action de laquelle la veine durcit et se bouche. On peut également procéder à l'oblitération endoveineuse au laser ou par radiofréquence, ou encore poser un clip métallique. ■

Les **sinus veineux**, tels le *sinus coronaire* et les *sinus de la dure-mère*, sont des veines aplaties hautement spécialisées dont les parois extrêmement minces ne sont constituées que d'un endothélium. Ces petits vaisseaux ne sont soutenus que par les tissus qui les entourent, et non par une autre tunique. Les sinus de la dure-mère, qui reçoivent le sang de l'encéphale et réabsorbent le liquide cérébrospinal, sont renforcés par la dure-mère (voir les figures 12.23 et 12.25).

Anastomoses vasculaires

6 Expliquer ce que sont les anastomoses vasculaires ; présenter leurs différents types et décrire leur fonction.

Les **anastomoses vasculaires** sont des abouchements de vaisseaux sanguins. La plupart des organes sont irrigués par plus d'une branche artérielle, et il arrive souvent que les artères qui desservent le même territoire se réunissent et forment des **anastomoses artérielles**. Les anastomoses artérielles fournissent des voies supplémentaires, appelées **vaisseaux collatéraux**, au sang destiné à une région donnée. Si une branche artérielle est obstruée par un caillot ou sectionnée, le vaisseau collatéral peut suffire à l'irrigation de la région.

Il y a des anastomoses artérielles autour des articulations, où les mouvements sont susceptibles d'empêcher l'accès du sang à un vaisseau. Elles sont aussi abondantes dans les organes abdominaux, l'encéphale et le cœur. Les artères qui irriguent la rétine, les reins et la rate ne s'anastomosent pas ou forment des anastomoses assez simples. Si la circulation est interrompue dans ces artères, les cellules qu'elles alimentent meurent.

Les connexions vasculaires constituées par les métartérioles et les canaux de passage des lits capillaires sont des exemples d'**anastomoses artérioveineuses**. Les veines s'unissent davantage que les artères, et les **anastomoses veineuses** sont nombreuses dans l'organisme. (Il est possible de voir ces anastomoses à travers la peau du dos de la main.) Par conséquent, il est rare que l'occlusion d'une veine interrompe l'écoulement du sang et cause une nécrose tissulaire.

VÉRIFIONS NOS ACQUIS

3. Nommez le type d'artère qui correspond à chaque description : joue un rôle essentiel dans la pression des pulsations des contractions cardiaques ; la vasodilatation ou la vasoconstriction détermine le débit sanguin vers chaque lit capillaire ; possède la tunique moyenne la plus épaisse par rapport au diamètre de sa lumière.

4. Observez la figure 19.4 et supposez que le lit capillaire illustré se trouve dans le muscle de votre mollet. Dans quel état se trouverait le lit capillaire (a – sphincters ouverts ; ou b – sphincters fermés) si vous étiez en train de faire des extensions des mollets ?

5. Quelle est la fonction des valves dans les veines ? De quoi sont formées les valves ?

6. Dans la circulation systémique, des artères ou des veines, quelle structure contient le plus de sang ? Cette quantité est-elle égale dans les deux structures ?

Les réponses se trouvent à l'appendice G.

19

(Suite à la p. 812)

Comment traiter l'athérosclérose : sortez vos débouchoirs !

Lorsque l'eau s'écoule trop lentement d'un évier de cuisine, c'est généralement parce que des débris d'aliments gras ou des cheveux obstruent le tuyau. Parfois, les égouts se bouchent parce que des racines d'arbre s'y introduisent, empêchant les particules de s'écouler normalement (voir la photographie du haut). Dans l'**artériosclérose**, les parois des artères épaississent et deviennent plus rigides, ce qui cause l'hypertension. Dans l'**athérosclérose**, le type le plus fréquent d'artériosclérose, des épaississements, appelés *athéromes,* apparaissent locale- ment dans la paroi interne des vaisseaux et en réduisent le diamètre. Il suffit ensuite d'un caillot vagabond ou de spasmes artériels pour obstruer complètement la lumière déjà rétrécie d'une artère. Un infarctus du myocarde ou un accident vasculaire cérébral peut alors survenir.

Si toutes les artères peuvent être tou- chées par l'athérosclérose, l'aorte ainsi que les artères coronaires et carotides sont toutefois les plus vulnérables.

Apparition et évolution

Quel est le facteur à l'origine de ce fléau, cause indirecte de la moitié des décès dans le monde occidental ? On pense que le développement complet d'un athérome se produit en plusieurs phases.

1. **Lésion de l'endothélium.** Certains chercheurs pensent qu'il s'agit d'une lésion de la tunique interne des vais- seaux, qui peut être entraînée par des substances circulant dans le sang, par l'hypertension, par des composantes de la fumée de cigarette ou encore par des infections virales ou bacté- riennes. Les chercheurs soupçonnent que presque toute infection chronique, y compris celles qui touchent le pério- donte (ligament alvéolodentaire), peut ouvrir la voie à l'athérosclérose. On ne comprend pas encore très bien comment un microorganisme comme le *Chlamydia pneumoniæ* trouvé dans certaines plaques peut déclencher

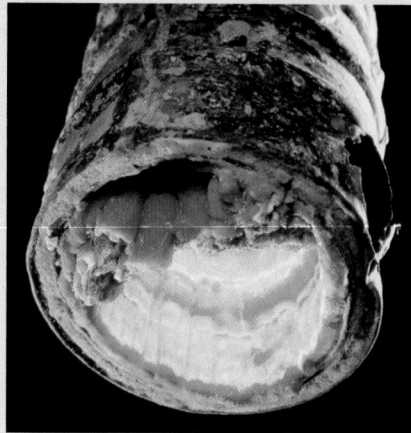

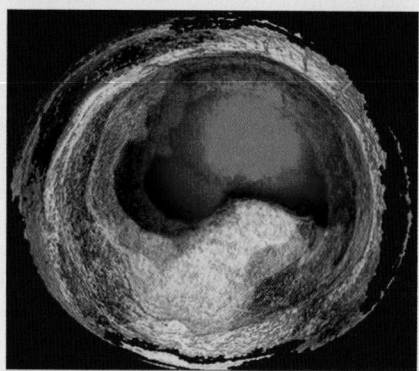

Photographie du haut : Conduite obstruée par des dépôts
Photographie du bas : Plaques athéroscléreuses fermant presque complètement une artère humaine

la formation d'un athérome. On sait cependant que toute lésion de l'endothélium constitue une alerte qui mobilise le système immunitaire et déclenche le processus inflammatoire destiné à réparer les dégâts.

2. **Dépôt de plaques lipidiques et oxydation de la tunique interne.** Les cellules endothéliales endommagées libèrent des agents chimiotactiques et des facteurs de croissance (qui stimu- lent la mitose). Elles se mettent aussi à absorber et à modifier des lipides

sanguins, en particulier les lipoprotéines de basse densité, ou LDL. (Les LDL sont la forme sous laquelle le cholesté- rol circule dans le sang pour se rendre aux cellules des tissus.) Il se forme alors des dépôts de LDL et ceux-ci s'oxydent dans le milieu inflammatoire, qui leur est hostile. Ces réactions d'oxy- dation ne font pas qu'endommager les cellules avoisinantes ; elles attirent également des macrophagocytes dans la région par chimiotactisme. Certains de ces macrophagocytes engloutissent d'énormes quantités de LDL, à tel point qu'ils se transforment en cellules spumeuses regorgeant de lipides. L'accumulation des cellules spumeuses (cellules à vacuoles lipidiques) forme des **stries lipidiques**, premier signe visible de la formation d'un athérome qui est caractérisé par des lésions graisseuses verdâtres.

3. **Prolifération des cellules muscu- laires lisses et formation d'un capu- chon fibreux.** Des cellules musculaires lisses migrent de la tunique moyenne et sécrètent du collagène et de l'élas- tine, ce qui épaissit la tunique interne. Par la suite, des lésions fibreuses apparaissent ; elles comportent un amas de cellules spumeuses mortes ou en décomposition appelées **athé- romes**, ou **plaques athéroscléreuses**. Au début, les parois des vaisseaux forcent la plaque à se développer vers l'extérieur, mais ces dépôts lipidiques finissent par faire saillie dans la lumière du vaisseau. Ce processus s'effectue donc de l'intérieur même de la paroi et non sur la surface interne comme on l'a longtemps cru. L'athérosclérose est alors pleinement installée (voir la photographie du bas).

4. **Instabilité de la plaque.** À mesure que la plaque grossit, les cellules qui se trouvent en son centre meurent. Du calcium s'y dépose, et la production de collagène par les cellules musculaires lisses diminue. On atteint le dernier

stade de la maladie. Les vaisseaux rétrécissent et les parois artérielles s'usent et s'ulcèrent, ce qui favorise l'accumulation et l'agglutination du sang, l'adhésion plaquettaire et la formation de caillots. La rigidité des parois vasculaires, normalement élastiques, cause l'hypertension. L'ensemble de ces phénomènes accroît les risques d'infarctus du myocarde, d'accident vasculaire cérébral et d'anévrisme, et est à l'origine de la douleur (angine) qui survient quand le muscle cardiaque est ischémique.

Les cellules endothéliales endommagées libèrent moins de monoxyde d'azote et de prostacycline, deux substances chimiques qui favorisent la vasodilatation et inhibent l'agrégation plaquettaire. Il se pourrait que ce phénomène accélère la formation de caillots chez les personnes atteintes d'athérosclérose. Chez certaines personnes, l'accélération de la formation de caillots peut être due à une forme modifiée de LDL, appelée *lipoprotéine (a)*, qui inhibe la fibrinolyse en étant en concurrence avec le plasminogène.

On pense généralement que les grosses plaques à un stade avancé sont responsables des crises cardiaques et des accidents vasculaires cérébraux, mais des plaques de toute taille peuvent se détacher et former un caillot. Au moins le tiers des crises sont provoquées par des obstructions trop petites pour être repérées sur un artériogramme. Elles ne causent aucun symptôme avant-coureur ; la victime semble en parfaite santé, puis meurt subitement ! Actuellement, un des objectifs de la recherche consiste à trouver des moyens de repérer ces plaques vulnérables.

Facteurs de risque
Pourquoi certaines personnes sont-elles plus durement touchées par l'athérosclérose, tandis que d'autres semblent immunisées ? Un grand nombre de facteurs de risque interdépendants influent sur l'évolution des plaques athéroscléreuses. Parmi ceux-ci, on trouve le vieillissement, le fait d'être de sexe masculin, des antécédents familiaux

d'athérosclérose, un taux élevé de cholestérol sanguin, l'hypertension, le tabagisme, le manque d'exercice, le diabète, l'obésité, le stress et l'absorption de gras *trans* (voir le chapitre 23).

Traitement et prévention
On peut réduire certains facteurs de risque, par exemple en arrêtant de fumer, en perdant du poids, en faisant de l'exercice régulièrement en vue d'accroître le taux sanguin de lipoprotéines de haute densité (HDL), qui absorbent les dépôts de cholestérol dans les parois vasculaires et les transportent vers le foie pour qu'ils soient éliminés, ainsi qu'en adoptant un régime alimentaire sain à faible teneur en gras saturés et *trans*.

Toutefois, pour certaines personnes, ces mesures ne suffisent pas ; elles doivent alors opter pour un traitement pharmacologique. Des médicaments hypocholestérolémiants, appelés *statines*, ont d'abord suscité beaucoup d'espoir : on pensait qu'ils pourraient éliminer les plaques des parois des vaisseaux. Et, de fait, ils abaissent le taux de LDL, mais ils ne diminuent que très peu la taille des plaques. Ils comportent toutefois un avantage imprévu, leur action anti-inflammatoire, qui semble aider à stabiliser les plaques existantes et les empêcher de se détacher. Même l'humble aspirine suscite un regain d'intérêt ; on recommande aux personnes présentant un risque élevé de crise cardiaque ou d'accident vasculaire cérébral de prendre tous les jours un comprimé d'aspirine à faible dose (81 mg) pour empêcher la formation d'un caillot quand une plaque se détache.

Les plus grosses plaques qui obstruent en partie les artères sont traitées de la même manière qu'on débouche une canalisation bloquée : on creuse et on remplace ou on dégage l'obstruction. On effectue un *pontage coronarien*, c'est-à-dire que l'on greffe dans le cœur des segments de veines prélevés dans les jambes (grandes veines saphènes) ou de petites artères prélevées dans la cavité thoracique. L'*angioplastie transluminale percutanée* se pratique au moyen d'une sonde munie

d'un ballonnet. Lorsque la sonde atteint le siège de l'obstruction, le chirurgien gonfle le ballonnet et la masse lipidique est comprimée contre la paroi du vaisseau. L'angioplastie dégage temporairement l'obstruction, mais il se produit souvent des *resténoses* (de nouvelles obstructions). L'insertion de *tuteurs* (courts tubes en treillis métallique ressemblant à de très gros macaronis) dans les vaisseaux nouvellement dilatés peut aider à les garder ouverts, mais ils se rebloquent aussi souvent. L'application de sources radioactives (*curiethérapie endocoronaire*) ou l'utilisation de tuteurs qui libèrent lentement un médicament qui inhibe la prolifération des cellules musculaires lisses ont permis d'obtenir une réduction de la resténose.

Lorsqu'un athérome se détache et cause la formation d'un caillot, les médecins prescrivent des *agents thrombolytiques*, qui dissolvent les caillots (voir p. 753-754). Au nombre de ces médicaments, on compte l'*activateur tissulaire du plasminogène*, une substance naturelle produite grâce au génie génétique. L'injection de ce produit directement dans le vaisseau obstrué rétablit rapidement le débit sanguin et interrompt le cours de nombreuses crises cardiaques.

Bien sûr, il vaut mieux prévenir que guérir. Pour freiner l'évolution de l'athérosclérose, il est recommandé de modifier son style de vie. Mais peut-on convaincre la population de renoncer au beurre et aux hamburgers ? Pourtant, si l'on parvient un jour à prévenir la cardiopathie en guérissant l'athérosclérose, bien des gens accepteront de troquer leurs vieilles habitudes contre une vieillesse en bonne santé !

19

VÉRIFIONS NOS ACQUIS

7. Quel est le premier signe visible d'un athérome ?

8. Quel type de médicaments peut-on prescrire une fois que l'athérome s'est détaché ?

Les réponses se trouvent à l'appendice G.

DEUXIÈME PARTIE

PHYSIOLOGIE DE LA CIRCULATION

Avez-vous déjà escaladé une montagne? Préparez-vous à une telle aventure lorsque vous étudierez la dynamique de la circulation. Se familiariser avec la régulation de la pression sanguine et les différents concepts de la physiologie cardiovasculaire est certes une tâche considérable, mais ne vaut-il pas la peine de faire un effort pour atteindre le sommet? Commençons donc notre ascension.

Le rôle vital de la circulation sanguine n'est plus à démontrer. Vous savez maintenant que le cœur s'assimile à une pompe, les artères à un réservoir de pression et à des conduits, les artérioles à des conduits de résistance qui régissent la distribution, les capillaires à des lieux d'échange et les veines à des conduits et à des réservoirs. Examinons maintenant la dynamique de ce système.

Débit sanguin, pression sanguine et résistance

7 Définir le débit sanguin, la pression sanguine et la résistance, et expliquer leurs relations; citer les facteurs qui influent sur la résistance périphérique et préciser leurs effets.

Il convient d'abord de définir trois facteurs importants – le débit sanguin, la pression sanguine et la résistance – et d'étudier leur rôle dans la physiologie de la circulation sanguine.

Définitions

1. Le **débit sanguin** est le volume de sang qui s'écoule dans un vaisseau, dans un organe ou dans le système cardio-vasculaire entier en une période donnée (mL/min). À l'échelle du système cardiovasculaire, le débit sanguin équivaut au débit cardiaque et, au repos, il est relativement constant. À tout instant, néanmoins, le débit sanguin dans *un organe déterminé* peut varier fortement, suivant les besoins immédiats de l'organe.

2. La **pression sanguine** est la force par unité de surface que le sang exerce sur la paroi d'un vaisseau. Elle s'exprime en millimètres de mercure (mm Hg). Par exemple, une pression artérielle de 120 mm Hg est égale à la pression exercée par une colonne de mercure de 120 mm de haut. Dans le langage clinique, l'expression «pression artérielle» désigne la pression sanguine dans la circulation systémique, en particulier dans les gros vaisseaux près du cœur. Des mécanismes d'autorégulation régissent la *pression artérielle*, dont dépend la *pression veineuse*. Les *différences* de pression (gradient de pression) dans le système cardiovas-

culaire fournissent la force propulsive nécessaire à la circulation du sang dans l'organisme, qui va toujours de la région ayant la plus haute pression vers celle ayant la plus basse pression.

3. La **résistance** est la force qui s'oppose à l'écoulement du sang, et elle résulte de la friction du sang sur la paroi des vaisseaux. Parce que la friction est surtout manifeste dans la circulation périphérique (systémique), loin du cœur, on parle généralement de **résistance périphérique**. Trois facteurs importants peuvent influer sur la résistance: la viscosité du sang ainsi que la longueur et le diamètre des vaisseaux.

   - *Viscosité du sang.* La *viscosité* est la résistance inhérente d'un liquide à l'écoulement et celle-ci dépend de sa fluidité ou de son épaisseur. Plus le frottement entre les molécules est fort, plus la viscosité est grande, et plus le déplacement du liquide est difficile à amorcer et à maintenir. Le sang est beaucoup plus visqueux que l'eau, car il contient des éléments figurés et des protéines plasmatiques; dans les mêmes conditions, il s'écoule donc beaucoup plus lentement que l'eau. La viscosité du sang est relativement constante, mais des phénomènes rares peuvent l'augmenter, tels un refroidissement extrême ou une polycythémie (excès de globules rouges), et accroître par le fait même la résistance. Par ailleurs, lorsque la numération érythrocytaire est basse, comme c'est le cas dans certaines anémies, le sang devient moins visqueux et la résistance périphérique diminue.

   - *Longueur totale des vaisseaux sanguins.* Entre la longueur totale des vaisseaux et la résistance, il existe une relation directement proportionnelle: plus le vaisseau est long, plus la résistance est grande. Par exemple, la longueur des vaisseaux sanguins d'un bébé augmente jusqu'à l'âge adulte, tout comme la résistance périphérique et la pression sanguine.

   - *Diamètre des vaisseaux sanguins.* Parce que la viscosité du sang et la longueur des vaisseaux sont normalement invariables, on peut estimer que l'influence de ces facteurs est constante chez un sujet en bonne santé. Le diamètre des vaisseaux sanguins, quant à lui, change fréquemment et il constitue un facteur capital de la résistance périphérique.

     En quoi? La réponse réside dans les principes de l'écoulement des liquides. Près des parois d'un tube ou d'un conduit, l'écoulement des liquides est ralenti par la friction; par contre, plus on se rapproche du centre, plus l'écoulement est libre et rapide. Pour vérifier ce principe, observez le courant de l'eau dans une rivière. Près des berges, l'eau semble presque immobile, tandis qu'elle coule rapidement au milieu.

     Suivant cette observation, on constate que, dans un tube d'un diamètre donné, la vitesse et la position relatives du liquide circulant en divers endroits de sa lumière demeurent constantes; ce phénomène est appelé *écoulement laminaire*. En outre, la friction est plus forte dans un petit conduit que dans un gros, car la proportion de liquide en contact avec les parois est plus grande, ce qui gêne le mouvement.

La résistance est *inversement* proportionnelle à la *quatrième puissance* du rayon du vaisseau (la moitié de son diamètre). Par exemple, si on double le rayon d'un vaisseau, la résistance à l'intérieur tombe à un seizième de sa valeur initiale ($r^4 = 2 \times 2 \times 2 \times 2 = 16$ et $1/r^4 = 1/16$). On peut en déduire que les grosses artères situées près du cœur contribuent peu à la résistance périphérique, car leur diamètre est relativement stable. Celle-ci est principalement due aux artérioles, qui ont un petit diamètre et peuvent se dilater ou se contracter en réaction à des mécanismes de régulation nerveux ou chimiques.

Lorsque le sang circule dans un vaisseau qui change brusquement de diamètre ou dont les parois sont couvertes de rugosités ou de saillies (par exemple les dépôts lipidiques de l'athérosclérose), l'écoulement laminaire cède le pas à un flux irrégulier. Ce phénomène, appelé *turbulence*, augmente nettement la résistance ; il produit des bruits qui peuvent être perçus au stéthoscope, contrairement à l'écoulement laminaire, qui est silencieux.

Relation entre le débit sanguin, la pression sanguine et la résistance périphérique

Maintenant que nous avons défini ces facteurs, résumons leurs relations. Le débit sanguin (D) est *directement* proportionnel à la différence de pression sanguine (gradient de pression hydrostatique, ou ΔP) entre deux points du système cardiovasculaire ; autrement dit, si ΔP augmente, D augmente, et si ΔP diminue, D diminue. Le débit sanguin est *inversement* proportionnel à la résistance périphérique (R) dans la circulation systémique, ce qui revient à dire que si R augmente, D diminue. La formule suivante exprime ces relations :

$$D = \frac{\Delta P}{R}$$

Des deux facteurs influant sur le débit sanguin à un endroit donné, la résistance est beaucoup plus importante que la différence de pression, car elle peut facilement être modifiée par un changement du diamètre d'un vaisseau sanguin. Par exemple, si les artérioles desservant un tissu se dilatent (ce qui abaisse la résistance), le débit sanguin dans ce tissu augmente, même si la pression systémique demeure constante ou diminue.

VÉRIFIONS NOS ACQUIS

9. Nommez les trois facteurs qui déterminent la résistance d'un vaisseau. Lequel de ces facteurs est le plus important sur le plan physiologique ?

10. Supposons que la vasoconstriction diminue du tiers le diamètre d'un vaisseau. Qu'advient-il du débit dans ce vaisseau ? (Calculez la variation de taille prévue.)

Les réponses se trouvent à l'appendice G.

Pression sanguine systémique

8 Définir la pression différentielle et la pression artérielle moyenne ; citer et expliquer les facteurs qui influent sur la pression sanguine ; décrire les mécanismes nerveux et chimiques de la régulation à court terme de la pression artérielle et les mécanismes rénaux de sa régulation à long terme.

9 Décrire et expliquer les variations de la pression sanguine aux divers niveaux du réseau vasculaire systémique.

10 Expliquer le fonctionnement de la pompe respiratoire et de la pompe musculaire.

11 Définir le pouls et les points de compression.

12 Définir l'hypotension ; distinguer l'hypotension orthostatique, l'hypotension chronique et l'hypotension aiguë. Définir l'hypertension ; indiquer ses symptômes, ses conséquences et les facteurs favorisants.

Tout liquide propulsé par une pompe dans un circuit de conduits fermés circule sous pression ; plus le liquide est près de la pompe, plus grande est la pression exercée sur lui. L'écoulement du sang dans les vaisseaux ne fait pas exception à la règle, et il s'effectue suivant un gradient de pression. En d'autres termes, le sang se déplace toujours des zones où la pression est la plus haute vers celles où la pression est la plus basse. On peut dire que *l'action de pompage du cœur provoque l'écoulement du sang. La pression sanguine est une conséquence de la contraction du ventricule gauche, qui tente de comprimer le sang alors que celui-ci est, comme tous les liquides, incompressible et oppose donc une résistance à cette action de pompage.*

Comme le montre la **figure 19.6**, la pression systémique atteint son niveau le plus élevé dans l'aorte, puis elle diminue peu à peu pour atteindre 0 mm Hg dans l'oreillette droite. La

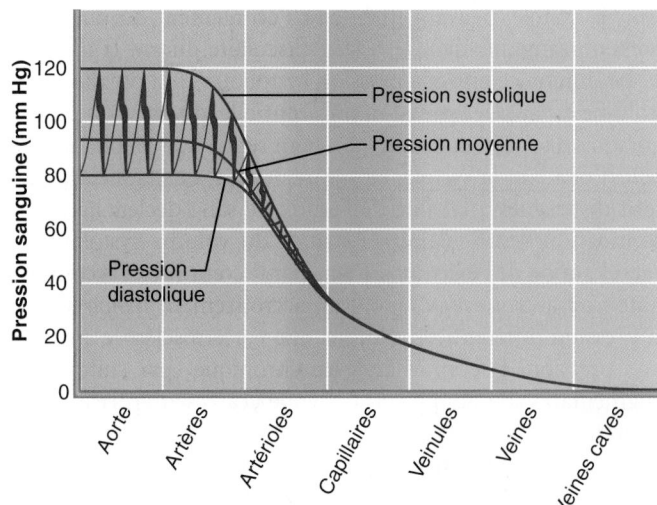

Figure 19.6 Pression sanguine dans divers vaisseaux de la circulation systémique.

baisse la plus abrupte de la pression sanguine se produit dans les artérioles, qui offrent la résistance maximale à l'écoulement du sang. Toutefois, tant que le gradient de pression subsiste, si faible soit-il, le sang continue de s'écouler jusqu'à ce qu'il revienne au côté droit du cœur.

Pression artérielle

La pression sanguine dans les artères est généralement appelée pression artérielle, ou tension artérielle. La pression artérielle dans les artères élastiques est essentiellement liée à deux facteurs, soit (1) leur *élasticité* et (2) le volume de sang propulsé. Si le volume de sang qui pénètre dans les artères élastiques était égal au volume de sang qui en sort à un moment quelconque, la pression artérielle serait constante. Mais, comme vous pouvez le voir à la figure 19.6, la pression artérielle oscille sans cesse dans les artères élastiques proches du cœur. En d'autres mots, l'écoulement du sang y est manifestement *pulsatile*.

Lorsqu'il se contracte et expulse le sang dans l'aorte (systole ventriculaire), le ventricule gauche confère de l'énergie cinétique au sang. Le sang étire les parois élastiques de l'aorte, et la pression aortique atteint son point maximal. Si l'on ouvrait l'aorte à ce moment, le sang jaillirait à une hauteur d'environ 2 m! Cette pression maximale, appelée **pression artérielle systolique**, se situe en moyenne à 120 mm Hg chez l'adulte en bonne santé. Le sang avance dans le lit artériel parce que la pression est plus élevée dans l'aorte que dans les vaisseaux en aval.

Pendant la diastole ventriculaire, la fermeture de la valve de l'aorte empêche le sang de refluer dans le ventricule gauche, et les parois de l'aorte (comme celles des autres artères élastiques) reprennent leur position initiale; elles maintiennent ainsi une pression suffisante sur le sang pour qu'il s'écoule vers les plus petits vaisseaux. L'évacuation du sang de l'aorte explique pourquoi la pression aortique atteint alors son point minimal (de 70 à 80 mm Hg chez l'adulte en bonne santé), appelé **pression artérielle diastolique**. On peut comparer les artères élastiques à des pompes auxiliaires passives et à des réservoirs de pression qui, après avoir accumulé du sang et de l'énergie cinétique pendant la systole, peuvent maintenir l'écoulement du sang et la pression sanguine dans le réseau vasculaire durant la diastole.

La différence entre la pression systolique et la pression diastolique est appelée **pression différentielle**, ou pression pulsée. Lorsqu'on touche une artère, on peut sentir une palpitation (le *pouls*) pendant la systole, au moment où les artères élastiques sont distendues à la suite de l'afflux de sang déclenché par la contraction ventriculaire. La hausse du volume systolique et l'accélération de l'éjection du sang par le cœur (dont la contractilité s'est accrue) provoquent un accroissement *temporaire* de la pression différentielle. Notons que l'artériosclérose entraîne une pression différentielle élevée chronique (par suite d'une augmentation de la pression systolique), car les artères élastiques s'étirent moins.

Puisque la pression aortique monte et descend à chaque battement du cœur, la valeur à retenir est la **pression artérielle moyenne** (PAM), car c'est cette pression qui propulse le sang dans les tissus. Comme la diastole dure en général plus longtemps que la systole, la pression moyenne ne correspond pas simple-

ment à la valeur intermédiaire entre la pression systolique et la pression diastolique. Elle est approximativement égale à la pression diastolique additionnée au tiers de la pression différentielle.

$$\text{PAM} = \text{pression diastolique} + \frac{\text{pression différentielle}}{3}$$

Par conséquent, pour une pression systolique de 120 mm Hg et une pression diastolique de 80 mm Hg, on obtient:

$$\text{PAM} = 80 \text{ mm Hg} + \frac{40 \text{ mm Hg}}{3} = 93 \text{ mm Hg}$$

On peut également calculer la PAM en faisant la somme des deux tiers de la pression diastolique (soit 66%; on peut prendre aussi 60%) et du tiers de la pression systolique (soit 33%; on peut prendre aussi 40%).

La pression artérielle moyenne et la pression différentielle diminuent à mesure qu'on s'éloigne du cœur. La pression artérielle moyenne baisse lorsque le sang frotte contre les parois des vaisseaux, et la pression différentielle diminue graduellement dans les artères musculaires, où il n'y a pas de retour élastique des parois pour y contribuer. À la fin de son parcours dans les artères, le sang coule à un débit constant et la pression différentielle est nulle.

Pression capillaire

Comme le montre la figure 19.6, lorsque le sang atteint les capillaires, la pression sanguine est d'environ 35 mm Hg; lorsqu'il a franchi les lits capillaires, elle se situe à environ 15 mm Hg. Ces basses pressions sont utiles pour deux raisons particulières: (1) les capillaires sont fragiles et une forte pression pourrait les rompre; et (2) la plupart des capillaires sont extrêmement perméables et une faible pression sanguine suffit pour forcer les liquides contenant des solutés (filtrats) à quitter la circulation sanguine pour pénétrer dans l'espace interstitiel. Comme nous le décrivons plus loin, ces flux de liquides renouvellent constamment le liquide interstitiel.

Pression veineuse

Contrairement à la pression artérielle, qui oscille à chaque contraction du ventricule gauche, la pression veineuse fluctue très peu au cours de la révolution cardiaque. Le gradient de pression n'est que d'environ 15 mm Hg dans les veines – des veinules aux extrémités terminales des veines caves –, tandis qu'il se situe en moyenne à 60 mm Hg dans les artères – de l'aorte aux extrémités des artérioles. Cette différence entre la pression artérielle et la pression veineuse est particulièrement évidente quand on observe des vaisseaux endommagés. En effet, le sang s'écoule uniformément d'une veine blessée; en revanche, il jaillit par à-coups d'une artère lacérée. La très faible pression du réseau veineux résulte des effets cumulatifs de la résistance périphérique, qui dissipe la majeure partie de l'énergie de la pression artérielle (sous forme de chaleur) au cours de chaque «tour de circuit».

En dépit des modifications structurales des veines (grandes lumières et valvules), la pression veineuse est habituellement trop basse pour provoquer le retour veineux. C'est pourquoi il existe trois adaptations fonctionnelles qui jouent un rôle clé à cet égard. La première est la **pompe respiratoire**. Les changements de pression qui se produisent dans la cavité abdominale durant la respiration créent une pompe respiratoire qui pousse le sang vers le cœur. À l'inspiration, la compression des organes de l'abdomen par le diaphragme comprime les veines locales et chasse le sang en direction du cœur. Simultanément, la pression diminue dans la cage thoracique et la dilatation des veines thoraciques accélère l'entrée du sang dans l'oreillette droite.

La deuxième adaptation, la plus importante, est la **pompe musculaire**, qui correspond à l'activité des muscles squelettiques. Les contractions et les relâchements des muscles squelettiques entourant les veines profondes propulsent le sang en direction du cœur, de valvule en valvule **(figure 19.7)**. On considère que ce mécanisme fournit près de 50 % de l'énergie nécessaire à la circulation du sang. Les gens qui travaillent debout présentent souvent un œdème aux chevilles, car l'inactivité de leurs muscles squelettiques fait stagner le sang dans leurs membres inférieurs ; il en est de même des randonneurs, qui voient leurs mains gonfler au fil de leur ballade.

La troisième adaptation est formée par la couche de muscle lisse entourant les veines, qui se contracte sous l'influence du système nerveux sympathique, augmentant ainsi le retour veineux. Il s'agit d'un autre moyen dont dispose le système nerveux sympathique pour accroître le débit sanguin.

Maintien de la pression artérielle

Le sang doit circuler uniformément de la tête aux pieds pour assurer le bon fonctionnement des organes. Pour éviter l'évanouissement à la personne qui bondit hors du lit le matin, le cœur, les vaisseaux sanguins et les reins doivent interagir de façon précise, sous la surveillance étroite de l'encéphale.

Parmi les mécanismes homéostatiques qui régissent la dynamique cardiovasculaire, ceux qui maintiennent la pression sanguine – et en particulier ceux qui concernent le *débit cardiaque*, la *résistance périphérique* et le *volume sanguin* – sont d'une grande importance. Inspirée de la formule du débit sanguin (voir p. 813), une formule simple montre la relation entre le débit cardiaque (débit sanguin total), la résistance périphérique et la pression artérielle :

$$D = \Delta P/R \quad \text{ou} \quad DC = \Delta P/R \quad \text{ou} \quad \Delta P = DC \times R$$

Il est évident que la pression artérielle est *directement* proportionnelle au débit cardiaque et à la résistance. De plus, puisque le débit cardiaque dépend du volume sanguin (le cœur expulse le sang qui entre dans ses cavités), la pression artérielle est directement proportionnelle au volume sanguin. Théoriquement donc, toute augmentation ou diminution de l'une de ces variables causerait un changement équivalent de la pression artérielle. Mais *en réalité*, les changements qui touchent ces variables et qui risqueraient de perturber l'homéostasie de la pression artérielle sont rapidement compensés par des ajustements des autres variables.

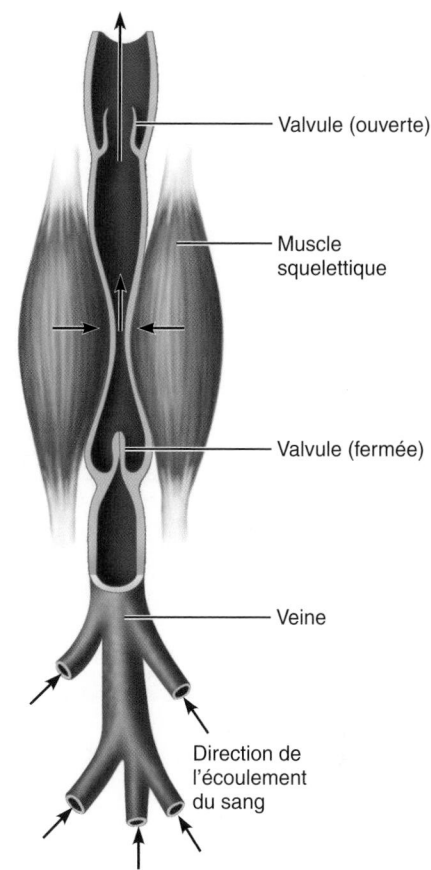

Direction de l'écoulement du sang

Valvule (ouverte)

Muscle squelettique

Valvule (fermée)

Veine

Figure 19.7 Pompe musculaire. En se contractant, les muscles squelettiques compriment les veines. Les valvules situées en aval du point de compression s'ouvrent et le sang est propulsé vers le cœur. Le reflux du sang ferme les valvules situées en amont du point de compression.

Nous avons vu au chapitre 18 que le débit cardiaque est égal au *volume systolique* (millilitres par battement) multiplié par la *fréquence cardiaque* (battements par minute) ; le débit cardiaque normal se situe entre 5,0 et 5,5 L/min. La **figure 19.8** montre les principaux facteurs qui déterminent le débit cardiaque, soit le retour veineux et les mécanismes de régulation nerveux et hormonaux (voir la figure 18.23). Il est bon de se rappeler que c'est le centre cardioinhibiteur du bulbe rachidien qui, la plupart du temps, « se charge » de la fréquence cardiaque ; en effet, il intervient par l'entremise des neurofibres des nerfs vagues parasympathiques pour maintenir la *fréquence cardiaque au repos*. Lors des périodes de repos, le volume systolique est régi principalement par le retour veineux (volume télédiastolique). Sous l'influence d'un stress, le centre cardioaccélérateur prend le relais, active le système nerveux sympathique et accroît à la fois la fréquence cardiaque (en agissant sur le nœud sinusal) et le volume systolique (en augmentant la contractilité du muscle cardiaque, ce qui fait chuter le volume télésystolique). L'augmentation du débit cardiaque qui s'ensuit provoque une hausse de la pression artérielle moyenne.

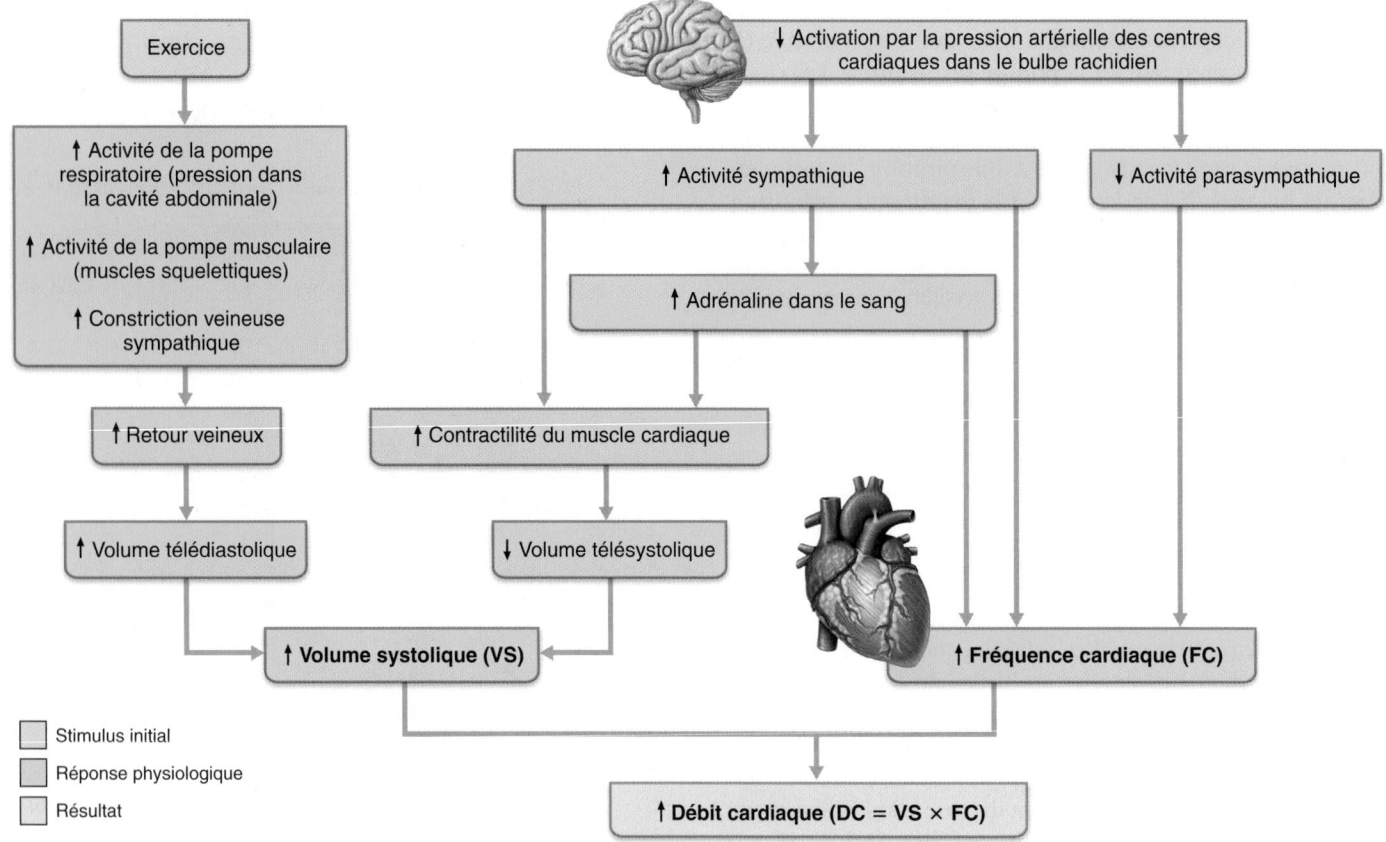

Figure 19.8 **Principaux facteurs augmentant le débit cardiaque.**

Examinons maintenant les facteurs qui régissent la pression artérielle en modifiant la résistance périphérique et le volume sanguin. Un diagramme illustrant l'influence de la grande majorité de ces facteurs est fourni à la figure 19.11.

Mécanismes de régulation à court terme : mécanismes nerveux

Les *mécanismes de régulation à court terme* de la pression artérielle, qui sont activés par le système nerveux et certaines substances chimiques hématogènes, contrent les fluctuations ponctuelles de la pression artérielle en modifiant la résistance périphérique (et le débit cardiaque).

Les mécanismes nerveux de la résistance périphérique visent principalement deux objectifs. (1) Maintenir une pression artérielle moyenne adéquate en modifiant le diamètre des vaisseaux sanguins. (Petit rappel : même les plus infimes changements de diamètre des vaisseaux sanguins peuvent occasionner des modifications majeures de la résistance périphérique et, partant, de la pression artérielle systémique.) En état d'hypovolémie, les artérioles, sauf celles qui desservent le cœur et l'encéphale, se contractent pour que ces deux organes vitaux reçoivent le plus de sang possible. (2) Distribuer le sang pour répondre aux besoins précis des divers organes. Pendant l'exercice, par exemple, un certain volume de sang est dérouté des organes du système digestif vers les muscles squelettiques.

La plupart des mécanismes nerveux de régulation agissent par l'intermédiaire d'arcs réflexes composés des *barorécepteurs* et des neurofibres afférentes associées, du centre vasomoteur du bulbe rachidien, des neurofibres vasomotrices et de muscle lisse vasculaire. Il arrive aussi que des influx provenant des *chimiorécepteurs* et des centres cérébraux supérieurs influent sur les mécanismes nerveux.

Rôle du centre vasomoteur

Le centre nerveux qui régit les changements de diamètre des vaisseaux sanguins est le **centre vasomoteur**, un amas de neurones situé dans le bulbe rachidien. Jumelé avec les centres cardiaques décrits précédemment, il forme le **centre cardiovasculaire** qui assure la régulation de la pression artérielle en modifiant le débit cardiaque et le diamètre des vaisseaux sanguins. Le centre vasomoteur transmet des influx à un rythme constant le long de neurofibres efférentes du système nerveux sympathique appelées **neurofibres vasomotrices**, qui courent de T_1 à L_2 dans la moelle épinière pour innerver la couche de muscle lisse des vaisseaux sanguins, surtout celle des artérioles. Par conséquent, les artérioles sont presque toujours partiellement contractées ; cet état est appelé **tonus vasomoteur**.

Le degré de tonus vasomoteur varie d'un organe à l'autre. En règle générale, les artérioles de la peau et du système digestif reçoivent des influx vasomoteurs plus souvent et se contractent habituellement davantage que celles des muscles squelettiques. Toute augmentation de l'activité sympathique produit une vasoconstriction généralisée des artérioles et une élévation de la pression artérielle. La diminution de l'activité sympathique provoque un certain relâchement du muscle lisse des artérioles et une baisse de la pression artérielle.

L'activité du centre vasomoteur est modifiée par des influx sensitifs provenant : (1) des barorécepteurs (mécanorécepteurs sensibles qui s'étirent pour réagir aux fluctuations de la pression artérielle) ; (2) des chimiorécepteurs (récepteurs réagissant aux variations des concentrations de gaz carbonique, d'ions hydrogène et d'oxygène dans le sang) ; et (3) des centres cérébraux supérieurs. Voyons ce qu'il en est.

Réflexes déclenchés par les barorécepteurs

Les **barorécepteurs** sont des récepteurs sensoriels situés dans les *sinus carotidiens* (dilatations des artères carotides internes qui fournissent la majeure partie de l'apport sanguin à l'encéphale) et le *sinus de l'aorte* (dilatation de la crosse de l'aorte), mais également dans les parois de presque toutes les grosses artères du cou et du thorax. Dans ces diverses régions (surtout les sinus carotidiens), les parois artérielles contiennent beaucoup de fibres d'élastine et très peu de fibres collagènes et musculaires : elles sont donc très extensibles. Lorsque la pression artérielle s'élève, les barorécepteurs s'étirent et, par l'intermédiaire des nerfs crâniens IX et X, transmettent une succession rapide d'influx au centre vasomoteur. Le centre vasomoteur s'en trouve inhibé, ce qui provoque la vasodilatation des artérioles et des veines et la diminution de la pression artérielle **(figure 19.9)**.

La dilatation des artérioles réduit considérablement la résistance périphérique et la dilatation des veines attire le sang dans les réservoirs veineux, entraînant ainsi une baisse du retour veineux et du débit cardiaque. Les influx afférents des barorécepteurs atteignent aussi les centres cardiaques, où ils stimulent l'activité parasympathique et inhibent le centre cardioaccélérateur, ce qui réduit la fréquence cardiaque et la force de contraction du cœur.

Inversement, une diminution de la pression artérielle moyenne suscite une vasoconstriction réflexe et une augmentation du débit cardiaque, et la pression artérielle s'élève. Ainsi, la résistance périphérique et le débit cardiaque sont régis conjointement, si bien que les variations de pression artérielle sont réduites.

La fonction des barorécepteurs à action rapide est d'empêcher les variations transitoires (aiguës) de la pression artérielle, celles qui se produisent à l'occasion de changements de position, par exemple. Ainsi, la pression artérielle chute (surtout dans la tête) lorsqu'on passe de la position couchée à la position debout. Les barorécepteurs qui contribuent au **réflexe sinu-carotidien** protègent l'apport sanguin vers l'encéphale, tandis que ceux qui sont activés dans le **réflexe aortique** aident au maintien d'une pression artérielle adéquate dans l'ensemble de la circulation systémique.

Les barorécepteurs sont relativement *inefficaces* face aux changements de pression prolongés, comme en témoigne l'existence de l'hypertension chronique. Il semble que le « réglage » des barorécepteurs soit alors modifié (s'adapte) pour qu'ils ne détectent que des changements de pression plus marqués encore.

Réflexes déclenchés par les chimiorécepteurs

Lorsque les concentrations de gaz carbonique montent, que le pH du sang baisse ou que la teneur en oxygène du sang diminue brusquement, des **chimiorécepteurs** transmettent des influx au centre cardioaccélérateur, qui augmente le débit cardiaque, et au centre vasomoteur, qui déclenche la vasoconstriction réflexe. L'élévation de la pression artérielle qui s'ensuit accélère le retour veineux au cœur puis aux poumons.

Les chimiorécepteurs les plus marquants sont ceux de la *crosse de l'aorte* et des *glomus carotidiens* situés près des barorécepteurs dans la crosse de l'aorte et les sinus carotidiens. Le bulbe rachidien contient aussi des chimiorécepteurs (chimiorécepteurs centraux), qui sont surtout sensibles à une baisse de pH. Comme les chimiorécepteurs sont plus importants pour la régulation de la fréquence respiratoire que pour celle de la pression artérielle (ils ne sont stimulés que lorsque la pression artérielle descend en dessous de 80 mm Hg), nous y revenons plus en détail au chapitre 22.

Influence des centres cérébraux supérieurs

Les réflexes qui régissent la pression artérielle sont intégrés dans le bulbe rachidien. Bien que le cortex cérébral et l'hypothalamus n'interviennent pas de façon courante dans la régulation de la pression artérielle, ces centres cérébraux supérieurs peuvent modifier la pression artérielle par l'intermédiaire de relais avec les centres du bulbe rachidien. Par exemple, la réaction de lutte ou de fuite commandée par l'hypothalamus a des effets marqués sur la pression artérielle. (Le simple fait de parler peut faire monter la pression artérielle si votre interlocuteur vous rend anxieux.) L'hypothalamus règle aussi la redistribution du débit sanguin, de même que d'autres réactions cardiovasculaires se produisant pendant les périodes d'exercice physique et à l'occasion de changements de la température corporelle.

Mécanismes de régulation à court terme : mécanismes chimiques

Les variations de concentrations de gaz carbonique et d'oxygène concourent à la régulation de la pression artérielle par l'intermédiaire de réflexes issus des chimiorécepteurs. De plus, de nombreuses hormones contribuent à la régulation de la pression artérielle, tant à court terme, par l'intermédiaire de variations de la résistance périphérique, qu'à long terme, par des variations du volume sanguin **(tableau 19.2)**. Les hormones paracrines (à action locale), par contre, servent essentiellement à harmoniser le débit sanguin aux besoins métaboliques d'un tissu donné. Dans de rares cas, la libération massive de paracrines peut avoir une incidence sur la pression artérielle. Nous aborderons les paracrines plus loin ; voyons maintenant les effets à court terme des hormones.

■ **Hormones de la médulla surrénale.** En période de stress, la glande surrénale libère dans le sang de la **noradrénaline** et

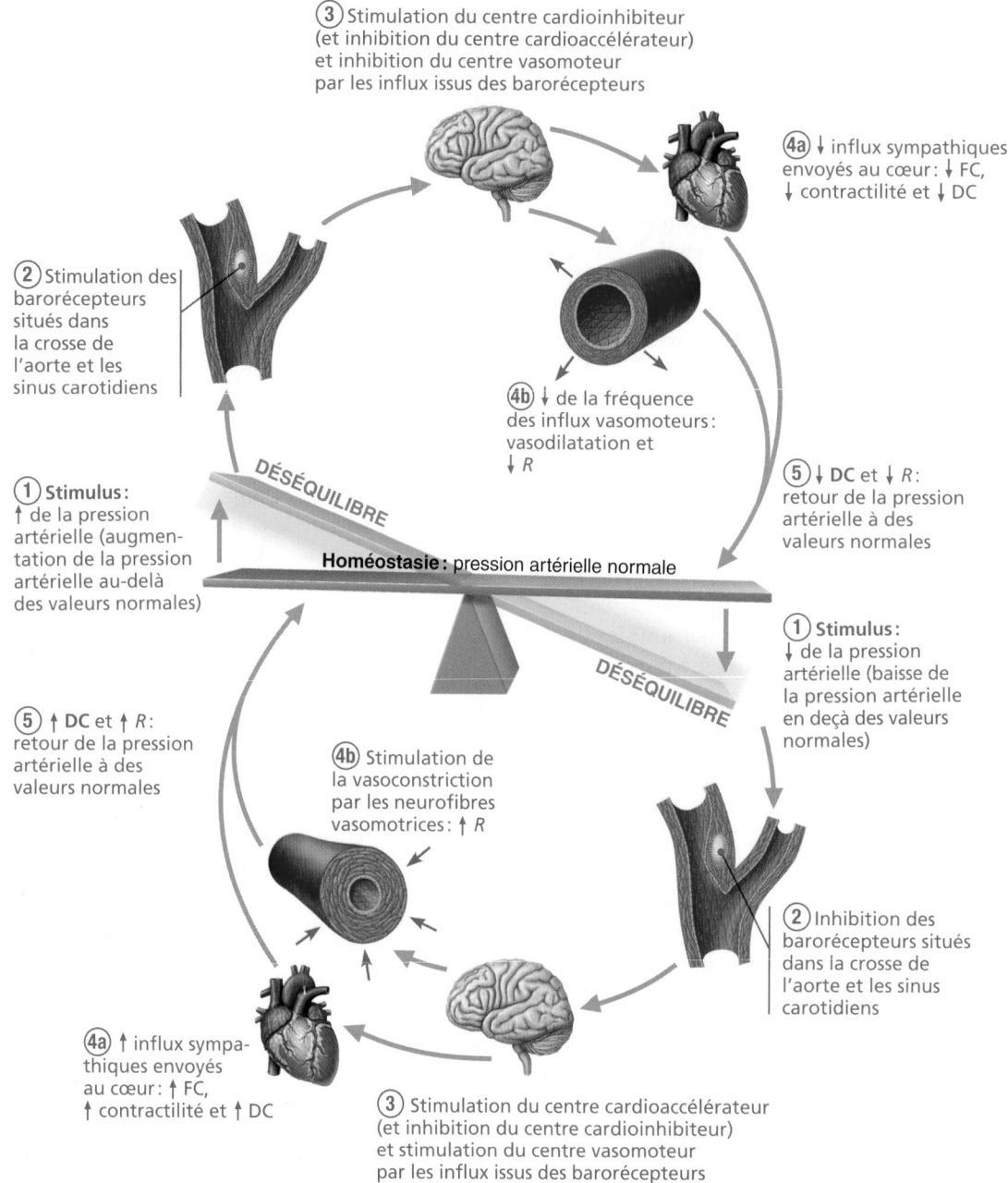

③ Stimulation du centre cardioinhibiteur (et inhibition du centre cardioaccélérateur) et inhibition du centre vasomoteur par les influx issus des barorécepteurs

④a ↓ influx sympathiques envoyés au cœur : ↓ FC, ↓ contractilité et ↓ DC

② Stimulation des barorécepteurs situés dans la crosse de l'aorte et les sinus carotidiens

④b ↓ de la fréquence des influx vasomoteurs : vasodilatation et ↓ R

DÉSÉQUILIBRE

① Stimulus : ↑ de la pression artérielle (augmentation de la pression artérielle au-delà des valeurs normales)

⑤ ↓ DC et ↓ R : retour de la pression artérielle à des valeurs normales

Homéostasie : pression artérielle normale

DÉSÉQUILIBRE

① Stimulus : ↓ de la pression artérielle (baisse de la pression artérielle en deçà des valeurs normales)

⑤ ↑ DC et ↑ R : retour de la pression artérielle à des valeurs normales

④b Stimulation de la vasoconstriction par les neurofibres vasomotrices : ↑ R

② Inhibition des barorécepteurs situés dans la crosse de l'aorte et les sinus carotidiens

④a ↑ influx sympathiques envoyés au cœur : ↑ FC, ↑ contractilité et ↑ DC

③ Stimulation du centre cardioaccélérateur (et inhibition du centre cardioinhibiteur) et stimulation du centre vasomoteur par les influx issus des barorécepteurs

Figure 19.9 Réflexes déclenchés par les barorécepteurs qui concourent à maintenir la pression artérielle à des valeurs normales. (DC : débit cardiaque ; R : résistance périphérique ; FC : fréquence cardiaque ; PA : pression artérielle.)

de l'**adrénaline**, deux substances qui intensifient la réaction de lutte ou de fuite du système sympathique. La noradrénaline a un effet vasoconstricteur, comme nous l'avons vu plus haut ; l'adrénaline accroît le débit cardiaque et provoque une vasoconstriction généralisée (sauf dans les muscles squelettiques et cardiaque, où elle entraîne généralement la vasodilatation).

Fait intéressant, la *nicotine* – une substance chimique présente en grande quantité dans le tabac et l'une des toxines connues les plus puissantes – a les mêmes effets que l'adré-

naline et la noradrénaline. Elle cause une vasoconstriction intense non seulement en stimulant directement les neurones ganglionnaires sympathiques, mais aussi en activant la libération de grandes quantités d'adrénaline et de noradrénaline par la médulla surrénale.

■ **Angiotensine II.** Lorsque la pression artérielle ou le volume sanguin sont bas, les reins libèrent de la rénine, une hormone qui agit comme une enzyme et déclenche la production d'**angiotensine II**. Cette dernière cause une intense vasoconstriction, qui entraîne à son tour une élévation

TABLEAU 19.2 Influence de certaines hormones sur les variables modifiant la pression artérielle			
HORMONE(S)	**EFFET SUR LA PA**	**EFFET SUR LA VARIABLE**	**LIEU DE L'ACTION**
Adrénaline et noradrénaline	↑	↑ Débit cardiaque (FC et force de contraction) ↑ Résistance périphérique (par vasoconstriction)	Cœur (récepteurs β₁) Artérioles (récepteurs α)
Angiotensine II	↑	↑ Résistance périphérique (par vasoconstriction)	Artérioles
Facteur natriurétique auriculaire (FNA)	↓	↓ Résistance périphérique (par vasodilatation)	Artérioles
Hormone antidiurétique (ADH)	↑	↑ Résistance périphérique (par vasoconstriction) ↑ Volume sanguin (par ↓ perte d'eau)	Artérioles Cellules des tubules rénaux
Aldostérone	↑	↑ Volume sanguin (par ↓ perte d'eau et de sodium)	Cellules des tubules rénaux
Cortisol	↑	↑ Volume sanguin (par ↓ perte d'eau et de sodium)	Cellules des tubules rénaux

rapide de la pression artérielle systémique. Elle stimule également la libération d'aldostérone et d'hormone antidiurétique, lesquelles agissent sur la régulation à long terme de la pression artérielle en augmentant le volume sanguin.

- **Facteur natriurétique auriculaire.** Les oreillettes produisent une hormone peptidique, le **facteur natriurétique auriculaire** (**FNA**), qui est libérée sous l'influence de la distension des oreillettes créée par l'augmentation de la pression artérielle. Comme nous l'avons mentionné au chapitre 16, ce peptide stimule l'excrétion du sodium et de l'eau, ce qui entraîne une diminution du volume sanguin et, par conséquent, une diminution de la pression artérielle. Son action s'oppose également à celle de l'aldostérone, qui stimule la réabsorption du sodium et de l'eau au niveau des reins. Enfin, le facteur natriurétique auriculaire provoque une vasodilatation généralisée.

- **Hormone antidiurétique.** L'**hormone antidiurétique** (**ADH** ou **vasopressine**) est sécrétée par l'hypothalamus et elle réduit la diurèse. Dans des circonstances normales, elle joue un rôle minime dans la régulation à court terme de la pression artérielle. Cependant, elle est libérée en quantité accrue lorsque la pression artérielle baisse de manière dangereuse (comme lors d'une hémorragie). Elle concourt alors au rétablissement de la pression artérielle en provoquant une intense vasoconstriction.

Mécanismes de régulation à long terme : mécanismes rénaux

La régulation à long terme de la pression artérielle – fonction assurée par les mécanismes rénaux – corrige les fluctuations de pression non pas en modifiant la résistance périphérique (le propre de la régulation à court terme), mais plutôt en réglant le volume sanguin.

Bien qu'ils réagissent aux variations transitoires de la pression artérielle, les barorécepteurs s'adaptent rapidement à des états prolongés ou chroniques de haute ou de basse pression.

En régissant le volume sanguin, les reins servent alors à rétablir et à maintenir les valeurs normales de la pression artérielle. Le volume sanguin peut certes varier en fonction de l'âge, de la taille et du sexe, mais les mécanismes rénaux le maintiennent habituellement à environ 5 L.

Comme nous l'avons vu, le volume sanguin est un déterminant majeur du débit cardiaque, car il influe sur la pression veineuse, le retour veineux, le volume télédiastolique et le volume systolique. L'augmentation du volume sanguin est suivie d'une hausse de la pression artérielle, et tout événement entraînant l'augmentation du volume sanguin – telle une consommation excessive de sel provoquant une rétention d'eau – augmente aussi la pression artérielle moyenne, parce qu'une plus grande quantité de liquide est présente dans les vaisseaux. Suivant la même logique, la diminution du volume sanguin se traduit par une baisse de la pression artérielle. Les hémorragies et la déshydratation qui survient habituellement lors d'un exercice vigoureux sont des causes fréquentes de réduction du volume sanguin. Une diminution soudaine de la pression artérielle est souvent un signe d'hémorragie interne et d'un volume sanguin trop bas pour maintenir une circulation normale.

Cependant, dans un système dynamique, il ne suffit pas de considérer ces deux facteurs (augmentation du volume sanguin conduisant à une hausse de la pression artérielle et baisse du volume sanguin produisant une chute de la pression artérielle). En effet, la hausse du volume sanguin amène également les reins à éliminer de l'eau, ce qui réduit le volume sanguin et, par conséquent, la pression artérielle. De même, la chute du volume sanguin déclenche certains mécanismes rénaux qui augmentent le volume sanguin et la pression artérielle. Il est donc clair que la pression artérielle peut être stabilisée ou maintenue dans les limites de la normale seulement lorsque le volume sanguin est stable.

Les mécanismes rénaux, l'un direct et l'autre indirect, sont les principales influences régulatrices durables à s'exercer sur la pression artérielle. Le *mécanisme rénal direct* modifie le volume sanguin séparément des hormones. Lorsque le volume sanguin

19

ou la pression artérielle augmente, la vitesse à laquelle les liquides passent de la circulation sanguine aux tubules rénaux augmente. Dans de tels cas, les reins sont incapables de traiter le filtrat assez rapidement et une plus grande quantité de liquide passe dans l'urine pour être éliminée. Par conséquent, le volume sanguin diminue et la pression baisse. Inversement, lorsque la pression ou le volume du sang est faible, les reins retiennent l'eau et la renvoient dans la circulation, de sorte que la pression artérielle augmente (figures 19.10 et 19.11). La pression artérielle est donc dépendante du volume sanguin.

Le *mécanisme rénal indirect* fait intervenir le **système rénine-angiotensine**. Lorsque la pression artérielle diminue, les reins libèrent une hormone qui agit comme une enzyme, appelée *rénine* dans le sang. La rénine déclenche une série de réactions qui se soldent par la formation d'angiotensine II, comme nous venons de le mentionner. L'angiotensine II augmente la pression artérielle de trois manières principales (figure 19.10). (1) L'angiotensine II est un puissant vasoconstricteur qui, en entraînant l'augmentation de la pression artérielle, accroît la résistance périphérique. (2) L'angiotensine II stimule aussi la libération d'**aldostérone**, cette hormone produite par le cortex surrénal qui favorise la réabsorption rénale du sodium. L'eau suit le sodium qui est réabsorbé dans le sang, donc le volume sanguin est maintenu. (3) L'angiotensine II amène la neurohypophyse à libérer l'hormone antidiurétique (ADH), laquelle intensifie la réabsorption d'eau. Comme nous le verrons au chapitre 26, l'angiotensine II déclenche également la sensation de soif, qui accroît la consommation d'eau, permettant ainsi le rétablissement du volume sanguin, donc de la pression artérielle.

Vérification de l'efficacité de la circulation

Le pouls et la pression artérielle sont des indicateurs de l'efficacité de la circulation. En milieu clinique, ces mesures constituent, avec la fréquence respiratoire et la température corporelle, les **signes vitaux**. Nous allons voir maintenant comment on détermine ou mesure les deux premiers signes vitaux.

Mesure du pouls

L'expansion et la rétraction successives des artères lors de chaque révolution cardiaque créent une onde de pression, le **pouls**, transmise à toutes les artères. On peut sentir le pouls de toutes les artères situées près de la surface de la peau en appuyant sur le tissu les recouvrant et en pressant l'artère contre une surface ferme (l'os) ; il s'agit là d'un moyen facile de calculer la fréquence cardiaque. Le point où l'artère radiale se trouve juste sous la surface de la peau du poignet, c'est-à-dire le *pouls radial*, est le plus accessible et donc celui qui sert le plus souvent à la mesure du pouls, bien que d'autres points du pouls artériel aient également de l'importance d'un point de vue clinique (figure 19.12).

Ce sont ces mêmes points que l'on comprime pour arrêter l'afflux de sang vers les tissus plus éloignés lors d'une hémorragie ; c'est pourquoi on les appelle aussi **points de compression**. Par exemple, en cas de lacération profonde de la main, il

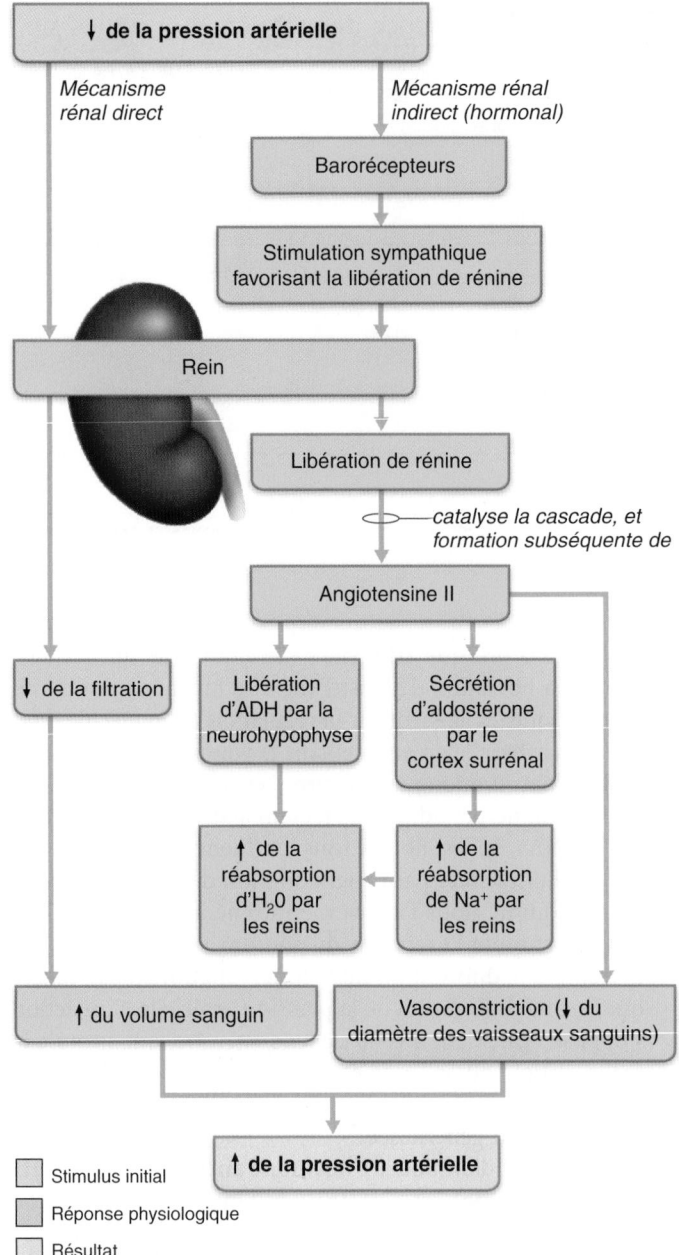

Figure 19.10 Régulation de la pression artérielle par les reins: mécanismes hormonaux direct et indirect. L'action du système nerveux sympathique contribue à l'accroissement de la pression artérielle à long terme en déclenchant la libération de rénine, mais aussi à court terme par d'autres mécanismes (non illustrés).

est possible de ralentir ou d'arrêter l'écoulement du sang en comprimant l'artère radiale ou brachiale.

La mesure du pouls artériel permet d'évaluer aisément les effets de l'activité physique, des changements de position et des émotions sur la fréquence cardiaque. Ainsi, le pouls d'un homme en bonne santé se situe à environ 66 battements par minute en position couchée, 70 battements par minute en position assise et 80 battements par minute lors d'un passage brusque à la position debout. Lors d'un exercice vigoureux

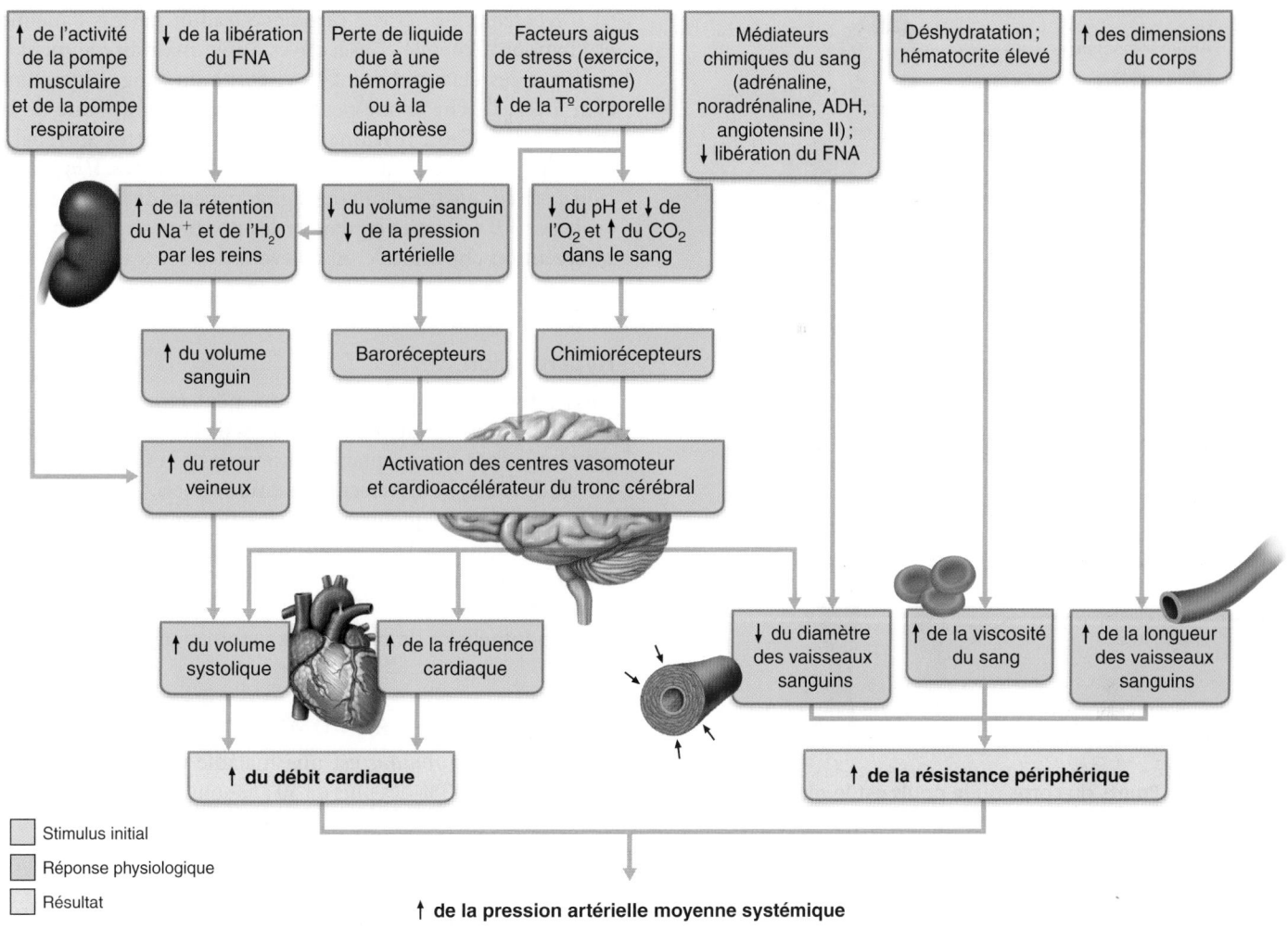

Figure 19.11 Facteurs causant l'augmentation de la pression artérielle moyenne.

ou d'un choc émotionnel, la fréquence du pouls peut facilement grimper à des valeurs de 140 à 180 battements par minute en raison de l'action directe du système nerveux sympathique sur le cœur.

Mesure de la pression artérielle

Généralement, on mesure la pression artérielle systémique indirectement dans l'artère brachiale, soit par la **méthode auscultatoire**. On enroule le brassard gonflable du *sphygmomanomètre* (*sphugmos :* pulsation) autour du bras, juste au-dessus du coude, et on le gonfle jusqu'à ce que la pression à l'intérieur du brassard dépasse la pression systolique. À ce moment, le sang cesse de s'écouler dans le bras, et on ne peut plus entendre ni sentir le pouls brachial. On réduit graduellement la pression à l'intérieur du brassard tout en auscultant l'artère brachiale à l'aide d'un stéthoscope.

La valeur indiquée par le manomètre au moment où on entend les premiers bruits (indiquant qu'une petite quantité de sang jaillit dans l'artère comprimée) représente la pression systolique. À mesure que la pression continue de baisser dans le brassard, ces bruits, appelés *bruits de Korotkoff,* se font plus forts et plus distincts. Ils s'évanouissent lorsque cesse la compression de l'artère et que le sang s'écoule librement. La valeur observée sur le manomètre lorsque les bruits cessent correspond à la pression diastolique. La mesure de la pression artérielle par cette méthode offre une précision de l'ordre de 90 % par rapport à une valeur obtenue en prenant la mesure directement dans l'artère.

Chez l'adulte normal au repos, la pression systolique varie entre 110 et 140 mm Hg et la pression diastolique, entre 70 et 80 mm Hg. Par ailleurs, la pression artérielle monte et descend suivant un cycle de 24 heures. C'est ainsi qu'elle atteint un sommet le matin, sous l'influence des fluctuations du taux de diverses hormones (adrénaline, glucocorticoïdes et mélatonine). Ces hormones peuvent soit se lier directement aux récepteurs qui régissent la vasoconstriction, soit augmenter le nombre de récepteurs disponibles.

Certains facteurs extrinsèques jouent également un rôle. La pression artérielle varie en fonction de l'âge, du sexe, du poids, de la race, de l'humeur, de l'activité physique, de la façon de

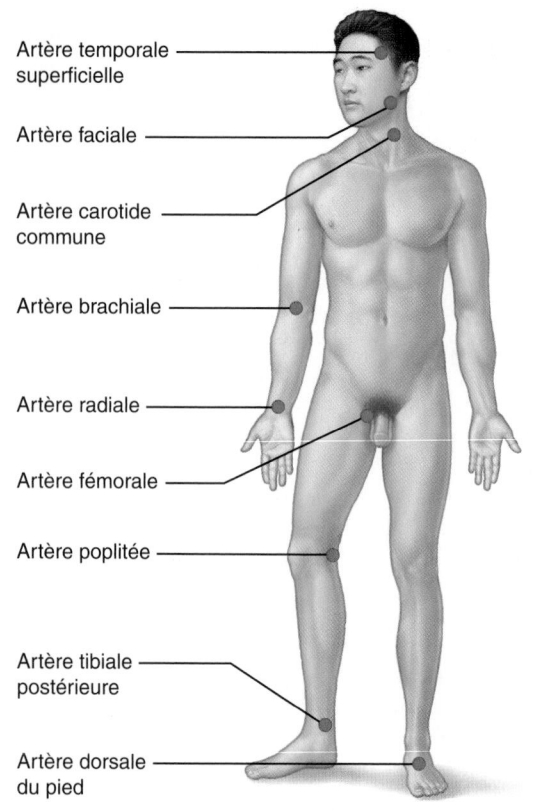

Artère temporale
superficielle

Artère faciale

Artère carotide
commune

Artère brachiale

Artère radiale

Artère fémorale

Artère poplitée

Artère tibiale
postérieure

Artère dorsale
du pied

Figure 9.12 Points du corps où le pouls est le plus aisément palpable. (Les artères nommées sont décrites aux pages 838 à 847.)

se tenir et de la situation socioéconomique du sujet. Votre pression «normale» n'est peut-être pas celle de votre grand-père ou de votre voisine. Presque toutes les variations sont dues aux facteurs dont nous venons de traiter.

Variations de la pression artérielle

Hypotension

L'**hypotension**, ou basse pression artérielle, est une pression systolique inférieure à 100 mm Hg. Dans bien des cas, l'hypotension résulte simplement de variations individuelles et ne porte pas à conséquence. En fait, l'hypotension est souvent associée à la longévité et à une bonne santé.

DÉSÉQUILIBRE HOMÉOSTATIQUE

Les personnes âgées sont sujettes à l'*hypotension orthostatique* (*orthos* : droit), un état qui se caractérise par des étourdissements lors du passage de la position couchée à la position debout ou assise. Parce que le système nerveux sympathique des personnes âgées réagit lentement aux changements de position, le sang stagne dans les extrémités inférieures. La pression artérielle baisse et l'irrigation de l'encéphale diminue. Pour empêcher ce désagrément, on conseille généralement aux gens de changer progressivement de position pour laisser à leur système nerveux le temps de procéder aux ajustements nécessaires.

L'*hypotension artérielle chronique* traduit parfois l'anémie et l'hypoprotéinémie consécutives à une mauvaise alimentation, car ces états réduisent la viscosité du sang. L'hypotension artérielle chronique peut aussi être un symptôme de la maladie d'Addison (dysfonctionnement du cortex surrénal), de l'hypothyroïdie ou de l'atrophie tissulaire grave. L'*hypotension artérielle aiguë* est l'un des signes majeurs de l'état de choc (voir p. 830) ; elle met en danger les personnes subissant une intervention chirurgicale ou recevant des soins intensifs. ■

Hypertension

L'**hypertension**, ou haute pression, peut être transitoire ou persistante. Les élévations transitoires de la pression artérielle systolique sont des adaptations normales à la fièvre, à l'effort physique et aux bouleversements émotionnels. L'hypertension persistante est fréquente parmi les personnes obèses pour diverses raisons que l'on ne comprend pas encore entièrement. Il semble que les hormones libérées par les adipocytes augmentent le tonus sympathique et altèrent la capacité des cellules endothéliales de produire la vasodilatation.

DÉSÉQUILIBRE HOMÉOSTATIQUE

L'*hypertension chronique* est une maladie grave et répandue. On estime que 30 % des plus de 50 ans sont hypertendus. Cette affection est généralement asymptomatique pendant les 10 à 20 premières années de son évolution et 1 personne sur 3 ignore qu'elle en souffre. Il n'en reste pas moins que l'hypertension fatigue le cœur et endommage les artères. L'hypertension prolongée est la principale cause de l'insuffisance cardiaque, des maladies vasculaires, de l'insuffisance rénale et de l'accident vasculaire cérébral. Comme il doit surmonter une résistance accrue, le cœur travaille plus fort qu'il ne le devrait et, au fil des années, le myocarde s'hypertrophie. Lorsqu'il finit par outrepasser ses capacités, le cœur s'affaiblit et ses parois deviennent flasques. L'hypertension accélère aussi les ravages de l'athérosclérose et provoque l'artériosclérose (voir le Gros plan, p. 810-811). À mesure que les vaisseaux s'obstruent, l'irrigation des tissus diminue, et des complications cérébrales, oculaires, cardiaques et rénales apparaissent.

Bien qu'hypertension et athérosclérose soient souvent liées, il est difficile d'attribuer l'hypertension à une quelconque anomalie. Au point de vue physiologique, l'hypertension se définit comme la persistance d'une pression artérielle de 140/90 ou plus (ou d'une PAM de 110 ou plus) ; les risques de problèmes cardiovasculaires et cérébraux sont d'autant grands que la pression artérielle est élevée. Jusqu'à tout récemment, on considérait que l'élévation de la pression diastolique était plus inquiétante, mais de nouvelles études indiquent que la pression systolique est un meilleur indicateur du risque de problèmes futurs chez les personnes de plus de 50 ans.

Dans environ 90 % des cas, l'hypertension est **essentielle**, c'est-à-dire qu'elle n'a pas de cause organique précise. Elle est due à de vastes interrelations entre une prédisposition héréditaire et divers facteurs environnementaux.

1. **Hérédité.** L'hypertension est héréditaire : l'enfant d'un parent hypertendu court deux fois plus de risques d'être atteint de la maladie que l'enfant né de parents normotendus. Les hypertendus de race noire sont plus nombreux que ceux de race blanche. Un grand nombre des facteurs suivants doivent être associés à une prédisposition génétique, et l'évolution de la maladie varie selon le groupe de population.

2. **Régime alimentaire.** Le sel (NaCl), les graisses saturées, le cholestérol et les carences en certains ions de métaux (potassium, calcium et magnésium) font partie des facteurs alimentaires de l'hypertension.

3. **Obésité.**

4. **Âge.** Les signes cliniques de la maladie apparaissent habituellement après 40 ans.

5. **Diabète sucré.**

6. **Stress.** Les personnes les plus à risque sont celles dont la pression artérielle monte en flèche à chaque événement générateur de stress.

7. **Tabagisme.** La nicotine aggrave les effets vasoconstricteurs du système nerveux sympathique.

L'hypertension essentielle est incurable, mais elle peut être stabilisée par un régime alimentaire faible en sel, en gras et en cholestérol, la perte pondérale, l'abandon du tabagisme, la maîtrise du stress et la prise de médicaments antihypertenseurs. Dans cette catégorie, on trouve notamment les diurétiques, les bêtabloqueurs, les inhibiteurs calciques, les inhibiteurs de l'enzyme de conversion de l'angiotensine (IECA) et les inhibiteurs des récepteurs de l'angiotensine II. Les IECA et les inhibiteurs des récepteurs de l'angiotensine II bloquent le mécanisme de la rénine-angiotensine et augmentent ainsi la capacité des reins à excréter le sodium.

Dans 10 % des cas, l'hypertension est **secondaire**, c'est-à-dire qu'elle est due à des troubles identifiables, dont l'obstruction des artères rénales, les maladies rénales et des troubles endocriniens tels que l'hyperthyroïdie et la maladie de Cushing. Le traitement de l'hypertension vise à éliminer le facteur causal. ■

VÉRIFIONS NOS ACQUIS

11. Expliquez comment les réflexes déclenchés par les barorécepteurs agissent pour maintenir la pression artérielle chez une personne qui passe de la position couchée à la position debout.

12. Quelle variable les reins influencent-ils pour maintenir la pression artérielle moyenne ? Expliquez comment l'obstruction des artères rénales peut entraîner une hypertension secondaire.

Les réponses se trouvent à l'appendice G.

Débit sanguin dans les tissus : irrigation des tissus

13 Expliquer les mécanismes métaboliques et myogènes de la régulation du débit sanguin dans l'organisme

et dans divers organes ; montrer la relation entre la vitesse de l'écoulement sanguin et le diamètre des différents vaisseaux.

Le débit sanguin dans les tissus, ou **irrigation des tissus**, détermine : (1) l'apport d'oxygène et de nutriments aux cellules des tissus et l'élimination de leurs déchets ; (2) les échanges gazeux dans les poumons ; (3) l'absorption des nutriments contenus dans le système digestif ; et (4) la formation de l'urine par les reins. Le débit sanguin est très précisément ajusté au fonctionnement adéquat de chaque tissu et de chaque organe – ni plus, ni moins.

Lorsque l'organisme est au repos, le cerveau reçoit environ 13 % du débit sanguin total, le cœur, 4 %, les reins, 20 %, et les organes abdominaux, 24 %. Les muscles squelettiques, qui représentent près de la moitié de la masse corporelle, reçoivent normalement 20 % du débit sanguin. Pendant l'exercice, cependant, c'est à eux que profite l'augmentation du débit cardiaque ; en effet, le débit sanguin dans les reins et les organes de la digestion est alors réduit **(figure 19.13)**.

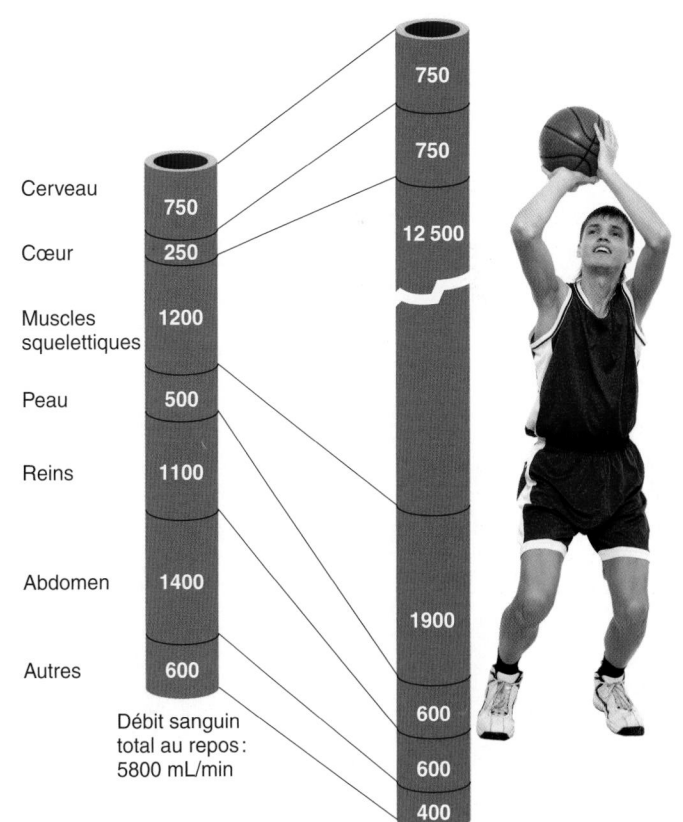

Figure 19.13 Répartition du débit sanguin, au repos et pendant l'exercice intense.

Vitesse de l'écoulement sanguin

Avez-vous déjà observé ce qui se passe quand les flots tumultueux d'une rivière arrivent dans un grand lac? La vitesse de l'écoulement de l'eau diminue à mesure que celle-ci arrive dans le lac, jusqu'à devenir imperceptible. Il en est ainsi parce que l'aire de la section transversale totale du lac est bien supérieure à celle de la rivière. On dit alors que la vitesse de l'écoulement est *inversement* proportionnelle à l'aire de la section transversale. C'est exactement ce qui se produit dans nos vaisseaux sanguins.

Comme le montre la **figure 19.14**, la vitesse de l'écoulement sanguin varie dans les différents vaisseaux de la circulation systémique. Elle est rapide dans l'aorte et les autres grosses artères (la rivière), elle diminue dans les capillaires (leur grande aire de section transversale totale les rend comparables au lac de l'exemple), puis elle augmente de nouveau dans les veines (de retour à la rivière).

Comme dans l'exemple de la rivière et du lac, la vitesse de l'écoulement sanguin est maximale dans les vaisseaux dont l'aire de la section transversale totale est la plus petite du lit vasculaire, c'est-à-dire dans les plus grosses artères. En effet, d'une ramification du réseau artériel à l'autre, le nombre de vaisseaux augmente: le nombre des capillaires est plus élevé que celui des artérioles, lequel est supérieur à celui des artères, et la vitesse diminue proportionnellement. Même si les branches successives ont un calibre décroissant par rapport à celui de l'aorte, le volume de sang qu'elles peuvent contenir est beaucoup plus grand, puisque les aires de leurs sections transversales *combi-*

nées sont elles aussi beaucoup plus grandes. Par exemple, l'aire de la section transversale de l'aorte est de 2,5 cm² alors que celle des capillaires est de 4500 cm². Cette différence d'aire se traduit par une vitesse élevée de l'écoulement sanguin dans l'aorte (de 40 à 50 cm/s) et une vitesse faible dans les capillaires (environ 0,03 cm/s). Il est avantageux que l'écoulement sanguin dans les capillaires soit lent car, de la sorte, les échanges entre le sang et les cellules ont amplement le temps de se dérouler.

Le même principe s'applique aux veines. En effet, des capillaires aux veinules puis aux veines, l'aire de la section transversale totale diminue, et la vitesse de l'écoulement sanguin augmente. L'aire de la section transversale des veines caves est de 8 cm², et la vitesse de l'écoulement sanguin y varie de 10 à 30 cm/s, selon le degré d'activité des muscles squelettiques (pompe musculaire qui influe sur le retour veineux). En fait, c'est dans les veinules succédant immédiatement aux capillaires que l'aire de la section transversale totale est la plus grande et donc que la vitesse du flux sanguin est la plus faible.

Autorégulation du débit sanguin

Comment chaque organe ou tissu arrive-t-il à obtenir l'irrigation sanguine dont il a besoin au rythme changeant de nos activités quotidiennes? La réponse tient en un mot: l'**autorégulation**, c'est-à-dire l'adaptation automatique du débit sanguin aux besoins de chaque tissu. Ce processus est vital, car l'organisme ne dispose que d'un volume limité de sang. (Si chaque tissu recevait à tout moment une quantité de sang bien supérieure à ce qui lui est nécessaire, l'autorégulation ne serait pas requise, mais tel n'est pas le cas.) L'autorégulation repose sur des conditions locales et elle est peu influencée par les facteurs systémiques. La pression artérielle moyenne est la même partout dans l'organisme et les mécanismes homéostatiques ajustent le débit cardiaque au besoin pour qu'il en soit ainsi. Les variations du débit sanguin dans les organes relèvent d'un mécanisme *intrinsèque*, soit la modification du diamètre des artérioles locales alimentant les capillaires.

On peut comparer l'autorégulation du débit sanguin à l'utilisation domestique de l'eau. Pour faire couler de l'eau dans un évier ou par un tuyau d'arrosage, il faut ouvrir un robinet. Quel que soit le nombre de robinets ouverts, la pression dans la conduite d'eau principale de la rue reste relativement constante, tout comme dans les grandes canalisations situées plus près du poste de pompage. De même, les événements qui surviennent dans les artérioles nourrissant les lits capillaires d'un organe ont peu d'effet sur la pression des artères musculaires irriguant ce même organe ou sur celle des grandes artères élastiques. Le cœur nous sert de poste de pompage. Ce système est formidable, car tant que la compagnie des eaux (mécanismes de rétroaction circulatoires) maintient l'eau à une pression relativement constante (pression artérielle moyenne), la demande locale règle la quantité de liquide (sang) s'écoulant à chaque endroit.

En résumé, les organes ajustent donc le débit sanguin qui les traverse en modifiant la résistance de leurs artérioles. Comme nous allons le voir maintenant, ces mécanismes de régulation intrinsèques peuvent être soit *métaboliques* (chimiques), soit *myogènes* (physiques).

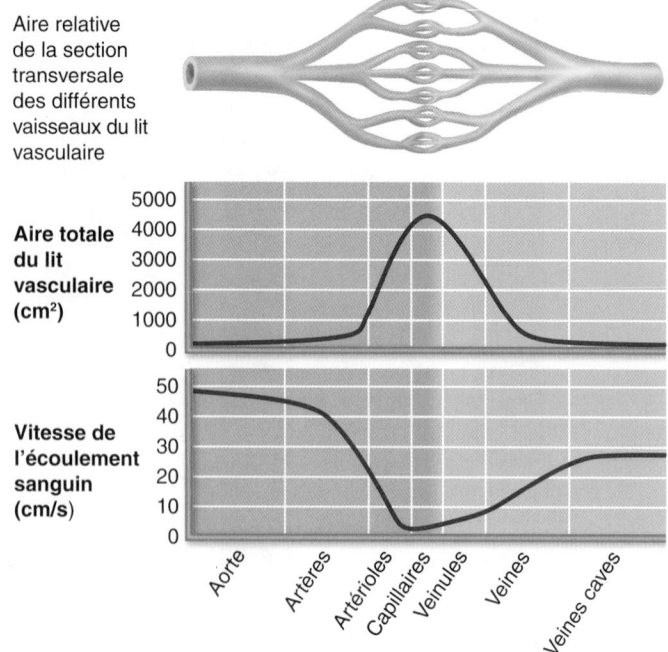

Aire relative de la section transversale des différents vaisseaux du lit vasculaire

Aire totale du lit vasculaire (cm²) — 5000, 4000, 3000, 2000, 1000, 0

Vitesse de l'écoulement sanguin (cm/s) — 50, 40, 30, 20, 10, 0

Aorte · Artères · Artérioles · Capillaires · Veinules · Veines · Veines caves

Figure 19.14   Relation entre la vitesse de l'écoulement sanguin et l'aire de la section transversale totale des divers vaisseaux de la circulation systémique.

Mécanismes de régulation métaboliques

Dans la plupart des tissus, la diminution des concentrations d'oxygène et l'accumulation d'autres substances libérées par le métabolisme tissulaire servent à stimuler l'autorégulation. Parmi ces substances, on trouve les ions H^+ (provenant du gaz carbonique et de l'acide lactique) et K^+, l'adénosine et les prostaglandines. L'importance relative de ces substances n'est pas encore bien connue. Un grand nombre d'entre elles provoquent directement le relâchement du muscle lisse des vaisseaux, mais d'autres induisent la libération de monoxyde d'azote par les cellules endothéliales.

Le **monoxyde d'azote** (**NO**) est un puissant vasodilatateur qui agit par l'intermédiaire du GMP cyclique (second messager). Le NO est rapidement détruit et ses effets vasodilatateurs sont très brefs. Certains chercheurs pensent cependant que le NO peut être transporté sur une distance plus longue quand il se lie à des substances chimiques tampons du sang et qu'il est libéré là où la vasodilatation est nécessaire. Jusqu'à récemment, il était admis que c'était l'activité du système nerveux sympathique qui «faisait la loi» en ce qui concerne le diamètre des vaisseaux sanguins, mais on sait aujourd'hui que son rôle premier à cet égard est de déclencher la vasoconstriction. Le NO, quant à lui, est le principal acteur dans la vasodilatation et la découverte du rôle de cette substance a valu un prix Nobel en 1998 à R. Furchgott, L. Ignarro et F. Murad. Incidemment, on a découvert que l'action du NO était amplifiée par le sildénafil, plus connu sous le nom de Viagra, ce qui a ouvert la voie au traitement des dysfonctions érectiles (voir le tableau 11.3, p. 476, et la p. 1198). Il est produit lors de la dégradation de la nitroglycérine ainsi que par de nombreuses cellules, dont celles de l'endothélium. Ce tissu libère également des vasoconstricteurs puissants, notamment une famille de peptides, appelés **endothélines**, qui font partie des plus puissants vasoconstricteurs connus.

L'autorégulation entraîne une dilatation immédiate des artérioles desservant les lits capillaires des tissus «en manque» et un relâchement des sphincters précapillaires. Ce phénomène s'accompagne d'une augmentation temporaire du débit sanguin dans la région, ce qui permet au sang de jaillir dans les capillaires vrais et d'atteindre les cellules. Des substances inflammatoires, comme l'histamine, les kinines et les prostaglandines, libérées par suite d'une lésion, d'une infection ou d'une réaction allergique, causent également la vasodilatation. La vasodilatation causée par l'inflammation aide les mécanismes de défense à éliminer les microorganismes et les toxines, et favorise la guérison.

Mécanismes de régulation myogènes

Les variations de la pression artérielle systémique endommageraient les organes s'il n'y avait pas de **réponses myogènes** (*myo*: muscle; *genês*: origine) dans le muscle lisse vasculaire. Lorsque l'irrigation sanguine dans un organe est inadéquate, la vitesse du métabolisme chute rapidement et provoque, à long terme, la mort de l'organe. De même, une pression artérielle et une irrigation des tissus trop élevées peuvent, en combinaison, être dangereuses pour les vaisseaux sanguins plus fragiles, qui risquent de se rompre.

Heureusement, le muscle lisse vasculaire prévient ces problèmes en réagissant directement à l'étirement passif par une augmentation de son tonus, laquelle cause la vasoconstriction. Inversement, la diminution de l'étirement entraîne la vasodilatation et augmente le débit sanguin dans les tissus. Le mécanisme de régulation myogène maintient ainsi l'irrigation des tissus à un degré relativement constant malgré les changements de pression systémique.

En général, des facteurs tant chimiques que physiques déterminent la réponse autorégulatrice finale d'un tissu. Par exemple, quand un tissu souffre d'un blocage temporaire de son irrigation, il se produit en réaction une augmentation marquée de son débit sanguin appelée **hyperémie passive**. Cette réaction résulte à la fois de la réponse myogène et de l'accumulation de déchets métaboliques survenue pendant l'occlusion. Les divers mécanismes de régulation intrinsèques (locaux) et extrinsèques du diamètre des artérioles sont présentés à la figure 19.15. Les flèches de couleur représentent les effets: vert pour la dilatation et rouge pour la constriction.

Autorégulation à long terme

Si le mécanisme d'autorégulation à court terme ne suffit pas à répondre aux besoins des tissus, un mécanisme à long terme peut s'établir en quelques semaines ou en quelques mois pour augmenter le débit sanguin local. Le nombre de vaisseaux s'accroît dans le tissu et les vaisseaux existants grossissent. Ce phénomène, appelé *angiogenèse*, a lieu notamment dans le cœur en cas d'occlusion partielle d'un vaisseau coronaire; il survient également dans l'ensemble de l'organisme des gens qui vivent en altitude, où l'air contient moins d'oxygène qu'au niveau de la mer. L'angiogenèse se produit rapidement dans les tissus jeunes et ceux qui sont en réparation (cicatrisation et menstruation, par exemple), mais cette fonction ralentit avec l'âge. Lors de la découverte des facteurs d'angiogenèse tumorale, dont le facteur de croissance vasculaire endothélial (VEGF, *vascular endothelial growth factor*), on a vu dans l'inhibition de l'angiogenèse une piste de recherche de nouveaux traitements contre le cancer. Les inhibiteurs d'angiogenèse (par exemple Avastin) pourraient aussi se révéler bénéfiques non seulement pour les problèmes cardiaques, mais également contre la cécité.

Débit sanguin dans certains organes

Chaque organe a des fonctions et des besoins dont la spécificité transparaît dans ses mécanismes d'autorégulation. Dans l'encéphale, le cœur et les reins, l'autorégulation est remarquablement efficace, et l'irrigation reste adéquate même lorsque la pression artérielle moyenne fluctue.

Muscles squelettiques

Dans les muscles squelettiques, le débit sanguin varie selon le degré d'activité et le type de fibre musculaire. En règle générale, le réseau capillaire est plus dense et le débit sanguin plus élevé dans les fibres rouges (fibres oxydatives à contraction lente) que dans les fibres blanches (fibres glycolytiques à contraction rapide). Au repos, les muscles squelettiques reçoivent environ

19

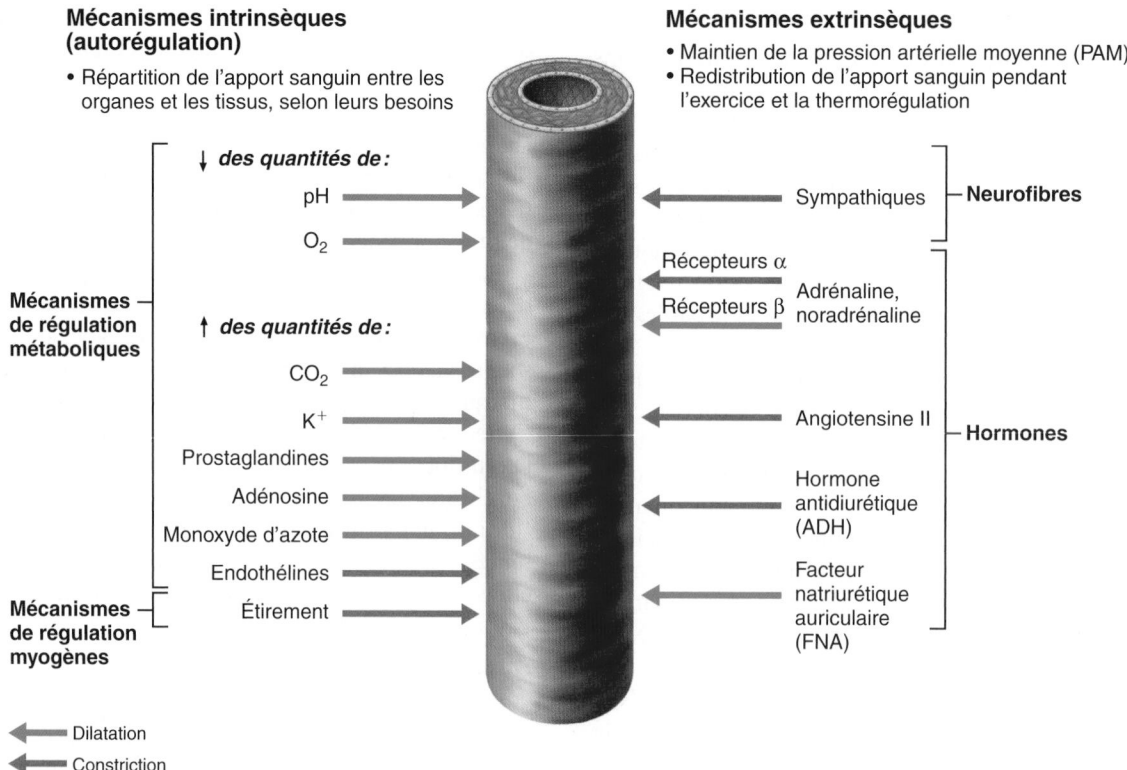

Mécanismes intrinsèques (autorégulation)
• Répartition de l'apport sanguin entre les organes et les tissus, selon leurs besoins

Mécanismes extrinsèques
• Maintien de la pression artérielle moyenne (PAM)
• Redistribution de l'apport sanguin pendant l'exercice et la thermorégulation

↓ *des quantités de :*
pH
O_2

Mécanismes de régulation métaboliques

↑ *des quantités de :*
CO_2
K^+
Prostaglandines
Adénosine
Monoxyde d'azote
Endothélines

Mécanismes de régulation myogènes
Étirement

Sympathiques — **Neurofibres**

Récepteurs α
Récepteurs β — Adrénaline, noradrénaline

Angiotensine II — **Hormones**

Hormone antidiurétique (ADH)

Facteur natriurétique auriculaire (FNA)

◀ Dilatation
◀ Constriction

Figure 19.15 Résumé des mécanismes de régulation intrinsèques et extrinsèques du muscle lisse des artérioles dans la circulation systémique. Les récepteurs adrénergiques α (contraction du muscle lisse, constriction des artérioles) sont situés dans les artérioles qui irriguent la plupart des tissus, tandis que les récepteurs adrénergiques β (relâchement du muscle lisse, dilatation des artérioles) se trouvent surtout dans les artérioles qui irriguent les muscles cardiaque et squelettiques.

1 L de sang par minute, et environ 25 % seulement de leurs capillaires sont ouverts. Le débit sanguin y est alors régi par les mécanismes myogènes et nerveux habituels. Quand les muscles s'activent, le débit sanguin augmente (*hyperémie*) proportionnellement à l'activité *métabolique*; ce phénomène est appelé **hyperémie active**.

En fait, deux facteurs sont en cause dans cette forme d'autorégulation. Le premier est la diminution de la concentration d'oxygène; le second, une accumulation de produits métaboliques résultant de l'accélération du métabolisme des muscles actifs, qui libèrent localement du gaz carbonique, du K^+ et de l'adénosine triphosphate. Cependant, l'irrigation des muscles requiert également des adaptations systémiques par le centre vasomoteur pour que l'apport sanguin soit à la fois plus rapide et plus abondant. Pendant l'activité physique, l'activité du système nerveux sympathique augmente. La noradrénaline libérée par les terminaisons des neurofibres sympathiques provoque la vasoconstriction des vaisseaux jouant le rôle de réservoirs sanguins dans les viscères digestifs et la peau. Il s'ensuit un déplacement temporaire du sang de ces régions vers les muscles squelettiques afin qu'ils puissent bénéficier d'un débit sanguin adapté à leurs besoins. Dans les muscles squelettiques, le sys-

tème nerveux sympathique et les mécanismes de régulation métaboliques produisent des effets inverses sur le diamètre des artérioles. Pendant l'activité physique, les mécanismes locaux – ceux du système digestif et de la peau, notamment – annulent la vasoconstriction sympathique. En dernière analyse, ce sont les capacités du système cardiovasculaire à fournir les nutriments et l'oxygène nécessaires qui déterminent le temps que les muscles peuvent passer à se contracter vigoureusement. Par conséquent, le débit sanguin dans les muscles squelettiques peut devenir plusieurs dizaines de fois plus élevé pendant l'activité physique (figure 19.13) et presque tous les capillaires des muscles actifs s'ouvrent pour admettre ce surcroît de sang.

On a déjà pensé que la dilatation des artérioles pendant l'activité physique résultait de la liaison de l'adrénaline aux récepteurs adrénergiques β et de celle de l'acétylcholine aux récepteurs cholinergiques. Chez l'humain, ces deux phénomènes joueraient toutefois un rôle physiologique mineur dans la régulation de l'irrigation sanguine des muscles squelettiques chez l'humain. L'activité physique intense est incontestablement l'une des situations les plus exigeantes pour le système cardiovasculaire. En définitive, le principal facteur qui détermine la durée d'une contraction musculaire intense est la capacité du système cardiovasculaire à fournir un apport adéquat en oxygène et en nutriments et à éliminer les déchets.

Encéphale

Le débit sanguin total dans l'encéphale est d'environ 750 mL/min (soit 15 % du débit cardiaque, même si la masse de l'encéphale ne constitue que 2 % de la masse totale du corps), et il est relativement constant. Étant donné que les neurones de l'encéphale ne peuvent tolérer l'ischémie, cette constance revêt une importance capitale.

Même s'il est l'organe au métabolisme le plus actif dans tout l'organisme, l'encéphale est le moins apte à emmagasiner des nutriments essentiels. Le débit sanguin cérébral est régi par l'un des mécanismes autorégulateurs les plus précis de l'organisme, et il s'adapte aux besoins locaux des neurones. Ainsi, lorsque vous fermez le poing droit, les neurones qui déterminent ce mouvement, situés dans votre cortex moteur gauche, reçoivent plus de sang que leurs voisins. Le tissu cérébral est exceptionnellement sensible aux diminutions du pH (lesquelles sont entraînées par une augmentation de la concentration de gaz carbonique) qui provoquent une vasodilatation marquée ; cette réaction permet d'éliminer le gaz carbonique en excès et de rétablir la valeur normale du pH dans l'encéphale. Le déficit en oxygène est un stimulus bien moins puissant de l'autorégulation. Cependant, une concentration excessive de gaz carbonique abolit les mécanismes autorégulateurs et déprime gravement l'activité cérébrale. Nous en reparlerons au chapitre 26.

Outre la régulation métabolique, l'encéphale présente un mécanisme myogène qui le protège contre les variations potentiellement nuisibles de la pression artérielle. Lorsque la pression artérielle moyenne diminue, les vaisseaux cérébraux se dilatent, assurant ainsi une irrigation suffisante à l'encéphale. Lorsque la pression artérielle augmente, en revanche, les vaisseaux cérébraux se contractent pour éviter la rupture des petits vaisseaux fragiles situés en aval. Dans certaines circonstances, comme dans l'ischémie cérébrale causée par une augmentation de la pression intracrânienne (résultant par exemple de la compression des vaisseaux par une tumeur), l'encéphale ajuste son débit sanguin en élevant la pression artérielle systémique (par l'intermédiaire des centres cardiovasculaires du bulbe rachidien). Or, les variations extrêmes de la pression systémique rendent l'encéphale vulnérable. L'évanouissement (la *syncope*) survient lorsque la pression artérielle moyenne tombe sous 60 mm Hg ; un œdème cérébral résulte généralement de pressions supérieures à 160 mm Hg, qui accroissent considérablement la perméabilité des capillaires cérébraux.

Peau

Dans la peau, le sang : (1) apporte des nutriments aux cellules ; (2) concourt à la thermorégulation ; et (3) s'accumule dans les vaisseaux cutanés. La première fonction est assurée par l'autorégulation en réaction aux besoins en oxygène. La deuxième et la troisième font intervenir des mécanismes nerveux. La principale fonction de la circulation cutanée étant de contribuer au maintien de la température corporelle, nous nous attarderons ici à la fonction thermorégulatrice de la peau.

La peau recouvre des plexus veineux étendus dans lesquels le débit sanguin peut varier entre 50 et 2500 mL/min, suivant la température corporelle. Cette variabilité est due aux adaptations nerveuses autonomes survenant dans des anastomoses artérioveineuses spiralées. Ces minuscules dérivations artérioveineuses sont situées principalement dans le bout des doigts, le lit des ongles, la paume des mains, les orteils, la plante des pieds, les oreilles, le nez et les lèvres. Elles sont pourvues d'un grand nombre de terminaisons nerveuses sympathiques libérant de la noradrénaline (caractéristique qui les distingue des dérivations de la plupart des autres lits capillaires), et elles sont régies par des réflexes que déclenchent les récepteurs de la température ou les signaux issus des centres supérieurs du système nerveux central. Par ailleurs, les artérioles sont sensibles à des stimulus autorégulateurs métaboliques.

Lorsque la surface de la peau est exposée à la chaleur ou que la température corporelle s'élève pour d'autres raisons (pendant un exercice intense, par exemple), le « thermostat » hypothalamique fait diminuer la stimulation vasomotrice des artérioles de la peau et cause une vasodilatation. Le sang chaud jaillit dans les lits capillaires et la chaleur irradie de la surface de la peau. La transpiration favorise encore plus la dilatation des artérioles, car la sueur contient une enzyme qui agit sur une protéine du liquide interstitiel et qui produit de la *bradykinine*. À son tour, la bradykinine stimule la libération de monoxyde d'azote (un puissant vasodilatateur) par les cellules endothéliales des vaisseaux.

Lorsque la température ambiante est basse et que la température corporelle diminue, les artérioles superficielles de la peau se contractent fermement. Par conséquent, le sang contourne presque entièrement les capillaires associés aux anastomoses artérioveineuses. Il est ainsi dérivé vers les organes profonds pour en maintenir la température. Paradoxalement, la peau peut conserver une coloration rosée, car un peu de sang reste « emprisonné » dans les capillaires superficiels lorsque le sang passe dans les anastomoses artérioveineuses ; de plus, les cellules de la peau refroidie absorbent moins d'O_2, et le sang en conserve donc une plus grande quantité.

Ailleurs que dans les anastomoses artérioveineuses spiralées, lors d'une augmentation de la température, c'est la libération d'acétylcholine par les neurofibres sympathiques qui provoque la vasodilatation.

Poumons

Dans la circulation pulmonaire, le débit sanguin présente plus d'une particularité. Toutes proportions gardées, le trajet est court. Les artères et les artérioles pulmonaires ont une structure semblable à celle des veines et des veinules, c'est-à-dire qu'elles ont des parois minces et de grandes lumières. Comme elles opposent peu de résistance à l'écoulement, il faut moins de pression pour propulser le sang dans le réseau artériel pulmonaire. Par conséquent, la pression artérielle est beaucoup plus basse dans la circulation pulmonaire que dans la circulation systémique (24/8 contre 120/80 mm Hg).

Autre particularité de la circulation pulmonaire, le mécanisme autorégulateur est *inversé* par rapport à celui de la

19

plupart des tissus : une faible concentration d'oxygène cause la vasoconstriction localisée des artérioles tandis qu'une forte concentration provoque la vasodilatation. Ce phénomène en apparence singulier est pourtant parfaitement conforme à la fonction d'échange gazeux de la circulation pulmonaire. Quand les sacs alvéolaires sont remplis d'air riche en oxygène, les capillaires pulmonaires se gorgent de sang et sont prêts à recevoir l'oxygène. Si les sacs alvéolaires sont affaissés ou obstrués par du mucus, la concentration d'oxygène y est basse et le sang contourne cette région non fonctionnelle.

Cœur

Le mouvement du sang dans les petits vaisseaux de la circulation coronarienne est influencé par la pression aortique et par l'action de pompage des ventricules. La contraction des ventricules comprime les vaisseaux coronaires (notamment l'artère coronaire gauche), et le sang cesse de s'écouler dans le myocarde. Au cours de la diastole, la forte pression qui règne dans l'aorte pousse le sang dans la circulation coronarienne. En temps normal, la myoglobine des cellules cardiaques contient suffisamment d'oxygène pour alimenter leurs mitochondries pendant la systole. Cependant, une fréquence cardiaque anormalement rapide, qui réduit la longueur de la diastole, peut réduire considérablement l'apport d'oxygène et de nutriments au myocarde durant cette phase du cycle cardiaque.

Au repos, le débit sanguin est d'environ 250 mL/min dans le cœur (soit 5 % du débit cardiaque, même si la masse du cœur constitue moins de 0,5 % de la masse totale du corps) et un mécanisme myogène en assurerait la régulation. Par conséquent, la disponibilité en oxygène demeure assez constante malgré les fortes variations de la pression coronarienne (de 50 à 140 mm Hg). Pendant l'exercice intense, les artérioles du muscle cardiaque se dilatent en réaction à une accumulation locale de vasodilatateurs (en particulier, l'adénosine), et le débit sanguin peut tripler ou quadrupler (figure 19.13). De plus, tout événement entraînant une diminution de la teneur du sang en oxygène déclenche la libération de vasodilatateurs qui fait coïncider l'apport d'O_2 avec la demande.

Cette augmentation du débit sanguin en période d'activité est importante car, au repos, les cellules cardiaques utilisent jusqu'à 70 % de l'oxygène qui leur parvient. (La plupart des autres cellules ne consomment que 25 % environ de l'oxygène qui leur est livré.) Par conséquent, l'augmentation du débit sanguin constitue le seul moyen d'apporter au cœur le surcroît d'oxygène dont il a besoin en période d'activité intense.

VÉRIFIONS NOS ACQUIS

13. Si vous prenez part à une course de vélo, qu'arrive-t-il au muscle lisse des artérioles qui irriguent les muscles de vos jambes ? Quel mécanisme clé entre en jeu ?

14. Lorsqu'un grand nombre des artérioles de votre organisme se dilatent en même temps, vous vous attendez à ce que la pression artérielle moyenne (PAM) baisse fortement. Qu'est-ce qui empêche votre PAM de diminuer pendant la course ?

Les réponses se trouvent à l'appendice G.

Débit sanguin dans les capillaires et échanges capillaires

> **14** Énumérer les forces influant sur les échanges liquidiens au niveau des capillaires ; indiquer la direction dans laquelle chaque force s'exerce et expliquer comment se calcule la pression nette de filtration.

L'écoulement du sang dans les réseaux de capillaires est lent et intermittent. Ce phénomène est lié à l'ouverture et à la fermeture des sphincters précapillaires sous l'effet des mécanismes autorégulateurs locaux.

Échanges des gaz respiratoires et des nutriments

L'oxygène, le gaz carbonique, la plupart des nutriments et les déchets métaboliques passent du sang au liquide interstitiel, ou vice versa, par **diffusion**. La diffusion se fait toujours selon un gradient de concentration imposant aux substances de se déplacer des régions où elles sont plus concentrées vers des régions où elles le sont moins. L'oxygène et les nutriments sortent donc du sang, où leur concentration est élevée, traversent le liquide interstitiel puis atteignent les cellules des tissus. Le gaz carbonique et les déchets métaboliques sortent des cellules, où leur concentration est élevée, et ils entrent dans le sang capillaire.

Comme on peut le voir à la **figure 19.16**, les différents types de molécules peuvent franchir la paroi des capillaires selon l'une des quatre voies de passage suivantes. ① Les molécules liposolubles – comme les gaz respiratoires – diffusent à travers la double couche de phospholipides de la membrane plasmique des cellules endothéliales. Les petits solutés hydrosolubles – tels les acides aminés et les glucides – empruntent ② les fentes intercellulaires remplies de liquides ou ③ les pores. ④ Des cavéoles ou des vésicules de pinocytose se forment pour transporter certaines grosses molécules, telles que des protéines. Ainsi que nous l'avons mentionné, les capillaires n'ont pas tous la même perméabilité. Par exemple, les cellules endothéliales des sinusoïdes du foie sont disjointes et laissent passer même les protéines, tandis que les capillaires continus de l'encéphale sont imperméables à la plupart des substances.

Échanges liquidiens

Pendant que les échanges de nutriments et de gaz s'effectuent, par diffusion, à travers les parois des capillaires, la filtration des liquides se produit aussi. Ces liquides sont expulsés des capillaires dans les fentes intercellulaires situées à l'extrémité artérielle du lit (la pression artérielle y est habituellement plus élevée), mais ils retournent en majeure partie dans la circulation à l'extrémité veineuse du lit (la pression osmotique y est plus grande). Il s'agit d'un écoulement relativement faible dans les échanges capillaires, mais il est extrêmement important dans la détermination des volumes liquidiens relatifs de la circulation sanguine et du compartiment interstitiel. (Chaque jour, les capillaires filtrent environ 20 L de liquide avant de les réabsorber dans la circulation sanguine, ce qui représente 7 fois le total du volume plasmatique !) Nous allons voir maintenant comment les forces opposées de la pression hydrostatique et

19

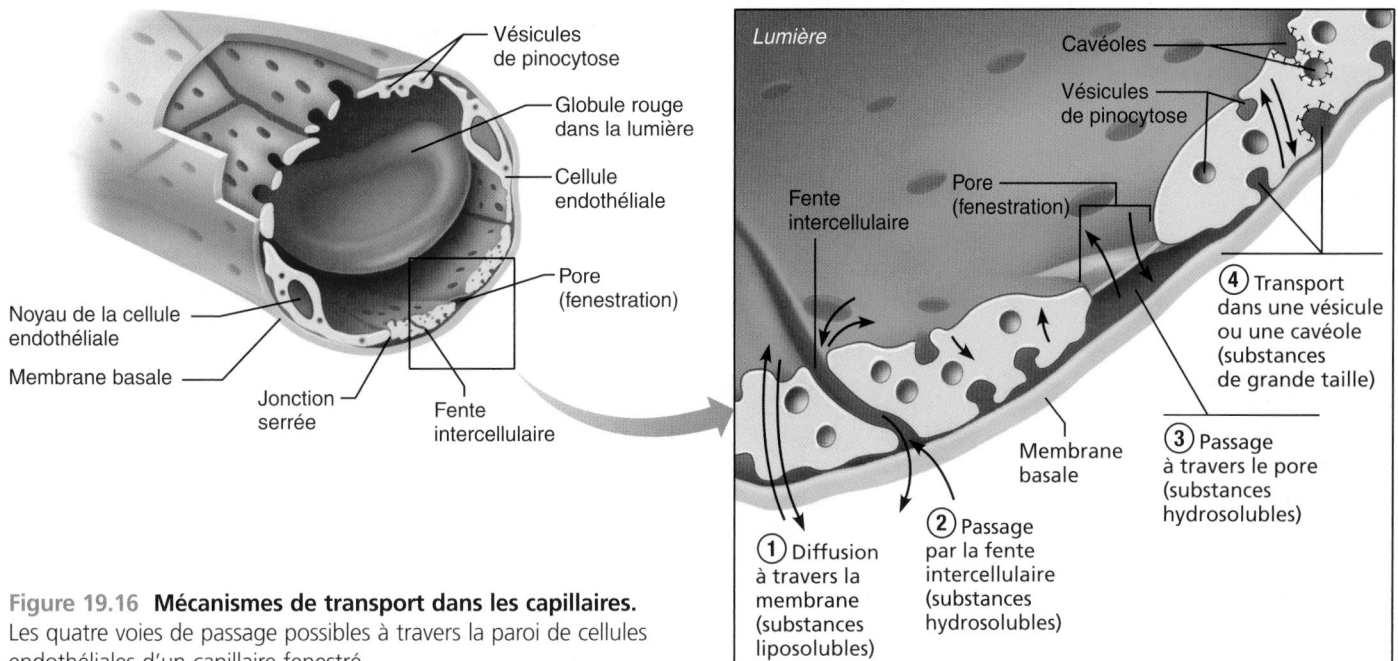

Figure 19.16 Mécanismes de transport dans les capillaires. Les quatre voies de passage possibles à travers la paroi de cellules endothéliales d'un capillaire fenestré.

de la pression colloïdoosmotique déterminent la *direction* et la *quantité* de liquide qui traverse les parois capillaires.

Pressions hydrostatiques La **pression hydrostatique** est la force exercée par un liquide contre une paroi. Dans les capillaires, la pression hydrostatique correspond à la **pression hydrostatique capillaire** (PH_c), c'est-à-dire à la pression du sang contre les parois des capillaires. La pression capillaire est aussi appelée pression de filtration, car elle pousse les liquides entre les cellules de la paroi des capillaires, laissant derrière les cellules et la plupart des protéines. Comme la pression sanguine diminue à mesure que le sang avance dans un lit capillaire, la pression capillaire est plus élevée à l'extrémité artérielle du lit (35 mm Hg) qu'à son extrémité veineuse (17 mm Hg).

En théorie, la pression sanguine, qui pousse les liquides hors des capillaires, s'oppose à la **pression hydrostatique du liquide interstitiel** (PH_{li}) agissant à l'extérieur des capillaires pour y introduire des liquides. Pour déterminer la pression hydrostatique *nette* agissant sur un point quelconque des capillaires, il faut trouver la différence entre la PH_c et la PH_{li}. Toutefois, on trouve très peu de liquides dans le compartiment interstitiel, car les vaisseaux lymphatiques les drainent constamment. Bien que la PH_{li} varie d'une valeur légèrement positive à une valeur légèrement négative, on a coutume de supposer qu'elle est égale à zéro, et nous endosserons ce point de vue dans un souci de simplification.

Les *pressions hydrostatiques nettes* aux extrémités artérielle et veineuse du lit capillaire sont essentiellement égales à la PH_c (autrement dit à la pression sanguine) à ces endroits. La figure 19.17 présente un résumé de ces pressions.

Pressions colloïdoosmotiques La **pression colloïdoosmotique**, qui s'oppose à la pression hydrostatique, naît de la présence dans un liquide de grosses molécules non diffusibles, telles les protéines plasmatiques, qui ne peuvent pas traverser la paroi des capillaires. Ces substances attirent l'eau ; en d'autres termes, elles favorisent l'osmose parce que la concentration d'eau est plus faible autour d'elles que du côté opposé de la membrane capillaire.

Les protéines plasmatiques contenues en abondance dans le sang capillaire (principalement des molécules d'albumine) exercent une **pression colloïdoosmotique capillaire** (PO_c), ou *pression oncotique*, d'environ 26 mm Hg. Parce que le liquide interstitiel contient peu de protéines, sa pression colloïdoosmotique (PO_{li}) est de beaucoup inférieure : elle varie entre 0,1 et 5 mm Hg. Dans la figure 19.17, la PO_{li} est de 1 mm Hg.

Contrairement à la pression hydrostatique, la pression osmotique ne varie pas d'une extrémité à l'autre du lit capillaire. Dans notre exemple, la *pression osmotique nette* (force nette) qui attire les liquides dans le sang capillaire est $PO_c - PO_{li} = 26$ mm Hg $- 1$ mm Hg $= 25$ mm Hg.

Interactions entre la pression hydrostatique et la pression osmotique Pour déterminer s'il y a un gain net ou une perte nette des liquides dans le sang, il faut calculer la **pression nette de filtration** (PNF), qui tient compte de toutes les forces agissant sur le lit capillaire. Tout le long d'un capillaire, les liquides s'échappent du capillaire si la pression hydrostatique nette dépasse la pression osmotique nette. Inversement, les liquides entrent dans le capillaire si la pression osmotique nette est supérieure à la pression hydrostatique nette. Comme le montre la

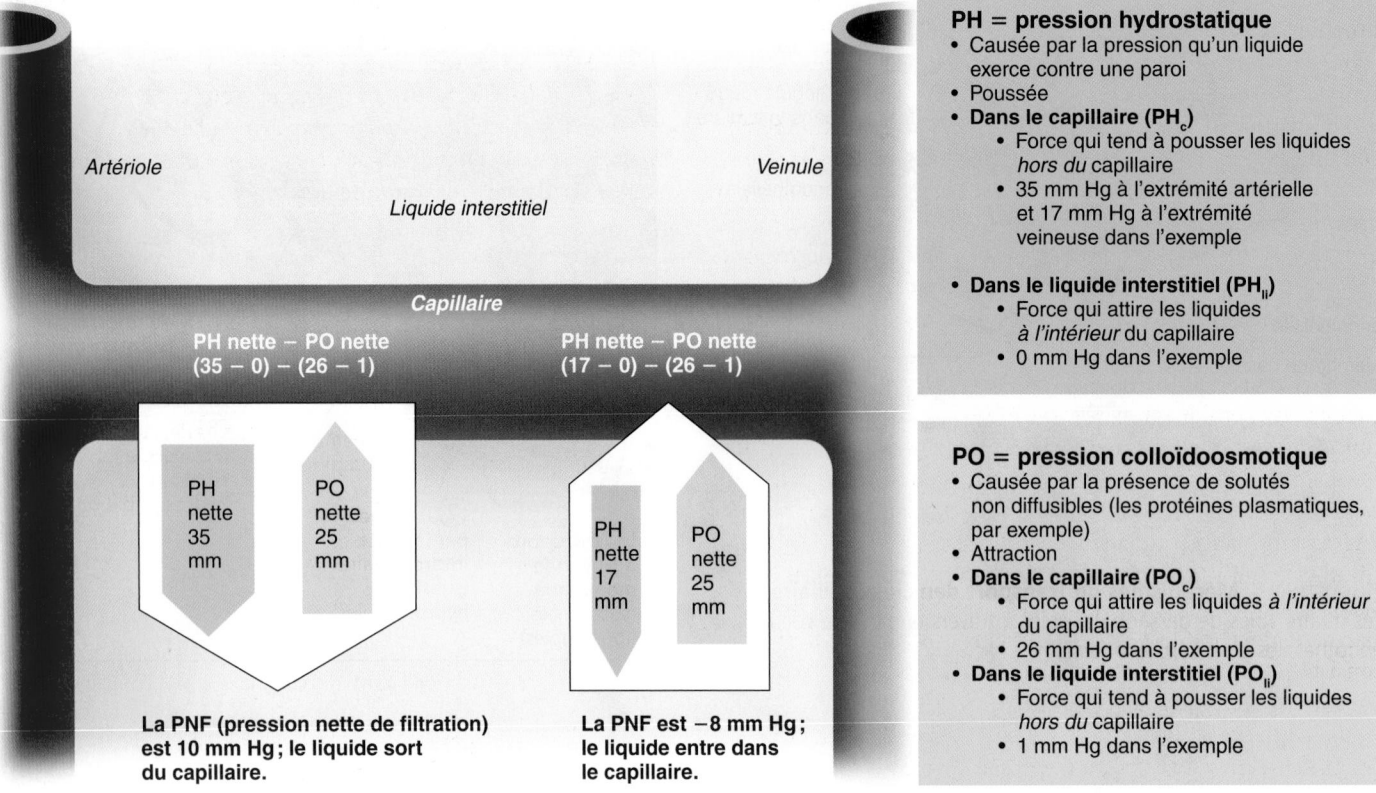

Figure 19.17 Échanges liquidiens dans les capillaires.

figure 19.17, la pression hydrostatique domine à l'extrémité artérielle (toutes les valeurs sont en millimètres de Hg):

$$PNF = (PH_c - PH_{li}) - (PO_c - PO_{li})$$

$$= (35 - 0) - (26 - 1)$$

$$= (35 - 25) = 10 \text{ mm Hg}$$

Comme on peut le voir, la pression de 10 mm Hg (excès net de PH) force les liquides à sortir du capillaire. En revanche, à l'extrémité veineuse, c'est la pression osmotique qui domine:

$$PNF = (17 - 0) - (26 - 1)$$

$$= 17 - 25 = -8 \text{ mm Hg}$$

Cette valeur négative de la pression indique que la PNF (causée par l'excès net de PO) force les liquides à revenir dans le lit capillaire (phénomène appelé *réabsorption*). Par conséquent, les liquides *sortent* de la circulation à l'extrémité artérielle du lit capillaire, et ils *entrent* dans la circulation à son extrémité veineuse.

Toutefois, la quantité de liquides qui entre dans le compartiment interstitiel est supérieure à celle qui retourne dans la circulation sanguine, ce qui se solde par une perte de liquides de l'ordre de 1,5 mL/min. Les vaisseaux lymphatiques captent ces liquides ainsi que les petites protéines et ils les renvoient dans le réseau vasculaire de la circulation sanguine. C'est pour cette raison que les concentrations de liquides et de protéines

sont relativement faibles dans le compartiment interstitiel. Sans l'action des vaisseaux lymphatiques, ces pertes «insignifiantes» de liquides suffiraient à vider les vaisseaux sanguins de leur plasma en 24 heures environ!

VÉRIFIONS NOS ACQUIS

15. Supposons que la pression colloïdoosmotique du liquide interstitiel (PO_{li}) augmente considérablement à cause d'une infection bactérienne grave dans les tissus avoisinants, par exemple. (a) Décrivez les changements qui devraient se produire dans l'échange liquidien. (b) Calculez maintenant la PNF à l'extrémité veineuse du capillaire de la figure 19.17 si la PO_{li} augmente, passant à 10 mm Hg. (c) Dans quelle direction le liquide s'écoule-t-il maintenant à l'extrémité veineuse du capillaire, vers l'intérieur ou l'extérieur?

Les réponses se trouvent à l'appendice G.

État de choc

15 Définir l'état de choc et indiquer les causes de chacun des types d'état de choc suivants: hypovolémique, vasculaire, cardiaque.

L'**état de choc** désigne toute situation dans laquelle les vaisseaux sanguins ne contiennent pas suffisamment de sang, ce qui entraîne une mauvaise irrigation des tissus. Si elle persiste, cette situation cause la mort cellulaire et des lésions des organes (dont le cœur et les vaisseaux sanguins eux-mêmes, ce qui aggrave l'état de choc).

La forme la plus répandue de l'état de choc, le **choc hypovolémique** (*hypo*: bas ; *volémie*: volume sanguin total), résulte d'une diminution considérable du volume sanguin, à la suite notamment d'une hémorragie aiguë, de vomissements ou de diarrhée graves ou encore de brûlures étendues. (Notez que l'organisme ne peut supporter une perte supérieure à 40 % de son volume sanguin total.) Si le volume sanguin diminue brusquement, la fréquence cardiaque accélère pour rectifier la situation. Un pouls faible et filant est souvent le premier signe du choc hypovolémique. On observe également une intense vasoconstriction, qui chasse le sang des divers réservoirs sanguins (peau, muscles squelettiques, viscères abdominaux) dans les vaisseaux principaux et favorise le retour veineux. La pression artérielle est stable au début, mais elle finit par baisser si le volume sanguin continue de décroître. C'est pourquoi une baisse marquée de la pression artérielle est un signe tardif et alarmant du choc hypovolémique. Le traitement de cet état consiste à administrer des solutions de remplissage vasculaire dans les meilleurs délais.

Bien que vous n'ayez pas encore étudié les réactions de l'organisme au choc hypovolémique, l'hémorragie aiguë est tellement grave qu'il nous a semblé bon de présenter ses signes, de même que les mécanismes que l'organisme met en action pour rétablir l'homéostasie. Nous le faisons sous forme de diagramme à la **figure 19.18**. Lisez-le dès maintenant, et étudiez-le à nouveau lorsque vous aurez terminé l'étude des autres systèmes de l'organisme.

Dans le **choc d'origine vasculaire**, le volume sanguin est normal et constant, mais la circulation est entravée en raison d'une expansion anormale du volume interne du réseau vasculaire consécutive à une vasodilatation extrême des artérioles. La baisse rapide de la pression artérielle révèle la chute de la résistance périphérique. Le plus souvent, ce type de choc est causé par la perte du tonus vasomoteur due à l'anaphylaxie (choc anaphylactique), c'est-à-dire une réaction allergique systémique pendant laquelle la libération massive d'histamine déclenche une vasodilatation généralisée. Il peut aussi être causé par l'insuffisance de la régulation du système nerveux autonome (également appelée *choc neurogène*) et par une septicémie. La *septicémie* (ou *choc septique*) est une infection bactérienne systémique grave dans laquelle les toxines bactériennes ont des effets vasodilatateurs, comme dans le cas du syndrome de choc toxique (TSS, *toxic shock syndrome*), causé soit par des staphylocoques reliés à l'utilisation des tampons vaginaux, soit par des streptocoques d'origine cutanée ou oto-rhinolaryngologique.

Un bain de soleil prolongé peut entraîner un choc vasculaire transitoire. La chaleur du soleil sur la peau provoque la dilatation des vaisseaux cutanés et, lors du passage soudain à la position debout, à cause de la force gravitationnelle, le sang stagne pendant un moment dans les membres inférieurs plutôt que de retourner au cœur. Par voie de conséquence, la pression arté-rielle baisse. Un étourdissement indique alors que l'encéphale ne reçoit pas suffisamment d'oxygène.

Le **choc cardiogénique**, c'est-à-dire la défaillance de la pompe cardiaque, survient lorsque le cœur est faible au point de ne plus faire circuler le sang de façon adéquate. Ce choc est habituellement causé par des lésions myocardiques, comme celles que laissent des infarctus répétés.

VÉRIFIONS NOS ACQUIS

16. Votre voisin Roger vous appelle parce qu'il pense qu'il fait une réaction allergique à un médicament. Quand vous arrivez chez lui, il est sur le point de perdre connaissance et il a de la difficulté à respirer. À leur arrivée, les ambulanciers remarquent que la pression artérielle de Roger est à 63/38 et que son pouls est rapide et filant. Expliquez pourquoi sa pression artérielle est basse et son pouls rapide.

Les réponses se trouvent à l'appendice G.

TROISIÈME PARTIE

VOIES DE LA CIRCULATION : ANATOMIE DU SYSTÈME CARDIOVASCULAIRE

Les deux principales circulations de l'organisme

16 Décrire la circulation pulmonaire et expliquer son importance.

17 Expliquer les grandes fonctions de la circulation systémique.

Le **système cardiovasculaire** comprend deux circulations distinctes, chacune possédant son réseau d'artères, de capillaires et de veines. La *circulation pulmonaire* est la courte boucle qui part du cœur, parcourt les poumons, puis revient au cœur. La *circulation systémique* est la longue boucle qui apporte le sang dans toutes les parties du corps et qui se termine là où elle a commencé, au cœur également. Le **tableau 19.3** présente des diagrammes des deux circulations.

Différences entre les artères et les veines systémiques

Comme nous l'avons vu au chapitre 18, le sang sort du cœur par une seule artère systémique, l'aorte. Par contre, il rentre dans le cœur par deux veines terminales, les veines caves supérieure et inférieure. Une seule exception à cette règle : le sang qui s'écoule du myocarde est recueilli par des veines rattachées

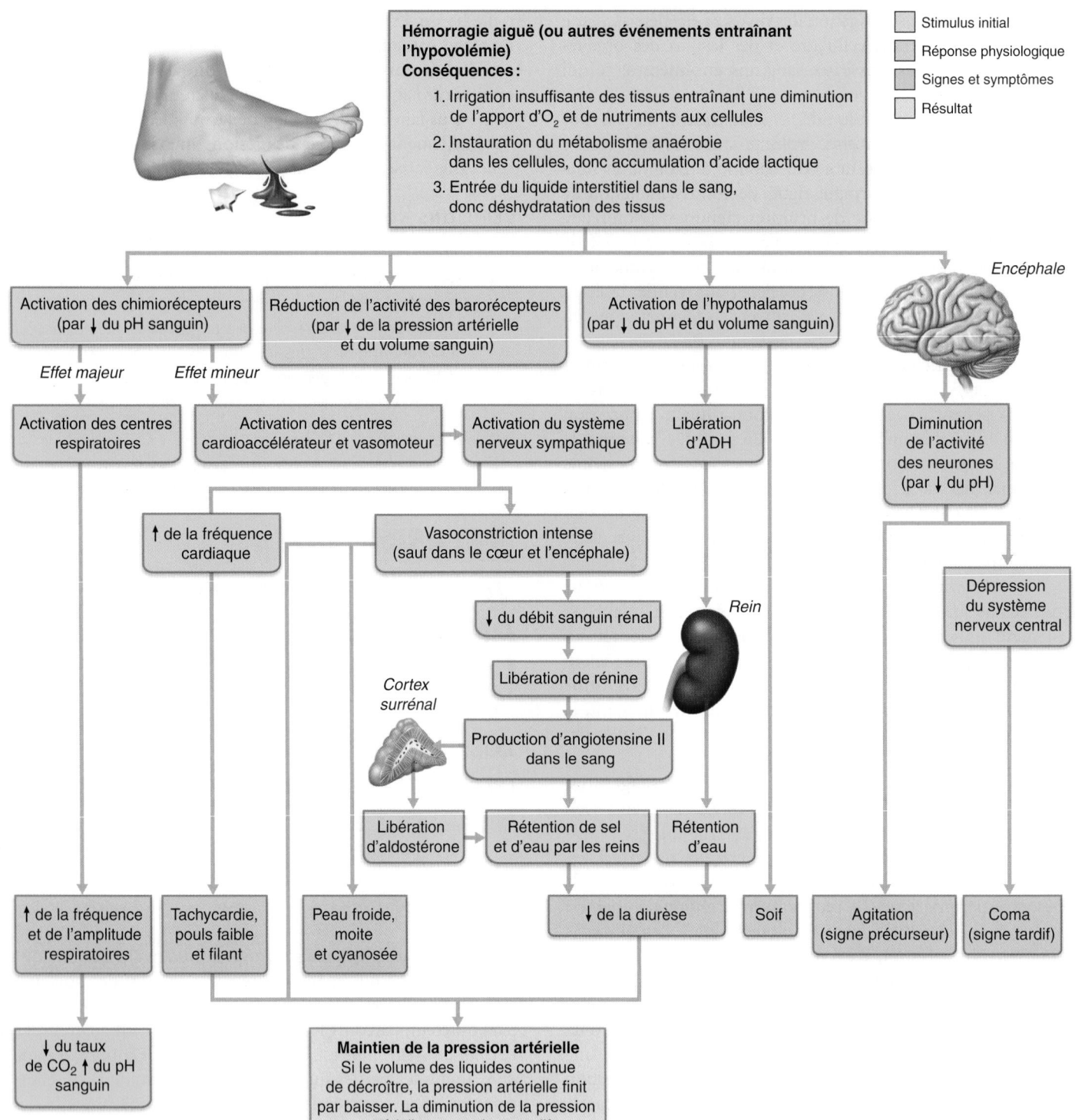

Figure 19.18 Signes et conséquences du choc hypovolémique compensé (sans aggravation).

au sinus coronaire, un vaisseau qui se déverse directement dans l'oreillette droite.

En plus des différences que nous venons de voir entre les veines et les artères du cœur, il y a trois importantes différences entre les veines et les artères systémiques :

1. **Les artères sont profondes tandis que les veines sont profondes ou superficielles.** Les veines qui parcourent les tissus profonds sont parallèles aux artères systémiques et sont protégées par des tissus sur la majeure partie de leur trajet. À quelques exceptions près, ces vaisseaux portent les mêmes noms. Les veines superficielles cheminent tout près de la peau et elles sont bien visibles, particulièrement dans les membres, le visage et le cou. Comme il n'y a pas d'artères superficielles, le nom des veines superficielles ne peut correspondre à celui des artères.

2. **Les voies veineuses comportent plus d'anastomoses.** Contrairement aux voies artérielles, qui sont généralement distinctes, les voies veineuses tendent à former de nombreuses anastomoses et beaucoup de veines se dédoublent. Les voies veineuses sont donc plus difficiles à suivre que les voies artérielles.

3. **L'encéphale et le système digestif possèdent chacun leur propre système d'irrigation veineux.** Dans la majeure partie de l'organisme, l'irrigation artérielle et le drainage veineux sont semblables. Cependant, l'agencement du drainage veineux se distingue dans au moins deux régions importantes. Premièrement, le sang veineux de l'encéphale se draine dans les *sinus de la dure-mère* et non dans des veines typiques. Deuxièmement, le sang issu du système digestif entre dans une structure vasculaire spéciale, le *système porte hépatique*, et il parcourt le foie avant de réintégrer la circulation générale dans la veine cave inférieure (tableau 19.12).

Principaux vaisseaux de la circulation systémique

18 Nommer et situer les principales artères et veines de la circulation systémique. Énumérer les principales différences anatomiques entre le réseau artériel et le réseau veineux.

19 Expliquer la structure et la fonction particulière du système porte hépatique.

Les **tableaux 19.4** à **19.13** présentent les artères et les veines principales de la circulation systémique, exception faite des dérivations et des vaisseaux particuliers du fœtus (traités au chapitre 28).

Notez que, suivant la convention, le sang riche en oxygène est représenté en rouge et le sang pauvre en oxygène, en bleu, quel que soit le type de vaisseau. De plus, dans les diagrammes de chaque tableau, les vaisseaux les plus éloignés de la surface corporelle sont représentés par une couleur claire, tandis que ceux qui en sont le plus près sont représentés par une couleur foncée ; par exemple, les veines représentées en bleu foncé sont plus superficielles que celles en bleu clair dans la région montrée.

TABLEAU 19.3 Circulation pulmonaire et circulation systémique

Circulation pulmonaire

Le circulation pulmonaire (figure 19.19a) a pour seul rôle de faire entrer le sang en contact étroit avec les alvéoles des poumons et d'assurer les échanges gazeux ; elle ne sert pas directement les besoins métaboliques du tissu pulmonaire.

Le ventricule droit propulse le sang pauvre en oxygène, d'un rouge sombre, dans le **tronc pulmonaire** (figure 19.19b). Le tronc pulmonaire monte en diagonale sur une distance d'environ 8 cm, puis il donne les **artères pulmonaires droite** et **gauche**. Dans les poumons, les artères pulmonaires émettent les **artères lobaires** (trois dans le poumon droit et deux dans le poumon gauche), dont chacune dessert un lobe pulmonaire. Après avoir suivi les bronches principales, les artères lobaires se ramifient, forment de très nombreuses artérioles et, enfin, produisent les réseaux denses des **capillaires pulmonaires** qui entourent les alvéoles. C'est là que l'oxygène passe de l'air alvéolaire au sang et que le gaz carbonique quitte le sang pour diffuser dans l'air alvéolaire. À mesure que s'effectuent les échanges gazeux et que s'élève la concentration d'oxygène dans les globules rouges, le sang prend une couleur rouge clair. Les lits capillaires pulmonaires s'écoulent dans des veinules, qui se réunissent pour former les deux **veines pulmonaires** de chaque poumon. Les quatre veines pulmonaires bouclent le circuit en déversant leur contenu dans l'oreillette gauche. Rappelez-vous qu'un vaisseau désigné par un terme comprenant le mot « pulmonaire » fait nécessairement partie de la circulation pulmonaire. Tous les autres vaisseaux appartiennent à la circulation systémique.

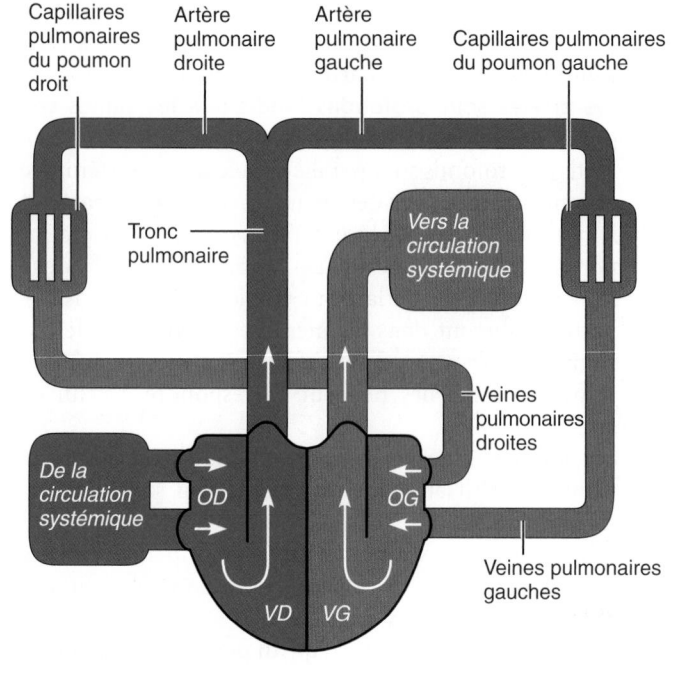

(a) Diagramme

Figure 19.19 **Circulation pulmonaire.**

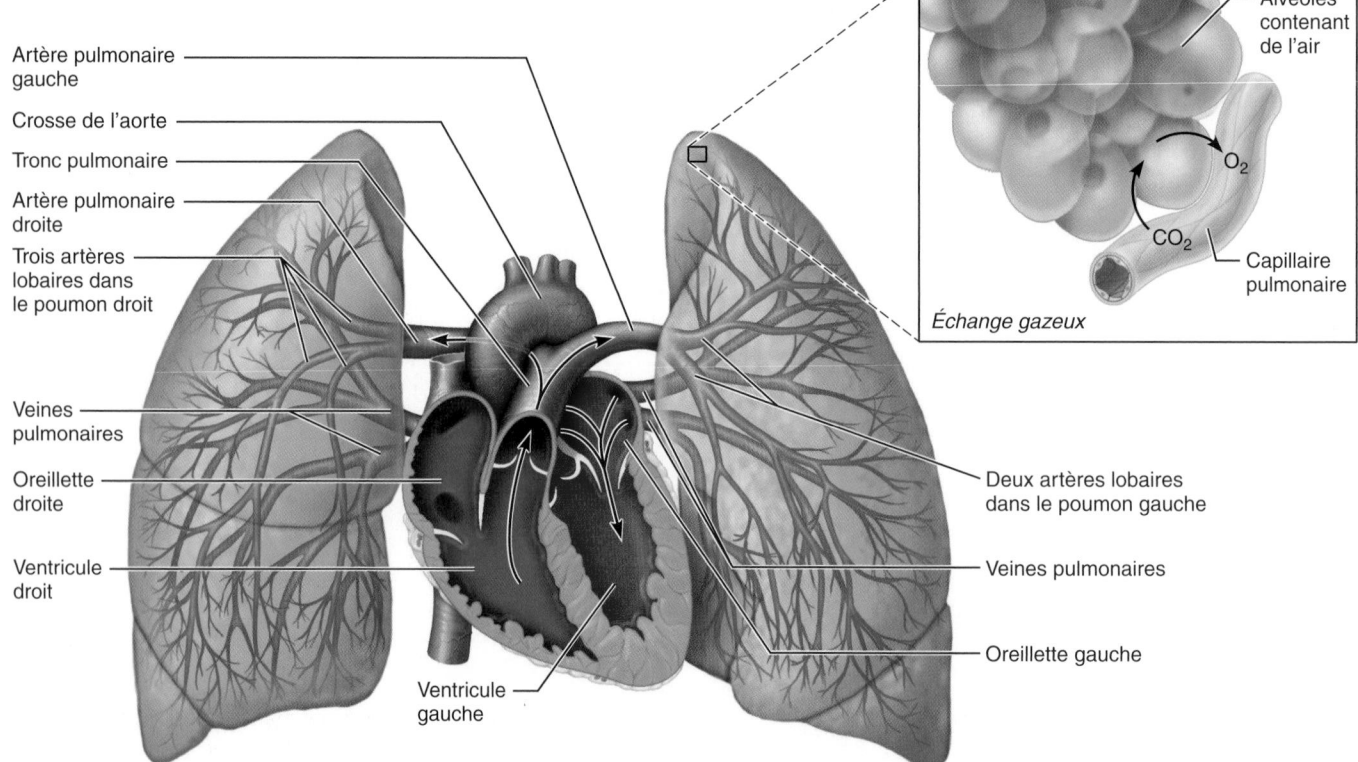

(b) **Illustration. Le réseau artériel pulmonaire est représenté en bleu pour indiquer que le sang qu'il transporte est pauvre en oxygène ; le réseau veineux pulmonaire est représenté en rouge pour indiquer que le sang qu'il transporte est riche en oxygène.**

TABLEAU 19.3	*(suite)*

Les artères pulmonaires transportent du sang pauvre en oxygène et riche en gaz carbonique, et les veines pulmonaires conduisent du sang riche en oxygène*. La situation est inversée dans la circulation systémique.

Circulation systémique

La circulation systémique fournit à tous les tissus de l'organisme leur irrigation fonctionnelle ; autrement dit, elle leur apporte de l'oxygène, des nutriments et d'autres substances essentielles, et elle les débarrasse du gaz carbonique et des autres déchets métaboliques. Après sa sortie des poumons, le sang fraîchement oxygéné* est propulsé dans l'aorte par le ventricule gauche (figure 19.20). Le sang peut s'engager dans différentes voies à partir de l'aorte, puisque c'est d'elle que la plupart des artères systémiques prennent naissance. L'aorte décrit une courbe vers le haut, puis elle s'infléchit et descend le long de l'axe médian du corps. Dans le bassin, elle se divise pour former les deux grosses artères desservant les membres inférieurs. Les ramifications de l'aorte se subdivisent, produisent les artérioles et, enfin, les innombrables lits capillaires qui parcourent les organes. Le sang veineux qui s'écoule des organes situés au-dessous du diaphragme pénètre dans la veine cave inférieure**. Exception faite du sang veineux du thorax et de l'artère coronaire (qui entre dans les veines azygos), le sang veineux des régions situées au-dessus du diaphragme emprunte la veine cave supérieure. Les veines caves déversent leur sang riche en gaz carbonique dans l'oreillette droite.

Il convient d'insister sur deux points : (1) le sang ne passe des veines systémiques aux artères systémiques qu'après avoir traversé la circulation pulmonaire (figure 19.19a) ; (2) bien que tout le débit du ventricule droit passe dans la circulation pulmonaire, une petite fraction seulement du débit du ventricule gauche s'écoule à travers un organe déterminé (figure 19.20). On peut comparer la circulation systémique à un réseau de conduits parallèles distribuant le sang à tous les organes.

Dans votre étude des tableaux qui suivent, soyez à l'affût d'indices propres à faciliter la mémorisation. Dans bien des cas, le nom d'une veine ou d'une artère indique la région que le vaisseau traverse (axillaire, fémorale, brachiale, etc.), l'organe qu'il dessert (rénale, hépatique, ovarique) ou l'os qu'il suit (vertébrale, radiale, tibiale). Notez également que les artères et les veines ont tendance à cheminer côte à côte et qu'en plusieurs endroits elles suivent le même trajet que les nerfs. Enfin, rappelez-vous que si la plupart des vaisseaux de la tête et des membres présentent une symétrie bilatérale, ce n'est pas le cas de tous les vaisseaux systémiques. Ainsi, quelques-uns des gros vaisseaux profonds du tronc sont asymétriques ou non appariés.

* Le sang riche en oxygène est représenté en rouge et le sang pauvre en oxygène, en bleu.
** Le sang veineux en provenance des organes digestifs passe par le système porte hépatique (foie et veines associées) avant de pénétrer dans la veine cave inférieure.

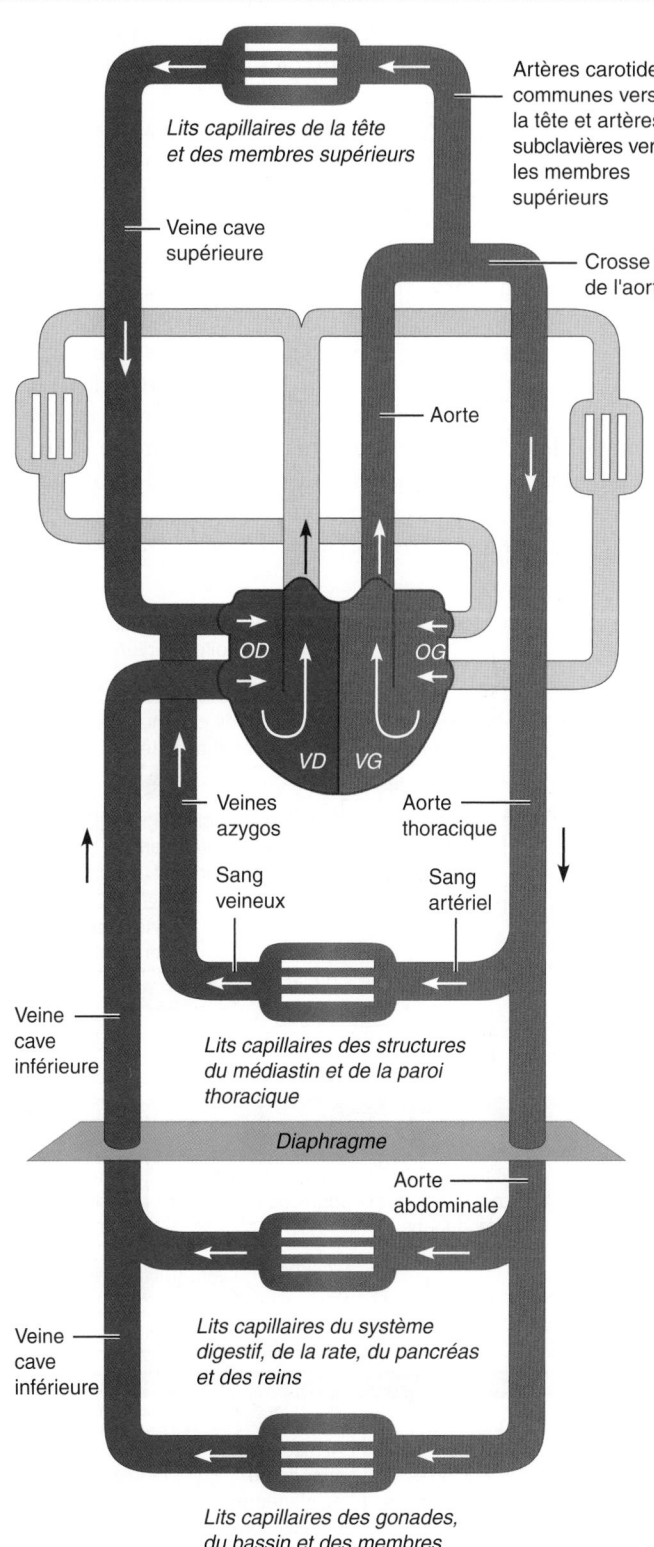

Figure 19.20 Diagramme de la circulation systémique.
La circulation pulmonaire est représentée en gris à titre indicatif.

19

TABLEAU 19.4 Aorte et principales artères de la circulation systémique

La distribution de l'aorte et des principales artères de la circulation systémique est représentée sous forme de diagramme à la **figure 19.21a** et d'illustration à la figure 19.21b. Les tableaux 19.5 à 19.8 fournissent plus de précisions sur les divers vaisseaux issus de l'aorte.

L'**aorte** est la plus grosse artère. Chez l'adulte, à sa sortie du ventricule gauche, son diamètre est approximativement celui d'un tuyau d'arrosage. Son calibre est de 2,5 cm et sa paroi a une épaisseur d'environ 2 mm. Les dimensions de l'aorte ne diminuent que légèrement en allant vers son extrémité terminale. La valve de l'aorte, située à sa base, empêche le reflux du sang pendant la diastole. Face à chacune des valvules de l'aorte se trouve le *sinus de l'aorte*, qui contient les barorécepteurs intervenant dans la régulation réflexe de la pression artérielle.

Les différentes portions de l'aorte sont nommées conformément à leur forme ou à leur situation. La première, l'**aorte ascendante**, chemine à l'arrière et vers la droite du tronc pulmonaire. Après un trajet d'environ 5 cm, elle se courbe vers la gauche et forme la crosse de l'aorte. Les seules ramifications

de l'aorte ascendante sont les **artères coronaires droite** et **gauche**, qui irriguent le myocarde. La crosse de l'aorte, située sous le sternum, commence et finit à l'angle sternal (à la hauteur de T_4). Ses trois principales branches sont, de gauche à droite : (1) le tronc brachiocéphalique (« relatif au bras et à la tête »), qui passe sous l'articulation sternoclaviculaire et donne l'artère carotide commune droite et l'artère subclavière droite ; (2) l'**artère carotide commune gauche** ; et (3) l'**artère subclavière gauche**. Ces trois vaisseaux irriguent la tête, le cou, les membres supérieurs et une partie de la paroi thoracique. L'**aorte thoracique**, ou **descendante**, suit la face antérieure de la colonne vertébrale de T_5 à T_{12}, et elle émet de nombreuses ramifications vers la paroi thoracique et les viscères avant de traverser le diaphragme. En entrant dans la cavité abdominale, elle prend le nom d'**aorte abdominale**. Cette portion de l'aorte dessert les parois abdominales et les viscères, et elle se termine à la hauteur de L_4 en donnant naissance aux **artères iliaques communes droite** et **gauche**, qui alimentent le bassin et les membres inférieurs.

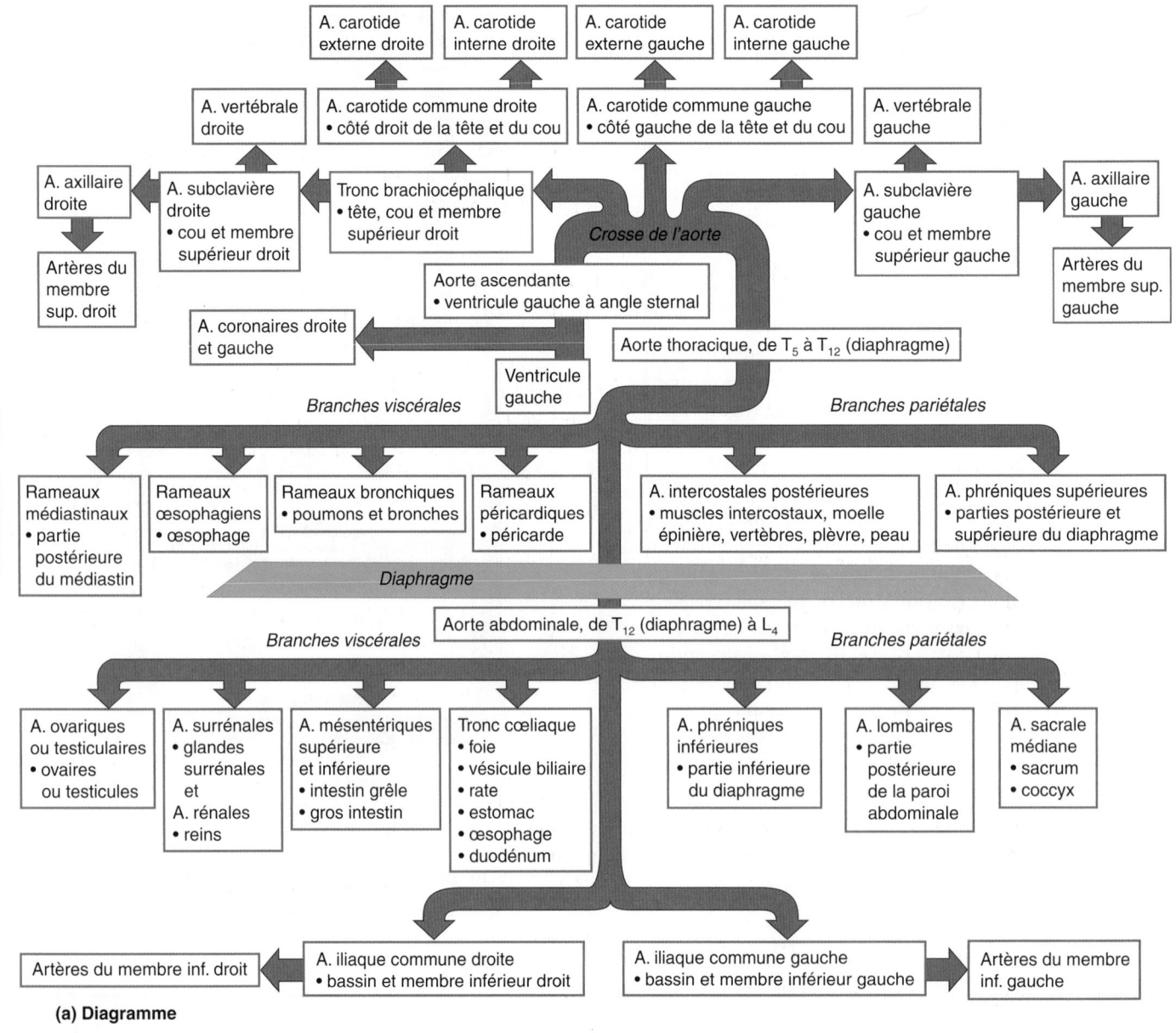

(a) Diagramme

TABLEAU 19.4   *(suite)*

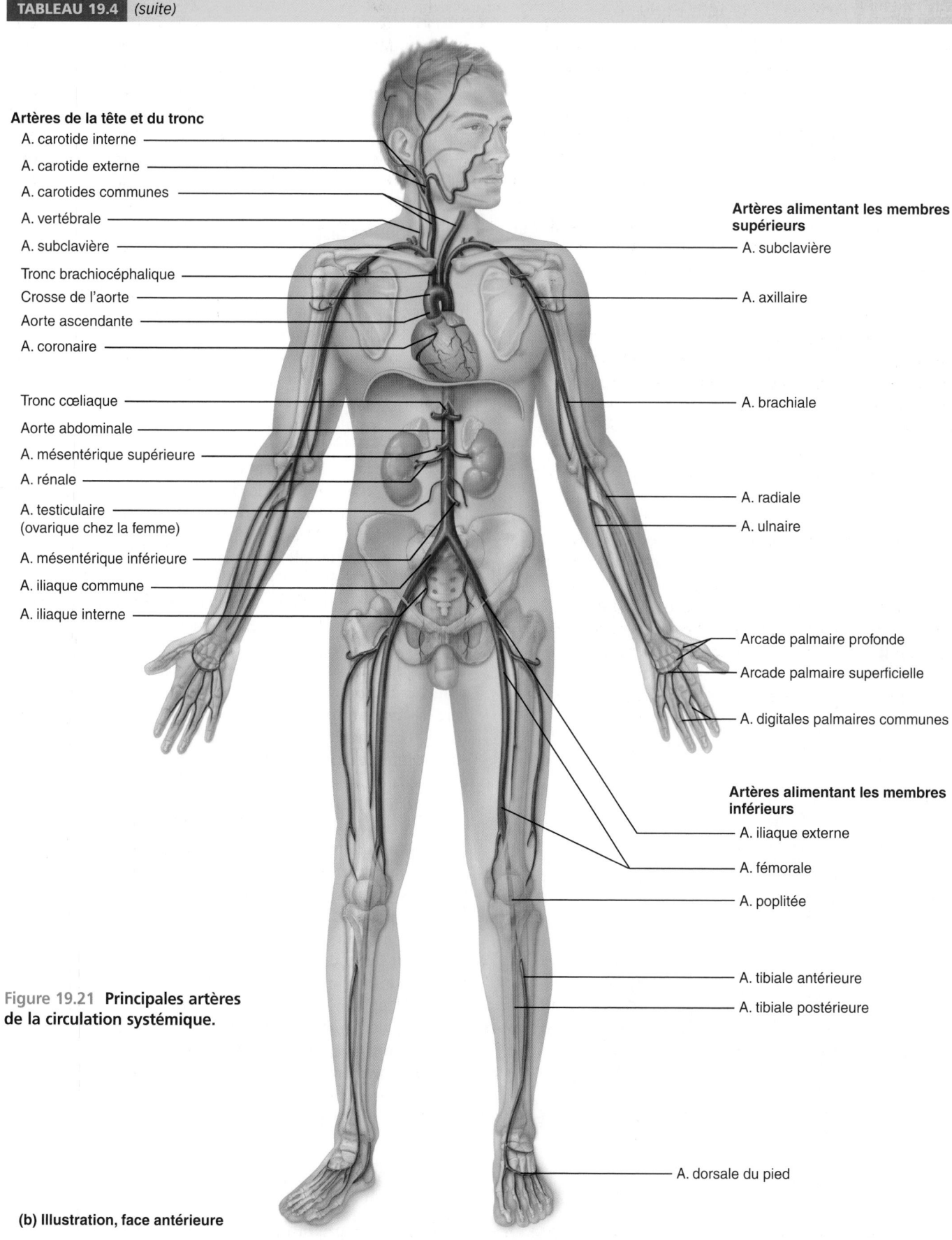

Artères de la tête et du tronc

A. carotide interne

A. carotide externe

A. carotides communes

A. vertébrale

A. subclavière

Tronc brachiocéphalique

Crosse de l'aorte

Aorte ascendante

A. coronaire

Tronc cœliaque

Aorte abdominale

A. mésentérique supérieure

A. rénale

A. testiculaire
(ovarique chez la femme)

A. mésentérique inférieure

A. iliaque commune

A. iliaque interne

Artères alimentant les membres supérieurs

A. subclavière

A. axillaire

A. brachiale

A. radiale

A. ulnaire

Arcade palmaire profonde

Arcade palmaire superficielle

A. digitales palmaires communes

Artères alimentant les membres inférieurs

A. iliaque externe

A. fémorale

A. poplitée

A. tibiale antérieure

A. tibiale postérieure

A. dorsale du pied

Figure 19.21 Principales artères de la circulation systémique.

(b) Illustration, face antérieure

19

TABLEAU 19.5 Artères de la tête et du cou

Quatre paires d'artères irriguent la tête et le cou: les artères carotides communes et les trois ramifications de chaque artère subclavière, soit les artères vertébrales, le tronc thyrocervical et le tronc costocervical **(figure 19.22b)**. Parmi ces artères, les carotides communes ont la plus vaste distribution (figure 19.22a).

Chaque artère carotide commune se divise en deux grandes branches, les artères carotides interne et externe. À la bifurcation, chaque artère carotide interne présente une légère dilatation, le **sinus carotidien**. Ce corpuscule contient les barorécepteurs qui participent à la régulation réflexe de la pression artérielle systémique. Il se trouve à proximité des **glomus carotidiens**, des chimiorécepteurs intervenant dans la régulation de la fréquence respiratoire. La compression du cou dans la région des sinus carotidiens peut causer l'évanouissement (*karoûn:* assoupir), car elle provoque, comme l'hypertension artérielle, une vasodilatation qui entrave l'irrigation de l'encéphale.

Description et distribution

Artères carotides communes. Les artères carotides communes n'ont pas la même origine. En effet, la droite naît du tronc brachiocéphalique, tandis que la gauche est la deuxième branche de la crosse de l'aorte. Les artères carotides communes montent sur les côtés du cou et, à la limite supérieure du larynx (à la hauteur de la «pomme d'Adam»), chacune donne ses deux branches principales, l'*artère carotide externe* et l'*artère carotide interne*.

Les **artères carotides externes** desservent la majeure partie des tissus de la tête, à l'exception de l'encéphale et des orbites. En montant, chacune émet des ramifications vers la glande thyroïde et le larynx (**artère thyroïdienne supérieure**), la langue (**artère linguale**), la peau et les muscles de la partie antérieure du visage (**artère faciale**) et la partie postérieure du cuir chevelu (**artère occipitale**). Chaque artère carotide externe se termine en donnant naissance à l'**artère temporale superficielle**, qui irrigue la glande parotide et la majeure partie du cuir chevelu, et à l'**artère maxillaire**, qui irrigue les mâchoires, les muscles de la mastication, les dents et la cavité nasale. L'une des branches importantes (sur le plan clinique) de l'artère maxillaire est l'*artère méningée moyenne* (non représentée), qui pénètre dans le crâne par le foramen épineux du sphénoïde et irrigue la surface interne de l'os pariétal, la région squameuse de l'os temporal et la dure-mère sous-jacente.

Les **artères carotides internes**, plus grosses que les précédentes, irriguent les orbites et plus de 80 % du cerveau. Elles cheminent profondément et pénètrent dans le crâne par les canaux carotidiens des os temporaux. Une fois à l'intérieur du crâne, chacune émet une branche principale, l'artère ophtalmique, avant de donner l'artère cérébrale antérieure et l'artère cérébrale moyenne. Les **artères ophtalmiques** desservent les yeux, les orbites, le front et le nez. Chaque **artère cérébrale antérieure** irrigue la face interne du lobe frontal et du lobe pariétal d'un hémisphère cérébral et s'anastomose avec l'artère cérébrale antérieure opposée, en une courte dérivation appelée **artère communicante antérieure** (figure 19.22d). Les **artères cérébrales moyennes** cheminent dans le sillon latéral de leurs hémisphères respectifs et irriguent les côtés des lobes temporal, pariétal et frontal.

Artères vertébrales. Les artères vertébrales naissent des artères subclavières à la racine du cou, elles montent à travers les trous transversaires des vertèbres cervicales et entrent dans le crâne par le foramen magnum. En chemin, elles émettent des ramifications vers les vertèbres et la partie cervicale de la moelle épinière et vers quelques structures profondes du cou. À l'intérieur

(a) Diagramme

TABLEAU 19.5 *(suite)*

du crâne, les artères vertébrales droite et gauche s'unissent pour former l'**artère basilaire**. Celle-ci monte le long de la face antérieure du tronc cérébral, donnant des branches au cervelet, au pont et à l'oreille interne (figure 19.22b, d). À la limite entre le pont et le mésencéphale, l'artère basilaire donne les deux **artères cérébrales postérieures**, qui desservent les lobes occipitaux et la partie inférieure des lobes temporaux.

Des dérivations artérielles appelées **artères communicantes postérieures** relient les artères cérébrales postérieures aux artères cérébrales moyennes. Les deux artères communicantes postérieures et l'unique artère communicante antérieure complètent une anastomose appelée **cercle artériel du cerveau**, ou cercle de Willis. Cette structure entoure l'hypophyse et le chiasma optique, et elle unit les vaisseaux antérieurs et postérieurs de l'encéphale. Elle sert aussi à équilibrer la pression artérielle entre les différentes régions de l'encéphale et donne au sang un accès supplémentaire au tissu cérébral en cas d'occlusion d'une artère carotide ou vertébrale.

Troncs thyrocervical et costocervical. Ces courts vaisseaux naissent de l'artère subclavière, en aval des artères vertébrales (figures 19.22b et 19.23). Le tronc thyrocervical dessert principalement la glande thyroïde, certaines parties des vertèbres et de la moelle épinière dans la région cervicale et quelques muscles scapulaires. Le tronc costocervical irrigue les structures profondes du cou et les muscles intercostaux supérieurs.

Figure 19.22 Artères de la tête, du cou et de l'encéphale.

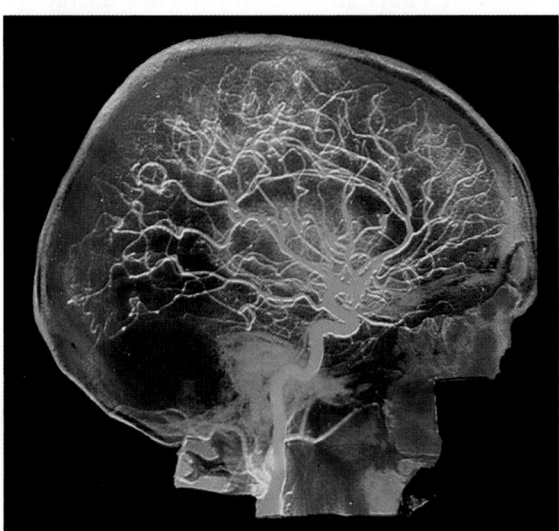

(b) Artères de la tête et du cou, profil droit

(c) Artériographie colorée de l'irrigation artérielle de l'encéphale

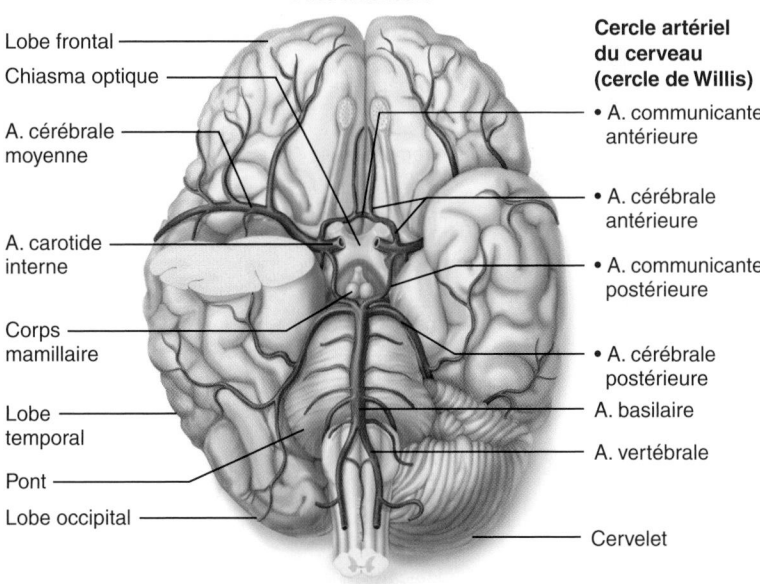

(d) Principales artères desservant l'encéphale. (Vue inférieure de l'encéphale ; le côté droit du cervelet et une partie du lobe temporal droit ont été retirés.)

19

TABLEAU 19.6 Artères des membres supérieurs et du thorax

Les membres supérieurs sont entièrement desservis par des artères issues des **artères subclavières (figure 19.23a)**. Après avoir donné des branches au cou, chaque artère subclavière chemine vers le côté, entre la clavicule et la première côte, puis elle pénètre dans l'aisselle, où elle prend le nom d'artère axillaire. La paroi thoracique est irriguée par une trame de vaisseaux qui naissent soit de l'aorte thoracique directement, soit des ramifications des artères subclavières. La plupart des viscères du thorax reçoivent leur apport sanguin de petites branches de l'aorte thoracique. Comme ils sont très petits et que leur nombre varie (à l'exception des rameaux bronchiques), ces vaisseaux ne sont pas représentés dans la figure 19.23. En revanche, certains d'entre eux sont énumérés à la fin du présent tableau.

Description et distribution

Artères du membre supérieur

Artère axillaire. Dans sa course à travers l'aisselle, où l'accompagnent des faisceaux du plexus brachial, chaque artère axillaire émet des branches vers les structures de l'aisselle, de la paroi thoracique et de la ceinture scapulaire. Parmi ces branches, on trouve l'**artère thoracoacromiale**, qui dessert le muscle deltoïde et la région pectorale; l'**artère thoracique latérale**, qui irrigue la partie latérale de la paroi thoracique et de la poitrine; l'**artère subscapulaire**, destinée à la scapula, à la partie dorsale de la paroi thoracique et à une partie du muscle grand dorsal; les **artères circonflexes antérieure** et **postérieure de l'humérus**, qui s'enroulent autour du col chirurgical de l'humérus et concourent à l'irrigation de l'articulation de l'épaule et du muscle deltoïde. À sa sortie de l'aisselle, l'artère axillaire prend le nom d'artère brachiale.

Artère brachiale. L'artère brachiale descend le long de la face interne de l'humérus et irrigue les muscles fléchisseurs antérieurs du bras. Une de ses principales branches, l'**artère profonde du bras**, dessert la partie postérieure du triceps brachial. À l'approche du coude, l'artère brachiale émet quelques petites branches; ces branches contribuent à une anastomose desservant l'articulation du coude et relient l'artère brachiale aux artères de l'avant-bras. Au milieu du pli du coude, l'artère brachiale fournit un point où palper le pouls (pouls brachial) (figure 19.12). Juste sous le coude, l'artère brachiale se divise et forme l'artère radiale et l'artère ulnaire, lesquelles parcourent la face antérieure de l'avant-bras, plus ou moins parallèlement aux os pareillement nommés.

Artère radiale. L'artère radiale, qui chemine de l'incisure radiale de l'ulna au processus styloïde du radius, irrigue les muscles latéraux de l'avant-bras, le poignet, le pouce et l'index. On peut aisément palper le pouls radial à la racine du pouce.

Artère ulnaire. L'artère ulnaire dessert la face interne de l'avant-bras, les doigts III à V et la face interne de l'index. Dans sa partie proximale, l'artère ulnaire émet une courte branche, l'**artère interosseuse commune**, qui chemine entre le radius et l'ulna pour irriguer les fléchisseurs et les extenseurs profonds de l'avant-bras.

Arcades palmaires. Dans la paume, les branches des artères radiale et ulnaire s'anastomosent et forment les **arcades palmaires profonde** et **superficielle**. Les **artères métacarpiennes palmaires** et les **artères digitales palmaires communes** qui irriguent les doigts naissent de ces arcades.

Artères de la paroi thoracique

Artères thoraciques internes. Les artères thoraciques internes, auparavant appelées artères mammaires internes,

A. carotide commune droite
A. vertébrale droite
Tronc thyrocervical
A. suprascapulaire
A. subclavière droite
A. axillaire
Artère thoracoacromiale
Artère thoracoacromiale (rameau pectoral)
A. circonflexes antérieure et postérieure de l'humérus
A. brachiale
A. profonde du bras
A. radiale
Arcade palmaire profonde

A. carotide commune gauche
A. vertébrale gauche
A. subclavière gauche
Crosse de l'aorte
Tronc costocervical
Tronc brachio-céphalique
A. thoracique interne
Rameaux intercostaux antérieurs
A. thoracique latérale
Aorte thoracique descendante
A. intercostales postérieures
A. subscapulaire
Anastomose
A. interosseuse commune
A. ulnaire
A. métacarpiennes palmaires
Arcade palmaire superficielle
A. digitales palmaires communes

(a) Diagramme

TABLEAU 19.6 *(suite)*

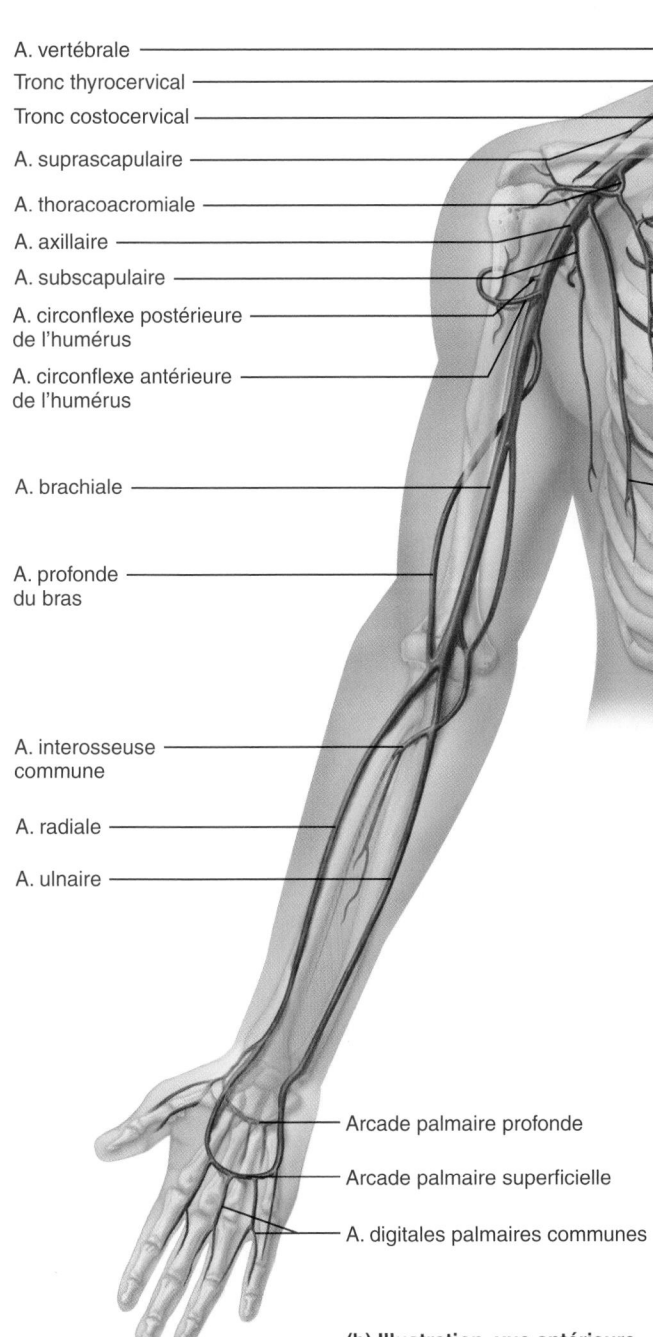

A. vertébrale

Tronc thyrocervical

Tronc costocervical

A. suprascapulaire

A. thoracoacromiale

A. axillaire

A. subscapulaire

A. circonflexe postérieure de l'humérus

A. circonflexe antérieure de l'humérus

A. brachiale

A. profonde du bras

A. interosseuse commune

A. radiale

A. ulnaire

A. carotides communes

A. subclavière droite

A. subclavière gauche

Tronc brachiocéphalique

A. intercostales postérieures

Rameau intercostal antérieur

A. thoracique interne

A. thoracique latérale

Aorte descendante

Arcade palmaire profonde

Arcade palmaire superficielle

A. digitales palmaires communes

(b) Illustration, vue antérieure

Figure 19.23 **Artères du membre supérieur droit et du thorax.**

cervical. Puis, neuf paires d'artères intercostales postérieures naissent de l'aorte thoracique et entourent la cage thoracique pour s'anastomoser, à l'avant, avec les rameaux intercostaux antérieurs. Sous la douzième côte, une paire d'**artères subcostales** (non représentées) émerge de l'aorte thoracique. Les artères intercostales postérieures irriguent les espaces intercostaux postérieurs, les muscles profonds du dos, les vertèbres et la moelle épinière. Les artères intercostales postérieures et les rameaux intercostaux antérieurs alimentent les muscles intercostaux.

Artères phréniques supérieures. Les artères phréniques supérieures (au moins une paire) vascularisent la partie postérosupérieure du diaphragme.

Artères des viscères thoraciques

Rameaux péricardiques. Plusieurs branches de petites dimensions desservent la partie postérieure du péricarde.

Rameaux bronchiques. Les rameaux bronchiques, deux à gauche et un à droite, apportent le sang systémique (riche en oxygène) aux poumons, aux bronches et à la plèvre.

Rameaux œsophagiens. Les rameaux œsophagiens (de deux à quatre) qui irriguent l'œsophage sont des branches collatérales de l'aorte, de l'artère gastrique gauche et de l'artère thyroïdienne inférieure.

Rameaux médiastinaux. De nombreuses branches collatérales de l'aorte thoracique vascularisent la partie postérieure du médiastin et le péricarde fibreux.

19

sont issues des artères subclavières. Elles irriguent l'essentiel de la partie antérieure de la paroi thoracique. Chacune de ces artères descend à côté du sternum et émet les **rameaux intercostaux antérieurs**, qui alimentent la partie antérieure des espaces intercostaux. Les artères thoraciques internes émettent aussi des branches vers la peau et les glandes mammaires, et elles se terminent par de fins rameaux destinés à l'avant de la paroi abdominale et au diaphragme.

Artères intercostales postérieures. Les deux premières paires d'artères intercostales postérieures sont dérivées du **tronc costo-**

TABLEAU 19.7 **Artères de l'abdomen**

Les artères de l'abdomen naissent de l'aorte abdominale (figure 19.24a). Quand l'organisme est au repos, elles renferment environ la moitié du sang artériel. Exception faite du tronc cœliaque, des artères mésentériques inférieure et supérieure et de l'artère sacrale médiane, toutes les artères de l'abdomen sont appariées. Elles alimentent la paroi abdominale, le diaphragme et les viscères de la cavité abdominopelvienne. Elles sont présentées ci-dessous suivant l'ordre de leur émergence.

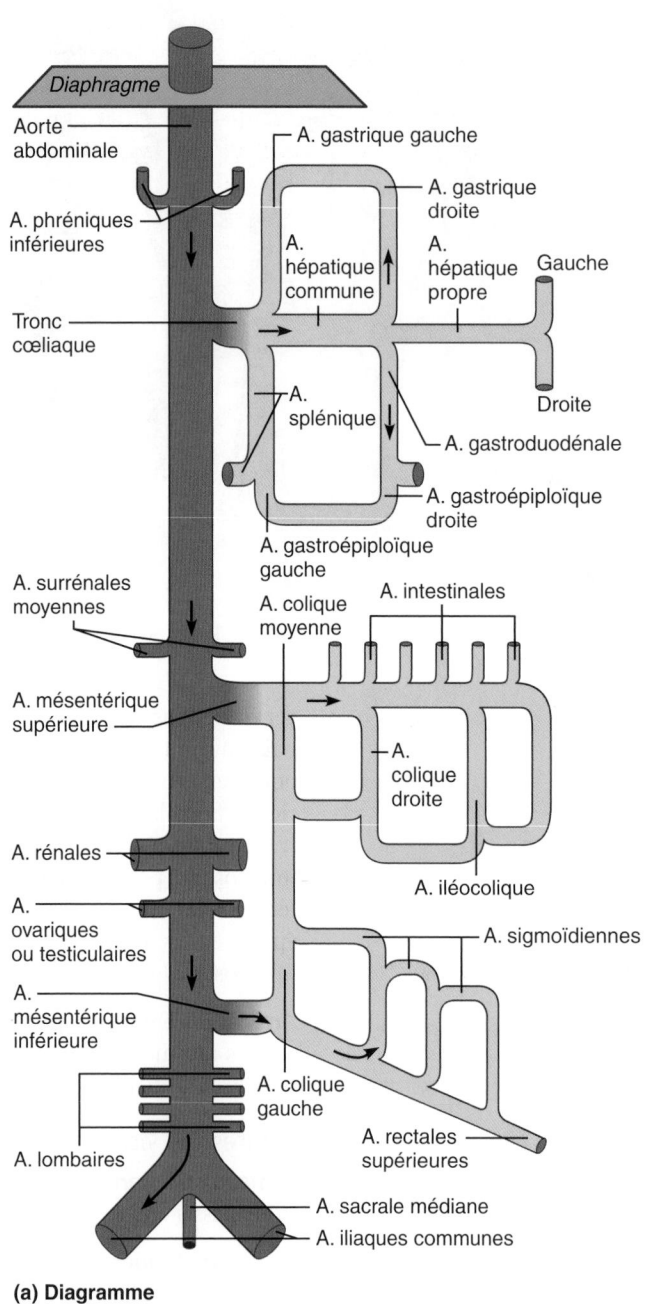

(a) Diagramme

Figure 19.24 **Artères de l'abdomen.**

TABLEAU 19.7 *(suite)*

Description et distribution

Artères phréniques inférieures. Les artères phréniques infé-rieures émergent de l'aorte à la hauteur de T_{12}, juste au-dessous du diaphragme (figure 19.22c). Elles alimentent la face inférieure du diaphragme.

Tronc cœliaque. Le tronc cœliaque, une grosse branche de l'aorte abdominale, se divise presque immédiatement en trois branches : les artères hépatique commune, splénique et gas-trique gauche (figure 19.24b). L'**artère hépatique commune** donne des branches à l'estomac, au duodénum et au pancréas. À la naissance de l'**artère gastroduodénale**, l'artère hépatique commune devient l'**artère hépatique propre**, qui émet une branche gauche et une branche droite vers le foie. En passant derrière l'estomac, l'**artère splénique** émet des ramifications vers le pancréas et l'estomac, puis elle se termine par des branches dans la rate. L'**artère gastrique gauche** dessert une portion de l'estomac et la partie inférieure de l'œsophage. Les **artères gastroépiploïques droite** et **gauche**, qui sont des branches des artères gastroduodénale et splénique respective-ment, irriguent la grande courbure de l'estomac, à gauche. L'**artère gastrique droite** desservant la petite courbure de l'estomac, à droite, naît soit de l'artère hépatique commune, soit de l'artère hépatique propre.

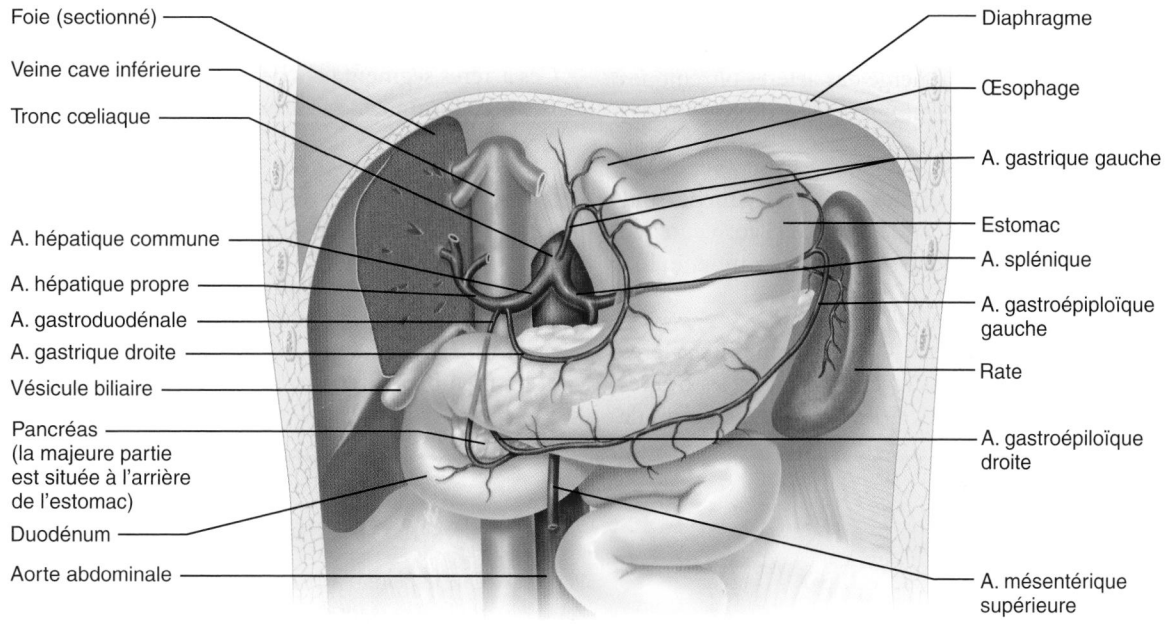

(b) Tronc cœliaque et ses principales ramifications. La moitié gauche du foie n'est pas illustrée.

Figure 19.24 *(suite)*

19

TABLEAU 19.7 Artères de l'abdomen *(suite)*

Artère mésentérique supérieure. L'unique artère mésentérique supérieure naît de l'aorte abdominale à la hauteur de L_1, au-dessous du tronc cœliaque (figure 19.24d). Elle passe derrière le pancréas, puis entre dans le mésentère ; là, ses nombreuses branches anastomotiques desservent presque tout l'intestin grêle par l'intermédiaire des **artères intestinales**, la majeure partie du gros intestin (l'appendice vermiforme, le cæcum et le côlon ascendant) par l'intermédiaire des **artères iléocolique** et **colique droite**, et une partie du côlon transverse par l'intermédiaire de l'**artère colique moyenne**.

Artères surrénales. À leur point d'émergence de l'aorte abdominale, les artères surrénales moyennes sont situées de chaque côté de l'origine de l'artère mésentérique supérieure (figure 19.24c). Elles irriguent les glandes surrénales qui surmontent les reins. Deux ensembles de ramifications (non illustrés) pénètrent également dans les glandes surrénales : le rameau *surrénal supérieur*, qui émerge des artères phréniques avoisinantes, et le rameau *surrénal inférieur*, qui provient des artères rénales avoisinantes.

Artères rénales. Les artères rénales droite et gauche sont courtes mais larges. Elles émergent des côtés de l'aorte, un peu au-dessous de l'artère mésentérique supérieure (entre L_1 et L_2). Chacune dessert un rein.

Artères ovariques et testiculaires. Chez la femme, les **artères ovariques** s'étendent dans le bassin ; elles irriguent les ovaires et une partie des trompes utérines. Les **artères testiculaires** de l'homme sont beaucoup plus longues que les artères ovariques ; elles parcourent le bassin et le canal inguinal, puis elles entrent dans le scrotum, où elles desservent les testicules.

Artère mésentérique inférieure. La dernière branche de l'aorte abdominale est unique et elle naît de la partie antérieure de l'aorte à la hauteur de L_3. Elle assure l'irrigation de la partie distale du gros intestin (du milieu du côlon transverse au milieu du rectum) par l'intermédiaire de ses branches, l'**artère colique gauche**, les **artères sigmoïdiennes** et les **artères rectales supérieure**, **moyenne** et **inférieure** (figure 19.24d). Des anastomoses en forme de boucle situées entre les artères mésentériques supérieure et inférieure assurent l'irrigation du système digestif en cas de lésions de l'une de ces artères abdominales.

Artères lombaires. Quatre paires d'artères lombaires émergent de la face postérolatérale de l'aorte dans la région lombaire. Ces artères segmentaires desservent la partie postérieure de la paroi abdominale.

Artère sacrale médiane. L'artère sacrale médiane naît de la face postérieure de l'extrémité terminale de l'aorte abdominale. Cette minuscule artère alimente le sacrum et le coccyx.

Artères iliaques communes. À la hauteur de L_4, l'aorte donne les artères iliaques communes droite et gauche, qui irriguent la partie inférieure de la paroi abdominale, les organes du bassin et les membres inférieurs (figure 19.24c).

VÉRIFIONS NOS ACQUIS

17. Quelle paire d'artères alimente la plupart des tissus de la tête, sauf ceux de l'encéphale et des orbites ?

18. Comment s'appelle l'anastomose artérielle située à la base de l'encéphale ?

19. Nommez les quatre artères uniques qui émergent de l'aorte abdominale.

Les réponses se trouvent à l'appendice G.

TABLEAU 19.7 *(suite)*

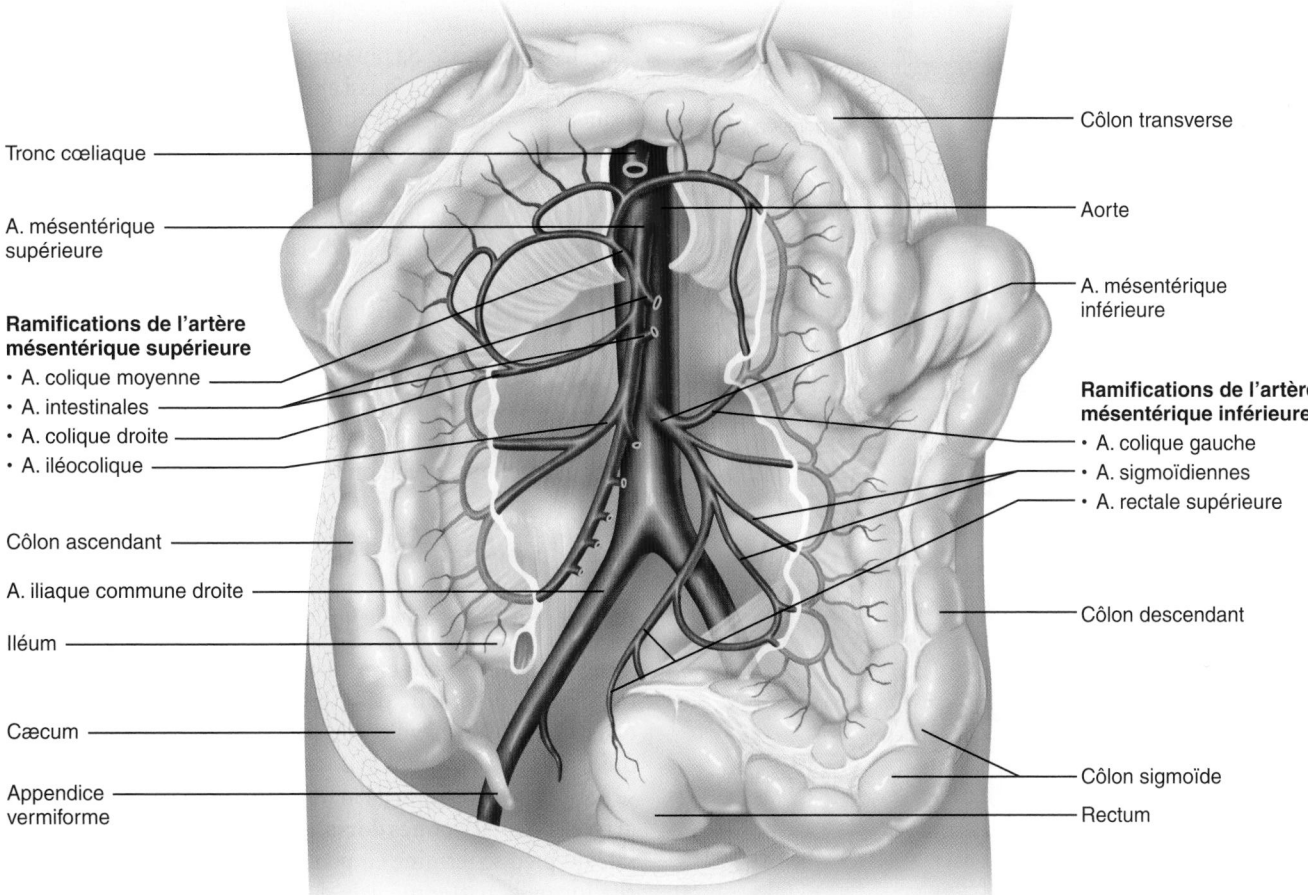

Hiatus (orifice) de la veine cave inférieure
Hiatus (orifice) œsophagien
Glande surrénale
Tronc cœliaque
Rein
Aorte abdominale
A. lombaires
Uretère
A. sacrale médiane

Diaphragme
A. phrénique inférieure
A. surrénale moyenne
A. rénale
A. mésentérique supérieure
A. ovarique ou testiculaire
A. mésentérique inférieure
A. iliaque commune

(c) Principales ramifications de l'aorte abdominale

Tronc cœliaque
A. mésentérique supérieure

Ramifications de l'artère mésentérique supérieure
• A. colique moyenne
• A. intestinales
• A. colique droite
• A. iléocolique

Côlon ascendant
A. iliaque commune droite
Iléum
Cæcum
Appendice vermiforme

Côlon transverse
Aorte
A. mésentérique inférieure

Ramifications de l'artère mésentérique inférieure
• A. colique gauche
• A. sigmoïdiennes
• A. rectale supérieure

Côlon descendant
Côlon sigmoïde
Rectum

(d) Distribution des artères mésentériques supérieure et inférieure. (Le côlon transverse a été replié vers le haut.)

Figure 19.24 *(suite)* **Artères de l'abdomen.**

TABLEAU 19.8   Artères du bassin et des membres inférieurs

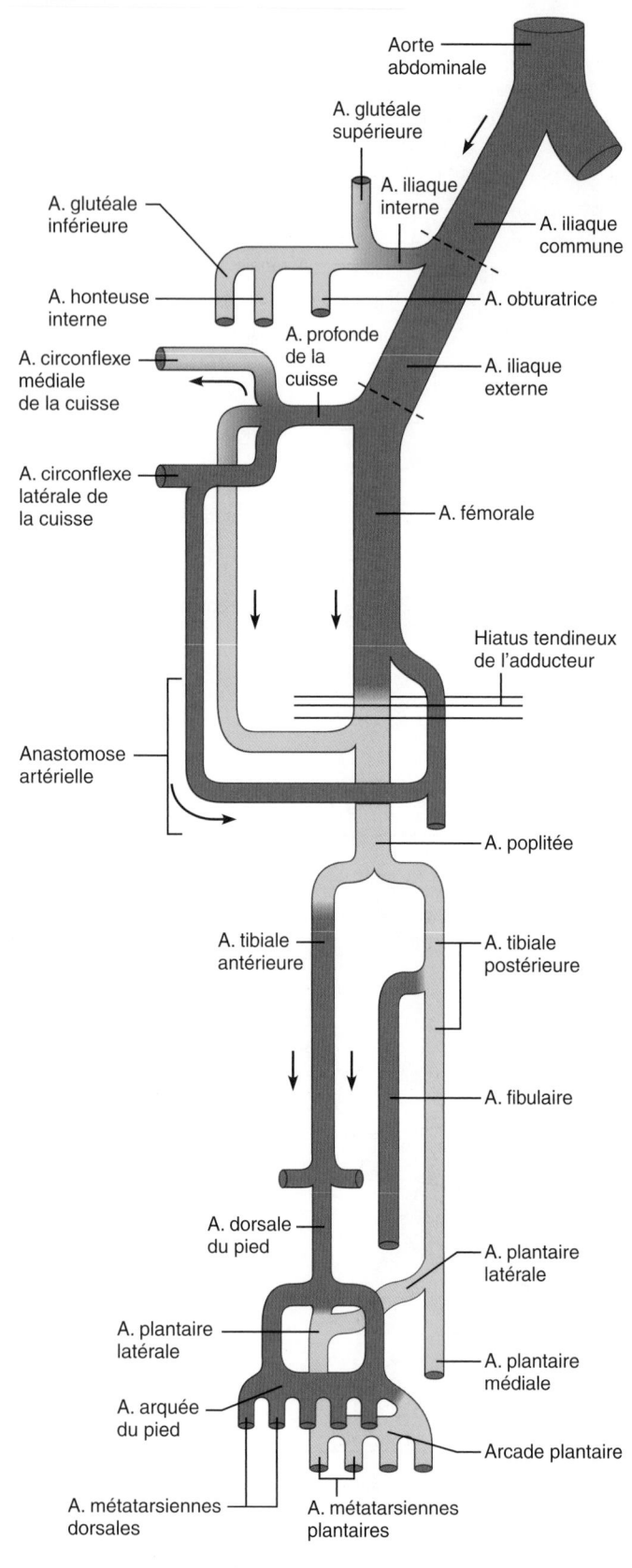

Aorte abdominale

A. glutéale supérieure

A. glutéale inférieure

A. iliaque interne

A. iliaque commune

A. honteuse interne

A. obturatrice

A. circonflexe médiale de la cuisse

A. profonde de la cuisse

A. iliaque externe

A. circonflexe latérale de la cuisse

A. fémorale

Hiatus tendineux de l'adducteur

Anastomose artérielle

A. poplitée

A. tibiale antérieure

A. tibiale postérieure

A. fibulaire

A. dorsale du pied

A. plantaire latérale

A. plantaire latérale

A. plantaire médiale

A. arquée du pied

Arcade plantaire

A. métatarsiennes dorsales

A. métatarsiennes plantaires

(a) Diagramme

Figure 19.25   Artères du bassin et des membres inférieurs.

À la hauteur des articulations sacro-iliaques, chaque **artère iliaque commune** se divise en deux grandes branches, les artères iliaques interne et externe **(figure 19.25a)**. La première distribue le sang dans la région du bassin principalement. La seconde émet quelques ramifications dans la paroi abdominale, mais elle irrigue surtout le membre inférieur qu'elle dessert.

Description et distribution

Artère iliaque interne.   L'artère iliaque interne descend dans le bassin et assure l'irrigation des parois de la cavité pelvienne et des viscères de cette cavité (vessie, rectum, utérus, vagin, prostate et conduits déférents). En outre, elle nourrit les muscles glutéaux par l'intermédiaire des **artères glutéales** supérieure et inférieure, les muscles adducteurs de la loge médiale de la cuisse par l'intermédiaire de l'**artère obturatrice**, ainsi que les organes génitaux externes et le périnée par l'intermédiaire de l'**artère honteuse interne** (non représentée).

Artère iliaque externe.   L'artère iliaque externe irrigue le membre inférieur (figure 19.25b). Dans le bassin, elle donne des ramifications à la partie antérieure de la paroi abdominale. Après être entrée dans la cuisse en passant sous le ligament inguinal, elle prend le nom d'artère fémorale.

Artère fémorale.   En descendant dans la partie antéro-interne de la cuisse, l'artère fémorale émet des ramifications dans les muscles de la cuisse. Sa plus grosse branche profonde est l'**artère profonde de la cuisse** (aussi appelée **artère fémorale profonde**), principale artère desservant les muscles de la cuisse (muscles de la loge postérieure, quadriceps et adducteurs). Les branches proximales de l'artère profonde de la cuisse, les artères circonflexes latérale et médiale de la cuisse, entourent le col du fémur. L'artère circonflexe médiale de la cuisse est le principal vaisseau qui irrigue la tête du fémur. Si elle est déchirée lors d'une fracture de la hanche, le tissu osseux de la tête du fémur meurt. Une longue branche descendante de l'artère circonflexe latérale alimente le muscle vaste latéral. Au niveau du genou, l'artère fémorale passe dans un orifice appelé *hiatus tendineux de l'adducteur*, poursuit sa course derrière le genou et entre dans le creux poplité, où elle prend le nom d'artère poplitée.

Artère poplitée.   L'artère poplitée chemine sur la face postérieure du membre inférieur ; elle contribue à une anastomose artérielle qui irrigue la région du genou. Elle donne ensuite les artères tibiales antérieure et postérieure.

Artère tibiale antérieure.   L'artère tibiale antérieure descend dans la loge antérieure de la jambe, où elle alimente les muscles extenseurs. À la cheville, elle devient l'**artère dorsale du pied**, qui irrigue la cheville et le dos du pied. L'artère dorsale du pied se ramifie pour donner l'**artère arquée du pied**, qui émet les **artères métatarsiennes dorsales** dans le métatarse. L'artère dorsale du pied se termine en pénétrant dans la plante du pied, où elle forme la partie médiale de l'arcade plantaire. L'artère dorsale du pied est le siège du pouls pédieux. Si le pouls pédieux est bien perceptible, on peut en conclure que l'irrigation de la jambe est adéquate.

19

TABLEAU 19.8 *(suite)*

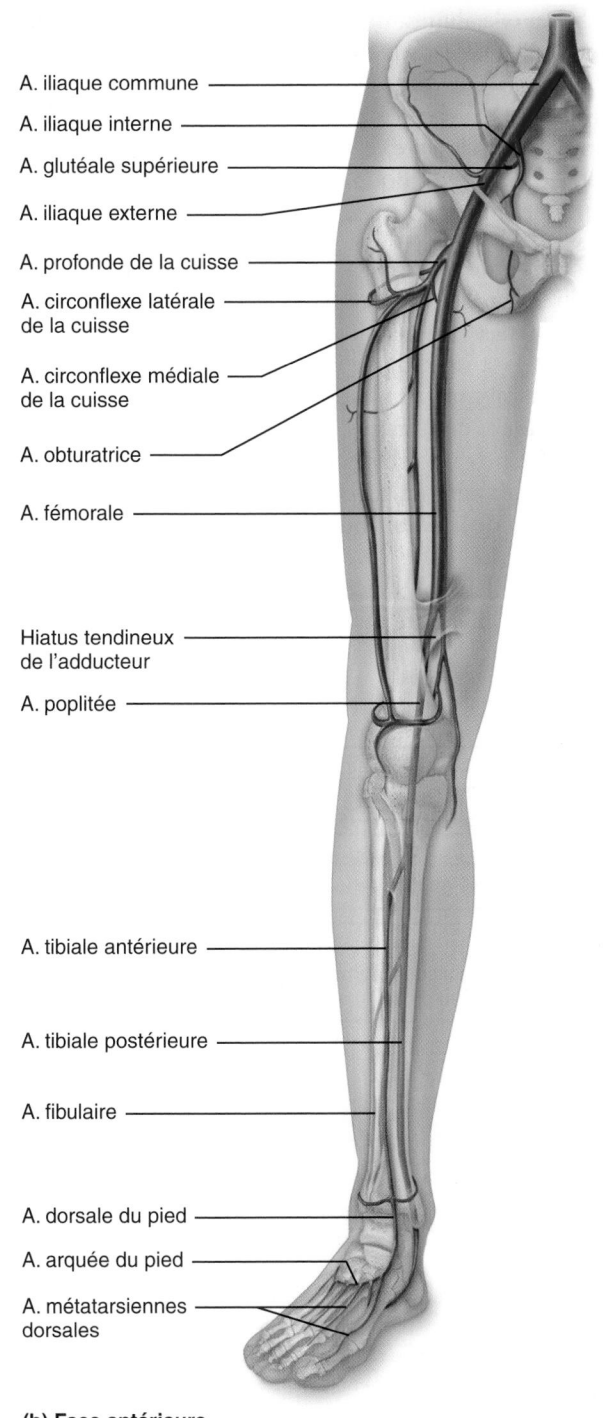

A. iliaque commune

A. iliaque interne

A. glutéale supérieure

A. iliaque externe

A. profonde de la cuisse

A. circonflexe latérale de la cuisse

A. circonflexe médiale de la cuisse

A. obturatrice

A. fémorale

Hiatus tendineux de l'adducteur

A. poplitée

A. tibiale antérieure

A. tibiale postérieure

A. fibulaire

A. dorsale du pied

A. arquée du pied

A. métatarsiennes dorsales

(b) Face antérieure

Artère tibiale postérieure. L'artère tibiale postérieure parcourt la partie postéro-interne de la jambe et irrigue les muscles fléchisseurs. Dans sa partie proximale, elle émet l'**artère fibulaire**, qui irrigue les muscles fibulaires. Sur la face médiane du pied, l'artère tibiale postérieure donne les **artères plantaires médiale et latérale**, qui desservent la plante du pied. L'artère plantaire latérale donne naissance à l'extrémité latérale de l'arcade plantaire. Les artères **métatarsiennes plantaires** et **digitales** communes plantaires, qui assurent l'irrigation des orteils, prennent leur origine dans l'arcade plantaire.

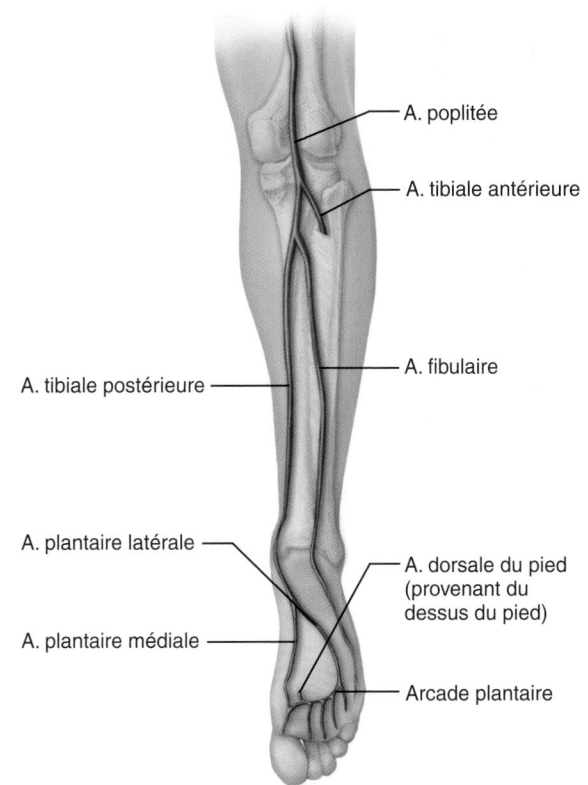

A. poplitée

A. tibiale antérieure

A. tibiale postérieure

A. fibulaire

A. plantaire latérale

A. plantaire médiale

A. dorsale du pied (provenant du dessus du pied)

Arcade plantaire

(c) Face postérieure

Figure 19.25 *(suite)*

VÉRIFIONS NOS ACQUIS

20. Vous devez évaluer la circulation dans la jambe d'une personne diabétique. Nommez toutes les artères que vous palpez dans les trois régions suivantes : à l'arrière du genou, à l'arrière de la malléole médiane du tibia et sur le dos du pied.

Les réponses se trouvent à l'appendice G.

TABLEAU 19.9	Veines caves et principales veines de la circulation systémique

Notre étude des veines systémiques portera d'abord sur les principaux tributaires des veines caves **(figure 19.26)**; nous décrirons ensuite, dans les tableaux 19.10 à 19.13, les veines des diverses régions de l'organisme. Puisque les veines transportent le sang au cœur, notre énumération procédera du distal au proximal. Comme les veines profondes drainent des régions qu'irriguent des artères déjà décrites, nous nous contenterons de les nommer.

Description et régions drainées

Veine cave supérieure. La veine cave supérieure reçoit le sang (systémique) issu de toutes les régions situées au-dessus du diaphragme, exception faite de la paroi du cœur. Elle est formée par l'union des **veines brachiocéphaliques droite** et **gauche**, et elle aboutit dans l'oreillette droite (figure 19.26b). Notez qu'il existe deux veines brachiocéphaliques, mais un seul tronc artériel du même nom. Chaque veine brachiocéphalique est constituée par la fusion des **veines jugulaire interne** et **subclavière**. Le diagramme qui suit présente seulement les vaisseaux drainant le côté droit de l'organisme (il mentionne toutefois le réseau azygos du thorax).

Veine cave inférieure. La veine cave inférieure, le vaisseau sanguin le plus large de l'organisme, rapporte au cœur le sang provenant des régions situées sous le diaphragme. L'aorte abdominale est immédiatement à sa gauche. L'extrémité distale de la veine cave inférieure est formée par la jonction des deux **veines iliaques communes**, à la hauteur de L_5. À partir de ce point, la veine cave inférieure monte le long de la face antérieure de la colonne vertébrale, recevant le sang de la paroi abdominale, des gonades et des reins. La veine cave inférieure se termine juste au-dessus du diaphragme, en entrant dans la partie inférieure de l'oreillette droite.

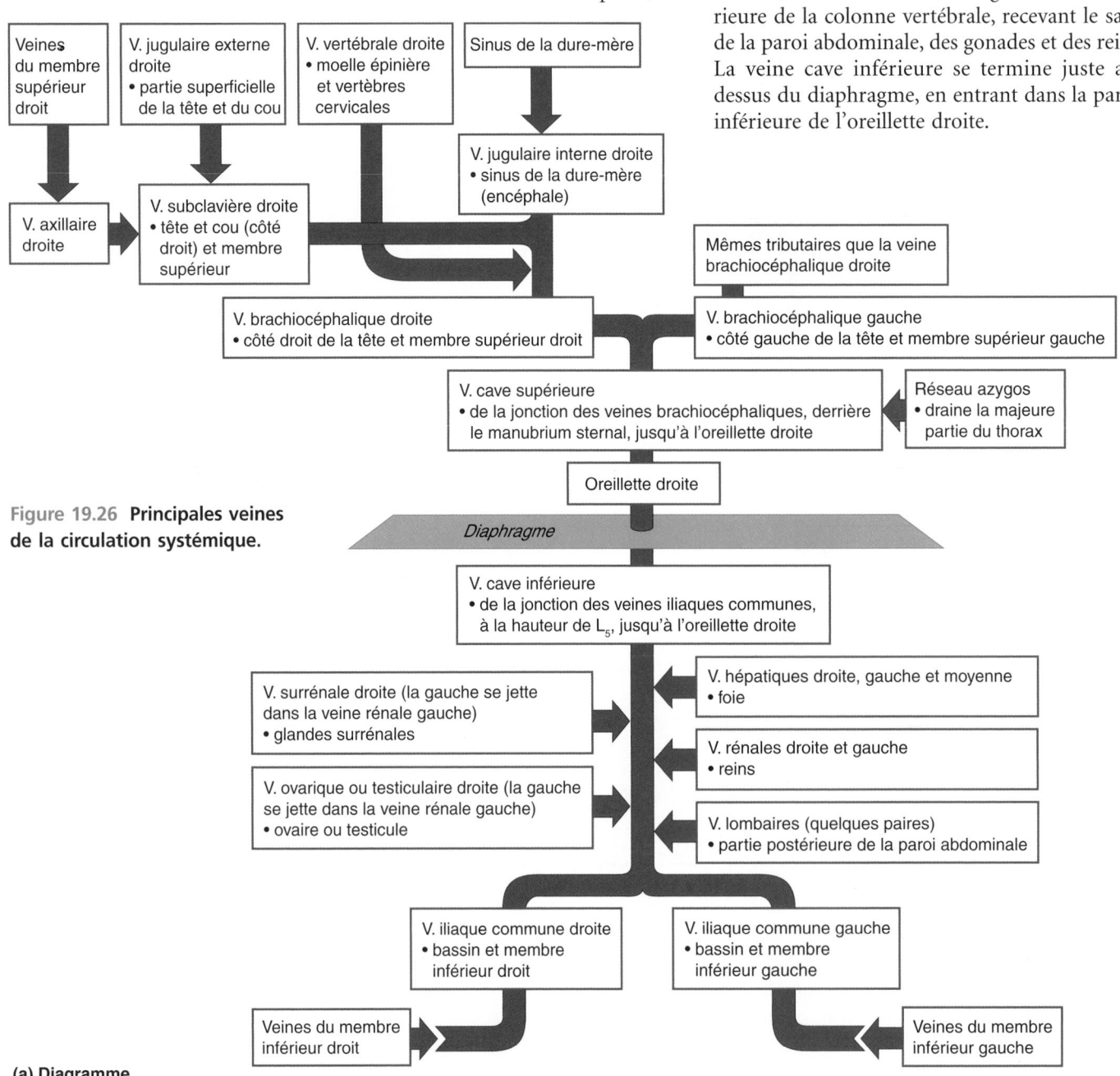

Figure 19.26 Principales veines de la circulation systémique.

(a) Diagramme

TABLEAU 19.9 *(suite)*

Figure 19.26 *(suite)*

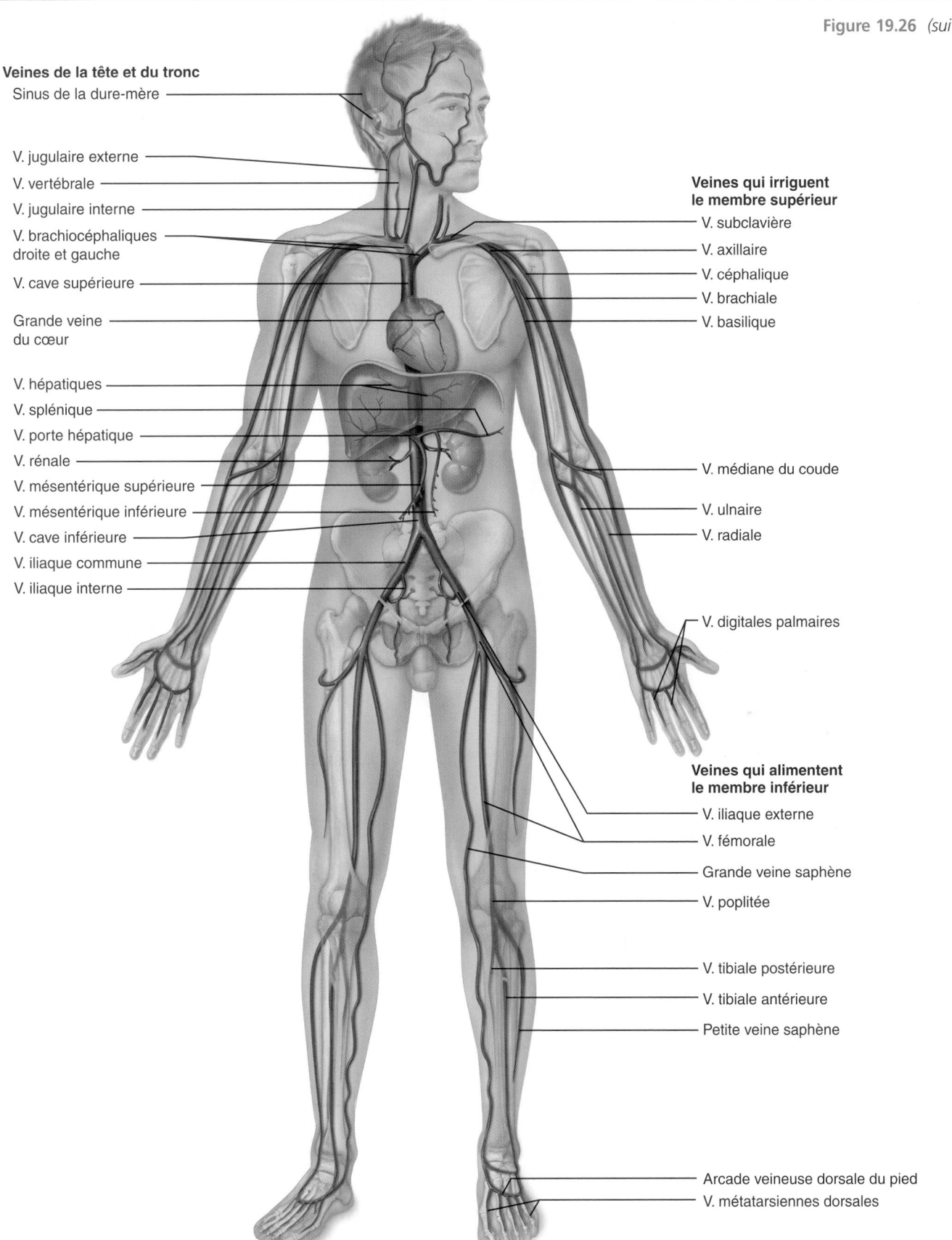

Veines de la tête et du tronc
Sinus de la dure-mère

V. jugulaire externe
V. vertébrale
V. jugulaire interne
V. brachiocéphaliques
droite et gauche
V. cave supérieure

Grande veine
du cœur

V. hépatiques
V. splénique
V. porte hépatique
V. rénale
V. mésentérique supérieure
V. mésentérique inférieure
V. cave inférieure
V. iliaque commune
V. iliaque interne

**Veines qui irriguent
le membre supérieur**
V. subclavière
V. axillaire
V. céphalique
V. brachiale
V. basilique

V. médiane du coude

V. ulnaire
V. radiale

V. digitales palmaires

**Veines qui alimentent
le membre inférieur**
V. iliaque externe
V. fémorale
Grande veine saphène
V. poplitée

V. tibiale postérieure
V. tibiale antérieure
Petite veine saphène

Arcade veineuse dorsale du pied
V. métatarsiennes dorsales

(b) Illustration, face antérieure. Les vaisseaux de la circulation pulmonaire ne sont pas représentés.

19

TABLEAU 19.10   **Veines de la tête et du cou**

Trois paires de veines recueillent la majeure partie du sang de la tête et du cou : les veines jugulaires externes, qui se vident dans les veines subclavières, les veines jugulaires internes et les veines vertébrales, qui se jettent dans la veine brachiocéphalique (figure 19.27a). Bien que la plupart des veines et des artères extracrâniennes portent les mêmes noms, leurs anastomoses et leurs trajets respectifs diffèrent considérablement.

La plupart des veines de l'encéphale se déversent dans les **sinus de la dure-mère**, qui forment une série de cavités communicantes situées dans l'épaisseur de la dure-mère. Les **sinus sagittaux supérieur** et **inférieur** occupent la faux du cerveau, qui s'enfonce entre les hémisphères cérébraux. Le sinus sagittal inférieur se jette dans le **sinus droit**, à l'arrière (figure 19.27a, c). Puis, le sinus sagittal supérieur et le sinus droit débouchent dans les **sinus transverses**, qui reposent dans des sillons peu profonds sur la face interne de l'os occipital. Ces sinus se jettent enfin dans les **sinus sigmoïdes**, en forme de S, qui deviennent les *veines jugulaires internes* en quittant le crâne par les foramens jugulaires. Les **sinus caverneux**, qui bordent le corps de l'os sphénoïde, reçoivent des **veines ophtalmiques** le sang des orbites et des veines faciales, qui drainent le sang du nez et de la lèvre supérieure. L'artère carotide interne et les nerfs crâniens III, IV, VI et, en partie, V *traversent* tous le sinus caverneux sur leur trajet vers l'orbite et le visage.

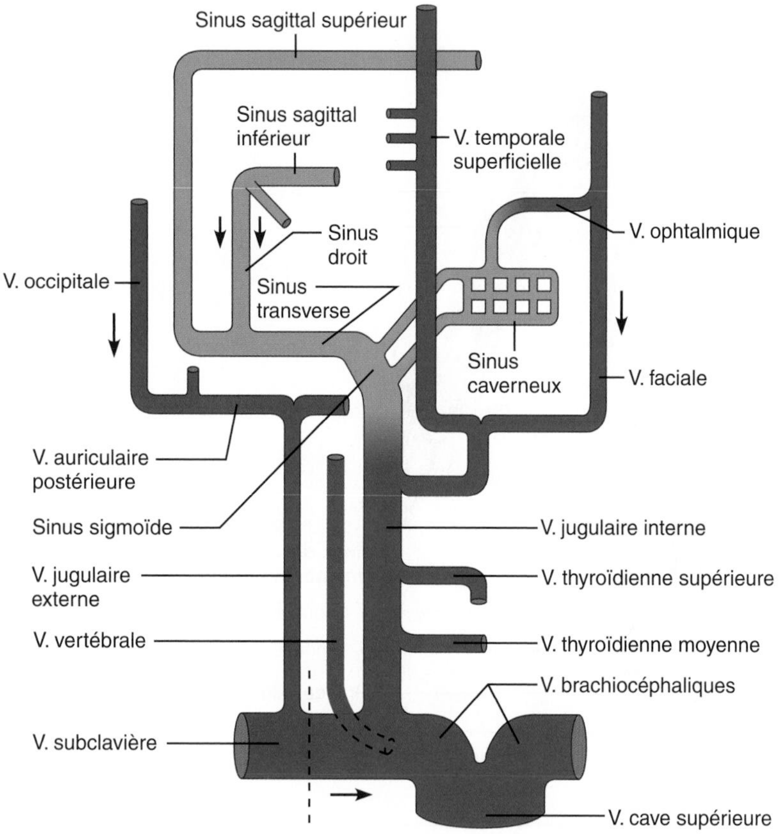

Description et région drainée

Veines jugulaires externes. Les veines jugulaires externes droite et gauche drainent les structures superficielles du cuir chevelu et du visage desservies par les artères carotides externes. Toutefois, leurs tributaires s'anastomosent abondamment, et une partie du sang de ces structures emprunte aussi les veines jugulaires internes. En descendant dans les côtés du cou, les veines jugulaires externes obliquent au-dessus des muscles sternocléidomastoïdiens, puis elles débouchent dans les veines subclavières.

Veines vertébrales. Contrairement aux artères vertébrales, les veines vertébrales ont peu à voir avec l'encéphale. En effet, elles ne drainent que les vertèbres cervicales, la moelle épinière et quelques petits muscles du cou. Les veines vertébrales descendent dans le trou transversaire des vertèbres cervicales et elles rejoignent les veines brachiocéphaliques à la racine du cou.

Veines jugulaires internes. Les deux veines jugulaires internes, qui reçoivent l'essentiel du sang de l'encéphale, sont les plus grosses veines appariées drainant la tête et le cou. Elles naissent des sinus de la dure-mère, sortent du crâne par les *foramens jugulaires*, puis descendent dans le cou le long des artères carotides internes. Ce faisant, elles reçoivent le sang de quelques veines profondes du visage et du cou — des branches des **veines temporale superficielle** et **faciale** (figure 19.27b). À la base du cou, chaque veine jugulaire interne s'unit à la veine subclavière située du même côté et forme une veine brachiocéphalique. Les veines brachiocéphaliques droite et gauche s'unissent pour constituer la veine cave supérieure.

(a) Diagramme

Figure 19.27 **Drainage veineux de la tête, du cou et de l'encéphale.**

VÉRIFIONS NOS ACQUIS

21. Quelle est la différence importante entre les régions irriguées par les veines cérébrales et celles qui sont alimentées par les artères vertébrales ?

22. Quelles veines irriguent le sinus de la dure-mère et où se terminent-elles ?

Les réponses se trouvent à l'appendice G.

TABLEAU 19.10 *(suite)*

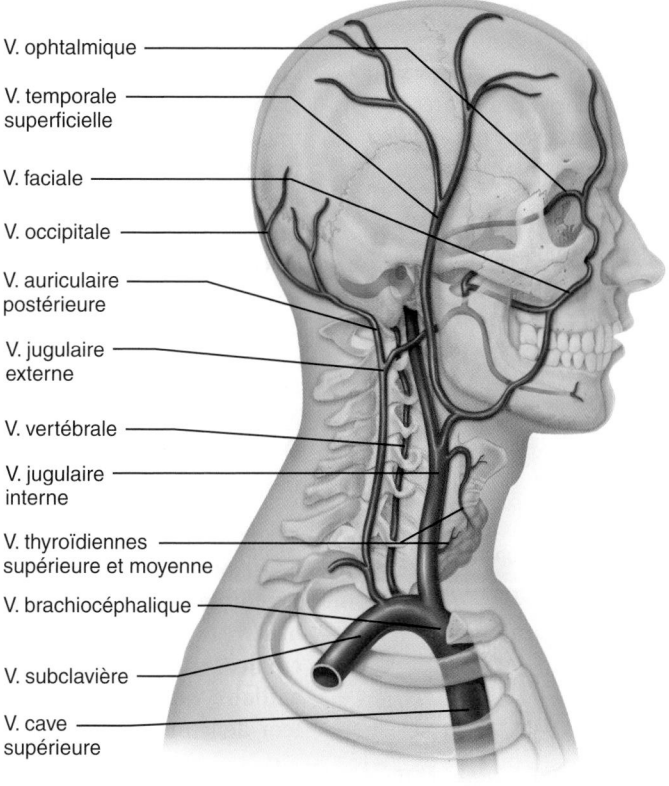

V. ophtalmique

V. temporale
superficielle

V. faciale

V. occipitale

V. auriculaire
postérieure

V. jugulaire
externe

V. vertébrale

V. jugulaire
interne

V. thyroïdiennes
supérieure et moyenne

V. brachiocéphalique

V. subclavière

V. cave
supérieure

(b) Veines superficielles de la tête et du cou, profil droit

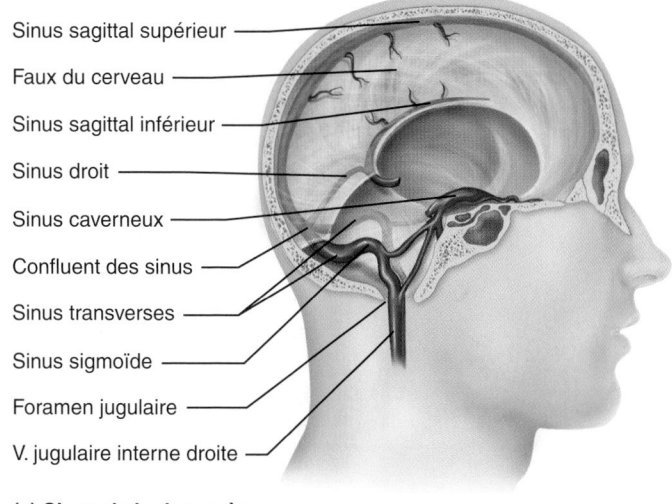

Sinus sagittal supérieur

Faux du cerveau

Sinus sagittal inférieur

Sinus droit

Sinus caverneux

Confluent des sinus

Sinus transverses

Sinus sigmoïde

Foramen jugulaire

V. jugulaire interne droite

(c) Sinus de la dure-mère

Figure 19.27 *(suite)*

19

TABLEAU 19.11 **Veines des membres supérieurs et du thorax**

Les veines profondes des membres supérieurs suivent des artères qui portent les mêmes noms qu'elles **(figure 19.28a)**. À l'exception des plus grosses, toutefois, la plupart de ces veines sont paires et cheminent le long des artères correspondantes. Les veines superficielles des membres supérieurs sont plus grosses que les veines profondes et on peut les apercevoir à travers la peau. C'est dans la veine médiane du coude, qui passe devant le coude, que l'on prélève habituellement les échantillons de sang et que l'on administre les médicaments intraveineux.

Le sang des glandes mammaires et des deux ou trois premiers espaces intercostaux entre dans les **veines brachiocéphaliques**. Cependant, la majeure partie des tissus thoraciques et de la paroi thoracique est drainée par un réseau complexe de veines formant le **réseau azygos**. Les nombreuses ramifications de ces veines forment des voies collatérales pour le sang provenant de la paroi abdominale et d'autres régions desservies par la veine cave inférieure; en outre, on rencontre de nombreuses anastomoses entre la veine azygos et la veine cave inférieure (anastomoses azygocaves).

Description et régions drainées

Veines profondes du membre supérieur

Les veines profondes les plus distales du membre supérieur sont les veines radiale et ulnaire. Les **arcades veineuses palmaires profonde** et **superficielle** se jettent dans les **veines radiale** et **ulnaire** de l'avant-bras, qui s'unissent pour former la **veine brachiale**. En entrant dans l'aisselle, cette veine devient la **veine axillaire**, qui devient elle-même la **veine subclavière** à la hauteur de la première côte.

Veines superficielles du membre supérieur

Le système veineux superficiel commence par un plexus appelé **réseau veineux dorsal de la main** (non représenté). Dans la partie distale de l'avant-bras, ce réseau veineux se jette dans deux grandes veines superficielles, la veine céphalique et la veine basilique, qui s'anastomosent abondamment au cours de leur montée (figure 19.28b). La **veine céphalique** s'enroule autour du radius; après quoi, elle monte le long de la face externe du bras, jusqu'à l'épaule, où elle suit le sillon creusé entre les muscles deltoïde et pectoral avant de rejoindre la veine axillaire. La **veine basilique** chemine le long de la face postéro-interne de l'avant-bras, passe devant le coude, puis s'enfonce. Dans l'aisselle, elle s'unit à la veine brachiale et forme la veine axillaire. Sur la face antérieure du coude, la **veine médiane du coude** relie la veine basilique et la veine céphalique. La **veine médiane de l'avant-bras** est située entre les veines radiale et ulnaire et elle se termine généralement à la hauteur du coude, en s'abouchant avec la veine basilique ou avec la veine céphalique.

Réseau azygos

Le réseau azygos est formé de veines, situées de part et d'autre de la colonne vertébrale, qui aboutissent dans la veine azygos.

Veine azygos. La veine azygos (*azugos*: non accouplé) n'existe que du côté droit de la colonne vertébrale. Elle naît dans l'abdomen, de la **veine lombaire ascendante** droite, qui draine l'essentiel de la partie droite de la paroi abdominale, et des **veines intercostales postérieures** droites (à l'exception de la première), qui drainent les muscles du thorax. À la hauteur de T_4,

(a) Diagramme

TABLEAU 19.11 *(suite)*

la veine azygos s'incurve au-dessus des gros vaisseaux destinés au poumon droit, et elle se vide dans la veine cave supérieure.

Veine hémi-azygos. La veine hémi-azygos monte du côté gauche de la colonne vertébrale. Ses sources, la **veine lombaire ascendante** gauche et les **veines intercostales postérieures** inférieures (de la neuvième à la onzième), sont symétriques de celles de la veine azygos. Au milieu du thorax, la veine hémi-azygos passe devant la colonne vertébrale et s'unit à la veine azygos.

Veine hémi-azygos accessoire. La veine hémi-azygos accessoire complète le drainage du côté gauche du thorax, et on peut la considérer comme un prolongement de la veine hémi-azygos vers le haut. Elle reçoit le sang de la quatrième à la huitième veine intercostale postérieure, puis elle passe à droite pour se vider dans la veine azygos. Comme cette dernière, elle reçoit le sang systémique pauvre en oxygène des bronches des poumons (*veines bronchiques*).

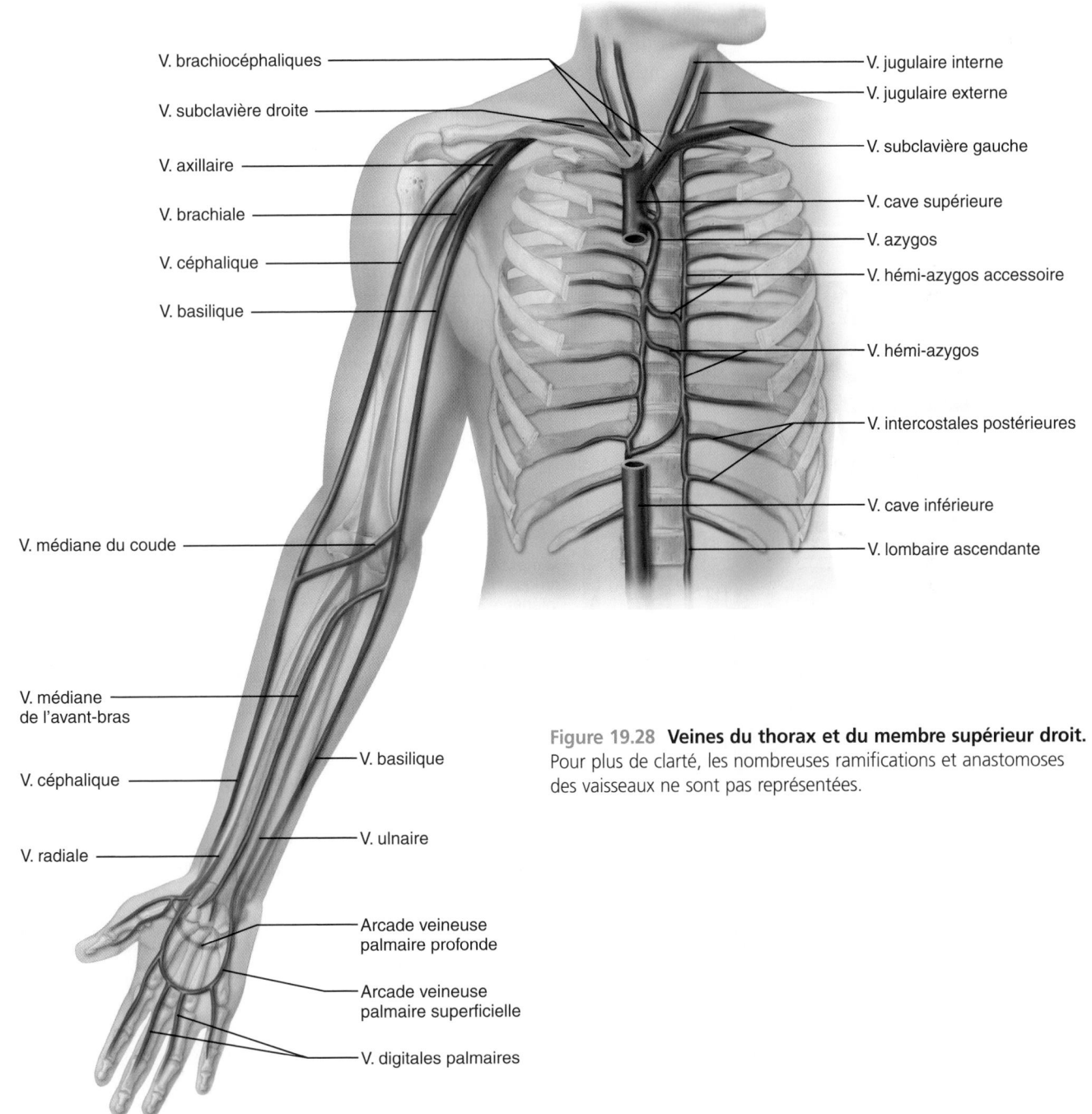

Figure 19.28 Veines du thorax et du membre supérieur droit. Pour plus de clarté, les nombreuses ramifications et anastomoses des vaisseaux ne sont pas représentées.

(b) Illustration de la face antérieure

TABLEAU 19.12 | **Veines de l'abdomen**

Le sang des viscères abdominopelviens et de la paroi abdominale retourne au cœur par la **veine cave inférieure** (figure 19.29a). Les noms des tributaires de cette veine correspondent en majorité à ceux des artères qui alimentent les organes abdominaux.

Le sang provenant du système digestif (veines mésentériques) est recueilli par la *veine porte hépatique* et transporté à travers le foie avant d'être réintroduit dans la circulation systémique par les veines hépatiques (figure 19.29b). Un tel système, formé de veines reliant deux lits capillaires entre eux, est un *système porte*. Tous les systèmes portes pourvoient à des besoins spécifiques. Le **système porte hépatique** apporte au foie le sang chargé de nutriments (parfois aussi de toxines et de microorganismes) en provenance du système digestif ; le sang y est traité

avant d'être acheminé au reste de l'organisme. Ce sang passe lentement dans les sinusoïdes du foie, et les cellules hépatiques traitent les nutriments et les toxines. En même temps, les macrophagocytes débarrassent prestement le sang des bactéries et des autres substances étrangères. Nous énumérons ci-après les veines de l'abdomen, de bas en haut.

Description et régions drainées

Veines lombaires. Quelques paires de veines lombaires drainent la partie postérieure de la paroi abdominale. Elles se vident directement dans la veine cave inférieure ainsi que dans les veines lombaires ascendantes du réseau azygos du thorax.

Veines ovariques ou testiculaires. La veine ovarique ou testiculaire droite draine l'ovaire ou le testicule droits et elle se vide dans la veine cave inférieure. La veine ovarique ou testiculaire gauche se jette plus haut dans la veine rénale gauche.

Veines rénales. Les veines rénales droite et gauche drainent les reins.

Veines surrénales. La veine surrénale droite draine la glande surrénale droite et elle se jette dans la veine cave inférieure. La veine surrénale gauche s'abouche avec la veine rénale gauche.

Système porte hépatique. Comme tous les autres systèmes portes, le système porte hépatique est formé d'une série de vaisseaux reliés par deux lits capillaires distincts situés entre la circulation artérielle et la circulation veineuse. Dans le cas du système porte hépatique, le premier lit capillaire se trouve dans l'estomac et les intestins et s'écoule dans les veines issues de la **veine porte hépatique**, qui le relie au deuxième lit capillaire situé dans le foie. La courte veine porte hépatique naît à la hauteur de L_2. De nombreuses veines issues de l'estomac et du pancréas contribuent au système porte hépatique (figure 19.29c), mais ses principaux tributaires sont les suivants.

- **Veine mésentérique supérieure.** La veine mésentérique supérieure draine tout l'intestin grêle, une partie du gros intestin (segments ascendant et transverse) et l'estomac.
- **Veine splénique.** La veine splénique recueille le sang de la rate, d'une partie de l'estomac et du pancréas. Elle s'unit à la veine mésentérique supérieure pour former la veine porte hépatique.
- **Veine mésentérique inférieure.** La veine mésentérique inférieure draine les segments distaux du gros intestin et le rectum. Elle se jette dans la veine splénique juste avant que celle-ci s'unisse à la veine mésentérique supérieure pour former la veine porte hépatique.

Veines hépatiques. Les veines hépatiques droite, gauche et moyenne transportent le sang veineux du foie à la veine cave inférieure.

Veines cystiques. Les veines cystiques drainent la vésicule biliaire et s'unissent aux veines portes dans le foie.

Veines phréniques inférieures. Les veines phréniques inférieures drainent la face inférieure du diaphragme.

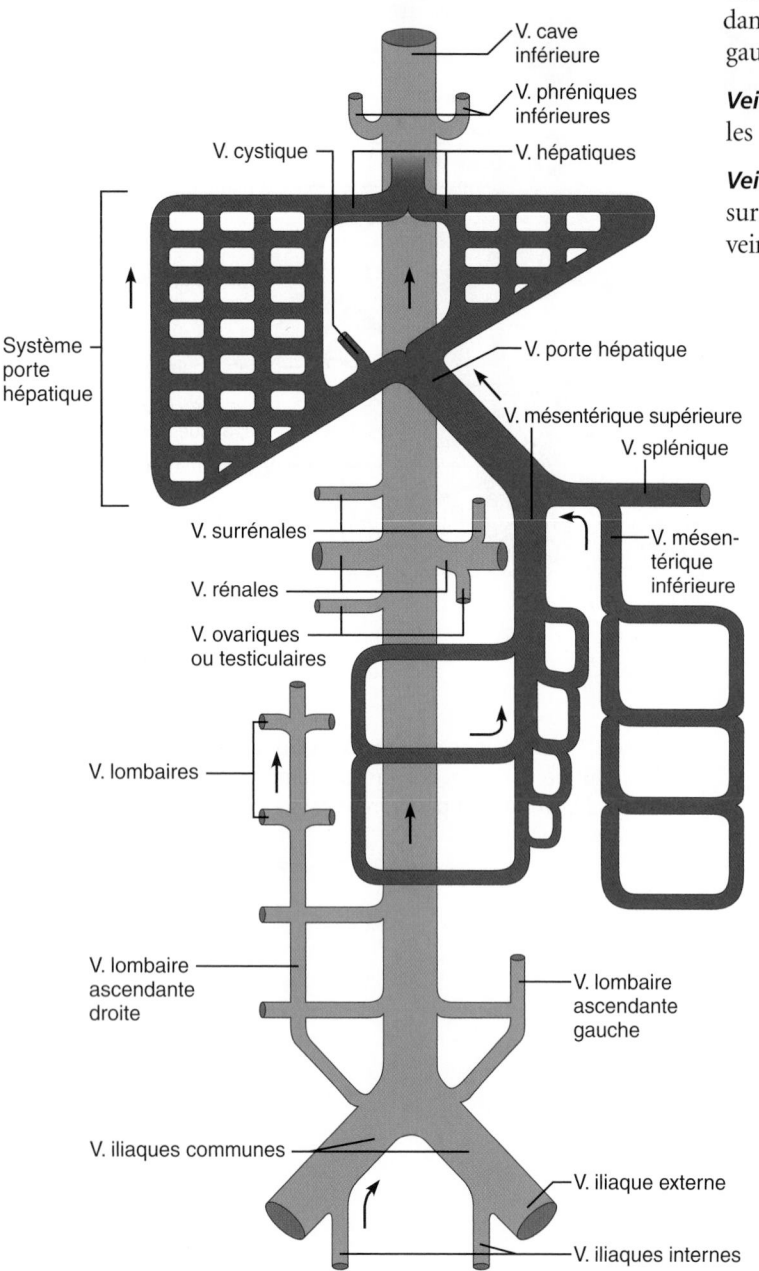

(a) Diagramme

Légendes de la figure :
- V. cave inférieure
- V. phréniques inférieures
- V. cystique
- V. hépatiques
- Système porte hépatique
- V. porte hépatique
- V. mésentérique supérieure
- V. splénique
- V. surrénales
- V. mésentérique inférieure
- V. rénales
- V. ovariques ou testiculaires
- V. lombaires
- V. lombaire ascendante droite
- V. lombaire ascendante gauche
- V. iliaques communes
- V. iliaque externe
- V. iliaques internes

TABLEAU 19.12 *(suite)*

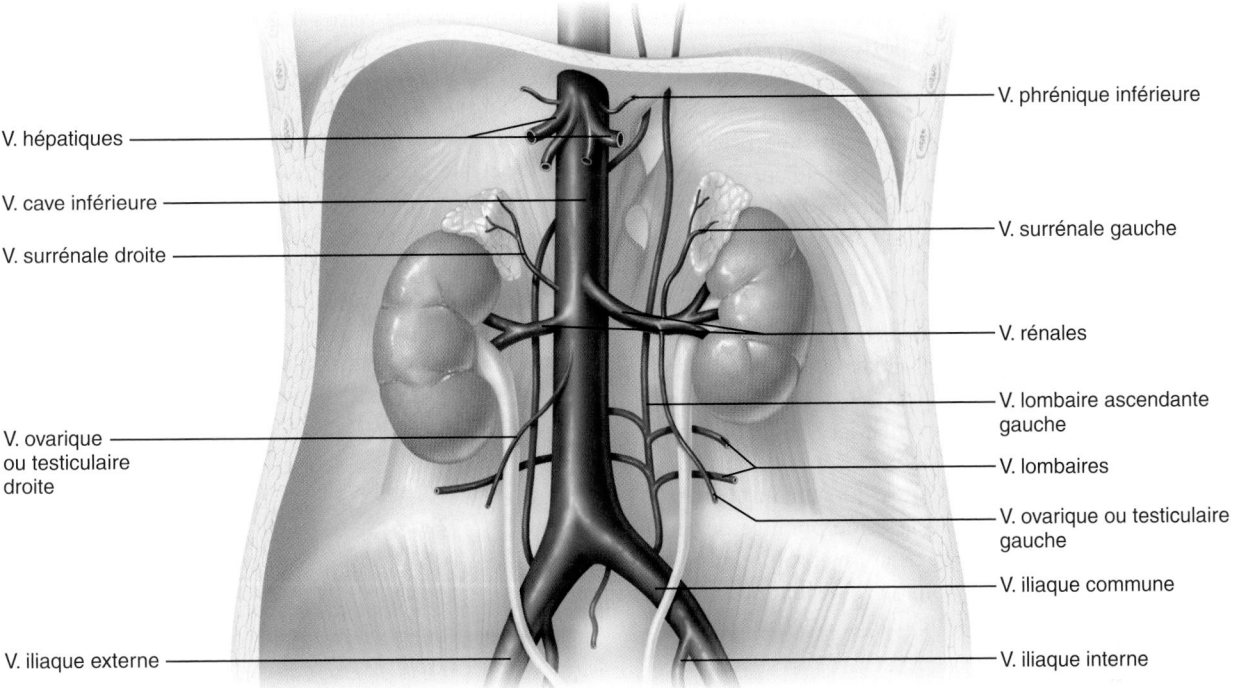

V. hépatiques

V. cave inférieure

V. surrénale droite

V. ovarique ou testiculaire droite

V. iliaque externe

V. phrénique inférieure

V. surrénale gauche

V. rénales

V. lombaire ascendante gauche

V. lombaires

V. ovarique ou testiculaire gauche

V. iliaque commune

V. iliaque interne

(b) Tributaires de la veine cave inférieure. Veines des organes abdominaux que ne draine pas la veine porte hépatique.

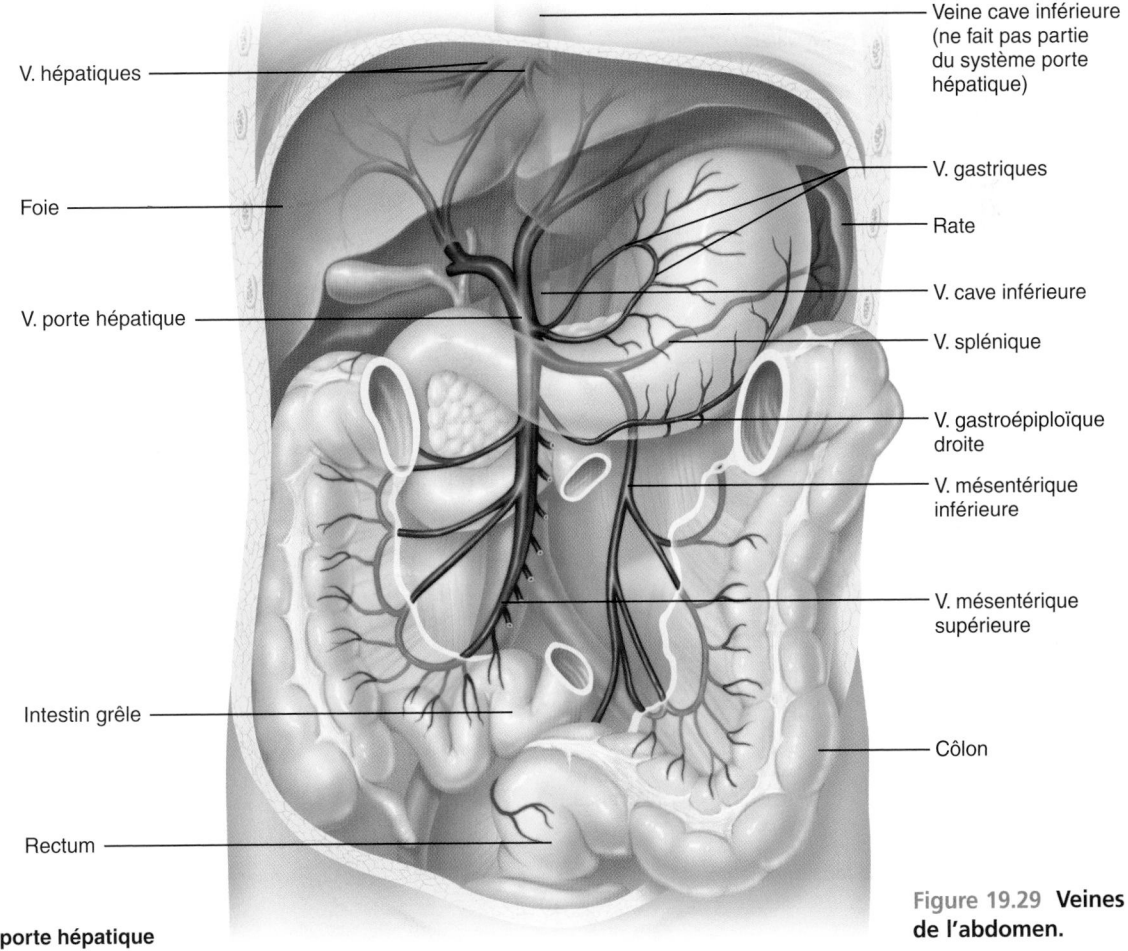

V. hépatiques

Foie

V. porte hépatique

Intestin grêle

Rectum

Veine cave inférieure (ne fait pas partie du système porte hépatique)

V. gastriques

Rate

V. cave inférieure

V. splénique

V. gastroépiploïque droite

V. mésentérique inférieure

V. mésentérique supérieure

Côlon

19

Figure 19.29 Veines de l'abdomen.

(c) Système porte hépatique

TABLEAU 19.13   **Veines du bassin et des membres inférieurs**

Dans les membres inférieurs comme dans les membres supérieurs, la plupart des veines profondes portent les mêmes noms que les artères qu'elles accompagnent. En outre, plusieurs sont appariées. Les deux veines saphènes, la grande et la petite, sont fréquemment le siège de varices, car elles sont superficielles et mal soutenues par les tissus environnants. Par ailleurs, c'est de la grande veine saphène (*saphênes*: «apparent») qu'on prélève des segments pour réaliser des pontages coronariens.

Description et régions drainées

Veines profondes.   La **veine tibiale postérieure** naît de la fusion des petites **veines plantaires latérale** et **médiale**, elle monte dans le triceps sural et reçoit la **veine fibulaire (figure 19.30)**. La **veine tibiale antérieure** est le prolongement supérieur de l'**arcade veineuse dorsale du pied**. Au genou, elle s'unit à la veine tibiale postérieure pour former la **veine poplitée**, qui parcourt l'arrière du genou. En émergeant du genou, la veine poplitée devient la **veine fémorale** et elle draine les structures profondes de la cuisse. La veine fémorale prend le nom de **veine iliaque externe** en entrant dans le bassin. Là, la veine iliaque externe se joint à la **veine iliaque interne** et constitue la **veine iliaque commune**.

La distribution des veines iliaques internes est parallèle à celle des artères iliaques internes.

Veines superficielles.   Les **grande** et **petite veines saphènes** émergent de l'**arcade veineuse dorsale du pied** (extrémités médiale et latérale, respectivement) (figure 19.30b, c). Ces veines forment de nombreuses anastomoses entre elles et avec les veines profondes qu'elles rencontrent sur leur trajet. La grande veine saphène est la plus longue de l'organisme. Elle monte le long de la face interne de la jambe jusqu'à la cuisse; là, elle s'ouvre dans la veine fémorale, juste au-dessous du ligament inguinal. La petite veine saphène court le long de la face externe du pied et elle pénètre pour les drainer dans les fascias profonds des muscles du mollet. Au genou, elle se jette dans la veine poplitée.

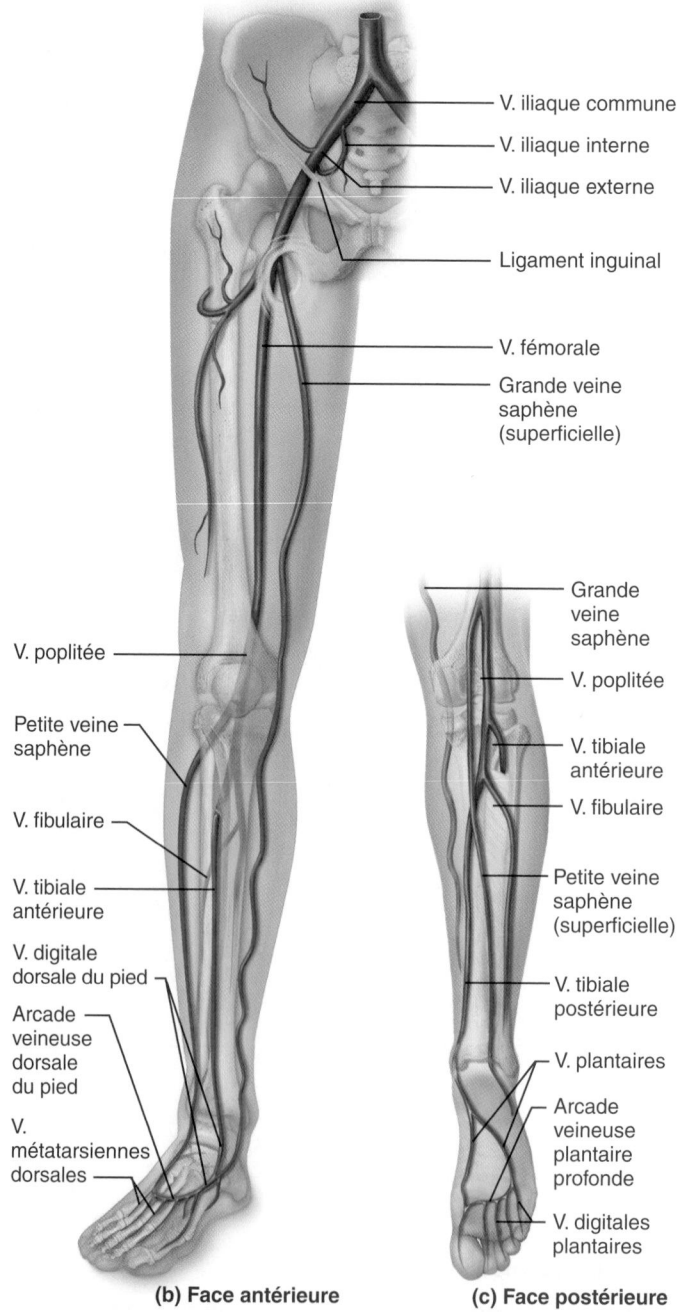

(a) Diagramme des vaisseaux de la face antérieure et de la face postérieure

(b) Face antérieure

(c) Face postérieure

Figure 19.30   Veines du membre inférieur droit.

23. Qu'est-ce qu'un système porte ? Quelle est la fonction du système porte hépatique ?

24. Nommez les veines de la jambe sur lesquelles se forment souvent des varices.

25. Nommez trois différences entre les artères et les veines systémiques en ce qui concerne leur parcours général et les voies qu'elles empruntent.

Les réponses se trouvent à l'appendice G.

Développement et vieillissement des vaisseaux sanguins

20 Expliquer le développement des vaisseaux sanguins chez le fœtus.

21 Présenter les principaux effets du vieillissement sur le réseau vasculaire.

Dans l'embryon microscopique, l'endothélium des vaisseaux sanguins est composé de cellules mésodermiques qui se transforment en angioblastes et se regroupent en petits amas appelés **îlots sanguins**. Ces îlots forment ensuite les esquisses des tubes vasculaires en convergeant les uns vers les autres et vers le cœur en voie de formation. Simultanément, les cellules mésenchymateuses adjacentes, stimulées par le facteur de croissance dérivé des plaquettes, entourent les tubes endothéliaux et constituent les couches musculaires et fibreuses stabilisatrices des parois vasculaires.

Comment les vaisseaux sanguins « savent-ils » où se former ? De nombreux vaisseaux sanguins suivent simplement les mêmes indications que celles qui sont fournies aux neurofibres. C'est pourquoi les vaisseaux en formation suivent les nerfs de près. Un vaisseau devient une artère ou une veine selon la concentration locale d'un facteur de différenciation appelé facteur de croissance endothéliale. Comme nous l'avons mentionné au chapitre 18, le cœur commence à propulser le sang dans le système cardiovasculaire dès la quatrième semaine de gestation.

Les dérivations qui contournent les poumons – le *foramen ovale* et le *conduit artériel* – ne sont pas les seules particularités du système cardiovasculaire fœtal. En effet, un vaisseau spécial appelé *conduit veineux*, ou canal d'Arantius, permet au sang de contourner en grande partie le foie ; de plus, la *veine* et les *artères ombilicales* assurent le transfert du sang entre la circulation fœtale et le placenta, où se produisent les échanges de gaz et de nutriments avec le sang de la mère (voir le chapitre 28). Une fois que la circulation fœtale est établie, le système cardiovasculaire subit peu de changements jusqu'à la naissance, moment où se ferment les vaisseaux ombilicaux et les dérivations de la circulation fœtale.

Contrairement aux malformations cardiaques, les anomalies vasculaires congénitales sont rares. Jusqu'à la puberté, filles et garçons sont exemptés de problèmes vasculaires. Les vaisseaux se forment selon les besoins pour soutenir la croissance de l'organisme, cicatriser les plaies et remplacer les vaisseaux détruits chaque mois chez la femme pendant le cycle menstruel. Le vieillissement apporte son lot de problèmes sur le plan vasculaire. Chez certains, les valvules veineuses s'affaiblissent et dessinent à fleur de peau des varices violacées et tortueuses. Chez d'autres, l'inefficacité de la circulation se manifeste de manière plus insidieuse, par des picotements dans les extrémités et par des crampes.

Bien que l'athérosclérose commence ses ravages pendant la jeunesse, ses conséquences ne se révèlent qu'à l'âge mûr ou à la vieillesse, par un infarctus du myocarde ou un accident vasculaire cérébral. Jusqu'à l'âge de 45 ans, la fréquence de l'athérosclérose est beaucoup moins élevée chez les femmes que chez les hommes, phénomène qui s'explique probablement par l'effet protecteur des œstrogènes. Les effets bénéfiques des œstrogènes ont fait l'objet de nombreuses études. On sait par exemple que les œstrogènes réduisent la résistance que les vaisseaux opposent au débit sanguin, et ce, en stimulant la production de monoxyde d'azote, en inhibant la libération d'endothéline et en bloquant les canaux à calcium voltage-dépendants. Ils stimulent également le foie pour qu'il produise des enzymes qui accélèrent le catabolisme des lipoprotéines de basse densité et augmentent la production de lipoprotéines de haute densité, abaissant par le fait même les risques d'athérosclérose (voir le Gros plan, p. 810-811).

Entre l'âge de 45 et 65 ans, la production d'œstrogènes diminue chez la femme ; l'écart entre les deux sexes disparaît peu à peu, et les femmes de plus de 65 ans deviennent aussi prédisposées que les hommes aux maladies cardiovasculaires. On pourrait s'attendre à ce que l'administration de suppléments d'œstrogènes aux femmes ménopausées permettrait de conserver cet effet protecteur. Étonnamment, des études cliniques ont démontré que ce n'est pas le cas.

La pression artérielle change au cours des années. D'environ 90/55 chez le nouveau-né, elle augmente régulièrement pendant l'enfance avant d'atteindre la valeur typique de l'âge adulte, soit 120/80. Tard dans la vie, la pression artérielle s'élève en moyenne à 150/90, ce qui serait considéré comme excessif chez une personne jeune (cette hausse peut être attribuée à une diminution de l'efficacité du mécanisme de régulation rénale de la pression artérielle). La fréquence de l'hypertension augmente brusquement chez les sujets de plus de 40 ans. Contrairement à l'athérosclérose, qui frappe surtout des personnes âgées, l'hypertension fait beaucoup de victimes jeunes. Parmi les maladies cardiovasculaires, c'est celle qui cause le plus de morts soudaines chez les hommes de 40 à 50 ans.

Certaines maladies vasculaires sont pour une bonne part des conséquences du mode de vie occidental. Avec notre régime alimentaire riche en protéines et en lipides, nos collations sucrées, nos voitures et notre stress, nous devenons sensibles à ces troubles de plus en plus tôt. Pourtant, nous pouvons les prévenir en améliorant notre alimentation, en faisant régulièrement un exercice aérobique et en cessant de fumer. On peut presque affirmer qu'une mauvaise alimentation, le manque d'exercice et l'usage du tabac font plus de tort aux vaisseaux sanguins que le vieillissement !

Tous pour un, un pour tous

Relations entre le système cardiovasculaire et les autres systèmes de l'organisme

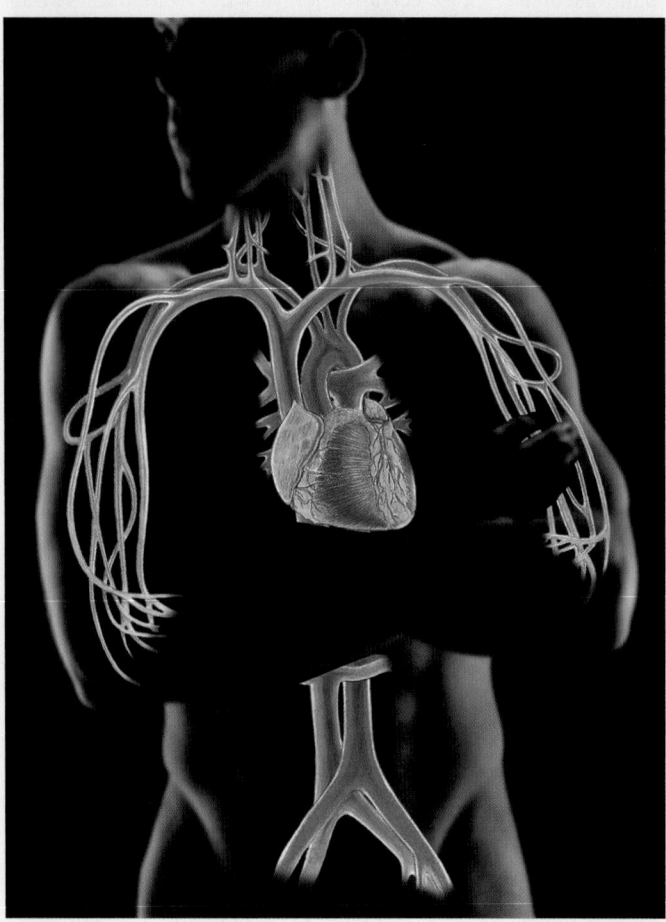

Système nerveux

- Le système cardiovasculaire apporte de l'oxygène et des nutriments ; il emporte les déchets.
- Le SNA régit la force et la fréquence des battements cardiaques ; par son action sur les vaisseaux sanguins, le système nerveux sympathique régit la pression artérielle et adapte l'irrigation sanguine de la peau pour la thermorégulation.

Système endocrinien

- Le système cardiovasculaire apporte de l'oxygène et des nutriments ; il emporte les déchets ; le sang est le véhicule des hormones.
- Diverses hormones (adrénaline, FNA, angiotensine II, T_4, ADH) influent sur la pression artérielle ; les œstrogènes favorisent l'intégrité des structures vasculaires chez la femme.

Système lymphatique et immunitaire

- Le système cardiovasculaire apporte de l'oxygène et des nutriments aux organes lymphatiques, qui abritent les cellules immunitaires ; il fournit un véhicule aux lymphocytes et aux anticorps ; il emporte les déchets.
- Le système lymphatique recueille les liquides et les protéines plasmatiques échappés des capillaires, et il les renvoie dans le système cardiovasculaire ; les cellules immunitaires protègent les organes cardiovasculaires contre les agents pathogènes.

Système respiratoire

- Le système cardiovasculaire apporte de l'oxygène et des nutriments ; il emporte les déchets.
- Le système respiratoire effectue les échanges gazeux ; il charge le sang en oxygène et le débarrasse du gaz carbonique ; la pompe respiratoire favorise le retour veineux.

Système digestif

- Le système cardiovasculaire apporte de l'oxygène et des nutriments ; il emporte les déchets.
- Le système digestif fournit au sang des nutriments, y compris le fer et les vitamines du groupe B, essentiels à la formation des érythrocytes (et de l'hémoglobine).

Système urinaire

- Le système cardiovasculaire apporte de l'oxygène et des nutriments ; il emporte les déchets ; la pression artérielle permet la filtration rénale.
- Le système urinaire concourt à la régulation de la pression artérielle en modifiant la diurèse et en libérant de la rénine.

Système génital

- Le système cardiovasculaire apporte de l'oxygène et des nutriments ; il emporte les déchets.
- Les œstrogènes favorisent l'intégrité des structures vasculaires et osseuses chez la femme.

19

Système tégumentaire

- Le système cardiovasculaire apporte de l'oxygène et des nutriments ; il emporte les déchets.
- Les vaisseaux cutanés sont d'importants réservoirs de sang et ils concourent à la thermorégulation.

Système squelettique

- Le système cardiovasculaire apporte de l'oxygène et des nutriments ; il emporte les déchets.
- Certains os sont le siège de l'hématopoïèse ; ils protègent le système cardiovasculaire et sont des réserves de calcium.

Système musculaire

- Le système cardiovasculaire apporte de l'oxygène et des nutriments ; il emporte les déchets.
- La pompe musculaire favorise le retour veineux ; l'exercice aérobique améliore l'efficacité cardiovasculaire et prévient l'athérosclérose.

RELATIONS ENTRE LE SYSTÈME CARDIOVASCULAIRE
et les systèmes musculaire, nerveux et urinaire

Le système cardiovasculaire est le « roi de l'organisme ». En effet, aucun autre système ne peut survivre si le sang cesse d'affluer dans les voies cardiovasculaires. De la même façon, pratiquement tous les systèmes du corps humain influent d'une façon ou d'une autre sur le système cardiovasculaire. Les systèmes respiratoire et digestif enrichissent le sang d'oxygène et de nutriments, respectivement, et reçoivent en retour les multiples bienfaits du sang. En retournant le liquide plasmatique qui a fui vers le système cardiovasculaire, le système lymphatique aide les vaisseaux à rester remplis de sang pour que la circulation se poursuive. Nous nous attardons ci-après aux interactions du système cardiovasculaire avec les systèmes musculaire, nerveux et urinaire.

Système musculaire

L'entraide est à la base de l'interaction entre le système cardiovasculaire et le système musculaire. Les muscles se raidissent et cessent de fonctionner s'ils ne reçoivent pas suffisamment de sang oxygéné, et leurs capillaires grossissent (ou s'atrophient) au gré des fluctuations de la masse musculaire. Les artérioles du muscle squelettique ont même des récepteurs adrénergiques β spéciaux leur permettant de se dilater sous l'effet de l'adrénaline en circulation lorsque toutes les autres artérioles de l'organisme sont soumises à une stimulation vasoconstrictrice. Quand les muscles sont actifs et sains, le système cardiovasculaire l'est aussi. Privé d'exercice, le cœur faiblit et sa masse diminue ; mais grâce à l'exercice aérobique, il augmente de taille et devient plus fort. La fréquence cardiaque diminue lorsque le volume systolique s'accroît ; le cœur est donc plus détendu et bat des centaines de milliers de fois moins au cours de la vie. L'exercice aérobique augmente également les concentrations de lipoprotéines de haute densité du sang et fait baisser les taux de lipoprotéines de basse densité, ce qui favorise l'élimination des dépôts lipidiques sur les parois vasculaires et retarde l'apparition de l'athérosclérose, de l'hypertension et des maladies cardiovasculaires. Les muscles et le cœur forment donc une équipe du tonnerre !

Système nerveux

Le fonctionnement de l'encéphale est impossible sans un apport continu en oxygène et en glucose. Il n'est donc pas surprenant que cet organe dispose du mécanisme d'autorégulation circulatoire le plus précis de tout l'organisme. Agissant sur les artérioles les plus sensibles, ce mécanisme protège l'encéphale ; il nous est indispensable car, lorsque nos neurones meurent, c'est une partie importante de nous-mêmes qui disparaît. Le système cardiovasculaire est également tributaire du système nerveux. Un stimulateur cardiaque intrinsèque régit le rythme sinusal, mais il n'est pas en mesure de s'adapter aux stimulus qui mobilisent le système cardiovasculaire pour que ce dernier maintienne la pression artérielle lors des changements de position et accélère le débit sanguin lors de périodes de stress. Le système nerveux autonome prend le relais en déclenchant les réflexes qui accroissent ou réduisent le débit cardiaque et la résistance périphérique, redirigent le sang vers d'autres organes pour combler leurs besoins précis et protègent les organes vitaux.

Système urinaire

À l'instar du système lymphatique, le système urinaire (surtout les reins) concourt au maintien du volume sanguin et de la dynamique circulatoire, mais de façon beaucoup plus complexe. Les reins utilisent la pression sanguine (créée par le système cardiovasculaire) pour former le filtrat que les cellules des tubules rénaux traitent. Leur intervention consiste essentiellement à retourner dans le sang les nutriments et l'eau indispensables passés dans l'urine en formation, tout en permettant l'élimination des déchets métaboliques et des ions excédentaires (y compris les ions H^+) dans l'urine. C'est ainsi que le sang est continuellement purifié et que sa composition et son volume sont étroitement régulés. Les reins sont si utiles à la préservation du volume sanguin que la diurèse cesse complètement lorsque ce dernier chute brutalement. Par ailleurs, les reins peuvent accroître la pression artérielle systémique en libérant de la rénine en réaction à une pression sanguine inadéquate.

Implications cliniques

Système cardiovasculaire

Étude de cas : M. Hubert est une autre victime de la collision survenue entre un train routier et un autobus, dont nous avons parlé au chapitre 5. Cet homme d'âge moyen arrive au centre hospitalier inconscient, un garrot installé sur une cuisse. L'ambulancier signale dans son rapport que le membre inférieur droit du patient a été coincé sous l'autobus pendant au moins 30 minutes. On décide de procéder immédiatement à une intervention chirurgicale. Le dossier de M. Hubert indique notamment les points suivants :

- Contusions multiples aux membres inférieurs
- Fracture ouverte du tibia droit ; extrémité saillante de l'os recouverte de gaze stérile
- Jambe droite blanche et froide, absence de pouls
- Pression artérielle de 90/48 ; pouls de 140 battements par minute (filant) ; diaphorèse (sueur abondante)

1. D'après ce que vous avez appris sur les besoins en oxygène des tissus, dans quel état se trouvent les tissus du membre inférieur droit ?

2. Doit-on s'occuper d'abord de la fracture, ou rétablir au plus tôt l'homéostasie de l'organisme ? Expliquez votre réponse et décrivez l'intervention chirurgicale que M. Hubert subira.

3. Quelles conclusions tirez-vous des signes vitaux mesurés chez M. Hubert (pouls et pression artérielle) ? Selon vous, quelles mesures faut-il adopter pour remédier à la situation avant l'intervention chirurgicale ?

(Les réponses se trouvent à l'appendice G.)

VÉRIFIONS NOS ACQUIS

26. Nommez trois dérivations chez le fœtus qui se referment peu de temps après la naissance. Quelle structure ces dérivations contournent-elles ?
27. Nommez trois problèmes vasculaires fréquents chez les personnes âgées.

Les réponses se trouvent à l'appendice G.

Maintenant que nous avons décrit la structure et la fonction des vaisseaux sanguins, notre étude du système cardiovasculaire touche à sa fin. Le cœur, les vaisseaux sanguins et le sang forment un système dynamique qui concourt au bon fonctionnement de tous les autres, comme le montre la Synthèse des pages 858-859. Cependant, notre étude de la circulation serait incomplète si nous ne traitions pas du système lymphatique. Au chapitre 20, nous verrons que le système lymphatique contribue au maintien de la circulation et qu'il fournit aux lymphocytes les places fortes depuis lesquelles ils assurent la défense de l'organisme et l'immunité.

TERMES MÉDICAUX

Anévrisme (*aneurysma*: dilatation) Protubérance formée dans une paroi artérielle à la suite d'une faiblesse congénitale ou, le plus souvent, de l'usure graduelle causée par l'hypertension chronique ou l'artériosclérose; à cet endroit, la paroi du vaisseau est fragilisée et risque de se rompre. Les sièges les plus fréquents d'un anévrisme sont l'aorte abdominale et les artères de l'encéphale et des reins. L'anévrisme peut être asymptomatique; il affecte plus souvent les hommes que les femmes. L'anévrisme se traite par diverses méthodes destinées à empêcher le sang d'y pénétrer ou par une greffe de vaisseau.

Angiographie (*angeion*: vaisseau; *graphein*: écriture) Examen radiologique des vaisseaux sanguins réalisé après injection d'une substance radioopaque iodée qui les rend visibles aux rayons X; principal moyen d'établir un diagnostic d'occlusion d'une artère coronaire et d'évaluer le risque d'une crise cardiaque; permet aussi de détecter un anévrisme.

Diurétique (*diourêtikos*: qui fait uriner) Substance chimique favorisant l'excrétion d'urine et réduisant par le fait même le volume sanguin; les diurétiques sont fréquemment utilisés dans le traitement de l'hypertension.

Phlébite (*phlebos*: veine; *ite*: inflammation) Inflammation d'une veine accompagnée d'un rougissement et d'une sensibilité de la peau sus-jacente; les causes les plus fréquentes de la phlébite sont l'infection bactérienne et les traumatismes locaux.

Phlébotomie (*tomê*: section) Incision ou perforation pratiquée dans une veine à des fins de prélèvement sanguin ou de saignée, ou encore pour introduire un cathéter ou extraire un caillot.

Thrombophlébite Formation d'un caillot dans une veine superficielle ou profonde (surtout dans les membres inférieurs) à la suite de l'abrasion de sa paroi, souvent consécutive à une phlébite grave. Sa complication, la formation d'un embole, est toujours à redouter.

Traitement sclérosant Thérapeutique utilisée pour supprimer les varices ou les télangiectasies (petits vaisseaux dilatés qui forment des lignes rouges en forme d'étoile); peut consister par exemple en l'utilisation du laser ou en l'injection d'agents sclérosants dans une veine anormale au moyen d'aiguilles très fines; la veine cicatrise, se referme, puis est résorbée.

RÉSUMÉ DU CHAPITRE

PREMIÈRE PARTIE – STRUCTURE ET FONCTION DES VAISSEAUX SANGUINS : CARACTÉRISTIQUES GÉNÉRALES

1. Le sang est transporté dans l'organisme par un réseau de vaisseaux sanguins. Les artères expédient le sang hors du cœur et les veines l'y ramènent. Les capillaires apportent le sang aux cellules et constituent des lieux d'échange.

Structure des parois vasculaires (p. 802)

1. Les artères et les veines sont constituées de trois couches: la tunique interne, la tunique moyenne et la tunique externe. Les parois des capillaires ne sont composées que de cellules endothéliales (tunique interne).

Réseau artériel (p. 804)

1. Les artères élastiques (ou conductrices) sont les grosses artères situées près du cœur qui se dilatent pendant la systole, agissant comme des réservoirs de pression, puis se resserrent pendant la diastole pour maintenir le mouvement du sang. Les artères musculaires (ou distributrices) apportent le sang aux divers organes; elles sont moins extensibles que les artères élastiques. Les artérioles régissent l'écoulement du sang dans les lits capillaires.

2. L'athérosclérose est une maladie vasculaire dégénérative qui entraîne une diminution de l'élasticité des artères. La maladie passe par la formation de plaques lipidiques sous-endothéliales.

Capillaires (p. 806)

1. Les capillaires sont des vaisseaux microscopiques aux parois très minces. Leurs cellules sont séparées par des fentes intercellulaires qui facilitent les échanges entre le sang et le liquide interstitiel.

2. Les sinusoïdes (qui sont des conduits larges et sinueux) sont les capillaires les plus perméables. Puis viennent les capillaires fenestrés, dont les pores sont assez perméables. Les capillaires continus, qui sont dépourvus de pores, sont les moins perméables.

3. Une dérivation vasculaire, formée par une métartériole et un canal de passage, relie l'artériole terminale et la veinule postcapillaire situées de part et d'autre d'un lit capillaire. La plupart des capillaires vrais naissent de la dérivation et s'y terminent. La quantité de sang qui s'écoule dans les capillaires vrais est régie par les sphincters précapillaires.

Réseau veineux (p. 808)

1. Dans les veines, la lumière est plus grande que dans les artères, et des valvules empêchent le reflux du sang.
2. Normalement, la plupart des veines ne sont que partiellement remplies ; elles peuvent ainsi servir de réservoirs sanguins.

Anastomoses vasculaires (p. 809)

1. Une anastomose est l'abouchement de vaisseaux desservant un même organe ; elle fournit des voies supplémentaires au sang destiné à cet organe. Des anastomoses vasculaires se forment aussi entre les veines et entre les artérioles et les veinules.

DEUXIÈME PARTIE – PHYSIOLOGIE DE LA CIRCULATION

Débit sanguin, pression sanguine et résistance (p. 812)

1. Le débit sanguin est le volume de sang qui s'écoule dans un vaisseau, dans un organe ou dans l'ensemble du réseau vasculaire en une période donnée. La pression sanguine est la force par unité de surface que le sang exerce sur la paroi d'un vaisseau. La résistance est la force qui s'oppose à l'écoulement du sang ; ses facteurs sont la viscosité du sang, la longueur des vaisseaux et le diamètre des vaisseaux.
2. Le débit sanguin est directement proportionnel à la pression sanguine et inversement proportionnel à la résistance.

Pression sanguine systémique (p. 813)

1. La pression sanguine systémique atteint son maximum dans l'aorte et son minimum, dans les veines caves. La chute la plus abrupte de la pression sanguine systémique se produit dans les artérioles, où la résistance est la plus forte.
2. La pression artérielle dans les artères élastiques est liée à leur élasticité et au volume de sang propulsé. La pression artérielle est pulsatile et atteint son apogée durant la systole ; lorsqu'elle est mesurée à ce stade, elle porte le nom de pression artérielle systolique. Durant la diastole, le sang est forcé dans la circulation par les artères élastiques qui se rétractent, et la pression artérielle atteint son niveau le plus bas ; c'est la pression artérielle diastolique.
3. La différence entre la pression systolique et la pression diastolique est appelée pression différentielle. La pression artérielle moyenne (PAM) propulse le sang dans les tissus tout au long de la révolution cardiaque. Elle est approximativement égale à la pression diastolique additionnée au tiers de la pression différentielle.
4. La faible pression capillaire (de 35 à 15 mm Hg) protège les fragiles capillaires contre la rupture tout en permettant des échanges adéquats par leurs parois.
5. La pression veineuse est non pulsatile et faible (tend vers zéro) en raison des effets cumulatifs de la résistance. Les valvules et les grandes lumières des veines, certaines adaptations fonctionnelles (pompes musculaire et respiratoire) ainsi que l'activité du système nerveux sympathique favorisent le retour veineux.

Maintien de la pression artérielle (p. 815)

1. La pression artérielle est directement proportionnelle au débit cardiaque (DC), à la résistance périphérique (*R*) et au volume sanguin. Le diamètre des vaisseaux est le principal facteur agissant sur la résistance périphérique, de sorte que les plus infimes variations du diamètre vasculaire (en particulier des artérioles) influent considérablement sur la pression artérielle.
2. La pression artérielle est régie par des réflexes autonomes faisant intervenir des barorécepteurs ou des chimiorécepteurs, le centre vasomoteur (un centre médullaire régissant le diamètre des vaisseaux sanguins) et les neurofibres vasomotrices sympathiques reliées au muscle lisse vasculaire.
3. L'activation des récepteurs par une baisse de la pression artérielle (et, dans une moindre mesure, par une augmentation de la concentration de gaz carbonique ou une baisse de la teneur en oxygène ou du pH dans le sang) pousse le centre vasomoteur à augmenter la vasoconstriction et le centre cardioaccélérateur à accroître la fréquence et la contractilité cardiaques. L'augmentation de la pression artérielle inhibe le centre vasomoteur (ce qui provoque une vasodilatation) et active le centre cardioinhibiteur.
4. Les centres cérébraux supérieurs (cortex cérébral et hypothalamus) peuvent modifier la pression artérielle par l'intermédiaire de relais avec les centres du bulbe rachidien.
5. Les hormones qui augmentent la pression artérielle en favorisant la vasoconstriction comprennent l'adrénaline et la noradrénaline (lesquelles accroissent aussi la fréquence et la contractilité cardiaques), l'hormone antidiurétique et l'angiotensine II (produite lorsque les cellules rénales libèrent de la rénine). Les hormones qui réduisent la pression artérielle en favorisant la vasodilatation comprennent le facteur natriurétique auriculaire, qui cause également une chute du volume sanguin.
6. En régissant le volume sanguin, les reins servent à maintenir l'homéostasie de la pression artérielle. L'augmentation de la pression artérielle stimule directement la formation de filtrat et l'élimination de liquide dans l'urine ; lorsque la pression artérielle baisse, les reins retiennent l'eau, ce qui augmente le volume sanguin.
7. Le mécanisme rénal indirect fait intervenir le système rénine-angiotensine, un mécanisme hormonal. Lorsque la pression artérielle diminue, les reins libèrent de la rénine, laquelle déclenche la formation d'angiotensine II (un vasoconstricteur), la libération d'aldostérone et la rétention d'eau et de sodium.
8. Le pouls et la pression artérielle sont des indicateurs de l'efficacité de la circulation.
9. L'expansion et la rétraction successives des artères élastiques lors de chaque révolution cardiaque créent le pouls. Les points de mesure du pouls sont également appelés points de compression.
10. Généralement, on mesure la pression artérielle par la méthode auscultatoire. Chez l'adulte, la pression artérielle normale est de 120/80 (systolique/diastolique).
11. L'hypotension, ou basse pression artérielle, est une pression systolique inférieure à 100 mm Hg. Elle porte rarement à conséquence et est souvent associée à la longévité et à une bonne santé, mais peut parfois être un signe de mauvaise alimentation, de maladie ou de choc circulatoire.
12. L'hypertension chronique se définit comme la persistance d'une pression artérielle de 140/90 ou plus. Elle traduit un accroissement de la résistance périphérique. Le cœur doit surmonter cette résistance accrue et la vascularisation de certains organes, surtout les yeux et les reins, est compromise. L'hypertension est la principale cause de l'infarctus du myocarde, des accidents vasculaires cérébraux et de l'insuffisance rénale. Les facteurs de risque sont un régime alimentaire à haute teneur en gras et en sodium, l'obésité, le diabète, l'âge, le tabagisme, le stress et l'hérédité ; l'incidence est aussi plus grande chez les personnes de race noire.

Débit sanguin dans les tissus: irrigation des tissus (p. 823)

1. Le débit sanguin détermine l'apport de nutriments aux cellules des tissus et l'élimination de leurs déchets, ainsi que les échanges gazeux, l'absorption de nutriments et la formation de l'urine.

2. La vitesse de l'écoulement du sang est inversement proportionnelle à l'aire de la section transversale totale des vaisseaux. Dans les capillaires, la lenteur de l'écoulement sanguin permet de fournir les nutriments aux cellules et de récupérer les déchets produits.

3. L'autorégulation est l'adaptation locale automatique du débit sanguin aux besoins immédiats des divers organes. Elle repose sur des mécanismes de régulation myogènes qui maintiennent le débit sanguin malgré les variations de la pression artérielle et les facteurs chimiques locaux. L'augmentation des taux de monoxyde de carbone, d'hydrogène et de monoxyde d'azote a un effet dilatateur. Une diminution de la concentration d'oxygène cause aussi la vasodilatation. D'autres facteurs, dont les endothélines, diminuent le débit sanguin.

4. Dans la plupart des cas, l'autorégulation est régie par les variations des concentrations d'oxygène et par l'accumulation locale de métabolites. Dans l'encéphale, toutefois, l'autorégulation dépend principalement d'une baisse du pH ainsi que de la réponse myogène; la dilatation des vaisseaux pulmonaires est causée par de fortes concentrations d'oxygène.

5. Les nutriments, les gaz et les autres solutés plus petits que les protéines plasmatiques franchissent la paroi capillaire par diffusion. Les substances hydrosolubles passent par les fentes intercellulaires ou par les pores; les substances liposolubles traversent la portion lipidique de la membrane plasmique des cellules endothéliales. Les plus grosses molécules sont transportées dans des vésicules de pinocytose ou des cavéoles.

6. Dans les lits capillaires, les échanges liquidiens déterminent la distribution des liquides entre la circulation sanguine et l'espace intercellulaire. Ils sont reliés au jeu de la pression hydrostatique nette (mouvement vers l'extérieur) et de la pression osmotique nette (mouvement vers l'intérieur). En général, les liquides s'écoulent du lit capillaire à l'extrémité artérielle et réintègrent le sang capillaire à l'extrémité veineuse.

7. La petite quantité de liquides et de protéines qui s'écoule dans le compartiment interstitiel est recueillie par les vaisseaux lymphatiques et renvoyée dans le réseau vasculaire de la circulation sanguine.

8. L'état de choc se traduit par un débit sanguin insuffisant dans les vaisseaux. Il peut être dû à l'hypovolémie (choc hypovolémique), à une dilatation excessive des vaisseaux (choc d'origine vasculaire) ou à une défaillance de la pompe cardiaque (choc cardiogénique).

TROISIÈME PARTIE – VOIES DE LA CIRCULATION: ANATOMIE DU SYSTÈME CARDIOVASCULAIRE

Les deux principales circulations de l'organisme (p. 831)

1. Le ventricule droit propulse le sang pauvre en oxygène et riche en gaz carbonique dans le tronc pulmonaire, les artères pulmonaires droite et gauche, les branches pulmonaires et les capillaires pulmonaires. Dans les poumons, le sang se débarrasse du gaz carbonique et se charge en oxygène. Les veines pulmonaires déversent dans l'oreillette gauche le sang qui sort des poumons (tableau 19.3 et figure 19.19).

2. La circulation systémique transporte le sang oxygéné du ventricule gauche à tous les tissus de l'organisme, par l'intermédiaire de l'aorte et de ses ramifications. Les veines caves inférieure et supérieure déversent dans l'oreillette droite le sang veineux provenant de la circulation systémique.

Différences entre les artères et les veines systémiques (p. 831)

1. Toutes les artères sont profondes, tandis que les veines sont profondes ou superficielles. Les veines superficielles ont tendance à comporter de nombreuses anastomoses. Les sinus de la dure-mère et le système porte hépatique sont des systèmes d'irrigation veineux uniques.

Principaux vaisseaux de la circulation systémique (p. 833)

1. Les tableaux 19.3 à 19.13 ainsi que les figures 19.20 à 19.30 décrivent les artères et les veines de la circulation systémique.

Développement et vieillissement des vaisseaux sanguins (p. 857)

1. Le système cardiovasculaire fœtal émerge des îlots sanguins et du mésenchyme; il commence à transporter du sang dès la quatrième semaine de gestation.

2. La circulation fœtale se caractérise par la présence de dérivations pulmonaire et hépatique, et de vaisseaux ombilicaux. Normalement, ces vaisseaux se ferment peu de temps après la naissance.

3. La pression artérielle est faible chez le nourrisson et elle s'élève graduellement au cours de la jeunesse. Les troubles vasculaires dus au vieillissement comprennent les varices, l'hypertension et surtout l'athérosclérose. L'hypertension est la maladie cardiovasculaire responsable du plus grand nombre de morts soudaines chez les hommes d'âge mûr.

QUESTIONS DE RÉVISION

Choix multiples/associations

(Il peut y avoir plus d'une bonne réponse à certaines questions. Choisissez les meilleures réponses parmi celles qui sont proposées. Les réponses se trouvent à l'appendice G.)

1. Parmi les énoncés suivants, lequel est *faux*? (**a**) Les veines contiennent moins de tissu élastique et de muscle lisse que les artères; (**b**) les veines contiennent plus de tissu fibreux que les artères; (**c**) la plupart des veines des extrémités contiennent des valvules; (**d**) les veines transportent toujours du sang pauvre en oxygène.

2. Le muscle lisse de la paroi des vaisseaux sanguins: (**a**) se trouve principalement dans la tunique interne; (**b**) est essentiellement disposé de manière circulaire; (**c**) est plus abondant dans les veines; (**d**) est généralement innervé par le système nerveux parasympathique.

3. La résistance périphérique: (**a**) est inversement proportionnelle à la longueur du lit vasculaire; (**b**) tend à s'accroître avec l'anémie; (**c**) diminue dans la polycythémie; (**d**) est inversement proportionnelle au diamètre des artérioles.

19

4. Lequel des facteurs suivants entrave le retour veineux ? (**a**) L'augmentation du volume sanguin ; (**b**) l'augmentation de la pression veineuse ; (**c**) les lésions des valvules veineuses ; (**d**) l'augmentation de l'activité musculaire.

5. La pression artérielle augmente en présence : (**a**) d'une augmentation du volume systolique ; (**b**) d'une augmentation de la fréquence cardiaque ; (**c**) de l'artériosclérose ; (**d**) d'une augmentation du volume sanguin ; (**e**) toutes ces réponses.

6. Parmi les événements suivants, lequel ne provoque *pas* la dilatation des artérioles nourricières ni l'ouverture des sphincters précapillaires dans les lits capillaires systémiques ? (**a**) Une diminution de la concentration d'oxygène dans les tissus ; (**b**) une augmentation de la teneur en gaz carbonique des tissus ; (**c**) une augmentation locale du taux d'histamine ; (**d**) une augmentation locale du pH.

7. La structure d'une paroi capillaire se distingue de celle d'une paroi veineuse ou artérielle par : (**a**) la présence de deux tuniques au lieu de trois ; (**b**) la moindre quantité de muscle lisse ; (**c**) la présence d'une seule tunique ; (**d**) aucune de ces réponses.

8. Les barorécepteurs du sinus carotidien et de la crosse de l'aorte sont sensibles : (**a**) à la diminution de la concentration de gaz carbonique ; (**b**) aux variations de la pression artérielle ; (**c**) à la diminution de la concentration d'oxygène ; (**d**) toutes ces réponses.

9. Le myocarde reçoit son irrigation directement : (**a**) de l'aorte ; (**b**) des artères coronaires ; (**c**) du sinus coronaire ; (**d**) des artères pulmonaires.

10. En dépit de l'action de pompage rythmique du cœur, l'écoulement du sang dans les capillaires est constant à cause : (**a**) de l'élasticité des grosses artères ; (**b**) du faible diamètre des capillaires ; (**c**) de la minceur des parois veineuses ; (**d**) des valvules veineuses.

11. Du cœur à la main droite, le sang emprunte l'aorte, l'artère subclavière droite, l'artère axillaire, l'artère brachiale, puis l'artère radiale ou l'artère ulnaire. Quelle artère manque dans cette énumération ? (**a**) L'artère coronaire ; (**b**) le tronc brachiocéphalique ; (**c**) l'artère céphalique ; (**d**) l'artère carotide commune droite.

12. Parmi les veines suivantes, laquelle ou lesquelles ne se jettent pas directement dans la veine cave inférieure ? (**a**) Les veines phréniques inférieures ; (**b**) les veines hépatiques ; (**c**) la veine mésentérique inférieure ; (**d**) les veines rénales.

13. Quelle couche de la paroi vasculaire s'épaissit le plus dans l'athérosclérose ? (**a**) La tunique moyenne ; (**b**) la tunique interne ; (**c**) l'adventice ; (**d**) la tunique externe.

14. Supposons qu'à un point donné le long d'un capillaire les forces suivantes s'exercent : pression hydrostatique capillaire (PH_c) = 30 mm Hg ; pression hydrostatique du liquide interstitiel (PH_{li}) = 0 mm Hg ; pression colloïdoosmotique capillaire (PO_c) = 25 mm Hg ; pression colloïdoosmotique du liquide interstitiel (PO_{li}) = 2 mm Hg. La pression de filtration nette à ce point du capillaire est de : (**a**) 3 mm Hg ; (**b**) –3 mm Hg ; (**c**) –7 mm Hg ; (**d**) 7 mm Hg.

15. À l'aide des lettres de la colonne B, associez chacune des descriptions de la colonne A à l'artère qui lui correspond. (Il peut y avoir plus d'une réponse.)

Colonne A	Colonne B
___ (**1**) Branche unique de l'aorte abdominale	(**a**) Artère carotide commune droite
___ (**2**) Deuxième branche de la crosse de l'aorte	(**b**) Artère mésentérique supérieure
___ (**3**) Branche de l'artère carotide interne	(**c**) Artère carotide commune gauche
___ (**4**) Branche de l'artère carotide externe	(**d**) Artère iliaque externe
___ (**5**) Donne naissance aux artères fémorales.	(**e**) Artère mésentérique inférieure
	(**f**) Artère temporale superficielle
	(**g**) Tronc cœliaque
	(**h**) Artère faciale
	(**i**) Artère ophtalmique
	(**j**) Artère iliaque interne

Questions à court développement

16. Pourquoi peut-on dire que l'anatomie des capillaires et des lits capillaires est bien adaptée à leur fonction ?

17. De quels vaisseaux les sinus coronaires et de la dure-mère sont-ils constitués ? Décrivez leurs particularités.

18. Comparez les artères élastiques, les artères musculaires et les artérioles des points de vue de la situation, de l'histologie et des adaptations fonctionnelles.

19. Écrivez une équation qui traduit la relation entre la résistance périphérique, le débit sanguin et la pression sanguine.

20. (**a**) Définissez la pression artérielle. Faites la distinction entre la pression artérielle systolique et la pression artérielle diastolique. (**b**) Quelle est la pression artérielle normale chez le jeune adulte ? (Donnez les limites supérieure et inférieure de chacune des deux valeurs.)

21. Décrivez les mécanismes nerveux qui régissent la pression artérielle et précisez leurs deux grandes fonctions.

22. Expliquez pourquoi la vitesse de l'écoulement sanguin varie dans les différentes régions du système cardiovasculaire.

23. Dans la peau, en quoi la régulation du débit sanguin diffère-t-elle suivant que la fonction visée est la thermorégulation ou l'apport de nutriments aux cellules ?

24. Décrivez les influences nerveuses et chimiques (tant systémiques que locales) qui s'exercent sur les vaisseaux sanguins d'une personne qui fuit un assaillant. (Prenez garde, la question n'est pas si simple qu'il y paraît !)

25. Par quels mécanismes d'échange les nutriments, les déchets et les gaz respiratoires sont-ils transportés entre le sang et le compartiment interstitiel ?

26. (**a**) Quels vaisseaux sanguins forment le système porte hépatique ? (**b**) Qu'est-ce qui caractérise un système porte ?

27. Les physiologistes étudient souvent ensemble les capillaires et les veinules postcapillaires. (**a**) Quelles fonctions ces vaisseaux ont-ils en commun ? (**b**) Structurellement, en quoi sont-ils différents ?

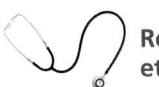 **Réflexion et application**

1. Mᵐᵉ Dumouchel est transportée à l'urgence après un accident de la route. Elle perd beaucoup de sang et son pouls est rapide et filant ; cependant, sa pression artérielle est normale. Décrivez les mécanismes de compensation grâce auxquels la pression artérielle de la patiente reste stable en dépit de l'hémorragie.

2. Un homme de 60 ans est incapable de parcourir plus de 100 m sans éprouver une douleur intense dans la jambe gauche. Après un repos de 5 à 10 minutes, la douleur disparaît. Sa médecin lui annonce que les artères de sa jambe sont obstruées par des dépôts de matières grasses. Elle lui conseille de subir une neurotomie des nerfs sympathiques de la jambe. Expliquez pourquoi cette intervention peut soulager le patient.

3. Votre ami, qui n'est pas très versé dans le domaine médical, lit dans une revue l'histoire d'un homme dont « l'anévrisme à la base de l'encéphale s'est subitement mis à grossir ». Le chirurgien a d'abord tenté d'« empêcher la rupture de l'anévrisme », puis a

19

« réduit la pression dans le tronc cérébral et les nerfs crâniens ». Il a ensuite « remplacé l'anévrisme par un morceau de tube en plastique », et le patient s'est rétabli. Votre ami vous demande ce que tout cela signifie. Expliquez-le-lui. (*Indice* : voir les Termes médicaux, p. 860.)

4. L'orchestre de l'école secondaire des Marais joue des marches entraînantes pendant que les entraîneurs des équipes de football encouragent les joueurs à se donner à fond. Bien qu'on soit en septembre, il fait une chaleur accablante (31 °C) et l'uniforme des membres de l'orchestre est en laine. Soudain, Manu, le joueur de tuba, est pris de vertige et s'évanouit. Expliquez ce qui s'est passé dans le système vasculaire de Manu.

5. Quand nous avons froid ou que la température extérieure est basse, la majeure partie du sang veineux provenant de la région distale du bras remonte par les veines profondes et se réchauffe (mécanisme à contre-courant) en longeant l'artère brachiale, dont il absorbe une partie de la chaleur. À l'opposé, quand nous avons chaud, et plus particulièrement quand nous faisons de l'exercice, le retour veineux de la partie distale du bras a lieu dans les veines superficielles, et ces veines tendent à se gonfler et à faire saillie chez les personnes qui font des exercices contre résistance. Expliquez pourquoi le retour veineux s'effectue par une voie différente dans le second cas.

6. L'œdème (inflammation causée par un accroissement de liquide interstitiel) est un problème courant. Au tout début de votre stage, vous rencontrez quatre patients qui présentent un œdème grave pour différentes raisons. Vous devez expliquer la cause de l'œdème. Dans chaque cas, essayez d'expliquer l'œdème en relation avec une augmentation ou une diminution de l'une des quatre pressions qui causent les échanges de liquides dans les capillaires (figure 19.17).

(1) Vous avez d'abord rencontré M. Tremblay, un patient hospitalisé qui est en attente d'une greffe de foie. Quel est le lien entre l'insuffisance hépatique et l'œdème ? (*Conseil* : pensez au rôle du foie dans la production des protéines plasmatiques.)

(2) Vous accompagnez ensuite un résident au service d'obstétrique, où Mme Sung est en train d'accoucher prématurément. Laquelle des pressions qui influent sur les échanges de liquides pourrait être en cause dans ce cas-ci ? (*Conseil* : sur quel organe l'utérus distendu peut-il exercer une pression ?)

(3) On vous réclame ensuite à la salle d'urgence, où M. Henri est en train de faire un choc anaphylactique. Dans ce cas, les capillaires deviennent plus perméables, laissant échapper dans le liquide interstitiel des protéines plasmatiques qui restent normalement dans les vaisseaux sanguins. Laquelle des pressions qui influent sur les échanges de liquides pourrait être en cause dans ce cas ? Quelle serait la direction du changement ?

(4) Finalement, vous vous rendez au service d'oncologie, où Mme Aubin récupère après une chirurgie pour un cancer du sein à un stade avancé qui s'est attaqué à son sein droit et à ses ganglions lymphatiques axillaires. Malheureusement, on a dû lui enlever tous ses ganglions lymphatiques axillaires, ce qui a endommagé la plupart des vaisseaux lymphatiques qui drainent son bras droit. Vous remarquez que son bras droit est œdémateux. Pourquoi ? On recommande à Mme Aubin de porter un manchon de compression pour réduire l'inflammation. Parmi les pressions influant sur les échanges de liquides dans les capillaires, laquelle pourrait être modifiée par le manchon de compression ?

20

Le système lymphatique, les tissus lymphoïdes et les organes lymphoïdes

Vaisseaux lymphatiques (p. 866)

Distribution et structure des vaisseaux
lymphatiques (p. 866)

Transport de la lymphe (p. 868)

Cellules et tissus lymphoïdes (p. 869)

Cellules lymphoïdes (p. 869)

Tissus lymphoïdes (p. 869)

Nœuds lymphatiques (p. 870)

Structure d'un nœud lymphatique (p. 870)

Circulation dans les nœuds lymphatiques
(p. 870)

Autres organes lymphoïdes (p. 872)

Rate (p. 872)

Thymus (p. 873)

Amygdales (p. 874)

Amas de follicules lymphoïdes (p. 875)

**Développement du système
lymphatique, des organes lymphoïdes
et des tissus lymphoïdes (p. 875)**

Lorsqu'on nous demande de nommer les différents systèmes de l'organisme, nous constatons qu'il y a quelques laissés-pour-compte. Ainsi, il est rare que le système lymphatique ainsi que les organes et les tissus lymphoïdes nous viennent à l'esprit en premier. Sans lui, pourtant, notre système cardiovasculaire cesserait de fonctionner en peu de temps et notre système immunitaire perdrait toute efficacité.

Le **système lymphatique** comprend trois parties: (1) un réseau sinueux de *vaisseaux lymphatiques*; (2) la *lymphe*, c'est-à-dire le *liquide* contenu dans ces vaisseaux; et (3) des *nœuds lymphatiques*, qui nettoient la lymphe qui y circule. Étant donné que les nœuds lymphatiques font aussi partie des *organes* et des *tissus lymphoïdes*, les structures et les fonctions du système lymphatique recoupent celles des organes et des tissus lymphoïdes. En plus des nœuds lymphatiques, les organes et les tissus lymphoïdes englobent la rate, le thymus, les amygdales et d'autres tissus lymphoïdes disséminés à des endroits stratégiques dans l'organisme. Les organes lymphoïdes abritent les phagocytes et les lymphocytes, agents essentiels de la défense de l'organisme et de la résistance aux maladies (principalement aux infections bactériennes et virales). Ensemble, le système lymphatique ainsi que les organes et les tissus lymphoïdes constituent la structure de base du système immunitaire.

Vaisseaux lymphatiques

1 Décrire la structure, la distribution et les principales fonctions des vaisseaux, troncs et conduits lymphatiques; donner la fonction des vaisseaux chylifères.

2 Expliquer les caractéristiques responsables de la grande perméabilité des capillaires lymphatiques.

3 Décrire l'origine, les fonctions et le transport de la lymphe.

Les échanges de nutriments, de déchets et de gaz se déroulent entre le liquide interstitiel et le sang qui circule dans l'organisme. Comme nous l'avons expliqué au chapitre 19, les pressions hydrostatique et colloïdoosmotique qui s'exercent dans les lits capillaires chassent le liquide hors du sang aux extrémités artérielles des capillaires («en amont») et provoquent sa réabsorption partielle à leurs extrémités veineuses («en aval»). Le liquide non réabsorbé (3 L par jour) s'intègre au liquide interstitiel.

Le liquide interstitiel et les protéines plasmatiques qui s'échappent de la circulation sanguine doivent retourner dans le sang pour que le volume sanguin (volémie) reste normal et maintienne la pression artérielle nécessaire au bon fonctionnement du système cardiovasculaire. Les **vaisseaux lymphatiques** s'acquittent de cette tâche. Ils constituent un réseau élaboré qui draine le liquide interstitiel et son contenu en protéines (de 100 à 200 g de protéines par jour) et le retourne au sang. Lorsqu'il est entré dans les vaisseaux lymphatiques, le liquide interstitiel prend le nom de **lymphe** (*lympha*: eau). La lymphe est donc composée pour une part de liquide interstitiel en circulation. Toutefois, la majeure partie de la lymphe est constituée de liquides provenant du foie et des intestins.

Distribution et structure des vaisseaux lymphatiques

Dans les vaisseaux lymphatiques, la lymphe circule à sens unique vers le cœur. Les premières structures de ce réseau sont les **capillaires lymphatiques**, de microscopiques vaisseaux en culs-de-sac (figure 20.1a) qui s'insinuent entre les cellules et les capillaires sanguins des tissus conjonctifs lâches de l'organisme. Les capillaires lymphatiques sont très répandus. Ils sont toutefois absents des os et des dents, de la moelle osseuse, du myocarde et de tout le système nerveux central (dans ce système, l'excès de liquide s'intègre au liquide cérébrospinal).

Bien que semblables aux capillaires sanguins, les capillaires lymphatiques sont si perméables qu'on les croyait autrefois ouverts à une de leurs extrémités. On sait aujourd'hui que leur perméabilité est due à deux spécialisations structurales:

1. Les cellules endothéliales qui composent les parois des capillaires lymphatiques ne sont pas solidement attachées; leurs bords se chevauchent lâchement comme les bardeaux d'une toiture et constituent des *disjonctions* en forme de rabat, qui s'ouvrent facilement vers l'intérieur du vaisseau; une fois que le liquide est à l'intérieur du capillaire lymphatique, sa pression tend à pousser le rabat et à fermer la valve (figure 20.1b).
2. Des filaments collagènes fixent les cellules endothéliales aux fibres collagènes du tissu conjonctif, de telle sorte que toute augmentation du volume du liquide interstitiel exerce une traction sur les disjonctions et les ouvre; le liquide interstitiel pénètre dans le capillaire lymphatique plutôt que de l'écraser.

Ainsi, comme dans les portes battantes qui s'ouvrent dans un seul sens, les disjonctions entre les cellules endothéliales s'ouvrent lorsque la pression du liquide est plus élevée dans le compartiment interstitiel que dans le capillaire lymphatique. Inversement, les disjonctions se ferment lorsque la pression est plus grande *dans* le capillaire lymphatique qu'à l'extérieur, ce qui empêche la lymphe de refluer dans le compartiment interstitiel. Sous l'effet de la pression, le liquide n'a pas d'autre possibilité que d'avancer dans le vaisseau.

Les protéines contenues dans le compartiment interstitiel sont trop volumineuses pour s'introduire dans les capillaires sanguins, mais elles entrent facilement dans les capillaires lymphatiques. Lorsque les tissus présentent une inflammation, les disjonctions des capillaires lymphatiques s'écartent, facilitant le captage de particules encore plus grosses que les protéines, notamment des débris cellulaires, des agents pathogènes (bactéries et virus) et des cellules cancéreuses à l'origine des métastases. Les agents pathogènes peuvent rejoindre la circulation sanguine et ensuite se répandre dans l'organisme par l'intermédiaire des vaisseaux lymphatiques. L'organisme se protège en partie contre ce risque de contamination en faisant passer la lymphe par les nœuds lymphatiques, dans lesquels elle est filtrée, «examinée» et épurée par les cellules du système immunitaire.

On trouve dans les villosités de la muqueuse intestinale des capillaires lymphatiques hautement spécialisés appelés **vaisseaux chylifères**. Ces vaisseaux transportent la lymphe issue des

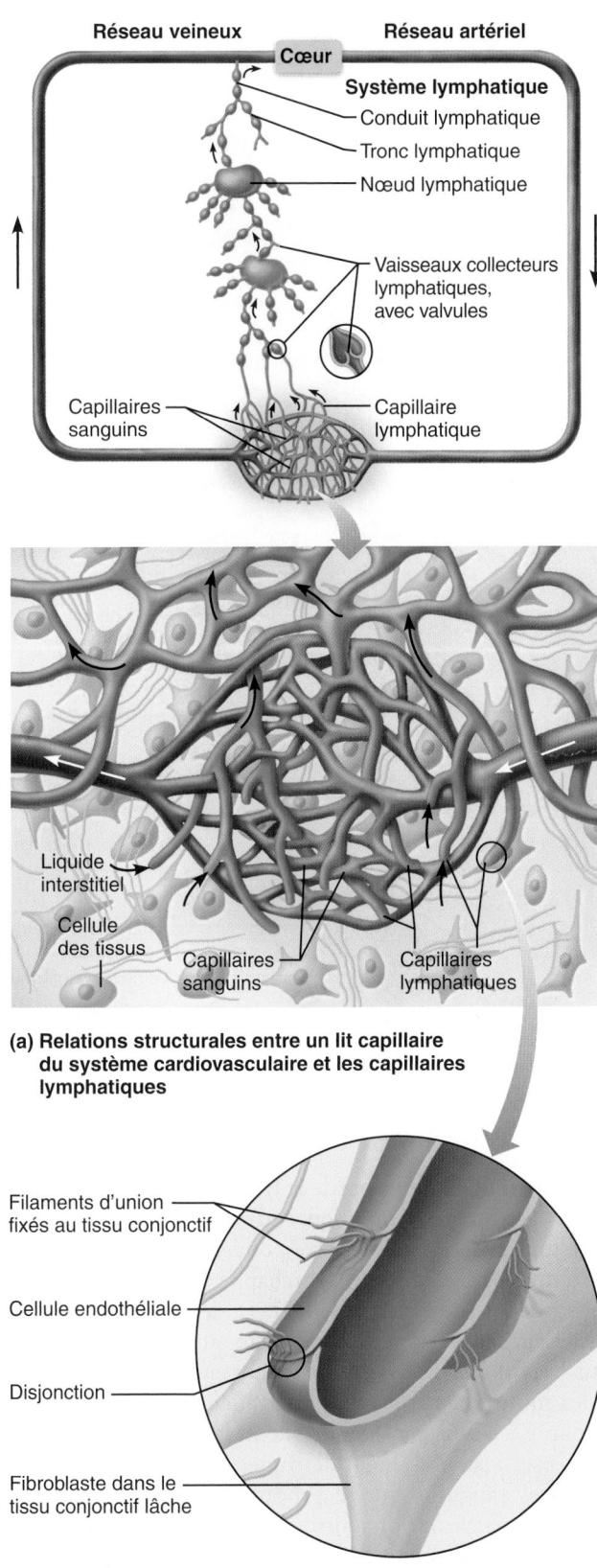

(a) Relations structurales entre un lit capillaire du système cardiovasculaire et les capillaires lymphatiques

Filaments d'union fixés au tissu conjonctif

Cellule endothéliale

Disjonction

Fibroblaste dans le tissu conjonctif lâche

(b) Les capillaires lymphatiques prennent la forme de culs-de-sac dans lesquels les cellules endothéliales adjacentes se chevauchent et forment des disjonctions.

Figure 20.1 Distribution et caractéristiques structurales des capillaires lymphatiques. Les flèches dans **(a)** indiquent la direction dans laquelle circule le liquide.

intestins, nommée **chyle** («suc produit de la digestion»), vers le sang. Le chyle est d'un blanc laiteux plutôt que clair, parce que les vaisseaux chylifères jouent un rôle majeur dans l'absorption des graisses digérées dans l'intestin grêle.

La lymphe drainée par les capillaires lymphatiques s'écoule dans des vaisseaux dont l'épaisseur des parois et le diamètre vont croissant : d'abord les vaisseaux collecteurs, puis les troncs et enfin les conduits, qui sont les plus gros de tous (figure 20.1). Les **vaisseaux collecteurs lymphatiques** sont analogues aux veines, mais ils s'en distinguent par la minceur de leurs trois tuniques ainsi que par leur plus grand nombre de valvules (situées sur leur tunique interne) et d'anastomoses. En général, les vaisseaux lymphatiques superficiels sont parallèles aux *veines* superficielles, tandis que les vaisseaux lymphatiques profonds du tronc et des viscères digestifs suivent les *artères* profondes et forment des anastomoses autour d'elles. La répartition anatomique exacte des vaisseaux lymphatiques varie considérablement d'une personne à l'autre, encore plus que celle des veines.

Les **troncs lymphatiques** sont constitués par l'union des plus gros vaisseaux collecteurs et ils drainent des régions étendues de l'organisme. Les principaux troncs, nommés pour la plupart d'après les régions dont ils recueillent la lymphe, sont les **troncs lombaire**, **bronchomédiastinal**, **subclavier** et **jugulaire**, qui sont des troncs pairs, ainsi que le tronc unique appelé **tronc intestinal** (figure 20.2b).

La lymphe atteint enfin deux gros *conduits* situés dans le thorax. Le **conduit lymphatique droit** draine la lymphe du membre supérieur droit et du côté droit de la tête et du thorax (figure 20.2a). Le **conduit thoracique**, beaucoup plus gros, reçoit la lymphe provenant du reste de l'organisme ; il naît à l'avant des deux premières vertèbres lombaires sous la forme d'un sac, la **citerne du chyle**. La citerne du chyle recueille la lymphe qui vient des membres inférieurs par les deux gros troncs lombaires et celle qui vient du système digestif par le tronc intestinal. Au cours de sa montée, le conduit thoracique reçoit le drainage lymphatique du côté gauche du thorax, du membre supérieur gauche et de la tête. Le conduit lymphatique droit et le conduit thoracique déversent la lymphe, chacun de leur côté, dans la circulation veineuse – soit dans la veine subclavière à sa jonction avec la veine jugulaire interne (figure 20.2b).

20

⚖ DÉSÉQUILIBRE HOMÉOSTATIQUE

À l'instar des gros vaisseaux sanguins, les gros vaisseaux lymphatiques reçoivent leur irrigation de vasa vasorum ramifiés. Lorsque les vaisseaux lymphatiques sont gravement enflammés, les vasa vasorum qui leur sont associés se congestionnent. On observe alors l'apparition de lignes rouges sensibles le long des vaisseaux lymphatiques superficiels. Cet état incommodant est appelé *lymphangite* (*angeion* : vaisseau). Il peut toucher les vaisseaux lymphatiques du sein chez la femme qui allaite, mais celle-ci peut continuer de nourrir son bébé tant qu'il ne se forme pas d'abcès (accumulation de pus). ∎

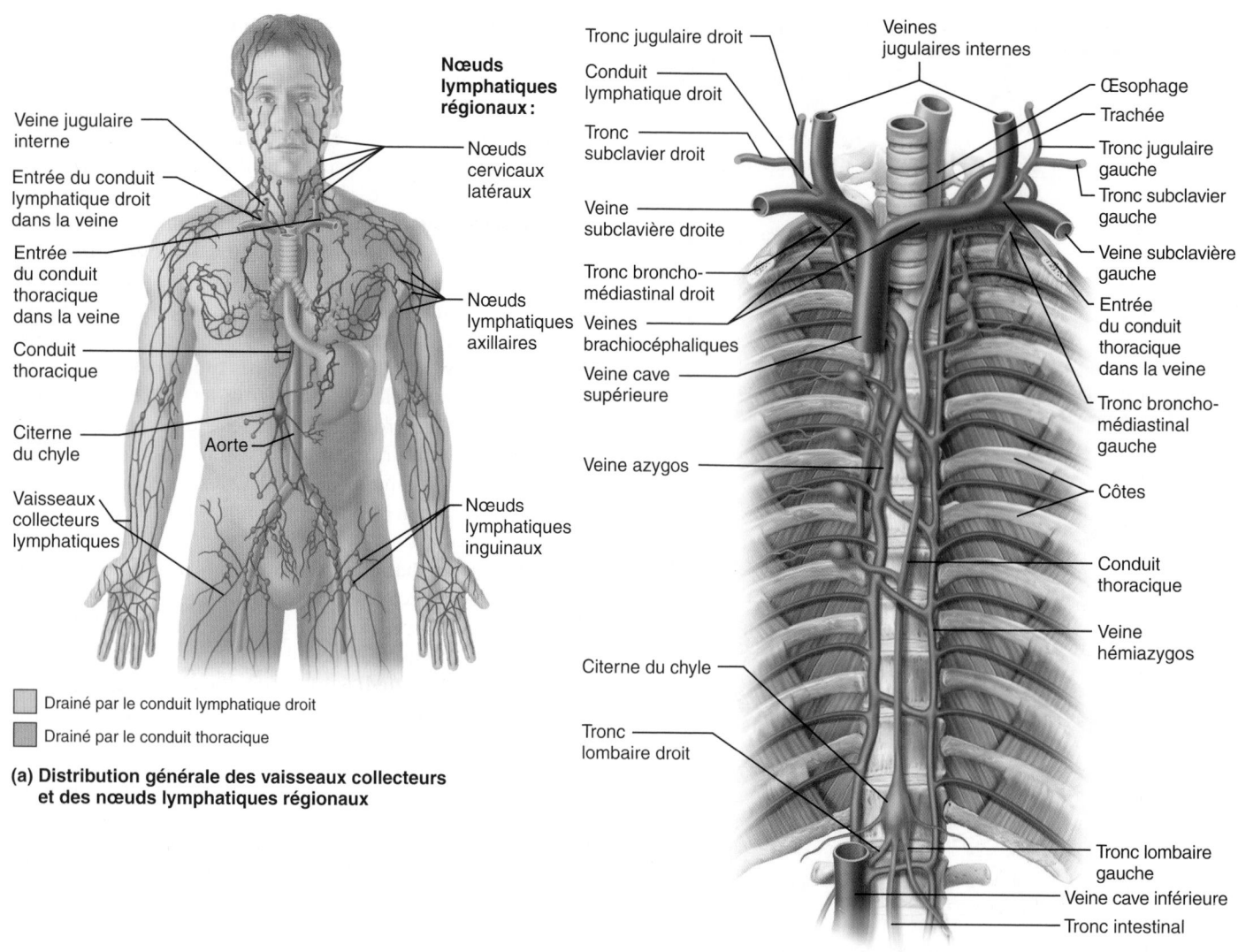

Veine jugulaire interne

Entrée du conduit lymphatique droit dans la veine

Entrée du conduit thoracique dans la veine

Conduit thoracique

Citerne du chyle

Aorte

Vaisseaux collecteurs lymphatiques

Nœuds lymphatiques régionaux :

Nœuds cervicaux latéraux

Nœuds lymphatiques axillaires

Nœuds lymphatiques inguinaux

☐ Drainé par le conduit lymphatique droit
☐ Drainé par le conduit thoracique

(a) Distribution générale des vaisseaux collecteurs et des nœuds lymphatiques régionaux

Tronc jugulaire droit
Conduit lymphatique droit
Tronc subclavier droit
Veine subclavière droite
Tronc broncho-médiastinal droit
Veines brachiocéphaliques
Veine cave supérieure
Veine azygos
Citerne du chyle
Tronc lombaire droit

Veines jugulaires internes
Œsophage
Trachée
Tronc jugulaire gauche
Tronc subclavier gauche
Veine subclavière gauche
Entrée du conduit thoracique dans la veine
Tronc broncho-médiastinal gauche
Côtes
Conduit thoracique
Veine hémiazygos
Tronc lombaire gauche
Veine cave inférieure
Tronc intestinal

(b) Principaux troncs et conduits lymphatiques par rapport aux veines et aux structures avoisinantes ; vue antérieure

Figure 20.2 **Système lymphatique.**

Transport de la lymphe

Le système lymphatique fonctionne sans l'aide d'une pompe et, dans les conditions normales, la pression est faible dans les vaisseaux lymphatiques. La lymphe y circule d'abord grâce à la pression provenant du liquide interstitiel, mais aussi par l'intermédiaire des mécanismes analogues à ceux du retour veineux, soit l'effet de propulsion dû à la contraction des muscles squelettiques, l'action des valvules lymphatiques (qui empêche le reflux), les variations de pression créées dans la cavité thoracique pendant l'inspiration et les contractions intestinales. En outre, la pulsation des artères du système cardiovasculaire favorise l'écoulement de la lymphe, puisque les mêmes gaines de tissu conjonctif enveloppent les vaisseaux sanguins et les vaisseaux lymphatiques. Enfin, il faut ajouter à cette liste de mécanismes les contractions rythmiques du muscle lisse des parois du conduit thoracique, des troncs lymphatiques et peut-être aussi des capillaires lymphatiques – contractions régulées par des mécanismes myogènes semblables à ceux du système cardiovasculaire déjà décrits.

Malgré tout, le transport de la lymphe demeure sporadique et lent. Les 3 litres de lymphe qui entrent dans la circulation sanguine toutes les 24 heures correspondent presque exactement au volume de liquide qui s'en échappe vers le compartiment interstitiel au cours de la même période. On ne saurait trop insister sur l'importance des mouvements des tissus adjacents pour la propulsion de la lymphe. Lorsque l'activité physique ou les mouvements passifs s'intensifient, l'écoulement de la lymphe s'accélère considérablement (de 10 à 30 fois) pour compenser l'accroissement des fuites de liquides à partir des capillaires sanguins qui se produit alors. Par conséquent, lorsqu'une partie de l'organisme est très infectée, il est indiqué de l'immobiliser pour entraver le drainage des substances inflammatoires de la région infectée.

⚖ DÉSÉQUILIBRE HOMÉOSTATIQUE

Tout ce qui nuit au retour de la lymphe dans le sang, notamment les tumeurs ou l'ablation chirurgicale de vaisseaux lymphatiques, cause un œdème localisé (*lymphœdème*) important, bien que de courte durée. L'obstruction des vaisseaux lymphatiques peut également être causée par des vers parasites, comme c'est le cas dans l'éléphantiasis (voir p. 878). En outre, le liquide riche en protéines qui s'accumule dans l'espace interstitiel peut fournir un milieu propice au développement de bactéries, donc augmenter les risques d'infection ou de septicémie (infection du sang). Cependant, la régénération des vaisseaux restants finit généralement par rétablir le drainage de la région touchée. ■

Nous avons maintenant terminé la description des vaisseaux lymphatiques. En résumé, ils ont pour fonction : (1) de rapporter dans la circulation sanguine le surplus de liquide interstitiel ; (2) de retourner dans le sang les protéines qui s'échappent de la circulation sanguine ; et (3) de transporter vers le sang les lipides absorbés dans l'intestin (par les vaisseaux chylifères).

VÉRIFIONS NOS ACQUIS

1. Qu'est-ce que la lymphe ? D'où provient-elle ?
2. Nommez deux conduits lymphatiques et précisez les régions du corps qu'ils irriguent habituellement.
3. Quelle force motrice assure le déplacement de la lymphe ?

Les réponses se trouvent à l'appendice G.

Cellules et tissus lymphoïdes

4 Décrire la structure de base et les populations cellulaires du tissu lymphoïde ; distinguer le tissu lymphoïde diffus et les follicules sur les plans de leur structure et de leur situation dans l'organisme.

Pour comprendre les principaux aspects du rôle des organes lymphoïdes dans l'organisme, nous allons d'abord examiner leurs composantes, soit les cellules et les tissus lymphoïdes. Puis nous étudierons les organes lymphoïdes proprement dits.

Cellules lymphoïdes

Les microorganismes infectieux qui réussissent à franchir les barrières épithéliales de l'organisme se multiplient rapidement dans les tissus conjonctifs lâches sous-jacents. Ces envahisseurs se butent toutefois à la réaction inflammatoire, aux phagocytes (macrophagocytes et granulocytes neutrophiles) et aux lymphocytes.

Soldats d'élite du système immunitaire, les **lymphocytes** prennent naissance dans la moelle osseuse rouge (en même temps que d'autres éléments figurés). Leur maturation les fait ensuite se transformer en cellules immunocompétentes dont il existe deux variétés : les **lymphocytes T** et les **lymphocytes B**. Le rôle de ces lymphocytes consiste à défendre l'organisme contre les antigènes. (Les *antigènes* sont toutes les particules que l'organisme perçoit comme étrangères, par exemple des bactéries et leurs toxines, des virus, des érythrocytes incompatibles ou des cellules cancéreuses.) Les lymphocytes T activés dirigent la réaction immunitaire, et certains d'entre eux attaquent direc-

tement les cellules infectées pour les détruire. Les lymphocytes B protègent l'organisme en produisant des **plasmocytes**, c'est-à-dire des cellules filles qui sécrètent des anticorps dans le sang (ou d'autres liquides de l'organisme). Ces anticorps inactivent les antigènes et les marquent pour qu'ils soient détruits par des phagocytes ou par d'autres moyens. Les rôles des lymphocytes dans l'immunité sont décrits au chapitre 21.

Les **macrophagocytes**, ou macrophages, du système lymphatique jouent un rôle capital dans la protection de l'organisme et dans la réponse immunitaire : ils phagocytent les cellules étrangères et contribuent à l'activation des lymphocytes T. En forme d'épine, les **cellules dendritiques** jouent le même rôle : elles capturent des antigènes et les ramènent aux nœuds lymphatiques. Enfin, les **cellules réticulaires**, semblables à des fibroblastes, produisent le **stroma** (charpente) de fibres réticulaires, un réseau qui soutient la plupart des autres variétés de cellules des organes lymphoïdes (figure 20.3).

Tissus lymphoïdes

Le **tissu lymphoïde** (**lymphatique**) est une composante essentielle du système immunitaire, principalement pour les deux raisons suivantes : (1) il abrite les lymphocytes et leur fournit un site de prolifération ; (2) il offre aux lymphocytes et aux macrophagocytes une position stratégiquement idéale pour surveiller l'organisme.

Le tissu lymphoïde, composé en grande partie d'une variété de tissu conjonctif lâche appelé **tissu conjonctif réticulaire**, prédomine dans tous les organes lymphoïdes, sauf dans le thymus. Les macrophagocytes vivent accrochés aux fibres du tissu réticulaire. D'innombrables lymphocytes qui ont traversé les

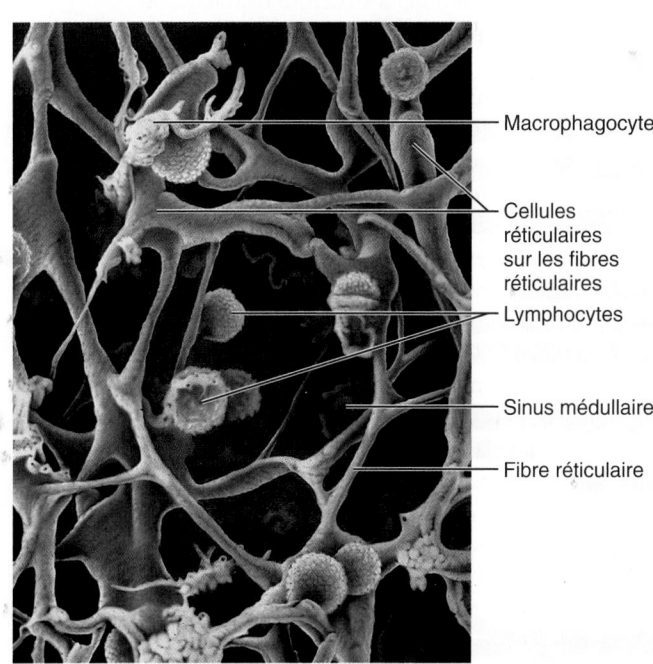

Figure 20.3 Tissu réticulaire d'un nœud lymphatique humain.
Micrographie au microscope électronique à balayage (690×).

Macrophagocyte

Cellules réticulaires sur les fibres réticulaires

Lymphocytes

Sinus médullaire

Fibre réticulaire

parois des veinules postcapillaires irriguant ce tissu occupent temporairement les espaces de ce réseau (figure 20.3) avant de repartir faire leurs rondes de surveillance dans l'organisme. Cette circulation continuelle des lymphocytes entre les vaisseaux sanguins, les tissus lymphoïdes et les tissus conjonctifs lâches leur permet de se rendre rapidement dans des régions infectées ou lésées.

Il existe plusieurs formes de tissu lymphoïde. Le **tissu lymphatique diffus** se compose de quelques éléments réticulaires dispersés et apparaît dans presque tous les organes de l'organisme. On le trouve cependant en plus grande quantité dans la lamina propria des muqueuses (couche de tissu conjonctif aréolaire située sous l'épithélium) et à l'intérieur des organes lymphoïdes. Les **follicules**, ou **nodules**, **lymphoïdes** sont un tissu lymphoïde présentant un autre type d'organisation. À l'instar du tissu lymphatique diffus, ils sont dépourvus de capsule, mais ce sont des corps sphériques durs renfermant des cellules et des éléments réticulaires très entassés. Les follicules comportent habituellement un centre, qui prend une teinte pâle à la coloration, le **centre germinatif**. Étant donné qu'ils renferment surtout des lymphocytes B en voie de prolifération, les centres germinatifs grossissent considérablement lorsque les lymphocytes B en cours de division rapide produisent des plasmocytes. Souvent, les follicules constituent une partie des organes lymphoïdes plus gros, tels les nœuds lymphatiques. Cependant, on trouve des amas isolés de follicules lymphoïdes dans la paroi intestinale, où ils portent le nom de follicules lymphoïdes agrégés ou plaques de Peyer. On en rencontre aussi dans l'appendice vermiforme.

Nœuds lymphatiques

5 Décrire la situation, la structure histologique et les fonctions des nœuds lymphatiques.

Les principaux organes lymphoïdes de l'organisme sont les **nœuds lymphatiques**, ou ganglions lymphatiques, groupés le long des vaisseaux lymphatiques (il en existe une centaine, mais ils sont habituellement invisibles, car ils sont entourés de tissu conjonctif). On trouve un grand nombre de nœuds lymphatiques près de la surface des régions de l'aine, de l'aisselle et du cou ainsi que dans la cavité abdominale, c'est-à-dire aux endroits où la convergence des vaisseaux collecteurs lymphatiques forme des troncs (figure 20.2a).

Les nœuds lymphatiques ont deux fonctions principales, reliées à la défense de l'organisme. 1) Ils jouent le rôle de filtres qui épurent la lymphe drainée et ramenée à la circulation sanguine. Là, les macrophagocytes éliminent et détruisent les microorganismes et autres débris entraînés par la lymphe à partir du tissu conjonctif lâche. De cette façon, les particules étrangères ne peuvent entrer dans le sang et se disséminer dans l'organisme. 2) Les nœuds lymphatiques contribuent à l'activation du système immunitaire. Les nœuds lymphatiques et d'autres organes lymphoïdes occupent des positions stratégiques, qui favorisent la rencontre des lymphocytes et des antigènes et la formation d'une « armée » apte à reconnaître un

antigène particulier et à lancer une attaque contre lui. Examinons comment la structure d'un nœud lymphatique concourt à ces fonctions de défense.

Structure d'un nœud lymphatique

Les nœuds lymphatiques présentent des formes et des dimensions variées, mais la plupart sont réniformes (en forme de haricot) et mesurent entre 1 et 25 mm de longueur. Chaque nœud lymphatique est entouré d'une **capsule** de tissu conjonctif dense ; les travées incomplètes de tissu conjonctif que projette la capsule, appelées **trabécules**, divisent le nœud en lobules (figure 20.4). La charpente interne du nœud, ou **stroma** de fibres réticulaires, soutient la population fluctuante de lymphocytes.

Le nœud lymphatique comprend deux régions distinctes au point de vue histologique : le **cortex** et la **médulla**. La partie externe du cortex contient des amas très denses de follicules ; un grand nombre de ces follicules possèdent un centre germinatif où les lymphocytes B en division prédominent. (Cette région du cortex abrite aussi des cellules servant à transformer et à présenter les antigènes aux lymphocytes.) Les cellules dendritiques encapsulent presque entièrement les follicules et sont en contact avec la partie interne du cortex (ou paracortex), qui renferme surtout des lymphocytes T en transit ; cette région du cortex ne comporte pas de follicules. Les lymphocytes T circulent continuellement entre le sang, les nœuds lymphatiques et la lymphe pour effectuer leur surveillance.

Les **cordons médullaires** sont des prolongements minces et profonds du tissu lymphoïde cortical ; ils abritent des lymphocytes B et T ainsi que des plasmocytes. Le nœud est parcouru de **sinus lymphatiques** (sinus subcapsulaire, sinus corticaux et sinus médullaires), qui sont de gros capillaires lymphatiques bordés par un endothélium en continuité avec celui des vaisseaux lymphatiques entrant dans le nœud et en sortant ; la lymphe de ces sinus se jette dans les vaisseaux qui quittent le nœud. Les sinus sont traversés par des fibres réticulaires qui s'entrecroisent. Sur ces fibres se trouvent de nombreux macrophagocytes qui phagocytent les particules étrangères lorsque la lymphe passe dans les sinus. En outre, une partie des antigènes ainsi transportés par la lymphe dans les sinus s'échappent dans le tissu lymphoïde adjacent et incitent les lymphocytes à déclencher une réaction immunitaire contre eux.

Circulation dans les nœuds lymphatiques

La lymphe entre par des **vaisseaux lymphatiques afférents** dans le côté convexe du nœud lymphatique. Elle passe ensuite dans un gros sinus en forme de sac, le **sinus subcapsulaire**. De là, elle s'écoule dans les **sinus corticaux**, sinus de moindres dimensions creusés dans le cortex, puis elle pénètre dans les **sinus médullaires** (médulla). Après y avoir décrit un trajet sinueux, elle sort du **hile**, la partie concave du nœud, via des **vaisseaux lymphatiques efférents**. (Le hile est aussi la porte d'entrée d'une artère par où pénètre la majeure partie des lymphocytes T et B et la porte de sortie d'une veine du système cardiovasculaire.) Comme il y a moins de vaisseaux lymphatiques efférents que

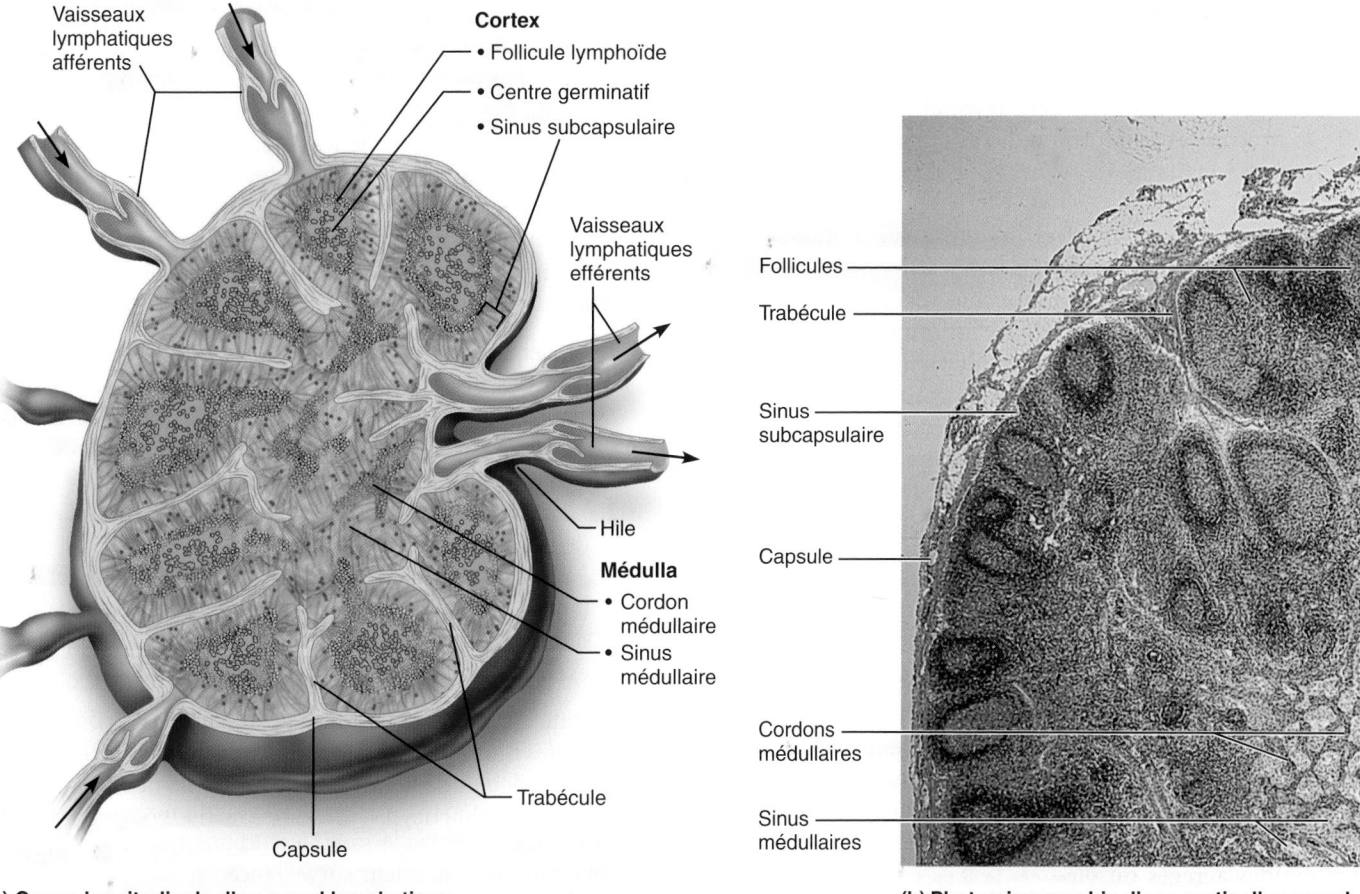

(a) Coupe longitudinale d'un nœud lymphatique et des vaisseaux lymphatiques associés

(b) Photomicrographie d'une partie d'un nœud lymphatique (72×)

Figure 20.4 Nœud lymphatique. Notez en **(a)** que plusieurs vaisseaux lymphatiques afférents pénètrent dans le nœud du côté convexe, mais qu'il sort du hile beaucoup moins de vaisseaux lymphatiques efférents.

de vaisseaux lymphatiques afférents, la lymphe stagne quelque peu dans le nœud, ce qui laisse aux lymphocytes et aux macrophagocytes le temps d'agir. La lymphe gagne ensuite les nœuds voisins ; elle doit traverser plusieurs nœuds pour être complètement purifiée (rappelons qu'elle transporte aussi les antigènes qui ont réussi à pénétrer dans l'organisme).

⚖ DÉSÉQUILIBRE HOMÉOSTATIQUE

Il arrive que les nœuds lymphatiques soient envahis par les particules étrangères qu'ils sont censés éliminer de la lymphe. La présence d'un grand nombre de bactéries dans un nœud cause son inflammation et le rend enflé et douloureux. On parle alors (à tort) de ganglions tuméfiés. Le nœud ainsi infecté est appelé *bubon*. (Les bubons constituent le symptôme le plus évident de la peste bubonique, qui a décimé une grande partie de la population européenne vers la fin du Moyen Âge.)

Par ailleurs, les nœuds lymphatiques peuvent devenir des foyers cancéreux secondaires, particulièrement dans le dévelop-

pement et la dissémination des métastases lorsque les cellules cancéreuses pénètrent dans les vaisseaux lymphatiques et y restent emprisonnées (le cancer du sein atteint souvent les nœuds lymphatiques axillaires. C'est pourquoi on les enlève tous lors d'une mastectomie radicale. Leur ablation entraîne parfois l'œdème du membre supérieur). Contrairement aux nœuds infectés par des microorganismes, les nœuds cancéreux ne sont habituellement pas douloureux. ■

VÉRIFIONS NOS ACQUIS

4. Qu'est-ce qu'un follicule lymphoïde ? Quel type de lymphocyte y prédomine, en particulier dans son centre germinatif ?

5. Quel avantage découle du fait que les nœuds lymphatiques contiennent moins de vaisseaux efférents que de vaisseaux afférents ?

Les réponses se trouvent à l'appendice G.

Autres organes lymphoïdes

6 Nommer, décrire et situer les organes lymphoïdes autres que les vaisseaux et les nœuds lymphatiques. Comparer la structure et les fonctions de ces organes à celles des nœuds lymphatiques.

Outre les nœuds lymphatiques, les **organes lymphoïdes** sont la rate, le thymus, les amygdales et les follicules lymphoïdes agrégés **(figure 20.5)**. On rencontre aussi des parcelles de tissu lymphatique çà et là dans les tissus conjonctifs. Tous ces organes (sauf le thymus) et amas de tissu lymphoïde possèdent une même composition histologique : ils sont formés de *tissu conjonctif réticulaire*. Bien que tous les organes lymphoïdes concourent à la protection de l'organisme, les nœuds lymphatiques sont les seuls à filtrer la lymphe. Les autres organes et tissus lymphoïdes portent des vaisseaux lymphatiques efférents qui les drainent, mais ils sont dépourvus de vaisseaux lymphatiques afférents.

Rate

La **rate** est un organe mou et richement irrigué. De la taille d'un poing, c'est le plus gros des organes lymphoïdes. Située du côté gauche de la cavité abdominale, juste au-dessous du diaphragme, elle s'incurve autour de la partie antérieure de l'estomac (figure 20.5 et **figure 20.6**). Elle est desservie par de gros vaisseaux, l'*artère* et la *veine spléniques*, lesquelles entrent dans le *hile* et en sortent sur sa face antérieure légèrement concave.

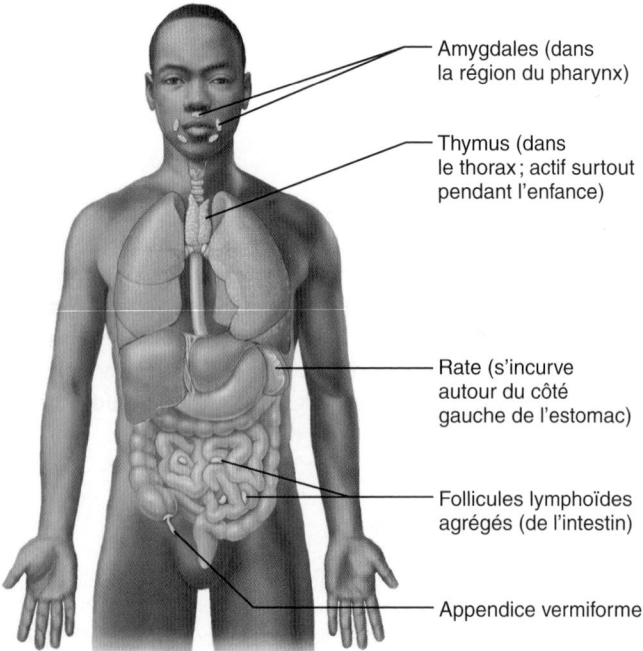

Amygdales (dans la région du pharynx)

Thymus (dans le thorax ; actif surtout pendant l'enfance)

Rate (s'incurve autour du côté gauche de l'estomac)

Follicules lymphoïdes agrégés (de l'intestin)

Appendice vermiforme

Figure 20.5   Organes lymphoïdes. Emplacement des amygdales, de la rate, du thymus, des follicules lymphoïdes agrégés et de l'appendice vermiforme.

La rate est un site de prolifération des lymphocytes et un site d'élaboration de la réaction immunitaire. De plus, elle a pour fonction de purifier le sang, tout comme le nœud lymphatique a celle de purifier la lymphe. Non seulement extrait-elle du sang les érythrocytes et les plaquettes détériorés, mais ses macrophagocytes retirent aussi les débris et les corps étrangers du sang qui traverse ses sinus. La rate servirait aussi de réservoir de monocytes prêts à intervenir à la suite d'une crise cardiaque ou d'autres traumatismes. La rate assure également trois autres fonctions apparentées.

1. Elle emmagasine une partie des produits de la dégradation des érythrocytes en vue d'une réutilisation ultérieure (par exemple, elle récupère le fer pour la synthèse de l'hémoglobine), et elle en libère une autre partie dans le sang, à destination du foie.
2. La rate emmagasine des plaquettes (30 % des plaquettes de tout l'organisme en temps normal).
3. La rate serait le siège de l'érythropoïèse chez le fœtus. En temps normal, cette fonction cesse à la naissance mais, dans certaines situations (anémie hémolytique, par exemple), elle peut réapparaître chez l'adulte.

La rate est entourée par une capsule fibreuse (comprenant des cellules musculaires lisses), qui se prolonge vers l'intérieur par les trabécules de la rate, et elle renferme des lymphocytes et des macrophagocytes. La rate contient également une énorme quantité d'érythrocytes et de plaquettes, caractéristique reliée à ses fonctions d'épuration du sang. Les régions composées principalement de lymphocytes T et B suspendus à des fibres réticulaires sont appelées **pulpe blanche** ; elles constituent moins du quart de la masse de la rate. La pulpe blanche, qui dessine des îlots dans la pulpe rouge, forme des manchons (*gaines lymphoïdes périartérielles*) autour des *artères centrales* (petites ramifications terminales de l'artère splénique). Elle renferme des follicules dont certains possèdent des centres germinatifs. La **pulpe rouge** est essentiellement constituée de tout le tissu splénique restant et représente donc la plus grande partie de la rate ; on y trouve des sinus veineux (des sinusoïdes, capillaires d'un type particulier) et des **cordons spléniques**, régions de tissu conjonctif réticulaire qui contiennent un très grand nombre de macrophagocytes. Les artères centrales apportent une partie du sang dans des capillaires appelés *capillaires à housse* qui *s'ouvrent* dans les cordons spléniques (le circuit n'est plus fermé comme il l'est ailleurs dans l'organisme), ce qui permet aux macrophagocytes situés aux extrémités de ces capillaires d'intervenir dans la destruction des vieux érythrocytes, des vieilles plaquettes et des agents pathogènes présents dans le sang. Après avoir subi une filtration dans les cordons spléniques, le sang purifié gagne les sinus, qui le déversent dans la veine splénique. La pulpe blanche, quant à elle, assure une fonction immunitaire.

Les adjectifs « rouge » et « blanche » dénotent l'apparence de la pulpe splénique fraîche, et non pas ses réactions à la coloration. En fait, comme le montre la photomicrographie de la figure 20.6d, la pulpe blanche semble parfois plus foncée que la pulpe rouge, en raison de la coloration foncée que prend le noyau de lymphocytes fortement entassés.

20

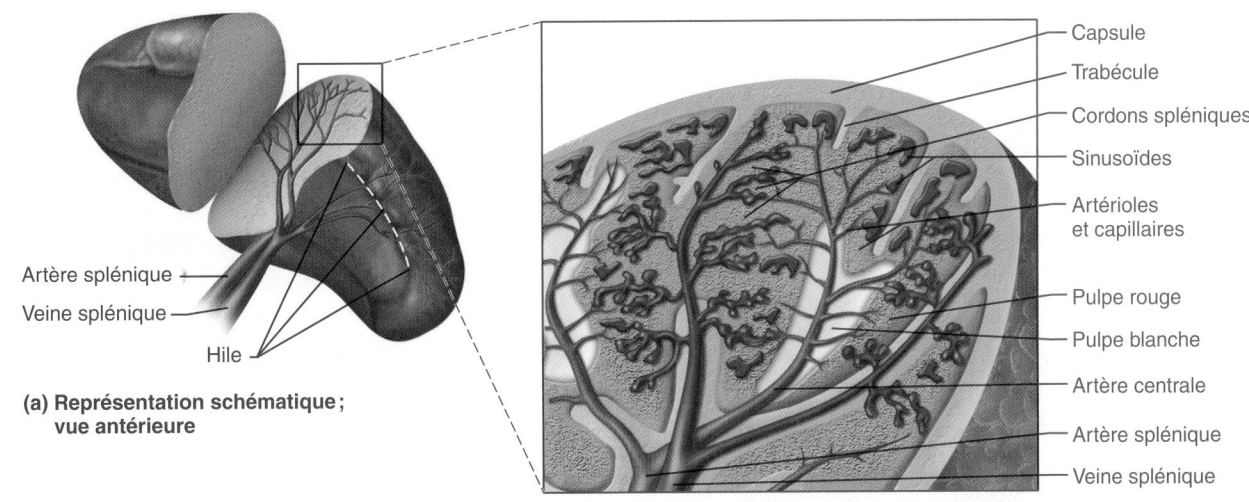

(a) **Représentation schématique ;
vue antérieure**

Artère splénique
Veine splénique
Hile

Capsule
Trabécule
Cordons spléniques
Sinusoïdes
Artérioles
et capillaires
Pulpe rouge
Pulpe blanche
Artère centrale
Artère splénique
Veine splénique

(b) **Représentation schématique de la structure histologique de la rate**

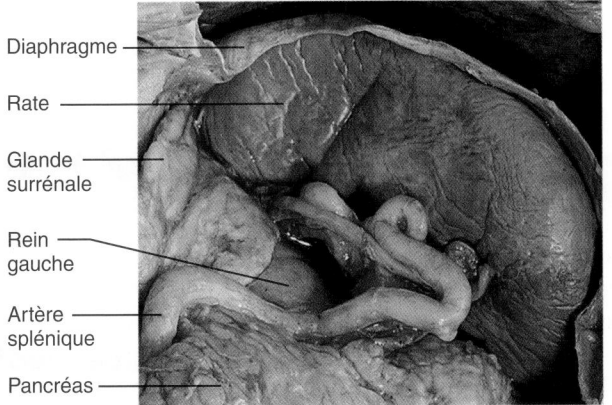

Diaphragme
Rate
Glande
surrénale
Rein
gauche
Artère
splénique
Pancréas

(c) **Photographie d'une rate en position normale
dans la cavité abdominale ; vue antérieure**

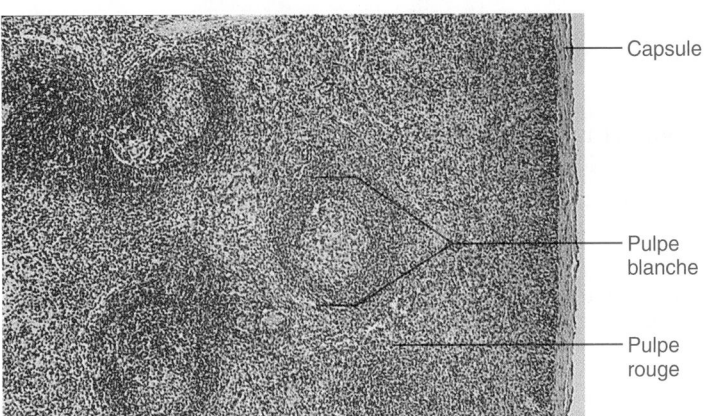

Capsule
Pulpe
blanche
Pulpe
rouge

(d) **Photomicrographie du tissu de la rate (30×). La pulpe
blanche est un tissu lymphoïde riche en lymphocytes.
Elle est entourée de pulpe rouge, qui contient un
grand nombre d'érythrocytes.**

Figure 20.6 Rate.

DÉSÉQUILIBRE HOMÉOSTATIQUE

La minceur relative de sa capsule expose la rate à la rupture en cas de coup direct ou d'infection grave, ce qui peut provoquer une hémorragie dans la cavité péritonéale. Auparavant, l'ablation de l'organe rompu (splénectomie) était la norme, car on pensait que les risques d'hémorragie et de choc hypovolémique étaient élevés. Aujourd'hui, les chirurgiens savent que, sans traitement, la rate se répare d'elle-même. Dans les grands centres de traumatologie, la fréquence des splénectomies d'urgence a diminué, passant de 70 à 40 %. En cas d'ablation chirurgicale, le foie et la moelle osseuse assurent les fonctions de la rate. Toutefois, le nombre de plaquettes et d'érythrocytes anormaux est plus élevé chez les individus ayant subi une splénectomie ; par ailleurs, si celle-ci est réalisée avant l'âge adulte, les risques de contracter certaines infections (septicémie postsplénique) sont plus grands, même chez les enfants de moins de 12 ans, dont la rate se régénère si on en laisse une petite partie en place. ■

Thymus

Le **thymus** est une glande bilobée qui ne joue un rôle important que durant les premières années de la vie ; il est d'origine à la fois ectodermique et endodermique. Situé au bas du cou, il s'étend, sous le sternum, jusque dans la partie supérieure du thorax, où il recouvre partiellement le cœur (figure 20.5 et **figure 20.7**). C'est dans le thymus que les précurseurs des lymphocytes T deviennent immunocompétents, c'est-à-dire aptes à agir contre des agents pathogènes précis dans le cadre de la réaction immunitaire.

La taille du thymus varie au cours des années. Déjà étendu chez le nouveau-né, il est très actif et il continue de se développer pendant les premières années de l'enfance. Il cesse de croître après la puberté et, chez la personne âgée (et même dès la trentaine dans certains cas), il est presque entièrement remplacé par une masse de tissu conjonctif et adipeux. (Il devient alors difficile à distinguer du tissu conjonctif environnant.) Il

20

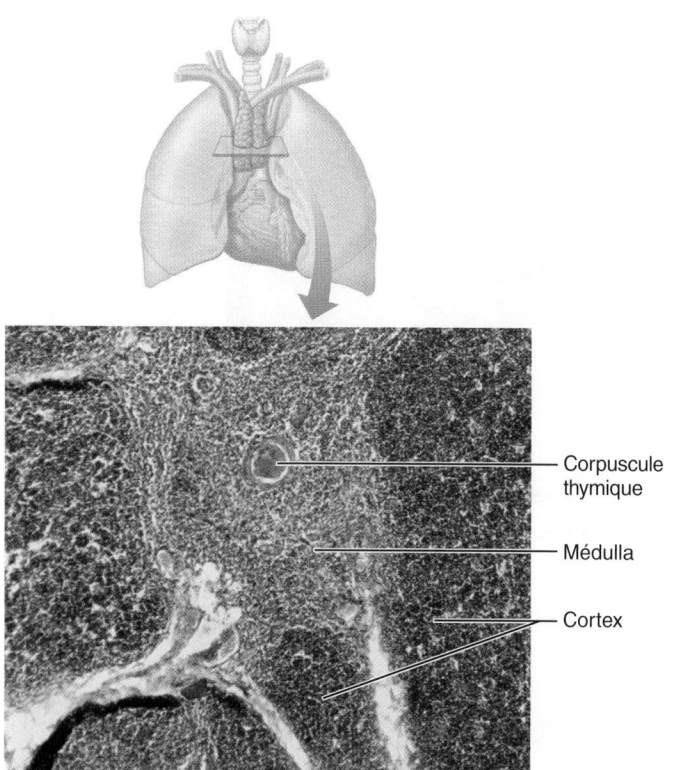

Figure 20.7 Thymus. Photomicrographie d'une partie du thymus montrant une portion du cortex et de la médulla des lobules (70×).

Corpuscule thymique

Médulla

Cortex

arrive aussi que le thymus régresse rapidement à la suite d'un stress intense ou d'une maladie.

Pour mieux comprendre l'histologie du thymus, on peut le comparer à un chou-fleur. Chacun de ses deux lobes est divisé en lobules (de 1 à 2 mm de diamètre) par des cloisons, et ces *lobules du thymus* ressemblent aux bouquets du chou-fleur. Chaque bouquet comprend une portion périphérique – le cortex – et une portion centrale – la médulla – (figure 20.7). Lorsque le thymus commence à s'atrophier après l'adolescence, la zone corticale disparaît plus vite que la zone médullaire, dont il peut subsister quelques fragments (involution). La majorité des cellules du thymus sont des lymphocytes, qui proviennent à l'état immature de la moelle osseuse. Dans la région corticale, les lymphocytes en division rapide sont densément entassés, et on rencontre quelques macrophagocytes éparpillés parmi eux. Étant dépourvu de lymphocytes B, le thymus ne contient pas de follicules. Les lymphocytes se différencient progressivement en cellules immunocompétentes durant leur cheminement vers la médulla. Quant aux macrophagocytes, ils élimineraient les lymphocytes capables de reconnaître les antigènes du soi (les tissus de l'individu) et de réagir contre eux. La région médullaire, de teinte plus pâle à la coloration, abrite également des lymphocytes plus matures, et moins nombreux que ceux de la région corticale, ainsi que de curieuses structures sphériques appelées **corpuscules thymiques**, ou *corpuscules de Hassall*. Comme ces structures sont formées de tourbillons concentriques de cellules épithéliales kératinisées, on pensait qu'elles

assuraient la destruction des lymphocytes T. Or, des études récentes tendent à démontrer qu'ils contribuent à la formation d'une catégorie de lymphocytes T, appelés lymphocytes T régulateurs, qui jouent un rôle important pour empêcher les réponses immunitaires.

En plus de ne pas contenir de follicules, deux éléments importants distinguent le thymus des autres organes lymphoïdes. Premièrement, le thymus sert strictement à la maturation des précurseurs des lymphocytes T ; il est donc le seul organe lymphoïde qui ne combat pas *directement* les antigènes. En fait, la *barrière hématothymique* – composée de cellules épithéliales thymiques recouvrant les vaisseaux sanguins – empêche les antigènes transportés par le sang d'entrer dans les régions corticales et d'activer ainsi prématurément les lymphocytes encore immatures. Par ailleurs, le thymus ne possède pas de vaisseaux lymphatiques afférents. Deuxièmement, le stroma du thymus est constitué de cellules épithéliales plutôt que de fibres réticulaires. Ces cellules épithéliales mettent en place le milieu physique et chimique dans lequel les lymphocytes peuvent devenir immunocompétents.

Amygdales

Les **amygdales**, ou *tonsilles*, sont les organes lymphoïdes les plus simples. Elles forment un anneau de tissu lymphatique autour de l'entrée du pharynx (gorge), où elles apparaissent comme des « renflements » de la muqueuse (figure 20.8 et figure 22.3). Elles sont nommées d'après leur localisation. Les **amygdales palatines** sont situées de part et d'autre de l'extrémité postérieure de la cavité orale. Ce sont les amygdales les plus grosses (on peut les examiner facilement) et les plus fréquemment infectées. Les **amygdales linguales**, une structure paire composée de follicules lymphoïdes en grappes, sont logées à la base de la langue, et l'**amygdale pharyngienne** (dont la forme hypertrophiée est appelée *végétations adénoïdes*) se trouve dans la paroi postérieure du nasopharynx. Les petites **amygdales tubaires** entourent les ouvertures des trompes auditives dans le pharynx. Les amygdales recueillent et détruisent la majeure partie des agents pathogènes qui, portés par les aliments ou par l'air, pénètrent dans le pharynx.

Le tissu lymphoïde des amygdales comprend des follicules dont les centres germinatifs apparents sont entourés de lymphocytes clairsemés. Les amygdales ne sont pas complètement encapsulées, et l'épithélium squameux qui les recouvre s'invagine profondément, formant des culs-de-sac appelés **cryptes amygdalaires** (figure 20.8). Les bactéries et les particules qu'emprisonnent les cryptes traversent l'épithélium muqueux et parviennent au tissu lymphoïde, où la plupart sont détruites. De prime abord, la stratégie qui consiste à « attirer » l'infection de la sorte semble assez dangereuse. Cependant, la grande variété de cellules immunitaires qui sont produites de cette façon, et qui quittent les amygdales par les vaisseaux lymphatiques efférents, garde le « souvenir » des agents pathogènes rencontrés (mémoire immunitaire). L'organisme prend donc pendant l'enfance un risque calculé dont il retire les bénéfices ultérieurement, à savoir une immunité plus forte et une meilleure santé.

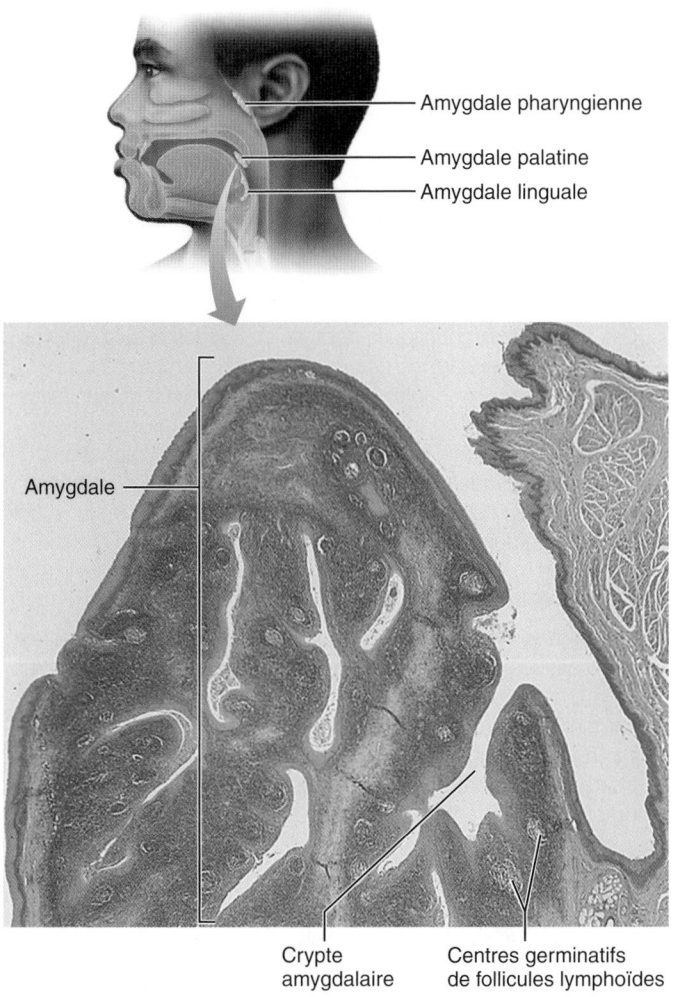

Figure 20.8 **Histologie d'une amygdale palatine.** La surface de l'amygdale est recouverte d'un épithélium squameux qui s'invagine profondément pour former les cryptes amygdaliennes (20×).

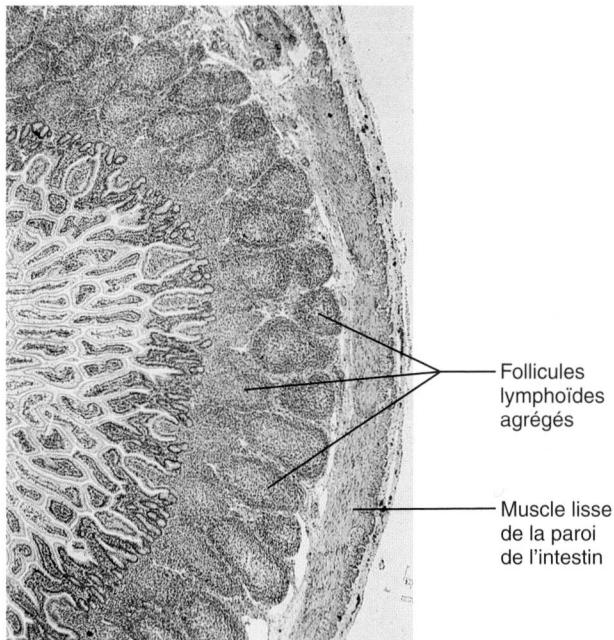

Figure 20.9 **Follicules lymphoïdes agrégés.** Structure histologique de follicules lymphoïdes agrégés (plaques de Peyer) dans la paroi de l'iléum de l'intestin grêle (20×).

Amas de follicules lymphoïdes

Les **follicules lymphoïdes agrégés**, ou *plaques de Peyer*, sont situés dans la paroi de la partie distale de l'intestin grêle (figure 20.5 et figure 20.9); il s'agit de gros amas de follicules lymphoïdes dont la structure est semblable à celle des amygdales. Chez l'humain, on en compte environ 200. L'épithélium recouvrant un follicule contient des cellules particulières, appelées *cellules M*, qui transportent les antigènes de la lumière de l'intestin au follicule. D'autres follicules lymphoïdes se trouvent aussi en forte concentration dans la paroi de l'**appendice vermiforme**, une ramification tubulaire du segment initial du gros intestin. Les follicules lymphoïdes agrégés et les follicules de l'appendice vermiforme occupent une position idéale pour jouer deux rôles: (1) détruire les bactéries (nombreuses dans l'intestin) avant que celles-ci ne puissent franchir la paroi intestinale; (2) produire un grand nombre de lymphocytes doués de «mémoire» et destinés à l'immunité à long terme.

Les follicules lymphoïdes agrégés, les follicules de l'appendice vermiforme et les amygdales, tous situés dans les voies diges-

tives, ainsi que les follicules lymphoïdes des parois des bronches (organes de la respiration) et de la muqueuse des organes des systèmes urinaire et génital font partie d'un ensemble de petites masses tissulaires lymphoïdes appelées **formations lymphatiques associées aux muqueuses** (**MALT**, *mucosa-associated lymphatic tissue*); le rôle de ces dernières consiste à protéger les voies ouvertes sur l'extérieur contre les assauts répétés des corps étrangers qui y pénètrent.

Développement du système lymphatique, des organes lymphoïdes et des tissus lymphoïdes

7 Expliquer le développement du système lymphatique.

Dès la cinquième semaine du développement embryonnaire, les ébauches des vaisseaux lymphatiques et les principaux groupes de nœuds lymphatiques apparaissent. Ils naissent des **sacs lymphatiques** qui se développent à partir des veines en voie de formation. Les premiers de ces sacs, les *sacs lymphatiques jugulaires*, émergent aux jonctions des veines jugulaires internes primitives et des veines subclavières primitives. Ils se réunissent et forment un réseau de vaisseaux lymphatiques dans le thorax, les extrémités supérieures et la tête. Les deux connexions principales entre les sacs lymphatiques jugulaires et le réseau veineux subsistent et donnent naissance au conduit lymphatique droit et,

20

Relations entre le système lymphatique et immunitaire et les autres systèmes de l'organisme

Système tégumentaire

- Les vaisseaux lymphatiques captent les liquides et les protéines plasmatiques échappés des capillaires du derme ; les lymphocytes présents dans les organes et les tissus lymphoïdes combattent des agents pathogènes spécifiques par l'intermédiaire de la réponse immunitaire, renforçant ainsi le rôle de protection de la peau.
- L'épithélium kératinisé de la peau est une barrière mécanique qui constitue une protection contre les antigènes ; les macrophagocytes intraépidermiques et les macrophagocytes du derme se chargent de la présentation des antigènes lors de la réponse immunitaire ; le pH acide des sécrétions de la peau inhibe la croissance des bactéries sur la peau.

Système squelettique

- Les vaisseaux lymphatiques captent les liquides et les protéines plasmatiques échappés des capillaires du périoste ; les cellules immunitaires protègent les os contre les agents pathogènes.
- Certains os renferment le tissu hématopoïétique ; ce tissu produit les lymphocytes (et les macrophagocytes) qui surveillent les organes lymphoïdes et contribuent à l'immunité de l'organisme.

Système musculaire

- Les vaisseaux lymphatiques captent les liquides et les protéines plasmatiques échappés des capillaires ; les cellules immunitaires protègent les muscles contre les agents pathogènes.

- La « pompe » musculaire favorise l'écoulement de la lymphe ; la chaleur produite au cours de l'activité musculaire cause des effets semblables à ceux de la fièvre.

Système nerveux

- Les vaisseaux lymphatiques captent les liquides et les protéines plasmatiques échappés des capillaires des structures du système nerveux périphérique (SNP) ; les cellules immunitaires protègent le SNP contre des agents pathogènes spécifiques.
- Le système nerveux innerve les gros vaisseaux lymphatiques ; les neuropeptides opiacés ont une influence sur les fonctions immunitaires ; l'encéphale contribue à la régulation de la réponse immunitaire.

Système endocrinien

- Les vaisseaux lymphatiques captent les liquides et les protéines plasmatiques échappés des capillaires des tissus endocriniens ; la lymphe permet la circulation des hormones ; les cellules immunitaires protègent les organes endocriniens.
- Le thymus produit des hormones qui, semble-t-il, contribueraient à la maturation des lymphocytes T ; les hormones du stress réduisent l'activité immunitaire.

Système cardiovasculaire

- Les vaisseaux lymphatiques captent les liquides et les protéines plasmatiques échappés des capillaires du cœur et des vaisseaux sanguins ; la rate retient et détruit les vieux érythrocytes, débarrasse le sang de ses débris et emmagasine le fer et les plaquettes ; les cellules immunitaires protègent les organes cardiovasculaires contre des agents pathogènes spécifiques.
- Le sang est la source de la lymphe ; les vaisseaux lymphatiques se développent à partir de veines ; le sang assure la circulation des éléments immuns (substances et cellules ayant une fonction immunitaire), et apporte de l'oxygène et des nutriments aux organes lymphoïdes.

Système respiratoire

- Les vaisseaux lymphatiques captent les liquides et les protéines plasmatiques échappés des capillaires des organes respiratoires ; les cellules immunitaires protègent les organes respiratoires contre des agents pathogènes spécifiques ; les amygdales et les plasmocytes de la muqueuse respiratoire (qui sécrètent des anticorps IgA) empêchent les agents pathogènes d'envahir l'organisme.
- Les poumons fournissent l'oxygène dont les cellules lymphoïdes et immunitaires ont besoin et ils éliminent le gaz carbonique ; le pharynx abrite les amygdales ; l'action de la « pompe » respiratoire facilite l'écoulement de la lymphe.

Système digestif

- Les vaisseaux lymphatiques captent les liquides et les protéines échappés des capillaires des organes digestifs ; la lymphe transporte certains produits de la digestion des graisses et les achemine vers le sang ; les follicules lymphoïdes situés dans la paroi de l'intestin empêchent les agents pathogènes d'envahir l'organisme.

20

- Le système digestif produit, par digestion, des nutriments nécessaires aux cellules des organes lymphoïdes et il les absorbe ; l'acidité de l'estomac empêche les agents pathogènes de pénétrer dans le sang.

Système urinaire

- Les vaisseaux lymphatiques captent les liquides et les protéines plasmatiques échappés des capillaires des organes du système urinaire ; les cellules immunitaires protègent le système urinaire contre des agents pathogènes spécifiques.
- Le système urinaire excrète les déchets métaboliques et maintient l'équilibre hydrique, acidobasique et électrolytique du sang pour assurer le fonctionnement des cellules lymphoïdes

et immunitaires ; l'écoulement de l'urine débarrasse l'organisme de certains agents pathogènes, et son pH acide contribue à l'inhibition de la croissance microbienne.

Système génital

- Les vaisseaux lymphatiques captent les liquides et les protéines plasmatiques échappés des capillaires ; les cellules immunitaires protègent le système génital contre les agents pathogènes.
- Les hormones sexuelles peuvent influer sur la fonction immunitaire ; les sécrétions vaginales ont un pH acide au pouvoir bactériostatique ; le sperme contient une substance antibiotique qui détruit certaines bactéries.

Liens particuliers

RELATIONS ENTRE LE SYSTÈME LYMPHATIQUE ET IMMUNITAIRE et le système cardiovasculaire

Toutes les cellules vivantes de l'organisme baignent dans la lymphe. Pourtant, il est difficile de visualiser le système lymphatique, car ses vaisseaux sont bien cachés. Comme pour la taupe qui se fraye un chemin sous la terre dans un jardin, on sait que le système lymphatique existe, mais on ne voit jamais ce qu'il fait. Étant donné que les hormones produites par les organes endocriniens sont libérées dans le compartiment interstitiel et que les vaisseaux lymphatiques mettent en circulation le liquide qui contient ces hormones, il ne fait aucun doute que la lymphe joue un rôle important dans la distribution d'hormones partout dans l'organisme. Elle distribue également les graisses absorbées par les organes digestifs.

Chargé de protéger l'organisme contre des agents pathogènes spécifiques, le système immunitaire est souvent considéré comme un système qui fonctionne de façon séparée et indépendante. Il est toutefois impossible de dissocier le système immunitaire du système lymphatique, parce que les nœuds lymphatiques font partie des deux systèmes. Les organes et les tissus lymphoïdes, y compris les nœuds lymphatiques, constituent les piliers anatomiques du système immunitaire. Les organes lymphoïdes sont les sites de programmation et de prolifération des cellules immunitaires. Les nœuds lymphatiques et la rate occupent une position stratégique pour détecter la présence de corps étrangers dans le sang et la lymphe. On comprend moins bien les liens précis qui existent entre les cellules immunitaires du tissu lymphoïde et les systèmes nerveux et endocrinien – nous abordons ce sujet plus en détail au chapitre 21.

Bien qu'il desserve l'organisme tout entier, le système lymphatique dépend du système cardiovasculaire. Le système immunitaire est aussi étroitement lié au système cardiovasculaire. Ce sont les liens entre ces systèmes que nous allons examiner ici.

Système cardiovasculaire

Vous savez maintenant que le système lymphatique capte les liquides et les protéines plasmatiques échappés du sang et les retourne au système cardiovasculaire. Vous vous demandez peut-être ce que cela a d'extraordinaire : comme presque tout ce que

nous buvons et mangeons contient de l'eau, l'eau que nous perdons est facilement et rapidement remplaçable, n'est-ce pas ? Oui, c'est un fait. Mais cette eau ne compense pas la fuite de protéines. Or, la production des protéines plasmatiques (la plupart élaborées par le foie) prend du temps et de l'énergie. Sans les protéines plasmatiques, qui jouent un rôle majeur dans le maintien du liquide dans les vaisseaux sanguins (ou dans son retour), les vaisseaux sanguins ne renfermeraient pas suffisamment de liquide pour soutenir la circulation du sang. Et sans circulation sanguine, l'organisme mourrait du manque d'oxygène et de nutriments, noyé dans ses propres déchets. En plus de capter les protéines et les liquides échappés, le système lymphatique contribue à la préservation de l'intégrité et de la pureté du sang : les nœuds lymphatiques débarrassent la lymphe des microorganismes et autres débris avant qu'elle atteigne le sang, tandis que la rate épure le sang et détruit les érythrocytes inefficaces, déformés ou trop vieux.

Cependant, les avantages sont réciproques. Ainsi, les vaisseaux lymphatiques se jettent dans des veines du système cardiovasculaire, et le sang fournit de l'oxygène et des nutriments à tous les organes, y compris les organes lymphoïdes. Le sang permet également : (1) de transporter rapidement les lymphocytes (cellules immunitaires) qui patrouillent continuellement l'organisme ; et (2) de distribuer partout des anticorps (fabriqués par les descendants des lymphocytes B, appelés plasmocytes) qui marquent les corps étrangers pour qu'ils soient détruits par phagocytose ou d'autres moyens. En outre, les cellules endothéliales des capillaires présentent à leur surface des « signaux » protéiques (sélectines) que des molécules particulières de la membrane des granulocytes neutrophiles (intégrines) peuvent reconnaître lorsque la région environnante est infectée ou lésée. Les capillaires aident ainsi les cellules immunitaires à se rendre dans les régions de l'organisme qui ont besoin d'elles, et les parois extrêmement perméables des veinules postcapillaires permettent aux cellules immunitaires de traverser la paroi des vaisseaux pour s'y rendre.

20

Système lymphatique et immunitaire *(suite)*

Étude de cas : Le suivi de l'état de santé de M. Hubert apporte deux informations : la numération globulaire effectuée au moment de l'admission indique un nombre dangereusement faible de leucocytes ; des examens de laboratoire plus poussés montrent une déficience en lymphocytes. Vingt-quatre heures après son intervention chirurgicale, M. Hubert se plaint d'une douleur à l'annulaire droit (il a eu un syndrome d'écrasement à la main droite). À l'examen, on note que l'annulaire et le dos de la main droite sont œdémateux, et que la partie supérieure de l'avant-bras droit porte des stries rouges. Le médecin prescrit des doses élevées d'antibiotiques et l'immobilisation du bras droit au moyen d'une écharpe. Par ailleurs, on demande aux infirmières de M. Hubert de porter gants et masque lorsqu'elles lui prodiguent des soins.

Relativement à ces observations :

1. Qu'indiquent les stries rouges irradiant du doigt contusionné de M. Hubert ? S'il n'y avait pas de stries rouges mais que le bras droit était très œdémateux, à quel problème concluriez-vous ?

2. Pourquoi est-il important que M. Hubert bouge le moins possible son bras droit (autrement dit, pourquoi lui fait-on porter une écharpe) ?

3. Quel lien peut-il exister entre une déficience en lymphocytes, de fortes doses d'antibiotiques et le port de gants et d'un masque par le personnel infirmier ?

4. À votre avis, le rétablissement de M. Hubert s'annonce-t-il facile ou problématique ? Pourquoi ?

(Les réponses se trouvent à l'appendice G.)

---

sur la gauche, à la partie supérieure du conduit thoracique. À l'extrémité caudale de l'embryon, le réseau élaboré des vaisseaux lymphatiques abdominaux se développe surtout à partir de la veine cave inférieure primitive. Les vaisseaux lymphatiques du bassin et des extrémités inférieures naissent de sacs formés au niveau des veines iliaques primitives.

À l'exception du thymus, qui est en partie d'origine endodermique, les organes lymphoïdes proviennent de cellules mésenchymateuses du mésoderme qui migrent vers des sites déterminés, où elles se transforment en tissu réticulaire. Le thymus est le premier organe lymphoïde à apparaître. D'abord constitué par une excroissance de revêtement du pharynx primitif, il se détache et migre en direction de l'extrémité caudale jusque dans le thorax, où il est infiltré par des lymphocytes immatures dérivés de tissus hématopoïétiques situés ailleurs dans l'organisme. À l'exception de la rate et des amygdales, tous les organes lymphoïdes sont imparfaitement développés chez le fœtus. Peu de temps après la naissance, cependant, ils se peuplent d'un très grand nombre de lymphocytes, et leur développement se poursuit parallèlement à celui du système immunitaire.

VÉRIFIONS NOS ACQUIS

6. Que sont les MALT ? Nommez quelques-unes des composantes des MALT.
7. Nommez des fonctions de la rate.
8. Quel organe lymphoïde apparaît en premier ?

Les réponses se trouvent à l'appendice G.

Bien que les fonctions des vaisseaux lymphatiques et des organes lymphoïdes se chevauchent, ces deux types de structures concourent chacun à leur façon au maintien de l'homéostasie (la Synthèse en présente un résumé aux pages 876-877). Les vaisseaux lymphatiques contribuent au maintien du volume sanguin. Les macrophagocytes des organes lymphoïdes détruisent les corps étrangers qu'ils retirent de la lymphe et du sang. En outre, les organes et vaisseaux lymphatiques tiennent lieu de « quartiers généraux » à partir desquels le système immunitaire peut se mobiliser. Au chapitre 21, nous continuons l'étude des réactions inflammatoire et immunitaire qui nous permettent de résister aux attaques incessantes des agents pathogènes.

20

TERMES MÉDICAUX

Adénopathie (*adên :* glande ; *pathos :* maladie) État pathologique des nœuds lymphatiques d'origine le plus souvent inflammatoire ou tumorale.

Amygdalite (*itis :* inflammation) Inflammation aiguë ou chronique des amygdales palatines, généralement causée par des infections bactériennes (streptocoques, le plus souvent) et accompagnée de rougeur, d'œdème et de sensibilité.

Éléphantiasis des pays chauds (ou filariose lymphatique) Maladie tropicale et subtropicale dans laquelle les vaisseaux lymphatiques

(particulièrement ceux des membres inférieurs et du scrotum) sont obstrués par des vers parasites ou filaires (dont les larves sont transmises par la piqûre d'un moustique) ; elle se caractérise par un œdème très prononcé. Le gonflement excessif des jambes qui peut en résulter a donné son nom à cette maladie qui affecte 120 millions de personnes dans le monde.

Ganglion sentinelle Premier nœud lymphatique à recevoir la lymphe drainée d'une région du corps où on suspecte un cancer. La présence de cellules cancéreuses dans ce nœud laisse présager que des métastases se sont propagées ailleurs en empruntant les vaisseaux lymphatiques.

Lymphographie Examen radiologique des vaisseaux lymphatiques réalisé après injection d'une substance radioopaque.

Lymphome Néoplasme (tumeur) du tissu lymphoïde, bénin ou malin.

Lymphome non hodgkinien Comprend tout cancer des tissus lymphoïdes, sauf la maladie de Hodgkin (soit 85 % de tous les lymphomes). Il se caractérise par une prolifération anarchique de lymphocytes indifférenciés accompagnée de métastases. Il y a aussi tuméfaction des nœuds lymphatiques, de la rate et des follicules lymphoïdes agrégés; peut toucher d'autres organes avec le temps. Au cinquième rang des cancers les plus fréquents. Une des formes, à haut degré de malignité, atteint surtout les personnes jeunes et croît rapidement, mais elle répond bien à la chimiothérapie, accompagnée ou non de greffe de moelle osseuse et de cellules souches; taux de rémission allant jusqu'à 75 %. Une autre forme, à faible degré de malignité, frappe les personnes âgées; elle résiste à la chimiothérapie et est souvent mortelle.

Maladie de Hodgkin Cancer du tissu lymphoïde; les symptômes comprennent un œdème indolore des nœuds lymphatiques (les cervicaux d'abord), de la fatigue et, souvent, une fièvre intermittente et des sueurs nocturnes. Elle se caractérise par la présence de lymphocytes B géants qui ont subi une trans-formation, appelés cellules de Reed-Sternberg. Une infection par le virus Epstein-Barr (voir *Mononucléose infectieuse*) et une sensibilité génétique semblent être des facteurs prédisposants. La chimiothérapie et la radiothérapie permettent d'obtenir un fort taux de guérison.

Mononucléose infectieuse Affection virale fréquente chez les adolescents et les jeunes adultes. Les symptômes sont la fatigue, la fièvre, l'angine et l'enflure des nœuds lymphatiques (et, souvent, celle de la rate et des amygdales linguales). Elle est causée par le virus d'Epstein-Barr (virus dont une très forte majorité de la population mondiale est porteuse) qui se transmet par la salive (d'où son autre nom de «maladie du baiser») et attaque de façon spécifique les lymphocytes B. Cette attaque entraîne l'activation massive des lymphocytes T qui, à leur tour, attaquent les lymphocytes B infectés par le virus. Un grand nombre de lymphocytes T hypertrophiés circulent dans le sang. (On croyait auparavant que ces lymphocytes étaient des monocytes; le terme «mononucléose» signifie «affection des monocytes».) La maladie disparaît d'elle-même au bout de quatre à six semaines.

Splénomégalie (*splên*: rate; *megas*: grand) Augmentation du volume de la rate due à l'accumulation de microorganismes infectieux; typiquement causée par la septicémie, la mononucléose infectieuse, la leucémie et le paludisme (première cause mondiale). La splénomégalie est également une conséquence de l'anémie hémolytique (voir le chapitre 17, p. 740-741).

RÉSUMÉ DU CHAPITRE

1. Le système lymphatique est composé des vaisseaux lymphatiques, des nœuds lymphatiques et de la lymphe. Les vaisseaux lymphatiques renvoient dans la circulation sanguine les liquides et les protéines qui s'en sont échappés. Les organes et les tissus lymphoïdes éliminent les corps étrangers de la lymphe et du sang et contribuent à la fonction immunitaire.

Vaisseaux lymphatiques (p. 866)

Distribution et structure des vaisseaux lymphatiques (p. 866)

1. Dans les vaisseaux lymphatiques (capillaires lymphatiques, vaisseaux collecteurs, troncs lymphatiques, conduit lymphatique droit et conduit thoracique), le liquide s'écoule en direction du cœur uniquement. Le conduit lymphatique droit draine la lymphe du bras droit et du côté droit de la partie supérieure du corps; le conduit thoracique reçoit la lymphe provenant du reste de l'organisme. Ces vaisseaux se jettent dans le système cardio-vasculaire à la jonction de la veine jugulaire interne et de la veine subclavière, dans le cou.

2. Les capillaires lymphatiques sont exceptionnellement perméables; ils laissent entrer les protéines et les particules provenant du compartiment interstitiel.

3. Les agents pathogènes et les cellules cancéreuses peuvent se propager dans l'organisme par la circulation lymphatique.

Transport de la lymphe (p. 868)

4. L'écoulement de la lymphe est lent; il est maintenu par la contraction des muscles squelettiques, les variations de pression dans le thorax et la contraction des vaisseaux lymphatiques. Des valvules empêchent le reflux.

Cellules et tissus lymphoïdes (p. 869)

Cellules lymphoïdes (p. 869)

1. Les cellules du tissu lymphoïde sont les lymphocytes (cellules immunocompétentes appelées lymphocytes T et lymphocytes B), les plasmocytes (issus de lymphocytes B et producteurs d'anticorps), les macrophagocytes et les cellules dendritiques (cellules qui captent les antigènes et déclenchent la réponse immunitaire) ainsi que les cellules réticulaires qui forment le stroma du tissu lymphoïde.

Tissus lymphoïdes (p. 869)

2. Le tissu lymphoïde est un tissu conjonctif réticulaire. Il abrite des macrophagocytes et une population sans cesse changeante de lymphocytes. Il constitue un élément important du système immunitaire.

3. Le tissu lymphoïde existe sous forme diffuse ou en amas denses de follicules. Les follicules présentent souvent des centres germinatifs (sites de prolifération des lymphocytes B).

Nœuds lymphatiques (p. 870)

1. Les nœuds lymphatiques sont les principaux organes lymphoïdes. Ce sont des structures encapsulées bien distinctes qui contiennent du tissu réticulaire dense et du tissu réticulaire diffus. Formant des amas le long des vaisseaux lymphatiques, ils filtrent la lymphe et contribuent à l'activation du système immunitaire.

Structure d'un nœud lymphatique (p. 870)

2. Un nœud lymphatique est composé d'une capsule de tissu conjonctif dense, d'un cortex et d'une médulla. Le cortex

20

contient principalement des lymphocytes, qui interviennent dans la réaction immunitaire. La médulla renferme des lymphocytes, des plasmocytes et des macrophagocytes; ces derniers capturent et détruisent les virus, les bactéries et les autres corps étrangers.

Circulation dans les nœuds lymphatiques (p. 870)

3. La lymphe entre dans les nœuds lymphatiques par les vaisseaux lymphatiques afférents, et elle en sort par l'unique vaisseau lymphatique efférent. Comme il y a un seul vaisseau efférent mais plusieurs vaisseaux afférents, la lymphe stagne dans les nœuds lymphatiques et peut ainsi être purifiée.

Autres organes lymphoïdes (p. 872

1. Contrairement aux nœuds lymphatiques, la rate, le thymus, les amygdales et les follicules lymphoïdes agrégés ne filtrent pas la lymphe. Par contre, la plupart des organes lymphoïdes contiennent des macrophagocytes et des lymphocytes.

Rate (p. 872)

2. La rate est un siège de prolifération des lymphocytes et un site d'élaboration de la réaction immunitaire. Elle détruit les vieux érythrocytes et les agents pathogènes circulant dans le sang. En outre, elle accumule et libère les produits de la dégradation de l'hémoglobine, emmagasine les plaquettes et produit les érythrocytes chez le fœtus.

Thymus (p. 873)

3. Le thymus est surtout actif pendant l'enfance. Il établit le milieu dans lequel les lymphocytes T maturent et deviennent immunocompétents.

Amygdales et amas de follicules lymphoïdes (p. 874)

4. Les follicules lymphoïdes agrégés de la paroi intestinale et de l'appendice vermiforme, les amygdales du pharynx et de la cavité orale et les follicules de la muqueuse des voies urinaires et génitales ainsi que ceux des voies respiratoires font partie des formations lymphatiques associées aux muqueuses (MALT). Ces tissus empêchent les agents pathogènes présents dans ces voies de franchir les muqueuses.

Développement du système lymphatique, des organes lymphoïdes et des tissus lymphoïdes (p. 875)

1. Les vaisseaux lymphatiques naissent de renflements des veines en voie de formation. Le thymus provient de l'endoderme et de l'ectoderme; les autres organes lymphoïdes dérivent des cellules mésenchymateuses du mésoderme.

2. Le thymus est le premier organe lymphoïde à apparaître.

3. Les organes lymphoïdes contiennent des lymphocytes issus du tissu hématopoïétique.

QUESTIONS DE RÉVISION

Choix multiples/associations

(Il peut y avoir plus d'une bonne réponse à certaines questions. Choisissez les meilleures réponses parmi celles qui sont proposées. Les réponses se trouvent à l'appendice G.)

1. Les vaisseaux lymphatiques: (**a**) sont le siège de la surveillance immunitaire; (**b**) filtrent la lymphe; (**c**) renvoient les liquides et les protéines plasmatiques dans le système cardiovasculaire; (**d**) forment un ensemble de structures qui ressemblent à des artères, à des capillaires et à des veines.

2. La partie initiale du conduit thoracique, en forme de sac, est: (**a**) le vaisseau chylifère; (**b**) le conduit lymphatique droit; (**c**) la citerne du chyle; (**d**) le sac lymphatique.

3. Qu'est-ce qui favorise l'entrée de la lymphe dans les capillaires lymphatiques? (**a**) Des disjonctions formées par le chevauchement de cellules endothéliales; (**b**) la pompe respiratoire; (**c**) la pompe musculaire; (**d**) une pression plus élevée du liquide dans le compartiment interstitiel.

4. Dans le système lymphatique: (**a**) les capillaires sont fermés à une extrémité; (**b**) la lymphe s'écoule en direction du cœur; (**c**) la plus grande partie de la lymphe de l'organisme se jette dans la veine subclavière droite; (**d**) les vaisseaux lymphatiques sont analogues aux veines du système cardiovasculaire et ils possèdent des valvules; (**e**) la lymphe va des capillaires aux vaisseaux lymphatiques, puis aux conduits et enfin aux troncs lymphatiques.

5. La charpente des organes lymphoïdes (sauf celle du thymus) est formée de: (**a**) tissu conjonctif lâche; (**b**) tissu hématopoïétique; (**c**) tissu réticulaire; (**d**) tissu adipeux; (**e**) tissu épithélial.

6. Les nœuds lymphatiques sont nombreux dans toutes les régions suivantes *sauf*: (**a**) l'encéphale; (**b**) les aisselles; (**c**) les aines; (**d**) le cou.

7. Les centres germinatifs des follicules des nœuds lymphatiques abritent surtout: (**a**) des macrophagocytes; (**b**) des lymphocytes B en voie de prolifération; (**c**) des lymphocytes T; (**d**) toutes ces réponses.

8. La pulpe rouge de la rate contient: (**a**) des sinus veineux, des macrophagocytes et des érythrocytes; (**b**) des groupes de lymphocytes; (**c**) des cloisons de tissu conjonctif.

9. L'organe lymphoïde surtout actif pendant l'enfance et qui s'atrophie au cours de la vie est: (**a**) la rate; (**b**) le thymus; (**c**) les amygdales palatines; (**d**) la moelle osseuse.

10. Les formations lymphatiques associées aux muqueuses (MALT) comprennent toutes les structures suivantes, *sauf*: (**a**) les follicules lymphoïdes des parois des bronches; (**b**) les amygdales; (**c**) les follicules lymphoïdes agrégés; (**d**) le thymus.

Questions à court développement

11. Comparez le sang, le liquide interstitiel et la lymphe.

12. Comparez la structure et les fonctions des nœuds lymphatiques et celles de la rate.

13. (**a**) Quelle caractéristique anatomique ralentit l'écoulement de la lymphe dans les nœuds lymphatiques? (**b**) Pourquoi cette caractéristique est-elle opportune?

14. Décrivez brièvement la fonction de chacun des types de cellules suivants: lymphocytes T, lymphocytes B, macrophagocytes, cellules dendritiques, cellules réticulaires.

15. Décrivez trois caractéristiques qui distinguent le thymus des autres organes lymphoïdes.

16. Pourquoi l'absence d'*artères* lymphatiques ne présente-t-elle pas d'inconvénients?

Réflexion et application

1. Mme Bertrand, une femme âgée de 59 ans, a subi une mastectomie radicale gauche (ablation du sein gauche ainsi que des vaisseaux et des nœuds lymphatiques axillaires gauches). Son bras gauche, douloureux, présente un œdème, et elle ne peut lever le bras plus haut que l'épaule. (**a**) Expliquez les symptômes de Mme Bertrand. (**b**) Peut-elle espérer que ces symptômes disparaîtront avec le temps? Justifiez votre réponse.

2. Une amie vous dit qu'elle a des «ganglions» enflés et sensibles sur la face antérieure gauche du cou. Vous remarquez qu'elle porte sur sa joue gauche un pansement qui laisse entrevoir une grosse coupure infectée. Lorsque cette amie parle de «ganglions», à quoi fait-elle référence exactement? Pourquoi ces derniers sont-ils enflés?

3. Auparavant très fréquente, l'amygdalectomie (ablation chirurgicale des amygdales) est maintenant très rare. De même, dans les cas de rupture, on enlevait autrefois automatiquement la rate. Ce n'est plus le cas de nos jours, quand c'est possible. Pourquoi doit-on conserver ces organes lymphoïdes dans la mesure du possible?

20

21

PREMIÈRE PARTIE
DÉFENSES INNÉES

Barrières superficielles:
la peau et les muqueuses (p. 885)

Défenses internes:
cellules et molécules (p. 885)

DEUXIÈME PARTIE
DÉFENSES ADAPTATIVES

Antigènes (p. 895)

Cellules du système immunitaire
adaptatif: caractéristiques
générales (p. 896)

Réaction immunitaire humorale
(p. 900)

Réaction immunitaire à
médiation cellulaire (p. 908)

Déséquilibres homéostatiques
de l'immunité (p. 919)

Développement et vieillissement
du système immunitaire (p. 924)

Le système immunitaire : défenses innées et défenses adaptatives de l'organisme

À chaque instant, jour et nuit, des légions de bactéries, de mycètes et de virus hostiles pullulent sur notre peau ; malgré cela, nous sommes presque toujours bien-portants. L'organisme semble réagir de manière plutôt catégorique à l'égard des corps étrangers : si vous n'êtes pas avec moi, vous êtes contre moi. Et pour mettre ce principe en pratique, il fait principalement appel à deux systèmes de défense intrinsèques qui fonctionnent à la fois individuellement et de façon coordonnée pour assurer la résistance à la maladie, soit l'**immunité** (*immunis* : exempt de mal).

1. Le **système de défense inné** (ou **non spécifique**), comme le simple soldat, est toujours prêt, c'est-à-dire qu'il réagit en quelques minutes pour protéger l'organisme contre toute substance étrangère. Il érige deux « barricades » : la *première ligne de défense* est assurée par la peau et les muqueuses intactes. La *deuxième ligne de défense,* mobilisée lorsqu'une brèche s'ouvre dans la première ligne, fait intervenir des protéines antimicrobiennes ainsi que des phagocytes et d'autres cellules pour empêcher les envahisseurs de se répandre dans tout l'organisme. On reconnaît la deuxième ligne de défense par l'inflammation qu'elle déclenche.

2. Le **système de défense adaptatif** (ou **spécifique**) ressemble plutôt à un corps d'élite muni d'armes sophistiquées. Il attaque des substances étrangères *spécifiques* et constitue la *troisième ligne de défense* de l'organisme. Ses réactions mettent beaucoup plus de temps à se matérialiser que celles du système inné. Nous allons étudier séparément les défenses innées et les défenses adaptatives, mais il ne faut pas oublier qu'elles travaillent toujours en étroite collaboration. La **figure 21.1** présente un aperçu de ces deux systèmes. Nous reprendrons des parties de ce schéma dans d'autres figures afin de vous indiquer la partie du système immunitaire dont il est question.

Même si certaines structures (en particulier les organes lymphoïdes) contribuent de près à la réaction immunitaire, le **système immunitaire** est un *système fonctionnel* plutôt qu'un système au sens anatomique du terme. Ses « structures » sont un ensemble impressionnant de molécules diverses et des billions de cellules immunitaires (notamment les lymphocytes) logées dans les tissus lymphoïdes et circulant dans les liquides de l'organisme.

On entendait auparavant par *système immunitaire* le système de défense adaptatif seulement. Toutefois, on sait maintenant que les défenses innées et adaptatives sont étroitement liées. Plus précisément, (1) un grand nombre de molécules de défense sont libérées et reconnues aussi bien par le système inné que par le système adaptatif ; (2) les réactions innées sont parfois plus spécifiques qu'il y paraissait de prime abord et s'effectuent par des voies spécifiques qui ciblent des substances étrangères précises ; et (3) des protéines libérées durant les réactions innées informent les cellules du système adaptatif que des molécules étrangères spécifiques se trouvent dans l'organisme.

Lorsqu'il fonctionne de manière efficace, le système immunitaire assure parfaitement sa fonction de protection de l'orga-

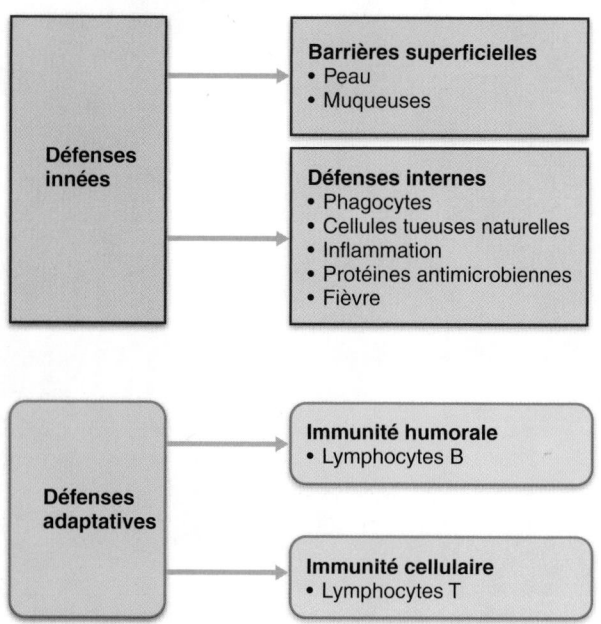

Figure 21.1 Aperçu des défenses innées et adaptatives. L'immunité humorale (qui fait surtout appel aux lymphocytes B) et l'immunité cellulaire (qui fait appel aux lymphocytes T) constituent deux mécanismes distincts de l'immunité adaptative qui se recoupent toutefois. Pour simplifier le schéma, les nombreuses interactions entre les défenses innées et les défenses adaptatives ne sont pas illustrées.

nisme contre la plupart des microorganismes infectieux, certaines cellules cancéreuses ainsi que les tissus et les organes transplantés. Il arrive à ce résultat de façon directe – en attaquant les cellules – et de façon indirecte – en libérant des substances chimiques mobilisatrices et des molécules d'anticorps protecteurs.

PREMIÈRE PARTIE
DÉFENSES INNÉES

On pourrait dire que le corps humain arrive au monde « parfaitement équipé » de défenses innées étant donné que ces défenses font partie de notre anatomie. Les barrières mécaniques qui recouvrent la surface de l'organisme ainsi que les premières cellules et substances chimiques qui engagent le combat à l'intérieur du corps sont en place dès la naissance, prêtes à protéger l'organisme contre l'invasion des **agents pathogènes** (microorganismes nocifs ou responsables de maladies) et l'infection.

Dans de nombreux cas, nos défenses innées sont capables à elles seules de détruire les agents pathogènes et d'éviter ainsi l'infection. Dans d'autres cas, cependant, le système adaptatif doit se déployer pour prêter main-forte aux mécanismes innés. Dans tous les cas, les défenses innées réduisent la charge de travail du système adaptatif en empêchant l'entrée dans le corps des microorganismes et leur propagation.

21

Barrières superficielles : la peau et les muqueuses

1 Décrire les barrières superficielles que constituent la peau et les muqueuses par rapport à leurs fonctions de protection.

La première ligne de défense de l'organisme est constituée par la *peau* et les *muqueuses* ainsi que par les sécrétions que ces dernières produisent. Cette première ligne de défense est hautement efficace. Tant qu'il est intact, l'épithélium kératinisé de l'épiderme forme une barrière physique redoutable bloquant l'entrée à la plupart des microorganismes qui fourmillent sur la peau. La kératine résiste aussi à la plupart des acides et des bases faibles ainsi qu'aux enzymes bactériennes et aux toxines. Les muqueuses en bon état fournissent une protection semblable à l'intérieur du corps. Il faut se rappeler que les muqueuses tapissent toutes les cavités corporelles qui s'ouvrent sur l'extérieur : le tube digestif, les voies respiratoires et urinaires ainsi que le système génital. Outre leur fonction de barrières physiques, ces épithéliums produisent diverses substances chimiques protectrices énumérées ci-après.

1. L'acidité des sécrétions cutanées (pH de 3 à 5) inhibe là croissance bactérienne. De plus, les lipides contenus dans le sébum et la dermcidine de la transpiration eccrine sont toxiques pour les bactéries. Les sécrétions vaginales chez la femme adulte sont aussi très acides.
2. La muqueuse gastrique sécrète de l'acide chlorhydrique, un acide fort, et des enzymes qui hydrolysent les protéines. Ces deux types de substances tuent les microorganismes.
3. La salive, qui nettoie la cavité orale et les dents, et les larmes contiennent du **lysozyme**, une enzyme qui détruit les bactéries.
4. Le mucus, une sécrétion collante, emprisonne un grand nombre de microorganismes qui pénètrent dans les voies digestives et respiratoires.

Les muqueuses des voies respiratoires présentent également des modifications structurales qui neutralisent les agresseurs potentiels. À l'intérieur du nez, les petits poils recouverts de mucus retiennent les particules inhalées. Quant à la muqueuse des voies respiratoires supérieures, elle comporte des cils dont les battements font remonter vers la bouche le mucus chargé de poussières et de bactéries. Ce faisant, les agents microbiens ne peuvent pénétrer dans la partie inférieure des voies respiratoires où le milieu chaud et humide constitue un endroit idéal pour la croissance bactérienne. La muqueuse intestinale porte des cellules spécialisées, appelées *cellules M* (ou *à micropuits*), dont les nombreux et fins replis captent les particules étrangères du côté de la lumière intestinale et les font passer par transcytose du côté basal de la cellule, vers le tissu lymphoïde, pour les exposer ainsi aux cellules immunitaires.

Par ailleurs, la peau et les muqueuses abritent une flore bactérienne commensale qui empêche normalement les bactéries étrangères de s'y installer ; la tâche de ces membranes est particulièrement complexe car, en plus d'avoir à distinguer entre ce qui est étranger à l'organisme et ce qui ne l'est pas, elles doivent aussi reconnaître et tolérer les microorganismes utiles.

Même si elles sont tout à fait efficaces, les barrières superficielles sont parfois percées de petites entailles et de coupures causées, par exemple, par le brossage des dents ou le rasage de la barbe. Lorsque cela se produit, les mécanismes innés *internes* (la deuxième ligne de défense) entrent en jeu.

VÉRIFIONS NOS ACQUIS

1. Quelles sont les différences entre les mécanismes de défense innés et les mécanismes adaptatifs ?
2. Quelle est la première ligne de défense contre la maladie ?

Les réponses se trouvent à l'appendice G.

Défenses internes : cellules et molécules

2 Expliquer l'importance de la phagocytose et des cellules tueuses naturelles dans la défense innée de l'organisme ; nommer les principaux phagocytes et situer leur lieu d'action ; expliquer le mécanisme de l'explosion oxydative.

L'organisme a recours à un grand nombre de moyens cellulaires et chimiques non spécifiques pour assurer sa protection. Ce sont en particulier les phagocytes, les cellules tueuses naturelles, les protéines antimicrobiennes et la fièvre. Divers éléments de l'organisme jouent un rôle dans la réaction inflammatoire : les macrophagocytes, les mastocytes et tous les types de leucocytes, de même que des douzaines de substances chimiques qui tuent les agents pathogènes et contribuent à la réparation des tissus. Tous ces éléments de protection repèrent les substances potentiellement dangereuses en reconnaissant les glucides spécifiques qui se trouvent à la surface des organismes infectieux (bactéries, virus et mycètes, entre autres). La fièvre est aussi une réaction de défense innée.

Phagocytes

Les agents pathogènes qui pénètrent dans le tissu conjonctif sous-jacent à la peau et aux muqueuses font face aux *phagocytes* (*phagein* : manger). Les principaux phagocytes sont les **macrophagocytes** («gros mangeurs»). Leurs précurseurs sont les **monocytes**, des globules blancs qui quittent la circulation sanguine et pénètrent dans les tissus, où ils se transforment en macrophagocytes.

Les *macrophagocytes libres*, tels les macrophagocytes alvéolaires dans les poumons, font «leur ronde» dans l'espace interstitiel de tous les tissus à la recherche de débris cellulaires ou d'«envahisseurs étrangers». Les *macrophagocytes fixes*, tels les macrophagocytes stellaires (cellules de Kupffer) dans le foie et les microglies dans l'encéphale, sont des résidants permanents d'organes particuliers chargés de capter les substances nocives ou les envahisseurs passant à proximité. Tous les

21

macrophagocytes, qu'ils soient fixes ou libres, présentent la même structure et assurent la même fonction.

Les **granulocytes neutrophiles**, qui sont les leucocytes les plus abondants, deviennent phagocytaires lorsqu'ils rencontrent des agents infectieux dans les tissus.

Phagocytose

Lors de la phagocytose, une vacuole membraneuse se forme, constituée en grande partie de membranes provenant du réticulum endoplasmique **(figure 21.2a)**. Le **phagosome** qui en résulte fusionne ensuite avec un *lysosome* pour donner un **phagolysosome** (figure 21.2b, étapes 1 à 3). Certains microorganismes, tel le bacille de Koch responsable de la tuberculose, réussissent toutefois à bloquer ce mécanisme et arrivent à survivre dans les macrophages en empêchant cette fusion de se produire.

L'activité phagocytaire n'est pas toujours couronnée de succès. Pour qu'il y ait ingestion, il doit d'abord y avoir **adhérence** du phagocyte à l'agresseur. Or, ce processus ne réussit que si la cellule reconnaît la « signature » glucidique de l'agent pathogène. Cette reconnaissance est particulièrement difficile à accomplir en présence de microorganismes comme les pneumocoques, recouverts d'une capsule externe composée de glucides complexes. Les agents pathogènes de ce type échappent parfois à la destruction, car les phagocytes n'arrivent pas à adhérer à leur capsule. L'adhérence a de meilleures chances de se produire, et est aussi plus efficace, lorsque les corps étrangers sont recouverts de protéines du complément ou d'anticorps fabriqués contre leurs composants glucidiques, car ces derniers forment des « crochets » auxquels les récepteurs de la membrane plasmique des phagocytes peuvent se fixer ; ce processus est appelé **opsonisation** (« rendre appétissant »).

Parfois, la façon dont les granulocytes neutrophiles et les macrophagocytes détruisent la proie ingérée est plus complexe qu'une simple acidification et une digestion par les enzymes lysosomiales. Par exemple, des agents pathogènes comme le bacille de la tuberculose et certains parasites résistent aux enzymes lysosomiales et arrivent même à proliférer à l'intérieur des phagolysosomes. Toutefois, d'autres cellules du système immunitaire, appelées lymphocytes T auxiliaires, libèrent des substances chimiques qui stimulent le macrophagocyte et entraînent l'activation d'autres enzymes qui, elles, produisent l'**explosion oxydative**. Ce processus aboutit à la production de monoxyde d'azote (NO) et d'un déluge de radicaux libres (dont l'anion superoxyde [O_2^-]), qui possèdent une grande capacité de destruction des cellules. De plus, la libération dans l'espace interstitiel d'oxydants (H_2O_2 et une substance semblable à l'eau de Javel, l'anion hypochlorite [OCl^-]) amplifie l'effet destructeur. L'explosion oxydative augmente également le pH et l'osmolarité à l'intérieur du phagolysosome, ce qui active d'autres enzymes protéolytiques qui digèrent l'envahisseur. Les granulocytes neutrophiles sécrètent également des peptides antimicrobiens, les *défensines*, qui transpercent la membrane de l'agent pathogène.

Lorsqu'ils n'arrivent pas à digérer leurs cibles (en raison de leur taille, par exemple), les phagocytes peuvent libérer des

---

Défenses innées ⟶ Défenses internes

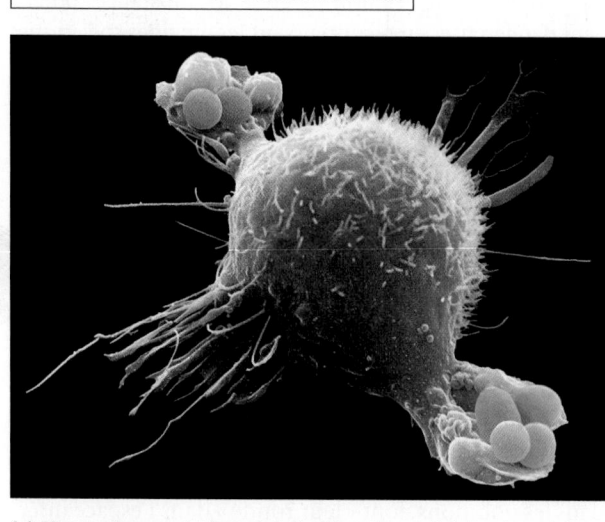

(a) Macrophagocyte (en violet) attirant vers lui des bactéries sphériques (en vert), à l'aide de ses prolongements cytoplasmiques. Micrographie au microscope électronique à balayage (1750×).

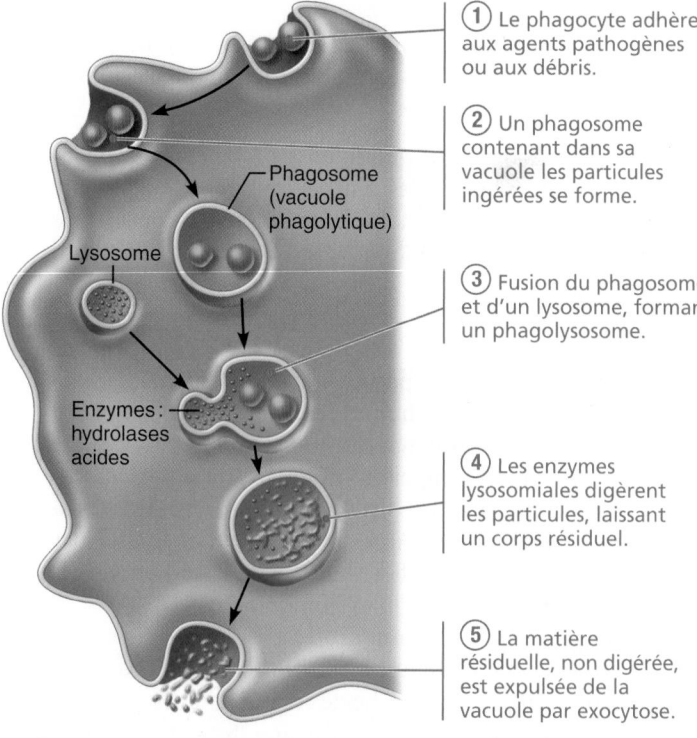

① Le phagocyte adhère aux agents pathogènes ou aux débris.

② Un phagosome contenant dans sa vacuole les particules ingérées se forme.

Phagosome (vacuole phagolytique)

Lysosome

③ Fusion du phagosome et d'un lysosome, formant un phagolysosome.

Enzymes : hydrolases acides

④ Les enzymes lysosomiales digèrent les particules, laissant un corps résiduel.

⑤ La matière résiduelle, non digérée, est expulsée de la vacuole par exocytose.

Figure 21.2 Phagocytose.

(b) Étapes de la phagocytose

substances toxiques dans le liquide extracellulaire. Mais la destruction des substances ingérées ou extracellulaires entraîne également celle des granulocytes neutrophiles alors que les macrophagocytes, qui sont plus robustes, peuvent continuer leur tâche.

Cellules tueuses naturelles

Les **cellules tueuses naturelles**, ou **cellules NK** (*natural killer cells*) nettoient le sang et la lymphe de l'organisme ; elles constituent un groupe particulier de cellules de défense qui peuvent provoquer la lyse de la membrane plasmique. Parfois appelées les « bull-terriers » du système immunitaire, elles sont capables de tuer les cellules tumorales et les cellules infectées par des virus avant que le système de défense adaptatif entre en action. Les cellules tueuses naturelles font partie d'un petit groupe de *grands lymphocytes granuleux* (*LGL, large granular lymphocytes*) et peuvent représenter jusqu'à 15 % des lymphocytes. Il ne faut pas confondre ces lymphocytes avec ceux du système adaptatif, qui ont la capacité de reconnaître des cellules infectées par des virus ou des cellules tumorales *spécifiques*, et ne réagissent que vis-à-vis d'elles. Les cellules tueuses naturelles sont beaucoup moins sélectives. Elles sont capables d'éliminer plusieurs types de cellules infectées ou cancéreuses, en détectant l'absence de récepteurs du « soi » à la surface des cellules et grâce à la reconnaissance de certains glucides sur les cellules cibles. Le terme cellules tueuses « naturelles » indique la non-spécificité de leur action destructrice.

Les cellules tueuses naturelles n'ont pas de pouvoir phagocytaire. Elles éliminent leurs proies en entrant directement en contact avec la cellule cible et en la détruisant par apoptose (mort cellulaire programmée). Elles font appel aux mêmes mécanismes que les lymphocytes T cytotoxiques (qui sont décrits en détail à la page 913). Les cellules tueuses naturelles sécrètent également des substances chimiques puissantes qui renforcent la réaction inflammatoire.

Inflammation : réaction des tissus à une lésion

3 Décrire la réaction inflammatoire et énumérer ses avantages pour l'organisme. Nommer les quatre signes majeurs de l'inflammation et expliquer leur utilité. Nommer les principaux médiateurs chimiques libérés durant la réaction inflammatoire ; indiquer leurs sources et leurs rôles particuliers.

La **réaction inflammatoire** est une réponse déclenchée par l'organisme dès que les tissus sont atteints par un traumatisme physique (un coup), une chaleur intense, une irritation due à des substances chimiques ou une infection causée par des virus, des bactéries ou des mycètes. L'inflammation est avantageuse à plusieurs égards :

1. Elle empêche la propagation des agents toxiques dans les tissus environnants.
2. Elle élimine les débris cellulaires et les agents pathogènes.
3. Elle amorce les premières étapes du processus de réparation.

Les quatre *signes majeurs* de l'inflammation aiguë (à court terme) sont la *rougeur*, la *chaleur*, la *tuméfaction* et la *douleur*. Si l'endroit enflammé est une articulation, les mouvements de cette articulation peuvent être temporairement entravés. La partie lésée se trouve donc au repos forcé, ce qui contribue à la guérison. Certains spécialistes considèrent la *perte de fonction* comme le cinquième signe majeur de l'inflammation aiguë. La figure 21.3 présente un aperçu du déroulement de l'inflammation et de l'apparition de ces signes majeurs.

Vasodilatation et accroissement de la perméabilité vasculaire

La réaction inflammatoire débute par une « alerte » chimique déclenchée par un déversement considérable de substances chimiques dans le liquide interstitiel. Dans une large mesure, le déclenchement de la réaction immunitaire dépend de certains récepteurs membranaires, appelés **récepteurs TLR** (*toll-like receptors*), que portent les macrophagocytes et les cellules de différents tissus servant de barrières naturelles (par exemple, les cellules épithéliales tapissant le tube digestif et les voies respiratoires). Jusqu'à maintenant, on a répertorié 11 types de récepteurs TLR chez l'humain qui reconnaissent chacun une classe particulière de microbes envahisseurs. Par exemple, l'un d'eux réagit à un glycolipide de la paroi cellulaire de la bactérie responsable de la tuberculose ; un autre à un composant des bactéries à Gram négatif (celles du genre *Salmonella*, par exemple). L'activation des récepteurs TLR provoque la libération de substances chimiques appelées *cytokines*, qui alimentent l'inflammation et attirent les leucocytes.

Toutefois, les macrophagocytes ne sont pas les seuls éléments du système inné capables de reconnaître un corps étranger. Les **mastocytes**, qui sont un élément clé de la réponse inflammatoire, libèrent de l'**histamine**, une substance inflammatoire puissante. De plus, les cellules des tissus lésés ou stressés ainsi que les phagocytes, les lymphocytes, les granulocytes basophiles et les protéines plasmatiques sont aussi la source de médiateurs de la réaction inflammatoire. Parmi ces médiateurs, on trouve notamment l'histamine et les cytokines, mais aussi les **kinines**, les **prostaglandines**, les **leucotriènes** et les **protéines du complément**. Bien que quelques-uns de ces médiateurs jouent également un rôle individuel dans l'inflammation (tableau 21.1), ils contribuent tous à la dilatation des artérioles situées près du siège de la lésion. L'augmentation du débit sanguin vers cette région est accompagnée d'**hyperémie** locale (« excès de sang », congestion), d'où la *rougeur* et la *chaleur* des tissus enflammés.

Les médiateurs augmentent aussi la perméabilité des capillaires de la région. En conséquence, le liquide contenant des facteurs de coagulation et des anticorps, aussi appelé **exsudat**, s'échappe de la circulation sanguine vers l'espace interstitiel. En s'accumulant, il cause une *tuméfaction* localisée, aussi appelée œdème, qui à son tour comprime les terminaisons nerveuses et détermine ainsi une sensation de *douleur*. La douleur résulte également de la libération de toxines bactériennes et des effets sensibilisants des prostaglandines et de la bradykinine. L'acide acétylsalicylique (AAS), ou aspirine, et quelques autres anti-inflammatoires produisent leurs effets analgésiques (qui calment la douleur) en inhibant la synthèse des prostaglandines.

21

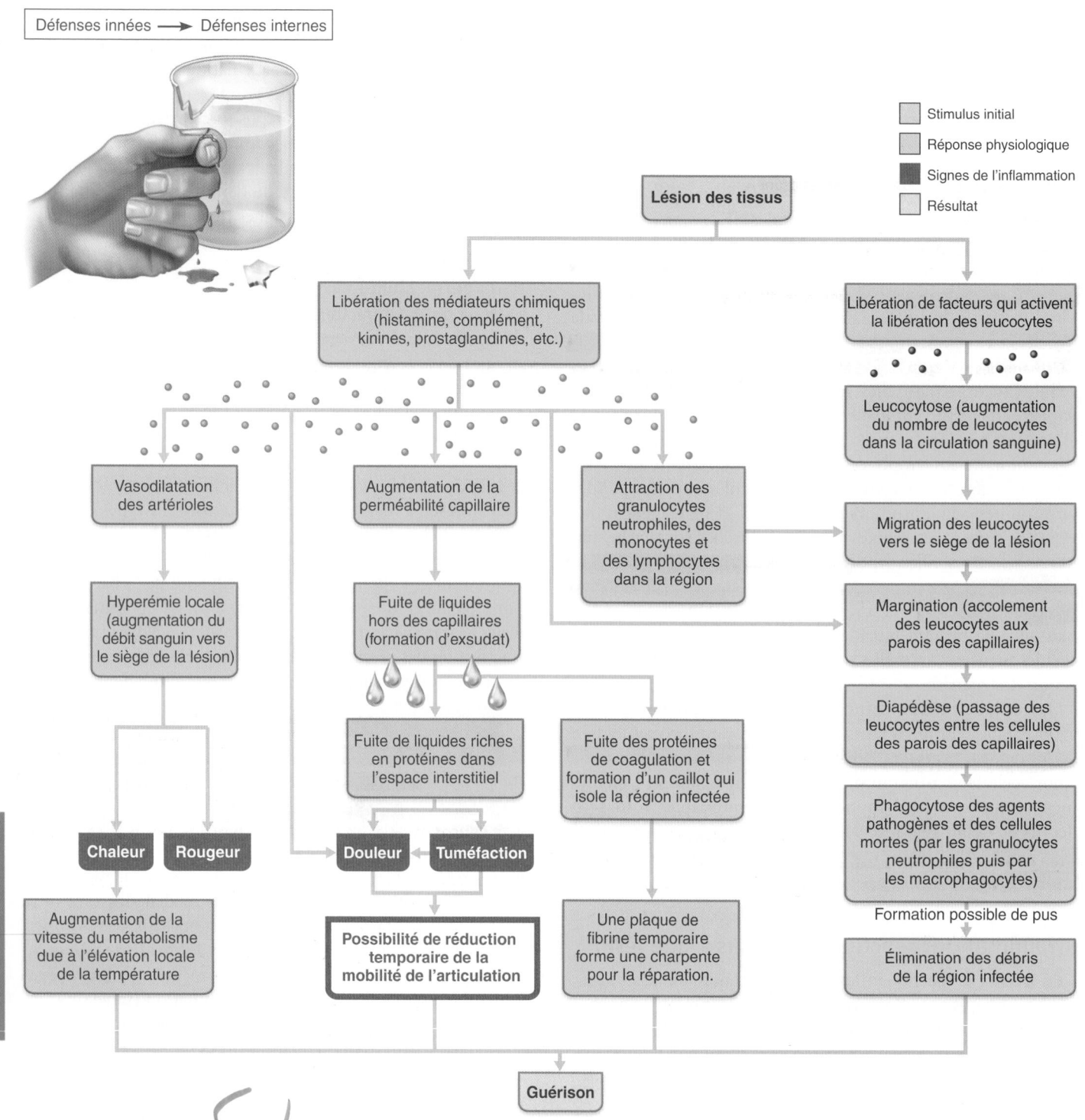

Figure 21.3 **Étapes de la réaction inflammatoire.** Les quatre signes majeurs de l'inflammation aiguë apparaissent dans les cases rouges. Certains considèrent la réduction de l'amplitude du mouvement articulaire (perte de fonction) comme le cinquième signe majeur de l'inflammation aiguë (rectangle avec le contour rouge).

L'œdème peut sembler nuisible, mais tel n'est pas le cas. En effet, l'afflux de liquides riches en protéines dans l'espace interstitiel entraîne les substances étrangères vers les vaisseaux lymphatiques, où elles sont traitées dans les nœuds lymphatiques. Cet afflux facilite aussi l'entrée de protéines importantes comme les protéines du complément et les facteurs de coagulation dans

TABLEAU 21.1	Médiateurs chimiques libérés au cours de la réaction inflammatoire	
MÉDIATEUR CHIMIQUE	**SOURCE**	**EFFETS PHYSIOLOGIQUES**
Histamine	Granules des mastocytes et des granulocytes basophiles ; libérée en réaction à un traumatisme mécanique, et en réaction à la présence de certains microorganismes et de substances chimiques libérées par les granulocytes neutrophiles.	Facilite la vasodilatation locale des artérioles ; augmente localement la perméabilité des capillaires, ce qui favorise la formation d'exsudat.
Kinines (bradykinine et autres)	Une protéine plasmatique, le kininogène, est clivée par une enzyme, la kallicréine, et d'autres protéases qui se trouvent dans le plasma, l'urine, la salive et les lysosomes des granulocytes neutrophiles ainsi que d'autres types de cellules ; le clivage libère des kinines actives.	Même action locale que l'histamine sur les artérioles et les capillaires ; déclenchent en outre le chimiotactisme des leucocytes et stimulent la libération d'enzymes lysosomiales par les granulocytes neutrophiles, favorisant de la sorte l'apparition d'autres kinines ; la bradykinine provoque l'œdème et la douleur en stimulant les neurofibres sensitives.
Eicosanoïdes : prostaglandines (PG) et leucotriènes (LT)	Molécules d'acides gras produites à partir de l'acide arachidonique ; se rencontrent dans toutes les membranes cellulaires ; synthétisées par les enzymes des granulocytes neutrophiles, des granulocytes basophiles, des mastocytes et d'autres types de cellules.	Mêmes effets que l'histamine ; déclenchent en outre le chimiotactisme des granulocytes neutrophiles ; provoquent la douleur.
Facteur de croissance dérivé des plaquettes	Sécrété par les plaquettes et les cellules endothéliales.	Stimule l'activité des fibroblastes et la réparation des tissus lésés.
Complément	Voir le tableau 21.2.	
Cytokines	Voir le tableau 21.4.	

le liquide interstitiel (figure 21.3). Les protéines de coagulation forment un réseau de fibrine (caillot) semblable à de la gelée, établissant ainsi la structure qui favorisera la réparation de la lésion. Leur action isole le siège de la lésion (y compris les capillaires lymphatiques) et empêche ainsi la propagation des bactéries et autres agents pathogènes dans les tissus environnants. Le cloisonnement du siège de la lésion constitue une stratégie de défense tellement importante que certaines bactéries (comme les streptocoques) possèdent des enzymes évoluées qui dégradent le caillot et les aident à se disséminer rapidement dans les tissus adjacents.

Dans les régions enflammées où une barrière épithéliale a été percée, les bêta-défensines entrent en jeu. Ces substances chimiques à large spectre sont présentes en petite quantité, mais en tout temps, dans les cellules épithéliales des muqueuses. Elles contribuent à maintenir la stérilité des voies internes de l'organisme (voies urinaires, bronches, etc.) en s'attaquant à divers agents microbiens. Cependant, quand la surface muqueuse est lésée et que le tissu conjonctif sous-jacent s'enflamme, la sécrétion de bêta-défensines augmente considérablement, ce qui contribue à circonscrire la colonisation bactérienne et fongique à la région exposée.

Mobilisation phagocytaire

Dès le début de l'inflammation, le siège de la lésion est envahi par de nombreux phagocytes – granulocytes neutrophiles d'abord, puis macrophagocytes. Lorsque l'inflammation est provoquée par des agents pathogènes, un groupe de protéines plasmatiques appelé complément (décrit un peu plus loin) est activé et des composantes du système de défense adaptatif – lymphocytes et anticorps – migrent aussi vers la région lésée. Les quatre étapes de la figure 21.4 illustrent comment les phagocytes se mobilisent et gagnent le siège de la lésion.

(1) **Leucocytose.** Des substances chimiques appelées **facteurs inducteurs de leucocytose** provenant des cellules lésées favorisent l'entrée dans le sang de granulocytes neutrophiles libérés par la moelle osseuse rouge. En quelques heures, le nombre de granulocytes neutrophiles dans la circulation sanguine peut quadrupler ou quintupler. Cette augmentation du nombre de leucocytes, appelée **leucocytose**, est un signe caractéristique de l'inflammation.

(2) **Margination.** Les cellules endothéliales enflammées se mettent à exprimer des molécules d'adhérence cellulaire (CAM), qui donnent le signal indiquant qu'il s'agit bien de la région touchée. Lorsqu'ils rencontrent les CAM, les granulocytes neutrophiles ralentissent et s'accolent à leur surface, formant un premier point d'ancrage. Lorsqu'elles sont activées par des substances inflammatoires, les CAM fixées aux granulocytes neutrophiles se lient étroitement aux cellules endothéliales. Cet ancrage des phagocytes aux parois internes des capillaires et des veinules postcapillaires porte le nom de **margination**.

(3) **Diapédèse.** Les déformations de la membrane plasmique des granulocytes neutrophiles (mouvement amiboïde) leur permettent de s'aplatir et de s'insinuer entre les cellules endothéliales des capillaires et des veinules postcapillaires

21

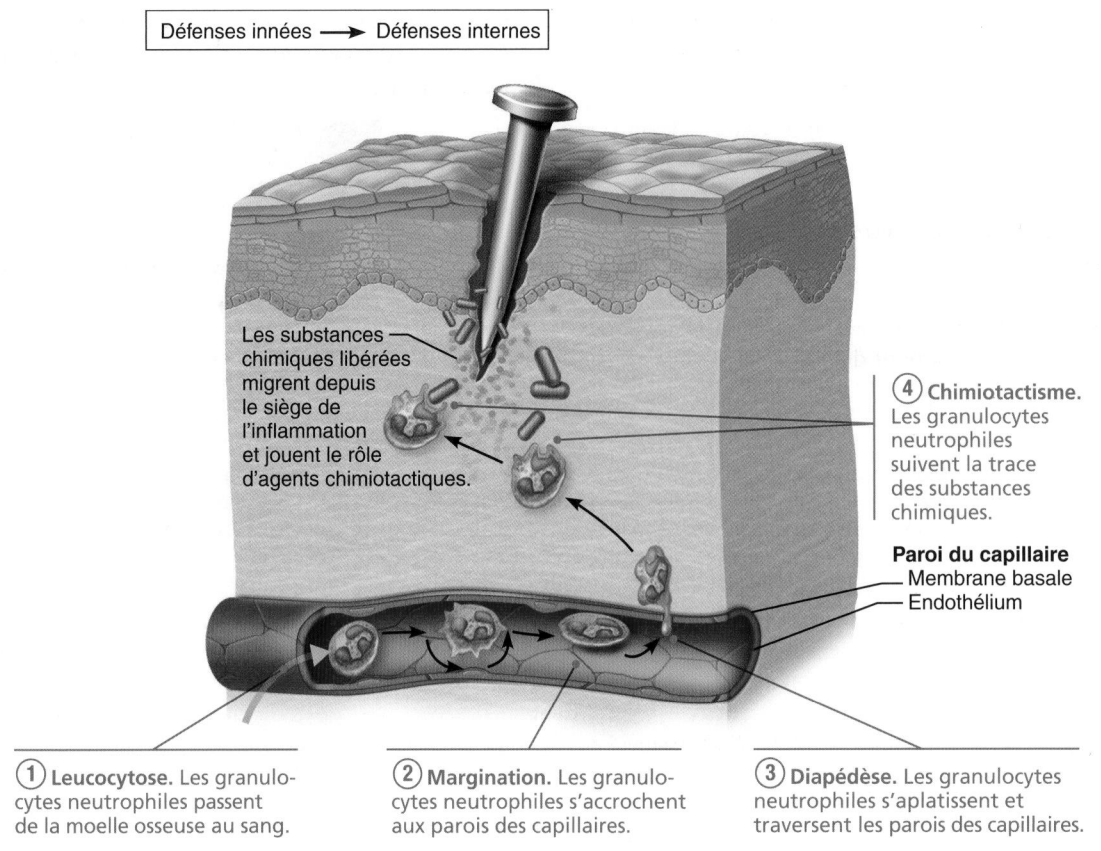

Défenses innées ⟶ Défenses internes

Les substances chimiques libérées migrent depuis le siège de l'inflammation et jouent le rôle d'agents chimiotactiques.

④ **Chimiotactisme.** Les granulocytes neutrophiles suivent la trace des substances chimiques.

Paroi du capillaire
— Membrane basale
— Endothélium

① **Leucocytose.** Les granulocytes neutrophiles passent de la moelle osseuse au sang.

② **Margination.** Les granulocytes neutrophiles s'accrochent aux parois des capillaires.

③ **Diapédèse.** Les granulocytes neutrophiles s'aplatissent et traversent les parois des capillaires.

Figure 21.4 Mobilisation des phagocytes.

pour passer du sang vers le liquide interstitiel ; ce processus est appelé **diapédèse**.

④ **Chimiotactisme.** Les substances chimiques sécrétées au cours de l'inflammation (un des fragments du complément principalement) jouent le rôle d'**agents chimiotactiques**. Les granulocytes neutrophiles et d'autres leucocytes migrent avec les agents chimiotactiques vers le foyer inflammatoire (**chimiotactisme** positif). Moins d'une heure après le début de la réaction inflammatoire, les granulocytes neutrophiles sont accumulés au siège de la lésion et dévorent les substances étrangères qui s'y trouvent.

La contre-attaque de l'organisme ne s'arrête pas là : des monocytes se joignent aux granulocytes neutrophiles dans la région de la lésion. La capacité phagocytaire des monocytes est assez faible, mais, dans les 12 heures après avoir quitté la circulation sanguine, ils se gonflent, produisent un grand nombre de lysosomes et se transforment en macrophagocytes dotés d'un appétit gargantuesque.

Ces nouveaux macrophagocytes remplacent les granulocytes neutrophiles sur le champ de bataille et continuent le combat. Ils sont les principaux agents de l'élimination finale des débris cellulaires au cours d'une inflammation aiguë. Ils prédominent également au siège d'une inflammation prolongée (*chronique*). L'objectif ultime de la réaction inflammatoire est de débarrasser la région lésée des agents pathogènes, des cellules mortes et des débris de toute sorte en vue de la réparation des tissus. Une fois cette tâche accomplie, la guérison a lieu habituellement très vite.

DÉSÉQUILIBRE HOMÉOSTATIQUE

Dans les endroits gravement infectés, le combat fait de nombreuses victimes dans chaque camp et un **pus** jaunâtre de consistance crémeuse peut s'accumuler dans la plaie. Le pus est un mélange de granulocytes neutrophiles morts ou affaiblis, de cellules nécrosées et d'agents pathogènes morts ou vivants. Si le mécanisme de l'inflammation ne réussit pas à éliminer les débris de la région lésée, le sac de pus peut se tapisser de fibres collagènes et former un *abcès*. Un drainage chirurgical est souvent nécessaire pour permettre la guérison.

Certains agents infectieux résistent à la digestion par les macrophagocytes qui les ingèrent. Ils échappent aux effets des antibiotiques qu'on administre afin de les combattre en demeurant cloîtrés dans les macrophagocytes qui les ont englobés (par exemple les bactéries à l'origine de la tuberculose et de la lèpre ou encore les œufs de certains vers parasites). Dans de tels cas, des *granulomes infectieux* apparaissent. Ces excroissances semblables à des tumeurs renferment une région centrale de macrophagocytes infectés et fusionnés entourés de macrophagocytes non infectés et d'une capsule fibreuse. Une personne peut héberger des agents pathogènes emmurés dans des granulomes pendant des années sans présenter le moindre symptôme.

Toutefois, si sa résistance à l'infection diminue, les bactéries peuvent être réactivées et sortir des granulomes, donnant lieu, du même coup, aux symptômes cliniques de la maladie. ■

Protéines antimicrobiennes

4 Nommer les protéines antimicrobiennes de l'organisme ; décrire leur fonction et expliquer leur mode d'action.

Diverses **protéines antimicrobiennes** accentuent les défenses innées de l'organisme en attaquant directement les microorga-nismes ou en les empêchant de se reproduire. Les protéines anti-microbiennes les plus importantes sont l'interféron, les protéines du complément et la protéine C-réactive (tableau 21.2).

Interféron

Les virus – essentiellement constitués d'acides nucléiques recouverts d'une enveloppe protéique – ne possèdent pas la machinerie cellulaire requise pour la production d'ATP ou la synthèse de protéines. Ils accomplissent leur « sale boulot », c'est-à-dire les dommages à l'organisme, en envahissant les cellules et en détournant à leur profit la machinerie cellulaire

TABLEAU 21.2	Récapitulation des défenses non spécifiques de l'organisme
CATÉGORIE/ÉLÉMENTS ASSOCIÉS	**MÉCANISME DE PROTECTION**
Première ligne de défense : barrières superficielles (peau et muqueuses)	
Épiderme de la peau intacte	Forme une barrière mécanique qui empêche l'infiltration d'agents pathogènes et d'autres substances nocives dans l'organisme.
▪ Acidité de la peau	Les sécrétions de la peau (sueur et sébum) rendent la surface de l'épiderme acide, ce qui inhibe la croissance des bactéries ; le sébum contient aussi des agents chimiques bactéricides.
▪ Kératine	Assure la résistance contre les acides, les alcalis et les enzymes bactériennes.
Muqueuses intactes	Forment une barrière mécanique qui empêche l'infiltration d'agents pathogènes.
▪ Mucus	Emprisonne les microorganismes dans les voies respiratoires et digestives.
▪ Poils des cavités nasales	Filtrent et emprisonnent les microorganismes dans les cavités nasales.
▪ Cils	Font remonter le mucus chargé de débris vers la cavité nasale et la partie supérieure des voies respiratoires.
▪ Suc gastrique	Contient de l'acide chlorhydrique concentré et des enzymes qui hydrolysent les protéines et détruisent les agents pathogènes dans l'estomac.
▪ Acidité de la muqueuse vaginale	Inhibe la croissance des bactéries et des mycètes dans les voies génitales de la femme.
▪ Sécrétion lacrymale (larmes) ; salive	Lubrifient et nettoient constamment les yeux (larmes) et la cavité orale (salive) ; contiennent du lysozyme, enzyme qui détruit les microorganismes.
▪ Urine	Le pH normalement acide inhibe la croissance bactérienne ; l'urine nettoie les voies urinaires.
Deuxième ligne de défense : défenses cellulaires et chimiques innées	
Phagocytes	Ingèrent et détruisent les agents pathogènes qui percent les barrières superficielles ; les macrophagocytes contribuent aussi à la réaction immunitaire adaptative.
Cellules tueuses naturelles (NK)	Favorisent l'apoptose (suicide cellulaire) en attaquant directement les cellules infectées par des virus ou les cellules cancéreuses ; leur action n'exige pas la reconnaissance d'un antigène spécifique ; ne contribuent pas à la mémoire immunitaire.
Réaction inflammatoire	Empêche les agents nocifs de se propager aux tissus adjacents, élimine les agents pathogènes et les cellules mortes, et permet la réparation des tissus ; les médiateurs chimiques libérés attirent les phagocytes (et autres cellules immunitaires) au siège de la lésion.
Protéines antimicrobiennes	
▪ Interférons (α, β, γ)	Protéines que libèrent les cellules infectées par des virus et certains lymphocytes qui protègent les cellules des tissus non infectés contre l'envahissement par des virus ; stimulent le système immunitaire.
▪ Complément	Provoque la lyse des microorganismes, favorise la phagocytose par opsonisation, intensifie la réaction inflammatoire et immunitaire.
▪ Protéine C-réactive	Exerce plusieurs fonctions, notamment le marquage des agents pathogènes et l'activation du complément.
Fièvre	Réaction systémique déclenchée par des substances pyrogènes ; la température corporelle élevée inhibe la multiplication microbienne et favorise le processus de réparation de l'organisme.

nécessaire à leur reproduction; ce sont des parasites au vrai sens du terme. Bien que les cellules infectées soient impuissantes à se défendre, certaines peuvent sécréter de petites protéines appelées **interférons** et contribuer ainsi à la protection des cellules qui n'ont pas encore été touchées. Les molécules d'interféron diffusent vers les cellules voisines pour y stimuler la synthèse de protéines qui «interfèrent» avec la réplication virale dans ces cellules saines en inhibant la synthèse de protéines et la dégradation de l'ARN viral (figure 21.5). Les interférons activent également les cellules tueuses (NK) qui interviennent dans la lutte contre les infections virales. La protection assurée par l'interféron n'a pas de *spécificité virale*; par conséquent, celui fabriqué pour lutter contre un virus en particulier nous protège contre d'autres virus.

L'interféron est en fait une famille de petites protéines apparentées qui sont fabriquées par plusieurs types de cellules et dont les effets physiologiques diffèrent légèrement. Les lymphocytes T activés et les cellules NK sécrètent l'interféron gamma (γ) ou immun, mais la plupart des autres leucocytes fabriquent l'interféron alpha (α), qui comprend lui-même une vingtaine de substances différentes. Les fibroblastes produisent l'interféron bêta (β). Les interférons α et β réduisent l'inflammation, évitant que le phénomène s'emballe. Outre leurs effets antiviraux, les interférons activent les macrophagocytes et mobilisent les cellules NK. À cause de l'action directe des macrophagocytes et des cellules NK sur les cellules malignes, les interférons jouent un certain rôle dans la protection contre le cancer.

L'interféron produit par génie génétique se révèle utile comme agent antiviral. Par exemple, l'*IFN alpha* (interféron alpha) est utilisé pour traiter les condylomes vénériens et l'hépatite C. On utilise également l'interféron bêta pour lutter contre la sclérose en plaques, une maladie démyélinisante dévastatrice décrite au chapitre 11 (voir p. 459-461).

Complément

Le **complément**, ou système du complément, est un groupe d'au moins 20 protéines plasmatiques synthétisées par le foie et normalement présentes dans le sang sous forme inactive. Il comprend les protéines (ou facteurs) C1 à C9, les facteurs B, D et P (le facteur P est aussi appelé properdine) ainsi que quelques protéines régulatrices. Le complément constitue l'un des principaux mécanismes de destruction des substances étrangères dans l'organisme. Son activation libère des médiateurs chimiques qui accentuent presque tous les aspects de la réaction inflammatoire. Le complément élimine aussi certaines bactéries et d'autres types de cellules par cytolyse. (Heureusement, nos propres cellules sont dotées de protéines qui inactivent le complément.) Bien qu'il soit lui-même un mécanisme de défense non spécifique, le complément «complète» les *deux* systèmes de défense, inné et adaptatif, c'est-à-dire qu'il accroît leur efficacité.

Le complément peut être activé par l'une ou l'autre des deux voies schématisées à la figure 21.6. (On connaît aussi une troisième voie, la voie des lactines, dont nous ne traitons pas ici.) La **voie classique** fait intervenir les *anticorps*, ces protéines hydrosolubles produites par le système de défense adaptatif pour combattre les corps étrangers qui s'introduisent dans l'organisme. Cette voie d'activation est déclenchée par la fixation des anticorps sur les agents pathogènes envahisseurs et par la fixation subséquente du facteur C1 aux complexes microorganisme-anticorps; cette étape, appelée *fixation du complément*, est décrite plus loin (voir p. 905). La **voie alterne** est habituellement amorcée en l'absence d'anticorps, lorsque le facteur C3 est spontanément activé et que les facteurs B, D et P interagissent à la surface de certains microorganismes.

Comme dans le cas de la coagulation du sang, l'activation du complément par chacune des voies déclenche une cascade de réactions conduisant à l'activation séquentielle des facteurs protéiques, au cours de laquelle chaque composant catalyse

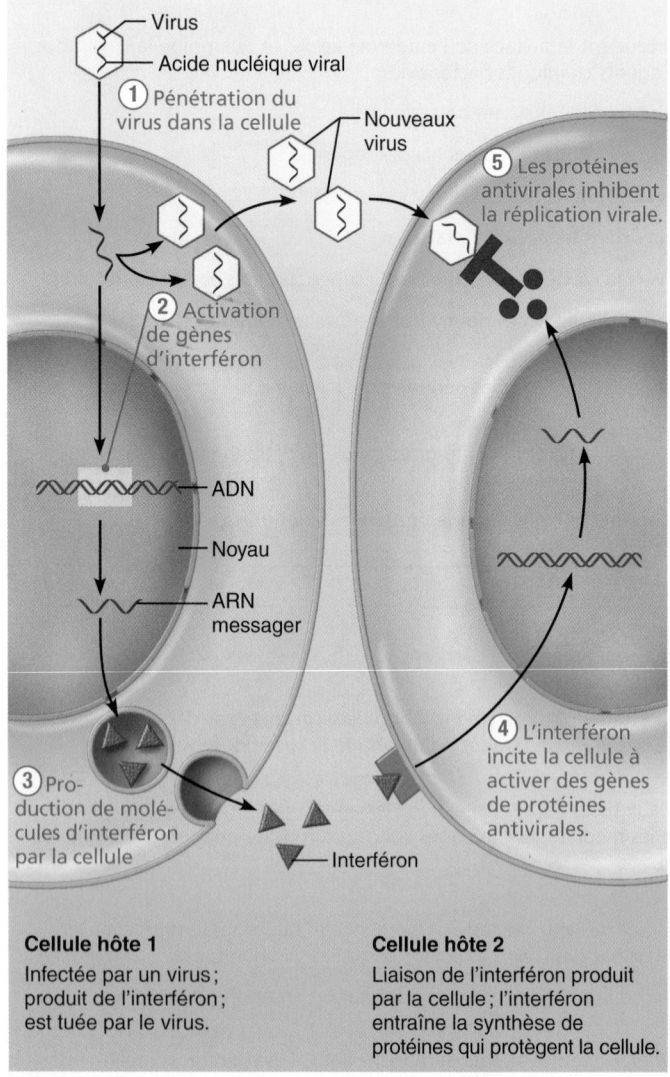

Défenses innées ⟶ Défenses internes

① Pénétration du virus dans la cellule
② Activation de gènes d'interféron
③ Production de molécules d'interféron par la cellule
④ L'interféron incite la cellule à activer des gènes de protéines antivirales.
⑤ Les protéines antivirales inhibent la réplication virale.

Virus
Acide nucléique viral
Nouveaux virus
ADN
Noyau
ARN messager
Interféron

Cellule hôte 1
Infectée par un virus; produit de l'interféron; est tuée par le virus.

Cellule hôte 2
Liaison de l'interféron produit par la cellule; l'interféron entraîne la synthèse de protéines qui protègent la cellule.

Figure 21.5 Mécanisme de l'interféron contre les virus.

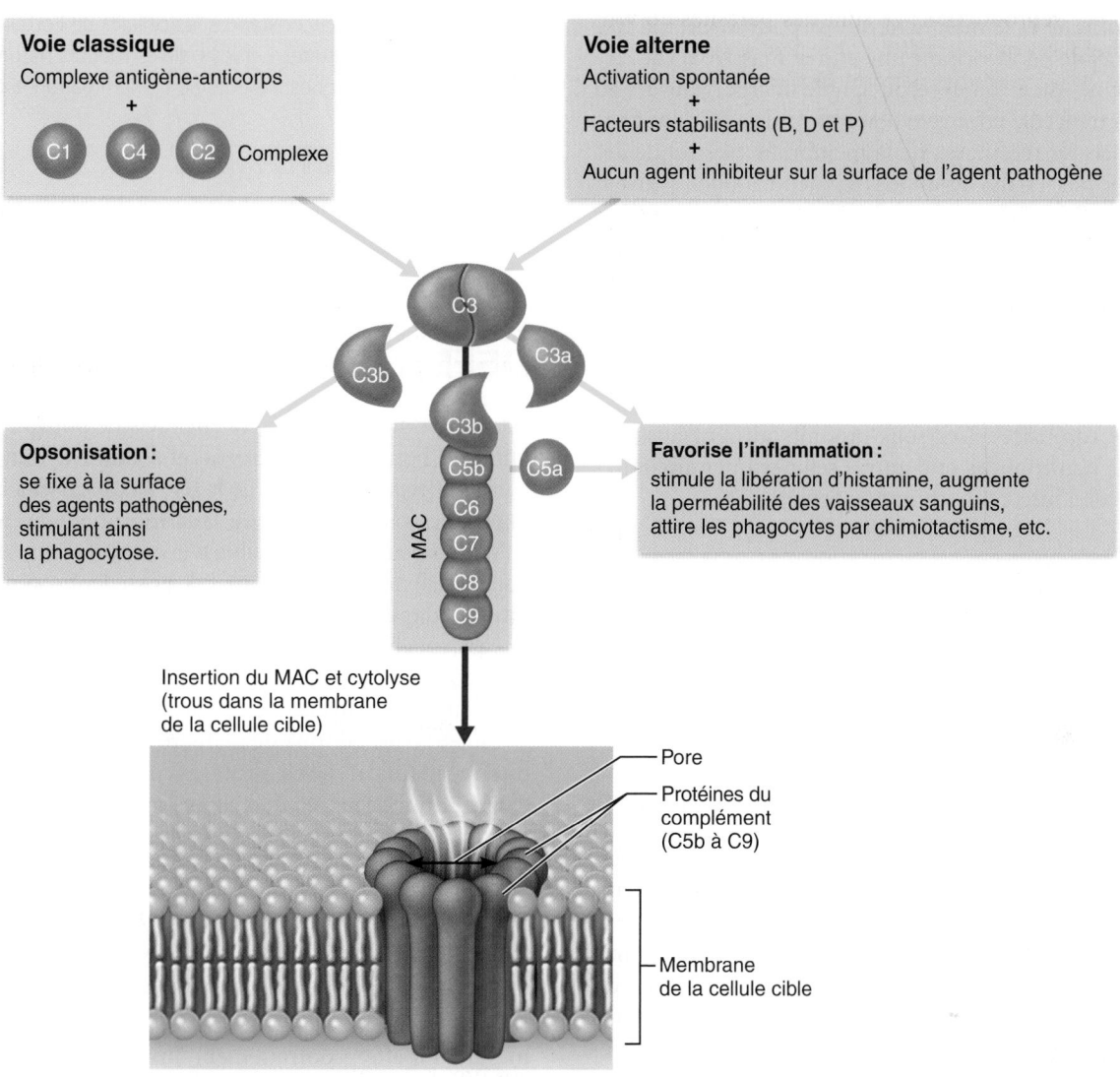

Figure 21.6 Activation du complément. Dans l'activation de la voie classique du complément, les anticorps qui recouvrent la surface d'un agent pathogène activent les protéines du complément C1, C4 et C2, qui, à leur tour, activent le facteur C3. Dans la voie alterne, le facteur C3 s'active spontanément et se fixe à la membrane de l'agent pathogène. (Contrairement à la membrane de nos cellules, celle des agents pathogènes ne possède pas d'inhibiteurs de l'activation du complément.) Les facteurs B, D et P stabilisent spontanément le facteur C3 activé. L'une ou l'autre voie entraîne l'activation du facteur C3, qui se scinde en deux parties : C3a et C3b. Le fragment C3a favorise l'inflammation (avec l'aide de C5a), alors que le fragment C3b stimule la phagocytose en agissant comme une opsonine. Dans certaines cellules cibles (la plupart du temps, des bactéries), C3b active aussi d'autres protéines du complément qui peuvent former un complexe d'attaque membranaire (MAC). Les MAC sont formés à partir d'éléments activés du complément (facteurs C5b et C6 à C9) qui s'insèrent dans la membrane de la cellule cible. Ils perforent alors la membrane en creusant des pores en forme d'entonnoir qui provoquent la cytolyse de la cellule cible.

l'étape suivante. Les voies classique et alterne agissent toutes deux sur le facteur C3 pour le cliver, grâce à l'enzyme C3-convertase, en deux fragments protéiques – les facteurs C3a et C3b. Cette étape amorce une voie terminale commune qui accentue la réaction inflammatoire, favorise la phagocytose et peut provoquer la cytolyse.

Le processus cytolytique débute par la fixation du C3b, qui se lie à la surface de la cellule cible par le biais de liaisons covalentes. Cette fixation entraîne l'insertion, dans la membrane plasmique de la cellule cible, d'un groupe de protéines du complément nommé **complexe d'attaque membranaire** (**MAC**, *membrane attack complex*). Le MAC forme un trou dans la membrane et le maintient ouvert pour assurer la lyse de la cellule cible en favorisant une entrée massive d'eau.

Les molécules du C3b qui recouvrent le microorganisme ou se fixent à la molécule étrangère deviennent des « sites de fixation » auxquels les récepteurs de la membrane plasmique des macrophagocytes et des granulocytes neutrophiles peuvent adhérer (immunoadhérence), ce qui leur permet d'englober l'élément étranger plus rapidement. Comme nous l'avons mentionné précédemment, ce processus est appelé *opsonisation*. Le C3a et les autres produits de clivage élaborés au cours de la fixation du complément accentuent la réaction inflammatoire en stimulant la libération d'histamine par les mastocytes et les granulocytes basophiles (vasodilatation et augmentation de la perméabilité capillaire). Ces sous-produits attirent aussi les granulocytes neutrophiles et d'autres cellules inflammatoires vers le siège de l'infection (chimiotactisme).

Fièvre

5 Expliquer comment la fièvre contribue à la protection de l'organisme.

L'organisme peut présenter une réaction localisée telle que l'inflammation pour se défendre contre l'invasion de microorganismes, mais il peut aussi réagir contre les microorganismes envahisseurs de manière généralisée (systémique) par la **fièvre**, c'est-à-dire une température corporelle anormalement élevée. Comme nous le décrions plus en détail au chapitre 24, la température de l'organisme est régie par un groupe de neurones situés dans l'hypothalamus, communément considéré comme le thermostat de l'organisme. Normalement, le thermostat est réglé à environ 37 °C. Cependant, il peut être réglé à une température supérieure sous l'effet de substances chimiques appelées **pyrogènes** (*puro*: feu), qui sont sécrétées par les leucocytes et les macrophagocytes exposés à des substances étrangères dans l'organisme. Les pyrogènes sont soit d'origine endogène (qui proviennent de l'*intérieur* de la cellule), tels les cytokines, les interleukines et les interférons, soit d'origine exogène (bactéries, virus et champignons).

Une forte fièvre constitue un danger pour l'organisme, car la chaleur excessive dénature les enzymes et perturbe le métabolisme. En revanche, une fièvre légère ou modérée est une réaction d'adaptation qui semble bénéfique à l'organisme. En effet, les bactéries ont besoin de grandes quantités de fer et de zinc pour se multiplier; or, pendant un accès de fièvre, le foie et la rate séquestrent ces nutriments et diminuent leur disponibilité. Par ailleurs, une température élevée a un effet positif sur les interférons. Enfin, la fièvre augmente, globalement, la vitesse du métabolisme cellulaire; le processus de réparation s'en trouve ainsi accéléré.

VÉRIFIONS NOS ACQUIS

3. Qu'est-ce que l'opsonisation? Comment aide-t-elle les phagocytes? Nommez une molécule qui joue le rôle d'une opsonine.

4. Dans quelles circonstances les cellules de l'organisme sont-elles détruites par les cellules tueuses naturelles?

5. Donnez les signes majeurs de l'inflammation. Expliquez leur origine.

Les réponses se trouvent à l'appendice G.

DEUXIÈME PARTIE
DÉFENSES ADAPTATIVES

La plupart d'entre nous seraient ravis de pouvoir entrer dans une seule boutique de vêtements et d'y trouver tout ce qu'il leur faut pour repartir habillés de la tête aux pieds et à la perfection malgré les particularités de leur morphologie. Nous *savons* qu'il est à peu près impossible d'avoir accès à un tel service. Et pourtant, il nous paraît naturel de posséder un **système immunitaire adaptatif**, c'est-à-dire un *système de défense spécifique* intégré, capable de traquer et d'éliminer, toujours avec la même précision, à peu près n'importe quel type d'agents pathogènes qui s'introduit dans notre organisme.

Quand il fonctionne de manière efficace, le système immunitaire adaptatif nous protège contre une grande variété d'agents infectieux et de cellules anormales de l'organisme. Lorsqu'il échoue ou cesse de fonctionner, certaines maladies très graves, comme le cancer et le SIDA, peuvent survenir. L'activité du système adaptatif accentue considérablement la réaction inflammatoire et est presque entièrement responsable de l'activation du complément.

À première vue, le système adaptatif semble présenter un défaut majeur, mais c'est le prix à payer pour une réponse sur mesure. En effet, contrairement aux défenses innées, qui sont toujours prêtes à réagir et capables de le faire, le système adaptatif doit d'abord « rencontrer » une substance étrangère spécifique (antigène) ou être sensibilisé par une exposition initiale avant de pouvoir protéger l'organisme contre cette substance. Or, ce processus fait perdre un temps précieux.

Les fondements de l'immunité spécifique ont été découverts vers la fin du XIXᵉ siècle quand des chercheurs ont démontré que des animaux ayant survécu à une grave infection bactérienne possédaient dans leur sang des facteurs de protection qui les défendaient en cas de nouvelles attaques par le même agent pathogène. On sait maintenant que ces facteurs sont des protéines uniques en leur genre et très réactives; on les appelle *anticorps*. Par ailleurs, les chercheurs ont découvert que, dans le cas d'une infection particulière, il était possible de transférer l'immunité à un animal *non* immunisé au moyen d'une injection de sérum (*immunosérum*) contenant les anticorps d'un animal qui avait survécu à cette maladie infectieuse. Ces expériences présentent un grand intérêt, car elles ont fait connaître trois aspects essentiels de la réaction immunitaire adaptative:

1. Elle est spécifique: le système immunitaire reconnaît des substances étrangères ou des agents pathogènes *particuliers* et dirige son attaque contre eux.

2. **Elle est systémique**: l'immunité n'est pas restreinte au siège initial de l'infection.
3. **Elle possède une «mémoire»**: après une première exposition, le système immunitaire reconnaît les agents pathogènes déjà rencontrés et il élabore contre eux des attaques plus rapides et encore plus intenses.

Dans les débuts de l'immunologie, on croyait que les anticorps constituaient la seule artillerie du système immunitaire adaptatif mais, au milieu du XXᵉ siècle, les chercheurs découvrirent que l'inoculation de sérum contenant des anticorps *ne protégeait pas toujours* le receveur contre les maladies auxquelles le donneur de sérum avait survécu; dans de tels cas, cependant, l'injection de lymphocytes du donneur assurait bien l'immunité. À mesure que les morceaux du casse-tête s'assemblaient, les chercheurs ont admis que l'immunité adaptative se divisait en deux branches qui présentent des différences, mais possèdent des points communs et utilisent des mécanismes d'attaque variant selon le genre d'intrus.

L'**immunité humorale**, aussi appelée **immunité à médiation humorale**, est assurée par les anticorps présents dans les «humeurs», ou liquides de l'organisme (sang, lymphe, etc.). Bien qu'ils soient élaborés par les lymphocytes et les plasmocytes, les anticorps circulent librement dans le sang et la lymphe, où ils se fixent principalement aux bactéries et à leurs toxines ainsi qu'aux virus libres, qu'ils inactivent temporairement et qu'ils marquent pour favoriser leur destruction par les phagocytes ou le complément.

Lorsque ce sont les lymphocytes eux-mêmes, plutôt que des anticorps, qui défendent l'organisme, l'immunité est appelée **immunité cellulaire**, ou **à médiation cellulaire**, parce que les facteurs de protection sont des cellules vivantes. L'immunité cellulaire a aussi des cibles cellulaires: les cellules des tissus infectés par des virus ou des parasites, les cellules cancéreuses et les cellules des greffons étrangers. Les lymphocytes agissent contre de telles cibles soit *directement*, en tuant des cellules étrangères, soit *indirectement*, en libérant les médiateurs chimiques qui intensifient la réaction inflammatoire ou activent d'autres lymphocytes ou macrophagocytes. Comme vous pouvez le constater, les deux branches du système immunitaire réagissent dans l'ensemble aux mêmes substances étrangères, mais elles ne le font pas du tout de la même manière.

Avant de décrire séparément la réaction à médiation humorale et la réaction à médiation cellulaire, nous allons d'abord examiner les *antigènes* qui déclenchent l'activité de ces cellules très particulières qui interviennent dans les réactions immunitaires.

Antigènes

6 Définir l'antigène et décrire ses effets sur les défenses adaptatives.

7 Expliquer, à l'aide d'exemples, ce que sont un antigène complet, un haptène, un déterminant antigénique et un autoantigène.

Les **antigènes** sont des substances capables de mobiliser les défenses adaptatives et de provoquer une réaction immunitaire.

Ils constituent la cible ultime de toute réaction immunitaire adaptative. La plupart des antigènes sont de grosses molécules complexes (naturelles ou synthétiques) que l'on ne rencontre pas normalement dans l'organisme. Notre système immunitaire les considère donc comme des intrus, ou molécules du **non-soi**. Par conséquent, la présence d'antigènes particuliers peut servir d'outil diagnostique pour certains cancers (par exemple, l'ACE, *antigène carcinoembryonnaire*, pour le cancer du côlon, l'AFP, *alpha fœtoproéine*, pour le cancer du foie et l'ASP, *antigène spécifique prostatique*, pour le cancer de la prostate).

Antigènes complets et haptènes

Les antigènes peuvent être *complets* ou *incomplets*. Les **antigènes complets** présentent deux propriétés fonctionnelles importantes:

1. **Immunogénicité**, soit la capacité de stimuler la prolifération de lymphocytes spécifiques et la formation d'anticorps spécifiques (le terme «antigène» vient de l'expression «en*gendrer des anti*corps», qui fait référence à cette propriété antigénique particulière).
2. **Réactivité**, soit la capacité d'interagir avec les lymphocytes activés et les anticorps libérés à l'occasion de réactions immunogéniques.

Une variété quasi infinie de molécules étrangères peut jouer le rôle d'antigènes complets; elles comprennent à peu près toutes les protéines étrangères, de nombreux polysaccharides de grande taille, certains lipides et les acides nucléiques. Parmi toutes ces substances, ce sont les protéines qui constituent les antigènes les plus puissants. Les grains de pollen et les microorganismes – bactéries, virus, mycètes, protozoaires et vers parasites – sont immunogènes parce que leur surface (enveloppe ou capside dans le cas de virus) porte de nombreuses macromolécules étrangères différentes. En effet, un même microorganisme peut porter plusieurs antigènes différents; par exemple, les antigènes de la capsule d'une bactérie sont différents des antigènes de sa paroi ou de ses flagelles.

En général, les petites molécules – comme les peptides, les nucléotides et de nombreuses hormones – ne sont pas immunogènes. Mais si elles se lient aux propres protéines de l'organisme, le système immunitaire adaptatif peut reconnaître l'*association* comme étrangère et déclencher une attaque dont les effets sont plus dommageables que protecteurs. (Nous décrirons plus loin dans ce chapitre ces réactions, appelées *hypersensibilités*.) Dans de tels cas, la petite molécule «fautrice de troubles» est appelée **haptène** (*haptein*: saisir), ou **antigène incomplet**. À moins d'être couplés à des protéines vectrices, les haptènes possèdent la propriété de réactivité, mais non celle d'immunogénicité. Outre certains médicaments, des substances chimiques peuvent se comporter comme des haptènes; on en trouve dans le sumac vénéneux (herbe à puce), les phanères des animaux et même dans certains cosmétiques et quelques produits domestiques et industriels courants. Le cas de la pénicilline est bien connu: cet antibiotique n'est pas en soi une substance antigénique, mais il peut le devenir en s'unissant à des protéines du sang et provoquer alors une réaction allergique grave.

21

Déterminants antigéniques

La capacité d'une molécule de se comporter comme un antigène repose à la fois sur sa taille et sur la complexité de sa structure. Seules certaines parties d'un antigène complet, appelées **déterminants antigéniques**, ou **épitopes**, sont antigéniques. Les anticorps libres ou bien les récepteurs des lymphocytes peuvent se lier à ces sites d'une façon assez semblable à celle d'une enzyme avec un substrat (c'est-à-dire par complémentarité de la structure tridimensionnelle des molécules, mais sans formation de liaisons covalentes).

La majorité des antigènes naturels présentent à leur surface plusieurs déterminants antigéniques différents, certains plus aptes que d'autres à provoquer une réaction immunitaire (**figure 21.7**). Étant donné que des déterminants antigéniques différents sont « reconnus » par des lymphocytes différents, un seul antigène peut mobiliser contre lui plusieurs populations de lymphocytes et stimuler la formation d'une grande variété d'anticorps. Les grosses protéines portent des centaines de déterminants antigéniques différents, ce qui explique leur haut degré d'immunogénicité et de réactivité. Cependant, les grosses molécules de structure simple, comme les plastiques, qui possèdent de nombreuses unités identiques régulièrement répétées (et qui, par conséquent, ne sont pas chimiquement complexes) ont peu d'immunogénicité ou n'en ont pas. De telles substances servent à la fabrication d'implants artificiels parce qu'elles ne sont pas reconnues comme étrangères ni rejetées par l'organisme.

Autoantigènes : protéines du CMH

La surface de toutes nos cellules est parsemée d'une immense variété de molécules protéiques. Quand notre système immunitaire est « programmé » adéquatement, ces **autoantigènes**, ou **marqueurs du soi**, ne sont pas étrangers – ou antigéniques – pour notre organisme, mais ils le sont fortement pour l'organisme d'une autre personne. (C'est ce phénomène qui est à l'origine des réactions indésirables déclenchées par une transfusion ou un greffon.)

Parmi ces protéines de surface qui marquent les cellules comme faisant partie du *soi* se trouve un groupe de glycoprotéines appelées **protéines du CMH**, ou **système HLA** (*human leucocyte antigen*). Ces protéines sont codées par les gènes composant le **complexe majeur d'histocompatibilité** (**CMH**). (Le qualificatif « majeur » distingue l'*ensemble* des gènes du CMH des autres gènes pouvant avoir un effet *mineur* sur la compatibilité tissulaire.) Il existe des millions de combinaisons possibles de ces gènes, car on dénombre une vingtaine de ceux-ci, dont certains ont plus de 50 formes (allèles) différentes. C'est pourquoi il est peu probable que deux individus, sauf les vrais jumeaux, possèdent des protéines du CMH identiques.

On connaît deux grandes catégories de protéines du CMH, que l'on distingue par leur distribution dans le corps. Les protéines du CMH de classe I se rencontrent sur presque *toutes* les cellules de l'organisme, alors que les protéines du CMH de classe II se rencontrent *seulement sur certaines cellules* qui interviennent dans la réaction immunitaire.

Chaque molécule du CMH possède un sillon profond qui présente habituellement un peptide. Dans les cellules saines, les peptides présentés par les protéines du CMH de classe I sont issus de la dégradation protéinique cellulaire qui a lieu lors du recyclage normal des protéines, et ils sont habituellement très différents les uns des autres, même s'il s'agit toujours d'autoantigènes. Dans les cellules infectées, cependant, les protéines du CMH de classe I se lient aussi à des fragments d'antigènes *étrangers* qui proviennent de l'intérieur de la cellule infectée. Les peptides présentés par les protéines du CMH de classe II se trouvent à l'extérieur de la cellule. Comme nous l'expliquerons bientôt, la présentation de ces peptides joue un rôle crucial dans la mobilisation des défenses adaptatives.

VÉRIFIONS NOS ACQUIS

6. Nommez trois caractéristiques de l'immunité adaptative.

7. En quoi un antigène complet se distingue-t-il d'un haptène ?

8. Quelle substance marque une cellule comme faisant partie du soi par rapport au non-soi ?

Les réponses se trouvent à l'appendice G.

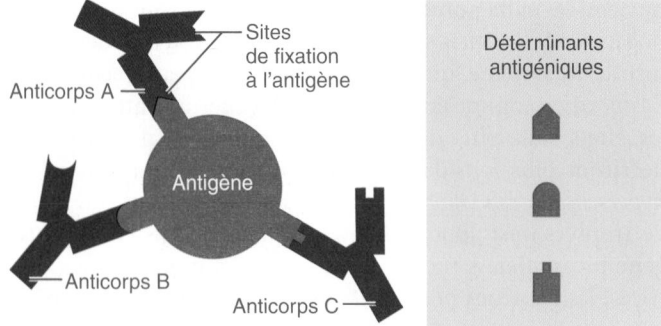

Figure 21.7 La plupart des antigènes portent plusieurs déterminants antigéniques différents. Les anticorps (et les récepteurs des lymphocytes correspondants) se lient à de petites régions à la surface des antigènes, appelées déterminants antigéniques. Dans l'exemple illustré, trois types d'anticorps interagissent avec trois déterminants antigéniques différents de la même molécule d'antigène.

Cellules du système immunitaire adaptatif : caractéristiques générales

8 Comparer la fonction générale des lymphocytes B et des lymphocytes T ainsi que leur origine et leur processus de maturation.

9 Définir l'immunocompétence et l'autotolérance ; décrire la sélection positive et la sélection négative des lymphocytes T.

10 Nommer diverses cellules présentatrices d'antigènes et décrire leurs rôles dans les défenses adaptatives.

Les trois principaux types de cellules du système immunitaire adaptatif sont constitués par deux populations distinctes de lymphocytes ainsi que par les cellules présentatrices d'antigènes (CPA). Les **lymphocytes B**, ou **cellules B**, produisent des anticorps et sont responsables de l'immunité humorale. De leur côté, les **lymphocytes T**, ou **cellules T**, sont environ cinq fois plus abondants que les lymphocytes B ; ils ne produisent pas d'anticorps, mais remplissent d'autres fonctions puisque certains groupes de lymphocytes T modulent le déroulement des réactions immunitaires. Contrairement aux deux types de lymphocytes, la plupart des CPA ne répondent pas à des antigènes spécifiques ; elles jouent plutôt des rôles préparatoires essentiels. Les mécanismes de défense non spécifique et spécifique sont donc en interaction fonctionnelle constante.

Lymphocytes

Comme toutes les cellules sanguines, les lymphocytes sont issus des hémocytoblastes présents dans la moelle osseuse rouge. Durant la vie fœtale, les lymphocytes sont éduqués. Cette éducation vise deux objectifs :

1. **Immunocompétence.** Chaque lymphocyte doit acquérir la capacité (compétence) de reconnaître un antigène spécifique en se liant à lui. Cette capacité est appelée **immunocompétence**.
2. **Autotolérance.** Chaque lymphocyte doit présenter une absence relative de réaction aux autoantigènes afin de ne pas attaquer les cellules de l'organisme. Il s'agit de l'**autotolérance**.

L'éducation des lymphocytes T et B se déroule dans différentes régions de l'organisme. Les lymphocytes T subissent ce processus de maturation d'une durée de deux ou trois jours dans le thymus. Les lymphocytes B (B pour **b**ourse de Fabricius, organe de maturation de ces lymphocytes chez les oiseaux) acquièrent l'immunocompétence et l'autotolérance dans la moelle osseuse. Les organes lymphoïdes dans lesquels les lymphocytes deviennent immunocompétents (thymus et moelle osseuse) sont appelés **organes lymphoïdes primaires**. Tous les autres sont appelés **organes lymphoïdes secondaires**.

On qualifie de *naïfs* les lymphocytes B et T immunocompétents qui n'ont pas encore été exposés à un antigène. Les lymphocytes T et B naïfs se dispersent dans les nœuds lymphatiques, la rate et les autres organes lymphoïdes secondaires dans lesquels ils rencontreront les antigènes. Puis, lorsqu'ils se lient aux antigènes reconnus, les lymphocytes sont activés et achèvent leur différenciation en lymphocytes T et B effecteurs et mémoires. La **figure 21.8** présente un résumé de la maturation des lymphocytes.

Acquisition de l'immunocompétence et de l'autotolérance

Lorsqu'ils deviennent immunocompétents, les lymphocytes B ou T présentent à leur surface un type de récepteur unique en son genre. Ces récepteurs (il y en a environ 10^5 par cellule) confèrent aux lymphocytes la capacité de reconnaître un antigène spécifique et de s'y lier. Après l'apparition de ces récepteurs, le lymphocyte est contraint de ne réagir qu'à un seul déterminant antigénique, car *tous* ses récepteurs d'antigènes sont identiques.

Les récepteurs des lymphocytes B sont en fait des anticorps liés à la membrane, tandis que les récepteurs des lymphocytes T sont plutôt des produits issus de la même superfamille de gènes. Ces structures similaires permettent des fonctions semblables, ce qui explique pourquoi les deux types de cellules peuvent répondre aux mêmes antigènes.

L'éducation des lymphocytes T dans le thymus leur permet de respecter deux critères essentiels à leur survie. Premièrement, les lymphocytes T doivent être capables de se lier aux molécules du CMH, puisque ce sont sur ces dernières que les antigènes sont présentés pour être reconnus par les lymphocytes T. Deuxièmement, les lymphocytes T ne doivent pas réagir fortement aux autoantigènes qui se trouvent normalement dans l'organisme.

Pour que tous les lymphocytes T respectent ces critères, leur éducation comprend une étape de sélection positive et une étape de sélection négative (**figure 21.9**). La **sélection positive** a lieu dans la région corticale du thymus ; les peptides du soi sont présentés aux lymphocytes par les cellules épithéliales du thymus. Ce processus de sélection sert essentiellement à établir ce que l'on appelle **restriction du CMH**. Elle retient les lymphocytes T dont les récepteurs sont capables de reconnaître les molécules du soi définies par le CMH (de s'y lier) et d'éliminer toutes les autres. La sélection positive permet ainsi de recruter une armée de lymphocytes T dont la restriction du CMH est propre au soi.

Les lymphocytes T qui restent au terme de la sélection positive sont alors soumis à un processus qui permet de vérifier qu'ils ne reconnaissent pas les autoantigènes présentés sur le CMH du soi (s'y lient trop fortement). Le cas échéant, ils sont éliminés par apoptose (mort cellulaire programmée). Il s'agit de la **sélection négative**, qui se déroule dans la bordure interne du cortex du thymus. La sélection négative assure l'autotolérance immunologique, en vérifiant que les lymphocytes T n'attaquent pas les cellules de l'organisme, ce qui pourrait causer des maladies auto-immunes. Cette éducation des lymphocytes T coûte cher à l'organisme. En effet, environ 2 % seulement des lymphocytes T réussissent à passer et à devenir des lymphocytes T immunocompétents et autotolérants.

Les facteurs qui régissent la maturation des lymphocytes B chez les êtres humains sont moins connus. Dans la moelle osseuse, certains lymphocytes B autoréactifs sont éliminés par apoptose (*délétion clonale*) ; d'autres ont la possibilité de modifier leur récepteur antigénique autoréactif par *remodelage de leur récepteur*, c'est-à-dire par un réarrangement tardif du site de fixation à l'antigène. Néanmoins, certains lymphocytes B

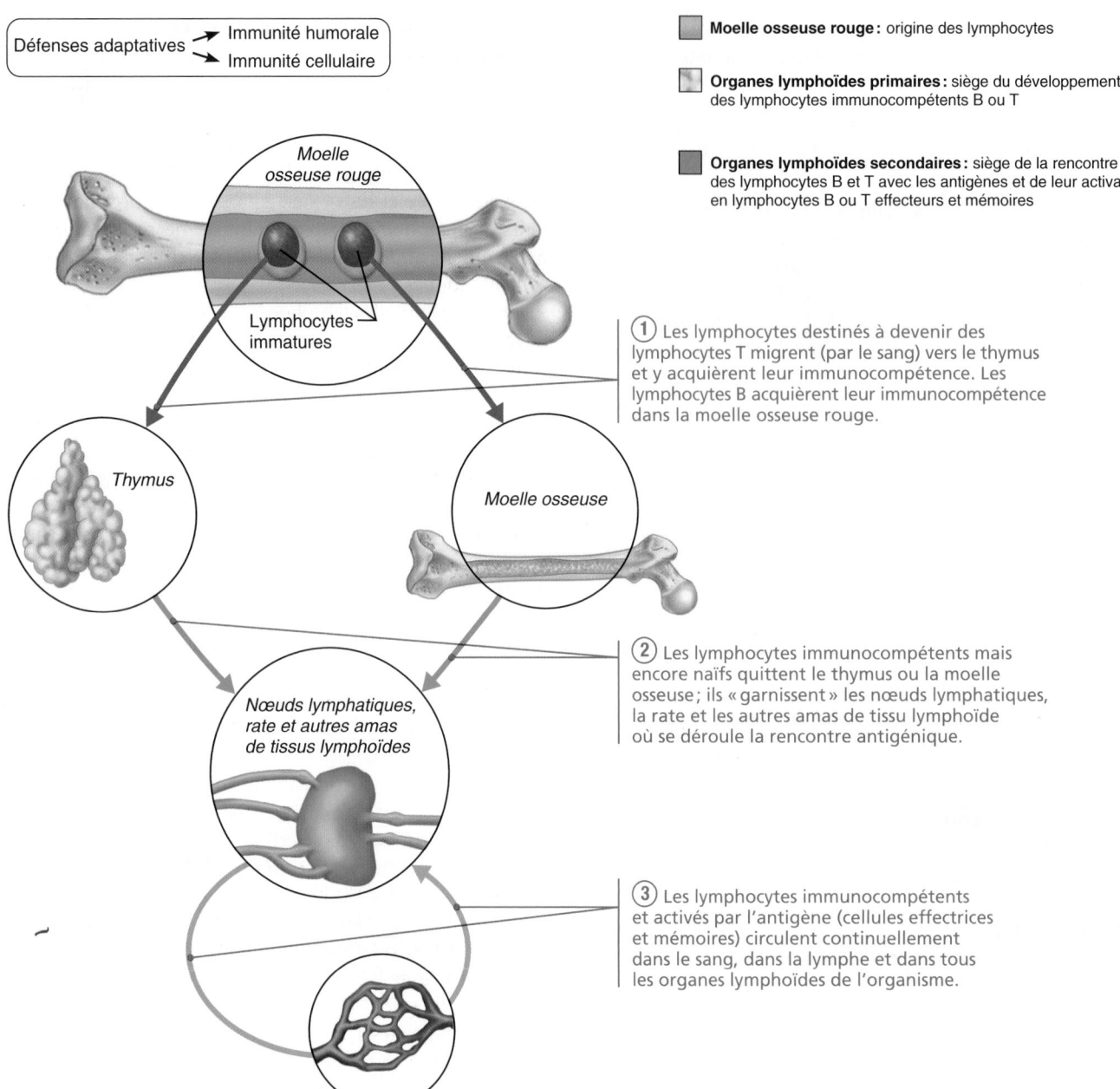

Défenses adaptatives
→ Immunité humorale
→ Immunité cellulaire

Moelle osseuse rouge : origine des lymphocytes

Organes lymphoïdes primaires : siège du développement des lymphocytes immunocompétents B ou T

Organes lymphoïdes secondaires : siège de la rencontre des lymphocytes B et T avec les antigènes et de leur activation en lymphocytes B ou T effecteurs et mémoires

① Les lymphocytes destinés à devenir des lymphocytes T migrent (par le sang) vers le thymus et y acquièrent leur immunocompétence. Les lymphocytes B acquièrent leur immunocompétence dans la moelle osseuse rouge.

② Les lymphocytes immunocompétents mais encore naïfs quittent le thymus ou la moelle osseuse ; ils « garnissent » les nœuds lymphatiques, la rate et les autres amas de tissu lymphoïde où se déroule la rencontre antigénique.

③ Les lymphocytes immunocompétents et activés par l'antigène (cellules effectrices et mémoires) circulent continuellement dans le sang, dans la lymphe et dans tous les organes lymphoïdes de l'organisme.

Figure 21.8 Circulation des lymphocytes. Les lymphocytes immatures sont issus de la moelle osseuse rouge. (Notez qu'il n'y a pas de moelle rouge dans la cavité médullaire de la diaphyse des os longs chez l'adulte. Voir la situation de la moelle osseuse rouge chez l'adulte, à la page 204.) Les plasmocytes (lymphocytes B effecteurs qui sécrètent les anticorps) ne font habituellement pas partie de la circulation.

autoréactifs quittent la moelle osseuse. En périphérie, ces lymphocytes sont inactivés (phénomène appelé *anergie*).

Établissement de la diversité des récepteurs antigéniques dans les lymphocytes

On sait que les lymphocytes acquièrent l'immunocompétence *avant* la rencontre avec des antigènes qu'ils attaqueront peut-être plus tard. (Le système immunitaire élaborerait au hasard une très grande variété de lymphocytes permettant de protéger l'organisme contre un grand nombre d'antigènes potentiels.) En conséquence, *ce sont nos gènes, et non les antigènes, qui déterminent quelles substances étrangères spécifiques notre système immunitaire saura reconnaître et pourra combattre.* Autrement dit, les récepteurs des cellules immunitaires constituent la somme des connaissances acquises par nos gènes sur les microbes susceptibles de se trouver dans notre environnement.

Défenses adaptatives → Immunité cellulaire

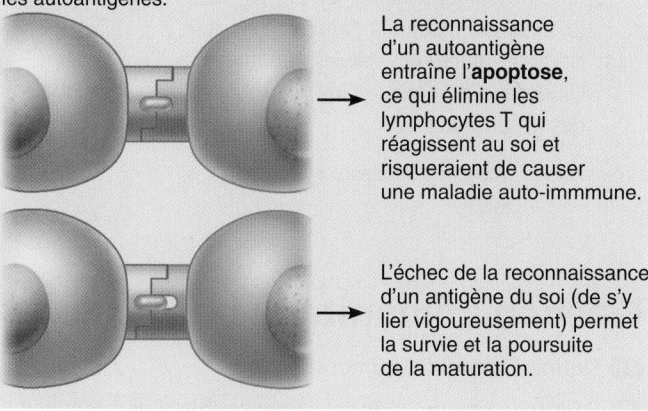

Sélection positive : Les lymphocytes T doivent être capables de reconnaître les protéines du complexe majeur d'histocompatibilité du soi (CMH du soi).

Cellules présentatrices d'antigènes dans le thymus

Lymphocytes T en développement

L'échec de la reconnaissance du CMH du soi entraîne l'**apoptose** (mort par suicide cellulaire).

CMH

Autoantigène

Récepteur de lymphocyte T

La reconnaissance du CMH du soi entraîne la **restriction du CMH** : les cellules survivantes ont la capacité restreinte de reconnaître un antigène défini par le CMH du soi. Elles passent par la sélection négative.

Sélection négative : Les lymphocytes T *ne* doivent *pas* reconnaître les autoantigènes.

La reconnaissance d'un autoantigène entraîne l'**apoptose**, ce qui élimine les lymphocytes T qui réagissent au soi et risqueraient de causer une maladie auto-immune.

L'échec de la reconnaissance d'un antigène du soi (de s'y lier vigoureusement) permet la survie et la poursuite de la maturation.

Figure 21.9 Éducation des lymphocytes T dans le thymus.

Un antigène détermine seulement lequel des lymphocytes T et B déjà existants va proliférer et élaborer une attaque contre lui. Parmi tous les antigènes possibles contre lesquels la résistance de nos lymphocytes a été programmée, seuls quelques-uns pénétreront dans notre organisme. En conséquence, une partie seulement de notre armée de cellules immunocompétentes est mobilisée au cours de notre vie ; les autres cellules demeurent inactives.

Nos divers lymphocytes possèdent jusqu'à un milliard de types de récepteurs antigéniques différents. Étant donné que ces récepteurs, à l'instar de toutes les autres protéines, sont spécifiés par les gènes, on pourrait croire qu'un individu possède des milliards de gènes. Or, il n'en est rien ; chaque cellule de l'organisme contient environ 25 000 gènes qui codent pour toutes les protéines que doivent élaborer les cellules.

Comment un nombre limité de gènes peut-il produire un nombre apparemment sans limites de récepteurs antigéniques différents ? (On croit en effet que l'organisme sécréterait continuellement plusieurs centaines de millions de molécules d'anticorps différentes.) Des études de génétique moléculaire ont montré que les gènes qui codent pour les protéines de chaque récepteur antigénique ne sont pas présents comme tels dans les cellules embryonnaires et les cellules souches d'un individu. Plutôt que d'héberger une série complète de « gènes de récepteurs antigéniques », les cellules souches des lymphocytes B contiennent quelques centaines de pièces détachées (segments d'ADN) ressemblant aux éléments d'un « jeu de construction pour des gènes de récepteurs antigéniques ».

Lors de la maturation du lymphocyte B en cellule immunocompétente, des réarrangements se produisent entre les segments ; ce processus de réarrangement des segments d'ADN est appelé **recombinaison somatique**. Le gène ainsi construit peut alors s'exprimer pour la synthèse d'un anticorps qui forme soit les récepteurs de la membrane plasmique des lymphocytes B et T, soit les anticorps qui sont libérés plus tard à la suite de la stimulation par l'antigène.

Cellules présentatrices d'antigènes

La principale fonction des **cellules présentatrices d'antigènes** (**CPA**) dans l'immunité consiste à digérer des antigènes étrangers dans leur phagolysosome. Ensuite, elles présentent des fragments de ces antigènes associés à une protéine du CMH, tels des panneaux de signalisation, sur leur membrane plasmique pour que les lymphocytes T puissent les reconnaître. En d'autres termes, les CPA servent à *présenter les antigènes* aux cellules qui ont pour tâche de les prendre en charge. Les principaux types de cellules qui interviennent dans la présentation des antigènes sont les *cellules dendritiques* situées dans le tissu conjonctif et dans l'épiderme, où elles portent le nom de *macrophagocytes intraépidermiques* (ou de *cellules de Langherans*), les *macrophagocytes* et les *lymphocytes B*. Les cellules dendritiques sont spécialisées dans la présentation d'antigènes provenant des virus ; les macrophagocytes, dans celle des antigènes particulaires (bactéries et virus), et les lymphocytes B, dans celle des antigènes solubles (toxines).

Remarquez que tous ces types de cellules sont stratégiquement bien placés dans l'organisme pour rencontrer les antigènes et y réagir. Les cellules dendritiques sont situées près des « frontières » de l'organisme (peau et voies respiratoires), des endroits appropriés à leur rôle de sentinelles mobiles. Les macrophagocytes sont très répandus dans les organes lymphoïdes et les tissus conjonctifs. Lors de la présentation des antigènes, les cellules dendritiques et les macrophagocytes activent les lymphocytes T. À leur tour, les lymphocytes T activés libèrent des substances chimiques qui poussent les macrophagocytes à se transformer en *macrophagocytes activés*. Ces derniers deviennent alors de véritables « tueurs » : leur pouvoir phagocytaire se trouve renforcé et ils deviennent insatiables ; de plus, ils sécrètent des agents chimiques bactéricides. Comme vous le verrez ultérieurement, une coopération entre les différents types de lymphocytes, ainsi qu'entre les lymphocytes et les CPA, est à l'œuvre dans presque toutes les phases de la réaction immunitaire.

21

Les macrophagocytes tendent à demeurer immobiles dans les organes lymphoïdes, comme s'ils attendaient que les antigènes viennent à eux; par contre, les lymphocytes, en particulier les lymphocytes T (qui constituent de 65 à 85 % des lymphocytes transportés par voie sanguine), patrouillent sans cesse l'organisme. Cette recirculation augmente considérablement la possibilité qu'un lymphocyte entre en contact avec des antigènes se trouvant dans différentes parties de l'organisme, de même qu'avec un très grand nombre de macrophagocytes et d'autres lymphocytes. La circulation des lymphocytes peut sembler aléatoire, mais leur émigration vers les tissus qui ont besoin de leurs services de protection est hautement spécifique et soumise aux signaux de guidage (CAM) exhibés par les cellules endothéliales des vaisseaux.

Du fait que les capillaires lymphatiques recueillent des protéines et des agents pathogènes dans presque tous les tissus de l'organisme, les cellules immunitaires logées dans les nœuds lymphatiques occupent une position stratégique pour rencontrer une grande variété d'antigènes. Ainsi, dans les amygdales, les lymphocytes et les CPA agissent surtout contre les microorganismes qui envahissent la cavité orale et la cavité nasale; la rate, pour sa part, joue un rôle de filtre qui capte les antigènes transportés par voie sanguine.

En plus de la recirculation des lymphocytes T et du passage de la lymphe chargée d'antigènes dans les organes lymphoïdes, il existe un troisième mécanisme, dont on sait maintenant qu'il est le plus important, par lequel les cellules immunitaires sont exposées aux antigènes envahisseurs. Il s'agit de la migration des cellules dendritiques vers les organes lymphoïdes secondaires. Grâce à leurs longs prolongements fins, les cellules dendritiques piègent les antigènes avec beaucoup de facilité (figure 21.10). Elles les engloutissent par phagocytose, puis elles gagnent un vaisseau lymphatique et se rendent à un organe lymphoïde pour les présenter aux lymphocytes T. De fait, les cellules dendritiques représentent les cellules présentatrices d'antigènes les plus efficaces, car c'est leur seule tâche. Elles constituent un lien primordial entre l'immunité innée et l'immunité adaptative. Elles déclenchent des réponses immunitaires adaptatives précisément adaptées au type d'agent pathogène qu'elles ont rencontré.

En résumé, on peut dire que le système immunitaire adaptatif est un système défensif à deux volets qui utilise des lymphocytes, des CPA et des molécules spécifiques pour l'identification et la destruction de toute substance dans l'organisme – vivante ou non vivante – qui est perçue comme faisant partie du nonsoi. La réaction du système immunitaire à de telles menaces dépend de la capacité de ses cellules (1) de reconnaître les antigènes en se liant à eux et (2) de communiquer entre elles de telle sorte que le système immunitaire dans son ensemble organise une réponse spécifique à ces antigènes.

VÉRIFIONS NOS ACQUIS

9. Quel événement indique qu'un lymphocyte B ou T est devenu immunocompétent?
10. Lequel des lymphocytes T suivants est éduqué dans le thymus? (a) Celui qui ne reconnaît ni le CMH ni l'antigène du soi; (b) celui qui reconnaît le CMH et l'antigène du soi; (c) celui qui reconnaît le CMH, mais pas l'antigène du soi; (d) celui qui reconnaît l'antigène du soi.
11. Nommez différentes cellules présentatrices d'antigènes (CPA). Laquelle joue le rôle le plus important dans l'activation des lymphocytes T?

Les réponses se trouvent à l'appendice G.

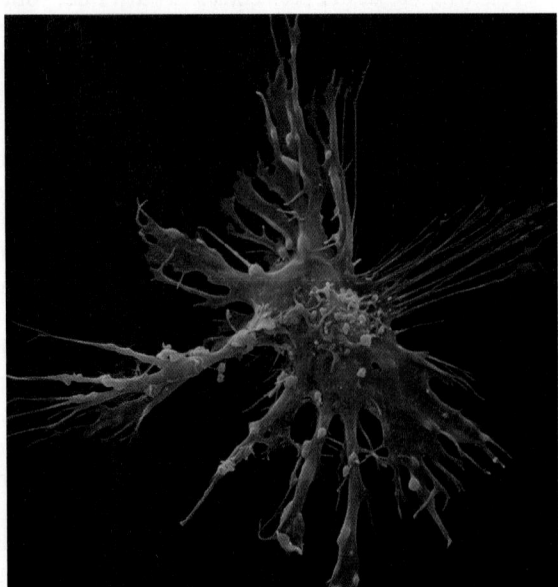

Figure 21.10 Cellule dendritique. Micrographie au microscope électronique à balayage (1050×).

Réaction immunitaire humorale

11 Définir l'immunité humorale.

12 Décrire le processus de sélection clonale d'une cellule B.

13 Expliquer les rôles des plasmocytes et des cellules mémoires dans l'immunité humorale; montrer les différences entre la réaction humorale primaire et la réaction humorale secondaire.

La **stimulation antigénique**, c'est-à-dire la stimulation d'un lymphocyte immunocompétent mais naïf vis-à-vis d'un antigène envahisseur, a lieu habituellement dans la rate ou dans un nœud lymphatique, mais elle peut aussi survenir dans n'importe lequel des organes lymphoïdes secondaires. La stimulation antigénique du lymphocyte B provoque la *réaction immunitaire humorale*, soit la synthèse et la sécrétion d'anticorps interagissant spécifiquement avec l'antigène rencontré.

Sélection clonale et différenciation des lymphocytes B

Un lymphocyte B immunocompétent mais naïf est *activé* (stimulé pour se différencier) lorsque les antigènes correspondants se lient aux récepteurs adjacents de sa membrane pour former des ponts, ou liaisons croisées, entre ces derniers. La liaison de l'antigène est immédiatement suivie de l'endocytose par récepteurs interposés des complexes antigène-récepteur. Cette séquence d'événements déclenche le processus de **sélection clonale**, parce qu'elle stimule la croissance et la mitose rapides du lymphocyte B pour donner une armée de cellules identiques possédant les mêmes récepteurs spécifiques de l'antigène qui a mis le processus en route **(figure 21.11)**. Il en résulte un **clone**, soit une famille de cellules identiques qui sont toutes issues de la *même* cellule souche. Dans la sélection clonale, c'est l'antigène qui « choisit » un lymphocyte B portant des récepteurs membranaires complémentaires. (Comme nous le verrons bientôt, des interactions avec les lymphocytes T sont habituellement nécessaires pour que les lymphocytes B soient complètement activés.)

La plupart des cellules du clone deviennent des **plasmocytes**, les *cellules effectrices* de la réaction humorale qui sécrètent les anticorps. Même si les lymphocytes B ne sécrètent que des quantités limitées d'anticorps, les plasmocytes élaborent la machinerie interne complexe (en grande partie constituée de réticulum endoplasmique rugueux) nécessaire à la synthèse des anticorps au rythme extraordinaire d'environ 2000 molécules par seconde. Chacun des plasmocytes fonctionne à cette allure pendant quatre à cinq jours, puis il meurt. Les anticorps sécrétés, dont chacun possède les mêmes propriétés de liaison à l'antigène que les récepteurs membranaires de la cellule souche, circulent dans le sang ou la lymphe. Ils se lient alors aux antigènes libres spécifiques qu'ils rencontrent pour former des complexes antigène-anticorps. Les antigènes ainsi marqués sont détruits grâce à d'autres mécanismes innés ou adaptatifs.

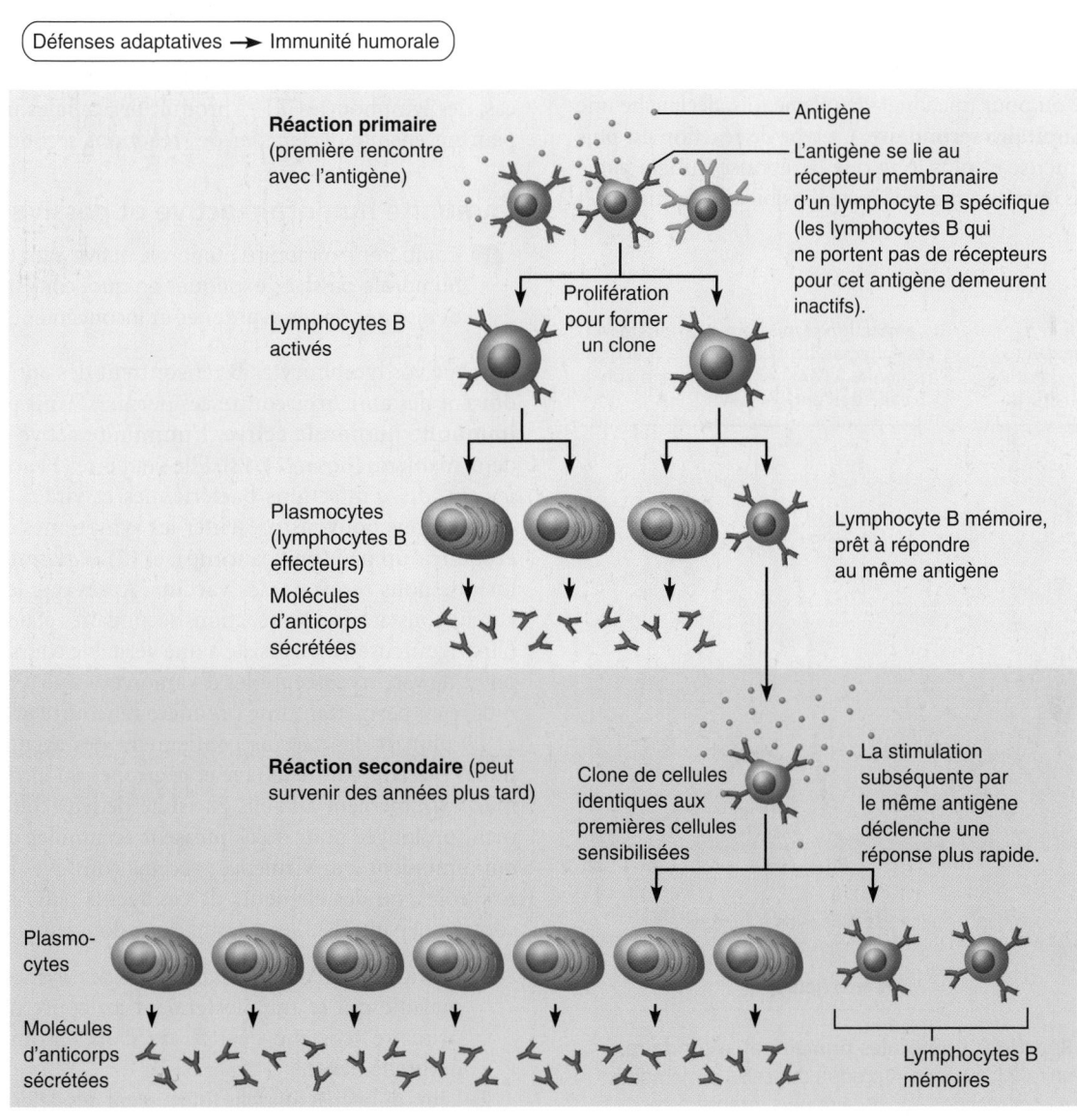

Figure 21.11 Sélection clonale d'un lymphocyte B.

Certains lymphocytes du clone ne se transforment pas en plasmocytes, mais plutôt en **cellules mémoires** à durée de vie prolongée, qui peuvent entraîner une puissante réaction humorale quasi immédiate si elles rencontrent de nouveau le même antigène (voir le bas de la figure 21.11).

Mémoire immunitaire

La prolifération et la différenciation cellulaires décrites plus haut constituent la **réaction immunitaire primaire**; cette réponse se met en place lors de la toute première exposition à un antigène particulier. Elle comporte habituellement une phase de latence de trois à six jours après la stimulation antigénique. Cette phase représente le temps nécessaire pour la prolifération des quelques lymphocytes B spécifiques de cet antigène (environ 12 générations) et pour la différenciation de leurs descendants en plasmocytes. Après cette phase, la concentration plasmatique d'anticorps augmente et atteint une concentration maximale vers le dixième jour: c'est la phase de croissance. La phase de décroissance s'engage lorsque la synthèse des anticorps commence à diminuer **(figure 21.12)**.

Une nouvelle exposition au même antigène, que ce soit pour une deuxième ou pour une vingt-deuxième fois, déclenche une **réaction immunitaire secondaire**. Ce type de réaction est plus rapide, plus intense et plus long que la réponse initiale parce que le système immunitaire a déjà été sensibilisé à l'antigène et

que les cellules mémoires sont en place et «en état d'alerte». Ces cellules mémoires assurent ce qui est communément appelé **mémoire immunitaire**.

Moins de quelques heures après la reconnaissance de l'antigène comme un «ancien ennemi», une nouvelle armée de plasmocytes se constitue. En 2 ou 3 jours, la concentration d'anticorps dans le sang, appelée *titre*, grimpe et atteint un niveau bien supérieur (de 5 à 10 fois plus) à celui de la réponse primaire. Les anticorps fabriqués au cours d'une réaction secondaire ont une affinité plus grande pour l'antigène, s'y lient plus solidement et leur concentration dans le sang demeure élevée pendant des semaines, voire des mois. (C'est ainsi qu'en présence des signaux chimiques appropriés les plasmocytes peuvent continuer à fonctionner pendant un laps de temps beaucoup plus long que les quatre ou cinq jours de la réaction primaire.) Les cellules mémoires subsistent pendant de longues périodes chez les humains et un grand nombre d'entre elles conservent leur capacité de provoquer des réactions humorales secondaires tout au long de la vie.

Les mêmes phénomènes généraux surviennent au cours de la réaction immunitaire à médiation cellulaire: une réaction primaire mobilise un groupe de cellules effectrices (dans ce cas, des lymphocytes T) et produit des cellules mémoires qui peuvent ensuite déclencher des réactions secondaires.

Immunité humorale active et passive

14 Comparer l'immunité humorale active avec l'immunité humorale passive; expliquer en quoi consiste un vaccin et discuter de ses avantages et inconvénients possibles.

Lorsque vos lymphocytes B rencontrent des antigènes et produisent des anticorps contre ces derniers, vous présentez une **immunité humorale active**. L'immunité active s'acquiert de deux manières **(figure 21.13)**. Elle peut être (1) *acquise naturellement* lors d'infections bactériennes et virales pendant lesquelles nous pouvons présenter les symptômes de la maladie et souffrir un peu (ou beaucoup), et (2) *acquise artificiellement* lorsque nous recevons des **vaccins**. Après que les chercheurs eurent constaté que les réactions secondaires étaient nettement plus vigoureuses, on a assisté à une véritable course à la mise au point de vaccins susceptibles d'«amorcer» une réaction immunitaire en permettant une première rencontre avec l'antigène.

La plupart des vaccins contiennent des agents pathogènes morts (vaccins contre la rage et la grippe) ou *atténués* (vivants, mais extrêmement affaiblis par suite de leur culture suffisamment prolongée pour qu'ils puissent accumuler des mutations qui diminuent leur virulence; vaccins contre les oreillons et la rougeole), ou des éléments de ces agents pathogènes (vaccin contre l'hépatite B). Les vaccins sont doublement bénéfiques:

1. Ils nous épargnent la plupart des symptômes de la maladie qui se manifesteraient au cours de la réaction primaire (comme c'est le cas dans l'immunité acquise naturellement).
2. Leurs antigènes affaiblis fournissent des déterminants antigéniques fonctionnels qui sont dotés à la fois d'immunogénicité et de réactivité.

La **réaction primaire** à l'antigène A se produit avec un certain retard.

La **réaction secondaire** à l'antigène A est plus rapide et intense; la **réaction primaire** à l'antigène B est semblable à celle de l'antigène A.

Première exposition à l'antigène A

Seconde exposition à l'antigène A; première exposition à l'antigène B

Temps (jours)

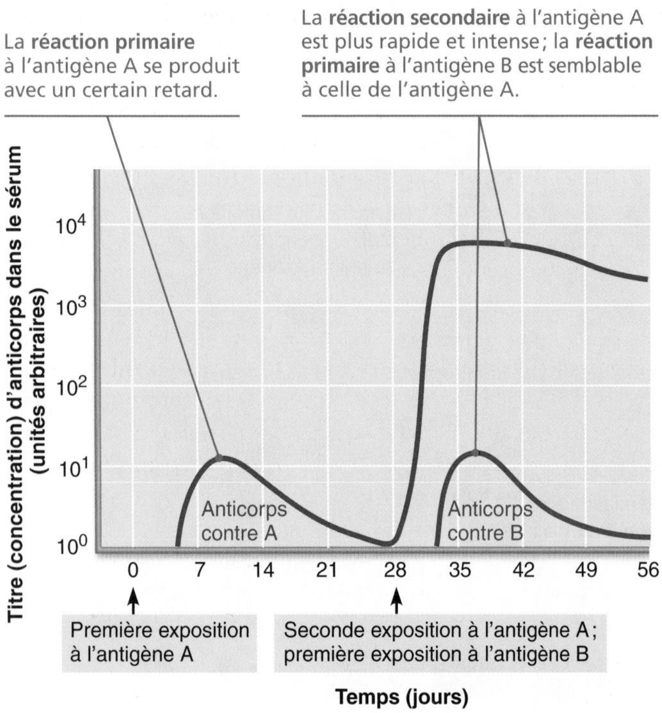

Figure 21.12 Réactions humorales primaire et secondaire. La réaction primaire à l'antigène A produit des cellules mémoires qui déclenchent une réaction secondaire plus intense à cet antigène. La réaction à l'antigène B est indépendante de la réaction à l'antigène A.

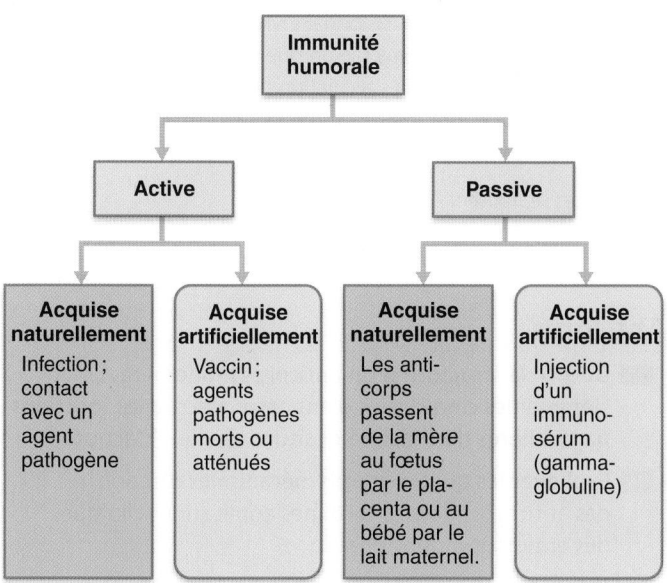

Figure 21.13 Immunité humorale active et passive.
La mémoire immunitaire est une conséquence des types actifs d'immunité ; les types passifs d'immunité ne confèrent aucune mémoire immunitaire.

Des chercheurs ont également mis au point ce qu'il est convenu d'appeler des *injections de rappel* capables d'intensifier la réaction immunitaire au moment de rencontres ultérieures avec le même antigène.

Les vaccins ont permis d'éradiquer la variole (le mot « vaccin » provient d'ailleurs de *vaccine*, qui est l'autre nom de la variole bovine). Ils ont considérablement diminué le mal causé par des maladies infantiles potentiellement graves comme la coqueluche, la diphtérie, la poliomyélite et la rougeole. Chez les adultes, ils ont fortement réduit les cas d'hépatite, de tétanos et de méningite.

Les vaccins conventionnels présentent toutefois des inconvénients. On a longtemps cru que la réaction immunitaire est à peu près la même, quelle que soit la voie par laquelle l'antigène s'introduit dans l'organisme (par un microorganisme pathogène ou par un vaccin). Mais tel n'est pas le cas. Il semble que les vaccins ciblent surtout les lymphocytes T auxiliaires (nous décrivons ces cellules plus loin), qui stimulent l'activité des lymphocytes B et la formation d'anticorps (lymphocyte T_H2, décrit plus loin) plutôt que celle des lymphocytes T_H1, qui déclenchent de vigoureuses réactions à médiation cellulaire. De ce fait, l'organisme produit beaucoup d'anticorps qui assurent une protection immédiate, mais la mémoire immunitaire, de nature cellulaire, n'est pas fermement établie. (Le système immunitaire se trouve privé de l'expérience que procure l'élimination d'une infection au moyen d'une réaction orchestrée par les lymphocytes T_H1.)

Très rarement, les vaccins contiennent un antigène atténué qui n'est pas suffisamment affaibli et ils causent alors la maladie qu'ils sont censés prévenir (une conséquence rare [trois cas sur un million de sujets vaccinés] du vaccin Sabin contre la polio). Il arrive aussi que des protéines contaminantes (par exemple, l'albumine des œufs) déclenchent une réaction allergique au vaccin. Les nouveaux vaccins antiviraux à « ADN nu », injectés dans la peau au moyen d'un fusil génétique, ainsi que les vaccins administrés par voie orale permettent, semble-t-il, de prévenir ces problèmes.

Dans la catégorie des vaccins oraux, on devra peut-être inclure bientôt les vaccins-aliments que des chercheurs tentent de mettre au point depuis une dizaine d'années et qui, sans doute, susciteront aussi leur lot de questionnements. Comme ils empruntent la même voie que le virus, il se peut que ces vaccins soient plus efficaces, car ils stimulent ainsi une réaction immunitaire locale similaire à celle qui se déroule au niveau des muqueuses digestives en faisant intervenir des anticorps particuliers, les IgA. L'aliment-vaccin, par lequel on voudrait notamment prévenir les diarrhées responsables chaque année de la mort de millions d'enfants dans les pays en voie de développement, serait produit par manipulation génétique de fruits et de légumes (bananes, pommes de terre, etc.) dans lesquels on aurait introduit des antigènes vaccinaux. L'avenir nous dira si OGM (organismes génétiquement modifiés) et vaccination sauront faire bon ménage.

DÉSÉQUILIBRE HOMÉOSTATIQUE

En juin 2009, l'apparition d'un nouveau virus de l'influenza A (H1N1) a donné naissance à la plus récente des pandémies de grippe. Cette dénomination indique d'une part le type de virus en cause (A, B ou C) et, d'autre part, la nature de deux protéines virales de surface, *H* pour *hémagglutinine* et *N* pour *neuraminidase*. L'hémagglutinine participe à l'adhérence du virus sur la membrane des cellules à infecter tandis que la neuraminidase aide le virus à quitter la cellule et à pénétrer dans les couches de mucus de l'épithélium respiratoire. Quant aux chiffres, ils correspondent aux différents types observés (H1 à H16 et N1 à N9). Jusqu'à présent, les virus de type A sont à l'origine des épidémies les plus importantes.

Au cours de l'automne 2009, les individus grippés, mais par ailleurs en bonne santé, ont généralement guéri spontanément au bout de quelques jours. Toutefois, le virus A H1N1 s'est attaqué à des cibles inhabituelles, car les enfants et les adultes en bonne santé de moins de 50 ans ont compté parmi 40 % des cas graves associés à des complications respiratoires. Les personnes nées avant 1957 ont semblé moins vulnérables, en raison d'une immunité partielle qu'elles auraient acquise après être entrées en contact avec une souche virale similaire durant leur enfance.

L'apparition de cette nouvelle pandémie a nécessité une vaccination massive de la population. Le vaccin a été produit à partir des souches vaccinales de référence A H1N1 distribuées par l'Organisation mondiale de la santé. Ces virus ont été ensemencés dans des œufs embryonnés, un milieu dans lequel ils se multiplient rapidement. Ils ont ensuite été séparés des autres composants, isolés et purifiés, tués et enfin fractionnés afin de conserver uniquement les fragments protéiques stimulant la réaction immunitaire désirée. (Les personnes allergiques aux œufs n'ont pu recevoir le vaccin en raison d'une possible réaction indésirable.)

21

Le vaccin de la **grippe A (H1N1)** a été couplé à un **adjuvant**, c'est-à-dire une substance servant à augmenter la réponse immunitaire. En ajoutant un adjuvant, on réduit la dose d'antigènes à injecter, ce qui permet de vacciner un plus grand nombre de personnes. Dans ce vaccin, l'adjuvant est du squalène, un composé naturel extrait de l'huile de poisson. On y rajoute également du thimérosal, un agent de conservation métabolisé en éthylmercure et rapidement éliminé de l'organisme. Plusieurs études réfutent les soupçons selon lesquels la présence de ce produit dans les vaccins pourrait causer l'autisme.

La vaccination demeure l'approche la plus efficace contre la grippe, car elle prévient la propagation au sein de la population et évite de recourir aux médicaments antiviraux, tels que l'oseltamivir (Tamiflu) ou le zanamivit (Relenza), deux inhibiteurs de la neuraminidase. Ceux-ci présentent d'ailleurs plusieurs inconvénients, qui en limitent l'usage. Ils ne sont efficaces que s'ils sont pris dans les 48 heures suivant l'apparition des premiers symptômes et certaines souches virales leur résistent. Enfin, ils ne procurent pas d'immunité contre le virus et n'empêchent pas les malades de contaminer leur entourage. Contrairement à une certaine croyance, aucune étude scientifique n'a prouvé le lien entre la vaccination et le syndrome de Guillain-Barré (trouble neurologique pouvant causer la paralysie), qui est souvent déclenché par une infection comme la grippe. ■

L'**immunité humorale passive** se distingue de l'immunité active par le degré de protection qu'elle procure et par la source de ses anticorps (figure 21.13). Au lieu d'être élaborés par vos plasmocytes, les anticorps sont récoltés à partir du sérum d'un donneur humain ou d'un animal immunisé. En conséquence, vos lymphocytes B ne sont *pas* stimulés, la mémoire immunitaire ne s'établit *pas* et la protection fournie par les anticorps « empruntés » cesse dès que ces derniers se sont naturellement dégradés dans l'organisme.

L'immunité passive est communiquée *naturellement* au fœtus lorsque les anticorps de la mère traversent le placenta et entrent dans la circulation fœtale, et au nourrisson quand les anticorps sont ingérés dans le lait maternel. Pendant plusieurs mois après la naissance, le bébé est protégé contre tous les antigènes auxquels la mère a été exposée. L'immunité passive est *artificiellement* conférée par l'injection d'un sérum comme la *gammaglobuline*. La gammaglobuline est administrée de façon courante après une exposition au virus de l'hépatite. On fabrique aussi certains immunosérums spécifiques en laboratoire pour traiter les intoxications dues aux morsures de serpents venimeux (sérum antivenimeux), les infections causées par le botulisme et le tétanos (antitoxines) ainsi que la rage, car ces intoxications et maladies potentiellement foudroyantes pourraient tuer une personne avant que l'immunité active ait eu le temps de se constituer. Les anticorps administrés assurent une protection immédiate, mais leur effet est de courte durée (de deux à trois semaines).

VÉRIFIONS NOS ACQUIS

12. Dans la sélection clonale, « qui » est responsable de la sélection ? Quelle substance est visée par celle-ci ?

13. Pourquoi la réaction secondaire vis-à-vis d'un antigène est-elle beaucoup plus rapide que la réaction primaire ?

14. De quelle manière la vaccination protège-t-elle contre les maladies infantiles, comme la varicelle, la rougeole et les oreillons ?

Les réponses se trouvent à l'appendice G.

Anticorps

15 Décrire la structure d'un anticorps monomère. Nommer les cinq classes d'anticorps, décrire les fonctions particulières de chacune et situer son lieu d'action.

16 Expliquer les quatre grands mécanismes d'action des anticorps ; décrire certaines applications cliniques des anticorps monoclonaux.

Les **anticorps**, aussi appelés **immunoglobulines** (**Ig**), constituent la fraction des protéines sériques nommée **gammaglobulines**. Comme nous l'avons mentionné, les anticorps sont des protéines sécrétées par les lymphocytes B effecteurs, appelés plasmocytes, en réponse à un antigène, et ils sont capables de se combiner de façon spécifique avec cet antigène. Ils sont élaborés en réaction à un nombre impressionnant d'antigènes différents.

Malgré leur variété, tous les anticorps appartiennent à l'une des cinq classes d'Ig établies selon leur structure et leur fonction. Nous verrons ultérieurement en quoi ces classes d'Ig diffèrent ; pour l'instant, nous allons nous pencher sur les caractéristiques communes des anticorps.

Structure de base des anticorps

Indépendamment de sa classe, chaque anticorps possède une structure de base formée de quatre chaînes polypeptidiques reliées par des ponts disulfure (liaisons soufre-soufre). Lorsqu'elles sont combinées, les quatre chaînes constituent une molécule appelée **monomère d'anticorps** qui comprend deux moitiés identiques. La molécule tout entière est en forme de T ou de Y (**figure 21.14**).

Deux de ces chaînes, les **chaînes lourdes** ou **H** (*heavy*: lourd), sont identiques et comportent chacune plus de 400 acides aminés (la chaîne en bleu à la figure 21.14a). Les deux autres chaînes, les **chaînes légères** ou **L** (*light*: léger ; en rose), sont identiques entre elles aussi, mais elles sont environ deux fois plus courtes que les chaînes lourdes. Il n'existe que deux types possibles de chaînes L : le type kappa (k) et le type lambda (l) ; chaque type peut s'associer à n'importe laquelle des chaînes lourdes. Les chaînes lourdes présentent une région *charnière* flexible située à peu près en leur milieu. Les « boucles » le long de chaque chaîne sont créées par des ponts disulfure entre des acides aminés appartenant à la même chaîne, mais ces boucles sont séparées les unes des autres par environ 60 à 70 acides aminés. Les parties intermédiaires des chaînes polypeptidiques se trouvent ainsi contraintes de former ces anneaux caractéristiques, ou domaines.

Défenses adaptatives → Immunité humorale

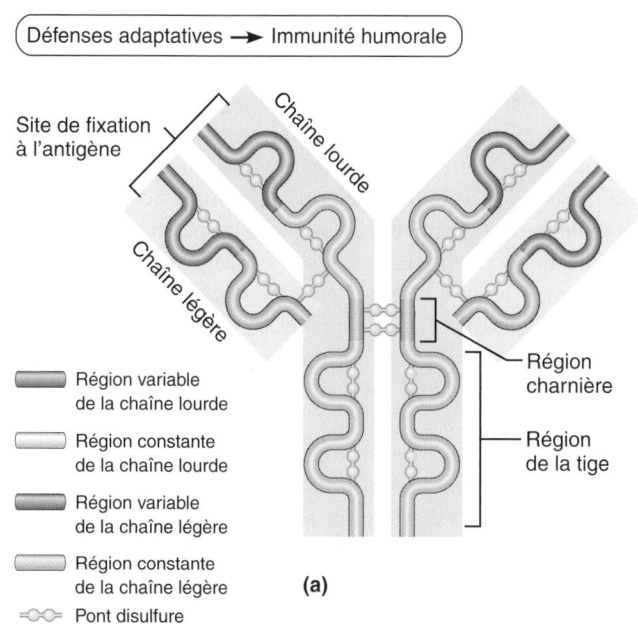

Site de fixation à l'antigène

Chaîne lourde

Chaîne légère

Région charnière

Région de la tige

Région variable de la chaîne lourde

Région constante de la chaîne lourde

Région variable de la chaîne légère

Région constante de la chaîne légère

Pont disulfure

(a)

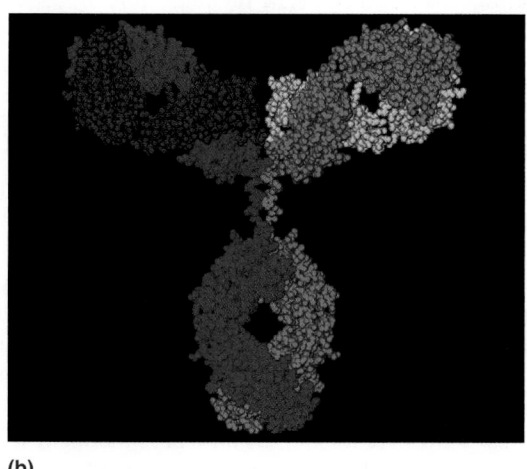

(b)

Figure 21.14 Structure des anticorps. (a) La structure schématique d'un anticorps (en fonction des IgG) comprend quatre chaînes polypeptidiques, deux *chaînes légères* courtes et deux *chaînes lourdes* longues, reliées par des ponts disulfure (S–S). Chaque chaîne possède une région variable (V) (qui diffère dans les anticorps provenant de différentes cellules) et une région constante (C) (essentiellement identique dans différents anticorps de la même classe). Collectivement, les régions variables constituent les sites de fixation à l'antigène, chaque monomère d'anticorps possédant deux sites de fixation à l'antigène. **(b)** Image produite par ordinateur de la structure d'un anticorps.

Chacune des chaînes d'un anticorps possède une **région variable (V)** à une extrémité et une **région constante (C)**, beaucoup plus volumineuse, à l'autre extrémité. Dans tous les anticorps d'une classe donnée, les régions variables qui réagissent à des antigènes différents présentent entre elles de grandes différences, tandis que les régions constantes sont identiques (ou

presque). Les régions variables des chaînes lourde et légère de chaque moitié d'un monomère s'associent pour constituer un **site de fixation à l'antigène** dont la forme lui permet de « s'ajuster » à un déterminant antigénique spécifique. Par conséquent, chaque monomère d'anticorps possède deux sites de fixation à l'antigène. La distance entre ces deux sites varie grâce à l'action de la région charnière des chaînes lourdes.

Les régions C qui forment la *tige* du monomère d'anticorps déterminent la classe de l'anticorps et assurent des fonctions communes à tous les membres de cette classe : ce sont les *régions effectrices* de l'anticorps (appelées aussi *segments Fc*) qui dictent : (1) à quelles cellules et substances chimiques de l'organisme l'anticorps peut se lier ; et (2) comment la classe d'anticorps va fonctionner pour éliminer l'antigène. Par exemple, certains anticorps ont la capacité de fixer le complément ou de circuler dans le sang, alors que d'autres se rencontrent principalement dans les sécrétions organiques ou possèdent la capacité de traverser la barrière placentaire, etc.

Classes d'anticorps

Les cinq principales classes (ou isotypes) d'immunoglobulines sont désignées par les abréviations IgM, IgA, IgD, IgG et IgE, selon la structure des régions C de leurs chaînes lourdes. Par comparaison avec les autres anticorps, l'IgM est un énorme anticorps, constitué de cinq unités en forme de Y, ou *monomères*, réunis pour former un *pentamère* (*penta* : cinq), comme vous pouvez le constater dans le **tableau 21.3**. L'IgA existe à la fois sous forme de monomère et sous forme de *dimère* (deux monomères liés). (Seule la forme dimère est illustrée dans le tableau.) L'IgD, l'IgG et l'IgE sont des monomères qui possèdent la même structure de base en forme de Y.

Les anticorps de chaque classe assurent des rôles biologiques différents dans la réaction immunitaire et ne se trouvent pas tous au même endroit dans l'organisme. L'IgM est la première classe d'anticorps *libérée* dans le sang par les plasmocytes. Cet anticorps fixe rapidement le complément. L'IgA sous forme de dimère, aussi appelée **IgA sécrétoire**, se rencontre surtout dans le mucus et les autres sécrétions qui humectent les surfaces corporelles. Cet anticorps joue un rôle de premier plan en empêchant les agents pathogènes de pénétrer dans l'organisme. L'IgD est toujours liée à la surface des lymphocytes B ; elle agit donc comme récepteur antigénique de ces cellules. L'IgG est l'anticorps le plus abondant dans le sérum et le seul à traverser la barrière placentaire ; c'est ainsi que l'immunité passive est transmise par la mère au fœtus. Comme l'IgM, l'IgG a la capacité de fixer le complément ; ce sont les seuls anticorps qui ont cette capacité. Les IgE ne se rencontrent presque jamais dans le sérum et elles sont les « fautrices de troubles » responsables de certaines allergies. Toutes ces caractéristiques, spécifiques de chacune des classes d'immunoglobulines, sont résumées dans le tableau 21.3. Mémorisez le mot MADGE pour vous souvenir des cinq types d'Ig : **M** pour **m**acro (gros pentamère), **A** pour **a**vant-poste (elles sont au premier plan puisqu'elles sont sécrétées sur les surfaces corporelles), **D** pour **d**essus (elles sont liées à la face externe des lymphocytes B), **G** pour **g**énéral (les plus abondantes) et **g**rossesse

21

21

TABLEAU 21.3 Classes d'immunoglobulines

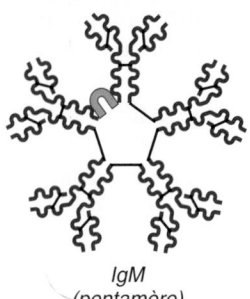

IgM
(pentamère)

L'IgM existe sous forme de monomère et sous forme de pentamère (cinq monomères réunis). Sous la forme de monomère, elle est attachée à la surface du lymphocyte B et sert de récepteur d'antigènes. Sous la forme de pentamère (illustrée ci-contre), elle circule dans le plasma sanguin et est la première classe d'Ig libérée par les plasmocytes au cours de la réaction primaire. (Ce fait est utile sur le plan diagnostique, car la présence d'IgM dans le plasma indique habituellement une infection en cours due à l'agent pathogène qui a stimulé la formation d'IgM.) Ses nombreux sites de fixation à l'antigène font de l'IgM un puissant agent agglutinant qui fixe et active rapidement le complément. Cette classe constitue 10 % de la totalité des Ig.

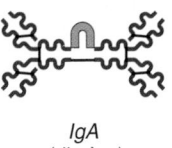

IgA
(dimère)

L'IgA sous forme de monomère (plus de 80 % des IgA) est présente en quantité limitée dans le plasma. Sous forme de dimère (illustrée ci-contre), elle est appelée IgA sécrétoire et se rencontre dans les sécrétions comme la salive, la sueur, le suc intestinal, le mucus des voies respiratoires et urogénitales ainsi que dans le lait maternel. Elle contribue à empêcher les agents pathogènes de s'attacher à la surface des cellules épithéliales (notamment celles des muqueuses et de l'épiderme) en formant des complexes avec les antigènes. Cette classe contient deux sous-classes.

IgD
(monomère)

L'IgD est presque toujours attachée à la surface d'un lymphocyte B, où elle tient le rôle de récepteur d'antigènes du lymphocyte B. Cette classe constitue moins de 1 % des Ig plasmatiques.

IgG
(monomère)

L'IgG est l'anticorps majoritaire et plus diversifié dans le sérum: elle constitue de 75 à 85 % des anticorps circulants. Elle protège contre les bactéries, les virus et les toxines qui circulent dans le sang et la lymphe, elle fixe rapidement le complément et constitue le principal anticorps de la réaction secondaire et de la réaction primaire tardive. Elle traverse le placenta et produit une immunité passive chez le fœtus. Cette classe contient quatre sous-classes.

IgE
(monomère)

L'IgE est un peu plus grosse que l'IgG. Elle est sécrétée par les plasmocytes dans la peau, les muqueuses des voies gastro-intestinales et respiratoires, et les amygdales. Sa tige se lie aux mastocytes et aux granulocytes basophiles et, lorsque les extrémités de son récepteur sont activées par un antigène, elle déclenche la libération d'histamine et d'autres substances chimiques qui contribuent à l'inflammation et à certaines réactions allergiques. Habituellement, elle existe à l'état de traces dans le plasma, mais ses concentrations augmentent dans les cas d'allergies graves ou de parasitoses chroniques du tube digestif.

(elles passent à travers le placenta) et enfin **E** pour **e**nnuis, **é**ternuements (elles sont responsables de certaines allergies).

Établissement de la diversité des anticorps

Plus haut, nous avons vu que les plasmocytes produisent des milliards de types d'anticorps différents par suite de la recombinaison génétique d'un nombre limité de segments d'ADN. L'assemblage aléatoire de segments d'ADN qui codent pour le site de liaison de l'antigène (région variable) rend compte en partie seulement de l'énorme diversité de la spécificité des anticorps. En effet, certains endroits sur un segment d'ADN des lymphocytes B activés comportent des *régions hypervariables*, qui sont des «points chauds» au niveau desquels un système d'enzymes particulier réalise d'innombrables mutations somatiques. Ces modifications ponctuelles augmentent considérablement la variabilité des anticorps.

Un plasmocyte qui produit une chaîne lourde d'une classe donnée peut, à certaines conditions, changer de type de chaîne lourde et se mettre à sécréter un anticorps d'une classe différente, mais qui continue de reconnaître le même antigène. Par exemple, les premiers anticorps libérés lors de la réponse immunitaire primaire sont des IgM; plus tard, les plasmocytes sécréteront des IgG. Lors de la réponse secondaire, presque tous les anticorps seront de type IgG.

Cibles et mécanismes d'action des anticorps

Les anticorps ne possèdent pas la capacité de détruire directement les antigènes, mais ils peuvent les inactiver et les marquer pour qu'ils soient détruits par les macrophagocytes (figure 21.15). L'événement commun à toutes les interactions entre un anticorps et un antigène est la formation des **complexes antigène-anticorps**, ou **complexes immuns**. Les mécanismes de défense employés par les anticorps sont la fixation du complément, la neutralisation, l'agglutination et la précipitation. Parmi ces mécanismes, les deux premiers sont les plus importants.

La **neutralisation**, le mécanisme de défense le plus simple, est mise en œuvre lorsque les anticorps bloquent les sites spécifiques situés sur les virus ou les exotoxines bactériennes (substances chimiques toxiques sécrétées par les bactéries). Le virus ou l'exotoxine perdent alors leur toxicité parce qu'ils ne peuvent plus se fixer aux récepteurs de la membrane plasmique de nos cellules et causer le dysfonctionnement ou la mort de ces dernières. Les complexes antigène-anticorps finissent par être détruits par les phagocytes.

Parce que les anticorps possèdent au moins deux sites de fixation à l'antigène, un anticorps peut s'attacher à des déterminants antigéniques identiques portés par plusieurs molécules d'antigène et former ainsi des assemblages en treillis. Quand les antigènes de plusieurs cellules sont réunis par des anticorps, les liens établis entre les antigènes provoquent l'apparition d'amas de cellules étrangères, soit l'**agglutination**. L'IgM, qui est un pentamère et est donc munie de 10 sites de fixation à l'antigène, est un agent agglutinant particulièrement puissant (tableau 21.3). Nous avons vu au chapitre 17 que c'est ce type de réaction qui se produit lorsque du sang incompatible est transfusé (les globules rouges étrangers s'agglutinent) et qui est utilisé dans les épreuves de détermination des groupes sanguins.

La **précipitation** est le mécanisme par lequel des molécules solubles (plutôt que des cellules) sont réunies pour former de

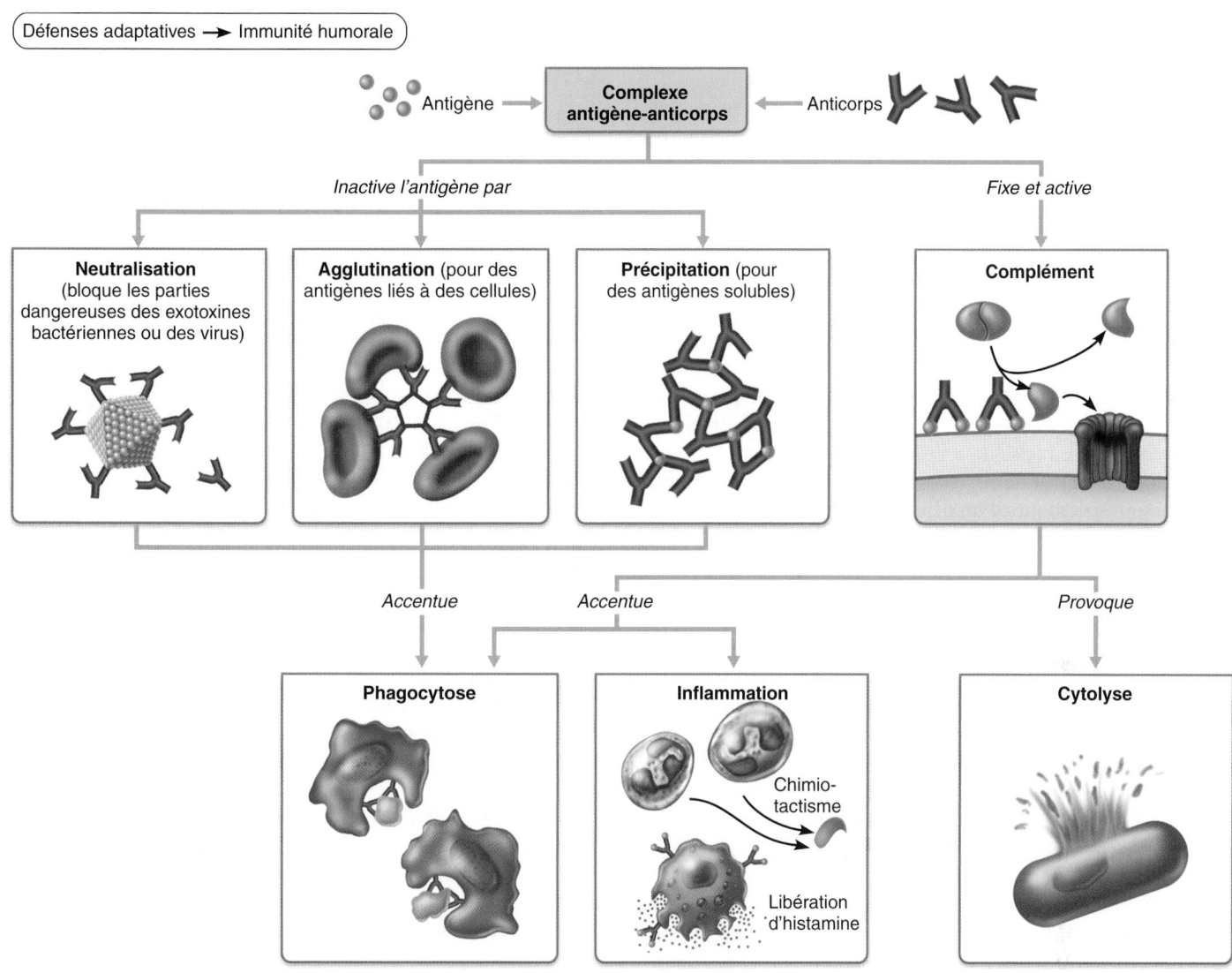

Figure 21.15 **Mécanismes d'action des anticorps.** Les anticorps agissent contre les virus libres, les antigènes de globules rouges, les toxines bactériennes, les bactéries intactes, les mycètes et les vers parasitaires.

gros complexes qui se déposent et se séparent de la solution. À l'instar des bactéries agglutinées, ces molécules d'antigène précipitées (immobilisées) sont beaucoup plus facilement capturées et englobées par les phagocytes que ne le sont les antigènes libres.

La **fixation et l'activation du complément** constituent le moyen de défense principal des anticorps contre les antigènes cellulaires tels que les bactéries ou les globules rouges incompatibles. Lorsque plusieurs anticorps se fixent étroitement à la même cellule, les sites de fixation du complément situés sur la tige des chaînes lourdes s'alignent. Ce phénomène déclenche la fixation de certains facteurs du complément à la surface de la cellule portant l'antigène, et s'achève par la lyse de sa membrane plasmique. De plus, comme nous l'avons vu précédemment, les molécules libérées au cours de l'activation du complément amplifient considérablement la réaction inflam-

matoire et provoquent le processus d'opsonisation, lequel favorise la phagocytose par les macrophagocytes et les granulocytes neutrophiles. Se met alors en place un cycle de rétroactivation qui fait intervenir un nombre de plus en plus grand d'éléments voués à la défense de l'organisme.

Un moyen commode de se souvenir des mécanismes d'action des anticorps est d'imaginer qu'ils ont un PLAN d'action: **p**récipitation, **l**yse (par le truchement du complément), **a**gglutination et **n**eutralisation.

DÉSÉQUILIBRE HOMÉOSTATIQUE

Dans le monde entier, des milliards de personnes sont infectées par des vers parasitaires, comme *Ascaris* et *Schistosoma*. Notre système immunitaire a de la difficulté à s'attaquer à ces gros agents pathogènes, et les mécanismes d'action des anticorps ne suffisent plus. Néanmoins, ils jouent encore un rôle crucial dans la destruction des vers. Les anticorps IgE recouvrent la surface de ces parasites, indiquant aux granulocytes éosinophiles qu'ils doivent les détruire. Quand ils rencontrent un vers recouvert d'anticorps, les granulocytes éosinophiles se lient aux tiges de l'IgE, ce qui déclenche la libération des substances toxiques contenues dans les gros granules cytoplasmiques des granulocytes éosinophiles sur la proie. ■

Anticorps monoclonaux

Outre leur rôle dans l'immunité passive, les anticorps préparés à des fins commerciales sont utilisés dans la recherche fondamentale, la recherche clinique et des traitements. Les **anticorps monoclonaux**, auxquels on a recours dans ces cas, sont synthétisés par les descendants d'une seule cellule (ils appartiennent tous au même clone, d'où leur nom). Il s'agit de préparations d'anticorps purs qui sont spécifiques d'un déterminant antigénique unique.

La technique de fabrication des anticorps monoclonaux fait intervenir la fusion de cellules tumorales (provenant d'un myélome incapable de produire des immunoglobulines) et de lymphocytes B (provenant d'une rate de souris). Les cellules hybrides qui en résultent, appelées **hybridomes**, possèdent les caractéristiques recherchées des deux lignées parentales. Comme le font les cellules tumorales, elles prolifèrent indéfiniment en culture de tissu ; et comme le font les lymphocytes B, elles élaborent un type d'anticorps hautement spécifique d'un antigène donné.

On emploie les anticorps monoclonaux pour confirmer un diagnostic de grossesse (les anticorps reconnaissent l'hormone de grossesse [hCG] dans l'urine d'une femme enceinte), de certaines infections transmissibles sexuellement (notamment la chlamydiase), de quelques formes de cancer, de l'hépatite et de la rage. Les épreuves d'anticorps monoclonaux utilisés à ces fins sont plus précises, sensibles et rapides que les épreuves diagnostiques traditionnelles. Les anticorps monoclonaux servent également à traiter la leucémie et les lymphomes, deux formes de cancer qui se manifestent dans la circulation sanguine et sont ainsi facilement accessibles par les anticorps injectés. On les emploie comme « missiles à tête chercheuse » afin de diriger les médicaments anticancéreux (immunotoxines) exclusivement sur les cellules cancéreuses, ainsi que pour le traitement de certaines maladies auto-immunes (que nous verrons plus loin). Toutefois, cette approche ne donne pas toujours les résultats escomptés, surtout en raison du fait que les anticorps utilisés proviennent de la souris. Le génie génétique trouvera là un autre domaine d'application.

VÉRIFIONS NOS ACQUIS

15. Quelle classe d'anticorps est la plus abondante dans le sang ? Laquelle est sécrétée en premier lors d'une réaction immunitaire primaire ? Laquelle est la plus abondante dans les sécrétions ?
16. Nommez quatre mécanismes que les anticorps utilisent pour détruire un agent pathogène.

Les réponses se trouvent à l'appendice G.

Réaction immunitaire à médiation cellulaire

17 Décrire le traitement et la présentation des antigènes endogènes et des antigènes exogènes.

18 Définir l'immunité à médiation cellulaire. Décrire le processus de sélection clonale et d'activation des lymphocytes T ; donner un aperçu des rôles joués par les cytokines dans ce processus.

Malgré leur extraordinaire polyvalence, les anticorps fournissent seulement une immunité partielle. Ils nous sont très utiles dans les cas où la proie est bien *évidente*, mais ils sont plutôt inefficaces contre certains microorganismes infectieux (les virus et le bacille de la tuberculose, par exemple) qui s'introduisent rapidement dans les cellules pour s'y multiplier. En pénétrant dans les cellules, ils se mettent à l'abri de l'action des anticorps et il devient nécessaire de mettre en œuvre d'autres moyens. C'est alors qu'intervient la réaction immunitaire à médiation cellulaire.

Les lymphocytes T – les médiateurs de l'immunité cellulaire – forment un groupe de cellules diverses, beaucoup plus complexes que les lymphocytes B tant sur le plan de leur classification que sur celui de leur fonction. Il existe deux populations principales de lymphocytes T effecteurs. Cette classification distingue les lymphocytes T4, ou CD4, exprimant l'antigène (ou marqueur de surface) CD4 et les lymphocytes T8, ou CD8, exprimant l'antigène CD8, selon les récepteurs présents sur la membrane plasmique des lymphocytes matures (récepteurs CD4 ou récepteurs CD8 ; CD, « classe de différenciation »). Ces récepteurs de la membrane plasmique sont des glycoprotéines différentes de celles des récepteurs d'antigène des lymphocytes T. Ils jouent un rôle dans les interactions qui s'établissent entre les lymphocytes T et d'autres cellules.

Quand ils sont activés, les lymphocytes CD4 et CD8 se différencient et forment les deux types principaux de *cellules effectrices* de l'immunité cellulaire (ainsi que des cellules mémoires). Les **lymphocytes CD4**, aussi appelés cellules T4, deviennent habituellement des **lymphocytes T auxiliaires** (T_H, ou lymphocytes T *helper*), alors que la plupart des **lymphocytes CD8**, ou cellules T8, deviennent des **lymphocytes T cytotoxiques** (T_C), dont le rôle consiste à détruire toute cellule de l'organisme qui porte un élément perçu comme étranger **(figure 21.16)**. Outre ces deux grandes catégories de lymphocytes T effecteurs, il existe les lymphocytes T régulateurs (T_R), les lymphocytes T mémoires et quelques sousgroupes plutôt rares. Nous reviendrons sur les rôles de ces cellules un peu plus loin.

Avant d'aborder en détail la réaction immunitaire à médiation cellulaire, nous allons résumer quelques informations préliminaires et comparer l'importance de la réaction humorale et de la réaction à médiation cellulaire dans le plan d'ensemble de l'immunité adaptative. Les anticorps, produits par les plasmocytes, constituent sous plusieurs aspects l'arme la plus simple de la réaction immunitaire. La spécialité des anticorps consiste à réagir aux bactéries intactes et aux molécules étrangères

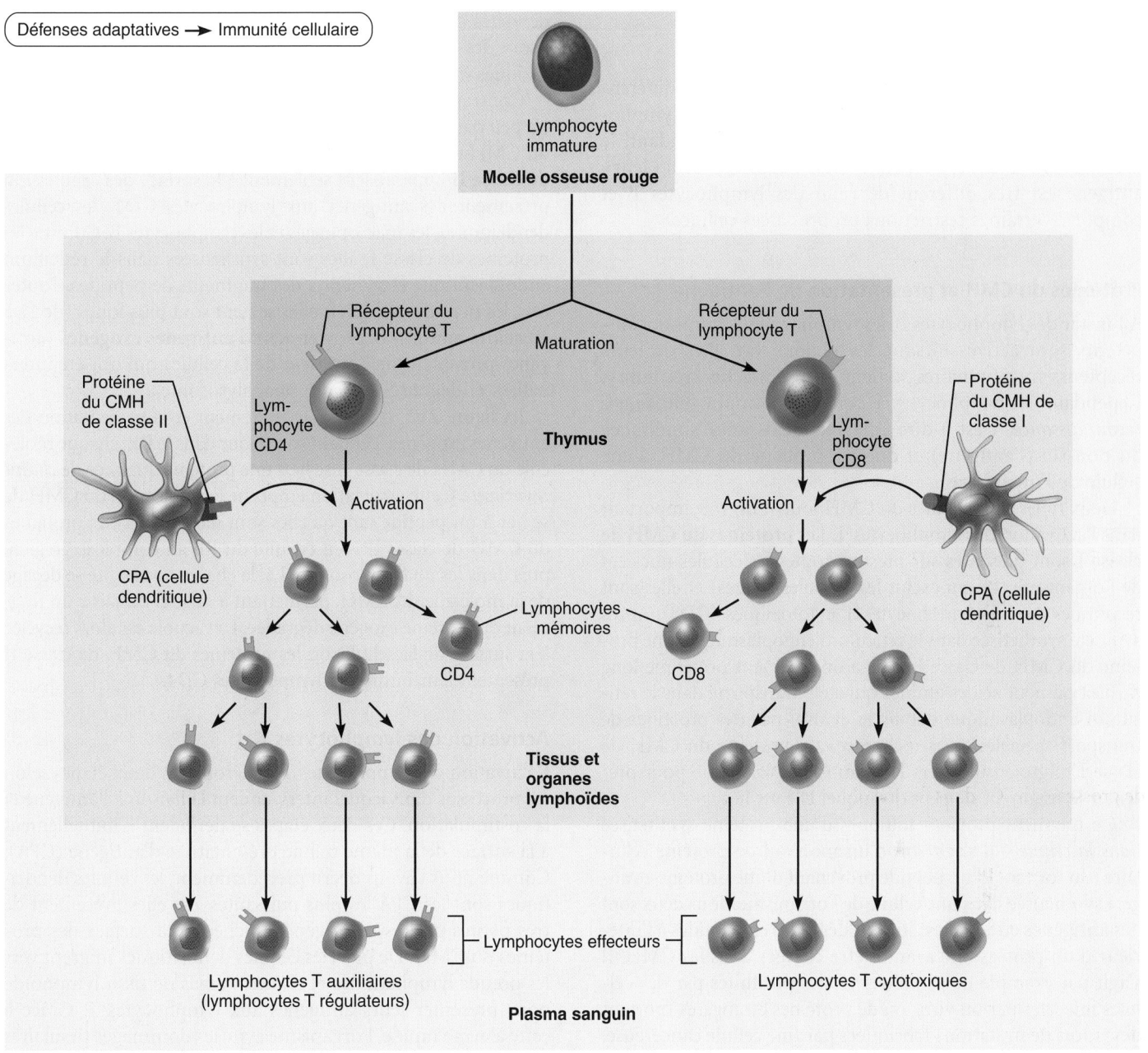

Défenses adaptatives → Immunité cellulaire

Figure 21.16 Principaux types de lymphocytes T selon les glycoprotéines de différenciation (CD4, CD8) présentes à leur surface.

solubles *dans l'environnement extracellulaire*, c'est-à-dire qui se trouvent dans les sécrétions corporelles et les liquides tissulaires ainsi que dans le sang et la lymphe circulants. Les anticorps n'envahissent jamais les tissus solides, à moins que ceux-ci ne présentent une lésion.

Fondamentalement, les anticorps et les agents pathogènes font une course contre la montre, les uns pour se mobiliser, les autres pour se multiplier, et l'issue de cette guerre détermine si on tombe malade ou si on échappe à l'infection. Il faut se rappeler, toutefois, que la formation des complexes anticorps-antigène ne détruit *pas* les antigènes ; elle prépare plutôt l'antigène pour la destruction par les défenses innées.

Contrairement aux lymphocytes B et aux anticorps, les lymphocytes T sont incapables de reconnaître les antigènes libres ou ceux qui sont à l'état naturel. La majorité des récepteurs membranaires des lymphocytes T reconnaissent seulement les fragments *traités* d'antigènes protéiniques disposés à la surface de certaines cellules de l'organisme (CPA et autres). En conséquence, les lymphocytes T sont mieux adaptés aux interactions intercellulaires, et leurs attaques directes contre les antigènes (dont les lymphocytes T cytotoxiques sont les médiateurs) visent les cellules de l'organisme infectées par des virus ou certaines bactéries, les cellules de l'organisme anormales ou cancéreuses ainsi que les cellules de tissus injectés ou greffés.

Sélection clonale et différenciation des lymphocytes T

Le facteur déclencheur de la sélection clonale et de la différenciation est le même pour les lymphocytes B et les lymphocytes T : il s'agit de la fixation à l'antigène. Cependant, le mécanisme par lequel les lymphocytes T reconnaissent « leur » antigène est très différent de celui des lymphocytes B et comporte certaines restrictions propres à ces cellules.

Protéines du CMH et présentation de l'antigène

À l'instar des lymphocytes B, les lymphocytes T immunocompétents sont activés lorsque les régions variables de leurs récepteurs membranaires se lient à un antigène « reconnu ». Cependant, les lymphocytes T doivent accomplir une *double reconnaissance*, c'est-à-dire une reconnaissance simultanée du non-soi (l'antigène) et du soi (protéine du CMH d'une cellule de l'organisme).

Deux types de protéines du CMH jouent un rôle important dans l'activation des lymphocytes T. Les **protéines du CMH de classe I** sont présentes sur presque toutes les cellules nucléées de l'organisme (ce qui exclut les globules rouges) et elles sont reconnues par des lymphocytes T cytotoxiques (CD8). Après avoir été synthétisée dans le réticulum endoplasmique, une protéine du CMH de classe I se lie à un fragment protéique long de huit ou neuf acides aminés qui a été transporté dans le réticulum endoplasmique depuis le cytosol par des protéines de transport spéciales. Ainsi « chargée », la protéine du CMH de classe I migre ensuite vers la membrane plasmique pour présenter le fragment de peptide auquel elle est liée.

Ce fragment provient toujours d'une protéine synthétisée *dans la cellule* – il s'agit soit d'un morceau de protéine cellulaire (du soi), soit d'un peptide provenant d'une protéine étrangère synthétisée dans une cellule de l'organisme. Tous deux sont des **antigènes endogènes** ; ils sont dégradés en peptides à l'intérieur d'un protéasome avant d'être chargés dans les CMH. Il s'agit par exemple de protéines virales produites par des cellules infectées par un virus ou de protéines étrangères (portant des traces de mutation) fabriquées par une cellule cancéreuse. La **figure 21.17a** résume le traitement et la présentation des antigènes endogènes des protéines du CMH de classe I.

Dans la réaction immunitaire, les protéines du CMH de classe I jouent un rôle primordial, car elles donnent aux lymphocytes T cytotoxiques le signal que des microorganismes infectieux se cachent dans des cellules de l'organisme. Sans ce mécanisme, les virus et certaines bactéries qui se développent bien dans les cellules ne se feraient pas remarquer et pourraient continuer de se multiplier en toute impunité. Lorsque des protéines du CMH de classe I présentent des fragments de nos propres protéines (antigènes du soi), les lymphocytes T cytotoxiques en patrouille reçoivent le signal « Laisse cette cellule tranquille, elle est à nous ! » et ne tiennent donc pas compte de cette cellule. En revanche, lorsque des protéines du CMH de classe I présentent des antigènes étrangers, elles trahissent leurs envahisseurs et « sonnent l'alarme ». Pour ce faire, les protéines du CMH de classe I procèdent de deux façons : (1) en servant

de « sites de fixation » à l'antigène ; et (2) en formant la partie « soi » des complexes soi–non-soi que les lymphocytes T cytotoxiques doivent reconnaître avant de pouvoir les détruire.

Contrairement aux protéines de classe I qui sont répandues un peu partout dans l'organisme, le deuxième type de protéines du CMH est moins abondant. En effet, les **protéines du CMH de classe II** apparaissent seulement à la surface des cellules qui présentent des antigènes aux lymphocytes CD4 : les cellules dendritiques, les macrophages et les lymphocytes B. Comme les protéines de classe I, elles sont synthétisées dans le réticulum endoplasmique et se lient à des fragments de peptides. Toutefois, les peptides auxquels elles se lient sont plus longs (de 12 à 20 acides aminés) et proviennent d'**antigènes exogènes** (antigènes provenant de l'*extérieur* de la cellule) qui ont été internalisés et dégradés dans un phagolysosome.

La figure 21.17b illustre le traitement et la présentation des antigènes exogènes. Pendant son séjour dans le RE, chaque molécule du CMH de classe II se lie à une protéine qualifiée de *chaîne invariante*. Cette association empêche les molécules du CMH de se lier à un peptide tant qu'elles sont dans le RE. Les protéines du CMH de classe II vont ensuite du RE au complexe golgien, puis dans les phagolysosomes. Là, la chaîne invariante se dégage de la molécule du CMH, permettant à celle-ci de saisir un fragment de protéine exogène dégradée. La vacuole est alors recyclée à la surface de la cellule, où les protéines du CMH de classe II présentent leur butin aux lymphocytes CD4.

Activation des lymphocytes T

L'activation des lymphocytes T se déroule en deux étapes selon un processus dans lequel interviennent la liaison à l'antigène et la costimulation. Ces deux étapes se déroulent habituellement à la surface de la même cellule présentatrice d'antigène (CPA). Comme nous l'avons décrit précédemment, les cellules dendritiques sont les CPA les plus puissantes, car elles présentent de très petites parties d'antigène attachées à la surface des protéines du CMH. De plus, les cellules dendritiques migrent vers les nœuds lymphatiques et d'autres amas de tissu lymphoïde pour présenter leurs antigènes aux lymphocytes T. Grâce à cette alarme rapide, l'organisme évite les dommages tissulaires importants qu'il subirait autrement.

Liaison à l'antigène La première étape comporte essentiellement ce que nous avons déjà décrit : les **récepteurs d'antigènes du lymphocyte T** (RLT, ou encore TCR ou TcR) se lient à un complexe du CMH-antigène à la surface d'une CPA. À l'instar des récepteurs du lymphocyte B, les récepteurs d'antigènes du lymphocyte T ont des régions variables et constantes, mais ils ont deux chaînes polypeptidiques plutôt que quatre et possèdent un seul site de liaison pour l'antigène au lieu de deux.

Les lymphocytes CD4 et CD8 ont des exigences différentes pour la classe de protéines du CMH qui contribue à donner le signal d'activation. Cette contrainte, acquise durant le processus d'« éducation » thymique, est appelée *restriction du CMH*. Les lymphocytes CD4 (qui deviennent habituellement des lymphocytes T auxiliaires) ont la capacité de se fixer seulement aux antigènes liés aux protéines du CMH de classe II qui sont

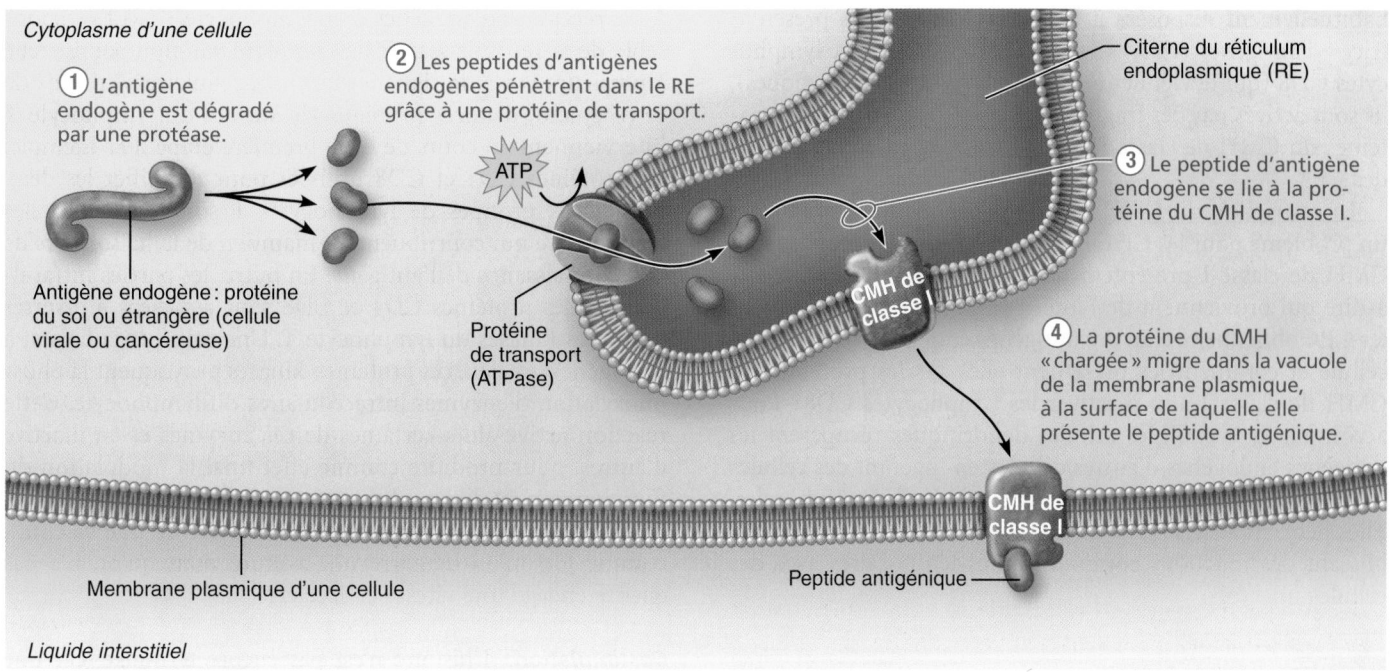

Cytoplasme d'une cellule

① L'antigène endogène est dégradé par une protéase.

② Les peptides d'antigènes endogènes pénètrent dans le RE grâce à une protéine de transport.

ATP

Citerne du réticulum endoplasmique (RE)

③ Le peptide d'antigène endogène se lie à la protéine du CMH de classe I.

Antigène endogène : protéine du soi ou étrangère (cellule virale ou cancéreuse)

Protéine de transport (ATPase)

CMH de classe I

④ La protéine du CMH « chargée » migre dans la vacuole de la membrane plasmique, à la surface de laquelle elle présente le peptide antigénique.

Membrane plasmique d'une cellule

CMH de classe I

Peptide antigénique

Liquide interstitiel

(a) Les antigènes endogènes sont traités et présentés sur le CMH de classe I de toutes les cellules.

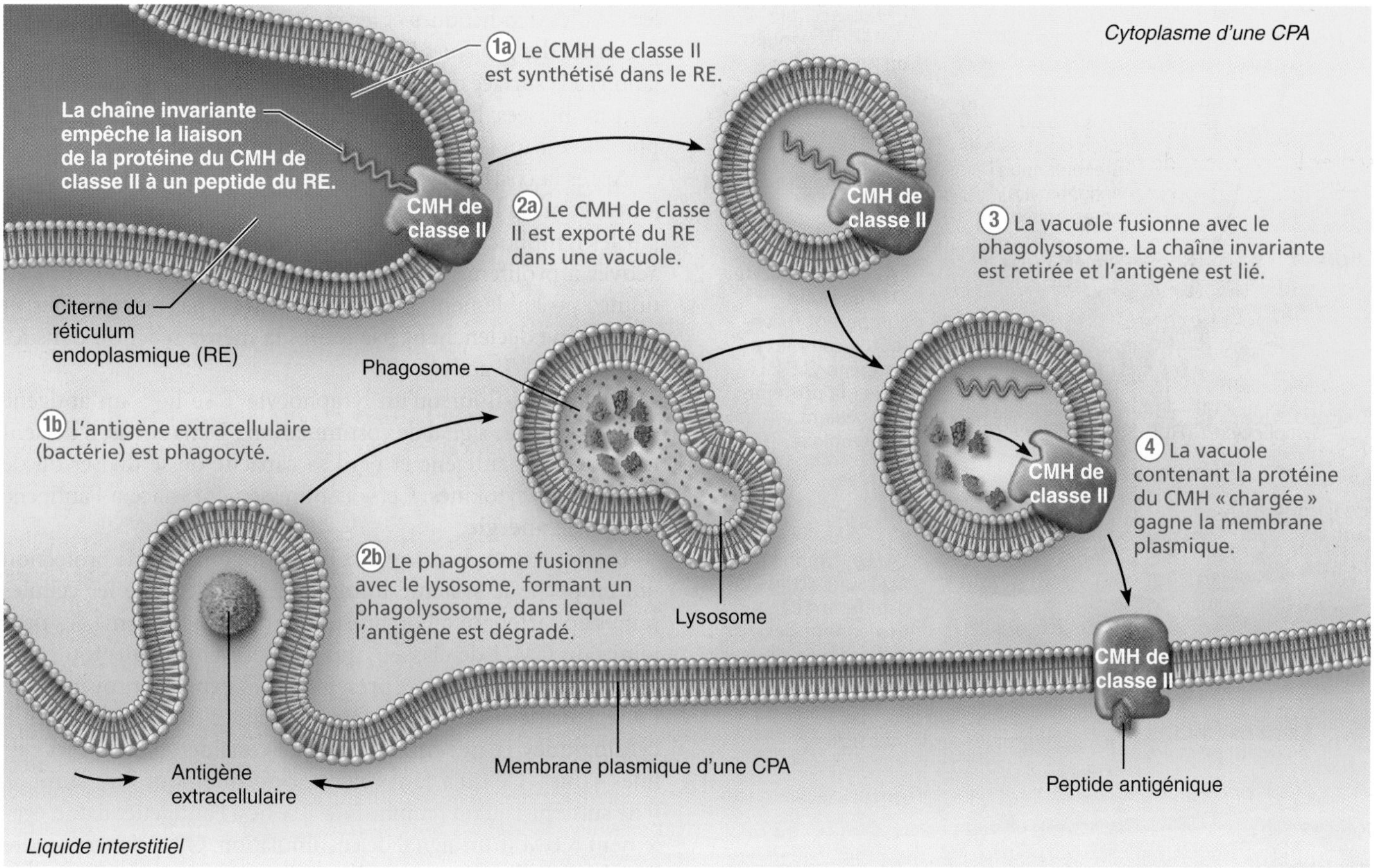

Cytoplasme d'une CPA

①a Le CMH de classe II est synthétisé dans le RE.

La chaîne invariante empêche la liaison de la protéine du CMH de classe II à un peptide du RE.

CMH de classe II

②a Le CMH de classe II est exporté du RE dans une vacuole.

CMH de classe II

③ La vacuole fusionne avec le phagolysosome. La chaîne invariante est retirée et l'antigène est lié.

Citerne du réticulum endoplasmique (RE)

Phagosome

①b L'antigène extracellulaire (bactérie) est phagocyté.

CMH de classe II

④ La vacuole contenant la protéine du CMH « chargée » gagne la membrane plasmique.

②b Le phagosome fusionne avec le lysosome, formant un phagolysosome, dans lequel l'antigène est dégradé.

Lysosome

CMH de classe II

Antigène extracellulaire

Membrane plasmique d'une CPA

Peptide antigénique

Liquide interstitiel

(b) Les antigènes exogènes sont traités et présentés sur le CMH de classe II des cellules présentatrices d'antigènes (CPA).

Figure 21.17 Les protéines du CMH et leur rôle dans le traitement et la présentation de l'antigène.

21

habituellement disposées à la surface des cellules présentatrices d'antigènes (CPA) **(figure 21.18)**. Quant aux lymphocytes CD8 (qui deviennent des lymphocytes T cytotoxiques), ils sont activés par des fragments d'antigène associés aux protéines du CMH de classe I, qui se trouvent aussi à la surface des CPA.

La restriction du CMH que nous venons de décrire pose un problème pour les CPA. En règle générale, les protéines du CMH de classe I présentent des antigènes endogènes, c'est-à-dire qui proviennent de l'intérieur de la cellule. Comment les CPA obtiennent-elles des antigènes endogènes d'une autre cellule et comment les présentent-elles sur les protéines du CMH de classe I afin d'activer les lymphocytes CD8 ? Pour accomplir ce travail, les cellules dendritiques récupèrent les antigènes endogènes d'autres cellules en ingérant des cellules mourantes infectées par un virus ou des cellules tumorales. Elles peuvent aussi le faire en important des antigènes en établissant des jonctions communicantes temporaires avec des cellules infectées.

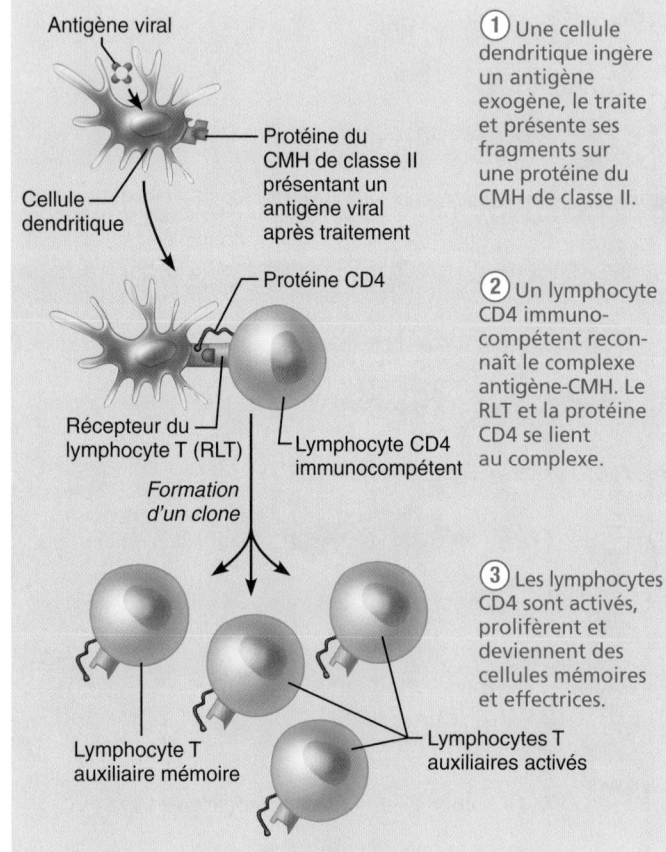

Figure 21.18 La sélection clonale des lymphocytes T fait intervenir la reconnaissance simultanée du soi et du non-soi. L'activation des lymphocytes CD4 est illustrée ; l'activation des lymphocytes CD8 est similaire. La costimulation, qui est aussi essentielle à l'activation, n'est pas illustrée.

Le récepteur d'antigènes d'un lymphocyte T (RLT) responsable de la reconnaissance du complexe soi–non-soi est relié à plusieurs voies de signalisation intracellulaires. En plus de ce récepteur, d'autres protéines de surface du lymphocyte T interviennent au cours de cette première étape. Par exemple, les protéines CD4 et CD8 utilisées pour identifier les deux principaux groupes de lymphocytes T sont des molécules d'adhérence qui contribuent au maintien de la liaison lors de la reconnaissance de l'antigène. En outre, les parties intracellulaires des protéines CD4 et CD8 sont associées à diverses protéines-kinases du lymphocyte T. Une fois que la liaison à l'antigène a eu lieu, ces protéines-kinases provoquent la phosphorylation d'enzymes intracellulaires du lymphocyte. Cette réaction active alors certaines de ces enzymes et en inactive d'autres, pour produire comme effet final la modulation du fonctionnement du lymphocyte T. Après la liaison à l'antigène, le lymphocyte T est stimulé, mais il est encore « au ralenti », comme lorsqu'on démarre une voiture mais qu'on n'a pas encore engagé une vitesse et accéléré.

Costimulation L'histoire n'est pas encore terminée, car une seconde étape reste à franchir. Avant qu'un lymphocyte T puisse proliférer et former un clone, il doit reconnaître un ou plusieurs **signaux de costimulation**. Pour ce faire, le lymphocyte T doit se lier à un autre récepteur de surface d'une CPA. Par exemple, les cellules dendritiques et les macrophagocytes commencent à présenter des *protéines B7* (les plus puissants agents de costimulation) à la surface de leur membrane lorsque les défenses innées sont mobilisées. La liaison de B7 au récepteur CD28 d'un lymphocyte est un signal de costimulation crucial.

Après la costimulation, des substances chimiques, les cytokines, comme les interleukines 1 et 2 libérées par les CPA ou par les lymphocytes T eux-mêmes, incitent les lymphocytes T activés à proliférer et à se différencier. Comme vous vous en doutez probablement, il existe plusieurs types de cytokines, et celles-ci ne déclenchent pas toutes la même réaction dans les lymphocytes T activés.

Qu'arrive-t-il lorsqu'un lymphocyte T se lie à un antigène sans recevoir de signal de costimulation ? Dans ce cas, il devient tolérant à cet antigène et perd sa capacité de se diviser ou de sécréter des cytokines. Cet « assoupissement » face à l'antigène est appelé **anergie**.

La séquence à deux signaux est un mécanisme de protection qui empêche le système immunitaire de détruire les cellules saines appartenant à l'organisme. Sans ce mécanisme, les protéines du CMH de classe I, qui sont présentes dans toutes les cellules de l'organisme et présentent des peptides provenant de l'intérieur de la cellule, pourraient activer des lymphocytes T cytotoxiques, ce qui endommagerait considérablement les cellules saines. Ce qu'il faut retenir, c'est que pour être stimulé, il ne suffit pas qu'un lymphocyte T se lie à l'antigène : il doit également recevoir un signal de costimulation. Ou, pour reprendre l'analogie de la voiture, on n'ira nulle part, sauf si (1) on met la voiture en marche et (2) on engage une vitesse et on accélère.

Une fois qu'un lymphocyte T a été activé, il grossit et prolifère pour former un clone de cellules qui se différencient et remplissent les fonctions réservées à leur classe de lymphocytes T.

Cette réaction primaire culmine moins d'une semaine après l'exposition à l'antigène. Une période d'apoptose se déroule ensuite entre les 7e et 30e jours ; les lymphocytes T activés meurent alors les uns après les autres et l'activité effectrice disparaît à mesure que la quantité d'antigènes diminue.

Cette destruction des lymphocytes T activés joue un rôle de protection essentiel, car ces cellules sont potentiellement dangereuses. Elles produisent en effet d'énormes quantités de cytokines inflammatoires, lesquelles contribuent à l'hyperplasie (stimulée par l'infection) et à la formation de tumeurs malignes dans le tissu enflammé de manière chronique. De plus, une fois leur travail accompli, et n'étant donc plus nécessaires, les lymphocytes T effecteurs peuvent être détruits. Des milliers de descendants du clone deviennent des cellules mémoires. La mémoire est telle qu'elle peut persister longtemps, voire le restant de la vie ; il se constitue ainsi un réservoir de lymphocytes T en mesure de déclencher, au besoin, les réactions secondaires au même antigène.

Cytokines

Les médiateurs chimiques qui contribuent à l'immunité cellulaire font partie d'un groupe de molécules, appelées **cytokines**, qui influent sur le développement cellulaire, la différenciation et les réactions du système immunitaire. Les cytokines regroupent les interférons et les interleukines. Le **tableau 21.4** présente plusieurs de ces molécules ainsi que leurs effets variés sur les cellules cibles.

Les cytokines comprennent une soixantaine de substances semblables aux hormones ou aux paracrines libérées par diverses cellules. Ainsi que nous l'avons déjà mentionné, certaines cytokines stimulent la prolifération des lymphocytes T. Par exemple, l'**interleukine 1 (IL-1)**, libérée par les macrophagocytes, « costimule » les lymphocytes T en contact avec eux pour les inciter à sécréter de l'**interleukine 2 (IL-2)** et à synthétiser d'autres récepteurs d'IL-2 qui migrent vers la membrane plasmique du lymphocyte. L'IL-2 est un facteur de croissance clé. En agissant sur les cellules qui la libèrent (ainsi que sur d'autres lymphocytes T), elle met en place un cycle de rétroactivation qui pousse les lymphocytes T activés à se diviser encore et plus rapidement. (En oncologie, on utilise l'IL-2 pour traiter les mélanomes et les cancers du rein.) On connaît à l'heure actuelle plus de 20 interleukines différentes qui toutes permettent les échanges d'informations entre les leucocytes.

En outre, tous les lymphocytes T activés sécrètent une ou plusieurs cytokines qui contribuent à l'accroissement et à la

TABLEAU 21.4	Principales cytokines
CYTOKINE	**FONCTION DANS LA RÉACTION IMMUNITAIRE**
Interférons (IFN)	
▪ Alpha (α) et bêta (β)	Sécrétés par de nombreuses cellules ; ont des effets antiviraux ; activation des cellules NK.
▪ Gamma (γ)	Sécrété par les lymphocytes ; activation des macrophagocytes ; stimule la synthèse et l'expression d'un plus grand nombre de protéines du CMH des classes I et II ; favorise la différenciation des lymphocytes T_H en lymphocytes T_H1.
Interleukines (IL)	
▪ IL-1	Sécrétée par les macrophagocytes activés ; favorise l'inflammation et l'activation des lymphocytes T ; cause la fièvre (le pyrogène qui remonte le thermostat de l'hypothalamus).
▪ IL-2	Sécrétée par les lymphocytes T_H ; stimule la prolifération des lymphocytes T et B ; active les cellules NK.
▪ IL-4	Sécrétée par certains lymphocytes T_H ; favorise la différenciation des lymphocytes T_H2 et l'activation des lymphocytes B ; augmente la sécrétion d'anticorps IgE.
▪ IL-5	Sécrétée par certains lymphocytes T_H et mastocytes ; attire et active les granulocytes éosinophiles ; incite les plasmocytes à sécréter des anticorps IgA.
▪ IL-10	Sécrétée par les macrophagocytes et les lymphocytes T_R ; inhibe les macrophagocytes et les cellules dendritiques ; atténue la réaction immunitaire cellulaire et innée.
▪ IL-12	Sécrétée par les cellules dendritiques et les macrophagocytes ; stimule l'activité des lymphocytes T_C et des cellules NK ; favorise la différenciation des lymphocytes T_H1.
▪ IL-17	Sécrétée par les lymphocytes T_H17 ; joue un rôle important dans l'immunité innée et adaptative et dans le recrutement des granulocytes neutrophiles ; contribue à l'inflammation dans certaines maladies auto-immunes.
Facteurs suppresseurs	Terme générique regroupant un certain nombre des cytokines qui suppriment la réaction immunitaire, par exemple le TGF-β et l'IL-10.
Facteur de croissance transformant bêta (TGF-β)	Suppresseur semblable à l'IL-10.
Facteurs nécrosants des tumeurs (TNF)	Produits par les lymphocytes et en grande quantité par les macrophagocytes ; favorisent l'inflammation ; accroissent le chimiotactisme des phagocytes et la mort cellulaire non spécifique ; ralentissent la croissance des tumeurs en causant des dommages sélectifs aux vaisseaux sanguins des tumeurs ; stimulent la mort cellulaire par apoptose.

21

régulation des réactions immunitaires innée et adaptative. Certaines cytokines (telles que le *facteur nécrosant des tumeurs*) sont des toxines cellulaires attaquant les cellules tumorales ; d'autres (l'*interféron* gamma, par exemple) augmentent l'activité phagocytaire des macrophagocytes ; d'autres encore sont des facteurs de l'inflammation.

VÉRIFIONS NOS ACQUIS

17. Quel type d'antigène les protéines du CMH de classe II présentent-elles ? Quelle classe de lymphocytes T reconnaît les antigènes liés aux protéines du CMH de classe II ? Quels types de cellules présentent ces protéines ?
18. Que se passe-t-il quand des antigènes se lient en l'absence de costimulation ?

Les réponses se trouvent à l'appendice G.

Rôles des lymphocytes T

19 Décrire les fonctions des différents types de lymphocytes T dans la défense de l'organisme ; comparer l'action des lymphocytes T auxiliaires avec celle des lymphocytes T cytotoxiques.

Lorsque les lymphocytes CD4 immunocompétents sont activés, leurs descendants deviennent des cellules effectrices (qui assurent les fonctions des lymphocytes T) ou des cellules mémoires (qui produisent des réponses plus rapides et longues lors d'une deuxième rencontre avec un antigène). Comme nous l'avons déjà expliqué, les lymphocytes CD4 effecteurs sont des lymphocytes T auxiliaires ou régulateurs, et les lymphocytes CD8 sont des lymphocytes T cytotoxiques. Il existe d'autres populations plus rares de lymphocytes T effecteurs, mais nous nous concentrerons seulement sur les trois principaux groupes.

Lymphocytes T auxiliaires

Les **lymphocytes T auxiliaires** (T_H) jouent un rôle central dans la réaction immunitaire adaptative, en mobilisant ses voies cellulaire et humorale, comme dans l'exemple de la **figure 21.19**. Une fois qu'ils sont sensibilisés grâce à la présentation de l'antigène par la CPA, ils contribuent à activer les lymphocytes B et T et à stimuler leur prolifération. En fait, sans le rôle de « chef d'orchestre » joué par les lymphocytes T_H, il n'y aurait *pas* de réaction immunitaire adaptative. Ils activent également les macrophagocytes pour qu'ils deviennent des cellules tueuses plus puissantes, et leurs cytokines apportent l'assistance chimique nécessaire au recrutement d'autres cellules immunitaires pour combattre les envahisseurs.

Les lymphocytes T_H interagissent directement avec les lymphocytes B qui portent à leur surface des fragments d'antigènes liés aux récepteurs du CMH de classe II (figure 21.19b) ; dans ce cas, ce sont les lymphocytes B qui présentent l'antigène aux lymphocytes T_H. Chaque fois qu'un lymphocyte T_H se fixe à un lymphocyte B, le lymphocyte T libère l'interleukine 4 et d'autres

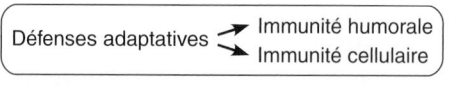

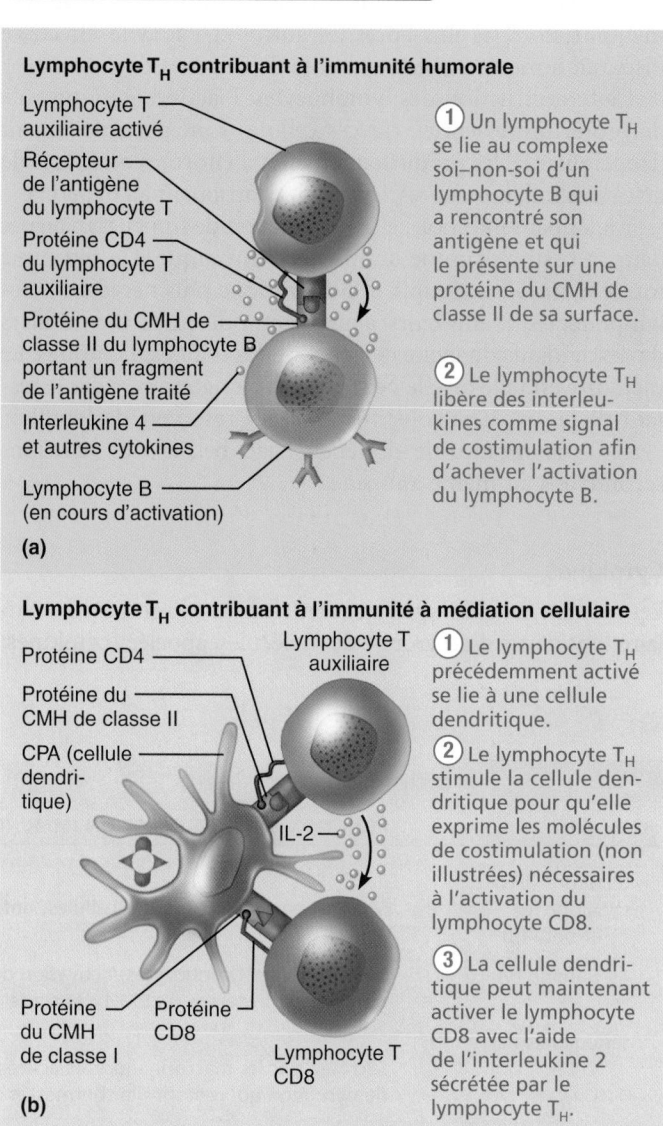

Figure 21.19 Rôle majeur des lymphocytes T_H dans la mobilisation de l'immunité humorale et cellulaire.
(a) Les lymphocytes T_H et les lymphocytes B doivent généralement coopérer de façon directe pour que l'activation complète des lymphocytes B ait lieu. **(b)** Les molécules de costimulation nécessaires à l'activation d'un lymphocyte CD8 sont exprimées par les cellules dendritiques par suite de la liaison d'un lymphocyte T_H. (Certains types d'antigènes stimulent ces molécules de costimulation elles-mêmes, auquel cas le lymphocyte T_H n'est plus nécessaire.) Le lymphocyte T_H libère également de l'interleukine 2, ce qui cause la prolifération et la différenciation des lymphocytes CD8.

cytokines. Dans certains cas, les lymphocytes B peuvent être activés uniquement en se liant à certains antigènes, appelés **antigènes T indépendants** – tels les polysaccharides que l'on trouve dans les capsules et les flagelles des bactéries ou d'autres antigènes à déterminants antigéniques répétitifs. Toutefois, ce cas est loin d'être la norme, car la plupart des antigènes requièrent l'aide des lymphocytes T pour activer les lymphocytes B auxquels ils se sont fixés. Cette variété plus fréquente d'antigènes est appelée **antigènes T dépendants**. En général, les réactions de l'antigène T indépendant sont faibles et de courte durée. Le processus de division des lymphocytes B se poursuit tant qu'il est stimulé par les lymphocytes T_H. Les lymphocytes T_H contribuent donc à l'activation du potentiel protecteur des lymphocytes B.

De la même manière, l'activation des lymphocytes CD8 pour en faire des lymphocytes T cytotoxiques requiert habituellement l'aide des lymphocytes T_H. Comme l'illustre la figure 21.19b, les lymphocytes T_H incitent les cellules dendritiques à exprimer à leur surface les molécules de costimulation nécessaires à l'activation des lymphocytes CD8.

Les cytokines libérées par les lymphocytes T_H mobilisent les lymphocytes et les macrophagocytes ; elles attirent également d'autres types de leucocytes dans la région de l'invasion et renforcent considérablement les défenses innées. Tandis que les substances chimiques attirent un nombre croissant de cellules dans la bataille, la réaction immunitaire s'accélère, et les antigènes sont submergés par le nombre même des éléments immunitaires qui luttent contre eux.

Il existe plusieurs sous-populations de lymphocytes T auxiliaires. En effet, la sous-population qui se forme lors de leur différenciation dépend du type d'antigène et de l'emplacement de la rencontre, ainsi que de la nature des cytokines auxquelles ils sont exposés. Par exemple, l'IL-12 déclenche la différenciation des lymphocytes T_H1, alors que l'IL-4 cause celle des lymphocytes T_H2. En règle générale, les lymphocytes T_H1 stimulent l'inflammation, activent les macrophagocytes et favorisent la différenciation des lymphocytes T cytotoxiques, c'est-à-dire qu'ils pilotent la réaction immunitaire à médiation cellulaire. Quant aux lymphocytes T_H2, leur tâche principale est de stimuler les mécanismes de défense contre les agents pathogènes extracellulaires, plus particulièrement d'inciter les granulocytes éosinophiles à se joindre à la bataille et d'activer les réactions immunitaires qui dépendent des lymphocytes B et exigent la formation d'anticorps. Un troisième type de lymphocytes T_H, les lymphocytes T_H17, combine l'immunité adaptative et l'immunité innée en libérant l'interleukine 17, qui stimule les réactions inflammatoires et est peut-être à la base d'autres maladies auto-immunes.

Lymphocytes T cytotoxiques

Les **lymphocytes T cytotoxiques** (T_C) sont les seuls lymphocytes T capables d'attaquer directement d'autres cellules et de les détruire. Les lymphocytes T_C activés parcourent les circulations sanguine et lymphatique et explorent les organes lymphoïdes à la recherche d'autres cellules portant des antigènes qu'ils reconnaissent. Leurs cibles principales sont les cellules infectées par des virus, mais ils s'attaquent aussi aux cellules infectées par certaines bactéries intracellulaires ou des parasites, aux cellules cancéreuses et aux cellules étrangères introduites dans l'organisme par transfusion sanguine ou à la suite de la greffe d'un organe.

Il faut se rappeler que toutes les cellules nucléées de l'organisme portent des protéines du CMH de classe I sur leur membrane plasmique et que, par conséquent, toute cellule anormale ou infectée peut être détruite par les lymphocytes T_C. Au début de l'attaque, le lymphocyte T_C doit « s'arrimer » à une protéine du CMH de classe I de la cellule cible qui présente un fragment de l'antigène. L'attaque contre les cellules humaines étrangères, comme celles d'un greffon, est plus difficile à expliquer parce que les protéines du CMH de classe I sont reconnues comme non-soi ou considérées comme des antigènes, même si elles ne sont pas associées à un antigène. Dans ce cas, il semble que les lymphocytes T_C du receveur « voient » parfois les protéines du CMH de classe I du greffon comme une association d'une protéine du CMH de classe I du soi et d'un antigène étranger.

Une fois que les lymphocytes T cytotoxiques ont reconnu leurs cibles, comment portent-ils leur coup mortel ? Deux mécanismes entrent en jeu. Le premier fait appel aux **perforines** et aux **granzymes**, comme l'illustre la figure 21.20a. L'autre mécanisme de destruction utilisé par les lymphocytes cytotoxiques exige qu'ils se lient à un récepteur membranaire spécifique (un **récepteur FAS**) de la cellule cible ; cet événement stimule l'apoptose de la cellule cible.

Les cellules tueuses naturelles font appel aux mêmes mécanismes clés pour détruire leurs cellules cibles. Elles ne recherchent toutefois pas un antigène étranger présenté sur une protéine du CMH de classe I. Elles repèrent plutôt d'autres signaux, notamment l'*absence* de protéine du CMH de classe I ou la présence d'un revêtement d'anticorps sur une cellule cible. Les cellules stressées présentent aussi souvent différents marqueurs à leur surface (comme ceux de la famille des MIC) capables d'activer les cellules tueuses naturelles. En bref, les cellules NK traquent les cellules anormales ou étrangères que les lymphocytes T_C sont incapables de détecter.

Le processus au cours duquel les cellules NK et les lymphocytes T_C parcourent l'organisme, adhèrent et glissent à la surface d'autres cellules à la recherche de marqueurs qu'ils pourraient reconnaître est appelé **surveillance immunitaire**. Pour illustrer la situation, on pourrait dire que les cellules tueuses naturelles vérifient si toutes les cellules ont leur « carte d'identité » (les protéines du CMH de classe I *inhibent* l'attaque des cellules NK), tandis que les lymphocytes T_C s'assurent que ces « cartes » contiennent l'information nécessaire (les antigènes étrangers *stimulent* l'attaque des lymphocytes T_C).

Lymphocytes T régulateurs

Contrairement au rôle que jouent les lymphocytes T_H dans l'activation de l'immunité adaptative, d'autres lymphocytes T, appelés **lymphocytes T régulateurs** (T_R), atténuent la réponse immunitaire. Ils agissent soit par contact direct, soit en libérant des cytokines inhibitrices comme l'IL-10 et le TGF-β. Les lymphocytes T régulateurs jouent un rôle important dans la prévention des réactions auto-immunes, car ils éliminent les lymphocytes autoréactifs en périphérie, c'est-à-dire à l'extérieur des organes lymphoïdes. La fonction et le développement de ces cellules et de leurs sous-populations constituent le sujet

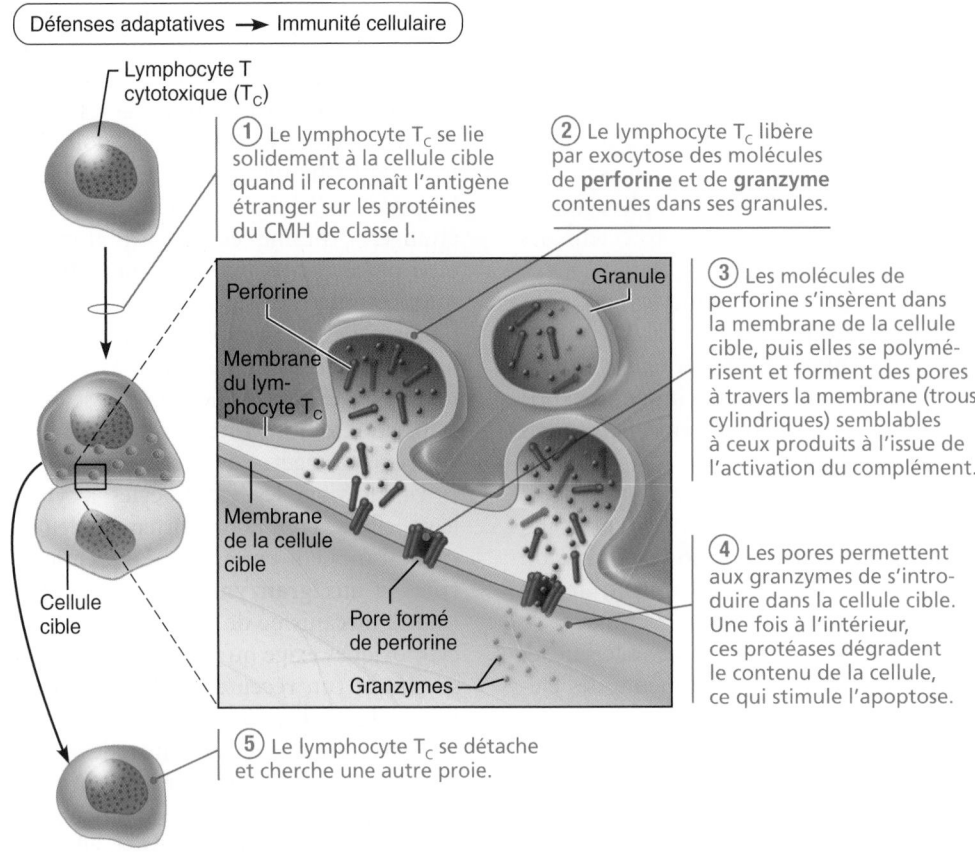

Défenses adaptatives ➞ Immunité cellulaire

Lymphocyte T cytotoxique (T$_C$)

① Le lymphocyte T$_C$ se lie solidement à la cellule cible quand il reconnaît l'antigène étranger sur les protéines du CMH de classe I.

② Le lymphocyte T$_C$ libère par exocytose des molécules de **perforine** et de **granzyme** contenues dans ses granules.

Perforine

Granule

Membrane du lymphocyte T$_C$

Membrane de la cellule cible

Cellule cible

Pore formé de perforine

Granzymes

③ Les molécules de perforine s'insèrent dans la membrane de la cellule cible, puis elles se polymérisent et forment des pores à travers la membrane (trous cylindriques) semblables à ceux produits à l'issue de l'activation du complément.

④ Les pores permettent aux granzymes de s'introduire dans la cellule cible. Une fois à l'intérieur, ces protéases dégradent le contenu de la cellule, ce qui stimule l'apoptose.

⑤ Le lymphocyte T$_C$ se détache et cherche une autre proie.

(a) Mécanisme de la destruction des cellules cibles par les lymphocytes T$_C$

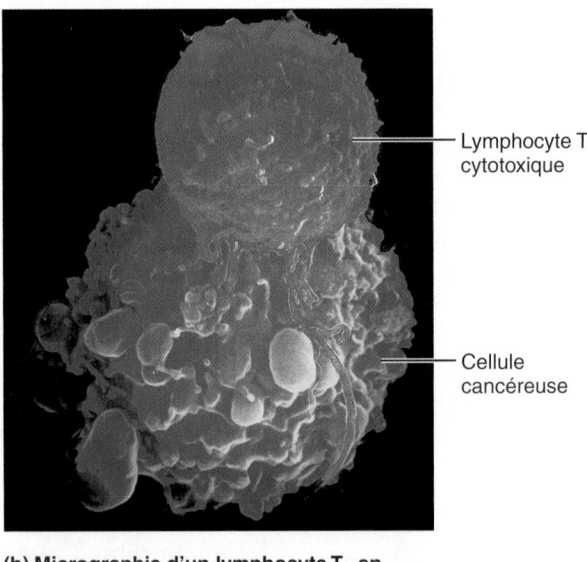

Lymphocyte T cytotoxique

Cellule cancéreuse

(b) Micrographie d'un lymphocyte T$_C$ en train de détruire une cellule cancéreuse (microscope électronique à balayage, 2100×)

Figure 21.20 Attaque de cellules infectées ou cancéreuses par des lymphocytes T cytotoxiques.

de nombreuses recherches. Les chercheurs tentent notamment d'utiliser les lymphocytes T régulateurs pour que les tissus transplantés deviennent tolérants et pour atténuer la gravité des maladies auto-immunes.

■ ■ ■

En résumé, les différents types de lymphocytes T jouent chacun un rôle unique dans la réaction immunitaire, mais ils coopèrent étroitement avec d'autres éléments et cellules du système immunitaire, comme on peut le constater dans le **tableau 21.5** et la vue d'ensemble de la réaction primaire illustrée à la **figure 21.21**. Avant tout, il faut se rappeler que sans les lymphocytes T auxiliaires *il n'y aurait pas de réaction immunitaire adaptative* puisque ce sont eux qui dirigent ou stimulent l'activation des lymphocytes B et T. Le rôle crucial des lymphocytes T auxiliaires dans l'immunité devient d'ailleurs cruellement évident lorsqu'ils sont détruits au cours de certaines maladies telles que le SIDA (voir la section intitulée Déficits immunitaires, p. 920-921).

Greffes d'organes et prévention du rejet

20 Indiquer les tests prescrits avant une greffe d'organe, et énumérer les méthodes utilisées pour prévenir le rejet du greffon.

Les greffes d'organes constituent le seul traitement efficace pour de nombreux patients en phase avancée d'une maladie cardiaque ou rénale ; elles sont pratiquées depuis plus de 50 ans avec un succès inégal, non pas à cause des techniques opératoires, qui sont au point, mais par suite de la difficulté de trouver

TABLEAU 21.5	Cellules et molécules de la réaction immunitaire adaptative
ÉLÉMENT	**FONCTION DANS LA RÉACTION IMMUNITAIRE**
Cellules	
Lymphocyte B	Lymphocyte qui mature dans la moelle osseuse ; est amené à se répliquer après s'être lié à un antigène, habituellement à la suite d'interactions avec les tissus lymphoïdes ; ses descendants (cellules du clone) forment des cellules mémoires et des plasmocytes.
Plasmocyte	« Machinerie » qui produit les anticorps ; synthétise d'énormes quantités d'anticorps (immunoglobulines) qui présentent la même spécificité antigénique ; lymphocyte B effecteur.
Lymphocyte T auxiliaire (T_H)	Lymphocyte CD4 effecteur essentiel à l'immunité humorale et cellulaire ; après sa liaison à un antigène spécifique présenté par une CPA, il stimule la production de lymphocytes T et de plasmocytes pour aider à combattre l'envahisseur ; active les macrophagocytes et agit directement et indirectement en libérant des cytokines.
Lymphocyte T cytotoxique (T_C)	Lymphocyte CD8 effecteur ; activé par un antigène présenté par un CPA, souvent avec la participation d'un lymphocyte T auxiliaire ; sa fonction spécifique consiste à tuer les cellules cancéreuses et les cellules envahies par un virus ; joue aussi un rôle dans le rejet des greffons de tissus étrangers.
Lymphocyte T régulateur (T_R)	Atténue ou arrête l'activité du système immunitaire ; joue un rôle important dans le traitement des maladies auto-immunes ; plusieurs sous-populations existent probablement.
Cellule mémoire	Cellule de la lignée d'un lymphocyte B activé ou de n'importe quelle catégorie de lymphocyte T ; générée au cours de la réaction immunitaire primaire ; peut demeurer dans l'organisme pendant des années, le rendant ainsi capable de réagir de façon rapide et efficace à une nouvelle stimulation par un antigène déjà rencontré.
Cellule présentatrice d'antigènes (CPA)	Un des différents types de cellules (cellules dendritiques, macrophagocytes et lymphocytes B) qui englobent et digèrent les antigènes rencontrés ; elle présente des fragments de l'antigène rencontré sur sa membrane plasmique (liés à une protéine du CMH) pour que les lymphocytes T porteurs des récepteurs de cet antigène reconnaissent l'antigène ; cette fonction, appelée présentation de l'antigène, est essentielle au fonctionnement normal des réactions à médiation cellulaire ; les macrophagocytes et les cellules dendritiques libèrent aussi des substances chimiques (cytokines) qui activent plusieurs autres cellules immunitaires.
Molécules	
Antigène	Substance capable de provoquer une réaction immunitaire ; est habituellement une grosse molécule complexe (protéines ou protéines modifiées, par exemple) qui ne se trouve pas dans l'organisme en temps normal.
Anticorps (immunoglobuline)	Protéine produite par un lymphocyte B ou par un plasmocyte ; les anticorps produits par les plasmocytes sont libérés dans les liquides de l'organisme (sang, lymphe, salive, mucus, etc.), où ils s'attachent aux antigènes, provoquant ainsi la fixation du complément, la neutralisation, la précipitation ou l'agglutination, ce qui « marque » les antigènes pour qu'ils soient détruits par les phagocytes ou par le complément.
Perforines, granzymes	Libérées par les lymphocytes T_C ; les perforines creusent de grands pores dans la membrane de la cellule cible, ce qui permet l'entrée de granzymes, qui déclenchent l'apoptose.
Complément	Ensemble de protéines sériques activées après leur liaison aux complexes antigène-anticorps ou à certaines molécules présentes à la surface des microorganismes ; accentue la réaction immunitaire et provoque la lyse de certains microorganismes.
Cytokines	Petites protéines agissant comme messagers chimiques entre diverses parties du système immunitaire ; voir le tableau 21.4.

21

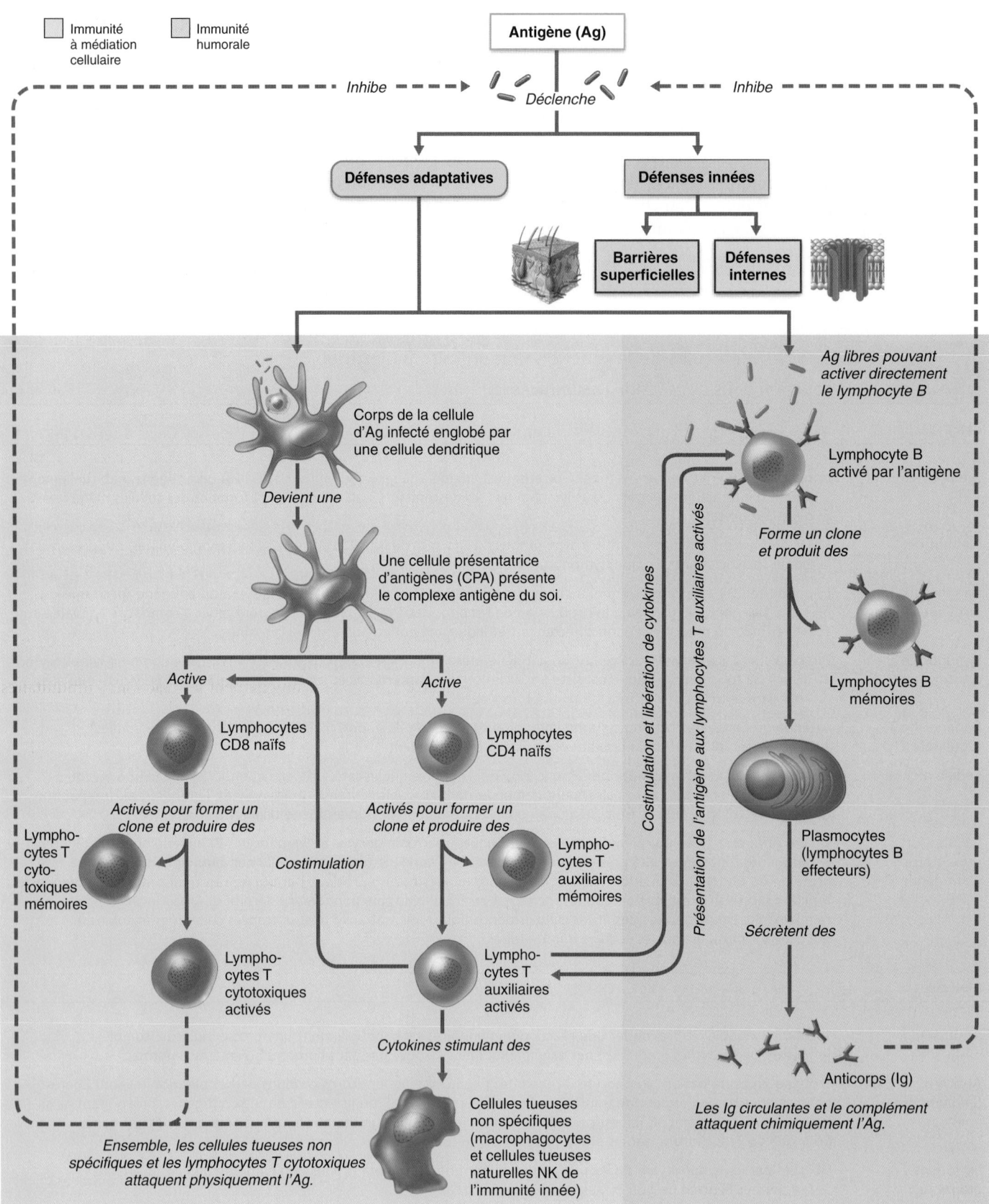

Figure 21.21   Schéma simplifié d'une réaction immunitaire primaire. La costimulation requiert généralement des interactions entre les cellules; les cytokines favorisent ces interactions et de nombreux autres événements. Même s'ils sont des défenses innées, le complément, les cellules tueuses naturelles et les phagocytes concourent à la bataille que livrent les cytokines. (Afin de simplifier le schéma, on n'a illustré ici que les récepteurs des lymphocytes B.)

des donneurs dont les organes ou les tissus sont immunologiquement compatibles avec ceux du receveur.

Il existe quatre principales variétés de greffes :

1. Les **autogreffes** sont des greffes de tissus (la peau, par exemple, à la suite de brûlures) prélevés dans une région de l'organisme puis transplantés dans une autre sur *la même personne*.
2. Les **isogreffes** sont des greffes dans lesquelles les donneurs sont des *individus génétiquement identiques* (vrais jumeaux).
3. Les **allogreffes** sont des greffes effectuées sur des individus qui ne sont *pas génétiquement identiques*, mais qui appartiennent à *la même espèce*.
4. Les **xénogreffes** sont des greffes dans lesquelles les donneurs et les receveurs n'appartiennent *pas à la même espèce* (la transplantation d'un cœur de babouin à un être humain, par exemple).

La réussite de la transplantation dépend de la compatibilité des tissus, car les lymphocytes T, les cellules NK, les macrophagocytes et les anticorps réagissent fortement pour détruire tout tissu étranger à l'organisme. Dans le cas des autogreffes et des isogreffes, les tissus proviennent d'un donneur idéal. Pourvu que l'apport sanguin soit suffisant et qu'il n'y ait pas d'infection, ces greffes sont toujours réussies, car les protéines du CMH sont identiques.

Les xénogreffes provenant d'animaux produits par génie génétique ne donnent pas encore de résultats probants non plus, même si on a tout de même réussi à transplanter avec succès des valves cardiaques provenant de porcs. En conséquence, le type de greffe qui pose le plus de problèmes, et qui est aussi le plus fréquemment pratiqué, est l'allogreffe, dans laquelle le greffon est prélevé sur un donneur vivant (rein, foie, moelle osseuse) ou sur un donneur humain qui vient de mourir (dans le cas du cœur ou des poumons). Notez qu'une greffe de cornée se fait habituellement sans problèmes de rejet, car ce tissu n'est pas vascularisé.

Avant de tenter une allogreffe, il faut d'abord déterminer les antigènes des groupes sanguins (ceux du système ABO et ceux des autres systèmes du donneur et du receveur), car ces antigènes sont aussi présents sur la plupart des cellules de l'organisme. Ensuite, il faut déterminer la compatibilité des antigènes du CMH du receveur et du donneur. À cause de la variété considérable de CMH dans les tissus humains, une correspondance de tous les antigènes du CMH est impossible. En général, toutefois, plus la compatibilité est grande, moins il y a de risques de rejet.

Après l'intervention chirurgicale, le patient doit suivre un *traitement immunosuppresseur*. Ce traitement fait intervenir des médicaments des catégories suivantes : (1) des corticostéroïdes pour réduire l'inflammation ; (2) des médicaments antimitotiques ; et (3) des médicaments immunosuppresseurs. Depuis de nombreuses années, la cyclosporine s'est avérée efficace contre les rejets ; elle permet de diminuer la sécrétion d'IL-2 par les lymphocytes T sans perturber le fonctionnement des lymphocytes B, protégeant ainsi le patient contre les maladies infectieuses. Aujourd'hui, il existe plusieurs autres médicaments antirejets, notamment les anticorps monoclonaux, qui bloquent la reconnaissance des antigènes par les lymphocytes T. Nombre de ces médicaments détruisent les cellules qui se divisent rapidement (comme les lymphocytes activés), et tous provoquent des effets indésirables prononcés.

Lorsque le système immunitaire du patient n'est plus en mesure de protéger l'organisme contre d'autres agents étrangers, on parle d'**immunosuppression** : il s'agit là du problème majeur relié au traitement immunosuppresseur. Les infections virales et bactériennes incontrôlables demeurent la cause de décès la plus fréquente chez les greffés. Pour assurer le succès de la greffe et la survie du patient, il faut que l'immunosuppression soit suffisante pour empêcher le rejet du greffon, mais pas au point d'empêcher l'organisme de combattre les infections. D'ailleurs, il est généralement nécessaire de recourir aux antibiotiques afin de maîtriser les infections. Néanmoins, même dans les conditions les plus favorables, environ 50 % des patients rejettent le greffon dans les 10 ans qui suivent la transplantation.

Dans de rares cas, les greffés parviennent à un état de tolérance immunitaire naturelle et arrivent à se passer de médicaments. De nombreux projets de recherche tentent de mettre au point un moyen d'entraîner la tolérance immunitaire. Une des méthodes consiste à créer un **système immunitaire chimère** en inhibant temporairement la moelle osseuse des receveurs, puis en l'inondant de moelle osseuse provenant du donneur de l'organe transplanté dans l'espoir que le système immunitaire mixte reconnaisse le greffon comme une autre partie du soi. D'autres travaux portent sur la possibilité de forcer les cellules de l'organisme responsables de la tolérance, les lymphocytes T régulateurs, à bloquer uniquement les réactions immunitaires responsables du rejet du greffon.

VÉRIFIONS NOS ACQUIS

19. Quel type de lymphocyte T joue le rôle le plus important dans l'immunité à médiation cellulaire et dans l'immunité humorale ? Pourquoi ?
20. Décrivez le mécanisme de destruction faisant appel aux perforines, qui est utilisé par les lymphocytes T cytotoxiques.
21. Quelles protéines doit-on faire correspondre avant une transplantation d'organe ?

Les réponses se trouvent à l'appendice G.

Déséquilibres homéostatiques de l'immunité

21 Décrire les modes de transmission du VIH et expliquer son mécanisme de multiplication dans l'organisme ; donner d'autres exemples de déficits immunitaires.

22 Expliquer en quoi consiste une maladie auto-immune ; énumérer les facteurs qui peuvent déclencher ce genre de maladie.

23 Citer les principales caractéristiques des quatre types d'hypersensibilité ; donner des exemples de chaque type de maladie.

Dans certaines circonstances, le système immunitaire se trouve en état d'immunosuppression ou en état d'insuffisance. Il arrive également que son action porte atteinte à l'organisme lui-même. La plupart de ces problèmes relèvent de déficits immunitaires, de maladies auto-immunes ou d'hypersensibilités.

Déficits immunitaires

Les **déficits immunitaires** comprennent les affections congénitales et les affections acquises dans lesquelles la production et la fonction des cellules immunitaires, des phagocytes ou du complément sont anormales.

Les *affections congénitales* les plus néfastes sont les **déficits immunitaires combinés sévères** (**syndromes SCID**, *severe combined immunodeficiency*), un groupe de maladies connexes dues à diverses anomalies génétiques qui causent un déficit marqué en lymphocytes B et T. (Le terme «combiné» fait référence au fait que ces affections concernent à la fois l'immunité humorale et l'immunité cellulaire.) Une de ces anomalies génétiques entraîne une «malformation» d'une sous-unité commune aux récepteurs de plusieurs interleukines. Une autre de ces anomalies provoque le dysfonctionnement d'une enzyme, l'*adénosine désaminase (ADA)*; or, en l'absence d'ADA, des métabolites qui tuent les lymphocytes T s'accumulent dans l'organisme.

Les enfants atteints de SCID ne possèdent qu'une faible protection immunologique, voire aucune, contre les agents pathogènes en tout genre. On doit intervenir dès les premiers mois après la naissance, car des infections mineures dont la plupart des enfants se débarrassent facilement finissent par causer un affaiblissement considérable chez les victimes de ces maladies. Laissées sans traitement, ces affections sont mortelles, mais des greffes d'hémocytoblastes provenant d'un donneur compatible augmentent considérablement le taux de survie des enfants atteints de SCID. Ces syndromes étant causés par la mutation d'un gène du récepteur de l'IL-2 sur le chromosome X, les garçons sont le plus souvent touchés. Les enfants qui ne peuvent recevoir de greffes de moelle doivent passer le restant de leurs jours dans un environnement stérile, dans lequel aucun agent infectieux ne doit pénétrer. Heureusement, des techniques de génie génétique mises au point récemment se montrent prometteuses. On utilise notamment des virus comme vecteurs pour transférer des gènes modifiés aux hémocytoblastes des malades.

Il existe divers *déficits immunitaires acquis*. Par exemple, la *maladie de Hodgkin*, un cancer des lymphocytes B, peut conduire à un déficit immunitaire en s'attaquant aux cellules des nœuds lymphatiques (voir p. 879). Par ailleurs, certains médicaments utilisés à la suite d'une greffe et dans le traitement du cancer visent l'immunosuppression. Cependant, le plus néfaste des déficits immunitaires acquis est le **syndrome d'immunodéficience acquise** (**SIDA**). Cette maladie affaiblit le système immunitaire en détruisant les lymphocytes T auxiliaires.

Le prix Nobel de médecine de 2008 a été décerné à Françoise Barré-Sinoussi et Luc Montagnier, deux chercheurs français, pour la découverte du virus responsable de ce syndrome, découverte confirmée par d'autres chercheurs, dont l'Américain Robert Gallo. Apparu au début des années 1980 et toujours invaincu, le SIDA se caractérise d'abord par des manifestations peu spécifiques de type grippal. Apparaissent ensuite une importante perte pondérale, des sueurs nocturnes, un gonflement des nœuds lymphatiques, puis des infections opportunistes de plus en plus fréquentes, dont une forme rare de pneumonie, appelée *pneumocystose*. La maladie s'accompagne également d'une affection maligne nommée *sarcome de Kaposi* – un cancer qui détruit le tissu conjonctif des vaisseaux sanguins et est responsable de l'apparition de lésions violacées de la peau. (C'est d'ailleurs l'augmentation anormale de ces deux affections qui a mené à la détection des premiers cas de SIDA.) Chez certaines victimes, on observe également divers symptômes neurologiques, telles la dépression et la démence. L'évolution du SIDA est souvent funeste; en l'absence de tout traitement, la maladie évolue vers un affaiblissement extrême et la mort provoquée par le cancer ou par une infection opportuniste contre laquelle le système immunitaire est incapable de lutter.

Le virus du SIDA est transmis par le sang et les sécrétions de l'organisme – notamment le sperme et les sécrétions vaginales. Il pénètre dans l'organisme par l'intermédiaire de transfusions sanguines ou d'aiguilles souillées par du sang contaminé, ainsi qu'au cours des rapports sexuels. Le virus du SIDA est également présent dans la salive et les larmes, et on sait maintenant que le virus peut se transmettre au cours de rapports sexuels buccogénitaux. Au début de l'épidémie, les hémophiles ont été particulièrement frappés, car les facteurs de coagulation sanguine (principalement le facteur VIII) dont ils ont besoin provenaient de réservoirs de donneurs infectés. À partir de 1984, les fabricants ont commencé à prendre des mesures pour détruire le virus et se sont mis à utiliser des facteurs synthétiques, qu'il était devenu possible de fabriquer par génie génétique, mais à cette époque, selon les estimations, 60 % des hémophiles aux États-Unis avaient déjà été infectés.

Le virus baptisé **VIH** (**virus de l'immunodéficience humaine**) détruit les lymphocytes T$_H$ et, par le fait même, provoque un déficit de l'immunité à médiation cellulaire. Bien que, dans un premier temps, le nombre de lymphocytes B et de lymphocytes T$_C$ augmente considérablement en réponse à l'exposition virale, un sérieux déficit de lymphocytes B et de lymphocytes T cytotoxiques finit par s'installer. Le système immunitaire tout entier est complètement bouleversé.

Le virus se multiplie de façon régulière dans les nœuds lymphatiques pendant la majeure partie de la période asymptomatique, qui peut durer jusqu'à 10 ans en l'absence de traitement. Les symptômes se manifestent quand les nœuds lymphatiques n'arrivent plus à contenir le virus et que le système immunitaire s'effondre. Le virus envahit aussi le cerveau (ce qui explique la démence de certains patients).

La spécificité infectieuse du VIH est liée au fait que les protéines CD4 constituent la cible du VIH. Les chercheurs ont mis au jour un complexe de glycoprotéines de l'enveloppe virale du VIH (gp120/gp41), qui s'insère dans le récepteur CD4 comme le culot d'une ampoule dans une douille. Toutefois, le VIH a aussi besoin d'un *second* récepteur sur la cellule cible (le CXCR4, par exemple). Quand toutes les protéines sont fixées, la gp41 provoque la fusion du virus avec la cellule cible. Une fois à l'intérieur, le VIH « s'installe et fait comme chez lui ». Il détourne le métabolisme cellulaire au moyen de plusieurs de ses enzymes. Grâce à la première, la *transcriptase inverse*, il produit de l'ADN à partir des informations encodées dans son ARN (viral). Cette copie d'ADN, dès lors appelée *provirus*, s'insère ensuite – grâce à une autre enzyme, l'*intégrase* – dans l'ADN de la cellule hôte. Celle-ci se met alors à fabriquer de nouvelles copies de l'ARN viral et de ses protéines ; puis une fois l'assemblage des composantes du virus terminé, une autre enzyme encore, la *protéase*, intervient pour assurer sa maturation. Le virus peut alors quitter la cellule hôte et en infecter d'autres.

Bien que les lymphocytes T$_H$ soient les principales cibles du VIH, d'autres cellules de l'organisme porteuses du récepteur CD4 (comme les macrophagocytes, les monocytes et les cellules dendritiques) sont également exposées à l'infection par le VIH. Étant donné que la transcriptase inverse du VIH ne fonctionne pas de façon très exacte et qu'elle fait assez souvent des erreurs, le VIH présente un taux de mutation relativement élevé, ce qui explique la résistance adaptative qu'il développe rapidement aux médicaments.

Depuis 1981, une épidémie de SIDA fait rage dans de nombreux pays du monde. À la fin de 2007, on dénombrait 33 millions de victimes du SIDA depuis sa découverte, et environ 33 millions de personnes étaient porteuses du virus. Presque 90 % d'entre elles habitent dans les pays en voie de développement de l'Asie et de l'Afrique subsaharienne (au sud du Sahara). Les femmes représentent la moitié de ce nombre. Cette distribution rend compte du fait que, dans les pays les plus durement touchés, le VIH se transmet le plus souvent par contacts hétérosexuels. Le virus se transmet aussi par le placenta d'une mère infectée à son bébé.

En France, en 2007, on comptait 150 000 personnes séropositives. Au Canada, ce nombre était de 61 000, dont 20 000 au Québec. Étant donné que, après la contamination, des anticorps peuvent se développer durant une période de 6 mois, il y a probablement 100 porteurs asymptomatiques pour chaque nouveau cas diagnostiqué. De surcroît, il existe une longue période d'incubation (de quelques mois à plus de 10 ans) entre l'exposition au virus et l'apparition des symptômes cliniques. Ces chiffres sont certes préoccupants, mais l'évolution du « profil du SIDA » est probablement encore plus alarmante. Au moment de sa découverte, on croyait que cette maladie se cantonnait aux hommes homosexuels et aux toxicomanes des deux sexes faisant usage de produits injectables. Mais de nos jours, on observe une augmentation quasi épidémique des cas diagnostiqués chez les adolescents et les jeunes adultes. À l'heure actuelle, le virus infecte 16 000 personnes par jour dans le monde et, chaque année, il tue environ 2,5 millions de personnes.

Aucun remède n'a encore été trouvé pour combattre le SIDA. Dans le monde entier, plus de 40 études cliniques portant sur un vaccin contre le VIH sont en cours. Malheureusement, plusieurs études importantes visant à vérifier l'efficacité des vaccins ne sont pas parvenues à démontrer que ceux-ci arrivaient à empêcher l'infection par le VIH. Il est donc peu probable qu'un vaccin soit prêt dans un proche avenir.

À l'heure actuelle, il existe plusieurs médicaments antiviraux efficaces, mais leur coût empêche la plupart des personnes infectées de bénéficier des soins nécessaires. Les médicaments disponibles forment trois grandes catégories. La première est celle des *inhibiteurs de la transcriptase inverse*, comme l'AZT et la ddC, qui sont utilisés depuis plusieurs années déjà. La seconde est celle des *inhibiteurs de la protéase* (saquinavir, ritonavir et autres). Ces deux premières catégories de médicaments inhibent d'importantes enzymes virales une fois que le virus s'est introduit dans la cellule cible. La troisième catégorie d'antiviraux est plus récente. On vient d'approuver des *inhibiteurs de fusion* (comme l'enfuvirtide) qui bloquent la gp41, empêchant ainsi le virus de pénétrer dans la cellule cible. Une association médicamenteuse comprenant des médicaments des trois classes (trithérapie) affaiblit le virus du VIH. Plus précisément, le traitement par association médicamenteuse retarde la résistance aux médicaments et réduit la *charge virale* (quantité de VIH par millimètre cube de sang), tout en augmentant le nombre de lymphocytes T$_H$.

Malheureusement, les malades qui suivent cette trithérapie répondent de moins en moins bien au traitement par suite de l'apparition de souches virales résistantes. On fonde de nouveaux espoirs sur une nouvelle catégorie de médicaments permettant d'inhiber l'intégrase. Ce dernier médicament, actuellement au stade de la mise au point, empêchera l'intégration du provirus dans l'ADN de la cellule cible. Toutefois, la recherche dans ce domaine avance lentement et au prix de grands efforts. Pendant ce temps, la situation se fait plus pressante.

Maladies auto-immunes

Il arrive que le système immunitaire perde sa capacité de distinguer le soi du non-soi (antigènes étrangers). Lorsque tel est le cas, l'organisme sécrète des anticorps (*autoanticorps*) et produit des lymphocytes T cytotoxiques qui détruisent ses propres tissus. Ce curieux phénomène, appelé **auto-immunité**, peut donner naissance à une **maladie auto-immune**.

En Amérique du Nord, environ 5 % des adultes (dont les deux tiers sont des femmes) souffrent d'une maladie auto-immune. Voici les plus courantes :

- la *sclérose en plaques,* qui détruit la substance blanche de l'encéphale et de la moelle épinière (voir p. 459-461) ;
- la *myasthénie,* qui entrave la communication entre les nerfs et les muscles squelettiques (voir p. 327) ;
- la *maladie de Graves,* ou maladie de Basedow, dans laquelle la glande thyroïde produit des quantités excessives de thyroxine (voir p. 704) ;
- le *diabète de type 1* (ou *insulinodépendant*), qui détruit les endocrinocytes bêta du pancréas, ce qui entraîne un déficit d'insuline et une incapacité de métaboliser le glucose (voir p. 718) ;
- le *lupus érythémateux aigu disséminé,* une maladie systémique qui touche particulièrement les reins, le cœur, les poumons et la peau (voir p. 926) ;
- la *glomérulonéphrite,* un dysfonctionnement grave des reins (voir p. 1151) ;

21

- la *polyarthrite rhumatoïde*, qui détruit systématiquement les articulations (voir p. 309-310);
- la *sclérodermie*, qui atteint le tissu conjonctif de la peau, des vaisseaux et des viscères abdominaux.

Les traitements les plus courants des maladies auto-immunes inhibent l'ensemble du système immunitaire et sont fondés, par exemple, sur l'emploi d'anti-inflammatoires, comme les corticostéroïdes. De nouveaux traitements tentent de contrôler certains éléments de la réaction immunitaire. Par exemple, des anticorps anti-TNF-α ont donné des résultats étonnants dans le traitement de la polyarthrite rhumatoïde. Récemment, on a découvert que la *thalidomide* aurait des effets bénéfiques chez les personnes atteintes de maladies auto-immunes. Ce médicament avait été utilisé dans les années 1950 pour soulager la nausée chez les femmes enceintes, mais il avait été abandonné après qu'on eut démontré qu'il était responsable de graves anomalies congénitales. Or, on a découvert récemment que la thalidomide empêchait le système immunitaire de produire le TNF-α. Une autre approche thérapeutique fait appel à des anticorps dirigés contre les molécules d'adhérence cellulaire, ce qui empêche les lymphocytes de quitter les vaisseaux sanguins et de migrer vers les régions cibles. Cette méthode prometteuse a déjà été utilisée dans le traitement de la sclérose en plaques. On envisage également de traiter cette dernière maladie en injectant un vaccin à base d'ADN qui rendrait le système immunitaire tolérant aux antigènes de la myéline ciblés par la réaction auto-immune.

Comment les maladies auto-immunes surviennent-elles? Comme vous le savez déjà, les lymphocytes suivent une «formation» approfondie dans la moelle osseuse et le thymus, qui élimine les cellules autoréactives. Cette élimination est méthodique, mais elle n'est pas absolue, puisque certains agents pathogènes ont une «signature» antigénique très proche de certains éléments du soi immunologique. Des lymphocytes faiblement autoréactifs capables de déceler ces agents pathogènes circulent donc en périphérie, où ils peuvent causer une maladie auto-immune s'ils sont activés.

Rappelez-vous que l'activation d'un lymphocyte T requiert un signal de costimulation sur une CPA (voir p. 910), et que ce signal n'est émis que si la CPA a été prévenue de la présence d'une lésion ou d'un envahisseur. Il s'agit d'une mesure de sécurité qui permet généralement de contrôler l'immunité humorale et cellulaire. De plus, les lymphocytes T régulateurs (T_R) inhibent également les réactions auto-immunes.

Normalement, ces mécanismes suffisent, mais il se peut que des lymphocytes autoréactifs échappent à cette régulation. Il semble que les événements suivants puissent être des facteurs de déclenchement.

1. **Antigènes étrangers qui ressemblent à des antigènes du soi.** Si les déterminants d'un antigène du soi sont semblables à ceux d'un antigène étranger, les anticorps produits contre ce dernier donnent parfois lieu à une réaction croisée avec l'autoantigène. Par exemple, on sait que les anticorps générés lors d'une infection streptococcique interagissent avec les antigènes des tissus du cœur, d'où des lésions permanentes au muscle et aux valves cardiaques ainsi qu'aux articulations et aux reins. Cette maladie est connue sous le nom de *rhumatisme articulaire aigu*.

2. **Apparition de nouveaux antigènes du soi.** Des protéines du soi qui n'ont pas déjà été exposées au système immunitaire peuvent apparaître dans la circulation. Elles peuvent être engendrées: (1) par des mutations génétiques qui font émerger de nouvelles protéines sur la face externe des cellules; (2) par des changements dans la structure des antigènes du soi, par suite de la fixation d'haptènes ou de dommages provoqués par une infection; ou (3) par la mise en circulation d'antigènes du soi, après un traumatisme, qui étaient auparavant contenus par des barrières comme la barrière hématoencéphalique. Ces nouvelles substances deviennent alors des cibles pour le système immunitaire.

Hypersensibilités

Pendant un certain temps, on a pensé que la réaction immunitaire était toujours bénéfique. Les dangers qu'elle sous-tend furent cependant rapidement découverts. Le terme **hypersensibilités** désigne ce qui se produit quand le système immunitaire cause des lésions tissulaires en combattant ce qu'il perçoit comme un danger (tels le pollen, certains aliments ou les phanères animaux), alors que l'organisme n'est, en réalité, nullement menacé par ces produits. Rarement mortelles, les allergies rendent parfois bien misérable la vie des personnes qui en souffrent. L'influence de l'hérédité dans leur apparition est démontrée par le fait que, lorsque les deux parents d'un enfant sont victimes d'allergies, ce dernier a 70 % de risques de l'être aussi.

Il existe différents types de réactions d'hypersensibilité qui se distinguent (1) par le temps d'apparition des symptômes et (2) par la nature des éléments immunitaires en jeu, soit les anticorps ou les lymphocytes T. Dans la classification des réactions d'hypersensibilité établie selon leur mécanisme immunologique par Coombs et Gell, ces réactions appartiennent à quatre types (I, II, III et IV). Les *hypersensibilités de type I* (*anaphylactiques*) et *de type II* (*cytotoxiques*) sont des allergies provoquées par des anticorps. Les complexes antigène-anticorps sont en cause dans les *hypersensibilités de type III* (*semi-retardées*), tandis que les lymphocytes T interviennent dans les *hypersensibilités de type IV* (*retardées*).

Hypersensibilités de type I

Les **hypersensibilités de type I** (**anaphylactiques**) sont tout simplement ce que l'on appelle des **allergies** (*allos:* autre; *ergon:* réaction). Un **allergène** est un antigène qui déclenche une réaction allergique. Les réactions allergiques commencent à se faire sentir quelques secondes après l'exposition à l'allergène (c'est pour cette raison qu'on les appelle aussi hypersensibilités immédiates). La libération des médiateurs chimiques de l'inflammation est responsable des signes cliniques de l'allergie. Ces derniers disparaissent habituellement au bout d'une demi-heure environ.

La toute première exposition à un allergène ne produit aucun symptôme, mais elle sensibilise la personne. Les CPA digèrent l'allergène et présentent ses fragments aux lymphocytes T_H, comme d'habitude. Toutefois, chez les personnes sensibles, un nombre anormalement élevé de ces lymphocytes T_H se différencient en lymphocytes T_H2 sécrétant de l'IL-4. À son tour, cette cytokine incite les lymphocytes B à se transformer en plasmocytes producteurs d'IgE, qui se mettent alors à sécréter d'énormes quantités de l'anticorps propre à l'allergène. Lorsque les molécules d'IgE se fixent (par leur région effectrice) à la membrane plasmique des *mastocytes* et des *granulocytes basophiles,* la sensibilisation est complète.

La réaction allergique se déclenche lors d'une exposition ultérieure au même antigène, qui se lie aussitôt aux anticorps IgE attachés à la membrane plasmique des mastocytes et des granulocytes basophiles. Cet événement entraîne une série de réactions enzymatiques qui stimulent la dégranulation des mastocytes et des granulocytes basophiles. En une fraction de seconde, ces cellules déversent un flot d'*histamine* et d'autres substances chimiques inflammatoires. Ensemble, ces médiateurs provoquent la réaction inflammatoire caractéristique de l'anaphylaxie (figure 21.22).

Les réactions allergiques sont soit locales, soit générales (systémiques). Les mastocytes sont abondants dans les tissus conjonctifs de la peau et sous la muqueuse des voies respiratoires et gastro-intestinales. Aussi ces régions sont-elles fréquemment le siège de réactions allergiques localisées. L'histamine libérée dilate les vaisseaux sanguins et les rend perméables. Ce faisant, elle est largement responsable des symptômes les plus connus de l'allergie: l'écoulement nasal, le larmoiement et les démangeaisons et rougeurs de la peau (urticaire). Lorsque l'allergène est inhalé, les symptômes de l'*asthme* apparaissent parce que les muscles lisses des parois des bronchioles se contractent, ce qui réduit le diamètre de ces petits conduits et diminue l'écoulement de l'air. Lorsque l'allergène est ingéré avec les aliments ou des médicaments, des malaises gastro-intestinaux surviennent, causant crampes, vomissements ou diarrhée. En France, on estime que plus de 2 millions de personnes sont touchées par les allergies alimentaires et que 5% des enfants doivent éviter de consommer certains produits. L'allergie aux arachides est une des plus dangereuses. Le taux annuel d'exposition accidentelle est de 14,3% chez les enfants québécois. Pour des allergies moins graves, les médicaments antiallergiques vendus sans ordonnance et contenant des antihistaminiques neutralisent ces effets.

Fort heureusement, le **choc anaphylactique**, c'est-à-dire la réaction systémique (qui touche l'organisme dans son ensemble), est assez rare. Il survient lorsque l'allergène est introduit directement dans le sang et circule rapidement dans tout l'organisme, par exemple à l'occasion d'une piqûre d'abeille ou d'araignée. Ce choc peut aussi se déclencher après l'injection d'une substance étrangère (pénicilline et autres médicaments qui jouent le rôle d'haptènes).

Le mécanisme du choc anaphylactique est essentiellement le même que celui des réponses locales; toutefois, lorsqu'un très grand nombre de mastocytes et de granulocytes basophiles libèrent de l'histamine dans toutes les régions de l'organisme, le résultat peut être mortel. Les bronchioles se resserrent (et la langue peut enfler), ce qui rend la respiration difficile; de plus, la vasodilatation soudaine et la perte de liquides de la circulation sanguine peuvent provoquer un état de choc (d'origine vasculaire), dont l'un des symptômes est une chute marquée de

Défenses adaptatives → Immunité humorale

Étapes de sensibilisation

① L'antigène (allergène) pénètre dans l'organisme.

② Les plasmocytes fabriquent de grandes quantités d'anticorps de la classe IgE contre l'allergène.

③ Les anticorps IgE se fixent aux mastocytes dans les tissus de l'organisme (et aux granulocytes basophiles circulants).

— Mastocyte portant des anticorps IgE sur sa membrane plasmique

— IgE

— Granules contenant de l'histamine

Réponses subséquentes (secondaires)

④ D'autres particules du même allergène pénètrent dans l'organisme.

⑤ L'allergène se combine avec l'IgE fixée aux mastocytes (et aux granulocytes basophiles), ce qui déclenche la dégranulation et la libération d'histamine (et celle d'autres médiateurs chimiques).

— Antigène

— Les granules du mastocyte libèrent leur contenu après la liaison de l'antigène aux anticorps IgE.

— Histamine

⑥ L'histamine cause la dilatation des artérioles et augmente la perméabilité des capillaires, ce qui entraîne la formation d'un œdème; elle stimule la sécrétion d'une grande quantité de mucus; elle déclenche aussi la contraction des muscles lisses des bronchioles (l'entrée de l'allergène par le système respiratoire peut provoquer de l'asthme).

Sortie de liquides des capillaires

Libération de mucus

Constriction des petits conduits respiratoires (bronchioles)

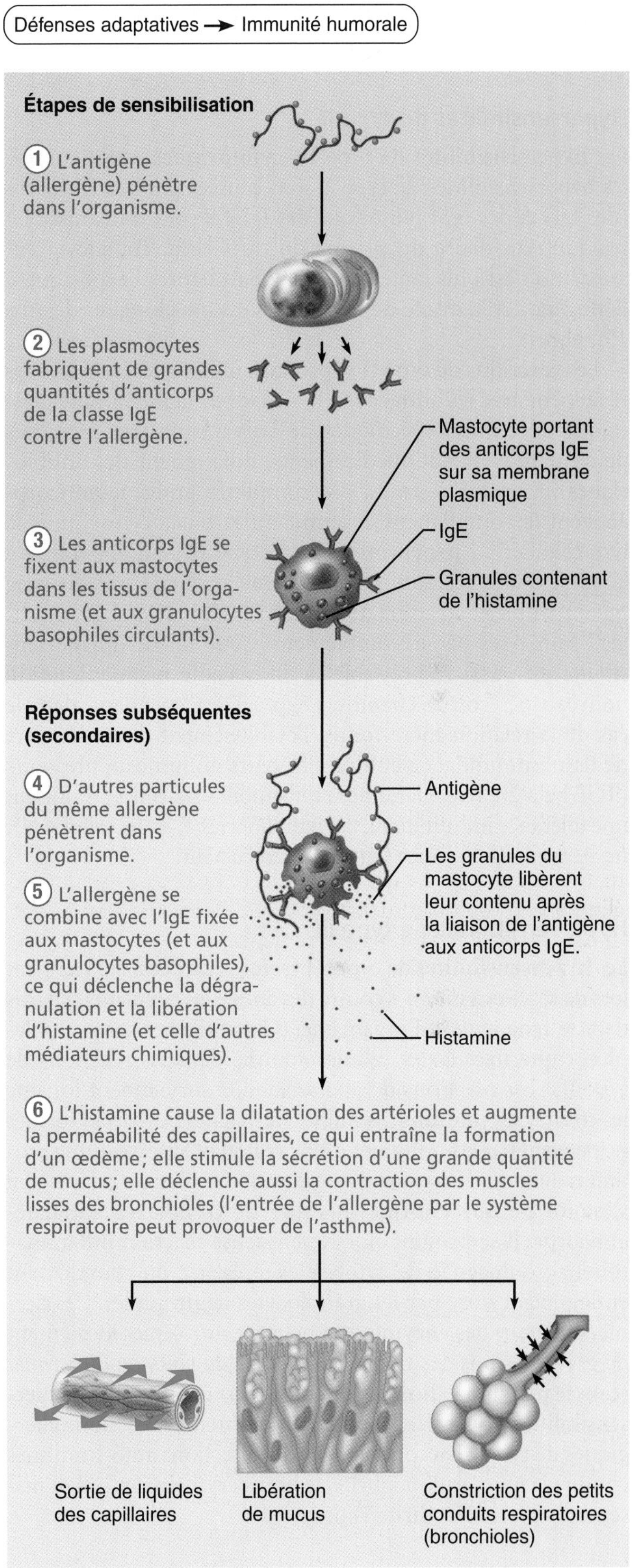

Figure 21.22 Mécanisme d'une réponse allergique de type I.

la pression artérielle. Le choc anaphylactique peut entraîner la mort en quelques minutes. L'adrénaline (ou épinéphrine) – un vasoconstricteur et un bronchodilatateur – est le médicament le plus efficace pour contrer ces effets de l'histamine ; il est administrable sous forme d'auto-injection (EpiPen).

Hypersensibilités de type II

Les **hypersensibilités de type II** (**cytotoxiques**), tout comme les hypersensibilités de type I, sont causées par des anticorps (des IgG et des IgM plutôt que des IgE) et sont transmissibles par l'intermédiaire du plasma ou du sérum. Toutefois, leur apparition est plus lente (de 1 à 3 heures après l'exposition à l'antigène) et la durée de la réaction est plus longue (de 10 à 15 heures).

Les **réactions de type II** se produisent lorsque des anticorps réagissent avec les antigènes à la surface de la membrane plasmique de cellules spécifiques de l'organisme (ces antigènes peuvent provenir de médicaments, notamment des antibiotiques). Une fois formés, ces complexes antigène-anticorps activent le complément et stimulent la phagocytose, puis la lyse cellulaire. L'hypersensibilité de type II peut apparaître à la suite d'une réaction transfusionnelle causée par du sang incompatible et au cours de laquelle les globules rouges étrangers sont lysés par le complément. Cette forme d'hypersensibilité est aussi responsable de la maladie hémolytique du nouveau-né (voir le chapitre 17, p. 757). Cependant, dans le cas de la relation mère-fœtus, l'établissement d'une barrière de tissu immunogène et divers facteurs immunosuppresseurs (TGF bêta 2, prostaglandines et hormones stéroïdes) induisent une tolérance immunitaire. Les lymphocytes T_C et les cellules NK ne peuvent alors jouer leur rôle destructeur.

Hypersensibilités de type III

Les **hypersensibilités de type III** (**semi-retardées**) surviennent lors de réactions dirigées contre des antigènes circulants répartis dans le sang et dans l'organisme. (Ces antigènes sont solubles plutôt que fixés à des cellules comme dans les réactions de type II.) Les réactions d'hypersensibilité surviennent lorsque les complexes immuns insolubles (antigène-anticorps) formés ne peuvent pas être éliminés d'une région précise, ce qui se produit notamment au cours d'une infection prolongée ou lorsqu'il s'est formé une énorme quantité de complexes antigène-anticorps. Il se produit alors une intense réaction inflammatoire, accompagnée de cytolyse en présence du complément et de phagocytose par les granulocytes neutrophiles. Ces derniers libèrent des enzymes qui peuvent provoquer localement de graves lésions des tissus. La *maladie du poumon du fermier* (causée par l'inhalation de foin moisi) est un exemple d'hypersensibilité de type III. De plus, de nombreuses réactions allergiques de type III accompagnent des affections auto-immunes comme la glomérulonéphrite, le lupus érythémateux aigu disséminé et la polyarthrite rhumatoïde.

Hypersensibilités de type IV

Les **hypersensibilités de type IV** (**retardées**) regroupent les réactions qui apparaissent plus de 12 heures après l'exposition à l'antigène et qui persistent plus longtemps (de 1 à 3 jours) que toutes les formes d'hypersensibilités caractérisées par la présence d'anticorps. Les hypersensibilités de type IV reposent sur l'interaction entre un antigène et les lymphocytes T. Leur mécanisme est fondamentalement celui de la réaction immunitaire à médiation cellulaire, qui dépend des lymphocytes T auxiliaires. L'inflammation et les lésions des tissus découlent de l'action des macrophagocytes activés par les cytokines, et parfois des lymphocytes T cytotoxiques.

Les exemples les plus connus de réactions d'hypersensibilité retardée sont les cas d'**eczémas de contact** qui apparaissent après un second contact de la peau avec le sumac vénéneux (herbe à puce), avec des métaux (nickel des bijoux, etc.) et avec certains produits chimiques (cosmétiques, déodorants, substances employées dans la fabrication du latex). Tous ces agents agissent comme haptènes ; après avoir diffusé à travers la peau et s'être attachés aux protéines du soi, ils sont perçus comme étrangers et attaqués par les cellules immunitaires. Le *test de Mantoux* et le *test à la tuberculine*, deux épreuves cutanées destinées à détecter la tuberculose, reposent sur des réactions d'hypersensibilité retardée. Dans le test de Mantoux, on introduit dans l'organisme par voie intradermique une solution de tuberculine – protéine purifiée extraite du bacille de la tuberculose. Cette substance provoque la formation d'une petite induration, qui peut persister pendant des jours si la personne a été sensibilisée à l'antigène. L'apparition de l'induration est due à la réaction des lymphocytes T à la tuberculine.

VÉRIFIONS NOS ACQUIS

22. Pourquoi le HIV est-il si difficile à combattre pour le système immunitaire ?

23. Quel événement déclenche la libération d'histamine par les mastocytes au cours d'une réaction allergique ?

Les réponses se trouvent à l'appendice G.

Développement et vieillissement du système immunitaire

24 Décrire brièvement le rôle du système nerveux dans la régulation du système immunitaire.

25 Décrire les changements qui se produisent dans l'immunité au cours du vieillissement.

Les cellules souches du système immunitaire prennent naissance dans le foie et la rate au cours des neuf premières semaines du développement embryonnaire. Plus tard, la moelle osseuse devient la source principale des cellules souches, et elle continue à jouer ce rôle tout au long de la vie adulte. Vers la fin de la vie fœtale et peu après la naissance, les jeunes lymphocytes deviennent autotolérants et immunocompétents au sein des organes qui les « programment » (thymus et moelle osseuse), et ils migrent ensuite vers les autres tissus lymphoïdes. Après la stimulation antigénique, les populations de lymphocytes T et B naïfs achèvent leur différenciation en cellules effectrices et en cellules mémoires.

L'immunité du nouveau-né est assurée principalement par des anticorps, et dépend donc des lymphocytes T_H2. L'immunité fondée sur les lymphocytes T_H1 doit être acquise et elle prend de l'ampleur au contact des microbes, qu'ils soient nuisibles ou inoffensifs. Si l'organisme n'est *pas* mis à l'épreuve de cette façon, le système immunitaire ne trouve pas son équilibre et les lymphocytes T_H2 foisonnent, favorisant ainsi l'apparition des allergies. Malheureusement, en voulant garder les jeunes enfants propres et libres de germes au moyen d'antibiotiques qui détruisent toutes les bactéries, qu'elles soient pathogènes ou non, il se peut que nous faussions le développement normal de l'immunité.

La capacité du système immunitaire à reconnaître les substances étrangères est déterminée génétiquement. Cependant, le système nerveux joue également un certain rôle, et la recherche en psychoneuroimmunologie (terme désignant l'étude de la relation entre le cerveau et le système immunitaire) a commencé à apporter des réponses. Ainsi, on sait maintenant que la réaction immunitaire est effectivement affaiblie chez les personnes déprimées ou très stressées, par exemple chez celles qui vivent le deuil d'un être cher.

En temps normal, notre système immunitaire nous sert très bien jusqu'à un âge avancé. Toutefois, avec le temps, son efficacité commence à décroître et sa capacité de lutter contre l'infection diminue. La vieillesse s'accompagne d'une plus grande sensibilité aux déficits immunitaires et aux maladies auto-immunes. La fréquence plus élevée de cancers chez les personnes âgées est considérée comme un exemple de la diminution graduelle de l'efficacité du système immunitaire. On ne connaît pas la cause de cette perte d'efficacité, mais on sait que le thymus commence à s'atrophier après la puberté et que la production de lymphocytes T et B diminue avec l'âge, probablement parce que les précurseurs atteignent la limite de leur capacité de division.

■ ■ ■

Le système immunitaire adaptatif fournit à l'organisme des moyens de défense remarquables contre la maladie. Dotées d'une extraordinaire diversité, ces défenses sont régies par une quantité considérable de médiateurs chimiques et par l'interaction fonctionnelle entre les cellules. Les lymphocytes T et les anticorps forment une paire d'associés idéale : les anticorps réagissent rapidement aux toxines et aux molécules qui se trouvent à la surface des organismes étrangers, alors que les lymphocytes T détruisent les antigènes étrangers cachés dans les cellules de même que nos propres cellules devenues rebelles (cancéreuses). Le système immunitaire inné fait appel à un arsenal différent pour assurer la défense de l'organisme, arsenal peut-être moins complexe et dont le fonctionnement est plus facile à comprendre. Cependant, les défenses innées et adaptatives agissent en coopération, chacune accentuant les effets de l'autre et procurant à l'individu ce que celle-ci ne peut apporter. L'action protectrice du système immunitaire contre les envahisseurs étrangers est nécessaire parce que l'organisme, nous l'avons vu, est en interaction constante avec l'environnement pour répondre à ses besoins vitaux. C'est avec l'environnement que l'organisme entretient ses échanges gazeux (O_2 et CO_2). Nous étudierons ces derniers dans le prochain chapitre, qui porte sur la structure et le fonctionnement du système respiratoire.

TERMES MÉDICAUX

Allergologue Médecin spécialisé dans le traitement des maladies allergiques, dont la fréquence est en forte augmentation dans les pays industrialisés, au point de toucher de 40 à 50 % de la population.

Athymie congénitale Déficit immunitaire dans lequel le thymus ne se développe pas. Les personnes souffrant de cette maladie n'ont pas de lymphocytes T et n'ont donc pratiquement aucune protection immunitaire ; les greffes de thymus fœtal et de moelle osseuse peuvent améliorer leur état.

Choc septique État dangereux dans lequel la réaction inflammatoire « s'emballe ». Résulte d'infections bactériennes particulièrement graves (méningite et péritonite, entre autres) ou d'infections ordinaires qui s'aggravent rapidement chez des patients dont les défenses sont affaiblies, tels que les personnes âgées qui se rétablissent à l'hôpital à la suite d'une intervention chirurgicale. Au cours de la réaction inflammatoire, les granulocytes neutrophiles et d'autres leucocytes quittent les capillaires et gagnent le tissu conjonctif infecté, sécrétant des cytokines qui augmentent la perméabilité vasculaire. La sécrétion de cytokines est normalement modérée, mais dans le cas d'une sepsie importante, l'ampleur de leur libération brusque et ininterrompue est telle que l'organisme n'arrive plus à les neutraliser ; elle rend les capillaires si perméables que les liquides du sang fuient de toutes parts ; la pression artérielle chute et les organes cessent de fonctionner. Mortel dans 50 % des cas, le choc septique est difficile à maîtriser et son incidence reste élevée. Il est la première cause de mortalité en pédiatrie ainsi que dans les services de réanimation.

Eczéma Terme clinique décrivant diverses conditions causant des lésions cutanées « suintantes » et des démangeaisons intenses. Ces lésions ont souvent une cause commune, la *dermite atopique*, et la prédisposition familiale est un facteur important. L'eczéma possède les caractéristiques de l'hypersensibilité immédiate et apparaît habituellement tôt dans l'enfance, généralement avant cinq ans. Des études récentes suggèrent que la cause sous-jacente de l'eczéma pourrait être un accroissement de la perméabilité de la peau.

Épidémie (*épi* : au-dessus ; *desmos* : peuple) Infection présentant une augmentation et une propagation soudaines dans une région restreinte (la grippe saisonnière et la maladie du sommeil, par exemple). Elle se distingue de la **pandémie** (*pan* : tous), qui est une épidémie se répandant à l'échelle mondiale (deux des six régions définies par l'OMS), mais par ailleurs avec de brèves apparitions (grippe porcine, SIDA ou tuberculose). Pour sa part, l'**endémie** (*en* : dans) est limitée dans l'espace, mais pas dans le temps. Elle n'est pas nécessairement en progression et ne se propage pas automatiquement (comme le paludisme).

21

Immunisation Processus par lequel l'immunité est conférée au sujet soit par vaccination, soit par injection d'immunosérum.

Immunologie Étude de l'immunité.

Immunopathologie Maladie associée au système immunitaire.

Lupus érythémateux aigu disséminé Affection auto-immune systémique frappant surtout les jeunes femmes (le terme « disséminé » souligne le fait que l'affection est systémique). Au Canada, elle atteint 1 personne sur 2000 et 10 fois plus souvent les femmes que les hommes. La présence d'autoanticorps antinucléaires (anti-ADN) dans le sérum des malades permet de confirmer le diagnostic de cette maladie. On note la présence de complexes immuns ADN–anti-ADN (typiques d'une hypersensibilité de type III) dans les reins (les filtres capillaires, ou glomérules), les vaisseaux sanguins et les

membranes synoviales des articulations. Ces complexes peuvent provoquer la glomérulonéphrite, des troubles vasculaires, la perte de mémoire, l'affaiblissement intellectuel et des crises d'arthrite douloureuses. On observe des éruptions cutanées rougeâtres sur le visage (« rash » en forme d'ailes de papillon ressemblant à un masque de loup, d'où le nom de lupus) chez une minorité de sujets.

Thyroïdite chronique de Hashimoto Maladie auto-immune causée par une attaque de la glande thyroïde par les lympho-cytes B et T. Il s'agit de la cause la plus fréquente de l'hypo-thyroïdisme, qui touche surtout des femmes d'âge moyen ou avancé. Des facteurs génétiques associés à cette maladie auto-immune (certaines variantes du CMH) rendent les personnes sensibles à des déclencheurs environnementaux (peut-être l'iode, les rayonnements ou un traumatisme).

RÉSUMÉ DU CHAPITRE

PREMIÈRE PARTIE – DÉFENSES INNÉES

Barrières superficielles : la peau et les muqueuses (p. 885)

1. La peau et les muqueuses constituent la première ligne de défense de l'organisme. Leur rôle consiste à empêcher l'entrée d'agents pathogènes dans l'organisme. Des membranes protec-trices (épithéliums) tapissent toutes les cavités corporelles et les organes qui s'ouvrent sur l'environnement.

2. Les épithéliums constituent des barrières mécaniques contre les agents pathogènes. Certains épithéliums subissent des modifica-tions structurales et fabriquent des sécrétions qui stimulent leurs actions défensives : l'acidité de la peau, le lysozyme, le mucus, la kératine et les cils en sont des exemples.

Défenses internes : cellules et molécules (p. 885)

1. Les défenses cellulaires et chimiques innées constituent la deuxième ligne de défense de l'organisme.

Phagocytes (p. 885)

2. Les phagocytes (macrophagocytes, granulocytes neutrophiles et autres) englobent et détruisent les agents pathogènes qui percent les barrières épithéliales. Ce processus est facilité lorsque la sur-face de l'agent pathogène est modifiée par la fixation d'anticorps ou de protéines du complément auxquels les récepteurs du pha-gocyte peuvent se lier. La destruction des cellules est favorisée par l'explosion oxydative.

Cellules tueuses naturelles (p. 887)

3. Les cellules tueuses naturelles, ou cellules NK, sont de grands lymphocytes granuleux dont l'action non spécifique consiste à tuer les cellules cancéreuses et les cellules infectées par des virus.

Inflammation : réaction des tissus à une lésion (p. 887)

4. La réaction inflammatoire empêche la propagation des substances nocives, élimine les agents pathogènes et les cellules mortes, et favorise la guérison. Il se forme un exsudat ; les leucocytes protec-teurs pénètrent dans la région ; le foyer de l'infection est isolé par un réseau de fibrine ; et la réparation du tissu s'effectue.

5. Les signes majeurs de l'inflammation sont la tuméfaction, la rougeur, la chaleur et la douleur. Ils résultent de la vasodilatation

et de l'augmentation de la perméabilité des vaisseaux sanguins, lesquelles sont provoquées par des médiateurs chimiques de la réaction inflammatoire. Si la région enflammée est une arti-culation, les mouvements de celle-ci seront limités.

Protéines antimicrobiennes (p. 891)

6. L'interféron est un ensemble de protéines apparentées que synthétisent les cellules infectées par des virus et certaines cellules immunitaires ; il empêche la prolifération des virus dans d'autres cellules de l'organisme.

7. L'activation du complément (un ensemble de protéines plasmatiques) fixé à la membrane d'une cellule étrangère stimule la phagocytose de cette cellule et l'inflammation, et cause parfois la lyse de la cellule cible.

Fièvre (p. 894)

8. La fièvre active la lutte de l'organisme contre les agents patho-gènes de deux façons : en stimulant le métabolisme, ce qui déclenche les actions défensives et les processus de réparation, et en forçant le foie et la rate à séquestrer le fer et le zinc nécessaires à la multiplication bactérienne.

DEUXIÈME PARTIE – DÉFENSES ADAPTATIVES

1. Le système immunitaire adaptatif reconnaît un élément étranger et son action consiste à l'immobiliser, à le neutraliser ou à l'éli-miner. La réaction immunitaire adaptative est spécifique d'un antigène ; elle est également systémique et possède une mémoire. Elle constitue la troisième ligne de défense de l'organisme.

Antigènes (p. 895)

1. Les antigènes sont des substances qui ont la capacité de déclencher une réaction immunitaire.

Antigènes complets et haptènes (p. 895)

2. Les antigènes complets possèdent deux propriétés : l'immuno-génicité et la réactivité. Les antigènes incomplets, ou haptènes, doivent se combiner avec une protéine de l'organisme avant de devenir immunogènes.

Déterminants antigéniques (p. 896)

3. Les déterminants antigéniques sont les parties de l'antigène qui sont reconnues comme étrangères. La plupart des antigènes possèdent de nombreux déterminants antigéniques.

Autoantigènes : protéines du CMH (p. 896)

4. Les protéines du complexe majeur d'histocompatibilité (CMH) sont des glycoprotéines membranaires qui sont les marqueurs du soi de nos cellules. Les protéines du CMH de classe I se trouvent sur la surface de toutes les cellules de l'organisme (sauf sur les globules rouges), alors que les protéines de classe II sont présentes sur les cellules qui contribuent à la réaction immunitaire adaptative (cellules dendritiques, macrophagocytes et lymphocytes B).

Cellules du système immunitaire adaptatif : caractéristiques générales (p. 896)

Lymphocytes (p. 897)

1. Les lymphocytes sont issus des hémocytoblastes de la moelle osseuse et sont éduqués afin d'acquérir l'immunocompétence et l'autotolérance. Les lymphocytes T reçoivent leur éducation dans le thymus et assurent l'immunité à médiation cellulaire. Les lymphocytes B reçoivent leur éducation dans la moelle osseuse et assurent l'immunité humorale. L'immunocompétence se manifeste par l'apparition de récepteurs propres à un antigène sur la surface du lymphocyte. Les lymphocytes immunocompétents colonisent les organes lymphoïdes secondaires où se produit la stimulation antigénique, et ils circulent entre le sang, la lymphe et les organes lymphoïdes.

2. Dans les lymphocytes B et T, la diversité des récepteurs d'antigènes est assurée par le réarrangement des segments d'ADN.

Cellules présentatrices d'antigènes (p. 899)

3. Les cellules présentatrices d'antigènes (CPA) comprennent les cellules dendritiques, les macrophagocytes et les lymphocytes B. Elles ingèrent les antigènes et en présentent les déterminants antigéniques à leur surface pour la reconnaissance par les lymphocytes T.

Réaction immunitaire humorale (p. 900)

Sélection clonale et différenciation des lymphocytes B (p. 900)

1. La sélection clonale et la différenciation des lymphocytes B surviennent lorsque les antigènes se fixent aux récepteurs de leur membrane plasmique, causant leur prolifération. La plupart des cellules du clone deviennent des cellules effectrices, appelées plasmocytes, qui sécrètent les anticorps. C'est la réaction immunitaire primaire.

Mémoire immunitaire (p. 902)

2. D'autres cellules du clone deviennent des lymphocytes B mémoires dotés de la capacité de déclencher une attaque rapide contre le même antigène au moment de rencontres subséquentes (réactions immunitaires secondaires). Les lymphocytes B mémoires assurent la mémoire immunitaire humorale.

Immunité humorale active et passive (p. 902)

3. L'immunité humorale active est acquise lors d'une infection ou par l'intermédiaire d'une vaccination, et elle établit une mémoire immunitaire. L'immunité humorale passive est conférée lorsque les anticorps d'un donneur sont injectés dans la circulation sanguine, ou lorsque les anticorps de la mère traversent le placenta. La protection qu'elle procure est de courte durée ; aucune mémoire immunitaire n'est établie.

Anticorps (p. 904)

4. Le monomère d'anticorps est constitué de quatre chaînes polypeptidiques, deux lourdes et deux légères, reliées par des ponts disulfure. Chaque chaîne possède une région constante et une région variable. Les régions constantes déterminent la fonction et la classe de l'anticorps. Les régions variables donnent à l'anticorps la capacité de reconnaître son antigène approprié.

5. Il existe cinq classes d'anticorps : IgM, IgA, IgD, IgG et IgE. Elles diffèrent par leur structure et par leur fonction.

6. Les mécanismes d'action des anticorps comprennent la fixation du complément et la neutralisation, la précipitation et l'agglutination de l'antigène.

7. Les anticorps monoclonaux sont des préparations pures d'un seul type d'anticorps, qui se révèlent particulièrement utiles dans les épreuves diagnostiques et le traitement de certains types de cancer. On les prépare en fusionnant des lymphocytes B avec des cellules tumorales afin de produire des hybridomes.

Réaction immunitaire à médiation cellulaire (p. 908)

Sélection clonale et différenciation des lymphocytes T (p. 910)

1. Les lymphocytes CD4 et CD8 immunocompétents sont activés en se liant à une protéine du CMH contenant un antigène disposé à la surface d'une CPA. Un signal de « costimulation » est également essentiel. La sélection clonale se produit et les cellules du clone se différencient en lymphocytes T effecteurs appropriés qui entraînent la réaction immunitaire primaire (les lymphocytes T auxiliaires et cytotoxiques, par exemple). Quelques cellules du clone deviennent des lymphocytes T mémoires.

Rôles des lymphocytes T (p. 914)

2. Les lymphocytes T auxiliaires sont nécessaires à l'activation complète de la plupart des lymphocytes B et T, activent les macrophagocytes et libèrent des cytokines essentielles. Les lymphocytes T cytotoxiques attaquent directement les cellules infectées et les cellules cancéreuses, puis les détruisent. Les lymphocytes T régulateurs (T_R) contribuent au maintien de la tolérance en périphérie.

3. La réaction immunitaire est accentuée par des cytokines telles que l'interleukine 1, qui est libérée par les macrophagocytes, et l'interleukine 2, l'interféron gamma, etc., libérés par les lymphocytes T activés.

Greffes d'organes et prévention du rejet (p. 917)

4. Les greffons et les organes transplantés sont rejetés par des réactions à médiation cellulaire à moins que le système immunitaire du patient ne soit en état d'immunosuppression. Les infections sont des complications majeures chez ces patients.

Déséquilibres homéostatiques de l'immunité (p. 919)

Déficits immunitaires (p. 920)

1. Les maladies immunitaires comprennent notamment les déficits immunitaires combinés sévères (syndromes SCID) et le syndrome d'immunodéficience acquise (SIDA). Des infections fulminantes causent la mort parce que le système immunitaire est incapable de les combattre.

Maladies auto-immunes (p. 921)

2. Une maladie auto-immune survient lorsque l'organisme perçoit ses propres tissus comme étrangers et déclenche une

21

attaque immunitaire contre eux. La polyarthrite rhumatoïde et la sclérose en plaques en sont des exemples.

Hypersensibilités (p. 922)

3. L'hypersensibilité est une réaction anormalement intense à un antigène par ailleurs inoffensif. Les hypersensibilités de type I (allergies) sont déclenchées par les anticorps IgE. Les hypersensibilités de type II mettent en jeu les anticorps et le complément. Les hypersensibilités de type III comprennent les maladies des complexes immuns. Les hypersensibilités de type IV sont à médiation cellulaire.

Développement et vieillissement du système immunitaire (p. 924)

1. Le développement de la réaction immunitaire s'effectue un peu avant ou après la naissance. La capacité du système immunitaire à reconnaître les substances étrangères est déterminée génétiquement.
2. Le système nerveux joue un rôle important dans la régulation des réactions immunitaires, probablement par l'intermédiaire de médiateurs communs. La dépression affaiblit le système immunitaire.
3. Au fil des années, le système immunitaire réagit moins bien. Les personnes âgées souffrent plus souvent de déficits immunitaires, de maladies auto-immunes et du cancer.

QUESTIONS DE RÉVISION

Choix multiples/associations

(Il peut y avoir plus d'une bonne réponse à certaines questions. Choisissez les meilleures réponses parmi celles qui sont proposées. Les réponses se trouvent à l'appendice G.)

1. Tous les éléments suivants font partie des défenses innées de l'organisme *sauf:* (**a**) le complément; (**b**) la phagocytose; (**c**) les anticorps; (**d**) le lysozyme; (**e**) l'inflammation.
2. Le processus par lequel les granulocytes neutrophiles traversent les parois des capillaires en réponse aux signaux inflammatoires est appelé: (**a**) diapédèse; (**b**) chimiotactisme; (**c**) margination; (**d**) opsonisation.
3. Les anticorps libérés par les plasmocytes interviennent dans: (**a**) l'immunité humorale; (**b**) les réactions d'hypersensibilité de type I; (**c**) les maladies auto-immunes; (**d**) toutes ces réponses.
4. Lesquels de ces anticorps peuvent fixer le complément? (**a**) IgA; (**b**) IgD; (**c**) IgE; (**d**) IgG; (**e**) IgM.
5. Quelle classe d'anticorps se trouve en quantité abondante dans les sécrétions? (Utilisez les choix de la question 4.)
6. Les petites molécules qui doivent s'associer à de grosses protéines pour devenir immunogènes sont appelées: (**a**) antigènes complets; (**b**) kinines; (**c**) déterminants antigéniques; (**d**) haptènes.
7. Les lymphocytes qui acquièrent leur immunocompétence dans la moelle épinière sont: (**a**) les lymphocytes T; (**b**) les lymphocytes B; (**c**) les cellules tueuses naturelles; (**d**) les lymphocytes B et T.
8. Toutes les catégories de cellules énumérées ci-dessous, *sauf* une, peuvent attaquer directement des cellules cibles. Laquelle? (**a**) Macrophagocytes; (**b**) lymphocytes T cytotoxiques; (**c**) lymphocytes T auxiliaires; (**d**) cellules tueuses naturelles.
9. Parmi les éléments suivants, lequel contribue à l'activation d'un lymphocyte B? (**a**) Un antigène; (**b**) un lymphocyte T auxiliaire; (**c**) une cytokine; (**d**) toutes ces réponses.
10. Les cellules le plus souvent envahies par le VIH sont: (**a**) les granulocytes éosinophiles; (**b**) les lymphocytes T cytotoxiques; (**c**) les cellules tueuses naturelles; (**d**) les lymphocytes B.
11. La fixation du complément déclenche tous les événements suivants, sauf un. Lequel? (**a**) Cytolyse; (**b**) inflammation; (**c**) opsonisation; (**d**) libération d'interférons; (**e**) chimiotactisme des granulocytes neutrophiles et d'autres cellules.
12. En utilisant les lettres, associez les cellules de la colonne B aux descriptions de la colonne A. (Il y a plus d'une réponse dans chaque cas.)

Colonne A	Colonne B
_____ (**1**) Phagocyte	(**a**) Cellules tueuses naturelles
_____ (**2**) Libère de l'histamine.	(**b**) Granulocyte neutrophile
_____ (**3**) Libère des perforines.	(**c**) Cellules dendritiques
_____ (**4**) Lymphocyte	(**d**) Mastocyte
_____ (**5**) Cellules effectrices du système immunitaire	(**e**) Lymphocyte T cytotoxique
_____ (**6**) Cellule présentatrice d'antigène	(**f**) Lymphocyte B
	(**g**) Macrophagocyte
	(**h**) Lymphocyte T auxiliaire
	(**i**) Granulocyte basophile

Questions à court développement

13. En plus d'agir comme barrières mécaniques, l'épiderme de la peau et les muqueuses de l'organisme possèdent d'autres qualités qui facilitent leur rôle protecteur. Citez les régions de l'organisme où se trouvent normalement le mucus, le lysozyme, la kératine, un pH acide et les cils, et expliquez la fonction de chacun.
14. Expliquez pourquoi les tentatives de phagocytose ne réussissent pas toujours; énumérez les facteurs qui augmentent ses chances de succès.
15. Qu'est-ce que le complément? Comment provoque-t-il la lyse bactérienne? Citez quelques-uns des autres rôles du complément.
16. Citez les trois lignes de défense de l'organisme et comparez-les entre elles.
17. Les interférons sont aussi appelés protéines antimicrobiennes. Qu'est-ce qui stimule leur production et comment protègent-ils les cellules non infectées? Quelles cellules de l'organisme sécrètent des interférons?
18. Expliquez la raison pour laquelle un seul antigène peut provoquer des réactions faisant intervenir un très grand nombre de lymphocytes différents.
19. Faites la distinction entre immunité adaptative humorale et immunité adaptative à médiation cellulaire.
20. La réaction immunitaire adaptative est un système à deux voies; expliquez alors l'affirmation selon laquelle «il n'y a pas d'immunité sans lymphocytes T».
21. Définissez l'immunocompétence et l'autotolérance. Comment l'autotolérance est-elle acquise?
22. Expliquez en quoi consiste la costimulation et citez quelques facteurs qui en sont responsables.
23. Décrivez le processus d'activation d'un lymphocyte T auxiliaire.

21

24. Faites la distinction entre réaction immunitaire primaire et réaction immunitaire secondaire. Laquelle est la plus rapide, et pourquoi ?

25. Comment se nomment les deux cellules servant à fabriquer des anticorps monoclonaux ? Expliquez leur provenance et les caractéristiques pour lesquelles ces cellules sont utilisées.

26. Définissez un anticorps. À l'aide d'un schéma contenant les termes appropriés, décrivez la structure d'un monomère d'anticorps. Indiquez et marquez les régions variables et constantes, ainsi que les chaînes lourdes et légères.

27. Quel est le rôle des régions variables d'un anticorps ? Et quel est celui des régions constantes ?

28. Nommez les cinq classes d'anticorps et dites dans quelle région de l'organisme il est le plus probable de trouver chacune d'entre elles.

29. Énumérez les mécanismes utilisés par les anticorps pour réaliser leur fonction de défense de l'organisme. Quels sont les mécanismes les plus importants ?

30. Les vaccins nous procurent-ils une immunité humorale active ou passive ? Justifiez votre réponse. Pourquoi l'immunité passive est-elle moins satisfaisante ?

31. Décrivez le déroulement de l'activation d'un lymphocyte CD4.

32. Décrivez les rôles caractéristiques des lymphocytes T auxiliaires, suppresseurs et cytotoxiques dans l'immunité à médiation cellulaire normale.

33. Nommez quelques cytokines et décrivez leur rôle dans la réaction immunitaire.

34. Décrivez les quatre types de greffes. Expliquez le phénomène de rejet en indiquant quelles protéines en sont responsables.

35. Définissez l'hypersensibilité. Nommez trois types de réactions d'hypersensibilité. Dans chacun des cas, mentionnez si des anticorps ou des lymphocytes T sont en jeu, et donnez deux exemples.

36. Quels événements peuvent conduire à des maladies auto-immunes ?

37. Qu'est-ce qui explique la diminution, au fil des années, de l'efficacité du système immunitaire ?

Réflexion et application

1. Julie, une fillette de six ans, est victime d'un des cas les plus graves d'anomalie du système immunitaire. Pour cette raison, elle est obligée de vivre depuis sa naissance dans un environnement sans germes. En plus, elle est atteinte d'un cancer causé par le virus d'Epstein-Barr. Répondez aux questions suivantes se rapportant à ce cas. (**a**) Qu'arrive-t-il aux enfants qui souffrent de la même affection que Julie, dans des circonstances semblables, si aucun traitement n'est tenté ? (**b**) Pourquoi choisir le frère de Julie comme donneur de cellules souches hématopoïétiques ? (**c**) Pourquoi le médecin de Julie prévoit-il utiliser des cellules souches provenant d'un cordon ombilical pour faire la greffe de cellules souches si la greffe de celles du frère de Julie se solde par un échec (quels sont les résultats escomptés) ? (**d**) Essayez d'expliquer l'origine du cancer de Julie. (**e**) Quels sont les points communs et les différences entre la maladie de Julie et le SIDA ?

2. Certaines personnes ayant un déficit en IgA présentent des infections récurrentes des voies respiratoires. Expliquez ces symptômes.

3. Au cours de l'inflammation, la perméabilité capillaire augmente et les protéines plasmatiques passent dans le liquide interstitiel. Pourquoi ce phénomène est-il souhaitable ?

4. Constance est en train de cueillir des raisins dans la tonnelle de son père. Tout à coup, elle ressent une vive piqûre au doigt. Elle se précipite en pleurant dans les bras de son père, qui retire de son doigt un dard d'insecte et lui offre un verre de limonade pour la consoler. Au bout de 20 minutes, le doigt est rouge et enflé, et Constance a des élancements là où elle a été piquée. Quel type de réaction immunitaire s'est déclenchée dans son doigt ? Quel traitement soulagerait son malaise ? Quelques semaines plus tard, Constance se fait de nouveau piquer par une guêpe. Cette fois-ci, la réaction est beaucoup plus brutale ; l'enfant se met à souffrir de problèmes respiratoires et il est nécessaire de faire au plus vite une injection d'adrénaline. Expliquez ce qui s'est passé et l'urgence d'entreprendre un tel traitement.

5. Caroline est enceinte ; elle a 29 ans, elle est devenue séropositive au VIH il y a 10 ans, époque à laquelle elle était sans abri et s'injectait de l'héroïne régulièrement. Elle ne présente actuellement aucun symptôme du SIDA et elle prend plusieurs médicaments, mais elle a peur de contaminer son bébé. D'après vous, comment le virus peut-il se transmettre de la mère à l'enfant ? Quelles cellules de Caroline sont infectées par le virus et pourquoi une attaque de ces cellules est-elle si dévastatrice ? Pourquoi Caroline prend-elle des médicaments si elle ne présente aucun symptôme ? Quels types de médicaments peut-elle prendre et quels sont leurs effets sur le virus et la réplication virale ?

22

Anatomie fonctionnelle du système respiratoire (p. 933)

Nez et sinus paranasaux (p. 934)

Pharynx (p. 936)

Larynx (p. 937)

Trachée (p. 939)

Arbre bronchique (p. 941)

Poumons et plèvre (p. 943)

Mécanique de la respiration (p. 947)

Pression dans la cavité thoracique (p. 947)

Ventilation pulmonaire (p. 948)

Facteurs physiques influant sur la ventilation pulmonaire (p. 951)

Volumes respiratoires et épreuves fonctionnelles respiratoires (p. 953)

Mouvements non respiratoires de l'air (p. 955)

Échanges gazeux entre le sang, les poumons et les tissus (p. 956)

Propriétés fondamentales des gaz (p. 956)

Composition du gaz alvéolaire (p. 957)

Respiration externe (p. 958)

Respiration interne (p. 960)

Transport des gaz respiratoires dans le sang (p. 961)

Transport de l'oxygène (p. 961)

Transport du gaz carbonique (p. 963)

Régulation de la respiration (p. 966)

Mécanismes nerveux (p. 966)

Facteurs influant sur la fréquence et l'amplitude respiratoires (p. 967)

Adaptation de la respiration (p. 971)

Exercice (p. 971)

Altitude (p. 971)

Déséquilibres homéostatiques du système respiratoire (p. 972)

Bronchopneumopathie chronique obstructive (p. 972)

Asthme (p. 974)

Tuberculose (p. 974)

Cancer du poumon (p. 974)

Développement et vieillissement du système respiratoire (p. 975)

Le système respiratoire

Loin d'être autonome, l'organisme est influencé par l'environnement, dont il tire les substances essentielles à sa survie et où il déverse ses déchets. Les milliers de milliards de cellules de l'organisme ont besoin d'un apport continuel d'oxygène (39 kg par jour) pour accomplir leurs fonctions vitales. Nous pouvons survivre quelque temps sans nourriture et sans eau, mais nous ne pouvons absolument pas nous passer d'oxygène.

À mesure qu'elles consomment de l'oxygène, les cellules doivent libérer le gaz carbonique qui est produit. Elles engendrent également de dangereux radicaux libres, sous-produits qui constituent le tribut inévitable à payer pour vivre dans un milieu riche en oxygène.

Mais revenons au sujet du présent chapitre, soit le système respiratoire.

La principale fonction du **système respiratoire** est de fournir de l'oxygène à l'organisme et de le débarrasser du gaz carbonique. Cette fonction fait intervenir au moins quatre processus, qui sous-tendent la **respiration** :

1. **Ventilation pulmonaire.** Circulation de l'air dans les poumons dont le but est de renouveler sans cesse les gaz qui s'y trouvent (communément appelée «respiration»).
2. **Respiration externe.** Diffusion de l'oxygène des poumons vers le sang et diffusion du gaz carbonique du sang vers les poumons.
3. **Transport des gaz respiratoires.** Transport de l'oxygène des poumons aux cellules et du gaz carbonique des cellules aux poumons. Ce rôle est assuré par le système cardiovasculaire et le sang.
4. **Respiration interne.** Diffusion de l'oxygène du sang vers les cellules et diffusion du gaz carbonique des cellules vers les capillaires.

Bien que seuls les deux premiers processus relèvent directement du système respiratoire **(figure 22.1)**, ils sont impensables sans les deux autres. Le système respiratoire et le système cardiovasculaire sont donc étroitement liés, tant et si bien que, si l'un des deux défaille, le manque d'oxygène fait mourir les cellules.

L'utilisation d'oxygène et la production de gaz carbonique par les cellules, c'est-à-dire la respiration cellulaire, sont la pierre angulaire de toutes les réactions chimiques qui produisent de l'énergie (ATP) dans l'organisme. Nous expliquerons la respiration cellulaire, qui n'est pas une fonction du système respiratoire, au chapitre 24.

Comme il a pour fonction de déplacer de l'air, le système respiratoire joue aussi un rôle dans l'olfaction et la parole. De plus, les poumons jouent le rôle de réservoir sanguin (environ 500 mL de sang), de filtre pour des emboles de petite taille (caillots, bulles d'air) qui pourraient se loger dans les vaisseaux de la circulation systémique et d'élimination de la circulation de certaines substances (sérotonine, plusieurs prostaglandines, etc.).

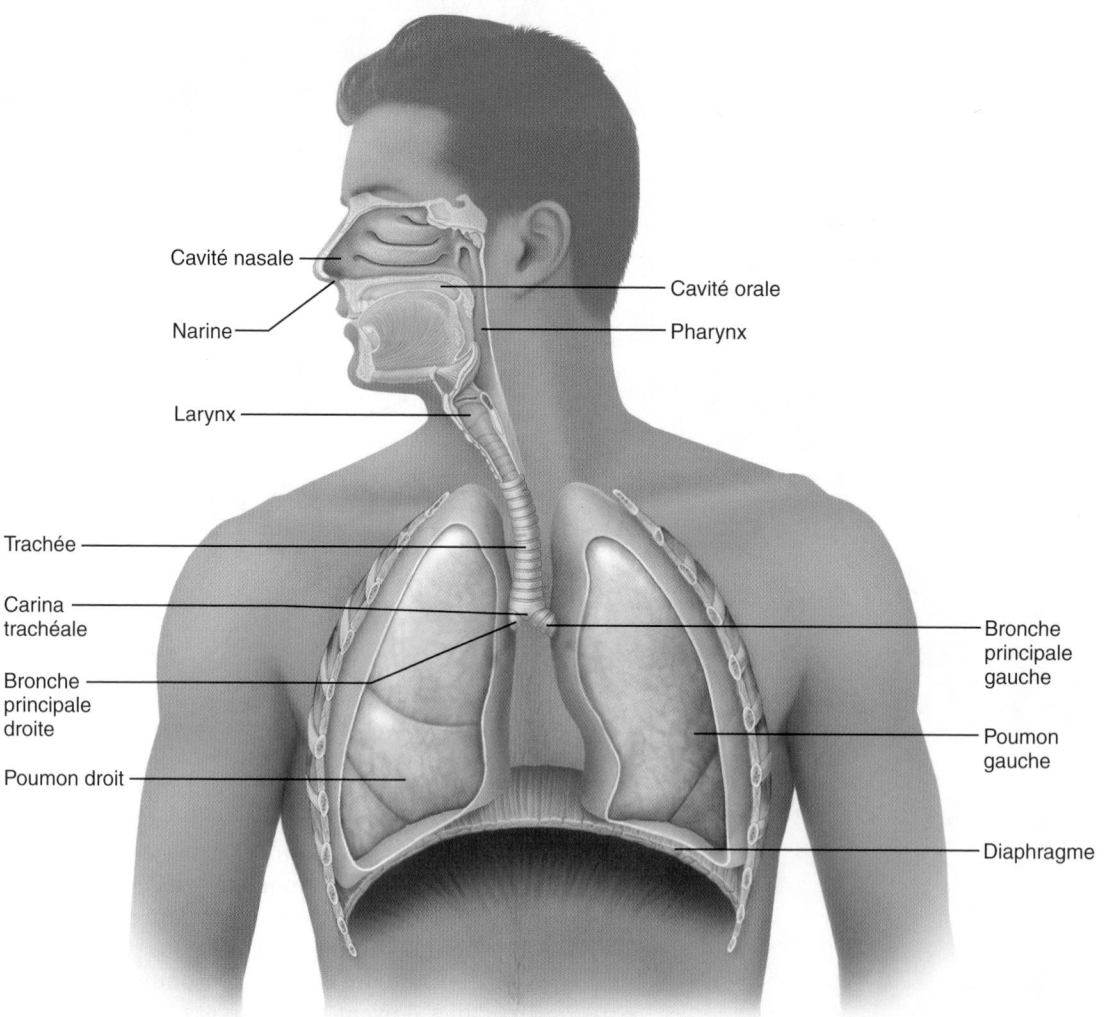

Figure 22.1 **Les principaux organes du système respiratoire par rapport aux structures environnantes.**

Anatomie fonctionnelle du système respiratoire

1 Énumérer et décrire les quatre processus de base qui sous-tendent la respiration.

2 Nommer, situer et décrire les organes qui forment le système respiratoire, du nez aux alvéoles pulmonaires; préciser leurs fonctions particulières reliées à la respiration.

3 Énumérer et décrire quelques mécanismes de protection du système respiratoire.

4 Décrire le mécanisme nous permettant d'émettre des sons; préciser les facteurs ou structures intervenant dans la hauteur et le volume du son ainsi que dans l'élocution.

Le système respiratoire comprend le *nez*, les *cavités nasales*, les *sinus paranasaux*, le *pharynx*, le *larynx*, la *trachée*, les *bronches* et leurs ramifications ainsi que les *poumons* (figure 22.1), qui contiennent les sacs alvéolaires où s'ouvrent les *alvéoles pulmonaires*. Au point de vue fonctionnel, ce système est constitué de deux zones. La **zone de conduction** inclut toutes les voies respiratoires formées de conduits relativement rigides qui acheminent l'air à la zone respiratoire. Les organes de la zone de conduction ont aussi pour rôle de purifier, d'humidifier et de réchauffer l'air inspiré. Parvenu dans les poumons, l'air contient moins d'agents irritants (poussière, bactéries, etc.) qu'à son entrée dans le système, et il est comparable à l'air chaud et humide des climats tropicaux. La **zone respiratoire**, où se déroulent les échanges gazeux, est composée exclusivement de structures microscopiques, soit les bronchioles respiratoires, les conduits alvéolaires et les alvéoles pulmonaires. Le **tableau 22.1** résume les fonctions des principaux organes du système respiratoire.

À ces organes certains auteurs ajoutent les muscles respiratoires (diaphragme, entre autres). Nous traiterons du rôle des muscles squelettiques dans les modifications de volume qui

TABLEAU 22.1	**Principaux organes du système respiratoire**	
STRUCTURE	DESCRIPTION, CARACTÉRISTIQUES GÉNÉRALES ET SPÉCIFIQUES	FONCTIONS
Nez	La partie externe, proéminente, est soutenue par des os et des cartilages; les cavités nasales sont séparées par le septum nasal et revêtues d'une muqueuse.	Produit du mucus; filtre, réchauffe et humidifie l'air inspiré; caisse de résonance pour la voix.
	Le toit des cavités nasales contient l'épithélium olfactif.	Récepteur olfactif.
Sinus paranasaux	Les sinus paranasaux sont des cavités tapissées de muqueuses et remplies d'air situées dans les os du crâne entourant la cavité nasale.	Identiques à celles des cavités nasales; allègent la tête.
Pharynx	Conduit reliant les cavités nasales au larynx et la cavité orale à l'œsophage; trois segments: le nasopharynx, l'oropharynx et le laryngopharynx.	Conduit pour l'air et les aliments.
	Abrite les amygdales (masses de tissu lymphoïde contribuant à la protection contre les agents pathogènes).	Facilite l'exposition des antigènes inspirés aux cellules immunitaires.
Larynx	Relie le pharynx à la trachée; possède une charpente de cartilage et de tissu conjonctif dense; son ouverture (la glotte) est fermée par l'épiglotte ou par les plis vocaux.	Conduit aérien; empêche les aliments d'entrer dans les voies respiratoires inférieures.
	Abrite les plis vocaux.	Phonation.
Trachée	Tube flexible naissant dans le larynx et se divisant en deux bronches principales; ses parois contiennent des cartilages en forme d'anneau qui, dans leur partie postérieure, sont ouverts et reliés par le muscle trachéal.	Conduit aérien; purifie, réchauffe et humidifie l'air inspiré.
Arbre bronchique	Composé des bronches principales droite et gauche, qui se subdivisent dans les poumons en bronches lobaires, en bronches segmentaires et en bronchioles; les parois des bronchioles ne contiennent pas de cartilage, mais sont entièrement entourées de muscle lisse, dont les contractions augmentent la résistance au passage de l'air lors de l'expiration.	Ensemble de conduits aériens reliant la trachée aux alvéoles; purifie, réchauffe et humidifie l'air inspiré.
Alvéoles pulmonaires	Cavités microscopiques marquant l'aboutissement de l'arbre bronchique; leurs parois sont composées d'un épithélium simple squameux reposant sur une fine membrane basale; leurs surfaces externes sont intimement associées aux cellules endothéliales des capillaires pulmonaires.	Principaux sièges des échanges gazeux.
	Des cellules alvéolaires spéciales (grands épithéliocytes) sécrètent le surfactant.	Réduction de la tension superficielle et prévention de l'affaissement des poumons.
Poumons	Organes qui délimitent le médiastin; constitués principalement des alvéoles et des conduits respiratoires; le stroma est un tissu conjonctif élastique et fibreux qui permet aux poumons de se rétracter passivement pendant l'expiration.	Abritent les conduits aériens plus petits que les bronches principales.
Plèvre	Séreuse; la plèvre pariétale tapisse la cavité thoracique, tandis que la plèvre viscérale recouvre les surfaces externes des poumons.	Produit un liquide lubrifiant et enveloppe séparément les poumons.

favorisent la ventilation, mais nous continuerons de les classer dans le *système musculaire*.

Nez et sinus paranasaux

Le nez est la seule partie du système respiratoire qui soit visible extérieurement. Souvent ridiculisé et source de frustration, cet appendice nasal est la pièce maîtresse de *Cyrano de Bergerac*, d'Edmond Rostand. Pourtant, étant donné ses importantes fonctions, le nez mériterait plus d'estime. En effet, le nez : (1) fournit un passage pour les gaz respiratoires ; (2) humidifie et réchauffe l'air inspiré ; (3) filtre et nettoie l'air inspiré ; (4) sert de caisse de résonance à la voix ; et (5) abrite les récepteurs olfactifs.

Pour plus de commodité, nous regrouperons les structures du nez en deux catégories : les *structures externes* et les *cavités nasales*. Les structures externes du nez comprennent la *racine du nez* (zone située entre les sourcils), la *voûte* et l'*arête du nez* (le bord antérieur), qui s'étend jusqu'à la *pointe du nez* (figure 22.2a). Immédiatement sous la pointe se trouve un creux vertical peu profond appelé *philtrum*, ou *sillon sous-nasal*. Les ouvertures externes du nez, les *narines*, sont délimitées de chaque côté par les *ailes du nez*.

La charpente des structures externes du nez est fournie par l'os nasal et l'os frontal en haut (qui forment respectivement la voûte et la racine du nez), par les maxillaires latéralement et par des plaques flexibles de cartilage hyalin (cartilages alaires, cartilage du septum nasal et processus latéraux du cartilage septal) dans la partie inférieure (figure 22.2b). Les cartilages du nez déterminent les variations considérables de la taille et de la forme du nez. La peau qui recouvre la partie osseuse du nez est mince ; celle qui recouvre la partie cartilagineuse est plus épaisse et renferme de nombreuses glandes sébacées.

Les structures externes du nez abritent les **cavités nasales**, où l'air pénètre par les **narines** (figure 22.2a et figure 22.3c). Les cavités nasales sont séparées par le **septum nasal**, composé

à l'avant par le cartilage septal du nez et à l'arrière par le vomer et par la lame perpendiculaire de l'ethmoïde (voir la figure 7.14b). L'arrière des cavités nasales communique avec le nasopharynx par les **choanes** (« entonnoirs »).

Le toit des cavités nasales est formé par les os ethmoïde et sphénoïde, tandis que leur plancher, qui les sépare de la cavité orale, est constitué par le *palais*. Dans sa partie antérieure, le palais est supporté par les os palatins et les processus palatins des maxillaires, et il est appelé **palais osseux**. La partie postérieure du palais, sans soutien et de composition musculaire, est appelée **palais mou**.

La partie des cavités nasales située au-dessus des narines, le **vestibule nasal**, est tapissée de peau contenant des glandes sébacées et sudoripares ainsi que de nombreux follicules pileux. Les poils, ou **vibrisses**, filtrent les grosses particules (poussière, pollen) en suspension dans l'air inspiré. Le reste des cavités nasales est recouvert par la **muqueuse nasale**, qui présente deux aspects selon sa situation. L'épithélium de la **région olfactive de la muqueuse du nez** recouvre la région supérieure des cavités nasales et contient les récepteurs olfactifs (voir la figure 15.21). Le reste de la muqueuse nasale, la **muqueuse respiratoire**, est formé d'un épithélium pseudostratifié prismatique cilié qui comprend des *cellules caliciformes* éparses. La muqueuse respiratoire repose sur une lamina propria riche en *glandes muqueuses* et *séreuses*. (Les cellules muqueuses sécrètent du mucus et les cellules séreuses, un liquide aqueux contenant des enzymes.)

Chaque jour, ces glandes sécrètent environ 1 L de mucus contenant du *lysozyme* et des *antiprotéases*. Ces enzymes antibactériennes détruisent chimiquement les bactéries que le mucus a emprisonnées, en même temps que la poussière et les débris. Les cellules épithéliales de la muqueuse respiratoire sécrètent également des *défensines*, antibiotiques naturels qui permettent de détruire les microbes envahisseurs. De plus, l'eau, présente en grande quantité dans la pellicule de mucus, humidifie l'air inspiré.

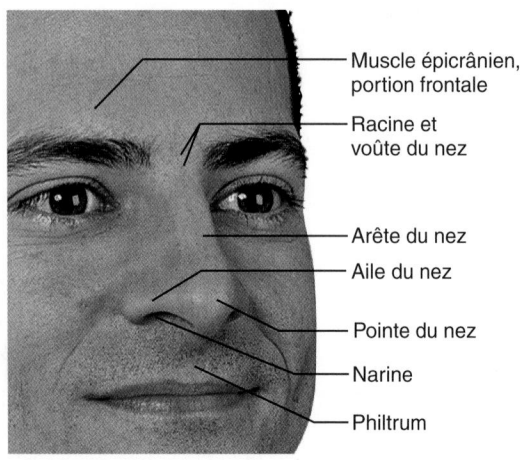

Muscle épicrânien, portion frontale
Racine et voûte du nez
Arête du nez
Aile du nez
Pointe du nez
Narine
Philtrum

(a) Anatomie de surface

Os frontal
Os nasal
Cartilage septal du nez
Processus frontal du maxillaire
Processus latéral du cartilage septal
Petits cartilages alaires
Tissu conjonctif dense
Grands cartilages alaires

(b) Charpente externe

Figure 22.2 **Structures externes du nez.**

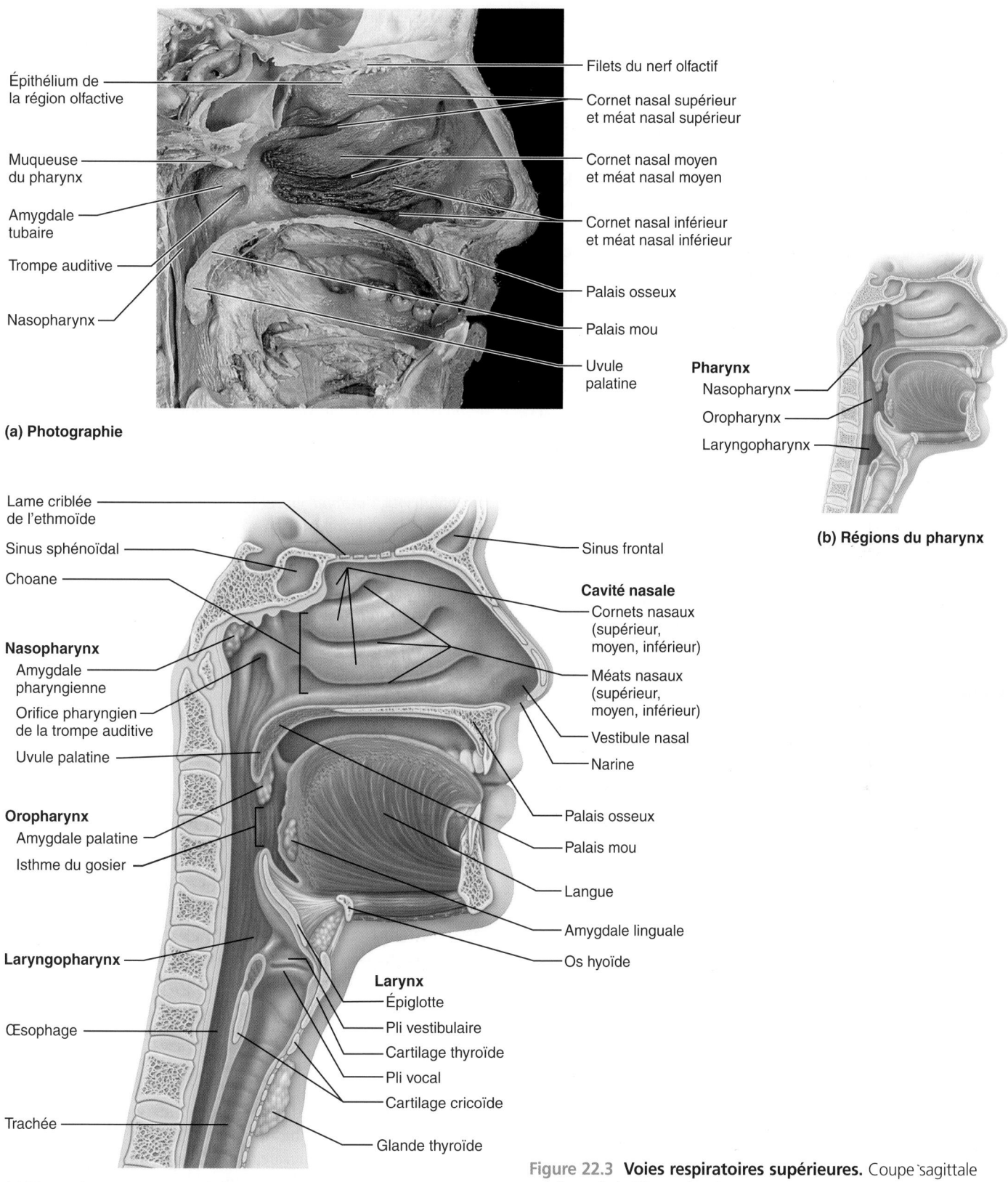

Épithélium de la région olfactive

Muqueuse du pharynx

Amygdale tubaire

Trompe auditive

Nasopharynx

Filets du nerf olfactif

Cornet nasal supérieur et méat nasal supérieur

Cornet nasal moyen et méat nasal moyen

Cornet nasal inférieur et méat nasal inférieur

Palais osseux

Palais mou

Uvule palatine

(a) Photographie

Pharynx
Nasopharynx
Oropharynx
Laryngopharynx

(b) Régions du pharynx

Lame criblée de l'ethmoïde

Sinus sphénoïdal

Choane

Nasopharynx
Amygdale pharyngienne

Orifice pharyngien de la trompe auditive

Uvule palatine

Oropharynx
Amygdale palatine

Isthme du gosier

Laryngopharynx

Œsophage

Trachée

(c) Illustration

Sinus frontal

Cavité nasale
Cornets nasaux (supérieur, moyen, inférieur)

Méats nasaux (supérieur, moyen, inférieur)

Vestibule nasal

Narine

Palais osseux

Palais mou

Langue

Amygdale linguale

Os hyoïde

Larynx
Épiglotte
Pli vestibulaire
Cartilage thyroïde
Pli vocal
Cartilage cricoïde
Glande thyroïde

Figure 22.3 Voies respiratoires supérieures. Coupe sagittale médiane de la tête et du cou.

Les cellules ciliées de la muqueuse respiratoire créent un léger courant qui, à une vitesse pouvant aller jusqu'à une dizaine de millimètres par minute, achemine le mucus contaminé vers la gorge (oropharynx), où il est avalé et digéré par les sucs gastriques. Cet important mécanisme passe habituellement inaperçu. Lorsqu'il fait froid, cependant, l'action des cils ralentit;

le mucus s'accumule dans les cavités nasales et s'écoule par les narines. À cela s'ajoute le fait que la vapeur d'eau dans l'air expiré tend à se condenser quand la température est basse. Ainsi, on comprend mieux pourquoi le nez «coule» en hiver, les jours de grand froid.

La muqueuse nasale contient de nombreuses terminaisons nerveuses qui, au contact de particules irritantes, provoquent le réflexe d'éternuement (l'air expulsé peut atteindre 160 km/h lors d'un éternuement). De riches plexus composés de capillaires et de veines aux parois minces s'étendent sous le tissu épithélial de la muqueuse nasale et réchauffent l'air qui s'écoule auprès de la muqueuse. Lorsque la température de l'air inspiré s'abaisse, le plexus vasculaire se gorge de sang et intensifie le réchauffement. La présence de très nombreux vaisseaux dans les tissus superficiels explique la fréquence et l'abondance des saignements de nez.

Les parois latérales des cavités nasales portent trois projections osseuses médiales recourbées et recouvertes de la muqueuse nasale – les *cornets nasaux supérieur, moyen* et *inférieur* (figure 22.3). Chaque cornet délimite un sillon inférieur appelé *méat nasal*; ces méats donnent accès aux cellules (cavités) de certains sinus paranasaux. Les cornets accroissent notablement la turbulence de l'air dans les cavités, et leur présence augmente la surface de la muqueuse exposée à l'air. L'air inspiré tourbillonne dans les anfractuosités des cavités nasales, tandis que les particules non gazeuses, plus lourdes, sont déviées vers les surfaces recouvertes de mucus, qui les captent. De la sorte, peu de particules dépassant 6 μm pénètrent plus loin que les cavités nasales.

Les cornets et la muqueuse nasale ont pour fonction non seulement de filtrer, de réchauffer et d'humidifier l'air durant l'inspiration, mais aussi de récupérer la chaleur et l'humidité lors de l'expiration. Autrement dit, les cornets se refroidissent au contact de l'air qui entre, ce qui leur permet de condenser l'humidité et de recueillir une partie de la chaleur contenue dans l'air chaud et humide expulsé de l'organisme lors de l'expiration. Ce mécanisme de récupération réduit considérablement la quantité d'humidité et de chaleur perdues lors de la respiration; il nous aide ainsi à résister au froid et à la sécheresse.

Les cavités nasales sont entourées par un anneau de cavités, les **sinus paranasaux** (figure 22.3c). Ces cavités sont creusées dans les os frontal, sphénoïde, ethmoïde et maxillaire (voir aussi la figure 7.15). Les sinus allègent la tête. Avec les cavités nasales, ils réchauffent et humidifient l'air. Le mucus qu'ils produisent aboutit dans les cavités nasales, et l'effet de succion créé par le mouchage contribue à vider les sinus.

⚖ DÉSÉQUILIBRE HOMÉOSTATIQUE

Les virus du rhume, les streptocoques et divers allergènes causent la *rhinite* – inflammation de la muqueuse nasale, favorisée par la richesse de sa vascularisation –, accompagnée d'une production excessive de mucus, d'une congestion nasale et d'écoulements dans l'arrière-nez. La muqueuse nasale communique avec le reste des voies respiratoires, ce qui explique que le rhume, qui commence dans le nez, se propage souvent à la gorge, puis aux voies respiratoires inférieures. Comme la muqueuse s'étend jusque dans les conduits lacrymonasaux et les sinus paranasaux, les infections des cavités nasales peuvent atteindre ces structures et entraîner la **sinusite** (inflammation des sinus). Lorsque du mucus ou des matières infectieuses obstruent les voies qui relient les cavités nasales aux sinus, l'air que ceux-ci contiennent est absorbé. Le vide partiel qui en résulte provoque la céphalée typique de la sinusite aiguë. Un faible pourcentage des infections accompagnant les sinusites est d'origine bactérienne. Le diagnostic est parfois difficile à établir, vu l'absence de symptômes vraiment distincts de ceux du rhume. ■

Pharynx

Le **pharynx**, en forme d'entonnoir, relie les cavités nasales et la bouche au larynx et à l'œsophage. Communément appelé *gorge*, le pharynx ressemble vaguement à un court segment de tuyau d'arrosage; il s'étend sur une longueur d'environ 13 cm, de la base du crâne à la sixième vertèbre cervicale (figure 22.1).

De haut en bas, le pharynx se divise en trois sections: le *nasopharynx*, l'*oropharynx* et le *laryngopharynx* (figure 22.3b). La paroi musculaire du pharynx est entièrement composée de tissu musculaire squelettique (voir le tableau 10.3, p. 384-385), mais la composition cellulaire de sa muqueuse varie d'une section à l'autre.

Nasopharynx

Le **nasopharynx** est situé à l'arrière des cavités nasales, sous l'os sphénoïde et au-dessus du niveau du palais mou. Comme il se trouve au-dessus du point d'entrée des aliments dans l'organisme, il reçoit *seulement* de l'air. Pendant la déglutition, le palais mou et l'*uvule palatine* (ou luette) s'élèvent, fermant ainsi le nasopharynx et empêchant les aliments d'accéder aux cavités nasales. (Lorsque nous rions, cette action est abolie, et les liquides que nous sommes en train d'avaler peuvent être projetés hors du nez.)

Le nasopharynx communique avec les cavités nasales par l'intermédiaire des choanes (figure 22.3c), et son épithélium pseudostratifié cilié poursuit la propulsion du mucus amorcée par la muqueuse nasale. La muqueuse de la partie supérieure de sa paroi postérieure contient les **amygdales pharyngiennes**, ou *végétations adénoïdes*, qui emprisonnent et détruisent les agents pathogènes de l'air.

⚖ DÉSÉQUILIBRE HOMÉOSTATIQUE

L'infection et l'œdème des végétations adénoïdes obstruent le passage de l'air dans le nasopharynx. Cet état nécessite le passage à la respiration buccale, si bien que l'air atteint les poumons sans avoir été adéquatement humidifié, réchauffé ou filtré. Quand elles sont enflées en permanence, ces amygdales peuvent perturber la parole et le sommeil. ■

Les *trompes auditives*, ou trompes d'Eustache, s'ouvrent dans les parois latérales du nasopharynx (figure 22.3a). Elles drainent les cavités de l'oreille moyenne et y équilibrent la pression de l'air en fonction de la pression atmosphérique. Une crête constituée d'une muqueuse pharyngée, l'*amygdale tubaire*, surmonte chaque ouverture et protège l'oreille moyenne contre les infections qui pourraient s'y propager à partir des bactéries présentes dans le nasopharynx. Cette action protectrice est renforcée par les amygdales pharyngiennes, qui sont supérieures, postérieures et médiales par rapport aux amygdales tubaires.

Oropharynx

L'**oropharynx** est situé à l'arrière de la cavité orale, et il communique avec elle par un passage arqué appelé **isthme du gosier** (figure 22.3c). L'oropharynx prend naissance au niveau du palais mou et s'étend vers le bas jusqu'à l'épiglotte. Étant donné sa situation, les aliments avalés et l'air inspiré le traversent.

Au point de rencontre du nasopharynx et de l'oropharynx, l'épithélium change de structure : de pseudostratifié qu'il était, il devient squameux et stratifié. Cette adaptation structurale protège l'oropharynx contre la friction et l'irritation chimique qui accompagnent le passage des aliments.

Les deux **amygdales palatines** sont enchâssées dans la muqueuse de l'oropharynx, dans les parois latérales du gosier ; l'**amygdale linguale** couvre la face postérieure de la langue.

Laryngopharynx

À l'instar de l'oropharynx qui le surmonte, le **laryngopharynx** livre passage aux aliments et à l'air, et il est tapissé d'un épithélium stratifié squameux. Situé juste à l'arrière de l'épiglotte, il s'étend jusqu'au cartilage cricoïde du larynx, où les voies respiratoires et digestives se séparent et se poursuivent par le larynx, d'une part, et l'œsophage, d'autre part. Ce dernier, situé derrière la trachée, transporte les aliments et les liquides dans l'estomac. Au cours de la déglutition, les aliments ont la priorité, et le passage de l'air est temporairement interrompu.

Larynx

Anatomie

Le **larynx** est une structure hautement spécialisée qui s'étend sur une longueur d'environ 5 cm de la troisième à la sixième vertèbre cervicale. Dans sa partie supérieure, il est relié à l'os hyoïde et s'ouvre dans le laryngopharynx. Dans sa partie inférieure, il communique avec la trachée (figure 22.3c).

Le larynx assure trois fonctions. Les deux principales consistent à fournir un passage à l'air et à aiguiller l'air et les aliments dans les conduits appropriés. La troisième est la phonation, c'est-à-dire la production de la voix par l'intermédiaire des cordes vocales (plis vocaux).

La charpente du larynx est composée de neuf cartilages reliés par des membranes et des ligaments (figure 22.4). Tous les cartilages du larynx, sauf l'épiglotte, sont des cartilages hyalins. Le grand **cartilage thyroïde**, en forme de bouclier, est constitué par l'union de deux lames de cartilage dont la fusion médiane des deux tiers inférieurs produit une saillie visible extérieurement appelée **proéminence laryngée**, ou *pomme d'Adam*. À cause de l'influence des hormones sexuelles mâles qui stimulent sa crois-

sance pendant la puberté, le cartilage thyroïde est normalement plus développé chez l'homme que chez la femme. Situé inférieurement par rapport au cartilage thyroïde, le **cartilage cricoïde**, en forme d'anneau, est ancré à la trachée sur laquelle il est perché.

Trois paires de petits cartilages, les **cartilages aryténoïdes**, **cunéiformes** et **corniculés**, constituent une partie des parois latérales et postérieure du larynx. Les plus importants de ces cartilages sont les cartilages aryténoïdes, en forme de pyramide, qui ancrent les plis vocaux au larynx.

Le neuvième cartilage, l'**épiglotte** (« au-dessus de la glotte »), est élastique et il a la forme d'une cuiller. Il est presque entièrement recouvert d'une muqueuse contenant des calicules gustatifs. La partie supérieure de l'épiglotte est située à l'arrière de la langue, et sa tige s'ancre sur la face antérieure du cartilage thyroïde (figure 22.4b, c).

À l'inspiration, l'entrée du larynx est grande ouverte et le bord libre de l'épiglotte se soulève. Pendant la déglutition, en revanche, le larynx se soulève et l'épiglotte s'incline : elle ferme le larynx et dirige les aliments et les liquides vers l'œsophage. Si une substance autre que l'air pénètre dans le larynx, le réflexe de la toux se déclenche pour l'expulser. Comme ce réflexe est aboli en état d'inconscience, il faut éviter d'administrer des liquides à une personne que l'on tente de ranimer.

Sous la muqueuse laryngée se trouvent les **ligaments vocaux**, qui attachent les cartilages aryténoïdes au cartilage thyroïde. Ces ligaments, principalement composés de fibres élastiques, soutiennent une paire de replis muqueux horizontaux, situés latéralement l'un par rapport à l'autre, appelés **plis vocaux**, mieux connus sous le nom de *cordes vocales*. Comme ils ne sont pas vascularisés, les plis vocaux paraissent blancs (figure 22.5).

Ces structures renferment de très fines fibres musculaires, qui se mettent à vibrer et à émettre des sons sous l'impulsion de l'air provenant des poumons. Les plis vocaux ainsi que l'ouverture qui est située entre eux (appelée *fente glottique*) et par où passe l'air forment la **glotte**. Au-dessus des plis vocaux est située une paire de replis muqueux semblables, les **plis vestibulaires**, ou faux plis vocaux, qui n'interviennent pas dans la phonation ; ils contribuent plutôt à fermer la glotte lors de la déglutition.

L'épithélium qui tapisse la portion supérieure du larynx – région exposée aux aliments – est squameux et stratifié. Dans la partie inférieure aux plis vocaux, cependant, l'épithélium devient pseudostratifié, prismatique et cilié, ce qui lui permet de retenir les poussières contenues dans l'air. La poussée des cils s'exerce en direction du pharynx, de sorte que le mucus est continuellement *éloigné* des poumons. « S'éclaircir la gorge » équivaut à faciliter la montée du mucus dans le larynx et son expulsion hors de ce dernier.

Phonation

La phonation correspond à l'expulsion intermittente d'air accompagnée de l'ouverture et de la fermeture de la glotte. Les muscles intrinsèques du larynx, qui recouvrent les cartilages, modifient la longueur des plis vocaux et les dimensions de la glotte. La plupart de ces muscles servent à mouvoir les

22

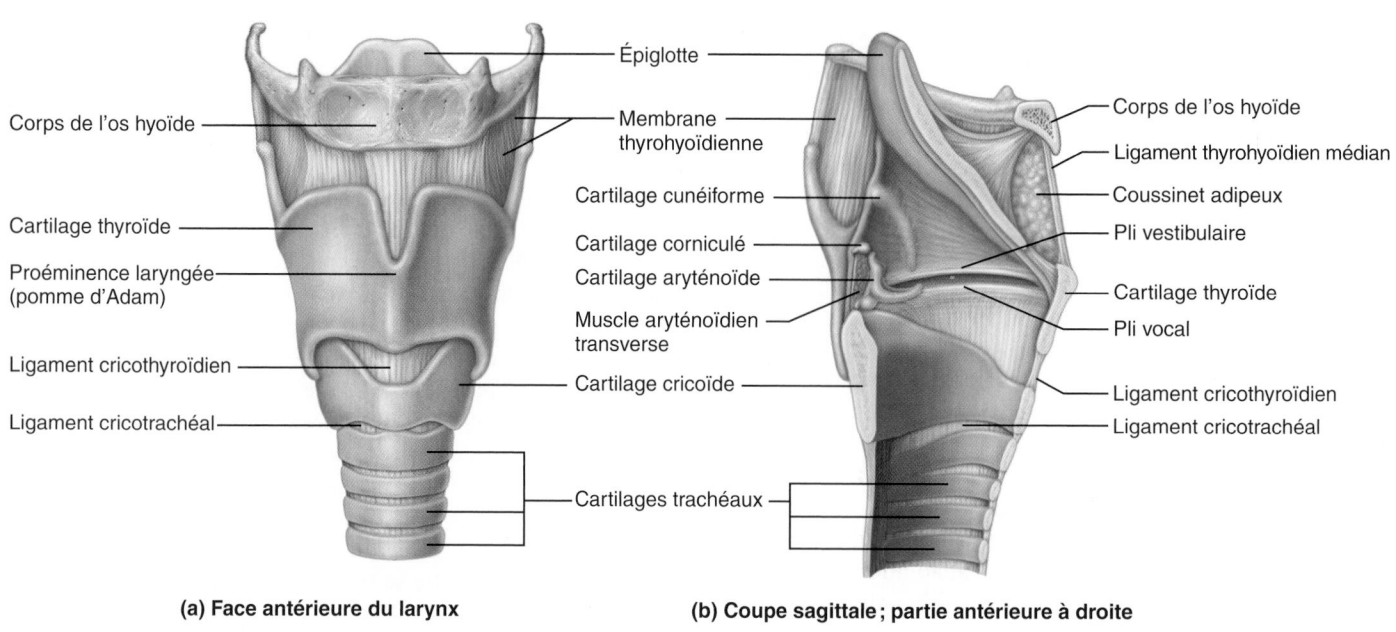

(a) Face antérieure du larynx

(b) Coupe sagittale ; partie antérieure à droite

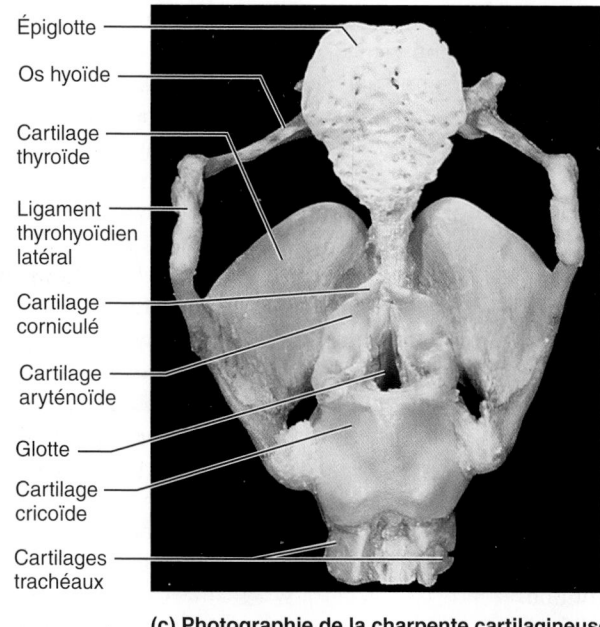

(c) Photographie de la charpente cartilagineuse du larynx ; vue postérieure

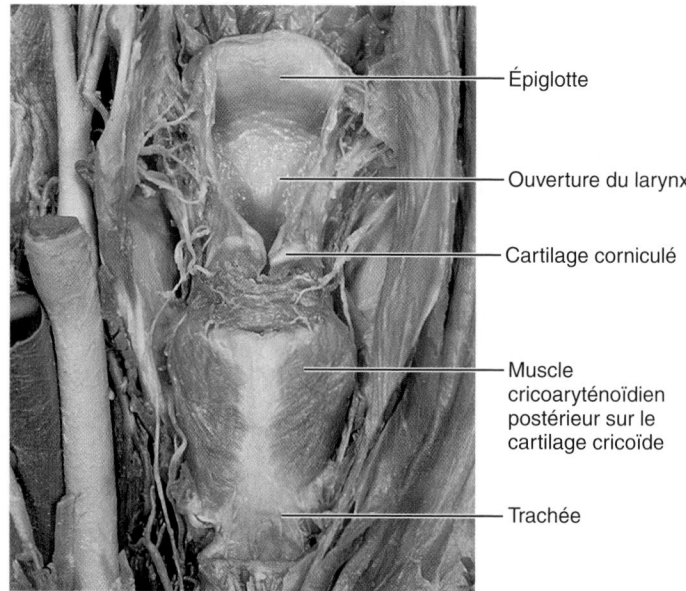

(d) Photographie de la face postérieure

Figure 22.4 Larynx.

cartilages aryténoïdes. Les variations de la longueur et de la tension des plis vocaux déterminent la hauteur des sons. En règle générale, plus les plis vocaux sont tendus, plus leurs vibrations sont rapides et plus le son émis est aigu.

À la puberté, le larynx du garçon se développe, et ses plis vocaux gagnent en longueur et en épaisseur. De ce fait, ils vibrent plus lentement, et le timbre de la voix de l'adolescent devient grave. Celui-ci fausse parfois, du moins jusqu'à ce qu'il apprenne à maîtriser ses plis vocaux nouvellement modifiés.

Le volume de la voix dépend de la force avec laquelle l'air est expulsé. Plus cette force est grande, plus les vibrations des plis vocaux sont prononcées et plus le son est intense. Les plis vocaux ne se meuvent pas lorsque nous murmurons, mais ils vibrent vigoureusement quand nous crions.

Les plis vocaux produisent en fait des sons vibratoires. La qualité perçue de la voix dépend de l'action coordonnée de plusieurs structures situées au-dessus de la glotte. Par exemple, le pharynx sur toute sa longueur, à l'instar d'une caisse de

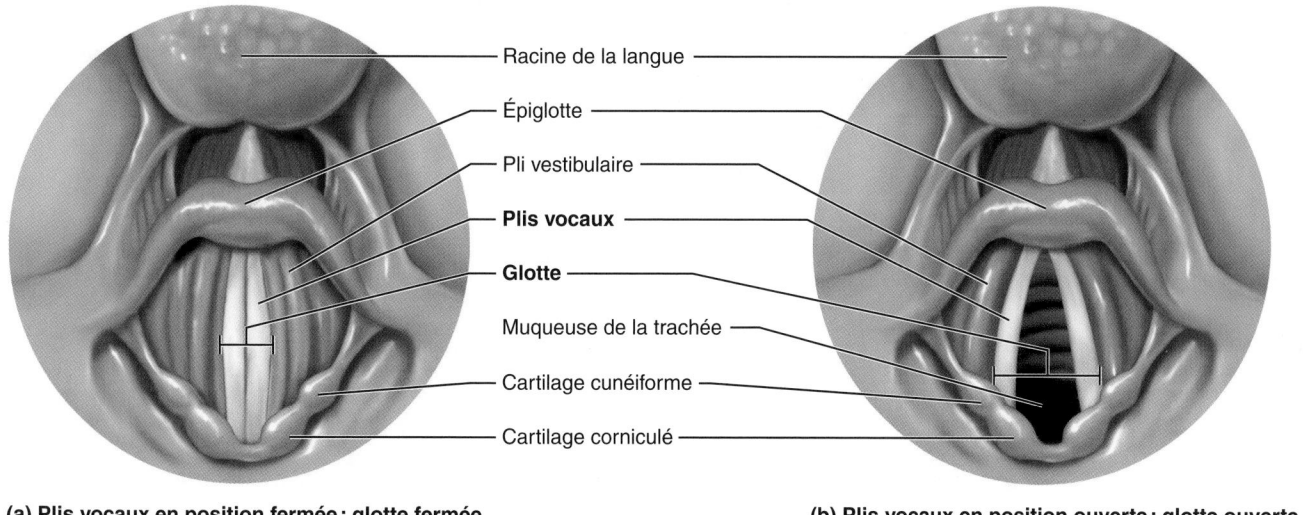

(a) Plis vocaux en position fermée ; glotte fermée

(b) Plis vocaux en position ouverte ; glotte ouverte

Racine de la langue

Épiglotte

Pli vestibulaire

Plis vocaux

Glotte

Muqueuse de la trachée

Cartilage cunéiforme

Cartilage corniculé

Figure 22.5 Mouvements des plis vocaux. Schémas des vues supérieures du larynx et des plis vocaux, comme on les verrait avec un laryngoscope.

résonance, amplifie et rehausse le timbre. La cavité orale, les cavités nasales et les sinus contribuent aussi à cette fonction. En outre, l'élocution implique que nous « façonnions » les sons en des consonnes et en des voyelles reconnaissables au moyen des muscles du pharynx, de la langue, du palais mou et des lèvres.

DÉSÉQUILIBRE HOMÉOSTATIQUE

L'inflammation de la muqueuse laryngée et en particulier des plis vocaux, la **laryngite**, se traduit par un œdème des plis vocaux qui perturbe leurs vibrations. Il en résulte un changement du timbre de la voix, une raucité ou même une aphonie temporaire. La laryngite est aussi causée par l'usage excessif de la voix, l'exposition à de l'air très sec, une infection bactérienne, une tumeur des plis vocaux ou l'inhalation de substances irritantes. ■

Fonctions de sphincter du larynx

Dans certains cas, les plis vocaux jouent le rôle d'un sphincter qui s'oppose au passage de l'air. Durant l'effort abdominal associé à la défécation, la fermeture de la glotte, qui retient temporairement l'air inspiré, et la contraction des muscles abdominaux font augmenter la pression intraabdominale. Ce phénomène, qui constitue la **manœuvre de Valsalva**, facilite la vidange du rectum et peut stabiliser le tronc lorsqu'on soulève un objet lourd ; il entre également en jeu lors de la toux et de l'éternuement.

Trachée

La **trachée** s'étend, à travers le cou, du larynx jusqu'au médiastin. Elle se termine au milieu du thorax en donnant naissance aux deux bronches principales, ou bronches souches (figure 22.1). Chez l'être humain, la trachée mesure de 10 à 12 cm de longueur et son diamètre est de 2 cm. Contrairement à la plupart des autres organes du cou, la trachée est mobile et très flexible. Fait intéressant, les premiers anatomistes ont cru au départ que la trachée était une artère (on l'appelait alors « trachée-artère ») aux parois raboteuses (*trakheia*: rude).

La paroi de la trachée est constituée de couches communes à de nombreux organes tubulaires, soit, de l'intérieur vers l'extérieur, une *muqueuse*, une *sous-muqueuse* et une *adventice*, plus une couche de cartilage hyalin (figure 22.6). L'épithélium de sa **muqueuse**, à l'instar de celui qui recouvre la majeure partie des voies respiratoires, est prismatique, pseudostratifié et cilié, et il contient des cellules caliciformes. Ses cils propulsent continuellement le mucus chargé de débris en direction du pharynx. Cet épithélium repose sur une lamina propria assez épaisse composée de tissu conjonctif lâche et riche en fibres élastiques.

DÉSÉQUILIBRE HOMÉOSTATIQUE

L'usage du tabac inhibe le mouvement des cils de la trachée et finit par les détruire. La toux devient alors le seul moyen d'empêcher l'accumulation de mucus dans les poumons. C'est la raison pour laquelle il faut éviter d'administrer à des fumeurs atteints de congestion respiratoire des médicaments qui inhibent le réflexe de la toux, par exemple les sirops renfermant du dextrométhorphane (DM) ou des narcotiques. ■

La **sous-muqueuse** – couche de tissu conjonctif sur laquelle repose la muqueuse – contient des glandes séromuqueuses qui contribuent à la production du mucus qui tapisse la trachée. La sous-muqueuse est soutenue par 16 à 20 anneaux de cartilage hyalin en forme de fer à cheval enchâssés dans l'**adventice**, la couche superficielle de tissu conjonctif (figure 22.6).

Les éléments élastiques de la trachée la rendent assez flexible pour qu'elle puisse s'étirer et s'abaisser durant l'inspiration et raccourcir pendant l'expiration. Cependant, les anneaux cartilagineux l'empêchent de s'affaisser au gré des variations de

22

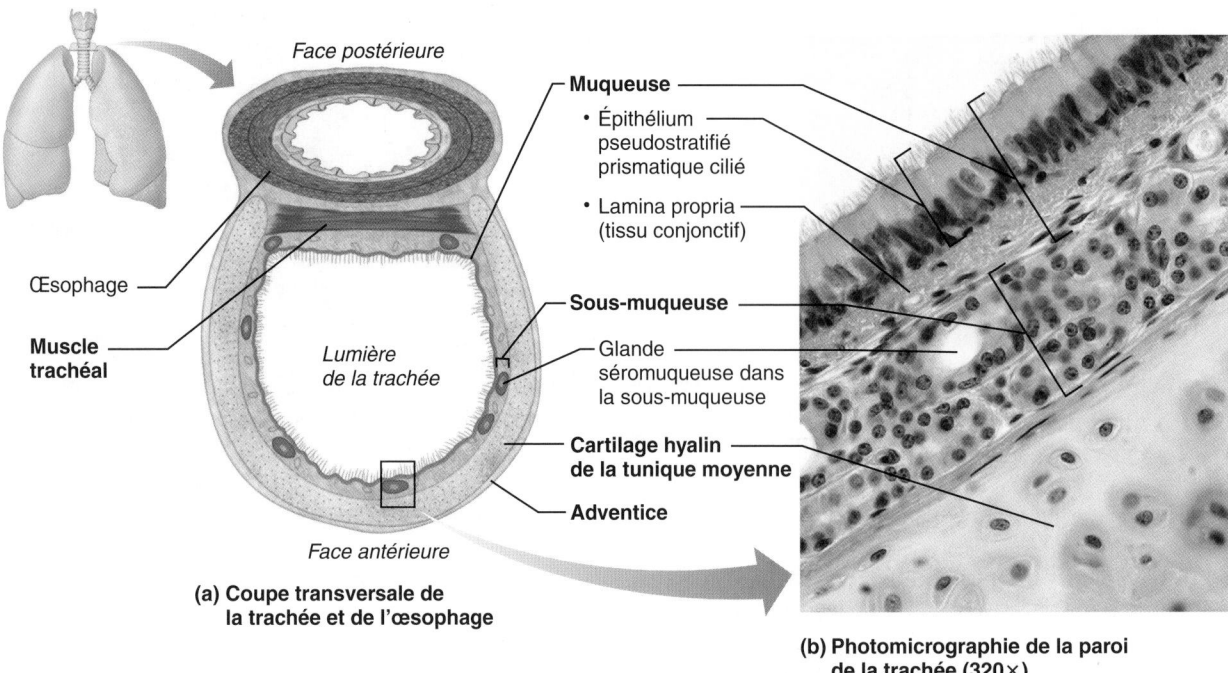

Face postérieure

Muqueuse
• Épithélium pseudostratifié prismatique cilié
• Lamina propria (tissu conjonctif)

Œsophage

Muscle trachéal

Lumière de la trachée

Sous-muqueuse

Glande séromuqueuse dans la sous-muqueuse

Cartilage hyalin de la tunique moyenne

Adventice

Face antérieure

(a) Coupe transversale de la trachée et de l'œsophage

(b) Photomicrographie de la paroi de la trachée (320×)

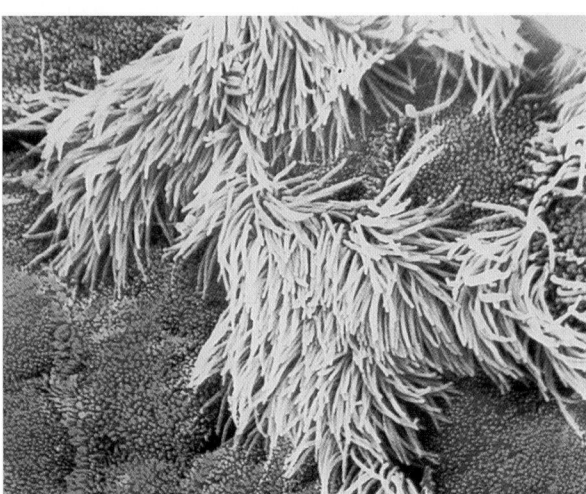

Figure 22.6 Composition histologique de la paroi de la trachée. En **(c)**, dans la micrographie au microscope électronique à balayage, les cils sont les filaments de couleur jaune qui ressemblent à des touffes d'algues. Des cellules caliciformes (en orangé) sécrétant du mucus et dotées de courtes microvillosités sont disséminées entre les cellules ciliées.

(c) Micrographie au microscope électronique à balayage montrant les cils de la trachée (2500×)

pression provoquées par la respiration. Dans la paroi postérieure de la trachée, les deux bords libres de chacun des anneaux sont attachés à l'œsophage par les fibres musculaires lisses du **muscle trachéal** et par du tissu conjonctif (figure 22.6a). Comme cette portion de la paroi trachéale n'est pas rigide, l'œsophage peut se dilater vers l'avant pendant la déglutition. La contraction du muscle trachéal diminue le diamètre de la trachée et accroît la poussée imprimée à l'air expiré. De même, la contraction de ce muscle pendant la toux contribue à expulser le mucus de la trachée en poussant à 160 km/h la vitesse de l'air expiré!

Le dernier cartilage de la trachée est élargi, et une pointe appelée **carina tachéale**, ou *éperon trachéal*, fait saillie sur sa face interne, marquant la bifurcation de la trachée qui donne naissance aux *bronches principales*. La muqueuse de l'éperon

trachéal est extrêmement sensible, et tout contact avec un corps étranger déclenche une toux violente. La carina trachéale présente des modifications morphologiques lors de diverses maladies respiratoires, et son examen lors d'une bronchoscopie peut fournir de précieuses informations pour l'établissement du diagnostic.

Quand il atteint les bronches, l'air est réchauffé, débarrassé de la plupart des impuretés et saturé de vapeur d'eau.

DÉSÉQUILIBRE HOMÉOSTATIQUE

L'obstruction de la trachée par un objet ou un morceau d'aliment est une situation extrêmement grave qui cause chaque année de nombreux décès. La **manœuvre de Heimlich**, qui permet d'expulser le corps étranger au moyen de l'air contenu dans les poumons de la personne atteinte, permet de sauver bien des vies. Le procédé est simple : il consiste à presser l'abdomen de façon à repousser le diaphragme vers le haut ; mais il vaut mieux apprendre cette manœuvre *de visu*, car une application malhabile peut provoquer des fractures des côtes. Dans certains cas d'obstruction, on doit effectuer d'urgence une trachéotomie, intervention décrite à la page 980. ■

VÉRIFIONS NOS ACQUIS

1. L'air qui passe du nez à la trachée traverse de nombreuses structures. Nommez, dans l'ordre, les cinq structures (excluant la trachée), tout en mentionnant les zones propres à chacune d'elles.
2. Quelle structure ferme le larynx pendant la déglutition ? Quelle autre ferme la glotte pendant la défécation ?
3. Quelle caractéristique structurale de la trachée lui permet de s'étirer et de se contracter, tout en l'empêchant de s'affaisser ?

Les réponses se trouvent à l'appendice G.

Arbre bronchique

5 Distinguer la zone de conduction de la zone respiratoire.

6 Décrire la composition de la membrane alvéolocapillaire et établir le lien entre sa structure et sa fonction.

Les voies respiratoires des poumons se ramifient environ 23 fois d'affilée. Cette ramification des voies respiratoires est souvent appelée **arbre bronchique**, ou **respiratoire** (figure 22.7). L'arbre bronchique est l'endroit où les structures de la zone de conduction cèdent graduellement la place aux structures de la zone respiratoire proprement dite (figure 22.8).

Structures de la zone de conduction

La trachée se divise pour former les **bronches principales droite** et **gauche**, aussi appelées bronches souches ou encore bronches primaires, à la hauteur environ de la vertèbre T_7 quand la personne est debout. Chacune chemine obliquement dans le médiastin avant de s'enfoncer dans le hile d'un poumon (figure 22.7). La bronche principale droite est plus large (16 mm), plus courte (25 mm) et plus verticale que la gauche (11 mm de diamètre et de 40 à 50 mm de longueur). C'est pourquoi c'est généralement en elle ou dans l'une de ses ramifications que se logent les corps étrangers inspirés.

Une fois entrées dans les poumons, les bronches principales se subdivisent en **bronches lobaires**, ou **secondaires**. Il y en a trois à droite et deux à gauche, une pour chaque lobe pulmonaire. Les bronches lobaires donnent naissance aux **bronches segmentaires**, ou **tertiaires**, qui émettent des bronches de plus en plus petites (de quatrième ordre, de cinquième ordre et ainsi de suite). Les conduits aériens mesurant moins de 1 mm de diamètre, appelés **bronchioles**, pénètrent dans les lobules pulmonaires. Les bronchioles se subdivisent en **bronchioles terminales**, qui mesurent moins de 0,5 mm de diamètre.

La composition histologique des parois des bronches principales est analogue à celle de la trachée mais, au fil des ramifications, on observe les changements structuraux suivants :

1. **Modification des structures de soutien.** Les anneaux cartilagineux sont remplacés par des *plaques* irrégulières

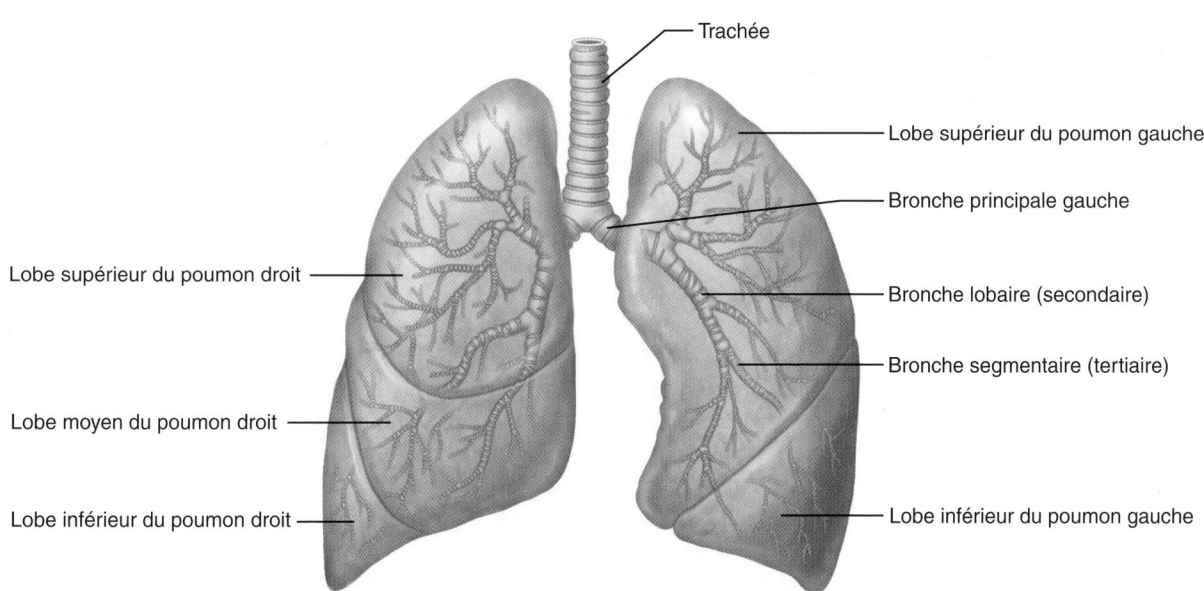

Figure 22.7 Structures de la zone de conduction. Sous le larynx, les voies respiratoires sont composées de la trachée ainsi que des bronches principales, lobaires et segmentaires, qui se ramifient en bronches de plus en plus fines, puis en bronchioles et en bronchioles terminales.

Trachée

Lobe supérieur du poumon gauche

Bronche principale gauche

Bronche lobaire (secondaire)

Bronche segmentaire (tertiaire)

Lobe inférieur du poumon gauche

Lobe supérieur du poumon droit

Lobe moyen du poumon droit

Lobe inférieur du poumon droit

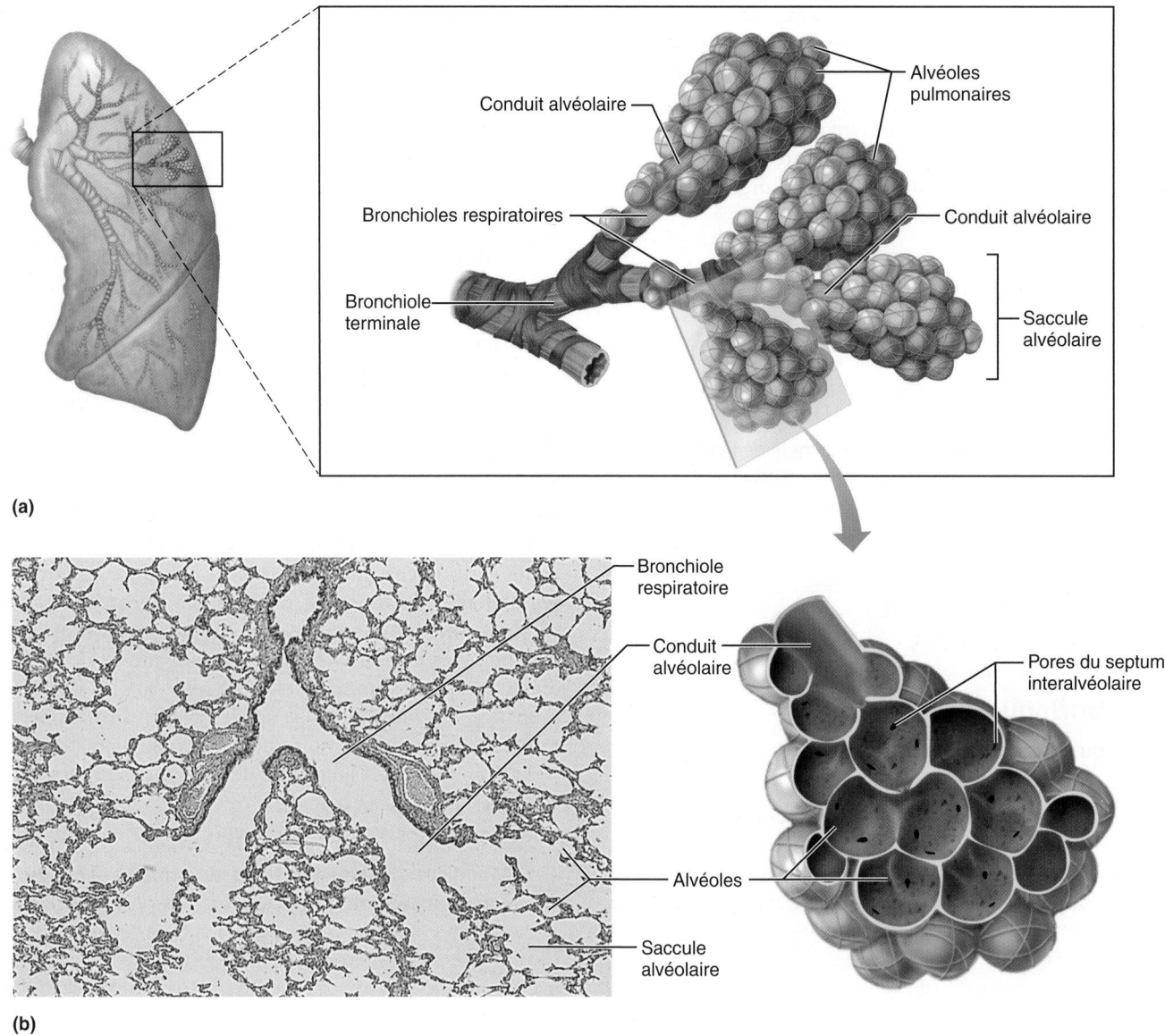

(a)

(b)

22

Figure 22.8 Structures de la zone respiratoire. (a) Vue schématique des bronchioles respiratoires, des conduits alvéolaires, des saccules alvéolaires et des alvéoles. **(b)** Photomicrographie d'une coupe de poumon humain montrant les structures respiratoires qui forment l'aboutissement de l'arbre bronchique (70×). Notez la minceur des parois des alvéoles.

de cartilage et, à la hauteur des bronchioles, le cartilage de soutien est disparu des parois. Toutefois, on rencontre des fibres élastiques dans toutes les parois de l'arbre bronchique.

2. **Modification du type d'épithélium.** L'épithélium de la muqueuse s'amincit en passant de prismatique pseudostratifié à prismatique puis à cuboïde dans les bronchioles terminales. Les cils sont rares et il n'y a pas de cellules muqueuses dans les bronchioles ; par conséquent, ce sont les macrophagocytes présents dans les alvéoles pulmonaires qui se chargent de détruire les débris logés dans les bronchioles ou plus bas.

3. **Accroissement de la proportion de muscle lisse.** La proportion relative de muscle lisse dans les parois s'accroît à mesure que rapetissent les conduits. Comme les bronchioles sont entièrement entourées de muscle lisse circulaire et sont exemptes de cartilage de soutien (qui nuirait à la constriction), elles offrent, dans certaines conditions, une résistance appréciable au passage de l'air (que nous décrirons plus loin).

Structures de la zone respiratoire

Caractérisée par la présence de sacs à parois minces remplis d'air, appelés **alvéoles pulmonaires** (*alveolus*: petite cavité), la zone respiratoire commence à l'endroit où les bronchioles terminales se jettent dans les **bronchioles respiratoires** à l'intérieur des poumons (figure 22.8). Ces bronchioles, les plus fines de toutes les ramifications bronchiques, contiennent déjà un certain nombre d'alvéoles. Les bronchioles respiratoires se prolongent par des conduits sinueux appelés **conduits alvéolaires** (de 2 à 11 par bronchiole respiratoire), dont les parois sont formées d'anneaux diffus de cellules musculaires lisses, de fibres de tissu conjonctif ainsi que d'alvéoles faisant saillie. Les conduits alvéolaires mènent ensuite à des grappes d'alvéoles terminales appelées **saccules alvéolaires**, ou sacs alvéolaires (de 5 à 6 par conduit alvéolaire).

On assimile souvent à tort les alvéoles – le véritable siège des échanges gazeux – aux saccules alvéolaires, bien qu'il s'agisse de deux entités bien distinctes. Les saccules alvéolaires peuvent être comparés à des grappes de raisins dans lesquelles chaque raisin représenterait une alvéole. Les quelque 300 millions d'alvéoles constituent la majeure partie du volume des poumons et offrent une aire extrêmement étendue aux échanges gazeux.

Membrane alvéolocapillaire   Les parois des alvéoles pulmonaires sont composées à 95 % d'une couche unique de cellules squameuses au cytoplasme très étendu appelées **pneumocytes de type I** ou *épithéliocytes respiratoires*. Cette couche repose sur une fine membrane basale. Les parois sont si minces qu'un mouchoir de papier semble épais à côté d'elles. Une trame dense de capillaires pulmonaires recouvre les alvéoles, tandis que quelques fibres élastiques, sécrétées par des fibroblastes, entourent leurs ouvertures (figure 22.9). Les parois des alvéoles et des capillaires ainsi que leurs lames basales fusionnées forment la **membrane alvéolocapillaire**, une mince couche de 0,5 mm qui joue le rôle de *barrière air-sang* (figure 22.9c). Les échanges gazeux se produisent par diffusion simple à travers la membrane alvéolocapillaire, l'O_2 passant des alvéoles au sang et le CO_2, du sang aux alvéoles.

Des **pneumocytes de type II** ou *grands épithéliocytes*, de forme cubique, sont disséminés entre les pneumocytes de type I (figure 22.9c). Les pneumocytes de type II sécrètent un liquide, appelé *surfactant*, dont l'action est semblable à celle du détergent qui tapisse la surface interne de l'alvéole exposée à l'air alvéolaire et contribue à l'efficacité des échanges gazeux. (Nous décrivons plus loin comment le surfactant diminue la tension superficielle du liquide alvéolaire.) Récemment, on a découvert que les pneumocytes de type II sécrètent certaines protéines antimicrobiennes. Ces substances joueraient un rôle important dans l'immunité innée.

Les alvéoles pulmonaires possèdent trois autres particularités essentielles. (1) Elles sont entourées de fibres élastiques fines du même type que celles qui recouvrent l'ensemble de l'arbre bronchique. (2) Les **pores du septum interalvéolaire**, ou pores alvéolaires, qui relient les alvéoles adjacentes entre elles permettent de réguler la pression de l'air dans les poumons et fournissent des voies de rechange aux alvéoles dont les bronches se sont affaissées en raison d'une maladie. (3) Les **macrophagocytes alvéolaires** en provenance des capillaires circulent librement à la surface interne des alvéoles. Ces cellules possèdent une efficacité remarquable.

En effet, les surfaces alvéolaires sont le plus souvent stériles en dépit du très grand nombre de microorganismes infectieux transportés dans les alvéoles. Comme les alvéoles sont des culs-de-sac, il est important que les macrophagocytes morts ne s'y accumulent pas. Ils sont donc emportés par le courant ciliaire et transportés passivement vers le pharynx. Ce mécanisme débarrasse les poumons de plus de deux millions de macrophagocytes alvéolaires par heure! En plus de leur fonction de nettoyage, les macrophagocytes alvéolaires peuvent synthétiser les protéines nécessaires à la réparation de la structure pulmonaire.

Poumons et plèvre

7 Décrire la structure et la fonction des poumons et des feuillets de la plèvre.

Les deux **poumons** occupent la partie de la cavité thoracique laissée libre par le médiastin – l'espace abritant le cœur, les gros vaisseaux sanguins, les bronches, l'œsophage et d'autres organes (figure 22.10).

Anatomie macroscopique des poumons

Chaque poumon est entouré de plèvre et est rattaché au médiastin par des liens vasculaires et bronchiques formant la **racine du poumon**. Les faces antérieure, latérale et postérieure des poumons sont en contact étroit avec les côtes et déterminent un plan courbé appelé **face costale du poumon**. L'extrémité supérieure du poumon, en pointe, est appelée **apex du poumon**; elle est située à l'arrière de la clavicule et au-dessus de la première côte. La face inférieure, concave, est nommée **base du poumon**, et elle repose sur le diaphragme, un muscle squelettique.

La face médiastinale de chaque poumon porte une dépression, le **hile du poumon**, où pénètrent (et d'où sortent) les vaisseaux sanguins des circulations pulmonaire et systémique, les bronches, des vaisseaux lymphatiques et des nerfs. Toutes les subdivisions des bronches principales sont enfouies dans la substance des poumons.

Comme l'apex du cœur est légèrement incliné vers la gauche par rapport à l'axe médian, les deux poumons n'ont pas tout à fait la même forme ni les mêmes dimensions. Le poumon gauche est plus petit en largeur et moins volumineux que le droit (mais ce dernier est un peu plus court que le gauche), et sa face interne est creusée d'une concavité appelée **incisure cardiaque du poumon gauche**, qui épouse la forme du cœur (figure 22.10a). Le poumon gauche est divisé en **lobes** supérieur et inférieur par une *scissure oblique*, tandis que le poumon droit est divisé en lobes supérieur, moyen et inférieur par une *scissure oblique* et la *scissure horizontale*.

Les lobes pulmonaires se subdivisent à leur tour en **segments pulmonaires**. Ces derniers ont la forme de pyramides dont le sommet pointe vers le hile du poumon et possèdent chacun leur artère, leur veine et leur bronche segmentaire (tertiaire) propres. Au nombre de 10 au départ, ils sont disposés dans les deux poumons de façon analogue, mais non identique (figure 22.11). Par la suite, la fusion d'artères segmentaires adjacentes réduit leur nombre à 8 ou 9 dans le poumon gauche.

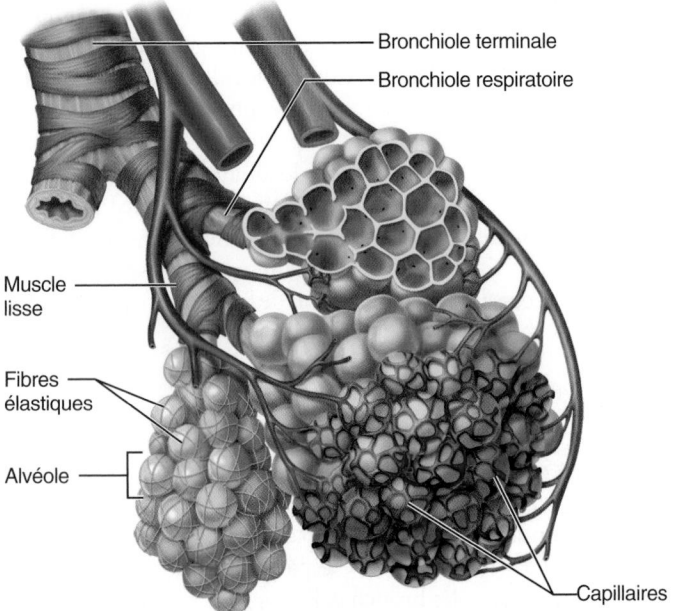

(a) Diagramme de la relation entre les alvéoles et les capillaires

Bronchiole terminale
Bronchiole respiratoire
Muscle lisse
Fibres élastiques
Alvéole
Capillaires

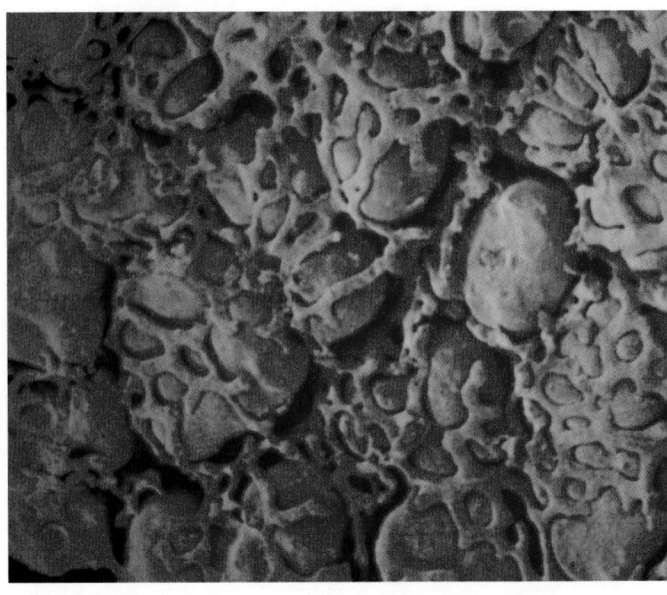

(b) Micrographie au microscope électronique à balayage d'un moulage d'alvéoles et des capillaires pulmonaires associés (300×)

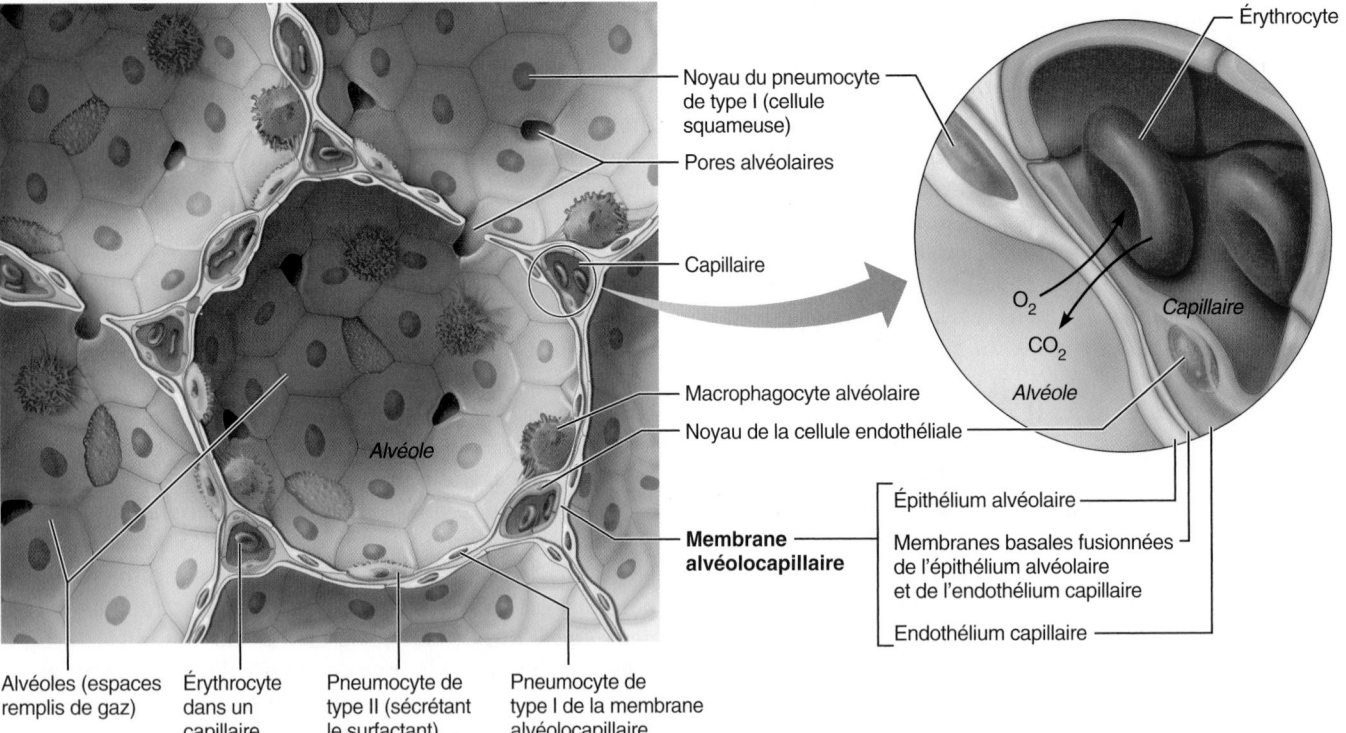

Noyau du pneumocyte de type I (cellule squameuse)
Pores alvéolaires
Capillaire
Macrophagocyte alvéolaire
Noyau de la cellule endothéliale
Membrane alvéolocapillaire

Érythrocyte
O_2
CO_2
Capillaire
Alvéole

Épithélium alvéolaire
Membranes basales fusionnées de l'épithélium alvéolaire et de l'endothélium capillaire
Endothélium capillaire

Alvéole

Alvéoles (espaces remplis de gaz)
Érythrocyte dans un capillaire
Pneumocyte de type II (sécrétant le surfactant)
Pneumocyte de type I de la membrane alvéolocapillaire

(c) Détails de l'anatomie de la membrane alvéolocapillaire

Figure 22.9 Alvéoles et membrane alvéolocapillaire. Des fibres élastiques et des capillaires entourent toutes les alvéoles, mais pour simplifier le schéma, ils ne sont illustrés que sur quelques alvéoles en **(a)**. **(b)** Tiré de Kessel et Kardon/Visuals Unlimited.

Les cloisons de tissu conjonctif qui séparent les segments permettent de procéder à l'ablation chirurgicale d'un segment malade sans endommager les segments sains ni leurs vaisseaux sanguins. Les segments revêtent une importance certaine au point

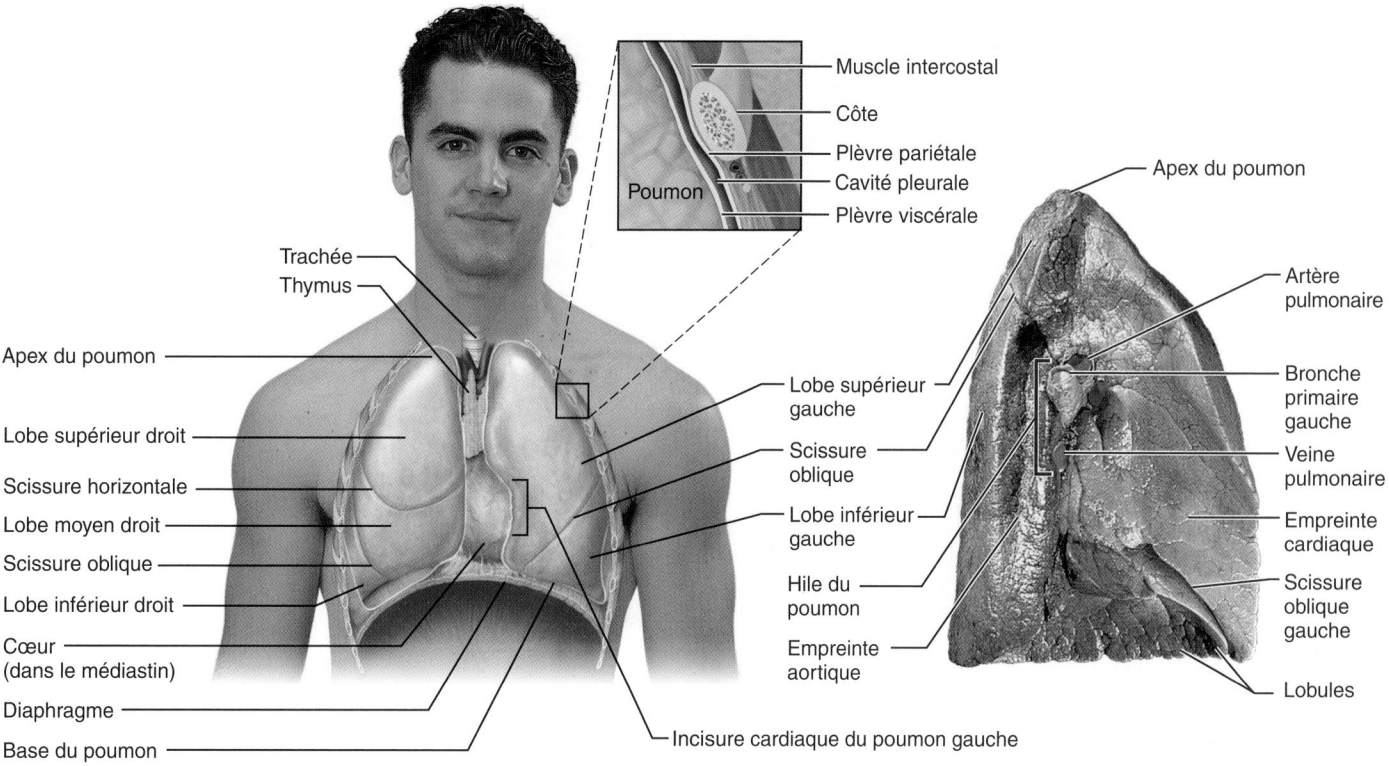

Muscle intercostal
Côte
Plèvre pariétale
Cavité pleurale
Plèvre viscérale
Poumon

Trachée
Thymus

Apex du poumon

Lobe supérieur droit

Scissure horizontale

Lobe moyen droit

Scissure oblique

Lobe inférieur droit

Cœur
(dans le médiastin)

Diaphragme

Base du poumon

Lobe supérieur
gauche

Scissure
oblique

Lobe inférieur
gauche

Hile du
poumon

Empreinte
aortique

Incisure cardiaque du poumon gauche

Apex du poumon

Artère
pulmonaire

Bronche
primaire
gauche

Veine
pulmonaire

Empreinte
cardiaque

Scissure
oblique
gauche

Lobules

(a) Vue de la face antérieure. Les poumons par rapport aux structures situées dans le médiastin.

**(b) Photographie de la face interne
du poumon gauche**

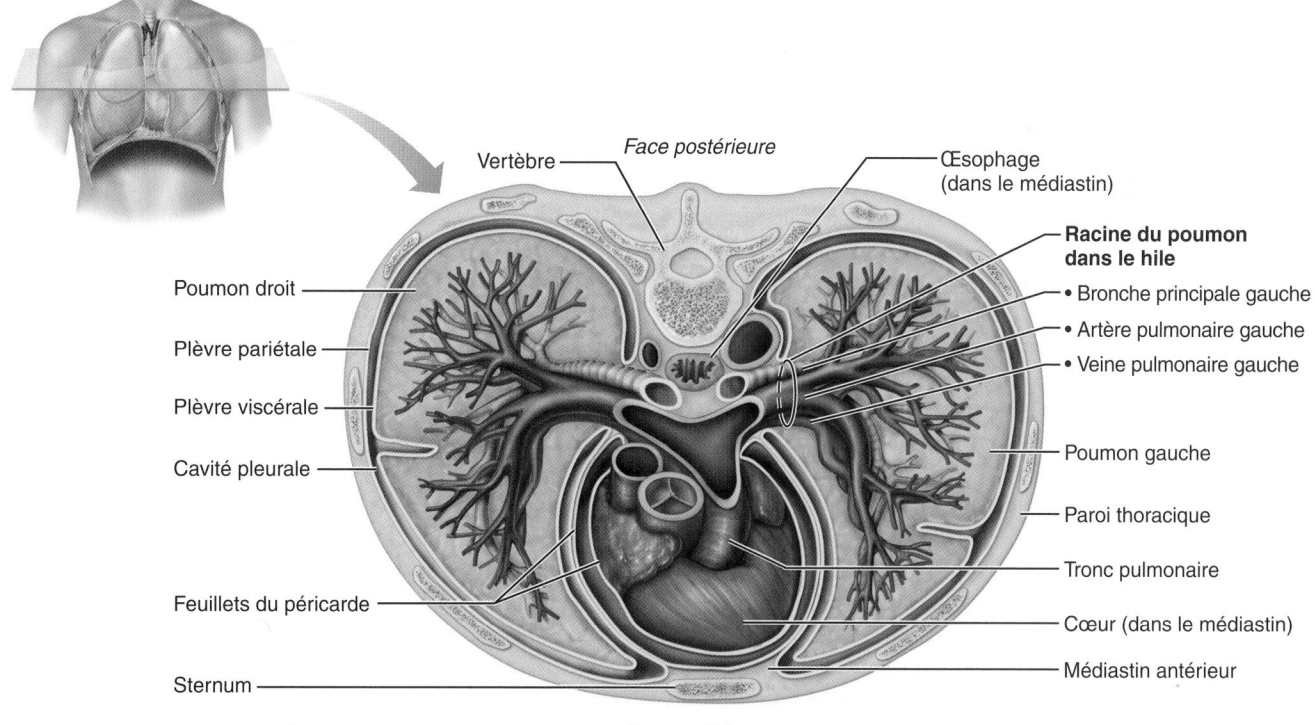

Vertèbre

Face postérieure

Œsophage
(dans le médiastin)

**Racine du poumon
dans le hile**

• Bronche principale gauche

• Artère pulmonaire gauche

• Veine pulmonaire gauche

Poumon droit

Plèvre pariétale

Plèvre viscérale

Cavité pleurale

Poumon gauche

Paroi thoracique

Tronc pulmonaire

Feuillets du péricarde

Cœur (dans le médiastin)

Médiastin antérieur

Sternum

Face antérieure

(c) Coupe transversale du thorax montrant les poumons, les feuillets de la plèvre et les principaux organes du médiastin

Figure 22.10 **Organes de la cavité thoracique.** En **(c)**, la dimension de la cavité pleurale
a été exagérée pour plus de clarté.

22

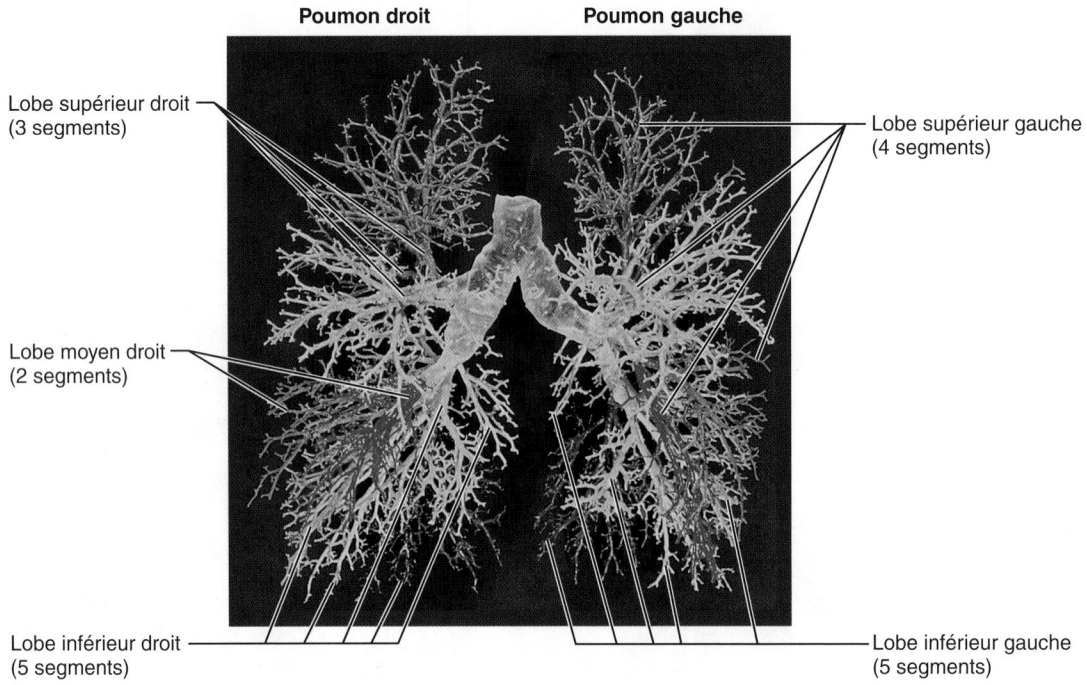

Figure 22.11 Moulage de résine de l'arbre bronchique. Les divers segments pulmonaires sont peints de couleurs différentes.

de vue clinique, car les maladies pulmonaires sont souvent circonscrites à un segment pulmonaire ou, au plus, à quelques-uns.

La plus petite subdivision du poumon observable à l'œil nu est le **lobule**. Les lobules apparaissent à la surface du poumon sous forme d'hexagones dont la taille varie de la grosseur d'une gomme de crayon à celle d'une pièce d'un cent (figure 22.10b). Chaque lobule est approvisionné par une bronchiole de gros calibre et ses ramifications. Chez la plupart des citadins et chez les fumeurs, le tissu conjonctif qui sépare les lobules est noirci par le carbone.

La partie des poumons qui n'est pas occupée par les alvéoles est constituée par le **stroma** (« tapis »), un tissu conjonctif élastique. Les poumons sont par conséquent des organes mous, spongieux et élastiques dont la masse dépasse à peine 1 kg. À l'état sain et frais, ils flotteraient sur l'eau, ce qui n'est pas le cas de poumons de cadavres (cette caractéristique a son utilité en médecine légale). L'élasticité des poumons sains facilite la respiration, comme nous allons le voir plus loin.

Vascularisation et innervation des poumons

Le sang est apporté aux poumons par deux types de circulation – la circulation pulmonaire et la circulation bronchique – qui diffèrent par leur taille, leur origine et leur fonction. Le sang veineux systémique est transporté par les **artères pulmonaires**, situées devant les bronches principales (figure 22.10c). Une fois à l'intérieur des poumons, les artères pulmonaires se ramifient abondamment avant de donner naissance aux **réseaux capillaires pulmonaires** entourant les alvéoles (figure 22.9a).

Le sang fraîchement oxygéné est transporté de la zone respiratoire des poumons au cœur par les **veines pulmonaires**. Leurs tributaires rejoignent le hile du poumon en longeant

les bronches correspondantes et en suivant les cloisons de tissu conjonctif qui séparent les segments pulmonaires.

Contrairement à la circulation pulmonaire, les **artères bronchiques** acheminent le sang oxygéné de la circulation générale aux tissus pulmonaires. Elles sortent de l'aorte et entrent dans les poumons au niveau du hile. Elles cheminent parallèlement aux ramifications bronchiques à l'intérieur du poumon. Ces vaisseaux apportent, à pression élevée, un petit volume de sang oxygéné qui vient irriguer tous les tissus pulmonaires, à l'exception des alvéoles. Celles-ci sont irriguées par la circulation pulmonaire, dont le volume est considérable et la pression, faible. Une certaine partie du sang veineux de la circulation générale est drainée hors des poumons par les petites veines bronchiques, mais il existe de multiples anastomoses entre les deux circulations, et la majeure partie du sang retourne au cœur par les veines pulmonaires.

Étant donné que la *totalité* du sang de l'organisme passe par les poumons au moins une fois par minute, l'endothélium des capillaires pulmonaires est l'endroit idéal pour les enzymes qui agissent sur les substances contenues dans le sang. C'est notamment le cas de l'*enzyme de conversion de l'angiotensine*, qui active une hormone régissant la pression artérielle et des enzymes qui inactivent certaines prostaglandines.

Les poumons sont innervés par des neurofibres motrices parasympathiques et sympathiques ainsi que par des neurofibres viscérosensitives. Ces neurofibres entrent dans chaque poumon, au niveau de sa racine, par le **plexus pulmonaire** et cheminent le long des conduits bronchiques et des vaisseaux sanguins. Les neurofibres parasympathiques provoquent la constriction des conduits aériens, tandis que les neurofibres sympathiques causent leur dilatation.

Plèvre

La **plèvre** est une fine séreuse composée de deux feuillets ; chacun de ces feuillets recouvre un poumon et délimite une étroite cavité appelée **cavité pleurale** (figure 22.10a, c). Le feuillet de la **plèvre pariétale** tapisse la paroi thoracique et la face supérieure du diaphragme. Il se poursuit entre le poumon et le cœur, couvre les faces latérales du médiastin et enveloppe la racine du poumon. De là, la plèvre pariétale adhère à la surface externe du poumon et forme le deuxième feuillet, la **plèvre viscérale**, qui s'enfonce dans les scissures.

Les feuillets de la plèvre produisent le **liquide pleural**, sécrétion séreuse lubrifiante (environ 10 mL) qui remplit l'étroite cavité pleurale et réduit la friction des poumons contre la paroi thoracique pendant la respiration. Les feuillets de la plèvre peuvent glisser facilement l'un sur l'autre, mais la tension superficielle du liquide pleural résiste fortement à leur séparation. Par conséquent, chaque poumon adhère fermement à la paroi thoracique, et il se dilate et se rétracte suivant les variations du volume de la cavité thoracique, lequel augmente durant l'inspiration et diminue durant l'expiration.

La plèvre divise la cavité thoracique en trois parties : le médiastin au centre et, de part et d'autre, les deux compartiments pleuraux contenant chacun un poumon. Cette compartimentation empêche les organes mobiles (par exemple, le cœur et les poumons) de se gêner mutuellement. De plus, elle limite la propagation des infections locales.

⚖ DÉSÉQUILIBRE HOMÉOSTATIQUE

La **pleurésie**, soit l'inflammation de la plèvre, est souvent consécutive à une pneumonie. Elle peut être *sèche* ou avec *épanchement* (accumulation de liquide dans la cavité pleurale). Les terminaisons nerveuses du feuillet pariétal sont à l'origine des douleurs entraînées par l'abrasion des feuillets de la plèvre, provoquant une friction douloureuse à chaque respiration (à l'inspiration surtout). À mesure que la maladie progresse, la pleurésie peut résulter d'un excès de liquide pleural. Cet excès de liquide atténue la douleur causée par le frottement des feuillets de la plèvre, mais il gêne la respiration en exerçant une pression sur les poumons. Le liquide pleural est évacué principalement par le système lymphatique, mais il peut être nécessaire de procéder à un drainage pleural médical approprié.

D'autres liquides peuvent aussi s'accumuler dans la cavité pleurale. Ce sont, par exemple, le sang (provenant de vaisseaux sanguins lésés) et le filtrat sanguin (liquide aqueux qui suinte des capillaires des poumons lors d'une insuffisance cardiaque gauche). Le traitement d'une pleurésie demeure par conséquent celui de sa cause. ■

VÉRIFIONS NOS ACQUIS

4. Quelles caractéristiques des alvéoles et des membranes alvéolocapillaires en font des structures bien conçues pour les échanges gazeux par diffusion ?
5. Un garçon de trois ans est amené à l'urgence parce qu'il a inspiré une arachide. Une bronchoscopie confirme ce que l'on pensait : l'arachide s'est logée dans une bronche. On la retire ensuite avec succès. Dans quelle bronche principale l'arachide s'est le plus probablement logée ? Pourquoi ?
6. Les poumons sont irrigués par deux circulations différentes. Nommez-les et précisez leurs rôles dans les poumons.

Les réponses se trouvent à l'appendice G.

Mécanique de la respiration

La **respiration**, ou **ventilation pulmonaire**, comprend deux phases : l'**inspiration**, période pendant laquelle l'air entre dans les poumons, et l'**expiration**, période pendant laquelle les gaz sortent des poumons.

Pression dans la cavité thoracique

8 Expliquer l'importance fonctionnelle du vide partiel dans la cavité pleurale ; définir l'atélectasie et le pneumothorax.

Avant d'entreprendre la description de la respiration, il est important de rappeler que *les pressions respiratoires sont toujours exprimées par rapport à la pression atmosphérique*. La **pression atmosphérique** (P_{atm}) est la pression exercée par l'air (un mélange de gaz) entourant l'organisme ; au niveau de la mer, la pression atmosphérique est de 760 mm Hg (soit la pression exercée par une colonne de mercure de 760 mm de hauteur). Il existe aussi une autre unité, l'atmosphère, pour exprimer cette pression : pression atmosphérique de 760 mm Hg, ou 1 atm.

Une pression respiratoire de −4 mm Hg est inférieure de 4 mm Hg à la pression atmosphérique (soit $760 - 4 = 756$ mm Hg). De même, une pression respiratoire positive est supérieure à la pression atmosphérique, et une pression respiratoire de 0 est égale à la pression atmosphérique. Examinons maintenant les variations de la pression qui existent normalement dans la cavité thoracique.

Pression intraalvéolaire

La **pression intraalvéolaire** (P_{alv}), ou **intrapulmonaire**, est la pression qui règne à l'intérieur des alvéoles. Elle monte et descend suivant les deux phases de la respiration, mais elle devient *toujours* égale à la pression atmosphérique (**figure 22.12**).

Pression intrapleurale

La **pression intrapleurale** (P_{ip}) est la pression qui règne à l'intérieur de la cavité pleurale. Elle fluctue aussi selon les phases de la respiration. Toutefois, elle est toujours inférieure d'environ 4 mm Hg à la pression intraalvéolaire. Par conséquent, on dit qu'elle est *toujours* négative par rapport à la pression intraalvéolaire.

On s'interroge souvent sur la manière dont cette pression négative s'établit, ou sur sa cause. Examinons certaines des forces en présence dans le thorax pour voir s'il est possible de

22

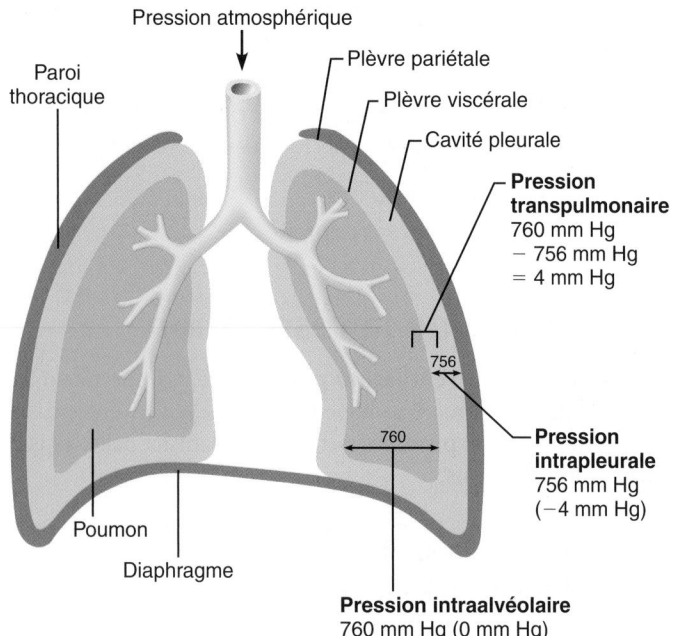

Figure 22.12 Relations entre la pression intraalvéolaire et la pression intrapleurale. Pression intraalvéolaire et pression intrapleurale en position de repos. Les différences par rapport à la pression atmosphérique sont indiquées entre parenthèses. Les valeurs indiquées sont celles à la fin d'une expiration normale. Aux fins de l'illustration, la dimension de la cavité pleurale a été considérablement augmentée.

répondre à cette question. Deux forces tendent à éloigner les poumons (plèvre viscérale) de la paroi thoracique (plèvre pariétale), et donc à affaisser les poumons:

1. **La tendance naturelle des poumons à se rétracter.** Étant donné l'élasticité que leur confèrent les fibres élastiques, les poumons ont toujours tendance à prendre les plus petites dimensions possible.
2. **La tension superficielle de la pellicule de liquide dans les alvéoles pulmonaires.** Les molécules du liquide qui tapisse les alvéoles s'attirent entre elles, ce qui produit une *tension superficielle* qui fait prendre aux alvéoles les plus petites dimensions possible.

Cependant, à ces forces s'oppose la capacité naturelle d'expansion de la cage thoracique, qui tend à pousser le thorax vers l'extérieur et oblige les poumons à augmenter de volume.

Quelles sont donc les forces qui l'emportent? Aucune chez une personne en bonne santé, en raison de la grande force d'adhésion entre les plèvres pariétale et viscérale. En effet, le liquide pleural unit les feuillets de la plèvre comme une goutte d'eau retient deux lames de verre l'une contre l'autre. Il est facile de faire glisser les lames l'une sur l'autre, mais il faut exercer une très grande force pour les séparer. La pression intrapleurale négative résulte de l'interaction dynamique entre ces forces.

La quantité de liquide dans la cavité pleurale doit être minimale pour maintenir la pression intrapleurale négative. Le liquide pleural est constamment pompé hors de la cavité

pleurale dans les vaisseaux lymphatiques. Sans ce mécanisme, du liquide s'accumulerait dans l'espace intrapleural (rappelez-vous que les liquides se déplacent des milieux où la pression est la plus élevée vers les milieux où la pression est la plus faible), ce qui ferait apparaître une pression positive dans la cavité pleurale.

On ne saurait trop insister sur l'importance de la pression négative dans la cavité pleurale, non plus que sur l'adhérence entre les feuillets de la plèvre de chaque poumon. Tout état qui amène la pression intrapleurale à égalité avec la pression intraalvéolaire (ou atmosphérique) entraîne un *affaissement immédiat des poumon*s. C'est la **pression transpulmonaire** – soit la différence entre les pressions intraalvéolaire et intrapleurale ($P_{alv} - P_{ip}$) – qui assure l'ouverture des espaces aériens des poumons, autrement dit qui empêche les poumons de s'affaisser. De plus, *l'ampleur de la pression transpulmonaire détermine la dimension des poumons* en tout temps: plus la pression transpulmonaire est grande, plus les poumons sont gros.

DÉSÉQUILIBRE HOMÉOSTATIQUE

L'**atélectasie** (*atelês*: incomplet; *ektasis*: expansion), soit l'affaissement des alvéoles d'un ou de plusieurs lobules pulmonaires, peut être due à l'obstruction d'une bronchiole (par suite de la pneumonie, par exemple). Les alvéoles absorbent tout l'air qu'elles contiennent et s'affaissent. L'atélectasie peut aussi être causée par l'entrée d'air dans la cavité pleurale. Dans ce dernier cas, on parle de pneumothorax.

Un **pneumothorax** («souffle du thorax») peut survenir à la suite d'une blessure au thorax occasionnant la rupture de la plèvre pariétale, mais il peut aussi résulter d'une rupture de la plèvre viscérale, auquel cas l'air pénètre dans la cavité pleurale par le tissu pulmonaire. Pour remédier au pneumothorax, on aspire l'air de la cavité pleurale, ce qui permet à la plèvre de guérir et aux poumons de se gonfler à nouveau et de retrouver leur fonctionnement normal. Notez que l'affaissement d'un poumon ne nuit pas au travail de l'autre, car chaque poumon est enfermé dans sa propre cavité pleurale. ■

Ventilation pulmonaire

9 Établir le rapport entre la loi de Boyle-Mariotte et le déroulement de l'inspiration et de l'expiration.

10 Expliquer les rôles des muscles respiratoires et de l'élasticité pulmonaire dans les variations de volume entraînant l'écoulement de l'air dans les poumons et hors de ceux-ci; expliquer comment se produisent l'inspiration forcée et l'expiration forcée.

La ventilation pulmonaire est appelée communément «respiration». Elle est composée de l'inspiration et de l'expiration et fait intervenir un processus mécanique qui repose sur des variations de volume à l'intérieur de la cavité thoracique. Au fil de votre étude, gardez toujours à l'esprit la règle suivante: les *variations de volume* engendrent des *variations de pression*, les variations de pression provoquent l'*écoulement des gaz*, et les gaz s'écoulent pour égaliser la pression.

La relation entre la pression et le volume d'un gaz est exprimée par la **loi de Boyle-Mariotte**: à température constante, la pression d'un gaz est inversement proportionnelle à son volume. Autrement dit:

$$P_1 V_1 = P_2 V_2$$

où P représente la pression du gaz, V son volume et les chiffres 1 et 2 en indice inférieur, les conditions initiales et les conditions résultantes, respectivement.

Les gaz *remplissent* toujours le récipient qui les contient. Par conséquent, pour une quantité donnée de gaz, plus le récipient est grand, plus les molécules de gaz sont éloignées les unes des autres, et plus la pression est faible. Inversement, plus le volume du récipient est faible, plus les molécules de gaz sont comprimées et plus la pression est forte. Les pneus d'automobile illustrent bien ce principe. Lorsqu'ils sont gonflés, les pneus sont durs et suffisamment résistants pour supporter le poids de la voiture, car l'air y est comprimé à raison du tiers de son volume atmosphérique, d'où la forte pression. Voyons maintenant comment tout cela s'applique à l'inspiration et à l'expiration.

Inspiration

Imaginez que la cavité thoracique est une boîte remplie de gaz et percée dans sa face supérieure d'une ouverture unique, la trachée. Le volume de la boîte peut s'accroître par suite de l'augmentation des distances entre ses parois, ce qui abaisse la pression qui y règne. La diminution de la pression fait pénétrer l'air dans la boîte, puisque les gaz s'écoulent toujours dans le sens des gradients de pression vers une région de plus basse pression.

C'est ce qui se passe durant l'inspiration calme normale, sous l'action des **muscles inspiratoires** – le diaphragme et les muscles intercostaux externes. Voici comment fonctionne l'inspiration calme:

1. **Action du diaphragme.** En se contractant, le diaphragme (convexe) s'abaisse et s'aplatit (**figure 22.13**, haut). Par le fait même, la hauteur de la cavité thoracique augmente.
2. **Action des muscles intercostaux.** La contraction des muscles intercostaux externes élève la cage thoracique et pousse le sternum vers le haut (figure 22.13, haut). Comme les côtes sont incurvées vers l'avant et vers le bas, les dimensions les plus grandes – en termes de largeur et de profondeur – de la cage thoracique sont normalement (au repos) celles qui sont dirigées dans un plan oblique descendant. Mais, lorsqu'elles s'élèvent et se rapprochent, les côtes font aussi saillie vers l'extérieur, ce qui augmente le diamètre du thorax tant en largeur qu'en profondeur. La même chose se produit quand on soulève la poignée incurvée d'un seau; elle se déplace vers l'extérieur en s'élevant.

Même si les dimensions du thorax n'augmentent que de quelques millimètres dans chaque plan, cela suffit à accroître le volume de la cavité thoracique d'environ 500 mL, soit le volume d'air qui entre dans les poumons au cours d'une inspiration

calme normale. Dans les changements de volume associés à l'inspiration calme normale, l'action du diaphragme a beaucoup plus d'influence que celle des muscles intercostaux.

L'augmentation des dimensions du thorax durant l'inspiration étire les poumons et entraîne un accroissement du volume intrapulmonaire. Par le fait même, la P_{alv} diminue d'environ 1 mm Hg par rapport à la P_{atm}. Dès que la pression intraalvéolaire est inférieure à la pression atmosphérique ($P_{alv} < P_{atm}$), l'air s'écoule dans les poumons dans le sens du gradient de pression jusqu'à ce que $P_{alv} = P_{atm}$. Pendant la même période, la P_{ip} passe à environ -6 mm Hg par rapport à la P_{atm} (**figure 22.14**).

Pendant les *inspirations profondes* ou *forcées* accompagnant l'exercice intense et certaines pneumopathies obstructives, l'activation de muscles accessoires de la respiration augmente encore plus le volume du thorax. Différents muscles, dont les scalènes, les sternocléïdomastoïdiens et le petit pectoral, élèvent les côtes plus haut encore que durant l'inspiration calme. Le redressement de la courbure thoracique par les muscles érecteurs du rachis contribue également à l'accroissement du volume de la cage thoracique.

Expiration

Chez l'individu en bonne santé, l'expiration calme est un processus passif qui repose plus sur l'élasticité naturelle des poumons que sur la contraction musculaire. À mesure que les muscles inspiratoires se relâchent et retrouvent leur longueur de repos, la cage thoracique s'abaisse et les poumons se rétractent (figure 22.13, bas). Par conséquent, le volume thoracique et le volume intrapulmonaire diminuent. Les alvéoles sont alors comprimées, et la P_{alv} dépasse d'environ 1 mm Hg la pression atmosphérique (figure 22.14). Quand $P_{alv} > P_{atm}$, le gradient de pression force les gaz à s'écouler hors des poumons.

L'expiration forcée est un processus actif dû à la contraction des muscles de la paroi abdominale, principalement l'oblique externe et l'oblique interne de l'abdomen ainsi que le transverse de l'abdomen. Cette contraction (1) accroît la pression intraabdominale, ce qui pousse les organes abdominaux contre le diaphragme, et (2) abaisse la cage thoracique. Les muscles intercostaux internes peuvent aussi contribuer à l'abaissement de la cage thoracique et à la diminution du volume thoracique.

Il est important de maîtriser les muscles accessoires de l'expiration lorsqu'on désire régler avec précision l'écoulement de l'air hors des poumons. Par exemple, chez le bon chanteur, la capacité de soutenir une note repose sur l'activité coordonnée de plusieurs muscles normalement utilisés dans l'expiration forcée.

VÉRIFIONS NOS ACQUIS

7. Quel événement cause le vide partiel (pression négative) à l'intérieur de la cavité pleurale? Qu'arrive-t-il à un poumon si de l'air entre dans la cavité pleurale? Quel est le nom de cette condition?
8. Quelle est la force qui assure la ventilation?
9. Quel événement fait diminuer la pression intraalvéolaire pendant l'inspiration?

Les réponses se trouvent à l'appendice G.

22

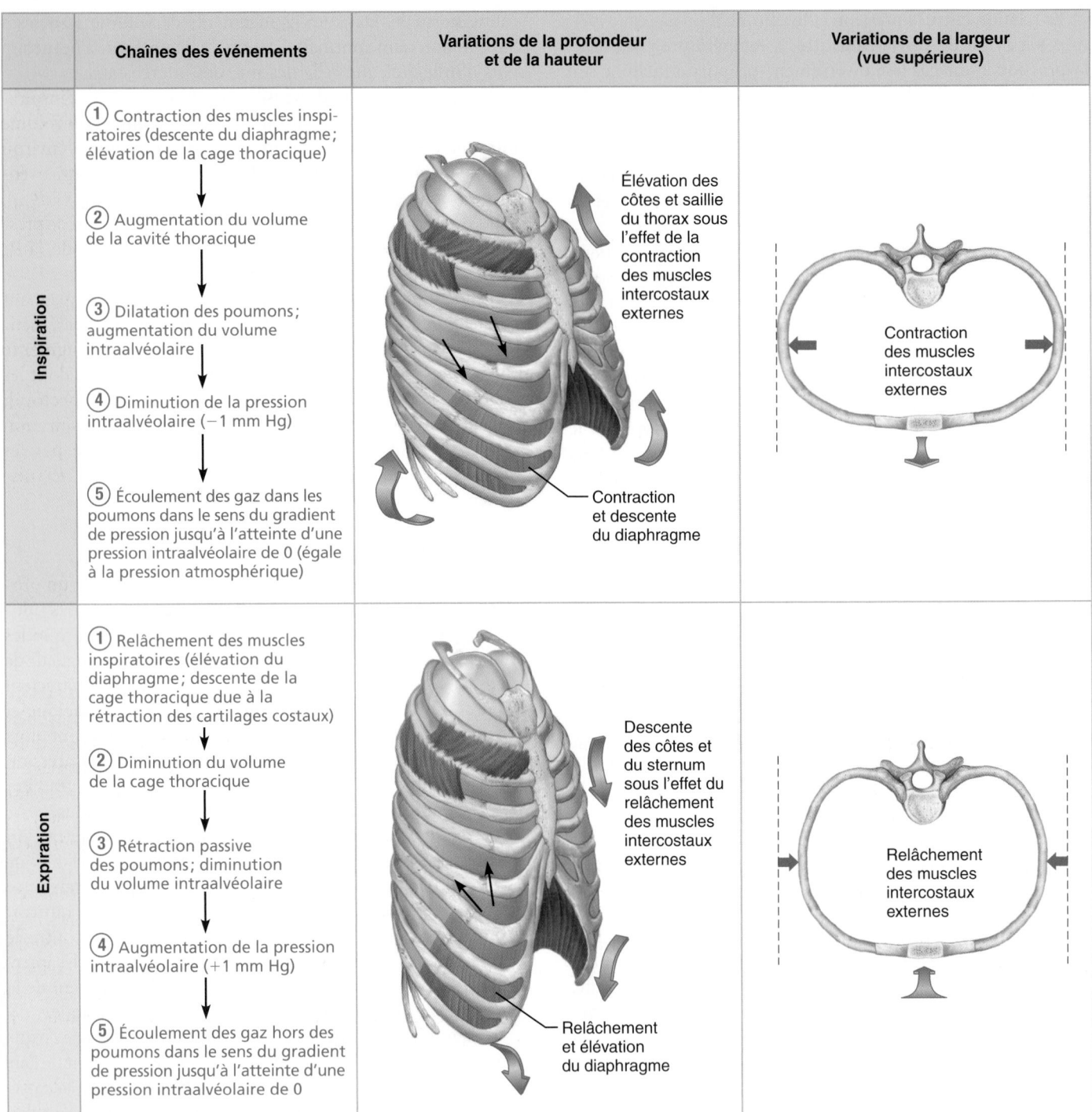

Chaînes des événements	Variations de la profondeur et de la hauteur	Variations de la largeur (vue supérieure)
Inspiration		
① Contraction des muscles inspiratoires (descente du diaphragme; élévation de la cage thoracique)	Élévation des côtes et saillie du thorax sous l'effet de la contraction des muscles intercostaux externes	Contraction des muscles intercostaux externes
② Augmentation du volume de la cavité thoracique		
③ Dilatation des poumons; augmentation du volume intraalvéolaire		
④ Diminution de la pression intraalvéolaire (−1 mm Hg)	Contraction et descente du diaphragme	
⑤ Écoulement des gaz dans les poumons dans le sens du gradient de pression jusqu'à l'atteinte d'une pression intraalvéolaire de 0 (égale à la pression atmosphérique)		
Expiration		
① Relâchement des muscles inspiratoires (élévation du diaphragme; descente de la cage thoracique due à la rétraction des cartilages costaux)	Descente des côtes et du sternum sous l'effet du relâchement des muscles intercostaux externes	Relâchement des muscles intercostaux externes
② Diminution du volume de la cage thoracique		
③ Rétraction passive des poumons; diminution du volume intraalvéolaire		
④ Augmentation de la pression intraalvéolaire (+1 mm Hg)	Relâchement et élévation du diaphragme	
⑤ Écoulement des gaz hors des poumons dans le sens du gradient de pression jusqu'à l'atteinte d'une pression intraalvéolaire de 0		

22

Figure 22.13 Variations du volume thoracique et déroulement des événements pendant l'inspiration et l'expiration. La colonne de gauche présente les variations de volume durant l'inspiration (haut) et l'expiration (bas). Au centre, les profils du thorax montrent les variations de la hauteur (dues à la contraction et au relâchement du diaphragme) et de la profondeur (dues à la contraction et au relâchement des muscles intercostaux externes). À droite, vues supérieures de coupes transversales du thorax montrant les variations de la largeur dues à la contraction et au relâchement des muscles intercostaux externes pendant l'inspiration et l'expiration.

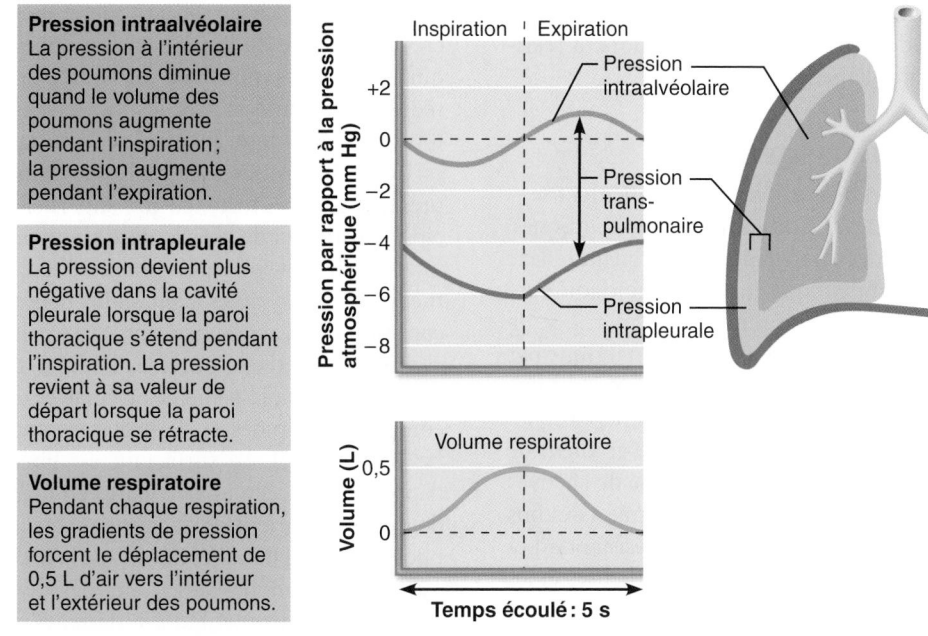

Pression intraalvéolaire
La pression à l'intérieur des poumons diminue quand le volume des poumons augmente pendant l'inspiration ; la pression augmente pendant l'expiration.

Pression intrapleurale
La pression devient plus négative dans la cavité pleurale lorsque la paroi thoracique s'étend pendant l'inspiration. La pression revient à sa valeur de départ lorsque la paroi thoracique se rétracte.

Volume respiratoire
Pendant chaque respiration, les gradients de pression forcent le déplacement de 0,5 L d'air vers l'intérieur et l'extérieur des poumons.

Figure 22.14 Modifications de la pression intraalvéolaire et de la pression intrapleurale durant l'inspiration et l'expiration. Notez que la pression atmosphérique normale (760 mm Hg) a une valeur de 0 sur l'échelle.

Facteurs physiques influant sur la ventilation pulmonaire

11 Décrire l'effet de quelques facteurs physiques sur la ventilation pulmonaire ; montrer les liens entre la sécrétion de surfactant, la tension superficielle dans les alvéoles et la compliance pulmonaire.

Comme nous l'avons vu, les poumons s'étirent pendant l'inspiration et se rétractent passivement pendant l'expiration. Les muscles inspiratoires consomment de l'énergie pour augmenter le volume interne de la cage thoracique. Il faut aussi de l'énergie pour surmonter les diverses résistances qui s'opposent au passage de l'air et à la ventilation pulmonaire. Ces facteurs font l'objet des sections qui suivent.

Résistance des conduits aériens

La principale source de résistance *non élastique* à l'écoulement gazeux est la friction, ou frottement, entre l'air et la surface des conduits aériens. L'équation suivante exprime la relation entre l'écoulement gazeux (E), la pression (P) et la résistance (R) :

$$E = \frac{\Delta P}{R}$$

Notez que l'écoulement du sang dans le système cardiovasculaire et celui des gaz dans les conduits aériens sont déterminés par des facteurs équivalents. Le volume de gaz circulant dans les alvéoles est directement proportionnel à ΔP – la *différence* de pression, ou gradient de pression, entre l'atmosphère extérieure et les alvéoles. Normalement, de très faibles différences de pression suffisent à modifier considérablement le volume de l'écoulement gazeux. Le gradient de pression moyen pendant la respiration calme normale est de 2 mm Hg ou moins, et pourtant il suffit à faire entrer et sortir 500 mL d'air à chaque respiration.

L'équation indique aussi que l'écoulement gazeux est *inversement* proportionnel à la résistance ; autrement dit, l'écoulement des gaz diminue à mesure qu'augmente la résistance. Comme dans le système cardiovasculaire, la résistance dépend principalement du diamètre des conduits. En règle générale, cependant, la résistance des conduits aériens est insignifiante pour deux raisons :

1. Le diamètre des conduits aériens est énorme dans la première partie de la zone de conduction, compte tenu de la faible viscosité de l'air.
2. À mesure que la taille des conduits aériens diminue, le nombre de branches s'accroît. Par conséquent, même si chaque bronchiole est petite, il y en a un nombre considérable, ce qui fait que l'aire de la section transversale totale est énorme.

Par conséquent, la plus grande résistance à l'écoulement gazeux se rencontre dans les bronches de dimensions moyennes (figure 22.15). L'écoulement des gaz s'arrête dans les bronchioles terminales et cède le pas à la diffusion, alors la résistance ne pose plus de problème.

⚖ DÉSÉQUILIBRE HOMÉOSTATIQUE

Le muscle lisse des parois des bronchioles est extrêmement sensible aux commandes motrices et à certains produits chimiques. Par exemple, l'inhalation d'agents irritants déclenche un réflexe du système nerveux parasympathique qui cause une vigoureuse contraction des bronchioles et une diminution marquée de l'écoulement des gaz. L'intense bronchoconstriction induite par l'histamine et d'autres substances inflammatoires, qui accompagne une *crise d'asthme aiguë*, peut faire cesser presque complètement la ventilation pulmonaire, quel que soit le gradient de pression. Inversement, l'adrénaline libérée à la suite de l'activation du système nerveux sympathique ou administrée à des fins thérapeutiques dilate les bronchioles et réduit la résistance. Les accumulations locales de mucus, les matières infectieuses et les tumeurs obstruant les conduits aériens constituent des sources majeures de résistance dans les maladies respiratoires.

Dès que la résistance des conduits aériens augmente, les mouvements de la respiration ne se font plus qu'au prix d'efforts considérables. Or, de tels efforts ont une portée limitée : en cas de constriction ou d'obstruction des bronchioles, même les efforts respiratoires les plus acharnés ne suffisent pas à rétablir une ventilation adéquate des alvéoles. ■

Tension superficielle dans les alvéoles pulmonaires

À la surface de séparation entre un gaz et un liquide, les molécules du liquide sont plus fortement attirées les unes par les autres que par celles du gaz. Cette inégalité dans l'attraction crée à la surface du liquide un état appelé **tension superficielle** qui (1) attire les molécules du liquide les unes vers les autres et réduit leurs contacts avec les molécules du gaz, et (2) résiste à toute force qui tend à accroître la surface exposée du liquide.

L'eau est composée de molécules hautement polaires, et elle présente une très forte tension superficielle. L'eau étant le principal constituant de la pellicule de liquide qui recouvre les parois internes des alvéoles pulmonaires, son action ramène perpétuellement les alvéoles à leurs plus petites dimensions possible, comme nous l'avons déjà dit. Si la pellicule alvéolaire n'était composée que d'eau pure, les alvéoles s'affaisseraient entre les respirations. Or, la pellicule alvéolaire contient du **surfactant** — complexe de lipides et de protéines produit par les pneumocytes de type II. Le surfactant est libéré par exocytose et se dépose sur les cellules alvéolaires en formant une seule couche de molécules orientées de la même façon que les molécules de phospholipides dans l'épaisseur de la membrane plasmique. Les queues hydrophobes des molécules de surfactant dirigées du côté de l'air constituent une surface hydrophobe dont la tension superficielle est de 50 % inférieure à celle de l'eau. L'action du surfactant rappelle celle d'un détergent. Il réduit la cohésion des molécules d'eau entre elles, tout comme le détergent qu'on utilise pour laver le linge. En effet, le détergent diminue la force d'attraction d'une molécule d'eau pour une autre, ce qui permet à ces molécules d'interagir avec les molécules de saleté adhérant aux vêtements à nettoyer. C'est ce qui explique que la tension superficielle du liquide alvéolaire diminue et qu'il faille moins d'énergie pour dilater les poumons et empêcher l'affaissement des alvéoles (il s'ensuit que le surfactant prévient la fatigue excessive des muscles respiratoires). Les respirations plus profondes que la normale stimulent les pneumocytes de type II qui sécrètent alors plus de surfactant ; il y aurait donc un renouvellement continuel du surfactant, sa production et son élimination suivant le rythme inspiration-expiration.

⚖ DÉSÉQUILIBRE HOMÉOSTATIQUE

Lorsque la quantité de surfactant est insuffisante, les alvéoles peuvent s'affaisser sous l'effet de la tension superficielle. Elles doivent alors se gonfler complètement à chaque inspiration, ce qui consomme énormément d'énergie. Tel est le problème auquel font face les enfants atteints du **syndrome de détresse respiratoire du nouveau-né** – un trouble qui menace particulièrement les bébés prématurés, car le surfactant pulmonaire n'est élaboré qu'à la fin du développement fœtal, au cours des deux derniers mois. On traite la détresse respiratoire du nouveau-né en pulvérisant du surfactant (synthétique ou naturel) dans les conduits aériens de l'enfant. De plus, on utilise souvent des appareils qui maintiennent la pression positive dans les conduits aériens tout au long du cycle respiratoire pour garder les alvéoles ouvertes entre les respirations. Dans les cas graves, on doit faire appel à des respirateurs mécaniques.

Beaucoup de ceux qui ont été atteints du syndrome de détresse respiratoire du nouveau-né souffrent de *dysplasie bronchopulmonaire*, une maladie pulmonaire chronique qui peut les affliger durant toute leur enfance et au-delà. Cette

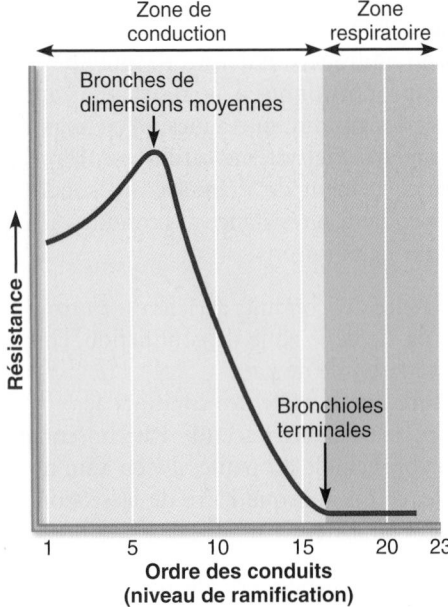

Figure 22.15 Résistance des conduits aériens. La résistance atteint son maximum dans les bronches de dimensions moyennes, puis elle diminue brusquement au moment de l'accroissement rapide de l'aire de la section transversale totale des conduits.

affection résulterait de lésions inflammatoires des structures de la zone respiratoire causées par les effets du respirateur sur les poumons fragiles du nouveau-né. ∎

Compliance pulmonaire

La capacité de distension des poumons sains est extraordinaire. Cette extensibilité est appelée **compliance pulmonaire**. Plus précisément, la compliance pulmonaire (C_L) mesure la variation du volume pulmonaire (ΔV_L) en fonction de la variation de la pression transpulmonaire [$\Delta(P_{alv} - P_{ip})$], et elle s'exprime par l'équation suivante :

$$C_L = \frac{\Delta V_L}{\Delta(P_{alv} - P_{ip})}$$

Plus l'expansion pulmonaire est grande pour une augmentation de la pression transpulmonaire donnée, plus la compliance est élevée. Autrement dit, plus la compliance pulmonaire est grande, plus la distension des poumons est facile à une pression transpulmonaire donnée.

La compliance pulmonaire dépend de deux facteurs : (1) l'élasticité du tissu pulmonaire ; et (2) la tension superficielle dans les alvéoles. Étant donné que l'élasticité des poumons est généralement élevée et que la tension superficielle dans les alvéoles est basse grâce au surfactant, les poumons des personnes en bonne santé présentent généralement une compliance élevée, ce qui favorise la ventilation.

La compliance pulmonaire est réduite par une diminution de l'élasticité naturelle des poumons. Une inflammation chronique ou une infection comme la tuberculose entraînent la formation de tissus cicatriciels qui ne sont pas élastiques et qui remplacent le tissu normal des poumons (*fibrose*). Un autre facteur qui peut diminuer la compliance pulmonaire est une réduction de la production de surfactant. Plus la compliance pulmonaire est faible, plus il faut dépenser d'énergie pour respirer.

Comme les poumons se trouvent dans la cavité thoracique, on doit aussi tenir compte de la compliance (capacité de distension) de la paroi thoracique. Les facteurs qui diminuent la compliance de la paroi thoracique entravent l'expansion des poumons. La compliance totale du système respiratoire comprend donc la compliance pulmonaire et la compliance de la paroi thoracique.

⚖ DÉSÉQUILIBRE HOMÉOSTATIQUE

Les malformations du thorax, l'ossification des cartilages costaux (due au vieillissement) et la paralysie des muscles intercostaux sont autant de facteurs qui réduisent la compliance pulmonaire parce qu'ils gênent l'expansion thoracique. ∎

Volumes respiratoires et épreuves fonctionnelles respiratoires

12 Expliquer et comparer les divers volumes et capacités pulmonaires.

13 Définir l'espace mort anatomique.

14 Énoncer les renseignements révélés par les épreuves fonctionnelles respiratoires.

La quantité d'air inspirée et expirée varie suivant les conditions qui entourent la respiration. Par conséquent, on peut mesurer divers volumes respiratoires. Les combinaisons des volumes respiratoires, appelées *capacités respiratoires*, révèlent l'état respiratoire.

Volumes respiratoires

Les quatre **volumes respiratoires** qui nous intéressent sont le volume courant, le volume de réserve inspiratoire, le volume de réserve expiratoire et le volume résiduel. La figure 22.16a en indique les valeurs normales pour un homme de 20 ans en bonne santé pesant environ 70 kg ; ce sont ces valeurs que nous utilisons dans le texte. La figure 22.16b donne les valeurs moyennes pour les hommes et les femmes.

Normalement, à peu près 500 mL d'air (soit de 5 à 8 mL/kg de masse corporelle) entrent dans les poumons et en sortent à chaque respiration. Ce volume respiratoire est appelé **volume courant** (VC). La quantité d'air qui peut être inspirée en plus avec un effort (de 2100 à 3200 mL) constitue le **volume de réserve inspiratoire** (VRI).

Le **volume de réserve expiratoire** (VRE) est la quantité d'air (normalement de 1000 à 1200 mL) qui peut être évacuée des poumons après une expiration courante. Même après l'expiration la plus vigoureuse (qui nécessite la contraction des muscles abdominaux), il reste encore quelque 1200 mL d'air dans les poumons, quantité appelée **volume résiduel** (VR). Le volume résiduel contribue au maintien des alvéoles libres (ouvertes) et à la prévention de l'affaissement des poumons.

Capacités respiratoires

Les **capacités respiratoires** sont la capacité inspiratoire, la capacité résiduelle fonctionnelle, la capacité vitale et la capacité pulmonaire totale (figure 22.16). Comme nous l'avons indiqué plus haut, les capacités respiratoires correspondent toutes à la somme d'au moins deux volumes respiratoires.

La **capacité inspiratoire** (CI) est la quantité totale d'air qui peut être inspirée après une expiration courante ; elle équivaut donc à la somme du volume courant et du volume de réserve inspiratoire. La **capacité résiduelle fonctionnelle** (CRF) représente la quantité d'air qui demeure dans les poumons après une expiration courante ; elle est la somme du volume résiduel et du volume de réserve expiratoire.

La **capacité vitale** (CV) est la quantité totale d'air échangeable. Elle correspond à la somme du volume courant, du volume de réserve inspiratoire et du volume de réserve expiratoire. Chez un jeune homme en bonne santé, la capacité vitale se situe à environ 4800 mL. La **capacité pulmonaire totale** (CPT) est la somme de tous les volumes pulmonaires, et elle atteint normalement 6000 mL. Comme on peut le voir à la figure 22.16b, les volumes et les capacités pulmonaires (à l'exception peut-être du volume courant) ont tendance à être

22

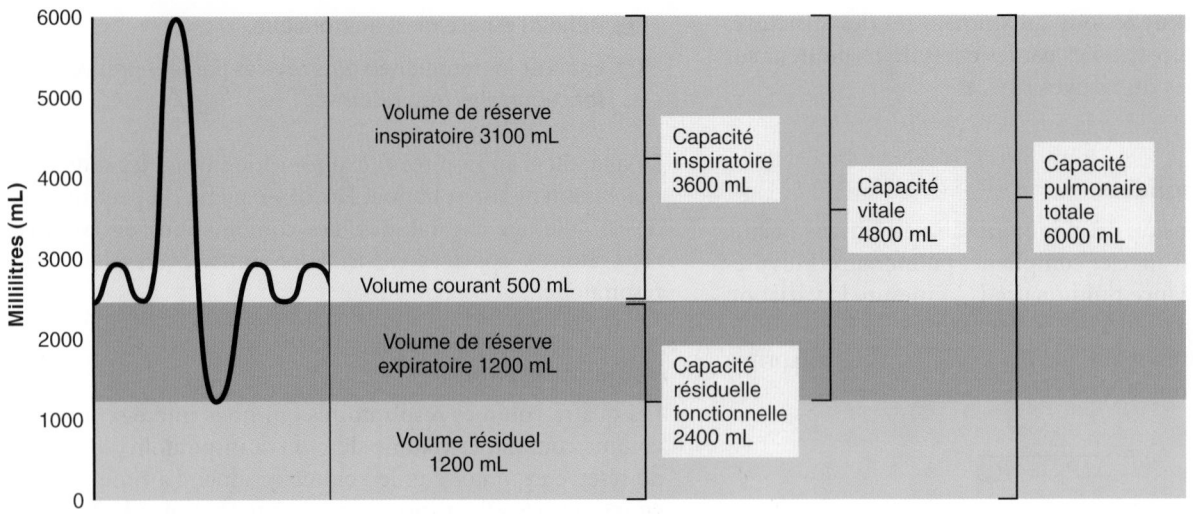

(a) Spirogramme d'un homme adulte

	Mesures	Valeurs moyennes chez l'homme adulte	Valeurs moyennes chez la femme adulte	Description
Volumes respiratoires	Volume courant (VC)	500 mL	500 mL	Quantité d'air inspirée ou expirée à chaque respiration, au repos
	Volume de réserve inspiratoire (VRI)	3100 mL	1900 mL	Quantité d'air qui peut être inspirée avec un effort après une inspiration courante
	Volume de réserve expiratoire (VRE)	1200 mL	700 mL	Quantité d'air qui peut être expirée avec un effort après une expiration courante
	Volume résiduel (VR)	1200 mL	1100 mL	Quantité d'air qui reste dans les poumons après une expiration forcée
Capacités respiratoires	Capacité pulmonaire totale (CPT)	6000 mL	4200 mL	Quantité maximale d'air contenue dans les poumons après un effort inspiratoire maximal : CPT = VC + VRI + VRE + VR
	Capacité vitale (CV)	4800 mL	3100 mL	Quantité maximale d'air qui peut être expirée après un effort inspiratoire maximal : CV = VC + VRI + VRE
	Capacité inspiratoire (CI)	3600 mL	2400 mL	Quantité maximale d'air qui peut être inspirée après une expiration normale : CI = VC + VRI
	Capacité résiduelle fonctionnelle (CRF)	2400 mL	1800 mL	Volume d'air qui reste dans les poumons après une expiration courante : CRF = VRE + VR

(b) Résumé des volumes et des capacités respiratoires chez les hommes et chez les femmes

Figure 22.16 **Volumes et capacités respiratoires.** Le spirogramme idéalisé des volumes respiratoires en **(a)** est celui d'un jeune homme adulte en bonne santé pesant environ 70 kg.

un peu plus faibles chez les femmes que chez les hommes, étant donné les différences de taille entre les sexes.

Espaces morts

Une partie de l'air inspiré remplit les conduits de la zone de conduction et ne contribue jamais aux échanges gazeux dans les alvéoles. Le volume de ces conduits, qui constitue l'**espace mort anatomique**, se situe habituellement à environ 150 mL chez un jeune homme. (En règle générale, le volume de l'espace mort anatomique chez le jeune adulte en bonne santé est égal à 2,2 mL par kilogramme de masse corporelle idéale.) Cela signifie que, si le volume courant est de 500 mL, 350 mL seulement sont consacrés à la ventilation alvéolaire. Les 150 mL restants se trouvent dans l'espace mort anatomique.

Si certaines des alvéoles cessent de contribuer aux échanges gazeux (parce qu'affaissées ou obstruées par du mucus, par exemple), on ajoute l'**espace mort alvéolaire** à l'espace mort anatomique, et on appelle **espace mort total** la somme des volumes ne contribuant pas aux échanges alvéolaires. L'importance, sur le plan physiologique, du volume de l'espace mort total est fonction du volume courant : si le premier est trop grand par rapport au second, l'air sera insuffisamment renouvelé à chaque inspiration (voir aussi p. 955).

Épreuves fonctionnelles respiratoires

Parce qu'une pneumopathie se traduit fréquemment par une altération des divers volumes et capacités pulmonaires, on procède souvent à leur évaluation. Pour ce faire, le premier appareil utilisé, le **spirographe**, était un instrument simple, mais encombrant, composé d'un embout buccal relié à une cloche vide renversée sur de l'eau. De nos jours, les patients utilisent de petits dispositifs de mesure électroniques.

La spirographie permet d'évaluer les pertes fonctionnelles respiratoires et de suivre l'évolution de certaines maladies respiratoires. Bien qu'elle ne puisse conduire à un diagnostic précis, la spirographie permet d'établir si une pneumopathie est *obstructive* ou *restrictive*. Dans le premier cas, il y a augmentation de la résistance des conduits aériens (comme dans la bronchite chronique); dans le second cas, il y a diminution de la capacité pulmonaire totale à la suite d'atteintes structurales ou fonctionnelles des poumons. (Ces atteintes peuvent être dues à des maladies comme la tuberculose ou les fibroses consécutives à une exposition à des agents nocifs tels que l'amiante.) Une augmentation de la capacité pulmonaire totale, de la capacité résiduelle fonctionnelle et du volume résiduel peut indiquer une distension des poumons due à une maladie obstructive, tandis qu'une diminution de la capacité vitale, de la capacité pulmonaire totale, de la capacité résiduelle fonctionnelle et du volume résiduel signale qu'un trouble ventilatoire restrictif limite l'expansion des poumons.

L'évaluation de la *vitesse* des mouvements gazeux fournit plus d'information que la spirographie sur la fonction respiratoire. La **ventilation-minute** est la quantité totale de gaz (exprimée en litres) inspirés et expirés en une minute, au cours de mouvements respiratoires d'amplitude normale. On obtient ce volume en multipliant le volume courant par le nombre de respirations par minute. Pendant la respiration calme normale, la ventilation-minute chez un sujet sain est d'environ 6 L/min (500 mL par respiration multipliés par 12 respirations par minute). Pendant l'exercice intense, la ventilation-minute peut atteindre 200 L/min.

L'épreuve appelée **capacité vitale forcée** (**CVF**) mesure la quantité de gaz expulsée lorsqu'une personne fait une inspiration forcée (maximale) suivie d'une expiration forcée aussi complète et rapide que possible (débit maximal). L'épreuve appelée **volume expiratoire maximal-seconde** (**VEMS**) détermine la quantité d'air expulsée au cours d'intervalles précis de la CVF. Par exemple, le volume d'air expiré durant la première seconde de l'épreuve correspond au $VEMS_1$: les sujets dont les poumons sont sains peuvent expirer en 1 seconde environ 75 % de leur CVF (et presque 100 % en 3 secondes, soit $VEMS_3$). À la suite de cette épreuve, on établit le rapport entre le $VEMS_1$ et la CVF. Les personnes atteintes de maladies obstructives expirent nettement moins que 75 % de leur CVF en 1 seconde, et celles souffrant de maladies restrictives peuvent expirer 75 % ou plus de leur CVF en 1 seconde, même si leur CVF est réduite.

Ventilation alvéolaire

Alors que la ventilation-minute permet d'évaluer grossièrement l'efficacité respiratoire, la **ventilation alvéolaire** (**VA**) représente la fraction du volume d'air inspiré qui contribue aux échanges gazeux, et elle constitue un meilleur indicateur de la ventilation réelle. En effet, cette mesure tient compte du volume d'air inutilisé dans les espaces morts et elle indique la concentration de gaz frais dans les alvéoles à un moment donné. On calcule la ventilation alvéolaire à l'aide de l'équation suivante:

$$VA = fréquence \times (VC - volume\ de\ l'espace\ mort)$$
(mL/min) (respirations par minute) (millilitres par respiration)

Chez les sujets en bonne santé, la VA est d'environ 12 respirations par minute multipliées par la différence entre 500 mL (VC) et 150 mL (espace mort anatomique) par respiration, soit 4200 mL/min.

Parce que l'espace mort anatomique est constant chez un sujet donné, l'augmentation du volume de chaque inspiration réussit mieux que l'augmentation de la fréquence respiratoire à améliorer la ventilation alvéolaire et l'échange gazeux. Lorsque la respiration est rapide et superficielle, la ventilation alvéolaire diminue radicalement, car la majeure partie de l'air inspiré n'atteint jamais les sites de l'échange gazeux. En outre, plus le volume courant diminue et se rapproche du volume de l'espace mort, plus la ventilation réelle tend vers zéro, quelle que soit la rapidité de la respiration. Le **tableau 22.2** présente un résumé des effets de la fréquence et de l'amplitude respiratoires sur la ventilation alvéolaire chez trois sujets hypothétiques.

Mouvements non respiratoires de l'air

De nombreux processus autres que la respiration font circuler de l'air dans les poumons et peuvent ainsi modifier le rythme

TABLEAU 22.2	Effets de la fréquence et de l'amplitude respiratoires sur la ventilation alvéolaire chez trois sujets hypothétiques					
RESPIRATION DU SUJET HYPOTHÉTIQUE	ESPACE MORT ANATOMIQUE	VOLUME COURANT (VC)	FRÉQUENCE RESPIRATOIRE*	VENTILATION-MINUTE (VM)	VENTILATION ALVÉOLAIRE (VA)	POURCENTAGE DE VENTILATION EFFICACE (VA/VM)
I – Fréquence et amplitude normales	150 mL	500 mL	20/min	10 000 mL/min	7000 mL/min	70 %
II – Lente et profonde	150 mL	1000 mL	10/min	10 000 mL/min	8500 mL/min	85 %
III – Rapide et superficielle	150 mL	250 mL	40/min	10 000 mL/min	4000 mL/min	40 %

* On a ajusté les valeurs de la fréquence respiratoire afin d'obtenir la même ventilation-minute et de pouvoir comparer les ventilations alvéolaires.

respiratoire normal. La plupart de ces **mouvements non respiratoires de l'air** relèvent de l'activité réflexe, mais certains sont volontairement reproductibles. Le **tableau 22.3** donne des exemples très courants de ces mouvements.

VÉRIFIONS NOS ACQUIS

10. Citez trois raisons pour lesquelles la résistance est généralement faible dans les conduits aériens.
11. La plupart du temps, les bébés prématurés ne produisent pas suffisamment de surfactant. De quelle manière leur capacité de respirer est-elle altérée?
12. Expliquez pourquoi une respiration lente et profonde ventile les alvéoles plus efficacement qu'une respiration rapide et superficielle.

Les réponses se trouvent à l'appendice G.

Échanges gazeux entre le sang, les poumons et les tissus

15 Énoncer la loi des pressions partielles de Dalton et la loi de Henry.

16 Décrire globalement et expliquer les différences entre la composition de l'atmosphère et celle du gaz alvéolaire.

17 Établir le rapport entre la loi des pressions partielles de Dalton, la loi de Henry et la respiration interne et externe.

Pendant la *respiration externe*, dans les poumons, l'oxygène entre dans le sang et le gaz carbonique en sort grâce au mécanisme de la diffusion. Ces gaz font, par le même mécanisme de diffusion, le trajet inverse dans les tissus, où le processus est appelé *respiration interne*. Pour bien comprendre ces processus, il faut se rappeler quelques propriétés physiques des gaz et étudier la composition des gaz alvéolaires.

Propriétés fondamentales des gaz

Deux autres lois des gaz nous fourniront les éléments nécessaires. La *loi des pressions partielles de Dalton* indique comment un gaz se comporte lorsqu'il est mélangé à d'autres gaz; et la *loi de Henry* nous aidera à comprendre le mouvement des gaz dans une solution.

Loi des pressions partielles de Dalton

Selon la **loi des pressions partielles de Dalton**, la pression totale exercée par un mélange de gaz est égale à la somme des pressions exercées par chacun des gaz constituants. En outre, la pression exercée par chaque gaz – sa **pression partielle** – est directement proportionnelle au pourcentage du gaz dans le mélange.

Comme l'indique le **tableau 22.4**, l'air est composé d'azote à 78,6 %; la pression partielle de l'azote (P_{N_2}) équivaut donc à 78,6 % × 760 mm Hg, soit à un peu plus de 597 mm Hg. L'oxygène, qui constitue près de 21 % de l'atmosphère, a une pression partielle (P_{O_2}) d'un peu moins de 159 mm Hg (20,9 % × 760 mm Hg). On constate que l'azote et l'oxygène fournissent près de 99 % de la pression atmosphérique totale. L'air contient aussi environ 0,04 % de gaz carbonique, jusqu'à 0,5 % de vapeur d'eau et des proportions négligeables de gaz inertes (c'est-à-dire qui ne sont pas métabolisés par l'organisme, tels l'argon et l'hélium).

En altitude, où les effets de la gravité sont moindres, toutes les pressions partielles diminuent, et ce, de façon directement proportionnelle à la diminution de la pression atmosphérique. Par exemple, à 3000 m au-dessus du niveau de la mer, la pression atmosphérique est de 523 mm Hg, et la P_{O_2} est de 110 mm Hg (au lieu de 159 mm Hg au niveau de la mer). De la même

TABLEAU 22.3	Mouvements non respiratoires de l'air
MOUVEMENT	**MÉCANISME ET RÉSULTAT**
Toux	Inspiration profonde, fermeture de la glotte et poussée de l'air des poumons contre la glotte; ouverture subite de la glotte et expulsion rapide de l'air; peut déloger des particules étrangères ou du mucus des voies respiratoires inférieures et propulser ces substances vers les voies supérieures.
Éternuement	Semblable à la toux, sauf que l'air est expulsé et par les cavités nasales et par la cavité orale; l'abaissement de l'uvule palatine dirige l'air vers les cavités nasales; libère les voies respiratoires supérieures.
Pleurs	Inspiration suivie de l'expulsion d'air en de courtes expirations; réaction émotionnelle.
Rire	Essentiellement les mêmes que ceux des pleurs au point de vue des mouvements de l'air; réaction émotionnelle.
Hoquet	Tentatives d'inspirations soudaines dues à des spasmes du diaphragme, mais qui se révèlent inutiles puisque la glotte se ferme; probablement déclenché par l'irritation du diaphragme ou des nerfs phréniques; le son est émis par le heurt de l'air inspiré contre les plis vocaux de la glotte fermée; réflexe qui apparaît dès la huitième semaine de développement chez l'embryon.
Bâillement	Inspiration très profonde prise la bouche grande ouverte; n'est pas déclenché par la concentration sanguine d'oxygène ou de dioxyde de carbone; ventile toutes les alvéoles (ce qui n'est pas le cas de la respiration calme normale); réflexe indéniablement contagieux!

TABLEAU 22.4	Comparaison des pressions partielles et des pourcentages approximatifs des gaz dans l'atmosphère et dans les alvéoles pulmonaires				
	ATMOSPHÈRE (AU NIVEAU DE LA MER)		**ALVÉOLES PULMONAIRES**		
GAZ	**POURCENTAGE APPROXIMATIF**	**PRESSION PARTIELLE (mm Hg)**	**POURCENTAGE APPROXIMATIF**	**PRESSION PARTIELLE (mm Hg)**	
N_2	78,6	597	74,9	569	
O_2	20,9	159	13,7	104	
CO_2	0,04	0,3	5,2	40	
H_2O	0,46	3,7	6,2	47	
	100	760	100	760	

manière, au-dessous du niveau de la mer, la pression atmosphérique augmente de 1 atm (760 mm Hg) tous les 10 m. Par conséquent, à 30 m au-dessous du niveau de la mer, la pression totale exercée sur l'organisme équivaut à 4 atm, ou 3040 mm Hg, et la pression partielle exercée par chaque gaz constituant est quadruplée.

Loi de Henry

Selon la **loi de Henry**, quand un gaz est en contact avec un liquide, chaque gaz se dissout dans le liquide en proportion de sa pression partielle. Par conséquent, plus un gaz est concentré dans le mélange gazeux, plus il se dissout en grande quantité et rapidement dans le liquide. Au point d'équilibre, les pressions partielles des gaz sont les mêmes dans les deux phases. Toutefois, si la pression partielle d'un gaz est plus forte dans le liquide que dans le mélange gazeux adjacent, une partie des molécules de gaz dissoutes réintègrent la phase gazeuse. La direction et le volume des mouvements d'un gaz sont donc déterminés par leurs pressions partielles (concentrations relatives) dans les deux phases. Telle est, exactement, la propriété qui préside aux échanges gazeux dans les poumons et les tissus.

Le volume d'un gaz qui se dissout dans un liquide à une pression partielle donnée dépend aussi de la *solubilité* du gaz dans le liquide et de la *température* du liquide. Les gaz de l'air ont des solubilités dans l'eau (ou dans le plasma) très différentes. Le gaz carbonique est le plus soluble, l'oxygène est peu soluble (20 fois moins que le gaz carbonique) et l'azote est encore deux fois moins soluble que l'oxygène. Par conséquent, pour une pression partielle donnée, il se dissoudra dans l'eau beaucoup plus de CO_2 que d'O_2, et très peu de N_2.

L'augmentation de la température d'un liquide a pour effet de diminuer la solubilité des gaz. Pour comprendre ce concept, pensez à l'eau gazéifiée, que l'on produit en injectant du CO_2 à haute pression dans l'eau. Si vous décapsulez une bouteille d'eau gazéifiée réfrigérée et la laissez reposer à la température ambiante, l'eau devient plate au bout de quelques minutes. Tout le CO_2 s'échappe.

Les *caissons hyperbares* constituent des applications médicales de la loi de Henry. Ces caissons contiennent de l'O_2 à des pressions dépassant 1 atm, et ils servent à faire entrer des quantités d'O_2 supérieures à la normale dans le sang d'un sujet atteint d'oxycarbonisme (intoxication par le monoxyde de carbone) ou d'une lésion tissulaire par suite d'une radiothérapie. Ces dispositifs servent également à traiter les personnes atteintes de gangrène gazeuse, car les bactéries anaérobies qui causent cette infection ne peuvent vivre en présence de fortes concentrations d'oxygène. Enfin, la loi de Henry trouve des applications dans le domaine de la plongée sous-marine. Si un plongeur remonte trop rapidement vers la surface, il risque de souffrir de la *maladie de décompression*, d'abord appelée maladie des caissons. Au cours de cette maladie, l'azote dissous dans le sang forme des bulles, lesquelles peuvent causer une embolie. C'est pour éviter ce problème que les plongeurs doivent effectuer des paliers de décompression successifs afin de permettre à l'azote de s'échapper progressivement. Les plongeurs doivent également se préoccuper de la *narcose de l'azote*, que le commandant Cousteau a appelé « ivresse des profondeurs ». À 30 m de profondeur, la quantité d'azote augmente dans le sang et dans les tissus, notamment ceux du cerveau, ce qui a pour effet de perturber les fonctions motrices et cognitives par suite de l'effet narcotique de ce gaz.

DÉSÉQUILIBRE HOMÉOSTATIQUE

Bien que l'inhalation d'O_2 à 2 atm soit inoffensive si elle est de courte durée, la **toxicité de l'oxygène** est particulièrement élevée à une P_{O_2} supérieure à 2,5 ou 3 atm. Les concentrations excessives d'O_2 produisent en effet de grandes quantités de radicaux libres nocifs, qui entraînent de graves atteintes au système nerveux central, voire le coma et la mort. ■

Composition du gaz alvéolaire

Comme le montre le tableau 22.4, la composition de l'atmosphère est bien différente de celle du gaz alvéolaire. Les alvéoles pulmonaires contiennent plus de CO_2 et de vapeur d'eau et beaucoup moins d'O_2 que l'atmosphère, laquelle est composée presque uniquement d'O_2 et de N_2. Ces différences s'expliquent par les processus suivants : (1) les échanges gazeux qui se produisent dans les poumons (diffusion de l'O$_2$ des alvéoles au sang pulmonaire et diffusion du CO$_2$ dans le sens inverse); (2) l'humidification de l'air qui s'effectue dans les zones de conduction et son effet de dilution sur l'O$_2$ et le N$_2$; (3) le mélange de gaz alvéolaires (entre le volume de gaz occupant l'espace mort anatomique et l'air qui entre dans les poumons) qui survient à chaque respiration. Parce que 500 mL d'air seulement entrent dans les conduits aériens à chaque inspiration courante, le gaz alvéolaire est en fait un mélange de gaz fraîchement inspirés et de gaz demeurés dans les conduits entre les respirations; l'air nouveau apporté à chaque inspiration ne constitue que le septième du volume total de l'air inspiré.

La P$_{O_2}$ et la P$_{CO_2}$ sont fortement influencées par la fréquence et l'amplitude de la respiration. Une forte ventilation alvéolaire apporte une grande quantité d'O$_2$ aux alvéoles, y augmente la P$_{O_2}$ et élimine rapidement le CO$_2$ des poumons.

Respiration externe

Pendant la respiration externe (échange gazeux dans les poumons), le sang rouge sombre qui s'écoule dans la circulation pulmonaire prend une couleur écarlate, puis il retourne au cœur gauche, d'où il est distribué à tous les tissus par les artères systémiques. Bien que le changement de couleur soit causé par la captation d'O$_2$ et sa fixation à l'hémoglobine des érythrocytes, l'échange de CO$_2$ (libération) est tout aussi rapide que celui de l'O$_2$.

Les trois facteurs suivants influent sur le mouvement de l'O$_2$ et du CO$_2$ à travers la membrane alvéolocapillaire:

1. les gradients de pression partielle et les solubilités des gaz;
2. la concordance entre la ventilation alvéolaire et la perfusion sanguine dans les capillaires alvéolaires;
3. les caractéristiques structurales de la membrane alvéolocapillaire.

Nous aborderons ces trois facteurs séparément dans les sections suivantes.

Gradients de pression partielle et solubilité des gaz

Les gradients de pression partielle de l'O$_2$ et du CO$_2$ assurent la diffusion des gaz à travers la membrane alvéolocapillaire. Le gradient de pression partielle de l'oxygène est élevé de part et d'autre de la membrane alvéolocapillaire, parce que la P$_{O_2}$ dans le sang désoxygéné des artères pulmonaires n'est que de 40 mm Hg, par rapport à une pression partielle d'environ 104 mm Hg dans les alvéoles. Par conséquent, l'O$_2$ diffuse rapidement des alvéoles au sang des capillaires pulmonaires (figure 22.17). L'équilibre – soit une P$_{O_2}$ de 104 mm Hg de part et d'autre de la membrane alvéolocapillaire – s'établit habituellement en 0,25 s, soit environ le tiers du temps qu'un érythrocyte passe dans un capillaire pulmonaire (figure 22.18). On en déduit que l'écoulement sanguin dans les capillaires pulmonaires peut s'effectuer trois fois plus vite sans que l'oxygénation s'en trouve diminuée.

Le gaz carbonique diffuse en sens inverse suivant un gradient de pression partielle beaucoup moins abrupt d'environ

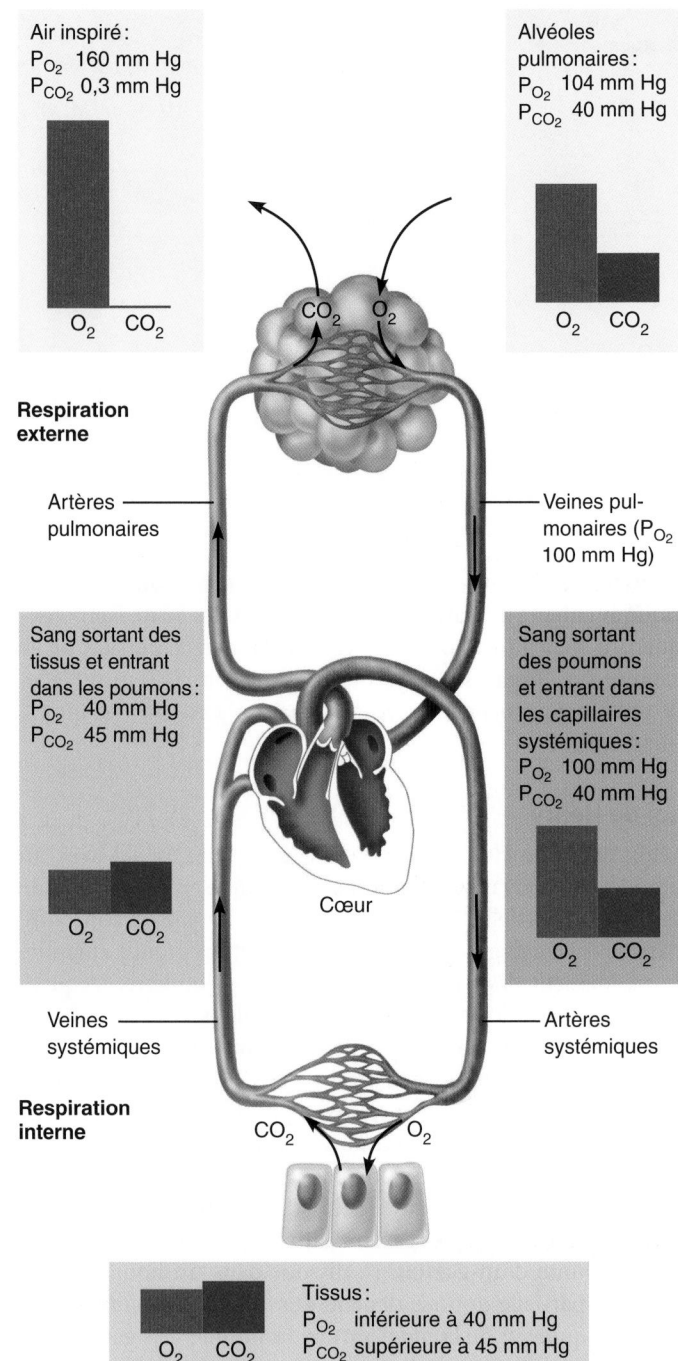

Figure 22.17 Gradients de pression partielle favorisant les mouvements des gaz dans l'organisme. Haut de la figure: gradients qui favorisent les échanges d'O$_2$ et de CO$_2$ à travers la membrane alvéolocapillaire (respiration externe). Bas de la figure: gradients qui favorisent les mouvements des gaz à travers les membranes des capillaires systémiques dans les tissus (respiration interne). (Notez que la petite diminution du P$_{O_2}$ dans le sang qui quitte les poumons est attribuable à la dilution partielle du sang des capillaires pulmonaires ayant moins de sang oxygéné.)

5 mm Hg (de 45 à 40 mm Hg) jusqu'à ce que soit atteint l'équilibre, à 40 mm Hg. Ensuite, le CO$_2$ est expulsé graduellement des alvéoles pendant l'expiration.

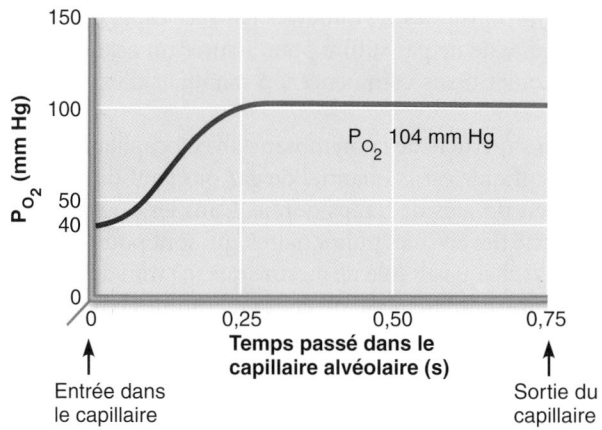

150

P_{O_2} (mm Hg)

100

P_{O_2} 104 mm Hg

50
40

0

0   0,25   0,50   0,75

Temps passé dans le capillaire alvéolaire (s)

Entrée dans le capillaire

Sortie du capillaire

Figure 22.18 Oxygénation du sang dans les capillaires alvéolaires. Notez que le temps écoulé entre le moment où le sang entre dans les capillaires alvéolaires (indiqué par 0) et celui où la P_{O_2} atteint 104 mm Hg est d'environ 0,25 s.

Bien que le gradient de pression de l'O_2 soit beaucoup plus élevé que celui du CO_2, ces gaz sont échangés en quantités égales. Pourquoi? Parce que la solubilité du CO_2 dans le plasma et dans le liquide alvéolaire est 20 fois plus grande que celle de l'O_2.

Couplage ventilation-perfusion

Les valeurs de pressions partielles alvéolaires données au tableau 22.4 correspondent à des mesures prises dans des alvéoles où il y a concordance, ou couplage, entre la quantité de gaz atteignant les alvéoles, c'est-à-dire la *ventilation*, et l'écoulement sanguin dans les capillaires irriguant les alvéoles, soit la *perfusion*. Pour que les échanges gazeux aient un maximum d'efficacité, cette concordance doit constamment exister. Ainsi que nous l'avons expliqué au chapitre 19, des mécanismes autorégulateurs locaux adaptent continuellement les conditions qui règnent dans les alvéoles.

Plus précisément, dans les alvéoles où la ventilation est inadéquate, la P_{O_2} est faible, comme l'indique la **figure 22.19a**. Par

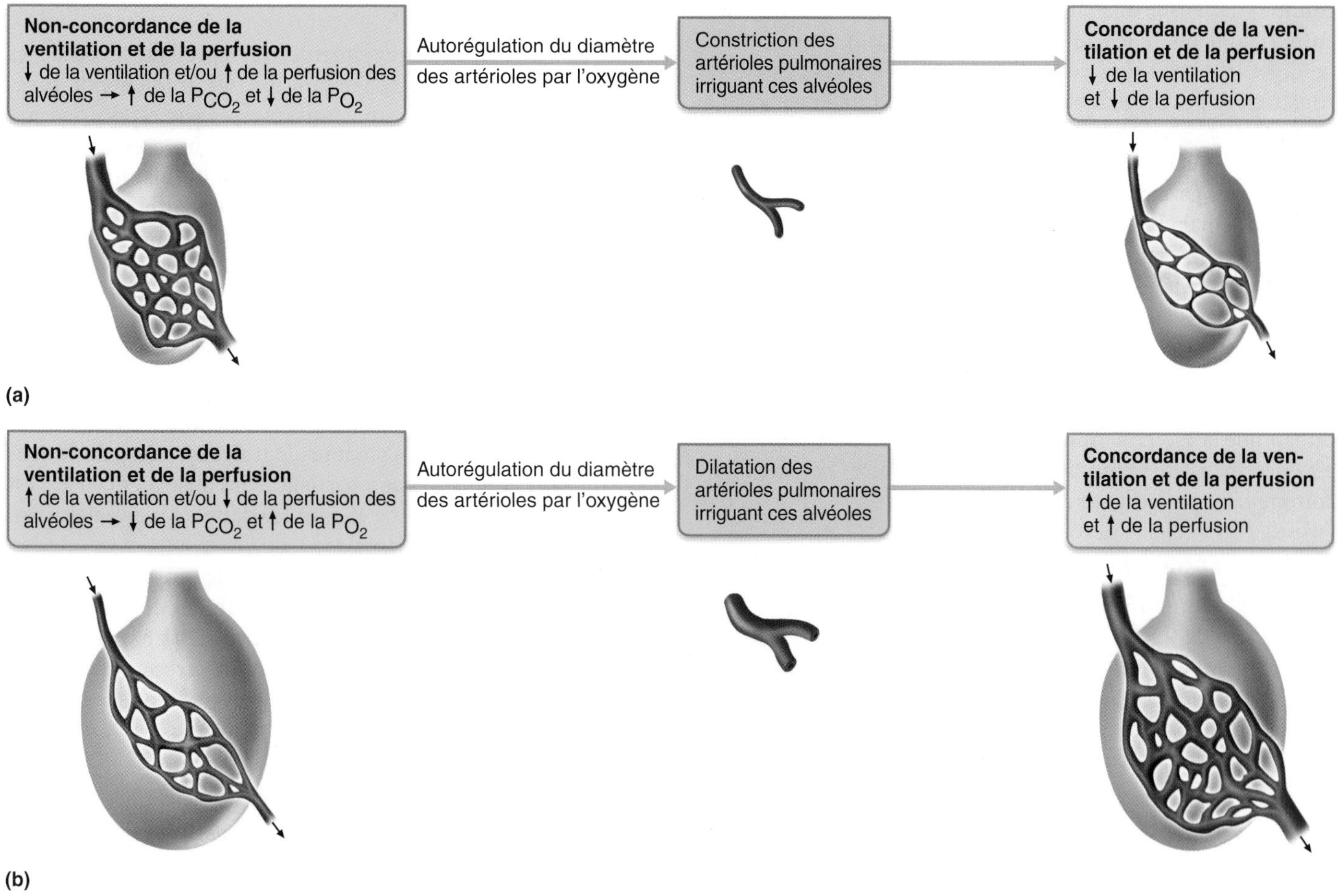

Non-concordance de la ventilation et de la perfusion
↓ de la ventilation et/ou ↑ de la perfusion des alvéoles → ↑ de la P_{CO_2} et ↓ de la P_{O_2}

Autorégulation du diamètre des artérioles par l'oxygène

Constriction des artérioles pulmonaires irriguant ces alvéoles

Concordance de la ventilation et de la perfusion
↓ de la ventilation et ↓ de la perfusion

(a)

Non-concordance de la ventilation et de la perfusion
↑ de la ventilation et/ou ↓ de la perfusion des alvéoles → ↓ de la P_{CO_2} et ↑ de la P_{O_2}

Autorégulation du diamètre des artérioles par l'oxygène

Dilatation des artérioles pulmonaires irriguant ces alvéoles

Concordance de la ventilation et de la perfusion
↑ de la ventilation et ↑ de la perfusion

(b)

Figure 22.19 Couplage ventilation-perfusion. Phénomènes autorégulateurs qui résultent en une concordance locale entre l'écoulement sanguin (perfusion) dans les capillaires alvéolaires et l'efficacité de la ventilation alvéolaire.

22

conséquent, les artérioles pulmonaires se contractent, et le sang est dévié vers les parties de la membrane alvéolocapillaire où la P_{O_2} est élevée et le captage de l'oxygène peut s'effectuer de manière plus efficace.

Dans les alvéoles où la ventilation est maximale, les artérioles pulmonaires se dilatent, et l'écoulement sanguin augmente dans les capillaires alvéolaires correspondants, comme on le voit dans la figure 22.19b. Notez que le mécanisme autorégulateur qui commande le muscle des artérioles pulmonaires est l'inverse de celui qui régit la plupart des artérioles de la circulation systémique.

Alors que les variations de la P_{O_2} dans les alvéoles influent sur le diamètre des vaisseaux sanguins (artérioles pulmonaires), les variations de la P_{CO_2} dans les alvéoles modifient le diamètre des *bronchioles*. Les bronchioles desservant les régions où la concentration alvéolaire de gaz carbonique est élevée se dilatent, et le CO_2 peut ainsi s'éliminer rapidement; inversement, les bronchioles desservant les régions où la P_{CO_2} est faible se contractent.

Le changement de diamètre des bronchioles et des artérioles fait en sorte que la ventilation alvéolaire et la perfusion pulmonaire sont toujours synchronisées. Une ventilation alvéolaire insuffisante fait diminuer la concentration de l'oxygène et augmenter celle du gaz carbonique dans les alvéoles. Par conséquent, les artérioles pulmonaires se contractent et les conduits aériens se dilatent, favorisant ainsi la synchronisation entre l'écoulement de l'air et celui du sang. L'augmentation de la P_{O_2} et la diminution de la P_{CO_2} dans les alvéoles causent la constriction des bronchioles et favorisent l'afflux de sang dans les capillaires alvéolaires.

Bien qu'ils établissent les meilleures conditions possible pour les échanges gazeux, ces mécanismes homéostatiques ne parviennent jamais à équilibrer complètement la ventilation et la perfusion dans chaque alvéole en raison d'autres facteurs. En particulier, (1) la gravité produit des variations dans l'écoulement du sang et de l'air dans les poumons et (2) la présence occasionnelle de mucus qui bloque le conduit alvéolaire crée des régions qui ne sont pas ventilées. Ces facteurs, de même que les anastomoses des veines bronchiques, sont responsables du fait que la P_{O_2} (100 mm Hg) du sang veineux des poumons est légèrement inférieure à celle de l'air alvéolaire (104 mm Hg), comme l'illustre la figure 22.17.

Épaisseur et superficie de la membrane alvéolocapillaire

Dans des poumons sains, la membrane alvéolocapillaire ne mesure que de 0,5 à 1 μm d'épaisseur, et l'échange gazeux est généralement très efficace. L'efficacité des échanges gazeux est également favorisée par le fait que l'oxygène et le gaz carbonique sont liposolubles; par conséquent, ils diffusent rapidement à travers la membrane plasmique des pneumocytes de type I et des cellules endothéliales des capillaires.

⚖ DÉSÉQUILIBRE HOMÉOSTATIQUE

L'épaisseur réelle de la membrane alvéolocapillaire augmente de manière considérable en cas d'œdème pulmonaire, notamment dans la pneumonie et l'insuffisance cardiaque gauche (voir p. 794). Dans une telle situation, même la durée totale (0,75 s) du transit des érythrocytes dans les capillaires pulmonaires risque de ne pas suffire pour assurer un échange gazeux adéquat, et les tissus commencent à manquer d'oxygène. ∎

Plus la superficie de la membrane alvéolocapillaire est étendue, plus grande est la quantité de gaz qui peut diffuser à travers elle en un laps de temps donné. Dans les poumons sains, la superficie des alvéoles pulmonaires, qui sont pourtant microscopiques (chaque alvéole ne mesure que 0,3 mm de diamètre), est immense. Elle atteint 90 m² chez un homme en bonne santé, soit approximativement 30 fois la superficie de sa peau!

⚖ DÉSÉQUILIBRE HOMÉOSTATIQUE

Certaines pneumopathies comme l'emphysème pulmonaire réduisent fortement la superficie effectivement consacrée aux échanges gazeux. Cette maladie cause la rupture des parois d'alvéoles adjacentes, agrandissant ainsi les cavités alvéolaires. De même, les tumeurs, le mucus et les substances inflammatoires entravent l'écoulement gazeux dans les alvéoles. L'ablation totale d'un poumon cancéreux constitue évidemment une baisse extrême de la surface de ventilation. ∎

Respiration interne

Dans le cas de la respiration interne, qui représente les échanges gazeux dans les tissus de l'organisme, les gradients de pression partielle et de diffusion sont inversés par rapport à ceux que nous venons de décrire pour la respiration externe et les échanges gazeux dans les poumons. Toutefois, les facteurs favorisant les échanges gazeux entre les capillaires systémiques et les cellules de l'organisme sont identiques à ceux qui prévalent dans les poumons (figure 22.17). Au cours de leurs activités métaboliques, les cellules produisent du CO_2 et consomment de l'O_2. Comme la P_{O_2} est toujours plus faible dans le liquide interstitiel des tissus que dans le sang artériel systémique (40 mm Hg contre 100 mm Hg), l'O_2 passe rapidement du sang aux tissus jusqu'à ce que l'équilibre soit atteint. En même temps, le CO_2 parcourt le trajet inverse dans le sens de son gradient de pression partielle. Par conséquent, la P_{O_2} est de 40 mm Hg et la P_{CO_2}, de 45 mm Hg dans le sang veineux issu des lits capillaires des tissus.

En résumé, les échanges gazeux entre le sang et les alvéoles pulmonaires et entre le sang et les cellules de l'organisme reposent sur la diffusion simple déterminée par les gradients de pression partielle de l'oxygène et du gaz carbonique régnant de part et d'autre des membranes à travers lesquelles se font les échanges.

VÉRIFIONS NOS ACQUIS

13. On vous remet un contenant scellé d'eau et d'air. La P_{CO_2} et la P_{O_2} de l'air sont de 100 mm Hg toutes les deux. Quelles sont les P_{CO_2} et P_{O_2} de l'eau? Les molécules de quel gaz sont dissoutes en plus grande quantité dans l'eau? Pourquoi?

14. La P_{O_2} dans les alvéoles est inférieure d'environ 56 mm Hg à celle de l'air inspiré. Expliquez pourquoi.

15. Supposons qu'un patient reçoit de l'oxygène. Les artérioles reliées aux alvéoles enrichies d'oxygène sont-elles dilatées ou contractées ? Quel est l'avantage de cette réaction physiologique ?

Les réponses se trouvent à l'appendice G.

Transport des gaz respiratoires dans le sang

Nous avons traité des respirations externe et interne l'une à la suite de l'autre pour souligner leur similarité, mais n'oubliez pas que c'est le sang qui transporte l'oxygène et le gaz carbonique entre ces deux lieux d'échange.

Transport de l'oxygène

18 Décrire comment l'oxygène est transporté dans le sang ; expliquer l'effet de la température, du pH, du 2,3-DPG et de la pression partielle du gaz carbonique sur la liaison et la dissociation de l'oxygène ; montrer comment le monoxyde d'azote intervient dans les échanges gazeux.

L'oxygène moléculaire est transporté dans le sang de deux façons : lié à l'hémoglobine à l'intérieur des érythrocytes et dissous dans le plasma. Étant donné sa faible solubilité dans l'eau, le plasma ne transporte sous forme de soluté qu'environ 1,5 % de l'oxygène. Du reste, si tel était le *seul* moyen de transport existant, il faudrait une P_{O_2} de 3 atm ou un débit cardiaque presque 17 fois supérieur à la normale pour fournir aux tissus la concentration physiologique d'oxygène ! Bien entendu, l'hémoglobine surmonte cette contrainte puisqu'elle transporte sous forme de combinaison instable 98,5 % de l'oxygène acheminé des poumons aux tissus.

Association et dissociation de l'oxygène et de l'hémoglobine

Ainsi que nous l'avons décrit au chapitre 17, l'hémoglobine (Hb) est composée de quatre chaînes polypeptidiques, dont chacune est liée à un groupement hème contenant un atome de fer (voir la figure 17.4). Comme l'oxygène se lie aux atomes de fer, chaque molécule d'hémoglobine peut se combiner à quatre molécules d'oxygène ($4 O_2$), en un processus rapide et réversible.

On représente la combinaison oxygène-hémoglobine, appelée **oxyhémoglobine**, par le symbole HbO_2 et l'hémoglobine qui a libéré l'oxygène, appelée **désoxyhémoglobine** (ou hémoglobine réduite), par le symbole **HHb**. On peut exprimer la liaison et la dissociation de l'O_2 par l'équation suivante :

$$HHb + O_2 \underset{\text{Tissus}}{\overset{\text{Poumons}}{\rightleftharpoons}} HbO_2 + H^+$$

Après la liaison de la première molécule d'O_2 au fer, la molécule d'hémoglobine change de forme (par suite de l'interaction entre le fer et les groupements latéraux des acides aminés de la globine). Sa nouvelle configuration lui permet de capter la deuxième molécule d'O_2 plus aisément que la première, et ainsi de suite jusqu'à la quatrième. Lorsque une, deux ou trois molécules d'O_2 sont liées à ses groupements hème, la molécule d'hémoglobine est dite *partiellement saturée* ; lorsque quatre molécules d'O_2 sont liées, la molécule d'hémoglobine est dite *pleinement saturée*. De même, la dissociation d'une molécule d'oxygène facilite encore plus la dissociation de la suivante. L'*affinité* (force de liaison) de l'hémoglobine pour l'oxygène varie donc suivant le degré de saturation de l'hémoglobine, ce qui rend l'opération liaison et dissociation de l'oxygène très efficace.

La vitesse à laquelle l'hémoglobine capte ou libère l'O_2 dépend de la P_{O_2}, de la P_{CO_2}, de la température, du pH sanguin et de la concentration de 2,3-DPG dans les érythrocytes. L'interaction de ces facteurs assure aux cellules un approvisionnement suffisant en O_2.

Influence de la P_{O_2} sur la saturation de l'hémoglobine La relation entre le degré de saturation de l'Hb et la P_{O_2} sanguine n'est pas linéaire, parce que l'affinité de l'hémoglobine pour l'O_2 varie en fonction des sites de fixation de l'O_2, comme nous venons de le décrire. La **courbe de dissociation de l'oxyhémoglobine** illustre cette relation (figure 22.20). Cette courbe sigmoïde (en forme de S) présente une pente abrupte entre 10 et 50 mm Hg, puis elle forme un plateau entre 70 et 100 mm Hg.

Au repos, dans des conditions normales (P_{O_2} de 100 mm Hg), l'hémoglobine du sang artériel est saturée à 98 %, et 100 mL de sang artériel systémique contiennent environ 20 mL d'O_2. Cette *teneur en oxygène* du sang artériel est de 20 % par volume[*]. Au cours du trajet du sang artériel dans les capillaires systémiques, environ 5 mL d'O_2 par 100 mL de sang sont libérés, ce qui abaisse la saturation de l'hémoglobine à 75 % et la teneur en O_2 à 15 % par volume dans le sang veineux.

Comme l'hémoglobine est presque complètement saturée dans le sang artériel, une respiration profonde accroît la P_{O_2} tant dans les alvéoles que dans le sang artériel, mais augmente très peu sa saturation. Rappelez-vous que les mesures de la P_{O_2} n'indiquent que la quantité d'O_2 dissoute dans le plasma, et non la quantité liée à l'hémoglobine. Toutefois, les mesures de la P_{O_2} fournissent de bons indices de la fonction pulmonaire, et une P_{O_2} dans le sang artériel sensiblement inférieure à la P_{O_2} dans les alvéoles indique un certain degré de trouble respiratoire.

La courbe de dissociation de l'oxyhémoglobine de la figure 22.20 donne deux renseignements importants. Premièrement, l'hémoglobine est presque complètement saturée à une P_{O_2} de 70 mm Hg, et les accroissements subséquents de cette pression n'augmentent que faiblement la liaison de l'O_2. De ce fait, la liaison de l'O_2 et son acheminement aux tissus peuvent demeurer adéquats lorsque la P_{O_2} dans l'air inspiré est de beaucoup inférieure aux valeurs habituelles, notamment en altitude et chez les personnes atteintes d'une maladie cardiopulmonaire.

22

---

[*] Un gramme d'hémoglobine fixe 1,39 mL d'O_2 ; il y a 15 g d'Hb par 100 mL de sang.

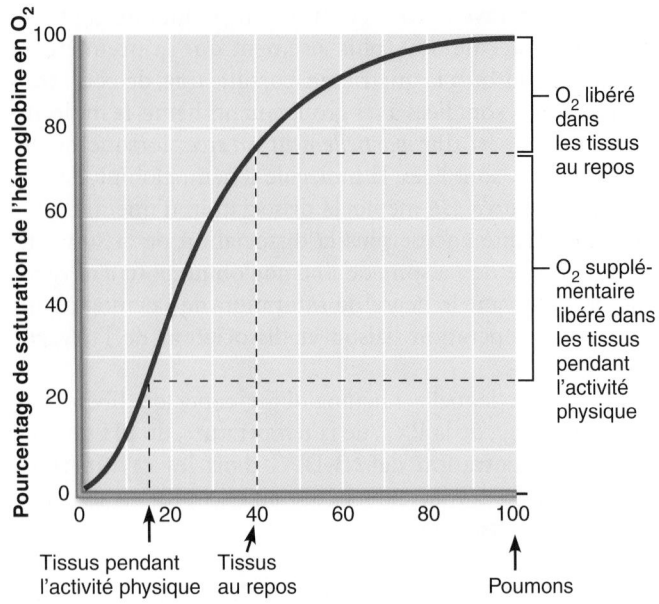

Figure 22.20 **Courbe de dissociation de l'oxyhémoglobine.**
Variation de la saturation de l'hémoglobine en fonction de celle de la P_{O_2}. Notez que l'hémoglobine est presque complètement saturée à une P_{O_2} de 70 mm Hg. La liaison et la dissociation rapides de l'O_2 se produisent aux valeurs de P_{O_2} correspondant à la partie fortement inclinée de la courbe. Dans la circulation systémique, 25 % environ de l'O_2 lié à l'hémoglobine est libéré dans les tissus au repos. Par conséquent, l'hémoglobine du sang veineux des tissus au repos demeure saturée en O_2 à 75 % après un parcours complet dans l'organisme. Pendant l'activité physique, la P_{O_2} peut descendre jusqu'à 15 mm Hg, causant la libération de 50 % de plus d'oxygène et abaissant la saturation de l'hémoglobine à seulement 25 %.

Deuxièmement, parce que la *dissociation* de l'O_2 se produit principalement dans la partie abrupte de la courbe, une légère baisse de la P_{O_2} entraînera une importante libération d'O_2. Normalement, de 20 à 25 % seulement de l'oxygène lié se dissocie pendant un tour de circuit systémique et des quantités substantielles d'O_2 demeurent disponibles dans le sang veineux (*réserve veineuse*). Par conséquent, si la P_{O_2} atteint de très bas niveaux dans les tissus, comme elle le fait pendant l'activité musculaire intense, une grande quantité d'O_2 peut se dissocier de l'hémoglobine et servir aux cellules pour la production d'ATP, sans augmentation du rythme respiratoire ou du débit cardiaque.

Nous n'avons considéré ici que l'hémoglobine A, c'est-à-dire celle de l'adulte. Le fœtus possède une hémoglobine F qui a une affinité plus grande pour l'oxygène que l'hémoglobine de la mère (voir le chapitre 17, p. 759).

Influence d'autres facteurs sur la saturation de l'hémoglobine

La température, le pH sanguin, la P_{CO_2} ainsi que la quantité de 2,3-DPG et de phosphates organiques comme l'ATP dans le sang influent sur la saturation de l'hémoglobine à une P_{O_2} donnée. Le 2,3-DPG (2,3-diphosphoglycérate), qui forme des liaisons réversibles avec l'hémoglobine réduite, est produit par les

érythrocytes au moment de la dégradation du glucose par un procédé anaérobie appelé glycolyse (rappelez-vous que les érythrocytes ne possèdent pas de mitochondries).

Tous ces facteurs influent sur la saturation de l'hémoglobine en modifiant sa structure tridimensionnelle et, par conséquent, son affinité pour l'O_2. En règle générale, une *augmentation* de la température, de la P_{CO_2}, des taux sanguins d'ions H^+ ou de 2,3-DPG réduit l'affinité de l'hémoglobine pour l'O_2, favorisant la dissociation de l'oxygène du sang. Ce phénomène est illustré par le déplacement vers la droite de la courbe de dissociation de l'oxyhémoglobine de la **figure 22.21**. (Les lignes en violet représentent les conditions normales, les lignes en bleu, le déplacement vers la gauche et les lignes en rouge, le déplacement vers la droite.)

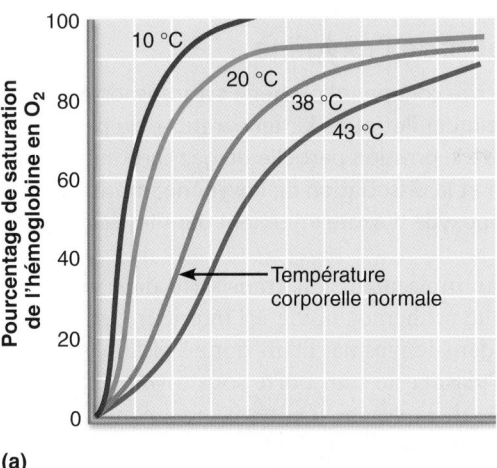

(a)

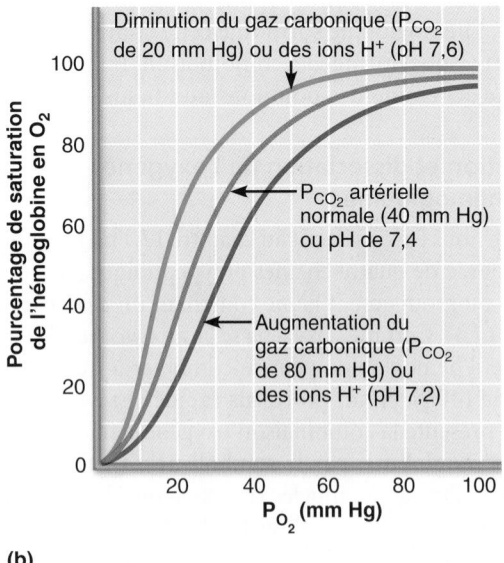

(b)

Figure 22.21 **Effets de la température, de la P_{CO_2} et du pH sanguin sur la courbe de dissociation de l'oxyhémoglobine.**
La dissociation de l'oxygène est favorisée par : **(a)** l'élévation de la température ; **(b)** l'augmentation de la P_{CO_2} et/ou de la concentration en ions H^+ (diminution du pH), ce qui incline la courbe de dissociation vers la droite. Cet effet est appelé effet Bohr.

Inversement, une *diminution* de l'un de ces facteurs accroît l'affinité de l'hémoglobine pour l'oxygène, ce qui en diminue la libération. Ce changement entraîne un déplacement de la courbe de dissociation de l'oxyhémoglobine vers la gauche (illustré par les lignes en bleu de la figure 22.21).

Si l'on réfléchit aux liens possibles entre ces facteurs, on remarque qu'ils atteignent tous leur point culminant dans les capillaires systémiques, où l'objectif premier est la dissociation de l'oxygène. À mesure qu'elles métabolisent le glucose et utilisent l'O_2, les cellules libèrent du CO_2, ce qui accroît la P_{CO_2} et la concentration sanguine d'ions H^+ dans les capillaires. La baisse du pH sanguin (acidose) et l'accroissement de la P_{CO_2} affaiblissent la liaison entre l'hémoglobine et l'oxygène – phénomène appelé **effet Bohr**. Par conséquent, l'apport d'oxygène aux tissus qui en ont le plus besoin est accéléré.

En outre, la chaleur est l'un des sous-produits du métabolisme cellulaire, et les tissus actifs sont généralement plus chauds que les tissus inactifs (la température des muscles actifs peut atteindre 40 °C). L'augmentation de la température a une incidence à la fois directe et indirecte sur l'affinité de l'hémoglobine pour l'O_2 (par son influence sur le métabolisme des érythrocytes et la synthèse du 2,3-DPG; le fait que ce dernier a une grande affinité pour l'hémoglobine réduite favorise la dissociation de l'oxyhémoglobine). Ensemble, ces facteurs font en sorte qu'une plus grande quantité d'O_2 se dissocie de l'hémoglobine au voisinage des tissus actifs.

⚖ DÉSÉQUILIBRE HOMÉOSTATIQUE

Quelle qu'en soit la cause, toute diminution de l'apport d'oxygène aux tissus est appelée **hypoxie**. Cet état est plus facilement détectable chez les personnes au teint pâle, car leur peau et leurs muqueuses prennent une teinte bleuâtre (elles deviennent *cyanosées*) lorsque la saturation de l'hémoglobine tombe sous la barre des 75%; chez les individus à la peau foncée, le changement de couleur ne s'observe que sur les muqueuses et le lit des ongles.

En fonction de sa cause, l'hypoxie peut être classée de la manière suivante:

1. **L'hypoxie des anémies** reflète un apport insuffisant d'O_2 en raison d'un nombre peu élevé d'érythrocytes ou d'une teneur anormale d'hémoglobine dans les érythrocytes.

2. **L'hypoxie d'origine circulatoire** traduit un ralentissement ou un arrêt de la circulation sanguine. L'insuffisance cardiaque peut provoquer une hypoxie généralisée, tandis que les emboles et les thrombus n'entravent l'apport d'oxygène que dans les tissus situés en aval.

3. **L'hypoxie histotoxique** survient lorsque les cellules de l'organisme sont incapables d'utiliser l'O_2, même lorsqu'il est fourni en quantité suffisante. Cette variété d'hypoxie est attribuable à l'absorption de poisons métaboliques, tel le cyanure.

4. **L'hypoxie d'origine respiratoire** se manifeste par une baisse de la P_{O_2} artérielle. Ses causes possibles comprennent les troubles ou les anomalies du mécanisme de couplage ventilation-perfusion, les pneumopathies qui altèrent la ventilation et l'inhalation d'air pauvre en O_2.

L'oxycarbonisme, soit l'intoxication par le monoxyde de carbone (CO), est une forme particulière d'hypoxie d'origine respiratoire, et elle constitue la principale cause de décès en cas d'incendie. Une présence de CO dans l'air inhalé d'aussi peu que 0,1% peut être fatale. Le CO, qui se trouve aussi dans les gaz d'échappement des moteurs à essence et dans la fumée de cigarette, est un gaz incolore et inodore qui dispute fortement à l'O_2 les sites de liaison de l'hème. Comme l'affinité de l'hémoglobine vis-à-vis du CO est 200 fois supérieure à celle de l'O_2, la concurrence est déloyale: même à des pressions partielles infimes, le monoxyde de carbone parvient à déloger l'oxygène. De plus, le CO déplace la courbe de dissociation vers la gauche, ce qui rend plus difficile la libération de la quantité déjà faible d'O_2 lié à l'hémoglobine.

L'oxycarbonisme est insidieux, car il ne produit pas les signes caractéristiques de l'hypoxie, soit la cyanose et la détresse respiratoire. Il se traduit plutôt par la désorientation et par une céphalée lancinante. Dans de rares cas, la peau pâle prend une couleur écarlate (celle du complexe Hb-CO), qui peut facilement passer pour un signe de bonne santé. Le traitement de l'oxycarbonisme vise l'élimination complète du CO. Il consiste à administrer de l'oxygène hyperbare (si possible) ou de l'oxygène à 100% puisque, en augmentant la concentration de l'O_2 dans le sang, on parvient à déloger progressivement le CO des molécules d'hémoglobine. ■

Transport du gaz carbonique

19 Décrire le transport du gaz carbonique dans le sang; définir l'effet Haldane.

Dans des conditions normales, les cellules produisent environ 200 mL de CO_2 par minute, soit exactement le volume que les poumons éliminent dans la même période, et le sang veineux contient 52 mL de CO_2 par 100 mL de sang. Le CO_2 qui est constamment libéré dans le sang par les tissus (soit 4 mL par 100 mL de sang) est transporté des cellules aux poumons sous trois formes (énumérées ici en ordre croissant d'importance): (1) sous forme de gaz dissous dans le plasma; (2) sous forme de complexe avec l'hémoglobine; et (3) sous forme d'ions bicarbonate dans le plasma (**figure 22.22**).

1. **Gaz dissous dans le plasma** (de 7 à 10%). Une petite quantité du CO_2 transporté est simplement dissoute dans le plasma.

2. **Complexe avec l'hémoglobine** (un peu plus de 20%). Une partie du CO_2 est liée et transportée dans les érythrocytes sous forme de **carbhémoglobine**:

$$CO_2 + Hb \rightleftharpoons HbCO_2$$
carbhémoglobine

Cette réaction est rapide et ne nécessite pas de catalyseur. Puisque le gaz carbonique se lie directement aux groupements amine des acides aminés de la *globine* (et non pas aux atomes de fer de l'hème), son transport dans les érythrocytes n'entrave pas celui de l'oxygène.

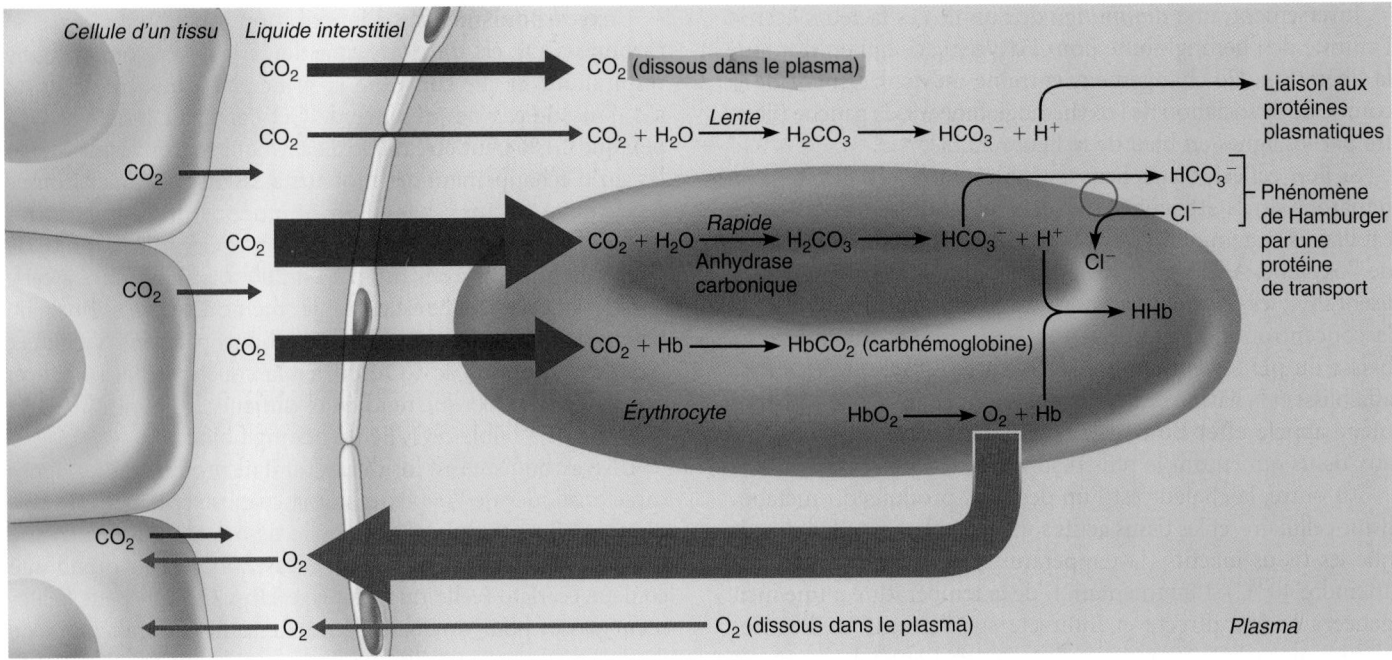

(a) Libération d'oxygène et absorption de gaz carbonique au niveau tissulaire

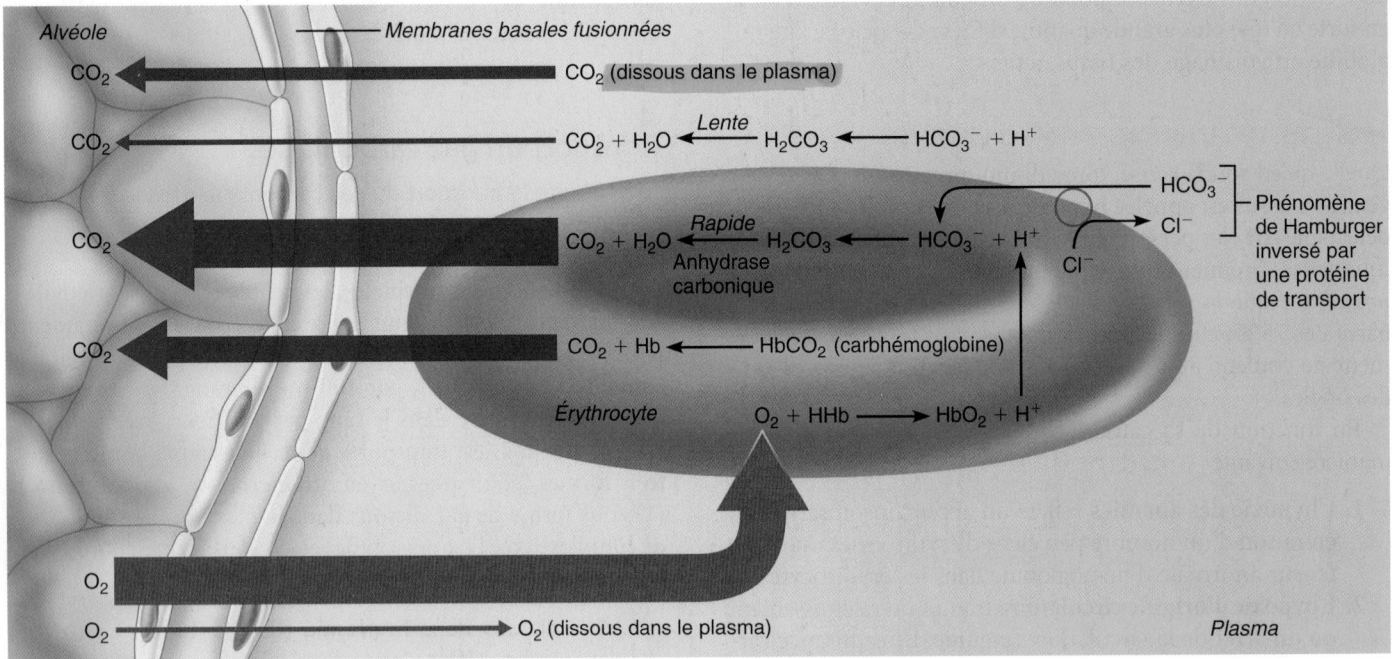

(b) Absorption d'oxygène et libération de gaz carbonique au niveau des poumons

Figure 22.22 Transport et échange du CO₂ et de l'O₂. La grosseur des flèches indique les quantités relatives d'O₂ et de CO₂ transportées de chacune des façons. (La désoxyhémoglobine est représentée par le symbole «HHb».)

La liaison et la dissociation du CO_2 sont directement influencées par la P_{CO_2} et le degré d'oxygénation de l'hémoglobine. Le CO_2 se dissocie rapidement de l'hémoglobine dans les poumons, car la P_{CO_2} est moindre dans l'air alvéolaire que dans le sang; le CO_2 se lie à l'hémoglobine dans les tissus, où la P_{CO_2} est plus élevée que dans le sang. La désoxyhémoglobine se combine plus facilement au gaz carbonique que l'oxyhémoglobine, comme nous le verrons plus loin dans la section portant sur l'effet Haldane.

3. **Ions bicarbonate dans le plasma** (environ 70 %). La plupart des molécules de gaz carbonique qui entrent dans le plasma pénètrent rapidement dans les érythrocytes. C'est là que se produisent la plupart des réactions qui préparent le CO_2 pour son transport dans le plasma sous forme d'**ions bicarbonate** (HCO_3^-). Comme le montre la figure 22.22a, le CO_2 dissous se combine à l'eau en diffusant dans les érythrocytes, et il forme de l'acide carbonique instable (H_2CO_3), lequel se dissocie rapidement en ions hydrogène et en ions bicarbonate :

$$CO_2 + H_2O \rightleftharpoons H_2CO_3 \rightleftharpoons H^+ + HCO_3^-$$

gaz   eau   acide   ion   ion
carbonique   carbonique hydrogène bicarbonate

Bien qu'elle se déroule aussi dans le plasma, cette réaction est environ 5000 fois plus rapide dans les érythrocytes, car ceux-ci (contrairement au plasma) contiennent de l'**anhydrase carbonique**, une enzyme qui catalyse de manière réversible la conversion du gaz carbonique et de l'eau en acide carbonique. Les ions hydrogène libérés par la dissociation de l'acide carbonique (et le CO_2 lui-même) abaissent le pH du cytoplasme des érythrocytes et diminuent l'affinité de l'O_2 pour l'hémoglobine, provoquant ainsi la libération des molécules d'O_2 (effet Bohr). Étant donné l'effet tampon de l'hémoglobine (sa capacité de capter momentanément les ions H^+), les ions H^+ libérés influent peu sur le pH, et le sang devient à peine plus acide (le pH passe de 7,4 à 7,34) en traversant les tissus.

Une fois produits, les ions HCO_3^- ont tôt fait de diffuser des érythrocytes au plasma, qui les transporte aux poumons. Pour compenser l'écoulement soudain de ces anions des érythrocytes, des ions chlorure (Cl^-) quittent le plasma et entrent dans les érythrocytes. Cet échange d'ions, appelé **phénomène de Hamburger**, se produit par diffusion facilitée au moyen d'une protéine de la membrane des érythrocytes.

Dans les poumons, le processus est inversé (figure 22.22b). Au cours du passage du sang dans la circulation pulmonaire, la P_{CO_2} passe de 45 à 40 mm Hg. Pour que cela puisse avoir lieu, les ions $HCO3^-$ et H^+ doivent s'unir à nouveau pour former du CO_2. Les ions HCO_3^- réintègrent les érythrocytes, et ils se lient aux ions H^+ pour donner de l'acide carbonique; les ions Cl^- retournent au plasma. À son tour, l'acide carbonique est retransformé par l'anhydrase carbonique en CO_2 et en eau. Ensuite, ce CO_2, de même que celui libéré par l'hémoglobine et celui en solution dans le plasma, diffuse du sang aux alvéoles dans le sens de son gradient de pression partielle.

Effet Haldane

Nous avons vu plus haut l'effet de la concentration du gaz carbonique et des ions H^+ sur l'affinité des molécules d'oxygène pour l'hémoglobine (effet Bohr). Inversement, la P_{O_2} dans les poumons ou les tissus influe sur l'affinité des molécules de CO_2 pour l'hémoglobine : c'est l'**effet Haldane**. La quantité de CO_2 transportée dans le sang est fonction du degré d'oxygénation du sang. Plus la P_{O_2} et la saturation de l'hémoglobine sont faibles, plus le sang peut transporter de CO_2. Ce phénomène, l'effet Haldane, est lié au fait que la désoxyhémoglobine a une forte tendance à former de la carbhémoglobine et à tamponner les ions H^+ en se liant à eux. En entrant dans la circulation systémique, le CO_2 abaisse le pH et facilite la dissociation de l'oxygène de l'oxyhémoglobine (effet Bohr). La dissociation du CO_2 favorise la formation de carbhémoglobine (effet Haldane).

L'effet Haldane favorise donc l'échange de CO_2 tant dans les tissus que dans les poumons. Dans la circulation pulmonaire, la situation que nous venons de décrire est inversée : le captage de l'O_2 facilite la libération du CO_2 (figure 22.22b). À mesure que l'hémoglobine se sature en O_2, les ions H^+ libérés se combinent aux HCO_3^- pour former du H_2CO_3 et, enfin, du CO_2, ce qui concourt à la diffusion du CO_2 vers les alvéoles.

Influence du CO_2 sur le pH sanguin

Typiquement, les ions H^+ libérés au cours de la dissociation de l'acide carbonique sont tamponnés par l'hémoglobine ou par d'autres protéines contenues dans les érythrocytes ou dans le plasma. Les ions HCO_3^- produits dans les érythrocytes diffusent dans le plasma, où ils servent de *réserve alcaline* dans le **système tampon acide carbonique-bicarbonate** du sang. Ce système revêt une grande importance pour l'équilibre du pH sanguin (voir l'équation au point 3 concernant le transport du CO_2). Si, par exemple, la concentration sanguine des ions H^+ commence à s'élever, les ions H^+ en excès se combinent à des ions HCO_3^- et forment de l'acide carbonique (acide faible). Si la concentration des ions H^+ dans le sang baisse au-dessous des valeurs adéquates, l'acide carbonique se dissocie, libérant des ions H^+ et diminuant de nouveau le pH.

Les variations de la fréquence et de l'amplitude respiratoires peuvent avoir un effet radical sur le pH sanguin en modifiant la teneur en acide carbonique du sang. Des respirations lentes et superficielles causent une accumulation de CO_2 dans le sang. De ce fait, la concentration d'acide carbonique s'accroît, et le pH sanguin diminue. Inversement, des respirations rapides et profondes chassent le CO_2 du sang et abaissent la concentration d'acide carbonique, augmentant ainsi le pH sanguin. La respiration joue donc un rôle essentiel dans l'ajustement d'un pH sanguin qui est modifié par un facteur métabolique ainsi que dans le maintien de l'équilibre acidobasique du sang, comme nous le verrons en détail au chapitre 26.

VÉRIFIONS NOS ACQUIS

16. Les tissus dont le métabolisme est rapide produisent de grandes quantités de CO_2 et d'ions H^+. Quel est l'effet de ce phénomène sur la libération de l'O_2 ? Comment appelle-t-on cet effet ?

17. Nommez les trois modes de transport du CO_2 dans le sang et donnez les pourcentages approximatifs de chacun.

18. Quelle est la relation entre le CO_2 et le pH du sang ? Expliquez votre réponse.

Les réponses se trouvent à l'appendice G.

Régulation de la respiration

La respiration n'est pas un acte aussi simple qu'il y paraît. Sa régulation est plus complexe qu'on pourrait le penser. Les centres nerveux supérieurs, les chimiorécepteurs et d'autres réflexes modifient le rythme respiratoire de base établi dans le bulbe rachidien.

Mécanismes nerveux

20 Décrire la régulation nerveuse de la respiration; nommer et situer les différents centres respiratoires et expliquer, dans l'état des connaissances actuelles, leurs rôles respectifs.

La régulation de la respiration repose essentiellement sur l'activité de neurones de la formation réticulaire, dans le bulbe rachidien et le pont. Dans un premier temps, nous décrirons le rôle du bulbe rachidien, qui établit le rythme respiratoire.

Centres respiratoires du bulbe rachidien

Des amas de neurones situés dans deux régions du bulbe rachidien semblent jouer un rôle essentiel dans la respiration : (1) le **groupe respiratoire dorsal** (**GRD**), situé sur la portion dorsale, à la racine du nerf crânien IX, dans la région du noyau solitaire; et (2) le **groupe respiratoire ventral** (**GRV**), réseau de neurones situé sur la portion ventrale du tronc cérébral et qui s'étend de la moelle épinière jusqu'à la jonction du bulbe rachidien et du pont **(figure 22.23)**.

Le GRV semble être un centre générateur du rythme respiratoire et un centre d'intégration. Il contient des groupes de neurones qui émettent des influx pendant l'inspiration et d'autres qui en émettent pendant l'expiration, en s'inhibant mutuellement. Les influx émis par les neurones inspiratoires le sont à une fréquence progressive lors d'une inspiration pour permettre une augmentation graduelle du volume pulmonaire; ces influx parcourent les **nerfs phréniques** et les **nerfs intercostaux**, qui stimulent respectivement le diaphragme et les muscles intercostaux externes (figure 22.23). Par conséquent, le thorax se dilate (les poumons augmentent de volume et la pression intraalvéolaire diminue), et l'air s'engouffre passivement dans les poumons. Lorsque les neurones expiratoires du GRV émettent des influx, le GRD devient inactif. Le relâchement des muscles inspiratoires a pour conséquence une diminution du volume de la cage thoracique; la compression des poumons et l'augmentation de la pression intraalvéolaire font sortir l'air des poumons : c'est l'expiration.

Cette activité cyclique des neurones inspiratoires et expiratoires est incessante et produit de 12 à 15 respirations par minute. Les phases d'inspiration durent environ 2 s et les phases d'expiration, environ 3 s. Cette fréquence respiratoire normale est appelée **eupnée** (*eu*: bien; *pnein*: respirer). Dans l'hypoxie grave, les réseaux du GRV provoquent des halètements (peut-être dans une ultime tentative pour apporter de l'oxygène à l'encéphale). La respiration est abolie quand un certain amas de neurones du GRV est complètement inhibé, en raison notamment d'une dose excessive de morphine ou d'alcool.

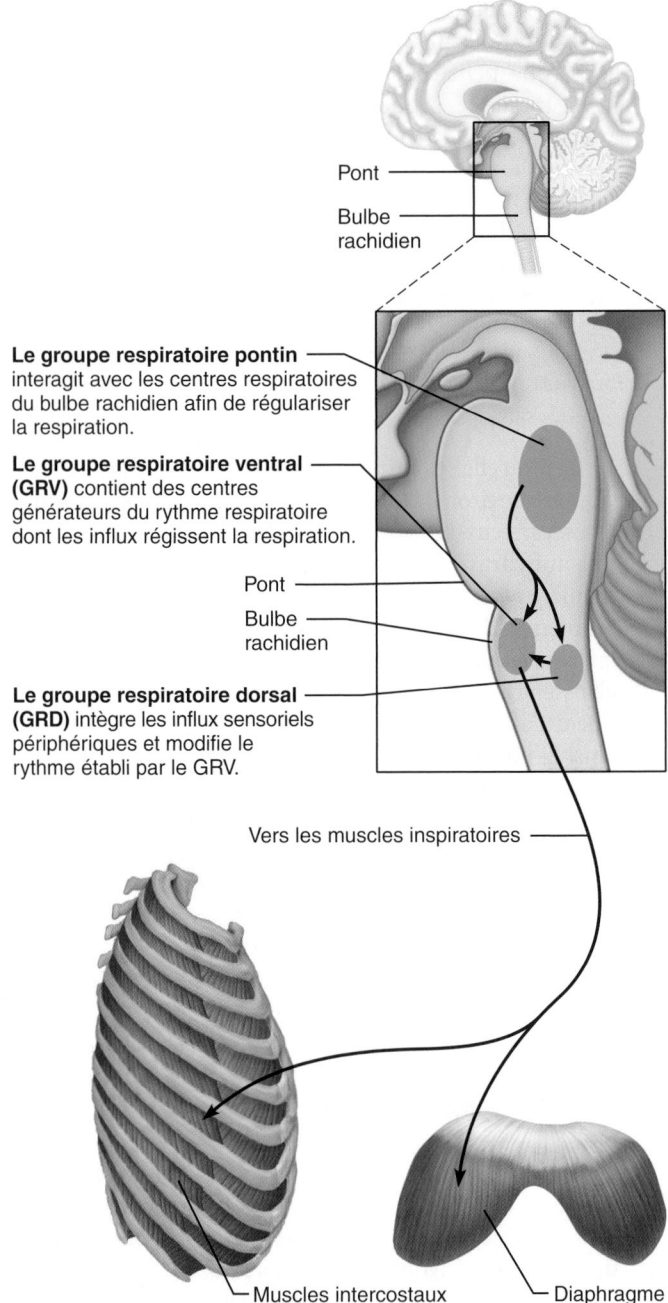

Pont
Bulbe rachidien

Le groupe respiratoire pontin interagit avec les centres respiratoires du bulbe rachidien afin de régulariser la respiration.

Le groupe respiratoire ventral (GRV) contient des centres générateurs du rythme respiratoire dont les influx régissent la respiration.

Pont
Bulbe rachidien

Le groupe respiratoire dorsal (GRD) intègre les influx sensoriels périphériques et modifie le rythme établi par le GRV.

Vers les muscles inspiratoires

Muscles intercostaux externes

Diaphragme

Figure 22.23 Emplacement des centres respiratoires et leurs liens hypothétiques. Les voies efférentes illustrées sont incomplètes. Les neurones du bulbe rachidien communiquent avec les neurones moteurs inférieurs de la moelle épinière; ces neurones ne sont pas illustrés afin de simplifier la figure.

Jusqu'à tout récemment, on pensait que le GRD agissait comme un centre respiratoire effectuant un grand nombre des tâches dont on sait maintenant qu'elles sont assumées par le GRV. On a découvert que, chez la presque totalité des mammifères, donc les êtres humains, le GRD intègre les influx provenant de l'étirement périphérique et des chimiorécepteurs (que nous présenterons plus loin) et transmet cette information au

22

GRV. Cette constatation peut sembler surprenante, mais de nombreux détails concernant ce système essentiel à la vie restent à découvrir.

Centres respiratoires pontins

Bien que le GRV engendre le rythme respiratoire fondamental, les centres respiratoires du pont influent sur l'activité des neurones du bulbe rachidien. Par exemple, les centres pontins semblent adoucir les transitions de l'inspiration à l'expiration, et vice versa. En présence de lésions de la partie supérieure du centre pneumotaxique (voir ci-après), les inspirations deviennent très longues – phénomène appelé *respiration apneustique*.

Le **groupe respiratoire pontin**, autrefois nommé *centre pneumotaxique*, et d'autres centres pontins transmettent des influx au GRV du bulbe rachidien (figure 22.23). Ces influx modifient et modulent le rythme respiratoire généré par le GRV pendant certaines activités, comme la parole, le sommeil et l'activité physique. Comme on peut s'y attendre, les centres respiratoires pontins, comme le GRD, reçoivent des influx des centres nerveux supérieurs et de divers récepteurs sensoriels périphériques.

Genèse du rythme respiratoire

Bien qu'il soit généralement admis que la respiration est un phénomène rythmique, on ne peut toujours pas expliquer l'origine de ce rythme. Une hypothèse suggère qu'il existe des *neurones générateurs* dotés de propriétés de régulation intrinsèques (automatiques) du rythme respiratoire, comme les cellules du centre rythmogène du cœur. Des neurones du GRV ont montré une certaine rythmicité, mais l'inhibition de cette activité n'abolit pas la respiration. Cette constatation a mené à une autre hypothèse plus largement acceptée, selon laquelle le rythme respiratoire normal résulterait de l'inhibition réciproque de réseaux de neurones interconnectés dans le bulbe rachidien. Ainsi, plutôt qu'un seul ensemble de neurones rythmogènes, il en existerait deux qui s'inhiberaient l'un l'autre et synchroniseraient leur activité pour générer un rythme.

Facteurs influant sur la fréquence et l'amplitude respiratoires

21 Comparer l'influence des réflexes déclenchés par le pH du sang artériel, les pressions partielles artérielles de l'oxygène et du gaz carbonique, les récepteurs pulmonaires, la volition et les émotions sur la fréquence et l'amplitude respiratoires.

L'amplitude respiratoire est déterminée par la fréquence des influx envoyés du centre respiratoire aux neurones moteurs qui régissent les muscles respiratoires. Plus la stimulation est intense, plus le nombre d'unités motrices excitées est grand et plus les contractions des muscles respiratoires sont intenses. La fréquence respiratoire, quant à elle, dépend de la durée de l'action du centre inspiratoire ou, inversement, de la rapidité de son inactivation.

La fréquence et l'amplitude respiratoires varient selon les besoins de l'organisme. Les centres respiratoires du bulbe rachidien et du pont sont sensibles à des stimulus excitateurs et inhibiteurs. Nous décrivons ci-après ces stimulus, dont la figure 22.24 présente un aperçu.

Facteurs chimiques

Parmi les nombreux facteurs susceptibles de modifier la fréquence et l'amplitude respiratoires, les plus importants sont les variations des concentrations de CO_2, d'O_2 et d'ions H^+ dans le sang artériel. Les récepteurs qui réagissent à ces fluctuations chimiques, appelés **chimiorécepteurs**, se divisent en deux grands groupes : les **chimiorécepteurs centraux** situés dans toutes les régions du tronc cérébral, y compris la région ventrale du bulbe rachidien, et les **chimiorécepteurs périphériques** logés dans la crosse de l'aorte et les artères carotides communes.

Influence de la P_{CO_2} Le CO_2 est le plus puissant et le plus étroitement contrôlé des facteurs chimiques influant sur la respiration. Normalement, la pression partielle de ce gaz dans le sang artériel est de 40 mm Hg. Elle varie d'au plus 3 mm Hg, grâce à un mécanisme homéostatique extrêmement sensible qui s'active principalement lorsque l'augmentation de la concentration de CO_2 stimule les chimiorécepteurs centraux du tronc cérébral (figure 22.25).

À mesure que s'élève la P_{CO_2} dans le sang – état appelé **hypercapnie** –, le CO_2 s'accumule dans l'encéphale. Il interagit avec l'eau pour former de l'acide carbonique. En se dissociant, l'acide carbonique libère des ions H^+ et le pH s'abaisse. La même réaction se produit lorsque le CO_2 entre dans les érythrocytes (voir p. 965). Les ions H^+ stimulent les chimiorécepteurs centraux, qui font d'abondantes synapses avec les centres de régulation de la respiration. L'amplitude et la fréquence de la respiration augmentent. Cet accroissement de la ventilation alvéolaire chasse le CO_2 hors du sang, ce qui élève le pH.

Une augmentation de 5 mm Hg seulement de la P_{CO_2} dans le sang artériel double la ventilation alvéolaire, et ce, même lorsque la concentration artérielle de l'O_2 et le pH restent inchangés. Quand la P_{O_2} et le pH sont inférieurs à la normale, la réaction à l'augmentation de la P_{CO_2} est encore plus marquée. L'accroissement de la ventilation cesse normalement de lui-même, au moment où la P_{CO_2} dans le sang revient à des niveaux homéostatiques. L'effet du CO_2 sur les centres respiratoires ne dure généralement que quelques heures. Par la suite, d'autres mécanismes interviennent pour rétablir le pH sanguin.

Notons que, si le stimulus initial est l'augmentation de la concentration du CO_2, c'est la hausse de la concentration d'ions H^+ survenant dans l'encéphale qui déclenche l'activité accrue des chimiorécepteurs *centraux*. (Le CO_2 diffuse facilement par la barrière hématoencéphalique, passant du sang à l'air, mais pas les ions H^+.) En dernière analyse, la régulation de la respiration au repos vise principalement à *maintenir la concentration des ions H^+ dans l'encéphale*.

⚠ DÉSÉQUILIBRE HOMÉOSTATIQUE

L'**hyperventilation** est une augmentation de la fréquence et de l'amplitude de la respiration qui excède les besoins d'élimination de CO_2 de l'organisme. L'hyperventilation involontaire

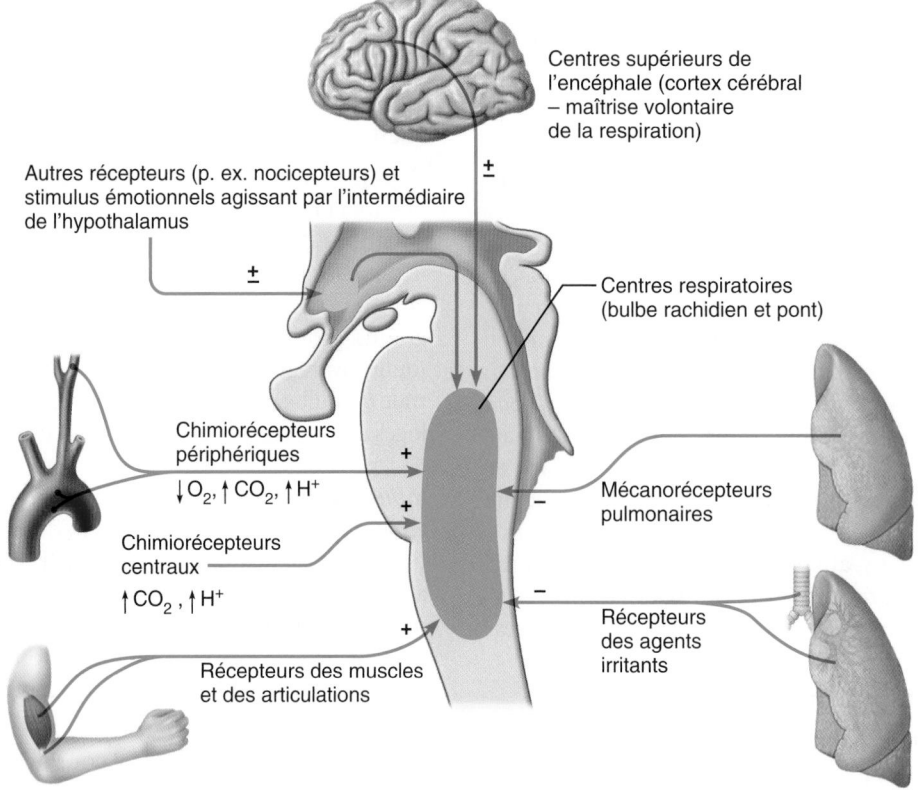

Figure 22.24 Influences nerveuses et chimiques s'exerçant sur les centres respiratoires du tronc cérébral. Les influences excitatrices (+) accroissent la fréquence des influx nerveux envoyés aux muscles de la respiration et mobilisent d'autres neurones moteurs, produisant une respiration profonde et rapide. Les influences inhibitrices (−) ont l'effet opposé. Dans certains cas, les influx peuvent être soit excitateurs, soit inhibiteurs (±), selon les récepteurs ou les régions de l'encéphale activés. Le cortex cérébral innerve aussi directement les neurones moteurs des muscles de la respiration (pas illustré).

accompagne souvent les crises d'anxiété, et elle peut alors entraîner des étourdissements et l'évanouissement. En effet, la diminution de la concentration sanguine du CO_2 (**hypocapnie**) cause la constriction des vaisseaux cérébraux et provoque ainsi une ischémie cérébrale passagère. Les premiers symptômes de l'hyperventilation sont des fourmillements et des spasmes musculaires involontaires (tétanie) des mains et du visage causés par la baisse de la concentration sanguine du CO_2 à mesure que le pH augmente. On recommande parfois aux personnes qui connaissent de telles crises de respirer dans un sac de papier. Le fait d'inspirer à nouveau l'air expiré augmente la concentration sanguine de gaz carbonique, ce qui a pour effet de diminuer le pH du liquide cérébrospinal. Toutefois, cette technique peut s'avérer dangereuse si la personne est couchée ou s'il s'ensuit un état d'hypoxie (d'où l'importance de laisser un espace entre le sac et la bouche). Par ailleurs, on estime que de 5 à 10 % de la population souffre d'*hyperventilation chronique*. Dans ce cas, la respiration, qui se fait surtout de la poitrine (par les muscles intercostaux), peut atteindre une fréquence de 40 respirations par minute: ces personnes sont souvent atteintes de malaises dont la cause – qu'elles ignorent – est due à une concentration sanguine trop faible en gaz carbonique. La solution consiste alors à apprendre un type de respiration abdominale (par le diaphragme). ■

Lorsque la P_{CO_2} est anormalement basse, la respiration est inhibée; elle devient lente et superficielle. En fait, des périodes d'**apnée** (arrêt de la respiration qui peut ne pas dépasser 10 s mais se répéter plus de 15 fois par heure) peuvent survenir jusqu'à ce que la P_{CO_2} dans le sang artériel et la concentration des ions H^+ dans le sang artériel et le liquide cérébrospinal s'élèvent et fassent reprendre la respiration.

Au cours de compétitions, certains nageurs pratiquent l'hyperventilation afin de pouvoir retenir leur souffle plus longuement. Il s'agit d'une pratique extrêmement dangereuse. En temps ordinaire, le fait de retenir son souffle abaisse rarement la concentration sanguine de l'O_2 à moins de 60 % de la normale, car, à mesure que diminue la pression partielle de l'oxygène, la P_{CO_2} s'élève suffisamment pour rendre la respiration irrépressible. Or, l'hyperventilation systématique peut abaisser la P_{CO_2} à un point tel qu'une phase de latence précède son retour à des niveaux propres à restaurer la respiration. Au cours de

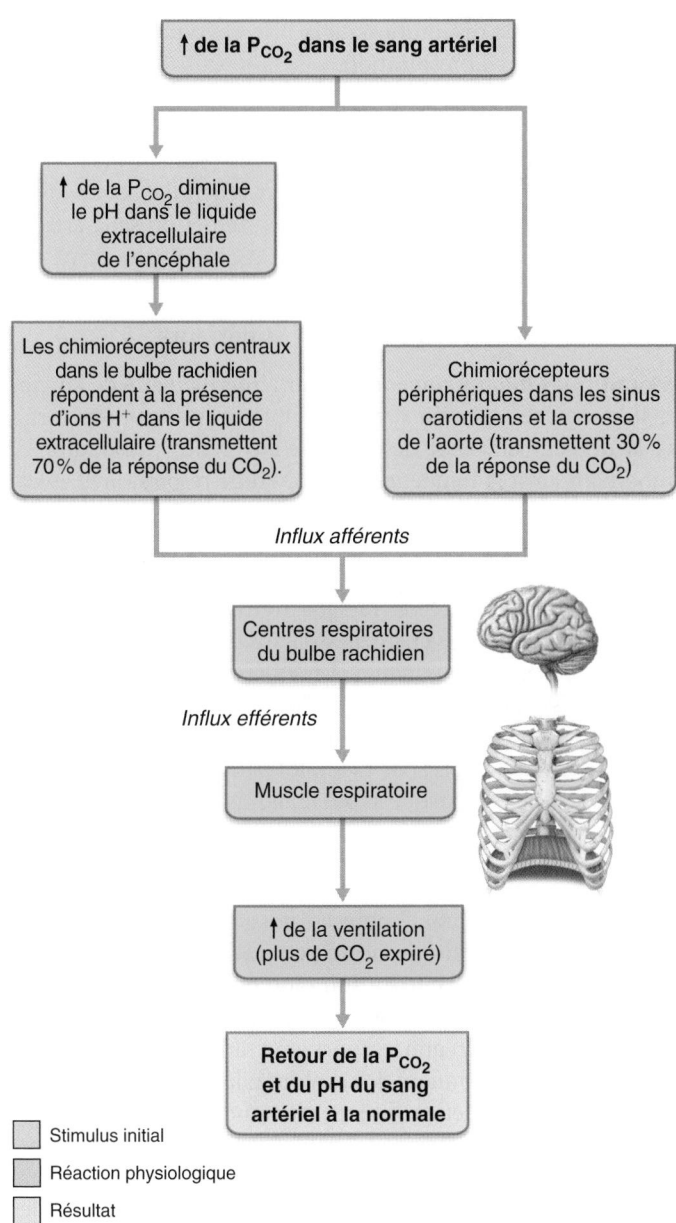

Figure 22.25 **Mécanisme de rétro-inhibition par lequel les modifications de la P_{CO_2} et du pH sanguin régulent la ventilation.**

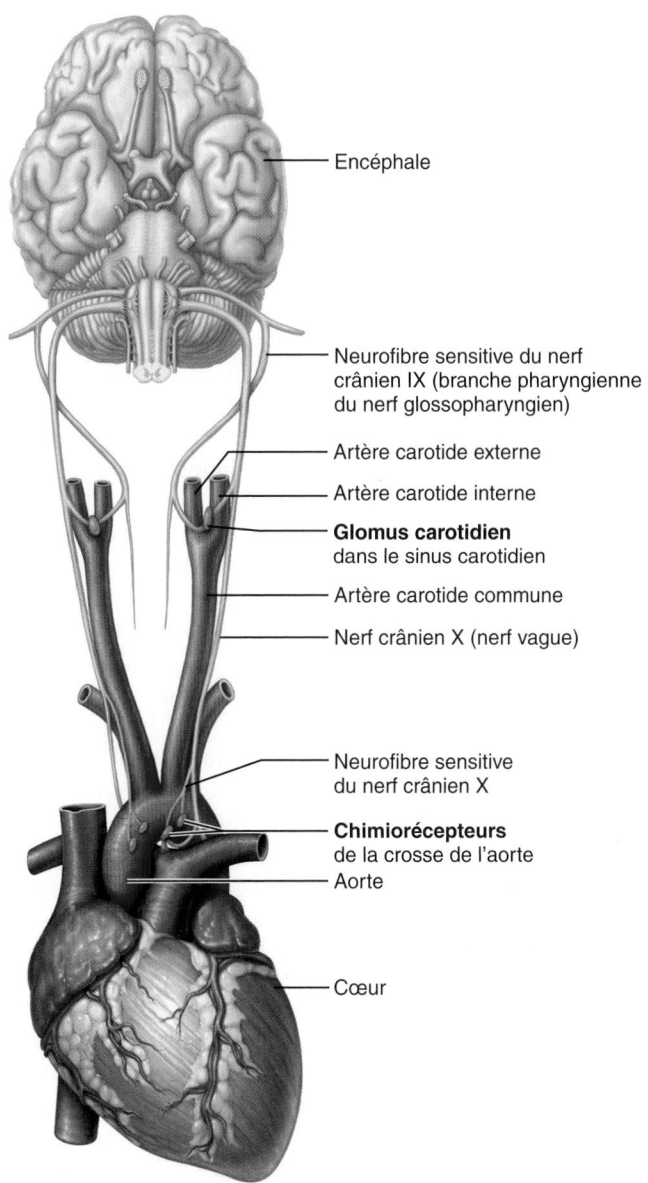

Figure 22.26 **Situation et innervation des chimiorécepteurs périphériques dans la crosse de l'aorte et les sinus carotidiens.**

cette phase de latence, la pression de l'oxygène peut descendre au-dessous des 50 mm Hg, et le nageur peut s'évanouir (risquant ainsi la noyade) avant d'éprouver le besoin de respirer.

Influence de la P_{O_2} Les cellules sensibles à la concentration artérielle d'oxygène se trouvent dans les chimiorécepteurs périphériques, c'est-à-dire dans la **crosse de l'aorte** et dans les **sinus carotidiens (glomus carotidien) (figure 22.26)**. Les chimiorécepteurs des glomus carotidiens sont les principaux détecteurs de l'oxygène.

Dans des conditions normales, l'effet de la diminution de la P_{O_2} sur la ventilation est faible et se limite à une augmentation de la sensibilité des récepteurs périphériques à l'élévation

de la P_{CO_2}. La P_{O_2} dans le sang artériel doit diminuer *substantiellement*, soit descendre à au moins 60 mm Hg, pour influer sur la ventilation (à cette dernière valeur, la ventilation alvéolaire augmente du double). Le phénomène n'est pas aussi paradoxal qu'il y paraît. Rappelez-vous en effet que d'énormes réserves d'O_2 sont liées à l'hémoglobine et que celle-ci reste presque complètement saturée (à 75 %) tant que la P_{O_2} dans le gaz alvéolaire et dans le sang artériel reste au-dessus de 60 mm Hg. En deçà de cette valeur, un individu est en hypoxémie. Les centres du tronc cérébral commencent à souffrir du manque d'O_2, et leur activité ralentit. Simultanément, les chimiorécepteurs périphériques sont excités et stimulent les centres respiratoires, qui commandent une augmentation de la ventilation, même si la P_{CO_2} est normale. Le système des chimiorécepteurs périphériques peut donc maintenir la ventilation alvéolaire en présence de faibles concentrations alvéolaires d'O_2, même si les centres du tronc cérébral sont inactivés par l'hypoxie (conséquence de l'hypoxémie).

Influence du pH artériel Les variations du pH artériel peuvent modifier la fréquence et le rythme respiratoires, même si les concentrations de CO_2 et d'O_2 sont normales. Contrairement au CO_2, les ions H^+ diffusent plutôt mal du sang vers l'encéphale; c'est pourquoi l'effet direct de la concentration artérielle d'ions H^+ sur les chimiorécepteurs centraux est insignifiant, comparativement à celui des ions H^+ engendrés par l'élévation de la P_{CO_2} dans le liquide cérébrospinal. L'accroissement de la ventilation qui survient en réaction à la diminution du pH artériel prend son origine dans les chimiorécepteurs périphériques.

Bien que les variations de P_{CO_2} et celles de la concentration d'ions H^+ soient reliées, d'autres facteurs peuvent modifier la concentration de H^+. En effet, une baisse du pH sanguin peut provenir de la rétention du CO_2, mais elle peut aussi résulter de la production d'acides par le métabolisme cellulaire. Parmi ces causes, on compte l'accumulation d'acide lactique pendant l'exercice ou celle de métabolites d'acides gras (ou corps cétoniques) chez les patients dont le diabète est mal contrôlé. Quelle que soit la cause de la diminution du pH artériel, les mécanismes de régulation de la respiration tentent de la compenser en éliminant l'acide carbonique du sang sous forme de CO_2 et de H_2O. Par conséquent, la fréquence et l'amplitude respiratoires augmentent.

Résumé des interactions entre la P_{CO_2}, la P_{O_2} et le pH artériel Bien que chacune des cellules de l'organisme ait besoin d'oxygène, la nécessité d'éliminer le CO_2 est le principal stimulus de la respiration chez le sujet sain. Le système respiratoire est « suréquipé » pour obtenir l'O_2, mais il parvient tout juste à éliminer le CO_2. Cependant, nous l'avons vu, le CO_2 n'agit pas isolément, et divers facteurs chimiques renforcent ou inhibent mutuellement leurs effets. Voici un résumé de ces interactions.

1. *L'accroissement de la concentration de CO_2 est le plus puissant stimulus respiratoire.* À mesure que le CO_2 est transformé en acide carbonique dans le tissu de l'encéphale, les ions H^+ libérés stimulent directement les chimiorécepteurs centraux, causant ainsi une augmentation réflexe de la fréquence et de l'amplitude respiratoires. De faibles P_{CO_2} ralentissent la respiration.

2. *Dans des conditions normales, la P_{O_2} dans le sang n'influe qu'indirectement sur la respiration en modifiant la sensibilité des chimiorécepteurs périphériques aux variations de la P_{CO_2}. De faibles P_{O_2} augmentent les effets de la P_{CO_2}; de fortes pressions partielles de l'O_2 affaiblissent l'efficacité de la stimulation par le CO_2.*

3. *Lorsqu'elle descend au-dessous de 60 mm Hg dans le sang artériel (hypoxémie), la P_{O_2} devient le principal stimulus de la respiration, et la ventilation augmente par le biais des réflexes déclenchés par les chimiorécepteurs périphériques. Ce phénomène peut accroître le captage de l'O_2 dans le sang, mais il entraîne aussi une hausse du pH sanguin*

relative à la diminution de la P_{CO_2} (hypocapnie); ce facteur inhibe la respiration.

4. *Les variations du pH artériel résultant de la rétention de CO_2 ou de la production d'acides par le métabolisme cellulaire modifient la ventilation par l'intermédiaire des chimiorécepteurs périphériques; à son tour, la ventilation modifie la P_{CO_2} et le pH dans le sang artériel. Le pH du sang artériel n'a pas d'effet direct sur les chimiorécepteurs centraux.*

Influence des centres cérébraux supérieurs

Mécanismes hypothalamiques Par l'intermédiaire de l'hypothalamus et du reste du système limbique, les émotions fortes et la douleur envoient des signaux aux centres respiratoires, modifiant ainsi la fréquence et l'amplitude respiratoires. Avez-vous déjà eu le souffle coupé en touchant un objet froid et visqueux? Cette réaction a été commandée par l'hypothalamus. Il en va de même lorsque nous retenons notre respiration dans un moment de colère ou lorsque notre rythme respiratoire s'accélère durant un événement excitant. L'élévation de la température corporelle augmente la fréquence respiratoire, tandis qu'une baisse de température produit l'effet inverse. Le refroidissement soudain du corps (une baignade dans l'Atlantique Nord à la fin d'octobre, par exemple) peut causer un arrêt respiratoire (apnée) ou risque à tout le moins de couper le souffle.

Mécanismes corticaux (volition) Bien que la respiration soit normalement un acte involontaire régi par les centres respiratoires du tronc cérébral, il nous est possible de modifier la fréquence et l'amplitude de notre respiration, par exemple en choisissant de retenir notre respiration ou de prendre une profonde inspiration. (C'est ce que font ceux et celles qui pratiquent la plongée en apnée, sport grâce auquel on a découvert le pouvoir impressionnant de la volonté: la Canadienne Mandy Cruickshank, qui détient le record mondial féminin dans ce domaine, a réussi à rester sous l'eau durant 6 min sans respirer; certains résistent, paraît-il, jusqu'à 8 min!) Dans ces circonstances, les centres corticaux communiquent directement avec les neurones moteurs commandant les muscles respiratoires, et les centres du bulbe rachidien n'interviennent pas.

La capacité de retenir volontairement notre respiration est toutefois limitée, pour la plupart d'entre nous, car les centres respiratoires du tronc cérébral la rétablissent lorsque la concentration de CO_2 atteint un niveau critique dans le sang. C'est pourquoi on trouve généralement de l'eau dans les poumons des victimes de noyade.

Réflexes déclenchés par les agents irritants pulmonaires

Les poumons contiennent des récepteurs qui réagissent à une très grande variété d'agents irritants. Une fois activés, ces récepteurs communiquent avec les centres respiratoires par l'intermédiaire de neurones afférents du nerf vague. Dans les bronchioles, le mucus accumulé, la poussière et les vapeurs nocives stimulent des récepteurs qui en provoquent la constriction réflexe. Les mêmes agents irritants engendrent la toux lorsqu'ils se logent dans la trachée et dans les bronches, et ils déclenchent l'éternuement s'ils se trouvent dans les cavités nasales.

Réflexe de distension pulmonaire

La plèvre viscérale et les conduits des poumons contiennent de nombreux mécanorécepteurs que la distension pulmonaire – dans les cas où le VC dépasse 1,5 L – stimule vigoureusement. Ils envoient alors des influx inhibiteurs, acheminés par des neurofibres afférentes du nerf vague, au centre inspiratoire du bulbe rachidien; ces derniers mettent fin à l'inspiration et déclenchent l'expiration. À mesure que les poumons se rétractent, les mécanorécepteurs n'envoient plus d'influx nerveux, et l'inspiration reprend. On pense que ce réflexe, appelé **réflexe de distension pulmonaire**, ou **réflexe de Hering-Breuer**, constitue davantage un mécanisme de protection (pour prévenir la distension excessive des poumons) qu'un mécanisme de régulation normal.

VÉRIFIONS NOS ACQUIS

19. Quelle région du tronc cérébral semble engendrer le rythme respiratoire?

20. Quel facteur chimique du sang fournit habituellement le stimulus le plus puissant de la respiration? Quels chimiorécepteurs jouent le rôle le plus important dans cette réponse?

Les réponses se trouvent à l'appendice G.

Adaptation de la respiration

22 Comparer l'hyperpnée provoquée par l'exercice avec l'hyperventilation involontaire.

23 Décrire l'acclimatation à l'altitude et ses effets.

Exercice

Pendant l'exercice physique, la respiration s'adapte tant à l'intensité qu'à la durée de l'effort. Les muscles actifs consomment de prodigieuses quantités d'oxygène et produisent aussi beaucoup de gaz carbonique. Ainsi, pendant l'exercice intense, la ventilation est de 10 à 20 fois supérieure à la normale. On appelle **hyperpnée** cette augmentation de la ventilation visant à répondre aux besoins du métabolisme.

Elle se distingue de l'hyperventilation par le fait que les changements respiratoires associés à l'hyperpnée n'ont pas grande influence sur la concentration de l'oxygène et du gaz carbonique dans le sang. L'hyperventilation, par contre, provoque l'hypocapnie et l'alcalose parce que la sortie plus élevée de CO_2 n'est pas accompagnée par une augmentation de sa production.

L'accroissement de la ventilation en période d'exercice *ne* semble *pas* lié à l'élévation de la P_{CO_2}, à la diminution de la P_{O_2} ou à la baisse du pH dans le sang, et ce, pour deux raisons. Premièrement, la ventilation s'intensifie brusquement au début de la période d'exercice (avant même que les concentrations d'oxygène et de gaz carbonique aient pu être modifiées), après quoi elle augmente graduellement, puis se stabilise. À la fin de la période d'exercice, il y a d'abord une petite diminution de la ventilation, qui survient soudainement, puis un retour progres-

sif à l'état habituel. Deuxièmement, pendant l'exercice, la P_{O_2} et la P_{CO_2} changent dans le sang veineux, mais elles restent constantes dans le sang artériel. En fait, la P_{CO_2} peut tomber en deçà des valeurs artérielles normales, tandis que la P_{O_2} peut s'élever très légèrement, par suite de l'efficacité des adaptations respiratoires. Les raisons de ce phénomène sont mal connues, mais il est généralement accepté qu'elles s'énoncent comme suit.

L'augmentation soudaine de la ventilation observée au début de la période d'exercice est liée à l'interaction de trois facteurs nerveux:

1. les stimulus psychiques (la préparation mentale à l'exercice);
2. l'activation simultanée des muscles squelettiques et des centres respiratoires par le cortex moteur;
3. les propriocepteurs des muscles, des tendons et des articulations, qui envoient des influx nerveux excitateurs aux centres respiratoires.

L'augmentation graduelle et la stabilisation de la ventilation qui se produisent par la suite reflètent probablement le débit du CO_2 dans les poumons (le «flux de CO_2»). La petite diminution brusque de la ventilation, à la fin de la période d'exercice, traduit la cessation des trois mécanismes nerveux indiqués ci-dessus. Le déclin graduel de la ventilation (vers la valeur de repos) qui s'ensuit est probablement attribuable à la baisse du flux de CO_2 qui survient lorsque la dette d'oxygène est remboursée. L'augmentation de la concentration d'acide lactique qui contribue au déficit en oxygène n'est pas due à une insuffisance de la fonction respiratoire, car la ventilation alvéolaire et la perfusion pulmonaire concordent tout aussi bien pendant l'exercice qu'au repos (l'hémoglobine demeure pleinement saturée). Elle résulte plutôt des limites du débit cardiaque ou de l'incapacité des muscles squelettiques d'augmenter leur consommation d'oxygène.

Les athlètes qui, tels les joueurs de football, inhalent de l'oxygène pur pour hâter le ravitaillement de leur organisme se leurrent. L'athlète essoufflé manque effectivement d'oxygène, mais le supplément ne lui est d'aucun secours, car le déficit est d'origine musculaire et non pulmonaire.

Altitude

Une grande partie des habitants de l'hémisphère Nord vivent entre le niveau de la mer et une altitude de 2400 m. Les variations de la pression atmosphérique dans cette plage ne sont pas assez marquées pour incommoder les individus en bonne santé qui séjournent en altitude pendant de courtes périodes. Toutefois, si une personne se déplace rapidement d'une région située au niveau de la mer vers une région située à plus de 2400 m d'altitude, où la pression atmosphérique et la P_{O_2} sont plus faibles, son organisme présente des symptômes du *mal d'altitude*, caractérisé par des céphalées, de l'essoufflement, des nausées et des étourdissements. Cette affection est courante chez les voyageurs qui fréquentent les stations de ski de Brian Head, dans l'Utah (2900 m), ou de Chamonix, en France (3300 m). Dans les cas graves, le mal d'altitude peut causer un œdème pulmonaire ou cérébral mortel.

22

Lorsqu'une personne originaire d'une région située au niveau de la mer s'établit en montagne *de façon prolongée*, son organisme procède à des adaptations respiratoires et hématopoïétiques – processus appelé **acclimatation**. Ainsi que nous l'avons expliqué précédemment, la diminution de la P_{O_2} dans le sang artériel accroît la sensibilité des chimiorécepteurs centraux aux augmentations de la P_{CO_2} et, si la baisse est substantielle, elle stimule directement les chimiorécepteurs périphériques. Les centres respiratoires tentent alors de ramener les échanges gazeux aux valeurs habituelles, et la ventilation s'accroît. Au bout de quelques jours, la ventilation-minute se stabilise à environ 3 L/min de plus qu'au niveau de la mer. Parce que l'augmentation de la ventilation alvéolaire abaisse la concentration de gaz carbonique, la P_{CO_2} est typiquement inférieure à 40 mm Hg (sa valeur au niveau de la mer) chez les individus vivant en altitude.

Comme la quantité d'oxygène à capter est moindre en altitude qu'au niveau de la mer, le degré de saturation de l'hémoglobine est toujours inférieur à la normale. À 6000 m, par exemple, le sang artériel n'est saturé qu'à 67 % (contre 98 % au niveau de la mer). Mais l'hémoglobine ne libère que de 20 à 25 % de son oxygène au niveau de la mer, si bien que sa faible saturation en altitude ne compromet en rien l'apport d'oxygène aux tissus au repos. De plus, en altitude, l'affinité de l'hémoglobine pour l'oxygène diminue en raison d'une augmentation de la concentration de 2,3-DPG, si bien qu'une quantité accrue d'oxygène est relâchée dans les tissus. Cela explique le fait que des populations réussissent à vivre en permanence à des altitudes aussi élevées que celles des Andes péruviennes (5100 m). On comprend aussi pourquoi le plus haut sommet du monde – le mont Everest, avec ses 8850 m d'altitude et sa pression atmosphérique qui n'est plus que le tiers de celle du niveau de la mer (et une P_{O_2} de 53 mm Hg) – a été escaladé plus de 1800 fois entre 2000 et 2006. Le plus souvent, ces expéditions s'effectuent avec l'aide de guides porteurs (sherpas) originaires du Tibet qui n'ont même pas besoin de bouteilles d'oxygène.

Si les tissus d'une personne se trouvant en altitude reçoivent suffisamment d'oxygène dans des conditions normales, il en va tout autrement lorsque les systèmes cardiovasculaire et respiratoire sont astreints à des efforts extrêmes dans un minimum de temps. (Les athlètes qui ont participé aux Jeux olympiques d'été de 1968, sur le haut plateau de Mexico, à 2250 m d'altitude, en ont fait la pénible expérience.) Faute d'une acclimatation complète, l'hypoxie est presque inéluctable.

Enfin, l'acclimatation à long terme comporte une phase lente (de quelques semaines à quelques mois) au cours de laquelle les reins, à la suite de la diminution de la concentration d'oxygène dans le sang, accélèrent la production d'érythropoïétine, l'hormone qui stimule la production des érythrocytes dans la moelle osseuse (voir le chapitre 17, p. 736-737); durant cette phase, il se produit aussi une augmentation du nombre de capillaires tissulaires (l'hypoxie induit la production de facteurs angiogéniques) et des modifications cellulaires (plus de mitochondries et de myoglobine, par exemple) qui améliorent l'efficacité de la respiration interne.

21. Une joueuse de football blessée arrive à l'urgence en ambulance. Il est évident qu'elle est en détresse respiratoire et sa respiration est rapide. Sa P_{CO_2} est de 26 mm Hg et son pH à 7,5. Souffre-t-elle d'hyperventilation ou d'hyperpnée? Expliquez votre réponse.

22. Quelle adaptation à long terme le corps effectue-t-il lorsqu'une personne vit en altitude?

Les réponses se trouvent à l'appendice G.

Déséquilibres homéostatiques du système respiratoire

24 Comparer les causes et les conséquences de la bronchite chronique, de l'emphysème pulmonaire, de l'asthme, de la tuberculose et du cancer du poumon.

Le système respiratoire est particulièrement vulnérable aux maladies infectieuses, parce qu'il est exposé aux agents pathogènes et à toute une variété de substances nocives contenues dans l'air. Au Canada, trois millions de personnes sont atteintes, à des degrés divers, de maladies respiratoires; ces dernières constituent la troisième cause de mortalité. En France, elles font chaque année 34 000 victimes. Nous avons déjà traité d'affections inflammatoires telles la rhinite et la laryngite. Nous nous pencherons ici sur les troubles respiratoires les plus invalidants: la *bronchopneumopathie chronique obstructive* (BPCO), l'*asthme*, la *tuberculose* et le *cancer du poumon*. La BPCO et le cancer du poumon sont au nombre des conséquences les plus dévastatrices de l'usage du tabac. Reconnu de longue date comme un facteur des maladies cardiovasculaires, le tabac s'attaque aux poumons avec plus d'opiniâtreté encore qu'au cœur et aux vaisseaux sanguins.

Bronchopneumopathie chronique obstructive

La **bronchopneumopathie chronique obstructive** (**BPCO**), qui comprend l'emphysème pulmonaire et la bronchite chronique, constitue l'une des principales causes de décès et d'invalidité. D'ici 2020, elle deviendra la troisième cause de mortalité dans le monde. Ces deux maladies se caractérisent principalement par une diminution irréversible de la capacité d'expulser l'air hors des poumons. La bronchite chronique et l'emphysème pulmonaire ont aussi d'autres caractéristiques en commun (figure 22.27):

1. Plus de 80 % des personnes atteintes sont des fumeurs ou d'anciens fumeurs.
2. Elles provoquent la **dyspnée** – c'est-à-dire une respiration qui devient de plus en plus difficile.
3. Elles s'accompagnent de toux et de fréquentes infections pulmonaires.
4. Elles dégénèrent la plupart du temps en insuffisance respiratoire, laquelle se manifeste par l'**hypoventilation** (ventilation insuffisante par rapport aux besoins du

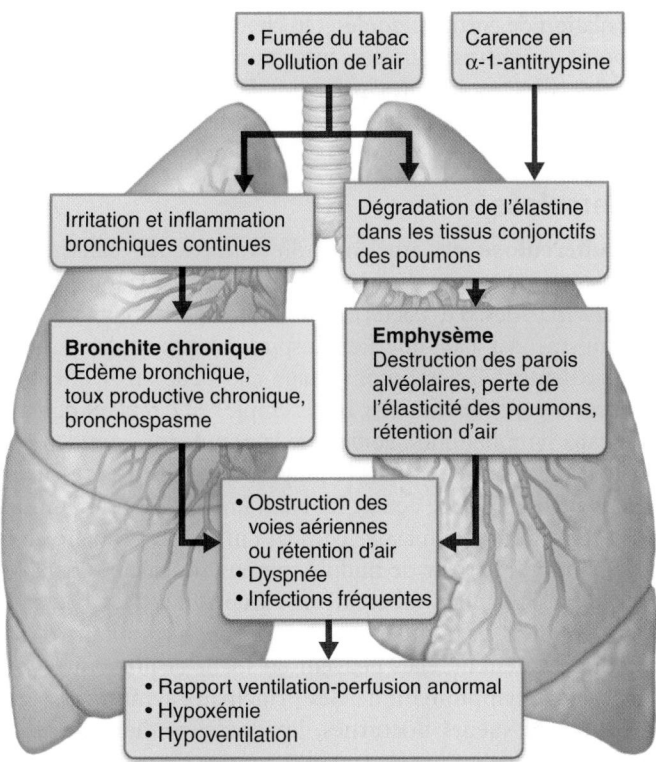

Figure 22.27   Pathogenèse de la BPCO.

métabolisme, causant la rétention du CO_2), l'acidose respiratoire et l'hypoxémie.

L'**emphysème pulmonaire** se caractérise par une distension permanente des alvéoles associée à une destruction des parois alvéolaires. Immanquablement, les poumons perdent leur élasticité. Cette perte a trois importantes conséquences pour les personnes atteintes. (1) Elles doivent utiliser des muscles de l'expiration forcée pour expirer, ce qui leur vaut d'être constamment épuisées, car la respiration accapare chez elles de 15 à 20 % des réserves d'énergie (contre 5 % chez les individus en bonne santé). (2) Les bronchioles s'ouvrent durant l'inspiration mais, comme nous l'avons mentionné, elles s'affaissent pendant l'expiration, emprisonnant ainsi de grandes quantités d'air dans les alvéoles. La distension alvéolaire entraîne une dilatation permanente du thorax, qui prend un aspect en tonneau. De plus, elle cause l'étalement du diaphragme, ce qui réduit l'efficacité de la ventilation. (3) La désintégration de la paroi des alvéoles entraîne une réduction du nombre de capillaires pulmonaires, d'où une augmentation de la résistance dans la circulation pulmonaire. Le ventricule droit se voit ainsi imposer un surplus de travail et s'hypertrophie. Bien que l'usage du tabac et l'exposition à certains polluants (notamment ceux présents sur les chantiers de construction, entre autres endroits) semblent être particulièrement nocifs, on met en cause des facteurs héréditaires (par exemple, carence en alpha-1-antitrypsine) dans certains cas l'emphysème pulmonaire.

Dans la **bronchite chronique**, l'inhalation d'agents irritants cause une production excessive de mucus dans la muqueuse des voies respiratoires inférieures ainsi que l'inflammation et la fibrose du tissu. Il s'ensuit une obstruction des conduits aériens de même qu'une altération de la ventilation pulmonaire et des échanges gazeux. Les infections pulmonaires sont fréquentes parce que les accumulations de mucus constituent un milieu propice à la prolifération bactérienne. En revanche, la dyspnée est moins marquée que chez les personnes atteintes d'emphysème pulmonaire. Les facteurs qui prédisposent à la bronchite chronique sont l'usage du tabac et, à un moindre degré, la pollution atmosphérique.

En milieu hospitalier, on rencontre deux types de patients très différents qui représentent les extrêmes de la bronchopneumopathie chronique obstructive. Il y a d'abord ceux qui peinent tellement à maintenir une ventilation adéquate qu'ils perdent du poids, mais dont les gaz dans le sang demeurent normaux. Ces patients sont appelés *pink puffers* (littéralement : essoufflés roses). Les autres, de carrure plus massive, deviennent suffisamment hypoxiques pour présenter une cyanose évidente, d'où l'appellation *blue bloaters*, (littéralement : gonflés bleus). L'hypoxie cause la constriction des vaisseaux sanguins des poumons, ce qui provoque l'hypertension pulmonaire et une insuffisance cardiaque droite. Le premier type de patients est habituellement associé à l'emphysème pulmonaire, et le second, à la bronchite chronique.

Évidemment, dans les faits, la situation n'est pas aussi tranchée. En réalité, les patients ayant la même maladie sous-jacente peuvent présenter l'une ou l'autre de ces deux conditions, selon un troisième facteur : la force de leur pulsion respiratoire. La plupart des personnes atteintes de BPCO se trouvent entre ces deux extrêmes.

La BPCO est habituellement traitée par des médicaments en aérosol (inhalateurs) ; les bronchodilatateurs tels les agonistes β-adrénergiques et des anti-inflammatoires comme les corticostéroïdes sont parmi les plus utilisés. La dyspnée grave et l'hypoxie nécessitent l'administration d'oxygène. Pour quelques patients, un traitement chirurgical appelé *chirurgie de réduction du volume pulmonaire* peut être bénéfique. Cette intervention consiste à faire l'ablation d'une partie des poumons ayant subi une forte augmentation de volume afin de donner de l'espace aux tissus pulmonaires restants. Elle ne prolonge pas la vie des patients, mais elle leur permet de faire davantage d'activité physique et d'avoir une meilleure qualité de vie, mais à un coût très élevé.

On donne généralement de l'oxygène aux patients atteints de BPCO présentant une détresse respiratoire aiguë. L'oxygène doit cependant être administré avec soin. Chez certains patients, l'oxygène pur peut augmenter la P_{CO_2} (et abaisser le pH du sang) à un niveau dangereux. On pensait que cette réaction était causée par une perte subite de la stimulation par l'hypoxie. Selon cette hypothèse, la réaction des chimiorécepteurs à la présence de CO_2 s'adapte à une P_{CO_2} chroniquement élevée (devenant ainsi non fonctionnelle), ce qui fait que seul un déficit d'oxygène peut déclencher une ventilation adéquate. Toutefois, on ne pense pas que ce soit le cas, puisque l'administration d'oxygène ne modifie pratiquement pas la ventilation. On pense plutôt que deux autres facteurs sont en cause. Premièrement,

22

l'oxygène dilate les artérioles pulmonaires, ce qui augmente la perfusion et aggrave le couplage ventilation-perfusion, qui est déjà mauvais. Deuxièmement, l'oxygène est à l'origine de la libération d'une plus grande quantité de CO_2 porté par l'hémoglobine (effet Haldane). Celui-ci se déverse alors dans les alvéoles, d'où il ne peut plus être éliminé en raison de la maladie sous-jacente. On pourrait éviter ce problème en utilisant simplement la concentration minimale d'oxygène qui soulage l'hypoxie du patient.

Asthme

L'**asthme** se caractérise par des épisodes de toux (de quelques minutes à quelques heures), de dyspnée, de respiration sifflante et de sensation de gêne respiratoire – épisodes apparaissant seuls ou combinés. La plupart des crises aiguës s'accompagnent également d'un sentiment de panique. Souvent inclus dans la BPCO en raison de sa nature obstructive, l'asthme se caractérise par une alternance de périodes d'exacerbation aiguë et de périodes asymptomatiques; donc, il est *réversible*.

Les causes de l'asthme sont difficiles à déterminer. On a cru pendant longtemps qu'il s'agissait d'une maladie causée par des bronchospasmes déclenchés par l'air froid, l'exercice ou les allergènes. Toutefois, lorsqu'ils ont constaté que la bronchoconstriction avait relativement peu d'effet sur l'écoulement de l'air dans les poumons, les chercheurs ont approfondi les recherches. Ils ont alors découvert que la maladie commence d'abord par une inflammation active des voies aériennes (laquelle peut effectivement provoquer des bronchospasmes). L'inflammation des voies aériennes est une réponse immunitaire régie par des lymphocytes T_H2, un sous-ensemble de lymphocytes T auxiliaires qui, en sécrétant certaines interleukines, stimulent la production d'IgE et mobilisent des cellules inflammatoires (notamment les granulocytes éosinophiles) (voir le chapitre 21, p. 915).

Chez une personne souffrant d'asthme allergique, l'inflammation persiste même durant les périodes asymptomatiques et entraîne un état d'hypersensibilité des voies aériennes. (Les agents irritants domestiques sont les principaux déclencheurs de l'asthme, soit les allergènes provenant des mites, des blattes, des chats, des chiens et des champignons microscopiques.) L'épaississement des parois des voies aériennes par l'exsudat inflammatoire amplifie grandement l'effet du bronchospasme et peut réduire considérablement l'écoulement de l'air.

Chez les enfants, l'asthme est devenu la maladie chronique la plus répandue. Au Québec, 300 000 enfants en souffrent. En France, 10 % des enfants et 7 % des adultes en sont atteints. D'après l'Organisation mondiale de la santé, les décès associés à cette maladie augmenteront de 10 % dans le monde d'ici 20 ans. Au cours des 20 dernières années, le nombre de cas d'asthme a considérablement progressé, mais cette hausse semble s'être stabilisée. Bien que l'asthme demeure un problème de santé important, de nouvelles options de traitement ont commencé à réduire le nombre de décès causés par cette maladie. Plutôt que de simplement réduire les symptômes de l'asthme au moyen de bronchodilatateurs inhalés qui procurent un soulagement en quelques minutes, on favorise maintenant le traitement de l'inflammation sous-jacente par l'inhalation de corticostéroïdes. On cherche également à mettre au point de nouveaux traitements visant à limiter l'inflammation des voies respiratoires, par exemple au moyen d'antileucotriènes et d'anticorps dirigés contre les anticorps IgE du patient.

Tuberculose

La **tuberculose** est une maladie infectieuse causée par *Mycobacterium tuberculosis* et qui se propage par la toux de personnes malades. La bactérie s'introduit généralement dans l'organisme par l'air que l'on inspire. La tuberculose atteint principalement les poumons, mais elle peut aussi atteindre d'autres organes (os et reins, par exemple) en circulant dans les vaisseaux lymphatiques. Le tiers de la population mondiale est porteur de la bactérie, mais la plupart des gens ne présentent jamais de tuberculose active. En effet, une réaction inflammatoire et immunitaire massive combat l'infection primaire en la confinant à l'intérieur de nodules fibreux ou calcifiés dans les poumons (follicules tuberculeux). Cependant, les bactéries survivent dans les nodules et, si le système immunitaire d'une personne s'affaiblit, elles peuvent en sortir et provoquer une tuberculose symptomatique. Ses principaux symptômes sont la fièvre, les sueurs nocturnes, les douleurs thoraciques, la perte de poids, la toux grave et l'hémoptysie.

Autrefois appelée «peste blanche» ou «phtisie», la tuberculose fait encore des ravages dans certains pays. On dénombre plus de neuf millions de nouveaux cas par an et un tiers de la population mondiale est infecté. Néanmoins, c'est au Canada que le taux est le plus bas, après l'Australie; on dénombre 200 cas au Québec par année. Par contre, en France, on en a recensé 5500 cas en 2007. Avec l'avènement des antibiotiques dans les années 1940, la maladie avait battu en retraite, et sa prévalence avait diminué radicalement. Cependant, depuis le milieu des années 1980, on a observé une augmentation alarmante de cas de tuberculose en raison du nombre de personnes infectées par le VIH qui contractent cette maladie. En 2008, un décès sur quatre provoqués par la tuberculose survenait chez les malades infectés par le VIH.

Plus inquiétant encore, de nouvelles souches de tuberculose mortelle résistant aux médicaments (tuberculose multirésistante) émergent chez les patients qui cessent de prendre leurs médicaments ou dont le traitement n'est pas efficace. La menace d'une épidémie de tuberculose est si réelle que les centres de soins de santé de certaines villes placent ces patients contre leur gré dans des sanatoriums jusqu'à leur guérison. Puisqu'une personne infectée asymptomatique peut transmettre la maladie, il est courant que des employeurs exigent le test cutané de la tuberculine (extrait du bacille).

Cancer du poumon

Le cancer du poumon est la principale cause de décès par cancer, tant chez les hommes que chez les femmes. Il cause plus de décès que le cancer du sein, le cancer de la prostate et le cancer colorectal réunis. Cette situation est dramatique, parce que le cancer du poumon est facilement évitable puisque près de 90 % des cas sont causés par le tabagisme. Les taux de guérison du cancer du poumon sont notoirement faibles. La plupart des personnes atteintes meurent durant l'année qui suit le diagnostic. Le taux de survie après cinq ans ne dépasse pas 17 %. Comme le cancer du poumon est asymptomatique au début de son évolution, qu'il est prodigieusement agressif et qu'il produit rapidement des métastases étendues, la plupart des cas ne sont diagnostiqués qu'à un stade très avancé. Des chercheurs sont en train de mettre au point un test d'haleine qui détecterait certaines molécules organiques volatiles dégagées par les personnes atteintes du cancer du poumon, mais dont les tumeurs ne sont pas encore visibles par radiographie.

Le cancer du poumon semble suivre les étapes d'activation des oncogènes décrites dans le Gros plan sur le cancer (voir le chapitre 4, p. 164). L'usage du tabac abolit peu à peu les défenses que les poils du nez, le mucus et les cils des voies respiratoires dressent contre les agents irritants chimiques et biologiques. La fumée de cigarette paralyse les cils qui évacuent le mucus des voies respiratoires, permettant ainsi aux irritants et aux agents pathogènes de s'accumuler. Ce sont les quelque 15 agents cancérogènes et les radicaux libres présents dans la fumée du tabac qui, à la longue, causent le cancer du poumon.

Les trois principales formes du cancer du poumon sont : (1) l'**épithélioma épidermoïde bronchique** (de 25 à 30 % des cas), qui apparaît dans l'épithélium des grosses bronches et tend à constituer des masses profondes et hémorragiques ; (2) l'**épithélioma glandulaire**, ou **adénocarcinome** (environ 40 % des cas), qui débute en périphérie des poumons sous forme de nodules solitaires émergeant des glandes bronchiques et des cellules alvéolaires ; (3) l'**épithélioma à petites cellules du poumon** (environ 20 % des cas), qui comprend des cellules rondes de la taille des lymphocytes. Cette forme de cancer prend naissance dans les bronches principales et s'étend agressivement dans le médiastin sous forme de petites grappes. Les métastases se répandent ensuite très rapidement à partir du médiastin. Certains cancers pulmonaires à petites cellules ont des conséquences métaboliques en plus de leurs effets immédiats sur les poumons, car ils deviennent des sites ectopiques de production hormonale. Ainsi, certains sécrètent de la corticotrophine (ACTH) (et causent la maladie de Cushing ou de l'ADH provoquant le syndrome d'antidiurèse inappropriée ; voir p. 710-711).

Les différents types de cellules cancéreuses ont des caractéristiques qui leur sont propres et le traitement doit en tenir compte.

La résection de la région du poumon atteint, ou l'ablation complète, si nécessaire, est le traitement qui comporte le plus de chances de sursis ou de guérison. Toutefois, ce choix ne s'offre qu'à de très rares patients car, très souvent, le cancer a déjà produit des métastases au moment où on le découvre. Dans la plupart des cas, la radiothérapie et la chimiothérapie sont les seuls recours possibles, et leurs taux de réussite sont faibles.

Heureusement, plusieurs nouveaux traitements sont prometteurs. Il s'agit (1) d'anticorps qui ciblent soit des facteurs de croissance spécifiques, soit des molécules nécessaires au développement de la tumeur ou d'autres encore qui acheminent des agents toxiques directement à la tumeur ; (2) de vaccins contre le cancer, qui stimulent le système immunitaire à combattre la tumeur ; et (3) de diverses formes de thérapies géniques visant à remplacer les gènes défectueux qui font que les cellules de la tumeur se divisent continuellement. À mesure que les essais cliniques progresseront, nous découvrirons lequel de ces traitements sera le plus efficace.

Développement et vieillissement du système respiratoire

25 Expliquer le développement embryonnaire du système respiratoire.

26 Décrire les changements que subit le système respiratoire au cours de la vie.

Comme le développement embryonnaire se déroule dans le sens céphalocaudal, les structures respiratoires supérieures sont les premières à apparaître. Dès la quatrième semaine de la gestation, deux épaississements de l'ectoderme, les **placodes olfactives**, apparaissent sur la face antérieure de la tête (**figure 22.28**).

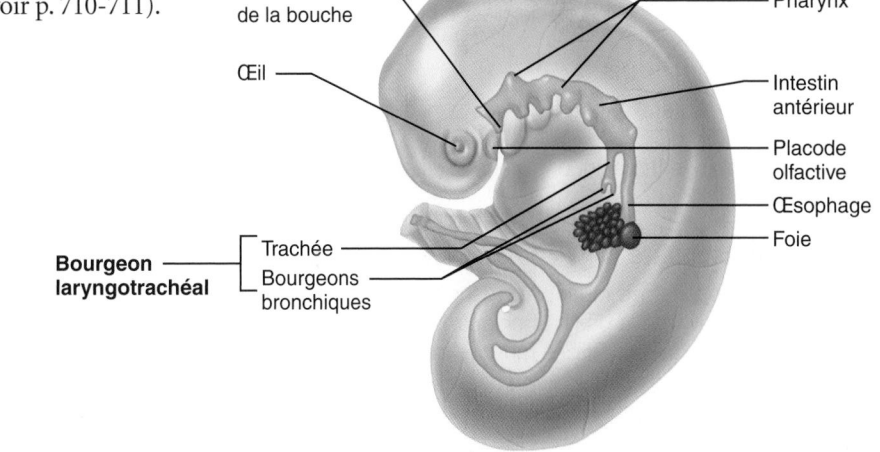

(a) 4 semaines : vue superficielle de la face antérieure de la tête de l'embryon

- Proéminence frontonasale
- **Placode olfactive**
- Stomatodéum (site futur de la bouche)

(b) 5 semaines : vue latérale gauche des muqueuses des voies respiratoires inférieures

- Site futur de la bouche
- Œil
- **Bourgeon laryngotrachéal**
- Trachée
- Bourgeons bronchiques
- Pharynx
- Intestin antérieur
- Placode olfactive
- Œsophage
- Foie

Figure 22.28 Développement embryonnaire du système respiratoire.

Tous pour un, un pour tous

Relations entre le système respiratoire et les autres systèmes de l'organisme

Système nerveux

- Le système respiratoire fournit l'oxygène nécessaire à l'activité des neurones; il élimine le gaz carbonique.
- Les centres du bulbe rachidien et du pont règlent la fréquence et l'amplitude respiratoires; les mécanorécepteurs pulmonaires et les chimiorécepteurs fournissent les informations nécessaires à une rétroaction.

Système endocrinien

- Le système respiratoire fournit l'oxygène; il élimine le gaz carbonique; l'enzyme de conversion de l'angiotensine des poumons permet de convertir l'angiotensine I en angiotensine II.
- L'adrénaline dilate les bronchioles; les glucocorticoïdes favorisent la production de surfactant.

Système cardiovasculaire

- Le système respiratoire fournit l'oxygène au myocarde; il élimine le gaz carbonique; le gaz carbonique présent dans le sang sous forme de HCO_3^- et de H_2CO_3 contribue à l'équilibre acidobasique.
- Le sang est le véhicule des gaz respiratoires.

Système lymphatique et immunitaire

- Le système respiratoire fournit l'oxygène; il élimine le gaz carbonique; les amygdales du pharynx abritent des cellules immunitaires.
- Le système lymphatique contribue au maintien du volume sanguin nécessaire au transport des gaz respiratoires; le système immunitaire protège les organes respiratoires contre les bactéries, les toxines bactériennes, les virus, les protozoaires, les mycètes et le cancer.

Système tégumentaire

- Le système respiratoire fournit l'oxygène; il élimine le gaz carbonique.
- La peau protège les organes du système respiratoire en formant des barrières superficielles.

Système squelettique

- Le système respiratoire fournit l'oxygène; il élimine le gaz carbonique.
- Les os de la cage thoracique protègent les poumons et les bronches.

Système musculaire

- Le système respiratoire fournit l'oxygène nécessaire à l'activité musculaire; il élimine le gaz carbonique.
- L'activité du diaphragme et des muscles intercostaux est essentielle aux changements de volume nécessaires à la ventilation; l'exercice régulier accroît l'efficacité de la respiration.

Système digestif

- Le système respiratoire fournit l'oxygène; il élimine le gaz carbonique.
- Le système digestif fournit les nutriments nécessaires aux organes du système respiratoire.

Système urinaire

- Le système respiratoire fournit l'oxygène et élimine le gaz carbonique afin de maintenir l'équilibre acidobasique à court terme.
- Les reins excrètent les déchets métaboliques (autres que le gaz carbonique) des organes du système respiratoire et maintiennent l'équilibre acidobasique à long terme.

Système génital

- Le système respiratoire fournit l'oxygène; il élimine le gaz carbonique.
- La testostérone active le développement du larynx chez les garçons à la puberté.

RELATIONS ENTRE LE SYSTÈME RESPIRATOIRE et les systèmes cardiovasculaire, lymphatique et musculaire

Nous inspirons et expirons chaque jour près de 10 000 litres d'air. Cette activité permet, d'une part, de fournir à l'organisme l'oxygène dont il a besoin pour oxyder les aliments et en libérer de l'énergie et, d'autre part, d'expulser le gaz carbonique, principal déchet produit durant le processus. Bien que la respiration soit essentielle, nous pensons rarement à son importance dans notre vie quotidienne. Il en va tout autrement des athlètes. En effet, la fréquence respiratoire d'un nageur de compétition peut dépasser 40 respirations par minute, et la quantité d'air inhalée à chaque inspiration peut passer des 500 mL habituels à 6 ou 7 L.

Le système respiratoire est superbement conçu. Ses alvéoles reçoivent de l'air frais plus de 15 000 fois par jour, et les parois alvéolaires sont si minces que les érythrocytes qui défilent dans les capillaires pulmonaires peuvent réaliser un échange gazeux avec les alvéoles remplies d'air en une fraction de seconde. Bien que les besoins en oxygène de toutes les cellules de l'organisme dépendent de ce système, nous ne traiterons ici que des interactions entre le système respiratoire et les systèmes cardiovasculaire, lymphatique, immunitaire et musculaire.

Système cardiovasculaire

Les relations entre les systèmes respiratoire et cardiovasculaire sont si étroites que ces deux systèmes sont, pour ainsi dire, inséparables. Les organes du système respiratoire, tout importants qu'ils soient, assurent seulement la respiration externe, c'est-à-dire les échanges gazeux dans les poumons. Bien que les besoins en oxygène de toutes les cellules de l'organisme dépendent du système respiratoire, ce ne sont pas les poumons qui approvisionnent ces cellules, mais le sang. Ainsi, sans le rôle intermédiaire du cœur et des vaisseaux sanguins, qui permettent au sang de circuler dans l'organisme, tous les efforts du système respiratoire seraient vains.

En revanche, l'enzyme de conversion de l'angiotensine présente sur l'endothélium des capillaires pulmonaires joue un rôle majeur dans la régulation de la pression artérielle.

Système lymphatique et immunitaire

De tous les systèmes de l'organisme, seul le système respiratoire est totalement exposé à l'environnement extérieur (il est vrai que la peau l'est également, mais sa surface exposée à l'air est morte). Comme l'air contient un mélange potentiellement dangereux de particules et de microorganismes (bactéries, virus, champignons microscopiques, fibres et particules de toutes sortes, etc.), le système respiratoire est constamment exposé aux infections ou aux lésions causées par des agents extérieurs. Les avant-postes du système lymphatique aident à protéger les voies respiratoires et renforcent les défenses (cils, mucus) propres au système respiratoire. Les amygdales palatines, pharyngiennes, linguale et tubaire ont une position privilégiée pour appréhender les envahisseurs à la jonction oronasopharyngienne. Leurs macrophagocytes emprisonnent les antigènes étrangers et offrent des sites qui permettent aux lymphocytes de se sensibiliser à ces agents pour produire une réponse immunitaire.

Système musculaire

Les cellules des muscles squelettiques, à l'instar de toutes les autres cellules de l'organisme, ont besoin d'oxygène pour vivre. Cette interaction est caractérisée par le fait que la majeure partie des compensations respiratoires servent à accroître l'activité musculaire (il est difficile de trouver un exemple invalidant cette affirmation, sauf peut-être dans le cas de certaines maladies). Au repos, le système respiratoire fonctionne à son niveau de base mais, dès que l'activité physique s'intensifie, la fréquence respiratoire augmente pour ajuster l'apport d'oxygène à la demande et maintenir l'équilibre acidobasique du sang.

Implications cliniques

Système respiratoire

Étude de cas : Sonia Joly se trouvait dans l'autobus qui a été touché de plein fouet par le train routier. Après l'avoir dégagée du véhicule, les ambulanciers ont constaté qu'elle était fortement cyanosée et qu'elle ne respirait plus. Son cœur battait toujours, mais son pouls était rapide et filant. Les ambulanciers ont également noté que, lorsqu'ils ont découvert Sonia, sa tête formait un angle anormal et qu'elle semblait présenter une fracture au niveau de la vertèbre C_2. Les questions suivantes se rapportent à ces observations :

1. Comment la position anormale de la tête de Sonia peut-elle expliquer son arrêt respiratoire ?

2. Selon vous, quelles mesures l'équipe de premiers soins aurait-elle dû prendre immédiatement ?

3. Pourquoi Sonia est-elle cyanosée ? Expliquez ce qu'est la cyanose.

4. En supposant que Sonia survive, quelles seront les répercussions de l'accident sur son mode de vie ?

Sonia a survécu à son transport à l'hôpital, et les notes prises lors de son admission comprennent les observations suivantes :

- Compression du thorax droit et fracture des côtes 7 à 9
- Atélectasie du poumon droit

Relativement à ces observations :

5. Qu'est-ce que l'atélectasie, et pourquoi seul le poumon droit est-il atteint ?

6. En quoi les blessures notées sont-elles indicatives d'une atélectasie ?

7. Quel sera le traitement instauré pour traiter l'atélectasie ? Qu'est-ce qui justifie ce traitement ?

(Les réponses se trouvent à l'appendice G.)

Presque immédiatement après leur formation, les placodes olfactives s'invaginent: elles forment les **fossettes olfactives primaires** qui donneront les cavités nasales, et elles se prolongent vers la face postérieure pour s'unir au pharynx en formation, lequel émerge simultanément de l'endoderme.

L'épithélium des voies respiratoires inférieures provient d'une évagination de l'endoderme de l'intestin antérieur, qui devient la muqueuse du pharynx. Ce prolongement, appelé **bourgeon laryngotrachéal**, est présent dès la cinquième semaine du développement. La partie proximale du bourgeon forme la muqueuse de la trachée, tandis que la partie distale se divise et donne les muqueuses des bronches et de ses ramifications et (ultérieurement) des alvéoles pulmonaires. Le mésoderme entoure ces tissus d'origine endodermique, et il constitue les parois des voies respiratoires et le stroma des poumons.

À la 28e semaine de la gestation, le système respiratoire est assez développé pour permettre à un prématuré de respirer de façon autonome. Comme nous l'avons expliqué plus haut, les bébés nés avant la 28e semaine de la grossesse sont sujets au syndrome de détresse respiratoire du nouveau-né, car leurs alvéoles ne produisent pas suffisamment de surfactant.

Les poumons du fœtus sont remplis de liquide, et tous les échanges respiratoires s'effectuent dans le placenta. Les dérivations vasculaires détournent le sang des poumons (voir le chapitre 28). À la naissance, les voies respiratoires se vident de leur liquide et elles se remplissent d'air; le bébé doit dès lors respirer par lui-même, car il ne reçoit plus de sang oxygéné par le cordon ombilical. La P_{CO_2} s'élève dans le sang du nouveau-né, le centre inspiratoire est stimulé, et le bébé prend sa première respiration. Les alvéoles se gonflent et les échanges gazeux s'y amorcent. Les poumons ne se dilatent pleinement que deux semaines plus tard.

DÉSÉQUILIBRE HOMÉOSTATIQUE

Les anomalies héréditaires se rapportant au système respiratoire comprennent le bec-de-lièvre (décrit à la p. 277) et la **fibrose kystique**. Aussi appelée mucoviscidose, cette maladie est une affection héréditaire grave du système respiratoire touchant les personnes dont les ancêtres étaient originaires de l'Europe du Nord. Il s'agit d'une des maladies héréditaires potentiellement mortelles les plus courantes; 1 nouveau-né sur 4500 en est victime en France et 1 sur 3600 au Canada. Au Québec, on estime que 1 personne sur 20 est porteuse du gène anormal. La fibrose kystique se caractérise par la sécrétion d'un mucus anormalement visqueux qui bloque les conduits des organes atteints et constitue un milieu de croissance très favorable pour les bactéries en suspension dans l'air. Cet état prédispose l'enfant aux infections respiratoires. Il semble que l'infection pulmonaire à *Pseudomonas æruginosa* (une bactérie très difficile à combattre) chez les victimes de la fibrose kystique active un gène qui incite les cellules dysfonctionnelles à produire une quantité phénoménale de mucine anormale (le principal constituant du mucus). Les bactéries se nourrissent ensuite de ces masses de mucus stagnantes et envoient continuellement des messages aux cellules pour qu'elles en produisent toujours davantage. Les toxines libérées par les bactéries et la réaction inflammatoire

locale provoquée par le système immunitaire endommagent les poumons. Incapables d'atteindre les bactéries noyées dans le mucus, les cellules immunitaires attaquent les tissus pulmonaires, transformant les sacs alvéolaires en kystes boursouflés.

La répétition des cycles de l'infection, de l'inflammation chronique et des lésions qui en résultent finit par produire des dommages tellement étendus que la transplantation pulmonaire est le seul traitement possible. La maladie altère également la digestion des aliments en bloquant les canaux qui transportent les enzymes pancréatiques et la bile vers l'intestin grêle (ce qui explique qu'elle est parfois appelée *fibrose kystique du pancréas*). Par ailleurs, les glandes sudoripares produisent une sueur extrêmement salée.

La fibrose kystique est causée par un gène défectueux (le gène CF, découvert dans le laboratoire de Toronto dirigé par Lap-Chee Tsui), situé sur le chromosome 7, qui code pour une protéine, la CFTR (*cystic fibrosis transmembrane conductance regulator*). La CFTR normale sert de canal membranaire qui régularise le flux d'ions Cl^- entrant dans les cellules et en sortant. Chez les personnes qui possèdent les gènes mutants, la CFTR est dépourvue d'un acide aminé essentiel et reste emprisonnée dans le réticulum endoplasmique, incapable d'atteindre la membrane pour jouer son rôle normal. Conséquemment, la sécrétion d'ions Cl^- diminue, ce qui réduit la quantité d'eau qui normalement devrait suivre la sortie des ions Cl^-, d'où la production du mucus épais caractéristique. Le mucus bloque les canaux pancréatiques; il entraîne leur destruction et la formation de tissu fibreux dans le pancréas. Il s'ensuit une déficience progressive en enzymes pancréatiques digestives.

Le traitement classique de la fibrose kystique comprend des médicaments pour dissoudre le mucus (une vingtaine de comprimés à prendre chaque jour), des percussions thoraciques, ou «clapping», en vue de dégager le mucus épais, et des antibiotiques afin de prévenir l'infection. Les chercheurs explorent à l'heure actuelle trois voies visant à rétablir le mouvement du sel et de l'eau dans la lutte contre la fibrose kystique: (1) l'introduction de gènes normaux de la CFTR dans les cellules de la muqueuse des voies respiratoires; (2) la recherche d'une autre protéine susceptible de prendre en charge le transport des ions Cl^-; et (3) la mise au point de techniques permettant de libérer la CFTR du réticulum endoplasmique. Les chercheurs tentent également de supprimer la réaction inflammatoire dans les poumons. L'acide docosahexaénoïque (DHA), un acide gras présent dans les huiles de poissons, fait partie des médicaments anti-inflammatoires à l'essai. Un nouveau traitement étonnamment simple consiste en l'inhalation de gouttelettes salines hypertoniques. Ces gouttelettes attirent l'eau dans le mucus, le rendant plus liquide. Seuls ou en combinaison, ces traitements donnent de nouveaux espoirs aux personnes atteintes de fibrose kystique. ■

La fréquence respiratoire est de 40 à 80 respirations par minute chez le nouveau-né, d'environ 25 respirations par minute chez l'enfant de 5 ans et de 12 à 18 respirations par minute chez l'adulte. Chez la personne âgée, la fréquence respiratoire a souvent tendance à augmenter à nouveau. De la naissance au début de l'âge adulte, les poumons continuent de se développer et le nombre d'alvéoles est multiplié par six. Or, l'usage du tabac au début de l'adolescence empêche le développement complet des poumons, et les alvéoles qui restaient à apparaître sont à tout jamais perdues.

Les côtes du nourrisson sont presque horizontales. Chez lui, l'accroissement du volume thoracique, à l'inspiration, repose presque entièrement sur la descente du diaphragme. À deux ans, les côtes ont pris une position oblique, et la respiration adulte est établie.

DÉSÉQUILIBRE HOMÉOSTATIQUE

La plupart des troubles du système respiratoire sont dus à des facteurs externes, notamment à des infections virales ou bactériennes et à l'obstruction de la trachée par un morceau d'aliment. Jusqu'au milieu du 20e siècle, la pneumonie bactérienne était la principale cause de décès en Amérique du Nord et en Europe. Toutefois, les antibiotiques ont grandement réduit la létalité de cette maladie, mais elle demeure une affection dangereuse, en particulier chez les personnes âgées. Enfin, la bronchopneumopathie chronique obstructive, l'asthme, le cancer du poumon et les cas de tuberculose multirésistante constituent *actuellement* les maladies les plus préoccupantes. ■

La quantité maximale d'oxygène que nous pouvons utiliser durant le métabolisme aérobie, le $\dot{V}_{O_2\,max}$ ($\dot{V}$: débit), décline d'environ 9 % par décennie chez les personnes sédentaires dès le milieu de la vingtaine. Chez les personnes actives, le $\dot{V}_{O_2\,max}$ diminue également, mais de façon moins marquée. Au fil des ans, la paroi thoracique devient de plus en plus rigide, et les poumons perdent graduellement leur élasticité. La ventilation diminue. À l'âge de 70 ans, la capacité vitale est réduite d'environ un tiers. En outre, la concentration sanguine d'oxy-

gène diminue; beaucoup de personnes âgées sont sujettes à l'hypoxie pendant leur sommeil et présentent des *apnées du sommeil* (arrêt temporaire de la respiration durant le sommeil).

Le nombre de glandes ainsi que la circulation sanguine diminuent dans la muqueuse nasale. En conséquence, le nez s'assèche et produit un mucus épais qui nous oblige à nous éclaircir la voix. De nombreux mécanismes de protection du système respiratoire perdent leur efficacité avec le temps. L'activité des cils de la muqueuse ralentit, et les macrophagocytes pulmonaires s'affaiblissent. C'est ce qui explique pourquoi les personnes âgées sont sujettes aux infections des voies respiratoires, particulièrement à la pneumonie et à la grippe. La grippe (*influenza*) se distingue généralement du rhume (*coryza*) par la présence de fièvre et de douleurs souvent fortes ainsi que par de l'épuisement.

VÉRIFIONS NOS ACQUIS

23. Qu'est-ce qui distingue l'obstruction propre à l'asthme de celle qui caractérise la bronchite chronique ?
24. Quelle défectuosité est à l'origine de la fibrose kystique ?
25. Donnez deux raisons qui expliquent le déclin de la capacité vitale avec l'âge.

Les réponses se trouvent à l'appendice G.

Les poumons, l'arbre bronchique, le cœur et les vaisseaux sanguins qui les relient forment un remarquable système qui assure l'oxygénation du sang et l'expulsion du gaz carbonique. L'interaction des systèmes cardiovasculaire et respiratoire est manifeste; il n'en reste pas moins que tous les autres organes ne sauraient fonctionner sans le système respiratoire, comme le montre la Synthèse des pages 976-977.

TERMES MÉDICAUX

Adénoïdectomie (ou adénoamygdalectomie) Ablation d'une amygdale pharyngienne infectée.

Aspiration (1) Acte d'attirer de l'air ou une autre substance dans les voies respiratoires ou les poumons. Pour éviter l'aspiration de vomissures ou de mucus chez le sujet inconscient ou sous anesthésie, on tourne sa tête sur le côté. (2) Retrait de sang ou d'autres liquides par succion (à l'aide d'un aspirateur) réalisé pendant une intervention chirurgicale. On aspire le mucus de la trachée des personnes ayant subi une trachéotomie.

Bégaiement Trouble de la production vocale occasionnant la répétition saccadée de la première syllabe des mots. Essentiellement un problème de maîtrise nerveuse du larynx et d'autres structures de production des sons. Beaucoup de personnes bègues murmurent et chantent normalement, deux actions qui impliquent une modification de la phonation.

Bronchoscopie (*skopein*: examiner) Utilisation d'un cathéter inséré par le nez ou la bouche pour examiner la surface interne des

bronches principales dans les poumons. Des pinces fixées au bout du cathéter peuvent être utilisées pour retirer des objets emprisonnés ou prélever des échantillons de mucus aux fins d'analyse.

Déviation du septum nasal Situation oblique du septum nasal pouvant entraver la respiration; répandue chez les personnes âgées, mais peut aussi résulter de blessures au nez.

Embolie pulmonaire Obstruction d'une artère pulmonaire ou de l'une de ses ramifications par un embole (le plus souvent constitué par un caillot provenant des membres inférieurs par l'intermédiaire du cœur droit). Les symptômes sont la douleur thoracique, la toux grasse et productive, l'hémoptysie, la tachycardie, et la respiration rapide et superficielle. Peut causer la mort soudaine faute d'un traitement immédiat, qui consiste généralement à administrer de l'oxygène, des analgésiques et des anticoagulants. Dans les cas graves, on administre également des thrombolytiques.

Épistaxis (*staxis*: écoulement goutte à goutte) Aussi appelée saignement de nez et hémorragie nasale. Fréquente chez l'enfant ou après un traumatisme au nez ou un mouchage excessivement vigoureux. L'hémorragie provient la plupart du temps de la partie antérieure de la cloison (tache vasculaire), fortement vascularisée, et on l'interrompt en pinçant les narines pendant 10 minutes, la tête penchée en avant.

Mort subite du nourrisson Mort imprévisible d'un nourrisson apparemment en bonne santé pendant son sommeil ; c'est l'une des principales causes de mortalité avant l'âge d'un an. Ce syndrome est d'origine inconnue, mais il pourrait être lié à l'immaturité des centres respiratoires. La plupart des cas surviennent chez des nourrissons que l'on avait couchés sur le ventre, position qui conduit à l'hypoxie et à l'hypercapnie dues à l'inspiration de l'air expiré (riche en CO_2). Il est donc recommandé de coucher les nourrissons sur le dos pour dormir. Les pays ayant adopté cette pratique ont observé une diminution de 30 à 70 % de l'incidence de la mort subite du nourrisson L'incidence est également trois fois plus grande chez les bébés ayant été exposés à la nicotine, soit *in utero*, soit à la naissance.

Orthopnée (*orthos*: droit) Incapacité de respirer en décubitus dorsal ; oblige la personne atteinte à s'asseoir ou à rester debout.

Otorhinolaryngologie (*oto*: oreille ; *rhino*: nez) Branche de la médecine spécialisée dans le diagnostic et le traitement des maladies des oreilles, du nez et de la gorge.

Pneumonie Maladie infectieuse des poumons entraînant une accumulation de liquide dans les alvéoles. On connaît plus de 50 formes de la maladie, la plupart d'origine virale ou bactérienne. Dans les pays en voie de développement, la pneumonie est la principale cause de décès chez les enfants de moins de cinq ans. En Europe, elle tue chaque année 19 500 enfants. Au Canada, elle touche de 200 000 à 300 000 personnes par an et contribue à un grand nombre de décès chez les aînés.

Polypes nasaux Néoplasmes bénins de la muqueuse nasale ; sont parfois causés par des infections, mais leur cause est le plus souvent inconnue ; peuvent gêner le passage de l'air.

Respiration de Cheyne-Stokes Respiration anormale parfois observée juste avant la mort (le « râle de l'agonie ») et chez les sujets atteints de troubles neurologiques et cardiaques concomitants. La respiration se compose des phases successives d'augmentation et de diminution du volume courant alternant avec des phases d'apnée ; on la croit due à l'hypoxie des centres respiratoires du tronc cérébral ainsi qu'à des déséquilibres entre les pressions partielles du gaz carbonique dans le sang artériel et dans l'encéphale.

Sonde endotrachéale Mince tube de plastique que l'on insère dans la trachée par la bouche ou par le nez afin de fournir de l'oxygène aux patients comateux, sous anesthésie ou atteints de maladies respiratoires.

Syndrome de détresse respiratoire de l'adulte Poumon de choc. Affection pulmonaire dangereuse qui survient parfois lorsqu'une personne est gravement blessée ou malade. Les granulocytes neutrophiles quittent les capillaires en grand nombre, puis sécrètent des molécules qui augmentent la perméabilité de ces vaisseaux sanguins. Les poumons, dont le réseau capillaire est très étendu, sont durement touchés. Ils se remplissent de liquide, par suite de l'œdème, ce qui entraîne l'asphyxie. Même si on a recours à la ventilation artificielle, ce syndrome est difficile à maîtriser et est souvent mortel.

Trachéotomie Ouverture chirurgicale de la trachée en dessous du cartilage cricoïde, visant à acheminer l'air aux poumons en cas d'obstruction des voies respiratoires supérieures (par un morceau d'aliment ou un écrasement du larynx). On insère dans l'ouverture un tube pour que le patient respire. Ce tube risque toutefois d'irriter la trachée et d'engendrer une production plus élevée de mucus. On aspire alors cet excès régulièrement pour l'empêcher de s'accumuler dans les poumons.

RÉSUMÉ DU CHAPITRE

1. La respiration comprend la ventilation pulmonaire, la respiration externe, la respiration interne et le transport des gaz respiratoires dans le sang. Le système respiratoire et le système cardiovasculaire interviennent tous deux dans la respiration.

Anatomie fonctionnelle du système respiratoire (p. 933)

1. Au point de vue fonctionnel, les organes du système respiratoire se répartissent en une zone de conduction (du nez aux bronchioles), où l'air inspiré est filtré, réchauffé et humidifié, et en une zone respiratoire (des bronchioles respiratoires aux alvéoles pulmonaires), où ont lieu les échanges gazeux.

Nez et sinus paranasaux (p. 934)

2. Le nez réchauffe, humidifie et purifie l'air inspiré, et il abrite les récepteurs olfactifs.

3. Les structures externes du nez ont une charpente formée d'os et de cartilages. Les cavités nasales, qui s'ouvrent sur l'environnement, sont séparées par le septum nasal. Les sinus paranasaux et les conduits lacrymonasaux communiquent avec les cavités nasales.

Pharynx (p. 936)

4. Le pharynx s'étend de la base du crâne à la sixième vertèbre cervicale. Le nasopharynx est un conduit aérien ; l'oropharynx et le laryngopharynx livrent passage aux aliments et à l'air. On trouve des amygdales dans l'oropharynx et le nasopharynx.

Larynx (p. 937)

5. Le larynx renferme les cordes vocales. Il fournit un passage à l'air, et il sert de mécanisme d'aiguillage pour diriger l'air et les aliments dans les conduits appropriés.

6. L'épiglotte empêche les aliments et les liquides d'entrer dans les conduits aériens au cours de la déglutition.

Trachée (p. 939)

7. La trachée s'étend du larynx jusqu'aux bronches principales. Elle est renforcée et maintenue ouverte par des cartilages en forme d'anneau, et sa muqueuse est ciliée.

Arbre bronchique (p. 941)

8. Les bronches principales droite et gauche entrent dans les poumons et s'y subdivisent.

9. Les bronchioles terminales mènent aux structures de la zone respiratoire : les bronchioles respiratoires, les conduits alvéolaires, les saccules alvéolaires et les alvéoles. Les échanges gazeux s'effectuent dans les alvéoles pulmonaires, à travers la membrane alvéolocapillaire.

10. Le long des subdivisions des bronches, le cartilage disparaît peu à peu, la muqueuse s'amincit et la quantité de muscle lisse augmente dans les parois.

Poumons et plèvre (p. 943)

11. Les poumons, les deux organes de l'échange gazeux, sont situés dans la cavité thoracique, de part et d'autre du médiastin. Chacun a une racine qui le suspend à la plèvre, une base, un apex ainsi qu'une face interne et une face costale. Le poumon droit se divise en trois lobes et le gauche, en deux.

12. Les poumons sont essentiellement formés de cavités et de conduits aériens soutenus par un stroma composé de tissu conjonctif élastique.

13. Les artères pulmonaires transportent aux poumons le sang provenant de la circulation systémique. Les veines pulmonaires renvoient au cœur le sang oxygéné, d'où il est distribué dans l'organisme. Les poumons eux-mêmes sont irrigués par les artères bronchiques.

14. La plèvre pariétale tapisse la paroi thoracique, les faces latérales du médiastin et la face supérieure du diaphragme ; la plèvre viscérale recouvre la face externe des poumons. Le liquide pleural (dans la cavité pleurale) réduit la friction produite par les mouvements de la respiration.

Mécanique de la respiration (p. 947)

Pression dans la cavité thoracique (p. 947)

1. La pression intraalvéolaire est la pression qui règne dans les alvéoles pulmonaires. La pression intrapleurale est la pression qui règne dans la cavité pleurale ; elle est toujours négative par rapport à la pression intraalvéolaire.

Ventilation pulmonaire (p. 948)

2. Les gaz s'écoulent des régions de haute pression aux régions de basse pression.

3. L'inspiration est due à la contraction du diaphragme et des muscles intercostaux externes, qui accroît les dimensions (et le volume) du thorax. À la suite de la diminution de la pression intraalvéolaire, l'air s'engouffre dans les poumons jusqu'à ce que la pression intraalvéolaire et la pression atmosphérique s'équilibrent.

4. L'expiration est essentiellement un mouvement passif consécutif au relâchement des muscles inspiratoires et à la rétraction des poumons. Les gaz s'écoulent hors des poumons quand la pression intraalvéolaire excède la pression atmosphérique.

Facteurs physiques influant sur la ventilation pulmonaire (p. 951)

5. La résistance causée par la friction dans les conduits aériens entrave le passage de l'air et fait obstacle à la respiration. Les bronches de dimensions moyennes sont les conduits qui opposent le plus de résistance à l'écoulement de l'air.

6. La tension superficielle du liquide alvéolaire tend à réduire la taille des alvéoles, ce à quoi s'oppose le surfactant.

7. Chez les prématurés, le manque de surfactant dans les alvéoles tend à provoquer l'affaissement des poumons et à causer le syndrome de détresse respiratoire du nouveau-né. Le surfactant commence à se former à la fin du développement fœtal.

8. La compliance pulmonaire totale dépend de l'élasticité du tissu pulmonaire et de la flexibilité du thorax. Lorsque la compliance diminue, l'inspiration devient plus difficile.

Volumes respiratoires et épreuves fonctionnelles respiratoires (p. 953)

9. Les quatre volumes respiratoires sont le volume courant, le volume de réserve inspiratoire, le volume de réserve expiratoire et le volume résiduel. Les quatre capacités respiratoires sont la capacité vitale, la capacité résiduelle fonctionnelle, la capacité inspiratoire et la capacité pulmonaire totale. La spirographie mesure les volumes et les capacités respiratoires.

10. L'espace mort anatomique correspond au volume d'air (environ 150 mL) contenu dans la zone de conduction. Si des alvéoles cessent de contribuer aux échanges gazeux, on ajoute leur volume à l'espace mort anatomique, et on obtient l'espace mort total.

11. La ventilation alvéolaire est le meilleur indice de l'efficacité de la ventilation, car elle tient compte de l'espace mort anatomique. VA = (VC – volume de l'espace mort) × fréquence respiratoire

12. La capacité vitale forcée et le volume expiratoire maximal-seconde, qui déterminent la vitesse d'expulsion du volume d'air de la capacité vitale, sont des épreuves qui permettent de faire la distinction entre une pneumopathie obstructive et un trouble restrictif.

Mouvements non respiratoires de l'air (p. 955)

13. Les mouvements non respiratoires de l'air sont des actes réflexes ou volontaires qui libèrent les voies respiratoires ou traduisent des émotions.

Échanges gazeux entre le sang, les poumons et les tissus (p. 956)

Propriétés fondamentales des gaz (p. 956)

1. Selon la loi des pressions partielles de Dalton, la pression exercée par chacun des constituants d'un mélange de gaz est proportionnelle au pourcentage du gaz dans le mélange.

2. Selon la loi de Henry, la quantité d'un gaz qui se dissout dans un liquide est proportionnelle à sa pression partielle et dépend de la solubilité du gaz dans le liquide ainsi que de la température du liquide.

Composition du gaz alvéolaire (p. 957)

3. Le gaz alvéolaire contient plus de gaz carbonique (CO_2) et de vapeur d'eau et moins d'oxygène (O_2) que l'air atmosphérique.

Respiration externe (p. 958)

4. La respiration externe correspond aux échanges gazeux dans les poumons. L'O_2 entre dans les capillaires pulmonaires ; le CO_2 se sépare du sang et entre dans les alvéoles. Les gradients de pression partielle, l'épaisseur de la membrane alvéolocapillaire, la superficie disponible et la concordance entre la ventilation alvéolaire et la perfusion pulmonaire influent sur la respiration externe.

Respiration interne (p. 960)

5. La respiration interne correspond aux échanges gazeux entre les capillaires systémiques et les tissus. Le CO_2 entre dans le sang, et l'O_2 en sort puis pénètre dans les tissus.

22

Transport des gaz respiratoires dans le sang (p. 961)

Transport de l'oxygène (p. 961)

1. L'O_2 moléculaire est transporté par les érythrocytes sous forme de complexe avec l'hémoglobine. La quantité d'O_2 liée à l'hémoglobine dépend de la P_{O_2}, de la P_{CO_2}, du pH sanguin, de la présence de 2,3-DPG ainsi que de la température. Le plasma transporte une très petite quantité d'O_2 dissous.
2. L'hypoxie est un apport insuffisant d'oxygène aux tissus, et elle entraîne la cyanose de la peau et des muqueuses.

Transport du gaz carbonique (p. 963)

3. Le CO_2 est transporté sous forme de gaz dissous dans le plasma, sous forme de complexe avec l'hémoglobine et (principalement) sous forme d'ions bicarbonate (HCO_3^-) dans le plasma. La liaison et la dissociation de l'O_2 et du CO_2 se facilitent mutuellement (effet Bohr et effet Haldane).
4. L'accumulation de CO_2 dans le sang provoque une réduction du pH; la diminution de la teneur du sang en CO_2 entraîne une augmentation du pH.

Régulation de la respiration (p. 966)

Mécanismes nerveux (p. 966)

1. Les centres respiratoires du bulbe rachidien sont le groupe respiratoire dorsal et le groupe expiratoire ventral. Le groupe expiratoire ventral produit probablement le rythme de la respiration.
2. Les centres respiratoires pontins influent sur l'activité du centre inspiratoire bulbaire.

Facteurs influant sur la fréquence et l'amplitude respiratoires (p. 967)

3. Les concentrations artérielles de CO_2, d'O_2 et d'ions H^+ sont d'importants facteurs chimiques qui influent sur la fréquence et l'amplitude respiratoires.
4. L'élévation de la P_{CO_2} (hypercapnie) est le principal stimulus de la respiration. Par l'intermédiaire de la libération d'ions H^+ dans l'encéphale, elle excite les chimiorécepteurs centraux qui entraînent une augmentation réflexe de la fréquence et de l'amplitude respiratoires.
5. L'hypocapnie déprime la respiration et cause une diminution de la ventilation, voire l'apnée.
6. Une P_{O_2} inférieure à 60 mm Hg dans le sang artériel stimule fortement les chimiorécepteurs périphériques.
7. La diminution du pH et de la P_{O_2} dans le sang stimule les chimiorécepteurs périphériques et accentue la réaction au CO_2.
8. Les émotions, la douleur et d'autres facteurs de stress peuvent influer sur la respiration par l'intermédiaire des centres hypothalamiques. La respiration peut aussi être modifiée volontairement pendant de courtes périodes.
9. La poussière, le mucus, les vapeurs et les polluants sont des agents irritants qui déclenchent des réflexes pulmonaires.
10. Le réflexe de distension pulmonaire (ou réflexe de Hering-Breuer) est une réaction de protection déclenchée par la distension pulmonaire extrême; il provoque la fin de l'inspiration.

Adaptation de la respiration (p. 971)

Exercice (p. 971)

1. La ventilation s'accroît brusquement au début de la période d'exercice (hyperpnée), après quoi elle augmente plus graduellement. À la fin de la période d'exercice, la ventilation diminue soudainement, après quoi elle revient peu à peu à la normale.

2. La P_{O_2}, la P_{CO_2} et le pH sanguin restent constants pendant l'exercice et ne semblent pas influer sur la ventilation. On attribue plutôt les variations de la ventilation à des influx provenant des centres supérieurs et à la proprioception.

Altitude (p. 971)

3. En altitude, la P_{O_2} dans le sang artériel et la saturation de l'hémoglobine diminuent, car la pression atmosphérique est moindre qu'au niveau de la mer. L'accroissement de la ventilation contribue à ramener la P_{O_2} aux valeurs physiologiques.
4. L'acclimatation à long terme fait intervenir une augmentation de l'érythropoïèse.

Déséquilibres homéostatiques du système respiratoire (p. 972)

1. Les principales maladies respiratoires sont la bronchopneumopathie chronique obstructive ou BPCO (l'emphysème pulmonaire et la bronchite chronique) et le cancer du poumon, et leur facteur prédominant est l'usage du tabac. La troisième maladie en importance est l'asthme. La tuberculose multirésistante pourrait devenir un problème de santé majeur.

Bronchopneumopathie chronique obstructive (p. 972)

2. La BPCO se caractérise par une diminution irréversible de la capacité à expulser l'air des poumons. L'hypoxie chronique peut provoquer la cyanose.
3. L'emphysème pulmonaire se caractérise par la distension permanente et la destruction des alvéoles. Les poumons perdent leur élasticité, et l'expiration devient un processus actif.
4. La bronchite chronique se caractérise par une production excessive de mucus dans les voies respiratoires inférieures ainsi que par une diminution marquée de la ventilation et des échanges gazeux.

Asthme (p. 974)

5. L'asthme est une maladie obstructive attribuable à une réaction immunitaire responsable de la constriction des voies respiratoires enflammées, laquelle s'accompagne d'une respiration sifflante et de halètements. Elle est marquée par des périodes d'exacerbation et de retrait des symptômes.

Tuberculose (p. 974)

6. La tuberculose est une maladie infectieuse causée par une bactérie en suspension dans l'air; elle touche principalement les poumons. Bien que la majorité des personnes infectées demeurent asymptomatiques – la bactérie étant confinée dans des nodules (follicules tuberculeux) –, les symptômes apparaissent lorsque le système immunitaire s'affaiblit. L'abandon de la médication par certains patients a provoqué l'apparition de nouvelles souches de tuberculose résistantes à de nombreux médicaments.

Cancer du poumon (p. 974)

7. Le cancer du poumon est favorisé par les radicaux libres et autres agents cancérogènes, présents notamment dans la fumée de cigarette; il est extrêmement agressif et produit rapidement des métastases.

Développement et vieillissement du système respiratoire (p. 975)

1. La muqueuse des voies respiratoires supérieures provient de l'invagination des placodes olfactives ectodermiques; la muqueuse des voies respiratoires inférieures naît d'une évagination

de l'endoderme de l'intestin antérieur. Le mésoderme forme les parois des voies respiratoires et le stroma des poumons.

2. La fibrose kystique est la maladie héréditaire mortelle la plus courante en Amérique du Nord et en Europe ; elle résulte d'une anomalie de la CFTR, une protéine qui sert normalement de canal membranaire par où passe le flux d'ions Cl⁻ ; en l'absence

de tels canaux, un mucus épais est produit, qui bouche les voies respiratoires et favorise l'infection.

3. Au fil des années, le thorax devient rigide, les poumons perdent leur élasticité et la capacité vitale diminue. En outre, l'apnée du sommeil devient plus fréquente, et les mécanismes de protection du système respiratoire s'affaiblissent.

QUESTIONS DE RÉVISION

Choix multiples/associations

(Il peut y avoir plus d'une bonne réponse à certaines questions. Choisissez les meilleures réponses parmi celles qui sont proposées. Les réponses se trouvent à l'appendice G.)

1. Le sectionnement des nerfs phréniques : (**a**) fait entrer de l'air dans la cavité pleurale ; (**b**) cause la paralysie du diaphragme ; (**c**) stimule le réflexe diaphragmatique ; (**d**) cause la paralysie de l'épiglotte.

2. Lequel des cartilages du larynx suivants est unique ? (**a**) L'épiglotte ; (**b**) le cartilage aryténoïde ; (**c**) le cartilage cricoïde ; (**d**) le cartilage cunéiforme ; (**e**) le cartilage corniculé.

3. Ordinairement, le réflexe de Hering-Breuer est déclenché par : (**a**) des substances chimiques nocives ; (**b**) le groupe respiratoire ventral ; (**c**) la distension des alvéoles et des bronchioles ; (**d**) les centres respiratoires pontins.

4. La molécule semblable à du détergent qui empêche les alvéoles de s'affaisser entre les respirations en réduisant la tension superficielle du liquide alvéolaire est appelée : (**a**) lécithine ; (**b**) bile ; (**c**) surfactant ; (**d**) décapant.

5. Parmi les facteurs ci-dessous, lequel détermine la *direction* de l'écoulement d'un gaz ? (**a**) La solubilité du gaz dans l'eau ; (**b**) le gradient de pression partielle ; (**c**) la température ; (**d**) la masse et la taille de la molécule du gaz.

6. Quand les muscles inspiratoires se contractent : (**a**) le diamètre de la cavité thoracique augmente ; (**b**) la longueur de la cavité thoracique augmente ; (**c**) le volume de la cavité thoracique diminue ; (**d**) la longueur et le diamètre de la cavité thoracique augmentent.

7. L'irrigation des poumons est assurée par : (**a**) les artères pulmonaires ; (**b**) l'aorte ; (**c**) les veines pulmonaires ; (**d**) les artères bronchiques.

8. Dans les poumons et dans toutes les membranes cellulaires, l'échange gazeux repose sur : (**a**) le transport actif ; (**b**) la diffusion ; (**c**) la filtration ; (**d**) l'osmose.

9. Parmi les troubles suivants, lesquels *ne* sont *pas* traités par l'administration d'oxygène à 100 % ? (Donnez tous les choix qui s'appliquent.) (**a**) L'hypoxie ; (**b**) l'oxycarbonisme ; (**c**) la crise respiratoire de l'emphysème pulmonaire ; (**d**) l'eupnée.

10. Dans le sang, la majeure partie de l'oxygène est transportée : (**a**) sous forme de soluté dans le plasma ; (**b**) sous forme de complexe avec les protéines plasmatiques ; (**c**) sous forme de complexe avec l'hème des érythrocytes ; (**d**) en solution dans les érythrocytes.

11. Parmi les éléments suivants, lequel exerce le plus de stimulation sur le centre respiratoire de l'encéphale ? (**a**) L'oxygène ; (**b**) le gaz carbonique ; (**c**) le calcium ; (**d**) la volonté.

12. Pour effectuer la réanimation par la méthode du bouche-à-bouche, le sauveteur insuffle de l'air provenant de son propre système respiratoire dans celui de la victime. Parmi les énoncés suivants, lesquels sont vrais ? (**a**) 1, 2, 3, 4 ; (**b**) 1, 2, 4 ; (**c**) 1, 2, 3 ; (**d**) 2, 4.

Énoncés

(1) L'expansion des poumons de la victime est causée par l'entrée d'air dont la pression est supérieure à la pression atmosphérique (respiration à pression positive).

(2) La pression intrapleurale augmente à mesure que les poumons se dilatent.

(3) La technique est inefficace si la paroi thoracique de la victime est perforée, même si les poumons sont intacts.

(4) L'expiration pendant l'intervention dépend de l'élasticité des parois des alvéoles et du thorax.

13. Un bébé qui retient sa respiration : (**a**) subit des lésions cérébrales dues au manque d'oxygène ; (**b**) recommence automatiquement à respirer quand sa concentration sanguine de gaz carbonique atteint le point critique ; (**c**) s'inflige des lésions cardiaques à cause de l'augmentation de la pression dans le sinus carotidien et dans la crosse de l'aorte ; (**d**) est appelé « bébé bleu ».

14. Dans des circonstances normales, lequel des constituants du sang suivants n'a aucune signification physiologique ? (**a**) Les ions bicarbonate ; (**b**) la carbhémoglobine ; (**c**) l'azote ; (**d**) les ions chlorure.

15. Parmi les lésions suivantes, lesquelles causeraient le plus probablement l'arrêt respiratoire ? (**a**) Les lésions du groupe respiratoire pontin ; (**b**) les lésions du groupe respiratoire ventral (GRV) du bulbe rachidien ; (**c**) les lésions des mécanorécepteurs pulmonaires ; (**d**) les lésions du groupe respiratoire dorsal (GRD) du bulbe rachidien.

16. Le gaz carbonique est en majeure partie transporté sous forme : (**a**) de complexe avec les acides aminés de l'hémoglobine des érythrocytes (carbhémoglobine) ; (**b**) d'ions HCO_3^- dans le plasma après son entrée dans les érythrocytes ; (**c**) d'acide carbonique dans le plasma ; (**d**) de complexe avec l'hème de l'hémoglobine.

Questions à court développement

17. Décrivez le trajet que parcourt l'air des narines jusqu'à une alvéole pulmonaire. Nommez les subdivisions des organes traversés, s'il y a lieu, et faites la distinction entre la zone de conduction et la zone respiratoire.

18. (**a**) Pourquoi est-il important que la trachée soit renforcée par des anneaux de cartilage ? (**b**) Pourquoi la partie postérieure des anneaux est-elle ouverte ?

19. Expliquez brièvement, du point de vue anatomique, pourquoi les hommes ont une voix plus grave que les jeunes garçons et les femmes.

20. Les poumons sont essentiellement composés de conduits aériens et de tissu élastique. (**a**) Quel est le rôle du tissu élastique ? (**b**) Quel est le rôle des conduits aériens ?

21. Décrivez les relations fonctionnelles entre les variations du volume et l'écoulement des gaz dans les poumons et hors de ceux-ci.

22

22. Expliquez l'influence qu'ont sur la ventilation pulmonaire la résistance des conduits aériens, la compliance et l'élasticité pulmonaires ainsi que la tension superficielle dans les alvéoles.

23. (**a**) Distinguez clairement la ventilation-minute et la ventilation alvéolaire. (**b**) Quelle mesure fournit le meilleur indice de l'efficacité de la ventilation? Justifiez votre réponse.

24. Énoncez la loi de Dalton et la loi de Henry, puis montrez comment elles s'appliquent aux échanges gazeux au niveau alvéolaire.

25. (**a**) Définissez l'hyperventilation. (**b**) Si vous êtes en état d'hyperventilation, est-ce que vous retenez ou expulsez une plus grande quantité de gaz carbonique? (**c**) Quel est l'effet de l'hyperventilation sur le pH sanguin?

26. Expliquez pourquoi l'acide lactique s'accumule lors d'un exercice intense.

27. Décrivez les changements que le vieillissement fait subir à la fonction respiratoire.

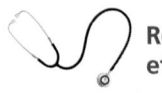

Réflexion et application

1. Hervé est le nageur le plus rapide de l'équipe de natation du collège; il pratique l'hyperventilation avant les compétitions afin, dit-il, «d'accumuler plus d'oxygène dans mes poumons et de nager plus longtemps sans avoir à respirer». Premièrement, quel aspect fondamental relatif à la liaison entre l'oxygène et l'hémoglobine Hervé a-t-il oublié (un trou de mémoire qui fausse son raisonnement)? Deuxièmement, quels risques Hervé court-il, non seulement quant à ses performances, mais aussi quant à sa sécurité?

2. Un jeune homme est admis au service des urgences après avoir reçu un coup de couteau dans le côté gauche du thorax. L'équipe médicale diagnostique un pneumothorax et l'affaissement du poumon gauche. Expliquez exactement: (**a**) pourquoi le poumon s'est affaissé; (**b**) pourquoi un seul poumon s'est affaissé.

3. Un chirurgien fait l'ablation de trois segments bronchopulmonaires adjacents du poumon gauche d'un patient atteint de tuberculose. Bien que presque la moitié du poumon ait été enlevée, il n'y a pas eu d'hémorragie grave et très peu de vaisseaux sanguins ont dû être cautérisés (fermés). Pourquoi l'intervention chirurgicale a-t-elle été si facile à réaliser?

4. Après une semaine de plongée autonome dans les Bahamas, Marie-Anne prend l'avion. Pendant son vol de retour, elle commence à ressentir des douleurs dans les articulations, des nausées et de la dyspnée. Tout rentre dans l'ordre à l'atterrissage. Pendant le vol, la pression dans la cabine correspondait à celle d'une altitude de 2500 m. Expliquez ce qui s'est passé.

23

PREMIÈRE PARTIE
CARACTÉRISTIQUES GÉNÉRALES DU SYSTÈME DIGESTIF

Processus digestifs (p. 987)

Concepts fonctionnels fondamentaux (p. 988)

Relations entre les organes du système digestif (p. 989)

DEUXIÈME PARTIE
ANATOMIE FONCTIONNELLE DU SYSTÈME DIGESTIF

Bouche et organes associés (p. 992)

Pharynx (p. 1000)

Œsophage (p. 1000)

Processus digestifs qui se déroulent de la bouche à l'œsophage (p. 1002)

Estomac (p. 1003)

Intestin grêle et structures annexes (p. 1016)

Gros intestin (p. 1029)

TROISIÈME PARTIE
PHYSIOLOGIE DE LA DIGESTION CHIMIQUE ET DE L'ABSORPTION

Digestion chimique (p. 1035)

Absorption (p. 1039)

Développement et vieillissement du système digestif (p. 1042)

Le système digestif

L e fonctionnement du système digestif exerce une fascination particulière sur les enfants: ils raffolent des croustilles, s'amusent à se dessiner des moustaches avec du lait et sont au comble de la joie lorsque leur estomac gargouille. Les adultes savent qu'un système digestif en bonne santé est essentiel au maintien de la vie parce que c'est lui qui, à partir des aliments bruts, fabrique les matières premières qui joueront le rôle de matériaux structuraux et de source d'énergie de notre organisme. Plus précisément, le **système digestif** reçoit la nourriture, la dégrade en molécules de nutriments, assure l'absorption de ces derniers dans la circulation sanguine et élimine les résidus non digestibles ou qui n'ont pas été absorbés.

PREMIÈRE PARTIE

CARACTÉRISTIQUES GÉNÉRALES DU SYSTÈME DIGESTIF

1 Décrire le fonctionnement du système digestif; faire la distinction entre les organes du tube digestif et les organes annexes du système digestif.

On divise les organes du système digestif en deux grands groupes: (1) les *organes du tube digestif* et (2) les *organes digestifs annexes* (figure 23.1).

Le **tube digestif**, aussi appelé **canal alimentaire**, est un tube musculeux continu qui parcourt une bonne partie de l'organisme. Il **digère** la nourriture, c'est-à-dire qu'il la dégrade en fragments plus petits (*digerere*: distribuer), et **absorbe** les éléments qu'il a transformés dans le sang ou la lymphe en leur faisant traverser sa muqueuse. Les organes du tube digestif sont la *bouche*, le *pharynx*, l'*œsophage*, l'*estomac*, l'*intestin grêle* et le *gros intestin*, qui se termine par un orifice, l'*anus*. Dans un cadavre, le tube digestif a une longueur d'environ 9 m, mais chez une personne vivante il est beaucoup plus court en raison d'un tonus musculaire relativement constant. Techniquement, on considère que la nourriture présente dans ce tube se trouve à

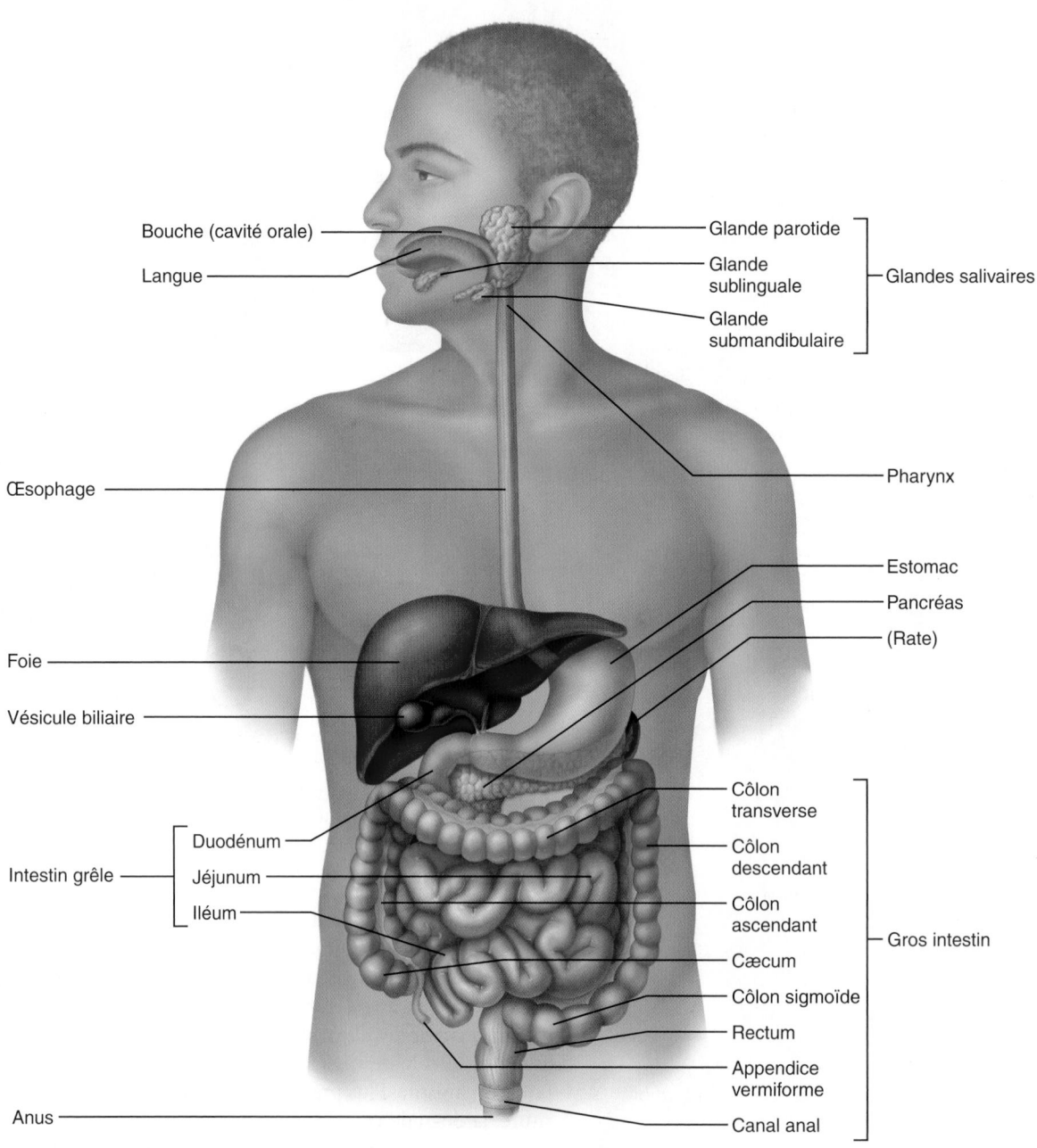

Figure 23.1 Tube digestif et organes digestifs annexes.

l'extérieur de l'organisme parce que le tube digestif s'ouvre sur l'environnement à ses deux extrémités.

Les **organes annexes** sont les *dents*, la *langue*, la *vésicule biliaire* et un certain nombre de grosses glandes digestives (les *glandes salivaires*, le *foie* et le *pancréas*). Les dents et la langue sont situées dans la bouche, ou cavité orale, alors que les glandes digestives et la vésicule biliaire sont extérieures au tube digestif et y sont reliées par des conduits. Les glandes digestives annexes produisent des sécrétions qui assurent la dégradation des aliments.

Processus digestifs

2 Énumérer et définir les six principaux processus impliqués dans l'activité du système digestif.

On peut considérer le tube digestif comme une « chaîne de démontage » à chaque étape de laquelle la nourriture devient de moins en moins complexe et où les nutriments sont rendus utilisables par l'organisme. Cette transformation de la nourriture par le système digestif se résume à six activités essentielles, qui sont l'ingestion, la propulsion, la digestion mécanique, la digestion chimique, l'absorption et la défécation (figure 23.2).

1. L'**ingestion** est tout simplement l'introduction de nourriture dans le tube digestif, habituellement par la bouche.
2. La **propulsion** mécanique, par laquelle la nourriture se déplace dans le tube digestif, comprend la *déglutition*, un processus en partie volontaire, et le *péristaltisme*, qui est involontaire. Le **péristaltisme** (*peri* : autour ; *stellein* : resserrer), le principal moyen de propulsion, met en jeu des ondes successives de contraction et de relâchement des muscles des parois des organes du tube digestif (figure 23.3a). Il a surtout pour effet de pousser la nourriture le long du tube digestif tout en produisant un certain brassage. Les ondes péristaltiques sont si puissantes que la nourriture et les liquides, une fois avalés, parviennent à l'estomac même si vous vous tenez la tête en bas.
3. La **digestion mécanique** prépare physiquement la nourriture à la digestion chimique par les enzymes. Les processus mécaniques comprennent la mastication – mélange de la nourriture et de la salive par la langue –, le pétrissage de la nourriture dans l'estomac et la **segmentation** – contractions rythmiques et locales de l'intestin grêle (figure 23.3b). La segmentation a pour effet de mélanger la nourriture avec les sucs digestifs et fait augmenter le taux d'absorption en mettant différentes parties du bol alimentaire en contact avec la paroi intestinale.
4. La **digestion chimique** est une série de processus cataboliques par lesquels les grosses molécules de nourriture sont dégradées en unités assimilables. Cette dégradation est effectuée par des enzymes sécrétées dans la lumière du tube intestinal. La digestion chimique des aliments commence dans la bouche et est pratiquement terminée lorsqu'ils quittent l'intestin grêle.
5. L'**absorption** est le passage des produits de la digestion (avec les vitamines, les minéraux et l'eau) de la lumière

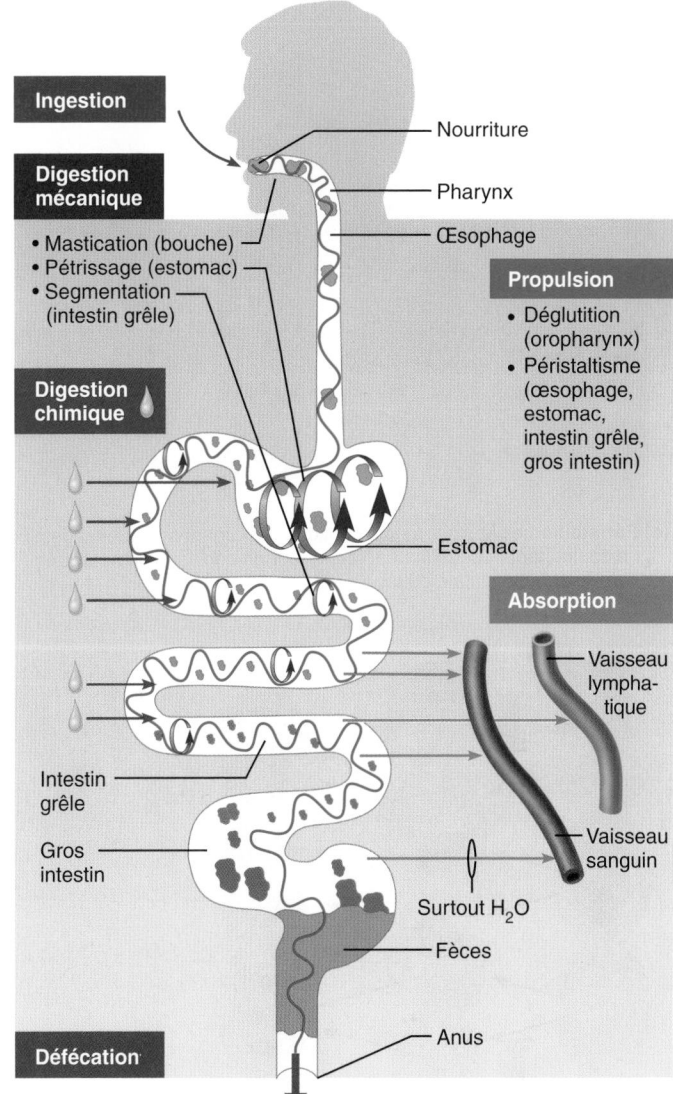

Figure 23.2 Fonctions du tube digestif. Remarquez que les sites de la digestion chimique produisent des enzymes ou reçoivent des enzymes et d'autres sécrétions élaborées par les organes annexes (extérieurs au tube digestif).

du tube digestif vers le sang ou la lymphe, grâce à des mécanismes de transport actif ou passif qui leur permettent de traverser les cellules de la muqueuse digestive. Le principal site d'absorption est l'intestin grêle.

6. La **défécation** est l'évacuation hors de l'organisme, par l'anus, des substances non digestibles ou qui n'ont pu être absorbées, sous forme de fèces.

Certains de ces processus sont assurés par un seul organe ; par exemple, l'ingestion est réalisée seulement par la bouche et la défécation, seulement par le gros intestin. Mais la plupart des mécanismes qui constituent la digestion résultent de l'action combinée de plusieurs organes et se déroulent par étapes à mesure que la nourriture parcourt le tube digestif. Plus loin, nous verrons quels processus sont accomplis par chacun d'eux ainsi que les facteurs nerveux ou hormonaux qui en assurent la régulation.

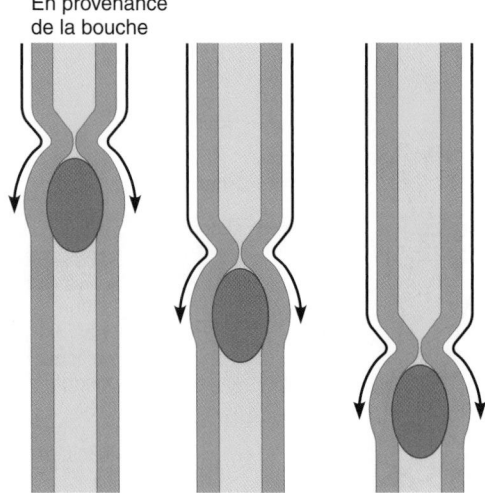

En provenance
de la bouche

(a) Péristaltisme : Les segments contigus des organes du tube digestif se contractent et se relâchent tour à tour en déplaçant la nourriture vers l'extrémité distale du tube.

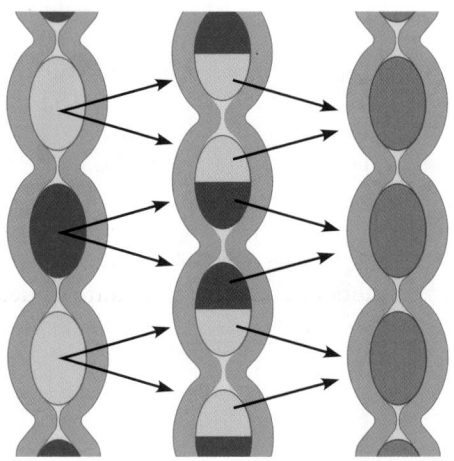

(b) Segmentation : Des segments non contigus des organes du tube digestif se contractent et se relâchent tour à tour, déplaçant la nourriture vers l'avant, puis vers l'arrière. Ce mouvement crée un brassage et un déplacement lent.

Figure 23.3 **Péristaltisme et segmentation.**

VÉRIFIONS NOS ACQUIS

1. Nommez un organe du tube digestif qui se trouve dans le thorax. Nommez trois organes digestifs situés dans la cavité abdominale.
2. Quel est le site habituel de l'ingestion ?
3. Quelle activité digestive essentielle assure le déplacement des aliments de l'extérieur vers l'intérieur du corps ?

Les réponses se trouvent à l'appendice G.

Concepts fonctionnels fondamentaux

3 Décrire les stimulus et les mécanismes régulateurs de l'activité du système digestif.

Tout au long de ce manuel, nous avons souligné l'importance de l'homéostasie, c'est-à-dire de l'effort que fournit l'organisme pour maintenir son milieu interne en équilibre. La plupart des systèmes de l'organisme réagissent aux fluctuations de ce milieu soit en favorisant le retour d'une certaine variable plasmatique à un niveau antérieur, soit en modifiant leur propre fonctionnement. Par contre, le système digestif crée un milieu optimal pour son propre fonctionnement dans la lumière (cavité) du tube digestif, qui se trouve en fait, comme nous l'avons déjà dit, à *l'extérieur* de l'organisme ; essentiellement, tous les mécanismes régulateurs de la digestion agissent sur les conditions présentes dans la lumière pour rendre la digestion et l'absorption aussi efficaces que possible.

À propos de ces mécanismes régulateurs, deux faits sont à considérer.

1. **La digestion est déclenchée par un ensemble de stimulus mécaniques et chimiques.** Les récepteurs (mécanorécepteurs, chimiorécepteurs et osmorécepteurs) assurant la régulation de la digestion se rencontrent dans les parois des organes du tube digestif. Ils répondent à divers stimulus dont les plus importants sont l'étirement de l'organe en question par la présence de nourriture dans la lumière, l'osmolarité (concentration des solutés) et le pH du contenu ainsi que la présence de substrats et de produits finaux de la digestion. Lorsqu'ils reçoivent un stimulus, ces récepteurs déclenchent des réflexes qui (1) activent ou inhibent les glandes libérant des sucs digestifs dans la lumière ou des hormones dans le sang, ou bien (2) stimulent les muscles lisses des parois du tube digestif, ce qui a pour effet de mélanger le contenu de la lumière et de le déplacer.

2. **La digestion est régie par des mécanismes extrinsèques et intrinsèques.** Bon nombre des systèmes de régulation du tube digestif sont eux-mêmes *intrinsèques*, c'est-à-dire qu'ils résultent de l'action de plexus nerveux locaux ou de cellules productrices d'hormones. Entre les couches de muscles de la paroi du tube digestif se trouve le « cerveau des entrailles », qui contient des plexus nerveux entériques qui longent le tube digestif sur presque toute sa longueur et s'influencent mutuellement à la fois à l'intérieur d'un même organe et entre organes différents.

Il en résulte deux types d'activité réflexe : les *réflexes courts*, qui dépendent entièrement de l'activité des plexus locaux (*entériques*) en réponse aux stimulus provenant du tube digestif ; les *réflexes longs*, qui sont déclenchés par des stimulus provenant de l'intérieur ou de l'extérieur du tube digestif et font intervenir les centres du système nerveux central ainsi que les neurofibres extrinsèques du système nerveux autonome **(figure 23.4)**. En général, les neurofibres qui stimulent le muscle lisse sécrètent de l'acétylcholine ou de la substance P ; celles qui inhibent le muscle

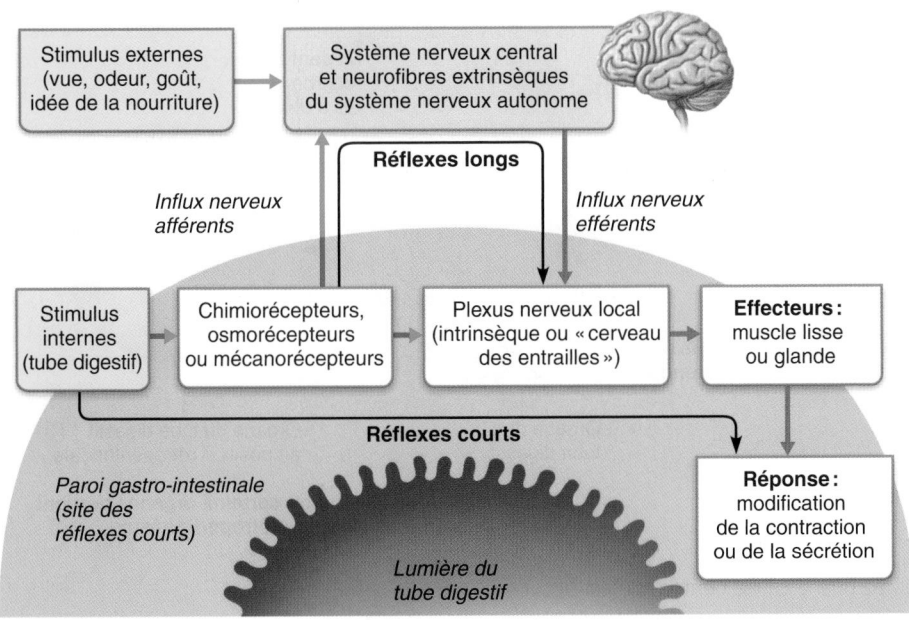

Figure 23.4 Voies réflexes nerveuses activées par les stimulus internes ou externes qui s'exercent sur le tube digestif.

lisse libèrent un peptide intestinal vasoactif (PIV) ou du monoxyde d'azote.

L'estomac et l'intestin grêle contiennent aussi des cellules qui élaborent des hormones. Lorsqu'elles reçoivent un stimulus approprié, ces cellules libèrent leurs hormones dans le liquide interstitiel de l'espace extracellulaire. Ces hormones empruntent la circulation sanguine pour atteindre leurs cellules cibles, qui peuvent se trouver dans le même organe ou dans un autre organe du système digestif et dont elles déclenchent l'activité de sécrétion ou de contraction.

VÉRIFIONS NOS ACQUIS

4. Quand ils sont stimulés, les récepteurs du tube digestif répondent au moyen de réflexes. Quelles activités digestives peuvent être déclenchées par ces réflexes ?
5. L'expression « cerveau des entrailles » ne signifie pas vraiment qu'il y a un cerveau dans le système digestif. Que signifie cette analogie ?

Les réponses se trouvent à l'appendice G.

Relations entre les organes du système digestif

Relation entre les organes digestifs et le péritoine

4 Décrire la structure, l'emplacement et la fonction du péritoine.

5 Définir les termes « mésentère » et « rétropéritonéal » ; nommer les organes rétropéritonéaux.

La plupart des organes du système digestif sont situés dans la cavité abdominale et pelvienne. Comme nous l'avons vu au chapitre 1, toutes les cavités ventrales de l'organisme contiennent des *séreuses* lubrifiantes. Le **péritoine** de la cavité abdominale et pelvienne est la plus étendue de ces membranes **(figure 23.5a)**. Le **péritoine viscéral** recouvre les surfaces externes de la plupart des organes digestifs et se prolonge par le **péritoine pariétal**, qui couvre les parois de l'abdomen et du bassin. Entre les deux péritoines se trouve la **cavité péritonéale**, un très mince espace contenant le liquide visqueux sécrété par les séreuses. Cette sérosité lubrifie les organes digestifs mobiles et leur permet de glisser facilement les uns sur les autres et sur la paroi du corps au cours de leur fonctionnement.

Un **mésentère** est une double couche de péritoine – deux séreuses accolées dos à dos – qui s'étend des organes digestifs jusqu'à la paroi de la cavité. Les mésentères permettent le passage des vaisseaux sanguins et lymphatiques ainsi que des neurofibres qui desservent les viscères digestifs. Ils maintiennent également les organes en place et emmagasinent les lipides. Dans la plupart des cas, le mésentère est en position *dorsale* et est relié à la paroi abdominale postérieure, mais il existe aussi des mésentères *ventraux*, comme celui qui s'étend du foie à la paroi abdominale antérieure (figure 23.5a). En poursuivant votre étude des mésentères des organes digestifs, vous découvrirez que certains d'entre eux ont reçu des noms particuliers (tels que les *omentums*) ou qu'on les appelle « ligaments » (même si ces replis péritonéaux n'ont rien à voir avec les ligaments qui relient les os).

Tous les organes du tube digestif ne sont pas nécessairement suspendus par un mésentère. Pendant le développement, certaines parties de l'intestin grêle, par exemple, adhèrent à la paroi dorsale de la cavité abdominale (figure 23.5b). Elles perdent alors leur mésentère et deviennent postérieures au péritoine. Ces organes, qui comprennent la plus grande partie du pancréas et certaines parties du gros intestin, sont appelés **organes rétropéritonéaux** (*retro*: derrière). À l'opposé, les organes digestifs

23

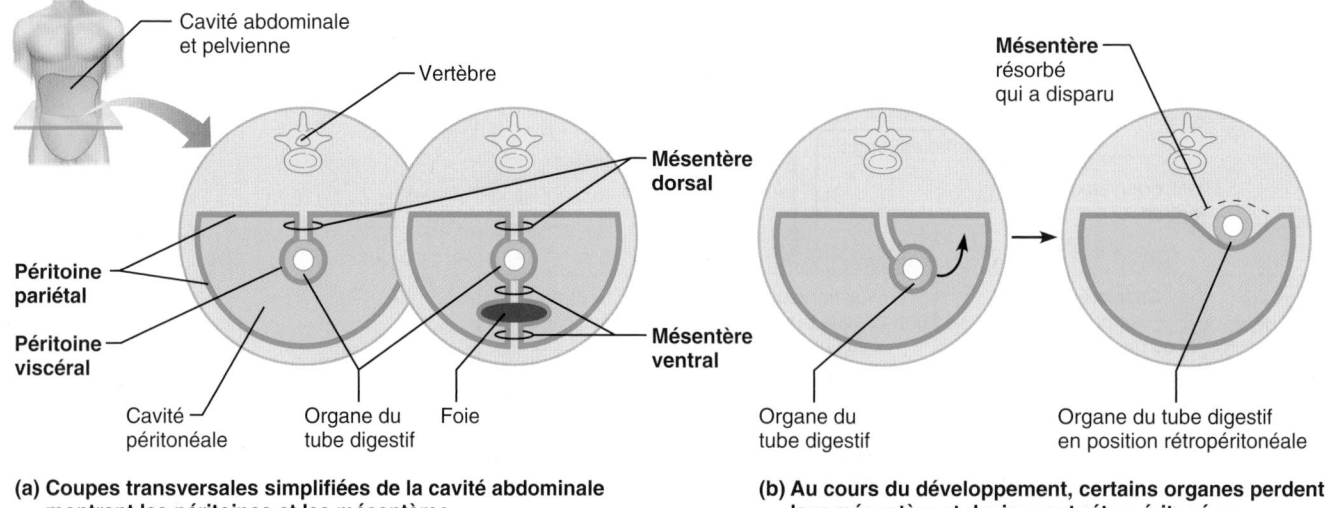

(a) **Coupes transversales simplifiées de la cavité abdominale montrant les péritoines et les mésentères**

(b) **Au cours du développement, certains organes perdent leur mésentère et deviennent rétropéritonéaux.**

Figure 23.5 Péritoine et cavité péritonéale. Notez que la cavité péritonéale est beaucoup plus petite qu'elle ne semble l'être sur cette illustration.

(comme l'estomac) qui gardent leur mésentère et restent dans la cavité péritonéale sont appelés **organes intrapéritonéaux**, ou **organes péritonéaux**.

DÉSÉQUILIBRE HOMÉOSTATIQUE

La *péritonite* est l'inflammation du péritoine. Elle est habituellement consécutive à l'éclatement de l'appendice vermiforme (qui répand des fèces chargées de bactéries dans tout le péritoine). Dans ce cas, les membranes du péritoine ont tendance à s'accoler au voisinage du site de l'infection, ce qui a pour effet de la circonscrire et de laisser ainsi le temps aux macrophagocytes d'entrer en action pour empêcher sa propagation. La péritonite peut aussi résulter d'une blessure perforante de l'abdomen, d'un ulcère perforant qui laisse passer les sucs gastriques dans la cavité péritonéale ou du non-respect d'une technique de stérilisation au cours d'une intervention chirurgicale abdominale, ou encore des procédures entourant la dialyse péritonéale chez les patients soumis à ces traitements, et qui en sont fréquemment la cible. Si l'infection n'est pas traitée à temps et s'étend à l'ensemble de la cavité péritonéale, la péritonite devient très dangereuse et elle est souvent mortelle. Le traitement consiste à débarrasser la cavité péritonéale de la plus grande quantité possible de débris infectieux et à administrer des doses massives d'antibiotiques. ■

Irrigation sanguine : la circulation splanchnique

6 Définir la circulation splanchnique.

7 Décrire les fonctions du système porte hépatique.

La **circulation splanchnique** comprend les ramifications de l'aorte abdominale qui irriguent les organes digestifs, ainsi que le *système porte hépatique*. Ces artères – d'une part les artères hépatique, splénique et gastrique gauche du tronc cœliaque, qui

irriguent la rate, le foie et l'estomac, et d'autre part les artères mésentériques supérieure et inférieure, qui alimentent l'intestin grêle et le gros intestin (voir p. 1016 et 1029) – reçoivent normalement le quart du débit cardiaque, et cette proportion du volume sanguin augmente après chaque repas. Le système porte hépatique (voir p. 854-855) recueille le sang veineux chargé de nutriments provenant des viscères digestifs et l'apporte au foie. Le foie retient les nutriments absorbés pour en assurer le traitement métabolique ou pour les emmagasiner ; plus tard, il les retourne dans la circulation sanguine pour alimenter le métabolisme cellulaire général.

VÉRIFIONS NOS ACQUIS

6. Qu'est-ce qui distingue le péritoine viscéral du péritoine pariétal au regard de leurs positions anatomiques respectives ?
7. Parmi les organes suivants, lequel est rétropéritonéal : l'estomac, le pancréas ou le foie ?
8. Quel nom est donné à la portion veineuse de la circulation splanchnique ?

Les réponses se trouvent à l'appendice G.

Histologie du tube digestif

8 Décrire la composition histologique fondamentale de la paroi du tube digestif ; mettre en évidence les caractéristiques structurales et fonctionnelles de chacune des quatre tuniques.

Chacun des organes digestifs n'assure qu'une partie du travail global que constitue la digestion. Avant de décrire l'anatomie fonctionnelle du système digestif, il est donc utile d'étudier les structures qui remplissent des fonctions semblables dans toutes les parties du tube digestif.

De l'œsophage au canal anal, les parois du tube digestif sont formées des quatre mêmes couches principales appelées *tuniques*. Ce sont la *muqueuse*, la *sous-muqueuse*, la *musculeuse* et la *séreuse* (ou l'*adventice* selon le cas) (figure 23.6). Chaque tunique comprend un type de tissu prépondérant qui joue un rôle précis dans la digestion.

Muqueuse

La **muqueuse**, ou **tunique muqueuse**, est la couche la plus interne. Elle se compose d'un épithélium humide qui tapisse la lumière du tube digestif, de la cavité orale à l'anus. Ses principales fonctions sont : (1) la *sécrétion* de mucus, d'enzymes digestives et d'hormones ; (2) l'*absorption* des produits de la digestion dans le sang ; et (3) la *protection* contre les maladies infectieuses. Dans une région donnée du tube digestif, la muqueuse peut n'exercer qu'une seule de ces fonctions ou les trois simultanément.

La muqueuse digestive, qui est plus complexe que les autres muqueuses, comporte habituellement trois sous-couches : (1) un épithélium de revêtement ; (2) une lamina propria ; et (3) une muscularis mucosæ. L'**épithélium** de la muqueuse est généralement un *épithélium simple prismatique*, riche en cellules qui sécrètent du mucus. Ce mucus lubrifiant empêche la digestion de certains organes par les enzymes en activité dans leur propre cavité et facilite le mouvement de la nourriture dans le tube digestif. Dans l'estomac et l'intestin grêle, la muqueuse contient des cellules qui libèrent des enzymes et d'autres qui sécrètent des hormones. La muqueuse est donc, dans ces régions, une sorte de glande endocrine diffuse en même temps qu'elle fait partie de l'organe digestif.

Située sous l'épithélium, la **lamina propria** est composée de tissu conjonctif lâche aréolaire. Elle est parcourue de capillaires qui nourrissent l'épithélium et absorbent les nutriments digérés ; elle contient également des neurones entériques, dont nous reparlerons. Ses follicules lymphoïdes épars, qui font partie des **MALT** (formations lymphatiques associées aux muqueuses) décrites à la page 875, contribuent à la défense contre les bactéries et autres agents pathogènes qui ont libre accès au tube digestif. Des groupes particulièrement gros de follicules lymphoïdes sont situés dans le pharynx (les amygdales, par exemple) et l'appendice vermiforme.

À l'extérieur de la lamina propria se trouve la **muscularis mucosæ**, une fine couche de cellules musculaires lisses qui produit les mouvements locaux de la muqueuse. Ainsi, les contractions de cette couche musculaire délogent les particules de nourriture qui adhèrent à la muqueuse. Dans la muqueuse

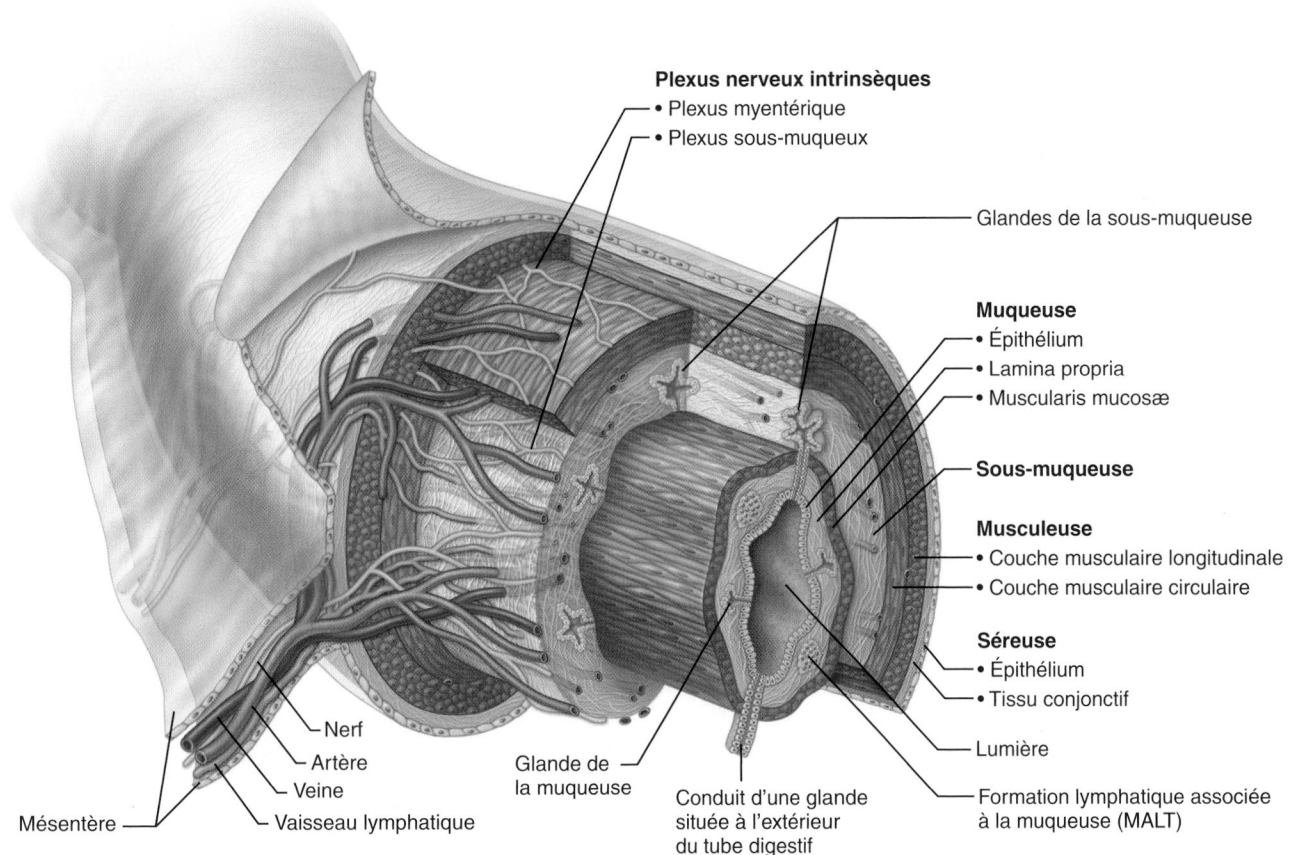

Plexus nerveux intrinsèques
• Plexus myentérique
• Plexus sous-muqueux

Glandes de la sous-muqueuse

Muqueuse
• Épithélium
• Lamina propria
• Muscularis mucosæ

Sous-muqueuse

Musculeuse
• Couche musculaire longitudinale
• Couche musculaire circulaire

Séreuse
• Épithélium
• Tissu conjonctif

Lumière

Formation lymphatique associée à la muqueuse (MALT)

Nerf
Artère
Veine
Vaisseau lymphatique

Mésentère

Glande de la muqueuse

Conduit d'une glande située à l'extérieur du tube digestif

Figure 23.6 Structure fondamentale du tube digestif. Le tube digestif se compose de quatre couches principales : la muqueuse, la sous-muqueuse, la musculeuse et la séreuse.

de l'intestin grêle, le tonus de la couche musculaire forme une série de petits replis qui accroissent considérablement sa surface.

Sous-muqueuse

Directement sous-jacente à la muqueuse, la **sous-muqueuse** est un tissu conjonctif aréolaire qui renferme un grand nombre de vaisseaux sanguins et lymphatiques, des follicules lymphoïdes et des neurofibres. Ses fibres élastiques abondantes permettent à l'estomac de reprendre sa forme après avoir contenu un repas copieux. Son riche réseau vasculaire alimente les autres tissus de la paroi du tube digestif.

Musculeuse

Entourant la sous-muqueuse, se trouve la **musculeuse**. Cette tunique produit la segmentation et le péristaltisme. Elle comporte généralement une *couche circulaire* interne et une *couche longitudinale* externe composées de cellules musculaires lisses ; entre les deux couches, on trouve des neurones entériques (voir les figures 4.11c et 23.6). À plusieurs endroits le long du tube digestif, la couche circulaire s'épaissit et constitue des *sphincters* qui agissent comme des valves empêchant l'inversion du mouvement et régissant le passage de la nourriture d'un organe à l'autre.

Séreuse

La **séreuse**, la couche la plus externe des organes intrapéritonéaux, a un rôle protecteur et est formée par le *péritoine viscéral*. Elle se compose de tissu conjonctif lâche aréolaire recouvert de *mésothélium*, une couche unique de cellules épithéliales squameuses (voir les figures 4.9a et 4.3a, respectivement).

Dans l'œsophage, situé dans la cavité thoracique et non dans la cavité abdominale et pelvienne, la séreuse est remplacée par une **adventice**. L'adventice est une enveloppe fibreuse ordinaire qui relie l'œsophage aux structures voisines. Les organes rétropéritonéaux ont *à la fois* une séreuse (sur la face située du côté de la cavité péritonéale) et une adventice (sur la face adjacente à la paroi abdominale postérieure).

Système nerveux entérique du tube digestif

Comme nous l'avons déjà mentionné, le tube digestif possède son propre réseau nerveux interne formé par les **neurones entériques** (*enteron*: intestin). Ces neurones sont étroitement interconnectés et entretiennent d'intenses communications grâce auxquelles ils assurent ainsi la régulation de l'activité du système digestif. Les deux principaux *plexus nerveux intrinsèques* (ganglions reliés par des voies nerveuses non myélinisées) des parois du tube digestif, soit le plexus sous-muqueux et le plexus myentérique (figure 23.6), sont composés en majeure partie de neurones entériques semi-autonomes.

Le **plexus sous-muqueux**, ou plexus de Meissner, fait partie de la sous-muqueuse. Il est composé de neurones sensoriels et de neurones moteurs et régit principalement l'activité des glandes et des muscles lisses de la tunique muqueuse.

Le **plexus myentérique** («muscle intestinal»), ou plexus d'Auerbach, plus développé, se trouve entre les couches circu-

laire et longitudinale de la musculeuse. Les neurones de ce plexus constituent le principal réseau nerveux de la paroi du tube digestif et ils en régissent la motilité. La régulation de la segmentation et du péristaltisme s'accomplit en bonne partie automatiquement et fait intervenir des cellules rythmogènes et des arcs réflexes locaux entre les neurones entériques du même plexus, de plexus différents, voire d'organes différents.

Le système nerveux entérique est aussi relié au système nerveux central par des neurofibres viscérales afférentes et par des branches sympathiques et parasympathiques (neurofibres motrices) du système nerveux autonome, qui pénètrent dans la paroi de l'intestin et forment des synapses avec les neurones des plexus intrinsèques. Ainsi, les neurofibres du système autonome exercent également une régulation extrinsèque sur la digestion par l'intermédiaire d'arcs réflexes longs (figure 23.4). De façon générale, l'action du système parasympathique accroît la sécrétion et la motilité, alors que celle du système sympathique inhibe l'activité digestive.

Mais les ganglions entériques, qui sont largement indépendants, sont bien plus que de simples relais du système nerveux autonome, comme c'est le cas dans les autres systèmes. En effet, le système nerveux entérique contient plus de 100 millions de neurones, soit davantage que la moelle épinière.

VÉRIFIONS NOS ACQUIS

9. Nommez les tuniques du tube digestif, de l'intérieur vers l'extérieur.

10. On a administré à Jacques un médicament qui inhibe la stimulation parasympathique de son tube digestif. Devrait-il manger avec appétit ou s'abstenir de manger ? Pourquoi ?

Les réponses se trouvent à l'appendice G.

DEUXIÈME PARTIE

ANATOMIE FONCTIONNELLE DU SYSTÈME DIGESTIF

Maintenant que nous avons résumé certains points communs aux diverses parties du système digestif, étudions les particularités structurales et fonctionnelles de chacun des organes de ce système. La figure 23.1 montre la plupart des organes de la digestion dans leur position normale ; il vous sera sans doute utile de vous reporter à cette illustration de temps à autre au cours de la lecture de la partie qui suit.

Bouche et organes associés

9 Décrire les tissus dont sont composées les lèvres, les joues et la langue ; faire la distinction entre le palais mou et le palais dur.

10 Décrire la composition et les fonctions de la salive, et expliquer le mécanisme de régulation de la salivation.

11 Expliquer la formule dentaire et faire la distinction entre dents temporaires et dents permanentes; présenter les causes et les conséquences de la carie dentaire, de la gingivite ainsi que de la périodontite.

La bouche est la seule partie du tube digestif qui assure l'ingestion des aliments. Cependant, la plupart des fonctions digestives associées à la bouche résultent de l'activité d'organes annexes comme les dents, les glandes salivaires et la langue. En effet, c'est dans la bouche la nourriture est mastiquée et mélangée avec la salive contenant les enzymes qui commencent le processus de digestion chimique. La bouche amorce également le mécanisme de déglutition qui permet le passage de la nourriture dans le pharynx, l'œsophage et l'estomac.

Bouche

La **bouche**, aussi appelée **cavité orale** ou encore *cavité buccale*, est une cavité tapissée de muqueuse. Elle est délimitée à l'avant par les lèvres, sur les côtés par les joues, en haut par le palais et en bas par la langue (figure 23.7). La **fente orale** constitue son ouverture antérieure. À l'arrière, la cavité orale communique avec l'*oropharynx*.

Les parois de la bouche sont tapissées d'un épithélium stratifié squameux épais (voir la figure 4.3e) qui résiste bien à la friction, laquelle peut être considérable. L'épithélium des gencives, du palais osseux et du dos de la langue est légèrement kératinisé, ce qui offre une meilleure protection contre l'abrasion résultant de la mastication. La muqueuse orale, comme tous les revêtements humides, réagit aux lésions en produisant des peptides antimicrobiens appelés *défensines*. Cela explique peut-être en partie pourquoi la bouche reste remarquablement saine bien qu'elle grouille de microorganismes de toutes sortes.

Lèvres et joues

Les **lèvres** et les **joues** comportent une partie centrale composée de muscles squelettiques recouverts de peau. Elles contribuent à garder la nourriture entre les dents pendant la mastication. La partie charnue des lèvres est formée par le *muscle orbiculaire de la bouche*. Les joues sont formées en grande partie par les *muscles buccinateurs*. L'espace délimité à l'extérieur par les lèvres et les joues et à l'intérieur par les gencives et les dents est appelé **vestibule de la bouche**; la région située derrière les dents et les gencives est nommée **cavité propre de la bouche**.

Les lèvres sont beaucoup plus étendues que la plupart des gens ne le pensent: en effet, du point de vue anatomique, elles s'étendent du bord inférieur du nez jusqu'à la limite supérieure du menton. Le bord libre des lèvres (ou limbe cutané de la bouche) où l'on applique éventuellement du rouge à lèvres et où l'on dépose un baiser constitue une région de transition entre la peau pileuse et très kératinisée et la muqueuse orale. Le bord libre est peu kératinisé et translucide et il laisse transparaître la

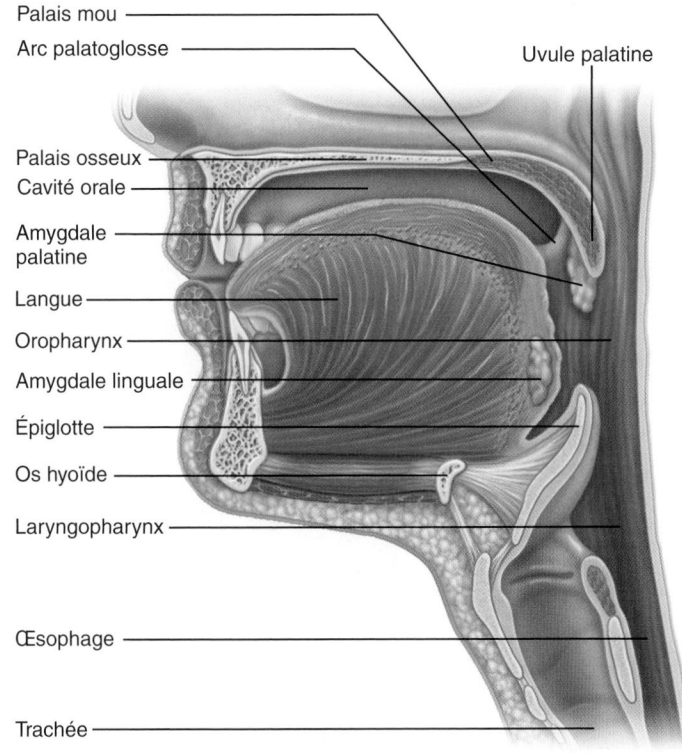

(a) Coupe sagittale médiane de la cavité orale et du pharynx

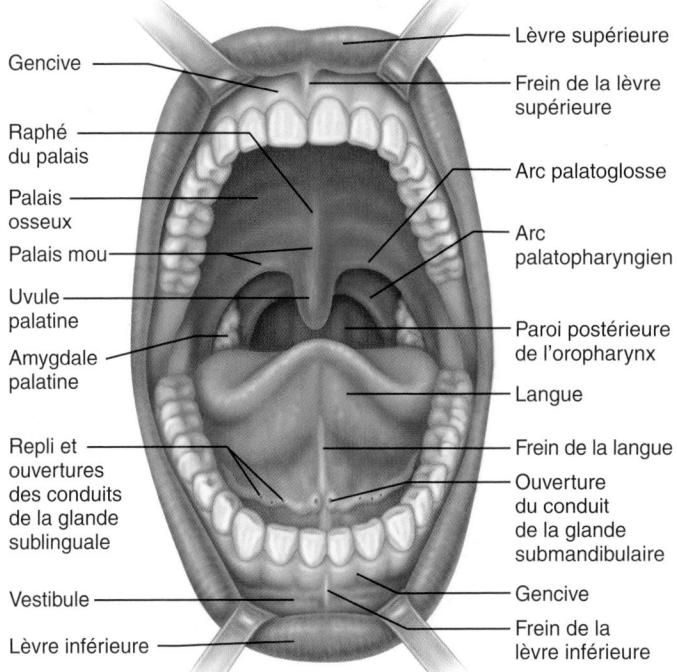

(b) Vue antérieure

Figure 23.7 **Anatomie de la cavité orale (bouche).**

couleur rouge du sang des abondants capillaires dermiques sous-jacents. Étant bien pourvu en terminaisons nerveuses, il est très sensible. Il n'y a pas de glandes sudoripares ou sébacées dans le bord libre des lèvres, de sorte qu'il faut régulièrement l'humecter avec de la salive pour empêcher la déshydratation et les gerçures. Le **frein des lèvres** est un repli médian qui relie la face interne de chaque lèvre à la gencive (figure 23.7b).

Palais

Le **palais**, qui forme le plafond de la bouche, se divise en deux parties : le palais osseux à l'avant et le palais mou à l'arrière (figure 23.7). Le **palais osseux**, ou palais dur, est sous-tendu par les os palatins et les processus palatins des maxillaires, et il constitue une surface rigide contre laquelle la langue peut écraser la nourriture pendant la mastication. La muqueuse située de chaque côté du *raphé du palais* – une saillie longitudinale médiane – est légèrement plissée, ce qui accentue la friction.

Le **palais mou** est un repli mobile composé surtout de muscles squelettiques. Lorsque nous avalons, le palais mou se relève par réflexe pour fermer le nasopharynx.

■ Pour démontrer cette action, essayez de respirer et d'avaler en même temps.

Latéralement, le palais mou est relié à la langue par les **arcs palatoglosses** et à la paroi de l'oropharynx par les **arcs palatopharyngiens** situés plus à l'arrière. Ces deux paires de replis forment les limites du **gosier** – la région voûtée de l'oropharynx qui abrite les amygdales palatines. Un prolongement en forme de doigt orienté vers le bas et appelé **uvule palatine**, ou luette, est suspendu au bord libre du palais mou.

Langue

La **langue** est située sur le plancher de la bouche et occupe la majeure partie de la cavité orale lorsque la bouche est fermée (figure 23.7). Elle est composée de faisceaux entrelacés de fibres musculaires squelettiques. Au cours de la mastication, elle malaxe la nourriture et la replace constamment entre les dents. Ses mouvements ont aussi pour effet de mélanger les aliments avec la salive et de les transformer en une masse compacte appelée **bol alimentaire** (*bolos*: morceau) ; elle amorce la déglutition en poussant le bol alimentaire vers l'arrière dans le pharynx. Lorsque nous parlons, sa souplesse nous permet de prononcer certaines consonnes occlusives (k, d, t, etc.).

La langue comprend des fibres musculaires squelettiques intrinsèques et extrinsèques. Les **muscles intrinsèques** (quatre paires) sont confinés à la langue et ne sont pas fixés à des os. Leurs fibres sont disposées sur différents plans et permettent donc à la langue de changer de forme (mais non de position), la rendant ainsi plus épaisse, plus fine, plus longue ou plus courte selon les besoins au cours de l'élocution et de la mastication.

Comme nous l'avons expliqué au chapitre 10, les **muscles extrinsèques** (quatre paires) se terminent dans la langue et ont leurs points d'origine sur les os du crâne ou sur le palais mou (voir le tableau 10.2, p. 382-383, et la figure 10.7). Les muscles extrinsèques modifient la position de la langue : ils permettent de la tirer, de la rentrer et de la déplacer latéralement. La langue est traversée par une cloison médiane composée de tissu conjonctif, et chaque moitié contient des groupes de muscles identiques. Un repli de muqueuse appelé **frein de la langue** relie la langue au plancher de la bouche et limite son mouvement vers l'arrière.

⚖ DÉSÉQUILIBRE HOMÉOSTATIQUE

On dit souvent que les enfants nés avec un frein de la langue extrêmement court ont la «langue liée» parce que les mouvements de la langue sont limités, ce qui perturbe l'élocution. On peut corriger chirurgicalement cette anomalie congénitale, nommée *ankyloglosse* («langue courbée»), en sectionnant le frein (frénectomie). ■

La face supérieure de la langue est couverte de papilles, excroissances en forme de piquet venant de la muqueuse sous-jacente (figure 23.8). Les **papilles filiformes** sont coniques et confèrent à la surface de la langue une certaine rugosité qui permet de lécher les aliments semi-solides (comme la crème glacée) et crée la friction nécessaire pour déplacer les aliments dans la bouche. Ces papilles, les plus petites et les plus nombreuses, sont alignées en rangées parallèles sur le dos de la langue. Elles contiennent de la kératine, ce qui les rend plus rigides et donne à la langue sa teinte blanchâtre.

Les **papilles fungiformes** (en forme de champignon) sont disséminées à la surface de la langue. Chacune comporte un centre vasculaire qui lui donne une teinte rougeâtre.

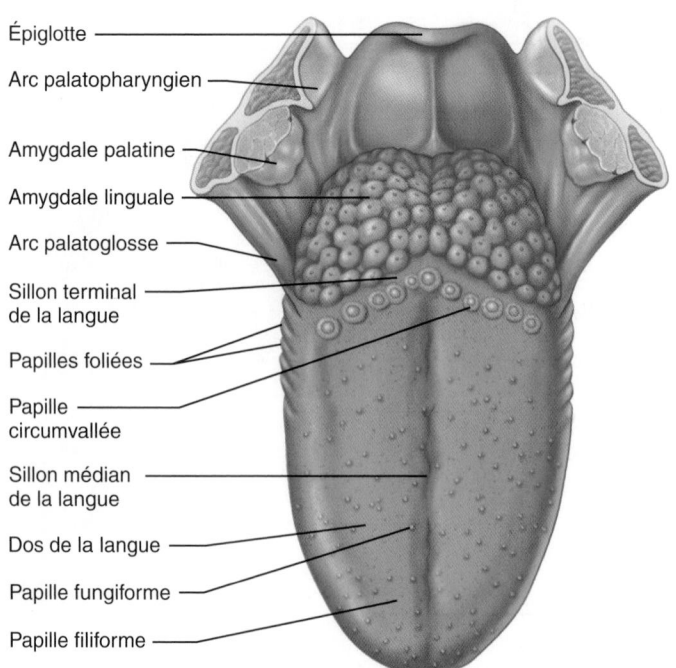

Épiglotte
Arc palatopharyngien
Amygdale palatine
Amygdale linguale
Arc palatoglosse
Sillon terminal de la langue
Papilles foliées
Papille circumvallée
Sillon médian de la langue
Dos de la langue
Papille fungiforme
Papille filiforme

Figure 23.8 Face dorsale de la langue et amygdales.

À l'arrière de la langue, de 10 à 12 grosses **papilles circumvallées**, ou papilles caliciformes, sont alignées en forme de V. Elles ressemblent aux papilles fungiformes, mais elles sont entourées d'un sillon. Les papilles foliées, qui ressemblent à des arêtes, sont situées sur les parois latérales de la partie postérieure de la langue. Les papilles fungiformes, les papilles circumvallées et les papilles foliées contiennent des calicules gustatifs, mais ceux des papilles foliées servent surtout durant la petite enfance.

Juste à l'arrière des papilles circumvallées se trouve le **sillon terminal de la langue**, qui sépare la partie antérieure de la langue, située dans la cavité orale (le *corps* de la langue), de la portion postérieure qui occupe l'oropharynx (la *racine* de la langue). La muqueuse recouvrant la racine de la langue est dépourvue de papilles, mais elle est couverte de bosses formées par l'*amygdale linguale* nodulaire située juste au-dessous (figure 23.8).

VÉRIFIONS NOS ACQUIS

11. Quelles sont les différences entre le vestibule de la bouche et la cavité propre de la bouche?
12. Quelle structure forme le plafond de la bouche?
13. En plus de préparer la nourriture pour la déglutition, quel est l'autre rôle de la langue?

Les réponses se trouvent à l'appendice G.

Glandes salivaires

Un certain nombre de glandes associées à la cavité orale sécrètent la **salive**, qui assure plusieurs fonctions: (1) elle nettoie la bouche; (2) elle dissout les constituants chimiques présents dans la nourriture pour qu'ils puissent être goûtés; (3) elle humecte les aliments et permet leur compression en bol alimentaire; et (4) elle contient des enzymes qui amorcent la digestion des féculents.

La plus grande partie de la salive est produite par les **glandes salivaires majeures**, ou extrinsèques, situées à l'extérieur de la cavité orale, mais qui y déversent leurs sécrétions. Leur débit est légèrement augmenté par les **glandes salivaires mineures**, ou intrinsèques, aussi appelées **glandes orales**, qui sont disséminées dans l'ensemble de la muqueuse de la cavité orale et fournissent environ 10% de la sécrétion salivaire totale.

Les glandes salivaires majeures sont des paires de glandes tubuloacineuses composées qui se développent à partir de la muqueuse de la cavité orale et lui restent reliées par des conduits (figure 23.9a). La grosse **glande parotide** (*para*: près de; *ous*: oreille) est située devant l'oreille, entre le muscle masséter et la peau. Un conduit important, le conduit parotidien, suit l'arcade zygomatique, traverse le muscle buccinateur et débouche dans le vestibule en face de la deuxième dent molaire supérieure. Des ramifications du nerf facial traversent la glande parotide avant d'atteindre les muscles servant à l'expression faciale; c'est la raison pour laquelle une opération chirurgicale de cette glande peut entraîner la paralysie faciale.

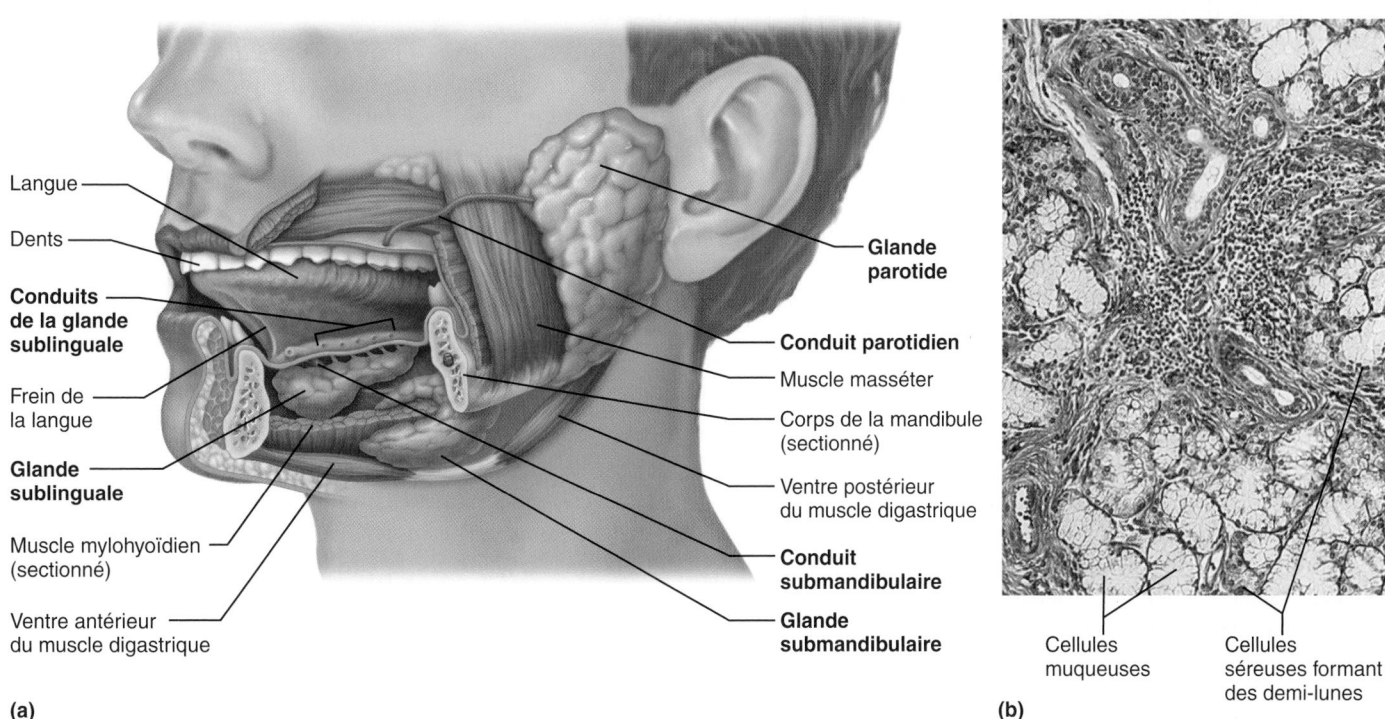

Langue
Dents
Conduits de la glande sublinguale
Frein de la langue
Glande sublinguale
Muscle mylohyoïdien (sectionné)
Ventre antérieur du muscle digastrique

Glande parotide
Conduit parotidien
Muscle masséter
Corps de la mandibule (sectionné)
Ventre postérieur du muscle digastrique
Conduit submandibulaire
Glande submandibulaire

Cellules muqueuses
Cellules séreuses formant des demi-lunes

(a)   (b)

Figure 23.9 Glandes salivaires. (a) Les glandes parotide, submandibulaire et sublinguale associées à la face gauche de la cavité orale. **(b)** Photomicrographie de la glande sublinguale (150×), une glande salivaire mixte mais sécrétant surtout du mucus. Les cellules muqueuses sont colorées en bleu clair et les unités produisant le liquide séreux, en violet. Les cellules séreuses forment parfois des demi-lunes (appelées semi-lunes séreuses) autour de la base des cellules muqueuses.

⚖ DÉSÉQUILIBRE HOMÉOSTATIQUE

Les *oreillons* sont une inflammation des glandes parotides causée par un virus (*Myxovirus*) qui se transmet d'une personne à une autre par la salive. Cette maladie affecte plus souvent les enfants, mais elle est devenue rare depuis l'administration systématique du vaccin combiné rougeole-rubéole-oreillons (RRO). Dans la plupart des cas, elle devient bilatérale. Si vous vérifiez la situation des glandes parotides à la figure 23.9a, vous comprendrez pourquoi les personnes atteintes des oreillons se plaignent de douleurs lorsqu'elles mâchent ou ouvrent la bouche. En plus de la gêne occasionnée de la sorte, les signes et les symptômes des oreillons sont une fièvre légère et de la douleur lorsqu'on avale des aliments acides (légumes au vinaigre, jus de pamplemousse, etc.). Chez l'homme adulte, les testicules sont également atteints dans 25 % des cas, ce qui peut entraîner la stérilité. ■

De la taille d'une noisette, la **glande submandibulaire** se trouve le long de la face médiale du corps de la mandibule. Son conduit passe sous la muqueuse du plancher de la cavité orale et débouche à la base du frein de la langue (figure 23.7b), où il s'ouvre par un à trois orifices dans une papille d'où il est possible de voir la salive s'écouler ou jaillir. La petite **glande sublinguale** est située devant la glande submandibulaire, sous la langue. Ses 10 ou 12 courts conduits s'ouvrent dans le plancher de la bouche (figure 23.9a).

Les glandes salivaires sont composées, dans des proportions variables, de deux types de cellules sécrétrices: les cellules muqueuses et les cellules séreuses (figure 23.9b). Les **cellules séreuses** produisent une sécrétion aqueuse contenant des enzymes, des ions et un tout petit peu de mucine, alors que les **cellules muqueuses** sécrètent du **mucus**, c'est-à-dire une solution filandreuse et visqueuse. Les glandes parotides ne contiennent que des cellules séreuses; les glandes submandibulaires et les glandes salivaires mineures sont constituées d'un nombre à peu près égal de cellules séreuses et muqueuses, et les glandes sublinguales contiennent surtout des cellules muqueuses.

Composition de la salive

La salive se compose en grande partie d'eau (de 97 à 99,5 %); elle est donc hypoosmotique, grâce au travail des cellules épithéliales des canaux des glandes salivaires qui réabsorbent une grande quantité d'ions. Son osmolarité varie selon les glandes qui sont en activité, selon la nature du stimulus ayant déclenché la salivation et selon la vitesse à laquelle la salive est sécrétée (plus elle est élevée, plus la salive contient d'ions Na^+). La salive est en général légèrement acide (pH de 6,75 à 7,00), mais son pH est variable. Ses solutés sont constitués d'électrolytes à 30 % (Na^+, K^+, Cl^-, PO_4^{3-} et HCO_3^-), de substances organiques (l'amylase salivaire et la lipase linguale, qui sont des enzymes digestives plus actives à un pH acide), de protéines (la mucine, le lysozyme et les IgA) ainsi que de déchets métaboliques (urée et acide urique). La salive est la sécrétion digestive qui contient le taux le plus élevé de K^+. Lorsqu'elle est dissoute dans l'eau, la mucine (une glycoprotéine) forme un épais mucus qui lubrifie la cavité orale et humecte les aliments.

La protection contre les microorganismes est assurée par: (1) les *anticorps IgA*; (2) le *lysozyme*, une enzyme bactériostatique qui inhibe la croissance bactérienne dans la bouche et contribue peut-être à prévenir la carie; (3) un composé cyanuré; et (4) les *défensines* (voir p. 744). En plus de jouer le rôle d'antibiotiques locaux, les défensines agissent comme des cytokines et attirent les cellules de défense de l'organisme (lymphocytes, granulocytes neutrophiles, etc.) dans la bouche en cas d'agression.

Outre ces quatre formes de protection, les bactéries bénéfiques qui vivent sur le dos de la langue transforment les nitrates des aliments et de la salive en nitrites qui, à leur tour, sont convertis en *monoxyde d'azote* (*NO*) en milieu acide. Cette transformation a lieu au voisinage des gencives, où les bactéries acidifiantes ont tendance à se regrouper, ainsi que dans les sécrétions riches en acide chlorhydrique de l'estomac. On pense que le monoxyde d'azote, qui est très toxique, agit comme agent bactéricide à ces endroits.

En clinique, la salive peut également servir à détecter certaines maladies et à en surveiller l'évolution. Par exemple, il existe des examens de la salive qui permettent de déceler les anticorps du VIH, le cancer de la bouche et le diabète. De plus, on peut procéder à une évaluation rapide des taux hormonaux à l'aide de la salive.

Régulation de la salivation

Les glandes salivaires mineures sécrètent continuellement de la salive en quantité juste suffisante pour maintenir l'humidité de la bouche. Mais l'arrivée d'aliments dans la bouche active les glandes salivaires majeures, qui y déversent alors d'abondantes quantités de salive. La production moyenne est de 1000 à 1500 mL par jour.

La salivation est essentiellement régie par la division parasympathique du système nerveux autonome. Lorsque nous ingérons de la nourriture, les chimiorécepteurs et les mécanorécepteurs de la bouche envoient des signaux aux **noyaux salivaires** – noyau supérieur pour les glandes submandibulaires et sublinguales, noyau inférieur pour les glandes parotides – du tronc cérébral (pont et bulbe rachidien). Il en résulte un accroissement de l'activité du système nerveux parasympathique; les influx acheminés par les neurofibres motrices des *nerfs faciaux* (*VII*) et *glossopharyngiens* (*IX*) déclenchent alors une augmentation spectaculaire de la production d'une salive aqueuse (séreuse) et riche en enzymes. Les chimiorécepteurs sont activés surtout par les substances acides comme le vinaigre et les jus d'agrumes. Les mécanorécepteurs peuvent être activés par à peu près n'importe quel stimulus (même un élastique).

La simple vue ou l'odeur de nourriture suffit parfois à entraîner une forte sécrétion de salive; la seule pensée d'une crème glacée nappée de chocolat chaud fait saliver plus d'une personne! L'irritation des régions inférieures du tube digestif par des toxines bactériennes, des aliments épicés ou l'hyperacidité gastrique fait également augmenter la salivation (surtout lorsque cette irritation s'accompagne de nausées). Il est possible que cette réaction contribue à diluer ou à neutraliser les substances irritantes.

Contrairement à la régulation exercée par la division parasympathique, l'action de la division sympathique (en particulier, les fibres T_1 à T_3) provoque la libération d'une salive épaisse riche en mucine. En cas de très forte stimulation de la division sympathique (situation de stress ou de peur), les vaisseaux sanguins irriguant les glandes salivaires se contractent, ce qui fait presque cesser la production de salive, et la bouche devient alors sèche (xérostomie). La déshydratation inhibe également la salivation parce qu'un faible volume sanguin s'accompagne d'une pression de filtration réduite dans les lits capillaires.

⚖ DÉSÉQUILIBRE HOMÉOSTATIQUE

Toute affection qui inhibe la sécrétion de salive entraîne un accroissement marqué du nombre de caries dentaires, ainsi que des difficultés à parler, à avaler et à manger. Il peut se produire une accumulation de particules de nourriture en décomposition et une prolifération des bactéries, ce qui se traduit par une mauvaise haleine (*halitose*). La mauvaise odeur est principalement causée par l'activité métabolique des bactéries qui digèrent des protéines par un processus anaérobie à l'arrière de la langue, produisant du sulfure d'hydrogène (odeur d'œuf pourri), du méthanethiol (présent également dans les fèces), de la cadavérine (associée à la décomposition des cadavres) et d'autres substances. ■

VÉRIFIONS NOS ACQUIS

14. Quel est le rôle de la portion séreuse de la salive ?

15. Nommez quatre substances antimicrobiennes contenues dans la salive.

Les réponses se trouvent à l'appendice G.

Dents

Les **dents** sont logées dans les alvéoles des bords de la mandibule et du maxillaire, qui sont recouvertes par les gencives. Le rôle des dents dans la transformation de la nourriture est évident. Nous *mastiquons*, ou mâchons, en ouvrant et en fermant les mâchoires tout en les déplaçant latéralement et en replaçant continuellement les aliments entre nos dents à l'aide de notre langue. Au cours de ce processus, les dents déchirent et broient la nourriture et la découpent en morceaux plus petits.

Denture et formule dentaire

Ordinairement, vers l'âge de 21 ans, deux séries de dents se sont formées : la **denture primaire** et la **denture permanente** (figure 23.10a). La denture primaire est constituée de dents

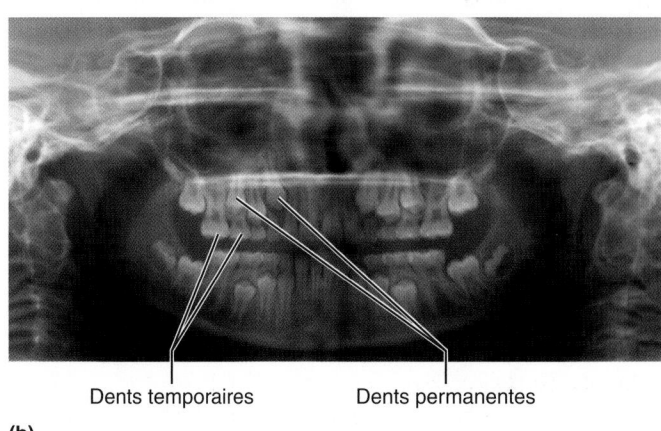

Dents incisives
Centrale (de 6 à 8 mois)
Latérale (de 8 à 10 mois)
Dent canine
(de 16 à 20 mois)
Dents molaires
Première molaire
(de 10 à 15 mois)
Deuxième molaire
(vers 2 ans)

Dents temporaires (dents de lait)

Dents incisives
Centrale (7 ans)
Latérale (8 ans)
Dent canine
(11 ans)
Dents prémolaires (bicuspides)
Première prémolaire
(11 ans)
Deuxième prémolaire
(de 12 à 13 ans)
Dents molaires
Première molaire
(de 6 à 7 ans)
Deuxième molaire
(de 12 à 13 ans)
Troisième molaire
(dent de sagesse)
(de 17 à 25 ans)

Dents permanentes

(a)

Dents temporaires   Dents permanentes

(b)

Figure 23.10 Dents chez l'humain. (a) Dents temporaires et permanentes de la mâchoire inférieure. L'âge approximatif de l'apparition des dents est indiqué entre parenthèses. La forme de chaque type de dents est montrée à droite. **(b)** Radiographie de la bouche d'un enfant de sept ans montrant les dents permanentes qui se forment derrière les dents temporaires.

temporaires appelées **dents déciduales** (*deciduus:* qui tombe), ou dents de lait. Les premières dents qui apparaissent vers l'âge de six mois sont les dents incisives centrales inférieures. D'autres paires de dents viennent s'ajouter à des intervalles de 1 à 2 mois jusqu'à l'âge de 24 mois environ, soit l'âge auquel les 20 dents de lait sont sorties.

À mesure que les **dents permanentes** poussent et se développent, les racines des dents de lait se résorbent par-dessous (figure 23.10b), ce qui les rend moins solides et les fait tomber entre 6 et 12 ans. Généralement, toutes les dents de la denture permanente sauf les troisièmes dents molaires sont déjà en place à la fin de l'adolescence. Les troisièmes dents molaires, aussi appelées *dents de sagesse*, apparaissent entre 17 et 25 ans. On compte habituellement 32 dents dans une série complète, mais il peut arriver que les dents de sagesse ne sortent jamais ou soient absentes.

DÉSÉQUILIBRE HOMÉOSTATIQUE

Lorsqu'une dent reste enchâssée dans le maxillaire, on dit qu'elle est *incluse*. Les dents incluses peuvent causer beaucoup de pression et de douleur et on doit les extraire chirurgicalement. Les dents de sagesse sont souvent incluses. ■

On classe les dents selon leur forme et leur fonction en dents incisives, canines, prémolaires et molaires (figure 23.10a). Les **dents incisives**, en forme de ciseau, servent à couper ou à pincer des morceaux de nourriture. Les **dents canines**, coniques et semblables à des crocs, déchirent et transpercent. Les **dents prémolaires** (bicuspides) et les **dents molaires** ont des couronnes larges munies de tubercules arrondis et sont bien adaptées pour écraser et broyer. Les dents molaires (« meules à aiguiser »), qui comportent quatre ou cinq tubercules, sont particulièrement aptes à broyer. Au cours de la mastication, les dents molaires supérieures et inférieures s'emboîtent les unes dans les autres de façon répétée, ce qui crée des forces d'écrasement énormes (comparables à celles qu'exercerait une masse de 300 kg).

La **formule dentaire** permet d'indiquer de façon abrégée le nombre et la position relative des divers types de dents dans la bouche. Cette formule s'exprime sous la forme d'un rapport entre les dents du haut et celles du bas pour *la moitié* de la bouche. Comme l'autre côté est une image miroir, on obtient la denture totale en multipliant la formule dentaire par deux. La denture primaire comporte deux dents incisives (I), une dent canine (C) et deux dents molaires (M) sur le côté de chaque mâchoire; on écrit donc la formule dentaire comme suit :

$$\frac{2I, 1C, 2M \text{ (mâchoire supérieure)}}{2I, 1C, 2M \text{ (mâchoire inférieure)}} \times 2 \text{ (20 dents)}$$

De la même façon, la denture permanente (deux dents incisives, une dent canine, deux dents prémolaires [PM] et trois dents molaires) s'écrit :

$$\frac{2I, 1C, 2PM, 3M}{2I, 1C, 2PM, 3M} \times 2 \text{ (32 dents)}$$

Structure des dents

Chaque dent comporte deux parties principales : la couronne et la racine (figure 23.11). La **couronne** recouverte d'émail est la partie de la dent visible au-dessus des **gencives**, qui l'entourent comme un col serré. L'**émail**, un matériau cassant semblable à de la céramique et de l'épaisseur d'une pièce de monnaie, doit supporter la force de la mastication. C'est la substance la plus dure de l'organisme. Il est fortement minéralisé par des sels de calcium et ses cristaux denses d'hydroxyapatite (un minéral) sont orientés en colonnes perpendiculaires à la surface de la dent, ce qui leur confère une grande résistance. Les cellules qui élaborent l'émail (améloblastes) dégénèrent au moment de l'apparition de la dent. Par conséquent, les caries ou les fissures de l'émail ne guérissent jamais et doivent être obturées de façon artificielle.

La **racine** est la partie de la dent qui est enchâssée dans le maxillaire. Les dents canines, incisives et prémolaires ont une seule racine, bien que les premières dents prémolaires supérieures

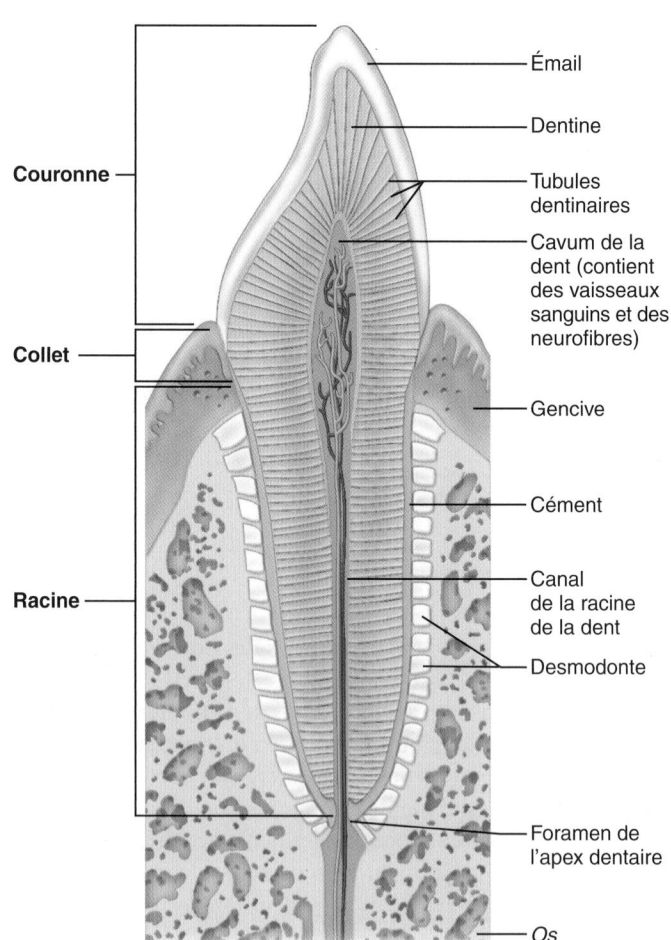

Figure 23.11 Coupe longitudinale d'une dent canine dans son alvéole osseuse.

Émail
Dentine
Tubules dentinaires
Cavum de la dent (contient des vaisseaux sanguins et des neurofibres)
Gencive
Cément
Canal de la racine de la dent
Desmodonte
Foramen de l'apex dentaire
Os

Couronne
Collet
Racine

en aient souvent deux. Les deux premières dents molaires supérieures ont trois racines et les dents molaires inférieures correspondantes en ont deux. Le nombre de racines de la troisième dent molaire est variable, mais on rencontre le plus souvent une racine unique fusionnée.

La couronne et la racine sont reliées par une partie rétrécie appelée **collet de la dent**. La surface externe de la racine est recouverte d'un tissu conjonctif calcifié, le **cément**, qui fixe la dent au **desmodonte**, ou **ligament alvéolodentaire**. Ce fin ligament ancre lui-même la dent dans l'alvéole osseuse de la mâchoire ; il constitue une articulation fibreuse nommée *gomphose*. À l'endroit où elle entoure la dent, la gencive s'affaisse pour former un sillon peu profond appelé *sillon gingival*.

Durant la jeunesse, la gencive adhère fermement à l'émail qui recouvre la couronne ; mais au fil des années, les gencives se rétractent et adhèrent au cément plus sensible qui recouvre la partie supérieure de la racine, de sorte que les dents *semblent* s'allonger avec l'âge.

La **dentine**, ou ivoire, est une substance riche en protéines semblable au tissu osseux – mais elle contient plus de minéraux et elle est donc plus dure que ce dernier ; elle est située sous l'émail et constitue la plus grande partie de la dent. Plus souple que l'émail, la dentine amortit les chocs produits sur l'émail pendant la mastication. Elle entoure le **cavum de la dent**, ou chambre pulpaire, qui contient un certain nombre de structures tissulaires molles (tissu conjonctif, vaisseaux sanguins et neurofibres) dont l'ensemble est appelé **pulpe de la dent**. La pulpe de la dent alimente les tissus dentaires en nutriments et assure la sensibilité de la dent. La partie du cavum de la dent qui s'étend à la racine devient le **canal de la racine de la dent**. À l'extrémité proximale du canal se trouve le **foramen de l'apex dentaire**, qui permet le passage des vaisseaux sanguins, des neurofibres et d'autres structures pénétrant dans le cavum de la dent.

Les dents sont desservies par les nerfs alvéolaires supérieurs et le nerf alvéolaire inférieur, des ramifications du nerf trijumeau (voir le tableau 13.2, p. 570). Le sang circule par l'artère alvéolaire supéroantérieure, l'artère alvéolaire supéropostérieure et l'artère alvéolaire inférieure (les deux dernières étant des ramifications de l'artère maxillaire) (voir la figure 19.20).

La dentine contient des stries radiales caractéristiques appelées *tubules dentinaires* (figure 23.11). Chaque tubule est occupé par le prolongement allongé d'un **odontoblaste** (« germe de dent »), un type de cellule qui sécrète et entretient la dentine. Les corps cellulaires des odontoblastes tapissent le cavum de la dent situé immédiatement au-dessous de la dentine. La dentine est produite pendant toute la vie adulte et envahit peu à peu le cavum de la dent. Elle peut aussi se déposer assez rapidement pour compenser les dommages infligés à la dent ou la dégradation de celle-ci.

L'émail, la dentine et le cément sont calcifiés et ressemblent au tissu osseux, mais ils s'en distinguent par leur avascularité. L'émail diffère du cément et de la dentine par le fait qu'il contient peu de collagène et qu'il est de composition presque exclusivement minérale.

La mort du nerf d'une dent et le noircissement qui s'ensuit sont souvent causés par un coup porté à la mâchoire. L'enflure de la région empêche l'arrivée du sang à la dent et le nerf meurt. Généralement, la pulpe de la dent est infectée par des bactéries peu de temps après et doit être enlevée par *traitement radiculaire* (« traitement de canal »). Après stérilisation de la cavité et remplissage avec un matériau inerte, la dent est obturée (recouverte d'une couronne artificielle). ∎

Lésions des dents et des gencives

Les **caries dentaires** (*caries*: pourriture) sont dues à une déminéralisation graduelle de l'émail sous l'action de bactéries ; celles-ci s'attaquent ensuite à la dentine en suivant les tubules dentinaires. Le processus finit par entraîner la mort des odontoblastes. La douleur se manifeste quand les bactéries atteignent la pulpe dentaire. La dégradation proprement dite commence lorsque la **plaque dentaire** (pellicule de sucres, de bactéries et d'autres débris de la cavité orale) adhère aux dents. Les bactéries métabolisent les sucres emprisonnés et produisent des acides qui dissolvent les sels de calcium des dents. Une fois les sels disparus, seule subsiste la matrice organique de la dent, qui est alors facilement digérée par les enzymes protéolytiques que libèrent les bactéries. De fréquents brossages et l'utilisation quotidienne de la soie dentaire permettent d'éliminer la plaque et contribuent ainsi à prévenir les dommages.

La plaque qui n'est pas enlevée provoque sur les gencives des effets plus graves que la carie dentaire. Au fur et à mesure qu'elle s'accumule, elle se calcifie et forme le **tartre dentaire**. Ces accumulations très dures détériorent les joints entre les gencives et les dents, creusant le sillon et exposant les gencives à l'infection par des agents pathogènes anaérobies. Aux premiers stades d'une telle infection, appelée **gingivite**, les gencives deviennent rouges, endolories et enflées, et elles peuvent saigner.

La gingivite est réversible si le tartre est enlevé ; si on la néglige, cependant, les bactéries finissent par constituer des poches d'infection qui deviennent enflammées. Les granulocytes neutrophiles et les cellules du système immunitaire (lymphocytes et macrophagocytes) attaquent non seulement les intrus, mais aussi les tissus de l'organisme. Cette intervention provoque la formation de cavités profondes autour des dents, la destruction du desmodonte et l'activation des ostéoclastes qui entraînent la résorption de l'os. Il en résulte une affection plus grave appelée **périodontite** – le périodonte est l'ensemble des tissus entourant la dent. La périodontite atteint jusqu'à 95 % des personnes âgées de plus de 35 ans et est la cause de 80 à 90 % des pertes de dents chez les adultes. La plupart des spécialistes considèrent que la périodontite est une affection bactérienne, mais d'autres facteurs pourraient être en cause. En effet, une étude longue de 14 ans a révélé que les jeunes adultes qui fumaient régulièrement de la marijuana étaient de 3 à 5 fois plus susceptibles de présenter un décollement grave des gencives.

Peu importe la cause, la perte de dents causée par la périodontite n'est pas inéluctable. Il est même possible de traiter les cas avancés par un détartrage des dents, par le nettoyage des poches infectées, puis par une incision des gencives en vue de réduire les poches infectées, tout en effectuant un traitement anti-inflammatoire et une antibiothérapie. Ensemble, ces traitements atténuent les attaques bactériennes et favorisent l'adhérence des tissus voisins aux dents et aux os.

Il existe maintenant deux autres interventions beaucoup moins douloureuses. La première consiste en un traitement au laser qui assure la destruction des tissus malades. La seconde est une thérapeutique non chirurgicale, en cours d'essais cliniques, qui consiste à coller temporairement une pellicule imprégnée d'antibiotique sur la surface exposée de la racine. Chez soi, le traitement clinique est suivi de mesures visant à éliminer la plaque ; elles consistent à brosser les dents régulièrement, à passer la soie dentaire fréquemment et à effectuer des rinçages au peroxyde d'hydrogène.

La périodontite ne concernerait pas seulement les dents. Certains soutiennent qu'elle augmente la susceptibilité à la cardiopathie et aux accidents vasculaires cérébraux d'au moins deux façons : (1) l'inflammation chronique favorise l'apparition de plaques athéroscléreuses ; et (2) les bactéries qui pénètrent dans le sang par les gencives infectées stimulent la formation de caillots, lesquels contribuent à obstruer les artères coronaires et cérébrales. Les facteurs de risque de la périodontite comprennent le tabagisme, le diabète et le perçage de la langue ou des lèvres.

VÉRIFIONS NOS ACQUIS

16. Martine a sept ans. Elle accourt vers son père pour lui montrer son incisive centrale inférieure qui vient de tomber. S'agit-il d'une dent primaire ou secondaire ? Quel nom donne-t-on aux dents qui tombent ?
17. Quelles dents servent à broyer les aliments ?
18. Quelle substance des dents est plus dure que la matière osseuse ? Quelle partie de la dent comprend du tissu nerveux et des vaisseaux sanguins ?

Les réponses se trouvent à l'appendice G.

Pharynx

12 Situer précisément le pharynx ; décrire son anatomie macroscopique, son histologie et ses fonctions particulières.

À partir de la bouche, la nourriture passe à l'arrière dans l'**oropharynx**, puis dans le **laryngopharynx** (figure 23.7a), deux passages communs pour la nourriture, les liquides et l'air. (Le nasopharynx ne joue aucun rôle dans la digestion.)

L'histologie de la paroi pharyngienne ressemble à celle de la cavité orale. La muqueuse contient un épithélium stratifié squameux résistant à la friction et garni de nombreuses glandes productrices de mucus. La musculeuse externe est formée de deux couches de *muscle squelettique*. Les fibres de la couche interne sont orientées longitudinalement ; celles de la couche externe, qui constituent les *muscles constricteurs du pharynx*, entourent le pharynx en s'imbriquant les uns dans les autres (voir la figure 10.8b). Ces muscles propulsent la nourriture vers le bas et vers l'œsophage par des contractions successives.

Œsophage

13 Situer précisément l'œsophage ; décrire son anatomie macroscopique, son histologie et ses fonctions particulières.

L'**œsophage** (*oisophagos :* qui porte ce qu'on mange) est un tube musculeux d'environ 25 cm de long qui s'affaisse lorsqu'il ne propulse pas d'aliments (figure 23.12). Entre les déglutitions, la partie supérieure est fermée par le sphincter œsophagien supérieur – le sphincter dont la pression de fermeture est la plus grande de tous les sphincters du tube digestif. La nourriture qui est passée dans le laryngopharynx est acheminée vers l'œsophage situé à l'arrière pendant que l'épiglotte ferme l'entrée du larynx.

Comme le montre la figure 23.12, l'œsophage traverse le médiastin du thorax à peu près en ligne droite puis le diaphragme par l'**hiatus œsophagien**, et entre dans l'abdomen, où il débouche dans l'estomac par l'**orifice du cardia**. L'orifice du cardia, situé dans la cavité abdominale, est entouré par le **sphincter œsophagien inférieur**, qui est un sphincter *physiologique* (figure 23.13), c'est-à-dire qu'il fonctionne comme une valve, mais la seule trace structurale de sa présence est un léger renflement du muscle lisse circulaire à cet endroit. Le diaphragme qui entoure ce sphincter contribue à le maintenir fermé lorsqu'il n'y a pas de déglutition.

DÉSÉQUILIBRE HOMÉOSTATIQUE

La **brûlure d'estomac** (pyrosis), premier symptôme du *reflux gastro-œsophagien* (RGO), est une douleur rétrosternale rayonnante accompagnée d'une sensation de brûlure qui survient lorsque le suc gastrique, qui est extrêmement acide, reflue dans l'œsophage. Les symptômes ressemblent tellement à ceux d'une crise cardiaque que les personnes qui souffrent pour la première fois de brûlures d'estomac se rendent parfois au service des urgences de l'hôpital. Les brûlures d'estomac ont lieu le plus souvent lorsqu'on a trop mangé ou trop bu, ou lorsque les organes abdominaux sont poussés vers le haut comme chez les personnes très obèses et les femmes enceintes, ou bien lorsqu'on court, ce qui fait refluer le contenu stomacal vers le haut à chaque pas.

Le reflux gastro-œsophagien est également commun chez les personnes qui ont une **hernie hiatale**. Généralement causée par le relâchement ou l'affaiblissement excessif du sphincter œsophagien inférieur, cette anomalie structurale se caractérise par une légère saillie de l'estomac dans la cage thoracique, au-dessus du diaphragme. Comme ce dernier ne renforce plus le sphincter, le suc gastrique peut entrer dans l'œsophage, surtout lorsque le sujet est couché. En cas de crises fréquentes et

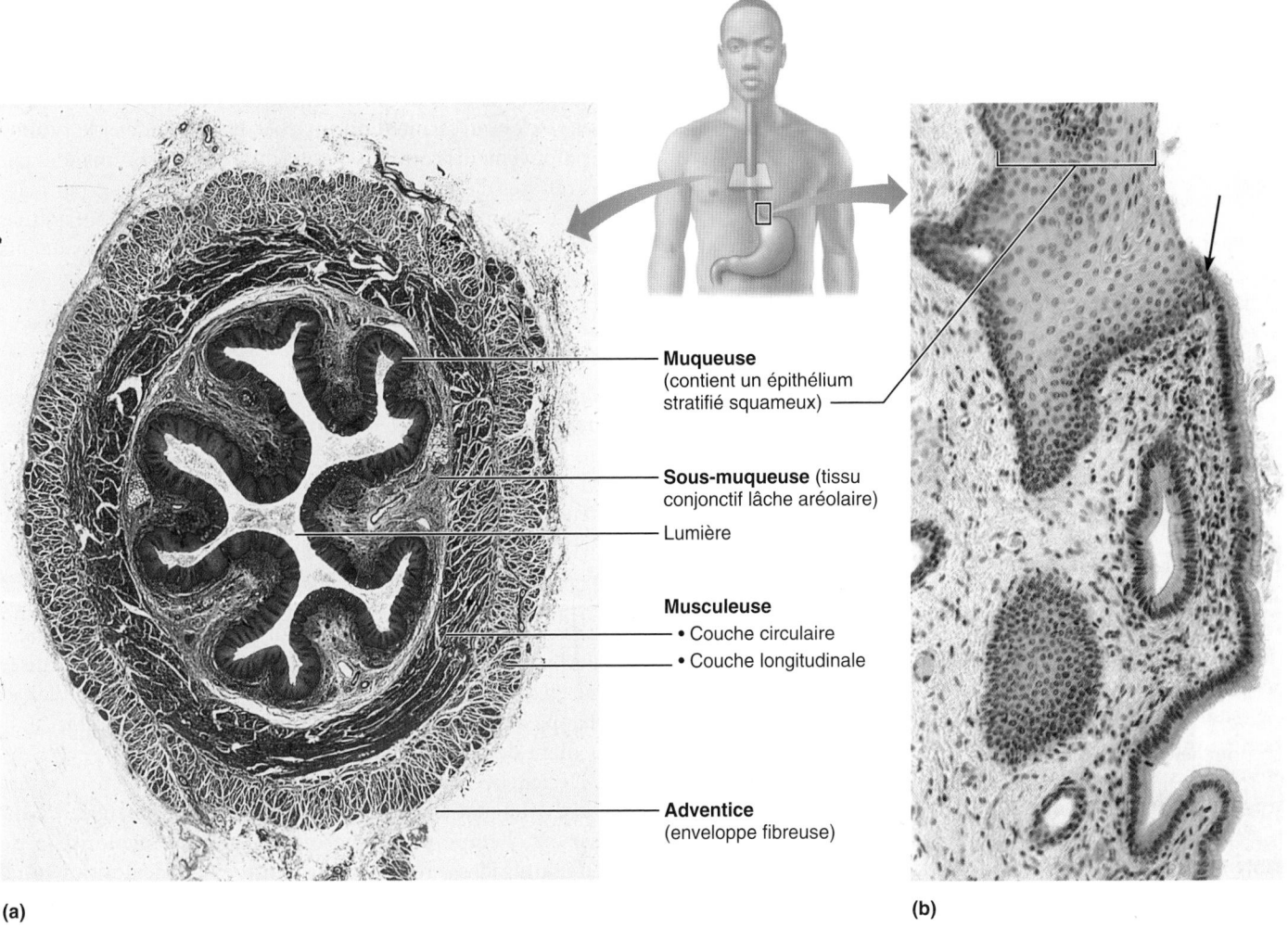

(a)

(b)

Muqueuse
(contient un épithélium
stratifié squameux)

Sous-muqueuse (tissu
conjonctif lâche aréolaire)

Lumière

Musculeuse
• Couche circulaire
• Couche longitudinale

Adventice
(enveloppe fibreuse)

Figure 23.12 Structure microscopique de l'œsophage. (a) Coupe transversale
de l'œsophage représentant la région située près de la jonction avec l'estomac (10×).
La musculeuse est composée de muscle lisse. **(b)** Coupe longitudinale de la jonction
œsophage-estomac (120×). La flèche montre la transition abrupte entre l'épithélium stratifié
squameux de l'œsophage (haut) et l'épithélium simple prismatique de l'estomac (en bas).

23

prolongées, il peut se produire une *œsophagite* (inflammation
de l'œsophage) et des *ulcères œsophagiens*, ou pis encore, un
cancer de l'œsophage. Il est généralement possible d'éviter ces
conséquences fâcheuses en s'abstenant de prendre des repas ou
des collations tard le soir et en évitant de consommer certains
aliments aux effets irritants (alcool, café, matières grasses,
substances acides, etc.). Les antiacides en vente libre (comme
le Maalox) peuvent également apporter un certain soulagement en neutralisant l'acidité du milieu stomacal. ■

Contrairement à la bouche et au pharynx, la paroi de l'œsophage comporte les quatre couches principales du tube digestif
que nous avons décrites plus haut. Elles présentent les caractéristiques suivantes:

1. La muqueuse de l'œsophage contient un épithélium stratifié squameux non kératinisé. À la jonction œsophage-
estomac, sur la courte portion située sous le diaphragme,

l'épithélium œsophagien résistant à l'abrasion se transforme brusquement en épithélium simple prismatique de
l'estomac spécialisé dans la sécrétion (figure 23.12b).

2. Lorsque l'œsophage est vide, sa muqueuse et sa sous-
muqueuse constituent des replis longitudinaux qui
s'effacent au passage de la nourriture (figure 23.12a); de
plus, la sous-muqueuse renferme de grandes quantités
de fibres élastiques grâce auxquelles l'œsophage peut se
distendre lors du passage des aliments.

3. La sous-muqueuse contient des *glandes œsophagiennes* qui
sécrètent du mucus. Lorsqu'il descend le long de l'œsophage, le bol alimentaire comprime ces glandes; celles-
ci libèrent alors un mucus qui «lubrifie» les parois de
l'œsophage pour faciliter le passage de la nourriture.

4. La musculeuse est formée de muscle squelettique (volontaire) dans son tiers supérieur (les cinq premiers centimètres environ), d'un mélange de muscle squelettique et

de muscle lisse (involontaire) dans son tiers central et uniquement de muscle lisse dans son tiers inférieur.

5. Au lieu d'une séreuse, l'œsophage comporte une adventice fibreuse entièrement composée de tissu conjonctif et qui se fond avec les structures voisines sur son chemin.

VÉRIFIONS NOS ACQUIS

19. Quels sont les deux systèmes auxquels le pharynx appartient ?
20. Quelle est la signification fonctionnelle de la modification épithéliale marquant la jonction œsophage-estomac ?
21. En quoi la musculeuse de l'œsophage est-elle unique dans l'organisme ?

Les réponses se trouvent à l'appendice G.

Processus digestifs qui se déroulent de la bouche à l'œsophage

14 Décrire les fonctions et les différentes étapes des processus de mastication et de déglutition ; expliquer leurs mécanismes de régulation.

La bouche et ses organes annexes contribuent à la plupart des processus digestifs. La cavité orale : (1) assure l'ingestion ; (2) amorce la digestion mécanique par la mastication ; (3) effectue la déglutition, qui marque le début de la propulsion ; et (4) commence la dégradation chimique des polysaccharides. L'amylase salivaire – principale enzyme de la salive – digère l'amidon et le glycogène, libérant des fragments plus petits de molécules de glucose liées. (Si vous mâchez un morceau de pain pendant quelques minutes, vous lui trouverez un goût sucré parce que des sucres seront libérés.) La lipase linguale, enzyme de la salive qui dégrade les lipides, joue également un rôle dans le milieu acide de l'estomac. La bouche ne joue pratiquement aucun rôle dans l'absorption : la muqueuse orale absorbe seulement l'alcool et quelques médicaments (dont la nitroglycérine, qui sert à soulager la douleur associée à l'angine de poitrine).

Contrairement à la bouche, qui assure de nombreuses fonctions, le pharynx et l'œsophage ne sont guère que des conduits servant à acheminer la nourriture de la bouche à l'estomac. Cette unique fonction digestive de propulsion est accomplie lors de la déglutition.

Nous étudierons la digestion chimique plus loin dans ce chapitre, dans la partie consacrée à la physiologie ; nous ne traiterons donc ici que des processus mécaniques de mastication et de déglutition.

Mastication

Lorsque la nourriture pénètre dans la bouche, sa digestion mécanique est amorcée par la **mastication**. Les joues et les lèvres closes maintiennent les aliments entre les dents, la langue les mélange avec la salive pour les amollir et les dents les coupent et les broient en morceaux plus petits. Ce faisant, la mastica-

tion augmente la surface de contact entre les enzymes digestives et les aliments. La mastication est partiellement volontaire et partiellement due à des réflexes. C'est volontairement que nous plaçons la nourriture dans notre bouche et contractons les muscles qui ferment nos mâchoires. Le mode et le rythme des mouvements continus des mâchoires sont commandés par des réflexes d'étirement des muscles masticateurs et par réaction à la pression qui stimule des mécanorécepteurs situés dans les joues, les gencives et la langue ; mais ces mouvements peuvent aussi être volontaires, au besoin.

Déglutition

Avant qu'elle passe de la bouche aux autres organes, la nourriture doit être compactée en un bol alimentaire par la langue, puis avalée. La **déglutition** est un processus complexe résultant de l'activité coordonnée de plus de 22 groupes musculaires différents. Elle se produit en deux étapes : l'étape orale et l'étape pharyngo-œsophagienne.

L'**étape orale** est volontaire et se déroule dans la bouche. À ce stade, nous plaçons le bout de la langue contre le palais osseux et nous la contractons pour pousser le bol alimentaire dans l'oropharynx **(figure 23.13, ①)**. Lorsqu'elle parvient dans le pharynx, la nourriture stimule des récepteurs tac00tiles et échappe à notre maîtrise ; son mouvement dépend alors uniquement de l'activité réflexe involontaire.

Déclenchée par une goutte de salive ou une miette de nourriture atteignant les récepteurs de la partie postérieure du pharynx, l'**étape pharyngo-œsophagienne** involontaire de la déglutition est réglée par le centre de la déglutition situé dans le tronc cérébral (bulbe rachidien et partie inférieure du pont). Ce centre transmet des influx moteurs aux muscles du pharynx et de l'œsophage par l'intermédiaire de divers nerfs crâniens, en particulier les nerfs vagues. Comme le montre la figure 23.13 ②, une fois que les aliments ont pénétré dans le pharynx, la respiration est momentanément inhibée et tous les passages sont fermés sauf la voie à suivre, c'est-à-dire le tube digestif. Durant cette phase, la langue bloque l'accès à la bouche ; le palais mou s'élève pour clore le nasopharynx ; le larynx et l'os hyoïde remontent de sorte que l'épiglotte bascule et couvre son ouverture, qui constitue l'entrée des voies respiratoires ; les cordes vocales se rapprochent l'une de l'autre et le sphincter œsophagien supérieur se relâche (s'ouvre).

La nourriture se déplace le long du pharynx en direction de l'œsophage par des gradients de pression créés par les ondes de contractions péristaltiques (figure 23.13, ③ à ⑤). Les aliments solides passent de l'oropharynx à l'estomac en environ huit secondes et les liquides, entraînés par la gravité, en moins d'une à deux secondes. Juste avant que l'onde péristaltique (et la nourriture) atteigne l'extrémité de l'œsophage, le sphincter œsophagien inférieur se détend par réflexe pour permettre aux aliments de pénétrer dans l'estomac. Quand ceux-ci sont passés, le sphincter se referme, ce qui empêche la régurgitation.

Si nous essayons de parler ou d'inhaler tout en avalant, il peut arriver que les divers mécanismes de protection soient court-circuités et que de la nourriture pénètre dans les voies

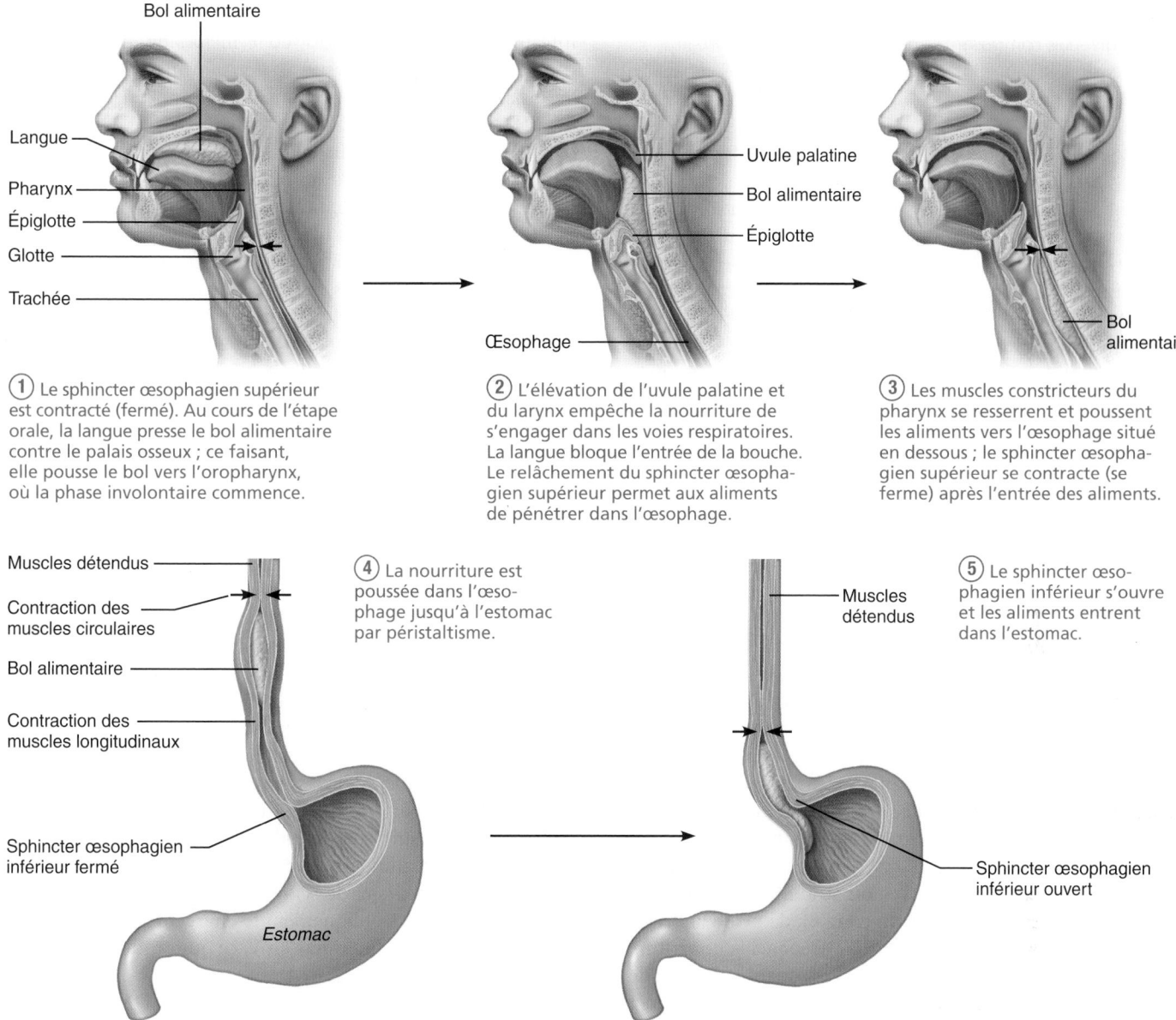

① Le sphincter œsophagien supérieur est contracté (fermé). Au cours de l'étape orale, la langue presse le bol alimentaire contre le palais osseux ; ce faisant, elle pousse le bol vers l'oropharynx, où la phase involontaire commence.

② L'élévation de l'uvule palatine et du larynx empêche la nourriture de s'engager dans les voies respiratoires. La langue bloque l'entrée de la bouche. Le relâchement du sphincter œsophagien supérieur permet aux aliments de pénétrer dans l'œsophage.

③ Les muscles constricteurs du pharynx se resserrent et poussent les aliments vers l'œsophage situé en dessous ; le sphincter œsophagien supérieur se contracte (se ferme) après l'entrée des aliments.

④ La nourriture est poussée dans l'œsophage jusqu'à l'estomac par péristaltisme.

⑤ Le sphincter œsophagien inférieur s'ouvre et les aliments entrent dans l'estomac.

Figure 23.13 Déglutition. Le processus de déglutition comporte une étape volontaire (orale) (①) et des étapes involontaires (pharyngo-œsophagiennes) (② à ⑤).

respiratoires. Cet événement déclenche habituellement le réflexe de toux pour tenter d'expulser la nourriture ; sinon, on doit effectuer la manœuvre de Heimlich décrite aux pages 940-941.

VÉRIFIONS NOS ACQUIS

22. Quel est le rôle de la langue dans la déglutition ?

23. De quelle manière les voies respiratoires sont-elles bloquées pendant la déglutition ?

Les réponses se trouvent à l'appendice G.

Estomac

15 Décrire la structure macroscopique de l'estomac et les modifications structurales du tube digestif qui contribuent à la fonction de digestion.

16 Nommer et décrire les modifications structurales de la paroi de l'estomac qui correspondent aux aspects particuliers de la digestion ou de l'absorption ayant lieu dans ces régions.

17 Nommer et situer les types de cellules qui sécrètent les diverses composantes du suc gastrique; décrire le rôle joué par chacune de ces composantes dans l'activité gastrique.

Au-dessous de l'œsophage, le tube digestif se dilate pour former l'**estomac** (figure 23.1); il s'agit d'un réservoir temporaire où la dégradation chimique des protéines commence et où les aliments sont transformés en une bouillie crémeuse appelée **chyme** (*khumos*: suc). L'estomac se trouve dans le quadrant supérieur gauche de la cavité abdominale, presque caché par le foie et le diaphragme. Plus précisément, il chevauche les régions hypochondriaque gauche, épigastrique et ombilicale de l'abdomen. Bien qu'il soit retenu aux extrémités, le corps de l'estomac est relativement mobile. Chez les personnes petites et corpulentes, il a tendance à être placé haut et à l'horizontale (estomac en corne de taureau); chez les personnes grandes et minces, il est souvent allongé à la verticale (estomac en forme de J). Mais sa forme est assez variable d'un individu à l'autre et chez un même individu à différents moments.

Anatomie macroscopique

Chez l'adulte, l'estomac a une longueur de 15 à 25 cm, mais son diamètre et son volume varient selon la quantité de nourriture qu'il contient. Lorsqu'il est vide, l'estomac a un volume d'environ 50 mL et un diamètre à peine supérieur à celui du gros intestin, mais il peut contenir quelque 4 L de nourriture quand il est vraiment dilaté et s'étendre presque jusqu'au bassin! Lorsqu'il est vide, l'estomac s'affaisse sur lui-même, sa muqueuse et sa sous-muqueuse formant de grands plis longitudinaux appelés **plis gastriques**.

Les principales régions de l'estomac sont présentées à la **figure 23.14a**. Le **cardia** («près du cœur»), de petite taille, est la région entourant l'orifice du cardia par lequel la nourriture provenant de l'œsophage pénètre dans l'estomac. Le **fundus de l'estomac**, ou grosse tubérosité de l'estomac, est la région en forme de dôme qui se niche sous le diaphragme et fait saillie au-dessus et à côté du cardia. Le **corps de l'estomac** est la portion moyenne qui se prolonge vers le bas par la **partie pylorique** en forme d'entonnoir. La partie pylorique est constituée de l'**antre pylorique** (*antrum*: caverne), sa portion supérieure large qui se rétrécit pour donner le **canal pylorique**; celui-ci se termine par le **pylore**, qui communique avec le duodénum (portion initiale de l'intestin grêle) et est fermé par le **muscle sphincter pylorique** (*pulôros*: portier), qui régit l'évacuation gastrique.

La face latérale convexe de l'estomac est nommée **grande courbure de l'estomac** et sa face médiale concave, **petite courbure de l'estomac**. Deux mésentères appelés *omentums*, ou épiploons, partent de ces courbures et fixent l'estomac aux autres organes digestifs ainsi qu'à la paroi de l'abdomen (figure 23.30). Le **petit omentum** s'étend du foie jusqu'à la petite courbure de l'estomac, où il se prolonge par le péritoine viscéral qui recouvre l'estomac. Le **grand omentum** part de la grande courbure de l'estomac et s'étend vers le bas, où il couvre les spirales de l'intestin grêle. Il s'étend ensuite dorsalement et vers le haut, en recouvrant la rate et la portion transverse du gros intestin; puis il se confond avec le *mésocôlon*, un mésentère dorsal qui relie le gros intestin au péritoine pariétal de la paroi abdominale postérieure. Le grand omentum est parsemé de dépôts graisseux qui lui donnent son apparence de tablier de dentelle. Il comprend également un grand nombre de nœuds lymphatiques; les cellules immunitaires et les macrophagocytes de ces nœuds exercent une «surveillance» dans la cavité péritonéale et les organes intrapéritonéaux.

L'estomac est desservi par le système nerveux autonome. Les neurofibres sympathiques issues des nerfs splanchniques du thorax sont relayées par le plexus cœliaque. Les neurofibres parasympathiques proviennent du nerf vague. L'irrigation artérielle de l'estomac est assurée par les ramifications (gastrique et splénique) du tronc cœliaque (voir la figure 19.24). Les veines correspondantes font partie du système porte hépatique et se déversent dans la veine porte hépatique (voir la figure 19.29c).

Anatomie microscopique

La paroi de l'estomac est formée des quatre tuniques qui caractérisent la majeure partie du tube digestif, mais la musculeuse et la muqueuse gastriques sont modifiées pour que l'estomac puisse remplir ses fonctions. En plus des couches circulaire et longitudinale que l'on observe habituellement, la musculeuse comporte une couche de muscle lisse plus profonde dont les fibres sont disposées *obliquement* (figure 23.14a et **figure 23.15a**). Cette disposition permet à l'estomac non seulement de remuer, de brasser et de déplacer la nourriture le long de cette partie du tube digestif (tâches assumées par les couches circulaire et longitudinale de la musculeuse), mais aussi de pétrir les aliments en les réduisant mécaniquement en fragments plus petits et de les repousser dans l'intestin grêle. (Les fibres disposées obliquement se chargent de repousser les aliments en repliant l'estomac en V, ce qui produit une poussée sur l'extrémité de celui-ci.)

Le revêtement épithélial de la muqueuse de l'estomac est un épithélium simple prismatique, de 1 mm d'épaisseur et entièrement composé de cellules à mucus. Ces cellules produisent un enduit protecteur épais (100 μm) de mucus alcalin trouble comprenant deux couches: la première, située en superficie, est formée d'un mucus insoluble visqueux qui recouvre la seconde couche, laquelle est constituée d'un liquide riche en bicarbonate. Ce revêtement, par ailleurs lisse, est parsemé de millions d'invaginations appelées **cryptes de l'estomac**. Les cryptes s'étendent sur le quart de l'épaisseur de la muqueuse et se prolongent jusqu'aux **glandes gastriques** (quatre ou cinq s'ouvrant dans une même crypte) qui sécrètent le **suc gastrique** (figure 23.15).

Les cellules qui tapissent les parois des cryptes de l'estomac sont principalement des cellules à mucus, mais celles qui forment les glandes gastriques varient selon les régions de l'estomac. Par exemple, les cellules des glandes du cardia et du pylore sécrètent surtout du mucus, alors que celles de l'antre pylorique produisent du mucus et, entre autres hormones, la gastrine, une hormone de stimulation dont elles sont la principale source. Les glandes du fundus et du corps de l'estomac, où se

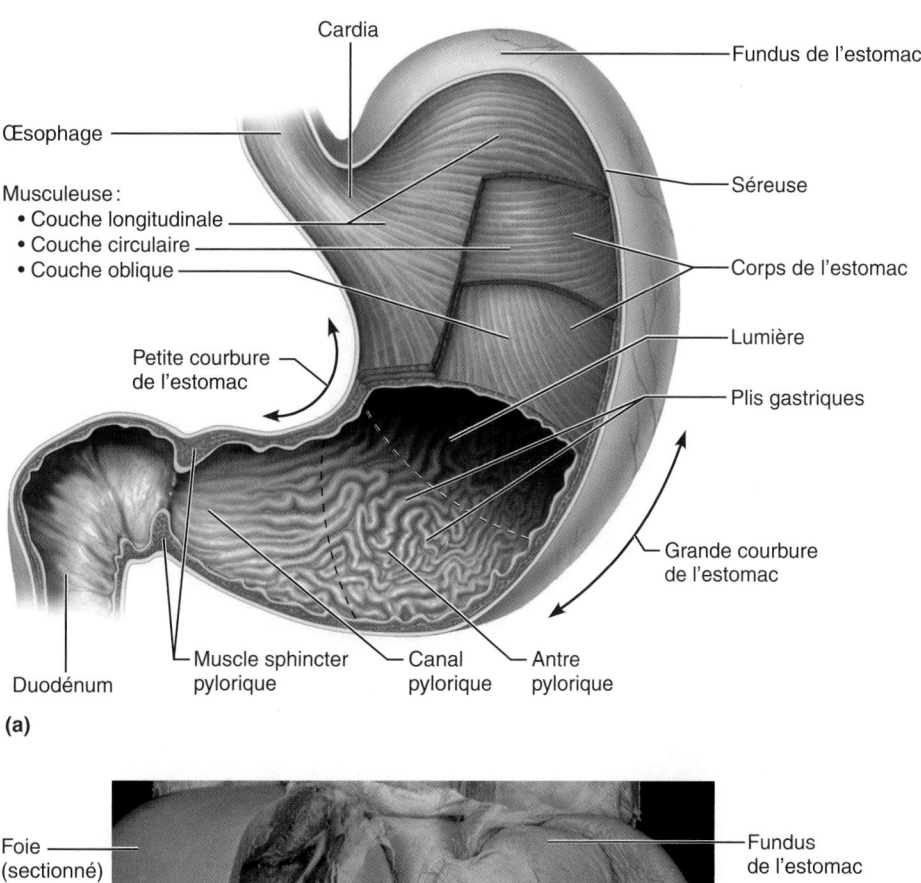

Cardia

Œsophage

Fundus de l'estomac

Musculeuse :
• Couche longitudinale
• Couche circulaire
• Couche oblique

Séreuse

Corps de l'estomac

Lumière

Petite courbure
de l'estomac

Plis gastriques

Grande courbure
de l'estomac

Duodénum

Muscle sphincter
pylorique

Canal
pylorique

Antre
pylorique

(a)

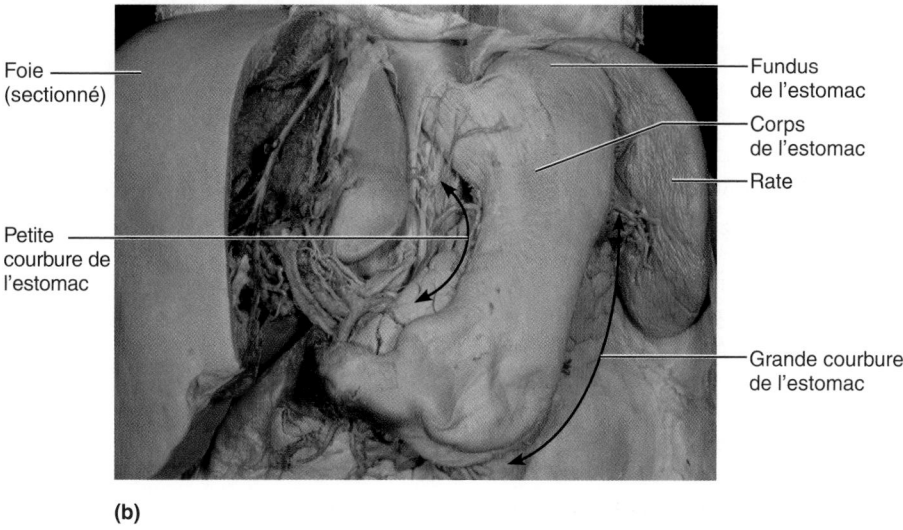

Foie
(sectionné)

Fundus
de l'estomac

Corps
de l'estomac

Rate

Petite
courbure de
l'estomac

Grande courbure
de l'estomac

(b)

Figure 23.14 Anatomie de l'estomac. (a) Anatomie macroscopique interne (coupe frontale).
(b) Photographie de la surface externe de l'estomac.

passe la plus grande partie de la digestion chimique, sont beaucoup plus grosses et élaborent l'essentiel des sécrétions gastriques. Les glandes de ces régions renferment divers types de cellules sécrétrices, dont les quatre types décrits ci-après :

1. Les **cellules à mucus du collet**, qui se trouvent dans la partie supérieure, ou « collet », des glandes, produisent un type de mucus *acide*, mince, soluble, différent de celui qui est sécrété par les cellules à mucus de l'épithélium superficiel (figure 23.15b). La fonction précise de ce type de mucus n'est pas encore connue.

2. Les **cellules pariétales**, aussi appelées **cellules bordantes** ou encore *cellules oxyntiques*, sont situées notamment dans la région centrale des glandes et disséminées parmi les cellules principales ; elles sécrètent simultanément de l'*acide chlorhydrique* (HCl) et le *facteur intrinsèque* (figure 23.15b, c). Les cellules pariétales contiennent de nombreuses mitochondries, ce qui témoigne de l'importance du transport actif d'ions qui s'y déroule. Bien qu'elles semblent sphériques au microscope optique, les cellules pariétales possèdent en fait trois pointes portant de nombreuses

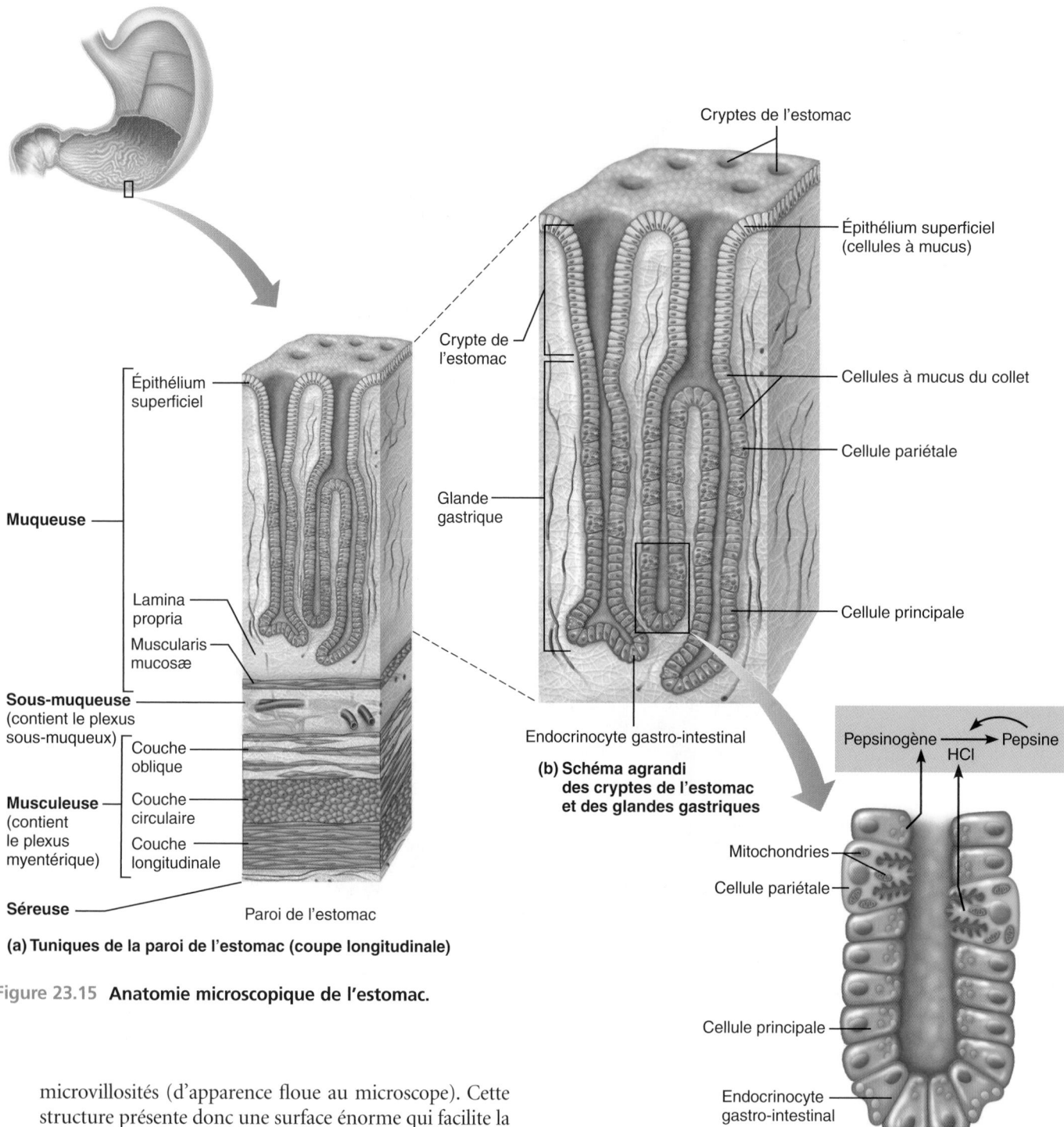

Muqueuse

Épithélium superficiel

Lamina propria

Muscularis mucosæ

Sous-muqueuse
(contient le plexus sous-muqueux)

Musculeuse
(contient le plexus myentérique)

Couche oblique

Couche circulaire

Couche longitudinale

Séreuse

Paroi de l'estomac

(a) Tuniques de la paroi de l'estomac (coupe longitudinale)

Cryptes de l'estomac

Crypte de l'estomac

Glande gastrique

Endocrinocyte gastro-intestinal

Épithélium superficiel (cellules à mucus)

Cellules à mucus du collet

Cellule pariétale

Cellule principale

(b) Schéma agrandi des cryptes de l'estomac et des glandes gastriques

Pepsinogène → Pepsine
HCl

Mitochondries

Cellule pariétale

Cellule principale

Endocrinocyte gastro-intestinal

(c) Emplacement des cellules pariétales productrices de HCl et des cellules principales sécrétrices de pepsine dans une glande gastrique

Figure 23.15 **Anatomie microscopique de l'estomac.**

23

microvillosités (d'apparence floue au microscope). Cette structure présente donc une surface énorme qui facilite la sécrétion des ions H^+ et Cl^- dans la lumière de l'estomac. L'acide chlorhydrique (HCl) ainsi formé rend le pH du contenu stomacal extrêmement acide (de 1,5 à 3,5), ce qui permet à la pepsine de s'activer et d'agir dans des conditions optimales. L'acidité contribue aussi à la digestion en dénaturant les protéines et en dégradant la paroi cellulaire des végétaux, et suffit aussi à tuer de nombreuses bactéries ingérées avec les aliments. Le facteur intrinsèque est une petite glycoprotéine qui rend possible, en se liant à elle, l'absorption de la vitamine B_{12} dans l'intestin grêle.

3. Les **cellules principales** se rencontrent surtout dans les régions basales des glandes gastriques. Elles produisent le

pepsinogène, qui est la forme inactive de la **pepsine**, une enzyme protéolytique. Elles possèdent une grande quantité de ribosomes et un réticulum endoplasmique rugueux bien développé en raison de leur important travail de synthèse des protéines. Lorsque ces cellules sont stimulées, les premières molécules de pepsinogène qu'elles libèrent sont activées par le HCl qui se trouve dans la région apicale de la glande (figure 23.15c). Cependant, dès qu'elle est présente, la pepsine catalyse elle-même la conversion du pepsinogène en pepsine. Le processus d'activation se fait par libération d'un petit fragment peptidique de la molécule de pepsinogène, ce qui modifie sa forme et expose ainsi son site actif. Ce phénomène de rétroactivation n'est limité que par la quantité de pepsinogène. Les cellules principales semblent également sécréter des quantités insignifiantes de lipases (enzymes digérant les graisses).

4. Les **endocrinocytes gastro-intestinaux**, habituellement situés plus en profondeur que les glandes gastriques (figure 23.15b, c), libèrent divers messagers chimiques directement dans le liquide interstitiel de la lamina propria. Certaines de ces substances, parmi lesquelles l'**histamine** et la **sérotonine**, agissent localement comme des hormones. D'autres, comme la **somatostatine**, diffusent ensuite dans les capillaires sanguins, où elles exercent une action physiologique sur plusieurs organes cibles du système digestif **(tableau 23.1)**. Comme nous le verrons un peu plus loin, la **gastrine**, une hormone, joue un rôle essentiel dans la régulation de la sécrétion et de la motilité gastriques.

La muqueuse de l'estomac est exposée à des conditions qui comptent parmi les plus rudes dans tout le tube digestif. En effet, le suc gastrique est un acide corrosif (la concentration des ions H^+ dans l'estomac peut être 100 000 fois supérieure à ce qu'elle est dans le sang) et ses enzymes protéolytiques pourraient digérer l'estomac lui-même.

Cependant, l'estomac n'est pas une simple victime passive d'un environnement aussi hostile. Il se protège activement en créant une **barrière muqueuse** composée des trois éléments suivants :

1. *Une épaisse couche de mucus riche en ions bicarbonate,* qui se forme sur la paroi de l'estomac.

2. *Les cellules épithéliales de la muqueuse sont reliées par des jonctions serrées,* ce qui empêche le suc gastrique de s'introduire dans les couches de tissus sous-jacents.

3. *Les cellules épithéliales de la muqueuse qui sont endommagées sont rapidement éliminées et remplacées par la division des cellules souches.* L'épithélium superficiel des cellules à mucus de l'estomac se renouvelle complètement tous les trois à six jours, parce que ces cellules ne survivent que quelques jours dans l'environnement hostile de l'estomac. (Cependant, les cellules glandulaires situées au fond des glandes gastriques ont une durée de vie beaucoup plus longue, parce qu'elles sont mieux abritées.)

⚖ DÉSÉQUILIBRE HOMÉOSTATIQUE

Tout agent qui brise la continuité de la barrière gélatineuse formée par la muqueuse provoque une inflammation de la paroi de l'estomac ; cette affection est appelée *gastrite*. Une lésion persistante des tissus sous-jacents peut entraîner des **ulcères gastroduodénaux**, ou plus précisément des **ulcères gastriques**, c'est-à-dire des érosions de la paroi de l'estomac **(figure 23.16a)**, dont le symptôme le plus douloureux est la sensation (projetée dans la région épigastrique et jusque dans le dos) que l'estomac est percé et rongé. Cette douleur survient habituellement de une à trois heures après un repas et s'apaise souvent si l'on mange de nouveau. Les ulcères peuvent causer une perforation de la paroi de l'estomac suivie d'une péritonite et, éventuellement, d'une hémorragie massive.

Pendant des années, on a attribué les ulcères à des facteurs qui font augmenter la production de HCl ou diminuer la sécrétion de mucus, tels que l'AAS (aspirine), les médicaments anti-inflammatoires non stéroïdiens (des AINS comme l'ibuprofène), le tabagisme, les aliments épicés, l'alcool, le café et le stress. Bien que l'acidité intervienne effectivement dans la formation des ulcères, cette condition n'est pas suffisante à elle seule. La plupart des ulcères récurrents (90 %) sont dus à l'activité d'une souche de *Helicobacter pylori* (figure 23.16b). Cette bactérie en forme de tirebouchon, résistante à l'acidité, traverse le mucus, un peu comme une perceuse, et détruit la muqueuse protectrice, laissant ainsi des zones découvertes. (En 2005, un prix Nobel est venu récompenser Barry J. Marshall et J. Robin Warren pour cette découverte.)

Ces effets pathologiques se produisent chez 10 à 20 % des personnes infectées. L'activité antimicrobienne de la mucine gastrique semble jouer un rôle primordial dans la protection des autres patients (de 80 à 90 %) contre les attaques envahissantes de *H. pylori*. Il a été difficile de démontrer la théorie bactérienne des ulcères, car on rencontre aussi cette bactérie chez plus de 50 % des personnes en bonne santé. Fait encore plus inquiétant, des études ont permis d'établir un lien entre cette bactérie et certains cancers de l'estomac.

H. pylori accomplit son « sale travail » en libérant plusieurs substances chimiques, parmi lesquelles on compte : (1) des substances qui freinent la production de HCl et la libération d'ammoniac (qui agit alors comme une base et neutralise l'acidité gastrique localement, c'est-à-dire là où se situent les bactéries) ; (2) une *cytotoxine* qui produit des lésions de l'épithélium de l'estomac ; (3) des protéines qui altèrent les molécules d'adhésion et disjoignent les cellules épithéliales ; et (4) plusieurs protéines qui agissent comme des agents chimiotactiques et attirent des macrophagocytes et d'autres cellules du système immunitaire dans la région, favorisant ainsi une réponse inflammatoire chronique.

Le dépistage de *H. pylori* s'effectue facilement au moyen d'un test respiratoire. Dans les cas d'ulcères colonisés par ces bactéries, on cherche à tuer celles qui sont enchâssées. Un traitement de une à deux semaines aux antibiotiques (si possible avec deux antibiotiques aux effets complémentaires tels que le métronidazole et la tétracycline), combiné à la prise d'un composé riche en bismuth, favorise la guérison et empêche les rechutes. Dans certains cas d'ulcères actifs, une substance bloquant les récepteurs H_2* de l'histamine peut être utile, car elle inhibe la sécrétion de HCl en empêchant l'histamine d'agir.

---

* À ne pas confondre avec la molécule d'hydrogène (H_2). Noter également que ces récepteurs d'histamine diffèrent des H_1 intervenant dans les réactions allergiques.

TABLEAU 23.1		Hormones et substances paracrines qui jouent un rôle dans la digestion*		
HORMONE	**SITE DE PRODUCTION**	**STIMULUS DE LA PRODUCTION**	**ORGANE CIBLE**	**ACTIVITÉS**
Cholécystokinine (CCK)	Muqueuse du duodénum et du jéjunum	Chyme gras en particulier, mais aussi protéines partiellement digérées	Foie, pancréas	■ Potentialise l'action de la sécrétine sur ces organes.
			Pancréas	■ Accroît la production de suc pancréatique riche en enzymes.
			Vésicule biliaire	■ Stimule la contraction de l'organe et l'expulsion de la bile qui y est emmagasinée.
			Muscle sphincter de l'ampoule hépatopancréatique (sphincter d'Oddi)	■ Relâche le sphincter pour permettre l'entrée de la bile et du suc pancréatique dans le duodénum.
Peptide inhibiteur gastrique (GIP, ou peptide insulino-tropique gastrique)	Muqueuse du duodénum	Glucose, acides gras et acides aminés contenus dans l'intestin grêle	Estomac	■ Inhibe la production de HCl (effet mineur).
			Pancréas (cellules bêta)	■ Stimule la libération d'insuline.
Gastrine	Muqueuse de l'estomac (cellules G)	Aliments (en particulier les protéines partiellement digérées) présents dans l'estomac (stimulation chimique); acétylcholine libérée par les neurofibres	Estomac (cellules pariétales)	■ Augmente la sécrétion de HCl.
				■ Stimule l'évacuation du contenu gastrique (effet mineur).
			Intestin grêle	■ Stimule la contraction des muscles lisses de l'intestin.
			Valve iléocæcale	■ Relâche la valve iléocæcale.
			Gros intestin	■ Stimule les mouvements de masse.
Histamine	Muqueuse de l'estomac	Aliments dans l'estomac	Estomac	■ Stimule la libération de HCl par les cellules pariétales.
Gastrine entérique	Muqueuse du duodénum	Aliments acides partiellement digérés dans le duodénum	Estomac	■ Stimule les glandes et la motilité gastriques.
Motiline	Muqueuse du duodénum	Jeûne; libération régulière toutes les 1½ à 2 heures par un stimulus nerveux	Duodénum proximal	■ Stimule le complexe de mobilité migrante.
Sécrétine	Muqueuse du duodénum et du jéjunum	Chyme acide (aussi protéines partiellement digérées, graisses, liquides hyper-toniques et hypotoniques, agents irritants présents dans le chyme)	Estomac	■ Inhibe la sécrétion et la motilité gastriques au cours de la phase gastrique de la sécrétion.
			Pancréas	■ Accroît la sécrétion du suc pancréatique riche en ions bicarbonate; potentialise l'action de la CCK.
			Foie	■ Accroît la production de la bile.
Sérotonine	Muqueuse de l'estomac	Aliments dans l'estomac	Estomac	■ Déclenche la contraction des muscles lisses de l'estomac.
Somatostatine	Muqueuse de l'estomac; muqueuse du duodénum	Aliments dans l'estomac; stimulation par les neurofibres du système nerveux sympathique	Estomac	■ Inhibe la sécrétion gastrique de toutes les substances.
			Pancréas	■ Inhibe la sécrétion.
			Intestin grêle	■ Diminue la circulation sanguine dans le tube digestif et inhibe ainsi l'absorption intestinale.
			Vésicule biliaire et foie	■ Inhibe la contraction de l'organe et la libération de la bile.
Peptide vasoactif intestinal	Neurones entériques	Chyme contenant des aliments partiellement digérés	Intestin grêle	■ Stimule la sécrétion de tampons; dilate les capillaires intestinaux.
			Pancréas	■ Augmente la sécrétion.
			Estomac	■ Inhibe la sécrétion d'acide.

* À l'exception de la somatostatine, tous ces polypeptides stimulent aussi la croissance des organes sur lesquels ils agissent (particulièrement de la muqueuse).

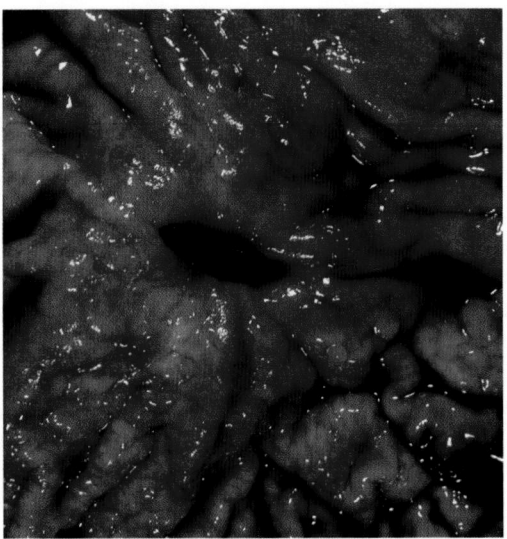

(a) Lésion causée par un ulcère gastrique

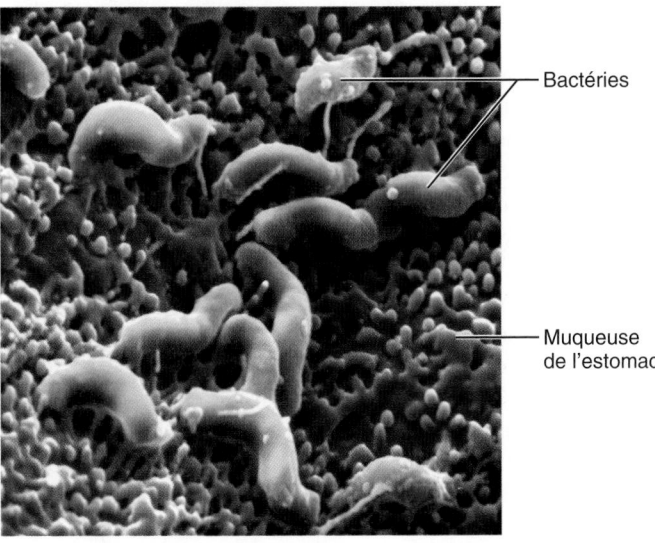

Bactéries

Muqueuse
de l'estomac

(b) Bactérie *Helicobacter pylori*

Figure 23.16 **Photographies d'une lésion causée par un ulcère gastrique et de la bactérie la plus souvent responsable.**

Les quelques ulcères gastroduodénaux qui ne sont pas causés par *H. pylori* découlent généralement d'une prise prolongée d'AINS.

Dans les cas non infectieux, les antagonistes des récepteurs H_2 tels que la cimétidine (Tagamet) ou la ranitidine (Zantac ou Pepcid) constituent la meilleure option. Les analogues des prostaglandines peuvent également être efficaces puisque ces molécules protègent la muqueuse en stimulant la production de mucus. Leur inhibition par l'AAS est en partie responsable des ulcérations engendrées. ■

Processus digestifs qui se déroulent dans l'estomac

18 Expliquer la régulation de la sécrétion, de la motilité et de l'évacuation gastriques; décrire le phénomène du vomissement.

19 Décrire et expliquer la marée alcaline.

L'estomac contribue à toutes les activités digestives, à l'exception de l'ingestion et de la défécation. En plus de servir de zone de «stockage» des aliments ingérés, il poursuit le travail de démolition entrepris dans la cavité orale et dégrade encore plus les aliments, à la fois physiquement et chimiquement. Il déverse ensuite le chyme, qui est le produit de son activité, dans l'intestin grêle.

La digestion des protéines, amorcée dans l'estomac, est le seul type important de digestion enzymatique qui a lieu dans cet organe. Elle commence après que les protéines ont été dénaturées par le HCl provenant des glandes gastriques. (La chaîne d'acides aminés dépliée est plus facilement accessible par les enzymes.) La pepsine est la principale enzyme protéolytique à être élaborée par la muqueuse de l'estomac. Chez le nourrisson, cependant, les glandes gastriques sécrètent aussi du **lab-ferment**, une enzyme qui agit sur la caséine, la principale protéine du lait, et la transforme en une substance coagulée semblable à du lait caillé. De plus, la lipase linguale libérée par les glandes salivaires intrinsèques peut digérer une partie des triglycérides dans l'estomac.

Deux substances liposolubles courantes, l'alcool et l'AAS (aspirine), traversent facilement la muqueuse de l'estomac pour passer dans le sang et peuvent causer des saignements; les personnes souffrant d'ulcères gastriques devraient donc éviter ces substances.

Bien que la préparation des aliments avant leur arrivée dans l'intestin présente des avantages indéniables, l'estomac n'a qu'une seule fonction vraiment vitale: la sécrétion du facteur intrinsèque. Le **facteur intrinsèque** rend possible l'absorption par l'intestin de la vitamine B_{12}, elle-même nécessaire à la production d'érythrocytes mûrs. Son absence provoque l'apparition de *l'anémie pernicieuse* (voir p. 740) Ainsi, les personnes qui ont subi une gastrectomie totale (ablation de l'estomac) peuvent mener

23

une vie normale, hormis certains troubles digestifs mineurs, si on leur injecte de la vitamine B$_{12}$. (Le **tableau 23.2** résume les activités de l'estomac.)

Nous traiterons de la digestion chimique et de l'absorption plus loin ; nous allons maintenant nous pencher sur les événements qui (1) régissent l'activité de sécrétion des glandes gastriques et (2) règlent la motilité et l'évacuation gastriques.

Régulation de la sécrétion gastrique

La sécrétion gastrique est régie par des mécanismes et nerveux et hormonaux. Dans des conditions normales, la muqueuse de l'estomac produit jusqu'à 3 L de suc gastrique par jour – mélange acide si fort qu'il peut dissoudre des clous. La régulation nerveuse est assurée par les réflexes longs (médiation par le nerf vague) et courts (réflexes entériques locaux). La stimulation de l'estomac par les nerfs vagues fait augmenter la sécrétion de presque toutes ses glandes. (À l'inverse, l'activation par les nerfs sympathiques inhibe la sécrétion.) La régulation hormonale de la sécrétion gastrique est en grande partie assurée par la gastrine, qui stimule la sécrétion d'enzymes et d'acide chlorhydrique ; elle dépend aussi des hormones produites par l'intestin grêle qui sont surtout des antagonistes de la gastrine.

Les stimulus qui ont pour effet d'accroître ou d'inhiber la sécrétion gastrique proviennent de trois sites – l'encéphale, l'estomac et l'intestin grêle ; c'est pourquoi les trois phases de la sécrétion gastrique sont appelées *phases céphalique, gastrique* et *intestinale* **(figure 23.17)**. Cependant, les effecteurs sont toujours situés dans l'estomac et, une fois amorcées, ces trois phases peuvent se dérouler séparément ou simultanément.

Phase 1 : céphalique (réflexe)

La **phase céphalique**, ou **réflexe**, de la sécrétion gastrique commence *avant* que les aliments pénètrent dans l'estomac (figure 23.17). Elle est déclenchée par l'arôme, le goût, la vue ou l'idée de la nourriture. Elle ne dure que quelques minutes et prépare l'estomac à la tâche qu'il devra accomplir. Les influx nerveux partent des récepteurs olfactifs et des calicules gustatifs activés et sont envoyés à l'hypothalamus. Celui-ci stimule alors les noyaux des nerfs vagues situés dans le bulbe rachidien, ce qui déclenche la transmission d'influx moteurs par les nerfs vagues vers les ganglions entériques parasympathiques. Les neurones entériques ganglionnaires stimulent à leur tour les glandes gastriques.

L'augmentation de la sécrétion provoquée par la vue ou l'idée de la nourriture ne survient que si nous aimons ou désirons cette nourriture ; il s'agit donc d'un *réflexe conditionné*. Lorsque nous sommes déprimés ou manquons d'appétit, cette partie du réflexe céphalique est inhibée.

Phase 2 : gastrique

Lorsque la nourriture atteint l'estomac, les mécanismes nerveux et hormonaux locaux amorcent la **phase gastrique** (figure 23.17), longue de trois à quatre heures et pendant laquelle environ les deux tiers du suc gastrique libéré sont produits. Les stimulus les plus importants sont l'étirement, la présence de peptides et la faible acidité. L'étirement de l'estomac active les mécanorécepteurs de sa paroi et déclenche les réflexes locaux (myentériques) et les réflexes longs (vagovagaux). Dans les réflexes longs, les influx se rendent au bulbe rachidien, puis reviennent à l'estomac par les neurofibres des nerfs vagues. Les deux types de réflexes déclenchent la libération d'acétylcholine (Ach), qui accroît encore la libération de suc gastrique.

Les mécanismes nerveux déclenchés par l'étirement de l'estomac jouent assurément un rôle déterminant, mais la gastrine, une hormone, exerce probablement une action encore plus importante dans la stimulation de l'activité sécrétoire des glandes de l'estomac. Les stimulus chimiques causés par les protéines partiellement digérées, la caféine et l'augmentation du pH activent directement les cellules sécrétrices de gastrine appelées **cellules G** situées dans l'antre pylorique. La gastrine déclenche la libération d'enzymes, mais ses cibles principales sont les cellules pariétales sécrétrices de HCl, qui augmentent leur production sous l'effet de cette stimulation. La présence d'un contenu gastrique extrêmement acide (pH inférieur à 2) *inhibe* la sécrétion de gastrine.

Lorsque des aliments riches en protéines arrivent dans l'estomac, le pH du contenu gastrique augmente généralement parce que les protéines se comportent comme des tampons et retiennent les ions H$^+$. Cette élévation du pH stimule la sécrétion de gastrine, puis la libération de HCl, ce qui crée alors les conditions d'acidité permettant la digestion chimique des protéines. Plus le repas est riche en protéines, plus la sécrétion de gastrine et de HCl est élevée. Au cours de la digestion des protéines, le contenu stomacal devient de plus en plus acide, ce qui finit par inhiber l'action des cellules sécrétrices de gastrine. Ce mécanisme de rétro-inhibition contribue au maintien d'un pH optimal pour l'action des enzymes gastriques.

Les cellules G sont aussi activées par les réflexes nerveux que nous avons déjà décrits. Les émotions, la peur, l'anxiété et tout ce qui déclenche la réaction de lutte ou de fuite inhibent la sécrétion gastrique, parce que la division sympathique du SNA annule alors l'action de la division parasympathique sur la digestion (figure 23.17).

La régulation des cellules pariétales sécrétrices de HCl présente de nombreuses facettes. La sécrétion de HCl est stimulée par trois substances chimiques qui agissent toutes par l'intermédiaire de systèmes de seconds messagers. L'*Ach* libérée par les neurofibres parasympathiques et la *gastrine* sécrétée par les cellules G agissent toutes deux en faisant augmenter le taux intracellulaire de Ca^{2+}. L'*histamine*, qui est libérée par des *cellules semblables aux cellules entérochromaffines* en réponse à la présence de gastrine (et dans une moindre mesure à l'Ach), agit par l'intermédiaire de l'AMP cyclique (AMPc). Quand une seule des trois substances chimiques se lie à la membrane plasmique des cellules pariétales, la sécrétion de HCl est peu abondante, mais lorsque les trois se fixent simultanément aux récepteurs correspondants, la quantité de HCl déversée augmente beaucoup. (Comme nous l'avons déjà mentionné, pour traiter les ulcères gastriques dus à l'hyperacidité, on se sert d'antihistaminiques, telle la cimétidine, qui se lient aux récepteurs H$_2$ [histamine] des cellules pariétales.)

TABLEAU 23.2	Vue d'ensemble des fonctions des organes gastro-intestinaux	
ORGANE	**FONCTIONS PRINCIPALES***	**COMMENTAIRES/AUTRES FONCTIONS**
Bouche et organes annexes associés	■ Ingestion: la nourriture est volontairement introduite dans la cavité orale. ■ Propulsion: l'étape de déglutition volontaire (orale) est amorcée par la langue; pousse la nourriture vers le pharynx. ■ Digestion mécanique: la mastication est effectuée par les dents et le mélange, par la langue. ■ Digestion chimique: la dégradation chimique de l'amidon est amorcée par l'amylase salivaire présente dans la salive, qui est sécrétée par les glandes salivaires.	La bouche sert de réceptacle; la plupart des fonctions sont assurées par les organes annexes associés; le mucus de la salive contribue à dissoudre les aliments pour que leur goût puisse être perçu, et il les humidifie pour que la langue puisse former un bol alimentaire qui peut être avalé; la cavité orale et les dents sont nettoyées et lubrifiées par la salive.
Pharynx et œsophage	■ Propulsion: les ondes péristaltiques poussent le bol alimentaire vers l'estomac, ce qui constitue l'étape involontaire de la déglutition (pharyngo-œsophagienne).	Principalement des passages pour la nourriture; lubrifiés par le mucus.
Estomac	■ Digestion mécanique et propulsion: les ondes péristaltiques mélangent la nourriture au suc gastrique et la poussent vers le duodénum. ■ Digestion chimique: la pepsine commence la digestion des protéines. ■ Absorption: absorbe certaines substances liposolubles (AAS, alcool, certains médicaments).	Sert également à emmagasiner la nourriture jusqu'à ce qu'elle puisse passer dans le duodénum; l'acide chlorhydrique qu'il produit est un agent bactériostatique et un activateur d'enzymes protéolytiques; le mucus sécrété par l'estomac le lubrifie et l'empêche de digérer ses propres tissus; le facteur intrinsèque qu'il élabore est essentiel à l'absorption intestinale de la vitamine B_{12}.
Intestin grêle et organes annexes associés (foie, vésicule biliaire, pancréas)	■ Digestion mécanique et propulsion: la segmentation par le muscle lisse de l'intestin grêle a pour effet de mélanger continuellement le contenu intestinal avec les sucs digestifs, de déplacer lentement la nourriture le long du tube digestif et de la faire passer par la valve iléocæcale, ce qui laisse assez de temps pour permettre la digestion et l'absorption. ■ Digestion chimique: les enzymes digestives provenant du pancréas et les enzymes fixées aux membranes de la bordure en brosse achèvent la digestion de tous les types de nutriments. ■ Absorption: produits de la dégradation des glucides, des lipides, des protéines et des acides nucléiques; les vitamines, l'eau et les électrolytes sont absorbés par des mécanismes actifs et passifs.	L'intestin grêle présente de nombreuses adaptations qui facilitent la digestion et l'absorption (plis circulaires, villosités et microvillosités); le mucus alcalin élaboré par les glandes intestinales et le suc riche en bicarbonate provenant du pancréas neutralisent le chyme acide et créent un milieu propice à l'activité enzymatique; la bile produite par le foie émulsionne les graisses et facilite (1) la digestion des lipides et (2) l'absorption des acides gras, des monoglycérides, du cholestérol, des phospholipides et des vitamines liposolubles; la vésicule biliaire emmagasine et concentre la bile; la bile est relâchée dans l'intestin grêle sous l'effet de certains signaux hormonaux.
Gros intestin	■ Digestion chimique: certains résidus alimentaires sont digérés par des bactéries intestinales (qui élaborent aussi la vitamine K et certaines vitamines B). ■ Absorption: absorbe la plus grande partie de l'eau résiduelle et des électrolytes (surtout NaCl) ainsi que les vitamines élaborées par les bactéries. ■ Propulsion: pousse les fèces vers le rectum par péristaltisme, pétrissage haustral et mouvements de masse. ■ Défécation: réflexe déclenché par l'étirement du rectum; évacue les déchets de l'organisme.	Emmagasine temporairement et concentre les résidus jusqu'au moment de la défécation; un mucus abondant produit par les cellules caliciformes facilite le passage des fèces dans le côlon.

23

* Les carrés colorés figurant en face de chacune des fonctions correspondent au code de couleurs des fonctions digestives qui est présenté à la figure 23.2.

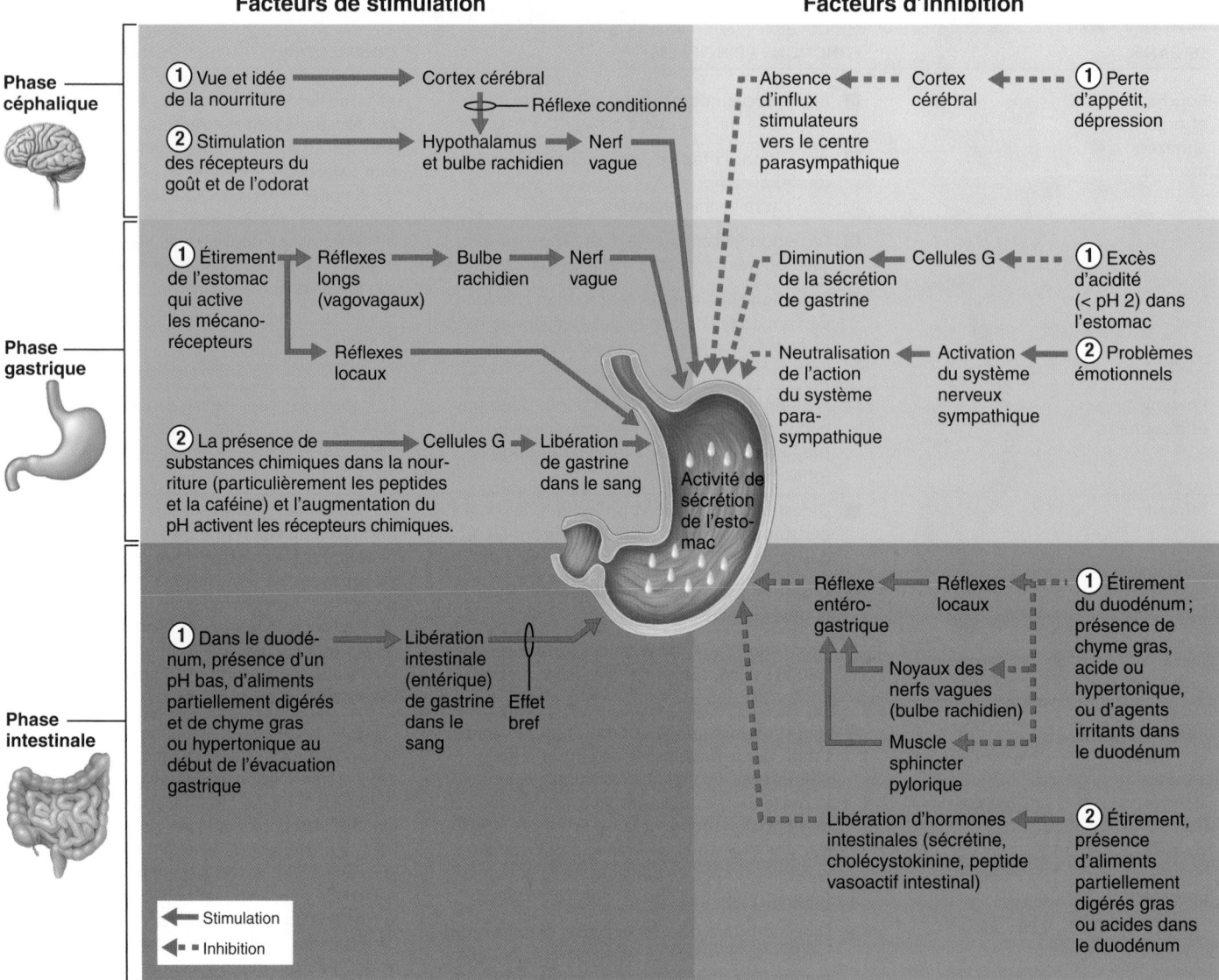

Figure 23.17 Mécanismes nerveux et hormonaux réglant la libération de suc gastrique.
Les facteurs de stimulation figurent à gauche et les facteurs d'inhibition, à droite.

La sécrétion de HCl par les cellules pariétales est complexe, mais elle semble se dérouler comme suit (figure 23.18). Quand ces cellules sont correctement stimulées, les ions H⁺ sont activement pompés en direction de la lumière de l'estomac contre un très fort gradient de concentration. À l'issue de ce processus, les ions H⁺ sont un million de fois plus concentrés dans la lumière de l'estomac qu'à l'intérieur des cellules pariétales. Le transport est réalisé par des H⁺-K⁺ ATPases qui, en échange, font entrer des ions K⁺ dans les cellules à partir de la lumière de l'estomac. Les ions chlorure (Cl⁻) sont aussi envoyés dans la lumière en même temps que les ions H⁺, ce qui maintient l'équilibre électrique à l'intérieur de l'estomac et achève le processus de sécrétion de HCl. Les ions Cl⁻ viennent du plasma sanguin, alors que les ions H⁺ sont produits par la dégradation de l'acide carbonique (lui-même formé par la combinaison de

gaz carbonique et d'eau) à l'intérieur de la cellule pariétale, c'est-à-dire:

$$CO_2 + H_2O \rightarrow H_2CO_3 \rightarrow H^+ + HCO_3^-$$

Au fur et à mesure que les ions H⁺ sont pompés vers l'extérieur de la cellule et que les ions HCO_3^- (bicarbonate) s'accumulent dans celle-ci, les ions HCO_3^- sont éjectés à travers la membrane plasmique du pôle basal de la cellule dans le sang des capillaires. Par conséquent, le sang qui provient de l'estomac est plus alcalin que celui qui l'irrigue; ce phénomène est appelé **marée alcaline**. Notez que les ions HCO_3^- et Cl⁻ sont transportés dans des directions opposées par des antiporteurs Cl^-/HCO_3^- situés dans la membrane basolatérale. C'est ainsi que les ions Cl⁻ pénètrent dans la cellule pour ensuite passer dans la lumière de l'estomac, où ils contribuent à la formation du HCl.

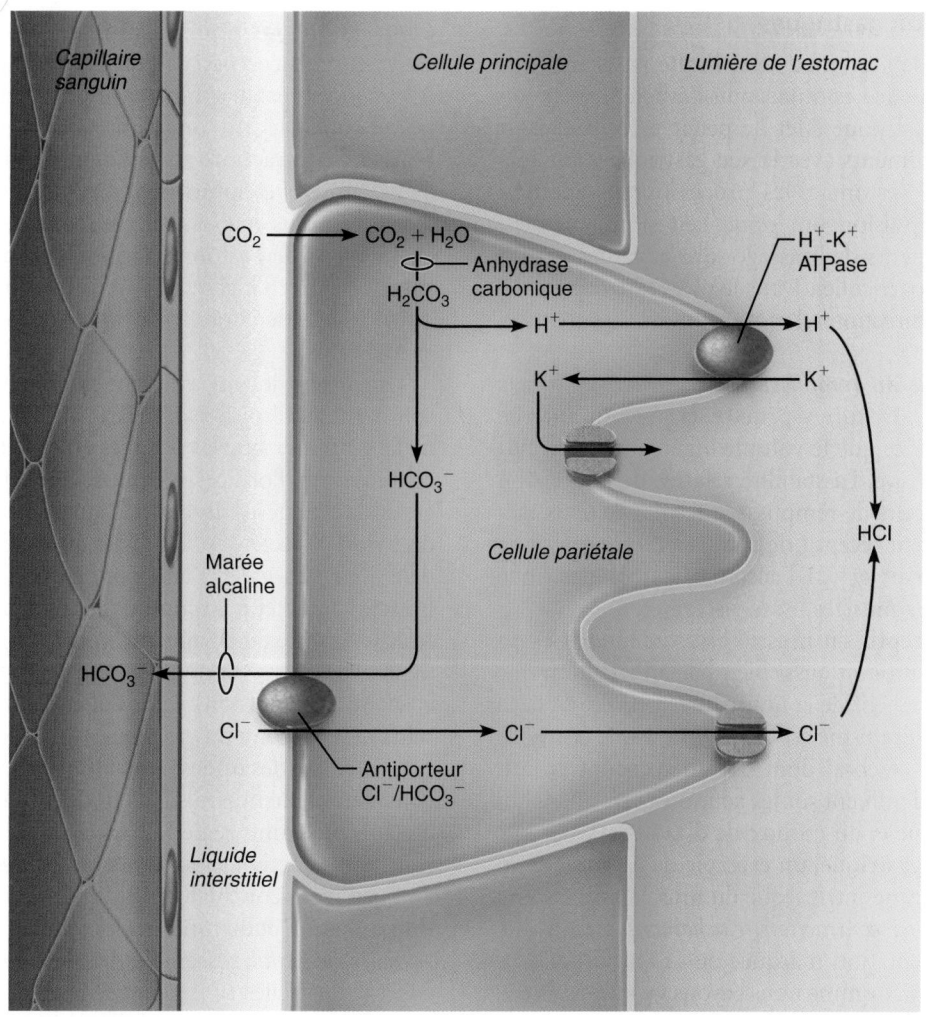

Figure 23.18 Mécanisme de sécrétion de HCl par les cellules pariétales. Des ions H+ et HCO₃⁻ (bicarbonate) sont produits par la dissociation de l'acide carbonique (H_2CO_3) dans les cellules pariétales. Au fur et à mesure que la H+-K+ ATPase pompe les ions H+ vers la lumière, des ions K+ entrent dans la cellule. En même temps, l'antiporteur Cl⁻/HCO₃⁻ transporte les ions HCO₃⁻ vers l'espace interstitiel en échange d'ions chlorure (Cl⁻), ce qui déclenche la marée alcaline. Les ions K+ et Cl⁻ diffusent ensuite vers la lumière à travers des canaux membranaires.

Les ions K+ et Cl⁻ gagnent la lumière par diffusion à travers des canaux membranaires.

Phase 3: intestinale La **phase intestinale** de la sécrétion gastrique a deux composantes, l'une excitatrice et l'autre inhibitrice (figure 23.17). L'élément *excitateur* est mis en action lorsque les aliments partiellement digérés entrent dans la partie supérieure de l'intestin grêle (duodénum). Cet événement stimule la libération par les cellules de la muqueuse intestinale d'une hormone qui maintient l'activité de sécrétion des glandes gastriques, nommée **gastrine intestinale (entérique)**. Cette stimulation ne s'exerce que brièvement. En effet, lorsque l'intestin se trouve étiré par le chyme (qui contient de grandes quantités d'ions H+, de graisses, de protéines partiellement digérées et de diverses substances irritantes), l'élément *inhibiteur* se déclenche sous la forme du **réflexe entérogastrique.**

Le réflexe entérogastrique est en fait un ensemble de trois réflexes qui se traduisent par : (1) l'inhibition des noyaux des nerfs vagues dans le bulbe rachidien ; (2) l'inhibition des réflexes locaux ; et (3) l'activation des neurofibres sympathiques. Ces trois réflexes resserrent le muscle sphincter pylorique et, ce faisant, empêchent l'entrée d'autres aliments dans l'intestin grêle et freinent la sécrétion gastrique. Ces « freins » de l'activité gastrique protègent l'intestin grêle contre une trop forte acidité et ajustent la quantité de chyme présente à un moment donné en fonction de sa capacité digestive.

De plus, les facteurs décrits plus haut déclenchent la libération de plusieurs hormones entériques regroupées sous le nom d'**entérogastrones**, dont la **sécrétine**, la **cholécystokinine (CCK)** et le **peptide vasoactif intestinal (VIP)**. Toutes ces hormones inhibent la sécrétion gastrique lorsque l'estomac est très actif. Elles ont aussi d'autres fonctions qui sont résumées au tableau 23.1.

Motilité et évacuation gastriques

L'activité musculaire de l'estomac ne se limite pas seulement à assurer le remplissage de l'estomac, puis l'évacuation de son contenu. Elles ont aussi pour effet de pétrir et de mélanger continuellement les aliments avec le suc gastrique pour former le chyme. Dans l'estomac, les processus de digestion mécanique et de propulsion ont donc lieu simultanément parce que les mouvements de brassage sont effectués par un type de péristaltisme particulier. Dans le pylore, par exemple, le péristaltisme est bidirectionnel et non unidirectionnel.

Réaction de l'estomac au remplissage Bien que l'estomac s'étire lorsque de la nourriture y pénètre, la pression interne reste constante jusqu'à ce que le volume ingéré atteigne environ 1,5 L, puis elle s'élève. La stabilité relative de la pression dans un estomac en cours de remplissage résulte de deux facteurs: (1) le relâchement réceptif de la musculature gastrique sous l'effet d'un réflexe; et (2) l'accommodation gastrique grâce à la plasticité des muscles lisses viscéraux.

Le **relâchement réceptif** du muscle lisse du fundus et du corps de l'estomac se produit aussi bien par anticipation que par réaction au déplacement de la nourriture dans l'œsophage et vers l'estomac. Ce mécanisme est coordonné par le centre de la déglutition du tronc cérébral, dont les signaux sont transmis par les nerfs vagues qui influent sur les neurones entériques qui libèrent de la sérotonine et du monoxyde d'azote.

L'**accommodation gastrique**, un exemple de la *plasticité* du muscle lisse, est la capacité intrinsèque du muscle lisse viscéral de produire une *réponse contraction-relâchement*, c'est-à-dire de s'étirer sans augmentation marquée de sa tension et sans contraction d'expulsion. Comme nous l'avons vu au chapitre 9, la plasticité joue un rôle important dans les organes creux tels que l'estomac qui doivent servir de réservoirs temporaires.

Contraction gastrique Comme l'œsophage, l'estomac se contracte de façon péristaltique. Après un repas, le péristaltisme commence près du sphincter œsophagien inférieur, où il n'entraîne que de légères ondulations de la mince paroi gastrique. Mais ces contractions deviennent de plus en plus puissantes à mesure qu'elles approchent du pylore, où la musculature stomacale est plus épaisse. Par conséquent, le contenu du fundus et du corps de l'estomac (régions de stockage des aliments) subit peu de changements, mais les aliments qui se trouvent au voisinage de l'antre pylorique sont vigoureusement pétris et mélangés.

La partie pylorique contient environ 30 mL de chyme et agit comme un « filtre dynamique »; au cours de la digestion, elle ne laisse passer que les liquides et les petites particules (2 mm au plus) par l'orifice pylorique, qui est alors entrouvert. En général, chaque onde péristaltique qui atteint la musculature du pylore « éjecte » ou fait gicler au maximum 3 mL de chyme dans l'intestin grêle. Étant donné que la contraction *ferme* le muscle sphincter pylorique, qui est normalement partiellement relâché, le reste du chyme (environ 2 mL) reflue dans l'estomac, où il est encore mélangé **(figure 23.19)**. Cette action de va-et-vient (rétropulsion) a pour effet de dissocier les solides présents dans le contenu gastrique.

L'intensité des ondes péristaltiques de l'estomac peut varier considérablement, mais leur fréquence est toujours de l'ordre de trois par minute. Cette fréquence de contraction est déterminée par l'activité spontanée de *cellules rythmogènes* situées au bord de la couche longitudinale de muscle lisse, à la jonction de l'antre et du fundus. Ces cellules, appelées *cellules interstitielles de Cajal*, ressemblent à des cellules musculaires non contractiles; elles se dépolarisent et se repolarisent trois fois par minute en produisant les *ondes cycliques lentes* caractéristiques du **rythme électrique de base** de l'estomac. Comme les

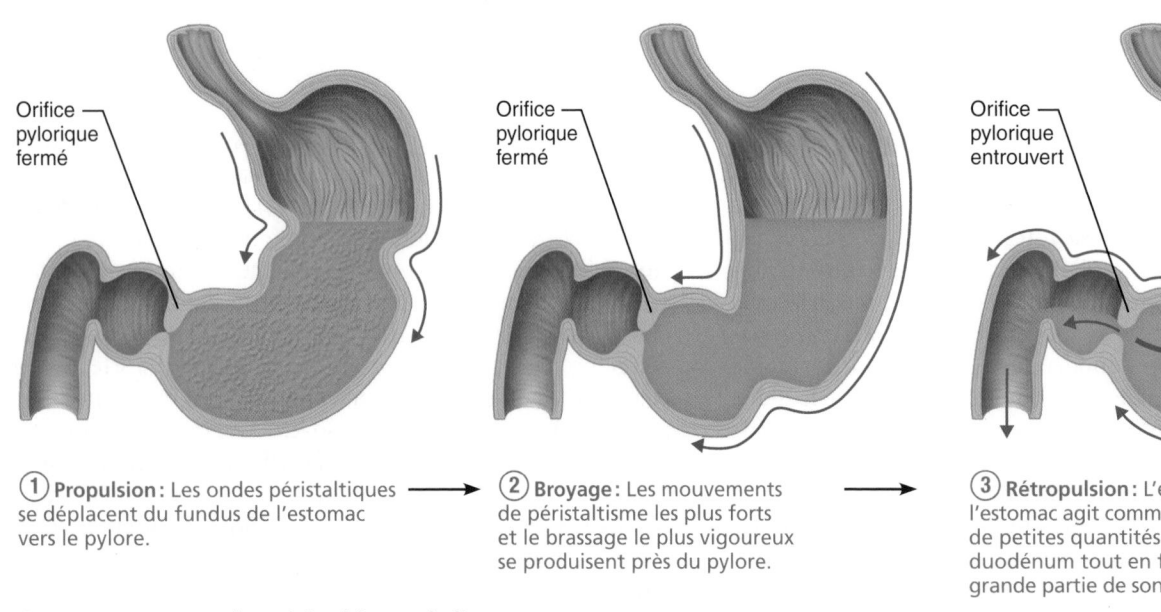

Orifice pylorique fermé

Orifice pylorique fermé

Orifice pylorique entrouvert

① **Propulsion:** Les ondes péristaltiques se déplacent du fundus de l'estomac vers le pylore.

② **Broyage:** Les mouvements de péristaltisme les plus forts et le brassage le plus vigoureux se produisent près du pylore.

③ **Rétropulsion:** L'extrémité pylorique de l'estomac agit comme une pompe qui déverse de petites quantités de chyme dans le duodénum tout en faisant refluer la plus grande partie de son contenu dans l'estomac.

Figure 23.19 **Les ondes péristaltiques de l'estomac.**

cellules rythmogènes sont couplées électriquement au reste du feuillet de muscle lisse par des jonctions ouvertes, leur « battement » se propage rapidement et efficacement à toute la musculeuse.

Les cellules rythmogènes déterminent la fréquence maximale de la contraction, mais elles n'amorcent pas les contractions proprement dites et ne règlent pas leur intensité. Elles engendrent plutôt des ondes de dépolarisation inférieures au seuil d'excitation (infraliminaires), que des facteurs nerveux ou hormonaux peuvent amplifier (la dépolarisation atteint alors le seuil d'excitation).

Les facteurs qui accroissent la force des contractions gastriques sont aussi ceux qui font augmenter l'activité de sécrétion de l'estomac. La déformation de la paroi gastrique par les aliments active les mécanorécepteurs sensibles à l'étirement ainsi que les cellules sécrétrices de gastrine, qui ensemble stimulent le muscle lisse de la paroi et font ainsi augmenter la motilité gastrique. Par conséquent, plus l'estomac contient de nourriture, plus les mouvements de mélange et d'évacuation sont vigoureux (dans une certaine limite), comme nous allons le voir ci-après.

Régulation de l'évacuation gastrique En général, l'estomac commence à se vider quelques minutes après un repas et l'opération se termine en moins de quatre heures. Cependant, plus le repas est copieux (plus l'estomac est étiré) et plus il est liquide, plus l'estomac se vide rapidement. Les liquides le traversent rapidement ; les solides y restent plus longtemps, jusqu'à ce qu'ils soient bien mélangés avec le suc gastrique et liquéfiés.

La vitesse d'évacuation du contenu de l'estomac dépend autant, sinon plus, du contenu du duodénum que de ce qui se passe dans l'estomac lui-même. L'estomac et le duodénum agissent en tandem pour fonctionner en deçà de leur capacité maximale. Lorsque le chyme pénètre dans le duodénum, les récepteurs de la paroi duodénale réagissent aux signaux chimiques et à l'étirement ; ils déclenchent alors le réflexe entérogastrique et les mécanismes hormonaux (entérogastrones) qui inhibent la sécrétion d'acide et de pepsine, comme nous l'avons décrit plus haut. Ces mécanismes réduisent la force des contractions du pylore, ce qui empêche le duodénum de se remplir encore plus, et ils inhibent la sécrétion gastrique (figure 23.20).

En général, un repas riche en glucides passe rapidement dans le duodénum ; par contre, s'il est riche en lipides, ceux-ci forment une couche de lipides surnageant sur le chyme et qui sera digérée plus lentement par les enzymes intestinales. Lorsque le chyme qui pénètre dans le duodénum est riche en graisses, la nourriture peut demeurer dans l'estomac pendant six heures ou plus.

⚖ DÉSÉQUILIBRE HOMÉOSTATIQUE

Le **vomissement** est une expérience désagréable due à l'évacuation du contenu gastrique par une voie autre que la voie normale. De nombreux facteurs peuvent contribuer à ce phénomène, mais il est généralement provoqué soit par un étirement extrême de l'estomac ou de l'intestin, soit par la présence

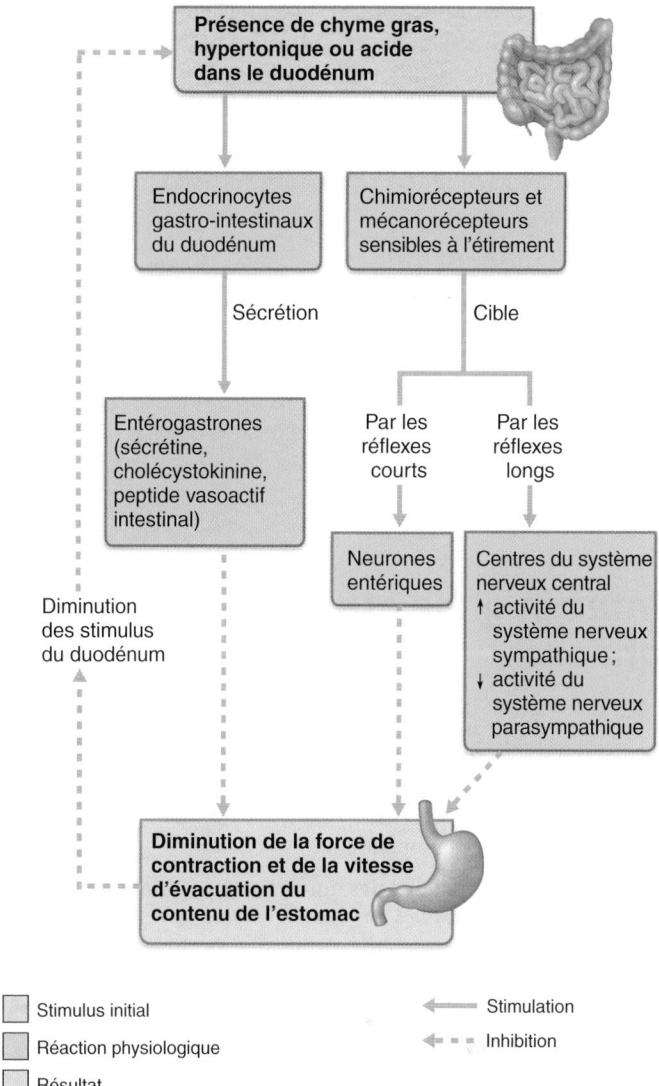

Figure 23.20 Facteurs nerveux et hormonaux inhibant l'évacuation gastrique. Ces mécanismes de régulation font en sorte que la nourriture sera bien liquéfiée dans l'estomac, et ils empêchent la surcharge de l'intestin grêle.

dans ces organes d'agents irritants. Parmi ces agents, on trouve les toxines bactériennes, l'alcool consommé en quantité excessive, divers aliments épicés ou certains médicaments dits *émétiques* (le sirop d'ipéca, les analgésiques opioïdes, telle la morphine, et les agonistes dopaminergiques, par exemple). Les molécules transportées par le sang et les influx sensoriels provenant des zones irritées atteignent le **centre du vomissement** situé dans le bulbe rachidien, où ils déclenchent un certain nombre de réponses motrices. Le diaphragme et les muscles de la paroi abdominale se contractent et font augmenter la pression intraabdominale, le sphincter œsophagien inférieur se relâche et le palais mou s'élève pour fermer les voies nasales. Le contenu de l'estomac (et parfois du duodénum) est alors poussé vers le haut, passe par l'œsophage et le pharynx, et sort par la bouche.

Avant de vomir, la personne est habituellement pâle, est prise de nausées et salive abondamment. Des vomissements excessifs peuvent causer une déshydratation et risquent d'affecter gravement l'équilibre électrolytique et acidobasique de l'organisme. Les vomissements font perdre de grandes quantités de HCl que l'estomac tend à remplacer, ce qui rend le sang alcalin. ■

VÉRIFIONS NOS ACQUIS

27. Nommez les trois phases de la sécrétion gastrique.
28. Pendant un repas, quels changements de pH observe-t-on dans le sang veineux qui quitte l'estomac?
29. Comment la présence d'aliments dans l'intestin grêle inhibe-t-elle la sécrétion et la motilité gastriques?

Les réponses se trouvent à l'appendice G.

Intestin grêle et structures annexes

20 Nommer et décrire les modifications structurales de la paroi de l'intestin grêle au regard des aspects particuliers de la digestion.

21 Distinguer les rôles de divers types de cellules de la muqueuse intestinale.

22 Décrire les fonctions des hormones intestinales et locales.

C'est dans l'intestin grêle que les nutriments sont finalement préparés pour leur transport vers les cellules de l'organisme. Cette fonction vitale ne peut toutefois s'accomplir sans les sécrétions du foie (bile) et du pancréas (enzymes digestives). Nous étudierons donc aussi ces organes essentiels dans la présente section.

Intestin grêle

L'**intestin grêle** est le principal organe de la digestion. C'est dans ses méandres que se déroule l'essentiel de la digestion et que se produit pratiquement toute l'absorption.

Anatomie macroscopique

L'intestin grêle est un tube aux formes compliquées qui va du muscle sphincter pylorique, dans la région épigastrique, à la **valve** (sphincter) **iléocæcale** située dans la région iliaque droite, où il rejoint le gros intestin. C'est la partie la plus longue du tube digestif, mais son diamètre n'est que de 2,5 à 4 cm, soit environ la moitié de celui du gros intestin. Il mesure de 6 à 7 m de long dans un cadavre, mais sa longueur n'est que de 2 à 4 m chez une personne vivante à cause du tonus musculaire.

L'intestin grêle comprend trois segments: le duodénum, qui est surtout rétropéritonéal, puis le jéjunum et l'iléum, des organes intrapéritonéaux (figure 23.1). Ces trois segments se distinguent entre eux par la structure histologique de leur muqueuse. Le **duodénum** («d'une longueur de 12 doigts»), qui s'incurve autour de la tête du pancréas mesure près de 25 cm **(figure 23.21)**. Bien que formant le segment le plus

Figure 23.21 Duodénum de l'intestin grêle et organes connexes. Des conduits en provenance du pancréas, de la vésicule biliaire et du foie se déversent dans le duodénum.

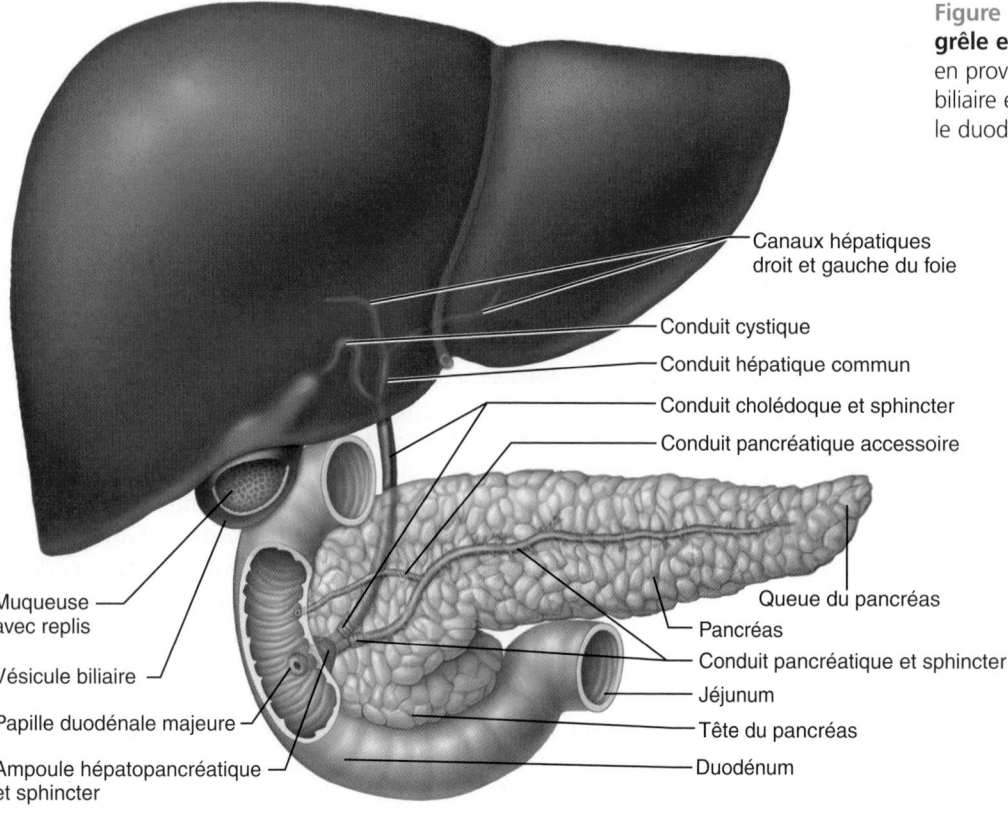

Canaux hépatiques droit et gauche du foie
Conduit cystique
Conduit hépatique commun
Conduit cholédoque et sphincter
Conduit pancréatique accessoire
Queue du pancréas
Pancréas
Conduit pancréatique et sphincter
Jéjunum
Tête du pancréas
Duodénum
Muqueuse avec replis
Vésicule biliaire
Papille duodénale majeure
Ampoule hépatopancréatique et sphincter

23

court de l'intestin, c'est celui qui présente les caractéristiques les plus intéressantes.

Le conduit cholédoque, qui apporte la bile du foie, et le conduit pancréatique, qui achemine le suc pancréatique en provenance du pancréas, se rejoignent dans la paroi du duodénum. À cet endroit, ils forment un bulbe, c'est-à-dire un renflement, appelé **ampoule hépatopancréatique**, ou ampoule de Vater. Cette ampoule s'ouvre dans le duodénum par la **papille duodénale majeure**, ou grande caroncule, en forme de volcan. L'écoulement de la bile et du suc pancréatique est réglé par le **muscle sphincter de l'ampoule hépatopancréatique**, ou sphincter d'Oddi.

Le **jéjunum** («à jeun») mesure près de 2,5 m de long et s'étend du duodénum jusqu'à l'iléum. L'**iléum**, ou iléon (*eilein*: enrouler), d'une longueur d'environ 3,6 m, débouche dans le gros intestin à la hauteur de la valve iléocæcale. La démarcation entre ces deux segments de l'intestin grêle n'est pas nette, mais il est toutefois possible de les distinguer par le fait que l'iléum a une coloration rose pâle, alors que le jéjunum est rouge, et possède un diamètre plus petit et une paroi plus mince. Le jéjunum et l'iléum sont accrochés comme des chapelets de saucisses dans la partie inférieure et moyenne de la cavité abdominale, et ils sont suspendus à la paroi abdominale postérieure par un *mésentère* en forme d'éventail (figure 23.30). Les parties les plus distales de l'intestin grêle sont entourées par le gros intestin.

Les neurofibres desservant l'intestin grêle sont les neurofibres parasympathiques issues des nerfs vagues et les neurofibres sympathiques issues des nerfs splanchniques du thorax, qui sont toutes relayées par le ganglion mésentérique supérieur et le ganglion cœliaque.

L'irrigation artérielle provient essentiellement de l'artère mésentérique supérieure (voir p. 844-845). Les veines suivent un trajet parallèle à celui des artères, et la plupart d'entre elles se déversent dans la veine mésentérique supérieure, d'où le sang riche en nutriments provenant de l'intestin grêle passe dans la veine porte hépatique, qui l'apporte au foie.

Anatomie microscopique

Modifications facilitant l'absorption   L'intestin grêle est parfaitement adapté à sa fonction d'absorption des nutriments. Sa seule longueur lui donne déjà une très grande surface d'absorption mais, en plus, ses parois possèdent 3 types de modifications structurales qui amplifient plus de 600 fois cette surface: ce sont les **plis circulaires**, les **villosités intestinales** et les **microvillosités**. On a évalué la surface de l'intestin à environ 200 m², soit l'équivalent de la superficie totale de 2 terrains de tennis! La majeure partie de l'absorption se déroule dans la portion proximale de l'intestin grêle, et ces modifications sont moins accentuées vers son extrémité distale.

Les **plis circulaires**, ou valvules conniventes, sont des replis profonds et permanents de la muqueuse et de la sous-muqueuse (figure 23.22a). Bien développés surtout dans le jéjunum, ils atteignent presque 1 cm de hauteur. La présence de ces structures anatomiques force le chyme à tournoyer sur lui-même à l'intérieur de la lumière. De ce fait, le mouvement

du chyme ralentit, ce qui favorise l'absorption complète des nutriments.

La muqueuse présente des saillies digitiformes, les **villosités intestinales**. Ces prolongements de plus de 1 mm de hauteur confèrent à ce tissu son aspect duveteux rappelant celui d'une serviette éponge (figure 23.22 et figure 23.23a). Les cellules épithéliales des villosités (appelées *entérocytes*) sont surtout des cellules prismatiques absorbantes. Au cœur de chaque villosité se trouvent un réseau dense de capillaires sanguins et un capillaire lymphatique élargi appelé **vaisseau chylifère**. Les nutriments digérés diffusent à travers les cellules épithéliales et passent dans les vaisseaux sanguins et le vaisseau chylifère.

Le duodénum (portion de l'intestin où l'absorption est la plus intense) abrite des villosités de grande taille et en forme de feuille, mais celles-ci deviennent progressivement plus étroites et plus courtes à mesure qu'on progresse vers l'extrémité iléale de l'intestin grêle. Chaque villosité contient une «bande» de muscle lisse qui lui permet de se raccourcir et de s'allonger alternativement. Ces pulsations (1) accroissent le contact entre la villosité et le contenu de la lumière intestinale (ce qui rend l'absorption plus efficace) et (2) font circuler la lymphe dans les vaisseaux chylifères.

Les **microvillosités** – exceptionnellement longues et denses (jusqu'à 3000 par cellule) – sont de minuscules saillies formées par la membrane plasmique des cellules absorbantes de la muqueuse. Elles donnent à la surface de la muqueuse une apparence duveteuse, d'où l'appellation de **bordure en brosse** (figure 23.22c et figure 23.23b). La membrane plasmique des microvillosités est recouverte d'un glycocalyx portant des enzymes nommées **enzymes de la bordure en brosse**, qui effectuent les dernières étapes de la digestion des glucides et des protéines dans l'intestin grêle.

Histologie de la paroi   De l'extérieur, les segments de l'intestin grêle se ressemblent beaucoup, mais ils sont en fait très différents par leur anatomie interne et microscopique. On y trouve les quatre tuniques qui caractérisent le tube digestif, mais la muqueuse et la sous-muqueuse présentent des modifications permettant à l'intestin d'accomplir les fonctions qui lui incombent dans les voies digestives.

L'épithélium de la muqueuse au niveau de la villosité est un épithélium simple prismatique composé en grande partie de *cellules absorbantes* liées entre elles par des jonctions serrées et des desmosomes, et pourvues de très nombreuses villosités. Ces cellules assument les principales fonctions d'absorption des aliments et des électrolytes. L'épithélium présente aussi de nombreuses *cellules caliciformes* sécrétrices de mucus. Entre les villosités, la muqueuse est parsemée de dépressions (*cryptes*) qui conduisent à des glandes intestinales tubulaires appelées **glandes intestinales de l'intestin grêle**, ou glandes de Lieberkühn (figure 23.22b, c). Les cellules épithéliales qui garnissent ces glandes sont principalement des cellules sécrétrices qui sécrètent le *suc intestinal*, un mélange aqueux de mucus qui sert à transporter les nutriments du chyme en vue de leur absorption. Dispersés dans l'épithélium des glandes intestinales, on trouve des *endocrinocytes gastro-intestinaux* (sécréteurs des entérogastrones, dont la sécrétine et la cholécystokinine),

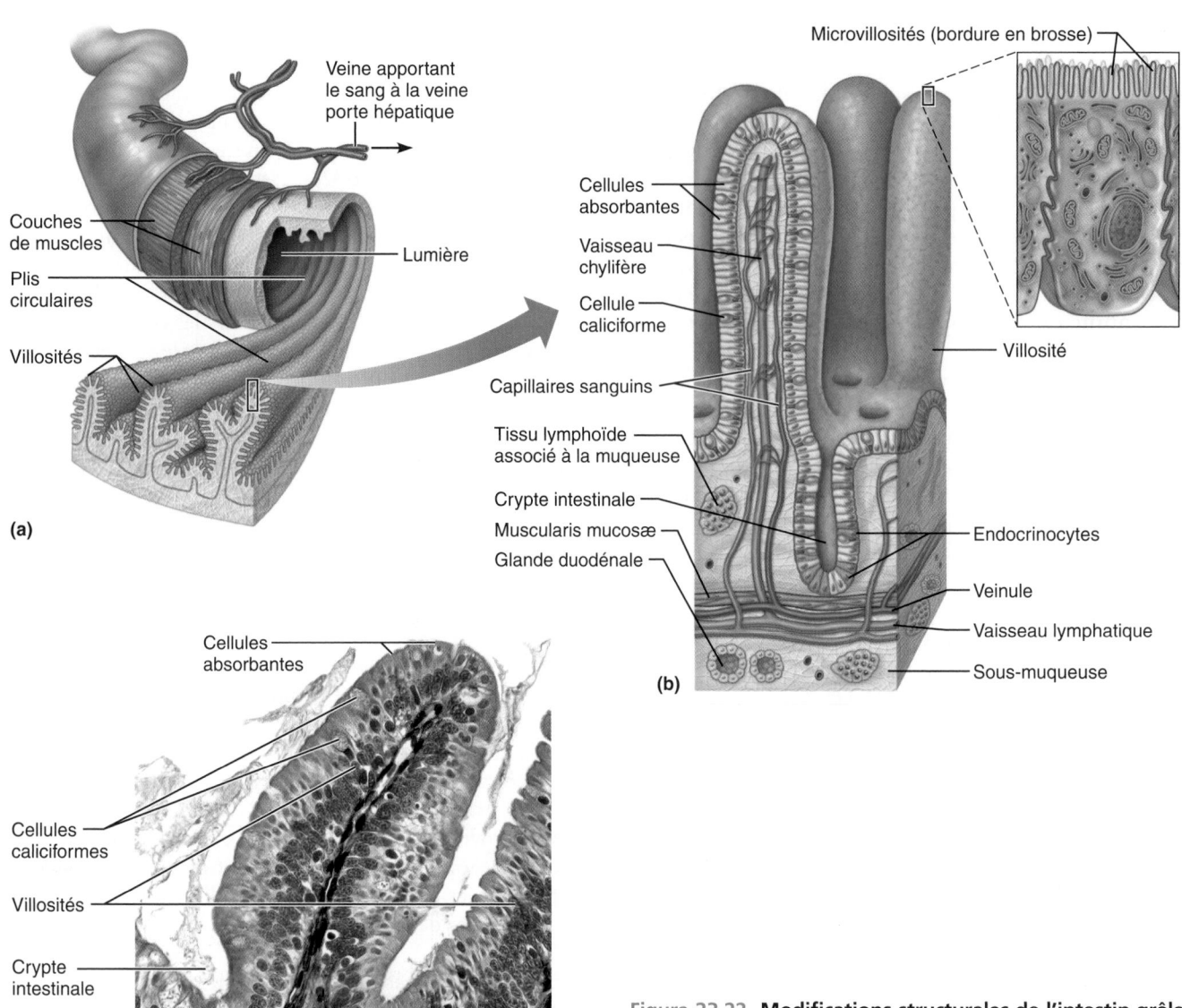

(a)

Veine apportant le sang à la veine porte hépatique

Couches de muscles
Plis circulaires
Villosités
Lumière

Microvillosités (bordure en brosse)

Cellules absorbantes
Vaisseau chylifère
Cellule caliciforme
Capillaires sanguins
Tissu lymphoïde associé à la muqueuse
Crypte intestinale
Muscularis mucosæ
Glande duodénale

Villosité
Endocrinocytes
Veinule
Vaisseau lymphatique
Sous-muqueuse

(b)

Cellules absorbantes
Cellules caliciformes
Villosités
Crypte intestinale

(c)

Figure 23.22 Modifications structurales de l'intestin grêle qui accroissent sa surface pour la digestion et l'absorption. (a) Agrandissement de quelques plis circulaires montrant les villosités en forme de doigt qui leur sont associées (la musculeuse et la séreuse ne sont pas illustrées). **(b)** Structure d'une villosité. L'agrandissement montre une cellule absorbante et des sections de deux autres qui présentent des microvillosités sur leur face libre (apicale). **(c)** Photomicrographie de la muqueuse montrant les villosités (250×).

ainsi que des lymphocytes T appelés *lymphocytes intraépithéliaux*, qui constituent un important compartiment du système immunologique. Contrairement aux autres lymphocytes T, les lymphocytes intraépithéliaux se forment sur place et *n'*ont *pas* besoin d'être «amorcés». En présence d'antigènes, ils libèrent immédiatement des cytokines qui provoquent la mort des cellules cibles infectées.

Au fond de ces glandes se trouvent des cellules sécrétrices spécialisées, les *cellules de Paneth*. Ces cellules libèrent des agents antimicrobiens, comme les défensines et le *lysozyme* (une enzyme antibactérienne) qui renforcent les défenses de l'intestin grêle. Ces sécrétions détruisent certaines bactéries et

aident à déterminer quelle bactérie pourrait coloniser la lumière de l'intestin. Le nombre de glandes diminue le long de l'intestin grêle, mais celui des cellules caliciformes augmente.

Les divers types de cellules épithéliales prennent naissance à partir de cellules souches à division continue situées au fond des glandes. À mesure qu'elles migrent graduellement le long des villosités, les cellules filles se différencient et deviennent des cellules spécialisées: cellules absorbantes, cellules caliciformes et endocrinocytes. Les cellules de Paneth demeurent à la base des glandes, alors que les trois autres types subissent l'apoptose et sont éliminés du sommet des villosités. C'est ainsi que l'épithélium des villosités se renouvelle tous les deux à quatre jours.

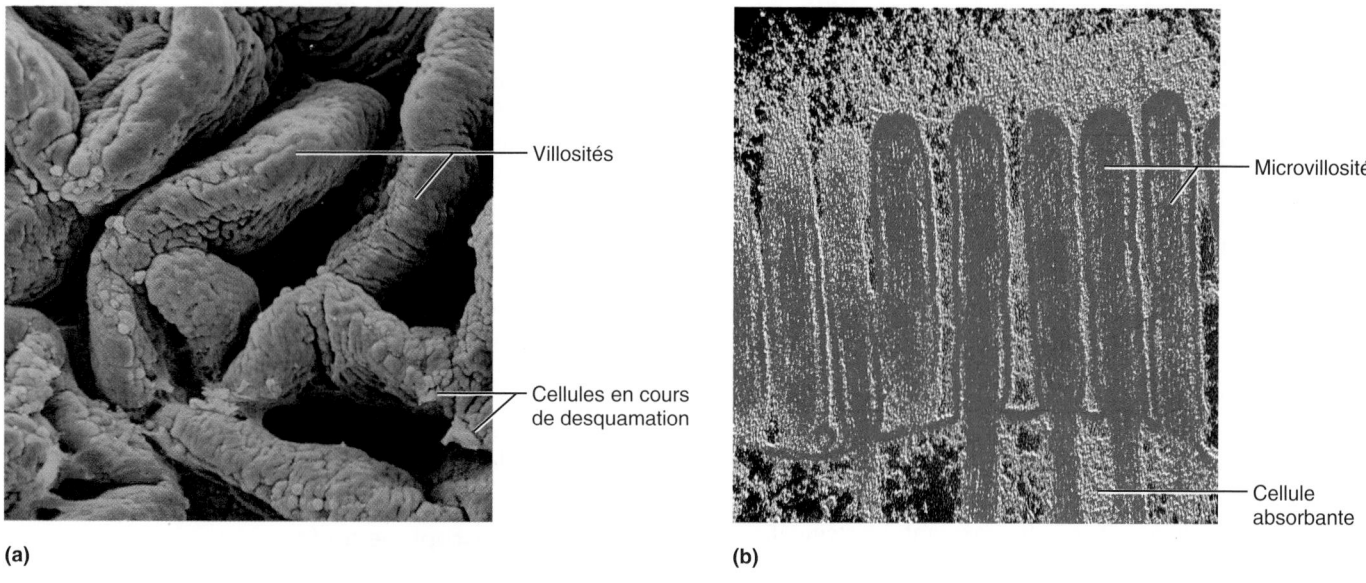

(a)
- Villosités
- Cellules en cours de desquamation

(b)
- Microvillosités
- Cellule absorbante

Figure 23.23 Villosités et microvillosités de l'intestin grêle. Photographies en fausses couleurs prises au microscope électronique. **(a)** Villosités (125×). Sur les crêtes des villosités, on aperçoit des cellules mortes en cours de desquamation qui sont colorées en jaune et en orange. **(b)** Les microvillosités (28 000×) des cellules absorbantes apparaissent comme des projections rouges formées par les replis de la surface. Les taches jaunes sont des granules de mucus.

Ce renouvellement rapide des cellules épithéliales intestinales (et gastriques) revêt une certaine importance tant sur le plan clinique que sur le plan physiologique. Les traitements anticancéreux comme la radiothérapie et la chimiothérapie s'attaquent aux cellules de l'organisme qui se divisent rapidement. Ils tuent les cellules cancéreuses, mais détruisent aussi presque entièrement l'épithélium du tube digestif, ce qui explique les nausées, les vomissements et la diarrhée que subissent les personnes en traitement.

La sous-muqueuse se caractérise par la présence de tissu conjonctif lâche aréolaire. Elle contient à la fois des follicules lymphoïdes individuels et des *follicules lymphoïdes agrégés*, ou plaques de Peyer. Le nombre de follicules lymphoïdes agrégés augmente vers l'extrémité distale de l'intestin grêle. Cette abondance traduit le fait que cette région contient une quantité énorme de bactéries qui ne doivent pas avoir accès à la circulation sanguine. Le tissu lymphoïde de la sous-muqueuse contient également des lymphocytes en cours de prolifération qui quittent l'intestin, pénètrent dans le sang et se dirigent ensuite vers la lamina propria de l'intestin. Rendus à destination, ils libèrent des immunoglobulines A (IgA), qui contribuent à la protection contre les agents pathogènes de l'intestin (voir p. 905).

Des glandes muqueuses complexes, les **glandes duodénales**, ou glandes de Brunner, se rencontrent uniquement dans la sous-muqueuse duodénale. Ces glandes produisent un mucus alcalin (riche en bicarbonate), qui neutralise le chyme acide provenant de l'estomac et crée un milieu favorable à l'action des enzymes du pancréas. Lorsque cette barrière muqueuse est insuffisante, la paroi intestinale s'érode et il en résulte des *ulcères duodénaux*.

La musculeuse est typique et formée de deux couches. À l'exception de la plus grande partie du duodénum, qui est rétropéritonéale et possède une adventice, la surface externe de l'intestin est recouverte du péritoine viscéral (séreuse).

Suc intestinal : composition et régulation

Les glandes intestinales sécrètent normalement de 1 à 2 L de **suc intestinal** par jour. Le principal stimulus qui déclenche la production de ce liquide est l'étirement ou l'irritation de la muqueuse de l'intestin grêle par un chyme hypertonique ou acide. Normalement, le suc intestinal est légèrement alcalin (son pH se situe entre 7,4 et 7,8) et isotonique par rapport au plasma sanguin. Il est surtout composé d'eau, mais il contient également un mucus sécrété par les glandes duodénales et les cellules caliciformes de la muqueuse. Le suc intestinal est pauvre en enzymes parce que la majeure partie des enzymes intestinales sont liées aux membranes des microvillosités (bordure en brosse).

VÉRIFIONS NOS ACQUIS

30. Quel avantage commun présentent les plis circulaires, les villosités et les microvillosités pour la digestion ? Laquelle de ces trois modifications fait en sorte que le chyme se déplace en tournoyant dans la lumière, ce qui ralentit sa progression ?

31. Décrivez les enzymes de la bordure en brosse.

32. Qu'est-ce qu'un vaisseau chylifère ? Quelle est sa fonction ?

33. Nommez trois sécrétions qui contribuent à protéger la muqueuse intestinale contre les lésions bactériennes.

Les réponses se trouvent à l'appendice G.

23

Foie et vésicule biliaire

23 Décrire l'histologie du foie.

24 Décrire le rôle de la bile dans la digestion.

25 Décrire la fonction de la vésicule biliaire.

Le *foie* et la *vésicule biliaire* sont des organes annexes associés à l'intestin grêle. Le foie, l'un des organes les plus importants de l'organisme, assure de nombreuses fonctions métaboliques et régulatrices. Cependant, sa seule fonction *digestive* est la production de bile, qui est acheminée au duodénum. La bile est un agent émulsifiant des graisses ; elle les disperse en fines gouttelettes, facilitant ainsi l'action des enzymes digestives. Nous donnerons une description de la bile et du processus d'émulsification lorsque nous aborderons la digestion et l'absorption des lipides plus loin dans ce chapitre. Le foie transforme aussi le sang veineux chargé de nutriments provenant directement des organes digestifs, mais il s'agit là d'une fonction métabolique plutôt que digestive (voir le chapitre 24.) La vésicule biliaire est un organe qui sert principalement à emmagasiner la bile.

Anatomie macroscopique du foie

Le **foie**, un organe rougeâtre et rempli de sang, est la plus grosse glande de l'organisme ; chez l'adulte moyen, sa masse est de l'ordre de 1,4 kg. Avec sa forme en coin, il occupe la plus grande partie des régions hypochondriaque droite et épigastrique et s'étend plus loin à droite qu'à gauche de la ligne médiane du corps. Il est placé sous le diaphragme et se trouve presque entièrement derrière les os formant la paroi de la cavité thoracique, qui le protège dans une certaine mesure (figure 23.1 et figure 23.24).

On divise généralement le foie en quatre lobes. Le *lobe droit*, le plus grand, est visible sur toutes les faces du foie ; il est séparé du *lobe gauche*, plus petit, par une profonde fissure (figure 23.24a). Le *lobe caudé*, le plus postérieur, et le *lobe carré*, situé sous le lobe gauche, sont visibles lorsqu'on examine le foie de dessous (figure 23.24b).

Le **ligament falciforme du foie**, un mésentère, sépare les lobes droit et gauche sur le côté antérieur et suspend le foie au diaphragme et à la paroi abdominale antérieure. Le **ligament rond du foie**, qui est un vestige fibreux de la veine ombilicale du fœtus, suit le bord inférieur du ligament falciforme. À l'exception de sa partie supérieure (la *face nue*), qui est accolée au diaphragme, le foie est complètement enveloppé par le péritoine viscéral.

Comme nous l'avons déjà mentionné, le petit omentum, un mésentère ventral, relie le foie à la petite courbure de l'estomac (figure 23.30b). L'**artère hépatique** et la **veine porte hépatique**, qui pénètrent dans le foie à la hauteur du **hile du foie**, ainsi que le conduit hépatique commun, qui s'oriente vers le bas en sortant du foie, passent tous dans le petit omentum. La vésicule biliaire est située dans une fossette sur la face inférieure du lobe droit du foie (figure 23.24b).

La façon traditionnelle de diviser le foie en lobes (exposée ci-dessus) a été critiquée parce qu'elle se fonde sur des caractéristiques superficielles de cet organe. Certains anatomistes pensent qu'on devrait définir les lobes du foie selon les secteurs desservis par les conduits hépatiques gauche et droit. Ces deux secteurs sont délimités par un plan passant par le sillon de la veine cave inférieure et par l'emplacement de la vésicule biliaire (figure 23.24b). La région située à droite de ce plan constitue le *lobe droit* et celle située à gauche, le *lobe gauche*. Selon cette perspective, les petits lobes carré et caudé font partie du lobe gauche.

La bile quitte le foie par plusieurs conduits biliaires qui convergent pour former le volumineux **conduit hépatique commun** ; celui-ci descend en direction du duodénum. Sur son parcours, il s'unit au **conduit cystique** par lequel se vide la vésicule biliaire ; l'union des deux conduits constitue le **conduit cholédoque** (figure 23.21).

Anatomie microscopique du foie

Selon la conception classique, le foie est composé d'unités structurales et fonctionnelles de la grosseur d'un grain de sésame appelées **lobules hépatiques**. Chaque lobule détermine une structure ressemblant à un hexagone (six côtés) constitué de travées de cellules, les **hépatocytes**, qui sont placées comme des briques dans un mur **(figure 23.25c)**. Les travées d'hépatocytes sont orientées radialement vers l'extérieur et partent d'une **veine centrale du foie** (figure 23.25c) qui suit l'axe longitudinal du lobule. Pour obtenir un « modèle » grossier d'un lobule hépatique, ouvrez un livre de poche épais jusqu'à ce que les deux couvertures se touchent dos à dos : les pages représentent les travées d'hépatocytes et le cylindre creux formé par le dos du livre, la veine centrale du foie. (En se fondant sur l'étude de la microcirculation hépatique, on a récemment proposé une autre conception de l'architecture du foie selon laquelle l'unité de base serait non plus le lobule mais l'*acinus*. Cette structure a la forme d'un losange dont la diagonale courte est constituée par un des côtés du lobule.)

Si vous gardez à l'esprit que la principale fonction du foie est de filtrer et de traiter le sang chargé de nutriments qui lui parvient, la description de son anatomie qui est faite ci-dessous ne devrait soulever aucune difficulté. À chacun des six coins du lobule se trouve un **espace interlobulaire** (*espace porte*) composé de trois structures fondamentales toujours présentes : une branche de l'*artère hépatique* (artériole porte, qui achemine au foie un sang artériel riche en oxygène), une branche de la *veine porte hépatique* (veinule porte, qui achemine un sang veineux chargé de nutriments en provenance des viscères digestifs) et un *conduit biliaire interlobulaire* (figure 23.25c).

Des capillaires sanguins dilatés et peu étanches, appelés **sinusoïdes du foie**, passent entre les travées d'hépatocytes. Le sang de la veine porte hépatique et de l'artère hépatique traverse les sinusoïdes à partir de l'espace interlobulaire et se déverse dans les veines centrales du foie. De là, il est acheminé aux veines hépatiques qui drainent le foie et se déversent dans la veine cave inférieure. La paroi des sinusoïdes contient des **macrophagocytes stellaires**, ou **cellules de Kupffer**. Ces cellules en forme

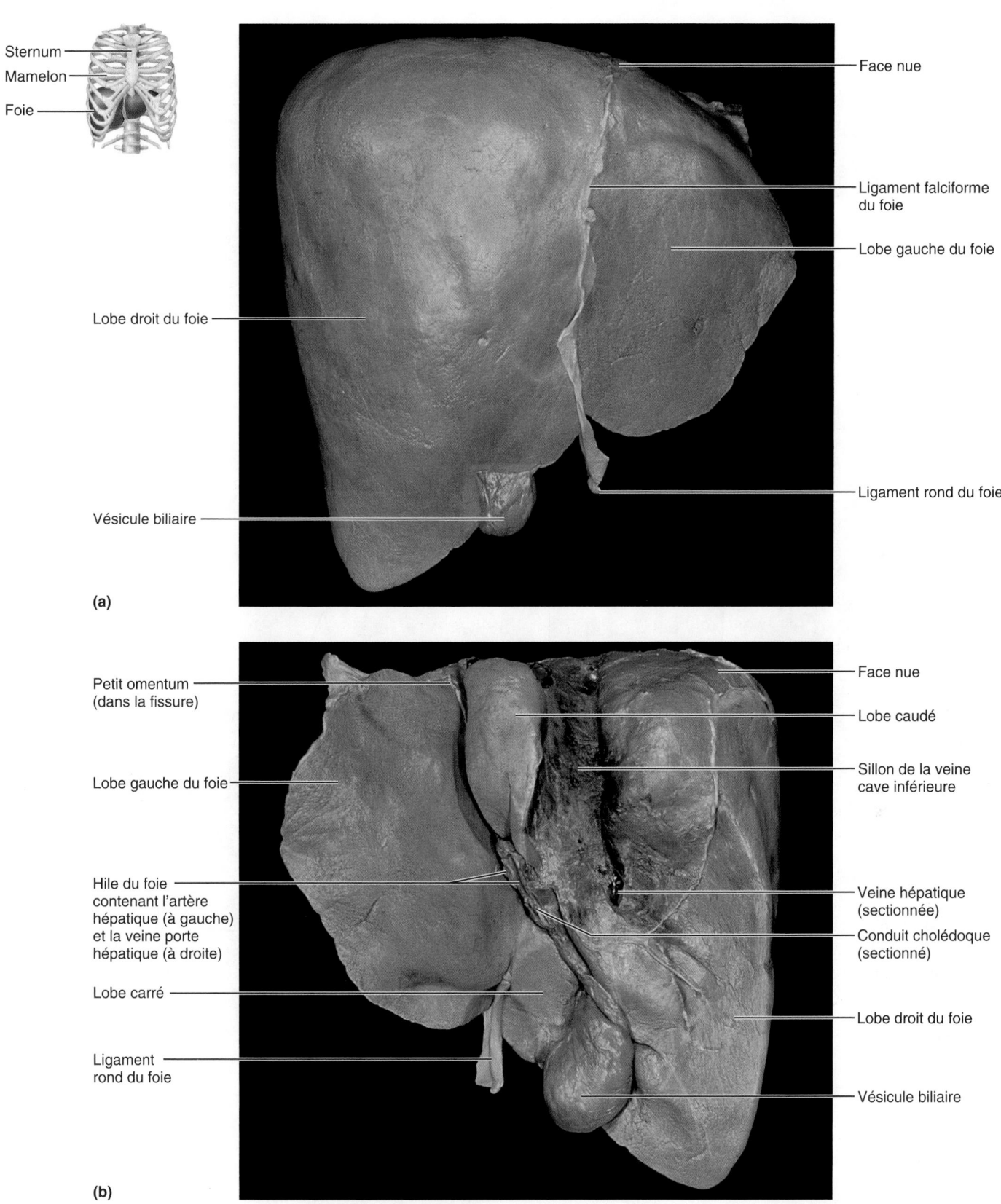

Sternum
Mamelon
Foie

(a)

Lobe droit du foie

Vésicule biliaire

Face nue

Ligament falciforme du foie

Lobe gauche du foie

Ligament rond du foie

(b)

Petit omentum (dans la fissure)

Lobe gauche du foie

Hile du foie contenant l'artère hépatique (à gauche) et la veine porte hépatique (à droite)

Lobe carré

Ligament rond du foie

Face nue

Lobe caudé

Sillon de la veine cave inférieure

Veine hépatique (sectionnée)

Conduit cholédoque (sectionné)

Lobe droit du foie

Vésicule biliaire

23

Figure 23.24 Anatomie macroscopique du foie humain. (a) Vue antérieure du foie. **(b)** Face postéro-inférieure (viscérale) du foie. Ici, les quatre lobes sont séparés par un groupe de sillons. Le hile du foie est un sillon profond qui contient la veine porte hépatique, l'artère hépatique, le conduit hépatique commun et des vaisseaux lymphatiques.

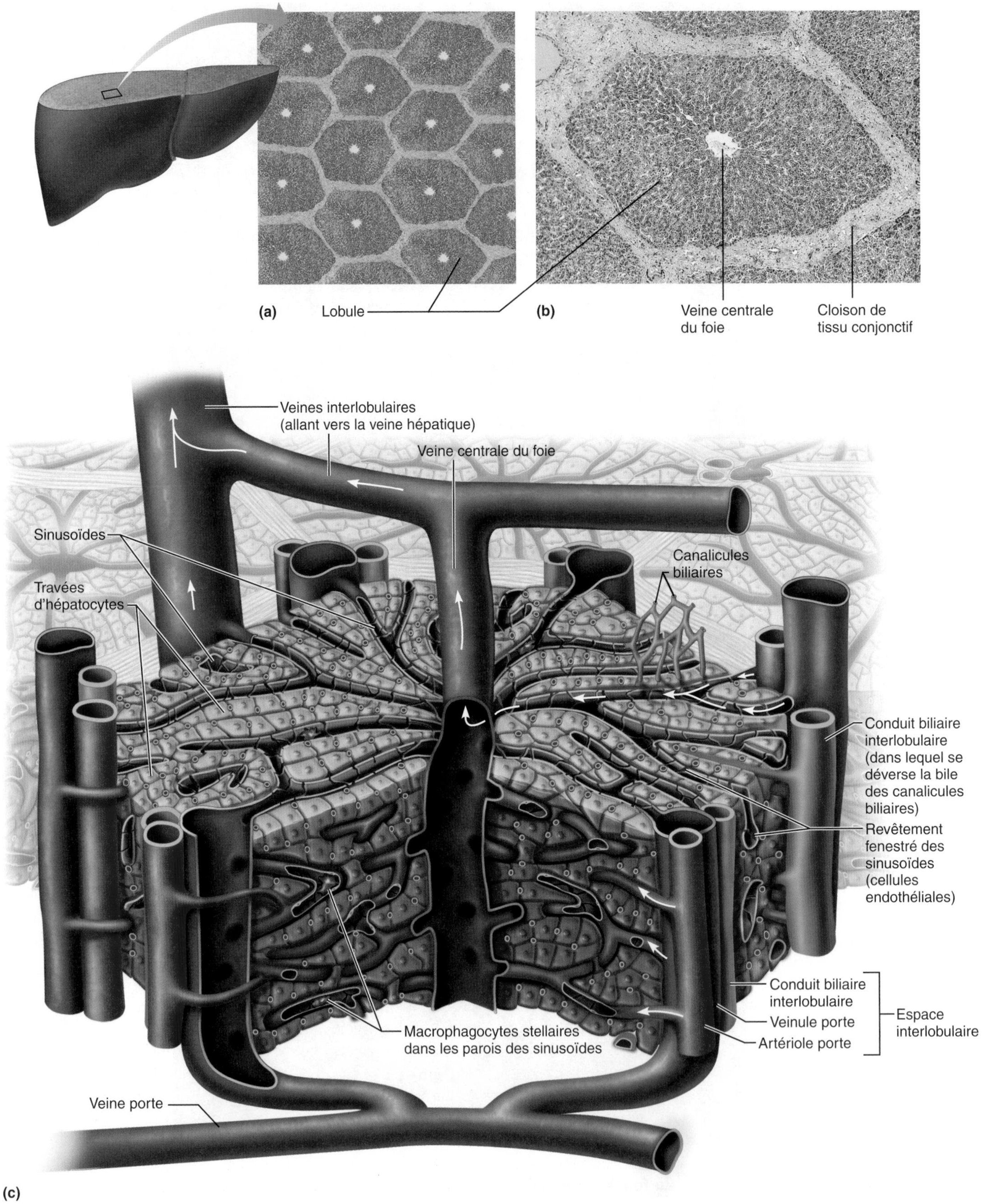

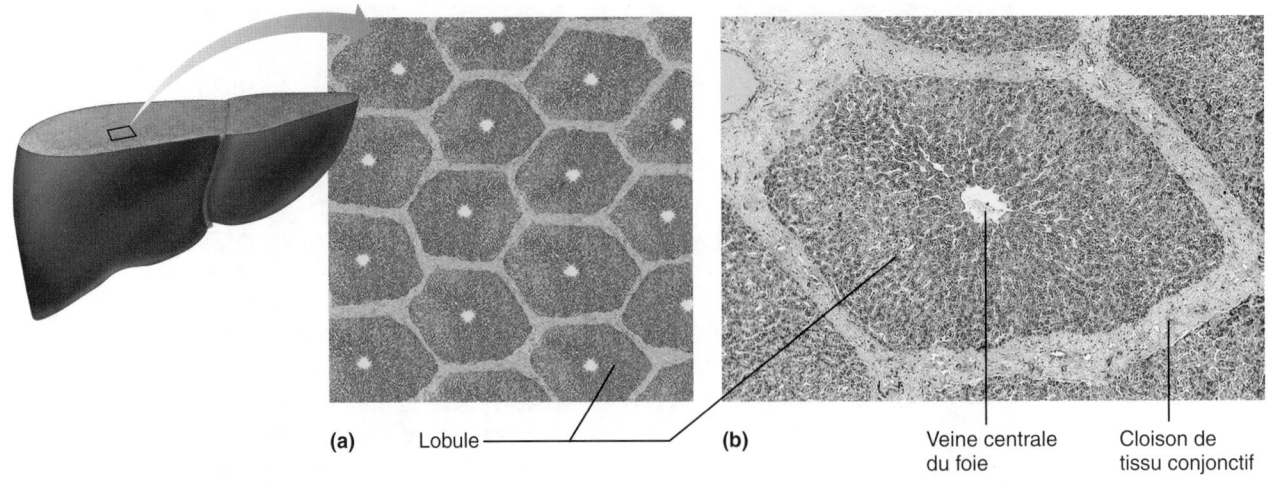

(a) Lobule

(b) Veine centrale du foie

Cloison de tissu conjonctif

Veines interlobulaires (allant vers la veine hépatique)

Veine centrale du foie

Sinusoïdes

Canalicules biliaires

Travées d'hépatocytes

Conduit biliaire interlobulaire (dans lequel se déverse la bile des canalicules biliaires)

Revêtement fenestré des sinusoïdes (cellules endothéliales)

Conduit biliaire interlobulaire

Veinule porte

Artériole porte

Espace interlobulaire

Macrophagocytes stellaires dans les parois des sinusoïdes

Veine porte

(c)

Figure 23.25 Anatomie microscopique du foie. (a) Disposition normale des lobules hépatiques. **(b)** Schéma agrandi d'un lobule hépatique. **(c)** Schéma tridimensionnel d'une petite partie d'un lobule hépatique montrant la structure des sinusoïdes. Les flèches indiquent le sens de la circulation sanguine.

23

d'étoile (figure 23.25c) débarrassent le sang des débris tels que les bactéries et les cellules sanguines usées.

Les hépatocytes sont des cellules polyvalentes qui renferment beaucoup de RE rugueux et lisse, de complexes golgiens, de peroxysomes et de mitochondries. Grâce à cette panoplie d'organites, ils peuvent non seulement produire environ 900 mL de bile par jour, mais aussi: (1) faire subir diverses transformations aux nutriments transportés par le sang (par exemple, ils emmagasinent le glucose sous forme de glycogène et utilisent les acides aminés pour synthétiser les protéines plasmatiques); (2) emmagasiner les vitamines liposolubles; et (3) jouer un rôle important dans la détoxication: par exemple, ils débarrassent le sang de l'ammoniac, qu'ils convertissent en urée (voir le chapitre 24). Grâce à l'action diversifiée des hépatocytes, le sang traité contient moins de nutriments et de déchets quand il sort du foie que quand il y entre.

En plus de fournir le sang nécessaire aux transformations et à la nutrition, la relation étroite qui existe entre les hépatocytes et leur irrigation sanguine influe sur la croissance et la guérison du foie. La capacité de régénération du foie est exceptionnelle. En effet, le foie peut retrouver son volume normal même après une chirurgie ou après avoir perdu 70% de sa masse. En cas de lésion au foie, les hépatocytes sécrètent un *facteur de croissance de l'endothélium vasculaire*, qui se lie aux récepteurs spécifiques des cellules endothéliales qui tapissent les sinusoïdes. Les cellules endothéliales prolifèrent et libèrent d'autres facteurs de croissance, comme le facteur de croissance des hépatocytes et l'interleukine-6, qui, à leur tour, stimulent la multiplication des hépatocytes et le remplacement du tissu hépatique mort ou mourant.

La bile sécrétée par les hépatocytes circule dans de minuscules conduits, les **canalicules biliaires**, qui passent entre les hépatocytes adjacents en direction des conduits biliaires situés dans les espaces interlobulaires (figure 23.25c). Même si dans la plupart des illustrations, les canalicules sont représentés comme des structures tubulaires distinctes (illustrées en vert), leurs parois sont en fait formées par les membranes apicales d'hépatocytes adjacents. Notez que le sang et la bile circulent en sens opposé dans le lobule hépatique. La bile qui entre dans les conduits biliaires interlobulaires finit par quitter le foie par le conduit hépatique commun, qui l'apporte au duodénum.

⚖ DÉSÉQUILIBRE HOMÉOSTATIQUE

Plus courante chez l'homme que chez la femme, l'**hépatite**, soit l'inflammation du foie, est le plus souvent causée par une infection virale. Jusqu'à présent, on a recensé six virus de l'hépatite (désignés par les lettres A à F). Deux d'entre eux (A et E) sont transmis par voie entérique et entraînent des infections généralement limitées. Les virus transmis par le sang (notamment B et C) sont liés à l'hépatite chronique et à la cirrhose du foie (voir plus loin). Le virus de l'hépatite D est un mutant qui a besoin du virus B pour devenir infectieux. À l'heure actuelle, on ne sait pas grand-chose du virus F. Les causes non virales de l'hépatite aiguë comprennent les médicaments toxiques et l'empoisonnement causé par des champignons vénéneux.

À l'échelle mondiale, l'hépatite B est la plus fréquente des maladies hépatiques. Elle peut se transmettre par les transfusions sanguines, les aiguilles contaminées et les relations sexuelles. L'hépatite B est une maladie grave en soi, mais elle représente une menace encore plus grave, à savoir un risque élevé de cancer du foie. Cependant, l'immunisation des enfants au moyen d'un vaccin produit dans des bactéries est en train de rendre ce virus inoffensif et l'incidence d'hépatite aiguë de type B a diminué considérablement depuis 1985, année où elle a atteint un sommet. Au Canada, en 2006, son incidence était de 2 cas pour 100 000 habitants. En France, elle est à l'origine de 1 transplantation hépatique sur 10.

L'hépatite A, qui compte pour environ 32% des cas, est une forme plus bénigne de la maladie que l'on observe souvent dans les garderies. Elle se transmet par les aliments contaminés par les eaux usées, les coquillages crus et l'eau, ainsi que par les objets qui sont portés à la bouche après avoir été contaminés par des excréments; c'est la raison pour laquelle on demande aux employés de restaurant de se laver soigneusement les mains après être allés aux toilettes. Le vaccin contre l'hépatite A, qui connaît un haut taux de succès, aide à prévenir l'infection et la diffusion du virus par les selles.

L'hépatite E, qui se transmet de la même façon que l'hépatite A, donne lieu à des épidémies provoquées par l'eau, surtout dans les pays en voie de développement. Elle constitue une des causes majeures de décès (25%) chez les femmes enceintes. Relativement rare au Canada et en Europe (la France connaît le taux le plus élevé de cette forme d'hépatite), elle constitue un problème important pour le tiers de la population mondiale, essentiellement en Afrique et en Asie. Mais il y a maintenant de l'espoir. Un vaccin expérimental contre l'hépatite E, en cours d'essai clinique chez l'humain, serait efficace à 96%.

L'hépatite C est devenue la maladie du foie la plus importante dans les pays occidentaux parce qu'elle est responsable de 70% des cas d'hépatite chronique. Avant l'instauration de mesures de sécurité draconiennes, de nombreuses personnes ont contracté la maladie, au Canada et dans d'autres pays à la fin des années 1980, après avoir subi des transfusions de sang contaminé. Au Canada, on estime à 240 000 le nombre de personnes atteintes de l'hépatite C tandis qu'en France 220 000 en souffriraient (souvent à leur insu). Il est toutefois possible de traiter cette maladie avec succès à l'aide d'une association médicamenteuse comportant des injections hebdomadaires d'interféron (Pegasys, PEG-Intron) et de ribavirine (Rebetol), un médicament antiviral oral.

La **cirrhose** (*kirros*: roux) est une inflammation chronique progressive du foie habituellement provoquée par l'alcoolisme ou consécutive à une hépatite chronique grave. L'alcool est métabolisé par le foie grâce à une déshydrogénase. Or, cette enzyme est présente en plus petite quantité chez la femme et quasi absente chez 50% des Asiatiques, ce qui explique pourquoi ces personnes sont plus sujettes à souffrir de cirrhose en cas de consommation excessive d'alcool. Les hépatocytes affectés par l'alcool ou endommagés se régénèrent, mais leurs connexions avec les canaux et les vaisseaux sont irrémédiablement détruites, et le tissu conjonctif (cicatriciel) finit par remplacer les hépatocytes. Le foie devient alors gras et fibreux, et son activité ralentit. À mesure qu'il rétrécit, le tissu cicatriciel gêne le débit sanguin dans l'ensemble du système porte hépatique et entraîne alors une **hypertension portale**.

Heureusement, certaines veines du système porte forment des anastomoses avec celles qui se déversent dans les veines caves (*anastomose portocave*). Ce sont plus particulièrement: (1) les veines de la région inférieure de l'œsophage; (2) les veines rectales dans le canal anal; et (3) les veines superficielles autour de l'ombilic. Mais les veines ainsi constituées sont de petite taille et ont tendance à éclater lorsqu'elles doivent transporter de forts volumes sanguins. Les symptômes de cette défaillance sont notamment des vomissements de sang et la présence d'un réseau enchevêtré de veines distendues autour du nombril. Ce réseau a été appelé *tête de Méduse*, d'après le monstre de la mythologie grecque dont la chevelure était composée d'une masse de serpents entremêlés. L'hypertension portale peut occasionner d'autres complications, notamment l'ascite – accumulation de liquide dans la cavité péritonéale –, et la dilatation des veines du dernier tiers de l'œsophage (varices œsophagiennes), qui font alors saillie dans la lumière de cet organe, risquant ainsi de provoquer des hémorragies.

Pour les patients atteints d'une maladie du foie en phase terminale, la greffe est le seul traitement dont l'efficacité a été prouvée en clinique. Les taux de survie des greffés du foie après un an et cinq ans sont de 90 % et de 75 %, respectivement. Malheureusement, les donneurs d'organes sont rares, et de nombreux patients meurent en attendant un organe compatible. ■

Composition de la bile

La **bile** est une solution alcaline vert jaunâtre contenant des sels biliaires, des pigments biliaires, du cholestérol, des triglycérides, des phospholipides (lécithine, etc.) et divers électrolytes. De tous ces composés, *seuls* les sels biliaires et les phospholipides contribuent au processus de la digestion.

Les **sels biliaires** constituent près de 50 % de tous les solutés de la bile. Il s'agit principalement de l'acide cholique et des acides chénodésoxycholiques (sous leur forme d'anions), qui sont des dérivés du cholestérol. Ils ont pour fonction d'*émulsionner* les graisses, c'est-à-dire de les disperser dans l'eau contenue dans l'intestin, un peu comme le détergent à vaisselle élimine une plaque de graisse à la surface d'une assiette. Les sels biliaires divisent donc les gros amas de matières grasses qui entrent dans l'intestin grêle en millions de fines gouttelettes plus facilement accessibles, exposant ainsi une surface considérable à l'action des enzymes digestives qui s'attaquent aux lipides. Les sels biliaires facilitent également l'absorption des lipides et du cholestérol (dont il sera question plus loin) ainsi que la mise en solution du cholestérol, que ce dernier provienne de la bile ou des aliments qui pénètrent dans l'intestin grêle.

De nombreuses substances sécrétées dans la bile quittent l'organisme dans les fèces, mais les sels biliaires n'en font pas partie; ils sont recyclés par un mécanisme appelé **cycle entéro-hépatique**. Au cours de ce processus, ils sont: (1) réabsorbés dans le sang par l'iléum; (2) renvoyés au foie par l'intermédiaire de la circulation porte hépatique; et (3) sécrétés de nouveau dans la bile. Ces sels biliaires refont ce cycle au moins cinq fois au cours d'un repas. Par contre, en se liant aux sels biliaires, les fibres solubles empêchent leur réabsorption. Le foie doit alors en produire d'autres à partir du cholestérol en circulation, réduisant ainsi le taux de cholestérol sanguin.

Le principal pigment biliaire est la **bilirubine**, un résidu de la partie hème de l'hémoglobine qui est formé pendant la dégradation des érythrocytes usés (voir le chapitre 17). La globine et le fer de l'hémoglobine sont conservés et recyclés, mais la bilirubine présente dans le sang est absorbée par les hépatocytes, sécrétée dans la bile et métabolisée dans l'intestin grêle par des bactéries résidentes. L'un de ses produits de dégradation, la *stercobiline*, confère aux fèces leur couleur brune. En l'absence de bile, les fèces sont d'un blanc grisâtre et présentent des bandes de graisses (parce que, dans ces conditions, les graisses ne sont presque pas digérées ni absorbées).

Vésicule biliaire

La **vésicule biliaire** est une poche musculeuse verte à paroi mince, d'une longueur d'environ 10 cm. À peu près de la taille d'un kiwi, elle est logée dans une fossette peu profonde de la face inférieure du foie (figures 23.1 et 23.24). Son fundus arrondi dépasse le bord inférieur du foie. La vésicule biliaire emmagasine la bile qui n'est pas immédiatement nécessaire à la digestion et la concentre en absorbant une partie de son eau et de ses ions, à l'exception du calcium. (Dans certains cas, la bile qui est libérée par la vésicule biliaire est de 10 à 20 fois plus concentrée que celle qui y entre, ce qui permet à cette dernière d'emmagasiner, malgré ses modestes dimensions, un volume de bile correspondant à 12 heures de sécrétion.) Lorsqu'elle est vide ou qu'elle ne contient que de faibles quantités de bile, sa muqueuse forme des replis en nids d'abeille (figure 23.21) qui, à l'instar des plis gastriques, permettent à l'organe de prendre du volume en se remplissant. Lorsque les muscles de sa paroi se contractent, la bile s'écoule par le *conduit cystique*, puis par le conduit cholédoque. La vésicule biliaire, comme la plus grande partie du foie, est recouverte de péritoine viscéral.

⚖ DÉSÉQUILIBRE HOMÉOSTATIQUE

La bile est le principal véhicule d'excrétion du cholestérol de l'organisme, et ce sont les sels biliaires qui maintiennent le cholestérol en solution dans la bile. Lorsque le cholestérol se trouve en trop grande quantité ou les sels biliaires en quantité insuffisante, le cholestérol peut se cristalliser et former des **calculs biliaires** qui empêchent la bile de sortir de la vésicule biliaire. Quand la vésicule biliaire ou son conduit se contracte, ces cristaux pointus provoquent une douleur intense qui irradie dans la région thoracique droite. On peut traiter les calculs à l'aide de médicaments qui dissolvent les cristaux, les réduire en poudre au moyen d'ultrasons (lithotritie), les désintégrer à l'aide de rayons laser ou recourir à l'ablation chirurgicale de la vésicule biliaire (cholécystectomie), qui est le traitement classique. Quand on enlève la vésicule biliaire, le conduit cholédoque s'élargit pour jouer le rôle de réservoir de bile. Il est facile de diagnostiquer des calculs biliaires parce qu'ils sont parfaitement visibles par ultrasonographie.

23

L'obstruction du conduit cholédoque empêche l'arrivée et des sels et des pigments biliaires dans l'intestin. Les pigments biliaires s'accumulent alors dans les gros puis dans les petits canaux biliaires et, enfin, dans les canalicules; ils passent alors dans le sang, et ensuite dans la peau, qui prend une coloration jaune tout comme la sclère de l'oeil; cet état est appelé *ictère*. Il peut être dû à l'obstruction des conduits (*ictère par obstruction*), mais il peut aussi être le signe d'une maladie du foie (celui-ci n'étant plus en mesure d'assurer ses fonctions métaboliques normales). Près de 60 % des nouveau-nés à terme présentent un ictère qui disparaît souvent à l'intérieur d'un mois dès que le foie commencera à mieux métaboliser la bilirubine. ■

VÉRIFIONS NOS ACQUIS

34. Qu'est-ce qu'un espace interlobulaire?

35. Quelle est l'importance du cycle entérohépatique?

36. Quel est le rôle des macrophagocytes stellaires?

Les réponses se trouvent à l'appendice G.

Pancréas

26 Décrire les fonctions du suc pancréatique dans la digestion.

27 Décrire le processus de régulation de la sécrétion de la bile et du suc pancréatique dans l'intestin grêle.

Le **pancréas** est une glande mixte, à texture lisse et en forme de têtard, qui s'étend d'un côté à l'autre de l'abdomen, de la *queue* (appuyée sur la rate) à la *tête* entourée par le duodénum (figures 23.1 et 23.21). La plus grande partie du pancréas est rétropéritonéale et se trouve derrière la grande courbure de l'estomac.

Le pancréas est un organe digestif annexe et il joue un rôle important dans la digestion parce qu'il sécrète et déverse dans le duodénum des enzymes (une vingtaine) qui dégradent tous les types de substances présentes dans les aliments. Le **suc pancréatique**, produit de l'activité exocrine du pancréas, s'écoule par le **conduit pancréatique** situé au centre de cet organe. Le conduit pancréatique fusionne généralement avec le *conduit cholédoque* juste avant le duodénum (à la hauteur de l'ampoule hépatopancréatique). Un *conduit pancréatique accessoire*, plus petit, se déverse directement dans le duodénum, juste en amont du conduit pancréatique.

Le pancréas abrite des **acinus** – amas de cellules sécrétrices entourant des conduits **(figure 23.26)**. Ces cellules regorgent de réticulum endoplasmique rugueux et renferment des **grains de zymogène** (*zumê:* ferment; *genos:* naissance), qui prennent une teinte foncée à la coloration et contiennent les enzymes digestives qu'elles fabriquent.

Dispersés parmi les acinus se trouvent les *îlots pancréatiques*, ou îlots de Langerhans, qui se colorent plus légèrement; ces glandes endocrines miniatures libèrent plusieurs hormones,

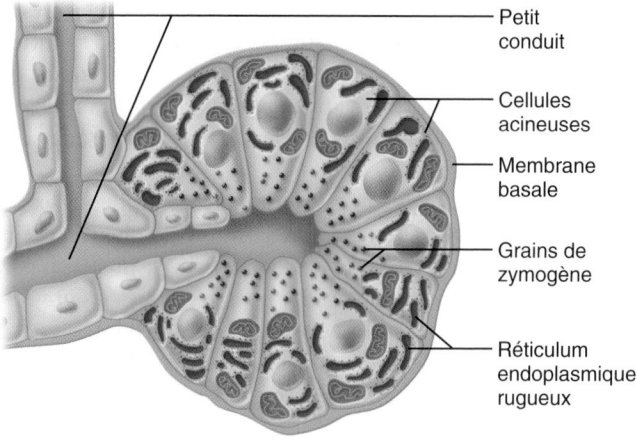

(a)

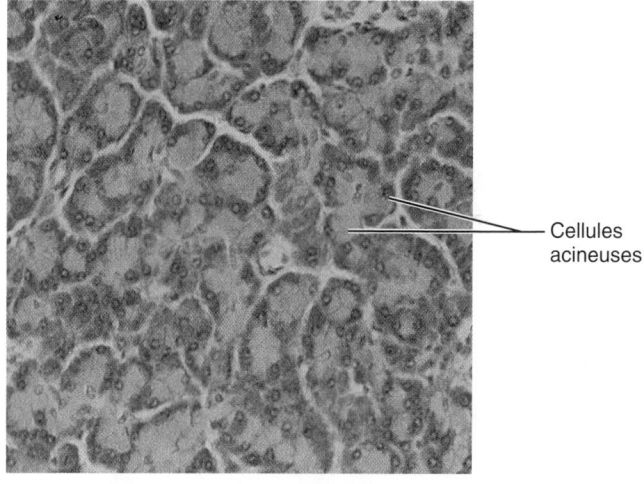

(b)

Figure 23.26 **Structure du tissu producteur d'enzymes du pancréas. (a)** Illustration d'un acinus (unité sécrétrice). Les régions apicales des cellules sont abondamment pourvues en grains de zymogène (contenant des enzymes); le RE rugueux, plus foncé, est abondant (ce qui est normal pour les cellules des glandes qui produisent de grandes quantités de protéines destinées à l'exportation). **(b)** Photomicrographie de tissu acineux pancréatique (250×).

dont l'insuline et le glucagon, qui jouent un rôle essentiel dans le métabolisme des glucides (voir le chapitre 16).

Composition du suc pancréatique

Le pancréas produit chaque jour de 1200 à 1500 mL de suc pancréatique clair, principalement composé d'eau et contenant des enzymes et des électrolytes (surtout des ions bicarbonate). Les cellules acineuses élaborent la fraction du suc pancréatique riche en enzymes, alors que les cellules épithéliales tapissant les conduits pancréatiques les plus petits libèrent les ions bicarbonate qui rendent le suc alcalin (pH voisin de 8).

Normalement, la quantité de HCl produite dans l'estomac est exactement équilibrée par la quantité de bicarbonate

(HCO₃⁻) sécrétée activement par le pancréas ; au fur et à mesure que le HCO₃⁻ s'ajoute au suc pancréatique, des ions H⁺ entrent dans le sang. Par conséquent, le pH du sang veineux qui retourne au cœur reste relativement inchangé, car le sang alcalin provenant de l'estomac est neutralisé par le sang acide qui vient du pancréas.

Le pH élevé du suc pancréatique permet de neutraliser le chyme acide qui arrive dans le duodénum ; de plus, il crée un milieu optimal pour l'activité des enzymes intestinales et pancréatiques. Tout comme la pepsine dans l'estomac, les *protéases* pancréatiques (enzymes protéolytiques) sont produites et libérées sous forme inactive et sont ensuite activées dans le duodénum, où elles doivent agir. Ce mécanisme protège le pancréas contre l'autodigestion.

Par exemple, dans le duodénum, le *trypsinogène* est activé en **trypsine** par l'**entéropeptidase** (auparavant appelée *entérokinase)*, une protéase de la bordure en brosse des cellules absorbantes de l'intestin. La trypsine active à son tour plus de trypsinogène et deux autres protéases pancréatiques, la *procarboxypeptidase* et le *chymotrypsinogène*, qu'elle transforme respectivement en **carboxypeptidase** et en **chymotrypsine** (figure 23.27).

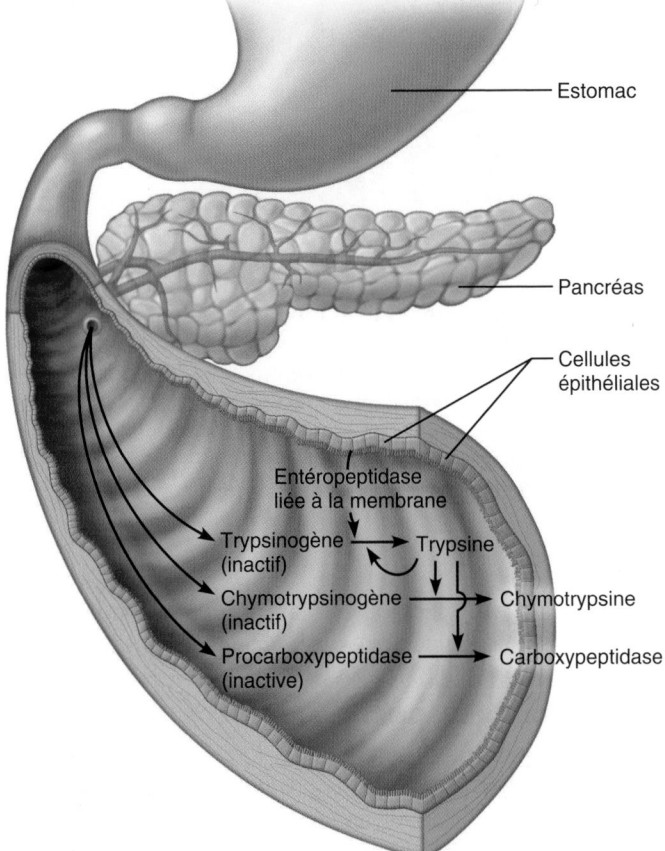

Figure 23.27 Activation des protéases pancréatiques dans l'intestin grêle. Les protéases pancréatiques sont sécrétées sous forme inactive, puis activées dans le duodénum.

D'autres enzymes pancréatiques (**amylase, lipases** et **nucléases**) sont sécrétées sous leur forme active, mais elles nécessitent la présence d'ions ou de bile dans la lumière intestinale pour agir de façon optimale.

VÉRIFIONS NOS ACQUIS

37. Quelle est la différence fonctionnelle entre les cellules des acinus et celles des îlots pancréatiques ?
38. Que contiennent les grains de zymogène ?
39. Marianne souffre d'une pancréatite. Son pancréas est gonflé et ne produit plus de suc pancréatique pour le moment. Quel type d'aliments Marianne ne pourra-t-elle pas digérer avant sa guérison ?

Les réponses se trouvent à l'appendice G.

Régulation de la sécrétion de bile et de suc pancréatique et de leur arrivée dans l'intestin grêle

Les mêmes facteurs – des influx nerveux et, plus important encore, des hormones (cholécystokinine et sécrétine) – régissent la sécrétion de bile et de suc pancréatique ainsi que la libération de ces substances dans l'intestin grêle, où elles jouent leurs rôles dans la digestion des aliments.

Les sels biliaires eux-mêmes constituent le principal stimulus de l'augmentation de la sécrétion biliaire (figure 23.28) ; lorsqu'un repas riche en lipides est ingéré et que le cycle entérohépatique retourne de grandes quantités de sels biliaires au foie, le taux de sécrétion biliaire de ce dernier s'élève de façon marquée. La *sécrétine*, synthétisée par les cellules intestinales en présence de chyme acide, stimule aussi les hépatocytes, qui se mettent à sécréter de la bile.

En dehors des périodes de digestion en cours, le muscle sphincter de l'ampoule hépatopancréatique, ou sphincter d'Oddi, est fermé. La bile élaborée reflue donc dans le conduit cystique et dans la vésicule biliaire, où elle est emmagasinée jusqu'à ce qu'elle devienne nécessaire. Le foie produit de la bile de façon continue, mais celle-ci n'entre généralement dans l'intestin grêle que lorsque la vésicule biliaire se contracte. Les influx du système parasympathique provenant des fibres du nerf vague exercent une stimulation peu importante sur la contraction de la vésicule biliaire. En fait, celle-ci ne réagit pratiquement que sous l'influence de la *cholécystokinine* (CCK), une hormone intestinale libérée dans le sang quand un chyme acide et gras entre dans le duodénum (figure 23.28). En plus de stimuler les contractions de la vésicule biliaire, la CCK (1) stimule la sécrétion de suc pancréatique et (2) relâche le muscle sphincter de l'ampoule hépatopancréatique pour permettre à la bile et au suc pancréatique d'entrer dans le duodénum.

La sécrétion du suc pancréatique est réglée à la fois par la sécrétine et la cholécystokinine. La sécrétine, libérée en réponse à la présence de HCl dans l'intestin, a pour principale cible les cellules des conduits pancréatiques, ce qui se traduit par la

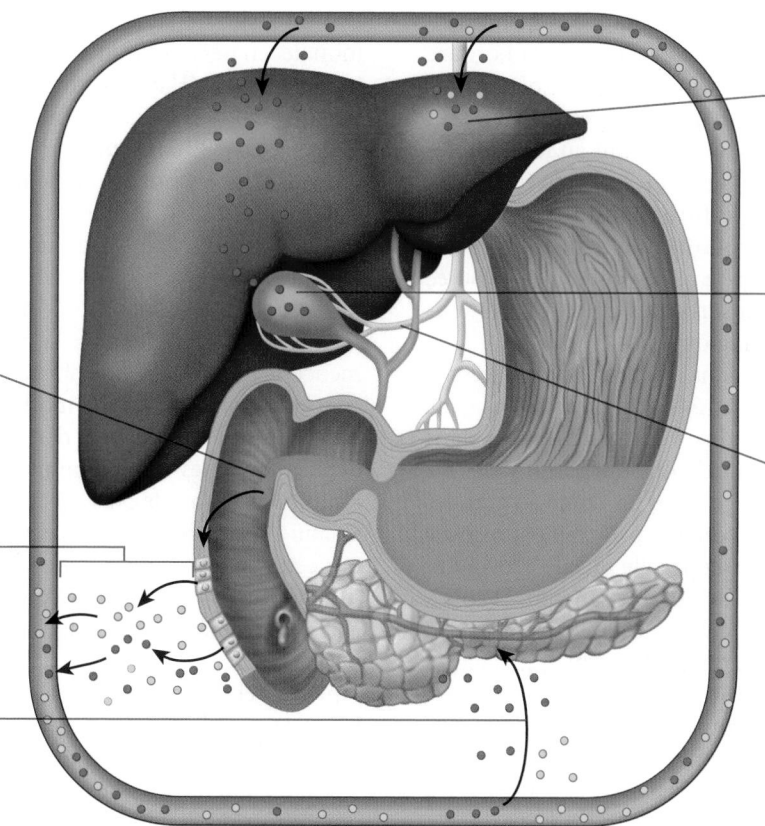

① L'arrivée d'un chyme acide dans le duodénum entraîne la libération de cholécystokinine (CCK) et de sécrétine par les endocrinocytes gastro-intestinaux du duodénum.

② La CCK (points rouges) et la sécrétine (points jaunes) pénètrent dans la circulation sanguine.

③ La CCK déclenche la sécrétion d'un suc pancréatique riche en enzymes. La sécrétine provoque une abondante sécrétion de suc pancréatique riche en ions bicarbonate.

④ Les sels biliaires et, dans une moindre mesure, la sécrétine transportés dans le sang stimulent la production de bile par le foie.

⑤ La CCK (dans la circulation sanguine) provoque la contraction de la vésicule biliaire et le relâchement du muscle sphincter de l'ampoule hépatopancréatique; la bile entre dans le duodénum.

⑥ Au cours des phases céphalique et gastrique, la stimulation du pancréas par le nerf vague provoque de faibles contractions de la vésicule biliaire.

Figure 23.28 Mécanismes favorisant la sécrétion et la libération de la bile et du suc pancréatique. En l'absence de digestion, la bile est emmagasinée et concentrée dans la vésicule biliaire. L'arrivée d'un chyme acide dans l'intestin grêle déclenche plusieurs mécanismes qui stimulent la sécrétion de suc pancréatique et de bile et provoquent la contraction de la vésicule biliaire ainsi que le relâchement du muscle sphincter de l'ampoule hépatopancréatique. La bile et le suc pancréatique peuvent alors se déverser dans l'intestin grêle. La sécrétion de bile est principalement stimulée par l'augmentation de la concentration des sels biliaires dans le cycle entérohépatique.

sécrétion d'un suc pancréatique aqueux et *riche en bicarbonates.* La CCK, libérée en réponse à la présence de protéines et de graisses dans le chyme, stimule les acinus, lesquels sécrètent alors un suc pancréatique *riche en enzymes.* La CCK potentialise en outre l'effet de la sécrétine. Les caractéristiques de la CCK et des autres hormones digestives sont résumées dans le tableau 23.1. La stimulation par le nerf vague déclenche la libération de suc pancréatique, notamment au cours des phases céphalique et gastrique de la sécrétion gastrique.

VÉRIFIONS NOS ACQUIS

40. Indiquez la composition des liquides contenus dans les conduits pancréatique, cystique et cholédoque, respectivement.
41. Qu'est-ce qui stimule la libération de CCK et quels sont ses effets sur la digestion?

Les réponses se trouvent à l'appendice G.

Processus digestifs qui se déroulent dans l'intestin grêle

28 Expliquer la régulation de la motilité de l'intestin grêle.

Bien que la nourriture arrivant dans l'intestin grêle soit méconnaissable, sa digestion chimique est loin d'être achevée. Les glucides et les protéines sont en partie dégradés, mais les lipides n'ont encore subi à peu près aucune digestion. Le processus de digestion des aliments s'intensifie pendant les trois à six heures que dure le cheminement tortueux du chyme dans l'intestin grêle; c'est aussi à cet endroit qu'a lieu pratiquement toute l'absorption de l'eau et des nutriments. À l'instar de l'estomac, l'intestin grêle n'intervient ni dans l'ingestion, ni dans la défécation.

Conditions nécessaires à une activité digestive optimale dans l'intestin

Bien que l'une des fonctions principales de l'intestin grêle soit la digestion, le suc intestinal y contribue peu. La plupart des substances nécessaires à la digestion chimique – la bile, les enzymes digestives (à l'exception des enzymes de la bordure en brosse) et les ions bicarbonate (qui créent un pH approprié pour la catalyse enzymatique) – sont *importées* du foie et du pancréas. Par conséquent, tout ce qui nuit au fonctionnement du foie ou du pancréas ou qui empêche l'arrivée de leurs sécrétions dans l'intestin grêle perturbe considérablement la digestion des aliments et l'absorption des nutriments. L'autre principale fonction de l'intestin grêle – l'absorption – est assurée avec efficacité par les cellules absorbantes grâce aux innombrables microvillosités de leur région apicale.

L'activité digestive optimale dans l'intestin grêle nécessite aussi un écoulement lent et mesuré du chyme provenant de l'estomac. Pourquoi en est-il ainsi? Lorsqu'il arrive dans l'intestin grêle, le chyme est habituellement hypertonique. Par conséquent, si l'intestin grêle recevait d'un coup de grandes quantités de chyme, la quantité d'eau qui passerait par osmose du sang à la lumière intestinale serait telle qu'elle provoquerait une diminution dangereuse du volume sanguin. De plus, l'acidité du nouveau chyme doit être neutralisée; avant que la digestion se poursuive, il faut donc qu'il soit bien mélangé à la bile et au suc pancréatique, ce qui prend un certain temps. C'est pour cette raison que l'écoulement des aliments dans l'intestin grêle est régi avec précision par l'action de pompage de la partie pylorique de l'estomac (voir p. 1014 et figure 23.19), qui empêche toute surcharge du duodénum.

Comme nous étudions les processus chimiques de la digestion et de l'absorption en détail plus loin, nous allons nous pencher maintenant sur la façon dont l'intestin grêle mélange et déplace la nourriture sur son parcours ainsi que sur les mécanismes de régulation qui agissent sur sa motilité.

Motilité de l'intestin grêle

Le muscle lisse intestinal mélange complètement le chyme avec la bile et les sucs pancréatique et intestinal, et il fait passer les résidus dans le gros intestin par la valve iléocæcale; les mouvements de l'intestin grêle ont aussi pour but de maximiser le contact entre la muqueuse et le chyme, et de favoriser ainsi l'absorption. Contrairement à ce qui se passe dans l'estomac, c'est la *segmentation* qui est le mouvement le plus fréquent de l'intestin grêle.

L'examen de l'intestin grêle par radioscopie après un repas («état de satiété») révèle que son contenu est déplacé de quelques centimètres à la fois d'avant en arrière par les contractions et les relâchements successifs des anneaux de muscle lisse (figure 23.3b). Ces mouvements de segmentation de l'intestin, tout comme le péristaltisme de l'estomac, sont déclenchés par des cellules rythmogènes intrinsèques situées dans la couche circulaire de muscle lisse. Toutefois, contrairement aux cellules rythmogènes de l'estomac qui ont toutes le même rythme, celles du duodénum se dépolarisent à une fréquence plus élevée (de 12 à 14 contractions par minute) que celles de l'iléum (8 ou 9 contractions par minute). La segmentation déplace donc le contenu intestinal lentement et régulièrement vers la valve iléocæcale, à une vitesse qui permet le déroulement complet de la digestion et de l'absorption.

L'intensité de la segmentation est modulée par voie hormonale et nerveuse, au moyen de réflexes longs et courts **(tableau 23.3)**. (L'activité du système parasympathique la fait augmenter et celle du système sympathique la fait diminuer.) Plus les contractions sont intenses, plus le mélange est complet; cependant, les rythmes contractiles de base des diverses régions intestinales restent inchangés.

Le véritable péristaltisme apparaît vers la fin de la phase intestinale, après l'absorption de la plus grande partie des nutriments («état de jeûne»). À ce moment-là, les mouvements de segmentation diminuent et la muqueuse du duodénum commence à libérer une hormone, la *motiline*. À mesure que la concentration sanguine de motiline augmente, des ondes péristaltiques sont déclenchées dans la portion proximale du duodénum toutes les 90 à 120 minutes; elles parcourent lentement l'intestin à raison de 50 à 70 cm à la fois avant de disparaître. Chaque onde prend naissance en un point de plus en plus distal; cette activité péristaltique est appelée **complexe de mobilité migrante**. Un «voyage» complet de l'entrée du duodénum à la sortie de l'iléum peut durer entre une demi-heure et deux heures et demie. Le processus se répète ensuite à plusieurs reprises, récupérant les restes de nourriture ainsi que les bactéries, les cellules muqueuses détachées et d'autres débris pour les emporter dans le gros intestin.

Cette fonction d'«entretien» est essentielle parce qu'elle empêche la prolifération des bactéries qui passent du gros intestin à l'intestin grêle. Au moment du repas suivant, lorsque la nourriture arrive dans l'estomac, la segmentation remplace à nouveau le péristaltisme.

Les neurones entériques locaux du tube digestif coordonnent ces mouvements intestinaux, et toute une gamme d'effets se produit selon le type de neurone qui est activé ou inhibé. Par exemple, lorsqu'il est activé, un neurone sensitif sécréteur d'Ach (cholinergique) de l'intestin grêle peut envoyer simultanément plusieurs messages à différents interneurones du plexus myentérique qui régissent le péristaltisme:

- Les influx envoyés dans le sens proximal par les neurones effecteurs déclenchent une contraction et un raccourcissement de la couche circulaire de muscles.
- Les influx envoyés dans le sens distal à certains interneurones entraînent un raccourcissement de la couche longitudinale de muscles de l'intestin et une distension de celui-ci.

Par conséquent, lorsque la partie proximale de l'intestin se contracte et pousse le chyme le long du parcours, la lumière de la partie distale s'élargit pour recevoir ce dernier.

La plupart du temps, le sphincter iléocæcal est contracté et fermé. Néanmoins, pendant les périodes de mobilité iléale accrue, deux mécanismes, l'un nerveux et l'autre hormonal, provoquent son relâchement, permettant ainsi aux résidus de nourriture de passer dans le cæcum.

1. L'augmentation de l'activité gastrique déclenche le **réflexe gastro-iléal**, un réflexe long qui accroît la force de la segmentation dans l'iléum.

2. La gastrine libérée par l'estomac fait augmenter la motilité de l'iléum et commande le relâchement de la valve

TABLEAU 23.3	Régulation de la motilité de l'intestin grêle			
PHASE		**STIMULUS**	**MÉCANISME**	**EFFET SUR LA MOTILITÉ**
Gastrique		↑ de la motilité et de la vidange gastriques	Réflexes longs (réflexe gastro-iléal)	↑ de l'activité de l'iléum.
			Gastrine	↑ des mouvements de segmentation de l'iléum ; relâchement de la valve iléocæcale.
Intestinale		Distension de l'intestin grêle	Réflexes longs et courts	↑ de la force des mouvements de segmentation.
		↓ du volume intestinal ; jeûne	Réflexes longs et courts ; déclenché par une élévation de la concentration sanguine de motiline	Stimule le complexe de mobilité migrante (péristaltisme) ; se répète jusqu'au repas suivant.

iléocæcale. Lorsqu'il est passé, le chyme exerce une pression qui referme les replis de la valve et empêche le reflux vers l'iléum. Ce réflexe fait en sorte que le contenu du repas précédent a quitté en entier l'estomac et l'intestin grêle au moment du repas suivant.

 DÉSÉQUILIBRE HOMÉOSTATIQUE

Une lésion causée à la paroi intestinale par un étirement extrême, une infection bactérienne ou un traumatisme mécanique peut entraîner l'arrêt complet de la motilité de l'intestin grêle, un phénomène appelé réflexe intestino-intestinal. ∎

VÉRIFIONS NOS ACQUIS

42. La distension de l'estomac et celle de la paroi du duodénum ont des effets différents sur l'activité sécrétoire de l'estomac. Quels sont-ils ?

43. Quel mouvement est le plus important dans le déplacement des aliments le long de l'intestin grêle : le péristaltisme ou la segmentation ? Expliquez.

44. Qu'est-ce que le complexe de mobilité migrante et quel est son rôle ?

Les réponses se trouvent à l'appendice G.

Gros intestin

29 Nommer et décrire les modifications structurales de la paroi du gros intestin associées aux aspects particuliers de la digestion.

30 Décrire les principales fonctions du gros intestin.

31 Expliquer la régulation de sa motilité et de la défécation.

Le **gros intestin** entoure l'intestin grêle sur trois côtés et s'étend de la valve iléocæcale jusqu'à l'anus (figure 23.1). Son diamètre, qui est d'environ 7 cm, est supérieur à celui de l'intestin grêle (d'où le terme de *gros* intestin), mais sa longueur est bien moindre (1,5 m contre 6 m). Son rôle dans la digestion consiste principalement à absorber la plus grande quantité de l'eau provenant des résidus alimentaires non digestibles qui arrivent sous forme liquide, à emmagasiner temporairement ces résidus et à les évacuer de l'organisme sous forme de **fèces** semi-solides.

Anatomie macroscopique

Le gros intestin présente des caractéristiques anatomiques uniques : les bandelettes du côlon, les haustrations du côlon et les appendices épiploïques. À l'exception de sa portion terminale, la couche longitudinale de la musculeuse est réduite à trois bandes de muscle lisse appelées **bandelettes du côlon**. Leur tonus forme dans la paroi du gros intestin des poches nommées **haustrations** (« remonter ») **du côlon**. Une autre particularité, très visible, qui caractérise le gros intestin est la présence d'**appendices omentaux** ou épiploïques (figure 23.29a), petits sacs de péritoine viscéral remplis de graisse et accrochés à sa surface. On ne connaît pas leur fonction.

Segments

Les segments du gros intestin sont les suivants : le cæcum, l'appendice vermiforme, le côlon, le rectum et le canal anal. Le **cæcum** (« poche aveugle »), situé au-dessous de la valve iléocæcale dans la fosse iliaque droite, est la première portion du gros intestin (figure 23.29a). L'**appendice vermiforme** est un petit prolongement en cul-de-sac ressemblant à un ver et attaché à la face postéromédiale du cæcum ; il mesure de 5 à 10 cm de long et son diamètre diminue avec l'âge. L'appendice vermiforme contient des amas de tissu lymphoïde et, comme il fait partie des MALT (voir p. 875), il joue un rôle important dans l'immunité. Il présente cependant un grand désavantage structural puisque sa forme entortillée en fait un endroit idéal pour l'accumulation et la prolifération des bactéries intestinales.

23

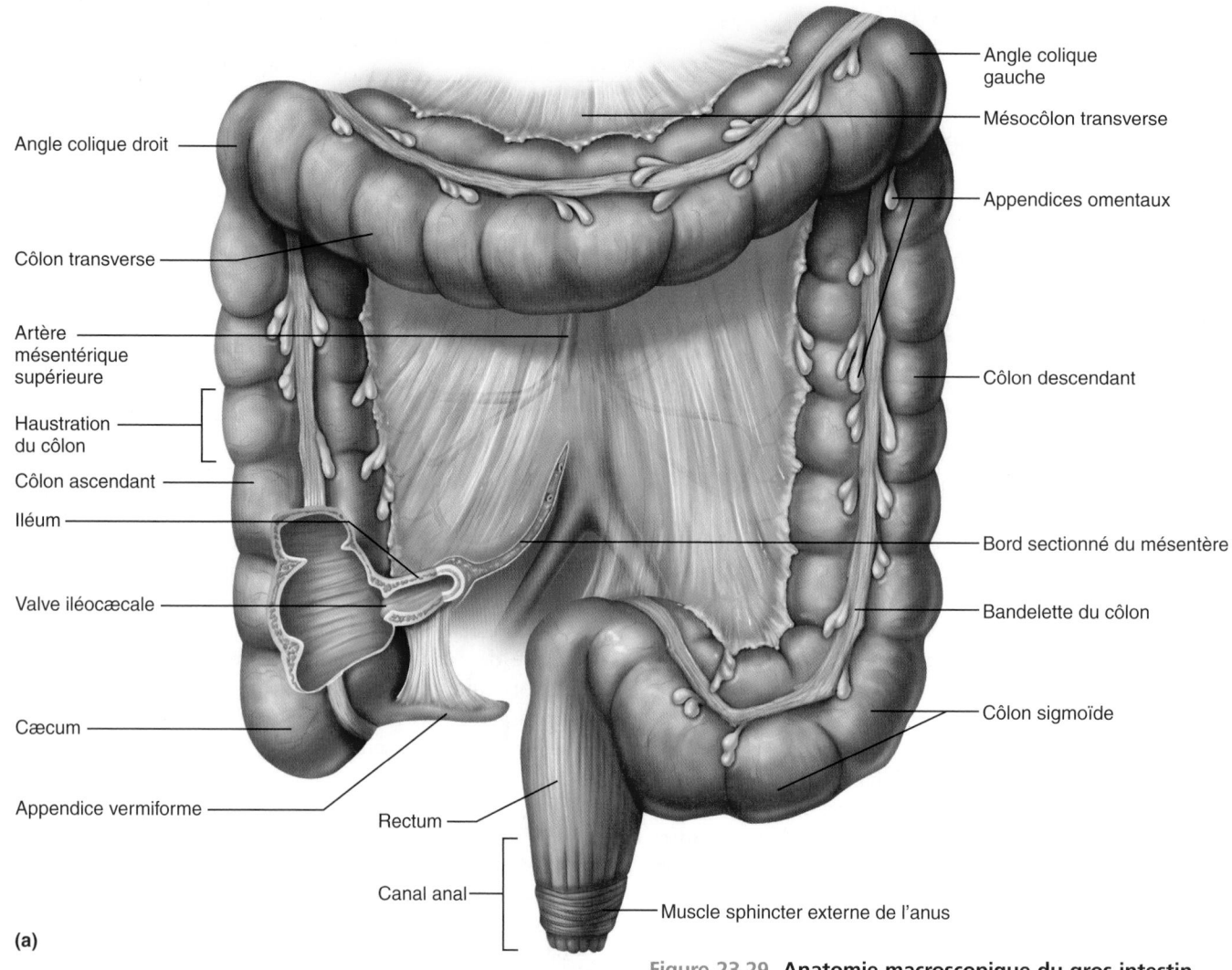

Angle colique droit

Côlon transverse

Artère mésentérique supérieure

Haustration du côlon

Côlon ascendant

Iléum

Valve iléocæcale

Cæcum

Appendice vermiforme

Rectum

Canal anal

(a)

Angle colique gauche

Mésocôlon transverse

Appendices omentaux

Côlon descendant

Bord sectionné du mésentère

Bandelette du côlon

Côlon sigmoïde

Muscle sphincter externe de l'anus

Figure 23.29 Anatomie macroscopique du gros intestin.
(a) Vue schématique. **(b)** Structure du canal anal.

Pli transverse du rectum

Rectum

Veines rectales

Muscle élévateur de l'anus

Canal anal

Muscle sphincter externe de l'anus

Muscle sphincter interne de l'anus

Colonnes anales

Ligne anocutanée

Sinus anaux

Anus

(b)

23

DÉSÉQUILIBRE HOMÉOSTATIQUE

L'inflammation aiguë de l'appendice vermiforme, appelée **appendicite**, résulte d'une obstruction de l'organe (souvent par des matières fécales) qui emprisonne des bactéries infectieuses dans sa lumière. Incapable d'évacuer son contenu, l'appendice enfle, ce qui comprime les vaisseaux sanguins et fait obstacle au drainage veineux. Cette situation peut entraîner l'ischémie et la gangrène (nécrose et dégradation) de l'appendice. En cas de rupture, les fèces chargées de bactéries se répandent dans la cavité abdominale, provoquant une *péritonite*.

Les symptômes de l'appendicite sont très variables, mais le premier qui se manifeste est habituellement une douleur dans la région ombilicale, suivie d'une perte d'appétit, de nausées, de vomissements et d'un déplacement de la douleur dans le quadrant abdominal inférieur droit. Le traitement recommandé lorsqu'on suspecte une appendicite est l'ablation chirurgicale immédiate de l'appendice vermiforme (appendicectomie).

L'appendicite est plus fréquente à l'adolescence parce que c'est à cet âge que l'ouverture de l'appendice vermiforme est la plus large. ■

Le côlon comprend plusieurs portions distinctes. Le **côlon ascendant** monte le long du côté droit de la cavité abdominale jusqu'à la hauteur du rein droit. Il fait ensuite un angle droit (**angle colique droit**) pour former le **côlon transverse**, qui traverse la cavité abdominale horizontalement. Juste devant la rate, il tourne brusquement (**angle colique gauche**) pour donner le **côlon descendant**, qui descend du côté gauche le long de la paroi abdominale postérieure. Puis il devient le **côlon sigmoïde** (en forme de S) lorsqu'il arrive dans le bassin.

Le côlon est un organe rétropéritonéal à l'exception des portions transverse et sigmoïde. Ces parties sont intrapéritonéales et sont fixées à la paroi abdominale postérieure par des feuillets mésentériques appelés **mésocôlons** (figure 23.30c, d).

Dans le bassin, à la hauteur de la troisième vertèbre sacrale, le côlon sigmoïde s'ouvre sur le **rectum** dirigé vers l'arrière et vers le bas juste devant le sacrum. La situation du rectum permet le **toucher rectal**, c'est-à-dire l'examen à l'aide d'un doigt d'un certain nombre d'organes pelviens (par exemple, la prostate chez l'homme) à travers la paroi rectale antérieure.

Malgré son nom (*rectum*: droit), le rectum présente trois courbures latérales qui constituent intérieurement trois replis appelés **plis transverses du rectum** (figure 23.29b). Ces plis séparent les fèces des flatuosités, c'est-à-dire qu'ils empêchent les fèces de passer avec les gaz intestinaux.

Le **canal anal**, le dernier segment du gros intestin, se trouve dans le périnée, entièrement à l'extérieur de la cavité abdominale et pelvienne. D'une longueur de 3 cm environ, il commence à l'endroit où le rectum pénètre dans le muscle élévateur de l'anus, situé dans le plancher pelvien, et s'ouvre par l'**anus**. Le canal anal est muni de deux sphincters, un **muscle sphincter interne de l'anus**, involontaire et composé de fibres musculaires lisses (faisant partie de la musculeuse), et un **muscle sphincter externe de l'anus**, volontaire et constitué de fibres musculaires squelettiques. Ces sphincters, qui agissent comme le cordon d'une bourse que l'on tire, sont habituellement fermés, sauf pendant la défécation.

Anatomie microscopique

La paroi du gros intestin diffère par plusieurs aspects de celle de l'intestin grêle. La *muqueuse* du côlon est un épithélium simple prismatique, sauf dans le canal anal. Parce que la plus grande partie de la nourriture est absorbée avant d'atteindre le gros intestin, ce dernier ne possède ni plis circulaires, ni villosités, et pratiquement pas de cellules sécrétrices d'enzymes digestives. En revanche, la muqueuse du gros intestin est plus épaisse, ses glandes sont nombreuses et plus profondes et on y rencontre une multitude de cellules caliciformes. Le mucus produit par ces cellules facilite le passage des fèces et protège la paroi intestinale contre les acides irritants et les gaz libérés par les bactéries résidentes du côlon.

La muqueuse du canal anal, un épithélium stratifié squameux, est limitée par la peau externe qui entoure l'anus; elle est très différente de celle que l'on trouve dans le reste du côlon, du fait qu'elle est soumise à des frictions plus intenses. Vers le haut, elle forme de longues crêtes ou replis appelés **colonnes anales**. Les **sinus anaux** – sillons compris entre les colonnes anales – exsudent un mucus lorsqu'ils sont comprimés par les fèces, ce qui facilite la vidange du canal anal (figure 23.29b).

La ligne horizontale dentelée parallèle aux bords inférieurs des sinus anaux est appelée *ligne anocutanée*. Au-dessus de cette ligne, la muqueuse est innervée par des neurofibres sensitives viscérales et est donc relativement insensible à la douleur. La partie inférieure à la ligne anocutanée est très sensible à la douleur parce qu'elle est innervée par des neurofibres sensitives somatiques.

Deux plexus veineux superficiels sont associés au canal anal, l'un avec les colonnes anales et l'autre avec l'anus proprement dit. L'inflammation de ces veines (rectales) cause des varices accompagnées de démangeaisons, qui sont appelées *hémorroïdes*.

Le rectum et le canal anal ne comportent ni bandelettes, ni haustrations. Le rectum doit pouvoir se contracter fortement pour jouer son rôle dans la défécation, et sa musculeuse est donc dotée de couches de muscles complètes et bien développées.

Flore bactérienne

Si la plupart des bactéries qui pénètrent dans le cæcum en provenance de l'intestin grêle sont mortes (tuées par le lysozyme, les défensines, le HCl et les enzymes protéolytiques), certaines sont encore vivantes et on peut affirmer qu'elles « se portent bien ». Avec les bactéries qui s'introduisent dans le tube digestif par l'anus, elles forment la **flore bactérienne** du gros intestin, dans laquelle on dénombre 10 millions de types de bactéries distincts (surtout des bactéries anaérobies, dont *E. coli* est le représentant le mieux connu – sa présence dans l'eau indique une contamination fécale). La flore bactérienne colonise le gros intestin, métabolise certaines molécules dérivées (mucine, héparine et acide hyaluronique) et assure la fermentation de divers glucides non digestibles (cellulose, xylane et autres), tout en produisant des acides irritants et un mélange de gaz (sulfure de diméthyle, H_2, N_2, CH_4 et CO_2). Certains de ces gaz (comme le sulfure de diméthyle) sont très odorants. Chaque jour, ces bactéries produisent environ 500 mL de gaz (flatuosités), voire beaucoup plus lorsque les aliments ingérés (tels les haricots) sont riches en glucides. La flore bactérienne synthétise aussi les vitamines du groupe B et la plus grande partie de la vitamine K dont le foie a besoin pour synthétiser certains facteurs de coagulation. On pourrait penser que l'énorme population de bactéries de l'intestin serait complète (10 fois plus que l'ensemble des cellules de l'organisme), mais les fèces contiennent encore d'autres substances, notamment des virus et des protozoaires parmi lesquels une vingtaine au moins sont des agents pathogènes.

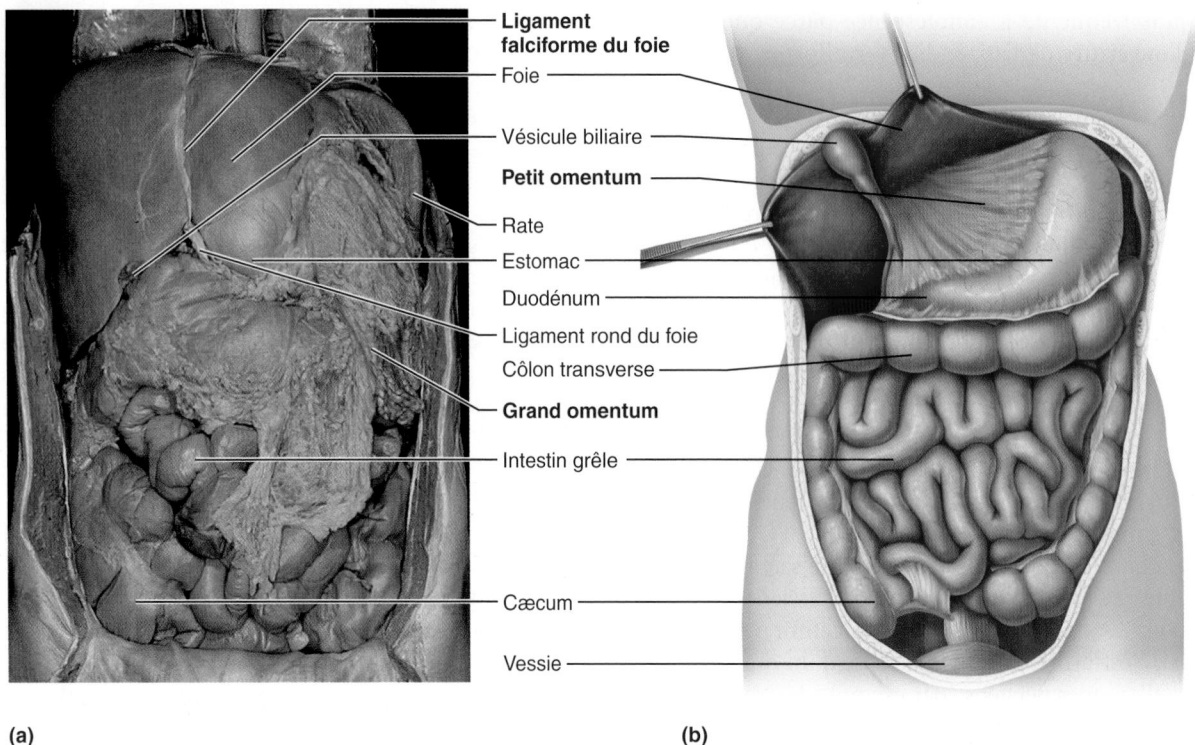

(a)

(b)

Ligament falciforme du foie

Foie

Vésicule biliaire

Petit omentum

Rate

Estomac

Duodénum

Ligament rond du foie

Côlon transverse

Grand omentum

Intestin grêle

Cæcum

Vessie

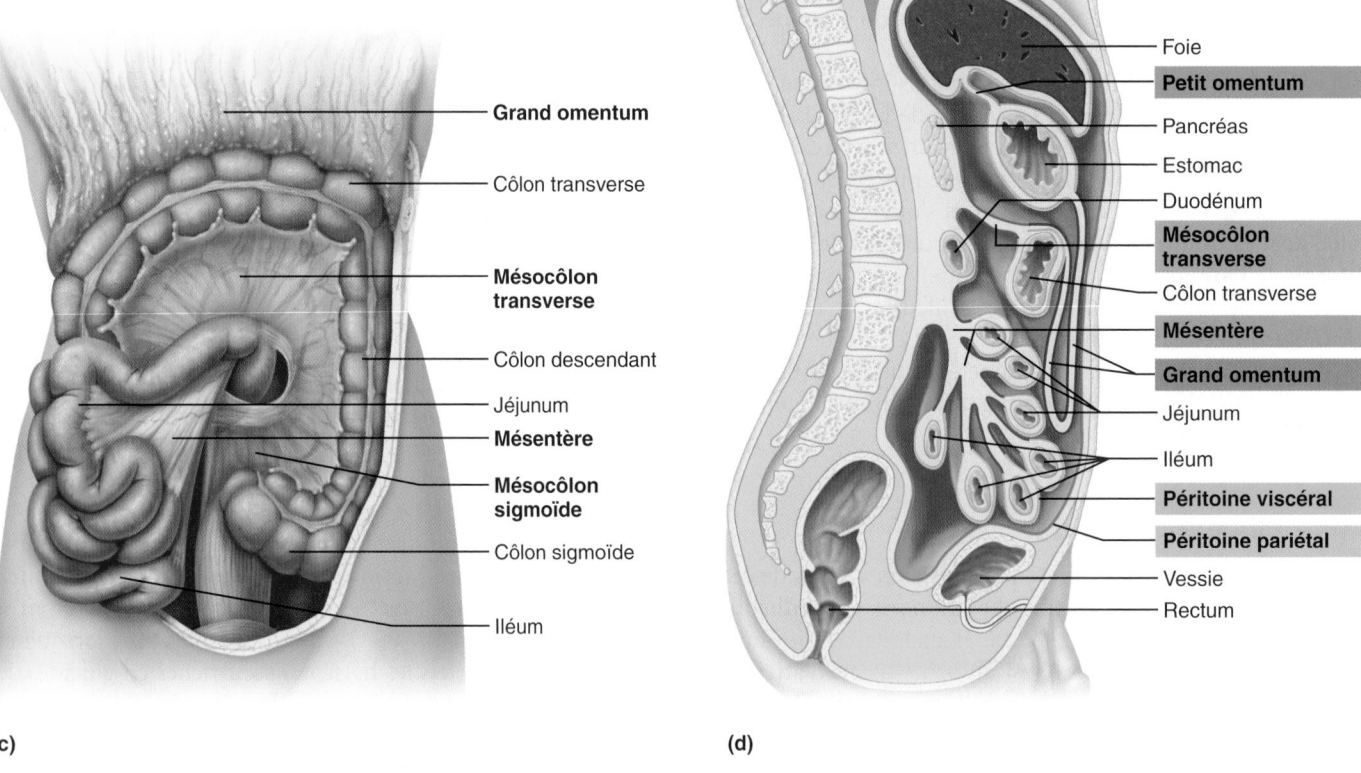

(c)

(d)

Grand omentum

Côlon transverse

Mésocôlon transverse

Côlon descendant

Jéjunum

Mésentère

Mésocôlon sigmoïde

Côlon sigmoïde

Iléum

Foie

Petit omentum

Pancréas

Estomac

Duodénum

Mésocôlon transverse

Côlon transverse

Mésentère

Grand omentum

Jéjunum

Iléum

Péritoine viscéral

Péritoine pariétal

Vessie

Rectum

23

Figure 23.30 **Mésentères des organes digestifs abdominaux. (a)** Le grand omentum, un mésentère dorsal, est représenté dans sa position normale, c'est-à-dire recouvrant les viscères abdominaux. **(b)** Le foie et la vésicule biliaire ont été soulevés pour montrer le petit omentum, un mésentère ventral reliant le foie à la petite courbure de l'estomac. **(c)** Le grand omentum a été relevé vers le haut pour montrer les mésentères qui retiennent l'intestin grêle et le gros intestin. **(d)** Coupe sagittale de la cavité abdominale et pelvienne d'un homme.

Les déséquilibres microbiens sont à l'origine d'un certain nombre de problèmes intestinaux, mais il est toutefois possible de les corriger ou de les prévenir en modifiant la flore microbienne locale. Pour ce faire, on peut combiner des aliments prébiotiques à des souches microbiennes sélectionnées, reconnues pour leur pouvoir probiotique. Les prébiotiques sont le plus souvent des fibres alimentaires (comme l'inuline) qui stimulent la croissance et l'activité des microorganismes probiotiques. Ces derniers sont ainsi qualifiés en raison de leur capacité d'équilibrer la flore intestinale et de contribuer à la bonne santé de l'hôte. En fait, les effets bénéfiques de ces microorganismes ne se limiteraient pas au système digestif; ils renforceraient le système immunitaire et préviendraient certaines allergies. Leur efficacité dépend toutefois des souches utilisées (*Lactobacillus rhamnosus* souche GG augmente la production des IgA, par exemple).

La plupart des bactéries entériques coexistent paisiblement avec leur hôte tant qu'elles demeurent dans la lumière du tube digestif. Un système complexe de défense empêche les bactéries de franchir la barrière muqueuse. Les cellules épithéliales de la muqueuse du tube digestif réagissent à des composantes bactériennes spécifiques en libérant des substances chimiques qui attirent des cellules immunitaires, en particulier les cellules dendritiques, dans la muqueuse. Les cellules dendritiques se glissent entre les jonctions serrées réunissant les cellules épithéliales et envoient des prolongements dans la lumière pour capter un échantillon des antigènes microbiens présents. Elles migrent ensuite vers les follicules lymphoïdes associés à la muqueuse (MALT) situés dans la muqueuse du tube digestif, où elles présentent les antigènes aux lymphocytes T, enclenchant ainsi une réponse locale marquée par la production d'anticorps IgA. Cette réaction est limitée au tube digestif, ce qui empêche les bactéries de se disperser dans les tissus situés sous la muqueuse, où elles pourraient induire une réponse systémique beaucoup plus intense. Bien qu'elle soit généralement bénéfique, la coexistence des bactéries entériques et de notre système immunitaire n'est pas toujours une réussite. Dans ce cas, il en résulte une affection douloureuse et invalidante, la maladie inflammatoire de l'intestin (voir p. 1047). ∎

Processus digestifs qui se déroulent dans le gros intestin

Les matières qui arrivent dans le gros intestin contiennent peu de nutriments, mais elles y séjournent encore de 12 à 24 heures. À l'exception d'une digestion limitée de ces résidus par les bactéries intestinales, la dégradation des aliments ne se poursuit pas dans le gros intestin.

Bien que le gros intestin absorbe les vitamines synthétisées par la flore bactérienne et presque toute l'eau résiduelle ainsi que certains électrolytes (en particulier les ions sodium et chlorure), l'absorption des nutriments n'est pas sa fonction *principale*. Comme nous l'avons vu, la fonction primordiale du gros

intestin est de pousser les matières fécales vers l'anus et de les éliminer de l'organisme (défécation).

Le gros intestin est un organe très utile à notre bien-être, mais il n'est pas essentiel à la vie. Il est parfois nécessaire de procéder à l'ablation du côlon, notamment en cas de cancer de cet organe; l'extrémité de l'iléum est alors fixée à un orifice dans la paroi abdominale au cours d'une intervention appelée *iléostomie*, et les résidus de nourriture tombent dans un sac fixé à la paroi abdominale. Une autre technique chirurgicale permet de joindre l'iléum directement au canal anal (*jonction iléoanale*).

Motilité du gros intestin

La musculature du gros intestin est inactive la plupart du temps, mais la pression dans la portion terminale de l'iléum provoque l'ouverture du sphincter iléocæcal, puis sa fermeture, ce qui empêche le reflux du chyme. Quand des résidus d'aliments atteignent le côlon, il s'active, mais ses contractions sont lentes ou de très courte durée. Les mouvements les plus fréquents du côlon sont les **contractions haustrales** – des mouvements de segmentation qui durent une minute et qui se répètent toutes les demi-heures.

Ces contractions, qui se produisent surtout dans le côlon transverse et le côlon ascendant, résultent d'une régulation locale du muscle lisse à l'intérieur des parois de chacune des haustrations. Lorsqu'une haustration se remplit de résidus de nourriture, son étirement provoque la contraction du muscle correspondant, qui pousse son contenu dans l'haustration suivante. Ces mouvements ont aussi pour effet de mélanger les résidus, ce qui favorise l'absorption de l'eau.

Les **mouvements de masse** du côlon (péristaltisme de masse) sont des ondes de contraction longues et lentes mais puissantes; ils parcourent de grandes sections du côlon trois ou quatre fois par jour et poussent son contenu vers le rectum. Ces mouvements se produisent le plus souvent au cours d'un repas ou juste après. La présence de nourriture dans l'estomac active donc non seulement le réflexe gastro-iléal dans l'intestin grêle, mais également le **réflexe gastrocolique**, qui assure le déplacement du contenu du côlon. La présence de fibres dans l'alimentation amollit les selles et augmente leur volume, ce qui permet au côlon d'augmenter la force de ses contractions et de rendre son travail plus efficace. Cette contribution au transit intestinal est surtout le fait des fibres insolubles, comme le son de blé. Quant aux fibres solubles (l'avoine et la pectine, par exemple), elles sont plutôt reconnues pour leurs effets bénéfiques sur la cholestérolémie et la glycémie.

Si la nourriture ingérée ne contient pas assez de fibres et qu'il y a peu de résidus dans le côlon, son diamètre rétrécit et la contraction de ses muscles circulaires devient plus puissante, ce qui fait augmenter la pression exercée sur les parois. Ce phénomène favorise la formation de petites hernies de la muqueuse, qui traversent la paroi. Ces hernies, appelées **diverticules**, causent la **diverticulose**, une affection plus fréquente dans les pays occidentaux et qui touche plus de la moitié des personnes de plus de 70 ans. La diverticulose survient surtout dans le côlon sigmoïde. Dans 20 % des cas environ, la diverticulose se transforme en **diverticulite**. Les diverticules sont enflammés et risquent de se rompre. Leur rupture peut laisser échapper des fèces dans la cavité péritonéale et causer une péritonite mortelle. Les aliments et les substances qui augmentent la taille des selles aident à prévenir les crises de diverticulite.

Le *syndrome du côlon irritable* (SCI) est un trouble fonctionnel du tube digestif qui ne peut être expliqué par une anomalie anatomique ou biochimique. Les personnes atteintes souffrent de douleurs abdominales récurrentes (ou persistantes), qui disparaissent à la défécation : leurs fèces sont de consistance variable, passant de liquides à très dures, et elles vont à la selle de façon très irrégulière. Elles se plaignent également de ballonnements, de flatulences et de nausées. Le stress est un facteur déclenchant, et doit être géré dans le cadre d'un traitement. ■

Les produits semi-solides qui parviennent au rectum, c'est-à-dire les fèces (ou selles), contiennent des résidus alimentaires non digérés, du mucus, des débris de cellules épithéliales, des millions de bactéries (40 % des fèces) et juste assez d'eau pour permettre une évacuation en douceur. Environ 150 des quelque 500 mL de résidus alimentaires qui entrent dans le cæcum chaque jour deviennent des fèces.

Défécation

Le rectum est habituellement vide à cause de la présence d'un sphincter physiologique à la jonction du colon sigmoïde et du rectum mais, lorsque les fèces y sont amenées par les mouvements de masse, l'étirement de la paroi rectale déclenche le **réflexe d'évacuation**. Un réflexe du système nerveux parasympathique (dont le centre se trouve dans la région sacrale de la moelle épinière) provoque la contraction du côlon descendant, du côlon sigmoïde et du rectum, ainsi que le relâchement du muscle sphincter interne de l'anus (involontaire) **(figure 23.31, ① et ②)**. Lorsque les fèces parviennent au canal anal, des influx nerveux locaux parviennent à l'encéphale ; nous pouvons alors décider de relâcher le muscle sphincter externe de l'anus (volontaire) ou bien de le resserrer pour retarder l'évacuation des fèces (figure 23.31, ③). Si la défécation est retardée, les contractions réflexes s'arrêtent en quelques secondes et les parois du rectum se relâchent. Le réflexe d'évacuation reprend alors avec le prochain mouvement de masse, et ainsi de suite jusqu'à ce qu'il y ait défécation volontaire ou que cette action devienne inévitable.

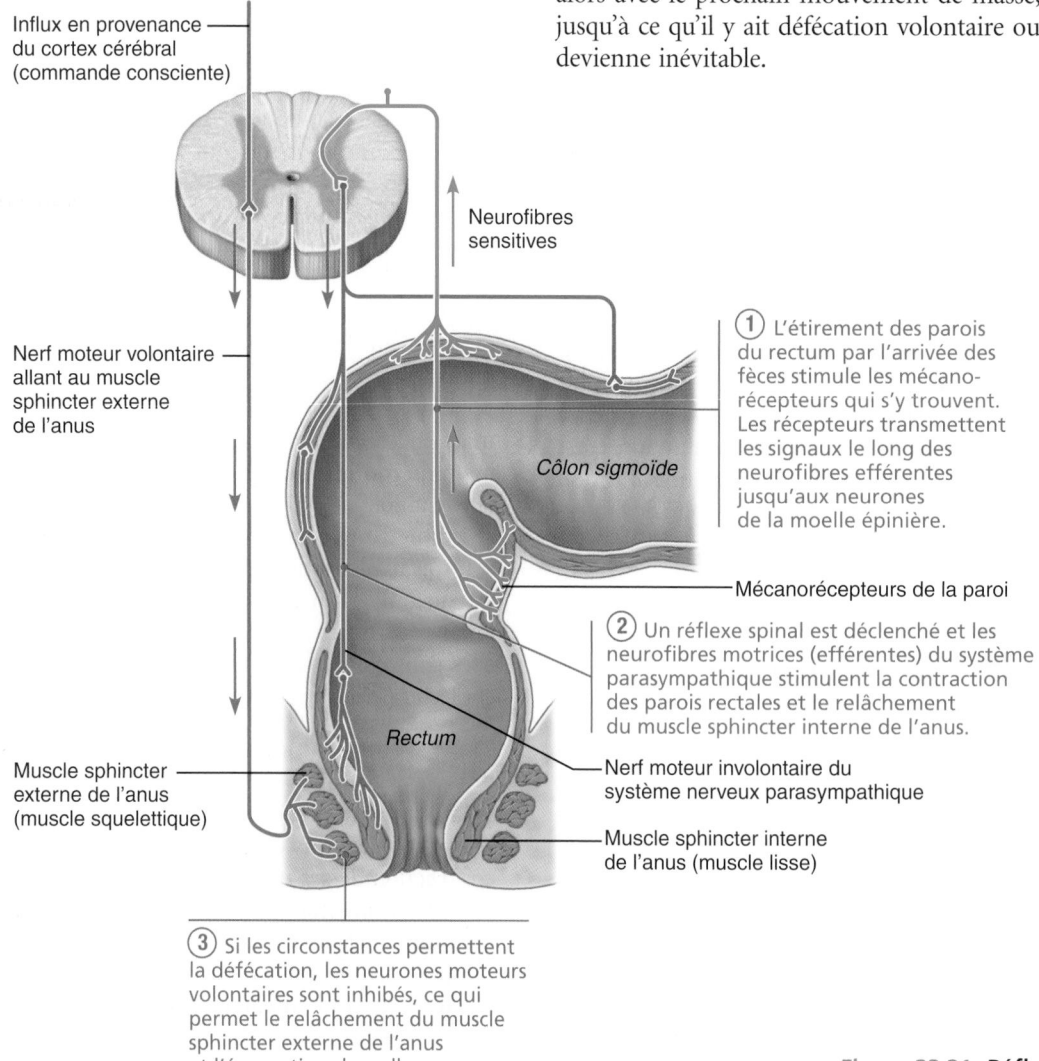

Influx en provenance du cortex cérébral (commande consciente)

Neurofibres sensitives

Nerf moteur volontaire allant au muscle sphincter externe de l'anus

Muscle sphincter externe de l'anus (muscle squelettique)

Côlon sigmoïde

Rectum

① L'étirement des parois du rectum par l'arrivée des fèces stimule les mécanorécepteurs qui s'y trouvent. Les récepteurs transmettent les signaux le long des neurofibres efférentes jusqu'aux neurones de la moelle épinière.

Mécanorécepteurs de la paroi

② Un réflexe spinal est déclenché et les neurofibres motrices (efférentes) du système parasympathique stimulent la contraction des parois rectales et le relâchement du muscle sphincter interne de l'anus.

Nerf moteur involontaire du système nerveux parasympathique

Muscle sphincter interne de l'anus (muscle lisse)

③ Si les circonstances permettent la défécation, les neurones moteurs volontaires sont inhibés, ce qui permet le relâchement du muscle sphincter externe de l'anus et l'évacuation des selles.

Figure 23.31 Réflexe d'évacuation.

Pendant la défécation, les muscles du rectum se contractent pour expulser les fèces. Nous contribuons à ce processus de façon volontaire en fermant la glotte et en contractant le diaphragme et les muscles de la paroi abdominale pour faire augmenter la pression intraabdominale (*manœuvre de Valsalva*). Nous contractons aussi le muscle élévateur de l'anus (voir p. 394), qui tire le canal anal vers le haut. Ce mouvement a pour effet d'expulser les fèces par l'anus. La défécation involontaire ou automatique (incontinence des fèces) est normale chez les nourrissons parce qu'ils n'ont pas encore acquis la maîtrise du muscle sphincter externe de l'anus, laquelle apparaît à partir de 18 mois. Elle survient également chez les personnes qui ont subi une section transversale de la moelle épinière.

DÉSÉQUILIBRE HOMÉOSTATIQUE

Les selles liquides, ou **diarrhée**, sont provoquées par le passage rapide des résidus de nourriture dans le gros intestin sans que ce dernier ait eu le temps d'absorber l'eau résiduelle. La diarrhée peut survenir lorsque le côlon est irrité par des bactéries, des virus ou, plus rarement, après une longue période de brassage des viscères digestifs (comme chez les marathoniens). Elle peut également être provoquée par des substances alimentaires à l'égard desquelles certaines personnes deviennent intolérantes. Une diarrhée persistante peut entraîner la déshydratation et un déséquilibre électrolytique (acidose et perte de potassium).

À l'inverse, lorsque les résidus restent trop longtemps dans le côlon, une quantité excessive d'eau est absorbée et les selles deviennent dures, ce qui rend leur évacuation difficile. Cet état, appelé **constipation**, peut être dû à un régime alimentaire pauvre en fibres, à de mauvaises habitudes de défécation (répression de l'«envie»), au manque d'exercice physique, à certains états émotionnels ou à l'abus de laxatifs. ■

VÉRIFIONS NOS ACQUIS

45. En quoi les bactéries entériques sont-elles importantes du point de vue nutritionnel?

46. Nommez les mouvements de propulsion spécifiques du gros intestin.

47. Quel est le résultat de la stimulation des mécanorécepteurs des parois du rectum?

Les réponses se trouvent à l'appendice G.

TROISIÈME PARTIE

PHYSIOLOGIE DE LA DIGESTION CHIMIQUE ET DE L'ABSORPTION

32 Énumérer les enzymes qui interviennent dans la digestion chimique; préciser leur provenance et nommer les aliments sur lesquels elles agissent.

33 Nommer le produit final de la digestion des protéines, des lipides, des glucides et des acides nucléiques.

34 Décrire le processus d'absorption des produits de la dégradation des divers types de nutriments qui se déroule dans l'intestin grêle.

Nous avons étudié jusqu'ici la structure et la fonction globale des organes qui constituent le système digestif. Nous allons maintenant examiner l'ensemble de la transformation chimique (dégradation enzymatique et absorption) de chaque classe d'aliments tout au long de son déplacement dans le tube digestif. La **figure 23.32** résume ces mécanismes et pourrait vous être utile tout au long de votre lecture.

Digestion chimique

Après un séjour, même bref, dans l'estomac, les aliments sont méconnaissables. Et pourtant, ce sont toujours en bonne partie les féculents, les aliments riches en glucides, les protéines des viandes, le beurre et d'autres lipides qui ont été ingérés. Seul leur aspect a changé sous l'effet de la digestion mécanique. Par contre, la digestion chimique transforme les aliments ingérés en leurs unités de base, c'est-à-dire en molécules très différentes du produit de départ.

Mécanisme de la digestion chimique: hydrolyse enzymatique

La **digestion chimique** est le processus catabolique par lequel de grosses molécules chimiques sont dissociées en *monomères* (unités de base) suffisamment petits pour être absorbés par la muqueuse du système digestif. La digestion chimique est effectuée par des enzymes que les glandes intrinsèques et les glandes annexes sécrètent dans la lumière du tube digestif. La dégradation enzymatique de tous les types de molécules de nourriture est une **hydrolyse** parce que chaque liaison est rompue (lyse) par l'addition d'une molécule d'eau.

Digestion chimique des glucides

D'une manière générale, nous ingérons de 200 à 600 g de glucides par jour. Les **monosaccharides**, ou monomères de glucides, sont aussitôt absorbés sans transformation. Trois d'entre eux seulement se rencontrent habituellement dans notre régime alimentaire: le *glucose*, le *fructose* et le *galactose*. Notre système digestif peut dégrader des glucides plus complexes qu'il transforme en monosaccharides, par exemple le *sucrose* (sucre alimentaire, ou saccharose), le *lactose* (sucre du lait) et le *maltose* (sucre de certaines céréales), qui sont des disaccharides, ainsi que le *glycogène* et l'*amidon*, deux polysaccharides.

Les glucides présents dans notre alimentation courante se trouvent sous forme d'amidon, avec des quantités moins élevées de disaccharides et de monosaccharides. Les humains ne possèdent pas les enzymes nécessaires à la dégradation de la plupart des autres polysaccharides, tels que la cellulose. Les polysaccharides non digestibles n'ont donc pas de valeur nutritive, mais ils contiennent des fibres qui facilitent le mouvement des aliments dans le tube digestif.

23

23

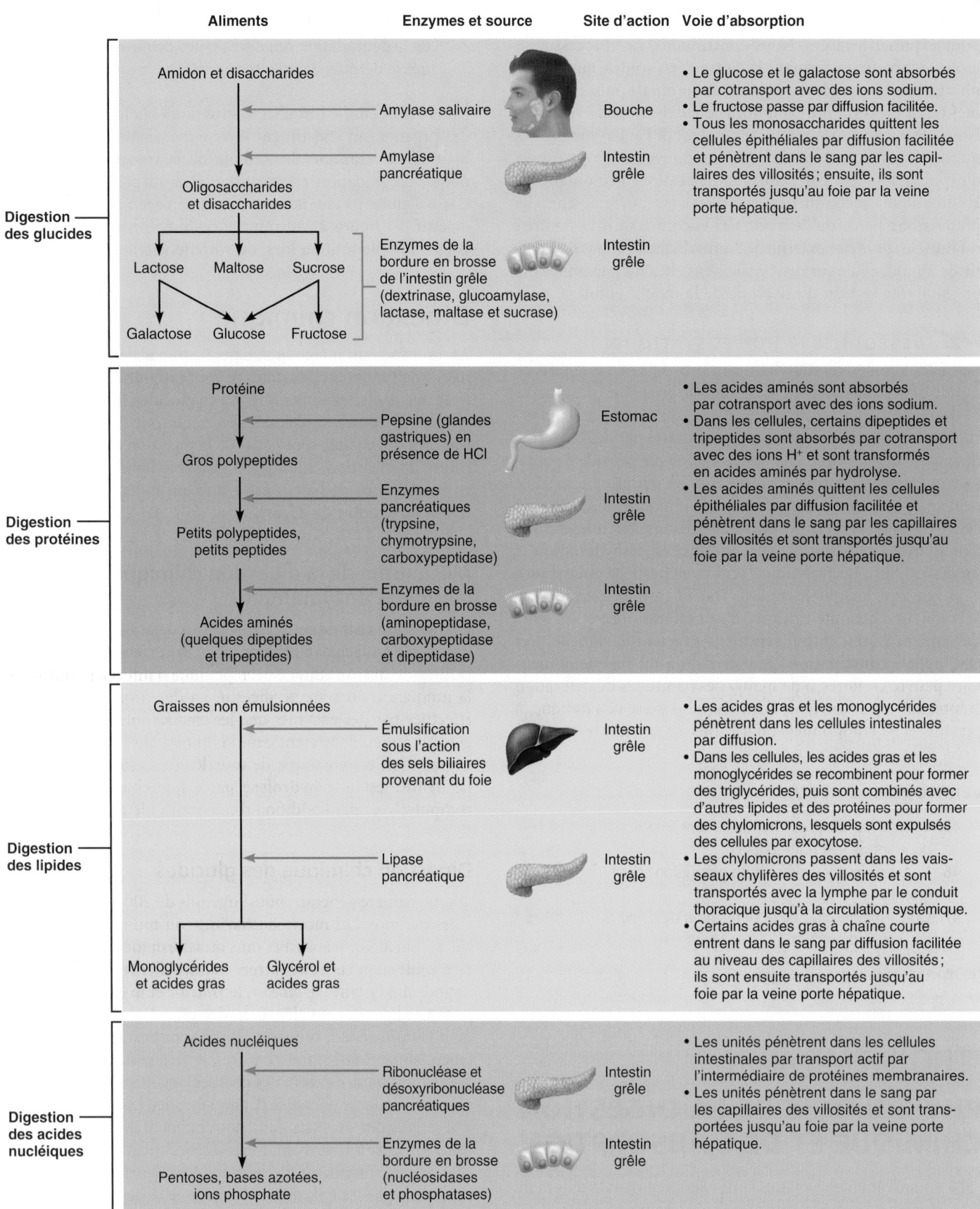

Figure 23.32 Digestion chimique et absorption des aliments.

La digestion chimique de l'amidon (et peut-être du glycogène) commence dans la bouche (figure 23.32). L'**amylase salivaire** dégrade l'amidon en *oligosaccharides* – fragments plus petits composés de deux à huit molécules de glucose. L'efficacité de l'amylase salivaire est optimale dans un milieu légèrement acide ou neutre (pH de 6,75 à 7,00) comme celui qui est maintenu dans la bouche par le pouvoir tampon des ions bicarbonate et phosphate de la salive. La digestion de l'amidon se poursuit jusqu'à ce que l'amylase soit inactivée par l'acidité du suc gastrique et dégradée par les enzymes protéolytiques de l'estomac. De façon générale, le temps d'action de l'amylase dépend dans une large mesure de la quantité de nourriture accumulée dans l'estomac. En effet, les aliments présents dans le fundus se mélangent peu au suc gastrique, car cette région de l'estomac est relativement peu mobile.

Les féculents et autres glucides digestibles qui n'ont pas été dégradés par l'amylase salivaire sont lysés dans l'intestin grêle par l'**amylase pancréatique**. En moins de 10 minutes environ après être entré dans l'intestin grêle, l'amidon est entièrement converti en divers oligosaccharides, principalement en maltose.

Les enzymes intestinales de la bordure en brosse poursuivent la dégradation de ces produits en monosaccharides. Les plus importantes de ces enzymes sont la **dextrinase** et la **glucoamylase**, qui agissent sur les oligosaccharides formés de plus de trois sucres simples, ainsi que la **maltase**, la **sucrase** et la **lactase**, qui hydrolysent respectivement le maltose, le sucrose et le lactose en leurs monosaccharides constitutifs.

Parce que le côlon ne sécrète pas d'enzymes digestives, la digestion chimique se termine *en principe* dans l'intestin grêle. Cependant, comme nous l'avons déjà dit, les bactéries résidentes du côlon continuent de dégrader et de métaboliser les glucides complexes qui restent, mais ce processus contribue beaucoup plus à leur nutrition qu'à la nôtre.

DÉSÉQUILIBRE HOMÉOSTATIQUE

Chez certains individus, surtout dans les populations non blanches, la lactase intestinale est présente à la naissance mais devient par la suite insuffisante, probablement en raison de facteurs génétiques. Dans ce cas, la personne devient intolérante au lactose. Comme elle ne digère pas, il se crée un gradient osmotique qui perturbe les mouvements d'eau. En effet, en plus d'empêcher l'absorption de l'eau par l'intestin grêle et le gros intestin, il attire l'eau de l'espace interstitiel dans la lumière intestinale, entraînant ainsi une diarrhée. Le métabolisme bactérien des solutés non digérés produit de grandes quantités de gaz qui provoquent un ballonnement, des flatulences et des crampes douloureuses (symptômes parfois confondus avec le SCI [voir p. 1034] ou une intolérance au sorbitol, un édulcorant artificiel). Dans la plupart des cas, la solution est simple : il suffit d'ajouter des « gouttes » de lactase au lait que l'on consomme ou de prendre des comprimés de lactase avant tout repas contenant des produits laitiers.

On trouve également du lactose sous forme cachée dans une multitude de produits. On l'ajoute en raison de son pouvoir sucrant et émulsifiant ou on l'incorpore sous forme de lactosérum dans les pains, pâtes, charcuteries et confiseries. Les personnes intolérantes au lactose doivent donc lire attentivement les étiquettes nutritionnelles afin de s'assurer qu'elles peuvent consommer ces produits susceptibles d'en contenir. ■

Digestion chimique des protéines

Les protéines digérées dans le tube digestif ne comprennent pas seulement les protéines des aliments, dont l'apport est habituellement de 70 à 100 g par jour (ce qui constitue une quantité largement supérieure à nos besoins quotidiens). Il faut aussi considérer les 15 à 25 g de protéines enzymatiques sécrétées dans la lumière du tube digestif par les nombreuses glandes de ce dernier, et une quantité probablement égale de protéines provenant des cellules muqueuses détachées et partiellement désintégrées. Chez les personnes en bonne santé, pratiquement toutes ces protéines sont entièrement dégradées en **acides aminés** (monomères).

La digestion des protéines s'amorce dans l'estomac lorsque le pepsinogène sécrété par les cellules principales est activé en **pepsine** (en fait, un groupe d'enzymes protéolytiques ; figure 23.32). La pepsine atteint son efficacité maximale dans le milieu stomacal très acide, où le pH se situe entre 1,5 et 2,5, et elle est totalement inactivée à un pH supérieur à 7. Elle scinde préférentiellement les liaisons réunissant la tyrosine et la phénylalanine, deux acides aminés, dissociant ainsi les protéines en polypeptides et en une petite quantité d'acides aminés libres. La pepsine hydrolyse de 10 à 15 % des protéines ingérées, mais son activité protéolytique n'intervient que dans l'estomac, car elle est inactivée par le pH élevé du duodénum. Il n'y a pas de sécrétion de **lab-ferment** – enzyme qui favorise la coagulation du lait – chez les adultes.

Les fragments de protéines qui arrivent dans l'intestin grêle se trouvent aussitôt en présence de nombreuses enzymes protéolytiques (figure 23.33). La **trypsine** et la **chymotrypsine**, sécrétées par le pancréas, scindent les protéines en peptides plus petits, et ces derniers sont à leur tour attaqués par d'autres enzymes. La **carboxypeptidase** – enzyme du pancréas et de la bordure en brosse – libère un à un les acides aminés de l'extrémité carboxylique de la chaîne polypeptidique. D'autres enzymes de la bordure en brosse comme l'**aminopeptidase** et la **dipeptidase** détachent les autres acides aminés terminaux. L'aminopeptidase dégrade la protéine en libérant un acide aminé à la fois à l'extrémité aminée de la chaîne. La carboxypeptidase et l'aminopeptidase peuvent démanteler une molécule de protéine chacune de leur côté, mais le processus de dégradation est infiniment plus rapide lorsque ces enzymes travaillent de concert avec la trypsine et la chymotrypsine, qui s'attaquent aux liaisons peptidiques situées au milieu de la chaîne.

Digestion chimique des lipides

Malgré les recommandations de l'American Heart Association, qui préconise un régime pauvre en graisses (moins de 70 g de lipides par jour), la quantité de matières grasses ingérées

23

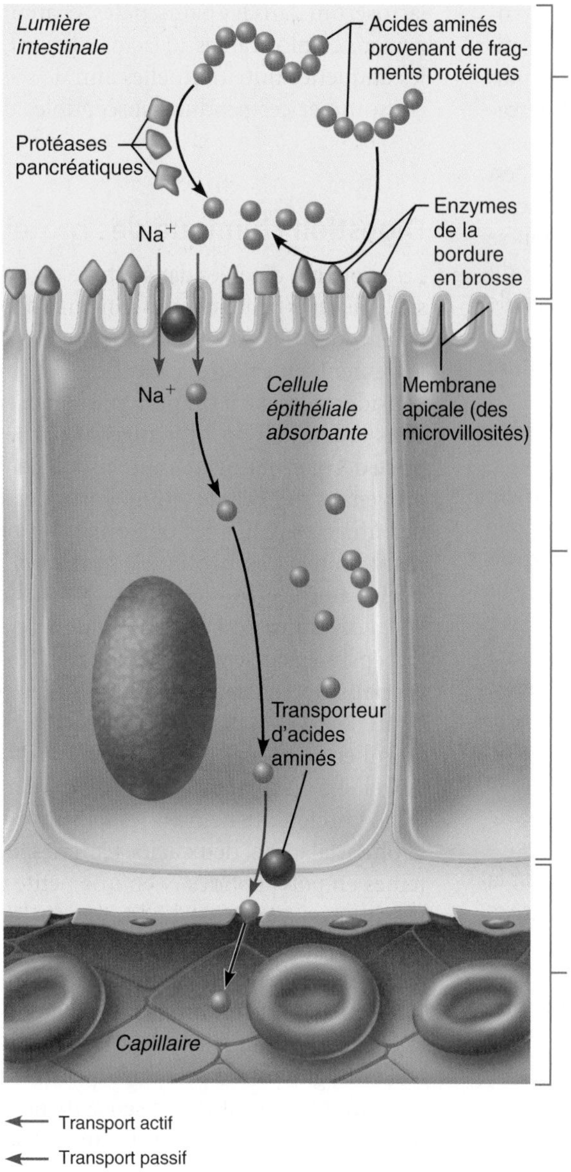

① Les protéines et les fragments de protéines sont dégradés en acides aminés par les protéases pancréatiques (trypsine, chymo-trypsine et carboxypeptidase) et par les enzymes de la bordure en brosse (carboxypeptidase, aminopeptidase et dipeptidase) des cellules de la muqueuse.

② Les acides aminés sont ensuite absorbés par transport actif dans les cellules absorbantes et passent du côté opposé (transcytose).

③ Les acides aminés quittent les cellules épithéliales des villosités par diffusion facilitée et entrent dans les capillaires par les fentes intercellulaires.

Lumière intestinale
Acides aminés provenant de fragments protéiques
Protéases pancréatiques
Na^+
Enzymes de la bordure en brosse
Na^+
Cellule épithéliale absorbante
Membrane apicale (des microvillosités)
Transporteur d'acides aminés
Capillaire

⟵ Transport actif
⟵ Transport passif

Figure 23.33 Digestion des protéines et absorption des acides aminés dans l'intestin grêle.

quotidiennement varie énormément chez les Américains adultes (de 30 à 150 g, ou plus). Les triglycérides (graisses neutres ou triacylglycérols) sont les lipides les plus abondants de notre alimentation. L'intestin grêle est pratiquement le seul site de digestion des lipides parce que le pancréas est en fait la seule véritable source d'enzymes lipolytiques, ou **lipases** (figure 23.32); la lipase linguale sécrétée par des glandes linguales dans la bouche hydrolyse une faible quantité de lipides (moins de 10 %).

Comme les triglycérides et leurs produits de dégradation sont insolubles dans l'eau, la digestion et l'absorption des lipides dans l'environnement aqueux de l'intestin grêle exigent un traitement préalable par les sels biliaires. Dans les solutions aqueuses, les triglycérides s'agglomèrent en formant de gros agrégats de matière grasse, et seules les quelques molécules

situées à la surface de ces agrégats sont exposées aux lipases hydrosolubles. Ce problème est toutefois rapidement résolu car, dès qu'ils arrivent dans le duodénum, les agrégats de graisse sont enrobés de sels biliaires dont les effets émulsifiants entraînent le morcellement des lipides et leur dispersion dans la phase aqueuse.

Ces propriétés des sels biliaires proviennent de leur structure, qui comporte à la fois une région polaire et une région non polaire. Leurs parties non polaires (hydrophobes) adhèrent aux molécules de lipides, et leurs parties polaires (ionisées et hydrophiles) exercent une répulsion mutuelle ainsi qu'une interaction avec l'eau. Les gouttelettes de graisse sont ainsi détachées des gros agrégats et il se forme une *émulsion* stable, c'est-à-dire une suspension aqueuse de gouttelettes de graisse d'un diamètre d'environ 1 mm (**figure 23.34, ①**).

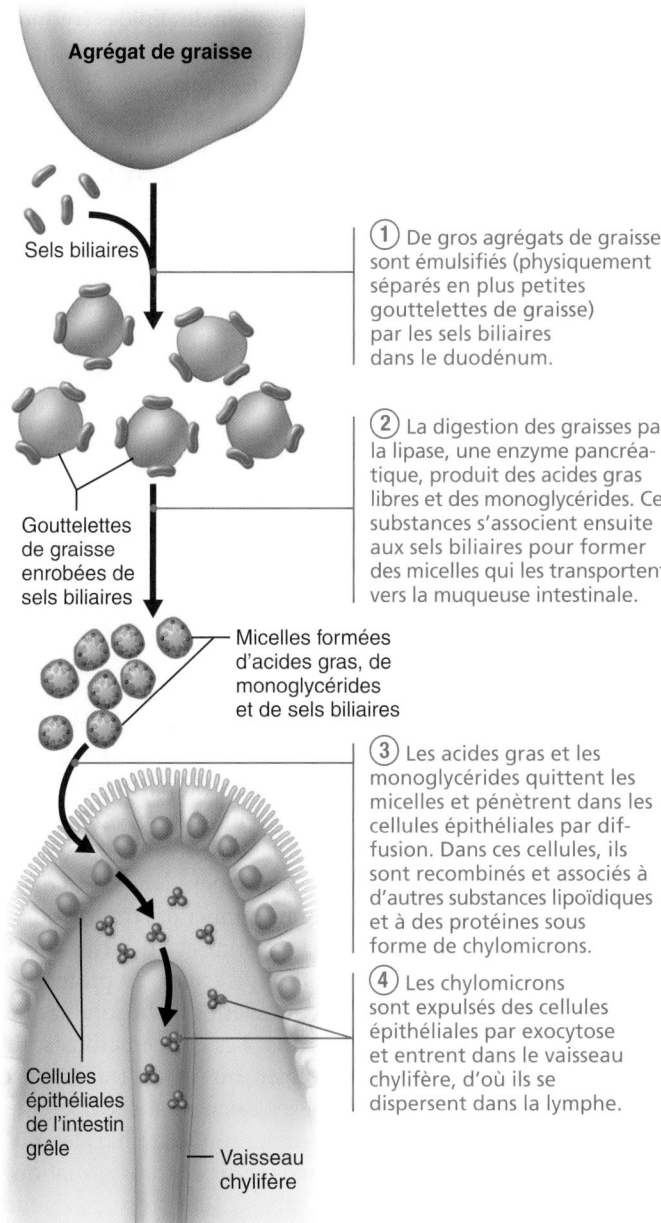

Agrégat de graisse

Sels biliaires

① De gros agrégats de graisse sont émulsifiés (physiquement séparés en plus petites gouttelettes de graisse) par les sels biliaires dans le duodénum.

② La digestion des graisses par la lipase, une enzyme pancréatique, produit des acides gras libres et des monoglycérides. Ces substances s'associent ensuite aux sels biliaires pour former des micelles qui les transportent vers la muqueuse intestinale.

Gouttelettes de graisse enrobées de sels biliaires

Micelles formées d'acides gras, de monoglycérides et de sels biliaires

③ Les acides gras et les monoglycérides quittent les micelles et pénètrent dans les cellules épithéliales par diffusion. Dans ces cellules, ils sont recombinés et associés à d'autres substances lipoïdiques et à des protéines sous forme de chylomicrons.

④ Les chylomicrons sont expulsés des cellules épithéliales par exocytose et entrent dans le vaisseau chylifère, d'où ils se dispersent dans la lymphe.

Cellules épithéliales de l'intestin grêle

Vaisseau chylifère

Figure 23.34 Émulsification, digestion et absorption des graisses.

L'émulsification *ne détruit pas* les liaisons chimiques; elle réduit simplement l'attraction des molécules de lipides entre elles et les disperse. En agissant de la sorte, les sels biliaires augmentent considérablement le nombre de molécules de triglycérides exposées aux lipases pancréatiques. Sans la bile, la digestion des lipides n'aurait pas le temps de se faire de façon complète pendant le passage de la nourriture dans l'intestin grêle.

Les lipases pancréatiques catalysent la dégradation des lipides en détachant deux des chaînes d'acides gras, produisant ainsi d'une part des **acides gras** libres et d'autre part des **monoglycérides** (glycérol auquel n'est fixée qu'une seule chaîne d'acide

gras; figure 23.34, ②). Les vitamines liposolubles transportées avec les lipides ne requièrent aucune digestion.

Digestion chimique des acides nucléiques

L'ADN et l'ARN, présents dans le noyau des cellules des aliments, sont hydrolysés en **nucléotides** (monomères) par les **nucléases pancréatiques** du suc pancréatique. Les enzymes de la bordure en brosse (**nucléosidases** et **phosphatases**) scindent ensuite les nucléotides, libérant ainsi leurs bases azotées, les pentoses (des sucres) et des ions phosphate (figure 23.32).

Absorption

Chaque jour, le système digestif reçoit et traite jusqu'à 10 L de matières, ce qui comprend la nourriture ingérée ainsi que les liquides et les sécrétions provenant du tube digestif lui-même. Toutefois, le gros intestin ne recueille pas plus de 1 L de ce volume. En effet, presque tous les nutriments, 80 % des électrolytes et la plus grande partie de l'eau sont absorbés dans l'intestin grêle (rappelez-vous que l'eau suit le sel par osmose). L'absorption se déroule tout le long de l'intestin grêle, mais elle est déjà en grande partie terminée lorsque la nourriture atteint l'iléum.

La fonction principale de l'iléum dans l'absorption consiste donc à récupérer les sels biliaires pour les renvoyer au foie, d'où ils seront sécrétés de nouveau. Il est pratiquement impossible d'excéder la capacité d'absorption du tube digestif humain et, à la sortie de l'iléum, il ne reste qu'un peu d'eau, des matières alimentaires impossibles à digérer (surtout des fibres végétales comme la cellulose) et des millions de bactéries; ces débris passent ensuite dans le gros intestin.

Pour comprendre l'absorption, il faut se rappeler deux faits importants relativement au déplacement des substances à travers les membranes. En premier lieu, les substances non polaires sont absorbées passivement en raison de leur solubilité dans les lipides constituant la couche centrale de la mosaïque liquide que forme la membrane plasmique. En second lieu, les substances polaires doivent être absorbées par des transporteurs. La plupart des nutriments sont absorbés à travers la muqueuse des villosités intestinales par des mécanismes de *transport actif* dont l'énergie provient directement ou indirectement (secondairement) de l'énergie métabolique (ATP). Ils pénètrent ensuite dans le sang capillaire des villosités et sont acheminés au foie par la veine porte hépatique. Toutefois, certains produits de la digestion des lipides constituent une exception: ils sont absorbés passivement par diffusion et entrent dans le vaisseau chylifère de la villosité, puis sont transportés au sang par l'intermédiaire de la lymphe.

Parce que les faces apicales de toutes les cellules épithéliales de la muqueuse sont unies par des jonctions serrées, aucune substance ne peut passer *entre* elles dans la majorité des cas. Avant d'entrer dans les capillaires, toutes les substances doivent donc passer *à travers* les cellules épithéliales (par transcytose) et traverser le liquide interstitiel contigu à leurs membranes basolatérales. Nous allons examiner ci-après l'absorption de

23

chaque classe de nutriments. La partie droite de la figure 23.32 pourrait vous être utile.

Absorption des glucides

Le glucose et le galactose (des monosaccharides) résultent de la dégradation de l'amidon et des disaccharides; ils pénètrent dans les cellules de l'épithélium par transport actif secondaire (cotransport avec les ions Na^+) grâce à des transporteurs protéiques de la membrane plasmique. Ils quittent ensuite les cellules épithéliales par diffusion facilitée et passent dans les capillaires en empruntant les fentes intercellulaires. Les transporteurs, situés très près des disaccharidases (enzymes) sur les microvillosités, se combinent avec les monosaccharides dès que les disaccharides sont dégradés. Le transport de ces deux glucides est couplé à celui des ions Na^+ par transport actif secondaire (cotransport).

Absorption des protéines

Les différents acides aminés produits par la digestion des protéines sont pris en charge par divers types de transporteurs. Comme dans le cas du glucose et du galactose, il y a un couplage avec le transport actif du sodium. Les chaînes courtes de deux, trois ou quatre acides aminés (dipeptides, tripeptides et tétrapeptides, respectivement) sont aussi absorbées activement par cotransport avec l'hydrogène et sont ensuite dégradées en acides aminés individuels dans les cellules épithéliales avant d'entrer dans le sang capillaire par diffusion (figure 23.33).

DÉSÉQUILIBRE HOMÉOSTATIQUE

Les protéines *entières* ne sont habituellement pas absorbées telles quelles; dans de rares cas, cependant, elles peuvent être captées par endocytose, puis libérées du côté opposé de la cellule épithéliale par exocytose. Ce processus, très commun chez les nouveau-nés, reflète l'immaturité de la muqueuse intestinale (la muqueuse est plus perméable et la sécrétion d'acide gastrique n'atteint son niveau normal que quelques semaines après la naissance). L'absorption de protéines entières explique de nombreuses allergies alimentaires précoces. Le système immunitaire perçoit les protéines intactes comme des antigènes et les attaque. Étant exempt de protéines étrangères, le lait maternel est moins susceptible de provoquer des allergies. Ces allergies alimentaires disparaissent généralement lorsque la muqueuse parvient à l'état de maturité. Par ailleurs, ce mécanisme permet peut-être aux IgA présentes dans le lait maternel d'avoir accès à la circulation sanguine du nourrisson. Ces anticorps confèrent une certaine immunité passive à l'enfant (protection temporaire contre les antigènes vis-à-vis desquels la mère a été sensibilisée). ■

Absorption des lipides

Les sels biliaires accélèrent la digestion des lipides, et ils sont également essentiels à l'absorption des produits de leur dégra-

dation. Dès que les produits de la digestion des lipides (monoglycérides et acides gras libres), insolubles dans l'eau, sont libérés par l'activité des lipases, ils s'associent aux sels biliaires et à la *lécithine* – phospholipide présent dans la bile – pour former des micelles (figure 23.34, ②). Les **micelles** sont des agrégats de lipides associés à des sels biliaires, dont les extrémités polaires (hydrophiles) des sels se trouvent du côté de l'eau, tandis que leurs portions non polaires occupent la partie centrale. Le cœur hydrophobe de celle-ci contient également des molécules de cholestérol et des vitamines liposolubles. Les micelles ressemblent à des gouttelettes d'émulsion, mais elles sont des « vecteurs » beaucoup plus petits (de 3 à 6 nm de diamètre), qui diffusent facilement entre les microvillosités pour entrer en contact avec la membrane plasmique des cellules absorbantes.

Une fois qu'elles ont atteint les cellules épithéliales, les substances grasses et liposolubles quittent les micelles et traversent la phase lipidique de la membrane plasmique par diffusion simple (figure 23.34, ③). Sans formation de micelles, les lipides ne feraient que flotter à la surface du chyme (comme l'huile sur l'eau) et ne pourraient entrer en contact avec la surface absorbante des cellules épithéliales. De façon générale, l'absorption des lipides se termine dans l'iléum; cependant, en l'absence de bile (comme lorsqu'un calcul biliaire obstrue le conduit cystique), elle se fait si lentement que la plupart des lipides passent dans le gros intestin et sont éliminés avec les fèces.

Après avoir pénétré dans les cellules absorbantes, les acides gras libres et les monoglycérides se combinent à nouveau dans le réticulum endoplasmique lisse pour donner des triglycérides. Ces derniers s'associent ensuite à la lécithine et à d'autres phospholipides, et sont recouverts d'une « pellicule » de protéines; c'est ainsi que sont formées des gouttelettes hydrosolubles de lipoprotéines appelées **chylomicrons**. Les chylomicrons sont ensuite acheminés au complexe golgien, où ils sont traités, puis expulsés de la cellule. Cette suite d'événements est très différente de l'absorption des acides aminés et des monosaccharides, qui traversent les cellules épithéliales sans subir de transformation.

Les chylomicrons, d'un blanc laiteux, sont trop gros pour pouvoir traverser les membranes plasmiques ou les membranes basales des capillaires sanguins. Les vésicules contenant les chylomicrons migrent plutôt vers la membrane basolatérale et sont expulsées par exocytose (figure 23.34, ④). Elles pénètrent alors dans les vaisseaux chylifères, qui sont plus perméables. La plupart des lipides entrent donc dans la circulation lymphatique et sont pris en charge par la lymphe. Les chylomicrons suivent le conduit thoracique qui draine les viscères digestifs et rejoignent enfin le sang veineux dans la région du cou.

Dans la circulation sanguine, les triglycérides des chylomicrons sont dégradés en acides gras libres et en glycérol par la **lipoprotéine lipase** – une enzyme associée à l'endothélium capillaire du foie et du tissu adipeux. Les acides gras et le glycérol peuvent alors traverser les parois des capillaires et servir de source d'énergie cellulaire, ou être emmagasinés sous forme de lipides dans le tissu adipeux. Les cellules hépatiques ajoutent des protéines aux résidus de chylomicrons, et les « nouvelles » lipoprotéines ainsi produites servent au transport du cholestérol dans le sang.

Le passage d'acides gras à courte chaîne est assez différent de ce que nous venons de décrire. Ces produits de la dégradation des lipides ne dépendent pas de la présence de sels biliaires ou de micelles; ils ne sont pas recombinés en triglycérides dans les cellules intestinales. Ils diffusent simplement et sont pris en charge par la circulation porte.

Absorption des acides nucléiques

Les pentoses, les bases azotées et les ions phosphate issus de la digestion des acides nucléiques traversent l'épithélium par transport actif grâce à des transporteurs spéciaux situés dans l'épithélium des villosités, puis ils passent dans le sang.

Absorption des vitamines

L'intestin grêle absorbe les vitamines contenues dans les aliments, mais c'est le gros intestin qui absorbe une partie des vitamines K et B élaborées par ses «hôtes», les bactéries intestinales. Comme nous l'avons déjà vu, les vitamines liposolubles (A, D, E et K) se dissolvent dans les graisses alimentaires, s'incorporent aux micelles et traversent passivement l'épithélium des villosités (par diffusion). C'est pour cette raison que les vitamines liposolubles en comprimés ne sont bien absorbées que si l'on ingère aussi des aliments gras.

La plupart des vitamines hydrosolubles (vitamines B et C) sont facilement absorbées par diffusion ou par des mécanismes de transport actif ou passif. La vitamine B_{12} fait exception parce que c'est une molécule très grosse et chargée. Elle se lie au *facteur intrinsèque* produit par l'estomac; puis le complexe vitamine B_{12}-facteur intrinsèque se fixe aux sites spécifiques situés sur la muqueuse de l'extrémité de l'iléum, ce qui provoque son absorption par endocytose.

Absorption des électrolytes

Les électrolytes absorbés proviennent à la fois des aliments ingérés et des sécrétions gastro-intestinales. La plupart des ions sont absorbés activement tout le long de l'intestin grêle, sauf le fer et le calcium, qui franchissent la barrière intestinale presque uniquement dans le duodénum.

Comme nous l'avons mentionné, l'absorption des ions sodium dans l'intestin grêle (de 25 à 35 mg par jour) est associée à l'absorption active du glucose et des acides aminés. La plupart des anions suivent passivement le gradient électrochimique créé par le transport du sodium. En d'autres mots, après être entré dans les cellules épithéliales, le Na^+ est transporté activement vers l'extérieur de celles-ci par la pompe à Na^+-K^+. Les ions chlorure suivent le gradient électrochimique créé par l'absorption du sodium et, à l'extrémité de l'intestin grêle, les ions HCO_3^- sont sécrétés activement dans la lumière en échange d'ions Cl^-.

Les ions potassium traversent passivement la muqueuse intestinale par diffusion facilitée (ou par des jonctions serrées perméables) sous l'effet de variations du gradient osmotique. Au fur et à mesure que l'eau de la lumière est absorbée, la concentration de potassium dans le chyme augmente, ce qui crée un gradient de concentration entraînant son absorption. Par conséquent, tout ce qui entrave l'absorption de l'eau (et provoque la diarrhée), en plus de réduire l'absorption du potassium, «attire» les ions K^+ de l'espace interstitiel vers la lumière intestinale.

De façon générale, la quantité de nutriments qui est absorbée est celle qui a *atteint* l'intestin, quel que soit l'état nutritionnel de l'organisme. En revanche, l'absorption du fer et du calcium dépend beaucoup des besoins immédiats.

Le fer est essentiel à la production d'hémoglobine et à la respiration cellulaire. Il peut être absorbé sous deux formes: lié à l'hème (aliments d'origine animale) et sous forme ionique (aliments d'origine végétale). Dans le premier cas, il est absorbé à la suite de sa liaison à une protéine de transport ou par endocytose. Dans le second cas, il est transporté activement vers l'intérieur des cellules de la muqueuse, où il se lie à la **ferritine**, une protéine (*barrière muqueuse-fer*). Les complexes fer-ferritine forment alors une réserve de fer à l'intérieur de la cellule. Lorsque l'organisme contient du fer en quantité suffisante, de très petites quantités (de 10 à 20%) passent dans le sang du système porte, et la plus grande partie de cette réserve finit par être perdue quand les cellules épithéliales se détachent de la muqueuse. Cependant, lorsque l'organisme manque de fer (en cas d'hémorragie aiguë ou chronique, par exemple), l'absorption des quantités présentes dans l'intestin s'accélère. Dans le sang, le fer se lie à la **transferrine**, une protéine plasmatique qui en assure le transport dans le système cardiovasculaire.

Chez la femme, les pertes menstruelles entraînent une forte diminution des réserves de fer et, avant la ménopause, le régime alimentaire des femmes doit contenir environ 50% plus de fer. De plus, les cellules épithéliales de l'intestin contiennent environ quatre fois plus de protéines de transport du fer que chez l'homme et très peu de fer est perdu par l'organisme autrement que dans les menstruations.

L'absorption du calcium est étroitement associée à la concentration sanguine de calcium ionique. Elle est localement réglée par la forme active de la **vitamine D**, qui facilite l'absorption active du calcium. Toute diminution de la concentration sanguine de calcium ionique déclenche la libération de *parathormone* (PTH) par les glandes parathyroïdes. En plus de faciliter la libération des ions Ca^{2+} de la trame osseuse et de stimuler la réabsorption du Ca^{2+} par les reins, la parathormone stimule l'activation par les reins de la vitamine D qui, à son tour, accélère l'absorption des ions Ca^{2+} par l'intestin grêle.

Absorption de l'eau

L'intestin grêle reçoit tous les jours environ 9 L d'eau provenant surtout des sécrétions du tube digestif. C'est la substance la plus abondante du chyme, et l'intestin grêle en absorbe 95% par osmose. La plus grande partie de l'eau résiduelle est absorbée dans le gros intestin, ce qui ne laisse environ que 0,1 L d'eau pour ramollir les fèces.

Le taux normal d'absorption est de 300 à 400 mL par heure. L'eau traverse librement la muqueuse intestinale dans les deux sens, mais une *osmose nette* se produit chaque fois que le transport actif de solutés (et notamment le Na^+) vers les cellules de la muqueuse crée un gradient de concentration. Par conséquent, l'absorption de l'eau est étroitement couplée à celle des solutés, et elle influe elle-même sur le taux d'absorption des substances qui passent normalement par diffusion. À mesure que l'eau pénètre dans les cellules de la muqueuse, ces substances suivent leur gradient de concentration.

Malabsorption

La **malabsorption** est une perturbation de l'absorption des nutriments (un type particulier de nutriments seulement peut être en cause) dont les causes peuvent être multiples et diverses. Elle peut résulter, par exemple, de toute entrave à l'écoulement de la bile ou du suc pancréatique vers l'intestin grêle; la malabsorption peut aussi découler des lésions de la muqueuse intestinale (infections bactériennes graves et antibiothérapie à la néomycine) ou d'une réduction de sa surface d'absorption.

La *maladie cœliaque*, aussi appelée *maladie de Gee*, est un syndrome de malabsorption assez répandu qui touche 1 personne sur 100. Cette affection génétique chronique est causée par une réaction immunitaire au gluten – une protéine présente en abondance dans certaines céréales (blé, seigle, orge, avoine et épeautre). Les produits de la dégradation du gluten interagissent avec les molécules du système immunitaire dans le tube digestif, formant des complexes qui activent les lymphocytes T, lesquels se mettent à détruire le revêtement intestinal. Par conséquent, les villosités intestinales sont endommagées et la surface des microvillosités est réduite.

On peut habituellement enrayer la diarrhée, la douleur et la malnutrition qui accompagnent la maladie cœliaque en excluant du régime alimentaire les céréales contenant du gluten, ce qui permet aux villosités de se développer normalement et de retrouver leurs dimensions habituelles. Il n'est pas évident toutefois d'éviter le gluten, car, outre les aliments à base de céréales, on incorpore cette protéine dans certains yogourts et fromages, ainsi que dans de nombreux aliments préparés (afin d'en améliorer la texture). Les personnes souffrant de cette maladie doivent donc proscrire tout produit dont la liste d'ingrédients contient du malt, de l'amidon ainsi que des protéines végétales hydrolysées ou texturées.

VÉRIFIONS NOS ACQUIS

48. Quel type de réaction chimique est à la base de toute digestion enzymatique des aliments?
49. Quelles sont les deux enzymes (produites aussi bien dans la bouche que dans le pancréas) qui dégradent respectivement l'amidon et les lipides?
50. Quel rôle les sels biliaires jouent-ils dans la digestion? Dans l'absorption?

Les réponses se trouvent à l'appendice G.

Développement et vieillissement du système digestif

35 Décrire le développement embryonnaire du système digestif.

36 Exposer certaines anomalies du système digestif qui peuvent survenir à différentes étapes de la vie.

Comme nous l'avons déjà dit à plusieurs reprises, le très jeune embryon est plat et composé de trois feuillets embryonnaires primitifs qui sont, de haut en bas, l'ectoderme, le mésoderme et l'endoderme. Assez tôt toutefois, cette masse cellulaire aplatie se replie pour constituer un corps cylindrique creux dont le centre devient la cavité du tube digestif et qui est initialement fermé aux deux extrémités.

L'épithélium du tube alimentaire en formation, ou **intestin primitif**, se développe à partir de l'endoderme (figure 23.35a), et le reste de la paroi provient du mésoderme. La partie la plus antérieure de l'endoderme (à la hauteur de l'intestin antérieur) se prolonge jusqu'à une dépression de la surface de l'ectoderme appelée **stomatodéum** («en train de devenir la bouche»). Les deux membranes fusionnent à cet endroit pour former la **membrane stomatopharyngienne**, qui se rompt vers la quatrième semaine pour constituer l'ouverture de la bouche. De la même façon, l'extrémité de l'intestin postérieur s'unit à une dépression ectodermale appelée **proctodéum** (*procto*: anus) pour former la **membrane cloacale** (*cloaca*: égout), qui se rompt pour donner l'anus.

Vers la cinquième semaine, le tube digestif s'étend de la bouche jusqu'à l'anus et est ouvert aux deux extrémités. Peu après, les organes glandulaires – glandes salivaires, foie et vésicule biliaire, pancréas – se développent à partir de bourgeons situés en divers endroits le long de la muqueuse (figure 23.35b). Les liens entre ces glandes et le tube digestif sont conservés et deviennent des conduits.

DÉSÉQUILIBRE HOMÉOSTATIQUE

Le système digestif peut présenter de nombreuses malformations qui entravent l'alimentation. Les défauts les plus répandus sont la **fissure palatine** – les os palatins ou les processus palatins des maxillaires, ou les deux, ne se rejoignent pas – et le **bec-de-lièvre**, qui sont souvent associés. La fissure palatine est de loin la plus grave des deux anomalies parce que l'enfant affecté ne peut pas téter correctement.

Une autre malformation commune est la *fistule trachéo-œsophagienne*, qui se caractérise par la présence d'une ouverture entre l'œsophage et la trachée et, souvent, par l'absence de communication entre l'œsophage et l'estomac. Le bébé suffoque et devient cyanosé au cours de l'alimentation parce que la nourriture pénètre dans les voies respiratoires. On corrige habituellement ces anomalies par voie chirurgicale.

La fibrose kystique, ou mucoviscidose (décrite plus en détail au chapitre 22, p. 978), touche surtout les poumons, mais elle entrave aussi le fonctionnement du pancréas. Dans cette maladie héréditaire, les glandes muqueuses produisent un mucus anormalement épais qui obstrue les conduits des organes touchés. L'occlusion du conduit pancréatique empêche le suc pancréatique d'atteindre l'intestin grêle. Par conséquent, la digestion du chyme est loin d'être optimale et la plupart des vitamines liposolubles et des lipides ne sont ni digérés ni absorbés; les selles sont donc volumineuses et grasses. On peut résoudre

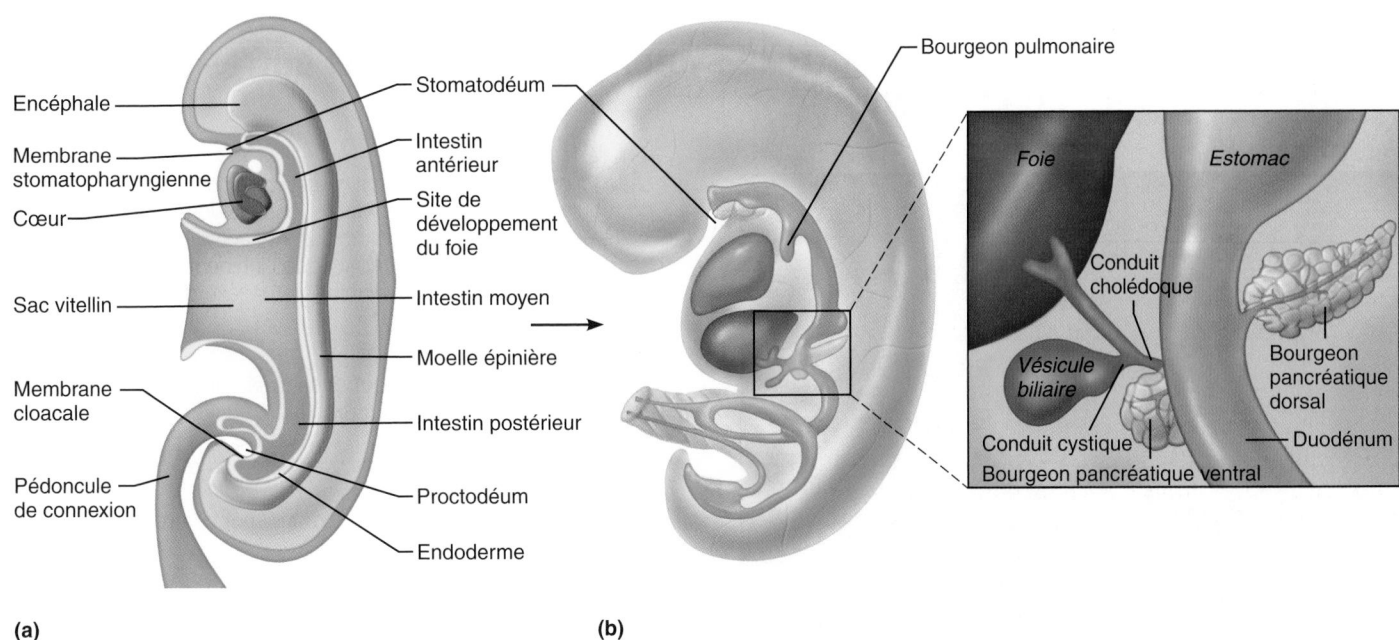

Figure 23.35 Développement embryonnaire du système digestif. (a) Embryon de
trois semaines. L'endoderme s'est replié, l'intestin antérieur et l'intestin postérieur sont formés.
(L'intestin moyen est encore ouvert et se prolonge par le sac vitellin.) **(b)** Vers la cinquième
semaine de développement, les organes annexes se forment à partir de bourgeons situés
sur la couche d'endoderme, comme le montre l'agrandissement.

ces problèmes de pancréas en administrant des enzymes pancréatiques au cours des repas. ■

Le fœtus en cours de développement reçoit tous ses nutriments par l'intermédiaire du placenta. Néanmoins, dans l'utérus, le tube digestif «apprend» à digérer de la nourriture, ce qu'il devra faire plus tard, parce que le fœtus avale naturellement un peu du liquide amniotique qui l'entoure (cela permet de maintenir l'équilibre entre la formation constante du liquide et son élimination à travers le placenta et le sang maternel). Ce liquide contient plusieurs substances chimiques qui stimulent la maturation du tube digestif, dont la gastrine et le facteur de croissance épidermique.

En revanche, l'activité la plus importante du nouveau-né consiste à se nourrir, et plusieurs réflexes facilitent cette fonction : le *réflexe des points cardinaux* permet au nourrisson de trouver le mamelon maternel et le *réflexe de succion* lui permet de bien le tenir et d'avaler.

Habituellement, les nouveau-nés doublent de poids entre la naissance et l'âge de six mois ; leur capacité de consommer des calories et de transformer les aliments est extraordinaire. Par exemple, un nourrisson de 6 semaines pesant 4 kg boit environ 600 mL de lait par jour. Pour boire un volume correspondant, un adulte de 65 kg devrait avaler 10 L de lait ! Cependant, l'estomac d'un nourrisson est très petit et les tétées doivent donc être fréquentes (toutes les trois à quatre heures). Le péristaltisme est inefficace et les vomissements, fréquents. Lorsque les dents percent les gencives, le nourrisson passe à des aliments solides et, dès l'âge de deux ans, son régime alimentaire est le même que celui d'un adulte.

En règle générale, le système digestif fonctionne relativement bien au cours de l'enfance et de l'âge adulte. Cependant, les aliments contaminés, très épicés ou irritants peuvent causer une inflammation du tube digestif appelée **gastroentérite**. Les personnes d'âge mûr peuvent souffrir d'ulcères ou de problèmes touchant la vésicule biliaire (inflammation, ou **cholécystite**, et calculs biliaires).

Au cours de la vieillesse, l'activité du tube digestif diminue. La sécrétion des sucs digestifs est moins abondante, l'absorption est moins efficace et le péristaltisme ralentit, ce qui entraîne des selles moins fréquentes et, souvent, de la constipation. Le goût et l'odorat perdent de leur acuité et la périodontite est un problème courant. Beaucoup de personnes âgées vivent seules ou ne disposent que d'un revenu modeste. Ces facteurs, ajoutés au déclin des capacités physiques, font que la nourriture devient moins attrayante, et de nombreuses personnes âgées s'alimentent de façon inadéquate.

La diverticulose, l'incontinence fécale et le cancer du tube digestif sont des affections relativement communes chez les personnes âgées. En général, les symptômes des cancers de l'estomac et du côlon apparaissent tardivement, de sorte qu'il y a souvent des métastases (rendant toute opération inutile) avant même que la personne consulte un médecin. En présence de métastases, il est presque certain que le «détour» du sang veineux splanchnique par la circulation porte hépatique et le foie provoquera un cancer secondaire du foie. Ces cancers peuvent toutefois être traités s'ils sont détectés à un stade précoce. C'est pourquoi on recommande à chacun de subir régulièrement des

(Suite du texte à la p. 1046)

Tous pour un, un pour tous

Relations entre le système digestif et les autres systèmes de l'organisme

Système tégumentaire

- Le système digestif fournit les nutriments nécessaires aux besoins énergétiques, à la croissance et à l'entretien; il procure au derme et au tissu sous-cutané les graisses qui forment une couche isolante.
- C'est dans la peau que se déroule la synthèse de la vitamine D, laquelle rend possible l'absorption du calcium à partir de l'intestin.

Système squelettique

- Le système digestif fournit les nutriments nécessaires aux besoins énergétiques, à la croissance et à l'entretien; il absorbe le calcium qui entre dans la constitution des sels des os.
- Le squelette protège certains organes digestifs, qui sont entourés d'os; les os des mâchoires participent à la mastication et certains cartilages du larynx interviennent dans la déglutition.

Système musculaire

- Le système digestif fournit les nutriments nécessaires aux besoins énergétiques, à la croissance et à l'entretien des muscles; le foie élimine du sang l'acide lactique produit par l'activité musculaire.
- Les muscles squelettiques permettent la mastication et ils interviennent dans la déglutition et la défécation; leur activité accroît la motilité du tube digestif.

Système nerveux

- Le système digestif fournit les nutriments nécessaires au fonctionnement normal des neurones; la régulation nerveuse de la satiété est assurée par l'intermédiaire des signaux informant les centres nerveux de la présence de nutriments.
- Le fonctionnement du système digestif répond à des mécanismes de régulation nerveuse; de façon générale, les neurofibres du système parasympathique accroissent l'activité digestive et les neurofibres du système sympathique l'inhibent; le système nerveux assure la régulation volontaire et réflexe de la défécation.

Système endocrinien

- Le foie retire du sang les hormones, mettant ainsi fin à leur activité; le système digestif fournit les nutriments nécessaires aux besoins énergétiques, à la croissance et à l'entretien; certaines cellules du pancréas, de l'estomac et de l'intestin grêle produisent des hormones.
- Les hormones, locales ou non, contribuent à la régulation des fonctions digestives.

Système cardiovasculaire

- Le système digestif fournit des nutriments au cœur et aux vaisseaux sanguins; il absorbe le fer nécessaire à la synthèse de l'hémoglobine; il absorbe l'eau permettant de maintenir constant le volume plasmatique; le foie sécrète dans la bile la bilirubine résultant de la dégradation de l'hémoglobine et il emmagasine le fer, qui pourra ensuite être réutilisé.
- Le système cardiovasculaire apporte à tous les tissus les nutriments absorbés par le tube digestif; il met en circulation les hormones du tube digestif.

Système lymphatique et immunitaire

- Le système digestif fournit les nutriments nécessaires au fonctionnement normal du système immunitaire; le lysozyme de la salive et le HCl de l'estomac apportent à l'organisme une protection non spécifique contre les bactéries.
- Les vaisseaux chylifères acheminent la lymphe chargée de lipides en provenance des organes du tube digestif vers le sang; les follicules lymphoïdes agrégés et le tissu lymphoïde du mésentère abritent les macrophagocytes et les cellules immunitaires qui protègent les organes digestifs de l'infection; les plasmocytes produisent les IgA contenues dans les sécrétions du tube digestif.

Système respiratoire

- Le système digestif fournit les nutriments nécessaires au métabolisme énergétique, à la croissance et à l'entretien.
- Le système respiratoire fournit l'oxygène et élimine le gaz carbonique produit par les organes du système digestif; les anneaux cartilagineux de la paroi de la trachée sont ouverts du côté dorsal pour permettre au bol alimentaire de descendre dans l'œsophage lors de la déglutition.

Système urinaire

- Le système digestif fournit les nutriments nécessaires aux besoins énergétiques, à la croissance et à l'entretien du système urinaire; il excrète une partie de la bilirubine produite par le foie.
- Les reins transforment la vitamine D en sa forme active, ce qui rend possible l'absorption du calcium.

Système génital

- Le système digestif fournit les nutriments nécessaires aux besoins énergétiques, à la croissance et à l'entretien du système génital; il fournit le supplément nutritionnel qui permet le développement du fœtus.

23

RELATIONS ENTRE LE SYSTÈME DIGESTIF et les systèmes cardiovasculaire, lymphatique et endocrinien

En comparaison des autres systèmes de l'organisme, le système digestif jouit d'une grande autonomie. Bien que le système nerveux central puisse influer sur son activité, et qu'il le fasse effectivement, cela n'est pas absolument nécessaire; en effet, la plupart des activités digestives peuvent être entièrement régies par des mécanismes locaux. Par exemple: (1) les muscles de l'estomac et de l'intestin ont leur propre rythme de contraction; (2) les plexus nerveux intrinsèques du tube digestif assurent, grâce à l'activité réflexe de leurs neurones entériques, la régulation non seulement de l'organe dans lequel ils se trouvent, mais aussi des organes digestifs voisins ou plus éloignés; et (3) la régulation de la digestion dépend probablement plus des endocrinocytes gastro-intestinaux du système digestif lui-même que de l'activité nerveuse. Le système digestif présente une autre propriété remarquable: le milieu où se déroule son fonctionnement, et dont il assure la régulation, se situe en fait à l'extérieur de l'organisme. Cette régulation présente de grandes difficultés étant donné la rapidité avec laquelle ce milieu peut être modifié, que ce soit par l'arrivée d'aliments (pizza et bière) ou l'écoulement du contenu intestinal (diarrhée).

Toutes les cellules de notre corps ont besoin de nutriments pour se maintenir en bonne santé et croître, ce qui ne laisse aucun doute quant à l'importance du système digestif pour pratiquement tous les systèmes de l'organisme. Mais quels sont les systèmes indispensables au système digestif lui-même? Si l'on ne tient pas compte des fonctions d'ordre général comme les échanges gazeux et la régulation des liquides par les reins, les interactions les plus essentielles se font avec les systèmes cardiovasculaire, lymphatique et endocrinien. Voyons cela de plus près.

Systèmes cardiovasculaire et lymphatique

Les éléments les plus importants de cette interaction sont les vaisseaux qui assurent le transport. En effet, toute activité digestive serait inutile si les produits finaux de la digestion n'étaient pas absorbés dans les capillaires sanguins et les vaisseaux chylifères qui les acheminent à toutes les cellules de l'organisme. Les organes et les tissus lymphoïdes offrent aussi une protection par l'intermédiaire des amygdales, des follicules lymphoïdes agrégés et des follicules lymphoïdes disséminés le long du tube digestif. Comme nous l'avons mentionné, le fait que le tube digestif soit ouvert aux deux extrémités l'expose aux virus et aux bactéries pathogènes et opportunistes.

Système endocrinien

Non seulement le système digestif a-t-il des interactions essentielles avec le système endocrinien, mais il constitue également l'organe endocrinien le plus étendu et le plus complexe de l'organisme. En effet, il produit des hormones qui règlent la motilité du tube digestif et l'activité de sécrétion de l'estomac, de l'intestin grêle, du foie et du pancréas (la sécrétine et la CCK, par exemple). De plus, ces mêmes hormones provoquent la dilatation des vaisseaux sanguins locaux devant recevoir les produits de la digestion (VIP). Certaines hormones des organes digestifs (par exemple, la CCK et le glucagon) sont aussi des médiateurs de la faim et de la satiété, et les hormones pancréatiques (insuline et glucagon) contribuent à la régulation du métabolisme des glucides, des graisses et des acides aminés dans tout l'organisme.

Système digestif

Étude de cas: Vous vous souvenez certainement de M. Gendron, qui souffrait de déshydratation. Il semble que sa très grande production d'urine n'était pas son seul problème. Aujourd'hui, il se plaint d'avoir mal à la tête, de ressentir d'intenses douleurs épigastriques, d'être ballonné et d'avoir la diarrhée. Pour tenter d'établir un diagnostic, on lui a posé les questions suivantes:

- Avez-vous déjà ressenti ces symptômes dans le passé? (Réponse: « Oui, mais pas comme cette fois-ci. »)
- Êtes-vous allergique à certains aliments? (Réponse: « Les coquillages ne me réussissent pas et le lait me donne la diarrhée. »)

En conséquence, on recommande à M. Gendron de suivre un nouveau régime, sans lactose.

1. Pourquoi lui a-t-on prescrit ce nouveau régime? (Quel problème soupçonne-t-on?)

Les symptômes de M. Gendron persistent en dépit des modifications apportées à son régime alimentaire. Sa diarrhée a même augmenté en intensité et, le lendemain soir, il se plaint de fortes douleurs à l'abdomen. On l'interroge à nouveau pour tenter de mieux cerner le problème. On lui demande, entre autres, s'il a récemment fait un voyage à l'étranger, ce qui n'est pas le cas. Il est donc improbable qu'il souffre d'une infection à *Shigella*, une bactérie associée à de mauvaises conditions sanitaires. On lui pose aussi les questions suivantes:

- Buvez-vous de l'alcool, et en quelle quantité? (Réponse: « Peu ou pas du tout. »)
- Avez-vous mangé récemment des œufs crus ou de la salade contenant de la mayonnaise chez des amis? (Réponse: « Non. »)
- Y a-t-il des aliments qui semblent provoquer ces crises? (Réponse: « Oui, le café et les sandwichs. »)

2. À la lumière de ces réponses, quelles sont, selon vous, les causes de la diarrhée de M. Gendron? Comment établira-t-on le diagnostic et quel sera le traitement?

(Les réponses se trouvent à l'appendice G.)

examens médicaux ainsi que des examens dentaires. La plupart des cancers de la bouche sont découverts au cours d'examens dentaires de routine, 50 % de tous les cancers du rectum peuvent être décelés par toucher rectal et près de 80 % des cancers du côlon peuvent être détectés et retirés par coloscopie.

À l'heure actuelle, au Canada et en France, le cancer du côlon occupe la deuxième place parmi les cancers les plus meurtriers chez les hommes après celui du poumon ; chaque année, on y diagnostique environ 18 000 et 33 000 nouveaux cas, respectivement. Jusqu'à maintenant, on pensait que la plupart des cancers colorectaux se formaient à partir de tumeurs bénignes présentant des nodosités des muqueuses appelées polypes. Toutefois, des excroissances plates ressemblant à des crêpes qui s'intègrent aux tissus avoisinants sont plus fréquentes qu'on ne le croyait auparavant. Ces excroissances sont 10 fois plus susceptibles d'être cancéreuses que les polypes. Les chercheurs croient qu'elles constituent une voie distincte qui mène au cancer du côlon, plutôt que d'être des précurseurs des polypes. Cette découverte aura certainement une incidence importante sur la gastroentérologie et la planification des examens de dépistage du cancer du côlon. On recommande actuellement une recherche de sang occulte (invisible à l'œil) chaque année et une coloscopie tous les 3 à 10 ans selon les résultats des examens précédents. On intervient habituellement par une ablation de la tumeur, parfois suivie d'une *colostomie* permanente ou temporaire qui consiste à aboucher le colon à la paroi abdominale tout en y installant un sac qui accumulera les selles.

Comme nous l'avons expliqué dans le Gros plan du chapitre 4, l'apparition du cancer du côlon est un processus graduel résultant de la mutation de plusieurs gènes régulateurs. Des études récentes ont permis d'identifier le gène dont la mutation produit près de 50 % des cancers du côlon. Ce gène, appelé *p53*, constitue normalement une protection et fait en sorte que les erreurs de l'ADN ne peuvent pas être transmises sans avoir été corrigées. Lorsqu'il est endommagé ou inhibé, le gène *p53* perd son effet de suppresseur de tumeur et l'ADN endommagé peut s'accumuler, ce qui est la cause de la carcinogenèse.

VÉRIFIONS NOS ACQUIS

51. À partir de quel feuillet embryonnaire la muqueuse du système digestif se forme-t-elle ?
52. Comment la fibrose kystique, ou mucoviscidose, altère-t-elle le déroulement de la digestion ?
53. Pourquoi les cancers du côlon et de l'estomac sont-ils si meurtriers ?

Les réponses se trouvent à l'appendice G.

Comme nous l'avons résumé dans la Synthèse, le système digestif apporte au sang les nutriments à partir desquels tous les tissus de l'organisme peuvent répondre à leurs besoins énergétiques et synthétiser de nouvelles protéines pour assurer leur croissance et se maintenir en bon état. Nous sommes maintenant en mesure d'aborder le chapitre 24, qui traite de l'utilisation de ces nutriments par les cellules de l'organisme.

TERMES MÉDICAUX

Aptyalisme (*a* : sans ; *ptualon* : salive) Sécheresse extrême de la bouche par diminution ou arrêt complet de la salivation avec problèmes de gustation, de mastication et de déglutition ; peut être due au blocage des glandes salivaires par des kystes ou à l'invasion auto-immune des glandes ou des conduits salivaires (syndrome de Sjögren). Aussi appelé *xérostomie*.

Ascite (*askos* : outre) Accumulation anormale de liquide dans la cavité péritonéale pouvant même causer un gonflement visible de l'abdomen. Peut résulter d'une hypertension portale due à une cirrhose du foie, à une cardiopathie ou à une maladie rénale.

Boulimie (*bous* : bœuf ; *limos* : faim) Comportement faisant alterner l'ingestion de quantités énormes de nourriture et une forme de purge (par exemple vomissements provoqués, prise de laxatifs ou de diurétiques, exercice physique excessif). S'observe le plus souvent chez les jeunes filles à l'école secondaire ou au collège ainsi que chez les garçons à l'école secondaire et pratiquant certains types d'activités sportives (lutte). Découle d'une peur maladive de grossir et d'un besoin de se maîtriser ; constitue une façon de faire face au stress et à la dépression. Parmi les conséquences, on observe une érosion de l'émail des dents, des lésions de l'estomac ou la rupture de ce dernier (due aux vomissements) ainsi que des déséquilibres électrolytiques graves nuisant à l'activité cardiaque. Les traitements peuvent comprendre l'hospitalisation en vue de réguler le comportement et des conseils en matière de nutrition.

Bruxisme Grincement ou serrement des dents, habituellement la nuit durant le sommeil, en réaction au stress. Peut user et fendre les dents.

Colite ou entérite pseudomembraneuse Infection nosocomiale causée par *Clostridium difficile* et sévissant fréquemment dans les hôpitaux. Le nom de cette inflammation du colon tient au fait qu'elle se manifeste sous forme de plaques blanchâtres à la surface de la muqueuse d'apparence normale. *C. difficile* abonde dans l'environnement, mais nous sommes naturellement protégés par la flore intestinale normale. Elle survient surtout chez les personnes affaiblies soumises à des traitements antibiotiques radicaux. Le symptôme initial est le plus souvent la diarrhée. Le taux de récidive peut atteindre 40 % ; il se peut toutefois que le nombre de cas recensés soit nettement sous-évalué, car on observe chez les enfants de fréquentes formes asymptomatiques (de 50 à 70 %).

Dysphagie (*dus* : difficile, anormal ; *phagein* : manger) Difficulté liée à l'action de manger et plus particulièrement à celle d'avaler, généralement due à l'obstruction ou à une lésion de l'œsophage.

Endoscopie (*endon* : dedans ; *skopein* : examiner) Méthode d'exploration visuelle de la cavité ventrale du corps ou de l'intérieur d'un organe viscéral ou à orifice étroit, à l'aide d'un endoscope; cet instrument tubulaire flexible comprend une source lumineuse et une lentille; terme générique désignant la coloscopie (examen du côlon), la sigmoïdoscopie (examen du côlon sigmoïde), etc.

Entérite (*enteron*: intestin) Inflammation de la muqueuse intestinale, en particulier de celle de l'intestin grêle.

Hémochromatose familiale (*haïma*: sang; *khrôma*: couleur) Trouble du métabolisme du fer, dû à un apport excessif ou prolongé de fer, ou à la disparition partielle de la barrière muqueuse-fer; l'excès de fer se dépose dans les tissus, provoquant une augmentation de la pigmentation cutanée; on note alors une augmentation de la fréquence du cancer hépatique et de la cirrhose du foie; aussi appelée *diabète bronzé*.

Iléus Nom donné à toute forme d'occlusion intestinale. L'*iléus paralytique* est une affection dans laquelle tout mouvement du tube digestif cesse et l'intestin semble paralysé; peut être dû à des déséquilibres électrolytiques ou à un blocage des influx nerveux parasympathiques par des médicaments (comme ceux couramment utilisés pendant les interventions chirurgicales à l'abdomen); prend habituellement fin lorsque les causes disparaissent; le rétablissement de la motilité est indiqué par la réapparition de bruits intestinaux (gargouillis, par exemple).

Laparoscopie (*lapara*: flanc; *skopein*: examiner) Examen de la cavité péritonéale et de ses organes à l'aide d'un endoscope qu'on introduit par une incision dans la paroi abdominale antérieure. Souvent utilisée pour évaluer l'état des organes digestifs et celui des organes génitaux internes de la femme.

Maladie inflammatoire de l'intestin Inflammation périodique non contagieuse de la paroi intestinale et résultant d'une réaction immunitaire et inflammatoire anormale à des antigènes bactériens normalement présents dans l'intestin. Elle est reliée à la présence d'un groupe de lymphocytes T auxiliaires T_H récemment découvert (T_H17) et de certaines cytokines, ainsi qu'à un manque de substances antimicrobiennes (lysozyme, défensines, etc.) normalement sécrétées par la muqueuse digestive. Atteint jusqu'à 2 personnes sur 1000. Les symptômes comprennent des crampes, la diarrhée, une perte pondérale et des saignements intestinaux. Il en existe deux sous-types: la maladie de Crohn, un syndrome caractérisé par des périodes de crise et des rémissions, et la colite ulcéreuse. La maladie de Crohn est plus grave, car des ulcères et des fissures profondes se forment dans l'intestin, parfois sur toute sa longueur, mais le plus souvent dans l'iléum. Par comparaison, la colite ulcéreuse se caractérise par une inflammation superficielle de la muqueuse du gros intestin, surtout dans le rectum. Le traitement consiste en un régime alimentaire adapté, une réduction du stress et l'administration d'antibiotiques, d'anti-inflammatoires et d'immunosuppresseurs. Dans les cas extrêmement graves de colite ulcéreuse, on procède à une colectomie (ablation d'une partie du côlon).

Muguet Infection de la muqueuse orale par un mycète, *Candida albicans*, et se manifestant par des plaques blanches; touche surtout les nouveau-nés et les individus traités avec des doses élevées d'antibiotiques.

Œsophage de Barrett Modification pathologique de l'épithélium de l'œsophage inférieur qui, de stratifié squameux, devient prismatique (comme celui de l'épithélium gastrique) et métaplasique (il se transforme); ce nouveau tissu est plus susceptible de subir des ulcérations. Peut constituer une séquelle d'un reflux gastro-œsophagien chronique non traité dû à une hernie hiatale et peut prédisposer la personne affectée à un cancer œsophagien agressif (adénocarcinome).

Orthodontie (*ortho*: droit) Branche de la médecine dentaire ayant pour objet la prévention et la correction des difformités touchant les dents.

Pancréatite Inflammation aiguë ou chronique du pancréas; peut être due à une concentration excessive de lipides dans le sang ou à une consommation excessive d'alcool, mais résulte le plus souvent du blocage du canal cholédoque par un calcul biliaire et de l'activation des enzymes dans le conduit pancréatique, ce qui entraîne la digestion du tissu pancréatique et du conduit; cette affection douloureuse, irradiant parfois entre les omoplates, peut produire des carences alimentaires graves parce que les enzymes pancréatiques sont essentielles à la digestion des aliments dans l'intestin grêle.

Proctologie (*proktos*: anus; *logos*: discours) Branche de la médecine traitant des maladies du côlon, du rectum et de l'anus.

Sténose pylorique du nourrisson (*stenos*: étroit) Rétrécissement anormal du muscle sphincter pylorique par épaississement de la couche musculaire (anomalie congénitale); les premiers symptômes apparaissent généralement lorsque l'enfant commence à consommer des aliments solides; on observe alors des vomissements en jet; se corrige par voie chirurgicale.

Ulcères gastroduodénaux Terme désignant les ulcères de l'estomac et de la première partie du duodénum.

Vagotomie Section du nerf vague dans le but de diminuer la sécrétion de suc gastrique chez les personnes atteintes d'ulcères gastroduodénaux qui ne peuvent pas être traités par les médicaments.

RÉSUMÉ DU CHAPITRE

PREMIÈRE PARTIE – CARACTÉRISTIQUES GÉNÉRALES DU SYSTÈME DIGESTIF

1. Le système digestif comprend les organes du tube digestif (bouche, pharynx, œsophage, estomac, intestin grêle et gros intestin) et ses organes annexes (dents, langue, glandes salivaires, foie, vésicule biliaire et pancréas).

Processus digestifs (p. 987)

1. L'activité du système digestif comporte six processus: l'ingestion, ou entrée de la nourriture; la propulsion, ou déplacement des aliments dans le tube digestif; la digestion mécanique, qui assure le mélange de la nourriture et son fractionnement; la digestion chimique, ou dégradation enzymatique; l'absorption, ou transport des produits de la digestion à travers la muqueuse intestinale en direction du sang; et la défécation, ou évacuation des résidus non digérés (fèces).

Concepts fonctionnels fondamentaux (p. 988)

1. Le système digestif régit le milieu existant dans la lumière, où il crée les conditions optimales pour la digestion et l'absorption des aliments.

2. Dans le tube digestif, des récepteurs et des cellules sécrétrices d'hormones répondent à des signaux d'étirement et à des signaux chimiques qui stimulent ou inhibent l'activité ou la motilité du tube digestif. Le tube digestif comprend un réseau de plexus nerveux intrinsèques.

Relations entre les organes du système digestif (p. 989)

1. Le péritoine pariétal et le péritoine viscéral communiquent entre eux par l'intermédiaire de plusieurs prolongements (mésentère, ligament falciforme du foie, petit et grand omentums); ils sont séparés par un mince espace contenant la sérosité qui réduit la friction pendant le fonctionnement des organes.

2. Les viscères digestifs sont irrigués par la circulation splanchnique, qui comporte plusieurs ramifications artérielles du tronc cœliaque et de l'aorte, ainsi que par le système porte hépatique.

3. Les parois de tous les organes du tube digestif sont formées des quatre mêmes couches de tissus, ou tuniques: la muqueuse, la sous-muqueuse, la musculeuse et la séreuse (ou adventice selon le cas). La paroi comporte également des plexus nerveux intrinsèques (système nerveux entérique).

DEUXIÈME PARTIE – ANATOMIE FONCTIONNELLE DU SYSTÈME DIGESTIF

Bouche et organes associés (p. 992)

1. La nourriture entre dans le tube digestif par la bouche, qui communique à l'arrière avec l'oropharynx. La bouche est délimitée par les lèvres, les joues, le palais et la langue.

2. La muqueuse orale est un épithélium stratifié squameux, ce qui représente une adaptation des endroits sujets à l'abrasion.

3. La langue est constituée de muscles squelettiques recouverts de muqueuse. Les muscles intrinsèques lui permettent de changer de forme et les muscles extrinsèques, de changer de position.

4. La salive est sécrétée par un grand nombre de petites glandes orales et par trois paires de grosses glandes salivaires (parotides, submandibulaires et sublinguales) dont le produit s'écoule dans la bouche par des conduits. La salive est en grande partie composée d'eau, mais elle contient aussi des ions, des protéines, des déchets métaboliques, du lysozyme, des défensines, des IgA, de l'amylase salivaire, un composé cyanuré et de la mucine.

5. La salive humidifie et nettoie la cavité orale; elle humecte les aliments, ce qui facilite la formation du bol alimentaire; elle dissout les substances chimiques pour permettre leur perception par le goût; et elle amorce la digestion chimique de l'amidon (amylase salivaire). La production de salive est accrue par des réflexes conditionnés ainsi que par des réflexes parasympathiques répondant à l'activation de chimiorécepteurs et de barorécepteurs situés dans la bouche. L'action du système nerveux sympathique réduit la salivation.

6. Les 20 dents temporaires tombent à partir de l'âge de 6 ans et sont graduellement remplacées au cours de l'enfance et de l'adolescence par les 32 dents permanentes.

7. Les dents sont classées en incisives, en canines, en prémolaires et en molaires. Chaque dent comprend une couronne couverte d'émail et une racine couverte de cément. La dentine, qui entoure le cavum de la dent, constitue le corps de la dent. Le desmodonte ancre la dent dans l'alvéole osseuse.

Pharynx (p. 1000)

1. La nourriture venant de la bouche passe dans l'oropharynx et le laryngopharynx. La muqueuse du pharynx est constituée d'épithélium stratifié squameux; les muscles squelettiques de sa paroi (muscles constricteurs) poussent les aliments vers l'œsophage.

Œsophage (p. 1000)

1. L'œsophage part du laryngopharynx et débouche dans l'estomac par l'orifice du cardia, qui est entouré par le sphincter œsophagien inférieur.

2. La muqueuse de l'œsophage est composée d'épithélium stratifié squameux. Sa musculeuse est constituée de muscle squelettique dans la partie supérieure et devient progressivement du muscle lisse dans la partie inférieure. L'œsophage est recouvert d'une adventice et non d'une séreuse.

Processus digestifs qui se déroulent de la bouche à l'œsophage (p. 1002)

1. La bouche et les organes qui lui sont associés assurent l'ingestion de la nourriture et la digestion mécanique (mastication et mélange), amorcent la digestion chimique de l'amidon (amylase salivaire) et poussent la nourriture dans le pharynx (étape orale de la déglutition).

2. Les dents servent à la mastication, processus qui est amorcé volontairement et régi par la suite par des réflexes.

3. La langue mélange la nourriture avec la salive, la comprime en un bol alimentaire et amorce la déglutition (étape volontaire). Le pharynx et l'œsophage sont principalement des voies qui acheminent la nourriture à l'estomac par péristaltisme. Le centre de la déglutition, situé dans le bulbe rachidien et le pont, régit cette étape par l'intermédiaire de réflexes. Lorsque l'onde péristaltique approche du sphincter œsophagien inférieur, celui-ci se relâche pour permettre à la nourriture de pénétrer dans l'estomac.

Estomac (p. 1003)

1. L'estomac, en forme de J, se situe dans le quadrant supérieur gauche de la cavité abdominale. Ses principales régions sont le cardia, le fundus de l'estomac, le corps de l'estomac et la partie pylorique. Lorsqu'il est vide, sa face interne forme les plis gastriques.

2. La musculeuse de l'estomac comporte une troisième couche de muscle lisse orienté obliquement et permettant le malaxage et le pétrissage de la nourriture.

3. La muqueuse de l'estomac est composée d'épithélium simple prismatique parsemé de cryptes conduisant aux glandes gastriques. Les cellules sécrétrices des glandes gastriques comprennent les cellules principales, qui produisent le pepsinogène; les cellules pariétales, qui sécrètent l'acide chlorhydrique et le facteur intrinsèque; les cellules à mucus du collet, qui produisent du mucus; et les endocrinocytes gastro-intestinaux, qui sécrètent diverses hormones.

4. La barrière muqueuse protège l'estomac de l'autodigestion et des effets du HCl, et elle est créée par les cellules de la muqueuse; en effet, celles-ci sont reliées entre elles par des jonctions serrées, elles sécrètent un mucus épais et sont rapidement remplacées lorsqu'elles sont endommagées.

5. Dans l'estomac, la pepsine activée amorce la digestion des protéines, qui nécessite un milieu acide (créé par le HCl). Peu de substances sont absorbées à cet endroit.

6. La sécrétion gastrique est réglée par des facteurs nerveux et hormonaux. Elle comprend les phases céphalique, gastrique et intestinale. La plupart des stimulus céphaliques et gastriques reliés aux aliments font augmenter la sécrétion gastrique; la plupart des stimulus agissant sur l'intestin grêle déclenchent le

réflexe entérogastrique et provoquent la libération de sécrétine et de CCK, qui inhibent la sécrétion gastrique. L'activité du système sympathique inhibe aussi la sécrétion gastrique.

7. Dans l'estomac, la digestion mécanique est amorcée par l'étirement des parois et couplée aux déplacements de la nourriture ainsi qu'à l'évacuation gastrique. L'arrivée des aliments dans le duodénum est régie par le pylore et par des signaux de rétroaction provenant de l'intestin grêle. Des cellules rythmogènes situées dans la couche de muscle lisse déterminent la fréquence maximale des contractions péristaltiques.

Intestin grêle et structures annexes (p. 1016)

1. L'intestin grêle est le principal organe de la digestion et de l'absorption. Il s'étend du muscle sphincter pylorique à la valve iléocæcale et se compose de trois segments: le duodénum, le jéjunum et l'iléum. Le conduit cholédoque et le conduit pancréatique se rejoignent pour former l'ampoule hépatopancréatique; ils déversent leurs sécrétions dans le duodénum par le muscle sphincter de l'ampoule hépatopancréatique (sphincter d'Oddi).

2. Les plis circulaires, les villosités et les microvillosités sont des dispositifs d'amplification de la surface intestinale pour la digestion et l'absorption.

3. La sous-muqueuse duodénale contient des glandes muqueuses complexes (glandes duodénales ou de Brunner); celle de l'iléum contient des follicules lymphoïdes agrégés (plaques de Peyer). Le duodénum est recouvert d'une adventice et non d'une séreuse.

4. Le suc intestinal, qui contient relativement peu d'enzymes, se compose en grande partie d'eau. Les principaux stimulus provoquant la sécrétion de ce liquide sont l'étirement et les substances chimiques.

5. Le foie est un organe lobé superposé à l'estomac. Son rôle dans la digestion consiste à produire de la bile, qu'il déverse dans le conduit hépatique commun.

6. Les lobules hépatiques sont les unités structurales et fonctionnelles du foie. Le sang qui se rend au foie par l'artère hépatique et la veine porte hépatique passe dans les sinusoïdes du foie, où les macrophagocytes stellaires en retirent les débris et où les hépatocytes y prélèvent les nutriments. Les hépatocytes emmagasinent le glucose sous forme de glycogène, synthétisent les protéines plasmatiques à partir des acides aminés et effectuent la détoxication des déchets métaboliques et des médicaments.

7. La bile est continuellement élaborée par les hépatocytes. Les sels biliaires et la sécrétine stimulent la production de bile.

8. La vésicule biliaire est une poche musculeuse située sous le lobe droit du foie; elle emmagasine la bile et la concentre.

9. La bile est un milieu aqueux contenant des électrolytes, diverses substances grasses, des sels biliaires et des pigments biliaires. Les sels biliaires sont des agents émulsifiants; ils dispersent les graisses et forment des micelles solubles dans l'eau, ce qui met les produits de la digestion des graisses en solution.

10. La cholécystokinine (CCK) libérée par l'intestin grêle stimule les contractions de la vésicule biliaire et le relâchement du sphincter de l'ampoule hépatopancréatique, ce qui permet à la bile (et au suc pancréatique) de pénétrer dans le duodénum.

11. Le pancréas est rétropéritonéal et se situe entre la rate et l'intestin grêle. Son produit exocrine, le suc pancréatique, est acheminé au duodénum par le conduit pancréatique.

12. Le suc pancréatique est un liquide riche en HCO_3^-; il contient des enzymes qui digèrent tous les types de nutriments. La sécrétion du suc pancréatique est régie par des hormones intestinales et par les nerfs vagues.

13. Dans l'intestin grêle, la digestion mécanique et la propulsion ont pour effet de mélanger le chyme avec les sucs digestifs et la bile; elles font aussi passer les résidus à travers la valve iléocæcale, surtout par l'intermédiaire de la segmentation. Des cellules rythmogènes établissent le rythme de la segmentation. L'ouverture de la valve iléocæcale est régie par le réflexe gastro-iléal et la gastrine.

Gros intestin (p. 1029)

1. Les segments du gros intestin sont le cæcum (et l'appendice vermiforme), le côlon (ascendant, transverse, descendant et sigmoïde), le rectum et le canal anal. Le gros intestin s'ouvre sur l'anus.

2. Le muscle longitudinal de la musculeuse est réduit à trois bandes (bandelettes du côlon) qui plissent la paroi du côlon, formant ainsi les haustrations du côlon. La muqueuse de la plus grande partie du gros intestin est un épithélium simple prismatique contenant un grand nombre de cellules caliciformes.

3. Les principales fonctions du gros intestin sont l'absorption de l'eau et de certains électrolytes (et des vitamines produites par les bactéries intestinales) ainsi que la défécation (évacuation des résidus alimentaires).

4. Le réflexe d'évacuation (défécation) est déclenché par l'arrivée des fèces dans le rectum. Il met en jeu des réflexes parasympathiques provoquant la contraction des parois rectales et est facilité par la manœuvre de Valsalva.

TROISIÈME PARTIE – PHYSIOLOGIE DE LA DIGESTION CHIMIQUE ET DE L'ABSORPTION

Digestion chimique (p. 1035)

1. La digestion chimique s'accomplit par hydrolyse enzymatique.

2. La majeure partie de la digestion chimique est effectuée dans l'intestin grêle par les enzymes intestinales (de la bordure en brosse) et surtout par les enzymes pancréatiques. Le suc pancréatique alcalin neutralise le chyme acide et crée un milieu propice à l'action des enzymes agissant dans l'intestin. Le suc pancréatique (principale source de lipases) et la bile sont nécessaires à la dégradation des lipides.

Absorption (p. 1039)

1. Pratiquement tous les aliments et la plus grande partie de l'eau et des électrolytes sont absorbés par l'intestin grêle. La plupart des nutriments sont absorbés par des mécanismes de transport actif, à l'exception des produits de digestion des lipides, des vitamines liposolubles et de la majorité des vitamines hydrosolubles (qui sont absorbés par diffusion).

2. Les produits de dégradation des lipides sont solubilisés par les sels biliaires (dans les micelles); puis, après avoir pénétré dans les cellules absorbantes de la muqueuse intestinale, ils servent à synthétiser de nouveaux triglycérides; ceux-ci sont eux-mêmes combinés avec d'autres lipides et des protéines, et forment des chylomicrons qui pénètrent dans les vaisseaux chylifères. Les autres substances absorbées pénètrent dans les capillaires sanguins des villosités et sont acheminées au foie par la veine porte hépatique.

Développement et vieillissement du système digestif (p. 1042)

1. Les organes annexes glandulaires (glandes salivaires, foie, pancréas et vésicule biliaire) apparaissent par évagination de l'endoderme de l'intestin antérieur. La muqueuse du tube digestif se développe à partir de l'endoderme, qui se replie en

formant un tube. Les trois autres couches du tube digestif se forment à partir du mésoderme.

2. Les anomalies importantes du tube digestif comprennent la fissure palatine et le bec-de-lièvre, la fibrose kystique et la fistule trachéo-œsophagienne. Ces anomalies empêchent une alimentation normale.

3. Au cours de la vie, divers problèmes inflammatoires touchent le système digestif. L'appendicite est commune chez les adolescents, la gastroentérite et l'empoisonnement alimentaire peuvent se manifester en tout temps (en présence de certains facteurs irritants), la fréquence des ulcères et des problèmes de vésicule biliaire augmente chez les personnes d'âge mûr.

4. Chez les personnes âgées, toutes les fonctions du système digestif perdent leur efficacité et les maladies périodontiques sont communes. La diverticulose, l'incontinence fécale et les cancers du tube digestif, comme ceux de l'estomac et du côlon, sont de plus en plus fréquents à mesure que les gens vieillissent.

QUESTIONS DE RÉVISION

Choix multiples/associations

(Il peut y avoir plus d'une bonne réponse à certaines questions. Choisissez les meilleures réponses parmi celles qui sont proposées. Les réponses se trouvent à l'appendice G.)

1. La cavité péritonéale: (a) s'appelle aussi la cavité abdominale et pelvienne; (b) est remplie d'air; (c) comme la cavité pleurale et celle du péricarde, est un espace très mince contenant une sérosité; (d) contient le pancréas et tout le duodénum.

2. L'obstruction du muscle sphincter de l'ampoule hépatopancréatique (sphincter d'Oddi) nuit à la digestion parce qu'elle réduit la quantité disponible: (a) de bile et de HCl; (b) de HCl et de suc intestinal; (c) de suc pancréatique et de suc intestinal; (d) de suc pancréatique et de bile.

3. L'action d'une enzyme est influencée par: (a) le milieu chimique; (b) la présence de son substrat; (c) la présence des cofacteurs ou coenzymes nécessaires à la réaction; (d) tous ces facteurs.

4. La conversion des glucides est effectuée par: (a) les peptidases, la trypsine et la chymotrypsine; (b) l'amylase, la maltase et la sucrase; (c) les lipases; (d) les peptidases, les lipases et la galactase.

5. Le système nerveux parasympathique agit sur la digestion: (a) en provoquant le relâchement des muscles lisses; (b) en stimulant le péristaltisme et l'activité de sécrétion; (c) en resserrant les sphincters; (d) aucune de ces actions.

6. Le suc digestif qui contient des enzymes pouvant digérer les quatre principales catégories d'aliments est le suc: (a) pancréatique; (b) gastrique; (c) salivaire; (d) biliaire.

7. La vitamine associée à l'absorption de calcium est la vitamine: (a) A; (b) K; (c) C; (d) D.

8. Une personne a pris un repas composé de pain beurré, de crème et d'œufs. Parmi les événements suivants, lequel se produira selon vous? (a) Si on compare à l'instant qui suit le repas, la motilité gastrique et la sécrétion de HCl diminuent au moment où la nourriture atteint le duodénum; (b) la motilité gastrique augmente au moment même où la personne mastique les aliments (avant la déglutition); (c) les graisses seront émulsifiées dans le duodénum sous l'action de la bile; (d) toutes ces réponses.

9. Le siège de la production du VIP et de la cholécystokinine est: (a) l'estomac; (b) l'intestin grêle; (c) le pancréas; (d) le gros intestin.

10. Laquelle des affirmations suivantes ne s'applique pas au gros intestin? (a) Il se divise en segments ascendant, transverse et descendant; (b) il contient un très grand nombre de bactéries dont certaines synthétisent des vitamines; (c) c'est le principal site d'absorption; (d) il absorbe une grande partie de l'eau et des sels contenus dans les déchets avant leur expulsion.

11. La vésicule biliaire: (a) produit la bile; (b) est reliée au pancréas; (c) emmagasine et concentre la bile; (d) produit la sécrétine.

12. Le sphincter situé entre l'estomac et le duodénum est: (a) le sphincter pylorique; (b) le sphincter œsophagien inférieur; (c) le sphincter de l'ampoule hépatopancréatique; (d) le sphincter iléocæcal.

Dans les questions 13 à 17, suivez le parcours d'une molécule de protéine qui a été ingérée.

13. Les enzymes qui digéreront la molécule de protéine sont sécrétées par: (a) la bouche, l'estomac et le côlon; (b) l'estomac, le foie et l'intestin grêle; (c) l'intestin grêle, la bouche et le foie; (d) l'estomac, le pancréas et l'intestin grêle.

14. La molécule de protéine doit être digérée avant d'être acheminée aux cellules et utilisée par celles-ci parce que: (a) la protéine ne peut être utilisée que de façon directe; (b) le pH de la protéine est bas; (c) dans la circulation sanguine, les protéines créent une pression osmotique nuisible; (d) la molécule de protéine est trop grosse pour pouvoir être absorbée facilement.

15. Les produits de la digestion de la protéine pénètrent dans la circulation sanguine en bonne partie en traversant les cellules qui recouvrent: (a) l'estomac; (b) l'intestin grêle; (c) le gros intestin; (d) le conduit cholédoque.

16. Avant de passer par le cœur, le sang qui transporte les produits de la digestion des protéines traverse d'abord des réseaux capillaires situés dans: (a) la rate; (b) les poumons; (c) le foie; (d) le cerveau.

17. Après leur passage dans l'organe de régulation choisi ci-dessus, les produits de la digestion des protéines circulent dans l'ensemble de l'organisme. Ils pénétreront dans les cellules de l'organisme par un processus: (a) de transport actif; (b) de diffusion; (c) d'osmose; (d) de phagocytose.

Questions à court développement

18. Faites un schéma simplifié des organes du tube digestif et identifiez chacun d'eux. Puis, à l'aide de flèches, indiquez sur votre dessin dans quelle région du tube digestif les glandes salivaires, le foie et le pancréas déversent respectivement leurs sécrétions.

19. Décrivez le trajet de la circulation splanchnique responsable de l'irrigation des organes digestifs.

20. Sarah suit un régime, mais elle est incapable de manger moins et proclame qu'elle a un estomac qui n'en fait qu'à sa tête. Bien sûr, elle plaisante, mais en fait il existe une sorte de «cerveau des entrailles» appelé système nerveux entérique. Fait-il partie des systèmes nerveux sympathique et parasympathique? Expliquez votre réponse.

21. Nommez les tuniques de la paroi du tube digestif. Indiquez la composition des tissus et la fonction principale de chacune de ces tuniques.

22. Qu'est-ce qu'un mésentère? Le mésocôlon? Le grand omentum?

23. Nommez six grandes fonctions du système digestif et associez chacune d'elles aux régions du tube digestif où elle se déroule.

24. Comparez le péristaltisme, la segmentation et les mouvements de masse en considérant le type de contractions, les effets sur le contenu intestinal et la région du tube digestif où chaque activité se produit.

25. Nommez les six sphincters que renferme le tube digestif dans l'ordre où ils sont normalement traversés par les aliments.

26. Résumez, en quelques mots, la fonction du plexus sous-muqueux (de Meissner) et celle du plexus myentérique (d'Auerbach) ainsi que l'effet général du système nerveux sympathique et du système nerveux parasympathique sur l'activité digestive.

27. (**a**) Décrivez les limites de la cavité orale. (**b**) Selon vous, pourquoi cette cavité est-elle recouverte d'une muqueuse composée d'un épithélium stratifié squameux et non d'un épithélium simple prismatique, qui est plus commun?

28. (**a**) Quel est le nombre normal de dents permanentes? De dents temporaires? (**b**) Quelle est la substance qui recouvre la couronne de la dent? Sa racine? (**c**) Quelle substance constitue la plus grande partie de la dent? (**d**) Qu'est-ce que la pulpe et où se trouve-t-elle?

29. Expliquez comment se forment les caries dentaires.

30. Décrivez les deux étapes de la déglutition en énumérant les organes qui y participent et les événements auxquels elle donne lieu.

31. Expliquez le rôle des types de cellules suivants, qu'on trouve dans les glandes gastriques: cellules pariétales, cellules principales, cellules à mucus du collet et endocrinocytes gastro-intestinaux.

32. Montrez comment l'estomac se protège contre l'acidité excessive du suc gastrique; expliquez la formation d'un ulcère gastrique.

33. Expliquez la régulation des phases céphalique, gastrique et intestinale de la sécrétion gastrique.

34. Expliquez le mécanisme de régulation de l'évacuation gastrique; donnez deux raisons pour lesquelles l'intestin grêle ne doit recevoir que de petites quantités de chyme à la fois.

35. (**a**) Quelle est la relation entre les conduits cystique, hépatique commun, cholédoque et pancréatique? (**b**) Comment nomme-t-on le point de rencontre des conduits cholédoque et pancréatique?

36. Expliquez pourquoi l'absence de bile ou de suc pancréatique entraîne la formation de selles grasses.

37. Distinguez, sur les plans de leurs constituants et de leur destinée, les gouttelettes de lipides obtenues par émulsion, les micelles et les chylomicrons.

38. Expliquez la fonction des macrophagocytes stellaires et des hépatocytes du foie.

39. Décrivez les trois types d'adaptations structurales de l'intestin grêle reliées à sa fonction d'absorption.

40. Comparez les fonctions des enzymes de la bordure en brosse avec celles du suc intestinal.

41. Décrivez le travail de la flore bactérienne du gros intestin; énumérez les différentes composantes normales des fèces.

42. Décrivez les mécanismes de défense permettant de prévenir l'entrée des bactéries entériques dans le sang.

43. Comparez la diarrhée et la constipation sur les plans des causes, de l'absorption de l'eau et du transit du contenu intestinal.

44. Nommez un type d'inflammation du tube digestif particulièrement commun chez les adolescents, deux types communs chez les personnes d'âge mûr et un type commun chez les personnes âgées.

45. Quels sont les effets du vieillissement sur l'activité du système digestif?

Réflexion et application

1. Vous êtes un assistant de recherche dans une société pharmaceutique. Votre groupe s'est vu confier la tâche de synthétiser un laxatif efficace (1) qui fournisse des fibres et (2) qui n'irrite pas la muqueuse intestinale. Expliquez l'importance de ces exigences en décrivant ce qui se produirait si les conditions étaient exactement l'inverse de celles énoncées ici.

2. Après un copieux repas riche en aliments frits, Diane Collin, une femme de 45 ans qui a tendance à faire de l'embonpoint, arrive au service des urgences. Elle se plaint de douleurs spasmodiques dans la région épigastrique irradiant du côté droit de la cage thoracique. Elle explique que cette douleur est survenue subitement, et l'examen révèle un abdomen sensible au toucher et un peu rigide. Selon vous, de quelle affection souffre cette patiente et pourquoi la douleur est-elle discontinue (crampes)? Quels sont les traitements possibles et que risquerait-il de se passer en l'absence de traitement?

3. Un nourrisson est amené à l'hôpital; pendant les trois derniers jours, il a eu la diarrhée et ses selles étaient aqueuses. Ses fontanelles sont enfoncées, ce qui est le signe d'une profonde déshydratation. Les épreuves diagnostiques montrent qu'il souffre d'une colite bactérienne, et on lui prescrit des antibiotiques. Étant donné la perte de sucs intestinaux chez ce nourrisson, pensez-vous que son pH sanguin montrerait une acidose ou une alcalose? Expliquez votre raisonnement.

4. Gérard Lefrançois, un représentant commercial d'âge mûr, se plaint d'une sensation de brûlure «au creux de l'estomac» qui commence habituellement environ deux heures après un repas et qui s'estompe lorsqu'il boit un verre de lait. Lorsqu'on lui demande d'indiquer le siège de la douleur, il montre la région épigastrique. L'équipe médicale procède à un examen du tube digestif par radioscopie et découvre un ulcère gastrique; on prescrit un traitement aux antibiotiques et au subsalicylate de bismuth. (**a**) Pourquoi a-t-on recommandé un tel traitement? (**b**) Que risquerait-il de se produire en l'absence de traitement?

5. Le docteur Nolin se sert d'un endoscope pour examiner le côlon de M. Habib. Il note la présence de petites excroissances de forme aplatie mais aucun polype. Qu'est-ce qu'un endoscope? Le docteur Nolin doit-il se réjouir de l'absence de polypes? À quoi doit s'attendre M. Habib?

6. Monsieur Gagnon a souffert d'une diarrhée intense toute la journée et il est maintenant très faible. Expliquez pourquoi l'infirmière se préoccupe de son état actuel.

7. Quel est l'intérêt sur le plan de la protection d'avoir plusieurs paires d'amygdales dans la portion buccale du pharynx?

23

24

Régime alimentaire et nutrition (p. 1054)

Glucides (p. 1054)

Lipides (p. 1056)

Protéines (p. 1059)

Vitamines (p. 1060)

Minéraux (p. 1061)

Vue d'ensemble des réactions métaboliques (p. 1064)

Anabolisme et catabolisme (p. 1065)

Réactions d'oxydoréduction et rôle des coenzymes (p. 1067)

Synthèse de l'ATP (p. 1067)

Métabolisme des principaux nutriments (p. 1069)

Métabolisme des glucides (p. 1069)

Métabolisme des lipides (p. 1078)

Métabolisme des protéines (p. 1081)

États métaboliques de l'organisme (p. 1082)

État d'équilibre entre le catabolisme et l'anabolisme (p. 1082)

État postprandial (p. 1085)

État de jeûne (p. 1087)

Rôle du foie dans le métabolisme (p. 1090)

Métabolisme du cholestérol et régulation de la concentration plasmatique de cholestérol (p. 1091)

Équilibre énergétique (p. 1095)

Obésité (p. 1095)

Régulation de l'apport alimentaire (p. 1095)

Vitesse du métabolisme et production de chaleur (p. 1098)

Thermorégulation (p. 1099)

Nutrition et métabolisme au cours du développement et du vieillissement (p. 1107)

Nutrition, métabolisme et thermorégulation

Seriez-vous épicurien ? Faites-vous partie de ceux qui vivent pour manger ou de ceux qui mangent pour vivre ? On dit parfois que l'on est ce que l'on mange, ce qui est vrai puisqu'une partie des aliments que nous absorbons servent à construire nos structures cellulaires, à remplacer les éléments usés et à synthétiser des molécules fonctionnelles. Cependant, la plupart des nutriments ingérés deviennent une source d'énergie métabolique, c'est-à-dire qu'ils sont oxydés et transformés en **ATP**, la forme d'énergie chimique utilisée par la cellule.

Dans le système international, l'unité d'énergie et de chaleur est le joule (J) ; c'est le travail produit par une force de 1 newton qui déplace son point d'application de 1 mètre dans sa propre direction. Pour des considérations pratiques, la valeur énergétique des aliments se mesure en unités appelées **kilojoules** (kJ). Dans le domaine de la diététique, on emploie bien souvent la calorie, et plus précisément la kilocalorie (kcal) ; elle représente la quantité de chaleur nécessaire pour élever de 1 degré Celsius la température de 1 kilogramme d'eau, et équivaut à 4,185 kJ.

Au chapitre 23, nous avons abordé les processus de digestion et d'absorption des aliments. Mais qu'arrive-t-il aux nutriments une fois qu'ils sont entrés dans le sang ? Pourquoi avons-nous besoin de pain, de viande et de légumes frais ? Pourquoi tout ce que nous mangeons semble-t-il s'accumuler sous forme de graisses ? Dans le présent chapitre, nous tenterons de répondre à ces questions en décrivant la nature des nutriments et leurs divers rôles métaboliques.

Régime alimentaire et nutrition

1 Définir les termes « nutriment », « nutriment essentiel » et « joule ».

2 Énumérer les six principaux types de nutriments. En indiquer les sources importantes et les principaux rôles dans les cellules. Donner un aperçu des problèmes majeurs liés à un excès de glucides, de lipides ou de protéines ou à une carence en ces nutriments.

Un **nutriment** est une substance provenant de nos aliments (après digestion) et dont se sert l'organisme pour assurer la croissance, le fonctionnement et la réparation de ses tissus. Les nutriments essentiels à une bonne santé se divisent en six groupes bien distincts. Trois d'entre eux sont appelés **nutriments majeurs** (glucides, lipides et protéines) et constituent la plus grande partie de ce que nous consommons. Les vitamines et les minéraux, qui forment le quatrième et le cinquième groupe, sont également essentiels à l'homéostasie, mais ils ne sont nécessaires qu'en très petite quantité.

Au sens strict, l'eau est aussi un nutriment majeur puisqu'elle compose environ 60 % du volume de nos aliments. Cependant, comme nous avons parlé au chapitre 2 de son rôle primordial dans le fonctionnement de l'organisme, nous nous limiterons ici à l'étude des cinq autres groupes de nutriments que nous venons d'énumérer.

La plupart des aliments apportent divers nutriments à l'organisme. Par exemple, une crème de champignons contient tous les nutriments majeurs ainsi que quelques vitamines et des minéraux. Une alimentation comprenant des éléments de chaque groupe alimentaire (produits céréaliers, fruits et légumes, viandes et substituts, produits laitiers) fournit en principe tous les nutriments nécessaires en quantité suffisante **(figure 24.1)**.

La capacité des cellules, surtout celles du foie, à convertir un type de molécules en un autre est absolument remarquable. Ces interconversions permettent à l'organisme d'utiliser toute la gamme des substances présentes dans les aliments et de s'ajuster aux fluctuations des apports nutritionnels. Mais cette capacité de créer de nouvelles molécules à partir d'autres molécules a ses limites.

Près d'une cinquantaine de molécules ne peuvent être produites par l'organisme assez rapidement pour répondre à ses besoins et doivent être fournies par le régime alimentaire ; on les appelle **nutriments essentiels**. Tant que nous consommons tous les nutriments essentiels, notre organisme peut synthétiser les centaines d'autres molécules nécessaires au maintien de notre bonne santé. Le choix du terme « essentiel » pour désigner les substances chimiques qui doivent provenir de sources extérieures n'est pas très heureux et prête même à confusion ; en effet, tous les nutriments (essentiels et non essentiels) sont tout aussi indispensables au bon fonctionnement de l'organisme.

Glucides

3 Distinguer les sources alimentaires de glucides complexes et de glucides simples.

4 Indiquer les principales fonctions des glucides dans l'organisme.

Sources alimentaires

À l'exception du sucre du lait (lactose) et des quantités négligeables de glycogène présentes dans les viandes, tous les glucides que nous ingérons sont d'origine végétale. Les sucres (monosaccharides et disaccharides) proviennent des fruits, de la canne à sucre, de la betterave à sucre, du miel et du lait ; l'amidon, un polysaccharide, se trouve dans les céréales et les légumineuses.

Deux types de polysaccharides contiennent des fibres. La cellulose, un autre polysaccharide très abondant dans de nombreux végétaux, n'est pas digérée par les humains, mais elle fournit les *fibres insolubles*, tel le son de blé, qui font augmenter le volume des selles et facilitent la défécation. Les *fibres solubles*, comme l'avoine ou la pectine des pommes et des agrumes, réduisent le taux de cholestérol dans le sang, ce qui est souhaitable pour les personnes atteintes d'une cardiopathie.

Utilisation par l'organisme

Le **glucose** est la molécule de monosaccharide qui est utilisée finalement par les cellules pour produire de l'ATP. La digestion des glucides fournit également du fructose et du galactose, mais le foie convertit ces monosaccharides en glucose qu'il libère

À quoi correspond une portion du Guide alimentaire ?
Regardez les exemples présentés ci-dessous.

Figure 24.1 Guide alimentaire canadien. Le *Guide alimentaire canadien* rassemble les aliments en quatre groupes : produits céréaliers, légumes et fruits, produits laitiers et substituts, ainsi que viandes et substituts. Il recommande la consommation quotidienne d'aliments faisant partie de chaque groupe. Le nombre de calories n'y est pas indiqué, car il dépend largement de l'indice de masse corporelle (IMC) de chaque personne et du degré d'activité physique qu'elle pratique. Les valeurs approximatives peuvent varier de 1750 calories pour une femme sédentaire de 18 ans à 3300 calories pour un homme actif du même âge. (Extrait de Bien manger avec le *Guide alimentaire canadien,* Santé Canada, 2007 © http://www.hc-sc.gc.ca/fn-an/food-guide-aliment/index-fra.php)

Nombre de portions du Guide alimentaire recommandé chaque jour

	Enfants			Adolescents		Adultes			
Âge (ans)	2-3	4-8	9-13	14-18		19-50		51+	
Sexe	Filles et garçons			Filles	Garçons	Femmes	Hommes	Femmes	Hommes
Légumes et fruits	4	5	6	7	8	7-8	8-10	7	7
Produits céréaliers	3	4	6	6	7	6-7	8	6	7
Lait et substituts	2	2	3-4	3-4	3-4	2	2	3	3
Viandes et substituts	1	1	1-2	2	3	2	3	2	3

Les recommandations diffèrent légèrement, d'un pays à l'autre.

ensuite dans la circulation systémique. De nombreuses cellules de l'organisme font appel aux lipides comme source d'énergie, mais les neurones et les globules rouges dépendent presque exclusivement du glucose pour satisfaire leurs besoins énergétiques. L'organisme surveille et régule la glycémie (concentration plasmatique de glucose) avec précision, car même une brève diminution du taux de glucose sanguin risque de perturber gravement le fonctionnement de l'encéphale et de provoquer la mort des neurones. Le glucose que l'organisme n'utilise pas pour produire de l'ATP est converti en glycogène ou en graisses et est mis en réserve pour l'avenir.

Les monosaccharides ont peu d'autres fonctions. De petites quantités de pentoses entrent dans la synthèse des acides nucléiques, et divers sucres sont liés aux protéines et aux lipides de la face externe de la membrane plasmique.

Besoins et apport alimentaire

Le régime alimentaire des Inuits est pauvre en glucides alors que celui des Asiatiques en contient beaucoup, ce qui montre que les humains peuvent vivre en bonne santé même si les quantités de glucides ingérés fluctuent largement. La consommation minimale de glucides n'a pas été établie, mais on estime que la plus petite quantité permettant le maintien d'une glycémie adéquate est de 100 g par jour. L'apport quotidien recommandé (130 g par jour) est fondé sur la quantité de glucides dont a besoin le cerveau, et non sur la quantité totale nécessaire à toutes les activités quotidiennes. On suggère actuellement un apport quotidien de glucides représentant de 45 à 65 % de l'apport énergétique total, tout en insistant sur l'importance des glucides *complexes* (céréales complètes et légumes). Si la consommation de glucides est inférieure à 50 g par jour, l'énergie est produite à partir des protéines tissulaires et des lipides.

Étant donné que les féculents (riz, pâtes et pain) sont généralement moins coûteux que la viande et les aliments riches en protéines, les glucides constituent un pourcentage encore plus élevé de l'alimentation chez les personnes à faible revenu. Les légumes, les fruits, les céréales entières et le lait apportent aussi de nombreux nutriments de grande valeur nutritive, tels que des vitamines et des minéraux.

En revanche, les aliments contenant des glucides très raffinés, comme les bonbons et les boissons gazeuses, sont uniquement des sources d'énergie (on les qualifie souvent d'aliments sans valeur nutritive ou d'«aliments vides»). La consommation d'aliments riches en sucres raffinés et pauvres en glucides complexes peut causer aussi bien des carences nutritionnelles que l'obésité. Le **tableau 24.1** présente d'autres conséquences pouvant découler d'un excès de glucides simples.

Lipides

5 Distinguer les sources alimentaires de lipides saturés, de lipides insaturés et d'acides gras *trans*.

6 Indiquer les principales fonctions des lipides dans l'organisme.

Sources alimentaires

Les lipides les plus abondants dans notre alimentation sont les triglycérides, aussi appelés graisses neutres ou triacylglycérols (voir le chapitre 2). On trouve des lipides saturés dans les produits animaux, comme la viande et les produits laitiers, ainsi que dans quelques produits provenant des plantes tropicales, telles la noix de coco et les huiles hydrogénées (gras *trans*, décrits à la page 1094), dont la margarine et les shortenings solides utilisés en pâtisserie sont des exemples. Les lipides insaturés proviennent des graines, des noix, de l'huile d'olive et de la plupart des huiles végétales. Au cours de la digestion, les lipides sont transformés en monoglycérides ou complètement dégradés en acides gras et en glycérol, puis reconvertis en triglycérides qui sont transportés dans la lymphe.

Quant au cholestérol alimentaire, il provient principalement des jaunes d'œufs, de la viande et des abats, des fruits de mer et des produits laitiers. On estime toutefois que le foie produit environ 85 % du cholestérol sanguin, peu importe l'apport quotidien.

Même s'il transforme facilement un acide gras en un autre, le foie est incapable de synthétiser deux acides gras polyinsaturés, l'*acide linolénique* (oméga-3) et l'*acide linoléique* (oméga-6). Or,

TABLEAU 24.1	**Glucides, lipides et protéines**		
	APPORT QUOTIDIEN RECOMMANDÉ (AQR) POUR LES ADULTES	**PROBLÈMES**	
SOURCES		**EXCÈS**	**CARENCES**
Glucides 			
Total des glucides digestibles ▪ **Glucides complexes (amidon):** pain, céréales, craquelins, farine, pâtes, noix, riz et pommes de terre ▪ **Glucides simples (sucres):** boissons gazeuses, bonbons, fruits, crème glacée, pouding et jeunes légumes	130 g De 45 à 65 % de l'apport énergétique total	Obésité; diabète; déficits nutritionnels; caries dentaires; irritation gastro-intestinale; concentration plasmatique de triglycérides élevée.	Atrophie tissulaire (carence extrême); acidose métabolique résultant de la production d'énergie par utilisation excessive des lipides.
Total des fibres	De 25 à 38 g		

TABLEAU 24.1	(suite)			
SOURCES	**APPORT QUOTIDIEN RECOMMANDÉ (AQR) POUR LES ADULTES**	**PROBLÈMES**		
		EXCÈS	**CARENCES**	

Lipides

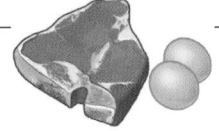

Total des lipides	65 g De 20 à 35 % de l'apport énergétique total	Obésité et risque accru de maladies cardiovasculaires (surtout en cas d'excès de lipides saturés).	Perte pondérale; production d'énergie métabolique par dégradation des réserves lipidiques et des protéines tissulaires; problèmes de déperdition de chaleur (par suite de la perte de graisse sous-cutanée).
▪ **Acides gras saturés** – *Origine animale:* viande, volaille, jaune d'œuf, beurre, lait et produits laitiers – *Origine végétale:* huile de palme, noix de coco et beurre de cacao	Minimum ou 10 %, ou moins		
▪ **Acides gras insaturés** – *Monoinsaturés:* huile d'olive, avocat et noix – *Polyinsaturés essentiels:* Oméga-6: huiles de maïs, de tournesol, de sésame et noix Oméga-3: huiles de poisson et de lin		Un apport alimentaire excessif d'acides gras oméga-3 peut augmenter le risque d'accident vasculaire cérébral.	Croissance médiocre; lésions cutanées (eczémateuses); dépression.
▪ **Cholestérol:** abats (foie, reins, cervelle), jaune d'œuf, fruits de mer et œufs de poissons; concentrations moins élevées dans la viande et les produits laitiers	Non déterminé	Corrélation avec un risque accru de maladies cardiovasculaires.	Augmentation du risque d'accident vasculaire cérébral chez les personnes prédisposées.

acides gras trans

Protéines

Total des protéines ▪ **Protéines complètes:** œufs, produits laitiers, viande, volaille et poisson ▪ **Protéines incomplètes:** légumineuses (germes de soja, haricots de lima, haricots, lentilles); noix et graines; concentration moins élevée dans les céréales et les légumes	0,8 g/kg de masse corporelle De 10 à 35 % de l'apport énergétique quotidien	Obésité; augmentation de l'excrétion de calcium et perte de matière osseuse; concentration élevée de cholestérol dans le sang; calculs rénaux.	Perte pondérale très marquée et atrophie tissulaire; retard de croissance chez l'enfant; anémie; œdème (par suite d'une carence en protéines plasmatiques); susceptibilité à l'infection. Pendant la grossesse: fausse couche ou accouchement prématuré.

24

ces deux acides gras sont des précurseurs pour la formation d'autres acides gras dont l'organisme a besoin. Ce sont donc des acides gras essentiels et ils doivent être présents dans notre alimentation. Les carences en oméga-6 sont pratiquement inexistantes, car on les trouve en abondance dans les noix et de nombreuses huiles végétales (tournesol, olive, sésame et huile de maïs, laquelle est omniprésente sur le marché). En revanche, un apport inadéquat en oméga-3 est courant dans le régime occidental, à moins de s'assurer de manger suffisamment de poissons à chair grasse, tels le saumon sauvage, le thon, les maquereaux ou les sardines, ou encore de consommer de l'huile de lin ou ses graines moulues.

L'acide linolénique est le point de départ de la synthèse de deux autres acides gras essentiels: l'acide eicosapentaénoïque (EPA) et l'acide docosahexaénoïque (DHA). Ces deux acides gras exercent de nombreux effets bénéfiques sur l'organisme, en particulier sur le système cardiovasculaire et le système nerveux, respectivement. Un apport quotidien de 250 à 500 mg d'EPA et de DHA équivalant à 100 g de saumon réduit de 40 % le risque de décès d'origine coronarienne.

⚖ DÉSÉQUILIBRE HOMÉOSTATIQUE

Un grand nombre de chercheurs considèrent que le rapport entre l'acide linoléique (LA), ou oméga-6, et l'acide linolénique (ALA), ou oméga-3, est d'une grande importance. Étant donné que l'enzyme utilisée pour la conversion de l'EPA et du DHA à partir d'acide linoléique est la même que celle utilisée par l'acide linoléique, un excès d'oméga-6 (LA) rend moins accessible l'enzyme aux oméga-3 (ALA), ce qui produit moins d'EPA et de DHA. Puisque les oméga-3 semblent avoir un effet anticancéreux et anti-inflammatoire et que les oméga-6 en excès auraient l'effet inverse (provoquant arthrite et asthme), il est recommandé d'augmenter considérablement les apports d'oméga-3. Santé Canada recommande un ratio variant entre 5 et 10:1 (oméga-6 : oméga-3). ■

Utilisation par l'organisme

Les lipides sont tombés en disgrâce, particulièrement chez les gens pour qui la lutte contre l'embonpoint est un souci constant. Pourtant, ils rendent la nourriture tendre, floconneuse ou crémeuse et nous donnent une impression de satiété. De plus, ils *sont* indispensables pour plusieurs raisons. Les lipides aident l'organisme à absorber les vitamines liposolubles; les triglycérides constituent la principale source d'énergie des hépatocytes et des muscles squelettiques, et les phospholipides sont une composante essentielle des gaines de myéline et des membranes cellulaires. Les dépôts de graisse contenus dans le tissu adipeux forment: (1) un coussin protecteur autour des organes; (2) une couche isolante sous la peau; et (3) une réserve d'énergie concentrée et facile à emmagasiner. Les molécules régulatrices appelées *prostaglandines*, qui sont synthétisées à partir de l'acide linoléique par l'intermédiaire de l'acide arachidonique, jouent un rôle dans la contraction des muscles lisses, la régulation de la pression artérielle et l'inflammation.

Contrairement aux triglycérides, le cholestérol ne sert pas à la production d'énergie. C'est un élément stabilisateur important de la membrane plasmique et le précurseur des sels biliaires, des hormones stéroïdes et d'autres molécules essentielles.

Besoins et apport alimentaire

Le pourcentage énergétique en provenance des lipides peut être de 20 à 35 %; le plus important reste toutefois la nature de ces lipides. Le *Guide alimentaire canadien* recommande: (1) de consommer de 30 à 45 mL (de 2 à 3 c. à soupe) de lipides insaturés; (2) d'utiliser des huiles végétales de type monoinsaturé

ou polyinsaturé, comme les huiles de canola, d'olive ou de soya; et (3) de choisir des margarines molles faibles en lipides saturés et en gras *trans*, tout en limitant la consommation de beurre, de margarine dure, de saindoux et de shortening. Par contre, en France, on considère pour l'instant comme acceptable que les graisses saturées représentent jusqu'à 10 % de l'apport énergétique total.

On sait depuis longtemps qu'il existe un lien entre la concentration de cholestérol sanguin et l'athérosclérose. La principale source du cholestérol sanguin étant le foie, le cholestérol alimentaire ne modifie presque pas la concentration de cholestérol sanguin. Par ailleurs, plusieurs associations qui soutiennent les personnes atteintes de maladies cardiaques recommandent de ne pas consommer d'acides gras saturés et de gras *trans* puisqu'ils contribuent à élever le taux de cholestérol sanguin. Ces recommandations visent à maintenir la concentration totale de cholestérol dans le sang (cholestérolémie) à 5,2 mmol/L (200 mg/dL). Les termes «bon» et «mauvais» cholestérol utilisés dans les campagnes de sensibilisation font en fait référence à des transporteurs de cholestérol, les HDL et les LDL respectivement, décrits plus loin aux pages 1091 et 1093. Le tableau 24.1 résume les sources des diverses catégories de lipides et les conséquences de leur carence ou de leur excès.

Substituts de matières grasses

Nombreux sont ceux qui se sont tournés vers les substituts de matières grasses dans l'espoir de consommer moins de lipides sans renoncer à leurs avantages gustatifs. Ce sont en effet les lipides qui donnent aux aliments leur texture moelleuse et leur palatabilité, c'est-à-dire la sensation agréable que procure leur consommation. Le substitut le plus ancien des matières grasses est probablement l'air (on aère un aliment à l'aide d'un batteur pour le rendre plus léger). Les autres substituts sont couramment utilisés comme additifs alimentaires. Par exemple, les sauces et les crèmes glacées vendues dans le commerce contiennent des gommes de guar ou de xanthane, qui ont un effet épaississant et émulsifiant. On trouve également des amidons modifiés qui, en plus des effets précédents, sont aussi des émulsifiants et des gélifiants, tout comme les protéines de lactosérum, un produit que les gens intolérants au lactose devraient éviter (voir p. 1037). Toutes ces substances sont métabolisées et produisent de l'énergie, sauf quand elles sont liées aux fibres alimentaires (les gommes, par exemple).

La plupart des substituts de matières grasses ont deux désavantages: (1) ils ne supportent pas la température de friture des aliments et (2) en dépit de ce qu'affirment les fabricants, leur goût n'est pas comparable à celui des produits traditionnels. Ceux qui ne sont pas absorbés tendent à provoquer soit des flatuosités, soit de la diarrhée; de plus, ils peuvent entraver l'absorption des médicaments, des vitamines liposolubles et des substances phytochimiques liposolubles, comme le bêta-carotène, un précurseur de la vitamine A. C'est à ce groupe de substances qu'appartient l'Olestra, un substitut à base d'huile obtenu à partir de graines de coton, qui ne peut être métabolisé parce que l'organisme est incapable de le digérer et de l'absorber. On le trouve surtout dans les croustilles, mais le Canada l'a retiré du marché en raison de ses effets secondaires déplaisants (telles les fuites de selles).

Protéines

7 Distinguer, sur le plan nutritionnel, les protéines complètes des protéines incomplètes ; expliquer les précautions que doivent prendre les végétariens stricts dans l'établissement de leur régime alimentaire.

8 Indiquer les principales fonctions des protéines dans l'organisme.

9 Énumérer les différents facteurs qui déterminent si les acides aminés serviront à l'anabolisme ou au catabolisme, et expliquer les effets de ces facteurs.

10 Définir le bilan azoté et indiquer les causes possibles des bilans azotés positif et négatif.

Sources alimentaires

Ce sont les produits d'origine animale qui contiennent les protéines de meilleure qualité, c'est-à-dire celles qui sont présentes en plus grande quantité et où l'on rencontre les plus forts pourcentages d'acides aminés essentiels **(figure 24.2)**. Les protéines

des œufs, du lait, des poissons et de la plupart des viandes sont des **protéines complètes** qui apportent à l'organisme tous les acides aminés dont il a besoin pour l'entretien et la croissance de ses tissus (tableau 24.1). Les légumineuses (haricots et pois), les noix et les céréales sont très riches en protéines, mais ces protéines sont incomplètes du point de vue nutritionnel parce qu'elles contiennent un ou plusieurs acides aminés essentiels en quantité insuffisante.

Les végétariens stricts doivent planifier leur régime alimentaire avec soin afin d'obtenir tous les acides aminés essentiels et éviter des carences en protéines. Lorsqu'elles sont consommées ensemble, les céréales et les légumineuses fournissent tous les acides aminés essentiels (figure 24.2b) ; toutes les cultures combinent ces aliments d'une façon ou d'une autre dans la cuisine (par exemple, presque tous les plats mexicains combinent du riz et des haricots). Par ailleurs, pour les non-végétariens, les céréales et les légumineuses peuvent servir de substituts partiels aux protéines d'origine animale, qui sont plus coûteuses.

Utilisation par l'organisme

Les protéines sont des éléments structuraux importants de l'organisme ; pensez par exemple à la kératine de la peau, au collagène et à l'élastine des tissus conjonctifs ainsi qu'aux protéines des muscles. De plus, les protéines fonctionnelles comme les

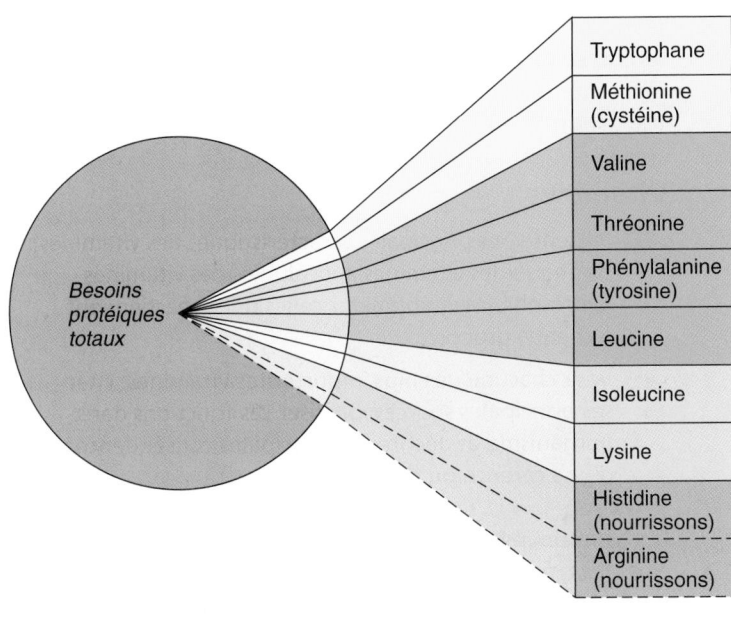

(a) Acides aminés essentiels*

(b) Régimes alimentaires végétariens apportant les huit acides aminés essentiels pour les humains

Figure 24.2 Acides aminés essentiels.
Pour que la synthèse des protéines puisse se dérouler, il faut que 10 acides aminés soient présents simultanément et en proportions adéquates. **(a)** Proportions d'acides aminés essentiels et quantités totales de protéines requises chez les adultes. Notez que les acides aminés essentiels ne constituent qu'une faible partie de l'apport recommandé de

protéines. L'histidine et l'arginine, reliées par une ligne pointillée, sont essentielles chez les enfants, mais pas chez les adultes. Les acides aminés mis entre parenthèses ne sont *pas* essentiels, parce qu'ils peuvent être synthétisés à partir de la méthionine et de la phénylalanine. **(b)** Les régimes alimentaires végétariens doivent être planifiés avec soin pour fournir tous les acides aminés essentiels.

Un repas composé de maïs et de haricots fait l'affaire : le maïs fournit les acides aminés essentiels que les haricots ne contiennent pas, et inversement.

* Voici un truc mnémotechnique pour retenir les huit acides aminés essentiels chez l'adulte : Le (Leu) très (Thr) lyrique (Lys) Tristan (Trp) fait (Phe) vachement (Val) méditer (Met) Iseut (Ile).

enzymes et certaines hormones règlent une extraordinaire variété de fonctions physiologiques. Cependant, il existe un certain nombre de facteurs qui déterminent si les acides aminés serviront à la synthèse de nouvelles protéines ou seront brûlés pour fournir de l'énergie :

1. **Loi du tout ou rien.** Tous les acides aminés nécessaires à l'élaboration d'une protéine donnée doivent être présents au même moment et en quantité suffisante dans la même cellule. S'il en manque un, la synthèse de la protéine devient impossible. Parce que les acides aminés essentiels ne peuvent pas être emmagasinés, ceux qui n'entrent pas immédiatement dans la synthèse des protéines sont soit oxydés pour la production d'énergie, soit convertis en glucides ou en lipides.

2. **Apport énergétique suffisant.** Pour que la synthèse de protéines se déroule dans des conditions optimales, les glucides ou les lipides présents dans le régime alimentaire doivent fournir assez d'énergie pour assurer la production d'ATP. Dans le cas contraire, l'énergie nécessaire provient des protéines alimentaires et tissulaires.

3. **Bilan azoté.** Chez l'adulte en bonne santé, le taux de synthèse des protéines égale leur taux de dégradation et de déperdition, déterminant de la sorte un état homéostatique appelé **bilan azoté**. L'équilibre est atteint lorsque les quantités d'azote ingérées dans les protéines sont égales aux quantités éliminées dans l'urine et les selles.

   On parle de *bilan azoté positif* lorsque la quantité de protéines consacrée à la formation des tissus est plus élevée que la quantité qui est dégradée ou qui sert à produire de l'énergie (ce qui est normal chez les enfants en croissance et les femmes enceintes). Le bilan est également positif lorsque les tissus se cicatrisent à la suite d'une maladie ou d'une blessure.

   Dans un *bilan azoté négatif*, la dégradation des protéines pour produire de l'énergie excède la quantité de protéines consacrée à la formation des tissus. C'est ce qui se passe lors d'un stress émotionnel ou physiologique (infection, blessure ou brûlure, par exemple), lorsque les protéines alimentaires sont incomplètes ou insuffisantes, ou encore en cas de sous-alimentation.

4. **Régulation hormonale.** Certaines hormones appelées *hormones anabolisantes* accélèrent la synthèse des protéines et la croissance. Les effets de ces hormones varient continuellement au cours de la vie. Par exemple, l'*hormone de croissance* élaborée par l'adénohypophyse stimule la croissance des tissus pendant l'enfance et préserve les protéines chez l'adulte; les *hormones sexuelles* déclenchent la poussée de croissance au cours de l'adolescence. D'autres hormones, comme les *glucocorticoïdes* sécrétés par les glandes surrénales en cas de stress, favorisent la dégradation des protéines et la conversion des acides aminés en glucose.

Besoins et apport alimentaire

Outre les acides aminés essentiels, les protéines alimentaires fournissent les matières premières nécessaires à la synthèse des

acides aminés non essentiels et de diverses substances azotées non protéiques. Les protéines procurent entre 10 et 35 % de l'énergie totale. Toutefois, pour une personne donnée, la quantité de protéines nécessaire varie selon l'âge, la taille, la vitesse du métabolisme et le bilan azoté. De façon générale, pour un adulte, les nutritionnistes recommandent un apport protéique quotidien de 0,8 g par kilogramme de masse corporelle. À titre d'exemple, une portion de 75 g de poisson et un verre de 250 mL de lait fournissent environ 30 g de protéines.

La plupart des gens aisés consomment beaucoup plus de protéines que nécessaire. À long terme, la consommation d'une trop grande quantité de protéines risque d'entraîner la perte de matière osseuse par suite de l'acidification du sang. En effet, le métabolisme des acides aminés contenant du soufre augmente l'acidité du sang, laquelle est neutralisée par la libération du calcium des os (sous forme de $CaCO_3^-$).

VÉRIFIONS NOS ACQUIS

1. Nommez les six principaux nutriments.
2. Pourquoi est-il important d'inclure de la cellulose dans un régime alimentaire sain, même si on ne la digère pas ?
3. Comment l'organisme utilise-t-il les triglycérides ? Le cholestérol ?
4. Jean se nourrit presque uniquement de sandwiches aux haricots cuits. Ce régime alimentaire pas très raffiné lui apporte-t-il tous les acides aminés essentiels ? Justifiez votre réponse.

Les réponses se trouvent à l'appendice G.

Vitamines

11 Présenter les principales caractéristiques des vitamines; distinguer les vitamines liposolubles des vitamines hydrosolubles et énumérer celles qui appartiennent à chaque groupe.

12 Pour chacune des plus importantes vitamines, citer ses principales sources, préciser ses fonctions dans l'organisme et décrire les principales conséquences d'une carence ou d'un excès.

Les **vitamines** (*vita*: vie) sont des composés organiques aux effets très marqués qui doivent être présents en quantité infime pour assurer la croissance et garder l'organisme en bonne santé. On a identifié un peu plus d'une douzaine de ces composés. Contrairement aux autres nutriments organiques, les vitamines ne sont pas des sources d'énergie et ne servent pas d'unités structurales, mais c'est grâce à elles que les cellules peuvent utiliser les nutriments qui ont ces fonctions. En l'absence de vitamines, les glucides, les protéines et les lipides que nous consommons seraient inutilisables.

La plupart des vitamines jouent le rôle de **coenzymes** (ou de parties de coenzymes), c'est-à-dire qu'elles agissent conjointement avec une enzyme pour accomplir une tâche particulière sur le plan chimique. Par exemple, les vitamines B agissent comme des coenzymes dans la production d'énergie par oxydation du glucose. Nous décrirons le rôle joué par certaines vitamines lorsque nous traiterons du métabolisme.

Parce qu'elles ne sont pas élaborées dans l'organisme, la plupart des vitamines doivent provenir de l'alimentation ou de suppléments vitaminiques. Les exceptions à cette règle sont la vitamine D, qui est fabriquée dans la peau, ainsi que de petites quantités des vitamines du groupe B et la vitamine K, qui sont synthétisées par les bactéries résidant dans le gros intestin. En outre, l'organisme peut convertir le β-*carotène* – le pigment orange des carottes et d'autres aliments – en vitamine A. (C'est pour cette raison que le β-carotène et les substances semblables sont appelés *provitamines*.) On rencontre des vitamines dans les principaux types d'aliments, mais aucun aliment ne les contient toutes. La meilleure façon de s'assurer d'un apport suffisant en vitamines est donc d'avoir une alimentation variée et équilibrée.

À l'origine, on désignait les vitamines par une lettre qui indiquait l'ordre de leur découverte. Bien qu'on leur ait aujourd'hui donné des noms plus descriptifs du point de vue chimique, cette terminologie plus ancienne est toujours en usage.

Les vitamines sont soit **liposolubles**, soit **hydrosolubles**. Les vitamines hydrosolubles, qui comprennent les vitamines du groupe B et la vitamine C, sont absorbées avec l'eau dans le tube digestif. (La vitamine B_{12} est une exception. Pour être absorbée, elle doit se lier au facteur intrinsèque, une sécrétion de l'estomac.) Les tissus maigres de l'organisme n'emmagasinent que des quantités relativement faibles de ces vitamines; ils excrètent dans l'urine les vitamines qu'ils n'arrivent pas à utiliser dans l'heure (ou à peu près) qui suit leur ingestion. Par conséquent, on connaît peu de troubles résultant d'un excès de vitamines hydrosolubles (*hypervitaminose*).

Les vitamines liposolubles (vitamines A, D, E et K) se lient aux lipides ingérés et sont absorbées en même temps que les produits de leur digestion. Tout ce qui entrave l'absorption des lipides nuit également à l'assimilation des vitamines liposolubles. À l'exception de la vitamine K, les vitamines liposolubles s'accumulent dans l'organisme et les troubles physiologiques dus à leur toxicité, en particulier l'hypervitaminose causée par la vitamine A, sont bien documentés sur le plan clinique.

Nous verrons plus loin que certaines réactions chimiques qui font partie du métabolisme consomment de l'oxygène et donnent naissance à des radicaux libres potentiellement nocifs. Les vitamines C, E et A (sous la forme d'un dimère, le β-carotène) et le sélénium sont des *antioxydants* qui neutralisent les radicaux libres toxiques pour les tissus. On ne comprend pas encore exactement le mode d'action des antioxydants dans l'organisme, mais les chimistes pensent qu'ils agissent peut-être comme des relais faisant passer les dangereux électrons libres d'une molécule à une autre jusqu'à ce qu'ils soient absorbés par des substances chimiques, tel le glutathion, avant d'être éliminés dans l'urine. Les crucifères (brocoli, chou, chou-fleur et choux de Bruxelles) sont de bonnes sources de glucosinolates précurseurs du glutathion.

Les vertus merveilleuses qu'on attribue aux vitamines font l'objet de vives controverses; on a prétendu, par exemple, qu'il était possible de prévenir le rhume à l'aide de fortes doses de vitamine C. L'hypothèse voulant que des apports massifs de suppléments vitaminiques ouvrent la voie à la jeunesse éternelle et à une santé resplendissante est au mieux futile; au pire, elle peut mener à de graves problèmes de santé, notamment dans le cas des vitamines liposolubles. Le **tableau 24.2** donne un résumé du rôle des vitamines dans l'organisme.

L'utilisation des suppléments vitaminiques chez des gens en bonne santé est loin de faire l'unanimité, puisque c'est en synergie que les milliers de molécules présentes dans l'aliment entier nous procurent leurs bienfaits.

Les composés phytochimiques (*phytos*: plantes) sont également des substances organiques que l'organisme est incapable de synthétiser et qui sont uniquement d'origine végétale. Ce sont eux qui donnent leurs couleurs et leurs odeurs caractéristiques aux fruits, aux légumes et aux épices. Ces composés sont également reconnus pour leurs effets antioxydants et pour leur rôle protecteur à l'égard des maladies cardiovasculaires, du diabète et de certains cancers. Il en existe quelques milliers classés en plusieurs familles et dont les plus connus sont les polyphénols (notamment ceux contenus dans les raisins). Les terpènes (agrumes), les composés soufrés (ail et choux) ainsi que les saponines (ginseng) font aussi partie des principaux groupes de composés phytochimiques qu'une personne consomme normalement à raison de 1 à 2 g par jour.

Minéraux

13 Énumérer les minéraux essentiels à l'homéostasie; pour chacun, nommer les sources alimentaires importantes, expliquer son utilisation dans l'organisme et décrire les conséquences d'une carence ou d'un excès.

L'organisme a besoin de sept **minéraux** en quantité modérée (calcium, phosphore, potassium, soufre, sodium, chlore et magnésium) et d'une quantité infime d'une douzaine d'autres, appelés «oligoéléments» **(tableau 24.3)**. Les minéraux constituent environ 4 % de la masse corporelle, le calcium et le phosphore (sels présents dans les os) comptant pour les trois quarts de cette quantité.

À l'instar des vitamines, les minéraux ne servent pas de source d'énergie mais, en association avec d'autres nutriments, ils assurent le bon fonctionnement de l'organisme. Plusieurs minéraux ont pour fonction de renforcer certaines structures. Par exemple, les sels de calcium, de phosphore et de magnésium confèrent aux dents leur dureté et renforcent le squelette. La plupart des minéraux se trouvent sous forme ionique dans les liquides de l'organisme ou liés à des composés organiques, entrant ainsi dans la composition de molécules telles que les phospholipides, les hormones et diverses protéines fonctionnelles. Par exemple, le fer est essentiel au fonctionnement de l'hème – la partie de l'hémoglobine qui fixe l'oxygène – et les ions sodium et chlorure sont les principaux électrolytes du sang. La quantité d'un certain minéral dans l'organisme ne reflète pas l'importance du rôle qu'il joue. Par exemple, quelques milligrammes d'iode (nécessaires à la synthèse d'une hormone thyroïdienne) peuvent faire toute la différence entre une personne en bonne santé et une autre, malade.

24

TABLEAU 24.2	Vitamines			
VITAMINES	**ANR* (mg)**	**PRINCIPALES SOURCES DANS L'ALIMENTATION**	**CERTAINES DES PRINCIPALES FONCTIONS DANS L'ORGANISME**	**SYMPTÔMES POSSIBLES D'UNE CARENCE OU D'UN EXCÈS EXTRÊME**
Vitamines hydrosolubles				
Vitamine B$_1$ (thiamine)	1,1 ♀ et 1,2 ♂	Viandes maigres, foie, légumineuses, arachides, céréales complètes.	Coenzyme qui intervient dans l'élimination du CO_2 des composés organiques; nécessaire à la synthèse de l'acétylcholine et des pentoses.	– Béribéri (troubles neurologiques, amaigrissement, anémie); épuisement extrême. + Aucun problème connu.
Vitamine B$_2$ (riboflavine)	1,1 ♀ et 1,3 ♂	Lait, foie, levure, viande, céréales enrichies, légumes.	Composant des coenzymes FAD et FMN.	– Dermatite; lésions cutanées comme des fissures aux commissures des lèvres; vision embrouillée. + Aucun problème connu.
Vitamine B$_3$ (niacine)	14 ♀ et 16 ♂	Noix, volaille, viande, poisson, céréales.	Composant du NAD$^+$.	– Pellagre; lésions cutanées et gastro-intestinales; troubles neurologiques. + Lésions au foie; goutte; hyperglycémie.
Vitamine B$_5$ (acide pantothénique)	5,0	Abondante dans la majorité des aliments: la viande, les produits laitiers, les céréales entières, etc.	Composant de la coenzyme A qui intervient dans la synthèse des stéroïdes et de l'hémoglobine.	– Fatigue; engourdissement; fourmillement dans les mains et les pieds; neuropathie des alcooliques. + Aucun problème connu.
Vitamine B$_6$ (pyridoxine)	1,3	Viande, poisson, volaille, légumes, bananes.	Coenzyme qui contribue au métabolisme des acides aminés; nécessaire à la glycogénolyse et à la formation d'anticorps.	– Irritabilité, convulsions, spasmes musculaires, anémie. + Difficulté à marcher, engourdissement des pieds, trouble de la coordination, dépression, réflexes tendineux réduits, lésions du système nerveux.
Vitamine B$_9$ (acide folique ou folacine)	0,4	Foie, oranges, noix, légumineuses, céréales complètes.	Coenzyme qui intervient dans le métabolisme des acides nucléiques et des acides aminés; essentielle au développement normal du tube neural chez l'embryon.	– Anémie; troubles gastro-intestinaux; risque de spina bifida chez le nouveau-né; anomalies neurologiques. + Peut masquer les signes d'une carence en vitamine B$_{12}$ sans en empêcher les lésions neurologiques.
Vitamine B$_{12}$ (cyanocobalamine)	0,0024	Viande, œufs, produits laitiers sauf le beurre (ne se trouve pas dans les aliments d'origine végétale); aussi produite par certaines bactéries intestinales.	Coenzyme qui intervient dans le métabolisme des acides nucléiques et la maturation des érythrocytes.	– Anémie pernicieuse; troubles neurologiques; la plupart des cas sont causés par une mauvaise absorption. + Aucun problème connu.

Pour retenir dans ses tissus les quantités nécessaires de minéraux tout en évitant une surcharge toxique, l'organisme doit maintenir un équilibre délicat entre l'assimilation et l'excrétion. La consommation de sodium, qui est présent dans presque tous les aliments naturels et légèrement modifiés, ne pose pratiquement pas de problème pour la santé. Cependant, le sel ajouté en grande quantité dans les aliments transformés et saupoudré sur nos aliments peut être une cause de rétention d'eau et d'hypertension artérielle. Ce risque est plus élevé chez les Noirs, car leurs reins ont tendance à retenir davantage le sodium que ceux des Blancs.

Les matières grasses et les glucides sont pratiquement dépourvus de minéraux, et les céréales très raffinées en contiennent peu. Les aliments les plus riches en minéraux sont les légumes, les légumineuses, le lait et certaines viandes.

VÉRIFIONS NOS ACQUIS

5. Les vitamines ne servent pas de sources d'énergie. À quoi servent-elles?
6. Quelle vitamine du groupe B a besoin de l'aide d'une substance produite dans l'estomac pour être absorbée? Quelle est cette substance?
7. Quel minéral est essentiel à la synthèse de la thyroxine? À la dureté des os? À la synthèse de l'hémoglobine?

Les réponses se trouvent à l'appendice G.

TABLEAU 24.2 *(suite)*

VITAMINES	ANR* (mg)	PRINCIPALES SOURCES DANS L'ALIMENTATION	CERTAINES DES PRINCIPALES FONCTIONS DANS L'ORGANISME	SYMPTÔMES POSSIBLES D'UNE CARENCE OU D'UN EXCÈS EXTRÊME
Biotine	0,03	Légumineuses, autres légumes, viande, foie, jaune d'œuf.	Coenzyme qui intervient dans la synthèse des lipides, du glycogène et des acides aminés.	– Peau écaillée, pâleur, épuisement; troubles neuromusculaires; taux élevé de cholestérol dans le sang. + Aucun problème connu.
Vitamine C (acide ascorbique)	75 ♀ et 90 ♂	Fruits et légumes, notamment les agrumes, les fraises, le brocoli, le chou, les tomates, les poivrons.	Intervient dans la synthèse du collagène (pour les os, les cartilages, les gencives); antioxydant; contribue à la détoxification; favorise l'absorption du fer.	– Scorbut (dégénérescence de la peau, des dents et des vaisseaux sanguins); faiblesse; cicatrisation lente; immunité déficiente. + Troubles gastro-intestinaux; formation de calculs rénaux; accès de goutte.
Vitamines liposolubles				
Vitamine A (rétinol)	0,7 ♀ et 0,9 ♂	La provitamine A (β-carotène) est présente dans les légumes à feuillage vert foncé et les fruits et légumes oranges; la vitamine A est présente dans les produits laitiers.	Composant des pigments photo-récepteurs; nécessaire pour le maintien du tissu épithélial; antioxydant; contribue à prévenir les lésions des membranes cellulaires.	– Cécité nocturne, peau sèche et squameuse, augmentation des infections. + Maux de tête, irritabilité, vomissements, perte des cheveux, vision brouillée, lésions du foie et des os.
Vitamine D (facteur antirachitique)	0,005 (le double chez les Noirs)	Produits laitiers, jaune d'œuf; aussi produite par la peau en présence de rayons solaires.	Du point de vue fonctionnel, est une hormone; stimule l'absorption et l'utilisation du calcium et du phosphore; favorise la croissance osseuse.	– Rachitisme (déformation des os) chez les enfants, ostéomalacie (ramollissement des os) chez les adultes; tonus musculaire réduit; douleurs articulaires; susceptibilité accrue aux infections; augmentation du risque de cancer. + Lésions cérébrales, cardiovasculaires et rénales; calcification des tissus mous; épuisement; perte pondérale.
Vitamine E (tocophérol)	15	Germe de blé et huiles végétales, noix, céréales, légumes à feuilles vert foncé.	Antioxydant; contribue à empêcher l'athérosclérose et les lésions des membranes cellulaires.	– Aucun problème clairement documenté chez les humains; anémie possible. + Cicatrisation lente; temps de coagulation accru.
Vitamine K (phylloquinone)	0,9 ♀ et 1,2 ♂ (AS)	Légumes à feuilles vertes, thé (aussi produite par certaines bactéries intestinales).	Importante pour la formation des protéines de coagulation; intermédiaire dans la chaîne de transport des électrons.	– Mauvaise coagulation; tendance aux ecchymoses. + Lésions hépatiques et anémie.

* Apport nutritionnel recommandé (ANR): apport nutritionnel quotidien moyen permettant de répondre aux besoins nutritionnels de la quasi-totalité (de 97 à 98 %) des individus en bonne santé appartenant à un groupe donné établi en fonction de l'étape de vie et du sexe; dans ce cas-ci des adultes de 19 à 30 ans (Santé Canada). Lorsque cette donnée n'est pas disponible, on utilise l'apport suffisant (AS).

Notes

1. La vitamine D n'est présente dans les aliments naturels qu'en très petite quantité; par conséquent, les nourrissons, les femmes enceintes et celles qui allaitent, ainsi que les gens qui s'exposent peu à la lumière du soleil devraient prendre des suppléments de vitamine D (ou consommer des aliments enrichis, tels que le lait).
2. Les vitamines A et D sont toxiques lorsqu'elles sont prises en excès et on ne devrait prendre des suppléments que sur ordonnance. Pour ce qui est des vitamines hydrosolubles, comme la plupart sont excrétées dans l'urine lorsqu'elles sont prises en excès, on peut douter de l'efficacité des suppléments.
3. De nombreuses carences vitaminiques sont causées par des maladies (notamment en cas d'anorexie, de vomissements, de diarrhée ou de malabsorption) ou reflètent un accroissement des besoins métaboliques causés par la fièvre ou par le stress. Des carences vitaminiques spécifiques exigent un traitement consistant à fournir les vitamines manquantes en quantité suffisante.

24

TABLEAU 24.3 Minéraux

MINÉRAL	ANR* (mg)	SOURCES ALIMENTAIRES	FONCTIONS DANS L'ORGANISME	SYMPTÔMES POSSIBLES D'UNE CARENCE OU D'UN EXCÈS EXTRÊME
Calcium (Ca)	1100 (AS)	Produits laitiers, légumes à feuilles vert foncé, légumineuses	Formation des os et des dents; coagulation du sang; fonction nerveuse et musculaire.	– Retard de croissance; perte possible de la masse osseuse. + Fonction nerveuse réduite; faiblesse musculaire; dépôts de sels de calcium dans les tissus mous.
Phosphore (P)	700	Produits laitiers, viande, céréales complètes, noix	Formation des os et des dents; équilibre acidobasique; synthèse des acides nucléiques.	– Faiblesse; perte de minéraux des os; rachitisme. + Aucun problème connu.
Soufre (S)	Non établi	Protéines contenant du soufre de nombreuses sources (viande, lait, œufs)	Composant de certains acides aminés.	– Symptômes d'une carence en protéines. + Aucun problème connu.
Potassium (K)	4700 (AS)	Viande, produits laitiers, de nombreux fruits et légumes, céréales	Équilibre acidobasique, équilibre hydrique, fonction nerveuse, contraction musculaire.	– Faiblesse musculaire, paralysie. + Faiblesse musculaire, troubles cardiaques, alcalose.
Chlore (Cl)	2300 (AS)	Sel de table	Pression osmotique, équilibre acidobasique, sécrétion du suc gastrique.	– Crampes musculaires, perte de l'appétit. + Vomissements.
Sodium (Na)	1500 (AS)	Sel de table	Pression osmotique, équilibre acidobasique, équilibre hydrique, fonction nerveuse, fait partie de la pompe assurant le transport du glucose et d'autres nutriments.	– Crampes musculaires, perte de l'appétit. + Hypertension, œdème.
Magnésium (Mg)	310 ♀ et 400 ♂	Céréales complètes, légumes à feuilles vertes	Composant de certaines coenzymes intervenant dans la formation de l'ATP.	– Troubles du système nerveux, tremblements, faiblesse musculaire, hypertension; mort subite par arrêt cardiaque. + Diarrhée.
Oligoéléments**				
Fer (Fe)	18 ♀ et 8 ♂	Viande, foie, fruits de mer, œufs, légumineuses, céréales complètes, fruits séchés, noix	Composant de l'hémoglobine et des cytochromes (transport d'électrons dans la phosphorylation oxydative).	– Anémie ferriprive, faiblesse, affaiblissement du système immunitaire, diminution des fonctions cognitives chez les enfants. + Lésion au foie, hémochromatose.

24

Vue d'ensemble des réactions métaboliques

14 Définir le métabolisme. Expliquer les différences entre catabolisme et anabolisme. Définir en quelques mots la respiration cellulaire. Présenter les trois grandes étapes du métabolisme des nutriments contenant de l'énergie.

15 Définir l'oxydation et la réduction, et expliquer l'importance de ces réactions dans le métabolisme.

16 Expliquer le rôle des coenzymes qui interviennent dans les réactions cellulaires d'oxydation.

17 Définir la phosphorylation et montrer son utilité; expliquer la différence entre la phosphorylation au niveau du substrat et la phosphorylation oxydative.

Une fois à l'intérieur des cellules de l'organisme, les nutriments passent par une gamme extraordinaire de réactions biochimiques qui, ensemble, forment ce qu'on appelle le **métabolisme** (*metabolê*: changement). Au cours du métabolisme, des substances sont continuellement élaborées et dégradées. Les cellules consomment de l'énergie pour pouvoir extraire des nutriments une plus grande quantité d'énergie, puis elles utilisent cette énergie pour subvenir à leurs besoins. Même au repos, l'organisme dépense beaucoup d'énergie.

TABLEAU 24.3 (suite)				
MINÉRAL	ANR* (mg)	SOURCES ALIMENTAIRES	FONCTIONS DANS L'ORGANISME	SYMPTÔMES POSSIBLES D'UNE CARENCE OU D'UN EXCÈS EXTRÊME
Fluor (F)	3 ♀ et 4 ♂ (AS)	Eau fluorée, thé, fruits de mer	Maintien de la structure des dents et (probablement) des os.	– Nombre accru de caries dentaires. + Dents tachées, augmentation du risque de fracture, raidissement douloureux des articulations.
Zinc (Zn)	8 ♀ et 11 ♂	Viande, fruits de mer, céréales, légumineuses	Composant de plusieurs enzymes et de diverses protéines (nécessaires à la cicatrisation, au goût et à l'odorat).	– Retards de croissance; peau squameuse; trouble de la fécondité; perte du goût et de l'odorat; déficience immunitaire. + Trouble de l'élocution; tremblements; difficulté à marcher.
Cuivre (Cu)	0,9	Foie, fruits de mer, noix, légumineuses, céréales complètes	Nécessaire à la synthèse de l'hémoglobine; essentiel à la production de myéline et de certains intermédiaires de la chaîne de transport des électrons.	– Anémie, modifications osseuses et cardiovasculaires (rares). + Anomalie dans le stockage du cuivre dans l'organisme.
Manganèse (Mn)	1,8 ♀ et 2,3 ♂ (AS)	Noix, céréales, légumes, fruits, thé	Composant de certaines coenzymes; fonction nerveuse, lactation.	– Anomalie des os et du cartilage. + Semble causer des hallucinations et un comportement violent.
Iode (I)	0,15	Huile de foie de morue, fruits de mer, produits laitiers, sel iodé	Composant des hormones thyroïdiennes.	– Goître (grossissement de la thyroïde); crétinisme, myxœdème. + Inhibe la synthèse des hormones thyroïdiennes.
Cobalt (Co)	Non établi	Viande, volaille, produits laitiers	Composant de la vitamine B_{12}.	– Voir carence en vitamine B_{12}. + Polycythémie; cardiopathie.
Sélénium (Se)	0,06 (AS)	Fruits de mer, viande, céréales entières	Composant de certaines enzymes; agit en étroite relation avec la vitamine E; antioxydant.	– Douleurs musculaires, parfois détérioration du muscle cardiaque. + Nausées, vomissements, perte des cheveux, perte pondérale.
Chrome (Cr)	0,025 ♀ et 0,035 ♂ (AS)	Levure de bière, foie, fruits de mer, certains légumes, vin	Intervient dans le métabolisme du glucose et de l'énergie; accroît l'efficacité de l'insuline.	– Intolérance au glucose et résistance à l'insuline; diabète. + Aucun problème connu.
Molybdène (Mo)	0,045	Légumineuses, céréales, certains légumes	Composant de certaines enzymes.	– Trouble de l'excrétion des composés contenant de l'azote.

* Apport nutritionnel recommandé (ANR): apport nutritionnel quotidien moyen permettant de répondre aux besoins nutritionnels de la quasi-totalité (de 97 à 98 %) des individus en bonne santé appartenant à un groupe donné établi en fonction de l'étape de vie et du sexe; dans ce cas-ci des adultes de 19 à 30 ans (Santé Canada). Lorsque cette donnée n'est pas disponible, on utilise l'apport suffisant (AS).

** L'ensemble des oligoéléments constitue moins de 0,005 % de la masse corporelle.

Anabolisme et catabolisme

Les processus métaboliques sont soit *anaboliques* (synthèse, assemblage), soit *cataboliques* (dégradation, mise en pièces). L'**anabolisme** est l'ensemble des réactions de synthèse de grosses molécules ou structures à partir de molécules plus petites; par exemple, des acides aminés se lient pour constituer les protéines. Le **catabolisme** est l'ensemble des processus de dégradation de structures complexes en substances plus simples. L'hydrolyse des aliments dans le tube digestif est une forme de catabolisme. C'est également le cas de la **respiration cellulaire**, un ensemble de réactions au cours desquelles des combustibles alimentaires (notamment le glucose) sont dégradés à l'intérieur des cellules;

une partie de l'énergie ainsi libérée est transformée en ATP, qui est l'unité énergétique de la cellule. L'ATP est donc l'« arbre de transmission chimique » reliant les réactions cataboliques productrices d'énergie et le travail cellulaire.

Nous avons vu au chapitre 2 que les réactions alimentées par l'ATP sont couplées. L'ATP n'est jamais hydrolysée directement; au lieu de cela, des enzymes transfèrent ses groupements phosphate riches en énergie à d'autres molécules, dont on dit qu'elles sont **phosphorylées**. La phosphorylation de la molécule est un apport d'énergie qui a pour effet de faire augmenter son activité, d'entraîner un mouvement ou d'effectuer un travail. Par exemple, de nombreuses enzymes régulatrices qui catalysent des étapes cruciales des voies métaboliques sont activées par phosphorylation.

La transformation dans l'organisme des nutriments contenant de l'énergie passe par trois étapes principales, comme l'illustre la **figure 24.3**. (Remarquez que les flèches en bleu représentent des réactions cataboliques et que les flèches en violet représentent des réactions anaboliques.)

■ L'*étape 1* est la digestion, qui a lieu dans le tube digestif, comme nous l'avons vu au chapitre 23. Le sang apporte les nutriments absorbés aux cellules des tissus.

■ L'*étape 2* a lieu dans les cellules des tissus. Les nutriments récemment absorbés sont soit utilisés pour synthétiser des lipides, des protéines ou du glycogène par des voies anaboliques, soit dégradés en *acide pyruvique* et en *acétyl CoA* par

des voies cataboliques dans le cytoplasme des cellules. Remarquez que dans la figure 24.3 une des principales voies cataboliques de l'étape 2 est la *glycolyse*, que nous aborderons plus loin.

■ L'*étape 3*, qui se déroule dans les mitochondries, est presque entièrement catabolique. Elle nécessite de l'oxygène et correspond à la fin de la dégradation des nutriments ; elle produit de grandes quantités d'ATP, mais aussi du gaz carbonique (CO_2) et de l'eau. Comme l'illustre la figure 24.3, le *cycle de Krebs* est une des voies principales de l'étape 3, tout comme la *phosphorylation oxydative*. Nous décrirons ces deux mécanismes plus loin.

La *respiration cellulaire* comprend la glycolyse de l'étape 2 et toutes les phases de l'étape 3 ; sa principale fonction est de

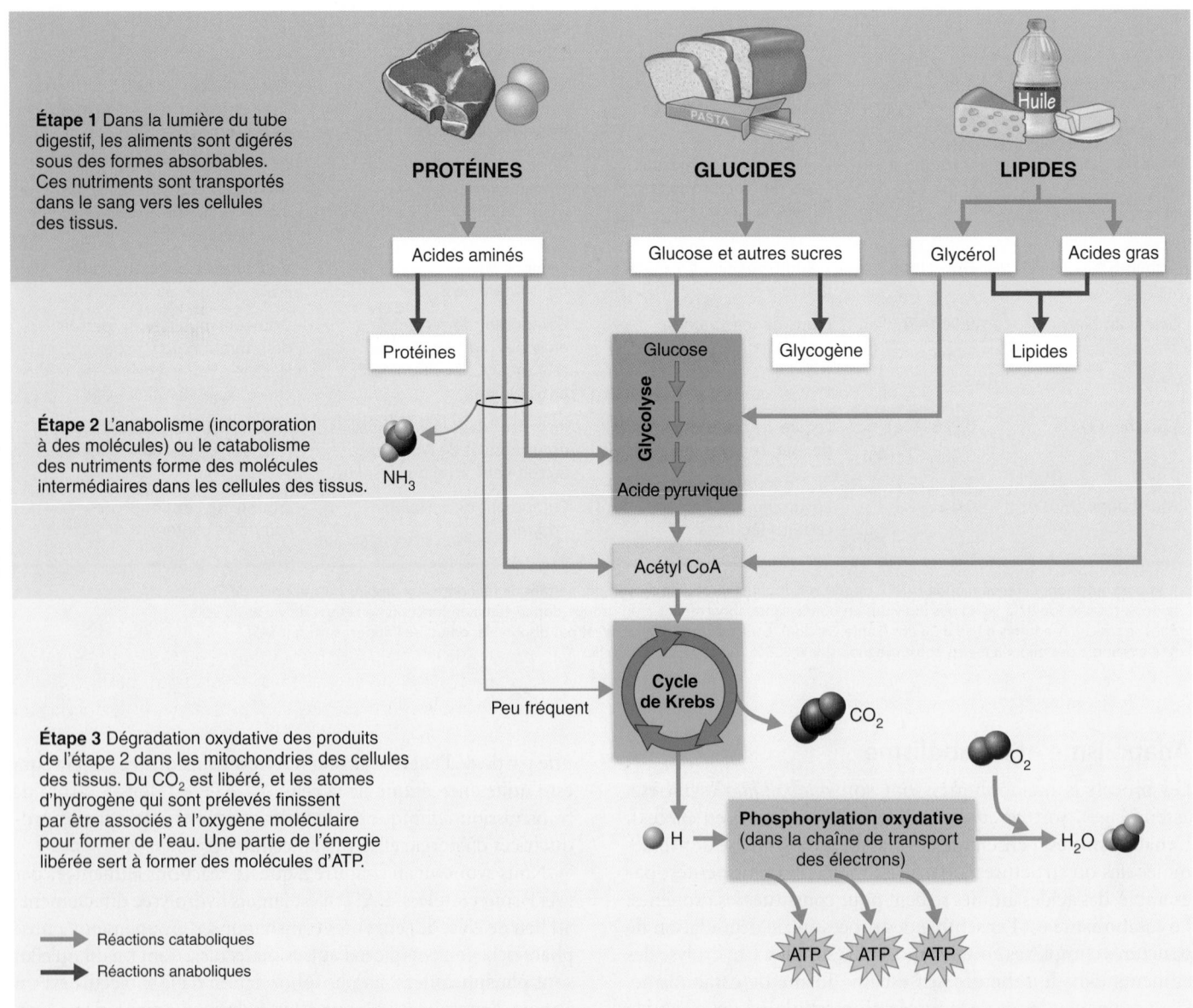

Figure 24.3 **Trois étapes du métabolisme des nutriments contenant de l'énergie.**

produire de l'ATP dont les liaisons chimiques (riches en énergie) stockent une partie de l'énergie chimique provenant des molécules de nutriments. Ainsi, les combustibles que sont le glycogène et les graisses constituent des *réserves* d'énergie qui seront ultérieurement *mobilisées pour produire de l'ATP destinée aux cellules.*

Pour l'instant, il n'est pas nécessaire que vous appreniez le schéma de la figure 24.3 par cœur mais, comme nous le verrons bientôt, il résume assez bien les transformations subies par les nutriments ainsi que leur métabolisme.

Réactions d'oxydoréduction et rôle des coenzymes

Une bonne part des réactions qui se déroulent dans les cellules sont des **réactions d'oxydation**. À l'origine, on définissait l'*oxydation* comme une réaction au cours de laquelle l'oxygène se combinait à d'autres éléments. Citons par exemple la formation de la rouille (formation lente d'oxyde de fer) ainsi que la combustion du bois et d'autres combustibles. Durant la combustion, l'oxygène se combine rapidement au carbone au cours d'une réaction qui produit du gaz carbonique, de l'eau et de grandes quantités d'énergie, qui se manifeste sous forme de lumière et de chaleur. Il a été découvert plus tard que l'oxydation peut *également* avoir lieu lorsque des atomes d'hydrogène sont *retirés* des composés; la définition a donc été élargie et est devenue celle que nous connaissons actuellement : *l'oxydation est un gain d'oxygène ou une perte d'hydrogène.* Ainsi que nous l'avons vu au chapitre 2, quelle que soit la forme que revêt l'oxydation, la substance oxydée *perd* toujours (ou presque) des électrons; ceux-ci passent alors à (ou vers) une autre substance qui les attire plus fortement.

Tous les atomes n'attirent pas les électrons avec la même force, ce qui permet d'expliquer le mécanisme en question (voir p. 39-40). Examinons le cas d'une molécule composée d'un atome d'hydrogène et d'atomes d'autres éléments. L'hydrogène étant très électropositif, son unique électron passe habituellement plus de temps au voisinage des autres atomes de la molécule. Cependant, lorsqu'on enlève un *atome* d'hydrogène à une molécule, son électron s'en va avec lui et l'ensemble de la molécule perd un électron. À l'inverse, l'oxygène est très électrophile (électronégatif), de sorte que lorsque l'oxygène se lie à d'autres atomes, les électrons partagés passent plus de temps au voisinage de l'oxygène. Dans ce cas aussi, l'ensemble de la molécule à laquelle l'oxygène s'est lié perd des électrons.

Comme nous le verrons bientôt, dans presque tous les cas l'oxydation des combustibles alimentaires se fait par la perte successive de paires d'atomes d'hydrogène (et aussi de paires d'électrons) en provenance des molécules de substrat, jusqu'à ce qu'il ne reste que du gaz carbonique (CO_2). L'oxygène moléculaire (O_2) est l'accepteur *final* d'électrons; à la toute fin du processus, il se combine avec les atomes d'hydrogène pour former de l'eau (H_2O).

Chaque fois qu'une substance perd des électrons (est oxydée), une autre les gagne (est réduite). Les réactions d'oxydation et de réduction sont donc couplées, et on parle de **réactions d'oxydoréduction**, ou **réactions redox**. Il importe avant tout

de comprendre que la substance «oxydée» *perd* de l'énergie et que celle qui est «réduite» en *gagne* lorsque les électrons, qui sont chargés d'énergie, passent de la première à la seconde. Par conséquent, lorsque les combustibles alimentaires sont oxydés, leur énergie est transmise successivement à une «chaîne» d'autres molécules et finit par aboutir à l'ADP, permettant ainsi la formation de molécules d'ATP riches en énergie.

Comme toutes les autres réactions chimiques de notre organisme, les réactions d'oxydoréduction sont catalysées par des enzymes. Les enzymes qui catalysent les réactions d'oxydoréduction dans lesquelles un atome d'hydrogène est enlevé à une molécule sont appelées **déshydrogénases**, alors que celles qui catalysent le transfert d'oxygène sont des **oxydases**.

La plupart des enzymes nécessitent la présence d'une coenzyme habituellement dérivée d'une vitamine du groupe B. Bien que les enzymes catalysent l'oxydation d'une substance par élimination d'atomes d'hydrogène, ce ne sont pas des *accepteurs* d'hydrogène (elles ne retiennent pas ces atomes et ne forment pas de liaisons avec eux). Par contre, leurs *coenzymes* agissent comme des accepteurs d'hydrogène (ou d'électrons), c'est-à-dire qu'elles sont réduites chaque fois qu'un substrat est oxydé.

Le **nicotinamide adénine dinucléotide** (**NAD$^+$**), dérivé de la *niacine*, et la **flavine adénine dinucléotide** (**FAD**), dérivée de la *riboflavine*, sont deux coenzymes très importantes des voies oxydatives. L'oxydation de l'acide succinique en acide fumarique et la réduction simultanée de la FAD en FADH$_2$ – un exemple de réactions couplées d'oxydoréduction – se déroulent comme suit :

Synthèse de l'ATP

Comment nos cellules captent-elles une partie de l'énergie produite par la respiration cellulaire pour fabriquer des molécules d'ATP ? Il semble exister deux mécanismes : la phosphorylation au niveau du substrat et la phosphorylation oxydative.

La **phosphorylation au niveau du substrat** est le transfert direct de groupements phosphate riches en énergie de substrats phosphorylés (intermédiaires métaboliques tels que le glycéraldéhyde phosphate) à l'ADP **(figure 24.4a)**. Elle a lieu essentiellement parce que les liaisons riches en énergie qui unissent les groupements phosphate aux substrats sont moins stables que celles de l'ATP. L'ATP est synthétisée par cette voie une fois au cours de la glycolyse et une fois à chaque tour du cycle de Krebs. Les enzymes qui catalysent la phosphorylation au niveau du substrat sont présentes tant dans le cytosol (où se déroule la glycolyse) que dans la matrice aqueuse de la mitochondrie (où se produit le cycle de Krebs) **(figure 24.5)**.

24

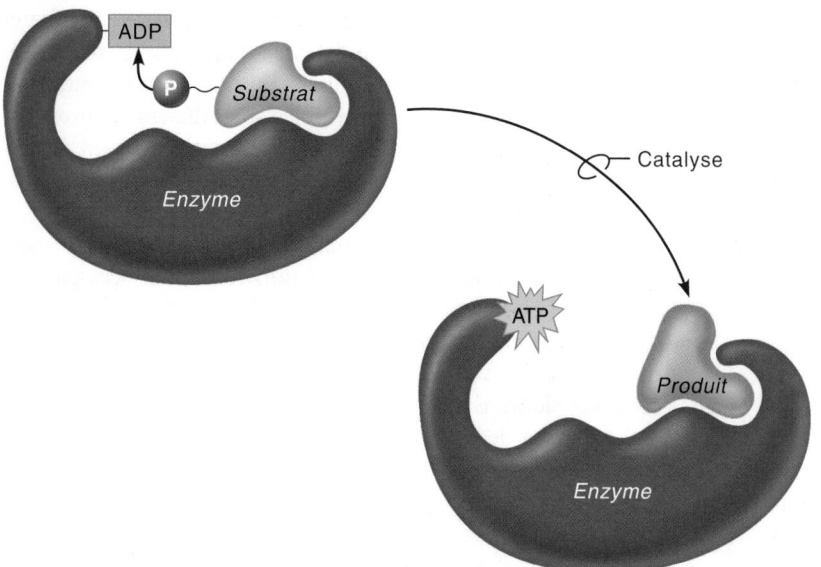

(a) Phosphorylation au niveau du substrat

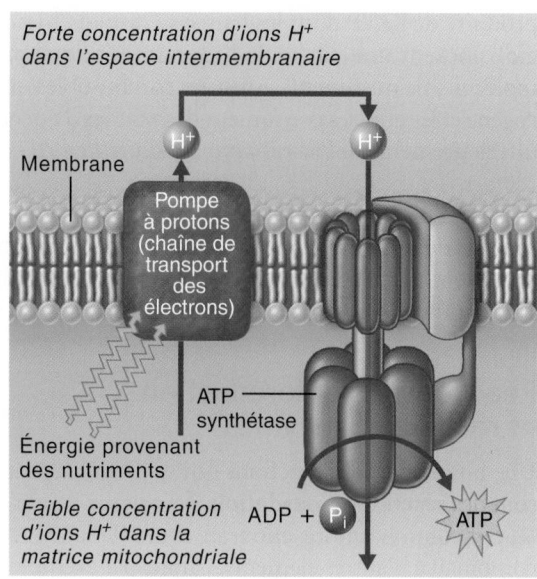

(b) Phosphorylation oxydative

Figure 24.4 Mécanismes de phospho-rylation. (a) La phosphorylation au niveau du substrat a lieu lorsqu'un groupement phosphate riche en énergie est transféré directement du substrat à l'ADP pour former l'ATP. Cette réaction se déroule à la fois dans le cytoplasme et dans la matrice mitochon-driale. **(b)** La phosphorylation oxydative, qui se déroule dans les mitochondries, est assurée par des protéines de transport d'électrons ; celles-ci jouent le rôle de « pompes », créant ainsi un gradient de protons de part et d'autre de la membrane mitochondriale interne. L'énergie qui alimente cette pompe est celle qui est libérée par l'oxydation des molécules de nutriments. Lorsque les ions H+ refluent passivement vers la matrice de la mitochondrie par l'intermédiaire de l'ATP synthétase, une partie de l'énergie de leur gradient sert à lier les groupements phosphate à l'ADP.

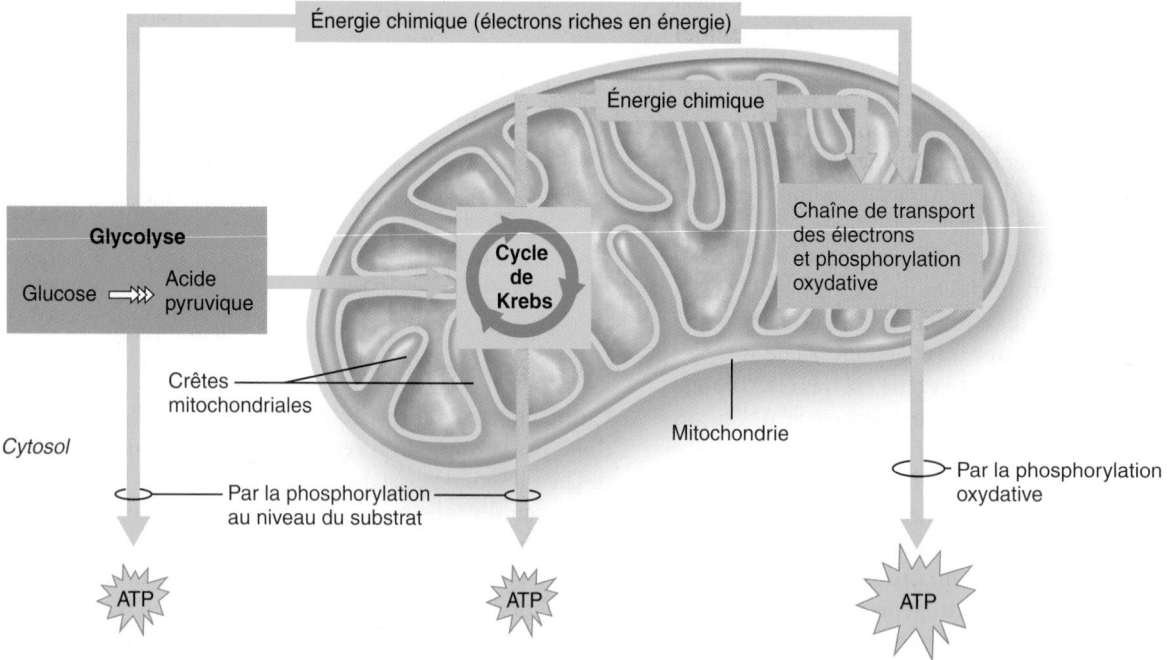

① Au cours de la gly-colyse, chaque molécule de glucose est dégradée en deux molécules d'acide pyruvique dans le cytosol.

② Les molécules d'acide pyruvique pé-nètrent alors dans la matrice mitochondriale, où le cycle de Krebs les décompose en CO_2. Pendant la glycolyse et le cycle de Krebs, la phosphorylation au niveau du substrat produit de petites quantités d'ATP.

③ Les électrons riches en énergie captés par les coen-zymes sont transférés à la chaîne de transport des élec-trons (ou chaîne respiratoire) située dans la membrane des crêtes. La chaîne de transport des électrons effectue la phosphorylation oxydative, qui produit la plus grande partie de l'ATP obtenue à l'issue de la respiration cellulaire.

Figure 24.5 Au cours de la respiration cellulaire, l'ATP est formée dans le cytosol et la mitochondrie.

La **phosphorylation oxydative** est beaucoup plus complexe, mais elle produit la plus grande partie (près de 90 %) de l'énergie qui est finalement transformée en liaisons d'ATP au cours de la respiration cellulaire. Ce processus s'effectue grâce aux protéines de transport d'électrons qui font partie des membranes mitochondriales internes ; c'est un exemple de **processus chimiosmotique**. Les processus chimiosmotiques couplent le mouvement de substances à travers une membrane à des réactions chimiques.

Dans ce cas, une partie de l'énergie libérée par l'oxydation des combustibles (la partie « chimio » du terme) sert à actionner une pompe (*ôsmos*: pousser) qui conduit les protons (H⁺) de l'autre côté de la membrane mitochondriale interne, c'est-à-dire dans l'espace intermembranaire (figure 24.4b). Il en résulte un important gradient de concentration des protons à travers la membrane ; lorsque les protons refluent à travers cette membrane (en passant par un canal protéique appelé *ATP synthétase*), une partie de l'énergie de ce gradient est captée et sert à lier des groupements phosphate à l'ADP.

VÉRIFIONS NOS ACQUIS

8. Qu'est-ce qu'une réaction d'oxydoréduction ?
9. Quels liens unissent l'anabolisme et le catabolisme à l'ATP ?
10. Quelle est la source d'énergie des pompes à protons qui interviennent dans la phosphorylation oxydative ?

Les réponses se trouvent à l'appendice G.

Métabolisme des principaux nutriments

Métabolisme des glucides

18 Situer les différentes étapes de l'oxydation complète du glucose dans une cellule de l'organisme. Résumer les étapes importantes et les produits de la glycolyse, du cycle de Krebs et du transport des électrons.

19 Dresser le bilan de l'oxydation complète d'une molécule de glucose au regard du nombre de molécules d'ATP formées ; préciser le mode et le lieu de production de l'ATP.

20 Définir la glycogenèse, la glycogénolyse et la néoglucogenèse ; citer les tissus et les organes où ces différents processus peuvent s'effectuer et décrire les conditions dans lesquelles l'organisme fait appel à chacun de ces processus.

Comme tous les glucides alimentaires finissent par être transformés en glucose, le métabolisme des glucides est en fait celui du glucose. Le glucose pénètre dans les cellules des tissus par diffusion facilitée – un processus largement stimulé par l'insuline. Au moment d'entrer dans la cellule, le glucose est phosphorylé en *glucose-6-phosphate* par addition d'un groupement phosphate à son sixième atome de carbone ; cette réaction est couplée à l'ATP :

$$\text{Glucose} + \text{ATP} \rightarrow \text{glucose-6-PO}_4 + \text{ADP}$$

Parce que la glucose-6-phosphatase – l'enzyme qui permet l'inversion de cette réaction – est absente de la plupart des cellules de l'organisme, le glucose est piégé à l'intérieur des cellules. Le glucose-6-phosphate étant une molécule *différente* du glucose simple, cette réaction maintient également une faible concentration de glucose à l'intérieur de la cellule et entretient ainsi un gradient de diffusion qui favorise l'entrée du glucose. Seules les cellules de la muqueuse intestinale, des tubules rénaux et du foie possèdent les enzymes permettant la réaction de phosphorylation inverse, ce qui explique que ces cellules puissent jouer un rôle particulier dans l'accumulation *et* la libération du glucose. Toutes les voies anaboliques et cataboliques des glucides commencent par le glucose-6-phosphate.

Oxydation du glucose

Le glucose est la principale molécule de combustible des voies oxydatives (productrices d'ATP). Le catabolisme du glucose se fait par la réaction suivante :

$$\underset{\text{glucose}}{C_6H_{12}O_6} + \underset{\text{oxygène}}{6\,O_2} \rightarrow \underset{\text{eau}}{6\,H_2O} + \underset{\substack{\text{gaz}\\\text{carbonique}}}{6\,CO_2} + 32\,\text{ATP} + \text{chaleur}$$

Cette équation ne montre pas toute la complexité du processus de dégradation du glucose ni le fait que ce processus fait intervenir trois des voies représentées dans les figures 24.3 et 24.5 :

1. Glycolyse (codée en brun dans tout le chapitre)
2. Cycle de Krebs (codé en vert)
3. Chaîne de transport des électrons et phosphorylation oxydative (codées en mauve)

Comme ces voies métaboliques se suivent dans un ordre défini, nous allons les étudier l'une après l'autre.

Glycolyse La **glycolyse** (« dégradation d'un sucre »), également appelée *voie glycolytique*, se déroule dans le cytosol des cellules. Cette voie se compose d'une suite de 10 étapes chimiques au cours desquelles le glucose est converti en 2 molécules d'*acide pyruvique*. À l'exception de la première étape, pendant laquelle le glucose qui pénètre dans la cellule est phosphorylé en glucose-6-phosphate, toutes les étapes sont entièrement *réversibles*.

La glycolyse est un *processus anaérobie* (*a*: sans ; *aeros*: air). À la suite d'une interprétation erronée du terme, on pense parfois que ce processus se déroule *en l'absence* d'oxygène. En fait, la glycolyse *ne fait pas intervenir l'oxygène et se déroule, qu'il y ait de l'oxygène ou non*. La **figure 24.6** illustre les trois phases principales de la voie glycolytique. L'appendice D présente l'ensemble des étapes de cette voie.

Phase 1. Activation du glucose. À la phase 1, le glucose est phosphorylé en fructose-6-phosphate, lequel est phosphorylé à nouveau. Ces trois étapes produisent le fructose-1,6-diphosphate et consomment deux molécules d'ATP (qui sont réunies plus tard). Les deux réactions du sucre avec

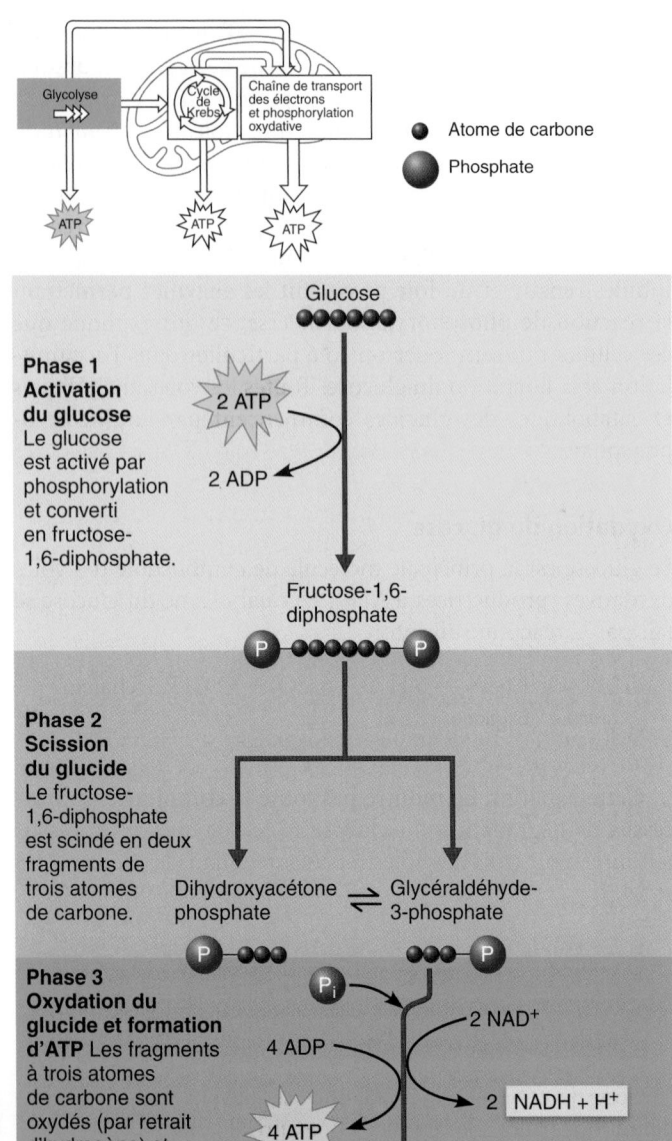

Atome de carbone

Phosphate

Phase 1
Activation
du glucose
Le glucose
est activé par
phosphorylation
et converti
en fructose-
1,6-diphosphate.

Glucose

2 ATP

2 ADP

Fructose-1,6-
diphosphate

Phase 2
Scission
du glucide
Le fructose-
1,6-diphosphate
est scindé en deux
fragments de
trois atomes
de carbone.

Dihydroxyacétone
phosphate

Glycéraldéhyde-
3-phosphate

Phase 3
Oxydation du
glucide et formation
d'ATP Les fragments
à trois atomes
de carbone sont
oxydés (par retrait
d'hydrogène) et
quatre molécules
d'ATP sont
ainsi formées.

P_i

4 ADP

2 NAD$^+$

4 ATP

2 NADH + H$^+$

2 acide pyruvique

2 NADH + H$^+$

O_2

O_2

2 NAD$^+$

2 acide lactique

Vers le
cycle de
Krebs (voie
aérobie)

Figure 24.6 Les trois principales phases de la glycolyse. La
destinée de l'acide pyruvique dépend de la présence ou de l'absence
d'O$_2$ moléculaire.

l'ATP fournissent l'*énergie d'activation* servant à amorcer les
étapes ultérieures de la voie; la phase 1 est donc considérée
comme la *phase d'apport d'énergie*. (Rappelez-vous le rôle de

l'énergie d'activation dans la préparation des substances en
vue d'une réaction, qui est présenté au chapitre 2.)

Phase 2. Scission du glucide. Au cours de la phase 2, le
fructose-1,6-diphosphate est scindé en deux fragments de
trois atomes de carbone existant sous forme de deux isomères interconvertibles: le glycéraldéhyde-3-phosphate et
le dihydroxyacétone phosphate.

Phase 3. Oxydation du glucide et formation d'ATP. Durant
la phase 3, qui comporte en fait six étapes, deux phénomènes importants ont lieu. Premièrement, les deux fragments à trois atomes de carbone sont oxydés par soustraction
de l'hydrogène, qui est capté par le NAD$^+$. Une partie de
l'énergie du glucose est donc transférée au NAD$^+$. Deuxièmement, un groupement phosphate inorganique (P$_i$) est
uni par des liaisons riches en énergie à chacun des fragments
oxydés. Par la suite, ces groupements phosphate terminaux
sont coupés, ce qui libère assez d'énergie pour produire
quatre molécules d'ATP. Comme nous l'avons déjà dit, la
formation d'ATP par cette voie est appelée *phosphorylation*
au niveau du substrat.

Les produits finaux de la glycolyse sont deux molécules
d'**acide pyruvique** et deux molécules réduites de NAD$^+$
(NADH + H$^+$)*, avec un gain net de deux molécules d'ATP
par molécule de glucose. Il y a formation de quatre ATP, mais
il ne faut pas oublier que l'« amorce de la pompe », à la phase 1,
en a consommé deux. Chacune des deux molécules d'acide
pyruvique a pour formule C$_3$H$_4$O$_3$, et celle du glucose est
C$_6$H$_{12}$O$_6$. Ensemble, les deux molécules d'acide pyruvique
signifient qu'il y a eu perte de quatre atomes d'hydrogène, qui
sont maintenant liés à deux molécules de NAD$^+$. Une petite
quantité d'ATP a été formée, mais les deux autres produits de
l'oxydation du glucose (H$_2$O et CO$_2$) ne sont pas encore apparus.

La destinée de l'acide pyruvique, qui contient encore la plus
grande partie de l'énergie chimique provenant du glucose,
dépend de la disponibilité de l'oxygène au moment où il est
produit. Parce que la quantité de NAD$^+$ est limitée, la glycolyse ne peut se poursuivre que si les coenzymes réduites
(NADH + H$^+$) qui se sont formées sont débarrassées de
l'hydrogène qu'elles ont accepté. Ce n'est qu'alors qu'elles
pourront agir à nouveau comme accepteurs d'hydrogène.

Lorsque l'oxygène est présent en quantité suffisante, le processus se déroule sans difficulté. Le NADH + H$^+$ cède les atomes
d'hydrogène qu'il porte aux enzymes de la chaîne de transport
des électrons de la mitochondrie, qui les cèdent à leur tour à
l'oxygène moléculaire pour former de l'eau. Cependant, si la
quantité d'oxygène présente est insuffisante, comme cela peut
arriver au cours d'une activité physique intense, le NADH + H$^+$
redonne ses atomes d'hydrogène à l'*acide pyruvique*. Cet ajout
de deux atomes d'hydrogène *réduit* l'acide pyruvique et le transforme en **acide lactique** (voir en bas à droite de la figure 24.6).
Une partie de l'acide lactique ainsi formé sort de la cellule par
diffusion et est transportée au foie pour y être traitée.

---

* Le NAD porte une charge positive (NAD$^+$); par conséquent, lorsqu'il
accepte deux atomes d'hydrogène, le produit réduit ainsi créé est NADH + H$^+$.

Lorsque l'oxygène redevient disponible, l'acide lactique est à nouveau oxydé en acide pyruvique et suit les **voies aérobies** (cycle de Krebs exigeant de l'oxygène et chaîne de transport des électrons dans les mitochondries). Il est alors complètement oxydé en eau et en gaz carbonique. Le foie peut aussi reconvertir l'acide lactique en glucose-6-phosphate (glycolyse inversée), puis l'emmagasiner sous forme de glycogène, ou bien lui enlever son groupement phosphate et le libérer dans le sang si la glycémie est basse.

Bien qu'elle produise de l'ATP très rapidement, la glycolyse ne fournit à elle seule que 2 ATP par molécule de glucose, alors que l'oxydation complète du glucose en donne entre 30 et 32. La poursuite du métabolisme dans des conditions anaérobies prolongées finit par entraîner un déséquilibre acidobasique, sauf dans les globules rouges (qui, habituellement, effectuent *uniquement* la glycolyse). La production d'acide lactique, dans des conditions *totalement* anaérobies, n'est donc qu'une méthode transitoire de production rapide d'ATP. Les muscles squelettiques sont les organes où ces conditions peuvent persister le plus longtemps sans endommager les tissus; cette période est beaucoup plus courte dans le muscle cardiaque et presque inexistante dans l'encéphale. (Rappelez-vous que la glycolyse constitue la principale voie de synthèse de l'ATP pour les fibres musculaires squelettiques de type IIb; voir le tableau 9.2, p. 347.)

Cycle de Krebs Le **cycle de Krebs**, nommé en l'honneur de Hans Krebs, qui a découvert l'ensemble de ces réactions chimiques, est l'étape suivante de l'oxydation du glucose. Le cycle de Krebs, qui se déroule dans la matrice mitochondriale, est alimenté en grande partie par l'acide pyruvique produit pendant la glycolyse et par les acides gras résultant de la dégradation des lipides.

L'acide pyruvique est une molécule chargée; elle doit donc entrer dans la mitochondrie par transport actif avec l'aide d'une protéine de transport. Après être entré dans la mitochondrie, l'acide pyruvique est d'abord converti, au cours d'une phase de transition, en *acétyl CoA* par un processus qui se déroule en trois étapes (**figure 24.7**, partie du haut):

1. **Décarboxylation.** Au cours de cette étape, un atome de carbone de l'acide pyruvique est enlevé et libéré sous forme de gaz carbonique, qui passe des cellules dans le sang par diffusion et est expulsé par les poumons. C'est la première fois que du gaz carbonique est libéré pendant la respiration cellulaire.
2. **Oxydation.** L'autre fragment à deux carbones (acide acétique) est oxydé par retrait d'atomes d'hydrogène. Les atomes d'hydrogène en question sont captés par le NAD^+.
3. **Formation de l'acétyl CoA.** La combinaison de l'acide acétique avec la *coenzyme A* donne le produit final de la réaction, l'**acétyl coenzyme A** (**acétyl CoA**). La coenzyme A (CoA-SH) contient du soufre et est dérivée de l'acide pantothénique, une vitamine du groupe B.

L'acétyl CoA est alors prêt à entrer dans le cycle de Krebs et à être entièrement dégradé par les enzymes mitochondriales. La coenzyme A transporte l'acide acétique, qui a deux atomes de carbone, jusqu'à l'enzyme qui peut le réunir avec un acide à quatre atomes de carbone appelé **acide oxaloacétique**, produisant ainsi l'**acide citrique** qui contient six atomes de carbone. L'acide citrique est le premier substrat du cycle; c'est pourquoi les biochimistes préfèrent appeler le cycle de Krebs **cycle de l'acide citrique**.

Le cycle passe alors par ses huit étapes successives et les atomes d'acide citrique sont remaniés pour former diverses molécules intermédiaires, la plupart de celles-ci étant appelées **acides cétoniques** (figure 24.7). L'acide acétique qui entre dans le cycle est dégradé un atome de carbone à la fois (décarboxylé) et oxydé, ce qui produit simultanément le $NADH + H^+$ et la $FADH_2$. À la fin du cycle, l'acide acétique a complètement disparu et l'acide oxaloacétique, ou *molécule d'amorçage* du cycle, est régénéré.

Quels sont les produits du cycle de Krebs? Étant donné que deux réactions de *décarboxylation* et quatre réactions d'*oxydation* se déroulent, les produits du cycle de Krebs sont deux molécules de CO_2 et quatre molécules de coenzymes réduites (3 $NADH + H^+$ et 1 $FADH_2$). L'ajout d'eau à certaines étapes explique la perte d'une partie de l'hydrogène. Une molécule d'ATP est formée (par phosphorylation au niveau du substrat) à chaque tour du cycle. L'appendice D explique en détail chacune des huit étapes du cycle de Krebs.

Revenons maintenant en arrière et expliquons ce qu'il advient des molécules d'acide pyruvique qui pénètrent dans la mitochondrie. Pour ce faire, nous devons examiner les produits de la phase de transition ainsi que ceux du cycle de Krebs lui-même. Pour chaque molécule d'acide pyruvique, il apparaît 3 molécules de CO_2 et 5 de coenzymes réduites (1 $FADH_2$ et 4 $NADH + H^+$, ce qui équivaut à la perte de 10 atomes d'hydrogène). L'oxydation du glucose dans le cycle de Krebs produit donc le double de ces quantités (car 1 molécule de glucose donne 2 molécules d'acide pyruvique), soit 6 CO_2, 10 molécules de coenzymes réduites et 2 molécules d'ATP. Remarquez que ce sont ces réactions du cycle de Krebs qui produisent, grâce à l'action des décarboxylases, le CO_2 dégagé pendant l'oxydation du glucose. Pour que le cycle de Krebs et la glycolyse puissent se poursuivre, il faut que les coenzymes réduites qui portent leurs électrons supplémentaires dans des liaisons riches en énergie soient oxydées.

Bien que la voie glycolytique ne concerne que l'oxydation des glucides, le cycle de Krebs peut donner de l'énergie par l'oxydation des produits de dégradation des glucides, des lipides et des protéines. Ces réactions sont en effet possibles grâce à la production d'acétyl CoA à partir du glycérol, des acides gras et des acides aminés. À l'inverse, certains intermédiaires du cycle de Krebs peuvent être détournés et servir à la synthèse d'acides gras et d'acides aminés non essentiels toujours à partir de l'acétyl CoA, qui constitue un carrefour métabolique crucial. Le cycle de Krebs, en plus d'être la voie commune finale de dégradation des combustibles alimentaires, est donc également une source de matériaux structuraux pour les réactions anaboliques.

Chaîne de transport des électrons et phosphorylation oxydative Comme la glycolyse, aucune des réactions du cycle de Krebs n'utilise directement l'oxygène. Cette fonction ne se

24

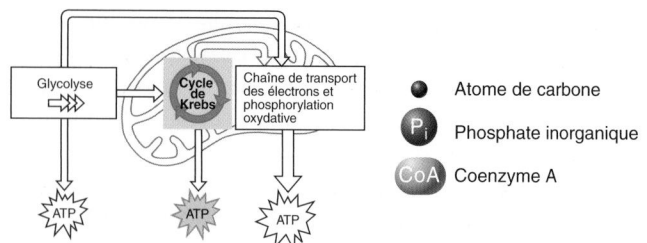

Figure 24.7 Représentation simplifiée du cycle de Krebs (de l'acide citrique). À chaque tour du cycle, deux atomes de carbone sont retirés des substrats sous forme de CO_2 (réactions de décarboxylation); quatre réactions d'oxydation par perte d'atomes d'hydrogène se déroulent et donnent quatre molécules de coenzymes réduites (3 NADH + H^+ et 1 $FADH_2$); une molécule d'ATP est synthétisée par phosphorylation au niveau du substrat. Une autre réaction de décarboxylation et une réaction d'oxydation convertissent, au cours de la phase de transition, l'acide pyruvique, qui est le produit de la glycolyse, en acétyl CoA, la molécule qui entre dans le cycle de Krebs.

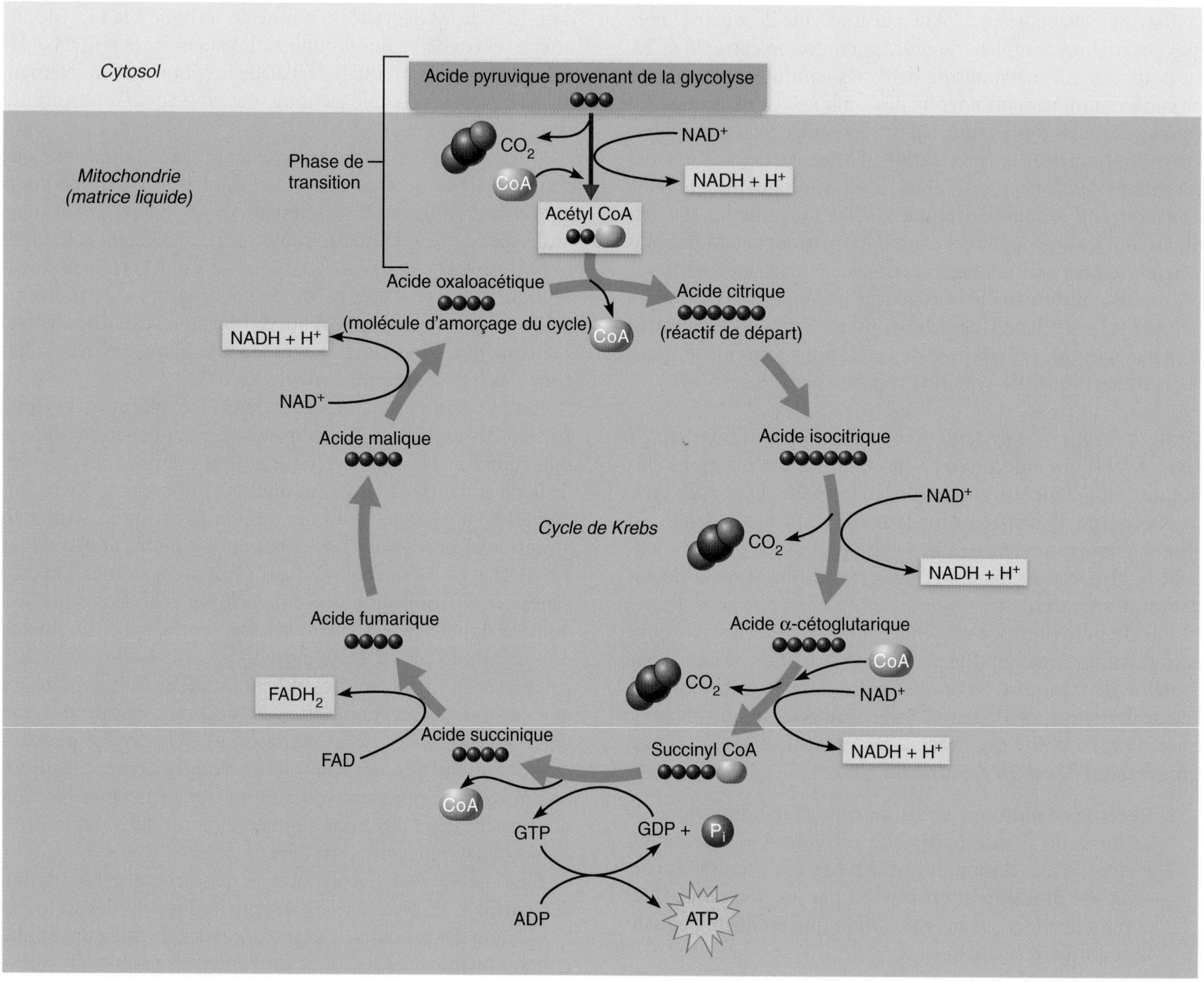

Atome de carbone

P_i Phosphate inorganique

CoA Coenzyme A

Cytosol

Acide pyruvique provenant de la glycolyse

Mitochondrie
(matrice liquide)

Phase de transition

CO_2 NAD$^+$

CoA NADH + H^+

Acétyl CoA

Acide oxaloacétique

(molécule d'amorçage du cycle) CoA **Acide citrique**
(réactif de départ)

NADH + H^+

NAD$^+$

Acide malique Acide isocitrique

NAD$^+$

Cycle de Krebs CO_2

NADH + H^+

Acide fumarique Acide α-cétoglutarique

CoA

$FADH_2$ CO_2 NAD$^+$

FAD Acide succinique Succinyl CoA NADH + H^+

CoA

GTP GDP + P_i

ADP **ATP**

---

rencontre que dans la **chaîne de transport des électrons**, ou chaîne respiratoire, qui se charge des dernières réactions cataboliques ayant lieu sur les crêtes des mitochondries. Cependant, étant donné que les coenzymes réduites qui apparaissent au cours du cycle de Krebs sont les substrats de la chaîne de transport des électrons, ces deux voies (cycle de Krebs et chaîne de transport des électrons) sont couplées et on considère qu'elles nécessitent toutes deux de l'oxygène : elles sont donc *aérobies*.

Dans la chaîne de transport des électrons, les atomes d'hydrogène enlevés au cours de l'oxydation des combustibles sont combinés à l'oxygène moléculaire pour former de l'eau. Le gradient de H^+ transporté jusqu'à l'ATP synthétase libère de l'énergie qui sert à lier des groupements P_i à l'ADP, produisant ainsi de l'ATP. Comme nous l'avons déjà dit, ce type de phosphorylation est appelé *phosphorylation oxydative*. Examinons de plus près ce processus complexe qui permet à la mitochondrie d'alimenter la cellule en énergie.

La plupart des éléments de la chaîne de transport des électrons sont des protéines liées à des atomes métalliques (*cofacteurs*). Étroitement intégrées à la membrane mitochondriale interne, ces protéines sont de composition et de forme très variées **(figure 24.8)**. Certaines d'entre elles par exemple, les **flavines**, contiennent de la flavine mononucléotide (FMN) dérivée de la riboflavine, une vitamine; d'autres contiennent à la fois du soufre (S) et du fer (Fe), mais la plupart sont des pigments aux couleurs vives contenant du fer, appelés **cytochromes** (*kutos*: cellule; *khrôma*: couleur), dont les complexes III et IV illustrés

à la figure 24.8. Les transporteurs adjacents sont regroupés, formant ainsi quatre **complexes enzymatiques** de la chaîne de transport des électrons qui sont alternativement réduits et oxydés par ajout d'un électron et transférés au complexe suivant dans la séquence.

Comme l'illustre la figure 24.8, le premier de ces complexes accepte les atomes d'hydrogène provenant du NADH + H⁺, oxydant celui-ci en NAD⁺. La $FADH_2$ passe son «chargement» d'atomes d'hydrogène un peu plus loin dans la chaîne, au petit complexe II. Les atomes d'hydrogène livrés à la chaîne

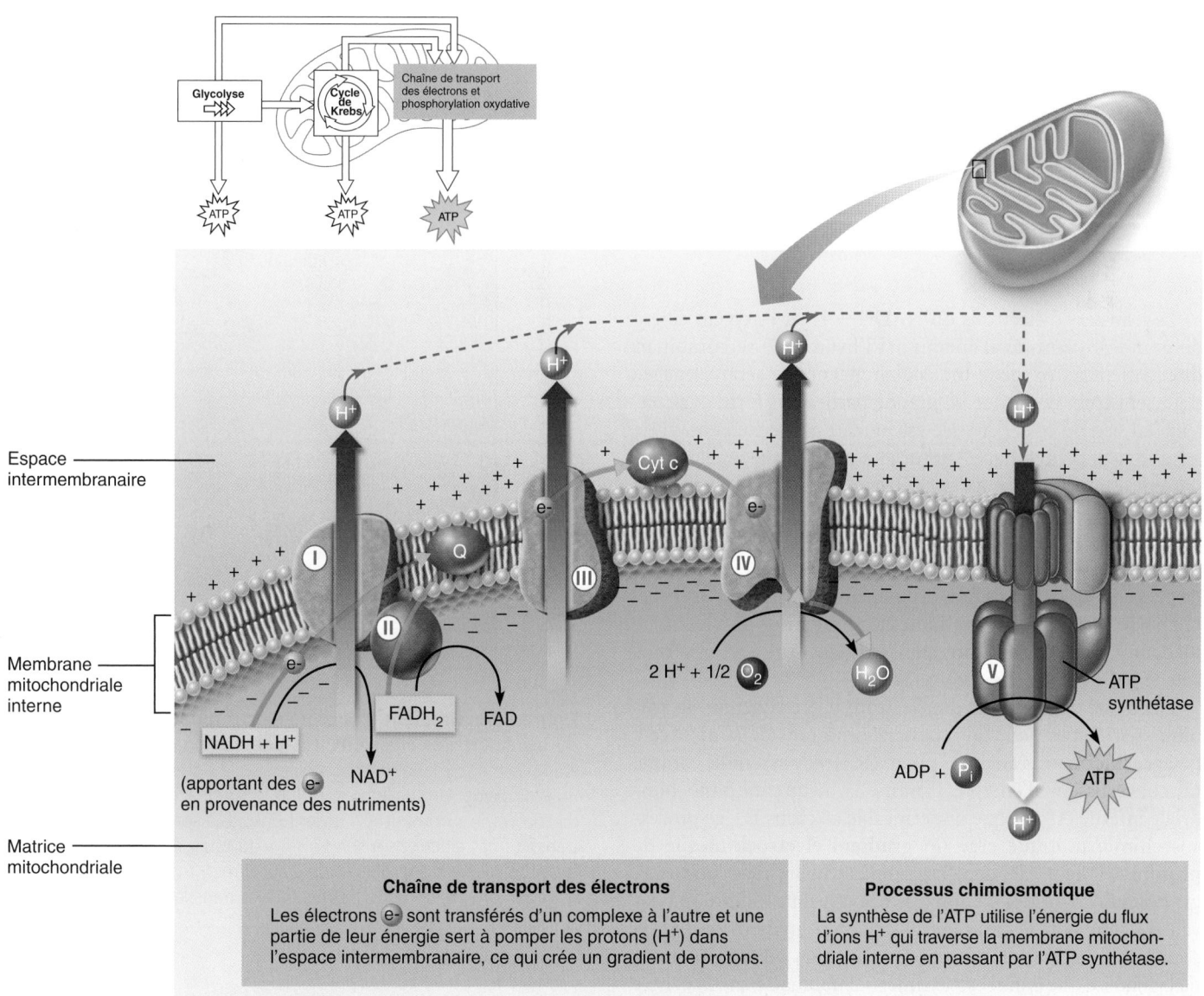

Chaîne de transport des électrons

Les électrons ⊖ sont transférés d'un complexe à l'autre et une partie de leur énergie sert à pomper les protons (H⁺) dans l'espace intermembranaire, ce qui crée un gradient de protons.

Processus chimiosmotique

La synthèse de l'ATP utilise l'énergie du flux d'ions H⁺ qui traverse la membrane mitochondriale interne en passant par l'ATP synthétase.

Figure 24.8 Mécanisme de la phosphorylation oxydative. Schéma montrant le courant d'électrons dans les complexes enzymatiques de la chaîne de transport des électrons pendant le transfert vers l'oxygène de deux électrons provenant du NAD⁺ réduit. La coenzyme Q (ubiquinone) et le cytochrome c sont mobiles et agissent comme transporteurs entre les complexes. Comme la $FADH_2$ se débarrasse de ses atomes d'hydrogène en les donnant au complexe II, le petit complexe situé juste après le premier complexe enzymatique, son oxydation permet de capter une quantité moindre d'énergie.

respiratoire par les coenzymes réduites sont rapidement séparés en ions H⁺ (protons) et en électrons; dans la membrane mitochondriale interne, les électrons passent tour à tour d'un complexe à l'autre, perdant de l'énergie à chaque transfert; les protons s'échappent dans la matrice aqueuse, où l'un des trois principaux complexes enzymatiques (I, III et IV) les capte et les expédie de l'autre côté de la membrane mitochondriale interne, dans l'espace intermembranaire («pompage»).

À l'extrémité de la chaîne, la cytochrome oxydase (ou cytochrome a_3) transfère la paire d'électrons à la moitié d'une molécule d'O_2 – autrement dit, à un atome d'oxygène. Il en résulte des ions oxygène (O^-) qui attirent fortement les ions H⁺ pour former de l'eau, comme le montre la réaction suivante:

$$2H^+ + 2e^- + \tfrac{1}{2}\,O_2 \rightarrow H_2O$$

La presque totalité de l'eau qui provient de l'oxydation du glucose est produite par la phosphorylation oxydative. Le NADH + H⁺ et la $FADH_2$ sont oxydés lorsqu'ils libèrent leur charge d'atomes d'hydrogène; la réaction globale de la chaîne de transport des électrons est donc:

$$\text{Coenzyme-2H} + \tfrac{1}{2}\,O_2 \rightarrow \text{coenzyme} + H_2O$$

coenzyme réduite   coenzyme oxydée

Le transfert d'électrons du NADH + H⁺ à l'oxygène libère de grandes quantités d'énergie; si l'hydrogène se combinait directement à l'oxygène moléculaire, l'énergie serait dégagée d'un seul coup et perdue en grande partie sous forme de chaleur. Au lieu de cela, l'énergie est fournie graduellement en de nombreuses petites étapes au fur et à mesure que les électrons passent d'un accepteur à l'autre. Chaque transporteur possède une affinité pour les électrons plus grande que ceux qui le précèdent dans la série. Par conséquent, les électrons descendent «en cascade», passant du NADH + H⁺ à des niveaux d'énergie de plus en plus bas, et ils finissent par être transférés à l'oxygène, qui possède la plus grande affinité électronique de tous les intermédiaires. On pourrait dire que l'oxygène «tire» les électrons vers le bas de la chaîne **(figure 24.9)**.

La chaîne de transport des électrons libère l'énergie électronique par étapes pour faire passer les protons de la matrice à l'espace intermembranaire («pompage»); elle agit donc comme un convertisseur d'énergie. Comme la membrane mitochondriale interne est presque imperméable aux ions H⁺, ce processus chimiosmotique crée un **gradient électrochimique de protons** (H⁺) entre les deux faces de cette membrane; une énergie potentielle est donc emmagasinée et peut produire un travail. Le gradient de protons: (1) crée un gradient de pH, la concentration d'ions H⁺ étant beaucoup plus faible à l'intérieur de la matrice que dans l'espace intermembranaire; et (2) génère un voltage entre les deux côtés de la membrane, le côté de la matrice étant négatif et la partie située entre les deux membranes de la mitochondrie étant positive. Ces deux phénomènes s'additionnent pour attirer fortement les ions H⁺ en direction de la matrice. Mais comment peuvent-ils s'y rendre?

Les seules parties de la membrane par où les ions H⁺ peuvent passer sont de gros complexes enzyme-protéine (complexe V)

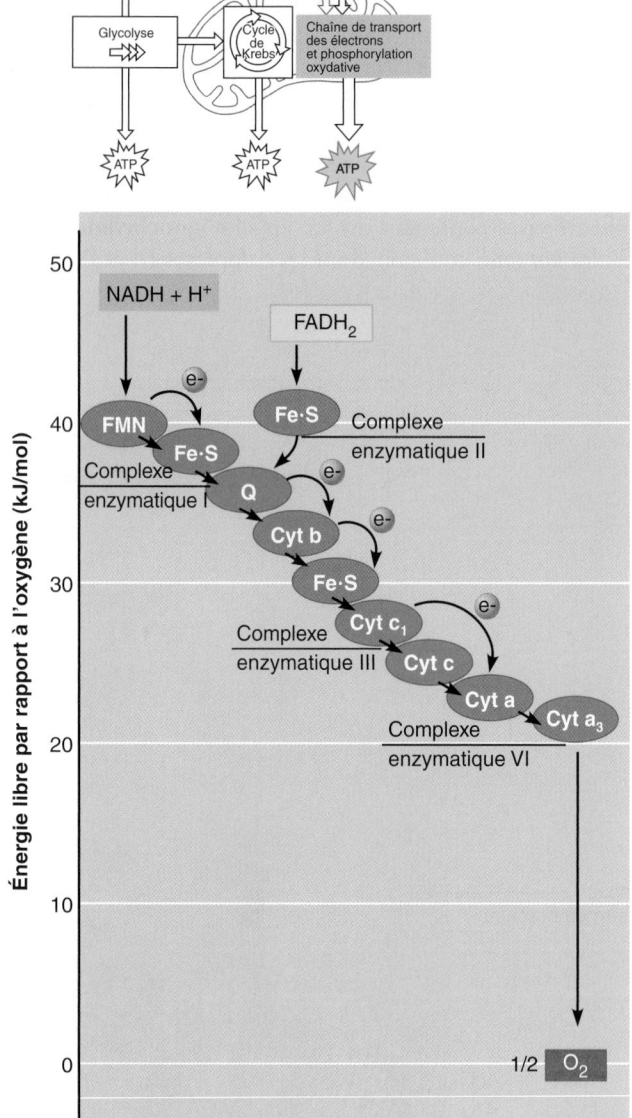

Figure 24.9 Gradient d'énergie électronique dans la chaîne de transport des électrons. Chaque maillon de la chaîne (complexe enzymatique respiratoire) oscille entre un état réduit et un état oxydé. Un maillon est réduit lorsqu'il accepte des électrons de son voisin «du haut». Il revient ensuite à son état oxydé lorsqu'il transfère ces électrons à son voisin «du bas». La chute dans la quantité totale d'énergie est de 220 kJ/mol, mais cette énergie est dégagée en une série de petites étapes dans la chaîne respiratoire.

appelés **ATP synthétases**. Ces complexes, qu'abrite la membrane mitochondriale interne **(figure 24.10)**, semblent bien être les plus petits moteurs rotatifs de la nature. En empruntant cette «voie», les protons créent un courant électrique dont l'ATP synthétase recueille l'énergie pour catalyser la formation d'ATP par liaison d'un groupement phosphate à l'ADP **(figure 24.11)**. Il semble que les sous-unités de l'enzyme fonctionnent à la

Figure 24.10 Un microscope à force atomique permet d'observer la structure des anneaux du rotor de l'ATP synthétase, qui assurent la conversion de l'énergie.

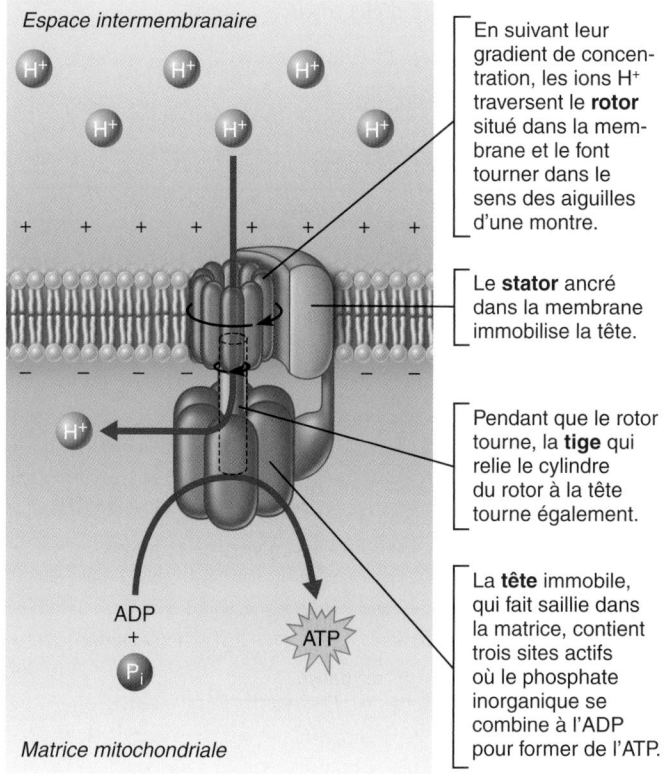

Espace intermembranaire

En suivant leur gradient de concentration, les ions H⁺ traversent le **rotor** situé dans la membrane et le font tourner dans le sens des aiguilles d'une montre.

Le **stator** ancré dans la membrane immobilise la tête.

Pendant que le rotor tourne, la **tige** qui relie le cylindre du rotor à la tête tourne également.

ADP + Pᵢ

ATP

La **tête** immobile, qui fait saillie dans la matrice, contient trois sites actifs où le phosphate inorganique se combine à l'ADP pour former de l'ATP.

Matrice mitochondriale

Figure 24.11 Structure de l'ATP synthétase.

manière d'un engrenage. Pendant que l'anneau central de l'ATP synthétase tourne sur lui-même, l'ADP et les groupements P_i sont aspirés puis relargués sous forme d'ATP, ce qui constitue la dernière étape du processus de phosphorylation oxydative.

Comment l'ATP synthétase fonctionne-t-elle exactement? La recherche sur la structure moléculaire de l'ATP synthétase a permis d'obtenir des réponses. Le complexe enzymatique est un assemblage formé de deux grands composants eux-mêmes constitués chacun de plusieurs sous-unités protéiques: (1) le *rotor* est enchâssé dans la membrane mitochondriale interne (figure 24.11); et (2) la *tête*, qui fait saillie dans la matrice mitochondriale, est stabilisée par un *stator* ancré dans la membrane. La *tige* relie le rotor et la tête. Le courant créé par les ions H⁺ qui dévalent leur gradient de concentration fait tourner le rotor et la tige, un peu comme une turbine. La rotation actionne les sites actifs situés dans la tête où l'ADP et le P_i se combinent pour produire l'ATP.

Il faut bien noter ce qui suit. L'ATP synthétase agit comme une pompe ionique fonctionnant à l'envers. Nous avons vu au chapitre 3 que les pompes à ions consomment de l'ATP comme source d'énergie pour déplacer des ions contre leur gradient électrochimique. Dans le cas présent, pour produire de l'ATP, les ATP synthétases consomment l'énergie provenant d'un gradient de protons.

Le gradient de protons fournit également l'énergie nécessaire au pompage des métabolites (ADP, acide pyruvique, phosphate inorganique) et des ions calcium à travers la membrane mitochondriale interne, qui est relativement imperméable. La membrane externe est assez perméable à ces substances, de sorte que la diffusion se déroule sans aucune «aide». Cependant, l'oxydation ne constitue pas une source d'énergie illimitée; par conséquent, plus ces mécanismes de transport consomment l'énergie du gradient, moins celle-ci est disponible pour la synthèse de l'ATP.

DÉSÉQUILIBRE HOMÉOSTATIQUE

Des études portant sur des poisons métaboliques confirment la théorie chimiosmotique de la phosphorylation oxydative. Par exemple, le cyanure (utilisé dans les chambres à gaz nazies et connu sous le nom de Zyklon B) interrompt le processus en se liant à la cytochrome oxydase, bloquant ainsi le passage des électrons entre le complexe IV et l'oxygène (figure 24.9). D'autres poisons, appelés «agents découplants», éliminent le gradient de protons en rendant la membrane mitochondriale interne perméable aux ions H⁺. Par conséquent, il n'y a pas de synthèse d'ATP, bien que la chaîne de transport des électrons continue de fournir des électrons à l'oxygène à une vitesse vertigineuse et que la consommation d'oxygène s'élève. ■

Le stimulus qui déclenche la production d'ATP est l'entrée de l'ADP dans la matrice mitochondriale. Au fur et à mesure que l'ADP arrive à l'intérieur de la mitochondrie, l'ATP passe dans le cytoplasme en traversant la membrane de la crête mitochondriale par diffusion facilitée et la membrane externe de la mitochondrie par diffusion.

Résumé de la production d'ATP En moyenne, la consommation d'énergie d'une personne au repos est d'environ 100 kcal l'heure, ce qui représente 116 watts, soit juste un peu plus que l'énergie requise par une ampoule. Cette quantité semble infime, mais d'un point de vue biochimique, elle constitue une demande d'énergie stupéfiante pour nos mitochondries. Par chance, elles sont à la hauteur de ce que l'organisme attend d'elles!

En présence d'oxygène, la respiration cellulaire est remarquablement efficace. Des 2900 kJ d'énergie présents dans 1 mole de glucose, les liaisons des molécules d'ATP peuvent en capter jusqu'à 1100. (Le reste est dissipé sous forme de chaleur.) Le processus qui se déroule dans la cellule a donc une efficacité énergétique d'environ 38 % (si seule la glycolyse était considérée, le rendement serait de 43 %).

Au cours de la respiration cellulaire, la plus grande partie de l'énergie suit la séquence suivante:

Glucose → NADH + H$^+$ → chaîne de transport des électrons → énergie du gradient de protons → ATP

À l'aide de quelques chiffres, essayons de résumer le gain net d'énergie provenant d'une molécule de glucose. Nous devons d'abord calculer le résultat de la phosphorylation au niveau du substrat, ce qui donne un gain net de quatre molécules d'ATP résultant directement de la phosphorylation (deux pendant la glycolyse et deux pendant le cycle de Krebs). Maintenant, il nous reste à calculer le nombre, nettement plus élevé, de molécules d'ATP produites par phosphorylation oxydative **(figure 24.12)**.

Chaque NADH + H$^+$ qui cède une paire d'électrons de niveau d'énergie élevé à la chaîne de transport des électrons apporte assez d'énergie au gradient de protons pour générer 2,5 molécules d'ATP. L'oxydation de la FADH$_2$ est moins efficace que celle du NADH + H$^+$, parce qu'elle ne cède pas d'électron au « sommet » de la chaîne de transport des électrons, mais à un niveau d'énergie plus faible (au complexe II). Ainsi, pour 2 atomes d'hydrogène cédés par la FADH$_2$, il y a production d'environ 1,5 molécule d'ATP seulement. On peut maintenant comptabiliser le résultat de la phosphorylation. Les 2 NADH + H$^+$ produits pendant la glycolyse donnent 5 molécules d'ATP. Les 8 NADH + H$^+$ et les 2 FADH$_2$ produits par le cycle de Krebs « valent » respectivement 20 et 3 ATP.

Au total, l'oxydation complète d'une molécule de glucose en CO_2 et en H_2O par phosphorylation au niveau du substrat et phosphorylation oxydative donne un maximum de 32 molécules d'ATP (figure 24.12). Autrement dit, ces réactions produisent 55 kg d'ATP chaque jour.

Il existe une incertitude relative au rendement énergétique du NAD$^+$ réduit produit *à l'extérieur* de la mitochondrie par la glycolyse. La membrane de la crête mitochondriale n'est pas perméable au NAD$^+$ réduit produit dans le cytosol; en conséquence, le NADH + H$^+$ formé lors de la glycolyse doit faire intervenir une « *navette moléculaire* » pour céder sa paire d'électrons supplémentaires à la chaîne respiratoire. Il semble que les cellules qui font appel à la navette malate-aspartate récoltent la totalité des 2,5 molécules d'ATP provenant de l'oxydation du NAD$^+$ réduit, mais les cellules qui utilisent d'autres navettes (comme la navette glycérol-phosphate) doivent payer leur passage en énergie. À l'heure actuelle, on s'entend pour dire que le gain énergétique net de la réoxydation du NAD$^+$ réduit dans ce cas est probablement le même que celui de la FADH$_2$, c'est-à-dire 1,5 ATP par paire d'électrons.

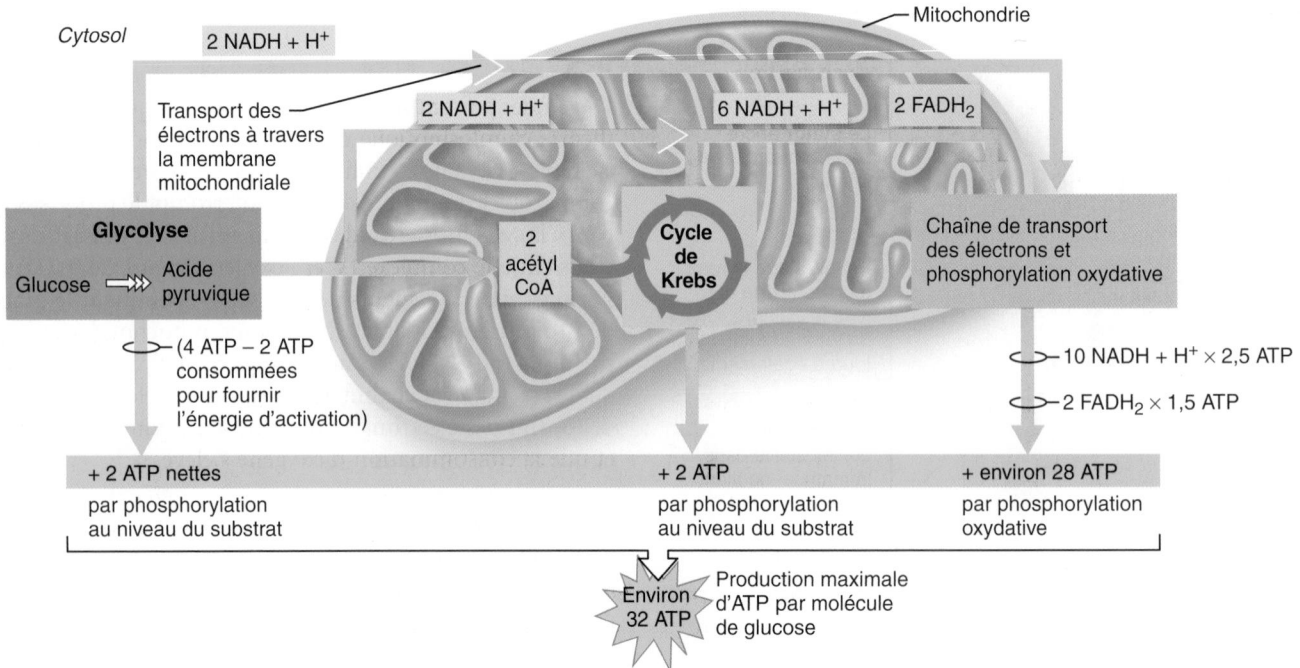

Figure 24.12 **Rendement énergétique de la respiration cellulaire.**

Par conséquent, si on soustrait 2 ATP pour couvrir le prix du « passage » sur la navette, notre total général nous donne un rendement énergétique maximal de 30 ATP par molécule de glucose. En fait, nos chiffres sont probablement trop élevés parce que, comme nous l'avons déjà dit, l'énergie du gradient de protons sert également à produire d'autres types de travail et la chaîne de transport des électrons ne fonctionne pas nécessairement à pleine capacité en tout temps.

VÉRIFIONS NOS ACQUIS

11. Expliquez brièvement la différence entre la phosphorylation au niveau du substrat et la phosphorylation oxydative.
12. Qu'arrive-t-il dans la voie glycolytique s'il n'y a pas d'oxygène et que le NADH + H⁺ ne peut transférer l'hydrogène capté à l'acide pyruvique ?
13. Quels sont les deux principaux types de réactions chimiques du cycle de Krebs et comment les représente-t-on symboliquement ?

Les réponses se trouvent à l'appendice G.

Glycogenèse, glycogénolyse et néoglucogenèse

Glycogenèse et glycogénolyse Bien que la majeure partie du glucose serve à générer des molécules d'ATP, la synthèse d'ATP ne serait pas illimitée, même en présence de quantités illimitées de glucose, parce que nos cellules ne peuvent pas stocker de grandes quantités d'ATP. Si la quantité de glucose disponible dépasse celle qui peut être oxydée immédiatement, l'augmentation de la concentration intracellulaire d'ATP finit par inhiber le catabolisme du glucose et par amorcer des mécanismes de stockage du glucose sous forme de glycogène ou de lipides. Comme l'organisme peut emmagasiner beaucoup plus de graisses que de glycogène, celles-ci constituent de 80 à 85 % de l'énergie stockée.

Lorsque la glycolyse est interrompue sous l'effet d'une concentration élevée d'ATP, les molécules de glucose sont assemblées en de longues chaînes de glycogène ; c'est sous cette forme que les glucides sont stockés chez les animaux. Ce processus est appelé **glycogenèse** (*glukus*: doux ; *gennan*: engendrer) (**figure 24.13**, côté droit). Il commence dès l'entrée du glucose dans les cellules et sa phosphorylation en glucose-6-phosphate, qui est ensuite converti en son isomère, le *glucose-1-phosphate*. Le groupement phosphate terminal est enlevé lorsque la *glycogène synthase*, une enzyme, catalyse la liaison du glucose avec la chaîne de glycogène en formation. Les cellules dans lesquelles la mise en réserve du glycogène est la plus intense sont celles du foie et des muscles squelettiques.

Par ailleurs, lorsque la concentration plasmatique de glucose diminue, la lyse (dégradation) du glycogène commence ; ce phénomène est appelé **glycogénolyse** (figure 24.13, côté gauche). La *glycogène phosphorylase*, une enzyme, assure la phosphorylation et la dégradation du glycogène en glucose-1-phosphate, qui est ensuite converti en glucose-6-phosphate – lequel peut entrer dans la voie glycolytique où sa dégradation produit de l'énergie.

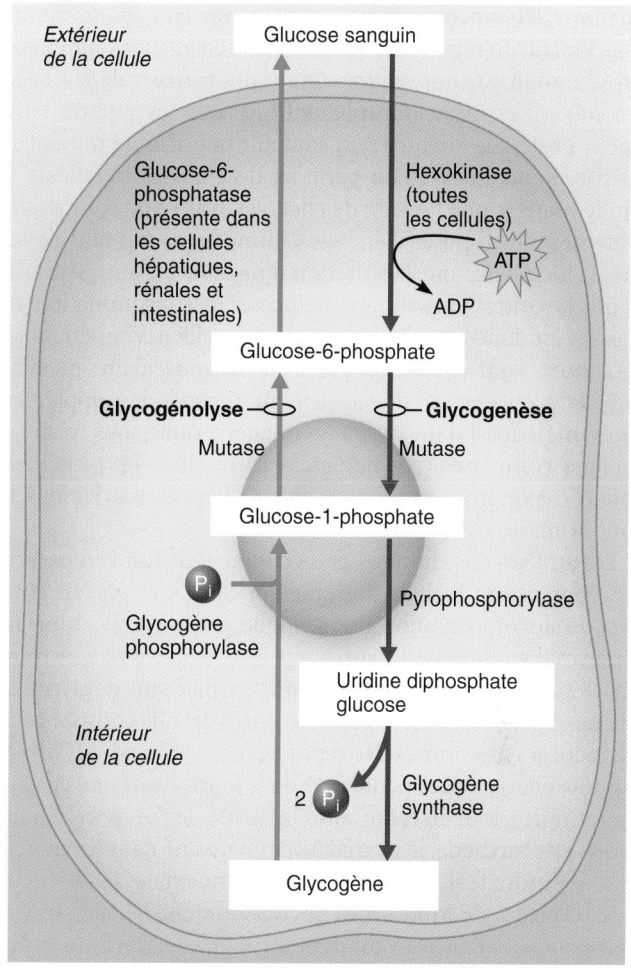

Figure 24.13 Glycogenèse et glycogénolyse. Lorsque l'apport de glucose excède les besoins cellulaires pour la synthèse d'ATP, la glycogenèse commence (conversion du glucose en glycogène avant son stockage). La glycogénolyse, soit la libération du glucose par dégradation du glycogène, est stimulée par la diminution de la concentration de glucose dans le sang.

Comme nous l'avons déjà mentionné, dans les cellules musculaires et la plupart des autres cellules, le glucose-6-phosphate provenant de la glycogénolyse reste captif parce qu'il ne peut pas traverser la membrane cellulaire. Cependant, les hépatocytes (ainsi que certaines cellules rénales et intestinales) contiennent de la *glucose-6-phosphatase*, une enzyme qui détache le groupement phosphate terminal pour produire du glucose libre. Le glucose sort alors facilement de la cellule pour passer dans le sang par diffusion ; lorsque la concentration plasmatique de glucose diminue, le foie puise donc dans ses réserves de glycogène et produit du glucose qu'il libère dans le sang, le rendant ainsi disponible aux autres organes. Le glycogène du foie constitue également une importante source d'énergie pour les muscles squelettiques qui ont épuisé leur propre réserve de glycogène.

Athlètes et glucides On entend souvent dire que les sportifs doivent consommer de grandes quantités de protéines pour améliorer leurs performances et maintenir leur masse musculaire. En fait, un régime alimentaire riche en glucides complexes, qui se traduit par une augmentation des réserves de glycogène musculaire, est beaucoup plus efficace que les repas à haute teneur protéique lorsqu'il faut soutenir une activité musculaire intense. Remarquez qu'on parle ici de glucides *complexes*. Le fait de manger une tablette de chocolat avant une compétition sportive pour disposer d'énergie «immédiate» fait plus de mal que de bien parce que la sécrétion d'insuline est ainsi stimulée, ce qui favorise l'utilisation du glucose; la consommation des graisses est donc retardée au moment où elle devrait être à son maximum. Pour synthétiser des protéines musculaires ou éviter leur perte, on a besoin non seulement de protéines supplémentaires, mais aussi d'un supplément énergétique sous forme de glucides complexes (permettant d'économiser les protéines). Ceux-ci répondront aux besoins énergétiques accrus des muscles dont la masse a augmenté.

Les athlètes d'endurance, et les coureurs de fond en particulier, connaissent bien la pratique appelée *surcharge en glycogène*, ou surcompensation glycogénique, pour la préparation aux épreuves d'endurance. La surcharge en glycogène vise à «tromper» les muscles en leur faisant emmagasiner plus de glycogène que ne le permettrait leur capacité normale. Elle consiste généralement à consommer des repas riches en glucides (75 % de l'apport énergétique) pendant 3 ou 4 jours avant une épreuve d'endurance, tout en réduisant l'intensité de l'exercice. En utilisant cette méthode, le glycogène emmagasiné dans les muscles peut atteindre le double de la quantité normale. Les coureurs et les cyclistes de fond utilisent couramment la surcharge en glycogène, des études ayant démontré qu'elle améliore la performance et l'endurance.

Néoglucogenèse Lorsque le glucose qui alimente le «feu métabolique» commence à manquer, le glycérol et les acides aminés sont convertis en glucose (une douzaine d'acides aminés sont ainsi transformés). La **néoglucogenèse** se déroule dans le foie ou dans les reins en période de jeûne à partir du glutamate; c'est le processus de formation de nouveau (*néo*) glucose à partir de molécules *autres que les glucides*. Elle a lieu lorsque les sources alimentaires de glucose et les réserves de glucose sont insuffisantes et que la glycémie diminue. La néoglucogenèse permet à la synthèse d'ATP de se poursuivre et protège ainsi l'organisme, notamment le système nerveux, contre les effets néfastes de la baisse de la concentration de glucose dans le sang (*hypoglycémie*). Le cortisol, une hormone, favorise la néoglucogenèse en mobilisant les acides aminés.

VÉRIFIONS NOS ACQUIS

14. Quel nom donne-t-on à la réaction chimique au cours de laquelle le glycogène est dégradé en ses sous-unités de glucose?

15. Quel est l'objectif de la surcharge en glycogène?

Les réponses se trouvent à l'appendice G.

Métabolisme des lipides

21 Décrire le traitement que subit le glycérol lors du catabolisme des triglycérides et le processus de production d'énergie par dégradation des acides gras.

22 Expliquer la lipogenèse et la lipolyse; préciser les conditions dans lesquelles chacun de ces processus se réalise.

23 Définir les corps cétoniques et nommer le facteur qui stimule leur formation; expliquer ce qu'est la cétose et décrire ses conséquences.

Les lipides constituent la source d'énergie la plus concentrée de notre organisme. Ils contiennent très peu d'eau, et leur catabolisme permet un rendement énergétique près de 2 fois plus élevé que celui du glucose ou des protéines, soit 38 kJ par gramme de lipides contre 17 kJ par gramme de glucides ou de protéines. La plupart des produits de la digestion des lipides sont transportés dans la lymphe sous forme de *chylomicrons* – gouttelettes composées de lipides et de protéines (voir le chapitre 23). Les lipides des chylomicrons finissent par être hydrolysés par les enzymes de l'endothélium des capillaires sanguins; le glycérol et les acides gras ainsi produits sont alors captés par les cellules, dans lesquelles ils subissent diverses transformations.

Oxydation du glycérol et des acides gras

Parmi les divers types de lipides, seuls les triglycérides sont habituellement oxydés pour produire de l'énergie. Le catabolisme des graisses neutres met en jeu la dégradation séparée de deux unités de base différentes, soit le glycérol et les chaînes d'acides gras **(figure 24.14)**. La plupart des cellules de l'organisme convertissent facilement le glycérol en glycéraldéhyde phosphate, un métabolite intermédiaire de la glycolyse qui pénètre ensuite dans le cycle de Krebs. Le glycéraldéhyde équivaut à la moitié d'une molécule de glucose, et l'énergie mise sous forme d'ATP par son oxydation complète est approximativement la moitié de celle produite par une molécule de glucose (16 molécules d'ATP par molécule de glycérol).

La **β-oxydation**, qui est la première phase de l'oxydation des acides gras, se déroule dans les mitochondries. Bien qu'elle fasse intervenir, entre autres, des réactions d'oxydation et de déshydratation, son résultat net est la fragmentation des chaînes d'acides gras en molécules d'*acide acétique* comprenant deux atomes de carbone ainsi que la réduction de coenzymes (FAD et NAD$^+$) (figure 24.14, partie de droite). Chaque molécule d'acide acétique fusionne avec la coenzyme A, formant ainsi l'acétyl CoA. Le terme «β-oxydation» signifie que c'est le carbone situé en position β (troisième position à partir du carbone du groupement acide) qui est oxydé et que, dans chaque cas, le clivage de l'acide gras se produit entre le carbone α (qui est en deuxième position) et le carbone β. L'acétyl CoA est ensuite lié à l'acide oxaloacétique et entre dans les voies métaboliques aérobies pour être oxydé en CO_2 et en H_2O. L'oxydation complète d'un acide gras peut permettre la synthèse d'un

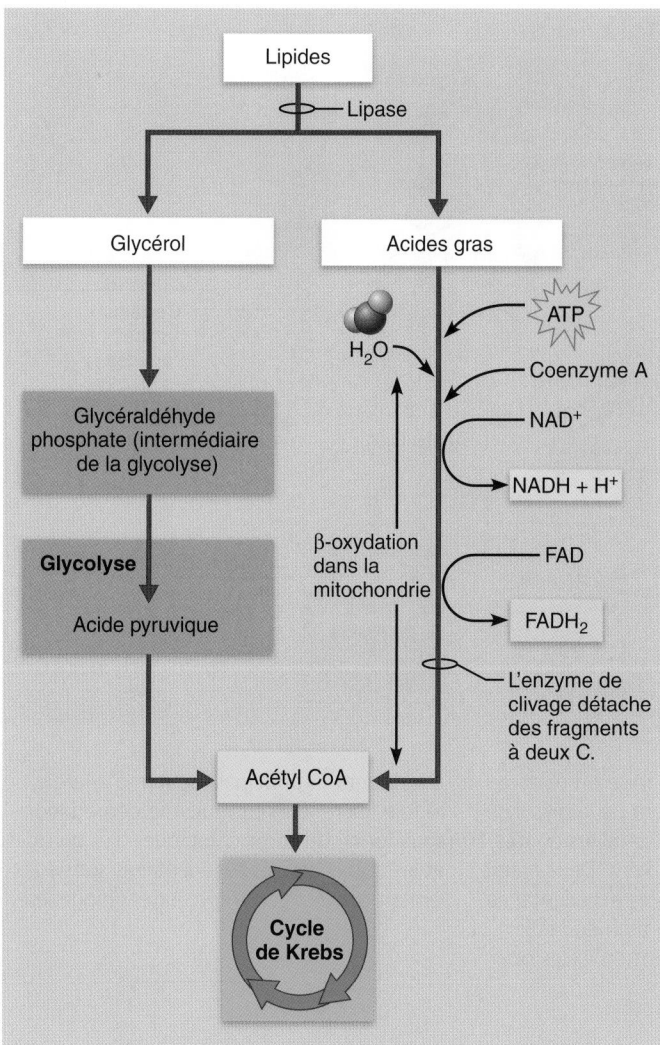

Figure 24.14 Première phase de l'oxydation des lipides.
Le glycérol est converti en un intermédiaire de la glycolyse et suit le reste de la voie glycolytique en passant par l'acide pyruvique et l'acétyl CoA. Les acides gras subissent la β-oxydation, au cours de laquelle ils sont d'abord activés par une réaction couplée avec l'ATP et combinés à la coenzyme A, puis ils subissent une double oxydation (réduction d'un NAD⁺ et d'une FAD). L'acétyl CoA formé à l'issue de la β-oxydation est détaché et le processus se répète.

très grand nombre de molécules d'ATP (par exemple, 123 ATP dans le cas de l'acide palmitique, acide gras à 16 atomes de carbone).

Remarquez que, contrairement au glycérol, qui entre dans la voie glycolytique, l'acétyl CoA provenant de la dégradation des acides gras *ne peut pas* servir à la néoglucogenèse parce que la voie métabolique devient irréversible au-delà de l'acide pyruvique.

Lipogenèse et lipolyse

Les triglycérides du tissu adipeux sont continuellement renouvelés. Les graisses déjà stockées sont dégradées et libérées dans la circulation sanguine alors que de nouvelles molécules sont entreposées et seront utilisées plus tard. Le bourrelet de tissu adipeux que vous pincez entre vos doigts aujourd'hui *ne contient pas* les mêmes molécules de lipides qu'il y a un mois.

Lorsqu'ils ne sont pas immédiatement nécessaires pour la production d'ATP, le glycérol et les acides gras des lipides alimentaires sont réassemblés en triglycérides et emmagasinés. Environ 50 % sont stockés dans le tissu adipeux sous-cutané et le reste est emmené dans d'autres réserves graisseuses. La synthèse des triglycérides, appelée **lipogenèse**, survient lorsque les concentrations d'ATP dans les cellules et de glucose dans le sang sont élevées (**figure 24.15**, flèche mauve). L'excès d'ATP entraîne une accumulation d'acétyl CoA et de glycéraldéhyde phosphate, deux intermédiaires du métabolisme du glucose qui, autrement, entreraient dans le cycle de Krebs. Mais s'ils sont présents en excès, ces deux intermédiaires métaboliques sont acheminés vers les voies de synthèse des triglycérides.

Les molécules d'acétyl CoA s'assemblent en chaînes d'acides gras qui s'allongent de deux atomes de carbone à la fois (ce qui explique que presque tous les acides gras de notre organisme comptent un nombre pair d'atomes de carbone). Comme l'acétyl CoA, un intermédiaire du catabolisme du glucose, est également un *point de départ* pour la synthèse des acides gras, le glucose peut facilement être converti en lipides. Le glycéraldéhyde phosphate est converti en glycérol, qui est assemblé avec les acides gras pour former des triglycérides. C'est pourquoi, même avec un régime pauvre en lipides, la consommation de glucides peut fournir *toutes les matières premières* nécessaires à la formation des triglycérides. Lorsque la glycémie est élevée, la lipogenèse devient l'activité principale du tissu adipeux et constitue également une fonction importante du foie.

La **lipolyse** – soit la dégradation des réserves de lipides en glycérol et en acides gras – est essentiellement l'inverse de la lipogenèse (figure 24.15, flèche bleue). Les acides gras et le glycérol sont libérés dans la circulation sanguine, de sorte que les organes disposent continuellement de lipides pour les besoins de la respiration aérobie. (Le foie, le muscle cardiaque et les muscles squelettiques au repos utilisent de préférence des acides gras comme source d'énergie.)

Lorsque les apports de glucides sont insuffisants, on peut donc affirmer que ce sont les graisses qui brûlent à leur place. L'organisme tend alors à compenser le manque de combustible en accélérant la lipolyse. Cependant, l'acétyl CoA ne peut entrer dans le cycle de Krebs qu'en présence d'une molécule d'acide oxaloacétique pouvant agir comme molécule d'amorçage (figure 24.7). En cas de manque de glucides, l'acide oxaloacétique est converti en glucose (pour servir de source d'énergie à l'encéphale). Dans ces conditions, l'oxydation des lipides est incomplète, et les molécules d'acétyl CoA s'accumulent. Par un processus appelé **cétogenèse**, le foie les convertit en **corps cétoniques**, ou **cétones**, qu'il libère dans la circulation sanguine. Les

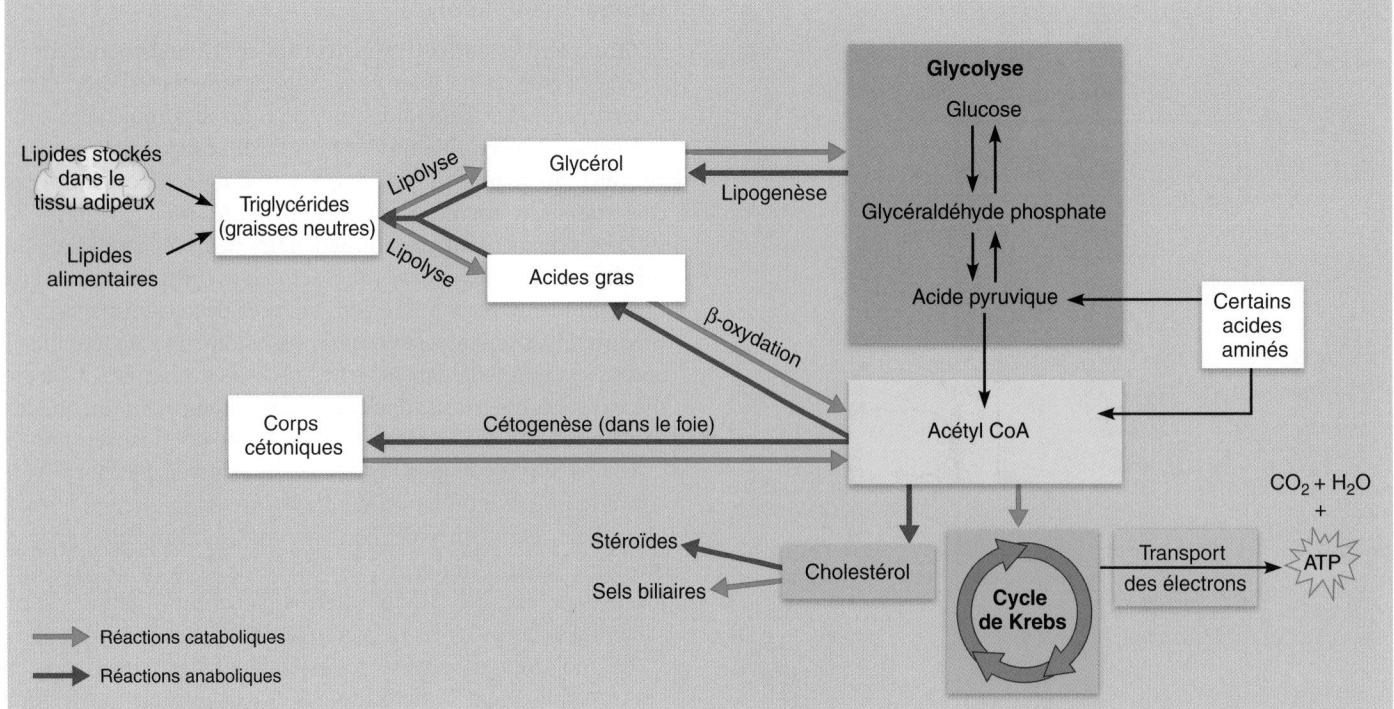

Figure 24.15 Métabolisme des triglycérides. Lorsqu'un besoin énergétique apparaît, les lipides entrent dans les voies cataboliques. Le glycérol suit la voie glycolytique, et les acides gras sont dégradés par β-oxydation en acétyl CoA, qui entre alors dans le cycle de Krebs. Pour la synthèse des lipides (lipogenèse) et leur mise en réserve, les intermédiaires proviennent de la glycolyse et du cycle de Krebs par une inversion des processus décrits précédemment. De la même façon, les lipides alimentaires excédentaires sont emmagasinés dans le tissu adipeux. Lorsque les triglycérides sont en excès ou constituent la principale source d'énergie, le foie libère leurs produits de dégradation sous forme de corps cétoniques. Les glucides et les acides aminés excédentaires sont également convertis en triglycérides (lipogenèse).

corps cétoniques comprennent l'acide acétoacétique, l'acide β-hydroxybutyrique et l'acétone. (Les *acides cétoniques* du cycle de Krebs et les *corps cétoniques* qui proviennent du métabolisme des lipides sont très différents et il ne faut pas les confondre.)

⚖ DÉSÉQUILIBRE HOMÉOSTATIQUE

La *cétose* apparaît lorsque les corps cétoniques s'accumulent dans le sang; de grandes quantités de ces produits sont alors éliminées dans l'urine. La cétose est une conséquence commune du jeûne, des régimes alimentaires mal équilibrés (dont le contenu en glucides est inadéquat) et du diabète. Puisque les corps cétoniques sont des acides organiques, la cétose mène à l'*acidose métabolique*. Les systèmes tampons de l'organisme ne peuvent pas piéger les acides (cétones) assez vite et le pH sanguin descend à des valeurs dangereusement basses. Les poumons dégagent des vapeurs d'acétone, ce qui donne à l'haleine une odeur fruitée, et la respiration s'accélère parce que le système respiratoire tend à faire remonter le pH sanguin en éliminant l'acide carbonique sous forme de gaz carbonique. Dans les cas non traités d'acidose métabolique grave, le pH a parfois de tels effets sur le système nerveux que le sujet peut tomber dans le coma ou même mourir (voir le chapitre 26). ■

Synthèse des matériaux structuraux

Toutes les cellules de l'organisme forment leur membrane à partir de phospholipides et de cholestérol. Les phospholipides sont un composant majeur des gaines de myéline des neurones. De plus, le foie: (1) synthétise des lipoprotéines qui servent au transport du cholestérol, des lipides et d'autres substances dans le sang; (2) synthétise le cholestérol à partir de l'acétyl CoA; et (3) fabrique les sels biliaires à partir du cholestérol. Les ovaires, les testicules et le cortex surrénal élaborent des hormones stéroïdes à partir du cholestérol. Le cholestérol se trouve aussi dans la couche cornée de la peau où il joue, entre autres, un rôle de protection contre l'évaporation de l'eau.

VÉRIFIONS NOS ACQUIS

16. Quelle partie des molécules de triglycérides accède directement à la voie glycolytique?
17. Quelle est la principale molécule du métabolisme des lipides?
18. Nommez les produits de la β-oxydation.

Les réponses se trouvent à l'appendice G.

Métabolisme des protéines

24 Définir la transamination; expliquer comment les acides aminés sont métabolisés pour la production d'énergie; montrer comment se forme l'urée.

25 Expliquer pourquoi la synthèse protéique est nécessaire dans les cellules et relier les conditions de cette synthèse aux notions d'acides aminés essentiels et non essentiels.

Comme toutes les molécules biologiques, les protéines ont une durée de vie limitée; elles doivent être dégradées et remplacées avant qu'elles ne se détériorent. Au cours de la dégradation des protéines, les acides aminés sont recyclés et utilisés dans la formation de nouvelles protéines ou modifiés pour produire un composé azoté. Les acides aminés récemment apportés par l'alimentation et transportés dans le sang sont captés par les cellules grâce à des mécanismes de transport actif et servent au *remplacement* des protéines des tissus à raison de 100 g par jour environ.

Il est erroné de penser qu'un excès de protéines peut être emmagasiné dans l'organisme. En effet, lorsque la quantité de protéines disponible dépasse les besoins anaboliques, les acides aminés sont oxydés et produisent de l'énergie ou sont convertis en graisses qui serviront plus tard de sources d'énergie.

Oxydation des acides aminés

Avant que de l'énergie puisse être produite par oxydation des acides aminés, ces derniers doivent subir une désamination, c'est-à-dire perdre leur groupement amine (NH_2). (Dans les acides aminés contenant du soufre, comme la L-méthionine et la cystéine, le soufre est éliminé avant la désamination.) La molécule ainsi formée est ensuite convertie en acide pyruvique ou en l'un des acides cétoniques du cycle de Krebs (acétyl CoA, acide α-cétoglutarique, succinyl CoA, acide fumarique ou acide oxaloacétique). L'*acide glutamique*, un acide aminé non essentiel commun, est la molécule clé de ces conversions. Le processus comporte les étapes suivantes, illustrées à la **figure 24.16**:

① **Transamination.** Un certain nombre d'acides aminés peuvent transférer leur groupement amine à l'acide α-cétoglutarique, transformant ce dernier en acide glutamique. L'acide aminé qui perd son groupement fonctionnel

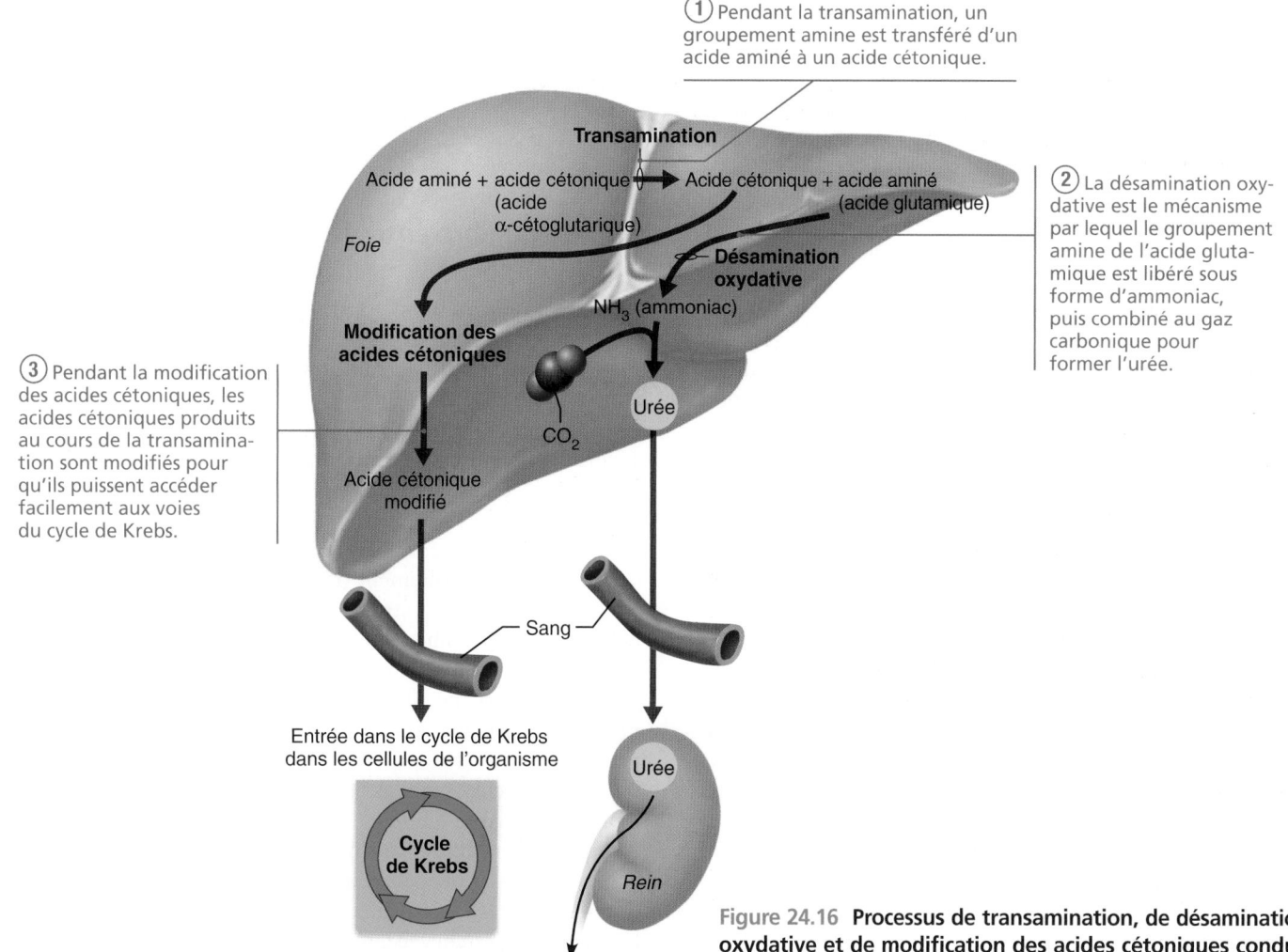

Figure 24.16 Processus de transamination, de désamination oxydative et de modification des acides cétoniques conduisant à la production d'énergie par les acides aminés.

amine devient un acide cétonique (c'est-à-dire qu'il a un atome d'oxygène à l'endroit où se trouvait le groupement amine). Cette réaction est entièrement réversible.

(2) **Désamination oxydative.** Dans le foie, le groupement amine de l'acide glutamique est éliminé sous forme d'**ammoniac** (NH_3) et l'acide α-cétoglutarique est régénéré. Les molécules de NH_3 qui sont libérées se lient au CO_2, formant ainsi de l'**urée** et de l'eau. L'urée est libérée dans le sang et éliminée dans l'urine. Comme le NH_3 a un effet toxique sur les cellules, la facilité avec laquelle l'acide glutamique achemine les groupements amine vers le **cycle de l'urée** revêt une extrême importance. Ce cycle débarrasse l'organisme non seulement du NH_3 produit par la désamination oxydative, mais également de celui qui est produit par les bactéries intestinales et qui se retrouve dans la circulation sanguine.

(3) **Modification des acides cétoniques.** La fonction de la dégradation des acides aminés est de produire des molécules qui peuvent soit être oxydées dans le cycle de Krebs, soit être converties en glucose. Les acides cétoniques résultant de la transamination subissent des transformations qui en font des métabolites pouvant entrer dans le cycle de Krebs. Les plus essentiels de ces métabolites sont l'acide pyruvique, l'acétyl CoA, l'acide α-cétoglutarique et l'acide oxaloacétique (figure 24.7). Parce que les réactions de la glycolyse sont réversibles, les acides aminés ayant perdu leur groupement amine et convertis en acide pyruvique peuvent également être transformés en glucose et contribuer à la néoglucogenèse.

Synthèse des protéines

Les acides aminés sont les nutriments anaboliques les plus importants. Non seulement forment-ils toutes les structures protéiques, mais ils constituent également la majorité des molécules fonctionnelles de l'organisme. Comme nous l'avons expliqué au chapitre 3, la synthèse des protéines a lieu sur les ribosomes, où les enzymes ribosomales assurent la formation des liaisons peptidiques entre les acides aminés devant constituer les polymères (protéines). Des hormones (hormone de croissance, thyroxine, hormones sexuelles, facteurs de croissance semblables à l'insuline, etc.) déterminent avec précision la quantité et le type des protéines synthétisées, de sorte que l'anabolisme des protéines reflète l'équilibre hormonal qui prévaut à chaque période de la vie.

Au cours de notre vie, nos cellules synthétisent entre 225 et 450 kg de protéines, selon notre taille. Toutefois, nous ne sommes pas obligés d'en consommer une telle quantité parce que l'organisme peut facilement produire lui-même les acides aminés non essentiels; pour ce faire, il prélève des acides cétoniques du cycle de Krebs et leur ajoute des groupements amine. La plupart de ces transformations se déroulent dans le foie; celui-ci fournit également presque tous les acides aminés non essentiels dont l'organisme a besoin pour assurer sa production quotidienne de protéines, qui est d'ailleurs assez restreinte.

Cependant, pour que la synthèse des protéines puisse se faire, tous les acides aminés doivent être présents, ce qui inclut les acides aminés essentiels apportés par l'alimentation. Lorsque certains acides aminés sont absents, les autres sont oxydés même s'ils peuvent être nécessaires à l'anabolisme. Dans ce cas, le bilan azoté est négatif, car le corps dégrade ses protéines afin d'obtenir les acides aminés essentiels dont il a besoin.

Les réactions métaboliques que nous avons examinées jusqu'ici sont résumées dans le **tableau 24.4**.

VÉRIFIONS NOS ACQUIS

19. Quel est le sort réservé à l'ammoniac éliminé quand des acides aminés servent de sources d'énergie?

20. Quelles substances le foie utilise-t-il comme substrats pour la synthèse des acides aminés non essentiels? Et quelles modifications leur fait-il subir?

Les réponses se trouvent à l'appendice G.

États métaboliques de l'organisme

26 Expliquer la notion de pool des acides aminés et de pool des glucides et des lipides (graisses), et présenter les voies d'interconversion entre ces différents pools.

27 Énumérer les fonctions, les événements importants et les principales voies métaboliques de l'état postprandial et de l'état de jeûne, et expliquer les modes de régulation de ces événements et de ces voies.

État d'équilibre entre le catabolisme et l'anabolisme

Tout organisme en homéostasie se trouve dans un *état d'équilibre dynamique catabolique-anabolique*, car les molécules organiques sont continuellement dégradées et reconstituées, souvent à un rythme effréné.

Le sang sert de milieu de transport commun à toutes les cellules, et il contient de nombreuses sources d'énergie: glucose, corps cétoniques, acides gras, glycérol et acide lactique. Certains organes tirent souvent du sang des sources d'énergie autres que le glucose, réservant ce dernier aux cellules qui en dépendent plus étroitement **(tableau 24.5)**.

L'organisme peut extraire de ses **pools de nutriments** – réserves d'acides aminés, de glucides et de lipides – les substances nécessaires à la satisfaction de ses besoins **(figure 24.17)**. Ces pools sont interconvertibles parce que leurs voies ont en commun des intermédiaires clés **(figure 24.18)**. Le foie, le tissu adipeux et les muscles squelettiques sont les principaux organes ou tissus effecteurs qui déterminent le sens des conversions représentées par la figure et les quantités correspondantes.

Le **pool des acides aminés** est formé de l'ensemble des acides aminés libres de l'organisme. Une petite quantité d'acides aminés et de protéines est perdue chaque jour dans l'urine, dans les cheveux tombés et les cellules cutanées. Le régime alimentaire permet habituellement de les remplacer;

TABLEAU 24.4 Résumé des réactions métaboliques

Glucides

Respiration cellulaire	Ensemble de réactions qui aboutissent à l'oxydation complète du glucose Produits: CO_2, H_2O et ATP
Glycolyse	Conversion du glucose en acide pyruvique
Glycogenèse	Polymérisation du glucose pour former du glycogène
Glycogénolyse	Hydrolyse du glycogène en monomères de glucose
Néoglucogenèse	Formation de glucose à partir de précurseurs non glucidiques
Cycle de Krebs	Dégradation complète de l'acide pyruvique en CO_2 Produits: ATP en petite quantité, coenzymes réduites
Chaîne de transport des électrons	Réactions productrices d'énergie qui séparent les protons (H^+) et les électrons (e^-) des atomes d'hydrogène captés lors des réactions d'oxydation et créent un gradient de protons servant à lier des molécules de P_i et d'ADP pour former de l'ATP

Lipides

β-oxydation	Conversion des acides gras en acétyl CoA
Lipolyse	Dégradation des lipides en acides gras et en glycérol
Lipogenèse	Formation de lipides à partir d'acétyl CoA et de glycéraldéhyde phosphate

Protéines

Transamination	Transfert d'un groupement amine d'un acide aminé à l'acide α-cétoglutarique, transformant ce dernier en acide glutamique
Désamination oxydative	Élimination sous forme d'ammoniac du groupement amine de l'acide glutamique pour reconstituer l'acide α-cétoglutarique (le NH_3 est converti en urée par le foie)

TABLEAU 24.5 Métabolisme des molécules énergétiques dans les principaux organes

TISSU	RÉSERVES D'ÉNERGIE	SOURCES D'ÉNERGIE PRÉFÉRÉES	MOLÉCULES ÉNERGÉTIQUES EXPORTÉES
Encéphale	Aucune	Glucose (corps cétoniques durant le jeûne)	Aucune
Muscle squelettique (au repos)	Glycogène	Acides gras	Aucune
Muscle squelettique (durant l'effort)	Aucune	Glucose, lactate	Lactate
Muscle cardiaque	Aucune	Acides gras, lactate	Aucune
Tissu adipeux	Triglycérides	Acides gras	Acides gras, glycérol
Foie	Glycogène, triglycérides	Acides aminés, glucose, acides gras	Acides gras, glucose, corps cétoniques

Adapté de Mathews, van Holde et Ahern, *Biochemistry*, 3e éd., San Francisco, Addison Wesley Longman, 2000, p. 832.

dans le cas contraire, les acides aminés provenant de la dégradation des tissus retournent au pool. Cette réserve est la source des acides aminés destinés à la synthèse de nouvelles protéines et à la production de plusieurs dérivés. De plus, comme nous l'avons dit plus haut, les acides aminés ayant subi une désamination peuvent servir à la néoglucogenèse.

Toutes les étapes du métabolisme des acides aminés n'ont pas lieu nécessairement dans toutes les cellules. Par exemple, la formation de l'urée se déroule *uniquement* dans le foie. Néanmoins, on peut parler d'un pool commun des acides aminés parce que toutes les cellules sont reliées entre elles par le sang.

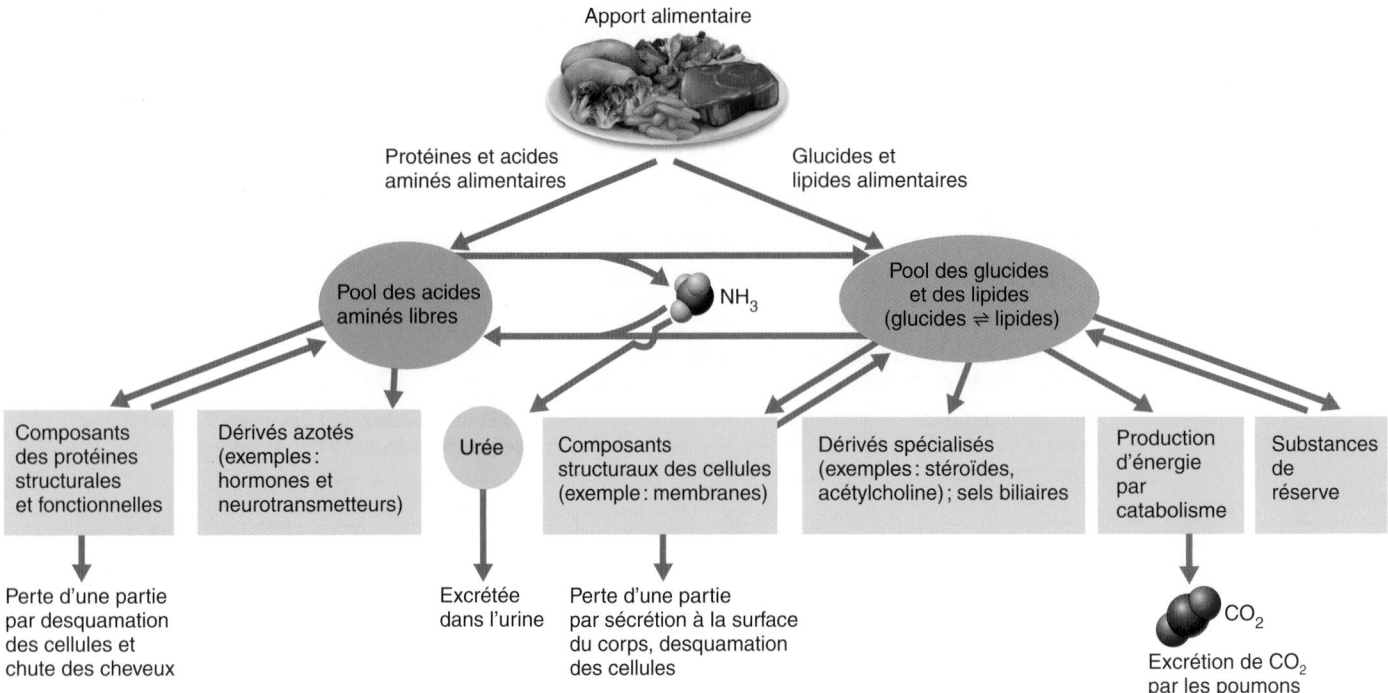

Figure 24.17 Pool des glucides et des lipides, et pool des acides aminés.

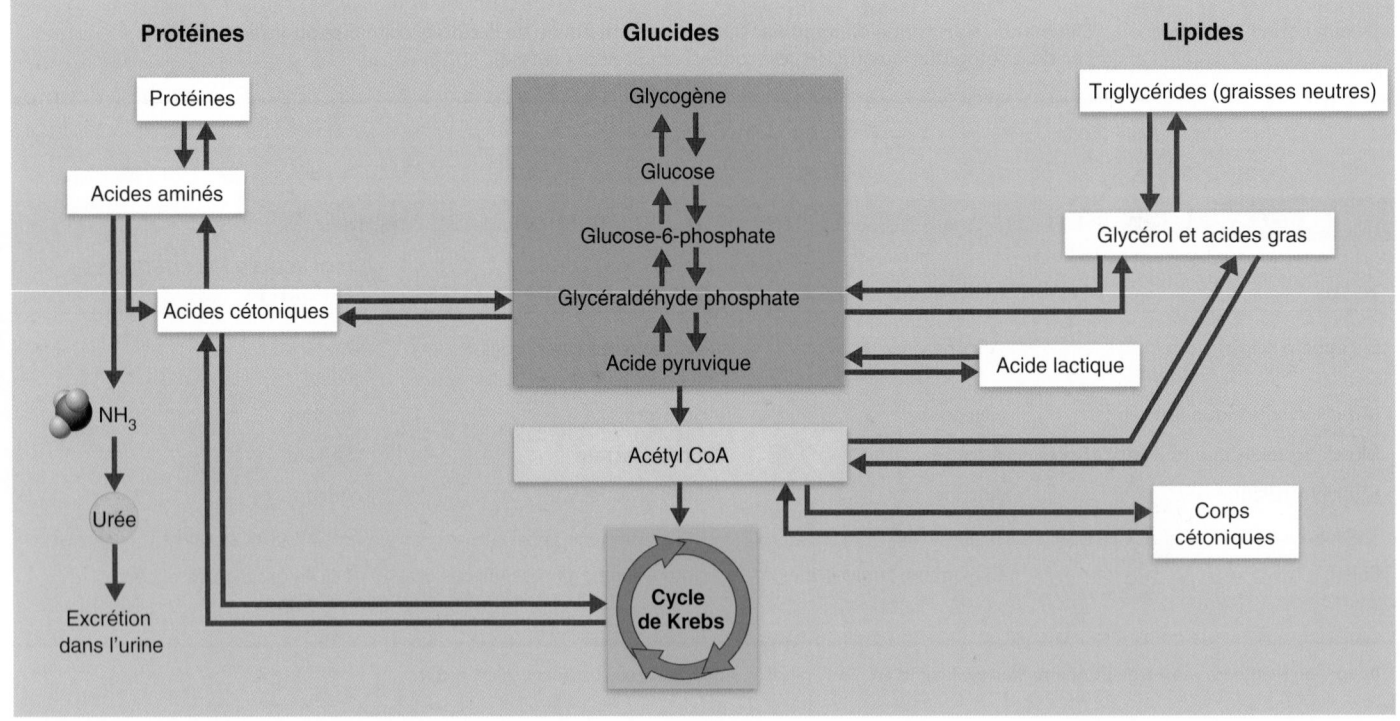

Figure 24.18 Voies d'interconversion des glucides, des lipides et des protéines. Le foie, le tissu adipeux et les muscles squelettiques sont les principaux effecteurs qui déterminent dans quel sens et dans quelles proportions les conversions s'effectuent.

Comme les glucides sont facilement et fréquemment convertis en lipides, les **pools de glucides et de lipides** sont générale-ment étudiés ensemble (figures 24.17 et 24.18). Il existe deux différences principales entre ce pool et celui des acides aminés :

(1) la production d'énergie se fait directement à partir de l'oxydation des lipides et des glucides, alors que les acides aminés ne peuvent servir à la production d'énergie *qu'après avoir été convertis en un glucide intermédiaire* (acide cétonique); (2) l'excédent de glucides et de lipides peut être stocké tel quel, alors que les acides aminés *ne sont pas* stockés sous forme de protéines; au lieu de cela, ils peuvent être oxydés et servir à la production d'énergie, ou bien être stockés après avoir été convertis en lipides ou en glycogène.

Les mécanismes de régulation du métabolisme équilibrent les concentrations plasmatiques des sources d'énergie entre les deux états nutritionnels. L'**état postprandial** est celui qui prévaut durant un repas et immédiatement après, lorsque les nutriments passent du tube digestif vers la circulation sanguine. L'**état de jeûne** est la période pendant laquelle le tube digestif est vide; les combustibles proviennent alors de la dégradation des réserves de l'organisme.

Les personnes qui prennent trois bons repas par jour sont en état postprandial pendant quatre heures durant et après chaque repas et en état de jeûne à la fin de la matinée, à la fin de l'après-midi et durant toute la nuit. Cependant, les mécanismes qui caractérisent l'état de jeûne permettent à l'organisme de subvenir à ses besoins beaucoup plus longtemps si cela s'avère nécessaire (il est possible de jeûner pendant des semaines pourvu que l'on boive de l'eau).

État postprandial

Pendant l'état postprandial, l'anabolisme l'emporte sur le catabolisme (figure 24.19). Le glucose constitue la principale source d'énergie, les acides aminés et les lipides provenant de l'alimentation servent à remplacer les protéines ou les lipides qui ont été dégradés, et de petites quantités des nutriments absorbés sont oxydées pour assurer la production d'ATP. Les métabolites excédentaires, quelle que soit leur source, sont transformés en lipides s'ils ne servent pas à l'anabolisme. Nous allons étudier la destinée et la régulation hormonale de chacun des groupes de nutriments au cours de cette phase.

Glucides

Les monosaccharides qui ont été absorbés sont acheminés directement au foie, où le fructose et le galactose sont convertis en glucose. Le glucose est à son tour libéré dans la circulation sanguine ou transformé en glycogène et en lipides. Le glycogène produit dans le foie est stocké sur place. En revanche, la majeure partie des lipides synthétisés dans le tissu hépatique subit un sort différent. Ces lipides sont en effet combinés avec des protéines pour former des *lipoprotéines de très basse densité* (*VLDL, very low density lipoproteins*). Ces molécules sont ensuite libérées dans le sang. De là, elles sont captées par le tissu adipeux, qui les emmagasine. Le glucose présent dans la circulation sanguine et qui n'est pas retenu par le foie entre dans les cellules de l'organisme, où son métabolisme assure la production d'énergie; tout excédent est stocké sous forme de glycogène dans les cellules des muscles squelettiques ou sous forme de lipides dans les cellules du tissu adipeux.

Triglycérides

Presque tous les produits de la digestion des lipides passent dans la lymphe sous forme de chylomicrons; ceux-ci sont ensuite hydrolysés en glycérol et en acides gras, qui traversent les parois des capillaires sanguins. La *lipoprotéine lipase*, l'enzyme qui catalyse l'hydrolyse des lipides dans ce cas, est particulièrement active dans les capillaires des tissus musculaires et adipeux. Les triglycérides constituent la principale source d'ATP des cellules du tissu adipeux et des muscles squelettiques ainsi que des cellules du foie; lorsque les glucides alimentaires viennent à manquer, les autres cellules commencent à oxyder plus de lipides pour produire de l'énergie. Bien qu'une certaine quantité d'acides gras et de glycérol soit utilisée à des fins anaboliques par les cellules en général, la plupart de ces molécules entrent dans le tissu adipeux, où elles sont reconverties en triglycérides et emmagasinées sous cette forme.

Acides aminés

Après avoir été absorbés, les acides aminés sont acheminés au foie, qui en désamine une partie pour les transformer en acides cétoniques. Les acides cétoniques peuvent soit entrer dans le cycle de Krebs et servir à la synthèse de l'ATP, soit être convertis en lipides qui seront emmagasinés dans le foie. À partir de certains acides aminés, le foie synthétise également des protéines plasmatiques, y compris l'albumine, les protéines de coagulation et les protéines de transport. Cependant, la plus grande partie des acides aminés qui passent dans les sinusoïdes du foie restent dans la circulation sanguine. Ils seront ensuite captés par d'autres cellules de l'organisme, où ils serviront à la synthèse des protéines. La figure 24.19 a été simplifiée pour illustrer seulement l'absorption par les muscles des acides aminés ne provenant pas du foie.

Régulation hormonale

L'**insuline** assure la régulation de pratiquement tous les mécanismes de l'état postprandial (figure 24.20). Après un repas riche en glucides, l'accroissement de la glycémie constitue un stimulus humoral qui accélère la sécrétion d'insuline par les endocrinocytes bêta des îlots pancréatiques. (Cette stimulation de la libération d'insuline, qui est déclenchée par le glucose, est accentuée par une hormone du tube digestif, le peptide insulinotropique glucose dépendant [GIP], et les influx parasympathiques.) Les concentrations élevées d'acides aminés dans le sang constituent un deuxième stimulus important qui mène à une plus forte sécrétion d'insuline.

La liaison de l'insuline aux récepteurs membranaires des cellules cibles stimule la translocation du transporteur du glucose (GLUT-4 dans le tissu musculaire et adipeux) dans la membrane plasmique, ce qui favorise la diffusion facilitée du glucose vers l'intérieur des cellules. En quelques minutes, le taux d'entrée du glucose dans les cellules tissulaires (en particulier, les cellules musculaires et adipeuses) se trouve multiplié par 20 environ. (Les cellules de l'encéphale et du foie sont l'exception puisqu'elles captent le glucose, que l'insuline soit présente ou non.)

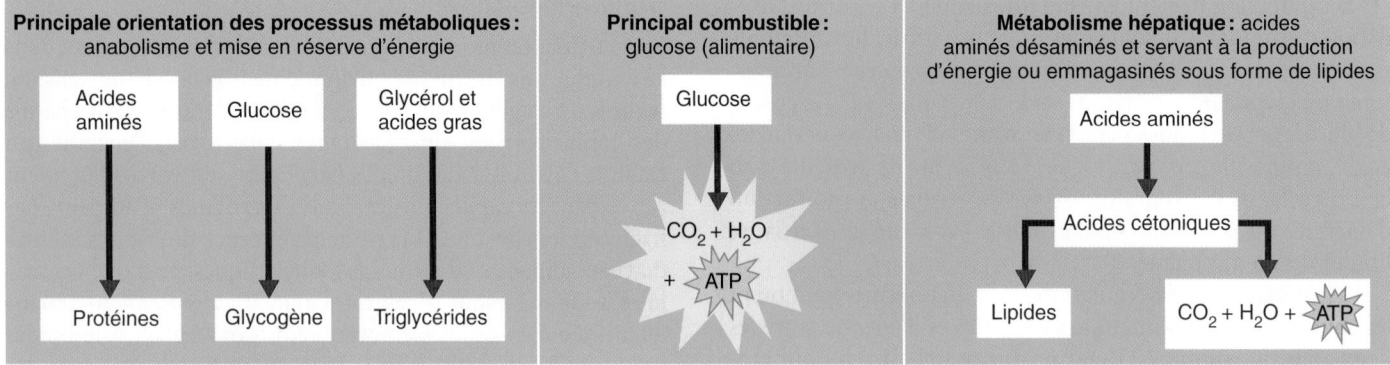

(a) Événements importants de l'état postprandial

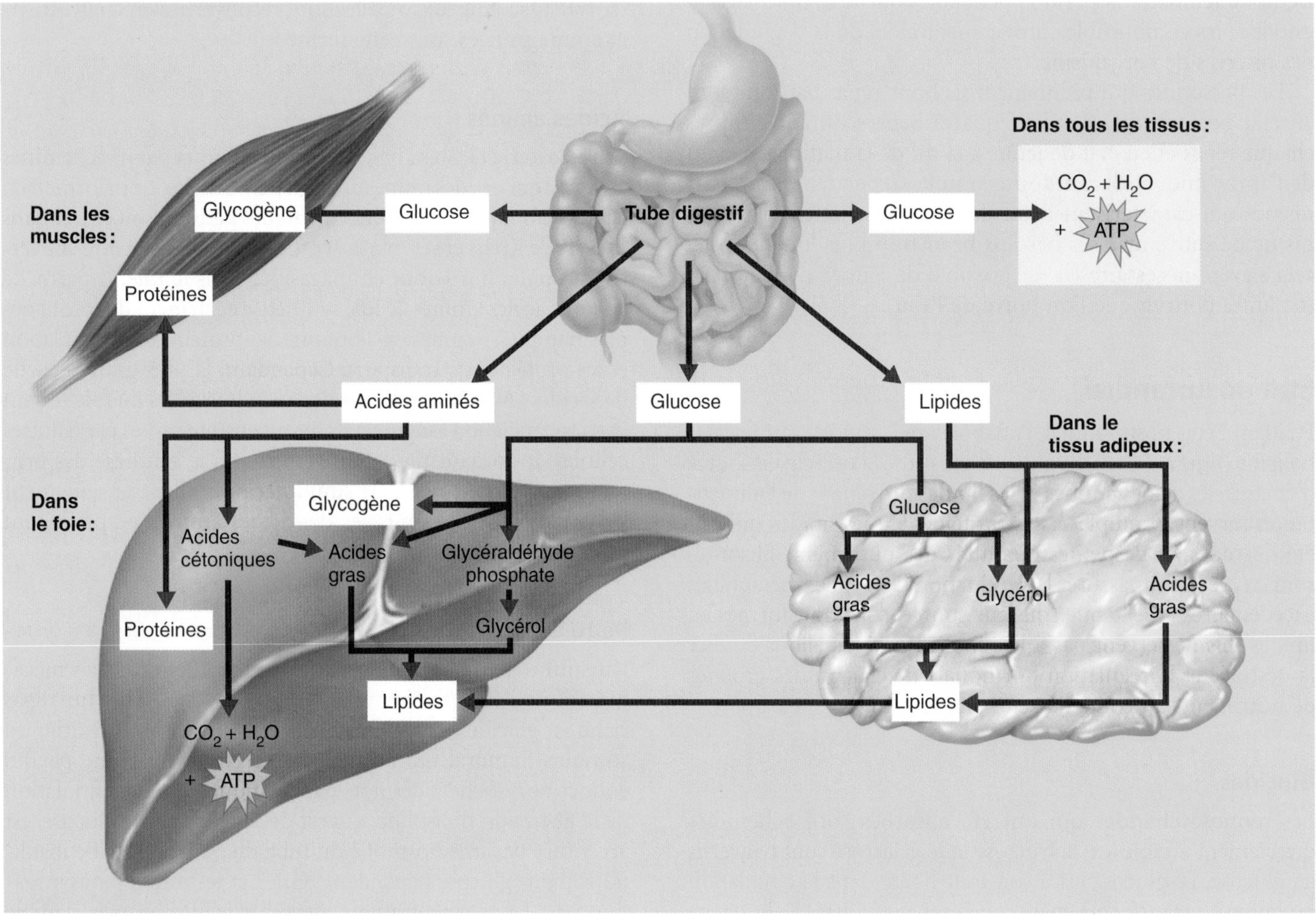

(b) Principales voies de l'état postprandial

Figure 24.19 Événements importants et principales voies métaboliques de l'état post-prandial. Bien que cela n'apparaisse pas dans la partie **(b)**, les acides aminés sont aussi captés par les cellules des tissus et entrent dans la synthèse des protéines; les lipides (triglycérides) sont aussi la principale source d'énergie des cellules musculaires, hépatiques et adipeuses.

L'insuline accélère aussi la production d'énergie par l'oxydation du glucose qui vient de pénétrer dans les cellules ainsi que la conversion du glucose en glycogène et, dans le tissu adipeux, en triglycérides. L'insuline stimule également l'entrée des acides aminés dans les cellules par transport actif; elle facilite également la synthèse protéique et inhibe l'exportation du glucose par le foie et pratiquement toutes les enzymes hépatiques qui catalysent la néoglucogenèse.

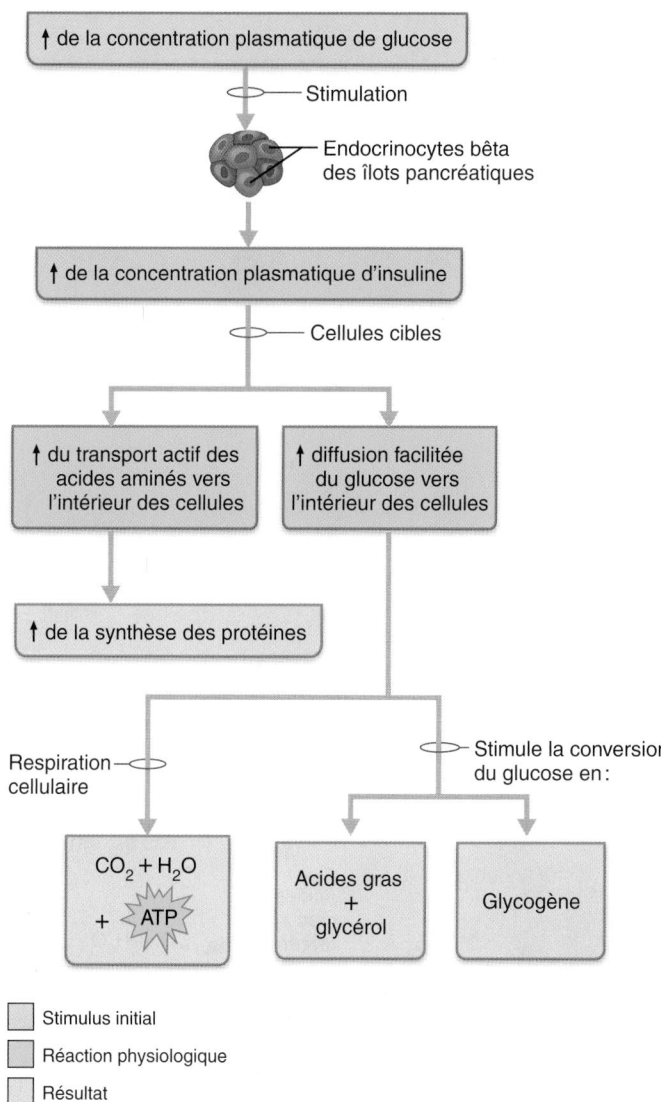

Respiration cellulaire

Stimule la conversion du glucose en:

$CO_2 + H_2O$

$+$ **ATP**

Acides gras + glycérol

Glycogène

Stimulus initial

Réaction physiologique

Résultat

Figure 24.20 L'insuline régit la quasi-totalité des événements de l'état postprandial. (Remarquez que tous les effets indiqués ne se produisent pas nécessairement dans toutes les cellules.)

Comme vous pouvez le constater, l'insuline est une **hormone hypoglycémiante** : en faisant passer le glucose du sang dans les cellules des tissus, elle abaisse la glycémie. De plus, elle facilite l'oxydation ou le stockage du glucose, tout en inhibant les mécanismes susceptibles d'accroître la concentration plasmatique de glucose.

DÉSÉQUILIBRE HOMÉOSTATIQUE

Le *diabète* est un trouble métabolique qui résulte d'une insuffisance de la production d'insuline ou de l'existence de récepteurs de l'insuline anormaux. En l'absence d'insuline ou de récepteurs pouvant la « reconnaître », la plupart des cellules sont incapables de s'approvisionner en glucose. Par conséquent, la glycémie reste élevée et une grande quantité de glucose fuit dans l'urine, car les reins sont incapables de retourner dans le sang tout le glu-cose qu'ils doivent filtrer. Comme la majeure partie de l'énergie est alors produite à partir des graisses et des protéines tissu-laires, il s'ensuit une acidose métabolique, une perte de pro-téines et une perte pondérale. (Nous décrivons le diabète plus en détail au chapitre 16.) ■

État de jeûne

À l'état de jeûne, la synthèse des lipides, du glycogène et des pro-téines prend fin, et le catabolisme de ces substances commence. Entre les repas, lorsque la quantité de glucose dans le sang diminue, la fonction la plus essentielle de cet état consiste à maintenir la glycémie à une valeur homéostatique (entre 3,9 et 5,6 mmol/L). Rappelez-vous qu'une glycémie constante est cruciale, tout particulièrement pour l'encéphale, dont la source d'énergie est presque uniquement le glucose. La plupart des événements qui ont lieu pendant l'état de jeûne ont pour effet soit de rendre le glucose disponible en le faisant passer dans le sang, soit d'économiser le glucose pour les organes qui en ont le plus besoin en utilisant les lipides comme sources d'éner-gie (figure 24.21).

Sources de glucose sanguin

À l'état de jeûne, d'où vient le glucose du sang? Le glucose peut provenir des réserves de glycogène, des protéines des tissus et, en quantité moindre, des lipides. Voyons ces différentes sources plus en détail à la figure 24.21b.

① **Glycogénolyse dans le foie.** Les réserves de glycogène du foie (environ 100 g) sont les premières utilisées. Elles sont mobilisées rapidement et efficacement et peuvent mainte-nir la glycémie durant quatre heures environ au cours de l'état de jeûne.

② **Glycogénolyse dans les muscles squelettiques.** Les réserves de glycogène des muscles squelettiques sont à peu près équivalentes à celles du foie. Avant que le glycogène du foie soit épuisé, la glycogénolyse commence dans les muscles squelettiques (et, dans une moindre mesure, dans d'autres tissus). Cependant, le glucose ainsi produit n'est pas libéré dans le sang, contrairement à ce qui se passe dans le foie. En effet, les muscles squelettiques sont dépourvus d'enzymes de déphosphorylation du glucose phosphate. Par conséquent, le glucose est partiellement oxydé en acide pyruvique (ou en acide lactique dans les conditions anaé-robies). Il est alors retourné dans la circulation sanguine et revient au foie. Là, il est reconverti en glucose et libéré à nouveau dans le sang. Les muscles squelettiques contri-buent donc indirectement à l'homéostasie de la glycémie par l'intermédiaire des mécanismes hépatiques.

③ **Lipolyse dans le tissu adipeux et le foie.** Lorsque les réserves de glycogène sont épuisées (après une dizaine d'heures), les adipocytes et les hépatocytes produisent du glycérol par lipolyse, et le foie convertit celui-ci en glu-cose (néoglucogenèse), qu'il libère dans le sang. Comme l'acétyl CoA, qui est produit par la β-oxydation des acides

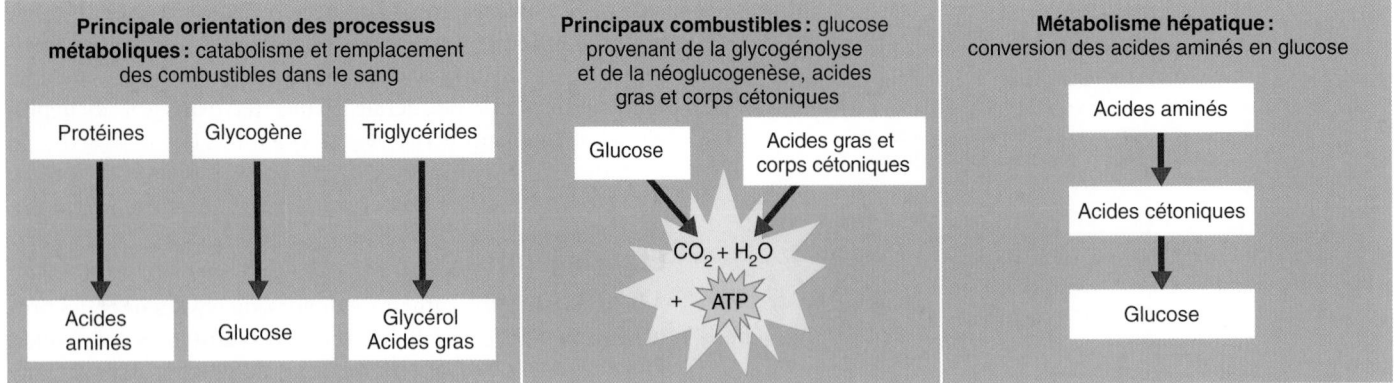

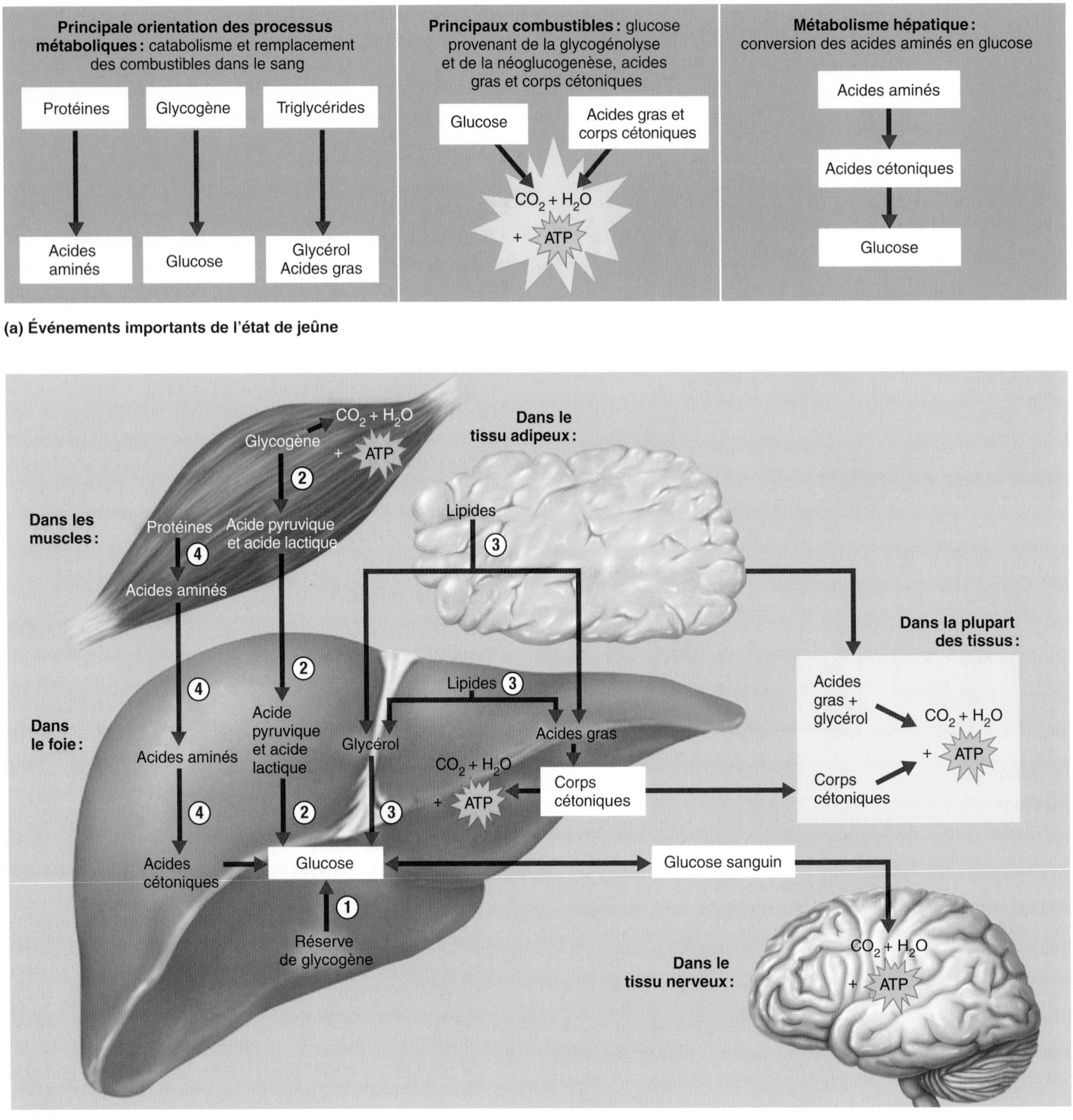

(a) Événements importants de l'état de jeûne

(b) Principales voies de l'état de jeûne

Figure 24.21 **Événements importants et principales voies métaboliques de l'état de jeûne.**

gras, constitue une étape postérieure aux étapes *réversibles* de la glycolyse, les acides gras *ne peuvent pas* servir à rétablir la concentration plasmatique de glucose.

④ **Catabolisme des protéines cellulaires.** Les protéines tissulaires deviennent la principale source de glucose sanguin lorsque le jeûne se prolonge et que les réserves de glycogène et de lipides sont presque épuisées. Les acides aminés des cellules (provenant surtout des muscles) sont désaminés et convertis en glucose dans le foie. Au cours d'un jeûne de plusieurs semaines, les reins effectuent également la néoglucogenèse et peuvent apporter au sang autant de glucose que le foie.

Même durant un jeûne prolongé, l'organisme réagit conformément à certaines priorités. Les protéines des muscles sont les premières à disparaître (par catabolisme). Mais tant qu'il est vivant, l'organisme conserve sa capacité de produire l'ATP nécessaire au maintien des processus vitaux.

De toute évidence, il y a une limite à la quantité de protéines tissulaires qu'un organisme peut dégrader sans compromettre ses activités vitales (on l'estime à 50 % de la quantité de protéines normalement présente dans l'organisme). Le cœur est presque entièrement composé de protéines musculaires et, lorsqu'une grande partie d'entre elles ont disparu, la mort devient inévitable. En règle générale, la quantité de graisses contenue dans l'organisme détermine la durée de temps qu'une personne peut survivre sans nourriture.

Épargne du glucose

Les mécanismes mis en œuvre pour faire augmenter la quantité de glucose sanguin, même tous ensemble, ne suffisent pas à combler les besoins énergétiques pendant les périodes de jeûne prolongé. Heureusement, l'organisme est en mesure de s'adapter et de brûler plus de graisses et de protéines, qui entrent dans le cycle de Krebs en même temps que les produits de dégradation du glucose. L'accroissement de la consommation de molécules de combustibles autres que les glucides (surtout des triglycérides) pour économiser le glucose est appelé **épargne du glucose**.

Lorsque l'organisme passe de l'état postprandial à l'état de jeûne, l'encéphale continue de prélever sa « part » de glucose sanguin, mais presque tous les autres organes commencent à consommer des acides gras comme principale source d'énergie et épargnent ainsi le glucose au profit de l'encéphale. Au cours de cette phase de transition, la lipolyse s'amorce dans le tissu adipeux et les acides gras libérés sont captés par les cellules des tissus, qui les oxydent pour produire de l'énergie. De plus, le foie oxyde les lipides en corps cétoniques qu'il libère dans la circulation sanguine, les mettant ainsi à la disposition des cellules des tissus.

Si le jeûne se prolonge plus de quatre ou cinq jours, l'encéphale commence lui aussi à consommer de grandes quantités de corps cétoniques ainsi que du glucose pour produire de l'énergie (tableau 24.5). La capacité de l'encéphale à utiliser une source d'énergie de remplacement a une grande importance pour la survie ; en effet, dans ce cas, beaucoup moins de protéines tissulaires devront être dégradées pour produire du glucose.

Régulation hormonale et nerveuse

Le système nerveux sympathique et plusieurs hormones interagissent pour régler les phénomènes qui caractérisent l'état de jeûne. La régulation de cet état est donc beaucoup plus complexe que celle de l'état postprandial, pendant lequel l'insuline est la seule à exercer son effet.

La diminution de la sécrétion d'insuline qui est associée à la baisse de la glycémie constitue un facteur déclenchant décisif des phénomènes propres à l'état de jeûne. Lorsque la concentration d'insuline diminue, toutes les réponses cellulaires causées par l'insuline sont aussi inhibées. Il est intéressant de souligner qu'une consommation modérée de bière, de vin ou de gin avant ou pendant un repas améliore l'utilisation de l'insuline par l'organisme. En fait, elle abaisse la glycémie sans augmenter la libération d'insuline. L'avantage de ce phénomène est évident parce que, même si la glycémie atteint naturellement un sommet après un repas, à long terme, son élévation peut augmenter le risque de diabète ou de maladie cardiaque.

La diminution de la glycémie stimule également la libération de **glucagon**, l'antagoniste de l'insuline, par les endocrinocytes alpha des îlots pancréatiques. À l'instar d'autres hormones qui agissent au cours de l'état de jeûne, le glucagon est une **hormone hyperglycémiante**, c'est-à-dire qu'il fait augmenter la concentration plasmatique de glucose. Les organes cibles du glucagon sont le foie et le tissu adipeux **(figure 24.22)**. Les hépatocytes réagissent en accélérant la glycogénolyse et la néoglucogenèse ; les adipocytes mobilisent leurs réserves de lipides (lipolyse) et libèrent les acides gras et le glycérol dans le sang. Le glucagon a donc pour effet de « reconstituer » les sources d'énergie présentes dans le sang en faisant augmenter à la fois la concentration de glucose et la concentration d'acides gras. Dans certaines conditions hormonales et quand la glycémie est basse pendant longtemps ou durant un jeûne prolongé, la plus grande partie des lipides mobilisés est convertie en corps cétoniques. La libération de glucagon est inhibée après le repas suivant ou lorsque la glycémie s'élève et que la sécrétion d'insuline reprend.

Jusqu'ici, la situation semble relativement claire : toute augmentation de la concentration de glucose dans le sang déclenche la libération d'insuline, qui « force » le glucose à entrer dans les cellules, ce qui a pour effet de faire diminuer la glycémie. La sécrétion de glucagon est alors stimulée à son tour ; cette hormone « oblige » le glucose à quitter l'intérieur des cellules pour passer dans la circulation sanguine. Cependant, il ne s'agit pas d'un simple mécanisme de va-et-vient ; en effet, l'augmentation de la concentration d'acides aminés dans le sang stimule *à la fois* la sécrétion d'insuline et celle de glucagon.

Cet effet est négligeable lorsque nous consommons un repas équilibré, mais il joue un rôle adaptatif majeur lorsque notre repas est riche en protéines et pauvre en glucides. Dans ce cas, le stimulus déclenchant la libération d'insuline est très marqué ; or, s'il n'était pas contrebalancé, le glucose sortirait rapidement de la circulation sanguine pour entrer dans les cellules, et il s'ensuivrait un état d'hypoglycémie soudain qui risquerait d'endommager l'encéphale. La sécrétion simultanée de glucagon compense donc les effets de l'insuline et contribue à stabiliser la glycémie.

Le système nerveux sympathique joue un rôle crucial en fournissant rapidement du combustible lorsque la glycémie baisse de façon soudaine. Le tissu adipeux est pourvu d'un grand nombre de neurofibres sympathiques, et l'adrénaline

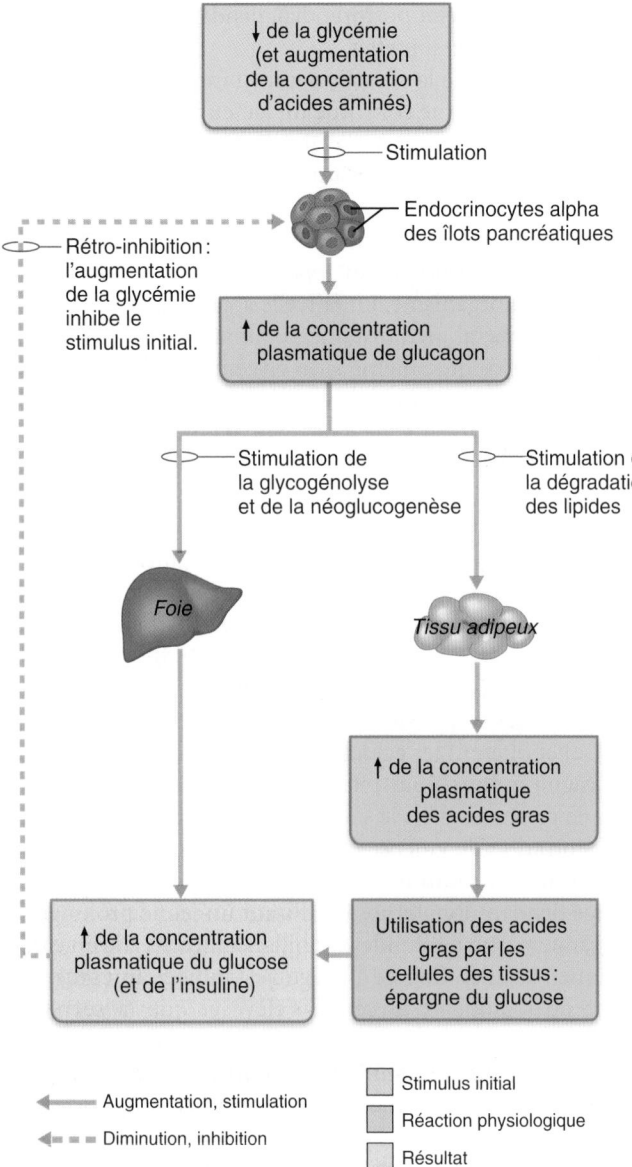

Figure 24.22 **Le glucagon est une hormone hyperglycémiante qui provoque une élévation de la concentration plasmatique de glucose.** La rétro-inhibition produite par l'augmentation de la concentration plasmatique de glucose sur la sécrétion de glucagon est indiquée par la flèche en traits interrompus.

libérée par la médulla surrénale sous l'effet de l'activation sympathique agit sur le foie, les muscles squelettiques et le tissu adipeux. Tous ces stimulus mobilisent les lipides et facilitent la glycogénolyse ; ils ont essentiellement les mêmes effets que le glucagon.

Les traumatismes physiques, l'anxiété ou tout autre facteur de stress faisant intervenir la réaction de lutte ou de fuite déclenchent cette voie de régulation, tout comme l'activité physique. Au cours d'une activité physique, les muscles doivent disposer sans délai de grandes quantités de carburant ; le profil métabolique est essentiellement le même que chez une per-

sonne qui jeûne : le glucagon et le système nerveux sympathique contrôlent la situation, sauf que la diffusion facilitée du glucose vers les muscles est améliorée (ce mécanisme n'est pas encore compris).

Outre le glucagon et l'adrénaline, plusieurs autres hormones – notamment l'hormone de croissance, la thyroxine, les hormones sexuelles et les corticostéroïdes – influent sur le métabolisme et sur la circulation des nutriments. La sécrétion de l'hormone de croissance est stimulée par un jeûne prolongé ou par une baisse rapide de la glycémie, et elle a des effets anti-insuliniques importants. Par exemple, elle réduit la capacité de l'insuline à favoriser l'absorption du glucose par les lipides et les muscles. Cependant, la libération et l'activité de la plupart de ces hormones ne sont pas reliées de façon particulière à l'état postprandial ou à l'état de jeûne. Le **tableau 24.6** présente une liste des effets caractéristiques de diverses hormones sur le métabolisme.

VÉRIFIONS NOS ACQUIS

21. Nommez les trois organes ou tissus qui sont les principaux effecteurs responsables de l'orientation du sens des conversions entre les pools de nutriments et les quantités correspondantes.
22. En termes généraux, quels types de réactions et d'événements caractérisent l'état postprandial et l'état de jeûne ?
23. Quelle hormone est le principal antagoniste du glucagon ?
24. Quel événement produit une augmentation de la libération de glucagon et d'insuline ?

Les réponses se trouvent à l'appendice G.

Rôle du foie dans le métabolisme

28 Énumérer et résumer les principales fonctions métaboliques du foie.

29 Différencier les LDL et les HDL au regard de leur structure et de leurs principales fonctions ; présenter les liens qui semblent exister entre les taux de LDL et de HDL et la santé.

30 Expliquer comment s'effectue le transport sanguin du cholestérol et décrire les effets des différents facteurs régularisant la cholestérolémie.

Du point de vue biochimique, le foie est l'un des organes les plus complexes. Il transforme presque toutes les catégories de nutriments et joue un rôle prépondérant dans la régulation de la concentration de cholestérol dans le plasma. Certains dispositifs mécaniques peuvent pallier les défaillances d'un cœur, d'un poumon ou d'un rein, mais il n'y a que les hépatocytes qui puissent assurer le fonctionnement du foie.

Les hépatocytes accomplissent environ 500 fonctions métaboliques complexes, peut-être plus. Une description détaillée de toutes les fonctions du foie dépasserait le cadre de ce manuel, mais le **tableau 24.7** en donne un aperçu.

TABLEAU 24.6 Résumé des effets normaux des hormones sur le métabolisme

EFFETS DE L'HORMONE	INSULINE	GLUCAGON	ADRÉNALINE	HORMONE DE CROISSANCE	THYROXINE	CORTISOL	TESTOSTÉRONE
Stimule l'absorption du glucose par les cellules.	✓				✓		
Stimule l'absorption des acides aminés par les cellules.	✓			✓			
Stimule la production d'énergie par catabolisme du glucose.	✓				✓		
Stimule la glycogenèse.	✓						
Stimule la lipogenèse et le stockage des lipides.	✓						
Inhibe la néoglucogenèse.	✓						
Stimule la synthèse des protéines (anabolisme).	✓			✓	✓		✓
Stimule la glycogénolyse.		✓	✓				
Stimule la lipolyse et la mobilisation des lipides.		✓	✓	✓	✓	✓	
Stimule la néoglucogenèse.		✓	✓	✓		✓	
Stimule la dégradation des protéines (catabolisme).						✓	

Métabolisme du cholestérol et régulation de la concentration plasmatique de cholestérol

Jusqu'à maintenant, nous avons accordé peu d'attention au **cholestérol**, surtout parce qu'il n'est pas utilisé comme source d'énergie. Il entre dans la constitution des sels biliaires, des hormones stéroïdes et de la vitamine D, et constitue un élément majeur des membranes plasmiques. En outre, le cholestérol entre dans la composition d'une molécule signal essentielle (la *protéine hedgehog*) qui contribue à orienter le développement embryonnaire.

Environ 15 % du cholestérol sanguin provient de l'alimentation ; le reste (85 %) est produit à partir de l'acétyl CoA par le foie et, dans une moindre mesure, par les autres cellules de l'organisme, notamment celles de l'intestin. La plus grande partie du cholestérol (80 % environ) sort de l'organisme lorsqu'il est catabolisé et sécrété sous forme de sels biliaires, qui finissent par être éliminés dans les selles.

Transport du cholestérol

Les triglycérides et le cholestérol ne circulent pas librement dans le sang parce qu'ils sont insolubles dans l'eau. C'est pourquoi leur transport vers les cellules et hors de celles-ci s'effectue par l'intermédiaire de petits complexes lipides-protéines appelés **lipoprotéines**. Ces complexes solubilisent les lipides, qui sont hydrophobes, et leur partie protéique contient des signaux qui règlent les mouvements d'entrée et de sortie des lipides dans les cellules cibles.

La quantité relative de lipides et de protéines dans les lipoprotéines est extrêmement variable, mais toutes les lipoprotéines contiennent des triglycérides, des phospholipides et du cholestérol en plus de protéines (figure 24.23). De façon générale, plus une lipoprotéine contient un pourcentage élevé de lipides, plus sa densité est faible ; plus la proportion de protéines est importante, plus la densité de la lipoprotéine est élevée. On distingue donc les **lipoprotéines de très basse densité** (**VLDL**, *very low density lipoproteins*), les **lipoprotéines de basse densité** (**LDL**, *low-density lipoproteins*) et les **lipoprotéines de haute densité** (**HDL**, *high-density lipoproteins*). Les *chylomicrons*, qui transportent les lipides absorbés provenant du tube digestif, constituent une classe à part et ont la densité la plus faible de toutes les lipoprotéines.

Le foie est le principal centre de synthèse de VLDL ; ces dernières transportent les triglycérides du foie vers les tissus périphériques, mais surtout *vers le tissu adipeux*. Lorsque tous ces triglycérides ont été conduits à leur point de destination, les résidus des VLDL sont convertis en LDL, qui sont riches en cholestérol. La fonction des LDL est de transporter le cholestérol *vers les tissus périphériques* (non hépatiques), où les cellules des tissus peuvent s'en servir pour construire des membranes, fabriquer des hormones, ou les mettre en réserve en attendant une utilisation ultérieure. Les LDL règlent également la synthèse du cholestérol dans les cellules. L'amarrage de la LDL et du récepteur de LDL provoque l'endocytose, par récepteurs interposés, de toute la particule.

La fonction principale des HDL, qui sont particulièrement riches en phospholipides et en cholestérol, est de capter

24

| TABLEAU 24.7 | Résumé des fonctions métaboliques du foie |

PROCESSUS MÉTABOLIQUES	FONCTIONS
Métabolisme des glucides	
Particulièrement important pour le maintien de la glycémie.	▪ Conversion du galactose et du fructose en glucose ▪ Fonction de mise en réserve du glucose et de régulation de la glycémie : stockage du glucose sous forme de glycogène lorsque la glycémie est élevée ; sous l'influence des hormones, glycogénolyse et libération du glucose dans le sang ▪ Néoglucogenèse : conversion des acides aminés et du glycérol en glucose lorsque les réserves de glycogène sont épuisées et que la glycémie diminue ▪ Conversion du glucose en lipides avant le stockage
Métabolisme des lipides	
Le foie est le principal organe du métabolisme des lipides, bien que la plupart des cellules puissent métaboliser ceux-ci dans une certaine mesure.	▪ Siège principal de la β-oxydation (dégradation des acides gras en acétyl CoA) ▪ Conversion de l'excédent d'acétyl CoA en corps cétoniques avant la libération à destination des cellules des tissus ▪ Stockage des lipides ▪ Formation des lipoprotéines devant servir au transport des acides gras, des lipides et du cholestérol en direction des tissus et en provenance de ceux-ci ▪ Synthèse du cholestérol à partir de l'acétyl CoA ; transformation du cholestérol en sels biliaires, qui sont sécrétés dans la bile
Métabolisme des protéines	
L'organisme pourrait se passer des autres fonctions métaboliques du foie et survivre ; cependant, si le foie n'intervenait pas dans le métabolisme des protéines, l'organisme ferait face à de graves problèmes : il n'y aurait pas de synthèse des nombreuses protéines indispensables à la coagulation ni d'élimination de l'ammoniac, par exemple.	▪ Désamination des acides aminés (rendant possible leur conversion en glucose ou leur utilisation dans la synthèse de l'ATP) ; la quantité de désamination qui est effectuée à l'extérieur du foie est négligeable ▪ Formation de l'urée avant son élimination de l'organisme ; si cette fonction ne peut être accomplie (cirrhose ou hépatite), accumulation d'ammoniac dans le sang ▪ Formation de la plupart des protéines plasmatiques (à l'exception des gammaglobulines et de certaines hormones et enzymes) ; en cas d'épuisement des protéines plasmatiques : mitose rapide des hépatocytes et augmentation du volume du foie, couplée à un accroissement de la synthèse des protéines plasmatiques jusqu'à ce que les concentrations plasmatiques redeviennent normales ▪ Transamination : interconversion des acides aminés non essentiels ; la partie qui s'effectue à l'extérieur du foie est minime
Stockage des vitamines et des minéraux	
	▪ Stockage de la vitamine A (réserve de un ou deux ans) ▪ Stockage de quantités appréciables des vitamines D (quelques mois) et B_{12} (de un à cinq ans) ▪ Stockage du fer ; la majeure partie du fer, à part celui qui est lié à l'hémoglobine, est emmagasinée dans le foie sous forme de ferritine jusqu'à ce que l'organisme en ait besoin ; libération du fer dans le sang lorsque la concentration plasmatique baisse ; stockage du cuivre lié à une protéine
Fonctions de biotransformation	
	▪ Métabolisme de l'alcool et des médicaments : réactions de synthèse donnant des produits inactifs qui peuvent être sécrétés par les reins, et réactions non synthétiques pouvant donner des produits plus actifs, ou moins actifs, ou dont l'activité est modifiée ▪ Transformation de la bilirubine provenant de la dégradation des globules rouges et excrétion de ce pigment biliaire dans la bile ▪ Métabolisme des hormones transportées par le sang sous des formes pouvant être excrétées dans l'urine ou, au contraire, sous des formes plus actives comme c'est le cas pour les hormones thyroïdiennes (T_4 transformée en T_3)

24

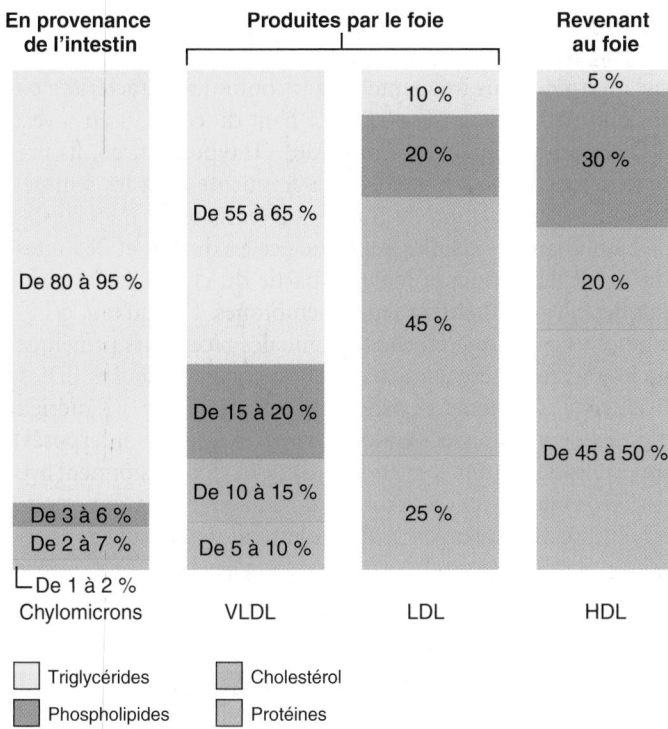

Figure 24.23 Composition approximative des lipoprotéines qui transportent les lipides dans les liquides de l'organisme. VLDL : lipoprotéine de très basse densité ; LDL : lipoprotéine de basse densité ; HDL : lipoprotéine de haute densité.

l'excédent de cholestérol et de le transporter *des tissus périphériques vers le foie*, où il est dégradé et devient un composant de la bile. Le foie fabrique les enveloppes protéiques des particules de HDL et les déverse dans la circulation sanguine sous une forme affaissée qui rappelle un ballon dégonflé. Une fois dans le sang, ces particules de HDL encore incomplètes s'emplissent de cholestérol prélevé sur les cellules des tissus et les parois des artères.

Les HDL apportent aussi les matières premières (cholestérol) aux organes producteurs de stéroïdes tels que les ovaires et les glandes surrénales. Ces organes ont la capacité de prélever le cholestérol sur des particules de HDL de façon sélective et sans englober ces dernières.

Concentrations plasmiques totales recommandées pour le cholestérol, les HDL et les LDL

Pour les adultes, on recommande une concentration plasmique totale de cholestérol de 5,2 mmol/L (200 mg/dL) ou moins. Les concentrations plasmatiques supérieures à 5,2 mmol/L ont été liées aux risques d'athérosclérose, une affection responsable de l'obstruction des artères et constituant un facteur de risque des accidents vasculaires cérébraux et des crises cardiaques. Cependant, il ne suffit pas de mesurer le cholestérol total ; du point de vue clinique, la forme sous laquelle le cholestérol est transporté dans le sang revêt encore plus d'importance.

En général, on considère comme *souhaitable* d'avoir un taux élevé de HDL parce que le cholestérol ainsi transporté est destiné à être dégradé ou à servir de matériau de base pour la synthèse d'autres substances. Des concentrations de HDL supérieures à 1,55 mmol/L (60 mg/dL) procureraient une protection contre les maladies cardiaques. En revanche, les personnes dont les taux de HDL sont inférieurs à 1,0 mmol/L sont à risque, et ce risque serait trois fois plus élevé chez les personnes dont la concentration en HDL est de 0,9 mmol/L.

Les concentrations élevées de LDL (3,4 mmol/L) sont considérées comme *néfastes* parce qu'un excès de LDL entraîne sur les parois artérielles la formation de dépôts de cholestérol dont les effets peuvent être mortels. La valeur idéale est de 2,6 mmol/L (100 mg/dL), ou moins, mais de nouvelles directives s'adressant aux personnes présentant un risque de maladie cardiaque recommandent un taux de 1,8 mmol/L ou moins. Il faut simplement se rappeler que les concentrations de HDL ne peuvent être trop élevées et que celles de LDL ne peuvent être trop basses.

Si les LDL constituent le « mauvais » cholestérol, il existe aussi un type de LDL – la lipoprotéine (a) – dont les effets sont « redoutables ». Il semble que ce lipide facilite la formation d'une plaque qui épaissit et rend plus rigides les parois des vaisseaux sanguins. De plus, la lipoprotéine (a) inhibe la fibrinolyse, ce qui augmente la fréquence de formation des caillots ; chez les hommes, sa présence peut faire doubler le risque de crise cardiaque avant l'âge de 55 ans. On estime que la concentration plasmatique de cette lipoprotéine est élevée chez un homme sur cinq.

Facteurs de régulation de la concentration plasmatique de cholestérol

Une boucle de rétro-inhibition ajuste partiellement la quantité de cholestérol produit par le foie en fonction de la quantité de cholestérol dans le régime alimentaire. Un apport élevé de cholestérol dans l'alimentation inhibe la synthèse de cette molécule par le foie, mais pas dans un rapport de un pour un. En effet, le foie en produit une certaine quantité (environ 85 % des valeurs souhaitables) même lorsque l'apport alimentaire est élevé. C'est pourquoi une diminution importante du cholestérol alimentaire, bien qu'utile, ne conduit pas à une baisse soudaine de la concentration plasmatique du cholestérol (cholestérolémie) et que cette baisse n'est généralement pas supérieure à 15 %. De plus, une diminution importante du cholestérol alimentaire peut éliminer de l'alimentation d'une personne des nutriments importants présents dans la viande, les fruits de mer et les produits laitiers.

Les proportions d'acides gras saturés et insaturés présents dans le régime ont un effet important sur la cholestérolémie. Les acides gras saturés *stimulent la synthèse du cholestérol par le foie et inhibent son excrétion*. À l'inverse, les acides gras insaturés (monoinsaturés et polyinsaturés, présents dans l'huile d'olive et la plupart des huiles végétales, respectivement) *accroissent l'excrétion* du cholestérol ainsi que son catabolisme et sa transformation en sels biliaires, réduisant d'autant la cholestérolémie. Rappelons que les fibres solubles contribuent également à la baisse de cholestérol dans le sang. En se liant aux sels biliaires,

24

les fibres empêchent leur réabsorption. Pour compenser ce manque, le foie doit en produire d'autres, maintenant ainsi le taux de cholestérol à de faibles valeurs.

Malheureusement, parmi toutes ces bonnes nouvelles concernant les lipides insaturés, il faut évoquer le problème particulier que posent les **gras *trans*** en raison du danger qu'ils représentent pour la santé. Ces gras *trans* sont formés par hydrogénation des acides gras mono et polyinsaturés, un processus de transformation (voir p. 52) dont le but est de rendre les huiles moins fluides à température ambiante (fabrication de la margarine) et d'éviter le rancissement. Ils sont présents en petite quantité dans le lait, mais surtout dans tous les aliments frits ou préparés à base d'huile « hydrogénée » ou « partiellement hydrogénée », aussi appelée « shortening ». Facilement transformables en acides gras saturés, les gras *trans* ont sur le sang des effets extrêmement néfastes; ils causent une augmentation encore plus marquée des LDL et une diminution encore plus forte des HDL, produisant ainsi le pire rapport cholestérol total sur HDL qui soit. Chaque année, des milliers de décès sont attribués à la consommation de ces types de matières grasses. Pour essayer d'enrayer cette cause de mortalité, le Canada fut le premier pays, en 2003, à imposer l'inscription du contenu en gras *trans*, une réglementation qu'adoptent de plus en plus de pays; il est le deuxième, après le Danemark, à avoir interdit, en 2007, que les produits en contiennent plus de 2 %. Outre les pathologies cardiovasculaires, les gras *trans* pourraient être en cause dans d'autres graves problèmes de santé (cancers du sein et du côlon, troubles neurologiques), mais les données restent à confirmer.

Les acides gras oméga-3 sont des acides gras insaturés particulièrement abondants dans certains poissons gras des mers froides (saumons, truites, harengs), dans les huiles de soja, de canola, de colza et de lin, ainsi que dans les noix. Ils font diminuer la proportion d'acides gras et de « mauvais » cholestérol (LDL) et augmenter celle de HDL. En outre, ils exercent un puissant effet antiarythmique sur le cœur et rendent les plaquettes du sang moins adhérentes, ce qui contribue à empêcher la coagulation spontanée susceptible d'obstruer les vaisseaux sanguins. Il semble aussi qu'ils abaissent la pression artérielle (même chez les individus dont la pression n'est pas trop élevée). Par ailleurs, on a observé une diminution significative de la cholestérolémie chez les personnes présentant un taux de cholestérol de modéré à élevé après qu'elles eurent modifié leur régime alimentaire en remplaçant la moitié des protéines animales riches en lipides et en cholestérol par des protéines de soja. Bref, les acides gras oméga-3 ont actuellement la cote et on leur reconnaît des effets bénéfiques non seulement sur le système cardiovasculaire, mais aussi sur le système nerveux, les articulations, dans les cas de cancers, etc.

Certains facteurs autres que le régime alimentaire influent également sur la cholestérolémie. Par exemple, l'usage du tabac, le café et le stress semblent faire diminuer le taux de HDL, alors qu'une activité aérobique régulière et les œstrogènes produisent une diminution des LDL et une augmentation des taux de HDL. On a également remarqué que la silhouette, c'est-à-dire la répartition des graisses dans l'organisme, en particulier le tour de taille, est un bon indicateur de l'existence de concentrations dangereuses de cholestérol et de lipides dans le sang. En fait,

on reconnaît deux types d'obésité: le type « pomme » et le type « poire ». Les personnes de type « pomme » présentent une obésité androïde, plus fréquente chez les hommes, caractérisée par l'accumulation de graisses dans le haut du corps et au niveau de l'abdomen. Quant aux individus de type « poire », ils présentent une obésité gynoïde, plus fréquente chez les femmes, avec une accumulation de graisses sur les hanches et les cuisses.

La plupart des cellules autres que celles du foie et de l'intestin tirent du plasma la majeure partie du cholestérol à partir duquel elles synthétisent leurs membranes. Lorsqu'une cellule a besoin de cholestérol, elle fabrique des récepteurs protéiques de LDL et les insère dans sa membrane plasmique. Les LDL se fixent aux récepteurs et pénètrent dans la cellule à l'intérieur d'une vésicule tapissée (endocytose par récepteurs interposés). En moins de 15 min, les vésicules d'endocytose fusionnent avec des lysosomes; le cholestérol est alors libéré et se trouve prêt à être utilisé. Lorsqu'un excès de cholestérol s'accumule dans une cellule, il inhibe la synthèse par la cellule de cholestérol proprement dite et celle des récepteurs de LDL.

◢ DÉSÉQUILIBRE HOMÉOSTATIQUE

On pensait auparavant qu'une forte concentration plasmatique de cholestérol et un rapport de LDL sur HDL élevé permettaient de prédire avec précision le risque d'athérosclérose, de maladie cardiovasculaire et de crise cardiaque. Cependant, près de la moitié des cardiopathies frappent des personnes dont le taux de cholestérol est normal, alors qu'elles en épargnent d'autres dont le profil lipidique est mauvais. À l'heure actuelle, on considère que les concentrations de LDL et l'évaluation des facteurs de risque constituent de meilleurs indicateurs de la nécessité d'un traitement; c'est pourquoi de nombreux médecins recommandent une modification des habitudes alimentaires (par exemple, manger plus de fruits et de légumes et remplacer les gras *trans* et saturés par des huiles insaturées), peu importe la cholestérolémie et les taux de HDL.

On prescrit couramment aux cardiaques ayant un taux de LDL supérieur à 3,4 mmol/L (130 mg/dL) des médicaments comme les *statines* de type lovastatine (Mévacor) et pravastatine (Pravachol), qui abaissent la cholestérolémie. On estime que près de sept millions de Français prennent des médicaments contre le cholestérol. Au Canada, le nombre de prescriptions de statines a doublé de 2000 à 2004. Des essais sont en cours pour mettre au point un vaccin qui diminue le taux de LDL et élève celui de HDL. ■

VÉRIFIONS NOS ACQUIS

25. Si vous aviez le choix, opteriez-vous pour une concentration plasmique élevée de HDL ou de LDL? Expliquez votre réponse.
26. Quel est le taux de cholestérol maximal recommandé pour les adultes?
27. Que sont les gras *trans* et quel est leur effet sur les concentrations de LDL et de HDL?

Les réponses se trouvent à l'appendice G.

Équilibre énergétique

31 Définir l'équilibre énergétique de l'organisme et expliquer les termes de l'équation qui exprime cet équilibre.

32 Décrire les principales théories sur la régulation de l'apport alimentaire; présenter le modèle hypothétique qui établit le lien entre ces différentes théories; distinguer la régulation à court terme de celle à long terme.

Quand un combustible brûle, il consomme de l'oxygène et dégage de la chaleur. La «combustion» des sources d'énergie alimentaires dans nos cellules ne fait pas exception. Comme nous l'avons expliqué au chapitre 2, l'énergie ne peut être ni créée ni détruite; elle ne peut être que convertie d'une forme en une autre. Si nous appliquons ce principe (qui est le *premier principe de la thermodynamique*) au métabolisme cellulaire, cela signifie que l'énergie de liaison libérée au cours du catabolisme des aliments est en équilibre parfait avec la dépense énergétique totale de l'organisme. Il y a donc un équilibre dynamique entre l'apport et la dépense d'énergie:

Apport énergétique = dépense énergétique totale
(chaleur + travail +
mise en réserve de l'énergie)

On considère que l'**apport énergétique** est l'énergie dégagée par l'oxydation des nutriments. (Les aliments non digérés n'entrent pas dans l'équation parce que leur contribution énergétique est nulle.) La **dépense énergétique** comprend l'énergie: (1) immédiatement perdue sous forme de chaleur (environ 60% du total); (2) utilisée sous forme d'ATP pour effectuer un travail; et (3) emmagasinée sous forme de lipides ou de glycogène. (Dans le calcul des dépenses énergétiques, on ne tient habituellement pas compte des pertes de molécules organiques dans l'urine, les selles et la transpiration car, chez les personnes en bonne santé, elles sont négligeables.)

Un examen attentif révèle que *presque toute l'énergie tirée des aliments finit par être convertie en chaleur*. Toutes les activités cellulaires donnent lieu à une déperdition de chaleur: la formation des liaisons d'ATP et la production d'un travail par leur clivage pendant la contraction musculaire, tout comme la friction du sang passant dans les vaisseaux sanguins. Les cellules ne peuvent pas mettre cette énergie à profit pour effectuer un travail, mais les tissus sont ainsi réchauffés, ce qui rend possible le maintien de la température corporelle par homéostasie et permet aux réactions métaboliques de se dérouler de façon efficace. La mise en réserve de l'énergie ne devient une partie essentielle de l'équation qu'au cours des périodes de croissance et de dépôt net de lipides.

Lorsque l'apport énergétique et l'énergie réellement dépensée sont en équilibre, la masse corporelle demeure stable; dans le cas contraire, il y a perte ou gain pondéral. Mais le poids de la plupart des gens est étonnamment stable; il doit donc exister des mécanismes physiologiques qui régissent l'apport alimentaire (et donc la quantité de nutriments oxydés) ou la production de chaleur, ou les deux. Malheureusement, pour de nombreuses personnes, ces systèmes de régulation semblent conçus davantage pour les protéger contre une perte de poids que contre les gains.

Obésité

À partir de quel moment est-on trop gras? Quelle est la différence entre une personne obèse et une autre qui est simplement rondelette? Regardons ces questions de plus près. Le pèse-personne, bien qu'il soit utile pour déterminer l'ampleur du surpoids, est un guide bien imprécis parce qu'il n'indique pas la composition de l'organisme. Une personne en santé et en forme dont l'ossature est dense et la musculature bien développée pourrait penser, à tort, que son poids est trop élevé. Par exemple, à 116 kg, Arnold Schwarzenegger peut passer pour un poids lourd.

La mesure de l'obésité et de la graisse corporelle, reconnue en médecine, est l'**indice de masse corporelle (IMC)**, qui rend compte du rapport existant entre le poids d'une personne et sa taille. On estime cet index en divisant la masse corporelle en kilogrammes par le carré de la taille en mètres:

$$IMC = \frac{\text{masse (kg)}}{(\text{taille [m]})^2}$$

Le surpoids correspond à un indice situé entre 25 et 30 et comporte certains risques pour la santé. L'obésité équivaut à un indice supérieur à 30 et présente un risque nettement plus élevé. On considère habituellement que l'obésité résulte du stockage de triglycérides en quantité excessive. Nous nous plaignons toujours de ne pas pouvoir nous débarrasser de notre graisse, mais nous continuons d'approvisionner ces réserves par un apport énergétique trop élevé. Chez les adultes, on considère comme normale une proportion de graisses s'élevant à 18 ou 20% de la masse corporelle (chez les hommes et chez les femmes, respectivement).

Quelle que soit la définition qu'on en donne, l'obésité est une maladie déroutante et mal comprise. Le fardeau économique associé aux maladies liées à l'obésité est phénoménal. L'athérosclérose, le diabète, l'hypertension, les maladies du cœur et l'arthrose sont plus fréquents chez les obèses. Malgré tout, le tour de taille de la population en générale ne cesse d'augmenter et selon l'Organisation mondiale de la santé (OMS), un milliard de personnes auraient une surcharge pondérale, alors qu'un nombre équivalent souffre de malnutrition. Au Québec, 38% des hommes et 26% des femmes souffrent d'embonpoint et presque autant en France. Les enfants de ce pays n'en sont pas épargnés, puisqu'un tiers d'entre eux présentent un excès de poids. Comme ils préfèrent grignoter n'importe quoi devant un jeu vidéo au lieu d'aller jouer dehors en mangeant un fruit, leur état de santé cardiovasculaire se dégrade également. Les risques associés à un surpoids se manifestent très tôt, ce qui n'a rien de rassurant. Par exemple, les troubles cardiaques liés à l'obésité, comme l'hypertrophie du cœur et l'insuffisance cardiaque, peuvent commencer à apparaître au début de l'adolescence, voire plus tôt. Le Gros plan (voir p. 1100-1102) présente certaines des méthodes de régulation du poids employées par les personnes obèses.

Régulation de l'apport alimentaire

La régulation de l'apport alimentaire pose des problèmes difficiles aux chercheurs. Par exemple, quel type de récepteur pourrait évaluer le contenu énergétique total de l'organisme et nous donner le signal de commencer ou de nous arrêter de manger? Malgré des recherches poussées effectuées sur ce sujet, aucun récepteur de ce type n'a été découvert.

On sait que l'hypothalamus, en particulier son *noyau arqué* et deux autres régions – la *région latérale* et le *noyau ventro-médian* –, libère plusieurs peptides qui influent sur le comportement nutritionnel. De plus, cette influence reflète en fait l'activité de deux groupes distincts de neurones: un qui stimule la faim, l'autre, la satiété. Le groupe NPY-AgRP du noyau arqué libère le neuropeptide Y (NPY) et des peptides liés à l'agouti (AgRP) qui, ensemble, aiguillonnent l'appétit et la recherche d'aliments en stimulant les neurones de deuxième ordre de la région latérale de l'hypothalamus (**figure 24.24**, côté droit). À l'inverse, l'autre groupe de neurones du noyau arqué est formé de neurones POMC-CART, qui libèrent de la proopiomélano-cortine (POMC, décrite à la p. 692) et le neuropeptide CART (*cocaine and amphetamine-regulated transcript*), des peptides qui donnent une impression de satiété. Ces peptides agissent sur le noyau ventromédian, dont les neurones libèrent de la corticolibérine (CRH), un peptide important dans la sensation de satiété.

Les théories actuelles sur la régulation du comportement nutritionnel et de la faim portent sur plusieurs facteurs, dont les plus importants sont les signaux nerveux provenant du tube digestif, les signaux transportés par le sang au sujet des réserves d'énergie de l'organisme et les hormones. Dans une moindre mesure, la température corporelle et des facteurs psychologiques pourraient également jouer un rôle. Tous ces facteurs semblent exercer une rétroaction sur les centres de la faim situés dans l'encéphale. Les récepteurs de l'encéphale comprennent des thermorécepteurs, des chimiorécepteurs (pour le glucose, l'insuline et d'autres substances) et des récepteurs qui répondent à certains peptides (leptine, neuropeptide Y et autres). Des noyaux de l'hypothalamus jouent un rôle essentiel dans la régulation de la faim et de la satiété (la stimulation des noyaux latéraux chez l'animal provoque une consommation effrénée de nourriture), de même que certaines régions de l'encéphale (amygdale et cortex préfrontal) et du tronc cérébral. Il est également possible que les récepteurs périphériques aient une certaine influence, notamment ceux du foie et du tube digestif proprement dit. La régulation de l'apport alimentaire prend deux formes: à court terme et à long terme.

Régulation à court terme de l'apport alimentaire

La régulation à court terme du comportement nutritionnel et de la faim est fondée sur la présence de signaux nerveux provenant du tube digestif, sur les concentrations de nutriments

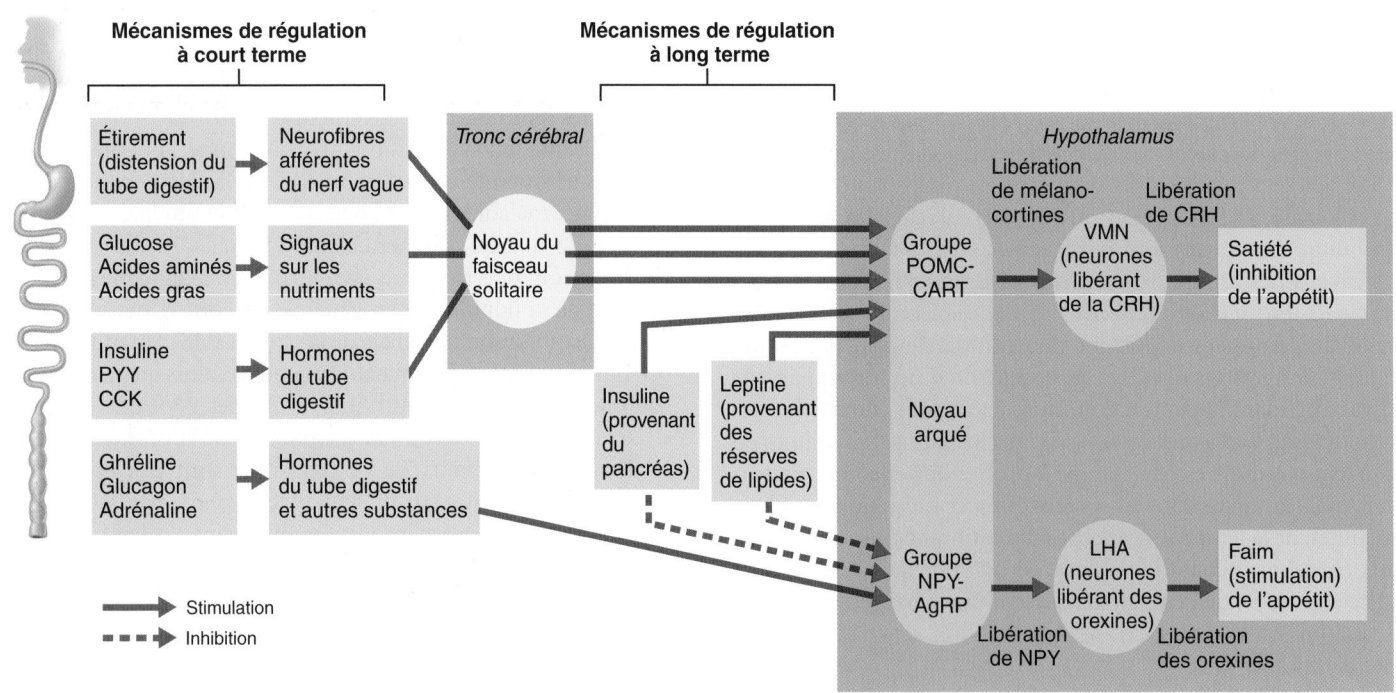

Figure 24.24 Modèle de régulation de la faim et de l'apport alimentaire par l'hypothalamus. Le noyau arqué de l'encéphale contient deux groupes de neurones qui ont des effets antagonistes. L'activation des neurones NPY et des orexines stimule l'appétit, tandis que l'activation des neurones POMC et CART produit l'effet inverse. Ces centres sont reliés à des interneurones dans d'autres centres encéphaliques, et leurs signaux sont transmis à l'organisme par le tronc cérébral. De nombreuses hormones régissant la faim produisent leur effet par le noyau arqué, mais elles peuvent aussi agir directement sur d'autres centres encéphaliques. (AgRP: peptides liés à l'agouti; CART: *cocaine and amphetamine-regulated transcript*; CCK: cholécystokinine; CRH: corticolibérine; LHA: région latérale de l'hypothalamus; NPY: neuropeptide Y; POMC: proopiomélanocortine; PYY: peptide YY; VMN: noyau ventromédian)

dans le sang et sur l'action des hormones du tube digestif. Pour la plupart, les signaux à court terme ciblent les centres de l'hypothalamus par le faisceau solitaire (et noyau) du tronc cérébral (figure 24.24).

Signaux nerveux provenant du tube digestif Les neurofibres du nerf vague transmettent des signaux dans les deux directions entre le tube digestif et l'encéphale, ce qui procure à ce dernier un moyen d'évaluer le contenu du tube digestif. Par exemple, des épreuves cliniques ont permis de montrer que, en présence d'une quantité de protéines représentant 8,4 kJ, la réponse des neurofibres afférentes du nerf vague était de 30 à 40 % plus intense et plus longue que pour une quantité équivalente de glucose. De plus, l'activation des mécanorécepteurs déclenche finalement une sensation de satiété, parce que la distension du tube digestif envoie des signaux par les neurofibres afférentes du nerf vague qui inactivent le centre de la faim. Par le décodage de ces signaux et d'autres, le cerveau peut avoir une image de ce qui est mangé et des quantités consommées.

Stimulus nutritionnels reliés aux réserves d'énergie À tout moment, les concentrations plasmatiques de glucose, d'acides aminés et d'acides gras fournissent à l'encéphale des renseignements qui permettent d'ajuster l'apport d'énergie à sa dépense. Par exemple, les signaux relatifs aux nutriments qui indiquent la satiété comprennent les suivants :

1. *Augmentation de la glycémie.* Lorsque nous mangeons, la glycémie s'accroît et l'activation subséquente des récepteurs de glucose de l'encéphale finit par inhiber la faim. En cas de jeûne et d'hypoglycémie, ce signal est absent, ce qui provoque la faim et déclenche un comportement de recherche d'aliments par l'activation des neurones contenant des orexines dans la région latérale de l'hypothalamus. Même si ces réponses de l'hypothalamus à la présence ou à l'absence de glucose sont bien connues, il ne s'agit pas des seules qui prennent naissance dans l'encéphale en réaction à la présence de glucose ou d'aliments à forte teneur énergétique. Il semble que le système de récompense de l'encéphale « fait des étincelles » qui prennent la forme d'une élévation plus ou moins importante de la concentration de dopamine par suite de l'ingestion de sucre. Peut-être ce mécanisme est-il à la base de la suralimentation.
2. *Une concentration plasmatique élevée d'acides aminés* inhibe la faim, mais on ne sait pas quel est exactement le mécanisme qui cause ces effets.
3. *Les concentrations plasmatiques d'acides gras* constituent un mécanisme de régulation de la faim. L'inhibition de la faim est d'autant plus importante que la concentration d'acides gras dans le sang est élevée.

Hormones Les hormones du tube digestif, dont l'insuline et la cholécystokinine (CCK) qui sont libérées au cours de l'absorption de nourriture, constituent un signal de satiété qui réduit la faim. Plus encore, l'effet de la cholécystokinine neutralise l'effet de stimulation de l'appétit du NPY.

En revanche, la concentration de glucagon et d'adrénaline augmente en cas de jeûne et stimule la faim. La ghréline (Ghr), produite par l'estomac, est un puissant stimulateur de l'appétit. En fait, il semble que la ghréline serve de signal indiquant que l'on doit prendre un repas. Sa concentration atteint un sommet juste avant les repas, informant l'encéphale qu'il est l'heure de manger, puis elle s'abaisse après le repas.

Régulation à long terme de l'apport alimentaire

Une hormone, la **leptine**, est à la base des mécanismes de régulation à long terme du comportement nutritionnel. La leptine est sécrétée exclusivement par les adipocytes en réponse à une augmentation de la quantité de graisse présente dans l'organisme. Elle sert d'indicateur de la réserve d'énergie totale contenue dans le tissu adipeux. (Le tissu adipeux envoie des messages chimiques sous la forme de leptine à l'encéphale.)

Quand les niveaux de leptine augmentent dans le sang, la leptine se lie aux récepteurs du noyau arqué qui ont la tâche précise (1) d'inhiber la libération de NPY et (2) de stimuler l'expression du gène CART. Le neuropeptide Y est le plus puissant stimulant de l'appétit connu. En bloquant sa libération, la leptine empêche aussi la libération des orexines, qui stimulent l'appétit, de la région latérale de l'hypothalamus. L'appétit diminue, et donc l'apport alimentaire subséquent, favorisant finalement la perte de poids.

Quand les réserves de lipides diminuent, les niveaux de leptine dans le sang baissent ; cet événement a des effets opposés sur les deux ensembles de neurones du noyau arqué. Il active les neurones NPY et inhibe l'activité des neurones POMC-CART. Par conséquent, l'appétit et l'apport alimentaire augmentent, et (plus tard) un gain pondéral se produit.

Au départ, on a pensé que la leptine était la solution miracle que les chercheurs attendaient, mais ils ont rapidement été déçus. L'augmentation des niveaux de leptine produit en effet une perte de poids, mais seulement jusqu'à un certain point. De plus, les personnes obèses ont des taux de leptine plus élevés que la normale, mais, pour une raison inconnue, elles sont résistantes à son effet. On est maintenant d'accord pour dire que le principal rôle de la leptine consiste à assurer une protection contre la perte de poids en cas de privation de nourriture.

Même si la leptine a le plus attiré l'attention en tant que régulateur à long terme du métabolisme et de l'appétit, d'autres substances y contribuent également. L'insuline, comme la leptine, inhibe la libération de NPY chez les personnes qui ne sont pas résistantes à l'insuline, mais son effet est moins puissant.

Autres facteurs intervenant dans la régulation

En fait, il n'existe aucune réponse simple et complète expliquant les mécanismes de régulation du poids corporel, mais les théories sont nombreuses. L'accroissement de la température ambiante inhibe la recherche d'aliments, tandis qu'une température basse active le centre de la faim. Selon les personnes, le stress peut augmenter ou diminuer les comportements de recherche d'aliments, mais le stress chronique jumelé à un régime alimentaire riche en lipides et en glucides produit une élévation marquée de la libération de NPY. On pense que les

24

facteurs psychologiques jouent un rôle très important chez les obèses. Cependant, même lorsque les facteurs psychologiques contribuent à l'obésité, les individus ne continuent *pas* de gagner du poids indéfiniment. Leurs mécanismes de régulation fonctionnent encore, mais ils ont une valeur de référence qui est plus élevée que la normale. Le manque de sommeil semble aussi en cause dans l'obésité, car il provoquerait une hausse du taux de ghréline et une baisse de celui de la leptine. Certaines infections aux adénovirus et même la composition des bactéries du tube digestif constituent d'autres facteurs susceptibles d'influer sur les mécanismes de régulation de la quantité de graisse et du poids d'une personne, comme en témoignent certaines études.

Quels liens faut-il établir entre tous ces éléments d'information? La figure 24.24 illustre une hypothèse qui a été formulée à partir d'études sur les animaux et qui s'avère la meilleure à l'heure actuelle.

VÉRIFIONS NOS ACQUIS

28. Nommez les trois groupes de stimulus qui influent sur la régulation à court terme du comportement nutritionnel.
29. Quel est le plus important mécanisme de régulation à long terme du comportement nutritionnel et de l'appétit?

Les réponses se trouvent à l'appendice G.

Vitesse du métabolisme et production de chaleur

33 Définir le métabolisme basal et le métabolisme total. Nommer les principaux facteurs qui influent sur la vitesse du métabolisme basal et expliquer leurs effets.

On appelle **vitesse du métabolisme** la dépense énergétique de l'organisme par unité de temps. C'est la quantité totale de chaleur dégagée par l'ensemble des réactions chimiques de l'organisme et du travail mécanique effectué par celui-ci; on peut la mesurer directement ou indirectement. Pour la mesure par la *méthode directe*, le sujet entre dans un caisson aux parois parfaitement isolées, appelé **calorimètre**, et la chaleur dégagée par le corps est absorbée par de l'eau qui circule autour du caisson. L'échauffement de l'eau est directement proportionnel à la quantité de chaleur provenant du corps du sujet. Cette méthode plutôt difficile d'utilisation n'est pas la plus couramment employée. La *méthode indirecte* est plus pratique; sa détermination se fait à l'aide d'un **respiromètre**, un appareil qui mesure la consommation d'oxygène, celle-ci étant directement proportionnelle à la quantité de chaleur produite. L'organisme dégage environ 20 kJ de chaleur par litre d'oxygène consommé.

Parce que la vitesse du métabolisme peut être influencée par de nombreux facteurs, on la mesure habituellement dans des conditions normalisées. Le sujet doit être bien reposé, à jeun (il n'a pas mangé depuis au moins 12 heures), couché et mentalement et physiquement détendu; la température ambiante est maintenue entre 20 et 25 °C. La valeur obtenue dans ces conditions est appelée **métabolisme basal**; c'est l'énergie dépensée par l'organisme pour assurer uniquement ses fonctions essentielles, telles que la respiration et l'activité des organes au repos. Bien que l'on parle de métabolisme *basal*, ce n'est pas le métabolisme minimal possible pour l'organisme. On observe cette dernière valeur pendant le sommeil, lorsque les muscles squelettiques sont complètement détendus.

Le métabolisme basal, souvent considéré comme le «coût de la vie en énergie», est exprimé en kilojoules par mètre carré de surface corporelle par heure ($kJ/m^2/h$). Un adulte pesant 70 kg a un métabolisme basal d'environ 275 kJ/h, soit environ 60 % de ses dépenses énergétiques totales. On peut calculer approximativement cette valeur en multipliant sa masse corporelle en kilogrammes par le facteur 4 pour les hommes et par le facteur 3,6 pour les femmes.

Plusieurs facteurs influent sur le métabolisme basal, dont la surface corporelle, l'âge, le sexe, le stress et l'état hormonal. Le métabolisme basal est relié à la masse corporelle et à la taille, mais le facteur déterminant est la surface corporelle. En effet, la déperdition de chaleur augmente en fonction du rapport entre la surface et le volume du corps; lorsque la surface est plus importante, le métabolisme doit être plus rapide pour remplacer la chaleur perdue. Entre deux personnes de même poids, celle qui est la plus grande et la plus mince aura le métabolisme basal le plus élevé.

En général, plus une personne est jeune, plus son métabolisme basal est élevé. Les enfants et les adolescents ont besoin de beaucoup d'énergie pour assurer leur croissance. Au cours de la vieillesse, le métabolisme basal diminue de façon très marquée lorsque les muscles commencent à s'atrophier. (Ce qui explique en partie pourquoi les personnes âgées prennent du poids si elles ne réduisent pas leur apport énergétique.) Le sexe joue aussi un rôle: les hommes ont généralement un métabolisme basal beaucoup plus élevé que les femmes parce qu'ils possèdent plus de tissu musculaire, dont le métabolisme est très actif, même au repos. Le tissu adipeux, dont l'abondance relative est plus grande chez les femmes, a un métabolisme beaucoup plus lent que le tissu musculaire.

Il peut paraître étonnant, *a priori*, que l'entraînement ait peu d'effet sur le métabolisme basal. On pourrait croire, en effet, que les athlètes, notamment ceux dont la masse musculaire est imposante, ont un métabolisme basal beaucoup plus élevé que les gens ordinaires; mais il y a en fait très peu de différence entre les métabolismes basaux mesurés chez les personnes de même sexe et de même surface corporelle.

La température corporelle tend à fluctuer en même temps que le métabolisme basal. La fièvre (hyperthermie) accroît sensiblement la vitesse du métabolisme. Le stress de nature physique ou émotionnelle fait augmenter la vitesse du métabolisme basal en mobilisant le système nerveux sympathique. Lorsque la noradrénaline et l'adrénaline (deux hormones libérées par les cellules de la médulla surrénale) sont transportées par la circulation sanguine, elles entraînent une augmentation du métabolisme basal surtout par stimulation du catabolisme des lipides. La testostérone et l'hormone de croissance (GH) augmentent aussi le métabolisme basal.

La quantité de **thyroxine** élaborée par la glande thyroïde est probablement le facteur hormonal qui exerce la plus grande influence sur le métabolisme basal, et c'est pour cette raison qu'on a surnommé la thyroxine l'« hormone métabolique ». Elle agit directement sur la plupart des cellules (sauf celles de l'encéphale) en faisant augmenter la consommation d'oxygène (celle-ci pourrait être doublée) et la production de chaleur, sans doute en accélérant le fonctionnement de la pompe à sodium et à potassium par une utilisation accrue de l'ATP. À mesure que les réserves d'ATP décroissent, la respiration cellulaire s'accroît; par conséquent, plus la glande thyroïde produit de thyroxine, plus le métabolisme basal est élevé.

DÉSÉQUILIBRE HOMÉOSTATIQUE

L'*hyperthyroïdie* cause une augmentation du métabolisme basal, ce qui entraîne toute une série de problèmes. L'organisme catabolise les lipides emmagasinés et les protéines tissulaires et, dans de nombreux cas, le sujet continue de perdre du poids bien qu'il ait souvent faim et mange davantage. Les os s'affaiblissent et les muscles, y compris le cœur, commencent à s'atrophier. À l'inverse, l'*hypothyroïdie* provoque une diminution du métabolisme, l'obésité et un ralentissement des activités intellectuelles. ■

Le terme **métabolisme total** désigne la consommation totale d'énergie par *toutes* les activités de l'organisme – involontaires et volontaires. Le métabolisme basal constitue une partie étonnamment importante du métabolisme total. Par exemple, chez une femme dont les besoins énergétiques quotidiens s'élèvent à 8400 kJ, plus de la moitié de cette énergie (environ 5900 kJ) peut servir à assurer les activités vitales de l'organisme. Puisque les muscles squelettiques forment près de la moitié de la masse corporelle, c'est l'activité des muscles squelettiques qui, sur une courte période, cause les changements les plus spectaculaires du métabolisme total. Même de légères augmentations du travail musculaire peuvent provoquer des bonds très marqués du métabolisme total et de la production de chaleur. Chez un athlète bien entraîné, lors d'une activité physique intense maintenue durant plusieurs minutes, le métabolisme total peut atteindre une valeur 20 fois supérieure à la normale et rester élevé pendant plusieurs heures après la fin de l'exercice.

L'ingestion d'aliments entraîne également une augmentation rapide du métabolisme total. Cet effet, appelé **thermogenèse d'origine alimentaire**, est plus marqué lorsqu'on consomme des protéines; dans ce cas, on parle d'*action dynamique spécifique des protéines*. L'activité métabolique du foie, qui s'accroît à l'état postprandial, constitue probablement une grande part de cette dépense énergétique supplémentaire. À l'inverse, l'état de jeûne ou la présence d'un apport énergétique très faible diminue le métabolisme total et ralentit l'utilisation des réserves de l'organisme. Cette dernière affirmation peut paraître en contradiction avec ce que nous avons dit à propos de l'état de jeûne. Remarquez cependant qu'il s'agit ici de jeûne prolongé et non de la période normale de jeûne entre les repas.

Thermorégulation

34 Établir la différence entre la température centrale et la température de surface.

35 Expliquer les mécanismes de thermorégulation (thermogenèse et thermolyse); définir l'hypothermie, l'épuisement dû à la chaleur, le coup de chaleur et la fièvre.

Comme le montre la **figure 24.25**, la température corporelle résulte de l'équilibre entre la production et les déperditions de chaleur. Tous les tissus produisent de la chaleur, mais ce sont les plus actifs du point de vue métabolique qui en produisent le plus. Dans un organisme au repos, la plus grande partie de la chaleur provient du foie, du cœur, de l'encéphale et des glandes endocrines. Les muscles squelettiques au repos fournissent de 20 à 30 % de la chaleur corporelle.

Mais cette situation change radicalement à la moindre variation du tonus musculaire. Quand on a froid, les frissons nous réchauffent rapidement; au cours d'une activité intense, la

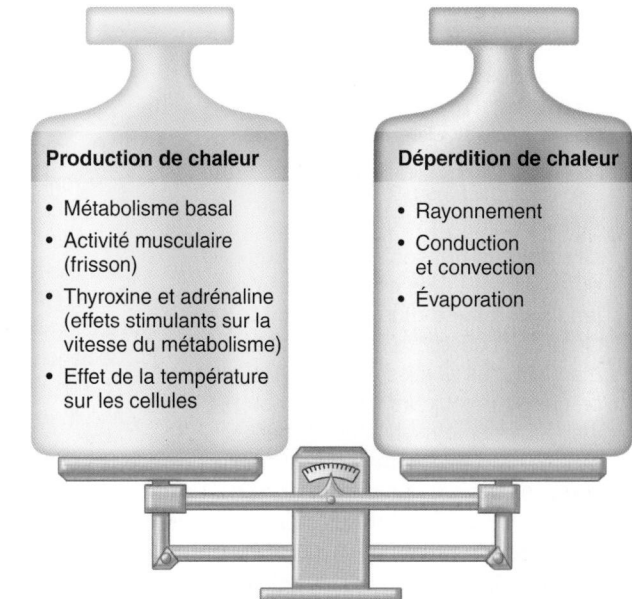

Figure 24.25 La température corporelle reste constante tant que la production et la déperdition de chaleur sont équilibrées.

GROS PLAN

Obésité : à la recherche de solutions magiques

D'après l'OMS, il y aurait 300 millions de personnes obèses et le problème ne cesse de s'accroître. Au Québec, autour de 15 % de la population est obèse, et ce problème concerne aussi les enfants. Parmi les moins de 5 ans, on en dénombre 15 millions en Europe et 20 millions dans le monde. En plus des problèmes de santé, il faut aussi prendre en compte d'autres aspects négatifs, tels le discrédit social et divers désavantages économiques inhérents à l'obésité. Par exemple, les personnes obèses paient des primes d'assurance plus élevées ; elles sont victimes de discrimination sur le marché de l'emploi, ont de la difficulté à trouver des vêtements à leur goût et sont souvent l'objet d'humiliations pendant toute leur vie.

Hypothèses sur les causes de l'obésité

Il est peu probable que beaucoup de personnes choisissent délibérément de devenir obèses. Quelles sont donc les causes de l'obésité ?

1. **La consommation excessive d'aliments pendant l'enfance favorise l'obésité à l'âge adulte.** Certains croient que le syndrome du « vide ton assiette » mène à la formation d'un plus grand nombre de cellules adipeuses pendant l'enfance, préparant ainsi le terrain pour un état d'obésité à l'âge adulte. Plus les cellules adipeuses sont nombreuses, plus la quantité de lipides pouvant être stockée est élevée ; chez l'enfant obèse, ces cellules peuvent être trois fois plus nombreuses que chez l'enfant normal.

2. **Les obèses utilisent les combustibles alimentaires et emmagasinent les lipides avec plus d'efficacité.** On pense souvent que ces personnes mangent plus que les autres, mais ce n'est pas toujours vrai ; beaucoup mangent même moins que les personnes de poids normal. Chez une personne qui suit des régimes à répétition, le métabolisme ralentit brusquement lorsqu'elle perd du poids. Mais lorsqu'elle reprend du poids, son métabolisme s'accélère comme une fournaise qu'on vient de remplir. À chaque régime ultérieur, la perte de poids est plus lente et la reprise de poids, beaucoup plus rapide.

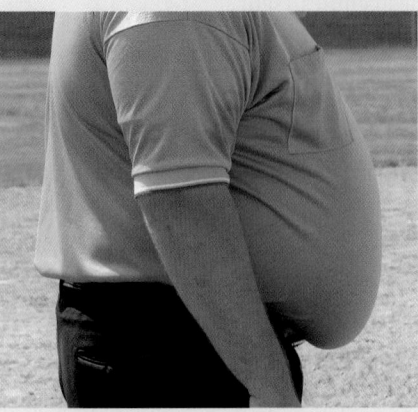

De plus, pour une même valeur énergétique, les matières grasses font grossir plus que les protéines et les glucides en raison de leur mode de transformation par l'organisme. Lorsqu'une personne ingère un excédent de 1000 kJ de glucides, l'organisme consomme 230 kJ pour effectuer des transformations métaboliques et emmagasine 770 kJ. En revanche, si ce même excédent de 1000 kJ provient de lipides, seulement 30 kJ sont « brûlés » et les 970 kJ qui restent sont emmagasinés.

Ces constatations s'appliquent à tout le monde, mais le sort des obèses est encore plus préoccupant. Par exemple, chez ces personnes, les cellules adipeuses « grasses » :

- produisent un nombre plus élevé de récepteurs α, qui facilitent l'accumulation de graisses ;

- envoient des messages moléculaires différents de ceux transmis par des cellules adipeuses « minces ». Elles sécrètent des cytokines inflammatoires (TNF-facteur de nécrose des tumeurs et autres) qui peuvent déclencher la résistance à l'insuline, et elles libèrent moins d'*adiponectine*, une hormone qui accroît l'action de l'insuline dans l'absorption et le stockage de l'insuline ;

- contiennent une lipoprotéine lipase exceptionnellement efficace. (Cette enzyme retire les lipides du sang, habituellement pour les acheminer vers les cellules adipeuses.)

On pourrait penser que les signaux produits par les molécules de la satiété (hormones et autres) devraient empêcher l'accumulation excessive de graisses, mais il semble que ce ne soit pas le cas chez les personnes obèses. Il se pourrait que l'excès de poids produise une résistance non seulement à l'insuline, mais aussi à la leptine (voir p. 1097).

3. **Prédisposition génétique.** La véritable prédisposition génétique à l'embonpoint est difficile à évaluer puisque les causes de l'obésité sont multifactorielles. À ce jour, on a toutefois cartographié 29 gènes en cause dans l'obésité, parmi lesquels le gène de l'obésité FTO (*fat mass and obesity-associated*). Comme la plupart de ces gènes, il s'exprime dans l'encéphale (noyau arqué de l'hypothalamus) et agit sur le sentiment de satiété. Les personnes qui héritent de deux gènes de l'obésité sont malheureusement condamnées à l'obésité pathologique. D'autres gènes agiraient en perturbant le traitement métabolique des surplus énergétiques, favorisant alors le stockage des graisses, comme c'est le cas pour le gène MC4R (récepteur de la mélanocortine). Chez les obèses, les calories en trop se déposent toujours sous forme de graisses, alors que chez les autres sujets il y a aussi formation de tissu musculaire. Quant au gène responsable de la production de la prolactine (PRL), il serait associé à la prise de poids spécifiquement chez l'adulte en intervenant également dans le contrôle de la prise alimentaire. Finalement, des études récentes démontrent que 70 % des cas d'obésité morbide dépendent des gènes.

Par ailleurs, des études récentes ont mis en lumière le rôle d'un facteur associé à la flore intestinale dans l'obésité. On a en effet observé que les souris dépourvues de bactéries intestinales ne deviennent pas obèses et qu'il existe des variations quant aux proportions des principales espèces bactériennes présentes chez les personnes minces et les personnes obèses.

Traitements : les bons et les mauvais

Certains soi-disant traitements de l'obésité sont presque plus dangereux que la maladie elle-même. Nous énumérerons ici quelques-unes des pires stratégies à adopter.

1. **Diurétiques.** Les diurétiques forcent les reins à excréter de plus grandes quantités d'eau et peuvent faire perdre quelques kilogrammes pendant quelques heures. Par leur action, ils risquent cependant de causer un déséquilibre électrolytique et une déshydratation graves.

2. **Régimes alimentaires.** Chaque année, on dépense des milliards pour se procurer des produits amaigrissants ou pour suivre des régimes. Or, la plupart d'entre eux ne reposent sur aucune preuve scientifique. Parmi ceux qui retiennent la faveur du public, existe-t-il des régimes sains et efficaces? À l'heure actuelle, un débat oppose les partisans des régimes riches en protéines et pauvres en glucides (comme celui du Dr Atkins) et ceux qui prônent un régime alimentaire faible en gras avec forte teneur en glucides complexes (Pritkin). Des études cliniques ont démontré que les personnes qui suivaient un régime à faible teneur en glucides perdaient du poids plus rapidement au début, mais avaient tendance à atteindre un plateau au bout de six mois. Ces personnes semblaient perdre de la graisse principalement au niveau du tronc, une répartition des graisses (silhouette en forme de «pomme») associée aux maladies cardiaques et au diabète. (La sensibilité à ces maladies, appelée *syndrome métabolique*, semble être due aux grandes quantités de cytokines inflammatoires libérées par les cellules adipeuses du tube digestif.) Au bout d'un an, les personnes qui suivaient un régime faible en gras avaient perdu autant de poids que celles qui suivaient un régime à faible teneur en glucides. Même si on s'est inquiété du fait que les régimes à faible teneur en glucides risquaient de favoriser des taux de cholestérol et de lipides plasmatiques indésirables, ces inquiétudes n'étaient pas fondées.

Les régimes alimentaires comme celui de Montignac, qui exigent que l'on compte l'indice glycémique des aliments ingérés, font la distinction entre les bons glucides (céréales complètes, fruits et légumes sans amidon) et les mauvais glucides (féculents, aliments sucrés, céréales raffinées). De nombreux médecins approuvent ces régimes. La méthode Montignac a pour but de maintenir un taux d'insuline bas pour ainsi favoriser la lipolyse. Le régime traditionnel bien connu des Weight Watchers est par ailleurs fondé sur un compte de points qui fonctionne bien et permet la consommation de n'importe quel aliment, dans la mesure où le nombre de points permis n'est pas dépassé.

Certains régimes liquides riches en protéines en vente libre fournissent un apport protéique tellement déficient (incomplet) qu'ils sont même dangereux. Les pires sont ceux qui contiennent du collagène (une protéine) et non une source protéique provenant du lait ou du soja. Plutôt que de suivre des régimes, il serait toutefois préférable d'améliorer et de modifier nos habitudes de vie, ce qui permettrait de prévenir à la fois l'obésité et les maladies chroniques. Les cinq principales recommandations seraient de: (1) ne pas fumer; (2) manger plus de fruits, de légumes et de grains entiers; (3) maintenir son IMC entre 19 et 24; (4) faire 30 minutes d'exercice physique par jour; (5) réduire sa consommation de sucre et de gras.

3. **Chirurgie.** Parfois, en désespoir de cause (IMC > 40 et échec de tous les autres types de traitement), le recours à la chirurgie bariatrique semble offrir une solution: on procède à une réduction gastrique par agrafage ou en posant un anneau ajustable; on peut également effectuer un pontage gastrique ou intestinal, une dérivation biliopancréatique ou une liposuccion (ablation de tissu adipeux par succion).

La dérivation biliopancréatique est un «réaménagement» radical du tube digestif: elle consiste à enlever près des deux tiers de l'estomac, à couper la moitié de l'intestin grêle et à aboucher une portion de 2,5 m à l'ouverture de l'estomac. Comme le suc pancréatique et la bile ne peuvent se déverser dans ce «nouvel intestin», l'absorption des nutriments est fortement réduite et celle des lipides est nulle. Il devient possible de manger tout ce qu'on veut sans gagner de poids, mais il ne faut pas dépasser la capacité de l'estomac, sinon l'individu est pris de nausées et de vomissements; c'est le syndrome de chasse. À la suite de ces interventions, beaucoup de personnes ont perdu du poids et recouvré la santé. La pression sanguine redevient normale chez des personnes auparavant hypertendues; l'apnée du sommeil diminue aussi. De plus, le diabète, même installé depuis longtemps, régresse et disparaît quelques semaines après l'intervention. C'est l'un des principaux avantages de la dérivation biliopancréatique.

La liposuccion permet de remodeler le corps par l'aspiration des dépôts de graisse, mais elle ne constitue pas la méthode de choix pour perdre du poids. Elle comporte tous les risques liés à la chirurgie et, si on ne change pas ses habitudes alimentaires, les dépôts de graisse ailleurs dans le corps deviendront à leur tour surchargés.

4. **Anorexigènes et suppléments.** Les anorexigènes, ou coupe-faim, sont des substances qui suppriment l'appétit, favorisant ainsi la perte de poids. Toutefois, un certain nombre de ces produits ont été retirés du marché au Canada et en France à cause de leurs effets néfastes sur le système cardiaque et pulmonaire (Ionamin, Redux et Tenuate). Toutefois, le rimonabant (Acomplia) a été commercialisé en Europe, mais il est interdit au Canada en raison de ses effets psychotropes, notamment sur les tendances suicidaires qu'il suscite chez certains utilisateurs. D'autres anorexigènes sont moins controversés, parmi lesquels la sibutramine (Meridia), qui stimule le centre de satiété et la thermogénèse. En outre, cette substance entraîne des effets semblables à ceux des amphétamines et serait à l'origine d'effets secondaires sur le système cardiovasculaire. Quant à l'orlistat (Xenical), il gêne l'action de la lipase pancréatique, de sorte qu'une partie des lipides ingérés (jusqu'à 30%) n'est pas absorbée et se retrouve dans les fèces, ainsi que, malheureusement, une partie des vitamines liposolubles. Ce médicament permet de perdre du poids efficacement, mais ses effets secondaires (diarrhée et fuites anales) sont pour le moins déplaisants. On met actuellement au point de nouveaux médicaments qui agissent sur différents emplacements

du système nerveux central, dont les inhibiteurs du neuropeptide Y.

On trouve sur le marché divers suppléments ainsi que des substituts de repas (tels Slim fast ou Ensure) et des suppléments alimentaires auxquels on attribue des pouvoirs amaigrissants. Certains de ces suppléments en vente dans Internet prétendent accroître le métabolisme et brûler des calories à une vitesse accélérée, mais ils sont en fait très dangereux. Par exemple :

- Les capsules contenant de l'acide usnique, une substance chimique extraite de certains lichens, endommagent les hépatocytes et sont à l'origine de certains cas d'insuffisance hépatique.

- Les suppléments contenant de l'éphédra ont une sinistre réputation puisqu'ils ont causé plus de 100 décès et de graves troubles de santé chez 16 000 personnes, notamment des accidents vasculaires cérébraux, des crises d'épilepsie et des maux de tête.

En ce qui a trait à ces suppléments, le fardeau de la preuve revient aux autorités compétentes qui doivent démontrer que la substance est nocive. C'est pourquoi la véritable étendue des dommages causés par les suppléments de perte de poids demeure inconnue. Les cas les plus graves attirent l'attention, mais les cas moins sérieux ne sont jamais diagnostiqués, ni déclarés.

Y a-t-il alors un moyen sûr de traiter l'obésité ? On a récemment découvert l'existence d'un lien entre la consommation de calcium et le poids d'une personne. Le calcium aurait tendance à prévenir l'obésité en favorisant la lipolyse. Mais il est erroné de croire que le remède contre l'obésité tient tout entier dans un petit comprimé de calcium. La meilleure façon de perdre du poids, en fait la seule qui soit réaliste, est de réduire l'apport énergétique en mangeant moins et en consommant moins de graisses et de brûler plus de calories en pratiquant plus d'activités physiques. Celle-ci est très bénéfique, notamment quand elle comporte des

exercices contre résistance, qui font augmenter la masse musculaire. On recommande de faire quotidiennement entre 30 et 60 minutes d'activités physiques. En effet, l'exercice physique diminue l'appétit et accroît la vitesse du métabolisme non seulement pendant l'activité elle-même, mais aussi pendant plusieurs heures après celle-ci. La seule façon d'éviter de prendre du poids est de modifier son régime alimentaire, de faire régulièrement de l'exercice, d'apprendre à gérer son stress et de garder ces habitudes tout au long de la vie. La recette est somme toute assez simple, mais il faut une bonne dose de volonté pour la mettre en pratique dans nos sociétés qui incitent les gens à surconsommer, tout en valorisant la minceur.

VÉRIFIONS NOS ACQUIS

32. De quelles manières les gènes interviennent-ils dans l'obésité ?

33. Quels sont les trois avantages de la dérivation biliopancréatique ?

---

quantité de chaleur produite par les muscles squelettiques peut être de 30 à 40 fois supérieure à celle qui provient du reste de l'organisme. L'activité musculaire est l'un des meilleurs moyens de modifier la température corporelle.

La température corporelle moyenne est de 37 °C ± 0,5 °C et elle se maintient habituellement dans un intervalle compris entre 35,8 et 38,2 °C, même en présence de fluctuations considérables de la température ambiante (de l'air). La température d'un individu en bonne santé varie d'environ 1 °C en 24 heures, le minimum se situant en début de matinée et le maximum en fin d'après-midi ou en début de soirée.

On comprend la valeur adaptative de cette homéostasie précise de la température lorsqu'on connaît l'effet de celle-ci sur l'activité enzymatique. À la température corporelle normale, l'activité enzymatique se déroule dans des conditions optimales. En cas d'échauffement, la catalyse effectuée par les enzymes s'intensifie : pour chaque augmentation de 1 °C, les réactions chimiques s'accélèrent d'environ 10 %. Au-dessus de la limite supérieure normale, l'activité des neurones ralentit et les protéines commencent à se dénaturer. Les enfants de moins de cinq ans sont pris de convulsions lorsque la température corporelle atteint 41 °C, et toute survie semble impossible au-delà de 43 °C.

En revanche, la plupart des tissus peuvent résister à des baisses marquées de la température si les autres conditions restent parfaitement contrôlées. C'est ce phénomène qui permet de recou-

rir à l'hypothermie – soit le refroidissement corporel – lors d'interventions chirurgicales pendant lesquelles le cœur doit être arrêté. L'hypothermie permet de réduire la vitesse du métabolisme (et donc les besoins en nutriments des tissus et du cœur), ce qui laisse au chirurgien le temps d'opérer sans que les tissus soient endommagés.

Température centrale et température de surface

Au repos, les différentes régions du corps n'ont pas la même température. La **température centrale** (celle des organes situés dans le crâne et les cavités thoracique et abdominale) est la plus élevée. La plupart du temps, c'est la **surface**, c'est-à-dire essentiellement la peau, qui est la moins chaude. En situation clinique, on mesure habituellement la température en deux régions du corps ; celle du rectum est généralement supérieure de 0,4 °C à celle de la cavité orale, et c'est celle qui reflète le mieux la température centrale.

C'est la température centrale qui est réglée avec précision. Le sang est le principal *transporteur de chaleur* entre l'intérieur du corps et sa surface. Lorsque la surface corporelle est plus chaude que l'environnement, il y a toujours déperdition de chaleur. Par conséquent, chaque fois que de la chaleur doit être dissipée, l'organisme laisse le sang chaud passer dans les capillaires de la peau. Par contre, lorsque le corps doit conserver sa chaleur, le sang évite en grande partie le réseau capillaire de la peau, ce qui réduit les pertes de chaleur tout en permettant à la température de surface de s'abaisser et de se rapprocher de celle du milieu ambiant. Par conséquent, la température centrale reste relativement constante, mais la surface peut connaître d'importantes fluctuations thermiques (elle peut passer par exemple de 20 à 40 °C) parce qu'elle varie en fonction de l'activité corporelle et de la température externe. (Il est vraiment possible d'avoir les mains froides et le cœur chaud.)

Mécanismes d'échange de chaleur

Les transferts de chaleur entre notre peau et l'environnement fonctionnent de la même manière que les échanges de chaleur entre les objets inanimés **(figure 24.26)**. On peut se représenter la température d'un objet (qu'il s'agisse de la peau ou d'un radiateur) comme une indication de son contenu thermique (ou comme une «concentration de chaleur»). Puis il suffit de ne pas oublier que la chaleur suit son gradient de concentration, c'est-à-dire qu'elle se déplace des régions chaudes vers les

Figure 24.26 Mécanismes d'échange de chaleur. Ces voyageuses qui se chauffent dans un jacuzzi pendant une croisière en Alaska mettent en évidence plusieurs mécanismes d'échange de chaleur entre le corps et l'environnement. **(1)** Conduction : transfert de chaleur de l'eau chaude au corps ; **(2)** rayonnement : transfert de chaleur des parties exposées du corps à l'air ambiant ; **(3)** convection : l'air chauffé s'éloigne du corps par la formation de courants d'air. Peut-être **(4)** évaporation de la sueur : il y a dissipation de la chaleur corporelle produite en excès.

régions froides. Les échanges de chaleur de notre organisme se font par quatre mécanismes : le rayonnement, la conduction, la convection et l'évaporation.

Le **rayonnement** est la perte de chaleur sous forme d'ondes infrarouges (énergie thermique). Des caméras sensibles à l'infrarouge peuvent détecter la présence d'humains dans l'obscurité grâce à la chaleur qu'ils dégagent. Tout objet plus chaud que les objets de son voisinage (par exemple un radiateur et, habituellement, le corps) cède de la chaleur à ces objets. Dans des conditions normales, près de la moitié de la déperdition de chaleur de l'organisme est due au rayonnement.

Étant donné que l'énergie radiante s'écoule toujours de l'endroit le plus chaud vers l'endroit le plus froid, le rayonnement permet d'expliquer pourquoi une pièce froide au départ se réchauffe en peu de temps quand beaucoup de personnes s'y trouvent (grâce à la «chaleur corporelle»). Le corps peut aussi capter de la chaleur par rayonnement, comme on le remarque quand on s'expose au soleil.

La **conduction** est le transfert de chaleur d'un objet chaud vers un objet froid lorsque ces objets sont directement en contact l'un avec l'autre. Par exemple, quand nous entrons dans un bain chaud, l'eau cède une partie de sa chaleur à notre peau par conduction, tout comme des fesses chaudes cèdent de la chaleur à une chaise.

La **convection** résulte du fait que l'air chaud se dilate et s'élève alors que l'air froid (qui est plus dense) descend. L'air chauffé par le corps est donc continuellement remplacé par de l'air plus frais. La convection accroît considérablement les échanges thermiques entre la surface du corps et l'air parce que l'air froid absorbe la chaleur plus rapidement que celui qui est déjà réchauffé. Ensemble, la conduction et la convection comptent pour 15 à 20 % de la déperdition totale de chaleur. Ces phénomènes sont amplifiés par tout ce qui accélère le mouvement de l'air à la surface de la peau, tels le vent ou un ventilateur ; on parle alors de *convection forcée*.

L'**évaporation** est le quatrième mécanisme par lequel le corps dissipe la chaleur. L'eau s'évapore parce que ses molécules absorbent de la chaleur et acquièrent assez d'énergie (vibrent assez vite) pour passer de l'état liquide à l'état gazeux, que l'on appelle vapeur d'eau. La chaleur absorbée par l'eau lorsqu'elle se transforme en vapeur est appelée **chaleur de vaporisation**. Parce qu'elle absorbe une grande quantité de chaleur corporelle en s'évaporant à la surface de la peau, l'eau contribue largement à refroidir l'organisme. (C'est pourquoi vous avez l'impression d'avoir froid quand vous sortez de la douche.) Chaque gramme d'eau qui s'évapore à la surface du corps consomme 2,43 kJ de chaleur.

Il existe un taux minimal de déperdition de chaleur corporelle dû à l'évaporation continue de l'eau provenant des poumons, de la muqueuse de la bouche et de la peau. On appelle **perte insensible d'eau** l'ensemble de ces sorties d'eau, qui passent souvent inaperçues, et **déperdition insensible de chaleur** le dégagement de chaleur qui l'accompagne. La déperdition insensible de chaleur constitue environ 10 % de la production minimale de chaleur corporelle et reste constante, c'est-à-dire qu'elle n'est pas assujettie aux phénomènes de thermorégulation. Cependant, il existe des mécanismes régulateurs

24

qui déclenchent la production de chaleur pour équilibrer cette déperdition insensible lorsque cela est nécessaire.

La déperdition de chaleur par évaporation devient un processus actif (*sensible*) lorsque la température corporelle s'élève et que la transpiration permet l'évaporation de quantités d'eau supplémentaires. Les états émotionnels extrêmes activent le système nerveux sympathique, qui élève la température corporelle d'environ 1 °C, et une activité physique intense peut provoquer un brusque échauffement de 2 à 3 °C. Au cours d'une activité musculaire intense, l'organisme peut produire par heure de 1 à 2 L de sueur dont l'évaporation consomme de 2500 à 5000 kJ, c'est-à-dire plus de 30 fois la déperdition insensible de chaleur !

⚖ DÉSÉQUILIBRE HOMÉOSTATIQUE

Lorsque la transpiration est abondante, surtout chez les personnes non entraînées, la perte d'eau et de NaCl peut causer des spasmes musculaires douloureux appelés *crampes de chaleur*. Pour corriger cette situation, il suffit de boire des liquides. ■

Il convient de remarquer que, des quatre mécanismes étudiés, ni l'évaporation, ni la radiation ne sont efficaces quand le corps est immergé dans l'eau. La perte de chaleur par conductivité est cependant très grande dans l'eau, de sorte que l'organisme s'y refroidit beaucoup plus rapidement que dans l'air.

Rôle de l'hypothalamus

L'hypothalamus, et notamment le noyau préoptique, forme le principal centre d'intégration de la thermorégulation, bien que d'autres régions de l'encéphale y contribuent également. Ensemble, le **centre de la thermolyse** (situé antérieurement) et le **centre de la thermogenèse** constituent les **centres thermorégulateurs**.

L'hypothalamus reçoit des influx afférents provenant : (1) des **thermorécepteurs périphériques** qui se trouvent à la surface de l'organisme (dans la peau) ; et (2) des **récepteurs centraux** qui mesurent la température du sang et sont situés plus profondément, y compris dans la portion antérieure de l'hypothalamus lui-même. Tout comme un thermostat, l'hypothalamus réagit à ces influx en déclenchant les mécanismes appropriés de thermogenèse ou de thermolyse au moyen de réflexes. Les thermorécepteurs centraux sont situés à des endroits plus stratégiques que les récepteurs périphériques, mais les influx provenant de la surface permettent probablement à l'hypothalamus d'anticiper les changements qui pourraient survenir et de réagir avant même que la température centrale change.

Mécanismes de thermogenèse

Lorsque la température du milieu ambiant est basse ou que celle de la circulation sanguine s'abaisse, le centre de la thermogenèse est activé. Il maintient ou accroît alors la température centrale en déclenchant un ou plusieurs des quatre mécanismes suivants (**figure 24.27**, partie du bas) :

1. **Constriction des vaisseaux sanguins cutanés.** L'activation des neurofibres du système sympathique qui desservent les vaisseaux sanguins cutanés provoque une forte vaso-constriction. Le sang reste ainsi dans les régions profondes du corps et évite en bonne partie la peau. Étant donné que la peau est isolée des organes profonds par une couche de tissu sous-cutané adipeux, la perte de chaleur par la surface est considérablement diminuée et la température superficielle tend à s'abaisser pour atteindre celle de l'environnement.

⚖ DÉSÉQUILIBRE HOMÉOSTATIQUE

Le ralentissement de la circulation sanguine dans la peau ne pose pas de problème tant qu'elle ne dure pas trop longtemps. En revanche, si elle est trop longue (comme lors d'une exposition prolongée à un froid intense), les cellules cutanées privées d'oxygène et de nutriments commencent à mourir. Ce phénomène extrêmement grave est appelé *gelure*. ■

2. **Frisson.** Les frissons, qui sont des tremblements involontaires, commencent quand les centres de l'encéphale qui règlent le tonus musculaire s'activent ; lorsque le tonus devient suffisant pour stimuler alternativement les mécanorécepteurs (fuseaux neuromusculaires) des muscles antagonistes, on observe des contractions involontaires des muscles squelettiques. Le frisson accroît la température corporelle de façon très efficace parce que l'activité musculaire dégage de grandes quantités de chaleur. (Le frisson peut doubler la vitesse du métabolisme sur une longue période).

3. **Augmentation de la vitesse du métabolisme.** À court terme, le froid stimule la libération par la médulla surrénale d'adrénaline et de noradrénaline en réponse à des stimulus du système nerveux sympathique, ce qui accroît la vitesse du métabolisme et fait augmenter la production de chaleur. On sait que ce mécanisme, appelé **thermogenèse chimique**, se produit chez les enfants, mais sa survenue chez les adultes ne fait pas l'unanimité.

4. **Augmentation de la libération de thyroxine.** Quand la température environnante diminue graduellement, comme lors de la transition de l'été à l'hiver, l'hypothalamus des enfants libère la *thyréolibérine* (TRH), qui active la sécrétion de *thyréotrophine* (TSH) par l'adénohypophyse. Cette hormone stimule à son tour la glande thyroïde, qui libère une plus grande quantité d'hormones thyroïdiennes dans le sang. Celles-ci accroissent la vitesse du métabolisme et donc la production de chaleur. Une réaction similaire de la TSH au froid ne semble pas se produire chez les adultes.

En plus de ces adaptations involontaires, nous, les humains, faisons souvent appel à des *modifications comportementales* pour empêcher tout abaissement excessif de notre température centrale. Nous pouvons en effet :

■ mettre plus de vêtements ou des vêtements plus chauds pour limiter les pertes de chaleur (chapeau, gants, vêtements « isolants ») – dans la mesure où il s'agit de vêtements secs, car l'humidité anéantit ces propriétés protectrices des vêtements (l'air emprisonné dans les fibres des vêtements joue le rôle d'isolant, mais ce n'est pas le cas de l'eau) ;

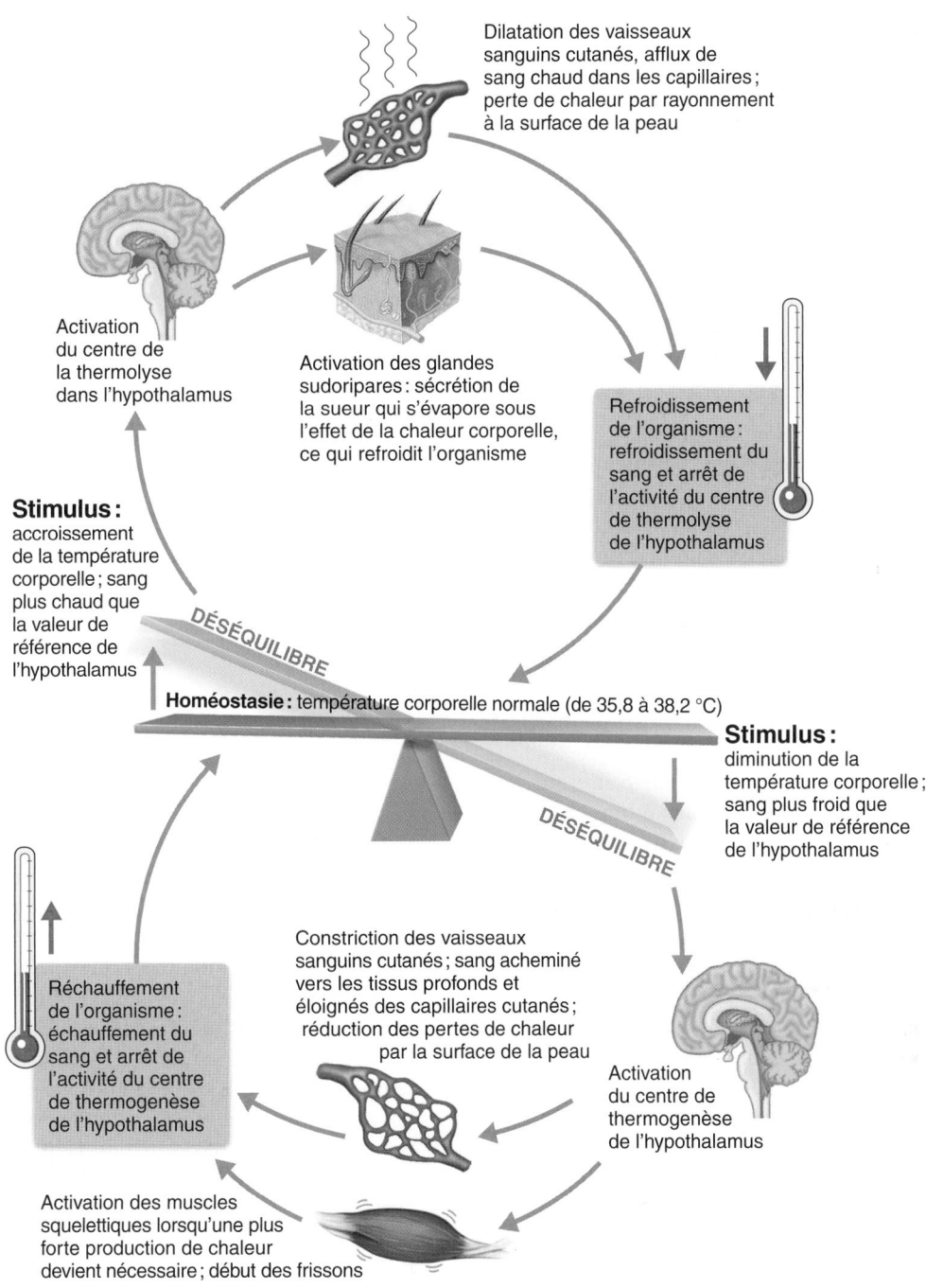

Dilatation des vaisseaux sanguins cutanés, afflux de sang chaud dans les capillaires; perte de chaleur par rayonnement à la surface de la peau

Activation du centre de la thermolyse dans l'hypothalamus

Activation des glandes sudoripares: sécrétion de la sueur qui s'évapore sous l'effet de la chaleur corporelle, ce qui refroidit l'organisme

Refroidissement de l'organisme: refroidissement du sang et arrêt de l'activité du centre de thermolyse de l'hypothalamus

Stimulus: accroissement de la température corporelle; sang plus chaud que la valeur de référence de l'hypothalamus

DÉSÉQUILIBRE

Homéostasie: température corporelle normale (de 35,8 à 38,2 °C)

Stimulus: diminution de la température corporelle; sang plus froid que la valeur de référence de l'hypothalamus

DÉSÉQUILIBRE

Réchauffement de l'organisme: échauffement du sang et arrêt de l'activité du centre de thermogenèse de l'hypothalamus

Constriction des vaisseaux sanguins cutanés; sang acheminé vers les tissus profonds et éloignés des capillaires cutanés; réduction des pertes de chaleur par la surface de la peau

Activation du centre de thermogenèse de l'hypothalamus

Activation des muscles squelettiques lorsqu'une plus forte production de chaleur devient nécessaire; début des frissons

Figure 24.27 Mécanismes de thermorégulation.

- boire des liquides chauds;
- changer de posture pour réduire la surface corporelle exposée (se recroqueviller ou croiser les bras autour de la poitrine);
- augmenter notre activité musculaire pour produire plus de chaleur (sauter sur place, taper des mains).

Mécanismes de thermolyse

Les mécanismes de thermolyse protègent l'organisme des températures trop élevées. La plus grande partie de la déperdition de chaleur se fait par la peau par l'intermédiaire des mécanismes

que nous avons déjà vus – rayonnement, conduction, convection et évaporation. Comment les mécanismes d'échange de température interviennent-ils dans le système de régulation par thermolyse? La réponse est très simple: lorsque la température centrale du corps s'élève au-dessus de la normale, le centre hypothalamique de thermogenèse est inhibé et, simultanément, le centre de thermolyse est activé et déclenche l'une des réactions suivantes, ou les deux à la fois (figure 24.27, partie du haut):

1. Dilatation des vaisseaux sanguins cutanés. L'inhibition des neurofibres vasomotrices des vaisseaux sanguins

24

cutanés permet à ces derniers de se dilater. Dès que les vaisseaux de la peau (notamment les plexus veineux sous-cutanés) sont gorgés de sang chaud, la chaleur se dissipe à la surface de la peau par rayonnement, conduction et convection.

2. **Augmentation de la transpiration.** Si le corps est très surchauffé ou si la température du milieu ambiant est telle (au-dessus de 33 °C) qu'aucune autre forme de refroidissement n'est possible, une augmentation de l'évaporation devient nécessaire. Les neurofibres du système sympathique stimulent fortement les glandes sudoripares, qui excrètent de grandes quantités de sueur. L'évaporation de la sueur est une forme de refroidissement efficace si l'air est sec.

Lorsque l'humidité relative est élevée, cependant, l'évaporation est beaucoup plus lente; dans ce cas, les mécanismes de refroidissement ne fonctionnent pas bien et nous nous sentons mal à l'aise et irritables. Pour abaisser notre température corporelle, nous adoptons souvent des mesures volontaires; par exemple, nous pouvons:

- réduire notre activité;
- rechercher un endroit plus frais (ombragé), augmenter la convection à l'aide d'un ventilateur ou mettre en marche un climatiseur;
- porter des vêtements amples de couleur claire qui réfléchissent l'énergie de rayonnement (on a moins chaud dans ce type de tenue que sans vêtements parce que la peau nue absorbe la plus grande partie de l'énergie de rayonnement qui l'atteint).

DÉSÉQUILIBRE HOMÉOSTATIQUE

Lors d'une surexposition à un milieu chaud et humide, les processus normaux de refroidissement deviennent inefficaces; il s'ensuit une **hyperthermie** (élévation de la chaleur corporelle) qui inhibe l'hypothalamus. À une température centrale d'environ 41 °C, les mécanismes de thermorégulation sont interrompus, ce qui crée une *boucle de rétroactivation* néfaste: l'échauffement de l'organisme accroît la vitesse du métabolisme qui, à son tour, fait augmenter la production de chaleur. La peau devient chaude et sèche et, comme la température continue de grimper (> 41 °C), divers organes, dont le cerveau, risquent de plus en plus de subir des lésions. Les risques de coagulation du sang à l'intérieur des vaisseaux augmentent et les membranes cellulaires sont endommagées. Ce phénomène, appelé **coup de chaleur**, peut être fatal à moins qu'on ne prenne immédiatement des mesures correctives (immersion dans de l'eau fraîche et ingestion de liquides).

On parle souvent d'*épuisement dû à la chaleur* pour désigner l'extrême sudation et l'effondrement d'une personne sous l'effet d'une température élevée au cours d'une activité physique intense ou après. Ce phénomène se manifeste par une élévation de la température corporelle et une confusion mentale ou l'évanouissement, et il causé par la déshydratation et la chute de pression artérielle qui s'ensuit. En cas d'épuisement dû à la chaleur, et contrairement à ce qui se passe lors d'un coup de chaleur, les mécanismes de thermolyse restent actifs; en fait, ces symptômes sont produits par ces mécanismes. Cependant, si l'organisme n'est pas refroidi et réhydraté promptement, l'épuisement dû à la chaleur peut évoluer rapidement vers un coup de chaleur.

L'**hypothermie** est une basse température corporelle (audessous de 35 °C) résultant d'une exposition prolongée au froid. Les signes vitaux (fréquence respiratoire, pression artérielle et fréquence cardiaque) diminuent tandis que l'activité enzymatique des cellules ralentit. La somnolence s'installe et, chose curieuse, la victime se sent bien alors qu'auparavant elle avait extrêmement froid. Le frisson prend fin quand la température centrale atteint 30 à 32 °C, lorsque l'organisme a épuisé ses capacités de thermogenèse. En l'absence d'intervention, la situation évolue vers le coma et finalement vers la mort (par arrêt cardiaque) quand la température corporelle approche de 21 °C. L'hypothermie peut être provoquée à des fins chirurgicales ou être causée par des insuffisances surrénales et thyroïdienne, ainsi que par des médicaments (antidépresseurs) ou par l'alcool. ■

Fièvre

La **fièvre** est une *hyperthermie contrôlée*. Elle est généralement causée par l'infection d'une région de l'organisme, mais elle peut aussi être provoquée par d'autres troubles tels qu'une réaction allergique et un traumatisme du système nerveux central (chirurgie ou tumeur au cerveau). Quelle que soit la cause de la fièvre, les macrophagocytes et d'autres cellules libèrent des cytokines, que l'on appelait avant *pyrogènes* («matières servant à allumer un feu»), dont au moins deux sont des interleukines. Ces substances chimiques agissent sur l'hypothalamus pour stimuler la libération de prostaglandines, qui remontent la valeur de référence du thermostat hypothalamique, la fixant à une température au-dessus de la normale, et déclenchent ainsi dans l'organisme les mécanismes de thermogenèse. (C'est la raison pour laquelle on recommande la prise d'une substance qui inhibe la production de prostaglandines, telle l'aspirine, pour faire diminuer la fièvre.) Il apparaît une vasoconstriction, les déperditions de chaleur à la surface du corps diminuent, la peau devient fraîche et le frisson dégage de la chaleur. Les frissons sont un signe certain d'échauffement de l'organisme.

La température s'élève jusqu'à la nouvelle valeur de référence, puis elle se maintient à ce niveau jusqu'à ce que les défenses naturelles de l'organisme ou des antibiotiques inversent le processus morbide en cause. Des messagers chimiques, appelés *cryogènes* (vasopressine et autres), empêchent la fièvre de devenir excessive. Le thermostat revient alors à une valeur plus basse (ou normale), ce qui met en marche les mécanismes de thermolyse; il y a transpiration, la peau rougit et s'échauffe par vasodilatation. Les médecins savent depuis longtemps que ces signes indiquent que la température du corps descend.

Comme nous l'avons vu au chapitre 21, la fièvre accélère le métabolisme, ce qui favorise la guérison et semble inhiber la croissance bactérienne et virale. La fièvre présente toutefois un danger lorsque le thermostat de l'organisme est réglé trop haut;

dans ce cas, les protéines peuvent être dénaturées et le cerveau risque de subir des dommages permanents.

VÉRIFIONS NOS ACQUIS

34. Qu'est-ce que la température centrale de l'organisme?
35. Cindy a les joues rouges et claque des dents, même si la température de sa chambre est de 20 °C. Selon vous, que lui arrive-t-il?
36. Quelles sont les différences entre la convection et la conduction sur le plan de la perte de chaleur?

Les réponses se trouvent à l'appendice G.

Nutrition et métabolisme au cours du développement et du vieillissement

36 Décrire les effets d'un apport protéique insuffisant sur le système nerveux du fœtus.

37 Présenter quelques-unes des principales carences enzymatiques qui peuvent avoir des conséquences sur le métabolisme.

38 Décrire la cause et les conséquences du ralentissement du métabolisme qu'on observe chez les personnes âgées.

39 Expliquer les effets que les médicaments couramment employés par les personnes âgées peuvent avoir sur leur état nutritionnel et leur santé.

Une bonne nutrition est essentielle aussi bien *in utero* que pendant tout le reste de la vie. Si la mère s'alimente mal, le développement de son enfant en subira les contrecoups. La carence la plus grave est celle des calories, des protéines et des vitamines nécessaires à la croissance des tissus fœtaux, notamment du cerveau. De plus, comme la croissance du cerveau se poursuit pendant les trois premières années qui suivent la naissance, un apport en nutriments inadéquat pendant cette période risque d'entraîner des déficits intellectuels et des troubles d'apprentissage. Les protéines sont nécessaires à la croissance musculaire et osseuse; les apports de calcium sont indispensables pour assurer la solidité des os. Les processus anaboliques deviennent moins primordiaux lorsque la croissance est terminée, mais le remplacement des tissus et un métabolisme normal ne peuvent se dérouler sans un apport suffisant de nutriments.

DÉSÉQUILIBRE HOMÉOSTATIQUE

Il existe de nombreux dérèglements innés du métabolisme (ou affections héréditaires), mais les deux plus fréquents sont probablement la *fibrose kystique* (mucoviscidose) et la *phénylcétonurie*. La fibrose kystique est décrite au chapitre 22. Dans les cas de phénylcétonurie, les cellules des tissus ne peuvent pas utiliser la phénylalanine, un acide aminé qui est présent dans toutes les protéines alimentaires. Cette anomalie est due à une carence en phénylalanine hydroxylase (PAH), une enzyme qui convertit la phénylalanine en tyrosine. Parce que la phénylalanine ne peut pas être métabolisée, cet acide aminé et ses produits de désamination s'accumulent dans le sang; ces substances agissent comme des neurotoxines et entraînent des lésions cérébrales ainsi qu'un retard mental au bout de quelques mois. Ces symptômes sont rares aujourd'hui parce que la plupart des pays industrialisés ont rendu obligatoire un test de dépistage urinaire ou sanguin pour les nouveau-nés (voir p. 1287). Ensuite, les enfants atteints de cette maladie suivent un régime alimentaire pauvre en phénylalanine. On ne s'entend pas sur le moment où ce régime devrait prendre fin. Certains spécialistes pensent qu'on devrait le poursuivre pendant toute l'adolescence; d'autres recommandent de l'abandonner lorsque l'enfant atteint l'âge de six ans. On recommande parfois aux femmes enceintes de suivre un régime pauvre en phénylalanine pendant la grossesse (en évitant de consommer de l'aspartame, par exemple).

Il existe un certain nombre d'autres carences enzymatiques qu'on classe en troubles du métabolisme des glucides, des lipides ou des minéraux. La *galactosémie* est un trouble du métabolisme des glucides causé par une anomalie ou l'absence des enzymes hépatiques transformant le galactose en glucose. Le galactose s'accumule dans le sang et entraîne une déficience mentale.

Dans la *glycogénose*, une autre maladie qui perturbe le métabolisme des glucides, le glycogène est synthétisé normalement, mais il manque l'une des enzymes nécessaires à sa reconversion en glucose. Le glycogène s'accumule alors de façon excessive, ce qui cause une hypertrophie progressive des organes où il est emmagasiné (foie et muscles squelettiques). ∎

À l'exception du *diabète insulinodépendant*, les enfants n'ayant aucune maladie génétique sont rarement atteints de troubles métaboliques. Cependant, vers le milieu de la vie, et plus particulièrement pendant la vieillesse, le *diabète non insulinodépendant* devient un problème important, surtout chez les personnes obèses.

La vitesse du métabolisme diminue avec l'âge. Pendant la vieillesse, on remarque une atrophie musculaire et osseuse ainsi qu'une diminution de l'efficacité du système endocrinien. Comme beaucoup de personnes âgées sont aussi moins actives, leur métabolisme peut devenir si lent dans certains cas qu'il leur est à peu près impossible de s'alimenter adéquatement sans prendre du poids. Les personnes âgées absorbent aussi plus de médicaments que tous les autres groupes d'âge, alors que la détoxication par le foie a perdu de son efficacité. Par conséquent, de nombreux agents thérapeutiques devant pallier des problèmes de santé ont des répercussions sur la nutrition. Par exemple:

- Certains diurétiques prescrits contre l'insuffisance cardiaque congestive ou l'hypertension (pour éliminer les liquides de l'organisme) peuvent provoquer une perte excessive de potassium et causer ainsi une hypokaliémie grave.
- Certains antibiotiques, tels que les sulfamides, la tétracycline et la pénicilline, ralentissent la digestion et l'absorption des nutriments. Ils peuvent aussi provoquer la diarrhée, qui gêne encore plus l'absorption.

- L'huile minérale, un laxatif très employé par les personnes âgées, est déconseillée par les médecins parce qu'elle empêche l'absorption des vitamines liposolubles.

- Un Québécois sur 5 déclare avoir abusé de l'alcool plus de 12 fois par année. C'est cependant en France que la consommation d'alcool est la plus élevée au monde. Lorsque l'alcool remplace les aliments, les réserves de nutriments peuvent s'épuiser. La consommation excessive d'alcool entraîne des problèmes d'absorption, des carences vitaminiques et minérales, des troubles du métabolisme et des lésions du foie et du pancréas.

En résumé, les personnes âgées sont exposées non seulement à la perte d'efficacité des processus métaboliques, mais aussi à un très grand nombre d'autres facteurs liés à leur mode de vie et aux médicaments, ces facteurs ayant également un effet sur leur alimentation.

Bien que la malnutrition et le ralentissement du métabolisme causent parfois des problèmes chez les personnes âgées, certains nutriments (notamment le glucose) semblent contribuer au vieillissement chez les gens de tout âge. On sait depuis longtemps que les réactions non enzymatiques (appelées *réactions de brunissement*) qui se déroulent entre le glucose et les protéines entraînent une décoloration et un durcissement des aliments; ce sont ces réactions qui sont responsables du brunissement des viandes lors de la cuisson. Il est possible qu'elles aient des effets néfastes sur les protéines de l'organisme. Lorsque les enzymes lient les sucres aux protéines, elles le font sur un site bien déterminé, et les glycoprotéines ainsi produites ont une fonction bien précise dans l'organisme. Par contre, la liaison non enzymatique du glucose aux protéines – phénomène qui s'accentue avec l'âge – se fait au hasard et finit par produire des liaisons transversales (ponts) entre les protéines. Il se forme alors des composés portant le nom tout à fait approprié de AGE (*advanced glycosylation end products*). L'accumulation de ces AGE contribue probablement à l'opacification du cristallin ainsi qu'au durcissement général et à la perte de souplesse des tissus qu'on observe souvent chez les personnes âgées.

VÉRIFIONS NOS ACQUIS

37. Donnez au moins deux raisons qui expliquent la diminution du métabolisme au cours du vieillissement.
38. Nommez deux types de médicaments ou de produits en vente libre qui peuvent altérer l'état nutritionnel des personnes âgées.

Les réponses se trouvent à l'appendice G.

La nutrition est l'un des domaines les plus négligés de la médecine clinique. Pourtant, notre alimentation a des effets sur presque toutes les étapes de notre métabolisme et influe de façon cruciale sur notre état de santé général. Maintenant que nous avons examiné la destinée des nutriments dans nos cellules, nous sommes prêts à étudier le système urinaire, dont le fonctionnement ininterrompu permet d'éliminer de notre organisme les déchets azotés produits par le métabolisme et de maintenir la pureté des liquides internes.

TERMES MÉDICAUX

Anorexie Perte ou diminution de l'appétit. L'anorexie mentale, qui s'observe surtout chez les jeunes filles, se caractérise par une volonté obsessionnelle de perdre du poids. Elle peut entraîner l'aménorrhée et causer des dommages aux organes. Cinquante pour cent des anorexiques font au moins une crise de boulimie, un autre trouble des conduites alimentaires qui touche également plus souvent les femmes que les hommes.

Cachexie Syndrome caractérisé par une importante perte de poids et une maigreur extrême. Les causes de cet état pathologique sont multiples, mais les plus fréquentes, outre l'anorexie et l'anémie, sont les infections chroniques, les ulcères et les tumeurs. On l'observe également chez les malades en phase terminale.

Hypercholestérolémie primitive Trouble héréditaire dans lequel les récepteurs des LDL sont absents ou anormaux, l'assimilation de cholestérol par les cellules des tissus est bloquée et la concentration plasmatique totale du cholestérol (et des LDL), extrêmement élevée (elle peut s'élever jusqu'à 17,5 mmol/L). Les personnes atteintes souffrent d'athérosclérose précoce, commencent à faire des crises cardiaques dans la trentaine ou la quarantaine, et la plupart d'entre elles meurent de maladie coronarienne avant l'âge de 60 ans. Le traitement comprend une modification des habitudes alimentaires, de l'exercice physique régulier et divers médicaments hypocholestérolémiants.

Kwashiorkor Carence protéique et énergétique grave, qui est particulièrement dévastatrice chez les enfants, entraînant une arriération mentale et l'arrêt de la croissance; conséquence de la malnutrition ou de la famine. Se caractérise par un gonflement de l'abdomen (l'œdème peut atteindre de 10 à 30 % de la masse corporelle) parce que la concentration de protéines plasmatiques ne suffit plus à retenir les liquides dans la circulation sanguine. Maladie surtout répandue en Afrique tropicale, où elle apparaît après le sevrage du nourrisson. Les lésions cutanées et les infections sont fréquentes.

Marasme Maigreur extrême résultant d'une malnutrition protéique et énergétique ou apparaissant au cours d'une longue maladie. Souvent causé par l'ingestion d'aliments de piètre qualité. Le retard de croissance est important.

Mesure de l'épaisseur du pli cutané Épreuve clinique visant à évaluer la quantité de graisses corporelles. Consiste à mesurer, à l'aide d'un adipomètre, l'épaisseur d'un repli de peau derrière le bras ou sous la scapula. Tout pli ayant une épaisseur de plus de 2,5 cm indique un excès de graisse.

24

RÉSUMÉ DU CHAPITRE

Régime alimentaire et nutrition (p. 1054)

1. Les nutriments sont l'eau, les vitamines, les minéraux ainsi que les substances résultant de la digestion des glucides, des lipides et des protéines. La plus grande partie des nutriments organiques sert de combustible pour produire l'énergie cellulaire (ATP). La valeur énergétique des aliments se mesure en kilojoules (kJ).

2. Les nutriments essentiels sont ceux que les cellules de l'organisme sont incapables de synthétiser et qui doivent être apportés dans l'alimentation.

Glucides (p. 1054)

3. Les glucides proviennent principalement des produits végétaux. Les monosaccharides absorbés, autres que le glucose, sont convertis en glucose par le foie.

4. Les monosaccharides servent surtout de combustible cellulaire. De petites quantités entrent dans la synthèse des acides nucléiques et servent à la glycosylation des membranes plasmiques.

5. L'apport de glucides recommandé est de 45 à 65 % de l'apport énergétique quotidien pour un adulte.

Lipides (p. 1056)

6. La plupart des lipides alimentaires sont des triglycérides. Les principales sources de lipides saturés sont les produits d'origine animale, les huiles exotiques et les huiles hydrogénées ; les lipides insaturés se trouvent dans les produits d'origine végétale, les noix et les poissons gras. Les principales sources de cholestérol sont le jaune d'œuf, la viande et les produits laitiers.

7. Les acides linoléique et linolénique sont des acides gras essentiels.

8. Les triglycérides (graisses neutres) constituent les réserves d'énergie, protègent les organes et jouent le rôle d'isolant. Les phospholipides entrent dans la synthèse des membranes plasmiques et de la myéline. Le cholestérol sert à élaborer la membrane plasmique et constitue le précurseur de la vitamine D, des hormones stéroïdes et des sels biliaires.

9. L'apport en lipides ne devrait pas dépasser 35 % de l'apport énergétique total, et il est conseillé de remplacer les lipides saturés et *trans* par des lipides monoinsaturés et polyinsaturés, dans la mesure du possible.

Protéines (p. 1059)

10. Les produits d'origine animale fournissent des protéines complètes de haute valeur alimentaire et contiennent les 10 acides aminés essentiels. Dans la plupart des produits d'origine végétale, il manque un ou plusieurs acides aminés essentiels.

11. Les acides aminés sont les unités structurales de l'organisme et de certaines molécules de régulation importantes.

12. La synthèse des protéines n'est possible que si tous les acides aminés essentiels sont présents et si les glucides (ou les lipides) fournissent assez d'énergie pour produire de l'ATP. Dans le cas contraire, de l'énergie sera produite par combustion des acides aminés.

13. Le bilan azoté est équilibré lorsque la synthèse de protéines équivaut aux pertes de protéines.

14. Pour les adultes, on recommande un apport alimentaire de 0,8 g de protéines par kilogramme de masse corporelle par jour.

Vitamines (p. 1060)

15. Les vitamines sont des composés organiques nécessaires en quantité infime. La plupart sont des coenzymes. Les sources les plus riches en vitamines sont les céréales complètes, les légumes, les légumineuses et les fruits.

16. À l'exception de la vitamine K, de quelques vitamines du groupe B, qui sont élaborées par les bactéries intestinales, et de la vitamine D, l'organisme ne produit aucune vitamine.

17. L'organisme ne peut emmagasiner aucun excédent de vitamines hydrosolubles (B et C). Les vitamines liposolubles sont les vitamines A, D, E et K ; toutes, sauf la vitamine K, sont mises en réserve par l'organisme et une accumulation excessive peut être toxique.

Minéraux (p. 1061)

18. En plus du calcium, du phosphore, du potassium, du soufre, du sodium, du chlore et du magnésium, l'organisme a besoin d'au moins une douzaine d'autres minéraux en quantité infime (oligoéléments).

19. Aucune énergie ne peut être produite à partir des minéraux. Certains servent à la minéralisation des os, d'autres sont liés à des composés organiques ou existent sous forme ionique dans les liquides de l'organisme, et ils assurent diverses fonctions dans les processus cellulaires et le métabolisme.

20. L'assimilation et l'excrétion des minéraux sont réglées avec précision, ce qui empêche les accumulations toxiques. Les sources les plus riches en minéraux sont certaines viandes, les légumes, les noix et les légumineuses.

Vue d'ensemble des réactions métaboliques (p. 1064)

1. Le métabolisme englobe toutes les réactions chimiques nécessaires au maintien de la vie. Les processus métaboliques sont soit anaboliques, soit cataboliques.

2. La respiration cellulaire est un processus catabolique de production d'énergie ; une partie de l'énergie est captée sous forme de liaisons d'ATP.

3. L'énergie est produite par oxydation de composés organiques. L'oxydation cellulaire consiste essentiellement en une élimination d'atomes d'hydrogène et d'électrons. Lorsque des molécules sont oxydées, d'autres sont simultanément réduites par adjonction d'hydrogène (ou d'électrons).

4. La plupart des enzymes qui catalysent les réactions d'oxydoréduction nécessitent la présence de coenzymes agissant comme accepteurs d'hydrogène. Dans ce type de réactions, le NAD^+ et la FAD sont deux coenzymes importantes.

5. Dans les cellules animales, les deux mécanismes de synthèse de l'ATP sont la phosphorylation au niveau du substrat et la phosphorylation oxydative.

Métabolisme des principaux nutriments (p. 1069)
Métabolisme des glucides (p. 1069)

1. Le métabolisme des glucides est essentiellement le métabolisme du glucose.

2. Dès son entrée dans les cellules, le glucose est phosphorylé, ce qui a pour effet de l'emprisonner dans les cellules de la plupart des tissus.

3. Le glucose est oxydé en gaz carbonique et en eau par trois voies successives : la glycolyse, le cycle de Krebs et la chaîne de transport des électrons (ou chaîne respiratoire). Chacune des voies produit de l'ATP, mais l'essentiel provient de la chaîne de transport des électrons.

4. La glycolyse est une voie réversible de conversion du glucose en deux molécules d'acide pyruvique ; deux molécules de NAD^+ réduit sont alors formées, et il y a production nette de deux ATP. Dans des conditions aérobies, l'acide pyruvique entre dans le cycle de Krebs ; dans des conditions anaérobies, il est réduit en acide lactique.

5. Le cycle de Krebs est alimenté par l'acide pyruvique (et les acides gras). Avant d'entrer dans le cycle, l'acide pyruvique est converti en acétyl CoA, qui est ensuite oxydé et décarboxylé. L'oxydation complète de 2 molécules d'acide pyruvique produit 6 CO_2, 8 $NADH + H^+$, 2 $FADH_2$ et un gain net de 2 ATP. Une grande partie de l'énergie présente au départ dans les liaisons de l'acide pyruvique se retrouve alors sous forme de coenzymes réduites.

6. Dans la chaîne de transport des électrons (chaîne respiratoire) : (a) les coenzymes réduites sont oxydées par transfert d'hydrogène à une série d'accepteurs alternant entre l'oxydation et la réduction ; (b) les atomes d'hydrogène sont scindés en ions hydrogène et en électrons (les électrons descendent le long de la chaîne d'accepteurs ; l'énergie ainsi produite alimente des pompes qui apportent les ions H^+ dans l'espace intermembranaire de la mitochondrie, créant ainsi un gradient électrochimique de protons) ; (c) les ions H^+ suivent ce gradient électrochimique et passent par l'ATP synthétase, qui produit de l'ATP à partir de cette énergie ; (d) les ions H^+ et les électrons se combinent à l'oxygène, formant ainsi de l'eau.

7. Pour chaque molécule de glucose qui est oxydée en gaz carbonique et en eau, on obtient un gain net de 32 ATP ; 4 de ces ATP proviennent de la phosphorylation au niveau du substrat et 28 de la phosphorylation oxydative. La navette qui assure le transport du NAD^+ produit dans le cytosol peut consommer 2 ATP de cette quantité.

8. Lorsque les réserves cellulaires d'ATP sont élevées, le catabolisme du glucose est dérivé vers la synthèse de glycogène (glycogenèse) ou de lipides (lipogenèse). L'organisme entrepose beaucoup plus de lipides que de glycogène.

9. Lorsque la concentration de glucose diminue, la glycogénolyse se produit, ce qui entraîne la transformation du glycogène en glucose. Le foie peut aussi effectuer la néoglucogenèse, qui est la formation de glucose à partir de molécules autres que des glucides (lipides ou protéines).

Métabolisme des lipides (p. 1078)

10. La lymphe transporte vers le sang les produits finaux de la digestion des lipides (et du cholestérol) sous forme de chylomicrons.

11. Le glycérol est converti en glycéraldéhyde phosphate et entre dans le cycle de Krebs, ou bien il est converti en glucose.

12. Les acides gras sont oxydés par β-oxydation en fragments d'acide acétique. Ceux-ci sont liés à la coenzyme A et entrent dans le cycle de Krebs sous forme d'acétyl CoA. Les lipides alimentaires qui ne sont pas nécessaires à la production d'énergie ou à la synthèse de matériaux structuraux sont emmagasinés dans le tissu adipeux.

13. Il y a un renouvellement continu des lipides dans les dépôts de graisses. La lipolyse est la dégradation des lipides en acides gras et en glycérol.

14. Lorsque l'organisme utilise de grandes quantités de lipides, le foie convertit l'acétyl CoA en corps cétoniques et libère ceux-ci dans le sang. Une concentration excessive de corps cétoniques (cétose) provoque l'acidose métabolique.

15. Toutes les cellules construisent leurs membranes plasmiques à partir de phospholipides et de cholestérol. Le foie synthétise de nombreuses molécules fonctionnelles (lipoprotéines, sels biliaires, etc.) à partir des lipides.

Métabolisme des protéines (p. 1081)

16. Avant d'être oxydés pour fournir de l'énergie, les acides aminés sont convertis en acides cétoniques qui peuvent entrer dans le cycle de Krebs. Ce processus comprend la transamination, la désamination oxydative et la modification des acides cétoniques.

17. Les groupements amine enlevés au cours de la désamination (sous forme d'ammoniac) sont liés au gaz carbonique par le foie pour former l'urée, qui est excrétée dans l'urine.

18. Après avoir été désaminés, les acides aminés peuvent aussi être convertis en acides gras et en glucose.

19. Les acides aminés sont les unités de base les plus importantes de l'organisme. Les acides aminés non essentiels sont produits dans le foie par transamination.

20. Chez les adultes, la plus grande partie de la synthèse des protéines sert au remplacement des protéines tissulaires et au maintien de l'équilibre azoté.

21. La synthèse des protéines ne peut se faire qu'en présence des 10 acides aminés essentiels. Si certains d'entre eux manquent, les acides aminés servent de source d'énergie.

États métaboliques de l'organisme (p. 1082)

État d'équilibre entre le catabolisme et l'anabolisme (p. 1082)

1. Le pool des acides aminés fournit les molécules devant servir à la synthèse des protéines et des dérivés des acides aminés, à la synthèse de l'ATP et au stockage d'énergie. Avant d'être emmagasinés, les acides aminés doivent être désaminés, puis convertis en lipides ou en glycogène.

2. Le pool des glucides et des lipides fournit surtout des combustibles pour la synthèse de l'ATP et d'autres molécules qui peuvent constituer des réserves d'énergie.

3. Les pools de nutriments sont reliés par l'intermédiaire de la circulation sanguine ; les lipides, les protéines et les glucides peuvent être interconvertis grâce à l'existence d'intermédiaires communs.

État postprandial (p. 1085)

4. Au cours de l'état postprandial (pendant un repas et immédiatement après), le glucose est la principale source d'énergie ; des molécules structurales et fonctionnelles sont synthétisées ; l'excédent de glucides, de lipides et d'acides aminés est emmagasiné sous forme de glycogène et de lipides.

5. Les mécanismes de l'état postprandial sont réglés par l'insuline, qui stimule l'entrée du glucose (et des acides aminés) dans les cellules et accélère sa consommation pour la synthèse d'ATP ou son stockage sous forme de glycogène ou de lipides.

État de jeûne (p. 1087)

6. Pendant l'état de jeûne, les combustibles transportés par la circulation sanguine proviennent de la dégradation des réserves d'énergie. Le glucose devant être libéré dans la circulation sanguine est produit par glycogénolyse, lipolyse et néoglucogenèse. L'épargne du glucose s'amorce et, si le jeûne se prolonge (de quatre à cinq jours), l'encéphale commence également à métaboliser des corps cétoniques.

7. Les mécanismes de l'état de jeûne sont largement déterminés par le glucagon et le système nerveux sympathique, qui mobilisent le glycogène et les réserves de lipides et déclenchent la néoglucogenèse.

24

Rôle du foie dans le métabolisme (p. 1090)

1. Le foie est le principal organe du métabolisme et il joue un rôle essentiel dans la transformation (et la mise en réserve) de pratiquement tous les groupes de nutriments. Il contribue au maintien des sources d'énergie dans le sang, il métabolise les hormones et il détoxifie les médicaments ainsi que d'autres substances.

2. Le foie synthétise le cholestérol, le catabolise et le sécrète sous forme de sels biliaires; il synthétise également les lipoprotéines. Le foie produit une quantité de cholestérol (85 %), même lorsque l'apport alimentaire de cholestérol est excessif.

3. Les LDL transportent les triglycérides et le cholestérol du foie aux tissus, alors que les HDL transportent le cholestérol des tissus au foie (où il est catabolisé et éliminé).

4. On a établi un lien entre les concentrations trop élevées de LDL et l'athérosclérose, les maladies cardiovasculaires et les accidents vasculaires cérébraux.

Équilibre énergétique (p. 1095)

1. L'apport énergétique de l'organisme (provenant de la dégradation des nutriments) est parfaitement équilibré avec la dépense d'énergie (chaleur, travail et mise en réserve d'énergie). Tout apport énergétique finit par être converti en chaleur.

Obésité (p. 1095)

2. Lorsque l'équilibre énergétique est maintenu, la masse corporelle reste stable. L'obésité apparaît lorsque des quantités excessives d'énergie sont stockées (mise en réserve d'un excès de graisses donnant un IMC supérieur à 30).

Régulation de l'apport alimentaire (p. 1095)

3. L'hypothalamus (en particulier son noyau arqué) et d'autres centres encéphaliques assurent la régulation du comportement alimentaire.

4. On pense que les facteurs suivants contribuent à la régulation de l'apport alimentaire: (a) signaux nerveux allant de l'intestin à l'encéphale; (b) signaux concernant les nutriments associés aux quantités totales d'énergie emmagasinée et modulant la faim et la satiété; (c) concentrations plasmatiques d'hormones qui régissent les mécanismes des états postprandial et de jeûne, et hormones qui envoient un signal de rétroaction aux centres encéphaliques de l'alimentation (la leptine); (d) température corporelle, facteurs psychologiques et autres.

Vitesse du métabolisme et production de chaleur (p. 1098)

5. La vitesse du métabolisme de l'organisme est la quantité d'énergie utilisée par heure.

6. Le métabolisme basal se mesure en $kJ/m^2/h$; c'est la valeur obtenue dans des conditions minimales, c'est-à-dire chez une personne placée à une température ambiante agréable, couchée, détendue et en état de jeûne. Le métabolisme basal est une mesure de la quantité d'énergie consommée par l'organisme au repos.

7. Les facteurs qui déterminent la vitesse du métabolisme sont l'âge, le sexe, la taille, la surface corporelle, le taux de thyroxine, l'effet dynamique spécifique des aliments et l'activité musculaire.

Thermorégulation (p. 1099)

8. La température corporelle reflète l'équilibre entre la production de chaleur et les déperditions de chaleur; elle se situe normalement entre 36,5 et 37,5 °C, ce qui constitue une température optimale pour les activités physiologiques.

9. Au repos, la plus grande partie de la chaleur corporelle est produite par le foie, le cœur, l'encéphale, les reins et les organes endocriniens. L'action des muscles squelettiques amène une augmentation spectaculaire de la production de chaleur corporelle.

10. Les régions centrales de l'organisme (organes situés dans le crâne et la cavité ventrale) sont généralement celles où la température est la plus élevée. La surface (peau) est la zone où ont lieu les échanges de chaleur, et elle est généralement plus froide.

11. Le sang constitue le principal transporteur de chaleur entre les régions centrales et la surface. Lorsque les capillaires sanguins de la peau sont gorgés de sang et que la peau est plus chaude que l'environnement, il y a une déperdition de chaleur en provenance de l'organisme. Lorsque le sang est restreint aux organes profonds, les pertes de chaleur superficielles sont réduites.

12. Les mécanismes d'échange de chaleur sont le rayonnement, la conduction, la convection et l'évaporation. L'évaporation, ou transformation de l'eau en vapeur d'eau, nécessite l'absorption de chaleur. Chaque gramme d'eau qui se transforme en vapeur absorbe environ 2,4 kJ d'énergie thermique.

13. L'hypothalamus joue le rôle de thermostat de l'organisme. Ses centres de thermogenèse et de thermolyse reçoivent des influx envoyés par les thermorécepteurs périphériques et centraux, les intègrent et déclenchent des réponses qui provoquent la déperdition ou la production de chaleur.

14. Les mécanismes de thermogenèse comprennent la constriction des vaisseaux cutanés, l'augmentation de la vitesse du métabolisme chez les nourrissons (par l'intermédiaire de la libération de la noradrénaline) et le frisson. Si l'environnement reste froid pendant une période prolongée, la glande thyroïde est stimulée et produit de la thyroxine.

15. Lorsque l'organisme doit se refroidir, les vaisseaux cutanés se dilatent et favorisent ainsi la déperdition de chaleur par rayonnement, conduction et convection. La transpiration commence lorsqu'une déperdition de chaleur encore plus grande devient nécessaire (ou lorsque la température ambiante est si élevée que le rayonnement et la conduction ont perdu leur efficacité). L'évaporation de la sueur est un mécanisme de refroidissement efficace tant que l'humidité ambiante est faible.

16. Une transpiration abondante peut mener à l'épuisement dû à la chaleur, qui se manifeste par une augmentation de la température, une chute de la pression artérielle et un effondrement. Dans les cas où l'organisme ne peut pas se débarrasser de sa chaleur excédentaire, sa température augmente tellement que tous les mécanismes de thermorégulation deviennent inefficaces; ce phénomène, appelé «coup de chaleur», peut être mortel.

17. La fièvre est une hyperthermie contrôlée qui résulte d'un réajustement du thermostat à une température plus élevée; elle est causée par les prostaglandines et la mise en marche des mécanismes de thermogenèse, comme l'indique la présence de frissons. Lorsque le processus morbide prend fin, les mécanismes de thermolyse se mettent en marche.

Nutrition et métabolisme au cours du développement et du vieillissement (p. 1107)

1. Une bonne alimentation est essentielle au développement normal du fœtus et à la croissance pendant l'enfance.

2. Les erreurs innées du métabolisme sont la fibrose kystique, la phénylcétonurie, la glycogénose et la galactosémie, ainsi que de nombreuses autres affections. Les troubles hormonaux tels que l'absence d'insuline ou d'hormones thyroïdiennes peuvent provoquer des anomalies du métabolisme. À partir de l'âge adulte moyen, le trouble métabolique le plus fréquent est le diabète.

3. Au cours de la vieillesse, la vitesse du métabolisme diminue, les systèmes enzymatiques et endocriniens perdent leur efficacité et les muscles squelettiques s'atrophient. Du fait de la réduction des besoins énergétiques, il est difficile d'obtenir une alimentation adéquate sans gagner de poids.

4. Les personnes âgées consomment plus de médicaments que tous les autres groupes d'âge, et la plupart de ces substances perturbent la nutrition.

QUESTIONS DE RÉVISION

Choix multiples/associations

(Il peut y avoir plus d'une bonne réponse à certaines questions. Choisissez les meilleures réponses parmi celles qui sont proposées. Les réponses se trouvent à l'appendice G.)

1. Laquelle des réactions suivantes libère la plus grande quantité d'énergie? (a) Oxydation complète d'une molécule de sucrose en CO_2 et en eau; (b) conversion d'une molécule d'ADP en ATP; (c) dégradation d'une molécule de glucose en acide lactique durant la respiration cellulaire; (d) conversion d'une molécule de glucose en gaz carbonique et en eau.

2. La formation du glucose à partir du glycogène s'appelle: (a) néoglucogenèse; (b) glycogenèse; (c) glycogénolyse; (d) glycolyse.

3. La production nette d'ATP à partir du métabolisme complet (aérobie) du glucose est voisine de: (a) 2; (b) 30; (c) 36; (d) 4.

4. Parmi les définitions suivantes, laquelle décrit *le mieux* la respiration cellulaire? (a) Entrée de gaz carbonique dans les cellules et libération d'oxygène en provenance de celles-ci; (b) excrétion de déchets; (c) inhalation d'oxygène et rejet de gaz carbonique; (d) oxydation de substances produisant de l'énergie sous une forme qui peut être utilisée par les cellules.

5. Quelle substance est produite pendant la respiration aérobie, lorsque les électrons descendent la chaîne respiratoire? (a) Oxygène; (b) eau; (c) glucose; (d) NADH + H⁺.

6. La vitesse du métabolisme est relativement basse: (a) chez les jeunes; (b) pendant un exercice physique; (c) chez les personnes âgées; (d) en cas de fièvre.

7. Sous un climat tempéré et dans des conditions normales, la chaleur est éliminée principalement par: (a) rayonnement; (b) conduction; (c) évaporation; (d) aucun des phénomènes cités.

8. Parmi les fonctions suivantes, laquelle *ne dépend pas* du foie? (a) Glycogénolyse et néoglucogenèse; (b) synthèse du cholestérol; (c) détoxication de l'alcool et des médicaments; (d) synthèse du glucagon; (e) désamination des acides aminés.

9. Les acides aminés sont essentiels à toutes les fonctions suivantes *sauf*: (a) la synthèse de certaines hormones; (b) la production d'anticorps; (c) la synthèse de la plupart des matériaux structuraux; (d) la production d'énergie immédiate.

10. Une personne fait la grève de la faim depuis sept jours. Par rapport à la normale, elle présente: (a) une augmentation de la quantité d'acides gras libérée par le tissu adipeux et une cétose; (b) une augmentation de la concentration plasmatique de glucose; (c) une augmentation de la concentration plasmatique d'insuline; (d) une augmentation de l'activité de la glycogène synthase (une enzyme) dans le foie.

11. La transamination est un processus chimique désignant: (a) la synthèse des protéines; (b) le transfert d'un groupement amine d'un acide aminé à un acide cétonique; (c) le détachement d'un groupement amine provenant d'un acide aminé; (d) la production d'énergie par dégradation des acides aminés.

12. Parmi les affirmations suivantes, laquelle est fausse? (a) Les HDL transportent le cholestérol vers le foie; (b) les VLDL contiennent un pourcentage élevé de lipides; (c) les LDL constituent le «mauvais» cholestérol; (d) les taux de LDL et de HDL devraient être maintenus le plus bas possible pour éviter des problèmes vasculaires.

13. La faim, l'appétit, l'obésité et l'activité physique sont interreliés. Par conséquent: (a) la sensation de faim résulte *avant tout* de la stimulation de récepteurs de l'estomac et de l'intestin en réponse à l'absence de nourriture dans ces organes; (b) l'obésité résulte généralement de l'activité anormalement élevée des enzymes de synthèse des lipides des tissus adipeux; (c) dans tous les cas d'obésité, le contenu énergétique de la nourriture ingérée excède la dépense d'énergie de l'organisme; (d) chez un individu normal, l'augmentation de la concentration de glucose dans le sang accroît la sensation de faim.

14. La thermorégulation est: (a) influencée par les thermorécepteurs de la peau; (b) influencée par la température du sang qui traverse les centres de la thermorégulation situés dans l'encéphale; (c) assurée par des mécanismes nerveux et hormonaux; (d) toutes ces réponses.

15. Parmi ces groupes de substances, lequel produit la plus grande quantité d'énergie par gramme? (a) Les lipides; (b) les protéines; (c) les glucides; (d) tous les groupes ont la même valeur énergétique par gramme.

Questions à court développement

16. Faites la distinction entre les aliments et les nutriments; quels sont les nutriments majeurs?

17. Nommez les deux grandes classes de vitamines. Laquelle de ces deux classes peut donner lieu à des hypervitaminoses, et pourquoi?

18. Qu'est-ce que la respiration cellulaire? Quel est le rôle commun de la FAD et du NAD⁺ dans la respiration cellulaire?

19. Indiquez les principaux événements et les résultats de la glycolyse ainsi que l'endroit où elle a lieu.

20. Le produit de la glycolyse est l'acide pyruvique, mais ce n'est pas cette molécule qui se lie à la molécule de captage pour accéder au cycle de Krebs. Quelle est cette substance?

21. Définissez la glycogenèse, la glycogénolyse, la néoglucogenèse et la lipogenèse. Lequel de ces processus est le plus susceptible (ou lesquels sont les plus susceptibles) de se produire (a) peu après un repas riche en glucides? (b) le matin, juste avant le réveil?

22. Quel effet nuisible résulte de la production d'énergie par la combustion de quantités excessives de lipides? Nommez deux états qui pourraient conduire à ce résultat.

23. À l'aide d'un diagramme, indiquez les intermédiaires cruciaux grâce auxquels le glucose peut être converti en graisses.

24. Expliquez pourquoi une alimentation déficiente en acides aminés essentiels provoquera un bilan azoté négatif.

25. Comparez les fonctions de l'insuline lors de l'état postprandial et celles du glucagon lors de l'état de jeûne.

26. Expliquez la différence entre le rôle des HDL et celui des LDL.

27. Nommez les principaux facteurs qui influent sur la concentration plasmatique de cholestérol. Énumérez également les sources et les destinées du cholestérol dans l'organisme.

28. Qu'est-ce que l'«équilibre énergétique» et que se passe-t-il lorsque cet équilibre est rompu?

29. Expliquez l'effet des facteurs suivants sur la vitesse du métabolisme: taux de thyroxine, prise d'un repas, surface corporelle, exercice musculaire, choc émotionnel et jeûne.

30. Expliquez les termes «température centrale» et «température de surface» du point de vue de l'équilibre thermique. Quel est l'agent de transport de la chaleur entre ces deux régions?

31. Comparez les mécanismes de thermolyse et de thermogenèse, et expliquez les différences entre eux; montrez comment ces processus déterminent la température du corps.

32. Décrivez les particularités des cellules adipeuses des gens obèses.

33. Comparez les différents régimes alimentaires. Notez les consignes de chacun et commentez leur efficacité.

34. Définissez ce que sont les AGE. Décrivez leur formation et les effets qu'ils peuvent avoir lors du vieillissement.

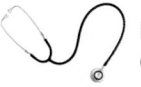

Réflexion et application

1. Calculez le nombre de molécules d'ATP que produirait l'oxydation complète d'un acide gras contenant 18 atomes de carbone. (Prenez le temps de réfléchir, *ce calcul est à votre portée.*)

2. Chaque année, on trouve des douzaines de personnes âgées mortes dans leur logis non chauffé et on considère qu'elles sont victimes d'hypothermie. Qu'est-ce que l'hypothermie et comment cause-t-elle la mort? Donnez deux facteurs d'ordre anatomique ou physiologique expliquant la plus grande vulnérabilité des personnes âgées à l'égard de l'hypothermie.

3. François Moreau présente une athérosclérose grave et un taux élevé de cholestérol sanguin. On lui a annoncé qu'il risquait d'être victime d'un accident vasculaire cérébral ou d'une crise cardiaque. Quels aliments lui conseilleriez-vous d'éviter à tout prix? Quels aliments lui suggéreriez-vous d'ajouter à son régime ou d'utiliser comme substituts? Quel type d'activité lui recommanderiez-vous?

4. Pendant les années 1940, certains médecins prescrivaient de faibles doses d'une substance chimique appelée dinitrophénol (DNP) aux patients qui devaient perdre du poids. Ce type de traitement a été abandonné parce qu'un certain nombre de patients en sont morts. Le DNP a pour effet de découpler les mécanismes chimioosmotiques. Expliquez comment ce phénomène peut entraîner une perte pondérale.

5. Simon a entrepris de se rendre de Los Angeles à Tahiti en solitaire sur son voilier. Au cours d'une tempête, il s'échoue sur une île déserte. Grâce à sa débrouillardise et à son canif, il arrive à pêcher suffisamment de poissons. Par ailleurs, il y a des racines en abondance dans le sol. Toutefois, il ne trouve pas de fruits sur l'île. Peu après son arrivée, ses gencives se mettent à saigner et il commence à présenter plusieurs infections. Analysez son problème. (Les tableaux de ce chapitre contiennent des renseignements utiles à ce propos.)

6. Grégoire est grand et costaud. Après une visite chez le médecin, il dit à sa femme que les résultats de ses examens sont mauvais. Le médecin lui a recommandé de manger moins de steak, plus de fromages à faible teneur en gras et de remplacer le beurre par de l'huile d'olive. Quel type de problème ses examens ont-ils révélé? Qu'est-ce que sa femme devrait lui répondre relativement à ses choix d'aliments de remplacement? Pourquoi? Quels aliments devrait-ils privilégier lorsqu'ils font l'épicerie ou la cuisine?

24

25

Le système urinaire

Anatomie des reins (p. 1116)

Situation et anatomie externe (p. 1116)

Anatomie interne (p. 1117)

Vascularisation et innervation (p. 1118)

Néphrons (p. 1120)

Physiologie des reins : formation de l'urine (p. 1126)

Première étape : filtration glomérulaire (p. 1126)

Deuxième étape : réabsorption tubulaire (p. 1131)

Troisième étape : sécrétion tubulaire (p. 1135)

Régulation de la concentration et du volume de l'urine (p. 1136)

Clairance rénale (p. 1142)

Urine (p. 1143)

Caractéristiques physiques (p. 1143)

Composition chimique (p. 1143)

Uretères (p. 1143)

Vessie (p. 1145)

Urètre (p. 1145)

Miction (p. 1147)

Développement et vieillissement du système urinaire (p. 1148)

Chaque jour, les reins filtrent près de 200 L de plasma, excrètent dans l'urine des toxines provenant du foie ainsi que divers déchets métaboliques comme l'urée et des ions en excès, puis ils retournent dans le sang les substances nécessaires au fonctionnement harmonieux de l'organisme. Ils jouent donc un rôle comparable à celui d'une usine d'épuration filtrant les eaux usées d'une ville. Nous pensons rarement à nos reins, sauf si une défaillance entraîne une accumulation de déchets internes dans les liquides de notre organisme. Bien que les poumons et la peau concourent aussi à l'excrétion, cette tâche relève principalement des reins.

En plus d'excréter les déchets de l'organisme, les reins jouent un rôle essentiel dans la régulation du volume et de la composition chimique du sang en conservant le juste équilibre entre l'eau et les électrolytes d'une part, et entre les acides et les bases d'autre part. La tâche confondrait un ingénieur chimiste, mais les reins s'en acquittent efficacement la plupart du temps.

Les fonctions des reins ne s'arrêtent pas là :

- Ils contribuent à la néoglucogenèse (voir p. 1078) durant les périodes de jeûne prolongé.
- Ils produisent des hormones, la rénine et l'érythropoïétine. La *rénine* agit comme une enzyme qui règle la pression artérielle et la fonction rénale (voir p. 820). L'*érythropoïétine* stimule la formation des globules rouges (voir p. 737).
- Ils transforment la vitamine D en sa forme active (voir p. 721).

En plus des reins, le **système urinaire** comprend la *vessie*, réservoir où l'urine est temporairement emmagasinée, et des organes tubulaires – les deux *uretères* et l'*urètre*, conduits de transport de l'urine **(figure 25.1)**.

Anatomie des reins

Situation et anatomie externe

1 Nommer et situer les organes du système urinaire ; décrire l'anatomie macroscopique des reins et de leurs enveloppes.

En forme de haricot, les reins occupent une position rétropéritonéale dans la région lombaire *supérieure* **(figure 25.2)** ; autrement dit, ils sont situés entre la paroi dorsale et le péritoine pariétal. Comme ils s'étendent à peu près de T_{12} à L_3, ils sont protégés dans une certaine mesure par la partie inférieure de la cage thoracique (figure 25.2b). Comprimé par le foie, le rein droit est un peu plus bas que le gauche. Ils se déplacent de quelques centimètres avec les mouvements respiratoires et lors des changements de position. Un rein adulte pèse environ 150 g, et il mesure en moyenne 12 cm de longueur, 6 cm de largeur et 3 cm d'épaisseur, soit à peu de chose près les dimensions d'un gros savon. La face latérale du rein est convexe, tandis que sa face médiale est concave et porte une fente verticale appelée **hile rénal** ; le hile conduit à une cavité appelée *sinus rénal*. Les uretères, les vaisseaux sanguins rénaux, des vaisseaux lymphatiques et des nerfs gagnent chaque rein en passant par le hile et sont regroupés dans le sinus. Chaque rein est surmonté d'une *glande surrénale*, organe totalement distinct du point de vue fonctionnel, car il sécrète des hormones et appartient de ce fait au système endocrinien.

Trois couches de tissu entourent et soutiennent chaque rein (figure 25.2a) :

1. Le **fascia rénal**, formé d'un feuillet antérieur et d'un feuillet postérieur unis de façon lâche, est une couche externe de tissu conjonctif dense qui relie le rein et la glande surrénale et attache ces deux organes aux structures voisines.
2. La **capsule adipeuse du rein** est une masse de tissu adipeux qui entoure le rein et le protège contre les coups.

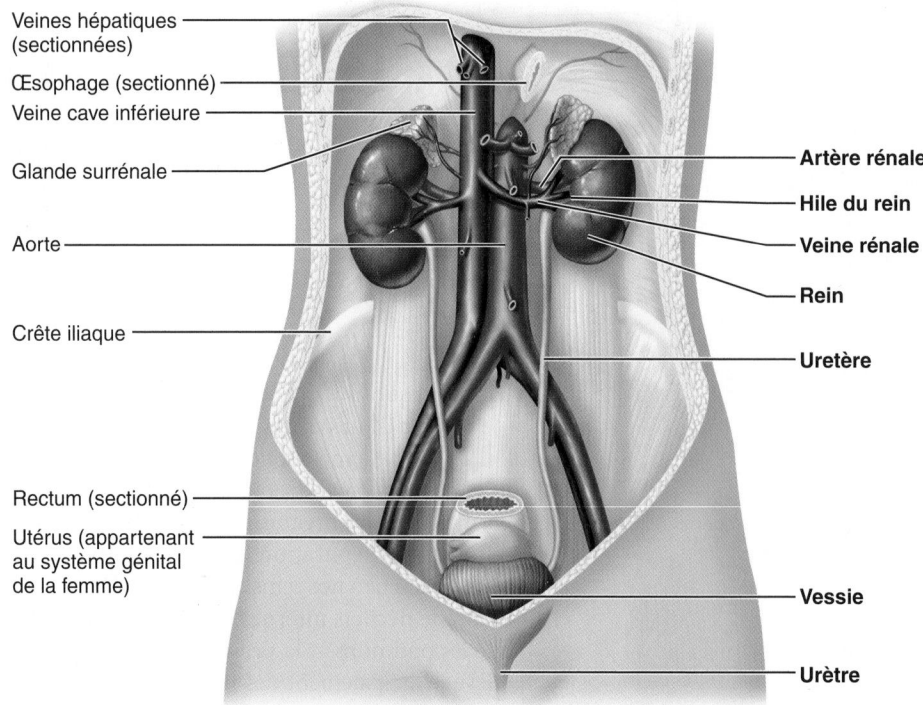

Figure 25.1 Système urinaire. Système urinaire de la femme, face antérieure. (La plupart des autres organes abdominaux ne sont pas représentés.)

3. La **capsule fibreuse du rein** est une enveloppe transparente qui prévient les infections provenant des régions avoisinantes.

DÉSÉQUILIBRE HOMÉOSTATIQUE

L'enveloppe adipeuse des reins joue un rôle important, car elle maintient les reins dans leur position normale. La perte de tissu adipeux (due notamment à une émaciation extrême et à une perte pondérale rapide) peut entraîner une *néphroptose*, soit la descente d'un ou des deux reins. L'étirement des vaisseaux desservant les reins peut alors provoquer de la douleur ; en outre, si la néphroptose occasionne la torsion d'un uretère, l'urine, incapable de s'écouler, finit par refouler dans le rein et exercer une pression sur les tissus. Le refoulement de l'urine causé soit par une obstruction de l'uretère, soit autrement est appelé *hydronéphrose*. Ce trouble peut entraîner de graves lésions, voire la nécrose et l'insuffisance rénale. ■

Anatomie interne

2 Décrire l'anatomie interne du rein.

Une coupe frontale du rein révèle trois parties distinctes : le *cortex*, la *médulla* et le *pelvis* (figure 25.3). La partie la plus externe, le **cortex rénal**, est pâle et granuleuse. Elle recouvre la **médulla rénale**, de couleur rouge brun, qui présente des masses de tissu coniques appelées **pyramides rénales**, ou pyramides de Malpighi. La *base* de chaque pyramide est orientée vers le cortex, tandis que sa pointe, ou *papille rénale*, est tournée vers l'intérieur du rein. Les pyramides semblent parcourues de rayures, car elles sont presque entièrement formées de faisceaux de tubules et de capillaires microscopiques parallèles. Les **colonnes rénales** ou *de Bertin* – zones de tissu prenant une teinte pâle à la coloration – sont des prolongements du tissu cortical qui séparent les pyramides. Chaque pyramide rénale constitue, avec le tissu cortical qui l'entoure, un **lobe rénal**. Les lobes rénaux sont au nombre de 8 à 18 par rein.

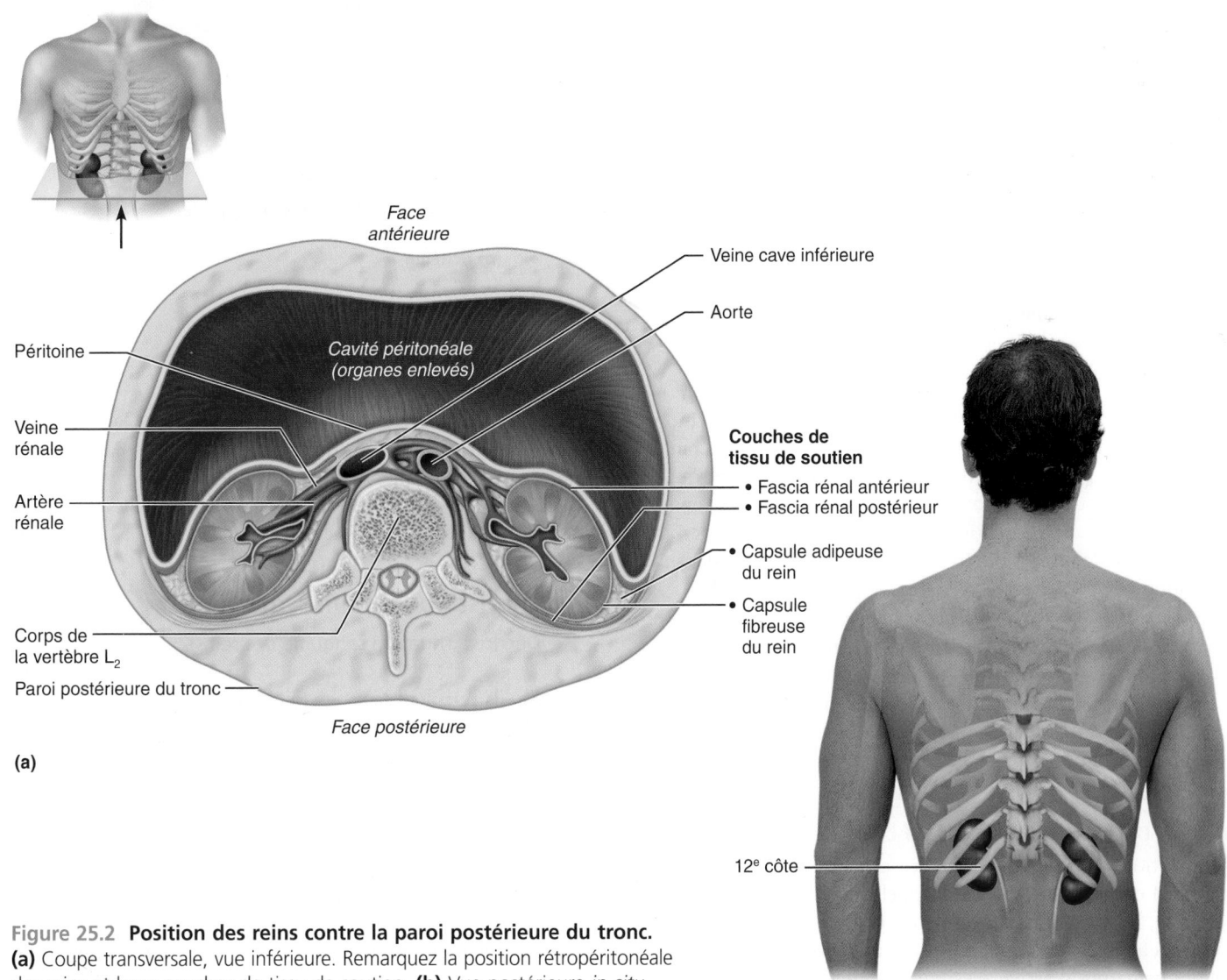

Figure 25.2 Position des reins contre la paroi postérieure du tronc.
(a) Coupe transversale, vue inférieure. Remarquez la position rétropéritonéale des reins et leurs couches de tissu de soutien. **(b)** Vue postérieure *in situ* montrant la position des reins en regard de la douzième paire de côtes.

25

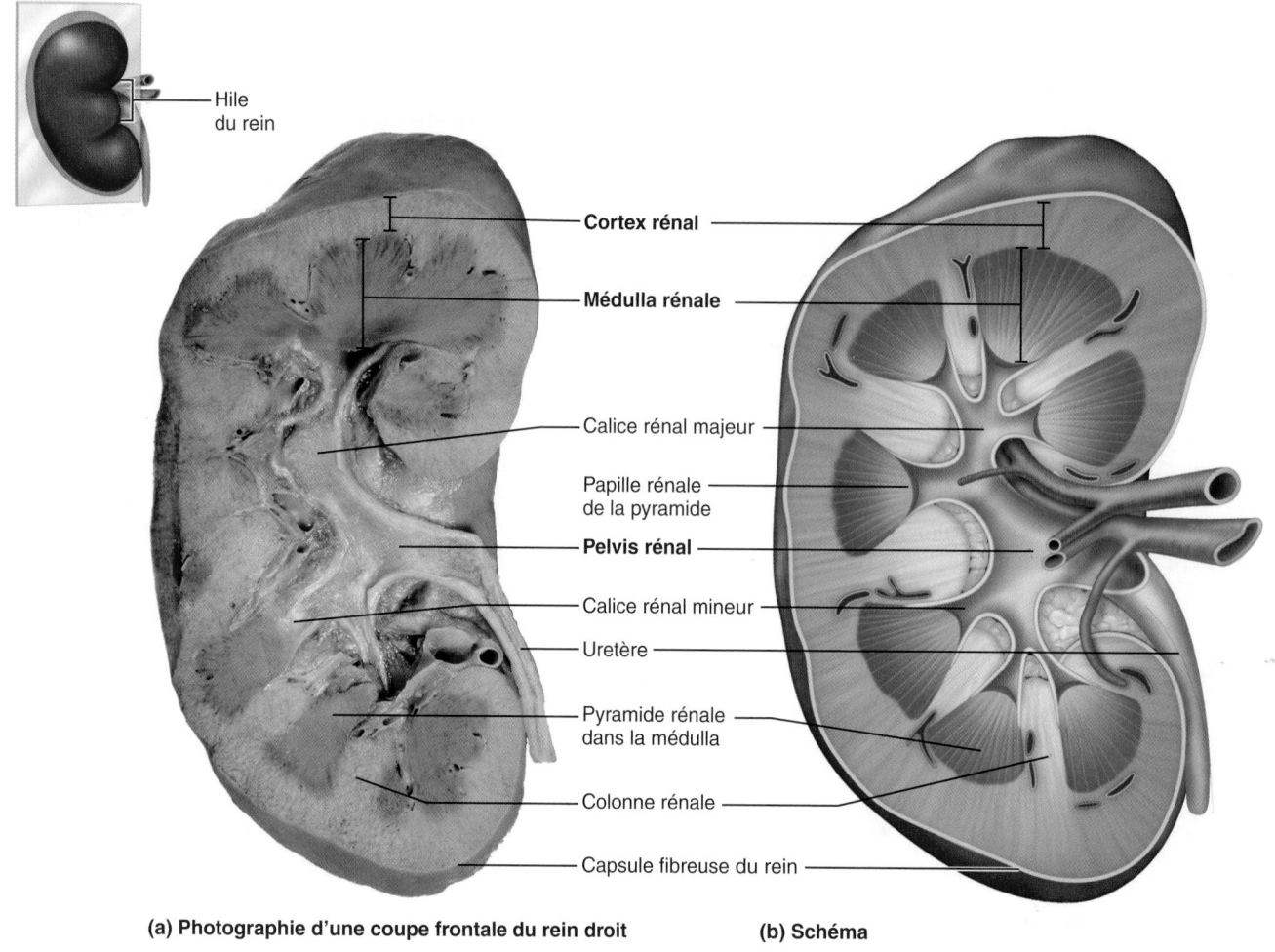

Figure 25.3 **Anatomie interne du rein.** Coupes frontales.

25

Le **pelvis rénal**, ou bassinet, est un tube en forme d'entonnoir qui communique avec l'uretère. Il se prolonge vers l'intérieur du rein par deux ou trois **calices rénaux majeurs**, qui se ramifient chacun à leur tour en deux ou trois **calices rénaux mineurs**, cavités où débouchent les papilles. (Imaginez un papier-filtre de forme conique – une pyramide – posé dans un entonnoir – un calice.)

Les calices reçoivent l'urine qui s'écoule continuellement par les orifices papillaires, et ils s'ouvrent sur le pelvis rénal. L'uretère transporte ensuite l'urine jusqu'à la vessie, où elle est emmagasinée. Les parois des calices, du pelvis et de l'uretère contiennent du tissu musculaire lisse qui se contracte rythmiquement et dont le péristaltisme propulse l'urine.

DÉSÉQUILIBRE HOMÉOSTATIQUE

L'infection du pelvis rénal et des calices est appelée *pyélite*. L'infection du rein entier est appelée *pyélonéphrite*. Chez la femme, les infections du rein sont généralement causées par des bactéries fécales qui se propagent de la région anale aux voies urinaires. Il arrive aussi que les infections du rein soient dues à des bactéries que le sang apporte d'autres régions. La pyélonéphrite grave entraîne l'œdème du rein, la formation d'abcès et l'accumulation de pus dans le pelvis. Laissée sans traitement, la pyélonéphrite peut provoquer de graves lésions des reins, mais l'antibiothérapie permet habituellement d'éliminer l'infection. ■

Vascularisation et innervation

3 Décrire l'irrigation sanguine des reins.

Parce qu'ils purifient le sang et équilibrent sa composition, les reins sont dotés de très nombreux vaisseaux sanguins. Au repos, les grosses **artères rénales** acheminent aux reins le quart du débit cardiaque total (soit approximativement 1200 mL de sang par minute).

Les artères rénales émergent à angle droit de l'aorte abdominale; comme l'aorte chemine à gauche de l'axe médian, l'artère rénale droite est généralement plus longue que la gauche. À l'approche des reins, chaque artère rénale donne naissance à cinq **artères segmentaires du rein** (figure 25.4). À l'intérieur du sinus rénal, chaque artère segmentaire du rein se divise encore pour donner les **artères interlobaires du rein**.

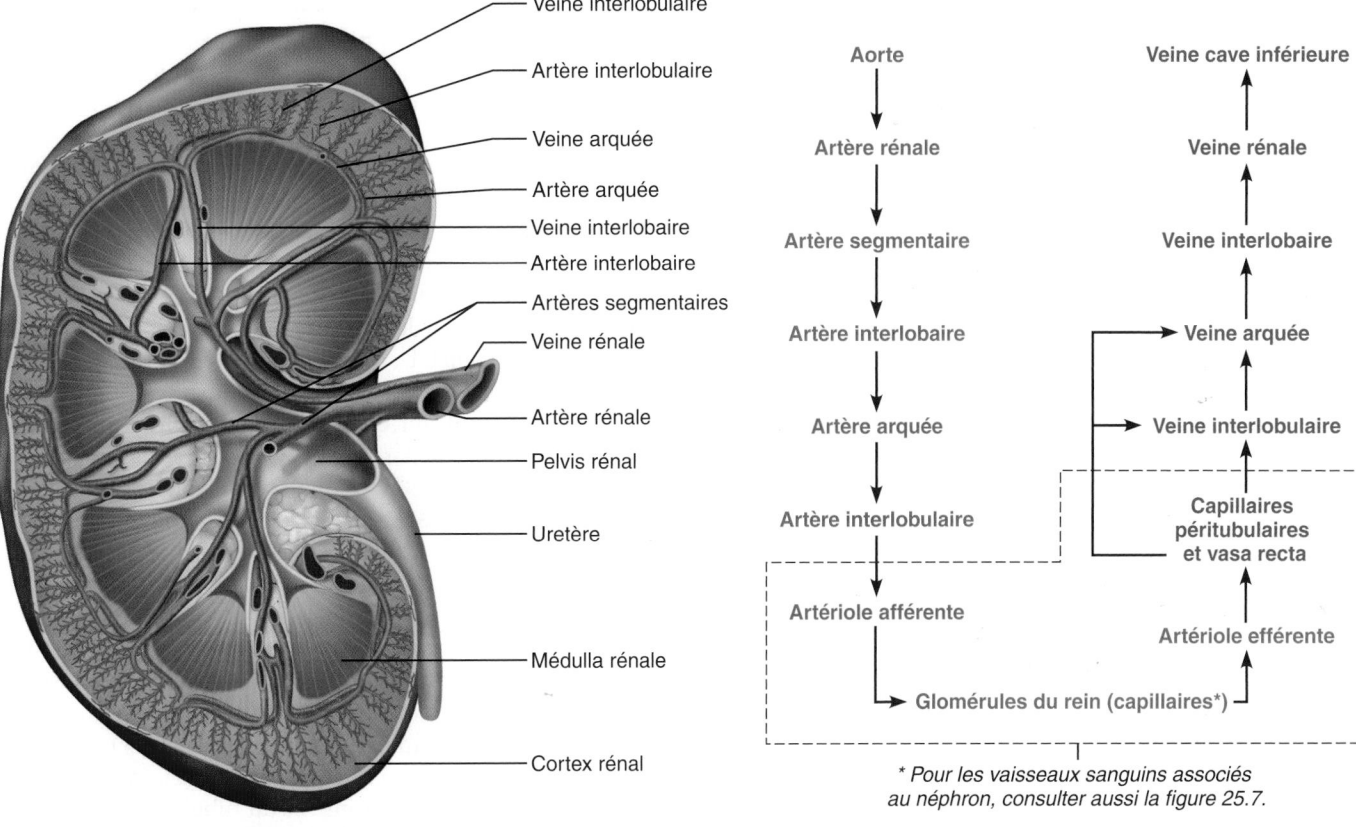

(a) Schéma d'un rein en coupe frontale
montrant les principaux vaisseaux sanguins

(b) Trajet suivi par le sang dans la vascularisation rénale

** Pour les vaisseaux sanguins associés
au néphron, consulter aussi la figure 25.7.*

Figure 25.4   **Vascularisation du rein.**

À la jonction de la médulla et du cortex, les artères inter-lobaires donnent des branches appelées **artères arquées du rein**, ou artères arciformes, qui s'incurvent au-dessus des bases des pyramides rénales. À partir des artères arquées, les petites **artères interlobulaires du rein** rayonnent vers la périphérie du rein et alimentent le tissu cortical. Plus de 90 % du sang entrant dans les reins irrigue le cortex.

Les artérioles efférentes qui émergent des artères interlo-bulaires donnent naissance à un réseau complexe de vaisseaux sanguins microscopiques. Ces vaisseaux constituent les prin-cipaux éléments qui permettent aux reins d'assurer leur fonc-tion ; nous les verrons donc en détail en même temps que les néphrons.

Les veines suivent à peu de chose près le même trajet que les artères (figure 25.4). Le sang qui s'écoule du cortex emprunte successivement les **veines interlobulaires du rein**, les **veines arquées**, les **veines interlobaires du rein** et les **veines rénales**. (Il n'y a pas de veines segmentaires.) Les veines rénales débouchent dans la veine cave inférieure. Comme la veine cave inférieure est située à droite de la colonne vertébrale, la veine rénale gauche est environ deux fois plus longue que la droite.

L'innervation du rein et de l'uretère est fournie par le **plexus rénal**, qui forme un réseau variable de neurofibres et de gan-glions du système nerveux sympathique. Le plexus rénal, une branche du plexus cœliaque, est principalement constitué de neurofibres provenant des nerfs splanchniques inférieurs et de la première paire de nerfs splanchniques lombaires, qui che-minent jusqu'au rein parallèlement à l'artère rénale. Ces neuro-fibres vasomotrices régissent le débit sanguin rénal en ajustant le diamètre des artérioles rénales. Elles influent également sur la formation de l'urine par les néphrons.

VÉRIFIONS NOS ACQUIS

1. Outre ses rôles excréteur et endocrinien, quelles autres fonctions les reins remplissent-ils ?
2. Roger est atteint dans le bas du dos par une balle de baseball qui ne lui était pas destinée. Quelle structure a protégé ses reins d'un traumatisme ?
3. De l'intérieur vers l'extérieur, nommez les trois couches de tissu de soutien qui entourent chaque rein. Où se situe le péritoine pariétal par rapport à ces trois couches ?
4. La lumière de l'uretère communique avec un espace se trouvant à l'intérieur du rein. Cet espace est pourvu de prolongements qui se ramifient. Comment se nomment cet espace et ses prolongements ?

Les réponses se trouvent à l'appendice G.

25

Néphrons

4 Expliquer la structure d'un néphron ; situer les tubules rénaux collecteurs ainsi que les différentes parties des deux types de néphrons dans le rein.

5 Décrire les caractéristiques des deux types de lits capillaires associés au néphron.

6 Situer l'appareil juxtaglomérulaire et résumer les fonctions de ses composantes.

7 Décrire la composition de la membrane de filtration et donner les propriétés de ses différentes composantes.

Les **néphrons** sont les unités structurales et fonctionnelles des reins. Chaque rein contient environ 1 million de ces minuscules unités de filtration du sang où se déroulent les processus menant à la formation de l'urine (figure 25.5) ; mises bout à bout, ces unités s'étendraient sur une longueur de 70 km. Toutefois, le nombre de néphrons varie d'une personne à une autre. (Les recherches démontrent que les personnes ayant moins de néphrons que les autres courent plus de risques de souffrir de problèmes d'hypertension ou de diverses dysfonctions rénales.) De plus, on trouve des milliers de *tubules rénaux collecteurs* ; chacun recueille le liquide de plusieurs néphrons et l'achemine au pelvis rénal.

Chaque néphron est formé d'un **corpuscule rénal** et d'un **tubule rénal**. Le corpuscule rénal est une vésicule constituée de la **capsule glomérulaire rénale**, ou capsule de Bowman, et d'un bouquet de capillaires artériels appelé **glomérule du rein** (*glomus* : peloton).

L'endothélium des capillaires glomérulaires est *fenestré* (percé de nombreux pores de 75 nm), ce qui rend ces petits vaisseaux exceptionnellement poreux. Grâce à cette adaptation, ils laissent passer de grandes quantités de liquide riche en solutés et pratiquement exempt de protéines plasmatiques vers la chambre glomérulaire du corpuscule rénal. Ce liquide dérivé du plasma est appelé **filtrat glomérulaire**, et il constitue la matière première à partir de laquelle les tubules rénaux produisent l'urine.

La capsule glomérulaire entoure complètement le glomérule, comme un gant de baseball entoure une balle. Elle est formée de deux feuillets séparés par une cavité – la *chambre glomérulaire*, ou lumière de la capsule – qui se prolonge par le tubule rénal. Le *feuillet pariétal* externe de la capsule glomérulaire rénale, composé d'un épithélium simple squameux (figures 25.5, 25.8 et 25.9), a un rôle strictement structural et ne contribue aucunement à la formation du filtrat.

Le *feuillet viscéral*, qui s'attache aux capillaires du glomérule, est composé de cellules épithéliales modifiées et ramifiées appelées **podocytes** (figure 25.9) ; ces cellules en forme de pieuvre constituent une partie de la membrane de filtration. Les prolongements cytoplasmiques des podocytes – appelés cytotrabécules ou prolongements primaires – se terminent en **pédicelles** (« petits pieds ») – aussi nommés cytopodiums ou prolongements secondaires –, qui constituent des structures enchevêtrées reliées à la lame basale des capillaires glomérulaires. Dans les espaces – appelés **fentes de filtration** – délimités par les pédicelles, s'étend le diaphragme de la fente de filtration, qui permet au filtrat de passer dans la chambre glomérulaire.

Le reste du tubule rénal mesure approximativement 3 cm de long et possède trois parties principales. Après la capsule glomérulaire rénale, le tubule devient sinueux et forme le **tubule contourné proximal** (**TCP**) ; il décrit ensuite un virage en épingle à cheveux appelé **anse du néphron**, ou anse de Henlé. Enfin, il redevient sinueux et prend le nom de **tubule contourné distal** (**TCD**) avant de se jeter dans un tubule rénal collecteur. Les termes « proximal » et « distal » indiquent la situation des tubules contournés par rapport au corpuscule rénal ; ainsi, le filtrat provenant du corpuscule rénal passe d'abord par le TCP, puis par le TCD, qui se trouve donc « plus loin » du corpuscule rénal. La longueur conférée au tubule rénal par ses méandres favorise le traitement du filtrat glomérulaire.

Le **tubule rénal collecteur**, qui reçoit le filtrat provenant de nombreux néphrons, parcourt la pyramide vers la papille rénale. À l'approche du pelvis, il fusionne avec d'autres tubules rénaux collecteurs et déverse l'urine dans le calice mineur par l'entremise des orifices papillaires. L'ensemble des tubules rénaux collecteurs donne aux pyramides rénales leur aspect caractéristique marqué de rayures longitudinales.

Le tubule rénal est constitué sur toute sa longueur d'une couche unique de cellules épithéliales polaires reposant sur une membrane basale ; ces cellules sont dites polaires, car elles ont un pôle apical (ou luminal) donnant sur la lumière du tube et un pôle basal donnant sur l'espace interstitiel. Ayant une fonction particulière, chaque segment du tubule diffère des autres par son histologie. Les parois du TCP sont composées de cellules épithéliales cuboïdes pourvues de grosses mitochondries et de microvillosités denses (figure 25.5 et figure 25.6). Comme dans le tube digestif, les microvillosités, qui forment une *bordure en brosse*, accroissent d'environ 20 fois la surface de contact des cellules avec le filtrat glomérulaire. Elles augmentent ainsi considérablement l'aptitude des tubules à réabsorber l'eau et les solutés du filtrat et à y sécréter des substances. La membrane basolatérale (c'est-à-dire celle qui se trouve au pôle basal et sur les côtés des cellules) des cellules du TCP est également pourvue d'interdigitations qui favorisent les échanges.

L'anse du néphron, en forme de U, comprend une *partie descendante* et une *partie ascendante*. Le segment proximal de la partie descendante communique avec le tubule contourné proximal, et ses cellules sont semblables à celles de cette structure. Le reste de la partie descendante, appelé **segment grêle**, est composé d'un épithélium simple squameux perméable à l'eau. L'épithélium devient cuboïde, voire prismatique, dans la partie ascendante de l'anse du néphron, qui prend le nom de **segment large**. Dans certains néphrons, le segment grêle ne se rencontre que dans la partie descendante ; dans d'autres néphrons, il s'étend aussi jusque dans la partie ascendante.

Les cellules épithéliales du TCD, comme celles du TCP, sont cuboïdes et confinées au cortex, mais elles sont plus minces et presque entièrement dépourvues de microvillosités (figure 25.5). Le passage entre le TCD et le tubule rénal collecteur est marqué par l'apparition d'un ensemble de cellules hétérogènes. Dans les tubules rénaux collecteurs, les deux types de cellules sont les *cellules intercalaires* – cellules cuboïdes très fournies en microvillosités – et les *cellules principales* – plus nombreuses et pourvues de quelques courtes microvillosités. Les deux types de

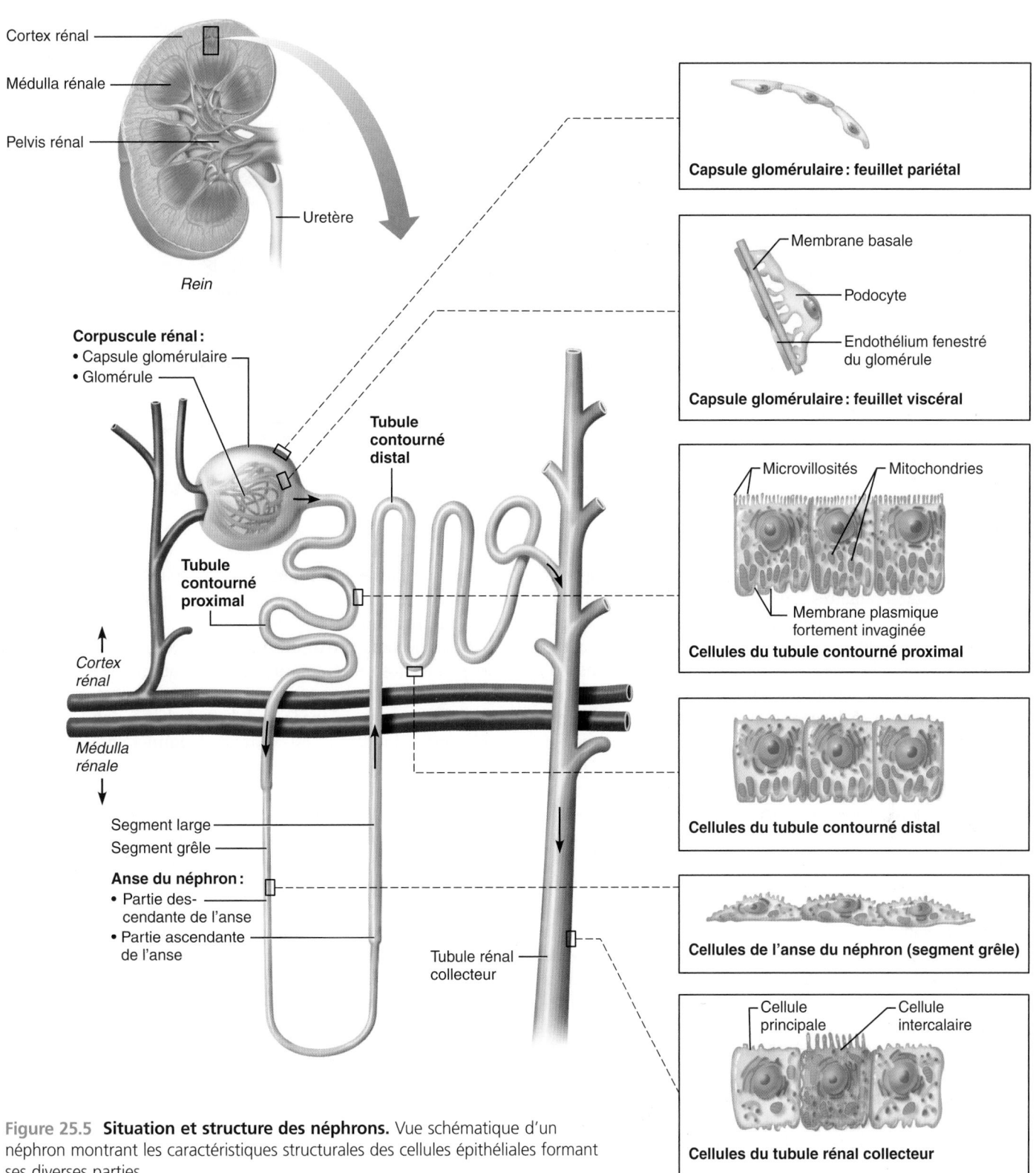

Figure 25.5 Situation et structure des néphrons. Vue schématique d'un néphron montrant les caractéristiques structurales des cellules épithéliales formant ses diverses parties.

cellules intercalaires (A et B) jouent un rôle majeur dans le maintien de l'équilibre acidobasique du sang. Les cellules principales, quant à elles, contribuent à maintenir l'équilibre entre l'eau et le Na⁺ de l'organisme.

Les néphrons sont généralement divisés en deux groupes principaux. Les **néphrons corticaux** constituent 85 % des néphrons dans les reins. À part une petite portion de leurs anses qui s'enfonce dans la médulla rénale externe, ces néphrons sont

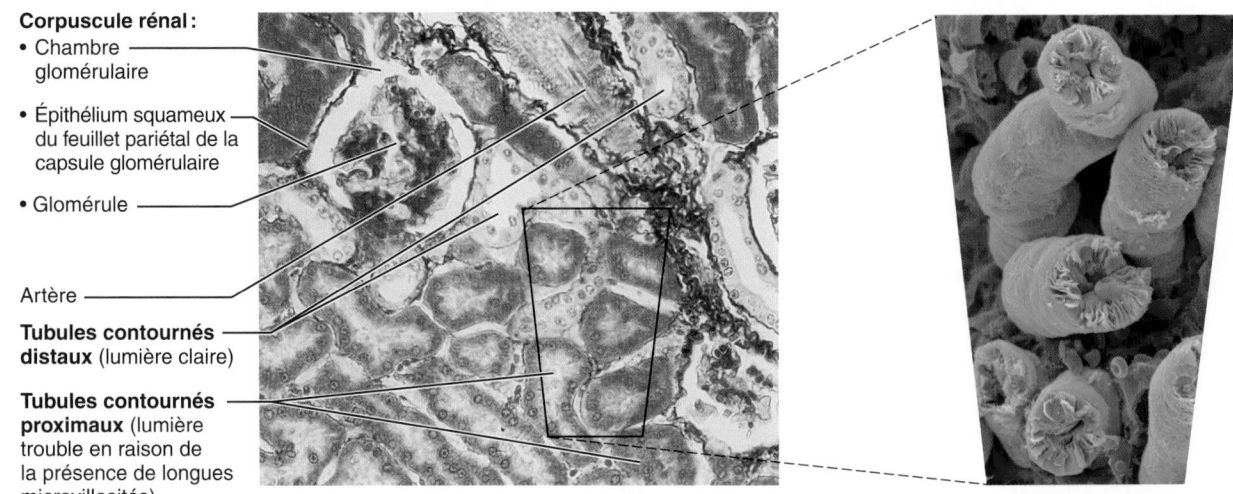

Corpuscule rénal :
- Chambre glomérulaire
- Épithélium squameux du feuillet pariétal de la capsule glomérulaire
- Glomérule

Artère

Tubules contournés distaux (lumière claire)

Tubules contournés proximaux (lumière trouble en raison de la présence de longues microvillosités)

(a) Photomicrographie du tissu cortical rénal (200×)

(b) Photomicrographie au microscope électronique à balayage de tubules rénaux sectionnés (430×)

Figure 25.6 **Tissu cortical rénal et tubules rénaux.**

entièrement situés dans le cortex. Les autres néphrons, appelés **néphrons juxtamédullaires**, sont situés près de la jonction du cortex et de la médulla et jouent un rôle important dans la capacité des reins à produire de l'urine concentrée. Leurs anses s'enfoncent profondément dans la médulla rénale, et leurs segments grêles sont beaucoup plus longs que ceux des néphrons corticaux. La **figure 25.7a** présente une comparaison de l'anatomie de ces deux types de néphrons.

Lits capillaires du néphron

Le tubule rénal de chaque néphron est étroitement associé à deux lits capillaires : le *glomérule* et le *lit capillaire péritubulaire* (figure 25.7). Le glomérule, dans lequel les capillaires sont disposés en parallèle, est spécialisé dans la filtration. Il diffère de tous les autres lits capillaires pour deux raisons : d'une part, il est à la fois alimenté et drainé par des artérioles – l'**artériole glomérulaire afférente** et l'**artériole glomérulaire efférente** respectivement (comme ces capillaires unissent deux artérioles et non une artériole à une veinule, on peut les qualifier d'« artériels »). D'autre part, il ne sert pas à apporter de l'oxygène et des nutriments aux reins et à éliminer le gaz carbonique : ce rôle est plutôt dévolu au lit capillaire péritubulaire.

Les artérioles afférentes naissent des *artères interlobulaires*, qui parcourent le cortex rénal. La pression sanguine est beaucoup plus élevée dans les capillaires glomérulaires que dans n'importe quel autre lit capillaire parce que (1) les artérioles sont des vaisseaux à forte résistance et que (2) l'artériole glomérulaire afférente a un plus grand diamètre que l'artériole glomérulaire efférente. Cette pression sanguine élevée pousse facilement le liquide et les solutés du sang dans la chambre glomérulaire. La majeure partie du filtrat qui en résulte (99 %) est ultérieurement réabsorbée par les cellules du tubule rénal et renvoyée dans le sang par l'intermédiaire des lits capillaires péritubulaires.

Les **capillaires péritubulaires** sont issus de l'artériole glomérulaire efférente qui draine le glomérule. Ces capillaires sont intimement liés au tubule rénal, et ils se jettent dans des veinules situées à proximité. Les capillaires péritubulaires sont adaptés à l'absorption plutôt qu'à la filtration : la pression sanguine y est faible, ils sont poreux et captent facilement les solutés et l'eau à mesure que les cellules tubulaires réabsorbent ces substances du filtrat, c'est-à-dire de la lumière du tubule vers le liquide interstitiel.

Remarquez à la figure 25.7a que les artérioles efférentes qui desservent les néphrons juxtamédullaires *n'ont pas* tendance à se diviser en capillaires péritubulaires sinueux. Elles forment plutôt des faisceaux de longs vaisseaux droits appelés **vasa recta** (« vaisseaux droits ») qui s'enfoncent profondément dans la médulla rénale parallèlement aux longues anses du néphron. Ces vaisseaux à parois minces jouent un rôle crucial dans la formation de l'urine concentrée, comme nous le verrons plus loin.

En résumé, la vascularisation du néphron comprend deux lits capillaires séparés par une artériole efférente. Le premier lit (le glomérule) produit le filtrat, tandis que le second (les capillaires péritubulaires) en réabsorbe la majeure partie.

Résistance vasculaire dans le rein En s'écoulant dans les reins, le sang rencontre une forte résistance, d'abord dans les artérioles glomérulaires afférentes, puis dans les artérioles glomérulaires efférentes. Par conséquent, la pression sanguine rénale, d'environ 95 mm Hg dans les artères rénales, chute et finit par atteindre 8 mm Hg ou moins dans les veines rénales. La résistance des artérioles glomérulaires afférentes protège les glomérules contre les fluctuations extrêmes de la pression artérielle systémique. La résistance rencontrée dans les artérioles glomérulaires efférentes augmente la pression hydrostatique dans les capillaires glomérulaires et la réduit dans les capillaires péritubulaires.

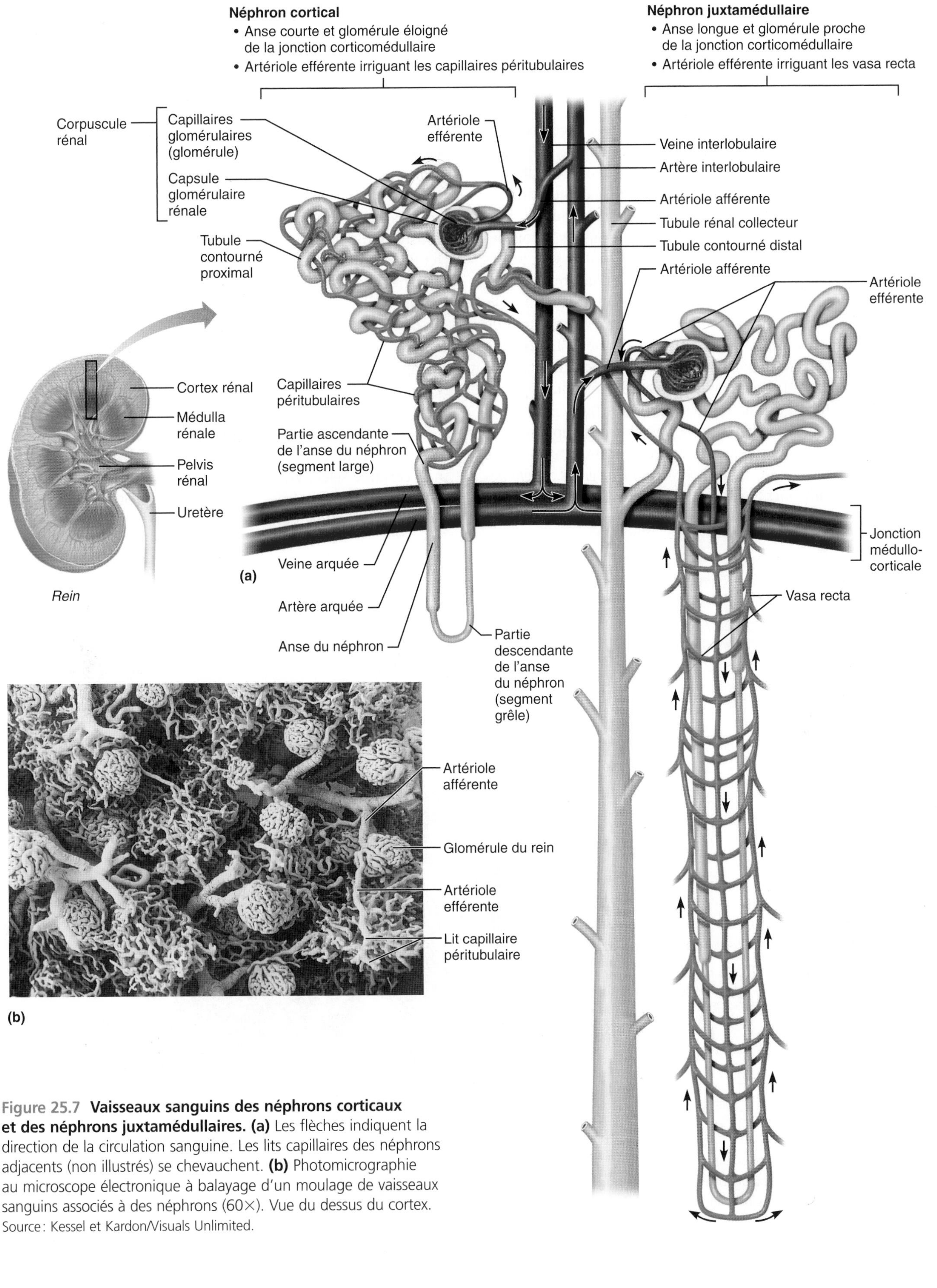

Néphron cortical
- Anse courte et glomérule éloigné de la jonction corticomédullaire
- Artériole efférente irriguant les capillaires péritubulaires

Néphron juxtamédullaire
- Anse longue et glomérule proche de la jonction corticomédullaire
- Artériole efférente irriguant les vasa recta

Corpuscule rénal

Capillaires glomérulaires (glomérule)

Capsule glomérulaire rénale

Tubule contourné proximal

Artériole efférente

Veine interlobulaire

Artère interlobulaire

Artériole afférente

Tubule rénal collecteur

Tubule contourné distal

Artériole afférente

Artériole efférente

Cortex rénal

Médulla rénale

Pelvis rénal

Uretère

Capillaires péritubulaires

Partie ascendante de l'anse du néphron (segment large)

Veine arquée

Artère arquée

Anse du néphron

Partie descendante de l'anse du néphron (segment grêle)

Jonction médullo-corticale

Vasa recta

(a)

Rein

Artériole afférente

Glomérule du rein

Artériole efférente

Lit capillaire péritubulaire

(b)

Figure 25.7 Vaisseaux sanguins des néphrons corticaux et des néphrons juxtamédullaires. (a) Les flèches indiquent la direction de la circulation sanguine. Les lits capillaires des néphrons adjacents (non illustrés) se chevauchent. **(b)** Photomicrographie au microscope électronique à balayage d'un moulage de vaisseaux sanguins associés à des néphrons (60×). Vue du dessus du cortex.
Source : Kessel et Kardon/Visuals Unlimited.

25

Appareil juxtaglomérulaire

Chaque néphron comprend une partie appelée **appareil juxtaglomérulaire**, où la portion la plus éloignée de la partie ascendante de l'anse du néphron s'appuie contre l'artériole afférente qui alimente le glomérule (et parfois contre l'artériole efférente) (figure 25.8). À leur point de contact, la partie ascendante et l'artériole afférente présentent des modifications.

L'appareil juxtaglomérulaire comprend deux populations cellulaires qui jouent un rôle important dans la régulation du volume du filtrat glomérulaire et de la pression artérielle systémique, comme nous le verrons sous peu. Dans les parois des artérioles se trouvent des **cellules granulaires**, aussi appelées **cellules juxtaglomérulaires**, qui sont des cellules musculaires lisses dilatées dont les gros granules contiennent de la *rénine*. Les cellules granulaires jouent le rôle de mécanorécepteurs ou de barorécepteurs qui détectent la pression artérielle. La **macula densa** («tache dense»), dans la paroi du TCD, est un amas de grandes cellules de la partie ascendante de l'anse du néphron accolé aux cellules granulaires des artérioles (figure 25.8). Les cellules de la macula densa sont des chimiorécepteurs qui réagissent aux variations du contenu en NaCl du filtrat. Une troisième population de cellules, les *mésangiocytes extraglomérulaires*, ou *cellules mésangiales*, fait également partie de l'appareil juxtaglomérulaire. Ces cellules sont reliées par des jonctions serrées et peuvent transmettre des signaux entre la macula densa et les cellules granulaires.

Membrane de filtration

La **membrane de filtration** est interposée entre le sang et la capsule glomérulaire du néphron. Cette membrane poreuse laisse librement passer l'eau et les solutés plus petits que les protéines plasmatiques. Comme on peut le voir à la figure 25.9c, elle est composée de trois couches : (1) l'endothélium fenestré des capillaires glomérulaires ; (2) le feuillet viscéral de la capsule glomérulaire rénale formé de podocytes possédant des fentes de filtration entre leurs pédicelles ; et, entre ces deux couches, (3) la membrane basale du glomérule, constituée par la fusion des lames basales des deux couches précédentes.

Les fenestrations (pores des capillaires) ne possèdent pas de *diaphragme* (membrane mince) ; elles laissent passer tous les composants du plasma mais retiennent les cellules sanguines. Quant à la membrane basale du glomérule, elle bloque le passage à toutes les protéines (sauf les très petites) ; elle laisse passer les autres solutés. La structure particulière de la composante gélatineuse de la membrane basale du glomérule lui confère une certaine sélectivité sur le plan des charges électriques. La plupart de ses protéines sont des glycoprotéines anioniques (chargées négativement), qui repoussent les autres anions

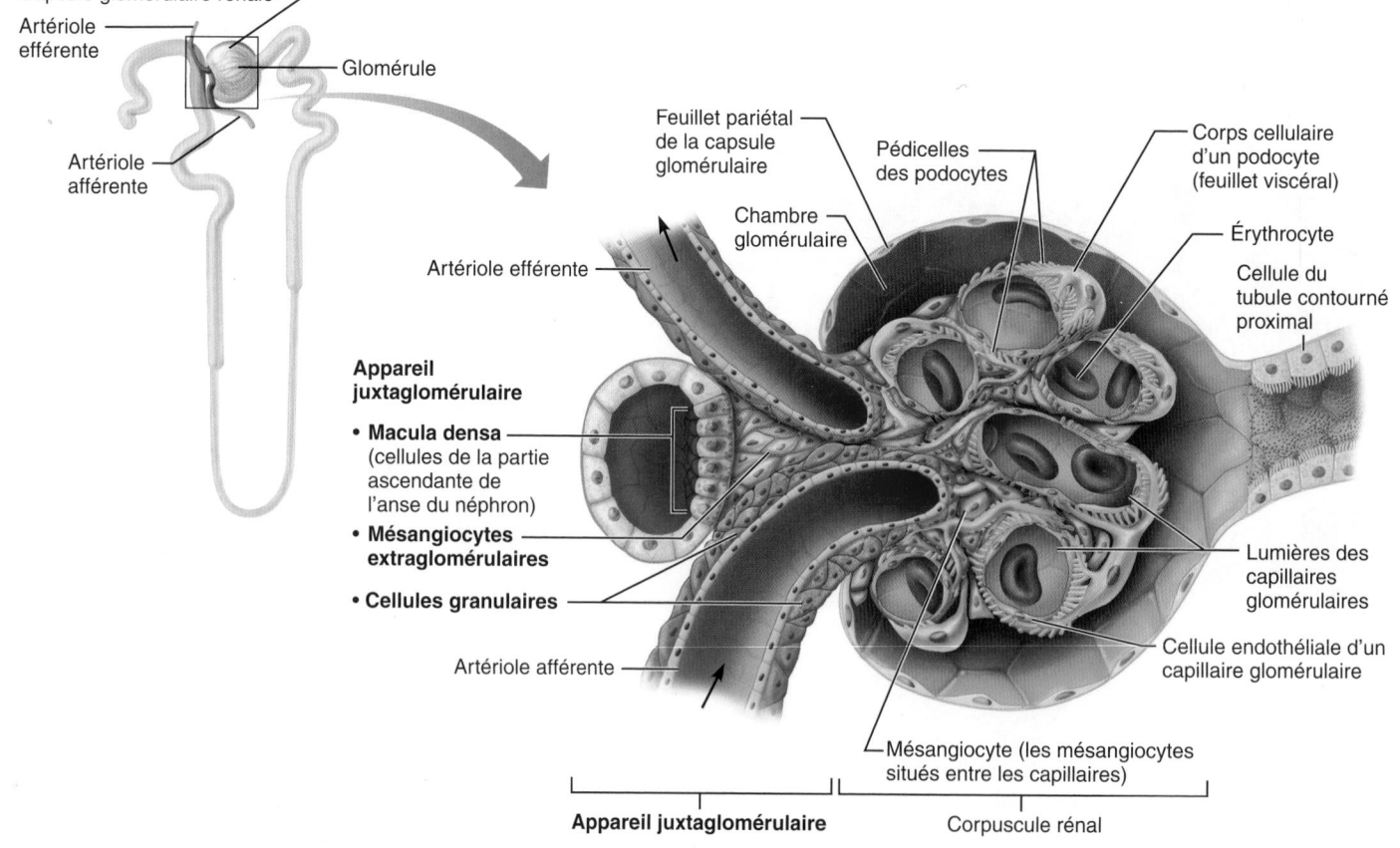

Figure 25.8 Appareil juxtaglomérulaire du néphron. Les mésangiocytes qui entourent les capillaires glomérulaires ne font pas partie de l'appareil juxtaglomérulaire.

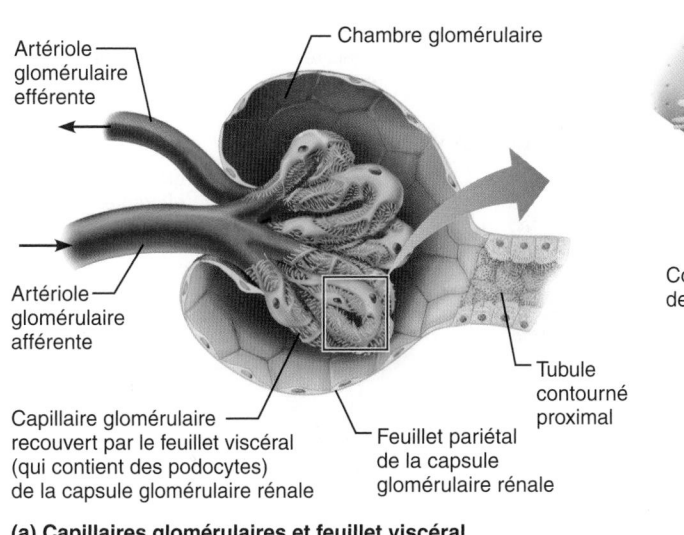

Artériole glomérulaire efférente

Chambre glomérulaire

Artériole glomérulaire afférente

Capillaire glomérulaire recouvert par le feuillet viscéral (qui contient des podocytes) de la capsule glomérulaire rénale

Feuillet pariétal de la capsule glomérulaire rénale

Tubule contourné proximal

(a) Capillaires glomérulaires et feuillet viscéral de la capsule glomérulaire

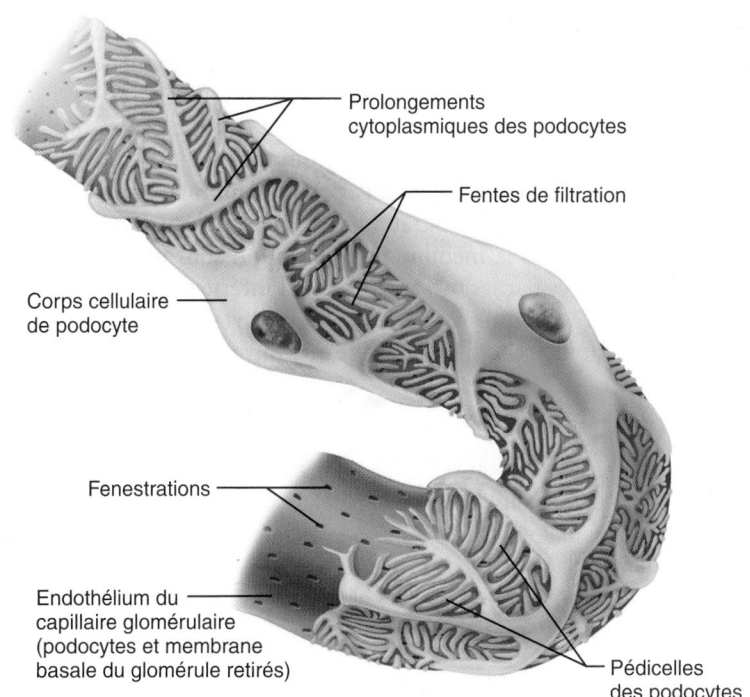

Prolongements cytoplasmiques des podocytes

Fentes de filtration

Corps cellulaire de podocyte

Fenestrations

Endothélium du capillaire glomérulaire (podocytes et membrane basale du glomérule retirés)

Pédicelles des podocytes

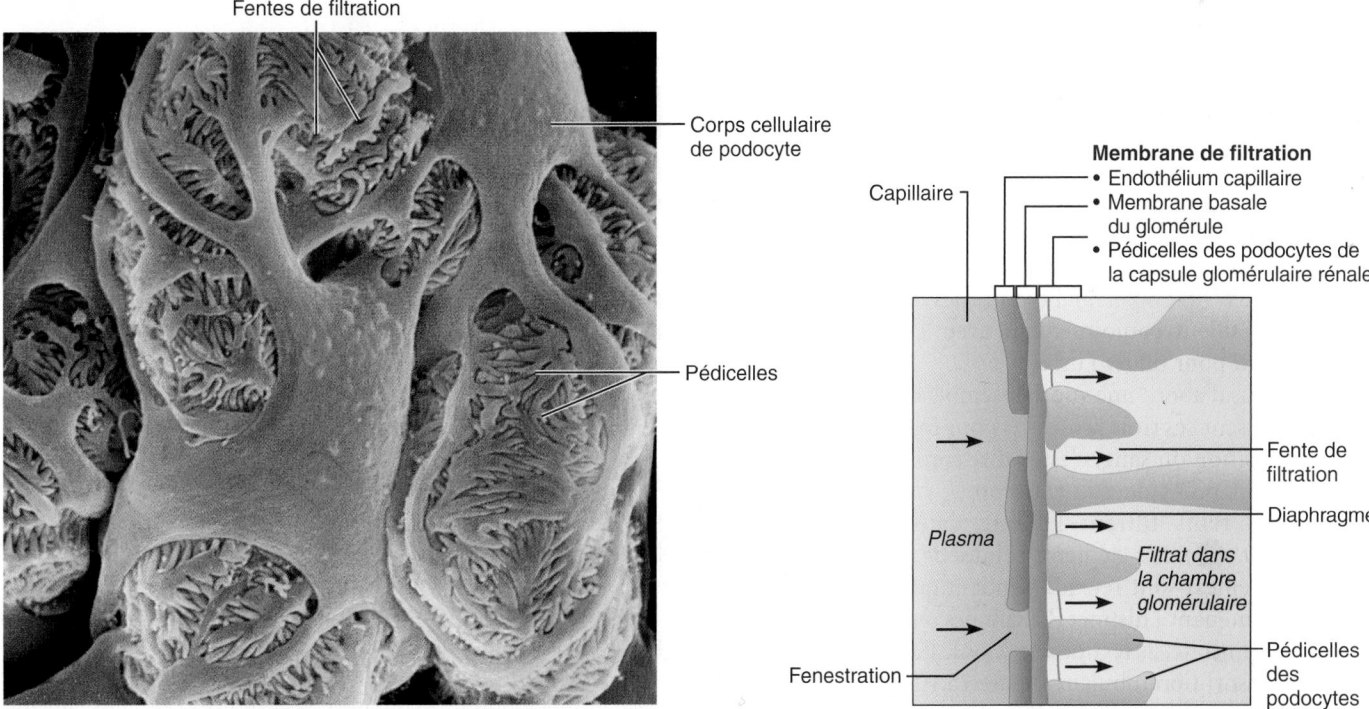

Fentes de filtration

Corps cellulaire de podocyte

Pédicelles

(b) Fentes de filtration entre les pédicelles des podocytes

Capillaire

Membrane de filtration
- Endothélium capillaire
- Membrane basale du glomérule
- Pédicelles des podocytes de la capsule glomérulaire rénale

Plasma

Fenestration

Fente de filtration

Diaphragme

Filtrat dans la chambre glomérulaire

Pédicelles des podocytes

(c) Trois éléments structuraux de la membrane de filtration

25

Figure 25.9 **Membrane de filtration.** La membrane de filtration est composée de trois couches : l'endothélium fenestré des capillaires glomérulaires, le feuillet viscéral de la capsule glomérulaire, contenant des podocytes, et, entre les deux premières couches, la membrane basale du glomérule. **(a)** Vue schématique montrant la relation entre le feuillet viscéral de la capsule glomérulaire rénale et les capillaires glomérulaires. Le dessin de l'épithélium viscéral est interrompu pour exposer les fenestrations de la paroi capillaire sous-jacente. **(b)** Micrographie au microscope électronique à balayage du feuillet viscéral. Les fentes de filtration entre les pédicelles des podocytes apparaissent clairement (6000×). **(c)** Diagramme d'une coupe de la membrane de filtration montrant les trois éléments structuraux.

macromoléculaires et gênent leur passage dans le tubule. Comme la plupart des protéines plasmatiques ont aussi une charge nette négative, cette répulsion électrique renforce le blocage des protéines plasmatiques déjà imposé par la taille des molécules.

La quasi-totalité des macromolécules qui réussissent à traverser la membrane basale est bloquée par les diaphragmes qui s'étendent dans les fentes de filtration. Les macromolécules qui restent coincées dans la membrane de filtration sont phagocytées et dégradées par les mésangiocytes à l'intérieur du glomérule. Le degré de contraction des mésangiocytes influe sur la superficie capillaire totale accessible à la filtration.

VÉRIFIONS NOS ACQUIS

5. Nommez les éléments qui composent le tubule d'un néphron dans l'ordre où le filtrat les parcourt.

6. Quelles sont les différences structurales entre les néphrons juxtamédullaires et les néphrons corticaux ?

7. De quel type sont les capillaires glomérulaires ? Quelle est leur fonction ?

Les réponses se trouvent à l'appendice G.

Physiologie des reins : formation de l'urine

L'élaboration de l'urine et l'ajustement simultané de la composition du sang se divisent essentiellement en trois processus : la *filtration glomérulaire* effectuée par les glomérules, puis la *réabsorption tubulaire* et la *sécrétion tubulaire*, qui ont lieu dans les tubules rénaux (**figure 25.10**). En outre, les tubules rénaux collecteurs travaillent conjointement avec les néphrons pour concentrer ou pour diluer l'urine.

Examinons d'abord une vue d'ensemble de la manière dont les reins utilisent ces trois processus pour maintenir le volume et la composition du sang, c'est-à-dire comment ils nettoient le sang. D'un point de vue conceptuel, c'est vraiment très simple. Les reins filtrent le sang dans les glomérules (figure 25.10, ❶). Les éléments solides de grande taille (cellules et protéines) sont retenus pendant que le liquide passe dans un « contenant » distinct (les tubules rénaux et les tubules collecteurs). Ensuite, ils récupèrent dans le liquide qu'ils ont filtré (par réabsorption tubulaire, figure 25.10, ❷) tous les éléments nécessaires à l'organisme. Il s'agit en fait de presque tout : la totalité du glucose et des acides aminés, environ 99 % de l'eau, du sel et d'autres éléments. Tout ce qui *n'est pas* réabsorbé forme l'urine. De plus, certains éléments sont ajoutés de manière sélective au contenant (par sécrétion tubulaire, figure 25.10, ❸) afin d'assurer le bon équilibre chimique de l'organisme.

Le volume de sang traité par les reins chaque jour est énorme. Sur les quelque 1200 mL de sang qui traversent les glomérules chaque minute, on compte environ 650 mL de plasma, dont le cinquième (de 120 à 125 mL) passe à travers le filtre glomérulaire. Cela équivaut à filtrer le volume plasmatique entier d'un individu plus de 60 fois par jour ! Vu l'ampleur de leur tâche, il

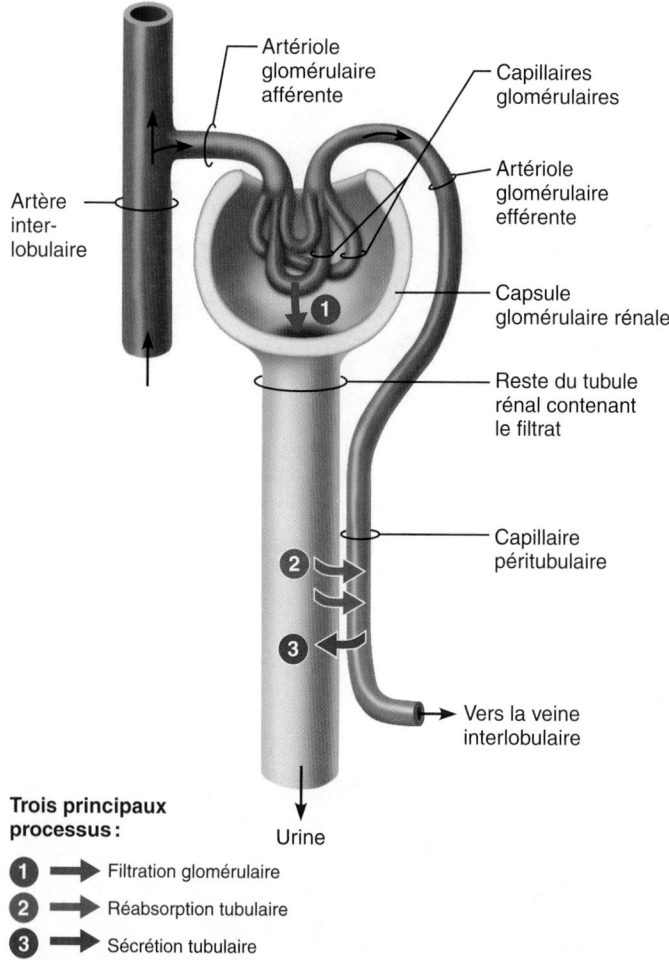

Trois principaux processus :

❶ ➡ Filtration glomérulaire
❷ ➡ Réabsorption tubulaire
❸ ➡ Sécrétion tubulaire

Figure 25.10 **Représentation d'un néphron déroulé montrant les trois principaux processus par lesquels les reins ajustent la composition du plasma.** Un rein contient en réalité plus d'un million de néphrons agissant en parallèle.

n'est pas étonnant que les reins (qui constituent seulement 1 % environ de la masse corporelle) utilisent de 20 à 25 % de l'oxygène consommé par l'organisme au repos pour produire l'ATP nécessaire à leur fonction.

Le filtrat glomérulaire et l'urine sont bien différents. Le filtrat glomérulaire contient les mêmes éléments que le plasma sanguin, sauf les protéines. L'**urine** est composée principalement de déchets métaboliques et de substances inutiles pour l'organisme. Les reins traitent quotidiennement environ 180 L de liquide dérivé du sang (70 fois le volume du plasma). Ils n'excrètent sous forme d'urine qu'environ 1 % de cette quantité, soit 1,8 L, renvoyant le reste dans la circulation.

Première étape : filtration glomérulaire

8 Décrire les forces (pressions) qui favorisent ou empêchent la filtration glomérulaire.

9 Comparer les mécanismes de régulation intrinsèques et extrinsèques du débit de filtration glomérulaire (DFG).

10 Expliquer les effets sur le DFG des trois substances agissant comme paracrines.

La **filtration glomérulaire** est un processus passif au cours duquel les liquides et les solutés sont poussés à travers une membrane par la pression hydrostatique (voir le chapitre 19). Le filtrat glomérulaire ainsi formé se retrouve dans la chambre glomérulaire, qui communique avec le TCP. Parce que la formation du filtrat ne nécessite pas d'énergie métabolique, on peut considérer les glomérules comme de simples filtres mécaniques.

Le glomérule constitue un filtre beaucoup plus efficace que les autres lits capillaires. La première raison est que la *membrane de filtration* présente une grande superficie (estimée à 0,27 m²) ; la seconde, qu'elle est beaucoup plus perméable à l'eau et aux solutés que ne le sont les autres membranes capillaires (figure 25.9). De plus, la pression sanguine est beaucoup plus élevée dans le glomérule que dans les autres lits capillaires (55 mm Hg plutôt que 18 mm Hg ou moins), et elle cause une *pression nette de filtration* beaucoup plus forte. Nous reviendrons sur cette notion plus loin. Par suite de ces différences, les reins produisent environ 180 L de filtrat quotidiennement, tandis que tous les autres lits capillaires de l'organisme n'en produisent collectivement que de 2 à 4 L.

Les molécules au diamètre inférieur à 3 nm présentes dans le sang – soit l'eau, le glucose, les acides aminés et les déchets azotés – traversent librement la membrane de filtration vers la capsule glomérulaire. Par conséquent, ces substances ont habituellement des concentrations semblables dans le sang et dans le filtrat glomérulaire. Les molécules plus grosses traversent la membrane avec difficulté, et celles dont le diamètre dépasse 5 nm n'ont généralement pas accès à la chambre glomérulaire. La concentration des protéines plasmatiques, principalement de l'albumine, engendre *dans* les capillaires glomérulaires une **pression osmotique** appelée aussi pression oncotique. La pression osmotique est suffisante pour empêcher l'eau du plasma de passer totalement dans la chambre glomérulaire. La présence de protéines ou de cellules sanguines dans l'urine traduit généralement une atteinte de la membrane de filtration.

Pression nette de filtration

La **pression nette de filtration** (**PNF**) à l'origine de la formation du filtrat glomérulaire fait intervenir des forces qui s'exercent dans les capillaires du glomérule et dans la chambre glomérulaire (figure 25.11). La **pression hydrostatique glomérulaire** (**PH$_g$**, qui correspond essentiellement à la pression sanguine glomérulaire) est la principale force qui pousse l'eau et les solutés hors du sang à travers la membrane de filtration. Bien que, théoriquement, la pression osmotique régnant dans la chambre glomérulaire y attire le filtrat, elle est en réalité de zéro, car aucune protéine ou presque n'entre dans la capsule.

La PH$_g$ s'oppose à deux forces qui empêchent les liquides de s'échapper des capillaires glomérulaires. Ces forces qui s'opposent à la filtration sont: (1) la **pression osmotique glomérulaire** (**PO$_g$**) – soit la pression oncotique due à la présence des protéines plasmatiques dans le sang glomérulaire – et (2) la **pression hydrostatique capsulaire** (**PH$_c$**) exercée par les liquides dans

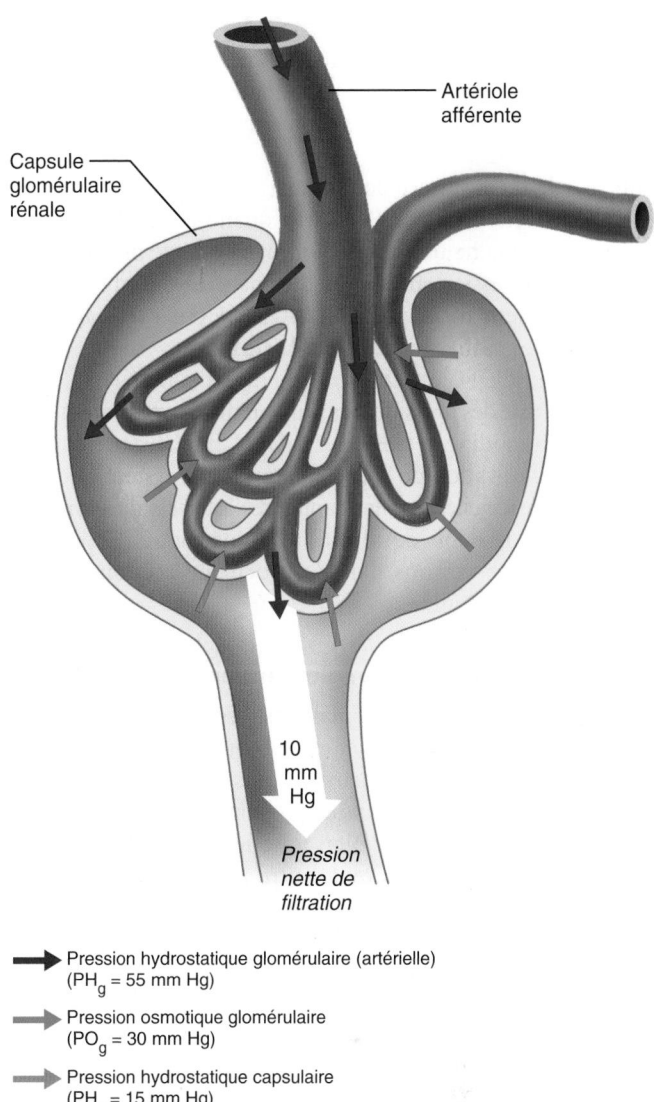

10 mm Hg

Pression nette de filtration

➡ Pression hydrostatique glomérulaire (artérielle)
(PH$_g$ = 55 mm Hg)

➡ Pression osmotique glomérulaire
(PO$_g$ = 30 mm Hg)

➡ Pression hydrostatique capsulaire
(PH$_c$ = 15 mm Hg)

Figure 25.11 Forces déterminant la filtration glomérulaire et la pression de filtration. La pression hydrostatique glomérulaire (artérielle) est la principale force qui pousse les liquides et les solutés hors du sang des capillaires glomérulaires. Elle est contrée par la pression osmotique glomérulaire et par la pression hydrostatique régnant dans la chambre glomérulaire rénale. Les valeurs indiquées dans le schéma sont approximatives.

la chambre glomérulaire. Par conséquent, si on utilise les valeurs indiquées dans la figure 25.11, on obtient une PNF à l'origine de la formation du filtrat à partir du plasma de 10 mm Hg:

$$PNF = PH_g - (PO_g + PH_c)$$
$$= 55 \text{ mm Hg} - (30 \text{ mm Hg} + 15 \text{ mm Hg})$$
$$= 10 \text{ mm Hg}$$

Débit de filtration glomérulaire

Le **débit de filtration glomérulaire** (**DFG**) est le volume de filtrat formé par l'activité combinée des deux millions de glomérules des reins par minute. Trois facteurs déterminent ce débit dans les lits capillaires : (1) l'aire totale disponible pour la filtration ; (2) la perméabilité de la membrane de filtration ; et (3) la PNF. Chez l'adulte, le DFG normal dans les deux reins est de 120 à 125 mL/min. Comme les capillaires glomérulaires ont une perméabilité exceptionnelle et une aire très étendue (équivalente à celle de la surface de la peau), les modestes 10 mm Hg de PNF peuvent produire d'énormes quantités de filtrat glomérulaire. Il y a malheureusement un revers à cette médaille : une baisse de la pression artérielle entraînant une diminution de 18 % seulement de la pression artérielle dans les capillaires glomérulaires suffit à faire cesser la filtration.

Parce que le DFG est *directement proportionnel* à la PNF, une variation d'une des pressions agissant au niveau de la membrane de filtration modifie et la PNF et le DFG. En l'absence de toute régulation, l'élévation de la pression artérielle systémique et de la pression artérielle dans les capillaires artériels du glomérule accroît donc le débit de filtration glomérulaire. Cependant, comme nous le verrons dans la prochaine section, le DFG est étroitement régulé.

Régulation de la filtration glomérulaire

Le débit de filtration glomérulaire est régi par l'intermédiaire de mécanismes intrinsèques et extrinsèques. Ces deux types de mécanismes répondent à deux besoins différents (et parfois opposés). D'une part, les reins ont besoin que le DFG soit relativement constant afin de bien fonctionner et de maintenir l'homéostasie extracellulaire. D'autre part, le corps dans son ensemble a besoin que la pression sanguine soit constante ; donc, le volume sanguin doit l'être aussi.

Les mécanismes de régulation intrinsèques (*autorégulation rénale*) agissent localement dans le rein afin de maintenir le DFG, tandis que les mécanismes extrinsèques des systèmes nerveux et endocrinien assurent la régulation de la pression artérielle. En cas de variation extrême de cette pression (pression artérielle moyenne inférieure à 80 mm Hg ou supérieure à 180 mm Hg), les mécanismes extrinsèques prennent le relais des mécanismes intrinsèques. Examinons maintenant ces mécanismes.

Mécanismes intrinsèques : autorégulation rénale En ajustant leur propre résistance au débit sanguin – processus appelé **autorégulation rénale** –, les reins peuvent maintenir un DFG presque constant malgré les fluctuations de la pression artérielle systémique. L'autorégulation rénale repose sur deux mécanismes : (1) un *mécanisme autorégulateur vasculaire myogène* et (2) un *mécanisme de rétroaction tubuloglomérulaire* (**figure 25.12**, partie de gauche).

1. **Mécanisme autorégulateur vasculaire myogène.** Le **mécanisme autorégulateur vasculaire myogène** (voir p. 825) reflète la tendance du muscle lisse vasculaire à se contracter sous l'effet de l'étirement. L'élévation de la pression artérielle systémique cause donc la constriction des artérioles glomérulaires afférentes, ce qui réduit le débit sanguin dans les capillaires glomérulaires et empêche la pression artérielle glomérulaire de s'élever au niveau de la pression artérielle systémique. La diminution de la pression artérielle systémique entraîne la dilatation des artérioles glomérulaires afférentes, ce qui augmente le débit sanguin dans les capillaires artériels glomérulaires et, par conséquent, la pression artérielle, ou hydrostatique, dans ces capillaires. Ces deux réactions contribuent à maintenir un DFG normal.

2. **Mécanisme de rétroaction tubuloglomérulaire.** Le **mécanisme de rétroaction tubuloglomérulaire**, qui est assujetti à l'écoulement, est dirigé par les *cellules de la macula densa* de l'*appareil juxtaglomérulaire* (**figure 25.8**). Ces cellules, situées dans les parois de la partie ascendante de l'anse du néphron, réagissent à la concentration de NaCl du filtrat (qui varie directement en fonction de l'écoulement du filtrat). Lorsque le DFG augmente, la réabsorption n'a pas le temps de se faire et la concentration du NaCl dans le filtrat demeure élevée. C'est pourquoi les cellules de la macula densa libèrent une substance chimique (probablement de l'ATP) qui cause une intense vasoconstriction des artérioles afférentes. Cette vasoconstriction gêne le passage du sang dans le glomérule, ce qui abaisse le DFG et la PNF et prolonge la durée de traitement du filtrat glomérulaire (réabsorption du NaCl).

   Par contre, lorsque les cellules de la macula densa sont exposées au ralentissement de l'écoulement du filtrat et de sa faible concentration de NaCl, la libération d'ATP est inhibée, favorisant la vasodilatation des artérioles afférentes, comme on peut le voir à la figure 25.12. Cette vasodilatation permet à une plus grande quantité de sang de s'écouler dans le glomérule, augmentant ainsi la PNF et le DFG.

Les mécanismes d'autorégulation rénale assurent au DFG une constance relative tant que la pression artérielle systémique se maintient entre 80 et 180 mm Hg. Par conséquent, nos activités quotidiennes normales (comme l'activité physique, le sommeil ou un changement de position) ne provoquent pas de variations marquées dans l'excrétion de l'eau et des ions Na⁺. Toutefois, les mécanismes intrinsèques deviennent inopérants lorsque la pression artérielle systémique atteint des niveaux extrêmement faibles, à la suite notamment d'une hémorragie grave (*choc hypovolémique*). Quand la pression artérielle moyenne tombe sous 80 mm Hg, l'autorégulation cesse de fonctionner.

Mécanismes extrinsèques : nerveux et hormonaux Les mécanismes extrinsèques de régulation du DFG ont pour fonction de maintenir la pression artérielle systémique, et ce, aux dépens des reins parfois (figure 25.12, partie de droite).

1. **Stimulation du système nerveux sympathique.** Les mécanismes de régulation nerveuse du rein pourvoient aux besoins globaux de l'organisme. Quand le volume du liquide extracellulaire est normal et que l'activité du système nerveux sympathique est au repos, les vaisseaux sanguins rénaux sont dilatés et les mécanismes d'autorégulation rénale dominent. Toutefois, en période de stress extrême ou en situation d'urgence, quand il est nécessaire de détourner le sang vers les organes essentiels à la vie, les mécanismes de régulation nerveuse qui produisent une

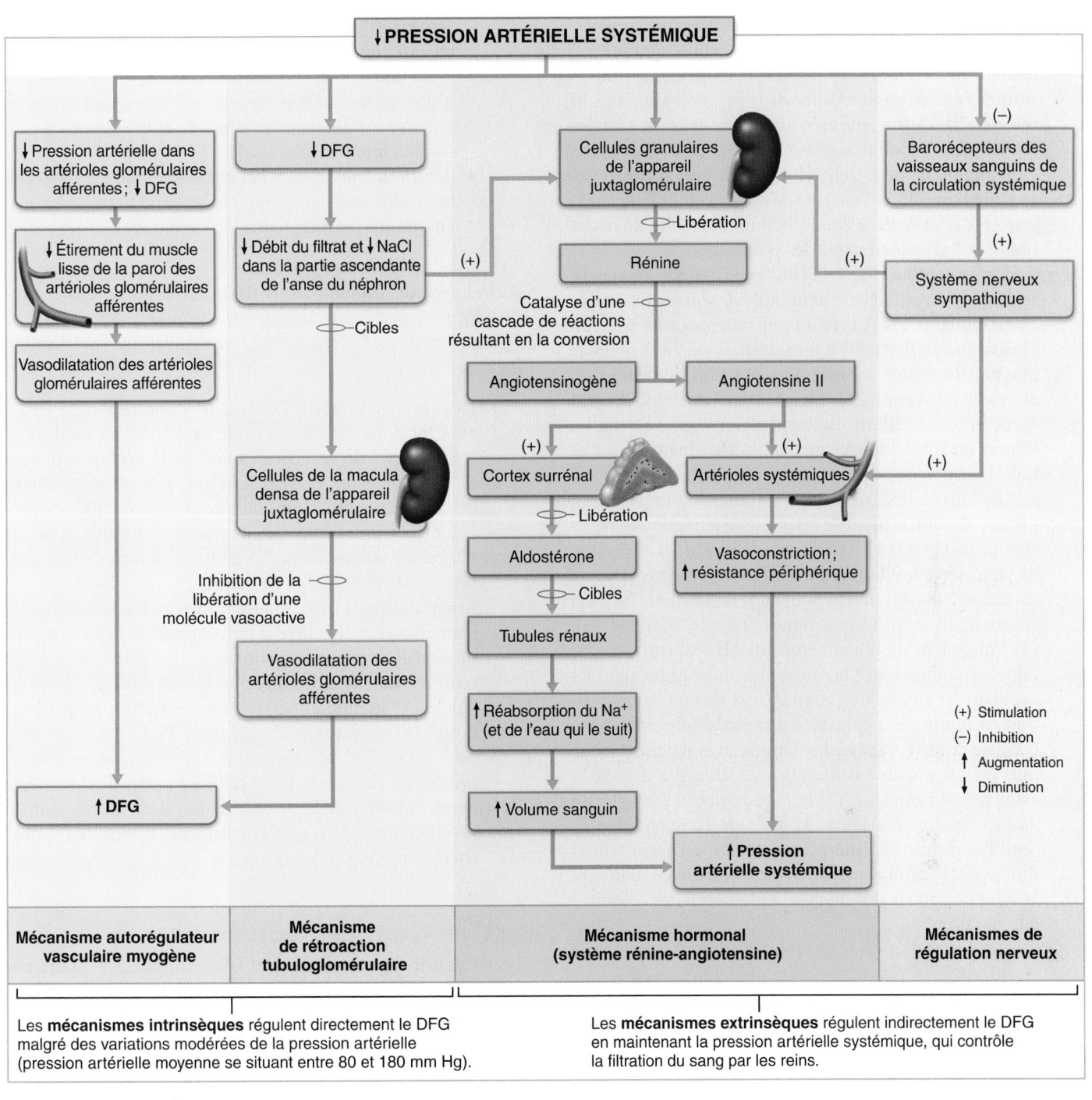

Figure 25.12 Mécanismes physiologiques assurant la régulation du débit de filtration glomérulaire (DFG). (Il ne faut pas oublier que même si la principale fonction des mécanismes extrinsèques est la régulation de la pression artérielle, ils régularisent aussi le DFG puisque la pression artérielle contrôle la filtration du sang par les reins.)

diminution du DFG peuvent prendre le pas sur les mécanismes d'autorégulation rénale.

La noradrénaline, libérée par les neurofibres sympathiques (et l'adrénaline sécrétée par la médulla surrénale), agit sur les récepteurs adrénergiques α situés sur les muscles lisses des vaisseaux; il s'ensuit une forte constriction des artérioles afférentes et une inhibition de la

formation de filtrat. À son tour, ce phénomène déclenche indirectement le système rénine-angiotensine en stimulant les cellules de la macula densa. Le système nerveux sympathique stimule aussi les cellules granulaires de l'artériole afférente, qui libèrent alors de la rénine. C'est ce dernier mécanisme que nous allons examiner dans la section suivante.

2. **Système rénine-angiotensine.** Le **système rénine-angiotensine** s'enclenche lorsque les cellules granulaires libèrent de la rénine, une hormone, en réaction à divers stimulus associés à une baisse de la pression artérielle. La **rénine** agit comme une enzyme qui transforme l'**angiotensinogène** – globuline plasmatique produite par le foie – en **angiotensine I**. Celle-ci est à son tour convertie en **angiotensine II** par l'*enzyme de conversion de l'angiotensine (ECA)* associée à l'endothélium capillaire de divers tissus, et particulièrement des poumons.

L'angiotensine II agit de cinq manières afin de stabiliser la pression artérielle systémique et le volume du liquide extracellulaire. (1) À titre de puissant vasoconstricteur, l'angiotensine II active les muscles lisses des artérioles de l'organisme entier et cause une élévation de la pression artérielle moyenne. (2) L'angiotensine II stimule la réabsorption du sodium, directement en agissant sur les tubules rénaux et indirectement en déclenchant la production d'aldostérone dans le cortex surrénal. Comme l'eau suit les ions Na^+ par osmose, le volume sanguin s'élève et, par conséquent, la pression artérielle systémique augmente (figure 25.12). (3) L'angiotensine II stimule la libération de l'hormone antidiurétique par l'hypothalamus et active le centre de la soif de l'hypothalamus ; ces deux facteurs augmentent le volume sanguin (voir le chapitre 26). (4) L'angiotensine II augmente aussi la réabsorption des liquides en diminuant la pression hydrostatique dans les capillaires péritubulaires. Cette baisse de pression se produit en raison de la contraction des artérioles efférentes ; la baisse de la pression hydrostatique en aval permet à une plus grande quantité de liquides de retourner dans le lit capillaire péritubulaire. (5) Les mésangiocytes associés au glomérule sont également la cible de l'angiotensine II. Sous l'action de l'hormone, ces cellules se contractent et diminuent le débit de filtration glomérulaire en réduisant la superficie totale des capillaires glomérulaires accessible à la filtration.

Cette énumération semble déroutante de prime abord, mais en fait vous n'avez qu'à vous rappeler que tous les effets de l'angiotensine II visent à rétablir le volume sanguin et la pression artérielle. Parmi les nombreux effets de l'angiotensine II, les deux premiers sont les plus importants.

La libération de rénine est déclenchée par les facteurs suivants, qui agissent indépendamment ou collectivement (figure 25.12) :

■ *La diminution de l'étirement des cellules granulaires de l'artériole afférente.* Une baisse de la pression artérielle systémique moyenne qui la fait passer sous 80 mm Hg (causée par une hémorragie ou la déshydratation, par exemple) diminue l'étirement des cellules granulaires et stimule la libération d'une plus grande quantité de rénine.

■ *La stimulation des cellules granulaires de l'artériole afférente par des signaux provenant des cellules activées de la macula densa.* Quand les cellules de la macula densa détectent une baisse de la concentration de NaCl (écou-

lement lent du filtrat), elles indiquent aux cellules granulaires de libérer de la rénine. Ce signal peut être une *diminution* de la libération d'ATP (on pense aussi qu'il s'agit du mécanisme de rétroactivation tubuloglomérulaire) ou une *augmentation* de la libération de prostaglandine PGE, ou les deux.

■ *La stimulation directe des cellules granulaires* de l'artériole afférente par l'action du système nerveux sympathique sur les récepteurs adrénergiques β_1.

Autres facteurs influant sur le DFG Les cellules rénales produisent une gamme de substances chimiques dont plusieurs agissent comme des paracrines (molécules de signalisation locales) :

1. La prostaglandine E_2 (PGE_2) : le vasodilatateur PGE_2 à effet local, en plus de son rôle présenté plus haut, neutralise l'effet de vasoconstriction de la noradrénaline et de l'angiotensine II dans les reins. L'avantage adaptatif de ces actions qui s'opposent est non seulement de prévenir les lésions rénales, mais aussi de satisfaire en même temps les exigences de l'organisme lorsqu'il doit augmenter la résistance périphérique.

2. Angiotensine II intrarénale : on pense habituellement à l'angiotensine II à titre d'hormone, mais les reins produisent leur propre angiotensine II à action locale qui renforce les effets de l'angiotensine II d'origine hormonale. Elle atténue aussi la vasoconstriction rénale produite en favorisant la libération de PGE_2.

3. Adénosine : l'adénosine peut être libérée comme telle ou produite à l'extérieur de la cellule à partir d'ATP libérée par les cellules de la macula densa. Bien qu'elle soit un vasodilatateur dans tout l'organisme, elle cause la constriction des vaisseaux des reins.

DÉSÉQUILIBRE HOMÉOSTATIQUE

Un débit urinaire anormalement faible (inférieur à 50 mL par jour) est appelé *anurie*. Cet état peut indiquer que la pression artérielle glomérulaire est trop basse pour assurer la filtration. Cependant, l'insuffisance rénale et l'anurie peuvent résulter de situations où les néphrons cessent de fonctionner à cause, par exemple, d'une néphrite aiguë, d'une réaction hémolytique ou d'un syndrome d'écrasement (aussi appelé syndrome de Bywaters ; ce dernier correspond à une insuffisance rénale aiguë chez des blessés par écrasement qui ont subi des contusions musculaires étendues). ■

VÉRIFIONS NOS ACQUIS

8. Calculez la pression nette de filtration à partir des valeurs suivantes : pression hydrostatique glomérulaire = 50 mm Hg ; pression osmotique glomérulaire = 25 mm Hg ; pression hydrostatique capsulaire = 20 mm Hg.

9. Les mécanismes de régulation extrinsèques et intrinsèques du DFG ont des objectifs différents. Quels sont-ils ?

10. Décrivez les deux principaux moyens par lesquels l'angiotensine II augmente la pression artérielle et le volume sanguin.

Les réponses se trouvent à l'appendice G.

Deuxième étape : réabsorption tubulaire

11 Décrire les mécanismes qui sous-tendent la réabsorption de l'eau et des solutés des tubules rénaux aux capillaires péritubulaires.

12 Expliquer la régulation de la réabsorption de l'eau et du sodium dans le tubule contourné distal et le tubule rénal collecteur.

Comme le volume plasmatique total passe dans les tubules rénaux toutes les 22 min environ, le plasma serait complètement éliminé sous forme d'urine en moins de 30 min si la majeure partie du filtrat glomérulaire n'était pas récupéré et renvoyé dans le sang par les tubules rénaux. Cette récupération, appelée **réabsorption tubulaire**, est un *mécanisme de transport transépithélial* sélectif qui débute aussitôt que le filtrat pénètre dans les tubules contournés proximaux. Pour atteindre le sang, les substances réabsorbées doivent emprunter soit la *voie transcellulaire*, soit la *voie paracellulaire* (figure 25.13). Dans la voie transcellulaire, elles traversent la *membrane apicale*, le cytoplasme et la *membrane basolatérale* des cellules des tubules, puis l'endothélium des capillaires péritubulaires. Parce que les cellules des tubules sont reliées par des jonctions serrées, le mouvement des substances par la voie paracellulaire entre ces cellules est limité. Dans le néphron proximal, cependant, ces jonctions serrées sont plus perméables et laissent passer quelques ions importants (Ca^{2+}, Mg^{2+}, K^+ et un peu de Na^+) par la voie paracellulaire.

Des reins sains réabsorbent complètement presque tous les nutriments organiques, tels le glucose et les acides aminés, afin d'en maintenir ou d'en rétablir les concentrations plasmatiques normales. Par ailleurs, les reins ajustent la réabsorption de l'eau et de nombreux ions en réaction à des signaux hormonaux. Selon les substances transportées, la réabsorption est *passive* (elle ne fait pas appel à l'ATP) ou *active* (au moins une de ses étapes de transport nécessite directement ou indirectement la présence d'ATP).

Réabsorption du sodium

Les ions Na^+ sont les cations les plus abondants dans le filtrat, et environ 80 % de l'énergie consommée par le transport actif est consacrée à leur réabsorption. La réabsorption du sodium est presque toujours active et s'accomplit le plus souvent par la voie transcellulaire.

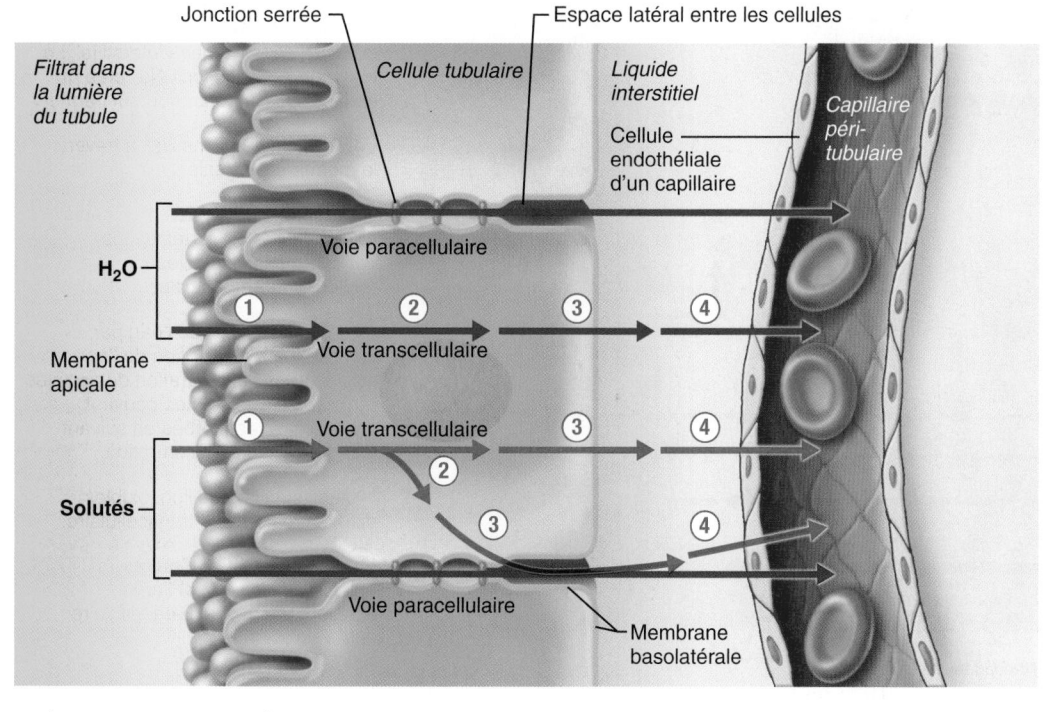

Figure 25.13 Voies transcellulaire et paracellulaire de réabsorption tubulaire.
Les liquides et les solutés se déplacent généralement dans les capillaires péritubulaires par les fentes intercellulaires. Pour simplifier l'illustration, les transporteurs, les canaux ioniques, les fentes intercellulaires et les aquaporines ne sont pas représentés.

En général, dans chaque segment tubulaire, il se produit deux processus de base qui stimulent la réabsorption active du Na^+. Premièrement, le Na^+ est activement transporté hors de la cellule tubulaire par *transport actif primaire* – par la Na^+-K^+ ATPase présente dans la membrane basolatérale (figure 25.14, ①). De là, les ions Na^+ sont entraînés par l'écoulement d'une grande quantité d'eau dans les capillaires péritubulaires adjacents. L'eau et les solutés s'écoulent rapidement dans les capillaires péritubulaires, car la pression hydrostatique du sang qui s'y trouve est faible.

Deuxièmement, le transport actif des ions Na^+ à l'extérieur de la cellule tubulaire (au niveau de la membrane basolatérale) crée un gradient électrochimique élevé qui facilite l'entrée *passive* du Na^+ dans la cellule au niveau de la membrane apicale par *transport actif secondaire* (par système symport ou antiport) (figure 25.14, ②, ③) ou par diffusion facilitée à travers des canaux ioniques (canaux de fuite). Cette réabsorption du Na^+ se produit: (1) parce que la pompe maintient la concentration

intracellulaire de Na^+ à un faible taux; et (2) parce que les ions K^+ pompés dans la cellule tubulaire en ressortent presque immédiatement pour entrer dans l'espace interstitiel par des canaux ioniques, laissant l'intérieur de la cellule tubulaire avec une charge négative nette.

Puisque chacun des segments du tubule rénal joue un rôle légèrement différent dans la réabsorption, le mécanisme précis par lequel les ions Na^+ sont réabsorbés au niveau de la membrane apicale varie.

Réabsorption des nutriments, de l'eau et des ions

La réabsorption du Na^+ par transport actif primaire fournit l'énergie et les moyens nécessaires à la réabsorption de la plupart des autres substances, y compris l'eau. Parmi les substances qui sont réabsorbées par **transport actif secondaire** (l'impulsion venant du gradient instauré par la pompe Na^+-K^+ au niveau de la membrane basolatérale), on trouve le glucose, les acides

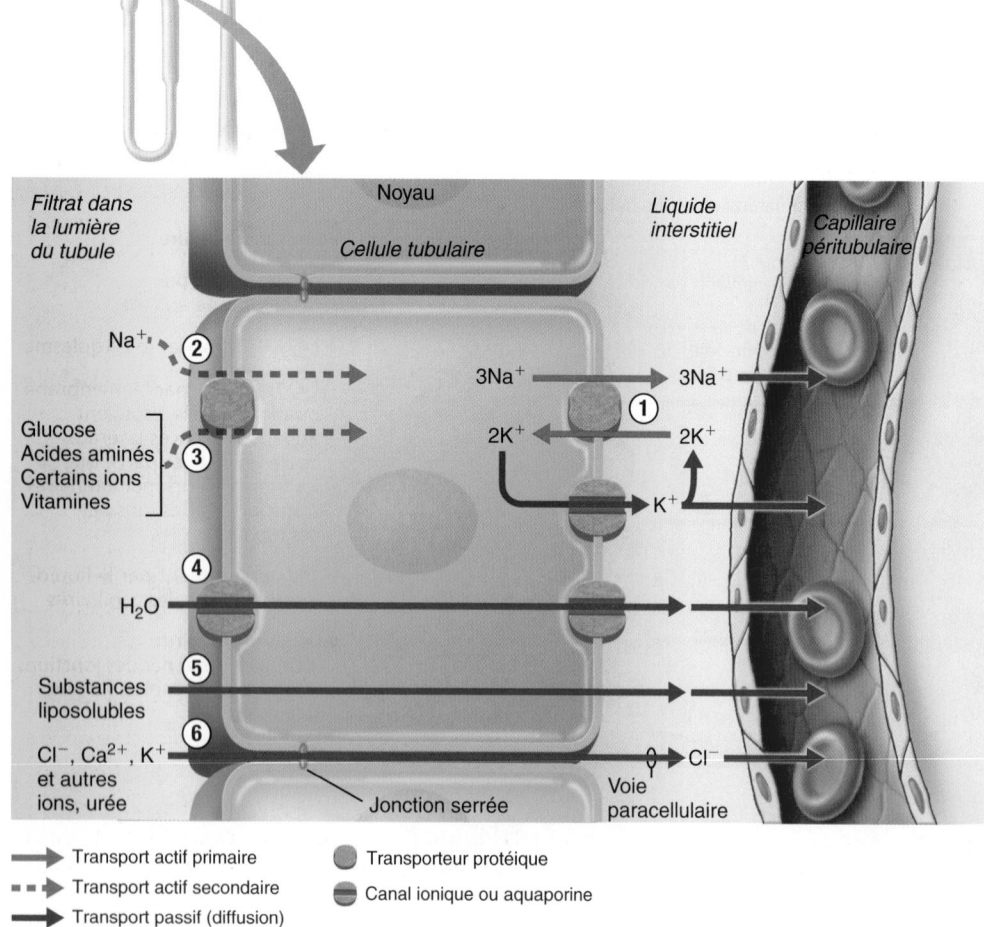

① Au niveau de la membrane basolatérale, la Na^+-K^+ ATPase pompe les ions Na^+ dans l'espace interstitiel. Le transport actif des ions Na^+ crée un gradient de concentration qui permet:

② le passage d'ions Na^+ à travers la membrane apicale;

③ la réabsorption des nutriments organiques et de certains ions par cotransport au niveau de la membrane apicale;

④ la réabsorption de l'eau par osmose. La réabsorption de l'eau augmente la concentration des solutés qui restent. Ces solutés peuvent ensuite être réabsorbés en suivant leur gradient de concentration.

⑤ Les substances liposolubles diffusent par la voie transcellulaire.

⑥ Les ions Cl^- (et d'autres anions), les ions K^+ et l'urée diffusent par la voie paracellulaire.

Légende du schéma:
- Filtrat dans la lumière du tubule
- Noyau
- Cellule tubulaire
- Liquide interstitiel
- Capillaire péritubulaire
- Na^+ ②
- Glucose / Acides aminés / Certains ions / Vitamines ③
- $3Na^+$ → $3Na^+$ ①
- $2K^+$ ← $2K^+$
- K^+
- ④ H_2O
- ⑤ Substances liposolubles
- ⑥ Cl^-, Ca^{2+}, K^+ et autres ions, urée
- Jonction serrée
- Voie paracellulaire
- Cl^-

→ Transport actif primaire
--→ Transport actif secondaire
→ Transport passif (diffusion)
● Transporteur protéique
◉ Canal ionique ou aquaporine

Figure 25.14 Réabsorption par les cellules du tubule contourné proximal. La plupart des nutriments organiques réabsorbés dans le tubule contourné proximal traversent la membrane basolatérale par diffusion facilitée. Pour simplifier le schéma, ce phénomène et les microvillosités ne sont pas représentés.

aminés, le lactate et les vitamines. Pour presque toutes ces substances, un transporteur commun dans la membrane apicale déplace des ions Na⁺ dans le sens de leur gradient de concentration en même temps qu'il cotransporte (symporte) un autre soluté qui, lui, est transporté dans le sens contraire à son gradient de concentration (figure 25.14, ③). Les solutés cotransportés traversent par diffusion la membrane basolatérale (par des transporteurs protéiques différents) avant d'entrer dans l'espace interstitiel et, par la suite, dans les capillaires péritubulaires. Les transporteurs protéiques peuvent être polyvalents dans une certaine mesure. Il n'en reste pas moins que les systèmes de transport des divers solutés sont relativement spécifiques et *limités*.

Il existe un **taux maximal de réabsorption** (T_m), exprimé en millimoles par minute, pour presque toutes les substances réabsorbées au moyen d'un transporteur protéique dans la membrane. Cette limite reflète le nombre de transporteurs protéiques disponibles sur les membranes basolatérales des cellules tubulaires. En général, les substances qui doivent être réabsorbées trouvent suffisamment de transporteurs, et leur T_m est élevé. Inversement, les transporteurs sont rares ou inexistants pour les substances qui ne doivent pas être réabsorbées.

Quand les transporteurs sont saturés (c'est-à-dire quand ils sont tous liés aux substances qu'ils véhiculent), les substances en excès sont excrétées dans l'urine. Le meilleur exemple de ce phénomène est celui de la glycosurie associée au diabète non traité. Quand la concentration plasmatique du glucose s'élève aux alentours de 22 mmol par litre de plasma, le taux maximal de réabsorption est dépassé, et le surplus de glucose s'échappe en grande quantité dans l'urine, même si les tubules rénaux continuent de fonctionner normalement.

Dans la **réabsorption tubulaire passive**, qui comprend l'osmose, la diffusion et la diffusion facilitée, les substances diffusent du milieu où elles sont le plus concentrées vers le milieu où elles sont le moins concentrées sans utiliser l'ATP. Le déplacement des ions Na⁺ et d'autres solutés instaurent un fort gradient osmotique, et l'eau passe par osmose dans les capillaires péritubulaires. Ce processus est facilité par des protéines transmembranaires appelées **aquaporines**, qui creusent des canaux spécifiques de l'eau à travers les membranes cellulaires (figure 25.14, ④). Dans les régions des tubules rénaux qui sont continuellement perméables à l'eau, telles que les TCP, les aquaporines sont une composante invariable de la membrane des cellules tubulaires. Comme ces canaux sont toujours présents, l'organisme est « obligé » d'absorber de l'eau par le néphron proximal, peu importe qu'il soit surhydraté ou sous-hydraté. Cet écoulement d'eau est appelé **réabsorption obligatoire de l'eau**. Les aquaporines sont à peu près inexistantes dans les membranes apicales des tubules collecteurs, sauf si l'hormone antidiurétique (ADH) est présente.

À mesure que l'eau sort des tubules, la concentration des solutés dans le filtrat augmente considérablement, et ces substances, si elles le peuvent, commencent elles aussi à se déplacer dans le sens de leurs gradients de concentration vers les capillaires péritubulaires. Autrement dit, elles vont aussi du milieu où la concentration est plus élevée (lumière tubulaire) vers le milieu où la concentration est plus faible (cytoplasme

des cellules). Ce phénomène de diffusion est à l'origine de la réabsorption passive d'un certain nombre de solutés présents dans le filtrat, tels que des substances liposolubles, certains ions et une partie de l'urée (figure 25.14, ⑤, ⑥). Il explique aussi en partie pourquoi les médicaments liposolubles et les toxines environnementales sont difficiles à excréter ; en effet, comme les composés liposolubles peuvent généralement traverser les membranes, ils suivent leur gradient de concentration et sont réabsorbés, même si ce n'est pas souhaitable.

En passant des cellules tubulaires au sang du capillaire péritubulaire, les ions Na⁺ chargés positivement créent un gradient électrique qui favorise la diffusion passive des anions (surtout des ions Cl⁻) pour équilibrer les charges électriques du filtrat et du plasma (figure 25.14, ⑥).

Toutes les protéines plasmatiques qui se fraient un chemin à travers la membrane de filtration (de 200 à 300 mg/L) sont éliminées du filtrat au niveau du tubule contourné proximal. Les cellules du TCP captent les protéines par pinocytose ; celles-ci sont ensuite dégradées en leurs acides aminés constitutifs, lesquels sont expédiés dans la circulation péritubulaire.

Capacités de réabsorption des tubules rénaux et des tubules collecteurs

Le **tableau 25.1** met en parallèle les capacités d'absorption des diverses parties du tubule rénal et du tubule collecteur.

Tubule contourné proximal Toutes les parties du tubule rénal contribuent à un degré ou à un autre à la réabsorption, mais les cellules du TCP sont de loin les plus actives, et c'est là que se déroule la majeure partie des phénomènes que nous venons de décrire. Normalement, le TCP réabsorbe *tout* le glucose, le lactate et les acides aminés du filtrat ainsi que 65 % des ions Na⁺ et de l'eau, 80 % du bicarbonate filtré (HCO_3^-), 60 % des ions Cl⁻ et environ 55 % des ions K⁺. De même, l'essentiel de la réabsorption des électrolytes a déjà eu lieu lorsque le filtrat atteint l'anse du néphron. Presque toutes les molécules d'acide urique et environ la moitié de l'urée sont réabsorbées dans le TCP, mais elles sont ultérieurement renvoyées dans le filtrat (sécrétion).

Anse du néphron Au-delà du TCP, la perméabilité de l'épithélium tubulaire change du tout au tout. Ici, pour la première fois, la réabsorption de l'eau n'est pas couplée à la réabsorption de solutés. L'eau peut sortir de la partie descendante de l'anse du néphron mais *non pas* de la partie ascendante, dont les cellules sont dépourvues ou presque d'aquaporines. Pour des raisons que nous exposerons plus loin, les différences de perméabilité entre les parties de l'anse du néphron fondent la capacité des reins à former de l'urine concentrée ou de l'urine diluée.

Pour l'eau, la règle qui s'applique est la suivante : elle quitte la partie descendante (mais pas la partie ascendante) de l'anse du néphron ; le contraire est vrai pour les solutés. Il ne se produit pratiquement aucune réabsorption de solutés dans la partie descendante ; la partie ascendante est le siège de la réabsorption active et passive des solutés. Dans le segment grêle de la partie ascendante, le Na⁺ descend passivement avec le gradient de concentration créé par la réabsorption de l'eau.

25

TABLEAU 25.1	Capacités de réabsorption des différentes parties du tubule rénal	
PARTIE DU TUBULE	**SUBSTANCES RÉABSORBÉES**	**MÉCANISME**

Tubule contourné proximal

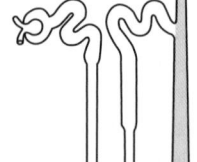

	Ions Na^+	Transport actif primaire par une pompe Na^+-K^+ de la membrane baso-latérale; établit un gradient électrochimique pour la diffusion passive des solutés et l'osmose; transport actif secondaire (cotransport) avec des substances telles que le glucose et les acides aminés
	Presque tous les nutriments (glucose, acides aminés, vitamines)	Transport actif secondaire avec le Na^+
	Cations (K^+, Mg^{2+}, Ca^{2+}, etc.)	Diffusion paracellulaire passive dans le sens d'un gradient électrochimique
	Cl^-	Diffusion paracellulaire passive dans le sens d'un gradient électrochimique
	HCO_3^-	Transport actif secondaire dépendant de la sécrétion de H^+ et de la réabsorption de Na^+ (voir le chapitre 26)
	Eau	Osmose; réabsorption obligatoire à la suite de la réabsorption des solutés
	Solutés liposolubles	Diffusion passive dans le sens d'un gradient de concentration créé par la réabsorption de l'eau
	Urée	Diffusion paracellulaire passive dans le sens d'un gradient chimique; dans certains cas, diffusion facilitée par la voie transcellulaire
	Petites protéines	Pinocytose par les cellules tubulaires et dégradation en acides aminés par ces mêmes cellules

Anse du néphron

Partie descendante	Eau	Osmose
Partie ascendante	Na^+, Cl^-, K^+	Transport actif secondaire du Cl^-, du Na^+ et du K^+ par l'intermédiaire d'un cotransporteur Na^+-K^+-$2Cl^-$ dans le segment large; diffusion paracellulaire aussi; antiport Na^+-H^+
	Ca^{2+}, Mg^{2+}	Diffusion paracellulaire passive dans le sens d'un gradient électrochimique

Tubule contourné distal

	Na^+, Cl^-	Transport actif primaire avec le Na^+ au niveau de la membrane basolaté-rale; transport actif secondaire au niveau de la membrane apicale par l'intermédiaire d'un symporteur Na^+-Cl^- et de canaux ioniques; transport régulé par l'aldostérone dans la partie distale
	Ca^{2+}	Absorption passive par l'intermédiaire de canaux stimulés par l'hormone parathyroïdienne (PTH) dans la membrane apicale; transport actif primaire et secondaire (antiport avec le Na^+) dans la membrane basolatérale

Tubule rénal collecteur

	Na^+, H^+, K^+, HCO_3^- et Cl^-	Transport actif primaire des ions Na^+ (stimulé par l'aldostérone); diffusion paracellulaire passive de Cl^-; cotransport de H^+, Cl^- et HCO_3^-; réabsorption et sécrétion de K^+ (stimulées par l'aldostérone), se traduisant généralement par une sécrétion de K^+
	Eau	Osmose; réabsorption facultative contrôlée de l'eau; l'hormone antidiurétique (ADH) est nécessaire à l'insertion des aquaporines
	Urée	Diffusion facilitée dans le sens du gradient de concentration dans la partie profonde de la médulla; contribue au gradient osmotique de la médulla

25

Un symporteur Na^+-K^+-$2Cl^-$ est le moyen qu'utilisent les ions Na^+ pour traverser la membrane apicale dans le segment large de la partie ascendante. À la membrane basolatérale, des Na^+-K^+ ATPases créent le gradient ionique qui fait fonctionner le symporteur. Le segment large de la partie ascendante possède aussi des antiporteurs Na^+-H^+ et quelque 50 % des ions Na^+ passent par la voie paracellulaire dans cette région.

Tubule contourné distal et tubule rénal collecteur   Une fois arrivés au TCD, seulement 10 % environ du NaCl filtré à l'origine et 25 % de l'eau demeurent dans le tubule. À ce moment, le gros de la réabsorption est lié aux besoins ponctuels de l'organisme et régi par des hormones (surtout l'aldostérone pour les ions Na^+, l'hormone antidiurétique pour l'eau et la parathormone pour les ions Ca^{2+}, comme nous le verrons au chapitre 26). Si besoin est, l'eau et les ions Na^+ atteignant ces parties peuvent être presque complètement réabsorbés.

En l'absence de l'hormone antidiurétique (ADH), les tubules rénaux collecteurs sont relativement imperméables à l'eau. La réabsorption d'une quantité accrue d'eau repose sur la présence d'ADH, qui accroît la perméabilité à l'eau du tubule rénal collecteur par l'insertion d'aquaporines dans la membrane apicale de ses cellules.

La réabsorption des ions Na^+ restants est assujettie à l'aldostérone. L'hypovolémie et l'hypotension ainsi que l'hyponatrémie et l'hyperkaliémie (respectivement, une faible concentration de Na^+ et une forte concentration de K^+ dans le liquide extracellulaire) peuvent entraîner la libération d'aldostérone par le cortex surrénal. Tous ces états, à l'exception de l'hyperkaliémie (qui stimule *directement* la libération d'aldostérone par le cortex surrénal), déclenchent le système rénine-angiotensine, qui provoque à son tour la libération d'aldostérone (figure 25.12). L'aldostérone amène les cellules principales du tubule rénal collecteur et les cellules de la partie distale du TCD à synthétiser et à conserver plus de canaux à sodium et à potassium dans la membrane apicale ainsi que plus de Na^+-K^+ ATPases. Il en résulte qu'une très faible quantité d'ions Na^+ est excrétée dans l'urine. En l'absence d'aldostérone, le TCD et le tubule rénal collecteur n'absorbent pratiquement pas les ions Na^+; les énormes pertes de Na^+ qui s'ensuivent, soit environ 2 % des ions Na^+ filtrés quotidiennement, mettent la vie en danger.

Sur le plan physiologique, le rôle de l'aldostérone consiste à augmenter le volume sanguin, et donc la pression artérielle, en facilitant la réabsorption des ions Na^+. En général, l'eau suit les ions Na^+, si la chose est possible. Enfin, l'aldostérone réduit la concentration sanguine d'ions K^+, car la réabsorption des ions Na^+ qu'elle provoque est couplée à la sécrétion dans les cellules principales d'ions K^+, c'est-à-dire que les ions K^+ diffusent dans la lumière du tube à mesure que les ions Na^+ entrent dans les cellules du tube.

Alors que l'aldostérone stimule la réabsorption des ions Na^+, le *facteur natriurétique auriculaire* diminue la teneur du sang en Na^+, réduisant ainsi le volume sanguin et la pression artérielle. Libérée par les cellules des oreillettes à la suite d'une élévation de la pression ou du volume sanguin, cette hormone produit plusieurs effets qui font baisser la concentration sanguine des ions Na^+; par exemple, elle inhibe la réabsorption des

ions Na^+ en agissant directement sur les tubules rénaux collecteurs. Ces mécanismes sont décrits en détail au chapitre 26, notamment dans la figure 26.10.

Troisième étape: sécrétion tubulaire

12   Montrer l'importance de la sécrétion tubulaire et nommer certaines des substances sécrétées.

L'incapacité des cellules tubulaires de réabsorber certains solutés est l'un des principaux facteurs de l'élimination des substances indésirables du plasma. La **sécrétion tubulaire** (en quelque sorte l'inverse de la réabsorption) en est un autre. Les substances telles que les ions H^+, K^+ et NH_4^+, la créatinine et certains acides organiques passent des capillaires péritubulaires au filtrat en traversant les cellules tubulaires ou sont synthétisées dans les cellules tubulaires et sécrétées. Par conséquent, l'urine est composée *à la fois de substances filtrées et de substances sécrétées*. Sauf pour les ions K^+ (une importante exception), la sécrétion a lieu dans le TCP, mais la partie corticale du tubule rénal collecteur y contribue aussi (figure 25.18).

La sécrétion tubulaire remplit les fonctions suivantes:

1. *Élimination des substances, comme certains médicaments et métabolites, qui sont étroitement liées aux protéines plasmatiques.* Comme ces protéines ne sont généralement pas filtrées, les substances qui s'y lient ne le sont pas non plus et doivent être sécrétées.
2. *Élimination des substances nuisibles ou des produits finaux du métabolisme qui ont été réabsorbés passivement.* L'urée et l'acide urique, deux déchets azotés, sont traités de cette manière. Le traitement de l'urée par le néphron est un mécanisme complexe qui sera présenté à la page 1138; il assure l'excrétion de 40 à 50 % de l'urée du filtrat.
3. *Élimination de l'organisme des ions K^+ en excès.* Presque tous les ions K^+ contenus dans l'urine ont été activement sécrétés dans la dernière partie du TCD et dans le tubule rénal collecteur sous l'influence de l'aldostérone, car ceux qui auraient pu provenir du filtrat ont été réabsorbés dans le TCP et dans la partie ascendante de l'anse du néphron.
4. *Régulation du pH sanguin.* Quand le pH sanguin baisse, les cellules intercalaires du TCD et celles du tubule rénal collecteur sécrètent activement des ions H^+ dans le filtrat et elles retiennent et produisent plus d'ions HCO_3^- (une base). Alors, le pH sanguin s'élève et l'urine draine l'excès d'ions H^+. Inversement, quand le pH sanguin s'élève, les cellules tubulaires réabsorbent des ions Cl^- plutôt que des ions HCO_3^-, et ceux-ci sont excrétés dans l'urine. Nous aborderons en profondeur le rôle des reins dans l'homéostasie du pH au chapitre 26.

VÉRIFIONS NOS ACQUIS

11. Dans quelle partie du néphron la plus grande part de la réabsorption se produit-elle? Pourquoi?

12. Quelles sont les différences entre les mécanismes de transport actif primaire et secondaire (les deux sont illustrés à la figure 25.14)?

25

13. De quelle manière le mouvement des ions Na$^+$ entraîne-t-il la réabsorption de l'eau et des solutés?

14. Nommez diverses substances qui sont sécrétées dans les tubules rénaux.

Les réponses se trouvent à l'appendice G.

Régulation de la concentration et du volume de l'urine

13 Décrire le mécanisme à l'origine du gradient osmotique dans la médulla rénale et montrer l'importance de ce gradient; montrer comment ce mécanisme est relié aux caractéristiques des tubules rénaux collecteurs et des vasa recta ainsi que des différentes parties de l'anse du néphron.

14 Expliquer ce qui distingue la formation d'urine diluée et celle d'urine concentrée; préciser le rôle et le mode d'action de l'hormone antidiurétique.

15 Définir le terme « diurétique »; donner des exemples de substances diurétiques et de leur mode d'action.

L'une des fonctions capitales des reins est de maintenir constante la concentration de solutés dans les liquides de l'organisme. Nous faisons appel à l'*osmolalité* pour mesurer la quantité de solutés présente dans les liquides de l'organisme. L'**osmolalité** d'une solution est le nombre de particules de soluté dissoutes dans 1 kg d'eau par opposition au terme « osmolarité », qui fait référence au nombre de particules dissoutes dans 1 L de *solution*. L'osmolalité se traduit par la capacité de la solution d'entraîner l'osmose. Pour toute solution en contact avec une membrane à perméabilité sélective, cette capacité, appelée *activité osmotique*, est déterminée uniquement par le nombre de particules de soluté incapables de traverser la membrane (appelées particules non diffusibles), et non pas par leur nature. Par exemple, dans un même volume de solution, 10 ions Na$^+$ ont la même activité osmotique que 10 molécules de glucose ou 10 molécules d'acides aminés.

L'osmolalité (concentration en solutés) des liquides de l'organisme est exprimée en millimoles par kilogramme (mmol/kg). Par exemple, l'osmolalité du plasma sanguin se situe entre 280 et 300 mmol/kg.

Les reins maintiennent la concentration de solutés dans les liquides de l'organisme autour de 300 mmol/kg, soit la concentration osmotique du plasma sanguin, en réglant la concentration et le volume de l'urine. Les reins s'acquittent de cette tâche en utilisant des **mécanismes à contre-courant**. Dans les reins, le terme « contre-courant » signifie que les liquides s'écoulent dans des directions opposées à l'intérieur des segments adjacents du même tube reliés par une boucle en tête d'épingle (figure 25.16). Ces mécanismes à contre-courant sont (1) l'interaction entre le filtrat dans les parties ascendante et descendante des longues anses du néphron juxtamédullaire (*multiplicateur à contre-courant*) et (2) le sang dans les parties ascendante et descendante des vasa recta adjacents (*échangeur à contre-courant*).* Ces mécanismes à contre-courant établissent et maintiennent un gradient osmotique qui s'étend du cortex rénal jusqu'aux profondeurs de la médulla rénale **(figure 25.15)**. Ce gradient permet aux reins de faire varier la concentration de l'urine.

L'osmolalité du filtrat qui entre dans le tubule contourné proximal est égale à celle du plasma, soit environ 300 mmol/kg. Comme nous l'avons mentionné plus haut, la réabsorption d'eau

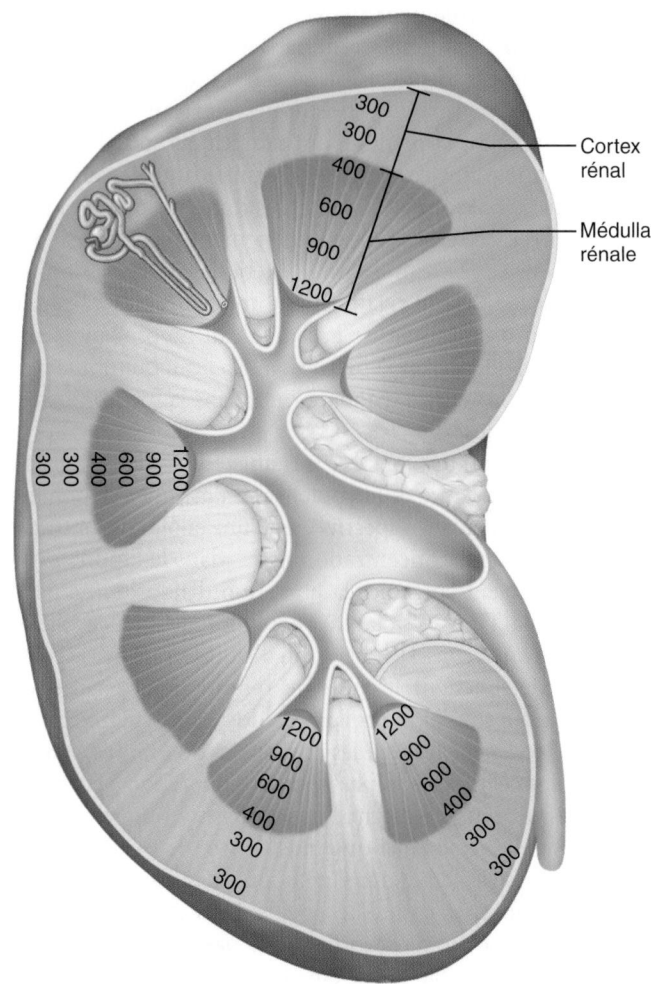

Figure 25.15 Gradient osmotique de la médulla rénale.
L'osmolalité du liquide interstitiel dans le cortex rénal est isotonique à 300 mmol/kg, mais celle du liquide interstitiel dans la médulla augmente progressivement de 300 mmol/kg (à la jonction médullocorticale) à 1200 mmol/kg (à la jonction médullopelvienne). L'illustration présente un néphron et ses tubules collecteurs considérablement agrandis afin de montrer leur situation par rapport au gradient médullaire.

---

* On pense souvent à tort que le terme « contre-courant » signifie que la direction de l'écoulement des liquides dans les anses des néphrons est à l'opposé de celle du sang dans les vasa recta. En fait, il n'existe pas de relation univoque entre les boucles des anses et les capillaires des vasa recta, comme pourraient le suggérer des illustrations comme celle de la figure 25.16. Il y a plutôt regroupement de nombreux tubules et capillaires. Chaque tubule est entouré de nombreux vaisseaux sanguins, dans lesquels le sens de l'écoulement du sang n'est pas nécessairement le contraire de celui des liquides dans le tubule (figure 25.7).

et de solutés dans le TCP fait en sorte que le filtrat est encore isoosmotique par rapport au plasma au moment où il atteint la partie descendante de l'anse du néphron. Toutefois, son osmolalité passe de 300 mmol/kg à environ 1200 mmol/kg dans la partie la plus profonde de la médulla rénale (figure 25.16a).

Comment s'explique cette prodigieuse augmentation de l'osmolalité du liquide interstitiel de la médulla? La réabsorp-

tion de l'eau que cette forte osmolalité implique ne peut avoir été effectuée par transport actif; en effet, il n'existe pas de transport actif de l'eau dans les cellules. La réponse réside plutôt dans le fonctionnement des longues anses des néphrons juxtamédullaires et celui des vasa recta. Notez dans la figure 25.16a que le filtrat dans l'anse du néphron et le sang dans les vasa recta descendent puis montent dans des conduits parallèles.

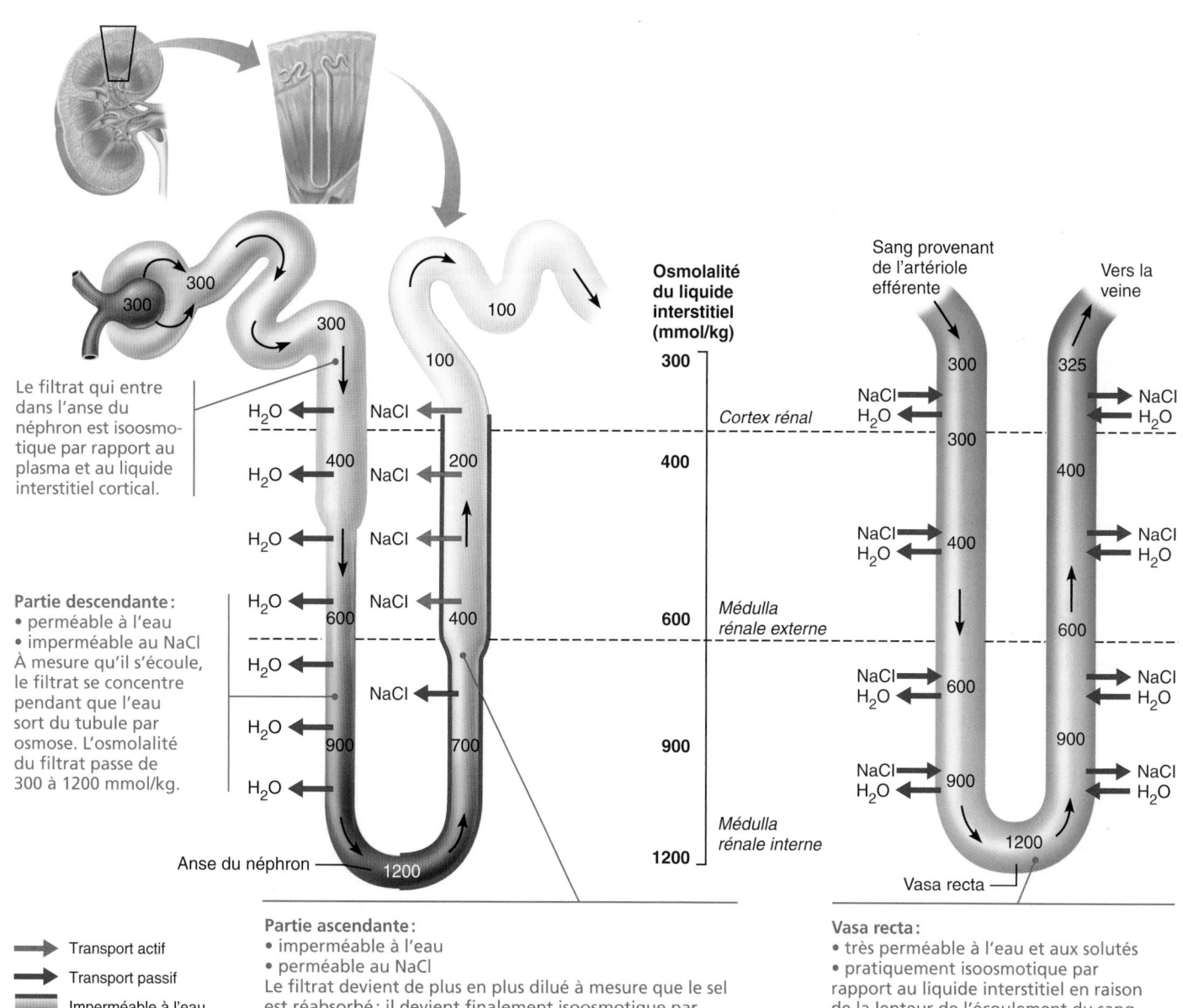

(a) Multiplicateur à contre-courant. Les longues anses des néphrons juxtamédullaires créent le gradient osmotique médullaire.

(b) Échangeur à contre-courant. Les vasa recta maintiennent le gradient médullaire, tout en éliminant l'eau et les solutés réabsorbés.

Figure 25.16 Mécanisme à contre-courant créant et maintenant le gradient osmotique de la médulla rénale. Remarquez en **(a)** que la partie descendante produit un filtrat de plus en plus concentré, et la partie ascendante utilise cette forte concentration de sel pour établir une forte osmolalité du liquide interstitiel de la médulla ainsi que son gradient osmotique.

Multiplicateur à contre-courant

Nous suivrons d'abord le traitement du filtrat dans l'anse du néphron (figure 25.16a) afin de voir comment il sert de **multiplicateur à contre-courant** du gradient osmotique. Le fonctionnement du multiplicateur à contre-courant est lié à deux facteurs :

1. **La partie descendante de l'anse du néphron permet la réabsorption de l'eau mais non celle des solutés.** L'eau quitte le filtrat par osmose sur toute la longueur de la partie descendante de l'anse parce que l'osmolalité du liquide interstitiel de la médulla augmente graduellement le long de la partie descendante. Près de 20 % de l'eau filtrée est réabsorbée à ce niveau (nous décrirons plus loin le mécanisme de cette augmentation). L'osmolalité du filtrat atteint son point maximal (1200 mmol/kg) au coude de l'anse du néphron.

2. **La partie ascendante de l'anse du néphron permet la réabsorption des solutés mais non celle de l'eau.** Au début de la partie ascendante, le tubule devient imperméable à l'eau et sélectivement perméable aux ions. La concentration en ions Na$^+$ et Cl$^-$ du filtrat qui entre dans la partie ascendante est très élevée (supérieure à celle du liquide interstitiel). La réabsorption des ions Na$^+$ et Cl$^-$ dans la partie ascendante est à la fois passive (surtout dans le segment grêle) et active (dans le segment large, par l'intermédiaire du cotransporteur Na$^+$-K$^+$-2Cl$^-$). À mesure qu'ils sont expulsés dans l'espace interstitiel de la médulla, ces ions contribuent à l'augmentation de son osmolalité. Étant donné qu'il perd des ions mais non de l'eau dans la partie ascendante, le filtrat se dilue progressivement. Lorsqu'il atteint 100 mmol/kg dans le TCD, ce filtrat est alors hypoosmotique, ou hypotonique par rapport au plasma sanguin et aux liquides interstitiels corticaux.

Comme le montre la figure 25.16, il existe une différence constante dans la concentration de filtrat (200 mmol/kg) entre la partie descendante de l'anse et la partie ascendante, ainsi qu'entre la partie ascendante et le liquide interstitiel. Cette différence reflète la puissance des pompes à NaCl de la partie ascendante, qui arrive tout juste à créer une différence de 200 mmol/kg entre l'intérieur et l'extérieur de la partie ascendante. En soi, un gradient de 200 mmol/kg ne permettrait pas l'excrétion d'urine très concentrée. L'efficacité de ce système repose sur le fait que, en raison du mouvement à contre-courant, l'anse du néphron est capable de « multiplier » ces petites variations de la concentration de solutés et de les transformer, du cortex vers le fond de la médulla, en un gradient approchant 900 mmol/kg (1200 mmol/kg – 300 mmol/kg).

Bien qu'elles ne soient pas en contact direct, les parties ascendante et descendante de l'anse sont assez rapprochées pour influer sur leurs échanges respectifs avec le liquide interstitiel. Dans ces conditions, la diffusion de l'eau dans l'espace interstitiel (hors de la partie descendante) laisse derrière un filtrat de plus en plus concentré que la partie ascendante utilise ensuite pour augmenter l'osmolalité du liquide interstitiel de la médulla en y transportant activement des ions. L'augmentation de l'osmolalité du liquide interstitiel crée le gradient de concen-

tration nécessaire à la réabsorption de l'eau par la partie descendante ; par conséquent, le filtrat devient hypertonique dans la partie descendante. La réabsorption de l'eau par la partie descendante est donc tributaire de la réabsorption des ions par la partie ascendante. L'interaction fonctionnelle entre les deux parties de l'anse du néphron établit un cycle de rétroactivation, car plus la partie ascendante réabsorbe activement les ions vers l'espace interstitiel, plus la partie descendante réabsorbe de l'eau vers l'espace interstitiel également.

Recyclage de l'urée et gradient osmotique médullaire

En plus du sodium, l'urée contribue de manière importante au gradient osmotique médullaire. Comme l'illustre la **figure 25.17**, l'urée accède au filtrat par diffusion facilitée dans le segment grêle de la partie ascendante de l'anse du néphron. À mesure que le filtrat s'écoule, l'eau est habituellement réabsorbée dans la partie corticale du tubule rénal collecteur, laissant l'urée. Lorsque le filtrat atteint le tubule collecteur dans les parties profondes de la médulla rénale, l'urée, dont la concentration est maintenant très élevée, est transportée par diffusion facilitée hors des tubules vers le liquide interstitiel de la médulla, où elle forme un pool d'urée qui est recyclé dans le segment grêle de l'anse. Ce pool d'urée contribue de manière substantielle à la forte osmolalité de la médulla.

L'hormone antidiurétique (ADH), qui stimule l'excrétion d'urine très concentrée (comme nous le verrons sous peu), facilite le transport de l'urée dans le tubule collecteur de la médulla rénale. La présence de l'ADH accentue le recyclage de l'urée et le gradient osmotique médullaire, permettant ainsi la formation d'une plus grande quantité d'urine.

Échangeur à contre-courant

Comme le montre la figure 25.16b, tout en irriguant les cellules, les vasa recta servent d'**échangeurs à contre-courant** pour maintenir le gradient osmotique établi par le transport cyclique des ions entre les parties descendante et ascendante de l'anse du néphron et éliminer l'eau et les solutés réabsorbés. Ces vaisseaux ne reçoivent que 10 % environ de l'apport sanguin rénal, car le sang provenant des vasa recta s'y écoule très lentement. En outre, ils sont perméables à l'eau et au NaCl, ce qui permet au sang d'effectuer des échanges passifs avec le liquide interstitiel. Dans ces conditions, en entrant dans les parties profondes de la médulla rénale, le sang perd de l'eau et gagne des ions (il devient hypertonique). Puis, en émergeant dans le cortex rénal, le processus est inversé ; le sang gagne de l'eau et perd des ions. L'eau absorbée par la partie ascendante des vasa recta comprend non seulement l'eau perdue de la partie descendante des vasa recta, mais aussi l'eau réabsorbée de l'anse du néphron et du tubule rénal collecteur. Par conséquent, le volume de sang à l'extrémité des vasa recta est supérieur à celui qu'il y avait à l'entrée.

Comme la concentration de soluté du sang revenant en direction du cortex par les vasa recta est pratiquement égale à celle du sang qui pénètre dans la médulla, ces vaisseaux jouent le rôle d'échangeurs à contre-courant. Ce mécanisme ne crée pas le gradient médullaire, mais il prévient l'élimination rapide

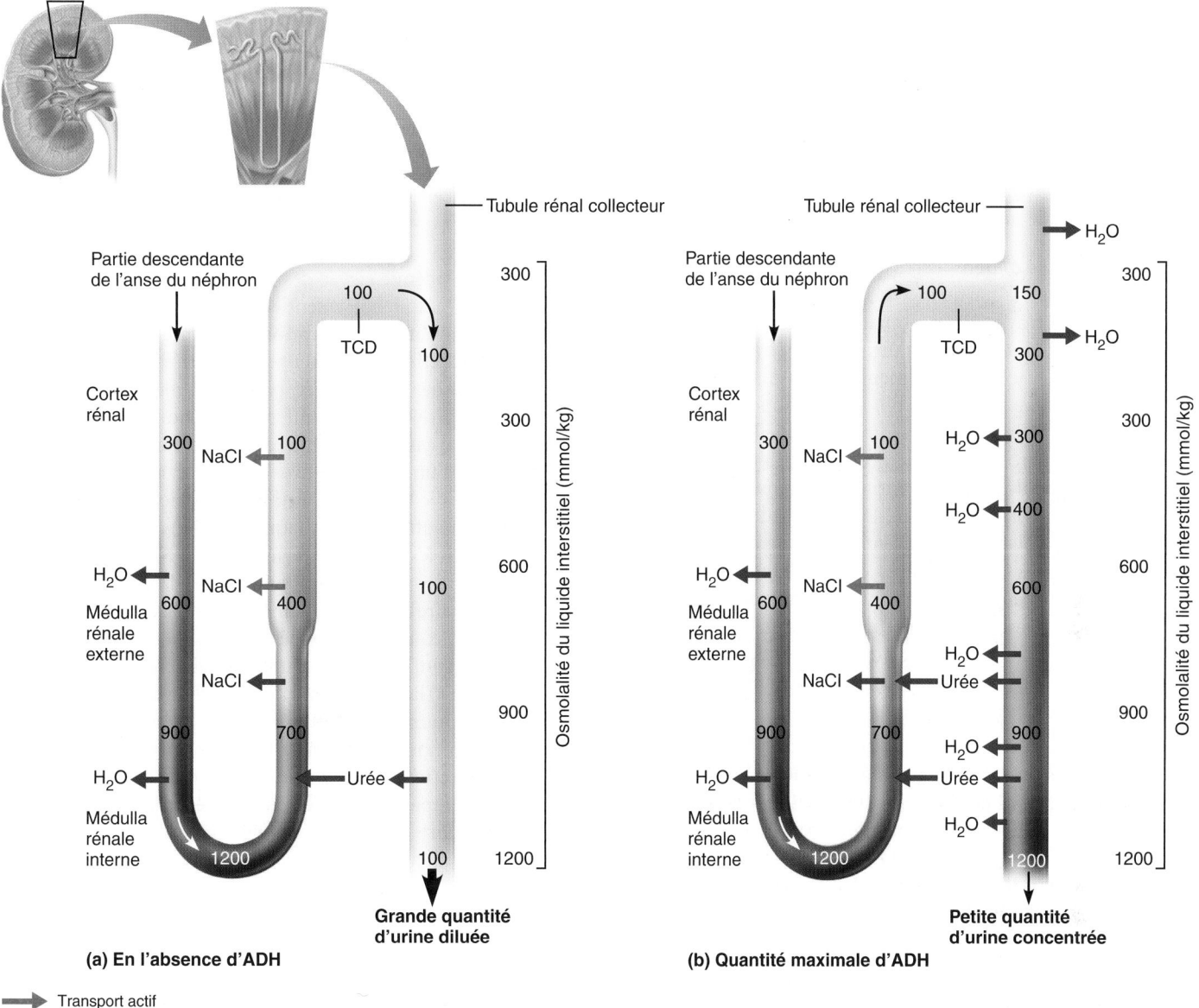

Figure 25.17 Mécanismes de formation de l'urine diluée et de l'urine concentrée. (a) En l'absence d'hormone antidiurétique (ADH), le filtrat dilué produit par l'action du mécanisme à contre-courant reste dilué lorsqu'il passe dans le tubule rénal collecteur. **(b)** L'urine concentrée est excrétée en présence d'une quantité maximale d'ADH. Cette hormone stimule l'insertion d'aquaporines dans la membrane apicale des cellules principales du tubule rénal collecteur. En conséquence, l'eau quitte rapidement le filtrat dans le tubule rénal collecteur. L'ADH facilite également le recyclage de l'urée en augmentant le nombre de transporteurs de l'urée. Une plus grande quantité d'urée diffuse hors du tubule rénal collecteur, ce qui contribue au gradient osmotique médullaire.

des ions de l'espace interstitiel de la médulla. En effet, la majorité des ions sortant du sang dans une anse des vasa recta est récupérée dans l'autre anse, et l'eau réabsorbée est éliminée.

Formation d'urine diluée ou d'urine concentrée

Comme nous venons de le voir, les reins se donnent beaucoup de peine pour créer le gradient osmotique médullaire. Mais pourquoi? Sans ce gradient, l'organisme ne pourrait pas élever la concentration de l'urine à plus de 300 mmol/kg, soit l'osmolalité du liquide interstitiel. Il serait donc incapable d'excréter les solutés en excès afin d'abaisser l'osmolalité de l'organisme.

L'**hormone antidiurétique** (**ADH**) est responsable de la régulation de la réabsorption de l'eau du filtrat dans les tubules rénaux collecteurs afin de maintenir l'osmolalité de l'organisme. Comme son nom l'indique, l'ADH inhibe la *diurèse*, c'est-à-dire l'excrétion d'urine. Par l'intermédiaire d'un second messager, en l'occurrence l'AMP cyclique, cette hormone permet l'insertion des aquaporines dans la membrane apicale des cellules principales des tubules rénaux collecteurs. La quantité d'ADH détermine le nombre d'aquaporines dans les tubules collecteurs, donc la quantité d'eau qui y est réabsorbée.

Formation d'urine diluée Parce que le filtrat se dilue au cours de son trajet dans la partie ascendante de l'anse du néphron, les reins n'ont qu'à le laisser poursuivre son chemin dans les pelvis rénaux pour sécréter de l'urine diluée (hypoosmotique) (figure 25.17a). Et c'est précisément ce qui se passe quand la neurohypophyse ne sécrète pas d'hormone antidiurétique. Les tubules rénaux collecteurs demeurent essentiellement imperméables à l'eau parce que les membranes apicales de leurs cellules ne renferment pas d'aquaporines. En conséquence, ils ne réabsorbent pas d'eau. En outre, les cellules des TCD et des tubules rénaux collecteurs peuvent réabsorber (vers l'espace interstitiel) des ions Na^+ et d'autres ions du filtrat par des mécanismes actifs ou passifs, de sorte que l'urine peut être diluée encore davantage avant de pénétrer dans le pelvis rénal. Elle peut même atteindre des valeurs aussi faibles que 50 mmol/kg, soit environ un sixième de la concentration du filtrat glomérulaire ou du plasma sanguin.

Formation d'urine concentrée La formation d'urine concentrée dépend du gradient osmotique médullaire et de la présence d'ADH. L'osmolalité du filtrat est d'environ 100 mmol/kg dans les TCD; mais à mesure que le filtrat s'écoule dans les tubules rénaux collecteurs, il est exposé, en chaque point de son trajet, à l'osmolalité légèrement supérieure de la médulla. L'eau, et l'urée qui l'accompagne, trouve donc, en tout point de son trajet dans le tubule rénal collecteur, un gradient qui l'attire dans l'espace interstitiel de la médulla (figure 25.17b et figure 25.18e). Selon la quantité d'ADH libérée (laquelle dépend du degré d'hydratation de l'organisme), la concentration de l'urine peut atteindre 1200 mmol/kg – concentration égale à celle du liquide interstitiel des parties profondes de la médulla et 4 fois supérieure à celle du plasma. Lorsque la sécrétion d'ADH est maximale, jusqu'à 99 % de l'eau contenue dans le filtrat est réabsorbée et renvoyée dans le sang, et les reins excrètent un demi-litre par jour d'urine fortement concentrée. Cette capacité de produire une urine aussi concentrée est intimement liée à notre capacité de survivre sans eau. On appelle réabsorption facultative de l'eau la réabsorption fondée sur la présence d'hormone antidiurétique.

La neurohypophyse libère l'hormone antidiurétique plus ou moins continuellement, sauf si l'osmolalité du sang atteint des taux excessivement bas. Tout phénomène entraînant une perte d'eau et élevant l'osmolalité du plasma au-dessus de 300 mmol/kg – notamment la diaphorèse, la diarrhée, l'hypovolémie et l'hypotension – augmente la libération d'hormone antidiurétique (voir le chapitre 26). La nicotine a également cet effet. Bien que l'hormone antidiurétique déclenche la pro-

duction d'urine concentrée, par réabsorption de l'eau (à travers les aquaporines), c'est le fort gradient osmotique de la médulla qui permet aux reins de répondre au signal hormonal.

Diurétiques

Les **diurétiques** sont des substances chimiques qui favorisent la diurèse. Il en existe plusieurs types. Un *diurétique osmotique* est une substance filtrée qui n'est pas réabsorbée par les tubules rénaux et retient l'eau dans la lumière tubulaire (par exemple, la glycémie élevée des personnes atteintes de diabète non équilibré). L'alcool, essentiellement un sédatif, favorise la diurèse en inhibant la libération d'hormone antidiurétique. D'autres diurétiques augmentent la diurèse en inhibant la réabsorption des ions Na^+ et, par le fait même, la réabsorption obligatoire de l'eau qui s'ensuit normalement. C'est notamment le cas de la caféine (contenue dans le café, le thé et les colas) et d'un grand nombre de médicaments diurétiques prescrits dans le traitement de l'hypertension ou de l'œdème causé par l'insuffisance cardiaque. Certains diurétiques courants inhibent les symporteurs associés au Na^+. Parmi les plus puissants, on trouve ceux qui empêchent la création du gradient médullaire en agissant sur la partie ascendante de l'anse du néphron, comme le furosémide (Lasix). Les diurétiques thiazidiques sont moins puissants; ils agissent sur les symporteurs du TCD (la majeure partie du Na^+ ayant déjà été réabsorbée en amont). Les inhibiteurs de l'aldostérone sont d'autres diurétiques que l'on combine parfois à un de ces deux types de diurétiques. L'utilisation abusive de diurétiques à des fins non thérapeutiques a été observée notamment dans le monde du sport soit pour modifier la concentration sanguine de produits illicites, soit pour obtenir une perte pondérale rapide ou pour une plus claire délimitation des muscles lors de concours de culturisme (*body building*).

DÉSÉQUILIBRE HOMÉOSTATIQUE

Depuis quelques années, le marché est envahi par les boissons dites énergisantes (à ne pas confondre avec les boissons *énergétiques* que consomment les sportifs pour remplacer les électrolytes perdus durant l'effort physique). Au contraire, même si elles renferment des produits naturels, les boissons énergisantes sont loin d'être inoffensives. Par exemple, certaines d'entre elles contiennent des substances extraites du guarana, une forme de caféine plus active que celle présente dans le café. D'autres boissons recèlent de la taurine, un neuromodulateur susceptible d'exercer des effets pharmacologiques indésirables, ou de l'épinéphrine dissimulée sous le nom exotique de Ma Huang. Par ailleurs, le kava, une autre substance naturelle, amplifie l'effet de l'alcool, des barbituriques et des antidépresseurs. Les principaux effets indésirables sont des nausées, des vomissements et des troubles du rythme cardiaque. De plus, les boissons énergisantes masquent les signaux d'alarme d'une surconsommation d'alcool. Les adultes devraient s'abstenir d'en consommer plus de 500 mL par jour, et surtout éviter de les mélanger à l'alcool, en raison des dangers potentiels que représentent ces breuvages. ■

Millimoles

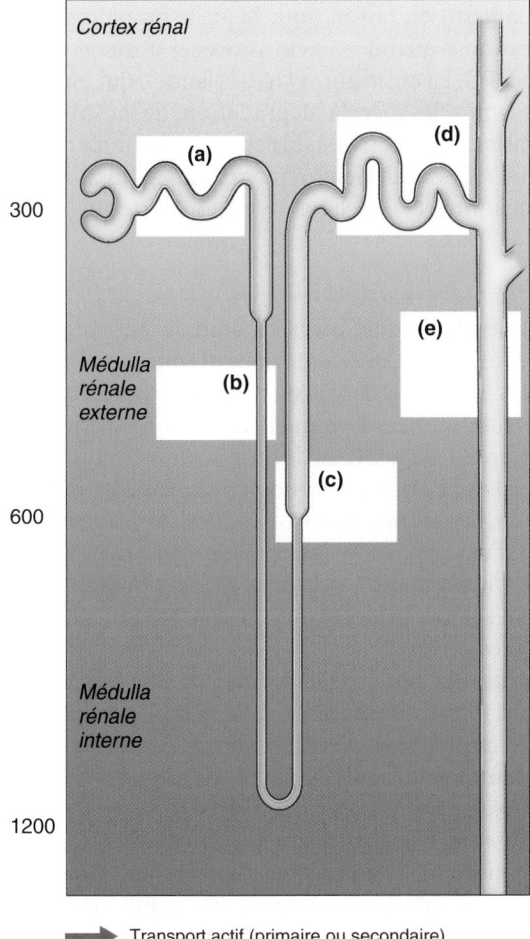

Transport actif (primaire ou secondaire)

Transport passif

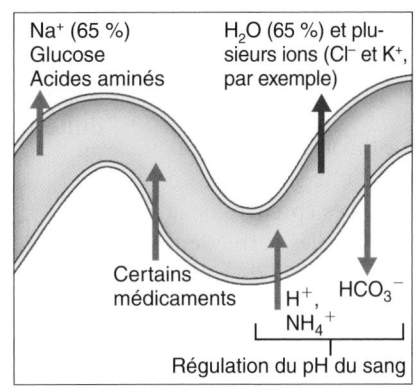

Na⁺ (65 %)
Glucose
Acides aminés

H₂O (65 %) et plusieurs ions (Cl⁻ et K⁺, par exemple)

Certains médicaments

H^+, NH_4^+

HCO_3^-

Régulation du pH du sang

(a) Tubule contourné proximal:
- 65 % du volume du filtrat est réabsorbé.
- Les ions Na^+, le glucose, les acides aminés et d'autres nutriments sont activement transportés; l'eau et d'autres ions suivent passivement.
- Des ions H^+ et NH_4^+ sont sécrétés et des ions HCO_3^-, réabsorbés afin de maintenir le pH du sang (voir le chapitre 26).
- Certains médicaments sont sécrétés.

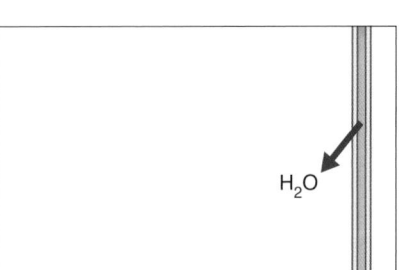

H_2O

(b) Partie descendante de l'anse du néphron:
- Perméable à l'eau
- Imperméable au NaCl
- Le filtrat devient de plus en plus concentré à mesure que l'eau est réabsorbée par osmose.

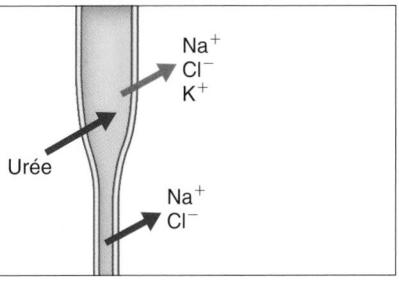

Na^+
Cl^-
K^+

Urée

Na^+
Cl^-

(c) Partie ascendante de l'anse du néphron:
- Imperméable à l'eau
- Perméable au NaCl
- Le filtrat se dilue à mesure que le NaCl est réabsorbé.

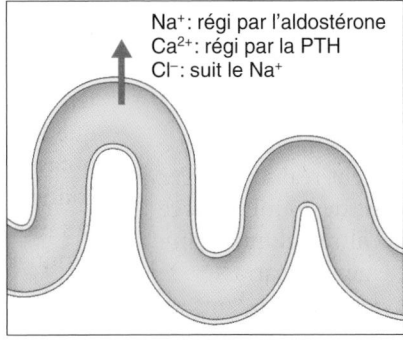

Na^+: régi par l'aldostérone
Ca^{2+}: régi par la PTH
Cl^-: suit le Na^+

(d) Tubule contourné distal:
- La réabsorption du Na^+ est régie par l'aldostérone.
- La réabsorption du Ca^{2+} est régie par la parathormone (PTH).
- Le Cl^- est cotransporté avec le Na^+.

25

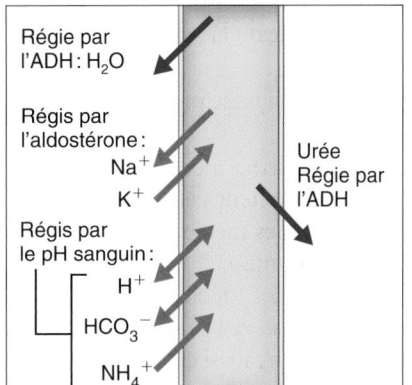

Régie par l'ADH: H_2O

Régis par l'aldostérone:
Na^+
K^+

Régis par le pH sanguin:
H^+
HCO_3^-
NH_4^+

Urée
Régie par l'ADH

(e) Tubule rénal collecteur:
- L'absorption de l'eau à travers les aquaporines est régie par l'ADH.
- La réabsorption du Na^+ et la sécrétion du K^+ sont régies par l'aldostérone.
- La réabsorption ou la sécrétion de H^+ et de HCO_3^- sert à maintenir le pH sanguin (voir le chapitre 26).
- La réabsorption d'urée augmente en présence d'ADH.

Figure 25.18 Résumé de la réabsorption et de la sécrétion tubulaires. Le glomérule produit le filtrat que traite le tubule rénal. Les différentes parties du tubule rénal effectuent la réabsorption et la sécrétion et maintiennent un gradient osmotique dans le liquide interstitiel de la médulla. Les variations de l'osmolalité dans le liquide interstitiel sont représentées par un dégradé de couleur dans la figure 25.17. **(a-d)** Principales fonctions de transport des quatre parties du tubule du néphron. **(e)** Résumé des activités de transport se produisant dans les régions corticale et médullaire du tubule rénal collecteur.

Clairance rénale

16 Définir la clairance rénale et montrer l'utilité de cette valeur.

La **clairance rénale** correspond au volume théorique de plasma que les reins débarrassent complètement d'une substance en un temps donné, habituellement en 1 min. Les épreuves de la clairance rénale servent à déterminer le DFG ; elles permettent également de détecter des atteintes glomérulaires et de suivre l'évolution d'une maladie rénale.

La clairance rénale (CR) d'une substance quelconque, exprimée en millilitres par minute, se calcule à l'aide de l'équation suivante :

$$CR = UV/P$$

où :

U correspond à la concentration de la substance dans l'urine (mg/mL) ;

V, au taux de formation de l'urine (mL/min) ; et

P, à la concentration de la substance dans le plasma (mg/mL).

On utilise souvent l'*inuline* comme étalon pour déterminer le DFG, car cette substance est filtrée librement dans la capsule glomérulaire mais n'est ni réabsorbée, ni sécrétée par les reins. L'inuline est un polysaccharide, extrait du topinambour, dont la masse moléculaire est d'environ 5000 ; sa clairance rénale est égale au DFG. Quand sa concentration plasmatique est de 1 mg/mL (P : 1 mg/mL), on obtient généralement les valeurs suivantes : U : 125 mg/mL et V : 1 mL/min. Par conséquent, la clairance rénale de l'inuline est CR = (125 × 1)/1 = 125 mL/min. Les reins ont éliminé en 1 min toute l'inuline présente dans 125 mL de plasma.

La valeur de la clairance rénale nous renseigne sur le résultat net du traitement d'une substance par les reins. Il y a trois cas possibles :

- Une clairance rénale inférieure à celle de l'inuline indique que la substance mesurée est partiellement réabsorbée. Par exemple, la clairance rénale de l'urée est de 70 mL/min, ce qui signifie que 70 des 125 mL de filtrat glomérulaire formés chaque minute sont complètement débarrassés de l'urée, tandis que l'urée contenue dans les 55 mL restants est récupérée et renvoyée dans le plasma. Si la clairance rénale est de zéro (comme c'est le cas du glucose chez les individus en bonne santé), la réabsorption est complète ou la substance ne passe pas dans le filtrat.

- Si la clairance rénale est égale à celle de l'inuline, il ne se produit ni réabsorption, ni sécrétion.

- Si la clairance rénale d'une substance est supérieure à celle de l'inuline, c'est que les cellules tubulaires sécrètent cette substance dans le filtrat, ce qui se produit avec les métabolites de la plupart des médicaments. C'est pourquoi il est indispensable de connaître la clairance rénale des médicaments. En effet, si la clairance est élevée, la dose et la fréquence d'administration des médicaments doivent aussi être élevées pour maintenir une concentration thérapeutique.

Puisque l'inuline n'est pas produite par l'organisme, il est nécessaire de la perfuser, raison pour laquelle on préfère très souvent la créatinine quand on veut procéder à une estimation rapide de DFG. La créatinine (*kréas* : viande), qui est produite dans les muscles par la dégradation de la créatine phosphate (voir p. 340), est très stable et a une clairance rénale de 140 mL/min. Elle est filtrée librement ; elle est aussi sécrétée en petite quantité et son excrétion est exclusive aux reins.

⚖ **DÉSÉQUILIBRE HOMÉOSTATIQUE**

La **néphropathie chronique**, qui se manifeste par un débit de filtration glomérulaire inférieur à 60 mL/min pendant au moins 3 mois, s'installe de façon silencieuse et insidieuse, et met de nombreuses années à se manifester. La formation de filtrat diminue graduellement, les déchets azotés s'accumulent dans le sang et le pH sanguin baisse petit à petit. La principale cause de la néphropathie chronique est le diabète, qui est à l'origine d'environ 44 % des nouveaux cas dénombrés chaque année. L'hypertension suit de près, avec environ 28 % des cas. La glomérulonéphrite décrite à la page 1151 mène aussi à une insuffisance rénale.

Dans l'**insuffisance rénale** (DFG inférieur à 15 mL/min), la formation de filtrat diminue ou cesse complètement. Les déséquilibres électrolytiques et acidobasiques se multiplient et les déchets s'accumulent rapidement dans le sang. À ce stade, la plupart des patients ont besoin de dialyse ou d'une greffe de rein pour survivre. Une procédure novatrice consiste à prélever le rein d'un donneur au moyen d'une seule petite incision au niveau du nombril, ce qui permet de réduire le temps de convalescence.

L'**hémodialyse** s'effectue à l'aide d'un « rein artificiel » qui fait passer le sang du patient à travers une tubulure dont la membrane n'est perméable qu'à certaines substances. La tubulure est immergée dans une solution dont la composition diffère légèrement de celle du plasma purifié normal. À mesure que le sang circule dans la tubulure, les déchets azotés et le potassium qu'il contient diffusent dans la solution (qui n'en contient pas). Les substances à ajouter au sang, principalement des molécules tampons (ions bicarbonate, par exemple) pour éliminer les ions H^+ (et du glucose pour les patients souffrant de malnutrition), passent de la solution au sang. Les substances nécessaires sont ainsi conservées dans le sang ou y sont jointes, tandis que les déchets et les ions en excès sont éliminés. Cette technique nécessite de trois à cinq heures de traitement à raison d'une à trois fois par semaine. La dialyse péritonéale, une autre technique de dialyse, peut être effectuée à domicile. Le dialysat est injecté dans la cavité péritonéale à l'aide d'un cathéter et les déchets sont récoltés dans un contenant quelques heures après. ■

VÉRIFIONS NOS ACQUIS

15. Décrivez les caractéristiques particulières des parties descendante et ascendante de l'anse du néphron qui entraînent la formation du gradient osmotique médullaire.

16. Dans quelles conditions l'hormone antidiurétique est-elle libérée par l'adénohypophyse ? Quel effet exerce-t-elle sur les tubules rénaux collecteurs ?

17. Quelle devrait être la valeur normale de la clairance des acides aminés ? Justifiez votre réponse.

Les réponses se trouvent à l'appendice G.

Urine

[17] Décrire les propriétés physiques et chimiques de l'urine normale.

[18] Énumérer quelques constituants anormaux de l'urine et indiquer les circonstances dans lesquelles chacun est présent en quantités détectables.

Caractéristiques physiques

Couleur et transparence

L'urine fraîchement émise est claire, et sa couleur jaune va du pâle à l'intense. La couleur jaune de l'urine est due à l'**urochrome**, un pigment qui résulte de la transformation de la bilirubine provenant de la destruction de l'hémoglobine des érythrocytes. L'intensité de la couleur est proportionnelle à la concentration de l'urine.

L'apparition d'une couleur anormale, comme le rose, le brun et le gris, peut être due à l'ingestion de certains aliments (betterave, rhubarbe) ou à la présence de bilirubine (brune) ou de sang (rouge). En outre, la couleur de l'urine est altérée par plusieurs médicaments couramment prescrits et par certains suppléments vitaminiques. L'urine qui sort de la vessie est normalement stérile, c'est-à-dire qu'elle ne contient pas de bactéries. Une urine trouble peut traduire une infection bactérienne des voies urinaires (mais aussi d'autres affections).

Odeur

L'urine fraîche est inodore ou légèrement aromatique, alors que l'urine qu'on laisse reposer dégage une odeur d'ammoniac attribuable à la décomposition ou à la transformation des substances azotées par les bactéries qui contaminent l'urine à sa sortie de l'organisme. Certains médicaments, différents légumes (dont l'asperge, qui contient de l'éthanethiol, un composé soufré) et quelques maladies modifient l'odeur de l'urine. En cas de diabète non contrôlé, par exemple, l'urine prend une odeur fruitée à cause de ces composés organiques qu'elle contient, telle l'acétone. (Cette odeur fruitée est aussi présente dans l'haleine.)

pH

Ordinairement, le pH de l'urine est d'environ 6, mais il peut varier entre 4,5 et 8,0 selon le métabolisme et le régime alimentaire. Un régime alimentaire avec prédominance de substances acides, qui comprend beaucoup de protéines et de produits à grains entiers, produit une urine acide. Le végétarisme (régime alcalin), les vomissements prolongés et les infections urinaires rendent l'urine alcaline.

Densité

Comme l'urine est composée d'eau et de solutés, sa densité est plus grande que celle de l'eau distillée. La densité de l'eau distillée est de 1,0 tandis que celle de l'urine varie de 1,001 à 1,035, selon sa concentration.

Composition chimique

L'urine contient 95 % d'eau et 5 % de solutés. Après l'eau, son constituant le plus abondant, au poids, est l'*urée*, qui dérive de la dégradation normale des acides aminés. Les autres **déchets azotés** présents dans l'urine sont l'*acide urique* (un produit final du métabolisme des acides nucléiques) et la *créatinine* (un métabolite de la créatine phosphate, laquelle sert de réserve d'énergie pour la régénération de l'ATP et se trouve en grande quantité dans le tissu musculaire squelettique).

Les solutés normalement présents dans l'urine sont, par ordre décroissant de concentration, l'urée, les ions Na^+, K^+, $H_2PO_4^-$ et SO_4^{2-} ainsi que la créatinine et l'acide urique. On trouve aussi dans l'urine des quantités très faibles mais fortement variables d'ions Ca^{2+}, Mg^{2+} et HCO_3^-.

Des concentrations anormalement élevées de ces constituants ou la présence de substances inhabituelles telles que des protéines sanguines, des leucocytes (pus) ou des pigments biliaires peuvent traduire un état pathologique **(tableau 25.2)**. (Les valeurs normales sont données à l'appendice F.)

Uretères

[19] Décrire la structure et la fonction des uretères; expliquer ce que sont les calculs rénaux (formation et conséquences).

À partir du moment où l'urine commence à s'écouler dans les uretères, sa composition ne sera plus modifiée. Les uretères, la vessie et l'urètre ne servent donc qu'à son élimination. Les **uretères** sont de minces conduits qui transportent l'urine des reins à la vessie (figure 25.1 et **figure 25.19**). Chaque uretère naît à la hauteur de L_2, sous forme de prolongement du pelvis rénal. Ensuite, il descend derrière le péritoine et entre obliquement dans la paroi postérieure de la vessie. La conformation des uretères empêche l'urine d'y refouler pendant que la vessie se remplit ; en ces occasions, en effet, toute augmentation de la pression dans la vessie comprime les extrémités distales des uretères.

La paroi de l'uretère est formée de trois couches. L'épithélium transitionnel de sa *muqueuse*, sa couche interne, est en continuité avec celui du pelvis rénal, en amont, et avec celui de la vessie, en aval. La couche intermédiaire, la *musculeuse*, est composée principalement de deux couches de muscle lisse disposées en spirale, l'intérieure apparaissant longitudinale en coupe transversale et l'extérieure, circulaire. Une autre couche

TABLEAU 25.2	Constituants anormaux de l'urine	
SUBSTANCE	**ÉTAT**	**CAUSES POSSIBLES**
Glucose	Glycosurie	Diabète
Protéines	Protéinurie, albuminurie	Non pathologiques: exercice physique excessif; grossesse; régime alimentaire riche en protéines Pathologiques (plus de 250 mg/24 h): insuffisance cardiaque, hypertension grave; glomérulonéphrite; souvent le signe initial d'une maladie rénale asymptomatique
Corps cétoniques	Cétonurie	Formation excessive et accumulation de corps cétoniques, causées notamment par la privation de nourriture (inanition) et le diabète non traité
Hémoglobine	Hémoglobinurie	Diverses: réaction hémolytique, anémie hémolytique, brûlures graves, syndrome d'écrasement, etc.
Pigments biliaires	Bilirubinurie	Maladie du foie (hépatite, cirrhose) ou obstruction des conduits du foie ou de la vésicule biliaire
Érythrocytes	Hématurie	Saignement des voies urinaires (dû à un traumatisme, à des calculs rénaux, à une infection ou à un néoplasme)
Leucocytes (pus)	Pyurie	Infection des voies urinaires

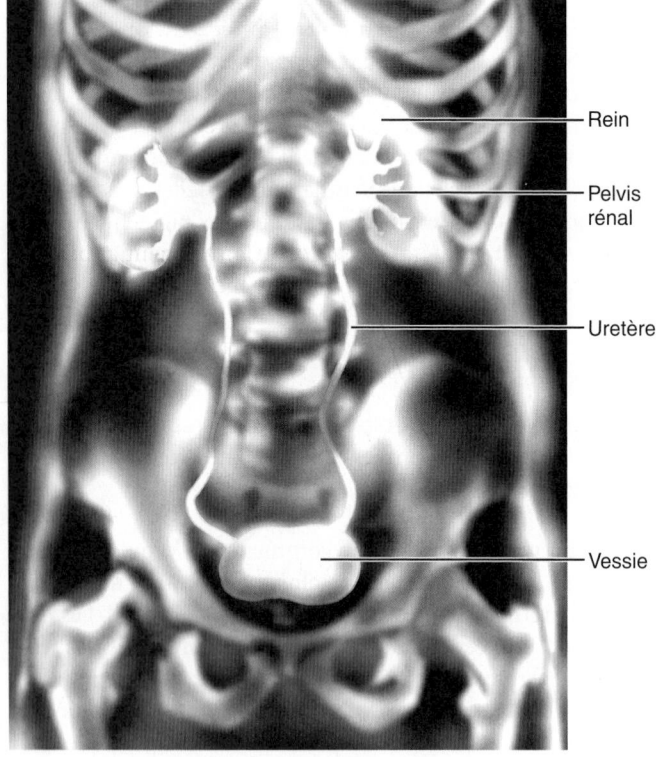

Figure 25.19 **Urographie.** Ce cliché radiographique obtenu après injection d'une substance de contraste montre les uretères, les reins et la vessie.

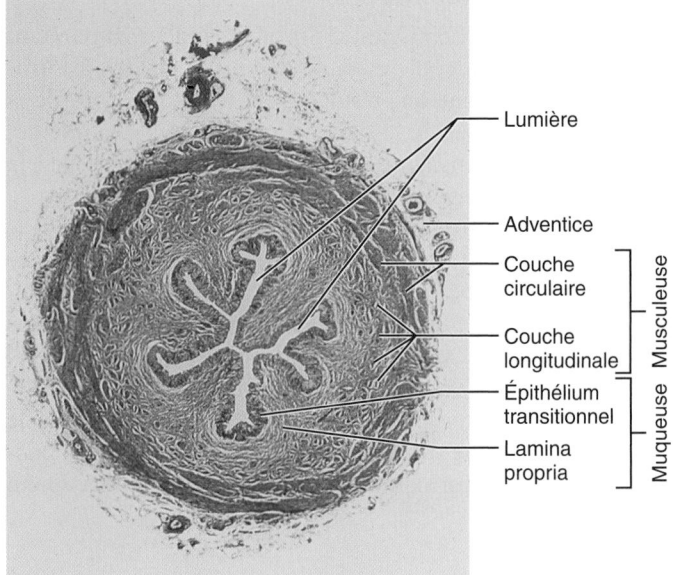

Figure 25.20 **Coupe transversale de la paroi de l'uretère (10×).** Les replis muqueux marqués que l'on observe dans un uretère vide s'étirent et s'étendent pour laisser l'urine s'écouler librement quand elle est produite en abondance.

de muscle lisse, la couche longitudinale externe, est située dans le tiers inférieur de l'uretère. L'*adventice* recouvrant l'uretère est faite de tissu conjonctif lâche (figure 25.20).

Les uretères jouent un rôle actif dans le transport de l'urine. L'arrivée d'urine dans l'uretère a des effets semblables à celle du bol alimentaire dans l'œsophage; elle provoque la distension de l'uretère et stimule la contraction de sa musculeuse, ce qui propulse l'urine dans la vessie par vagues se succédant au rythme de deux à six par minute. (L'urine ne descend *pas* dans la vessie par la seule force de la gravité.) La vigueur et la fréquence des ondes péristaltiques sont adaptées à la vitesse de la formation de l'urine. Les uretères sont innervés par des neurofibres tant sympathiques que parasympathiques, mais la régulation nerveuse de leur péristaltisme semble insignifiante comparativement à la réaction de leur muscle lisse à l'étirement.

DÉSÉQUILIBRE HOMÉOSTATIQUE

Il arrive que le calcium, le magnésium et les sels d'acide urique contenus dans l'urine se cristallisent et précipitent dans le pelvis rénal, formant des **lithiases rénales** ou **calculs rénaux** (*calculus*: caillou), communément appelés « pierres ». La plupart des calculs rénaux sont assez petits (moins de 5 mm de diamètre) pour passer dans les voies urinaires sans occasionner de problème. Toutefois, les calculs rénaux plus gros peuvent obstruer un uretère et entraver le passage de l'urine. La pression accrue qui se crée à l'intérieur du rein provoque une douleur extrême qui se projette dans le flanc et de là jusque dans la paroi abdominale antérieure du même côté. La contraction des parois de l'uretère autour des calculs acérés qui se déplacent par péristaltisme cause également de la douleur.

Les infections fréquentes des voies urinaires, la rétention urinaire, une concentration élevée de calcium dans le sang (soit par suite d'une consommation trop élevée d'aliments riches en calcium, soit à cause d'un excès de PTH-parathormone) et l'alcalinité de l'urine prédisposent à la formation de calculs rénaux. L'extirpation chirurgicale des calculs rénaux a été presque entièrement remplacée par la *lithotripsie extracorporelle*, un procédé non effractif qui consiste à pulvériser les calculs au moyen d'ultrasons. Les fragments des calculs sont ensuite éliminés dans l'urine. Dans les pays occidentaux, 75 % des lithiases sont d'origine calcique. On recommande aux personnes qui en ont déjà eu d'acidifier leur urine en buvant du jus de canneberge ou de boire de grandes quantités d'eau pour garder leur urine diluée. En revanche, l'urine acide favorise la formation de lithiase urique. C'est la deuxième forme de lithiase la plus fréquente et elle atteint souvent les gens souffrant de la goutte (voir p. 1151). Par ailleurs, dans les deux cas, il est conseillé de consommer des protéines animales avec modération. ■

VÉRIFIONS NOS ACQUIS

18. Nommez les trois principaux déchets azotés excrétés dans l'urine.

19. Vers quel organe un calcul rénal bloquant un uretère entrave-t-il le passage de l'urine ? Pourquoi la douleur est-elle ressentie par vagues ?

Les réponses se trouvent à l'appendice G.

Vessie

20 Décrire la structure et la fonction de la vessie.

La **vessie** est un sac musculaire lisse et rétractile qui emmagasine temporairement l'urine. Elle occupe une position rétropéritonéale sur le plancher pelvien, immédiatement derrière la symphyse pubienne. La prostate (qui appartient au système génital masculin) est située sous le col de la vessie, au point de jonction avec l'urètre. Chez la femme, la vessie est située devant le vagin et l'utérus (voir la figure 27.10).

L'intérieur de la vessie est percé d'orifices pour les deux uretères et pour l'urètre (figure 25.21). La base lisse et triangulaire de la vessie, délimitée par ces trois orifices, est appelée **trigone vésical**. Le trigone est important au point de vue clinique, car les infections tendent à y persister.

La paroi de la vessie comprend trois couches : une muqueuse composée d'un épithélium transitionnel, une couche musculaire et une adventice de tissu conjonctif (absente de la face supérieure, où elle est remplacée par le péritoine). La couche musculaire – appelée **musculeuse de la vessie**, ou muscle détrusor – est constituée par trois épaisseurs de fibres lisses enchevêtrées ; les couches externe et interne sont longitudinales, et la couche moyenne est circulaire.

Très extensible, la vessie est remarquablement bien adaptée à sa fonction de réservoir. Lorsqu'elle est vide, elle est contractée et de forme pyramidale. Ses parois sont épaisses et parcourues de *plis vésicaux transverses*. Quand l'urine s'accumule, toutefois, la vessie se dilate et prend la forme d'une poire en s'élevant dans la cavité abdominale ; la paroi musculaire s'étire et s'amincit, et les plis disparaissent. La vessie peut ainsi emmagasiner de grandes quantités d'urine sans que sa pression interne s'élève de façon marquée.

Une vessie partiellement remplie mesure approximativement 12 cm de long et sa capacité est d'environ 500 mL. Cette quantité peut cependant presque doubler si besoin est. On peut palper une vessie distendue par l'urine bien au-dessus de la symphyse pubienne. La capacité maximale de la vessie est de 800 à 1000 mL et une distension extrême peut causer sa rupture. Bien que sa formation par les reins soit continue, l'urine s'accumule dans la vessie jusqu'au moment approprié pour son excrétion.

Urètre

21 Décrire la structure et la fonction de l'urètre.

22 Comparer le trajet, la longueur et les fonctions de l'urètre masculin avec ceux de l'urètre féminin.

L'**urètre** est un conduit musculaire aux parois minces qui s'abouche au plancher de la vessie et transporte l'urine hors de l'organisme. L'épithélium de sa muqueuse est en grande partie pseudostratifié prismatique. Il se transforme en épithélium transitionnel près de la vessie, et en épithélium stratifié squameux non kératinisé près du méat urétral.

À la jonction de l'urètre et de la vessie, un épaississement de la musculeuse de la vessie forme le **sphincter lisse de l'urètre (interne)** (figure 25.21). Ce sphincter ferme l'urètre et empêche l'écoulement d'urine entre les mictions. Ce sphincter est particulier parce qu'il s'ouvre à la contraction et se ferme au relâchement.

Le **muscle sphincter de l'urètre (externe)** entoure l'urètre au point où il traverse le *diaphragme urogénital*, dans le périnée. Ce sphincter est composé de muscle squelettique, et sa maîtrise est volontaire. Le *muscle élévateur de l'anus*, dans le plancher pelvien, sert aussi de constricteur volontaire de l'urètre (voir le tableau 10.7, p. 394).

25

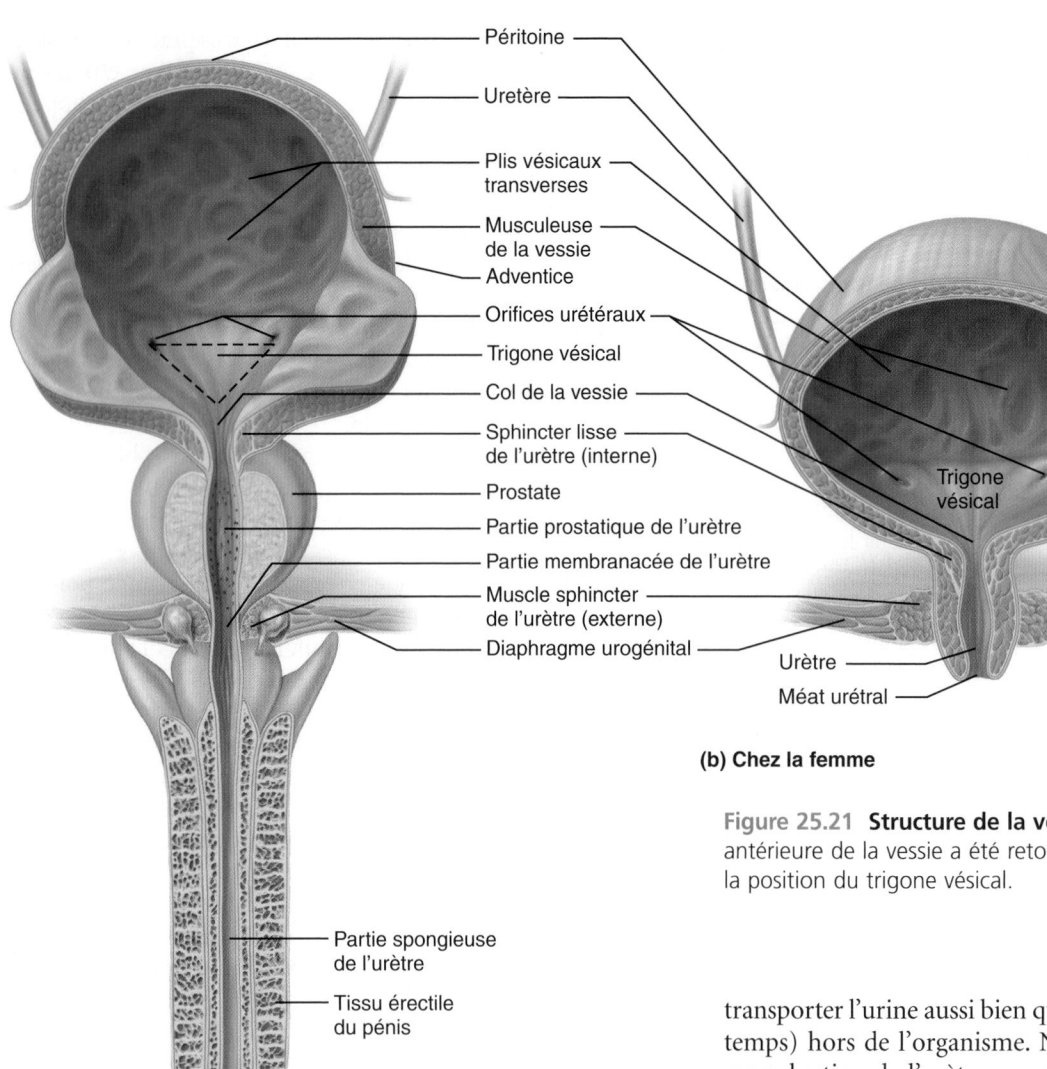

Péritoine

Uretère

Plis vésicaux transverses

Musculeuse de la vessie

Adventice

Orifices urétéraux

Trigone vésical

Col de la vessie

Sphincter lisse de l'urètre (interne)

Prostate

Partie prostatique de l'urètre

Partie membranacée de l'urètre

Muscle sphincter de l'urètre (externe)

Diaphragme urogénital

Partie spongieuse de l'urètre

Tissu érectile du pénis

Méat urétral

(a) Chez l'homme. Le long urètre de l'homme se divise en trois portions : la partie prostatique, la partie membranacée et la partie spongieuse.

Trigone vésical

Urètre

Méat urétral

(b) Chez la femme

Figure 25.21 Structure de la vessie et de l'urètre. La paroi antérieure de la vessie a été retournée ou omise afin de révéler la position du trigone vésical.

transporter l'urine aussi bien que le sperme (mais pas en même temps) hors de l'organisme. Nous traitons de la fonction de reproduction de l'urètre masculin au chapitre 27.

DÉSÉQUILIBRE HOMÉOSTATIQUE

Étant donné que l'urètre féminin est très court et que son orifice est proche de l'anus, les bactéries fécales y ont aisément accès. (C'est pourquoi les femmes doivent éviter de s'essuyer de l'arrière vers l'avant après la défécation.) En fait, la plupart des infections urinaires surviennent chez les femmes qui ont une vie sexuelle active, parce que les rapports sexuels poussent les bactéries du vagin et des organes génitaux externes vers la vessie. En outre, l'usage de spermicides amplifie le problème, car ces produits détruisent les bactéries utiles, permettant ainsi aux bactéries fécales infectieuses de coloniser le vagin. Quarante pour cent des femmes ont des infections urinaires. Certaines études démontrent que dans 50 à 70 % des cas la guérison est spontanée. L'utilisation de canneberges, ou atocas, empêcherait l'adhésion des bactéries à l'épithélium, mais les recherches se poursuivent afin d'arriver à des résultats concluants.

La muqueuse de l'urètre étant en continuité avec celle du reste des voies urinaires, une inflammation de l'urètre (*urétrite*) peut se propager à la vessie (*cystite*), voire aux reins (*pyélite* ou *pyélonéphrite*). Les symptômes de l'infection des voies urinaires sont les mictions douloureuses, impérieuses et fréquentes, la fièvre et, parfois, l'émission d'urine trouble ou sanglante.

La longueur et les fonctions de l'urètre ne sont pas les mêmes chez l'homme et chez la femme. L'urètre féminin mesure de 3 à 4 cm de long, et il est fermement attaché à la paroi antérieure du vagin par du tissu conjonctif. Son orifice externe, le **méat urétral**, est situé entre l'ouverture du vagin et le clitoris.

L'urètre masculin mesure environ 20 cm de long et se divise en 3 parties. La **partie prostatique de l'urètre**, d'environ 2,5 cm de long, passe à l'intérieur de la prostate. La **partie membranacée de l'urètre**, qui traverse le diaphragme urogénital, s'étend sur une longueur d'environ 2 cm, de la prostate à la racine du pénis. Enfin, la **partie spongieuse de l'urètre**, d'environ 15 cm de long, parcourt le pénis et s'ouvre à son extrémité par le **méat urétral**. L'urètre de l'homme a une double fonction :

25

L'atteinte rénale se traduit en plus par des douleurs lombaires et des céphalées intenses. La plupart des infections urinaires répondent bien aux antibiotiques. ■

Miction

23 Définir la miction et décrire sa régulation par le système nerveux.

La **miction** (*mingere*: uriner) est l'émission d'urine. Pour qu'une miction se produise, trois événements doivent survenir en même temps : (1) la contraction de la musculeuse de la vessie, (2) l'ouverture du sphincter lisse (interne) de l'urètre et (3) l'ouverture du muscle sphincter (externe) de l'urètre. La musculeuse de la vessie et son sphincter lisse sont formés de muscle lisse et sont innervés par les systèmes nerveux parasympathique et sympathique, qui ont des effets opposés. Le muscle sphincter de l'urètre, par contre, se compose de muscle squelettique ; il est donc innervé par le système nerveux somatique.

Comment les trois événements nécessaires à la miction sont-ils coordonnés ? Il est plus facile de comprendre la miction chez les nourrissons, car c'est un réflexe spinal qui synchronise l'ensemble du processus. À mesure que l'urine s'accumule, la distension de la vessie active les mécanorécepteurs de ses parois. Les influx émis par les récepteurs stimulés se déplacent le long des neurofibres afférentes viscérales vers la région sacrée de la moelle épinière. Les influx provenant de ces neurofibres, transmis par des groupes d'interneurones, excitent les neurones parasympathiques et inhibent les neurones sympathiques **(figure 25.22)**, ce qui a pour effet de provoquer la contraction de la musculeuse de la vessie et le relâchement du sphincter lisse de l'urètre. Les influx afférents viscéraux inhibent aussi les neurofibres efférentes somatiques dont le tonus maintient le muscle sphincter de l'urètre fermé, permettant son relâchement et l'écoulement de l'urine.

Quand un enfant atteint l'âge de deux ou trois ans, les circuits descendants de son encéphale sont suffisamment matures pour commencer à remplacer la miction réflexe. Le pont possède deux centres qui contribuent à la régulation de la miction. Le *centre de la continence* inhibe la miction, et le

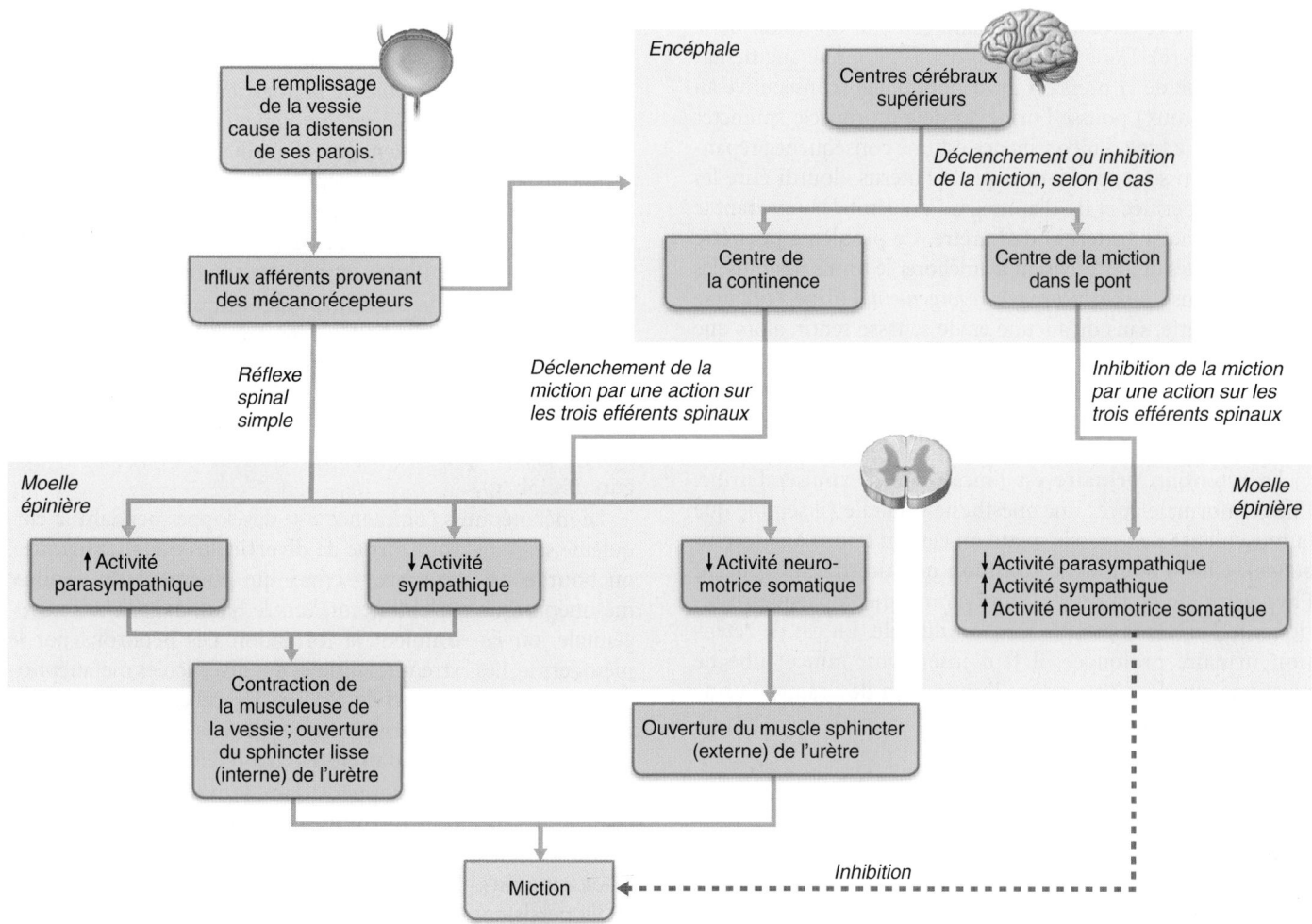

Figure 25.22 Régulation de la miction.

centre de la miction déclenche ce réflexe. Des influx afférents provenant des mécanorécepteurs de la vessie parviennent au pont ainsi qu'aux centres cérébraux supérieurs, de sorte que la personne ressent le besoin d'uriner.

Lorsque la vessie n'est pas pleine, c'est le centre de la continence qui est activé; il inhibe la miction en supprimant les influx parasympathiques et en augmentant les influx sympathiques vers la vessie. Lorsque la miction est retardée, les contractions réflexes de la vessie cessent pendant une période de quelques minutes à une heure environ, et l'urine continue de s'accumuler. Comme le muscle sphincter de l'urètre (externe) est volontaire (muscle squelettique), la personne peut choisir de le garder contracté et de retarder la miction. Après l'accumulation d'urine supplémentaire, le réflexe de miction apparaît à nouveau; il est amorti encore une fois si la miction est retardée. Lorsque le volume d'urine dépasse 400 mL, le besoin d'uriner devient irrépressible, puis la miction a lieu forcément. Après une miction normale, il ne reste qu'environ 10 mL d'urine dans la vessie.

DÉSÉQUILIBRE HOMÉOSTATIQUE

Après l'âge de deux ou trois ans, l'**incontinence** résulte généralement de problèmes émotionnels, d'une pression physique exercée sur la vessie pendant une grossesse ou de troubles du système nerveux (accident vasculaire cérébral ou lésion de la moelle épinière). Dans l'*incontinence à l'effort*, une augmentation soudaine de la pression intraabdominale (consécutive au rire ou à la toux) pousse l'urine au-delà du muscle sphincter de l'urètre. Ce type d'incontinence est une conséquence répandue de la grossesse, pendant laquelle l'utérus alourdi étire les muscles du périnée et du diaphragme urogénital supportant le muscle sphincter (externe) de l'urètre. Ce problème peut être corrigé par des exercices visant à améliorer le tonus des muscles relâchés. Dans l'*incontinence par regorgement*, l'urine s'échappe goutte à goutte, sans qu'aucune envie se fasse sentir, alors que la vessie devient trop pleine. Cette forme d'incontinence se produit principalement chez l'homme souffrant d'une hyperplasie de la prostate. L'incontinence chez les enfants et les personnes âgées est décrite à la page 1150.

La **rétention urinaire** est l'incapacité d'expulser l'urine. Elle est normale après une anesthésie générale (il semble que la musculeuse de la vessie mette un certain temps à redevenir active). Chez l'homme, la rétention urinaire traduit souvent l'hypertrophie de la prostate, qui comprime la partie prostatique de l'urètre et rend la miction difficile. En cas de rétention urinaire prolongée, il faut insérer un mince tube de plastique appelé *cathéter* dans l'urètre afin de drainer l'urine et d'éviter des lésions de la vessie. ■

VÉRIFIONS NOS ACQUIS

20. Qu'est ce que le trigone vésical? Par quelles structures est-il défini?

21. Nommez les trois régions de l'urètre masculin.

22. Comment la musculeuse de la vessie réagit-elle à une augmentation des influx provenant de ses neurofibres

parasympathiques? Quel effet cette réaction a-t-elle sur le sphincter lisse (interne) de l'urètre?

Les réponses se trouvent à l'appendice G.

Développement et vieillissement du système urinaire

24 Décrire le développement embryonnaire des organes du système urinaire.

25 Énumérer quelques-uns des changements que le vieillissement fait subir à l'anatomie et à la physiologie du système urinaire.

Tous les organes du système urinaire n'ont pas la même origine. L'urètre et la vessie proviennent de l'endoderme, tandis que les uretères et les reins ont une origine mésodermique.

La néphrogenèse est quelque peu déroutante. Comme le montre la **figure 25.23**, trois types de systèmes rénaux émergent des *crêtes urogénitales* – deux épaississements du mésoderme intermédiaire dorsal d'où dérivent les organes des systèmes urinaire et génital. Seul le dernier système persiste et donne naissance aux reins adultes.

Le premier système de tubules, le **pronéphros** («rein primitif»), se forme au cours de la quatrième semaine du développement, puis il dégénère rapidement pour laisser place au deuxième, plus bas. Bien que le pronéphros ne fonctionne jamais et disparaisse à la sixième semaine, le **conduit pronéphrique** qui le relie au cloaque demeure, et il est utilisé par les reins qui se développent ultérieurement. (Le cloaque est la partie terminale de l'intestin, ouverte sur l'extérieur.)

Au moment où le conduit pronéphrique est accaparé par le deuxième système rénal, ou **mésonéphros** («rein intermédiaire»), il prend le nom de **conduit mésonéphrique** (figure 25.23a). Le mésonéphros dégénère à son tour (et est intégré au système génital masculin) lorsque le troisième rein, le **métanéphros** («rein final»), fait son apparition (figure 25.23b, c).

Le métanéphros commence à se développer pendant la cinquième semaine, sous forme de **diverticules métanéphriques**, ou bourgeons urétéraux – creux qui émergent du conduit mésonéphrique et s'enfoncent, vers le haut, dans la crête urogénitale, où ils stimulent la formation des néphrons par le mésoderme. Les extrémités distales des diverticules métanéphriques constituent les pelvis rénaux, les calices et les tubules rénaux collecteurs; leurs portions proximales, rudimentaires, prennent alors le nom d'**uretères** (figure 25.23d).

Parce qu'ils se développent dans le bassin puis montent jusqu'à leur position définitive, les reins reçoivent leur irrigation de sources de plus en plus élevées. Bien que les vaisseaux sanguins inférieurs dégénèrent habituellement, il arrive qu'ils persistent et donnent des artères rénales multiples. Le métanéphros excrète de l'urine dès le troisième mois de gestation, et le liquide amniotique est en grande partie composé

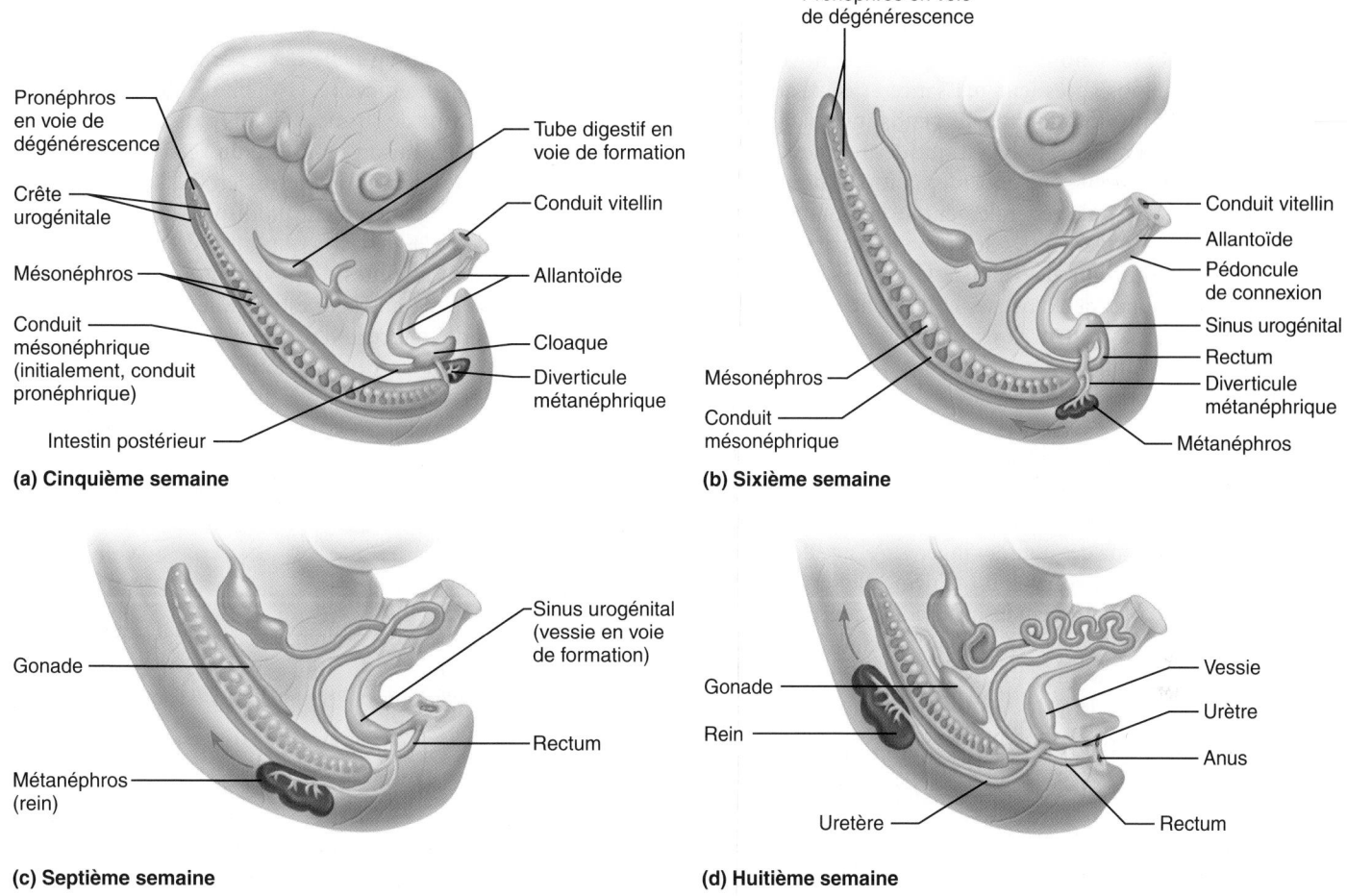

Figure 25.23 **Développement embryonnaire du système urinaire.** Les flèches rouges indiquent la direction de la migration du métanéphros au cours de son développement.

d'urine fœtale. Néanmoins, les reins du fœtus sont loin de travailler à pleine capacité, car le système urinaire de la mère, par l'intermédiaire du placenta, débarrasse le sang fœtal de la plupart des substances indésirables.

À mesure que se développe le métanéphros, le cloaque se subdivise pour former le futur rectum et le canal anal ainsi que le **sinus urogénital définitif**, où se jettent les conduits urinaires et génitaux. La vessie et l'urètre émergent ensuite du sinus urogénital définitif (figure 25.23b-d).

DÉSÉQUILIBRE HOMÉOSTATIQUE

Parmi les anomalies congénitales du système urinaire, trois des plus fréquentes sont le rein en fer à cheval, l'hypospadias et la maladie polykystique des reins.

Au moment de leur ascension dans l'abdomen, les reins sont très rapprochés et, 1 fois sur 600, ils fusionnent par leurs parties inférieures. L'anomalie, appelée *rein en fer à cheval,* est généralement asymptomatique, mais elle peut s'accompagner d'autres troubles rénaux, telle l'obstruction, qui prédisposent aux infections des reins.

L'*hypospadias* est la plus fréquente des anomalies congénitales de l'urètre. Il s'agit de l'ouverture de l'urètre sur la face ventrale du pénis. On la corrige chirurgicalement lorsque l'enfant atteint l'âge de 12 mois environ.

La *maladie polykystique des reins* est un groupe de troubles qui se caractérise par la présence dans le rein de nombreux kystes remplis de liquide, ce qui entrave la fonction des reins et entraîne l'insuffisance rénale. Ces troubles prennent deux formes générales. La forme la moins grave – et la plus fréquente – est une maladie héréditaire à transmission autosomique dominante qui touche 1 personne sur 500. Les kystes se développent progressivement, si bien qu'ils n'entraînent aucun symptôme jusqu'à l'âge d'environ 40 ans. À ce moment, les deux reins commencent à grossir en raison de l'accumulation de kystes, qui ressemblent à des ampoules et contiennent un liquide riche en chlorures. L'atteinte rénale provoquée par ces kystes évolue lentement, et de nombreuses personnes souffrant de cette maladie vivent sans problème jusqu'à la soixantaine. À la longue, cependant, les reins deviennent noueux et beaucoup plus gros que la normale ; ils peuvent atteindre une masse allant jusqu'à 14 kg chacun.

25

La forme beaucoup moins fréquente et plus grave est une maladie à transmission héréditaire récessive autosomique. Environ la moitié des nouveau-nés qui en sont atteints meurent peu de temps après leur naissance et ceux qui survivent souffrent d'insuffisance rénale pendant l'enfance. La forme récessive de la maladie polykystique des reins est causée par la mutation d'un seul gène énorme ; la forme dominante (décrite plus haut) découle généralement de la mutation d'un des deux gènes qui codent pour les protéines participant à l'émission des signaux entre les cellules. On ne sait pas encore comment ces protéines défectueuses entraînent la formation des kystes. Jusqu'à maintenant, les seuls traitements possibles sont ceux que l'on utilise en cas d'insuffisance rénale, c'est-à-dire la dialyse et la greffe de rein. ■

Parce que sa vessie est très petite et que ses reins sont difficilement capables de produire de l'urine concentrée jusqu'au troisième mois de la vie, un nouveau-né urine de 5 à 40 fois par jour, selon le volume des liquides ingérés. À l'âge de 2 mois, le nourrisson excrète environ 400 mL d'urine par jour, et cette quantité augmente constamment jusqu'à l'adolescence, moment où le débit urinaire adulte (environ 1500 mL par jour) est atteint.

L'incontinence, c'est-à-dire l'incapacité de maîtriser la miction, est normale chez les bébés, car la maîtrise du muscle sphincter de l'urètre est un apprentissage. Une miction réflexe se produit chaque fois que la vessie d'un bébé se remplit suffisamment pour activer les mécanorécepteurs. La maîtrise du muscle sphincter de l'urètre (externe) va de pair avec le développement du système nerveux. À l'âge de 15 mois, la plupart des enfants sont conscients de leurs mictions. À 18 mois, ils peuvent généralement se retenir pendant environ 2 heures. Vers 24 mois, certains bébés sont prêts à l'apprentissage de la propreté. La continence diurne précède habituellement la continence nocturne ; il est irréaliste de demander à un enfant de moins de quatre ans une continence nocturne totale.

De l'enfance à la fin de l'âge mûr, la plupart des troubles du système urinaire sont de nature infectieuse. *Escherichia coli* – bactérie qui prolifère dans les voies digestives sans y causer de problèmes – est responsable de 80 % des infections urinaires. Les *infections transmissibles sexuellement* (*ITS*) peuvent aussi provoquer des inflammations et des obstructions des voies urinaires. Les infections streptococciques comme celles de la gorge et la scarlatine peuvent entraîner, faute d'un traitement immédiat, des lésions inflammatoires chroniques des reins.

Trois pour cent seulement des personnes âgées ont des reins histologiquement normaux. Avec l'âge, les reins rétrécissent, les néphrons diminuent en taille et en nombre, et les cellules tubulaires perdent leur efficacité. Le débit de filtration glomérulaire d'une personne de 80 ans est 2 fois plus faible que celui d'un jeune adulte, en raison peut-être du rétrécissement des artères rénales consécutif à l'athérosclérose. Les personnes diabétiques sont particulièrement prédisposées aux maladies rénales, et plus de 50 % de celles qui ont présenté un diabète pendant 20 ans sont atteintes d'une insuffisance rénale.

La vessie d'une personne âgée est rétrécie, et sa capacité est 2 fois moins grande que celle d'un jeune adulte (250 mL par opposition à 600 mL). La perte du tonus vésical cause de fréquentes mictions. La *nycturie*, c'est-à-dire la nécessité de se lever la nuit pour uriner, atteint presque les deux tiers des personnes âgées. L'incontinence finit par se manifester chez beaucoup de gens. On la traite habituellement par l'exercice, les médicaments ou la chirurgie.

VÉRIFIONS NOS ACQUIS

23. Nommez les trois systèmes rénaux de l'embryon dans l'ordre où ils se forment.

24. Donnez deux facteurs qui contribuent à la rétention urinaire chez les hommes âgés.

Les réponses se trouvent à l'appendice G.

Les uretères, la vessie et l'urètre jouent un rôle important dans le transport, l'entreposage et l'élimination de l'urine, mais le terme « système urinaire » évoque principalement les reins. Comme le résume la Synthèse au chapitre 26, les autres systèmes de l'organisme contribuent de bien des façons à maintenir le système urinaire en état de fonctionner correctement. En revanche, sans les reins, les liquides de l'organisme seraient vite contaminés par les déchets azotés, et l'équilibre des électrolytes dans le sang serait dangereusement perturbé. Or, aucune cellule ne pourrait échapper aux dommages dus à un tel déséquilibre.

Maintenant que nous avons décrit le fonctionnement des reins, nous sommes prêts à l'intégrer au sujet plus vaste de l'équilibre des liquides et des électrolytes dans l'organisme. Tel sera le sujet du chapitre 26.

TERMES MÉDICAUX

Cancer de la vessie Le cancer de la vessie, qui est pour l'instant trois fois plus fréquent chez l'homme que chez la femme, cause environ 2 % des décès reliés au cancer. Toutefois, l'augmentation du tabagisme chez la femme réduit cet écart d'année en année. Les deux tiers des cas diagnostiqués dans le monde proviennent des pays industrialisés. Au Québec, la province la plus touchée du Canada, le nombre estimé de nouveaux cas de cancer de la vessie en 2009 est de 5000. En France, il se situe au septième rang de l'ensemble des cancers. Le cancer de la vessie se caractérise généralement par des néoplasmes de l'épithélium vésical, et il peut être dû à des agents cancérogènes présents dans l'environnement ou le milieu de travail et qui passent dans l'urine. Le tabagisme, l'exposition à des produits chimiques industriels et la présence d'arsenic dans l'eau potable semblent aussi liés au cancer de la vessie. La présence de sang dans l'urine est un signe fréquent de la maladie.

Cystocèle (*kustis*: vessie; *kêlê*: tumeur) Saillie de la vessie (hernie) dans le vagin, fréquemment causée par le déchirement des muscles du périnée pendant l'accouchement.

Cystoscopie (*kustis*: vessie; *skopein*: observer) Examen visuel de la muqueuse vésicale au moyen d'un tube inséré dans l'urètre.

Diabète insipide État caractérisé par l'élimination de grandes quantités (jusqu'à 40 L par jour) d'urine diluée (polyurie) et par une soif intense (polydipsie). La forme dite *centrale* est causée par l'insuffisance ou l'absence de sécrétion d'hormone antidiurétique, à la suite d'une lésion ou d'une tumeur de l'hypothalamus ou de la neurohypophyse, ou encore à la suite d'une anomalie génétique. Peut aussi résulter d'une déficience (nombre insuffisant ou dysfonctionnement) des aquaporines ou des récepteurs de l'hormone antidiurétique dans les tubules rénaux collecteurs (diabète insipide néphrogénique). Peut provoquer une déshydratation, de l'hypotension et un déséquilibre électrolytique grave si la personne atteinte ne boit pas de grandes quantités de liquide. Voir le chapitre 16, p. 699.

Énurésie Incapacité de maîtriser la miction pendant le sommeil. Chez les enfants de plus de six ans, on l'appelle *énurésie primaire* quand l'enfant n'a jamais été continent, et *énurésie secondaire* si l'enfant a déjà été continent, puis a cessé de l'être. L'énurésie secondaire a souvent une cause psychologique. L'énurésie primaire est plus fréquente et due à une combinaison de facteurs, dont une production nocturne inadéquate d'ADH, un sommeil profond et une capacité vésicale faible. La prise d'ADH synthétique règle souvent le problème.

Examen des urines Analyse des urines qui permet de poser certains diagnostics. La présence de protéines, de glucose, d'acétone, de sang ou de pus dans les urines est signe d'un état pathologique.

Glomérulonéphrite Terme regroupant diverses affections de type aigu ou chronique caractérisées par une inflammation des glomérules entraînant une augmentation de la perméabilité de la membrane de filtration. Dans certains cas, des complexes immuns circulants (anticorps liés à des substances étrangères telles que des streptocoques) se déposent dans les membranes basales des glomérules. Dans d'autres cas, des réactions immunitaires s'attaquent au tissu rénal et causent des lésions glomé-rulaires (maladie auto-immune). Dans tous les cas, la réaction inflammatoire qui s'ensuit endommage la membrane de filtration, permettant à des protéines sanguines et même des cellules sanguines d'entrer dans les tubules rénaux et dans l'urine. À mesure que diminue la pression osmotique du sang, le liquide s'échappe dans les espaces interstitiels et entraîne un œdème généralisé. L'oligoanurie nécessitant la dialyse peut apparaître temporairement, mais le fonctionnement des reins se rétablit en quelques mois. Les lésions glomérulaires permanentes peuvent provoquer la glomérulonéphrite chronique et, finalement, l'insuffisance rénale.

Goutte Arthrite d'origine métabolique, de cause inconnue, mais dans laquelle intervient probablement une composante génétique et divers facteurs environnementaux (alcool, alimentation, surpoids, etc.), et qui se manifeste par une accumulation d'acide urique. Les reins ne pouvant pas l'éliminer efficacement, l'acide urique tend à s'accumuler dans les articulations. Cette affection touche principalement les hommes (90 % de tous les cas) et les premiers symptômes apparaissent souvent au niveau de l'articulation du gros orteil. Les aliments riches en purine sont à éviter (viande rouge, charcuterie, crustacés, choux et asperges) ainsi que certains médicaments, dont les diurétiques de la classe des tyazides.

Infarctus rénal Zone de tissu rénal nécrosé. Peut résulter d'un arrêt de l'irrigation du rein ou d'une hémorragie. L'obstruction d'une artère interlobaire du rein est une cause fréquente de l'infarctus rénal localisé. Parce que les artères interlobaires du rein sont terminales (elles ne s'anastomosent pas), leur obstruction provoque une ischémie et la nécrose des portions du rein qu'elles irriguent.

Néphrolysine Substance (métal lourd, solvant organique ou toxine bactérienne) toxique pour les reins.

Urographie intraveineuse (*oûron*: urine; *graphein*: écriture) Examen radiologique du rein et de l'uretère réalisé après l'injection intraveineuse d'une substance de contraste (comme dans la figure 25.19). Permet de détecter les obstructions, d'observer l'anatomie du rein (pelvis et calices rénaux) et de déterminer le taux d'excrétion (clairance) de la substance de contraste.

Urologue Médecin spécialisé dans les affections des systèmes urinaires masculin et féminin et dans les affections du système génital de l'homme.

25

RÉSUMÉ DU CHAPITRE

Anatomie des reins (p. 1116)

Situation et anatomie externe (p. 1116)

1. Les reins occupent une position rétropéritonéale dans la région lombaire supérieure.
2. Chaque rein est entouré par trois enveloppes: la capsule fibreuse du rein, la capsule adipeuse du rein et le fascia rénal. La capsule adipeuse maintient les reins dans leur position normale.

Anatomie interne (p. 1117)

3. De l'extérieur vers l'intérieur, le rein est constitué du cortex rénal, de la médulla rénale (composée principalement des pyra-mides rénales) et du pelvis rénal. Les calices rénaux recueillent l'urine qui s'écoule des sommets des pyramides (papilles rénales) par les orifices papillaires et la déversent dans le pelvis rénal.

Vascularisation et innervation (p. 1118)

4. Les reins reçoivent 25 % du débit cardiaque total.
5. Le sang suit le trajet suivant dans le rein: artère rénale → artères segmentaires → artères interlobaires → artères arquées → artères interlobulaires → artérioles afférentes → glomérules → artérioles efférentes → lits capillaires péritubulaires → veines interlobulaires → veines arquées → veines interlobaires → veine rénale.
6. L'innervation des reins provient du plexus rénal.

Néphrons (p. 1120)

7. Les néphrons sont les unités structurales et fonctionnelles des reins.

8. Chaque néphron comprend un glomérule (lit capillaire où la pression est élevée) et une capsule glomérulaire rénale qui se prolonge par un tubule rénal. Le tubule rénal s'abouche au glomérule et donne le tubule contourné proximal, l'anse du néphron et le tubule contourné distal. Un lit capillaire à faible pression, le lit capillaire péritubulaire, est étroitement associé au tubule rénal.

9. Les néphrons corticaux, les plus nombreux, sont presque entièrement compris dans le cortex rénal; une petite portion seulement de leurs anses s'enfonce dans la médulla rénale. Les glomérules des néphrons juxtamédullaires sont situés à la jonction du cortex rénal et de la médulla rénale, et leurs anses pénètrent profondément dans la médulla rénale. Au lieu de se constituer en capillaires péritubulaires, les artérioles efférentes de nombreux néphrons juxtamédullaires forment des faisceaux uniques de vaisseaux droits, appelés vasa recta, qui desservent les segments des tubules de la médulla. Les néphrons juxtamédullaires et les vasa recta jouent un rôle important dans l'établissement du gradient osmotique de la médulla.

10. Les tubules rénaux collecteurs reçoivent l'urine de nombreux néphrons et contribuent à concentrer l'urine. Ils forment les pyramides rénales.

11. L'appareil juxtaglomérulaire est situé au point de contact entre l'artériole afférente et la portion la plus distale de la partie ascendante de l'anse du néphron. Il est formé des cellules granulaires, de la macula densa et des mésangiocytes extraglomérulaires.

12. La membrane de filtration est composée d'un endothélium fenestré, de la membrane basale du glomérule et du feuillet viscéral de la capsule glomérulaire rénale formé de podocytes. Elle laisse librement passer les substances plus petites que les protéines plasmatiques.

Physiologie des reins: formation de l'urine (p. 1126)

1. Les fonctions du néphron sont la filtration glomérulaire, la réabsorption tubulaire et la sécrétion tubulaire. Par ces processus, les reins règlent le volume, la composition et le pH du sang, et ils éliminent les déchets métaboliques azotés.

Première étape: filtration glomérulaire (p. 1126)

2. Les glomérules font office de filtres. La pression sanguine y est élevée (55 mm Hg), parce que les glomérules sont alimentés et drainés par des artérioles et que le diamètre des artérioles afférentes est plus grand que celui des artérioles efférentes.

3. Environ un cinquième du plasma qui passe par les glomérules traverse le filtre glomérulaire et s'écoule dans les tubules rénaux.

4. La pression nette de filtration (PNF), qui est habituellement d'environ 10 mm Hg, est déterminée par l'interaction des forces favorisant la filtration (pression hydrostatique glomérulaire) et des forces s'y opposant (pression hydrostatique capsulaire et pression osmotique glomérulaire, ou pression oncotique).

5. Le débit de filtration glomérulaire (DFG) est directement proportionnel à la pression nette de filtration et il se chiffre à environ 125 mL/min (180 L/24 h).

6. L'autorégulation rénale permet aux reins de conserver un débit sanguin et un débit de filtration glomérulaire relativement constants. L'autorégulation fait intervenir un mécanisme autorégulateur vasculaire myogène et un mécanisme de rétroaction tubuloglomérulaire régi par la macula densa.

7. Les mécanismes de régulation extrinsèques du DFG règlent la pression artérielle par voie nerveuse et hormonale. L'activation vigoureuse du système nerveux sympathique cause la constriction des artérioles afférentes et, par le fait même, diminue la formation du filtrat et stimule la libération de rénine par les cellules granulaires de l'artériole afférente.

8. Le système rénine-angiotensine, qui met à contribution les cellules granulaires de l'artériole afférente, fait augmenter la pression artérielle systémique en produisant l'angiotensine II, laquelle stimule la sécrétion d'aldostérone.

Deuxième étape: réabsorption tubulaire (p. 1131)

9. Pendant la réabsorption tubulaire, les cellules tubulaires retirent les substances nécessaires du filtrat et les renvoient dans le sang des capillaires péritubulaires. Le transport actif primaire des ions Na^+ est assuré par une Na^+-K^+ ATPase au niveau de la membrane basolatérale. Cette réabsorption des ions Na^+ établit le gradient électrochimique qui régit la réabsorption de la plupart des autres solutés et de l'eau. Les ions Na^+ traversent la membrane apicale de la cellule tubulaire par diffusion facilitée ou par diffusion à travers un canal, ou par un mécanisme de cotransport comprenant d'autres substances.

10. La réabsorption tubulaire passive repose sur des gradients électrochimiques établis par la réabsorption active des ions Na^+. L'eau, de nombreux ions et diverses autres substances (dont l'urée) sont réabsorbés passivement par diffusion dans la voie transcellulaire ou paracellulaire.

11. La réabsorption tubulaire active secondaire s'effectue par cotransport avec des ions Na^+ à l'aide de transporteurs protéiques. Le transport de ces substances est limité par le nombre de transporteurs disponibles. Les substances réabsorbées activement incluent le glucose, les acides aminés et certains ions.

12. Les cellules du tubule contourné proximal sont les plus actives dans la réabsorption. La plupart des nutriments, 65 % de l'eau et des ions Na^+ ainsi que l'essentiel des ions activement transportés sont réabsorbés dans les tubules contournés proximaux.

13. La réabsorption d'un surcroît d'ions Na^+ et d'eau s'effectue dans le tubule contourné distal et dans le tubule rénal collecteur, et elle est régie par des hormones. L'aldostérone accroît la réabsorption du sodium; l'hormone antidiurétique favorise la réabsorption de l'eau dans le tubule rénal collecteur.

Troisième étape: sécrétion tubulaire (p. 1135)

14. La sécrétion tubulaire est un moyen d'ajouter des substances (provenant du sang ou des cellules tubulaires) au filtrat. Il s'agit d'un processus actif qui joue un rôle important dans l'élimination des médicaments, de certains déchets et des ions en excès ainsi que dans le maintien de l'équilibre acidobasique du sang.

Régulation de la concentration et du volume de l'urine (p. 1136)

15. L'hyperosmolalité graduée des liquides de la médulla rénale (principalement due aux mouvements du NaCl et de l'urée) fait en sorte que le filtrat atteignant le tubule contourné distal

est dilué (hypoosmolaire). Elle permet la formation d'urine dont l'osmolalité varie entre 50 et 1200 mmol/kg.

- La partie descendante de l'anse du néphron est perméable à l'eau ; l'eau diffuse du filtrat vers l'interstitium médullaire. Au niveau du coude de l'anse du néphron, le filtrat et le liquide de la médulla sont hyperosmolaires.
- La partie ascendante est imperméable à l'eau. Les ions Na^+ et Cl^- présents dans le filtrat passent dans l'espace interstitiel, par un mécanisme passif dans le segment grêle et par un mécanisme actif dans le segment large. Le filtrat se dilue à mesure qu'il perd des ions.
- À mesure que le filtrat contenu dans le tubule rénal collecteur s'écoule dans la médulla rénale interne, l'urée diffuse dans l'espace interstitiel. De là, l'urée entre dans la partie ascendante et est recyclée.
- Le sang s'écoule lentement dans les vasa recta, et son osmolalité s'équilibre avec celle du liquide interstitiel de la médulla rénale. Par conséquent, le sang qui sort de la médulla par les vasa recta est pratiquement isotonique par rapport au liquide interstitiel, et la forte concentration des solutés est ainsi maintenue dans la médulla.

16. En l'absence d'hormone antidiurétique, les reins forment de l'urine diluée, car le filtrat dilué atteignant le tubule contourné distal est excrété sans que l'eau soit réabsorbée vers l'espace interstitiel.

17. Quand la concentration sanguine d'hormone antidiurétique s'élève, les tubules rénaux collecteurs deviennent plus perméables à l'eau, et celle-ci diffuse vers l'espace interstitiel, c'est-à-dire dans les parties hyperosmotiques de la médulla rénale. Par conséquent, l'urine est produite en plus petite quantité et elle est plus concentrée.

Clairance rénale (p. 1142)

18. La clairance rénale est le volume de plasma que les reins débarrassent complètement d'une substance en 1 min. Les épreuves de la clairance rénale renseignent sur la fonction rénale et sur l'évolution des maladies rénales.

19. L'insuffisance rénale a des conséquences graves. Les reins n'arrivent plus à concentrer l'urine, les équilibres acidobasique et électrolytique sont perturbés et les déchets azotés s'accumulent dans le sang.

Urine (p. 1143)

1. Normalement, l'urine est claire, jaune, aromatique et légèrement acide. Sa densité varie entre 1,001 et 1,035.

2. L'urine est composée à 95 % d'eau ; ses solutés sont les déchets azotés (l'urée, l'acide urique et la créatinine) et divers ions (toujours des ions Na^+, K^+, SO_4^{2-} et $H_2PO_4^-$).

3. Le glucose, les protéines, les érythrocytes, les leucocytes, l'hémoglobine et les pigments biliaires sont des constituants anormaux de l'urine.

4. Le débit urinaire quotidien varie entre 1,5 et 1,8 L environ, et il dépend du degré d'hydratation de l'organisme.

Uretères (p. 1143)

1. Les uretères sont d'étroits conduits qui s'étendent des reins jusqu'à la vessie en position rétropéritonéale. Ils transportent l'urine par péristaltisme des pelvis rénaux à la vessie.

Vessie (p. 1145)

1. La vessie, où s'accumule l'urine, est un sac musculaire contractile situé derrière la symphyse pubienne. La vessie est percée de trois orifices (ceux des uretères et celui de l'urètre) délimitant le trigone vésical. Chez l'homme, la prostate entoure la portion supérieure de l'urètre.

2. La paroi de la vessie est composée d'une muqueuse formée d'un épithélium transitionnel, des trois épaisseurs de la musculeuse de la vessie et d'une adventice.

Urètre (p. 1145)

1. L'urètre est un conduit musculaire qui transporte l'urine de la vessie vers l'extérieur de l'organisme.

2. À l'endroit où il s'abouche à la vessie, l'urètre est entouré par le sphincter lisse de l'urètre (interne et involontaire), composé de muscle lisse. Le muscle sphincter de l'urètre (externe et volontaire), composé de muscle squelettique, entoure l'urètre à l'endroit où il traverse le diaphragme urogénital.

3. Chez la femme, l'urètre mesure de 3 à 4 cm de long, et il ne transporte que l'urine. Chez l'homme, l'urètre mesure 20 cm de long, et il transporte l'urine ou le sperme.

Miction (p. 1147)

1. La miction est l'émission d'urine.

2. L'accumulation d'urine étire la paroi de la vessie et déclenche le réflexe de miction. Chez les bébés, il s'agit d'un simple réflexe spinal : les neurofibres parasympathiques sont excitées (et les neurofibres sympathiques inhibées), causant la contraction de la musculeuse de la vessie et le relâchement du sphincter lisse de l'urètre (interne). Chez les adultes, les centres pontins ou cérébraux supérieurs de la continence et de la miction peuvent remplacer ce simple réflexe.

3. Parce que le muscle sphincter de l'urètre (externe) est volontaire, la miction peut généralement être retardée.

Développement et vieillissement du système urinaire (p. 1148)

1. Trois types de systèmes rénaux (pronéphros, mésonéphros et métanéphros) émergent successivement du mésoderme intermédiaire. Le métanéphros excrète de l'urine dès le troisième mois de gestation.

2. Le rein en fer à cheval, la polykystose rénale et l'hypospadias sont des anomalies congénitales fréquentes.

3. Comme la vessie du nouveau-né est petite et que ses reins sont moins aptes à la formation d'urine concentrée, celui-ci urine fréquemment. Le développement des fonctions neuromusculaires permet généralement l'apprentissage de la propreté à partir de l'âge de 24 mois.

4. Les infections bactériennes sont les troubles du système urinaire les plus fréquents de l'enfance à l'âge mûr.

5. Avec l'âge, le nombre de néphrons diminue, la filtration ralentit et les cellules tubulaires concentrent l'urine moins efficacement. La rétention urinaire est répandue chez les hommes âgés.

6. La capacité et le tonus vésicaux diminuent avec l'âge, causant des mictions fréquentes et, souvent, l'incontinence.

25

QUESTIONS DE RÉVISION

Choix multiples/associations

(Il peut y avoir plus d'une bonne réponse à certaines questions. Choisissez les meilleures réponses parmi celles qui sont proposées. Les réponses se trouvent à l'appendice G.)

1. Les déchets azotés atteignent leur plus faible concentration sanguine dans: (**a**) la veine hépatique; (**b**) la veine cave inférieure; (**c**) l'artère rénale; (**d**) la veine rénale.

2. Les capillaires glomérulaires diffèrent des autres capillaires parce qu'ils: (**a**) ont des anastomoses plus étendues; (**b**) proviennent d'artérioles et se jettent dans des artérioles; (**c**) ne sont pas formés d'endothélium; (**d**) sont les sites de la formation du filtrat.

3. Une lésion de la médulla rénale entraverait *d'abord* le fonctionnement: (**a**) des capsules glomérulaires rénales; (**b**) des tubules contournés distaux; (**c**) des tubules rénaux collecteurs; (**d**) des tubules contournés proximaux.

4. Laquelle des substances suivantes est réabsorbée par le tubule contourné proximal? (**a**) Le sodium; (**b**) le potassium; (**c**) les acides aminés; (**d**) toutes ces substances.

5. Généralement, il n'y a pas de glucose dans l'urine parce que: (**a**) il ne traverse pas les parois des glomérules; (**b**) il est maintenu dans le sang par la pression osmotique; (**c**) il est réabsorbé par les cellules tubulaires; (**d**) il est absorbé par les cellules avant que le sang atteigne les reins.

6. Dans le glomérule, la filtration est directement reliée à: (**a**) la réabsorption de l'eau; (**b**) la pression hydrostatique capsulaire; (**c**) la pression artérielle; (**d**) l'acidité de l'urine.

7. La réabsorption tubulaire: (**a**) du glucose et de nombreuses autres substances est un processus actif limité par le taux maximal de réabsorption; (**b**) des ions Cl⁻ est toujours liée au transport passif des ions Na⁺; (**c**) est le mouvement des substances, du sang au néphron; (**d**) des ions Na⁺ ne s'effectue que dans le tubule contourné proximal.

8. Si un échantillon d'urine fraîche contient des quantités excessives d'urochrome, il présente: (**a**) une odeur d'ammoniac; (**b**) un pH inférieur à la normale; (**c**) une couleur jaune foncé; (**d**) un pH supérieur à la normale.

9. Le diabète et l'inanition (privation de nourriture) sont reliés à: (**a**) la cétonurie; (**b**) la pyurie; (**c**) l'albuminurie; (**d**) l'hématurie.

10. Lequel des énoncés suivants à propos de l'ADH est vrai? (**a**) Elle favorise la réabsorption obligatoire de l'eau; (**b**) elle est sécrétée en réponse à une augmentation de l'osmolalité du liquide extracellulaire; (**c**) elle cause l'insertion d'aquaporines dans le TCP; (**d**) elle favorise la réabsorption du Na⁺.

11. Une substance dont la clairance rénale est de 90 mL/min est: (**a**) une substance complètement réabsorbée; (**b**) une substance sécrétée par les tubules rénaux; (**c**) une substance qui n'est pas filtrée; (**d**) une substance partiellement réabsorbée.

Questions à court développement

12. Quelle est l'importance de la capsule adipeuse entourant le rein?

13. Décrivez le trajet d'une molécule de créatinine d'un glomérule à l'urètre. Nommez toutes les structures microscopiques et macroscopiques qu'elle traverse en chemin.

14. Expliquez comment on calcule la pression nette de filtration. Quel sera l'effet d'une augmentation de la pression artérielle sur la PNF? Quel sera l'effet d'une déshydratation?

15. Expliquez les différences importantes entre le plasma sanguin et le filtrat glomérulaire. Mettez ces différences en rapport avec la structure de la membrane de filtration.

16. Décrivez les mécanismes qui contribuent à l'autorégulation rénale.

17. Décrivez les mécanismes de régulation extrinsèques du DFG ainsi que leur rôle physiologique.

18. Décrivez la réabsorption tubulaire active et passive.

19. Expliquez en quoi les capillaires péritubulaires sont adaptés à la réception des substances réabsorbées.

20. Expliquez le déroulement et l'utilité de la sécrétion tubulaire.

21. Comment l'aldostérone modifie-t-elle la composition chimique de l'urine?

22. Expliquez pourquoi le filtrat est hypertonique quand il atteint le coude de l'anse du néphron (et le liquide interstitiel des parties profondes de la médulla rénale). Expliquez aussi pourquoi le filtrat devient hypotonique en s'écoulant dans la partie ascendante de l'anse du néphron.

23. En quoi l'anatomie de la vessie est-elle adaptée à sa fonction de réservoir? Expliquez le rôle de l'épithélium transitionnel.

24. Définissez la miction et décrivez le réflexe de miction.

25. Décrivez les changements que le vieillissement fait subir à l'anatomie et à la physiologie des reins et de la vessie.

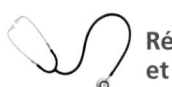

Réflexion et application

1. Mᵐᵉ Bigda, une femme de 60 ans, est amenée au centre hospitalier par des policiers qui l'ont trouvée étendue sur le trottoir. L'équipe médicale détermine qu'elle est atteinte d'une hépatite alcoolique. On lui prescrit un régime pauvre en sel et en protéines ainsi que des diurétiques pour éliminer son ascite (accumulation de liquides dans la cavité péritonéale). Comment les diurétiques faciliteront-ils l'élimination des liquides en excès? Nommez et décrivez le mécanisme d'action de trois types de diurétiques. Pourquoi recommande-t-on à Mᵐᵉ Bigda un régime hyposodique?

2. M. Hudon, un réparateur de ligne de transport d'électricité, fait une chute. L'examen révèle une fracture de la partie inférieure de la colonne vertébrale et un sectionnement de la moelle épinière de la région lombaire. Dorénavant, M. Hudon aura-t-il la maîtrise de ses mictions? Éprouvera-t-il encore le besoin d'uriner? Y aura-t-il écoulement goutte à goutte d'urine entre les mictions? Justifiez vos réponses.

3. Qu'est-ce que la cystite? Pourquoi les femmes en sont-elles atteintes plus fréquemment que les hommes?

4. Mᵐᵉ Desjardins, une femme de 55 ans, est réveillée par une violente douleur qui irradie du côté droit de son abdomen jusqu'à l'aine et à la région lombaire du même côté. La douleur est intermittente et revient toutes les trois à quatre minutes. Déterminez le problème et énumérez quelques-uns des facteurs qui pourraient y avoir prédisposé Mᵐᵉ Desjardins. Expliquez aussi pourquoi cette douleur est intermittente.

5. Pourquoi l'utilisation d'un spermicide augmente-t-il le risque d'infection urinaire chez la femme?

6. Pourquoi les patients souffrant d'insuffisance rénale soumis à la dialyse courent-ils un risque d'être atteints d'anémie et d'ostéoporose? Quels médicaments ou suppléments pourraient-ils prendre pour empêcher ces problèmes?

25

26

Liquides de l'organisme (p. 1156)

Poids hydrique de l'organisme (p. 1156)

Compartiments hydriques de l'organisme (p. 1156)

Composition des liquides de l'organisme (p. 1156)

Mouvement des liquides entre les compartiments (p. 1158)

Équilibre hydrique et osmolalité du liquide extracellulaire (p. 1159)

Régulation de l'apport hydrique (p. 1159)

Régulation de la déperdition hydrique (p. 1160)

Influence de l'hormone antidiurétique (p. 1161)

Déséquilibres hydriques (p. 1161)

Équilibre électrolytique (p. 1163)

Rôle des ions sodium dans l'équilibre hydrique et électrolytique (p. 1164)

Régulation de l'équilibre des ions sodium (p. 1164)

Régulation de l'équilibre des ions potassium (p. 1169)

Régulation de l'équilibre des ions calcium et phosphate (p. 1170)

Régulation des anions (p. 1170)

Équilibre acidobasique (p. 1171)

Systèmes tampons chimiques (p. 1171)

Régulation respiratoire des ions H^+ (p. 1173)

Mécanismes rénaux de l'équilibre acidobasique (p. 1174)

Déséquilibres acidobasiques (p. 1177)

Équilibre hydrique, électrolytique et acidobasique au cours du développement et du vieillissement (p. 1183)

Équilibre hydrique, électrolytique et acidobasique

Vous êtes-vous déjà demandé pourquoi il vous arrive de passer des heures sans uriner, tandis qu'en d'autres occasions il vous semble que vous urinez fréquemment? Savez-vous pourquoi votre soif semble parfois inextinguible? Ces phénomènes traduisent l'une des principales fonctions de l'organisme, soit le maintien de l'équilibre hydrique, électrolytique et acidobasique.

Le fonctionnement cellulaire dépend non seulement d'un apport continuel de nutriments et de l'excrétion des déchets métaboliques, mais aussi de l'homéostasie en ce qui a trait aux conditions physiques et à la composition chimique des liquides qui entourent les cellules. Le principe fondamental de l'homéostasie fut énoncé en 1857 par le physiologiste français Claude Bernard, qui affirmait que l'équilibre dynamique du milieu interne est la condition essentielle d'une vie autonome de l'organisme.

Dans ce chapitre, nous allons étudier la composition et la distribution des liquides du milieu interne; puis nous considérerons le rôle des divers organes et fonctions physiologiques dans la régulation et le maintien de l'état d'équilibre dynamique du milieu interne ainsi que dans les processus susceptibles d'engendrer un déséquilibre.

Liquides de l'organisme

1. Énumérer les facteurs qui déterminent le poids hydrique de l'organisme et décrire les effets de chacun.

2. Préciser le volume hydrique des différents compartiments hydriques de l'organisme et comparer leur composition en solutés.

3. Comparer les effets osmotiques globaux des électrolytes et ceux des non-électrolytes.

4. Décrire les facteurs qui déterminent les échanges hydriques entre les différents compartiments de l'organisme.

Poids hydrique de l'organisme

L'eau constitue la moitié environ de la masse corporelle d'un jeune adulte en bonne santé. Cependant, le poids hydrique varie d'une personne à l'autre, et l'eau corporelle totale est fonction non seulement de la masse corporelle et de l'âge, mais aussi du sexe et de la quantité relative de tissu adipeux. Parce que les nourrissons ont peu de tissu adipeux et que la masse de leurs os est faible, leur organisme est composé à 73 % ou plus d'eau (ce haut degré d'hydratation explique le velouté de leur peau). Le poids hydrique diminue par la suite tout au long de la vie. C'est ainsi que l'eau ne constitue plus que 45 % environ de la masse corporelle d'une personne âgée.

L'organisme d'un jeune homme en bonne santé est composé d'environ 60 % d'eau et celui d'une jeune femme, d'environ 50 %; cette différence est liée au fait que les femmes ont plus de tissu adipeux et moins de muscle squelettique que les hommes. Le tissu adipeux est le *moins* hydraté des tissus (il ne peut contenir que 20 % d'eau, alors que le muscle squelettique peut en contenir jusqu'à 75 %); même l'os renferme plus d'eau que la graisse. Par conséquent, l'organisme des personnes qui possèdent une plus grande masse musculaire comprend une plus grande proportion d'eau. Malgré la relativement faible teneur en eau chez la femme, l'hydratation de sa peau est favorisée par les œstrogènes.

Compartiments hydriques de l'organisme

Dans l'organisme, l'eau se répartit essentiellement en deux **compartiments hydriques** (figure 26.1). Un peu moins des deux tiers du volume total se trouvent dans le **compartiment intracellulaire**, qui est en fait composé de billions de «compartiments» – les cellules. Chez un homme adulte de stature moyenne (70 kg), le compartiment intracellulaire contient 25 L sur les 40 L totaux.

Le tiers restant se rencontre à l'extérieur des cellules, dans le **compartiment extracellulaire**. Le compartiment extracellulaire constitue à la fois le «milieu interne» auquel Claude Bernard faisait référence et le milieu externe des cellules. Comme on peut le voir à la figure 26.1, le compartiment extracellulaire comprend deux sous-compartiments: le **plasma** (partie liquide du sang) et le **compartiment interstitiel** (liquide entre les cellules des tissus). Le compartiment extracellulaire comporte de nombreux autres sous-compartiments, soit la lymphe, le liquide cérébrospinal, l'humeur aqueuse et le corps vitré de l'œil, la synovie, les sérosités et les sécrétions gastro-intestinales. Cependant, la plupart de ces liquides sont analogues au liquide interstitiel, et on estime généralement qu'ils en font partie.

Composition des liquides de l'organisme

L'eau est parfois appelée *solvant universel*, car elle peut dissoudre des substances très diverses. Les solutés se divisent principalement en *électrolytes* et en *non-électrolytes*.

Électrolytes et non-électrolytes

Les **non-électrolytes** ont des liaisons (habituellement covalentes) qui empêchent leur dissociation. Par conséquent, lorsqu'ils sont dissous dans l'eau, ils ne forment pas de corps chimiques portant des charges électriques. La plupart des non-électrolytes sont des molécules organiques; tel est le cas du glucose, des lipides, de la créatinine et de l'urée.

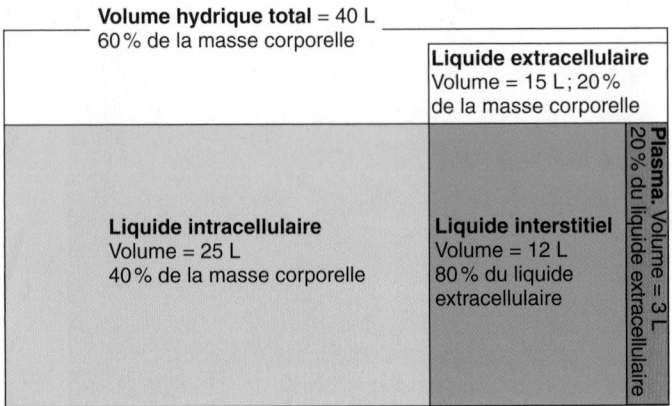

Figure 26.1 Principaux compartiments hydriques de l'organisme. Les volumes ont été mesurés chez un homme de 70 kg.

Les **électrolytes**, au contraire, sont des composés chimiques qui se dissocient en ions dans l'eau. (Voir le chapitre 2, au besoin, pour réviser ces notions de chimie.) Parce qu'ils sont des particules chargées, les ions peuvent conduire le courant électrique, d'où leur nom d'*électrolytes*. Typiquement, les électrolytes comprennent des sels inorganiques, des acides et des bases tant inorganiques qu'organiques ainsi que certaines protéines.

Bien que toutes les molécules et tous les solutés contribuent à l'activité osmotique d'un liquide, la puissance osmotique des électrolytes est beaucoup plus grande que celle des molécules qui ne s'ionisent pas, car chaque molécule d'un électrolyte se dissocie en au moins deux ions. Par exemple, une molécule de chlorure de sodium (NaCl) fournit deux fois plus de particules qu'une molécule de glucose (dont les atomes restent unis); de même, une molécule de chlorure de magnésium ($MgCl_2$) en fournit trois fois plus:

$NaCl \rightarrow Na^+ + Cl^-$ (électrolyte; deux particules)

$MgCl_2 \rightarrow Mg^{2+} + Cl^- + Cl^-$ (électrolyte; trois particules)

glucose → glucose (non-électrolyte; une particule)

L'eau se déplace ou diffuse toujours dans le sens du gradient osmotique, c'est-à-dire du compartiment de faible osmolalité (où le nombre des ions et des molécules est faible) vers le compartiment de plus forte osmolalité (où le nombre des ions et des molécules est élevé). C'est pourquoi les électrolytes sont beaucoup plus aptes à causer des échanges hydriques (par osmose) que les molécules qui ne s'ionisent pas. Ce processus physiologique explique le mécanisme de réabsorption de l'eau engendré par la réabsorption des ions sodium (Na^+) dans le tubule contourné proximal des reins (voir le chapitre 25).

Comparaison entre le liquide extracellulaire et le liquide intracellulaire

Un simple coup d'œil au graphique de la **figure 26.2** révèle que chaque compartiment hydrique de l'organisme a une composition électrolytique distinctive. Cependant, exception faite de

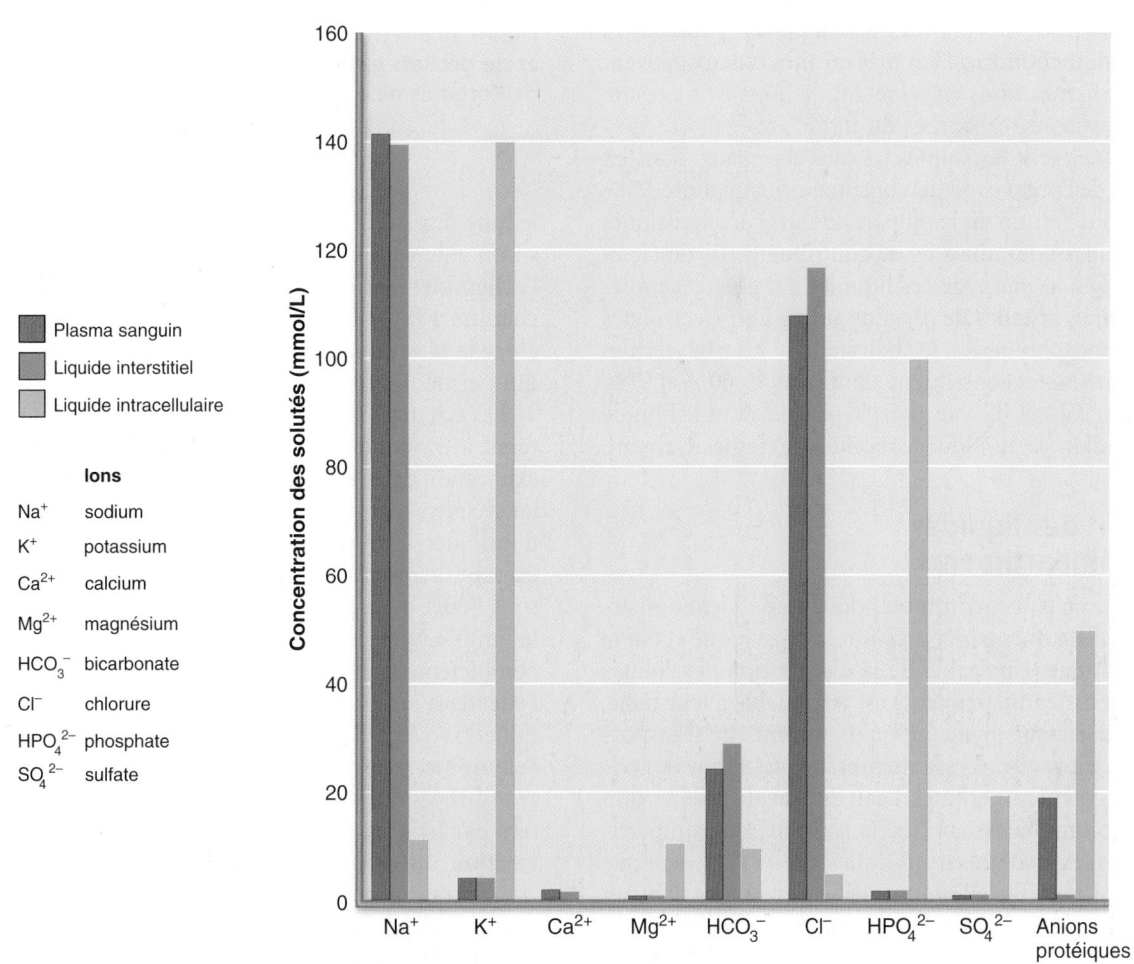

Ions

Na^+	sodium
K^+	potassium
Ca^{2+}	calcium
Mg^{2+}	magnésium
HCO_3^-	bicarbonate
Cl^-	chlorure
HPO_4^{2-}	phosphate
SO_4^{2-}	sulfate

Figure 26.2 Composition électrolytique du plasma sanguin, du liquide interstitiel et du liquide intracellulaire. La très faible concentration des ions Ca^{2+} dans le liquide intracellulaire (10^{-4} mmol/L) n'inclut pas les réserves de calcium se trouvant dans les organites. La forte concentration des ions HPO_4^{2-} dans le liquide intracellulaire compte les grandes quantités d'ions liés aux métabolites intermédiaires, aux protéines et aux lipides.

la teneur relativement élevée en protéines du plasma, les liquides extracellulaires sont fort semblables : leur principal cation est l'ion sodium (Na⁺) et leur principal anion, l'ion chlorure (Cl⁻). Toutefois, le plasma contient un peu moins d'ions Cl⁻ que le liquide interstitiel, parce qu'il est électriquement neutre et que ses protéines, qui ne diffusent pas dans le liquide interstitiel, se présentent normalement sous forme d'anions.

Contrairement aux liquides extracellulaires, le liquide intracellulaire ne contient que de petites quantités d'ions Na⁺ et Cl⁻. Son cation le plus abondant est l'ion potassium (K⁺) et son principal anion, l'ion phosphate (HPO_4^{2-}). Les cellules contiennent en outre des quantités substantielles de protéines solubles (environ trois fois la concentration présente dans le plasma).

Notez que les concentrations des ions Na⁺ et K⁺ dans les liquides extracellulaires et le liquide intracellulaire sont presque inverses (figure 26.2). La distribution caractéristique de ces ions de part et d'autre des membranes cellulaires traduit l'activité des pompes à Na⁺-K⁺ de la membrane plasmique, qui maintiennent la faible concentration intracellulaire des ions Na⁺, tout en conservant la forte concentration intracellulaire des ions K⁺ ; le fonctionnement de ces pompes présuppose la production d'ATP par les mitochondries. Les mécanismes rénaux peuvent maintenir ces distributions en sécrétant des ions K⁺ à mesure que les ions Na⁺ sont réabsorbés du filtrat.

Les électrolytes sont les solutés les plus abondants dans les divers liquides de l'organisme (ils constituent, en quantité, 95 % des solutés) ; ils déterminent la plupart de leurs caractéristiques chimiques et physiques, mais ils ne contribuent pas de façon proportionnelle à la *masse* de ces liquides. En effet, les molécules de protéines et celles de certains autres non-électrolytes – tels que les phospholipides, le cholestérol et les triglycérides – sont volumineuses et constituent environ 90 %, 60 % et 97 % de la masse des solutés dissous dans le plasma, dans le liquide interstitiel et dans le liquide intracellulaire respectivement.

Mouvement des liquides entre les compartiments

Les échanges et mélanges continuels des liquides des compartiments sont déterminés par la pression hydrostatique et par la pression osmotique. L'inégalité de la distribution des solutés dans les différents compartiments est attribuable à leur taille, à leur charge électrique ou au fait qu'ils doivent être transportés par des protéines à travers la membrane plasmique des cellules. Contrairement aux solutés, l'eau diffuse librement selon la concentration totale des solutés dans ces mêmes compartiments ou selon les gradients osmotiques. C'est ce qui explique que tout ce qui modifie la concentration des solutés dans un compartiment engendre obligatoirement un mouvement de l'eau.

La **figure 26.3** résume les échanges de gaz, de solutés et d'eau entre les limites de l'organisme et entre les trois compartiments hydriques du corps. En général, les substances doivent passer par le plasma ainsi que par le liquide interstitiel avant d'atteindre le liquide intracellulaire. Des échanges entre le milieu externe et le plasma se déroulent presque continuellement dans les poumons,

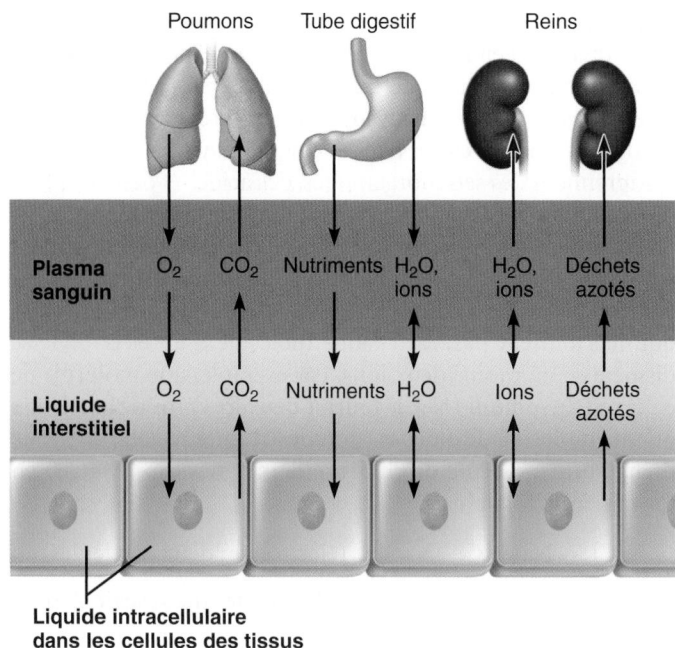

Figure 26.3 **Échange de gaz, de nutriments, d'eau et de déchets entre les trois compartiments hydriques de l'organisme.**

le tube digestif et les reins. Ces échanges modifient la composition et le volume du plasma, le plasma servant de voie pour l'acheminement des substances dans tout l'organisme (voir le chapitre 17). Ils sont rapidement compensés par les échanges entre le plasma sanguin et les deux autres compartiments, ce qui permet de rétablir l'équilibre.

Les échanges entre le plasma et le liquide interstitiel s'effectuent à travers les membranes capillaires. Nous donnons une explication détaillée des pressions déterminant ces mouvements au chapitre 19 (voir p. 829-830). Nous nous contenterons ici d'indiquer le résultat des mécanismes en jeu. Pratiquement exempt de protéines, le plasma sort de la circulation sanguine sous l'effet de la pression hydrostatique du sang et filtre dans le liquide interstitiel. Ce liquide filtré est par la suite presque complètement réabsorbé dans la circulation sanguine sous l'effet de la pression oncotique, c'est-à-dire de la pression osmotique exercée par les protéines plasmatiques (principalement l'albumine). Normalement, les petites quantités de liquides non réabsorbées qui demeurent dans l'espace interstitiel sont captées par les vaisseaux lymphatiques et renvoyées dans la circulation sanguine ; ce mécanisme contribue à maintenir la concentration normale des protéines plasmatiques et la pression osmotique du plasma sanguin.

Étant donné la perméabilité sélective des membranes cellulaires, les échanges entre les liquides interstitiel et intracellulaire sont plus complexes. En règle générale, les mouvements osmotiques de l'eau sont substantiels dans les *deux directions*. Au contraire, les mouvements des ions sont limités et, dans la plupart des cas, déterminés par le transport actif ou des canaux ioniques. Les mouvements des nutriments, des gaz respiratoires et des déchets sont habituellement *unidirectionnels*. Ainsi, le glucose et l'oxygène passent du liquide interstitiel au cytoplasme, alors que le gaz carbonique et les autres déchets métaboliques passent du cytoplasme au liquide interstitiel.

De nombreux facteurs peuvent modifier le volume du liquide extracellulaire et celui du liquide intracellulaire. Cependant, comme l'eau circule librement entre les compartiments, tous les liquides de l'organisme ont la même osmolalité (sauf pendant les quelques minutes qui suivent la modification de l'un d'entre eux). On peut s'attendre à ce que l'augmentation de la teneur en solutés du liquide extracellulaire (surtout de la teneur en NaCl) provoque une sortie d'eau des cellules et, par conséquent, modifie l'osmolalité et le volume du liquide intracellulaire. Inversement, la diminution de l'osmolalité du liquide extracellulaire suscite une entrée d'eau dans les cellules et engendre aussi une modification de l'osmolalité du liquide intracellulaire. Par conséquent, le volume du liquide intracellulaire est déterminé par la concentration des solutés dans le liquide extracellulaire. Ces concepts sous-tendent tous les phénomènes qui régissent l'équilibre hydrique dans l'organisme, et il convient de bien les comprendre.

VÉRIFIONS NOS ACQUIS

1. Parmi les liquides suivants, lequel se trouve en plus grande quantité dans l'organisme : le liquide extracellulaire ou le liquide intracellulaire ? Le plasma ou le liquide interstitiel ?

2. Quel est le principal cation dans le liquide extracellulaire ? Dans le liquide intracellulaire ? Quels sont les anions intracellulaires équivalant aux ions chlorure du liquide extracellulaire ?

3. Quand vous mangez des croustilles salées sans consommer de liquide, qu'advient-il du volume de votre liquide extracellulaire ? Justifiez votre réponse.

Les réponses se trouvent à l'appendice G.

Équilibre hydrique et osmolalité du liquide extracellulaire

5. Énumérer les voies d'entrée et de sortie de l'eau dans l'organisme.

6. Décrire les mécanismes de rétroaction qui régissent l'apport hydrique (la soif) et les mécanismes hormonaux qui régissent l'excrétion d'eau dans l'urine.

7. Expliquer en quoi consistent les pertes d'eau obligatoires et préciser leur conséquence pour l'organisme si elles ne sont pas compensées.

8. Décrire les causes et les conséquences possibles de la déshydratation, de l'hydratation hypotonique et de l'œdème.

Pour conserver l'hydratation de l'organisme, l'apport d'eau doit être égal à la déperdition d'eau. L'*apport hydrique* varie considérablement d'un individu à l'autre, et il est fortement influencé par les habitudes personnelles ; en moyenne, cependant, il se chiffre à environ 2500 mL par jour chez l'adulte **(figure 26.4)**. La majeure partie de l'eau corporelle vient autant des liquides que des aliments solides ingérés. L'eau produite dans l'organisme par le métabolisme cellulaire est appelée **eau métabolique**, ou **eau d'oxydation**.

La *déperdition hydrique* se fait par plusieurs voies. L'eau qui s'évapore des poumons dans l'air expiré ou diffuse directement à travers la peau est à l'origine du phénomène appelé **perspiration insensible**. Un peu d'eau se perd aussi dans la transpiration et les matières fécales. Le reste (60 %) est excrété par les reins dans l'urine.

Chez les personnes en bonne santé, l'osmolalité des liquides de l'organisme se maintient à l'intérieur de limites très étroites (entre 280 et 300 mmol/kg). L'augmentation de l'osmolalité du plasma déclenche (1) la soif, qui incite à boire de l'eau, et (2) la libération de l'hormone antidiurétique (ADH), qui provoque la réabsorption d'eau au niveau des reins et l'excrétion d'urine concentrée. Inversement, la diminution de l'osmolalité inhibe à la fois la soif et la libération d'hormone antidiurétique et entraîne l'excrétion de grandes quantités d'urine diluée.

Régulation de l'apport hydrique

Le **mécanisme de la soif** règle l'apport hydrique. Une augmentation de l'osmolalité du plasma de l'ordre de 2 à 3 % seulement cause l'état de sécheresse de la cavité orale (xérostomie) et stimule le *centre de la soif* localisé dans l'hypothalamus. L'assèchement de la cavité orale est dû au fait qu'une moindre quantité de liquide filtre de la circulation sanguine vers le liquide interstitiel quand la pression colloïdoosmotique du plasma augmente. Parce que les cellules des glandes salivaires tirent l'eau dont elles ont besoin du liquide interstitiel, la production de salive diminue, ce qui accroît le besoin de boire.

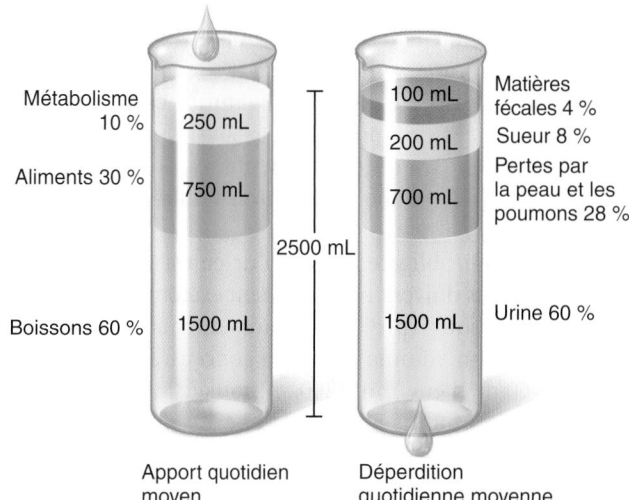

Figure 26.4 Sources de l'apport hydrique et voies de la déperdition hydrique. Lorsque l'apport et la déperdition sont équilibrés, l'organisme est bien hydraté.

Cette réaction se déclenche aussi quand le volume (ou la pression) du sang baisse. Mais il s'agit là d'un stimulus moins efficace, car il faut une diminution substantielle (de 10 à 15 %) pour provoquer le même effet.

Le centre de la soif est stimulé lorsque les *osmorécepteurs* de l'hypothalamus perdent de l'eau par osmose au profit du liquide extracellulaire hypertonique ou sont excités par des influx en provenance des barorécepteurs périphériques, par l'angiotensine II ou par d'autres stimulus. L'ensemble de ces phénomènes amène une sensation subjective de soif et pousse l'individu à boire (figure 26.5). C'est pour mettre à profit ce mécanisme qu'on offre des amuse-gueule *salés* dans les bars.

Curieusement, la soif s'étanche presque aussitôt que nous commençons à boire de l'eau, même si l'eau n'est pas encore absorbée dans le sang. En effet, la soif s'atténue dès que la muqueuse de la bouche et de la gorge est humectée ; elle se calme à mesure que les mécanorécepteurs de l'estomac et de l'intestin sont activés et émettent des signaux de rétro-inhibition vers le centre de la soif. La rapidité de l'étanchement de la soif prévient un apport hydrique excessif et une surdilution des liquides de l'organisme, laissant ainsi aux changements osmotiques le temps de jouer leur rôle de régulation (soit entre 30 et 60 minutes).

Même si elle est efficace, la sensation de soif ne constitue pas nécessairement un indicateur fiable du besoin physiologique d'eau. Cela est tout particulièrement vrai, par exemple, dans le cas d'une personne qui participe à une compétition sportive et dont la soif peut s'étancher bien avant qu'elle ait bu suffisamment de liquide pour maintenir l'hydratation optimale de son organisme. Par ailleurs, certaines personnes âgées ou désorientées ne reconnaissent pas la sensation de soif ou y passent outre, tandis que les personnes atteintes de maladies cardiaques ou rénales peuvent se sentir assoiffées en dépit de leur surcharge hydrique.

Régulation de la déperdition hydrique

Certaines pertes d'eau sont inévitables. Ces **pertes d'eau obligatoires** sont une des raisons pour lesquelles nous ne pouvons survivre longtemps sans boire. Aussi efficaces soient-ils, les mécanismes rénaux ne peuvent compenser un apport hydrique nul. Les pertes d'eau obligatoires comprennent la perte d'eau par les poumons et la peau, les quantités d'eau qui accompagnent les résidus alimentaires non digérés dans les matières fécales et une déperdition minimale de 500 mL dans l'urine.

La perte d'eau obligatoire dans l'urine est liée au fait que les reins humains doivent normalement excréter 600 mmol/kg de solutés par jour (produits finaux du métabolisme, par exemple) dans un volume d'eau. La concentration maximale de l'urine étant d'environ 1200 mmol/kg, les reins doivent donc excréter au moins 500 mL d'eau.

En plus des pertes d'eau obligatoires, l'apport hydrique, le régime alimentaire et les autres pertes d'eau influent sur la concentration de solutés et le volume de l'urine excrétée. Par exemple, une personne qui transpire abondamment par une journée chaude excrète beaucoup moins d'urine qu'à l'habitude pour conserver son équilibre hydrique. Normalement, les

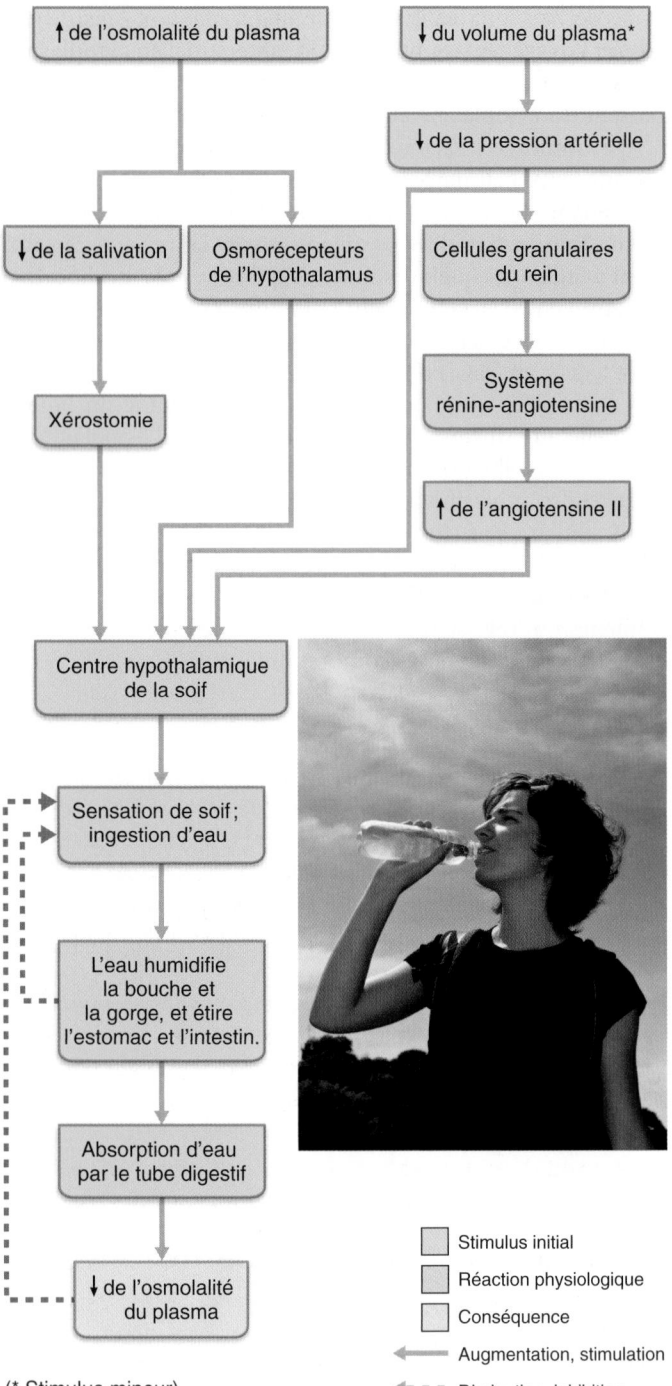

(* Stimulus mineur)

Figure 26.5 Mécanisme de la soif et régulation de l'apport hydrique. Le principal stimulus est l'augmentation de l'osmolalité du plasma sanguin. (Les effets de l'angiotensine II ne sont pas tous représentés.)

reins commencent à éliminer l'excès d'eau environ 30 minutes après l'ingestion. Ce délai est lié au temps nécessaire pour inhiber la libération de l'hormone antidiurétique. La diurèse atteint son maximum une heure après l'ingestion et son minimum, trois heures après.

Le volume hydrique de l'organisme est étroitement lié à l'ion Na⁺, qui agit comme un puissant aimant qui attirerait l'eau. D'ailleurs, la capacité de l'organisme de maintenir l'équilibre hydrique par le truchement de la diurèse se ramène en fait à une question d'équilibre des ions sodium *et* de l'eau, car ces deux substances sont toujours réglées ensemble par des mécanismes influant sur la fonction cardiovasculaire et la pression artérielle. Mais avant de traiter de la question du sodium, il convient de rappeler comment l'hormone antidiurétique influe sur la déperdition hydrique.

Influence de l'hormone antidiurétique

La quantité d'eau réabsorbée dans les tubules rénaux collecteurs est proportionnelle à la quantité d'hormone antidiurétique (ADH) libérée. Quand la concentration d'ADH est faible, les tubules rénaux collecteurs laissent passer la majeure partie de l'eau qui leur parvient. Ils ne la réabsorbent pas parce qu'il y a très peu d'aquaporines dans la membrane apicale des cellules principales. Il en résulte que l'urine est diluée et que le volume des liquides de l'organisme diminue. Quand la concentration d'ADH est élevée, des aquaporines sont insérées dans la membrane apicale des cellules principales, si bien que les tubules rénaux collecteurs réabsorbent presque toute l'eau filtrée. Les reins excrètent alors un petit volume d'urine concentrée (voir p. 1140).

Les osmorécepteurs de l'hypothalamus antérieur détectent la concentration de solutés dans le liquide extracellulaire, et ils déclenchent ou inhibent la libération d'ADH par la neurohypophyse **(figure 26.6)**. Une baisse de l'osmolalité du liquide extracellulaire inhibe la libération d'ADH et permet une plus grande excrétion d'eau dans l'urine, rétablissant ainsi l'osmolalité du plasma sanguin. En revanche, une augmentation de l'osmolalité du liquide extracellulaire stimule la libération d'ADH en activant les osmorécepteurs hypothalamiques.

Quand ils sont *importants*, les changements du volume plasmatique ou de la pression artérielle influent aussi sur la sécrétion d'ADH. Une diminution de la pression artérielle déclenche une augmentation de la sécrétion d'ADH par la neurohypophyse, soit directement par les barorécepteurs des oreillettes et de certains vaisseaux sanguins, soit indirectement par le système rénine-angiotensine.

Soulignons que le changement doit être «important»; il se distingue ainsi des variations de l'osmolalité du liquide extracellulaire, qui sont des facteurs de stimulation et d'inhibition beaucoup plus efficaces. La fièvre, la diaphorèse, les vomissements, la diarrhée, l'hémorragie et les brûlures graves sont autant de facteurs qui réduisent le volume sanguin et déclenchent la libération d'ADH. Dans ces situations, l'ADH produit un effet constricteur sur les artérioles, en augmentant directement la pression artérielle; c'est pourquoi on l'appelle aussi *vasopressine*. La figure 26.10 montre comment les mécanismes rénaux faisant intervenir l'aldostérone, l'angiotensine II et l'ADH contribuent à la régulation globale de la pression artérielle et du volume sanguin.

La sécrétion d'ADH est aussi stimulée par diverses autres substances, telle la nicotine.

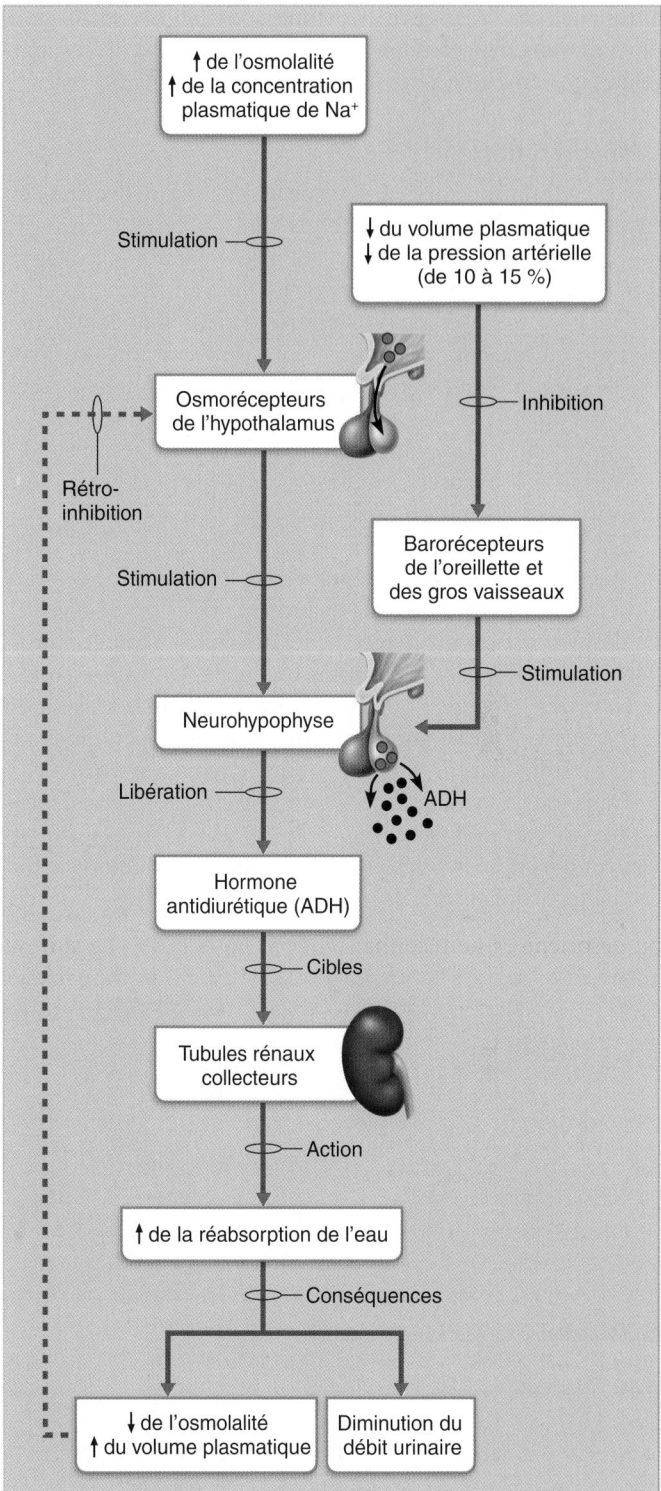

Figure 26.6 Mécanismes et conséquences de la libération d'hormone antidiurétique. (La vasoconstriction induite par l'ADH n'est pas illustrée.)

Déséquilibres hydriques

Peu de gens apprécient à sa juste valeur le rôle de l'eau dans le fonctionnement optimal de l'organisme humain. Les principales anomalies de l'équilibre hydrique sont la déshydratation, l'hydratation hypotonique et l'œdème. Chacune de ces anomalies entraîne une série de problèmes particuliers.

Déshydratation

La **déshydratation** survient lorsque la déperdition hydrique est supérieure à l'apport hydrique pendant un certain temps, ce qui établit un bilan hydrique négatif. Elle apparaît souvent après une hémorragie, des brûlures graves, des vomissements et de la diarrhée prolongés, de la diaphorèse (sueur abondante), une période où l'apport hydrique a été insuffisant, ou un usage excessif de diurétiques. Les troubles endocriniens – tels que ceux reliés à l'utilisation du glucose par les cellules (diabète) et à la réabsorption de l'eau par les tubules rénaux (diabète insipide) – peuvent aussi causer la déshydratation par une perte d'eau pouvant aller jusqu'à 20 L par jour (voir le chapitre 16).

Ses premiers symptômes sont l'aspect cotonneux de la muqueuse orale, la soif, la sécheresse et la rougeur de la peau, ainsi qu'une diminution de la quantité d'urine émise (*oligurie*). La déshydratation prolongée peut provoquer une perte pondérale, de la fièvre et la confusion mentale. Une autre conséquence très grave de la diminution d'eau dans le plasma est le *choc hypovolémique*, qui se manifeste lorsque le volume sanguin ne suffit plus au maintien d'une circulation normale.

Dans tous les cas, la déperdition se fait d'abord aux dépens du liquide extracellulaire (figure 26.7a). Par la suite, un mouvement d'osmose fait passer l'eau des cellules au liquide extracellulaire, ce qui permet de maintenir constante l'osmolalité des liquides extracellulaire et intracellulaire, même en cas de réduction du volume hydrique total. Quoique l'effet global soit appelé déshydratation, il est rare qu'il mette en cause uniquement un déficit en eau, car la perte d'eau s'accompagne habituellement de celle des électrolytes. Les boissons sportives prétendent remplacer ces électrolytes; cependant, plusieurs ne peuvent jouer ce rôle en raison de leur teneur trop élevée en glucides (plus de 10%), ce qui ralentit la réhydratation. Nos besoins pourraient être comblés simplement par un jus de fruits dilué contenant de 5 à 8% de glucides et de 1 à 1,5 g/L de sel.

Hydratation hypotonique

Lorsque l'osmolalité du liquide extracellulaire commence à baisser (généralement en raison d'un déficit en ions Na$^+$), certains mécanismes de compensation sont déclenchés. L'un de ces mécanismes est l'inhibition de la libération d'hormone antidiurétique, qui fait en sorte que moins d'eau est réabsorbée et que l'excès est rapidement éliminé de l'organisme par l'urine. Cependant, lorsqu'une personne souffre d'insuffisance rénale ou ingère en très peu de temps une quantité d'eau démesurée – causant même la mort chez certains marathoniens –, il s'ensuit une sorte d'*hyperhydratation* appelée **hydratation hypotonique**, ou **hypotonie osmotique du plasma**. Dans les deux cas (insuffisance rénale ou ingestion excessive d'eau), le liquide extracellulaire se dilue: sa teneur en sodium est normale, mais la quantité d'eau est excessive. La caractéristique distinctive de cet état est l'**hyponatrémie** (faible concentration d'ions sodium dans le plasma). La dilution des ions Na$^+$ ou la diminution de leur concentration dans le liquide interstitiel favorise une osmose nette vers les cellules, qui gonflent à mesure que leur hydratation devient anormale (figure 26.7b). L'hydratation hypotonique cause de graves troubles métaboliques entraînant des nausées, des vomissements, des crampes musculaires et l'œdème cérébral. Elle est particulièrement nocive pour les neurones. L'œdème cérébral non corrigé provoque la désorientation, les convulsions, le coma et la mort. On traite l'hyponatrémie soudaine et grave en administrant une solution saline hypertonique par voie intraveineuse afin d'inverser le gradient osmotique et d'« extraire » l'eau des cellules.

Œdème

L'**œdème** (*oidêma*: «grosseur») est une accumulation atypique de liquide dans l'espace interstitiel; il entraîne le gonflement des tissus (mais pas des cellules). Contrairement à l'hydratation hypotonique, qui accroît la quantité de liquide dans tous les compartiments en raison d'un déséquilibre entre l'apport et la déperdition d'eau, l'œdème provient d'une augmentation de volume du liquide interstitiel *seulement*. Il peut être causé par tout phénomène qui favorise l'écoulement des liquides hors de la circulation sanguine ou, au contraire, qui entrave leur retour dans la circulation par l'intermédiaire des capillaires sanguins et lymphatiques.

Parmi les facteurs qui accélèrent l'écoulement des liquides hors de la circulation sanguine, on compte l'augmentation de la pression hydrostatique et de la perméabilité des capillaires.

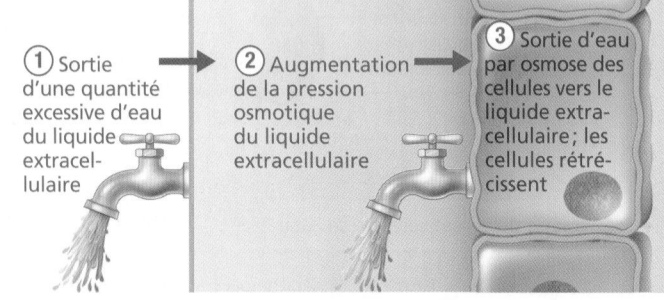

(a) **Mécanisme de la déshydratation**

① Sortie d'une quantité excessive d'eau du liquide extracellulaire → ② Augmentation de la pression osmotique du liquide extracellulaire → ③ Sortie d'eau par osmose des cellules vers le liquide extracellulaire; les cellules rétrécissent

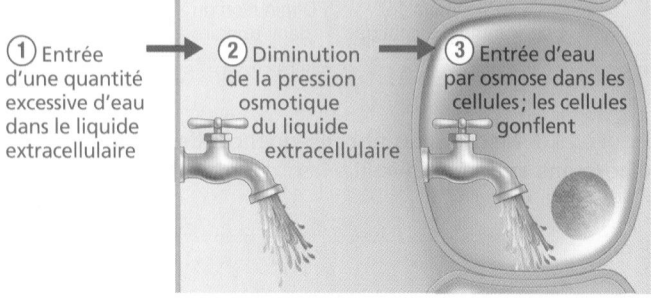

(b) **Mécanisme de l'hydratation hypotonique**

① Entrée d'une quantité excessive d'eau dans le liquide extracellulaire → ② Diminution de la pression osmotique du liquide extracellulaire → ③ Entrée d'eau par osmose dans les cellules; les cellules gonflent

Figure 26.7 **Déséquilibres hydriques.**

L'augmentation de la pression hydrostatique capillaire peut résulter de l'insuffisance des valvules veineuses, de l'obstruction localisée d'un vaisseau sanguin, de l'insuffisance cardiaque (cœur droit) ou de l'hypervolémie. Quelle que soit sa cause, l'augmentation de la pression hydrostatique capillaire accélère la filtration des lits capillaires.

L'augmentation de la perméabilité capillaire est généralement consécutive à une réaction inflammatoire. Rappelez-vous (voir p. 887) que certains facteurs chimiques libérés par les cellules, telle l'histamine, rendent les capillaires locaux très perméables et provoquent la formation de grandes quantités d'exsudat (contenant non seulement des protéines de coagulation, mais aussi d'autres protéines plasmatiques, des nutriments et des anticorps).

L'œdème consécutif à un retour insuffisant des liquides dans la circulation sanguine traduit habituellement un déséquilibre des pressions osmotiques de part et d'autre des membranes des capillaires. Par exemple, l'**hypoprotéinémie** – faible concentration plasmatique de protéines, principalement de l'albumine – provoque l'œdème parce que le plasma pauvre en protéines a une pression osmotique excessivement faible. Comme cela se produit normalement, une partie des liquides est expulsée aux extrémités artérielles des lits capillaires sous l'effet de la pression sanguine (pression hydrostatique), mais elle ne réintègre pas la circulation aux extrémités veineuses (pression nette de filtration trop faible). Par conséquent, les espaces interstitiels se remplissent de liquides. L'hypoprotéinémie peut résulter de carences en protéines, de maladies hépatiques ou de la *glomérulonéphrite* (dans laquelle la membrane de filtration cellulaire endommagée laisse passer les protéines plasmatiques dans l'urine; voir p. 1151).

L'obstruction, par une tumeur ou par des vers parasites, ainsi que l'excision chirurgicale des vaisseaux lymphatiques ont le même résultat. Les petites quantités de protéines plasmatiques qui s'échappent normalement de la circulation sanguine ne retournent pas dans le sang comme elles le devraient. En s'accumulant dans le liquide interstitiel, elles exercent une pression osmotique toujours croissante, qui attire le liquide hors du sang et le maintient dans l'espace interstitiel.

Parce que l'excès de liquide dans l'espace interstitiel accroît la distance que les nutriments et l'oxygène doivent parcourir pendant leur diffusion du sang aux cellules, l'œdème peut gêner le fonctionnement des tissus. Toutefois, les répercussions les plus inquiétantes de l'œdème touchent le système cardiovasculaire. En effet, l'accumulation de liquide dans l'espace interstitiel abaisse le volume sanguin et la pression artérielle, ce qui réduit considérablement l'efficacité de la circulation.

VÉRIFIONS NOS ACQUIS

4. Quel changement survenant dans le plasma est le plus important dans le déclenchement de la soif? Dans quelle partie de l'organisme ce changement est-il détecté?

5. À elle seule, l'hormone antidiurétique (ADH) ne peut pas réduire un accroissement de l'osmolalité des liquides de l'organisme. Pourquoi en est-il ainsi? Quel autre mécanisme doit intervenir?

6. Pour chacun des symptômes suivants, indiquez s'il découle de la déshydratation, de l'hydratation hypotonique ou d'un œdème: (a) perte de protéines plasmatiques en raison d'un problème hépatique; (b) transpiration profuse; (c) consommation d'ecstasy (MDMA), qui stimule la sécrétion d'hormone antidiurétique.

7. Quel temps faut-il aux reins pour qu'ils commencent à éliminer l'excès d'eau? À quoi correspond ce délai?

Les réponses se trouvent à l'appendice G.

Équilibre électrolytique

9 Indiquer les voies d'entrée et de sortie des électrolytes dans l'organisme.

10 Expliquer l'importance du sodium ionique dans l'équilibre hydrique et électrolytique de l'organisme; énoncer les rapports du sodium ionique avec le fonctionnement du système cardiovasculaire.

11 Décrire les mécanismes hormonaux et nerveux intervenant dans la régulation de l'équilibre des ions sodium et de l'eau.

12 Expliquer la régulation de l'équilibre plasmatique des ions sodium, potassium, calcium et phosphate, et celle des anions.

Les électrolytes comprennent des sels, des acides et des bases, mais le terme **équilibre électrolytique** désigne généralement l'équilibre des ions inorganiques, issus des sels, dans l'organisme. Les sels sont des facteurs importants dans la régulation des mouvements hydriques. De plus, ils fournissent les minéraux essentiels à l'excitabilité, à l'activité sécrétoire et à la perméabilité membranaire. Bien que de nombreux électrolytes soient nécessaires à l'activité cellulaire, nous nous limiterons ici à l'étude des ions sodium, potassium, calcium et phosphate. Les acides et les bases, qui déterminent de façon plus immédiate le pH des liquides de l'organisme, font l'objet de la section suivante.

Les sels pénètrent dans l'organisme par l'intermédiaire des aliments et de l'eau, c'est-à-dire sous forme ionique. De plus, l'activité métabolique engendre de petites quantités d'ions. Par exemple, le catabolisme des acides nucléiques et de la matrice osseuse libère des ions phosphate (HPO_4^{2-}). En règle générale, l'obtention de quantités adéquates d'électrolytes n'a rien de malaisé, d'autant que bien des gens ont pour le sel (NaCl) une inclination qui leur assure un apport plus que suffisant. Nous saupoudrons nos mets de sel en dépit du fait que les aliments naturels en contiennent suffisamment et que les aliments transformés en renferment environ 10 fois plus qu'il en faut pour couvrir nos besoins physiologiques. Le goût pour les aliments très salés est acquis, mais notre penchant pour le sel pourrait avoir une part d'inné qui nous assure un apport adéquat des deux ions essentiels qui le composent. Il existerait un centre de l'appétit pour le sel situé dans la même région que le centre de la soif, dans l'hypothalamus.

L'organisme perd des électrolytes dans la transpiration, les matières fécales et l'urine. Bien que la sueur soit normalement hypotonique, on peut perdre de grandes quantités d'électrolytes par temps chaud seulement parce qu'on transpire davantage. La diarrhée et les vomissements causent aussi de grandes pertes d'électrolytes. L'adaptabilité des mécanismes rénaux réglant l'équilibre électrolytique du plasma sanguin constitue donc un atout essentiel. Le **tableau 26.1** présente quelques-unes des causes et des conséquences des déséquilibres électrolytiques.

⚠️ DÉSÉQUILIBRE HOMÉOSTATIQUE

Les carences graves en électrolytes poussent à l'ingestion d'aliments salés ou marinés. La tendance est répandue chez les personnes atteintes de la *maladie d'Addison* – un trouble du cortex surrénal caractérisé par l'insuffisance de la production des minéralocorticoïdes (hormones) et, en particulier, de l'aldostérone. Les personnes atteintes d'une carence en minéraux comme le fer sont portées à manger des substances non comestibles telles que la craie, l'argile, l'amidon et les bouts d'allumettes consumés. Ce comportement est appelé *pica*. ■

Rôle des ions sodium dans l'équilibre hydrique et électrolytique

L'ion sodium (Na^+) joue un rôle central dans l'équilibre hydrique et électrolytique en particulier et dans l'homéostasie en général. De fait, le maintien de l'équilibre entre les gains et les pertes d'ions Na^+ est l'une des principales fonctions des reins. Les sels de sodium ($NaHCO_3$ et $NaCl$), sous leur forme ionisée, constituent de 90 à 95 % des solutés présents dans le liquide extracellulaire, et ils comptent pour environ 280 des 300 mmol/kg de sa teneur totale en solutés.

À sa concentration plasmatique normale d'environ 142 mmol/L, l'ion Na^+ est le cation le plus abondant dans le liquide extracellulaire, et c'est le seul à exercer une pression osmotique *notable*. En outre, les membranes cellulaires sont relativement imperméables aux ions Na^+, mais une certaine quantité d'ions Na^+ réussissent à diffuser dans les cellules et ils doivent en être extraits, par transport actif, contre leur gradient électrochimique. Ces deux propriétés confèrent aux ions Na^+ un rôle prépondérant dans la régulation du volume d'eau réparti dans les compartiments intracellulaire et extracellulaire de l'organisme.

Il importe de comprendre que, bien que la quantité d'ions Na^+ puisse varier, *leur concentration dans le liquide extracellulaire reste stable* grâce à des ajustements immédiats du volume d'eau vers l'intérieur ou l'extérieur du liquide intracellulaire et à des ajustements à plus long terme induits par l'hormone antidiurétique et les mécanismes de la soif. Rappelez-vous que *l'eau suit les mouvements des ions Na⁺*. Qui plus est, parce que tous les liquides de l'organisme sont en équilibre osmotique, un changement de la concentration plasmatique des ions Na^+ se répercute non seulement sur le volume plasmatique et la pression artérielle, mais aussi sur le volume des liquides intracellulaire et interstitiel. Par ailleurs, les ions Na^+ vont et viennent sans cesse entre le liquide extracellulaire et les sécrétions corporelles. Ainsi, le tube digestif reçoit quotidiennement environ 8 L de sécrétions contenant du sodium (sucs gastrique, intestinal et pancréatique, salive et bile), mais ces ions sont presque complètement réabsorbés. Enfin, les mécanismes rénaux de régulation acidobasique (voir plus loin) sont couplés au transport des ions Na^+.

Régulation de l'équilibre des ions sodium

En dépit de l'importance cruciale des ions Na^+, on n'a pas encore trouvé de récepteurs qui leur soient spécifiquement sensibles. La régulation de l'équilibre de l'eau et des ions Na^+ est indissociablement liée à la pression artérielle et au volume sanguin, et elle fait intervenir divers mécanismes nerveux et hormonaux. Il n'y a pas de taux maximal de réabsorption du sodium, si bien que presque tous les ions Na^+ dans le filtrat glomérulaire sont réabsorbés chez les individus en bonne santé. Nous commencerons notre étude de l'équilibre des ions Na^+ par un survol des effets régulateurs de l'aldostérone et de l'angiotensine II. Ensuite, nous nous pencherons sur les diverses boucles de rétroaction qui régissent l'équilibre de l'eau et des ions Na^+ ainsi que la pression artérielle.

Influence de l'aldostérone et de l'angiotensine II

L'**aldostérone** est le principal facteur de la régulation rénale de la concentration d'ions Na^+ dans le liquide extracellulaire. Mais, que cette hormone soit présente ou non, environ 65 % des ions Na^+ du filtrat rénal sont réabsorbés dans les tubules contournés proximaux, et 25 % le sont dans les anses des néphrons (voir le chapitre 25).

Lorsque la concentration d'aldostérone est élevée, presque tous les ions Na^+ restants sont activement réabsorbés dans les tubules contournés distaux et dans les tubules rénaux collecteurs. L'eau suit toujours le Na^+, ce qui est conforme au rôle central de l'aldostérone dans le maintien du volume sanguin et de la pression artérielle. L'eau provient soit du liquide intracellulaire, soit du filtrat des tubules rénaux collecteurs, si l'hormone antidiurétique est présente. D'une manière ou d'une autre, l'aldostérone augmente le volume du liquide extracellulaire.

Lorsque la libération de l'aldostérone est inhibée, la réabsorption des ions Na^+ est pratiquement nulle au-delà des tubules contournés distaux. Donc, l'excrétion urinaire de grandes quantités d'ions Na^+ entraîne *toujours* l'excrétion de grandes quantités d'eau, mais la réciproque *n'est pas* vraie. L'organisme peut éliminer des quantités substantielles d'urine quasi dénuée d'ions Na^+ pour maintenir l'équilibre hydrique.

Le principal déclencheur de la libération d'aldostérone par le cortex surrénal est le système rénine-angiotensine mis en branle par l'appareil juxtaglomérulaire (figures 26.8 et 26.9). Les cellules juxtaglomérulaires libèrent de la rénine quand l'appareil juxtaglomérulaire réagit à : (1) la stimulation du système nerveux sympathique ; (2) la diminution de la concentration de NaCl dans le filtrat ; ou (3) la diminution de l'étirement de la paroi artériolaire (consécutive à la diminution de la pression artérielle). La rénine catalyse la première étape des réactions qui produisent l'angiotensine II, laquelle, à son tour, déclenche la libération d'aldostérone. Inversement, une pression artérielle rénale élevée et une forte concentration de NaCl dans le filtrat inhibent la libération de rénine, d'angiotensine II et

TABLEAU 26.1	Causes et conséquences des déséquilibres électrolytiques		
IONS	**ANOMALIE (CONCENTRATION PLASMATIQUE)**	**CAUSES POSSIBLES**	**CONSÉQUENCES**
Sodium	Hypernatrémie (excès de Na^+: > 145 mmol/L)	Déshydratation; rare chez les individus en bonne santé; peut apparaître chez les nourrissons ou les personnes âgées confuses (incapacité de ressentir la soif) ou peut résulter de l'administration excessive d'une solution de NaCl par voie intraveineuse.	Soif. La déshydratation du SNC entraîne la confusion et la léthargie évoluant vers le coma; excitabilité neuromusculaire accrue se manifestant par des secousses musculaires et des convulsions.
	Hyponatrémie (carence en Na^+: < 35 mmol/L)	Perte de soluté, rétention d'eau ou les deux (par exemple, perte excessive de Na^+ due aux vomissements, à la diarrhée, à des brûlures, au drainage gastrique et à l'usage abusif de diurétiques); déficience en aldostérone (maladie d'Addison); maladie rénale; libération excessive d'ADH; ingestion excessive d'eau.	Les signes les plus courants sont ceux d'un dysfonctionnement neurologique dû à l'œdème cérébral. Si les quantités de Na^+ sont normales mais qu'il y a excès d'eau, les symptômes sont les mêmes que ceux de l'hypotonie osmotique du plasma: confusion mentale; sensation d'ébriété; coma si le problème évolue lentement; spasmes musculaires, excitabilité et convulsions si le problème évolue rapidement. Dans l'hyponatrémie accompagnée de perte d'eau, les principaux signes sont la diminution du volume sanguin et la baisse de la pression artérielle (choc hypovolémique).
Potassium	Hyperkaliémie (excès de K^+: > 5,5 mmol/L)	Insuffisance rénale; déficience en aldostérone; injection intraveineuse rapide de KCl; brûlures ou blessures graves causant une sortie de K^+ des cellules.	Nausées, vomissements, diarrhée; bradycardie; arythmie, diminution de la force des contractions cardiaques et arrêt cardiaque; faiblesse musculaire; paralysie flasque.
	Hypokaliémie (carence en K^+: < 3,5 mmol/L)	Troubles gastro-intestinaux (vomissements, diarrhée), aspiration gastrique; maladie de Cushing; apport alimentaire insuffisant (inanition); hyperaldostéronisme; administration de diurétiques.	Arythmie cardiaque, onde T aplatie; faiblesse musculaire; alcalose métabolique; confusion mentale; nausées et vomissements.
Phosphate	Hyperphosphatémie (excès de HPO_4^{2-}: > 2,9 mmol/L)	Diminution de l'excrétion d'urine consécutive à l'insuffisance rénale; hypoparathyroïdie; traumatismes tissulaires majeurs.	Des symptômes distinctifs se manifestent en raison de modifications réciproques de la concentration des ions Ca^{2+} plutôt que directement de variations de la concentration de phosphate plasmatique.
	Hypophosphatémie (carence en HPO_4^{2-}: < 1,6 mmol/L)	Diminution de l'absorption intestinale; augmentation de l'excrétion d'urine; hyperparathyroïdie.	
Chlorure	Hyperchlorémie (excès de Cl^-: > 105 mmol/L)	Déshydratation; rétention ou apport excessif; acidose métabolique; hyperparathyroïdie.	Aucun symptôme distinctif direct; symptômes généralement associés à la cause sous-jacente, qui est souvent liée à une anomalie du pH.
	Hypochlorémie (carence en Cl^-: < 95 mmol/L)	Alcalose métabolique (par exemple, en raison de vomissements ou d'ingestion excessive de substances alcalines); déficience en aldostérone.	
Calcium	Hypercalcémie (excès de Ca^{2+}: > 5,2 mmol/L)	Hyperparathyroïdie; excès de vitamine D; immobilisation prolongée; maladie rénale (diminution de l'excrétion); tumeur cancéreuse.	Diminution de l'excitabilité neuromusculaire entraînant l'arythmie et l'arrêt cardiaques; faiblesse des muscles squelettiques; confusion mentale, léthargie et coma; calculs rénaux, nausées et vomissements.
	Hypocalcémie (carence en Ca^{2+}: < 4,5 mmol/L)	Brûlures (séquestration du calcium dans les tissus endommagés); hypoparathyroïdie; carence en vitamine D; maladie des tubules rénaux; insuffisance rénale; hyperphosphatémie; diarrhée; alcalose.	Augmentation de l'excitabilité neuromusculaire entraînant des picotements dans les doigts, des tremblements, des crampes des muscles squelettiques, la tétanie, des convulsions; diminution de l'excitabilité du cœur, ostéomalacie; fractures.
Magnésium	Hypermagnésémie (excès de Mg^{2+}: > 2,2 mmol/L)	Rare; consécutive à une anomalie de l'excrétion rénale du Mg; déficience en aldostérone; ingestion excessive d'antiacides contenant du Mg^{2+}.	Léthargie; troubles du SNC, coma, dépression respiratoire; arrêt cardiaque.
	Hypomagnésémie (carence en Mg^{2+}: < 1,4 mmol/L)	Alcoolisme; perte du contenu intestinal, malnutrition grave; administration de diurétiques.	Tremblements; augmentation de l'excitabilité neuromusculaire, tétanie, convulsion.

26

d'aldostérone. De fortes concentrations d'ions K$^+$ dans le liquide extracellulaire stimulent également la libération d'aldostérone par les cellules du cortex surrénal **(figure 26.8)**.

L'angiotensine II est un intermédiaire important dans la voie qui relie la rénine à la libération d'aldostérone. L'angiotensine II stimule la libération d'aldostérone par le cortex surrénal et augmente directement la réabsorption des ions Na$^+$ par les tubules rénaux. Elle produit en outre d'autres effets visant tous à augmenter le volume sanguin et la pression artérielle. Nous avons décrit ces effets au chapitre 25 (voir p. 1130).

L'aldostérone agit lentement, soit en quelques heures ou quelques jours. La réabsorption tubulaire des ions Na$^+$ sous l'action de l'aldostérone entraîne la réabsorption de l'eau, l'augmentation du volume sanguin et la diminution de la diurèse. Cependant, avant que ces changements deviennent notables (augmentation du volume sanguin de 1 à 2%), des mécanismes de rétroaction s'activent pour éviter l'hypervolémie. Même chez les personnes atteintes d'hyperaldostéronisme, le volume du liquide extracellulaire et du sang ne dépasse la normale que de 5 à 10%.

⚖ **DÉSÉQUILIBRE HOMÉOSTATIQUE**

Les personnes atteintes de la maladie d'Addison (hypoaldostéronisme) ou celles qui ont subi l'ablation des glandes surrénales excrètent d'énormes quantités d'ions Na$^+$, d'ions Cl$^-$ et d'eau. Ce phénomène s'explique par le fait que leur cortex surrénal ne sécrète pas suffisamment d'aldostérone pour maintenir leur équilibre électrolytique et, par conséquent, leur équilibre hydrique. Tant qu'elles ingèrent suffisamment de sel et de liquides, ces personnes ne présentent aucun symptôme, mais elles sont perpétuellement au bord de l'hypovolémie et de la déshydratation. En revanche, le contraire se produit chez les patients souffrant d'hyperaldostéronisme, décrit dans les Termes médicaux à la fin de ce chapitre. ∎

Influence du facteur natriurétique auriculaire

L'influence du **facteur natriurétique auriculaire** (FNA, aussi appelé «auriculine») peut se résumer en une phrase: le FNA abaisse la pression artérielle et le volume sanguin en inhibant pratiquement tous les phénomènes favorisant la vasoconstriction ainsi que la rétention d'ions sodium et d'eau **(figure 26.9)**. Le FNA est une hormone que libèrent certaines cellules musculaires des oreillettes lorsque la pression sanguine les étire; il exerce de puissants effets diurétiques et natriurétiques (élimination d'ions Na$^+$ dans l'urine). Son mécanisme d'action est encore mal connu, mais il agirait en augmentant légèrement le débit de filtration glomérulaire, en inhibant la réabsorption des ions Na$^+$ dans les tubules rénaux collecteurs et en supprimant la libération d'hormone antidiurétique, de rénine et d'aldostérone. De plus, le FNA relâche les muscles lisses des vaisseaux (vasodilatation) directement et indirectement (en inhibant la production d'angiotensine II entraînée par la rénine). Quelle que soit la façon dont il est produit, le résultat est clair: la pression artérielle diminue.

Influence d'autres hormones

Hormones sexuelles femelles Les **œstrogènes** sont chimiquement analogues à l'aldostérone et, comme celle-ci, ils favorisent la réabsorption des ions Na$^+$ par les tubules rénaux. Parce que l'eau suit les ions Na$^+$, l'augmentation des concentrations d'œstrogènes au cours du cycle menstruel cause la rétention d'eau chez beaucoup de femmes. De même, l'œdème que présentent de nombreuses femmes enceintes est largement dû à l'effet des œstrogènes. La **progestérone** semble réduire la réabsorption des ions Na$^+$ et de l'eau en bloquant l'action de l'aldostérone sur les tubules rénaux. La progestérone a donc un effet diurétique et favorise la perte d'ions sodium et d'eau.

Glucocorticoïdes Habituellement, les **glucocorticoïdes** tels que le cortisol favorisent la réabsorption tubulaire des ions Na$^+$.

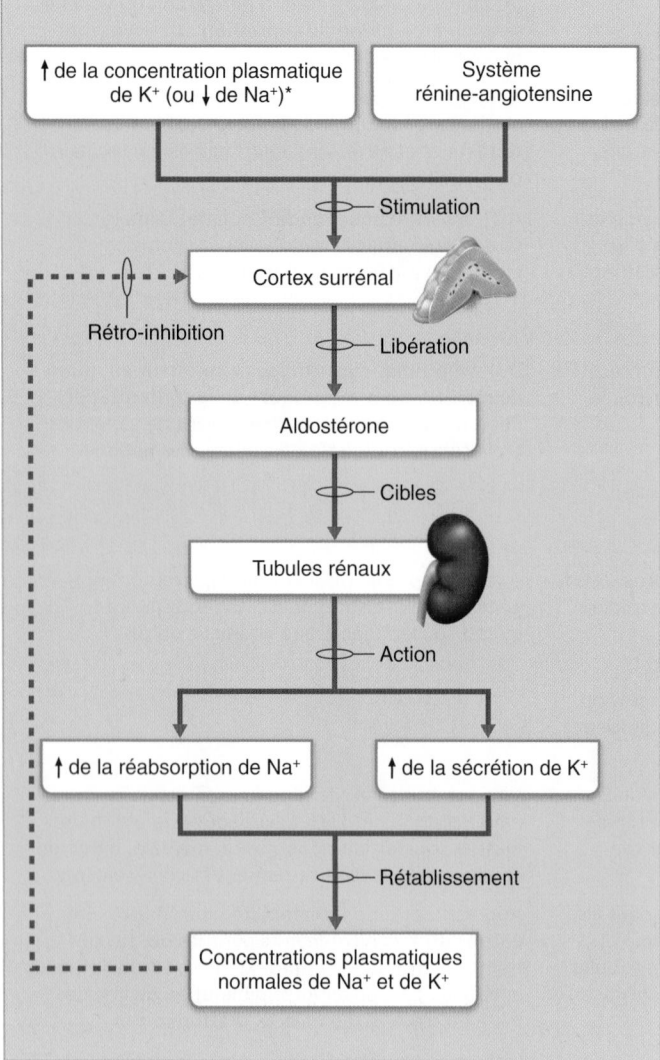

Figure 26.8 Mécanismes et conséquences de la libération d'aldostérone.

* Le cortex surrénal est nettement moins sensible à une diminution de la concentration plasmique de Na$^+$ qu'à une augmentation de la concentration plasmique de K$^+$.

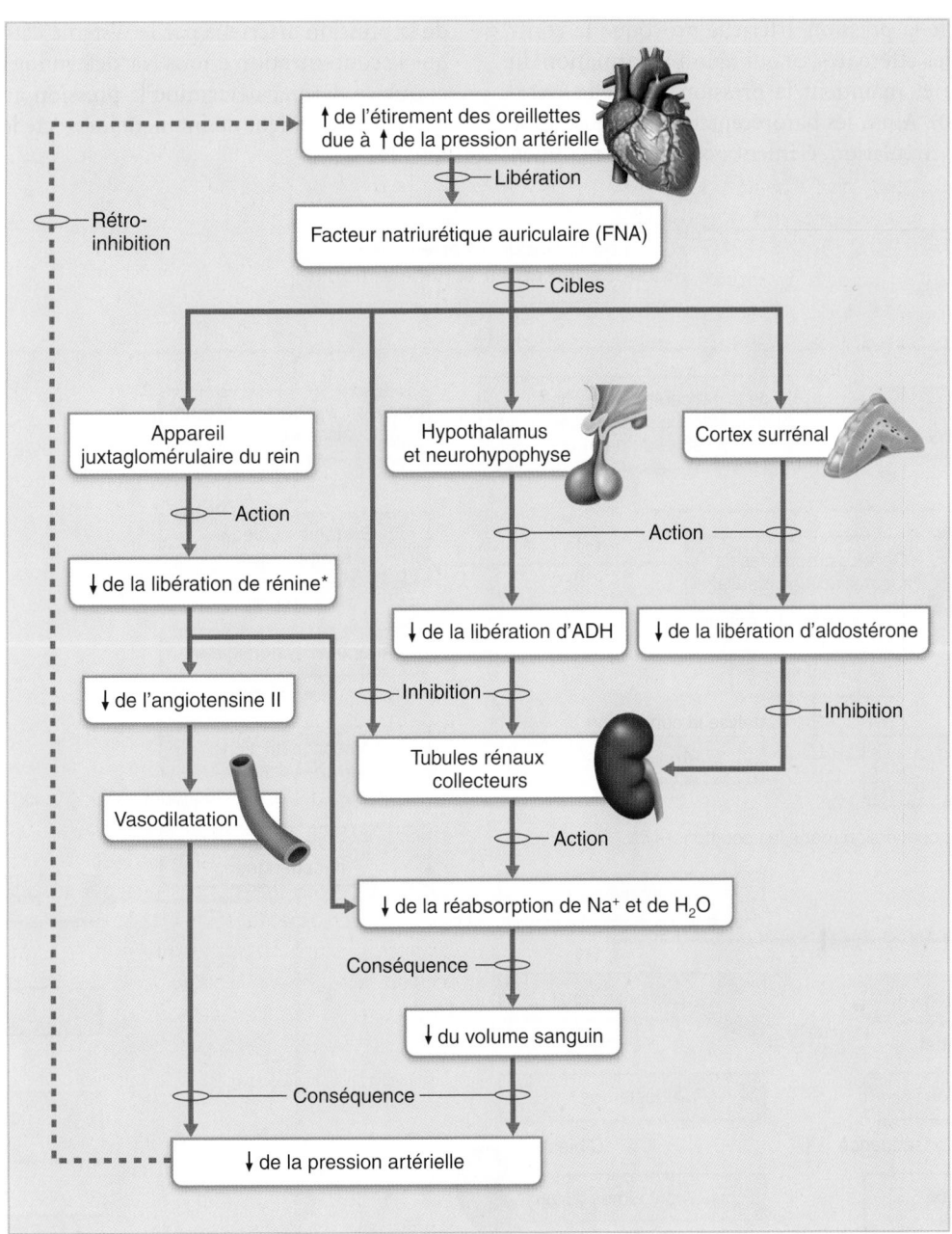

Figure 26.9 Mécanismes et conséquences de la libération du facteur natriurétique auriculaire.

* La diminution de la libération de rénine inhibe aussi la libération d'ADH et d'aldostérone, et par conséquent atténue les effets de ces hormones.

Ils ont cependant un second effet qui peut masquer le premier : ils accélèrent la filtration glomérulaire. Néanmoins, en concentrations plasmatiques élevées, les glucocorticoïdes ont une action semblable à celle de l'aldostérone, et ils provoquent l'œdème.

Barorécepteurs cardiovasculaires

La régulation du volume sanguin est essentielle au maintien de la pression artérielle et au bon fonctionnement du système cardiovasculaire. Quand le volume sanguin (et, par le fait même, la pression artérielle) augmente, les barorécepteurs du cœur et des gros vaisseaux du cou et du thorax (artères carotides et aorte) alertent le centre cardiovasculaire du tronc cérébral. Peu après, le système nerveux sympathique envoie moins d'influx aux reins, et les artérioles afférentes se dilatent. Le débit de filtration glomérulaire ainsi que l'excrétion d'eau et d'ions Na^+ augmentent. Ce phénomène, qui fait partie du réflexe des barorécepteurs décrit au chapitre 19 (voir p. 817), réduit le volume sanguin et, par voie de conséquence, la pression artérielle.

La diminution de la pression artérielle provoque la constriction des artérioles afférentes, ce qui réduit la formation du filtrat et la diurèse et maintient la pression artérielle systémique **(figure 26.10)**. Ainsi, les barorécepteurs « mesurent » le volume de sang en circulation, élément essentiel au maintien de la pression artérielle par le système cardiovasculaire. Parce que la concentration d'ions Na⁺ détermine le volume liquidien et que ce dernier détermine la pression artérielle, les barorécepteurs surveillent de manière indirecte la concentration des ions Na⁺.

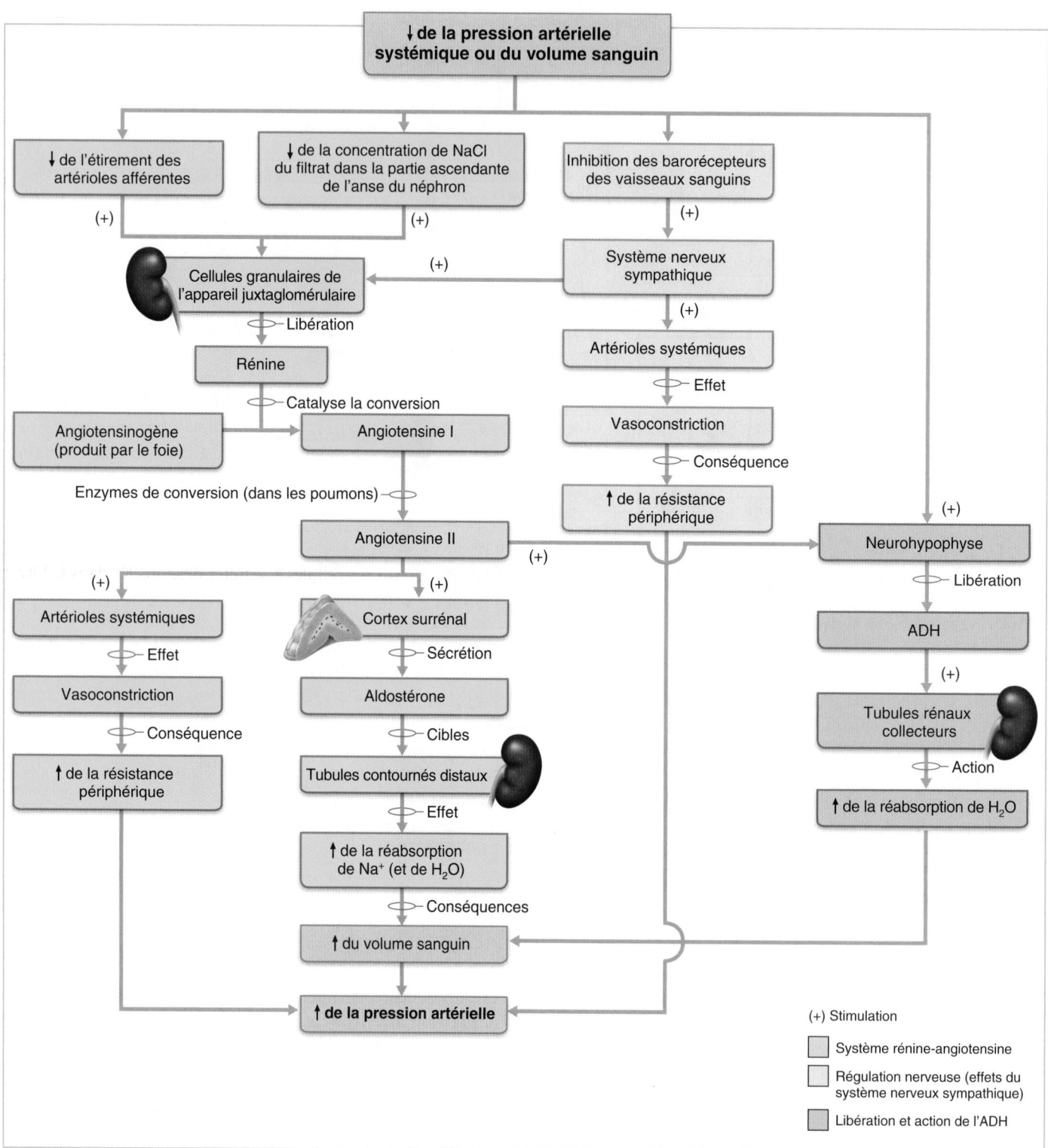

Figure 26.10 Les mécanismes qui régissent l'équilibre du sodium et de l'eau aident à maintenir la pression sanguine.

Régulation de l'équilibre des ions potassium

L'ion potassium (K⁺), le principal cation intracellulaire, est nécessaire au fonctionnement des cellules nerveuses et musculaires ainsi qu'à plusieurs activités métaboliques essentielles. Parce que cette répartition inégale des ions K⁺ de part et d'autre de la membrane plasmique détermine le potentiel de repos, la moindre variation de la concentration des ions K⁺ dans le liquide extracellulaire perturbe gravement l'activité des neurones et des fibres musculaires. Un excès d'ions K⁺ dans le liquide extracellulaire réduit le potentiel de membrane des neurones et des fibres musculaires, déclenchant ainsi leur dépolarisation, laquelle est souvent suivie d'une baisse d'excitabilité. À l'inverse, un déficit en ions K⁺ dans le liquide extracellulaire provoque l'hyperpolarisation et diminue l'excitabilité des cellules. Le cœur est particulièrement sensible à la concentration d'ions K⁺. Une concentration anormale d'ions K⁺, qu'elle soit excessive ou insuffisante (hyperkaliémie et hypokaliémie, respectivement), peut perturber la conduction électrique dans le cœur, causer des arythmies et entraîner la mort soudaine (tableau 26.1).

Les ions K⁺ font aussi partie du système tampon de l'organisme, qui compense les variations du pH des liquides de l'organisme. Les allées et venues des ions hydrogène (H⁺) dans les cellules sont compensées par des mouvements opposés des ions K⁺ qui maintiennent l'équilibre des cations de part et d'autre de la membrane plasmique. Par conséquent, la concentration extracellulaire d'ions K⁺ s'élève en cas d'acidose, à mesure que les ions K⁺ sortent des cellules et que les ions H⁺ y entrent, et elle chute en cas d'alcalose, à mesure que les ions K⁺ entrent dans les cellules et que les ions H⁺ en sortent pour aller vers le liquide extracellulaire. Bien qu'ils ne modifient pas la quantité totale d'ions K⁺ dans l'organisme, ces échanges liés au pH peuvent entraver sérieusement l'activité des cellules musculaires et nerveuses.

Siège de la régulation : la partie corticale du tubule rénal collecteur

L'élimination des ions K⁺ par les intestins est relativement faible. Comme celui des ions Na⁺, leur équilibre relève principalement de mécanismes rénaux. Cependant, il y a des différences considérables entre les mécanismes qui permettent de maintenir l'équilibre de ces deux types d'ions. La quantité d'ions Na⁺ réabsorbée dans les tubules est précisément adaptée aux besoins, et il n'y a *jamais* de sécrétion d'ions Na⁺ dans le filtrat.

En revanche, les tubules contournés proximaux réabsorbent systématiquement environ 60 à 80 % des ions K⁺ du filtrat ; le segment large de la partie ascendante de l'anse du néphron en absorbe également de 10 à 20 %, ce qui laisse quelque 10 % au début des tubules rénaux collecteurs. L'équilibre des ions K⁺ est essentiellement régi par la partie corticale des tubules rénaux collecteurs et repose principalement sur les variations de la quantité de K⁺ *sécrétée* dans le filtrat.

En règle générale, même si la concentration intracellulaire d'ions K⁺ est beaucoup plus élevée que sa concentration extracellulaire, cette dernière tend à devenir excessive, et le surplus doit être éliminé ; il y a alors sécrétion d'ions K⁺ par les cellules principales de la partie corticale des tubules rénaux col-

lecteurs. (À l'occasion, la quantité d'ions K⁺ excrétée peut même dépasser la quantité filtrée.) Toutefois, lorsque la concentration extracellulaire de potassium est anormalement basse, les ions K⁺ sortent des cellules, et les cellules principales des reins l'épargnent en réduisant au minimum la sécrétion et l'excrétion dans les tubules. Remarquez que ces cellules principales sont les mêmes que celles qui effectuent la réabsorption des ions Na⁺ sous l'action de l'aldostérone et celle de l'eau sous l'action de l'hormone antidiurétique.

En outre, les *cellules intercalaires de type A* disséminées le long des tubules rénaux collecteurs peuvent réabsorber une partie des ions K⁺ qui restent dans le filtrat (en échange d'ions H⁺ qui sont sécrétés activement), contribuant ainsi à rétablir l'équilibre des ions K⁺ (et le pH). (Une acidose chronique tend toutefois à augmenter l'excrétion des ions K⁺.) Rappelez-vous cependant que le principal objectif de la régulation rénale des ions K⁺ est leur *excrétion*. Parce que l'aptitude des reins à conserver le potassium est très limitée, les ions K⁺ peuvent être évacués dans l'urine même en cas de déficit. Par conséquent, l'insuffisance de l'apport alimentaire de potassium engendre une carence grave.

Influence de la concentration plasmatique de potassium

Le facteur le plus important dans la sécrétion de potassium est la concentration d'ions K⁺ dans le plasma sanguin. Un régime alimentaire riche en potassium augmente la concentration des ions K⁺ dans le liquide extracellulaire. Cette élévation favorise le passage des ions K⁺ du liquide extracellulaire vers les cellules principales de la partie corticale des tubules rénaux collecteurs, et incite ces mêmes cellules à sécréter des ions K⁺ dans le filtrat pour en accroître l'excrétion. Inversement, un régime alimentaire pauvre en potassium ou une perte rapide d'ions K⁺ réduit la sécrétion de potassium (et favorise dans une certaine mesure sa réabsorption) par les tubules rénaux collecteurs. Notez que la plupart de nos aliments quotidiens contiennent de très grandes quantités d'ions K⁺.

Influence de la concentration d'aldostérone

Le deuxième facteur qui influe sur la sécrétion des ions K⁺ dans le filtrat est l'aldostérone. Parce qu'elle stimule la réabsorption des ions Na⁺ par les cellules principales, cette hormone augmente simultanément la sécrétion des ions K⁺ (figure 26.8). Les cellules du cortex surrénal sont *directement* sensibles à la concentration des ions K⁺ dans le liquide extracellulaire où elles baignent. La moindre augmentation de la concentration d'ions K⁺ dans le liquide extracellulaire stimule fortement la libération d'aldostérone, laquelle accroît la sécrétion d'ions K⁺ en stimulant la réabsorption d'ions Na⁺. Par conséquent, la régulation par rétroaction de la libération d'aldostérone constitue pour le potassium extracellulaire un système d'autorégulation efficace.

L'aldostérone est également sécrétée en réaction au système rénine-angiotensine que nous avons décrit plus haut. Étant donné que l'aldostérone exerce des effets opposés sur les concentrations plasmatiques de Na⁺ et de K⁺, on pourrait penser que les variations de la sécrétion d'aldostérone déclenchées par les ions Na$^+$ et le volume sanguin causeraient des déséquilibres dans la concentration des ions K$^+$. Or, ce n'est généralement pas le cas parce que d'autres mécanismes de compensation des reins maintiennent l'équilibre de la concentration des ions K$^+$.

DÉSÉQUILIBRE HOMÉOSTATIQUE

En vue de réduire leur apport de sel, beaucoup de gens emploient des succédanés riches en potassium. Or, la consommation de fortes quantités de ces succédanés n'est inoffensive que si la sécrétion d'aldostérone est normale. En l'absence d'aldostérone, l'hyperkaliémie est foudroyante et mortelle, quel que soit l'apport de potassium (tableau 26.1). Inversement, la présence d'une tumeur du cortex surrénal libérant d'énormes quantités d'aldostérone abaisse la concentration extracellulaire d'ions K$^+$ (hypokaliémie) au point d'entraîner l'hyperpolarisation de tous les neurones et la paralysie. ■

Régulation de l'équilibre des ions calcium et phosphate

Environ 99% du calcium présent dans l'organisme se trouve dans les os, sous forme de sels de phosphate de calcium, et ce sont ces sels qui confèrent au squelette sa résistance et sa rigidité. Le squelette constitue un réservoir dynamique de sels de phosphate de calcium où l'organisme peut puiser ou emmagasiner des ions calcium et phosphate afin de conserver l'équilibre de ces électrolytes dans le liquide extracellulaire.

Le calcium ionique (Ca^{2+}) du liquide extracellulaire est nécessaire à la coagulation, à la perméabilité membranaire et à l'activité sécrétoire des cellules (exocytose). Cependant, ce sont les puissants effets des ions Ca^{2+} sur l'excitabilité neuromusculaire qui sont les plus importants. L'hypocalcémie accroît l'excitabilité et cause les symptômes classiques de la tétanie. L'hypercalcémie n'est pas moins dangereuse, car elle inhibe les neurones et les cellules musculaires et peut engendrer des arythmies cardiaques graves (tableau 26.1).

Les entrées et les sorties d'ions Ca^{2+} sont précisément équilibrées par la **parathormone** (**PTH**), et leur concentration sort rarement des limites normales. (On pense souvent que la calcitonine, une hormone produite par la thyroïde, abaisse le taux de calcium mais, comme on l'a vu au chapitre 16, ses effets sur la concentration sanguine de calcium sont négligeables chez l'adulte.) La PTH est libérée par de minuscules glandes parathyroïdes situées dans le cou derrière la glande thyroïde. La diminution de la concentration plasmatique d'ions Ca^{2+} stimule directement la libération de PTH qui augmente la concentration de calcium en ciblant les organes suivants (voir la figure 16.12):

1. **Os.** La PTH active les ostéoclastes qui décomposent la matrice osseuse, ce qui entraîne la libération d'ions Ca^{2+} et phosphate (HPO$_4^{2-}$) dans le sang.

2. **Intestin grêle.** La PTH favorise indirectement l'absorption intestinale d'ions Ca^{2+} en amenant les reins à transformer la vitamine D en sa forme active, qui joue le rôle de cofacteur dans l'absorption des ions Ca^{2+} par l'intestin grêle.

3. **Reins.** La PTH accroît la réabsorption des ions Ca^{2+} par les tubules rénaux tout en réduisant la réabsorption des ions phosphate. La conservation des ions Ca^{2+} et l'excrétion des ions phosphate sont donc reliées. De ce fait, le *produit* des concentrations des ions Ca^{2+} et HPO$_4^{2-}$ dans le liquide extracellulaire reste constant, ce qui prévient le dépôt de sels de calcium et de phosphate dans les os ou dans les tissus mous.

La plus grande partie du calcium est réabsorbée passivement dans le tubule contourné proximal par diffusion dans la voie paracellulaire (processus établi par le gradient électrochimique). Cependant, comme dans le cas d'autres ions, la «mise au point» de la réabsorption du calcium se produit dans la partie distale du néphron. Des canaux à ions Ca^{2+} parathormone-dépendants régissent l'entrée des ions Ca^{2+} dans les cellules du tubule contourné distal à la membrane apicale, tandis que la pompe à Ca^{2+} et les antiporteurs les exportent à la membrane basolatérale. Normalement, environ 98% des ions Ca^{2+} filtrés sont réabsorbés grâce à la PTH.

En règle générale, 75% des ions phosphate filtrés (y compris les ions H$_2$PO$_4^-$, HPO$_4^{2-}$ et PO$_4^{3-}$) sont réabsorbés dans les tubules contournés proximaux par transport actif. Le taux maximal de réabsorption (T$_m$) des ions phosphate permet la réabsorption d'une certaine quantité de ces ions, et les quantités excédant ce maximum s'écoulent simplement dans l'urine. La réabsorption des ions phosphate est donc régie par ce mécanisme de trop-plein. La PTH inhibe le transport actif du phosphate en abaissant son T$_m$.

Lorsque la concentration d'ions Ca^{2+} dans le liquide extracellulaire est normale (soit entre 1,00 et 1,15 mmol/L de calcium ionisé) ou élevée, la sécrétion de PTH est inhibée. Par voie de conséquence, la libération d'ions Ca^{2+} par les os est inhibée, des quantités accrues d'ions Ca^{2+} sont excrétées dans les matières fécales et dans l'urine, et une quantité accrue d'ions PO$_4^{3-}$ est conservée. D'autres hormones influent aussi sur la réabsorption des ions phosphate. Par exemple, l'insuline l'augmente alors que le glucagon la diminue.

Régulation des anions

L'ion Cl$^-$ est le principal anion qui accompagne l'ion Na$^+$ dans le liquide extracellulaire et, comme celui-ci, il concourt au maintien de la pression osmotique du sang. Quand le pH sanguin est normal ou légèrement alcalin, la réabsorption des ions Cl$^-$ filtrés est de l'ordre de 99%. Dans le tubule contourné proximal, ils se déplacent passivement et suivent simplement les ions Na$^+$ hors du filtrat et dans le sang des capillaires péritubulaires. Dans presque toutes les autres parties du tubule, le transport des ions Na$^+$ et Cl$^-$ est couplé.

En cas d'acidose, peu d'ions Cl$^-$ accompagnent les ions Na$^+$, car la réabsorption des ions HCO$_3^-$ s'accroît pour que le pH sanguin revienne à la normale. Par conséquent, le choix entre les ions Cl$^-$ et les ions HCO$_3^-$ se fait en fonction du maintien de l'équilibre acidobasique. La plupart des autres anions, tels les ions sulfate (SO$_4^{2-}$) et les ions nitrate (NO$_3^-$), ont un taux maximal de réabsorption. Et quand leurs concentrations dans le filtrat sont supérieures à la quantité qui peut être réabsorbée, l'excès est éliminé dans l'urine.

VÉRIFIONS NOS ACQUIS

8. Jérémie est atteint de la maladie d'Addison (carence en aldostérone). Quelle est l'incidence de cette maladie sur les concentrations plasmatiques des ions Na⁺ et K⁺? Quel est l'effet sur la pression artérielle de Jérémie? Expliquez votre réponse.

9. On peut résumer de la manière suivante le traitement des ions Na⁺ par les reins : « Les reins réabsorbent la quasi-totalité des ions Na⁺ à mesure que le filtrat traverse les tubules rénaux. » Formulez un énoncé semblable pour les ions K⁺.

10. Par quel mécanisme rénal le facteur natriurétique auriculaire (FNA) abaisse-t-il la pression artérielle?

11. Nommez l'hormone qui joue le rôle le plus important dans la régulation de la concentration sanguine de Ca²⁺. Quels sont les effets de l'hypercalcémie? De l'hypocalcémie?

Les réponses se trouvent à l'appendice G.

Équilibre acidobasique

13 Expliquer l'importance du maintien de l'équilibre acidobasique pour l'organisme.

14 Définir l'acidose et l'alcalose; expliquer le terme « acidose physiologique ».

15 Énumérer les principales sources d'acides de l'organisme.

En raison de leurs nombreuses liaisons hydrogène, toutes les protéines fonctionnelles (enzymes, hémoglobine, cytochromes, etc.) sont influencées, dans leur structure et leur fonctionnement, par la concentration des ions H⁺. Dès lors, presque toutes les réactions biochimiques sont aussi influencées par le pH du milieu où elles se déroulent. Bien que certaines perturbations du pH puissent jouer des rôles utiles pour l'organisme en produisant, par exemple, des messages de douleur ou en contribuant au renouvellement des tissus lié au mécanisme de l'apoptose, la régulation de l'équilibre acidobasique des liquides de l'organisme est essentielle à l'homéostasie, et elle est extrêmement précise. (Voir le chapitre 2, p. 46-48, pour une révision des principes fondamentaux des réactions acidobasiques et du pH.)

Le pH optimal des divers liquides de l'organisme varie, mais très faiblement. Le pH du sang artériel est normalement de 7,4, celui du sang veineux et du liquide interstitiel, de 7,35, et celui du liquide intracellulaire, de 7,0 en moyenne. Le liquide intracellulaire et le sang veineux ont un pH plus faible que celui du sang artériel, car ils contiennent plus de métabolites acides et de gaz carbonique, lequel se combine à l'eau pour former de l'acide carbonique (H_2CO_3) pouvant libérer des ions H⁺.

Un pH du sang artériel supérieur à 7,45 détermine l'**alcalose**, ou **alcalémie**, tandis qu'un pH du sang artériel inférieur à 7,35 détermine l'**acidose**, ou **acidémie**. Parce que la neutra-

lité se situe à 7,0, un pH de 7,35 n'est pas, chimiquement parlant, acide. Toutefois, il indique une concentration d'ions H⁺ un peu trop élevée pour le fonctionnement normal de la majorité des cellules. Par conséquent, un pH du sang artériel se chiffrant entre 7,35 et 7,0 correspond à une *acidose physiologique*.

Bien que de petites quantités de substances acides pénètrent dans l'organisme par l'intermédiaire des aliments, la plupart des ions H⁺ sont des produits ou des sous-produits du métabolisme cellulaire. Par exemple : (1) le catabolisme des acides aminés contenant du soufre (cystéine et méthionine) libère de l'acide sulfurique dans le liquide extracellulaire, tandis que le catabolisme des phospholipides produit de l'acide phosphorique; (2) la dégradation anaérobie du glucose produit de l'*acide lactique* (voir p. 1070); (3) la lipolyse des triglycérides engendre des acides gras libres (acides organiques), dont le catabolisme dans le système enzymatique de la bêta-oxydation entraîne la formation de *corps cétoniques* (voir p. 1079); et (4) la liaison du gaz carbonique dans le sang et son transport sous forme d'ions HCO_3^- libèrent des ions H⁺.

La concentration sanguine des ions H⁺ est réglée, dans l'ordre, par : (1) les tampons chimiques; (2) le centre respiratoire du tronc cérébral; et (3) les mécanismes rénaux. Les tampons chimiques résistent en une fraction de seconde aux variations du pH, et ils se situent en quelque sorte en première ligne. Les adaptations de la fréquence et de l'amplitude respiratoires interviennent en une à trois minutes pour compenser l'acidose et l'alcalose. Et bien que les reins constituent le plus puissant des systèmes régulateurs, leur action sur le pH sanguin s'étale sur des heures, voire sur un jour entier ou plus.

Systèmes tampons chimiques

16 Nommer les trois principaux systèmes tampons chimiques de l'organisme, énumérer leurs composantes et expliquer comment ils résistent aux variations du pH; décrire l'importance relative de chacun pour l'organisme.

Les acides sont des *donneurs de protons* (ils libèrent des ions H⁺), et l'acidité d'une solution découle des ions H⁺ *libres*, et non de ceux qui sont liés à des anions. Les *acides forts*, qui se dissocient complètement en libérant tous leurs ions H⁺ dans l'eau **(figure 26.11a)**, peuvent modifier radicalement le pH d'une solution. À l'opposé, les *acides faibles* ne se dissocient que partiellement (figure 26.11b); ils ont donc un effet minime sur le pH. Toutefois, les acides faibles préviennent efficacement les variations du pH, et cette propriété leur fait jouer un rôle primordial dans les systèmes tampons chimiques de l'organisme.

Les bases sont des *accepteurs de protons* (elles captent des ions H⁺). Les bases fortes sont celles qui se dissocient facilement dans l'eau et captent rapidement les ions H⁺. Les bases faibles sont plus lentes à accepter des ions H⁺.

Les **tampons chimiques** sont des systèmes formés d'une ou deux molécules qui préviennent les variations marquées du pH au moment de l'addition d'un acide fort ou d'une base forte. Pour ce faire, ils se lient aux ions H⁺ chaque fois que le pH diminue, et ils s'en dissocient quand le pH s'élève.

26

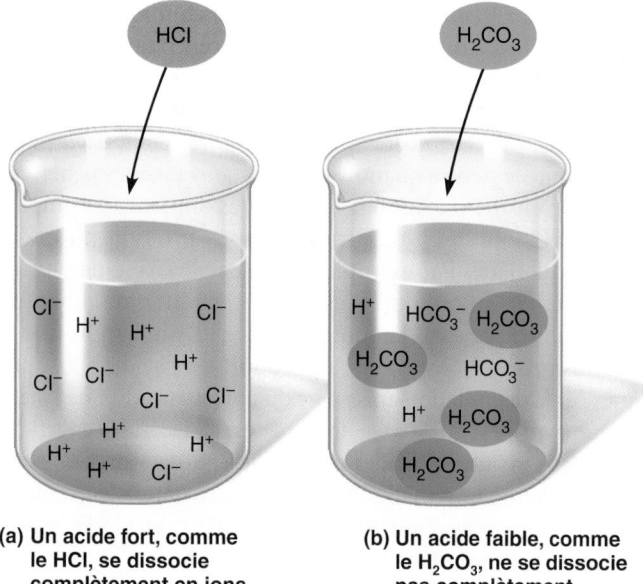

(a) Un acide fort, comme le HCl, se dissocie complètement en ions (H⁺ et Cl⁻).

(b) Un acide faible, comme le H₂CO₃, ne se dissocie pas complètement.

Figure 26.11 Dissociation d'un acide fort et d'un acide faible. HCl : acide chlorhydrique ; H_2CO_3 : acide carbonique. Les molécules qui ne sont pas dissociées sont représentées par des ovales.

Les trois principaux tampons chimiques sont le *système acide carbonique-bicarbonate*, le *système phosphate disodique-phosphate monosodique* et le *système protéinate-protéines*. Tout ce qui modifie la concentration d'ions H⁺ dans un compartiment hydrique modifie simultanément celle des autres. Il en résulte que les systèmes tampons se tamponnent réciproquement, de telle manière que toute variation du pH est contrée par le système tampon *dans son ensemble*.

Système tampon acide carbonique-bicarbonate

Le **système tampon acide carbonique-bicarbonate** est composé de l'acide carbonique (H_2CO_3) et de son sel, le bicarbonate de sodium (NaHCO₃, qui est une base faible), dans une même solution. Bien qu'il soit aussi un système tampon dans le liquide intracellulaire, il est le *seul* système tampon important du *liquide extracellulaire*.

L'acide carbonique, un acide faible, ne se dissocie que très peu dans les solutions neutres ou acides. Par conséquent, quand un acide fort tel que l'acide chlorhydrique (HCl) est ajouté à ce système tampon, la très grande majorité des molécules d'acide carbonique déjà présentes ne se dissocient pas. Toutefois, les ions HCO₃⁻ du sel agissent comme des bases faibles et captent les ions H⁺ libérés par l'acide fort (HCl), formant ainsi *plus* d'acide carbonique.

$$HCl + NaHCO_3 \rightarrow H_2CO_3 + NaCl$$

acide   base   acide   sel
fort   faible   faible

Parce que l'ion H⁺ libéré par l'acide fort (HCl) est capté par l'ion HCO₃⁻ pour former l'acide faible (H_2CO_3), l'ajout de cet acide fort n'abaisse que légèrement le pH de la solution.

De même, si une base forte comme l'hydroxyde de sodium (NaOH) est ajoutée à la même solution tamponnée, l'alcalinité est telle qu'une base faible comme le bicarbonate de sodium (NaHCO₃) ne se dissocie pas et n'élève pas le pH. Par ailleurs, la présence de la base forte pousse l'acide carbonique à se dissocier davantage et à libérer des ions H⁺ qui vont se lier aux ions hydroxyde libérés par la base forte et former des molécules d'eau :

$$NaOH + H_2CO_3 \rightarrow NaHCO_3 + H_2O$$

base   acide   base   eau
forte   faible   faible

Le résultat est le remplacement d'une base forte (NaOH), qui se dissocie beaucoup, par une base faible (NaHCO₃), qui se dissocie très peu, si bien que le pH de la solution s'élève très peu.

Bien que le sel de bicarbonate dans cet exemple soit le bicarbonate de sodium, d'autres sels de bicarbonate fonctionnent de façon identique, car l'ion essentiel est le HCO₃⁻ et non le cation auquel il est associé. À l'intérieur des cellules, où l'ion Na⁺ est peu abondant, le bicarbonate de potassium et le bicarbonate de magnésium font partie du système tampon acide carbonique-bicarbonate.

La capacité tampon de ce genre de système est directement reliée à la concentration des substances tampons. Par conséquent, si des acides pénètrent dans le sang à une vitesse telle que tous les ions HCO₃⁻ disponibles (constituant la **réserve alcaline**) ont accepté des ions H⁺, le système tampon perd tout effet et le pH sanguin se met à fluctuer. La concentration des ions HCO₃⁻ dans le liquide extracellulaire est normalement de 25 mmol/L environ, et elle est maintenue par les reins. Celle de l'acide carbonique (H_2CO_3) est à peine supérieure à 1 mmol/L, mais la respiration cellulaire peut fournir des quantités quasi illimitées de CO_2, d'où provient le H_2CO_3. La concentration d'acide carbonique du sang est assujettie à des mécanismes de régulation respiratoires.

Système tampon phosphate disodique-phosphate monosodique

Le **système tampon phosphate disodique-phosphate monosodique** fonctionne presque exactement comme le système tampon acide carbonique-bicarbonate. Ses constituants sont les sels de sodium du dihydrogénophosphate ($H_2PO_4^-$) et du monohydrogénophosphate (HPO_4^{2-}). Le phosphate monosodique (NaH_2PO_4) agit comme un acide faible, tandis que le phosphate disodique (Na_2HPO_4), qui comporte un atome d'hydrogène de moins, agit comme une base faible.

Encore une fois, les ions H⁺ libérés par les acides forts se lient à des bases faibles pour former un acide faible et un sel :

$$HCl + Na_2HPO_4 \rightarrow NaH_2PO_4 + NaCl$$

acide   base   acide faible   sel
fort   faible

et les bases fortes se lient à des acides faibles pour former une base faible et de l'eau :

$$NaOH + NaH_2PO_4 \rightarrow Na_2HPO_4 + H_2O$$

base forte   acide faible   base faible   eau

Parce qu'il est présent en faible concentration dans le liquide extracellulaire (environ six fois moindre que celle du système tampon acide carbonique-bicarbonate), le système tampon phosphate disodique-phosphate monosodique a relativement peu d'importance dans le tamponnage du plasma sanguin. Toutefois, il constitue un tampon très efficace dans l'urine et dans le liquide intracellulaire, où la concentration d'ions phosphate est généralement plus élevée.

Système tampon protéinate-protéines

Les protéines contenues dans le plasma et dans les cellules constituent la plus abondante et la plus puissante des sources de tampons, et elles forment le **système tampon protéinate-protéines**. En fait, le tamponnage des liquides de l'organisme repose aux trois quarts sur l'action des protéines intracellulaires.

Comme nous l'avons expliqué au chapitre 2, les protéines sont des polymères d'acides aminés. Le groupement *carboxyle* (—COOH) terminal de l'une des extrémités de la protéine et les groupements —COOH des chaînes latérales (groupement R) de certains acides aminés exposés au solvant (eau) se dissocient et libèrent des ions H^+ quand le pH s'élève (ou devient moins acide):

$$R—COOH \rightarrow R—COO^- + H^+$$

(Remarquez que R représente le reste de la molécule organique, formé de nombreux atomes.)

De même, le groupement *amine* (—NH$_2$) terminal de la protéine et les groupements —NH$_2$ des chaînes latérales (groupement R) de certains acides aminés exposés au solvant peuvent agir comme des bases et accepter des ions H^+. Par exemple, un groupement —NH$_2$ libre peut se lier à des ions H^+ et devenir un groupement —NH$_3^+$:

$$R—NH_2 + H^+ \rightarrow R—NH_3^+$$

Parce qu'elle retire des ions H^+ libres de la solution, cette liaison prévient une acidification excessive. En conséquence, les mêmes molécules peuvent jouer le rôle de bases ou d'acides selon le pH du milieu. Les molécules dotées de cette capacité sont appelées **molécules amphotères**.

L'hémoglobine des érythrocytes est un excellent exemple de protéine agissant comme tampon intracellulaire. Ainsi que nous l'avons vu plus haut, le CO_2 libéré des tissus forme de l'acide carbonique (H_2CO_3), lequel se dissocie en ions H^+ et en ions HCO_3^- dans le sang. Entre-temps, l'hémoglobine libère l'oxygène et devient de l'hémoglobine réduite porteuse d'une charge négative. Parce que les ions H^+ se lient rapidement aux anions hémoglobine (Hb^-), les variations du pH sont réduites dans les érythrocytes. Dans ce cas, l'acide carbonique, un acide faible, est tamponné par un acide encore plus faible, l'hémoglobine.

Régulation respiratoire des ions H^+

17 Expliquer l'influence du système respiratoire sur l'équilibre acidobasique.

Les systèmes respiratoire et rénal forment ensemble les *systèmes tampons physiologiques* qui maintiennent l'équilibre du pH en réglant la quantité d'acide ou de base dans l'organisme. Ces systèmes agissent plus lentement que les tampons chimiques, mais leur capacité tampon est plusieurs fois supérieure à celle de tous les tampons chimiques combinés. (En effet, la capacité d'amortissement des systèmes tampons chimiques est limitée: quand les variations du pH sont trop fortes, ils deviennent moins efficaces.)

Comme nous l'avons exposé au chapitre 22, le système respiratoire débarrasse le sang du CO_2 tout en le ravitaillant en O_2. Le gaz carbonique produit par le catabolisme cellulaire se lie à l'hémoglobine des érythrocytes, et il est converti en ions HCO_3^- pour son transport dans le plasma:

$$\underset{\substack{\text{acide} \\ \text{carbonique}}}{CO_2 + H_2O} \underset{\substack{\text{anhydrase} \\ \text{carbonique}}}{\rightleftharpoons} H_2CO_3 \rightleftharpoons \underset{\substack{\text{ion} \\ \text{bicarbonate}}}{H^+ + HCO_3^-}$$

La première flèche double indique qu'il y a un équilibre réversible entre le gaz carbonique dissous et l'eau à gauche, et l'acide carbonique à droite. La deuxième flèche double montre qu'il y a aussi un équilibre entre l'acide carbonique à gauche et les ions H^+ et HCO_3^- à droite. Étant donné ces équilibres, l'augmentation de la quantité d'une des substances pousse la réaction en sens opposé; autrement dit, quand la concentration de gaz carbonique dans le sang s'élève, celle de l'acide carbonique s'élève aussi. Les ions H^+ augmentent alors, ce qui entraîne la diminution du pH sanguin. Il faut aussi noter que l'équation de droite correspond au système tampon acide carbonique-bicarbonate.

Chez les individus en bonne santé, le CO_2 est expulsé des poumons à mesure qu'il se forme dans les tissus. Lors de la libération du CO_2 au niveau des alvéoles pulmonaires, la réaction tend vers la gauche. Les ions H^+ libérés s'associent aux ions HCO_3^- pour former de l'acide carbonique, qui se transforme immédiatement en gaz carbonique et en eau. Les ions H^+ libérés servent à la formation des molécules d'eau. Grâce au système tampon protéinate-protéines, les ions H^+ produits par le transport du CO_2 n'ont pas l'occasion de s'accumuler, et ils ont peu d'effet sur le pH sanguin, si tant est qu'ils en aient. Toutefois, l'hypercapnie active les chimiorécepteurs du bulbe rachidien (par le truchement de l'acidose du liquide cérébrospinal favorisée par une accumulation de CO_2), si bien que l'équation se déplace vers la droite. Les chimiorécepteurs du bulbe rachidien stimulent les centres respiratoires du tronc cérébral, qui augmentent la fréquence et l'amplitude respiratoires. De plus, l'augmentation de la concentration plasmatique des ions H^+ résultant d'un processus métabolique quelconque excite indirectement (par l'intermédiaire des chimiorécepteurs périphériques) le centre respiratoire et entraîne des respirations profondes et rapides. À mesure que s'accroît la ventilation, une quantité accrue de CO_2 et d'eau est éliminée du sang, ce qui explique que la réaction se déplace vers la gauche et réduise la concentration des ions H^+.

L'augmentation du pH sanguin diminue l'activité du centre respiratoire. La fréquence respiratoire ralentit, les respirations deviennent superficielles et le CO_2 s'accumule; la réaction tend vers la droite, et la concentration d'ions H⁺ augmente pour compenser l'alcalose. De nouveau, le pH sanguin revient à la normale. Ces corrections respiratoires du pH sanguin s'accomplissent en une minute environ.

Les variations de la ventilation alvéolaire peuvent modifier considérablement le pH sanguin, beaucoup plus même qu'il ne le faut. Par exemple, le doublement de la ventilation alvéolaire peut élever le pH sanguin de 0,2, et sa réduction de moitié peut abaisser le pH sanguin de 0,2. Parce que le pH du sang artériel normal est de 7,4, un changement de 0,2 conduit le pH à 7,6 ou 7,2, deux valeurs bien au-delà des limites normales. La régulation respiratoire du pH sanguin joue un rôle important dans l'équilibre acidobasique parce que la ventilation alvéolaire peut être multipliée par 15 ou réduite à 0. (L'arrêt complet de la respiration pendant 1 min fait descendre le pH sanguin à 7,1 ; à l'inverse, une ventilation alvéolaire excessive peut l'élever jusqu'à 7,7.) Il convient de remarquer que cette régulation s'effectue par le biais de la régulation de la quantité de CO_2 excrétée ou conservée. Voilà un bel exemple de recyclage : une substance qui pourrait n'être qu'un déchet métabolique devient une substance essentielle au maintien de l'équilibre acidobasique !

Tout ce qui gêne le fonctionnement du système respiratoire perturbe l'équilibre acidobasique. Par exemple, la rétention du gaz carbonique (hypoventilation) cause l'acidose, tandis que l'hyperventilation, qui entraîne une élimination nette de CO_2, provoque l'alcalose. Quand la cause du déséquilibre acidosique est un trouble respiratoire, l'état résultant est soit l'*acidose respiratoire*, soit l'*alcalose respiratoire* (tableau 26.2).

VÉRIFIONS NOS ACQUIS

12. Définissez l'acidose et l'alcalose.
13. Pour empêcher la variation de pH découlant de l'ajout d'un acide fort à une solution de se produire, serait-il préférable d'ajouter une base forte ou une base faible ? Expliquez votre réponse.
14. Nommez les trois principaux systèmes tampons chimiques de l'organisme. Quel est le plus important système tampon à l'intérieur des cellules ?
15. Joanne est diabétique. Elle décide d'aller à l'urgence, car elle ne se sent pas bien ; sa respiration est devenue rapide et profonde, et elle se dit que cette polypnée est probablement en rapport avec son diabète. A-t-elle raison de penser ainsi ? Expliquez l'origine probable de son problème respiratoire.

Les réponses se trouvent à l'appendice G.

Mécanismes rénaux de l'équilibre acidobasique

18 Expliquer comment les reins règlent les concentrations sanguines des ions hydrogène (H⁺) et bicarbonate (HCO_3^-). Montrer comment on peut utiliser les données des dosages sanguins pour déterminer la nature d'un *déséquilibre, son origine et sa compensation* éventuelle.

Les reins sont les principaux organes responsables de l'équilibre acidobasique ; ils agissent lentement mais sûrement pour rétablir les déséquilibres résultant de changements dans le régime alimentaire ou le métabolisme, ou découlant d'une maladie. Les tampons chimiques se lient temporairement aux acides et aux bases en excès, mais ils ne peuvent pas les éliminer de l'organisme. Et bien que les poumons évacuent l'acide carbonique en rejetant le CO_2 et l'eau, seuls les reins peuvent débarrasser l'organisme des acides non volatils (acide sulfurique, acide phosphorique, acide urique, acide lactique et corps cétoniques) et des bases non volatiles (glutamate, aspartate, etc.) engendrés par le métabolisme cellulaire. Toutefois, les métabolites acides l'emportent largement sur les métabolites basiques et il en résulte une acidose appelée **acidose métabolique**. (Notons que cette appellation n'est pas tout à fait appropriée, car le CO_2 [et donc l'acide carbonique] est aussi un produit du métabolisme.) De plus, seuls les reins ont la capacité de régler les concentrations sanguines des substances alcalines et de renouveler les réserves de tampons chimiques tels que les bicarbonates et les phosphates consommés pour la régulation de la concentration d'ions H⁺ dans le liquide extracellulaire.

Les plus importants des mécanismes rénaux de régulation acidobasique sont : (1) la conservation (réabsorption) ou la production d'ions HCO_3^- et (2) l'excrétion des ions HCO_3^-. Si nous revenons à la réaction expliquant le fonctionnement du système tampon acide carbonique-bicarbonate du sang (voir p. 1172), nous voyons que la perte d'un ion HCO_3^-, en déplaçant la réaction vers la droite, produit le même effet net que le gain d'un ion H⁺. De même, la production ou la réabsorption d'un ion HCO_3^- donne le même résultat que la perte d'un ion H⁺ : l'équation se déplace vers la gauche, entraînant une diminution du taux d'ions H⁺. C'est pourquoi, pour réabsorber le bicarbonate, les reins doivent sécréter des ions H⁺, et lorsqu'ils excrètent un excès d'ions HCO_3^-, il y a rétention d'ions H⁺ (ils ne sont pas sécrétés).

Parce que les mécanismes de régulation de l'équilibre acidobasique reposent sur la sécrétion d'ions H⁺ dans le filtrat, nous étudierons d'abord ce processus. La sécrétion des ions H⁺ s'effectue surtout dans le tubule contourné proximal et dans les cellules intercalaires de type A du tubule rénal collecteur. Les ions H⁺ sécrétés proviennent de la dissociation de l'acide carbonique formé par la combinaison du CO_2 et de l'eau dans les cellules tubulaires, réaction catalysée par l'*anhydrase carbonique* **(figure 26.12, ①, ②)**. Pour chaque ion H⁺ activement sécrété dans la lumière du tubule contourné proximal, un ion Na⁺ est réabsorbé du filtrat, ce qui maintient l'équilibre électrique de part et d'autre de la paroi des tubules (figure 26.12, ③a).

La sécrétion des ions H⁺ augmente et diminue selon la concentration de CO_2 dans le liquide extracellulaire. Plus le sang des capillaires péritubulaires est riche en CO_2, plus la sécrétion d'ions H⁺ est rapide. Parce que la concentration sanguine du CO_2 est directement reliée au pH sanguin, ce système peut réagir tant à l'augmentation qu'à la diminution de la concentration des ions H⁺. Notons aussi que les ions H⁺ sécrétés peuvent se combiner à des ions HCO_3^- dans le filtrat et produire du CO_2 et de l'eau (figure 26.12, ④, ⑤). Dans ce cas, les ions H⁺ font partie intégrante de la molécule d'eau. La

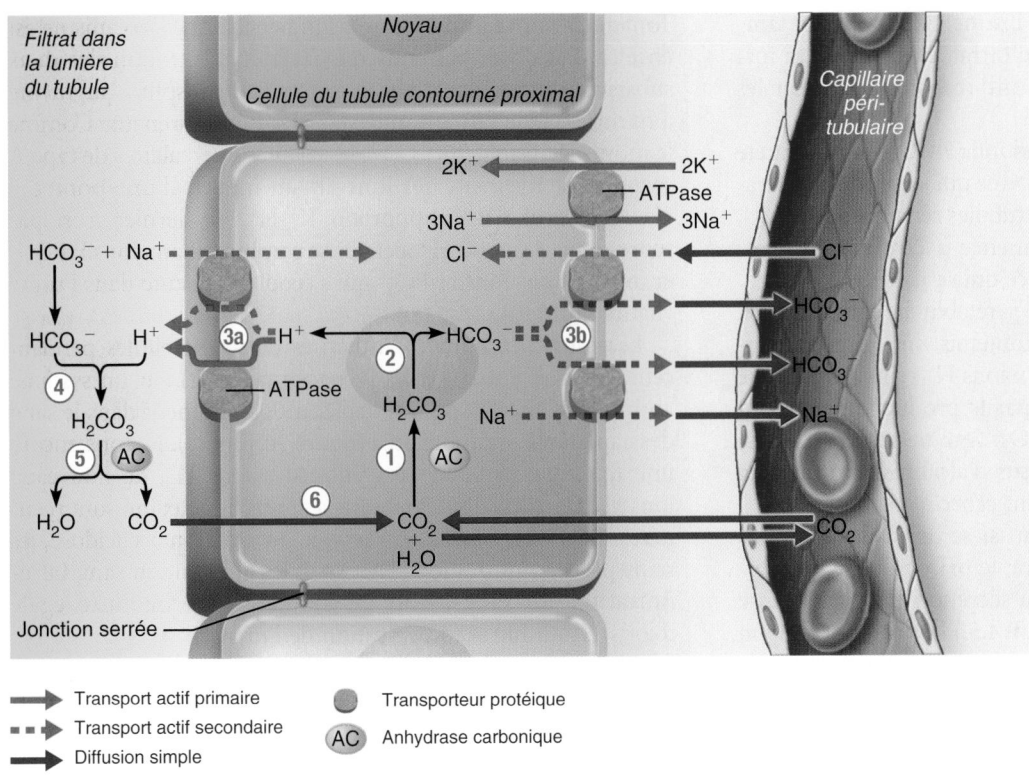

Figure 26.12 La réabsorption des ions HCO₃⁻ filtrés est couplée à la sécrétion des ions H⁺. *Remarque*: la dissociation de H₂CO₃ en CO₂ et en H₂O dans la *lumière* du tubule est catalysée par l'anhydrase carbonique seulement dans le tubule contourné proximal.

concentration croissante du CO₂ dans le filtrat crée un fort gradient de diffusion pour son entrée dans la cellule tubulaire, où il accroît encore la sécrétion d'ions H⁺ (figure 26.12, ⑥).

Conservation des ions bicarbonate filtrés: réabsorption des ions bicarbonate

Les ions HCO₃⁻ sont un constituant essentiel du système tampon acide carbonique-bicarbonate, le principal tampon inorganique du sang. Pour que subsiste ce réservoir de bases, appelé *réserve alcaline*, il ne suffit pas que les reins éliminent les ions H⁺ pour contrer l'élévation de leur concentration sanguine. En effet, les réserves d'ions HCO₃⁻ doivent être reconstituées. Cette tâche est plus complexe qu'il n'y paraît, car les cellules tubulaires sont presque complètement imperméables aux ions HCO₃⁻ présents dans le filtrat, et elles sont incapables de les réabsorber.

Toutefois, les reins peuvent conserver le bicarbonate filtré au moyen d'un mécanisme quelque peu détourné (également expliqué à la figure 26.12). Comme vous pouvez le constater, la dissociation de l'acide carbonique dans la cellule tubulaire libère des ions HCO₃⁻ aussi bien que des ions H⁺ (figure 26.12, ②). Alors qu'elles ne peuvent pas récupérer le bicarbonate directement du filtrat, les cellules tubulaires peuvent envoyer vers le sang des capillaires péritubulaires les ions HCO₃⁻ produits dans leur cytoplasme (figure 26.12, ③b). Les ions HCO₃⁻ sortent

des cellules tubulaires en compagnie d'ions Na⁺ ou en échange d'ions Cl⁻. La réabsorption du bicarbonate dépend donc de la sécrétion active des ions H⁺ dans le filtrat par le truchement d'une H⁺-ATPase et, encore plus, par celui d'un antiporteur Na⁺-H⁺ (figure 26.12, ③a). Dans le filtrat, les ions H⁺ se combinent aux ions HCO₃⁻, comme nous venons de le voir à la figure 26.12, ④, ⑤.

En résumé, pour chaque ion HCO₃⁻ filtré qui «disparaît» de la sorte, un ion HCO₃⁻ produit dans les cellules tubulaires entre dans le sang. Quand de grandes quantités d'ions H⁺ sont sécrétées, des quantités équivalentes d'ions HCO₃⁻ entrent dans le sang péritubulaire.

Production d'ions bicarbonate

Les *nouveaux* ions HCO₃⁻ qui peuvent s'ajouter au plasma sont produits par deux mécanismes rénaux habituellement régis par les cellules des tubules contournés proximaux et des tubules rénaux collecteurs. Ces mécanismes font intervenir l'excrétion rénale des acides *par le truchement de la sécrétion et de l'excrétion* des ions H⁺ ou des ions ammonium (NH₄⁺) dans l'urine. Examinons en quoi ces deux mécanismes diffèrent l'un de l'autre.

Excrétion des ions H⁺ tamponnés Tout au long de la récupération du *bicarbonate filtré* (figure 26.12), les ions H⁺ sécrétés

26

ne sont pas *excrétés ou perdus* dans l'urine. Ils sont plutôt tamponnés par les ions HCO_3^- dans le filtrat, et ils servent à former des molécules d'eau (qui sont réabsorbées selon les besoins).

Néanmoins, une fois que tous les ions HCO_3^- filtrés ont été utilisés pour tamponner les ions H^+ (ce qui se produit généralement quand le filtrat a atteint les tubules rénaux collecteurs), tout nouvel ion H^+ sécrété commence à être excrété dans l'urine. La plupart du temps, c'est ce qui se passe.

La récupération des ions HCO_3^- rétablit la concentration plasmatique des ions bicarbonate. Toutefois, un régime alimentaire normal introduit de nouveaux ions H^+ dans l'organisme et cet apport doit être compensé par la production et l'ajout dans le sang de *nouveaux* ions HCO_3^- (qui ne sont pas filtrés) pour prévenir l'acidose. Ce processus d'alcalinisation du sang est le moyen par lequel les reins font échec à l'acidose.

Ces ions H^+ excrétés doivent aussi se lier à des tampons dans le filtrat. Dans le cas contraire, le pH de l'urine deviendrait incompatible avec la vie. (La sécrétion d'ions H^+ cesse quand le pH de l'urine chute et atteint 4,5.) Le principal tampon urinaire est le *système tampon phosphate disodique-phosphate monosodique*. La créatinine et l'acide urique peuvent aussi constituer des systèmes tampons rénaux, mais ils sont moins importants.

Les ions phosphate (HPO_4^{2-}) traversent facilement le glomérule et environ 75 % des ions phosphate filtrés sont réabsorbés.

Toutefois, leur réabsorption est inhibée lorsque l'organisme est en état d'acidose; par conséquent, la concentration des deux substances constituant le système tampon phosphate augmente à mesure que le filtrat avance dans les tubules rénaux. Comme le montre la **figure 26.13, ③a**, les cellules intercalaires de type A sécrètent activement des ions H^+ au moyen d'une pompe à H^+-ATPase et d'un antiporteur K^+-H^+ (ce dernier n'est pas représenté). Les ions H^+ sécrétés se combinent aux ions HPO_4^{2-} et forment des ions $H_2PO_4^-$ qui s'écoulent ensuite dans l'urine (figure 26.13, ④, ⑤).

Les ions bicarbonate synthétisés dans les cellules pendant cette réaction entrent dans l'espace interstitiel par un système antiport HCO_3-Cl^-, puis se déplacent passivement dans le sang des capillaires péritubulaires (figure 26.13, ③b). Notons encore une fois que, pendant l'excrétion des ions H^+, de nouveaux ions HCO_3^- sont ajoutés au sang, en plus de ceux qui sont récupérés du filtrat. Comme on le voit, en réaction à l'acidose, les reins produisent des ions HCO_3^- et les ajoutent au sang (alcalinisation du sang), tout en ajoutant une quantité égale d'ions H^+ au filtrat (acidification de l'urine).

Excrétion des ions NH₄⁺ Le second mécanisme, et le plus important pour l'excrétion des acides, utilise l'ion ammonium (NH_4^+) produit par le métabolisme de la glutamine dans les cellules du tubule contourné proximal. Les ions NH_4^+ sont des acides faibles qui cèdent peu d'ions H^+ lorsque le pH est à sa

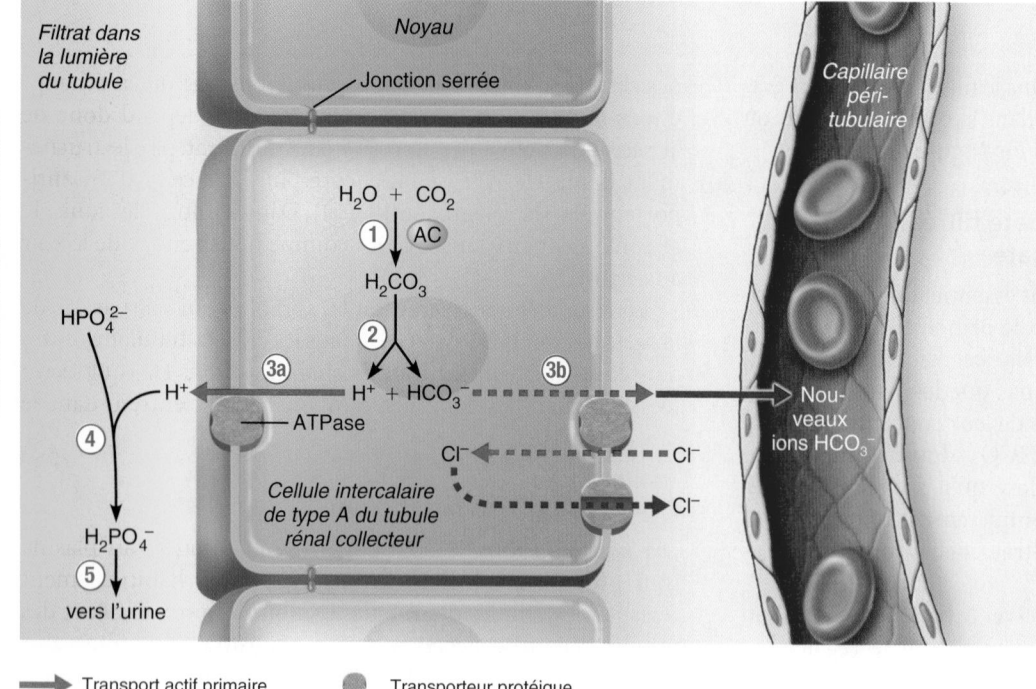

① Le CO_2 se combine à l'eau à l'intérieur de la cellule intercalaire de type A, formant de l'acide carbonique (H_2CO_3).

② Le H_2CO_3 se dissocie rapidement en ions H^+ et bicarbonate (HCO_3^-).

③a Les ions H^+ sont sécrétés dans le filtrat par une pompe à H^+-ATPase.

③b Pour chaque ion H^+ sécrété, un ion HCO_3^- entre dans le sang des capillaires péritubulaires au moyen d'un transporteur antiport au cours d'un processus d'échange HCO_3^--Cl^-.

④ Les ions H^+ sécrétés se combinent au HPO_4^{2-} dans le filtrat tubulaire, formant du $H_2PO_4^-$.

⑤ Le $H_2PO_4^-$ est excrété dans l'urine.

Transport actif primaire
Transport actif secondaire
Diffusion simple
Diffusion facilitée
Transporteur protéique
Canal ionique
AC Anhydrase carbonique

Figure 26.13 Production d'ions HCO_3^- grâce à l'action tampon du HPO_4^{2-} (monohydrogénophosphate) sur les ions H^+ sécrétés.

valeur normale. Comme le montre la **figure 26.14**, ①, pour chaque molécule de glutamine métabolisée (désaminée, oxydée et acidifiée par combinaison avec H^+), on obtient deux NH_4^+ et deux HCO_3^-. Le bicarbonate produit durant la réaction traverse la membrane basolatérale et entre dans le sang (figure 26.14, ②b). De leur côté, les ions NH_4^+ sont excrétés dans l'urine (figure 26.14, ②a, ③). Comme dans le cas du système tampon phosphate disodique-phosphate monosodique, la production de bicarbonate et la réabsorption du bicarbonate de sodium accompagnent le mécanisme tampon ammoniac-ammonium (NH_3-NH_4^+), reconstituant ainsi la réserve alcaline du sang.

Sécrétion des ions bicarbonate

Lorsque l'organisme est en état d'alcalose, une autre population de cellules intercalaires (type B) des tubules rénaux collecteurs génère une sécrétion nette d'ions HCO_3^- (plutôt qu'une réabsorption nette d'ions HCO_3^-) pendant qu'elles récupèrent des ions H^+ pour acidifier le sang. Dans l'ensemble, on peut se représenter les cellules de type B comme des cellules de type A inversées, et le processus de sécrétion des ions HCO_3^- comme le contraire de celui de la réabsorption illustré à la figure 26.12. Toutefois, le processus qui prédomine dans les néphrons et dans les tubules rénaux collecteurs est celui de la réabsorption des ions HCO_3^- et, même pendant l'alcalose, il y a beaucoup moins d'ions HCO_3^- excrétés que conservés.

Déséquilibres acidobasiques

19 Faire la distinction entre l'acidose et l'alcalose respiratoires d'une part et entre l'acidose et l'alcalose métaboliques d'autre part. Expliquer l'importance des mécanismes de compensation respiratoires et rénaux pour l'équilibre acidobasique.

20 Citer quelques-unes des principales causes d'acidose ou d'alcalose métaboliques, et d'acidose ou d'alcalose respiratoires.

Selon leur cause, l'acidose et l'alcalose sont dites respiratoires ou métaboliques. Le **tableau 26.2** résume quelques-unes des causes et des conséquences des déséquilibres acidobasiques. Le Gros plan de la page 1179 présente les méthodes permettant

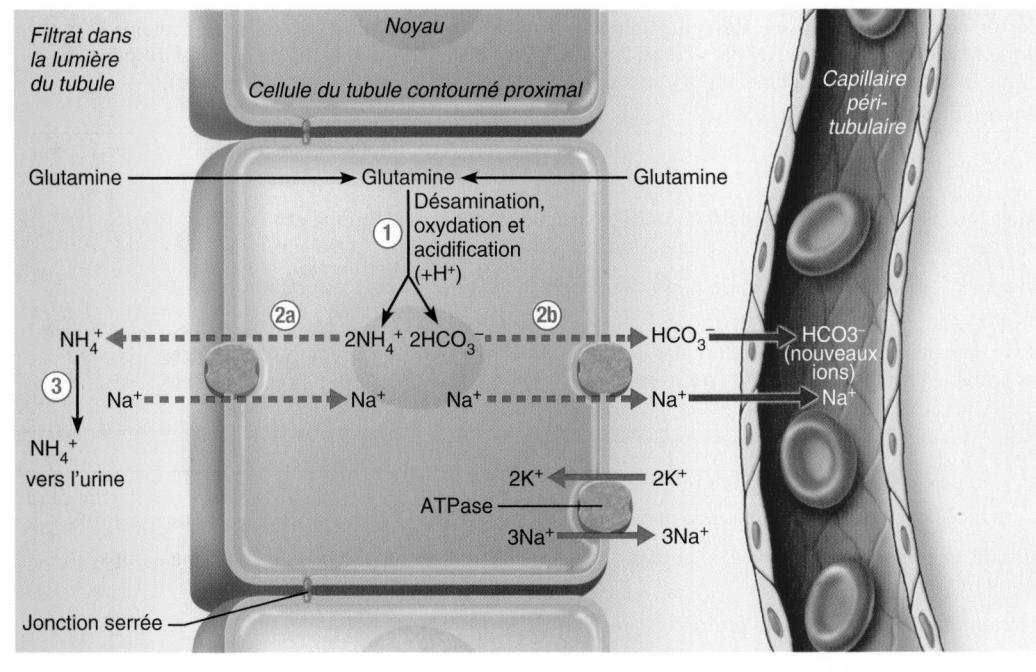

① Les cellules du tubule contourné proximal synthétisent des ions NH_4^+ et HCO_3^- à partir de la glutamine.

②a Les ions NH_4^+ (ammonium, un acide faible) sont sécrétés dans le filtrat en occupant le site du H^+ sur l'antiporteur H^+-Na^+.

②b Pour chaque ion NH_4^+ sécrété, un ion bicarbonate (HCO_3^-) entre dans le sang des capillaires péritubulaires par symport.

③ Le NH_4^+ est excrété dans l'urine.

Légende de la figure :
- Filtrat dans la lumière du tubule
- Noyau
- Cellule du tubule contourné proximal
- Capillaire péritubulaire
- Glutamine → Glutamine ← Glutamine
- Désamination, oxydation et acidification (+H^+) ①
- NH_4^+ ②a $2NH_4^+$ $2HCO_3^-$ ②b HCO_3^- → $HCO3^-$ (nouveaux ions)
- ③ Na^+ → Na^+ Na^+ → Na^+ → Na^+
- NH_4^+ vers l'urine
- $2K^+$ $2K^+$
- ATPase
- $3Na^+$ → $3Na^+$
- Jonction serrée

➤ Transport actif primaire ● Transporteur protéique
▪▪▶ Transport actif secondaire
➤ Diffusion simple

Figure 26.14 Production d'ions HCO_3^- grâce au métabolisme de la glutamine et à la sécrétion d'ions NH_4^+.

TABLEAU 26.2	Causes et conséquences des déséquilibres acidobasiques
ÉTAT ET SIGNES CARDINAUX	**CAUSES POSSIBLES*; COMMENTAIRES**

Acidose métabolique

Si non compensée (non corrigée) (HCO$_3^-$ < 22 mmol/L; pH < 7,35)	**Diarrhée grave:** les sécrétions intestinales (et pancréatiques), riches en bicarbonate, sont excrétées par le tube digestif avant que leurs solutés puissent être réabsorbés; les ions HCO$_3^-$ perdus sont remplacés par les mécanismes rénaux qui produisent de nouveaux ions bicarbonate.
	Exercice prolongé: accumulation d'acide lactique résultant de la glycolyse anaérobie.
	Diabète en état d'hyperglycémie (non traité): déficit insulinique ou absence de réaction cellulaire à l'insuline entraînant l'incapacité d'utiliser le glucose; les lipides deviennent la principale source d'énergie et l'acidocétose apparaît.
	Inanition: insuffisance de nutriments pour alimenter les cellules; les protéines et les réserves lipidiques deviennent des sources d'énergie: elles produisent des métabolites acides lors de leur dégradation.
	Ingestion excessive d'alcool ou d'acides (l'aspirine, par exemple): produit un excès d'acides dans le sang.
	Forte concentration d'ions potassium dans le liquide extracellulaire: les ions K$^+$ font concurrence aux ions H$^+$ pour la sécrétion dans les tubules rénaux; quand la concentration d'ions K$^+$ est élevée dans le liquide extracellulaire, la sécrétion des ions K$^+$ empêche celle des ions H$^+$ (inhibition compétitive).
	Insuffisance d'aldostérone: cause une sécrétion trop faible d'ions K$^+$ et H$^+$.

Alcalose métabolique

Si non compensée (HCO$_3^-$ > 26 mmol/L; pH > 7,45)	**Vomissements ou aspiration gastrique:** les ions H$^+$ perdus avec le HCl doivent être prélevés du sang pour remplacer l'acide gastrique; leur concentration diminue et celle des ions HCO$_3^-$ augmente en proportion.
	Certains diurétiques: causent la déplétion des ions K$^+$ et une perte d'eau. La perte d'ions K$^+$ stimule directement la sécrétion des ions H$^+$ par les cellules tubulaires. La réduction du volume sanguin déclenche le système rénine-angiotensine, lequel stimule la réabsorption des ions Na$^+$ et la sécrétion des ions H$^+$.
	Ingestion excessive de bicarbonate de sodium (antiacide) ou de médicaments alcalins: le bicarbonate passe facilement dans le liquide extracellulaire, où il accroît la réserve alcaline naturelle.
	Excès d'aldostérone (tumeurs des surrénales, par exemple): favorise une réabsorption excessive de sodium, ce qui explique l'excrétion démesurée d'ions H$^+$ dans l'urine. L'hypovolémie produit le même effet relatif parce que la sécrétion d'aldostérone est augmentée pour favoriser la réabsorption des ions Na$^+$ (et de l'eau).

Acidose respiratoire (hypoventilation)

Si non compensée (P$_{CO_2}$ > 45 mm Hg; pH < 7,35)	**Altération de la ventilation pulmonaire** (par la bronchite chronique, la fibrose kystique et l'emphysème, par exemple): altération des échanges gazeux ou de la ventilation alvéolaire.
	Altération des mouvements respiratoires: paralysie des muscles de la respiration, blessure au tronc, obésité extrême.
	Dose excessive de narcotiques ou de barbituriques ou lésion du tronc cérébral: l'inhibition des centres respiratoires entraîne l'hypoventilation et l'arrêt respiratoire.

Alcalose respiratoire (hyperventilation)

Si non compensée (P$_{CO_2}$ < 35 mm Hg; pH > 7,45)	**Émotions fortes:** douleur, anxiété, peur, crise de panique.
	Hypoxie: asthme, pneumonie, ou observée en altitude; vise à élever la pression partielle de l'oxygène au prix d'une excrétion excessive de CO$_2$.
	Tumeur ou lésion cérébrale: atteinte des centres respiratoires.

* Il s'agit des causes les plus fréquentes.

de dégager les causes des déséquilibres et de déterminer s'ils sont compensés (si les poumons ou les reins interviennent pour les corriger).

Acidose et alcalose respiratoires

Les déséquilibres acidobasiques respiratoires résultent de l'incapacité du système respiratoire à maintenir le pH. La

GROS PLAN

Détermination de la cause de l'acidose ou de l'alcalose à l'aide des dosages sanguins

Il arrive souvent qu'on fournisse aux étudiants (particulièrement à ceux qui se destinent aux soins infirmiers) des dosages sanguins et qu'on leur demande de déterminer : (1) si le patient est en état d'acidose ou en état d'alcalose ; (2) la cause de l'état (d'origine respiratoire ou d'origine métabolique) ; (3) si l'état est compensé ou non. La tâche est beaucoup plus facile qu'il n'y paraît, à condition qu'on l'aborde de manière systématique. En effet, il faut analyser les dosages sanguins dans l'ordre suivant :

1. *Notez le pH.* Cette donnée indique si le patient est en état d'alcalose (pH > 7,45) ou d'acidose (pH < 7,35), mais elle *ne révèle pas* la cause de l'état.

2. *Ensuite, vérifiez la* P_{CO_2} afin de déceler s'il s'agit de la cause du déséquilibre. Comme le système respiratoire agit rapidement, une pression partielle excessivement haute ou faible peut révéler soit que le trouble est d'origine respiratoire, soit que le système respiratoire est en voie de le compenser. Par exemple, si le pH indique une acidose et que :

   a) la P_{CO_2} est supérieure à 45 mm Hg, le système respiratoire *est en cause* et le trouble est l'acidose respiratoire ;

   b) la P_{CO_2} est inférieure à 35 mm Hg, le système respiratoire *n'est pas en cause mais il est en train de compenser* ;

   c) la P_{CO_2} est normale, le trouble n'est *ni causé ni compensé* par le système respiratoire.

3. *Vérifiez la concentration d'ions* HCO_3^-. Si l'étape 2 a prouvé que le système respiratoire n'est pas à l'origine du déséquilibre, alors le trouble est métabolique, et il devrait se traduire par des valeurs anormales de la concentration du bicarbonate. L'acidose métabolique se signale par une concentration inférieure à 22 mmol/L et l'alcalose métabolique, par une concentration supérieure à 26 mmol/L. Alors que la pression partielle du gaz carbonique est inversement proportionnelle au pH sanguin (elle s'élève à mesure que le pH diminue), la concentration de bicarbonate est proportionnelle au pH sanguin (elle augmente à mesure que le pH s'élève).

Pour compléter cette méthode très élémentaire d'évaluation des déséquilibres acidobasiques, il faut tenir compte d'un autre élément. En effet, si la compensation est *totale*, le pH peut être normal même quand le patient est en difficulté. Par conséquent, quand le pH est normal, examinez attentivement les valeurs de la P_{CO_2} ou de la concentration de HCO_3^- pour tenter de préciser la nature du déséquilibre.

Voici deux applications de la méthode à trois étapes.

Problème n° 1

Dosages fournis : pH de 7,6 ; P_{CO_2} de 24 mm Hg ; HCO_3^- de 23 mmol/L. *Analyse :*

1. Le pH est élevé = alcalose.

2. La P_{CO_2} est très faible = cause de l'alcalose.

3. La concentration des ions HCO_3^- est normale.

Conclusion : Il s'agit d'une alcalose respiratoire sans compensation rénale, telle qu'on peut l'observer au cours de l'hyperventilation passagère.

Problème n° 2

Dosages fournis : pH de 7,48 ; P_{CO_2} de 46 mm Hg ; HCO_3^- de 33 mmol/L. *Analyse :*

1. Le pH est élevé = alcalose.

2. La P_{CO_2} est élevée = cause de l'*acidose* et non de l'alcalose ; par conséquent, le système respiratoire est en train de compenser l'acidose et n'en est pas la cause.

3. La concentration des ions HCO_3^- est élevée = cause de l'alcalose.

Conclusion : Il s'agit d'une alcalose métabolique compensée par une acidose respiratoire (rétention de CO_2 visant le rétablissement du pH sanguin).

Vous trouverez ci-dessous un tableau simple qui facilitera vos déterminations.

Déséquilibre acidobasique	Valeurs plasmatiques normales		
	pH de 7,35 à 7,45	P_{CO_2} de 35 à 45 mm Hg	HCO_3^- de 22 à 26 mmol/L
Acidose respiratoire	↓	↑	↑ s'il y a compensation
Alcalose respiratoire	↑	↓	↓ s'il y a compensation
Acidose métabolique	↓	↓ s'il y a compensation	↓
Alcalose métabolique	↑	↑ s'il y a compensation	↑

pression partielle du gaz carbonique (P_{CO_2}) dans le sang artériel est le principal indice du fonctionnement du système res-

piratoire. Quand ce fonctionnement est normal, la P_{CO_2} varie entre 35 et 45 mm Hg dans le sang artériel. En règle générale,

Relations entre le système urinaire et les autres systèmes de l'organisme

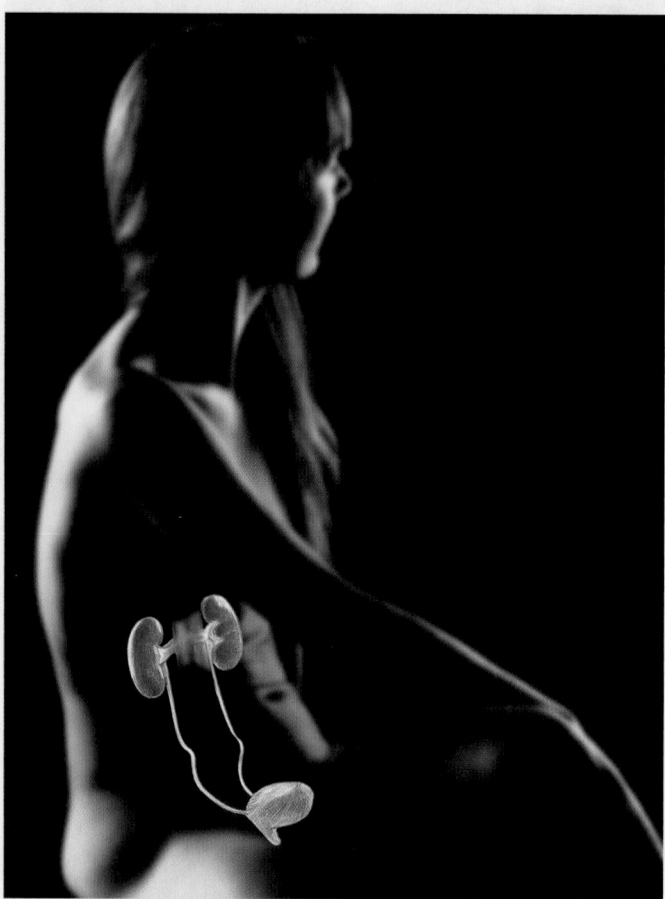

Système nerveux

- Les reins éliminent les déchets azotés ; ils maintiennent l'équilibre hydrique, électrolytique et acidobasique du sang ; la régulation rénale des concentrations extracellulaires des ions Na^+, K^+ et Ca^{2+} est essentielle au bon fonctionnement du système nerveux.
- Les mécanismes de régulation nerveuse interviennent dans la miction ; l'activité du système nerveux sympathique déclenche le système rénine-angiotensine.

Système endocrinien

- Les reins éliminent les déchets azotés ; ils maintiennent l'équilibre hydrique, électrolytique et acidobasique du sang ; ils produisent l'érythropoïétine ; la régulation rénale de l'équilibre sodium-eau est essentielle au maintien de la pression sanguine et au transport des hormones dans le sang.
- L'hormone antidiurétique (ADH), l'aldostérone, le facteur natriurétique auriculaire (FNA) et d'autres hormones contribuent à la régulation de la réabsorption rénale de l'eau et des électrolytes.

Système cardiovasculaire

- Les reins éliminent les déchets azotés ; ils maintiennent l'équilibre hydrique, électrolytique et acidobasique du sang ; la régulation rénale de l'équilibre sodium-eau est essentielle au maintien de la pression sanguine ; la régulation des ions Na^+, K^+ et Ca^{2+} maintient l'excitabilité du cœur.
- La pression artérielle systémique est l'élément moteur de la filtration glomérulaire ; le cœur sécrète le facteur natriurétique auriculaire ; le sang transporte les nutriments, l'oxygène, etc., vers le système urinaire.

Système lymphatique et immunitaire

- Les reins éliminent les déchets azotés ; ils maintiennent l'équilibre hydrique, électrolytique et acidobasique du sang.
- En renvoyant dans le système cardiovasculaire les protéines et le liquide plasmatique qui se sont échappés du sang au niveau des capillaires tissulaires mais qui n'ont pas été repris par ces derniers, les vaisseaux lymphatiques contribuent à maintenir la pression artérielle systémique dont les reins ont besoin pour bien fonctionner ; les cellules immunitaires protègent les organes du système urinaire contre l'infection et le cancer.

Système respiratoire

- Les reins éliminent les déchets azotés ; ils maintiennent l'équilibre hydrique, électrolytique et acidobasique du sang.
- Le système respiratoire fournit aux cellules rénales l'oxygène dont elles ont besoin pour leur forte activité métabolique ; il élimine le gaz carbonique ; il rétablit rapidement l'équilibre acidobasique du sang ; les cellules endothéliales des capillaires des poumons convertissent l'angiotensine I en angiotensine II.

Système digestif

- Les reins éliminent les déchets azotés (dont l'urée synthétisée surtout par le foie) ; ils maintiennent l'équilibre hydrique,

Système tégumentaire

- Les reins éliminent les déchets azotés ; ils maintiennent l'équilibre hydrique, électrolytique et acidobasique du sang.
- La peau est une barrière protectrice externe ; elle sert à l'élimination de l'eau (par la transpiration) ; site initial de la synthèse de la vitamine D.

Système squelettique

- Les reins éliminent les déchets azotés ; ils maintiennent l'équilibre hydrique, électrolytique et acidobasique du sang.
- Les os de la cage thoracique protègent en partie les reins ; ils constituent la principale réserve d'ions calcium et phosphate.

Système musculaire

- Les reins éliminent les déchets azotés (dont la créatinine provenant du métabolisme musculaire) ; ils maintiennent l'équilibre hydrique, électrolytique et acidobasique du sang ; la régulation rénale des concentrations extracellulaires des ions Na^+, K^+ et Ca^{2+} est essentielle à l'excitabilité et à la contractilité des muscles.
- Le muscle élévateur de l'anus et le muscle sphincter de l'urètre (externe) interviennent dans la maîtrise volontaire de la miction.

électrolytique et acidobasique du sang ; aussi, ils métabolisent la vitamine D sous sa forme active pour favoriser l'absorption du calcium.
- Les organes du système digestif fournissent les nutriments nécessaires au maintien des cellules rénales ; le foie synthétise l'urée et la glutamine, transportant les déchets azotés aux reins pour être excrétés, ainsi que l'angiotensinogène.

Système génital

- Les reins éliminent les déchets azotés ; ils maintiennent l'équilibre hydrique, électrolytique et acidobasique du sang.
- Les œstrogènes et la progestérone agissent sur la réabsorption du sodium et de l'eau par les reins.

Liens particuliers

RELATIONS ENTRE LE SYSTÈME URINAIRE et les systèmes cardiovasculaire, endocrinien et nerveux

Boire de l'eau est une chose si simple. L'eau étanche la soif, certes, mais son rôle ne se limite pas à cela. Une hydratation insuffisante est une cause importante de dysfonctionnement (tant mental que physique) et de fatigue, voire de mort (s'il y a déshydratation au cours d'une activité physique intense). L'organisme a également besoin d'eau pour maintenir sa température par la transpiration, pour éliminer par l'urine les déchets et les toxines, pour maintenir un volume sanguin et une pression sanguine adéquats, et pour hydrater suffisamment les muscles squelettiques (autrement, ils s'affaiblissent et s'épuisent rapidement, et ils peuvent même cesser complètement de fonctionner).

Lorsque nous buvons de l'eau, nous fournissons certes à notre organisme ce liquide qui lui est indispensable, mais encore faut-il que les reins maintiennent l'équilibre pour assurer les activités physiologiques vitales. Les minuscules néphrons des reins semblent « savoir » quels solutés du sang ils doivent conserver et lesquels ils doivent éliminer, que l'alcool et la caféine, par exemple, sont diurétiques et entraînent la perte d'eau. Il est évident que les reins sont absolument essentiels à l'organisme, à tous ses systèmes et à toutes ses cellules. Les systèmes de l'organisme qui influent le plus sur la capacité des reins d'accomplir leurs tâches vitales sont les systèmes cardiovasculaire, endocrinien et nerveux.

Système cardiovasculaire

Les reins sont indispensables et leur fonctionnement est complexe, mais ils ne peuvent pas faire leur travail s'ils n'ont pas de sang à traiter et s'ils ne sont pas aidés par la pression sanguine qui propulse le filtrat dans les filtres glomérulaires. Lors d'une hémorragie abondante, le débit de filtration glomérulaire chute et les reins cessent de fonctionner complètement. Quand elle est normale, la pression sanguine fournit la force de propulsion qui permet aux néphrons d'accomplir leur travail. D'un autre côté, par leur capacité d'excréter et de retenir l'eau, les reins sont indispensables au maintien du volume sanguin qui assure la pression de filtration.

Système endocrinien et système nerveux

Bien que les reins disposent de toute une panoplie de moyens pour faire en sorte que leur propre pression sanguine demeure normale, leur autorégulation peut être remplacée par des mécanismes hormonaux (le système rénine-angiotensine, qui fait intervenir l'aldostérone et l'hormone antidiurétique, ainsi que la libération du facteur natriurétique auriculaire par les oreillettes du cœur) afin de maintenir la pression artérielle systémique. En outre, le système nerveux sympathique fait en sorte que la pression sanguine soit maintenue dans tout l'organisme afin d'équilibrer le débit de filtration glomérulaire. Mais dans certains cas, il tiendra compte de besoins autres que ceux des reins pour que le cœur et le cerveau soient suffisamment irrigués lorsque la pression sanguine baisse dangereusement. Voilà ce que l'on peut appeler de la souplesse !

Implications cliniques

Étude de cas : M. Hassini, un homme de 72 ans assez trapu, est transporté aux urgences après avoir subi un accident. Le personnel ambulancier fait son rapport : le bras gauche de M. Hassini et le côté gauche de son tronc sont restés coincés sous les débris ; lorsqu'on a dégagé M. Hassini, les régions pubienne et lombaire semblaient comprimées, et le bras gauche était très blanc et insensible. Au moment de son admission, M. Hassini est éveillé et légèrement cyanosé, et il se plaint de douleur au côté

Implications cliniques
(suite)

gauche. Peu après, il perd connaissance. On prend ses signes vitaux, on effectue un prélèvement sanguin pour analyses en laboratoire, on l'intube et on le prépare pour une scanographie de la région abdominale gauche.

Analysez les données qu'on a consignées au dossier de M. Hassini:

- Signes vitaux: température de 39 °C; pression artérielle: 90/50 mm Hg, à la baisse; fréquence cardiaque: 116 battements par minute, pouls filant; 30 respirations par minute.

1. Selon les données ci-dessus et compte tenu de la cyanose de M. Hassini, de quel problème immédiat croyez-vous que souffre ce patient? Expliquez votre raisonnement.

- La scanographie révèle une rupture de la rate et un gros hématome dans le quadrant supérieur gauche. On tente de réparer la rate au cours d'une intervention chirurgicale. C'est un échec; on effectue une splénectomie.

2. La rupture de la rate cause une hémorragie abondante. Expliquez cette observation. Quels organes (le cas échéant) prendront le relais après l'ablation de la rate?

- Données hématologiques: la plupart des valeurs sont normales. Toutefois, les concentrations de rénine, d'aldostérone et d'hormone antidiurétique sont élevées.

3. Expliquez la cause et la conséquence de chaque résultat anormal.

- Analyse d'urine: présence de quelques cylindres granuleux (débris cellulaires particuliers); urine brun-rouge; les autres valeurs sont normales, mais le débit urinaire est très faible; on prescrit des liquides intraveineux.

4. (a) Qu'est-ce qui pourrait expliquer le faible débit urinaire? (Nommez au moins deux causes possibles.) (b) Qu'est-ce qui pourrait expliquer la présence de cylindres granuleux et la couleur anormale de l'urine? Voyez-vous un quelconque lien entre le syndrome d'écrasement et ces données?

Le lendemain, M. Hassini est éveillé et vigilant. Il dit qu'il a maintenant des sensations dans son bras, mais il se plaint encore de douleur. Cependant, la douleur semble s'être déplacée du quadrant supérieur gauche à la région lombaire. Son débit urinaire est encore faible. M. Hassini doit passer une autre scanographie, cette fois de la région lombaire. On continue de lui administrer des liquides intraveineux et on prescrit des analyses sanguines plus poussées. Nous rendrons une autre visite à M. Hassini; entre-temps, pensons à ce que ces nouvelles données peuvent révéler.

(Les réponses se trouvent à l'appendice G.)

---

une P_{CO_2} élevée traduit l'acidose respiratoire, tandis qu'une P_{CO_2} faible signale l'alcalose respiratoire.

L'**acidose respiratoire** est la cause la plus fréquente de déséquilibre acidobasique. Elle apparaît le plus souvent lorsque la respiration est superficielle ou lorsque des maladies telles que la pneumonie, la fibrose kystique (mucoviscidose) ou l'emphysème entravent l'échange gazeux dans les alvéoles. Dans de telles conditions, le CO_2 s'accumule dans le sang, et il peut être transformé en acide carbonique, qui libère des ions H^+. Ainsi, une acidose respiratoire se caractérise par une chute du pH et une élévation de la P_{CO_2} au-dessus de 45 mm Hg.

L'**alcalose respiratoire** s'établit lorsque le CO_2 est éliminé plus rapidement qu'il n'est produit. On parle alors d'*hyperventilation* (voir p. 977-978); l'alcalinité du sang augmente. L'acidose respiratoire est souvent associée à une maladie du système respiratoire, et l'alcalose respiratoire est souvent causée par le stress ou la douleur.

Acidose et alcalose métaboliques

Les déséquilibres acidobasiques métaboliques regroupent toutes les anomalies de l'équilibre acidobasique, *à l'exception* de celles qui sont provoquées par un excès – ou par un déficit – de gaz carbonique dans le sang. Une concentration d'ions HCO_3^- inférieure à 22 mmol/L ou supérieure à 26 mmol/L indique un déséquilibre acidobasique métabolique.

Deuxième cause la plus fréquente de déséquilibre acidobasique, l'**acidose métabolique** se reconnaît à un pH sanguin et à une concentration de HCO_3^- inférieurs aux valeurs normales. Les causes les plus communes de cet état sont l'ingestion d'une grande quantité d'alcool (qui est transformé en acide acétique) et la perte excessive de HCO_3^- consécutive à une diarrhée persistante (le bicarbonate provient du suc pancréatique et intestinal). L'acidose métabolique peut aussi être entraînée par une accumulation d'acide lactique pendant l'exercice (hypoxie) ou à l'occasion d'un choc ainsi que par la cétose due à l'inanition ou au catabolisme des acides gras chez un diabétique en état d'hyperglycémie. L'insuffisance rénale est une cause peu répandue d'acidose. Certains médicaments ou substances peuvent également être en cause. Sa forme héréditaire, l'acidose lactique congénitale, est décrite à la page 1184.

L'**alcalose métabolique** – révélée par une augmentation du pH sanguin et de la concentration des ions HCO_3^- – est beaucoup moins fréquente que l'acidose métabolique. Ses causes typiques sont l'évacuation du suc acide de l'estomac (ou la perte de ces sécrétions lors d'une aspiration gastrique) et l'ingestion d'un excès de substances basiques (des antiacides, par exemple).

Effets de l'acidose et de l'alcalose

Les limites absolues du pH compatibles avec la vie sont 7,0 et 7,8. En deçà de 7,0, l'activité du système nerveux central est si réduite que le coma survient et que la mort suit peu après. À l'opposé, une augmentation du pH sanguin au-dessus de 7,8 cause une surexcitation du système nerveux qui se traduit par la tétanie, la nervosité extrême et les convulsions. La mort est souvent consécutive à l'arrêt respiratoire.

Compensations rénale et respiratoire

Lorsqu'un déséquilibre acidobasique apparaît à la suite du fonctionnement inefficace d'un des systèmes tampons physiologiques (reins ou poumons), l'autre système tente de compenser. Le système respiratoire cherche à compenser les déséquilibres métaboliques, tandis que les reins tentent, quoique beaucoup plus lentement, de corriger les déséquilibres dus à une maladie respiratoire. On reconnaît l'établissement de **compensations respiratoires** et **rénales** aux changements dans le plasma de la P_{CO_2} et de la concentration des ions HCO_3^- (voir le Gros plan, p. 1179). Comme les compensations ont pour effet de rétablir le pH sanguin normal, ce dernier peut effectivement paraître satisfaisant alors même que la maladie continue de miner le patient.

Compensations respiratoires En règle générale, la fréquence et l'amplitude respiratoires changent lorsque le système respiratoire tente de compenser les déséquilibres acidobasiques métaboliques. En cas d'acidose métabolique, la fréquence et l'amplitude respiratoires sont habituellement augmentées, ce qui indique qu'une forte concentration d'ions H^+ stimule les centres respiratoires. Le pH sanguin est bas (inférieur à 7,35) et la concentration d'ions HCO_3^- est inférieure à 22 mmol/L; en outre, la P_{CO_2} passe sous 35 mm Hg, du fait que le système respiratoire expulse le CO_2 pour éliminer l'excès d'acide du sang. Par contre, dans l'acidose respiratoire, la fréquence respiratoire est souvent basse, et *cette faiblesse constitue la cause immédiate de l'acidose* (sauf dans les cas de pneumonie ou d'emphysème, lorsque les échanges gazeux sont perturbés).

L'alcalose métabolique, par ailleurs, est compensée par une respiration lente et superficielle qui laisse le CO_2 s'accumuler dans le sang. Une alcalose métabolique compensée par des mécanismes respiratoires se traduit par un pH supérieur à 7,45 (du moins au début), par une forte concentration des ions HCO_3^- (supérieure à 26 mmol/L) et par une P_{CO_2} supérieure à 45 mm Hg.

Compensations rénales Si le déséquilibre acidobasique est d'origine respiratoire, les mécanismes rénaux entrent en jeu pour le compenser. Par exemple, une personne en état d'hypoventilation va présenter une acidose. S'il y a compensation rénale, la P_{CO_2} et la concentration de bicarbonate sont élevées. L'augmentation de la P_{CO_2} est la cause de l'acidose. La forte concentration de bicarbonate indique que les reins retiennent le bicarbonate pour contrer l'acidose.

Inversement, l'alcalose respiratoire compensée par des mécanismes rénaux se traduit par un pH sanguin élevé et par une faible P_{CO_2}. La concentration d'ions HCO_3^- diminue à mesure que les reins éliminent ces ions, soit en ne les réabsorbant pas, soit en les sécrétant activement. Notez que les reins ne peuvent pas compenser l'alcalose ou l'acidose lorsque ces états résultent d'une atteinte *rénale*.

VÉRIFIONS NOS ACQUIS

19. Nommez les deux anomalies du plasma qui caractérisent une alcalose métabolique non compensée et une acidose respiratoire non compensée.

20. Comment les reins compensent-ils une acidose respiratoire ?

Les réponses se trouvent à l'appendice G.

Équilibre hydrique, électrolytique et acidobasique au cours du développement et du vieillissement

21 Expliquer pourquoi les nourrissons et les personnes âgées sont plus exposés que les jeunes adultes aux déséquilibres hydriques, électrolytiques et acidobasiques.

L'organisme de l'embryon et du très jeune fœtus est composé à plus de 90 % d'eau. Or, les solides s'accumulent au cours du développement fœtal, si bien que l'organisme du nouveau-né ne contient plus que de 70 à 80 % d'eau. (La valeur moyenne chez l'adulte est de 58 %.) Toutes proportions gardées, l'organisme du nourrisson renferme plus de liquide extracellulaire que celui de l'adulte et, par le fait même, beaucoup plus de NaCl que d'ions K^+, Mg^{2+} et PO_4^{3-}. L'eau corporelle commence à se redistribuer deux mois environ après la naissance, et elle se stabilise définitivement quand l'enfant atteint l'âge de deux ans. Bien que les concentrations plasmatiques des électrolytes soient semblables chez l'enfant et chez l'adulte, la concentration des ions K^+ et Ca^{2+} est à son maximum et celles des ions Mg^{2+} et HCO_3^- et des protéines totales à leur minimum durant les premiers jours de la vie. À la puberté, la teneur en eau de l'organisme change selon le sexe, les hommes présentant davantage de tissu musculaire squelettique et donc un plus grand pourcentage d'eau.

Les facteurs suivants expliquent pourquoi les déséquilibres hydriques, électrolytiques et acidobasiques sont beaucoup plus fréquents pendant la petite enfance qu'à l'âge adulte:

1. *Le très faible volume résiduel des poumons du nourrisson* (deux fois moindre que celui de l'adulte par rapport à la masse corporelle). Les perturbations de la respiration peuvent modifier la P_{CO_2} de façon importante.

2. *L'apport hydrique et le débit urinaire élevés du nourrisson* (environ sept fois plus grands que ceux de l'adulte). Le nourrisson peut échanger la moitié de son liquide extracellulaire en une journée. Bien que l'organisme du nourrisson contienne, toutes proportions gardées, plus d'eau que celui de l'adulte, il ne s'en trouve pas pour autant

26

protégé contre les échanges hydriques excessifs. Des modifications même légères de l'équilibre hydrique peuvent entraîner des troubles graves chez lui. En outre, si l'adulte peut se passer d'eau pendant une dizaine de jours, le nourrisson ne peut survivre plus de trois ou quatre jours sans eau.

3. *La vitesse du métabolisme du nourrisson* (deux fois plus grande que celle de l'adulte). Le métabolisme rapide du nourrisson produit de nombreux déchets et acides qui doivent être excrétés par les reins. Et comme les systèmes tampons du nourrisson ne sont pas pleinement efficaces, l'enfant présente une tendance à l'acidose.

4. *Les fortes pertes d'eau* dues à un rapport surface-volume élevé (trois fois plus grand que chez l'adulte). Le nourrisson perd des quantités substantielles d'eau par la peau.

5. *L'inefficacité des reins du nourrisson.* Les reins du nouveau-né sont immatures et leur capacité de concentrer l'urine est deux fois moins grande que celle des reins de l'adulte. De même, l'excrétion rénale des acides est déficiente chez le nourrisson.

Tous ces facteurs rendent le nouveau-né vulnérable à la déshydratation et à l'acidose, au moins jusqu'à la fin du premier mois de la vie, moment où les reins acquièrent une certaine efficacité. Les vomissements et la diarrhée prolongés accroissent grandement ce risque.

Pendant la vieillesse, il arrive fréquemment que l'eau corporelle totale soit réduite (le compartiment intracellulaire est celui qui subit les pertes les plus élevées), car la masse musculaire diminue et la quantité de tissu adipeux augmente. Bien que les concentrations des solutés changent peu, l'équilibre du milieu interne se rétablit plus lentement à mesure que l'individu vieillit. Par ailleurs, les personnes âgées peuvent passer outre à la sensation de soif, s'exposant ainsi à la déshydratation. Les personnes âgées forment aussi le groupe le plus prédisposé aux troubles qui, tels l'insuffisance cardiaque (et l'œdème qui l'accompagne) et le diabète, causent de graves déséquilibres hydriques, électrolytiques et acidobasiques. Parce qu'ils surviennent au moment où l'eau corporelle totale atteint un maximum ou un minimum, la plupart de ces déséquilibres touchent principalement les très jeunes et les très âgés.

VÉRIFIONS NOS ACQUIS

21. Les enfants ont un débit urinaire plus important que les adultes en proportion de leur poids. En plus d'un apport hydrique relatif plus élevé, quels facteurs expliquent cette différence ?

Les réponses se trouvent à l'appendice G.

Dans ce chapitre, nous avons étudié les mécanismes chimiques et physiologiques qui établissent dans le milieu interne les conditions les plus propices à l'homéostasie. Les reins sont les principaux artisans de l'équilibre hydrique, électrolytique et acidobasique, mais ils ne peuvent s'acquitter seuls de sa régulation. En effet, leur activité est rendue possible par une pléiade d'hormones et facilitée par deux éléments: des substances tampons qui leur donnent le temps de réagir et le système respiratoire qui assure une bonne part de l'équilibre acidobasique du sang.

À présent que nous avons examiné le fonctionnement rénal et quand vous aurez lu la Synthèse (voir p. 1180-1182) qui vous permet de vous familiariser avec les interactions qui existent entre le système urinaire et les autres systèmes de l'organisme, vous serez à même de rassembler les notions abordées dans les chapitres 25 et 26 en un tout intelligible.

TERMES MÉDICAUX

Acidose lactique congénitale Aussi appelée déficit en cytochrome oxydase infantile, cette maladie héréditaire est rare dans le monde, mais fréquente au Québec (au Saguenay–Lac-Saint-Jean, surtout), où 1 personne sur 22 porterait le gène défectueux. L'absence de la cytochrome oxydase, une enzyme, engendre une baisse de la production d'énergie et l'accumulation de lactate dans le sang, un métabolite aux effets toxiques. Les symptômes sont des troubles respiratoires et un faible tonus musculaire. La découverte du gène responsable de la maladie sur le chromosome 2 a permis de mettre au point des tests de dépistage, mais il n'existe pas de traitement; les enfants décèdent en moyenne autour de six ans.

Acidose tubulaire rénale Acidose métabolique héréditaire résultant d'une insuffisance tubulaire rénale, proximale ou distale; caractérisée dans le premier cas par une sécrétion insuffisante de H^+ et par une diminution de la réabsorption du bicarbonate, dans le second cas, par une élévation de la chlorémie; l'urine est alcaline.

Antiacide Agent qui neutralise l'acidité (gastrique). Le bicarbonate de sodium, le gel d'hydroxyde d'aluminium et le trisilicate de magnésium sont communément utilisés dans le traitement des brûlures d'estomac.

Hyperaldostéronisme (syndrome de Conn) Hypersécrétion d'aldostérone par les cellules du cortex surrénal, accompagnée par une perte excessive d'ions potassium, une faiblesse musculaire généralisée, l'hypernatrémie, l'hypertension permanente et la polyurie (voir p. 710). La cause est généralement une tumeur de la zone glomérulée de la surrénale. Le traitement usuel consiste à administrer des agents inhibiteurs de la fonction surrénale avant de pratiquer l'ablation de la tumeur.

Syndrome de sécrétion inappropriée d'ADH Groupe de troubles associés à une hypersécrétion de l'hormone antidiurétique en l'absence de stimulus appropriés (osmotiques ou non osmotiques). Ce syndrome se caractérise par l'hyponatrémie, l'hypourécémie (taux d'urée inférieur à la normale), une urine concentrée, la rétention hydrique (qui peut entraîner une intoxication hydrique) et le gain pondéral. Les causes les plus fréquentes sont la sécrétion ectopique d'ADH par des cellules cancéreuses (comme celles d'une tumeur bronchopulmonaire), les troubles ou les traumatismes cérébraux touchant les neurones hypothalamiques sécréteurs d'ADH ou un dysfonctionnement des osmorécepteurs. Le traitement temporaire consiste à restreindre l'apport hydrique et/ou à administrer graduellement des solutions hypertoniques de sodium. Remarquez que ce syndrome est le contraire du diabète insipide.

RÉSUMÉ DU CHAPITRE

Liquides de l'organisme (p. 1156)

Poids hydrique de l'organisme (p. 1156)

1. L'eau constitue de 45 à 75 % de la masse corporelle, selon l'âge, le sexe et la quantité de tissu adipeux.

Compartiments hydriques de l'organisme (p. 1156)

2. Environ les deux tiers (25 L) de l'eau corporelle se trouvent dans le compartiment intracellulaire, c'est-à-dire à l'intérieur des cellules ; le reste (15 L) se trouve dans le compartiment extracellulaire, c'est-à-dire dans le plasma et dans le liquide interstitiel.

Composition des liquides de l'organisme (p. 1156)

3. Les solutés dissous dans les liquides de l'organisme comprennent des électrolytes et des non-électrolytes. La concentration des électrolytes s'exprime en millimoles par litre (mmol/L).

4. Le plasma contient plus de protéines que le liquide interstitiel ; autrement, les liquides extracellulaires sont semblables. Les électrolytes les plus abondants dans le compartiment extracellulaire sont les ions Na^+, les ions Cl^- et les ions HCO_3^-.

5. Le liquide intracellulaire contient de grandes quantités d'anions protéiques et d'ions K^+, Mg^{2+} et PO_4^{3-}.

Mouvement des liquides entre les compartiments (p. 1158)

6. Les substances traversent habituellement le plasma et le liquide interstitiel pour pénétrer dans le liquide intracellulaire.

7. Les échanges hydriques entre les compartiments sont régis par la pression osmotique et par la pression hydrostatique. (a) Le filtrat est expulsé des capillaires par la pression hydrostatique et il y est retourné par la pression osmotique. (b) L'eau se déplace librement entre le compartiment extracellulaire et le compartiment intracellulaire ; la taille et la charge des molécules ainsi que les exigences du transport actif limitent les mouvements des solutés. (c) Les variations de l'osmolalité du liquide extracellulaire provoquent toujours des mouvements de l'eau.

Équilibre hydrique et osmolalité du liquide extracellulaire (p. 1159)

1. L'eau corporelle vient des aliments et des liquides ingérés ainsi que du métabolisme cellulaire.

2. L'organisme perd de l'eau par les poumons, la peau, le tube digestif et les reins.

Régulation de l'apport hydrique (p. 1159)

3. L'augmentation de l'osmolalité du plasma stimule les osmorécepteurs de l'hypothalamus, qui déclenchent le mécanisme de la soif. Inhibée en premier lieu par la distension du tube digestif sous l'effet de l'eau ingérée, et ensuite par des signaux osmotiques, la soif peut être étanchée avant même que les besoins en eau de l'organisme soient comblés.

Régulation de la déperdition hydrique (p. 1160)

4. Les pertes d'eau obligatoires comprennent la perte d'eau par les poumons et la peau, les quantités d'eau contenues dans les matières fécales et les quantités d'eau excrétées dans l'urine (environ 500 mL par jour).

5. Le volume de l'urine excrétée dépend des pertes d'eau obligatoires, de l'apport hydrique et des pertes autres qu'urinaires ; il est soumis à l'influence de l'hormone antidiurétique dans les tubules rénaux collecteurs.

Influence de l'hormone antidiurétique (p. 1161)

6. Sous l'action de l'hormone antidiurétique, les aquaporines (canaux remplis d'eau) sont insérées dans les membranes des cellules des tubules rénaux collecteurs, si bien que la majeure partie de l'eau filtrée est réabsorbée. La libération de l'hormone antidiurétique est déclenchée si l'osmolalité du liquide extracellulaire est élevée, ou s'il y a une forte diminution du volume sanguin ou de la pression artérielle.

Déséquilibres hydriques (p. 1161)

7. La déshydratation apparaît lorsque la déperdition hydrique est supérieure à l'apport hydrique pendant un certain temps. Elle se manifeste par la soif, la sécheresse de la peau et l'oligurie. Le choc hypovolémique est une conséquence grave de la déshydratation.

8. L'hydratation hypotonique résulte d'une dilution excessive des liquides de l'organisme et d'une accumulation d'eau dans les cellules. Sa conséquence la plus grave est l'œdème cérébral.

9. L'œdème est une accumulation anormale de liquide dans l'espace interstitiel, et il peut entraver la circulation sanguine.

Équilibre électrolytique (p. 1163)

1. La plupart des électrolytes proviennent des sels contenus dans les aliments et les liquides ingérés. L'apport de sels, et particulièrement de chlorure de sodium, est fréquemment supérieur aux besoins.

2. L'organisme perd des électrolytes dans la transpiration, les matières fécales et l'urine. La régulation de l'équilibre électrolytique repose principalement sur les reins.

Rôle des ions sodium dans l'équilibre hydrique et électrolytique (p. 1164)

3. Les sels de sodium sont les solutés les plus abondants dans le liquide extracellulaire. Ils y exercent l'essentiel de la pression osmotique, et ils déterminent le volume et la distribution de l'eau dans l'organisme.

Régulation de l'équilibre des ions sodium (p. 1164)

4. L'équilibre des ions Na^+ est lié au volume du liquide extracellulaire et à la pression artérielle, et sa régulation fait intervenir des mécanismes nerveux et hormonaux.

5. L'aldostérone augmente la réabsorption des ions Na^+ afin de maintenir le volume sanguin et la pression artérielle.

6. La diminution de la pression artérielle et de la concentration du NaCl dans le filtrat stimule la libération de rénine par les cellules granulaires. Par l'intermédiaire de l'angiotensine II, la rénine

élève la pression artérielle systémique, augmente la réabsorption des ions Na⁺ et accroît la sécrétion d'aldostérone.

7. Les barorécepteurs du système cardiovasculaire détectent les variations de la pression artérielle, et ils modifient l'activité vasomotrice sympathique. L'augmentation de la pression artérielle cause la vasodilatation des artérioles afférentes et favorise l'excrétion d'ions sodium et d'eau dans l'urine. La diminution de la pression artérielle provoque la vasoconstriction des artérioles afférentes et épargne les ions sodium et l'eau.

8. Le facteur natriurétique auriculaire, libéré par certaines cellules de la paroi des oreillettes en réaction à l'augmentation de la pression sanguine (ou à celle du volume sanguin), déclenche une vasodilatation systémique et inhibe la libération de rénine, d'aldostérone et d'hormone antidiurétique. Par conséquent, il favorise l'excrétion d'ions sodium et d'eau, et réduit la pression artérielle et le volume sanguin.

9. Les œstrogènes et les glucocorticoïdes augmentent la rétention des ions Na⁺, donc la rétention d'eau. La progestérone favorise l'excrétion d'eau et d'ions sodium.

Régulation de l'équilibre des ions potassium (p. 1169)

10. Environ 90 % des ions K⁺ sont réabsorbés dans les régions proximales des néphrons.

11. La régulation rénale des ions K⁺ vise surtout leur excrétion. La sécrétion d'ions K⁺ par les cellules principales de la partie corticale des tubules rénaux collecteurs est favorisée par l'augmentation de la concentration plasmatique d'ions K⁺ et par l'aldostérone. Les cellules intercalaires de type A des tubules rénaux collecteurs réabsorbent de petites quantités d'ions K⁺ en présence d'un déficit en ions K⁺.

Régulation de l'équilibre des ions calcium et phosphate (p. 1170)

12. L'équilibre des ions calcium est réglé principalement par la parathormone qui, en ciblant les os, l'intestin et les reins, augmente la concentration sanguine d'ions Ca²⁺. La réabsorption réglée par la parathormone a lieu principalement dans le tubule contourné distal.

13. La parathormone diminue la réabsorption des ions phosphate par les reins.

Régulation des anions (p. 1170)

14. Quand le pH sanguin est normal ou légèrement alcalin, des ions Cl⁻ accompagnent les ions Na⁺ réabsorbés. En cas d'acidose, les ions Cl⁻ sont remplacés par des ions HCO₃⁻.

15. La réabsorption de la plupart des autres anions semble régie par des mécanismes rénaux fondés sur le taux maximal de réabsorption (T_m).

Équilibre acidobasique (p. 1171)

1. Le pH du sang artériel se situe normalement entre 7,35 et 7,45. Un pH supérieur à 7,45 correspond à l'alcalose et un pH inférieur à 7,35, à l'acidose.

2. Certains acides proviennent des aliments, mais la plupart sont produits par la dégradation des protéines contenant du soufre ou celle des phospholipides contenant du phosphore, par les corps cétoniques et par l'acide lactique (provenant de la dégradation incomplète des acides gras et du glucose, respectivement) ainsi que par la liaison et le transport du gaz carbonique dans le sang.

3. L'équilibre acidobasique repose sur les systèmes tampons chimiques, sur la régulation respiratoire et, à long terme, sur la régulation rénale de la concentration des ions bicarbonate

(et, par conséquent, de celle des ions H⁺) dans les liquides de l'organisme.

Systèmes tampons chimiques (p. 1171)

4. Les acides sont des donneurs de protons (ils libèrent des ions H⁺), et les bases sont des accepteurs de protons (elles captent des ions H⁺). Les acides qui se dissocient complètement sont forts; ceux qui se dissocient partiellement sont faibles. Les bases fortes captent plus efficacement les ions H⁺ que les bases faibles.

5. Les tampons chimiques sont des systèmes formés d'une ou deux molécules (un acide faible et son sel) qui réagissent rapidement et résistent aux variations excessives du pH en libérant ou en captant des ions H⁺.

6. Les principaux tampons chimiques de l'organisme sont le système tampon acide carbonique-bicarbonate, le système tampon phosphate disodique-phosphate monosodique et le système tampon protéinate-protéines.

Régulation respiratoire des ions H⁺ (p. 1173)

7. La régulation respiratoire de l'équilibre acidobasique du sang fait intervenir le système tampon acide carbonique-bicarbonate; elle repose aussi sur l'équilibre de la réaction réversible du gaz carbonique et de l'eau formant l'acide carbonique.

8. L'acidose active les centres respiratoires et accroît la fréquence et l'amplitude respiratoires: le gaz carbonique est éliminé en quantités accrues et le pH s'élève. L'alcalose inhibe les centres respiratoires: le gaz carbonique est retenu et le pH diminue.

Mécanismes rénaux de l'équilibre acidobasique (p. 1174)

9. Les reins sont les principaux agents de la régulation de l'équilibre acidobasique, car ils stabilisent les concentrations d'ions HCO₃⁻ dans le liquide extracellulaire. Seuls les reins peuvent éliminer les acides produits par la dégradation des nutriments (les acides organiques autres que l'acide carbonique).

10. Les ions H⁺ sécrétés proviennent de la dissociation de l'acide carbonique produit dans les cellules tubulaires.

11. Les cellules tubulaires sont imperméables au bicarbonate contenu dans le filtrat, mais elles peuvent conserver indirectement les ions HCO₃⁻ filtrés en absorbant les ions HCO₃⁻ qu'elles produisent (par dissociation de l'acide carbonique en ions HCO₃⁻ et en ions H⁺). Pour chaque ion HCO₃⁻ (et Na⁺) réabsorbé, un ion H⁺ est sécrété dans le filtrat, où il se combine avec le HCO₃⁻.

12. Pour produire de nouveaux ions HCO₃⁻ et les ajouter au plasma pour contrer l'acidose, l'un des deux mécanismes suivants se met en route:

  ■ Les ions H⁺ sécrétés, tamponnés par des bases autres que le bicarbonate, sont excrétés dans l'urine. Le principal tampon urinaire est le système tampon phosphate disodique-phosphate monosodique.

  ■ Les ions NH₄⁺ (provenant du catabolisme de la glutamine) sont excrétés dans l'urine. La dégradation de la glutamine produit aussi des ions bicarbonate qui sont réabsorbés.

13. Pour remédier à l'alcalose, les ions bicarbonate sont sécrétés dans le filtrat et les ions H⁺ sont réabsorbés.

Déséquilibres acidobasiques (p. 1177)

14. Selon leur cause, l'alcalose et l'acidose sont dites respiratoires ou métaboliques.

15. L'acidose respiratoire est due à la rétention du gaz carbonique; l'alcalose respiratoire apparaît lorsque l'élimination du gaz carbonique est plus rapide que sa production.

16. L'acidose métabolique est due à l'accumulation d'acides provenant de la dégradation des nutriments (acide lactique, corps cétoniques, etc.) dans le sang ou à des pertes de bicarbonate. L'alcalose métabolique est liée à une concentration excessive de bicarbonate.

17. Les limites absolues du pH dans l'organisme sont 7,0 et 7,8.

18. Les reins et les poumons sont en interaction fonctionnelle pour maintenir l'équilibre acidobasique. Quand l'un des deux cause un déséquilibre acidobasique, l'autre compense. Les compensations respiratoires correspondent à des modifications de la fréquence et de l'amplitude respiratoires. Les compensations rénales modifient la concentration sanguine et urinaire d'ions HCO_3^- et H^+.

Équilibre hydrique, électrolytique et acidobasique au cours du développement et du vieillissement (p. 1183)

1. Le faible volume résiduel des poumons, l'importance de l'apport et de la déperdition hydriques, la rapidité du métabolisme, la valeur élevée du rapport surface-volume et l'immaturité fonctionnelle des reins sont des facteurs qui prédisposent le nourrisson à la déshydratation et à l'acidose.

2. Les personnes âgées sont prédisposées à la déshydratation parce qu'elles risquent de ne pas tenir compte de la sensation de soif et que leur organisme contient un faible pourcentage d'eau. En outre, elles sont sujettes aux maladies favorisant les déséquilibres hydriques et acidobasiques (maladies cardiovasculaires, diabète, etc.).

QUESTIONS DE RÉVISION

Choix multiples/associations

(Il peut y avoir plus d'une bonne réponse à certaines questions. Choisissez les meilleures réponses parmi celles qui sont proposées. Les réponses se trouvent à l'appendice G.)

1. L'eau corporelle totale atteint son maximum: (**a**) pendant la petite enfance; (**b**) au début de l'âge adulte; (**c**) à un âge avancé.

2. Les ions K^+, Mg^{2+} et HPO_4^{2-} sont les principaux électrolytes du: (**a**) plasma; (**b**) liquide interstitiel; (**c**) liquide intracellulaire.

3. L'équilibre des ions Na^+ est influencé principalement par la régulation des quantités d'ions Na^+: (**a**) ingérées; (**b**) excrétées dans l'urine; (**c**) perdues dans la sueur; (**d**) perdues dans les matières fécales.

4. L'équilibre hydrique est influencé principalement par la régulation des quantités d'eau (utilisez les choix de la question 3).

Choisissez les réponses aux questions 5 à 10 parmi la liste suivante:

(**a**) NH_4^+ (**e**) Ions H^+ (**h**) Ions K^+
(**b**) Ions HCO_3^- (**f**) Ions Mg^{2+} (**i**) Ions Na^+
(**c**) Ions Ca^{2+} (**g**) Ions HPO_4^{2-} (**j**) H_2O
(**d**) Ions Cl^-

5. Nommez trois substances régies (en partie du moins) par l'influence de l'aldostérone sur les tubules rénaux.

6. Nommez deux ions régis par la parathormone.

7. Nommez deux ions sécrétés dans les tubules contournés proximaux en échange des ions Na^+.

8. Nommez une substance qui fait partie d'un important système tampon dans le plasma.

9. Nommez deux ions produits lors du catabolisme de la glutamine.

10. Nommez la substance régie par les effets de l'hormone antidiurétique sur les tubules rénaux.

11. Parmi les facteurs suivants, lesquels favorisent la libération d'hormone antidiurétique? (**a**) L'augmentation du volume du liquide extracellulaire; (**b**) la diminution du volume du liquide extracellulaire; (**c**) la diminution de l'osmolalité du liquide extracellulaire; (**d**) l'augmentation de l'osmolalité du liquide extracellulaire.

12. Le pH sanguin est directement proportionnel à: (**a**) la concentration des ions HCO_3^-; (**b**) la pression partielle du gaz carbonique; (**c**) la concentration des ions H^+; (**d**) aucune de ces réponses.

13. Chez une personne en état d'acidose métabolique, la compensation respiratoire est révélée par: (**a**) une forte concentration d'ions HCO_3^-; (**b**) une faible concentration d'ions HCO_3^-;

(**c**) une respiration rapide et profonde; (**d**) une respiration lente et superficielle.

14. Les deux causes les plus fréquentes de déséquilibre acidobasique sont: (**a**) l'acidose respiratoire et l'acidose métabolique; (**b**) l'alcalose respiratoire et l'acidose métabolique; (**c**) l'acidose respiratoire et l'alcalose respiratoire; (**d**) l'alcalose respiratoire et l'alcalose métabolique.

Questions à court développement

15. Nommez les compartiments hydriques de l'organisme, situez-les et indiquez le volume de liquide qu'ils contiennent.

16. Décrivez le mécanisme de la soif. Mentionnez ce qui le déclenche et ce qui y met fin.

17. Expliquez pourquoi et comment l'osmolalité du liquide extracellulaire est maintenue.

18. Comparez la composition électrolytique du compartiment intracellulaire avec celle du compartiment extracellulaire, et faites ressortir les principales différences entre les deux compartiments.

19. Citez les deux grands types de causes de l'œdème; donnez deux exemples pour chacun.

20. Expliquez pourquoi et comment l'équilibre de l'eau et celui des ions sodium et de la pression artérielle vont de pair.

21. Citez les trois principaux systèmes tampons de l'organisme, précisez l'importance relative de chacun ainsi que leurs principaux lieux d'action; expliquez le mécanisme d'action commun qui leur permet de résister aux variations du pH.

22. Décrivez le rôle du système respiratoire dans la régulation de l'équilibre acidobasique.

23. Expliquez le rapport entre les facteurs suivants et la sécrétion et l'excrétion rénales d'ions H^+: (**a**) la concentration plasmatique de gaz carbonique; (**b**) la réabsorption du phosphate; (**c**) la réabsorption du bicarbonate de sodium.

24. Indiquez quelques-uns des facteurs qui rendent le nouveau-né vulnérable aux déséquilibres acidobasiques.

Réflexion et application

1. Un mois après avoir subi l'ablation d'une tumeur au cerveau, M. Landry, âgé de 55 ans, se plaint à son médecin d'une soif excessive. Il dit qu'il a bu chaque jour environ 20 L d'eau au cours de la semaine écoulée et qu'il a uriné presque continuellement. L'analyse d'un échantillon d'urine révèle une densité

de 1,001. Quel est votre diagnostic ? Quel lien peut-il exister entre l'intervention et le problème actuel ?

2. Pour chacun des dosages sanguins suivants, nommez le déséquilibre acidobasique (acidose ou alcalose), indiquez-en l'origine (respiratoire ou métabolique), déterminez si l'état est compensé et donnez au moins une cause possible de cet état. *Problème n° 1 :* pH de 7,63 ; P_{CO_2} de 19 mm Hg ; HCO_3^- de 19,5 mmol/L. *Problème n° 2 :* pH de 7,22 ; P_{CO_2} de 30 mm Hg ; HCO_3^- de 12,0 mmol/L.

3. Expliquez comment l'emphysème et l'insuffisance cardiaque peuvent causer un déséquilibre acidobasique.

4. Mme Bouchard, 70 ans, est admise dans un centre hospitalier. Elle souffre de diarrhée depuis trois semaines. Elle se plaint d'une fatigue extrême et de faiblesse musculaire. Les analyses biochimiques sanguines fournissent les renseignements suivants : Na^+, 142 mmol/L ; K^+, 1,5 mmol/L ; Cl^-, 92 mmol/L ; P_{CO_2}, 32 mm Hg. Quelles valeurs sont normales ? Lesquelles sont anormales au point de mettre la patiente en situation d'urgence ? Lequel des états suivants représente le plus grand risque pour Mme Bouchard ? (**a**) Une chute due à sa faiblesse musculaire ; (**b**) l'œdème ; (**c**) l'arythmie cardiaque et l'arrêt cardiaque.

5. Au cours d'un examen médical de routine, Cécile, une étudiante en physiothérapie de 26 ans, est surprise d'apprendre que sa pression artérielle est de 180/110. De plus, son médecin entend un souffle systolique et diastolique plus fort dans la région épigastrique médiane. Il pense qu'il s'agit d'une sténose (rétrécissement) de l'artère rénale. Il demande une échographie abdominale et une artériographie des artères rénales, qui confirment que le rein droit de Cécile est petit et que la partie distale de son artère rénale droite présente un rétrécissement d'environ 70 %. Le médecin lui prescrit des diurétiques et des inhibiteurs calciques comme traitement temporaire, et l'envoie consulter un chirurgien cardiaque. Expliquez le lien entre la sténose de l'artère rénale de Cécile et son hypertension. Pourquoi son rein droit est-il plus petit que son rein gauche ? Selon vous, quelles devraient être les concentrations de K^+, de Na^+, d'aldostérone, d'angiotensine II et de rénine de la jeune femme ?

6. Après avoir fait naufrage en plein océan Pacifique, pendant combien de temps les rescapés pourraient-ils survivre sans boire et sans manger ? Expliquez pourquoi ils devraient s'abstenir de boire l'eau de mer.

Anatomie du système génital de l'homme (p. 1190)

Scrotum (p. 1190)

Testicules (p. 1191)

Pénis (p. 1193)

Voies génitales de l'homme (p. 1193)

Glandes annexes (p. 1195)

Sperme (p. 1197)

Physiologie du système génital de l'homme (p. 1197)

Réponse sexuelle de l'homme (p. 1197)

Spermatogenèse (p. 1198)

Régulation hormonale de la fonction de reproduction chez l'homme (p. 1205)

Anatomie du système génital de la femme (p. 1207)

Ovaires (p. 1207)

Voies génitales de la femme (p. 1209)

Organes génitaux externes et périnée (p. 1214)

Glandes mammaires (p. 1215)

Physiologie du système génital de la femme (p. 1217)

Ovogenèse (p. 1217)

Cycle ovarien (p. 1219)

Régulation hormonale du cycle ovarien (p. 1221)

Cycle menstruel (p. 1223)

Effets des œstrogènes et de la progestérone (p. 1225)

Réponse sexuelle de la femme (p. 1227)

Infections transmissibles sexuellement (p. 1227)

Gonorrhée (p. 1227)

Syphilis (p. 1228)

Infection à *Chlamydia* (p. 1228)

Trichomonase (p. 1229)

Condylomes acuminés (p. 1229)

Herpès génital (p. 1229)

Développement et vieillissement des organes génitaux: chronologie du développement sexuel (p. 1229)

Développement embryonnaire et fœtal (p. 1229)

Puberté (p. 1233)

Ménopause (p. 1236)

27

Le système génital

L a plupart des systèmes de l'organisme doivent fonctionner sans arrêt pour maintenir l'homéostasie. La seule exception est le **système génital**, qui semble « dormir » jusqu'à la puberté. Les **gonades** (*gonê*: semence) sont les *testicules*, chez l'homme, et les *ovaires*, chez la femme. Les gonades produisent des cellules sexuelles, ou **gamètes** (*gametês*: époux), et sécrètent diverses hormones stéroïdes, généralement appelées **hormones sexuelles**. Les autres structures qui contribuent à la reproduction (conduits, glandes et organes génitaux externes) sont appelées **organes génitaux annexes**. Bien qu'ils soient très différents, les organes génitaux de l'homme et de la femme ont la même fonction: la production d'une descendance.

La fonction génitale de l'homme est d'élaborer les gamètes mâles, appelés *spermatozoïdes*, et de les introduire dans les voies génitales de la femme, où la fécondation est possible. La fonction génitale de la femme est d'élaborer les gamètes femelles, appelés *ovules*. Lorsqu'un rapport sexuel a lieu au moment approprié, l'ovule et un spermatozoïde peuvent s'unir pour former un zygote, c'est-à-dire la toute première cellule d'un nouvel individu, et dont dériveront toutes les autres cellules. Le système génital de l'homme et celui de la femme jouent des rôles équivalents et mutuellement complémentaires dans les événements qui conduisent à la fécondation. Quand celle-ci se produit, c'est l'utérus de la femme qui constitue l'environnement protecteur de l'embryon en voie de développement, jusqu'à sa naissance. Les hormones sexuelles (les androgènes chez l'homme, les œstrogènes et la progestérone chez la femme) jouent un rôle vital dans le développement et le fonctionnement des organes génitaux, de même que dans les pulsions et le comportement sexuels. Ces hormones influent également sur la croissance et le développement de nombreux autres organes et tissus de l'organisme.

Anatomie du système génital de l'homme

1 Décrire la structure et les fonctions des testicules, et expliquer l'importance de leur localisation dans le scrotum; décrire les réactions du scrotum aux variations de température.

Les **testicules – gonades mâles** productrices de spermatozoïdes – sont localisés dans le *scrotum*. Pour sortir du corps, les spermatozoïdes partent des testicules et suivent un réseau de conduits qui inclut, dans l'ordre, l'*épididyme*, le *conduit déférent*, le *conduit éjaculateur* et, enfin, l'*urètre*, qui débouche sur l'extérieur à l'extrémité du *pénis*. Les glandes sexuelles annexes, qui déversent leurs sécrétions dans ces conduits durant l'éjaculation, sont les *vésicules séminales*, la *prostate* et les *glandes bulbo-urétrales*. Avant de poursuivre votre lecture, prenez un moment pour suivre du doigt le réseau de conduits illustrés à la **figure 27.1** et repérer les testicules et les glandes annexes.

Scrotum

Le **scrotum** est un sac de peau et de fascia superficiel suspendu à l'extérieur des cavités abdominale et pelvienne au niveau de la racine du pénis (figure 27.1 et **figure 27.2**). Il présente des poils clairsemés et contient les testicules, organes pairs de forme ovale. Une cloison médiane divise le scrotum en deux moitiés, chacune logeant un testicule.

Le scrotum est un endroit vulnérable qui, étant donné son rôle capital dans la reproduction humaine, ne paraît pas

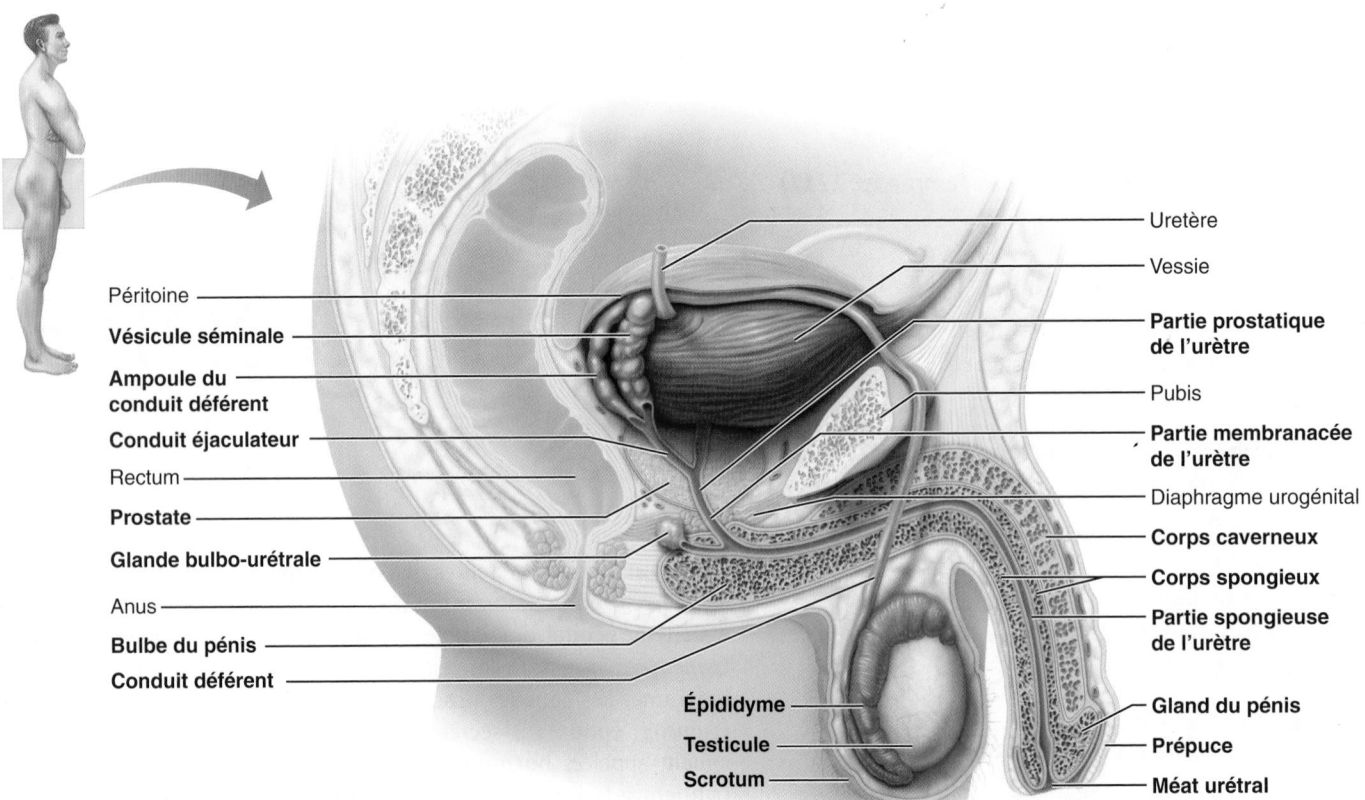

27

Figure 27.1 **Système génital de l'homme, vue sagittale.** Une portion de l'os coxal (le pubis) a été préservée afin de montrer la relation entre le conduit déférent et cet os du bassin.

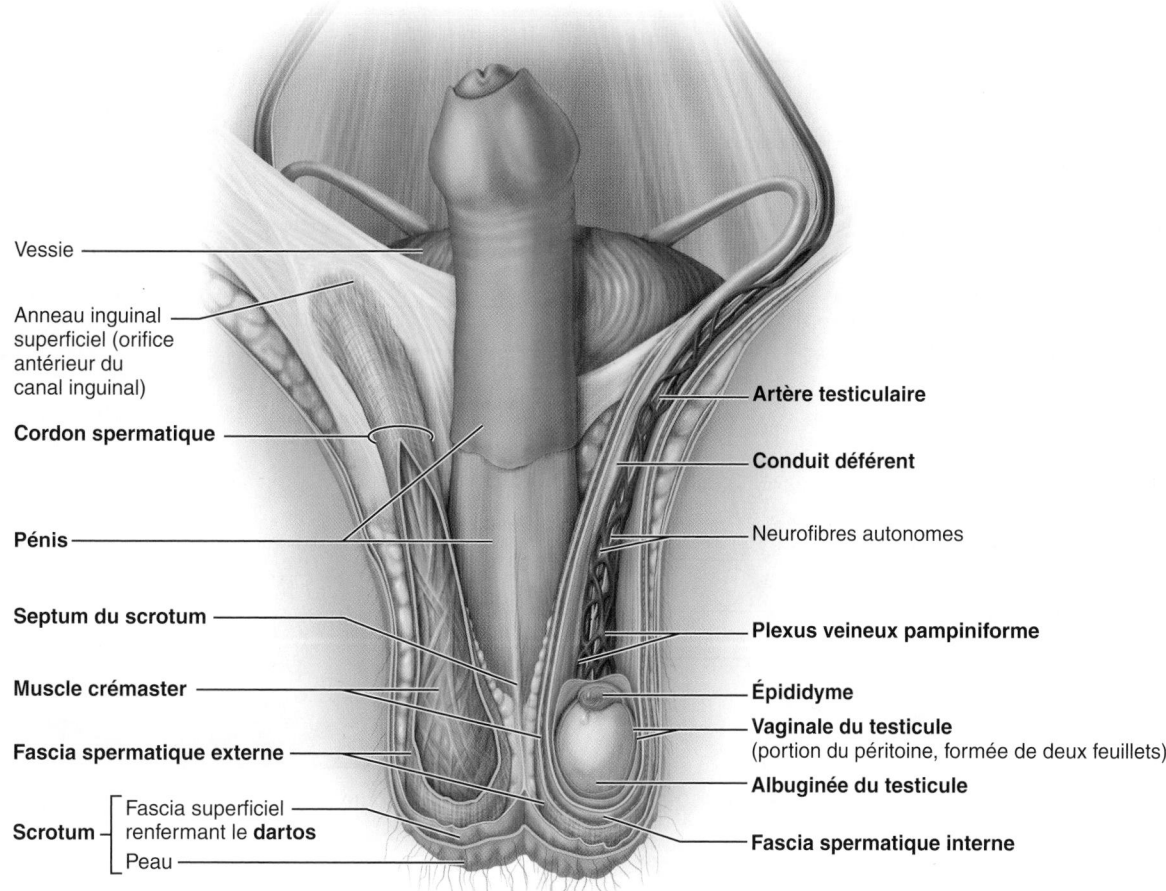

Vessie

Anneau inguinal
superficiel (orifice
antérieur du
canal inguinal)

Cordon spermatique

Pénis

Septum du scrotum

Muscle crémaster

Fascia spermatique externe

Scrotum ⎰ Fascia superficiel
renfermant le **dartos**
⎱ Peau

Artère testiculaire

Conduit déférent

Neurofibres autonomes

Plexus veineux pampiniforme

Épididyme

Vaginale du testicule
(portion du péritoine, formée de deux feuillets)

Albuginée du testicule

Fascia spermatique interne

Figure 27.2 Relations du testicule avec le scrotum et le cordon spermatique.
Le scrotum est ouvert et sa partie antérieure a été retirée.

constituer une localisation idéale pour les testicules. Cependant, comme les testicules ne peuvent pas produire une grande quantité de spermatozoïdes viables à la température centrale du corps (37 °C), la localisation superficielle du scrotum, qui leur donne une température inférieure d'environ 3 °C, représente une adaptation essentielle.

Par ailleurs, le scrotum réagit aux variations de température. Ainsi, par temps froid, les testicules se rapprochent du plancher pelvien et de la chaleur du corps. Le scrotum se rétrécit et se plisse, diminuant de surface et augmentant d'épaisseur pour réduire la perte de chaleur. Inversement, quand il fait chaud, la peau du scrotum se relâche pour augmenter la surface de refroidissement (transpiration), et les testicules sont plus bas, loin du tronc.

Ces modifications de la surface du scrotum, qui contribuent à maintenir une température intrascrotale relativement stable, sont permises par deux groupes de muscles qui réagissent aux variations de la température ambiante. Le **dartos** («écorché») – une couche de muscle lisse située dans le fascia superficiel – plisse la peau du scrotum. Le **muscle crémaster** («suspenseur») – formé de bandes de tissu musculaire squelettique qui prennent naissance dans le muscle oblique interne de l'abdomen – permet l'ascension des testicules.

Testicules

Les testicules ont la grosseur de prunes et mesurent environ 4 cm de long et 2,5 cm de large. Ils sont recouverts de deux tuniques. La tunique superficielle est la **vaginale du testicule**, ou tunique vaginale; cette membrane se compose de deux feuillets et dérive d'une invagination du péritoine (figure 27.2 et figure 27.3). La tunique située plus en profondeur par rapport à cette séreuse est l'**albuginée** (*albus*: blanc), la capsule fibreuse du testicule.

Des projections de l'albuginée constituent les *cloisons du testicule*, qui divisent celui-ci en 250 compartiments en forme de coin appelés *lobules* (figure 27.3). Chaque lobule renferme de un à quatre **tubules séminifères contournés**. Ce sont ces tubules qui fabriquent les spermatozoïdes. Chacun mesure 80 cm de long, et l'ensemble des tubules d'un testicule équivaut à un conduit de plusieurs centaines de mètres de long. Chaque tubule séminifère est entouré de trois à cinq couches de **cellules myoïdes** semblables à du muscle (figure 27.3c). Par leurs contractions rythmiques, ces cellules peuvent contribuer à compresser les spermatozoïdes et le liquide testiculaire dans les tubules et à les extraire des testicules.

Les tubules séminifères contournés de chaque lobule convergent vers un **tubule séminifère droit** qui transporte les

27

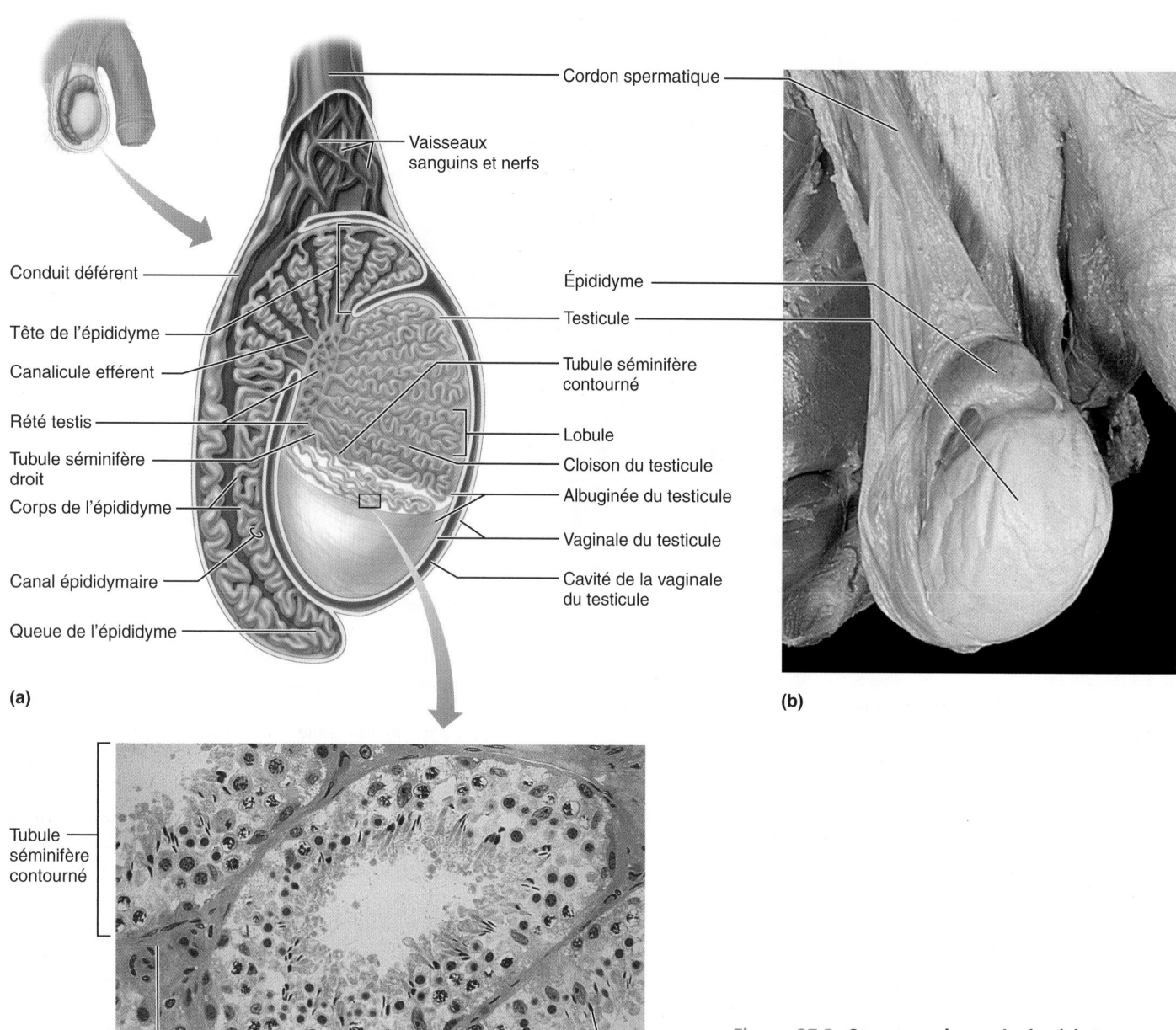

(a)

(b)

(c)

Figure 27.3 Structure du testicule. (a) Coupe sagittale partielle du testicule et de l'épididyme. La face antérieure est à droite. **(b)** Vue externe d'un des testicules d'un cadavre; même orientation qu'en **(a)**. **(c)** Coupe transversale des tubules séminifères (270×). Remarquez les cellules germinales (produisant les spermatozoïdes) dans l'épithélium des tubules et les cellules interstitielles dans le tissu conjonctif situé entre les tubules.

spermatozoïdes jusqu'au **rété testis** – réseau de canaux situé dans la partie postérieure du testicule. À partir du rété testis, les spermatozoïdes quittent le testicule par les *canalicules efférents* et pénètrent dans l'*épididyme*, qui épouse la surface postérieure du testicule. Les spermatozoïdes immatures passent par la tête, le corps, puis se rendent à la queue de l'épididyme, où ils sont emmagasinés jusqu'à l'éjaculation.

Le tissu conjonctif lâche qui recouvre les tubules séminifères contournés renferme les **cellules interstitielles**, aussi appelées

cellules de Leydig (figure 27.3c). Ces cellules synthétisent les hormones androgènes (en particulier la *testostérone*) et les libèrent dans le liquide interstitiel, où elles baignent. Ce sont donc deux populations cellulaires tout à fait distinctes qui produisent les spermatozoïdes et les hormones dans le testicule.

Les testicules sont irrigués par les **artères testiculaires**, qui naissent de l'aorte abdominale au-dessus du bassin (voir la figure 19.24c). Les **veines testiculaires** drainent les testicules. Elles constituent une ramification d'un réseau appelé **plexus** veineux pampiniforme (un pampre est une branche de vigne) autour de la portion de chaque artère testiculaire située à l'intérieur du scrotum (figure 27.2). Le sang veineux plus frais de chaque plexus absorbe la chaleur du sang artériel pour le rafraîchir avant son entrée dans le testicule. Ces plexus contribuent ainsi à maintenir la basse température nécessaire à la physiologie normale des testicules.

Les testicules sont innervés par des neurofibres sympathiques et parasympathiques du système nerveux autonome ; des neurofibres sensitives transmettent les influx qui provoquent une douleur atroce et des nausées quand les testicules sont heurtés violemment. Les neurofibres ainsi que les vaisseaux sanguins et lymphatiques sont entourés d'une tunique de tissu conjonctif. Ensemble, ces structures forment le **cordon spermatique**, qui passe par le canal inguinal (figure 27.2).

DÉSÉQUILIBRE HOMÉOSTATIQUE

Bien que le *cancer du testicule* soit relativement rare (1 homme sur 50 000), il est en hausse depuis une dizaine d'années. Il s'agit du cancer le plus fréquent chez les hommes de 15 à 35 ans. Des antécédents d'oreillons ou d'orchite (*orkhis*: testicule ; *ite*: inflammation) ainsi qu'une forte exposition de la mère à des toxines environnementales avant l'accouchement augmentent le risque de ce cancer, mais le facteur de risque le plus important est la *cryptorchidie* (*kruptos*: caché), c'est-à-dire la descente incomplète du testicule décrite à la page 1233.

Parce que le signe le plus courant de cancer du testicule est l'apparition d'une masse solide et indolore dans le testicule, tous les hommes devraient pratiquer l'autoexamen des testicules. Lorsque le cancer est détecté au stade précoce, le taux de guérison est très élevé. Plus de 90 % des cancers du testicule sont guéris après l'ablation chirurgicale du testicule atteint (*orchidectomie*) suivie ou non de séances de radiothérapie ou de chimiothérapie. Cette intervention ne compromet ni les fonctions sexuelles ni la fertilité. Dans la plupart des cas, une prothèse en silicone est mise en place pour des raisons purement esthétiques. ■

VÉRIFIONS NOS ACQUIS

1. Nommez les deux principales fonctions des testicules.

2. Parmi les structures tubulaires illustrées à la figure 27.3a, lesquelles fabriquent les spermatozoïdes ?

3. L'activité musculaire et le plexus veineux pampiniforme aident à maintenir la température un peu plus basse convenant à la physiologie normale des testicules. Expliquez comment.

Les réponses se trouvent à l'appendice G.

Pénis

2 Décrire la structure du pénis et indiquer son rôle dans la reproduction.

3 Décrire la situation, la structure et la fonction des conduits des organes génitaux de l'homme.

Le **pénis** est l'organe de la copulation, c'est-à-dire l'acte sexuel au cours duquel les spermatozoïdes sont déposés dans les voies génitales de la femme (figure 27.1 et figure 27.4). Le pénis et le scrotum constituent les **organes génitaux externes** de l'homme. Le **périnée de l'homme** (*perineos*: autour de l'anus) est la région en forme de losange située entre la symphyse pubienne, le coccyx et les deux tubérosités ischiatiques. Le plancher pelvien est formé des muscles décrits au chapitre 10 (voir p. 394).

Le pénis comprend une *racine* fixe et un *corps* mobile se terminant par une extrémité renflée, le **gland du pénis**. La peau du pénis est lâche et glisse vers l'extrémité distale pour former autour du gland un repli de peau appelé **prépuce**. L'ablation du prépuce, appelée *circoncision* (*circumcidere*: couper autour), est parfois effectuée peu après la naissance. Elle réduirait légèrement la prévalence d'infection urinaire et le taux de cancer du pénis, dont l'occurrence est toutefois rare. En 2007, l'Organisation mondiale de la santé a reconnu la circoncision comme un moyen de lutte contre le SIDA pour les pays africains. Toutefois, ces résultats positifs sur les hommes hétérosexuels ne font pas l'unanimité. La pratique de la circoncision sans motifs religieux est plus fréquente dans les pays anglosaxons. Les États-Unis détiennent le record en faisant circoncire 60 % des garçons nouveau-nés. Au Canada, ce taux est d'environ 25 %, mais avec un très faible pourcentage au Québec, tout comme en Europe.

Pour bien comprendre l'anatomie du pénis, il faut savoir que ses faces dorsale et ventrale sont nommées en relation avec un pénis en érection. Le pénis renferme la partie spongieuse de l'urètre et trois longs corps cylindriques de *tissu érectile*, recouverts d'une couche de tissu conjonctif dense fibreux. Le tissu érectile est constitué d'un réseau de tissu conjonctif et de tissu musculaire lisse criblé d'espaces vasculaires. Au cours de l'excitation sexuelle, ces espaces se remplissent de sang : le pénis augmente de volume et devient rigide. Ce phénomène, appelé *érection*, permet la pénétration du pénis dans le vagin.

Le corps érectile médian, appelé **corps spongieux**, entoure l'urètre et s'élargit vers l'extrémité distale du pénis pour former le gland. Son extrémité proximale renflée constitue la partie de la racine nommée **bulbe du pénis**. Le bulbe du pénis est recouvert par le muscle bulbospongieux et fixé au diaphragme urogénital.

Les deux corps érectiles dorsaux du pénis, appelés **corps caverneux**, constituent la plus grande partie du pénis. Ils sont entourés d'une tunique albuginée. Leurs extrémités proximales forment chacune un **pilier du pénis**. Chacun des piliers est enveloppé par un muscle ischiocaverneux et attaché à l'arc pubien du bassin.

Voies génitales de l'homme

4 Préciser le trajet des spermatozoïdes: de leur lieu d'origine à leur sortie de l'organisme.

Comme nous l'avons vu, les voies génitales de l'homme, ou voies spermatiques, sont les conduits qui transportent les spermatozoïdes depuis les testicules jusqu'à l'extérieur du corps. Dans l'ordre (du plus proximal au plus distal), les **voies génitales de l'homme** sont l'épididyme, le conduit déférent, le conduit éjaculateur et l'urètre.

27

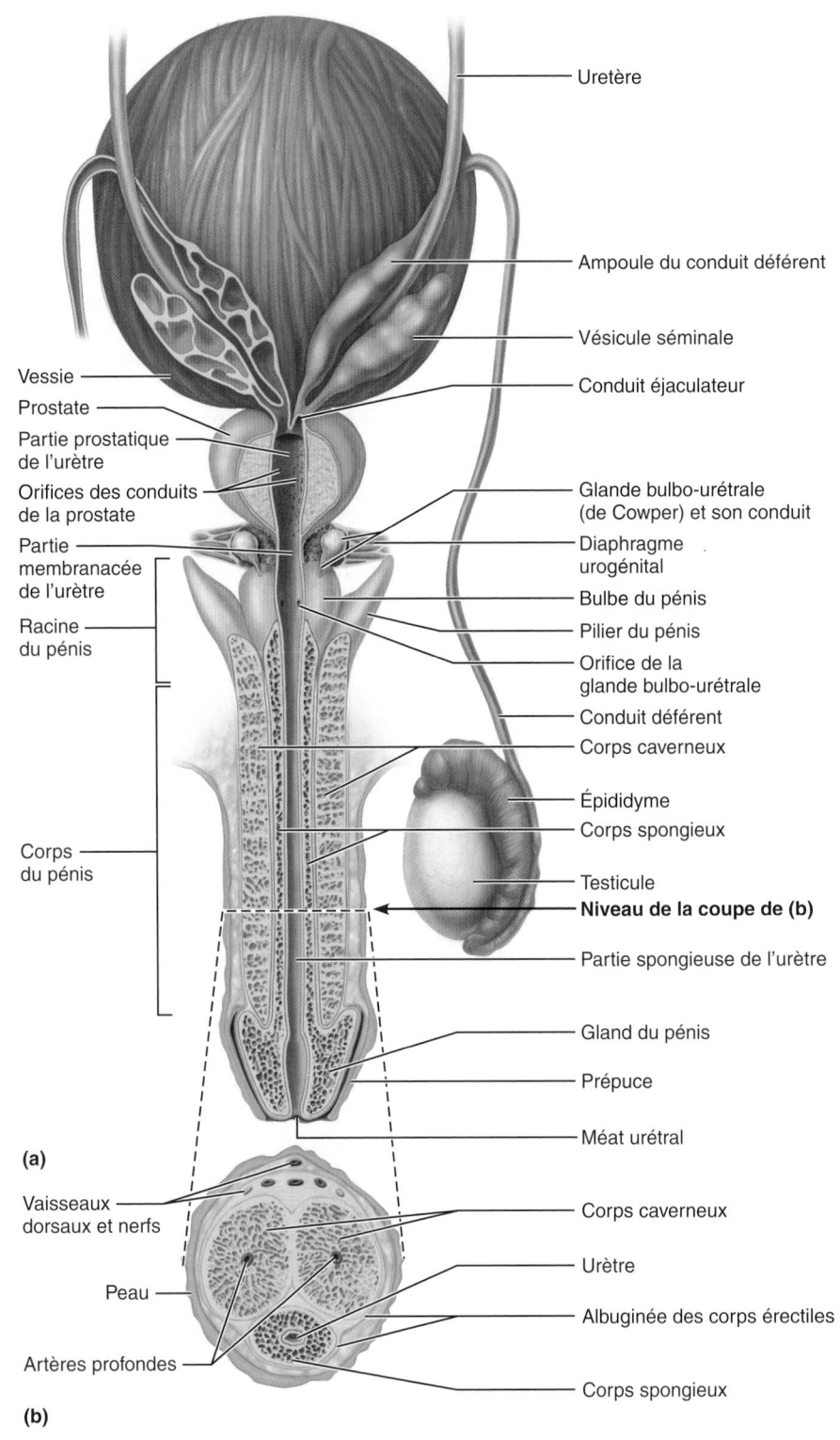

Uretère

Ampoule du conduit déférent

Vésicule séminale

Vessie

Conduit éjaculateur

Prostate

Partie prostatique de l'urètre

Orifices des conduits de la prostate

Glande bulbo-urétrale (de Cowper) et son conduit

Partie membranacée de l'urètre

Diaphragme urogénital

Bulbe du pénis

Pilier du pénis

Racine du pénis

Orifice de la glande bulbo-urétrale

Conduit déférent

Corps caverneux

Épididyme

Corps spongieux

Corps du pénis

Testicule

Niveau de la coupe de (b)

Partie spongieuse de l'urètre

Gland du pénis

Prépuce

Méat urétral

(a)

Vaisseaux dorsaux et nerfs

Corps caverneux

Urètre

Peau

Albuginée des corps érectiles

Artères profondes

Corps spongieux

(b)

Figure 27.4 Organes génitaux de l'homme. (a) Coupe longitudinale du pénis (vue postérieure). **(b)** Coupe transversale du pénis.

Épididyme

L'**épididyme** (*epi*: au-dessus) est une structure en forme de virgule qui mesure environ 3,8 cm de long (figures 27.1 et 27.3a, b). Sa *tête*, qui contient les canalicules efférents, recouvre la face supérieure du testicule. Son *corps* et sa *queue* reposent sur la face postérolatérale du testicule. La majeure partie de l'épididyme consiste en un conduit étroitement enroulé sur lui-même, appelé *canal épididymaire* (qui, déroulé, mesure environ 6 m de long). Les cellules principales de l'épithélium pseudostratifié prismatique de sa muqueuse possèdent de longues microvillosités

27

immobiles appelées *stéréocils*. La vaste surface de ces stéréocils leur permet d'absorber le liquide testiculaire en excès et d'apporter des nutriments aux nombreux spermatozoïdes emmagasinés temporairement dans la lumière de l'épididyme.

Les spermatozoïdes immatures et pratiquement immobiles qui quittent le testicule se déplacent lentement dans le canal épididymaire dans un liquide qui contient un certain nombre de protéines antimicrobiennes, dont plusieurs β-défensines. Au cours de leur trajet dans ce conduit sinueux (le parcours dure 20 jours environ), les spermatozoïdes acquièrent la capacité de nager et de se fixer à l'ovule grâce à l'action des sécrétions provenant des cellules de l'épithélium de l'épididyme.

Les spermatozoïdes sont éjaculés depuis l'épididyme, et non pas des testicules comme on le pense souvent. Quand la stimulation sexuelle conduit à l'éjaculation, le muscle lisse disposé circulairement et longitudinalement dans les conduits de l'épididyme se contracte, expulsant ainsi les spermatozoïdes vers un autre segment des voies génitales de l'homme, le *conduit déférent*. Les spermatozoïdes peuvent cependant séjourner dans l'épididyme durant plusieurs mois; après quoi, ils sont phagocytés par les cellules épithéliales de l'épididyme, ce qui ne pose pas de problème en soi puisque, chez l'homme, la production des spermatozoïdes est un processus continu.

Conduit déférent et conduit éjaculateur

Le **conduit déférent** (*deferre*: porter) mesure 45 cm de long. À partir de l'épididyme, il s'étend vers le haut, faisant corps avec le cordon spermatique, et passe dans le canal inguinal pour entrer dans la cavité pelvienne (figure 27.1). Il se palpe facilement à l'endroit où il passe devant l'os pubien. Le conduit déférent se courbe ensuite du côté médial de l'uretère avant de redescendre le long de la face postérieure de la vessie. Son extrémité terminale s'élargit pour former l'**ampoule du conduit déférent**, qui s'unit au conduit excréteur de la vésicule séminale (une glande) pour former le court **conduit éjaculateur** (2,5 cm de long). Les deux conduits éjaculateurs pénètrent dans la prostate, où ils déversent leur contenu dans l'urètre.

Comme celle de l'épididyme, la muqueuse du conduit déférent est composée d'épithélium pseudostratifié. Sa musculeuse est toutefois très épaisse, ce qui donne au conduit la texture d'une tige rigide quand on le saisit entre les doigts. Le conduit déférent achemine les spermatozoïdes vivants depuis leurs sites de stockage, c'est-à-dire l'épididyme et la portion distale du conduit déférent, jusqu'à l'urètre. Au moment de l'éjaculation, les épaisses couches de muscle lisse de ses parois créent de fortes ondes péristaltiques qui poussent rapidement les spermatozoïdes le long du conduit vers l'urètre.

Comme vous le voyez à la figure 27.3, la première partie du conduit déférent est localisée dans le sac scrotal. Certains hommes qui désirent assumer la responsabilité de la contraception subissent une **vasectomie**. Au cours de cette petite intervention chirurgicale, le chirurgien pratique une incision dans le scrotum, procède à une double ligature du conduit déférent (noue un fil autour de lui afin de l'obstruer), puis le sectionne entre les deux ligatures. Des spermatozoïdes seront produits pendant plusieurs années encore, mais ils ne pourront plus atteindre l'extérieur du corps. Ils finissent par se détériorer et sont phagocytés. La vasectomie est une intervention simple qui constitue une méthode de contraception très efficace (à presque 100 %). Pour ceux qui veulent inverser l'intervention pour retrouver leur fertilité, le taux de réussite est d'environ 50 %. Cette méthode contraceptive est fréquente dans les pays anglosaxons et elle représente 13 % de toutes les méthodes adoptées par les Canadiens. C'est toutefois au Québec qu'on y recourt le plus fréquemment, puisqu'un homme sur trois est vasectomisé. En France, où la pratique de la vasectomie a longtemps été considérée comme une mutilation, cette intervention n'est légalisée que depuis 2001.

Urètre

L'**urètre** est la portion terminale des voies génitales de l'homme (figures 27.1 et 27.4). Parce qu'il transporte l'urine et le sperme (à des moments différents), l'urètre fait partie à la fois du système urinaire et du système génital. Il se divise en trois parties: (1) la *partie prostatique de l'urètre*, qui est enveloppée par la prostate; (2) la *partie membranacée (intermédiaire) de l'urètre*, qui se trouve dans le diaphragme urogénital; et (3) la *partie spongieuse de l'urètre* (*partie pénienne*), qui passe dans le pénis et s'ouvre sur l'extérieur par le *méat urétral* ou *ostium urétral*. La partie spongieuse de l'urètre mesure à peu près 15 cm; elle compte pour environ 75 % de la longueur totale de l'urètre. Sa muqueuse contient des *glandes urétrales* disséminées qui sécrètent du mucus dans la lumière de l'urètre juste avant l'éjaculation.

VÉRIFIONS NOS ACQUIS

4. Quelle est la fonction du tissu érectile du pénis?
5. Nommez les organes des voies génitales de l'homme dans l'ordre, de l'épididyme vers l'extérieur du corps.
6. Quelles sont les deux fonctions des stéréocils de l'épithélium de l'épididyme?
7. Quel organe annexe des voies génitales de l'homme s'étend du scrotum à la cavité abdominale?

Les réponses se trouvent à l'appendice G.

Glandes annexes

5 Énumérer les différents constituants du sperme; préciser leur origine et donner la fonction de chacun.

Les glandes annexes sont les deux vésicules séminales, les deux glandes bulbo-urétrales et la prostate (figures 27.1 et 27.4). Ces glandes produisent la majeure partie du *sperme* (qui se compose des spermatozoïdes et des sécrétions des glandes annexes).

Vésicules séminales

Les **vésicules séminales** reposent sur la paroi postérieure de la vessie. Ce sont d'assez grosses glandes, chacune ayant approximativement la forme et la longueur du petit doigt (de 5 à 7 cm). Toutefois, comme elle est un réservoir replié sur lui-même, une fois déroulée, la vésicule séminale mesure en réalité 15 cm. Sa capsule fibreuse renferme une épaisse couche de muscle lisse qui se contracte pendant l'éjaculation pour vider la glande.

Dans ces vésicules, les rayons des cryptes et les culs-de-sac de la muqueuse emmagasinent le liquide séminal. Ce liquide est alcalin et d'aspect visqueux et jaunâtre. Il renferme notamment du fructose (un sucre), de l'acide ascorbique (vitamine C), des protéines de coagulation (notamment de la séminogéline) et des prostaglandines, ainsi que d'autres substances qui améliorent la motilité et le pouvoir fécondant des spermatozoïdes. Comme nous l'avons déjà dit, le canal de chaque vésicule séminale rejoint celui du conduit déférent du même côté pour former le conduit éjaculateur. Les spermatozoïdes et le plasma séminal se mélangent dans le conduit éjaculateur et pénètrent ensemble dans la partie prostatique de l'urètre au moment de l'éjaculation. Les sécrétions des glandes séminales comptent pour environ 70 % du volume du sperme.

Prostate

La **prostate** est une glande unique de la grosseur d'une noix qui pèse 20 grammes (figures 27.1 et 27.4); elle entoure la partie de l'urètre qui est située directement sous la vessie. Enveloppée par une épaisse capsule de tissu conjonctif, la prostate renferme de 20 à 30 glandes tubuloalvéolaires composées, ancrées dans une masse (stroma) de muscle lisse et de tissu conjonctif dense.

La sécrétion de la prostate entre dans la partie prostatique de l'urètre par divers conduits quand le muscle lisse se contracte au moment de l'éjaculation. Cette sécrétion, qui constitue jusqu'à un tiers du volume du sperme, joue un rôle dans l'activation des spermatozoïdes. Ce liquide laiteux et légèrement acide contient du citrate (un nutriment), plusieurs enzymes (fibrinolysine, hyaluronidase et phosphatase acide) et l'antigène prostatique spécifique (APS), une glycoprotéine.

DÉSÉQUILIBRE HOMÉOSTATIQUE

Beaucoup de gens considèrent la prostate comme une source de problèmes. L'hyperplasie de la prostate, appelée *hyperplasie bénigne de la prostate*, qui touche presque tous les hommes âgés, entraîne la constriction de la partie prostatique de l'urètre. Ses causes précises ne sont pas connues, mais l'hyperplasie de la prostate pourrait être associée aux variations de concentration des hormones qui accompagnent le vieillissement. Plus l'homme fait d'efforts pour uriner, plus la masse de la prostate bloque l'ouverture de l'urètre, comme le fait une valve. La vidange urinaire est alors incomplète, ce qui augmente le risque d'infection de la vessie (cystite) et des reins.

Pour traiter ce trouble, il est possible de faire appel soit à la chirurgie classique, soit à de nouveaux traitements de plus en plus populaires. Par exemple, on peut recourir aux micro-ondes pour faire rétrécir la prostate ou insérer un ballonnet dans la partie prostatique de l'urètre; en gonflant ce dispositif, on repousse la prostate pour l'empêcher de comprimer l'urètre. Une autre technique consiste à appliquer, au moyen d'un cathéter muni d'une fine aiguille, un rayonnement de basse fréquence ou un rayonnement laser produisant une chaleur élevée (plus de 100 °C) qui détruit le tissu prostatique en excès.

On obtient parfois de bons résultats avec le finastéride (Propecia), un produit qui réduit la production de dihydrotestostérone, une hormone liée à la calvitie masculine et à l'hyperplasie de la prostate. De plus, il existe plusieurs médicaments, notamment les antagonistes des récepteurs α-adrénergiques (alfuzosine), qui détendent les muscles lisses à la sortie de la vessie, ce qui facilite le vidage de la vessie et produit un soulagement.

La *prostatite*, soit l'inflammation de la prostate, d'origine infectieuse ou non, est le principal motif pour lequel les hommes consultent un urologue.

En 2009, le cancer de la prostate était au premier rang des cancers chez les hommes au Canada, au Québec ainsi qu'en France. En Amérique du Nord et en Europe, la mortalité due à ce cancer régresse depuis les 10 dernières années; c'est la France qui connaît le taux de guérison le plus élevé d'Europe. Le cancer de la prostate provient d'une prolifération anarchique des cellules des tissus prostatiques; il provoque des douleurs, une miction douloureuse et des problèmes érectiles. Par ailleurs, les cellules cancéreuses peuvent quitter la prostate et causer la formation de foyers cancéreux secondaires, ou métastases. Ce cancer est deux fois plus fréquent chez les Noirs que chez les Blancs. Les facteurs de risque comprennent un régime alimentaire riche en lipides et une prédisposition génétique. Le dépistage du cancer de la prostate se fait soit en palpant la prostate à travers la paroi antérieure du rectum au moyen d'un doigt introduit dans le rectum (toucher rectal), soit en effectuant le dosage sanguin de l'antigène prostatique spécifique (APS). Bien qu'il soit un composant normal du sang à une concentration inférieure à 2,5 ng/mL (μg/L), l'APS est un marqueur tumoral: l'augmentation de sa concentration sérique traduit une hyperplasie bénigne de la prostate et l'évolution clinique du cancer de la prostate. Les examens de dépistage sont suivis de biopsies des tissus des régions de la prostate qui semblent touchées, au besoin; les métastases (situées le plus souvent dans les nœuds lymphatiques de la région pubienne et dans les os) sont décelées au moyen d'une scintigraphie osseuse ou d'un examen par IRM.

Lorsque cela est possible, le cancer de la prostate est traité chirurgicalement, parfois en association avec des séances de radiothérapie. Comme le cancer de la prostate est androgéno-dépendant, on peut, pour les cancers qui ont commencé à produire des métastases, procéder à la castration chimique afin d'empêcher la testostérone de stimuler la prolifération des cellules cancéreuses. Ce traitement pharmacologique consiste à administrer des médicaments qui inhibent les récepteurs des androgènes (flutamide) ou la libération de gonadotrophines, comme les médicaments analogues à la Gn-RH, ou gonadolibérine, décrite aux pages 697-698 (acétate de ganirelix, par exemple). Privé des effets stimulants des androgènes, le tissu prostatique régresse et les symptômes urinaires s'atténuent.

Cependant, de nombreux cancers de la prostate évoluent très lentement et peuvent ne jamais menacer la vie du patient, surtout chez les personnes qui souffrent de ce cancer à un âge avancé. Dans ces cas, le patient n'a qu'à passer des examens fréquents pour surveiller l'évolution de la tumeur. ∎

Glandes bulbo-urétrales

Les **glandes bulbo-urétrales** ou **de Cowper** sont des glandes de la grosseur d'un pois situées sous la prostate (figures 27.1 et 27.4). Elles produisent un épais mucus translucide qui s'écoule dans la partie spongieuse de l'urètre et lubrifie le gland au moment de l'excitation sexuelle. Ce mucus neutralise aussi l'acidité des traces d'urine dans l'urètre avant l'éjaculation.

Sperme

Le **sperme**, ou liquide séminal, est le liquide blanchâtre légèrement collant qui renferme les spermatozoïdes, le liquide testiculaire et les sécrétions des glandes annexes. Ce liquide constitue le milieu de transport des spermatozoïdes ; il contient des nutriments ainsi que des substances chimiques qui protègent et activent les spermatozoïdes, en plus de faciliter leurs mouvements. Les spermatozoïdes mûrs sont de petits « missiles » profilés qui possèdent peu de cytoplasme et pratiquement pas de réserves nutritives. C'est donc en catabolisant le fructose présent dans la sécrétion des vésicules séminales que les spermatozoïdes synthétisent l'ATP nécessaire à leurs activités.

Par ailleurs, les prostaglandines contenues dans le sperme réduisent la viscosité du mucus gardant l'entrée (col) de l'utérus et stimulent un antipéristaltisme de l'utérus qui facilite la progression des spermatozoïdes dans les voies génitales de la femme vers les trompes utérines. La présence de *relaxine* (une hormone) et de certaines enzymes dans le sperme accroît la mobilité des spermatozoïdes. L'alcalinité relative du sperme (pH de 7,3 à 7,7) neutralise l'acidité de l'urètre de l'homme et du vagin de la femme, ce qui protège les spermatozoïdes et améliore leur mobilité, puisqu'ils sont très « paresseux » en milieu acide (pH inférieur à 6).

Le sperme renferme en outre des substances qui inactivent la réponse immunitaire des voies génitales de la femme, ainsi qu'une substance chimique antibiotique qui détruit certaines bactéries. Les facteurs de coagulation présents dans le sperme provoquent sa coagulation peu après l'éjaculation. La coagulation fait en sorte que le sperme adhère aux parois du vagin, ce qui l'empêche de s'en écouler prématurément. La fibrinolysine du sperme liquéfie ensuite cette masse visqueuse, ce qui permet aux spermatozoïdes de s'en échapper pour commencer leur voyage dans les voies génitales de la femme.

Lors d'une éjaculation, la quantité de sperme expulsée est relativement petite (de 2 à 5 mL), mais chaque millilitre contient entre 20 et 150 millions de spermatozoïdes ; ceux-ci ne représentent qu'environ 10 % du sperme.

VÉRIFIONS NOS ACQUIS

8. Jacob, un homme de 68 ans, éprouve de la difficulté à uriner et doit subir un toucher rectal. De quoi souffre-t-il probablement ? Quel est le but de cet examen ?

9. Quel organe glandulaire annexe produit la plus grande partie du sperme ?

10. Qu'est-ce que le sperme ?

Les réponses se trouvent à l'appendice G.

Physiologie du système génital de l'homme

Réponse sexuelle de l'homme

6 Expliquer les mécanismes de l'érection et de l'éjaculation ; citer les différentes étapes de ces deux activités réflexes.

Bien qu'assez complexe dans son ensemble, la réponse sexuelle de l'homme comprend deux phases principales. Ce sont l'*érection* du pénis, permettant la pénétration dans le vagin de la femme, et l'*éjaculation*, assurant le dépôt du sperme dans le vagin.

Érection

L'**érection**, durant laquelle le pénis grossit et se raidit, a lieu quand les corps érectiles du pénis s'engorgent de sang. En temps ordinaire, les artères irriguant le tissu érectile sont contractées et le pénis est flaccide. L'excitation sexuelle déclenche un réflexe parasympathique entraînant la libération locale de monoxyde d'azote (NO). Le NO augmente la production de guanosine monophosphate cyclique (GMP_c), qui cause le relâchement des muscles lisses des parois des vaisseaux sanguins du pénis et entraîne leur dilatation. C'est ainsi que les corps caverneux se remplissent de sang et, du même coup, compriment les veines qui drainent ces structures ; la sortie du sang est ralentie, ce qui maintient l'engorgement sanguin. Le corps spongieux gonfle aussi, mais pas autant que les corps caverneux ; sa principale fonction consiste à maintenir l'urètre ouvert durant l'éjaculation. Il est important que le pénis en érection ne se déforme pas pendant le rapport sexuel. C'est la disposition longitudinale et circulaire des fibres collagènes entourant le pénis qui empêche ce problème de se produire.

L'érection du pénis constitue un des rares exemples de régulation parasympathique des artères. Le système parasympathique stimule également les glandes bulbo-urétrales, dont les sécrétions lubrifient le gland du pénis.

L'érection est déclenchée par divers stimulus sexuels, notamment les caresses directes sur le pénis, la stimulation des mécanorécepteurs de la tête du pénis ainsi que les images, les odeurs ou les sons à caractère érotique. Le SNC (du deuxième au quatrième segment sacral de la moelle épinière) réagit à cette stimulation en émettant des influx efférents (moteurs). Ces influx activent les neurones parasympathiques du nerf pelvien innervant les artères profondes du pénis, qui desservent les corps caverneux, et les artères hélicines, situées dans les corps caverneux eux-mêmes. Parfois, l'érection peut être déclenchée par l'activité strictement émotionnelle ou mentale (la pensée d'une rencontre sexuelle). Les émotions et les pensées peuvent aussi inhiber l'érection, ce qui provoque la vasoconstriction et le retour du pénis à l'état de flaccidité.

27

Éjaculation

L'**éjaculation** (*ejicere* : expulser) est la projection de sperme à l'extérieur des voies génitales de l'homme. Alors que l'érection est régie par le système parasympathique, l'*éjaculation* est soumise à la régulation sympathique. Lorsque les influx à l'origine de l'érection atteignent un certain seuil critique, un réflexe spinal est déclenché et une décharge massive d'influx nerveux traverse les nerfs sympathiques qui desservent les organes génitaux (principalement au niveau de L_1 et L_2). Ces influx entraînent les réactions suivantes :

1. Le sphincter lisse de l'urètre se contracte, empêchant ainsi l'expulsion d'urine et le reflux de sperme dans la vessie.
2. Les voies génitales de l'homme et les glandes annexes se contractent et déversent leur contenu dans la première partie de l'urètre ; cette phase est appelée *émission*.
3. La présence de sperme dans l'urètre déclenche un réflexe spinal dans les neurones moteurs somatiques, produisant une série de contractions rapides des muscles de l'urètre, du muscle bulbospongieux du pénis et du muscle ischiocaverneux, qui projettent le sperme à l'extérieur de l'urètre à une vitesse pouvant atteindre 500 cm/s. Ces contractions rythmiques sont accompagnées d'une sensation de plaisir intense et de nombreux phénomènes systémiques, tels qu'une contraction musculaire généralisée et une élévation de la fréquence cardiaque et de la pression artérielle.

Cette série de réactions est appelée **orgasme**. L'orgasme est rapidement suivi d'une relaxation musculaire et psychologique ainsi que de la vasoconstriction des artères du pénis, qui retourne alors à l'état de flaccidité. L'activité des neurofibres sympathiques entraîne la contraction des *artères honteuses internes* (et des artérioles du pénis), ce qui réduit l'irrigation sanguine du pénis et active les petits muscles qui compressent les corps caverneux, poussant le sang hors du pénis et vers la circulation générale. Après l'éjaculation commence une période de latence, ou réfractaire, d'une durée de quelques minutes à plusieurs heures, au cours de laquelle l'homme est incapable d'obtenir un autre orgasme. La durée de cette période de latence augmente avec l'âge.

VÉRIFIONS NOS ACQUIS

11. Qu'est-ce qu'une érection et quelle division du SNA en assure la régulation ?
12. Que se passe-t-il après l'orgasme ?

Les réponses se trouvent à l'appendice G.

⚖ DÉSÉQUILIBRE HOMÉOSTATIQUE

Le **dysfonctionnement érectile** est l'incapacité d'obtenir une érection quand on le désire. Ce problème est causé par une libération inadéquate de monoxyde d'azote (NO) par les nerfs parasympathiques innervant le pénis. Environ 50 % des Nord-Américains de plus de 40 ans (soit près de 32 millions d'hommes) souffrent d'une forme plus ou moins grave de dysfonctionnement érectile. En Europe, ce mal touche 30 millions d'hommes, et en particulier 1 homme sur 3 de plus de 40 ans en France. Des facteurs psychologiques, la consommation d'alcool et certains médicaments (antihypertenseurs, antidé-

presseurs, etc.) peuvent entraîner une dysfonction érectile temporaire. L'impuissance chronique résulte de problèmes hormonaux (diabète) ou vasculaires (artériosclérose, veines variqueuses), ou de troubles du système nerveux (accident vasculaire cérébral, lésions des nerfs péniens, sclérose en plaques).

Jusqu'à récemment, le traitement des dysfonctions érectiles reposait sur l'emploi d'une pompe à vide pour attirer le sang dans les tissus du pénis, sur l'injection de médicaments dans le pénis pour dilater les vaisseaux sanguins péniens ou sur l'implantation d'une prothèse gonflable qui maintient le pénis en érection. Le Viagra (sildénafil), approuvé par Santé Canada en mars 1999, et deux autres médicaments semblables (Cialis et Levitra) commercialisés à la fin de 2003 potentialisent les effets du NO existant. Ils inhibent une enzyme (phosphodiestérase de type 5-PDE5) responsable de la dégradation du GMP_c activée par le NO, ce qui a pour effet d'inhiber l'entrée de calcium dans les cellules musculaires et de relâcher les muscles lisses des artérioles dans les corps caverneux, entraînant ainsi leur vasodilatation. Ces médicaments agissent donc non pas en stimulant l'érection, mais en inhibant l'enzyme qui met fin à l'érection ; pas étonnant qu'ils aient été accueillis avec enthousiasme par les hommes. Ils ont pour principaux avantages de procurer rapidement une érection soutenue, de s'administrer par voie orale et d'être pratiquement exempts d'effets secondaires notables chez les hommes en bonne santé. Il existe cependant quelques contre-indications ; les hommes souffrant de cardiopathies ou de diabète doivent tenir compte des mises en garde sur la réduction de la pression artérielle systémique provoquée par ces substances. ∎

Spermatogenèse

7 Définir la méiose. Comparer la méiose et la mitose ; définir la synapsis, le chiasma et l'enjambement ; montrer pourquoi la méiose, et non la mitose, convient à la formation des gamètes.

8 Résumer sommairement le processus de la spermatogenèse ; expliquer les rôles des épithéliocytes de soutien ; décrire la structure d'un spermatozoïde et donner les fonctions de ses principales parties.

La **spermatogenèse** (« génération des spermatozoïdes ») est la série d'événements qui se déroulent dans les tubules séminifères contournés et aboutissent à la production des gamètes mâles, les **spermatozoïdes**. Ce processus débute chez les garçons vers 14 ans, voire plus tôt, et se poursuit durant toute la vie. L'organisme de l'homme adulte fabriquera ensuite environ 400 millions de spermatozoïdes chaque jour. La nature semble bien s'être assurée que l'espèce humaine ne pourrait s'éteindre par manque de spermatozoïdes. Bien que l'homme puisse produire des spermatozoïdes tout au long de sa vie, certains processus comme l'oxydation finissent par endommager les cellules souches. Des études ont démontré qu'il y avait 3 fois plus d'ADN endommagé dans les spermatozoïdes des pères de 35 ans, comparativement aux hommes plus jeunes, ce qui augmente la prévalence de plusieurs maladies chez l'enfant engendré ainsi que le risque de diminuer sa longévité.

Avant d'entreprendre la description du processus de la spermatogenèse, prenons le temps de définir quelques termes. Tout d'abord, l'être humain doit posséder deux jeux de chromosomes, c'est-à-dire un de chaque parent. La plupart des cellules de l'organisme renferment un **nombre diploïde de chromosomes**, qu'on représente par le symbole **2n**. Chez les humains, le nombre diploïde de chromosomes est 46, et les cellules diploïdes contiennent 23 paires de chromosomes semblables appelés **chromosomes homologues**. Chaque paire se compose d'un membre qui provient du père (*chromosome paternel*) et d'un membre qui provient de la mère (*chromosome maternel*).

En règle générale, les deux chromosomes d'une même paire se ressemblent et portent des gènes qui codent pour les mêmes traits, mais pas nécessairement pour la même expression de ces traits. (Prenons pour exemple les gènes homologues qui déterminent l'expression des taches de rousseur : le gène porté par le chromosome paternel peut coder pour la présence d'un grand nombre de taches de rousseur, alors que le gène porté par le chromosome maternel peut coder pour leur absence totale.) Au chapitre 29, nous étudions comment les gènes maternels et paternels interagissent et produisent les traits visibles.

Les gamètes, quant à eux, renferment seulement 23 chromosomes, c'est-à-dire un **nombre haploïde de chromosomes**, qu'on représente par le symbole *n* ; ils ne possèdent qu'un seul membre de chaque paire de chromosomes homologues. Lorsqu'un spermatozoïde et un ovule s'unissent, ils forment un ovule fécondé qui rétablit le nombre diploïde de chromosomes (2n = 46) caractéristique des cellules somatiques du corps humain.

La formation de gamètes chez l'homme et la femme fait intervenir la **méiose**, un type de division nucléaire particulier qui, dans l'ensemble, se déroule seulement dans les gonades. Dans la *mitose* (processus de division des autres cellules de l'organisme), les chromosomes répliqués sont distribués également aux deux cellules filles. Chacune des cellules filles reçoit donc un jeu de chromosomes identique à celui de la cellule mère. Quant à la méiose, elle comprend deux divisions nucléaires successives qui produisent quatre cellules filles plutôt que deux. Chacune de ces cellules filles possède la *moitié* moins de chromosomes qu'une cellule ordinaire. Ainsi, dans les gamètes, la méiose réduit le nombre de chromosomes de moitié (de 2n à n). De plus, la méiose introduit la variabilité génétique au sein de l'espèce parce que chacune des cellules filles haploïdes ne possède qu'une partie des gènes de chaque parent et qu'elle ne présente pas les mêmes caractères que ses parents ou les autres cellules filles, comme nous le verrons sous peu.

Comparaison de la méiose et de la mitose

Les deux divisions nucléaires qui constituent la méiose, soit la *méiose I* et la *méiose II*, sont décomposées en phases afin d'en faciliter l'étude. Bien que ces phases portent les mêmes noms que celles de la mitose (prophase, métaphase, anaphase et télophase), les événements de la méiose I diffèrent considérablement de ceux de la mitose. À mesure que nous aborderons ces événements, nous vous recommandons de consulter la comparaison de la mitose et de la méiose de la **figure 27.5**.

Rappelez-vous que, avant la mitose, tous les chromosomes sont répliqués. Puis, les copies identiques restent ensemble, sous forme de *chromatides sœurs* unies par un centromère durant toute la prophase et jusqu'à leur alignement au cours de la métaphase. Au moment de l'anaphase, les centromères se divisent et les chromatides se séparent pour migrer vers les pôles opposés de la cellule. Chaque cellule fille hérite donc d'une copie de *chacun* des chromosomes de la cellule mère (figure 27.5, partie de gauche). Voyons maintenant en quoi la méiose se distingue de la mitose (figure 27.5, partie de droite).

Méiose I Étant donné que la méiose I diminue le nombre de chromosomes – qui passe de 2n à n –, on l'appelle aussi **division réductionnelle de la méiose**. Comme dans la mitose, les chromosomes se répliquent avant le début de la méiose ; au cours de la prophase, les chromosomes s'enroulent et se condensent, l'enveloppe nucléaire et le nucléole se rompent et disparaissent, et un fuseau mitotique se forme. La prophase de la méiose I est toutefois marquée par un phénomène absent au cours de la mitose (ainsi que lors de la méiose II) : les chromosomes répliqués recherchent leurs chromosomes homologues et s'apparient avec eux sur toute leur longueur. Cet accolement des chromosomes homologues se fait en plusieurs points le long des homologues (et fait penser davantage à des boutonnières qu'à une fermeture à glissière). À l'issue de ce processus, appelé **synapsis**, il se forme des petits groupes de quatre chromatides appelés **tétrades** (figure 27.5 et **figure 27.6**).

La synapsis est marquée par un autre phénomène unique au sein des tétrades, l'**enjambement**, ou **chiasmas**. L'enjambement est le croisement, à un ou à plusieurs endroits, d'une chromatide maternelle et d'une chromatide paternelle. L'enjambement permet l'échange de matériel génétique entre les chromosomes maternels et paternels appariés ; il contribue ainsi au « brassage » du matériel génétique. La prophase I représente environ 90 % de la durée de la méiose. À la fin de la prophase I, les tétrades sont fixées au fuseau mitotique et se déplacent vers sa plaque équatoriale.

Au cours de la métaphase I, les tétrades s'alignent au hasard sur la plaque équatoriale du fuseau mitotique, c'est-à-dire qu'on peut rencontrer des chromosomes et maternels et paternels de chaque côté de la plaque équatoriale. Au cours de l'anaphase I, les deux chromatides sœurs de chacun des chromosomes homologues se comportent comme si elles formaient une unité (comme si la réplication n'avait pas eu lieu) et ce sont les *chromosomes homologues* (chacun constitué de deux chromatides sœurs réunies par un centromère) qui sont distribués aux pôles opposés de la cellule.

Par conséquent, à la fin de la méiose I, on se trouve devant la situation suivante : chaque cellule fille possède *deux* copies d'un membre de chaque paire de chromosomes homologues (le chromosome maternel ou le chromosome paternel) et aucune copie de l'autre membre ; chaque cellule fille possède le nombre *haploïde* de chromosomes, puisque les chromatides

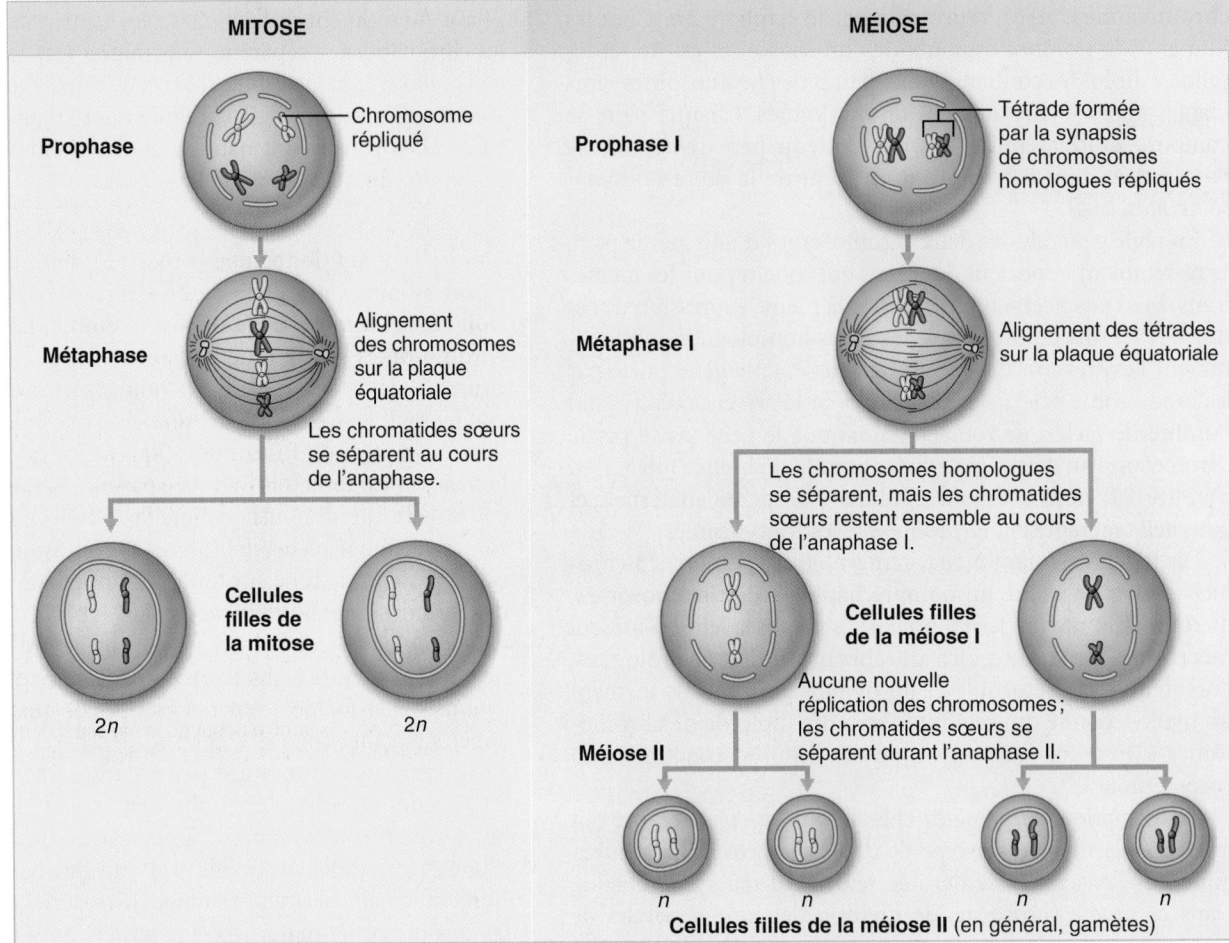

	MITOSE	MÉIOSE
Nombre de divisions	Une division, composée de la prophase, de la métaphase, de l'anaphase et de la télophase.	Deux divisions, chacune étant composée d'une prophase, d'une métaphase, d'une anaphase et d'une télophase ; la réplication de l'ADN n'a pas lieu entre les deux divisions nucléaires.
Synapsis de chromosomes homologues	Aucune.	Se produit au cours de la méiose I ; formation des tétrades, permettant les enjambements.
Nombre de cellules filles et caractéristiques du matériel génétique	Deux cellules filles diploïdes (2n) identiques à la cellule mère.	Quatre cellules haploïdes (n) contenant chacune la moitié du nombre de chromosomes de la cellule mère ; sont différentes de la cellule mère sur le plan génétique.
Rôles	Développement d'un adulte multicellulaire à partir d'un zygote ; produit les cellules nécessaires à la croissance et à la réparation des tissus ; assure l'invariabilité du matériel génétique de toutes les cellules de l'organisme.	Produit les cellules reproductrices (gamètes) ; crée des variations génétiques dans les gamètes et réduit le nombre de chromosomes de moitié, ce qui permet de rétablir au moment de la fécondation le nombre diploïde de chromosomes (chez les humains, 2n = 46).

Figure 27.5   Comparaison de la mitose et de la méiose chez une cellule mère ayant un nombre diploïde (2n) de 4. (Les phases de la mitose et de la méiose ne sont pas toutes représentées.)

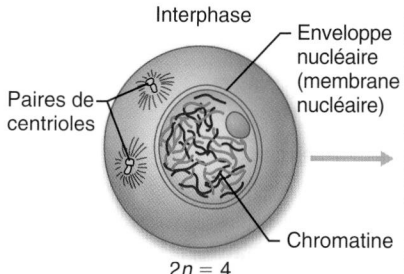

Interphase

Interphase
Comme la mitose, la méiose est précédée de la réplication de l'ADN et des autres préparatifs de la division cellulaire.

MÉIOSE I

Prophase I
Les événements se déroulent comme dans la mitose. De plus, cette étape est marquée par la synapsis : les chromosomes homologues s'accolent sur leur longueur pour former des tétrades. Durant la synapsis, les bras des chromatides homologues subissent l'enjambement, ce qui crée des points d'échange. Les chromatides qui ne sont pas des sœurs échangent des segments aux points de croisement. On peut voir l'enjambement dans les illustrations suivantes.

Métaphase I
Les tétrades s'alignent sur la plaque équatoriale du fuseau mitotique, en préparation pour l'anaphase.

Anaphase I
Contrairement à ce qui se passe durant la mitose, les centromères ne se divisent pas au cours de l'anaphase I de la méiose, de sorte que les chromatides sœurs (dyades) restent unies solidement. Les chromosomes homologues (tétrades) se séparent toutefois l'un de l'autre, et les dyades se déplacent vers les pôles opposés de la cellule.

Télophase I
Les enveloppes nucléaires se reforment autour des masses de chromosomes, le fuseau mitotique se dégrade et la chromatine réapparaît à mesure que la télophase et la cytocinèse prennent fin. Les deux cellules filles (cellules maintenant haploïdes) entrent dans une sorte d'interphase appelée intercinèse, avant le début de la méiose II. Il n'y a pas de nouvelle réplication de l'ADN durant l'intercinèse.

MÉIOSE II

Prophase II

La méiose II commence avec les produits de la méiose I (deux cellules filles haploïdes). Elle comprend une division nucléaire semblable à celle de la mitose, qu'on appelle division équationnelle de la méiose.

Métaphase II

Anaphase II

Après la prophase, la métaphase, l'anaphase et la télophase, suivie de la cytocinèse, il se forme quatre cellules filles haploïdes qui sont chacune génétiquement différentes de la cellule mère. Au cours de la spermatogenèse humaine, les cellules filles restent liées entre elles par des prolongements cytoplasmiques tout au long de la méiose.

Télophase II et cytocinèse

Produits de la méiose : cellules filles haploïdes

Figure 27.6 Méiose. Phases de la division méiotique d'une cellule animale possédant un nombre diploïde de chromosomes (2n) égal à 4. On a mis en évidence les phénomènes relatifs aux chromosomes.

sœurs unies sont considérées comme un seul chromosome, mais le double de la quantité d'ADN dans chaque chromosome.

Méiose II La deuxième division méiotique, ou méiose II, est identique à la mitose, sauf que les chromosomes *ne se répliquent pas* avant qu'elle commence. Les chromatides sœurs présentes dans les deux cellules filles de la méiose I sont simplement partagées entre les quatre cellules grâce à la division des centromères; il en résulte donc quatre cellules haploïdes, dont chacune possède une copie seulement de chaque molécule d'ADN. Étant donné que les chromatides sont réparties également dans les cellules filles (comme dans la mitose), la méiose II est aussi appelée **division équationnelle de la méiose** (figure 27.6).

En résumé, la méiose remplit deux fonctions importantes: (1) elle divise le nombre de chromosomes par deux et (2) elle crée des variations génétiques. Le fait que les paires de chromosomes homologues s'alignent au hasard sur la plaque équatoriale pendant méiose I permet des variations considérables dans les gamètes, car les caractères génétiques hérités des deux parents se mélangent alors en de multiples combinaisons; c'est ce qui explique pourquoi les enfants d'une même famille ont tous des traits différents, sauf s'ils sont de vrais jumeaux (monozygotes), comme on le décrit à la page 1279. D'autres variations sont produites par l'enjambement; en effet, à la fin de la prophase I, les chromosomes homologues se brisent aux chiasmas et échangent des segments chromosomiques (gènes) (figure 27.6). (Ce processus est décrit au chapitre 29.) La méiose garantit donc qu'il n'existe pas deux gamètes identiques et que tous les gamètes sont différents de leur cellule mère.

Spermatogenèse: résumé des phénomènes se déroulant dans les tubules séminifères contournés

Une coupe histologique d'un testicule adulte montre que la majorité des cellules de la paroi épithéliale des tubules séminifères contournés se trouvent à différentes phases de division (**figure 27.7a**). Ces cellules, appelées **cellules germinales**, élaborent les spermatozoïdes au cours d'une série de divisions et de transformations cellulaires (figure 27.7b, c).

Divisions mitotiques des spermatogonies: formation de spermatocytes Les cellules tubulaires les plus externes des tubules séminifères contournés, qui se trouvent en contact direct avec la membrane basale de l'épithélium, sont les cellules souches appelées **spermatogonies** («génératrices de sperme»). Les spermatogonies subissent des *mitoses* presque sans arrêt. Jusqu'à la puberté, ces mitoses ne produisent toujours que d'autres spermatogonies.

Au moment de la puberté, la spermatogenèse commence, et chaque division mitotique d'une spermatogonie donne dès lors naissance à deux cellules filles différentes: la *spermatogonie de type A* et la *spermatogonie de type B*. La **spermatogonie A** reste près de la membrane basale pour perpétuer la lignée des cellules germinales. La **spermatogonie B** est poussée vers la lumière du tubule, où elle se transforme en un **spermatocyte de premier ordre**, chacun produisant quatre spermatozoïdes.

(Pour faciliter la mémorisation, pensez à cette analogie: tout comme la lettre A est au début de notre alphabet, la spermatogonie A reste toujours près de la membrane basale du tubule, prête à fournir une nouvelle génération de gamètes.)

Méiose: des spermatocytes de premier ordre aux spermatides Chaque spermatocyte de premier ordre, produit au cours de la première phase, subit la méiose I, pour former deux cellules haploïdes plus petites, appelées **spermatocytes de deuxième ordre** (figure 27.7b, c). Les spermatocytes de deuxième ordre subissent rapidement la méiose II, et leurs cellules filles, les **spermatides**, prennent la forme de petites cellules rondes au gros noyau sphérique situées près de la lumière du tubule. Au milieu de la spermatogénèse, durant leur développement, les spermatozoïdes désactivent tous leurs gènes et compactent leur ADN sous forme de structures denses.

Spermiogenèse: des spermatides aux spermatozoïdes Chaque spermatide possède le nombre de chromosomes adéquat pour la fécondation (*n*), mais elle n'est pas mobile. Elle doit encore subir un processus de «profilage» appelé *spermiogenèse*, qui lui fera perdre son cytoplasme superflu et la dotera d'une queue. Les détails de ce processus sont présentés à la **figure 27.8a**, étapes ① à ⑦.

Le **spermatozoïde** («semence d'animal») ainsi constitué comprend une tête, une pièce intermédiaire et une queue, qui sont respectivement ses *régions génétique*, *métabolique* et *locomotrice* (figure 27.8a, ⑦). La **tête** du spermatozoïde est composée presque entièrement de son noyau aplati, qui contient de l'ADN compact. Le noyau est coiffé de l'**acrosome**, une structure adhésive semblable au lysosome et élaborée par le complexe golgien (figue 27.8a, ⑤ et ⑥). L'acrosome renferme des enzymes hydrolytiques qui permettront au spermatozoïde de pénétrer dans l'ovule. La **pièce intermédiaire** du spermatozoïde contient des mitochondries enroulées en formant entre 11 et 13 tours de spires serrées autour des microtubules de la queue. La **queue** est un flagelle typique fabriqué par un centriole; elle contient des filaments intermédiaires d'un type particulier qui contribuent aux mouvements des spermatozoïdes. Les mitochondries fournissent l'énergie métabolique (ATP) nécessaire pour produire les mouvements en coup de fouet de la queue, qui propulseront le spermatozoïde dans les voies génitales de la femme.

Rôles des épithéliocytes de soutien Tout au long de la spermatogenèse, les descendantes d'une même spermatogonie demeurent jointes les unes aux autres par des ponts cytoplasmiques (figure 27.7c) et se développent de façon synchronisée. Certaines substances peuvent passer d'une cellule à l'autre par les ponts cytoplasmiques et conférer des caractéristiques communes à l'ensemble des cellules ainsi unies. Elles sont en outre entourées et reliées par des cellules spécialisées appelées **épithéliocytes de soutien**, ou **cellules de Sertoli**, qui s'étendent de la membrane basale de l'épithélium du tubule séminifère contourné jusqu'à sa lumière. Les épithéliocytes de soutien, unis par des jonctions serrées, cloisonnent le tubule séminifère en deux compartiments. Le **compartiment basal**, qui s'étend

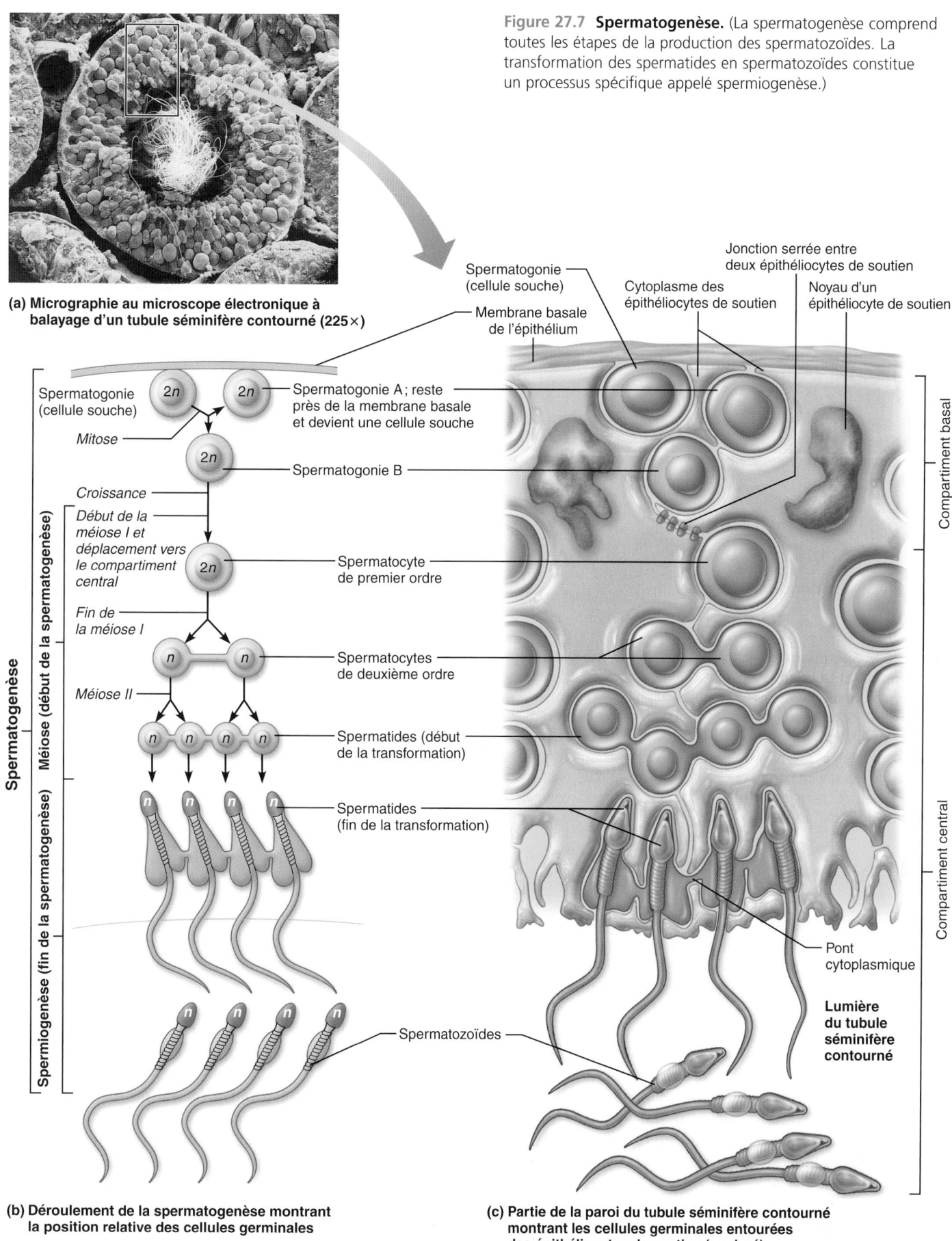

Figure 27.7 Spermatogenèse. (La spermatogenèse comprend toutes les étapes de la production des spermatozoïdes. La transformation des spermatides en spermatozoïdes constitue un processus spécifique appelé spermiogenèse.)

(a) Micrographie au microscope électronique à balayage d'un tubule séminifère contourné (225×)

(b) Déroulement de la spermatogenèse montrant la position relative des cellules germinales

(c) Partie de la paroi du tubule séminifère contourné montrant les cellules germinales entourées des épithéliocytes de soutien (en doré)

27

Environ 24 jours

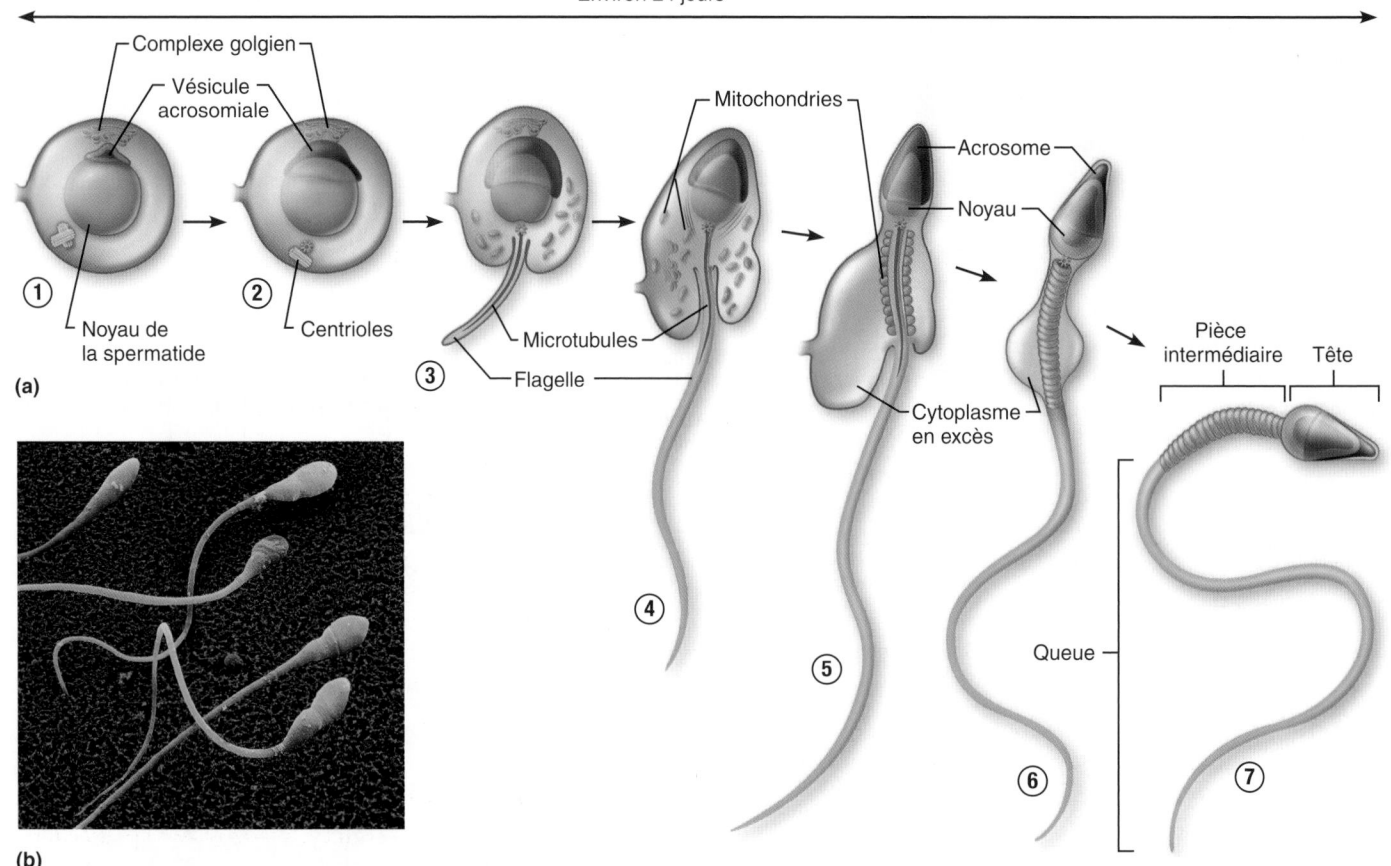

Complexe golgien
Vésicule acrosomiale
Noyau de la spermatide
Centrioles
Mitochondries
Acrosome
Noyau
Microtubules
Flagelle
Cytoplasme en excès
Pièce intermédiaire
Tête
Queue

(a)

(b)

Figure 27.8 Spermiogenèse : transformation d'une spermatide en spermatozoïde fonctionnel. (a) La spermiogenèse est un processus en plusieurs étapes : ① emballage des enzymes acrosomiales par le complexe golgien ; ② formation de l'acrosome à l'extrémité antérieure du noyau et déplacement des centrioles à son extrémité opposée ; ③ élaboration de microtubules, qui formeront le flagelle ; ④ multiplication des mitochondries, qui se placent autour de la partie proximale du flagelle ; ⑤ évacuation du cytoplasme superflu. ⑥ Structure d'un spermatozoïde immature qui vient d'être libéré d'un épithéliocyte de soutien. ⑦ Structure d'un spermatozoïde mature. **(b)** Micrographie au microscope électronique à balayage de spermatozoïdes matures (900×).

de la membrane basale jusqu'aux jonctions serrées, renferme les spermatogonies et les premiers spermatocytes de premier ordre. Le **compartiment central** ou luminal, qui se trouve vers l'intérieur par rapport aux jonctions serrées, comprend les cellules se divisant activement par méiose et la lumière du tubule (figure 27.7c).

Les jonctions serrées qui unissent les épithéliocytes de soutien forment la **barrière hématotesticulaire**. Cette barrière empêche les antigènes de la membrane plasmique des spermatozoïdes en voie de différenciation de traverser la membrane basale du tubule séminifère contourné pour passer dans la circulation sanguine, où ils activeraient le système immunitaire. Étant donné qu'ils ne se forment pas avant la puberté, les spermatozoïdes sont absents lorsque le système immunitaire apprend à reconnaître les tissus de l'individu, au début de la vie. Les spermatogonies, que l'organisme reconnaît comme « soi »,

sont situées à l'extérieur de la barrière hématotesticulaire. Elles peuvent donc répondre aux signaux des messagers chimiques qui circulent dans le sang et déclenchent la spermatogenèse. Après la mitose des spermatogonies, les jonctions serrées des épithéliocytes de soutien s'ouvrent afin de laisser passer entre elles les spermatocytes de premier ordre pour pénétrer dans le compartiment central, un peu comme on ouvre les écluses d'un canal pour permettre aux bateaux de passer.

À l'intérieur du compartiment central, les spermatocytes et les spermatides sont presque enfouis dans des cavités des épithéliocytes de soutien (figure 27.7), où ils sont retenus par une glycoprotéine particulière située à la surface de la cellule germinale. Les épithéliocytes de soutien fournissent des nutriments aux cellules en train de se diviser, leur indiquant même si elles doivent vivre ou mourir. Ils les acheminent vers la lumière du tubule séminifère contourné, sécrètent le **liquide testiculaire** (riche en protéines porteuses d'androgènes et en acides métaboliques), qui assure le transport du sperme dans la lumière du tubule. En outre, les épithéliocytes phagocytent les cellules germinatives défectueuses et le cytoplasme évacué par les spermatides au cours de la spermiogenèse, de même que les cellules n'ayant pas achevé la méiose. Les épithéliocytes de soutien produisent également des médiateurs chimiques (inhibine et protéine de liaison aux androgènes) qui contribuent à la régulation de la spermatogenèse, comme nous le verrons plus loin.

À une température favorable, la spermatogenèse – depuis la formation d'un spermatocyte de premier ordre jusqu'à la libération de spermatozoïdes immatures dans la lumière du tubule – prend de 64 à 72 jours; à elle seule, la spermiogenèse dure 24 jours environ. À ce stade, les spermatozoïdes sont incapables de « nager » et de féconder un ovule. Grâce à la pression qu'exerce le liquide testiculaire, ils sont poussés dans le réseau de conduits du testicule et se rendent dans l'épididyme, où ils séjourneront afin d'acquérir leur mobilité et d'accroître leur capacité de fécondation.

DÉSÉQUILIBRE HOMÉOSTATIQUE

L'infertilité touche environ un couple sur sept. Ses causes peuvent être multiples, mais elle demeure inexpliquée dans près de 10 % des cas. Dans les pays industrialisés, la fertilité masculine décline graduellement depuis 50 ans, en raison de la diminution de la qualité ou de la quantité de spermatozoïdes.

Certains attribuent la baisse de la fertilité masculine aux *xénobiotiques*, des molécules étrangères qui ont envahi nos vies sous diverses formes, dont les toxines environnementales, le polychlorure de vinyle (PVC, *polyvinyl chloride*), les phtalates (solvants à l'huile qui rendent les plastiques souples), certains composants des pesticides et des herbicides et tout particulièrement les composés qui ont des effets œstrogéniques. Semblables à l'œstrogène, ces composés qui bloquent l'action des hormones sexuelles mâles au moment où elles déterminent le développement sexuel sont présents aujourd'hui dans les viandes et dans l'air. Par ailleurs, il est possible que quelques antibiotiques courants, notamment les tétracyclines, inhibent la formation de spermatozoïdes. Les radiations, le plomb, la marijuana, une carence en sélénium et l'alcool consommé en quantité excessive peuvent, quant à eux, provoquer la formation de spermatozoïdes anormaux (à deux têtes, à plusieurs queues, etc.). L'infertilité masculine peut également être causée par l'absence d'un type particulier de canal à ions Ca^{2+} (les ions Ca^{2+} sont nécessaires à la mobilité normale des spermatozoïdes). Elle peut aussi résulter d'obstructions anatomiques, de déséquilibres hormonaux et du stress oxydatif (qui contribue à la fragmentation de l'ADN dans les spermatozoïdes).

Une faible numération de spermatozoïdes accompagnée d'un fort pourcentage de spermatozoïdes immatures peut indiquer une *varicocèle*. Cette affection, caractérisée par la présence de valvules défectueuses, réduit le drainage de la veine testiculaire; il s'ensuit une augmentation de la température intrascrotale qui entrave le développement de spermatozoïdes. La fièvre et la trop grande fréquence des bains chauds peuvent aussi inhiber la maturation des spermatozoïdes. ■

VÉRIFIONS NOS ACQUIS

13. En quoi le produit final de la méiose diffère-t-il de celui de la mitose?
14. Décrivez les principales régions structurales et fonctionnelles d'un spermatozoïde.
15. Quel est le rôle des épithéliocytes de soutien? Des cellules interstitielles?

Les réponses se trouvent à l'appendice G.

Régulation hormonale de la fonction de reproduction chez l'homme

9 Discuter de la régulation hormonale de la fonction testiculaire, et énumérer les effets physiologiques de la testostérone sur les tissus et les organes cibles.

La régulation hormonale de la production de gamètes et d'hormones sexuelles fait intervenir des interactions entre l'hypothalamus, l'adénohypophyse et les testicules. Ces interactions constituent ce qu'on appelle parfois l'**axe hypothalamo-hypophyso-gonadique**.

Axe hypothalamo-hypophyso-gonadique

La séquence d'événements régulateurs de l'axe hypothalamo-hypophyso-gonadique, illustrée à la **figure 27.9**, se déroule comme suit:

1. L'hypothalamus sécrète la **gonadolibérine** (**Gn-RH**, *gonadotropin-releasing hormone*), qui est transportée jusqu'à l'adénohypophyse par le sang circulant dans le système porte hypophysaire. La Gn-RH régit la libération par l'adénohypophyse de deux gonadotrophines – l'**hormone folliculostimulante** (**FSH**, *follicle-stimulating hormone*) et l'**hormone lutéinisante** (**LH**, *luteinizing hormone*). (La FSH et la LH ont été nommées d'après leurs effets sur les gonades femelles.)

2. La liaison de la Gn-RH aux cellules hypophysaires entraîne la libération de FSH et de LH dans le sang.

3. La FSH stimule indirectement la spermatogenèse en déclenchant la sécrétion d'**ABP** (*androgen-binding protein*) par les épithéliocytes de soutien. L'ABP permet le maintien d'une concentration élevée de **testostérone** près des cellules germinales, qui favorisent la spermatogenèse. La FSH rend donc ces dernières cellules réceptives aux effets stimulateurs de la testostérone.

4. La LH se lie aux cellules interstitielles du tissu conjonctif lâche qui entoure les tubules séminifères contournés et les pousse à sécréter la testostérone. Les cellules interstitielles sécrètent aussi un peu d'œstrogènes.

5. L'augmentation locale des concentrations de testostérone est le facteur qui déclenche finalement la spermatogenèse.

6. La testostérone qui entre dans la circulation sanguine produit plusieurs effets dans d'autres régions de l'organisme.

27

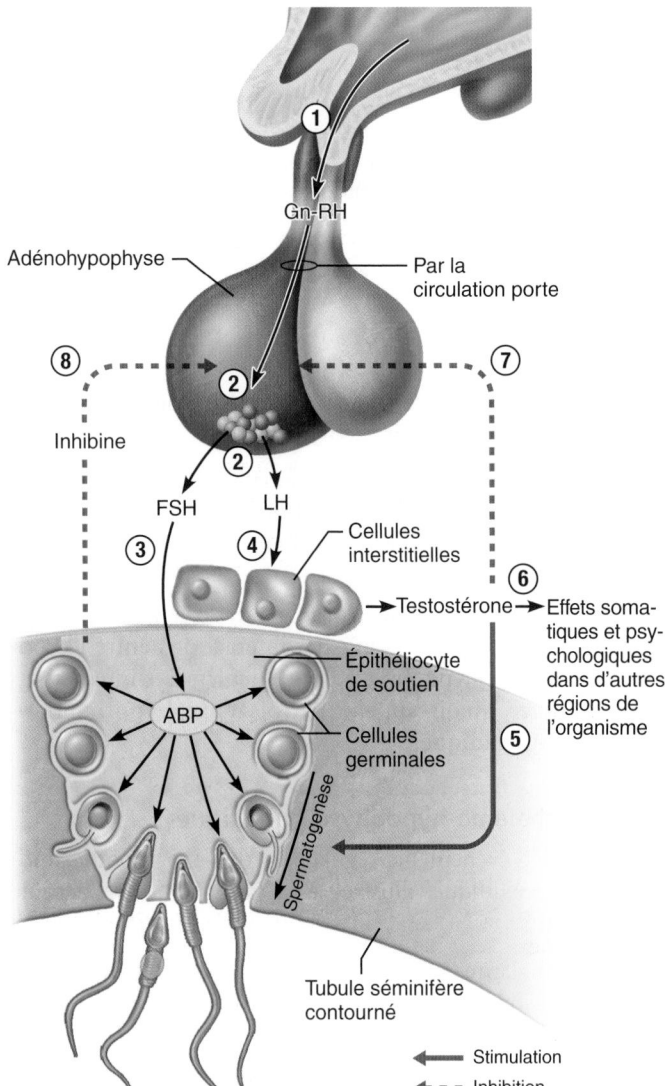

Figure 27.9 Régulation hormonale de la fonction testiculaire par l'axe hypothalamo-hypophyso-gonadique. (Un seul épithéliocyte de soutien est illustré afin que sa relation structurale avec les cellules germinales soit clairement présentée. Il devrait toutefois être entouré de chaque côté par des épithéliocytes de soutien.)

Elle stimule la maturation des organes sexuels, le développement et le maintien des caractères sexuels secondaires et la libido.

⑦ L'augmentation des concentrations de testostérone déclenche une boucle de rétro-inhibition qui inhibe la sécrétion de Gn-RH par l'hypothalamus et agit directement sur l'adénohypophyse pour inhiber la libération de FSH et de LH.

⑧ L'**inhibine** est une hormone protéique sécrétée par les épithéliocytes de soutien. La concentration de cette hormone constitue un indicateur de l'état de la spermatogenèse. Lorsque la numération des spermatozoïdes est élevée, la sécrétion d'inhibine augmente, ce qui inhibe directement la libération de FSH par l'adénohypophyse et de Gn-RH

par l'hypothalamus. (L'effet inhibiteur de la testostérone et de l'inhibine sur l'hypothalamus n'est pas illustré à la figure 27.9.) Quand la numération des spermatozoïdes est devenue inférieure à 20 millions par millilitre, la sécrétion d'inhibine baisse fortement et la spermatogenèse reprend.

Comme vous pouvez le constater, la quantité de testostérone et le nombre de spermatozoïdes produits par les testicules reflètent un équilibre entre les trois groupes d'hormones qui forment l'axe hypothalamo-hypophyso-gonadique : (1) la Gn-RH, qui stimule indirectement les testicules par l'intermédiaire de son influence sur la libération de FSH et de LH ; (2) la FSH et la LH, qui stimulent directement les testicules ; (3) les hormones sexuelles (testostérone et inhibine), qui exercent une rétro-inhibition sur l'hypothalamus et l'adénohypophyse. Une fois cet équilibre établi au cours de la puberté (ce processus dure environ trois ans), la quantité de testostérone et de spermatozoïdes produits demeure relativement stable tout au long de la vie.

Parce que l'hypothalamus est également influencé par d'autres régions du cerveau, tout l'axe cérébrotesticulaire est régi par le SNC. En l'absence de Gn-RH, de FSH et de LH, les testicules s'atrophient et la production de spermatozoïdes et de testostérone s'arrête.

Le développement des organes génitaux de l'homme (étudié plus loin dans ce chapitre) dépend de la sécrétion prénatale des hormones mâles. Durant quelques mois après sa naissance, le bébé de sexe masculin présente des concentrations plasmiques de FSH, de LH et de testostérone presque égales à celles du garçon qui est au milieu de la puberté. Peu après, la concentration sanguine de ces hormones diminue et demeure basse tout au long de l'enfance. À l'approche de la puberté, le seuil d'inhibition de l'hypothalamus augmente, et il faut des concentrations de testostérone beaucoup plus élevées pour réprimer la sécrétion de Gn-RH par l'hypothalamus. Plus la sécrétion de Gn-RH augmente, plus les testicules sécrètent de testostérone, mais le seuil d'inhibition de l'hypothalamus continue d'augmenter jusqu'à ce que soit atteint le mode d'interaction hormonale de l'adulte, lequel se manifeste par la présence de spermatozoïdes matures dans le sperme.

Activité de la testostérone : mécanisme et effets

Comme tous les stéroïdes, la testostérone est synthétisée à partir du cholestérol et elle produit ses effets en activant des gènes spécifiques, ce qui fait augmenter la synthèse de certaines protéines dans les cellules cibles. (Voir le chapitre 16 pour une description des mécanismes d'action des stéroïdes.) Dans certaines cellules cibles, la testostérone doit être transformée en un autre stéroïde avant de pouvoir exercer son action. Dans la prostate, la testostérone doit être transformée en dihydrotestostérone (DHT) avant de pouvoir se lier à l'ADN à l'intérieur du noyau. Dans certains neurones du cerveau, la testostérone est convertie en œstradiol, hormone sexuelle femelle, pour produire ses effets stimulants. Ces transformations se produisent souvent en une seule étape enzymatique, car la testostérone et les autres hormones sexuelles possèdent des structures très similaires.

À la puberté, la testostérone provoque le début de la spermatogenèse, mais elle a également de nombreux effets anabolisants dans tout l'organisme (tableau 27.1). Elle cible les organes sexuels annexes – les conduits, les glandes et le pénis –, qui croissent et assurent leurs fonctions adultes. Chez l'homme adulte, la concentration normale de testostérone entretient ces organes : si la testostérone est absente ou pas assez abondante, les organes annexes s'atrophient, le volume du sperme diminue fortement, et l'érection et l'éjaculation deviennent impossibles, causant l'impuissance et la stérilité. Cette situation peut toutefois être corrigée par l'administration de testostérone.

Les **caractères sexuels secondaires** masculins, que les hormones sexuelles mâles (principalement la testostérone) font apparaître dans les organes *non reproducteurs* au moment de la puberté, comprennent l'apparition des poils pubiens, axillaires et faciaux, et l'augmentation de la croissance des poils sur la poitrine (et sur d'autres régions du corps chez certains hommes). Par ailleurs, l'augmentation du volume du larynx entraîne l'abaissement du timbre de la voix. La peau s'épaissit et devient plus grasse (ce qui prédispose le jeune homme à l'acné), les os croissent et leur densité augmente, et les muscles squelettiques sont plus gros et plus lourds. Ces deux derniers effets sont souvent appelés *effets somatiques* de la testostérone (*sôma*: corps). La pilosité faciale est le caractère sexuel secondaire qui apparaît le plus tardivement. La soudure des cartilages épiphysaires et la fin de la croissance du squelette en hauteur se produisent en réponse à l'élévation des concentrations d'œstrogènes à la fin de la puberté, tant chez les garçons que chez les filles. La testostérone accélère la vitesse du métabolisme basal et influe sur le comportement. Elle constitue la base de la pulsion sexuelle (libido) chez les hommes, qu'ils soient hétérosexuels ou homosexuels. Comme nous le verrons plus loin (voir p. 1227), un androgène surrénal, la DHEA, semble jouer un rôle plus important que la testostérone dans le déclenchement de la libido *chez les femmes.*

Chez l'embryon, la présence de testostérone entraîne la masculinisation du cerveau. La testostérone semble aussi continuer d'influer sur la conformation de certaines régions de l'encéphale masculin jusqu'à l'âge adulte, comme le démontrent les différences entre les régions du cerveau qui entrent en jeu dans l'excitation sexuelle des hommes et des femmes (les amygdales, par exemple).

Les testicules ne sont pas la seule source d'androgènes, car les glandes surrénales des hommes et des femmes en sécrètent aussi. Cependant, les quantités relativement petites d'androgènes surrénaliens (5 % de la totalité des androgènes) ne peuvent soutenir les fonctions dépendant de la testostérone si les testicules cessent de produire des androgènes. On peut donc supposer que c'est la production de testostérone par les testicules qui soutient les fonctions de la reproduction chez l'homme. Par ailleurs, le déclenchement de la sécrétion d'androgènes surrénaliens (adrénarche) contribue à l'apparition de la puberté.

VÉRIFIONS NOS ACQUIS

16. Qu'est-ce que l'axe hypothalamo-hypophyso-gonadique ?

17. Comment l'hormone folliculostimulante (FSH) stimule-t-elle indirectement la spermatogenèse ?

18. Nommez les quatre caractères sexuels secondaires qui dépendent de la testostérone.

Les réponses se trouvent à l'appendice G.

Anatomie du système génital de la femme

La femme joue un rôle beaucoup plus complexe que l'homme dans la reproduction. Non seulement son organisme doit-il produire des gamètes, mais il doit aussi se préparer à soutenir un embryon en voie de développement pendant une période d'environ neuf mois. Les **ovaires** sont les *gonades femelles*. À l'instar des testicules, ils ont deux fonctions : ils produisent les gamètes femelles (ovules) et sécrètent les hormones sexuelles femelles, les **œstrogènes** et la **progestérone**. Les œstrogènes comprennent l'*estradiol*, l'*estrone* et l'*estriol*. L'estradiol est l'hormone la plus abondante et celle qui produit le plus d'effets.

Comme le montre la **figure 27.10**, les ovaires et les voies génitales de la femme, qui constituent les **organes génitaux internes**, sont situés à l'intérieur de la cavité pelvienne. Les voies annexes de la femme, depuis les ovaires jusqu'à l'extérieur du corps, sont les *trompes utérines*, l'*utérus* et le *vagin*. Ces voies assurent le transport ou répondent à d'autres besoins des cellules reproductrices et du fœtus en développement. Les autres organes génitaux de la femme sont les **organes génitaux externes**.

Ovaires

10 Décrire la situation, la structure et la fonction des ovaires.

Les ovaires sont des organes pairs situés de part et d'autre de l'utérus (figure 27.10). Ils ont la forme d'amandes, mais sont deux fois plus gros ; leur plus grand axe mesure environ 4 cm. Chaque ovaire est maintenu en place par plusieurs ligaments dans la fourche des vaisseaux sanguins iliaques à l'intérieur de la cavité péritonéale : le **ligament propre de l'ovaire** fixe l'ovaire à l'utérus ; le **ligament suspenseur de l'ovaire** fixe l'ovaire à la paroi du bassin ; le **mésovarium** suspend l'ovaire entre l'utérus et la paroi du bassin (figures 27.10 et 27.12a). Le ligament suspenseur de l'ovaire et le mésovarium font partie du **ligament large de l'utérus**, repli du péritoine qui recouvre l'utérus et soutient les trompes, l'utérus et le vagin. Le ligament propre de l'ovaire est situé à l'intérieur du ligament large de l'utérus.

Les ovaires sont irrigués par les **artères ovariques**, qui sont des branches de l'aorte abdominale (voir la figure 19.24c), et par une *branche des artères utérines*. Le sang de l'ovaire droit retourne au cœur par la veine ovarique droite, qui se jette directement dans la veine cave inférieure, alors que le sang de l'ovaire gauche retourne au cœur par la veine ovarique gauche, qui se jette dans la veine rénale gauche ; cette caractéristique peut avoir une certaine importance sur le plan clinique lors de la grossesse. Les vaisseaux ovariens passent dans les ligaments

27

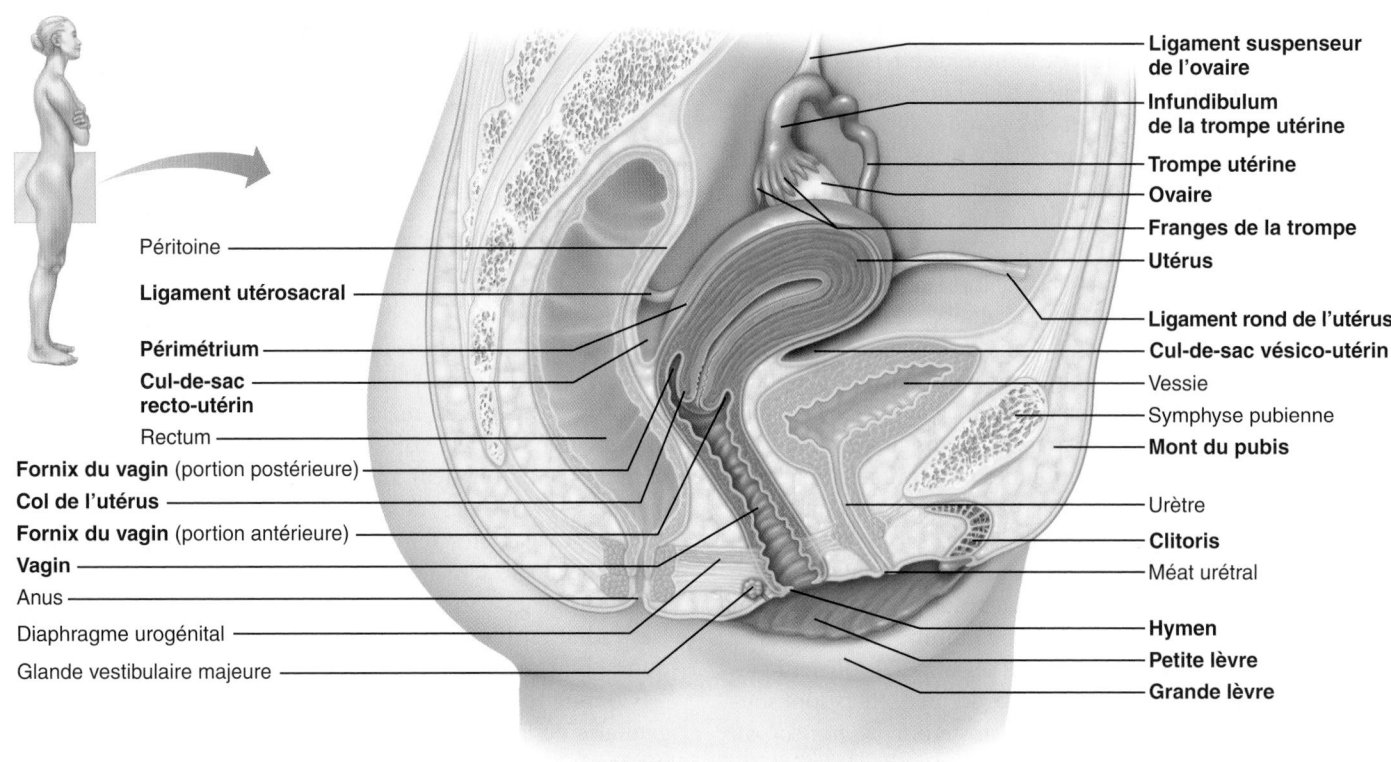

Péritoine

Ligament utérosacral

Périmétrium

Cul-de-sac recto-utérin

Rectum

Fornix du vagin (portion postérieure)

Col de l'utérus

Fornix du vagin (portion antérieure)

Vagin

Anus

Diaphragme urogénital

Glande vestibulaire majeure

Ligament suspenseur de l'ovaire

Infundibulum de la trompe utérine

Trompe utérine

Ovaire

Franges de la trompe

Utérus

Ligament rond de l'utérus

Cul-de-sac vésico-utérin

Vessie

Symphyse pubienne

Mont du pubis

Urètre

Clitoris

Méat urétral

Hymen

Petite lèvre

Grande lèvre

Figure 27.10 **Organes génitaux internes de la femme, coupe sagittale médiane.**

suspenseurs et dans les mésovariums pour atteindre les ovaires (figure 27.12a).

Comme celle du testicule, la face externe de l'ovaire est entourée d'une **albuginée** fibreuse **(figure 27.11a)**. L'albuginée est elle-même recouverte extérieurement d'une couche de cellules épithéliales cuboïdes appelée *épithélium germinatif,* qui se continue avec l'épithélium péritonéal. L'ovaire est également constitué d'un cortex, qui renferme les gamètes en voie de formation, et d'une médulla plus profonde, qui contient les nerfs et les vaisseaux sanguins principaux, mais les limites de ces deux régions sont mal définies.

Les **follicules ovariques** sont de petites structures sacciformes enfouies dans le tissu conjonctif très vascularisé du cortex de l'ovaire. Chaque follicule est formé d'un œuf immature, appelé **ovocyte** (*ovum*: œuf), enveloppé d'une ou de plusieurs couches de cellules bien différentes. Ces cellules sont appelées **cellules folliculaires** s'il n'y en a qu'une couche et **cellules granuleuses** s'il en existe plusieurs (elles constituent alors le **stratum granulosum du follicule ovarique**). La structure du follicule change à mesure que sa maturation progresse (figure 27.11a). Dans un **follicule ovarique primordial**, une seule couche de cellules folliculaires squameuses entoure l'ovocyte.

Le **follicule ovarique primaire** présente une seule couche de cellules folliculaires cuboïdes ou prismatiques autour de son ovocyte.

Le **follicule ovarique secondaire** se forme lorsque deux ou plusieurs couches de cellules granuleuses entourent l'ovocyte.

Un **follicule ovarique secondaire mûr** se forme lorsque de petits espaces remplis de liquide apparaissent entre les cellules granuleuses.

Le **follicule ovarique mûr ou vésiculaire**, ou **follicule de De Graaf** ou **follicule tertiaire**, se forme lorsque les poches remplies de liquide se réunissent pour former une cavité centrale remplie de liquide, l'*antrum folliculaire*. Le liquide de l'antrum contient des protéines synthétisées par les cellules granuleuses et diverses substances – dont certaines hormones telles que les œstrogènes – issues des capillaires de la thèque interne (enveloppe conjonctive dont nous reparlerons plus loin). À ce stade, le follicule s'étend de la partie la plus profonde du cortex de l'ovaire et fait saillie à la surface de l'ovaire (figure 27.11). L'ovocyte du follicule ovarique mûr est «assis» sur une tige de cellules granuleuses située d'un côté de l'antrum folliculaire.

Chaque mois, chez la femme en âge de procréer, un des follicules mûrs éjecte son ovocyte de l'ovaire: c'est l'*ovulation* (figure 27.18). Après l'ovulation, les cellules granuleuses et celles de la thèque interne du follicule rompu se transforment, et le follicule devient une structure glandulaire d'aspect très différent appelée **corps jaune** (à cause de la couleur d'un pigment contenu dans ses cellules), qui finit par dégénérer (figure 27.11a). En général, on peut observer la plupart de ces structures à l'intérieur du même ovaire. Chez la femme plus âgée, la surface des

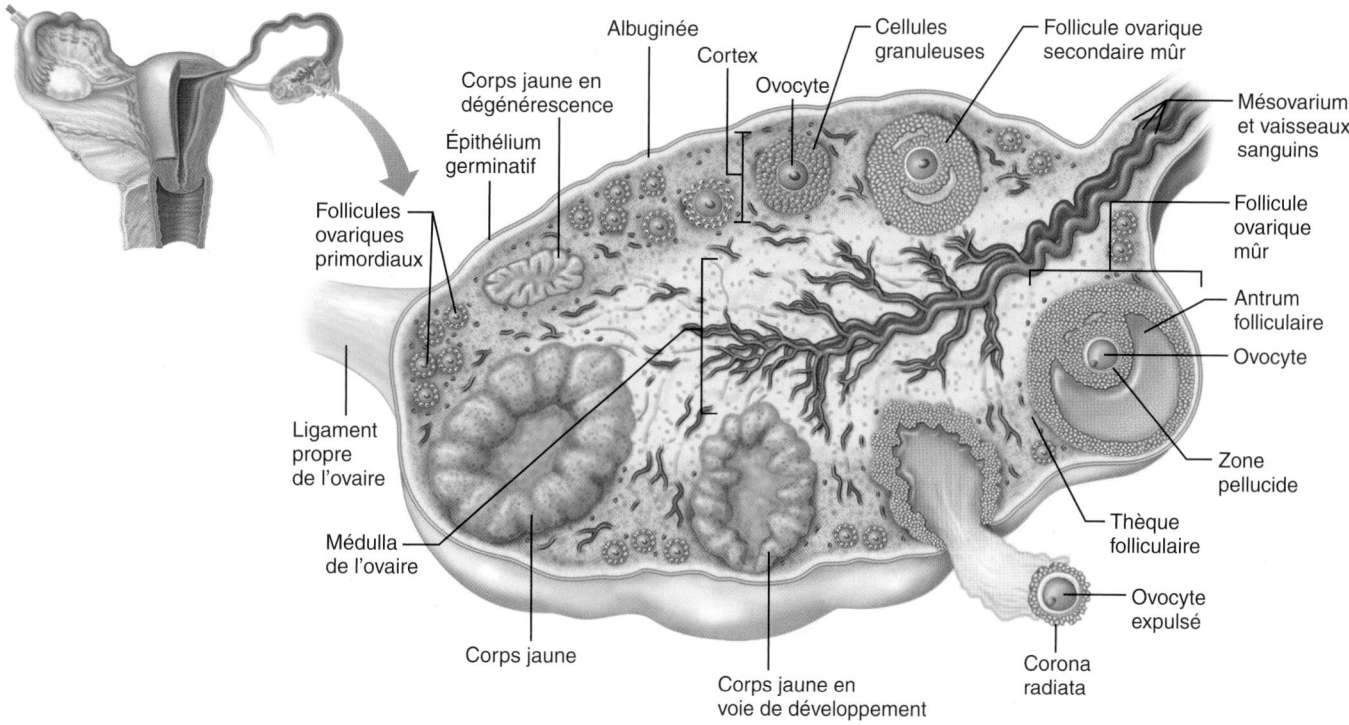

(a) Illustration d'un ovaire qui a été sectionné pour montrer les follicules situés à l'intérieur

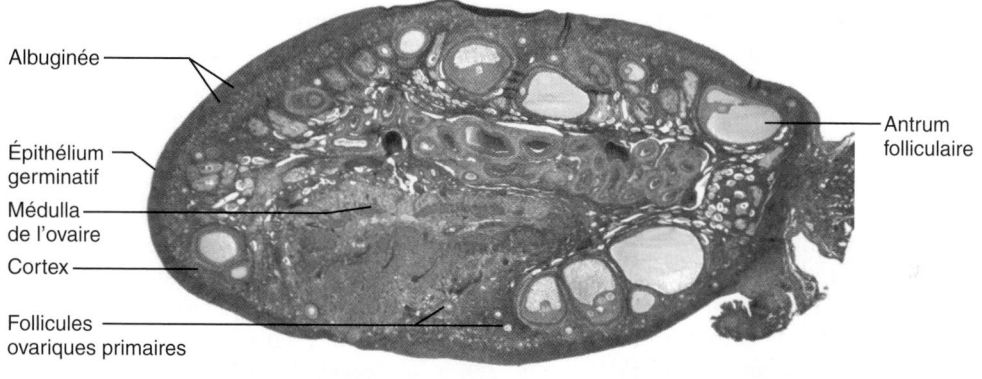

(b) Photomicrographie de l'ovaire d'un mammifère montrant les follicules
à différents stades de développement

Figure 27.11 **Structure d'un ovaire. (a)** Illustration. Notez que l'ovaire ne renferme pas toutes ces structures au même moment. **(b)** Photomicrographie (4×).

ovaires porte des cicatrices qui montrent que de nombreux ovocytes ont été libérés.

VÉRIFIONS NOS ACQUIS

19. Nommez succinctement les organes génitaux de la femme.

20. Quels sont les deux rôles des ovaires?

21. Quelle est la différence entre un follicule ovarique primaire et un follicule ovarique secondaire? Entre un follicule ovarique primaire et un follicule ovarique mûr?

Les réponses se trouvent à l'appendice G.

Voies génitales de la femme

11 Décrire la situation, la structure et les fonctions de chacun des organes des voies génitales de la femme.

Au contraire des voies génitales de l'homme, qui communiquent directement avec les tubules séminifères contournés des testicules, les voies génitales de la femme sont peu en contact avec les ovaires, ou ne le sont pas du tout. Au moment de l'ovulation, l'ovocyte est éjecté dans la cavité péritonéale, où certains se perdent définitivement.

27

Trompes utérines

Les **trompes utérines**, aussi appelées *trompes de Fallope*, forment la portion initiale des voies génitales de la femme (figures 27.10 et 27.12a). Une trompe utérine capte l'ovocyte après l'ovulation et c'est dans ce conduit que se produit généralement la fécondation. Chaque trompe mesure environ 10 cm de long et s'étend vers le plan médian à partir de la région de l'ovaire. Un segment aminci, l'**isthme de la trompe utérine**, s'ouvre sur la région supérolatérale de l'utérus. La partie distale de chaque trompe s'élargit et s'enroule autour de l'ovaire, formant ainsi l'**ampoule de la trompe utérine**; la fécondation a lieu habituellement dans cette région. L'ampoule se termine à l'**infundibulum de la trompe utérine**, une structure ouverte en forme d'entonnoir qui porte des projections ciliées digitiformes appelées **franges de la trompe**, qui s'étendent vers l'ovaire.

Dans la période de l'ovulation, la trompe utérine exécute des mouvements compliqués pour capturer les ovocytes. Elle s'incline pour couvrir l'ovaire pendant que les franges se déploient et balaient la surface de l'ovaire (elles peuvent même réussir à recueillir un ovule fécondé tombé dans la cavité abdominale). Les cils situés sur les franges créent alors dans le liquide péritonéal des courants qui attirent l'ovocyte dans la trompe. L'ovocyte peut à ce moment commencer son voyage vers l'utérus.

La trompe utérine contient des couches de tissu musculaire lisse, et sa muqueuse, pleine de replis, est composée d'un épithélium simple prismatique dont certaines cellules sont ciliées. L'ovocyte (puis le zygote – ovule fécondé) peut avancer vers l'utérus grâce au péristaltisme et aux battements rythmiques des cils. Les cellules non ciliées de la muqueuse possèdent beaucoup de microvillosités et produisent une sécrétion qui humidifie et nourrit l'ovocyte (et les spermatozoïdes, le cas échéant).

Les trompes utérines sont recouvertes par le péritoine viscéral et soutenues sur toute leur longueur par un court méso* (faisant partie du ligament large) appelé **mésosalpinx**. Ce mot signifie littéralement « méso de la trompette » – une allusion à la forme de la trompe utérine qu'il soutient **(figure 27.12a)**.

DÉSÉQUILIBRE HOMÉOSTATIQUE

Le fait que les trompes utérines ne sont pas reliées directement aux ovaires expose la femme à certains risques, notamment le risque de *grossesse ectopique*. Lors d'une telle grossesse, un ovocyte fécondé dans la cavité péritonéale ou dans la partie distale de la trompe utérine s'y implante et s'y développe, plutôt que dans l'utérus. Comme la trompe n'est pas assez volumineuse ni suffisamment irriguée pour mener la grossesse à terme, ce type de grossesse se termine habituellement par un avortement spontané qui s'accompagne d'une hémorragie abondante.

Par ailleurs, l'existence d'un espace entre les trompes et les ovaires accroît le risque de propagation des infections des voies génitales dans la cavité péritonéale. Le gonocoque et les bactéries responsables d'autres infections transmissibles sexuellement atteignent parfois la cavité péritonéale par cette voie. Ils causent alors une inflammation extrêmement grave, parfois mortelle, appelée **atteinte inflammatoire pelvienne**. Cette inflammation doit être traitée sans délai à l'aide d'antibiotiques notamment afin d'éviter la formation de cicatrices dans les trompes et sur les ovaires, et de prévenir ainsi la stérilité. De fait, les cicatrices et le rétrécissement des trompes utérines, qui ont à certains endroits un diamètre interne de l'épaisseur d'un cheveu, constituent une des principales causes de l'infertilité féminine. ■

Utérus

L'**utérus** est situé dans le bassin, entre le rectum et la base de la vessie (figures 27.10 et 27.12). Il s'agit d'un organe creux et musculeux, aux parois épaisses, destiné à accueillir, à héberger et à nourrir l'ovule fécondé. Chez la femme fertile qui n'a jamais été enceinte, il a à peu près la forme et la grosseur d'une poire renversée; il peut cependant être deux fois plus gros chez les femmes qui ont eu des enfants. L'utérus est normalement fléchi vers l'avant à l'endroit où il s'unit au vagin (figure 27.10); on dit qu'il est en *antéversion*. Chez les femmes d'un certain âge, il est souvent fléchi vers l'arrière, c'est-à-dire en *rétroversion*.

La partie la plus volumineuse de l'utérus est son **corps** (figures 27.10 et 27.12). La partie arrondie située au-dessus du point d'insertion des trompes est le **fundus de l'utérus** et la partie légèrement rétrécie entre le col et le corps, l'*isthme de l'utérus*. Le **col de l'utérus**, plus étroit, constitue l'orifice de l'utérus. Il fait saillie dans le vagin, localisé plus bas.

La cavité du col est le **canal du col utérin**, ou canal endocervical, qui communique avec le vagin par l'*orifice externe* (*ostium externe*) et avec le corps de l'utérus par l'*orifice interne* (*ostium interne*). La muqueuse du canal du col utérin contient les *glandes cervicales de l'utérus*. Ces glandes sécrètent un mucus qui remplit le canal du col utérin et recouvre l'orifice externe du col, probablement pour empêcher les bactéries présentes dans le vagin de s'introduire dans l'utérus. Le mucus cervical bloque également la pénétration des spermatozoïdes, sauf au milieu du cycle menstruel, où sa consistance moins visqueuse leur permet de franchir le col.

DÉSÉQUILIBRE HOMÉOSTATIQUE

Chaque année, le cancer du col de l'utérus touche environ 450 000 femmes dans le monde et la moitié en meurt. Au Canada, il représente le deuxième type de cancer le plus courant chez les femmes de 20 à 44 ans. Tous les ans, il atteint près de 300 Québécoises et de 1000 Françaises. Les facteurs de risque sont les inflammations du col à répétition, les infections transmissibles sexuellement (y compris le condylome acuminé) et les grossesses répétées. Les cellules cancéreuses apparaissent dans l'épithélium qui recouvre l'extrémité du col.

La *cytologie vaginale*, aussi appelée test de Papanicolaou ou test Pap, qui consiste à examiner des cellules prélevées à la surface du col, est le meilleur moyen de dépister ce cancer d'évolution lente. On conseille aux femmes de subir une cytologie vaginale chaque année jusqu'à l'âge de 70 ans, et de cesser ensuite si aucune anomalie n'a été décelée au cours des 10 dernières

---

* Un méso est une structure conjonctive (repli du péritoine) qui unit un organe à la paroi du corps.

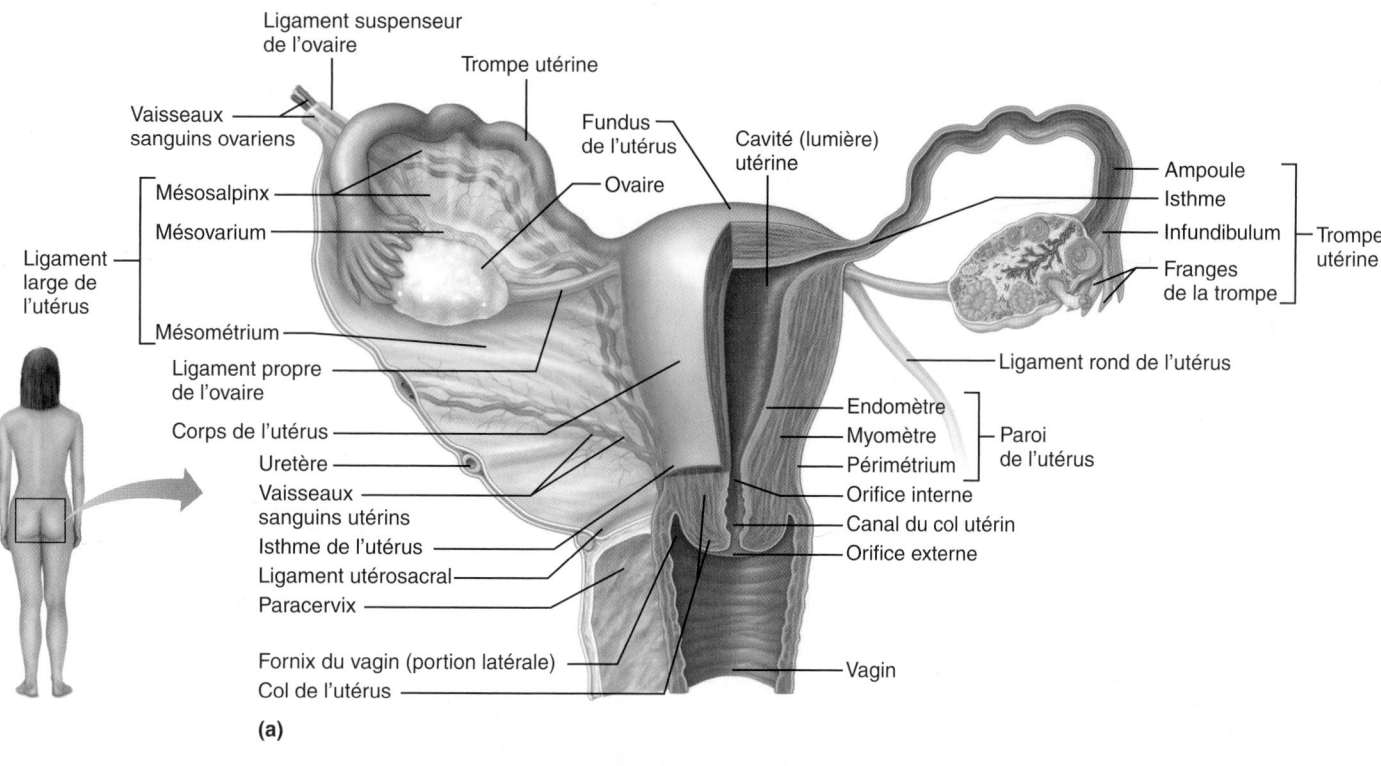

(a)

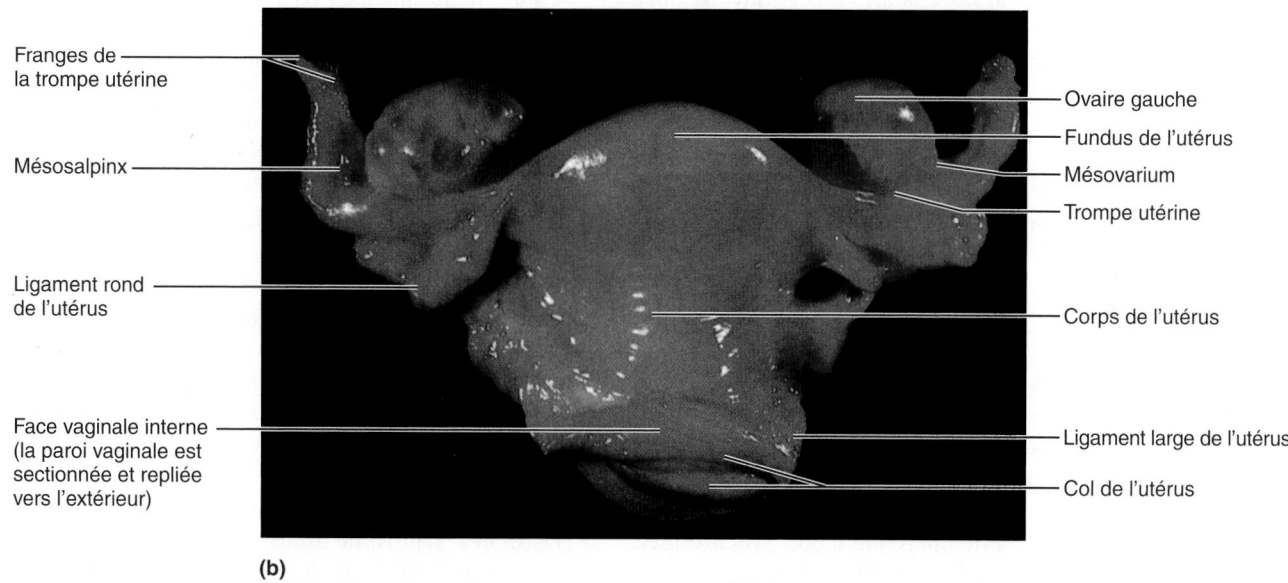

(b)

Figure 27.12 Organes génitaux internes de la femme. (a) Vue postérieure des organes génitaux de la femme. Les parois postérieures du vagin, de l'utérus et des trompes utérines ainsi que le ligament large (repli péritonéal) ont été retirés du côté droit pour montrer la forme de la lumière de ces organes. **(b)** Vue antérieure des organes génitaux internes d'un cadavre de sexe féminin.

27

années. Si l'examen n'est pas concluant, on peut, à partir du même prélèvement ou d'un échantillon de sang, rechercher la présence de papillomavirus, ou VPH (la principale cause du cancer du col). C'est probablement grâce à ces mesures de prévention que l'incidence de ce cancer a fortement diminué dans plusieurs pays. Par exemple, en France, cette baisse est de l'ordre de 30 % depuis 1980. Depuis quelques années, le vaccin Gardasil,

administré en trois doses, fournit une protection contre les cancers du col causés par le VPH. Il s'agit du plus récent vaccin qui a été ajouté au calendrier de vaccination officiel des enfants. On le recommande pour toutes les filles de 11 et de 12 ans, même s'il peut être administré dès l'âge de 9 ans. Chez les filles n'ayant jamais été en contact avec le VPH, le vaccin protège contre quatre types précis de VPH, dont deux sont responsables de 70 % des cancers de l'utérus. Une centaine d'autres types existent, mais ils sont bénins pour la plupart. ∎

Soutiens de l'utérus L'utérus est soutenu latéralement par le **mésométrium** du ligament large (figure 27.12a). Plus bas, le **paracervix**, ou ligament cervical transverse, s'étend du col et du haut du vagin jusqu'à la paroi latérale du bassin, et les **ligaments utérosacraux** attachent l'utérus au sacrum. L'utérus est fixé à la paroi antérieure du corps par des ligaments fibreux, les **ligaments ronds de l'utérus**, qui passent dans les canaux inguinaux pour s'attacher aux tissus sous-cutanés des grandes lèvres. L'ensemble de ces ligaments laisse une assez grande mobilité à l'utérus, dont la position change chaque fois que le rectum et la vessie se remplissent et se vident.

⚖ DÉSÉQUILIBRE HOMÉOSTATIQUE

L'utérus est supporté par ces nombreux ligaments, mais ce sont surtout les muscles du plancher pelvien qui le soutiennent, c'est-à-dire les muscles du diaphragme urogénital et du diaphragme pelvien (voir le tableau 10.7, p. 394). Ces muscles subissent parfois des déchirures lors de l'accouchement. Si tel est le cas, l'utérus mal soutenu peut descendre dans le bassin jusqu'à ce que l'extrémité du col utérin fasse saillie dans l'orifice vaginal externe. Ce problème, appelé **prolapsus utérin** (*pro*: avant; *labi*: tombé), peut être corrigé par des exercices ou par l'installation de dispositifs autour du col de l'utérus. ∎

Les ondulations du péritoine forment des diverticules appelés culs-de-sac. Les deux culs-de-sac les plus importants sont le *cul-de-sac vésico-utérin*, situé entre la vessie et l'utérus, et le *cul-de-sac recto-utérin*, localisé entre le rectum et l'utérus (figure 27.10).

Paroi utérine La paroi de l'utérus est constituée de trois couches de tissus (figure 27.12a). Le **périmétrium**, la tunique séreuse incomplète, est une portion du péritoine viscéral. Le **myomètre** («muscle de l'utérus») est l'épaisse couche moyenne formée de faisceaux entrecroisés de tissu musculaire lisse de type unitaire dans lequel les myocytes présentent entre eux des jonctions ouvertes permettant une contraction synchronisée de l'ensemble du muscle (voir la figure 9.28). Le myomètre se contracte de façon rythmique durant l'accouchement pour expulser le bébé du corps de la mère. La tunique muqueuse de la cavité utérine est l'**endomètre** (figure 27.13), composé d'un épithélium simple prismatique uni à un épais stroma. Quand il y a fécondation, le jeune embryon s'enfouit dans l'endomètre (s'implante) et reste là durant son développement.

L'endomètre comprend deux couches. La **couche fonctionnelle** subit des modifications cycliques en réponse aux concentrations sanguines d'hormones ovariennes; c'est elle qui se desquame au cours de la menstruation (tous les 28 jours environ.) La **couche basale**, plus mince et plus profonde, élabore une nouvelle couche fonctionnelle après la fin de la menstruation. Elle n'est pas influencée par les hormones ovariennes. L'endomètre possède un grand nombre de *glandes utérines*

dont la longueur change selon les variations de son épaisseur au cours du cycle menstruel.

Pour comprendre les modifications cycliques de l'endomètre (détaillées plus loin dans ce chapitre), il est essentiel de bien connaître l'irrigation sanguine de l'utérus. Les **artères utérines** naissent des *artères iliaques internes* dans le bassin, remontent en longeant les côtés de l'utérus et se ramifient dans la paroi du corps de l'utérus (figures 27.12a et 27.13b). Ces ramifications se divisent pour former la *couche vasculaire du myomètre*. Certaines des branches qui émanent de ces artères irriguent le myomètre et d'autres se rendent dans l'endomètre, où elles donnent naissance aux artères droites et aux artères spiralées. Les **artères droites** irriguent la couche basale; les **artères spiralées** irriguent les lits capillaires de la couche fonctionnelle. Les artères spiralées dégénèrent et se régénèrent périodiquement, et ce sont en fait leurs spasmes qui provoquent la desquamation de la couche fonctionnelle au cours de la menstruation. Les veines de l'endomètre ont des parois minces et forment un réseau étendu doté de quelques sinus.

Vagin

Le **vagin** est un tube à paroi mince mesurant de 8 à 10 cm de long. Il est localisé entre la vessie et le rectum et s'étend du col de l'utérus jusqu'à l'extérieur du corps au niveau de la vulve (figure 27.10). L'urètre est fixé à sa paroi antérieure. Le vagin permet la sortie du bébé pendant l'accouchement ainsi que l'écoulement du flux menstruel. Il constitue également l'*organe de la copulation* chez la femme, puisqu'il reçoit le pénis (et le sperme) au cours des rapports sexuels.

La paroi extensible du vagin comprend trois couches: l'*adventice*, la couche fibroélastique externe; la *musculeuse*, formée de muscle lisse; et la *muqueuse*, dotée de plis transversaux appelés *rides du vagin*, ou crêtes vaginales, qui stimulent le pénis au cours des rapports sexuels. La muqueuse est composée d'un épithélium stratifié squameux non kératinisé capable de supporter la friction. Certaines des cellules de cette muqueuse (*cellules dendritiques*) agissent comme cellules présentatrices d'antigènes, et on pense qu'elles constituent une voie de transmission du virus de l'immunodéficience humaine (VIH) lors de rapports sexuels avec un homme séropositif. (Le SIDA – syndrome d'immunodéficience acquise causé par le VIH – est décrit au chapitre 21.)

La muqueuse vaginale ne possède pas de glandes; elle est lubrifiée par les glandes vestibulaires et par le transsudat de mucus qui s'écoule des parois du vagin. Ses cellules épithéliales libèrent de grandes quantités de glycogène, que les bactéries résidentes du vagin transforment en acide lactique au cours d'un métabolisme anaérobie. C'est pourquoi le pH du vagin est normalement assez acide. Cette acidité protège le vagin contre les infections, mais elle est également nocive pour les spermatozoïdes. (Les sécrétions des glandes bulbo-urétrales contribuent cependant à neutraliser l'acidité du vagin au moment des rapports sexuels.) Les sécrétions vaginales de la femme *adulte* sont acides, mais celles de l'adolescente ont tendance à être alcalines, ce qui prédispose celle-ci aux infections transmissibles sexuellement.

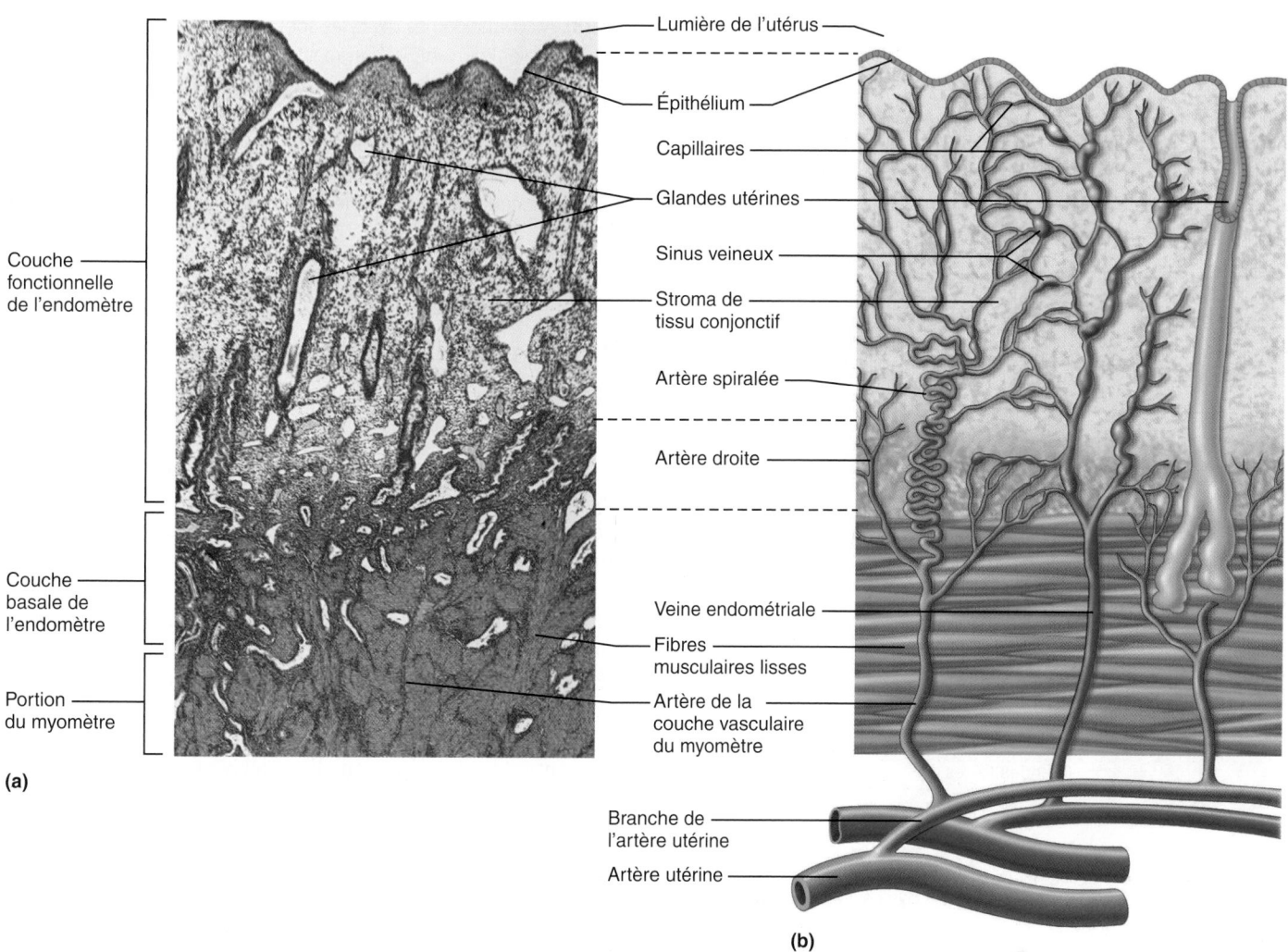

Figure 27.13 Structure et irrigation sanguine de l'endomètre. (a) Photomicrographie de l'endomètre en coupe longitudinale, montrant sa couche fonctionnelle et sa couche basale (40×). **(b)** Représentation schématique de l'endomètre, montrant les artères droites qui irriguent la couche basale et les artères spiralées qui irriguent la couche fonctionnelle. Les veines aux parois minces et les sinus veineux sont également représentés.

Près de l'**orifice vaginal**, la muqueuse forme une cloison incomplète appelée **hymen** (dieu grec du mariage) **(figure 27.14a)**. L'hymen est très vascularisé et saigne souvent lorsqu'il est rompu au cours du tout premier coït (rapport sexuel). La résistance de l'hymen varie : il se rompt parfois durant la pratique d'un sport, lors de l'insertion d'un tampon périodique ou durant un examen des organes pelviens. Par contre, l'hymen peut être si épais qu'il rend le coït impossible ; on doit alors l'inciser au cours d'une intervention chirurgicale.

La partie supérieure du vagin entoure lâchement le col de l'utérus, formant ainsi un repli vaginal appelé **fornix du vagin**. La partie postérieure de ce repli est beaucoup plus profonde que les parties antérieure et latérale (figures 27.10 et 27.12a). En général, la lumière du vagin est très petite, et, sauf à l'endroit où le col les écarte, ses parois antérieure et postérieure se touchent. Le vagin s'étire considérablement au cours

du coït et de l'accouchement, mais son étirement latéral est limité par les épines ischiatiques et les ligaments sacroépineux.

DÉSÉQUILIBRE HOMÉOSTATIQUE

L'utérus est incliné par rapport au vagin. Par conséquent, une personne inexpérimentée qui tenterait de provoquer un avortement en introduisant un instrument chirurgical dans l'utérus risquerait de percer la paroi postérieure du vagin, ce qui causerait une hémorragie et, si l'instrument n'est pas stérile, une péritonite. ■

VÉRIFIONS NOS ACQUIS

22. Expliquez pourquoi les femmes sont plus susceptibles de contracter une atteinte inflammatoire pelvienne.

27

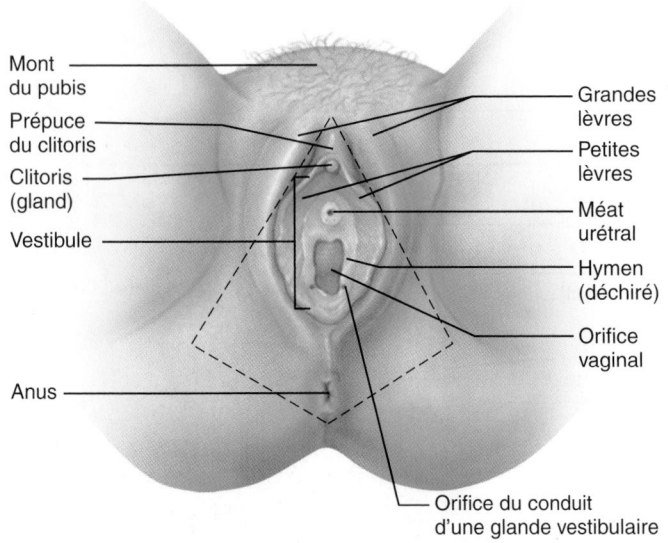

Mont du pubis

Prépuce du clitoris

Clitoris (gland)

Vestibule

Anus

Grandes lèvres

Petites lèvres

Méat urétral

Hymen (déchiré)

Orifice vaginal

Orifice du conduit d'une glande vestibulaire

(a)

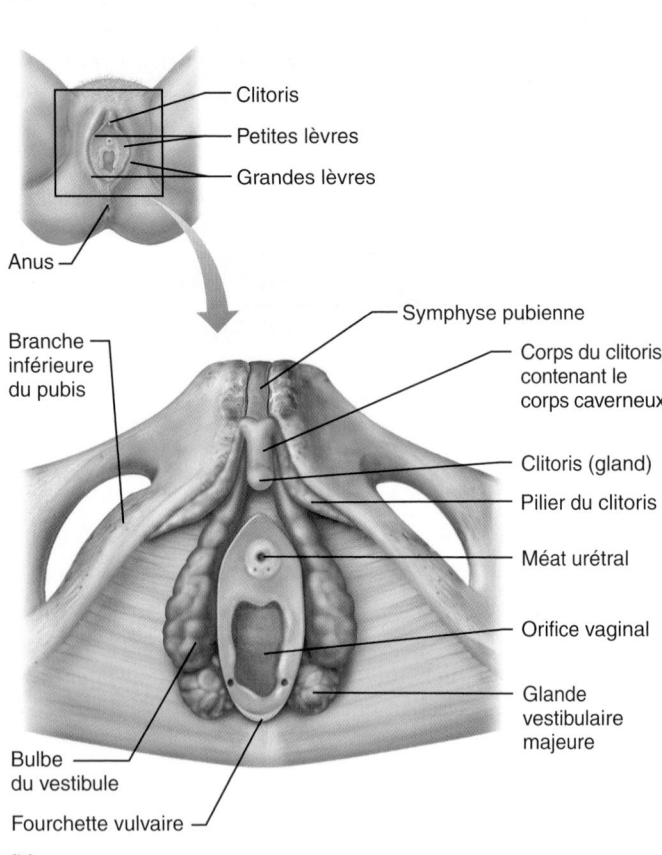

Clitoris

Petites lèvres

Grandes lèvres

Anus

Branche inférieure du pubis

Symphyse pubienne

Corps du clitoris, contenant le corps caverneux

Clitoris (gland)

Pilier du clitoris

Méat urétral

Orifice vaginal

Glande vestibulaire majeure

Bulbe du vestibule

Fourchette vulvaire

27

(b)

Figure 27.14 Organes génitaux externes (vulve) de la femme. (a) Structures superficielles. Les lignes en pointillé délimitent le périnée. **(b)** Structures profondes. Les grandes lèvres et la peau qui leur est associée ont été retirées pour montrer les corps érectiles sous-jacents. Pour connaître les muscles superficiels correspondants, voir la figure 10.12.

23. À l'ovulation, les ovocytes sont éjectés dans la cavité péritonéale. Pourtant, les femmes deviennent enceintes. Quelle action des trompes utérines contribue à diriger les ovocytes dans les voies génitales de la femme ?

24. Quelle portion des voies génitales de la femme est habituellement le siège de la fécondation ? Laquelle sert d'incubateur pendant le développement du fœtus ?

Les réponses se trouvent à l'appendice G.

Organes génitaux externes et périnée

12 Énumérer et situer les organes composant la vulve ; préciser la structure et les fonctions de chacun.

Les organes génitaux situés à l'extérieur du vagin sont appelés *organes génitaux externes*, ou **vulve** (figure 27.14). La vulve se compose du mont du pubis, des lèvres, du clitoris et des structures du vestibule.

Le **mont du pubis**, ou *mont de Vénus*, est une région adipeuse arrondie qui recouvre la symphyse pubienne. Après la puberté, cette région est recouverte de poils. Deux replis de peau adipeuse portant également des poils s'étendent vers l'arrière à partir du mont du pubis : ce sont les **grandes lèvres**. Les grandes lèvres sont les homologues du scrotum de l'homme (c'est-à-dire qu'elles dérivent du même tissu embryonnaire). Les grandes lèvres entourent les **petites lèvres**, deux replis de peau mince, délicate et dépourvue de poils.

Homologues de la face antérieure du pénis, les petites lèvres délimitent une fossette appelée **vestibule**, qui contient le méat urétral à l'avant et l'orifice vaginal vers l'arrière. De part et d'autre de l'orifice vaginal, on trouve des glandes de la grosseur d'un pois, les **glandes vestibulaires majeures**, ou *glandes de Bartholin*, qui sont les homologues des glandes bulbo-urétrales de l'homme (figure 27.14b). Ces glandes s'ouvrent de chaque côté de l'orifice vaginal et sécrètent dans le vestibule un mucus qui l'humidifie et le lubrifie, ce qui facilite le coït. Il existe aussi des glandes vestibulaires mineures, qui jouent le même rôle. À l'extrémité postérieure du vestibule, les petites lèvres se joignent pour former une arête appelée **fourchette**.

Le **clitoris** est situé juste devant le vestibule. Le clitoris est une petite structure saillante, composée essentiellement de tissu érectile et homologue du pénis de l'homme. Sa partie exposée est appelée **gland du clitoris**. Il est recouvert du **prépuce du clitoris**, formé par l'union des petites lèvres.

Le clitoris (en particulier le gland) est richement innervé par des terminaisons sensitives sensibles au toucher, et la stimulation tactile le fait gonfler de sang et entrer en érection ; ce phénomène contribue à l'excitation sexuelle chez la femme. À l'instar du pénis, le clitoris possède des corps érectiles postérieurs (corps caverneux) fixés par un pilier, mais il n'a pas de corps spongieux.

Chez l'homme, l'urètre transporte l'urine et le sperme et passe à l'intérieur du pénis. Les voies urinaires et génitales de la femme sont au contraire complètement séparées. Par ailleurs, les **bulbes du vestibule** (figure 27.14b), situés de chaque côté de l'orifice vaginal et sous les muscles bulbospongieux, sont les homologues du bulbe unique du pénis et du corps spongieux de l'homme. Au cours de la stimulation sexuelle, les bulbes du vestibule se gorgent de sang. Cet engorgement contribue à enserrer le pénis dans le vagin et à garder le méat urétral fermé, ce qui empêche le sperme (et les bactéries) de remonter dans la vessie pendant un rapport sexuel.

Le **périnée** de la femme est une région en forme de losange située entre l'arcade pubienne à l'avant, le coccyx à l'arrière et les tubérosités ischiatiques de chaque côté (figure 27.14a). Les tissus mous du périnée sont sus-jacents aux muscles du détroit inférieur du bassin ; les extrémités postérieures des grandes lèvres sont sus-jacentes au *centre tendineux du périnée*, où s'insèrent la majorité des muscles qui soutiennent le plancher pelvien (voir le tableau 10.7, p. 394). Lors d'un accouchement, il s'avère parfois nécessaire d'effectuer une incision du périnée appelée épisiotomie, qui est décrite à la page 1266.

VÉRIFIONS NOS ACQUIS

25. Quel est l'homologue chez la femme des glandes bulbo-urétrales de l'homme ?

26. Donnez les différences et les similitudes entre le pénis et le clitoris.

Les réponses se trouvent à l'appendice G.

Glandes mammaires

13 Présenter la structure et la fonction des glandes mammaires ; expliquer les causes possibles et les différents traitements du cancer du sein.

Les **glandes mammaires** sont présentes chez les deux sexes, mais elles sont fonctionnelles seulement chez les femmes (figure 27.15). Comme le rôle biologique des glandes mammaires est de produire du lait pour nourrir le bébé, leur rôle commence quand la reproduction a déjà été accomplie.

Au point de vue du développement, les glandes mammaires sont des glandes exocrines apparentées aux glandes sudoripares et elles font en réalité partie de la *peau*, ou *système tégumentaire*. Chaque glande mammaire est localisée dans l'hypoderme d'un sein, structure arrondie recouverte de peau située devant les muscles pectoraux du thorax. Légèrement au-dessous du

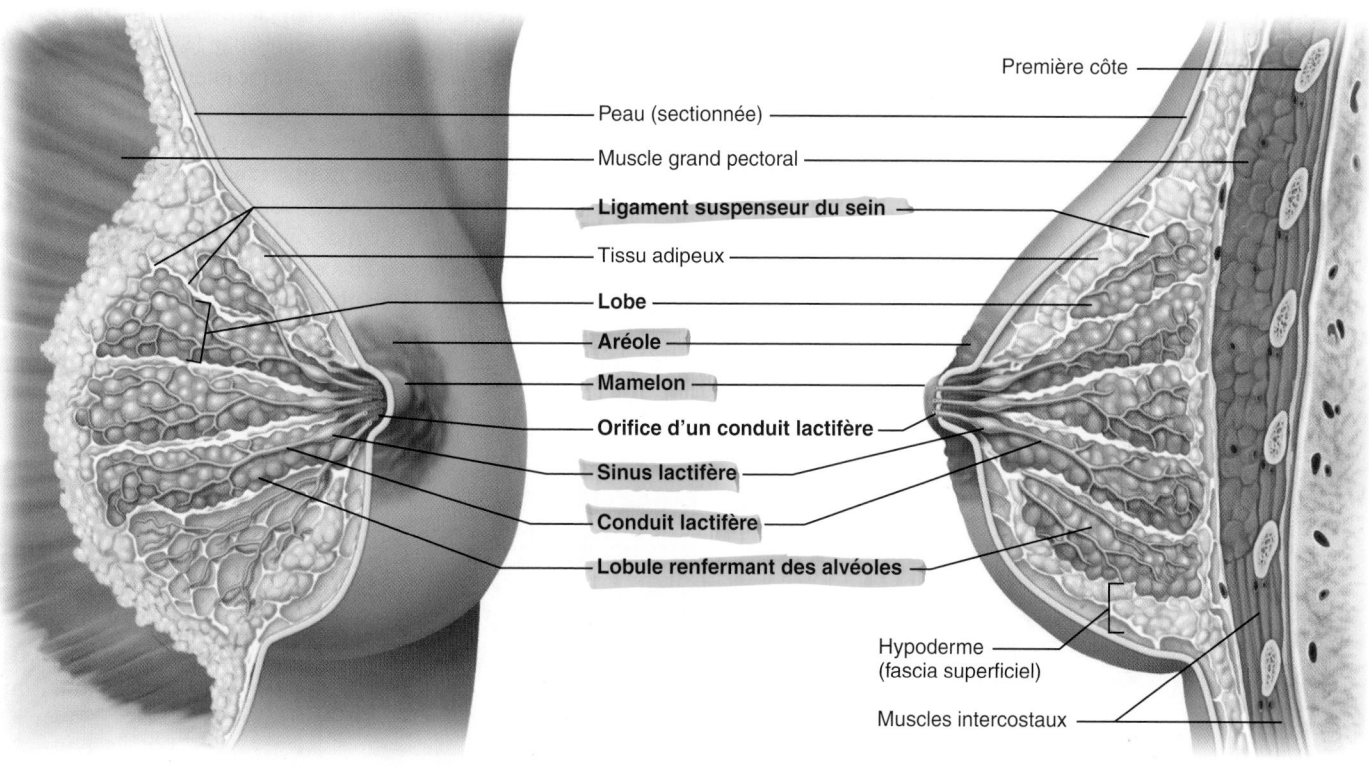

Première côte

Peau (sectionnée)

Muscle grand pectoral

Ligament suspenseur du sein

Tissu adipeux

Lobe

Aréole

Mamelon

Orifice d'un conduit lactifère

Sinus lactifère

Conduit lactifère

Lobule renfermant des alvéoles

Hypoderme (fascia superficiel)

Muscles intercostaux

(a)

(b)

Figure 27.15   Structure de la glande mammaire en période de lactation.
(a) Vue antérieure d'un sein partiellement disséqué. **(b)** Coupe sagittale d'un sein.

centre de chaque sein, un cercle de peau pigmentée appelé **aréole mammaire** entoure une protubérance centrale, le **mamelon**. La surface de l'aréole est bosselée à cause de la présence de grosses glandes sébacées, qui sécrètent du sébum pour prévenir l'apparition de gerçures sur l'aréole et le mamelon au cours de l'allaitement. Le système nerveux autonome régit les fibres musculaires lisses de l'aréole et du mamelon : il provoque l'érection du mamelon lorsque celui-ci reçoit des stimulus tactiles ou sexuels, ou qu'il est exposé au froid.

Chaque glande mammaire se compose de 15 à 25 **lobes** disposés en rayons autour de l'aréole et débouchant dans le mamelon. Les lobes sont coussinés et séparés les uns des autres par du tissu conjonctif dense et du tissu adipeux. Le tissu conjonctif interlobaire forme les **ligaments suspenseurs du sein**, qui fixent le sein au fascia musculaire sous-jacent et au derme susjacent. Les ligaments suspenseurs du sein constituent une sorte de soutien-gorge naturel.

Les lobes se divisent en unités plus petites appelées **lobules**, qui renferment les **alvéoles** de tissu glandulaire produisant le lait chez la femme qui allaite. Ces glandes composées alvéolaires sécrètent le lait dans les **conduits lactifères** qui s'ouvrent par un pore à la surface du mamelon. Juste avant d'arriver à l'aréole, chaque conduit se dilate pour former un **sinus lactifère**. Le lait s'accumule dans ces sinus entre les tétées. Le mécanisme et la régulation de la lactation sont décrits au chapitre 28.

Cette description des glandes mammaires ne s'applique qu'aux femmes qui allaitent ou qui sont au dernier trimestre de la grossesse. Chez la femme non enceinte, les structures glandulaires ne sont pas développées et le réseau de conduits est rudimentaire ; dans ce cas, le volume des seins ne dépend que de la quantité de tissu adipeux qu'ils contiennent.

Cancer du sein

Le cancer du sein est le cancer le plus fréquent chez les femmes ; il vient au deuxième rang des cancers responsables du plus grand nombre de décès chez les femmes (après le cancer du poumon). Au Québec, en 2009, on évaluait à 6000 le nombre de nouveaux cas. En France, on estime que 1 femme sur 10 souffrira un jour de cette maladie. Le cancer du sein prend habituellement naissance dans les cellules épithéliales des conduits, et non dans les alvéoles. Un petit amas de cellules cancéreuses grossit et vient à former dans le sein une masse qui peut produire des métastases.

Les facteurs de risque connus du cancer du sein sont les suivants : (1) apparition précoce de la menstruation et ménopause tardive ; (2) absence de grossesse ou première grossesse à un âge avancé, et absence de période d'allaitement ou de courte durée ; (3) antécédents personnels de cancer du sein ; et (4) antécédents familiaux de cancer du sein (en particulier chez une sœur ou la mère). Environ 10 % des cancers du sein sont associés à des anomalies héréditaires, et la moitié de ces cas ont pour origine des mutations dangereuses, notamment dans une paire de gènes appelés *BRCA1* (*breast cancer 1*) et *BRCA2* ; les femmes porteuses de cette anomalie sont presque certaines d'avoir un jour le cancer du sein. Il est à noter que, mis à part peut-être les antécédents familiaux, ces facteurs de risque reflètent une exposition accrue aux œstrogènes tout au long de la vie. Cependant, plus de 70 % des femmes touchées par le cancer du sein ne présentent aucun facteur de risque connu. Dans ces cas de cancers dits non familiaux, on a aussi identifié un gène qui semble porter une part de responsabilité : il s'agit du gène *EMSY*, qui produirait une protéine régissant l'activité du gène *BCRA2*.

Le cancer du sein se manifeste souvent par une modification de la texture ou un plissement de la peau, ou encore par un écoulement au niveau du mamelon. Étant donné que la majorité des masses sont découvertes par la femme au cours d'un autoexamen des seins, la pratique mensuelle de cet acte non médical peut s'avérer fort utile, mais il ne saurait remplacer l'examen clinique des seins et la mammographie.

La mammographie est un examen radiographique qui permet de dépister les tumeurs cancéreuses encore trop petites pour être palpables (moins de 1 cm de diamètre) **(figure 27.16)**. Certains spécialistes estiment qu'il n'est pas prudent de subir cet examen chaque année. Au Canada et en Europe, on recommande aux femmes de 50 ans et plus de subir une **mammographie** tous les deux ans, mais aux États-Unis, on recommande un

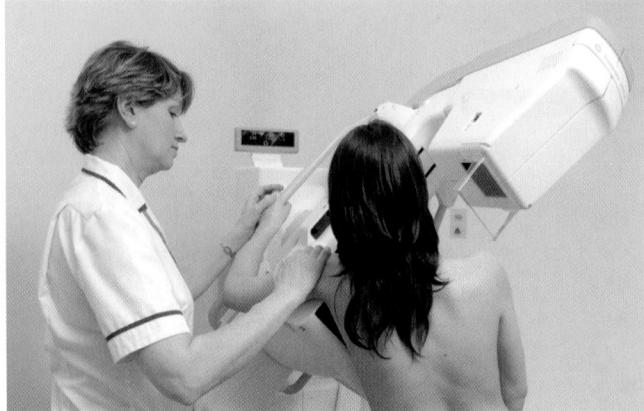

(a) Femme subissant une mammographie

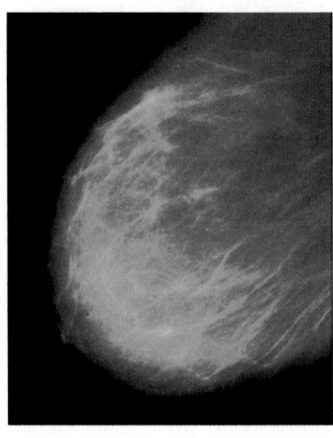

(b) Sein normal

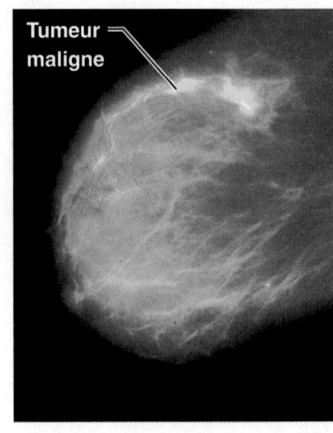

Tumeur maligne

(c) Sein présentant une tumeur

Figure 27.16   **Mammographie.**

dépistage annuel dès 40 ans. Selon une étude récente, il serait préférable que les femmes à risque porteuses d'un gène *BCRA* muté passent en plus des examens diagnostiques par IRM. Le décalage et la périodicité de ces tests complémentaires sont encore sujets à discussion.

Le cancer du sein se traite par différents moyens, selon les caractéristiques de la lésion. Les traitements actuels sont : (1) la radiothérapie ; (2) la chimiothérapie ; et (3) l'intervention chirurgicale, souvent suivie de séances de radiothérapie ou de chimiothérapie pour détruire les cellules cancéreuses isolées. Les pharmacothérapies contre les cancers répondant aux œstrogènes comprennent principalement trois types de médicaments. Le tamoxifène, disponible depuis plusieurs années, est un composé antiœstrogène qui bloque les effets des œstrogènes et améliore de façon significative le pronostic dans les cas de cancers naissants ou parvenus à un stade avancé chez les femmes préménopausées. Toutefois, son efficacité optimale n'est que de cinq ans. Quant au trastuzumab (Herceptin), il s'agit d'un médicament renfermant des anticorps produits par génie génétique qui bloquent les récepteurs d'œstrogènes à l'origine de la croissance agressive des cellules tumorales dans le sein. Finalement, on peut recourir au létrozole (Femara), qui inactive l'enzyme nécessaire à la production de l'œstrogène. Ce médicament diminue le nombre de récidives du cancer du sein chez les femmes qui ne répondent plus au tamoxifène (surtout celles qui sont ménopausées).

Jusque dans les années 1970, le traitement courant était la **mastectomie radicale**, c'est-à-dire l'ablation de la totalité du sein touché, en plus de tous les muscles sous-jacents, des fascia et des nœuds lymphatiques associés. De nos jours, la plupart des médecins recommandent soit la **tumorectomie**, c'est-à-dire l'**exérèse locale de la tumeur**, une intervention moins radicale qui consiste à enlever seulement la partie cancéreuse (la masse), soit la **mastectomie simple**, au cours de laquelle on excise seulement le tissu mammaire (et parfois quelques-uns des nœuds lymphatiques axillaires). De nombreuses femmes touchées par le cancer du sein choisissent la reconstruction mammaire (**mastoplastie**) pour remplacer le tissu excisé. À l'heure actuelle, les greffes de tissus musculaire, adipeux et cutané prélevés dans l'abdomen ou le dos de la patiente constituent une solution acceptable pour reconstruire un sein d'apparence naturelle.

VÉRIFIONS NOS ACQUIS

27. Sur le plan du développement, les glandes mammaires sont dérivées de certaines glandes cutanées. Lesquelles ?
28. À partir de quels types de cellules le cancer du sein se forme-t-il ?

Les réponses se trouvent à l'appendice G.

Physiologie du système génital de la femme

La production des gamètes chez l'homme commence à la puberté et se poursuit durant toute la vie. La situation est très différente chez la femme. En effet, tous les ovocytes d'une femme sont déjà formés au moment de sa naissance, et elle en libérera un certain nombre entre la puberté et la ménopause (qui a lieu vers 50 ans). Toutefois, des études menées en 2004 et en 2005 sur des souris adultes ont révélé que les cellules germinales des ovocytes sont vivantes et produisent de petits œufs tout au long de la vie ; on espère que les femmes adultes possèdent aussi des cellules germinales d'ovocytes. Ces découvertes pourraient sembler réfuter l'hypothèse selon laquelle le nombre d'ovocytes (ovules potentiels) est limité, une idée qui a servi de fondement à la biologie. Depuis 2008, ces résultats n'ont toutefois pas été confirmés, et on n'a pas démontré que les ovocytes nouvellement formés redonnaient la fécondité à des souris auparavant stériles. De plus, le cycle ovarien des souris et celui des femmes sont très différents, quand on tient compte de la durée de vie. Il est cependant trop tôt pour éliminer cette théorie. Par ailleurs, les problèmes d'ovulation représentent presque 40 % des causes d'infertilité féminine. Le gène *Lhr1* semble également jouer un rôle important dans ce processus faisant intervenir de nombreuses hormones et que nous décrivons dans cette section.

Ovogenèse

14 Décrire le processus de l'ovogenèse et le comparer avec la spermatogenèse ; situer dans le temps les différentes phases de l'ovogenèse.

La méiose – division nucléaire spécialisée qui prend place dans les testicules – a également lieu dans les ovaires. La méiose produit les cellules sexuelles femelles au cours d'un processus appelé **ovogenèse** (« génération d'un œuf »). Le processus de l'ovogenèse s'échelonne sur plusieurs années, comme le montre la **figure 27.17**.

Tout d'abord, durant la période fœtale, les **ovogonies** – cellules germinales diploïdes des ovaires – se multiplient rapidement par mitose, puis entrent en période de croissance et emmagasinent des nutriments. Des *follicules ovariques primordiaux* commencent ensuite à se développer, à mesure que les ovogonies se transforment en **ovocytes de premier ordre** et s'entourent d'une couche unique de cellules folliculaires plates. Les ovocytes commencent leur première division méiotique, mais celle-ci se bloque vers la fin de la prophase I.

À sa naissance, on pense que la femme possède déjà tous ses ovocytes de premier ordre ; des sept millions d'ovocytes produits à l'origine, environ deux millions échappent à la mort programmée et attendent la suite, logés dans la région corticale d'un ovaire immature. Puisqu'ils demeurent dans cette sorte d'hibernation pendant toute l'enfance, leur attente est très longue : de 10 à 14 ans au moins !

À la puberté, il reste peut-être 250 000 ovocytes de premier ordre. À partir de ce moment, un petit nombre d'entre eux sont recrutés (activés) chaque mois en réponse à un afflux de LH vers le milieu du cycle (figure 27.20a), dont un seul est « choisi » pour poursuivre la méiose I. Il donnera finalement deux cellules haploïdes (chacune possédant 23 chromosomes répliqués) de volume très inégal. La plus petite de ces cellules est appelée **globule polaire I** ; la plus grosse, qui contient tout le cytoplasme, est l'**ovocyte de deuxième ordre**.

27

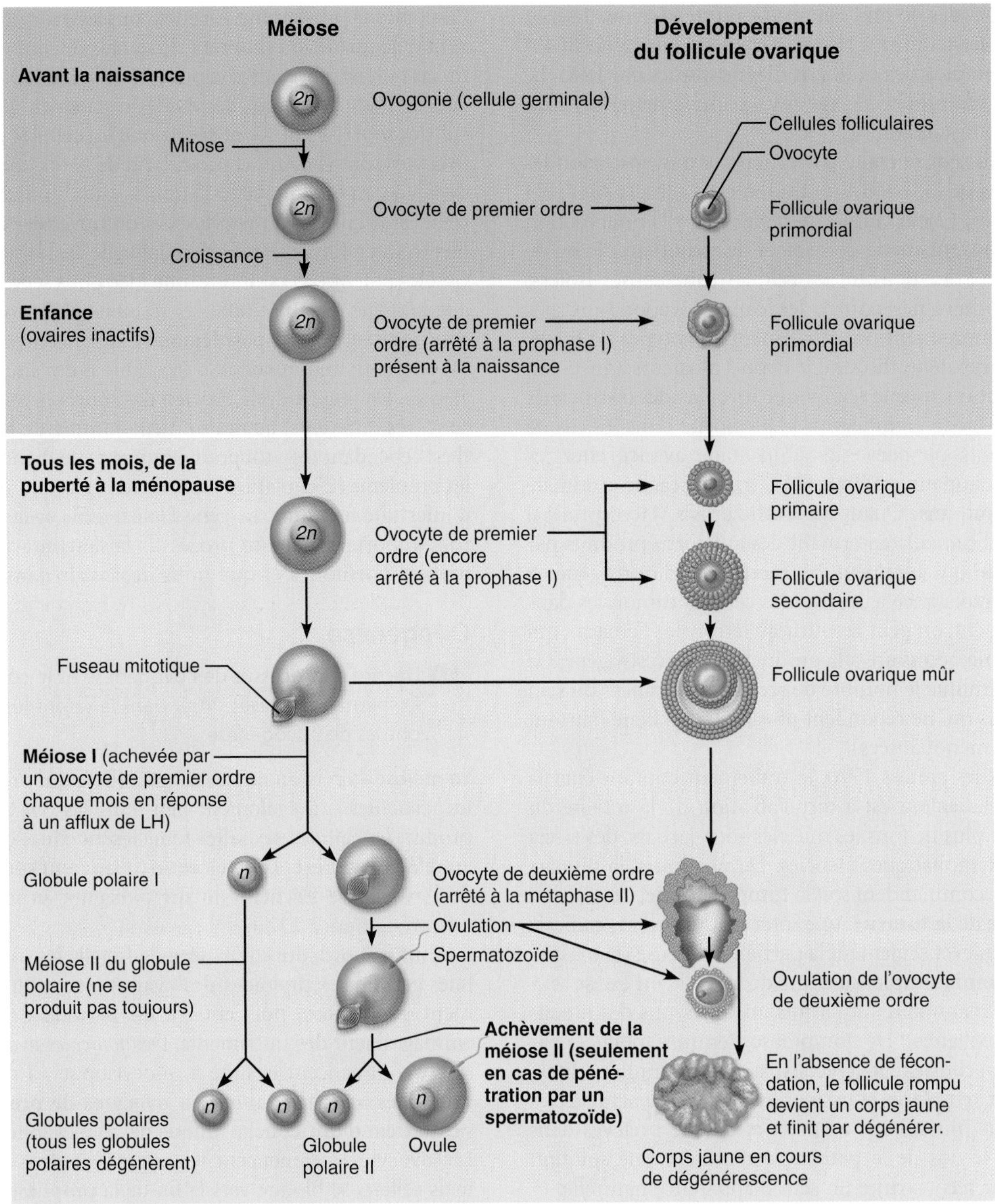

Figure 27.17 Ovogenèse. À gauche, schéma de la méiose. À droite, corrélation avec le développement du follicule ovarique et l'ovulation.

Le processus de cette première division méiotique fait en sorte que le globule polaire ne reçoit pratiquement pas d'organites ni de cytoplasme. Remarquez à la figure 27.17 (à gauche) qu'un fuseau mitotique se forme à l'extrême bord de l'ovocyte. Une petite saillie dans laquelle les chromosomes du globule polaire seront expulsés apparaît à cette extrémité.

Le globule polaire I peut continuer sa maturation et passer à la méiose II, donnant ainsi naissance à deux globules polaires encore plus petits que lui. Quant à l'ovocyte de deuxième ordre, il s'arrête chez les humains en métaphase II; c'est lui (et non

un ovule fonctionnel) qui est expulsé au moment de l'ovulation. Si aucun spermatozoïde ne pénètre dans l'ovocyte de deuxième ordre, celui-ci dégénère. Par contre, en cas de pénétration par un spermatozoïde, l'ovocyte de deuxième ordre termine la méiose II, créant ainsi un gros **ovule** et un minuscule **globule polaire II** (figure 27.17). L'union de l'ovocyte et du noyau du spermatozoïde, décrite au chapitre 28, constitue la fécondation.

Ce que vous devez retenir dès maintenant, c'est (1) que l'ovogenèse produit en général trois minuscules globules polaires ne possédant presque pas de cytoplasme ainsi qu'un gros ovule et que (2) l'ovogenèse ne se termine que s'il y a fécondation. Toutes ces cellules sont haploïdes, mais seul l'ovule est un *gamète fonctionnel*. L'ovogenèse est donc bien différente de la spermatogenèse, qui produit quatre gamètes viables (spermatozoïdes).

Grâce aux divisions inégales du cytoplasme au cours de l'ovogenèse, l'ovule fécondé possède des réserves de nutriments suffisantes pour son trajet de sept jours depuis l'ovaire jusqu'à l'utérus. Privés de cytoplasme (et donc de nutriments), les globules polaires dégénèrent et meurent. Puisque la femme est en âge de procréer pendant un maximum de 40 ans (en moyenne de 11 ans à 51 ans) et qu'elle n'a normalement qu'une ovulation par mois, moins de 500 des quelque 250 000 ovocytes présents à la puberté seront libérés au cours de sa vie.

La différence la plus frappante entre la méiose chez l'homme et chez la femme est probablement la marge d'erreur. Jusqu'à 20 % des ovocytes, contre seulement 3 à 4 % des spermatozoïdes, possèdent un nombre erroné de chromosomes, une situation qui entraîne souvent l'échec de la séparation des homologues pendant la méiose I. Il semble que devant une anomalie méiotique la méiose cesse chez l'homme, mais elle se poursuit chez la femme.

VÉRIFIONS NOS ACQUIS

29. Sur les plans de la structure et des fonctions, en quoi les cellules haploïdes provenant de l'ovogenèse diffèrent-elles de celles provenant de la spermatogenèse ?

Les réponses se trouvent à l'appendice G.

Cycle ovarien

15 Définir le cycle ovarien, décrire ses différentes phases et les associer au déroulement de l'ovogenèse.

La série de phénomènes mensuels se déroulant dans l'ovaire et associés à la maturation d'un ovule est appelée **cycle ovarien**. Aux fins de notre exposé, nous diviserons le cycle ovarien en deux phases. La **phase folliculaire** est la période de croissance du follicule qui s'étend, typiquement, du jour 1 au jour 14 du cycle ; la **phase lutéale** est la période d'activité du corps jaune, s'étendant des jours 14 à 28. Ce qu'on appelle un cycle ovarien typique recommence à intervalles de 28 jours, et l'*ovulation* prend place au milieu du cycle.

Cependant, des cycles aussi longs que 40 jours et aussi courts que 21 jours sont assez courants. Dans ces cycles, la longueur de la phase folliculaire et le moment de l'ovulation varient, mais la phase lutéale reste la même, c'est-à-dire qu'il y a toujours 14 jours entre l'ovulation et la fin du cycle.

Phase folliculaire

La maturation du follicule ovarique primordial se déroule durant la première moitié du cycle ovarien. Elle comporte plusieurs étapes, représentées à la **figure 27.18** et numérotées de ① à ⑥.

Un follicule primordial se transforme en follicule primaire
Quand la maturation du follicule primordial ① est déclenchée (processus dirigé par l'ovocyte), les cellules de type squameux qui entourent l'ovocyte de premier ordre croissent, devenant cuboïdes, et l'ovocyte grossit. Le follicule s'appelle maintenant follicule primaire ②.

Un follicule primaire se transforme en follicule secondaire
Ensuite, les cellules folliculaires prolifèrent jusqu'à ce qu'elles forment un épithélium stratifié autour de l'ovocyte. Comme nous l'avons vu, aussitôt qu'il y en a plus d'une couche, le follicule devient un follicule secondaire ③, et les cellules folliculaires prennent le nom de *cellules granuleuses*. Les cellules granuleuses sont liées à l'ovocyte en cours de développement par des jonctions ouvertes que peuvent traverser des ions, des métabolites et des molécules de signalisation. À partir de ce moment, une communication à deux sens s'établit entre les cellules granuleuses et l'ovocyte, si bien qu'ils s'orientent mutuellement dans leur développement. Un des signaux transmis des cellules granuleuses à l'ovocyte déclenche la maturation de celui-ci. D'autres signaux décident de l'asymétrie (polarité) du futur ovocyte.

Un follicule secondaire se transforme en follicule secondaire mûr À l'étape ④ une couche de tissu conjonctif se condense autour du follicule, formant ainsi la **thèque folliculaire** (*thêkê*: boîte), constituée de la thèque interne et de la thèque externe. Pendant que le follicule grossit, les cellules thécales interagissent avec les cellules granuleuses pour produire des œstrogènes (les cellules de la thèque interne sécrètent des androgènes, desquels les cellules granuleuses enlèvent un atome de carbone en les convertissant en œstrogènes). Au même moment, l'ovocyte sécrète une substance riche en glycoprotéines (dont certaines joueront le rôle de récepteurs des spermatozoïdes) qui forme une épaisse membrane transparente, appelée **zone pellucide**, qui enveloppe l'ovocyte (figure 27.11).

À la fin de cette étape, un liquide translucide commence à s'accumuler entre les cellules granuleuses, produisant le follicule secondaire mûr.

Un follicule secondaire mûr se transforme en follicule ovarique mûr À l'étape ⑤, le liquide qui s'accumule entre les cellules granuleuses finit par confluer pour constituer une cavité remplie de liquide appelée **antrum folliculaire**. C'est la présence de cet antrum (« cave ») qui distingue le follicule secondaire mûr du follicule ovarique mûr. L'antrum continue à se gonfler de liquide jusqu'à ce qu'il isole l'ovocyte, entouré de sa capsule granuleuse – appelée **corona radiata** –, sur un pédicule situé à un pôle du follicule. Quand il a atteint ses dimensions maximales (environ 2,5 cm de diamètre), le follicule s'appelle follicule ovarique mûr. À ce stade, il fait saillie comme un furoncle à la surface externe de l'ovaire ; ce phénomène a lieu habituellement vers le jour 14.

L'ovocyte de premier ordre termine la méiose I, ce qui donne l'ovocyte de deuxième ordre et le globule polaire I (figure 27.17) ; cet événement fait partie des étapes finales de

27

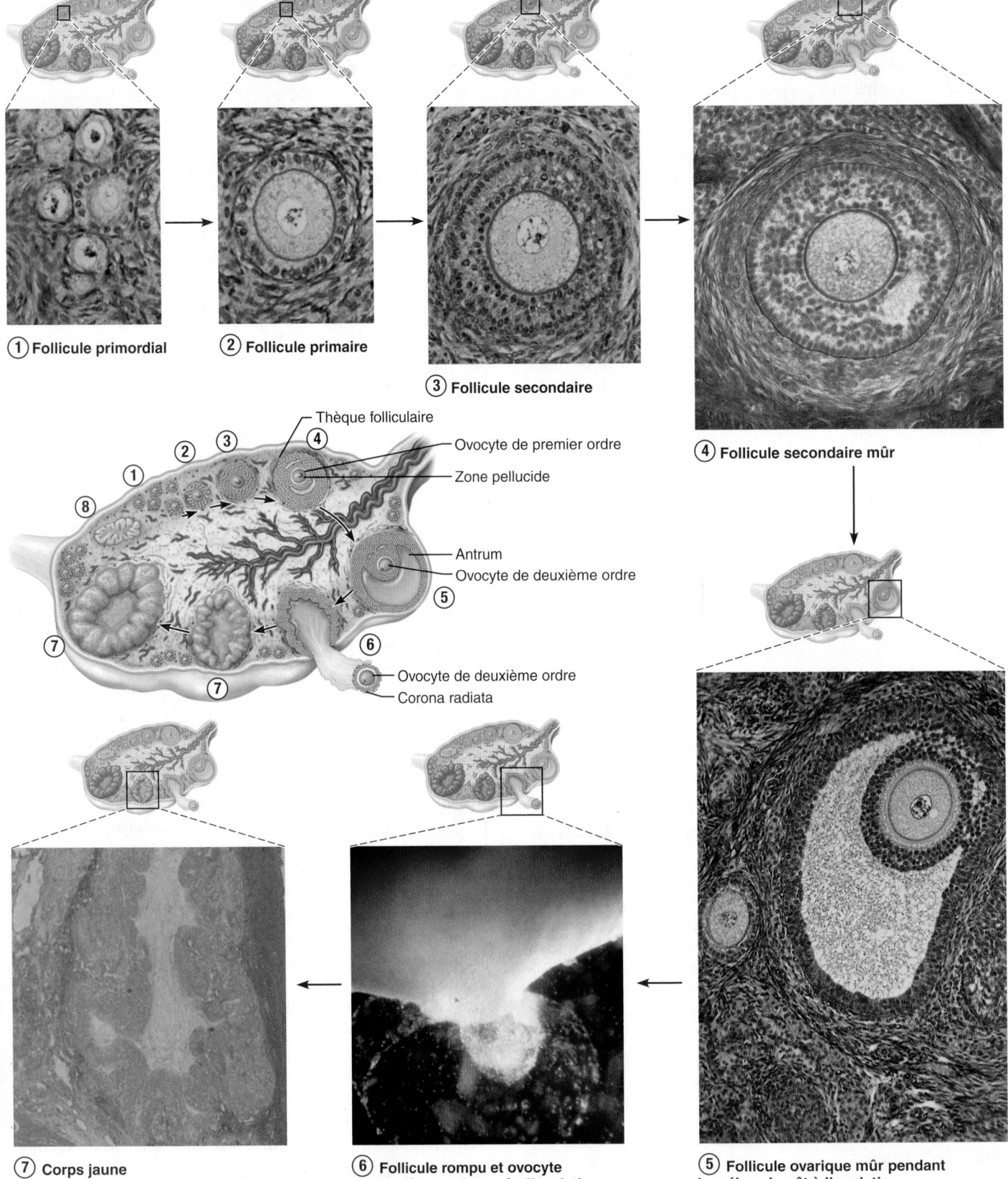

① **Follicule primordial**

② **Follicule primaire**

③ **Follicule secondaire**

④ **Follicule secondaire mûr**

Thèque folliculaire
Ovocyte de premier ordre
Zone pellucide
Antrum
Ovocyte de deuxième ordre
Ovocyte de deuxième ordre
Corona radiata

⑤ **Follicule ovarique mûr pendant la méiose I, prêt à l'ovulation**

⑥ **Follicule rompu et ovocyte de deuxième ordre après l'ovulation**

⑦ **Corps jaune (formé à partir du follicule rompu)**

Figure 27.18 Représentation schématique et micrographies du cycle ovarien: développement des follicules ovariques. Les chiffres dans le schéma indiquent le déroulement du développement folliculaire, et non les mouvements du follicule dans l'ovaire. *Remarque*: il n'y a pas de micrographie du corps blanc illustré en ⑧.

la maturation du follicule. Une fois qu'il a eu lieu, tout est prêt pour l'ovulation. À ce moment, les cellules granuleuses envoient à l'ovocyte un autre signal important qui lui dit en substance : « Attends, ne termine pas ta méiose tout de suite ! »

Ovulation

L'**ovulation** (étape ⑥) se produit quand la paroi de l'ovaire se rompt à l'endroit de la saillie formée par le follicule ovarique mûr et qu'elle expulse dans la cavité péritonéale l'ovocyte de deuxième ordre encore entouré de sa *corona radiata*. Certaines femmes souffrent d'un élancement au bas-ventre lorsque l'ovulation a lieu. La cause précise de cette douleur n'est pas connue, mais elle pourrait être due à l'étirement prononcé de la paroi ovarienne au moment de l'ovulation et à l'irritation du péritoine par le sang et les liquides libérés par le follicule rompu.

Les ovaires d'une femme adulte contiennent toujours plusieurs follicules à différents stades de maturation. En général, un des follicules surpasse les autres et devient le *follicule dominant*. Il sera le seul à être tout à fait mûr au moment où le stimulus de l'ovulation est émis par l'hormone lutéinisante (LH). On ne sait pas comment ce follicule est choisi, ou comment il parvient à l'emporter sur les autres follicules, mais il est probablement celui qui atteint le premier la plus grande sensibilité à l'hormone folliculostimulante (FSH). Les autres (follicules atrétiques) subissent alors une dégénérescence (mort cellulaire programmée ou apoptose) et sont résorbés.

Dans 1 ou 2 % de toutes les ovulations, plus de un ovocyte est expulsé. Ce phénomène, qui devient plus fréquent avec l'âge, peut mener à une grossesse multiple. Puisque dans ces cas des ovocytes différents sont fécondés par des spermatozoïdes différents, les bébés sont de faux jumeaux, ou jumeaux dizygotes. Les vrais jumeaux, ou jumeaux monozygotes, proviennent d'un seul ovocyte fécondé par un seul spermatozoïde, les cellules filles __ _ ondé s'étant séparées au début du développement. ___ pense maintenant que chez certaines femmes des ___ rraient être libérés à des moments qui ne sont pas ___ niveaux hormonaux de celles-ci. Ce phénomène ___ iquer pourquoi la méthode rythmique de contra- ___ pas toujours efficace et pourquoi des faux jumeaux ___ r des dates de conception différentes.

___ le

Après l'ovulation, le follicule rompu s'affaisse et l'antrum se remplit de sang coagulé, qui finit par se résorber. Les cellules granuleuses augmentent de volume et, avec les cellules de la thèque interne, elles composent une nouvelle glande endocrine bien particulière, le *corps jaune* (figure 27.18, étape ⑦). Dès sa formation, le corps jaune se met à sécréter de la progestérone et un peu d'œstrogènes.

S'il n'y a pas de grossesse, le corps jaune commence à dégénérer par apoptose au bout de 10 jours environ et cesse alors de produire des hormones. Il n'en restera qu'une cicatrice, appelée *corpus albicans* (« corps blanc »). Les deux ou trois derniers jours de la phase lutéale, quand l'endomètre commence tout juste à s'éroder, sont parfois appelés *phase lutéolytique* ou *ischémique*.

Quand l'ovocyte est fécondé et qu'il y a grossesse, le corps jaune persiste jusqu'à ce que le placenta soit prêt à élaborer des hormones à sa place, c'est-à-dire au bout de trois mois environ.

VÉRIFIONS NOS ACQUIS

30. Quelles sont les différences, sur le plan du développement, entre des vrais jumeaux et des faux jumeaux ?

31. Que se passe-t-il pendant la phase lutéale du cycle ovarien ?

Les réponses se trouvent à l'appendice G.

Régulation hormonale du cycle ovarien

16 Expliquer la régulation hormonale du cycle ovarien et du cycle menstruel ; montrer les interactions entre les hormones hypophysaires, les hormones ovariennes, les structures de l'ovaire et celles de l'endomètre de l'utérus.

Le fonctionnement des ovaires est beaucoup plus complexe que celui des testicules, mais la régulation hormonale qui s'établit au moment de la puberté est semblable chez les deux sexes. La gonadolibérine (Gn-RH), les gonadotrophines hypophysaires (FSH et LH) et, chez la femme, les œstrogènes et la progestérone interagissent pour déclencher les phénomènes cycliques qui ont lieu dans les ovaires.

Toutefois, chez la femme, une autre hormone joue un rôle important dans la stimulation de la libération de Gn-RH par l'hypothalamus. Le début de la puberté féminine est lié à l'adiposité, et c'est la *leptine* qui sert de messager chimique à l'hypothalamus. Si les niveaux sanguins de lipides et de leptine (plus connue pour son rôle dans la production d'énergie et l'appétit, décrit au chapitre 23) sont bas, la puberté est retardée.

Apparition du cycle ovarien

Pendant toute l'enfance, les ovaires croissent et sécrètent continuellement un peu d'œstrogènes, qui inhibent la libération de Gn-RH par l'hypothalamus. Quand les niveaux de leptine sont appropriés, l'hypothalamus devient moins sensible aux œstrogènes à l'approche de la puberté et commence à sécréter de la Gn-RH selon un mode cyclique. La Gn-RH stimule la libération de FSH et de LH par l'adénohypophyse. Ce sont ces deux hormones qui agissent sur les ovaires pour qu'ils sécrètent des hormones (surtout les œstrogènes).

Pendant environ quatre ans, le taux de gonadotrophines augmente graduellement, mais la fille n'ovule pas ; c'est pourquoi elle ne peut pas devenir enceinte. À un moment donné, le cycle de sécrétion de l'adulte est atteint, et les interactions hormonales se stabilisent. C'est alors que la jeune fille a sa première menstruation, aussi appelée **ménarche** (*men* : mois ; *marche* : première). Généralement, ce n'est que la troisième année après la première menstruation que les cycles deviennent réguliers et qu'ils sont tous ovulatoires.

27

Interactions hormonales au cours du cycle ovarien

Nous décrirons maintenant les variations des hormones adénohypophysaires et des hormones ovariennes ainsi que les rétro-inhibitions et rétroactivations qui règlent la fonction ovarienne. Les paragraphes ① à ⑧ correspondent aux mêmes étapes numérotées de la **figure 27.19**. Nous avons tenu pour acquis que le cycle dure 28 jours.

① *La Gn-RH stimule la sécrétion de FSH et de LH.* Le jour 1 du cycle, l'augmentation du taux de Gn-RH sécrétée par l'hypothalamus stimule la sécrétion et la libération d'hormone folliculostimulante (FSH) et d'hormone lutéinisante (LH) par l'adénohypophyse.

② *La FSH et la LH stimulent la croissance et la maturation du follicule ainsi que la sécrétion des œstrogènes.* La FSH agit surtout sur les cellules folliculaires, alors que la LH agit sur les cellules thécales (du moins au début). (On n'a pas encore réussi à élucider pourquoi seuls *certains* follicules réagissent à ces stimulus hormonaux. Cependant, il est à peu près certain que l'augmentation de leur réponse est liée à l'augmentation du nombre de récepteurs des gonadotrophines.) Quand le follicule a grossi, la LH stimule les cellules thécales, qui sécrètent alors des androgènes. Ces hormones diffusent à travers la membrane basale, où elles sont transformées en œstrogènes par les cellules granuleuses. Seule une infime quantité d'androgènes pénètrent

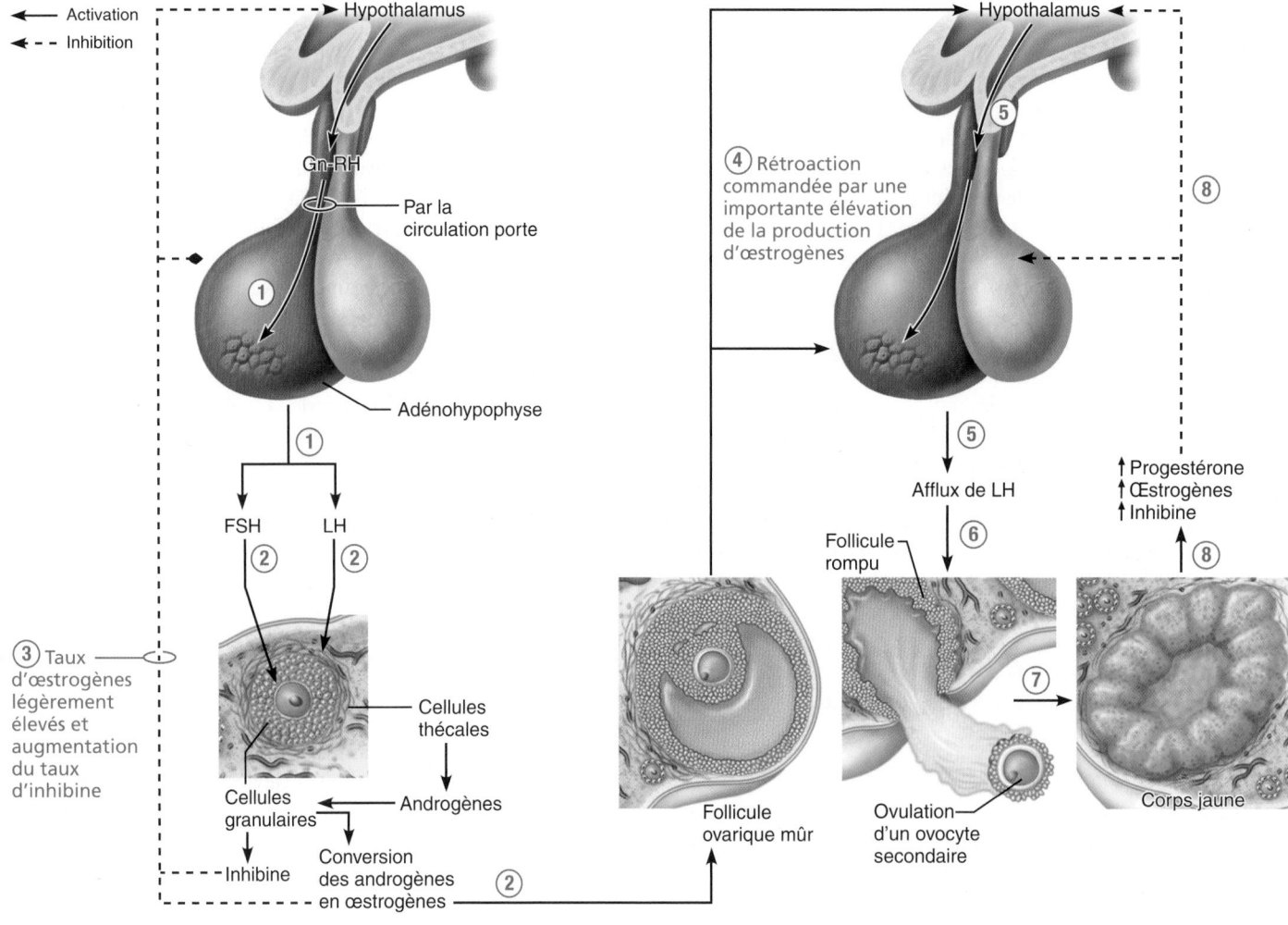

Figure 27.19 Enchaînement des rétroactions réglant la fonction ovarienne. Les chiffres renvoient aux phénomènes décrits dans le texte. Notez que tous les signaux de rétroaction émis par les hormones ovariennes sont des signaux de rétro-inhibition, sauf un, soit celui qui est émis par les œstrogènes immédiatement après l'ovulation. Les phénomènes postérieurs à l'étape ⑧ (rétro-inhibition de l'hypothalamus et de l'adénohypophyse par la progestérone et les œstrogènes) ne sont pas représentés; ils entraînent une dégénérescence progressive du corps jaune et, par conséquent, une baisse de la production d'hormones ovariennes. Les hormones ovariennes tombent à leurs taux sanguins les plus faibles vers le jour 28.

dans la circulation sanguine, car ils sont presque totalement transformés en œstrogènes dans les ovaires.

③ *Rétro-inhibition.* La concentration plasmatique croissante d'œstrogènes exerce une *rétro-inhibition* sur l'hypothalamus et l'adénohypophyse, inhibant ainsi sa libération de FSH et de LH, tout en la poussant à synthétiser et à accumuler ces gonadotrophines. Dans l'ovaire, les œstrogènes renforcent l'effet de la FSH sur la croissance et la maturation du follicule et contribuent ainsi à faire augmenter la sécrétion d'œstrogènes. L'*inhibine*, sécrétée par les cellules granuleuses, exercerait aussi une rétro-inhibition sur la libération de FSH au cours de cette période ; l'*activine* (non représentée dans la figure), également sécrétée par les cellules granuleuses, activerait quant à elle la sécrétion de FSH. Seul le follicule dominant survit à ce plongeon dans la FSH ; le développement des autres follicules cesse et les follicules dégénèrent.

④ *Rétroaction.* Bien que la petite augmentation initiale du taux sanguin d'œstrogènes inhibe l'axe hypothalamohypophysaire, un taux élevé d'œstrogènes, produit par le follicule dominant et les autres follicules en voie de maturation, a l'effet contraire. Lorsqu'il atteint un certain seuil, le taux d'œstrogènes exerce brièvement une *rétroactivation* sur l'hypothalamus et l'adénohypophyse.

⑤ *Afflux de LH.* Un taux élevé d'œstrogènes déclenche une cascade d'événements. À peu près au milieu du cycle, il provoque la brusque libération de la LH (et, dans une certaine mesure, de la FSH) accumulée par l'adénohypophyse (voir aussi la figure 27.20a).

⑥ *Ovulation.* L'afflux de LH incite l'ovocyte de premier ordre du follicule ovarique mûr à terminer la première division méiotique pour former un ovocyte de deuxième ordre qui se rend jusqu'à la métaphase II. La LH stimule également plusieurs événements qui mènent à l'ovulation au jour 14, ou à peu près. Elle augmente la perméabilité vasculaire, stimule la libération de prostaglandines et déclenche une réponse inflammatoire qui favorise la libération d'enzymes, les métalloprotéinases, qui contribuent à affaiblir la paroi de l'ovaire. Par conséquent, le sang cesse de circuler dans la région saillante du follicule. En quelques minutes, cette région s'amincit, renfle, puis se rompt, produisant l'ovulation. On ne connaît pas le rôle de la FSH dans ce processus (si tant est qu'elle en ait un). Peu après l'ovulation, le taux d'œstrogènes commence à descendre. Cette baisse traduit probablement les dommages subis par le follicule dominant (qui sécrète des œstrogènes) pendant l'ovulation.

⑦ *Formation du corps jaune.* La LH transforme le follicule rompu en corps jaune et stimule la production, par cette glande endocrine nouvellement formée, de progestérone et d'une petite quantité d'œstrogènes presque aussitôt après sa formation. La progestérone contribue au maintien de la couche fonctionnelle ; elle est donc essentielle à la poursuite de la grossesse s'il y a conception.

⑧ *La rétro-inhibition inhibe la libération de LH et de FSH.* L'augmentation des concentrations sanguines de progesté-

rone et d'œstrogènes exerce une puissante rétro-inhibition sur la libération de la LH et de la FSH par l'hypothalamus et l'adénohypophyse. La libération d'inhibine par le corps jaune augmente cet effet. La baisse des gonadotrophines empêche le développement de nouveaux follicules et l'afflux de LH supplémentaire qui pourrait causer la libération d'autres ovocytes.

Au cours des cycles non fertiles, la diminution graduelle du taux sanguin de LH supprime le stimulus de l'activité du corps jaune, qui commence alors à dégénérer. L'arrêt de l'activité du corps jaune s'accompagne de l'arrêt de la sécrétion d'hormones ovariennes, et les concentrations sanguines d'œstrogènes et de progestérone diminuent brusquement. Une diminution prononcée des hormones ovariennes à la fin du cycle (jours 26 à 28) met fin à l'inhibition de la sécrétion de FSH et de LH, et un nouveau cycle peut commencer.

On a décrit les événements du cycle ovarien comme si on suivait un follicule tout au long des 28 jours du cycle. En réalité, les événements ne se déroulent pas exactement de cette manière. En effet, l'élévation du taux de FSH au début de chaque cycle active la maturation de plusieurs follicules. Puis, vers le milieu du cycle, avec l'afflux de LH, un ou plusieurs follicules sont prêts pour l'ovulation. Toutefois, l'ovocyte produit a en fait été activé environ 110 jours avant (pratiquement 3 mois), et non 14.

Cycle menstruel

Même s'il est une cavité destinée à l'implantation et au développement de l'embryon, l'utérus n'est réceptif à l'embryon que pendant une très courte période chaque mois. Il n'est pas étonnant que ce bref intervalle soit exactement celui où l'embryon en voie de développement s'implante normalement dans l'utérus, environ sept jours après l'ovulation. Le **cycle menstruel** est la série de modifications cycliques subies par l'endomètre chaque mois en réponse aux variations des concentrations sanguines des hormones ovariennes. En effet, les modifications de l'endomètre sont coordonnées avec les phases du cycle ovarien, lesquelles sont régies par les gonadotrophines libérées par l'adénohypophyse.

Les étapes du cycle menstruel, illustrées à la **figure 27.20d**, sont les suivantes.

1. **Jours 1 à 5, phase menstruelle.** Au cours de cette phase, appelée **menstruation**, il y a desquamation de tout l'endomètre, sauf sa couche profonde. (Remarquez à la figure 27.20a et c qu'au début de cette phase les hormones ovariennes sont à leurs plus bas niveaux et que le taux des gonadotrophines commence à augmenter.) L'épaisse couche fonctionnelle hormonodépendante de l'endomètre se détache de la paroi utérine, processus provoquant des saignements qui durent de trois à cinq jours. Le sang et les tissus qui se détachent s'écoulent dans le vagin et constituent l'écoulement menstruel. Au jour 5, les follicules ovariques commencent à sécréter plus d'œstrogènes (figure 27.20c).

2. **Jours 6 à 14, phase proliférative (préovulatoire).** Au cours de cette phase, l'endomètre se reconstitue. Sous l'influence

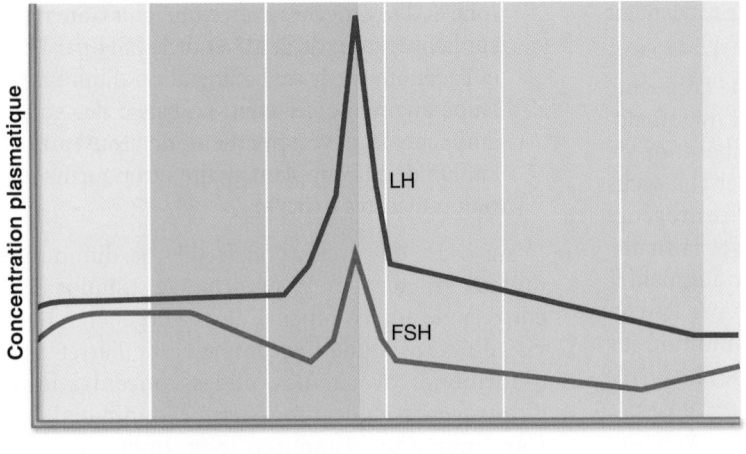

(a) Fluctuations des taux de gonadotrophines : les fluctuations des taux sanguins des gonadotrophines sécrétées par l'hypophyse (FSH et LH) règlent les phénomènes du cycle ovarien.

LH

FSH

Concentration plasmatique

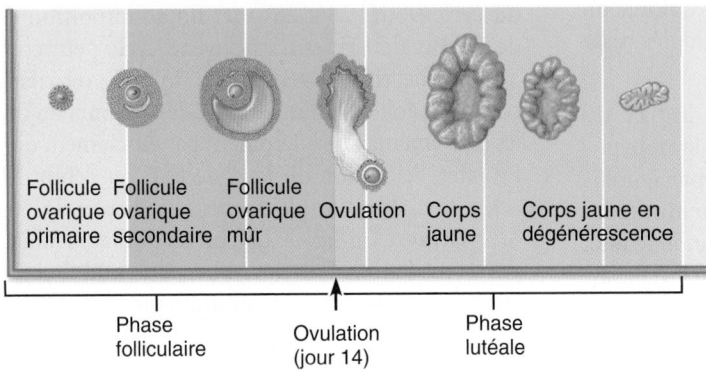

(b) Cycle ovarien : les modifications structurales dans les follicules ovariques au cours du cycle ovarien sont en relation avec **(d)** les changements qui ont lieu dans l'endomètre durant le cycle menstruel.

Follicule ovarique primaire | Follicule ovarique secondaire | Follicule ovarique mûr | Ovulation | Corps jaune | Corps jaune en dégénérescence

Phase folliculaire | Ovulation (jour 14) | Phase lutéale

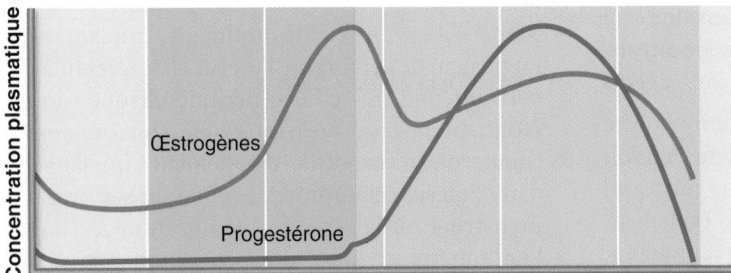

(c) Fluctuations des taux d'hormones ovariennes : les fluctuations des taux d'hormones ovariennes (œstrogènes et progestérone) provoquent les modifications de l'endomètre au cours du cycle menstruel. Les taux élevés d'œstrogènes sont aussi à l'origine de la poussée de LH et de FSH en **(a)**.

Concentration plasmatique

Œstrogènes

Progestérone

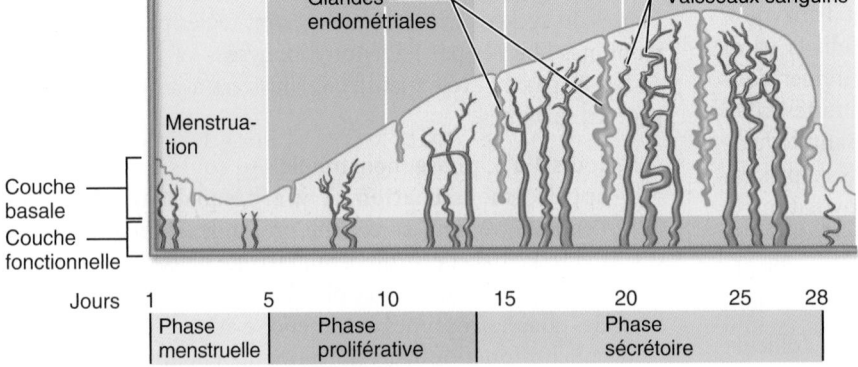

Glandes endométriales   Vaisseaux sanguins

Menstrua-tion

Couche basale
Couche fonctionnelle

Jours 1   5   10   15   20   25   28

| Phase menstruelle | Phase proliférative | Phase sécrétoire |

(d) Les trois phases du cycle menstruel :
• phase menstruelle, ou menstruation : desquamation de la couche fonctionnelle de l'endomètre ;
• phase proliférative : reconstitution de la couche fonctionnelle de l'endomètre ;
• phase sécrétoire : commence immédiatement après l'ovulation, enrichit l'apport sanguin de l'endomètre et la sécrétion de nutriments par les glandes pour préparer l'endomètre à accueillir l'embryon.

La phase menstruelle et la phase proliférative ont lieu avant l'ovulation et, ensemble, elles correspondent à la phase folliculaire du cycle ovarien. La phase sécrétoire fait pendant à la phase lutéale du cycle ovarien.

Figure 27.20 L'adénohypophyse et les hormones ovariennes, en relation avec les modifications structurales de l'ovaire et de l'utérus. L'axe des jours 1 à 28, au bas de la figure, s'applique aux quatre parties de la figure.

du taux accru d'œstrogènes, la couche basale de l'endomètre génère une nouvelle couche fonctionnelle. Pendant que cette nouvelle couche épaissit, ses glandes grossissent et ses artères spiralées deviennent plus nombreuses (voir également la figure 27.13). Par conséquent, l'endomètre redevient velouté, épais et bien vascularisé. Au cours de la phase proliférative, les œstrogènes provoquent aussi la synthèse de récepteurs de la progestérone dans les cellules endométriales, ce qui les prépare à interagir avec la progestérone sécrétée par le corps jaune.

La glaire cervicale est normalement épaisse et collante, mais les œstrogènes la rendent claire et cristalline. Elle forme alors des canaux facilitant le passage des spermatozoïdes jusqu'à l'utérus. L'*ovulation*, qui s'accomplit en moins de 5 minutes, se produit dans l'ovaire à la fin de la phase proliférative (jour 14), en réponse à la brusque libération de LH par l'adénohypophyse. Comme nous l'avons déjà vu, la LH convertit aussi le follicule rompu en corps jaune.

3. **Jours 15 à 28, phase sécrétoire (postovulatoire).** Cette phase, dont la durée est la plus constante, s'étale sur 14 jours. Au cours de la phase sécrétoire, l'endomètre se prépare à l'implantation d'un embryon. L'augmentation du taux de progestérone, sécrétée par le corps jaune, agit sur l'endomètre sensibilisé par les œstrogènes : les artères spiralées se développent et la couche fonctionnelle se transforme en muqueuse sécrétrice. Les glandes utérines grossissent, s'enroulent et commencent à sécréter du glycogène nourricier dans la cavité utérine. Ces nutriments soutiennent l'embryon jusqu'à ce qu'il se soit implanté dans la muqueuse très vascularisée. Le taux de progestérone accru redonne également à la glaire cervicale sa consistance visqueuse ; elle formera un *bouchon muqueux* qui empêche l'entrée des spermatozoïdes, des agents pathogènes ou d'autres matières étrangères, et fait de l'utérus un endroit plus « intime » pour l'embryon qui commence à s'y implanter, le cas échéant. Le taux accru de progestérone (et d'œstrogènes) inhibe la libération de LH par l'adénohypophyse.

S'il n'y a pas eu fécondation, le corps jaune commence à dégénérer vers la fin de la phase sécrétoire, quand le taux sanguin de LH diminue. La chute du taux de progestérone prive l'endomètre de son soutien hormonal, et les artères spiralées deviennent tortueuses et présentent des spasmes. Les lysosomes des cellules endométriales privées d'oxygène et de nutriments meurent, rendant ainsi possible la menstruation qui commence au jour 28. Les artères spiralées se contractent une dernière fois, puis elles se relâchent brusquement, irriguant généreusement l'endomètre. Le sang jaillit alors dans les lits capillaires affaiblis, fragmentant ceux-ci et entraînant la desquamation de la couche fonctionnelle. On se retrouve alors au premier jour d'un nouveau cycle menstruel.

La figure 27.20b montre aussi comment sont coordonnés les cycles ovarien et menstruel. Remarquez que la phase menstruelle et la phase proliférative du cycle menstruel correspondent à la phase folliculaire et à l'ovulation du cycle ovarien, alors que la phase sécrétoire correspond à la phase lutéale. C'est durant cette phase que se manifeste le syndrome prémenstruel (SPM), marqué par une prise de poids, un gonflement douloureux des seins, des maux de tête et des perturbations du comportement (irritabilité, anxiété, émotivité, etc.). Ce syndrome se manifeste chez 75 % des femmes, mais il survient plus fréquemment chez les jeunes femmes, entre 20 et 30 ans. Les symptômes disparaissent subitement au moment des menstruations. La réduction de la consommation de caféine, d'alcool et de sel peut atténuer les manifestations du SPM, de même qu'un apport plus élevé de vitamines B_6 et E.

L'activité physique très intense peut retarder la ménarche chez la jeune fille ou perturber le cycle menstruel chez la femme adulte. Elle peut même être une cause d'*aménorrhée*, soit l'absence de menstruation. En effet, les athlètes ont un faible pourcentage de tissu adipeux ; or, les graisses contribuent à la transformation des androgènes surrénaliens en œstrogènes et constituent la source de leptine qui, comme on l'a mentionné précédemment, joue un rôle primordial dans le déclenchement de la puberté chez la femme. La leptine indique à l'hypothalamus que les réserves d'énergie sont suffisantes pour soutenir les besoins énergétiques élevés de la reproduction. Sinon, le cycle reproducteur est arrêté.

Ces effets sont habituellement tout à fait réversibles une fois que l'entraînement est abandonné. Toutefois, chez des jeunes femmes en bonne santé, les périodes d'aménorrhée provoquent la perte de masse osseuse qu'on observe normalement chez les femmes âgées. La perte de matière osseuse commence dès la baisse du taux d'œstrogènes et l'arrêt du cycle menstruel (quelle qu'en soit la cause).

VÉRIFIONS NOS ACQUIS

32. Quelle hormone joue un rôle important dans le déclenchement de la puberté chez les filles ?

33. Quelles hormones favorisent la croissance des follicules ? L'ovulation ?

34. Quelle hormone sexuelle exerce une rétroaction sur l'adénohypophyse qui provoque un afflux important de LH ?

Les réponses se trouvent à l'appendice G.

Effets des œstrogènes et de la progestérone

17 Expliquer les effets physiologiques des œstrogènes et de la progestérone sur les tissus et les organes cibles.

Les œstrogènes sont les analogues de la testostérone, qui est le stéroïde masculin, c'est-à-dire qu'ils sont à l'origine de l'activité sexuelle chez la femme. L'augmentation du taux d'œstrogènes au cours de la puberté (1) stimule l'ovogenèse et la croissance des follicules ovariques et (2) exerce des effets anabolisants sur les organes génitaux de la femme **(tableau 27.1)**. Les trompes utérines, l'utérus et le vagin augmentent de volume et deviennent fonctionnels, c'est-à-dire capables de soutenir une grossesse. La motilité des trompes et de l'utérus augmente ; la muqueuse du vagin s'épaissit ; les organes génitaux acquièrent leur apparence adulte.

27

TABLEAU 27.1	Résumé des effets des œstrogènes, de la progestérone et de la testostérone produits par les gonades		
SOURCE, STIMULUS ET EFFETS	**ŒSTROGÈNES**	**PROGESTÉRONE**	**TESTOSTÉRONE**
Principale source	Ovaire: follicules en voie de développement et corps jaune.	Ovaire: surtout le corps jaune.	Testicule: cellules interstitielles du testicule.
Stimulus causant la sécrétion	FSH (et LH).	LH.	LH et diminution du taux d'inhibine sécrétée par les épithéliocytes de soutien.
Rétroaction exercée	Exercent une rétro-inhibition et une rétroactivation (juste avant l'ovulation) sur la libération de FSH et de LH par l'adénohypophyse.	Exerce une rétro-inhibition sur la libération de FSH et de LH par l'adénohypophyse.	Rétro-inhibition qui supprime la libération de LH par l'adénohypophyse (et peut-être la libération de Gn-RH par l'hypothalamus).
Effets sur les organes génitaux	Stimulent la croissance et la maturation des organes reproducteurs et des seins au moment de la puberté et maintiennent leur fonctionnement et leurs dimensions adultes. Activent la phase proliférative du cycle menstruel; stimulent la production de glaire cervicale aqueuse, de même que les mouvements de l'infundibulum et des franges des trompes utérines.	Interagit avec les œstrogènes pour stimuler le développement des seins et régler le cycle menstruel (active la phase sécrétoire); stimule la production de glaire cervicale visqueuse.	Stimule la formation des conduits et des glandes du système génital et des organes génitaux externes. Favorise la descente des testicules. Stimule la croissance et la maturation des organes génitaux internes et externes à la puberté; entretient leur volume et leur fonctionnement adultes.
	Activent l'ovogenèse et l'ovulation en stimulant l'élaboration de récepteurs de la FSH et de la LH sur les cellules folliculaires. Stimulent la capacitation (étape finale de la maturation) du spermatozoïde dans les voies génitales de la femme.	Au cours de la grossesse, calme le myomètre et agit avec les œstrogènes pour faire atteindre aux glandes mammaires leur état de glandes sécrétrices de lait.	Essentielle à la spermatogenèse à cause des effets produits par sa liaison à l'ABP, qui maintient une concentration élevée près des spermatogonies; inhibe le développement des glandes mammaires.
	Au cours de la grossesse, stimulent les mitoses des cellules myométriales, la croissance de l'utérus ainsi que l'augmentation du volume des organes génitaux externes et des glandes mammaires.		
Effets sur les caractères sexuels secondaires et effets somatiques	Favorisent la croissance des os longs et la féminisation du squelette (en particulier du bassin); inhibent la résorption osseuse et stimulent ensuite la soudure des cartilages épiphysaires; favorisent l'hydratation de la peau; entraînent la disposition féminine des dépôts adipeux.		Produit la poussée de croissance de l'adolescence; assure l'augmentation de la masse squelettique et musculaire pendant l'adolescence; stimule la croissance du larynx et des cordes vocales et l'abaissement de la voix; augmente le sécrétion de sébum et la croissance des poils, notamment au visage, aux aisselles, dans la région génitale et sur la poitrine.
	Au cours de la grossesse, interagissent avec la relaxine (une hormone placentaire) pour produire le ramollissement et le relâchement des ligaments pelviens et de la symphyse pubienne.		
Effets métaboliques	Effets anabolisants généraux; stimulent la réabsorption de Na^+ par les tubules rénaux, et inhibent ainsi la diurèse; augmentent le taux sanguin des HDL et diminuent celui des LDL (effet d'épargne cardiovasculaire).	Stimule la diurèse (effet antiœstrogénique); augmente la température corporelle.	Effets anabolisants généraux; stimule l'hématopoïèse; accroît le métabolisme basal.
Effets sur le cerveau	Avec la DHEA (et les androgènes produits par le cortex surrénal), sont en partie à l'origine de la libido chez les femmes.		À l'origine de la libido chez les hommes; contribue à l'agressivité.

Les œstrogènes produisent en outre la poussée de croissance de la puberté, qui fait que les filles de 11 et 12 ans grandissent beaucoup plus vite que les garçons du même âge. Cette poussée de croissance est assez courte, parce que les œstrogènes entraînent aussi la soudure des cartilages épiphysaires des os longs, de sorte que les femmes atteignent leur taille adulte entre 13 et 15 ans. Quant à la croissance des garçons, elle se poursuit jusqu'à l'âge de 15 à 19 ans; à cet âge, l'élévation des taux d'œstrogènes produit la soudure des cartilages épiphysaires.

Les caractères sexuels secondaires féminins sont produits par les œstrogènes. Ces caractères comprennent: (1) le développement des seins; (2) l'augmentation des dépôts de tissu adipeux, principalement aux hanches et aux seins; et (3) l'élargissement et l'allégement du bassin (en préparation à la grossesse).

Les œstrogènes sont responsables de l'apparition de plusieurs effets métaboliques, tels que le maintien d'un taux peu élevé de cholestérol sanguin (et d'un taux élevé de lipoprotéines de haute densité, ou HDL) et la facilitation de la capture du calcium, qui contribue à maintenir la densité du squelette. (Même s'ils se déclenchent sous l'action des œstrogènes au moment de la puberté, ces effets métaboliques ne sont pas de véritables caractères sexuels secondaires.)

La progestérone interagit avec les œstrogènes dans l'établissement et la régulation du cycle menstruel (tableau 27.1). Elle provoque en outre les modifications de la glaire cervicale. La progestérone exerce ses autres effets surtout au cours de la grossesse: elle inhibe la motilité de l'utérus et prend la relève des œstrogènes dans la préparation des seins à la lactation. De fait, elle tire son nom de ces effets (*pro*: en faveur de; *gestare*: porter). Durant la majeure partie de la grossesse, c'est le placenta et non le corps jaune qui sécrète la progestérone et les œstrogènes.

Réponse sexuelle de la femme

18 Décrire les phases de la réponse sexuelle de la femme et comparer celle-ci à la réponse sexuelle de l'homme.

La **réponse sexuelle de la femme** est très semblable à celle de l'homme. Lors de l'excitation sexuelle, le clitoris, la muqueuse vaginale et les seins s'engorgent de sang, les mamelons sont en érection, et l'augmentation de l'activité des glandes vestibulaires lubrifie le vestibule et facilite la pénétration du pénis. Bien qu'ils soient plus dispersés, ces phénomènes sont analogues à l'*érection* chez l'homme. L'excitation sexuelle est favorisée par les caresses et les stimulus de nature psychique, et elle est transmise le long des mêmes voies nerveuses autonomes que chez l'homme.

Chez la femme, la dernière phase de la réponse sexuelle, l'*orgasme*, n'est pas associée à une éjaculation, mais elle cause un accroissement de la tension musculaire dans tout le corps, une augmentation de la fréquence du pouls et de la pression artérielle, ainsi que des contractions rythmiques de l'utérus. Comme chez l'homme, l'orgasme s'accompagne d'une sensation de plaisir intense et d'une relaxation. L'orgasme n'est pas suivi d'une période de latence chez la femme, de sorte qu'elle peut ressentir plusieurs orgasmes au cours d'un seul coït. Normalement, la fécondation n'est pas possible si l'homme n'a pas d'orgasme et n'éjacule pas, alors que la conception est possible même si la femme n'a pas d'orgasme. Certaines femmes n'atteignent jamais l'orgasme, mais elles sont parfaitement capables de concevoir.

On pensait autrefois que la libido féminine était stimulée par la testostérone, mais de nouvelles études ont révélé que la déhydroépiandrostérone (DHEA), un androgène produit par le cortex surrénal, est en fait l'hormone sexuelle mâle associée au désir, ou à son absence, chez les femmes.

VÉRIFIONS NOS ACQUIS

35. Quelle hormone sexuelle cause l'apparition des caractères sexuels secondaires chez une jeune fille?

36. Quelle hormone sexuelle favorise la soudure des cartilages épiphysaires chez les hommes et les femmes?

Les réponses se trouvent à l'appendice G.

Infections transmissibles sexuellement

19 Préciser l'agent causal, les principaux symptômes et les modes de transmission de la gonorrhée, de la syphilis, de l'infection à *Chlamydia,* de la trichomonase, des condylomes acuminés et de l'herpès génital; donner un aperçu du mode de traitement de chacune de ces affections.

Les **infections transmissibles sexuellement** (ITS), parfois appelées *maladies transmissibles sexuellement (MTS)* ou *maladies vénériennes*, sont transmises lors de contacts sexuels. Les ITS sont souvent asymptomatiques, surtout chez les femmes. Par ailleurs, si elles sont enceintes, elles peuvent transmettre la maladie à leur bébé, avec le risque de causer des complications graves, voire mortelles. Les ITS sont en recrudescence partout dans le monde, et ce sont les États-Unis qui affichent le plus haut taux d'infection parmi les pays industrialisés. Au Canada, la moitié des maladies infectieuses sont des ITS.

Ce groupe de maladies est la plus importante cause d'affections des organes génitaux. La gonorrhée et la syphilis, deux maladies bactériennes, étaient autrefois les ITS les plus courantes. À l'heure actuelle, des maladies virales occupent le devant de la scène. Le SIDA – causé par le VIH, un virus qui attaque le système immunitaire – est décrit au chapitre 21. Nous traitons ici des plus importantes ITS d'origine bactérienne et virale. Le condom réduit considérablement la propagation des ITS; c'est pourquoi son emploi est fortement conseillé depuis l'apparition du SIDA.

Gonorrhée

L'agent causal de la **gonorrhée** est *Neisseria gonorrhœæ*, aussi appelée gonocoque, qui envahit la muqueuse des organes

27

génitaux et urinaires. Cette bactérie est transmissible par contact avec les muqueuses génitale, anale et pharyngée. Également appelée blennorragie, elle est la deuxième ITS la plus fréquente sur la planète avec 200 millions de personnes infectées par année et elle frappe surtout les adolescents et les jeunes adultes. Au Canada, l'incidence de la gonorrhée a doublé en 10 ans ; les deux tiers des cas recensés au Québec l'ont été à Montréal.

La période d'incubation est de deux à sept jours, avant l'apparition d'éventuels symptômes, et elle est souvent contractée simultanément avec l'infection à *Chlamydia* décrite un peu plus loin. Chez l'homme, la gonorrhée se manifeste le plus souvent par une *urétrite*, qui s'accompagne de mictions douloureuses et d'écoulement de pus par le méat urétral ; c'est pourquoi on l'appelle communément «chaudepisse». Les symptômes sont plus variés chez la femme : alors que certaines femmes sont asymptomatiques, d'autres présentent un malaise abdominal, un écoulement vaginal, des saignements utérins anormaux ou, parfois, des symptômes d'urétrite semblables à ceux des hommes. La gonorrhée est par contre asymptomatique dans 50 % des cas.

Si elle n'est pas traitée, la gonorrhée peut entraîner chez l'homme la constriction de l'urètre et l'inflammation de toutes les voies génitales, tandis que chez la femme elle provoque l'atteinte inflammatoire pelvienne et la stérilité. Ces complications sont rares depuis les années 1950 grâce à l'apparition de la pénicilline, des tétracyclines et d'autres antibiotiques. Malheureusement, il est de plus en plus fréquent d'observer des souches de gonocoques résistants à ces antibiotiques, notamment en France, le pays européen où cela a été le plus observé. Actuellement, le traitement recommandé de la gonorrhée s'effectue au moyen d'une injection unique de ceftriaxone (ou d'un antibiotique de la même famille).

Syphilis

La **syphilis** est causée par *Treponema pallidum*, ou tréponème pâle, une bactérie hélicoïdale. Schubert, Gauguin, Nietzche et Baudelaire ne sont que quelques personnages célèbres morts de la syphilis. Elle touche encore aujourd'hui 12 millions de personnes par année dans le monde. En 2007, au Canada, son incidence était de 3,7 individus sur 100 000, soit 6 fois plus qu'il y a 10 ans. La syphilis touche principalement les hommes et, au Québec, cet écart est encore plus grand (32:1 en 2007). En Europe, l'augmentation de cas depuis 2000 touche principalement la France et la Suisse.

Le tréponème pâle pénètre facilement dans les muqueuses intactes et la peau abîmée pour entrer ensuite dans les vaisseaux lymphatiques et sanguins ; quelques heures après la contamination, une infection asymptomatique généralisée se déclenche. Après une période d'incubation d'une durée de deux à trois semaines, il se forme une lésion primaire indolore, le *chancre*, à l'endroit où la bactérie a pénétré dans le corps. Chez les hommes, le chancre apparaît habituellement sur le pénis ; chez la femme, il passe souvent inaperçu, car il se trouve généralement dans le vagin ou sur le col de l'utérus. Le chancre s'ulcère et forme une croûte ; il cicatrise, puis disparaît au bout d'une ou de plusieurs semaines.

En l'absence de traitement, les symptômes secondaires de la syphilis apparaissent quelques semaines ou quelques mois plus tard. Une roséole sur tout le corps constitue l'un des premiers symptômes. La fièvre et les douleurs articulaires sont fréquentes. Ces signes et symptômes disparaissent spontanément en 3 à 12 semaines. La maladie entre alors dans sa *phase latente*, et le seul moyen de la détecter est d'effectuer un test sanguin. La phase latente peut durer jusqu'à la mort de l'individu (ou le système immunitaire peut éliminer la bactérie) ou se transformer un jour en *syphilis tertiaire*. Le stade tertiaire se caractérise par le développement de *gommes* – lésions destructrices du SNC, des vaisseaux sanguins, des os et de la peau. Dans 30 % des cas, ces symptômes peuvent se manifester de 10 à 20 ans après la contamination. La pénicilline est encore l'antibiotique de choix pour traiter la syphilis à tous les stades.

Infection à *Chlamydia*

L'**infection à *Chlamydia*** est une épidémie silencieuse, trop souvent non dépistée et en forte croissance chez les jeunes adultes. Elle est l'ITS la plus transmise et touche deux fois plus les femmes. En Europe, on estime que de 5 à 10 % de la population en est atteinte ; en France, elle serait 50 fois plus fréquente que la gonorrhée. Au Canada, sa prévalence a augmenté de presque 75 % en 10 ans et de 11 % au Québec entre 2006 et 2008. En outre, l'agent causal de cette infection, *Chlamydia trachomatis*, est responsable de 25 à 50 % de tous les cas diagnostiqués d'atteinte inflammatoire pelvienne (et, par voie de conséquence, de 1 grossesse ectopique sur 4). Environ 30 % des femmes et 20 % des hommes atteints de gonorrhée sont également infectés par *C. trachomatis*.

Les bactéries du genre *Chlamydia* vivent aux dépens des cellules hôtes, tout comme les virus. La période d'incubation de la maladie dans les cellules de l'organisme dure environ une semaine. Ses symptômes comprennent l'urétrite (accompagnée de mictions douloureuses et fréquentes et d'un écoulement pénien épais), un écoulement vaginal, une douleur abdominale, rectale ou testiculaire, des douleurs pendant le coït et des cycles menstruels irréguliers. Chez l'homme, l'infection à *Chlamydia* peut entraîner l'inflammation des articulations de même qu'une infection étendue des organes génitaux ; chez la femme (qui dans 80 % des cas ne présente *aucun* symptôme), sa pire conséquence est la stérilité. Chez les nouveau-nés infectés à la naissance, pendant leur passage dans le vagin, *Chlamydia* provoque souvent des conjonctivites (en particulier, le *trachome*, une infection oculaire douloureuse. En l'absence de traitement, la cornée cicatrise ; les lésions cornéennes mènent à la cécité, une complication fréquente dans les pays du tiers-monde). On observe également des inflammations des voies respiratoires, notamment la pneumonie. L'infection à *Chlamydia* se diagnostique maintenant par recherche des acides nucléiques par amplification plutôt que par cultures cellulaires et se traite à la tétracycline. Certains types de *C. trachomatis* peuvent également causer la **lymphogranulomatose vénérienne** (LVG). Cette ITS est fréquente dans les pays tropicaux, mais le tout premier cas déclaré au Québec n'est apparu qu'en 2003. Elle se manifeste par des inflammations du système génital et digestif et affecte particulièrement le système lymphatique.

Trichomonase

La trichomonase se caractérise par un écoulement jaune-vert dégageant une forte odeur. De nombreuses personnes ne présentent cependant aucun symptôme. Elle est l'ITS *guérissable* la plus fréquente chez les jeunes femmes actives sexuellement. On dénombre 170 millions de nouveaux cas de cette infection qui se traite facilement à l'aide d'une dose unique d'antibiotique (métronidazole).

Condylomes acuminés

Les **condylomes acuminés** sont des verrues qui apparaissent sur les organes génitaux externes; ils peuvent provoquer des irritations ou des démangeaisons mais, souvent, il n'y a pas de symptômes apparents. Ils sont causés par le *papillomavirus,* qui représente en fait un groupe de six virus (voir p. 1211). Environ 30 millions de personnes dans le monde contractent des condylomes acuminés chaque année, et il semble que l'infection par le papillomavirus augmente le risque de souffrir de certains cancers dans la région infectée. De fait, le virus est associé à 80 % de tous les cancers invasifs du col de l'utérus. Il faut cependant souligner que la plupart des souches à l'origine des condylomes acuminés ne causent pas le cancer du col de l'utérus. Au Canada, on estime que la prévalence des souches susceptibles de causer le cancer du col de l'utérus est de l'ordre de 11 à 25 % chez la population féminine, d'où l'utilité du vaccin Gardasil, décrit à la page 1211.

Le traitement est difficile et controversé. Certains cliniciens préfèrent ne pas traiter les condylomes tant qu'ils ne se propagent pas, alors que d'autres recommandent de les enlever par cryochirurgie ou par traitement au laser, ou encore à l'interféron alpha-2b.

Herpès génital

La cause de l'**herpès génital** est le virus *Herpes simplex* de type 2 (HSV-2), qui fait partie des agents pathogènes les plus difficiles à soigner chez les humains. Il peut rester à l'état latent pendant des semaines et des années, puis récidiver brusquement et produire des bouquets de lésions vésiculeuses. Ce virus se transmet directement par les sécrétions infectées ou par un simple contact cutané pendant la période d'excrétion du virus. Les lésions douloureuses qui apparaissent alors sur les organes génitaux de l'adulte sont très désagréables, mais elles ne mettent pas sa vie en danger. Cependant, le fœtus qui contracte l'herpès peut présenter de graves malformations.

La plupart des personnes atteintes d'herpès génital ignorent qu'elles le sont: de 20 à 30 % des adultes sont porteurs d'anticorps anti-HSV-2. On estime que 15 % seulement de l'ensemble de ces personnes présentent des signes d'infection. Un antiviral, l'*acyclovir,* est le médicament de choix pour traiter l'herpès génital. Il accélère la guérison des lésions et diminue la fréquence des éruptions. L'herpès génital ne peut pas être guéri, mais il présente des périodes de rémission. Dans 10 % des cas, des lésions génitales peuvent également être causées par la forme répandue de *Herpes simplex* de type I (HSV-1), responsable des boutons de fièvre ou feux sauvages.

VÉRIFIONS NOS ACQUIS

37. Quel agent pathogène est le plus souvent associé au cancer du col de l'utérus?

38. Quelle est l'ITS bactérienne la plus courante?

Les réponses se trouvent à l'appendice G.

Développement et vieillissement des organes génitaux: chronologie du développement sexuel

Jusqu'à présent, nous avons parlé des organes génitaux tels qu'ils se présentent et fonctionnent chez les adultes. Nous nous penchons maintenant sur les événements qui font de nous des individus sexués. Ce processus commence longtemps avant la naissance et, du moins chez les femmes, se termine à la fin de l'âge mûr.

Développement embryonnaire et fœtal

20 Discuter de la détermination du sexe génétique; expliquer, en les comparant, le développement prénatal des organes génitaux internes et celui des organes génitaux externes chez les deux sexes.

Détermination du sexe génétique

Aristote croyait que l'intensité des rapports sexuels déterminait le sexe masculin du futur bébé. Évidemment, il n'en est rien! Le sexe génétique est déterminé dès le moment où les gènes du spermatozoïde s'unissent aux gènes de l'ovule, et ce sont les **chromosomes sexuels** présents dans chaque gamète qui constituent l'élément déterminant. Des 46 chromosomes de l'ovule fécondé, 2 (une paire) sont des chromosomes sexuels; les 44 autres sont des **autosomes**.

Deux types de chromosomes sexuels existent chez les humains: le gros **chromosome X** et le petit **chromosome Y**. Les cellules somatiques des femmes possèdent deux chromosomes X, c'est-à-dire qu'elles sont XX, de sorte que l'ovule formé au cours d'une méiose normale chez la femme renferme toujours un chromosome X. Les hommes ont un chromosome X et un chromosome Y dans leurs cellules somatiques (XY), de sorte que la moitié des spermatozoïdes produits au cours de la méiose normale chez l'homme renferment un X et l'autre moitié, un Y.

Si le spermatozoïde qui pénètre l'ovule possède un chromosome X, l'ovule fécondé et toutes ses cellules filles posséderont les chromosomes XX: des ovaires se développeront chez l'embryon. Si le spermatozoïde a un chromosome Y, l'embryon sera de sexe masculin (XY) et des testicules apparaîtront. Un seul gène situé sur le chromosome Y (le gène *SRY*) déclenche le développement des testicules et, donc, détermine que l'embryon sera de sexe masculin; plus précisément, ce gène intervient en activant d'autres gènes situés sur le chromosome X ou sur des autosomes. Il reste que c'est le gamète que porte le père qui détermine le sexe génétique de l'embryon. Tout le processus de la différenciation sexuelle dépend du type de gonades qui se sont formées au cours de la vie embryonnaire. Toutefois, les gènes présents dans les autosomes sont nécessaires pour qu'un mâle devienne fonctionnel. La mutation du gène *SRY* peut produire des femelles XY possédant le chromosome masculin mais les caractères sexuels féminins.

⚖ DÉSÉQUILIBRE HOMÉOSTATIQUE

Si les chromosomes ne se distribuent pas également dans les deux cellules filles au cours de la méiose, le zygote possède une combinaison de chromosomes anormale. Cette anomalie provient de la **non-disjonction** des centromères de deux chromosomes homologues avant leur migration vers les pôles de la cellule, de sorte que ces deux chromosomes migrent vers le même pôle. Un chromosome est donc absent d'une des cellules filles, alors que l'autre cellule fille possède deux exemplaires du même chromosome. Quand elle touche les chromosomes sexuels, la non-disjonction produit des anomalies frappantes, notamment dans le développement des organes génitaux. Par exemple, les ovaires ne se développent pas chez les femmes qui possèdent un seul chromosome X (XO), affection appelée *syndrome de Turner*. Elles sont de petite taille, avec un cou palmé. Les garçons qui n'ont pas de chromosome X (YO) meurent au cours du développement embryonnaire. La plupart des filles XXX présentent des troubles d'apprentissage et ont une intelligence inférieure à la normale; celles qui possèdent quatre chromosomes X et plus présentent habituellement une déficience mentale. Elles ont aussi des ovaires sous-développés et une fécondité diminuée.

Le *syndrome de Klinefelter*, qui touche 1 naissance vivante de garçon sur 500, est la plus fréquente des anomalies des chromosomes sexuels. Les personnes atteintes de ce syndrome possèdent généralement un chromosome Y ainsi que deux ou plusieurs chromosomes X; elles sont stériles. Les hommes XXY ont en général une intelligence normale (ou légèrement inférieure à la normale), mais l'incidence de la déficience mentale augmente en proportion du nombre de chromosomes X. ■

Différenciation sexuelle des organes génitaux

Les gonades mâles et femelles commencent à se développer durant la cinquième semaine de gestation; elles apparaissent alors comme des masses de mésoderme appelées **crêtes gonadiques** (figure 27.21). Les crêtes gonadiques, qui forment des saillies sur la paroi abdominale postérieure, sont situées du côté médial du mésonéphros (rein embryonnaire; voir p. 1148). Les

conduits paramésonéphriques, ou **canaux de Müller** (futures voies génitales de la femme), se développent latéralement par rapport aux **conduits mésonéphriques**, ou **canaux de Wolff** (futures voies génitales de l'homme). Ces deux types de canaux débouchent dans une même cavité appelée *cloaque*. À ce stade du développement embryonnaire, on dit que le système génital est **indifférencié**, puisque le tissu des crêtes gonadiques peut aussi bien se transformer en gonades mâles qu'en gonades femelles et que les réseaux de conduits des deux sexes sont présents.

Peu après l'apparition des crêtes gonadiques, les **cellules germinales primordiales**, ou gonocytes, migrent vers les crêtes gonadiques à partir d'une autre région de l'embryon, probablement guidées par un gradient chimique (chimiokines). Dans les gonades en voie de développement, ces cellules sont destinées à se transformer en spermatogonies et en ovogonies. Lorsque les cellules germinales primordiales sont en place, les crêtes gonadiques forment des testicules ou des ovaires, selon le matériel génétique de l'embryon.

Ce processus commence à la septième semaine chez les embryons de sexe masculin. Les tubules séminifères contournés se forment à l'intérieur des crêtes gonadiques et rejoignent les conduits mésonéphriques par l'intermédiaire des canalicules efférents. La poursuite du développement des conduits mésonéphriques donne naissance aux voies génitales de l'homme. Les conduits paramésonéphriques ne jouent aucun rôle dans le développement de l'embryon de sexe masculin et ils dégénèrent peu après, sauf si les petits testicules sont incapables de sécréter une hormone appelée *hormone antimüllérienne (AMH)*. Cette hormone entraîne la dégradation des conduits paramésonéphriques, ou canaux de Müller, qui donnent naissance aux voies génitales de la femme – trompes utérines et utérus.

Chez les embryons de sexe féminin, le processus de différenciation commence environ une semaine plus tard. La partie externe, ou corticale, des ovaires immatures forme les follicules et les conduits paramésonéphriques se différencient pour constituer les voies génitales de la femme. Les conduits mésonéphriques dégénèrent.

Alors que ce sont des conduits différents qui se développent en organes génitaux internes mâles ou femelles, ce sont les mêmes structures qui sont à l'origine des organes génitaux externes chez les deux sexes (figure 27.22). Au stade indifférencié, tous les embryons présentent une petite proéminence appelée **tubercule génital**. Le sinus urogénital, qui se développe à partir d'une division du cloaque (futurs urètre et vessie), est situé profondément sous le tubercule, et le **sillon urogénital**, qui constitue l'orifice externe du sinus urogénital, est situé sur la face inférieure du tubercule. De chaque côté du sillon urogénital, on trouve les **plis urogénitaux**, entourés des **tubercules labioscrotaux**.

Au cours de la huitième semaine, les organes génitaux entrent dans une période de développement rapide. Chez les garçons, le tubercule génital grossit et s'allonge pour former le pénis. Les plis urogénitaux fusionnent sur le plan médian du corps (dans le sens de la longueur) pour circonscrire un conduit interne. Cette fusion est incomplète à la partie distale

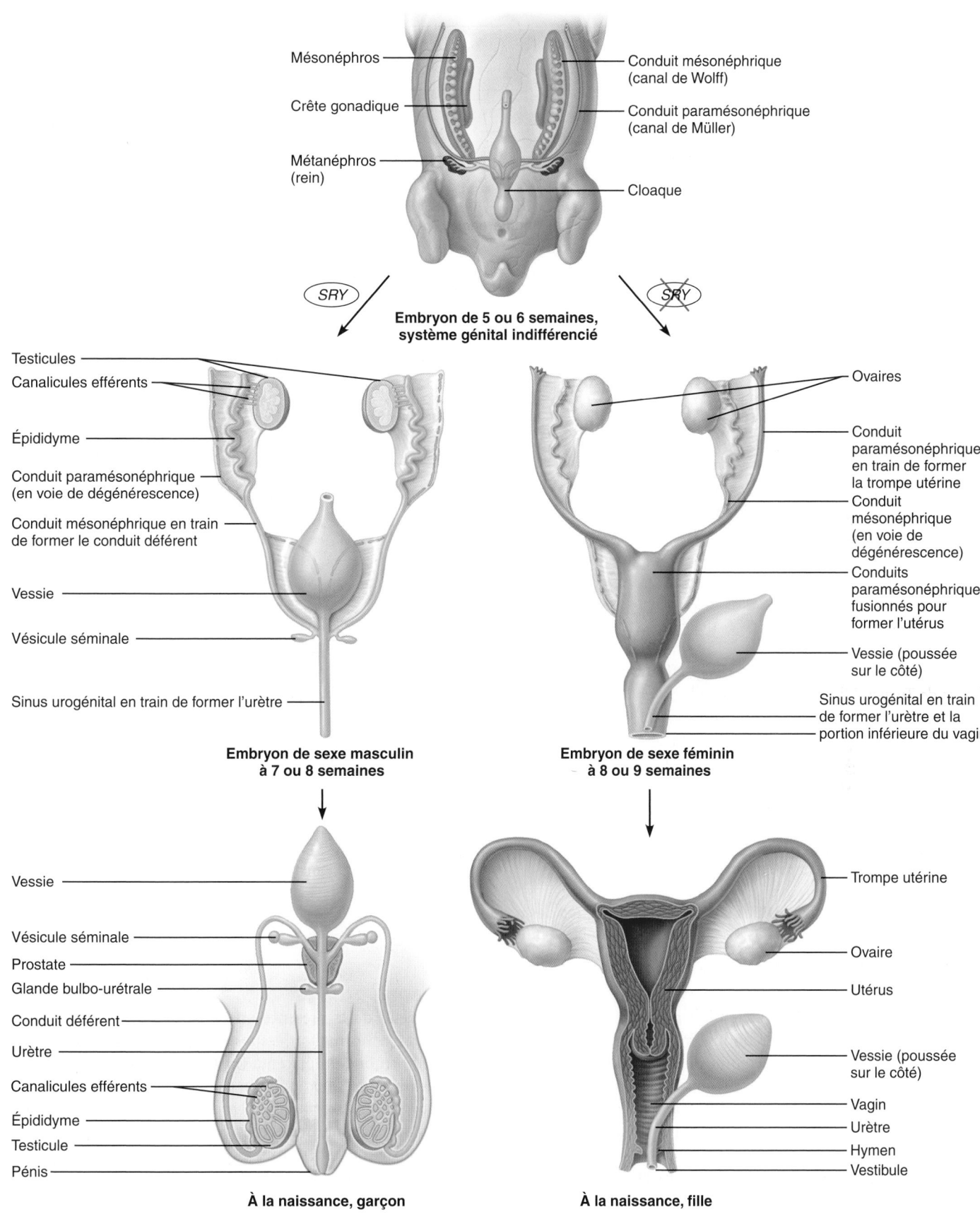

Figure 27.21 Développement des organes génitaux internes chez les humains.

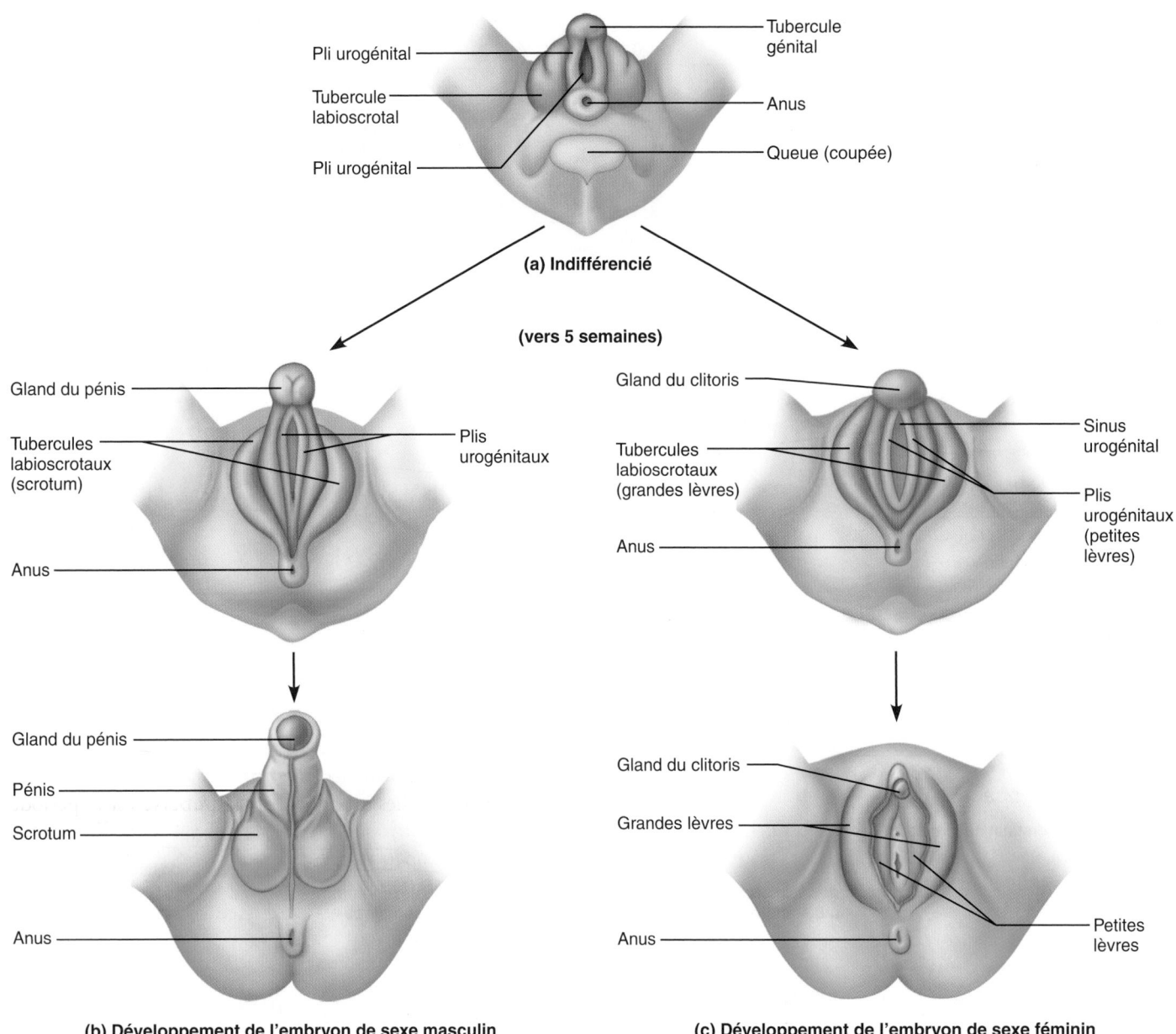

Figure 27.22 **Développement des structures homologues des organes génitaux externes chez les deux sexes.** Les deux illustrations du bas montrent la région périnéale complètement développée.

des plis, et c'est ce qui constitue le *méat urétral*. Le sinus urogénital, situé à l'intérieur du conduit interne, est une cavité dont les segments vésical, pelvien et phallique donnent, respectivement, la vessie, les parties prostatique et membranacée de l'urètre ainsi que la partie spongieuse de l'urètre. Les tubercules labioscrotaux fusionnent également sur le plan médian du corps en formant le scrotum.

Chez les filles, le tubercule génital donne naissance au clitoris et le sillon urogénital devient le vestibule du vagin; les plis urogénitaux et les tubercules labioscrotaux ne fusionnent pas, mais se transforment en petites lèvres et en grandes lèvres.

La différenciation des structures annexes et des organes génitaux externes en structures masculines ou en structures fémi-nines dépend de la présence ou de l'absence de testostérone. Peu après leur formation, les testicules – eux-mêmes stimulés par une hormone du placenta (hCG) – commencent à libérer de la testostérone, libération qui dure de quatre à cinq jours et qui amorce le développement des conduits annexes masculins et des organes génitaux externes. En l'absence de testostérone, les conduits annexes féminins et les organes génitaux externes féminins se développent.

DÉSÉQUILIBRE HOMÉOSTATIQUE

Les problèmes associés à la production d'hormones sexuelles chez l'embryon provoquent des anomalies troublantes. Par exemple, si les testicules embryonnaires ne produisent pas de testostérone, un individu de sexe génétique masculin aura des annexes et des organes génitaux externes féminins. Par ailleurs, si les testicules ne produisent pas d'hormone antimüllérienne, des voies génitales féminines *et* masculines se développent, mais les organes génitaux externes sont masculins. Si un embryon de sexe génétique féminin est exposé à la testostérone (comme dans le cas d'une hyperplasie des glandes surrénales, décrite au chapitre 16, ou lorsque la mère a une tumeur de la surrénale sécrétant des androgènes), il possédera des ovaires, mais des glandes et des conduits masculins ainsi qu'un pénis et un scrotum vide. Il semble que les organes génitaux féminins possèdent une capacité intrinsèque de se développer (développement par défaut) : en l'absence de testostérone ou dans le cas d'une insensibilité à la testostérone, ils se développent quel que soit le sexe génétique de l'individu, du fait que tous les embryons, quels que soient les chromosomes sexuels qu'ils portent, grandissent dans un environnement imprégné d'œstrogènes.

Le sexe de l'enfant peut être difficile à déterminer dans 1 naissance sur 3000. Les individus dont les organes génitaux annexes ne correspondent pas aux gonades sont appelés *pseudohermaphrodites*. (Les vrais *hermaphrodites* sont rares ; ils possèdent et du tissu ovarien et du tissu testiculaire.) Les pseudohermaphrodites ont parfois recours à la chirurgie afin que leur apparence (organes génitaux externes) corresponde à leur identité (gonades). ■

Descente des gonades

Environ deux mois avant la naissance, les testicules commencent à descendre vers le scrotum, en entraînant derrière eux les vaisseaux sanguins et les nerfs qui les desservent. Ils sortent de la cavité pelvienne par les canaux inguinaux et entrent dans le scrotum. Les gonadotrophines et la testostérone, sécrétées par le fœtus de sexe masculin, stimulent cette migration, qui est également guidée par un fort cordon de tissu fibreux, appelé **gubernaculum**, s'étendant du testicule jusqu'au plancher du sac scrotal. Au début, le gubernaculum est une colonne de tissu conjonctif contenant une grande quantité d'acide hyaluronique, puis il devient de plus en plus fibreux à mesure que sa croissance se poursuit. Au septième mois de développement, sa croissance cesse et sa partie inférieure remplit le canal inguinal. La fin de la croissance du gubernaculum jumelée à la croissance rapide du corps du fœtus attire les testicules dans le scrotum.

La *vaginale du testicule*, tirée dans le scrotum avec celui-ci, provient d'un prolongement en forme de doigt du péritoine pariétal, le *processus vaginal du péritoine*. Les vaisseaux sanguins, les nerfs et les couches de fascia qui accompagnent le testicule forment une partie du *cordon spermatique*, qui contribue à suspendre le testicule dans le scrotum.

À l'instar des testicules, les ovaires descendent au cours du développement fœtal, mais ils migrent seulement jusque vers le détroit supérieur, où leur progression est arrêtée par le ligament large. La descente de chaque ovaire est guidée par un gubernaculum (fixé à la grande lèvre) qui se divisera plus tard pour former le ligament propre de l'ovaire et le ligament rond de l'utérus, structures soutenant les organes génitaux internes dans le bassin.

⚖ **DÉSÉQUILIBRE HOMÉOSTATIQUE**

La descente incomplète du testicule constitue la *cryptorchidie* (*kruptos* : caché ; *orkhis* : testicule). Parce que cette anomalie entraîne la stérilité et augmente le risque de cancer du testicule, on procède habituellement à une intervention chirurgicale pour la corriger chez le jeune enfant. ■

VÉRIFIONS NOS ACQUIS

39. Est-il vrai qu'une fille se développera si l'ovule fécondé contient les chromosomes X et Y ?

40. Qu'est-ce que le stade indifférencié du développement sexuel ?

41. Quelle structure guide la descente des testicules dans le scrotum ?

Les réponses se trouvent à l'appendice G.

Puberté

Les taux de FSH et de LH, élevés à la naissance, baissent au cours des mois qui suivent et demeurent à ce niveau tout au long des années précédant la puberté. Entre l'âge de 10 et 15 ans, un grand nombre d'hormones interagissant entre elles produisent les changements liés à la puberté. La **puberté** est la période de la vie où les organes génitaux atteignent leurs dimensions adultes et deviennent fonctionnels. À l'approche de la puberté, ces changements se produisent en réaction à l'augmentation du taux d'hormones gonadiques (testostérone chez les garçons et œstrogènes chez les filles). Nous avons déjà décrit dans ce chapitre le développement des caractères sexuels secondaires et les phénomènes hormonaux de la puberté. Répétons toutefois que la puberté constitue le début de la période où la reproduction est possible.

La puberté se déroule de la même manière chez tous, mais elle peut survenir à des âges très différents. Chez les garçons, la sécrétion d'androgènes par la surrénale, en particulier la déhydroépiandrostérone (DHEA), commence à augmenter plusieurs années avant l'afflux de testostérone de la puberté et déclenche l'apparition des poils faciaux, pubiens et axillaires ainsi que d'autres événements. Le signal du déclenchement de la puberté chez les garçons est l'augmentation du volume des testicules et du scrotum, entre l'âge de 8 et 14 ans. La croissance du pénis s'étend sur deux ans. La maturité sexuelle sera révélée par la présence de spermatozoïdes matures dans le sperme. Entre-temps, le jeune homme a des érections intempestives, de même que de fréquentes émissions nocturnes. Ces phénomènes sont dus à des poussées hormonales et à l'immaturité de l'axe de régulation hormonale.

27

(Suite du texte à la p. 1236)

Tous pour un, un pour tous

Relations entre le système génital et les autres systèmes de l'organisme

Système nerveux

- Les hormones sexuelles masculinisent ou féminisent le cerveau ; elles influent sur la libido.
- L'hypothalamus règle le déroulement de la puberté ; la réponse sexuelle est une activité réflexe.

Système endocrinien

- Les hormones gonadiques exercent des rétroactions sur l'axe hypothalamohypophysaire ; les hormones placentaires favorisent l'hypermétabolisme maternel.
- Les gonadotrophines (et la Gn-RH) contribuent à régler le fonctionnement des gonades ; la leptine informe l'hypothalamus de la quantité d'énergie dont l'organisme dispose (ses réserves lipidiques).

Système cardiovasculaire

- Les œstrogènes font baisser le taux de cholestérol sanguin et contribuent au bon fonctionnement du système cardiovasculaire chez les femmes préménopausées ; la grossesse augmente le travail du système cardiovasculaire ; la testostérone stimule l'hématopoïèse.
- Le système cardiovasculaire transporte des substances jusqu'aux organes génitaux ; l'érection requiert une vasodilatation locale ; le sang transporte les hormones sexuelles.

Système lymphatique et immunitaire

- L'embryon et le fœtus en voie de développement échappent à la surveillance immunitaire (absence de rejet).
- Les vaisseaux lymphatiques drainent les liquides tissulaires qui ont fui ; ils transportent les hormones sexuelles jusqu'au sang ; les cellules immunitaires protègent les organes génitaux contre les infections ; le lait maternel contient des IgA.

Système respiratoire

- La grossesse gêne la descente du diaphragme durant l'inspiration ; la femme enceinte présente souvent de la dyspnée.
- Le système respiratoire fournit de l'oxygène et rejette le gaz carbonique ; le volume courant et la fréquence respiratoire augmentent au cours de la grossesse, et le volume résiduel diminue.

Système digestif

- Les organes du système digestif sont comprimés par le fœtus en voie de développement ; les brûlures d'estomac et la constipation sont fréquentes durant la grossesse.
- Le système digestif fournit les nutriments nécessaires au bon fonctionnement des organes du système génital.

Système urinaire

- L'hyperplasie de la prostate entrave la miction ; la compression de la vessie au cours de la grossesse cause des mictions fréquentes et impérieuses ; les œstrogènes stimulent la réabsorption du sodium, ce qui inhibe la diurèse, alors que la progestérone l'augmente.
- Les reins éliminent les déchets azotés et maintiennent l'équilibre acidobasique du sang maternel et fœtal ; le sperme est émis par l'urètre de l'homme ; le sphincter lisse (interne) de l'urètre empêche l'évacuation de l'urine lors de l'éjaculation.

Système tégumentaire

- Les androgènes activent les glandes sébacées qui lubrifient la peau et les poils ; les hormones gonadiques stimulent la distribution caractéristique du tissu adipeux et l'apparition de poils pubiens et axillaires ; les œstrogènes augmentent l'hydratation de la peau ; les œstrogènes et la progestérone produisent la pigmentation accrue de la peau du visage au cours de la grossesse.
- La peau protège tous les organes en les recouvrant ; les sécrétions des glandes mammaires (lait) nourrissent le bébé ; les récepteurs nerveux cutanés contribuent aux réflexes d'excitation sexuelle.

Système squelettique

- Les androgènes masculinisent le squelette et augmentent la densité osseuse ; les œstrogènes féminisent le squelette et maintiennent la masse osseuse chez la femme.
- Le bassin renferme les organes génitaux internes ; un bassin trop étroit peut empêcher l'accouchement par voie vaginale.

Système musculaire

- Les androgènes favorisent l'augmentation de la masse musculaire.
- Les muscles abdominaux sont actifs au cours de l'accouchement ; les muscles du plancher pelvien soutiennent les organes génitaux et contribuent à l'érection du pénis et du clitoris.

RELATIONS ENTRE LE SYSTÈME GÉNITAL et les systèmes endocrinien, squelettique et musculaire

Le système génital peut paraître «égoïste», comme s'il ne s'intéressait qu'à son propre fonctionnement. Toutefois, compte tenu de l'importance de la reproduction et de la perpétuation de l'espèce, cet égoïsme constitue plutôt un avantage. En effet, le système génital assure (ou essaie d'assurer) la transmission du patrimoine génétique d'un individu et, au lieu d'investir son énergie dans les autres systèmes de l'organisme, il construit un tout nouvel individu. Ne s'agit-il pas là d'une mission plutôt extraordinaire?

Bien que les relations entre le système génital et les autres systèmes soient relativement peu nombreuses, celles qu'il entretient avec le système endocrinien se distinguent des autres, et c'est donc sur elles que nous porterons notre attention. Le système génital et le système endocrinien sont en effet difficiles à séparer, d'autant plus que les gonades fonctionnent elles-mêmes comme des glandes endocrines. Les relations que le système génital entretient avec la plupart des autres systèmes, par exemple avec le système nerveux et le système cardiovasculaire, s'établissent par l'intermédiaire de ses hormones. Par exemple, la testostérone et les œstrogènes masculinisent et féminisent le cerveau, respectivement, et les œstrogènes diminuent le risque d'athérosclérose et retardent le vieillissement du système cardiovasculaire de la femme (particulièrement des vaisseaux sanguins). Les hormones gonadiques jouent également un rôle majeur dans le développement somatique, surtout à la puberté; nous y reviendrons plus loin.

Système endocrinien

Tout d'abord, des organes endocriniens particuliers (l'hypothalamus avec sa Gn-RH, l'adénohypophyse avec sa FSH et sa LH) contribuent à l'orchestration de presque toutes les fonctions de la reproduction. Sans ces organes, les gonades n'atteindraient jamais leur maturité durant l'adolescence, les gamètes ne seraient pas produits et les phénomènes subséquemment déclenchés par les hormones gonadiques n'auraient pas lieu. Nous resterions à jamais des êtres sexuellement immatures et notre système génital serait comparable à celui d'un enfant. D'autre part, si la testostérone n'était pas sécrétée par les minuscules testicules du fœtus de sexe masculin, les voies génitales de l'homme ne se formeraient jamais. En outre, les hormones gonadiques produites en réponse aux gonadotrophines contribuent à régler la libération des gonadotrophines (par des mécanismes de rétroactivation et de rétro-inhibition) ainsi que celle de la gonadolibérine (Gn-RH). Nous sommes donc en présence d'une boucle de rétroaction dans laquelle aucune des deux parties ne peut fonctionner sans l'autre. N'oublions pas la leptine, cette hormone messagère produite par les adipocytes, qui prévient l'hypothalamus que le corps d'une jeune femme a emmagasiné suffisamment d'énergie pour être en mesure de se reproduire.

Systèmes squelettique et musculaire

Une fois qu'elles sont prêtes à fonctionner, les gonades se mettent à leur tour à produire des hormones. Non seulement ces hormones contribuent-elles à la maturation des organes annexes de leur propre système et au bon déroulement de la gamétogenèse, mais elles jouent aussi un rôle capital dans la poussée de croissance extraordinaire de la puberté, qui transforme le corps d'un enfant en celui d'un adulte. Les effets les plus essentiels de ces hormones sont les effets anabolisants qui s'exercent sur les os et les muscles squelettiques. Le squelette devient plus grand, plus lourd et plus dense; chez la femme, le bassin se transforme pour faciliter l'accouchement. Chez la femme en âge de procréer, les œstrogènes aident à conserver la masse osseuse. (Leur absence se fait vite sentir après la ménopause.) À la puberté, les muscles squelettiques augmentent eux aussi en volume et en masse, et ils deviennent capables d'une grande force. La testostérone est tout particulièrement importante dans la constitution de la masse musculaire. Les hormones gonadiques n'agissent pas seules, certes, et leurs effets se conjuguent avec ceux de l'hormone de croissance et des hormones thyroïdiennes, mais elles contribuent grandement au développement de la stature adulte et sont à l'origine des modifications musculosquelettiques qui distinguent les deux sexes sur le plan anatomique.

Système génital

Étude de cas: Nous revenons à M. Amir aujourd'hui. La dernière fois que nous nous sommes penchés sur son cas (chapitre 26), on prescrivait une radiographie pour déterminer la cause de sa douleur lombaire ainsi que des analyses sanguines plus poussées. Voici les résultats de la radiographie.

- Radiographie révélant de nombreuses métastases carcinomateuses à la boîte crânienne et à la colonne vertébrale.

En ce qui concerne les analyses sanguines, voici la partie qui peut nous intéresser:

- Taux sérique anormalement élevé de phosphatase acide.

1. Qu'est-ce qu'un carcinome? À votre avis, où se situe le siège initial des lésions carcinomateuses secondaires présentes dans sa boîte crânienne et dans la région lombaire de sa colonne vertébrale?

2. Sur quel(s) fait(s) vous appuyez-vous pour justifier votre conclusion?

3. Quels autres examens pourraient vous aider à établir le diagnostic concernant M. Amir?

4. À votre avis, quel type de traitement M. Amir recevra-t-il pour soigner son carcinome? Pourquoi?

(*Les réponses se trouvent à l'appendice G.*)

Le premier signe de la puberté chez les filles est l'apparition des seins (thélarche), entre l'âge de 8 et 13 ans, suivie par l'apparition des poils axillaires et pubiens. La ménarche se produit généralement deux ans plus tard. L'ovulation est irrégulière et la fécondité incertaine jusqu'à ce que la régulation hormonale atteigne son équilibre, ce qui requiert encore deux années. En Amérique du Nord et en Europe, on remarque que la ménarche survient de plus en plus tôt depuis une centaine d'années. Des facteurs nutritionnels, entre autres, semblent être en cause.

Ménopause

La plupart des femmes atteignent le sommet de leurs capacités reproductrices vers la fin de la vingtaine. La fonction ovarienne diminue graduellement par la suite, probablement parce que les ovaires répondent de moins en moins aux signaux de la FSH et de la LH. À l'âge de 30 ans, il y a encore quelque 100 000 ovocytes dans les ovaires, mais leur qualité a diminué (et donc la fécondité); vers l'âge de 50 ans, il n'en reste probablement que quelques-uns.

À mesure que la production d'œstrogènes diminue, de nombreux cycles deviennent anovulatoires, alors que d'autres produisent de deux à quatre ovules, phénomène qui reflète le déclin de la régulation hormonale. Ces ovulations multiples augmentent avec l'âge et expliquent pourquoi la proportion de jumeaux et de triplés est plus élevée chez les femmes qui ont leurs enfants dans la trentaine. En période de périménopause, le cycle menstruel devient irrégulier et la menstruation dure de moins en moins longtemps. L'ovulation et la menstruation finissent par cesser définitivement; c'est ce qu'on appelle la **ménopause**, qui arrive entre 46 et 54 ans. On considère que la ménopause s'est produite quand la femme n'a pas eu de menstruation depuis un an.

La sécrétion d'œstrogènes se poursuit pendant un certain temps après la ménopause, mais les ovaires arrêtent un jour de remplir leur rôle de glandes endocrines. Privés d'œstrogènes en quantité suffisante, les organes génitaux et les seins commencent à s'atrophier. Le vagin s'assèche et les infections vaginales sont plus fréquentes. Le manque d'œstrogènes peut également provoquer d'autres changements: irritabilité et dépression (chez certaines); vasodilatation importante des vaisseaux sanguins de la peau, qui causent les désagréables «bouffées de chaleur» accompagnées de sueurs abondantes; amincissement graduel de la peau et perte de masse osseuse.

L'augmentation progressive du taux de cholestérol sanguin total et la diminution du taux de lipoprotéines de haute densité accroissent le risque de troubles cardiovasculaires chez la femme ménopausée. Si la femme le désire, son médecin peut lui prescrire de faibles doses d'œstrogènes et de progestérone afin de l'aider à traverser cette période difficile et de prévenir les troubles osseux et cardiovasculaires. Ces avantages semblaient intéressants jusqu'en 2002, lorsque le Women's Health Initiative a brusquement mis fin à un essai clinique portant sur 16 000 femmes ménopausées, signalant que chez celles qui prenaient une combinaison de progestérone et d'œstro-

gènes, on avait relevé des hausses de 51 % du nombre de cardiopathies, de 24 % des cancers du sein envahissants et de 31 % des accidents vasculaires cérébraux. De plus, ces femmes couraient deux fois plus de risques d'être atteintes de démence que celles qui prenaient un placebo. Les résultats de recherches de 2009 confirment toujours l'élévation relative des risques associés à l'utilisation des hormones sur une période supérieure à cinq ans. Cependant, une hormonothérapie à faible dose pendant une courte période de temps est acceptable pour réduire les symptômes chez les femmes qui n'ont pas le cancer du sein et qui ne portent pas de gène *BCRA* muté.

Il n'y a pas d'équivalent de la ménopause chez l'homme. Les hommes en bonne santé peuvent devenir pères même après l'âge de 80 ans grâce à leur petite population durable de cellules germinatives (spermatogonies). Toutefois, chez l'homme âgé, la sécrétion de testostérone diminue graduellement et la période de latence après l'orgasme est plus longue, une condition parfois appelée *andropause* (*andros*: homme). Les médecins prescrivent des traitements substitutifs à base de testostérone à un nombre croissant d'hommes âgés. Cependant, la mobilité des spermatozoïdes baisse considérablement avec le temps. Ainsi, les spermatozoïdes d'un jeune homme peuvent atteindre les trompes utérines en 20 à 50 minutes, alors que ceux d'un homme de 75 ans mettent 2,5 jours pour faire le même trajet.

VÉRIFIONS NOS ACQUIS

42. Quel est le signal du déclenchement de la puberté chez les garçons?
43. Quand se produit la ménopause?

Les réponses se trouvent à l'appendice G.

Les organes génitaux se distinguent des autres systèmes de l'organisme par au moins deux caractéristiques: (1) ils ne fonctionnent pas au cours des 10 à 15 premières années de la vie; (2) ils peuvent interagir avec les organes génitaux complémentaires d'une autre personne. De fait, non seulement le peuvent-ils, mais c'est leur seul moyen d'accomplir leur fonction biologique, c'est-à-dire la grossesse et la naissance. Toutefois, les partenaires sexuels n'ont pas toujours l'intention d'avoir un bébé, et c'est pourquoi les humains ont inventé plusieurs méthodes de contraception; ce sujet sera traité au chapitre suivant dans le Gros plan (voir p. 1270-1271).

Le système génital a pour fonction de maintenir, par le biais des hormones gonadiques, la physiologie normale de ses organes afin de permettre la production d'une descendance. Cependant, les organes gonadiques influent sur les organes d'autres systèmes, et les organes génitaux dépendent d'autres systèmes pour obtenir des nutriments et de l'oxygène ainsi que pour se débarrasser de leurs déchets (voir la Synthèse, p. 1234).

Maintenant que nous savons comment les organes génitaux se préparent à la reproduction, nous sommes prêts à étudier le déroulement de la grossesse et du développement prénatal d'un nouvel être humain, ce que nous faisons au chapitre 28.

TERMES MÉDICAUX

Cancer de l'ovaire Tumeur maligne de l'ovaire se développant habituellement à partir de l'épithélium germinatif qui recouvre les ovaires ; vient au cinquième rang des cancers des organes génitaux ; sa fréquence augmente en fonction de l'âge. Au Canada, on diagnostique 2600 nouveaux cas par an, et 1600 femmes en meurent. En France, l'incidence est de 8,1 femmes pour 1000 et le taux de mortalité est de 4,6 pour 1000. On dit souvent qu'il s'agit d'une pathologie silencieuse et sa découverte est souvent tardive, car les premiers symptômes sont peu spécifiques et font penser à d'autres troubles (douleur au dos, malaise abdominal, nausées, ballonnement et flatulence). On peut déceler ce type de cancer en palpant la masse au cours d'un examen médical, en la visualisant au moyen d'une sonde échographique ou en découvrant dans le sang une protéine marquant le cancer de l'ovaire (CA-125). Il arrive souvent que le médecin ne soit consulté qu'après la formation de métastases ; le taux de survie après 5 ans est de 70 % si la maladie est diagnostiquée à son premier stade (avant l'apparition de métastases). Les facteurs de risque sont l'alimentation, les antécédents familiaux et une première grossesse après 30 ans. Par ailleurs, l'allaitement exercerait un effet protecteur.

Cancer de l'endomètre (*endo* : en dedans) Cancer se développant à partir de l'endomètre de l'utérus (habituellement les glandes utérines) ; vient au quatrième rang des cancers chez la femme. Le principal signe est un saignement vaginal, ce qui permet un dépistage précoce. Les facteurs de risque comprennent l'obésité et le traitement hormonal substitutif.

Dysménorrhée (*dus* : difficile ; *mên* : mois ; *rhein* : couler) Menstruation douloureuse ; peut résulter d'une activité anormalement élevée des prostaglandines au cours de la menstruation ; l'absence de menstruations est appelée *aménorrhée*.

Éjaculation rétrograde Expulsion du sperme dans la vessie causée par l'absence de contractions du sphincter lisse de l'urètre lors de l'émission. Elle peut être une conséquence, entre autres choses, d'une chirurgie prostatique ou urétrale.

Endométriose Trouble inflammatoire dans lequel du tissu endométrial apparaît ailleurs que dans son milieu normal (dans les trompes, sur l'ovaire, sur le rectum, etc.) et subit une croissance atypique ; caractérisée par des saignements utérins et rectaux anormaux, la dysménorrhée et une douleur pelvienne ; peut entraîner la stérilité (de 25 à 35 % des femmes infertiles en souffrent). Les causes sont encore inconnues, mais parmi les pistes retenues, on invoque souvent le phénomène de menstruation rétrograde, le transport des cellules endométriales dans le sang, ou encore une hypersécrétion locale de prostaglandines. Les formes légères de l'endométriose se traitent par des inhibiteurs de prostaglandines, des anti-inflammatoires non stéroïdiens ou par une thérapie hormonale. Les cas plus graves exigent généralement une intervention chirurgicale.

Gynécologie (*gunê* : femme ; *logos* : discours) Branche de la médecine qui a pour objet le diagnostic et le traitement des troubles des organes génitaux féminins.

Gynécomastie (*gunê* : femme ; *mastos* : mamelle) Augmentation anormale du tissu mammaire chez l'homme, due à l'hypersécrétion d'œstrogènes par le cortex surrénal, à certains médicaments (cimétidine, spironolactone et quelques agents chimiothérapeutiques) ou à l'usage de marijuana.

Hernie inguinale Protubérance d'une partie des intestins dans le scrotum ou à travers une ouverture des muscles abdominaux dans la région inguinale ; étant donné que les canaux inguinaux constituent un point faible dans la paroi abdominale, le soulèvement d'objets lourds et les autres activités qui augmentent la pression intraabdominale peuvent causer une hernie inguinale.

Hystérectomie (*hustera* : utérus ; *ektomê* : ablation) Ablation chirurgicale totale ou partielle de l'utérus. Elle s'impose dans le traitement des cancers de l'utérus ou de l'ovaire, de même que dans celui de diverses pathologies bénignes mais généralisées ou récurrentes, telles que l'endométriose, des saignements abondants, les kystes ovariens et les maladies inflammatoires pelviennes. La pratique de l'hystérectomie pour des problèmes bénins varie beaucoup d'un pays à un autre, car il est possible de faire appel à des traitements pharmacologiques ou à des interventions chirurgicales moins radicales.

Kystes ovariens Les kystes sont les maladies de l'ovaire les plus courantes ; certains sont des tumeurs. Il en existe plusieurs types : (1) les *kystes folliculaires* se forment à partir de un ou de plusieurs follicules hypertrophiés et sont remplis d'un liquide translucide ; (2) les *kystes dermoïdes* sont remplis d'un liquide jaune épais et contiennent des tissus partiellement développés (poils, dents, os, etc.) ; (3) les *kystes chocolat*, remplis d'une matière gélatineuse foncée, résultent souvent de l'endométriose de l'ovaire. Au départ, aucun de ces kystes n'est malin, mais les deux derniers peuvent le devenir. Les kystes folliculaires peuvent disparaître d'eux-mêmes sans traitement.

Laparoscopie (*lapara* : flanc ; *skopein* : examiner) Examen des cavités abdominale et pelvienne au moyen d'un laparoscope (appareil optique installé à l'extrémité d'un tube mince qu'on insère dans la paroi abdominale antérieure). La laparoscopie est souvent utilisée pour évaluer l'état des organes génitaux internes de la femme.

Orchite (*orkhis* : testicule) Inflammation aiguë ou chronique du testicule, parfois causée par le virus des oreillons.

Ovariectomie Ablation chirurgicale de l'ovaire.

Salpingite (*salpinx* : trompe) Inflammation de la trompe utérine faisant suite le plus souvent à une inflammation de l'utérus.

Syndrome de Kallman Aussi appelé dystrophie olfactogénitale. Défaut d'un gène situé sur le chromosome X, entraînant une carence en Gn-RH (par conséquent moins de FSH et de LH) associée à une anosmie ; touche surtout les garçons. La carence hormonale empêche l'apparition de la puberté. Ce syndrome peut être corrigé par l'administration de Gn-RH.

Syndrome des ovaires polykystiques (SOPK) Aussi appelé syndrome de Stein-Leventhal. L'endocrinopathie la plus fréquente chez les femmes et la cause la plus courante de stérilité causée par l'absence d'ovulation. Touche de 5 à 10 % des femmes ; caractérisé par les signes d'un excès d'androgènes (pilosité, par exemple) et un risque accru de maladie cardiovasculaire (se manifestant par une pression artérielle élevée, une diminution des taux de lipoprotéines de haute densité [HDL] et une élévation du taux de triglycérides) ; lié à l'obésité extrême et à un certain degré de résistance à l'insuline. Traité par la prise de médicaments sensibles à l'insuline.

27

RÉSUMÉ DU CHAPITRE

1. La fonction du système génital est de produire une descendance. Les gonades synthétisent les gamètes (spermatozoïdes ou ovules) et les hormones sexuelles. Les autres organes génitaux sont des annexes.

Anatomie du système génital de l'homme (p. 1190)

Scrotum (p. 1190)

1. Le scrotum renferme les testicules. Il les maintient à une température légèrement inférieure à celle du corps, ce qui est essentiel à la production de spermatozoïdes viables.

Testicules (p. 1191)

2. Chaque testicule est recouvert d'une albuginée qui se projette vers l'intérieur et divise le testicule en un grand nombre de lobules. Chaque lobule renferme des tubules séminifères contournés, qui produisent les spermatozoïdes, et des cellules interstitielles, qui produisent des androgènes.

Pénis (p. 1193)

3. Le pénis, organe de la copulation chez l'homme, est surtout composé de tissu érectile (le corps spongieux et les deux corps caverneux). Quand le tissu érectile s'engorge de sang, le pénis se raidit, phénomène appelé érection.
4. Le périnée de l'homme est la région délimitée par la symphyse pubienne, les tubérosités ischiatiques et le coccyx.

Voies génitales de l'homme (p. 1193)

5. L'épididyme recouvre la face externe du testicule, et constitue le lieu de maturation et de stockage des spermatozoïdes.
6. Le conduit déférent, qui s'étend de l'épididyme jusqu'au conduit éjaculateur, projette les spermatozoïdes dans l'urètre grâce à ses mouvements péristaltiques au cours de l'éjaculation. Son extrémité terminale fusionne avec le conduit de la vésicule séminale pour former le conduit éjaculateur, qui se jette dans l'urètre à l'intérieur de la prostate.
7. L'urètre s'étend de la vessie jusqu'à l'extrémité du pénis. Il transporte l'urine ou le sperme jusqu'à l'extérieur du corps.

Glandes annexes (p. 1195)

8. Les glandes annexes sécrètent la majeure partie du sperme, qui contient le fructose produit par les vésicules séminales, le liquide activateur des spermatozoïdes provenant de la prostate et le mucus sécrété par les glandes bulbo-urétrales.

Sperme (p. 1197)

9. Le sperme est un liquide alcalin qui dilue et transporte les spermatozoïdes. Les substances les plus importantes qu'il contient sont des nutriments, des prostaglandines et la séminalplasmine. Une éjaculation se compose de 2 à 5 mL de sperme. Chaque millilitre contient entre 20 et 150 millions de spermatozoïdes chez les adultes normaux.

Physiologie du système génital de l'homme (p. 1197)

Réponse sexuelle de l'homme (p. 1197)

1. L'érection est régie par des réflexes parasympathiques.
2. L'éjaculation est l'expulsion du sperme à l'extérieur des voies génitales de l'homme. Elle est régie par le système nerveux sympathique. L'éjaculation fait partie de l'orgasme masculin, qui s'accompagne d'une augmentation du pouls, d'une élévation de la pression artérielle et d'une sensation de plaisir.

Spermatogenèse (p. 1198)

3. La spermatogenèse – production des gamètes mâles dans les tubules séminifères contournés – commence à la puberté.
4. La méiose – processus de base de la production des gamètes – est constituée de deux divisions nucléaires successives, sans réplication de l'ADN entre les deux divisions. La méiose réduit de moitié le nombre de chromosomes et crée des variations génétiques. La synapsis et l'enjambement (*crossing-over*) sont des phénomènes uniques à la méiose.
5. Les spermatogonies se divisent par mitose pour perpétuer la lignée des cellules germinales. Certaines de leurs descendantes se transforment en spermatocytes de premier ordre, qui subissent la méiose I et donnent des spermatocytes de deuxième ordre. Les spermatocytes de deuxième ordre subissent la méiose II, chacun produisant alors quatre spermatides haploïdes (n).
6. Les spermatides se transforment en spermatozoïdes fonctionnels au cours de la spermiogenèse, qui leur fait perdre le cytoplasme superflu et leur donne un acrosome et un flagelle (queue).
7. Les épithéliocytes de soutien constituent la barrière hématotesticulaire ; ils nourrissent les cellules germinales et les transportent vers la lumière des tubules séminifères contournés ; de plus, ils sécrètent un liquide servant au transport des spermatozoïdes.

Régulation hormonale de la fonction de reproduction chez l'homme (p. 1205)

8. La Gn-RH sécrétée par l'hypothalamus stimule la libération de FSH et de LH par l'adénohypophyse. La FSH active la spermatogenèse en stimulant la production de l'*androgen-binding protein* (ABP) par les épithéliocytes de soutien. La LH stimule la libération de testostérone par les cellules interstitielles. La testostérone se lie à l'ABP pour stimuler la spermatogenèse. La testostérone et l'inhibine (sécrétée par les épithéliocytes de soutien) exercent une rétroaction qui inhibe le fonctionnement de l'hypothalamus et de l'adénohypophyse.
9. La maturation de la régulation hormonale s'établit au cours de la puberté et prend environ trois ans.
10. La testostérone stimule la maturation des organes génitaux masculins et déclenche le développement des caractères sexuels secondaires de l'homme. Elle a des effets anabolisants sur le squelette et les muscles squelettiques, stimule la spermatogenèse et est à l'origine de la libido.

Anatomie du système génital de la femme (p. 1207)

1. Les organes génitaux de la femme produisent des gamètes et des hormones sexuelles et soutiennent le fœtus en voie de développement jusqu'à sa naissance.

Ovaires (p. 1207)

2. Les ovaires sont situés de part et d'autre de l'utérus. Ils sont maintenus en place par les ligaments propre et suspenseur de l'ovaire et par le mésovarium.
3. On trouve dans chaque ovaire des follicules (renfermant un ovocyte) à divers stades de développement et des corps jaunes.

Voies génitales de la femme (p. 1209)

4. La trompe utérine, soutenue par le mésosalpinx, commence près de l'ovaire et va jusqu'à l'utérus. Son extrémité frangée et ciliée

crée un courant qui contribue à attirer l'ovocyte dans la trompe elle-même. Les cils de la muqueuse de la trompe font avancer l'ovocyte et le zygote vers l'utérus.

5. L'utérus comporte un fundus, un corps et un col. Il est soutenu par le ligament large, le ligament du paracervix, les ligaments utérosacraux et les ligaments ronds.

6. La paroi utérine est constituée du périmétrium (couche externe), du myomètre et de l'endomètre (couche interne). L'endomètre se compose d'une couche fonctionnelle, qui se desquame régulièrement si aucun embryon ne s'y implante, et d'une couche basale, qui reconstitue la couche fonctionnelle.

7. Le vagin s'étend de l'utérus jusqu'à l'extérieur du corps. C'est l'organe de la copulation ; il permet aussi l'écoulement du flux menstruel et le passage du bébé.

Organes génitaux externes et périnée (p. 1214)

8. Les organes génitaux externes de la femme (vulve) comprennent le mont du pubis, les grandes et les petites lèvres, le clitoris et l'orifice vaginal ; la vulve loge aussi le méat urétral. Les grandes lèvres renferment les glandes vestibulaires majeures, qui sécrètent un mucus.

Glandes mammaires (p. 1215)

9. Les glandes mammaires sont situées devant les muscles pectoraux du thorax. Chaque glande mammaire est composée d'un grand nombre de lobules séparés par du tissu conjonctif et du tissu adipeux ; les lobules renferment les alvéoles productrices de lait.

Physiologie du système génital de la femme (p. 1217)

Ovogenèse (p. 1217)

1. L'ovogenèse, soit la production d'ovules, commence chez le fœtus. Les ovogonies – cellules germinales diploïdes des gamètes de la femme – se transforment en ovocytes de premier ordre avant la naissance. Les ovaires du bébé contiennent environ deux millions d'ovocytes de premier ordre arrêtés à la prophase de la méiose I.

2. La méiose reprend à partir de la puberté. Chaque mois, un ovocyte de premier ordre termine la méiose I, produisant ainsi un gros ovocyte de deuxième ordre et un globule polaire I. La méiose II de l'ovocyte de deuxième ordre produit un ovule fonctionnel et un globule polaire II, mais elle n'a lieu chez l'humain que si l'ovocyte de deuxième ordre est pénétré par un spermatozoïde.

3. L'ovule renferme la majeure partie du cytoplasme de l'ovocyte. Les globules polaires ne sont pas fonctionnels et ils dégénèrent.

Cycle ovarien (p. 1219)

4. Au cours de la phase folliculaire (jours 1 à 14), plusieurs follicules primaires commencent à mûrir. Les cellules folliculaires prolifèrent et sécrètent des œstrogènes, puis une capsule de tissu conjonctif (thèque) se forme autour du follicule en voie de maturation. En général, un seul follicule par mois achève le processus de maturation et fait saillie à la surface de l'ovaire. Vers la fin de cette phase, l'ovocyte du follicule dominant achève la méiose I. L'ovulation a lieu, habituellement le jour 14, et l'ovocyte est libéré dans la cavité péritonéale. Les autres follicules en voie de développement se détériorent.

5. Pendant la phase lutéale (jours 15 à 28), le follicule rompu se transforme en corps jaune. Celui-ci produit de la progestérone et des œstrogènes pendant le reste du cycle. Si l'ovocyte n'est pas fécondé, le corps jaune dégénère au bout de 10 jours environ.

Régulation hormonale du cycle ovarien (p. 1221)

6. À partir de la puberté, les hormones de l'hypothalamus, de l'adénohypophyse et des ovaires interagissent de manière à établir et à régler le cycle ovarien. L'établissement du cycle adulte, révélé par la ménarche, prend environ quatre ans. La leptine intervient dans le déclenchement de la puberté en stimulant l'hypothalamus lorsque le tissu adipeux fournit suffisamment d'énergie pour la reproduction.

7. Les phénomènes hormonaux de chaque cycle ovarien sont les suivants. (1) La Gn-RH stimule la libération par l'adénohypophyse de FSH et de LH, qui stimulent la maturation du follicule et la production d'œstrogènes par celui-ci. (2) Quand ils atteignent un certain taux, les œstrogènes sanguins exercent une rétroactivation sur l'axe hypothalamohypophysaire, ce qui provoque une brusque libération de LH qui active la poursuite de la méiose par l'ovocyte de premier ordre et déclenche l'ovulation. La LH entraîne ensuite la transformation du follicule rupturé en corps jaune et stimule la sécrétion par celui-ci de progestérone et d'œstrogènes. (3) L'augmentation des taux de progestérone et d'œstrogènes inhibe l'axe hypothalamohypophysaire, le corps jaune dégénère, les hormones ovariennes chutent à leur plus bas niveau, et le cycle recommence.

Cycle menstruel (p. 1223)

8. Les variations des taux sanguins d'hormones ovariennes déclenchent les phénomènes du cycle menstruel.

9. Au cours de la phase menstruelle, ou menstruation, du cycle menstruel (jours 1 à 5), la couche fonctionnelle de l'endomètre se desquame. Au cours de la phase proliférative (jours 6 à 14), l'augmentation du taux d'œstrogènes stimule la régénération de la couche fonctionnelle, si bien que l'utérus est prêt à accueillir un embryon environ une semaine après l'ovulation. Pendant la phase sécrétoire (jours 15 à 28), les glandes utérines sécrètent du glycogène et la vascularisation de l'endomètre s'accroît.

10. La baisse des taux d'hormones ovariennes au cours des derniers jours du cycle ovarien provoque des spasmes des artères spiralées et l'interruption de l'apport sanguin à la couche fonctionnelle : la menstruation marque le début d'un nouveau cycle menstruel.

Effets des œstrogènes et de la progestérone (p. 1225)

11. Les œstrogènes stimulent l'ovogenèse. À la puberté, ils entraînent la croissance des organes génitaux, la poussée de croissance de l'adolescence et l'apparition des caractères sexuels secondaires.

12. La progestérone interagit avec les œstrogènes pour la maturation des seins et la régulation du cycle menstruel.

Réponse sexuelle de la femme (p. 1227)

13. La réponse sexuelle de la femme ressemble à celle de l'homme. Chez la femme, l'orgasme n'est pas accompagné d'une éjaculation et n'est pas nécessaire à la conception.

Infections transmissibles sexuellement (p. 1227)

1. Les infections transmissibles sexuellement (ITS) sont des infections transmises lors des contacts sexuels. La gonorrhée, la syphilis et l'infection à *Chlamydia* sont des maladies bactériennes qui, en l'absence de traitement, peuvent mener à la stérilité. La syphilis a des conséquences plus importantes que la plupart des autres ITS bactériennes, puisqu'elle peut toucher tous les organes. L'herpès génital et les condylomes acuminés, des infections virales, pourraient être associés au cancer du col de l'utérus. Le SIDA, qui se manifeste par une dépression du système immunitaire, peut également se transmettre par contact sexuel.

27

Développement et vieillissement des organes génitaux : chronologie du développement sexuel (p. 1229)

Développement embryonnaire et fœtal (p. 1229)

1. Le sexe génétique est déterminé par les chromosomes sexuels : un chromosome X provenant de la mère et un chromosome X ou Y provenant du père. Si l'ovule fécondé est XX, l'enfant sera de sexe féminin et possédera des ovaires ; s'il est XY, l'enfant sera de sexe masculin et possédera des testicules.

2. Les gonades des deux sexes proviennent des crêtes gonadiques (masses de mésoderme). Les conduits mésonéphriques donnent naissance aux conduits et aux glandes annexes de l'homme. Les conduits paramésonéphriques donnent naissance aux voies génitales de la femme.

3. Les organes génitaux externes proviennent du tubercule génital et des structures qui y sont associées. Le développement des organes génitaux annexes et des organes génitaux externes masculins dépend de la présence de la testostérone sécrétée par les testicules embryonnaires. En l'absence de testostérone, les organes féminins se développent.

4. Les testicules se forment dans la cavité abdominale et descendent dans le scrotum.

Puberté (p. 1233)

5. La puberté est la période où les organes génitaux atteignent leur maturité et deviennent fonctionnels. Chez les garçons, elle commence par la croissance du pénis et du scrotum ; chez les filles, par le développement des seins.

Ménopause (p. 1236)

6. Au cours de la ménopause, la fonction ovarienne diminue, puis l'ovulation et la menstruation cessent. Des bouffées de chaleur et des troubles de l'humeur peuvent survenir. La ménopause peut entraîner une atrophie des organes génitaux, une perte de masse osseuse et une augmentation des risques de troubles cardiovasculaires. Chez l'homme, les signes et les symptômes dus à un déficit d'hormones sexuelles sont des caractéristiques de l'andropause.

QUESTIONS DE RÉVISION

Choix multiples/associations

(Il peut y avoir plus d'une bonne réponse à certaines questions. Choisissez les meilleures réponses parmi celles qui sont proposées. Les réponses se trouvent à l'appendice G.)

1. Après l'ovulation, les structures qui attirent l'ovocyte dans les voies génitales de la femme sont : (a) les cils ; (b) les franges ; (c) les microvillosités ; (d) les stéréocils.

2. L'embryon s'implante habituellement dans : (a) la trompe utérine ; (b) la cavité péritonéale ; (c) le vagin ; (d) l'utérus.

3. L'homologue masculin du clitoris de la femme est : (a) le pénis ; (b) le scrotum ; (c) la partie spongieuse de l'urètre ; (d) le testicule.

4. Parmi les énoncés suivants, lequel décrit correctement une partie de l'anatomie féminine ? (a) L'orifice vaginal est le plus postérieur des trois orifices du périnée ; (b) le méat urétral est situé entre l'orifice vaginal et l'anus ; (c) l'anus est localisé entre l'orifice vaginal et le méat urétral ; (d) le méat urétral est le plus antérieur des deux orifices de la vulve.

5. Les caractères sexuels secondaires sont : (a) présents chez l'embryon ; (b) une conséquence de l'augmentation du taux d'hormones sexuelles à la puberté ; (c) le testicule chez l'homme et l'ovaire chez la femme ; (d) permanents une fois qu'ils sont apparus.

6. Laquelle des structures suivantes sécrète les hormones sexuelles mâles ? (a) Les vésicules séminales ; (b) le corps jaune ; (c) les follicules en voie de développement du testicule ; (d) les cellules interstitielles du testicule.

7. Qu'arrive-t-il si les testicules ne descendent pas ? (a) Aucune hormone sexuelle mâle ne circulera dans l'organisme ; (b) les spermatozoïdes ne pourront pas sortir du corps ; (c) le développement des testicules sera retardé à cause de l'apport sanguin insuffisant ; (d) aucun spermatozoïde mature ne sera produit.

8. Le nombre diploïde de chromosomes chez les humains est : (a) 48 ; (b) 47 ; (c) 46 ; (d) 23 ; (e) 24.

9. En gardant à l'esprit les différences entre la mitose et la méiose, choisissez les énoncés qui s'appliquent *seulement* à la méiose. (a) Est marquée par la présence de tétrades ; (b) produit deux cellules filles ; (c) produit quatre cellules filles ; (d) se poursuit pendant toute la vie ; (e) réduit de moitié le nombre de chromosomes ; (f) est marquée par la synapsis et l'enjambement des chromosomes.

10. Associez les termes suivants avec la description appropriée.

(a) ABP	(e) Inhibine
(b) Œstrogènes	(f) LH
(c) FSH	(g) Progestérone
(d) Gn-RH	(h) Testostérone

_____, _____ (1) Hormones qui règlent directement le cycle ovarien.

_____, _____ (2) Substances chimiques qui inhibent l'axe hypothalamotesticulaire chez l'homme.

_____ (3) Hormone qui rend la glaire cervicale visqueuse.

_____ (4 Accentue l'action de la testostérone sur les cellules germinales.

_____, _____, _____ (5) Chez la femme, exercent une rétro-inhibition sur l'hypothalamus et l'adénohypophyse.

_____ (6) Stimule la sécrétion de la testostérone.

11. On peut diviser le cycle menstruel en trois phases successives. À partir du premier jour du cycle, elles se déroulent dans l'ordre suivant : (a) menstruelle, proliférative, sécrétoire ; (b) menstruelle, sécrétoire, proliférative ; (c) sécrétoire, menstruelle, proliférative ; (d) proliférative, menstruelle, sécrétoire ; (e) sécrétoire, proliférative, menstruelle.

12. Les spermatozoïdes sont aux tubules séminifères contournés ce que les ovocytes sont aux : (a) franges ; (b) corpus albicans ; (c) follicules ovariques ; (d) corps jaunes.

13. Parmi les structures suivantes, laquelle synthétise la plus grande partie du sperme ? (a) Prostate ; (b) glandes bulbo-urétrales ; (c) testicules ; (d) vésicule séminale.

14. Le corps jaune se forme au site de : (a) la fécondation ; (b) l'ovulation ; (c) la menstruation ; (d) l'implantation.

15. Le sexe d'un enfant est déterminé par: (**a**) le chromosome sexuel que possède le spermatozoïde; (**b**) le chromosome sexuel que possède l'ovocyte; (**c**) le nombre de spermatozoïdes qui fécondent l'ovocyte; (**d**) la position du fœtus dans l'utérus.

16. La phase sécrétoire du cycle menstruel correspond à quelle phase du cycle ovarien? (**a**) La phase folliculaire; (**b**) la phase lutéale; (**c**) la phase menstruelle; (**d**) la phase proliférative.

17. Un médicament qui «rappelle» à l'hypophyse de produire de la FSH et de la LH pourrait être utile comme: (**a**) contraceptif; (**b**) diurétique; (**c**) stimulant de la fécondité; (**d**) stimulant de l'avortement.

Questions à court développement

18. Pourquoi le terme «système urogénital» s'applique-t-il davantage aux hommes qu'aux femmes?

19. Décrivez les divers moyens qui permettent l'adaptation des testicules aux variations de température.

20. Décrivez les principales régions structurales (et fonctionnelles) du spermatozoïde.

21. Expliquez pourquoi la vasectomie (1) ne fait pas régresser les caractères sexuels secondaires et (2) n'empêche pas l'éjaculation.

22. Expliquez le mécanisme par lequel le sildénafil (Viagra) traite des cas de dysfonction érectile.

23. Chez la femme, l'ovogenèse – lorsqu'elle se rend à terme – produit un gamète fonctionnel, l'ovule. Quelles autres cellules ce processus produit-il? Que signifie ce «gaspillage» de cellules au cours de la production des gamètes? En d'autres termes, pourquoi n'y a-t-il qu'un gamète au lieu de quatre comme chez l'homme?

24. Décrivez le déroulement et les effets possibles de la ménopause.

25. Définissez les termes suivants: adrénarche, thénarche, ménarche. Que signifie la ménarche sur le plan hormonal?

26. Décrivez l'endroit précis où a lieu la sécrétion du lait, les hormones intervenant dans la lactation (retour sur le chapitre 16) ainsi que tous les conduits jusqu'à son expulsion.

27. Expliquez quels sont les facteurs de risque et les gènes en cause dans les cancers du sein d'origine familiale et non familiale.

28. Décrivez le trajet du spermatozoïde, depuis le testicule de l'homme jusqu'à la trompe utérine de la femme.

29. Lors de la menstruation, la couche fonctionnelle de l'endomètre se desquame. Expliquez les facteurs hormonaux et physiques qui sont responsables de cette desquamation. (*Indice:* reportez-vous à la figure 27.20.)

30. L'épithélium du vagin et les glandes cervicales de l'utérus contribuent à empêcher les bactéries résidentes du vagin de se propager dans les voies génitales supérieures. Expliquez comment chacune de ces structures remplit son rôle protecteur.

31. Décrivez les différents stades de l'infection transmissible sexuellement qui touche principalement les hommes et qui provoque parfois de graves problèmes neurologiques.

32. Des élèves du cours d'anatomie ont dit que les glandes bulbo-urétrales ou de Cowper (et les glandes urétrales) de l'homme agissent comme ces employés municipaux qui, en prévision d'un défilé, viennent s'assurer qu'aucune voiture n'est garée dans la rue où il passera. Que signifie cette analogie?

Réflexion et application

1. Danielle Martin, une femme de 44 ans mère de 8 enfants, consulte son médecin au sujet d'une sensation de lourdeur dans le bassin, de douleurs lombaires et d'incontinence urinaire. Son périnée présente de grosses chéloïdes (tumeurs cutanées pouvant être causées par une lésion antérieure) et l'examen vaginal montre que l'orifice externe du col de l'utérus se trouve tout près de l'orifice vaginal. Elle explique au médecin qu'elle a vécu à la campagne dans une communauté qui désapprouvait l'accouchement à l'hôpital (sauf en cas d'absolue nécessité). Selon vous, quel est le problème de Danielle et par quoi a-t-il été causé? Donnez-en une description anatomique.

2. Mathieu, un adolescent actif sexuellement, se présente au CLSC parce qu'il souffre de douleurs à la miction et d'un écoulement purulent par le méat urétral. On lui demande quelles ont été ses activités sexuelles dernièrement. (**a**) Quel est le problème de Mathieu, selon vous? (**b**) Quel est l'agent causal de cette affection? (**c**) Comment soigne-t-on cette maladie et qu'arrivera-t-il si elle n'est pas soignée?

3. Une femme de 36 ans, mère de 4 enfants, pense à subir une ligature des trompes afin d'éviter de nouvelles grossesses. Elle demande au médecin si elle sera ménopausée après l'opération. (**a**) Que répondriez-vous à sa question et comment mettriez-vous fin à ses inquiétudes? (**b**) Qu'est-ce que la ligature des trompes?

4. M. Savard, un homme de 76 ans, songe à se marier avec une femme beaucoup plus jeune que lui. Il demande à son urologue s'il sera capable de devenir père étant donné son âge avancé. Quelles questions le médecin devrait-il lui poser et quelle épreuve diagnostique devrait-il lui prescrire?

5. Lucie a subi l'ablation chirurgicale de l'ovaire gauche et de la trompe utérine droite à l'âge de 17 ans en raison d'un kyste et d'une tumeur à ces organes. Maintenant âgée de 32 ans, elle se porte bien et est enceinte de son deuxième enfant. Comment Lucie a-t-elle pu concevoir un enfant avec un seul ovaire et une seule trompe qui, en outre, se trouvent très éloignés l'un de l'autre dans le bassin?

28

De l'ovule au zygote (p. 1244)

Déroulement de la fécondation (p. 1244)

Développement embryonnaire :
du zygote à l'implantation
du blastocyste (p. 1247)

Segmentation et formation
du blastocyste (p. 1248)

Implantation (p. 1249)

Placentation (p. 1251)

Développement embryonnaire :
de la gastrula au fœtus (p. 1252)

Formation et rôles des membranes
extraembryonnaires (p. 1252)

Gastrulation : formation des feuillets
embryonnaires primitifs (p. 1253)

Organogenèse : différenciation des
feuillets embryonnaires primitifs (p. 1256)

Développement fœtal (p. 1260)

Effets de la grossesse chez la mère
(p. 1260)

Modifications anatomiques (p. 1260)

Modifications du métabolisme (p. 1263)

Modifications physiologiques (p. 1264)

Parturition (accouchement) (p. 1264)

Déclenchement du travail (p. 1264)

Périodes du travail (p. 1265)

Adaptation de l'enfant à la vie
extra-utérine (p. 1267)

Première respiration et période de transition
(p. 1267)

Fermeture des vaisseaux sanguins fœtaux
et des dérivations vasculaires (p. 1267)

Lactation (p. 1268)

Procréation médicalement assistée
et reproduction par clonage (p. 1269)

Grossesse et développement prénatal

La naissance d'un bébé est un événement si courant qu'on a tendance à oublier que cet accomplissement est une merveille ; une seule cellule, l'ovule fécondé, se transforme en un être humain complexe formé de billions de cellules. Il nous aurait fallu tout ce manuel pour décrire ce processus en détail. Nous nous limiterons donc à considérer les phénomènes importants de la gestation et à décrire brièvement les événements qui se déroulent immédiatement après la naissance.

Définissons d'abord quelques termes. Le mot **grossesse** désigne les événements qui se déroulent entre la fécondation (conception) et la naissance de l'enfant. L'enfant en voie de développement dans le corps de la femme enceinte est appelé **produit de la conception**. La période de développement est appelée **période de gestation** (*gestare*: porter). Par convention, on la définit comme l'intervalle entre la dernière menstruation et l'accouchement, c'est-à-dire environ 280 jours. Au moment de la fécondation, la mère est donc officiellement enceinte de deux semaines, même si cela est illogique.

De la fécondation à la huitième semaine après celle-ci – la *période embryonnaire* –, le produit de la conception est appelé **embryon**; de la neuvième semaine jusqu'à la naissance – la *période fœtale* –, le produit de la conception est appelé **fœtus**; le fœtus de neuf mois, prêt à naître, naissant ou nouveau-né, est appelé affectueusement bébé! La **figure 28.1** montre les modifications de la forme et de la grosseur du produit de la conception, depuis la fécondation jusqu'au début de la période fœtale.

De l'ovule au zygote

1 Définir la capacitation des spermatozoïdes et préciser le lieu où se déroule ce processus.

2 Expliquer le mécanisme de blocage lent de la polyspermie et montrer son importance.

3 Définir la fécondation; décrire les événements déclenchés par la pénétration du spermatozoïde dans l'ovocyte.

Pour que la fécondation soit possible, le spermatozoïde doit atteindre l'ovocyte de deuxième ordre. Cet ovocyte est viable pendant les 12 à 24 heures qui suivent son expulsion de l'ovaire; au-delà de cette période, la probabilité d'une grossesse est presque nulle. La plupart des spermatozoïdes conservent leur pouvoir de fécondation pendant 24 à 48 heures après l'éjaculation. Donc, pour que la fécondation soit possible, le coït doit avoir lieu au plus tôt 3 jours avant l'ovulation et au plus tard 24 heures après, au moment où l'ovocyte a atteint le premier tiers de la trompe utérine (ampoule).

Déroulement de la fécondation

La **fécondation** se produit quand les chromosomes d'un spermatozoïde se combinent avec ceux d'un ovule (en fait, à un ovocyte de deuxième ordre) pour former un ovule fécondé, ou **zygote**, qui constitue la première cellule du nouvel individu. Étudions les événements qui mènent à la fécondation.

Transport et capacitation des spermatozoïdes

Lors de l'éjaculation, l'homme expulse des centaines de millions de spermatozoïdes qui pénètrent à une assez grande vitesse dans le vagin de sa partenaire. Pourtant, la plupart de ces spermatozoïdes ne se rendront pas jusqu'à l'ovocyte qui se trouve à seulement une douzaine de centimètres d'eux. Tout d'abord, des millions s'écoulent du vagin presque tout de suite après y avoir été déposés. Ensuite, des millions sont détruits par l'environnement acide du vagin. D'autres millions

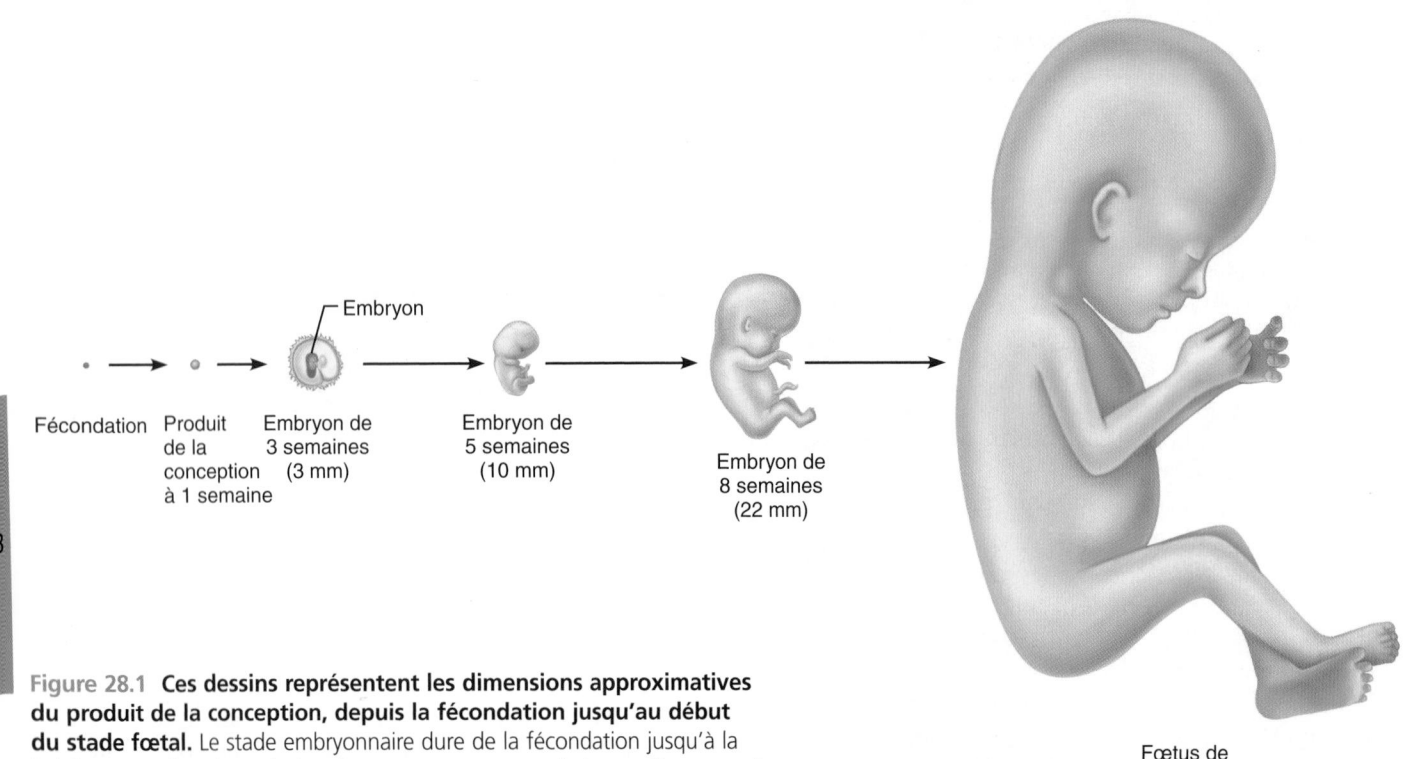

Fécondation   Produit de la conception à 1 semaine   Embryon de 3 semaines (3 mm)   Embryon de 5 semaines (10 mm)   Embryon de 8 semaines (22 mm)

Fœtus de 12 semaines (90 mm)

Figure 28.1 Ces dessins représentent les dimensions approximatives du produit de la conception, depuis la fécondation jusqu'au début du stade fœtal. Le stade embryonnaire dure de la fécondation jusqu'à la huitième semaine; le stade fœtal commence au cours de la neuvième semaine. (Les mesures sont prises du vertex au coccyx.)

encore ne parviennent pas à franchir le col utérin si l'épaisse glaire cervicale n'a pas été rendue plus liquide par les œstrogènes.

Les spermatozoïdes qui réussissent à pénétrer dans l'utérus, propulsés par les battements de leur queue, sont soumis à de puissantes contractions utérines qui, dans une action semblable à celle d'une machine à laver, les dispersent dans toute la cavité utérine ; des milliers d'entre eux sont alors détruits par les phagocytes résidant sur l'endomètre. Parmi les centaines de millions de spermatozoïdes que contenait l'éjaculat de l'homme, seulement quelques milliers (parfois moins de 100) atteindront finalement les trompes utérines, où l'ovocyte est en train de cheminer tranquillement vers l'utérus.

Après toutes ces difficultés, les spermatozoïdes ont encore un obstacle à surmonter. Lorsqu'ils sont déposés dans le vagin, ils sont en effet incapables de pénétrer un ovocyte. Ils doivent d'abord subir une **capacitation** au cours des 8 à 10 prochaines heures, c'est-à-dire que leur mobilité doit s'améliorer et que leur membrane doit se fragiliser pour permettre la libération des hydrolases de leur acrosome. À mesure qu'ils nagent à travers la glaire cervicale, puis dans l'utérus et les trompes utérines, les spermatozoïdes perdent des protéines membranaires ainsi que les molécules de cholestérol qui assurent la solidité et la stabilité de leur membrane acrosomiale. Ainsi, même quand ils atteignent l'ovocyte en quelques minutes, les spermatozoïdes doivent « attendre » que la capacitation se produise.

Ce mécanisme de prévention de la perte des enzymes acrosomiales peut sembler excessif, mais il est essentiel : si la membrane acrosomiale des spermatozoïdes devenait plus fragile alors que ceux-ci sont encore dans les voies génitales de l'homme, elle pourrait se rompre prématurément et provoquer une certaine autolyse (autodigestion) des organes génitaux de l'homme. Toutefois, il ne semble pas que le contact avec les voies génitales femelles soit essentiel à la capacitation, bien que les œstrogènes stimulent indirectement ce processus.

Comment les spermatozoïdes arrivent-ils à trouver un ovocyte libéré dans les trompes utérines ? Cette question fait actuellement l'objet de nombreuses recherches. On croit maintenant que les spermatozoïdes « sentent » l'ovocyte. Ils possèdent en effet des protéines appelées *récepteurs olfactifs* qui répondent à des stimulus chimiques. Ainsi, l'ovocyte ou les cellules qui l'entourent libéreraient des molécules servant de signaux qui guideraient les spermatozoïdes ou les aideraient à s'orienter.

Réaction acrosomiale et pénétration du spermatozoïde

L'ovocyte libéré lors de l'ovulation est entouré de la zone pellucide, qui forme une matrice extracellulaire transparente riche en glycoprotéines, puis il est encapsulé dans la corona radiata. Il ne peut être pénétré avant l'ouverture d'une brèche dans ces deux structures. Quand un spermatozoïde arrive dans le voisinage immédiat de l'ovocyte, il se faufile entre les cellules de la corona radiata. Les spermatozoïdes parviennent jusque-là grâce à une hyaluronidase située à leur surface. Cette enzyme digère le ciment qui se trouve entre les cellules granuleuses de la région immédiate, causant le détachement de ces cellules de l'ovocyte **(figure 28.2, ①)**.

Après avoir franchi la corona, la tête du spermatozoïde se lie à la glycoprotéine ZP3 de la zone pellucide, qui agit comme récepteur de spermatozoïdes. Cette liaison produit une élévation du taux de Ca^{2+} à l'intérieur du spermatozoïde, ce qui déclenche la réaction acrosomiale (figure 28.2, ②). La **réaction acrosomiale** comporte la destruction de la membrane plasmique et de la membrane acrosomiale ainsi que la libération d'enzymes acrosomiales (hyaluronidase, acrosine, protéases, etc.) qui creusent des trous dans la zone pellucide (figure 28.2, ③). Des centaines d'acrosomes doivent subir l'exocytose pour que la zone pellucide soit perforée. Dans ce cas, on ne peut pas dire « premier arrivé, premier servi ». De fait, le spermatozoïde qui arrive après que des centaines d'autres ont subi la réaction acrosomiale, et ainsi contribué à dénuder la membrane de l'ovocyte, a les meilleures chances d'être *le* spermatozoïde fécondant.

Une fois qu'un chemin a été tracé, la queue en forme de fouet du spermatozoïde propulse celui-ci vers la membrane de l'ovocyte. En même temps, les filaments d'actine de la tête du spermatozoïde forment un prolongement appelé *processus acrosomial* qui trouve rapidement les récepteurs de liaison sur la membrane de l'ovocyte et s'y lie (figure 28.2, ④). Cette fixation a deux conséquences : elle cause (1) la fusion des membranes de l'ovocyte et du spermatozoïde et (2) l'entrée du contenu du spermatozoïde dans le cytoplasme de l'ovocyte (figure 28.2, ⑤). C'est ainsi que les gamètes fusionnent en un contact si parfait que le contenu de leur cellule respective se combine à l'intérieur d'une seule membrane, et ce, sans la moindre perte.

Obstacles à la polyspermie

La **polyspermie** (pénétration de plusieurs spermatozoïdes dans un ovule) a lieu chez certains animaux. Chez les humains, un seul spermatozoïde peut pénétrer l'ovocyte, assurant la **monospermie**, c'est-à-dire la fécondation d'un ovocyte par un seul spermatozoïde. Une fois que la tête du spermatozoïde est entrée à l'intérieur de l'ovocyte, le réticulum endoplasmique de l'ovocyte libère des vagues d'ions Ca^{2+}. Cette augmentation du Ca^{2+} intracellulaire active l'ovocyte, de sorte qu'il se prépare à la division cellulaire. Elle déclenche également la **réaction corticale** (figure 28.2, ⑥), pendant laquelle des granules situés directement sous la membrane plasmique répandent par exocytose leurs enzymes dans l'espace extracellulaire sous la zone pellucide (dans l'espace périvitellin). Ces enzymes font durcir la zone pellucide et détruisent les récepteurs des spermatozoïdes, faisant ainsi obstacle à toute nouvelle pénétration.

De plus, les matériaux répandus se lient à l'eau et gonflent graduellement, détachant ainsi tous les spermatozoïdes encore liés aux récepteurs de la membrane de l'ovocyte. Ce processus constitue le *blocage lent de la polyspermie* (il est rendu nécessaire à cause de la très courte durée du blocage rapide – la dépolarisation disparaît au bout d'une minute environ). Dans les rares cas où la polyspermie se produit, l'embryon renferme trop de matériel génétique et n'est pas viable (il meurt).

28

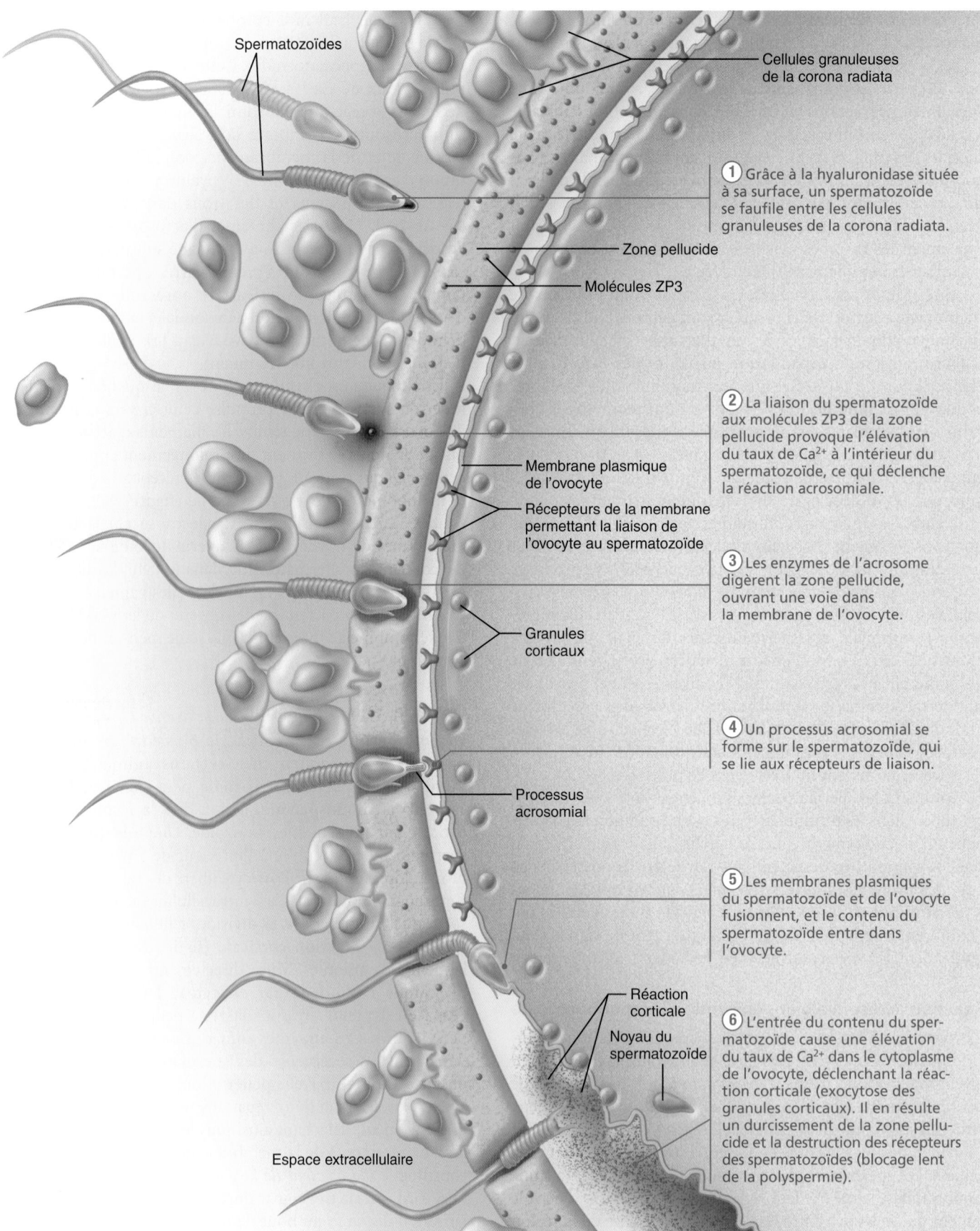

Spermatozoïdes

Cellules granuleuses
de la corona radiata

1 Grâce à la hyaluronidase située
à sa surface, un spermatozoïde
se faufile entre les cellules
granuleuses de la corona radiata.

Zone pellucide

Molécules ZP3

2 La liaison du spermatozoïde
aux molécules ZP3 de la zone
pellucide provoque l'élévation
du taux de Ca^{2+} à l'intérieur du
spermatozoïde, ce qui déclenche
la réaction acrosomiale.

Membrane plasmique
de l'ovocyte

Récepteurs de la membrane
permettant la liaison de
l'ovocyte au spermatozoïde

3 Les enzymes de l'acrosome
digèrent la zone pellucide,
ouvrant une voie dans
la membrane de l'ovocyte.

Granules
corticaux

4 Un processus acrosomial se
forme sur le spermatozoïde, qui
se lie aux récepteurs de liaison.

Processus
acrosomial

5 Les membranes plasmiques
du spermatozoïde et de l'ovocyte
fusionnent, et le contenu du
spermatozoïde entre dans
l'ovocyte.

Réaction
corticale

Noyau du
spermatozoïde

6 L'entrée du contenu du spermatozoïde cause une élévation
du taux de Ca^{2+} dans le cytoplasme
de l'ovocyte, déclenchant la réaction corticale (exocytose des
granules corticaux). Il en résulte
un durcissement de la zone pellucide et la destruction des récepteurs
des spermatozoïdes (blocage lent
de la polyspermie).

Espace extracellulaire

**Figure 28.2 Pénétration du spermatozoïde et réaction corticale (blocage lent
de la polyspermie).** Les étapes de la pénétration de l'ovocyte par un spermatozoïde sont
présentées de haut en bas.

28

Achèvement de la méiose II et fécondation

Au l'instant où le cytoplasme du spermatozoïde entre dans l'ovocyte, sa membrane plasmique disparaît. Le centrosome de sa pièce intermédiaire forme les microtubules que le spermatozoïde utilise pour acheminer son noyau riche en ADN vers le noyau de l'ovocyte. Au cours de ce déplacement, le noyau du spermatozoïde gonfle et se transforme en **pronucléus masculin** (*pro*: avant). Pendant ce temps, l'ovocyte de deuxième ordre, activé par l'afflux de calcium, achève la méiose II, formant ainsi le noyau de l'ovule et éjectant le globule polaire II (**figure 28.3**, ① et ②).

Ensuite, le noyau de l'ovule gonfle et se transforme en **pronucléus féminin**. Les deux pronucléus se rapprochent l'un de l'autre. Pendant que le fuseau mitotique s'établit entre eux (figure 28.3, ③), les membranes des pronucléus se rompent et libèrent leurs chromosomes respectifs dans le voisinage immédiat du fuseau.

C'est à ce moment que la véritable fécondation a lieu, quand les chromosomes maternels et les chromosomes paternels se combinent et forment le *zygote* diploïde, ou ovule fécondé (figure 28.3, ④). Selon certaines sources, la fécondation est simplement la pénétration de l'ovocyte par le spermatozoïde. Cependant, le zygote ne peut se former à moins que les chromosomes de l'homme et de la femme ne s'unissent. Presque tout de suite après l'union des pronucléus, leurs chromosomes se répliquent. Le zygote, première cellule d'une nouvelle personne, est prêt pour la première division mitotique du produit de la conception.

VÉRIFIONS NOS ACQUIS

1. Quel phénomène doit se produire avant que les spermatozoïdes éjaculés puissent pénétrer dans l'ovocyte ?
2. Qu'est-ce que la réaction corticale et qu'accomplit-elle ?

Les réponses se trouvent à l'appendice G.

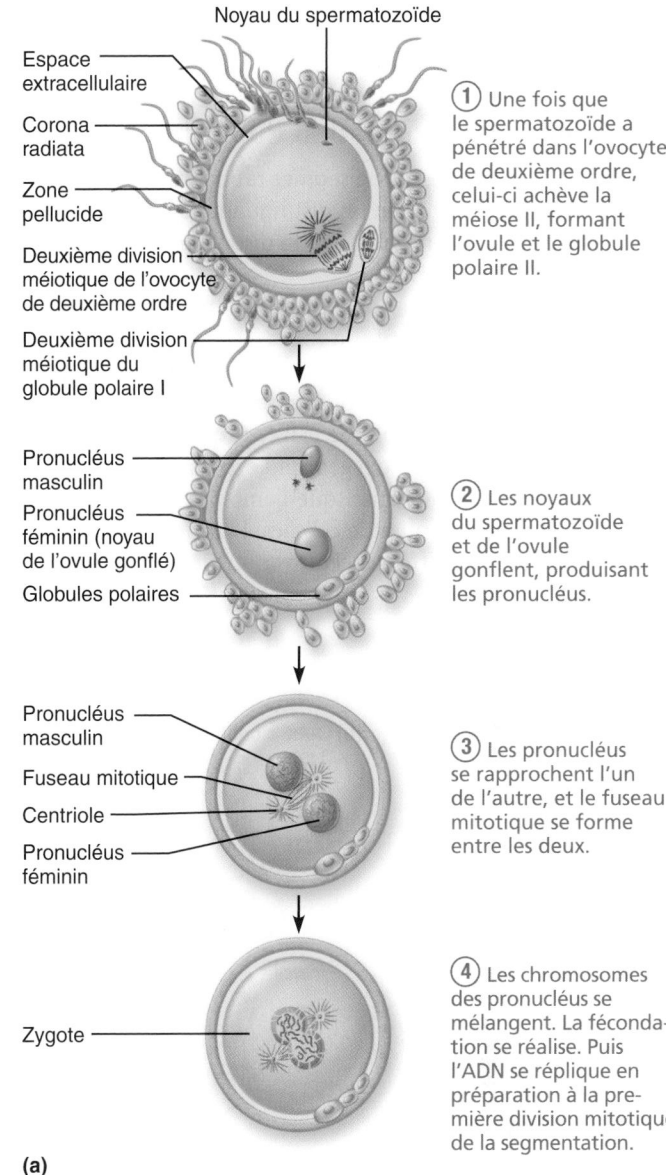

(a)

Développement embryonnaire: du zygote à l'implantation du blastocyste

Le développement préembryonnaire débute au moment de la fécondation et se poursuit pendant que l'embryon avance dans la trompe utérine, flotte librement dans la cavité utérine, puis s'implante dans l'endomètre. Les événements marquants du

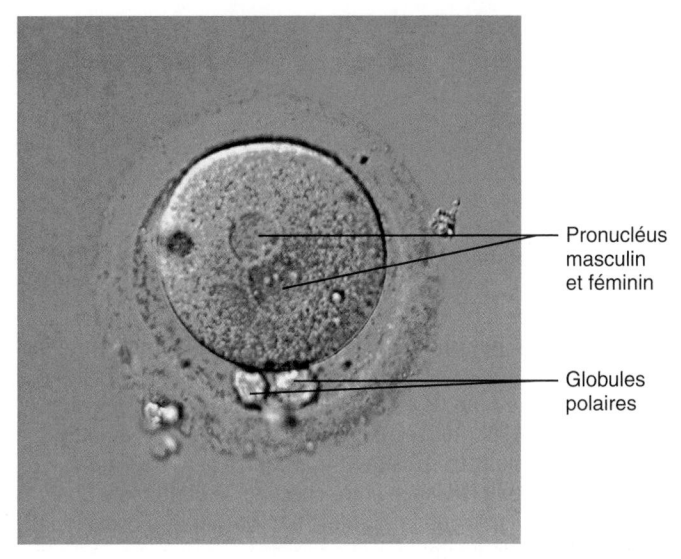

(b)

Figure 28.3 Phénomènes de la fécondation. (a) Phénomènes survenant de la pénétration du spermatozoïde à la formation du zygote. **(b)** Photomicrogaphie d'un ovocyte dans lequel les pronucléus masculin et féminin commencent à fusionner pour réaliser la fécondation et former le zygote. Ce phénomène se produit entre les étapes ③ et ④ illustrées en **(a)**. Remarquez les globules polaires qui font saillie dans le bas.

stade préembryonnaire sont la *segmentation*, qui produit une structure appelée blastocyste, et l'*implantation* de ce blastocyste.

Segmentation et formation du blastocyste

4 Expliquer le processus de segmentation et décrire son résultat ; définir, en les distinguant, la morula, le blastocyste, l'embryoblaste et le disque embryonnaire.

La **segmentation** est la période de développement mitotique relativement rapide du zygote au cours de laquelle il ne se produit pas de croissance **(figure 28.4)**. Les petites cellules produites au cours de la segmentation (appelées blastomères) ont donc un rapport surface/volume élevé, ce qui favorise la capture des nutriments et de l'oxygène et l'expulsion des déchets. La segmentation garantit aussi que l'embryon sera constitué à partir d'un grand nombre de cellules. Pourquoi cette caractéristique est-elle importante ? Pour la même raison qu'il est beaucoup plus facile d'essayer de construire un gratte-ciel à l'aide d'un grand nombre de briques qu'avec un gigantesque bloc de granit.

Environ 36 heures après la fécondation, la première division de la segmentation a donné deux cellules identiques. Ces deux blastomères se divisent ensuite pour former 4 cellules (figure 28.4b), puis 8, et ainsi de suite. Environ 72 heures après la fécondation, il s'est formé une petite boule de 16 cellules ou plus appelée **morula** (« mûre ») (figure 28.4c). Toutes ces divisions ont lieu pendant le voyage de l'embryon vers l'utérus.

Trois ou quatre jours après la fécondation, l'embryon est composé d'une centaine de cellules et flotte dans l'utérus (figure 28.4d). À ce stade, les cellules avoisinantes sont solidement attachées les unes aux autres. Une cavité interne se constitue et s'emplit peu à peu de liquide. La zone pellucide commence alors à se dégrader ; elle libère une structure interne, maintenant appelée blastocyste. Le **blastocyste** est une sphère remplie de liquide qui provient des vacuoles intracellulaires et des espaces intercellulaires entre les blastomères ; il est formé d'une couche de grosses cellules aplaties appelées

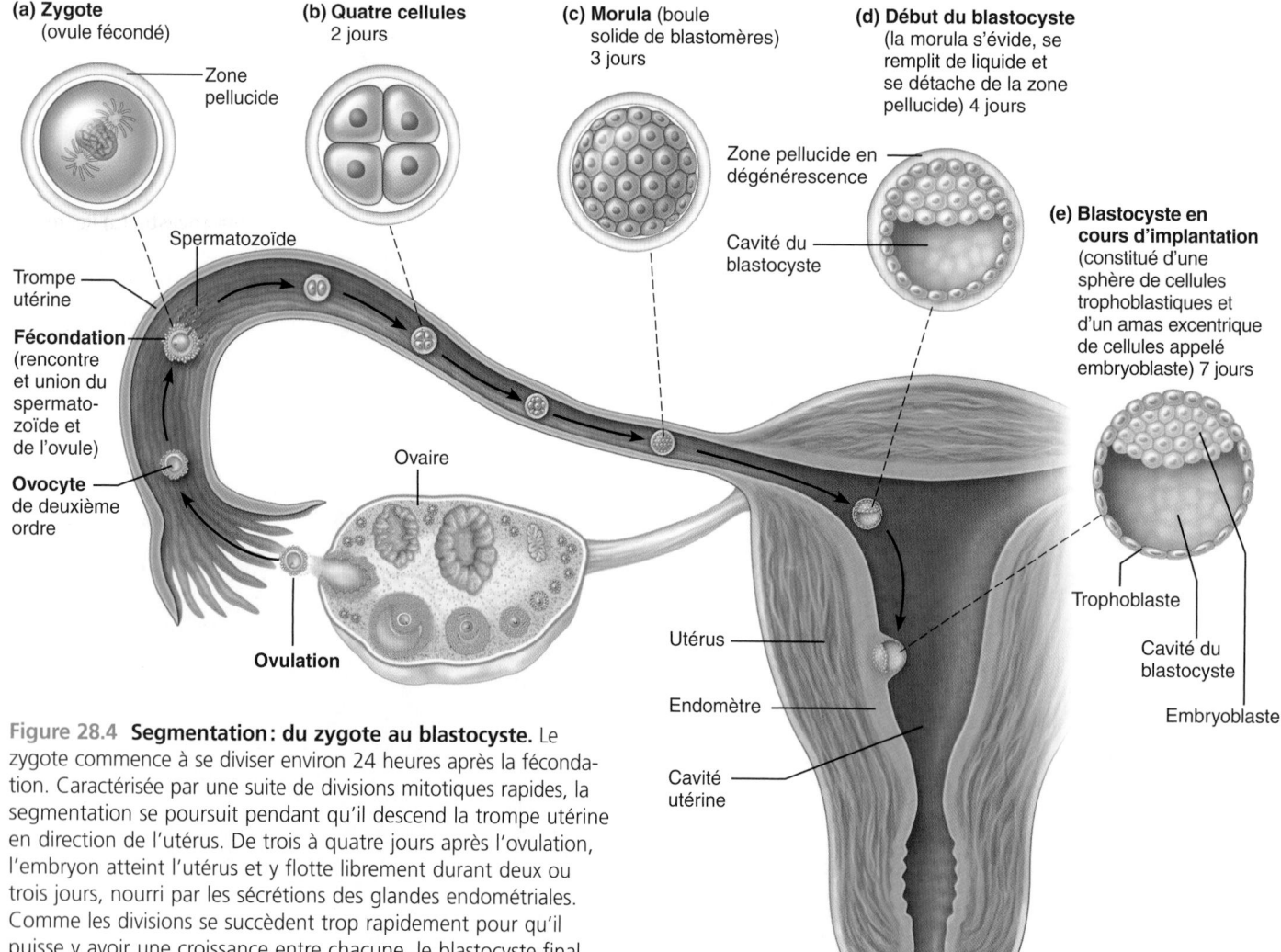

Figure 28.4 Segmentation : du zygote au blastocyste. Le zygote commence à se diviser environ 24 heures après la fécondation. Caractérisée par une suite de divisions mitotiques rapides, la segmentation se poursuit pendant qu'il descend la trompe utérine en direction de l'utérus. De trois à quatre jours après l'ovulation, l'embryon atteint l'utérus et y flotte librement durant deux ou trois jours, nourri par les sécrétions des glandes endométriales. Comme les divisions se succèdent trop rapidement pour qu'il puisse y avoir une croissance entre chacune, le blastocyste final est à peine plus gros que le zygote. Sept jours après l'ovulation, ce blastocyste s'implante dans l'endomètre.

28

cellules trophoblastiques et d'un petit amas de 20 à 30 cellules arrondies appelé **embryoblaste**, localisé à une extrémité (pôle embryonnaire) (figure 28.4e).

Peu de temps après la formation du blastocyste, les cellules trophoblastiques commencent à présenter à leur surface des molécules d'adhérence, les sélectines L. Les cellules trophoblastiques prennent part à la formation du placenta, comme leur nom l'indique (*trophê*: nourriture; *blastos*: germe). De plus, elles sécrètent et expriment à leur surface plusieurs facteurs immunosuppresseurs qui protègent les trophoblastes (et l'embryon en voie de développement) d'une attaque provenant des cellules immunitaires de la mère.

L'embryoblaste, quant à lui, devient le *disque embryonnaire*, qui forme l'embryon proprement dit, et trois des quatre membranes extraembryonnaires. (La quatrième membrane, le chorion, est dérivée des cellules trophoblastiques.)

VÉRIFIONS NOS ACQUIS

3. Pourquoi le blastocyste multicellulaire est-il juste un peu plus gros que le zygote unicellulaire ?
4. Comment les cellules trophoblastiques remplissent-elles un rôle protecteur et un rôle nutritif ?

Les réponses se trouvent à l'appendice G.

Implantation

5. Décrire l'implantation (déroulement, durée et situation dans le temps).

Pendant les deux ou trois jours où il flotte dans la cavité utérine, le blastocyste est nourri par les sécrétions utérines riches en glycogène. Puis, six ou sept jours après la fécondation, l'**implantation** débute, si l'endomètre est prêt. La réceptivité de l'endomètre à l'implantation – appelée *fenêtre d'implantation* – dépend de l'élévation des taux plasmatiques d'hormones ovariennes (œstrogènes et progestérone provenant du corps jaune). Si la muqueuse présente des conditions favorables, les intégrines et les sélectines (des protéines) des cellules trophoblastiques se lient respectivement aux composantes de la matrice extracellulaire (collagène, fibronectine, laminine, etc.) des cellules endométriales et aux glucides qui établissent des liaisons avec les sélectines dans la paroi utérine interne, et le blastocyste s'implante dans le haut de l'utérus. Si l'endomètre n'a pas atteint la maturité optimale, le blastocyste se détache et flotte jusqu'à un niveau inférieur. Il s'implante finalement à un endroit qui émet les signaux chimiques appropriés.

Les cellules trophoblastiques situées au-dessus de l'embryoblaste adhèrent à l'endomètre (**figure 28.5a, b**) et se mettent

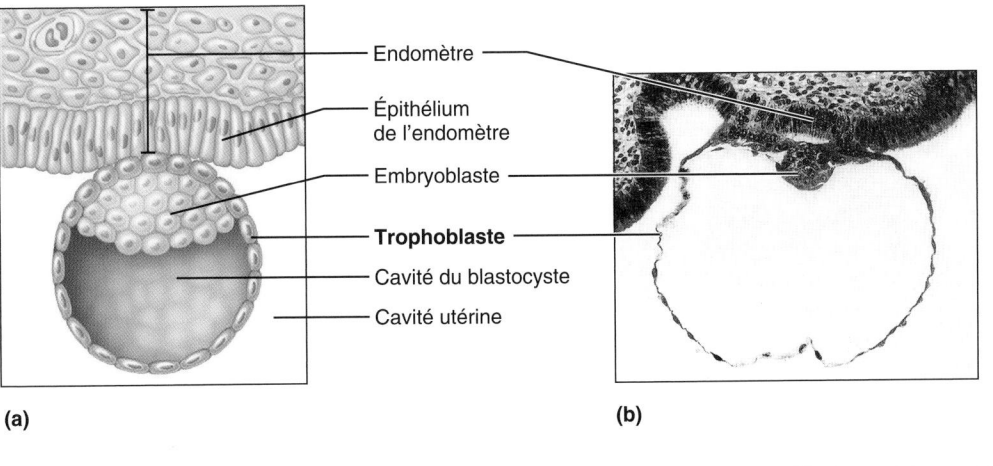

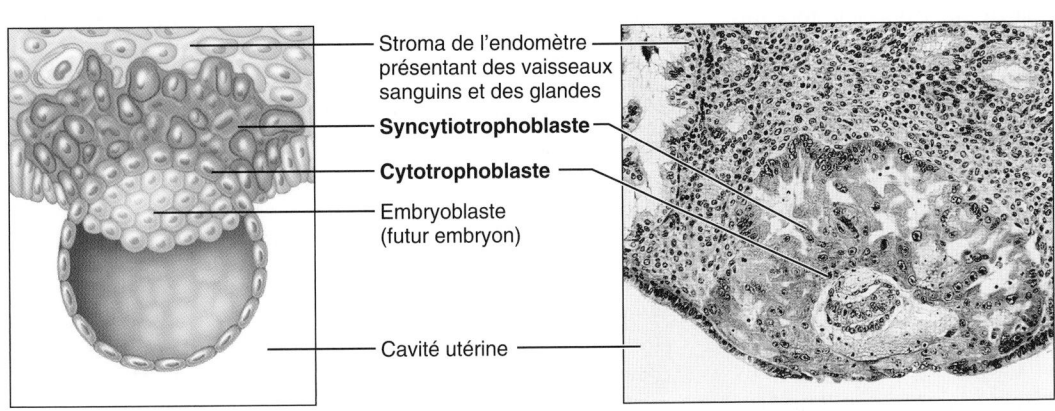

(a)   (b)

(c)   (d)

Figure 28.5 Implantation du blastocyste. (a) Représentation d'un blastocyste qui vient d'adhérer à l'endomètre et **(b)** photomicrographie. **(c)** Stade légèrement plus avancé de l'implantation de l'embryon (environ sept jours après l'ovulation), montrant le cytotrophoblaste et le syncytiotrophoblaste, celui-ci étant en train d'effectuer son travail d'érosion de l'endomètre. **(d)** Photomicrographie optique d'un blastocyste implanté (environ 12 jours après l'ovulation).

Source: O'Rahilly, R., et R. Muller, *Human Embryology and Teratology,* 3ᵉ édition, Wiley-Liss, 2001. Reproduction permise par Wiley-Liss, Inc., une filiale de John Wiley & Sons, Inc.

28

Labels figure (a)/(b):
- Endomètre
- Épithélium de l'endomètre
- Embryoblaste
- **Trophoblaste**
- Cavité du blastocyste
- Cavité utérine

Labels figure (c)/(d):
- Stroma de l'endomètre présentant des vaisseaux sanguins et des glandes
- **Syncytiotrophoblaste**
- **Cytotrophoblaste**
- Embryoblaste (futur embryon)
- Cavité utérine

à sécréter des enzymes protéolytiques (notamment des métalloprotéases) et des facteurs de croissance à la surface de l'endomètre. La muqueuse s'épaissit rapidement à cet endroit et présente bientôt les caractéristiques d'une réaction inflammatoire aiguë : les vaisseaux sanguins de l'utérus deviennent plus perméables et laissent s'échapper du sang. Des cellules inflammatoires, dont des lymphocytes, des cellules tueuses naturelles et des macrophagocytes, sont transportées jusqu'au site et l'envahissent.

Le trophoblaste commence alors à proliférer et forme deux couches distinctes (figure 28.5c). Les cellules de la couche interne, appelée **cytotrophoblaste**, conservent leurs limites externes. Les cellules de la couche externe perdent leur membrane plasmique et constituent une masse cytoplasmique multinucléée appelée **syncytiotrophoblaste**, qui envahit l'endomètre et digère rapidement les cellules avec lesquelles elle entre en contact. À mesure que l'endomètre est érodé, le blastocyste s'enfouit dans cette muqueuse épaisse et veloutée. Il baigne alors dans le sang qui s'est échappé des vaisseaux sanguins érodés de l'endomètre. Peu après, le blastocyste implanté est recouvert et isolé de la cavité utérine par les cellules endométriales qui se sont mises à proliférer (figure 28.5d).

Si l'implantation n'a pas lieu, l'utérus, qui pouvait accueillir l'embryon, redevient non réceptif. On estime qu'au moins les deux tiers de tous les zygotes formés n'arrivent pas à s'implanter avant la fin de la première semaine ou sont spontanément éliminés. De plus, environ 30 % des embryons implantés sont par la suite détruits au cours d'un avortement spontané en raison d'une anomalie génétique de l'embryon, d'une malformation de l'utérus, ou encore d'autres problèmes, souvent inconnus.

Lorsqu'elle réussit, l'implantation prend environ cinq jours et se termine donc généralement le douzième jour suivant l'ovulation, c'est-à-dire au moment où l'endomètre devrait commencer à se desquamer. Si elle débutait, la menstruation délogerait l'embryon, causant ainsi la fin de la grossesse. Le fonctionnement du corps jaune est entretenu par une hormone semblable à la LH, la **gonadotrophine chorionique humaine** (**hCG**, *human chorionic gonadotropin*), qui est sécrétée par les cellules syncytiotrophoblastiques. La hCG court-circuite les commandes hypophyse-ovaire pendant cette période capitale et incite le corps jaune à continuer de sécréter de la progestérone et des œstrogènes. Le *chorion*, membrane extraembryonnaire qui se développe à partir du trophoblaste après l'implantation, poursuit cette stimulation hormonale. Le produit de la conception prend donc en charge la régulation hormonale de l'utérus au cours de cette phase du développement.

Habituellement décelable dans le sang de la mère une semaine après la fécondation, la concentration sanguine de hCG continue d'augmenter jusqu'à la fin du deuxième mois. Puis elle diminue brusquement. À quatre mois de gestation, le taux de hCG descend à un niveau peu élevé qui se maintiendra jusqu'à la fin de la grossesse (figure 28.6). Entre le deuxième et le troisième mois, le placenta (décrit dans la prochaine section) prend en charge la sécrétion de progestérone et d'œstrogènes pour tout le reste de la grossesse. Le corps jaune dégénère alors, et les ovaires demeurent inactifs jusqu'à

ce que l'accouchement ait eu lieu. Tous les tests de grossesse employés de nos jours sont basés sur les propriétés antigéniques de la hCG, qui permettent de détecter celle-ci dans le sang ou l'urine de la femme. Ces tests peuvent donner un résultat faussement positif, même si la femme n'est pas enceinte, lorsque l'urine contient trop de protéines. Par ailleurs, les grossesses ectopiques peuvent donner des résultats faussement négatifs. L'élévation de la hCG s'observe également en présence d'une forme rare d'un cancer de l'utérus.

Au début de la grossesse, l'embryon implanté se nourrit en digérant les cellules endométriales ; au deuxième mois, le placenta commence à lui fournir des nutriments et de l'oxygène et à le débarrasser de ses déchets métaboliques. Puisque la formation du placenta est une continuation de l'implantation, nous allons l'étudier dès maintenant et délaisser un moment le développement embryonnaire proprement dit.

VÉRIFIONS NOS ACQUIS

5. Comment le trophoblaste s'implante-t-il dans la paroi de l'utérus ? Quelle partie du trophoblaste assure l'implantation ?

6. Marie se demande si elle est enceinte. Elle achète donc un test de grossesse en vente libre pour s'en assurer. Par quel moyen le blastocyste, s'il est présent, se manifeste-t-il ?

Les réponses se trouvent à l'appendice G.

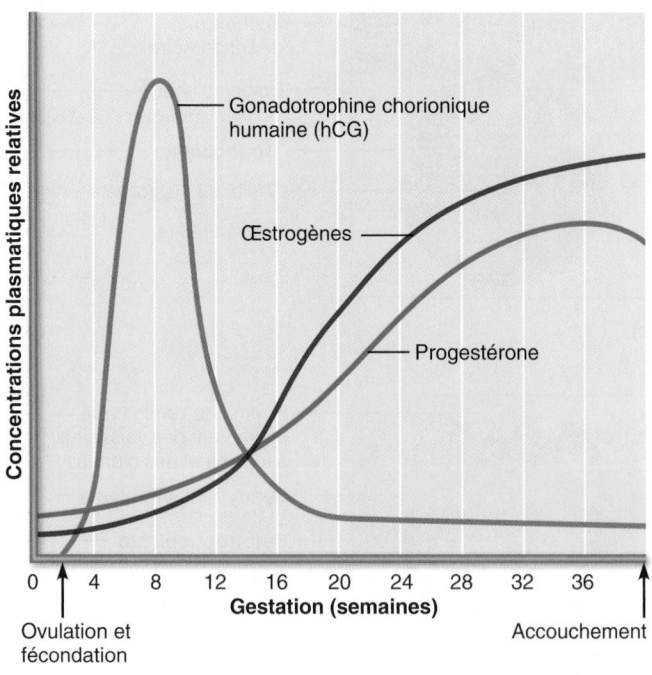

Figure 28.6 Fluctuations hormonales durant la grossesse. Les courbes représentent les fluctuations relatives, plutôt que les concentrations réelles, des concentrations plasmatiques maternelles de trois hormones qui entretiennent la grossesse.

Placentation

6 Décrire la formation du placenta (déroulement, durée et situation dans le temps); énumérer les fonctions placentaires.

La **placentation** est la création du **placenta** («galette»), organe absolument unique, puisqu'il est temporaire et qu'il est issu de deux organismes différents: l'embryon (par le trophoblaste) et la mère (par l'endomètre). Des cellules provenant de l'embryoblaste initial donnent naissance à une couche de mésoderme extraembryonnaire qui recouvre la face interne du trophoblaste (figure 28.7b). Ensemble, ces structures deviennent le **chorion**. Les **villosités choriales** se développent à partir du chorion; ces villosités sont particulièrement élaborées aux endroits où elles entrent en contact avec le sang maternel.

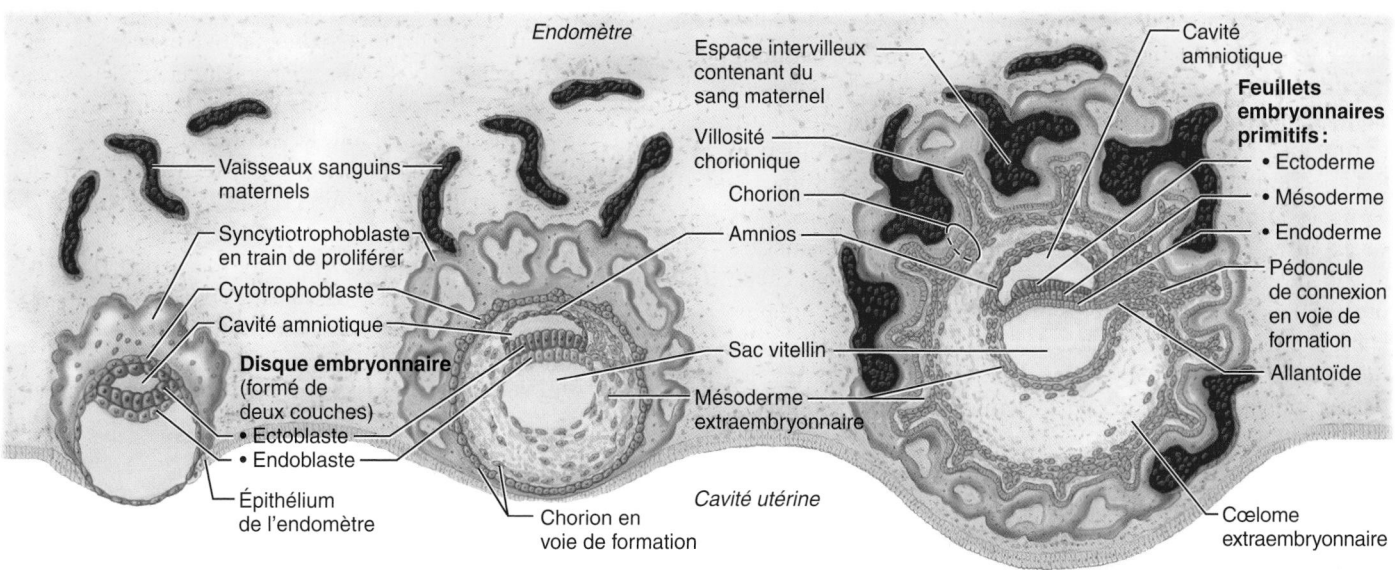

(a) **Implantation d'un blastocyste de 7 jours et demi.** Le syncytiotrophoblaste érode l'endomètre. Les cellules du disque embryonnaire sont maintenant séparées de l'amnios par un espace rempli de liquide (cavité amniotique).

(b) **Blastocyste de 12 jours.** L'implantation est terminée. Le mésoderme extraembryonnaire commence à former une couche distincte sous le cytotrophoblaste.

(c) **Embryon de 16 jours.** Le cytotrophoblaste et le mésoderme qui y est associé se sont transformés en chorion et les villosités choriales sont en train de se développer. L'embryon présente maintenant les trois feuillets embryonnaires primitifs, un sac vitellin et une allantoïde, qui constitue la base structurale du cordon ombilical.

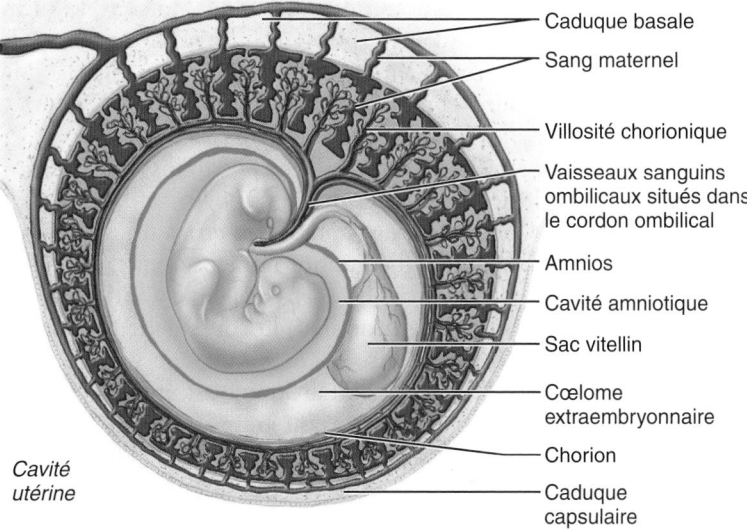

(d) **Embryon de 4 semaines et demie.** La caduque capsulaire, la caduque basale, l'amnios et le sac vitellin sont bien formés. Les villosités choriales baignent dans les espaces intervilleux de l'endomètre. L'embryon est maintenant nourri par les vaisseaux ombilicaux qui le relient (par le cordon ombilical) au placenta.

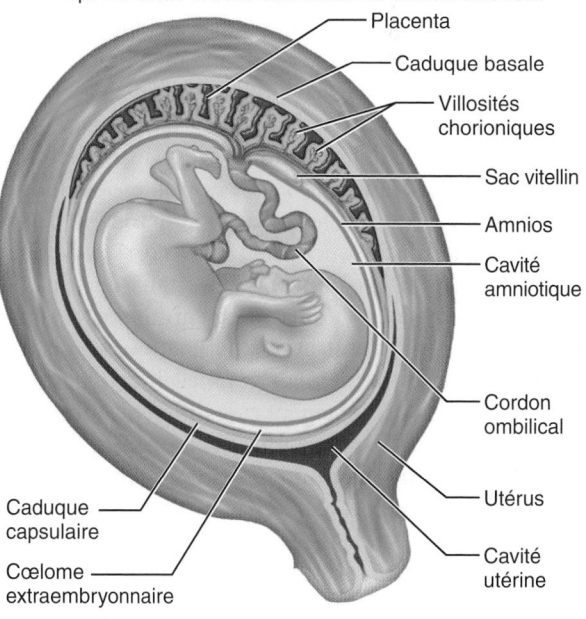

(e) **Fœtus de 13 semaines**

Figure 28.7 Placentation, début du développement embryonnaire et formation des membranes extraembryonnaires.

28

Peu après, le mésoderme des villosités choriales devient très vascularisé grâce au développement de nombreux vaisseaux sanguins qui atteignent l'embryon par l'intermédiaire de la veine et des artères ombilicales. L'érosion continue de l'endomètre produit de gros **espaces intervilleux** dans la couche fonctionnelle de l'endomètre (voir la figure 27.13). Les villosités – qui finissent par communiquer entre elles – baignent dans le sang maternel que renferment ces espaces (figure 28.7d). Après l'implantation de l'embryon, la partie de l'endomètre en contact avec lui est profondément remaniée pour réaliser la *caduque*. La couche fonctionnelle de l'endomètre (située entre les villosités choriales et la couche basale) se transforme en **caduque basale**, tandis que celle qui recouvre la face de l'embryon faisant saillie dans la cavité utérine constitue la **caduque capsulaire** (figure 28.7d, e). Les villosités choriales (tissu embryonnaire) et la caduque basale (tissu maternel) forment le placenta.

Après la naissance de l'enfant, le placenta se décolle puis est expulsé de l'utérus. La caduque capsulaire s'étend à mesure que le fœtus grossit, jusqu'à ce qu'il remplisse et étire la cavité utérine. La croissance du fœtus provoque la compression, puis la dégénérescence, des villosités de la caduque capsulaire ; cette dernière forme alors le *chorion lisse*. Pendant ce temps, les villosités de la caduque basale deviennent plus nombreuses et plus ramifiées.

À la fin du troisième mois de la grossesse, le placenta est généralement en mesure de remplir ses fonctions de nutrition, de respiration et d'excrétion ainsi que de jouer son rôle d'organe endocrinien. Cependant, il y a déjà longtemps que l'oxygène et les nutriments diffusent du sang maternel au sang embryonnaire et que les déchets métaboliques sont transportés dans la direction opposée. L'obstacle au libre passage des substances entre les deux circulations sanguines est la barrière placentaire, constituée par les membranes des villosités choriales et l'endothélium des capillaires embryonnaires. Bien qu'ils se côtoient de très près, le sang maternel et le sang fœtal ne se mélangent jamais en situation normale.

Le placenta sécrète de la hCG dès sa formation, mais ses cellules syncytiotrophoblastiques (les «manufactures d'hormones») acquièrent beaucoup plus lentement leur capacité de sécréter les œstrogènes et la progestérone de la grossesse. Si, pour une raison quelconque, les hormones placentaires sont insuffisantes au moment où le taux de hCG diminue, l'endomètre dégénère et un avortement survient. Pendant toute la grossesse, les concentrations plasmatiques d'œstrogènes et de progestérone augmentent graduellement (figure 28.6), ce qui stimule le développement et la différenciation des glandes mammaires et les prépare à la lactation. Le placenta sécrète également d'autres hormones, comme l'*hormone placentaire lactogène humaine*, la *relaxine* et l'*hormone thyréotrope placentaire*. Nous décrirons plus loin les effets de ces hormones chez la mère.

VÉRIFIONS NOS ACQUIS

7. Quelle est la composition du chorion ?
8. Quelle couche de l'endomètre collabore avec les villosités choriales pour former le placenta ?

9. En règle générale, à quel moment le placenta devient-il entièrement fonctionnel ?

Les réponses se trouvent à l'appendice G.

Développement embryonnaire : de la gastrula au fœtus

Nous venons de suivre le développement du placenta jusqu'à la période fœtale. Retournons maintenant en arrière pour étudier le développement de l'embryon pendant et après l'implantation, en nous reportant de nouveau à la figure 28.7. Alors que l'implantation se poursuit, le blastocyste devient la **gastrula**, dans laquelle on peut reconnaître les trois feuillets embryonnaires primitifs et observer le développement des membranes embryonnaires. Avant d'être constitué de trois feuillets, l'embryoblaste se divise d'abord en deux couches, l'*ectoblaste* (ou épiblaste) au-dessus et l'*endoblaste* (ou hypoblaste) au-dessous (figure 28.7a, b). L'embryoblaste divisé est maintenant appelé **disque embryonnaire**.

Formation et rôles des membranes extraembryonnaires

7 Nommer les membranes extraembryonnaires et décrire leur formation, leur situation et leur fonction.

Les **membranes extraembryonnaires**, qui se forment au cours des deux ou trois premières semaines de développement, sont l'amnios, le sac vitellin, l'allantoïde et le chorion (figure 28.7c). L'**amnios** se développe quand les cellules de l'ectoblaste forment un sac membraneux transparent. Le sac que forme l'amnios se remplit de **liquide amniotique**. Puis, lorsque le disque embryonnaire se courbe pour réaliser un corps tubulaire, l'amnios se courbe avec lui. Vers la huitième semaine, l'amnios finit par entourer complètement l'embryon, sauf à l'endroit où est implanté le cordon ombilical (figure 28.7d).

Parfois appelé poche des eaux, l'amnios constitue une chambre de flottaison qui protège l'embryon en voie de développement contre les chocs physiques et maintient une température favorable à l'équilibre homéostatique. Le liquide empêche aussi les parties du corps de l'embryon d'adhérer les unes aux autres et de fusionner au cours de leur croissance rapide. En outre, il laisse à l'embryon une grande liberté de mouvement. Initialement, le liquide est un dérivé du sang maternel mais, quand les reins du fœtus deviennent fonctionnels plus tard au cours du développement, l'urine fœtale contribue au volume du liquide amniotique.

Le **sac vitellin** se forme à partir de cellules de l'intestin primitif (voir plus loin) qui se réarrangent de manière à composer un petit sac suspendu à la face ventrale de l'embryon (figure 28.7b à d). Le sac vitellin renferme le vitellus («jaune d'œuf»). L'amnios et le sac vitellin ressemblent à deux ballons qui se touchent, le disque embryonnaire se trouvant au point de contact. Chez de nombreuses espèces, le sac vitellin constitue la principale source de nutriments pour l'embryon,

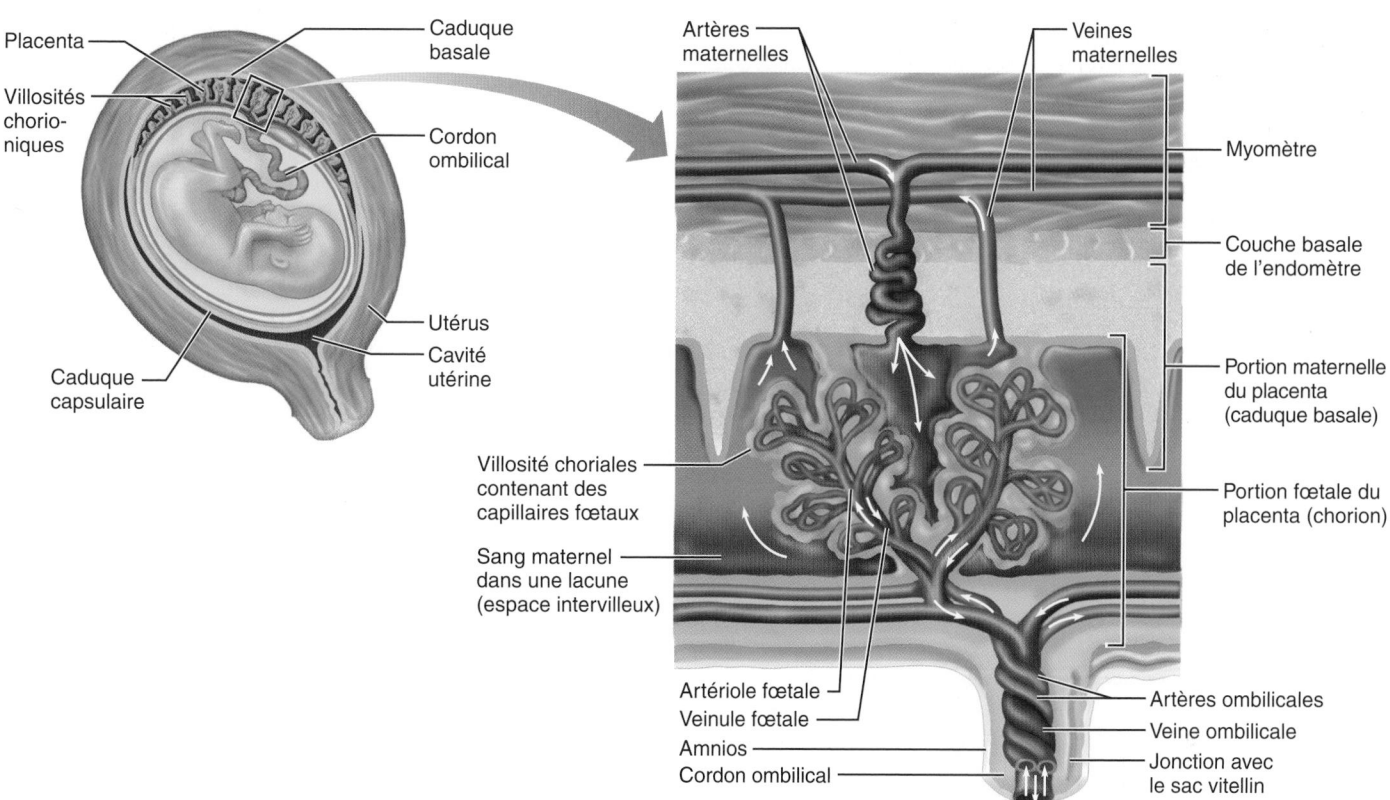

Figure 28.8 Anatomie détaillée des relations vasculaires dans la caduque basale arrivée à maturité. Ce stade du développement est atteint à la fin du troisième mois.

mais les œufs humains contiennent très peu de « jaune », et les fonctions de nutrition du sac vitellin sont assurées par le placenta. Le sac vitellin demeure néanmoins très important chez les humains, car : (1) il forme une partie de l'*intestin* (tube digestif) ; (2) il est la source des premières cellules sanguines et des premiers vaisseaux sanguins.

L'**allantoïde** est une petite cavité de tissu embryonnaire localisée à l'extrémité caudale du sac vitellin (figure 28.7c). Chez les animaux qui se développent à l'intérieur d'une coquille, l'allantoïde sert au stockage des déchets métaboliques solides (excreta). Chez les humains, l'allantoïde sert de base structurale au **cordon ombilical** qui relie l'embryon au placenta ; plus tard, elle formera une partie de la vessie. Lorsqu'il est complètement formé, le cordon ombilical contient au centre un tissu conjonctif embryonnaire (la gelée de Wharton) ; il renferme les artères et la veine ombilicales, et il est recouvert de la membrane amniotique. L'allantoïde deviendra l'*ouraque*, tube allant du sommet de la vessie à l'ombilic chez le fœtus, puis le *ligament ombilical médian* chez l'adulte.

Nous avons déjà décrit le *chorion*, qui contribue à former la partie embryonnaire du placenta (figure 28.7c). Étant donné qu'il est la membrane externe, le chorion recouvre l'embryon et toutes les autres membranes.

Gastrulation : formation des feuillets embryonnaires primitifs

8 Décrire la gastrulation et ses conséquences.

Au cours de la troisième semaine, le disque embryonnaire, constitué de deux couches (embryon didermique), se transforme en un *embryon* composé de trois couches (embryon tridermique), appelées **feuillets embryonnaires primitifs** : l'*ectoderme*, le *mésoderme* et l'*endoderme*. Ce processus, appelé **gastrulation**, comprend des réarrangements et des migrations cellulaires.

La **figure 28.9** présente les changements qui surviennent au cours de la période se situant entre celle de la figure 28.7b (embryon de 12 jours) et celle de la figure 28.7c (embryon de

28

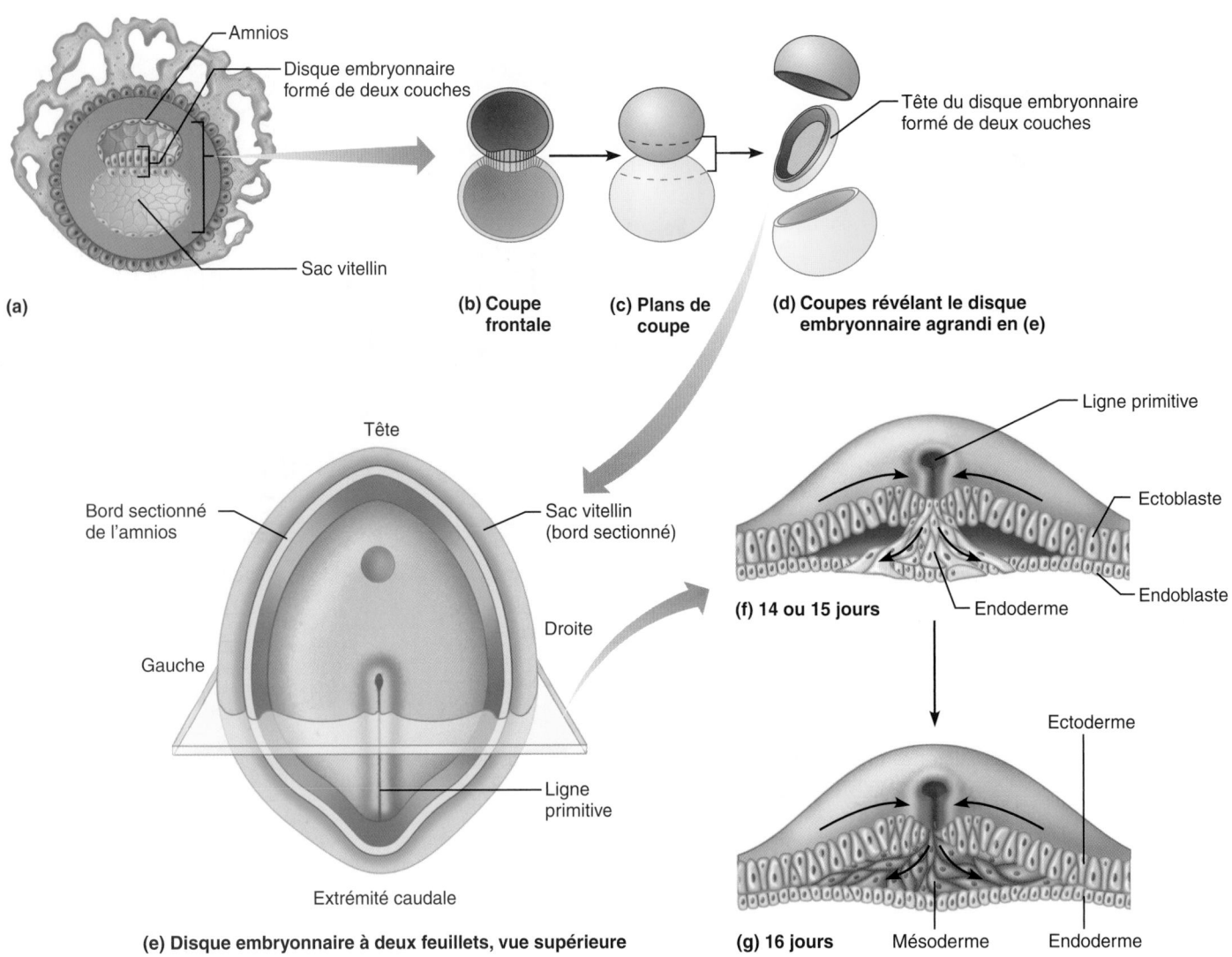

Figure 28.9 **Formation des trois feuillets embryonnaires primitifs. (a-d)** Schémas d'orientation. **(e)** Vues superficielles d'un disque embryonnaire. L'amnios et le sac vitellin ont été retirés. **(f)** et **(g)** Coupes transversales du disque embryonnaire montrant les feuillets embryonnaires primitifs établis grâce à la migration cellulaire. Les premières cellules de l'ectoblaste qui migrent vers le milieu et s'enfoncent dans la ligne primitive **(f)** deviennent l'endoderme. Celles qui suivent **(g)** deviennent le mésoderme. L'ectoblaste, en surface, est alors appelé ectoderme.

16 jours). La gastrulation commence lorsqu'une fente aux bords surélevés appelée **ligne primitive** apparaît sur la face dorsale du disque embryonnaire et sur la moitié de sa longueur, ce qui établit l'axe longitudinal de l'embryon et son plan de symétrie bilatérale (figure 28.9e). Des cellules superficielles du disque embryonnaire migrent alors vers le centre en passant entre les autres cellules et plongent dans la ligne primitive. Les premières cellules à pénétrer dans la fente déplacent les cellules de l'endoblaste du sac vitellin et forment le feuillet embryonnaire inférieur, ou **endoderme** (figure 28.9f). Celles qui suivent s'insinuent entre les cellules des surfaces inférieure et supérieure, latéralement et vers la partie antérieure de l'embryon, pour former le **mésoderme** (figure 28.9g). Dès que le mésoderme est formé, les cellules mésodermiques localisées directement sous la ligne

primitive s'agrègent rapidement et forment un tube creux puis un cordon appelé **notochorde**, qui constitue le premier support axial de l'embryon (figure 28.10a). Les cellules qui restent à la surface dorsale de l'embryon constituent l'**ectoderme**. À ce stade, l'embryon mesure environ 2 mm de long. Il a la forme d'un œuf aplati dont la portion large est l'extrémité crâniale et la partie plus étroite, l'extrémité caudale.

Tous les organes dérivent des trois feuillets embryonnaires primitifs qui proviennent eux-mêmes, comme nous venons de le voir, d'une seule et même couche de cellules, l'ectoblaste. L'ectoderme («peau du dehors») réalisera les structures du système nerveux et l'épiderme de la peau. L'endoderme («peau du dedans») formera les muqueuses des systèmes digestif, respiratoire et urogénital, de même que les glandes qui y sont associées.

28

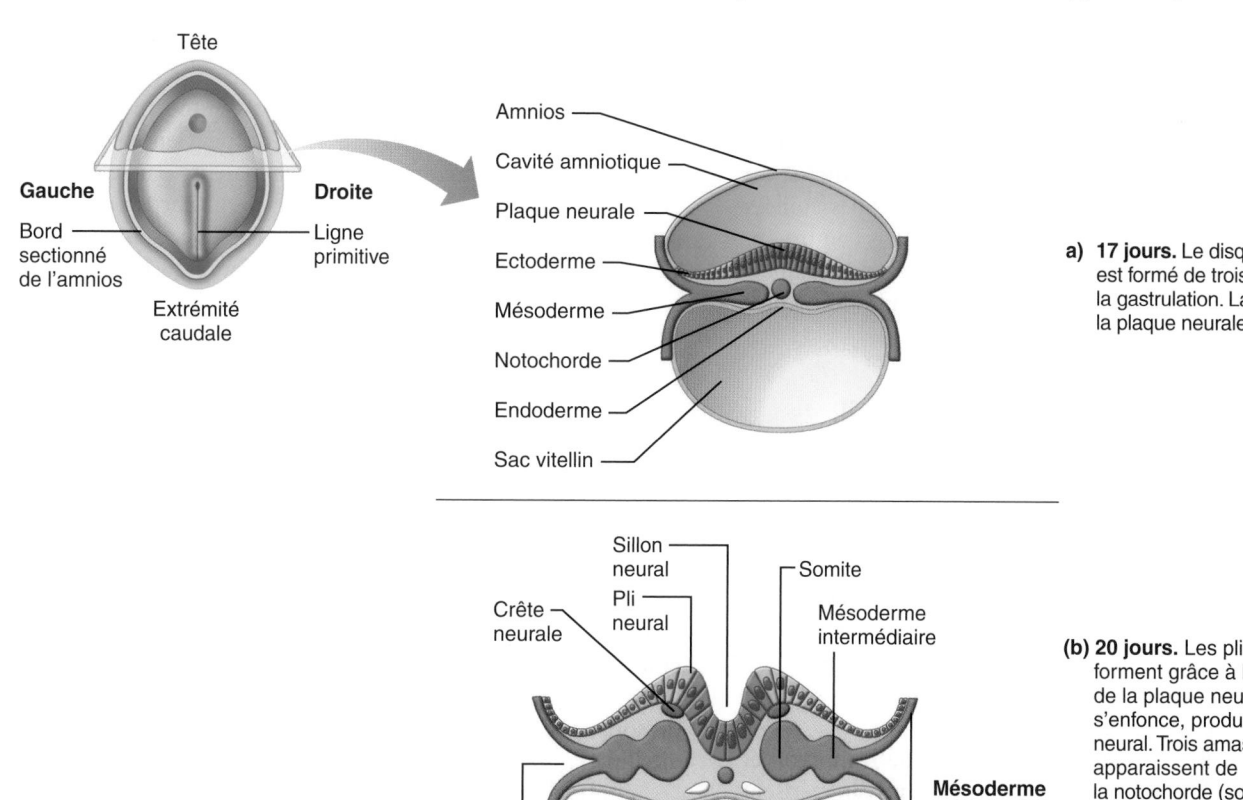

a) **17 jours.** Le disque embryonnaire est formé de trois feuillets, après la gastrulation. La notochorde et la plaque neurale sont présentes.

(b) **20 jours.** Les plis neuraux se forment grâce à l'invagination de la plaque neurale, qui s'enfonce, produisant le sillon neural. Trois amas de mésoderme apparaissent de chaque côté de la notochorde (somite, mésoderme intermédiaire, mésoderme latéral).

(c) **22 jours.** Les plis neuraux se sont fermés, formant le tube neural qui s'est détaché de l'ectoderme de surface et se localise entre l'ectoderme superficiel et la notochorde. Le corps embryonnaire commence à se replier.

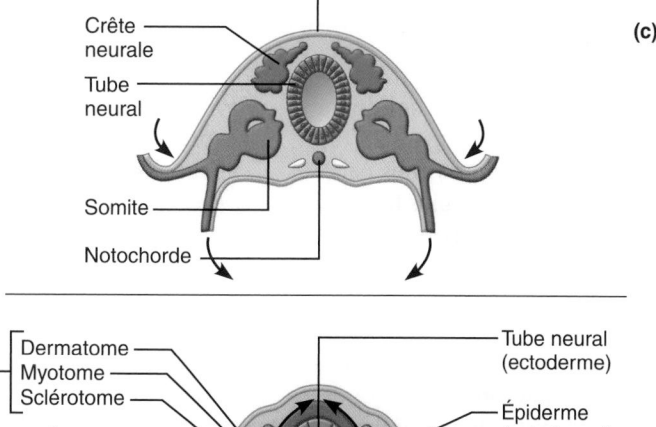

(d) **Fin de la quatrième semaine.** L'embryon a fini de se recourber. Les somites se sont divisés en un sclérotome, un myotome et un dermatome, qui contribuent respectivement à la formation des vertèbres, à celle des muscles squelettiques et à celle d'une partie du derme de la peau. Le cœlome est présent.

Figure 28.10 **Neurulation et début de la différenciation du mésoderme.**

Le mésoderme («peau du milieu») donnera naissance à presque toutes les autres structures.

L'ectoderme et l'endoderme sont principalement composés de cellules jointes solidement les unes aux autres et sont considérés comme des *épithéliums*. Par contre, le mésoderme est un *mésenchyme*, tissu embryonnaire constitué de cellules étoilées qui sont capables de migrer presque partout dans l'embryon. La figure 28.13 présente une liste des dérivés des feuillets embryonnaires primitifs. Décrivons maintenant quelques détails du processus de différenciation.

Organogenèse : différenciation des feuillets embryonnaires primitifs

9 Définir l'organogenèse et donner les rôles respectifs des trois feuillets embryonnaires primitifs dans ce processus ; résumer les différentes étapes de la neurulation.

10 Décrire les caractéristiques générales de la circulation fœtale ; situer les artères ombilicales, la veine ombilicale, le conduit veineux, le foramen ovale et le conduit artériel, et préciser leur fonction.

La gastrulation jette les bases de la structure de l'embryon et constitue une préparation aux réarrangements qui caractérisent l'organogenèse – soit la formation des organes et des systèmes. À la fin de la période embryonnaire, alors que l'embryon n'est âgé que de 8 semaines et ne mesure que 22 mm de la tête aux fesses (ce qu'on appelle la *longueur vertex-coccyx*), tous les systèmes de l'adulte sont présents. Il est vraiment impressionnant que l'organogenèse soit si avancée après une si courte période et dans une si petite quantité de matière vivante.

Spécialisation de l'ectoderme

Le premier phénomène important de l'organogenèse est la **neurulation** – soit la différenciation de l'ectoderme –, qui donne naissance à l'encéphale et à la moelle épinière (figure 28.10). Ce processus est *induit* par des signaux chimiques émis par la *notochorde*, ce cordon de mésoderme mentionné plus haut qui établit l'axe du corps. L'ectoderme sus-jacent à la notochorde s'épaissit pour former la **plaque neurale** (figure 28.10a), beaucoup plus large à l'extrémité crâniale qu'à l'extrémité caudale, puis il commence à se replier vers l'intérieur pour donner un **sillon neural** qui, en épaississant, forme des **plis neuraux** proéminents (figure 28.10b). Au vingt-deuxième jour, les bords des plis neuraux fusionnent pour établir le **tube neural**, qui bientôt se détache de l'ectoderme et se recouvre d'ectoderme superficiel (figure 28.10c).

Comme nous l'avons décrit au chapitre 12, la partie antérieure du tube neural deviendra l'encéphale et le reste deviendra la moelle épinière. Les **cellules de la crête neurale** (figure 28.10c) migrent dans plusieurs directions pour donner naissance aux nerfs crâniens et rachidiens, aux ganglions associés à ces nerfs, aux ganglions de la chaîne sympathique latérovertébrale, à la médulla des glandes surrénales ainsi qu'à une partie de certains tissus conjonctifs.

À la fin du premier mois de développement, les trois vésicules cérébrales primaires (prosencéphale, mésencéphale et rhombencéphale) sont apparentes. À la fin du deuxième mois, toutes les courbures de l'encéphale sont présentes, les hémisphères cérébraux recouvrent l'extrémité supérieure du tronc cérébral (voir la figure 12.3) et on peut enregistrer des ondes électroencéphalographiques. La majeure partie du reste de l'ectoderme, qui constitue la surface du corps embryonnaire, se différencie pour former l'épiderme. Les autres dérivés de l'ectoderme sont énumérés à la figure 28.13.

Spécialisation de l'endoderme

Comme l'illustre la figure 28.11, le corps de l'embryon est plat au début ; il se replie rapidement pour atteindre une forme cylindrique, qui soulève le sac vitellin et fait saillie dans la cavité amniotique. En simplifiant, on peut se représenter ce processus comme s'il s'agissait de trois feuilles de papier superposées qui se plissent latéralement pour former un tube (figure 28.11a, b). En même temps, le repliement se produit simultanément aux deux extrémités (la tête et l'extrémité caudale), puis il progresse vers la partie centrale du corps embryonnaire, où prennent naissance le sac vitellin et les vaisseaux ombilicaux. Pendant que ses bords se rapprochent par dessous et fusionnent, l'endoderme englobe une partie du sac vitellin (figure 28.11d).

Le tube d'endoderme ainsi formé, appelé **intestin primitif**, constitue la tunique muqueuse du tube digestif (figure 28.12). Les organes du système digestif (pharynx, œsophage, etc.) deviennent rapidement évidents, puis les orifices buccal et anal se forment. La muqueuse du système respiratoire se développe à partir d'une saillie du *proentéron* (endoderme pharyngien). Les glandes proviennent de saillies endodermiques localisées à différents endroits le long du tube digestif. Ainsi, l'épithélium de la glande thyroïde, des glandes parathyroïdes et du thymus s'organise à partir de l'endoderme pharyngien.

Spécialisation du mésoderme

Le premier signe de la différenciation mésodermique est l'apparition de la notochorde dans le disque embryonnaire (figure 28.10a). Bien que la notochorde soit plus tard remplacée par la colonne vertébrale, ses reliquats persistent jusqu'à l'adolescence dans le *nucléus pulposus* – la partie centrale et moelleuse des disques intervertébraux. (La notochorde détermine la formation des corps vertébraux ; le spina bifida résulte d'anomalies dans ce processus d'induction.) Peu après, trois amas de mésoderme apparaissent de chaque côté de la notochorde (figure 28.10b, c). Le plus gros de ces agrégats est le *mésoderme paraaxial*, constitué de segments mésodermiques appariés localisés de part et d'autre de la notochorde et appelés **somites**. La quarantaine de paires de somites apparaît graduellement, de la région crânienne vers la région caudale, jusqu'à la fin de la quatrième semaine du développement. Sur la face externe des somites, on trouve de petits amas de mésoderme segmenté constituant le *mésoderme intermédiaire*, puis les deux feuillets du *mésoderme latéral* (ou mésoderme de la lame latérale).

Chaque **somite** a trois parties fonctionnelles : le *sclérotome*, le *dermatome* et le *myotome* (figure 28.10d). Les cellules du **sclérotome** (*sklêros*: dur ; *tomê*: section) migrent vers le milieu, se

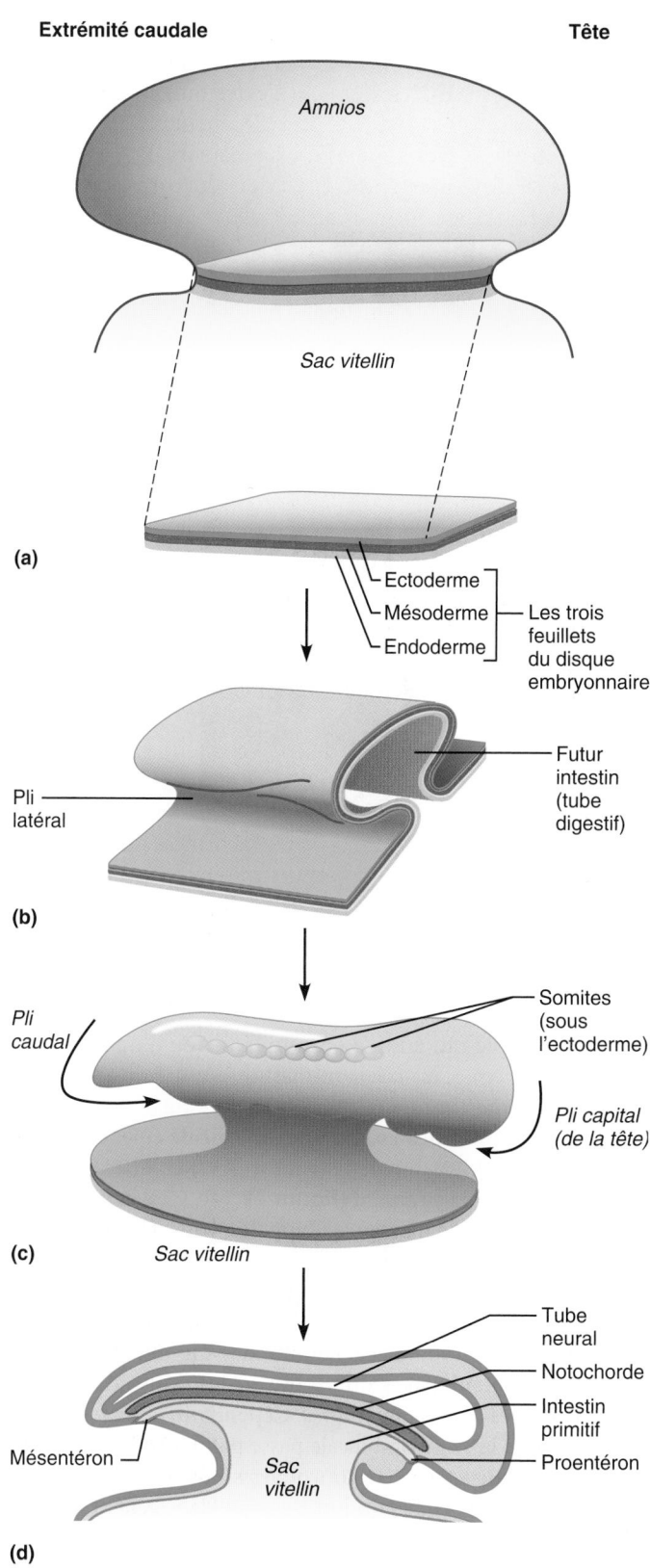

Extrémité caudale   Tête

Amnios

Sac vitellin

(a)

Ectoderme
Mésoderme — Les trois
Endoderme — feuillets du disque embryonnaire

Pli latéral

Futur intestin (tube digestif)

(b)

Pli caudal

Somites (sous l'ectoderme)

Pli capital (de la tête)

(c) Sac vitellin

Tube neural
Notochorde
Intestin primitif
Proentéron

Mésentéron

Sac vitellin

(d)

Figure 28.11 Le corps embryonnaire se replie. Vues latérales.
(a) L'embryon et ses trois feuillets représentés schématiquement par trois feuilles de papier superposées. **(b)** et **(c)** Le pliage commence par les plis latéraux suivis de ceux de la tête et de l'extrémité caudale. **(d)** Coupe sagittale d'un embryon de 24 jours. Remarquez l'intestin primitif, dérivé du sac vitellin, ainsi que la notochorde et le tube neural dans la région dorsale.

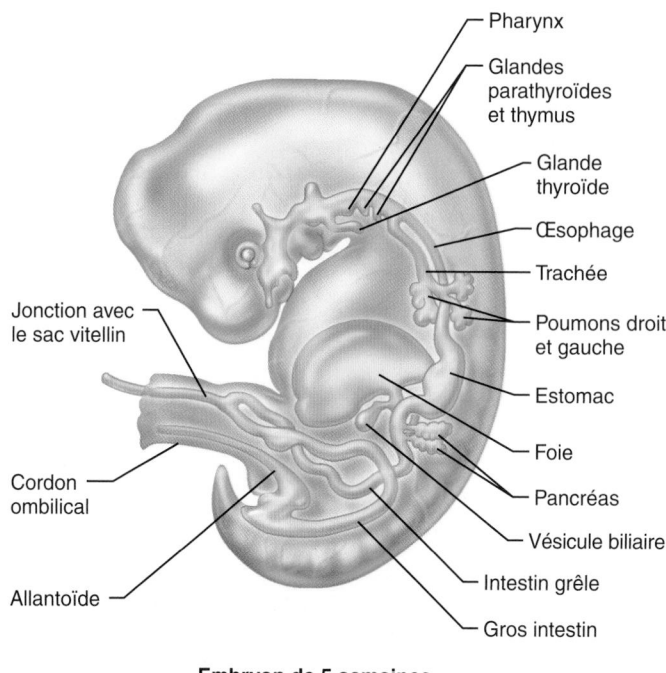

Pharynx
Glandes parathyroïdes et thymus
Glande thyroïde
Œsophage
Trachée
Poumons droit et gauche
Estomac
Foie
Pancréas
Vésicule biliaire
Intestin grêle
Gros intestin

Jonction avec le sac vitellin
Cordon ombilical
Allantoïde

Embryon de 5 semaines

Figure 28.12 Différenciation de l'endoderme. L'endoderme produit les tuniques épithéliales du tube digestif, des voies respiratoires et des glandes annexes.

regroupent autour de la notochorde et du tube neural, et produisent les vertèbres et les côtes à ce niveau. Les cellules du **dermatome** (*derma*: peau) contribuent à la formation du derme de la peau. Les cellules du **myotome** (*mus*: muscle) se développent en même temps que les vertèbres et forment les muscles squelettiques du cou et du tronc ainsi que ceux des membres, par l'intermédiaire des **bourgeons des membres**.

Les cellules du **mésoderme intermédiaire** forment les gonades et les reins. Le **mésoderme latéral** se compose d'une paire de feuillets mésodermiques: le *mésoderme somatique* du côté dorsal de l'embryon et le *mésoderme splanchnique* du côté ventral (figure 28.10d). Les cellules du **mésoderme somatique**: (1) forment la plus grande partie du derme de la peau; (2) donnent la séreuse pariétale, qui tapisse la cavité ventrale; (3) migrent jusque vers les membres en formation et, là, donnent naissance aux structures présentes dans les membres, à l'exception des muscles (figure 28.10d). Le **mésoderme splanchnique** fournit les cellules mésenchymateuses qui forment le cœur, les vaisseaux sanguins et la majorité des tissus conjonctifs. Les cellules du mésoderme splanchnique sont à l'origine du tissu musculaire lisse, des tissus conjonctifs et des séreuses (c'est-à-dire presque toute la paroi) des organes du système digestif et du système respiratoire. Ainsi, les feuillets du mésoderme latéral contribuent au développement de la séreuse du **cœlome**, ou cavité ventrale. Les dérivés du mésoderme sont présentés à la **figure 28.13**.

À la fin du développement embryonnaire, l'ossification des os est commencée; les muscles squelettiques sont bien formés et se contractent spontanément. Les reins métanéphrotiques se

28

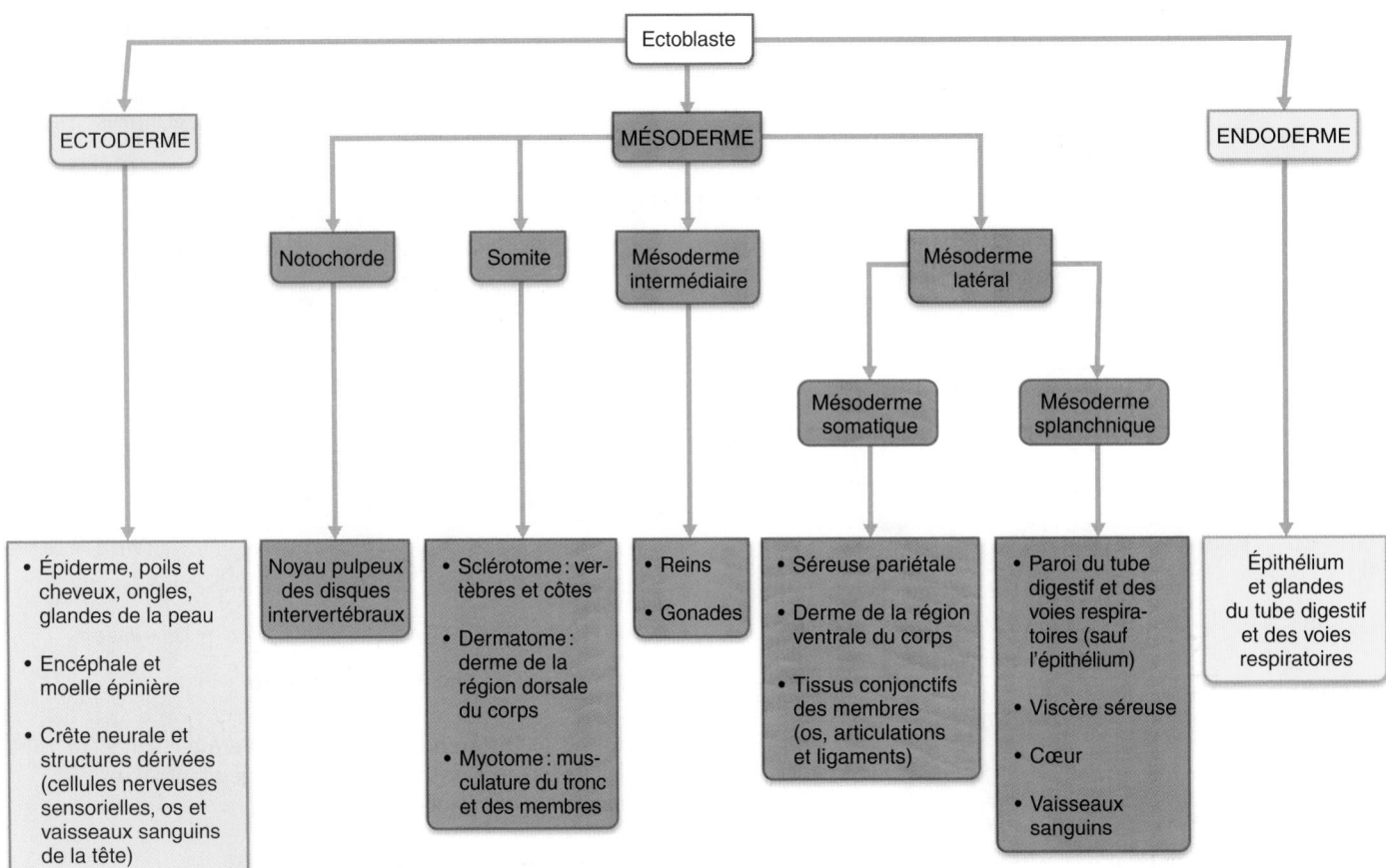

Figure 28.13 **Organigramme des dérivés des feuillets embryonnaires primitifs.**

développent, les gonades sont formées, et les poumons et le système digestif atteignent leur forme et leur situation finales. Les gros vaisseaux sanguins ont acquis leur disposition définitive, et le transport du sang en provenance et en direction du placenta, par l'intermédiaire des vaisseaux ombilicaux, se fait de façon continue et efficace. Le cœur et le foie se disputent l'espace disponible et dessinent une protubérance sur la face ventrale du corps de l'embryon. Rappelons-le : tout cela après 8 semaines de développement, chez un embryon qui mesure à peu près 2,5 cm du sommet du crâne au coccyx !

Développement de la circulation fœtale Le développement embryonnaire du système cardiovasculaire jette les bases du système circulatoire fœtal, qui se transformera en système circulatoire adulte à la naissance. Les premières cellules sanguines sont élaborées dans les parois du sac vitellin. Avant la troisième semaine de développement, de petits espaces apparaissent dans le mésoderme splanchnique. Ces espaces sont rapidement tapissés de cellules endothéliales, recouverts de mésenchyme et reliés les uns aux autres pour former des réseaux vasculaires qui s'étendent rapidement : ils sont destinés à constituer le cœur, les vaisseaux sanguins et les vaisseaux lymphatiques. À la fin de la troisième semaine, l'embryon possède un système de vaisseaux sanguins appariés, et les deux tubes cardiaques d'où proviendra le cœur ont fusionné pour produire un cœur

tubulaire simple qui adopte ensuite la forme d'un S. À trois semaines et demie, un cœur miniature pompe du sang pour un embryon mesurant environ 5 mm de long.

Les **artères ombilicales**, la **veine ombilicale** et les trois *dérivations vasculaires* sont des structures vasculaires uniques au développement prénatal **(figure 28.14)**. Ces structures se ferment peu après la naissance. Rappelez-vous, en étudiant ces vaisseaux, que c'est par le cœur fœtal que passe le sang qui circule dans le corps du fœtus. La grosse *veine ombilicale* transporte le sang fraîchement oxygéné provenant du placenta vers le corps de l'embryon et l'achemine dans le foie. Une partie du sang placentaire passe alors à travers les sinusoïdes du foie jusque dans les veines hépatiques. Cependant, la majeure partie du sang de la veine ombilicale passe par le **conduit veineux**, dérivation veineuse qui contourne les sinusoïdes du foie. Les veines hépatiques et le conduit veineux débouchent dans la veine cave inférieure, où le sang placentaire se mélange au sang désoxygéné qui revient de la partie inférieure du corps du fœtus. La veine cave dirige ensuite ce « mélange de sang » directement dans l'oreillette droite du cœur.

Après la naissance, le foie jouera un rôle important dans le traitement des nutriments, mais cette fonction est accomplie par le foie maternel au cours de la vie embryonnaire. La circulation du sang dans le foie du fœtus sert donc surtout à garder les cellules hépatiques en bonne santé.

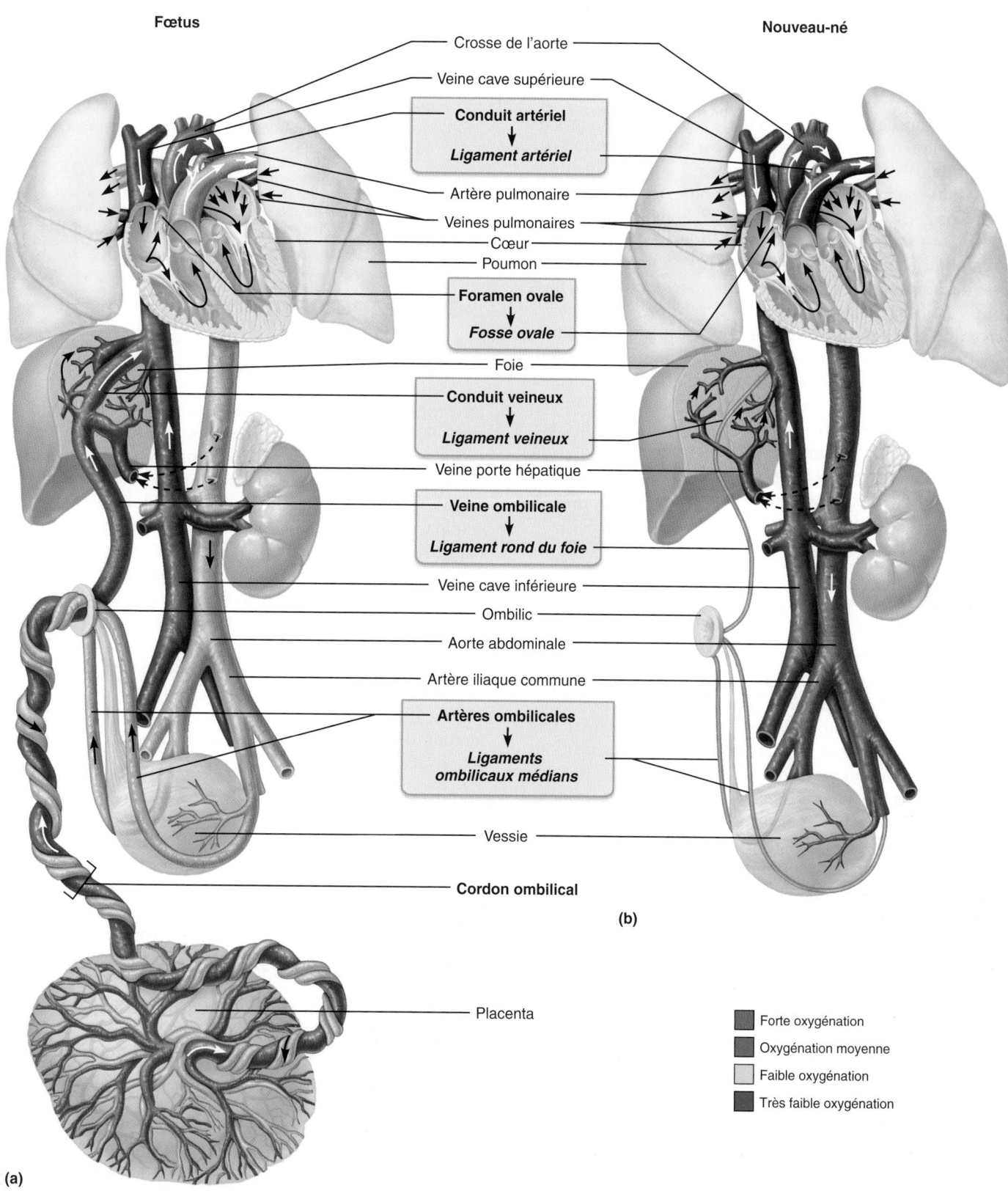

Fœtus

Nouveau-né

Crosse de l'aorte

Veine cave supérieure

Conduit artériel
↓
Ligament artériel

Artère pulmonaire

Veines pulmonaires

Cœur

Poumon

Foramen ovale
↓
Fosse ovale

Foie

Conduit veineux
↓
Ligament veineux

Veine porte hépatique

Veine ombilicale
↓
Ligament rond du foie

Veine cave inférieure

Ombilic

Aorte abdominale

Artère iliaque commune

Artères ombilicales
↓
*Ligaments
ombilicaux médians*

Vessie

Cordon ombilical

(b)

Placenta

■ Forte oxygénation
■ Oxygénation moyenne
□ Faible oxygénation
■ Très faible oxygénation

(a)

**Figure 28.14 Circulation chez le fœtus
et le nouveau-né.** Les flèches tracées
sur les vaisseaux indiquent la direction de
la circulation sanguine. Les fèches dans les
encadrés de couleur indiquent le passage
d'une structure du fœtus à ce qu'elle devient
après la naissance. **(a)** Adaptations particulières à la vie embryonnaire et fœtale.
La veine ombilicale transporte le sang riche
en oxygène et en nutriments du placenta
au fœtus ; les artères ombilicales transportent
le sang chargé des déchets du fœtus au
placenta ; le conduit artériel et le foramen
ovale permettent au sang de contourner
les poumons, non fonctionnels ; le conduit
veineux permet à une partie du sang
de contourner le foie. **(b)** Modifications
du système cardiovasculaire à la naissance.
Les vaisseaux ombilicaux se ferment,
de même que les dérivations pulmonaire
et hépatique.

28

Le sang pénétrant dans le cœur et en sortant rencontre deux autres dérivations qui servent toutes deux à contourner les poumons, encore non fonctionnels. Une partie du sang pénétrant dans l'oreillette droite passe directement dans l'oreillette gauche par le **foramen ovale** (« trou ovale »), un orifice dans le septum interauriculaire partiellement fermé par un pan de tissu. Le sang qui pénètre dans le ventricule droit est ensuite pompé dans le tronc pulmonaire. Toutefois, la deuxième dérivation, le **conduit artériel**, transfère une grande partie de ce sang directement dans l'aorte, ce qui lui permet de contourner le circuit pulmonaire. (Les poumons reçoivent assez de sang oxygéné et de nutriments pour assurer leur croissance.) Le sang passe par les deux dérivations pulmonaires parce que la cavité cardiaque ou le vaisseau situé de l'autre côté de chaque dérivation est une région de basse pression, à cause du faible retour veineux provenant des poumons et parce que, inversement, la résistance des vaisseaux dans les poumons affaissés est très grande. Le sang qui quitte le cœur par l'aorte atteint finalement les artères ombilicales, qui sont en fait des branches des artères iliaques internes desservant le bassin. Le sang presque entièrement désoxygéné et chargé de déchets métaboliques est ensuite acheminé jusque dans la circulation capillaire des villosités choriales du placenta. Les changements du système circulatoire à la naissance sont illustrés à la figure 28.14b.

DÉSÉQUILIBRE HOMÉOSTATIQUE

Étant donné qu'un grand nombre de substances potentiellement néfastes peuvent traverser la barrière placentaire et pénétrer dans le sang fœtal, la femme enceinte doit porter une grande attention à tout ce qu'elle absorbe. Ces précautions sont particulièrement importantes pendant la période embryonnaire, quand les « fondations » du corps se forment. Les **agents tératogènes** (*teras*: monstre) peuvent causer de graves anomalies congénitales et même la mort fœtale. L'alcool, la nicotine, certains médicaments (anticoagulants, sédatifs, antihypertenseurs et quelques antibiotiques) et certaines maladies chez la mère (notamment la rubéole) sont des agents tératogènes. Ainsi, lorsqu'une femme enceinte consomme de l'alcool, son fœtus en absorbe lui aussi. Chez le fœtus, l'alcool peut provoquer le *syndrome d'alcoolisation fœtale* (*SAF*), qui se caractérise par la microcéphalie (petite tête), la déficience mentale et une croissance anormale, notamment si la consommation d'alcool a lieu durant le premier mois de la grossesse. La nicotine réduit l'apport d'oxygène au fœtus, ce qui gêne la croissance et le développement. La **thalidomide**, un sédatif destiné à soulager les nausées matinales qui fut prescrit dans les années 1960 à des milliers de femmes enceintes, a parfois provoqué des déformations importantes quand il était pris au cours de la différenciation des bourgeons des membres (du 26e au 56e jour): les enfants atteints sont nés avec des membres courts et palmés. (De nouveau sur le marché européen et dans plusieurs autres pays, ce médicament tératogène s'est avéré efficace pour traiter le myélome [cancer de la moelle osseuse] chez certains patients, tandis que son usage contre la sclérose en plaques est décrit à la page 922.) ■

12. Au début, l'embryon est plat comme une crêpe à trois étages. Quel événement doit se produire avant que l'organogenèse puisse réellement commencer ?

13. Quel feuillet embryonnaire donne naissance à pratiquement tous les tissus de l'organisme, sauf le tissu nerveux, l'épiderme et les muqueuses ?

Les réponses se trouvent à l'appendice G.

Développement fœtal

11 Indiquer la durée de la période fœtale et présenter les principaux événements du développement fœtal.

La chronologie des principaux événements de la période fœtale (de la 9e à la 38e semaine) est résumée dans le **tableau 28.1**. La période fœtale se caractérise par la croissance rapide des structures corporelles qui ont été établies durant la période embryonnaire. Durant la première moitié de la période fœtale, les cellules continuent de se spécialiser pour former les tissus distinctifs de l'organisme, et parachèvent les structures corporelles. Au début de la période fœtale, le fœtus mesure approximativement 22 mm du vertex au coccyx et pèse environ 2 g; à la fin de cette période, il mesure en moyenne 360 mm et pèse 3,2 kg ou plus. (La longueur totale du fœtus à la naissance est d'environ 550 mm.) Une croissance aussi phénoménale s'accompagne évidemment de changements importants des caractéristiques physiques **(figure 28.15)**. Malgré tout, la plus forte croissance se produit au cours des 8 premières semaines de vie, quand l'embryon passe d'une cellule à un fœtus de 2,5 cm.

14. À quel moment débute la période fœtale ?

Les réponses se trouvent à l'appendice G.

Effets de la grossesse chez la mère

12 Décrire les modifications des organes génitaux de la femme ainsi que celles de ses systèmes cardiovasculaire, respiratoire et urinaire au cours de la grossesse.

13 Expliquer les principaux effets de la grossesse sur le métabolisme et la posture.

La grossesse peut être une période difficile pour la mère. En plus des modifications anatomiques, la grossesse est pour elle une source d'importants changements sur les plans métabolique et physiologique, qui sont nécessaires à la grossesse et à la préparation du corps pour l'accouchement et l'allaitement.

Modifications anatomiques

Pendant la grossesse, les organes génitaux de la femme deviennent plus vascularisés et gorgés de sang, et le vagin

TABLEAU 28.1	Développement au cours de la période fœtale

ÂGE		CHANGEMENTS
8 semaines (fin de la période embryonnaire)	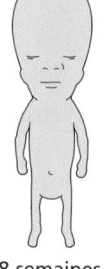 8 semaines	La tête est presque aussi grosse que le corps; les principales régions de l'encéphale sont présentes; premières ondes électroencéphalographiques dans le tronc cérébral. Le foie est très gros et il commence à synthétiser des cellules sanguines. Les membres sont apparus; les mains et les pieds sont palmés, mais les doigts et les orteils sont distincts à la fin de cette période. Début de l'ossification; faibles contractions musculaires spontanées. Le système cardiovasculaire est entièrement fonctionnel (le cœur pompe du sang depuis la quatrième semaine). Tous les systèmes sont présents, du moins sous forme rudimentaire. Longueur vertex-coccyx approximative: 22 mm; masse: 2 g.
De 9 à 12 semaines (troisième mois)	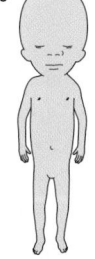 12 semaines	La tête domine encore, mais le corps s'allonge; l'encéphale continue de grossir et possède sa structure générale; la moelle épinière présente un renflement cervical et un renflement lombaire; la rétine de l'œil est apparue. L'épiderme et le derme de la peau sont apparus; les traits du visage sont ébauchés. Le foie proéminent sécrète de la bile; le palais fusionne; la majorité des glandes d'origine mésodermique sont apparues; du tissu musculaire lisse commence à se développer dans les parois des viscères creux. La moelle osseuse commence à élaborer des cellules sanguines. La notochorde dégénère et l'ossification s'accélère; les membres sont bien formés. On peut facilement déterminer le sexe d'après les organes génitaux externes. Longueur vertex-coccyx approximative à la fin de cette période: 90 mm.
De 13 à 16 semaines (quatrième mois)	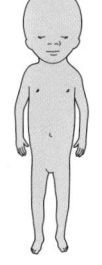 16 semaines	Le cervelet devient proéminent; les récepteurs sensoriels du toucher sont différenciés; les yeux et les oreilles adoptent leur forme et leur situation caractéristiques; les yeux clignent et les lèvres font des mouvements de succion. Le visage a une apparence humaine et le corps commence à grossir plus vite que la tête. Les glandes du tube digestif se développent; le méconium s'accumule. Les reins atteignent leur structure typique. La plupart des os sont maintenant distincts et les cavités des articulations sont apparentes. Longueur vertex-coccyx approximative à la fin de cette période: 140 mm.
De 17 à 20 semaines (cinquième mois)		Le corps est couvert de vernix caseosa (substance grasse composée de sébum sécrété par les glandes sébacées et de cellules épidermiques); la peau présente du lanugo (fin duvet). Le fœtus adopte la position fœtale (en flexion antérieure) à cause du manque d'espace. Les membres atteignent presque leurs proportions finales. La mère sent les premiers mouvements actifs du fœtus. Longueur vertex-coccyx approximative à la fin de cette période: 190 mm.
De 21 à 30 semaines (sixième et septième mois)	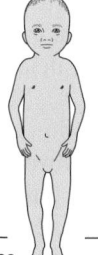	Période d'augmentation substantielle du poids (le pourcentage de survie en cas de naissance prématurée à 27 et 28 semaines est d'environ 80 %, bien que la régulation de la température par l'hypothalamus et la production de surfactant dans les poumons soient encore insuffisantes). Début de la myélinisation de la moelle épinière; les yeux sont ouverts. Les os distaux des membres commencent à s'ossifier. La peau est plissée et rouge; les ongles des doigts et des orteils sont bien formés; l'émail des dents de lait est en train de se former. Le corps est mince et bien proportionné. La moelle osseuse devient le seul endroit où sont sécrétées des cellules sanguines. Les testicules atteignent le scrotum au septième mois (chez le garçon). Longueur vertex-coccyx approximative à la fin de cette période: 280 mm.
De 30 à 40 semaines (huitième et neuvième mois)	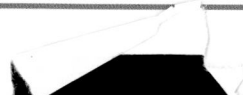 À la naissance	Peau d'un blanc rosé; graisse déposée dans les tissus sous-cutanés (hypoderme). Longueur vertex-coccyx approximative à la fin de cette période: 360 mm; masse: 3,2 kg.

28

Cavité amniotique   Cordon ombilical   Veine ombilicale

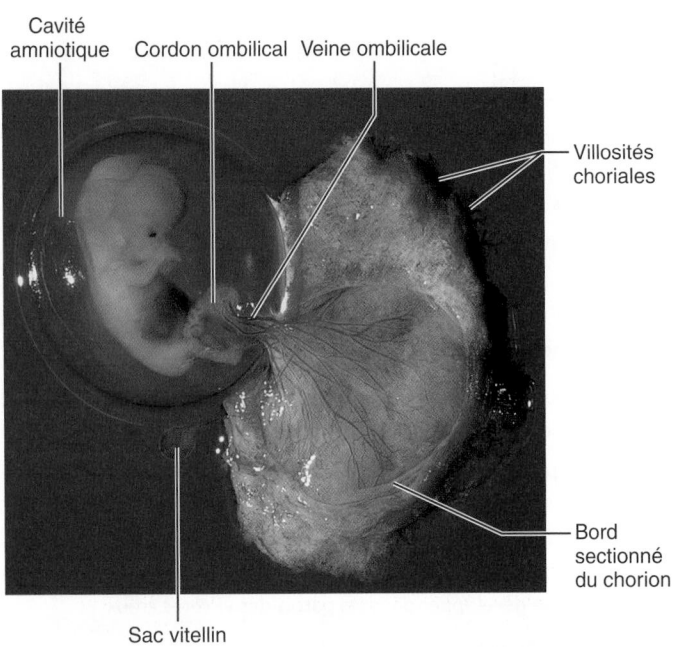

Villosités choriales

Bord sectionné du chorion

Sac vitellin

(a) Embryon de 7 semaines, environ 17 mm de long

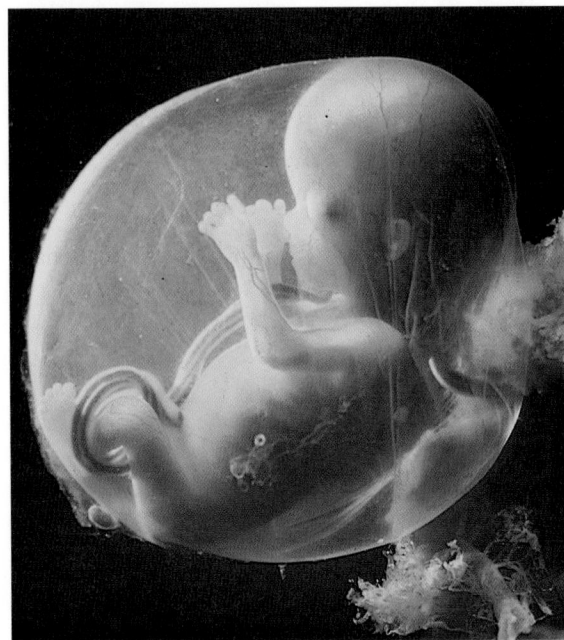

(b) Fœtus de 3 mois, environ 6 cm de long

(c) Fœtus à la fin du cinquième mois, environ 19 cm de long

28

prend une coloration violacée (*signe de Chadwick*). L'augmentation de la vascularisation accroît la sensibilité vaginale. Le plaisir sexuel devient alors plus intense; d'ailleurs, certaines femmes connaissent leur premier orgasme au cours de la grossesse. Les seins aussi se gorgent de sang. En outre, l'augmentation des taux d'œstrogènes et de progestérone les fait augmenter de volume et rend les aréoles plus foncées. Certaines femmes présentent une augmentation de la pigmentation du nez et des joues, phénomène appelé *chloasma*, ou « masque de grossesse »; cet effet est attribuable à une augmentation du taux de l'hormone mélanotrope (MSH).

L'augmentation du volume de l'utérus au cours de la grossesse est tout à fait remarquable. De la grosseur du poing au début de la grossesse, l'utérus occupe déjà toute la cavité pelvienne à 16 semaines (figure 28.16a, b). Même si le fœtus ne mesure alors que 140 mm environ (du vertex au coccyx), le placenta est complètement formé, le myomètre est hypertrophié et le liquide amniotique devient plus abondant.

À mesure que la grossesse avance, l'utérus monte de plus en plus haut dans la cavité abdominale et exerce une pression croissante sur les organes abdominaux et pelviens (figure 28.16c). À la fin de la grossesse, l'utérus atteint le niveau du processus

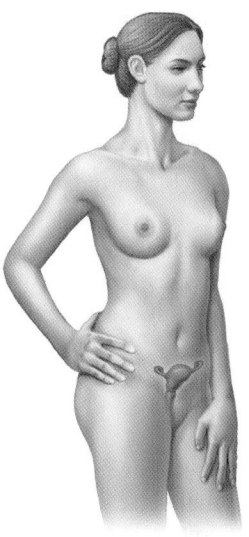 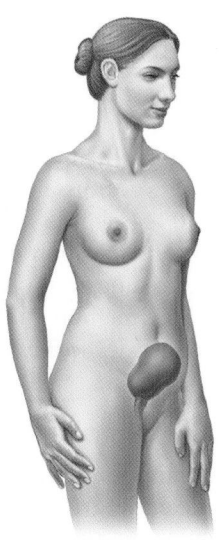 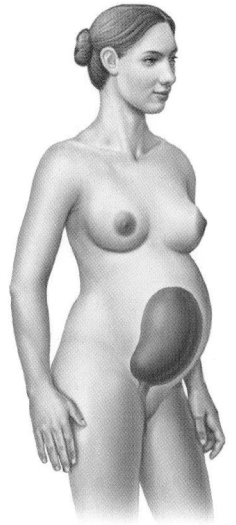 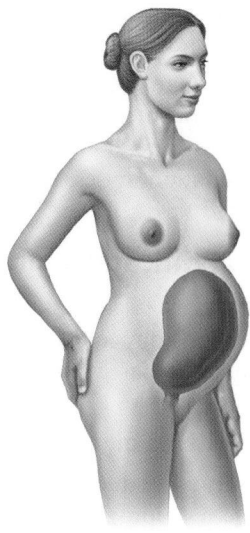

(a) Avant la conception (L'utérus est de la grosseur d'un poing et se trouve dans le bassin.)

(b) À 4 mois (Le fond utérin est situé entre la symphyse pubienne et l'ombilic.)

(c) À 7 mois (Le fond utérin se situe bien au-dessus de l'ombilic.)

(d) À 9 mois (Le fond utérin atteint le processus xiphoïde.

Figure 28.16 **Volume relatif de l'utérus avant la conception et au cours de la grossesse.**

xiphoïde du sternum et occupe la majeure partie de la cavité abdominale (figure 28.16d). Les organes abdominaux sont repoussés vers le haut et tassés contre le diaphragme, qui est lui-même repoussé vers la cavité thoracique. Ce phénomène entraîne un écartement des côtes qui élargit le thorax.

L'augmentation du volume de l'abdomen vers l'avant modifie le centre de gravité de la femme, ce qui peut provoquer une lordose (accentuation de la courbure lombaire) et des douleurs lombaires au cours des derniers mois de la grossesse. La **relaxine** – hormone sécrétée par le placenta – entraîne la relaxation, l'assouplissement et l'élargissement de la symphyse pubienne et des ligaments pelviens. Cette mobilité accrue facilitera l'accouchement, mais elle provoque entre-temps une démarche dandinante. La grossesse normale s'accompagne d'un gain de masse corporelle important. Il est impossible de préciser le gain de masse idéal, car certaines femmes ont une masse corporelle excessive ou insuffisante au début de leur grossesse. Si on additionne les gains associés à la croissance fœtale et placentaire, à l'augmentation du volume des organes génitaux et des seins ainsi qu'à l'accroissement du volume sanguin, on obtient toutefois un gain de masse typique d'environ 13 kg.

Une alimentation adéquate est nécessaire durant toute la grossesse afin de fournir au fœtus tous les matériaux (notamment les protéines, le calcium et le fer) dont il a besoin pour l'élaboration de ses tissus et de ses organes. De plus, l'absorption de multivitamines contenant de l'acide folique réduit le risque d'avoir un bébé souffrant de problèmes neurologiques, notamment d'anomalies congénitales, comme l'anencéphalie et le spina bifida décrits à la page 546. Cependant, la femme enceinte ne doit ajouter que 1300 kJ à son apport quotidien pour assurer la croissance fœtale (et même seulement 400 kJ au cours du premier trimestre). Elle doit mettre l'accent sur la qualité des aliments plutôt que sur la quantité.

On sait que l'influence de l'environnement fœtal ne se fait parfois sentir qu'après des décennies. Ainsi, un poids à la naissance inférieur (ou supérieur) à la normale accroît le risque de diabète de type 2 chez les femmes et augmente, d'une manière générale, le risque de troubles cardiovasculaires plus tard dans la vie, tant chez les hommes que chez les femmes.

Modifications du métabolisme

À partir de la cinquième semaine et à mesure qu'il grossit, le placenta sécrète davantage d'**hormone placentaire lactogène humaine** (**hPL**, *human placental lactogen*), aussi appelée **hormone chorionique somatotrope** (**hCS**, *human chorionic somatomammotropin*). La hPL travaille conjointement avec les œstrogènes et la progestérone pour stimuler la maturation des seins en préparation de la lactation. En outre, la hPL favorise la croissance fœtale et exerce un effet d'épargne sur l'utilisation du glucose chez la mère en produisant une certaine résistance aux effets de l'insuline. Par conséquent, les cellules de la mère métabolisent plus d'acides gras et moins de glucose qu'en temps normal, ce qui laisse davantage de glucose au fœtus. Le diabète gestationnel survient dans environ 10 % des grossesses, mais plus de la moitié des femmes qui en sont atteintes présentent par la suite un diabète de type 2.

Le placenta libère également l'**hormone thyréotrope placentaire** (**hCT**, *human chorionic thyrotropin*), une hormone glycoprotéique semblable à la thyréotrophine (TSH) sécrétée par l'adénohypophyse. La hCT est responsable de l'augmentation de la vitesse du métabolisme maternel durant

28

toute la grossesse; elle produit un hypermétabolisme. Comme les taux plasmatiques de parathormone et de vitamine D activée augmentent, le bilan calcique de la femme enceinte est généralement positif pendant toute sa grossesse. Le fœtus dispose donc de tout le calcium dont il a besoin pour la minéralisation de ses os.

Modifications physiologiques

Pendant la grossesse, plusieurs systèmes subissent des modifications physiologiques, dont nous verrons quelques exemples dans les paragraphes qui suivent.

Système digestif

Jusqu'à ce que leur organisme s'adapte aux concentrations élevées de progestérone et d'œstrogènes, un grand nombre de femmes souffrent de nausées et de vomissements, les *nausées matinales*, au cours des premiers mois de la grossesse. La nausée est aussi un effet indésirable des contraceptifs oraux. Les *brûlures d'estomac*, causées par un retour du suc gastrique acide dans l'œsophage (pyrosis), sont également un malaise courant, provoqué par le déplacement de l'estomac sous la poussée de l'utérus gravide. Enfin, la *constipation* est fréquente parce que la motilité du tube digestif est réduite au cours de la grossesse à cause de l'effet relaxant de la progestérone sur les muscles lisses de sa paroi.

Système urinaire

Les reins produisent plus d'urine pendant la grossesse, car ils doivent fonctionner davantage pour répondre à l'accroissement du métabolisme de la mère et débarrasser l'organisme des déchets métaboliques du fœtus. Comme la vessie est comprimée par l'utérus gravide, la miction est plus fréquente et impérieuse. Elle devient parfois involontaire: il s'agit alors d'incontinence.

Système respiratoire

Les œstrogènes provoquent un œdème et une congestion de la muqueuse nasale, qui peuvent s'accompagner de saignements de nez. Le volume d'air courant augmente de manière marquée pendant la grossesse, tandis que la fréquence respiratoire varie peu et que le volume résiduel diminue. L'augmentation du volume d'air courant s'explique par l'accroissement des besoins en oxygène de la mère pendant la grossesse et par le fait que la progestérone améliore la sensibilité du centre respiratoire médullaire au CO_2. Un grand nombre de femmes souffrent de gêne respiratoire (*dyspnée*) vers la fin de la grossesse.

Système cardiovasculaire

Les modifications physiologiques les plus importantes se produisent sans doute dans le système cardiovasculaire. Le volume d'eau corporelle augmente par suite de l'action des œstrogènes et de la progestérone sur le système rénine-angiotensine; l'augmentation du volume sanguin qui en résulte est donc causée par l'accroissement du volume plasmatique et non par celui du nombre d'érythrocytes. À la 32e semaine, le volume sanguin total s'est accru de 25 à 40% pour répondre aux besoins du fœtus. L'augmentation du volume sanguin permettra aussi à la femme de supporter une perte sanguine plus ou moins importante au moment de l'accouchement. La pression artérielle et le pouls s'accroissent, ce qui augmente le débit cardiaque de 20 à 40% (selon le stade de la grossesse). Cette augmentation facilite la circulation du volume sanguin accru. Comme l'utérus exerce une pression sur les vaisseaux pelviens, le retour veineux des membres inférieurs peut être réduit, ce qui peut provoquer des *varices* ou de l'œdème.

DÉSÉQUILIBRE HOMÉOSTATIQUE

Une complication grave de la grossesse appelée **prééclampsie** ou **toxémie gravidique** résulte d'une mauvaise irrigation sanguine du placenta, qui peut priver le fœtus d'oxygène. La femme enceinte souffre d'œdème, d'hypertension et de protéinurie. On pense que ce trouble, qui touche 1 femme sur 10, est dû à des anomalies immunologiques dans certains cas, parce qu'il semble y avoir une corrélation positive entre l'apparition de la prééclampsie et le nombre de cellules fœtales qui pénètrent dans la circulation maternelle. ■

VÉRIFIONS NOS ACQUIS

15. Expliquez pourquoi certaines femmes enceintes se plaignent d'avoir le souffle court. Pourquoi d'autres ont-elles une démarche dandinante?
16. Quelle est la cause des nausées matinales?
17. Quel est le rôle de la hCT?

Les réponses se trouvent à l'appendice G.

Parturition (accouchement)

14 Décrire les variations hormonales qui contribuent au déclenchement du travail.

15 Énumérer et décrire les trois périodes du travail.

La **parturition**, ou *accouchement*, est le point culminant de la grossesse: la naissance du bébé. Elle survient habituellement dans les 15 jours autour de la date prévue (280 jours après la dernière menstruation). Les événements qui mènent à l'expulsion du fœtus à l'extérieur de l'utérus constituent le **travail**.

Déclenchement du travail

Plusieurs phénomènes et hormones contribuent au déclenchement du travail. Au cours des dernières semaines de la grossesse, les œstrogènes atteignent leurs taux les plus élevés dans le sang maternel, alors que les taux de progestérone demeurent constants ou diminuent légèrement. Des études indiquent que c'est le fœtus qui détermine sa propre date de naissance. À la fin de la grossesse, l'accroissement de la sécrétion d'hormones corticosurrénales (particulièrement de cortisol) par le fœtus est un des principaux stimulus de la libération de cette grande quantité d'œstrogènes par le placenta. De plus, la plus grande production de la protéine A du surfactant (SP-A) par les poumons du fœtus dans les semaines précédant l'accouchement semble déclencher une réponse inflammatoire dans le col utérin, stimulant son ramollissement en vue du travail.

Les taux d'œstrogènes élevés ont deux effets: ils stimulent la formation de récepteurs de l'ocytocine sur la membrane plasmique des cellules du myomètre (le nombre de ces récepteurs peut être multiplié par 200) **(figure 28.17)**. Ils contre-carrent aussi l'effet apaisant de la progestérone sur ce muscle. Il en résulte une augmentation progressive de l'excitabilité du myomètre, de même qu'un affaiblissement de celui-ci, et l'apparition de contractions irrégulières du myomètre. À cause de ces contractions, appelées *contractions de Braxton-Hicks*, beaucoup de femmes partent pour l'hôpital en pensant que le travail est commencé, mais on les renvoie chez elles, car il s'agit de **faux travail**.

Deux signaux chimiques concourent à transformer les contractions du faux travail en vrai travail. L'hypophyse du fœtus se met à synthétiser de l'**ocytocine**, qui stimule la sécrétion de **prostaglandines** par le placenta (figure 28.17). Ces deux hormones exercent un puissant effet stimulant sur le myomètre. Les prostaglandines augmentent la formation de jonctions ouvertes entre les cellules musculaires lisses du myomètre, ce qui permet une contraction synchronisée de l'ensemble du myomètre; celui-ci étant devenu très sensible à l'ocytocine, les contractions deviennent plus fréquentes et plus vigoureuses. Bien que les taux accrus d'ocytocine et de prostaglandines

maintiennent le travail une fois qu'il est déclenché, de nombreuses études indiquent que les prostaglandines (agissant localement) déclenchent en fait les contractions rythmiques du vrai travail. À ce moment, l'augmentation du stress émotionnel et physique (douleur et étirement de l'utérus, respectivement) active l'hypothalamus de la mère, qui envoie un signal à la neurohypophyse pour qu'elle libère de l'ocytocine.

Une fois que l'hypothalamus est sollicité, un *mécanisme de rétroactivation* entre en action: l'augmentation de l'étirement accentue la pression que le bébé exerce sur les parois de l'utérus; les mécanorécepteurs utérins, plus fortement stimulés, entraînent une plus grande sécrétion d'ocytocine par l'hypothalamus, ce qui provoque des contractions plus fortes, et ainsi de suite (figure 28.17). Ces contractions du vrai travail sont favorisées par le fait que la *fibronectine fœtale*, une glycoprotéine qui lie les tissus fœtaux et maternels du placenta ensemble durant la grossesse, se transforme en une substance se comportant comme un lubrifiant juste avant le début du vrai travail.

Comme nous l'avons vu, les prostaglandines sont essentielles au déclenchement du travail chez l'être humain; empêcher leur sécrétion entravera le déclenchement du travail. Ainsi, les antiprostaglandines comme l'ibuprofène (Advil, Motrin) ou l'acide acétylsalicylique (aspirine) peuvent inhiber le déclenchement du travail. C'est pourquoi on emploie parfois ces médicaments pour prévenir un accouchement prématuré.

En plus des facteurs chimiques, des facteurs mécaniques contribuent probablement au déclenchement du travail: l'augmentation de la taille de l'utérus entraîne l'étirement de ses parois constituées de muscle lisse, ce qui provoque leur contraction.

Périodes du travail

Le travail comprend les périodes de dilatation, d'expulsion et de délivrance, qui sont illustrées à la figure 28.18.

Première période: période de dilatation

La **période de dilatation** va du déclenchement du travail jusqu'au moment où le col utérin est complètement dilaté (à un diamètre de 10 cm environ) par la tête du bébé (figure 28.18a). Au début du travail, des contractions faibles mais régulières commencent dans le haut de l'utérus et descendent vers le vagin. À ce moment, les contractions ne touchent que la partie supérieure du myomètre. Ces contractions reviennent toutes les 15 à 30 min et durent de 10 à 30 s. À mesure que le travail avance, les contractions deviennent plus vigoureuses et plus rapides, et font intervenir la partie inférieure de l'utérus. La tête de l'enfant est poussée contre le col utérin à chaque contraction, de sorte que le col se ramollit, s'amincit (s'efface) et se dilate. À un moment donné, l'amnios se rompt et le liquide amniotique s'écoule (certaines personnes disent que «les eaux crèvent»).

La période de la dilatation est la plus longue étape du travail: elle dure de 6 à 12 heures, voire plus lors d'un premier accouchement, mais elle peut être beaucoup plus courte lors

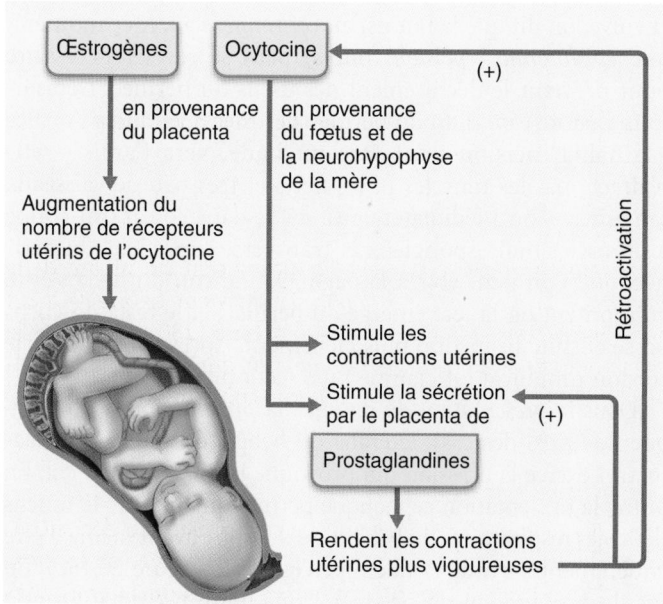

Figure 28.17 Rôle des hormones dans le déclenchement du travail.

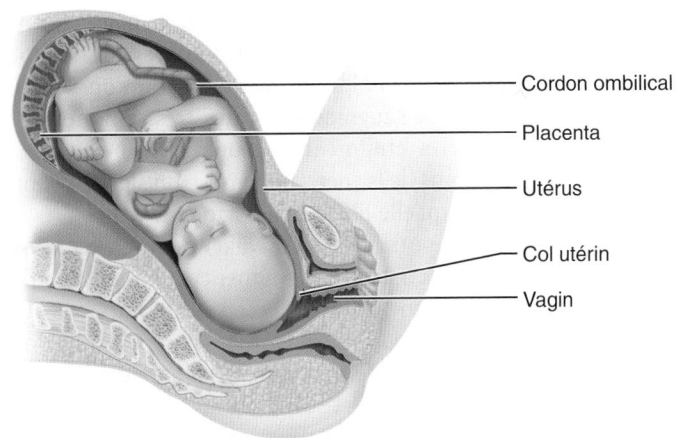

(a) Période de dilatation (début)

Cordon ombilical

Placenta

Utérus

Col utérin

Vagin

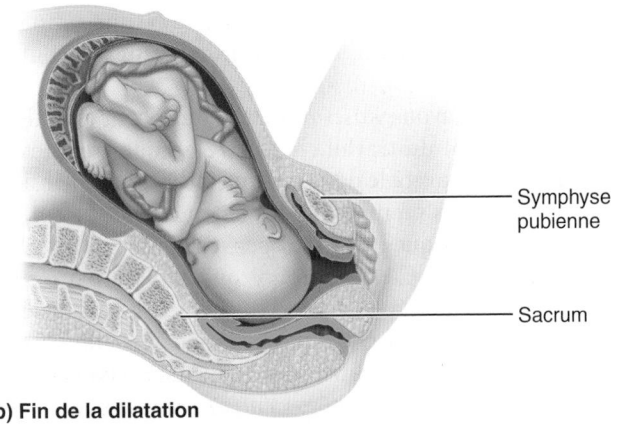

Symphyse pubienne

Sacrum

(b) Fin de la dilatation

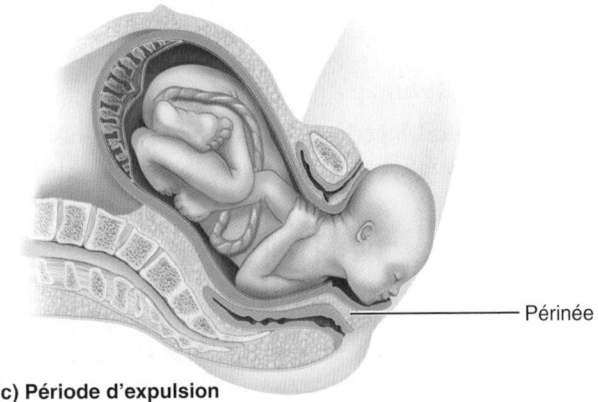

Périnée

(c) Période d'expulsion

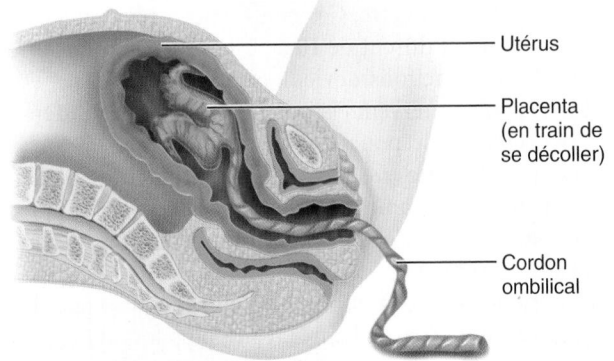

Utérus

Placenta (en train de se décoller)

Cordon ombilical

(d) Période de la délivrance

Figure 28.18 **Parturition. (a)** Période de dilatation (début). La tête du bébé s'est engagée dans le petit bassin. Le plus grand diamètre de la tête suit l'axe gauche-droite. **(b)** Fin de la dilatation. La tête du bébé effectue un mouvement de rotation, de sorte que son plus grand diamètre se trouve dans l'axe antéropostérieur pendant qu'elle franchit l'ouverture inférieure. La dilatation du col est presque complète. **(c)** Période d'expulsion. La tête du bébé se place en extension au moment où elle atteint le périnée et est expulsée. **(d)** Période de la délivrance. Après la naissance du bébé, les contractions utérines provoquent le décollement du placenta, qui est ensuite retiré.

des accouchements suivants. Plusieurs événements se déroulent au cours de cette période. L'*engagement* est accompli lorsque la tête de l'enfant est entrée dans le petit bassin. Pendant sa descente dans la filière pelvigénitale, la tête du bébé décrit une rotation pour que son plus grand diamètre se trouve dans le plan antéropostérieur (figure 28.17b), ce qui lui permettra de franchir la petite ouverture inférieure (figure 28.18b).

Deuxième période : période d'expulsion

La **période d'expulsion** s'étend de la dilatation complète jusqu'à la naissance de l'enfant, c'est-à-dire jusqu'à l'accouchement proprement dit (figure 28.18c). Au moment où la dilatation du col est complète, les contractions se produisent toutes les 2 à 3 min, durent 1 min et sont intenses. À ce stade, si elle n'a pas subi d'anesthésie locale, la mère ressent une envie croissante de faire des efforts expulsifs, c'est-à-dire de pousser avec ses muscles abdominaux. Cette période peut durer 2 heures, mais en général elle prend 50 min pour un premier accouchement et 20 min ou moins pour les suivants.

Lorsque le plus grand diamètre de la tête du bébé distend la vulve, on dit que la tête est au *couronnement*. À ce moment, une *épisiotomie* (*epeision* : pubis) peut se révéler nécessaire pour prévenir le déchirement des tissus du périnée. L'épisiotomie est une incision du périnée destinée à agrandir l'orifice vaginal. L'incision peut être médiane, vers l'anus – elle n'affecte pas les muscles ni les nerfs et très peu de vaisseaux sanguins –, ou médiolatérale (à 45°) ; dans ce cas, on coupe les muscles bulbospongieux et transverse superficiel du périnée, que l'on peut voir à la page 395. Le cou du bébé s'étire au moment où la tête émerge du périnée, et le reste du corps passe ensuite beaucoup plus facilement. Après la naissance, le cordon ombilical est clampé puis sectionné.

Dans la *présentation du sommet*, la *présentation* la plus fréquente (95 % des cas), le crâne du bébé (son plus grand diamètre) exerce la pression qui provoque la dilatation du col. En outre, la présentation céphalique permet qu'on retire le mucus des voies respiratoires du bébé et qu'il respire avant même d'être entièrement sorti de la filière pelvigénitale (figure 28.18c). En cas de *présentation du siège* ou d'une autre présentation non céphalique, on ne profite pas de ces avantages, et l'accouchement est beaucoup plus difficile : il faut souvent recourir aux forceps ou procéder à une césarienne (voir ci-après).

DÉSÉQUILIBRE HOMÉOSTATIQUE

Le travail peut être prolongé ou difficile si la femme a un bassin déformé ou un bassin de type masculin. Ce problème constitue une *dystocie* (*dus*: difficulté; *tokos*: accouchement). En plus de rendre le travail extrêmement fatigant pour la mère, la dystocie risque de provoquer des lésions cérébrales (pouvant causer l'infirmité motrice cérébrale ou l'épilepsie) ou d'autres troubles chez l'enfant. C'est pourquoi on a souvent recours à une *césarienne* dans de tels cas. Dans une césarienne, on sort l'enfant de l'utérus en pratiquant une incision dans les parois abdominale et utérine. ■

Troisième période : période de la délivrance

La **période de la délivrance** du placenta et des membranes fœtales qui en sont issues, qu'on appelle le **délivre**, se déroule habituellement dans les 30 min qui suivent la naissance de l'enfant (figure 28.18d). Du fait de l'arrangement particulier des cellules musculaires lisses du myomètre autour des vaisseaux sanguins de l'utérus, les contractions utérines vigoureuses qui continuent après l'accouchement compriment ces vaisseaux, réduisent le saignement (qui n'atteint plus que quelques centaines de millilitres) et provoquent le décollement du placenta. Il est très important que tous les fragments du placenta soient retirés afin d'empêcher que les saignements continuent après l'accouchement (*hémorragie de la délivrance*).

VÉRIFIONS NOS ACQUIS

18. Quelle substance chimique est la plus importante dans le déclenchement du vrai travail ?
19. Pourquoi le bébé se tourne-t-il pendant qu'il parcourt la filière pelvigénitale ?
20. Qu'est-ce que la présentation du siège ?

Les réponses se trouvent à l'appendice G.

Adaptation de l'enfant à la vie extra-utérine

16 Décrire brièvement les événements menant à la première respiration du nouveau-né et préciser le rôle du surfactant.

17 Décrire les modifications de la circulation fœtale après la naissance; expliquer ce qui provoque la fermeture des dérivations pulmonaires.

Les quatre semaines suivant la naissance constituent la **période néonatale**. Nous nous limiterons ici aux phénomènes qui se produisent au cours des premières heures de vie d'un nouveau-né normal. Vous vous doutez bien que la naissance est un choc pour l'enfant. Il est exposé à des traumatismes physiques pendant l'accouchement, il est expulsé de son environnement aqueux et chaud, et il ne dispose plus du soutien apporté par le placenta. Il doit maintenant accomplir par lui-même tout ce que le corps de sa mère faisait pour lui: respirer, obtenir des nutriments, excréter et maintenir sa température corporelle.

On évalue l'état physique du nouveau-né entre une minute et cinq minutes après sa naissance en tenant compte de cinq critères: fréquence cardiaque, respiration, coloration, tonus musculaire et réactivité aux stimulus (chatouillement d'une narine avec un cathéter). On attribue à chaque critère un coefficient de 0 à 2, et on additionne ces coefficients pour obtenir l'**indice d'Apgar**. Un indice d'Apgar de 8 à 10 signifie que le nouveau-né est en bonne santé; un indice plus bas révèle des anomalies d'une ou de plusieurs des fonctions physiologiques évaluées.

Première respiration et période de transition

La première respiration est une étape cruciale. La vasoconstriction des artères ombilicales, déclenchée par leur étirement pendant l'accouchement, entraîne une perte du soutien assuré par le placenta. À partir du moment où le placenta cesse de retirer le gaz carbonique, ce gaz s'accumule dans le sang du nouveau-né, ce qui provoque une acidose. L'acidose excite les centres respiratoires de l'encéphale et déclenche la première inspiration du bébé. La première respiration exige un effort considérable, car les voies respiratoires sont minuscules et les poumons sont affaissés. Cependant, une fois que les poumons du bébé à terme ont été remplis d'air, le surfactant présent dans le liquide alvéolaire réduit la tension superficielle des alvéoles, et la respiration devient plus facile. La fréquence respiratoire est rapide (environ 45 respirations par minute) au cours des 2 premières semaines, mais elle ralentit ensuite jusqu'à la fréquence normale.

Les nouveau-nés prématurés (qui pèsent moins de 2500 g à la naissance) ont beaucoup plus de difficultés à garder leurs poumons gonflés, puisque le surfactant est synthétisé pendant les derniers mois de la vie prénatale. C'est pourquoi il faut souvent leur fournir une assistance respiratoire (les mettre sous respirateur), jusqu'à ce que leurs poumons soient en mesure de fonctionner de manière autonome.

Les six à huit heures suivant la naissance constituent la **période de transition**, une période d'instabilité marquée par une alternance de périodes d'activité et de sommeil au cours de laquelle le nouveau-né s'adapte à la vie extra-utérine. Pendant les périodes d'activité, les signes vitaux sont irréguliers et le bébé régurgite souvent du mucus et d'autres débris. Par la suite, son état se stabilise: il commence à se réveiller toutes les trois ou quatre heures (au rythme de sa faim).

Fermeture des vaisseaux sanguins fœtaux et des dérivations vasculaires

Après la naissance, les vaisseaux sanguins ombilicaux et les dérivations vasculaires du fœtus ne sont plus nécessaires (figure 28.14b). La veine et les artères ombilicales se resserrent puis se transforment en tissu fibreux. La portion proximale des artères ombilicales persiste sous la forme des *artères vésicales supérieures*, qui irriguent la vessie, et leur portion distale constitue les **ligaments ombilicaux médians**, situés de part et d'autre de la vessie. Le reliquat de la veine ombilicale devient le **ligament rond du foie**, qui rattache l'ombilic au foie. Le conduit veineux s'affaisse quand le sang a cessé de circuler dans le cordon ombilical et finit par former le **ligament veineux** de la face inférieure du foie.

Lorsque la circulation pulmonaire devient fonctionnelle, la pression augmente dans le côté gauche du cœur et baisse dans le côté droit de celui-ci, ce qui entraîne la fermeture des dérivations pulmonaires. Le pan du foramen ovale est rabattu en position fermée, et ses bords fusionnent avec la paroi du septum. Par la suite, sa situation n'est marquée que par une petite dépression appelée **fosse ovale**. Le conduit artériel se resserre et persiste sous la forme du **ligament artériel**, une sorte de cordon reliant l'aorte et le tronc pulmonaire.

À l'exception du foramen ovale, toutes les structures circulatoires spéciales du fœtus se ferment dans les 30 min suivant la naissance. La fermeture du foramen ovale s'effectue habituellement au cours de la première année de vie. Comme nous l'avons vu au chapitre 18, la persistance du canal artériel ou du foramen ovale constitue une anomalie congénitale.

VÉRIFIONS NOS ACQUIS

21. Nommez les deux modifications de la circulation fœtale qui permettent à presque tout le sang de contourner des parties du cœur.

22. Qu'advient-il des modifications de la circulation fœtale après la naissance ?

Les réponses se trouvent à l'appendice G.

Lactation

18 Montrer comment s'effectue la régulation hormonale de la production et de la libération du lait maternel ; décrire les variations hormonales associées à la cessation de l'allaitement et leurs effets.

La **lactation** est un processus complexe : pas moins d'une dizaine d'hormones différentes contribuent directement à la préparation des glandes mammaires, au déclenchement de la production du lait, à son éjection et au maintien de sa production. Tout au long de la grossesse, les conduits, les lobules et les alvéoles des glandes mammaires se sont développés, mais les taux élevés d'œstrogènes provenant du placenta empêchaient la prolactine de jouer son rôle. Quand les taux d'œstrogènes chutent après l'accouchement, la prolactine peut entrer en action, et après un délai de deux à trois jours, la production de lait véritable commence.

Entre-temps (et aussi vers la fin de la grossesse), les glandes mammaires sécrètent un liquide jaunâtre appelé **colostrum**. Le colostrum contient moins de lactose que le lait et pratiquement pas de matières grasses, mais il renferme plus de protéines, de vitamine A et de minéraux que le lait maternel proprement dit. Tout comme le lait, le colostrum est également riche en immunoglobulines IgA. Parce qu'elles ne sont pas digérées dans l'estomac, ces immunoglobulines pourraient protéger le tube digestif du bébé contre les infections bactériennes. En outre, les immunoglobulines IgA sont absorbées par endocytose et pénètrent dans la circulation sanguine, où elles joueraient également un rôle immunitaire.

Quelques semaines après l'accouchement, la sécrétion de prolactine est revenue à son niveau de base. La production de lait dépend ensuite de la stimulation mécanique des mamelons, normalement exercée par le bébé qui tète. Les mécanorécepteurs du mamelon envoient des influx nerveux afférents à l'hypothalamus, ce qui stimule la sécrétion de PRF (*prolactine releasing factors*). Celui-ci provoque la libération d'une giclée de prolactine (de 10 à 20 fois supérieure à son taux de base), qui peut durer environ 1 heure et qui stimulera la production du lait nécessaire pour la tétée suivante. L'émission du lait peut aussi être déclenchée par des stimulus visuels ou auditifs associés à l'allaitement.

Les influx afférents provenant du mamelon entraînent également la sécrétion d'ocytocine par l'hypothalamus, au moyen d'un *mécanisme de rétroactivation*. L'ocytocine provoque le **réflexe d'éjection** du lait par les alvéoles des glandes mammaires (figure 28.19). L'éjection se produit lorsque l'ocytocine se lie aux cellules myoépithéliales entourant les glandes ; après quoi, le lait peut couler des *deux* seins, et non seulement de celui qui est stimulé. Durant l'allaitement, l'ocytocine stimule aussi l'utérus, qui se contracte et retourne (presque) à son volume d'avant la grossesse.

Le lait maternel est bénéfique pour le bébé :

1. *Il contient des matières grasses et du fer plus faciles à absorber et des acides aminés qui sont métabolisés plus efficacement* que ceux du lait de vache.

2. *Il contient beaucoup d'autres substances*, dont les IgA, le complément, le lysozyme, l'interféron et la lactoperoxydase, qui protègent le bébé contre des infections dangereuses. Le lait maternel renferme aussi des interleukines et des prostaglandines qui préviennent les réactions inflammatoires excessives ainsi qu'une glycoprotéine qui entrave la fixation de *H. pylori* (bactérie responsable d'ulcères) à la muqueuse de l'estomac.

3. *Le lait maternel possède aussi un effet laxatif naturel qui contribue à expulser des intestins* le **méconium** – pâte goudronneuse verdâtre composée de cellules épithéliales desquamées, de bile et d'autres substances. Étant donné que le méconium et ensuite les fèces permettent l'élimination de la bilirubine de l'organisme, l'évacuation rapide du méconium constitue un moyen de prévenir l'*ictère physiologique* (voir les Termes médicaux à la fin du chapitre). Elle favorise également la colonisation du gros intestin par les bactéries (la source de la vitamine K et de plusieurs vitamines du groupe B).

Lorsque la femme cesse d'allaiter, le stimulus entraînant la libération de la prolactine et la production du lait disparaît, et les glandes mammaires cessent de sécréter du lait. Les femmes qui allaitent pendant six mois ou plus perdent une quantité importante de calcium osseux mais, chez celles qui ont un régime alimentaire sain, les os reprennent en général le calcium perdu après le sevrage du nourrisson.

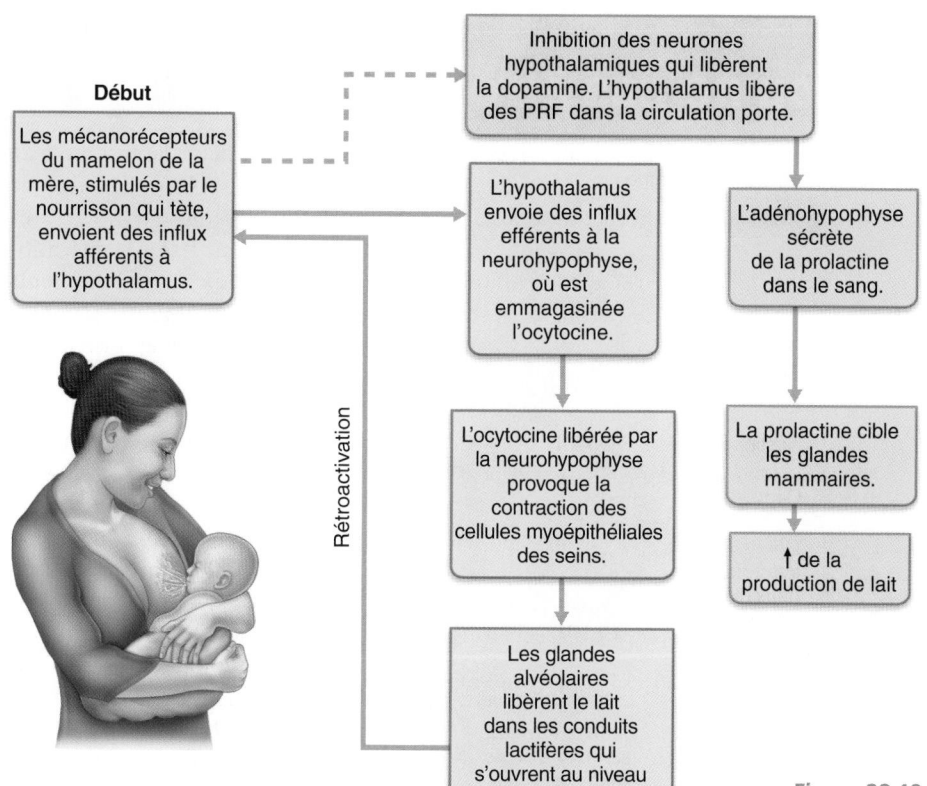

Figure 28.19 Lactation et mécanisme de rétroactivation du réflexe d'éjection du lait.

Quand le taux de prolactine est élevé, la régulation hypothalamohypophysaire du cycle ovarien est gênée, probablement parce que la stimulation de l'hypothalamus par la succion provoque la libération de bêta-endorphine, une hormone peptidique qui inhibe la libération de Gn-RH et, par conséquent, la sécrétion de FSH et de LH par l'hypophyse. Parce que la prolactine se trouve ainsi à inhiber la fonction ovarienne, certains pensent que l'allaitement est une méthode de contraception. Il ne faut toutefois pas s'y fier, car la plupart des femmes recommencent à ovuler avant de sevrer leur enfant. Pour être efficace, l'inhibition exercée sur la Gn-RH semble en effet exiger des fréquences d'allaitement beaucoup trop grandes. Chez les femmes qui n'allaitent pas, l'activité cyclique de l'ovaire reprend entre la huitième et la dixième semaine après l'accouchement.

VÉRIFIONS NOS ACQUIS

23. Quelle hormone produit le réflexe d'éjection ?

Les réponses se trouvent à l'appendice G.

Procréation médicalement assistée et reproduction par clonage

19 Décrire les techniques de procréation médicalement assistée, notamment la fécondation *in vitro*, le transfert intratubaire de zygotes et le transfert intratubaire de gamètes.

Jusqu'à maintenant, nous avons décrit comment les bébés se développent ; mais les grossesses ne surviennent pas toujours selon les désirs des parents. Chez certains d'entre eux, la conception est difficile : en fait, les problèmes d'infertilité touchent 1 couple sur 8 au Canada, tandis qu'en France 14 % des couples consultent au moins 1 fois. Quelles options s'offrent alors à eux ? Chez certaines personnes, il est possible de remédier à l'infertilité en faisant appel à l'hormonothérapie, qui permet d'accroître la production de gamètes, ou à la chirurgie afin de rétablir le passage dans des trompes utérines bloquées. D'autres recourent à la *procréation médicalement assistée (PMA)*, une procédure complexe qui comporte le prélèvement chirurgical d'ovocytes des ovaires par suite d'une stimulation hormonale, la fécondation des ovocytes et leur implantation dans le corps de la femme. Ces interventions, maintenant pratiquées dans les principaux centres hospitaliers du monde, ont permis de faire naître des milliers d'enfants, mais elles sont coûteuses, épuisantes sur le plan émotif et douloureuses pour la donneuse d'ovocytes. Les ovocytes, les spermatozoïdes et les embryons inutilisés peuvent être congelés en vue d'une autre grossesse. Le Québec est la seule province du Canada où les personnes recourant à ce type d'intervention peuvent bénéficier d'un crédit d'impôt. En France, la PMA est en hausse et représente environ 2,5 % des naissances.

28

La contraception : être ou ne pas être

Pour toutes sortes de raisons, les êtres humains choisissent souvent de recourir à la **contraception**, soit la régulation des naissances. Il existe un vaccin antispermatozoïde efficace, mais jusqu'à maintenant les seuls moyens de contraception masculins approuvés sont la vasectomie et l'utilisation du condom. Par conséquent, la contraception est restée jusqu'à nos jours une affaire de femmes surtout, et la plupart des contraceptifs leur sont destinés.

Comme le montrent les flèches rouges du diagramme ci-contre, les méthodes de contraception n'ont pas le même site d'action (n'exercent pas leur effet à la même étape du processus de la reproduction). Examinons comment quelques-unes des méthodes les plus courantes fonctionnent. Puisque la fiabilité de la méthode de contraception est capitale, nous donnerons pour chacune le taux d'efficacité ou le taux d'échec.

Le *coït interrompu*, c'est-à-dire le retrait du pénis juste avant l'éjaculation, ne constitue pas une méthode de contraception efficace, car la maîtrise de l'éjaculation est toujours incertaine. De plus, il peut y avoir du sperme dans le liquide prééjaculatoire sécrété par les glandes bulbo-urétrales.

Les *méthodes d'abstinence périodique* consistent à éviter les rapports sexuels durant les périodes d'ovulation et de fertilité. On peut déterminer ces périodes (1) au moyen de l'enregistrement quotidien de la température basale (la température baisse légèrement juste avant l'ovulation, puis augmente légèrement après celle-ci) ou (2) plus simplement, en se procurant de tests d'ovulation offerts en vente libre. Certains détectent le taux de l'hormone lutéinisante (LH), qui augmente de 24 à 38 heures avant l'ovulation. D'autres tests reposent sur une analyse simple de la salive à l'aide d'un microscope de la taille d'un tube de rouge à lèvres. Au réveil, on examine une goutte de salive pour y rechercher les cristaux en forme de branche de fougère qui s'y trouvent durant les journées les plus fertiles. Ces cristaux se forment en raison de la présence de sel dans la salive quand la concentration des œstrogènes augmente et atteint son pic au moment de l'ovulation. Toutes les méthodes d'abstinence périodique exigent d'enregistrer soigneusement des données durant plusieurs cycles avant de pouvoir les utiliser efficacement. Toutefois, les

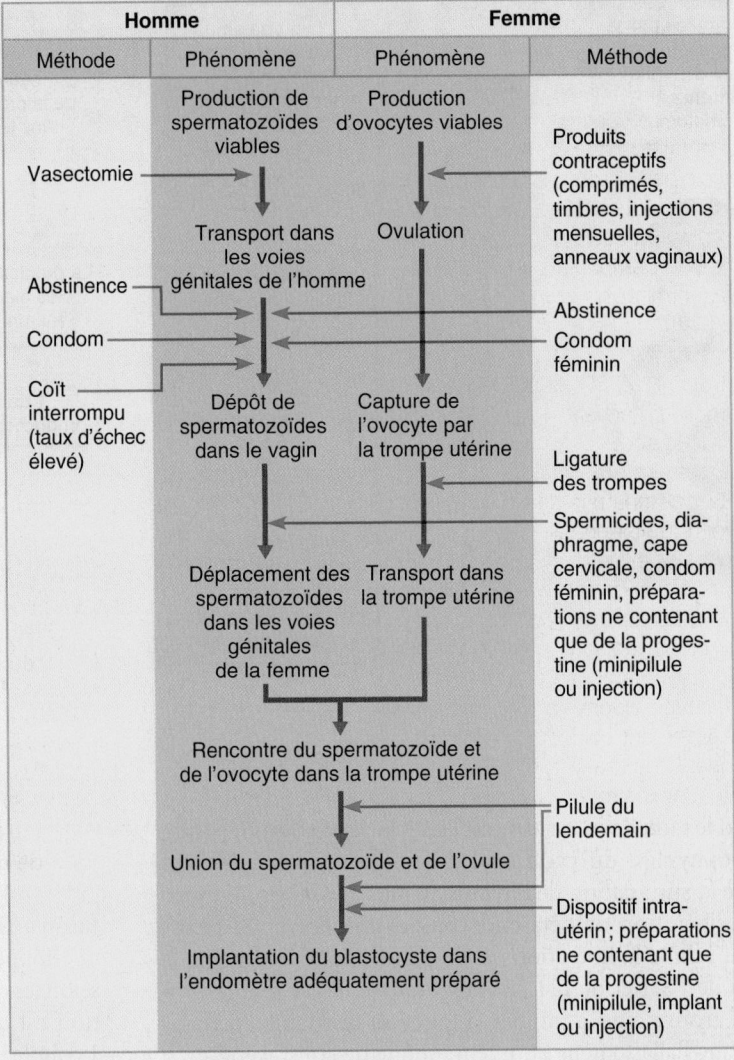

Homme		Femme	
Méthode	Phénomène	Phénomène	Méthode

Méthodes de contraception. Les méthodes et les produits qui interrompent les phénomènes allant de la production des gamètes à l'implantation sont indiqués par des flèches rouges pointant vers le site de leur action.

femmes qui le font méthodiquement connaissent un taux élevé de succès ; la régularité des cycles de la femme est aussi un facteur important du succès de ces méthodes. Leur taux d'échec de 10 à 20 % indique peut-être que tout le monde n'est pas prêt à faire les efforts nécessaires pour utiliser une telle méthode.

Les *barrières mécaniques*, telles que le diaphragme, la cape cervicale, les condoms masculin et féminin ainsi que les gels, mousses et éponges spermicides, sont assez efficaces, surtout quand on combine deux dispositifs, par exemple le condom et un spermicide ; de plus, ces méthodes contribuent à prévenir la

propagation des ITS, dont les principales sont décrites aux pages 1227-1229. On leur reproche toutefois de gêner la spontanéité dans les rapports sexuels.

Pendant de nombreuses années, la deuxième méthode de contraception a été le *dispositif intra-utérin*, couramment appelé stérilet. Il s'agit encore d'une méthode largement utilisée dans le monde, principalement parce qu'elle est peu coûteuse. Conçu en 1909, ce dispositif de plastique ou de métal inséré dans l'utérus empêche l'implantation d'un jeune embryon dans l'endomètre. Bien qu'ils aient un taux d'échec presque aussi faible que celui de la pilule (de 1 à 4 %), les dispositifs intra-utérins ont été retirés du marché à cause de leur occasionnelle inefficacité, des risques de perforation de l'utérus et de pelvipéritonite, et d'effets secondaires possibles (troubles menstruels, anémie, etc.). Un nouveau type de stérilet libère de façon continue de la progestérone synthétique dans l'endomètre. Ce stérilet est particulièrement recommandé aux femmes qui ont déjà accouché et qui n'ont qu'un seul partenaire sexuel (le risque de pelvipéritonite est faible).

Les *contraceptifs oraux* (la «pilule») sont la méthode de contraception la plus populaire en Amérique du Nord de même qu'en France, où 60 % des femmes les utilisent. Commercialisées en 1960, ces préparations sont vendues en plaquettes de 28 comprimés à prendre quotidiennement. Les comprimés des 20 ou 21 premiers jours renferment d'infimes quantités d'œstrogènes et de progestatifs (hormones semblables à la progestérone), tandis que les 7 derniers ne contiennent pas d'hormone. Les hormones présentes dans les contraceptifs oraux «endorment» l'axe hypothalamohypophysaire en créant des taux relativement constants d'hormones ovariennes, comme si la femme était enceinte (des œstrogènes et de la progestérone sont synthétisés pendant toute la grossesse). Aucun follicule ovarique ne se développe, l'ovulation cesse et l'écoulement menstruel est peu abondant.

L'équilibre hormonal étant une fonction physiologique réglée avec une très grande précision, certaines femmes ne supportent pas les changements produits par les contraceptifs oraux : elles souffrent de nausées et d'hypertension. La pilule produit des effets cardiovasculaires indésirables chez un petit nombre de femmes, et on se demande encore si elle augmente les risques de cancer de l'utérus, des ovaires et surtout du sein. Quant aux utilisatrices qui fument un paquet de cigarettes par jour, elles courent plus de risques de souffrir d'une thrombose. Toutefois, les contraceptifs oraux à faibles doses représenteraient une protection contre divers cancers, dont celui des ovaires, de l'endomètre et du corps de l'utérus, ainsi que le cancer colorectal. Ils atténueraient également les douleurs menstruelles, l'endométriose et l'acné, à condition que leur durée d'utilisation ne dépasse pas quelques années. Plus de 50 millions de femmes dans le monde utilisent actuellement les contraceptifs oraux.

Leur taux d'efficacité est de presque 100 % lorsqu'ils sont pris correctement.

Les autres méthodes de contraception de nature hormonale comprennent deux produits à libération lente approuvés en 2001 : un anneau flexible qu'on insère dans le vagin et un timbre transdermique. Le taux d'échec et les effets secondaires de ces deux produits sont semblables à ceux des contraceptifs oraux. Toutefois, dans les essais cliniques, le timbre s'est avéré moins efficace chez les femmes de plus de 90 kg.

Plusieurs préparations contraceptives contenant des concentrations hormonales nettement plus élevées sont utilisées pour la *contraception postcoïtale* et ont un taux d'efficacité de 75 %. Prises dans les trois jours suivant un rapport sexuel non protégé, ces *pilules du lendemain*, ou *contraceptifs d'urgence*, «dérèglent» les stimulus hormonaux normaux et empêchent la fécondation de se produire ou l'ovule fécondé de s'implanter.

D'autres méthodes contraceptives hormonales comprennent des produits contenant seulement de la progestine. Cette hormone provoque l'épaississement du mucus du col de l'utérus au point d'empêcher la pénétration des spermatozoïdes, diminue la fréquence des ovulations et rend l'endomètre inhospitalier à l'implantation. Ces produits se présentent sous la forme de comprimés (minipilule) et d'injections dont l'effet dure trois mois (Depo-Provera). Le taux d'échec des traitements à base de progestine est même inférieur à celui de la pilule.

L'*avortement* (*ab* : séparé ; *ortarus* : naître) est l'arrêt d'une grossesse en cours. L'avortement spontané, aussi appelé fausse couche, est fréquent et se produit souvent avant même qu'une femme sache qu'elle est enceinte. L'*intervention volontaire de grossesse* ou *IVG* peut se faire par la prise de la *mifépristone* (*RU 486*), aussi appelée *pilule abortive*, qui a été mise au point en France il y a plus de 25 ans, mais qui n'a été approuvée au Canada qu'en 2004. Son taux d'efficacité est de 96 à 98 % et elle entraîne peu d'effets indésirables. La mifépristone est une antihormone qui, lorsqu'on la prend au cours des sept premières semaines de la grossesse (en combinaison avec d'infimes quantités de prostaglandines pour stimuler les contractions utérines), provoque un avortement spontané en bloquant l'effet «calmant» de la progestérone sur l'utérus.

En outre, des millions de femmes décident de subir un avortement pratiqué par un médecin. Généralement, jusqu'à 13 semaines de grossesse environ, on procède à l'IVG par aspiration et curetage sous anesthésie locale. Chaque année, plus de 40 millions de femmes subissent une IVG. Toutefois, les avortements pratiqués clandestinement sont responsables annuellement de la mort de 70 000 femmes. L'avortement demeure encore interdit dans 32 pays.

Certaines méthodes de stérilisation empêchent de manière permanente la libération des gamètes. La *ligature des trompes* (taux d'échec de 0 à 1 %) et la *vasectomie* (sûre à 100 %) consistent à sectionner et à cautériser les trompes utérines ou les conduits déférents ; ce sont des méthodes contraceptives pour ainsi dire à toute épreuve, et c'est pourquoi environ 33 % des couples américains en âge de procréer y ont recours. Ces méthodes ont le plus souvent l'inconvénient d'être définitives, ce qui ne les rend pas très populaires auprès des couples qui ne veulent que retarder la naissance d'un enfant.

Plusieurs autres produits contraceptifs sont encore à l'étape expérimentale, et des nouveaux sont continuellement mis au point, dont un vaccin contre la gonadotrophine chorionique humaine (hCG). La baisse du nombre d'avortements est une conséquence directe de l'usage des contraceptifs. Ce taux est par ailleurs en hausse chez les jeunes de moins de 25 ans. Il n'en reste pas moins que la seule méthode de contraception efficace à 100 % est l'*abstinence totale* ; mais peut-on vraiment qualifier cette dernière pratique de «méthode contraceptive» ?

VÉRIFIONS NOS ACQUIS

24. De quelle catégorie de contraceptif l'anneau vaginal fait-il partie ? Dans quelle circonstance le timbre transdermique hormonal est-il moins efficace ?

25. Sur quelle caractéristique repose l'appellation «minipilule» ? Quels sont les trois mécanismes qui lui permettent d'empêcher la reproduction ?

Les réponses se trouvent à l'appendice G.

28

Dans l'une des interventions les plus courantes, la *fécondation in vitro*, les ovocytes prélevés sont incubés avec les spermatozoïdes dans une boîte de Petri (*in vitro*) pendant quelques jours pour permettre la fécondation. Si la qualité des spermatozoïdes est mauvaise ou si leur nombre est insuffisant, on injecte directement les spermatozoïdes dans les ovocytes. L'embryon qui atteint le stade de deux cellules ou celui du blastocyste est ensuite délicatement transféré dans l'utérus de la femme en espérant qu'il s'y implante et poursuive son développement.

Dans le *transfert intratubaire de zygotes*, les ovocytes fécondés *in vitro* sont immédiatement transférés dans les trompes utérines de la femme. L'objectif est d'obtenir un développement jusqu'au stade du blastocyste, suivi d'une implantation naturelle dans l'utérus.

Dans le *transfert intratubaire de gamètes*, il n'y a pas de procédure *in vitro*. Les spermatozoïdes et les ovocytes prélevés sont plutôt transférés ensemble dans les trompes utérines de la femme dans l'espoir que la fécondation s'y produira.

De nombreux débats déchirent la communauté scientifique à propos du clonage comme option de reproduction, mais on sait que les humains sont très difficiles à cloner et vivent rarement au-delà des tout premiers stades de développement (blastocyste). Par clonage, on entend l'insertion du noyau d'une cellule somatique dans un ovocyte dont on a retiré le noyau ; on lui laisse ensuite une période d'incubation pour permettre la différenciation du noyau inséré. Cette technique semble plus efficace pour produire des cellules souches à des fins thérapeutiques pour le traitement de certaines maladies que pour engendrer des bébés humains complets et en santé. De plus, la reproduction par clonage d'humains est actuellement freinée par des questions légales, morales, éthiques et politiques.

■ ■ ■

Dans ce chapitre, nous nous sommes penchés sur les phénomènes qui ont lieu pendant le développement intra-utérin chez les êtres humains.

À propos du développement, il nous faut reconnaître que ce chapitre n'est qu'une ébauche, puisque nous avons seulement effleuré le sujet de la différenciation. Comment une cellule non spécialisée qui a le potentiel de devenir *n'importe quoi* dans notre corps se transforme-t-elle en *quelque chose* de spécifique (une cellule cardiaque, par exemple) ? Qu'est-ce qui dicte l'ordre du développement, de sorte que si un processus n'a pas lieu à un moment précis, il ne se produira jamais ? Les scientifiques commencent à penser que la clé du développement se trouve dans les gènes. Dans le chapitre 29, le dernier de cet ouvrage, nous examinons brièvement comment l'interaction des gènes et d'autres substances détermine la personne que nous devenons.

TERMES MÉDICAUX

Avortement (*ab*: séparé ; *ortarus*: naître) Expulsion prématurée (spontanée ou provoquée) de l'embryon ou du fœtus ; dans le cas d'une expulsion spontanée, on utilise plutôt le terme « fausse couche » et celui d'interruption volontaire de grossesse ou IVG, quand elle est provoquée (voir le Gros plan, p. 1270-1271).

Décollement prématuré du placenta normalement inséré Aussi appelé hématome rétroplacentaire ; s'il se produit avant le travail, ce phénomène peut provoquer la mort du fœtus par hypoxie.

Échographie Procédé diagnostique non invasif qui utilise des ondes ultrasonores pour explorer un organe et, notamment, pour visualiser la position et le volume du fœtus et du placenta (voir le Gros plan du chapitre 1).

Grossesse ectopique (*ek*: hors ; *topos*: lieu) Grossesse au cours de laquelle l'embryon s'implante ailleurs que dans la cavité utérine, la plupart du temps dans une trompe utérine (grossesse tubaire), mais quelquefois dans l'ovaire ou dans la cavité péritonéale ; le placenta ne peut s'établir normalement dans une trompe (ni dans aucun autre site extra-utérin) et l'embryon ne peut y croître, mais des vaisseaux sanguins peuvent s'y développer ; leur rupture éventuelle peut constituer un danger pour la mère. Dans le cas d'une grossesse tubaire, la trompe se rompt si cette anomalie n'est pas diagnostiquée rapidement ou alors la grossesse se termine par un avortement spontané. Une infection des trompes est un facteur prédisposant à la grossesse tubaire.

Ictère physiologique ou ictère simple du nouveau-né (*ikteros*: jaunisse) Ictère qui apparaît chez les prématurés et chez un certain nombre de nouveau-nés normaux trois ou quatre jours après la naissance. Les érythrocytes fœtaux ne vivent pas longtemps et se dégradent rapidement après la naissance ; le foie de l'enfant peut être incapable de transformer la bilirubine (produit de la dégradation du pigment de l'hémoglobine) assez rapidement pour éviter son accumulation dans le sang puis dans les tissus (voir p. 1025). Le problème se règle habituellement de lui-même en quelques jours.

Môle hydatiforme (*moles*: masse ; *hydatidos*: goutte d'eau) Anomalie de développement du placenta ; dans sa forme complète (de 0,1 à 0,5 % des grossesses), le produit de la conception dégénère dans les tout premiers stades de développement, et les villosités choriales se transforment en une masse de vésicules ressemblant à du tapioca, réunies par de fins filaments et enveloppées d'une membrane ; cette anomalie provoque des saignements vaginaux contenant de petites vésicules.

Placenta prævia (*prævius*: qui va au-devant) Insertion du placenta près de l'orifice interne du col utérin ou sur cet orifice. Cette anomalie peut causer des hémorragies indolores durant les derniers mois de la grossesse ; le placenta peut se déchirer quand l'utérus et le col s'étirent ; par ailleurs, le placenta se trouve à précéder l'enfant dans le vagin. Ce type de placentation constitue un danger pour la mère et le fœtus et exige, le plus souvent, un accouchement par césarienne.

RÉSUMÉ DU CHAPITRE

1. La période de gestation de 280 jours s'étend entre la dernière menstruation et l'accouchement. Le produit de la conception connaît une période de développement embryonnaire d'une durée de huit semaines suivant la fécondation et une période de développement fœtal (de la neuvième semaine à la naissance).

De l'ovule au zygote (p. 1244)

Déroulement de la fécondation (p. 1244)

1. L'ovocyte est fécondable pendant 24 heures au maximum; la plupart des spermatozoïdes survivent de 1 à 2 jours dans les voies génitales de la femme.

2. Les spermatozoïdes doivent survivre à l'environnement hostile du vagin et subir la capacitation (devenir capables d'atteindre et de féconder l'ovocyte).

3. Des centaines de spermatozoïdes doivent libérer leurs enzymes acrosomiales pour dégrader la corona radiata et la zone pellucide de l'ovocyte.

4. Lorsqu'un spermatozoïde se lie aux récepteurs à la surface de l'ovocyte, il déclenche le blocage rapide de la polyspermie (dépolarisation de la membrane) puis le blocage lent de la polyspermie (éclatement des granules corticaux).

5. Après la pénétration du spermatozoïde, l'ovocyte de deuxième ordre achève la méiose II. Les pronucléus de l'ovule et du spermatozoïde fusionnent ensuite (fécondation), ce qui forme le zygote.

Développement embryonnaire: du zygote à l'implantation du blastocyste (p. 1247)

Segmentation et formation du blastocyste (p. 1248)

1. La segmentation – série de divisions mitotiques rapides sans période de croissance entre chacune – commence chez le zygote et se termine chez le blastocyste. Le blastocyste est composé du trophoblaste et de l'embryoblaste. La segmentation donne un grand nombre de cellules profitant d'un rapport surface/volume favorable.

Implantation (p. 1249)

2. Le trophoblaste adhère à l'endomètre, en digère une partie et s'y implante. L'implantation est terminée lorsque le blastocyste est complètement entouré de tissu endométrial, environ 14 jours après l'ovulation.

3. La hCG sécrétée par le blastocyste entretient la production d'hormones par le corps jaune, ce qui prévient la menstruation. La concentration de hCG diminue à partir du quatrième mois.

Placentation (p. 1251)

4. Le placenta remplit les fonctions de respiration, de nutrition et d'excrétion pour le fœtus et sécrète les hormones de la grossesse; il se forme à partir de tissus embryonnaires (villosités choriales) et maternels (caduque de l'endomètre). Le chorion se développe lorsque le trophoblaste s'associe au mésoderme extraembryonnaire. Typiquement, le placenta joue son rôle d'organe endocrinien dès le troisième mois.

Développement embryonnaire: de la gastrula au fœtus (p. 1252)

Formation et rôles des membranes extraembryonnaires (p. 1252)

1. L'amnios, rempli de liquide amniotique, se développe à partir des cellules de la face supérieure (ectoblaste) du disque embryonnaire. Il protège l'embryon contre les chocs physiques et la formation d'adhérences, maintient une température uniforme et permet au fœtus de bouger.

2. Le sac vitellin provient de l'endoblaste du disque embryonnaire; il est la source des cellules germinales primordiales et des premières cellules sanguines.

3. L'allantoïde, une petite cavité se formant à partir du sac vitellin, constitue la base de la structure du cordon ombilical.

4. Le chorion est la membrane externe; il joue un rôle dans la placentation.

Gastrulation: formation des feuillets embryonnaires primitifs (p. 1253)

5. La gastrulation est une phase de migration cellulaire au cours de laquelle l'embryoblaste se transforme en un embryon constitué de trois couches: l'ectoderme, le mésoderme et l'endoderme. Les cellules qui plongent dans la fente de la ligne primitive et qui forment le feuillet inférieur du disque embryonnaire deviennent l'endoderme; celles qui aboutissent entre les feuillets inférieur et supérieur forment le mésoderme et celles qui demeurent dans la couche supérieure deviennent l'ectoderme.

Organogenèse: différenciation des feuillets embryonnaires primitifs (p. 1256)

6. L'ectoderme donnera le système nerveux de même que l'épiderme de la peau et ses dérivés. Le premier événement de l'organogenèse est la neurulation, qui donne naissance à l'encéphale et à la moelle épinière. À huit semaines de gestation, les principales régions de l'encéphale sont formées.

7. L'endoderme forme les muqueuses du système digestif et du système respiratoire ainsi que plusieurs glandes (thyroïde, parathyroïdes, thymus, foie, pancréas). Il se transforme en tube continu quand l'embryon se replie et que sa face ventrale se fusionne.

8. Le mésoderme produit tous les autres systèmes et tissus. Il se différencie rapidement en: (1) une notochorde; (2) un mésoderme paraaxial constitué de paires de somites qui composeront les vertèbres, les muscles squelettiques du cou, du tronc et des membres et une partie du derme; et (3) des masses appariées de mésoderme intermédiaire et latéral. Le mésoderme intermédiaire formera les reins et les gonades; le feuillet somatique du mésoderme latéral donnera la plus grande partie du derme de la peau, la séreuse pariétale et les différentes structures des membres à l'exception des muscles; le feuillet splanchnique du mésoderme latéral constituera le système cardiovasculaire et la séreuse viscérale.

9. Le système cardiovasculaire du fœtus se forme au cours de la période embryonnaire. La veine ombilicale transporte le sang riche en nutriments et en oxygène jusqu'à l'embryon; les deux artères ombilicales retournent le sang désoxygéné et chargé de déchets au placenta. Le conduit veineux permet à la majeure partie du sang de contourner le foie; le foramen ovale et le conduit artériel sont des dérivations pulmonaires.

Développement fœtal (p. 1260)

1. Les événements marquants de la période fœtale sont la croissance et la spécialisation des tissus et des organes qui se sont différenciés au cours du développement embryonnaire.

2. Au cours de la période fœtale, la longueur du fœtus passe de 22 à 360 mm et sa masse passe de 5 g à 3,2 kg.

28

Effets de la grossesse chez la mère (p. 1260)

Modifications anatomiques (p. 1260)

1. Les organes génitaux et les seins deviennent plus vascularisés pendant la grossesse, et les seins grossissent.

2. L'utérus finit par occuper presque toute la cavité abdominale et pelvienne. Les organes abdominaux sont repoussés vers le haut; ils réduisent le volume de la cavité thoracique, ce qui provoque un écartement des côtes.

3. L'accroissement de la masse de l'abdomen modifie le centre de gravité de la femme; la lordose et les douleurs lombaires sont courantes. Une démarche dandinante apparaît, car la relaxine sécrétée par le placenta assouplit les ligaments et les articulations pelviennes.

4. Le gain de masse courant chez une femme de masse corporelle normale est d'environ 13 kg.

Modifications du métabolisme (p. 1263)

5. L'hormone placentaire lactogène humaine a des effets anabolisants et favorise l'épargne du glucose chez la mère. La hCT entraîne un hypermétabolisme maternel.

Modifications physiologiques (p. 1264)

6. Un grand nombre de femmes souffrent de nausées et de vomissements, de brûlures d'estomac et de constipation au cours de la grossesse.

7. L'augmentation de la production d'urine par les reins et la pression exercée sur la vessie causent souvent des mictions fréquentes et impérieuses, voire de l'incontinence.

8. Le volume d'air courant augmente, mais le volume résiduel diminue. La fréquence respiratoire varie peu. La dyspnée est courante.

9. Le volume d'eau corporelle et le volume sanguin augmentent considérablement. La fréquence cardiaque et la pression artérielle augmentent et mènent à un accroissement du débit cardiaque.

Parturition (accouchement) (p. 1264)

1. La parturition comprend une série d'événements qui constituent le travail.

Déclenchement du travail (p. 1264)

2. L'élévation du taux d'œstrogènes en fin de grossesse stimule la formation de récepteurs de l'ocytocine sur la membrane plasmique des cellules myométriales et inhibe l'effet tranquillisant de la progestérone sur le myomètre. Des contractions faibles et irrégulières apparaissent (faux travail).

3. L'ocytocine produite par le fœtus stimule la production de prostaglandines par le placenta. Ces deux hormones stimulent la contraction du myomètre. L'accroissement de l'étirement de l'utérus active l'hypothalamus, qui provoque la libération d'ocytocine par la neurohypophyse; la boucle de rétroactivation ainsi établie entraîne le déclenchement du vrai travail.

Périodes du travail (p. 1265)

4. La période de dilatation commence au moment de l'apparition de contractions utérines rythmiques et fortes, et se termine quand le col utérin est complètement dilaté. La tête du fœtus effectue une rotation pendant sa descente dans l'ouverture inférieure.

5. La période d'expulsion va de la dilatation complète du col jusqu'à la naissance de l'enfant.

6. La période de délivrance est l'expulsion du placenta et des membranes fœtales.

Adaptation de l'enfant à la vie extra-utérine (p. 1267)

1. L'indice d'Apgar permet d'évaluer les fonctions vitales du bébé immédiatement après la naissance.

Première respiration et période de transition (p. 1267)

2. Une fois que le cordon ombilical est clampé, le gaz carbonique s'accumule dans le sang de l'enfant, ce qui cause une diminution du pH. Celle-ci déclenche à son tour la première inspiration par les centres respiratoires de l'encéphale.

3. Une fois que les poumons sont gonflés, la respiration est facilitée par le surfactant, qui diminue la tension superficielle du liquide alvéolaire.

4. Pendant les huit heures suivant la naissance, appelées période de transition, l'enfant présente une instabilité physiologique et s'adapte progressivement à la vie extra-utérine. Une fois que son état s'est stabilisé, le bébé se réveille toutes les trois ou quatre heures, au rythme de sa faim.

Fermeture des vaisseaux sanguins fœtaux et des dérivations vasculaires (p. 1267)

5. Le gonflement des poumons modifie la pression dans le système circulatoire: la veine et les artères ombilicales, le conduit veineux et le conduit artériel s'affaissent, et le foramen ovale se ferme. Les vaisseaux sanguins affaissés se transforment en cordons fibreux et le foramen ovale devient la fosse ovale.

Lactation (p. 1268)

1. Pendant la grossesse, les taux élevés d'œstrogènes, de progestérone et d'hormone placentaire lactogène humaine préparent les seins à la lactation.

2. Le colostrum, le liquide qui précède le lait, renferme peu de matières grasses, mais plus de protéines, de vitamine A et de minéraux que le lait véritable. Il est sécrété à la fin de la grossesse et pendant les deux ou trois premiers jours après l'accouchement.

3. Le lait véritable est sécrété vers le troisième jour en réaction à la succion, qui stimule l'hypothalamus, celui-ci provoquant à son tour la libération de prolactine par l'adénohypophyse et celle d'ocytocine par la neurohypophyse. La prolactine stimule la production et la sécrétion du lait; l'ocytocine déclenche l'éjection du lait. La production de lait se poursuit seulement si l'allaitement est maintenu.

4. La menstruation et l'ovulation sont absentes ou irrégulières chez la femme qui commence à allaiter, mais elles reprennent à un moment donné chez la majorité des femmes qui allaitent depuis un certain temps.

Procréation médicalement assistée et reproduction par clonage (p. 1269)

1. Les techniques de procréation médicalement assistée permettent aux couples infertiles de procréer. Les techniques les plus courantes sont la fécondation *in vitro*, le transfert intratubaire de zygotes et le transfert intratubaire de gamètes. Dans la fécondation *in vitro* et le transfert intratubaire de zygotes, on tente de féconder en dehors du corps des ovocytes préalablement recueillis chez la mère. Le transfert intratubaire de gamètes

fait appel à des techniques *in vivo* : les spermatozoïdes et les ovocytes sont transférés ensemble dans les trompes utérines.

2. Chez les humains, la reproduction par clonage s'est révélée difficile à réussir et a rencontré de nombreux obstacles dans la pratique.

QUESTIONS DE RÉVISION

Choix multiples/associations

(Il peut y avoir plus d'une bonne réponse à certaines questions. Choisissez les meilleures réponses parmi celles qui sont proposées. Les réponses se trouvent à l'appendice G.)

1. Indiquez si les énoncés suivants décrivent : (**a**) la segmentation ; (**b**) la gastrulation.
   - _____ (**1**) Période de formation de la morula
   - _____ (**2**) Période d'intense migration cellulaire
   - _____ (**3**) Période d'apparition des trois feuillets embryonnaires primitifs
   - _____ (**4**) Période de formation du blastocyste

2. La plupart des systèmes commencent à fonctionner chez le fœtus de quatre à six mois. Quel système fait exception, malheureusement pour les prématurés ? (**a**) Le système circulatoire ; (**b**) le système respiratoire ; (**c**) le système urinaire ; (**d**) le système digestif.

3. Le zygote contient des chromosomes provenant : (**a**) de la mère seulement ; (**b**) du père seulement ; (**c**) pour moitié du père et pour moitié de la mère ; (**d**) des deux parents en plus de ceux qu'il synthétise.

4. La couche externe du blastocyste, qui s'attachera à l'utérus, est : (**a**) la caduque ; (**b**) le trophoblaste ; (**c**) l'amnios ; (**d**) l'embryoblaste.

5. La membrane fœtale qui constitue la base du cordon ombilical est : (**a**) l'allantoïde ; (**b**) l'amnios ; (**c**) le chorion ; (**d**) le sac vitellin.

6. Chez le fœtus, le conduit artériel transporte le sang : (**a**) de l'artère pulmonaire à la veine pulmonaire ; (**b**) du foie à la veine cave inférieure ; (**c**) du ventricule droit au ventricule gauche ; (**d**) du tronc pulmonaire à l'aorte.

7. Lequel des changements suivants se produit dans le système cardiovasculaire du bébé peu après la naissance ? (**a**) La pression sanguine augmente dans le cœur gauche ; (**b**) les vaisseaux pulmonaires se dilatent lorsque les poumons se gonflent ; (**c**) le conduit veineux et le conduit artériel s'affaissent ; (**d**) toutes ces réponses.

8. La délivrance constitue l'expulsion : (**a**) du placenta seulement ; (**b**) du placenta et de la caduque ; (**c**) du placenta et des membranes fœtales (déchirées) ; (**d**) des villosités choriales.

9. La veine ombilicale transporte : (**a**) les déchets jusqu'au placenta ; (**b**) l'oxygène et les nutriments au fœtus ; (**c**) l'oxygène et les nutriments au placenta ; (**d**) l'oxygène et les déchets au fœtus.

10. Le feuillet embryonnaire d'où proviennent les muscles squelettiques, le cœur et le squelette est : (**a**) l'ectoderme ; (**b**) l'endoderme ; (**c**) le mésoderme.

11. Laquelle des substances suivantes ne peut pas traverser la barrière placentaire ? (**a**) Les cellules sanguines ; (**b**) le glucose ; (**c**) les acides aminés ; (**d**) les gaz ; (**e**) les anticorps.

12. L'hormone qui joue le rôle le plus important dans le déclenchement et le maintien de la lactation est : (**a**) la progestérone ; (**b**) la FSH ; (**c**) la prolactine ; (**d**) l'ocytocine.

13. La première période du travail, durant laquelle le col utérin est étiré, est : (**a**) la période de dilatation ; (**b**) la période d'expulsion ; (**c**) la période de délivrance.

14. Associez chaque structure embryonnaire de la colonne A à son dérivé adulte de la colonne B.

Colonne A	Colonne B
_____ (**1**) Notochorde	(**a**) Rein
_____ (**2**) Ectoderme (pas le tube neural)	(**b**) Cavité péritonéale
	(**c**) Pancréas, foie
_____ (**3**) Mésoderme intermédiaire	(**d**) Séreuse pariétale, derme
_____ (**4**) Mésoderme splanchnique	(**e**) Nucléus pulposus
	(**f**) Séreuse viscérale
_____ (**5**) Sclérotome	(**g**) Poils, cheveux et épiderme
_____ (**6**) Cœlome	(**h**) Encéphale
_____ (**7**) Tube neural	(**i**) Côtes
_____ (**8**) Mésoderme somatique	
_____ (**9**) Endoderme	

Questions à court développement

15. Pourquoi un test de grossesse décelant la présence de la hCG n'est-il efficace qu'au début de la grossesse ?

16. La fécondation est beaucoup plus que le rétablissement du nombre diploïde de chromosomes. (**a**) Quelles modifications doivent subir l'ovocyte et le spermatozoïde ? (**b**) Quels sont les effets de la fécondation sur les pronucléus masculin et féminin ?

17. Comment se fait-il qu'un seul parmi des centaines (ou des milliers) de spermatozoïdes pénètre dans l'ovocyte ?

18. La segmentation est un phénomène embryonnaire constitué principalement de divisions mitotiques. En quoi la segmentation se distingue-t-elle des mitoses qui se produisent à partir de la naissance et quels sont ses rôles importants ?

19. Quelle est la fonction de la gastrulation ?

20. Expliquez comment le disque embryonnaire passe de sa forme plate à la forme cylindrique d'un têtard.

21. Le corps jaune persiste pendant trois mois après l'implantation, puis il se détériore. (**a**) Expliquez pourquoi. (**b**) Précisez pourquoi il est important que le corps jaune continue de fonctionner après l'implantation.

22. Le placenta est un organe extraordinaire mais temporaire. Après avoir décrit sa formation, montrez qu'il fait partie intégrante de l'anatomie et de la physiologie à la fois fœtale et maternelle au cours de la gestation.

23. En vous appuyant sur les différentes adaptations anatomiques de la circulation fœtale, expliquez ce qui permet à la tête du fœtus de recevoir du sang mieux oxygéné que le sang destiné au tronc et aux membres inférieurs.

24. Quels facteurs sont responsables de l'apparition des contractions utérines à la fin de la grossesse ?

25. Expliquez les deux problèmes susceptibles de survenir lors de la présentation par le siège.

28

26. Pour quelles raisons a-t-on retiré les stérilets, il y a quelques années ? En quoi les nouveaux dispositifs intra-utérins sur le marché se différencient-ils des anciens ?

27. À la suite d'un test d'urine et de sang, Géraldine, âgée de 14 ans, apprend qu'elle est enceinte. Quelles sont les options qui s'offrent à elle pour mettre fin à cette grossesse ?

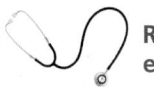 **Réflexion
et application**

1. À la cafétéria, Sophie vous révèle qu'elle est enceinte de trois mois. Peu de temps auparavant, elle s'est vantée de boire beaucoup d'alcool et d'essayer toutes sortes de drogues depuis qu'elle est inscrite à l'université. Lequel des conseils suivants devriez-vous lui donner ? (Justifiez votre choix.) (**a**) Elle doit arrêter de consommer des drogues, mais son enfant ne peut pas avoir été affecté pendant les premiers mois de la grossesse. (**b**) Les substances dangereuses ne peuvent pas passer de la mère à l'embryon et elle peut continuer d'en consommer. (**c**) Son fœtus risque de présenter des anomalies. Elle devrait donc arrêter de prendre des drogues et consulter un médecin le plus tôt possible. (**d**) Si elle n'a pas pris de drogues depuis une semaine, tout devrait bien aller.

2. Au cours de l'accouchement de Mme Sanchez, le médecin a décidé qu'il fallait lui faire une épisiotomie. Qu'est-ce qu'une épisiotomie et quel est son but ?

3. Une femme qui souffre de douleurs intenses appelle son médecin et lui dit (en sanglotant) qu'elle va avoir son bébé « tout de suite ». Le médecin essaie de la calmer et lui demande pourquoi elle pense cela. Elle dit que ses eaux ont crevé et que son mari voit la tête du bébé. (**a**) A-t-elle raison ? Si oui, à quelle période du travail est-elle arrivée ? (**b**) Pensez-vous qu'elle a le temps de se rendre à l'hôpital, situé à 75 km de chez elle ? Pourquoi ?

4. Marie fume beaucoup et n'a pas suivi le conseil de ses amis, qui lui avaient recommandé de cesser de fumer pendant sa grossesse. En fonction de vos connaissances sur les effets physiologiques du tabac, décrivez comment son fœtus peut être affecté.

5. Pendant qu'il prépare son examen d'anatomie, Martin lit que certaines parties du mésoderme deviennent les somites. Or, il se rend compte qu'il ne se rappelle plus ce que sont les somites. Définissez ce terme et donnez trois exemples de structures dérivées des somites.

6. Supposons qu'un spermatozoïde a pénétré dans un globule polaire et que leurs noyaux ont fusionné. Pourquoi est-il improbable que la cellule ainsi formée produise un embryon sain ?

29

Vocabulaire de la génétique (p. 1278)

Paires de gènes (allèles) (p. 1279)

Génotype et phénotype (p. 1279)

Sources sexuelles de variations génétiques (p. 1279)

Ségrégation indépendante des chromosomes (p. 1279)

Enjambement des chromosomes homologues et recombinaisons géniques (p. 1280)

Fécondation aléatoire (p. 1280)

Types de transmission héréditaire (p. 1281)

Hérédité dominante-récessive (p. 1281)

Dominance incomplète et codominance (p. 1283)

Transmission par allèles multiples (p. 1283)

Hérédité liée au sexe (p. 1284)

Hérédité polygénique (p. 1284)

Facteurs environnementaux et expression génique (p. 1285)

Hérédité non traditionnelle (p. 1285)

Au-delà de l'ADN: régulation de l'expression génique (p. 1286)

Hérédité mitochondriale (gènes cytoplasmiques) (p. 1287)

Dépistage des maladies héréditaires, conseil génétique et thérapie génique (p. 1287)

Reconnaissance des porteurs (p. 1287)

Diagnostic prénatal (p. 1288)

Thérapie génique (p. 1289)

La génétique

La croissance et le développement d'un nouvel individu sont guidés par les gènes des chromosomes qu'il a reçus de ses parents, par l'intermédiaire de l'ovule et du spermatozoïde. Comme nous l'avons expliqué au chapitre 3, les gènes, ou segments d'ADN, renferment les « recettes » ou les « plans » pour la synthèse des protéines. Une grande partie de ces protéines sont des enzymes, qui dirigent la synthèse de presque toutes les molécules de l'organisme. En conséquence, les gènes s'expriment dans la couleur de vos yeux, déterminent votre sexe, votre groupe sanguin et bien d'autres caractères.

Les gènes n'agissent pas tout seuls. Comme vous le verrez, la capacité d'un gène de provoquer le développement d'un trait dépend des interactions avec d'autres gènes et des facteurs environnementaux.

La génétique (*genos*: origine), la science de l'hérédité, est une discipline relativement jeune, mais notre compréhension de la manière dont les gènes interagissent a beaucoup progressé depuis que Gregor Mendel a énoncé les lois fondamentales de l'hérédité au milieu du 19e siècle. Mendel a étudié des traits qui ne s'expriment que de deux façons possibles (ou quelques-unes tout au plus) et dont l'expression est plus facile à comprendre que des traits qui s'expriment tout en nuances, comme c'est souvent le cas chez l'humain.

Mais le désir de comprendre l'hérédité humaine est très puissant; le Projet génome humain, auquel des chercheurs de 6 pays ont participé et qui s'est étalé sur une quinzaine d'années jusqu'en avril 2003, a permis de déchiffrer la séquence des 3 milliards de paires de bases azotées de l'ADN humain des quelque 30 000 gènes que comporte le génome humain qui ont été localisés et caractérisés. Ces recherches ont également permis d'identifier 1400 gènes associés à des maladies génétiques; d'autres encore ont permis aux généticiens de manipuler et de fabriquer des gènes humains afin d'étudier leur expression et de soigner ou guérir des maladies. Nous ferons un survol de certaines de ces percées, mais nous nous concentrerons dans ce chapitre sur l'étude des principes de l'hérédité.

Vocabulaire de la génétique

1 Définir les termes « allèle », « dominant, « récessif », « autosome », « caryotype », « génome », « homozygote » et « hétérozygote ».

2 Distinguer le génotype du phénotype.

Le noyau de toutes les cellules humaines, à l'exception des gamètes, renferme le nombre diploïde de chromosomes (46), composé de 23 paires de chromosomes homologues. Rappelez-vous que les *chromosomes homologues* sont des paires de chromosomes, dont un provient du père (spermatozoïde) et l'autre de la mère (ovocyte), qui sont semblables et portent des gènes pour les mêmes traits, mais qui ne mènent pas nécessairement à l'expression identique de ces traits. Une de ces paires est constituée des **chromosomes sexuels** (X et Y), qui déterminent notre sexe génétique (masculin: XY; féminin: XX); les 44 autres chromosomes forment 22 paires d'**autosomes**, qui gouvernent l'expression de la plupart des autres traits.

Un **caryotype** humain, où les chromosomes homologues sont placés côte à côte, est reproduit à la **figure 29.1c**. Le **génome**, c'est-à-dire le matériel génétique (l'ADN), est diploïde; il est

Figure 29.1 Préparation d'un caryotype. Après avoir cultivé des lymphocytes pendant plusieurs jours et stimulé leur division, on les traite à l'aide d'une substance qui bloque la mitose au stade de la métaphase, pendant lequel les chromosomes sont facilement identifiables. On recueille ensuite les cellules pour les imbiber d'une solution qui stimule l'étalement de leurs chromosomes, on les transfère sur une lame de microscope pour les photographier, puis on les analyse à l'aide d'un ordinateur qui dispose les chromosomes en paires homologues. La disposition des bandes colorées du caryotype permet de reconnaître certains chromosomes ou certaines parties du chromosome.

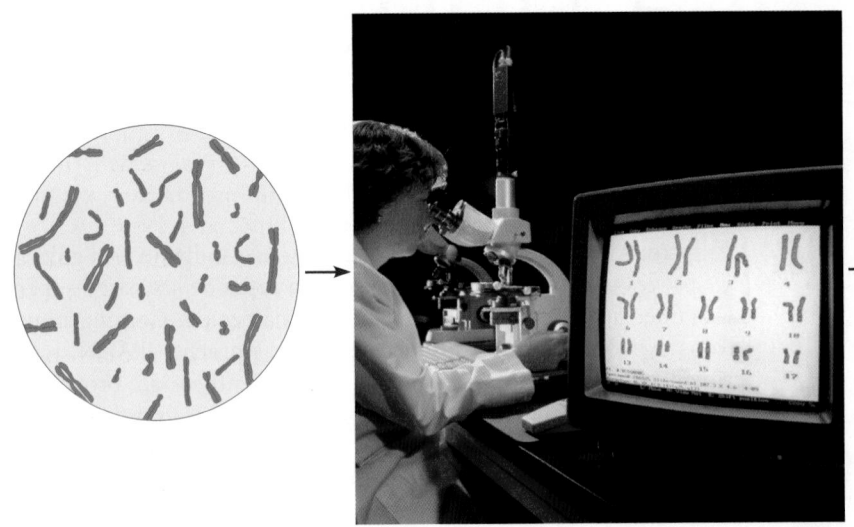

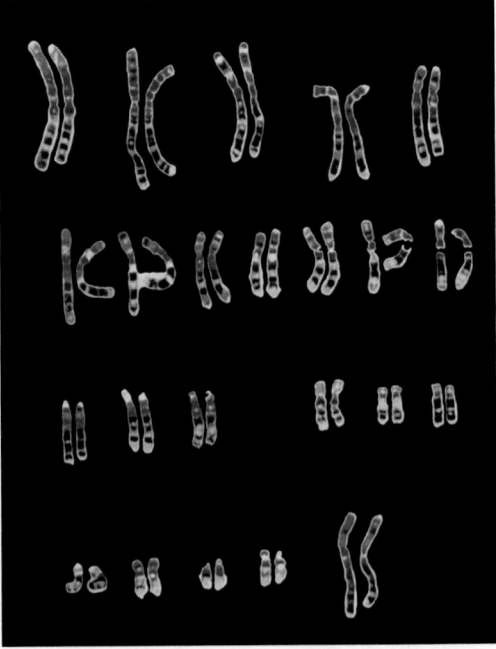

(a) La lame est examinée au microscope et les chromosomes sont photographiés.

(b) La photographie est analysée par un ordinateur, qui réorganise les chromosomes en paires homologues selon leur taille, l'endroit où se trouve leur centromère et la disposition de leurs différentes bandes.

(c) La représentation chromosomique obtenue est le caryotype, qui permet de connaître le nombre et la structure des chromosomes. *Remarque*: les deux chromatides sœurs de chacun des chromosomes ne sont pas visibles sur cette image.

29

composé de deux ensembles d'instructions génétiques, un qui provient de l'ovule (23 chromosomes) et un qui provient du spermatozoïde (23 chromosomes).

Paires de gènes (allèles)

Étant donné que les chromosomes sont appariés (assortis par paires), les gènes sont également appariés. Par conséquent, chacun de nous reçoit deux gènes, un de chaque parent, qui interagissent pour dicter chaque trait. Ces gènes appariés, qui occupent le même *locus* (site) de chromosomes homologues, sont appelés **allèles**. Les allèles peuvent coder pour la même forme ou pour une forme différente d'un trait. Par exemple, parmi les allèles qui dictent si vous présentez ou non une hyperlaxité de l'articulation du pouce (particularité de la capsule articulaire entre le métacarpe et la phalange qui permet une hyperextension du pouce), il se peut que vous ayez un allèle qui code pour des ligaments tendus et l'autre, pour des ligaments relâchés. Lorsque les deux allèles qui déterminent un trait sont identiques, la personne est dite **homozygote** pour ce trait. Lorsque les deux allèles sont différents, la personne est dite **hétérozygote** pour ce trait.

Parfois, un allèle masque ou supprime l'expression de l'autre. Cet allèle est dit **dominant**, alors que l'allèle masqué est dit **récessif**. Par convention, l'allèle dominant est représenté par une majuscule (*P*, par exemple) et l'allèle récessif par la forme minuscule de la même lettre (*p*). Les allèles dominants s'expriment, qu'il y en ait un ou deux; les allèles récessifs doivent être tous deux présents pour pouvoir s'exprimer, ce qui constitue un état homozygote. Pour reprendre notre exemple de l'articulation du pouce, une personne qui possède la paire de gènes *PP* (homozygote dominant) ou *Pp* (hétérozygote) aura l'articulation du pouce relâchée. La combinaison *pp* (homozygote récessif) est nécessaire pour avoir l'articulation du pouce tendue.

Génotype et phénotype

Le patrimoine génétique d'une personne est son **génotype**. La façon dont le génotype se manifeste chez cette personne est son **phénotype**. Par exemple, l'hyperlaxité du pouce est le phénotype produit par le génotype *PP* ou le génotype *Pp*.

VÉRIFIONS NOS ACQUIS

1. Lorsqu'un généticien fait un caryotype, pourquoi utilise-t-il des cellules en métaphase plutôt que des cellules en interphase (voir au besoin la figure 3.33)?
2. Comment appelle-t-on les chromosomes qui ne sont pas des chromosomes sexuels?
3. Un allèle représenté par une lettre majuscule est-il dominant ou récessif?
4. Harold est homozygote pour les allèles dominants *HH*, *CC* et *LL*, et hétérozygote pour les allèles *Bb* et *Kk*. Il a les cheveux blonds, les yeux bleus et la poitrine très velue. Laquelle de ces descriptions renvoie à son phénotype?

Les réponses se trouvent à l'appendice G.

Sources sexuelles de variations génétiques

3 Énumérer et décrire les phénomènes initiateurs de variations génétiques dans les gamètes; expliquer pourquoi il est pratiquement impossible que deux humains soient parfaitement identiques (à l'exception des vrais jumeaux).

Avant de considérer les interactions des gènes, voyons comment il se fait que chacun de nous (à l'exception des vrais jumeaux) soit différent, avec son génotype et son phénotype uniques. Cette variabilité traduit trois phénomènes, les deux premiers ayant lieu avant même que nos parents se rencontrent: la ségrégation indépendante des chromosomes homologues, l'enjambement des chromosomes homologues et la fécondation aléatoire des ovules par les spermatozoïdes.

Ségrégation indépendante des chromosomes

Comme nous l'avons expliqué au chapitre 27, toutes les paires de chromosomes homologues entrent en synapsis (s'accolent) pendant la méiose I, pour former des tétrades. La synapsis se produit au cours de la spermatogenèse et de l'ovogenèse. C'est le hasard qui détermine l'alignement et l'orientation des tétrades sur le fuseau mitotique de la métaphase de la méiose I, si bien que les chromosomes maternels et paternels sont distribués au hasard dans le noyau des cellules filles.

Ainsi que le montre la **figure 29.2**, ce phénomène très simple mène à des variations remarquables chez les gamètes. Dans cet exemple, la cellule a un nombre diploïde de six chromosomes, ce qui donne trois tétrades. Comme vous pouvez le voir, les différentes combinaisons d'alignement des trois tétrades font en sorte qu'il est possible d'obtenir huit types de gamètes. Parce que l'alignement des tétrades se fait au hasard et qu'un grand nombre de cellules mères subissent la méiose simultanément, chaque alignement et chaque type de gamète reviennent à la même fréquence que tous les autres.

Rappelez-vous deux points essentiels à propos de la métaphase I: (1) les deux allèles qui déterminent chaque trait subissent une **ségrégation**, c'est-à-dire qu'ils sont distribués à des gamètes différents; (2) les allèles localisés sur différentes paires de chromosomes homologues sont distribués indépendamment les uns des autres. C'est ainsi que chaque gamète ne peut posséder qu'un seul allèle pour chaque trait et que cet allèle ne constitue que l'un des quatre allèles parentaux possibles.

Le nombre de types de gamètes résultant de la **ségrégation indépendante** des chromosomes homologues au cours de la méiose I peut se calculer pour tous les génomes à l'aide de la formule 2^n, n étant le nombre de paires homologues. Dans notre exemple, $2^n = 2^3$ (ou $2 \times 2 \times 2$), ce qui donne 8 types de gamètes.

Le nombre de types de gamètes augmente considérablement à mesure que le nombre de chromosomes augmente. Une cellule possédant 6 paires de chromosomes homologues

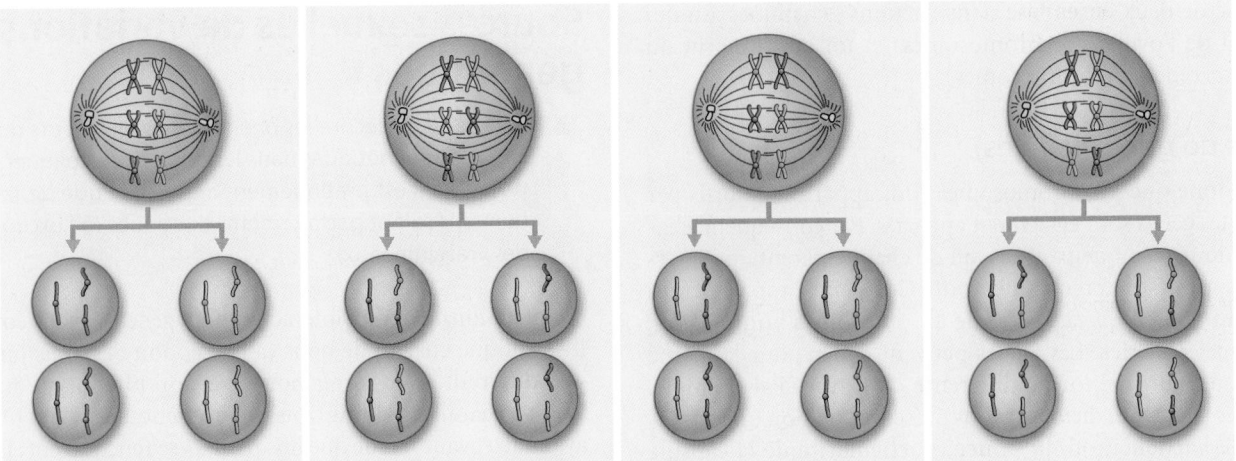

Figure 29.2 Variations chez les gamètes grâce à la ségrégation indépendante. Durant la métaphase de la méiose I, les tétrades de chromosomes homologues s'alignent indépendamment les unes des autres. Les grands cercles montrent les alignements possibles dans une cellule mère ayant un nombre diploïde de 6 (les chromosomes homologues du père sont mauves et ceux de la mère sont verts). Les petits cercles représentent les gamètes résultant de chaque alignement. Certains gamètes renferment uniquement des chromosomes maternels ou des chromosomes paternels ; d'autres (la majorité) possèdent des combinaisons variées de chromosomes maternels et de chromosomes paternels.

pourrait produire 2^6 types de gamètes, soit 64. Sur la seule base de l'assortiment indépendant, les testicules d'un homme peuvent donc produire 2^{23} types de gamètes, soit environ 8,5 millions, ce qui représente une incroyable diversité. Puisque les ovaires d'une femme seront le site de 500 méioses complètes au maximum au cours de sa vie, le nombre de types de gamètes produits est beaucoup plus petit. Il n'en reste pas moins que le nombre de types de gamètes différents que *pourrait* produire une femme est tout aussi grand que chez l'homme (2^{23}) et que chaque ovocyte expulsé de l'ovaire sera probablement différent des autres sur le plan génétique par suite de la ségrégation indépendante des chromosomes.

Enjambement des chromosomes homologues et recombinaisons géniques

D'autres variations proviennent de l'enjambement (*crossing-over*), et de l'échange de portions de chromosomes qui en résulte, au cours de la méiose I. On sait que les gènes de chaque chromosome sont alignés sur toute la longueur de celui-ci. Les gènes d'un chromosome sont dits **liés**, car ils sont transmis en bloc à la cellule fille au cours de la mitose. Tel n'est pas le cas durant la méiose, comme nous l'avons vu au chapitre 27, car les chromosomes peuvent se fracturer aux mêmes points puis se ressouder en diagonale, grâce à l'**enjambement**. Au cours de ce processus, deux chromatides non-sœurs s'entrecroisent, ce qui fait apparaître les **chiasmas** (manifestation visible de l'enjambement). Après l'enjambement, certains gènes du chromosome paternel se retrouvent sur le chromosome maternel, tandis que les gènes correspondants du chromosome maternel se retrouvent sur le chromosome paternel. Cet échange de gènes

produit des **chromosomes recombinants**, formés d'une combinaison du matériel génétique des deux parents.

Dans l'exemple hypothétique présenté à la **figure 29.3**, les gènes qui codent pour la couleur des cheveux et des yeux sont liés. Les chromosomes paternels renferment les allèles qui codent pour les cheveux blonds et les yeux bleus, alors que les allèles maternels codent pour les cheveux bruns et les yeux bruns. Le chiasma se trouve entre ces deux gènes liés, ce qui fait que certains gamètes possèdent les allèles pour les cheveux blonds et les yeux bruns et certains autres portent les allèles pour les cheveux bruns et les yeux bleus. À cause de l'enjambement, deux des quatre chromatides de la tétrade ont des allèles mélangés, certains provenant de la mère et d'autres du père. C'est ainsi qu'au moment de la ségrégation des chromatides chaque gamète recevra une combinaison unique de gènes des parents.

Comme les humains possèdent 23 tétrades, et que la plupart subissent des enjambements au cours de la méiose I, ce facteur à lui seul est à l'origine d'une quantité phénoménale de variations.

Fécondation aléatoire

À tout moment, la gamétogenèse produit des gamètes présentant toutes les variations qui résultent de la ségrégation indépendante et de l'enjambement. Un autre facteur de variation provient du fait qu'on ne peut absolument pas prévoir quel spermatozoïde fécondera l'ovule. Si on ne considère que les variations introduites par la ségrégation indépendante et la fécondation aléatoire, chaque enfant n'est qu'un zygote sur près de 7,2 billions (8,5 millions × 8,5 millions) de zygotes possibles.

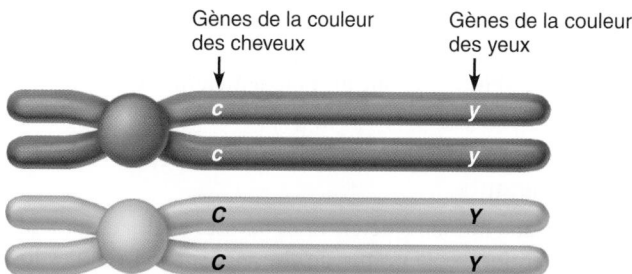

Les chromosomes homologues entrent en synapsis au cours de la prophase de la méiose I ; chaque chromosome est constitué de deux chromatides sœurs.

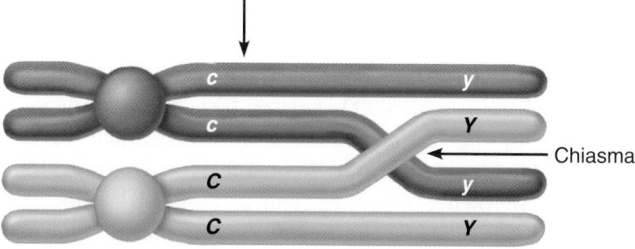

Chiasma

Il y a enjambement et formation d'un chiasma ; un segment d'une chromatide (paternelle) échange sa position contre celle d'un segment d'une autre chromatide (maternelle).

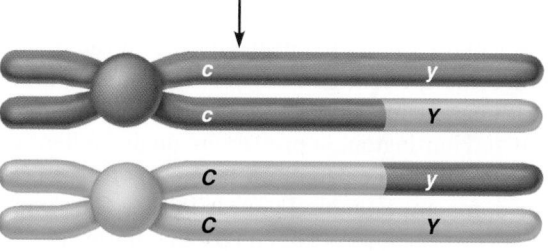

Les chromatides paternelle et maternelle ayant formé un chiasma se fracturent et les extrémités fracturées se ressoudent.

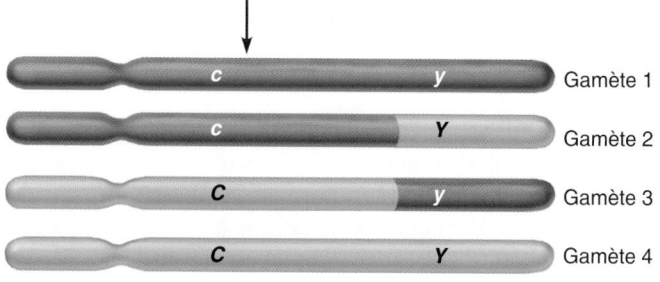

Gamète 1
Gamète 2
Gamète 3
Gamète 4

À la fin de la méiose, chaque gamète haploïde possède un des quatre chromosomes représentés ; deux de ces chromosomes sont recombinants, c'est-à-dire qu'ils portent de nouvelles combinaisons de gènes.

C Allèle pour les cheveux bruns   **Y** Allèle pour les yeux bruns
c Allèle pour les cheveux blonds   **y** Allèle pour les yeux bleus

■ Chromosome paternel ⎤
□ Chromosome maternel ⎦ Homologues

Figure 29.3 Enjambement et recombinaisons géniques.
Ces événements, qui ont lieu au cours de la méiose I, contribuent aussi aux variations génétiques dans les gamètes. Pour simplifier l'illustration, seulement deux chromatides prenant part à l'enjambement sont illustrées. Les enjambements multiples produisent des arrangements plus complexes.

Les variations supplémentaires produites par l'enjambement accroissent ce nombre de façon exponentielle. Vous comprenez peut-être maintenant pourquoi les frères et sœurs sont à la fois si différents et si semblables.

VÉRIFIONS NOS ACQUIS

5. On a dit que les variations génétiques sont introduites par la ségrégation indépendante. De quoi s'agit-il ?

6. Comment l'enjambement contribue-t-il aux variations génétiques ?

Les réponses se trouvent à l'appendice G.

Types de transmission héréditaire

Chez les humains, quelques phénotypes peuvent être attribués à une seule paire de gènes (comme nous le verrons bientôt), mais ce genre de trait est peu courant dans la nature, ou alors il ne concerne qu'une variation dans une seule enzyme. La plupart des traits humains sont déterminés par des allèles multiples ou par l'interaction de plusieurs paires de gènes.

Hérédité dominante-récessive

4 Comparer et différencier l'hérédité dominante-récessive, la dominance incomplète et la codominance ; prédire, à l'aide d'une grille de Punnett, les résultats d'un croisement faisant intervenir chacun de ces types de transmission.

L'**hérédité dominante-récessive** reflète l'interaction des allèles dominants et récessifs. Un diagramme simple, appelé **grille de Punnett** (nom du généticien anglais Réginald C. Punnet [1875-1967] qui l'a conçue), permet de représenter les combinaisons de gènes possibles pour un trait si les gamètes de deux parents dont on connaît le génotype s'unissent **(figure 29.4)**. Dans l'exemple choisi, les deux parents peuvent rouler la langue en U, parce qu'ils possèdent l'allèle dominant (*L*) qui confère ce trait. En effet, ils sont tous deux hétérozygotes pour ce trait (*Ll*). Les allèles présents dans les gamètes de la mère sont indiqués d'un côté de la grille de Punnett et ceux qui sont présents dans les gamètes du père sont indiqués sur un côté adjacent. On combine les allèles horizontalement et verticalement pour déterminer les combinaisons de gènes (génotypes) possibles et leur fréquence dans la progéniture de ces parents.

Après avoir rempli la grille de Punnett, on constate que les parents de notre exemple ont une probabilité de 25 % (1 chance sur 4) de produire un enfant homozygote dominant (*LL*) ; de 50 % (2 chances sur 4) de produire un enfant hétérozygote (*Ll*) ; de 25 % (1 chance sur 4) de produire un enfant homozygote récessif (*ll*). Les enfants *LL* et *Ll* seront capables de rouler la langue ; seuls les enfants *ll* seront incapables de faire un U avec la langue.

La grille de Punnett indique seulement la *probabilité* d'avoir des enfants présentant un génotype (et un phénotype) donné.

29

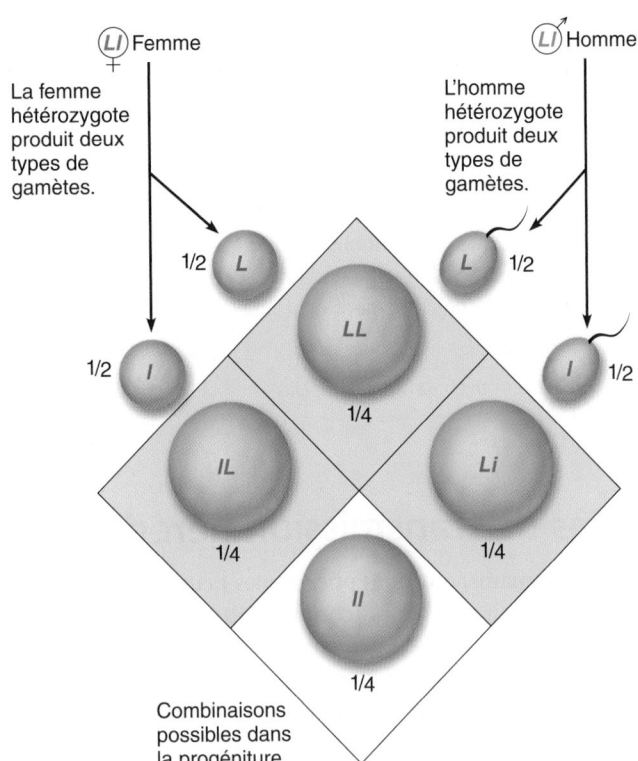

La femme hétérozygote produit deux types de gamètes.

L'homme hétérozygote produit deux types de gamètes.

Combinaisons possibles dans la progéniture

Figure 29.4 **Probabilités des différents génotypes et phénotypes à la suite de l'union de deux parents hétérozygotes.** La grille de Punnett montre toutes les combinaisons possibles des allèles du père et de la mère chez le zygote. Dans cet exemple, l'allèle *L* est dominant et détermine la capacité de rouler la langue; l'allèle *l* est récessif.

Plus la progéniture est nombreuse, plus il est vraisemblable que les proportions soient conformes aux prévisions. C'est la même chose que quand on joue à pile ou face : quand on lance une pièce de monnaie, la probabilité qu'on obtienne un nombre égal de *piles* et de *faces* est d'autant plus grande qu'on lance la pièce un grand nombre de fois. Si on ne lance la pièce que deux fois, on pourrait bien avoir deux faces. De même, si le couple de notre exemple n'avait que deux enfants, il ne serait pas étonnant que tous les deux possèdent le génotype *Ll*.

Quelles sont les probabilités d'avoir deux enfants du même génotype? Pour déterminer la probabilité que deux événements se succèdent, on multiplie l'une par l'autre la probabilité de chacun de ces événements. La probabilité d'avoir *pile* quand on lance une pièce est de 1/2, de sorte que la probabilité d'avoir pile deux fois de suite est de 1/2 × 1/2 = 1/4. Passons maintenant à la probabilité que notre couple ait deux enfants qui soient incapables de rouler la langue (*ll*). La probabilité que *un* enfant soit *ll* est de 1/4. Par conséquent, la probabilité que les *deux* enfants soient *ll* est de 1/4 × 1/4 = 1/16, c'est-à-dire d'un peu plus de 6 %.

Cependant, il faut toujours se rappeler que la production de chaque zygote (donc de chaque enfant), tout comme chaque lancer de la pièce, est un *événement indépendant*, qui n'influe pas sur ce qui peut se passer par la suite. Si on obtient *pile* au

premier lancer, on a encore la moitié des chances d'obtenir *pile* au deuxième lancer; si le couple a un premier enfant qui est *ll*, la probabilité qu'il ait un deuxième enfant également *ll* est encore de 1/4.

Traits dominants

Parmi les traits humains déterminés par des allèles dominants, on peut mentionner la pointe de cheveux sur le front, les fossettes et les taches de rousseur.

Les maladies causées par des gènes dominants sont rares, car les *gènes dominants létaux* s'expriment toujours et provoquent la mort au stade embryonnaire ou fœtal ou encore pendant l'enfance. Les gènes mortels sont donc rarement transmis aux générations suivantes. Cependant, il existe certaines maladies dominantes moins graves ou permettant à la personne de vivre assez longtemps pour se reproduire, comme la maladie polykystique des reins, qui est la plus fréquente (voir p. 1149-1150), l'hypercholestérolémie primitive (voir p. 1108) et la chorée de Huntington. La *chorée de Huntington* est une maladie mortelle qui s'attaque au système nerveux et qui est caractérisée par la dégénérescence de deux des noyaux basaux (putamen et noyau caudé) et par une atrophie du cortex cérébral. Elle se manifeste par des troubles mentaux et des contractions musculaires involontaires lentes en séries (chorée). Le gène en cause, situé sur le chromosome 4, est un *gène à retardement* qui s'exprime au début de la quarantaine. Chez les enfants d'un parent atteint de la chorée de Huntington, la probabilité qu'ils héritent du gène létal est de 50 %. (Le parent est hétérozygote, car l'état homozygote dominant est mortel pour le fœtus.) C'est pourquoi beaucoup de personnes qui ont un parent touché par cette maladie décident de ne pas avoir d'enfants (voir p. 532).

Le **tableau 29.1** présente une liste de traits déterminés par un gène dominant et de quelques maladies déterminées par un gène récessif.

Traits récessifs

Certains traits déterminés par des gènes récessifs sont très désirables. Par exemple, la vision normale est déterminée par des allèles récessifs, alors que l'astigmatisme est déterminé par des allèles dominants. Cependant, la plupart des maladies héréditaires sont produites par un trait récessif. C'est le cas de l'*albinisme* (absence de pigmentation de la peau; voir p. 194), de la *fibrose kystique*, ou mucoviscidose (production de mucus plus visqueux que la normale réduisant l'écoulement des sécrétions des glandes exocrines, ce qui affecte surtout le fonctionnement des poumons et du pancréas; voir p. 978), et de la *maladie de Tay-Sachs*. Cette maladie héréditaire touchant le métabolisme des lipides dans le cerveau est provoquée par un déficit enzymatique (en hexoaminidase A), qui devient apparent quelques mois après la naissance (voir p. 100).

La fréquence élevée des maladies héréditaires récessives par rapport à celle des maladies causées par un gène dominant reflète le fait que les personnes qui possèdent un allèle récessif (par exemple *m*) pour une maladie héréditaire récessive ne manifestent pas la maladie si l'autre allèle est dominant (*M*), mais peuvent transmettre le gène en cause à leur progéniture. On dit

TABLEAU 29.1	Traits déterminés par l'hérédité dominante-récessive simple
PHÉNOTYPES DUS À L'EXPRESSION DE :	
GÈNES DOMINANTS (GÉNOTYPE *ZZ* OU *Zz*)	**GÈNES RÉCESSIFS (GÉNOTYPE *zz*)**
Capacité de rouler la langue	Incapacité de rouler la langue en U
Astigmatisme	Vision normale
Taches de rousseur	Absence de taches de rousseur
Fossettes aux joues	Absence de fossettes
Capacité de goûter le phénylthiocarbamide (PTC)*	Incapacité de goûter le PTC
Implantation des cheveux en pointe sur le front	Implantation des cheveux en ligne droite
Hyperlaxité du pouce	Ligaments du pouce tendus
Syndactylie (doigts ou orteils soudés)	Doigts et orteils normaux
Achondroplasie (hétérozygote: nanisme; homozygote: mort fœtale)	Ossification endochondrale normale
Chorée de Huntington	Absence de chorée de Huntington
Pigmentation cutanée normale	Albinisme
Absence de la maladie de Tay-Sachs	Maladie de Tay-Sachs
Absence de la fibrose kystique	Fibrose kystique

* Le PTC est une substance chimique amère, présente dans les légumes de la famille des crucifères tels que le radis et le chou. Soixante-quinze pour cent des Nord-Américains et des Européens goûtent le PTC.

que ces personnes (*Mm*) sont des *porteurs* de la maladie. Par contre, comme nous l'avons déjà expliqué, rares sont les personnes atteintes d'une maladie héréditaire dominante qui parviennent à transmettre le gène nuisible.

Dominance incomplète et codominance

Dans le cas de l'hérédité dominante-récessive, une variante d'un allèle masque complètement l'autre. Il existe toutefois certains traits qui présentent une **dominance incomplète**. La dominance incomplète est très rare chez l'être humain. Dans cette forme de dominance, l'individu hétérozygote montre un phénotype intermédiaire par rapport à celui que déterminent les deux gènes dominants. Par exemple, la fleur rose (*RB*) présente une partie des caractères de la fleur rouge (*RR*) et une partie des caractères de la fleur blanche (*BB*). Lorsque l'individu hétérozygote exprime toutes les caractéristiques déterminées par les deux allèles, il s'agit plutôt de **codominance**.

Le meilleur exemple de codominance chez les êtres humains est probablement celui de la **drépanocytose**, ou anémie à hématies falciformes, une maladie causée par la substitution d'un acide aminé dans la chaîne β de la molécule d'hémoglobine (une valine se substitue à un acide glutamique). Lorsque la pression partielle d'oxygène est basse, les molécules d'hémoglobine qui contiennent ces chaînes anormales précipitent dans les globules rouges, qui prennent alors la forme d'une faucille (voir la figure 17.8b). Les individus homozygotes pour ce trait (*HbᵁHbᵁ*) sont très malades. Chez eux, les infections, la gêne respiratoire et l'exercice peuvent provoquer des accès de falciformation. Les hématies en forme de faucille s'agglutinent dans les capillaires et les obstruent, ce qui entraîne des douleurs intenses.

Le phénomène de codominance se manifeste chez les individus hétérozygotes pour ce trait (*HbᴬHbᵁ*), appelé **trait drépanocytaire**, qui expriment le phénotype des homozygotes normaux (*HbᴬHbᴬ*) *et* celui des homozygotes anémiques (*HbᵁHbᵁ*). Le gène qui détermine la formation de l'*Hbᴬ* et celui qui détermine la formation de l'*Hbᵁ* sont donc codominants. Les individus hétérozygotes sont généralement en bonne santé, mais ils peuvent présenter des symptômes de falciformation en cas de réduction prolongée du taux sanguin d'oxygène, par exemple quand ils voyagent dans des régions de haute altitude, et ils peuvent transmettre le trait drépanocytaire à leurs descendants. La thalassémie, décrite également au chapitre 17 (voir p. 740), est un autre exemple de codominance.

Transmission par allèles multiples

Nous recevons seulement deux allèles d'un même gène, mais certains gènes existent sous plus de deux formes alléliques à l'intérieur d'une population, ce qui mène à un phénomène appelé **transmission par allèles multiples**, ou **polymorphisme génétique**. Par exemple, trois allèles déterminent le groupe sanguin ABO chez les humains: *Iᴬ*, *Iᴮ* et *i*. Les allèles *Iᴬ* et *Iᴮ* sont *codominants*, c'est-à-dire qu'ils s'expriment tous les deux quand ils sont présents, produisant le groupe sanguin AB; l'allèle *i* est récessif. Chacun de nous reçoit deux de ces trois allèles. Un individu qui possède les allèles *Iᴬi* est du groupe sanguin A (exemple de dominance complète); celui qui possède les allèles *IᴬIᴮ* est du groupe sanguin AB (exemple de codominance). Les génotypes qui déterminent les quatre groupes sanguins du système ABO sont présentés au **tableau 29.2**.

TABLEAU 29.2	Groupes sanguins du système ABO	
PROGÉNITURE		
GROUPE SANGUIN (PHÉNOTYPE)	**GÉNOTYPE**	**COMBINAISONS PARENTALES POSSIBLES (PHÉNOTYPE)**
O	*ii*	O × O
A	*IᴬIᴬ* ou *Iᴬi*	A × O ou A × A ou A × B ou A × AB ou B × AB ou AB × AB ou O × AB
B	*IᴮIᴮ* ou *Iᴮi*	B × O ou B × A ou B × B ou B × AB ou A × AB ou AB × AB ou O × AB
AB	*IᴬIᴮ*	A × B ou AB × A ou AB × B ou AB × AB

7. Pourquoi très peu de maladies héréditaires sont-elles causées par des gènes dominants?

8. Quelle est la différence entre la dominance incomplète et la codominance?

Les réponses se trouvent à l'appendice G.

Hérédité liée au sexe

5 Décrire le mécanisme de l'hérédité liée au sexe; prédire, à l'aide d'une grille de Punnett, les résultats d'un croisement faisant intervenir ce type de transmission.

Les traits héréditaires déterminés par des gènes localisés sur les chromosomes sexuels sont dits **liés au sexe**. Les chromosomes sexuels (X et Y) ne sont pas vraiment homologues. En effet, le chromosome Y (qui, incidemment, a été découvert par une femme) porte le gène (ou les gènes) déterminant le sexe masculin, notamment le gène *SRY* (pour *sex-determining region of the y*), qui préside à la formation des testicules. Ce chromosome est beaucoup plus petit que le chromosome X **(figure 29.5)**; il ne contient que de 1,5 à 2% de l'ADN d'une cellule. Le chromosome X porte près de 2500 gènes, et un nombre hors de proportion de ces gènes codent pour des protéines importantes pour le fonctionnement du cerveau. Comme le chromosome Y ne porte que 78 gènes, selon le dernier dénombrement, un grand nombre de gènes du X sont par conséquent absents sur le Y. Ainsi, les gènes qui codent pour certains facteurs de coagulation (en cause dans l'hémophilie) et pour les cônes photorécepteurs de la rétine de l'œil (en cause dans le daltonisme et l'achromatop-

sie) sont présents sur le X, mais non sur le Y. Il en est de même pour le gène des récepteurs de la testostérone, dont la mutation est associée au syndrome d'insensibilité aux androgènes (SIA). Cette anomalie engendre chez l'individu XY la présence d'organes génitaux externes d'apparence féminine, un problème qui serait à l'origine de diverses controverses au regard du sexe «véritable» de certaines athlètes. Un gène qu'on trouve uniquement sur le chromosome X est dit **lié au chromosome X**.

Seulement de courtes portions aux deux extrémités du chromosome Y (représentant environ 5% de l'ADN du chromosome Y) codent pour des caractères de nature non sexuelle correspondant à ceux du chromosome X. Il s'agit donc des seules portions qui peuvent participer à des enjambements avec le chromosome X.

Lorsqu'un homme reçoit un allèle récessif lié au chromosome X (par exemple celui de l'hémophilie ou du daltonisme), l'expression de ce gène n'est jamais masquée ou atténuée par un autre gène, puisqu'il ne possède pas d'allèle correspondant sur le chromosome Y. Le gène récessif s'exprime donc toujours, même s'il est seul. Par contre, les femmes doivent recevoir deux allèles récessifs liés au chromosome X pour que la maladie s'exprime. C'est pourquoi très peu de femmes présentent des maladies liées au chromosome X.

Les traits liés au chromosome X se transmettent de la mère à ses fils, jamais du père à ses fils, parce que les garçons ne reçoivent pas de chromosome X de leur père. La mère peut évidemment transmettre l'allèle récessif à ses filles, mais celles-ci ne l'exprimeront pas, sauf si elles ont reçu un autre allèle récessif sur le chromosome X provenant de leur père.

Hérédité polygénique

6 Expliquer en quoi l'hérédité polygénique diffère de celle qui résulte de l'action d'une seule paire de gènes; donner des exemples de caractères transmis de cette façon.

Jusqu'à présent, nous avons étudié les traits qui se transmettent selon les mécanismes de la génétique mendélienne classique, assez faciles à comprendre. Ces traits peuvent prendre deux formes différentes, voire trois. Cependant, un grand nombre de phénotypes dépendent de l'action conjointe de plusieurs paires de gènes situées à différents endroits des chromosomes. L'**hérédité polygénique** produit des variations phénotypiques *continues*, ou *qualitatives*, entre deux extrêmes et elle explique de nombreuses caractéristiques humaines. Parmi les traits polygéniques chez l'humain, on trouve la couleur de la peau, la taille, le métabolisme et l'intelligence.

Par exemple, la couleur de la peau humaine dépend de trois gènes distincts, ayant chacun deux allèles: *A, a; B, b; C, c*. Les allèles *A, B* et *C* confèrent des pigments cutanés foncés et leurs effets sont cumulatifs, alors que les allèles *a, b* et *c* donnent une peau pâle. Un individu possédant le génotype *AABBCC* aurait donc la peau la plus foncée possible, alors qu'une personne *aabbcc* aurait le teint très clair. L'union d'individus hétérozygotes pour au moins une de ces paires peut donner des enfants présentant une grande variété de pigmentation. Vous trouverez à la **figure 29.6** une illustration de la gradation de la pigmentation

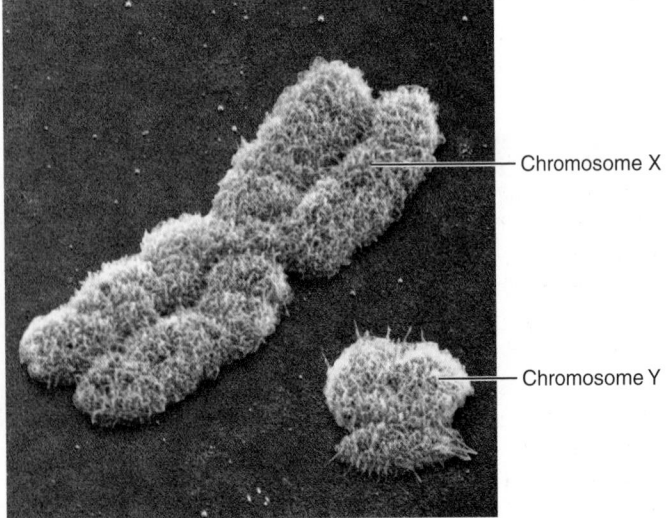

Figure 29.5 Photographie des chromosomes sexuels humains.

Chromosome X

Chromosome Y

29

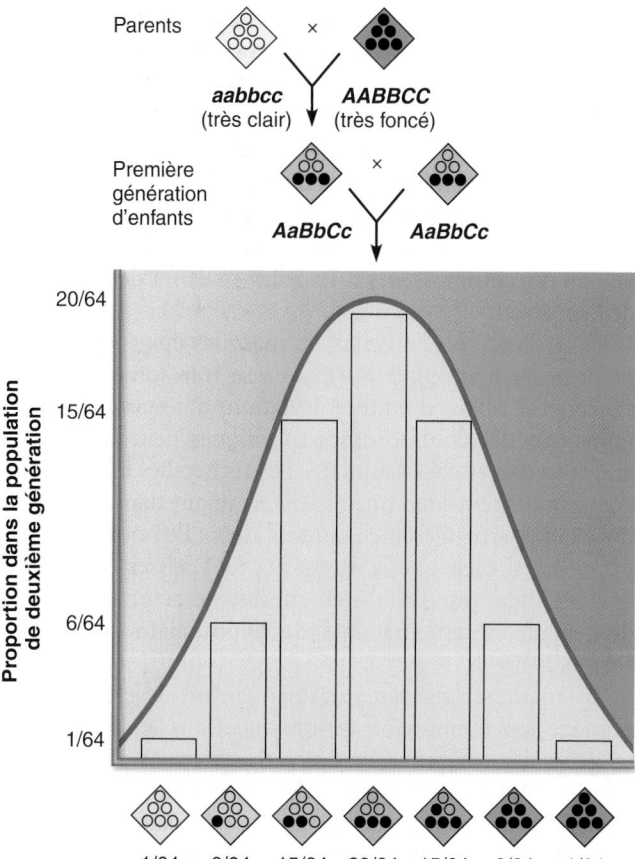

Figure 29.6 Modèle simplifié de l'hérédité polygénique : pigmentation cutanée basée sur trois paires de gènes. Les allèles qui codent pour la peau foncée ont une dominance incomplète sur ceux qui codent pour la peau claire. Chaque gène dominant (*A*, *B* et *C*) donne une unité de pigmentation au phénotype. Si, comme dans notre exemple, les parents homozygotes se situent aux extrémités opposées de l'éventail des phénotypes, chacun de leurs enfants hérite de trois unités de couleur foncée ; ils sont hétérozygotes et ont une pigmentation intermédiaire. Quand des hétérozygotes s'unissent, leurs enfants (deuxième génération) peuvent présenter une très grande variété de pigmentation, comme le montre l'histogramme des types de pigmentation.

cutanée en fonction du génotype. Si on trace une courbe de la distribution des phénotypes dans l'hérédité polygénique, on obtient une distribution normale, ou courbe en cloche.

VÉRIFIONS NOS ACQUIS

9. Pourquoi un mâle exprime-t-il *toujours* un allèle récessif lié au chromosome X ?
10. Expliquez pourquoi des parents de taille moyenne peuvent avoir des enfants très grands ou très petits.

Les réponses se trouvent à l'appendice G.

Facteurs environnementaux et expression génique

7 Dire en quoi l'empreinte génomique et l'hérédité extrachromosomique (cytoplasmique) se distinguent de l'hérédité mendélienne.

Dans bien des situations, les facteurs environnementaux l'emportent sur l'expression génique ou du moins influent sur elle. Notre génotype semble aussi stable que la présence du nez au milieu de la figure (en l'absence de mutations), mais notre phénotype présente une propriété essentielle, la plasticité, qui permet l'adaptabilité. Dans le cas contraire, il nous serait impossible de bronzer au soleil, les femmes culturistes ne pourraient pas développer de gros muscles et nous ne pourrions espérer guérir les maladies héréditaires.

Des facteurs maternels tels que les médicaments ou les agents pathogènes empêchent parfois l'expression génique normale au cours du développement embryonnaire. Ce fut le cas chez les enfants de mères ayant pris de la thalidomide pendant la grossesse (voir p. 1260). Ces enfants ont acquis un phénotype différent de celui qui était dicté par leurs gènes (des membres palmés). On appelle **phénocopies** ce genre de phénotypes provoqués par des facteurs environnementaux, mais qui ressemblent aux phénotypes causés par des mutations génétiques (modifications permanentes et transmissibles de l'ADN).

Les facteurs environnementaux influent également sur l'expression génique après la naissance. Par exemple, la malnutrition chez le nourrisson affecte la maturation du cerveau, le développement physique et la taille. C'est ainsi qu'une personne qui possède les gènes dictant une haute taille peut rester petite en cas de malnutrition. En outre, l'expression d'un gène en particulier peut être influencée par l'activité d'autres gènes. Par exemple, certains déficits hormonaux au cours de la croissance peuvent mener à une croissance et à une morphologie anormales du squelette, comme dans le crétinisme – type de nanisme résultant de l'hypothyroïdie chez l'enfant.

VÉRIFIONS NOS ACQUIS

11. Parmi les facteurs suivants, lequel peut modifier l'expression génique : d'autres gènes, la rougeole chez une femme enceinte ou un manque de nutriments essentiels dans l'alimentation ?

Les réponses se trouvent à l'appendice G.

Hérédité non traditionnelle

Les écrits de Mendel traduisent le courant de pensée traditionnel dans le domaine de l'hérédité. D'autres études ont donné des résultats qui ne s'insèrent toutefois pas dans les règles découvertes par Mendel. Parmi les types non traditionnels d'hérédité qui font actuellement l'objet de recherches, on compte l'influence des gènes d'ARN non codants, celle des groupements chimiques ou des protéines liés à l'ADN (histones) et celle de l'*hérédité cytoplasmique* conférée par l'ADN des mitochondries.

Au-delà de l'ADN: régulation de l'expression génique

8 Décrire comment les gènes d'ARN non codants et les marques épigénétiques influent sur l'expression génique.

Notre génome est un système biochimique d'une étonnante complexité, qui possède trois grands niveaux de régulation. Les gènes codant pour des protéines que nous avons vus jusqu'à maintenant ne forment que le premier niveau et représentent moins de 2 % de l'ADN d'une cellule humaine. Il s'agit de la portion du génome que l'on considère depuis toujours comme étant le plan de la structure des protéines.

Depuis les années 1960, des chercheurs ont découvert une deuxième et une troisième couche d'informations importantes dans la régulation de l'expression génique à d'autres endroits du génome, qui résident notamment dans l'ADN non codant, voire carrément à l'extérieur des séquences d'ADN. Mais quels sont donc ces autres systèmes de régulation?

Petites molécules d'ARN

La deuxième couche semble être produite par le grand nombre de gènes d'ARN non codants (voir p. 121-122), que l'on considérait auparavant comme des gènes muets. Ces gènes d'ARN non codants constituent un système de régulation parallèle qui génère des micro-ARN (miARN) et des ARN interférents (ARNi). Andrew Fire et Craig Mello ont été récompensés par le prix Nobel de médecine de 2006 pour la découverte des ARNi. Ces petites molécules d'ARN peuvent agir directement sur l'ADN, d'autres molécules d'ARN ou des protéines. Elles peuvent aussi inhiber ou désactiver des gènes sauteurs, appelés *transposons*, qui ont tendance à se répliquer, puis à insérer leurs copies dans des molécules d'ADN éloignées, inactivant ou stimulant ainsi les gènes qui les ont intégrées.

Les petites molécules d'ARN déterminent le moment de la mort cellulaire programmée pendant le développement et peuvent aussi empêcher la traduction d'un autre gène. On a déjà associé les mutations de ces régions d'ARN seulement à divers troubles, notamment le cancer de la prostate et du poumon, de même que la schizophrénie.

Dans le cadre du Projet génome humain, on a établi les séquences de nucléotides de ces régions de l'ADN qui précisent l'ARN; des laboratoires de biochimie investissent des sommes importantes dans la recherche sur les thérapies géniques. Ils s'activent tout particulièrement à synthétiser des médicaments qui interfèrent avec l'ARN afin d'inhiber certains gènes et de traiter ainsi la dégénérescence maculaire liée à l'âge, la maladie de Parkinson, le cancer et bien d'autres maladies.

Marques épigénétiques

Les marques épigénétiques forment la troisième couche de régulation des gènes. Cette information en évolution constante est emmagasinée dans les protéines et les groupements chimiques qui se lient à l'ADN ainsi que dans la manière dont la chromatine est contenue dans la cellule. À l'intérieur des cellules, des groupements chimiques, comme des groupements méthyle et acétyle liés à des segments d'ADN et à des histones, déterminent si l'ADN est disponible pour la transcription (acétylation) ou si son expression est inhibée (méthylation). Les marques épigénétiques entrent aussi en jeu dans l'inactivation (par méthylation) de l'un des chromosomes X femelles au début de la formation de l'embryon.

La présence ou l'absence de marques épigénétiques peut prédisposer une cellule normale à se transformer en cellule cancéreuse. Même d'infimes déviations des marques épigénétiques sur des chromosomes spécifiques peuvent causer de graves maladies chez l'humain. Les recherches indiquent que l'environnement joue un rôle déterminant dans l'expression des gènes, particulièrement au tout début de notre vie. La tendresse aussi bien que le stress peuvent laisser des marques épigénétiques sur l'ADN en modifiant la programmation de certains récepteurs de l'axe hypothalamo-hypophyso-surrénalien.

Les marques épigénétiques sous-tendent également un phénomène appelé empreinte génomique. Dans la plupart des cas, les gènes de la mère et ceux du père s'activent et s'inactivent en même temps. Cet équilibre est brisé pendant la gamétogenèse quand certains gènes présents dans le spermatozoïde et l'ovule sont modifiés par l'ajout de groupements méthyle ($-CH_3$) à certaines bases azotées de l'ADN (cytosine surtout). Ce processus, appelé **empreinte génomique**, est essentiel au développement normal. Il désigne ces gènes comme des gènes maternels ou des gènes paternels et confère d'importantes caractéristiques fonctionnelles à l'embryon dont ils gouvernent le développement. L'embryon reconnaît cette influence et exprime soit le gène maternel au détriment de celui du père, soit l'inverse. Le processus de méthylation est réversible. À chaque génération, les empreintes sont «effacées» lorsque de nouveaux gamètes sont produits et que tous les chromosomes sont modifiés en fonction du sexe des parents.

La mutation de gènes soumis au processus d'empreinte génomique peut causer des pathologies. Par exemple, les victimes du syndrome de Prader, Labhart, Willi et Fanconi (ou syndrome de Prader-Willi, qui affecte un enfant sur 10 000 à 30 000) présentent un déficit mental allant de léger à modéré, sont de petite taille et souffrent d'obésité morbide. Les enfants atteints du syndrome d'Angelman (surnommé «marionnette joyeuse»), dont l'incidence est de 1 sur 100 000 naissances, présentent un retard mental profond, s'expriment de manière incohérente, ont des accès de rire irrépressibles et font des mouvements saccadés et brusques rappelant ceux d'une marionnette. Les symptômes de ces deux syndromes sont très différents, mais ils ont la même cause génétique: l'absence (délétion) d'une partie du chromosome 15, dans la majorité des cas. Si le chromosome déficient vient du père (l'allèle paternel devrait être actif, mais il est absent), l'enfant est atteint du syndrome de Prader, Labhart, Willi et Fanconi. Si le chromosome déficient vient de la mère (l'allèle maternel devrait être actif, mais il est absent), l'enfant souffre du syndrome d'Angelman. Il semble donc que le même allèle produise des effets différents selon qu'il vient d'un parent ou de l'autre. Il arrive aussi qu'un individu atteint du syndrome d'Angelman possède deux allèles du gène en question, mais ces deux allèles sont deux copies du gène paternel (disomie) qui ont été désactivées par empreinte génomique.

L'empreinte génomique est un phénomène encore mal connu. À l'heure actuelle, on l'a mis en évidence pour des gènes de quelques chromosomes seulement, dont ceux des paires 6, 11, 14, 15 et 23 (chromosome X). On sait aussi que la perte anormale de l'empreinte génomique peut amener la surexposition d'un gène : les deux allèles s'expriment alors pour un caractère où un seul allèle devrait être actif ; cette anomalie pourrait être à l'origine de cancers chez l'humain.

En résumé, les gènes codant pour des protéines ne sont pas les seules instructions que les cellules reçoivent. L'ARN joue aussi un rôle, de même que les petits groupements chimiques qui se fixent à la chromatine.

Hérédité mitochondriale (gènes cytoplasmiques)

9 Décrire l'origine des maladies transmises par hérédité cytoplasmique.

Nous avons surtout parlé de l'hérédité chromosomique, mais il faut se rappeler que les gènes ne se trouvent pas tous dans les noyaux cellulaires. Environ 37 gènes sont situés dans les nombreuses copies du chromosome circulaire des mitochondries (appelés ADNmt). Puisque l'ovule cède tout son cytoplasme au zygote (et le spermatozoïde très peu), les gènes mitochondriaux sont transmis à la progéniture presque exclusivement par la mère.

Un nombre croissant d'affections, toutes rares, sont maintenant attribuées à des erreurs (mutations ou délétions) touchant les gènes mitochondriaux. La plupart de ces troubles se caractérisent par des problèmes associés à la phosphorylation oxydative survenant à l'intérieur de la mitochondrie, mais quelques-uns entraînent une dégénérescence musculaire ou des problèmes neurologiques. Citons, par exemple, l'atrophie optique de Leber (atteinte du nerf optique causant la cécité avant l'âge de 30 ans) et la myopathie mitochondriale (anomalies des mitochondries des cellules musculaires). Selon certains chercheurs, les maladies d'Alzheimer et de Parkinson ainsi que l'acidose lactique et certaines formes de surdité héréditaire font également partie de ces affections.

VÉRIFIONS NOS ACQUIS

12. Quel processus permet de désigner les gènes comme des gènes maternels ou des gènes paternels ?

13. Quelle est l'origine des gènes qui confèrent l'hérédité cytoplasmique ?

Les réponses se trouvent à l'appendice G.

Dépistage des maladies héréditaires, conseil génétique et thérapie génique

10 Citer et décrire deux techniques de reconnaissance des porteurs d'affections génétiques ; dresser et analyser un arbre généalogique pour suivre un caractère génétique dans une famille.

11 Décrire, en les comparant, l'amniocentèse et la biopsie des villosités choriales.

12 Expliquer en quoi consistent la thérapie génique et ses différentes méthodes. Décrire un exemple d'intervention génétique pratiquée dans le cadre de la thérapie génique.

Grâce au *dépistage des maladies héréditaires* et au *conseil génétique*, les parents d'aujourd'hui peuvent avoir des informations et faire des choix dont on ne rêvait même pas au siècle dernier. Les nouveau-nés subissent des examens de dépistage de plusieurs anomalies physiques (dysplasie congénitale de la hanche, imperforation de l'anus, etc.) et de certaines maladies (par exemple, l'hypothyroïdie congénitale décrite aux pages 703-704 et la phénylcétonurie, à la page 1107). Au Québec, on dépiste également la tyrosinémie, dont l'incidence est plus élevée dans la région du Saguenay. En France, en plus de l'hypothyroïdie et de la phénylcétonurie, on recherche systématiquement la mucoviscidose, l'hyperplasie congénitale des surrénales et, dans certaines régions, la drépanocytose. La majorité de ces maladies sont dites « rares », car la prévalence est de 1 sur 2000. En Europe, on estime à près de 600 les pathologies relevant de cette catégorie et à 20 millions le nombre de personnes qui en sont atteintes. Au Canada, sur 350 000 naissances annuelles, de 2 à 3 % des enfants présentent une anomalie congénitale. Ces tests permettent aux parents de savoir qu'un traitement est essentiel au bien-être de leur enfant. Les anomalies physiques sont habituellement corrigées au moyen d'une intervention chirurgicale, et la phénylcétonurie est soignée par un régime strict excluant la majorité des aliments riches en phénylalanine (aspartame, par exemple). Les enfants souffrant de tyrosinémie, qui affecte le foie et provoque le rachitisme, sont également soumis à ce régime.

Les personnes dont un parent est atteint de la chorée de Huntington ont évidemment intérêt à recourir à ces techniques, mais beaucoup d'autres maladies héréditaires peuvent toucher les bébés. Par exemple, une femme qui est enceinte à l'âge de 35 ans peut désirer savoir si son bébé est atteint de la trisomie 21 (syndrome de Down ; voir les Termes médicaux, p. 1291), une anomalie chromosomique plus fréquente quand la mère procrée tardivement.

Selon la maladie recherchée, il est possible de procéder au dépistage soit avant la conception (reconnaissance des porteurs), soit en cours de grossesse, à l'aide de procédés de diagnostic prénatal.

Reconnaissance des porteurs

Il existe deux méthodes de détection des porteurs de gènes nuisibles : l'arbre généalogique et les analyses sanguines. Au moyen

29

de l'**arbre généalogique**, ou lignage, on suit un trait génétique dans plusieurs générations, ce qui permet de faire des prédictions pour l'avenir. Un conseiller génétique recueille des informations sur les phénotypes du plus grand nombre possible de membres de la famille, puis construit l'arbre généalogique.

La **figure 29.7** utilise un trait normal, l'implantation des cheveux en pointe sur le front, pour montrer comment se construit et se lit un arbre généalogique. Ce type d'implantation résulte de la présence d'un allèle dominant (*L*). Les individus qui présentent le phénotype de la pointe de cheveux (symboles bleus) ont au moins un gène dominant (ils sont *LL* ou *Ll*), alors que ceux qui n'ont pas la pointe de cheveux sont obligatoirement homozygotes récessifs (*ll*).

S'il remonte dans l'arbre généalogique à partir du bas en appliquant les règles de l'hérédité dominante-récessive, le conseiller génétique peut déduire les génotypes des parents. Étant donné que les cheveux de l'un de leurs deux enfants ne sont pas implantés en pointe sur le front (*ll*), il en déduit que chacun des parents doit posséder au moins un gène récessif (*Ll*), même si les deux parents ont une pointe. À partir de ces données, vous devriez pouvoir déterminer les génotypes des autres membres de la génération des parents (essayez-le !).

Des analyses sanguines très simples sont effectuées pour détecter le gène en cause dans la drépanocytose (anémie à hématies falciformes) chez les hétérozygotes, et des analyses perfectionnées de la *chimie sanguine* ainsi que des *sondes d'ADN* permettent de détecter la présence d'autres gènes récessifs non exprimés. À l'heure actuelle, ces épreuves permettent de reconnaître les porteurs des gènes de la maladie de Tay-Sachs et de la fibrose kystique.

Diagnostic prénatal

Les procédés de diagnostic prénatal sont employés lorsqu'il existe un risque avéré de maladie héréditaire. La cordocentèse permet de prélever directement du sang fœtal par ponction dans le cordon ombilical. Cependant, on ne peut effectuer ce type de prélèvement avant la 17e semaine de grossesse. Le procédé de diagnostic le plus courant est l'**amniocentèse**. Au cours de cette intervention, une aiguille de gros calibre est introduite par la paroi abdominale jusque dans l'utérus puis dans le sac amniotique (figure 29.8a), et on retire environ 10 mL de liquide amniotique. Parce qu'il existe un risque de blesser le fœtus tant que ce liquide est peu abondant, on attend normalement jusqu'à la 14e semaine de grossesse pour effectuer l'amniocentèse. L'emploi de l'échographie pour visualiser la position du fœtus et du sac amniotique a permis de réduire considérablement les risques posés par cette intervention.

On peut analyser le liquide amniotique lui-même afin de détecter la présence d'enzymes et d'autres substances chimiques qui sont les marqueurs de certaines maladies, mais la plupart des études portent sur les cellules fœtales desquamées présentes dans le liquide. Ces cellules sont isolées, cultivées en laboratoire pendant plusieurs semaines, puis examinées pour rechercher les marqueurs génétiques de maladies héréditaires. On dresse également le caryotype afin de vérifier s'il existe des anomalies chromosomiques (figure 29.1).

Les chercheurs s'intéressant aux cellules souches portent une attention toute particulière à un type de cellules qui flottent librement dans le liquide amniotique. Munies de plusieurs des traits des cellules souches embryonnaires, dont la pluripotence ou capacité de se transformer en tissu cérébral, vasculaire, musculaire ou osseux, ces cellules pourraient servir de « trousse de réparation » en cas d'anomalie congénitale. Seul l'avenir nous le dira.

La **biopsie des villosités choriales** (**BVC**) consiste à prélever par succion des échantillons des villosités choriales (c'est-à-dire de la partie fœtale) du placenta (figure 29.8b). Un petit tube est inséré dans le vagin et le col de l'utérus puis, à l'aide de l'échographie, glissé jusqu'à un endroit où il est possible de prélever un peu de tissu du placenta. Ce procédé peut être effectué à huit semaines (bien qu'il soit habituellement recommandé d'attendre après la dixième semaine). Il permet de dresser le caryotype presque immédiatement, car les cellules du placenta se divisent très rapidement, ce qui est beaucoup plus rapide que dans le cas de l'amniocentèse.

Ces deux interventions sont effractives et comportent par conséquent des risques pour le fœtus et pour la mère. (Par exemple, la BVC augmente les risques d'anomalies aux doigts et aux orteils chez le fœtus.) On les prescrit systématiquement aux femmes enceintes de plus de 35 ans (à cause du risque accru de syndrome de Down), mais on les effectue chez les femmes

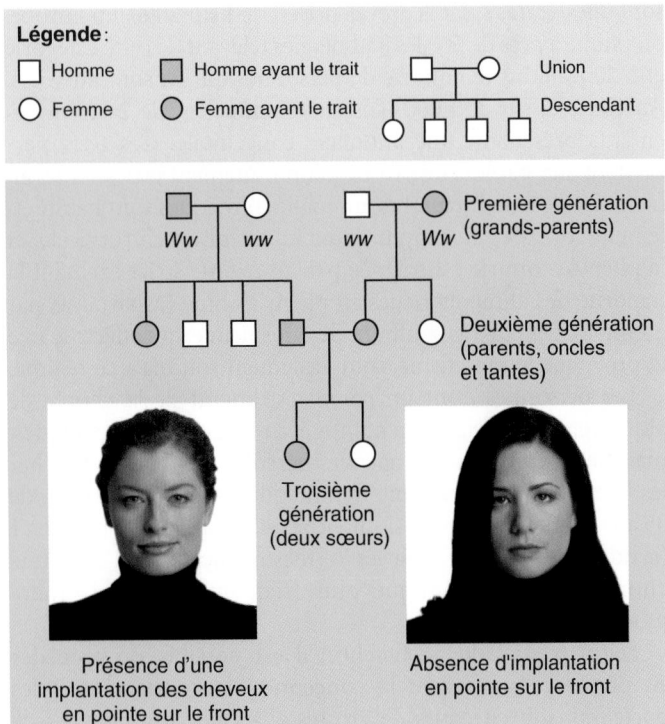

Figure 29.7 Arbre généalogique de la transmission du trait de l'implantation en pointe des cheveux sur le front sur trois générations. Remarquez qu'à la troisième génération la fille cadette n'a pas de pointe de cheveux sur le front, même si ses deux parents en avaient une.

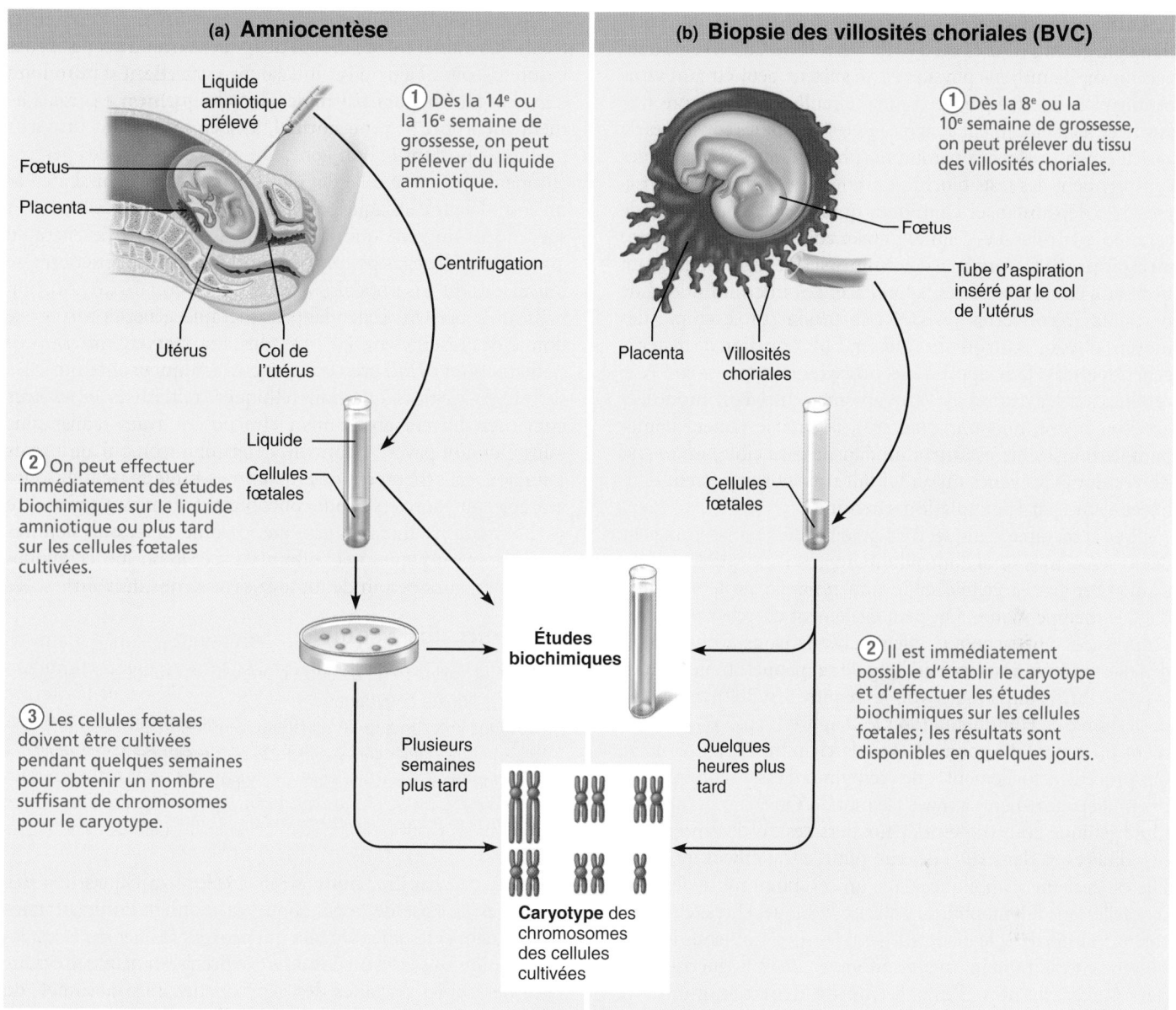

Figure 29.8 Diagnostic prénatal: amniocentèse et biopsie des villosités choriales.
Ces épreuves comprennent des études biochimiques permettant de rechercher certaines enzymes et le caryotype, qui sert à déterminer si les chromosomes fœtaux sont normaux en nombre et en apparence. **(b)** Dans la biopsie des villosités choriales, le médecin introduit un tube fin dans l'utérus et prélève un échantillon de tissu fœtal (villosité choriale) du placenta. L'échantillon est ensuite utilisé pour établir le caryotype.

plus jeunes seulement quand le risque de maladie fœtale grave est supérieur aux risques inhérents à l'intervention. Si une maladie héréditaire ou une anomalie congénitale grave est diagnostiquée, les parents doivent décider s'il y a lieu de mettre fin à la grossesse. Dans certains cas, ils peuvent avoir recours à la chirurgie fœtale: ce type d'intervention, qui existe depuis une vingtaine d'années, peut permettre de corriger, avant la naissance et sans avoir à ouvrir l'utérus, plusieurs anomalies (malformations cardiaques, hydrocéphalie, kystes et hernie diaphragmatique, entre autres).

Thérapie génique

Comme nous l'avons déjà mentionné, le Projet génome humain a ouvert la voie à un monde étonnant offrant aux chercheurs de tous les pays la capacité d'étudier l'expression génique. Déjà, les progrès réalisés en matière de diagnostic des maladies génétiques permettent d'atténuer, voire de guérir, certaines affections, particulièrement celles qui sont attribuables à la déficience d'un seul gène ou d'une seule protéine. En effet, grâce au génie génétique, il est possible de remplacer un gène défectueux par une version normale.

La thérapie génique, au sens large, comprend toute introduction de segments d'ADN ou d'ARN dans une cellule à l'aide d'un vecteur ou de moyens physiques. Le vecteur peut être un virus ou un plasmide (séquence d'ADN circulaire), ou encore une particule artificiellement conçue, tels les liposomes constitués de vésicules artificielles aux parois phospholipidiques. Ces procédés comprennent des tests biochimiques permettant de détecter la présence de substances chimiques qui sont des marqueurs de certaines maladies. Les cellules fœtales cultivées (amniocentèse) ou aspirées (BVC) servent à déterminer si les chromosomes sont normaux en nombre et en apparence. Les microinjections de particules recouvertes d'ADN constituent un exemple des moyens physiques qu'on peut utiliser. L'introduction de matériel génétique peut faire appel à des procédés de type *ex vivo* (des cellules sont extraites de l'organisme, cultivées, modifiées génétiquement, puis réimplantées), *in situ* (le vecteur contenant les bons gènes est introduit dans le tissu cible) ou *in vivo* (le vecteur et les gènes qu'on lui fait transporter entrent dans l'organisme par la circulation sanguine).

Avec la thérapie génique, il est possible de remplacer un gène défectueux, mais aussi d'introduire un gène susceptible de faire synthétiser par la cellule cible une nouvelle protéine douée d'effets thérapeutiques. On peut également chercher à bloquer l'expression d'un gène aux effets néfastes. Nous avons évoqué de telles interventions tout au long de ce manuel : traitement de la polyarthrite rhumatoïde (voir le chapitre 8, p. 309), traitement de la chorée de Huntington (voir le chapitre 12, p. 532) et traitement du cancer du poumon (voir le chapitre 22, p. 974-975). On procède actuellement à des centaines d'essais cliniques sur des milliers de patients à travers le monde. On fait appel à la thérapie génique pour traiter les deux tiers des cas de cancers non héréditaires et, dans 10 % des cas, pour le traitement du SIDA. Elle est également appliquée dans un certain nombre de maladies telles que l'hémophilie, la fibrose kystique, l'hypercholestérolémie familiale et le diabète. Parmi les succès obtenus jusqu'à présent chez l'humain, mentionnons en 2000 la guérison des personnes atteintes d'une forme de déficit immunitaire combiné sévère ou SCID (*severe combined immunodeficiency*) liée au chromosome X (bien que deux personnes traitées aient souffert de leucémie par la suite). Le transfert du gène de la dystrophine (gène défectueux chez les sujets atteints de la myopathie de Duchenne) s'est également avéré efficace. Cette technique a aussi été utilisée sur des patients souffrant de fibrose kystique, soit à l'aide d'un inhalateur permettant d'introduire dans l'organisme des plasmides dans lesquels on a préalablement incorporé le gène normal, soit en vaporisant un virus inoffensif portant le bon gène. On assiste aussi à des percées étonnantes, comme celle des chercheurs qui ont réussi à créer un stimulateur cardiaque en introduisant dans des cellules non spécialisées un gène qui leur a permis d'acquérir l'excitabilité grâce à laquelle elles peuvent accomplir la même fonction que les cellules du tissu nodal.

Jusqu'à présent, cependant, la thérapie génique a souvent donné des résultats mitigés. De plus, les interventions dans ce domaine sont démesurément coûteuses : à qui profiteront-elles surtout ? Certaines questions éthiques, religieuses et sociales épineuses doivent absolument être posées avant d'aller plus loin : Qui doit payer ? Comment détermine-t-on qui aura accès à ces nouvelles thérapeutiques ? Sommes-nous en train de jouer aux apprentis sorciers ? Pour contribuer réellement au bien-être de l'humain, la thérapie génique, comme beaucoup d'autres outils nouveaux que nous offrent la science et les techniques modernes, aura besoin de toute la sagesse de l'humain !

VÉRIFIONS NOS ACQUIS

14. Quel procédé de diagnostic prénatal est fondé sur l'analyse du liquide amniotique ?

15. Quelle technique de visualisation non effractive permet de déterminer certains aspects du développement fœtal ? (*Indice* : voir le Gros plan du chapitre 1.)

Les réponses se trouvent à l'appendice G.

Dans ce chapitre, nous avons exploré quelques-uns des principes de base de la génétique, la manière dont les gènes s'expriment et les phénomènes qui peuvent influer sur l'expression génique. Quand on considère la précision nécessaire pour faire des copies parfaites des gènes et des chromosomes, de même que la complexité mécanique de la division méiotique, on peut s'étonner que les anomalies génétiques soient si rares. Après la lecture de ce chapitre, vous apprécierez peut-être davantage d'être tel que vous êtes.

TERMES MÉDICAUX

29

Délétion Aberration chromosomique caractérisée par la perte d'un fragment de chromosome ; cause des malformations. Par exemple, la délétion du bras court du chromosome 5 (maladie du cri du chat, ainsi nommée car les pleurs de l'enfant ressemblent à des miaulements de chaton) entraîne, notamment, des malformations du crâne, de la face et du cœur ; elle touche 1 enfant sur 50 000 naissances.

Disomie Aussi appelée *disomie uniparentale* ou *DUP*. Présence, chez un individu et pour une paire de chromosomes, des deux chromosomes hérités d'un même parent.

Mutation (*mutatio* : changement) Modification structurale brusque, permanente et possiblement héréditaire d'un gène ; selon le site et la nature de la modification, la mutation modifie ou non l'expression du gène (la synthèse de la protéine).

Non-disjonction Ségrégation anormale des chromosomes au cours de la méiose, qui donne des gamètes possédant deux copies ou aucune copie d'un chromosome parental particulier. Plus fréquente chez la femme que chez l'homme. Si le gamète anormal contribue à une fécondation, le zygote possédera un nombre anormal de chromosomes (monosomie ou trisomie) pour ce chromosome, comme dans le syndrome de Down (trisomie 21), le syndrome de Turner (XO) et le syndrome de Klinefelter (XXY) ; voir le chapitre 27, p. 1230, pour ces deux derniers syndromes.

Syndrome de Down Aussi appelée *trisomie 21* (ou improprement « mongolisme »), cette affection reflète le plus souvent la présence d'un chromosome surnuméraire (trisomie du chromosome 21) ; l'enfant a les yeux légèrement bridés, le visage aplati, une langue volumineuse et des lèvres épaisses et

proéminentes ; il est généralement de petite taille et a des doigts larges et courts ; une partie des personnes atteintes présentent des malformations cardiaques et une déficience mentale ; leurs mitochondries présentent des anomalies, qui ont été associées avec la neurodégénérescence dans d'autres affections. Une des caractéristiques particulières du syndrome de Down est l'apparition précoce de la maladie d'Alzheimer. Le principal facteur de risque semble être l'âge avancé de la mère (ou du père).

RÉSUMÉ DU CHAPITRE

1. La génétique est la science de l'hérédité et des mécanismes de transmission des gènes.

Vocabulaire de la génétique (p. 1278)

1. L'ensemble complet de chromosomes (nombre diploïde) forme le *caryotype* d'un organisme ; le complément génétique complet est le *génome*. Le génome complet d'une personne se compose de deux ensembles d'instructions, un reçu de chaque parent.

Paires de gènes (allèles) (p. 1279)

2. Les gènes qui codent pour le même trait et occupent le même locus de chromosomes homologues sont appelés allèles.

3. Les allèles peuvent avoir la même expression ou une expression différente. Lorsque les allèles d'une paire sont identiques, la personne est homozygote pour ce trait ; lorsque les allèles sont différents, la personne est hétérozygote.

Génotype et phénotype (p. 1279)

4. Le matériel génétique d'une cellule est son génotype ; le phénotype est la façon dont ces gènes sont exprimés.

Sources sexuelles de variations génétiques (p. 1279)

Ségrégation indépendante des chromosomes (p. 1279)

1. Au cours de la méiose I de la gamétogenèse, les tétrades s'alignent au hasard sur la plaque équatoriale, puis les chromatides se répartissent au hasard dans les cellules filles. Ce phénomène est appelé ségrégation indépendante des chromosomes homologues. Chaque gamète reçoit un seul allèle de chaque paire de gènes.

2. Chaque alignement différent au cours de la métaphase I produit un assortiment différent des chromosomes parentaux dans les gamètes, et toutes les combinaisons des chromosomes maternels et des chromosomes paternels sont également possibles.

Enjambement des chromosomes homologues et recombinaisons géniques (p. 1280)

3. Au cours de la méiose I, deux des quatre chromatides (une maternelle et une paternelle) peuvent s'enjamber à un ou à plusieurs endroits pour échanger des segments génétiques correspondants. Les chromosomes recombinants contiennent de nouvelles combinaisons de gènes, qui s'ajoutent aux variations produites par la ségrégation indépendante.

Fécondation aléatoire (p. 1280)

4. La troisième source de variation génétique est la fécondation aléatoire des ovules par les spermatozoïdes.

Types de transmission héréditaire (p. 1281)

Hérédité dominante-récessive (p. 1281)

1. Les allèles dominants s'expriment toujours, qu'ils soient seuls ou avec un autre allèle dominant ; les allèles récessifs doivent être présents en double pour pouvoir s'exprimer.

2. Dans le cas de traits transmis selon le mode dominant-récessif, les lois de la probabilité donnent les résultats pour un grand nombre d'unions.

3. Les maladies héréditaires proviennent plus souvent d'un état homozygote récessif que d'un état homozygote dominant ou hétérozygote, parce que les gènes dominants s'expriment toujours et que la grossesse se termine généralement par une fausse couche si ces gènes sont létaux. L'achondroplasie et la chorée de Huntington sont deux maladies héréditaires causées par un gène dominant ; la fibrose kystique et la maladie de Tay-Sachs sont causées par des gènes récessifs.

4. Les porteurs sont des hétérozygotes qui portent un gène récessif nuisible (dont ils n'expriment pas le trait) et qui peuvent le transmettre à leurs enfants.

Dominance incomplète et codominance (p. 1283)

5. Dans la dominance incomplète, la personne hétérozygote présente un phénotype situé entre celui des homozygotes dominants et celui des homozygotes récessifs. Dans la codominance, les deux allèles expriment pleinement leurs caractéristiques respectives. La drépanocytose ou anémie à hématies falciformes est un exemple de codominance.

Transmission par allèles multiples (p. 1283)

6. La transmission par allèles multiples caractérise des gènes qui existent sous forme de plus de deux allèles dans la population. Seulement deux de ces allèles sont transmis d'une génération à l'autre, mais selon les lois du hasard. La transmission des groupes sanguins du système ABO est un exemple de transmission par allèles multiples dans lequel l'allèle I^A et l'allèle I^B sont codominants.

Hérédité liée au sexe (p. 1284)

7. Les traits déterminés par des gènes situés sur les chromosomes X et Y sont dits liés au sexe. Le petit chromosome Y ne possède pas la plupart des gènes portés par le chromosome X. Les gènes récessifs présents seulement sur le chromosome X s'expriment toujours chez l'homme, même s'ils ne sont représentés que par un seul allèle. Les anomalies liées au chromosome X, transmises de mère en fils, comprennent l'hémophilie et le daltonisme.

29

Hérédité polygénique (p. 1284)

8. Dans l'hérédité polygénique, plusieurs paires de gènes inter-agissent pour produire des phénotypes qui présentent des variations qualitatives dans une large plage. La taille, l'intelligence et la pigmentation de la peau sont des exemples d'hérédité polygénique.

Facteurs environnementaux et expression génique (p. 1285)

1. Les facteurs environnementaux peuvent exercer une influence sur l'expression du génotype.
2. Les facteurs maternels qui traversent la barrière placentaire peuvent affecter l'expression des gènes fœtaux. Les phénotypes produits par l'environnement mais qui ressemblent à des phénotypes déterminés génétiquement sont appelés phénocopies. Pendant l'enfance, les carences nutritionnelles et les déficits hormonaux peuvent empêcher la croissance de s'accomplir normalement et le développement déterminé par les gènes.

Hérédité non traditionnelle (p. 1285)

Au-delà de l'ADN : régulation de l'expression génique (p. 1286)

1. La régulation de l'expression génique se produit à trois niveaux : les gènes codant pour des protéines, les ARN non codants et les marques épigénétiques. Les deux derniers niveaux sont en cause dans de nombreux cas de maladies héréditaires qui ne suivent pas les règles traditionnelles de la génétique.
2. Les produits des ARN non codants (petits ARNi et miARN) peuvent inhiber des gènes ou empêcher leur expression ; ils semblent jouer un rôle dans la régulation de l'apoptose pendant le développement.
3. Les marques épigénétiques comportent la fixation de petits groupements chimiques (méthyle ou acétyle) à l'ADN ou à des histones. La méthylation bloque normalement l'accès à l'ADN, tandis que l'acétylation ouvre l'accès à l'ADN. L'empreinte génomique, qui fait intervenir la méthylation de certains gènes durant la gamétogenèse, confère différents effets et phénotypes aux gènes maternels et paternels. Ce processus est réversible et se renouvelle à chaque génération.

Hérédité mitochondriale (gènes cytoplasmiques) (p. 1287)

4. Les gènes cytoplasmiques (mitochondriaux) sont transmis à la progéniture par l'ovule et permettent de déterminer certaines caractéristiques. On attribue des problèmes de phosphorylation oxydative et certaines maladies génétiques rares à des délétions ou à des mutations de gènes cytoplasmiques.

Dépistage des maladies héréditaires, conseil génétique et thérapie génique (p. 1287)

Reconnaissance des porteurs (p. 1287)

1. On peut évaluer la possibilité qu'un individu porte un gène récessif nuisible en dressant son arbre généalogique. Certains de ces gènes peuvent être détectés au moyen d'analyses sanguines et de sondes d'ADN.

Diagnostic prénatal (p. 1288)

2. L'amniocentèse est un procédé permettant de prélever des échantillons de liquide amniotique. Les cellules fœtales présentes dans le liquide sont cultivées pendant plusieurs semaines, puis examinées pour rechercher les anomalies chromosomiques (dans le caryotype) ou les marqueurs de maladies héréditaires. L'amniocentèse ne peut être effectuée avant la 14e semaine de la grossesse.
3. La biopsie des villosités choriales est un procédé consistant à prélever un échantillon du chorion. Étant donné que ce tissu se divise rapidement, on peut établir le caryotype presque sans délai. Ce procédé peut être effectué dès la huitième semaine de la grossesse.

Thérapie génique (p. 1289)

4. Le Projet génome humain a donné un élan à la recherche sur le diagnostic des maladies héréditaires et leur traitement. Jusqu'à présent, la thérapie génique a surtout servi à traiter des maladies liées à un seul gène déficient. L'intervention la plus courante en thérapie génique consiste à introduire, par l'entremise d'un virus ou d'un autre vecteur, un gène corrigé dans les cellules malades afin d'en assurer le fonctionnement normal. La thérapie génique pourrait également être appliquée de plusieurs autres façons. Avant de l'utiliser couramment, il faudra cependant résoudre de sérieuses questions de nature éthique.

QUESTIONS DE RÉVISION

Choix multiples/associations

(Il peut y avoir plus d'une bonne réponse à certaines questions. Choisissez les meilleures réponses parmi celles qui sont proposées. Les réponses se trouvent à l'appendice G.)

1. Associez les termes suivants (a-i) à la description appropriée :

   (a) Allèles   (f) Homozygote
   (b) Autosomes   (g) Phénotype
   (c) Allèle dominant   (h) Allèle récessif
   (d) Génotype   (i) Chromosomes sexuels
   (e) Hétérozygote

   _____ (1) Matériel génétique.
   _____ (2) Expression du matériel génétique.
   _____ (3) Chromosomes qui dictent la majorité des caractéristiques du corps.
   _____ (4) Formes possibles d'un même gène.
   _____ (5) Individu qui porte deux allèles identiques pour un trait particulier.
   _____ (6) Allèle qui s'exprime, qu'il soit seul ou en double.
   _____ (7) Individu qui porte deux allèles différents pour un trait particulier.
   _____ (8) Allèle qui doit être présent en double pour pouvoir s'exprimer.

2. Associez les types d'hérédité suivants (a-f) à la description appropriée :

   (a) Dominante-récessive   (d) Polygénique
   (b) Dominance incomplète   (e) Liée au sexe
   (c) Par allèles multiples   (f) Cytoplasmique

   _____ (1) Seuls les fils présentent le trait.
   _____ (2) Les homozygotes et les hétérozygotes ont le même phénotype.

_____ (**3**) Les hétérozygotes ont un phénotype qui se situe entre ceux des homozygotes.

_____ (**4**) Les phénotypes des enfants peuvent être plus variés que ceux des parents.

_____ (**5**) Transmission des groupes sanguins du système ABO.

_____ (**6**) Transmission de la taille.

_____ (**7**) Activité de l'ADN des mitochondries.

Questions à court développement

3. Décrivez les principaux mécanismes qui créent des variations génétiques dans les gamètes.

4. La capacité de goûter le phénylthiocarbamide (PTC) dépend de la présence d'un gène dominant (*G*); ceux qui ne peuvent le goûter sont homozygotes pour le gène récessif *g*. Il s'agit d'une situation classique d'hérédité dominante-récessive. (**a**) Dans le cas d'une union entre des parents hétérozygotes qui auront trois enfants, quelle proportion des enfants pourra goûter le PTC? Quelles sont les probabilités que tous les trois en soient capables? Ou incapables? Quelles sont les probabilités que deux en soient capables et l'autre incapable? (**b**) Dans le cas d'une union entre des parents *Gg* et *gg*, quel sera le pourcentage d'enfants capables de goûter le PTC? Quel pourcentage en sera incapable? Dans quelle proportion les enfants seront-ils homozygotes récessifs? Hétérozygotes? Homozygotes dominants?

5. La plupart des enfants albinos naissent de parents à la pigmentation normale. Les albinos sont homozygotes pour un gène récessif (*aa*). Que pouvez-vous dire sur le génotype des parents qui ne sont pas albinos?

6. Expliquez pourquoi la fréquence des maladies héréditaires dominantes est moins élevée que celle des maladies héréditaires récessives.

7. Une femme du groupe sanguin A a deux enfants, un du groupe O et l'autre du groupe B. (**a**) Quel est le génotype de la mère? (**b**) Quels sont le génotype et le phénotype du père? (**c**) Quel est le génotype de chaque enfant?

8. Expliquez pourquoi les femmes ne sont que très rarement affectées par les maladies liées au chromosome X.

9. Quel sera l'éventail des pigmentations cutanées chez les enfants des parents suivants? (**a**) *AABBCC* × *aabbcc*; (**b**) *AABBCC* × *AaBbCc*; (**c**) *AAbbcc* × *aabbcc*.

10. Expliquez dans quelle circonstance un gène non lié au chromosome X pourrait être transmis exclusivement par la mère.

11. Comparez l'amniocentèse et la biopsie des villosités choriales en ce qui concerne le moment où on peut les exécuter et les techniques permettant d'obtenir des informations sur l'état du fœtus.

12. Expliquez deux façons différentes d'introduire un gène grâce à la thérapie génique. Faites la distinction entre les techniques *ex vivo*, *in vivo* et *in vitro*.

Réflexion et application

1. Un homme atteint de cécité pour le rouge et le vert (daltonisme) se marie avec une femme qui a une vision normale mais dont le père était aussi daltonien. (**a**) Quelles sont les probabilités que leur premier enfant soit un garçon daltonien? Une fille daltonienne? (**b**) S'ils ont quatre enfants, quelles sont les probabilités que deux d'entre eux soient des garçons daltoniens? (Réfléchissez bien à la dernière question.)

2. Pour son cours de biologie, Bertrand doit établir un arbre généalogique des fossettes aux joues. L'absence de fossettes est récessive; la présence de fossettes révèle un allèle dominant. Bertrand a des fossettes, tout comme ses trois frères. Sa mère et sa grand-mère maternelle n'ont pas de fossettes, mais son père et ses autres grands-parents en ont. Construisez un arbre généalogique de trois générations de la famille de Bertrand. Inscrivez le génotype et le phénotype de chaque personne.

3. Mme Lehman et son mari vont voir un conseiller en génétique. Mme Lehman est enceinte (sans l'avoir désiré) et elle s'inquiète parce que le frère de son mari est mort de la maladie de Tay-Sachs. Elle n'a jamais entendu parler d'un cas de cette maladie dans sa famille. Pensez-vous qu'on devrait recommander à Mme Lehman de subir des analyses biochimiques pour détecter le gène nuisible? Justifiez votre réponse.

4. M. Lebrun et sa femme sont tous deux porteurs de l'allèle récessif à l'origine de la phénylcétonurie, un trouble métabolique. Quelles sont les probabilités de chacun des scénarios suivants? (**a**) Leurs trois enfants auront la maladie. (**b**) Aucun de leurs enfants n'aura la maladie. (**c**) Au moins un de leurs enfants aura la maladie. (**d**) Au moins un de leurs enfants aura le phénotype normal.

29

GRANDEUR	UNITÉS ET ABRÉVIATIONS	ÉQUIVALENTS
Longueur	Kilomètre (km)	1000 (10^3) mètres
	Mètre (m)	100 (10^2) centimètres
		1000 millimètres
	Centimètre (cm)	0,01 (10^{-2}) mètre
	Millimètre (mm)	0,001 (10^{-3}) mètre
	Micromètre (μm)	0,000 001 (10^{-6}) mètre
	Nanomètre (nm)	0,000 000 001 (10^{-9}) mètre
	Angström (Å)	0,000 000 000 1 (10^{-10}) mètre
Superficie	Mètre carré (m^2)	10 000 centimètres carrés
	Centimètre carré (cm^2)	100 millimètres carrés
Masse	Tonne métrique (t)	1000 kilogrammes
	Kilogramme (kg)	1000 grammes
	Gramme (g)	1000 milligrammes
	Milligramme (mg)	0,001 gramme
	Microgramme (μg)	0,000 001 gramme
	Millimole (mmol)	0,001 mole
	Micromole (μmol)	0,001 millimole
Volume (solides)	Mètre cube (m^3)	1 000 000 centimètres cubes
	Centimètre cube (cm^3)	0,000 001 mètre cube
		1 millilitre
	Millimètre cube (mm^3)	0,000 000 001 mètre cube
Volume (liquides et gaz)	Kilolitre (kL)	1000 litres
	Litre (L)	1000 millilitres
	Millilitre (mL)	0,001 litre
		1 centimètre cube
	Microlitre (μL)	0,000 001 litre
Temps	Seconde (s)	$\frac{1}{60}$ minute
	Milliseconde (ms)	0,001 seconde
Énergie	Kilojoule (kJ)	1000 joules
Température	Degré Celsius (°C)	

Groupement fonctionnel	Formule	Nom des composés	Exemple	Présent dans
Hydroxyle —OH (ou HO—)	—O—H	Alcools	 Éthanol	Glucides ; vitamines hydrosolubles
Carbonyle 〉CO		Aldéhydes	 Propanal	Certains glucides ; formaldéhyde (un agent de conservation)
		Cétones	 Acétone	Certains glucides ; corps cétoniques de l'urine (provenant de la dégradation des lipides)
Carboxyle —COOH		Acides carboxyliques	 Acide acétique	Acides aminés ; protéines ; certaines vitamines ; acides gras
Amine —NH₂ (ou H₂N—)		Amines	 Méthylamine	Acides aminés ; protéines ; urée de l'urine (provenant de la dégradation des protéines)

APPENDICE C Les acides aminés

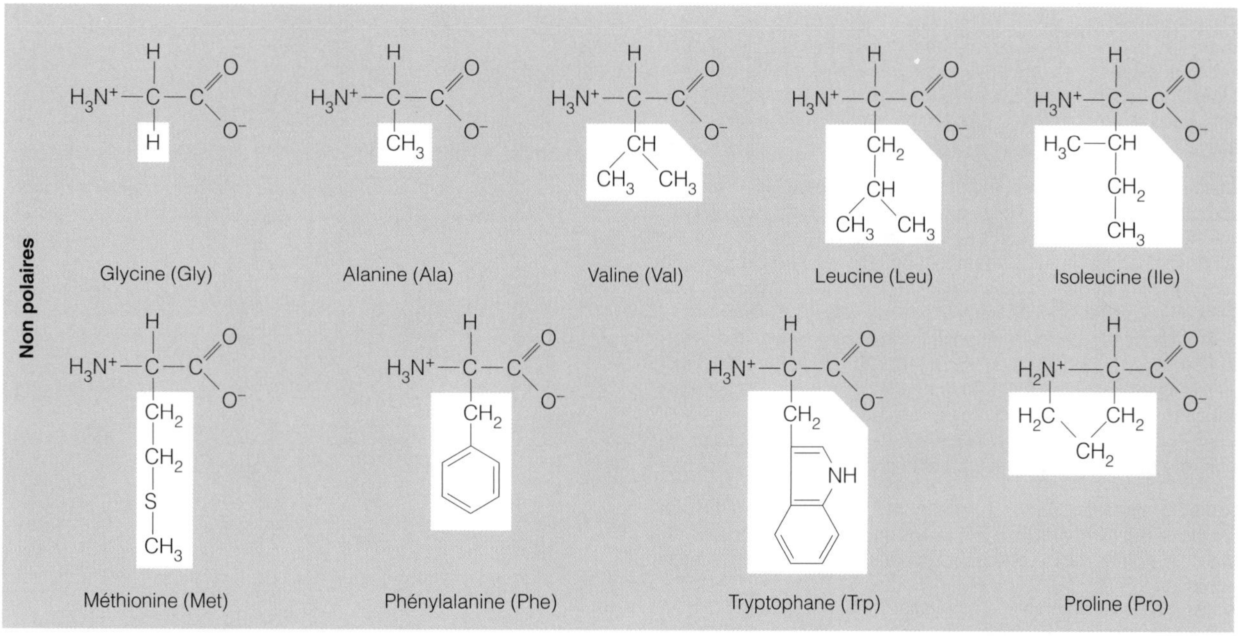

Non polaires

Glycine (Gly)

Alanine (Ala)

Valine (Val)

Leucine (Leu)

Isoleucine (Ile)

Méthionine (Met)

Phénylalanine (Phe)

Tryptophane (Trp)

Proline (Pro)

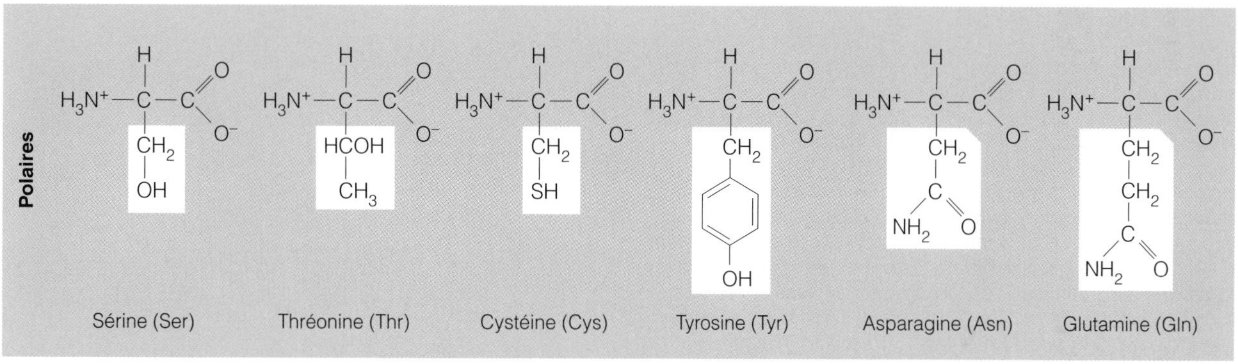

Polaires

Sérine (Ser)

Thréonine (Thr)

Cystéine (Cys)

Tyrosine (Tyr)

Asparagine (Asn)

Glutamine (Gln)

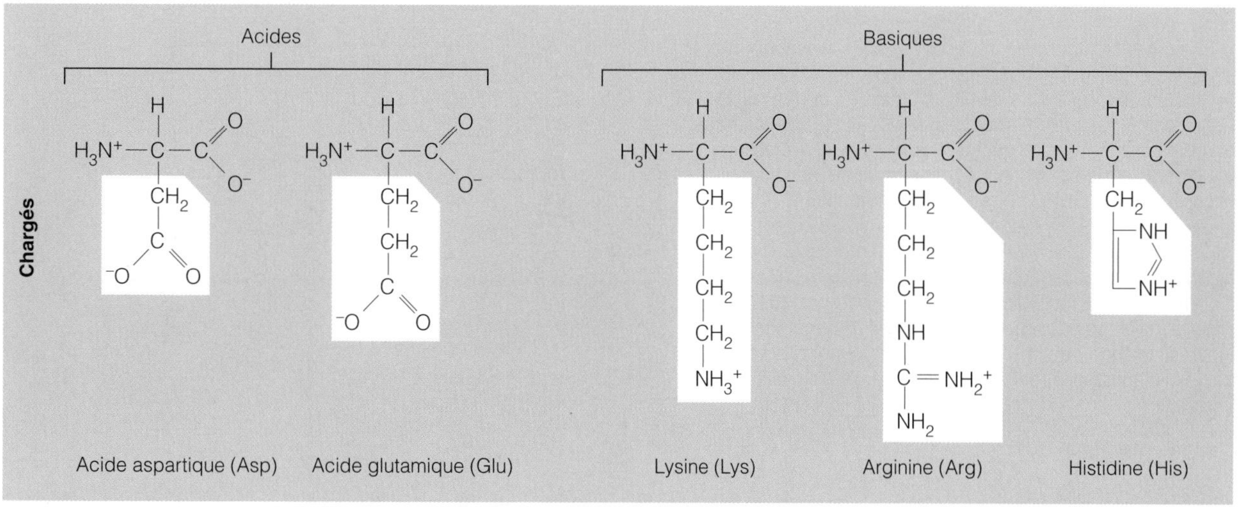

Chargés

Acides

Acide aspartique (Asp)

Acide glutamique (Glu)

Basiques

Lysine (Lys)

Arginine (Arg)

Histidine (His)

Les 10 étapes de la glycolyse   Chacune des 10 étapes de la glycolyse est catalysée par une enzyme spécifique présente en solution dans le cytoplasme. Toutes les étapes sont réversibles. Une version abrégée des trois principales phases de la glycolyse est représentée dans la partie inférieure droite de la page suivante.

(1) Le glucose entre dans la cellule et est phosphorylé par l'hexokinase, l'enzyme qui catalyse le transfert d'un groupement phosphate, symbolisé par **(Pi)**, d'une molécule d'ATP au carbone numéro six du glucose, ce qui produit du glucose-6-phosphate. Cette phosphorylation est très importante : en effet, comme la plupart des cellules ne possèdent pas l'enzyme nécessaire à la réaction inverse, le glucose entré dans la cellule est désormais emprisonné. De plus, cette transformation subie par la molécule de glucose maintient un gradient de concentration favorisant l'entrée de glucose dans la cellule. La phosphorylation du glucose rend également la molécule plus réactive chimiquement. Bien que la glycolyse soit censée produire de l'ATP, à l'étape 1, l'ATP est en fait utilisé (un investissement d'énergie qui sera par la suite remboursé avec des dividendes dans la glycolyse).

(2) Le glucose-6-phosphate subit un réarrangement et est converti en son isomère, le fructose-6-phosphate. Rappelez-vous que les isomères possèdent le même nombre d'atomes de même type mais dans une disposition différente.

(3) Pendant cette étape, une nouvelle molécule d'ATP est utilisée pour ajouter un deuxième groupement phosphate au glucide, ce qui produit le fructose-1,6-diphosphate. Jusque-là, le «grand livre» de l'ATP présente un débit de -2. Le glucide, avec un groupement phosphate de chaque côté, est maintenant prêt à être scindé en deux.

(4) Il s'agit de la réaction dont la glycolyse tire son nom. Une enzyme coupe la molécule de glucide en deux glucides différents formés chacun de trois atomes de carbone : le glycéraldéhyde-3-phosphate et la dihydroxyacétone phosphate. Ces deux glucides sont des isomères l'un de l'autre.

(5) L'enzyme isomérase interconvertit les deux glucides à trois atomes de carbone. Toutefois, cette réaction d'isomérisation n'atteint jamais l'équilibre, sauf dans une éprouvette. En effet, dans une cellule, l'enzyme qui intervient dans l'étape suivante de la glycolyse utilise uniquement le glycéraldéhyde-3-phosphate comme substrat, et non pas la dihydroxyacétone phosphate. Il s'ensuit un déplacement de l'équilibre entre les deux glucides à trois atomes de carbone vers le glycéraldéhyde-3-phosphate, qui est éliminé à mesure qu'il se forme. Le résultat global des étapes 4 et 5 est donc le clivage d'un glucide à six atomes de carbone en deux molécules de glycéraldéhyde-3-phosphate ; toutes les deux contribueront aux étapes restantes de la glycolyse.

(6) Une enzyme catalyse alors deux réactions successives tout en conservant le glycéraldéhyde-3-phosphate sur son site actif. D'abord, le glucide est oxydé par le transfert, au NAD^+, d'électrons et de H provenant du carbone numéro un du glucide, pour former le NADH + H^+. Ici, nous voyons dans son contexte métabolique la réaction d'oxydoréduction décrite au chapitre 24. Cette réaction libère une quantité substantielle d'énergie, et l'enzyme capitalise là-dessus en couplant la réaction à la création d'une liaison phosphate riche en énergie au carbone numéro un du substrat oxydé. La source du phosphate est le phosphate inorganique (Pi) toujours présent dans le cytosol. L'enzyme produit le NADH + H^+ et l'acide 1,3-diphosphoglycérique. Remarquez que, dans la figure, la nouvelle liaison phosphate est symbolisée par un court trait ondulé (~), qui indique que la liaison possède au moins autant d'énergie que les liaisons phosphate riches en énergie de l'ATP.

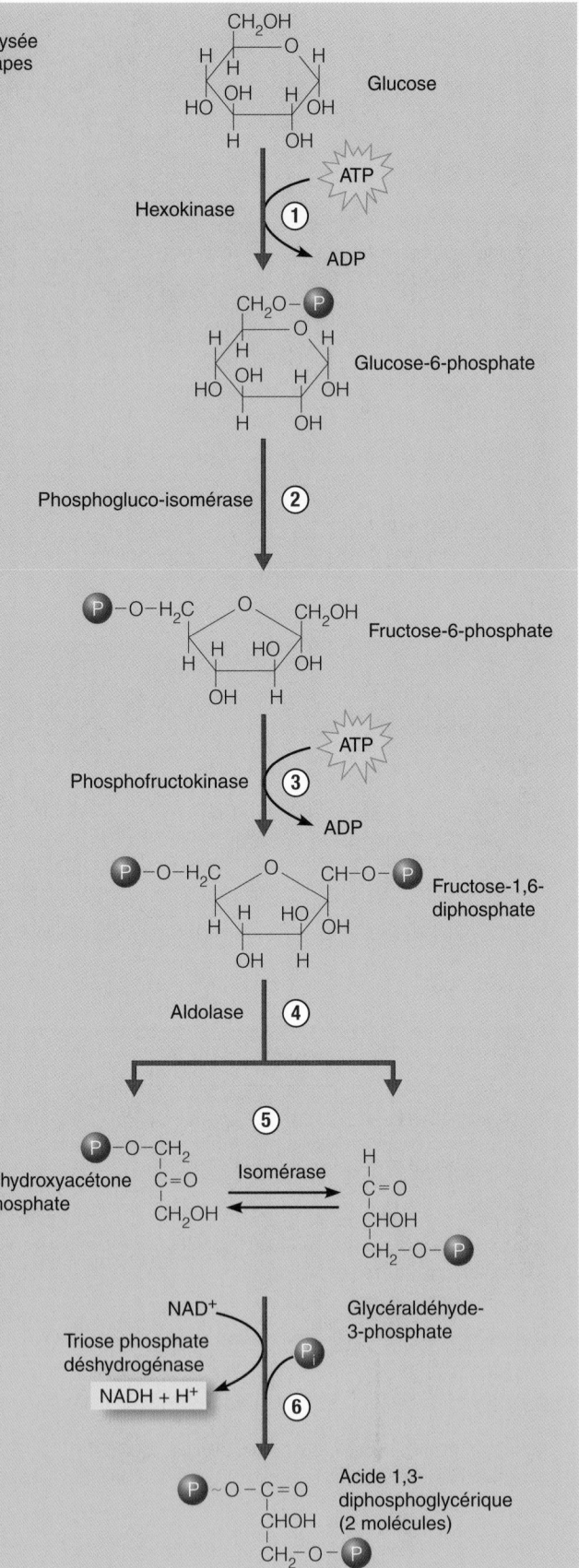

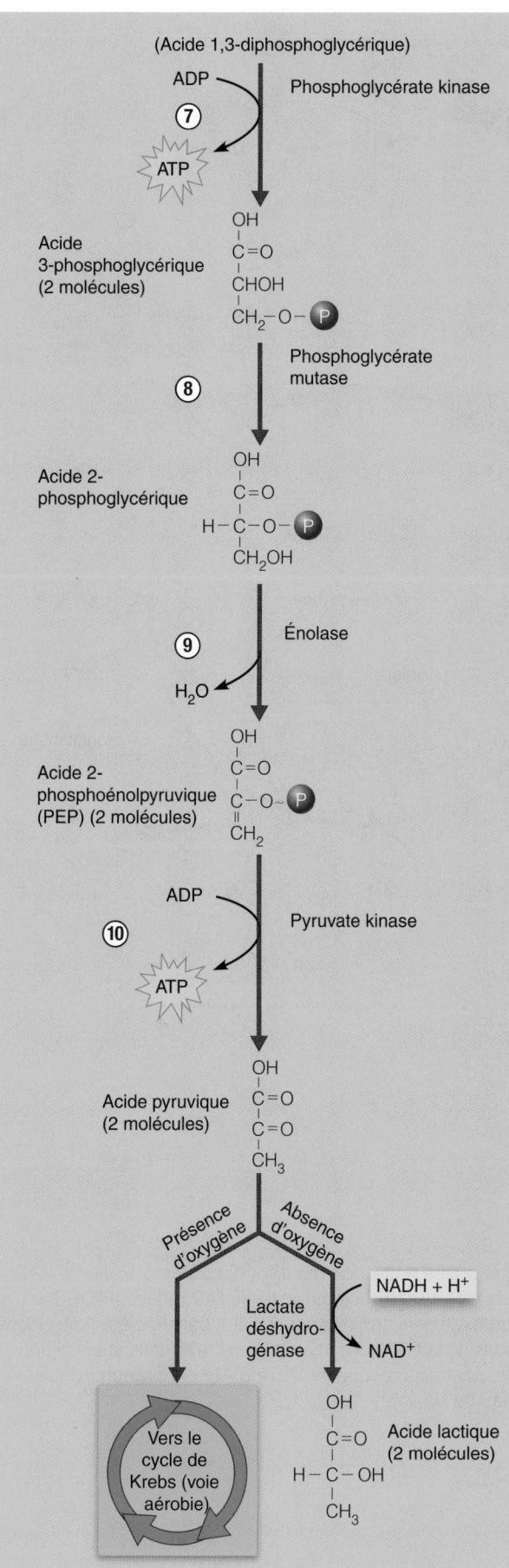

(Acide 1,3-diphosphoglycérique)

Phosphoglycérate kinase ⑦

ADP → ATP

Acide 3-phosphoglycérique (2 molécules)

Phosphoglycérate mutase ⑧

Acide 2-phosphoglycérique

Énolase ⑨

H_2O

Acide 2-phosphoénolpyruvique (PEP) (2 molécules)

Pyruvate kinase ⑩

ADP → ATP

Acide pyruvique (2 molécules)

Présence d'oxygène / Absence d'oxygène

Lactate déshydrogénase

$NADH + H^+$ → NAD^+

Vers le cycle de Krebs (voie aérobie)

Acide lactique (2 molécules)

⑦ La glycolyse produit finalement de l'ATP. Le groupement phosphate, avec sa liaison riche en énergie, est transféré de l'acide 1,3-diphosphoglycérique à l'ADP. Pour chaque molécule de glucose entrant dans la glycolyse, l'étape 7 produit deux molécules d'ATP, car chaque produit à la fin de l'étape de scission du glucide (étape 4) subit cette transformation. Comme la cellule a investi 2 ATP pour préparer le glucide à sa scission, le « grand livre » de l'ATP se retrouve maintenant à zéro. À la fin de l'étape 7, le glucose a été converti en deux molécules d'acide 3-phosphoglycérique. Ce composé n'est pas un glucide. Le glucide a déjà été oxydé en acide organique à l'étape 6 et, maintenant, l'énergie fournie par cette oxydation a servi à la production d'ATP.

⑧ Ensuite, une enzyme déplace le groupement phosphate restant de l'acide 3-phosphoglycérique pour former l'acide 2-phosphoglycérique. C'est une préparation du substrat pour la réaction suivante.

⑨ Une enzyme forme une liaison double dans le substrat par élimination d'une molécule d'eau de l'acide 2-phosphoglycérique pour former l'acide 2-phosphoénolpyruvique, ou PEP. Cela provoque un réarrangement des électrons du substrat de façon telle que la liaison phosphate qui reste devient très instable ; elle a été promue à un niveau d'énergie supérieur.

⑩ La dernière réaction de la glycolyse produit une autre molécule d'ATP par transfert du groupement phosphate du PEP à un ADP. Cette étape s'effectue deux fois pour chaque molécule de glucose ; c'est pourquoi le « grand livre » de l'ATP présente maintenant un gain net de deux molécules d'ATP. Les étapes 7 et 10 produisent chacune deux molécules d'ATP pour un crédit total de quatre, mais une dette de deux molécules d'ATP a été contractée aux étapes 1 et 3. La glycolyse a remboursé l'investissement d'ATP avec un intérêt de 100 %. Pendant ce temps, le glucose a été coupé et oxydé en deux molécules d'acide pyruvique, le composé produit à partir du PEP dans l'étape 10.

Sommaire

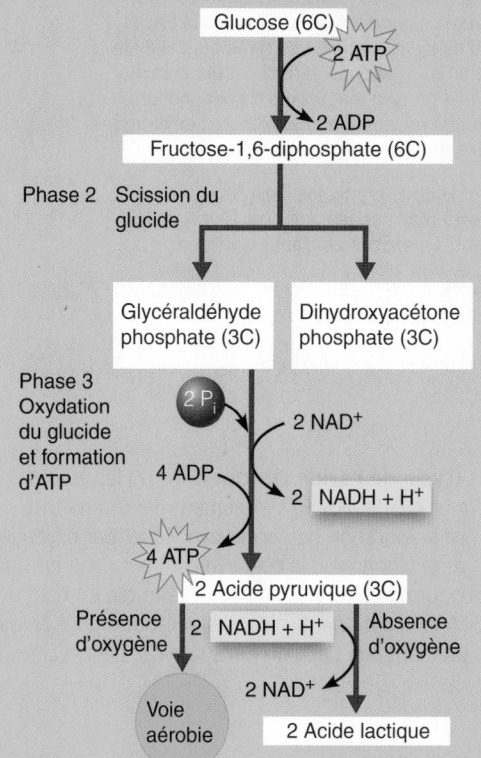

Phase 1　Activation du glucose par phosphorylation

Glucose (6C) → 2 ATP → 2 ADP

Fructose-1,6-diphosphate (6C)

Phase 2　Scission du glucide

Glycéraldéhyde phosphate (3C)　　Dihydroxyacétone phosphate (3C)

Phase 3 Oxydation du glucide et formation d'ATP

$2 P_i$　$2 NAD^+$

4 ADP → $2 NADH + H^+$

4 ATP

2 Acide pyruvique (3C)

Présence d'oxygène　$2 NADH + H^+$　Absence d'oxygène

$2 NAD^+$

Voie aérobie　　2 Acide lactique

① L'acétyl CoA à deux atomes de carbone est combiné à l'acide oxaloacétique, un composé à quatre atomes de carbone. La liaison instable entre le groupement acétyle et la CoA est brisée lorsque l'acide oxaloacétique se lie et que la CoA est libérée pour activer un autre fragment de deux atomes de carbone dérivé de l'acide pyruvique. Le produit est de l'acide citrique, à six atomes de carbone, d'après lequel le cycle est nommé.

② Une molécule d'eau est éliminée et une autre est ajoutée. Le résultat net est la conversion de l'acide citrique en son isomère, l'acide isocitrique.

③ Le substrat perd une molécule de CO_2 et le composé à cinq atomes de carbone qui reste est oxydé, formant l'acide α-cétoglutarique et réduisant le NAD^+.

④ Cette étape est catalysée par un complexe multienzymatique très semblable à celui qui convertit l'acide pyruvique en acétyl CoA. Une molécule de CO_2 est perdue ; le composé à quatre atomes de carbone restant est oxydé par le transfert d'électrons au NAD^+ pour former le $NADH + H^+$, puis il est lié à la CoA par une liaison instable. Le produit est le succinyl CoA.

⑤ Une phosphorylation au niveau du substrat s'effectue à cette étape. La CoA est remplacée par un groupement phosphate, qui est alors transféré à la GDP pour former la guanosine triphosphate (GTP). La GTP est semblable à l'ATP, lequel se forme lorsque la GTP donne un groupement phosphate à l'ADP. Les produits de cette étape sont l'acide succinique et l'ATP.

⑥ Pendant une autre étape d'oxydation, deux atomes d'hydrogène sont enlevés de l'acide succinique pour former l'acide fumarique, et ils sont transférés à la FAD pour former la $FADH_2$. La fonction de cette coenzyme est semblable à celle du $NADH + H^+$, mais la $FADH_2$ emmagasine moins d'énergie. L'enzyme qui catalyse cette réaction d'oxydoréduction est la seule enzyme du cycle incluse dans la membrane mitochondriale. Toutes les autres enzymes du cycle de l'acide citrique sont dissoutes dans la matrice mitochondriale.

⑦ Au cours de cette étape, les liaisons du substrat sont réarrangées par ajout d'une molécule d'eau. Le produit est l'acide malique.

⑧ La dernière étape oxydative réduit un autre NAD^+ et régénère l'acide oxaloacétique qui accepte un fragment de deux atomes de carbone de l'acétyl CoA pour effectuer un autre tour du cycle.

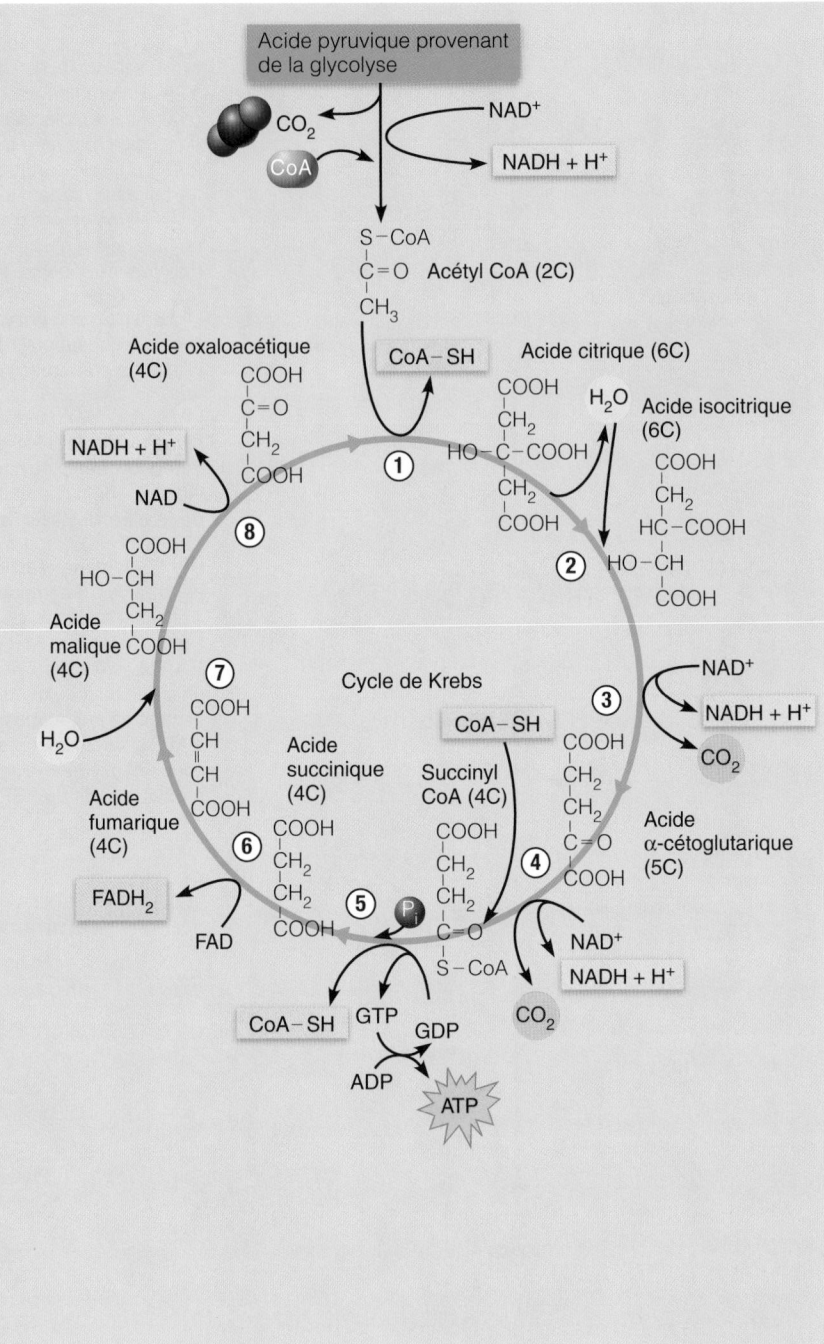

Cycle de Krebs (cycle de l'acide citrique). Toutes les étapes à l'exception d'une seule (étape 6) s'effectuent dans la matrice mitochondriale. La préparation de l'acide pyruvique (par oxydation, décarboxylation et réaction avec la coenzyme A) pour son entrée dans le cycle sous forme d'acétyl CoA est représentée en haut du cycle. L'acétyl CoA est capté par l'acide oxaloacétique pour former l'acide citrique ; pendant son passage dans le cycle, l'acide citrique est oxydé quatre autres fois (pour former trois molécules de NAD réduit [$NADH + H^+$] et une molécule de FAD réduite [$FADH_2$]) et décarboxylé deux fois (libérant 2 CO_2). L'énergie est captée dans les liaisons de la GTP qui agit alors avec l'ADP, dans une réaction couplée, pour générer une molécule d'ATP par phosphorylation au niveau du substrat.

APPENDICE E Tableau périodique des éléments*

Tableau périodique des éléments

Éléments représentatifs (des grands groupes)

Éléments représentatifs (des grands groupes)

Éléments (métaux) de transition

IA	IIA	IIIB	IVB	VB	VIB	VIIB	VIIIB			IB	IIB	IIIA	IVA	VA	VIA	VIIA	VIIIA
1 H 1,0079																	**2** He 4,003
3 Li 6,941	**4** Be 9,012											**5** B 10,811	**6** C 12,011	**7** N 14,007	**8** O 15,999	**9** F 18,998	**10** Ne 20,180
11 Na 22,990	**12** Mg 24,305											**13** Al 26,982	**14** Si 28,086	**15** P 30,974	**16** S 32,066	**17** Cl 35,453	**18** Ar 39,948
19 K 39,098	**20** Ca 40,078	**21** Sc 44,956	**22** Ti 47,88	**23** V 50,942	**24** Cr 51,996	**25** Mn 54,938	**26** Fe 55,845	**27** Co 58,933	**28** Ni 58,69	**29** Cu 63,546	**30** Zn 65,39	**31** Ga 69,723	**32** Ge 72,61	**33** As 74,922	**34** Se 78,96	**35** Br 79,904	**36** Kr 83,8
37 Rb 85,468	**38** Sr 87,62	**39** Y 88,906	**40** Zr 91,224	**41** Nb 92,906	**42** Mo 95,94	**43** Tc 98	**44** Ru 101,07	**45** Rh 102,906	**46** Pd 106,42	**47** Ag 107,868	**48** Cd 112,411	**49** In 114,82	**50** Sn 118,71	**51** Sb 121,76	**52** Te 127,60	**53** I 126,905	**54** Xe 131,29
55 Cs 132,905	**56** Ba 137,327	**57** La 138,906	**72** Hf 178,49	**73** Ta 180,948	**74** W 183,84	**75** Re 186,207	**76** Os 190,23	**77** Ir 192,22	**78** Pt 195,08	**79** Au 196,967	**80** Hg 200,59	**81** Tl 204,383	**82** Pb 207,2	**83** Bi 208,980	**84** Po 209	**85** At 210	**86** Rn 222
87 Fr 223	**88** Ra 226,025	**89** Ac 227,028	**104** Rf 261	**105** Db 262	**106** Sg 263	**107** Bh 262	**108** Hs 265	**109** Mt 266	**110** Ds 269	**111** Rg 272	**112** Cn 285		**114**		**116**		

Terres rares

	58 Ce 140,115	**59** Pr 140,908	**60** Nd 144,24	**61** Pm 145	**62** Sm 150,36	**63** Eu 151,964	**64** Gd 157,25	**65** Tb 158,925	**66** Dy 162,5	**67** Ho 164,93	**68** Er 167,26	**69** Tm 168,934	**70** Yb 173,04	**71** Lu 174,967
Lanthanides														
Actinides	**90** Th 232,038	**91** Pa 231,036	**92** U 238,029	**93** Np 237,048	**94** Pu 244	**95** Am 243	**96** Cm 247	**97** Bk 247	**98** Cf 251	**99** Es 252	**100** Fm 257	**101** Md 258	**102** No 259	**103** Lr 262

Dans le tableau périodique, les éléments sont disposés selon leur numéro atomique et leur masse atomique en rangées horizontales appelées périodes et en 18 colonnes verticales appelées groupes, ou familles. Les groupes d'éléments sont en outre catégorisés dans la classe A ou la classe B.

Les éléments de chaque groupe de la série A présentent des propriétés chimiques et physiques semblables. Cela reflète le fait que chacun des membres d'un groupe particulier possède le même nombre d'électrons de valence. Par exemple, les éléments du groupe IA possèdent un électron de valence, ceux du groupe IIA en ont deux et ceux du groupe VA, cinq. Par contre, si on considère une période en allant de gauche à droite, les propriétés des éléments changent progressivement, des propriétés très métalliques des groupes IA et IIA aux propriétés non métalliques du groupe VIIA (chlore et autres) et, enfin, aux éléments inertes (gaz rares) du groupe VIIIA. Ces différences dans les propriétés des éléments traduisent l'augmentation continue du nombre d'électrons de valence à l'intérieur d'une période (de gauche à droite).

Les éléments de la classe B sont appelés *éléments de transition*. Tous ces éléments sont des métaux, et ils possèdent en général un ou deux électrons de valence. (Dans ces éléments, certains électrons occupent des couches électroniques plus éloignées du noyau avant que les couches qui sont près du noyau soient pleines.)

Dans le présent tableau, les couleurs indiquent la phase (solide, liquide ou gazeuse) dans laquelle se trouve un élément pur dans les conditions normales (25 °C et 1 atm). Les éléments dont le symbole est en caractères noirs sont solides. Les symboles rouges représentent les éléments à l'état gazeux et les symboles bleus, ceux à l'état liquide. Les symboles verts sont ceux des éléments qui n'existent pas dans la nature et qui sont créés grâce à une réaction nucléaire quelconque.

Les 24 éléments présents dans l'organisme humain sont énumérés au tableau 2.1, page 30, accompagnés de leur symbole, de leur pourcentage de la masse corporelle et de leurs fonctions.

* La masse atomique des éléments est tirée des données de la Commission on Isotopic Abundances and Atomic Weights de l'IUPAC (Union internationale de chimie pure et appliquée, 2007).

Les valeurs de référence du tableau ci-dessous se situent à l'intérieur des plages habituelles obtenues chez l'adulte (sauf pour certains cas particuliers où l'âge est pris en compte); cependant, le laboratoire procédant aux analyses fixe lui-même ses propres valeurs «normales». Divers facteurs peuvent modifier ces valeurs, notamment les méthodes et le matériel d'analyse utilisés, l'âge du sujet, sa masse corporelle, son sexe, son régime alimentaire, son niveau d'activité, les médicaments qu'il prend et le stade d'évolution de sa maladie.

Ces valeurs de référence sont exprimées en unités du système international (SI). Les unités du SI qui mesurent la quantité par volume sont utilisées dans la plupart des pays et des publications scientifiques. Elles sont souvent exprimées en moles par litre (mol/L), en millimoles par litre (mmol/L) ou en micromoles par litre (μmol/L).

Dans le cas des enzymes, 1 unité internationale (U ou UI) correspond à une quantité arbitraire, mais définie, d'activité; 1 **katal** (kat), pour sa part, représente la quantité d'enzyme nécessaire pour **catal**yser la transformation de 1 mole de substrat par seconde.

Dans la première colonne, les échantillons sont les suivants: sérum (S), plasma (P), sang entier (Sg). La troisième colonne montre les principales indications physiologiques associées à une augmentation (↑) ou à une diminution (↓) des valeurs par rapport aux valeurs de référence.

ANALYSE (ÉCHANTILLON)	VALEURS DE RÉFÉRENCE	INDICATIONS PHYSIOLOGIQUES ET VARIABLES CLINIQUES
Analyses biochimiques du sang		
Acétoacétique, acide (S)	30 à 300 μmol/L	Catabolisme des acides gras.
Acétone (Sg, S)	0 μmol/L	↑ Cétose, acidocétose diabétique, inanition, faible consommation d'hydrates de carbone, diabète sucré non contrôlé, ingestion d'AAS.
Albumine (S)	32 à 50 g/L	Pression osmotique. ↑ Déshydratation (hémoconcentration). ↓ Atteinte hépatique, malnutrition ou malabsorption, maladie de Crohn, syndrome néphrotique, pertes cutanées par suite de brûlures graves, lupus érythémateux aigu disséminé.
Ammoniac (P)	5 à 50 μmol/L	Fonction hépatique et rénale. ↑ Atteinte hépatique, insuffisance rénale, maladie hémolytique du nouveau-né, insuffisance cardiaque, syndrome de Reye, cœur pulmonaire. ↓ Hypertension.
Amylase totale (salivaire et pancréatique) (S)	0 à 130 U/L (de 0,4 à 2,1 μkat/L)	Fonction pancréatique. ↑ Pancréatite, cancer, ou ulcère perforé de l'intestin, obstruction du conduit pancréatique ou des conduits salivaires, parotidite (oreillons), acidocétose. ↓ Atteinte hépatique, lésion ou cancer du pancréas, éclampsie gravidique, intoxication par l'arsenic.
Aspartate aminotransférase (ASAT) (S)	0 à 35 U/L	Lésion cellulaire. ↑ Infarctus du myocarde, atteinte hépatique chronique, toxicité médicamenteuse, traumatisme squelettique ou musculaire. ↓ Déficit en pyridoxine (vitamine B_6).
Bilirubine (S)	Totale: 2 à 18 μmol/L Directe: 0 à 5 μmol/L Indirecte: 2 à 12 μmol/L Nouveau-né, bilirubine totale: < 210 μmol/L	Fonction hépatique et destruction des érythrocytes. ↑ bilirubine directe: atteinte hépatique, obstruction biliaire. ↑ bilirubine indirecte: pendant l'hémolyse des érythrocytes (en cas de maladie hémolytique du nouveau-né, par exemple).
Calcium (S)	Ionisé: 1,00 à 1,15 mmol/L Total: 2 à 2,6 mmol/L	↑ Tumeur des glandes parathyroïdes, hyperparathyroïdie. ↓ Hypoparathyroïdie, insuffisance rénale chronique, diarrhée.
Cholestérol (P)		Métabolisme; utilisation des lipides.
< 29 ans	< 5,20 mmol/L	↑ Hyperlipidémie familiale, diabète sucré, grossesse, prise de contraceptifs oraux ou de stéroïdes anabolisants.
De 30 à 39 ans	< 5,85 mmol/L	↓ Malnutrition, hyperthyroïdie.
De 40 à 49 ans	< 6,35 mmol/L	
> 50 ans	< 6,85 mmol/L	
Créatine kinase (CK) (S) (comprend trois isoenzymes: CK-MB dans le muscle cardiaque et squelettique, CK-MM dans le muscle squelettique et CK-BB dans le cerveau)	CK totale: Femme: 19 U/L (≤ 3,2 μkat/L) Homme: 235 U/L (≤ 3,9 μkat/L)	Lésion cellulaire. ↑ CK totale: infarctus du myocarde, dystrophie musculaire, hypothyroïdie, infarctus pulmonaire, accident vasculaire cérébral (AVC), choc, lésion tissulaire, trauma.
Créatinine (S)	50 à 124 μmol/L	Fonction rénale. ↑ Atteintes rénales aiguës ou chroniques, acromégalie. ↓ Dystrophie musculaire.

ANALYSE (ÉCHANTILLON)	VALEURS DE RÉFÉRENCE	INDICATIONS PHYSIOLOGIQUES ET VARIABLES CLINIQUES
Analyses biochimiques du sang *(suite)*		
Gaz artériels (Sg)		
P_{O_2}	10,0 à 14,0 kPa (75 à 105 mm Hg)	↑ légère : hyperventilation. ↓ (hypoxie) : maladie pulmonaire, atteinte des centres respiratoires, hypoventilation, en haute altitude.
P_{CO_2}	4,4 à 5,9 kPa (33 à 44 mm Hg)	↑ Alcalose métabolique, acidose respiratoire. ↓ Acidose métabolique, alcalose respiratoire.
Bicarbonates	22 à 28 mmol/L	
Glucose (S)	3,9 à 6,1 mmol/L	Fonction métabolique. ↑ Diabète sucré, hyperthyroïdie, syndrome de Cushing, atteinte hépatique, stress aigu, acromégalie, néphrite. ↓ Maladie d'Addison, insuffisance hépatique, insulinome, hypothyroïdie.
pH	7,35 à 7,45	↑ Alcalose métabolique et respiratoire. ↓ Acidose métabolique et respiratoire.
Immunoglobulines (S)		
IgA	0,50 à 3,50 g/L	Intégrité immunitaire. ↑ Atteinte hépatique, fièvre rhumatismale, infection chronique, maladie intestinale inflammatoire. ↓ Déficit immunitaire, immunosuppression.
IgD	< 60 mg/L	Intégrité immunitaire. ↑ Myélomes.
IgE	0,4 mg/L	Réactions allergiques. ↑ Réactions allergiques, parasitoses. ↓ Agammaglobulinémie.
IgG	5,00 à 12,00 g/L	Réaction immunitaire. ↑ Infections chroniques, fièvre rhumatismale, atteinte hépatique, polyarthrite rhumatoïde. ↓ Amylose, leucémie, prééclampsie.
IgM	0,30 à 2,30 g/L	Intégrité immunitaire. ↑ Maladie auto-immune (p. ex., polyarthrite rhumatoïde), infections chroniques. ↓ Amylose, leucémie.
Lactate (en acide lactique) (P)	0,5 à 2,0 mmol/L	Métabolisme tissulaire anaérobie. ↑ Insuffisance cardiaque, choc, hémorragie, pneumopathie, troubles hépatiques, exercice musculaire intense.
Lipoprotéines de basse densité (LDL-C : cholestérol lié aux LDL) (P)	1,30 à 4,90 mmol/L (dépend de l'âge) > 1 mmol/L	↑ Hyperlipidémie, cardiopathie athéroscléreuse. ↓ Malabsorption des graisses, malnutrition, hyperthyroïdie.
Lipoprotéines de haute densité (HDL–C : cholestérol lié aux HDL) (P)	Femme : 0,80 à 2,35 mmol/L Homme : 0,80 à 1,80 mmol/L	↑ Atteinte hépatique, exercices aérobiques. ↓ Cardiopathie athéroscléreuse, maladie hépatique, malnutrition.
Lipoprotéines de très basse densité (VLDL) (P)	Homme : 0,30 mmol/L Femme : 0,18 mmol/L	Les mêmes que pour les LDL.
Osmolalité (S)	280 à 300 mOsm/kg d'H_2O	Équilibre hydroélectrolytique. ↑ Hypernatrémie, déshydratation, atteinte rénale, ingestion d'alcool. ↓ Hyponatrémie, hyperhydratation, syndrome de sécrétion inappropriée d'ADH.
Phosphate (en phosphore minéral) (S)	0,80 à 1,60 mmol/L	Fonction des parathyroïdes, affection osseuse. ↑ Hypoparathyroïdie, insuffisance rénale, hypervitaminose D, métastase osseuse, atteinte hépatique, hypocalcémie. ↓ Hyperparathyroïdie, hypercalcémie, alcoolisme, carence en vitamine D, acidocétose diabétique, malabsorption digestive, ostéomalacie.

➤

ANALYSE (ÉCHANTILLON)	VALEURS DE RÉFÉRENCE	INDICATIONS PHYSIOLOGIQUES ET VARIABLES CLINIQUES
Analyses biochimiques du sang *(suite)*		
Potassium, ion (S)	3,5 à 5,0 mmol/L	Équilibre hydroélectrolytique. ↑ Atteinte rénale, maladie d'Addison, acidocétose, déshydratation, brûlures, lésions par écrasement. ↓ Vomissements, diarrhée, syndrome de Cushing, alcalose, malabsorption, prise de diurétiques.
Protéines totales (S)	60 à 80 g/L	Pression osmotique; intégrité du système immunitaire. ↑ Myélome multiple, déshydratation (hémoconcentration), myxœdème. ↓ Malnutrition protéique ou malabsorption, hépatite grave, brûlures, diarrhée, insuffisance rénale ou hépatique.
Sodium, ion (S)	135 à 147 mmol/L	Équilibre hydroélectrolytique. ↑ Déshydratation, diabète insipide, maladie de Cushing. ↓ Vomissements, diarrhée, brûlures, maladie d'Addison, myxœdème, insuffisance cardiaque, hyperhydratation (créant une fausse hyponatrémie), syndrome de sécrétion inappropriée d'ADH.
Triglycérides (en trioléine) (P)	Femme: 0,4 à 1,6 mmol/L Homme: 0,5 à 2 mmol/L	↑ Hyperlipidémie primaire, diabète sucré, atteinte hépatique, pancréatite, syndrome néphrotique, hypothyroïdie, grossesse. ↓ Malabsorption, hyperthyroïdie.
Urate (en acide urique) (S)	Femme: 119 à 434 μmol/L Homme: 125 à 506 μmol/L	Fonction rénale. ↑ Saturnisme, trouble de la fonction rénale, goutte, alcoolisme, cancers hématologiques (leucémie). ↓ Maladie de Wilson (maladie métabolique), syndrome de Fanconi (trouble de la réabsorption tubulaire).
Urée (azote) (S)	3,0 à 6,5 mmol/L	Fonction rénale. ↑ Régime riche en protéines, atteinte rénale, déshydratation, obstruction urinaire, insuffisance cardiaque, infarctus du myocarde, brûlures. ↓ Insuffisance hépatique, hyperhydratation, malabsorption des protéines, grossesse.
Analyses hématologiques		

Hématocrite (Sg)
  Femme
  Homme
	
	0,37 à 0,47
	0,42 à 0,52
		Oxygénation.
		↑ Hémoconcentration (par déshydratation ou diarrhée), insuffisance cardiaque, choc, intervention chirurgicale.
		↓ Anémie, hémorragie, insuffisance médullaire osseuse, malnutrition, cirrhose, polyarthrite rhumatoïde, hémoglobinopathies.

Hémoglobine (Sg)
 	
Concentration massique
  Femme
  Homme
Concentration molaire
  Femme
  Homme
	
	120 à 150 g/L
	136 à 172 g/L
	
	7,45 à 9,31 mmol/L
	8,44 à 10,67 mmol/L
		Oxygénation.
		↑ Déshydratation (hémoconcentration), polycythémie, insuffisance cardiaque, bronchopneumopathie chronique obstructive haute altitude.
		↓ Anémie, apport excessif de liquides (hémodilution), hémorragie, cancer de la moelle osseuse, atteinte rénale, lupus érythémateux aigu disséminé, carence nutritionnelle.

Numération globulaire		

Érythrocytes (Sg)
  Femme
  Homme
	
	3,5 à 5,2 × 10^{12}/L
	4,5 à 5,9 × 10^{12}/L
		Oxygénation.
		↑ Haute altitude, polycythémie, hémoconcentration, cœur pulmonaire.
		↓ Hémorragie, hémolyse, anémies, maladie chronique, carences nutritionnelles, leucémie, hyperhydratation.

Réticulocytes (Sg) (adultes) Fraction des érythrocytes Nombre absolu	 0,001 à 0,024 (10 à 75 × 10^9/L)	Fonction de la moelle osseuse. ↑ Anémie hémolytique, anémie à hématies falciformes, leucémie, hémorragies, grossesse. ↓ Anémie pernicieuse, carence en acide folique, cirrhose, infections chroniques, dépression ou insuffisance de la fonction médullaire osseuse.

ANALYSE (ÉCHANTILLON)	VALEURS DE RÉFÉRENCE	INDICATIONS PHYSIOLOGIQUES ET VARIABLES CLINIQUES
Analyses hématologiques *(suite)*		
Leucocytes (Sg)	4,8 à 10,8 × 10⁹/L	Intégrité du système immunitaire. ↑ Infection, leucémie, trauma, stress, nécrose tissulaire, inflammation. ↓ Dépression ou insuffisance de la fonction médullaire osseuse, toxicité médicamenteuse, infections foudroyantes, malnutrition.
Temps de céphaline activée (TCA) (ou PTT : temps de thromboplastine partielle activée)	22 à 37 s	Mécanismes de la coagulation (voie intrinsèque). ↑ Déficit en facteurs de coagulation, cirrhose, carence en vitamine K, coagulation intravasculaire disséminée (CID). ↓ CID précoce, cancer généralisé.
Temps de prothrombine (Sg) (ou temps de Quick)	12 à 13 s ou > 80 % du contrôle	Mécanismes de coagulation (voie extrinsèque). ↑ Atteinte hépatique, carence en facteurs de coagulation et en vitamine K, intoxication salicylée. ↓ Coagulation intravasculaire disséminée, obstruction des voies biliaires.
Thrombocytes (plaquettes) (Sg)	150 à 450 × 10⁹/L	Mécanismes de coagulation. ↑ Polycythémie, cancer, polyarthrite rhumatoïde, splénectomie, trauma. ↓ Atteinte hépatique, leucémie, syndrome hémolytique et urémique, coagulation intravasculaire disséminée, purpura thrombopénique idiopathique (PTI), lupus érythémateux aigu disséminé, anémie pernicieuse.
Formule leucocytaire (Sg)		
Granulocytes neutrophiles	0,55 à 0,70 (3 à 7 × 10⁹/L)	Intégrité du système immunitaire. ↑ Leucémie, infection bactérienne aiguë, stress, syndrome de Cushing, troubles inflammatoires, acidocétose, goutte. ↓ Anémie aplasique, dépression médullaire osseuse, infections virales et bactériennes graves, maladie d'Addison.
Lymphocytes	0,20 à 0,40 (1,5 à 3 × 10⁹/L)	Intégrité du système immunitaire. ↑ Infections virales (p. ex., oreillons, rubéole, mononucléose infectieuse et hépatite), leucémie lymphoïde chronique, certaines infections bactériennes. ↓ Leucémie, déficit immunitaire, lupus érythémateux aigu disséminé, en présence de médicaments affectant la fonction de la moelle osseuse.
Granulocytes éosinophiles	0,01 à 0,04 (0,1 à 0,4 × 10⁹/L)	Intégrité du système immunitaire. ↑ Réactions allergiques, infections parasitaires, leucémie. ↓ Production excessive de corticostéroïdes.
Monocytes	0,02 à 0,08 (0,1 à 0,7 × 10⁹/L)	Intégrité du système immunitaire. ↑ Certaines infections virales, bactériennes ou parasitaires (p. ex., tuberculose, paludisme), troubles inflammatoires. ↓ Corticothérapie.
Granulocytes basophiles	0,005 à 0,01 (0,02 à 0,05 × 10⁹/L)	Intégrité du système immunitaire. ↑ Syndromes myéloprolifératifs, leucémie. ↓ Réactions allergiques, hyperthyroïdie, stress.
Analyses d'urine		
Amylase (24 h)	0 à 500 U/24h (0 à 8,3 μkat/24h)	Fonction pancréatique. ↑ Pancréatite ou obstruction du conduit pancréatique, inflammation des glandes parotides, cholécystite.
Bilirubine	Négatif	Fonction hépatique. ↑ Atteinte hépatique, obstruction extrahépatique (calculs biliaires, tumeur, inflammation).
Chlorures	50 à 220 mmol/24h	Les mêmes que pour le sodium.
Couleur	Paille, de jaune pâle à ambrée	Équilibre liquidien et fonction rénale. Plus foncée en cas de déshydratation. Plus pâle en cas d'hyperhydratation et de diabète insipide. La couleur varie selon le stade d'évolution de la maladie, le régime alimentaire et la médication.
Densité	1,005 à 1,030	Mesure indirecte de la concentration de l'urine (osmolalité). Les mêmes indications physiologiques et variables cliniques que pour l'osmolalité.

ANALYSE (ÉCHANTILLON)	VALEURS DE RÉFÉRENCE	INDICATIONS PHYSIOLOGIQUES ET VARIABLES CLINIQUES
Analyses d'urine (suite)		
Odeur	Aromatique	Infection concernant la fonction métabolique. Odeurs anormales en cas d'infection, de cétonurie (diabète sucré), de fistule rectale, d'insuffisance hépatique et de phénylcétonurie.
Osmolalité	300 à 900 mOsm/kg d'H_2O	Équilibre hydroélectrolytique, fonction rénale et fonction endocrine. ↑ Hypernatrémie, syndrome de sécrétion inappropriée d'ADH, insuffisance cardiaque, acidose métabolique. ↓ Diabète insipide, intoxication par l'eau, pyélonéphrite, néphrite tubulaire, aldostéronisme.
Phosphate (en phosphore inorganique)	Selon le régime alimentaire (16 à 48 mmol/24h)	Fonction parathyroïde. ↑ Hyperparathyroïdie, urémie, ostéomalacie, certaines atteintes rénales, déficit en vitamine D. ↓ Hypoparathyroïdie.
Potassium, ion	Selon le régime alimentaire (25 à 130 mmol/24h)	Équilibre hydroélectrolytique. ↑ Nécrose des tubules rénaux, acidose métabolique, déshydratation, aldostéronisme, syndrome de Cushing. ↓ Maladie d'Addison, malabsorption, insuffisance rénale aiguë.
Protéines totales	< 0,15 g/24h	Fonction rénale. ↑ Syndrome néphrotique (atteinte des glomérules), hyperthyroïdie, néphropathie diabétique, lupus érythémateux. Les protéines peuvent aussi provenir de sécrétions vaginales.
Sang	Négatif	Fonction du système urinaire. Présent en cas de cystite, d'atteinte rénale, d'anémie hémolytique, de réaction transfusionnelle, de prostatite, de brûlures.
Sodium, ion	Selon le régime alimentaire (100 à 300 mmol/24h)	Équilibre hydroélectrolytique. ↑ Maladie d'Addison, déshydratation, acidocétose, syndrome de sécrétion inappropriée d'ADH, insuffisance du cortex surrénal. ↓ Syndrome de Cushing, insuffisance cardiaque, insuffisance rénale, diarrhée, perte sudorale, aldostéronisme.
Urate (en acide urique)	Selon le régime alimentaire (1,5 à 4,2 mmol/24h)	Fonction rénale et métabolisme. ↑ Goutte, leucémie, atteinte hépatique, colite ulcéreuse. ↓ Atteinte rénale, alcoolisme, déficit en acide folique, saturnisme.
Urobilinogène	0,0 à 6,8 μmol/24h	Fonction hépatique. ↑ Anémies hémolytiques, hépatite A, cirrhose, atteinte biliaire. ↓ Atteinte rénale, obstruction du conduit cholédoque.
Volume	1,0 à 2,0 L/24h	Équilibre hydroélectrolytique et fonction rénale. ↑ Diabète sucré, diabète insipide, atteinte rénale. ↓ Déshydratation, syndrome de sécrétion inappropriée d'ADH, atteinte rénale.
pH	4,5 à 8,0	Indicateur brut de l'équilibre acidobasique. ↑ Végétarisme, vomissements prolongés, infection bactérienne des voies urinaires, prise de certains médicaments. ↓ Diète acide (riche en viandes).

Réponses aux questions

Chapitre 1

Vérifions nos acquis 1. Le fonctionnement d'une structure reflète son anatomie, c'est-à-dire que cette dernière favorise certaines fonctions et empêche des événements de se produire. Par exemple, l'oxygène et le gaz carbonique traversent la mince membrane des poumons, mais pas la peau. **2.** Le raccourcissement des muscles est un sujet qui concerne la physiologie. L'emplacement des poumons se rapporte à l'anatomie. **3.** Un cytologiste s'intéresse à l'étude du niveau cellulaire d'organisation. **4.** Ces structures se classent comme suit: cellule, tissu, organe, organisme. **5.** Les os et les cartilages font partie du système squelettique. Les cavités nasales, les poumons et la trachée sont des organes du système respiratoire. **6.** Les organismes vivants sont capables de maintenir leurs limites (homéostasie), de bouger, de réagir aux changements de leur environnement, de digérer des aliments, d'avoir une activité métabolique, d'éliminer des déchets, de se reproduire et de croître. Les objets inertes possèdent parfois certaines de ces caractéristiques, mais jamais toutes en même temps. **7.** Le terme « métabolisme » englobe l'ensemble des réactions chimiques qui se produisent à l'intérieur des cellules. **8.** En vol, la cabine d'un avion doit être pressurisée. Cette opération permet de maintenir dans l'habitacle une pression sensiblement équivalente à la pression atmosphérique. En effet, comme l'air est peu dense en haute altitude, la quantité d'oxygène entrant dans le sang dans ces conditions risquerait d'être insuffisante pour le maintien de la vie des passagers. **9.** Des mécanismes de rétro-inhibition nous permettent de nous adapter à des températures très élevées ou très basses en perdant de la chaleur quand il fait chaud ou en conservant la chaleur (ou en en générant) quand il fait froid. **10.** La soif fait partie d'un mécanisme de rétro-inhibition parce qu'elle nous incite à boire, ce qui met fin au stimulus (la soif) et ramène le volume liquidien de l'organisme à la normale. **11.** Il s'agit d'un mécanisme de rétroactivation parce qu'il amplifie le changement (qui mène à la formation d'un bouchon temporaire) déclenché par le stimulus (lésion d'un vaisseau sanguin). La réponse prend fin quand le bouchon obture l'ouverture dans le vaisseau, faisant ainsi disparaître le stimulus. **12.** La position anatomique est la position que prend une personne quand elle se trouve debout, les pieds presque joints, les talons légèrement soulevés et les paumes des mains tournées vers l'avant. Il est important de connaître cette position, parce que la plupart des termes décrivant l'orientation font référence à une personne se tenant dans cette position. **13.** La région axillaire est celle de l'aisselle. La région deltoïdienne correspond à la saillie de l'épaule. **14.** Une coupe frontale ou coronale de l'encéphale le diviserait en parties antérieure et postérieure. **15.** La tomographie par ordinateur, la tomographie au xénon, la reconstruction spatiale dynamique et l'angiographie numérique avec soustraction sont des exemples de techniques d'imagerie médicale basées sur les rayons X. **16.** La RMN permet d'obtenir des images claires des tissus mous (comme le tissu nerveux) alors que la radiographie s'applique davantage aux tissus denses (comme les structures osseuses). **17.** L'échographie utilise des ondes sonores qui ont un faible pouvoir de pénétration et que la présence de parois osseuses pourrait bloquer; or, les organes de la cavité abdominale ne sont pas protégés par des os. **18.** Jean pourrait souffrir d'une appendicite s'il ressent de la douleur dans le quadrant inférieur droit de l'abdomen. **19.** Parmi ces organes, seule la moelle épinière est située dans la cavité postérieure. **20.** La friction causée par le fonctionnement des organes mobiles (cœur, poumons, organes de la digestion) est considérablement réduite par la présence de la sérosité, qui permet aux séreuses qui entourent ces organes de glisser facilement l'une sur l'autre.

Questions de révision 1. c; **2.** a; **3.** e; **4.** d; **5.** a, d; **6.** b, c; **7.** (a) le poignet, (b) la hanche, (c) le nez, (d) les orteils, (e) le cuir chevelu; **8.** les poumons et les reins ne seraient pas visibles dans le plan sagittal médian; **9.** (a) postérieure, (b) antérieure, (c) postérieure, (d) antérieure; **10.** b; **11.** b; **12.** c

Chapitre 2

Vérifions nos acquis 1. Les aliments contiennent de l'énergie chimique. **2.** L'énergie électrique est utilisée pour la transmission des messages d'une partie du corps à une autre. **3.** De l'énergie potentielle est disponible quand une personne se tient immobile. Cette énergie est convertie en énergie cinétique quand elle bouge. **4.** Mis à part l'hydrogène et l'azote, la majeure partie de la matière vivante est composée de carbone et d'oxygène. **5.** Le noyau de cet élément contient 82 protons, et ses orbitales, 82 électrons. **6.** Le nombre de masse est la somme des protons et des neutrons du noyau d'un atome. La masse atomique est la moyenne des masses de tous les isotopes d'un élément. **7.** Une molécule est formée de deux atomes ou plus réunis par des liaisons chimiques. **8.** Un composé est formé de deux atomes *différents* ou plus réunis par des liaisons chimiques, comme le NaCl. L'oxygène gazeux est formé de deux atomes d'oxygène (*identiques*) réunis. **9.** Le sang est un mélange parce que ses constituants ne changent pas quand on les entremêle et qu'on peut les séparer par des moyens physiques. **10.** Des liaisons hydrogène (réunissant l'hydrogène d'une molécule d'eau à l'oxygène d'une autre) se forment entre les molécules d'eau. **11.** La couche de valence de l'argon est complète: 2 électrons, 8 électrons, 8 électrons. Donc, ce gaz est peu réactif. La couche de valence de l'oxygène, elle, est incomplète. **12.** Les électrons passeraient plus de temps à proximité de l'atome le plus électronégatif dans le composé XY, et les électrons du composé XX seraient répartis également entre les deux atomes X. **13.** L'intestin grêle digère les lipides par des réactions de dégradation. **14.** Les réactions biochimiques qui se produisent dans l'organisme ont tendance à être irréversibles pour l'une des raisons suivantes: (a) un des produits ou plus est enlevé de l'emplacement de la réaction et (b) le produit est plus utile que les réactifs, alors la cellule ne fournit pas l'énergie nécessaire pour inverser la réaction. **15.** Les réactions de dégradation au cours desquelles les aliments sont transformés en énergie sont des réactions d'oxydoréduction. **16.** L'eau est un excellent solvant en raison de sa polarité. Comme c'est un dipôle, les molécules d'eau s'orientent par rapport aux autres molécules, de manière à les dissocier ou à les dissoudre. **17.** Les électrolytes sont des substances, comme les sels, qui conduisent l'électricité en solution aqueuse. **18.** L'ion H^+ est responsable de l'acidité. **19.** Il est préférable d'ajouter une base faible, qui agira comme tampon sur l'acide fort. **20.** Les monomères qui composent les glucides sont appelés monosaccharides ou sucres simples. Le glucose est le sucre présent dans le sang. **21.** Le glycogène est le glucide qui est mis en réserve dans les tissus animaux. **22.** Les triglycérides, principale source d'énergie emmagasinée dans l'organisme, sont formés de trois chaînes d'acides gras et d'une molécule de glycérol. Ils sont présents dans le tissu adipeux. Les phospholipides sont formés de deux chaînes d'acides gras et d'un groupement phosphate chargé. Ils sont présents dans toutes les membranes cellulaires, dont ils sont les principaux constituants. **23.** Les réactions d'hydrolyse décomposent des polymères ou de grosses molécules en leurs monomères par addition d'une molécule d'eau sur chaque liaison réunissant les monomères. **24.** Un acide aminé est formé d'un groupement amine (NH_2) et d'un groupement COOH qui est acide. **25.** La structure primaire des protéines est une chaîne linéaire d'acides aminés. **26.** Les structures secondaires des protéines sont les hélices α et les feuillets plissés β. **27.** Les molécules chaperons empêchent le repliement accidentel ou erroné de la structure tridimensionnelle d'une protéine. **28.** Les enzymes positionnent les substrats de telle manière qu'ils puissent interagir efficacement. **29.** L'ADN contient du désoxyribose (un sucre) et les bases azotées A, T, G et C. L'ARN contient du ribose (un sucre) et les bases A, U, G et C. **30.** L'ADN commande la structure des protéines à l'aide de sa séquence de bases azotées et il se réplique avant la division cellulaire, de sorte que l'information génétique présente dans les cellules filles reste rigoureusement la même. **31.** L'ATP emmagasine l'énergie par petits paquets. L'énergie est ainsi plus facilement libérée et transférée (par hydrolyse de l'ATP) que celle stockée dans le glucose. Le stockage de l'énergie sous forme d'ATP limite le gaspillage au minimum. **32.** Quand il libère de l'énergie, l'ATP perd un groupement phosphate et se transforme en ADP (qui est aussi riche en énergie) et en phosphate inorganique (P_i).

Questions de révision 1. d; **2.** d; **3.** b; **4.** a; **5.** b; **6.** a; **7.** b; **8.** d; **9.** a; **10.** b; **11.** a, c; **12.** (1)a, (2)c; **13.** c; **14.** d; **15.** e; **16.** d; **17.** d; **18.** a; **19.** a; **20.** b; **21.** b; **22.** d; **23.** c

Chapitre 3

Vérifions nos acquis 1. Les trois régions principales d'une cellule sont la membrane plasmique (limite externe de la cellule), le noyau (centre de contrôle de la cellule) et le cytoplasme (matière liquide se trouvant entre le noyau et la membrane plasmique et qui contient les organites). **2.** Il s'agit du concept selon lequel les cellules ont en commun plusieurs structures et certaines fonctions. **3.** Toutes les membranes cellulaires sont formées d'une bicouche de phospholipides qui contient des protéines. **4.** Les régions hydrophobes (queues des molécules de phospholipides) s'alignent les unes contre les autres, tandis que les régions hydrophiles (têtes des phospholipides) s'orientent vers le liquide aqueux se trouvant à l'intérieur et à l'extérieur de la cellule. **5.** Les deux grands types de protéines membranaires sont les protéines intégrées et les protéines périphériques. Les premières traversent toute l'épaisseur de la membrane (pour la plupart) et servent surtout au transport; les secondes sont situées sur l'une ou l'autre face et exercent des fonctions enzymatiques ou mécaniques. **6.** Les résidus de sucre du glycocalyx constituent des marqueurs biologiques permettant aux cellules de se reconnaître mutuellement. **7.** Le muscle cardiaque contient des desmosomes (jonctions d'ancrage) qui fixent les cellules cardiaques les unes aux autres et des jonctions ouvertes (jonctions communicantes) qui permettent aux ions de passer rapidement d'une cellule cardiaque à une autre. **8.** La diffusion est activée par l'énergie cinétique des molécules. **9.** La concentration relative de la substance dans diverses régions détermine la direction de la diffusion, qui se produit des régions à concentration élevée vers les régions à faible concentration (ou selon le gradient de concentration). **10.** Dans la diffusion facilitée par canaux protéiques, la substance qui diffuse passe à travers un canal membranaire. Dans la diffusion facilitée par transporteurs transmembranaires, la substance qui diffuse se lie à un transporteur membranaire (protéine) qui lui fait traverser la membrane. **11.** Les molécules d'eau peuvent passer à travers la bicouche lipidique de la membrane plasmique ou à travers des canaux protéiques spécifiques appelés aquaporines. **12.** La phosphorylation de la pompe à sodium et à potassium produit un changement de conformation de la pompe protéique permettant au Na^+ de traverser la membrane. La liaison du K^+ à la pompe protéique déclenche la libération du phosphate, puis la pompe reprend sa forme originale. **13.** La membrane plasmique s'étend par suite de l'exocytose. **14.** Les cellules phagocytaires englobent les débris. Les poumons d'un fumeur sont chargés de particules de carbone et d'autres débris provenant de l'inhalation de la fumée. **15.** Le cholestérol est absorbé par endocytose par récepteurs interposés. **16.** La diffusion des ions, surtout la diffusion du K^+ vers l'extérieur de la cellule à travers les canaux à fonction passive, détermine le potentiel de repos de la membrane. **17.** Le gradient de concentration et l'attraction des charges opposées attirent tous les deux les ions Na^+ vers l'intérieur de la cellule. **18.** Dans une membrane polarisée, l'intérieur est négatif par rapport à l'extérieur. **19.** Les substances de signalisation qui se lient aux récepteurs membranaires sont appelées ligands. Les récepteurs liés aux protéines G

régissent les événements intracellulaires en favorisant la formation de seconds messagers. **20.** La mitochondrie est le siège principal de la synthèse de l'ATP. **21.** Les ribosomes sont les sites de la synthèse des protéines. Le RE rugueux sert de site de liaison aux ribosomes et ses citernes englobent dans des vésicules les protéines produites sur les ribosomes pour qu'elles soient transportées jusqu'au complexe golgien. Le complexe golgien modifie et emballe les protéines qu'il reçoit et les achemine vers différentes destinations à l'intérieur ou à l'extérieur de la cellule. **22.** Les enzymes des lysosomes digèrent les substances étrangères captées par la cellule; elles détruisent également les organites inutiles ou endommagés, voire la cellule elle-même, afin d'éviter l'accumulation de débris cellulaires. Les enzymes des peroxysomes détoxifient les substances chimiques nocives et neutralisent les radicaux libres. **23.** Les microfilaments et les microtubules contribuent aux mouvements des organites à l'intérieur de la cellule et au déplacement de la cellule dans son ensemble. **24.** Les filaments intermédiaires sont les éléments les plus importants du cytosquelette pour le maintien de la forme de la cellule. **25.** La principale fonction des microvillosités consiste à augmenter la surface de la cellule pour l'absorption ou la filtration des substances. **26.** Une cellule mourra si elle perd son noyau, car elle n'arrivera plus à produire de protéines, dont les enzymes nécessaires à toutes les réactions métaboliques. **27.** L'enveloppe nucléaire est beaucoup plus perméable que la membrane plasmique grâce notamment à ses pores et à ses complexes du pore nucléaire. **28.** Les nucléoles sont le siège de la synthèse des sous-unités des ribosomes. **29.** Les protéines histones servent au repliement compact et ordonné de l'ADN et jouent un rôle dans la régulation des gènes. **30.** La séquence de bases du brin correspondant sera GCTTAC. **31.** L'ADN est synthétisé pendant la phase S. **32.** L'enveloppe nucléaire se brise, le fuseau se forme, le noyau disparaît et les chromosomes s'enroulent et se condensent. **33.** Les codons sont des séquences de trois bases de l'ARNm, chacune correspondant à un acide aminé. Les anticodons sont des séquences de trois bases de l'ARNt qui sont complémentaires aux codons qui précisent l'acide aminé qu'ils transportent au ribosome pendant la synthèse des protéines. **34.** Site A = site d'entrée de l'ARNt sur le ribosome. Site P = site où des liaisons peptidiques se forment entre les acides aminés acheminés. Site E = site de sortie de l'ARNt du ribosome. **35.** L'ADN fournit les instructions codées (sert de matrice) pour la synthèse des protéines au moyen de l'ARNm dont il a contrôlé la synthèse. **36.** D'après la figure 3.36, les codons de l'ARNm pour l'asparagine (Asn) sont AAU ou AAC, les anticodons des ARNt pour cet acide aminé pourraient donc être UUA ou UUG. **37.** L'ubiquitine se lie aux protéines qui sont mal enroulées, endommagées ou inutiles, et les identifie comme devant être détruites par les protéasomes. **38.** Le plasma sanguin est un liquide interstitiel qui transporte des nutriments, des gaz, des hormones et d'autres substances dans tout l'organisme. Le liquide interstitiel est un important moyen de transport et une substance de dissolution. **39.** L'apoptose est le mécanisme de mort cellulaire programmée qui permet à l'organisme d'éliminer les cellules usées, endommagées, vieilles ou inutiles. **40.** Selon la théorie de l'«usure», le vieillissement résulte de l'effet cumulatif de petites agressions chimiques et de la formation de radicaux libres. On explique aussi le vieillissement par un dérèglement du système immunitaire ou par la théorie génétique selon laquelle le vieillissement serait programmé dans nos gènes.

Questions de révision 1. d; **2.** a, c; **3.** b; **4.** a; **5.** b; **6.** e; **7.** c; **8.** d; **9.** a; **10.** c; **11.** d; **12.** a; **13.** b; **14.** c; **15.** b; **16.** d; **17.** a; **18.** b; **19.** b; **20.** d; **21.** c

Chapitre 4

Vérifions nos acquis 1. La fixation du tissu a pour but de le préserver et de l'empêcher de se détériorer. **2.** Pour «colorer» les tissus examinés avec un microscope électronique, on utilise des sels de métaux lourds. **3.** Du tissu épithélial tapisse les cavités de l'organisme et recouvre les surfaces externes; la polarité (une surface libre du côté apical) est donc nécessaire. **4.** Le tissu épithélial peut se régénérer et ses cellules sont unies par des points d'attache latéraux. **5.** Les épithéliums simples sont spécialisés dans l'absorption et la filtration efficaces à travers leurs minces barrières épithéliales. **6.** Les cellules épithéliales peuvent présenter trois formes distinctes: aplaties (cellules squameuses), en forme de boîtes aussi hautes que larges (cellules cuboïdes) ou cylindriques (cellules prismatiques). **7.** L'épithélium pseudostratifié semble présenter des couches supperposées parce que le noyau de ses cellules est situé à des distances différentes de la membrane basale. Cependant, toutes les cellules sont en contact avec la membrane basale. **8.** On trouve de l'épithélium transitionnel dans la vessie et dans d'autres organes creux du système urinaire. Comme il est capable de s'étirer, cet épithélium permet aux organes du système urinaire d'emmagasiner et de transporter un plus gros volume d'urine, si nécessaire. **9.** Toutes les glandes exocrines unicellulaires sécrètent de la mucine, une protéine qui se transforme en mucus quand elle se dissout dans l'eau. **10.** Ces glandes exocrines sont classées selon la structure des conduits et celle de leurs unités sécrétrices. **11.** Les glandes holocrines présentent le plus haut taux de division cellulaire. Les cellules sécrétrices se fragmentent et sont éliminées dans les sécrétions; ces cellules doivent donc être constamment remplacées. **12.** Les fonctions du tissu conjonctif sont la liaison, le soutien, la protection et l'isolation des organes du corps. En outre, le sang sert à transporter des substances dans tout l'organisme. **13.** La matrice est généralement la composante principale d'un tissu conjonctif. (Le tissu adipeux constitue toutefois une exception à cet égard.) **14.** Les différents tissus conjonctifs contiennent des fibres réticulaires, collagènes et élastiques. **15.** Le tissu conjonctif aréolaire, en raison de la disposition lâche de ses fibres, peut servir de réservoir de liquide. **16.** C'est le tissu conjonctif régulier dense qui est endommagé quand une personne se déchire un tendon. **17.** Le cartilage épiphysaire est composé de cartilage hyalin. **18.** Grâce à ses longs prolongements, un neurone peut acheminer les influx nerveux plus loin dans le corps. **19.** Les cellules du tissu musculaire cardiaque sont ramifiées et striées. **20.** Le tissu musculaire squelettique est volontaire; c'est ce tissu qui est endommagé quand on s'étire un muscle. **21.** Une muqueuse est formée de tissu conjonctif et d'épithélium. Elle tapisse les cavités qui s'ouvrent sur le milieu externe. **22.** Des séreuses, appelées plèvres, tapissent les parois thoraciques et les poumons. **23.** En plus de l'épithélium de l'épiderme, la membrane cutanée comprend des annexes comme les poils, les glandes et les ongles; ces annexes sont formées de divers assemblages de tissus différents, alors que les muqueuses et les séreuses ne sont constituées que de feuillets de cellules épithéliales reliés à une couche de tissu conjonctif. **24.** L'inflammation est la première étape d'un processus qui se poursuit par l'organisation et se termine par la régénération et la fibrose (qui permettent de réaliser une réparation permanente). **25.** Les blessures plus profondes endommagent et détruisent une plus grande quantité de tissu, dont la réparation exige plus de tissu cicatriciel. **26.** Les trois feuillets embryonnaires primitifs sont l'ectoderme, le mésoderme et l'endoderme. **27.** L'ectoderme donne naissance au système nerveux. **28.** L'épithélium et certains tissus conjonctifs (aréolaire, dense irrégulier et hématopoïétique) subissent de nombreuses mitoses tout au long de la vie. **29.** Outre le fait de croître plus rapidement que les cellules des néoplasmes bénins, les cellules des néoplasmes malins peuvent se détacher de leur masse d'origine et atteindre, par la lymphe ou le sang, d'autres organes et y former des masses cancéreuses secondaires (métastases).

Questions de révision 1. a, c, d, b; **2.** c, e; **3.** b, f, a, d, g, d; **4.** a; **5.** b; **6.** d; **7.** c; **8.** c; **9.** b

Chapitre 5

Vérifions nos acquis 1. Comme la peau de la plante des pieds est épaisse, les couches traversées par le clou, de la plus superficielle à la plus pro-fonde, sont la couche cornée, la couche claire, la couche granuleuse, la couche épineuse et la couche basale. **2.** La couche basale est le siège d'une mitose presque continuelle, qui permet le remplacement des cellules perdues par abrasion. **3.** La peau subit une importante abrasion et de nombreuses agressions physiques. Les desmosomes, qui sont des jonctions communicantes, permettent aux cellules de rester fixées les unes aux autres et de résister à la tension. **4.** Les cellules les mieux nourries se trouvent dans la couche basale, qui est en continuité avec le derme à l'endroit où se trouvent les vaisseaux sanguins. **5.** La couche papillaire du derme est associée aux empreintes digitales. **6.** Le tissu adipeux de l'hypoderme lui donne ses propriétés isolantes et d'absorption des chocs. **7.** L'absence de saignement indique que la coupure a atteint seulement l'épiderme avasculaire. **8.** Si l'incision a été pratiquée parallèlement aux lignes de tension de la peau, les lèvres de la plaie se rapprocheront plus facilement, la plaie guérira plus rapidement et laissera une cicatrice moins apparente. **9.** L'hémoglobine est le troisième pigment qui contribue à donner sa couleur à la peau; ce pigment se trouve dans les globules rouges des vaisseaux qui parcourent le derme. **10.** La cyanose est une teinte bleuâtre de la peau qui traduit une mauvaise oxygénation de l'hémoglobine des globules rouges des capillaires du derme. **11.** La coloration jaunâtre de la peau causée par l'accumulation de pigments biliaires jaunes dans les tissus de l'organisme, ou jaunisse, peut révéler un trouble d'ordre hépatique. **12.** Les glandes sébacées et les glandes apocrines sont associées aux follicules pileux. **13.** Son système nerveux sympathique a activé les glandes sudoripares mérocrines, ce qui a déclenché la transpiration permettant au corps de se refroidir. **14.** La transpiration se produit sur tout le corps quand on a trop chaud. La sueur froide est d'origine émotionnelle et se manifeste d'abord dans la paume des mains, la plante des pieds et les aisselles, puis se propage aux autres régions du corps. Les deux types de sueur sont produits par les glandes sudoripares mérocrines, mais les glandes sudoripares apocrines sont également activées pendant la sueur froide. **15.** La paume des mains et la plante des pieds sont des régions où la peau est épaisse. Il serait dangereux que nos pieds soient huileux, et si nos mains l'étaient, nous aurions de la difficulté à tenir des objets. **16.** De l'extérieur vers l'intérieur, les parties d'un poil sont la cuticule, le cortex et la médulla. La cuticule est la zone contenant le plus de kératine. **17.** La coupe des cheveux est indolore, car ils ne contiennent pas de terminaisons nerveuses. **18.** Les muscles arrecteurs redressent les poils (qui sont normalement obliques) en réaction au froid ou à la peur. **19.** La papille du chorion contient un nœud de capillaires qui apporte des nutriments aux cellules du bulbe pileux. **20.** La lunule de l'ongle est blanche parce qu'elle repose sur la partie la plus épaisse de la matrice de l'ongle qui ne laisse pas voir la teinte rosée des capillaires. **21.** Les ongles sont durs parce qu'ils contiennent de la kératine dure. **22.** Le faible pH des sécrétions de la peau (le film de liquide acide) inhibe la division des bactéries; de nombreuses bactéries sont tuées par les substances bactéricides contenues dans le sébum et par un antibiotique naturel appelé *défensine humaine.* La peau blessée libère des cathélicidines qui empêchent l'infection par certains streptocoques. **23.** Les macrophagocytes intraépidermiques jouent un rôle dans l'immunité. **24.** Les rayons du soleil permettent à la peau de produire un précurseur de la vitamine D à partir du cholestérol. **25.** La peau réalise des conversions chimiques qui complètent certaines des fonctions de protection du foie, neutralise certaines substances chimiques cancérogènes, active certaines hormones stéroïdes et synthétise un précurseur de la vitamine D. **26.** L'épithélioma basocellulaire se développe à partir des cellules épidermiques les plus jeunes. **27.** Les cellules de la peau dont les gènes ont été endommagés par les rayons UV du soleil produisent une protéine (*Fas*) qui les force à se suicider; ces cellules mortes tombent ensuite d'elles-mêmes. **28.** La règle ABCD(E) aide à reconnaître les signes d'un mélanome. **29.** Les brûlures du premier et du deuxième degré guérissent sans difficulté grâce à la régénération des cellules épidermiques, dans la mesure où il n'y a pas d'infection. Les brûlures du troisième degré détruisent la totalité de l'épiderme, alors sa régénération n'est plus possible. Les infections et la perte de liquides corporels et de protéines peuvent poser des problèmes. **30.** Les brûlures au visage sont graves parce qu'elles peuvent entraîner des lésions aux voies respiratoires. **31.** Non, l'épiderme et le derme proviennent de deux feuillets embryonnaires primitifs différents, soit l'ectoderme pour l'épiderme et le mésoderme pour le derme. **32.** Le vernix caseosa est produit par les glandes sébacées. **33.** La perte de la couche graisseuse sous-cutanée, fréquente chez les personnes âgées, produit cette intolérance au froid typique. **34.** Les rayons ultraviolets dégradent le collagène, ce qui produit une perte de l'élasticité de la peau et de sa capacité de rétention d'eau.

Implications cliniques 1. La peau isole le milieu interne de l'organisme et le protège contre les substances potentiellement dangereuses provenant du milieu externe. Le dossier de Mme Deschênes indique la présence d'abrasions de l'épiderme, ce qui signifie la perte de cette barrière. Elle ne possède donc plus son film de liquide acide, n'est plus protégée contre les rayons ultraviolets et ne peut plus compter sur la présence des macrophagocytes intraépidermiques pour repousser les microorganismes envahissants. **2.** Quand l'épiderme est endommagé, les macrophagocytes se trouvant dans le derme peuvent prendre le relais et contrer les invasions bactériennes et virales. **3.** Les sutures rapprochent les bords des lésions et favorisent une cicatrisation plus rapide parce qu'une plus petite quantité de tissu de granulation doit être formée. C'est ce qu'on appelle la *cicatrisation de première intention*. **4.** La cyanose indique une diminution de la quantité d'oxygène transportée par l'hémoglobine dans le sang. Un trouble du système respiratoire ou cardiovasculaire peut entraîner la cyanose.

Questions de révision 1. a; **2.** c; **3.** d; **4.** d; **5.** b; **6.** b; **7.** c; **8.** c; **9.** b; **10.** a; **11.** d; **12.** c; **13.** b; **14.** a

Chapitre 6

Vérifions nos acquis 1. Le cartilage hyalin est le plus abondant dans le squelette adulte. **2.** L'épiglotte et l'oreille externe sont les structures du corps qui contiennent du cartilage élastique souple. **3.** La croissance interstitielle est une croissance qui se fait de l'intérieur. **4.** Le squelette axial est composé du crâne, de la colonne vertébrale et de la cage thoracique. **5.** Le squelette axial détermine l'axe longitudinal du corps et protège les structures qui s'y trouvent. Le squelette appendiculaire permet les déplacements (locomotion) et la préhension des objets de notre environnement. **6.** Les côtes et les os du crâne sont des os plats. **7.** Les muscles squelettiques agissent sur les os comme des leviers pour déplacer le corps ou ses parties. **8.** La matrice osseuse emmagasine des minéraux et des facteurs de croissance. **9.** Les cavités de la moelle osseuse sont un lieu de formation des cellules sanguines et du stockage des lipides. **10.** Les crêtes, les tubercules et les épines sont des projections osseuses. **11.** L'os compact semble solide et homogène, tandis que l'os spongieux est formé d'un réseau de spicules osseux. **12.** L'endoste tapisse les canaux internes et recouvre les travées. **13.** La dureté d'un os est due à ses constituants inorganiques. **14.** Le matériau ostéoïde est la partie organique de la matrice osseuse; il est constitué de diverses protéines sécrétées par les ostéoblastes (fibres collagènes, ostéonectine, ostéocalcine, ostéopontine, protéoglycanes et glycoprotéines). **15.** Les os se forment à partir de membranes fibreuses et de cartilages hyalins. **16.** Le modèle de cartilage grossit, se désintègre, puis il est remplacé par de la matière osseuse. **17.** Le point d'ossification primaire d'un os long est situé au centre de la diaphyse. Les points d'ossification secondaires se trouvent dans les épiphyses (extrémités). **18.** Les chondrocytes grossissent et leurs lacunes s'érodent, formant des cavités dans la matrice de cartilage. **19.** La masse osseuse diminue quand les cellules qui détruisent la matière osseuse (ostéoclastes) sont plus actives que celles qui la produisent (ostéoblastes).

20. Le stimulus hormonal maintient l'homéostasie du calcium dans le sang. **21.** Dans une fracture ouverte, les extrémités de l'os traversent la peau ou des muqueuses. Dans une fracture fermée, les extrémités ne traversent pas la frontière formée par les téguments. **22.** La croissance osseuse augmente la masse osseuse, comme pendant l'enfance ou quand une tension inhabituelle est exercée sur les os. Le remaniement osseux suit la croissance osseuse afin de maintenir la bonne proportion des os compte tenu des forces qu'ils subissent. **23.** La maladie de Paget se caractérise par l'accumulation excessive de matière osseuse fragile et insuffisamment minéralisée. **24.** Des apports appropriés de vitamine D et de calcium ainsi que les exercices faisant intervenir les articulations portantes contribuent à maintenir une bonne densité osseuse. **25.** Chez l'adulte, le rachitisme est appelé ostéomalacie. **26.** À la naissance, la plupart des os sont formés et partiellement ossifiés. Dans les os longs, deux régions de cartilage hyalin sont encore présentes: le cartilage épiphysaire (entre l'épiphyse et la diaphyse) et le cartilage articulaire (recouvrant les épiphyses). **27.** La masse des os du crâne ne semble pas diminuer avec l'âge.

Implications cliniques 1. Mme Deschênes présente une fracture transverse à la jambe; puisque les segments de l'os cassé font saillie à travers la peau, la fracture est dite ouverte. **2.** Les lacérations de la peau causées par les fragments osseux créent une ouverture dans la barrière protectrice que forme la peau. La plaie représente donc un point d'entrée pour les agents infectieux. De plus, les fragments qui font saillie sont maintenant exposés au milieu extérieur, qui n'est pas stérile. Une ostéomyélite pourrait survenir et il faudrait prescrire des antibiotiques pour combattre cette infection bactérienne. **3.** Le terme clinique «réduction chirurgicale» correspond au réalignement des os fracturés. Le médecin de Mme Deschênes a opté pour une réduction chirurgicale au cours de laquelle il fixera les fragments d'os à l'aide de tiges ou de fils. Il faudra ensuite poser un plâtre pour que les os alignés demeurent immobiles jusqu'à la guérison de la fracture. **4.** La guérison de la fracture de Mme Deschênes commencera quand le cal osseux remplira de matière osseuse l'écart séparant les fragments. Ce phénomène se produit de trois à quatre semaines après la fracture et dure de deux à trois mois. **5.** Les artères nourricières irriguent le tissu osseux. Pour que la fracture de Mme Deschênes guérisse normalement, le tissu osseux doit recevoir de l'oxygène (afin de produire de l'ATP comme source d'énergie) et les nutriments nécessaires à la reconstruction de l'os. Une lésion de l'artère nourricière diminue l'apport en nutriments, ce qui pourrait ralentir le processus de guérison. **6.** Quand une fracture tarde à guérir, on peut faire appel à de nouvelles techniques comme la stimulation électrique, qui favorise le dépôt de nouvelle matière osseuse, les traitements aux ultrasons, qui accélèrent la guérison, et peut-être l'ajout de substituts osseux dans la région de la fracture. **7.** Comme Mme Deschênes a 45 ans, il est peu probable que le cartilage de son genou se régénère. (La croissance du cartilage prend généralement fin pendant l'adolescence.) Les lésions du cartilage qui surviennent à l'âge adulte prennent beaucoup de temps à guérir, parce que le cartilage est avasculaire et habituellement irréparable. On traite généralement ce type de lésion en procédant à l'élimination des fragments de cartilage pour faciliter les mouvements.

Questions de révision 1. d; **2.** e; **3.** b; **4.** c; **5.** d; **6.** e; **7.** a, d; **8.** b; **9.** c; **10.** c; **11.** b; **12.** d, e; **13.** c; **14.** b; **15.** c; **16.** a; **17.** b; **18.** c

Chapitre 7

Vérifions nos acquis 1. Les trois principales parties du squelette axial sont la tête, la colonne vertébrale et la cage thoracique. **2.** Le squelette axial sert à la protection des organes internes. **3.** La plupart des os du crâne sont des os plats. **4.** L'os frontal, les os pariétaux, les os temporaux, l'os sphénoïde et l'os ethmoïde sont des os du crâne. **5.** L'os ethmoïde forme la crista galli. **6.** Les os temporaux abritent les conduits auditifs externes. **7.** Les os pariétaux sont reliés par la suture sagittale. L'os occipital est relié aux os pariétaux par la suture lambdoïde. **8.** Les pommettes sont formées par les os zygomatiques. **9.** Il mange ou il parle, parce que les seules articulations mobiles de la tête sont les articulations temporomandibulaires de la mâchoire inférieure. **10.** Les os clés du massif facial sont les maxillaires. **11.** L'os temporal et l'os frontal (os du crâne) et le maxillaire (os de la face) possèdent des processus zygomatiques. **12.** Les os sphénoïde, ethmoïde, frontal et les maxillaires contiennent les sinus paranasaux. **13.** La lame criblée de l'os ethmoïde forme le toit de la cavité nasale. **14.** Le maxillaire forme la plus grande partie du plancher d'une orbite. L'œil est logé dans l'orbite. **15.** Les cinq principaux segments de la colonne vertébrale sont les segments cervical, thoracique et lombaire ainsi que le sacrum et le coccyx. **16.** Les segments cervical et lombaire sont concaves vers l'arrière. **17.** Ce sont surtout les disques intervertébraux de cartilage fibreux qui contribuent à la souplesse de la colonne vertébrale. **18.** Il y a alors compression de la moelle épinière ou d'un nerf spinal, ce qui peut causer de vives douleurs. **19.** Il y a 7 vertèbres cervicales et 12 vertèbres thoraciques. **20.** La septième vertèbre cervicale, appelée *vertèbre proéminente*, constitue un repère pratique à cause de son processus épineux plus long que les autres et visible sous la peau. **21.** La dent de l'axis est l'axe sur lequel l'atlas s'articule. Quand elle est fracturée, les mouvements de l'atlas sont plus difficiles à maîtriser. **22.** Une vertèbre lombaire est plus lourde, et son corps massif est en forme de haricot. Ses processus épineux sont courts et se prolongent directement vers l'arrière. Le corps d'une vertèbre thoracique est généralement en forme de cœur. Son processus épineux est long, pointu et dirigé vers le bas; ses processus transverses possèdent des fosses dans lesquelles les côtes s'articulent. **23.** Le segment cervical de la colonne vertébrale est le plus flexible et permet la plus vaste gamme de mouvements. **24.** Une vraie côte est reliée au sternum par son propre cartilage costal. Une fausse côte est reliée au sternum par les cartilages costaux d'autres côtes ou n'y est pas fixée du tout. **25.** L'angle sternal est une arête à l'avant du sternum au niveau de laquelle le manubrium sternal est relié au corps du sternum. Il sert de charnière et permet au corps du sternum de s'élever vers l'avant pendant l'inspiration. Il fournit un repère pratique pour situer la deuxième côte puis toutes les autres, lors d'un examen médical. **26.** Les vertèbres thoraciques font également partie de la cage thoracique. **27.** Chacune des ceintures pectorales est formée d'une scapula et d'une clavicule. **28.** La ceinture pectorale est fixée au manubrium sternal du squelette axial par l'extrémité interne de la clavicule. **29.** En raison de sa grande souplesse, l'articulation de l'épaule subit facilement une luxation. **30.** Ensemble, l'ulna et l'humérus forment l'articulation du coude. **31.** L'ulna et le radius possèdent un processus styloïde à leur extrémité distale; celui du radius est toutefois plus gros que celui de l'ulna. **32.** Les os du carpe sont situés dans la région proximale de la paume. Ce sont des os courts. **33.** Le radius, par son extrémité distale, est l'os de l'avant-bras le plus important dans l'articulation du poignet. **34.** L'ischium est le troisième os des os coxaux. **35.** La ceinture pelvienne (avec le sacrum) supporte le poids de la partie supérieure du corps (tronc, tête et membres supérieurs) et transmet ce poids aux membres inférieurs. **36.** Le bassin féminin est plus large, le sacrum est plus large et court et le coccyx, plus mobile. **37.** Le tibia (os du membre inférieur) est le deuxième os en importance sur le plan de la taille. **38.** La malléole médiale est située sur la face médiale du tibia, à la partie distale de ce dernier. **39.** Un os sésamoïde est situé dans un tendon; la rotule est située dans le tendon du muscle quadriceps fémoral. **40.** Le condyle latéral n'est pas un point d'attache pour un muscle; il s'agit d'une surface articulaire. **41.** En raison de leur élasticité, les arcs plantaires réduisent la quantité d'énergie nécessaire pour se déplacer. **42.** Les deux plus gros os du tarse sont le talus et le calcanéus; ce dernier forme le talon. **43.** Le massif facial grossit considérablement entre 6 et 13 ans en raison du développement du nez et des sinus paranasaux ainsi que de la formation des dents

permanentes. **44.** La courbure lombaire se forme quand le bébé se met à marcher et c'est un remodelage des disques intervertébraux qui est responsable de ce changement.

Questions de révision 1. (1)b, h; (2)i; (3)d; (4)d, f; (5)e; (6)c; (7)a, b, d, i; (8)j; (9)g; (10)c, d; **2.** (1)h; (2)g; (3)b; (4)a; (5)b; (6)c; (7)d; (8)f; (9)e; (10)a; **3.** (1)c; (2)d; (3)f; (4)a; (5)i; (6)f; (7)g; (8)b; (9)e; (10)h

Chapitre 8

Vérifions nos acquis 1. Les articulations relient les os entre eux et procurent une certaine mobilité au squelette. Dans certains cas, elles peuvent aussi jouer un rôle de protection (par exemple, le crâne). **2.** Les synarthroses sont les types d'articulations les moins mobiles. **3.** Les symphyses et les synchondroses sont des articulations cartilagineuses. **4.** En général, plus une articulation est stable, moins elle est mobile. **5.** De l'extérieur vers l'intérieur, la membrane fibreuse et la membrane synoviale forment la paroi de la capsule articulaire. **6.** Les bourses et les gaines des tendons contribuent à réduire la friction pendant les mouvements des articulations. **7.** Les tendons des muscles qui croisent l'articulation sont habituellement les facteurs les plus importants dans la stabilisation des articulations synoviales. Les tendons sont reliés à des muscles qui présentent un tonus musculaire, c'est-à-dire une légère contraction constante; cette tension physiologique renforce l'articulation. **8.** La lubrification par suintement nourrit les cartilages et garde les surfaces articulaires humides. **9.** L'articulation de sa hanche est en flexion, et ses genoux sont en extension; son pouce est en opposition (par rapport à son index). **10.** Les articulations trochléennes et trochoïdes sont des articulations uniaxiales. **11.** La rotation est un mouvement *uniaxial* dans lequel tout le membre tourne autour de son axe longitudinal, alors que la circumduction est un mouvement angulaire *multiaxial* au cours duquel le membre décrit un cône dans l'espace, une des extrémités du membre étant plus ou moins fixe. **12.** Il existe maintenant des prothèses articulaires pour les doigts, le coude, l'épaule, la cheville et les disques intervertébraux, mais les prothèses les plus souvent implantées demeurent les prothèses de la hanche et du genou. **13.** Les articulations du genou et temporomandibulaire ont un ménisque. Les articulations du coude et du genou agissent principalement comme une charnière uniaxiale. **14.** La stabilité de l'articulation de l'épaule dépend principalement des muscles et de leurs tendons tandis que celle de l'articulation de la hanche dépend surtout des ligaments et de la profondeur de sa cavité. **15.** Arthrite signifie «inflammation de l'articulation». **16.** Les ligaments et la capsule articulaire d'une articulation ayant subi une luxation ont été étirés au point que ces structures deviennent lâches et relient moins fermement les os de l'articulation. **17.** La polyarthrite rhumatoïde cause généralement de la douleur et de l'inflammation ainsi que des déformations des articulations. Les atteintes sont généralement bilatérales et invalidantes. Les patients souffrant d'arthrose ressentent de la douleur, particulièrement au lever, qui est soulagée par des exercices légers. Les extrémités osseuses des articulations touchées sont plus volumineuses (en raison de la formation d'excroissances osseuses) et peuvent aussi faire entendre une crépitation. **18.** La maladie de Lyme est causée par une bactérie (un spirochète du genre *Borrelia*), et elle est transmise par les piqûres de tique. **19.** La pratique régulière et modérée d'activités physiques renforce les articulations et les garde bien nourries.

Questions de révision 1. (1)c, (2)a, (3)a, (4)b, (5)c, (6)b, (7)b, (8)a, (9)c; **2.** (1)d, (2)a, (3)b, (4)f, (5)e, (6)c; **3.** b; **4.** d; **5.** a, c, d; **6.** d; **7.** a, b, d, e; **8.** b; **9.** d; **10.** d

Chapitre 9

Vérifions nos acquis 1. Le qualificatif «strié» signifie «qui est formé de bandes». **2.** Henri devrait écrire «le muscle lisse», qui correspond à la description. **3.** Le mot «épimysium» signifie littéralement «à l'extérieur du muscle ». Sa couche de tissu conjonctif forme le revêtement externe qui enveloppe tout le muscle. **4.** Les myofilaments minces possèdent des sites de liaison pour le calcium sur les molécules de troponine formant une partie de ces filaments. **5.** Un sarcomère au repos est constitué, dans l'ordre, d'une ligne Z, d'une demi-strie I, d'une strie A portant en son centre une strie H, elle-même portant en son milieu une ligne M, d'une demi-strie I et d'une ligne Z. **6.** Dans un muscle au repos, le réticulum sarcoplasmique contient la concentration la plus élevée d'ions calcium. La mitochondrie fournit l'ATP nécessaire à l'activité musculaire. **7.** Les composantes d'une jonction neuromusculaire sont le corpuscule nerveux terminal, la fente synaptique et les replis jonctionnels du sarcolemme. **8.** Le signal final du déclenchement d'une contraction est une concentration donnée d'ions calcium dans le cytosol. Le premier signal du déclenchement d'une contraction est la dépolarisation du sarcolemme. **9.** Pendant la phase de contraction, certains ponts d'union de myosine sont toujours liés au filament d'actine, ce qui empêche les filaments de glisser vers l'arrière. **10.** Sans ATP, les muscles sont rigides parce que les têtes de myosine ne se détachent pas. **11.** Une unité motrice est formée de l'axone d'un neurone moteur et de toutes les fibres musculaires qu'il innerve. **12.** Pendant la période de latence, les événements du couplage excitation-contraction se produisent. **13.** Le muscle peut moduler (faire varier le degré de contraction selon les besoins) en changeant la fréquence des stimulations ou en changeant la force des stimulus. **14.** Au moment où Jules empoigne la barre, ses biceps se contractent de manière isométrique. Quand son corps commence à monter vers la barre, la contraction de ses biceps est isotonique et concentrique. Quand son corps redescend, la contraction de ses biceps est isotonique et excentrique. **15.** Éric respire profondément parce que son organisme a besoin d'un certain temps pour ramener le rythme cardiaque et le métabolisme global à l'état de repos après une activité physique. De plus, Éric semble présenter un déficit en oxygène. Le jogging est essentiellement un exercice aérobique, mais il se produit toujours une part de respiration anaérobie, qui dépend de l'intensité de l'activité pratiquée. À mesure que la fatigue augmente, il y a accumulation d'ions potassium dans les tubules transverses, d'une part, et d'acide lactique et d'ions phosphate dans les cellules musculaires, d'autre part. **16.** Les facteurs qui ont une incidence sur la force de la contraction musculaire sont la taille de la fibre musculaire, le nombre de fibres stimulées, la fréquence de stimulation et le degré d'étirement du muscle. Les facteurs qui influent sur la vitesse de la contraction sont le type de fibre musculaire, la charge et le nombre d'unités motrices qui se contractent. **17.** Les fibres glycolytiques à contraction rapide fournissent la force intense et de courte durée nécessaire pour soulever et déplacer des charges lourdes. **18.** Pour augmenter la taille et la force des muscles, il est préférable de faire des exercices anaérobiques. Les exercices aérobiques améliorent l'endurance musculaire. **19.** Les fibres musculaires squelettiques et les fibres musculaires lisses sont formées de cellules allongées mais, contrairement aux cellules musculaires lisses, qui sont fusiformes, mononucléées et dépourvues de stries, les cellules musculaires squelettiques sont très grosses, cylindriques, multinucléées et renferment des stries. **20.** Le calcium se lie à la troponine sur les filaments d'actine des cellules musculaires squelettiques. Dans les cellules musculaires lisses, il se lie à une protéine cytoplasmique, appelée calmoduline. **21.** Les organes creux dont les parois sont formées de cellules musculaires lisses servent souvent à emmagasiner temporairement le contenu de l'organe (urine, résidus de la digestion, etc.), une capacité assumée par la réponse contraction-relâchement. **22.** Le muscle multiunitaire possède davantage de caractéristiques en commun avec le muscle squelettique que le muscle unitaire. Il s'en distingue toutefois par son innervation autonome et sa régulation hormonale. **23.** L'augmentation de la masse musculaire observée semble être obtenue par hypertrophie des cellules musculaires; on a aussi constaté une augmentation des cellules satellites qui pourraient avoir aussi un rôle à jouer dans cet accroissement de la masse musculaire.

24. Au cours du développement des fibres musculaires squelettiques, les myoblastes fusionnent, formant des myotubes multinucléés. **25.** Au cours du vieillissement, la quantité de tissu conjonctif présent dans les muscles augmente, et les muscles deviennent plus fibreux. **26.** La pratique régulière d'exercices physiques et l'entraînement contre résistance aident à reporter la perte de force et la sarcopénie qui ont tendance à accompagner le vieillissement ainsi qu'à améliorer le fonctionnement neuromusculaire.

Implications cliniques 1. La première réaction de l'organisme à une lésion tissulaire est le déclenchement de la réponse inflammatoire. Les substances inflammatoires augmentent la perméabilité des capillaires dans la région lésée, ce qui permet aux globules blancs et au liquide plasmatique contenant diverses substances (facteurs de coagulation, anticorps, etc.) d'atteindre cette région. L'étape suivante de la cicatrisation comporte la formation du tissu de granulation, où est rétablie la circulation sanguine vers la région lésée et où se forment les fibres collagènes servant à rapprocher les bords de la plaie. Le muscle squelettique ne se régénère pas bien, si bien que le tissu musculaire lésé de Mme Deschênes sera probablement remplacé surtout par du tissu fibreux, créant du tissu cicatriciel. **2.** La cicatrisation est facilitée par une bonne circulation sanguine à l'intérieur de la région lésée. Les lésions vasculaires compromettent la cicatrisation en raison de la réduction de l'apport d'oxygène et de nutriments vers les tissus. **3.** Normalement, les muscles squelettiques reçoivent continuellement des signaux électriques du système nerveux. Ces signaux aident à maintenir le tonus musculaire et à garder les muscles prêts à répondre. La section du nerf sciatique empêche l'arrivée continuelle des signaux nerveux acheminés aux muscles, ce qui entraînera l'atrophie musculaire. En raison de l'immobilité des muscles, le tissu musculaire contractile sera remplacé par du tissu conjonctif fibreux non contractile. En aval de la section, la taille du muscle commencera à diminuer de trois à sept jours après le début de l'immobilité. Ce phénomène peut être retardé par la stimulation électrique des tissus. Les exercices passifs de mobilité articulaire contribuent aussi à empêcher la perte de tonus musculaire et d'amplitude articulaire, et améliorent la circulation vers la lésion. **4.** Le médecin de Mme Deschênes veut que les tissus lésés de la patiente reçoivent tous les nutriments nécessaires à la cicatrisation. Une diète riche en protéines fournira une grande quantité d'acides aminés pour la réparation ou le remplacement des protéines endommagées, les glucides fourniront les molécules d'énergie nécessaires pour générer l'ATP nécessaire, et la vitamine C joue un rôle important dans la régénération du tissu conjonctif.

Questions de révision 1. c; **2.** d; **3.** (1)b, (2)a, (3)b, (4)a, (5)b, (6)a; **4.** c; **5.** a; **6.** a; **7.** d; **8.** a; **9.** (1)a, (2)a et c, (3)b, (4)c, (5)b, (6)b; **10.** a; **11.** c; **12.** a, d; **13.** c; **14.** c; **15.** b; **16.** d

Chapitre 10

Vérifions nos acquis 1. Le terme « agoniste » désigne le muscle qui est le principal responsable d'un mouvement donné. **2.** L'iliaque recouvre l'os iliaque; le petit adducteur est un petit muscle (en taille) qui produit l'adduction (mouvement) de la cuisse; le quadriceps (quatre chefs) crural (qui appartient à la jambe) longe le fémur. **3.** D'après son nom, nous pouvons déduire que le muscle stylohyoïdien a son point d'origine sur le processus styloïde de l'os temporal et son point d'insertion sur l'os hyoïde. **4.** Parmi les muscles illustrés à la figure 10.1, celui qui a une disposition en parallèle (sartorius) peut se raccourcir le plus. Les muscles bipenné (droit de la cuisse) et multipenné (deltoïde) sont des muscles denses et probablement les plus puissants parce qu'ils contiennent le plus grand nombre de fibres musculaires. **5.** Les systèmes de levier du troisième genre sont les plus rapides. **6.** Un levier qui fonctionne avec un avantage mécanique permet au muscle d'exercer moins de force que la charge qui est déplacée. **7.** Jean utilise le ventre frontal de son occipito-frontal pour lever son sourcil et son orbiculaire de l'œil pour faire un clin d'œil. **8.** Pour faire une face de clown triste, il faut contracter le platysma, l'abaisseur de l'angle de la bouche et l'abaisseur de la lèvre inférieure. **9.** L'origine du deltoïde est large. Quand seules ses fibres antérieures se contractent, le deltoïde produit la flexion et la rotation médiale de l'humérus. Quand seules ses fibres postérieures se contractent, il produit l'extension et la rotation latérale de l'humérus. **10.** L'opposant du pouce ne s'insère pas sur les os du pouce.

Questions de révision 1. c; **2.** b, c, e; **3.** (1)e, (2)c, (3)g, (4)f, (5)d; **4.** (1)d, (2)a, (3)g, (4)e, (5)c, (6)f, (7)b; **5.** a; **6.** c; **7.** d; **8.** c; **9.** c; **10.** b; **11.** d; **12.** b; **13.** a; **14.** c; **15.** d; **16.** a; **17.** b

Chapitre 11

Vérifions nos acquis 1. L'intégration correspond au traitement et à l'interprétation de l'information sensorielle, et à l'élaboration des réponses motrices. L'intégration a surtout lieu dans le SNC. **2.** (a) Ce sentiment d'avoir trop mangé serait acheminé par la voie sensitive (afférente) du SNP (par les neurofibres viscérales). (b) Le système nerveux somatique, qui fait partie de la voie motrice (efférente) du SNP, régit les mouvements des muscles squelettiques. (c) Le SNA, qui fait partie de la voie motrice (efférente) du SNP, contrôle la fréquence cardiaque. **3.** Les astrocytes régissent le milieu extracellulaire entourant le corps cellulaire des neurones dans le SNC, tandis que les gliocytes ganglionnaires (cellules satellites) assurent cette fonction dans le SNP. **4.** Les oligodendrocytes et les neurolemmocytes (cellules de Schwann) forment la gaine de myéline dans le SNC et le SNP, respectivement. **5.** Une neurofibre est un long *axone*, ou prolongement de la cellule. Dans le tissu conjonctif, les fibres sont des *protéines* extracellulaires qui ont une fonction de soutien. Dans le tissu musculaire, les fibres sont des *cellules* musculaires. **6.** Un noyau qui se trouve dans le cerveau est formé d'un groupe de corps cellulaires, tandis que le noyau de chaque neurone est un gros organite qui agit comme centre de régulation de la cellule. **7.** Dans le SNC, une gaine de myéline est formée par des oligodendrocytes dont la membrane plasmique enveloppe l'axone. La gaine de myéline protège les neurofibres, les isole électriquement et augmente la vitesse de propagation des influx nerveux. **8.** Quand on se brûle un doigt, les neurones unipolaires, qui sont des neurones sensoriels (afférents,) sont les premiers à être activés. La réaction d'éloigner son doigt de la source de chaleur est acheminée par des neurones multipolaires, qui sont des neurones moteurs (efférents). **9.** Le gradient de concentration et le gradient électrique, que l'on appelle collectivement gradient électrochimique, déterminent la direction de l'afflux d'ions à travers un canal membranaire ouvert. **10.** Ce sont les ions K$^+$ qui diffusent en plus grande quantité. **11.** Les potentiels d'action sont plus puissants que les potentiels gradués et sont transportés sur une plus grande distance. Les potentiels gradués déclenchent habituellement les potentiels d'action. **12.** Un potentiel d'action se régénère à chaque point de la membrane. **13.** La propagation des potentiels d'action est plus rapide dans les axones myélinisés parce que la myéline permet à la membrane de l'axone située entre deux nœuds de changer rapidement de voltage et au courant de ne se déplacer qu'entre des nœuds très éloignés. **14.** Si un second stimulus se produit avant la fin de la période réfractaire absolue, un potentiel d'action ne peut être déclenché parce que les canaux à sodium sont encore inactifs. **15.** À une synapse électrique, les neurones sont liés par des jonctions ouvertes. **16.** Les canaux à calcium voltage-dépendants sont situés dans le corpuscule terminal présynaptique et s'ouvrent quand un potentiel d'action atteint le corpuscule terminal. Les canaux ioniques ligand-dépendants sont situés dans la membrane postsynaptique et s'ouvrent quand le neurotransmetteur se lie aux récepteurs protéiques. **17.** Les PPSI sont produits par l'écoulement des ions K$^+$ ou Cl$^-$ à travers les canaux ligand-dépendants. Les PPSE sont produits par l'écoulement simultané des ions Na$^+$ et K$^+$ à travers les canaux ligand-dépendants. **18.** La sommation temporelle est l'addition dans le *temps* de potentiels gradués qui surviennent en succession rapide dans la membrane postsynaptique. Elle peut découler de PPSE provenant d'une seule synapse. La sommation spatiale est une addition dans l'*espace*: un neurone postsynaptique est stimulé par un grand nombre de corpuscules nerveux terminaux en même temps. **19.** a) L'effet addictogène au glutamate; b) l'euphorie à la dopamine; c) la confiance à la sérotonine; d) l'énergie à l'adrénaline; e) les opioïdes (les endorphines, par exemple) seraient responsables du plaisir. **20.** Le vaccin empêcherait la molécule de cocaïne d'atteindre le cerveau en stimulant le système immunitaire à former des liaisons avec cette dernière. **21.** L'Ach interagit avec plus d'un type de récepteur spécifique, ce qui explique comment elle peut stimuler certaines synapses et en inhiber d'autres. **22.** On dit de l'AMPc qu'elle est un second messager parce qu'elle achemine le message entre le *premier messager* (le messager chimique initial) situé à l'extérieur de la cellule et les molécules d'effecteurs qui produiront la réponse voulue à l'intérieur de la cellule. **23.** Les réseaux réverbérants et les réseaux parallèles postdécharges produisent une action prolongée. **24.** Il s'agit du traitement en série. La réponse est un arc réflexe. **25.** Il s'agit du traitement en parallèle. **26.** L'extrémité d'un axone est appelée un cône de croissance. Les neurotropines sont des substances chimiques qui envoient des signaux au cône de croissance.

Questions de révision 1. b; **2.** b; **3.** (1)d, (2)b, (3)f, (4)c, (5)a; **4.** c; **5.** a; **6.** c; **7.** b; **8.** d; **9.** c; **10.** c; **11.** a; **12.** (1)d, (2)b, (3)a, (4)c

Chapitre 12

Vérifions nos acquis 1. Le cervelet se forme à partir du métencéphale, une des deux divisions du rhombocéphale (cerveau postérieur). **2.** Le troisième ventricule est entouré par le diencéphale. **3.** Les hémisphères cérébraux et le cervelet possèdent une couche externe de substance grise appelée cortex. **4.** Les gyrus augmentent la superficie du cortex cérébral, ce qui permet à un plus grand nombre de neurones d'occuper un espace restreint limité par les os du crâne. **5.** Le visage, les mains et la langue sont les parties du corps contrôlées par une grande partie du cortex moteur. **6.** Le sillon central sépare le cortex moteur primaire du cortex somesthésique. **7.** Les fonctions motrices du côté gauche du corps sont régies par l'hémisphère droit du cerveau parce que, au niveau du bulbe rachidien, les voies motrices de l'hémisphère droit croisent vers le côté gauche de la moelle épinière et innervent le côté gauche du corps. **8.** Les neurofibres commissurales permettent aux hémisphères cérébraux de se «parler». **9.** Les noyaux basaux sont formés du noyau caudé, du putamen et du globus pallidus. **10.** La quasi-totalité des influx envoyés au cortex cérébral font synapse dans le thalamus. **11.** L'hypothalamus régit l'activité du système nerveux autonome. **12.** Les pédoncules cérébraux et les colliculus supérieurs et inférieurs sont associés au mésencéphale. **13.** Les pyramides du bulbe rachidien sont constituées par les tractus corticospinaux, les gros tractus moteurs volontaires qui descendent du cortex moteur. En raison de la décussation, chaque hémisphère commande le côté opposé du corps. **14.** Le bulbe rachidien régit à la fois la fréquence respiratoire et cardiaque, le diamètre des vaisseaux sanguins, la déglutition, la salivation, etc. **15.** Il y a plusieurs réponses à cette question; en voici quelques-unes. Sur le plan de la structure, le cervelet et le cerveau sont semblables parce qu'ils possèdent tous les deux une couche externe de substance grise, une couche interne de substance blanche et un noyau central de substance grise. Ils ont aussi tous les deux un homoncule et de larges faisceaux de neurofibres les relient au tronc cérébral. Ils reçoivent des influx sensoriels et influent sur la réponse motrice. L'une des principales différences est que les réponses commandées par le cervelet sont presque entièrement de nature motrice, contrairement au cerveau, qui assume des responsabilités plus vastes. De plus, les hémisphères du cerveau régissent l'activité du côté opposé du corps, tandis que les hémisphères du cervelet régissent le même côté du corps. **16.** L'hypothalamus fait partie du système limbique et agit comme un centre de régulation autonome. **17.** Mélanie augmente le nombre de stimulus sensoriels qu'elle reçoit; ces derniers seront acheminés au système réticulaire activateur, qui, à son tour, accroîtra l'activité du cortex cérébral. **18.** On observe généralement les ondes delta pendant le sommeil profond chez un adulte normal. **19.** La somnolence (ou léthargie) et la stupeur sont les stades de la conscience qui surviennent entre la vigilance et le coma. **20.** La plupart des muscles squelettiques sont fortement inhibés pendant le sommeil paradoxal. **21.** L'alcool diminue le sommeil paradoxal tandis que le Valium diminue plutôt le sommeil lent. **22.** La transmission de l'information de la mémoire à court terme à la mémoire à long terme est améliorée par les trois facteurs suivants: (1) la répétition, (2) l'association (établissement de liens entre de nouvelles données et celles qui sont déjà stockées) et (3) l'état émotionnel (vigilance, motivation, étonnement et stimulation). **23.** Les noyaux basaux et le cortex prémoteur interviennent dans les processus associés à la mémoire procédurale, mais pas dans ceux de la mémoire déclarative. **24.** La molécule CREB favorisant la synthèse des protéines, ce qui contribue à renforcer éventuellement l'efficacité synaptique essentielle au processus de mémorisation. **25.** Les plus gros vaisseaux sanguins qui desservent l'encéphale se trouvent sous l'arachnoïde, plus précisément dans l'espace subarachnoïdien. **26.** Le liquide cérébrospinal, élaboré dans les plexus choroïdes comme un filtrat du plasma sanguin, est un «bouillon» aqueux dont la composition est semblable à celle du plasma. Il protège l'encéphale et la moelle épinière contre les coups et les autres traumatismes; il contribue à nourrir ces structures et il sert au transport de messagers chimiques entre diverses régions de l'encéphale. **27.** Les éléments qui diffusent facilement à travers la barrière hématoencéphalique sont: les nutriments, le glucose, les acides aminés essentiels, les électrolytes, les substances liposolubles (tels les acides gras), les gaz (O_2 et CO_2) ainsi que l'alcool, la nicotine, les drogues et les anesthésiques. Par contre, les déchets métaboliques, les protéines, certaines toxines et la plupart des médicaments ne peuvent franchir cette barrière. **28.** Un accident ischémique transitoire est un déficit temporaire de l'irrigation sanguine des tissus du cerveau. Il diffère d'un accident vasculaire cérébral parce que les altérations qui en découlent sont entièrement réversibles. **29.** M. Leblanc souffre probablement de la maladie de Parkinson. **30.** Les neuroblastes de la lame dorsale deviennent des interneurones, et les neuroblastes de la lame ventrale deviennent des neurones moteurs (efférents). **31.** Les nerfs qui innervent les membres prennent naissance dans les renflements cervical et lombaire de la moelle épinière. **32.** Dans le tractus spinothalamique, les corps cellulaires des neurones sensitifs de premier ordre sont dans un ganglion situé à l'extérieur de la moelle épinière; les corps cellulaires des neurones sensitifs de deuxième ordre se trouvent dans la corne dorsale de la moelle épinière; les corps cellulaires des neurones sensitifs de troisième ordre sont dans le thalamus (voir aussi la figure 12.34b). **33.** Les tractus spinocérebelleux des voies ascendantes et les tractus vestibulospinal et réticulospinal des voies descendantes. **34.** Maxime souffre d'une paralysie des membres inférieurs probablement causée par une lésion de la moelle épinière dans la région thoracique (entre les vertèbres T_1 et L_1). Si la moelle épinière est sectionnée, Maxime sera paraplégique. Si la moelle n'a subi qu'une légère lésion, il retrouvera l'usage de ses membres. Il serait utile de procéder à un examen remnographique de la moelle épinière. **35.** Les nouveau-nés prématurés ont de la difficulté à réguler leur température par suite de l'immaturité de leur hypothalamus. **36.** Durant la période fœtale, la production de testostérone détermine plusieurs modifications structurales du cerveau chez le bébé de sexe masculin. Ces différences touchent notamment certains noyaux de l'hypothalamus, plusieurs régions du cortex cérébral (régions auditives et responsables du langage) et le corps calleux (celui-ci est plus volumineux chez la femme). **37.** Il est possible de corriger les causes suivantes de la démence: les effets des médicaments sur ordonnance, l'hypotension, la malnutrition, les déséquilibres hormonaux, la dépression et la déshydratation.

Questions de révision 1. a; **2.** d; **3.** c; **4.** a; **5.** (1)d, (2)f, (3)e, (4)g, (5)b, (6)f, (7)i, (8)a; **6.** b; **7.** c; **8.** a; **9.** (1)a, (2)b, (3)a, (4)a, (5)b, (6)a, (7)b, (8)b, (9)a; **10.** d; **11.** (1)d, (2)e, (3)c, d, (4)a; **12.** c

Chapitre 13

Vérifions nos acquis 1. En plus des nerfs, le SNP est composé de récepteurs sensoriels, de terminaisons motrices et de ganglions. **2.** Les propriocepteurs se trouvent dans les muscles squelettiques, les tendons, les articulations, les ligaments et le tissu conjonctif qui recouvre les os et les muscles; ils réagissent aux stimulus internes. **3.** Les nocicepteurs réagissent aux stimulus douloureux. Il s'agit d'extérocepteurs simples et non capsulés (terminaisons nerveuses libres). **4.** Les corpuscules lamelleux (Vater-Pacini) réagissent aux vibrations; ils se trouvent dans les profondeurs du derme et dans le tissu sous-cutané. **5.** Les trois niveaux de l'intégration sensorielle sont le niveau des récepteurs, le niveau des voies ascendantes et le niveau de la perception. **6.** Les récepteurs phasiques s'adaptent, tandis que les récepteurs toniques présentent peu d'adaptation, ou n'en présentent pas. Les récepteurs de la douleur sont toniques pour nous rappeler de protéger la partie du corps blessée. **7.** Les neurofibres du tractus spinothalamique ascendant transmettent les influx de la température. Les sensations de chaleur et de froid sont transmises par différents récepteurs sensoriels qui font partie d'une «ligne étiquetée» distincte. Le froid et la chaleur correspondent à deux intensités du même stimulus détectées par le codage de la fréquence: la fréquence des potentiels d'action serait plus élevée pour un stimulus froid que pour un stimulus tiède. Les potentiels d'action qui prennent naissance dans les doigts et le pied sont acheminés à différentes régions du cortex somesthésique, ce qui permet au cortex d'en établir la source. **8.** Un ganglion est constitué d'amas de corps cellulaires de neurones associés aux nerfs du SNP. **9.** Les nerfs contiennent également du tissu conjonctif, des vaisseaux sanguins, des vaisseaux lymphatiques et de la myéline autour des axones. **10.** Les neurolemmocytes, les macrophagocytes et les neurones eux-mêmes jouent un rôle important dans la guérison du nerf. **11.** Les nerfs oculomoteurs (III), trochléaires (IV) et abducens (VI) assurent les mouvements de l'œil. L'étirement de la langue hors de la bouche fait appel au nerf hypoglosse (XII). Le nerf vague (X) influe sur la fréquence cardiaque et la digestion. Le nerf accessoire (XI) innerve le muscle trapèze, qui permet de hausser les épaules. **12.** Les racines dorsales sont médiales par rapport aux nerfs spinaux, tandis que les rameaux dorsaux sont situés sur le côté. Les racines dorsales sont purement sensorielles, tandis que les rameaux dorsaux contiennent des neurofibres motrices et sensorielles. **13.** Le plexus brachial est très vaste et comprend à la fois une région au niveau du cou et une autre dans l'aisselle. Les nerfs qu'il émet desservent particulièrement les membres supérieurs, incluant l'épaule et le thorax. **14.** Les racines des nerfs spinaux C_3 à C_5, le nerf phrénique et le plexus cervical. Le nerf phrénique est la seule innervation motrice du diaphragme, principal muscle de la respiration. **15.** Le nerf sciatique innerve tout le membre inférieur, y compris les muscles fessiers, mais ne dessert toutefois pas les parties antérieure et médiale de la cuisse. **16.** Les varicosités axonales sont une série de renflements en forme de bouton qui constituent les terminaisons axonales des neurones moteurs autonomes. On les trouve sur les terminaisons des axones innervant des muscles lisses ou des glandes. **17.** Le cervelet et les noyaux basaux, qui constituent le niveau de précommande de la régulation motrice, assurent la planification et la coordination des activités motrices complexes. **18.** Les cinq éléments d'un arc réflexe sont: un récepteur, un neurone sensitif, un centre d'intégration, un neurone moteur et un effecteur. **19.** Les réflexes spinaux sont des réflexes somatiques (activent les muscles squelettiques) et puisqu'ils ne font pas intervenir l'encéphale, ces réflexes persistent tant que la moelle épinière n'est pas atteinte. **20.** Le réflexe d'étirement est important pour le maintien du tonus musculaire et son adaptation, car il cause une contraction musculaire en réponse à une augmentation de la longueur du muscle (étirement). Il permet de conserver la posture. Tandis que le réflexe d'étirement agit sur la longueur du muscle, le réflexe tendineux agit sur la tension en provoquant le relâchement et l'allongement du muscle en action. Le réflexe tendineux provoque simultanément la contraction des muscles antagonistes. Le réflexe des raccourcisseurs est provoqué par un stimulus douloureux et cause le retrait automatique de la partie du corps touchée. Il s'agit d'un réflexe protecteur. **21.** Ce réflexe est appelé signe de Babinski. Il indique la présence de lésions des tractus corticospinaux ou du cortex moteur primaire. **22.** La colonne vertébrale, les nerfs spinaux et les dermatomes sont des exemples de la segmentation chez l'adulte.

Questions de révision 1. b ; **2.** c ; **3.** d ; **4.** c ; **5.** e ; **6.** c ; **7.** (1)d, (2)c, (3)f, (4)b, (5)e, (6)a ; **8.** (1)f, (2)i, (3)b, (4)g, h, (5)e, (6)i, (7)c, (8)k, (9)l, (10)c, d, f, k, (11)b, (12)a, f, j ; **9.** (1)b 6 ; (2)d 8 ; (3)c 2 ; (4)c 5 ; (5)a 4 ; (6)a 3 ; (7)a 7 ; (8)a 7 ; (9)d 1 ; (10)a 3, 4, 7, 9 ; **10.** (1)a, 1 et 5 ; (2)a, 3 et 5 ; (3)a, 4 ; (4)a, 2 ; (5)c, 2 ; (6)b, 2 ; **11.** c

Chapitre 14

Vérifions nos acquis 1. Les effecteurs du SNA sont le muscle cardiaque, les muscles lisses et les glandes. **2.** Le système nerveux somatique achemine les instructions aux muscles plus rapidement parce qu'il ne contient que des neurones moteurs simples, tandis que le SNA utilise des chaînes de deux neurones. De plus, les axones des neurones moteurs somatiques sont d'habitude les plus fortement myélinisés, les axones autonomes préganglionnaires sont légèrement myélinisés et les axones postganglionnaires ne le sont pas. **3.** La noradrénaline est libérée par les neurofibres sympathiques, tandis que l'acétylcholine est libérée par les neurofibres parasympathiques. Notez que leurs effets peuvent être à la fois inhibiteur et excitateur. **4.** Quand une personne se détend allongée sur la plage, c'est son système nerveux parasympathique qui prédomine normalement. Quand elle perçoit un danger (la présence du requin alors qu'elle est sur sa planche de surf), c'est le système nerveux sympathique qui s'impose. **5.** Les caractéristiques suivantes s'appliquent au système nerveux sympathique : courtes neurofibres préganglionnaires ; prend naissance dans la région thoracolombaire de la moelle épinière ; ganglion prévertébraux ; innerve la médulla surrénale. Les ganglions terminaux font partie du système nerveux parasympathique. **6.** Les principales différences sont les suivantes : (1) le SNA possède des neurofibres afférentes viscérales plutôt que des neurofibres afférentes somatiques ; (2) le SNA possède une chaîne à deux neurones efférents, tandis que le système nerveux somatique possède un neurone simple ; (3) les effecteurs du SNA sont les muscles lisses, le muscle cardiaque et les glandes ; les effecteurs du système nerveux somatique sont les muscles squelettiques. **7.** Le système nerveux parasympathique assure les fonctions suivantes : augmentation de l'activité digestive et diminution de la fréquence cardiaque. Le système nerveux sympathique : augmentation de la pression artérielle ; dilatation des bronchioles ; stimulation de la médulla surrénale à libérer ses hormones ; éjaculation. **8.** Il y a des récepteurs nicotiniques sur les muscles squelettiques et les cellules produisant des hormones dans les glandes surrénales, mais pas dans les muscles lisses et les glandes sudoripares. Pratiquement tous les types de récepteurs (y compris les récepteurs nicotiniques) sont également présents dans le SNC (voir aussi le tableau 11.3, p. 474-476). **9.** Le système nerveux parasympathique a un effet plus localisé que le système nerveux sympathique, car les neurones préganglionnaires font synapse avec un très petit nombre de neurones. Son effet de courte durée est dû à la dégradation rapide de l'Ach par l'acétylcholinestérase. **10.** Le principal centre d'intégration du SNA est l'hypothalamus, même si la plus grande influence directe provient de la formation réticulaire du tronc cérébral et des centres réflexes du pont et du bulbe rachidien. **11.** Le médecin peut avoir prescrit des bêtabloqueurs parce que Jean souffre d'hypertension. (Un stress chronique peut causer l'hypertension.) Les bêtabloqueurs

feront baisser la pression artérielle en inhibant les récepteurs bêtaadrénergiques dans le cœur et les vaisseaux sanguins, ce qui produira une diminution de la fréquence cardiaque et une dilatation des vaisseaux sanguins. **12.** La crête neurale donne naissance à la fois aux ganglions autonomes et à la médulla surrénale.

Implications cliniques 1. L'emplacement des lacérations et des contusions de Samuel et son incapacité à se lever ont incité les ambulanciers à penser qu'il avait une blessure à la tête, au cou ou au dos. Ils ont immobilisé sa tête et son torse pour éviter d'aggraver les lésions cérébrales ou médullaires. **2.** La dégradation des signes neurologiques indique probablement une hémorragie intracrânienne. Le sang qui s'écoule des vaisseaux lésés commence à comprimer l'encéphale de Samuel et sa pression intracrânienne va monter. Samuel doit subir une chirurgie afin que ses vaisseaux endommagés soient réparés et que l'amas de sang coagulé qui compresse son encéphale soit éliminé. **3.** La perte des fonctions motrices et sensorielles sous le niveau des mamelons indique une lésion au niveau de T_4. Voir la figure 13.12. **4.** Samuel souffre d'un choc spinal, qui découle d'une lésion de la moelle épinière. Un choc spinal est temporaire et se caractérise par une perte de tous les réflexes et de toutes les fonctions motrices situés sous le siège de la lésion de la moelle épinière. C'est pourquoi les muscles de Samuel sont paralysés. Sa pression artérielle est faible en raison de la perte du tonus sympathique de son système vasculaire. **5.** L'exagération des réflexes de Samuel est causée par une lésion des axones des neurones moteurs supérieurs de la moelle épinière. Ces neurones inhibent normalement les réflexes spinaux. Il est incontinent parce qu'il n'y a plus de voies nerveuses pour assurer la régulation volontaire de la continence urinaire et fécale. **6.** Il s'agit d'un cas de *dysréflexie autonome* (ou *hyperréflectivité autonome*), dans laquelle un stimulus normal déclenche l'activation massive des neurones autonomes. **7.** Une pression artérielle extrêmement élevée peut entraîner la rupture de vaisseaux sanguins dans le cerveau (et dans d'autres parties du corps) et mettre la vie de Samuel en danger.

Questions de révision 1. d ; **2.** (1)S, (2)P, (3)P, (4)S, (5)S, (6)P, (7)P, (8)S, (9)P, (10)S, (11)P, (12)S ; **3.** b ; **4.** c ; **5.** a

Chapitre 15

Vérifions nos acquis 1. La conjonctive est une muqueuse transparente qui tapisse la paupière. Son repli antérieur correspond à la conjonctive bulbaire et recouvre le blanc de l'œil seulement. **2.** Les larmes ou sécrétions lacrymales sont une solution saline diluée qui contient du mucus, des anticorps et du lysozyme. Elles sont sécrétées par les glandes lacrymales. **3.** La tunique fibreuse comprend la cornée à l'avant et la sclère à l'arrière. La cornée abrite de nombreuses terminaisons nerveuses, notamment des nocicepteurs, qui expliquent le fait que certaines personnes ne peuvent pas s'habituer au port de lentilles cornéennes. **4.** La tache aveugle est le disque du nerf optique. C'est la partie de la rétine où le nerf optique quitte le bulbe oculaire. On dit que cette région de la rétine est « aveugle » parce qu'elle est dépourvue de photorécepteurs. **5.** Le glaucome est une augmentation de la pression intraoculaire et il est dû à une accumulation d'humeur aqueuse, habituellement en raison d'un problème de drainage de ce liquide. **6.** La lumière passe par la cornée, l'humeur aqueuse, le cristallin, le corps vitré, les cellules ganglionnaires et les neurones bipolaires avant d'atteindre les photorécepteurs. **7.** Les muscles ciliaires (radiaires) et le muscle sphincter (circulaire) de la pupille se relâchent pour la vision de loin. (Si vous avez répondu que les muscles droits médiaux se relâchent également, vous avez raison. Mais n'oubliez pas que les muscles droits font partie des muscles *extrinsèques* de l'œil.) **8.** Le punctum proximum recule avec l'âge parce que le cristallin devient moins élastique (presbytie) ; il n'est donc plus capable de devenir suffisamment bombé pour assurer la vision de près. **9.** Les caractéristiques suivantes s'appliquent aux cônes : vision sous un éclairage intense ; vision des couleurs; meilleure acuité (capacité de voir les détails). Les caractéristiques suivantes s'appliquent aux bâtonnets: un seul type de pigment visuel; plus abondants en périphérie de la rétine; un grand nombre convergent vers une cellule ganglionnaire; plus grande sensibilité. **10.** La décoloration d'un pigment correspond à la dégradation de la combinaison rétinal-opsine. Elle découle d'une exposition à la lumière. **11.** Les cellules M réagissent mieux aux gros objets tandis que les cellules P réagissent mieux aux petits objets. **12.** Une tumeur du cortex visuel droit aurait une incidence sur le champ visuel gauche. Une tumeur compressant le nerf optique droit aurait une incidence sur les champs visuels droit et gauche de l'œil droit seulement. **13.** L'épithélium olfactif se trouve dans le haut de chaque cornet nasal. Les cellules de soutien contiennent un pigment jaune brun semblable à la lipofuscine qui donne à l'épithélium une teinte jaune. **14.** Les cinq saveurs sont le sucré, l'acide, l'amer, le salé et l'umami. Les papilles fungiformes, circumvallées et foliées forment les calicules gustatifs. **15.** Les cils et les microvillosités des cellules réceptrices augmentent considérablement la surface de réception de ces cellules. **16.** Un son fort peut être atténué grâce à la contraction de deux muscles; le muscle tenseur du tympan, qui tend le tympan, et le muscle stapédien, qui atténue les vibrations des osselets. **17.** Le tympan sépare l'oreille externe de l'oreille moyenne. La fenêtre cochléaire et la fenêtre vestibulaire séparent l'oreille moyenne de l'oreille interne. **18.** La lame basilaire de la cochlée permet de distinguer des sons de différentes hauteurs. **19.** Si le tronc cérébral ne reçoit pas d'influx des deux oreilles, on ne peut plus situer l'origine d'un son. **20.** La sensation de plénitude est probablement due à une accumulation de liquide dans l'oreille moyenne parce que l'infection des voies respiratoires supérieures (rhume) s'est propagée à l'oreille. Il est atteint d'un type de surdité de transmission. **21.** Les caractéristiques suivantes s'appliquent à la macule: contient des statoconies; réagit à l'accélération ou à la décélération linéaire; située dans un saccule. Les caractéristiques suivantes s'appliquent à la crête ampullaire: est située à l'intérieur d'un canal semi-circulaire; possède une cupule; réagit à une accélération ou à une décélération au cours d'une rotation. **22.** Le sens de l'odorat est moins développé chez les hommes et la perte de l'odorat est également plus prononcée. **23.** Avec le vieillissement, le cristallin se décolore et devient opaque, et les muscles dilatateurs de la pupille deviennent moins efficaces, ce qui diminue la quantité de lumière qui atteint la rétine la nuit.

Questions de révision 1. c; **2.** d; **3.** a; **4.** b; **5.** c; **6.** c; **7.** b; **8.** a; **9.** b; **10.** b; **11.** b; **12.** d; **13.** d; **14.** a; **15.** d; **16.** c; **17.** d; **18.** b; **19.** b; **20.** c; **21.** d; **22.** b; **23.** b; **24.** e; **25.** b; **26.** c; **27.** c; **28.** c; **29.** c

Chapitre 16

Vérifions nos acquis 1. Le système endocrinien est davantage relié à la croissance et au développement, et ses réponses ont tendance à être de longue durée, tandis que les réponses du système nerveux sont rapides et discrètes. **2.** La thyroïde et les glandes parathyroïdes sont situées dans le cou. **3.** Les hormones autocrines sont libérées dans le sang et transportées dans tout l'organisme, tandis que les hormones paracrines agissent localement, en général dans le tissu où elles se trouvent. **4.** Les deux grandes classes d'hormones sont les hormones dérivées d'acides aminés et les hormones stéroïdes. Les hormones stéroïdes sont liposolubles. Les hormones thyroïdiennes sont les seules hormones dérivées d'acides aminés à être liposolubles. **5.** Les hormones hydrosolubles agissent sur les récepteurs de la membrane plasmique en se liant le plus souvent à des seconds messagers intracellulaires par l'intermédiaire de molécules de régulation, appelées protéines G. Les hormones liposolubles agissent sur les récepteurs intracellulaires, activant directement des gènes et stimulant la synthèse de protéines spécifiques. **6.** Les hormones stéroïdes prennent plus de temps à faire effet et ont par conséquent des demi-vies plus longues. **7.** La libération d'hormones peut être déclenchée par un

stimulus humoral, neural ou hormonal. **8.** L'hypothalamus communique avec l'adénohypophyse par l'intermédiaire d'*hormones* libérées dans un système porte composé de vaisseaux sanguins. Par contre, il communique avec la neurohypophyse par l'intermédiaire de *potentiels d'action voyageant le long des axones* qui relient l'hypothalamus à la neurohypophyse. **9.** L'hormone lutéinisante et l'hormone folliculostimulante sont des stimulines qui agissent sur les gonades. La thyréotrophine (TSH) est une stimuline qui agit sur la thyroïde, et l'ACTH est une stimuline qui agit sur le cortex surrénal. (L'hormone de croissance est aussi une bonne réponse; étant donné qu'elle cause la libération de somatomédines (IGF) par le foie, il est possible de la classer parmi les stimulines.) **10.** La consommation de boissons alcoolisées inhibe la sécrétion d'ADH par la neurohypophyse et provoque une abondante diurèse et la déshydratation, toutes deux responsables de la gueule de bois. **11.** Les hormones thyroïdiennes augmentent le métabolisme basal (et la production de chaleur) de l'organisme. La parathormone augmente les taux de calcium dans le sang de plusieurs manières. Un taux excessif de calcitonine (dose pharmacologique) produit une diminution de la concentration de Ca^{2+} qui a pour effet de préserver la masse osseuse. (En réalité, chez l'humain, l'effet de la calcitonine en temps normal est négligeable.) **12.** Les cellules folliculaires de la thyroïde libèrent les hormones thyroïdes, les cellules principales de la parathyroïde libèrent la parathormone et les cellules parafolliculaires de la thyroïde élaborent la calcitonine. **13.** Les glucocorticoïdes sont des hormones qui aident à résister au stress et qui augmentent notamment la glycémie. Les minéralocorticoïdes élèvent le taux sanguin de Na^+ (et la pression artérielle) et diminuent le taux de K^+. Les gonadocorticoïdes sont les hormones sexuelles de l'homme et de la femme, dont on pense qu'ils ont plusieurs effets (par exemple, sur le déclenchement de la puberté, la libido chez la femme et la pousse des poils pubiens et axillaires chez la femme). **14.** Certaines personnes prennent de la mélatonine pour mieux dormir, en particulier en cas de décalage horaire. **15.** Si Sandra est diabétique, c'est que l'activité de l'insuline est insuffisante dans son organisme. L'explication la plus probable est que le comportement de Sandra est imputable au fait qu'elle a pris trop d'insuline et qu'elle est en hypoglycémie. Elle devrait se sentir mieux si elle consomme un peu de sucre. **16.** Le diabète sucré résulte soit de l'insuffisance, soit de l'inefficacité de l'insuline, tandis que le diabète insipide est dû à une insuffisance d'ADH. Les deux types de diabète se caractérisent par la production de grandes quantités d'urine. Il y a du glucose dans l'urine d'une personne atteinte de diabète sucré, pas dans celle d'une personne atteinte de diabète insipide. **17.** Les hormones sécrétées par les gonades sont des hormones stéroïdes. Le cortex surrénal est une glande endocrine importante qui sécrète aussi des hormones stéroïdes. **18.** La résistine et le TNF α (facteur nécrosant des tumeurs-alpha) produits en excès risquent de perturber la série de réactions chimiques déclenchée par la liaison de l'insuline. **19.** Certains virus pourraient ressembler aux protéines du soi des endocrinoyctes, et provoquer ainsi une réaction auto-immune détruisant ces cellules productrices d'insuline. **20.** Le cœur produit le facteur natriurétique auriculaire (FNA), qui diminue le volume sanguin et la pression artérielle en augmentant la production d'urine salée par les reins. **21.** La vitamine D_3, produite sous une forme inactive par la peau, accroît l'absorption du calcium dans le tube digestif. **22.** La diminution du taux de l'hormone de croissance avec l'âge contribue à l'atrophie musculaire. La diminution du taux d'œstrogènes cause l'ostéoporose chez la femme.

Implications cliniques 1. Raison d'être des directives: Comme M. Gendron est inconscient, on ne peut connaître avec précision l'étendue des lésions de son encéphale. La surveillance de ses réactions et de ses signes vitaux toutes les heures donnera au personnel soignant des renseignements sur l'étendue de ses blessures. En le changeant de position toutes les quatre heures et en lui apportant des soins cutanés méticuleux, on évite la formation d'escarres de décubitus (plaies de lit), tout en stimulant ses voies proprioceptives. **2.** M. Gendron souffre de *diabète insipide*, un état dans lequel une quantité insuffisante d'hormone antidiurétique (ADH) est produite ou libérée. Les personnes atteintes de diabète insipide excrètent de grandes quantités d'urine, qui ne contient cependant pas de glucose ou de corps cétoniques. La blessure à la tête de M. Gendron pourrait avoir endommagé son hypothalamus, qui produit cette hormone, ou sa neurohypophyse, qui libère l'ADH dans la circulation sanguine. **3.** Le diabète insipide est sans gravité chez la plupart des personnes dont le centre de la soif fonctionne normalement, car elles boiront suffisamment pour apaiser leur soif. Toutefois, comme M. Gendron est comateux, il est nécessaire de surveiller attentivement son excréta afin que tout le liquide perdu soit remplacé par perfusion intraveineuse. Son rétablissement pourrait être compliqué s'il a subi une lésion de l'hypothalamus, qui abrite les neurones du centre de la soif.

Questions de révision 1. b; **2.** a; **3.** c; **4.** d; **5.** (1)c, (2)a et b, (3)f, (4)d, (5)e, (6)g, (7)a, (8)h, (9)b et e, (10)a; **6.** d; **7.** c; **8.** b; **9.** d; **10.** b; **11.** d; **12.** b; **13.** c; **14.** d

Chapitre 17

Vérifions nos acquis 1. L'hématocrite correspond au pourcentage du sang occupé par les érythrocytes. Cette proportion est normalement de 45 %. **2.** En coagulant, le sang peut empêcher une perte sanguine quand un vaisseau est endommagé. Le sang contribue à combattre les infections parce qu'il contient des protéines antimicrobiennes et des leucocytes. **3.** Les protéines plasmatiques ne sont pas utilisées comme carburant par les cellules de l'organisme parce que leur présence dans le sang est nécessaire à de nombreuses fonctions. **4.** Chaque molécule d'hémoglobine peut transporter quatre molécules d'oxygène. C'est l'hème de l'hémoglobine qui se lie à l'oxygène. **5.** La synthèse de l'érythropoïétine par les reins est altérée en cas de maladie rénale avancée; la production de globules rouges diminue donc, ce qui cause l'anémie. **6.** La vitamine B_{12} est nécessaire à la synthèse de l'ADN lors de l'érythropoïèse. Puisqu'elle est présente dans de nombreux aliments, tels la viande et le poisson, sa carence provient habituellement d'un manque de facteur intrinsèque. Ce facteur est produit par l'estomac et a pour but de faciliter l'absorption de la vitamine B_{12}. **7.** Les monocytes se transforment en macrophagocytes dans les tissus. Les granulocytes neutrophiles sont des phagocytes voraces. **8.** Les plaquettes sont aussi appelées thrombocytes. La thrombopoïétine est l'hormone qui favorise la formation des plaquettes. **9.** La moelle osseuse rouge d'Annie produit de nombreux globules blancs anormaux qui encombrent la production des éléments normaux de la moelle osseuse. Le nombre insuffisant de globules blancs normaux ne lui permet pas de combattre les infections; elle n'a pas assez de plaquettes pour empêcher les hémorragies et le manque d'érythrocytes cause l'anémie. **10.** Les trois étapes de l'hémostase sont le spasme vasculaire, la formation du clou plaquettaire et la coagulation. **11.** Le fibrinogène est soluble dans l'eau, tandis que la fibrine ne l'est pas. La prothrombine est un précurseur inactif et la thrombine agit comme enzyme. La plupart des facteurs de coagulation sont inactifs dans le sang et deviennent des enzymes après leur activation. (Il y a des exceptions comme le fibrinogène et le calcium.) **12.** La thrombopénie (nombre insuffisant de plaquettes) ne permet pas de colmater les innombrables petites lésions des vaisseaux sanguins et se manifeste par des marques violacées appelées pétéchies. L'hémophilie A est due à l'absence de facteur de coagulation VIII. **13.** Le sang de Nicolas contient des anticorps anti-A et ses érythrocytes, des agglutinogènes B. Il peut donner du sang à un receveur de type AB, mais il ne doit pas recevoir de sang d'un donneur AB parce que les anticorps anti-A de son sang causeraient une réaction hémolytique. **14.** Si Émilie est atteinte d'une méningite bactérienne, une numération leucocytaire indiquerait vraisemblablement une augmentation du nombre de gra-

nulocytes neutrophiles parce qu'ils agissent comme système de défense contre les bactéries. **15.** L'hémoglobine F – présente chez le fœtus – a une plus grande affinité (force de liaison) pour l'oxygène que l'hémoglobine d'un adulte.

Questions de révision 1. c; **2.** c; **3.** d; **4.** b; **5.** d; **6.** a; **7.** a; **8.** b; **9.** c; **10.** d

Chapitre 18

Vérifions nos acquis 1. Le médiastin est la cavité centrale du thorax; elle contient le cœur, les gros vaisseaux et la trachée. **2.** Les tuniques de la paroi du cœur sont l'endocarde, le myocarde et l'épicarde. L'épicarde est également appelé «lame viscérale du péricarde séreux». Il est entouré par la lame pariétale du péricarde séreux et le péricarde séreux. **3.** La sérosité diminue la friction causée par le frottement entre les différentes tuniques. **4.** Le côté droit du cœur sert de pompe à la circulation pulmonaire, tandis que le gauche sert à la circulation systémique. **5.** (a) Vrai. La paroi du ventricule gauche est plus épaisse que celle du ventricule droit. (b) Vrai. Le ventricule gauche pompe le sang à une pression supérieure à celle exercée par le ventricule droit. En effet, le ventricule gauche irrigue l'ensemble de l'organisme, tandis que le ventricule droit n'irrigue que les poumons. (c) Faux. Les deux ventricules pompent la *même quantité* de sang à chaque battement, sans quoi le sang refoulerait dans la circulation systémique ou pulmonaire (parce que les deux ventricules sont à la suite l'un de l'autre). **6.** Les rameaux de l'artère coronaire droite sont le rameau marginal droit et le rameau interventriculaire postérieur. **7.** Les muscles papillaires et les cordages tendineux retiennent les cuspides des valves auriculoventriculaires pour qu'elles ne soient pas refoulées dans les oreillettes quand les ventricules se contractent. **8.** (a) La période réfractaire est presque aussi longue que la contraction dans le muscle cardiaque. (b) La source de Ca^{2+} pour la contraction est *uniquement* le RS dans le muscle squelettique. (c) Le potentiel d'action a une phase de plateau dans le muscle cardiaque. (d) Le muscle squelettique et le muscle cardiaque contiennent de la troponine. (e) Seul le muscle squelettique contient des triades. **9.** Il ne peut y avoir de contractions tétaniques dans le cœur parce que la période réfractaire absolue est presque aussi longue que la contraction. **10.** Les myofibres de conduction cardiaque excitent les cellules myocardiques des ventricules. L'onde de dépolarisation se déplace vers le haut, de l'apex du cœur en direction des oreillettes, et de l'endocarde vers l'épicarde. **11.** (a) L'onde QRS se produit pendant la dépolarisation ventriculaire. (b) L'onde T survient pendant la repolarisation ventriculaire. (c) L'intervalle PQ apparaît sur l'électrocardiogramme pendant la dépolarisation auriculaire et la propagation du potentiel d'action dans le reste du système de conduction intrinsèque. **12.** Le second bruit du cœur est associé à la fermeture des valves de l'aorte et du tronc pulmonaire. **13.** En cas d'insuffisance de la valve auriculoventriculaire gauche, on entend un murmure pendant la systole ventriculaire, parce que la valve devrait être fermée. Ce murmure, appelé souffle, correspond au reflux du sang vers l'oreillette par la valve restée entrouverte. **14.** Les quatre valves sont fermées pendant la phase de contraction isovolumétrique et la phase de relaxation isovolumétrique. **15.** L'exercice active le système nerveux sympathique. Cette activation produit une augmentation de la fréquence cardiaque et un accroissement direct de la contractilité ventriculaire, augmentant ainsi le volume systolique de Joseph. **16.** Quand le cœur bat très rapidement, le temps accordé au remplissage ventriculaire entre les contractions est écourté, ce qui réduit le volume télédiastolique ainsi que le volume systolique, donc le débit cardiaque. Il s'ensuit une chute de pression. **17.** Le foramen ovale et le conduit artériel permettent tous les deux au sang de contourner les poumons du fœtus jusqu'à la naissance. **18.** Les athlètes âgés peuvent être ralentis par la sclérose et l'épaississement des cuspides des valves cardiaques, une diminution de la réserve cardiaque, la fibrose du myocarde et l'athérosclérose.

Questions de révision 1. a; **2.** c; **3.** b; **4.** c; **5.** b; **6.** b; **7.** c; **8.** d; **9.** b; **10.** (1)c, (2)b, (3)b, (4)c, (5)a, (6)d, (7)d, (8)a

Chapitre 19

Vérifions nos acquis 1. Le système nerveux sympathique innerve les vaisseaux sanguins. Les neurofibres sympathiques sont situées dans la tunique moyenne. Les cellules effectrices de la tunique moyenne sont les cellules musculaires lisses. **2.** Quand le muscle lisse vasculaire se contracte, le diamètre d'un vaisseau sanguin diminue. C'est ce que l'on appelle la vasoconstriction. **3.** Une *artère élastique* joue un rôle essentiel en amortissant la pression générée par les contractions cardiaques successives. La vasodilatation ou la vasoconstriction des *artérioles* détermine le débit sanguin vers chaque lit capillaire. Une *artère musculaire* possède la tunique moyenne la plus épaisse par rapport au diamètre de sa lumière. **4.** Si vous êtes en train de faire des extensions du mollet, le lit capillaire se trouverait dans l'état illustré en (a), c'est-à-dire que les sphincters seraient ouverts. Les capillaires vrais seraient remplis de sang pour faire en sorte que le mollet qui travaille reçoive les nutriments nécessaires et que les déchets soient éliminés. **5.** Les valves empêchent le reflux du sang dans les veines. Elles sont formées par des plis de la tunique interne. **6.** Dans la circulation systémique, les veines contiennent plus de sang que les artères (figure 19.5). **7.** L'apparition de stries lipidiques provenant de l'accumulation de cellules spumeuses est le premier signe visible de l'athérome. Ces dépôts finiront par faire saillie dans la lumière du vaisseau. **8.** Pour dissoudre le caillot, on peut recourir à des agents thrombolytiques, tel l'activateur tissulaire du plasminogène. **9.** Les trois facteurs qui déterminent la résistance d'un vaisseau sont la viscosité du sang ainsi que la longueur et le diamètre du vaisseau. Le diamètre du vaisseau est le facteur le plus important sur le plan physiologique. **10.** Le débit sanguin diminuera 81 fois par rapport au débit initial ($3 \times 3 \times 3 \times 3 = 81$). **11.** Dans un premier temps, la pression artérielle moyenne (PAM) diminue temporairement, ce que détectent les barorécepteurs situés dans les sinus carotidiens et aortique. Les réflexes des centres vasomoteurs et cardiaques du bulbe rachidien augmentent les influx sympathiques et diminuent les influx parasympathiques vers le cœur. La fréquence cardiaque et la contractilité augmentent, ce qui accroît le débit cardiaque et donc la PAM. De plus, la vasoconstriction sympathique des artérioles fait monter la résistance périphérique, ce qui élève aussi la PAM. (Par ailleurs, l'augmentation de la vasoconstriction des veines accroît le retour veineux, ce qui augmente le volume télédiastolique et le volume systolique, et donc le débit cardiaque et la PAM.) **12.** Les reins aident à maintenir la pression artérielle moyenne en influant sur le volume sanguin. En cas d'obstruction de l'artère rénale, la pression sanguine dans les reins est inférieure à celle du reste de l'organisme (parce qu'il est en aval de l'obstruction). La baisse de la pression sanguine dans les reins déclenche des mécanismes directs et indirects qui visent à accroître la pression artérielle en augmentant le volume sanguin. Ce phénomène peut causer l'hypertension (appelée hypertension secondaire parce qu'elle est secondaire à une cause définie: dans ce cas, l'obstruction de l'artère rénale). **13.** Dans une course de vélo, l'autorégulation par des mécanismes de régulation intrinsèques cause le relâchement du muscle lisse des artérioles des jambes, la dilatation des vaisseaux et l'apport de plus d'oxygène et de nutriments aux muscles au travail. **14.** Les mécanismes extrinsèques, principalement le système nerveux sympathique, empêchent la pression artérielle de baisser fortement en produisant la vasoconstriction des artérioles ailleurs dans l'organisme (comme les reins et les organes du système digestif). De plus, le débit cardiaque augmente, ce qui contribue également au maintien de la PAM. **15.** (a) Une augmentation de la pression colloïdoosmotique du liquide interstitiel (PO_{li}) aurait tendance à attirer plus de liquide vers l'extérieur des capillaires (ce qui causerait une inflammation ou un œdème localisé). (b) Une augmentation de la PO_{li} de 10 mm Hg entraî-

nerait une diminution de la pression colloïdoosmotique nette des artérioles et de l'extrémité veineuse du capillaire, qui passerait à 16 mm Hg (26 mm Hg – 10 mm Hg). La PNF à l'extrémité veineuse serait alors de 1 mm Hg (17 mm Hg – 16 mm Hg). (c) Le liquide *s'écoulerait* de l'extrémité veineuse du capillaire plutôt que d'y pénétrer. **16.** Roger subit un choc vasculaire dû à l'anaphylaxie, une réaction allergique systémique à ses médicaments. Sa pression artérielle est basse, car la libération massive d'histamine a provoqué une vasodilatation généralisée. Sa fréquence cardiaque est rapide en raison du réflexe des barorécepteurs déclenché par la faible pression artérielle. Le système nerveux sympathique est alors activé, augmentant la fréquence cardiaque dans le but de rétablir la pression artérielle. **17.** Les artères carotides externes irriguent la plupart des tissus de la tête, sauf ceux de l'encéphale et des orbites. **18.** Le cercle artériel du cerveau (cercle de Willis) est l'anastomose artérielle qui est située à la base de l'encéphale. **19.** Les quatre artères uniques qui émergent de l'aorte abdominale sont le tronc cœliaque, les artères mésentériques inférieure et supérieure et l'artère sacrale médiane. **20.** Vous palpez l'artère poplitée à l'arrière du genou, l'artère tibiale postérieure à l'arrière de la malléole médiane du tibia et l'artère dorsale du pied (figure 19.12). **21.** Les artères vertébrales contribuent à l'irrigation de l'encéphale, mais les veines vertébrales ne drainent *pas* la plus grande partie du sang de l'encéphale. **22.** Les veines jugulaires internes drainent les sinus de la dure-mère. Chaque veine jugulaire interne s'unit à une veine subclavière pour former une veine brachiocéphalique. **23.** Un système porte est un système dans lequel deux lits capillaires se suivent. En d'autres termes, dans un système porte, un lit capillaire s'écoule par une veine qui est reliée à un autre lit capillaire. La fonction du système porte hépatique consiste à transporter le sang veineux des organes digestifs au foie pour qu'il y soit traité avant d'accéder au reste de la circulation systémique. Ce système joue un rôle important dans la protection de l'organisme contre les toxines et les microorganismes ingérés et permet également aux nutriments absorbés d'être acheminés directement au foie pour y être transformés. **24.** Les veines de la jambe dans lesquelles des varices se forment fréquemment sont les grandes et les petites veines saphènes. **25.** Voici trois différences entre les artères et les veines: (1) les artères sont profondes tandis que les veines sont profondes ou superficielles; (2) les voies veineuses comportent plus d'anastomoses que les voies artérielles; (3) l'encéphale et le système digestif possèdent des systèmes d'irrigation veineuse uniques, tandis que leurs systèmes artériels ne sont pas vraiment différents de ceux des autres organes. **26.** Le foramen ovale et le conduit artériel contournent les poumons du fœtus. Le conduit veineux contourne le foie. **27.** Les varices, l'athérosclérose et l'hypertension sont fréquents chez les personnes âgées.

Implications cliniques 1. Les tissus de la jambe gauche de M. Hubert ont été privés d'oxygène et de nutriments pendant au moins 30 minutes. Dans un tel cas, le métabolisme tissulaire diminue, puis cesse; donc, les tissus risquent de mourir par anoxie (manque d'oxygène). **2.** Les signes vitaux de M. Hubert (pression artérielle basse, pouls rapide et filant) indiquent qu'il souffre de problèmes potentiellement mortels qu'il est nécessaire de corriger avant d'autres, moins importants. Pour ce qui est de la chirurgie, il subira peut-être une réduction des os qui ont été écrasés, selon l'état des tissus de sa jambe. Si des tissus sont morts, il risque l'amputation. **3.** Le pouls rapide et filant de M. Hubert et sa faible pression artérielle indiquent qu'il subit un choc hypovolémique, par suite de la diminution du volume sanguin. Comme ce volume est bas, sa fréquence cardiaque augmente. Cette réaction physiologique tend à accroître le débit cardiaque afin de maintenir l'irrigation sanguine des organes vitaux. Il faut augmenter le volume sanguin de M. Hubert dès que possible au moyen d'une transfusion ou d'une solution saline intraveineuse. Ces interventions vont stabiliser son état et permettre aux médecins d'entreprendre la chirurgie.

Questions de révision 1. d; **2.** b; **3.** d; **4.** c; **5.** e; **6.** d; **7.** c; **8.** b; **9.** a; **10.** a; **11.** b; **12.** c; **13.** b; **14.** d; **15.** (1)b, e, g; (2)c; (3)i; (4)f, h; (5)d

Chapitre 20

Vérifions nos acquis 1. La lymphe est le liquide qui circule à l'intérieur des vaisseaux lymphatiques. Elle pénètre dans les vaisseaux lymphatiques à partir du liquide interstitiel. Le liquide interstitiel, pour sa part, est dérivé du plasma sanguin. **2.** Le conduit lymphatique droit reçoit la lymphe du membre supérieur droit et du côté droit de la tête et du thorax. Le conduit thoracique draine la lymphe du reste du corps. **3.** Le déplacement de la lymphe est assuré par la contraction des muscles squelettiques adjacents, les variations de pression dans le thorax pendant la respiration et la pulsation des artères avoisinantes. (Les valvules des vaisseaux lymphatiques empêchent le reflux de la lymphe.) **4.** Les follicules lymphoïdes sont des corps sphériques durs composés de cellules et d'éléments réticulaires très entassés. Ils comportent habituellement un centre qui prend une teinte pâle à la coloration. Il s'agit des régions où les lymphocytes B sont les plus abondants. **5.** La présence de moins de vaisseaux efférents que de vaisseaux afférents permet à la lymphe de s'accumuler dans les nœuds lymphatiques, ce qui leur donne le temps nécessaire pour la filtration. **6.** Les MALT (formations lymphatiques associées aux muqueuses) sont formées de tissu lymphoïde et sont situées dans la muqueuse des voies digestives, respiratoires, urinaires et génitales. **7.** La rate purifie le sang, emmagasine des plaquettes et les produits de la dégradation des érythrocytes. On pense qu'il s'agit du siège de l'érythropoïèse chez le fœtus. **8.** Le thymus est l'organe lymphoïde qui apparaît en premier.

Implications cliniques 1. La présence de stries rouges qui irradient du doigt de M. Hubert indique une inflammation des vaisseaux lymphatiques. Cette inflammation peut être causée par une infection bactérienne. Si le bras droit de M. Hubert avait été très œdémateux, mais sans la présence de stries rouges, on aurait pu suspecter une perturbation du transport de la lymphe du bras jusqu'au tronc, par suite d'une lésion ou d'une obstruction des vaisseaux lymphatiques. **2.** On fait porter à M. Hubert une écharpe pour immobiliser son bras, ce qui ralentit la circulation de la lymphe à partir de la région infectée et devrait limiter la propagation de l'infection. **3.** La déficience en lymphocytes de M. Hubert indique que la capacité de son organisme à combattre une infection bactérienne ou virale est réduite. L'administration d'antibiotiques et les protections supplémentaires prises par le personnel assureront la protection de M. Hubert jusqu'à ce que le nombre de ses lymphocytes augmente. Le port de gants et d'un masque protège également le personnel contre toute infection que M. Hubert pourrait avoir. **4.** Le rétablissement de M. Hubert s'annonce problématique, car il est probablement déjà atteint d'une infection bactérienne et sa capacité à se défendre contre cette infection est réduite.

Questions de révision 1. c; **2.** c; **3.** a, d; **4.** a, b, d; **5.** c; **6.** a; **7.** b; **8.** a; **9.** b; **10.** d

Chapitre 21

Vérifions nos acquis 1. Le système de défense inné est toujours prêt à répondre instantanément, tandis que le système de défense adaptatif prend du temps à réagir. Les défenses innées se composent de barrières superficielles et de défenses internes, tandis que les défenses adaptatives comprennent l'immunité humorale et l'immunité cellulaire, qui font appel aux lymphocytes B et T. **2.** Les barrières superficielles (la peau et les muqueuses) forment la première ligne de défense. **3.** L'opsonisation est le processus qui facilite la phagocytose des agents pathogènes après avoir été recouverts de molécules auxquelles les phagocytes peuvent se lier. Les anticorps et les protéines du complément sont des exemples de molécules qui jouent le rôle d'opsonines. **4.** Les cellules de l'organisme sont détruites par les cellules tueuses naturelles (NK) lorsqu'elles

infectées par des virus ou lorsqu'elles sont devenues cancéreuses. **5.** Les signes majeurs de l'inflammation sont la rougeur, la chaleur, la tuméfaction et la douleur. La rougeur et la chaleur localisées résultent de la vasodilatation des artérioles, qui augmente le débit du sang (réchauffé par le corps) vers le siège de la lésion. La tuméfaction (œdème) est causée par la libération d'histamine et d'autres médiateurs chimiques de l'inflammation, qui augmente la perméabilité capillaire. Cette augmentation de la perméabilité permet aux protéines de passer dans le liquide interstitiel, augmentant la pression osmotique de ce liquide et poussant plus de liquide hors des vaisseaux sanguins et vers les tissus, ce qui cause la tuméfaction. La douleur est causée par: (1) l'action de certains médiateurs chimiques (kinines et prostaglandines) sur les terminaisons nerveuses et (2) la tuméfaction, qui peut comprimer les terminaisons nerveuses libres. **6.** La spécificité, la nature systémique de la réponse et la mémoire immunologique sont trois caractéristiques clés de l'immunité adaptative. **7.** Un antigène complet possède l'immunogénicité et la réactivité, tandis qu'un haptène est réactif, mais il n'est pas immunogène. **8.** Les antigènes du soi, en particulier les protéines du CMH, marquent les cellules comme étant une partie du soi. **9.** L'acquisition de l'immunocompétence par un lymphocyte B ou T se manifeste par l'apparition à sa surface de récepteurs spécifiques et uniques pour un antigène. Dans le cas d'un lymphocyte B, ce récepteur est un anticorps lié à la membrane. (Dans le cas des lymphocytes T, il s'agit simplement d'un récepteur du lymphocyte T.) **10.** Il s'agirait du lymphocyte T (c) qui reconnaît le CMH, mais pas l'antigène du soi. **11.** Les cellules dendritiques, les macrophagocytes et les lymphocytes B agissent notamment comme des cellules présentatrices d'antigènes. Les cellules dendritiques jouent le rôle le plus important dans l'activation des lymphocytes T. **12.** Dans la sélection clonale, l'antigène est responsable de la sélection. La substance visée par la sélection est un clone particulier des lymphocytes B ou T qui possède les récepteurs d'antigène qui correspondent à cet antigène. **13.** La réaction secondaire à un antigène est plus rapide et plus intense que la réaction primaire parce que le système immunitaire a déjà été sensibilisé à l'antigène et qu'il possède les cellules mémoires propres à cet antigène. **14.** La vaccination protège en permettant une première sensibilisation à un antigène, c'est-à-dire la réaction primaire. Ainsi, quand l'agent pathogène de la maladie pénètre de nouveau dans l'organisme, il se déclenche une réaction secondaire, beaucoup plus rapide et puissante; elle est généralement assez efficace pour empêcher la maladie. **15.** Les anticorps IgG sont les plus abondants dans le sang. L'IgM est sécrétée en premier lors d'une réaction immunitaire primaire. L'IgA est la plus abondante dans les sécrétions muqueuses. **16.** Les anticorps peuvent détruire un agent pathogène parce qu'ils ont un PLAN: **p**récipitation, **l**yse (par le truchement du complément), **a**gglutination et **n**eutralisation. **17.** Les protéines du CMH de classe II présentent des antigènes exogènes. Ces protéines sont reconnues par les lymphocytes CD4 (qui deviennent habituellement des lymphocytes T auxiliaires). Les CPA présentent les protéines du CMH de classe II. **18.** Quand des antigènes se lient en l'absence de costimulation, le lymphocyte présente de l'*anergie*, c'est-à-dire une absence de réaction permanente à cet antigène. **19.** Les lymphocytes T auxiliaires jouent le rôle le plus important dans l'immunité à médiation cellulaire et l'immunité humorale, parce qu'ils sont nécessaires à l'activation des lymphocytes T cytotoxiques et de la plupart des lymphocytes B. **20.** Les lymphocytes T cytotoxiques libèrent des perforines et des granzymes dans la cellule cible désignée. Les perforines creusent un pore dans la membrane de la cellule cible, et les granzymes entrent par ce pore, ce qui déclenche l'apoptose (suicide cellulaire). **21.** Les protéines du CMH et les antigènes du groupe sanguin (ABO, etc.) doivent correspondre parfaitement avant une transplantation d'organe. **22.** Le VIH est si difficile à combattre pour le système immunitaire parce que (1) le virus détruit les lymphocytes T auxiliaires, qui jouent un rôle central dans l'immunité adaptative, et (2) le virus présente un taux de mutation élevé et devient rapidement résistant aux médicaments. **23.** La liaison d'un allergène à des anticorps IgE spécifiques liés aux mastocytes déclenche la libération d'histamine par les mastocytes.

Questions de révision 1. c; **2.** a; **3.** d; **4.** d, e; **5.** a; **6.** d; **7.** b; **8.** c; **9.** d; **10.** d; **11.** d; **12.** (1)b, g; (2)d, i; (3)a, e; (4)a, e, f, h; (5)e, h; (6)c, f, g

Chapitre 22

Vérifions nos acquis 1. Les structures que l'air traverse sont la cavité nasale (narine, vestibule nasal, cornets nasaux), le nasopharynx (et l'amygdale pharyngienne), l'oropharynx (et l'amygdale palatine), le laryngopharynx et le larynx (épiglotte, pli vestibulaire et plis vocaux). **2.** L'épiglotte ferme le larynx pendant la déglutition, tandis que les plis vocaux ferment la glotte lors de la défécation. **3.** Les anneaux incomplets en forme de fer à cheval de la trachée lui permettent de s'étirer et de se contracter, tout en l'empêchant de s'affaisser. **4.** Ensemble, les nombreuses petites alvéoles forment une vaste surface. Cette surface et les minces membranes respiratoires des alvéoles en font des structures bien conçues pour les échanges gazeux. **5.** L'arachide s'est probablement logée dans la bronche principale droite, parce qu'elle est plus large et plus verticale que la gauche, ce qui a facilité son entrée. **6.** Les deux circulations des poumons sont la circulation pulmonaire, qui amène le sang désoxygéné aux poumons, où il est oxygéné, puis retourné au cœur, et la circulation bronchique, qui amène le sang systémique (oxygéné) aux tissus des poumons. **7.** Le vide partiel (pression négative) à l'intérieur de la cavité pleurale est causé par les forces antagonistes qui agissent sur la plèvre viscérale et la plèvre pariétale. La plèvre viscérale est tirée vers l'intérieur par la tendance naturelle des poumons à se rétracter et par la tension superficielle du liquide alvéolaire. La plèvre pariétale est tirée vers l'extérieur par l'élasticité de la paroi thoracique. Si de l'air entre dans la cavité pleurale, le poumon de ce côté s'affaisse. C'est ce qu'on appelle un pneumothorax. **8.** La force motrice de la ventilation pulmonaire est un gradient de pression créé par les variations de volume du thorax. **9.** La pression intrapulmonaire diminue pendant l'inspiration en raison de l'augmentation du volume de la cavité thoracique produite par les muscles inspiratoires. **10.** Dans les conduits aériens, la résistance est généralement basse parce que (1) le diamètre de la plupart des voies respiratoires est relativement large, (2) les voies les plus petites sont en parallèle et leur diamètre combiné est grand et (3) la viscosité de l'air est faible. **11.** Une quantité insuffisante de surfactant augmente la tension superficielle dans les alvéoles et entraîne leur affaissement entre les respirations. (En d'autres mots, la compliance pulmonaire est fortement diminuée.) **12.** Une respiration lente et profonde ventile les alvéoles plus efficacement parce qu'une plus petite portion du volume courant de chaque respiration sert à déplacer l'air vers l'intérieur et l'extérieur du vide partiel. **13.** Dans un contenant scellé, l'air et l'eau seraient en équilibre. Ainsi, la P_{CO_2} et la P_{O_2} seraient les mêmes dans l'eau et dans l'air, c'est-à-dire 100 mm Hg. Plus de molécules de CO_2 que de molécules d'O_2 seraient dissoutes dans l'eau (même si les pressions partielles sont les mêmes), parce que le CO_2 est beaucoup plus soluble que l'O_2 dans l'eau. **14.** La différence de P_{O_2} entre l'air inspiré et l'air alvéolaire peut s'expliquer par (1) l'échange gazeux se produisant dans les poumons (l'oxygène continue de diffuser des alvéoles vers le sang), (2) l'humidification de l'air inspiré (ce qui ajoute des molécules d'eau qui diluent les molécules d'oxygène) et (3) le mélange d'air qui vient d'être inspiré avec des gaz déjà présents dans les alvéoles. **15.** Les artérioles reliées aux alvéoles enrichies d'oxygène sont dilatées. Cette réaction permet la correspondance du flux sanguin et de la disponibilité de l'oxygène. **16.** La présence de CO_2 et d'ions H^+ augmente la libération de l'oxygène qui se lie à l'hémoglobine. C'est l'effet Bohr. **17.** Environ 70 % du CO_2 est transporté sous forme d'ions bicarbonate (HCO_3^-) dans le plasma. Un peu plus de 20 % est transporté lié à l'hémoglobine dans les érythrocytes et de 7 à 10 % est dissous dans

le plasma. **18.** À mesure que le CO_2 du sang augmente, le pH diminue. Il en est ainsi parce que le CO_2 se combine à l'eau pour former de l'acide carbonique. (Cependant, la variation du pH du sang pour une augmentation donnée de CO_2 est réduite par d'autres systèmes tampons.) **19.** Le groupe respiratoire ventral (GRV) du bulbe rachidien semble responsable du rythme de la respiration. **20.** Le CO_2 du sang fournit habituellement le stimulus le plus puissant de la respiration. Les chimiorécepteurs centraux jouent le rôle le plus important dans cette réponse (figure 22.25). **21.** La P_{CO_2} de la joueuse blessée est basse. (La P_{CO_2} normale est de 40 mm Hg.) La baisse de la P_{CO_2} indique un cas d'hyperventilation, et non pas d'hyperpnée (qui ne produit pas de changements des taux de gaz carbonique dans le sang). **22.** Les adaptations à long terme à l'altitude comprennent une augmentation de l'érythropoïèse, ce qui accroît l'hématocrite ; une augmentation de la concentration de 2,3-DPG, qui diminue l'affinité de l'hémoglobine pour l'oxygène, et une élévation de la ventilation-minute. **23.** L'obstruction propre à l'asthme est *réversible*, et les périodes d'exacerbation aiguë sont habituellement suivies de périodes asymptomatiques. Par contre, dans le cas de la bronchite chronique, l'obstruction n'est habituellement pas réversible. **24.** Le défaut qui est à la base de la fibrose kystique est une anomalie d'une protéine (la CFTR) qui sert de canal membranaire aux ions chlorure. **25.** La capacité vitale décline avec l'âge parce que la paroi thoracique devient plus rigide et les poumons perdent de leur élasticité.

Implications cliniques 1. Une lésion de la moelle épinière causée par une fracture située au niveau de la vertèbre C_2 entraînerait une interruption de la transmission normale des signaux provenant du tronc cérébral le long du nerf phrénique jusqu'au diaphragme ; Sonia serait incapable de respirer en raison de la paralysie du diaphragme. **2.** L'équipe de premiers soins aurait dû immobiliser la tête, le cou et le tronc de Sonia afin d'éviter une aggravation de la lésion de la moelle épinière. De plus, elle avait besoin d'aide pour respirer ; donc, on l'a probablement intubée pour assurer la ventilation de ses poumons. **3.** La cyanose correspond à une diminution du degré de saturation en oxygène de l'hémoglobine. Lorsque les efforts respiratoires de Sonia cesseront, sa P_{O_2} baissera et une moins grande quantité d'oxygène se liera à l'hémoglobine. Dans les tissus périphériques, la petite quantité d'oxygène transportée par l'hémoglobine sera consommée, donnant à ces tissus une teinte bleuâtre. **4.** Une lésion de la moelle épinière située au niveau de la vertèbre C_2 entraînera la quadriplégie (paralysie des quatre membres). **5.** L'atélectasie correspond à l'affaissement d'un poumon. Comme c'est le côté droit du thorax qui est enfoncé, seul son poumon droit est touché. Comme les poumons se trouvent dans des cavités pleurales distinctes, seul le poumon droit est affaissé. **6.** Les côtes fracturées de Sonia ont probablement perforé le tissu de son poumon et laissé l'air du poumon pénétrer dans la cavité pleurale. **7.** On corrigera l'atélectasie par l'insertion d'une sonde thoracique et le retrait de l'air de la cavité pleurale, ce qui permettra à son poumon de guérir et de se regonfler.

Questions de révision 1. b; **2.** a, c; **3.** c; **4.** c; **5.** b; **6.** d; **7.** d; **8.** b; **9.** c, d; **10.** c; **11.** b; **12.** b; **13.** b; **14.** c; **15.** b; **16.** b

Chapitre 23

Vérifions nos acquis 1. L'œsophage se trouve dans le thorax. L'estomac, l'intestin grêle et le gros intestin sont trois organes du tube digestif contenus dans la cavité abdominale. **2.** Chez une personne en bonne santé, la bouche constitue le site habituel de l'ingestion. **3.** L'absorption déplace les nutriments dans le corps. **4.** Les réflexes du tube digestif favorisent la contraction musculaire et la sécrétion des sucs digestifs ou des hormones. **5.** L'expression «cerveau des entrailles» fait référence au système nerveux entérique ou au réseau de neurones étroitement associés aux organes digestifs. **6.** Le péritoine viscéral constitue la couche externe d'un organe du tube digestif ; le péritoine pariétal est la séreuse qui recouvre la paroi de la cavité abdominale. **7.** Le pancréas est rétropéritonéal, tandis que le foie et l'estomac sont péritonéaux. **8.** La circulation porte hépatique correspond à la portion veineuse de la circulation splanchnique. **9.** De l'intérieur vers l'extérieur, les tuniques du tube digestif sont la muqueuse, la sous-muqueuse, la musculeuse et la séreuse. **10.** Jacques devrait s'abstenir de manger parce que son système nerveux parasympathique n'assume plus ses fonctions de digestion. **11.** Le vestibule de la bouche est situé entre les joues et les dents. La cavité propre de la bouche est la région située entre les dents. **12.** Le palais forme le plafond de la bouche. Le palais osseux soutenu par un os est antérieur au palais mou (qui n'a pas de soutien osseux). **13.** La langue est importante pour l'élocution, en particulier pour produire le son de certaines consonnes occlusives, et pour le goût. **14.** La portion séreuse de la salive contient une grande quantité d'amylase salivaire, une enzyme qui dégrade chimiquement l'amidon, ainsi que la lipase linguale, qui dégrade les lipides. Elle contribue également à hydrater les aliments, grâce à son contenu en eau, et protège les tissus de l'action des microorganismes. **15.** Les substances antimicrobiennes présentes dans la salive comprennent le lysozyme, les défensines, un composé cyanuré et des anticorps IgA. **16.** La dent de Martine qui vient de tomber est une dent primaire, aussi appelée dent déciduale. **17.** Les molaires servent à broyer les aliments. **18.** L'émail est plus dur que la matière osseuse. La pulpe est formée de tissu nerveux et contient des vaisseaux sanguins. **19.** Le pharynx fait partie des systèmes digestif (oropharynx et laryngopharynx seulement) et respiratoire. **20.** L'œsophage est simplement une voie de passage pour les aliments; il est soumis à une forte abrasion, mais son épithélium stratifié squameux peut y résister. La muqueuse de l'estomac, qui produit du mucus, est bien servie par un épithélium simple prismatique. **21.** La musculeuse de l'œsophage subit une transformation sur toute sa longueur, passant d'un muscle squelettique (volontaire) dans sa partie supérieure à un muscle lisse (involontaire) dans sa portion inférieure. **22.** La langue mélange les aliments mastiqués avec la salive et forme le bol alimentaire. **23.** Pendant la déglutition, le larynx et l'os hyoïde se soulèvent et l'épiglotte couvre sa lumière de manière que les aliments soient dirigés vers l'œsophage situé vers l'arrière. **24.** L'estomac possède trois couches de muscle lisse – longitudinale, circulaire et oblique. La présence de cette couche musculaire oblique supplémentaire permet à l'estomac de pétrir les aliments en plus de les soumettre à des mouvements péristaltiques. **25.** Les cellules principales produisent le pepsinogène, qui est la forme inactive de la pepsine. Les cellules pariétales sécrètent le HCl nécessaire pour activer le pepsinogène. **26.** La barrière muqueuse est composée d'un mucus alcalin épais sécrété par les cellules à mucus. L'effet de barrière est aussi assuré par des jonctions serrées qui relient les cellules épithéliales de la muqueuse et par le renouvellement rapide des cellules mortes ou mourantes par des cellules souches. **27.** Les trois phases de la sécrétion gastrique sont les phases céphalique, gastrique et intestinale. **28.** Le sang veineux qui quitte l'estomac pendant un repas devient plus alcalin en raison de la marée alcaline qui se produit pendant la sécrétion de HCl. **29.** La présence d'aliments dans le duodénum inhibe l'activité gastrique en déclenchant le réflexe entérogastrique et la sécrétion de certaines entérogastrones (hormones). **30.** Toutes ces modifications augmentent la surface de l'intestin grêle. Les plis circulaires forcent le chyme à se déplacer en tournoyant dans le tube digestif. **31.** Les enzymes de la bordure en brosse sont associées au glycocalyx des microvillosités des cellules de la muqueuse de l'intestin grêle. Elles ont pour fonction d'achever la digestion des glucides et des protéines dans l'intestin grêle. **32.** Un vaisseau chylifère est un capillaire lymphatique comportant une extrémité fermée, qui recueille la lymphe (fluide et protéines qui se sont échappés de la circulation sanguine), et la retourne dans le sang. **33.** L'IgA, le HCl, les défensines et le lysozyme contribuent à protéger les cellules intestinales contre les lésions bactériennes. **34.** Un espace interlobulaire (espace porte) correspond au coin d'un lobule hépatique dans lequel se trouvent une branche de la veine porte hépatique, une branche de l'artère hépatique et un conduit biliaire interlobulaire. **35.** Le cycle entérohépatique est un important mécanisme de recyclage qui permet de conserver les sels biliaires nécessaires à l'absorption des lipides. **36.** Les macrophagocytes stellaires (cellules de Kupffer) sont des cellules qui éliminent les bactéries et les cellules mortes du sang. **37.** Les acinus pancréatiques sécrètent les produits exocrines du pancréas (enzymes digestives et suc riche en bicarbonate). Les îlots pancréatiques produisent les hormones pancréatiques, dont les plus importantes sont l'insuline et le glucagon. **38.** Les grains de zymogène contiennent des enzymes digestives. **39.** Le pancréas étant la seule source importante de lipases, les lipides ne seront probablement pas digérés ou absorbés pendant la maladie. **40.** Le liquide contenu dans le conduit pancréatique est du suc pancréatique riche en bicarbonate et en enzymes. Le conduit cystique et les conduits cholédoques contiennent de la bile. **41.** La CCK est sécrétée en réponse à l'entrée du chyme riche en protéines et en graisses dans le duodénum. Elle stimule la sécrétion d'enzymes digestives par les acinus pancréatiques et la contraction de la vésicule biliaire. **42.** La distension des parois de l'estomac favorise l'activité sécrétrice de l'estomac. La distension des parois de l'intestin grêle diminue l'activité sécrétrice de l'estomac (ce qui permet à l'intestin grêle d'effectuer ses activités liées à la digestion et à l'absorption). **43.** La segmentation est le mouvement le plus important dans le déplacement des aliments le long de l'intestin grêle. Elle a pour but de mélanger la nourriture aux sucs digestifs, ce qui permet une meilleure absorption. Lorsque l'absorption est presque terminée, le péristaltisme se manifeste. **44.** Le complexe de mobilité migrante est un type de péristaltisme que l'on observe dans l'intestin grêle. Il assure le déplacement vers le côlon des restes de nourriture, des bactéries et de divers débris. Ce complexe est important pour empêcher la prolifération des bactéries dans l'intestin grêle. **45.** Les bactéries entériques synthétisent les vitamines B et la plus grande partie de la vitamine K nécessaire pour la production par le foie des protéines de coagulation. **46.** Les mouvements de masse sont propres au gros intestin. Il s'agit de contractions longues, lentes et puissantes qui parcourent de grandes sections du côlon trois ou quatre fois par jour et poussent son contenu vers le rectum. **47.** La stimulation des mécanorécepteurs des parois du rectum déclenche le réflexe de défécation. **48.** La digestion de tous les aliments est assurée par des réactions d'hydrolyse. **49.** L'amylase dégrade l'amidon tandis que la lipase dégrade les lipides. **50.** Les sels biliaires émulsifient les lipides pour qu'ils puissent subir efficacement l'action de la lipase et former des micelles, qui facilitent l'absorption des lipides. **51.** La muqueuse du système digestif se forme à partir de l'endoderme. **52.** Chez les patients atteints de fibrose kystique, le mucus visqueux et épais produit bloque les conduits pancréatiques et empêche le liquide pancréatique d'atteindre le duodénum, ce qui inhibe la digestion et l'absorption des lipides. **53.** Les cancers du côlon et de l'estomac sont plus meurtriers parce que leurs signes et symptômes apparaissent tardivement.

Implications cliniques 1. Le commentaire de M. Gendron à propos des effets du lait sur sa digestion laisse croire qu'il pourrait présenter une déficience en lactase, une enzyme de la bordure en brosse qui dégrade le lactose (sucre du lait). **2.** Ses autres réponses éliminent la possibilité qu'il souffre d'ulcères gastriques. La diarrhée de M. Gendron pourrait s'expliquer par une maladie cœliaque. Pour le confirmer, il faudrait que M. Gendron passe un test sanguin de recherche des anticorps IgA spécifiques. Si ce test est positif, il faudra effectuer une biopsie de la muqueuse intestinale afin de confirmer ou d'infirmer le diagnostic. Un résultat positif pour une maladie cœliaque entraînerait l'interdiction de consommer toute céréale, sauf le riz et le maïs. En attendant, il devrait limiter sa consommation de céréales.

Questions de révision 1. c; **2.** d; **3.** d; **4.** b; **5.** b; **6.** a; **7.** d; **8.** d; **9.** b; **10.** c; **11.** c; **12** a; **13.** d; **14.** d; **15.** b; **16.** c; **17.** a

Chapitre 24

Vérifions nos acquis 1. Les six principaux nutriments sont les glucides, les protéines, les lipides, l'eau, les minéraux et les vitamines. **2.** La cellulose fournit des fibres, qui favorisent l'élimination intestinale. **3.** Les triglycérides servent à la synthèse de l'ATP, de couche isolante et de coussin protecteur ; ils contribuent également à l'absorption des vitamines liposolubles. Le cholestérol est le point de départ de la synthèse des hormones stéroïdes et des sels biliaires, et il entre dans la constitution des membranes cellulaires qu'il stabilise. **4.** Les haricots (légumineuses) et le pain (céréales) constituent de bonnes sources de protéines, mais ni l'un ni l'autre n'est une protéine complète. Toutefois, s'ils sont consommés ensemble, ces aliments devraient fournir tous les acides aminés essentiels. Comme les haricots, le pain fournit plus de glucides. **5.** Les vitamines sont surtout des coenzymes, qui interviennent dans la plupart des réactions métaboliques catalysées par des enzymes. **6.** La vitamine B_{12} a besoin du facteur intrinsèque pour être absorbée par l'intestin. **7.** L'iode est essentiel à la synthèse de la thyroxine. Le calcium, sous forme de sels dans les os, est nécessaire à la dureté des os. Le fer est nécessaire pour produire de l'hémoglobine fonctionnelle. **8.** Une réaction d'oxydoréduction combine une réaction d'oxydation et une réaction de réduction. Lorsqu'une substance est oxydée, une autre est réduite. **9.** Une partie de l'énergie libérée pendant le catabolisme est absorbée par les liaisons chimiques lors de la formation de l'ATP. À son tour, l'ATP libérera cette énergie de liaison pour assurer les activités de synthèse de l'anabolisme. **10.** L'énergie libérée pendant l'oxydation des combustibles alimentaires sert à pomper des protons à travers la membrane mitochondriale interne. **11.** Dans la phosphorylation au niveau du substrat, des intermédiaires phosphorylés transfèrent directement des groupements phosphate riches en énergie de l'ADP à l'ATP. Dans la phosphorylation oxydative, les protéines de transport des électrons qui font partie de la crête mitochondriale se servent de l'énergie libérée pendant l'oxydation du glucose afin de créer un important gradient de protons à travers la membrane. Ensuite, à mesure que les protons refluent à travers la membrane, l'énergie du gradient est captée et sert à lier le phosphate à l'ADP. **12.** Si l'oxygène et le $NADH + H^+$ ne sont pas disponibles, la glycolyse s'arrête parce que l'approvisionnement en NAD^+ est limité et que la glycolyse ne peut se poursuivre que si les coenzymes réduites ($NADH + H^+$) formées pendant la glycolyse perdent leur ion hydrogène supplémentaire. **13.** L'oxydation (par élimination d'hydrogène) est fréquente dans le cycle de Krebs ; on la représente par la réduction d'une coenzyme (NAD^+ ou FAD). Les réactions de décarboxylation sont aussi courantes et correspondent à l'élimination de CO_2 du cycle. **14.** La glycogénolyse est la réaction chimique au cours de laquelle le glycogène est dégradé en ses sous-unités de glucose. **15.** La surcharge en glycogène force les muscles squelettiques à emmagasiner plus de glycogène qu'ils ne le feraient normalement. **16.** Le glycérol, un produit de la dégradation du métabolisme des lipides, accède directement à la voie glycolytique. **17.** L'acétyl CoA est la principale molécule du métabolisme des lipides. **18.** Les produits de la β-oxydation sont l'acétyl CoA (acide acétique + coenzyme A), le $NADH + H^+$ et le $FADH_2$. **19.** L'ammoniac éliminé des acides aminés est combiné au dioxyde de carbone pour former de l'urée, qui est excrétée par les reins. **20.** Le foie utilise les acides cétoniques provenant du cycle de Krebs et les groupements amine (provenant d'autres acides aminés non essentiels) comme substrats pour la synthèse des acides aminés non essentiels dont l'organisme a besoin. Ils les transforment par un processus de transamination. **21.** Les trois organes ou tissus qui déterminent le sens des conversions entre les pools de nutriments sont le foie, les muscles squelettiques et le tissu adipeux. **22.** Les réactions anaboliques et le stockage de l'énergie caractérisent l'état postprandial. Les réactions cataboliques (visant à augmenter la glycémie), comme la lipolyse et la glycogénolyse, et l'épargne du glucose se produisent pendant l'état de jeûne. **23.** L'insuline est le principal antagoniste du glucagon. **24.** Une élévation des concentrations d'acides aminés dans le sang provoque une augmentation de la libération de glucagon et d'insuline. **25.** Une concentration plasmique élevée de HDL serait préférable parce que le cholestérol transporté par le HDL est acheminé au foie pour être excrété. **26.** Un taux de cholestérol plasmatique maximal de 5,2 mmol/L (200 mg/dL) ou moins est recommandé. **27.** Les gras *trans* proviennent principalement d'huiles hydrogénées ou partiellement hydrogénées de manière artificielle en y incorporant de l'hydrogène. Ces matières grasses sont nocives pour la santé, car elles causent une élévation du LDL et une diminution du HDL, soit le contraire de ce qui est souhaitable. **28.** Les signaux nerveux provenant du tube digestif, les signaux des nutriments relatifs aux réserves d'énergie et les hormones du tube digestif (CCK, insuline, glucagon et ghréline) sont des stimulus qui influent sur la régulation à court terme du comportement nutritionnel. **29.** La leptine est le plus important mécanisme de régulation à long terme du comportement nutritionnel. **30.** Parmi les facteurs énumérés, la respiration et la fonction rénale contribuent au métabolisme basal. **31.** Geneviève possède une plus grande surface corporelle et elle est musclée ; ces deux facteurs favorisent un métabolisme basal plus élevé. **32.** Les gènes de l'obésité agissent sur le centre de la faim situé dans l'hypothalamus. Ils influent également sur le métabolisme des surplus énergétiques. **33.** La dérivation biliopancréatique permet aux patients souffrant d'obésité morbide de perdre du poids en mangeant ce qu'ils veulent. Comme à la suite de plusieurs autres techniques chirurgicales, la pression sanguine retrouve ses valeurs normales et le diabète disparaît. **34.** La température centrale de l'organisme est la température des organes situés dans le crâne et les cavités thoracique et abdominale. **35.** La température corporelle de Chloé augmente par suite de l'activation des mécanismes de production de chaleur (frissons). Un stimulus particulier (une infection ?) a temporairement remonté la valeur de référence (fièvre) du thermostat hypothalamique. **36.** Dans la conduction, le transfert de chaleur se fait directement d'un objet à un autre (d'une surface chaude à la peau). Dans la convection, l'air réchauffé par la chaleur du corps est continuellement éliminé (l'air chaud monte) et remplacé par de l'air plus frais (l'air froid descend), lequel se réchauffe à son tour en absorbant la chaleur qui irradie du corps. **37.** Le métabolisme chute au cours du vieillissement parce que la masse musculaire diminue et l'activité physique a tendance à être limitée. **38.** Certains antibiotiques qui interfèrent avec l'absorption des aliments, d'autres médicaments qui peuvent causer des déséquilibres électrolytiques et l'utilisation d'huile minérale peuvent altérer l'état nutritionnel des personnes âgées, tout comme l'alcoolisme.

Questions de révision 1. a; **2.** c; **3.** b; **4.** d; **5.** b; **6.** c; **7.** a; **8.** d; **9.** d; **10.** a; **11.** b; **12.** d; **13.** c; **14.** d; **15.** a

Chapitre 25

Vérifions nos acquis 1. Les reins contribuent à la néoglucogenèse en cas de jeûne prolongé et à la transformation de la vitamine D. De plus, ils jouent un rôle essentiel dans la régulation du volume et de la composition chimique du sang. **2.** La partie inférieure de la cage thoracique et la capsule adipeuse de Roger protègent ses reins contre les coups. **3.** Les couches de tissu de soutien entourant chaque rein sont la capsule fibreuse, la capsule adipeuse et le fascia rénal (le plus externe). Le péritoine pariétal recouvre la partie antérieure du fascia rénal. **4.** Le pelvis rénal, qui est pourvu de prolongements appelés calices, communique avec l'uretère. **5.** Le filtrat est formé dans la capsule glomérulaire, puis passe par le tubule contourné proximal (TCP), les parties descendante et ascendante de l'anse du néphron et le tubule contourné distal (TCD). **6.** Les différences structurales sont les suivantes : (1) l'anse des néphrons juxtamédullaires est longue (ses segments grêles sont plus longs) et leurs corpuscules rénaux sont près de la jonction corticomédullaire, tandis que l'anse des néphrons corticaux est courte et leurs corpuscules rénaux sont situés plus en surface du cortex rénal; (2) les artérioles efférentes des néphrons juxtamédullaires irriguent les vasa recta, tandis que les artérioles efférentes des néphrons corticaux alimentent les capillaires péritubulaires. **7.** Les capillaires glomérulaires sont fenestrés. (Reportez-vous à la figure 19.3 pour revoir les types de capillaires.) Leur fonction consiste à filtrer de grandes quantités de plasma dans la capsule glomérulaire. **8.** La pression nette de filtration est de 5 mm Hg (50 mm Hg – [25 mm Hg + 20 mm Hg]). **9.** Les mécanismes de régulation intrinsèques servent à garder le DFG pratiquement constant malgré les variations de la pression artérielle systémique. Les mécanismes de régulation extrinsèques assurent la régulation de la pression artérielle systémique. **10.** Les deux principaux moyens par lesquels l'angiotensine II augmente la pression artérielle et le volume sanguin sont la vasoconstriction et la libération d'aldostérone. (De plus, l'angiotensine II cause la libération d'ADH, active le mécanisme de la soif, augmente la réabsorption tubulaire et contracte les mésangiocytes, ce qui diminue le DFG.) **11.** La plus grande partie de la réabsorption se produit dans le tubule contourné proximal car ses jonctions serrées sont plus perméables. **12.** Dans le transport actif primaire, l'énergie nécessaire est fournie directement par l'ATP. Dans le transport actif secondaire, l'énergie requise provient du gradient de concentration des ions Na⁺. Ces ions se déplacent dans le sens de leur gradient de concentration (d'une région de concentration élevée à une région de plus faible concentration), lequel est établi par le pompage actif de Na⁺ ailleurs dans la cellule. Ce faisant, ils entraînent le déplacement d'une autre substance (le glucose, par exemple) contre son gradient de concentration. **13.** La réabsorption des ions Na⁺ par transport actif primaire, pour sa part, déclenche la réabsorption des acides aminés et du glucose par transport actif secondaire. Elle favorise aussi la réabsorption passive du Cl⁻ et la réabsorption de l'eau par osmose. La réabsorption de l'eau laisse derrière elle d'autres solutés, dont la concentration augmente et qui peuvent donc être réabsorbés par diffusion. **14.** Les ions H⁺, K⁺ et NH₄⁺ ainsi que la créatinine, l'urée et l'acide urique sont sécrétés dans les tubules rénaux. **15.** La partie descendante de l'anse du néphron est perméable à l'eau et imperméable au NaCl. La partie ascendante de l'anse du néphron est imperméable à l'eau et perméable au NaCl. **16.** L'ADH est libérée par l'adénohypophyse en présence d'un liquide extracellulaire hyperosmolaire (détecté par les osmorécepteurs de l'hypothalamus). Elle entraîne l'insertion d'aquaporines dans la membrane apicale des cellules principales des tubules rénaux collecteurs. **17.** La valeur normale de la clairance des acides aminés est de zéro. Il devrait en être ainsi parce que les acides aminés servent de nutriments et d'unités constitutives pour la synthèse des protéines. Par conséquent, ils ne doivent pas être éliminés dans l'urine. **18.** Les trois principaux déchets azotés qui sont excrétés dans l'urine sont l'urée, la créatinine et l'acide urique. **19.** Un calcul rénal qui bloque un uretère entrave le passage de l'urine vers la vessie. La douleur est ressentie par vagues qui correspondent aux ondes péristaltiques du muscle lisse de l'uretère. **20.** Le trigone est la région triangulaire lisse à la base de la vessie. Il est défini par les orifices des uretères et de l'urètre. **21.** L'urètre masculin est composé d'une partie prostatique, d'une partie membranacée et d'une partie spongieuse. **22.** La musculeuse de la vessie réagit à une augmentation des influx provenant de ses neurofibres parasympathiques en se contractant. La contraction de la musculeuse de la vessie entraîne l'ouverture du sphincter lisse (interne) de l'urètre. **23.** Les trois systèmes rénaux de l'embryon, dans l'ordre où ils se forment, sont le pronéphros, le mésonéphros et les métanéphros. **24.** La perte de tonus de la vessie et l'accroissement de la taille de la prostate contribuent à la rétention urinaire chez les hommes âgés.

Questions de révision 1. d; **2.** b; **3.** c; **4.** d; **5.** c; **6.** b; **7.** a; **8.** c; **9.** a; **10.** b; **11.** d

Chapitre 26

Vérifions nos acquis 1. L'organisme contient plus de liquide intracellulaire que de liquide extracellulaire et plus de liquide interstitiel que de plasma. **2.** Le Na⁺ est le principal cation dans le liquide extracellulaire, et le K⁺ est le principal cation dans le liquide intracellulaire. Les anions protéiques et HPO₄²⁻ sont les anions intracellulaires équivalant aux ions chlorure du liquide extracellulaire. **3.** Quand vous mangez des croustilles salées, le volume du liquide extracellulaire augmente même si vous ne consommez pas de liquide. Il en est ainsi parce que l'eau passe par osmose du liquide intracellulaire au liquide extracellulaire. **4.** Le facteur le plus important dans le déclenchement de la soif est l'augmentation de l'osmolalité du plasma. Ce changement est détecté par les osmorécepteurs de l'hypothalamus. **5.** L'hormone antidiurétique ne peut pas ajouter de l'eau : elle ne peut que la conserver là où elle se trouve. Afin de réduire un accroissement de l'osmolalité des liquides de l'organisme, le mécanisme de la soif doit être déclenché. **6.** (a) Une perte de protéines plasmiques cause un œdème; (b) la transpiration profuse cause la déshydratation; (c) la consommation d'ecstasy (associée à l'ingestion d'une grande quantité de liquides) peut causer l'hydratation hypotonique parce que l'ecstasy stimule la sécrétion d'hormone antidiurétique (ADH), ce qui altère la capacité de l'organisme à éliminer l'excès d'eau. **7.** Les reins ne commencent à sécréter l'excès d'eau qu'après 30 minutes, le temps nécessaire afin d'inhiber la libération de l'hormone antidiurétique. **8.** Une carence en aldostérone peut causer une diminution de la concentration plasmatique des ions Na⁺ et une élévation de celle des ions K⁺. La diminution de la concentration plasmatique des ions Na⁺ cause une baisse de la pression artérielle, parce que la concentration plasmatique des ions Na⁺ est directement liée au volume sanguin, qui représente un des principaux facteurs déterminant la pression artérielle. **9.** On peut résumer de la manière suivante le traitement des ions K⁺ par les reins : les reins réabsorbent la plus grande partie des ions K⁺ filtrés dans les portions proximales des tubules rénaux, puis ils sécrètent juste la bonne quantité dans les portions distales (tubule collecteur cortical). **10.** Le facteur natriurétique auriculaire (FNA) abaisse la pression artérielle en inhibant la réabsorption de Na⁺ des tubules rénaux collecteurs. Il inhibe également la libération d'hormone antidiurétique, de rénine et d'aldostérone. **11.** La parathormone (PTH) est le principal régulateur du calcium dans le sang. L'hypercalcémie diminue l'excitabilité des neurones et des myocytes et peut causer des arythmies cardiaques potentiellement mortelles. L'hypocalcémie augmente l'excitabilité du cœur et cause la tétanie. **12.** L'acidose correspond à un pH du sang artériel inférieur à 7,35 et l'alcalose, à un pH supérieur à 7,45. **13.** Une base faible serait préférable pour réduire la variation de pH découlant de l'ajout d'un acide fort à une solution parce que sa capacité à se lier faiblement aux ions H⁺ lui permet d'agir comme un tampon. **14.** Les trois principaux systèmes tampons chimiques de l'organisme sont le système tampon acide carbonique-bicarbonate, le système tampon phosphate disodique-phosphate monosodique et le système tampon protéinate-protéines. Le plus important système tampon à l'intérieur des cellules est le système tampon protéinate-protéines. **15.** L'augmentation de la ventilation de Joanne a un effet compensatoire. Comme son diabète n'est pas traité, les cellules de Joanne utilisent les acides gras pour produire de l'ATP et libèrent donc des corps cétoniques. L'acidose causée par l'accumulation de corps cétoniques stimulera les chimiorécepteurs périphériques, ce qui causera l'élimination d'une plus grande quantité de gaz carbonique dans une tentative de l'organisme de ramener le pH à la normale. **16.** La réabsorption du HCO₃⁻ dépend toujours de la sécrétion d'ions H⁺. **17.** Le principal tampon urinaire du H⁺ est le système tampon phosphate disodique-phosphate monosodique. **18.** Les cellules des tubules rénaux et collecteurs produisent de nouveaux ions HCO₃⁻ soit en excrétant des ions ammonium (NH₄⁺), soit en excrétant des ions H+ tamponnés. **19.** Une alcalose métabolique non compensée se caractérise principalement par un accroissement du pH du sang et une augmentation de la concentration sanguine de HCO_3^-. Une acidose respiratoire non compensée se caractérise principalement par une réduction du pH du sang et une diminution de la pression partielle du gaz carbonique (P_{CO_2}). **20.** Les reins compensent l'acidose respiratoire en excrétant plus d'ions H+ et en produisant du HCO_3^- pour neutraliser l'acidose. **21.** Les reins immatures des enfants ne sont pas aussi efficaces pour concentrer l'urine que ceux des adultes. De plus, les enfants ont un métabolisme rapide, ils produisent donc plus d'eau et une plus grande quantité de déchets métaboliques et d'acides qui doivent être excrétés avec l'eau.

Implications cliniques 1. D'après les signes vitaux, M. Hassini est en choc hypovolémique, probablement à cause d'une hémorragie interne. **2.** La rate est un organe richement vascularisé parce qu'elle filtre le sang. Après l'ablation de la rate, les macrophagocytes présents dans le foie et la moelle osseuse prendront le relais. **3.** L'élévation des concentrations de rénine, d'aldostérone et d'hormone antidiurétique indique que l'organisme de M. Hassini tente de compenser la baisse de sa pression artérielle et la perte de sang. La libération de *rénine* est stimulée par la diminution de l'irrigation sanguine des reins et par la chute de la pression artérielle. La rénine déclenche le système rénine-angiotensine. La formation d'angiotensine II provoque la vasoconstriction, ce qui augmente la pression artérielle ainsi que la libération d'aldostérone. L'*aldostérone* augmente la réabsorption du sodium par les reins. Le déplacement du sodium réabsorbé vers la circulation sanguine favorise le départ de l'eau du liquide interstitiel, ce qui cause une augmentation du volume sanguin. L'*hormone antidiurétique* (ADH) est libérée quand les osmorécepteurs de l'hypothalamus détectent un accroissement de l'osmolalité. L'ADH produit deux effets: c'est un puissant vasoconstricteur qui élève la pression artérielle, et elle favorise la rétention d'eau par les reins, ce qui augmente le volume sanguin. **4.** Plusieurs facteurs peuvent être à l'origine du faible débit urinaire de M. Hassini. Une importante chute de pression artérielle peut réduire l'irrigation sanguine des reins, ce qui entraîne une diminution de la pression sanguine dans les glomérules et du débit de filtration glomérulaire. L'élévation de la concentration d'ADH peut diminuer le débit urinaire en raison de l'accroissement de la réabsorption d'eau par les reins. Il se peut aussi que les reins de M. Hassini aient été endommagés durant l'accident, quand sa région lombaire gauche a été écrasée. La présence de cylindres et une coloration brunâtre de l'urine s'expliquent probablement par les cellules endommagées et le sang contenu dans l'urine. Si ses reins ont été endommagés par la compression, M. Hassini peut avoir subi des lésions des néphrons, dont une altération de la membrane de filtration, qui laisse maintenant passer les cellules sanguines dans le filtrat, donc dans l'urine. Il se peut également que ses tubules rénaux et ses capillaires péritubulaires aient été endommagés, laissant entrer dans le filtrat du sang et des cellules épithéliales des tubules rénaux.

Questions de révision 1. a; **2.** c; **3.** b; **4.** a, b; **5.** h, i, j; **6.** c, g; **7.** a, e; **8.** b; **9.** a, b; **10.** j; **11.** b, d; **12.** a; **13.** c; **14.** a

Chapitre 27

Vérifions nos acquis 1. Les testicules produisent les gamètes mâles (spermatozoïdes) et sécrètent la testostérone. **2.** Les tubules contournés séminifères fabriquent les spermatozoïdes. **3.** Quand la température ambiante est basse, les muscles se contractent, rapprochant les testicules de la surface corporelle chaude. Quand la température du corps est élevée, les muscles se relâchent, laissant pendre les testicules loin du corps. Le plexus veineux pampiniforme absorbe la chaleur provenant du sang artériel avant qu'il pénètre dans les testicules. **4.** Le tissu érectile permet au pénis de devenir rigide pour qu'il puisse pénétrer avec plus d'efficacité dans le vagin de la femme et y déposer le sperme. **5.** Dans l'ordre, les organes des voies génitales de l'homme, de l'épididyme vers l'extérieur du corps, sont le conduit déférent, le conduit éjaculateur, la partie prostatique de l'urètre, la partie membranacée de l'urètre et la partie spongieuse de l'urètre. **6.** Ces stéréocils acheminent les nutriments aux spermatozoïdes et absorbent le liquide testiculaire en excès. **7.** Le conduit déférent s'étend du scrotum à la cavité abdominale. **8.** Jacob souffre probablement d'une hyperplasie de la prostate; cette hyperplasie peut être palpée à travers la paroi antérieure du rectum. **9.** Les vésicules séminales produisent la plus grande partie du liquide séminal ou sperme. **10.** Le sperme ou liquide séminal est composé de spermatozoïdes et de sécrétions des glandes annexes de l'homme. **11.** L'érection correspond au raidissement du pénis qui se produit lorsque le sang ne peut plus quitter le tissu caverneux du pénis. Elle est causée par la division parasympathique du système nerveux autonome. **12.** Après l'orgasme, il se produit une période de relâchement musculaire et de détente psychologique. Cette période découle de la contraction des artères honteuses internes par le système nerveux autonome, ce qui réduit l'irrigation du pénis et active les petits muscles qui forcent le sang à quitter le pénis. **13.** La méiose réduit le nombre de chromosomes, le faisant passer de $2n$ à n, et crée des variations génétiques. **14.** La tête d'un spermatozoïde est le noyau qui contient de l'ADN compact. L'acrosome qui coiffe la tête est un sac semblable au lysosome qui contient des enzymes. La pièce intermédiaire contient des mitochondries qui produisent de l'énergie. La queue, fabriquée par un centriole, est la structure qui permet la propulsion du spermatozoïde. **15.** Les épithéliocytes de soutien fournissent les nutriments et les signaux de développement essentiels aux spermatozoïdes en voie de formation et forment la barrière hématotesticulaire, qui empêche les antigènes des spermatozoïdes de passer dans la circulation sanguine. Les cellules interstitielles sécrètent la testostérone. **16.** L'axe hypothalamo-hypophyso-gonadique décrit la relation hormonale entre l'hypothalamus, l'adénohypophyse et les gonades dans la régulation de la production des gamètes et des hormones sexuelles (production de spermatozoïdes et de testostérone chez l'homme, par exemple). **17.** L'hormone folliculostimulante stimule indirectement la spermatogenèse en incitant les épithéliocytes de soutien à sécréter de l'ABP (*androgen binding protein*), qui maintient une concentration élevée de testostérone dans le voisinage des spermatocytes, ce qui stimule directement la spermatogenèse. **18.** Les caractères sexuels secondaires de l'homme comprennent l'apparition des poils pubiens, axillaires et faciaux et la mue de la voix, qui devient plus grave; la peau est plus grasse, les os croissent (longueur et masse) et les muscles squelettiques deviennent plus gros. **19.** Les organes génitaux internes de la femme sont les ovaires et les voies génitales (trompes utérines, utérus et vagin). **20.** Les ovaires produisent les gamètes femelles et sécrètent les hormones sexuelles de la femme (œstrogènes et progestérone). **21.** Un follicule ovarique primaire est formé d'une couche de cellules cuboïdes qui entoure l'ovocyte. Un follicule ovarique secondaire possède plus d'une couche de cellules folliculaires; de petits espaces remplis de liquide se forment entre ces cellules. Un follicule ovarique mûr est formé de plusieurs couches de cellules folliculaires entourant une cavité remplie de liquide (antrum) qui pousse l'ovocyte sur le côté. **22.** Les femmes risquent davantage de contracter une atteinte inflammatoire pelvienne que les hommes parce que les voies génitales des femmes sont incomplètes: il n'y a pas de connexion entre les ovaires et les trompes utérines, qui s'ouvrent directement dans la cavité pelvienne. Chez les hommes, les voies génitales sont continues des testicules jusqu'à l'extérieur du corps. **23.** L'action ondulatoire des franges aide à attirer les ovocytes vers la trompe utérine après l'ovulation. **24.** Les trompes utérines sont habituellement le siège de la fécondation. L'utérus sert d'incubateur pendant le développement du fœtus. **25.** Les glandes vestibulaires majeures sont les homologues chez la femme des glandes bulbo-urétrales de l'homme. **26.** Le pénis et le clitoris sont tous les deux recouverts d'un capuchon de peau et sont principalement formés de tissu érectile. Cependant, le clitoris ne possède pas un corps spongieux qui contient l'urètre ; les systèmes urinaire et génital sont donc entièrement distincts chez la femme. **27.** Sur le plan du développement, les glandes mammaires sont des glandes sudoripares modifiées. **28.** Le cancer du sein se développe habituellement à partir des cellules épithéliales des petits canaux. **29.** Les produits de la méiose chez la femme sont trois globules polaires (petites cellules haploïdes ne possédant pratiquement pas de cytoplasme) et un ovule haploïde (gamète fonctionnel). Chez l'homme, la méiose produit quatre gamètes fonctionnels, les spermatozoïdes haploïdes. **30.** Les jumeaux identiques se forment à partir de la séparation en deux d'un très jeune embryon (fécondé par un seul spermatozoïde). Les faux jumeaux se forment à partir de deux ovocytes différents fécondés par des spermatozoïdes différents. **31.** Pendant la phase lutéale, le follicule ovulé devient le corps jaune, qui sécrète alors de la progestérone (et un peu d'œstrogènes). **32.** La leptine joue un rôle important dans le déclenchement de la puberté chez les filles en avisant le cerveau qu'une fille possède des réserves d'énergie suffisantes pour permettre à son organisme de se reproduire. **33.** La FSH stimule la croissance des follicules et la LH déclenche l'ovulation. **34.** Les œstrogènes exercent une rétroaction sur l'adénohypophyse, qui provoque un afflux important de LH. **35.** Les œstrogènes causent l'apparition des caractères sexuels secondaires chez une jeune fille. **36.** Les œstrogènes favorisent la soudure des cartilages épiphysaires chez les hommes et les femmes. **37.** Le papillomavirus ou virus du papillome humain (VPH) est le plus souvent associé au cancer du col de l'utérus. **38.** L'infection à *Chlamydia* est l'ITS bactérienne la plus courante. **39.** Non. Si l'ovule fécondé contient les chromosomes X et Y, ce sera un garçon. **40.** Le stade indifférencié de développement sur le plan sexuel correspond aux premiers stades du développement quand les futures structures de reproduction peuvent produire des organes mâles ou femelles. **41.** Le gubernaculum guide la descente des testicules dans le scrotum. **42.** Le signal du déclenchement de la puberté chez les garçons est l'augmentation du volume des testicules et du scrotum. **43.** On considère que la ménopause s'est produite quand la femme n'a pas eu de menstruation depuis un an.

Implications cliniques 1. Le terme «carcinome» est utilisé pour désigner un cancer qui se forme à partir du tissu épithélial. Le siège initial du cancer de M. Amir est probablement la prostate. **2.** L'élévation du taux sérique de phosphatase acide de M. Amir est un signe de carcinome de la prostate. (De plus, en raison de son âge, M. Amir fait partie d'un groupe qui court un risque relativement plus élevé d'être atteint de ce type de cancer.) **3.** Un toucher rectal de la prostate de M. Amir devrait permettre de déceler la présence d'un carcinome des tissus de la prostate. Il faudrait aussi vérifier le taux sérique de l'antigène prostatique spécifique, car une hausse de ce taux caractérise souvent un cancer de la prostate. **4.** Le carcinome de M. Amir a maintenant produit des métastases. Il subira probablement un traitement visant à réduire les taux d'androgènes dans son organisme, car ces hormones favorisent la croissance des tissus dérivés de la prostate. La castration et l'administration de médicaments qui inhibent la production ou les effets des androgènes constituent d'autres options de traitement.

Questions de révision 1. a, b; **2.** d; **3.** a; **4.** d; **5.** b; **6.** d; **7.** d; **8.** c; **9.** a, c, e, f; **10.** (1)c, f; (2)e, h; (3)g; (4)a; (5)b, g, e; (6)f; **11.** a; **12.** c; **13.** d; **14.** b; **15.** a; **16.** b; **17.** c

Chapitre 28

Vérifions nos acquis 1. Les spermatozoïdes doivent subir une capacitation avant de pouvoir pénétrer dans un ovocyte. **2.** La réaction corticale comporte la libération d'enzymes des granules corticaux vers l'extérieur de l'ovocyte; c'est le blocage lent de la polyspermie. **3.** Le blastocyste est juste un peu plus gros que le zygote parce que, malgré la division cellu-laire (par segmentation), les cellules n'ont pas le temps d'augmenter de volume entre chaque division ; les cellules résultantes sont donc de plus en plus petites. **4.** Les cellules trophoblastiques contribuent à la formation du placenta, qui fournira les nutriments nécessaires à l'embryon. Elles préviennent également les réactions immunitaires maternelles contre l'embryon grâce aux facteurs immunosuppresseurs qu'elles expriment à leur surface. **5.** À l'aide d'enzymes, les cellules trophoblastiques «digèrent» une petite zone de l'endomètre de l'utérus; elles envahissent la muqueuse et s'y fixent, ce qui permet l'implantation. Le syncytiotrophoblaste assure l'implantation. **6.** Le blastocyste sécrète une hormone, la gonadotrophine chorionique humaine (hCG), que l'on peut déceler dans l'urine. **7.** Le chorion se forme à partir du trophoblaste et d'une couche de mésoderme extraembryonnaire. **8.** La caduque basale collabore avec les villosités chorioniques pour former le placenta. **9.** Le placenta devient entièrement fonctionnel à la fin du troisième mois de la grossesse. **10.** L'amnios aide à maintenir une température constante pour le fœtus en développement et le protège contre les traumatismes physiques. **11.** L'allantoïde sert de base structurale au cordon ombilical, qui constitue une voie pour que les vaisseaux sanguins de l'embryon atteignent le placenta. **12.** Avant que l'organogenèse puisse réellement commencer, le corps embryonnaire doit se replier pour prendre une forme cylindrique. **13.** Le mésoderme donne naissance à pratiquement tous les tissus de l'organisme, sauf le tissu nerveux, l'épiderme et les muqueuses. **14.** La période fœtale débute à la fin de la huitième semaine. **15.** Les femmes enceintes ont le souffle court à la fin de la grossesse parce que l'utérus compresse le diaphragme (et donc les poumons). La démarche dandinante est attribuable au relâchement des ligaments pelviens et de la symphyse pubienne. **16.** Bien que l'on ne connaisse pas la cause exacte des nausées matinales, on pense qu'elles sont dues à l'élévation des taux des hormones sexuelles féminines dans le sang de la mère, ce qui exige une certaine période d'adaptation. **17.** La hCT, une hormone, augmente le métabolisme des femmes enceintes. **18.** La prostaglandine est la substance chimique la plus importante dans le déclenchement du vrai travail. **19.** La tête du bébé (la partie du corps la plus volumineuse) descend pour se retrouver dans la région du bassin ayant le plus grand diamètre. **20.** Dans une présentation du siège, le bébé se présente les fesses en premier à l'accouchement. **21.** Le foramen ovale et le ligament artériel permettent à presque tout le sang de contourner le cœur. **22.** La plupart des modifications de la circulation fœtale se ferment à la naissance ou peu de temps après. **23.** L'ocytocine provoque le réflexe d'éjection. **24.** L'anneau vaginal fait partie des contraceptifs hormonaux, tout comme le timbre transdermique, mais celui-ci n'est toutefois pas efficace chez les femmes de plus de 90 kg. **25.** La minipilule se nomme ainsi, car elle ne contient pas d'œstrogènes, seulement de la progestine. Elle provoque l'épaississement du mucus du col de l'utérus, diminue la fréquence des ovulations et modifie l'endomètre.

Questions de révision 1. (1)a, (2)b, (3)b, (4)a; **2.** b; **3.** c; **4.** b; **5.** a; **6.** d; **7.** d; **8.** c; **9.** b; **10.** c; **11.** a; **12.** c; **13.** a; **14.** (1)e, (2)g, (3)a, (4)f, (5)i, (6)b, (7)h, (8)d, (9)c

Chapitre 29

Vérifions nos acquis 1. Les chromosomes ne sont pas visibles pendant l'interphase. Le matériel contenant l'ADN est sous forme de brins de chromatine dispersées. Quand la mitose commence, la chromatine s'enroule et se condense, ce qui la rend visible. Les chromosomes continuent de se condenser tout au long de la prophase et sont surtout visibles pendant la métaphase. **2.** Les chromosomes qui ne sont pas des chromosomes sexuels sont des autosomes. **3.** Un allèle représenté par une lettre majuscule est un allèle dominant. **4.** Son phénotype est qu'il a les cheveux blonds, les yeux bleus et la poitrine très velue. **5.** Les allèles qui déterminent le même trait subissent une ségrégation indépendante, c'est-à-dire qu'ils sont distribués à des gamètes différents.

6. L'enjambement cause la séparation des gènes liés d'un chromosome, produisant des gamètes ayant des génomes divers. **7.** Les gènes dominants sont exprimés. Ainsi, si un gène dominant est nuisible (mortel), le porteur ne vivra pas très longtemps ou mourra en cours de développement. **8.** Dans la dominance incomplète, l'hétérozygote a un phénotype qui se situe entre celui de l'allèle dominant et celui de l'allèle récessif. (Par exemple, dans le cas du gène de la drépanocytose ou anémie à hématies falciformes, l'homozygote dominant [*SS*] ne présente pas la maladie, l'hétérozygote [*Ss*] possède le trait drépanocytaire; et l'homozygote du gène récessif [*ss*] souffre de drépanocytose.) Dans la codominance, les deux allèles dominants sont exprimés (comme dans les groupes sanguins.) **9.** Un mâle exprime toujours un allèle récessif lié au chromosome X, parce que contrairement à une femelle il ne possède pas un second chromosome X contenant des allèles homologues pour contrecarrer l'effet. Le chromosome Y ne possède pas la plupart des gènes du chromosome X. **10.** La taille est un exemple de trait conféré par hérédité polygénique, dans laquelle plusieurs gènes de différents chromosomes contribuent à un trait donné. Ces traits possèdent une distribution de phénotypes qui produit une distribution normale (courbe en cloche). **11.** D'autres gènes, la rougeole chez une femme enceinte et l'absence de nutriments clés dans l'alimentation sont des facteurs qui peuvent modifier l'expression génique. **12.** L'empreinte génomique permet de désigner les gènes comme des gènes maternels ou des gènes paternels. **13.** L'ADN des mitochondries de la mère confère l'hérédité cytoplasmique. **14.** L'amniocentèse permet l'analyse des substances chimiques et des cellules du liquide amniotique. **15.** L'échographie permet de déterminer certains aspects du développement fœtal (l'âge du fœtus, par exemple) et est non effractive.

Questions de révision 1. (1)d, (2)g, (3)b, (4)a, (5)f, (6)c, (7)e, (8)h; **2.** (1)e, (2)a, (3)b, (4)d, (5)c, (6)d, (7)f

Glossaire

COMPAGNON WEB Une version augmentée de ce glossaire est accessible sur le Compagnon Web. Vous y trouverez plus de 700 définitions supplémentaires.

A

Abduction Mouvement qui écarte un membre du plan médian du corps.

Absorption Processus par lequel les produits de la digestion passent à travers la muqueuse du tube digestif pour atteindre le sang ou la lymphe.

Accepteur de protons Substance qui capte des ions hydrogène en quantité détectable ; base.

Accident vasculaire cérébral (AVC) Arrêt de l'irrigation sanguine d'une région du cerveau, causé notamment par le blocage d'un vaisseau sanguin cérébral.

Accommodation Processus par lequel le cristallin, ajustant sa puissance de réfraction, permet à l'œil de former des images nettes d'objets placés à des distances variées.

Acétabulum Partie de la fosse de l'acétabulum de l'os coxal qui reçoit le fémur.

Acétylcholine (ACh) Médiateur chimique libéré par les terminaisons nerveuses de certaines neurofibres (neurofibres cholinergiques), par exemple les neurofibres innervant les muscles squelettiques et les neurofibres parasympathiques.

Acétylcholinestérase (AChE) Enzyme présente à la terminaison et aux synapses neuromusculaires qui dégrade l'acétylcholine, ce qui met fin à son action.

Acide Substance qui libère des ions hydrogène lorsqu'elle est en solution (*comparer avec* Base) ; donneur de protons.

Acide aminé Composé organique contenant de l'azote, du carbone, de l'hydrogène et de l'oxygène ; unité de base des protéines ; un acide aminé possède toujours un groupement carboxylique (—COOH) et un groupement amine (—NH$_2$).

Acide chlorhydrique (HCl) Acide qui contribue à la digestion des protéines dans l'estomac ; produit par les cellules pariétales des glandes gastriques.

Acide gras Acide organique composé d'une chaîne linéaire d'atomes de carbone et d'hydrogène (chaîne hydrocarbonée) dont une extrémité comporte un groupement acide organique (—COOH) ; constituant des lipides.

Acide lactique Produit du métabolisme anaérobie, en particulier dans les cellules du muscle squelettique.

Acide pyruvique Composé à trois atomes de carbone, intermédiaire dans le métabolisme des glucides ; produit final de la glycolyse.

Acide ribonucléique *Voir* ARN.

Acide urique Déchet azoté produit par le métabolisme des acides nucléiques (purines) ; composant de l'urine.

Acides nucléiques Groupe de molécules organiques synthétisées dans le noyau des cellules, mais présentes soit dans le noyau, soit dans le cytoplasme ; elles sont composées de nucléotides et comprennent l'ADN et différents types d'ARN.

Acidose (ou **acidémie**) Concentration anormalement élevée d'ions hydrogène dans le liquide extracellulaire ; une acidose physiologique correspond à un pH du sang artériel inférieur à 7,35, quelle qu'en soit la cause.

Acidose métabolique Diminution du pH sanguin causée par une diminution des ions HCO$_3^-$; peut survenir à la suite d'une diarrhée grave ou d'exercices musculaires intenses.

Acidose respiratoire Diminution du pH sanguin à la suite d'une élévation de la pression partielle de CO$_2$; peut résulter notamment d'une altération des mouvements respiratoires ou de la ventilation pulmonaire.

Acrosome Structure du spermatozoïde coiffant son noyau et contenant des enzymes hydrolytiques permettant au gamète mâle de pénétrer dans l'ovule.

Actine Protéine qui constitue les microfilaments du cytosquelette des cellules. Elle forme les myofilaments minces des tissus musculaires, qui s'étendent le long de la strie I et d'une partie de la strie A d'un sarcomère.

Adaptation (1) Modification d'une structure ou d'une réaction face à un nouvel environnement ; (2) diminution de la transmission de l'influx nerveux dans un nerf sensitif lorsqu'un récepteur est stimulé continuellement et sans modification de la force du stimulus.

Adduction Mouvement qui amène un membre vers le plan médian du corps ; s'applique aussi au mouvement des doigts de la main vers le troisième doigt et des orteils vers le deuxième orteil.

Adénine (A) Une des deux principales purines présentes dans l'ARN et l'ADN ; base azotée complémentaire de la thymine (ADN) ou de l'uracile (ARN) ; également présente dans divers nucléotides libres importants pour l'organisme, comme l'ATP.

Adénohypophyse Lobe antérieur de l'hypophyse ; partie glandulaire de l'hypophyse ; synthétise l'hormone de croissance et la prolactine ainsi que des stimulines.

Adénosine triphosphate (ATP) Molécule organique qui stocke et libère l'énergie chimique utilisée par les cellules de l'organisme ; composée d'une base azotée (adénine), d'un sucre (ribose) et de trois groupements phosphate.

Adipocyte Cellule adipeuse, ou graisseuse ; leur cytoplasme contient une ou plusieurs gouttelettes de lipides.

ADN (acide désoxyribonucléique) Acide nucléique présent dans toutes les cellules vivantes ; porte l'information génétique de l'organisme.

Adrénaline Principale hormone sécrétée par la médulla surrénale, aussi appelée épinéphrine; en réponse à un état de stress de courte durée; agit également comme médiateur chimique libéré par la plupart des neurofibres du système nerveux sympathique (neurofibres adrénergiques).

Adventice Couche conjonctive externe d'un organe.

Aérobie Se dit d'un processus, ou d'une réaction métabolique se déroulant en présence d'oxygène.

Afférent Se dit d'un phénomène ou d'un processus qui déplace un liquide ou autre de la périphérie vers un centre ou un organe donné, par exemple du sang vers le cœur ou un influx nerveux vers l'encéphale.

Agents pathogènes Organismes, substances chimiques et facteurs physiques susceptibles de provoquer des maladies ou des lésions.

Agglutination Réaction au cours de laquelle des cellules (étrangères) ou d'autres sortes d'éléments figurés se combinent avec des anticorps pour former des complexes (amas) visibles à l'œil nu.

Agoniste Se dit d'un muscle qui est le principal responsable d'un mouvement particulier; par exemple, dans la flexion du coude, l'agoniste est le muscle biceps brachial.

Albumine La plus abondante des protéines plasmatiques. Assure le transport de certaines molécules, maintient le pH et contribue à la pression osmotique du plasma.

Alcalose (ou **alcalémie**) Trouble de l'équilibre acidobasique causé par une concentration anormalement faible d'ions hydrogène dans le liquide extracellulaire (pH > 7,45).

Aldostérone Hormone produite par le cortex surrénal qui règle la réabsorption des ions Na^+ ainsi que l'excrétion des ions K^+ par les reins.

Allantoïde Cavité embryonnaire située sur la face ventrale de l'embryon et à son extrémité caudale; contribue à l'élaboration du cordon ombilical.

Allèles Gènes codant pour le même trait et occupant le même locus de chromosomes homologues; par exemple, A et a sont deux allèles d'un même gène.

Allergie Réaction immunitaire excessive à l'égard d'un antigène (allergène) habituellement inoffensif chez une personne normale. La présence de l'allergène déclenche des altérations vasculaires et tissulaires inoffensives la plupart du temps.

Allogreffe Greffe entre deux individus non génétiquement identiques mais appartenant à la même espèce.

Alopécie Forme de calvitie partielle ou totale, temporaire ou définitive, dans laquelle les cheveux et les poils adultes sont remplacés par du duvet et deviennent de plus en plus fins.

Alvéole (1) Petit sac glandulaire du sein qui produit le lait; (2) cavité occupée par les dents.

Alvéoles pulmonaires Cavités microscopiques des poumons où ont lieu les échanges gazeux.

Ammoniac (NH_3) Déchet commun résultant de la dégradation des protéines dans l'organisme; très soluble dans l'eau et capable de former une base faible; accepteur de protons; peut se transformer en ammonium.

Amniocentèse Procédé de diagnostic prénatal courant qui consiste à prélever, dans la cavité amniotique, un échantillon de liquide et de cellules fœtales (présentes dans ce liquide).

Amnios Membrane fœtale qui forme un sac rempli de liquide (la cavité amniotique) autour de l'embryon.

AMP cyclique Second messager intracellulaire qui régit les effets d'un premier messager extracellulaire (une hormone ou un neurotransmetteur); se forme à partir de l'ATP grâce à l'action de l'adénylate cyclase, une enzyme associée à la membrane plasmique.

Amphiarthrose Articulation semi-mobile.

Ampoule Portion renflée d'un canal ou d'un conduit, par exemple l'ampoule des canaux semi-circulaires de l'oreille interne qui abrite la crête ampullaire.

Amygdale Anneau de tissu lymphoïde situé autour de l'entrée du pharynx; il en existe trois groupes nommés d'après leur localisation (palatines, linguales et pharyngiennes, également nommée végétations adénoïdes); aussi appelée tonsille.

Amylase Enzyme du système digestif, produite par les glandes salivaires et le pancréas, qui dégrade les polysaccharides.

Anabolisme Phase du métabolisme nécessitant de l'énergie pour former des molécules plus complexes (synthèse) en liant des molécules plus petites.

Anaérobie Se dit d'un processus (réactions chimiques) qui ne nécessite pas d'oxygène ou d'un microorganisme qui peut vivre en l'absence d'oxygène.

Anaphase Troisième phase de la mitose pendant laquelle des chromosomes destinés aux cellules filles se déplacent vers les pôles opposés de la cellule.

Anastomose Communication entre deux nerfs ou deux vaisseaux sanguins ou lymphatiques.

Anatomie Étude de la structure des organismes vivants.

Androgène Hormone, telle la testostérone, qui détermine les caractères sexuels secondaires masculins.

Anémie Réduction de la capacité du sang à transporter l'oxygène résultant d'un nombre insuffisant d'érythrocytes ou d'anomalies de l'hémoglobine.

Anévrisme Protubérance formée dans une paroi artérielle; causé par l'affaiblissement ou la dilatation de la paroi.

Angine de poitrine Douleur thoracique intense causée par l'interruption temporaire de l'apport d'oxygène au muscle cardiaque. Le prolongement de l'interruption au niveau d'une artère coronaire peut provoquer un infarctus du myocarde.

Angiotensine II Vasoconstricteur puissant activé par la rénine; déclenche aussi la libération d'aldostérone et de l'hormone antidiurétique.

Anhydrase carbonique Enzyme qui catalyse la liaison du gaz carbonique et de l'eau pour former de l'acide carbonique de même que la réaction inverse; présente notamment dans les globules rouges.

Anion Ion portant une ou plusieurs charges négatives et, par conséquent, attiré par un ion positif (par exemple Cl^-, OH^-, $H_2CO_3^-$).

Anoxie Manque d'oxygène.

Anse du néphron Deuxième partie du tubule rénal formant un virage en épingle à cheveux.

Antagoniste (1) Muscle qui s'oppose à un mouvement d'un autre muscle ou produit un effet contraire; par exemple, le muscle triceps brachial est antagoniste du muscle biceps brachial lors de la flexion du coude. (2) Hormone dont l'action s'oppose à celle d'une autre hormone.

Anticodon Séquence de trois bases azotées portées par l'ARN de transfert, complémentaire du codon d'ARN messager (ARNm).

Anticorps Molécule protéique qui est libérée par un plasmocyte (cellule fille d'un lymphocyte B activé) et qui se lie spécifiquement à un antigène; une immunoglobuline (Ig) dont il existe cinq classes : IgM, IgA, IgD, IgG et IgE.

Anticorps monoclonaux Préparations d'anticorps purs descendant d'une seule cellule qui sont spécifiques d'un seul antigène.

Antigène (Ag) Substance ou portion d'une substance (vivante ou non) considérée comme étrangère par le système immunitaire; active le système immunitaire et réagit aux cellules immunitaires ou à leurs produits.

Anucléée Se dit d'une cellule, comme un globule rouge, qui ne possède pas de noyau.

Anus Extrémité distale du tube digestif; orifice du rectum.

Aorte Principale artère systémique; naît du ventricule gauche du cœur.

Apnée Arrêt plus ou moins long de la respiration.

Apoenzyme Partie protéinique d'une enzyme.

Aponévrose (1) Large feuillet de tissu fibreux ou membraneux qui relie un muscle et la partie du corps qu'il fait bouger; (2) membrane recouvrant un muscle ou un groupe de muscles.

Apoptose Processus menant au suicide programmé des cellules; permet d'éliminer les cellules inutiles, endommagées ou trop vieilles.

Appareil juxtaglomérulaire Cellules spécialisées de la portion distale de la partie ascendante de l'anse du néphron et des artérioles afférente et efférente situées près du glomérule; joue un rôle dans la régulation de la pression artérielle en libérant une hormone appelée rénine et dans l'autorégulation du débit de filtration glomérulaire.

Appendicite Inflammation de l'appendice vermiforme (prolongement en cul-de-sac attaché au cæcum du gros intestin).

Appendiculaire Relatif aux membres; constitue, avec la région axiale, l'une des deux grandes divisions du corps humain.

Apport énergétique Énergie libérée durant l'oxydation des nutriments.

Aquaporine Protéine transmembranaire qui forme des canaux aqueux.

Aqueduc de Sylvius *Voir* Aqueduc du mésencéphale.

Aqueduc du mésencéphale Canal du mésencéphale qui relie les troisième et quatrième ventricules; aussi appelé aqueduc de Sylvius.

Arachnoïde Membrane souple située entre les deux autres méninges et qui ne pénètre jamais dans les sillons.

Arbre généalogique Méthode qui permet de suivre un trait génétique au sein de plusieurs générations et de prédire le génotype de la future progéniture.

Aréole Région circulaire et pigmentée entourant le mamelon; petit espace dans un tissu.

ARN de transfert (ARNt) Petite molécule d'ARN qui transfère les acides aminés au ribosome durant le processus de synthèse des protéines.

ARN messager (ARNm) Longue chaîne de nucléotides qui reflète exactement (par la séquence de ses bases azotées complémentaires) la séquence de nucléotides de l'ADN actif sur le plan génétique et qui transmet son message du noyau au cytoplasme, durant le processus de synthèse des protéines.

ARN ribosomal (ARNr) Composant des ribosomes; se trouve à l'intérieur des ribosomes du cytoplasme et contribue à la synthèse des protéines.

Artère Vaisseau sanguin qui achemine le sang sortant du cœur dans la circulation.

Artères pulmonaires Vaisseaux qui transportent vers les poumons le sang à oxygéner.

Artériole Artère de faible diamètre.

Artériosclérose Lésions prolifératives et dégénératives des vaisseaux provoquant une diminution de leur élasticité.

Arthrite Terme générique désignant plus d'une centaine de maladies inflammatoires ou dégénératives qui touchent les articulations.

Arthroscopie Technique permettant d'examiner l'intérieur d'une articulation, à l'aide d'un arthroscope introduit au moyen d'une petite incision, et de pratiquer certaines interventions.

Articulation Point de contact de deux ou de plusieurs os.

Articulation cartilagineuse Os unis par du cartilage; sans cavité articulaire; comprennent les synchondroses et les symphyses.

Articulation fibreuse Os reliés par du tissu conjonctif dense; sans cavité articulaire; comprennent les sutures, les syndesmoses et les gomphoses.

Articulation sphéroïde Articulation synoviale dans laquelle la tête sphérique d'un os s'emboîte dans la cavité concave d'un autre os. Permet tous les types de mouvements; par exemple l'articulation entre l'humérus et la scapula.

Articulation synoviale Articulation mobile présentant une cavité articulaire; aussi appelée diarthrose.

Articulation trochléenne Articulation synoviale dans laquelle l'extrémité convexe ou cylindrique d'un os s'ajuste à la surface concave d'un autre os; permet des mouvements dans un seul plan; par exemple articulation du coude.

Articulation trochoïde Articulation synoviale dans laquelle l'extrémité arrondie d'un os s'adapte à un anneau osseux ou formé d'un ligament d'un autre os; permet à un os de tourner sur lui-même; par exemple entre l'atlas et l'axis.

Arythmie Irrégularité du rythme cardiaque souvent causée par un trouble du système de conduction cardiaque.

Astigmatisme Inégalité de la courbure des différentes parties du cristallin (ou de la cornée) qui produit une vision floue.

Astrocytes Type de gliocytes du SNC qui interviennent dans les échanges entre les capillaires sanguins et les neurones. Ce sont les cellules les plus abondantes et les plus polyvalentes de la névroglie.

Atélectasie Affaissement des alvéoles pulmonaires qui les rend inaptes à la ventilation, même si la circulation sanguine fonctionne.

Athérosclérose Accumulation de lipides sur la paroi interne des grosses et moyennes artères qui diminue la lumière du vaisseau; la forme la plus fréquente d'artériosclérose.

Atome La plus petite particule d'un élément qui possède les propriétés de cet élément; composé de protons, de neutrons et d'électrons.

Atrium *Voir* Oreillettes.

Atrophie Diminution de la taille d'un organe ou d'une cellule résultant d'une maladie ou de l'immobilité.

Auto-immunité Production d'anticorps ou de lymphocytes T cytotoxiques sensibilisés qui attaquent les propres tissus de la personne, comme c'est le cas par exemple dans le diabète de type I, la polyarthrite rhumatoïde et la maladie de Basedow.

Autolyse Processus d'autodigestion des cellules, particulièrement des cellules mortes ou en dégénérescence, par l'intermédiaire d'enzymes protéolytiques contenues dans les lysosomes.

Autorégulation rénale Processus utilisé par les reins pour maintenir un débit de filtration glomérulaire presque constant malgré les fluctuations de la pression artérielle systémique.

Autosomes Chromosomes numérotés de 1 à 22; tous les chromosomes sauf les chromosomes sexuels.

Avantage mécanique (levier de puissance) Situation présente lorsque la charge se situe près du point d'appui et que la force est appliquée loin de celui-ci; permet à une petite force appliquée à une distance relativement grande de déplacer une charge lourde sur une courte distance.

Axial Relatif à la tête, au cou et au tronc; constitue, avec la région appendiculaire, l'une des deux grandes divisions du corps humain.

Axis Deuxième vertèbre cervicale; possède un processus vertical appelé dent de l'axis qui permet la rotation de l'atlas.

Axolemme Membrane plasmique de l'axone.

Axone (neurofibre) postganglionnaire Axone d'un neurone ganglionnaire, c'est-à-dire d'un neurone moteur autonome dont le corps cellulaire est situé dans un ganglion périphérique; rejoint un organe effecteur.

Axone (neurofibre) préganglionnaire Axone d'un neurone moteur autonome dont le corps cellulaire est situé dans le système nerveux central; rejoint un ganglion périphérique.

Axones amyélinisés Axones dépourvus d'une gaine de myéline qui, par conséquent, conduisent les influx nerveux très lentement.

B

Barorécepteur Terminaison nerveuse sensible à l'étirement des vaisseaux située dans la paroi des sinus carotidiens et du sinus de l'aorte.

Barrière hématoencéphalique Structure de perméabilité réduite qui assure la régulation des échanges entre le sang et l'encéphale en laissant passer certaines substances et en en retenant d'autres, notamment les corps étrangers.

Base (1) Partie inférieure d'une structure; (2) substance pouvant se lier avec les ions hydrogène; accepteur de protons, par exemple l'hydroxyde de sodium (NaOH) ou l'ion carbonate (CO_3^{2-}).

Base complémentaire Base azotée de l'ADN ou de l'ARN appariée à une autre base azotée; par exemple, dans l'ADN, l'adénine (A) est la base complémentaire de la thymine (T).

Bassin Structure osseuse constituée de la ceinture pelvienne, du sacrum et du coccyx; aussi appelé pelvis.

Bâtonnets Les plus nombreux des deux types de photorécepteurs de la rétine; très sensibles à la lumière de faible intensité, donc utiles pour la vision nocturne.

Bénin Se dit d'une maladie sans gravité ou d'une tumeur non cancéreuse.

Bile Liquide vert jaunâtre ou brunâtre élaboré et sécrété par le foie, emmagasiné dans la vésicule biliaire et libéré dans l'intestin grêle; permet l'émulsion des graisses; contient des sels et des pigments biliaires et du cholestérol.

Bilirubine Pigment jaune rougeâtre de la bile; provient de la dégradation de l'hémoglobine.

Biopsie des villosités choriales Procédé de diagnostic prénatal qui consiste à prélever des échantillons des villosités choriales puis à établir le caryotype. Ce procédé peut être effectué dès la huitième semaine de grossesse.

Blastocyste Stade du début du développement embryonnaire; produit de la segmentation; composé de cellules entourant une cavité remplie de liquide.

Bloc cardiaque Trouble de la transmission des influx des oreillettes aux ventricules qui cause un rythme cardiaque anormalement lent.

Bol alimentaire Masse arrondie de nourriture préparée par la bouche avant la déglutition.

Bourse Sac fibreux aplati tapissé d'une membrane synoviale et contenant de la synovie; située entre des os et des tendons de muscles (ou d'autres structures); contribue à réduire la friction au cours de mouvements.

Bradycardie Fréquence cardiaque anormalement lente; inférieure à 60 battements par minute.

Bronche principale Une des deux grosses branches de la trachée qui mène aux poumons; appelée aussi bronche souche ou bronche primaire.

Bronchiole Conduit aérien de diamètre inférieur à 1 mm qui se ramifie dans les poumons; les bronchioles terminales se subdivisent en bronchioles respiratoires qui mènent aux sacs alvéolaires.

Bronchiole respiratoire Subdivision des bronchioles terminales déterminant les plus fines de toutes les ramifications bronchiques; contient un certain nombre d'alvéoles; elle se prolonge dans les conduits alvéolaires.

Bronchopneumopathie chronique obstructive (BPCO) Groupe de maladies respiratoires obstructives et progressives comme l'emphysème et la bronchite chronique.

Brûlure Détérioration des tissus occasionnée par une chaleur intense, un courant électrique, les rayonnements ionisants ou certains produits chimiques. Tous ces agents dénaturent les protéines cellulaires et causent la mort cellulaire dans les régions touchées.

Brûlure du premier degré Brûlure dans laquelle seul l'épiderme est touché.

Brûlure du second degré Brûlure dans laquelle l'épiderme et la partie supérieure du derme sont touchés.

Brûlure du troisième degré Brûlure dans laquelle toute l'épaisseur de la peau est touchée; également appelée brûlure profonde. Des greffes de peau sont habituellement nécessaires.

Bursite Inflammation d'une bourse; la bourse la plus fréquemment atteinte est la bourse subacromiale, à l'épaule.

C

Cæcum Segment en cul-de-sac constituant la portion initiale du gros intestin; prolongé par l'appendice vermiforme.

Cage thoracique Autre nom du thorax osseux.

Cal Tissu de réparation (fibreux ou osseux) apparaissant au siège d'une fracture.

Calcitonine Hormone polypeptidique libérée par les cellules parafolliculaires, ou cellules C, de la glande thyroïde; entraîne une diminution de la concentration sanguine de calcium seulement quand elle est présente à forte dose (dose thérapeutique).

Calcul Concrétion solide se formant dans un organe.

Calculs biliaires Concrétions de cholestérol cristallisé qui obstruent les canaux d'évacuation de la bile et l'empêchent de sortir de la vésicule biliaire.

Calculs rénaux *Voir* Lithiase rénale.

Calice rénal Extension en forme de coupe qui se déverse dans le pelvis rénal.

Calicules gustatifs Récepteurs sensoriels dans lesquels se trouvent les cellules gustatives, qui réagissent aux substances chimiques en solution. Ils sont situés sur la langue, le palais mou, le pharynx, le larynx et la face interne des joues.

Canal central de l'ostéon (canal de Havers) Canal situé au centre de chaque ostéon où passent de petits vaisseaux sanguins et des neurofibres qui desservent les ostéocytes.

Canal médullaire (ou cavité médullaire) Canal situé au centre d'un os long et contenant, chez l'adulte, la moelle jaune, principalement composée de lipides.

Canal perforant de l'os compact Canal orienté perpendiculairement à l'axe de l'ostéon; permet les connexions nerveuses et vasculaires entre le périoste, les canaux centraux de l'ostéon et le canal médullaire; aussi appelé canal de Volkmann.

Canalicule Canal extrêmement fin; relie notamment les lacunes de l'os compact entre elles.

Canaux protéiques Protéines transmembranaires servant à transporter des substances, généralement des ions ou de l'eau, d'un côté de la membrane à l'autre; certains sont toujours ouverts, d'autres s'ouvrent ou se ferment en réponse à divers signaux chimiques ou électriques.

Cancer Néoplasme malin et invasif qui peut se propager dans tout l'organisme et toutes les structures.

Cancérogène Se dit de tout facteur physique, chimique ou viral susceptible de provoquer la formation d'un cancer.

Capacité vitale Volume maximal d'air qui peut être expulsé des poumons au cours d'une expiration forcée faite après une inspiration forcée; quantité totale d'air que l'on peut mobiliser, qui correspond à la somme du volume courant, du volume de réserve inspiratoire et du volume de réserve expiratoire.

Capillaires sanguins Les plus petits des vaisseaux sanguins situés entre les artérioles et les veinules; siège des échanges entre le sang et les cellules des tissus.

Capsule articulaire Capsule composée de deux couches de tissus, c'est-à-dire d'une membrane fibreuse tapissée intérieurement par la membrane synoviale; entoure la cavité articulaire d'une articulation synoviale.

Capsule glomérulaire rénale Structure en forme de coupe à double paroi située à l'extrémité proximale d'un tubule rénal et enveloppant le glomérule rénal; partie du corpuscule rénal.

Capsule interne Bande de neurofibres de projection qui passe entre le thalamus et certains des noyaux basaux.

Caractères sexuels secondaires Caractères anatomiques, non directement associés à la reproduction, qui se développent sous l'influence des hormones sexuelles (type masculin ou féminin de développement musculaire, de croissance des os, de distribution des poils).

Cardia Région de l'estomac qui entoure l'orifice par lequel la nourriture pénètre dans cette partie du tube digestif.

Carotène Pigment dont les tons varient du jaune à l'orangé qui s'accumule dans la couche cornée de l'épiderme et dans les cellules adipeuses de l'hypoderme.

Cartilage Tissu conjonctif ferme mais flexible, avasculaire et contenant un très fort pourcentage d'eau.

Cartilage articulaire Cartilage hyalin qui recouvre les extrémités des os dans les articulations mobiles.

Cartilage élastique Cartilage renfermant beaucoup de fibres élastiques; plus flexible que le cartilage hyalin; on en trouve dans l'oreille externe et l'épiglotte.

Cartilage épiphysaire Plaque de cartilage hyalin localisée à la jonction de la diaphyse et de l'épiphyse; permet la croissance en longueur des os longs.

Cartilage fibreux (ou fibrocartilage) Type de cartilage le plus compressible; résiste bien à la tension; forme les disques intervertébraux et les coussins cartilagineux des genoux.

Cartilage hyalin Type de cartilage le plus répandu dans le corps; assure un soutien ferme allié à une certaine flexibilité; il recouvre les épiphyses des os longs, lie les côtes au sternum et forme le squelette du larynx.

Caryotype Représentation des chromosomes appariés (nombre diploïde) montrant la constitution chromosomique d'un individu (44 autosomes et 2 chromosomes sexuels chez l'humain). Les paires d'autosomes sont disposées des plus longs aux plus courts tandis que les chromosomes X et Y le sont selon leur grosseur.

Catabolisme Processus du métabolisme par lequel les cellules vivantes dégradent les molécules en molécules plus petites.

Catalyseur Substance qui accroît la vitesse d'une réaction chimique sans être elle-même modifiée chimiquement ni devenir une partie du produit; les catalyseurs des cellules sont des enzymes.

Cataracte Opacité du cristallin de l'œil qui embrouille la vision; parfois congénitale mais le plus souvent due au vieillissement.

Catécholamines Classe d'amines agissant comme des neurotransmetteurs et qui comprend l'adrénaline, la noradrénaline et la dopamine.

Cation Ion portant une ou des charges positives, par exemple Ca^{2+}, K^+, Na^+.

Caudal Relatif à la queue ou, chez les êtres humains, à la portion inférieure du corps.

Cavité pleurale Subdivision de la cavité thoracique; cavité virtuelle délimitée par les deux feuillets de la plèvre et contenant un mince film de liquide lubrifiant permettant le déplacement des deux feuillets sans friction.

Ceinture pectorale (ou scapulaire) Dispositif osseux qui relie les membres supérieurs au squelette axial; formé de la clavicule et de la scapula.

Ceinture pelvienne Dispositif osseux reliant les membres inférieurs au squelette axial; formé par les os iliaques réunis en avant par la symphyse pubienne et en arrière par le sacrum.

Cellule Unité de base structurale et fonctionnelle des êtres vivants.

Cellule B *Voir* Lymphocyte B.

Cellule caliciforme Cellule (glandes exocrines unicellulaires) qui produit du mucus; située dans l'épithélium du tube digestif et des voies respiratoires.

Cellule dendritique Cellule immunitaire des tissus périphériques; capte les antigènes et migre vers les ganglions lymphatiques afin de les présenter aux lymphocytes T, ce qui provoque leur activation et déclenche une réponse immunitaire; aussi appelée macrophagocyte intraépidermique ou cellule de Langerhans.

Cellule interstitielle Cellule située dans le tissu conjonctif lâche qui recouvre les tubules séminifères; synthétise les androgènes (en particulier la testostérone) et les libère dans le liquide interstitiel, où elles baignent.

Cellule NK *Voir* Cellule tueuse naturelle.

Cellule présentatrice d'antigène (CPA) Cellule spécialisée (cellule dendritique, macrophagocyte ou lymphocyte B) qui capture, traite et présente des antigènes à la surface des lymphocytes T.

Cellule tueuse naturelle Cellule lymphoïde capable de reconnaître et de détruire des cellules infectées par des virus et des cellules tumorales sans activation préalable du système immunitaire; aussi appelée cellule NK (pour *natural killer*).

Cellules mémoires Lymphocytes B et T à longue durée de vie qui ont gardé le souvenir d'un antigène particulier et sont capables de se réactiver rapidement afin de produire une intense réponse immunitaire à l'égard de l'antigène spécifique dont ils ont conservé la mémoire.

Cellulose Polysaccharide non digestible, polymère du glucose; le principal constituant des aliments d'origine végétale.

Centre d'intégration Lieu dans lequel un stimulus est capté et analysé afin de produire une réponse; situé principalement dans le système nerveux central, il peut être constitué d'une synapse unique (monsynaptique) ou de plusieurs synapses (réflexes polysynaptiques).

Centre vasomoteur Région de l'encéphale (bulbe rachidien) qui intervient dans la régulation de la résistance des vaisseaux sanguins.

Centriole Petite structure cylindrique, unique ou double, voisine du noyau de la cellule; joue un rôle dans la division cellulaire.

Centrosome Région voisine du noyau qui contient une paire d'organites appelés centrioles.

Cercle artériel du cerveau Anastomose artérielle située à la base du cerveau; aussi appelé cercle de Willis.

Cerveau Principale partie de l'encéphale, constituée des deux hémisphères cérébraux et des structures du diencéphale; aussi appelé prosencéphale.

Cétones Métabolites des acides gras; acides forts.

Cétose Excès de corps cétoniques dans le sang. Appelée acidocétose quand le pH sanguin est bas.

Champ visuel Étendue de l'espace qu'un œil peut couvrir lorsque la tête est immobile.

Chiasma optique Lame de substance blanche située en avant de l'hypophyse; correspond au croisement partiel des neurofibres des nerfs optiques.

Chimiorécepteur Récepteur sensible aux substances chimiques en solution.

Chimiotactisme Mouvement d'une cellule (un granulocyte neutrophile, par exemple), d'un organisme ou d'une partie d'un organisme le rapprochant ou l'éloignant d'une substance chimique.

Cholécystokinine (CCK) Hormone produite par la muqueuse duodénale; stimule la contraction de la vésicule biliaire et la libération du suc pancréatique riche en enzymes.

Cholestérol Stéroïde présent dans les graisses animales ainsi que dans la majorité des tissus; synthétisé par le foie; constituant de la membrane plasmique et précurseur des hormones stéroïdes.

Chondroblaste Cellule du cartilage qui se divise par mitose.

Chondrocyte Cellule adulte du tissu cartilagineux.

Chorion Membrane fœtale superficielle; contribue, en formant des villosités, à l'élaboration du placenta.

Choroïde Partie postérieure fortement pigmentée de la tunique moyenne vasculaire de l'œil; a une fonction nutritive pour les trois tuniques de l'œil et bloque les reflets de lumière qui gêneraient la vision.

Chromatine Structure du noyau qui porte les gènes; composée d'ADN et de protéines; elle se transforme en chromosomes au moment de la division cellulaire.

Chromosome Court bâtonnet composé de chromatine enroulée; visible au cours de la division cellulaire.

Chromosomes sexuels Chromosomes X et Y, qui déterminent le sexe génétique (XX: femme; XY: homme); constituent la 23ᵉ paire de chromosomes.

Chyme Bouillie semi-liquide composée d'aliments partiellement digérés et de suc gastrique.

Chylomicron Gouttelette de lipoprotéines formée dans les cellules de l'épithélium de l'intestin grêle et déversée dans les vaisseaux chylifères.

Cils (1) Prolongements cytoplasmiques présents en grand nombre sur les surfaces exposées de certaines cellules dont les mouvements synchronisés permettent le déplacement de substances à la surface de ces cellules; (2) poils sur le bord des paupières qui déclenchent le réflexe de clignement.

Circulation coronaire Irrigation fonctionnelle du cœur; la plus petite circulation de l'organisme.

Circulation pulmonaire Réseau de vaisseaux sanguins qui permet les échanges gazeux dans les poumons; constituée des artères pulmonaires, des capillaires alvéolaires et des veines pulmonaires; aussi appelée petite circulation.

Circulation splanchnique Réseau de vaisseaux sanguins qui dessert le système digestif.

Circulation systémique Réseau de vaisseaux sanguins qui permet les échanges gazeux dans les tissus; aussi appelée grande circulation.

Circumduction Mouvement au cours duquel un membre décrit un cône dans l'espace, le sommet du cône (l'articulation de l'épaule ou de la hanche) étant immobile.

Cirrhose Maladie chronique du foie; caractérisée par la destruction des hépatocytes et par la croissance excessive de tissu conjonctif, ou fibrose; causée par une hépatite ou l'alcoolisme.

Citerne Cavité ou espace fermé servant de réservoir.

Citerne du chyle Renflement de la base du conduit thoracique.

Clairance rénale Coefficient d'épuration rénale indiquant le volume de plasma qui est débarrassé d'une substance particulière en un temps donné, habituellement une minute; donne des informations sur la fonction rénale.

Clone Descendance d'une même cellule.

Coagulation sanguine Formation du caillot sanguin à l'issue d'un processus au cours duquel un système enzymatique complexe transforme le fibrinogène en fibrine.

Cochlée Cavité spiralée et conique du labyrinthe osseux qui abrite le récepteur de l'audition (l'organe spiral).

Code génétique Règles de traduction des séquences de bases azotées du gène d'ADN en chaîne polypeptidique (séquence d'acides aminés).

Cœlome Cavité de l'embryon remplie de liquide et entourée de tissus provenant du mésoderme.

Coenzyme Cofacteur organique associé à une enzyme, qu'il active; le plus souvent une vitamine du groupe B, comme le nicotinamide adénine dinucléotide (NAD⁺), dérivé de la *niacine*, et la flavine adénine dinucléotide (FAD), dérivée de la *riboflavine*.

Cofacteur Ion d'un élément métallique (comme le cuivre ou le fer) ou molécule organique nécessaire à l'activité enzymatique.

Col de l'utérus Partie inférieure et plus étroite de l'utérus qui s'ouvre dans le vagin.

Collagène Protéine la plus abondante dans le corps humain; principal constituant des fibres du tissu conjonctif.

Colloïde (1) Mélange dans lequel les particules de soluté (habituellement des protéines) restent en suspension; (2) produit de sécrétion de la glande thyroïde qui contient de la thyroglobuline, une protéine.

Côlon Région du gros intestin formée de quatre parties: le côlon ascendant, le côlon transverse, le côlon descendant et le côlon sigmoïde.

Colonne vertébrale Partie du squelette du tronc ressemblant à une tige et constituée d'os appelés vertèbres et de deux os formés de vertèbres fusionnées (sacrum et coccyx).

Compartiment extracellulaire Un des deux compartiments hydriques de l'organisme qui constitue le milieu externe des cellules; il contient le tiers du volume total de l'eau de l'organisme et comprend deux sous-compartiments: le plasma et le compartiment interstitiel.

Compartiment intracellulaire Un des deux compartiments hydriques de l'organisme constitué par les cellules qui contiennent un peu moins des deux tiers du volume total de l'eau de l'organisme.

Complément Ensemble de protéines formant un système multienzymatique complexe circulant dans le sang sous une forme inactive et dont l'activation accentue les réactions inflammatoire et immunitaire.

Complémentarité de la structure et de la fonction Relation entre une structure et sa fonction; la structure détermine la fonction.

Complexe golgien Système membraneux, constitué de saccules et de vésicules, situé près du noyau de la cellule; modifie et emballe les sécrétions protéiques pour l'exportation, les enzymes destinées aux lysosomes et les protéines qui feront partie des membranes cellulaires.

Complexe majeur d'histocompatibilité (CMH) Ensemble des gènes qui codent pour des protéines situées sur la surface de la membrane plasmique de toutes les cellules; ces protéines interviennent dans la reconnaissance du soi immunologique.

Composé Substance constituée de deux ou de plusieurs éléments, dont les atomes sont unis par des liaisons chimiques, par exemple NaCl ou $C_6H_{12}O_6$.

Composé inorganique Substance chimique qui ne contient pas de carbone; comprend l'eau, les sels et de nombreux acides et bases. Le gaz carbonique (ou dioxyde de carbone, CO_2) et le monoxyde de carbone (CO) sont exceptionnellement considérés comme des composés inorganiques même s'ils contiennent du carbone.

Composé organique Substance contenant au moins un atome de carbone et un atome d'hydrogène unis par des liaisons covalentes.

Conduction saltatoire Propagation d'un potentiel d'action le long d'un axone myélinisé pendant laquelle le signal électrique semble sauter d'un nœud de la neurofibre à l'autre; mode de propagation 30 fois plus rapide que la conduction continue dans les neurofibres amyélinisées.

Conductivité Capacité de transmettre un courant électrique.

Conduit Canal; structure tubulaire qui permet la sortie des sécrétions d'une glande ou le passage d'un liquide.

Conduit déférent Conduit qui s'étend de l'épididyme jusqu'à l'urètre; propulse les spermatozoïdes dans l'urètre lors de l'éjaculation au moyen d'ondes péristaltiques.

Conduit thoracique Vaisseau lymphatique de gros diamètre qui reçoit la lymphe provenant du côté gauche de la tête, du thorax et du bras ainsi que de tout le bas du corps.

Cônes Un des deux types de cellules photosensibles de la rétine; permettent la vision des couleurs et des détails, mais exigent une grande quantité de lumière (du jour) pour être actifs.

Congénital Se dit d'un trouble présent à la naissance.

Congestion périphérique Trouble causé par l'insuffisance du côté droit du cœur; l'œdème des extrémités est un des premiers signes.

Congestion pulmonaire Trouble causé par une insuffisance affectant le côté gauche du cœur; peut entraîner la suffocation et la mort.

Conjonctive Mince muqueuse protectrice qui tapisse les paupières (conjonctive palpébrale) et recouvre la surface antérieure du bulbe oculaire (conjonctive bulbaire), mais non la cornée.

Conscience Facultés de perception, de communication, de mémorisation, de compréhension, de jugement et d'accomplissement des mouvements volontaires.

Contraception Prévention de la conception; régulation des naissances. La contraception proprement dite est temporaire et réversible, tandis que la stérilisation est définitive et irréversible.

Contractilité Capacité des cellules musculaires de se raccourcir lors d'une stimulation.

Contraction Action de se tendre ou de se raccourcir; capacité très développée dans les cellules musculaires.

Contraction isométrique Contraction dans laquelle le muscle ne raccourcit pas (la charge est trop lourde), mais la tension augmente à l'intérieur des cellules musculaires.

Contraction isotonique Contraction dans laquelle la tension demeure constante pour un angle d'articulation et une charge donnés, tandis que la longueur du muscle change. Elle peut être de deux types: concentrique (le muscle raccourcit et produit un travail) ou excentrique (le muscle se contracte en s'allongeant).

Controlatéral Du côté opposé.

Cordon ombilical Structure constituée de deux artères et d'une veine; relie le fœtus au placenta.

Cornée Portion antérieure transparente du bulbe oculaire; fait partie de la tunique fibreuse.

Corona radiata (1) Arrangement de cellules folliculaires allongées recouvrant la zone pellucide d'un ovule à maturité; (2) arrangement de neurofibres en forme de couronne qui rayonnent de la capsule interne des hémisphères cérébraux jusque dans toutes les régions du cortex cérébral.

Corps cellulaire du neurone Centre biosynthétique du neurone dans lequel se trouvent les organites; aussi appelé péricaryon.

Corps jaune Structure endocrine de l'ovaire produite par la transformation du follicule ovarique après l'ovulation.

Corpuscule basal Organite dont la structure est identique à celle du centriole et qui forme la base des cils et des flagelles.

Corpuscule nerveux terminal Extrémité bulbeuse des télodendrons des axones qui renferme les neurotransmetteurs (contenus dans des microvésicules); aussi appelé bouton terminal.

Cortex Couche superficielle d'un organe.

Cortex cérébral Région superficielle de substance grise des hémisphères cérébraux; siège de la conscience, de la volonté, de la mémoire et de l'intelligence.

Corticostéroïdes Hormones stéroïdes libérées par le cortex surrénal; comprennent les minéralocorticoïdes, les glucocorticoïdes et les gonadocorticoïdes.

Corticotrophine (ACTH, *adrenocorticotropic hormone*) Hormone adénohypophysaire qui influe sur l'activité du cortex surrénal sous l'effet de l'hormone hypothalamique, la corticolibérine (CRH); aussi appelée hormone corticotrope.

Cortisol (hydrocortisone) Glucocorticoïde produit par le cortex surrénal, comme la cortisone; favorise la résistance aux facteurs de stress prolongés; favorise aussi la néoglucogenèse.

Couche de valence Dernier niveau d'énergie d'un atome qui contient des électrons; porte les électrons qui sont chimiquement actifs.

Coupe Incision pratiquée le long d'une ligne imaginaire à travers le corps (ou un organe) selon un plan particulier; mince tranche de tissu préparée pour l'examen au microscope.

Coupe oblique Coupe pratiquée selon un plan intermédiaire entre un plan vertical et un plan horizontal.

Coupe transversale Coupe pratiquée selon un angle droit avec l'axe du corps (ou d'un organe), qu'elle divise en parties supérieure et inférieure.

Couplage excitation-contraction (E-C) Succession d'événements par laquelle le potentiel d'action transmis le long du sarcolemme provoque le glissement des myofilaments.

Crâne osseux Ensemble d'os constituant la protection osseuse de l'encéphale et des organes de l'ouïe et de l'équilibre.

Créatine kinase (CK) Enzyme qui catalyse le transfert du phosphate de la créatine phosphate à l'ADP, ce qui forme de la créatine et de l'ATP; joue un rôle important dans la contraction musculaire.

Créatine phosphate (CP) Composé riche en énergie utilisée par les cellules musculaires pour régénérer l'ATP; ces dernières emmagasinent de deux à trois fois plus de CP que d'ATP.

Créatinine Déchet azoté provenant de la dégradation de la créatine dans les cellules musculaires et éliminé en totalité par les reins; cette molécule n'étant pas réabsorbée, son dosage (clairance) permet de mesurer le débit de filtration glomérulaire et d'évaluer la fonction rénale.

Crête ampullaire Récepteur sensoriel situé dans les ampoules des conduits semi-circulaires de l'oreille interne; récepteur de l'équilibre dynamique.

Crise cardiaque *Voir* Infarctus du myocarde.

Croissance interstitielle Principal processus de croissance des cartilages qui s'effectue à l'intérieur même du tissu cartilagineux en formation et pendant lequel les chondrocytes enfermés dans les lacunes du cartilage se divisent et sécrètent une nouvelle matrice.

Croissance par apposition Croissance accomplie par l'addition de nouvelles couches sur les couches déjà formées; un des mécanismes de croissance du cartilage.

Crossing-over *Voir* Enjambement.

Cutané Relatif à la peau.

Cycle cellulaire Suite de transformations que subit la cellule entre l'instant où débute sa formation et le moment où elle se reproduit; comprend l'interphase et la mitose.

Cycle de Krebs Voie métabolique aérobie se déroulant dans les mitochondries; oxyde les métabolites des aliments, libère du CO_2, réduit les coenzymes et produit un peu d'ATP. Aussi appelé cycle de l'acide citrique.

Cycle ovarien Cycle mensuel se déroulant sous l'influence des hormones hypophysaires, composé du développement du follicule, de l'ovulation et de la formation du corps jaune dans un ovaire.

Cytochrome Protéine de couleur vive contenant du fer qui forme une partie de la membrane interne des mitochondries et joue le rôle de transporteur d'électrons dans la phosphorylation oxydative.

Cytocinèse Un des deux événements de la phase M du cycle cellulaire; division du cytoplasme qui a lieu une fois que le noyau a fini de se diviser.

Cytokines Famille de protéines régulatrices agissant comme médiateurs chimiques entre différents groupes cellulaires et intervenant notamment dans la régulation des processus immunitaires. Les interférons et interleukines en sont des exemples.

Cytologie Branche de la biologie qui étudie les cellules sous tous ses aspects.

Cytoplasme Matériau cellulaire entourant le noyau et situé à l'intérieur de la membrane plasmique.

Cytosine (C) Base azotée (une pyrimidine) qui fait partie de la structure des nucléotides; sa base complémentaire est la guanine.

Cytosol Liquide visqueux et translucide dans lequel baignent les autres éléments du cytoplasme.

Cytosquelette Réseau complexe de filaments et de tubules dont la fonction est de former l'armature de la cellule, de soutenir les organites et de produire les divers mouvements cellulaires.

D

Débit cardiaque (DC) Quantité de sang éjectée par un ventricule en une minute et dont la valeur moyenne est de 5,25 L/min chez l'adulte.

Débit de filtration glomérulaire (DFG) Quantité de plasma filtré par les glomérules des deux reins en une minute; chez l'adulte normal, le DFG est de 120 à 125 mL/min.

Débit sanguin Volume de sang qui s'écoule dans un vaisseau, un organe ou tout le système cardiovasculaire en une minute.

Défécation Élimination du contenu des intestins (fèces).

Déficit immunitaire combiné sévère (SCID) Affection héréditaire causée par des anomalies des lymphocytes T et B et caractérisée par une faible protection humorale et cellulaire, voire aucune, contre les agents pathogènes en tous genres.

Dégénérescence wallérienne Processus dégénératif d'un axone se produisant lorsqu'il est écrasé ou sectionné et qu'il ne reçoit plus de nutriments du corps cellulaire.

Déglutition Action d'avaler; mécanisme complexe comportant une première étape orale volontaire et une seconde étape pharyngoœsophagienne involontaire.

Délai d'action synaptique Temps requis pour qu'un influx nerveux soit transmis à travers la fente synaptique entre deux neurones; il est de l'ordre de 0,3 à 5,0 ms.

Dendrite Prolongement court et ramifié du neurone qui sert de structure réceptrice de l'influx nerveux; propage l'influx nerveux vers le corps cellulaire.

Dépense énergétique Énergie perdue sous forme de chaleur, utilisée pour effectuer un travail et emmagasinée sous forme de lipides ou de glycogène.

Dépolarisation Perte d'un état de polarité; perte ou diminution d'un potentiel de membrane négatif.

Dermatome Portion de somite du mésoderme qui donne le derme de la peau; également, surface de la peau innervée par les branches cutanées d'un nerf spinal.

Derme Couche de la peau sous-jacente à l'épiderme; composé principalement de tissu conjonctif dense irrégulier.

Désamination Retrait d'un groupement amine d'un composé organique.

Désavantage mécanique (levier de vitesse) Situation observée lorsque la charge se situe loin du point d'appui et que la force est appliquée près du point d'appui; la force doit être plus grande que la charge à déplacer. Ce type de levier permet de déplacer rapidement la charge sur une grande distance.

Déshydratation (1) Dans une réaction chimique: libération d'une molécule d'eau au cours d'une réaction chimique; (2) pour un organisme: perte d'eau supérieure aux entrées par suite de vomissements, de diarrhées ou d'un apport insuffisant d'eau.

Desmosome Jonction cellulaire constituée par des épaississements des membranes plasmiques unis par des filaments du cytosquelette; joue un rôle protecteur mécanique.

Diabète insipide Maladie causée par la libération inadéquate de l'hormone antidiurétique et caractérisée par l'élimination d'une grande quantité d'urine diluée accompagnée d'une soif intense et de déshydratation.

Diabète sucré Maladie résultant de l'incapacité des cellules d'utiliser le glucose par suite d'une libération insuffisante d'insuline ou d'une résistance à l'insuline. Le diabète de type 1, aussi appelé diabète insulinodépendant ou diabète juvénile, est une maladie héréditaire auto-immune qui détruit les endocrinocytes β. Le diabète de type 2 résulte d'un phénomène d'insulinorésistance souvent associé avec l'âge et un surplus de poids.

Dialyse Diffusion de solutés à travers une membrane semi-perméable.

Diapédèse Passage de leucocytes par la paroi intacte des vaisseaux jusqu'aux tissus.

Diaphragme (1) Toute cloison ou paroi séparant une région d'une autre; (2) muscle qui sépare la cavité thoracique de la cavité abdominale et pelvienne; avec les muscles intercostaux externes, il permet les mouvements respiratoires normaux.

Diaphyse Corps allongé d'un os long.

Diarthrose Articulation mobile.

Diastole Période de la révolution cardiaque pendant laquelle les oreillettes (diastole auriculaire) ou les ventricules (diastole ventriculaire) sont relâchés.

Diencéphale Partie du prosencéphale située entre les hémisphères cérébraux et le mésencéphale; comprend le thalamus, l'épithalamus et l'hypothalamus.

Différenciation cellulaire Apparition de caractéristiques spécifiques dans les cellules; ce processus permet la formation des différents types spécialisés de cellules de l'adulte.

Diffusion Mécanisme de transport passif entraînant la dispersion de particules dans un milieu donné sous l'effet de l'agitation thermique et dans lequel elles se répartissent uniformément; l'énergie cinétique en est le moteur.

Diffusion facilitée Mécanisme de transport passif utilisé par certaines molécules, comme le glucose et d'autres sucres simples, trop volumineuses pour passer par les pores de la membrane plasmique. Le déplacement s'effectue à travers un canal ou est facilité par un transporteur membranaire.

Diffusion simple Transport sans assistance à travers la membrane plasmique et selon un gradient de concentration d'une substance liposoluble (oxygène et gaz carbonique) ou d'une très petite particule (ion sodium).

Digestion Processus chimique ou mécanique de dégradation des aliments en substances qui peuvent être absorbées (nutriments).

Digestion chimique Série d'étapes cataboliques au cours desquelles des enzymes dégradent des molécules d'aliments complexes en leurs composantes.

Dipeptide Molécule protéique formée par la combinaison de deux acides aminés unis par une liaison peptidique.

Diploé Couche interne d'os spongieux située dans les os plats.

Diplopie Vision double.

Dipôle (molécule polaire) Molécule asymétrique qui contient des atomes non équilibrés sur le plan électrique; par exemple la molécule d'eau.

Disaccharide Composé formé par l'union de deux monosaccharides; le sucrose et le lactose sont des disaccharides.

Discrimination spatiale Capacité des neurones de localiser la provenance des stimulus.

Disque intercalaire Connexion spécialisée (jonctions ouvertes et desmosomes) qui relie des cellules du myocarde.

Disque intervertébral Disque de cartilage fibreux situé entre deux vertèbres.

Distal Éloigné du point d'attache d'un membre ou de l'origine d'une structure.

Diurétique Substance chimique qui favorise la diurèse.

Diverticule Poche ou sac dans la paroi d'une structure ou d'un organe creux.

Dominance cérébrale Désigne la prépondérance d'un hémisphère cérébral par rapport au langage.

Dominant Se dit d'un allèle qui masque ou supprime l'expression de l'autre allèle; par exemple l'allèle du lobe de l'oreille libre.

Donneur de protons Substance qui libère des ions hydrogène en quantité détectable; acide.

Dorsal Relatif au dos; postérieur.

Dose physiologique Dose d'un médicament qui reproduit la concentration normale d'une substance (par exemple une hormone) dans l'organisme.

Double hélice Structure secondaire de deux brins d'ADN retenus sur toute leur longueur par des liaisons hydrogène reliant les bases azotées complémentaires des brins opposés.

Douleur projetée Douleur perçue à un endroit différent de celui d'où elle provient.

Duodénum Première partie de l'intestin grêle; les conduits cholédoque et pancréatique s'ouvrent dans cette partie de l'intestin.

Dure-mère La plus superficielle et la plus résistante des trois méninges (membranes) qui recouvrent l'encéphale et la moelle épinière. La dure-mère est composée de deux feuillets dont seul le feuillet interne se prolonge pour protéger la moelle épinière.

Dyskinésie Troubles du tonus musculaire et de la posture et mouvements involontaires.

Dyspnée Respiration difficile.

Dystrophie musculaire Ensemble de maladies héréditaires qui attaquent les muscles.

E

Eau métabolique (eau d'oxydation) Eau produite par le métabolisme cellulaire (environ 10% de l'eau de l'organisme).

Ectoderme Un des trois feuillets embryonnaires primitifs; forme l'épiderme de la peau et ses dérivés ainsi que le tissu nerveux.

Effecteur (1) Troisième élément d'un mécanisme d'autorégulation; il répond au stimulus; (2) organe (glande ou muscle) pouvant être activé par des terminaisons nerveuses.

Efférent Qui conduit loin ou qui s'éloigne de l'origine; se dit surtout d'une neurofibre qui transmet les influx nerveux hors du système nerveux central.

Électrocardiogramme (ECG) Enregistrement graphique de l'activité électrique du cœur; comprend normalement une onde P, un complexe QRS et une onde T.

Électroencéphalogramme (EEG) Enregistrement graphique de l'activité électrique des cellules nerveuses du cerveau.

Électrolyte Substance chimique, comme les sels, les acides et les bases, qui s'ionise et se dissocie dans l'eau et est capable de conduire un courant électrique.

Électron (e^-) Particule subatomique de charge négative en orbite autour du noyau de l'atome.

Élément Une des substances fondamentales de matière qui composent toutes les autres substances; ne peut être décomposé en substances plus simples, par exemple le carbone, l'hydrogène et l'oxygène.

Éléments figurés Portion cellulaire du sang; comprennent les érythrocytes, les leucocytes et les plaquettes.

Émail Matériau acellulaire très dur qui recouvre la couronne de la dent; les cellules qui la produisent dégénèrent au moment de l'apparition de la dent.

Embolie Obstruction d'un vaisseau sanguin par un embole (caillot sanguin, masse adipeuse, bulle d'air, etc.) flottant dans le sang.

Embryoblaste Amas de cellules situé dans le blastocyste et donnant naissance à l'embryon.

Embryon Nom du produit de la conception, de la fécondation à la fin de la huitième semaine de gestation.

Encéphalite Inflammation de l'encéphale.

Endocarde Endothélium qui tapisse l'intérieur du cœur.

Endocytose Mécanisme actif de transport vésiculaire qui permet l'entrée de macromolécules ou de particules dans la cellule; comprend la phagocytose, la pinocytose et l'endocytose par récepteurs interposés.

Endocytose par récepteurs interposés Un des trois types d'endocytose; mécanisme très sélectif dans lequel les particules capturées se lient à des récepteurs avant que l'endocytose se produise.

Endoderme Un des trois feuillets embryonnaires primitifs; forme la muqueuse du tube digestif et la majorité de ses structures annexes.

Endogène Provenant de l'organisme ou d'une de ses parties.

Endomètre Muqueuse qui tapisse la cavité interne de l'utérus.

Endomysium Mince gaine de tissu conjonctif qui enveloppe chaque fibre musculaire.

Endoste Membrane de tissu conjonctif qui recouvre les surfaces internes de l'os.

Endothélium Couche simple de cellules squameuses qui tapisse les cavités internes du cœur, des vaisseaux sanguins et des vaisseaux lymphatiques.

Endurance aérobie Laps de temps durant lequel un muscle peut continuer de se contracter en utilisant les voies aérobies.

Énergie Capacité de fournir un travail; peut être stockée (énergie potentielle) ou se manifester par le mouvement (énergie cinétique).

Énergie chimique Énergie emmagasinée dans les liaisons des substances chimiques.

Énergie cinétique Énergie représentée par le mouvement, tel que les déplacements incessants des atomes ou la poussée qui met en mouvement une porte tournante.

Énergie d'activation Énergie nécessaire pour que les réactifs puissent amorcer la réaction chimique.

Énergie électrique Énergie formée par le mouvement de particules chargées à travers les membranes cellulaires; les influx nerveux sont des signaux électriques.

Énergie mécanique Énergie produisant un mouvement de matière; par exemple, lorsqu'on fait de la bicyclette, les jambes fournissent une énergie mécanique qui permet d'actionner les pédales.

Énergie potentielle Énergie stockée, ou inactive; par exemple, les piles d'un jouet non utilisé ou l'eau accumulée derrière un barrage.

Enjambement Processus se produisant durant la méiose I, au cours duquel deux chromatides non-sœurs s'échangent des segments génétiques; un des facteurs de variation génétique; aussi appelé *crossing-over*.

Entorse Élongation ou déchirure des ligaments qui renforcent une articulation; les entorses les plus courantes sont celles de la région lombaire de la colonne vertébrale ainsi que celles de la cheville et du genou.

Enveloppe nucléaire Double membrane du noyau de la cellule.

Enzyme Protéine globulaire qui constitue un catalyseur biologique accélérant la vitesse des réactions chimiques.

Épendymocyte Type de gliocyte qui tapisse les cavités centrales de l'encéphale et de la moelle épinière. Il constitue une barrière perméable entre le liquide cérébrospinal et le liquide interstitiel. Les battements de ses cils font circuler le liquide cérébrospinal.

Épiderme Couche superficielle de la peau; formé d'un épithélium stratifié squameux kératinisé.

Épididyme Portion des voies génitales de l'homme où les spermatozoïdes accomplissent leur maturation; se prolonge par le conduit déférent.

Épiglotte Cartilage élastique situé derrière la gorge; recouvre l'orifice du larynx pendant la déglutition.

Épilepsie Trouble nerveux caractérisé par des décharges anormales de groupes de neurones cérébraux, pendant lesquelles aucun autre message ne peut être analysé.

Épimysium Feuillet de tissu conjonctif dense qui entoure un muscle.

Épine ischiatique Saillie étroite et pointue de l'ischium; repère anatomique important pour les femmes enceintes.

Épinéphrine *Voir* Adrénaline.

Épiphyse Extrémité d'un os long, attachée à la diaphyse.

Épithalamus Partie postérieure du diencéphale; forme le toit du troisième ventricule; la glande pinéale se trouve à son extrémité postérieure.

Épithélium Tissu recouvrant la surface externe du corps ou tapissant ses cavités; il peut jouer un rôle de protection, d'absorption, de filtration, de sécrétion ou d'excrétion.

Équilibre acidobasique Situation dans laquelle le pH du sang se maintient entre 7,35 et 7,45.

Équilibre chimique État de repos apparent créé par deux réactions se déroulant dans des directions différentes à la même vitesse.

Équilibre dynamique Sens qui perçoit une accélération ou une décélération angulaire ou rotative de la tête ou du corps dans l'espace.

Équilibre électrolytique Équilibre entre les entrées et les sorties de sels (sodium, potassium, calcium et magnésium) dans l'organisme.

Équilibre statique Sens de la position de la tête ou du corps dans l'espace par rapport à la force gravitationnelle.

Érythrocytes Globules rouges; aussi appelés hématies.

Érythropoïèse Formation des érythrocytes stimulée par l'érythropoïétine (EPO).

Érythropoïétine (EPO) Hormone libérée principalement par les reins (également par le foie et les testicules) qui stimule la production de globules rouges.

Espace épidural Espace situé entre les vertèbres et la dure-mère spinale et qui renferme de la graisse et de nombreuses veines; parfois appelé péridural.

Estomac Réservoir temporaire du tube digestif situé dans le quadrant supérieur gauche de la cavité abdominale, où la dégradation des protéines commence et où les aliments sont transformés en chyme.

Eupnée Fréquence respiratoire normale.

Excitabilité (ou réactivité) Faculté de réagir aux stimulus.

Excrétion Élimination des déchets (inutiles ou potentiellement toxiques) de l'organisme.

Exercice contre résistance Exercice intense dans lequel une forte résistance ou un poids immobile est opposé aux muscles; fait augmenter le volume des cellules musculaires.

Exocytose Mécanisme actif de transport vésiculaire qui assure le passage de certaines substances de l'intérieur de la cellule à l'espace extracellulaire au moyen d'une vésicule sécrétoire qui fusionne avec la membrane plasmique.

Exon Séquences (séparées par des introns) codant pour des acides aminés spécifiques dans les gènes des organismes supérieurs.

Extension Mouvement qui augmente l'angle d'une articulation, par exemple redresser un genou fléchi.

Extérocepteur Récepteur sensoriel qui réagit aux stimulus provenant de l'environnement.

Extrasystole Contraction cardiaque prématurée.

Extrinsèque D'origine externe.

F

Facteur de croissance des cellules nerveuses (NGF, *nerve growth factor*) Protéine qui favorise la survie et régit le développement et la différenciation des neurones ; sécrété par les cellules cibles des axones postganglionnaires et de nombreux autres types de cellules.

Facteur de stress Stimulus qui, directement ou indirectement, provoque le déclenchement par l'hypothalamus de réactions visant à réduire le stress, la réaction de lutte ou de fuite, par exemple.

Facteur intrinsèque Substance produite par les cellules pariétales de l'estomac ; nécessaire à l'absorption de la vitamine B_{12}.

Facteur natriurétique auriculaire (FNA) Hormone libérée par certaines cellules des oreillettes du cœur ayant pour effet de réduire la pression artérielle et le volume sanguin en inhibant la plupart des mécanismes favorisant la vasoconstriction et la rétention d'eau et de sodium.

Faisceau Ensemble de neurofibres ou de fibres musculaires retenues ensemble par du tissu conjonctif.

Faisceau auriculoventriculaire Amas de fibres spécialisées (cardionectrices) faisant partie du système de conduction, qui transmettent les influx du nœud auriculoventriculaire aux ventricules droit et gauche ; aussi appelé faisceau de His.

Fascia Couche de tissu conjonctif qui recouvre et sépare les muscles en loges musculaires.

Fascicule Groupe de fibres nerveuses ou musculaires recouvert par une enveloppe de tissu conjonctif qui prend le nom de périnerve dans le cas de fibres nerveuses ou de périmysium dans le cas de fibres musculaires.

Fèces Matières éliminées par les intestins ; composées de résidus d'aliments, de sécrétions et de bactéries.

Fécondation Fusion du noyau d'un spermatozoïde avec celui d'un ovule.

Fémur L'unique os de la cuisse ; l'os le plus volumineux du corps.

Fenestré Se dit d'une structure percée d'une ou de plusieurs petites ouvertures aussi appelées pores, qui augmentent la perméabilité, par exemple les capillaires fenestrés.

Fente synaptique Espace de 30 à 50 nm entre le neurone présynaptique et le neurone postsynaptique, dans lequel sont libérés les médiateurs chimiques intervenant dans la transmission de l'influx nerveux.

Feuillets embryonnaires primitifs Les trois couches de cellules (ectoderme, mésoderme et endoderme) qui constituent la spécialisation initiale des cellules du corps embryonnaire et qui donnent naissance à tous les tissus de l'organisme.

Fibre Structure ou filament mince et allongé. *Voir* Neurofibre et Fibre musculaire.

Fibre collagène Fibre de longueur indéterminée, constituée de collagène, une protéine, isolée ou groupée en faisceau et formant le constituant le plus abondant des trois types de fibres de la matrice du tissu conjonctif. Elle est très résistante à la traction.

Fibre de Purkinje *Voir* Myofibre de conduction cardiaque.

Fibre élastique Fibre composée d'élastine, une protéine qui rend la matrice du tissu conjonctif élastique et caoutchouteuse ; présente dans les tissus à l'état isolé, sous forme de réseaux ou de lames.

Fibre musculaire Cellule musculaire ou myocyte.

Fibrillation Série de contractions cardiaques rapides et irrégulières ou désynchronisées.

Fibrine Protéine fibreuse insoluble qui se forme au cours de la coagulation sanguine.

Fibrinogène Protéine soluble du plasma que la thrombine transforme en fibrine insoluble au cours de la coagulation sanguine.

Fibrinolyse Processus qui entraîne la dissolution du caillot lorsque la cicatrisation est achevée.

Fibrinolysine *Voir* Plasmine.

Fibroblaste Cellule jeune qui se divise par mitose et produit les fibres du tissu conjonctif ainsi que la plupart des composants de la substance fondamentale.

Fibrocyte Fibroblaste mature ; entretient la matrice des tissus conjonctifs.

Fibrose Forme de réparation des tissus par prolifération de tissu conjonctif riche en fibres, appelé tissu cicatriciel.

Fibrose kystique *Voir* Mucoviscidose.

Filtrat Liquide dérivé du plasma qui est traité le long des tubules rénaux pour former l'urine.

Filtration Passage d'un solvant ou d'une substance dissoute à travers une membrane ou un filtre.

Fissures (1) Sillons ou fentes ; (2) les plus profondes dépressions ou rainures du cerveau et du cervelet ; séparent le cortex cérébral en plusieurs parties.

Fixateur Muscle qui immobilise un ou plusieurs os, de sorte que d'autres muscles impriment des mouvements à partir d'une base stable, par exemple les muscles qui concourent au maintien de la station debout.

Flagelle Long prolongement cellulaire qui contient des microtubules ; dans l'organisme humain, la seule cellule flagellée est le spermatozoïde.

Flexion Mouvement qui diminue l'angle d'une articulation, par exemple flexion du genou d'une position droite à une position formant un angle.

Fœtus Nom du produit de la conception de la neuvième semaine de gestation à la naissance.

Foie Organe lobé et volumineux, situé sous le diaphragme dans le quadrant supérieur droit ; produit la bile, qui contribue à la digestion des graisses, et remplit de nombreuses fonctions métaboliques et régulatrices.

Follicule (1) Structure de la glande thyroïde remplie de colloïde ; (2) région du tissu lymphoïde contenant une grande quantité de lymphocytes B ; (3) structure ovarienne composée d'un ovocyte en voie de développement et dont le nom varie selon le stade de maturation (follicule ovarique primaire, secondaire, secondaire mûr).

Follicule ovarique mûr (ou **vésiculaire** ou **follicule de De Graaf** ou **follicule tertiaire**) Follicule ovarique qui se forme lorsque les poches remplies de liquide se réunissent pour former une cavité centrale remplie de liquide, l'antrum folliculaire.

Follicule pileux Structure formée d'une gaine interne et d'une gaine externe qui s'étend de la surface de l'épiderme jusque dans le derme et à partir de laquelle le poil se développe.

Follicules lymphoïdes agrégés Organes lymphoïdes situés dans la paroi de l'intestin grêle et de l'appendice vermiforme ; aussi appelés plaques de Peyer.

Fond Base d'un organe ; partie la plus éloignée de l'ouverture de l'organe, par exemple la paroi postérieure de l'œil.

Fontanelle Chacune des membranes fibreuses situées aux angles des os du crâne ; permet la croissance de l'encéphale chez le fœtus et le nourrisson.

Foramen Orifice ou ouverture dans un os (par lequel pénètrent les vaisseaux sanguins et lymphatiques) ou entre deux cavités.

Foramen magnum Ouverture sur la face inférieure de l'os occipital par laquelle l'encéphale communique avec la moelle épinière.

Foramen ovale (1) Chez le fœtus, orifice dans le septum interauriculaire faisant communiquer les deux oreillettes et permettant à une partie du sang qui pénètre dans l'oreillette droite de passer directement dans l'oreillette gauche; (2) ouverture dans l'os sphénoïde.

Formation réticulaire Système fonctionnel qui s'étend à travers le tronc cérébral; intervient dans la régulation des influx se dirigeant vers le cortex cérébral; maintient celui-ci en état de veille et régit le comportement moteur.

Fossette Dépression servant souvent de surface articulaire, par exemple la fossette costale.

Fossette centrale Minuscule dépression située du côté latéral de la rétine qui ne contient que des cônes; aussi appelée fovea centralis.

Fovéa Dépression en forme de coupe.

Fovea centralis *Voir* Fossette centrale.

Fracture Cassure d'un os.

Fuseau neuromusculaire Propriocepteur encapsulé sensible à l'étirement; présent dans le muscle squelettique.

Fuseau neurotendineux Propriocepteur sensible aux variations de la tension musculaire, situé dans les tendons; son activation, par une contraction du muscle associé au tendon (ou son étirement passif), amène une inhibition (relâchement) de ce muscle; aussi appelé organe musculotendineux de Golgi.

G

Gaine de myéline Gaine lipidique (lipoprotéique) qui recouvre une très grande partie des neurofibres du SNC et du SNP; protège et isole les neurofibres, et augmente la vitesse de propagation des influx nerveux. Cette gaine est interrompue au niveau des nœuds de la neurofibre myélinisée.

Gamète Cellule sexuelle; spermatozoïde ou ovule.

Gamétogenèse Formation des gamètes.

Ganglion Regroupement de corps cellulaires de neurones à l'extérieur du SNC.

Ganglion autonome Regroupement des corps cellulaires des neurones des ganglions sympathiques et parasympathiques.

Ganglion spinal Regroupement périphérique des corps cellulaires des neurones afférents de premier ordre dont l'axone central pénètre dans la moelle épinière par les racines dorsales.

Ganglion terminal Ganglion de la partie parasympathique du système nerveux autonome, situé à proximité de l'organe effecteur. Les axones postganglionnaires naissent des ganglions terminaux et font synapse avec des cellules effectrices à proximité.

Gastrine intestinale (**entérique**) Hormone sécrétée par les endocrinocytes gastro-intestinaux; régule la sécrétion du suc gastrique en stimulant la production de HCl.

Gastroentérite Inflammation du tube digestif.

Gastrula Résultat de la transformation du blastocyste dans lequel on peut reconnaître les trois feuillets embryonnaires primitifs et observer le développement des membranes embryonnaires.

Gastrulation Formation de la gastrula.

Gène Une des unités biologiques de l'hérédité situées sur un chromosome et composées d'ADN; transmet l'information héréditaire.

Génome Ensemble de chromosomes provenant d'un parent (génome haploïde); ou les deux ensembles de chromosomes, c'est-à-dire un qui provient de l'ovule et un qui provient du spermatozoïde (génome diploïde).

Génotype Patrimoine génétique d'une personne.

Gestation (période de) Période de la grossesse; environ 280 jours chez les êtres humains.

Glande Organe spécialisé qui sécrète ou excrète des substances qui seront utilisées par l'organisme ou éliminées.

Glande alvéolaire Une des catégories structurales des glandes exocrines multicellulaires; ses cellules sécrétrices forment de petits sacs d'aspect flasque.

Glande endocrine Glande dépourvue de conduit excréteur, dont les sécrétions hormonales se déversent directement dans le sang, par exemple la glande thyroïde et les glandes surrénales.

Glande exocrine Glande unicellulaire ou multicellulaire simple ou composée dotée d'un conduit qui transporte les sécrétions vers un site particulier (à la surface d'une muqueuse ou de l'organisme).

Glande holocrine Glande dans laquelle les sécrétions s'accumulent à l'intérieur de ses cellules et ne sont libérées qu'au moment de la rupture et de la mort de la cellule, par exemple les glandes sébacées.

Glande mammaire Glande sécrétrice du lait située dans les seins.

Glande mérocrine Glande qui produit des sécrétions sans destruction des structures cellulaires; c'est le cas de la plupart des glandes exocrines.

Glande pinéale (corps pinéal) Portion hormonopoïétique de la partie la plus dorsale du diencéphale qui sécrète la mélatonine. Elle interviendrait dans le réglage de l'horloge biologique et influerait sur les fonctions de reproduction; autrefois appelée épiphyse.

Glande sébacée Glande épidermique simple, alvéolaire et ramifiée, qui produit une sécrétion huileuse, le sébum.

Glande sudoripare mérocrine (ou **eccrine**) Variété la plus abondante des glandes sudoripares; présente en grand nombre sur la paume des mains, la plante des pieds et le front. Ces glandes, en sécrétant la sueur, jouent un rôle important dans la régulation de la température corporelle. (*Voir aussi* Glande mérocrine.)

Glande surrénale Chacune des glandes endocrines situées au-dessus des reins; formée d'une médulla sécrétant l'adrénaline et la noradrénaline et d'un cortex sécrétant les minéralocorticoïdes, les glucocorticoïdes et les gonadocorticoïdes.

Glande thyroïde Glande endocrine située sur la face antérieure de la trachée; sécrète deux hormones agissant sur le métabolisme (T_4-thyroxine et T_3-triiodothyronine) ainsi qu'une hormone hypocalcémiante, la calcitonine.

Glandes parathyroïdes Petites glandes endocrines situées sur la face postérieure de la glande thyroïde; sécrètent la parathormone (PTH).

Glaucome Augmentation de la pression intraoculaire par suite de l'accumulation de l'humeur aqueuse; s'il n'est pas diagnostiqué à temps, la compression de la rétine et du nerf optique entraîne l'altération de la vision, voire la cécité.

Gliocytes *Voir* Névroglie.

Globine Protéine globulaire composée de quatre chaînes de polypeptides qui, avec l'hème, forment l'hémoglobine.

Globule blanc *Voir* Leucocytes.

Glomérule du rein Bouquet de capillaires artériels formant une partie du néphron; produit le filtrat glomérulaire.

Glomérule olfactif Unité de traitement des odeurs du bulbe olfactif qui représente le point de rencontre de neurones ayant le même type de récepteur.

Glomus carotidien Structure arrondie située dans l'artère carotide commune; contient des chimiorécepteurs sensibles aux modifications des concentrations plasmatiques d'oxygène et de gaz carbonique ainsi qu'aux variations du pH du sang.

Glotte Structure du larynx formée par les plis vocaux et l'ouverture située entre eux.

Glucagon Hormone sécrétée par les endocrinocytes alpha des îlots pancréatiques; stimule la glycogénolyse, la néoglucogenèse et l'augmentation de la glycémie.

Glucides Composés organiques contenant du carbone, de l'hydrogène et de l'oxygène; comprennent les monosaccharides, les disaccharides et les polysaccharides; constituent une importante source d'énergie fournie par les aliments (céréales, fruits, légumes et légumineuses) et entrent dans la constitution de molécules fonctionnelles importantes.

Glucocorticoïdes Hormones élaborées par le cortex surrénal; agissent sur le métabolisme des glucides en élevant la concentration sanguine de glucose et contribuent à la résistance vis-à-vis des facteurs de stress; le cortisol est la principale hormone de ce groupe.

Glucose Principal glucide sanguin; un hexose dont la formule est $C_6H_{12}O_6$.

Glycémie Concentration plasmatique de glucose.

Glycérol (propanetriol-1, 2, 3) Glucide simple modifié (sucre-alcool) entrant dans la constitution des glycérides (mono, di ou triglycérides, selon le nombre d'acides gras combinés); unité constitutive des lipides.

Glycocalyx Couche de glycoprotéines localisées à la surface de la membrane plasmique; détermine le groupe sanguin; intervient dans les interactions cellulaires de la fécondation, du développement embryonnaire et de l'immunité; joue le rôle d'un adhésif entre les cellules.

Glycogène Polysaccharide de réserve accumulé dans le foie et les muscles.

Glycogenèse Synthèse du glycogène à partir du glucose; se produit surtout dans le foie et les muscles.

Glycogénolyse Dégradation du glycogène en glucose.

Glycolipide Composé organique formé par la réunion d'un lipide et d'un ou de plusieurs glucides.

Glycolyse Dégradation anaérobie d'une molécule de glucose en deux molécules d'acide pyruvique se déroulant dans le cytosol; produit un gain net de deux ATP.

Glycolyse anaérobie Réduction de l'acide pyruvique en acide lactique dans divers tissus, notamment les muscles, en cas de déficit en oxygène; permet d'obtenir l'énergie nécessaire à la poursuite du travail musculaire quand l'oxygène est présent en quantité insuffisante dans les muscles.

Gonade Principal organe génital, c'est-à-dire testicule chez l'homme et ovaire chez la femme.

Gonadolibérine (Gn-RH) Hormone sécrétée par l'hypothalamus et transportée jusqu'à l'adénohypophyse, où elle contrôle la libération de deux gonadotrophines, l'hormone folliculostimulante et l'hormone lutéinisante.

Gonadotrophines Hormones qui régissent le fonctionnement des gonades; produites par l'adénohypophyse; comprennent la LH, la FSH et la hCG (cette dernière est sécrétée par le placenta durant la grossesse).

Gradient de concentration Variation de la concentration d'une substance du milieu le plus concentré vers le milieu le moins concentré; permet la diffusion.

Gradient de pression Variation de pression (hydrostatique ou osmotique) entre deux points; permet la circulation des liquides et des gaz dans l'organisme.

Gradient électrochimique Écart combiné entre la concentration et la charge; a un effet sur la distribution et la direction de la diffusion des ions.

Graisse neutre Substance composée de chaînes d'acides gras et de glycérol; aussi appelée triglycéride ou triacylglycérol; communément appelée huile lorsqu'elle est à l'état liquide.

Granulocyte basophile Globule blanc dont les granulations, colorées en violet avec des colorants basiques, contiennent de l'histamine et de l'héparine, deux médiateurs de la réaction inflammatoire; très semblable aux mastocytes des tissus.

Granulocyte éosinophile Globule blanc au noyau bilobé dont les abondantes granulations ont une grande affinité pour un colorant appelé éosine; intervient dans la défense contre les vers parasites et dans d'autres aspects des réactions immunitaires.

Granulocyte neutrophile Type de globules blancs le plus abondant, à noyau plurilobé, dont les granulations possèdent une affinité pour les colorants neutres, et doués de phagocytose; très actif lors d'infections aiguës.

Gros intestin Partie du tube digestif qui s'étend de la valve iléocæcale jusqu'à l'anus; comprend le cæcum, l'appendice vermiforme, le côlon, le rectum et le canal anal; absorbe l'eau, les électrolytes et certaines vitamines, et permet l'évacuation des fèces.

Guanine (G) Une des deux principales purines présentes dans tous les acides nucléiques; base azotée complémentaire de la cytosine.

Gustation Goût.

Gyrus Saillies de tissu nerveux à la surface du cortex cérébral et séparées par des sillons; aussi appelé circonvolutions.

H

Haptène Antigène incomplet; possède la réactivité mais non l'immunogénicité; responsable de certaines réactions allergiques telles que celles causées par la pénicilline, l'herbe à puce, etc.

Hélice alpha (α) La plus courante des structures secondaires de la chaîne d'acides aminés des protéines; ressemble aux anneaux d'un fil de téléphone.

Hématocrite Pourcentage du volume sanguin total occupé par les érythrocytes (de 33 à 43 % pour les femmes et de 39 à 49 % pour les hommes).

Hématome Masse de sang coagulé qui se forme au siège d'une lésion.

Hématopoïèse Formation des cellules sanguines qui se déroule dès le septième mois de vie, principalement dans la moelle osseuse rouge; aussi appelée hémopoïèse.

Hème Pigment rouge contenant du fer qui est essentiel au transport d'oxygène par l'hémoglobine.

Hémocytoblaste Cellule souche de la moelle osseuse qui donne naissance à tous les éléments figurés du sang; cellule souche hématopoïétique.

Hémoglobine Protéine des érythrocytes qui transporte la presque totalité de l'oxygène et une partie du gaz carbonique. Elle est composée d'hème et de globine.

Hémogramme *Voir* Numération globulaire.

Hémolyse Rupture des érythrocytes physiologique ou pathologique, par exemple à la suite d'une agglutination causée par une transfusion incompatible.

Hémophilie Affection hémorragique héréditaire récessive dont les deux formes les plus importantes sont liées au sexe. La plus fréquente, l'hémophilie A, résulte d'une carence en facteur VIII.

Hémopoïèse *Voir* Hématopoïèse.

Hémorragie Écoulement de sang provoqué par la rupture d'un vaisseau sanguin; saignement.

Hémostase Ensemble des processus physiologiques qui font cesser un saignement après la rupture d'un vaisseau en mettant en œuvre le spasme vasculaire, la formation du clou plaquettaire et la coagulation.

Héparine Anticoagulant naturel sécrété dans le plasma par les granulocytes basophiles, les mastocytes et les cellules endothéliales; inhibiteur de la thrombine.

Hépatite Inflammation du foie attribuable à des agents pathogènes, dont des virus, ou à des agents toxiques.

Hérédité liée au sexe Transmission de traits héréditaires particuliers (comme le daltonisme ou l'hémophilie) déterminés par des gènes localisés sur les chromosomes sexuels; les traits récessifs liés au chromosome X sont transmis de la mère (hétérozygote) au fils et les traits produits par des gènes liés au chromosome Y sont transmis du père au fils.

Hernie Saillie anormale d'un organe ou d'une structure à travers la paroi d'une cavité.

Hétérozygote Qui possède des allèles dissemblables sur un ou (par extension) plusieurs locus, par exemple *Aa, Bb, AaBb*.

Hile Échancrure d'un organe où pénètrent et d'où sortent des vaisseaux sanguins et lymphatiques ainsi que des nerfs.

Hippocampe Structure du système limbique sur la face interne du lobe temporal qui joue un rôle dans la conversion des nouvelles informations en mémoire à long terme.

Histamine Médiateur chimique (un neurotransmetteur ou une hormone locale); cause une vasodilatation et une augmentation de la perméabilité capillaire; cause des sécrétions acides dans l'estomac.

Histologie Branche de l'anatomie qui étudie la structure microscopique des tissus.

Homéostasie État d'équilibre de l'organisme ou stabilité du milieu interne de l'organisme en dépit des fluctuations dans l'environnement.

Homolatéral Situé du même côté.

Homologues (1) Structures ou organes ayant la même origine embryologique, mais pas nécessairement la même fonction; (2) les deux chromosomes d'une même paire.

Homozygote Qui possède des gènes identiques sur un ou plusieurs locus, par exemple *AA, bb*.

Hormone Stéroïde ou dérivé d'acide aminé (protéine et peptide) produit par une glande endocrine, libéré dans le liquide interstitiel et transporté par le sang jusqu'aux cellules cibles; joue le rôle de messager chimique et règle certaines fonctions physiologiques de l'organisme.

Hormone antidiurétique (ADH) Hormone produite par l'hypothalamus et libérée par la neurohypophyse; stimule la réabsorption d'eau par les tubules rénaux; réduit le volume urinaire; aussi appelée vasopressine.

Hormone de croissance (GH) Hormone qui stimule la croissance en général; produite par l'adénohypophyse; aussi appelée somatotrophine.

Hormone folliculostimulante (FSH) Hormone sécrétée par l'adénohypophyse qui stimule la maturation des follicules ovariques chez la femme et la production des spermatozoïdes chez l'homme. Sa libération est provoquée par l'hormone hypothalamique, la gonadolibérine (Gn-RH).

Hormone lutéinisante (LH) Hormone sécrétée par l'adénohypophyse qui contribue à la maturation des cellules de l'ovaire et déclenche l'ovulation chez la femme. Chez l'homme, elle stimule la production de testostérone par les cellules interstitielles du testicule. Sa libération est provoquée par l'hormone hypothalamique, la gonadolibérine (Gn-RH).

Humeur aqueuse Liquide aqueux présent dans la chambre antérieure de l'œil; fournit des nutriments et de l'oxygène au cristallin. Continuellement renouvelé, ce liquide s'écoule par le sinus veineux de la sclère ou canal de Schlemm.

Hydrolyse Processus dans lequel l'eau est utilisée pour dégrader une substance en particules plus petites; la digestion chimique fait intervenir des réactions d'hydrolyse.

Hydrophile Se dit des molécules, ou des parties de molécules, qui interagissent avec l'eau et les particules chargées.

Hydrophobe Se dit des molécules, ou des parties de molécules, qui interagissent seulement avec les molécules non polaires, par exemple les lipides; ces molécules fuient donc l'eau.

Hyperalgésie Amplification de la douleur.

Hypercapnie Concentration élevée de gaz carbonique dans le sang.

Hyperémie Augmentation du débit sanguin dans un tissu ou un organe; on parle d'hyperémie passive en cas de congestion, et d'hyperémie active si l'augmentation est due à une activation musculaire.

Hyperglycémiant Terme utilisé pour qualifier les hormones, tel le glucagon, qui font augmenter la concentration sanguine de glucose.

Hyperleucocytose Augmentation du nombre de leucocytes (globules blancs); résulte généralement d'une infection.

Hypermétropie Anomalie de la vision dans laquelle l'image des objets se focalise à l'arrière de la rétine, ce qui empêche de distinguer correctement les objets rapprochés.

Hyperplasie Développement accéléré, comme celui de l'utérus durant la grossesse; prolifération anormale d'un tissu.

Hyperpnée Augmentation de la respiration en réponse à un besoin métabolique, comme pendant l'exercice.

Hyperpolarisation Augmentation de la valeur absolue du potentiel de membrane d'une cellule qui l'éloigne de son seuil d'excitation.

Hypersensibilité *Voir* Allergie.

Hypertension Pression artérielle élevée; peut causer des problèmes cardiovasculaires lorsqu'elle persiste à des valeurs de l'ordre de 140/90 mm Hg (ou plus).

Hypertonique Se dit d'une solution qui présente une concentration de soluté non diffusible supérieure à celle des cellules vivantes.

Hypertrophie Augmentation du volume d'un tissu ou d'un organe sans relation avec la croissance générale du corps.

Hyperventilation Augmentation de l'amplitude et de la fréquence de la respiration qui excède les besoins d'élimination du gaz carbonique de l'organisme.

Hypocapnie Diminution de la concentration sanguine de gaz carbonique (ou dioxyde de carbone).

Hypoderme (fascia superficiel) Tissu sous-cutané qui se trouve juste sous la peau; composé de tissu adipeux et d'un peu de tissu conjonctif lâche.

Hypoglycémiantes Se dit des hormones, telle l'insuline, qui font diminuer la concentration sanguine de glucose.

Hyponychium Région située sous l'extrémité libre de l'ongle où la saleté et les débris ont tendance à s'accumuler.

Hypophyse Glande neuroendocrine située sous le cerveau et reliée à l'hypothalamus par l'infundibulum; assure diverses fonctions, dont la régulation de l'activité des gonades, de la glande thyroïde et du cortex surrénal ainsi que celle de la lactation et de l'équilibre hydrique; aussi appelée glande pituitaire.

Hypoprotéinémie Concentration plasmatique anormalement faible de protéines causant une diminution de la pression oncotique; provoque l'œdème des tissus.

Hypotension Basse pression artérielle (inférieure à 100 mm Hg); généralement sans conséquence.

Hypothalamus Région du diencéphale qui constitue le plancher du troisième ventricule cérébral; principal centre de régulation des fonctions physiologiques, essentiel au maintien de l'homéostasie. Il constitue un lien entre le système nerveux et le système endocrinien.

Hypothermie Abaissement anormal de la température corporelle (en dessous de 35 °C) qui peut entraîner une diminution importante de la pression artérielle et des fréquences cardiaque et respiratoire.

Hypotonique Se dit d'une solution plus diluée (ayant une concentration plus faible de soluté non diffusible) que l'intérieur des cellules.

Hypoventilation Diminution de la fréquence et de la profondeur de la respiration; caractérisée par une élévation du taux sanguin de gaz carbonique.

Hypoxie Apport insuffisant d'oxygène aux tissus.

I

Iléum Dernière partie de l'intestin grêle; situé entre le jéjunum et le cæcum.

Immunité Résistance naturelle ou acquise de l'organisme à l'égard de nombreux agents pathogènes (biologiques, physiques et chimiques) qui causent des maladies.

Immunité active État de résistance développé à la suite d'un contact avec un antigène; les lymphocytes B produisent alors des anticorps et permettent l'acquisition d'une mémoire immunitaire.

Immunité cellulaire Immunité conférée par les lymphocytes T activés, qui tuent des cellules infectées ou cancéreuses ou des cellules des greffons étrangers et libèrent des substances chimiques régissant la réaction immunitaire.

Immunité humorale Immunité assurée par les anticorps présents dans le plasma et dans d'autres liquides de l'organisme.

Immunité passive Immunité de courte durée résultant de l'introduction d'anticorps (sérothérapie) provenant d'un animal immunisé ou d'un donneur humain; les lymphocytes B ne sont alors pas stimulés; aucune mémoire immunitaire n'est établie.

Immunocompétence Capacité des cellules immunitaires de l'organisme de reconnaître des antigènes spécifiques (en s'y liant); reflète la présence de récepteurs liés à la membrane plasmique.

In vitro Se dit d'une expérience ou d'une réaction qui se déroule dans une éprouvette, sur une lame de verre ou dans un environnement artificiel.

In vivo Se dit d'une observation ou d'une expérience effectuée sur un organisme vivant.

Incontinence Incapacité de maîtriser la miction ou la défécation.

Indice d'Apgar Évaluation de l'état physique du nouveau-né une minute et cinq minutes après la naissance en fonction de cinq critères: fréquence cardiaque, respiration, coloration, tonus musculaire et réactivité aux stimulus.

Infarctus du myocarde État caractérisé par des lésions et une destruction d'une partie du myocarde par suite de l'interruption de l'apport sanguin vers ces régions. Couramment appelé crise cardiaque.

Infections transmissibles sexuellement (ITS) Infections transmises lors de contacts sexuels, par exemple la gonorrhée, la syphilis, le SIDA et l'herpès génital; autrefois appelées maladies transmissibles sexuellement (MTS).

Inférieur Relatif à une position vers le bas de l'axe du corps.

Infirmité motrice cérébrale Trouble neuromusculaire qui résulte d'une lésion cérébrale se traduisant par une mauvaise maîtrise des muscles ou une paralysie.

Inflammation Réaction de défense innée de l'organisme à l'égard de différents agresseurs entraînant notamment des modifications vasculaires (dilatation et augmentation de la perméabilité des vaisseaux) et se manifestant par la rougeur, la chaleur, la tuméfaction et la douleur.

Influx nerveux Onde de dépolarisation qui se propage d'elle-même et qui ne peut être déclenchée que si la stimulation est adéquate; aussi appelé potentiel d'action.

Infundibulum Structure en forme d'entonnoir; désigne (1) la tige de tissu nerveux qui relie l'hypophyse à l'hypothalamus; (2) la partie distale frangée de la trompe utérine.

Inguinal Relatif à la région de l'aine.

Innervation Distribution des nerfs dans une région de l'organisme.

Insertion musculaire Point d'attache mobile d'un muscle.

Insuffisance valvulaire Défaut de fermeture d'une valve.

Insula (lobe insulaire) Lobe du cortex cérébral enfoui dans le sillon latéral et recouvert par des parties des lobes temporal, pariétal et frontal.

Insuline Hormone hypoglycémiante produite par les endocrinocytes bêta des îlots pancréatiques; influe également sur le métabolisme des glucides (glycogénèse), des graisses (lipogenèse) et stimule la synthèse des protéines.

Intégration Processus par lequel le système nerveux traite l'information sensorielle et détermine l'action à entreprendre à tout moment.

Interférons (IFN) Protéines (cytokines) produites par les cellules immunitaires et par d'autres cellules pour stimuler la défense antivirale et antitumorale.

Interleukines (IL) Cytokines qui agissent comme facteurs hématopoïétiques en stimulant la leucopoïèse. Elles ont également des fonctions immunitaires importantes. L'IL-2 est également utilisée pour traiter certains cancers.

Interneurone (neurone d'association) Cellule nerveuse située entre les neurones sensitif et moteur qui achemine les influx nerveux vers les centres du SNC où se déroule l'intégration.

Intérocepteur Récepteur sensoriel situé dans les viscères; sensible aux stimulus produits dans le milieu interne; aussi appelé viscérocepteur.

Interphase Une des deux principales périodes du cycle cellulaire; représente tout le laps de temps entre la formation de la cellule et sa division.

Intestin grêle Tube aux formes compliquées qui s'étend du muscle sphincter pylorique jusqu'à la valve iléocæcale, où il rejoint le gros intestin; endroit où se termine la digestion et où se produit pratiquement toute l'absorption.

Intron Segment non codant de l'ADN dont la longueur se situe entre 60 et 100 000 nucléotides. Les introns sont enlevés avant le début de la synthèse des protéines.

Ion Atome possédant une charge positive (cation) ou négative (anion), par exemple H^+ et Cl^-.

Ion bicarbonate (HCO_3^-) Substance amphotère essentielle de l'organisme et abondante dans le sang, où elle joue un rôle de tampon contribuant à l'équilibre du pH sanguin.

Ion hydrogène (H⁺) Atome d'hydrogène ayant perdu son électron et, par conséquent, portant une charge positive.

Ion hydroxyle (OH⁻) Ion libéré lorsqu'un hydroxyde (une base inorganique comme NaOH) est dissous dans l'eau.

Ischémie Diminution de l'irrigation sanguine locale qui peut provoquer un accident vasculaire cérébral (artère cérébrale) ou une angine de poitrine (artère coronaire), voire un infarctus du myocarde.

Isogreffe Greffe de tissus donnés par un jumeau identique.

Isomères Substances ayant la même formule moléculaire, mais dont la disposition des atomes n'est pas la même.

Isotoniques Se dit de solutions dans lesquelles la concentration de soluté non diffusible est égale à celle que l'on trouve dans les cellules.

Isotopes Formes atomiques différentes du même élément. Les isotopes ne contiennent pas tous le même nombre de neutrons; les isotopes les plus lourds sont souvent radioactifs.

J

Jéjunum Partie de l'intestin grêle qui s'étend du duodénum jusqu'à l'iléum.

Jonction diffuse Large fente synaptique située dans la région des cellules musculaires lisses où le neurotransmetteur est libéré avant de se lier aux récepteurs dispersés sur le sarcolemme.

Jonction neuromusculaire (ou **terminaison neuromusculaire**) Région où un ensemble de télodendrons d'un neurone moteur entre en contact avec une fibre musculaire squelettique.

Jonction ouverte Passage entre deux cellules adjacentes; constituée de protéines transmembranaires appelées connexons; présentes notamment dans le cœur et les muscles lisses, sièges d'une activité électrique.

Jonction serrée Région où les membranes plasmiques de cellules adjacentes sont fusionnées; empêche le passage des substances à travers l'espace extracellulaire entre deux cellules adjacentes d'un épithélium.

K

Kératine Protéine fibreuse dure et imperméable présente dans l'épiderme, les cheveux, les poils et les ongles; son précurseur est la kératohyaline.

L

Labyrinthe Cavités osseuses dans l'os temporal au niveau de l'oreille interne. Comprend un labyrinthe osseux dans lequel se trouve le labyrinthe membraneux.

Lacrymal Relatif aux larmes produites par la glande lacrymale située dans l'orbite de l'œil.

Lactation Synthèse et sécrétion du lait.

Lacune Petite dépression ou petit espace; dans l'os et le cartilage, les lacunes sont occupées par des cellules.

Lame (1) Couche ou plaque mince; (2) partie d'une vertèbre située entre le processus transverse et le processus épineux.

Lame basale Feuillet acellulaire adhésif composé principalement de glycoprotéines sécrétées par les cellules épithéliales; composante de la membrane basale.

Lame réticulaire Couche de matériau extracellulaire contenant un fin réseau de fibres collagènes appartenant aux tissus conjonctifs sousjacents à l'épithélium; forme, avec la lame basale, la membrane basale d'un épithélium.

Lamelles interstitielles Lamelles incomplètes situées entre des ostéons intacts ou dans les intervalles entre les ostéons en formation; peuvent également représenter des fragments d'ostéons coupés par le remaniement osseux.

Lamina propria Couche de tissu conjonctif lâche sur lequel repose le feuillet épithélial d'une muqueuse.

Larynx Organe cartilagineux situé entre la trachée et le pharynx; organe de la phonation.

Latéral Opposé au plan médian du corps; sur la face extérieure.

Lemnisque médial Voie de transmission au cortex cérébral de l'information concernant la discrimination tactile, la pression, la vibration et la proprioception consciente; va du bulbe rachidien jusqu'au thalamus.

Leptine Substance libérée par les cellules adipeuses et agissant comme une hormone afin de contrôler les réserves adipeuses de l'organisme et de déclencher la satiété.

Leucémie Groupe d'états cancéreux caractérisés par une prolifération anormale des cellules précurseures des globules blancs.

Leucocytes Globules blancs; éléments figurés contribuant à la défense de l'organisme et intervenant dans les réactions inflammatoire et immunitaire.

Leucocytose Augmentation du nombre de leucocytes traduisant généralement une infection.

Leucopénie Diminution du nombre de leucocytes dans le sang.

Leucopoïèse Production des leucocytes sous l'influence de deux familles de facteurs hématopoïétiques: les interleukines et les facteurs de croissance de colonies (CSF, *colony sitmulating factors*).

Liaison chimique Lien énergétique entre des atomes; fait intervenir une interaction entre des électrons.

Liaison covalente Liaison chimique intramoléculaire formée par le partage d'électrons entre des atomes, par exemple entre les deux atomes d'oxygène de la molécule d'O_2.

Liaison hydrogène Liaison faible dans laquelle un atome d'hydrogène forme un pont avec un atome avide d'électrons; importante liaison intermoléculaire et intramoléculaire, par exemple les liaisons qui maintiennent et stabilisent les molécules de protéines et les molécules d'ADN.

Liaison ionique Attraction chimique formée par le transfert d'électrons entre des atomes, par exemple l'attraction entre l'atome de sodium (Na^+) et l'atome de chlore (Cl^-) dans le sel NaCl.

Liaison peptidique Liaison entre le groupement amine d'un acide aminé et le groupement acide d'un autre acide aminé, associée à la perte d'une molécule d'eau.

Ligament Bande de tissu conjonctif dense qui relie des os.

Ligand Substance chimique servant à la transmission de signaux et qui se lie spécifiquement à un récepteur membranaire.

Lipide Groupe de composés se présentant à l'état solide ou liquide et contenant principalement du carbone, de l'hydrogène et de l'oxygène (et pour certains du phosphore, de l'azote ou du soufre); forment les matières grasses des tissus; exercent des fonctions énergétiques (réserves), thermiques (isolation thermique), protectrices et structurales (membranes cellulaires, messagers); comprennent les triglycérides, le cholestérol, les phospholipides et divers lipides complexes. Sur le plan nutritionnel, on les trouve principalement dans la viande, les produits laitiers et les huiles.

Lipogenèse Ensemble des réactions métaboliques aboutissant à la production de lipides de réserve (triglycérides) à partir des acides gras, des glucides et parfois des acides aminés; l'insuline régule ces réactions, qui se produisent surtout dans les adipocytes.

Lipolyse Dégradation des réserves lipidiques en glycérol et en acides gras.

Liquide cérébrospinal (LCS) Liquide ressemblant au plasma qui remplit les ventricules du SNC et entoure celui-ci; assure une protection mécanique à l'encéphale et à la moelle épinière et contribue à leur nutrition; aussi appelé liquide céphalorachidien.

Liquide extracellulaire *Voir* Compartiment extracellulaire.

Liquide interstitiel Liquide dérivé du sang; remplit l'espace entre les capillaires sanguins et les cellules.

Liquide intracellulaire *Voir* Compartiment intracellulaire.

Lithiase rénale (ou calculs rénaux) Formation de concrétions solides causée par la précipitation dans le pelvis rénal de différents minéraux (calcium, magnésium) ou des sels d'acide urique contenus dans l'urine (*calculus*: caillou), et qui bloquent parfois les voies urinaires; communément appelée «pierres».

Loi de Boyle-Mariotte Loi qui veut que, à température constante, la pression d'un gaz soit inversement proportionnelle à son volume. Explique le déroulement des échanges respiratoires chez les êtres vivants.

Loi de Henry Loi qui permet d'expliquer les échanges gazeux dans l'organisme: lorsqu'un mélange de gaz est en contact avec un liquide, chacun des gaz se dissout dans ce liquide en proportion de sa pression partielle dans le mélange.

Loi de Hilton Loi selon laquelle tout nerf desservant un muscle responsable du mouvement d'une articulation innerve aussi l'articulation elle-même et la peau qui la recouvre.

Loi de Starling Loi établissant un lien direct entre le degré d'étirement des cellules myocardiques (précharge ventriculaire) juste avant leur contraction et le volume systolique, qui est en moyenne de 70 mL.

Loi des pressions partielles de Dalton Loi selon laquelle la pression totale exercée par un mélange de gaz est égale à la somme des pressions exercées par chacun des gaz constituants.

Loi du tout ou rien Loi qui dicte qu'un potentiel d'action se déclenche à sa valeur maximale dès qu'un stimulus atteint un certain seuil de dépolarisation et qu'il ne se déclenche pas si le stimulus reste en deçà de ce seuil. Il n'y a donc que deux réponses possibles: tout ou rien.

Lombaire Relatif à la région du dos située entre le thorax et le bassin; on emploie aussi le terme «lombal».

Lumière Cavité à l'intérieur d'un tube, d'un vaisseau sanguin ou d'un organe creux.

Luxation Déplacement des os de leur position normale dans une articulation; les luxations les plus fréquentes sont celles des mâchoires, des épaules, des doigts et des pouces.

Lymphe Liquide contenant des leucocytes et des protéines transporté par les vaisseaux lymphatiques; formé à partir du sang et du liquide interstitiel, il retourne au sang par les vaisseaux lymphatiques.

Lymphocyte B Lymphocyte participant à l'immunité humorale; se différencie en un clone de plasmocytes producteurs d'anticorps ou en cellules mémoires; aussi appelé cellule B.

Lymphocyte T Lymphocyte intervenant dans l'immunité à médiation cellulaire; comprend les lymphocytes T auxiliaires, cytotoxiques et régulateurs; aussi appelé cellule T.

Lymphocyte T auxiliaire Lymphocyte à fonction régulatrice vis-à-vis des lymphocytes B, des lymphocytes T effecteurs et des macrophages.

Lymphocyte T cytotoxique (lymphocyte T_C) Lymphocyte T effecteur qui détruit les cellules étrangères, les cellules cancéreuses et les cellules de l'organisme infectées par un virus en déclenchant l'apoptose (suicide cellulaire); aussi appelés lymphocyte T tueur.

Lymphocyte T régulateur (lymphocyte $T_{rég}$) Lymphocyte T (habituellement sous la forme CD4) qui assure la régulation de la réponse immunitaire, soit en l'amplifiant, soit en la supprimant.

Lymphocyte T tueur *Voir* Lymphocyte T cytotoxique.

Lysosome Organite issu du complexe golgien qui renferme de puissantes enzymes digestives.

Lysozyme Enzyme présente dans la sueur, la salive et les larmes et qui peut détruire certaines bactéries.

M

Macromolécule Grande molécule complexe, par exemple une protéine contenant de 100 à 10 000 sous-unités.

Macrophagocyte Type de cellules protectrices abondantes dans le tissu conjonctif, le tissu lymphoïde et certains organes; phagocyte les cellules endommagées de l'organisme, les bactéries et d'autres débris étrangers; joue un rôle important comme présentateur d'antigènes aux lymphocytes T dans la réaction immunitaire; aussi appelé macrophage.

Macula Région de l'œil qui possède la fossette centrale; aussi appelée tache jaune.

Macules Épaississements des parois du saccule et de l'utricule (sacs membraneux du vestibule de l'oreille interne) contenant des cellules réceptrices permettant l'équilibre statique et l'équilibre dynamique.

Maladie d'Alzheimer Maladie dégénérative de l'encéphale associée à une perte graduelle de la mémoire et de la régulation motrice ainsi qu'à une démence progressive.

Maladie de Graves Maladie auto-immune se manifestant par un hyperfonctionnement de la glande thyroïde; les principaux symptômes sont un taux métabolique élevé, une perte de masse corporelle et de l'exophtalmie.

Maladie de Parkinson Maladie neurodégénérative de la substantia nigra (noyaux basaux) causée par une sécrétion insuffisante de dopamine (un neurotransmetteur); ses symptômes comprennent un tremblement et des mouvements rigides.

Maladie osseuse de Paget Trouble caractérisé par une résorption osseuse exagérée et par une ossification anormale; il entraîne une masse anormalement élevée d'os spongieux par rapport à celle de l'os compact et une réduction de la minéralisation osseuse.

Malin Potentiellement mortel; relatif aux néoplasmes qui s'étendent et causent la mort, comme le cancer.

Mandibule Mâchoire inférieure, en forme de U; os le plus volumineux de la face.

Manœuvre de Heimlich Procédé qui consiste à utiliser l'air contenu dans les poumons d'une personne pour expulser un morceau d'aliment qui obstrue la trachée.

Masse atomique Moyenne des nombres de masse de tous les isotopes d'un élément (l'unité de masse atomique a pour symbol u; 1 u vaut, par convention, le douzième de la masse de l'atome de carbone).

Mastocyte Cellule immunitaire d'aspect granuleux, localisée dans le tissu conjonctif, très semblable à un granulocyte basophile et dont le cytoplasme contient de l'histamine et de l'héparine; intervient dans la réaction inflammatoire et les réactions d'hypersensibilité.

Matrice extracellulaire Matériau non vivant du tissu conjonctif composé de substance fondamentale et de fibres qui sépare les cellules vivantes.

Méat Orifice externe d'un conduit (par exemple le méat nasal supérieur) ou le conduit lui-même (par exemple le méat acoustique externe).

Mécanisme de rétroactivation Le moins courant des deux mécanismes de régulation de l'homéostasie, dans lequel le changement produit va dans la même direction que la fluctuation initiale ; c'est ce mécanisme qui intervient au cours de l'accouchement.

Mécanisme de rétro-inhibition Le plus courant des mécanismes de régulation de l'homéostasie ; le système met fin au stimulus de départ ou réduit son intensité.

Mécanorécepteur Récepteur sensible aux facteurs mécaniques tels que le toucher, la pression, les vibrations et l'étirement.

Méconium Pâte visqueuse verdâtre composée de cellules épithéliales desquamées, de bile et d'autres substances expulsées de l'intestin après la naissance.

Média *Voir* Tunique moyenne.

Médial Vers la ligne médiane du corps ; sur la face intérieure.

Médiastin Cavité médiane du thorax située entre les deux poumons et contenant le cœur, les gros vaisseaux et la trachée.

Médulla Partie centrale de certains organes.

Méiose Processus de division nucléaire qui réduit de moitié le nombre de chromosomes et donne, après cytocinèse, quatre cellules haploïdes (*n*) ; se produit seulement dans les testicules et les ovaires.

Mélanine Pigment foncé synthétisé par des cellules appelées mélanocytes ; donne leur couleur aux cellules de la peau, aux cheveux et aux poils.

Mélanome Cancer des mélanocytes ; peut prendre naissance à tous les endroits où on trouve des pigments ; le plus dangereux des cancers de la peau par suite de la production de nombreuses métastases et de sa résistance à la chimiothérapie.

Mélatonine Hormone sécrétée par la glande pinéale ; sécrétion maximale pendant la nuit ; contribue à la régulation des cycles sommeil-veille ; antioxydant puissant.

Membrane à perméabilité sélective Membrane qui laisse passer certaines substances tout en limitant les déplacements d'autres substances ; aussi appelée membrane à perméabilité différentielle.

Membrane basale Matériau extracellulaire situé sous un épithélium ; composé d'une lame basale sécrétée par les cellules épithéliales et d'une lame réticulaire sécrétée par les cellules du tissu conjonctif sous-jacent.

Membrane plasmique Membrane composée de phospholipides, de cholestérol et de protéines, qui renferme le contenu de la cellule ; membrane externe de la cellule. Elle régit les échanges cellulaires, maintient un potentiel de membrane et porte des récepteurs membranaires.

Ménarche Établissement de la fonction menstruelle ; première menstruation.

Méninges Membranes protectrices du système nerveux central ; de la plus superficielle à la plus profonde, il s'agit de la dure-mère, de l'arachnoïde et de la pie-mère.

Méningite Inflammation des méninges.

Ménopause Période de la vie où des changements hormonaux provoquent l'arrêt de l'ovulation et de la menstruation.

Menstruation Écoulement utérin périodique et cyclique de sang, de sécrétions, de tissus et de mucus qui se produit en l'absence de grossesse chez la femme adulte.

Mésencéphale Une des trois vésicules encéphaliques primitives de l'embryon, appelée à devenir le cerveau moyen, c'est-à-dire la partie du tronc cérébral localisée entre le diencéphale et le pont. Le mésencéphale est constitué antérieurement par les pédoncules cérébraux et postérieurement par les colliculus supérieurs et inférieurs.

Mésenchyme Tissu embryonnaire qui donne naissance à tous les tissus conjonctifs.

Mésentère Double couche de péritoine qui soutient la plupart des organes de la cavité abdominale.

Mésoderme Un des trois feuillets embryonnaires primitifs ; forme le squelette et les muscles.

Mésothélium Épithélium des séreuses qui tapissent la paroi de la cavité abdominale et recouvrent les organes contenus dans cette cavité.

Métabolisme Ensemble des réactions chimiques qui se déroulent à l'intérieur des cellules ; comprend l'anabolisme et le catabolisme.

Métabolisme basal Vitesse à laquelle l'énergie est dépensée (la chaleur produite) par l'organisme par unité de temps dans des conditions contrôlées (basales), soit 12 heures après un repas et au repos.

Métaphase Deuxième phase de la mitose au cours de laquelle les chromosomes s'alignent sur le plan médian de la cellule, formant ainsi la plaque équatoriale.

Métastase Propagation par voie sanguine ou lymphatique de cellules cancéreuses d'une structure ou d'un organe à d'autres où elles forment des foyers secondaires.

Métencéphale Une des cinq vésicules encéphaliques secondaires ; partie antérieure du rhombencéphale de l'embryon ; devient le pont et le cervelet.

Microfilament Un des trois constituants du cytosquelette (le plus fin) ; composé d'une protéine contractile, l'actine ; généralement associé aux mouvements cellulaires et aux changements de forme de la cellule.

Microglie Type de gliocytes qui se transforme en macrophagocyte dans les régions où les neurones sont endommagés. De forme ovoïde, elle est la plus petite cellule de la névroglie.

Microtubule Un des trois types de bâtonnets (le plus gros) formant le cytosquelette de la cellule ; tube creux composé de protéines sphériques (tubulines) qui déterminent la forme de la cellule ainsi que l'emplacement des organites cellulaires.

Microvillosités Minuscules prolongements présents en grand nombre au pôle apical (la surface libre) de certaines cellules épithéliales permettant d'accroître la surface d'échange avec l'extérieur.

Miction Émission d'urine ; vidange de la vessie.

Minéralocorticoïdes Hormones stéroïdes du cortex surrénal qui règlent le métabolisme du Na^+ et du K^+ et l'équilibre hydrique ; l'aldostérone est la principale hormone de ce groupe.

Minéraux Substances inorganiques présentes dans la nature ; Ca, P, K, S, Na, Cl et Mg sont les plus abondants dans l'organisme, où ils sont présents sous forme de sels ($Ca_3(PO_4)_2$) ou d'ions (Na^+, K^+, etc.).

Mitochondries Organites cytoplasmiques responsables de la synthèse d'ATP, qui fournit l'énergie pour les activités cellulaires. Elles possèdent leur propre ADN.

Mitose Processus se déroulant durant la phase M du cycle cellulaire et par lequel les chromosomes sont redistribués également aux noyaux de deux cellules filles ; division nucléaire. La mitose comprend la prophase, la métaphase, l'anaphase et la télophase.

Modèle de la mosaïque fluide Représentation de la structure des membranes d'une cellule comme une bicouche de phospholipides à l'intérieur de laquelle sont disséminées des protéines.

Moelle épinière Centre nerveux situé dans le canal vertébral qui s'étend de l'encéphale jusqu'à la première ou la deuxième vertèbre lombaire ; achemine les influx nerveux provenant de l'encéphale et ceux qui se dirigent vers lui ; constitue un centre de réflexes.

Moelle osseuse Tissu situé dans les cavités osseuses participant à la formation des lipides ou du sang; comprend la moelle jaune et la moelle rouge.

Molaire Concentration d'une solution déterminée en fonction de la masse du soluté; une solution de 1 mol/L d'une substance contient l'équivalent en grammes de la masse moléculaire de la substance (ou de sa masse atomique) dans un litre de solution.

Molarité Méthode d'expression de la concentration d'une solution en fonction du nombre de moles de soluté par litre de solution.

Mole Une mole d'un élément ou d'un composé est égale à la masse atomique ou à la masse moléculaire (somme des masses atomiques) mesurée en grammes de cet élément ou de ce composé.

Molécule Particule composée de deux ou de plusieurs atomes unis par des liaisons chimiques, par exemple H_2O et O_2.

Molécule non polaire Molécule équilibrée sur le plan électrique (soit qu'elle ne possède pas de pôle positif ou négatif distinct, soit que l'attraction exercée par un atome est contrebalancée par celle de l'autre), par exemple le gaz carbonique (dioxyde de carbone [CO_2]).

Molécule polaire (ou dipôle) Molécule asymétrique non équilibrée sur le plan électrique (la résultante des attractions entre les deux pôles de la molécule n'est pas nulle), par exemple la molécule d'eau (H_2O).

Monocyte Le plus gros des leucocytes possédant un noyau en forme de haricot; agranulocyte. En cas d'infection chronique, il se transforme dans les tissus en macrophagocyte et exerce des fonctions phagocytaires très intenses.

Mononucléose infectieuse Affection virale hautement contagieuse caractérisée par un mal de gorge, de la fièvre, une adénopathie, une splénomégalie et une leucocytose (nombre excessif d'agranulocytes); causée par le virus Epstein-Barr; se transmet par la salive, d'où son nom de «maladie du baiser».

Monosaccharide Littéralement, un sucre; composant des glucides; le glucose est un monosaccharide.

Monoxyde d'azote (NO) Médiateur chimique gazeux; participe notamment à la formation de la mémoire dans le cerveau et cause la dilatation des vaisseaux de tout l'organisme.

Mort cérébrale Coma irréversible, même si des mesures de maintien des fonctions vitales conservent le fonctionnement normal des autres organes.

Morula Boule de blastomères résultant de la segmentation du produit de la conception.

Mouvement amiboïde Mouvement du cytoplasme d'un macrophagocyte.

Mucoviscidose Maladie héréditaire récessive potentiellement mortelle caractérisée par l'hypersécrétion d'un mucus très visqueux, qui obstrue les voies respiratoires et prédispose à des infections respiratoires mortelles, et qui bloque les conduits transportant les enzymes pancréatiques et la bile à l'intestin grêle (ce qui affecte la digestion); aussi appelée fibrose kystique.

Mucus Liquide visqueux et épais sécrété par les glandes muqueuses et les muqueuses; humidifie la surface libre des membranes.

Multinucléée Se dit d'une cellule qui possède plusieurs noyaux, par exemple les cellules musculaires striées et les ostéoclastes.

Muqueuse Membrane tapissant les cavités du corps qui s'ouvrent sur l'extérieur (voies respiratoires, urinaires et génitales, et tube digestif); la plupart des muqueuses sont composées d'un épithélium stratifié squameux ou simple prismatique.

Muscle arrecteur du poil Petit muscle lisse associé à un follicule pileux; sa contraction provoque le redressement du poil.

Muscle cardiaque Muscle spécialisé du cœur; muscle strié et involontaire.

Muscle involontaire Muscle qui n'est pas normalement soumis aux commandes volontaires, par exemple le muscle lisse et le muscle cardiaque.

Muscle lisse Muscle composé de cellules fusiformes renfermant un noyau central; ne comporte pas de stries visibles de l'extérieur; présent surtout dans les parois des organes creux.

Muscle squelettique Muscle composé de cellules cylindriques multinucléées présentant des stries évidentes; muscle qui s'attache au squelette; muscle volontaire.

Muscle volontaire Muscle strictement soumis aux commandes nerveuses; muscle squelettique.

Muscles du bulbe oculaire Les six muscles squelettiques qui s'insèrent sur l'œil et produisent ses mouvements.

Myélencéphale Une des cinq vésicules encéphaliques secondaires; partie inférieure du rhombencéphale de l'embryon, notamment le bulbe rachidien.

Myéline *Voir* Gaine de myéline.

Myoblastes Cellules du mésoderme embryonnaire à partir desquelles toutes les fibres musculaires se développent.

Myocarde Tunique intermédiaire de la paroi du cœur constituée du muscle cardiaque.

Myofibre de conduction cardiaque Fibre musculaire modifiée des ventricules qui fait partie du système de conduction du cœur; aussi appelée fibre de Purkinje.

Myofibrille Fuseau circulaire de filaments contractiles (myofilaments) présent dans les fibres (cellules) musculaires.

Myofilament Filament qui compose les myofibrilles; actine, myosine et titine.

Myoglobine Pigment qui se lie à l'oxygène dans les fibres musculaires.

Myogramme Enregistrement graphique de l'activité contractile mécanique produit par un appareil qui mesure la contraction musculaire.

Myomètre Épaisse couche musculaire de l'utérus.

Myopie Anomalie de la vision dans laquelle l'image des objets se forme à l'avant de la rétine plutôt que sur la rétine elle-même, ce qui empêche de distinguer correctement les objets éloignés; généralement due à une élongation du bulbe oculaire.

Myosine Une des principales protéines contractiles du tissu musculaire; constituant des myofilaments épais.

Myxœdème Trouble résultant d'un hypofonctionnement de la glande thyroïde; se caractérise par une diminution du métabolisme basal, une sensation constante de froid et une diminution des aptitudes mentales. Quand il résulte d'un manque d'iode, on le nomme goitre endémique ou myxœdémateux.

N

Nécrose Mort ou désintégration d'une cellule ou des tissus causée par une maladie ou un traumatisme.

Néoplasme Masse anormale de cellules qui se multiplient de manière anarchique; les néoplasmes bénins restent localisés; les néoplasmes malins sont formés de cellules cancéreuses qui peuvent se propager à d'autres organes.

Néphron Unité structurale et fonctionnelle du rein, qui en contient plus d'un million; formé du corpuscule rénal et du tubule rénal.

Nerf Faisceau d'axones du système nerveux périphérique.

Nerf mixte Nerf qui contient des neurofibres sensitives et des neurofibres motrices; transmet des influx dirigés vers le SNC et des influx qui en proviennent. Tous les nerfs spinaux sont mixtes.

Nerf moteur (efférent) Nerf qui transmet des influx provenant de l'encéphale et de la moelle épinière vers des effecteurs.

Nerf sensitif (afférent) Nerf qui contient des neurofibres sensitives; transmet des influx dirigés vers le SNC.

Nerfs crâniens Les 12 paires de nerfs qui émergent de l'encéphale.

Nerfs spinaux Les 31 paires de nerfs qui émergent de la moelle épinière.

Neurofibre Axone long d'un neurone.

Neurofibre adrénergique Neurofibre qui libère de la noradrénaline lorsqu'elle est stimulée. La plupart des axones postganglionnaires sympathiques sont adrénergiques.

Neurofibre cholinergique Neurofibre qui libère de l'acétylcholine lorsqu'elle est stimulée. Tous les axones préganglionnaires du système nerveux autonome sont cholinergiques ainsi que tous les axones postganglionnaires parasympathiques.

Neurofibre vasomotrice Neurofibre sympathique qui cause la contraction du muscle lisse de la paroi des vaisseaux sanguins et qui règle, par conséquent, le diamètre des vaisseaux sanguins.

Neurohypophyse Lobe postérieur et infundibulum de l'hypophyse; portion de l'hypophyse dérivée du tissu nerveux. Elle emmagasine et libère l'ADH et l'ocytocine produites par l'hypothalamus.

Neurolemmocyte Type de gliocytes situé dans le SNP constituant des gaines de myéline et essentiel à la régénération des neurofibres périphériques.

Neuromodulateur Substance chimique qui influe sur l'activité postsynaptique sans provoquer de potentiel postsynaptique inhibiteur ou excitateur, par exemple le monoxyde d'azote ou adénosine.

Neurone (cellule nerveuse) Cellule du système nerveux capable de générer et d'acheminer des signaux électriques (potentiels d'action et potentiels gradués).

Neurone ganglionnaire Neurone moteur autonome dont le corps cellulaire est situé dans un ganglion périphérique et qui projette son axone (postganglionnaire) jusqu'à un effecteur.

Neurone préganglionnaire Neurone moteur autonome dont le corps cellulaire est situé dans le système nerveux central et qui projette son axone jusqu'à un ganglion périphérique.

Neurone unipolaire Neurone que la fusion embryonnaire de ses deux prolongements a laissé avec un seul prolongement (axone) qui s'étend à partir du corps cellulaire; neurone sensitif de premier ordre que l'on trouve dans les nerfs spinaux et certains nerfs crâniens.

Neurones bipolaires Neurones possédant un axone et une dendrite qui sont issus des côtés opposés du corps cellulaire; neurones sensitifs situés dans les organes des sens.

Neurones multipolaires Neurones possédant trois prolongements ou plus; type de neurones le plus abondant dans le SNC; certains sont des neurones moteurs; la plupart sont des interneurones.

Neuropeptides Classe de neurotransmetteurs comprenant les bêta-endorphines et les enképhalines (qui agissent comme des euphorisants et réduisent la perception de la douleur); présents également en grande quantité dans le système digestif (somatostatine et cholécystokinine).

Neurotransmetteur Médiateur chimique libéré par les neurones et qui, en se liant aux récepteurs des neurones postganglionnaires ou des cellules effectrices, stimule ou inhibe ces neurones ou ces cellules.

Neutron (n^0) Particule subatomique dépourvue de charge électrique; se trouve dans le noyau de l'atome. Les isotopes d'un même élément diffèrent par leur nombre de neutrons.

Névroglie Ensemble de cellules non excitables du tissu nerveux qui soutiennent, protègent et isolent les neurones; appelée aussi gliocytes.

Nocicepteur Récepteur sensible aux stimulus potentiellement nuisibles qui causent de la douleur.

Nœud auriculoventriculaire Amas de cellules spécialisées (cardionectrices) faisant partie du système de conduction, situé à la jonction des oreillettes et des ventricules du cœur; aussi appelé nœud atrioventriculaire.

Nœud lymphatique Petit organe lymphoïde qui filtre la lymphe; renferme des macrophagocytes et des lymphocytes. Les nœuds lymphatiques sont situés surtout dans les régions axillaires, inguinales et cervicale et jouent un rôle de filtration de la lymphe et d'activation du système immunitaire; aussi appelé ganglion lymphatique.

Nœud sinusal Cellules spécialisées (cardionectrices) du myocarde faisant partie du système de conduction, situées dans la paroi de l'oreillette droite; centre rythmogène du cœur.

Nombre d'Avogadro Nombre de molécules dans une mole de n'importe quelle substance; $6,02 \times 10^{23}$.

Nombre de masse Somme du nombre de protons et de neutrons dans le noyau de l'atome; indiqué par un chiffre en exposant placé à gauche du symbole chimique.

Nombre diploïde de chromosomes ($2n$) Nombre de chromosomes caractéristique d'un organisme; le double du nombre de chromosomes (n) des gamètes; chez l'être humain, $2n = 46$.

Nombre haploïde de chromosomes (n) Nombre de chromosomes des gamètes qui ne contiennent qu'un seul jeu de chromosomes (ou un seul membre de chaque paire de chromosomes); chez l'être humain, $n = 23$.

Non-disjonction Absence de séparation des chromatides sœurs pendant la mitose ou absence de séparation des chromosomes homologues pendant la méiose; les cellules filles possèdent alors un nombre anormal de chromosomes.

Noradrénaline (NA) Neurotransmetteur faisant partie du groupe des catécholamines et hormone de la médulla surrénale, associée à l'activation du système nerveux sympathique.

Noyau (1) Centre de régulation de la cellule; renferme le matériel génétique; (2) regroupement de corps cellulaires de neurones dans le SNC.

Noyaux basaux Régions de substance grise spécifiques situées au cœur de la substance blanche des hémisphères cérébraux; comprennent le noyau caudé et le noyau lenticulaire (putamen et globus pallidus). Ils contribuent à la régulation motrice et à la cognition.

Nucléole Corps sphérique dense du noyau cellulaire qui intervient dans la synthèse de l'ARN ribosomal (ARNr) et l'assemblage des sous-unités ribosomales.

Nucléosome Unité fondamentale de la chromatine; composé d'un brin d'ADN enroulé autour d'une masse sphérique de huit histones.

Nucléotide Unité de base des acides nucléiques; composé d'un sucre, d'une base azotée et d'un groupement phosphate.

Numération globulaire Analyse clinique qui comprend une numération de tous les éléments figurés, un hématocrite, ainsi que des mesures de la taille des érythrocytes et de la teneur en hémoglobine; aussi appelée hémogramme.

Numéro atomique Nombre de protons dans un atome; indiqué par un chiffre placé en indice à gauche du symbole chimique.

Nutriments Substances chimiques provenant de l'alimentation qui servent, après leur absorption, à produire de l'énergie ou à construire des cellules.

O

Occlusion Fermeture ou obstruction.

Ocytocine Hormone synthétisée par l'hypothalamus et libérée dans le sang par la neurohypophyse; stimule les contractions de l'utérus pendant l'accouchement et l'éjection du lait au cours de l'allaitement.

Œdème Augmentation anormale de la quantité de liquide interstitiel; cause un gonflement.

Œdème pulmonaire Fuite de liquide dans les sacs alvéolaires et les tissus des poumons.

Œsophage Tube musculeux qui commence au laryngopharynx, traverse le diaphragme et débouche dans l'estomac; s'affaisse lorsqu'il ne propulse pas d'aliments; situé derrière la trachée.

Œstrogènes Hormones produites par les ovaires qui provoquent l'apparition des caractères sexuels secondaires chez la femme et les entretiennent; hormones sexuelles femelles.

Olfaction Odorat.

Oligodendrocytes Type de gliocytes qui constituent les gaines de myéline dans le SNC.

Ombilic Nombril; marque l'endroit où le cordon ombilical était fixé pendant la vie fœtale.

Ophtalmique Relatif à l'œil.

Optique Relatif à l'œil ou à la vision.

Organe Structure composée d'au moins deux types de tissus et destinée à accomplir une fonction spécifique, par exemple l'estomac.

Organes annexes du tube digestif Organes qui contribuent au processus de la digestion, mais qui ne font pas partie du tube digestif; comprennent la langue, les dents, les glandes salivaires, le pancréas et le foie.

Organes des sens Amas de cellules (généralement de plusieurs types) qui contribuent à un même processus de réception.

Organes génitaux annexes Structures autres que les gonades participant à la reproduction, c'est-à-dire les conduits, les glandes et les organes génitaux externes.

Organique Relatif aux molécules qui contiennent du carbone, comme les protéines, les lipides et les glucides.

Organisme Animal (ou végétal) vivant, qui représente l'ensemble de tous les systèmes qui travaillent en synergie pour assurer le maintien de la vie.

Origine musculaire Point d'attache d'un muscle qui demeure relativement fixe durant la contraction musculaire.

Os endochondral (ou os cartilagineux) Os formé à partir de cartilage hyalin au cours du processus d'ossification endochondrale.

Os sésamoïdes Os courts enchâssés dans un tendon et dont certains influent sur l'action des muscles; leur nombre et leur taille varient; le plus gros os sésamoïde est la rotule.

Os spongieux Couche interne des os; les lamelles osseuses y sont disposées de façon irrégulière (il n'y a pas d'ostéons) et laissent entre elles de larges espaces remplis de moelle.

Osmolalité Nombre de particules de soluté dissoutes dans 1 kg (1000 g) d'eau; traduit la capacité de la solution de causer l'osmose.

Osmolarité Nombre de particules de soluté présentes dans 1 litre de solution.

Osmorécepteur Structure sensible à la pression osmotique d'une solution, c'est-à-dire à sa concentration.

Osmose Diffusion d'un solvant à travers une membrane; le déplacement se fait d'une solution diluée à une solution plus concentrée.

Osselets de l'ouïe Les trois minuscules os de l'oreille moyenne qui transmettent les vibrations; il s'agit du malléus, de l'incus et du stapès.

Ossification *Voir* Ostéogenèse.

Ossification endochondrale Formation embryonnaire d'os par le remplacement de cartilage calcifié; la majorité des os du squelette se forment par ce processus.

Ostéoblastes Cellules productrices de matière osseuse.

Ostéoclastes Grosses cellules multinucléées qui détruisent la matière osseuse.

Ostéocytes Cellules osseuses mûres.

Ostéogenèse Processus de formation des os; également appelée ossification.

Ostéomalacie Perturbation qui se traduit par une minéralisation insuffisante des os chez l'adulte; os mous.

Ostéon Unité structurale de l'os compact; aussi appelé système de Havers.

Ostéoporose Syndrome caractérisé par une diminution de la densité et de la solidité des os par suite du ralentissement graduel du dépôt de matière osseuse.

Ovaire Organe génital femelle où sont produits les ovules; gonade femelle.

Ovocyte Gamète femelle immature.

Ovocyte de deuxième ordre Cellule issue de la première division de la méiose, dans laquelle commence la deuxième division de la méiose, qui reste en suspens et ne s'achèvera que si l'ovocyte est fécondé par un spermatozoïde.

Ovocyte de premier ordre Cellule produite par division de l'ovogonie et dans laquelle s'amorce la première division de la méiose.

Ovogenèse Processus de formation de l'ovule (gamète femelle).

Ovulation Expulsion dans la cavité péritonéale d'un ovocyte de deuxième ordre, par rupture du follicule ovarique mûr; l'ovocyte est normalement capté par les franges des trompes utérines.

Ovule Gamète femelle.

Oxydases Enzymes qui catalysent le transfert d'oxygène dans les réactions d'oxydoréduction.

Oxydation Processus par lequel les substances se combinent avec de l'oxygène ou perdent de l'hydrogène.

Oxyhémoglobine Hémoglobine liée à de l'oxygène et caractérisée par une coloration rouge vif. Lorsque l'oxygène s'y détache du fer, elle porte le nom de désoxyhémoglobine, qui est de couleur rouge sombre.

P

Palais Plafond de la bouche.

Pancréas Glande située derrière l'estomac, entre la rate et le duodénum; produit des sécrétions endocrines (insuline et glucagon) et exocrines (enzymes digestives).

Papille Petite saillie ressemblant à un mamelon, par exemple les papilles du derme, projections de tissu dermique dans l'épiderme.

Paracrine Se dit d'un médiateur chimique qui agit localement à l'intérieur d'un tissu et qui est rapidement détruit, par exemple les prostaglandines et le monoxyde d'azote.

Parathormone (PTH) Hormone synthétisée par les glandes parathyroïdes ; libérée dans le cas d'une baisse de la calcémie.

Pariétal Relatif à la paroi d'une cavité.

Parturition Point culminant de la grossesse ; accouchement.

Pectoral Relatif à la poitrine.

Pelvis *Voir* Bassin.

Pelvis rénal Portion proximale de l'uretère, en forme d'entonnoir, qui s'ouvre dans le rein.

Pénis Organe de la copulation et de la miction chez l'homme.

Pepsine Enzyme capable de digérer les protéines dans un milieu de pH acide ; sa forme inactive, le pepsinogène, est produite par les cellules principales de l'estomac.

Péricarde Sac composé de deux feuillets qui recouvre le cœur et constitue sa couche superficielle ; possède une tunique fibreuse et une tunique séreuse.

Péricaryon *Voir* Corps cellulaire du neurone.

Périchondre Membrane de tissu conjonctif qui recouvre la surface externe des structures cartilagineuses.

Périnée Région du corps située entre l'anus et le scrotum chez l'homme et entre l'anus et la vulve chez la femme.

Périnèvre Gaine de tissu conjonctif qui enveloppe les faisceaux de fibres nerveuses.

Période de latence Période qui s'écoule entre la stimulation et le début de la contraction musculaire.

Période néonatale Période correspondant aux quatre premières semaines d'existence suivant la naissance.

Période réfractaire absolue Période suivant la stimulation, pendant laquelle aucun nouveau potentiel d'action ne peut être évoqué.

Période réfractaire relative Période suivant la période réfractaire absolue ; intervalle pendant lequel le seuil à atteindre pour déclencher un potentiel d'action est très élevé.

Périoste Double membrane de tissu conjonctif qui recouvre l'os et le nourrit.

Péristaltisme Ondes de contraction et de relâchement successives qui permettent à certains organes creux, comme l'intestin, de propulser leur contenu.

Péritoine Séreuse composée de deux feuillets qui tapisse l'intérieur de la cavité abdominale et recouvre les surfaces des organes abdominaux.

Péritonite Inflammation du péritoine.

Perméabilité Propriété d'une membrane qui permet le passage des molécules et des ions.

Peroxysomes Sac membraneux du cytoplasme contenant des oxydases, enzymes puissantes qui utilisent l'oxygène moléculaire pour neutraliser de nombreuses substances nuisibles ou toxiques comme les radicaux libres.

Phagocytose Type d'endocytose par lequel la cellule capture des particules solides étrangères (bactéries, débris cellulaires, etc.) ; processus nécessitant la formation de pseudopodes.

Phagosome Vésicule formée au cours de la phagocytose.

Pharynx Tube musculaire qui s'étend entre la région postérieure des cavités nasales et la bouche d'une part et l'œsophage et le larynx d'autre part ; comprend trois parties : le nasopharynx, l'oropharynx et le laryngopharynx.

Phase M (mitotique) Une des deux principales périodes du cycle cellulaire ; caractérisée par la division du noyau (mitose) et la division du cytoplasme (cytocinèse).

Phase S (de synthèse) Une des trois phases de l'interphase caractérisée par la réplication de l'ADN, de sorte que les deux cellules formées recevront des copies identiques du matériel génétique.

Phénotype Expression observable du génotype ; par exemple, le phénotype du génotype AaBb est AB.

Phospholipides (phosphoglycérolipides) Lipides modifiés contenant du phosphore présents notamment dans la membrane plasmique dont ils sont un des principaux constituants.

Phosphorylation Réaction chimique au cours de laquelle une molécule de phosphate est ajoutée à une autre molécule ; par exemple, la phosphorylation de l'ADP donne de l'ATP.

Phosphorylation au niveau du substrat Un des processus de synthèse de l'ATP au cours duquel une molécule d'ADP reçoit directement un groupement phosphate riche en énergie provenant d'un substrat phosphorylé (un intermédiaire métabolique tel que le glycéraldéhyde phosphate).

Phosphorylation oxydative Processus de synthèse de l'ATP au moyen duquel un groupement phosphate inorganique est lié à l'ADP ; effectuée au moyen de la chaîne de transport des électrons (chaîne respiratoire) dans les mitochondries.

Photorécepteur Cellule réceptrice spécialisée de la rétine qui réagit à l'énergie lumineuse ; il en existe deux types : les cônes et les bâtonnets.

Physiologie Étude du fonctionnement des organismes vivants.

Pinocytose Mécanisme de transport vésiculaire qui permet la capture de liquide extracellulaire par la cellule (endocytose de liquides).

Pituitaire *Voir* Hypophyse.

Placenta Organe temporaire composé de tissus maternels et fœtaux qui fournit les nutriments et l'oxygène au fœtus en voie de développement, élimine ses déchets métaboliques et sécrète les hormones de la grossesse.

Plans parasagittaux Plans sagittaux qui ne sont pas situés sur la ligne médiane.

Plan (sagittal) médian Plan sagittal situé exactement sur la ligne médiane.

Plaquettes Fragments cellulaires présents dans le sang ; interviennent dans l'hémostase et la coagulation ; aussi appelées thrombocytes. Les plaquettes sont fabriquées dans la moelle osseuse, par fragmentation des mégacaryocytes.

Plasma Portion liquide du sang de couleur jaunâtre, composée à 90 % d'eau et dans laquelle les éléments figurés et divers solutés sont en suspension.

Plasmine Enzyme protéolytique qui dégrade la fibrine et empêche ainsi la formation de caillots ; elle est produite par l'activation d'une protéine plasmatique, le plasminogène ; aussi appelée fibrinolysine.

Plasmocytes Membres du clone d'un lymphocyte B ; produisent et libèrent des anticorps.

Plèvre Séreuse composée de deux feuillets qui tapisse la paroi thoracique et recouvre la surface externe du poumon.

Plexus Réseau des nerfs, de vaisseaux sanguins ou de vaisseaux lymphatiques convergents et divergents.

Plexus choroïde Amas de capillaires qui fait saillie dans un ventricule cérébral ; sécrète le liquide cérébrospinal.

Plis gastriques Plis longitudinaux de la muqueuse gastrique.

Plis vocaux Replis muqueux du larynx qui jouent un rôle dans la phonation (production de la voix) ; aussi appelés cordes vocales.

Point d'appui Point fixe (pivot) sur lequel se déplace un levier lorsqu'une force est appliquée.

Polarisation État de la membrane plasmique d'un neurone ou d'une cellule musculaire non stimulée lorsque l'intérieur de la cellule est relativement négatif par rapport à l'extérieur ; état de repos.

Polycythémie Nombre anormalement élevé d'érythrocytes qui amène une augmentation de la viscosité du sang ; elle s'observe souvent dans les cancers de la moelle osseuse (polycythémie primitive) ainsi que chez les gens vivant en altitude par suite de la production d'érythropoïétine stimulée par la faible quantité d'oxygène dans l'atmosphère (polycythémie secondaire).

Polymère Substance de masse moléculaire élevée ; longue molécule formée d'une chaîne d'unités identiques (monomères), par exemple le glycogène et l'amidon formés d'unités de glucose.

Polype Tumeur bénigne qui se développe aux dépens d'une muqueuse.

Polypeptide Chaîne de 10 à 50 acides aminés liés.

Polysaccharide Littéralement, nombreux sucres ; polymère de monosaccharides liés ; l'amidon et le glycogène sont des polysaccharides.

Pompe à sodium et à potassium (à Na⁺-K⁺) Système de transport actif primaire qui éjecte le Na^+ de la cellule contre un gradient prononcé et pompe le K^+ à l'intérieur de la cellule ; permet le fonctionnement des cellules musculaires et nerveuses.

Pompe à soluté Transporteur protéique ressemblant à une enzyme qui permet le transport actif de solutés comme les acides aminés et les ions contre leur gradient de concentration.

Pont Partie du tronc cérébral qui relie le bulbe rachidien au mésencéphale et, ainsi, les centres cérébraux supérieurs et inférieurs. Sa face antérieure relie les deux hémisphères cérébelleux.

Pore Orifice ouvrant vers l'extérieur ; ouverture d'un épithélium (par exemple pore gustatif ou pore de la peau) ou d'une membrane (*voir* Pores nucléaires).

Potentiel d'action Inversion transitoire importante de la polarité qui se propage le long de la membrane d'une fibre musculaire ou d'une neurofibre.

Potentiel de membrane Voltage de part et d'autre de la membrane plasmique.

Potentiel de repos de la membrane Voltage qui existe à travers la membrane plasmique d'une cellule excitable à l'état de repos ; se situe entre −5 et −100 millivolts selon le type de cellule.

Potentiel gradué Modification locale et de courte durée du potentiel de membrane qui est directement proportionnelle à l'intensité du stimulus et diminue selon la distance.

Potentiel postsynaptique excitateur (PPSE) Potentiel gradué qui dépolarise un neurone postsynaptique.

Potentiel postsynaptique inhibiteur (PPSI) Potentiel gradué dans un neurone postsynaptique qui inhibe la génération d'un potentiel d'action ; produit habituellement une hyperpolarisation.

Potentiel récepteur Potentiel gradué qui se produit au niveau de la membrane d'un récepteur sensoriel.

Pouls Expansion et rétraction rythmiques des artères résultant de la contraction du cœur ; peut être perçu à l'extérieur de l'organisme.

Presbytie Perte de l'amplitude de l'accommodation qui reflète une perte d'élasticité du cristallin ; commence vers l'âge de 40 ans.

Pression artérielle Force par unité de surface exercée par le sang sur les parois des artères ; les différences de pression dans le système cardiovasculaire fournissent la force propulsive nécessaire à la circulation du sang ; aussi appelée pression sanguine.

Pression artérielle diastolique Pression artérielle atteinte pendant la diastole ou peu après ; pression la moins élevée de tout le cycle ventriculaire. Elle se situe entre 70 et 80 mm Hg chez l'adulte en bonne santé.

Pression artérielle systolique Pression exercée par le sang sur la paroi des artères durant la contraction du ventricule gauche. Elle se situe en moyenne à 120 mm Hg chez l'adulte en bonne santé.

Pression atmosphérique Force exercée par l'air sur la surface du corps (760 mm Hg au niveau de la mer).

Pression colloïdoosmotique (ou oncotique) Pression créée dans un liquide par de grosses molécules qui ne diffusent pas, par exemple les protéines plasmatiques incapables de traverser la membrane capillaire et attirant l'eau.

Pression hydrostatique Pression du liquide dans un système.

Pression osmotique Force exercée au sein d'un liquide sur une paroi par de grosses molécules qui ne diffusent pas.

Pression partielle Pression exercée par chacun des gaz d'un mélange de gaz.

Pression sanguine *Voir* Pression artérielle.

Processus (1) Proéminence, saillie ou apophyse ; (2) série d'actions visant à accomplir une tâche précise.

Progestérone Hormone produite par le corps jaune et par le placenta durant la grossesse ; partiellement responsable de la préparation de l'utérus pour recevoir l'ovule fécondé.

Prolactine (PRL) Hormone adénohypophysaire qui stimule la production de lait par les seins. Sa libération est régie principalement par une hormone hypothalamique d'inhibition, la PIH (dopamine).

Pronation Rotation de l'avant-bras vers l'intérieur qui fait croiser le radius sur l'ulna, la paume étant dirigée vers le bas.

Prophase Première phase de la mitose ; comprend l'enroulement de la chromatine qui fait apparaître les chromosomes, la migration des deux paires de centrioles vers les pôles de la cellule et la fragmentation de la membrane nucléaire.

Propriocepteur Récepteur situé dans une articulation, un muscle ou un tendon ; capte des informations relatives à la locomotion, à la posture et au tonus musculaire.

Prosencéphale Partie antérieure (rostrale) de l'encéphale constituée du télencéphale et du diencéphale.

Prostaglandine Médiateur chimique lipidique synthétisé dans la plupart des tissus ; substance hormonale à action locale ; joue un rôle local notamment dans la coagulation du sang, dans la réaction inflammatoire et la douleur, ainsi que dans l'accouchement.

Prostate Glande annexe des organes génitaux mâles ; produit un tiers du volume du sperme, y compris le liquide qui active les spermatozoïdes.

Protéine G Protéine qui achemine les signaux entre les premiers messagers extracellulaires (hormones ou neurotransmetteurs) et les seconds messagers intracellulaires (comme l'AMP cyclique) par l'intermédiaire d'une enzyme effectrice.

Protéines Substances complexes formées par l'union d'un grand nombre d'acides aminés (polypeptides) ; constituent de 10 à 30 % de la masse des cellules. Sur le plan nutritionnel, elles sont présentes principalement dans la viande, la volaille, le poisson, les légumineuses et les noix.

Protéines fibreuses (structurales) Protéines composées de longues chaînes polypeptidiques formant une structure ressemblant à une corde ; linéaires, insolubles dans l'eau et très stables, par exemple le collagène.

Proton (p⁰) Particule subatomique de charge positive ; se trouve dans le noyau de l'atome.

Proximal Vers le point d'attache d'un membre ou l'origine d'une structure.

Puberté Période de la vie où les organes génitaux deviennent fonctionnels ; habituellement entre 8 et 15 ans.

Pupille Ouverture centrale de l'iris qui laisse pénétrer la lumière dans l'œil.

Pus Liquide produit par la réaction inflammatoire ; composé de globules blancs, de débris de cellules mortes et d'un liquide clair.

Pylore Région terminale de l'estomac qui communique avec le duodénum par un orifice fermé par le muscle sphincter pylorique.

Pyramide Saillie longitudinale le long de la face ventrale du bulbe rachidien constituée par les tractus corticospinaux provenant du cortex cérébral ; lieu de la décussation (bifurcation) de 90 % des fibres descendantes.

R

Radioactivité Processus de désintégration spontanée des isotopes les plus lourds durant lequel des particules ou de l'énergie sont émises à partir du noyau de l'atome, qui devient plus stable.

Radio-isotope Isotope qui présente de la radioactivité, par exemple le technétium 99m.

Rameau Branche d'un nerf, d'une artère, d'une veine ou d'un os. Dans le cas d'un nerf spinal, il se divise en rameau dorsal, ventral et méningé, qui sont tous mixtes comme le nerf spinal.

Rate Le plus gros des organes lymphoïdes, situé sous le diaphragme, au-dessus de la partie supérieure gauche de l'estomac ; purifie le sang et constitue un site de prolifération des lymphocytes et d'élaboration de la réaction immunitaire.

Rayonnement électromagnétique Émission de photons d'énergie (paquets d'ondes), par exemple la lumière, les rayons X et les infrarouges.

Réabsorption tubulaire Deuxième étape de la formation de l'urine ; mouvement des composants du filtrat des tubules rénaux au sang ; s'effectue par processus de transport passifs et processus de transport actifs.

Réactif Substance prenant part à une réaction chimique.

Réaction chimique Processus de formation, de réarrangement ou de rupture des liaisons chimiques.

Réaction d'échange (de substitution) Réaction chimique dans laquelle il y a simultanément création et rupture de liaisons ; les atomes se combinent à des atomes différents.

Réaction d'oxydoréduction Réaction d'oxydation (perte d'électrons) d'une molécule couplée à la réduction (gain d'électrons) d'une autre molécule.

Réaction de dégradation Réaction chimique dans laquelle une molécule est brisée en molécules plus petites ou en chacun des atomes qui la constituaient.

Réaction de neutralisation Réaction dans laquelle le mélange d'un acide et d'une base forme de l'eau et un sel.

Réaction de synthèse Réaction chimique dans laquelle des atomes ou des molécules se combinent pour former une molécule plus grosse et plus complexe.

Réaction endothermique Réaction chimique qui absorbe de l'énergie, par exemple une réaction anabolique.

Réaction exothermique Réaction chimique qui libère de l'énergie, par exemple une réaction catabolique ou oxydative.

Récepteur (1) Premier élément d'un mécanisme d'autorégulation qui capte les changements dans l'environnement et envoie des informations au centre de régulation ; (2) cellule ou terminaison nerveuse d'un neurone sensitif spécialisé qui répond à un type particulier de stimulus ; (3) protéine qui se lie spécifiquement à d'autres molécules, comme des neurotransmetteurs, des hormones et des antigènes.

Récepteur sensoriel Terminaisons dendritiques d'un neurone, ou partie d'autres types de cellules, chargées de réagir à un stimulus.

Récepteurs kinesthésiques des articulations Récepteurs qui donnent de l'information sur la position et le mouvement des articulations.

Récepteurs membranaires Groupes diversifiés de glycoprotéines et de protéines intégrées qui jouent le rôle de sites de liaisons pour les molécules de signalisation au niveau de la membrane plasmique.

Récepteurs muscariniques Récepteurs des organes cibles du système nerveux autonome ; se lient à l'acétylcholine ; nommés ainsi parce qu'ils sont activés par la muscarine, une substance toxique extraite d'un champignon.

Récepteurs nicotiniques Récepteurs de tous les neurones ganglionnaires autonomes et des terminaisons neuromusculaires des muscles squelettiques ; se lient à l'acétylcholine ; nommés ainsi parce qu'ils sont activés par la nicotine.

Récepteurs sensoriels cutanés Récepteurs présents dans la peau qui réagissent aux stimulus provenant de l'extérieur du corps ; font partie du système nerveux périphérique.

Récessif Se dit d'un allèle dont l'expression est masquée par l'autre allèle ; par exemple, les pieds plats et plusieurs maladies héréditaires, comme l'albinisme et la fibrose kystique.

Réduction Réaction chimique dans laquelle une molécule gagne des électrons et de l'énergie (et souvent des ions hydrogène) ou perd de l'oxygène.

Réflexe Réaction rapide, automatique et prévisible à un stimulus qui se produit le long de voies appelées arcs réflexes.

Réflexe des raccourcisseurs Réflexe déclenché par un stimulus douloureux (réel ou perçu) ; éloigne automatiquement du stimulus la partie du corps menacée. Ce réflexe est polysynaptique et homolatéral.

Réflexes autonomes (ou viscéraux) Réflexes qui activent des muscles lisses, le muscle cardiaque ou des glandes.

Réflexes somatiques Réflexes qui activent des muscles squelettiques, par exemple les réflexes spinaux.

Réfraction Déviation d'une onde (lumineuse ou sonore) dirigée obliquement plutôt que perpendiculairement lorsqu'elle rencontre la surface d'un milieu différent.

Régénération Forme de réparation des tissus où le tissu détruit est remplacé par le même type de tissu.

Régions motrices Régions fonctionnelles du cortex cérébral qui président à la fonction motrice volontaire.

Régions sensitives Régions fonctionnelles du cortex cérébral qui permettent les perceptions sensorielles somatiques et autonomes.

Règle de l'octet (règle des huit électrons) Tendance des atomes à interagir de façon à se retrouver avec huit électrons dans leur couche de valence.

Règle des neuf Méthode de calcul de l'étendue des brûlures; on divise le corps en un certain nombre de régions comptant chacune pour 9% de la surface corporelle (ou un multiple de cette valeur).

Remaniement osseux Ensemble des processus de dépôt et de résorption de matière osseuse en réaction à des facteurs hormonaux et mécaniques.

Rénine Substance libérée par les reins qui permet la formation enzymatique d'angiotensine II, laquelle contribue à l'augmentation de la pression artérielle.

Réplication de l'ADN Processus qui se déroule avant la division cellulaire, par lequel une molécule d'ADN produit une autre molécule identique à elle-même, c'est-à-dire possédant la même séquence de bases azotées; garantit que toutes les cellules filles auront des gènes identiques.

Repolarisation Retour du potentiel de membrane à l'état de repos initial (polarisation).

Réponses musculaires graduées Variation de la contraction musculaire par le changement de la fréquence ou de la force des stimulus.

Réseaux neuronaux Agencements de neurones reposant sur la disposition des synapses dans un groupe de neurones et qui détermineront la capacité fonctionnelle du groupe. Il existe quatre grands types de réseaux (divergent, convergent, réverbérant, ou à action prolongée, et parallèle postdécharge).

Réserve cardiaque Différence entre le débit cardiaque au repos et le débit cardiaque à l'effort; équivaut généralement à quatre à cinq fois le débit cardiaque.

Résistance à l'insuline État caractérisé par le besoin d'élaborer une plus grande quantité d'insuline pour maintenir la glycémie à sa valeur normale.

Résistance périphérique Mesure de la friction du sang sur la paroi des vaisseaux sanguins.

Résorption osseuse Retrait de matière osseuse; fait partie du processus continu de remaniement osseux.

Respiration Processus qui fournit de l'oxygène à l'organisme et le débarrasse du gaz carbonique.

Respiration cellulaire Processus métabolique au cours duquel de l'ATP est produit.

Respiration cellulaire aérobie Réactions chimiques d'oxydoréduction au cours desquelles les substrats sont dégradés en eau et en gaz cabonique et l'énergie chimique récupérée sert à produire de grandes quantités d'ATP.

Respiration interne Échanges gazeux entre le sang et le liquide interstitiel et entre le liquide interstitiel et les cellules.

Réticulocyte Érythrocyte immature.

Réticulum endoplasmique Réseau de membranes tubulaires ou sacculaires présent dans le cytoplasme de la cellule.

Réticulum endoplasmique lisse Type de réticulum endoplasmique dépourvu de ribosomes sur sa surface externe; participe de différentes façons au traitement des lipides ainsi qu'à la détoxication de diverses substances.

Réticulum endoplasmique rugueux Type de réticulum endoplasmique dont la surface externe est recouverte de ribosomes; siège de la fabrication des protéines sécrétées par la cellule, de la formation des membranes cellulaires et de la synthèse de lipides.

Réticulum sarcoplasmique Réticulum endoplasmique spécialisé des cellules musculaires qui régit la concentration de calcium.

Rétine Tunique interne de l'œil douée de propriétés sensitives; contient les photorécepteurs (bâtonnets et cônes).

Révolution cardiaque Suite d'événements comprenant une contraction (systole) et un relâchement (diastole) complet des oreillettes et des ventricules du cœur.

Rhombencéphale Partie postérieure (caudale) de l'encéphale en voie de développement; se contracte pour former le métencéphale et le myélencéphale; comprend le pont, le cervelet et le bulbe rachidien.

Ribosomes Organites cytoplasmiques formés d'ARN ribosomal; libres ou situés sur le réticulum endoplasmique rugueux, ils constituent le siège de la synthèse des protéines.

Rotation Mouvement d'un os autour de son axe longitudinal.

S

Sac vitellin Une des membranes extraembryonnaires; contribue notamment à la formation des premières cellules sanguines.

Salive Sécrétion des glandes salivaires; nettoie et humidifie la bouche et amorce la digestion des féculents.

Sang Tissu conjonctif liquide qui circule dans les vaisseaux sanguins composé de cellules (globules rouges et blancs), de fragments cellulaires (plaquettes) baignant dans une matrice liquide inerte, appelée plasma, et dont les fibres solubles ne deviennent apparentes que lors de la coagulation.

Sarcolemme Surface de la membrane plasmique d'une fibre musculaire.

Sarcomère Plus petite unité contractile de la fibre musculaire; s'étend d'une ligne Z jusqu'à la suivante.

Sarcoplasme Cytoplasme d'une fibre musculaire ne comportant pas de fibrilles.

Sclère Partie blanche et opaque formant la plus grande partie de la tunique fibreuse de l'œil; constitue le «blanc de l'œil».

Sclérose en plaques Maladie démyélinisante du SNC de nature auto-immune; cause l'apparition de plaques de tissu dur et épais (ou scléreux) dans l'encéphale et la moelle épinière.

Scrotum Sac externe contenant les testicules.

Sébum Sécrétion huileuse des glandes sébacées.

Second messager Molécule qui permet de transmettre à l'intérieur de la cellule (ou à la surface de celle-ci) un message provenant de l'extérieur, par exemple l'AMP cyclique et le calcium.

Secousse musculaire Réponse d'un muscle à un seul stimulus liminaire de courte durée.

Sécrétion (1) Passage d'une substance à travers la membrane plasmique de la cellule vers le liquide interstitiel; (2) produit de la cellule transporté à l'extérieur de celle-ci.

Sécrétion tubulaire Troisième étape de la formation de l'urine; mouvement des substances (comme les médicaments, l'urée et les ions en excès) du sang au filtrat.

Segmentation Phase du début du développement embryonnaire caratérisée par une série de divisions mitotiques successives rapides entraînant la formation de cellules de plus en plus petites, les blastomères, qui produisent le blastocyste.

Ségrégation Au cours de la méiose, distribution des membres d'une paire d'allèles à des gamètes différents.

Sélection clonale Processus durant lequel un lymphocyte B ou T est activé par le contact avec un antigène.

Séquence-signal Court segment peptidique présent dans une protéine en cours de synthèse qui cause la liaison du ribosome qui lui est associé avec la membrane du réticulum endoplasmique rugueux.

Séreuse Membrane située dans les cavités fermées du corps et formée de deux couches (un feuillet pariétal et un feuillet viscéral) séparées par un espace dans lequel du liquide assure la lubrification et le mouvement.

Séreuse pariétale Partie de la membrane formée de deux couches qui tapisse la face interne de la paroi de la cavité antérieure.

Séreuse viscérale Partie de la membrane formée de deux couches qui tapisse la surface des organes de la cavité antérieure.

Sérosité Liquide lubrifiant transparent sécrété par les cellules d'une séreuse.

Sérum Liquide ambré qui suinte du sang coagulé lorsque le caillot se rétracte; plasma sans les facteurs de coagulation.

Seuil anaérobie Degré d'intensité à partir duquel le métabolisme musculaire commence à utiliser la glycolyse anaérobie.

SIDA Syndrome d'immunodéficience acquise; causé par le virus de l'immunodéficience humaine (VIH), qui détruit les lymphocytes T auxiliaires, entraînant un déficit immunitaire progressif qui se manifeste notamment par l'apparition d'infections opportunistes; les symptômes comprennent une perte pondérale importante, des sueurs nocturnes, la tuméfaction des nœuds lymphatiques, des manifestations neurologiques et divers signes cliniques propres aux infections.

Signes vitaux Ensemble des paramètres physiologiques, tels le pouls, la pression artérielle, la fréquence respiratoire et la température corporelle, qui permettent d'évaluer l'état général d'un individu.

Sillon (1) Dépression linéaire; (2) rainures superficielles du cerveau, moins profondes que les fissures et qui séparent les gyrus.

Sinus Canal dilaté servant au passage du sang ou de la lymphe, par exemple le sinus coronaire, qui recueille le sang du myocarde.

Sinus carotidien Dilatation d'une artère carotide commune; contribue à la régulation de la pression artérielle systémique.

Site actif Région de conformation particulière de la surface d'une protéine fonctionnelle (globulaire) dans laquelle s'exerce le pouvoir catalytique d'une enzyme ou d'autres interactions chimiques.

Soluté Substance dissoute dans une solution.

Somite Segment mésodermique du corps de l'embryon, constitué de trois parties, qui contribue à la formation des muscles squelettiques (myotome), des vertèbres (sclérotome) et du derme de la peau (dermatome).

Sommation Accumulation des effets, et en particulier de ceux des stimulus musculaires, sensoriels ou mentaux.

Sommeil paradoxal Type de sommeil pendant lequel les yeux se déplacent rapidement, tandis que les muscles squelettiques sont inhibés; le tracé électroencéphalographique se rapproche de celui de l'état de veille; les rêves se produisent durant ce type de sommeil.

Souffle cardiaque Bruit anormal du cœur (résultant souvent d'un trouble des valves du cœur).

Sous-cutané Sous la peau.

Spasme vasculaire Réaction immédiate que provoque la lésion d'un vaisseau sanguin; produit une constriction.

Spermatogenèse Processus de formation des spermatozoïdes (gamètes mâles); comprend la méiose et la spermiogenèse.

Spermatozoïde Gamète mâle.

Sperme Liquide contenant les spermatozoïdes et les sécrétions des glandes annexes des organes génitaux de l'homme.

Sphincter Muscle circulaire lisse ou squelettique qui entoure un orifice.

Sténose Rétrécissement anormal; diminution du calibre d'un orifice, par exemple un rétrécissement valvulaire.

Stéroïdes Groupe de substances chimiques classées avec les lipides et dont font partie le cholestérol et certaines hormones; ils sont liposolubles et contiennent peu d'oxygène.

Stimulines Hormones adénohypophysaires qui régissent l'action sécrétrice d'un autre organe endocrinien.

Stimulus Excitant ou irritant; changement de l'environnement qui provoque une réaction.

Stimulus liminaire Stimulus le plus faible qui peut déclencher une réaction dans un tissu excitable.

Stroma Charpente interne de base d'un organe, par opposition au parenchyme, qui constitue le cœur du tissu.

Substance blanche Partie du système nerveux principalement formée de groupements denses d'axones (neurofibres) myélinisés dans le système nerveux central.

Substance grise Région grise du système nerveux central; formée des corps cellulaires des neurones et de leurs dendrites; on y trouve aussi des axones amyélinisés.

Substrat Réactif sur lequel une enzyme agit pour provoquer une réaction chimique.

Suc gastrique Sécrétion des glandes de l'estomac composée d'enzymes protéolytiques, d'acide chlorhydrique et de mucus.

Suc intestinal Sécrétion des glandes intestinales légèrement alcaline, riche en eau et en mucus et pauvre en enzymes.

Suc pancréatique Sécrétion du pancréas déversée dans le duodénum; riche en ions bicarbonate; contient des enzymes qui contribuent à la dégradation de toutes les catégories d'aliments.

Superficiel Situé près de la surface ou à la surface du corps.

Supérieur Vers la tête ou au sommet d'une structure ou du corps.

Supination Rotation latérale de l'avant-bras pour tourner la paume en position antérieure.

Surface apicale Surface d'une cellule ou d'un tissu exposée à l'extérieur de l'organisme ou à la cavité d'un organe interne.

Surface basale Surface située près de la base ou près de l'intérieur d'une structure; à proximité de la face inférieure ou du bas d'une structure.

Surfactant Sécrétion produite par les pneumocytes de type II des alvéoles pulmonaires qui réduit la tension superficielle des molécules d'eau et prévient ainsi l'affaissement des alvéoles après chaque expiration.

Suspension Mélange hétérogène contenant des particules de grande taille souvent visibles et qui ont tendance à se déposer.

Suture Articulation fibreuse immobile; tous les os de la tête, sauf un, sont unis par des sutures; les quatre sutures principales unissent les os pariétaux aux autres os du crâne.

Symbole chimique Symbole constitué par une ou deux lettres; utilisé pour désigner un élément chimique, généralement la ou les premières lettres de son nom; par exemple, Ca est le symbole chimique du calcium.

Symphyse Articulation semi-mobile dans laquelle les os sont reliés par du cartilage fibreux, par exemple les articulations intervertébrales et la symphyse pubienne du bassin.

Synapse Jonction fonctionnelle ou point de contact étroit entre deux neurones ou entre un neurone et une cellule effectrice; comprend la fente synaptique, un espace entre la membrane présynaptique et postsynaptique.

Synapsis Accolement des chromosomes homologues durant la première division méiotique.

Synarthrose Articulation immobile, par exemple les articulations fibreuses telles les sutures.

Synchondroses Articulations pratiquement toutes immobiles dans lesquelles les os sont reliés par du cartilage hyalin, par exemple les cartilages épiphysaires.

Syndesmose Articulation dans laquelle les os sont reliés par un ligament ou une membrane de tissu conjonctif dense.

Synergique (1) Qualifie un muscle qui aide un agoniste en effectuant le même mouvement que lui ou en stabilisant les articulations que croise l'agoniste pour prévenir les mouvements indésirables; (2) hormone qui augmente l'effet d'une autre hormone sur une cellule cible.

Synostose Résultat de l'ossification du tissu conjonctif d'une syndesmose à l'âge adulte; les deux os sont alors complètement fusionnés.

Synovie (ou **liquide synovial**) Liquide sécrété par la membrane synoviale; lubrifie les surfaces articulaires et nourrit les cartilages articulaires.

Système Groupe d'organes qui travaillent ensemble pour accomplir une fonction vitale, par exemple le système nerveux.

Système cardiovasculaire Système qui distribue le sang aux cellules pour fournir les nutriments et retirer les déchets.

Système craniosacral *Voir* Système nerveux parasympathique.

Système de Havers *Voir* Ostéon.

Système de levier Système constitué d'un levier (os), d'une force (action musculaire), d'une résistance (poids de l'objet à déplacer) et d'un point d'appui (articulation).

Système digestif Système qui transforme les aliments en nutriments absorbables et qui élimine les résidus non digérés.

Système endocrinien Système qui regroupe les organes internes sécrétant des hormones.

Système génital Système destiné à la reproduction.

Système immunitaire Système de défense spécifique dont les éléments attaquent les substances étrangères.

Système limbique Système nerveux fonctionnel qui intervient dans les réactions émotionnelles et la formation de la mémoire. Regroupe plusieurs structures autour du sommet du tronc cérébral, notamment l'hypothalamus, l'hippocampe ainsi qu'une partie du thalamus et du corps amygdaloïde.

Système lymphatique Système composé des vaisseaux lymphatiques, des nœuds lymphatiques et de la lymphe; recueille le surplus de liquides de l'espace extracellulaire. Les nœuds lymphatiques constituent un site de surveillance immunitaire.

Système musculaire Système composé des muscles squelettiques et de leurs attaches de tissu conjonctif.

Système nerveux Système de régulation qui agit rapidement pour déclencher la contraction musculaire ou la sécrétion glandulaire.

Système nerveux autonome (SNA) Division efférente du système nerveux périphérique qui innerve le muscle cardiaque, les muscles lisses et les glandes; aussi appelé système nerveux involontaire. Le SNA comprend deux subdivisions fonctionnelles: le système nerveux sympathique et le système nerveux parasympathique.

Système nerveux central (SNC) Encéphale et moelle épinière.

Système nerveux involontaire *Voir* Système nerveux autonome.

Système nerveux parasympathique Division du système nerveux autonome qui règle la digestion, l'élimination et la fonction glandulaire; s'active surtout dans les situations de repos; aussi appelé système craniosacral.

Système nerveux périphérique (SNP) Partie du système nerveux composée de nerfs et de ganglions situés à l'extérieur de l'encéphale et de la moelle épinière.

Système nerveux somatique Subdivision du système nerveux périphérique qui fournit l'innervation motrice aux muscles squelettiques; aussi appelé système nerveux volontaire.

Système nerveux sympathique Division du système nerveux autonome qui prépare l'organisme à l'activité ou à répondre aux facteurs de stress (danger, excitation, etc.); responsable de la réaction de lutte ou de fuite.

Système nerveux volontaire *Voir* Système nerveux somatique.

Système respiratoire Système où s'effectuent les échanges gazeux; constitué notamment du nez, du pharynx, du larynx, de la trachée, des bronches et de leurs ramifications, et des poumons.

Système réticulaire activateur ascendant Réseau diffus de neurones du tronc cérébral qui reçoit une grande variété d'influx sensoriels et maintient le cortex cérébral en état de veille.

Système somesthésique Ensemble fonctionnel de structures nerveuses qui régit la réception dans la paroi du corps et les membres; reçoit des influx provenant des extérocepteurs, des propriocepteurs et des intérocepteurs.

Système squelettique Système de l'organisme composé d'os, de cartilages, d'articulations et de ligaments; aussi appelé système osseux.

Système tampon acide carbonique-bicarbonate Système tampon qui contribue à maintenir l'homéostasie du pH sanguin.

Système tégumentaire La peau et ses dérivés; constitue le revêtement protecteur de l'organisme.

Système urinaire Système principalement responsable de l'équilibre hydrique, électrolytique et acidobasique ainsi que de l'élimination des déchets azotés.

Systémique Relatif à tout l'organisme.

Systole Période de la révolution cardiaque pendant laquelle les oreillettes (systole auriculaire) ou les ventricules (systole ventriculaire) sont contractés.

T

Tachycardie Fréquence cardiaque anormalement élevée; supérieure à 100 battements par minute.

Tampon Substance chimique ou système qui réduit les variations du pH en acceptant ou en libérant des ions hydrogène.

Télencéphale Subdivision antérieure du prosencéphale primaire qui se développe pour former les lobes olfactifs, le cortex cérébral et les noyaux basaux.

Télodendrons Ramifications terminales situées à l'extrémité de l'axone.

Télophase Dernière phase de la mitose; commence lorsque la migration des chromosomes vers les pôles de la cellule est achevée et se termine par la formation de deux cellules filles.

Temps de prothrombine Analyse sanguine effectuée pour évaluer l'hémostase.

Tendinite Inflammation des gaines des tendons, habituellement causée par une utilisation excessive.

Tendon Bande de tissu conjonctif dense qui relie un muscle à un os.

Tendon calcanéen Tendon qui fixe le muscle du mollet à la face postérieure du calcanéus (talon); aussi appelé tendon d'Achille.

Tension musculaire Force exercée sur un objet par un muscle contracté.

Testicule Organe génital mâle qui produit les spermatozoïdes; gonade mâle.

Testostérone Hormone sexuelle mâle produite par les testicules; suscite la virilisation durant la puberté; nécessaire à la production de spermatozoïdes.

Tétanos (1) Contraction musculaire prolongée résultant d'une stimulation de haute fréquence; (2) maladie infectieuse causée par une bactérie anaérobie.

Thalamus Masse de substance grise située dans le diencéphale et constituant les parois du troisième ventricule; relais sensitif et moteur d'influx allant au cortex cérébral et en provenant.

Thermogenèse Production de chaleur par un ou plusieurs des mécanismes suivants: constriction des vaisseaux sanguins cutanés, frissons, augmentation de la vitesse du métabolisme et augmentation de la libération de thyroxine.

Thermolyse Déperdition de chaleur par l'intermédiaire de la dilatation des vaisseaux sanguins cutanés ou de l'augmentation de la transpiration.

Thermorécepteur Récepteur sensible aux changements de température.

Thorax Partie du tronc située au-dessus du diaphragme et au-dessous du cou.

Thrombine Enzyme qui provoque la coagulation en transformant le fibrinogène en fibrine.

Thrombocytes *Voir* Plaquettes.

Thrombopénie Insuffisance du nombre de plaquettes circulant dans le sang provoquant des saignements spontanés.

Thrombus Caillot qui se développe dans un vaisseau sanguin intact et y demeure.

Thymine (T) Base azotée constituée d'une seule structure cyclique (une pyrimidine) présente dans l'ADN; base complémentaire de l'adénine.

Thymus Organe lymphoïde situé à l'arrière du sternum assurant des fonctions de glande endocrine temporaire et s'atrophiant avec l'âge; participe au développement et à la maturation des lymphocytes T.

Thyréotrophine (TSH) Hormone adénohypophysaire qui régit la sécrétion des hormones thyroïdiennes sous l'effet de l'hormone hypothalamique thyréolibérine (TRH); aussi appelée hormone thyréotropine.

Thyroxine (T_4 ou tétraiodothyronine) Hormone sécrétée par la glande thyroïde, contenant quatre atomes d'iode et qui formera la majeure partie de la T_3 ou triiodothyronine; accélère le métabolisme cellulaire dans la majorité des tissus.

Tissu Groupe de cellules semblables (et leur substance intercellulaire) qui remplissent une fonction spécifique; les tissus primaires de l'organisme sont le tissu épithélial, le tissu conjonctif, le tissu musculaire et le tissu nerveux.

Tissu adipeux Tissu conjonctif aréolaire modifié pour le stockage des nutriments; tissu conjonctif composé principalement de cellules adipeuses; appelé couramment graisse.

Tissu conjonctif aréolaire Type de tissu conjonctif lâche à forte teneur en eau et abritant de nombreux macrophagocytes; le plus répandu des tissus conjonctifs de l'organisme, par exemple la lamina propria et le tissu adipeux.

Tissu conjonctif réticulaire Tissu conjonctif composé d'un fin réseau de fibres réticulaires qui forme la charpente interne des organes lymphoïdes.

Tissu osseux Tissu conjonctif qui forme le squelette.

Tonicité Mesure de la capacité d'une solution de modifier le tonus ou la forme des cellules en provoquant le flux osmotique d'eau.

Tonsille *Voir* Amygdale.

Tonus musculaire Faible niveau d'activité contractile dans un muscle au repos; permet aux muscles de rester fermes et prêts à répondre à une stimulation.

Tonus parasympathique Niveau normal (en arrière-plan) de stimulation parasympathique; établit le niveau d'activité normal des systèmes digestif et urinaire; abaisse le rythme cardiaque.

Tonus sympathique (ou vasomoteur) État de vasoconstriction partielle des vaisseaux sanguins entretenu par les neurofibres sympathiques.

Trabécules Bandes fibreuses que projette la capsule d'un organe à l'intérieur de ce dernier, par exemple les trabécules charnues dans les parois internes des ventricules.

Trachée Tube renforcé d'anneaux cartilagineux qui s'étend du larynx jusqu'aux bronches; située devant l'œsophage.

Tractus Dans le système nerveux central, regroupement d'axones qui prennent naissance et se terminent aux mêmes endroits et qui ont la même fonction.

Tractus corticospinaux Voies motrices principales des mouvements volontaires; descendent à partir des neurones pyramidaux du lobe frontal de chacun des hémisphères cérébraux.

Tractus hypothalamohypophysaire Réseau de neurofibres qui passe dans l'infundibulum et relie la neurohypophyse et l'hypothalamus.

Traduction Une des deux principales étapes du transfert de l'information génétique, pendant laquelle l'information portée par l'ARNm est décodée et utilisée pour assembler des polypeptides.

Transcription Une des deux principales étapes du transfert de l'information génétique d'une séquence de bases contenue dans un gène d'ADN à une séquence complémentaire formée sur une molécule d'ARNm.

Transduction Conversion de l'énergie d'un stimulus externe (signal extracellulaire) en une réponse intracellulaire, par exemple la lumière qui produit des potentiels d'action.

Transformation sol-gel Capacité réversible d'un colloïde de passer d'un état liquide (sol) à un état plus solide (gel).

Transport actif (1) Mécanisme de transport membranaire contre un gradient de concentration, qui nécessite un apport d'ATP, par exemple le pompage de solutés et l'endocytose; (2) le transport actif renvoie aussi spécifiquement au pompage de solutés.

Transport actif primaire Type de transport actif dans lequel l'énergie nécessaire au mécanisme de transport est fournie directement par l'hydrolyse de l'ATP.

Transport actif secondaire Type de transport actif dans lequel l'énergie est fournie par les pompes du transport actif primaire qui créent des gradients ioniques.

Transport passif Mécanisme de transport membranaire qui ne nécessite pas d'énergie cellulaire (ATP); par exemple, la diffusion, qui utilise l'énergie cinétique des molécules.

Transport transépithélial Mouvement de substances à travers plutôt qu'entre des cellules épithéliales adjacentes unies par des jonctions serrées, comme dans l'absorption des nutriments dans l'intestin grêle.

Transport vésiculaire (en vrac) Mouvement des grosses particules et des macromolécules enveloppées dans une vésicule à travers la membrane plasmique; comprend l'exocytose, la phagocytose, la pinocytose et l'endocytose par récepteurs interposés.

Transporteur Protéine transmembranaire qui subit des changements de conformation qui lui permettent d'envelopper, puis de transporter une substance polaire à travers la membrane cellulaire; parfois appelé perméase.

Travail (1) Événements qui mènent à l'expulsion du fœtus à l'extérieur de l'utérus; (2) plus généralement, produit d'une force.

Triglycérides Graisses et huiles composées d'acides gras et de glycérol; sont la source d'énergie la plus concentrée utilisable par l'organisme; aussi appelés graisses neutres.

Triiodothyronine (T_3) Hormone thyroïdienne formée à partir de la thyroxine (T_4) et possédant des fonctions identiques, tout en étant beaucoup plus active.

Trompe auditive Conduit qui relie l'oreille moyenne au pharynx; permet d'équilibrer la pression de part et d'autre du tympan; autrefois appelée trompe d'Eustache.

Trompe de Fallope *Voir* Trompe utérine.

Trompe utérine Conduit dans lequel l'ovule, puis le zygote et le préembryon sont transportés jusqu'à l'utérus; aussi appelée trompe de Fallope.

Tronc cérébral Structure de l'encéphale constituée du mésencéphale, du pont et du bulbe rachidien.

Trophoblaste Couche superficielle de cellules du blastocyste; contribue à la formation du placenta.

Trypsine Enzyme protéolytique sécrétée par le pancréas.

Tube neural Structure fœtale creuse qui donne naissance à l'encéphale, à la moelle épinière et aux structures nerveuses associées; se forme à partir de l'ectoderme avant le jour 23 du développement embryonnaire.

Tubule transverse (ou **tubule T**) Prolongement de la membrane plasmique de la cellule musculaire (sarcolemme) qui s'enfonce profondément dans la cellule; conduit l'onde de dépolarisation en profondeur dans la cellule musculaire.

Tubules séminifères contournés Tubules situés dans les testicules; siège de la formation des spermatozoïdes.

Tumeur Masse de cellules anormales, qui peuvent devenir cancéreuses.

Tunique Revêtement ou couche d'un tissu.

Tympan (membrane tympanique) Membrane translucide qui transmet les vibrations acoustiques aux osselets de l'ouïe. Composé de tissu conjonctif, il forme la limite entre l'oreille externe et l'oreille moyenne.

U

Ulcère Lésion ou érosion d'une muqueuse, comme l'ulcère de l'estomac.

Unité de pH Unité de mesure de l'acidité ou de l'alcalinité relative d'une solution.

Unité motrice Ensemble formé par un neurone moteur et toutes les fibres musculaires qu'il dessert.

Uracile (U) Base azotée constituée d'une seule structure cyclique (une pyrimidine) présente dans l'ARN; base complémentaire de l'adénine.

Urée Principal déchet azoté excrété dans l'urine.

Uretère Conduit qui transporte l'urine du rein à la vessie.

Urètre Conduit qui transporte l'urine de la vessie à l'extérieur de l'organisme; chez l'homme, il achemine aussi le sperme des conduits éjaculateurs à l'extérieur.

Utérus Organe creux, situé entre le rectum et la vessie, à la paroi musculaire épaisse; accueille, héberge et nourrit l'ovule fécondé; siège du développement de l'embryon et du fœtus.

Uvule palatine Prolongement en forme de doigt du palais mou; contribue à la fermeture du nasopharynx lors de la déglutition; aussi appelée luette.

V

Vaccin Préparation contenant habituellement des agents pathogènes morts ou atténués qui confère à l'organisme une immunité active artificielle. Le vaccin peut contenir ou non un adjuvant.

Vagin Tube à la paroi mince situé entre la vessie et le rectum et qui s'étend du col de l'utérus jusqu'à l'extérieur du corps; organe de la copulation chez la femme.

Vaisseau chylifère Capillaire lymphatique modifié, situé au cœur de chaque villosité de l'intestin grêle, qui contribue à l'absorption des lipides.

Valve mitrale Valve auriculoventriculaire gauche.

Valve tricuspide Valve auriculoventriculaire droite.

Valves auriculoventriculaires (atrioventriculaires) Valves qui empêchent le sang de refluer dans les oreillettes lorsque les ventricules se contractent.

Valves sigmoïdes (semilunaires) Valves en forme de croissant qui empêchent le sang de refluer dans les ventricules; nom donné à la valve de l'aorte (à gauche) et à la valve du tronc pulmonaire (à droite).

Varicosités axonales Renflements bulbeux de certains axones du SNA présents à la jonction avec les fibres musculaires lisses; renferment des mitochondries et des vésicules synaptiques.

Vasa recta Capillaires sanguins qui irriguent l'anse du néphron dans la médulla rénale.

Vasa vasorum Minuscules vaisseaux sanguins irriguant la tunique externe de la paroi des gros vaisseaux.

Vasculaire Relatif aux vaisseaux sanguins ou richement irrigué par des vaisseaux sanguins.

Vasoconstriction Réduction du calibre des vaisseaux sanguins par la contraction des muscles lisses de la tunique moyenne.

Vasodilatation Relâchement des muscles lisses des vaisseaux sanguins qui produit leur dilatation.

Veine Vaisseau sanguin qui retourne vers les oreillettes du cœur le sang provenant de la circulation.

Veine cave inférieure Veine qui retourne à l'oreillette droite le sang provenant des régions situées au-dessous du diaphragme.

Veine cave supérieure Veine qui retourne à l'oreillette droite le sang provenant des régions situées au-dessus du diaphragme.

Veines pulmonaires Vaisseaux qui acheminent à l'oreillette gauche du cœur le sang fraîchement oxygéné provenant de la zone respiratoire des poumons.

Ventilation alvéolaire (VA) Mesure de l'efficacité respiratoire; indique le volume d'air inutilisé et la concentration de gaz frais dans les alvéoles.

Ventilation pulmonaire Respiration; composée de l'inspiration et de l'expiration.

Ventral Relatif à l'avant; antérieur.

Ventricules (1) Les deux cavités intérieures du cœur qui constituent les principales pompes sanguines; (2) les quatre cavités de l'encéphale contenant du liquide cérébrospinal.

Ventricules cérébraux Cavités situées dans l'encéphale et remplies de liquide cérébrospinal.

Vertèbres cervicales Les sept vertèbres de la colonne vertébrale situées dans le cou.

Vertèbres lombaires Les cinq vertèbres de la région lombaire de la colonne vertébrale.

Vertèbres thoraciques Les 12 vertèbres qui s'articulent avec les côtes.

Vésicule Petit sac rempli de liquide.

Vésicule biliaire Sac localisé sous le lobe droit du foie; emmagasine la bile qui est produite par le foie.

Vésicules de sécrétion Vésicules qui migrent en direction de la membrane plasmique de la cellule et libèrent leur contenu à l'extérieur de la cellule par exocytose.

Vésicules séminales Glandes situées à la base de la vessie produisant 60 % du volume du plasma spermatique.

Vésicules synaptiques Petits sacs membraneux situés dans les corpuscules nerveux terminaux des télodendrons ; contiennent un neurotransmetteur.

Vessie Sac musculaire lisse et rétractile qui emmagasine temporairement l'urine ; située sur le plancher pelvien, derrière la symphyse pubienne.

Vestibule (1) Portion plus large au commencement d'un canal, comme dans l'oreille interne, le nez, le larynx et le vagin ; (2) chez la femme, région de la vulve limitée par les petites lèvres et contenant le méat urétral à l'avant et l'orifice vaginal vers l'arrière.

VIH (virus de l'immunodéficience humaine) Virus qui détruit les lymphocytes T auxiliaires, ce qui provoque un déficit de l'immunité adaptative ; les symptômes du SIDA apparaissent graduellement lorsque les nœuds lymphatiques ne peuvent plus contenir le virus.

Villosités intestinales Saillies digitiformes des cellules de la muqueuse de l'intestin grêle qui multiplient la surface de contact pour faciliter l'absorption des nutriments.

Viscéral Relatif à un organe interne du corps ou à la partie interne d'une structure.

Viscère Organe interne situé dans la cavité antérieure.

Viscosité État de ce qui est collant ou épais.

Vitamines Composés organiques dont l'organisme a besoin en très petite quantité et qui, pour la plupart, doivent lui être fournies par l'alimentation. La plupart des vitamines agissent comme coenzymes dans les réactions permettant l'utilisation des nutriments.

Vitesse du métabolisme Dépense énergétique de l'organisme par unité de temps.

Volume courant (V_T) Volume d'air inspiré ou expiré en une respiration normale, soit environ 500 mL.

Volume de réserve expiratoire (VRE) Volume d'air qui peut être évacué après une expiration normale, soit entre 2100 et 3200 mL.

Volume de réserve inspiratoire (VRI) Volume d'air qui peut être inspiré, après une inspiration normale, avec un effort, soit environ 1200 mL.

Volume résiduel Volume d'air restant dans les poumons après une expiration forcée ; ce volume contribue à maintenir les alvéoles pulmonaires ouvertes.

Volume systolique (VS) Volume de sang éjecté par un ventricule pendant une contraction ; sa valeur moyenne est de 70 mL.

Vomissement Évacuation réflexe du contenu de l'estomac par l'œsophage et le pharynx.

Vulve Organes génitaux externes de la femme.

X

Xénogreffe Greffe de tissus provenant d'une autre espèce animale, par exemple un cœur de babouin sur un humain.

Xérostomie Diminution importante ou arrêt complet de la salivation.

Z

Zone respiratoire Partie du système respiratoire où s'effectuent les échanges gazeux ; comprend les bronchioles respiratoires, les conduits alvéolaires, les saccules alvéolaires et les alvéoles pulmonaires.

Zygote Ovule fécondé qui représente la toute première cellule d'un individu ; cellule diploïde ($2n$) qui résulte de l'union d'un gamète mâle (n) et d'un gamète femelle (n).

Sources des photographies et des illustrations

Sources des photographies

Page couverture
Sebastian Kaulitzki/Shutterstock; Bernhard Lelle/Shutterstock; AYAKOVLEVdotCOM/Shutterstock; Douglas R Hess/Shutterstock; Dmitriy Shironosov/Shutterstock.

Chapitre 1
Ouverture de chapitre: Trevor Smith/iStockphoto.com. 1.1.6: Galina Barskaya/Shutterstock. 1.3: Pearson Science. 1.8: (en haut): Jenny Thomas/Addison Wesley Longman; (a): Howard Sochurek; (b): James Cavallini/Photo Researchers; (c): CNRI/Science Photo Library/Photo Researchers. Gros plan: (a): Clinique Ste. Catherine/CNRI/Science Photo Library; (b): Custom Medical Stock Photography; (c): William Klunk, Chet Mathis, University of Pittsburgh, PET Amyloid Imaging Group. 1.12: Custom Medical Stock Photography.

Chapitre 2
Ouverture de chapitre: Patricia Nelson/iStockphoto.com. 2.4: (à gauche): R. Gino Santa Maria/Shutterstock; (au centre): Karin Lau/Shutterstock; (à droite): Rob Byron/Shutterstock. 2.10 (b): Juha Sompinmäki/Shutterstock. 2.22 (c): Gracieuseté de Computer Graphics Laboratory, University of California, San Francisco.

Chapitre 3
Ouverture de chapitre: Diego Cervo/iStockphoto.com. 3.9 (a, b et c): David M. Phillips/Photo Researchers. 3.14 (b): Dr. Birgit H. Satir, professeur au Dept. of Anatomy and Structural Biology, Albert Einstein College of Medicine. 3.17 (c): P. Motta et T. Naguro/Photo Researchers. 3.18 (b): R. Bolender et Donald Fawcett/ Visuals Unlimited. 3.19 (b): P. Motta et T. Naguro/Photo Researchers. 3.21: K. G. Murti/Visuals Unlimited. 3.23: (a): Mary Osborn, Max Planck Institute; (c): Mark S. Ladinsky, California Institute of Technology. 3.25 (b): Dr. David M. Phillips/Visuals Unlimited. 3.26: (à gauche): Omikron/Science Source/Photo Researchers; (au centre, en haut et en bas): William L. Dentler/Biological Photo Service. 3.29 (b): (en haut): Elaine C. Davis; (au centre): A. C. Fabergé, Cell Tiss. Res. 151 © 1974 Springer-Verlag GmbH & Co KG. Reproduction autorisée par Springer Science et Business Media; (en bas): Reproduite avec l'autorisation de Macmillan Publishers Ltd: Nature 323. U. Aebi *et al.* 1986: 560-564, figure 1a. 3.30 (b): Gracieuseté de G. F. Bahr, Armed Forces Institute of Pathology. 3.33 (toutes les photos): Dr. Conly L. Rieder, Wadsworth Center, Albany, New York 12201-0509. 3.38(b): B. Hamkalo.

Chapitre 4
Ouverture de chapitre: Digital Vision. 4.3: (a): Gladden Willis, MD/Visuals Unlimited; (b et f): The Benjamin Cummings Publishing Company, photo d'Allen Bell, University of New England; (c): Carolina Biological/Visuals Unlimited; (d): Ed Reschke; (e): Nina Zanetti/Pearson Education/Benjamin Cummings Publishing Company. 4.8: (a, e, g et k): Ed Reschke; (b, f et h): Nina Zanetti/Pearson Education/Benjamin Cummings Publishing Company; (c, i et j): The Benjamin Cummings Publishing Company. Photo d'Allen Bell, University of New England; (d): Ed Reschke/Peter Arnold. 4.9: Biophoto Associates/Photo Researchers, Inc. 4.10: (a): Eric Graves/Photo Researchers, Inc.; (b): Ed Reschke; (c): SPL/Photo Researchers.

Chapitre 5
Ouverture de chapitre: EyeWire. 5.2 (a) et 5.3 (a): Ed Reschke/Peter Arnold. 5.3 (b et c): Kessel et Kardon/Visuals Unlimited. 5.4 (a): Dr. Richard Kessel et Dr. Randy Kardon/*Tissues & Organs*/Visuals Unlimited, Inc.

5.5: (a): Cabisco/Visuals Unlimited; (b): John D. Cunningham/Visuals Unlimited. 5.6: (b): Carolina Biological Supply Company/Phototake NYC; (d): Manfred Kage/Peter Arnold, Inc. 5.8: (a): Bart's Medical Library/Phototake NYC; (b): Dr. P. Marazzi/SPL/Photo Researchers, Inc.; (c): Zeva Oelbaum/Peter Arnold. 5.10: (a): Scott Camazine/Photo Researchers, Inc.; (b): Dr. M.A. Ansary/Photo Researchers, Inc.

Chapitre 6
Ouverture de chapitre: Galina Barskaya/Shutterstock. 6.5: (en haut): Donald Gregory Clever; (en bas): Steve Gschmeissner/Photo Researchers, Inc. 6.7 (c): à gauche: Kessel et Kardon/Visuals Unlimited; (à droite): Ed Reschke/Peter Arnold. 6.10: Ed Reschke. 6.14 (a): Olga Besnard/Shutterstock. Tableau 6.2: (en haut à gauche): Lester V. Bergman/Corbis; (en haut à droite): ISM/Phototake NYC; (au centre à gauche): SIU/Peter Arnold, Inc.; (au centre à droite): SIU/Visuals Unlimited; (en bas à gauche): William T. C. Yuh/Reproduction autorisée par Iowa State University – Virtual Hospital, www.vh.org; (en bas à droite): Charles Stewart MD. 6.16 (a et b): Professeur P. Motta/Science Photo Library/Photo Researchers, Inc. 6.17: Carolina Biological Supply Company/Phototake NYC.

Chapitre 7
Ouverture de chapitre: Ben Blankenburg/Corbis. 7.5 (c), 7.6 (b), 7.7 (b), 7.8, 7.9 (a et b), 7.10, 7.11 (c), 7.13 (a): Ralph T. Hutchings. 7.17 (d): Medical Body Scans/Photo Researchers, Inc. 7.22 (b): Dissection: Shawn Miller, photo: Mark Nielsen et Alexa Doig. 7.23 (c): Pearson Science. 7.30 (c et d): Ralph T. Hutchings. Tableau 7.4 (toutes les photos): Tirées de *A Stereoscopic Atlas of Human Anatomy*, de David L. Bassett. 7.32: (c et d): Ralph T. Hutchings; (e): Biophoto Associates/Science Source. 7.34 (b): Elaine N. Marieb. 7.36: Center for Cranialfacial Anomalies, University of California, San Francisco. 7.37: Reik/age footstock.

Chapitre 8
Ouverture de chapitre: Eric Gevaert/Shutterstock. 8.5 et 8.6 (toutes les photos): John Wilson White/Pearson Science. Gros plan: (à gauche): Lawrence Livermore National Laboratory/SPL/Photo Researchers, Inc.; (à droite): Elaine N. Marieb. 8.8 (f): L. Bassett/Visuals Unlimited. 8.10: (b): Mark Nielsen, University of Utah/Pearson Science; (e): VideoSurgery/Photo Researchers, Inc. 8.11 (c) et 8.12 (b): Tirées de *A Stereoscopic Atlas of Human Anatomy*, de David L. Bassett. 8.14: Elaine N. Marieb. 8.15: CNRI/Science Photo Library.

Chapitre 9
Ouverture de chapitre: EyeWire. 9.1 (b): John D. Cunningham/Visuals Unlimited. 9.2 (a): Marian Rice. 9.4: John E. Heuser, M.D., Washington University School of Medicine, St. Louis, Missouri. 9.6 (1 et 2): James Dennis/Phototake NYC. 9.13 (b): Eric Graves/Photo Researchers, Inc. 9.24: National Library of Medicine. Tableau 9.3: (à gauche): Eric Graves/Photo Researchers, Inc.; (au centre): Marian Rice; (à droite): SPL/Photo Researchers. Gros plan: Anetta/Shutterstock.

Chapitre 10
Ouverture de chapitre: PhotoDisc. 10.8 (b): Creative Digital Visions, Pearson Science. 10.9 (c): Dissection: Shawn Miller, photo: Mark Nielsen et Alexa Doig. 10.10 (c): Tirée de *A Stereoscopic Atlas of Human Anatomy*, de David L. Bassett. 10.13 (b): Ralph T. Hutchings; (d et e): Dissection: Shawn Miller, photo: Mark Nielsen et Alexa Doig. 10.20 (b): Ralph T. Hutchings.

Chapitre 11
Ouverture de chapitre: Robert Pernell/Shutterstock. 11.4 (a): Manfred Kage/Peter Arnold, Inc. 11.5 (b): Don W. Fawcett/Photo Researchers, Inc. 11.16 (b): Oliver Meckes et Nicole Ottawa/Photo Researchers, Inc. Gros plan: Brookhaven National Laboratory. 11.24: Tibor Harkany, Science Magazine.

Chapitre 12
Ouverture de chapitre: Orange Line Media/Shutterstock. 12.6: (c): Tirée de *A Stereoscopic Atlas of Human Anatomy*, de David L. Bassett; (d): Arthur Glauberman/Photo Researchers, Inc. 12.7: Volker Steger/Peter Arnold, Inc. 12.10 (b): Ralph T. Hutchings. 12.11 (b): Patrick Lynch/Photo Researchers, Inc. 12.14: Ralph T. Hutchings/Visuals Unlimited. 12.17: (a): Ralph T. Hutchings; 12.17 (c): L. Bassett/Visuals Unlimited. 12.20 (a): Hank Morgan/Photo Researchers, Inc. 12.25 (b): Tirée de *A Stereoscopic Atlas of Human Anatomy*, de David L. Bassett. 12.27: © 1994, Camera M.D. Studios, tous droits réservés. 12.29 (b, c et d): Tirées de *A Stereoscopic Atlas of Human Anatomy*, de David L. Bassett. 12.36: Biophoto Associates/Science Source/Photo Researchers, Inc.

Chapitre 13
Ouverture de chapitre: Sonya Etchison/Shutterstock. 13.3 (a): R. G. Kessel et R. H. Kardon, *Tissues & Organs: A Text-Atlas of Scanning Electron Microscopy*, W. H. Freeman & Co., 1979, tous droits réservés. Tableau 13.2 (VII c): William Thompson, Pearson Science. 13.9 (b) et 13.11 (c): Ralph T. Hutchings.

Chapitre 14
Ouverture de chapitre: Gordana Sermek/Shutterstock.

Chapitre 15
Ouverture de chapitre: Govorov Pavel/Shutterstock. 15.1 (a): Richard Tauber, Pearson Science. 15.4 (b): Tirée de *A Stereoscopic Atlas of Human Anatomy*, de David L. Bassett. 15.6 (c): Ed Reschke/Peter Arnold, Inc. 15.7: A. L. Blum/Visuals Unlimited. 15.9: NMSB/Custom Medical Stock Photo, Inc. 15.11: Charles D. Winters/Photo Researchers, Inc. 15.19 (b): Stephen Spector/Benjamin Cummings. 15.23 (c): Carolina Biological Supply/Phototake NYC. 15.28 (c): P. Motta/Dép. d'anatomie/Université *La Sapienza*, Rome/Photo Researchers, Inc. 15.32: Tirée de Steel, Karen P., «Progress in Progressive Hearing Loss», *Science*, vol. 279, 20 mars 1998, p. 1870. Reproduction autorisée par Elizabeth Quint et Karen P. Steel. 15.36 (b): Gracieuseté du Dr. I. Hunter-Duvar, Dép. d'otolaryngologie, Hôpital pour enfants malades, Toronto.

Chapitre 16
Ouverture de chapitre: EyeWire. 16.8 (b): Ed Reschke. 16.10: (a): John Paul Kay/Peter Arnold, Inc.; (b): Ralph Eagle/Photo Researchers, Inc. 16.11 (b): Tirée de *Color Atlas of Histology*, 3e édition, de Leslie Gartner et James Hiatt, 1990 Lippincott Williams & Wilkins. 16.13 (b): Ed Reschke. 16.15 (a et b): Gracieuseté du Dr Charles B. Wilson, Neurological Surgery, University of California Medical Center, San Francisco. 16.17: Carolina Biological Supply Company/Phototake NYC. Gros plan: Saturn Stills/Science Photo Library/Photo Researchers, Inc.

Chapitre 17
Ouverture de chapitre: Andresr/Shutterstock. 17.2: Ed Reshke/Peter Arnold, Inc. 17.8 (a et b): Stanley Flegler/Visuals Unlimited. 17.10 (toutes les photos): Nina Zanetti, Pearson Science. 17.15: Oliver Meckes et Nicole Ottawa/Photo Researchers, Inc. 17.16 (toutes les photos): Jack Scanlon, Holyoke Community College.

Chapitre 18
Ouverture de chapitre: Muellek Josef/Shutterstock. 18.4: (a): A. et F. Michler/Peter Arnold, Inc.; (c): L. Bassett/ Visuals Unlimited; (f): Tirée de *Color Atlas of Anatomy: A Photographic Study of the Human Body*, Allemagne: Schattauer Publishing. 18.8: (b): Tirée de *A Stereoscopic Atlas of Human Anatomy*, de David L. Bassett; (c): Lennart Nilsson/Albert Bonniers Forlag AB, tirée de *The Body Victorious*, Dell Publishing, New York, NY, Boehringer Ingelheim International; (d): Tirée de *A Stereoscopic Atlas of Human Anatomy*, de David L. Bassett. 18.11 (a): Manfred Kage/Peter Arnold, Inc. 18.19: Phil Jude/Science Photo Library. 18.22: Flashon Studio/Shutterstock.

Chapitre 19
Ouverture de chapitre: Tomasz Trojanowski/Shutterstock. 19.1 (a): Gladden Willis, MD/Visuals Unlimited. Gros plan: (en haut): Sheila Terry/Science Photo Library/ Photo Researchers, Inc.; (en bas): Phototake NYC. 19.13: Vikulin/Shutterstock.. 19.22 (c): CNRI/Science Photo Library/Photo Researchers, Inc.

Chapitre 20
Ouverture de chapitre: EyeWire. 20.3: Francis Leroy, Biocosmos/SPL/Science Source/Photo Researchers, Inc. 20.4 (b): Biophoto Associates/Photo Researchers, Inc. 20.6: (c): Mark Nielsen/Benjamin Cummings; (d): Victor Eroschenko, Pearson Science. 20.7: Astrid et Hanss-Freider Michler/Science Photo Library/Photo Researchers, Inc. 20.8: John Cunningham/Visuals Unlimited. 20.9: Biophoto Associates/Science Source/ Photo Researchers, Inc.

Chapitre 21
Ouverture de chapitre: Tyler Olson/Shutterstock. 21.2 (a): Dr. David Philips/Visuals Unlimited. 21.10: David Scharf/Photo Researchers, Inc. 21.14 (b): Eduardo A. Padlan, National Institutes of Health. 21.20 (b): Dr. Andrejs Liepins/Photo Researchers, Inc.

Chapitre 22
Ouverture de chapitre: Rich Carey/Shutterstock. 22.2 (a): Jenny Thomas/Benjamin Cummings. 22.3 (a) et 22.4 (c et d): Tirées de *A Stereoscopic Atlas of Human Anatomy*, de David L. Bassett. 22.6: (b): Nina Zanetti, Pearson Science; (c): Science Photo Library/Photo Researchers, Inc. 22.8 (b): Carolina Biological Supply Company/ Phototake NYC. 22.9 (b): R. G. Kessel et R. H. Kardon/ Visuals Unlimited. 22.10: (a): Richard Tauber/Pearson Science; (b): Tirée de *A Stereoscopic Atlas of Human Anatomy*, de David L. Bassett. 22.11: Science Photo Library/Photo Researchers, Inc.

Chapitre 23
Ouverture de chapitre: Laurin Rinder/Shutterstock. 23.9 (b): Science Photo Library/Photo Researchers, Inc. 23.10 (b): Elaine N. Marieb. 23.12: (a): Biophoto Associates/ Photo Researchers, Inc.; (b): Tirée de *Color Atlas of Histology*, 3e édition, de Leslie Gartner et James Hiatt, 1990 Lippincott Williams & Wilkins. 23.14 (b): Tirée de *A Stereoscopic Atlas of Human Anatomy*, de David L. Bassett. 23.16: (a): Javer Domingo/Phototake NYC; (b): Eye of Science/Photo Researchers, Inc. 23.22 (c): Steve Gschmeissner/Photo Researchers, Inc. 23.23: (a): Professeur P. M. Motta/SPL/Photo Researchers, Inc.; (b): Secchi-Lecaque-Roussel-UCLAF/CNRI/SPL/Photo Researchers, Inc. 23.24 (a et b) et 23.25 (b): Tirées de *A Stereoscopic Atlas of Human Anatomy*, de David L. Bassett. 23.26 (b): Victor Eroschenko, University of Idaho, Pearson Science. 23.30 (a): Tirée de *A Stereoscopic Atlas of Human Anatomy*, de David L. Bassett.

Chapitre 24
Ouverture de chapitre: Stephen VanHorn/Shutterstock. 24.10: Andreas Engel et Daniel J. Mueller. Gros plan: Wendy Nero/Shutterstock. 24.26: Jeff Greenberg/Omni-Photo Communications, Inc.

Chapitre 25
Ouverture de chapitre: Robert Taylor/iStockphoto.com. 25.2 (b): Richard Tauber, Benjamin Cummings. 25.3 (a): Ralph T. Hutchings. 25.6: (a): Biophoto Associates/Photo Researchers, Inc.; (b): Dennis Kunkel/Phototake NYC.

25.7 (b): R. G. Kessel et R. H. Kardon/Visuals Unlimited. 25.9 (b): Professeur P. M. Motta et M. Castellucci/SPL/ Photo Researchers, Inc. 25.19: National Institutes of Health. 25.20: Biophoto Associates/Photo Researchers, Inc.

Chapitre 26
Ouverture de chapitre: Steba/Shutterstock. 26.5: Keetten Predators/Shutterstock.

Chapitre 27
Ouverture de chapitre: Dimitri Iundt/TempSport/Corbis. 27.3: (b): Tirée de *A Stereoscopic Atlas of Human Anatomy*, de David L. Bassett; (c): Ed Reschke. 27.7 (a): R. G. Kessel et R. H. Kardon/Visuals Unlimited. 27.8 (b): Juergen Berger/Photo Researchers, Inc. 27.11 (b): Biophoto Associates/Photo Researchers, Inc. 27.12 (c): Tirée de *A Stereoscopic Atlas of Human Anatomy*, de David L. Bassett. 27.13 (a): Carolina Biological Supply Company/Phototake NYC. 27.16: (a): Mark Thomas/Photo Researchers, Inc.; (b et c): Leonard Lessin/Peter Arnold, Inc. 27.18: (1, 2 et 3): Sciences Pictures Ltd./Photo Researchers, Inc.; (4): ISM/Photoake NYC; (5): Ed Reschke/Peter Arnold, Inc.; (6): C. Edelman/La Vilette/Petit Format/Photo Researchers, Inc.; (7): Lester V. Bergman/Corbis.

Chapitre 28
Ouverture de chapitre: Ricardo Azoury/iStockphoto.com. 28.3 (b): CC Studio/Science Photo Library/Photo Researchers, Inc. 28.5: (b): R. O'Rahilly et R. Muller, *Human Embryology and Teratology*, Wiley-Liss, 3e édition, © 2001, reproduction autorisée par Wiley-Liss, Inc., une filiale de John Wiley & Sons, Inc.; (d): Photographie de la Carnegie Collection par Dr. Allen C. Enders, University of California, Davis. 28.15: (a): Tirée de *A Stereoscopic Atlas of Human Anatomy*, de David L. Bassett; (b): Lennart Nilsson/Albert Bonniers Forlag AB, tirées de *A Child is Born*, © 1990 Dell Publishing, New York, NY.

Chapitre 29
Ouverture de chapitre: Aiti/Shutterstock. 29.1 (b): Lester Lefkowitz/Corbis; (c): L. Williatt, East Anglian Regional Genetics/SPL/Photo Researchers, Inc. 29.5: Andrew Syred/Photo Researchers, Inc.

Sources des illustrations
Les illustrations ont été réalisées par *Imagineering STA Media Services*, sauf mention contraire.

Chapitre 1
1.3: Vincent Perez/Wendy Hiller Gee. 1.7: Imagineering STA Media Services/Precision Graphics. 1.10 (a): Adaptée de Seeley, Stephens et Tate, *Anatomy & Physiology*, 4e, F1. 15a, New York: WCB/McGraw-Hill, McGraw-Hill, 1998.

Chapitre 3
3.2 et 3.3: Imagineering STA Media Services/Precision Graphics. 3.19: Tomo Narashima. 3.20: Imagineering STA Media Services/Precision Graphics. 3.24: Adaptée de Campbell, *Biology*, 4e, F7.21, Benjamin Cummings, 1996. 3.27: Imagineering STA Media Services/Precision Graphics. 3.29: Tomo Narashima.

Chapitre 4
4.6: De Mathews, Van Holde et Ahern, *Biochemistry*, 3e, F9.24, Benjamin Cummings, 2000.

Chapitre 5
5.1, 5.2 et 5.5: Electronic Publishing Services, Inc. Synthèse: Vincent Perez/Wendy Hiller Gee.

Chapitre 6
6.9: Imagineering STA Media Services/Precision Graphics. Synthèse: Vincent Perez/Wendy Huller Gee.

Chapitre 7
7.3, 7.5, 7.6, 7.7 et 7.8: Nadine Sokol.

Chapitre 9
9.1 et 9.2: Imagineering STA Media Services/Precision Graphics. 9.8, 9.9, 9.11, 9.12, 9.13, 9.26, 9.27 et 9.28: Electronic Publishing Services, Inc. Synthèse: Vincent Perez/Imagineering STA Media Services.

Chapitre 11
11.2: Electronic Publishing Services, Inc. 11.3 et 11.5: Imagineering STA Media Services/Precision Graphics. 11.17 et 11.23: Electronic Publishing Services, Inc.

Chapitre 12
12.1 à 12.6, 12.8 à 12.11: Electronic Publishing Services, Inc. 12.12: Electronic Publishing Services, Inc./Precision Graphics. 12.13, 12.15 à 12.19, 12.23 à 12.26: Electronic Publishing Services, Inc. 12.31: Imagineering STA Media Services/Electronic Publishing Services, Inc. 12.32 à 12.35: Electronic Publishing Services, Inc.

Chapitre 13
13.1, 13.3 à 13.5: Electronic Publishing Services, Inc. Tableau 13.2 (VI): Imagineering STA Media Services/ Precision Graphics. 13.13 et 13.14: Electronic Publishing Services, Inc. 13.15: Imagineering STA Media Services/ Precision Graphics. 13.17 à 13.19: Electronic Publishing Services, Inc.

Chapitre 14
14.1 à 14.4, 14.6, 14.7 et 14.9: Electronic Publishing Services, Inc. Synthèse: Vincent Perez/Wendy Huller Gee.

Chapitre 15
15.1 à 15.6, 15.8, 15.15, 15.16, 15.18, 15.20, 15.21, 15.23, 15.24: Electronic Publishing Services, Inc. 15.25: Electronic Publishing Services, Inc./Precision Graphics. 15.26 à 15.28, 15.31, 15.33 à 15.36: Electronic Publishing Services, Inc.

Chapitre 16
16.1: Electronic Publishing Services, Inc. 16.8: Imagineering STA Media Services/Precision Graphics. Synthèse: Vincent Perez/Wendy Huller Gee.

Chapitre 18
18.1: Electronic Publishing Services, Inc./Precision Graphics. 18.4 et 18.8: Electronic Publishing Services, Inc. 18.9: Imagineering STA Media Services/Precision Graphics. 18.11 et 18.14: Electronic Publishing Services, Inc.

Chapitre 19
19.1, 19.4, 19.21 à 19.30: Electronic Publishing Services, Inc. Synthèse: Vincent Perez/Wendy Hiller Gee.

Chapitre 20
Synthèse: Vincent Perez/Wendy Hiller Gee.

Chapitre 21
21.16: Adaptée de Johnson, *Human Biology*, 2e, F9.l3, Benjamin Cummings, 2003.

Chapitre 22
22.1: Electronic Publishing Services, Inc./Precision Graphics. 22.3, 22.4, 22.7 à 22.10 et 22.26: Electronic Publishing Services, Inc. Synthèse: Vincent Perez/Wendy Hiller Gee.

Chapitre 23
23.1, 23.6 à 23.9, 23.14, 23.15, 23.21, 23.22: Electronic Publishing Services, Inc. 23.25: Electronic Publishing Services, Inc./Precision Graphics. 23.28: Imagineering STA Media Services/Precision Graphics. 23.29 à 23.31: Electronic Publishing Services, Inc. Synthèse: Vincent Perez/Wendy Huller Gee.

Chapitre 24
24.1: Reproduit avec la permission du Ministre des Travaux publics et Services gouvernementaux Canada, 2010.

Chapitre 25
25.1, 25.5, et 25.7: Electronic Publishing Services, Inc. 25.12: Imagineering STA Media Services/Precision Graphics. 25.9 et 25.21: Electronic Publishing Services, Inc.

Chapitre 26
26.09: Imagineering STA Media Services/Precision Graphics. Synthèse: Vincent Perez/Wendy Huller Gee.

Chapitre 27
27.1 à 27.4 et 27.10 à 27.12: Electronic Publishing Services, Inc. Synthèse: Vincent Perez/Wendy Huller Gee.

Chapitre 28
28.4 et 28.13: Electronic Publishing Services, Inc.

Index

A

Abaissement, 294, 295f
Abaisseur
    de l'angle de la bouche, 380t, 381f
    de la lèvre inférieure, 380t, 381f
Abcès, 890
Abdomen
    artères de l', 842f, 842t, 843f, 843t, 844t, 845f
    droit de l', 392t, 393f
    oblique
        externe de l', 392t, 393f
        interne de l', 375f, 376f, 392t, 393f
    transverse de l', 376f, 414f, 415f, 430t
    veines de l', 854f, 854t, 855f
    voies à destination de l', 613
Abducteur
    de l'hallux, 426t, 427f
    du cinquième doigt, 410t, 411f
    du cinquième orteil, 426t, 427f
    du pouce, 410t, 411f
Abduction, 292, 293
ABO, système, 756, 756t
ABP, 1205, 1206f
Absence épileptique, 518
Absorption, 987, 1039-1042
    de l'eau, 1014, 1042
    des acides nucléiques, 1041
    des électrolytes, 1041
    des glucides, 1040
    des lipides, 1040
    des protéines, 1040
    des vitamines, 1041
    du calcium alimentaire, 705, 706
    modifications facilitant l', 1017
Acarien, 195
Accepteur
    d'électrons, 37
    de protons, 1171
Accidents
    ischémiques transitoires (AIT), 530
    vasculaires cérébraux (AVC), 530, 545, 822, 857
Acclimatation, 972
Accommodation
    du cristallin, 641, 642, 642f
    gastrique, 1014
Accouchement, 1264-1267
Acétabulum, 267, 267f, 268f, 269
    fosse de l', 267, 267f, 272, 276t
Acétate deglatiramère (Copaxone), 461
Acétyl CoA, 1066, 1071
Acétylcholine (ACh), 93, 327, 328f, 329f, 470, 474t, 605, 605f, 1010
Acétylcholinestérase (AChe), 327, 470, 586
Achille, tendon d', 274
Achondroplasie, 223
Acide(s), 46
    acétique, 1078
    acétylsalicylique (AAS), 754
    aminés, 56, 56, 56t, 472, 475t, 1037, 1385
        concentration plasmatique élevée des, 1097
        essentiels, 1059, 1059f
        oxydation des, 1081
        pools des, 1082, 1084f

ascorbique, 1063t
aspartique (Asp), 56f, 119
cétoniques, 1071
    modification des, 1082
chlorhydrique, 885
citrique, 1071
    cycle de l', 1071
concentrations, 47, 47f
désoxyribonucléique (ADN), 62, 63, 63f, 64, 64t, 106-108, 108f, 116, 1278
    adénine (A), 62, 63, 63f
    avancé, 111, 112f
    brin retardé, 111, 112f
    cytosine (C), 62, 63, 63f
    digestion de l', 1039
    double hélice, 63, 63f
    fonctions de l', 121, 122
    fragments d'Okazaki, 111
    guanine (G), 62, 63, 63f
    intercalaire, 106, 108f
    ligase, 111
    nucléotides, 62, 63, 63f
    polymérase, 111, 112f
    réplication de l', 110f, 111, 112, 112f
    structure de l', 63f
    thymine (T), 62, 63, 63f
    uracile (U), 62, 63, 63f
docosahexaénoïque (DHA), 1058
eicosapentaénoïque (EPA), 1058
faibles, 48, 1171, 1172f
folique, 1062t
forts, 48, 1171, 1172f
gamma-aminobutyrique (GABA), 472, 475t
glutamique, 1081
gras, 52, 1039
    concentrations plasmatiques d', 1097
    insaturés, 52
    mono-insaturés, 52
    oméga-3, 53
    oméga-6, 53
    oxydation des, 1078
    polyinsaturés, 52
    saturés, 52
hyaluronique, 144, 145f, 151
lactique, 180, 341, 341f, 342, 346, 1170
linoléique, 1056
neutralisation des, 47
nucléiques, 61-64
    absorption des, 1041
    digestion des, 1036f, 1039
oxaloacétique, 1071
pantothénique, 1062t
pyruvique, 341, 341f, 1066, 1070
ribonucléique (ARN), 62, 63, 64, 64t
    amorces d', 111
    de transfert (ARNt), 64, 116-120, 120f, 123f
    digestion de l', 1039
    interférents, petits (siARN), 121
    messager (ARNm), 64, 116-118
    polymérase, 117
    ribosomal (ARNr), 116
    rôle de l', 116
    transcription de l', 117, 117f, 118f
    viral, 892

unités de pH, 47, 47f
urique, 1143
β-hydroxybutyrique, 1080
Acidémie, 1171
Acidité
    de la peau, 891t
    des sécrétions cutanées, 885, 891t
    des sécrétions vaginales, 885, 891t
Acidocétose, 716
Acidose, 65, 1171
    effets de l', 1182, 1183
    lactique congénitale, 1184
    métabolique, 1174, 1178t, 1080, 1182
    physiologique, 1171
    respiratoire, 1174, 1178, 1178t
    tubulaire rénale, 1184
Acineuse, 141
Acinus, 141, 1025
Acné, 194
Acouphène, 670
Acquisition de l'immunocompétence et de l'autotolérance, 897, 898, 898f
Acromégalie, 697
Acromion, 260f, 261
ACTH, voir Corticotrophine
Actine, 59t, 102, 102f, 156, 332, 323f
    F, 322
    fibreuse, 322
    filaments d', 105, 105f, 322, 323f
    G, 322
    globulaire, 322
    myofilaments d', 156, 157, 443
Action(s)
    bactéricide, 181
    des muscles
        sur l'avant-bras, 408t, 409f
        sur la cuisse, 430t, 431f
        sur la jambe, 430t, 431f
        sur le bras, 408t, 409f
        sur le pied, 430t, 431f
        sur le poignet et sur les doigts, 408t, 409f
    dynamique spécifique des protéines, 1099
    potentiel d', 327, 328f, 329f
        dépolarisation, 327, 328f, 329f
        période réfractaire, 330
        production d'un, 327, 328f, 329f
        repolarisation, 329, 329f
    synaptique, délai d', 465
Activateur
    de la prothrombine, 751, 751f
    de lymphocytes T, 910-914
    des récepteurs
        de la crête ampullaire, 672-674
        des macules, 671
    du complément, 907
    réciproque, 593
    tissulaire du plasminogène, 752, 811
Activation, énergie d', 61, 1070
Activité
    des enzymes, 59t, 60
    des ponts d'union, 330, 331f, 332f, 333f
    digestive optimale, 1027, 1028
    hormonale, demi-vie de l', 688, 689

métabolique élevée, 442
osmotique, 1136
réflexe, 588-596
Adam, pomme d', 937, 938f
Adaptation
à l'obscurité, 649
à la lumière, 648, 649
à la respiration, 971
de la sensibilité du fuseau neuromusculaire, 593, 594f
Addison, maladie d', 710, 822, 1164, 1166
Adducteur
court, 414f, 415t, 430t
du pouce
court, 410t, 411f
long, 407f, 407t, 408t
grand, 377f, 414f, 415t, 430t
long, 376f, 414f, 415t, 430t
Adduction, 292, 293f
Adénine (A), 62, 63, 63f
Adénocarcinome, 975
Adénohypophyse, 692, 693f
et hypothalamus, 691-699
Adénoïdectomie, 979
Adénome, 164, 167
Adénopathie, 878
Adénosine, 472, 476t, 825
désaminase (ADA), 920
diphosphate (ADP), 65, 65f, 86, 333, 340
phosphorylation directe de l', 340, 341f
monophosphate (AMP), 64, 65
cyclique (AMPc), voir AMPc
triphosphate (ATP), 28, 29, 30t, 64, 64f, 65, 65f, 80, 86f, 472, 476t, 911
formation de l' 1070
production de l', 1076
rotor, 1075, 1075f
stator, 1075, 1075f
structure de l', 64, 64f
synthèse, 1067
synthétases, 1074, 1075, 1075f
tête de l', 1075, 1075f
tige, 1075, 1075f
Adénylate cyclase, 686
Adhérence, 162, 886
interthalamique, 504, 505f, 506f
Adipocytes, 147
Adiponectine, 720t, 721
ADN, voir Acide désoxyribonucléique
ADP, voir Adénosine diphosphate
Adrénaline, 470, 712, 793, 818, 819f, 821
Adventice
de l'uretère, 1143
de la trachée, 939, 940f
du tube digestif, 992, 1001f
du vagin, 1212
Affections
hémorragiques, 753, 754
thromboemboliques, 753, 754
Affinité de l'hémoglobine pour l'oxygène, 961
Âge, 823
Agencement des faisceaux de fibres musculaires, 371, 372, 372f
Agénésie du corps calleux, 501
Agents
chimiotactiques, 890
découplants, 1075
pathogènes, 884
tératogènes, 1260
Agglutination, 906
Agglutinines, 756, 756t
anti-A, 756
anti-B, 756
anti-D, 756, 757
Agglutinogènes, 755
A, 756, 756t

B, 756, 756t
C, 756
D, 756
E, 756
Agranulocytes, 743t, 745, 747f
lymphocytes, 743t, 744f, 745, 747f
monocytes, 743t, 744f, 745, 747f
Agrine, 357
Agueusie, 573t, 659
Aile(s)
de l'ilium, 267, 268f
de l'os sphénoïde
grandes, 232f-235f, 239, 241, 241f, 242, 244, 246f
petites, 234f, 239f, 241, 241f, 246f
du sacrum, 255, 255f
du nez, 934, 934f
Air
mouvements non respiratoires de l', 955, 956, 956t
-sang, barrière, 943
Aire(s)
associative
antérieure, 497f, 500
limbique, 497f, 501
auditive associative, 497f, 499, 500
de Broca, 497f, 498, 521
de Brodmann, 494
latéralisation fonctionnelle des, 501
de Wernicke, 497f, 501, 521
motrice du langage, 498
oculomotrice frontale, 499
postérieure, 497f, 500, 501
sensitive viscérale, 497f, 500
visuelles associatives, 497f, 499, 653
AIT, voir Accidents ischémiques transitoires
Alanine (Ala), 119
Albinisme, 194
Albuginée
de l'ovaire, 1208, 1209f
du testicule, 1191, 1191f, 1192f
Albumine, 59t, 733, 734t
sérique humaine purifiée, 758
Albuminurie, 1144t
Alcalémie, 1171
Alcalose, 65, 1171
effets de l', 1182, 183
métabolique, 1178t, 1182
respiratoire, 1174, 1178, 1178t
Alcoolisation fœtale, syndrome d', 1260
Aldostérone, 820, 707, 708, 1164, 1165
mécanisme de la libération de l', 1164, 1166f
sécrétion de l', 708-710
Alendronate, 221, 222
Alerte chimique, 887
Aliments vides, 1056
Aliment-vaccin, 903
Allantoïde, 1149f, 1251f, 1252, 1257f
Allèle(s), 1279
codominants, 1283
dominant, 1279
multiples, transmission par, 1283
récessif, 1279
Allergène, 922
Allergies, 922
Allergologue, 925
Allogreffes, 919
Alopécie, 184
Alpha-actinine, 322
Alphabloqueur, 616, 619
Altitude, mal d', 971
Alvéole(s)
de la glande mammaire, 1215f, 1216
dentaire, 244
pulmonaires, 942f, 943, 944f
Alzheimer, maladie d', 523, 531, 1287
Ambiguïté sexuelle, 712

Aménorrhée, 695t, 698
Amidon, 50, 1053
Amines, 685
biogènes, 469
adrénaline, 470
catécholamines, 470
dopamine, 470, 474t
histamine, 470, 472, 474t
noradrénaline, 470, 474t
sérotonine, 470, 474t
Aminoacyl, 119, 120f
Aminopeptidase, 1037
Ammoniac (NH$_3$), 46, 1082
Amnésie, 523
antérograde, 523
rétrograde, 523
Amniocentèse, 1288
Amnios, 1251f, 1252, 1254f
Amorces d'ARN, 111
Amortissement, 46
AMP, voir Adénosine monophosphate
AMPc, 94, 95, 479f, 686
mécanisme de signalisation lié à l', 686, 687f
Amplitude
du son, 666, 666f
respiratoire, 967
facteurs influant sur l', 967, 968f
Ampoule, 663, 663f
de la trompe utérine, 1210, 1211f
du conduit déférent, 1190f, 1194f, 1195
hépatopancréatique, 1016f, 1017
muscle sphincter de l', 1016f, 1016
Amygdale(s), 874, 875f
linguales, 874, 875f, 935f, 937, 994f, 995
palatines, 935f, 937
pharyngienne, 874, 875f, 935f, 937
tubaires, 874, 935f, 937
Amygdalite, 878
Amylase
pancréatique, 1037
salivaire, 59t, 996, 1026, 1037
Anabolisme, 8, 1064, 1065, 1065f, 1066
Anagène, 184
Analgésie, 596
Analyse
biochimique du sang, 759
sanguine, 758
Anaphase, 113, 114f, 115f
I, 1200f, 1201f
II, 1200f, 1201f
Anaphylaxie, 923
Anastomose(s)
artérielle, 809, 846f
artérioveineuses, 809
portocave, 1024
vasculaires, 809
veineuses, 809
Anatomie, 2, 3
cellulaire, 2
de la crête ampullaire, 672
de surface, 2
des systèmes, 2
du développement, 2
du système nerveux autonome, 607, 614
en coupe transversale de la moelle épinière, 533-542
faisceaux et tractus ascendants, 537f, 538, 539f, 540t, 541
fissure médiane ventrale, 533, 536f
sillon médian dorsal, 533, 536f
substance blanche, 535, 536, 536f, 537, 538
substance grise et racines des nerfs spinaux, 535, 536f
racines dorsales, 535, 536f
tractus descendants, 541, 542t, 543f
macroscopique, 2
de l'os, 203-205
de la moelle épinière, 533

des poumons, 943
du muscle squelettique, 317-329
microscopique
d'une fibre musculaire squelettique, 320, 321f, 333-325
de l'os, 205-208
pathologique, 2
radiologique, 2
régionale, 2
spécialités de l', 2, 3
topographique, 2
vocabulaire de l', 2, 13-18, 20-23
Anatomopathologie, 2
Anconé, 401f, 403t, 408t
Androgènes, 184, 711, 712
androsténedione, 711
testostérone, 711, 712
Andropause, 1233
Androsténedione, 359, 711
Anémie(s), 740, 741, 757
à hématies falciformes, 740, 741, 741f
aplasique, 740
des athlètes, 740
ferriprive, 740
hémolytiques, 740
hémorragiques, 740
hypoxie des, 963
leucoérythroblastique avec myélofibrose, 760
pernicieuse, 740
Anencéphalie, 546
Anergie, 912
Anesthésie, 596
Anévrisme, 860
Angine de poitrine, 774
Angiographie, 811, 860
numérique avec soustraction, 18
Angioplastie transluminale percutanée, 811
Angiotensine
enzyme de conversion de l', 946, 1130
I, 1130
II, 709, 818, 819t, 1130, 1164, 1165
Angiotensinogène, 709, 1130
Angle
colique
droit, 1030f, 1031
gauche, 1030f, 1031
inférieur de la clavicule, 260f, 261
latéral de l'œil, 630, 630f
mandibulaire, 233f, 243f, 244
médian de l'œil, 630, 630f
sternal, 256, 256f, 257
supérieur de la clavicule, 260f, 261
Angelman, syndrome d', 1286
Anhydrase carbonique, 965, 1174, 1176f
Anion, 37
superoxyde (O_2^-), 886
Ankyloglosse, 994
Ankylose, 309
Anneau
fibreux, 249, 250f
tendineux commun, 632f, 633
Annexes cutanées, 172f, 179-186
bourgeon épithélial, 179
follicules pileux, 182, 183f
glandes sébacées, 172f, 180f, 181
glandes sudoripares, 172f, 180, 181
poils, 172f, 181-183, 183f
Anomalies de l'hémostase, 753-755
affections hémorragiques, 753
affections thromboemboliques, 753
coagulation intravasculaire disséminée (CIVD), 753, 754
Anorexie, 1108
Anosmie, 568t
Anse
cervicale, 578, 578t
du néphron, 1120, 1121f, 1123f, 1133, 1134t, 1137f
cellules de l', 1120, 1121f

partie ascendante de l', 1120, 1121f, 1137f, 1141f
partie descendante de l', 1120, 1121f, 1137f, 1141f
Antagonisme, 690
Antéversion, 1210
Antiacide, 1165, 1178, 1182
Anticodon, 119
Anticorps, 59t, 745, 894, 904, 905f, 906-908
classe d', 905, 906t
complexes antigènes-, 906
du plasma, 756t
établissement de la diversité des, 906
mécanisme d'action des, 906, 907, 907f, 908
monoclonaux, 908
monomères d', 904, 905f
naturels, 756
structure de base des, 904
Antigènes, 186, 755, 869, 895, 896
complets, 895
du lymphocyte T, 910
du soi, 910, 992
endogènes, 910
étrangers, 922
exogènes, 910
incomplets, 895
liaison à l', 910
site de fixation, 905
T dépendants, 915
T indépendants, 914
Anti-oncogènes, 164
Antiprotéases, 934
Antre
mastoïdien, 660, 661f
pylorique, 1004, 1005f
Antrum folliculaire, 1208, 1209f, 1219, 1220f
Anurie, 1130
Anus, 1030f, 1031
muscle élévateur de l', 394t, 395f, 1145, 1146f
muscle sphincter
externe de l', 1030f, 1031
interne de l', 1030f, 1031
Aorte, 770f, 771f, 772, 836f, 845f
abdominale, 836t, 387t, 842f, 843f, 845f, 846f
ascendante, 769f
coarctation de l', 796, 796f
crosse de l', 969, 969f
descendante, 836t, 840f, 841f
thoracique, 836t
valves de l', 771f, 775, 776f, 777f, 778
Apex
dentaire, foramen de l', 999
du cœur, 766, 767f, 769f, 770f
du poumon, 943, 944f
Apgar, indice d', 1267
Aphasie, 531
Aphonie, 573t
Apnée, 968
du sommeil, 521
Apoenzyme, 60
Aponévrose du muscle squelettique, 320
Apoptose, 124, 483, 530, 897
juxtaglomérulaire, 709
Apparition du cycle ovarien, 1121
Appendice(s)
épiploïques, 1029
omentaux, 1029, 1029f
vermiforme, 875, 1029, 1030f
Appendicite, 744, 1030
Apport
alimentaire
des glucides, 1056
des lipides, 1058
des protéines, 1060
régulation à court terme de l', 1096, 1097
régulation à long terme de l', 1097
régulation de l', 1095, 1096

de calcium quotidien, 215
énergétique, 1095
suffisant, 1060
hydrique, 1159, 1159f
régulation de l', 1159, 1160
Apposition, croissance par, 200
Apraxie, 5341
Aptyalisme, 1046
Aquaporines (AQP), 81, 1132f, 1133
Aqueduc
de Sylvius, 493
du mésencéphale, 493, 493f, 508, 509f
colliculus inférieurs, 518, 508f
colliculus supérieurs, 508, 508f
pédoncules cérébraux, 507, 508f
substantia nigra, 519, 510f
Arachnoïde, 525f, 526
espace subdural, 525f, 526
villosités arachnoïdiennes, 525f, 526
Arbre
bronchique, 933t, 941-943
de vie du cervelet, 512
généalogique, 1288, 1288f
Arc(s)
plantaires, 275, 275f
longitudinal médial, 275, 275f
longitudinal latéral, 275, 275
transversal, 275, 276f
pataloglosses, 993f, 994
palatopharyngiens, 993f, 994
réflexe, 481, 481f, 587-589
éléments d'un, 589, 598f
centre d'intégration, 589, 598f
effecteur, 589, 598f
neurone moteur, 589, 598f
neurone sensitif, 589, 598f
récepteur, 589, 598f
vertébral, 251, 251f
Arcade(s)
alvéolaires, 243f, 244, 247f
palmaire
profonde, 837f, 840f, 840t, 841f
superficielle, 840t, 840f, 841f
pubienne, 267f, 269, 270t, 276t
veineuse
dorsale du pied, 849f, 856f, 856t
palmaire profonde, 852f, 852t, 853f, 856f
palmaire superficielle, 852f, 852t, 853f
zygomatique, 235f, 236f, 238, 241
Aréole, 1215f, 1216
Arête du nez, 934, 934f
Arginine (Arg), 119
ARN, *voir* Acide ribonucléique
ARNm, *voir* Acide ribonucléique messager
ARNr, *voir* Acide ribonucléique ribosomal
ARNt, *voir* Acide ribonucléique de transfert
Artéfacts, 133
Artère(s), 802, 803f, 804f, 805, 805f
alimentant les membres inférieurs, 837f
arquée
du pied, 846t, 847f
du rein, 1119, 1119f
axillaire, 837f, 839f, 840f, 840t, 841f
basilaire, 838f, 839f, 839t
brachiale, 837f, 840f, 840t, 841f
bronchiques, 945f, 946
carotide(s), 573t
commune droite, 840f
commune gauche, 759f, 836f, 840f
centrale de la rétine, 637, 637f
cérébrales
antérieures, 838f, 838t
moyennes, 838f, 838t, 839t
postérieures, 838f, 839t
circonflexe
antérieure de l'humérus, 840f, 840t, 841f
latérale de la cuisse, 846f, 847f

médiale de la cuisse, 847f
postérieure de l'humérus, 840f, 840t, 841f
colique
    droite, 842f, 844t, 845f
    gauche, 842f, 844t, 845f
    moyenne, 842f, 844t, 845f
commune(s), 837f, 838f, 839t, 841f
    externe, 837f, 838f, 838t, 839t
    interne, 837f, 838t, 839t
communicante
    antérieure, 838f, 838t
    postérieure, 838f, 839t
conductrices, 804
    rameau circonflexe de l', 769f, 773, 774f
coronaire, 837f
    droite, 769f, 770f, 836t
    gauche, 769f, 770f, 836t
de l'abdomen, 842f, 842t, 843f, 843t, 844t, 845f
de la tête et du cou, 838f, 838t, 839f, 839t
des membres supérieurs et du thorax, 840t, 841f, 842t
des viscères thoraciques, 841t
digitales palmaires communes, 837f, 840f, 840t, 841f
distributrices, 804
dorsale du pied, 837f, 846f, 846t, 847f
droites, 1212, 1213f
du bassin et des membres inférieurs, 846f, 846t, 847f
élastiques, 804, 805f
faciale, 838f, 838t, 839t
fémorale, 837f, 846f, 846t, 847f
    profonde, 846t
fibulaire, 846f, 847f
gastrique
    droite, 842f, 843f, 843t
    gauche, 842f, 843f, 843t
gastroduodénale, 842f, 843f
gastroépiploïque
    droite, 842f, 843f, 843t
    gauche, 842f, 843f, 843t
glutéale
    inférieure, 846f, 846t
    supérieure, 846f, 846t, 847f
hélicines, 1197
hépatique
    commune, 842f, 843f
    propre droite, 842f, 843f, 843t
    propre gauche, 842f, 843t
honteuse interne, 846f, 1198f
iléocolique, 842f, 844t, 845f
iliaque
    commune, 837f, 842f, 844t, 845f, 846f, 846t, 847f
    commune droite, 836t, 845f
    commune gauche, 836t
    externe, 837f, 846f, 846t, 847f
    interne, 837f, 846f, 846t, 847f, 1212
iliaques internes, 1212
intercostales postérieures, 840f, 841f, 841t
interlobulaires du rein, 1119, 1119f, 1122, 1126f
interosseuse commune, 841f, 840t, 841f
intestinales, 842f, 844t, 845f
linguale, 838f, 838t, 839t
lombaires, 842f, 844t, 845f
maxillaire, 838f, 838t, 839t
méningée moyenne, 242, 838t
mésentérique
    inférieure, 837f, 842f, 844t, 845f
    supérieure, 837f, 842f, 843f, 844t, 845f
métacarpiennes
    palmaires, 840f
    dorsales, 846f, 846t, 847f
    plantaires, 846f
musculaires, 804, 805, 805f
obturatrice, 846f, 846t, 847f
occipitale, 838f, 838t, 839t
ombilicales, 1258, 1259f

ophtalmiques, 838f, 838t, 839t
ovarique, 837f, 842f, 844t, 845f, 1207
phréniques
    inférieures, 842f, 843t, 845f
    supérieures, 841t
plantaire
    latérale, 846f, 847f
    médiale, 846f, 847f
poplitée, 837f, 846f, 846t, 847f
profonde
    de la cuisse, 846f, 846t, 847f
    du bras, 840f, 840t, 841f
pulmonaire(s), 945f, 946
    droite, 769f, 770f, 771f
    gauche, 770f, 771f
radiale, 837f, 840f, 840t, 841f
rectale
    inférieure, 844t
    moyenne, 844t
    supérieure, 844t, 845f
rénales, 837f, 842f, 844t, 845f, 1118, 1119f
sacrale médiane, 842f, 844t, 845f
segmentaires du rein, 1118, 1119f
sigmoïdiennes, 842f, 844t, 845f
spiralées, 1212, 1213f
splénique, 842f, 843f
subclavière, 837f, 839t, 840t
    droite, 838f, 840f, 841f
    gauche, 769f, 836t, 838f, 840f, 841f
subcostales, 841t
suprascapulaire, 840f, 841f
surrénales moyennes, 842f, 844t, 845f
temporale superficielle, 838f, 838t, 839t
testiculaire, 837f, 844t, 845f, 1191f, 1192
thoracique
    interne, 839t, 840f, 841f
    latérale, 840f, 840t, 841f
thoracoacromiale, 840f, 840t, 841f
thyroïdienne supérieure, 838f, 838t, 839t, 839t
tibiale
    antérieure, 837f, 846f, 846t, 847f
    postérieure, 837f, 846f, 847f
ulnaire, 837f, 840f, 840t, 841f
utérines, 1212, 1213f
vertébrale(s), 837f, 838f, 839t, 841f
    droite, 840f
    gauche, 840f
vésicales supérieures, 1267
Artériole, 802, 803f, 804f, 805, 805f, 806
    glomérulaire afférente, 1222, 1123f, 1125f, 1126f
    glomérulaire efférente, 1122, 1123f, 1125f, 1126f
Artériosclérose, 362, 364, 810, 860
Arthrite, 308, 311, 1151
    arthrose, 308
    ostéoarthrite, 308
Arthrodèse des corps vertébraux, 279
Arthrologie, 311
Arthropathies goutteuses, 310
Arthroplastie, 311
Arthropode microscopique, 195
Arthroscopie, 307
Arthrose, 297, 308
Articulation(s)
    acromioclaviculaire, 260f, 261
    alvéolodentaires, 285
        gomphoses, 284, 284t, 285, 285t
        sutures, 284, 284t, 285f
        syndesmoses, 284, 284t, 285, 285f
        synostoses, 284
    amphiarthroses, 284
    blessures courantes, 307, 308
    cartilagineuses, 284, 284t, 285, 286, 286t, 287t, 288t
        secondaires, 286
        symphyses, 285, 286f
        synchondroses, 285, 286, 286f
    classification
        fonctionnelle des, 284
        structurale des, 284, 284t

condylaires, 296f, 297
coxofémorale, 267
de l'épaule, 302, 302f, 303
    bourrelet glénoïdal, 302, 302f, 303
    coiffe des rotateurs, 303
    ligament coracohuméral, 302f, 303
    ligaments glénohuméraux, 320f, 303
    muscles de l', 400t, 401f, 401t, 402f, 402t
de la hanche et du genou, muscles des, 413t, 414f, 415t, 416t, 417f
déséquilibres homéostatiques des, 307-310
développement et vieillissement des, 311
diarthroses, 284
du coude, 303, 304, 304f
    muscles de l', 401f, 402f, 403t
du genou, 299, 299f, 300, 300f, 301, 301f, 303
ellipsoïdes, 296f, 297
en selle, 296f, 297
fémoropatellaire, 300
fémorotibiale, 300
fibreuses, 284, 284t, 285, 285t, 287t, 288t
immobiles, 284
innervation des, 585
intermédiaire du genou, 300
latérale du genou, 300
médiale du genou, 300
mobiles, 284
mouvement(s) des, 291, 292, 292f, 293f, 294
    angulaires, 291, 292, 292f, 293f
    biaxial, 281
    glissement, 291, 292f
    multiaxial, 291
    non axial, 291
    rotation, 291, 293f, 294
    spéciaux, 294, 295f
    translation, 291
    uniaxial, 291
nerfs et vaisseaux sanguins d'une, 289, 290
planes, 294, 296f
radio-ulnaire proximale, 263, 264f
récepteurs kinesthésiques des, 558t, 560
sacrococcygienne, 255f
sacro-iliaque, 267
semi-mobiles, 284
stabilisation des, 317
stabilité des, 290, 291
    ligaments, 290
    surfaces articulaires, 290
    tonus musculaire, 291
sternale inférieure, 256f, 257
structure générale des, 288, 289, 289f, 290
    bourse, 290, 290f
    capsule articulaire, 288, 289f
    cartilage articulaire, 288, 289f, 290f
    cavité articulaire, 288, 289f, 290f
    coussinets adipeux, 290
    disques articulaires, 290
    gaine du tendon, 290, 290f
    ligaments capsulaires, 289
    ligaments externes, 289
    ligaments extracapsulaires, 289
    ligaments internes, 289
    ligaments intracapsulaires, 289
    ligaments intrinsèques, 289
    liquide synovial, 289
    ménisques, 290, 299f
    nerfs et vaisseaux sanguins, 289, 290
    synovie, 289, 289f
    tendon, 290
synarthroses, 284
synoviales, 284, 284t, 286, 287t, 288, 288t
    coxofémorale, 303
    de l'épaule, 302, 302f, 303
    de la hanche, 303, 305f
temporomandibulaire, 238, 243f, 244, 305, 306f
    fosse infratemporale, 306, 307
    fosse mandibulaire, 305, 305f

ligament latéral, 305, 306f
tubercule articulaire, 305, 305f
tibiofibulaire, 272
distale, 272, 273f
proximale, 272, 273f
trochléennes, 294, 296f
trochoïdes, 294, 296f
types d', 294, 296f, 297
Arythmie, 784
ASA, *voir* Acide acétylsalicylique
Ascaris, 907
Aschoff-Tawara, nœud d', 782
Ascite, 1046
Asparagine (Asn), 119
Aspartate, 472
Aspiration, 979
Association et dissociation de l'oxygène et
de l'hémoglobine dans le sang, 961-963
Asthme, 923, 974
chez les enfants, 974
Astigmatisme, 644
Astrocytes, 440, 441f
Asystole, 797
Ataxie, 449
Athéromes, 810
Athérosclérose, 754, 797, 810, 811, 857
des artères coronaires, 794
Athlètes
anémie des, 740
et glucides, 1077, 1078
Athymie congénitale, 925
Atlas, 236t, 238, 251, 253, 253f, 254f
Atome, 30
électroneutre, 49
électropositif, 40
structure de l', 31, 31f, 32f
ATP, *voir* Adénosine triphosphate
Atrium, 768
Atrophie, 125, 616
musculaire, 358
optique de Leber, 1287
Attache, 266
du muscle squelettique, 318, 320
Atteinte inflammatoire pelvienne, 1210
Audition
déséquilibre homéostatique de l', 670
physiologie de l', 663-670
Augmentation de la glycémie, 1097
Aura(s), 518
olfactives, 659
Auricule, 660, 661f
de l'oreillette
droite, 769f
gauche, 769f, 770f
Auriculine, 1166
Autisme, 449, 501, 547
Autoanalyseur SMAC, 758
Autoantigène, 895
Autogreffe, 190, 919
Auto-immunité, 921
Automatisme cardiaque, 778
Autopsie, 164, 167
Autorégulation
du débit sanguin, 824, 825, 826f
rénale, 1128
Autosome, 1229, 1278
Autotolérance, 896
acquisition de l', 897, 898, 898f
Autotransfusion, 757
Avantage mécanique, 372, 373f
Avant-bras, 216, 262t, 263, 264, 264f, 265
articulation
radio-ulnaire distale, 263, 264f
radio-ulnaire proximale, 263, 264f
membrane interosseuse de l', 263, 264f
muscles de l', 376f, 377f, 404f, 404t, 405f, 406f,
407f, 407t

radius, 230f, 261, 262t, 263, 263f, 264f, 265, 265f
ulna, 230f, 261, 262t, 263, 263f, 264
Avascularité de l'épithélium, 134
AVC, *voir* Accidents vasculaires cérébraux
Avogadro, nombre d', 35
Avortement, 1272
Axe hypothalamo-hypophyso-gonadique, 1205,
1206, 1206f
Axis, 251, 253, 253f, 254f
dent, 253f, 254
Axolemme, 443, 445
Axone, 326, 327, 442f, 443, 563, 564f
amyélinisé, 446, 446f
axolemme, 445
collatérales, 443
cône d'émergence de l', 443
cône d'implantation de l', 442f, 443
myélinisé, 446, 446f
post-ganglionnaire, 605, 605f
préganglionnaire, 604, 605f
télodendrons, 442f, 443
Azote, 30t
monoxyde d', 94, 476t, 477
narcose de l', 957

B

β-oxydation, 1078
Babinski, signe de, 595
Bacille de Koch, 886
Bactérie(s), 894
à Gram négatif, 887
hélicoïdale, 1128
Bâillement, 956t
Bainbridge, réflexe de, 793
Baiser, maladie du, 746
Ballonnement de la valve mitrale, 797
Bandage vivant, 190
Bandelettes du côlon, 1029, 1029f
Barorécepteurs, 817
cardiovasculaires, 1167
réflexes déclenchés par les, 817, 818f
Barret, œsophage de, 1047
Barrière(s)
air-sang, 943
biologique, 186, 187
chimique, 186
hématoencéphalique, 527
hématotesticulaire, 1204
muqueuse, 1007
physique, 186
superficielles de défense, 885
Bartholin, glandes de, 1214, 1214f
Base(s), 46
complémentaires, 63
du cœur, 766, 767f
du crâne, 231
du poumon, 943, 944f
faibles, 48
fortes, 48
Basedow, maladie de, 704, 921
Basophiles, 743t, 744f, 745, 747f
Bassin, 267, 267f, 268f, 269
et des membres inférieurs, artères du, 846f,
846t, 847f
et grossesse, 269, 270t
féminin, 269, 270t
grand, 269
masculin, 269, 270t
ouverture
inférieure du, 269, 270t
supérieure du, 269, 270t
petit, 269
voies à destination du, 613
Bassin/cuisse, muscles superficiels du, 376f
Bâtonnets, 635f, 637
Bavure osseuse, 223
Beau, lignes de, 186
Beauté, grains de, 178

Bec-de-lièvre, 277, 277f, 1042
Bégaiement, 979
Bell, paralysie de, 571t
Bertin, colonnes de, 1117
Besoins
nutritionnels de l'érythropoïèse, 738, 739, 739f
vitaux, 8, 9
Bêtabloqueur, 616, 617t
Béthanechol, 617t
Bicarbonate filtré, 1175, 1175f
Biceps
brachial, 376f, 401f, 402f, 403f, 408t
fémoral, 377f, 417f, 419t, 430t
Bicouche lipidique, 74, 75f, 76
Bilan azoté, 1060
Bile, 1024
Bilirubine, 739, 739f, 1024
Biochimie, 44-46
acides nucléiques (ADN et ARN), 61-64
adénosine triphosphate (ATP), 64, 65, 65f
composés
inorganiques, 44-49
organiques, 49-64
Biologie humaine, 2
Biopsie, 166
de la moelle épinière, 759
des villosités choriales (BVC), 1288, 1289f
Biotine, 1063t
Blancheur, 179
Blastocyste, 1248, 1248f, 1251f
Blastomères, 1248
Blépharite, 631
Blessures courantes des articulations, 307, 308
Bleus, 179
Bloc cardiaque, 784
Blocage lent de la polyspermie, 1245, 1245f
Bohr, effet, 963
Boissons énergétiques, 1140
Boîte de Petri, 1272
Bol alimentaire, 994
Bord
antérieur du tibia, 272
axillaire de la clavicule, 259, 260f
cervical de la clavicule, 259, 260f
latéral de la clavicule, 259, 260f
médial de la clavicule, 259, 260f
spinal de la clavicule, 259, 260f
supérieur de la clavicule, 259, 260f
supraorbitaire de l'os supraorbitaire, 232f, 238
Bordure en brosse, 134, 1017, 1120
enzymes de la, 1017
Borrelia, 310
Bosse de bison, 711, 711f
Botox, 633
Bouche, 993, 993f
abaisseur de l'angle de la, 380t, 381f
cavité propre de la, 993
orbiculaire de la, 376f, 380t, 381f, 993
processus digestifs se déroulant dans la, 1002, 1003
vestibule de la, 993
Boucle de rétroactivation, 1106
Boulimie, 1046
Bourgeon
conjonctivovasculaire, 211, 212f
épithélial, 179
laryngotrachéal, 975f, 978
Bourrelet
acétabulaire, 304, 304f
glénoïdal, 302, 302f, 303
Bourse, 290, 290f
de Fabricius, 897
subacromiale, 290f, 302f, 308
subcutanée prépatellaire, 299f, 300
Boutons de fièvre, 195
Boyle-Mariotte, loi de, 949
Brachial, 376f, 377f, 401f, 402f, 403t, 408t
Brachioradial, 376f, 377f, 401f, 403t, 405f, 406t, 408t
Bradycardie, 449, 793

Bradykinine, 563, 827, 889t
Branche(s), 205t
    du faisceau auriculoventriculaire, 783, 783f
    inférieure du pubis, 268f, 269
    supérieure du pubis, 268f, 269
Bras, 261, 262t, 263f, 264f
    humérus, 230f, 261, 262t, 263f
    muscles superficiels du, 376f, 377f
Braxton-Hicks, contraction de, 1265
Brin
    avancé d'ADN, 111, 112f
    codant, 117, 118f
    matrice, 117f, 118f
    retardé d'ADN, 111, 112f
Brisure courante du genou, 301, 301f
Broca, aire de, 497f, 498, 521
Brodmann, aires de, 494
    latéralisation fonctionnelle des, 501
Bronche(s), 940
    principale droite, 941, 941f
    principale gauche, 941, 941f
    lobaires, 941, 941f
    secondaires, 941, 941f
    segmentaires, 941, 941f
    tertiaires, 941, 941f
Bronchioles, 941, 942f
    respiratoires, 942f, 943
    terminales, 941, 942f
Bronchite chronique, 973, 973f
Bronchopneumopathie chronique obstructive (BPCO), 972, 973f, 979
    pathogenèse, 973f
Bronchoscopie, 979
Bronzage, 178
Bruits
    de Korotkoff, 821
    du cœur, 786, 787, 787f, 788, 789f
Brûlures, 189-191
    d'estomac, 1000, 1264
    du deuxième degré, 191, 191f
    du premier degré, 190, 191f
    du troisième degré, 191, 191f
    profondes, 190
    règle des neuf, 189
    superficielles, 190
Brunissement, réactions de, 1108
Brunner, glandes de, 1018
Bruxisme, 1046
Bubon, 871
Buccinateur, 380t, 381f, 382t, 383t
Bulbe
    du pénis, 1190f, 1193, 1194f
    du vestibule de la vulve, 1214f 1215f
    oculaire, 568t, 632, 632f, 633-638
    pileux, 182, 183f
    primitif du cœur, 795, 795f
    rachidien, 491, 491f, 492f, 509, 510, 510f
Bulbospongieux, 394t, 395f
Bulge, 182, 184
Burkitt, lymphome de, 164
Bursite, 308, 311
    prérotulienne, 308
    rétrooléocrânienne, 308
Bywaters, syndrome de, 1130

C

C_1 à C_7, vertèbres, 248f
Ca^{2+}, 479
    pompe à, 449
Cachexie, 164, 1108
Cadhérines, 77, 93
Caduque
    basale, 1251f, 1252, 1253f
    capsulaire, 1251f, 1252, 1253f
Cæcum, 1029
Cage thoracique, 230, 230f, 256, 256f, 257
    côte(s), 230f, 256f, 257, 258f

espaces intercostaux, 256, 256f
    incisures claviculaires, 256, 256f
    rebord costal, 256f, 257
    sternum, 230f, 256, 256f, 257
Caillot, 160, 161f
    formation du, 750
Caisse du tympan, 660
Caissons hyperbares, 957
Cajal, cellules interstitielles de, 1014
Cal
    fibrocartilagineux, 218, 220f
    osseux, 218, 220f
Calcanéus, 274, 274f, 275, 276t
Calcification, 200
    front de, 215
    métastatique, 706
Calcitonine, 215, 222, 700, 704
    cellules parafolliculaires, 704
    synthèse des, 701, 702, 702f, 703
Calcitriol, 706, 721
Calcium, 30t, 706, 721, 1064t, 1065t
    apport quotidien, 215
Calculs
    biliaires, 1024
    rénaux, 1145
Calices rénaux, 1118f
Callosité, 173
Calmoduline, 353, 354, 354f, 687
Calorimètre, 1098
Calotte, 231
Calvaria, 231
Calvitie hippocratique, 184, 194
Canal(aux)
    à Ca^{2+} voltage-dépendants, 328, 329f
    à K^+ voltage-dépendants, 328f, 329f, 454
    à Na^+, 328f, 329f, 454
        voltage-dépendants, ouverture rapide des, 779
    alimentaire, 986
    anal, 1030f, 1031
    carotidien, 235f, 236t, 240
    carpien, syndrome du, 266
    central de l'ostéon, 207, 208f
    de Havers, 207, 208f
    de la racine de la dent, 999
    de Müller, 1230
    de passage, 807, 807f
    de Schlemm, 638
    de Volkmann, 207, 208
    de Wolff, 1230
    des mécanorécepteurs, 449
    des nerfs hypoglosses, 238, 239f
    du col utérin, 1208f, 1210, 1211f
    endocervical, 1210
    épididymaire, 1194
    fonctions des, 94
    ioniques membranaires, 449, 450
        voltage-dépendants, 454, 457f
    lents à Ca^{2+}, 780
    ligand-dépendants, 449, 449f, 456f
    optiques, 232f, 239f, 241, 242
    perforants de l'os compact, 207, 208f
    protéiques, 80, 80f
        à fonction active, 449
        à fonction passive, 80, 449, 451f
        fermés, 449
        ouverts, 449, 449f
        voltage-dépendants, 94
    pylorique, 1004, 1005f
    récepteurs des neurotransmetteurs associés à, 478, 478f
    sacral, 255, 255f
    semi-circulaires, 662, 663f
    transporteurs, 80
    vertébral, 251, 251f
    voltage-dépendants, 449, 449f
Canalicule(s), 208, 208f
    biliaires, 1022f, 1023

efférent, 1192, 1192f
    lacrymaux, 631, 632f
Cancer, 164-167, 188, 189
    de l'endomètre, 1237
    de l'ovaire, 1237
    de la prostate, 1196
    de la vessie, 1150
    des ovaires, 165
    diagnostic et évaluation du stade clinique du, 165
    du col de l'utérus, 164
    du foie, 164
    du poumon, 165, 974, 975, 979
    du sein, 165, 1216, 1217
    du testicule, 1193
    épithélioma
        basocellulaire, 188, 189f
        spinocellulaire, 188, 189f
    fréquence du, 165
    traitement du, 166
Cannon, Walter, 9
Canthus
    externe, 630
    interne, 630
Capacitation, 1245
Capacité
    de réabsorption
        des tubules collecteurs, 1133, 1134t, 1135
        des tubules rénaux, 1120, 1121f, 1123f, 1133
    de régénération des tissus, 162
    inspiratoire (CI), 953, 954f
    pulmonaire totale (CPT), 953, 954f
    résiduelle fonctionnelle (CRF), 953, 954f
    respiratoire, 953, 954f
    thermique de l'eau, 45
    vitale (CV), 953, 954f
        forcée (CVF), 955
Capillaires, 802, 803f, 804t, 806, 806f, 807, 808
    à housse, 872
    continus, 806, 806f, 807
    discontinus, 806f, 807
    fenestrés, 806f, 807
    glomérulaires, 1122, 1125f
    lits capillaires, 807, 807f, 808
    lymphatiques, 866, 867f
    péricyte, 806, 806f
    péritubulaires, 1122, 1123f, 1126f
    types de, 806, 807
    vrais, 807, 807f
Capitulum, 261, 263f
Capsule, 870, 871f, 873f
    articulaire, 288, 289f
    interne, 502, 502f
    glomérulaire rénale, 1120, 1121f, 1126f
Captage de l'iodure, 702, 702f
Caractéristiques
    de l'épithélium, 133, 134
    des vertèbres, 251, 252t
    du tissu conjonctif, 143
    générales des tissus musculaires, 316-317
Carbamazépine (Terzetto), 518, 570t
Carbhémoglobine, 736, 963, 964f
Carbone, 30t
    monoxyde de, 476t, 477
Carboxypeptidase, 1026, 1026f, 1037
Carcinogenèse, 164
Carcinome, 165
Cardia, 1004, 1005
Cardiomyopathie hypertrophique, 797
Cardiopathies congénitales, 796
    communication interventriculaire, 796, 796f
    coarctation de l'aorte, 796, 796f
    tétralogie de Fallot, 796, 796f
Carence en ions métaux, 823
Caries dentaires, 999
Carina trachéale, 932f, 940
Caroncule lacrymale, 630f, 631
Carotène, 179

Carpe, 202, 230, 262t, 265, 265f, 266
    court extenseur radial du, 406t, 407f, 408t
    extenseur ulnaire du, 377f, 406t, 407f, 408t
    fléchisseur
        radial du, 376f, 404t, 405f, 408t
        ulnaire du, 377f, 405f, 405t, 408t
    long extenseur radial du, 377f, 406t, 407f, 408t
    os du capitatum, 262t, 265f, 266
Carré
    des lombes, 388t, 389f
    fémoral, 418f, 418t, 430t
    plantaire, 426t, 427f, 430t
    pronateur, 376f, 405f, 406t, 408t
Carte
    motrice du gyrus précentral, 498f
    sensitive du gyrus postcentral, 498f
Cartilage(s), 144t, 151, 152f, 153, 153f, 154f, 155
    articulaire, 153, 200, 201, 212, 213f, 288, 289f, 290f
    aryténoïdes, 937, 938f
    chondroblastes, 151, 152f
    chondrocytes, 151, 152f, 200
    corniculés, 937, 938f
    costal, 200, 201f
    cricoïde, 937, 938f
    croissance du, 200
    cunéiformes, 937, 938f
    des voies respiratoires, 200, 201f
    élastique, 144t, 151, 153, 152f, 153f, 200, 201f
    en calcification, zone de, 213, 213f
    épiphysaire, 153, 204, 206f, 212, 213f
        soudure des, 213
    fibreux, 144t, 151, 153, 152f, 154f, 200, 201f, 286, 286f
    fibrocartilage, 200
    hyalin, 144t, 151, 152f, 200, 201f, 285, 286f
    hypertrophié, zone de, 212, 213f
    lacunes, 151, 152f
    matrice extracellulaire, 200
    périchondre, 200
    quiescent, zone de, 212, 231f
    ruptures du, 307, 307f, 308
    semi-lunaires, 300, 300f
    structure des, 200, 201f
    thyroïde, 937, 938f
    tissu cartilagineux, 200
Caryotype, 1278, 1278f
Catabolisme, 1064, 1065, 1065f, 1066
    des protéines cellulaires, 1088
Catabolisme, 8
Catagène, 184
Catalyseur, 60
Cataplexie, 521
Catécholamines, 470, 712
Cathélicidines, 186
Cathéter, 1148
Cathétérisme cardiaque, 797
Cation, 37
Cavéoles, 89, 352, 353f
Cavité(s), 17, 17f, 20-23
    à moelle rouge, 204
    abdominale, 17f, 20
        et pelvienne, 17, 17f
    antérieure, 17, 17f, 20
    articulaire, 288, 289f, 290f
    crânienne, 17, 17f, 232, 232f
    de l'oreille moyenne, 23
        et interne, 232, 236t, 240
    dorsale, 17
    du cœur, 766, 768f
    glénoïdale de la clavicule, 260f, 261
    médullaire, 204, 206f
    nasales, 23, 232, 232f, 245, 247f, 934, 935f
    orale, 232, 232f, 993, 993f
        digestive, 23
    orbitales, 23
    orbites, 232, 232f, 236t, 237t, 238f
    pelvienne, 17f, 20
    péricardique, 17, 17f

péritonéale, 989, 990f
pleurale, 945f, 947
postérieure, 17, 17f
propre de la bouche, 993
sinus, 232
    frontal, 232f
    maxillaire, 232f
spinale, 17
synoviales, 23
thoracique, 17, 17f, 933t, 943
    organes de la, 945t
    pression dans la, 947, 948f
ventrale, 17
vertébrale, 17, 17f
Cavum de la dent, 999
CCK, *voir* Cholécystokinine
Cdk, 113
Cécité
    fonctionnelle, 500
    nocturne, 650
Ceinture
    pectorale, 258-260, 262t
    pelvienne, 266-270
Cellule(s), 3, 4f, 71-126, 145, 146f
    à mucus du collet, 1005, 1006f
    adipeuses, 144t, 145f, 146, 147
    anucléées, 106
    B, 897
    bordantes, 1005, 1006f
    C, 215, 704
    caliciformes, 139, 140, 934, 1017
    cancéreuses, 113
    cardiaques, 778
    cardionectrices, 781
    chondroblastes, 144t, 146
    chromaffines, 712
    cibles, 685
        interactions hormonales au niveau des, 689, 690
        mécanisme de signalisation lié à l'AMP cyclique, 686, 687f
        mécanisme de signalisation lié au PIP et au calcium, 687
        régulation négative, 688
        régulation positive, 688
        spécificité des, 688
    corticotropes, 697
    cuboïdes, 135, 135f, 136f
    de Kupffer, 807, 885, 1020
    de l'anse du néphron, 1120, 1121f
    de l'épiderme, 173f, 174f
        kératinocytes, 173, 174f, 175
        macrophagocytes intraépidermiques, 173, 175
        mélanocytes, 173, 174f
    de la crête neurale, 1255f, 1256
    de la macula densa, 1124f, 1128
    de Langerhans, 173, 899
    de Leydig, 1192
    de Merkel, 173, 174f, 175
        corpuscule tactile non capsulé, 173, 174f
        disque de Merkel, 173, 174f
    de Paneth, 1018
    de Purkinje, 512
    de revêtement, 440
    de Schwann, 441
    de Sertoli, 1202
    de soutien, 671, 671f
    dendritiques, 869, 899, 1212
    développement et vieillissement des, 124, 125
    diversité des, 72, 72f, 73
    du système immunitaire adaptif, 896-900
    du tubule
        collecteur rénal, 1120, 1121f
        contourné distal, 1120, 1121f, 1124f
        contourné proximal, 1120, 1121f
    effectrices, 901
    entérochromaffines, 1010
    épineuses, 175

ethmoïdales, 232f, 242, 242f
fibroblastes, 144t, 145f, 146, 147
filles, 1202
    de la mitose, 1200f
    de la méiose I, 1200f
folliculaires, 1208, 1209f
G, 1010
ganglionnaires de la rétine, 635, 636f
germinales, 1202
    primordiales, 1230, 1231f
gliales, 156
globule blanc, 144t, 146
gonadotropes, 697
graisseuses, 147
granulaires, 1124, 1124f
granuleuses, 1208, 1208f, 1219
intercalaires, 1020
    de type A, 1169
interstitielles, 1192, 1192f
    de Cajal, 1014
juxtaglomérulaires, 1124, 1124f
kératinisées, 175
lactotropes, 698
lymphocytes, 869, 869f
    B, 869
    T, 869
lymphoïdes, 869
M, 875
macrophagocytes, 145f, 146, 869, 869f
mastoïdiennes, 240
mémoires, 902
mésangiales, 1124
mésenchymateuses, 147, 210, 211f
    régénération par, 298
microgliales, 440
microphagocytes stellaires, 146
modèle
    de la mosaïque fluide, 74, 75, 75f, 76, 77
    général de la, 73, 73f
multinucléées, 106
muqueuses, 140, 966
myoïdes, 1191, 1192f
nerveuses, 442
    facteur de croissance des, 622
neuroépithéliales, 482
NK, 887
noyau de la, 73, 73f
ostéogènes, 204, 206f, 205, 206f, 207
ostéoprogénitrices, 207
oxyntiques, 1005
parafolliculaires, 215, 704
pariétales, 1005, 1006f
pigmentaires de la rétine, 635
polarisées, 90
présentatrices d'antigènes (CPA), 899, 900
principales, 1006, 1006f, 1020
prismatiques, 135, 135f
réticulaires, 144t, 149f, 736, 869
    stroma, 869
rythmogènes, 354, 1014
sanguines, formation des, 203
satellites, 357, 357f
sensorielles, 671, 671f
    ciliées internes, 664f, 668
    ciliées externes, 664f, 668
séreuses, 966
souches, 736
    hématopoïétiques, 146, 215
    hématopoïétiques pluripotentes, 737
    indifférenciées, 146
    lymphoïdes, 746, 747f
    myéloïdes, 737, 737f, 746, 747f
    non segmentées, 746
squameuses, 135, 135f
T, 897
thyréotropes, 697

trophoblastiques, 1248f, 1249
tueuses naturelles (NK), 745, 887
Cellulose, 50
Cément, 1000
Centre(s)
    biosynthétique du neurone, 443
    cardioaccélérateur, 784
    cardio-inhibiteur, 784
    cardiovasculaire, 816
    cérébraux supérieurs, 817, 970
    d'intégration, 589, 598f
    de l'appétit, 1163
    de la continence, 1147, 1147f
    de la miction, 1147f, 1148
    de la soif, 506, 1159
    de la thermogenèse, 1104
    de la thermolyse, 1104
    de régulation, 10, 10f, 11f
    de vomissement, 1015
    du SNA, régulation des, 505
    germinatif, 870
    moteur du langage, 498
    respiratoires
        du bulbe rachidien, 966, 966f, 967
        pontins, 966f, 967
    tendineux du périnée, 1215
    thermorégulateurs, 1104
    vasomoteur, 816
Centrioles, 73f, 103, 103f, 104, 109t
Centrosome, 73f
Céphalisation, 489
Cercle
    artériel du cerveau, 839f, 839t
    de Willis, 839f, 839t
Cérumen, 181, 660
Cerveau
    affectif, 514
    antérieur, 491
    émotionnel, 514
    faux du, 526, 526f, 851f
    moyen, 491
    postérieur, 491
        mésencéphale, 491, 491f, 492f
        prosencéphale, 491, 491f
Cervelet, 491, 491f, 492f, 511, 512, 513, 513f, 514, 588
    arbre de vie, 512
    faux du, 526, 526f
    fonction cognitive, 514
    fonctionnement, 514
    hémisphères du, 513, 516f
    lamelles du, 513
    lobe
        antérieur, 513, 516f
        floccunodulaire, 513, 516f
        postérieur, 513, 516f
    pédoncules cérébelleux, 508f, 513f, 514
        inférieurs, 508f, 513f, 514
        moyens, 508f, 513f, 514
        supérieurs, 508f, 513f, 514
    tente du, 526, 526f
    vermis, 513, 516f
Césarienne, 1267
Cétogenèse, 1079
Cétone, 716, 1079
Cétonurie, 716, 1144t
Cétose, 65, 718, 1080
CFAO, voir Conception et fabrication assistée
    par ordinateur
CFTR, 978
Chadwick, signe de, 1262
Chaîne(s)
    de transport des électrons, 1071, 1072, 1073f
    invariante, 910
    légères, 904
    lourdes, 904
    sympathiques, 610
Chalazion, 631

Chaleur
    coup de, 1106
    crampes de, 1104
    de vaporisation, 1103
        de l'eau, 45
    dégagement de, 317, 344
    déperdition de, 1095, 1098, 1099f
    déperdition insensible de, 1103
    épuisement dû à la, 1106
    mécanisme d'échange de, 1103, 1103
Chambre(s)
    et liquides de l'œil, 638, 639
    glomérulaire, 1120, 1122f, 1124f, 1125f
Champ
    récepteur à photosensibilité
        «off», 562, 653f
        «on», 652, 653f
    visuel, 633, 637, 645
    partie
        nasale du, 650
        temporale du, 650
Champignons, 894
Chancre, 1228
Chaperonines, 60
Chaperons, protéines, 59t, 60
Charge, 335, 372, 373f, 374f
    d'un muscle, 348, 348f
    virale, 921
Charnley, John, 297
Charpente externe du nez, 934, 934f
Chefs, 371
Chéloïde, 167
Chevauchement fonctionnel des systèmes
        nerveux sympathique et autonome, 605, 606
        somatique et autonome, 605, 606
Cheveux, raréfaction des, 184
Cheyne-Stokes, respiration de, 980
Chiasma optique, 568t, 650, 651f
Chiasmas, 1199
Chimie, 27-65
    des hormones, 685-690
    des pigments visuels, 646, 647
    énergie, 28, 29
    matière, 28-33
    notions de, 28-44
Chimiorécepteurs, 557, 558t, 559t, 817, 967, 969f
    centraux, 967
    périphériques, 967
    réflexes déclenchés par les, 817
Chimiotactisme, 890
    positif, 742
Chimiothérapie, 166
Chiropratique, 279
Chirurgie de réduction du volume pulmonaire, 973
Chirurgien
    orthopédiste, 279
    -robot, 298
Chlamydia trachomatis, 677, 810
Chloasma, 1262
Chlore, 30t, 1064t
Chlorure, 1165t
Choanes, 934, 935f, 936
Choc
    anaphylactique, 923
    cardiogénique, 831
    d'origine vasculaire, 831
    de la pointe du cœur, 766
    état de, 822
    hypovolémique, 831, 832f, 1128, 1162
    neurogène, 831
    septique, 831, 925
    spinal, 544
    thermique, 60
        mécanisme du, 923
    toxique, syndrome du, 831
    vasculaire transitoire, 831
Cholécalciférol, 187, 720t, 721

Cholécystite, 1043
Cholécystokinine (CCK), 472, 475t, 720t, 1008t,
    1013, 1026
Cholestérol, 54, 54f, 74, 75f, 1091
    métabolisme du, 1091, 1093, 1095
    régulation de la concentration plasmatique de, 1091
    transport du, 1091
Choline acétyltransférase (ChAT), 470
Chondroblastes, 144t, 146
Chondrocytes, 200
Chondroïtine sulfate, 144, 145f, 1521
Chondromalacie rotulienne, 311
Chordotomie, 547
Chorée de Huntington, 504, 532, 1282
Chorion, 1250, 1251, 1251f
    lisse, 1252
    papille du, 182, 183f
Choroïde, 634f, 635
Christmas, facteur, 750t
Chromatine, 73 f, 106, 107f, 108f, 110t
    chromosomes, 108, 108f
Chrome, 30t
Chromosome(s), 7, 108, 108f, 978
    circulaire des mitochondries, 1287
    homologues, 1199
        enjambement des, 1280, 1281f
        liés, 1280
    maternel, 1199
    nombre haploïde, 1199
    paternel, 1199
    recombinants, 1280
    ségrégation indépendante des, 1279, 1280f
    sexuels, 1129, 1278
        liés au sexe, 1284
    X, 1229, 1284, 1284f
    Y, 1229, 1284, 1284f
Chyle, 867
    citerne du, 867, 868f
Chylomicrons, 1040, 1091
Chyme, 1003
Chymotrypsine, 1026, 1026f, 1037
Chymotrypsinogène, 1026, 1026f
Cicatrisation, 159, 162
    par deuxième intention, 167
    par première intention, 167
Cils, 104, 104f, 109t
Cimétidine (Tagamet), 1009
Circoncision, 1193
Circulation
    coronarienne, 773, 774, 774f
    dans les nœuds lymphatiques, 870, 871
    du liquide cérébrospinal, 528f
    fœtale, 1258, 1259f
        développement de la, 1258-1260
    pulmonaire, 772, 773f, 834t, 834f, 835
    splanchnique, 990
    systémique, 772, 773f, 833, 835, 835f, 836t
Cirrhose, 1020
Citerne(s)
    du chyle, 867, 868f
    terminales du RS, 324, 324f
Cl⁻, pompe à, 449
Clairance rénale, 1142
Clapping, 978
Classes d'anticorps, 905, 906t
Classification
    structurale des glandes exocrines multicellulaires,
        141, 142f, 143
    TNM, 166
    des neurones, 447, 448
    des os, 201, 202, 202f
    du squelette, 201, 202
Clathrine, 85, 87f
Claudication intermittente ischémique, 363
Clavicules, 230f, 258, 259, 259f
    extrémité
        acromiale, 259, 259f
        sternale, 259, 259f

ligne trapézoïde, 259, 259f
tubercule conoïde, 259, 259f
Clitoris, 1214, 1214f
corps spongieux du, 1214, 1214f
gland du, 1214, 1214f
prépuce du, 1214, 1214f
Cloaque, 1148, 1148f
Cloison du testicule, 1191, 1192f
Clone, 746, 901
Clostridium difficile, 1046
Clostridium tetani, 363
Clou(s), 195
plaquettaire, 12, 12f
Coagulation, 750, 750t, 751, 751f, 752
intravasculaire disséminée (CIVD), 753, 754
syndrome de, 754
facteurs de, 750t
in vitro, 751
voies intrinsèque et extrinsèque de la, 751, 751f
Coarctation de l'aorte, 796, 796f
Coatomères, 89
Cobalt, 30t
Coccyx, 248f, 249, 255, 255f, 267, 267f, 269, 270t
Cochlée, 572t, 661f, 662, 663, 664f
modiolus de la, 663, 664f
Codage de l'intensité du stimulus, 458, 459f
Code génétique, 119, 119f
Codominance, 1283
Codon, 119
d'arrêt, 121
Cœlome, 1255f, 1257
Coenzymes, 1060, 1067
Cœur, 719, 720t
anatomie du, 766, 769f-771f, 772-778
aorte, 770f, 771f, 772
ascendante, 769f
apex du, 766, 767f, 769f, 770f
artère
carotide commune gauche, 769f
coronaire droite, 769f, 770f
coronaire gauche, 769f, 770f, 773, 774f
pulmonaire droite, 769f, 770f, 771f
pulmonaire gauche, 770f, 771f
subclavière gauche, 769f
auricule
de l'oreillette droite, 759f
de l'oreillette gauche, 769f, 770f
base du, 766, 767f
cavités du, 766, 768f
choc de la pointe du, 766
cordages tendineux, 771f
crête terminale, 770f
crosse de l'aorte, 769f
cuspide de la veine auriculoventriculaire, 770f
développement du, 794, 795f, 796
dimension du, 766
endocarde, 767, 768f 771f
enveloppes du, 766, 768f
épicarde, 766, 767, 768f, 771f
facteur natriurétique auriculaire (FNA), 719, 720t
faisceaux de tissu musculaire cardiaque, 766, 768f
fosse ovale, 770f, 771f
grande veine du, 769f, 770f, 774, 774f
innervation extrinsèque du, 784
lame
pariétale du péricarde séreux, 766, 768f
viscérale du péricarde séreux, 766, 768f
ligament artériel, 769f
médiastin, 766, 767f
muscle(s)
papillaires, 771f, 772
pectinés, 770f, 771f
myocarde, 766, 768f, 771f
du ventricule gauche, 770f, 771f
oreillette, 766, 768f, 772
auricules, 769f, 770f, 772
droite, 769f, 770f, 771f, 772
gauche, 770f, 771f, 772

orifice
de la veine cave inférieure, 770f
de la veine cave supérieure, 770f
du sinus coronaire, 770f
péricarde, 766, 768f
fibreux, 766, 768f
séreux, 766, 768f
petite veine du, 769f, 774, 774f
pulmonaire, 797
rameau
circonflexe de l'artère coronaire gauche, 769f, 773, 774f
interventriculaire antérieur, 769f, 773, 774f
interventriculaire postérieur, 770f, 773, 774f
marginal droit, 769f, 773, 774f
septum
interatrial, 768
interauriculaire, 768, 770f
interventriculaire, 768
sillon
coronaire, 768, 769f, 770f
interventriculaire antérieur, 768, 769f, 770f
interventriculaire postérieur, 768, 769f, 770f
interventriculaire, 770f, 771f
sinus coronaire, 770f, 772, 774, 774f
orifice du, 770f
situation du, 766, 767f
squelette fibreux du, 766, 768f
trabécules charnues, 771f, 772
trajet du sang dans le, 772, 773f
tronc
brachiocéphalique, 769f
pulmonaire, 769f, 771f, 772
tuniques de la paroi du, 766, 767, 768f
vaisseaux du, 768, 769f-771f, 772
valve(s) cardiaque(s), 775, 776f, 777, 777f, 778
auriculoventriculaires, 775, 776f, 777f
auriculoventriculaire droite, 771f
auriculoventriculaire gauche, 771f
de l'aorte, 771f
de l'aorte et du tronc pulmonaire, 775, 776f, 777f, 778
du tronc pulmonaire, 771f
mitrale, 775, 776f
sigmoïdes, 755
tricuspide, 775, 776f
veine
antérieure du, 769f, 774, 774f
cave inférieure, 769f, 771f, 772
cave supérieure, 769f, 770f, 771f, 772
moyenne du, 770f, 774, 774f
postérieure du ventricule gauche, 770f, 774, 774f
pulmonaire droite, 769f, 770f, 771f, 772
pulmonaire gauche, 769f, 770f, 771f, 772
ventricule
droit, 769f, 770f, 771f, 772, 773f
gauche, 769f, 770f, 771f, 772, 773f
vieillissement du, 796, 797
sclérose et épaississement des valves, 796
voir aussi Muscle cardiaque
Cofacteur, 60
Cohésine, 112
Coiffe des rotateurs, 303
Coït, 1213, 1214
Col
anatomique de l'humérus, 261, 263f
chirurgical de l'humérus, 261, 263f
de la côte, 257
du fémur, 271f, 272, 276t, 278
de l'utérus, 1208f, 1210, 1211f
Colectomie, 1047
Colite, 1046
Collagène, 59t, 145
fibre de, 145, 145f, 146
Collatérales, 443
Collet
cellules à mucus du, 1005, 1006f
de la dent, 999

Colliculus
inférieurs, 518, 508f, 669, 669f
supérieurs, 508, 508f, 650, 651f
Colloïdes, 34, 34f, 35, 700, 702f
biologiques, 45
Côlon, 1029, 1029f
ascendant, 1030f, 1031
bandelettes du, 1029, 1029f
haustrations du, 1029, 1029f
irritable, syndrome du, 1034
sigmoïde, 1030f, 1031
transverse, 1030f, 1031
Colonies, facteur de croissance des, 745
Colonne(s)
anales, 1030, 1031f
de Bertin, 1117
rénales, 1117, 1118f
vertébrale, 230, 230f, 248, 248f, 249-256
coccyx, 248f, 249, 255, 255f, 267, 267f, 269, 270t
courbures, 249
disques intervertébraux, 249, 250f
ligaments, 249, 250f
sacrum, 230, 248, 248f, 249, 251, 254, 255f, 267, 267f, 269, 270t, 276t
segments, 249
vertèbres, 248f, 249
Coloscopie, 1047
Colostomie, 1046
Colostrum, 1268
Coma, 518, 519
Commissure(s), 501
antérieure du cerveau, 501
grise, 535, 536f
postérieure du cerveau, 501
Commotio cordis, 797
Commotion cérébrale, 529
Communication interventriculaire, 796, 796f
Compartiment(s)
basal, 1202, 1203f
central, 1203f, 1204
extracellulaire, 1156
hydriques de l'organisme, 1156, 1156f
interstitiel, 1156
mouvements des liquides entre les, 1158, 1159
Compatibilité croisée, 757
Compensations
rénales, 1183
respiratoires, 1183
Complément, 891t, 892, 893
activation du, 892, 893f, 907
fixation du, 892, 907
protéines du, 887, 889t
Complexe(s)
antigènes-anticorps, 906
ARNm-protéines, 118
d'attaque membranaire (MAC), 893
d'épissage, 118
de mobilité migrante, 1028
du pore nucléaire, 106, 106f
enzymatiques, 1073
enzyme-substrat, 61, 62f
golgien, 73f, 98, 98f, 99, 141
immuns, 906
QRS, 785, 785f
Compliance pulmonaire, 953
Comportement, régulation du, 505
Composants du sang, 732, 732f
éléments figurés, 732, 732f, 733, 733f, 743t
plasma, 732, 732f, 733, 733f, 734t
Composés
inorganiques, 44-49
organiques, 49-64
Composition chimique de l'os, 209, 210
Compression, points de, 820
Concentration
d'aldostérone, 1169
des solutions, 35
gradient de, 79

plasmatique
  d'acides gras, 1097
  de potassium, 1169
  du cholestérol, régulation de la, 1091
plasmique
  d'acides aminés élevée, 1097
  d'ions potassium, 709, 709f
Conception
  et fabrication assistée par ordinateur (CFAO), 298
  produit de la, 1244
Conducteur, 448
  saltatoire, 455, 4599
Conduction, 1103
  cardiaque, 783
    myofibres de, 783, 783f
Conductivité, 316
Conduit(s)
  aériens, résistance des, 951, 952
  alvéolaires, 942f, 943
  artériel, 795, 795f, 1259f, 1260
  biliaire interlobulaire, 1020, 1022f
  cholédoque, 1020, 1021f, 1025
  cochléaire, 663, 663f, 664f
    membrana tectoria, 664f, 668
    paroi vestibulaire du, 663, 664f
    semi-circulaire, 662, 663f
  cystique, 1020, 1021f
  déférent, 1190, 1190f, 1194f, 1195
  éjaculateur, 1190, 1190f, 1194f, 1195
  hépatique commun, 1020, 1021f
  interne, 240
  lactifères, 1215f, 1216
  lymphatique droit, 867, 868f
  mésonéphriques, 1148, 1149f, 1230, 1231f
  nasolacrymal, 631, 632f
  pancréatique, 1016f
    accessoire, 1016f, 1025
  paramésonéphriques, 1230, 1231f
  pronéphrique, 1148, 1149f
  thoracique, 867, 868f
  veineux, 1258
Condyle, 205t
  latéral
    du fémur, 271f, 272, 273f
    du tibia, 272, 273f
  mandibulaire, 233f, 236t, 238, 243f, 244
  médial
    du fémur, 271f, 272, 273f
    du tibia, 272, 273f
  occipitaux, 233f, 235t, 238
Cône(s), 635f, 637
  de croissance d'un neurone, 482, 484f
  médullaire, 533, 534f
Congestion
  périphérique, 794
  pulmonaire, 794
Conjonctive, 630f, 631
  bulbaire, 630f, 631
  palpébrale, 630f, 631
  sac conjonctival, 630f, 631
Conjonctivite, 631
Conn, syndrome de, 1184
Connectine, 321f, 323
Connexines, 77
Connexons, 77, 78f
Conscience, 518, 519
Conseil génétique, 1287-1290
Consolidation des fractures, 218, 220f
Consommation d'iode, 703
Constipation, 1035, 1264
Constituants
  inorganiques de l'os, 209
  organiques de l'os, 209
Constricteur
  inférieur du pharynx, 385t, 385t
  moyen du pharynx, 385t, 385t
  supérieur du pharynx, 385t, 385t
Constriction des vaisseaux sanguins cutanés, 1104
Contact, inhibition de, 113

Continence, centre de, 1147, 1147f
Contraception, 1270
Contractilité, 5, 316, 791, 792
Contraction(s)
  au niveau de l'unité motrice, 778
  concentriques, 339
  de Braxton-Hicks, 1265
  de la pupille, 642
  des muscles
    lisses, 353-356
    squelettiques, 334-340
  du muscle cardiaque, mécanismes et déroulement
    de la, 778-781
  excentriques, 339
    isométriques, 335
    isotoniques, 335
  gastrique, 1014, 1015
  haustrales, 1033
  isométriques, 338, 339, 339f
    concentriques, 339
    excentriques, 339
  isotoniques, 339f, 340
  isovolumétrique, phase de, 788, 789f
  prématurée, 784
  -relâchement, réponse, 1014
Contractures, 342
Contre
  -courant
    échangeur à, 1136, 1137f, 1138
    mécanisme à, 1136
    multiplicateur à, 1137f, 1138
  -nutation, 267
Contusion
  cérébrale, 529
  du muscle quadriceps fémoral, 432
Convection, 1103
Convergence
  des bulbes oculaires, 642
  sur la rétine, 641, 642f
Conversion
  de l'énergie, 29
  de l'angiotensine, enzyme de, 946
Copaxone, 461
Copulation, organe de la, 1212
Cordages tendineux, 771f
Corde(s)
  du tympan, 571t
  vocales, 937
Cordon(s)
  dorsal, 535, 536f, 538, 539f, 540t
  latéral 535, 536f
  médullaires, 870, 871f
  ombilical, 1251f, 1253, 1253f
  spermatique, 1191f, 1193
  spléniques, 872
  ventral, 535, 536f
Cornée, 175, 633, 634f
Cornéocytes, 175
Cornes
  antérieures, 535
  dorsales, 535, 536f
  latérales, 535, 536f, 610
  postérieures, 535
  ventrales, 535, 536f
Cornet(s)
  nasal(aux), 936
    inférieurs, 232f, 237t, 244, 245, 247f
    moyen, 232f, 237t 242f, 244, 247f
    supérieurs, 237t, 242, 247f, 935f, 936
Corona radiata, 502, 502f, 1219, 1220f
Corps
  calleux, 497f, 501, 505f
  caverneux, 1190f, 1193, 1194f
  cellulaire
    du neurone, 442, 442f
    du podocyte, 1124f, 1125f
  cétoniques, 716, 1144t, 1079, 1171
  ciliaire, 634f, 635
  de l'épididyme, 1192f, 1194, 1194f

de l'estomac, 1004, 1005
de l'ilium, 267
de l'ongle, 185, 185f
de l'os sphénoïde, 214, 241f, 242
de l'utérus, 1208f, 1210, 1211f
de la côte, 257
de la mandibule, 243, 243f, 244
de Nissl, 443
denses des fibres musculaires lisses, 353, 353f
du pénis, 1193, 1194f
du pubis, 268f, 269
du sternum, 256, 256f
géniculé
  latéral, 504, 506f
  médial, 504, 506f
humain, 1-23
  homéostasie, 9-13
  maintien de la vie, 4-9
  niveau d'organisation, 3, 4f
  partie appendiculaire du, 13
  partie axiale du, 13
  vocabulaire de l'anatomie du, 13-18, 20-23
jaune, 1208, 1209f
mamillaires, 505, 505f
P, 121
spongieux
  du clitoris, 1214, 1214f
  du pénis, 1190f, 1193, 1194f
strié, 503, 503f
vertébral, 251, 252t
Corpus albicans, 1221
Corpuscule(s)
  rénal, 1120, 1122f
  nerveux terminal, 327, 328f, 329f, 463
    vésicules synaptiques, 463
  tactile non capsulé, 173, 174f
  de Hassall, 874
  thymiques, 874
  de Meissner, 558t, 559
  de Ruffini, 558t, 560
  de Vater-Pacini, 558t, 559
  lamelleux, 558t, 559
  nerveux terminaux, 585
  tactiles
    capsulés, 172f, 187, 558t, 559
    non capsulés, 187, 558t, 559
  basaux, 104, 104f
Corrugateur du sourcil, 379t, 381f
Cortex, 182, 183f, 492, 492f, 874, 874f, 870, 871f
  auditif primaire, 497f, 499
  cérébral, 494, 496, 496f, 497, 497, 498f, 499-504,
    620, 621f
    aires de Brodmann, 494
    régions associatives multimodales, 497t,
      500, 501
    régions motrices, 496, 497f, 498, 499
    régions sensitives, 497f, 499, 500
  extrastrié, 499
  gustatif, 497f, 500
  moteur primaire, 496, 498f
  olfactif, 498f, 500
  préfrontal, 500
  prémoteur primaire, 496, 498, 498f
  primaire olfactif, 568t
  rénal, 1117, 1118f, 1136f, 1137f
  somesthésique
    associatif, 497f, 499
    primaire, 497f, 499
  strié, 499
  surrénal, 706, 707, 707f, 708-711
    corticostéroïdes, 707
    dysfonctionnement du, 822
    hormones du, 685
    minéralocorticoïdes, 707, 708
    zone fasciculée, 707, 707f
    zone glomérulée, 707, 707f
    zone réticulée, 707, 707f

vestibulaire, 498f, 500
visuel primaire, 497f, 499, 568f, 650, 651f, 653
Corti, organe de, 663, 664f
Corticolibérine (CRH), 697
Corticostéroïdes, 707
cortisol, 710
néoglucogenèse, 710
cortisone, 710
hydrocortisone, 710
Corticotrophine (ACTH), 692, 694t, 698, 709, 709f, 710
Cortisol, 710
néoglucogenèse, 710
Cortisone, 710
Coryza, 978
Costimulation, 912
signaux de, 912
Côte(s), 230f, 256f, 257
col de la, 257, 258f
corps de la, 257, 258f
fausses, 256f, 257
flottantes, 256f, 257
sillon de la, 257, 258f
sternales, 257
tête de la, 257, 258f
tubercule costal, 257
vraies, 256f, 257
Cou, 376f
et de la colonne vertébrale, muscles du, 386t, 387t,
387f, 388t, 389f
muscles superficiels du, 376f
nerf transverse du, 578f, 578t
veines de la tête et du, 849f, 850t, 851f
Couche(s)
basale de l'endomètre, 1212, 1212f
d'hydratation, 45
de l'épiderme, 174, 174f, 175
de valence, 37, 37f
électroniques, 36
fonctionnelle de l'endomètre, 1212, 1213f
leucocytaire, 732, 732f, 733, 733f
ostéogénique, 204
sous-endothéliale de la tunique interne, 802, 803f
Coude
articulation du, 303, 304, 304f
veine médiane du, 849f, 852f, 852t, 853f
Couleur
de bronze, 179
de la peau, 178, 179
Coup de chaleur, 1106
Coupe, 13-15, 15f, 16f
oblique, 13, 16f
transversale, 13, 16f
Couplage
excitation-contraction (E-C), 326, 330, 331f, 332f
temps de latence, 330
ventilation-perfusion, 959, 959f, 960
Courant, 448
Courbe de dissociation de l'oxyhémoglobine, 961, 962
Courbure, 249
cervicale, 248f, 249, 491, 492f
de l'estomac, grande, 1004, 1005f
de l'estomac, petite, 1004, 1005f
lombaire, 248f, 249
mésencéphalique, 491, 492f
sacrococcygienne, 248f, 249
thoracique, 284f, 249
primaire, 277, 278f
secondaire, 277
Couronne de la dent, 998f, 998f
Coussinets adipeux, 290
Cowper, glandes de, 1197
Crampes
abdominales, 808
de chaleur, 1104
Crâne, 230f, 231, 231f, 238-242
base du, 231
du nouveau-né, 277, 277f

fosse(s) crânienne(s), 231f, 232
antérieure, 231f, 232, 238, 239f
moyenne, 231f, 232
postérieures, 231f, 232, 238f, 239f, 240
os du, 203
ethmoïde, 232f-234f, 236t, 237t, 238, 239f, 242,
242f, 245, 246f, 247f
frontal, 232f, 233f, 234f, 236t, 239f
occipital, 233f, 234f, 236t, 238, 239f, 240,
277, 227f
pariétaux, 232f-235f, 236t, 238, 239f, 242, 277f
sphénoïde, 232f-235f, 236t, 238, 239f, 240, 241,
241f, 242, 245, 247f
suturaux, 233f, 242
temporaux, 232f-235f, 236t, 238, 239f, 240,
240f, 277f
osseux, 231
plancher, 231
voûte crânienne, 231, 231f
Créatinine, 1143
kinase, 341, 341f
phosphate (CP), 340, 341f
Crépitation, 309
Crête(s), 205t
ampullaire, 672, 673f
activation des récepteurs de la, 672-674
anatomie de la, 672
cupule, 672, 673f
fonction dans l'équilibre dynamique, 672, 673
neurale, 482, 490f, 491, 491f, 492f, 622
de la peau, 177, 177f
épidermiques, 172f, 177, 177f
gonadiques, 1230, 1231f
iliaques, 267, 267f, 268f, 276t
intertrochantérique, 271f, 272
occipitale externe, 233f, 235f, 236t, 238
pubienne, 267f, 269, 276t
sacrale(s)
médiane, 255, 255f
latérales, 255, 255f
urogénitales, 1148, 1149f
vaginales, 1212
Crétinisme, 694t, 703
CRH, *voir* Corticolibérine
Crise(s)
cardiaque, 774, 781
d'asthme aiguë, 712
d'épilepsie, 518
thyrotoxique, 725
uncinées, 659
Crista galli, 234f, 236t, 239f, 242, 242f, 247f
Cristallin
accommodation du, 641, 642, 642f
ligament suspenseur du, 635
Cristaux, 38
Crocodile, larmes de, 623
Croissance(s)
d'un neurone, cône de, 482, 484f
des cellules nerveuses, facteur de, 622
des colonies (CSF), facteur de, 745
des os
après la naissance, 212-214
en longueur, 212, 213, 213f
remaniement osseux, 213, 213f
soudure des cartilages épiphysaires, 213
zone de, 212, 213f
du cartilage, 200
interstitielle, 200
par apposition, 200
du poil, 184
épidermique, facteur de, 173
et reproduction de la cellule, 110-123
facteur de, 359
hormone de, 214, 359
nerveuse (NGF), facteur de, 482
osseuse, 206f, 210, 213f, 214
phase de, 110
Crosse de l'aorte, 769, 837f, 838f, 969, 969f
Crossing-over, 1280
Cryochirurgie, 1229
Cryogènes, 1106
Cryptes
amygdaliennes, 874
de l'estomac, 1004, 1006f
Cryptorchidie, 1193
CSF, *voir* Facteur de croissance des colonies
Cuir chevelu, muscles du, 379t, 381f

Cuisse, 267, 269, 271, 271f, 272, 276t
artère circonflexe
latérale de la, 846f, 847f
médiale de la, 847f
fémur, 230f, 266, 267, 271, 271f, 272, 273f, 276t
foulure des muscles de la loge postérieure de la, 432
muscles de la, 376f, 377f
Cuivre, 30t
Cul-de-sac
recto-utérin, 1208f, 1212
vésico-utérin, 1208f, 1212
Culturisme, 1140
Cupule, 672, 673f
optique, 675
Curiethérapie endocoronaire, 811
Cushing
maladie de, 694t, 710, 823
syndrome de, 359, 710, 711f
Cuspide de la veine auriculoventriculaire, 770f
Cuticule, 182, 185, 185f
Cyanocobalamine, 1062t
Cyanose, 179
Cycle(s)
cellulaire, 110, 110f, 111-116
de croissance, 184
de Krebs, 1066, 1071, 1072f
de l'acide citrique, 1071, 1072f
de rétroactivation, 454
de vie
des érythrocytes, 739, 739f
des globules rouges, 739, 739f
division cellulaire, 110, 110f, 112-116
entérohépatique, 1024
interphase, 110, 110f, 111, 112, 114f
menstruel, 1123, 1224f, 1125
ovarien, 1219, 1220f, 1221
veille-sommeil, régulation du, 506
Cyclines, 113
Cyclooxygénase, 55
Cyclosporine, 919
Cyphose, 249
Cystéine (Cys), 56f, 119
Cystite, 1146
Cystocèle, 1151
Cystoscopie, 1151
Cytochromes, 1073
Cytocinèse, 110f, 113, 1201f
sillon annulaire, 113, 114f
Cytokines, 887, 889t, 894, 913, 913t
Cytologie, 2
vaginale, 1210
Cytolyse, 893
Cytoplasme, 73, 73f, 75f, 443
Cytosine (C), 62, 63, 63f
Cytosol, 73f
dégradation des protéines dans le, 122, 123
Cytosquelette, 73f, 76
Cytotrophoblaste, 1249f, 1250

D

DAG, voir Diacylglycérol
Daidzéine, 221
Dalton, loi des pressions partielles de, 956
Daltonisme, 647
Dartos, 1191, 1191f
De Graaf, follicule de, 1208
Débit
cardiaque (DC), 790-794, 815
de filtration glomérulaire (DFG), 1127
sanguin, 812, 813
Décarboxylation, 1071
Décharge consécutive, 481
Déchets azotés, 1135, 1142, 1143
Décibel (dB), 666
Déclenchement du travail, 1264, 1265
Décollement
de la rétine, 644
prématuré du placenta normalement inséré, 1272

Décoloration de la rhodopsine, 647
Décompression, maladie de, 957
Décubitus, escarre de, 195
Décussation des pyramides, 502f, 508f, 510
Défécation, 987, 1034, 1035
  réflexe de, 1034, 1034f
Défense(s)
  adaptatives, 894-925
  deuxième ligne de, 884
  innées, système de, 884, 884f, 885-894
  internes, 885-894
  non spécifique, 884
  première ligne de, 884, 885
  troisième ligne de, 884
Défensine, 744, 886, 934, 993
  humaine, 186
Défibrillateur automatique, 794
Déficit(s)
  immunitaires, 920
    acquis, 920
    combinés sévères, 920
  en cytochrome oxydase infantile, 1184
Dégagement de chaleur, 317, 344
Dégénérescence liée à l'âge (DMLA), 677
Déglutition, 1002, 1003f
  étape
    orale, 1002, 1003f
    pharyngo-œsophagienne, 1002, 1003f
  pneumonie de, 277
Dégradation, 464f, 465
  des protéines dans le cytosol, 122, 123
    polyubiquitinylation, 123
  du sucre, 1069
Délai d'action synaptique, 465
Délétion, 1286, 1290
  clonale, 897
Délivrance
  hémorragie de la, 1267
  période de la, 1266f, 1267
Délivre, 1267
Deltoïde, 376t, 400t, 401f, 408t
Démangeaison, 188, 559
  récepteur de la, 559
Demi-vie, 33
  de l'activité hormonale, 688, 689
Dénaturation irréversible, 58
Dendrites, 442f, 443
  épines dendritiques, 442f, 443
Dent(s), 997, 997f, 998, 998f, 999, 1000
  canines, 997f, 998
  cavum de la, 999
  collet de la, 999
  couronne de la, 998, 998f
  de l'axis, 253f, 254
  de sagesse, 998
  déciduales, 998
  émail de la, 998, 998f
  incisives, 997f, 998
  incluse, 998
  molaires, 997f, 998
  occlusion des, 306, 307
  permanentes, 997f, 998
  prémolaires, 997f, 998
  pulpe de la, 999
  racine de la, 998, 998f
    canal de la, 999
  structure des, 998
Dentelé antérieur, 396t, 397f
Dentine, 999
Denture, 997, 998
  permanente, 997
  primaire, 997
Dépense énergétique, 1095
Déperdition
  de chaleur, 1095, 1098, 1099f
  hydrique, 1159, 1159f
    régulation de la, 1160, 1160
Dépistage des maladies héréditaires, 1287-1290

Déplacement
  antérograde, 445
  rétrograde, 445
Dépolarisation, 327, 328f, 329, 779, 780f
  de la membrane, 452, 452f
Dépôts osseux, 214
Déprényl, 532
Dérivation vasculaire de capillaires, 807, 807f
  canal de passage, 807, 807f
  métartériole, 807, 807f
  veine postcapillaire, 807, 807f
Dermatite, 194
  de contact, 195
Dermatoglyphe, 177
Dermatologie, 195
Dermatome, 585, 586, 1255f, 1256, 1257
Dermatose, 195
Dermcidine, 885
Derme, 151, 172, 172f, 176, 176f, 177, 177f, 259
  couche
    papillaire, 172f, 176, 176f, 177
    réticulaire, 172f, 176f, 177
  crêtes
    de la peau, 177, 177f
    épidermiques, 172f, 177, 177f
  lignes
    de flexion, 178
    de Langer, 177
    de tension, 177, 177f, 178
  papille du, 172f, 177
  papilles tactiles capsulées, 172f, 177
  plexus
    dermique, 176
    sous-papillaire, 175
Dermicidine, 180
Dermite atopique, 925
Déroulement de l'excitation électrique, 782
  branches de faisceau auriculoventriculaire, 783, 783f
  faisceau auriculoventriculaire, 782, 783f
  faisceau de His, 782
  myofibres de conduction cardiaque, 783, 783f
  nœud
    atrioventriculaire, 782
    auriculoventriculaire, 782, 783f
    d'Aschoff-Tawara, 782
    de Keith-Flack, 782
    sinuatrial, 782
    sinusal, 782, 783f
  rythme sinusal, 782
Désamination oxydative, 1081f, 1082
Désavantage mécanique, 373, 373f
Déséquilibre(s)
  acidobasiques, 1177-1179, 1182, 1183
    causes et conséquences des, 1178t
  électrolytiques, 1164
    causes et conséquences des, 1165t
  homéostatique, 10f, 12, 13, 972, 973
    accidents ischémiques transitoires (AIT), 530
    accidents vasculaires cérébraux (AVC), 530
    ankylose, 309
    arthrite, 308
    arthropathies goutteuses, 310
    arthrose, 308
    blessures courantes, 307, 308
    brûlures, 189-191
    bursite, 308
    bursite prérotulienne, 308
    bursite rétrooléocrânienne, 308
    cancers, 188, 189
    chorée de Huntington, 532
    commotion cérébrale, 529
    contusion cérébrale, 529
    de l'audition, 670
    de l'encéphale, 529-531
    de l'immunité, 919-924
    de la peau, 188-191
    des sens chimiques, 659
    démangeaison, 188

    des articulations, 307-310
    des os, 220-222
    du débit cardiaque, 794
    entorse, 308
    goutte, 310
    hématome extradural, 530
    hématome subdural, 529
    hémorragie subarachnoïdienne, 529
    hydarthrose, 308
    ictère, 188
    inflammations et maladies dégénératives, 308
    ischémie, 530
    jaunisse, 189
    luxation, 308
    maladie d'Alzheimer, 531
    maladie de Parkinson, 531, 532
    maladie de Lyme, 310
    maladies dégénératives de l'encéphale, 531
    mélanome, 189, 189f
    œdème, 530
    ostéoarthrite, 308
    pannus, 309
    polyarthrite rhumatoïde (PR), 309, 310, 310f
    prurit, 189
    ruptures du cartilage, 307, 307f, 308
    subluxation, 308
    synovite, 309
    tendinite, 308
    traumatismes de l'encéphale, 59
  hydriques, 1161, 1162
Déshydratation, 1162
  mécanisme de, 1161, 1161f
  réaction de, 46
Déshydrogénases, 1067
Desmodonte, 284t, 285, 999
Desmosomes, 77, 78f, 134, 173, 778, 779f
Désoxyhémoglobine (HHb), 736, 961
Désoxyribose, 49, 50f, 51f, 62
Détecteur de mensonges, 606
Détection
  de la hauteur, 669
  perceptive, 562
Déterminants antigéniques, 896, 896f
Détermination des groupes sanguins, 757, 758f
  système ABO, 756, 756t
  système Rh, 756
Détermination du sexe, 1229, 1230
Détresse respiratoire
  de l'adulte, syndrome de, 980
  du nouveau-né, syndrome de, 952
Dette d'oxygène, 343, 344
Développement
  de la circulation fœtale, 1258, 1259f, 1260
  de la moelle épinière, 532, 533, 533f
  des os, 210-214
  du cœur, 794, 795f, 796
  embryonnaire
    du tube neural, 490, 491, 492, 492f
    et fœtal, 1229, 1230, 1231f, 1232, 1232f, 1233
  et vieillissement
    des articulations, 311
    des cellules, 124, 125
    des muscles, 357, 359, 362, 363
    des neurones, 482, 483
    des organes des sens, 674-676
    des os, 222, 223
    des tissus, 162, 163
    des vaisseaux sanguins, 857, 860
    du sang, 759
    du SNA, 622, 623
    du SNC, 545, 546
    du SNP, 586
    du squelette, 276-278
    du système digestif, 1042, 1043, 1043f, 1046
    du système endocrinien, 712, 724
    du système immunitaire, 924, 925
    du système tégumentaire, 191, 194
    du système urinaire, 1148-1150

ectoderme, 163, 163f
endoderme, 163, 163f
équilibre hydrique et acidobasique, 1183, 1184
feuillets embryonnaires primitifs, 162, 162f
mésoderme, 163, 163f
nutrition et métabolisme, 1107, 1108
Déviation du septum nasal, 979
Dextran, 758
Dextrinase, 1037
DFG, 1127
DHS, *voir* Acide docosahexaénoïque
Diabète, 823, 716, 717t, 718, 1087
bronzé, 1047
chronique, 593
de type 1, 92, 718
de type 2, 718, 719
insipide, 699, 1151
insulinodépendant (DID), 718, 921, 1107
non insulinodépendant, 1107
Diacylglycérol (DAG), 479, 687
Diagnostic
d'un dysfonctionnement du SCN, 545
et évaluation du stade clinique du cancer, 165
prénatal, 1287, 1288, 1289f
Diapédèse, 742, 889
Diaphorèse, 704
Diaphragme, 390t, 391f
de la membrane de filtration, 1124, 1125f
pelvien, muscles du, 394t, 395f
urogénital, 1145, 1146f
muscles du, 394t, 395f
Diaphyse, 204, 206f
cavité médullaire, 204, 206f
Diarrhée, 1035
Diastole, 788, 789f
Diazépam (Valium), 520
Diduction, 306
Diencéphale, 491, 491f, 492f, 504, 505, 505f, 506, 506f, 507
adhérence interthalamique, 504, 505f, 506f
épithalamus, 491, 505, 506f, 507
hypophyse, 505, 505f
hypothalamus, 491, 504, 505, 505f
thalamus, 491, 503f, 504, 505, 505f
Différence de potentiel, 448
Différenciation
cellulaire, 124
des feuillets embryonnaires primitifs, 1256, 1257, 1257, 1258-1260
des lymphocytes
B, 900
T, 910
sexuelle des organes génitaux, 1230, 1231f, 1232, 1232f, 1233
Diffusion, 79, 79f, 464f, 465
facilitée, 79, 80, 80f
simple, 79, 80, 80f
Digastrique, 384t, 385t
Digestion, 8
chimique, 987, 1035, 1036f, 1037-1039
des acides nucléiques, 1036f, 1039
des glucides, 1035, 1036f
des lipides, 1036f, 1037, 1038
des protéines, 1036f, 1037, 1038f
mécanisme de la, 1035, 1037
déclenchement de la, 988, 989
hormones et substances paracrines jouant un rôle dans la, 1008t
mécanique, 987
physiologie de la, 1035-1042
Dihydrotestostérone (DHT), 184
Diiodotyrosine (DIT ou T$_2$), 703
Dilatation
des vaisseaux sanguins cutanés, 1105, 1106
période de, 1265, 1266f
Dimension du cœur, 766
Dimères, 90, 188
Diminution de la réserve cardiaque, 796

Dipeptidase, 1037
Dipeptide, 55
Diploé, 204, 207f, 212f
Diplopie, 327, 568t, 633
Dipôle, 40
Disaccharides, 49, 50, 50f, 51f
Discrimination
des caractéristiques, 562
des qualités, 562
spatiale, 499, 562
Disomie, 1287, 1290
uniparentale, 1290
Disposition du tissu hématopoïétique, 204
cavités à moelle rouge, 204
moelle rouge, 204
Disque(s)
articulaires, 290
de Merkel, 173, 174f, 558t, 559
du nerf optique, 634f, 637
embryonnaire, 1249, 1251f, 1252
intercalaire, 157, 158f, 778, 779f
intervertébraux, 249, 250f, 257, 258f
Dissociation de l'oxyhémoglobine, courbe de, 961, 962f
Dissolution, 45
Distension pulmonaire, réflexe de, 971
Diurétique, 699, 860, 1140
osmotique, 1140
Diversité
des cellules, 72, 72f, 73
des anticorps, 906
Diverticules, 1033, 1034
de Rathke, 692
Diverticulite, 1034
Diverticulose, 1033
Division
cellulaire, 110, 110f, 112-116
régulation, 113
équationnelle de la méiose, 1201f, 1202
réductionnelle de la méiose, 1199
Doigt(s), 265
abducteur du cinquième, 410t, 411f
court fléchisseur du cinquième, 410t, 411f
extenseur des, 406t, 407f, 408t
commun des, 377f
fléchisseur
superficiel des, 405f, 405t, 408t
profond des, 405f, 406t, 408t
opposant du cinquième, 410t, 411f
Dominance
cérébrale, 501
incomplète, 1283
Donneur(s)
d'électrons, 37
de protons, 46, 1171
universels, 757
Dopage
génétique, 359
sanguin, 742
Dopamien, 712
Dopamine, 470, 474t, 698
Dorsal, grand, 401f, 401t, 408t
Dorsaux du pied, 427f, 428t
Dorsiflexion, 294, 295f
Dos
bossu, 249
innervation du, 576f, 577
profonds du, 387t, 387f
Double
hélice, 63, 63f
innervation, 606
Douleur, 887
chronique myofasciale, syndrome de, 363
du membre fantôme, 563
perception de la, 563
projetée, 614
distribution de la, 614f
Down, syndrome de, 1287
Drépanocytose, 1283
Droit fémoral, 376f

Duodénum, 1016, 1016f
Dupuytren, fracture de, 272, 273f
Dure-mère, 525f, 526, 526f
sinus de la, 526, 526f, 809, 849f, 856f, 856t
spinale, 533, 534f
tente du cervelet, 526, 529f
Duvet, 184
Dynéine, 445
Dynorphine, 472
Dysarthrie, 596
Dyschromatopsie, 647
Dysfonctionnement
du cortex surrénal, 822
du SNC, diagnostic d'un, 545
érectile, 1198
Dysménorrhée, 1237
Dysphagie, 1046
Dysplasie, 126
bronchopulmonaire, 952
Dyspnée, 972, 1264
Dystocie, 1267
Dystonie, 596
Dystrophie musculaire, 359
progressive de Duchenne (DMD), 359, 362
Dystrophine, 59t, 324, 362

E

Eau, 9, 45, 46, 734t
absorption de l', 1041, 1042
capacité thermique de l', 45
chaleur de vaporisation de l', 45
d'oxydation, 1159
métabolique, 1159
perte(s)
insensible d', 1103
obligatoires d', 1160
polarité et qualités de solvant, 45
propriétés, 46-47
réabsorption de l', 1133
réactivité de l', 45, 46
Écaille frontale, 232f, 238
Ecchymoses, 179
ECG, *voir* Électrocardiogramme
Échancrure, 205t
Échange(s)
capillaires, 828, 829, 829f
de chaleur, mécanisme d', 1103, 1103f
entre les compartiments hydriques de l'organisme, 1158, 1158f
gazeux entre le sang, les poumons et les tissus, 956-960
transfusion d', 760
Échangeur à contre-courant, 1136, 1137f, 1138
Échographie, 19, 1272
Écoulement
des gaz, 948
laminaire, 812
sanguin, 824, 824f
Écrasement, syndrome de l', 1130
Ectoblaste, 1251f, 1252
Ectoderme, 163, 163f, 490, 490f, 1251f, 1253, 1254, 1254f
spécialisation de l', 1256
Eczéma, 195, 925
de contact, 924
EEG, *voir* Électroencéphalogramme
Effecteur, 10, 10f, 11f, 589, 598f, 604
Effet(s)
antagonistes, 617, 618t
anticholinestérasiques, 616, 617
anti-insuline, 696
Bohr, 963
brefs localisés, 620
calorigène, 700
d'épargne du glucose, 696
de l'exercice physique sur le muscle squelettique, 348, 349
des hormones thyroïdiennes, 701t
des médicaments sur le SNA, 616, 617, 617t

des neurotransmetteurs, 605
des systèmes nerveux sympathique et parasympa-
    thique sur les organes, 617, 618t, 619-621
diffus prolongés, 620
Haldane, 965
métaboliques du SNA, 619
EGF, *voir* Facteur de croissance épidermique
Eicosanoïdes, 55, 685, 889t
leucotriènes, 685
prostaglandines, 685
Éjaculation, 1197, 1198
précoce, 1237
Éjection ventriculaire, phase d', 788, 789f
Élasticité, 316
Élastine, 59t, 146
Électricité, 448, 449
Électrocardiogramme (ECG), 784, 785f
complexe QRS, 785, 785f
intervalle PQ, 785, 785f
intervalle PR, 785, 785f
intervalle QT, 785f, 786
onde P, 785, 785f
onde T, 785, 785f
segment ST, 785f, 786
Électrocardiographe, 784
Électrocardiographie, 784, 785, 785f, 786, 786f, 788f
électrocardiogramme (ECG), 784, 785f
Électroencéphalogramme (EEG), 517, 517f
typique du sommeil, 519f
Électrolyse, 184
Électrolytes, 46, 1156, 1157
absorption des, 1041
dans le plasma, 734t
solution d', 758
Électromyographie, 432
Électronégativité, 39
Électrons (e⁻), 31, 31f
accepteur d', 37
chaîne de transport des, 1071, 1072, 1073f
donneur d', 37
règle des, 8, 37
Électrophysiologie endocavitaire, 786
Éléments, 29, 30t
chimiquement inertes, 37, 37f
chimiquement réactifs, 37, 37f
d'un arc réflexe, 589, 598f
du corps humain, 30t
figurés, 732, 732f, 733, 733f, 743t
neurone moteur, 589, 598f
propriétés
    chimiques des, 30
    physiques des, 30
structuraux du tissu conjonctif, 143-146
symbole chimique, 31
tableau périodique des, 30
Éléphantiasis, 869
des pays chauds, 878
Élévateur
de l'anus, 394t, 395f
de la lèvre supérieure, 380t, 381f
de la scapula, 398f, 398t
Élévation, 294, 295f
Élongation, 117, 118f, 223
musculaire, 363
Émail de la dent, 998, 998f
Embole, 753
Embolie pulmonaire, 979
Embryoblaste, 1248f, 1249
Embryologie, 2
Embryon, 1244
didermique, 1253
saccule hypophysaire de l', 692
tridermique, 1253
Éminence
hypothénar, muscles de l', 410t, 411f
intercondylaire, 272, 273f
métatarsienne, 275
thénar, muscles de l', 410t, 411f

Émission, 1198
de positons (TEP), tomographie par, 19
Emphysème pulmonaire, 972, 973
Empilement, 358
Empoisonnement du sang, 759
Empreinte
digitale, 177
génomique, 1286
Émulsification, 1039
des graisses, 1039f
Émulsions, 35, 1038
Encéphale, 438, 439f, 490-516
cervelet, 511, 512, 513, 513f, 514
déséquilibres homéostasiques de l', 529-531
développement embryonnaire du tube neural, 490,
    491, 492, 492f
diencéphale, 504, 505, 505f, 506, 506f, 507
hémisphères cérébraux, 494-504
modèle
    embryonnaire, 491, 491f
    médical, 491, 491f
protection de l', 525-532
système de l', 514-516
tronc cérébral, 507, 507f
ventricules cérébraux, 493, 493f
Encéphalopathie, 547
Endoblaste, 1251f, 1252
Endocannabinoïdes, 476t, 477
Endocarde, 767, 768f, 771f
Endocardite, 797
Endocrinocytes
alpha, 714, 714f
bêta, 714, 714f
gastro-intestinaux, 1007, 1017
Endocrinologie, 684
Endocytose, 85, 87f, 88, 88f, 89, 91t
de la thyroglobuline du colloïde, 702f, 703
de liquides, 88, 88f, 91t
par récepteurs interposés, 88f, 89, 91t
Endoderme, 163, 163f, 1251f, 1253, 1254, 1254f
pharyngien, 1257
spécialisation de l', 1256, 1257f
Endolymphe, 662
Endomètre, 1211f, 1212, 1213f
cancer de l', 1237
couche
    basale de l', 1212, 1212f
    fonctionnelle de l', 1212, 1213f
irrigation de l', 1213f
Endométriose, 1237
Endomorphine, 563
Endomysium, 318t, 319f, 320
Endonèvre, 564, 564f
Endorphine, 472, 475t
Endoscopie, 1046
Endosome, 87f, 88
Endoste, 204, 206f
Endothélium, 135
cornéen, 633
de la tunique interne des vaisseaux sanguins,
    802, 803f
Endurance aérobie, 342
Énergie, 28, 29
chimique, 28
cinétique, 28
conversion de l', 29
d'activation, 61, 1070
de rayonnement, 29
électrique, 29
électromagnétique, 29
formes d', 28, 29
mécanique, 29
potentielle, 28
réserve d', stimulus nutritionnels reliés à la, 1097
Engagement, 1266
Enjambement, 1199, 1200f
des chromosomes homologues, 1280, 1281f
Enképhalines, 472, 563
Enrouement, 573t

Entérite, 1047
pseudomembraneuse, 1046
Entérocytes, 1017
Entérogastrones, 1013
Entérokinase, 1026
Entéropeptidase, 1026
Énucléation, 677
Énurésie, 699, 1151
primaire, 1151
secondaire, 1151
Enveloppe
du cœur, 766, 768f
nucléaire, 73f, 106, 107f, 110t
Enzymes, 59t, 60
activité, 59t, 60
    mécanisme de l', 61, 61f, 62f
amylase salivaire, 59t
apoenzyme, 60
cofacteur, 60
de conversion de l'angiotensine (ECA), 946, 1130
de la bordure en brosse, 1017
DSPA, 753
holoenzyme, 60
hydrolases, 60
inhibiteurs d', 61
lysosomiales, 215
mécanisme, 61, 61f, 62f
oxydase, 59t, 60
substrat, 60
Éosinophiles, 743t, 744, 744f, 745, 747f
EPA, *voir* Acide eicosapentaénoïque
Épaisseur du pli cutané, mesure de l', 1108
Épanchement, 947
Épargne du glucose, 1089
Épaule, muscles de l', 376f
deltoïde, 376f
trapèze, 376f
Épendymocytes, 440, 441f, 493
Éperon trachéal, 940
Épiblaste, 1252
Épicarde, 766, 767, 768f, 771f
Épicondyle
latéral
    de l'humérus, 261, 263f
    du fémur, 271f, 272, 273f
médial du fémur, 271f, 272, 273f
Épicondyle, 205t
Épicondylite des joueurs de tennis, 432
Épidémie, 925
Épiderme, 139, 159, 172, 172f, 174f, 176, 177, 117f, 178
cellules de l', 173f, 174f
couches de l', 174 174f, 175
Épidermolyse bulleuse congénitale, 195
Épididyme, 1190, 1190f, 1192, 1192f, 1194
corps de l', 1192f, 1194, 1194f
queue de l', 1192f, 1194, 1194f
tête de l', 1192f, 1194, 1194f
Épiglotte, 935f, 937, 938f, 940f
Épilepsie, 449
crises d', 518
généralisée, 518
tonicoclonique, 518
Épimysium, 318t, 319, 319f
Épine(s), 205t
dendritiques, 442f, 443
dorsale, 248
iliaque
    antérosupérieure, 267, 267f, 268f
    postérosupérieure, 267, 268f
nasale antérieure, 243f, 244, 247f
scapulaire, 260f, 261
Épinéphrine, 1140
Épineux, 388t, 389f
Épinèvre, 564, 564f
Épiphyses, 204, 206f
cartilage épiphysaire, 204, 206f
ligne épiphysaire, 204, 206f
métaphyse, 204

Épisiotomie, 1266
Épissage, complexes d', 118
Épistaxis, 980
Épithalamus, 491, 505, 506f, 507
    glande pinéale, 505f, 509f
Épithéliocytes
    de soutien, 1202, 1203f
    respiratoires, 943
Épithélioïdocytes du tact, 173
Épithélioma
    à petites cellules du poumon, 975
    glandulaire, 975
    épidermoïde bronchique, 975
Épithélium
    caractéristiques de l', 133, 134
    classification de l', 133-140
    de la muqueuse, 991
    de revêtement, 133
    germinatif, 1208
    glandulaire, 133, 140-143
    simple, 134, 135f, 136f
        cuboïde, 136f, 139
        endothélium, 135
        mésothélium, 139
        prismatique, 137f, 139
        pseudostratifié, 137f, 139
        squameux, 135, 136f
    stratifié, 135, 135f, 138f, 139, 140
        cuboïde, 138f, 139
        prismatique, 138f, 139
        squameux, 138f, 139
        transitionnel, 138f, 139, 140
Épitopes, 896
EPO, voir Érythropoïétine
Éponychium, 185
Épreuve(s)
    de Weber, 677
    fonctionnelles respiratoires, 954, 955
Epstein-Barr, virus d', 164, 746, 879
Épuisement dû à la chaleur, 1106
Équilibre
    acidobasique, 1171-1178, 1182, 1183
        développement et vieillissement, 1183, 1184
        du sang, 965
        mécanisme de l', 1174-1177
    catabolique-anabolique, état d', 1082-1085
    des ions
        calcium et phosphate, 1170
        potassium, 1169
        sodium, 1164-1169
    du sodium et de l'eau, mécanisme de régulation
        de l', 1168f
    dynamique, 671
        fonctions de la crête ampullaire dans l',
            672-674
    électrolytique, 1163-1171
        rôle des ions sodium, 1164
    énergétique, 1095-1099, 1202-1207
    et orientation, 670-674
        appareil vestibulaire, 671
    hydrique, 1159-1162
        développement et vieillissement, 1183, 1184
        et de la soif, régulation de l', 506
        rôle des ions sodium, 1164
    statique, 671
        activation des récepteurs des macules, 671
        fonctions des macules, 671
Érecteur du rachis, 388t, 389f
Érection, 1193, 1197
Érythème, 179
Érythroblaste
    acidophile, 737, 737f
    basophile, 737, 737f
    polychromatophile, 737, 737f
Érythroblastose, 757
Érythrocytes, 732, 732f, 734, 735, 735f, 733-742, 1144t
    cycle de vie des, 739, 739f
    fonction des, 735, 736

production des, 736, 737, 737f
    structure des, 734, 735, 735f
    troubles érythrocytaires, 740-742
Érythropoïèse, 737, 737f
    besoins nutritionnels, 738, 739, 739f
    cellule souche myéloïde, 737, 737f
    érythroblaste
        acidophile, 737, 737f
        basophile, 737, 737f
        polychromatophile, 737, 737f
    proérythroblaste, 737, 737f
    régulation hormonale, 737, 738, 738f
        érythropoïétine (EPO), 737
    réticulocyte, 720t, 721, 737, 737f
Érythropoïétine (EPO), 737
    recombinante (rhEPO), 738
Escarres, 190
    de décubitus, 195
Escherichia coli, 1150
Espace(s)
    épidural, 533, 536f
    intercostaux, 256, 256f
    interlobulaire, 1020, 1022f
    intervilleux, 1252
    mort
        alvéolaire, 954
        anatomique, 954
        total, 954
    subarachnoïdien, 493
    subdural, 525f, 526
Esprit, 516
Estomac, 1003
    anatomie
        macroscopique de l', 1004
        microscopique de l', 1004-1008
    brûlure d', 1000, 1264
    corps de l', 1004, 1005f
    cryptes de l', 1004, 1006f
    fundus de l', 1004, 1005f
    grande courbure de l', 1004, 1005f
    ondes péristaltiques de l', 1014, 1014f
Établissement de la diversité des anticorps, 906
Étain, 30t
Étanercept (Enbrel), 309
Étapes de la réparation des tissus, 161, 161f, 162
État(s)
    d'équilibre catabolique-anabolique, 1082-1085
    de choc, 822, 830, 831
    de jeûne, 1085, 1187, 1088, 1088f, 1089, 1090
        voies métaboliques de l', 1088
    de la matière, 28
    de satiété, 1028
    métaboliques de l'organisme, 1082-1090
    postprandial, 1085, 1086f
        voies métaboliques de l', 1086f
Éternuement, 956t
Étidronate, 222
Étirement
    du muscle cardiaque, 790
    réflexe d', 590, 591, 592f
Études de la conduction nerveuse, 596
Euchromatine, 107
Eumélanine, 178
Eupnée, 966
Eustache, trompe d', 936
Évacuation, 987
    gastrique, régulation de l', 1015, 1015f
Évanouissement, 518
Évaporation, 1103
Événement indépendant, 1282
Éversion, 294, 295f
Examen des urines, 1151
Excitabilité, 6, 7, 316
Excitation
    -contraction (E-C), couplage, 326, 330, 331f, 332f
    des bâtonnets, 647
    des cellules sensorielles ciliées, 667, 667f
    des cônes, 647
    électrique, déroulement de l', 782

Excrétion, 8, 188
    d'ions H$^+$, 1175
    des ions NH$_4^+$, 1176
Exercice(s), 971
    aérobiques, 348
    d'endurance, 348
Exérèse locale de la tumeur, 1217
Exocytose, 85, 89, 90f, 140, 143, 586
Exons, 116, 118
Exophtalmie, 677, 704
Expiration, 949
    forcée, 949, 950f
Explosion oxydative, 886
Expression génique, 1285
    régulation de l', 1286
Expulsion, période d', 1266, 1266f
Exsudat, 887
Extenseur
    commun des doigts, 377f
    de l'hallux, long, 420t, 421f, 430t
    de l'index, 407f, 407t, 408t
    des doigts, 406t, 407f, 408t
    des orteils
        court, 421f, 422f, 426t
        long, 376f, 420t, 421f, 430t
    du pouce
        court, 407f, 407t, 408t
        long, 407f, 407t, 408t
    radial du carpe
        court, 406t, 407f, 408t
        long, 377f, 406t, 407f, 408t
    ulnaire du carpe, 377f, 406t, 407f, 408t
Extensibilité, 316
Extension, 292, 292f, 293f
Externa, 802
Extérocepteurs, 187, 557, 558t, 559t
Extrasystole, 784
Extrémité
    acromiale de la clavicule, 259, 259f
    libre de l'ongle, 185, 185f
    sternale de la clavicule, 259, 259f

F

Fabricius, bourse de, 897
Face, 376f, 379t, 381f
    antérieure du thorax, muscles de la 396t, 397f
    costale du poumon, 943, 944f
    glutéale de l'os ilium, 267
    muscles superficiels de la, 376f
    os de la, 231, 231f-233f, 237t, 243-245
    postérieure du thorax, muscles de la, 398f, 398t,
        399f, 399t
    tic douloureux de la, 570t
Facteur(s)
    anticoagulants, 751f, 752
    antihémophilique, 754
        A, 750t
        B, 750t
    antirachitique, 1063t
    Christmas, 750t
    chronotrope
        négatif, 791
        positif, 791
    de coagulation, 749, 750t
    de croissance
        analogue à l'insuline (IGE), 695
        de l'endothélium vasculaire, 1023
        des cellules nerveuses (NGF), 622
        des colonies (CSF), 745
        épidermique (EGF), 173
        IGF-1, 359
        stockage des, 203
    de la régulation de la concentration plasmatique
        du cholestérol, 1093, 1094
    de stabilisation de la fibrine (FSF), 751f, 752
    environnementaux et expression génique, 1285
    Hageman, 750
    III, 752, 754

inducteurs de leucocytose, 889, 890f
intrinsèque, 740, 1009, 1041
natriurétique auriculaire (FNA), 710, 719, 720t, 819, 819t, 1135, 1136
    mécanisme de libération du, 1166, 1167f
nécrosant des tumeurs, 914
plaquettaire 3 (PF$_3$), 751, 751f
prothromboplastique plasmatique C, 750
Stuart, 750
tissulaire (FT), 750t, 751f, 752
X, 751, 751f
XIII, 751f, 752
FAD, voir Flavine adénine dinucléotide
Faisceau(x), 443
    auriculoventriculaire, 782, 783f
        branches de, 783, 783f
    cunéiforme, 538, 539f, 540t
    de fibres, 318t, 319, 319f
    de His, 782
    de tissu musculaire cardiaque, 766, 768f
    du plexus brachial, 580f
    et tractus ascendants, 537f, 538, 539f, 540t, 541
    gracile, 538, 539f, 540t
Fallope, trompes de, 1210
Fallot, tétralogie de, 796, 796f
Fascia
    lata, tenseur du, 376f, 414f, 415t, 430t
    rénal, 1116, 1117f
    spermatique
        externe, 1191f
        interne, 1191f
    superficiel, 172
Fascicule, 564, 564f
Fatigue
    musculaire, 337, 342, 343
        contractures, 342
    oculaire, 642
    physiologique, 343
    psychologique, 343
Faux
    du cerveau, 525f, 526, 526f, 851f
    du cervelet, 526, 526f
Fèces, 1029
Fécondation, 1244, 1247, 1247f, 1248f
    aléatoire, 1280
    déroulement de la, 1224-1247
    in vitro, 1272
    phénomène de la, 1247f
Femme
    de référence, 2
    infertilité chez la, 698
    voies génitales de la, 1209-1214
Fémoral, droit, 376f, 414f, 415t, 430t
Fémur, 230f, 266, 267, 271, 271f, 272, 273f, 276t
    col du, 271f, 272, 276t, 278
    condyle
        latéral du, 271f, 272, 273f
        médial du, 271f, 272, 273f
    crête intertrochantérique, 271f, 272
    épicondyle
        latéral du, 271f, 272, 273f
        médial du, 271f, 272, 273f
    fosse intercondylaire, 271f, 272, 276t
    fossette de la tête fémorale, 271f, 272
    grand trochanter, 271f, 272
    ligne
        âpre, 271f, 272, 276t
        intertrochantérique, 271f, 272
    patella, 272
    petit trochanter, 271f, 272
    rotule, 271f, 272, 276t
    surface patellaire, 271f, 272
    tête du, 267, 267, 271f, 272, 276t, 278
    trochlée fémorale, 272
    tubercule de l'adducteur, 271f, 272, 276t
    tubérosité glutéale, 271f, 272, 276t
Fenestrations, 806f, 807, 829
Fenêtre

cochléaire, 660, 661f
vestibulaire, 660, 661f
Fente(s)
    de filtration, 1120, 1125f
    glottique, 937
    intercellulaires, 806f, 807
    orale, 993
    palatine, 277
    palpébrale, 630, 630f
    synaptique, 327, 328f, 463, 464f
Fer, 30t, 1064t
Fermeture
    à glissière double, 325, 330
    des dérivations vasculaires, 1267
    des plaies sous vide, 167
    des vaisseaux sanguins fœtaux, 1267
Ferritine, 739, 1041
Fessier
    grand, 416t, 417f, 430t
    moyen, 416t, 417f, 430t
    petit, 416t, 417f, 430t
Feuillet(s)
    embryonnaires primitifs, 162, 162f, 1251f, 1253
    externe de la dure-mère, 525f, 526
    interne de la dure-mère, 525f, 526
    plissé bêta (β), 57f, 58
    pariétal externe de la capsule glomérulaire, 1120, 1121f, 1124f, 1125f
    viscéral de la capsule glomérulaire, 1120, 1121f, 1125f
Fibre(s), 145, 145f, 146
    à contraction
        lente, 345, 346, 347t
        rapide, 345, 346, 347t
    blanches, 145, 145f
    collagènes, 145, 145f, 148f
    de Sharpey, 204, 206f
    élastiques, 145f, 146, 148f
    faisceaux de, 318t, 319, 319f
    glycolytiques, 346, 347f, 347t
        à contraction rapide, 346, 347, 347t, 348
    jaunes, 145f, 146
    musculaire(s), 316
        cardiaques, 778-781
        squelettique, anatomie d'une, 320, 321f, 333-325
    nerveuse, 443
    oxydatives, 346, 347f, 347t
        à contraction lente, 346, 347, 347t, 348
        à contraction rapide, 346, 347, 347t, 348
Fibrillation, 784
    auriculaire, 449
Fibrilline, 146
Fibrine, 155, 751f, 752
    facteur de stabilisation de la, 752
Fibrinogène, 734t, 750t, 751f, 752
    prothrombine, 751f, 752
    thrombine, 751f, 752
Fibrinolyse, 752, 753
Fibroblastes, 144t, 145f, 146, 147
Fibrocytes, 147
Fibrogène, 155
Fibromyosite, 363
    fœtale, 1265
Fibronectine, 144
Fibrose, 160, 161f, 162, 953
    du myocarde, 797
    kystique du pancréas, 449, 978, 1007, 1042, 1282
Fibula, 20f, 272, 273f, 274, 276t
    malléole latérale de la, 272, 273f, 276t
    tête de la, 272, 273f, 276t
Fibulaire
    court, 420t, 422f, 430t
    long, 376f, 377f, 420t, 422f, 430t
    troisième, 420t, 421f, 430t
Fièvre, 884f, 885, 891t, 894, 1106
    boutons de, 195
Filaments

d'actine, 332, 323f
de myosine, 322, 323f
épais, 321f, 322, 323f
élastique, 322, 323, 323f
intermédiaires, 101, 102, 102f, 109t
minces, 321f, 322, 323f
Filets
    du nerf olfactif, 568t
    radiculaires des nerfs spinaux, 575, 576f
Film de liquide acide, 186
Filopodes, 482
Filtrat glomérulaire, 1120
Filtration
    fentes de, 1120, 1125f
    glomérulaire, 1126-1130
        débit de, 1127, 1128
        régulation de la, 1128, 1129, 1129f, 1130
    membrane de, 1124, 1125f, 1127
    pression nette de, 1127, 1127f
Filum terminal, 533, 534f
Finastéride, 184, 1196
Fire, Andrew, 1286
Fissure(s), 205t494, 495f
    longitudinale du cerveau, 494, 495f
    médiane ventrale, 533, 536f
    orbitaire
        inférieure, 232f, 244, 246f
        supérieure, 232f, 241f, 242, 246f, 571t
    palatine, 1042
    transverse du cerveau, 494, 495f
Fistule trachéoœsophagienne, 1042
Fixateur, 370
Fixation du complément, 892, 907
Flagelles, 104, 109t
Flatuosités, 1031
Flavine, 1073
    adénine dinucléotide (FAD), 1067
Fléchisseur
    de l'hallux
        court, 427f, 428t, 430t
        long, 423t, 425f, 430t
    des orteils
        court, 426t, 427f
        long, 423t, 425f, 430t
    du cinquième doigt, court, 410t, 411f
    du cinquième orteil, court, 427f, 428t, 430t
    du pouce
        court, 410t, 411f
        long, 405f, 406t, 408t
    profond des doigts, 405f, 406t, 408t
    radial du carpe, 376f, 404t, 405f, 408t
    superficiel des doigts, 405f, 405t, 408t
    ulnaire du carpe, 377f 405f, 405t, 408t
Flexion, 292, 292f, 293f
    latérale, 292
    plantaire du pied, 294, 295f
Flore bactérienne, 1031
Fluctuations hormonales durant la grossesse, 1250, 1250f
Fluor, 30t
FNA, voir Facteur natriurétique auriculaire
Fœtus, 7f, 1244
Foie, 1020, 1021f, 1022f, 1023, 1024
    anatomie
        macroscopique du, 1020, 1021f
        microscopique du, 1020, 1022f
    cancer du, 164
    glycogénolyse dans le, 1087
    hile du, 1020
    ligament
        falciforme du, 1020, 1021f
        rond du, 1020, 1021f
    lipolyse dans le, 1087
    lobe
        caudé du, 1020, 1021f
        droit du, 1020, 1021f
        gauche du, 1020, 1021f
    sinusoïdes du, 1020, 1022f
    veine centrale du, 1020, 1022f

Folacine, 1062t
Follicule(s)
    De Graaf, 1208
    dominant, 1221
    lymphoïdes, 870
        agrégés, 875, 875f
    ovariques, 1208, 1209f
        mûr, 1219, 1220f
        primaire, 1208, 1209f
        primordial, 1208, 1209f, 1217, 1218f,
            1219, 1220f
        secondaire, 1208, 1209f, 1219, 1220f
        secondaire mûr, 1208, 1209f, 1219, 1220f
        stratum granulosum du, 1208, 1209f
        tertiaire, 1208, 1209f
        vésiculaire, 1209
    pileux, 182, 183f
Fonction
    cognitive du cervelet, 514
    de la crête ampullaire dans l'équilibre dynamique,
        672, 673
    de reproduction chez l'homme, régulation
        hormonale de la, 1205-1207
    des érythrocytes, 735, 736
    des macules dans l'équilibre, 671
    perte de, 887
Fonctionnement
    du cervelet, 514
    du fuseau neuromusculaire, 590, 591, 591f
    endocrinien, régulation du, 506
Fonctions
    des muscles, 316, 317
    des os, 203
    du sphincter du larynx, 939
    du système tégumentaire, 186, 187
    métaboliques du système tégumentaire, 187
    vitales, 4-8
Fond
    de l'œil, 634f, 637
    de calcification, 215
Fontanelle, 277, 277f
    antérieure, 277, 277f
    mastoïdienne, 2777f
    postérieure, 277f
    sphénoïdale, 277f
Foramen(s)
    de l'apex dentaire, 999
    de l'os sphénoïde, 239f
    déchiré, 235f, 239f, 240
    épineux, 236t, 239f, 241f, 242
    ethmoïdaux, 239f, 242, 242f
    infraorbitaire, 232f, 235f, 237t, 243f, 244, 246f, 570t
    interventriculaire du cerveau, 493, 493f
    intervertébral, 251, 251f
    jugulaire, 235f, 236t, 239f, 240, 573t, 574t
    magnum, 235f, 236t, 238, 239f, 574t
    mandibulaires, 234f, 243f, 244, 570t
    mentonniers, 232f, 233f, 243f, 244
    nourriciers, 204, 505f
    obturé, 268f, 269, 270t, 276t
    ovale, 236t, 239f, 241f, 242, 795, 795f, 1259f, 1260
        du sphénoïde, 570t
    rond, 236t, 239f, 241f, 242
        du sphénoïde, 570t
    sacraux, 255, 255f
    sacraux-dorsaux, 255, 255f
    stylomastoïdien, 235f, 236t, 240, 571t
    supraorbitaire, 232f, 238, 570t
    transversaire, 252f, 253
    vertébral, 252f, 253
Force, 372, 373f, 374f
    de contraction du muscle squelettique, 344,
        344f, 345
        rapport longueur-tension, 345, 345f
Formation(s)
    d'ATP, 1070
    d'un hématome, 218, 220f
    de l'acétyl CoA, 1071

de l'urine, 1126-1142
    concentrée, 1139f, 1140
    diluée, 1139f, 1140
de T_3 et T_4, 702, 703f
des cellules sanguines, 203
du caillot, 750
du cal
    fibrocartilagineux, 218, 220f
    osseux, 218, 220f
du clou plaquettaire, 749, 749f, 750
du liquide cérébrospinal, 528f
du squelette osseux, 210-212
lymphatiques associées aux muqueuses (MALT),
    875, 878
réticulaire, 515, 516, 516f
Formes
    d'énergie, 28, 29
    reconnaissance de, 563
Formule
    dentaire, 998
    leucocytaire, 758
Fornix
    du cerveau, 514
    du vagin, 1208f, 1213, 1214f
Fosse(s), 205t
    coronoïdienne, 261, 263f
    crâniennes, 231f, 232
        antérieure, 231f, 232, 238, 239f
        moyenne, 231f, 236t, 238, 239f, 240, 241
        postérieure(s), 231f, 232, 238f, 239f, 240
    de l'acétabulum, 267, 267f, 272, 276t
    du sac lacrymal, 233f, 237t, 245
    hypophysaire, 236t, 239f, 241
    iliaque, 267, 268
    incisive, 234f, 235f, 237t, 244
    infranépineuse de la scapula, 260f, 261
    infratemporale, 306, 307
    intercondylaire, 271f, 272, 276t
    mandibulaire, 305, 305f
    olécrânienne, 261, 263f
    otique, 676
    ovale, 770f, 771f, 1259f, 1268
    radiale, 261, 263f
    subscapulaire, 260f, 261
    supraépineuse de la scapula, 260f, 261
Fossette(s), 205t, 251
    centrale, 64f, 637, 205t
    costale, 257, 258f
    de la tête fémorale, 271f, 272
    olfactives primaires, 978
Foulure du quadriceps ou des muscles de la loge
        postérieure de la cuisse, 432
Fourchette, 1214
    de réplication de l'ADN, 111, 112f
Fovea centralis, 637
Foyer ectopique, 784
Fraction du sang, 759
Fracture(s)
    complète, 218
    consolidation des, 218, 220f
    de Dupuytren, 272, 273f
    de Pouteau-Colles, 265
    déplacée, 218, 219t
    fermée, 218
    incomplète, 218
    linéaire, 218
    non déplacée, 218, 219t
    ouverte, 218
    pathologique, 223
    réduction
        à peau fermée, 218
        chirurgicale, 218
Fragilité osseuse héréditaire, 223
Fragments d'Okasaki, 111
Franges de la trompe utérine, 1210, 1211f
Frein(s)
    de langue, 993, 994
    des lèvres, 993f, 994

Fréquence
    cardiaque, 782, 787f, 790, 791, 815
        au repos, 815
        régulation de la, 791
    des influx, 458
    du cancer, 165
    du son, 665, 666f
    respiratoire, 967
        facteurs influant sur l', 967, 968f
Frisson, 1104
Front, 238
Frottement péricardique, 766
Frottis de sang humain, 734, 734f
Fructose, 49, 51f, 1035
FSF, voir Facteur de stabilisation de la fibrine
FSH, voir Hormone folliculostimulante
FT, voir Facteur tissulaire
Fundus
    de l'estomac, 1004, 1005
    de l'utérus, 1208f, 1210, 1211f
Furoncles, 195
Furosémide, 1140
Fuseau(x)
    mitotique, 114f
    neuromusculaire, 558t, 560, 590, 590f
        fonctionnement du, 590, 591, 591f
    neurotendineux, 558t, 560

G

GABA, voir Acide gamma-aminobutyrique
Gaine
    de myéline, 441, 441f, 446, 446f
    de tissu
        conjonctif, 182, 183f
        conjonctif du muscle squelettique, 318t, 319,
            319f, 320
        épithélial, 182, 183f
    du tendon, 290, 290f
Galactorrhée, 695t, 698
Galactose, 49, 51f, 1035
Galactosémie, 1107
Gale, 195
Gamète, 1189, 1200f
    fonctionnel, 1219
Gammaglobuline, 904, 905
Ganglion(s), 443, 564
    autonome, 605, 605f
    cervical supérieur, 610, 611f
    cervicothoracique, 611, 612f
    ciliaire, 569t
    cœliaque, 612f, 613
    du tronc sympathique, 610, 611f
    géniculé, 571t
    mésentérique
        inférieur, 612f, 613
        supérieur, 612f, 613
    moyen, 611, 612f
    optique, 573t, 608
    prévertébral, 610
        voies avec synapse dans un, 611f, 613
    ptérygopalatin, 571t, 609
    sensitifs crâniens, 566
    sentinelle, 878
    spinaux, 532, 533f, 533f, 535, 536f
        de la cochlée, 669, 669f
    submandibulaires, 571t, 608
    terminaux, 608, 608f
    vestibulaire(s), 572t
        inférieur, 671, 671f
        supérieur, 671, 671f
    voies avec synapses dans un, 610, 611f
Gastrine, 720t, 1007, 1008t, 1010
    entérique, 1008, 1013
    intestinale, 720t, 1013
Gastrocnémien, 376f, 377f, 423t, 424f, 430t
Gastroentérite, 1043
Gastrula, 1252
Gastrulation, 1253

Gaz
carbonique, 5f, 8, 11, 825, 826, 931, 932, 956
complexe avec l'hémoglobine, 963, 964f
dissous dans le plasma, 963, 964t
influence sur le pH sanguin, 965
transport du, 963, 964, 964f, 965
écoulement des, 948
et lipides, 473, 476t, 477
monoxyde d'azote (NO), 476t, 477
monoxyde de carbone (CO), 476t, 477
nobles, 37, 37f
propriétés fondamentales des, 956, 957
respiratoires dans le plasma, 734t
solubilité des, 957, 958
GDP, voir Guanosine diphosphate
Gee, maladie de, 1042
Gélineau, maladie de, 520
Gelure, 1104
Gencives, 998
Gène(s), 116
à retardement, 1282
BCRA muté, 1236
BRCA1, 1216
BRCA2, 1216
cytoplasmiques, 1287
dominants, 12822
EMSY, 1216
exons, 116
introns, 116
Lhr1, 1217
lié au chromosome X, 1284
p16, 164
p53, 113, 164, 188, 1046
ptc, 188
SRY, 1230, 1284
suppresseurs de tumeur, 164
Génération
d'un œuf, 1217
des spermatozoïdes, 1198
Genèse du rythme respiratoire, 967
Génétique, 1277-1290
vocabulaire de la, 1278, 1279
Génioglosse, 382t, 383t
Géniohyoïdien, 384t, 385t
Génistéine, 221
Génome, 62, 1278
humain, projet, 1286
Génotype, 1279
Genou
articulation du, 299, 299f, 300, 300f, 301, 301f, 303
brisure courante du, 302, 301f
ménisque
latéral du tibia, 300
médial du tibia, 300
rétinaculum patellaire
latéral, 299f, 300
médial, 299f, 300
GH, voir Hormone de croissance
GH-IH, voir Somatostatine
GH-RH, voir Somatocrinine
Gigantisme, 214, 694t
Gingivite, 999
Glabelle, 232f, 238
Gland
du clitoris, 1214, 1214f
du pénis, 1190f, 1193
Glande(s)
à sécrétion interne, 140, 685
bulbo-urétrale, 1190, 1190f, 1197
cérumineuses, 181, 660
ciliaires, 631
de Bartholin, 1214
de Brunner, 1018
de Cowper, 1197
de Meïbomius, 631
duodénales, 1018f, 1019
endocrines, 140-143, 684, 684f
exocrines, 140, 141, 142f, 143, 684

gastriques, 1004, 1006f
holocrines, 141, 142f, 181
intestinales de l'intestin grêle, 1017, 1018f
lacrymale, 631, 632f
mammaire(s), 181, 1215, 1215f, 1216, 1217
alvéole de la, 1215f, 1216
lobules de la, 1215f, 1216
mérocrines, 141, 142f, 180, 180f, 181
muqueuses, 934
œsophagiennes, 1001, 1001f
orales, 995
parathyroïdes, 684f, 704, 705, 705f, 706
parotide, 573t, 995
pinéale, 180, 180f, 181, 684f, 712, 713, 713f
pinéalocytes, 712
situation anatomique de la, 699, 700, 700f
salivaires, 995, 995f
majeures, 995
mineures, 995
sébacées, 172f, 180f, 181
séreuses, 934
sublinguale, 571t, 995f, 996
submandibulaire, 571t, 995f, 996
sudoripares, 172f, 180, 181
apocrines, 180
eccrines, 180
surrénales, 684f, 706, 707, 707f, 708-712, 844t
tarsales, 630f, 631
thyroïde, 684f, 699, 700, 700f, 701-704
utérines, 1212, 1213f, 1225
vestibulaires majeures, 1214, 1214f
Glaucome, 638
Gliocytes, 440, 441
ganglionnaires, 441, 441f
Glissement, 291, 292f
Gln, voir Glutamine
Globine, 735
α, 735, 736, 736f
β, 735, 736, 736f
Globule(s)
blancs, 144t, 146, 155, 155f, 742
voir aussi Leucocytes
polaire
I, 1217, 1218f
II, 1218, 1218f, 1247, 1247f
rouges, 155, 155f
concentrés, 755
cycle de vie, 739, 739f
voir aussi Érythrocytes
Globuline
alpha, 734t
bêta, 734t
gamma, 734t
Globus pallidus, 502, 503f
Glomérule du rein, 1120, 1121f
Glomérulonéphrite, 921, 1151, 1163
Glomus carotidien, 838t, 969, 969f
Glotte, 937, 938f
Glucagon, 714, 715, 715f, 1089, 1090f
Glucide(s), 49-52, 1054, 1056t, 1085
absorption des, 1040
apport alimentaire, 1056, 1056t
complexes, 1056
digestion chimique des, 1035, 1036f
disaccharides, 49, 50, 50f, 51f
fonctions des, 52
monosaccharides, 49, 51f
oxydation du, 1070
polysaccharides, 49, 50, 51f
pools des, 1084, 1084
scission du, 1070
sources alimentaires des, 1054
utilisation par l'organisme des, 1054, 1055
Glucoamylase, 1037
Glucocorticoïdes, 821, 1060, 1167
Glucosamine, sulfate de, 309
Glucose, 49, 51t, 1035, 1054, 1144
-6-phosphate, 1069, 1077, 1077f

activation du, 1069
effet d'épargne du, 696
épargne du, 1089
oxydation du, 1069
sanguin, source de, 1087-1089
Glucosides cardiotoniques, 780
Glutamate, 472, 473, 475t, 530, 536, 648
Glutamine (Gln), 119
métabolisme de la, 1176, 1177f
Glutéaux, 416t, 417f
Gly, voir Glycine
Glycémie, 715
augmentation de la, 1097
régulation de la, 715, 715f
Glycérol, 52
Glycine (Gly), 56f, 116, 119, 472, 475t
Glycocalyx, 76
Glycogène, 51f, 52, 1035, 1077, 1077f, 1078
Glycogénolyse, 714, 1077, 1077f, 1078
dans le foie, 1087
dans les muscles squelettiques, 1087
Glycogénose, 1107
Glycolipide, 74, 75f
Glycolyse, 340, 341, 341f, 1069, 1070f
anaérobie, 341
Glycoprotéines, 93
Glycosaminoglycanes (GAG), 144
acide hyaluronique, 144, 145f, 151
chondroïtine sulfate, 144, 145f, 1521
kératane sulfate, 144, 145f, 151
Glycosurie, 1144t
GMP cyclique (GMPc), 477, 479, 647
Gn-RH, voir Gonadolibérine
Goitre
endémique, 703, 704f
myxœdémateux, 703, 704f
Golgi, organes musculotendineux de, 558t, 560
Gomphoses, 284, 284t, 285, 285t, 999
desmodonte, 284t, 285
Gonades, 717, 1189
descente des, 1233
femelles, 1207
mâles, 1190
Gonadolibérine (Gn-RH), 697, 1205
Gonadotrophine(s), 694t, 697
chorionique humaine (hCG), 717, 1250
Gonorrhée, 1227, 1228
Gorge, 936
Gosier, 994
isthme du, 935f, 937
Goût et odorat, développement et vieillissement, 675
Goutte, 310, 1151
Gracile, 376f, 414f, 415t, 430t
Gradient(s)
chimique, 449
de concentration, 79, 449
de pression partielle, 958, 958
électrique, 449
électrochimique, 92, 449
de protons, 1074, 1074f
osmotique de la médulla rénale, 1136, 1136f, 1138
Grains
de beauté, 178
de zymogène, 1025
Graisse(s), 147
blanche, 49
brune, 149
émulsification, digestion et absorption des, 1038, 1039f
neutres, 52, 1038
saturées, 823
Granulation, tissu de, 218
Granulocytes, 742, 743, 743t, 744, 744f, 745, 747f
basophiles, 743t, 744f, 745, 747f
éosinophiles, 146, 743 t, 744, 744f, 745, 747f
neutrophiles, 145f, 146, 743, 743t, 744, 744f, 747f, 866
Granulomes infectieux, 890

Granzymes, 915, 916f
Gras trans, 52, 1058, 1094
Graves, maladie de, 704, 921
Gravitation, 216
Greffe
    d'organe, 917, 919
        variété de, 919
    de chondrocytes autologues, 298
    ostéocartilagineuse, 298
Greffon, 895, 915, 919
    rejet du, 919
Grille de Punnett, 1281, 1282
Grippe A (H1N1), 904
Grossesse
    ectopique, 1210, 1272
    effets chez la mère, 1260, 1262-1264
    et bassin, 267, 267f, 268f, 269
    fluctuations hormonales durant la, 1250, 1250f
    masque de, 1262
    modifications
        anatomiques, 1260, 1262, 1263
        du métabolisme, 1263, 1264
        physiologiques, 1264
Groupe(s)
    A, 756, 756t, 758f
    AB, 756, 756t, 758f
    B, 756, 756t, 758f
    de neurones, 479, 480f
        à action prolongée, 480
        convergents, 480
        divergents, 480
        réseaux, 480, 480f
        réverbérants, 480, 480f
    O, 756, 756t, 758f
    respiratoire
        dorsal (GRD), 966, 966f
        pontin, 966f, 967
        ventral (GRV), 966, 966f
    sanguins humains, 755-755
        détermination des, 757, 758f
        système ABO, 756, 756t, 1283
        système Rh, 756
Groupement(s)
    —NH₃, 1173
    acide (—COOH), 55, 56, 56f
    amine (—NH₂), 55, 56, 56f, 1173
    carboxyle (—COOH), 1173
    fonctionnels, 49
    R, 55, 56, 56f
GTP, voir Guanosine triphosphate
Guanine (G), 62, 63, 63f
Guanosine
    diphosphate (GDP), 686
    triphosphate (GTP), 686
Guanylyl cyclase, 477
Guarana, 1140
Gubernaculum, 1233
Guide alimentaire canadien, 1055f
Gustke, Kenneth, 298
Gynécologie, 1237
Gynécomastie, 1237
Gyrus, 491, 494, 495f
    dentatus, 514, 515f
    du cingulum, 497f, 501, 514, 515, 515f
    parahippocampal, 497f, 501, 514, 515f
    précentral, 494, 495f, 497f
        carte motrice du, 498f
    postcentral, 494, 495f
        carte sensitive, 498f

H

Hageman, facteur, 750
Haldane, effet, 965
Halitose, 997
Hallux, 275
    abducteur de l', 426t, 427f
    court fléchisseur de l', 427f, 428t, 430t

long
    extenseur de l', 420t, 421f, 430t
    fléchisseur de l', 423t, 425f, 430t
Hanche
    articulation de la, 303, 305f
    luxation congénitale de la, 278
    os de la, 267, 267f
Haptènes, 895
Haptoglobine, 739
Hashimoto, thyroïdite chronique de, 926
Hassall, corpuscules de, 874
Haustrations du côlon, 1029, 1029f
Hauteur du son, 666
    perception de la, 669
Havers, système de, 207
HbS, voir Hémoglobine S
hCG, voir Gonadotrophine chorionique humaine
hCs, voir Hormone chorionique somatotrope
hCT, voir Hormone thyréotrope placentaire
Heimlich, manœuvre de, 940, 941
Hélicase, 111
Hélice alpha (α), 57f, 58
Helicobacter pylori, 1007
Hélicotréma, 663, 664f
Hélix, 660, 661f
Hémagglutinine, 903
Hématies, 734
    falciformes, anémie à, 740, 741, 741f
Hématologie, 759
Hématome, 179, 218, 220f, 759
    extradural, 530
    formation d'un, 218, 220f
    subdural, 529
Hématopoïèse, 736
Hématurie, 1144t
Hème, 735, 736, 736f
Hémiplégie, 544
Hémisphères
    cérébraux, 491, 494-504
    du cervelet, 513, 516f
Hémochromatose, 759
    familiale, 1047
Hémodialyse, 1142
Hémoglobine, 59t, 179, 735, 736, 736f, 1144t
    affinité pour l'oxygène, 961
    carbhémoglobine, 736
    désoxyhémoglobine, 736
    et oxygène, association et dissociation hémoglobine
        dans le sang, 961-963
    F, 759
    glyquée, 736
    globine, 735
    hème, 735, 736, 736f
    oxyhémoglobine, 736
    réduite, 736, 961
    S (HbS), 740
    saturation de l', 961
    α, 735, 736, 736f
    β, 735, 736, 736f
Hémoglobinurie, 1144t
Hémogramme, 758
Hémopathie, 760
Hémophiles, 755, 1284
    A, 754
    B, 754
Hémopoïèse, 736
    hémocytoblaste, 736
Hémoptysie, 974
Hémorragie, 819, 820, 821f
    aiguë, 831, 832f
    de la délivrance, 1267
    subarachnoïdienne, 529
Hémorroïdes, 809, 1031
Hémosidérine, 739
Hémostase, 749-755
    anomalies de l', 753-755
Héparine, 146

Hépatite, 1023
    virus de l', 164
Hépatocytes, 1020, 1022f
Hérédité, 823
    cytoplasmique, 1286
    dominante-récessive, 1281, 1283t
    liée au sexe, 1284
    mitochondriale, 1287
    non traditionnelle, 1285, 1286
    polygénique, 1284, 1285, 1286f
    principes de l', 1278
Hering-Breuer, réflexe de, 971
Hermaphrodites, 1233
Hernie, 363, 432
    discale, 259
    hiatale, 1000
    inguinale, 1237
Herpès
    génital, 1229
    virus de l', 195, 445
Herpes simplex virus type 1, 195
Hespéranopie, 650
Héta-amidon, 758
Hétérozygote, 1279
HHb, voir Désoxyhémoglobine
Hiatus
    de la veine cave inférieure, 844t
    œsophagien, 844t
    tendineux de l'abducteur, 846f, 846t, 847f
    sacral, 255, 255f
Hile, 870, 871f, 872, 873f
    du foie, 1020
    du poumon, 943, 944f
    rénal, 1116, 1116f
Hippocampe, 497f, 501, 514, 515, 515f
    corps amygdaloïde, 514
Hirsutisme, 184, 725
His, faisceau de, 782
Histamine, 146, 470, 472, 474, 563t, 887, 889t, 923, 1007, 1008t, 1010
Histidine (His), 119
Histiocytes, 146
Histologie, 2, 133
    du tissu nerveux, 440-447
Hodgkin, maladie de, 746, 879, 920
Holoenzyme, 60
Homéostasie, 9-12
    centre de régulation, 10, 10f, 11f
    déséquilibre homéostatique, 10f, 12, 13
    du Ca²⁺, 215, 216, 216f
    effecteur, 10, 10f, 11f
    mécanisme
        de régulation de l', 10, 10f, 11, 12
        de rétroactivation, 11, 12, 12f
        de rétro-inhibition, 10, 11, 11f
    osseuse, 214-220
    récepteur, 10, 10f, 11f
    réponse, 10, 10f, 11f
    rétroaction, 10, 11f
    stimulus, 10, 10f, 11f
    valeur de référence, 10, 10f
    variable, 10, 10f
    voie
        afférente, 10, 10f
        efférente, 10, 10f
Homme
    de référence, 2
    impuissance chez l', 695t
    voies génitales de l', 1193-1195
Homoncule moteur, 496, 498f
Homozygote, 1279
Hooke, Robert, 72
Hoquet, 956t
Horloge biologique, 713
Hormone(s), 140, 685-691, 793, 1097
    adénohypophysaires, 692, 693, 694t
    adiponectine, 720t, 721
    amines, 685

anabolisantes, 1060
antidiurétique (ADH), 695t, 699, 819, 819t, 1139,
    1161, 1161f
    libération de l', 1161, 1161f
    syndrome de sécrétion inappropriée d', 699
autocrines, 684, 685
calcitonine, 704
calcitriol, 721
chimie des, 685-690
cholécalciférol, 720t, 721
cholécystokinine (CCK), 720t
chorionique somatotrope (hCs), 1263
corticolibérine (CRH), 697
corticotrophine (ACTH), 694t, 698
d'inhibition, 692
dans le plasma, 734t
de croissance (GH), 214, 359, 694t, 698, 699, 1060
de l'obscurité, 712
de libération, 692
demi-vie de l'activité hormonale, 688, 689
dérivés d'acides aminés, 685
des voies gastro-intestinales, 719, 720t
dopamine, 698
du cortex surrénal, 685
du sommeil, 712
effets, 701t
    sur le métabolisme, 1091t
eicosanoïdes, 685
érythropoïétine, 720t, 721
et substances paracrines jouant un rôle dans
    la digestion, 1008t
folliculostimulante (FSH), 692, 694t, 698,
    1205, 1206f
gastrine, 720t
    intestinale, 720t
gonadiques, 685
gonadolibérine (Gn-RH), 697
gonadotrophines, 694t, 697
hydrosolubles, 686
hypoglycémiante, 714, 1087, 1089
hypothalamiques, 695t, 698, 699
incrétines, 720t
interactions hormonales au niveau des cellules
    cibles, 689, 690
leptine, 720t, 721
leucotriènes, 685
lutéinisante (LH), 692, 695t, 698, 1205, 1206f
mécanisme de l'action hormonale, 685, 686
mélanotrope, 692
ocytocine, 695t, 698
ostéocalcine, 720t, 721
paracrines, 684, 685
parathyroïdienne, 705
peptides, 685
peptidiques, 59t
PIH, 698
placentaires, 717
prolactine (PRL), 695t, 698
proopiomélanocortine (POMC), 692
prostaglandines, 685
protéines du complément, 59t
régulation et libération des, 690
rénine, 720t, 721
résistine, 720t, 721
sécrétine, 720t
sexuelles, 1060, 1189
    du cortex surrénal, 711, 712
somatocrinine (GH-RH), 696
somatomédines, 695
somatostatine (GH-IH), 696
spécificité des cellules cibles, 688
squelette, 720t, 721
stéroïdes, 685
surrénaliennes, 707
    effets des, 708t
    régulation des, 708t
synthèse des, 701, 702, 702f, 703
thymopoïétine, 720t, 721

thymosine, 720t, 721
thymuline, 720t, 721
thyréolibérine (TRH), 697
thyréotrope, 696f, 697
    placentaire (hCT), 1252, 1263
thyréotrophine (TSH), 692, 694t, 697
thyroïdiennes, 700, 701, 701t, 702-704
thyroxine (T$_4$), 685, 700, 701t
transport et régulation des, 703
triiodothyronine (T$_3$), 700, 701t
Hormonothérapie substitutive (THS), 221
Horner, syndrome de, 623
Howship, lacunes de, 215
Humérus, 230f, 261, 262t, 263f
    capitulum, 261, 263f
    col
        anatomique, 261, 263f
        chirurgical, 261, 263f
    épicondyle latéral de l', 261, 263f
    fosse
        coronoïdienne, 261, 263f
        olécrânienne, 261, 263f
        radiale, 261, 263f
    sillon
        du nerf radial, 261, 263f
        intertuberculaire, 261, 263f
    tête de l', 261, 263f
    trochlée de l', 216, 263f
    tubercule
        majeur de l', 261, 263f
        mineur de l', 261, 263f
    tubérosité deltoïdienne, 261, 263f
Huntingtine, 532
Huntington, chorée de, 504, 532, 1282
Hybridomes, 908
Hydarthrose, 308
Hydratation hypotonique, 1162
Hydrates de carbone, 49
Hydrocéphalie, 527, 529f
Hydrocortisone, 710
Hydrogène, 30t
    liaison, 37, 40, 41, 41f
Hydrolases, 60
Hydrolyse, 1035
    enzymatique, 1035
    réaction d', 45, 46, 50
Hydronéphrose, 1117
Hydroxyapatite, 209
Hydroxydes, 46
Hydroxyurée, 741
Hymen, 1213, 1214f
Hyoglosse, 382t, 383t
Hyperaldostéronisme, 710, 1184
Hyperalgésie, 563
Hypercalcémie, 216, 706, 712, 793, 1165t
Hypercholestérolémie primitive, 1108
Hyperémie, 887
    active, 826
Hyperexcitabilité, 216
Hyperextension, 292, 293f
Hyperhydratation, 1162
Hyperinsulinisme, 716
Hyperkaliémie, 793, 1165t, 1170
Hyperleucocytose, 742
Hyperlipidémie, 758
Hypermagnésémie, 1165t
Hypermétropie, 643, 643f
Hypernatrémie, 1165t
Hyperparathyroïdie, 216, 706
Hyperphosphatémie, 1165t
Hyperplasie, 125, 126, 356
    bénigne de la prostate, 1196
    congénitale des glandes surrénales, 712
Hyperpnée, 971
Hyperpolarisation
    de la membrane, 452, 452f
    tardive, 454

Hypersensibilités, 895, 922
    anaphylactiques, 922
    cytotoxiques, 924
    de type I, 922
    de type II, 924
    de type III, 924
    de type IV, 924
    retardées, 924
    semi-retardées, 924
Hypersomnie, 547
Hypertension, 822, 857
    artérielle, 838t
        résistante, 794
    chronique, 822, 860
    essentielle, 422
    héréditaire, 823
    persistante, 822
    portale, 1023
    secondaire, 823
    transitoire, 822
Hyperthermie, 1098, 1106
    contrôlée, 1106
Hyperthyroïdie, 221, 694t, 1099
Hypertrichose, 195
Hypertrophie, 126, 344
Hyperventilation, 967, 1178t, 1182
    chronique, 968
Hypervitaminose, 1061
Hypoblaste, 1252
Hypocalcémie, 706, 716, 1165t
Hypocapnie, 967
Hypochlorémie, 1165t
Hypoderme, 172f, 173
Hypokaliémie, 793, 1162, 1165t, 1107
Hypomagnésémie, 1165t
Hyponatrémie, 1162
Hyponychium, 185, 185f
Hypoparathyroïdie, 706
Hypophosphatémie, 1165t
Hypophyse, 505, 505f, 691
    adénohypophyse, 692, 693f
    et hypothalamus, 691-699
        relations entre l', 692
    infundibulum, 692, 692f
    neurohypophyse, 692, 692f
        neurohormones, 692, 693
    noyau supraoptique, 692, 693f
    tractus hypothalamohypophysaire, 692, 693f
Hypophysectomie, 725
Hypoprotéinémie, 1163
Hyposmie, 568t
    lacrymale, 571t
Hypospadias, 1149
Hypotension, 822
    artérielle
        aiguë, 822
        chronique, 822
    orthostatique, 622, 822
Hypothalamus, 491, 504, 505, 505f, 514, 515f, 620f, 621,
    692, 693f
    corps mamillaires, 505, 505f
    infundibulum, 505, 506f
    noyau(x)
        paraventriculaires, 506, 506f
        suprachiasmatique, 506, 506f, 1162
        supraoptiques, 506, 506f
    régulation
        de l'apport alimentaire, 506
        de l'équilibre hydrique et de la soif, 506
        de la température corporelle, 505, 1104
        des centres du SNA, 505
        des réactions émotionnelles et
            du comportement, 505
        du cycle veille-sommeil, 506
        du fonctionnement endocrinien, 506
Hypothermie, 1106
Hypothyroïdie, 822
Hypotonie osmotique du plasma, 1162

Hypoventilation, 972, 1178t
Hypoxémie, 737
Hypoxie, 757, 963
Hystérectomie, 1237

I

Ictère, 179, 188
    physiologique, 1272
    par obstruction, 1025
Identification des éléments, 31-33
IgA sécrétoire, 905, 906t
IgD, 905, 906t
IgE, 905, 906t
IG, *voir* Immunoglobuline
IGE, *voir* Facteur de croissance analogue à l'insuline
IgM, 905, 906t
Iléum, 1017
Iléus, 1047
    paralytique, 1047
Iliaque, muscle (chef iliaque de l'iliopsoas), 413t, 414f, 430t
Iliocostal, 388t, 389f
Iliopsoas, 376f, 413t, 414f, 430t
Ilium, 267, 267f, 268f, 276t
    aile de l', 267, 268f
    corps de l', 267
    crêtes iliaques, 267, 267f, 268f, 276t
    épine iliaque
        antérosupérieure, 267, 267f, 268f
        postérosupérieure, 267, 268f
    face glutéale de l'os ilium, 267
    fosse iliaque, 267, 268
    grande incisure ischiatique, 267, 268f, 270t
    ligne arquée de l', 267, 268f, 269
    ouverture supérieure du bassin, 267, 267f, 269, 270t
    surface auriculaire de, 267, 268f
Îlots
    de Langerhans, 714
    pancréatiques, 714, 714f
    sanguins, 857
Image réelle, 640, 641f
Imagerie médicale, 18-21
Immunité, 884
    à médiation humorale, 895
    cellulaire, 884f, 895
    déséquilibres homéostatiques, 919-924
    humorale, 884f, 895
        active, 902, 903f
        passive, 902, 903f, 904
Immunocompétence, 897
    acquisition de l', 897, 898, 898f
Immunodéficience acquise (SIDA), syndrome d', 920
Immunogénicité, 895
Immunoglobulines (Ig), 904
Immunologie, 895, 926
Immunosérum, 894
Immunosuppression, 919
Impétigo, 195
Implantation, 1249
    fenêtre d', 1249
    du blastocyste, 1249f, 1251f
Importance du sommeil, 520
Impuissance chez l'homme, 695t
Incisure(s), 205t
    cardiaque du poumon gauche, 943, 944f
    catacrote, 788, 789f
    claviculaires, 256, 256f
    fibulaire, 272
    ischiatique
        grande, 267, 268f, 270t
        petite, 268f, 269
    jugulaire, 256, 256f, 257
    mandibulaire, 233f, 243f, 244
    radiale, 262t, 263f, 264f, 265
    scapulaire, 260f, 261
    trochléaire, 262t, 264, 264f
    ulnaire, 262t, 264f, 265
Inclusions, 94

Incontinence, 1148
    à l'effort, 1148
    par regorgement, 1148
Incrétines, 720t
Incus, 661, 661f, 662f
Index, extenseur de l', 407f, 407t, 408t
Indice
    d'Apgar, 1267
    de masse corporelle (IMC), 1095
Infarctus
    du myocarde, 774, 857
        multiples, 794
    rénal, 1151
Infections
    à *Chlamydia*, 1228
    transmissibles sexuellement (ITS), 1150, 1227-1229
Infertilité, 1205
    chez la femme, 698
Infirmité motrice cérébrale, 546
Inflammation 160, 161, 161f, 887-889
    et maladies dégénératives des articulations, 308-310
    régénération, 160, 161f
    signes majeurs de l', 887
    tissu cicatriciel, 160, 161f
Infliximab (Remicade), 309
Influenza, 978
    A, 903
Influx nerveux, 29, 442f, 443, 444t, 445t, 448, 453
    fréquence des, 458
    vitesse de propagation de l', 459
Information sensorielle, 438, 439f
Infraépineux, 401f, 402t, 408t
Infrahyoïdiens, 384t, 385f
Infundibulum, 505, 506f, 692, 692f
    de la trompe utérine, 1210, 1211f
Ingestion, 987
Inhibine, 1206, 1206f
Inhibiteur
    d'enzymes, 61
    de la protéase, 921
    de la transcriptase inverse, 921
Inhibition
    de contact, 113
    présynaptique, 470
    réciproque, 593
Inion, 238
Initiation, 117, 118f
Injections de rappel, 903
Innervation
    de l'épithélium, 134
    de la partie antérolatérale du thorax et de la paroi abdominale, 576f, 577
    de la peau, 585, 586f
    des articulations, 585
    des muscles lisses, 586, 587
    des poumons, 943, 944f
    double, 606
    du dos, 576f, 577
    du muscle squelettique, 319
    extrinsèque du cœur, 784
Inositol triphosphate (IP$_3$), 687
Insertion
    du muscle squelettique, 323
    musculaire du tendon, 291
Insomnie, 521
Inspiration(s), 949, 950f
    profondes ou forcées, 949
Insuffisance
    cardiaque, 794, 822
    rénale, 1142, 1151
Insuffisance valvulaire, 775, 878
Insuline, 714, 715, 715f, 1085, 1087f
    facteurs de croissance analogues à l', 695
    régulation de la glycémie, 715, 718f
Insulinorésistance, 719
Intégrase, 921
Intégrateur nerveux, 469

Intégration, 438, 438f
    et modification des phénomènes synaptiques, 468, 469, 469f, 470
    motrice, 587, 588
    nerveuse, 479-481
    sensorielle, 560, 561, 561f, 562-563
Intégrines, 93, 782
Intensité
    du son, 666
        détection de l', 669
    du stimulus
        codage de l', 458, 459f
        estimation de l', 562
    liminaire, 561
Interactions
    des systèmes nerveux sympathique et parasympathique, 617, 618t, 619-621
    entre la cellule et son milieu, 93-94
    hormonales au niveau des cellules cibles, 689, 690
Intercostaux
    externes, 390t, 391f
    internes, 390t, 391f
Interféron, 460, 891, 891t, 892, 892f
    α, 891t, 892
    β, 891t, 892
Interleukines, 745, 894
    1 (IL-1), 913, 914t
    2 (IL-2), 913, 914t
Interneurones, 445t, 448
Intérocepteurs, 557, 558t, 559t
Interosseux
    dorsaux de la main, 411f, 412t
    du pied, 427f, 428t
    palmaires, 411f, 412t
Interphase, 110, 110f, 111, 112, 114f, 1201f
Intervalle
    PQ, 785, 785f
    PR, 785, 785f
    QT, 785f, 786
Intestin
    grêle, 1016, 1016f, 1017-1020, 1170
    gros, 1029, 1030f, 1031-1035
    maladie inflammatoire de l', 1047
    primitif, 1042, 1043f, 1256, 1257f
Intima, 802
Intoxication par le monoxyde de carbone, 963
Intrinsèques
    de la main, 410t, 411f, 411t
    du pied, 426t, 427f, 428t, 429f
Introns, 116, 118
    non-sens, 118
Inuline, 1142
Inversion, 294, 295f
Iode, 30t, 703
    anion d', 702, 702f
    alimentaire, 703
    radioactif (^{131}I), 704
    consommation d', 703
Iodure
    captage de l', 702, 702f
    liaison à la tyrosine, 702f, 703
    oxydation de l', 702f, 703
Ions, 37, 793
    anion, 37
    bicarbonate (HCO$_3^-$), 46, 965
        production d', 1175
    calcium (Ca^{2+}), 750t
        équilibre des, 1170
    cation, 37
    concentration plasmique des, 1093, 1166
    hydrogène (H$^+$), 46, 1173
        excrétion des, 1175
        sécrétion des, 1175
    hydroxyle (OH$^-$), 46, 47, 48
    phosphate, équilibre des, 1170
    polyatomiques, 46
    potassium (K$^+$), 30, 450, 451f, 1158
        équilibre des, 1169

sodium (Na$^+$), 450, 541f
    équilibre des, 1164-1169
Iris, 634f, 635, 635f
Irrigation
    des tissus, 823
    sanguine, 990
    du muscle squelettique, 319
Ischémie, 530
Ischiocaverneux, 394t, 395f
Ischium, 267, 267f, 268, 268f, 269, 276t
    branche de l', 268f, 269
    corps de l', 268f, 269
    épine ischiatique, 268f, 269, 276t
    petite incisure ischiatique, 268f, 269
    tubérosité ischiatique, 268f, 269, 276t
Isoflavones, 221
Isolant, 448
Isoleucine (IIe), 119
Isomère, 49, 646
    11-*cis*, 646, 646f
Isotopes, 32, 32f, 33
Isthme
    de la trompe utérine, 1210, 1211f
    du gossier, 935f, 937
ITS, *voir* Infections transmissibles sexuellement

J

Jambe, 271, 272, 273f, 275, 276t
    fibula, 20f, 272, 273f, 274, 276t
        malléole latérale de la, 272, 273f, 276t
        tête de la, 272, 273f, 276t
    membrane interosseuse de la, 272, 273f
    muscles de la, 376f, 377f, 420t, 421f, 422f, 423t, 424f, 425f
Jaunisse, 179, 189
Jéjunum, 1016f, 1017
Jointures, 266
Jonction(s)
    communicante, 77
    d'ancrage, 77
    diffuses, 352, 353f
    imperméable, 77
    lacunaire, 77
    membranaires, 77, 78f
    neuromusculaire, 326, 327, 328f, 329f, 463, 585
    ouvertes, 77, 78, 778, 779f
    serrées, 77, 78f, 527
        de l'épithélium, 134
    spécialisées de l'épithélium, 134
Joue, 993
    pommette de la, 238
Joueurs de tennis, épicondylite des, 432
Jumeau(x)
    faux, 1202, 1221
    inférieur, 418f, 418t, 430t
    supérieur, 418f, 418t, 430t
    vrais, 1221, 1279

K

K$^+$, pompe à, 449
Kallman, syndrome de, 1237
Kaposi, sarcome de, 920
Kava, 1140
Keith-Flack, nœud de, 782
Kératane sulfate, 144, 145f, 151
Kératine, 172, 175, 885, 891t
    dure, 182, 185
    molle, 185
Kératinisation, 175, 182
    granules
        de kératohyaline, 175
        lamellés, 175
        kératine, 175
Kératinocytes, 173, 174f, 175
Kératotomie radiaire (RK), 643
Kinase(s)
    des chaînes légères de la myosine, 354
    cycline-dépendantes, 113

Kinésine, 445, 887, 889t
Kinocil, 671, 671f
Klinefelter, syndrome de, 1230
Koch, bacille de, 886
Korotkoff, bruits de, 821
Krebs, cycle de, 1066, 1071, 1072f
Kupffer, cellules de, 807, 885, 1020
Kwashiorkor, 1108
Kystes
    dermoïdes, 1237
    folliculaires, 1237
    ovariens, 1237

L

L$_1$ à L$_5$, vertèbres, 248f
Lab-ferment, 1009, 1037
Labyrinthite, 677
Lactase, 1037
Lactation, 1268, 1269, 1269f
Lactose, 49, 51f, 1035
Lacunes, 208, 208f
    de Howship, 215
Lait, 181
    maternel, 1268
Lamelles
    circonférentielles, 208f, 209
    de l'ostéon, 207, 208f
    du cervelet, 513
    interstitielles, 208f, 209
Lamina
    nucléaire, 106, 107f
    propria, 147, 148f, 991
Lamine, 106, 144
Laminectomie, 279
Laminine, 482
Langage, 521
    aire
        de Broca, 497f, 521
        de Wernicke, 497f, 521
        motrice du, 498
Langerhans
    cellules de, 173. 899
    îlots de, 714
Langue, 993f, 994, 994f
    corps de la, 995
    courbée, 994
    frein de la, 993f, 994
    liée, 994
    muscle(s)
        assurant les mouvements de la, 382t, 383t
        extrinsèque de la, 574t
        intrinsèque de la, 574t
    racine de la, 995
    sillon terminal de la, 994f, 995
Lanugo, 191
Laparoscopie, 1047, 1237
Larmes, 631, 891t
    de crocodile, 623
Laryngite, 939
Laryngopharynx, 933t, 935f, 936, 937, 1000
Larynx, 932f, 933, 933t, 935f, 937, 938f
    sphincter du, fonction, 939
Latence, période de, 336, 336f
Latéralisation fonctionnelle des aires de Brodmann, 501
Latéralité manuelle, 216
Leber, atrophie optique de, 1287
Lectule, 185
Lemnisque
    latéral, 669, 669f
    médial, 511, 539f
Lentille concave, 640
Leptine, 720t, 721, 1097, 1221
Lésion, 159, 160, 160f, 162, 167
    des tissus, 887
    de surutilisation, 349
Léthargie, 518
Létrozole, 1217
Leu, *voir* Leucine

Leucémie, 746, 760
    aiguë, 746
    chronique, 746
    lymphoïde, 746
    myéloïde, 746
Leucine (Leu), 119
Leucocytes, 732, 732f, 733, 733f, 742, 743, 743t, 744, 744f, 745, 746, 747, 889, 890f
    agranulocytes, 743t, 745, 747f
    facteurs inducteurs de, 889, 890f
    granulocytes, 742, 743, 743t, 744, 744f, 745, 747f
    production et durée des, 745, 746, 747f
    structure des, 742
    troubles leucocytaires, 746
Leucopénie, 746
Leucopoïèse, 745
Leucotriènes, 685, 887, 889t
Levier, 372, 373, 373f, 374f, 375
    avantage mécanique, 372, 373f
    charge, 372, 373f, 374f
    de puissance, 372
    de vitesse, 372
    désavantage mécanique, 373, 373f
    du deuxième genre, 373, 374f
    du premier genre, 373, 374f
    du troisième genre, 373, 374f, 375
    force, 372, 373f, 374f
    point d'appui, 372, 373f, 374f
    systèmes de, 372, 373, 373f, 374f, 375
Lévodopa (L-dopa), 531
Lèvre(s), 993, 993f
    inférieure, abaisseur de, 380t, 381f
    supérieure, élévateur de la, 380t, 381f
    freins des, 993f, 994
    de la vulve
        grandes, 1214, 1214f
        petites, 1214, 1214f
Leydgig, cellules de, 1192
LH, *voir* Hormone lutéinisante
Liaison(s)
    à l'antigène, 910
    chimiques, 36-41
    covalentes, 37, 38, 38f, 39, 39f, 40
        doubles, 38, 39f
        polaires, 40, 40f
        non polaires, 40 40f
        simples, 38, 39f
        triples, 38, 39f
    de l'iode à la tyrosine, 702f, 703
    hydrogène, 37, 40, 41, 41f
    intramoléculaires, 41
    ioniques, 37, 38, 38f, 40, 40f
    niveau d'énergie, 36
    peptidique, 55, 56f
    règle
        de l'octet, 37
        des 8 électrons, 37
    rôles des électrons, 36, 37
    types de, 37-41
    protectrices, 209
Libération
    de l'aldostérone, 1164
    de l'hormone antidiurétique, 1161, 1161f
    de la thyroxine, augmentation de la, 1104
    de rénine, 619
    du facteur natriurétique auriculaire, 1166
Libido, 712
    chez l'homme, 1207
    chez la femme, 1207
Liens apicaux entre les cellules sensorielles ciliées, 668, 668f
Ligament(s), 149, 284, 289
    alvéolodentaire, 999
    annulaire du radius, 303, 304f
    artériel, 769f, 795, 795f, 1259f, 1267
    capsulaires, 289
    collatéral
        fibulaire, 300, 300f, 301f

radial, 303, 304f
ulnaire, 303, 304f
coracohuméral, 302f, 303
croisé
antérieur (LCA), 299f, 300f, 301, 301f, 302
postérieur (LCP), 299f, 300f, 301, 301f, 302
de la tête fémorale, 272, 304, 304f
externes, 289
extracapsulaires, 289
falciforme du foie, 1020, 1021f
glénohuméraux, 320f, 303
iliofémoral, 304, 304f
inguinal, 856f
interépineux, 249, 250f
internes, 289
intertransversaires, 249, 250f
intracapsulaires, 289
intrinsèques, 289
ischiofémoral, 304, 304f
jaunes, 151, 249, 250f
large de l'ovaire, 1207, 1208f, 1211f
latéral, 305, 306f
longitudinal
antérieur, 249, 250f
postérieur, 249, 250f
nuchal, 151, 236t, 238
ombilicaux médians, 1253, 1259f, 1267
patellaire, 299f, 300
poplité
arqué, 299f, 301
oblique, 299f, 301
propre de l'ovaire, 1207, 1208f, 1211f
pubofémoral, 304, 304f
rond(s)
de l'utérus, 1211f, 1212
du foie, 1020, 1021f, 1259f, 1267
sacroépineux, 269
sacrotubéral, 269
suspenseur(s)
de l'ovaire, 1207, 1208f, 1211f
du cristallin, 635
du sein, 1215f, 1216
utérosacraux, 1211f, 1212
veineux, 1259f, 1267
vocaux, 937
Ligand, 93, 449, 449f
hormones, 93
neurotransmetteurs, 93
substances paracrines, 93
Ligne(s), 205t
âpre, 271f, 272, 276t
arquée de l'ilium, 267, 268f, 269
de Beau, 186
de défense, 884
de flexion, 178
de Langer, 177
de tension, 177, 177f, 178
épiphysaire, 204, 206f
intertrochantérique, 271f, 272
M, 320, 321f
nuchale
inférieure, 233f, 235f, 238
supérieure, 233f, 235f, 238
primitive, 1254, 1254f
transverses du sacrum, 255, 255f
trapézoïde, 259, 259f
Z, 321f, 322, 778, 779f
Limitation de la croissance du caillot, 753
antithrombine III, 753
héparine, 753
protéine C, 753
Limites, maintien des, 5
Lipase(s), 1026, 1038
linguale, 996
Lipides, 52, 53t, 54, 55, 1056, 1056t
absorption des, 1040
apport alimentaire, 1056t, 1058
digestion chimique, 1036f, 1037, 1038

eicosanoïdes, 55
métabolisme, 1078
oxydation des, 1078, 1079f
phospholipides, 52-54
pools des, 1082, 1084f
sources alimentaires, 1056
stéroïdes, 54, 54f, 55
cholestérol, 54, 54f
triglycérides, 52, 54f
utilisation par l'organisme des, 1058
Lipofuscine, 443
Lipogenèse, 1079
Lipolyse, 1079
dans le foie, 1087
dans le tissu adipeux, 1087
Lipoprotéine(s), 1091
(a), 811
de basse densité (LDL), 810, 857, 1091
de haute densité (HDL), 811, 857, 1091
de très basse densité (VLDL), 1085, 1091
lipase, 1040
Liposomes, 126
Liquide(s)
amniotique, 1252
cérébrospinal, 522, 527, 528f
circulation du, 528f
formation du, 528f
plexus choroïdes, 527, 528f
de l'organisme, 123, 1156-1159
composition des, 1156, 1157, 1157f, 1158
extracellulaire, 1156, 1156f, 1157
composition électrolytique, 1157f
interstitiel, 74, 75f, 78, 80f, 144, 289, 1156, 1156f, 1157, 1158f
composition électrolytique du, 1157f
pression colloïdoosmotique du, 829, 830f
pression hydrostatique du, 829, 830f
intracellulaire, 74 1157, 1158, 1158f
membranaires, 74
mouvement entre les compartiments, 1158, 1159
péritonéal, 1210
pleural, 947
séminal, 1196, 1197
synovial, 289
Liséré ostéoïde, 214, 215
Lit(s)
capillaire(s), 807, 807f, 808
du néphron, 1122, 1123f
péritubulaire, 1122, 1123f
vrais, 807, 807f
de l'ongle, 185, 185f
dérivation vasculaire des, 807, 807f
canal de passage, 807, 807f
métartériole, 807, 807f
veine postcapillaire, 807, 807f
plaie de, 195
Lithiases rénales, 1145
Lithotripsie extracorporelle, 1145
Lobe(s)
caudé du foie, 1020, 1021f
de l'oreille, 660
droit du foie, 1020, 1021f
du cervelet
antérieur, 513, 516f
floccunodulaire, 513, 516f
postérieur, 513, 516f
du poumon, 943, 944f
frontal, 494, 495f
gauche du foie, 1020, 1021f
insula, 494
insulaire, 494, 495f
occipital, 494, 495f
pariétal, 494, 495f
rénal, 1117
Lobotomie, 501
Lobule(s), 660, 661f
de la glande mammaire, 1215f, 1216
du poumon, 943, 944f
du testicule, 1191, 1192f

du thymus, 874
hépatiques, 1020, 1022f
Localisation du son, 669
Locomotion, 202
Locus, 1279
Loge
antérieure de
l'avant-bras, muscles de la, 404t 405f 405t, 406t
de la cuisse, muscles de la, 414f, 415t
de la jambe, muscles de la, 420t, 421t, 421f
médiale de la cuisse, muscles de la, 414f, 415t
postérieure
de l'avant-bras, muscles de la, 406t, 407t, 407t
de la cuisse, muscles de la, 377f, 417f, 419t
de la jambe muscles de la, 423t, 424f
Loi
d'Ohm, 448
de Boyle-Mariotte, 949
de Henry, 957
de Starling, 790
de Wolff, 216, 217
des pressions partielles de Dalton, 956
du tout ou rien, 455, 1060
Lombricaux, 411f, 412t, 426t, 427f, 430t
Longévité extrême du neurone, 442
Longissimus, 388t, 389f
Longueur
d'onde, 640, 665
de la période réfractaire absolue, 778-781
-tension, rapport, 345, 345f
vertex-coccyx, 1256
Lordose, 249, 278
LSD, 471, 516
Lubrification par suintement, 289
Luette, 936
Lumière, 639-644
adaptation à la, 648, 649
convergence sur la rétine, 641, 642f
image réelle, 640, 641f
lentille concave, 640
longueur d'onde, 640
photon, 640
quanta d'énergie lumineuse, 640
rayonnement électromagnétique, 640, 640f
réflexion, 640
réfraction, 640, 641f
spectre visible, 640, 640f
visible, 640, 640f
Lunule, 185, 185f
Lupus érythémateux aigu disséminé, 921, 926
Luschka, trous de, 493
Luxation, 308
congénitale de la hanche, 278
de l'épaule, 303
Lyme, maladie de, 310
Lymphangite, 867
Lymphe, 866
transport de la, 868, 869
Lymphoblaste, 746, 747f
Lymphocytes, 145f, 146, 743t, 744f, 745, 747f, 869, 869f
B, 745, 869, 870, 897, 898f
CD4, 908, 909f
CD8, 908, 909f
granuleux, grands, 887
T, 745, 869, 870, 897, 898f
activation des, 910-914
auxiliaires (T_H), 908, 909f, 914, 914f
cytotoxiques (T_C), 908, 909f, 915, 916f
régulateurs (T_R), 915
rôles des, 914, 914f, 915-919
sélection clonale et différenciation des, 910
Lymphœdème, 868
Lymphogranulomatose vénérienne (LVG), 1228
Lymphographie, 879
Lymphome, 879
de Burkitt, 164
non hodgkinien, 746, 879
Lysine (Lys), 56f, 119

Lysosomes, 99, 101f, 109t, 886
Lysozyme, 631, 885, 934, 1018

M

Mâchoire
    inférieure, 231, 237t, 238, 244
    supérieure, 237t, 244
Macrocytes, 740
Macromolécules, 55
Macrophages, 869
Macrophagocytes, 145f, 146, 745, 747f, 869, 869f,
        885, 886f
    activés, 899
    alvéolaires, 943, 944f
    fixes, 885
    intraépidermiques, 173, 175, 899
    stellaires, 885
Macula, 634f, 637
    cellules de la, 1124f, 1128
    densa, 1124, 1124f
Macules, 662, 663f, 671, 671f
    activation des récepteurs des, 671
    anatomie des, 671, 671f
    fonctions dans l'équilibre statique, 671
Magendie, trou de, 493
Magnésium, 209, 1064, 1165t
Main, 230f, 261, 262t, 265, 265f, 266, 275
    carpe, 230, 262t, 265, 265f, 266
    en griffe, 581
    métacarpe, 266
    muscles
        interosseux dorsaux de la, 411f, 412t
        intrinsèques de la, 410t, 411f, 411t
    tombante, 581
Maintien
    de la posture, 317
    de la vie, 4-9
    des limites, 5
Mal
    d'altitude, 971
    des rayons, 65
    des transports, 674
    grand, 518
    petit, 518
Malabsorption, 1042
Maladie(s)
    auto-immune, 309, 921, 922
    cœliaque, 1042
    d'Addison, 710, 882, 1164, 1166
    d'Alzheimer, 523, 531, 1287
    de Basedow, 704, 921
    de Cushing, 694t, 710, 823
    de décompression, 957
    de Gee, 1042
    de Gélineau, 520
    de Graves, 704, 921
    de Hodgkin, 746, 897, 920
    de Lyme, 310
    de Parkinson, 504, 509, 531, 532, 1286, 1287
    de Steinert, 363
    de Tay-Sachs, 1282
    dégénératives de l'encéphale, 531
    des os de verre, 223
    du baiser, 746
    du poumon de fermier, 924
    hémolytique du nouveau-né, 757, 924
    héréditaires
        dépistage des, 1287-1290
        récessives, 1282
    inflammatoire de l'intestin, 1047
    osseuse de Paget, 222
    polykystique, 1149
    porteur de la, 1282
    psychosomatiques, 515
    vasculaire, 822
Malaise vagal, 623
Malléole
    latérale de la fibula, 272, 273f, 276t
    médiale du tibia, 272, 273f, 276t

Malléus, 661, 661f, 662f
MALT, 991
Maltase, 1037
Maltose, 49, 51f
Mamelon, 1215f, 1216
Mammographie, 165, 1216, 1216f
Mandibule, 231, 232f-235f, 277t, 243, 243f, 244, 245
    angle mandibulaire, 233f, 243f, 244
    articulation temporomandibulaire, 238, 243f, 244
    condyle mandibulaire, 233f, 236t, 238, 243f, 244
    corps de la, 243, 243f, 244
    foramens
        mandibulaires, 234f, 243f, 244
        mentonniers, 232f, 233f, 243f, 244
    incisure mandibulaire, 233f, 243f, 244
    processus coronoïde de la, 233f, 237t, 243f, 244
    ramus mandibulaires, 233f, 243, 243f
    symphyse mentonnière, 232f, 237t, 244
Manganèse, 30t
Manœuvre
    de Heimlich, 940, 941, 1003
    de Valsava, 939
Mantoux, test de, 924
Manubrium sternal, 256, 256f
Marasme, 1108
Marée alcaline, 1012
Marfan, syndrome de, 167
Margination, 889
Marionnette joyeuse, 1286
Marques épigénétiques, 1286
Marqueurs du soi, 896
Masculinisation, 712
Masque de grossesse, 1262
Masse(s), 28
    atomique, 33
    cancéreuses secondaires, 164
    moléculaire, 35
    mouvements de, 1033
    nombre de, 33
Masséter, 376f, 382t, 383t
Mastectomie
    radicale, 1217
    simple, 1217
Mastication, 1002
    muscles de la, 382t, 383t
Mastocytes, 145f, 146, 887
Mastoïdite, 240
Mastoplastie, 1217
Matériau(x)
    extracellulaires, 123, 124
    ostéoïde, 209
    structuraux, synthèse des, 1080
Matériel génétique, 62, 1278
Matière, 28-33
    atomes, 30
    combinaisons, 33-36
    composés, 34
    composition de la, 29-33
    éléments, 29, 30t
    états de la, 28
    grasses, substituts de, 1058
    masse, 28
    mélanges, 34, 34f, 35, 36
    molécules, 33, 34
    poids, 28
Matrice
    de l'ongle, 185, 185f
    du poil, 182, 183f
    extracellulaire, 124, 200
        du tissu conjonctif, 143, 144t
Maxillaires, 232f-235f, 236t, 237t, 243, 243f, 244-246,
        246f, 247
    arcades alvéolaires, 243f, 244, 247f
    épine nasale antérieure, 243f, 244, 247f
    fissure orbitaire inférieure, 232f, 244, 246f
    foramen infraorbitaire, 232f, 235f, 237t, 243f,
        244, 246f
    fosse incisive, 234f, 235f, 237t, 244

    processus
        frontaux des, 237t, 243f, 244, 246f
        palatins des, 234f, 235f, 237t, 244, 245, 247f
        zygomatiques des, 233f, 235f, 237t, 244
    sinus maxillaires, 232f, 244, 245, 248t
Méat, 205t
    acoustique
        externe, 233f, 235f, 236t, 238, 240, 240f,
            660, 661f
        interne, 234f, 236t, 239f, 240, 571t, 572t
    nasal, 936
    urétral, 1146, 1146f, 1190f, 1194f, 1195, 1232
Mécanique musculaire, 371-375
    agencement des faisceaux de fibres, 371, 372, 372f
Mécanisme(s)
    à contre-courant, 1136
    actifs, 84-89
    autorégulateur vasculaire myogène, 1028, 1029f
    chimiques, 817, 818, 819, 819t
    corticaux, 970
    d'action
        des anticorps, 906, 907, 907f, 908
        des récepteurs associés à un canal récepteur,
            478, 478f
        des récepteurs associés à une protéine G, 479
        hormonale, 685, 686
    d'échange de chaleur, 1103, 1103f
    de déshydratation, 1162, 1162f
    de formation de l'urine diluée et de l'urine
        concentrée, 1139f, 1140
    de l'activité enzymatique, 61, 61f, 62f
    de la contraction
        des muscles lisses, 354, 355
        du muscle squelettique, 325, 325f, 326, 326f
    de la digestion chimique, 1035, 1036
    de la libération
        d'aldostérone, 1164, 1166f
        de l'hormone antidiurétique, 1161, 1161f
    de la phosphorylation, 1067, 1068f, 1069, 1073
    de la soif, 1159, 1160f
    de la testostérone, 1206, 1207
    de la thermolyse, 1105
    de libération du facteur natriurétique auriculaire,
        1166, 1167f
    de régulation de l'homéostasie, 10, 10f, 11, 12
    de rétroaction tubuloglomérulaire, 1028, 1029f
    de rétroactivation, 11, 12, 12f, 1265, 1268, 1269f
    de rétro-inhibition, 10, 11, 11f
    de signalisation
        liée à l'AMP cyclique, 686, 687f
        liée au PIP et au calcium, 687
    de thermogenèse, 1104, 1105, 1105f
    de thermorégulation, 1105f
    de transport transépithélial, 1131
    du choc anaphylactique, 923
    du PIP_2 et du calcium, 687, 698
    et déroulement de la contraction, 778-781
    extrinsèques de la régulation du DFG, 1128,
        1129, 1129f
    hormonal, 1128, 1129f
    hypothalamiques, 970
    intrinsèques de la régulation du DFG, 1128, 1129f
    nerveux, 816, 817, 1128, 1129f
        de la respiration, 966, 967
    osmosis, 79, 80f, 81-83
    passifs, 79-84, 84t
    régissant l'équilibre du sodium et de l'eau, 1168f
    rénal
        direct, 819, 829
        indirect, 820
    rénaux de l'équilibre acidobasique, 1174-1177
    repolarisation, 780, 780f, 781
Mécanorécepteurs, 557, 558t, 559t
Méconium, 1268
Médecine nucléaire, 18
Média, 802
Médiastin, 17, 766, 767f

Médiation
cellulaire, réaction immunitaire à, 908-919
humorale, 895
immunité à, 895
Médicaments
anticholinestérasiques, 616, 617
antihypertenseurs, 823
cytotoxiques, 166
parasympathomimétiques, 616, 617
sympatholytiques, 616, 617
sympathomimétiques, 616, 617
Médulla, 182, 183f, 870, 871f, 874, 874f
rénale, 1117, 1118f, 1136f, 1137f
gradient osmotique de la, 1136, 1136f
surrénale, 706, 707f, 817
Méduse, tête de, 1024
Mégacaryoblaste, 748, 748f
Mégacaryocytes, 748, 748f
Meïbomius, glandes de, 630
Méiose, 112, 113, 1199, 1200f, 1201f
division
équationnelle de la, 1201f, 1202
réductionnelle de la, 1199
I, 1199, 1200f, 1201f, 1202, 1217, 1218f
II, 1199, 1200f, 1201f, 1202, 1217, 1218f
achèvement de la, 1247
Meissner, corpuscules de, 558t, 559
Mélanges, 34, 34f, 35, 36
colloïdes, 34, 34f, 35
émulsions, 35
hétérogènes, 35
homogènes, 34
solutions, 34, 34f, 35
suspensions, 34, 34f, 35
Mélanine, 173, 178
Mélanocytes, 173, 174f
mélanine, 173
mélanosomes, 173
Mélanome, 189, 189f
Mélanopsine, 646
Mélanosomes, 173
Mélatonine, 712, 821
Mello, Craig, 1286
Membrana tectoria, 664f, 668
Membrane(s)
alvéolocapillaire, 943, 944f
épaisseur et superficie de la, 960
basale de l'épithélium, 134
basolatérale des cellules du TCP, 1120, 1131, 1131f
cellulaire, 74
vésicule de la, 85
cloacale, 1042, 1043f
cutanée, 159, 160f
de filtration, 1124, 1125f, 1127
de l'os, 204
de la cavité antérieure, 21, 22, 22f
de revêtement, 159, 160f
dépolarisation de la, 452, 452f
des statoconies, 671, 671f
excitables, 453
extraembryonnaires, 1252
formation des, 1251f
fibreuse, 288, 289f
hyperpolarisation de la, 425, 452f
interosseuse
de l'avant-bras, 263, 264f
de la jambe, 272, 273f
lamina propria, 159
muqueuses, 159, 160f
nucléaire
externe, 106
interne, 106
perméabilité de la, 450, 451f, 452
plasmique, 73, 73f, 74, 75, 75f, 108t
polarisée, 450
séreuses, 159, 160f
stomatopharyngienne, 1042, 1043f
synoviale, 289, 289f

tympanique, 660, 662f
vitrée, 182
Membre
fantôme, douleur du, 563
inférieur, 271-276
supérieur, 261, 262t, 263-266
Mémoire, 521-524
à court terme, 522, 522f
à long terme, 522, 522f
automatique, 522
catégories de, 522, 523
de travail, 522
déclarative, 522, 524f
des faits et des événements, 522
émotionnelle, 522
fondement moléculaire de la, 523-525
potentialisation à long terme, 526
récepteur du NMDA, 526
immunitaire, 874, 902
motrice, 522
non déclarative, 522
procédurale, 522, 524f
stades de la, 522
structures cérébrales associées à la, 523
Ménarche, 1121
Mendel, Gregor, 1278
Ménière, syndrome de, 670
Méninges, 525, 526f
arachnoïde, 525f, 526
dure-mère, 525f, 526
pie-mère, 525f, 526
Méningite, 526, 744
Méningocèle, 546
Ménisque, 290, 299f
latéral du tibia, 300
Ménopause, 1233
Mensonges, détecteur de, 606
Menstruation, 1223
Mentonnier, 380t, 381f
Merkel
cellules de, 173, 174f, 175
disque de, 173, 174f, 558t, 559
Mésangiocytes extraglomérulaires, 1124, 1124f
Mescaline, 471
Mésencéphale, 491, 491f, 492f, 507, 507f
aqueduc du, 508, 509f
cervelet, 491, 491f, 492f
pont, 491, 491f, 492f
Mésenchyme, 143, 147
Mésentère, 989, 990f, 1032f
dorsal, 989, 990f
sigmoïde, 1032f
ventral, 989, 990f
Mésocôlon(s), 1030f, 1031
sigmoïde, 1032f
transverse, 1032f
Mésoderme, 163, 163f, 1251f, 1253, 1254, 1254f
intermédiaire, 1255f, 1256, 1257
latéral, 1255f, 1256, 1257
paraaxial, 1256
somatique, 1255f, 1257
spécialisation du, 1256, 1257-1260
splanchnique, 1255f, 1257
Mésodiastole, 788, 789f
Mésométrium, 1211f, 1212
Mésonéphros, 1148, 1149f
Mésosalpinx, 1210, 1211f
Mésothélium, 139
Mesure
de l'épaisseur du pli cutané, 1108
de la pression artérielle, 821
Métabolisme, 8, 1064
au cours du développement et du vieillissement, 1107, 1108
basal, 1098
des glucides, 1069
des lipides, 1078-1080
des molécules énergétiques, 1083t

des muscles squelettiques, 340-344
des principaux nutriments, 1069-1082
des protéines, 1081, 1082
des triglycérides, 1079, 1080f
du cholestérol, 1091, 1093, 1095
effets des hormones sur le, 1091t
rôle du foie, 1090-1095
total, 1099
vitesse du, 1098, 1099f
augmentation de la, 1104
anabolisme, 8
catabolisme, 8
de la glutamine, 1176, 1177f
modifications durant la grossesse, 1263, 1264
Métacarpe, 266
os métacarpiens, 265f, 266
phalanges, 200f, 262t, 265, 265f, 266
Métanéphros, 1148, 1149f
Métaphase, 113, 114f, 115f, 1200f
I, 1199, 1200f, 1200f
II, 1201f, 1217, 1218f
Métaphyse, 204
Métartériole, 807, 807f
Métastases, 164, 188
Métatarse, 273
Métaux lourds, 65
Méthionine (Met), 119
Micelles, 1040
Micro-ARN (mi-ARN), 121
Microcéphalie, 1260
Microcirculation, 807
Microcytes, 740
Microencéphalie, 547
Microfilaments, 101, 102, 102f, 103f, 109t
d'actine, 443
Microglies, 440, 441f, 885
Microphagocytes stellaires, 146
Microscope électronique à transmission (MET), 133
Microtubules, 101, 102f, 103f, 109t, 443
Microvillosité, 105, 109t
de l'épithélium, 134, 141f
Miction, 1147, 1148
centre de la, 1147f, 1148
régulation de la, 1147, 1147f
Migraine, 449
Millivolt, 448
Minéralocorticoïdes, 707, 708
aldostérone, 707, 708
sécrétion de l', 708-710
Minéraux, 1061, 1061, 1064t
stockage, 203
Minoxidil, 184
Mitochondries, 73f, 96, 96f, 97, 443, 778, 779f
Mitose, 110f, 112, 114f, 115f, 1199, 1200f
anaphase, 113, 114f, 115f
métaphase, 113, 114f, 115f
prophase, 113, 114f
télophase, 113, 114f, 115f
Mixovirus, 996
MLC kinase, 354
Mobilisation phagocytaire, 889, 890, 890f
Mobilité migrante, complexe de, 1028
Mode de sécrétion des glandes multicellulaires, 141
Modèle
de la mosaïque fluide, 74, 75, 75f, 76, 77
des orbitales, 31, 31f
embryonnaire de l'encéphale, 491, 491f
médical de l'encéphale, 491, 491f
planétaire, 31, 31f
Modificateurs de la réponse biologique, 309
Modifications
comportementales, 1104
durant la grossesse
anatomiques, 1260, 1262, 1263
du métabolisme, 1263, 1264
physiologiques, 1264
Modiolus de la cochlée, 663, 664f

Modulation
  par le système nerveux, 690, 691
  sélective des récepteurs des œstrogènes, 221
Moelle
  épinière, 438, 439f, 491, 491f, 492f, 532, 533, 533f,
    534f, 535-547, 620f, 621
    anatomie en coupe transversale de la, 533-542
    anatomie macroscopique de la, 533
    biopsie de la, 759
    développement de la, 532, 533, 533f
    plaque neurale, 490, 490f
    traumatismes et affections de la, 542, 544
  osseuse rouge, 736
    sinusoïdes, 736
  rouge, 204
    cavités à, 204
Molarité, 35
Mole, 35
Môle hydatiforme, 1272
Molécules, 3, 4f, 33, 34
  amphotères, 1173
  d'adhérence
    cellulaire (CAM), 93
    des cellules nerveuses (N-CAM), 482
  énergétiques, métabolisme des, 1083t
  non polaires, 38
  phosphorylées, 1065
  polaires, 39, 40
Molybdène, 30t
Monoblaste, 746, 747f
Monocytes, 743t, 744f, 745, 747f, 885
  macrophagocytes, 745, 747f
Monoglycérides, 1039
Monoiodotyrosine (MIT ou T_1), 703
Monomères, 49, 50f, 905
  d'anticorps, 904, 905f
Mononucléose infectieuse, 746, 879
Monosaccharides, 49, 51f, 1035
Monospermie, 1245
Monoxyde
  d'azote (NO), 94, 476t, 477, 825, 866, 966
  de carbone (CO), 476t, 477
    intoxication par le, 963
Mont
  de Vénus, 1214
  du pubis, 1214, 1214f
Mort
  cellulaire programmée, 483
  cérébrale, 518
  subite du nourrisson, 980
Morula, 1248, 1248f
Mosaïque fluide, modèle de la, 74, 75, 75f, 76, 77
Motiline, 1008t, 1028
Motilité
  de l'intestin grêle, 1028
    régulation de la, 1029t
  du gros intestin, 1033
  et évacuation gastriques, 1014
Mouvement(s), 5, 6, 203
  abaissement, 294, 295f
  abduction, 292, 293
  adduction, 292, 293f
  amiboïdes, 88, 742
  biaxial, 281
  de masse, 1033
  des articulations synoviales, 291, 292, 292f,
    293f, 294
    angulaires, 291, 292, 292f, 293f
  des liquides entre les compartiments, 1158, 1159
  dorsiflexion, 294, 295f
  élévation, 294, 295f
  éversion, 294, 295f
  extension, 292, 292f, 293f
  flexion, 292, 292f, 293f
    latérale, 292
    plantaire du pied, 294, 295f
  glissement, 291, 292f
  hyperextension, 292, 293f

inversion, 294, 295f
multiaxial, 291
non axial, 291
non respiratoires de l'air, 955, 956, 956t
opposition, 294, 295f
production de, 317
pronation, 294, 295f
protraction, 294, 295f
reposition, 294, 295f
rétraction, 294, 295f
rotation, 291, 293f, 294
spéciaux, 294, 295f
supination, 294, 295f
translation, 291
uniaxial, 291
Moyens de stimulation du muscle cardiaque, 778
MPF (facteur de promotion de la phase M), 113
Mucine, 140, 141f
Mucoviscidose, 449, 1042
Mucus, 124, 140, 885, 891t, 996
Müller, canaux de, 1230
Multiplicateur à contre-courant, 1137f, 1138
Muqueuse
  de l'œsophage, 1001, 1001f
  de l'uretère, 1143
  de la trachée, 939
  digestive, 991
  du nez, région olfactive de la, 934
  du tube digestif, 991, 991f
  du vagin, 1212
  gastrique, 885
  nasale, 568t, 934, 935t
  respiratoire, 934, 935f
Muscarine, 615
Muscle(s), 315-365
  abaisseur
    de l'angle de la bouche, 380t, 381f
    de la lèvre inférieure, 380t, 381f
  abducteur
    de l'hallux, 426t, 427f
    du cinquième doigt, 410t, 411f
    du cinquième orteil, 426t, 427f
    du pouce, 410t, 411f
  agoniste, 370
  anatomie du, 778, 779f
  anconé, 401f, 403t, 408t
  antagoniste, 370
  arrecteur du poil, 172f, 182, 183f
  assurant les mouvements de la langue, 382t, 383t
  biceps
    brachial, 376f, 401t, 402f, 403t, 408t
    fémoral, 377f, 417f, 419t, 430t
  brachial, 376f, 377f, 401f, 402f, 403t, 408t
  brachioradial, 376f, 377f, 401f, 403t, 405f, 406t, 408t
  buccinateur, 380t, 381f, 382t, 383t, 993
  bulbospongieux, 394t, 395f
  cardiaque, 316, 317, 350t, 351t, 778
    étirement du, 790
    moyens de stimulation du, 778
    tonus vagal, 793
  carré
    des lombes, 388t, 389f
    fémoral, 418f, 418t, 430t
    plantaire, 426t, 427f, 430t
    pronateur, 376f, 405f, 406t, 408t
  ciliaire, 634f, 635
  coccygien (ou ischiococcygien), 394t, 395f
  constricteur
    inférieur du pharynx, 385t, 385t
    moyen du pharynx, 385t, 385t
    supérieur du pharynx, 385t, 385t
  coracobrachial, 401f, 402f, 402t, 408t
  corrugateur du sourcil, 379t, 381f
  court
    adducteur, 414f, 415f, 430t
    abducteur du pouce, 410t, 411f
    extenseur des orteils, 421f, 422f, 426t
    extenseur du pouce, 407f, 407t, 408t
    extenseur radial du carpe, 406t, 407f, 408t

  fibulaire, 420t, 422f, 430t
  fléchisseur de l'hallux, 427f, 428t, 430t
  fléchisseur des orteils, 426t, 427f
  fléchisseur du cinquième doigt, 410t, 411f
  fléchisseur du cinquième orteil, 427f, 428t, 430t
  fléchisseur du pouce, 410t, 411f
  crémaster, 1191, 1191f
  de l'articulation
    de l'épaule, 400t, 401f, 401t, 402f, 402t
    du coude, 401f, 402f, 403t
  de l'avant-bras, 376f, 377f, 404t, 404f, 405t, 406t,
    407f, 407t
  de l'éminence
    hypothénar, 410t, 411f
    thénar, 410t, 411f
  de l'épaule, 376f
  de la cuisse, 376f, 377f
  de la face, 376f, 379t, 381f
    antérieure du thorax, 396t, 397f
    postérieure du thorax, 398f, 398t, 399f, 399t
  de la jambe, 376f, 377f, 420t, 421f, 422f, 423t,
    424f, 425f
  de la loge
    antérieure de l'avant-bras, 404t 405f, 405t, 406t
    antérieure de la cuisse, 414f, 415f
    antérieure de la jambe, 420t, 421f, 421f
    médiale de la cuisse, 414f, 415t
    postérieure de l'avant-bras, 406t, 407f, 407t
    postérieure de la cuisse, 377f, 417f, 419t
    postérieure de la jambe, 423t, 424f
  de la mastication, 382t, 383t
  de la paroi abdominale, 392t, 393f
  de la partie
    antérieure du cou et de la gorge, 384t,
      385t, 385f
    antérolatérale du cou, 386t, 387f
    dorsale du pied, 421f, 422f, 426t, 427f
    plantaire du pied, 426t, 427f, 428t
  de la tête, 376f, 379t, 380t, 381t, 382t, 383t
  deltoïde, 376f, 400t, 401f, 408t
  dentelé antérieur, 396t, 397f
  des articulations de la hanche et du genou, 413t,
    414f, 415t, 416t, 417f
  développement et vieillissement des, 357, 359,
    362, 363
    artériosclérose, 362, 364
    claudication intermittente ischémique, 363
    dystrophie musculaire, 359
    dystrophie musculaire progressive de
      Duchenne (DMD), 359, 362
    sarcopénie, 362
  diaphragme, 390t, 391f
  digastrique, 384t, 385t, 570t
  dorsaux du pied, 427f, 428t
  droit
    de l'abdomen, 392t, 393f
    fémoral, 376f, 414f, 415t, 430t
    inférieur du bulbe oculaire, 632f, 633
    latéral du bulbe oculaire, 571t, 632f, 633
    médial du bulbe oculaire, 569t, 632f, 633
    supérieur du bulbe oculaire, 569t, 632f, 633
  du bassin/cuisse, 376f
  du bras, 376f, 377f
  du cou, 376f
    et de la colonne vertébrale, 386t, 387t, 387f,
      388t, 389f
  du cuir chevelu, 379t, 381f
  du diaphragme
    pelvien, 394t, 395f
    urogénital, 394t, 395f
  du milieu de la paume, 411f, 412t
  du plancher pelvien et du périnée, 394t, 395f
  du thorax, 376f, 390t, 391f
  élévateur
    de l'anus, 394t, 395f, 1145, 1146f
    de la lèvre supérieure, 380t, 381f, 630f, 631
    de la scapula, 398f, 398t
  épineux, 388t, 389f

érecteur du rachis, 388t, 389f
extenseur
    commun des doigts, 377f
    de l'index, 407f, 407t, 408t
    des doigts, 406t, 407f, 408t
    ulnaire du carpe, 377f, 406t, 407f, 408t
extrinsèques, 994
    de la langue, 547t
fixateur, 370
fléchisseur
    profond des doigts, 405f, 406t, 408t
    radial du carpe, 376f, 404t, 405f, 408t
    superficiel des doigts, 405f, 405t, 408t
    ulnaire du carpe, 377f 405f, 405t, 408t
fusiforme, 371
gastrocnémien, 376f, 377f, 423t, 424f, 430t
génioglosse, 382t, 383t
géniohyoïdien, 384t, 385t
glutéaux, 416t, 417f
gracile, 376f, 414f, 415t, 430t
grand
    adducteur, 377f 414f, 415t, 430t
    dorsal, 401f, 401t, 408t
    fessier, 416t, 417f, 430t
    pectoral, 376f, 400t, 401f, 408t
    psoas (chef lombaire de l'iliopsoas), 413t, 414f, 430t
    rhomboïde, 398f, 398t
    rond, 401f, 402f, 408t
hyoglosse, 382t, 383t
iliaque (chef iliaque de l'iliopsoas), 413t, 414f, 430t
iliocostal, 388t, 389f
iliopsoas, 376f, 413t, 414f, 430t
infraépineux, 401f, 402f, 408t
infrahyoïdiens, 384t, 385f
insertion, 370
inspiratoires, 949, 950f
intercostaux, 947, 948f
    externes, 390t, 391f
    internes, 390t, 391f
interosseux
    dorsaux de la main, 411f, 412t
    du pied, 427f, 428t
    palmaires, 411f, 412t
intrinsèques, 994
    de la langue, 574t
    de la main, 410t, 411f, 411t
    du pied, 426t, 427f, 428t, 429f
involontaires, 316
ischiocaverneux, 394t, 395f
jumeau
    inférieur, 418f, 418t, 430t
    supérieur, 418f, 418t, 430t
lisses, 349, 350, 350t, 351, 351t, 352, 352f, 353-356
    contraction des, 353-356
    innervation des, 586, 587
    mécanismes de contraction des, 354, 355
    multiunitaires, 356
    particularités des, 355
    régulation de la contraction des, 355
    structure des fibres musculaires des, 351, 352, 352f
    types de, 356
    unitaires, 356
lombricaux, 411f, 412t, 426t, 427f, 430t
long
    adducteur, 376f, 414f, 415t, 430t
    abducteur du pouce, 407f, 407t, 408t
    extenseur de l'hallux, 420t, 421f, 430t
    extenseur des orteils, 376f, 420t, 421f, 430t
    extenseur du pouce, 407f, 407t, 408t
    extenseur radial du carpe, 377f, 406t, 407f, 408t
    fibulaire, 376f, 377f, 420t, 422f, 430t
    fléchisseur de l'hallux, 423t, 425f, 430t
    fléchisseur des orteils, 423t, 425f, 430t
    fléchisseur du pouce, 405f, 406t, 408t
    palmaire, 376f, 404, 405f, 408t
longissimus, 388t, 389f

masséter, 376f, 382t, 383t, 570t
mentonnier, 380t, 381f
moyen fessier, 416t, 417f, 430t
myloyoïdien, 384t, 385t
oblique
    externe de l'abdomen, 392t, 393f
    inférieur du bulbe oculaire, 569t
    interne de l'abdomen, 376f, 392t, 393f
obturateur
    externe, 418f, 418t, 430t
    interne, 418f, 418t, 430t
occipitofrontal, 379t, 381f
    ventre frontal du, 379t, 381f
    ventre occipital du, 379t, 381f
omohyoïdien, 384t, 385t
opposant
    du cinquième doigt, 410t, 411f
    du pouce, 410t, 411f
orbiculaire
    de l'œil, 376f, 379t, 381f
    de la bouche, 376f, 380t, 381f, 993
papillaire, 771f, 772
pectiné, 376f, 414f, 415t, 430t, 770f, 771f, 771f, 772
petit
    fessier, 416t, 417f, 430t
    pectoral, 376f, 396t, 397f
    rhomboïde, 398f, 398t
    rond, 401f, 402f, 408t
piriforme, 416t, 481f, 430t
plantaire, 423t, 424f, 430t
platysma, 376f, 380t, 381f
poplité, 423t, 425f, 430t
profonds du dos, 387t, 387f
ptérygoïdien, 570t
    latéral, 382t, 383t
    médial, 382t, 383t
quadriceps fémoral, 414f, 415t, 430t
    contusion du, 432
releveur de la paupière, 569t
risorius, 380t, 381f
rond pronateur, 404t, 405f, 408t
rotateurs latéraux, 416t, 418f, 418t
sartorius, 376f, 413t, 414f, 430t
scalène
    antérieur, 386t, 387f
    moyen, 386t, 387f
    postérieur, 386t, 387f
semi-épineux, 388t, 389f
semi-membraneux, 377f, 417f, 419t, 430t
semi-tendineux, 377f, 417f, 419t, 430t
soléaire, 376f, 377f, 423t, 424f, 430t
sphincter
    d'Oddi, 1017
    de l'ampoule hépatopancréatique, 1016f, 1017
    de l'urètre, 1145, 1146f
    de la pupille, 635, 635f
    externe de l'anus, 1030f, 1031
    interne de l'anus, 1030f, 1031
    pylorique, 1004, 1005f
    urétral externe, 394t, 395f
splénius
    de la tête, 387t, 387f
    du cou, 387t, 387f
squelettiques, 156, 317, 318t, 319-349, 350t, 351t, 369
    action, 371
    anatomie macroscopique du, 317-329
    anatomie microscopique d'une fibre musculaire squelettique des, 320, 321f, 333-325
    contraction des, 334-340
    direction des fibres musculaires, 370, 371
    effet de l'exercice physique sur les, 348, 349
    force de contraction des, 344, 344f, 345
    forme, 370
    glycogénolyse dans les, 1087
    innervation des, 585, 586
    mécanisme de la contraction, 325, 325f, 326, 326f

métabolisme des, 340-344
nombre d'origines, 371
physiologie d'une fibre musculaire, 326-334
points d'attache, 371
situation, 370
taille relative, 370
stapédien, 662, 662f
sternocléidomastoïdien, 376f, 386f, 387f, 574t
sternohyoïdien, 376f, 384t, 385t
sternothyroïdien, 384t, 385t
styloglosse, 382t, 383t
stylohyoïdien, 384t, 385t
stylopharyngien, 573t
subclavier, 396t, 397f
    nerf du, 580f
subscapulaire, 402f, 402t, 408t
superficiels, 376f, 377f
supinateur, 407f, 407t, 408t
supraépineux, 401f, 402t, 408t
suprahyoïdiens, 384t, 385t
synergique, 370
temporal, 376f, 382t, 383t, 570t
tendon calcanéen (d'Achille), 377f
tenseur
    du fascia lata, 376f, 414f, 415t, 430t
    du tympan, 662, 662f
terminaison, 370
thyrohyoïdien, 385t, 385t
tibial
    antérieur, 376f, 420t, 421f, 430t
    postérieur, 423t, 425f, 430t
trachéal, 939, 940f
traction des, 216
tractus iliotibial, 377f
transverse
    de l'abdomen, 376f, 393f, 393t
    profond du périnée, 394t, 395f
    superficiel du périnée, 394t, 395f
trapèze, 376f, 398f, 398t
triceps
    brachial, 376f, 377f, 401f, 403t, 408t
    sural, 423t, 424f, 430t
troisième fibulaire, 420t, 421f, 430t
vaste
    fémoral, 414f, 415t, 430t
    frontal de l'occipitofrontal, 376f
    intermédiaire, 414f, 415t, 430t
    latéral, 376f
    médial, 376f, 415t, 416t, 430t
viscéraux, 316, 356
volontaires, 316
zygomatiques, 376f, 380t, 381f
Muscularis mucosæ, 991
Musculeuse
    de l'œsophage, 1001, 1001f
    de l'uretère, 1143
    de la vessie, 1145
    du tube digestif, 991f, 992
    du vagin, 1212
Mutation, 118, 126, 164, 178, 1286, 1290
Myalgie, 363
Myasthénie, 327, 616, 921
Mycobacterium tuberculosis, 974
Mydriase, 568t
Myélencéphale, 491, 491f, 492f
    bulbe rachidien, 491, 491f, 492f
Myéline, gaine de, 446, 446f
Myélite, 547
Myélographie, 547
Myéloméningocèle, 546, 546f
Myloyoïdien, 384t, 385t
Myoblastes, 357, 357f
Myocarde, 766, 768f, 771f
    du ventricule gauche, 770f, 771f
    fibrose du, 797
    infarctus du, 774, 857
    multiples, 794
Myocardie, 794

Myocardite, 797
Myoclonie phénoglottique, 577
Myocyte(s), 157, 158f, 316
  cardiaque, 778, 779f
  extrafusoriaux, 590, 591f
  intrafusoriaux, 590, 591f
Myofibres de conduction cardiaque, 783, 783f
Myofibrilles, 320, 321f, 323, 324f, 325
  filament(s)
    d'actine, 332, 323f
    de myosine, 322, 323f
    élastique, 322, 323, 323f
    épais, 321f, 322, 323f
    minces, 321f, 322, 323f
  ligne
    M, 320, 321f
    Z, 321f, 322
  myofilaments, 320, 322, 323f
    ponts d'union, 322, 324f
  sarcomère, 321f, 322, 324f
  stries
    A, 320, 321f
    H, 320
    I, 320, 321f
  télophragme, 322
  zone claire, 320, 321f
Myofilaments, 156, 157, 320, 322, 323f
  d'actine, 156
  de myosine, 156
  ponts d'union, 322, 324f
    activité des, 330, 331f, 332f, 333f
Myoglobine, 320, 321f
Myogramme, 335, 335f, 336
Myomètre, 1211f, 1212
  couche vasculaire du, 1212, 1213f
Myopathie, 363
  mitochondriale, 1287
Myopie, 642, 643, 643f
Myosine, 59t, 156, 322, 323f, 445
  filaments de, 322, 323f
  kinase des chaînes légères de la, 354
  myofilaments, 156, 157
Myosite, 311
Myotome, 577, 1255f, 1256, 1257
Myotonie atrophique, 363
Myringotomie, 660
Myxœdème, 694t, 703

N

n, 1199
  2*n*, 1199
Na⁺, pompe à, 449
Na⁺-K⁺, pompe à, 451f
  actionnée par l'ATP, 451f
Na⁺-K⁺ ATPase, 85
Nævus pigmentaires, 178
Nanisme, 223, 694t
  hypophysaire, 697
Narcolepsie, 520
Narcose de l'azote, 957
Narines, 934, 934f
Nasopharynx, 933t, 935f, 936
Nausées matinales, 1264
Nébuline, 324
Nécrose, 126
Neisseria gonorrhœæ, 1227
Néoglucogenèse, 710, 714, 1078
Néoplasme, 164
  bénin, 164
  épithélial glandulaire, 165
  malin, 164
Néostigmine, 616, 617t
Néphrite aiguë, 1130
Néphrogenèse, 1148
Néphrolysine, 1151
Néphron(s), 1120-1126, 1126f
  anse du, 1120, 1121f, 1123f, 1133, 1134t, 1137f
  appareil juxtaglomérulaire, 1124, 1124f, 1125

corticaux, 1121, 1123f
  vaisseaux sanguins des, 1123f
juxtamédullaires, 1122, 1123f
  vaisseaux sanguins des, 11223f
lits capillaires du, 1122, 1123f
Néphropathie chronique, 1142
Néphroptose, 1117
Nerf(s), 443, 563, 564, 564f, 565, 566
  abducens (VI), 566, 567f, 571t, 590, 590f, 510f, 633
  accessoires (XII), 566, 567f, 574t
  afférents, 564
  alvéolaires
    inférieurs, 570t
    supérieurs, 570t
  auditifs, 566
  axillaire, 579t, 580f, 581
  cervicaux, 575, 575f
  coccygien, 575, 575f
  cochléaire, 572t, 661f, 663f, 664f, 667f, 668
  crâniens, 438, 439f, 566, 567, 567f, 568t-574t, 609
  cutanés, 577
  dorsal de la scapula, 579t, 580f
  du membre supérieur, 580f
  du muscle subclavier, 580f
  efférents, 564
  et vaisseaux sanguins d'une articulation, 289, 290
  faciaux (VII), 510f, 566, 567f, 571t, 572t, 590, 590f, 609, 996
  fémoral, 528f, 582t, 583
  fibulaire commun, 583f, 584, 584t
  génitofémoral, 528f, 582t
  glossopharyngiens (IX), 510f, 511, 566, 567f, 573t, 996
  glutéal
    inférieur, 583f, 584, 584t
    supérieur, 583f, 584, 584t
  grand(s)
    auriculaire, 578f, 578t
    splanchniques, 612f, 613
  honteux, 583f, 584, 584t
  hypoglosses (XII), 510f, 511, 566, 567f, 574t
    canaux des, 238, 239f
  iliohypogastrique, 528f, 528t
  ilio-inguinal, 528f, 582t
  infraorbitaire, 570t
  intercostaux, 576f, 577, 966
  laryngés, 573t
  lingual, 570t
  lombaires, 575, 575f
  lombosacral, 528f
  mandibulaire (V₃), 570t
  maxillaire (V₂), 570t
  médian, 579t, 580f, 581
  mixtes, 564
  moteurs, 564
  musculocutané, 579t, 580f, 581
  névralgie essentielle, 570t
  obturateur, 528f, 582t
  oculomoteurs (III), 566, 567f, 569t, 609
  olfactifs (I), 566, 567f, 568t
    filets du, 566, 567f
  ophtalmique (V₁), 570t
  optiques (II), 566, 567f, 568t, 650, 651f
  pectoraux, 579t
  petit(s)
    occipital, 578t, 578t
    splanchniques, 612f, 613
  phrénique, 577, 578f, 578t, 966
  plantaire
    latéral, 583f, 584, 584t
    médial, 583f, 584, 584t
  pneumogastriques, 566
  rachidiens, 438, 439f
  radial, 579t, 580f
  sacraux, 575, 575f
  sciatique, 583f, 584, 584t
  sensitifs, 564

spinal(aux), 438, 439f, 533, 575, 575f, 576f, 577-584
  filets radiculaires des, 575, 576f
  racines dorsales des, 575, 576f
  racines ventrales des, 575, 576f
  rameau central du, 576f, 577
  rameau communicant du, 576f, 577
  rameau méningé du, 576f, 577
  rameau ventral du, 576, 577, 578f
  splanchniques, 610, 611f
    inférieurs, 612f, 613
    pelviens, 608f, 609
    sacraux, 612f, 613
  structure, 563, 564, 564f
    axone, 563, 564f
    endonèvre, 564, 564f
    épinèvre, 564, 564f
    fascicule, 564, 564f
    périnèvre, 564, 564f
  subcostal, 577
  subscapulaire, 579t, 580f
    inférieur, 580f
    supérieur, 580f
  sural, 583f, 584, 584t
  thoracique(s), 575, 575f
    long, 579t, 580f
  tibial, 583f, 584, 584t
  transverse du cou, 578f, 578t
  trijumeaux (V), 510f, 566, 567f, 570t, 590, 590f, 510f, 609
  trochléaires (IV), 566, 567f, 569t, 633
  ulnaire, 579t, 580f
  vagues (X), 510f, 511, 566, 567f, 573t, 609
    stimulateur du, 518
  vestibulaire, 572t, 661f, 663f, 671, 671f
  vestibulocochléaires (VIII), 510f, 511, 566, 567f, 572t
Neuraminidase, 903, 904
Neuréguline, 441
Neuroblastes, 482
Neuroblastome, 483
Neurofibres, 443
  adrénergiques, 615
  afférentes
    somatiques, 438
    viscérales, 438
  associatives, 502, 592f
  cholinergiques, 615
  commissurales, 501, 502f
  d'origine
    crânienne, 609
    sacrale, 609
  de projection, 502, 502f
  de type
    Ia (Aα), 590
    II (Aβ), 590
  du groupe
    A, 461
    B, 461
    C, 461
  efférentes
    alpha (α), 590
    gamma (γ), 590
  parasympathiques, 569t, 571t, 573t
  vasomotrices, 816
    de la tunique moyenne, 802, 803f
Neurofibrilles, 443
Neurohormones, 692, 693
Neurohypophyse, 692, 692f, 698, 699
  neurohormones, 692, 693
Neurolemme, 446f, 447
Neurolemmocytes, 441, 441f, 442f
Neurologue, 483
Neuromodulateur, 477
Neurone(s), 156, 156f, 438, 441, 442, 442f
  activité métabolique élevée, 442
  afférent, 445t, 448
  amniotiques, 442
  axone, 156, 156f
  bipolaire, 444t, 445t, 447, 635, 636f

centre biosynthétique du, 443
classification des, 447, 448
cône de croissance d'un, 482, 484f
corps cellulaire, 442, 442f
d'association, 445t, 448
de deuxième ordre, 538, 539f
de premier ordre, 538, 539f
de troisième ordre, 538, 539f
dendrite, 156, 156f
développement et vieillissement des, 482, 483
efférent, 44rt, 448
entériques, 992
ganglionnaire, 605
générateurs, 967
gliocytes, 156, 156f
interneurones, 445t, 448
longévité extrême, 442
moteur(s), 441f, 442, 445t, 448, 589, 598f
alpha (α), 590
inférieurs, 541, 543f
supérieurs, 541, 543f
multipolaire, 444t, 445t, 447
nœuds
de la neurofibre, 447
de Ranvier, 447
noyaux, 443
postsynaptique, 462
préganglionnaire, 604
présynaptique, 462
prolongements neuronaux, 442, 442f
pseudo-unipolaire, 447
pyramidaux, 496
réseaux, 480, 480f
à action prolongée, 480
convergents, 480
divergents, 480
réverbérants, 480, 480f
sensitif, 445t, 448, 589, 589f
terminaisons dénudées des, 557
terminaisons libres des, 557, 558, 558t, 559
structure
conductrice du, 443, 444t
réceptrice du, 443, 444t
sécrétrice du, 444t, 445
unipolaire, 447
prolongement central, 444t, 447
prolongement périphérique, 444t, 447
Neuropathie, 483
Neuropeptides, 472
Neuropharmacologie, 483
Neurophysiologie, 3
Neurosyphilis, 593
Neurotoxine, 483
Neurotransmetteur, 93, 440, 445, 449, 449f, 470-479, 615, 616, 616t
acétylcholine (Ach), 615, 616t
classification
selon la fonction, 477, 478
selon la structure chimique, 470, 472, 473, 474t-476t, 477
effets des, 605
noradrénaline (NA), 615, 616t
récepteurs des, 478, 478f, 479
associés à un canal, 478, 478f
associés à une protéine G, 479
Neurotropines, 482
Neutralisation, 47, 906
réaction de, 47
Neutrons (n⁰), 31, 31f
Neutrophiles, 743, 743t, 744, 744f, 747f
défensines, 744
Névralgie, 596
essentielle du trijumeau, 570t
Névrite, 596
Névroglie, 440, 441f
du SNC, 440, 441, 441f
du SNP, 441, 441f

Nez, 932f, 933, 934, 934f
ailes du, 934, 934f
arête du, 934, 934f
cavités nasales, 934
charpente externe du, 934, 934f
narines, 934, 934f
philtrum, 934, 934f
pointe du, 934, 934f
sillon sous-nasal, 934, 934f
structures externes du, 934, 934f
voûte du, 934, 934f
NGF, voir Facteur de croissance des cellules nerveuses
Niacine, 1062t, 1067
Nicotinamide adénine dinucléotide (NAD⁺), 1067
Nicotine, 615, 617t, 818
Niveau(x)
d'énergie, 36
d'organisation, 3, 4f
cellulaire, 3, 4f
chimique, 3, 4f
de l'organisme, 4, 4f
des organes, 3, 4f
des systèmes, 3, 4, 4f
structurale des protéines, 56, 57f
tissulaire, 3, 4f
de la précommande, 587, 587f, 588
de la projection, 587, 587f, 588
de la régulation motrice, 587, 587f
segmentaire, 587, 587f, 588
NO synthétase (NOS), 477
Nocicepteurs, 557, 558t, 559t
Nodules lymphoïdes, 879
Nœud
atrioventriculaire, 782
auriculoventriculaire, 782, 783f
d'Aschoff-Tawara, 782
de Keith-Flack, 782
de la neurofibre, 447
de Ranvier, 447
lymphatiques, 868f, 870, 871, 871f
capsule, 870, 871f
circulation dans les, 870, 871
cordons médullaires, 870, 871f
cortex, 870, 871f
médulla, 870, 871f
sinus lymphatiques, 870
sinus subcapsulaire, 870, 871f
stroma, 870
structures des, 870
trabécules, 870, 871f
sinuatrial, 782
sinusal, 782, 783f
Nombre
d'Avogadro, 35
de masse, 32
diploïde de chromosomes, 1199
haploïde de chromosomes, 1199
Non-disjonction, 1230, 1290
Non-électrolytes, 1156
Noradrénaline (NA), 470, 474t, 605, 605f, 712, 817, 819t
Notions de chimie
énergie, 28, 29
liaisons chimiques, 36-41
matière, 29-33
réactions chimiques, 41-44
Notochorde, 1254, 1255f, 1256
Nourrisson
mort subite du, 980
sténose pylorique du, 1047
Nouveau-né
maladie hémolytique du, 757, 924
syndrome de détresse respiratoire du, 952
Noyau(x), 31, 31f, 443, 778, 779f
ambigus du bulbe rachidien, 609
antérieurs du thalamus, 514, 515f
basaux, 502, 503f, 504, 588
caudé, 502, 503f
cochléaires, 510f, 511, 669, 669f

cunéiforme, 511, 539f
de la cellule, 73, 73f, 105, 106, 106f, 110t
de la région
latérale (à petites cellules), 515
médiale (à grandes cellules), 515
denté du cervelet, 511
dorsaux du bulbe rachidien, 609
du corps géniculé latéral du thalamus, 568t
du raphé, 515
géniculé
latéral, 650, 651f
médial, 669, 669f
gracile, 511, 539f
intramuraux, 609
lacrymaux, 609
lenticulaire, 502, 503f
olivaire(s)
caudaux, 510f, 511
supérieur, 669, 669f
paraventriculaires, 506, 506f
prétectaux, 650, 651f
réticulaire du thalamus, 504, 506f
rouge, 509, 510f
salivaires
inférieurs, 609
supérieurs, 609
subthalamiques, 503, 510f
suprachiasmatique, 506, 506f, 650, 651f
de l'hypothalamus, 713
supraoptiques, 506, 506f, v
ventral postérolatéral du thalamus, 505, 506f
vestibulaires, 674, 675f
Nuage électronique, 31
Nucléases, 1026
pancréatiques, 1039
Nucléole, 73, 106, 107f, 110t
Nucléoplasme, 106
Nucléosidases, 1039
Nucléotides, 62, 63, 63f, 116, 1039
A, 116
bases des, 116
C, 116
G, 116
T, 116
types de, 116
Nuclésones, 106
Nucléus pulposus, 249, 250f, 1257
Numération
des réticulocytes, 737
globulaire, 758
plaquettaire, 758
Numéro atomique, 32
Nutation, 267
Nutriments, 8, 1054
essentiels, 1054, 1055f
majeurs, 1054
organiques dans le plasma, 734t
pools de, 1082, 1084f
Nutrition, 1054-1064
au cours du développement et du vieillissement, 1107, 1108
Nycturie, 1150
Nystagmus, 572t
vestibulaire, 674

O

Obésité, 725, 823, 1095
Oblique
externe de l'abdomen, 392t, 393f
interne de l'abdomen, 376f, 392t, 393f
Obscurité, adaptation à l', 650
Obturateur
externe, 418f, 418t, 430t
interne, 418f, 418t, 430t
Occlusion
des dents, 306, 307
plaque d', 307
Octet, règle de l', 37
Ocytocine, 506, 695t, 698, 1265, 1265f

Oddi, sphincter d', 1017
Odontoblaste, 999
Œdème, 147, 530, 677, 1162, 1163
Œil, 630, 630f, 631, 632, 632f, 633, 634, 634f, 635-652
    appareil lacrymal, 631, 632f
    bâtonnets, 635f, 637
    bulbe, 568t
    chambres et liquides de l'œil, 638, 639
    cônes, 635f, 637
    conjonctive, 630f, 631
    disque du nerf optique, 634f, 637
    emmétrope, 641
    fond de l'œil, 634f, 637
    fossette centrale, 64f, 637
    hypermétrope, 643f
    macula, 634f, 637
    myope, 643f
    orbiculaire de l', 376f, 379t, 381f
    paupières, 630, 630f, 631
    sourcil, 630, 630f
    structures annexes, 630-633
    tache aveugle, 634f, 637
Œsophage, 1000, 1001, 1001f
    de Barrett, 1047
    muqueuse de l', 1001, 1001f
    musculeuse de l', 1001, 1001f
    processus digestif se déroulant dans l', 1002, 1003
    sous-muqueuse de l', 1001, 1001f
Œsophagite, 1001
Œstrogènes, 717, 1166, 1207
    effets des, 1225, 1226t
    modulation sélective des récepteurs des, 221
OGM, 903
Ohm, loi d', 448
Okasaki, fragments d', 111
Olécrâne, 262t, 263f, 264, 264f
Oléorésines, 186
Olestra, 1058
Oligodendrocytes, 440, 441, 441f
Oligoéléments, 30t, 1061, 1064t
Oligosaccharide, 1037
Oligurie, 1162
Olives, 511
Oméga-3, 1056
Oméga-6, 1056
Omentum(s), 989, 1004
    grand, 1004, 1032f
    petit, 1004, 1032f
Omohyoïdien, 384t, 385t
Omoplates, 203
Oncogènes, 164
    k-ras, 165
Onde(s)
    calciques, 440
    longueur d', 640
    P, 785, 785f
    péristaltiques de l'estomac, 1014, 1014f
    T, 785, 785f
Ongle(s), 185, 185f, 186
    corps de l', 185, 185f
    cuticule, 185, 185f
    éponychium, 185
    extrémité libre de l', 185, 185f
    hyponychium, 185, 185f
    kératine, 185
    lectule, 185
    lignes de Beau, 186
    lit de l', 185, 185f
    lunule, 185, 185f
    matrice de l', 185, 185f
    racine de l', 185, 185f
    vallum de l', 185, 185f
Ophtalmologie, 677
Opposant
    du cinquième doigt, 410t, 411f
    du pouce, 410t, 411f
Opposition, 266, 294, 295f
Opsine, 646, 646f

Opsonisation, 886, 894
Opticien, 677
Optométriste, 677
Optotypes, tableau d', 568t
Ora serrata, 634f, 635
Orbiculaire
    de l'œil, 376f
    de la bouche, 376f
Orbitales, 31, 31f, 36
    modèle des, 31, 31f
Orbites, 232, 232f, 236t, 237t, 238f
Orchidectomie, 1193
Orchite, 1237
Ordinateur
    conception et fabrication assistée par (CFAO), 298
    tomographie par, 18
        axiale commandée par, 18
Oreille, 649-654, 766, 768f, 772
    auricule, 772
    droite, 769f, 770f, 771f, 772, 848f
        auricule de l', 769f, 770f, 772
    externe, 240, 660, 661f
    gauche, 770f, 771f, 772
        auricule de l', 769f, 770f
    interne, 661f, 662, 662f, 663f
    lobe de, 660
    moyenne, 660, 6611
        cavités de l', 23
        et interne, cavités de l', 232, 236t, 240
    primitive, 795, 795f
    structure de l', 660, 661, 661f, 662, 662f, 663, 663f
Oreillons, 996
Orexines, 521
Organe(s), 3, 4f
    de Corti, 663, 664f
    de la copulation, 1212
    des sens, 557
    digestifs annexes, 986f, 987
    du système respiratoire, 932f, 933, 933f
    du tube digestif, 986, 986f
    gastro-intestinaux, résumé des fonction des, 1011t
    génitaux
        annexes, 1189
        développement et vieillissement des, 1229, 1230, 1231f, 1232, 132f, 1233, 1236
        différenciation sexuelle des, 1230, 1231f, 1232, 1232f, 1233
        externes de l'homme, 1193, 1194f
        externes de la femme, 1207, 1208f, 1214, 1214f, 1215
        internes de la femme, 1207, 1208f
    greffe d', 917, 918
    intrapéritonéaux, 990
    lymphoïdes, 872, 872f, 873-875
        amygdales, 874, 875f
        développement des, 875, 878
        follicules lymphoïdes, 875, 875f
        rate, 872, 873f
        thymus, 873, 874, 874f
    musculotendineux de Golgi, 558t, 560
    neuroendocrinien, 684
    péritonéaux, 990
    rétropéritonéaux, 989
    spiral, 663, 664f
    viscéraux, 17
Organisation du sommeil, 520
    rythme circadien, 520
Organisme
    compartiments hydriques de l', 1156, 1156f
        échanges entre les, 1158, 1159
    liquides de l', 1156-1159
    poids hydrique de l', 1156
Organites, 3, 4f
    cytoplasmiques, 94, 109t
Organogenèse, 1256-1260
Orgasme
    chez l'homme, 1198
    chez la femme, 1227

Orgelet, 631
Orientation, 13, 14t
    termes relatifs à l', 14t
Orifice
    de la veine cave
        inférieure, 770f
        supérieure, 770f
    du sinus coronaire, 770f
    vaginal, 1213, 1214f
Origine
    du muscle squelettique, 320
    musculaire du tendon, 291
Oropharynx, 933t, 935f, 936, 937, 1000
Orteil(s), 275, 276t
    abducteur du cinquième, 426t, 427f
    court fléchisseur du cinquième, 427f, 428t, 430t
    gros, 266
    long
        extenseur des, 376f, 420f, 421f, 430t
        fléchisseur des, 423t, 425f, 430t
Orthodontie, 1047
Orthopédiste, 279
Orthopnée, 980
Os, 199-225, 1170
    acétabulum, 267, 267f, 268f, 269
        fosse de l'acétabulum, 267, 267f, 272, 276t
    anatomie
        macroscopique de l', 203-205
        microscopique de l', 205-208
    calcanéus, 274, 274f, 275, 276t
    capitatum, 262t, 265f, 266
    cartilagineux, 210
    classification des, 201, 202, 202f
    compact, 204, 206f, 207, 207f, 208f
    composition chimique des, 209, 210
        constituants organiques, 209
        constituants inorganiques, 209
    courts, 202, 202f
    coxal, 267, 267f, 268f, 269, 272, 276t, 278
    crochu, 266
    croissance des
        après la naissance, 213, 213f, 214
        en longueur, 212, 213, 213f
        régulation hormonale de la, 214
    cuboïde, 274, 274f, 275, 276t
    cunéiforme
        intermédiaire, 274, 274f, 276t
        latéral, 274, 274f, 276t
        médial, 274, 274f, 276t
    de la face, *voir* Face
    de la tête, 230, 230f, 231, 231f, 232, 232f, 234f, 235f, 236t, 237t, 238-248
    de la hanche, 267, 267f
    de verre, maladie des, 223
    des orteils, 275, 276t
    déséquilibres homéostatiques des, 210-214
    développement des, 210-214
    du carpe, 230, 262t, 265, 265f, 266
    du crâne, 203
        voir aussi Crâne
    du tarse, 230f, 274f, 2275, 276t
    endochondral, 210
    ethmoïde, 232f-234f, 236t, 237t, 238, 239f, 242, 242f, 245, 246f, 247f
        cornet nasal moyen, 232f, 237t 242f, 244, 247f
        cornet nasal supérieur, 237t, 242, 247f
        crista galli, 234f, 236t, 239f, 242, 242f, 247f
        foramens ethmoïdaux, 239f, 242, 242f
        labyrinthe ethmoïdal, 242, 242f
        lames criblées de l', 236t, 239f, 242, 247f
        lame orbitaire de l', 242, 242f, 246f
        lame perpendiculaire de l', 232f, 234f, 242, 242f, 245, 247f
    fonction des, 203
    formation des cellules sanguines, 203
    frontal, 232f, 233f, 234f, 236t, 239f
        bord supraorbitaire, 232f, 238
        foramen supraorbitaire, 232f, 238

glabelle, 232f, 238
   sinus frontaux, 232f, 234f, 238, 248f
grand, 266
hamatum, 262t, 265f, 266
ilium, 267, 267f, 268f, 276t
   aile de l', 267, 268f
   corps de l', 267
   crêtes iliaques, 267, 267f, 268f, 276t
   épine iliaque antérosupérieure, 267, 267f, 268f
   épine iliaque postérosupérieure, 267, 268f
   face glutéale de l'os ilium, 267
   fosse iliaque, 267, 268
   grande incisure ischiatique, 267, 268f, 270t
   ligne arquée de l', 267, 268f, 269
   ouverture supérieure du bassin, 267, 267f, 269, 270t
   surface auriculaire de l', 267, 268f
intramembraneux, 210, 211f
ischium, 267, 267f, 268, 268f, 269, 276t
   branche de l', 268f, 269
   corps de l', 268f, 269
   épine ischiatique, 268f, 269, 276t
   petite incisure ischiatique, 268f, 269
   tubérosité ischiatique, 268f, 269, 276t
lacrymaux, 232f, 233f, 237t, 244, 245, 246f
lamellaire, 207
longs, 202, 202f, 204, 206f
lunatum, 262t, 265f, 266
métatarsiens, 230f, 265f, 266, 274, 274f, 275, 276t
   phalanges, 200f, 262t, 265, 265f, 266
nasaux, 232f-234f, 237t, 238, 242, 244, 256f, 247f
naviculaire, 274, 274f, 276f
occipital, 233f, 234f, 236t, 238, 239f, 240, 277, 277f
   canaux des nerfs hypoglosses, 238, 239f
   condyles occipitaux, 233f, 235t, 238
   crête occipitale externe, 233f, 235f, 236t, 238
   foramen magnum, 235f, 236t, 238, 239f
   fosse crânienne postérieure, 231f, 232, 238f, 239f, 240
   ligament nuchal, 236t, 238
   ligne nuchale inférieure, 233f, 235f, 238
   ligne nuchale supérieure, 233f, 235f, 238
   protubérance occipitale externe, 233f-235f, 236t, 238
   tubercule pharyngien, 235f, 238
pagétique, 222
palatins, 234f, 235f, 237t, 244, 245, 247f
   lame perpendiculaire de l', 244, 247f
   lames horizontales de l', 235f, 244, 247f
   sinus paranasaux de l', 245, 247f, 248f
pariétaux, 232f-235f, 236t, 238, 239f, 242, 277f
petite apophyse de l'orteil, 274
pisiforme, 262t, 265f, 266
plats, 202f, 203
pubis, 267, 267f, 268f, 269, 270t
   arcade pubienne, 267f, 269, 270t, 276t
   branche inférieure du, 268f, 269
   branche supérieure du, 268f, 269
   corps du, 268f, 269
   crête pubienne, 267f, 269, 276t
   foramen obturé, 28f, 269, 270t, 276t
   symphyse pubienne, 267, 267f, 268f, 269, 276t
   tubercule pubien, 267f, 268f, 269, 276t
pyramidal, 266
scaphoïde, 262t, 265f, 266
semi-lunaire, 266
sésamoïdes, 203
sphénoïde, 232f-235f, 236t, 238, 239f, 240, 241, 241f, 242, 245, 247f
   canaux optiques, 232f, 239f, 241, 242
   corps de l', 214, 241f, 242
   fissure orbitaire supérieure, 232f, 241f, 242, 246f
   foramen épineux, 236f, 239f, 241f, 242
   foramen ovale, 236t, 239f, 241f, 242
   foramen rond, 236t, 239f, 241f, 242
   fosse hypophysaire, 236t, 239f, 241

grandes ailes de l', 232f-235f, 239, 241, 241f, 242, 244, 246f
   os suturaux, 233f, 242
   petites aile de l', 234f, 239f, 241, 241f, 246f
   processus ptérygoïdes, 236t, 241
   selle turcique, 234f, 236t, 241, 242, 247f
   sillon préchiasmatique, 242
   sinus sphénoïdal, 234f, 241, 247f, 248f
   suturaux, 233f, 242
   tarsiens, 274
   temporaux, *voir* Os temporaux
   trapèze, 262t, 265f, 266
   triquétrum, 262t, 265f, 266
   zygomatiques, 232f, 233f, 235f, 237t, 238, 243, 244
spongieux, 204, 206f, 208f, 209
structures des, 205-208
sustentaculum tali, 274, 274f
   talus, 272, 274, 274f, 275, 276t
   tubérosité du calcanéus, 274
suture
   coronale, 231, 231f, 233f, 234f, 238
   lambdoïde, 231f, 232f, 234f, 238, 242
   sagittale, 233f, 238
   squameuse, 231f, 233f, 238
   temporaux, 232f-235f, 236t, 238, 239f, 240, 240f, 277f
   arcade zygomatique, 235f, 236f, 238, 241
   canal carotidien, 235f, 236t, 240
   foramen déchiré, 235f, 239f, 240
   foramen jugulaire, 235f, 236t, 239f, 240
   foramen stylomastoïdien, 235f, 236t, 240
   fosse crânienne moyenne, 231f, 236t, 238, 239f, 240, 241
   méat acoustique externe, 233f, 235f, 236t, 238, 240, 240f
   méat acoustique interne, 234f, 236t, 239f, 240
   partie mastoïdienne, 240, 240f
   partie pétreuse, 234f, 245f, 239f, 240
   partie squameuse, 238, 240f, 277f
   partie tympanique, 238, 240f
   processus mastoïde, 233f, 235f, 236t, 240, 240f
   processus styloïde de l', 233f, 235f, 236t, 240, 240f, 245
   processus zygomatique, 233f, 235f, 236t, 238, 240f
   trapèze, 262t, 265f, 266
   triquétrum, 262t, 265f, 266
   vieillissement, 222-223
Oseltamivir (Tamiflu), 904
Osmolalité, 1136
   du liquide extracellulaire, 1159-1162
   du liquide interstitiel, 1137f
Osmolarité, 81, 1136
Osmorécepteurs, 699, 1160
Osmose, 79, 80f, 81-83
   nette, 1041
Osselets de l'ouïe, 661, 661f, 662, 662f
   malléus, 661, 661f, 662f
   incus, 661, 661f, 662f
   stapès, 661f, 662, 662f
Ossification
   endochondrale, 210, 211, 212, 212f
   intramembraneuse, 210
   primaire, point d', 210, 212f, 222
   secondaire, point d', 211, 212f, 222, 222f
Ostéalgie, 223
Ostéite, 223
   fibrokystique, 706
Ostéoarthrite, 308
Ostéoblastes, 155, 204, 206f, 205, 206f, 207, 209
Ostéocalcine, 209, 720t, 721
Ostéoclastes, 204, 206f, 205, 206f, 207, 209, 215
Ostéocytes, 154f, 155, 205, 206f, 207, 208, 208f, 209
Ostéogenèse, 210
Ostéomalacie, 220
Ostéomyélite, 223

Ostéon, 155, 207, 207f
   canal central de l', 207, 208f
   lamelles de l', 208, 208f
Ostéopontine, 209
Ostéoporose, 220, 221, 221f, 222, 358
Ostéosarcome, 223
Ostium
   externe, 1210
   interne, 1210
   urétral, 1195
Otalgie, 677
Otite
   externe, 677
   moyenne, 660
Otoémissions acoustiques, 668
Otorhinolaryngologie, 980
Ouïe et équilibre, développement et vieillissement, 676
Ouraque, 1253
Ouverture(s)
   inférieure du bassin, 269, 270t
   latérales du quatrième ventricule, 493, 493f
   médiane du quatrième ventricule, 493, 493f
   rapide des canaux à Na$^+$ voltage-dépendants, 779
   supérieure du bassin, 267, 267f, 269, 270t
Ovaire(s), 717, 1189, 1207
   albuginée de l', 1208, 1209f
   cancer de l', 165, 1237
   ligament
      large de l', 1207, 1208f, 1211f
      propre de l', 1207, 1208f, 1211f
      suspenseur de l', 1207, 1208f, 1211f
   polykystiques, syndrome des, 1237
Ovariectomie, 1237
Ovocyte, 1208
   de deuxième ordre, 1217, 1218f
   de premier ordre, 1217, 1218f
Ovogenèse, 1217, 1218, 1218f, 1209
Ovogonies, 1217
Ovulation, 1208, 1220f, 1221, 1244, 1245, 1248f
   phase lutéale, 1121
Ovule, 1207, 1218, 1218f
Oxycarbonisme, 963
Oxydase, 59t, 60, 1067
Oxydation, 1071
   de l'iodure, 702f, 703
   des acides aminés, 1081
   des acides gras, 1078
   des glycérols, 1078
   des lipides, 1078, 1078f
   du glucide, 1070
   du glucose, 1069
Oxygénation du sang, 959f
Oxygène (O_2), 8, 9, 30t
   dette d', 343, 344
   et hémoglobine, association et dissociation dans le sang, 961-963
   -hémoglobine (HbO_2), 961
   toxicité de l', 957
   transport de l', 961-963
Oxyhémoglobine, 736

P

Pacemaker, 532
   potentiel de, 781, 782, 782f
Paget, maladie osseuse de, 222
Paires de gènes, 1279
Palais, 934, 935f, 993f, 994
   dur, 994
   mou, 934, 935f, 993f, 994
   osseux, 934, 935f, 993f, 994
   raphé du, 994
Pâleur, 179
Palmaire, long, 376f, 404, 405f, 408t
Palpitation, 797
Paludisme, 879
Pancréas, 684f, 714, 1016f, 1025
   endocrinocytes alpha, 714, 714f
   endocrinocytes bêta, 714, 714f

glucagon, 714
ilots de Langerhans, 714
queue du, 1016f, 1025
tête du, 1016f, 1025
Pancréatite, 1047
Pandémie, 903, 925
Paneth, cellules de, 1018
Pannus, 309
Papille(s)
circumvallées, 994f, 995
du chorion, 182, 183f
du derme, 172f, 177
du poil, 182
duodénale majeure, 1016f, 1017
filiformes, 994, 994f
fungiformes, 994, 994f
Papillomavirus, 1211, 1229
Papillome humain, virus du, 164
Paracentèse du tympan, 660
Paracervix, 1211f, 1212
Paralysie, 542
de Bell, 571t
flasque, 544
idiopathique, 571t
spastique, 544
Paraplégie, 544
Parathormone (PTH), 215, 216, 216f, 217, 218, 705, 1170
effets de la, 705, 706f
Parenchyme, 149
Paresthésie, 542, 544, 596
Parkinson, maladie de, 504, 509, 531, 532, 1286, 1287
Paroi(s)
abdominale, muscles de la, 392t, 393f
utérine, 1208f, 1212
vasculaires, 802, 803f
vestibulaire du conduit cochléaire, 663, 664f
Particularités des muscles lisses, 355
Particules
alpha (α), 33
bêta (β), 33
de Vault, 101
Partie
antérieure du cou et de la gorge, muscles de la, 384t, 385t, 385f
antérolatérale du cou, muscles de la, 386t, 387f
appendiculaire, 13
axiale, 13
dorsale du pied, muscles de la, 421f, 422f, 426t, 427f
intermédiaire du spermatozoïde, 1202, 1204f
mastoïdienne de l'os temporal, 240, 240f
membranacée de l'urètre, 1146, 1146f
nerveuse de la rétine, 635, 635f
pétreuse de l'os temporal, 234t, 245f, 239f, 240
plantaire du pied, muscles de la, 426t, 427f, 428t
prostatique de l'urètre, 1146, 1146f
pylorique de l'estomac, 1004, 1005f
spongieuse de l'urètre, 1146, 1146f
squameuse de l'os temporal, 238, 240f, 277f
tympanique de l'os temporal, 238, 240f
Parturition, 1264, 1265, 1265f, 1266, 1267
Patella, 272
Pathologie, 167
Patrimoine génétique, 1279
Paume, 265
muscles du milieu de la, 411f, 412t
Paupière(s), 630, 630f, 631
angle latéral de l'œil, 630, 630f
angle médian de l'œil, 630, 630f
caroncule lacrymale, 630f, 631
fente palpébrale, 630, 630f
glandes tarsales, 630f, 631
muscle élévateur de la, 630f, 631
supérieure, muscle releveur, 569t
tarse
inférieur, 630f, 631
supérieur, 630f, 631
PDE, *voir* Phosphodiestérase

Peau, 159, 172, 172f, 173-179, 720t, 721, 885
calcitriol, 721
cholécalciférol, 720t, 721
couleur de la, 178, 179
crêtes de la, 177, 177f
derme, 172, 172f, 176, 176f, 177, 177f
déséquilibre homéostatique, 188-191
épaisse, 173, 174
épiderme, 172, 172f, 174f, 176, 177, 177f, 178
fascia superficiel, 172
fine, 175
hypoderme, 172f, 173
innervation de la, 585
plis de la, 178
Pectiné, 376f, 414f, 415t, 430t
Pectoral
grand, 376f, 400t, 401f, 408t
petit, 376f, 396t, 397f
Pédicelles des podocytes, 1120, 1124f, 1125f
Pédicules d'une vertèbre, 251, 251f
Pédoncules
cérébelleux, 508f, 513f, 514
inférieurs, 508f, 513f, 514
moyens, 508f, 509, 509f, 513f, 514
supérieurs, 508f, 513f, 514
cérébraux, 507, 508f
Pelade, 185
Pellicules, 175
Pelvimétrie, 269, 279
Pelvis rénal, 1118f
Pénétration du spermatozoïde, 1245, 1246f
Pénicilline, 895
Pénis, 1190f, 1191f, 1193
bulbe du, 1190f, 1193, 1194f
corps du, 1193, 1194f
gland du, 1190f, 1193
pilier du, 1193, 1194f
prépuce du, 1214, 1214f
racine du, 1193, 1194f
Pentamère, 905
Pepsine, 1007, 1037
Pepsinogène, 1006
Peptides, 472, 475t, 476t, 685
bêta-amyloïdes, 531
cholécystokinine, 472, 475t
dynorphine, 472
endorphine, 472, 475t
enképhalines, 472
hBD-2, 186
inhibiteur gastrique (GIP), 1008t
neuropeptides, 472
signal du réticulum endoplasmique, 121, 122f
somatostatine, 472, 475t
substance P, 472, 475t
vasoactif intestinal (VIP), 1008t, 1013
Peptidyl, 119, 120f
Perception, 561, 561f, 561, 562
de la douleur, 563
de la hauteur du son, 669
reconnaissance des formes, 563
Perforation du tympan, 670
Perforines, 915, 916f
Perfusion, 959
Péricarde, 159, 160f, 766, 768f
fibreux, 766, 768f
séreux, 766, 768f
Péricardite, 766
Péricaryon, 443
Périchondre, 151, 200
Péricyte, 806, 806f
Périlymphe, 662
Périmétrium, 1208f, 1211f, 1212
Périmysium, 318t, 319, 319f
Périnée
de l'homme, 1193
de la femme, 1214f, 1215
centre tendineux du, 1215

transverse
profond du, 394t, 395f
superficiel du, 394t, 395f
Périnèvre, 564, 564f
Période(s), 33
d'expulsion, 1266, 1266f
de contraction, 336, 336f
de délivrance, 1266f, 1267
de dilatation, 1265, 1266f
de latence, 336, 336f
de relâchement, 336, 336f
de transition, 1267
du travail, 1265-1267
embryonnaire, 1244
fœtale, 1244
néonatale, 1267, 1268
réfractaire, 330, 458
absolue, 458, 459f
absolue, longueur de la, 778-781
relative, 458, 459f
Périodontite, 999
Périoste, 204, 206f
Péristaltisme, 352, 987, 988f
Péritoine, 159, 160f, 989, 990f, 1032f
pariétal, 989, 990f, 1032f
viscéral, 989, 990f, 1032f
Péritonite, 22, 990, 1030
Perméabilité
de la membrane, 450, 451f, 452
différentielle, 78
sélective, 78
Perméases, 80
Permissivité, 690
Peroxydase, 703
Peroxysomes, 73f, 101, 109t
Personne obèse, 178, 275, 809, 822
Perspiration
cutanée, 187
insensible, 1159
sensible, 187
Perte(s)
d'eau obligatoires, 1160
de fonction, 887
insensible d'eau, 1103
Perturbation de la fonction hépatique, 754
Peste
blanche, 974
bubonique, 871
Pétales, 266
Pétéchies, 754
Petits ARN interférents (siARN), 121
Petri, boîte de, 1272
pH
de l'urine, 1143
sanguin
influence du gaz carbonique sur le, 965
régulation du, 1135
unités de, 47, 47f
Phagocytes, 88, 885-887
Phagocytose, 88, 88f, 886, 886f, 887, 893
Phagolysosome, 886, 886f
Phagosome, 88, 88f, 886, 886f
Phalanges, 200f, 262t, 265, 265f, 266, 275, 276t
distales, 265, 265f
moyennes, 265, 265f
proximales, 265, 265f
Pharynx, 932f, 933f, 935f, 936, 993f, 1000
amygdales pharyngiennes, 935f, 936
constricteur
inférieur du, 385t, 385t
moyen du, 385t, 385t
supérieur du, 385t, 385t
laryngopharynx, 933t, 935f, 936, 937
nasopharynx, 933t, 935f, 936
oropharynx, 933t, 935f, 936, 937
Phase
céphalique de la sécrétion gastrique, 1010, 1012f
d'éjection ventriculaire, 788, 789f

de contraction isovolumétrique, 788, 789f
de croissance, 110
de quiescence, 788, 789f
du plateau, 779, 780f
folliculaire du cycle ovarien, 1219, 1220f
G1, 110f, 111, 114f
G2, 110f, 111, 114f
gastrique de la sécrétion gastrique, 1010, 1012f
intestinale de la sécrétion gastrique, 1012f, 1013
ischémique, 1221
lutéale du cycle ovarien, 1219, 1220f, 1221
lutéolytique, 1221
M, 110, 112, 113
menstruelle du cycle menstruel, 1223, 1224f
métabolique, 110
postovulatoire du cycle menstruel, 1125
préovulatoire du cycle menstruel, 1223
proliférative du cycle menstruel, 1223, 1224f
S, 110f, 111, 113, 114f
sécrétoire du cycle menstruel, 1224f, 1225
Phénocopies, 1285
Phénomène(s)
de Hamburger, 965
électriques du cœur, 781-786
mécaniques du cœur, 788, 789
Phénotype, 1279
Phénylalanine (Phe), 116, 119
Phényléphrine (Benylin), 617t
Phénytoïne (Dilantin), 518
Phéochromocytome, 712
Phéomélanine, 178
Philtrum, 934, 934f
Phlébite, 860
Phlébotomie, 860
Phonation, 937-939
Phosphatase(s), 1039
alcaline, 215
Phosphate, 1165t
Phosphatidylcholine, 74
Phosphènes, 637
Phosphodiestérase (PDE), 647, 687
Phospholipase C, 687
Phospholipides, 52-54, 74, 75f
Phosphore, 30t, 1064t
Phosphorylation, 686
au niveau du substrat, 1067, 1068f, 1070
directe, 340, 341, 341f
du transporteur protéique, 84
mécanisme de la, 1067, 1068f, 1069, 1073f
oxydative, 1066, 1068f, 1069-1072
Photocoagulation, 637
Photon, 640
Photopigments, 644
Photorécepteurs, 557, 558t, 559t, 635, 636f, 644, 645,
645f, 646
excitation
des bâtonnets, 647
des cônes, 647
segment externe, 644, 645f
pigments visuels, 644, 645f
segment interne, 644, 645f
stimulation des, 646f, 647
transduction dans les, 647, 648f, 648
Photoréception, 644-650
adaptation
à l'obscurité, 649
à la lumière, 648, 649
phototransduction, 644, 648f
Phototransduction, 644, 648f
Phtalates, 1205
Phylloquinone, 1063t
Physiologie, 2, 3
cardiovasculaire, 3
d'une fibre musculaire, 326-334
de l'audition, 663-670
de la circulation, 812-831
de la digestion, 1035-1042
de la vision, 639-653

du cœur, 781-797
du SNA, 614-622
du système génital
de l'homme, 1197-1207
de la femme, 1217-1227
neurophysiologie, 3
rénale, 3
spécialités de la, 3
Pica, 1134
Pie-mère, 525f, 526
Pied, 230f, 271, 274, 274f, 275, 275f, 276t
arcade dorsale du, 849f, 856f, 856t
arcs plantaires, 275, 275f
bot, 279
éminence métatarsienne, 275
flexion plantaire du, 295, 295f
métatarse, 273
muscles
interosseux du, 427f, 428t
intrinsèques du, 426t, 427f, 428t, 429f
orteils, 275, 276t
os métatarsiens, 230f, 274, 274f, 275, 276t
os
calcanéus, 274, 274f, 275, 276t
cuboïde, 274, 274f, 275, 276t
cunéiforme intermédiaire, 274, 274f, 276t
cunéiforme latéral, 274, 274f, 276t
cunéiforme médial, 274, 274f, 276t
du tarse, 230f, 274f, 2275, 276t
naviculaire, 274, 274f, 276t
petite apophyse de l', 274
sustentaculum tali, 274, 274f
talus, 272, 274, 274f, 275, 276t
tarsiens, 274
tubérosité du calcanéus, 274
phalanges, 275, 276t
plat, 275
tarse, 274
tendon
calcanéen, 274
d'Achille, 274
tombant, 584
Pigments
biliaires, 1144t
visuels, 644, 645f
chimie des, 646, 647
Pilier du pénis, 1193, 1194f
Pilocarpine, 617t
Pinéalocytes, 712
Pinocytose, 88, 89, 88f, 91t, 807
PIP, mécanisme de signalisation lié au, 687, 698
PIP2 (phosphatidyl-inositol-diphosphate), 687
mécanisme du, 687
Piriforme, 416t, 481f, 430t
Placenta, 717, 1251
normalement inséré, décollement prématuré
du, 1272
prævia, 1272
Placentation, 1251, 1251f, 1250
Placode(s)
otique, 676
olfactives, 975, 975f
Plaie(s)
de lit, 195
sous vide, fermeture des, 167
Plan(s), 13-15, 15f, 16f
coronal, 13
frontal, 13, 16f
horizontal, 13
médian, 13, 16f
parasagittaux, 13
sagittal, 13, 16f
sagittal médian, 13, 16f
transverse, 13, 16f
Plancher
du crâne, 231
pelvien et du périnée, muscle du, 394t, 395f
Plantaire, 423t, 424f, 430t

Plaque(s)
athéroscléreuses, 810
d'occlusion, 307
dentaire, 999
neurale, 490, 490f
pleurale, 1255f, 1256
Plaquettes, 155, 732, 732f, 733, 733f, 743t, 748, 748f
mégacaryoblaste, 748, 748f
mégacaryocytes, 748, 748f
thrombocytes, 748
thrombopoïétine, 748, 748f
Plasma, 155, 155f, 732, 732f, 733, 733f, 734t
albumine, 733, 734t
composition électrolytique du, 1157f
eau, 734t
électrolytes, 734t
globuline
alpha, 734t
bêta, 734t
gamma, 734t
fibrinogène, 734t
gaz
carbonique dissous dans le, 963, 964t
respiratoires, 734t
hormones, 734t
hypotonie osmotique du, 1162
nutriments organiques, 734t
sanguin, 1156, 1158
Plasmaphérèse, 759
Plasmocytes, 146, 746, 901
Plasmodium falciparum, 741
Plasticité, 1014
Plateau, phase du, 779, 780f
Platysma, 376f, 380t, 381f
Pleurésie, 22, 947
à épanchement, 947
sèche, 947
Pleurs, 956t
Plèvre, 159, 160f, 945f, 947
pariétale, 945f, 947
viscérale, 945f, 947
Plexus
aortique abdominal, 609
brachial, 578, 579, 579t, 580f
faisceaux du, 580f
rameaux ventraux du, 578, 579, 580
ramifications du, 579t
troncs supérieurs du, 579
cardiaques, 609
cervical, 577, 578, 578t
anse cervicale, 578f, 578t
ramifications du, 578t
choroïdes, 527, 528f
cœliaque, 609
de la racine du poil, 182, 183f
dermique, 176
hypogastrique, 609
inférieur, 608f, 609
lombaire, 581, 582f, 582t
tronc lombaire, 581
mésentérique supérieur, 609
myentérique, 992
nerveux entériques, 992
œsophagiens, 609
pulmonaire, 609, 945f, 946
rénal, 1119
sacral, 583, 583f, 584, 584t
sous-muqueux, 992
sous-papillaire, 175
veineux pampiniforme, 1191f, 1192
Pli(s)
circulaires, 1017, 1018f
cutané, mesure de l'épaisseur du, 1108
de la peau, 177, 177f, 178
gastriques, 1004
neuraux, 490, 490f, 1255f, 1256
transverse du rectum, 1030f, 1031
urogénitaux, 1230, 1233f

vésicaux transverses, 1145
vestibulaires, 937, 938f
vocaux, 937, 938f, 939f
Pneumocystose, 920
Pneumocytes, 943, 944f
Pneumonie, 980
de déglutition, 277
Pneumothorax, 948
Podocyte(s), 1120, 1125f
pédicelles des, 1120, 1124f
corps cellulaire du, 1124f, 1125f
Poids, 28
hydrique de l'organisme, 1156
Poignet, 265
Poil(s), 172f, 181-183, 183f, 934
adultes, 184
croissance du, 184
kératine dure, 182
structure du, 182, 183f
types de, 184
Point(s)
blanc, 181
noir, 181
de compression, 820
de contrôle
de la phase G1, 110f, 113
de la phase G2, 110f, 113
de restriction, 113
d'appui, 372, 373f, 374f
lacrymaux, 631, 632f
primaire, 210, 212f, 222, 222f
secondaire, 211, 212f, 222
Pointe
du nez, 934, 934f
fourchue, 182
Poitrine, angine de, 774
Polarité
de l'épithélium, 133, 134
et qualités de solvant de l'eau, 45
Pôle du bulbe oculaire
antérieur, 633, 634f
postérieur, 633, 634f
Poliomyélite, 544
virus de la, 445
Polyarthrite rhumatoïde (PR), 297, 309, 310, 310f,
710, 922
Polychlorure de vinyle (PVC), 1205
Polycythémie, 741, 742
primitive, 741, 760
secondaire, 741
Polydipsie, 716
Polygraphe, 606
Polymérase, 117
Polymères, 49, 50, 50f
Polymorphisme génétique, 1283
Polynucléaires, 477
Polype, 165
Polypeptide(s), 55
pancréatique (PP), 714, 322, 332f
TnC, 322
TnI, 322
TnT, 323
Polypes nasaux, 980
Polysaccharides, 49, 50, 51f
Polysome, 121, 121f
Polyspermie, 1245
blocage lent de la, 1245
obstacles à la, 1245
Polyubiquitinylation, 123
Polyurie, 716
POMC, voir Proopiomélanocortine
Pomme d'Adam, 838t, 937, 938f
Pommette de la joue, 238
Pompe
à Ca^{2+}, 449
à Cl$^-$, 449
à hydrogène, 85
à K$^+$, 449
à Na$^+$, 449

à Na$^+$-K$^+$, 85, 86f, 87f, 92, 330, 342, 451f
actionnée par l'ATP, 451f
à solutés, 84
musculaire, 815, 815f
Ponction lombaire, 533, 535f
Pont, 491, 491f, 492f, 505f, 507f, 509, 509f
pédoncules cérébelleux moyens, 509, 509f
Pontage coronarien, 811
Ponts d'union de myofilaments, 322, 324f
Pools
de glucides, 1084, 1084f
de nutriments, 1082, 1084f
des acides aminés, 1082, 1084f
des lipides, 1084, 1084f
Poplité, 423t, 425f, 430t
Pore(s), 172f, 180, 180f
alvéolaires, 943, 944f
du septum interalvéolaire, 943
nucléaires, 106
Porphyrie, 195
Porphyrines, 195
Porteurs
de la maladie, 1282
reconnaissance des, 1287, 1288
Position anatomique, 13, 14t
Postcharge, 791
Postpoliomyélite, syndrome de, 544
Potassium, 30t, 209, 1064t, 1165t
canaux voltage-dépendants, 455, 457f
rôle dans la création du potentiel de repos de
la membrane plasmique, 90, 92, 92f
Potentialisation
à long terme, 469
synaptique, 469
Potentiel(s), 448
d'action 448, 452-455, 456f, 457f, 458, 458f, 459,
459f, 460, 460f, 461
d'obscurité, 647
de pacemaker, 781, 782, 782f
de membrane, 89, 448-461
des cellules contractiles du muscle cardiaque,
780, 780f
de plaque, 327, 585
de repos de la membrane plasmique, 89, 90, 92, 92f,
450, 451f
rôle du potassium dans la création du, 90,
92, 92f
différence de, 448
générateur, 452
gradués, 443, 452, 453, 453f
postsynaptiques, 465, 466t, 467, 467t, 468, 468f
excitateurs (PPSE), 467, 468f
inhibiteurs (PPSI), 468, 468f
récepteur, 452
Pouce, 266
abducteur du, 410t, 411f
court
adducteur du, 410t, 411f
extenseur du, 407f, 407t, 408t
fléchisseur du, 410t, 411f
long
extenseur du, 407f, 407t, 408t
fléchisseur du, 405f, 406t, 408t
opposant du, 410t, 411f
Pouls, 820, 822f
radial, 820
Poumon(s), 943, 945f, 946, 947
affaissement immédiat des, 948
anatomie macroscopique des, 943
apex, 943, 944f
base, 943, 944f
cancer du, 165, 974, 975, 979
dimension des, 948
face costale du, 943, 944f
gauche, incisure cardiaque du, 943, 944f
hile du, 943, 944f
innervation des, 943, 944f
lobes du, 943, 944f

racine du, 943, 944f
scissure
horizontale des, 943, 944f
oblique des, 943, 944f
stroma, 943, 944f
vascularisation des, 945f, 946
Pourcentage des solutions, 35
Pouteau-Colles, fracture de, 265
Prader-Willi, syndrome de, 1286
Précharge ventriculaire, 790
Précommande
niveau de la, 587, 587f, 588
système de, 588
Préparation du tissu en vue d'un examen
microscopique, 133
Prépotentiel, 781
Prépuce du pénis, 1190f, 1193, 1194f
Presbyacousie, 676
Présentation
du siège, 1266
du sommet, 1266
Pression(s), 812, 813
artérielle, 812, 814
diastolique, 813f, 814
maintien de la, 815, 816
mesure de la, 821
régulation de la, 816-820
variation de la, 822, 823
atmosphérique (P_{atm}), 9, 947, 948f
capillaire, 813f, 814
colloïdoosmotique, 829
capillaire (PO_c), 829, 830f
du liquide interstitiel (POl_i), 829, 830f
différentielle, 814
hydrostatique, 81, 829
capillaire (PH_c), 829, 830f
capsulaire (PH_c), 1127, 1127f
du liquide interstitiel (PH_{li}), 829, 830f
glomérulaire (PH_g), 1127, 1127f
intraalvéolaire (P_{alv}), 947, 948f, 951f
intrapleurale (P_{ip}), 947, 948f, 951f
intrapulmonaire, 948
moyenne, 814
nette de filtration (PNF), 829, 830f, 1127, 1127f
oncotique, 829, 1127
osmotique, 81, 1127
glomérulaire (PO_g), 1127, 1127f
partielle(s), 956, 957t
de l'azote (P_{N_2}), 957t
de l'eau, 957t
de l'oxygène (P_{O_2}), 957t
du gaz carbonique (P_{CO_2}), 957t
gradients de, 958, 958f
sanguine, 812, 1168f
systémique, 813, 813f, 814
systolique, 813f, 814
transpulmonaire, 948, 948f
variations de, 948
veineuse, 812, 814-816
pompe musculaire, 815, 815f
Prévention de la coagulation, 753
quinone, 753
Primases, 111
Principe
de l'hérédité, 1278
de la relation entre la structure et la fonction, 3, 72
de progressivité, 349
de surcharge, 349
de taille, 337, 338
différence de potentiel, 448
fondamentaux d'électricité, 448, 449
courant, 448
loi d'Ohm, 448
résistance, 448
voltage, 448
PRL, voir Prolactine
Proaccélérine, 750t
Probabilité, 1281

Procédés
ex vivo, 1290
in situ, 1290
in vivo, 1290
Procès ciliaire, 634f, 635
Processus, 205t
acrosomial, 1245, 1246f
anaérobie, 1069
articulaires
inférieurs d'une vertèbre, 251, 251
supérieurs d'une vertèbre, 251, 251f
supérieurs du sacrum, 254, 255f
chimiosmotique, 1069, 1073f
coracoïde, 260f, 261
de l'ulna, 261t, 263f, 264, 264f
de la mandibule, 233f, 237t, 243f, 244
digestifs, 987, 988
se déroulant dans l'estomac, 1009-1016
se déroulant dans l'intestin grêle, 1027-1029
se déroulant dans la bouche et l'œsophage, 1002, 1003
se déroulant dans le gros intestin, 1033
épineux, 251, 251f, 252, 252t
frontaux des
maxillaire, 237t, 243f, 244, 246f
palatins, 234f, 235f, 237t, 244, 245, 247f
zygomatiques, 233f, 235f, 237t, 244
mastoïde de l'os temporal, 233f, 235f, 236f, 240, 240f
ptérygoïdes, 236t, 241
styloïde
de l'os temporal, 233f, 235f, 236t, 240, 240f, 245
de l'ulna, 262t, 264f, 265
du radius, 262t, 264f, 265
transverses, 251, 251f
xiphoïde, 256, 256f
zygomatique de l'os temporal, 233f, 235f, 236t, 238, 240f
Procollagène, 145
Proconvertine, 750t
Procréation médicalement assistée (PMA), 1269, 1272
Proctodéum, 1042, 1043f
Proctologie, 1047
Production
d'énergie, 340, 341, 342f, 342
d'ions bicarbonate, 1175, 1176f
de chaleur, 1098, 1099f
des érythrocytes, 736, 737, 737f
des leucocytes, 745, 746, 747f
des potentiels d'action, 781, 782f
Produit de la conception, 1244, 1224f
Proéminence laryngée, 937, 938f
Proentéron, 1256, 1257f
Proérythroblaste, 737, 737f
Profil chimique du sang, 758
Profonds du dos, 387t, 387f
Progestérone, 717, 1166, 1207
effets des, 1225, 1225t
Progressivité, principe de, 349
Prohormone, 692
Pro-insuline, 714
Projection, 562
niveau de la, 587, 587f, 588
Projet génome humain, 1286
Prolactine (PRL), 695t, 698
Prolactinome, 725
Prolapsus
mitral, 797
utérin, 1212
Proline (Pro), 119
Prolongement(s)
central du neurone unipolaire, 444t, 447
de la cellule, 104, 105, 109t
périphérique du neurone unipolaire, 444t, 447
Prolymphocyte, 746, 747f
Promontoire du sacrum, 255, 255f
Promoteur, 117
CRE, 524

Pronation, 263, 294, 295f
Pronéphros, 1148, 1149f
Pronucléus
féminin, 1247, 1247f
masculin, 1247, 1247f
Proopiomélanocortine (POMC), 692
Propagation
antidromique, 455
continue, 458
orthodromique, 455
Propanetriol -1, 2, 3, 52
Properdine, 892
Prophase, 113, 114, 1200f
I, 1199, 1200f, 1201f, 1202, 1217, 1218f
II, 1201f
Propranolol, 617
Propriété(s)
chimiques des éléments, 30
du son, 665, 666
fondamentales des gaz, 956, 957
physiques des éléments, 30
Propriocepteurs, 557, 558t, 559t
Propulsion, 987
Prosencéphale, 491, 491f
Prostaglandines, 685, 825, 887, 889t, 1058, 1265, 1265f
Prostate, 1190, 1190f, 1194f, 1196
cancer de la, 1196
Prostatite, 1196
Protéase, 146
Protéasomes, 123
Protection, 203
de l'encéphale, 525-532
Protéine(s), 55-59, 59t, 60, 61, 324, 1056f, 1059, 1060, 1114t
absorption des, 1040
acide(s)
aminés, 55, 56, 56f
aspartique, 56f
actine, 59t
action dynamique spécifique des, 1099
antimicrobiennes, 891-894
apport alimentaire des, 1060
catalytiques, 93
chaperons, 59t, 60
collagène, 59t
complètes, 1059
COP1, 89
COP2, 89
C-réactive, 891
cystéine, 56f
d'adhérence, 144
dénaturées, 58
digestion chimique de, 1036f, 1037, 1038f
du CMH, 896, 910, 911f
de classe I, 910
de classe II, 910
du complément, 59t, 887, 891, 891t
dystrophine, 59t
élastine, 59t
entières, 1040
fibreuses, 58
fibronectine, 144
fonctionnelles, 58
G, 93, 94, 95f, 686
récepteurs des neurotransmetteurs associés à une, 479
globulaires, 58
glycine, 56f
hormones peptidiques, 59t
intégrées, 74, 75, 75f
kératine, 59t
-kinases, 686
lamine, 106, 144
liaison peptique, 55, 56f
lysine, 56f
membranaires, 74, 75, 75f, 76, 77
fonction des, 76f
métabolisme des, 1081, 1082

myosine, 59t
niveaux d'organisation structurale des, 56, 57f
périphériques, 76, 76f
plasmatiques, 733, 734t
se liant au promoteur CRE (CREB), 524, 525
sources alimentaires, 1059
spectrine, 59t
structurales, 58
structure
primaire, 56, 57f
quaternaire, 57f, 58
secondaire, 56, 57, 57f
tertiaire, 57f, 58
synthèse des, 1082
TBG, 703
titine, 59t
transmembranaires, 76
t-SNARE, 89, 90f
utilisation par l'organisme, 1059
Protéinurie, 1144t
Protéoglycanes, 144, 145f
glycosaminoglycanes (GAG), 144
Protéome, 55
Protéonomique, 55
Prothèses articulaires, 297
Prothrombine, 750t, 751f, 752
temps de, 758
Protodiastole, 788, 789f
Protons (p^+), 31, 31f
accepteurs de, 46, 1171
donneurs de, 46, 1171
gradient électrochimique de, 1074, 1074f
Protooncogènes, 164
Protraction, 294, 295f
Protubérance occipitale externe, 233f-235f, 236t, 238
Provirus, 921
Provitamines, 1061
Prurit, 189
Pseudogènes, 116
Pseudohermaphrodites, 1233
Psoas (chef lombaire de l'iliopsoas), grand, 413t, 414f, 430t
Psoriasis, 195
Ptérion, 242
Ptérygoïdien
latéral, 382t, 383t
médial, 382t, 383t
PTH, voir Parathormone
Ptose, 569t
Ptôsis, 327
Puberté, 1233
Pubis, 267, 267f, 268f, 269, 270t
arcade pubienne, 267f, 269, 270t, 276t
branche inférieure du, 268f, 269
branche supérieure du, 268f, 269
corps du, 268f, 269
crête pubienne, 267f, 269, 276t
foramen obturé, 28f, 269, 270t, 276t
mont du, 1214, 1214f
symphyse pubienne, 267, 267f, 268f, 269, 276t
tubercule pubien, 267f, 268f, 269, 276t
Pulpe
blanche, 872, 873f
de la dent, 999
rouge, 872, 873
Punctum
proximum, 642
remotum, 641
Punnett, grille de, 1281, 1282f
Pupille, 634f, 635
contraction de la, 642
dilatation et contraction de la, 635f
muscle sphincter, 635, 635f
réflexe d'accommodation, 642
Purines, 472
adénosine, 472, 476t
triphosphate (ATP), 472, 476t
Pus, 167, 890
Putamen, 502, 503f

Pyélite, 1118, 1146
Pyélonéphrite, 1118, 1146
Pylore, 1004, 1005f
Pyramides, 510, 510f
    décussation des, 502f, 508f, 510
Pyramiding, 358
Pyridoxine, 1062t
Pyrogènes, 1106
Pyurie, 1144t

Q

Quadrants de la cavité abdominale et pelvienne, 22, 22f
Quadriceps
    fémoral, 414f, 415t, 430t
    foulure du, 432
Quadriplégie, 544
Qualités, discrimination des, 562
Quanta d'énergie lumineuse, 640
Queue
    de cheval, 533, 534f
    de l'épididyme, 1192f, 1194, 1194f
    du pancréas, 1016f, 1025
    du spermatozoïde, 1202, 1204f
Quiescence, phase de, 788, 789f
Quinine, 571t

R

Rachis, érecteur du, 388t, 389f
Rachitisme, 220
Racine(s)
    de l'ongle, 185, 185f
    de la dent, 998, 998f
        canal de la, 999
    dorsales des nerfs spinaux, 535, 536f
    du pénis, 1193, 1194f
    du poil, 172f, 182, 183f
    du poumon, 943, 944f
    ventrales des nerfs spinaux, 535, 536f
Radiation optique, 568t, 650
Radioactivité, 33
    demi-vie, 33
    particules
        alpha (α), 33
        bêta (β), 33
        rayons gamma (γ), 33
    période, 33
Radiographie, 18
Radio-isotopes, 33, 166
Radius, 230f, 261, 262t, 263, 263f, 264f, 265, 265f
    incisure ulnaire, 262t, 264f, 265
    processus styloïde, 262t, 264f, 265
    tête du, 261, 262t, 263f, 264, 264f, 265
    tubérosité radiale, 262t, 263f, 264f, 265
Rage, 483
    virus de la, 445
Râle de l'agonie, 980
Raloxifène, 221
Rameau(x)
    bronchiques, 841t
    cervical, 572t
    circonflexe de l'artère coronaire gauche, 769f, 773, 774f
    communicant
        blanc, 610, 611f
        gris, 661, 661f
    intercostaux antérieurs, 840f, 841f, 841t
    interventriculaire
        antérieur, 769f, 773, 774f
        postérieur, 770f, 773, 774f
    marginal
        de la mandibule, 572t
        droit, 769f, 773, 774f
    œsophagiens, 841t
    péricardiques, 841t
    subendocardiques, 783
    temporal, 572t
    ventraux du plexus brachial, 578, 579, 580
    zygomatique, 572t

Ramifications du plexus
    brachial, 579t
    cervical, 578t
Rampe vestibulaire, 663, 664f
Ramus, 205t
    mandibulaires, 233f, 243, 243f
Ranitidine (Zantac ou Pepcid), 1008t
Raphé du palais, 994
Rapport longueur-tension, 345, 345f
Raréfaction des cheveux, 184
    alopécie, 184
    calvitie hippocratique, 184
Rate, 872, 873f
    cordons spléniques, 872
    pulpe
        blanche, 872, 873f
        rouge, 872, 873
Rathke, diverticule de, 692
Rayonnement, 1103
    électromagnétique, 640, 640f
    énergie de, 29
    ionisant, 33, 65
Rayons
    gamma (γ), 33
    mal des, 65
    X, 18, 166
Réabsorption, 830
    de l'eau, 1138
    des ions bicarbonate, 1175, 175f
    des solutés, 1138
    des tubules
        collecteurs, capacité des, 1120, 1121f, 1123f, 1133
        rénaux, capacité des, 1133, 1134t, 1135
    du sodium, 1131, 1132, 1132f
    obligatoire de l'eau, 1133
        taux maximal de, 1133
    tubulaire, 1131, 1131f, 1132-1135, 1141t
        active, 1131
        passive, 1131, 1133
        voie transcellulaire de, 1131, 1131f
Réaction(s)
    acrosomiale, 1245, 1246f
    allergiques, 923
    chimiques, 41-44
    corticale, 1245, 1246f
    CP-ADP, 341
    d'hydrolyse, 45, 46
    d'oxydoréduction, 1067
    de brunissement, 1108
    de décarboxylation, 1071
    de déshydratation, 46
    de l'estomac au remplissage, 1014
    de neutralisation, 47
    de synthèse, 46
    de type II, 924
    hémolytique, 757
    immunitaire
        humorale, 900-906
        primaire, 902, 918f
        secondaire, 902
    inflammatoire, 159, 887
        étapes de la, 888f
    interne, 588
    métaboliques, 1064-1069, 1083t
    oxydatives, 8
    redox, 1067
Réactivité, 316
    de l'eau, 45, 46
    des antigènes complets, 895
Réanimation cardiovasculaire (RCR), 775
Rebord costal, 256f, 257
Recaptage, 464f, 465
Récepteur(s), 10, 10f, 11f, 560, 561, 561, 562, 589, 598f
    adrénergiques, 615
    alpha (α), 615, 616t
    antigéniques, 898, 899
    associés à un canal, 478
        ionique ligand-dépendant, 93

associés à une protéine G, 479
    bêta (β), 615, 616t
    cannabinoïdes, 477
    centraux, 1104
    cholinergiques, 615, 616t
    de la démangeaison, 559
    de la membrane plasmique, 686
    des follicules pileux, 558f, 559
    des macules, activation des, 671
    des neurotransmetteurs, 478, 478f, 479
        associés à un canal récepteur, 478, 478f
        associés à une protéine G, 479
    des œstrogènes, modulation sélective, 221
    du follicule pileux, 182, 183f
    du NMDA (N-méthyl D-aspartate), 469
    FAS, 915
    intracellulaires et activation directe des gènes, 688, 689f
        seconds messagers, 686
    ionotropes, 478
    kinesthésiques des articulations, 558t, 560
    membranaires, 93
        associés à une protéine G, 94, 95f
        fonctions des, 93, 94
    muscariniques, 615, 616t
    nicotiniques, 615, 616t
    olfactifs, 1245
    phasiques, 562
    potentiel
        générateur, 561
        récepteur, 561
    sensoriels, 556-560
        complexes, 557
        selon la complexité de la structure, 557, 558, 558t, 559, 559t, 560
        selon la localisation, 557, 558t, 559t
        selon les types de stimulus, 557, 558t, 559t
        simples, 557, 558, 558t, 559, 559t, 560
        spécifiques, 629
    TLR, 887
    toniques, 562
    transduction, 561
Récessus épitympanique, 660, 661f
Receveurs universels, 757
Recombinaisons génétiques, 1280, 1281f
Reconnaissance
    des formes, 563
    des porteurs, 1287, 1288
    double, 910
    du non-soi, 910
    du soi, 910
Reconstruction spatiale dynamique (RSD), 18
Recrutement, 337
Rectum, plis transverses du, 1030f, 1031
Réduction d'une fracture
    à peau fermée, 218
    chirurgicale, 218
Réfection du vaisseau, 753
Référence
    femme de, 8
    homme de, 8
    valeur de, 10, 10f
Réflexe(s), 481
    acquis, 589
    aortique, 817
    arcs, 481, 481f, 588-596
    autonome, 589
    conditionnés, 589, 1010
    consensuel, 650
    courts, 988, 989f
    cutanés abdominaux, 595
    d'accommodation de la pupille, 642
    d'éjection, 1268, 1269f
    d'étirement, 590, 591, 592f
    d'extension croisée, 594, 595f
    de Bainbrigde, 793
    de défécation, 1034, 1034f
    de distension pulmonaire, 971

de Hering-Breuer, 971
de retrait, 10
de succion, 1043
de tressaillement, 508
déclenchés par les
agents irritants pulmonaires, 970
barorécepteurs, 817, 818f
chimiorécepteurs, 817
des points cardinaux, 1043
des raccourcisseurs, 594
entérogastrique, 1013
gastrocolique, 1033
gastro-iléal, 1028
homolatéraux, 593
inconditionné, 588
inné, 588
longs, 988, 989f
monosynaptiques, 589, 593
patellaire, 591, 592f
photomoteur, 650
plantaire, 595
polysynaptiques, 589, 593
pupillaire, 650
sinucarotidien, 817
somatique, 589
spinaux, 589-596
superficiels, 594
tendineux, 593
viscéraux, 589, 613, 614f
neurones sensitifs viscéraux, 613, 614f
Réflexion, 640
Reflux gastro-œsophagien (RGO), 1000
Réfraction, 640, 641f
Régénération
de l'épithélium, 134
des neurofibres, 564, 565, 565f, 566
fonctionnelle, 162
par cellules mésenchymateuses, 298
Régime alimentaire, 823, 1054-1064
Région(s)
associatives multimodales, 497t, 500, 501
constante (C) des chaînes d'anticorps, 905
de la cavité abdominale et pelvienne, 22, 23, 23f
du corps, 13, 15f
motrices, 496, 497f, 498, 499
olfactive de la muqueuse du nez, 934
organisatrice du nucléole, 106
sensitives, 497f, 499, 500
variable (V) de chaînes d'anticorps, 905
Règle
ABCD, 189
de l'octet, 37
des 8 électrons, 37
des neuf, 189
Régulation
centre de, 10, 10f, 11f
chimique de la fréquence cardiaque, 793
de l'apport
alimentaire, 506, 1095, 1096
hydrique, 1159, 1160, 1160f
de l'équilibre
des ions calcium et phosphate, 1170
des ions potassium, 1169
des ions sodium, 1164-1169
hydrique et de la soif, 506
de l'évacuation gastrique, 1015, 1015f
de l'expression génique, 1286
de la concentration
et du volume de l'urine, 1136-1142
plasmatique de cholestérol, 1091, 1093
de la contraction des muscles lisses, 355
de la déperdition hydrique, 1160
de la division cellulaire, 113
de la filtration glomérulaire, 1128, 1129, 1129f, 1130
de la fréquence cardiaque, 791
de la glycémie, 715, 715f
de la motilité de l'intestin grêle, 1029t
de la respiration, 966-971

de la sécrétion
de bile et de suc pancréatique, 1026
gastrique, 1010-1013
de la température corporelle, 187, 505
des anions, 1170
des centres du SNA, 505
des réactions émotionnelles
et du comportement, 505
du cycle veille-sommeil, 506
du pH sanguin, 1135
du remaniement osseux, 215, 216f, 217, 218
du SNA, 620, 620f, 621
du suc intestinal, 1019
et libération des hormones, 690
fonctionnement endocrinien, 506
hormonale, 215, 216, 216f, 1060, 1085
de l'érythropoïèse, 737, 738, 738f
de la croissance osseuse, 214
de la fonction de reproduction chez l'homme, 1205-1207
du remaniement osseux, 215, 216, 216f
et nerveuse, 1089
motrice, niveaux de la, 587, 587f
par sollicitation mécanique, 216, 217, 217f
du remaniement osseux, 216, 217, 217f
respiratoire des ions H^+, 1173, 1174
Rein(s), 720t, 721, 845f, 1170
anatomie
externe, 1116
interne, 1117
artères
arquées du, 1119, 1119f
interlobaires du, 1118, 1119f
interlobulaires du, 1119, 1119f
segmentaires du, 1118, 1119f
capsule
adipeuse du, 1116, 1117
fibreuse du, 1117, 1117f
en fer à cheval, 1149
érythropoïétine, 720t, 721
final, 1148
glomérule du, 1120, 1121f
innervation du, 1118, 1119
intermédiaire, 1148
ostéocalcine, 720t, 721
physiologie du, 1126-1142
primitif, 1148
rénine, 720t, 721
résistance vasculaire dans le, 1122
squelette, 720t, 721
vascularisation du, 1118, 1119, 1119f
veines
arquées du, 1119, 1119f
interlobaires du, 1119, 1119f
interlobulaires du, 1119, 1119f
Rejet du greffon, 919
Relâchement
de la fibre musculaire, 325
période de, 336, 336f
réceptif du muscle lisse de l'estomac, 1014
Relation
entre la structure et la fonction, principe de la, 3
isovolumétrique, 788, 789f
Relaxine, 1197, 1252, 1263
Relief osseux, 203, 204, 205t
Remaniement osseux, 213, 213f, 214-218
Remnographie, 19, 20
Remodelage, 897
Remplissage
réaction de l'estomac au, 1014
vasculaire, solution de, 758
ventriculaire, 788, 789f
Renflement
cervical, 533, 534f
lombaire, 533, 534f
Rénine, 720t, 721, 1130
libération de, 619
Réparation des tissus, 159-162
étapes de la, 161, 161f, 162

capacité de régénération, 162
réaction inflammatoire, 159
Réplication de l'ADN, 110f, 111, 112, 112f
Replis fonctionnels, 326
Réplisome, 111
Repolarisation, 329, 329f, 541, 780, 780f, 781
Réponse, 10, 10f, 11f
au stress, 712, 713f
biologique, modificateurs de la, 309
contraction-relâchement, 1014
des muscles lisses, 355
motrice, 438, 438f
musculaire graduée, 336, 337, 337f, 338
sexuelle
de l'homme, 1197, 1198
de la femme, 1227
Reposition, 294, 295f
Reproduction, 8
chez l'homme, régulation hormonale de la fonction de, 1205-1207
Réseau(x)
artériel, 804, 805, 805f, 806-808
azygos, 852t
capillaires, 825
pulmonaires, 945f, 946
de neurones, 480, 480f
à action prolongée, 480
convergents, 480
divergents, 480
primaire, 692, 693f
réverbérants, 480, 480f
secondaire, 692, 693f
veineux, 808, 809
Réserve
alcaline, 965, 1172, 1175
cardiaque, 790
diminution de la, 796
d'énergie, stimulus nutritionnels reliés à la, 1097
inspiratoire, volume de, 953, 954f
veineuse, 962
Réservoir sanguin, 187
Résidronate, 221
Résistance, 448, 812, 813
des conduits aériens, 951, 952
diamètre des vaisseaux sanguins, 812
longueur totale des vaisseaux sanguins, 812
périphérique, 812
vasculaire dans le rein, 1122
Résistine, 720t, 721
Résonance
de la lame basilaire, 667, 667f
magnétique nucléaire (RMN), 19, 20
fonctionnelle, 20
Résorption osseuse, 215
Respiration, 932
adaptation à la, 971, 972
apneustique, 967
cellulaire, 8, 1065, 1076f
aérobie, 341f, 342
rendement énergétique de la, 1076, 1076f
de Cheyne-Stokes, 980
endurance aérobie, 342
externe, 932, 958, 958f
interne, 932, 958f, 960
mécanique de la, 947-960
première, 1267
régulation de la, 966-971
seuil anaérobie, 342
Respiromètre, 1098
Restriction du CMH, 897, 910, 912
Rétablissement du volume sanguin, 757, 758
albumine sérique humaine purifiée, 758
héta-amidon, 758
dextran, 758
solution
physiologique, 758
d'électrolytes, 758
de remplissage vasculaire, 758
Rété testis, 1192

Rétention urinaire, 1148
Réticulocyte(s), 737, 737f
   numération des, 737
Réticulum
   endoplasmique (RE), 96, 97, 97f
      lisse, 73f
         peptide, signal du, 121
         rugueux, 73f, 96, 97, 97f, 109f, 443
   sarcoplasmique (RS), 324, 324f
      citernes terminales, 324, 324f
Rétinaculum patellaire
   latéral, 299f, 300
   médial, 299f, 300
Rétinal, 646, 646f
Rétine, 568t, 635, 636f
   artère centrale de la, 637, 637f
   cellules ganglionnaires, 635, 636f
   cellules pigmentaires de la, 635
   décollement de la, 644
   neurones bipolaires, 635, 636f
   ora serrata, 634f, 635
   partie nerveuse de la, 635, 635f
   photorécepteurs, 635, 636f
   pigmentaire, 650
   transmission d'un signal dans la, 648, 648f
   veine centrale de la, 637, 637f
Rétinol, 1063t
Retour veineux, 790
Rétraction, 294, 295f
   du caillot, 753
Retrait, réflexe de, 10
Rétrécissement valvulaire, 775, 787
Rétroaction, 10, 11f
   biologique, 621
Rétroactivation, 698
   boucle de, 1106
   cycle de, 454
   mécanisme de, 11, 12, 12f, 1265, 1268, 1269f
Rétro-inhibition, mécanisme de, 10, 11, 11f
Rétropulsion, 1014
Rétroversion, 1210
Rêves, 520
Revêtement, membrane(s) de, 159, 160f
   cutanée, 159, 160f
   séreuses, 159, 160f
Révolution cardiaque, 788, 789f
Rhinencéphale, 500, 517, 518
Rhinite, 936
Rhodopsine, 646f, 647
   décoloration de la, 647
Rhombencéphale, 491, 491f
   métencéphale, 491, 491f, 492f
   myélencéphale, 491, 491f, 492f
Rhomboïde
   grand, 398f, 398t
   petit, 398f, 398t
Rhumatisme, 311
   articulaire aigu, 922
Riboflavine, 1062t, 1067
Riborégulateurs, 121, 122
Ribose, 49, 51f
Ribosomes, 73f, 97, 97f, 443
   libres, 97
   liés à la membrane, 97
Rideaux lipidiques, 74
Rides du vagin, 1212
Rigidité cadavérique, 334
Rigor mortis, 334
Rire, 956t
Risorius, 380t, 381f
RMN, 165
ROBODOC, 298
Rolando, scissure de, 494
Rôle(s)
   de l'hypothalamus, 1104
   des électrons, 36, 37
   exclusifs du système nerveux sympathique, 619, 620

Rond
   grand, 401f, 402t, 408t
   petit, 401f, 402t, 408t
   pronateur, 404t, 405t, 408t
Rosacée, 195
Rotateurs latéraux, 416t, 418f, 418t
Rotation, 291, 293f, 294
Rotor de l'ATP, 1075, 1075f
Rotule, 271f, 272, 276t
Rougeur, 179, 887
Rousseur, taches de, 178
Ruffini, corpuscules de, 558t, 560
Rupture
   du tendon
      d'Achille, 432
      calcanéen, 432
   du cartilage, 307, 307f, 308
Rythme
   circadien, 520
   électrique de base, 1014
   jonctionnel, 784
   nodal, 784
   respiratoire, genèse du, 967
   sinusal, 782

S

Sabin, vaccin, 903
Sac
   conjonctival, 630f, 631
   lacrymal, 631, 632f
      fosse du, 233f, 237t, 245
   vitellin, 1251f, 1252
Saccule(s), 662, 663f
   alvéolaires, 942f, 943
   hypophysaire de l'embryon, 692
Sacrum, 230, 248, 248f, 249, 251, 254, 255f, 267, 267f, 269, 270t, 276t
   ailes du, 255, 255f
   canal sacral, 255, 255f
   crête(s)
      sacrale médiane, 255, 255f
      sacrales latérales, 255, 255f
   foramens sacraux, 255, 255f
      -dorsaux, 255, 255f
   hiatus sacral, 255, 255f
   lignes transverses, 255, 255f
   processus articulaires supérieurs, 254, 255f
   promontoire du, 255, 255f
   surface articulaire, 255, 255f
Sacs lymphatiques, 875
Salbutamol (Ventolin), 617t
Salivation, régulation de la, 996, 997
Salive, 124, 885, 995
   composition de la, 996
Salmonella, 887
Salpingite, 1237
Sang, 155, 155f, 731-760
   analyse biochimique du, 759
   association et dissociation de l'oxygène
         et de l'hémoglobine dans le, 961-96
   blanc, 746
   composants du, 732, 732f
   de la mer, 740
   développement et vieillissement du, 759
   empoisonnement du, 759
   équilibre acidobasique du, 965
   fonctions du, 732, 733
   fraction du, 759
   globules
      blancs, 155, 155f
      rouges, 155, 155f
   hémostase, 749, 749f, 750-755
   humain, frottis de, 734, 734f
   oxygénation du, 958f
   plaquettes, 155
   plasma, 155, 155f
   profil chimique du, 758

système tampon acide carbonique-bicarbonate
      du, 965
   trajet dans le cœur, 772, 773f
   transport des gaz respiratoires dans le, 961
   viscosité du, 812
Sarcolemme, 316, 320, 321f, 327, 329f
Sarcome, 167
   de Kaposi, 920
   ostéogène, 223
Sarcomère, 321f, 322, 324f
Sarcopénie, 362
Sarcoplasme, 316, 320, 321f, 327, 328, 329f
Sarcopte, 195
Sarin, 617t
Sartorius, 376t, 413t, 414f, 430t
Saturation de l'hémoglobine, 961
   influence de la P_{O_2}, 961
   effet de la température, 962f
   effet du pH sanguin, 962f
Scalène
   antérieur, 386t, 387f
   moyen, 386t, 387f
   postérieur, 386t, 387f
Scapula(s), 203, 230f, 259, 259f, 260f, 261, 262t
   acromion, 260f, 261
   angle
      inférieur de la, 260f, 261
      supérieur de la, 260f, 261
   articulation acromioclaviculaire, 260f, 261
   bord
      axillaire de la, 259, 260f
      cervical de la, 259, 260f
      latéral de la, 259, 260f
      médial de la, 259, 260f
      spinal de la, 259, 260f
      supérieur de la, 259, 260f
   cavité glénoïdale de la, 260f, 261
   élévateur de la, 398f, 398t
   épine scapulaire, 260f, 261
   fosse
      infranépineuse de la, 260f, 261
      subscapulaire de la, 260f, 261
   incisure scapulaire, 260f, 261
   nerf dorsal de la, 579t, 580f
   processus coracoïde, 260f, 261
Scarlatine, 1150
Schistosoma, 907
Schizophrénie, 504
Schleiden, Matthias, 72
Schlemm, canal de, 638
Schwann, Theodor, 72
Schwarzenegger, souris, 359
Sciatique, 584
Scission du glucide, 1060
Scissure
   horizontale des poumons, 943, 944f
   oblique des poumons, 943, 944f
   de Rolando, 494
Sclère, 633, 634f
Sclérodermie, 922
Sclérose
   en plaques (SEP), 459, 460, 501, 921
   et épaississement des valves, 796
   latéral amyotrophique, 544
Sclérotome, 1255f, 1256
Scoliose, 249
Scorbut, 167
Scotome, 677
Scrotum, 1190, 1190f, 1191f
   septum du, 1191
Séborrhée, 181
Sébum, 181, 885
Seconds messagers, 94, 95f, 477, 686
   AMP cyclique, 479
   Ca^{2+}, 479
   diacylglycérol, 479
   GMP cyclique, 479

Secousse musculaire, 336, 336f
  période
    de contraction, 336, 336f
    de latence, 336, 336f
    de relâchement, 336, 336f
Sécrétine, 720, 1008t, 1013
Sécrétion(s), 140
  cellulaires, 123
  cutanées, 885
  d'hormones par d'autres organes, 718, 719, 720t, 721
  de l'aldostérone, 708-710
  des glandes multicellulaires, mode de, 141
  des ions
    bicarbonate, 1177, 1178
    H^+, 1175
    $NH_4{}^+$, 1177f
  interne, glandes à, 685
  intestinales, 124
  lacrymale, 631
  tubulaire, 1135, 1141f
    fonctions de la, 1135
  vaginales, 885
Segment(s), 249
  du gros intestin, 1029-1031
  externe, 644, 645f
  grêle de la partie descendante de l'anse du néphron, 1120, 1121f, 1123f
  interne, 644, 645f
  large de la partie ascendante de l'anse du néphron, 1120, 1123f
  ST, 785f, 786
Segmentation, 987, 988f, 1028, 1248, 1248f
Ségrégation, 1279
  indépendante des chromosomes, 1279, 1280f
Sein
  cancer du, 165, 1216, 1217
  ligaments suspenseurs du, 1215f, 1216
Sel(s), 46, 823
  biliaires, 1024
  des métaux lourds, 186
  iodé, 703
  minéraux, 209
Sélection
  clonale, 900, 901, 901f
    des lymphocytes T, 910, 912f
  négative, 897
  positive, 897
Sélénium, 30t
Selle(s), 1034
  turcique, 234f, 236t, 241, 242, 247f
Semi-épineux, 388t, 389f
Semi-membraneux, 377f 417f, 419t, 430t
Semi-tendineux, 377f, 417f, 419t, 430t
Sens, 629-677
  chimiques, 653-659
    déséquilibres homéostatiques des, 659
  goût et odorat, 653-659
  œil, 630, 630f, 631, 632, 632f, 633, 634, 634f, 635-652
  oreille, 659-674
  organes des, 557
Sensation(s), 556, 561
  cutanées, 187
Séparation de la T_3 et de la T_4, 702f, 703
Sepsie, 190
Septicémie, 759, 830, 879
  postplénique, 873
Septum
  du scrotum, 1191
  interalvéolaire, pores du, 943
  interatrial, 768
  interauriculaire, 768, 770f
  interventriculaire, 768
  nasal, 236t, 237t, 242, 244, 245, 247t
    cartilage du, 245
    déviation du, 979
  pellucidum, 493, 493f

Séreuse, 21, 22, 159, 160f
  du tube digestif, 991f, 992
  pariétale, 21
  péricarde, 159, 160f
  péritoine, 159, 160f
  plèvre, 159, 160f
  viscérale, 21
Sérine (Ser), 119
Sérosité, 22, 124, 159
Sérotonine, 470, 474t, 1007, 1008t
Sertoli, cellules de, 1202
Seuil
  anaérobie, 342
  d'excitation, 454, 455, 456f
  sous-liminaire, 337, 338f
Sexe, détermination du, 1229, 1230
Sharpey, fibres de, 204, 206f
siARN, 121
SIDA, 917, 920-921
Sidérophiline, 739
Sigmoïdoscopie, 1047
Signal(aux)
  chimiques, 93
  de terminaison, 117, 118f
  électriques des canaux protéiques, 94
  nerveux provenant du tube digestif, 1097
  vitaux, 820
Signalisation, mécanisme
  lié à l'AMP cyclique, 686, 687f
  lié au PIP et au calcium, 687
Signe
  de Babinski, 595
  de Chadwick, 1262
Sildanéfil (Viagra), 362, 1198
Silicium, 30t
Sillon(s), 205t, 494, 495
  annulaire, 113, 114f
  branchial, 676
  calcarin, 497f, 499
  central, 494, 495f
  coronaire, 768, 769f, 770f
  de la côte, 257
  du nerf radial, 261, 263f
  gingival, 999
  intertuberculaire, 261, 263f
  interventriculaire, 770f, 771f
    antérieur, 768, 769f, 770f
    postérieur, 768, 769f, 770f
  latéral, 494, 495f
  médian dorsal, 533, 536f
  neural, 490, 490f, 1255f, 1256
  pariétooccipital, 494
  préchiasmatique, 242
  scissure de Rolando, 494
  sous-nasal, 934, 934f
  terminal de la langue, 994f, 995
Singe rhésus, 756
Sinus, 205t, 232
  anaux, 1030f, 1031
  carotidiens, 573t969, 969f
  caverneux, 850f, 850t
  coronaire, 770f, 772, 809
    orifice du, 770f
  corticaux, 870
  de l'aorte, 836f
  de la dure-mère, 526, 526f, 809, 833, 848f, 849f, 850t, 850t
  droit, 850f, 850t
  frontaux, 232f, 234f, 238, 248f
  lactifères, 1215f, 1216
  lymphatiques, 870
  maxillaires, 232f, 244, 245, 248t
  médullaires, 869f, 870, 871f
  paranasaux, 245, 247f, 248f, 935f, 936
  sagittal
    inférieur, 850f, 850t, 851f
    supérieur, 850f, 850t, 851f
  sigmoïde, 850f, 850t, 851f

sphénoïdal, 234f, 241, 247f, 248f
subscapulaire, 870, 871f
transverse, 850f, 850t, 851f
urogénital définitif, 1148, 1148f
valvules veineuses, 808
veineux, 795, 795f, 809
Sinusite, 936
Sinusoïdes, 807
  du foie, 1020, 1022f
Site(s)
  actifs des protéines, 58, 59
  de fixation à l'antigène, 905
Situation du cœur, 766, 767f
  apex, 766, 767f
  base, 766, 767f
  médiastin, 766, 767f
Sodium, 30t, 209, 1164t, 1165t
  canaux voltage-dépendants, 455, 457f
  réabsorption du, 1131, 1132, 1132f
Soi
  antigènes du, 910, 922
  marqueurs du, 896
Soif
  centre de la, 1159
  mécanisme de la, 1159
Soléaire, 376f, 377f, 423t, 424f, 430t
Sollicitation mécanique, 216, 217, 217f
Solubilité des gaz, 957, 958
Soluté, 34, 34f
  réabsorption des, 1138
Solution(s), 34, 34f, 35
  concentration des, 35
  d'électrolytes, 758
  de remplissage vasculaire, 758
  hypertoniques, 82, 83f
  hypotoniques, 82, 83f
  isotoniques, 81, 83f
  masse moléculaire, 35
  molarité, 35
  mole, 35
  physiologique, 758
  pourcentage des, 35
  soluté, 34, 34f
  solvant, 34, 34f
Solvant(s), 34, 34f
  universel, 45, 1156
  organiques, 186
Somatocrinine (GH-RH), 696
Somatomédines, 695
Somatostatine (GH-IH), 472, 475t, 696, 703, 1007, 1008t
Somatotopie, 496
Somites, 1255f, 1256, 1257f
Sommation, 468, 469f
  spatiale, 337, 338f, 468, 469f
  temporelle, 336, 468, 469f
Sommeil, 519-521
  apnées du, 521
  EEG typique du, 519f
  importance du, 520
  lent (SL), 519, 519f, 520
  MOR, 519, 519f, 520
  organisation du, 520
  paradoxal (SP), 519, 519f, 520
  profond, 519, 519f
  REM, 519, 519f, 520
  rêves, 520
Somnolence, 518
Son, 665
  amplitude du, 666, 666f
  décibel (dB), 666
  fréquence, 665, 666f
  hauteur du, 666
  intensité du, 666
  localisation du, 669
  longueur d'onde, 665
  propriété du, 665, 666
  pur, 666
  timbre, 666
  transmission à l'oreille interne, 666, 667f, 667f

Sonde endotrachéale, 980
Sörensen, Sören, 47
Soudure des cartilages épiphysaires, 213
Souffles, 787
Soufre, 30t, 1064t
Source(s)
    alimentaires
        des glucides, 1054
        des lipides, 1056
    de glucose sanguin, 1087-1089
Sourcil, 630, 630f
    corrugateur du, 379t, 381f
Souris Schwarzenegger, 359
Sous-muqueuse
    de l'œsophage, 1001, 1001f
    de la trachée, 939
    du tube digestif, 991f, 992
Soutien, 203
    de tissu conjonctif, 134
Spasme, 363
    vasculaire, 749, 749f
Spécialisation
    de l'ectoderme, 1256
    de l'endoderme, 1256, 1257f
    du mésoderme, 1256, 1257-1260
Spécificité
    des cellules cibles, 688
    virale, 892
Spectre
    électromagnétique, 29
    visible, 640, 640f
Spectrine, 59t, 735
Spectroscopie par résonance magnétique (SRM), 20
Spermatides, 1202, 1203f
Spermatocyte
    de premier ordre, 1202, 1203f
    de second ordre, 1202, 1203f
Spermatogenèse, 1198, 1202, 1203f
Spermatogonies, 1202
    A, 1202, 1203f
    B, 1202, 1203f
Spermatozoïde(s), 1190, 1198
    génération des, 1198
    partie intermédiaire du, 1202, 1204f
    pénétration du, 1245, 1246f
    queue du, 10202, 1204f
    tête du, 1202, 1204f
    transport et capacitation des, 1244, 1245
Sperme, 1195, 1197
Spermiogenèse, 1202, 1203f, 1204f
Sphénoïde, 568t
Sphincter
    du larynx, fonction, 939
    lisse de l'urètre, 1145, 1146f
    œsophagien
        inférieur, 1000, 1003f
        supérieur, 1000
    physiologique, 1000
    précapillaire, 87f, 808
    urétral externe, 394t, 395f
Sphygmomanomètre, 821
Spina bifida, 178, 279, 546
    aperta, 546
    occulta, 546
Spirographe, 955
Splénectomie, 873
Splénius, 387t, 387f
    de la tête, 387t, 387f
    du cou, 387t, 387f
Splénomégalie, 879
Spliceosomes, 118
Spondylarthrite ankylosante, 311
Squelette, 229-279, 720t, 721
    appendiculaire, 202, 257- 276
    axial, 201, 230, 230f, 231-257
    fibreux du cœur, 766, 768f
Stabilisation
    de la fibrine (FSF) facteur de, 752
    des articulations, 317

Stabilité des articulations synoviales, 290, 291
    ligaments, 290
    surfaces articulaires, 290
    tonus musculaire, 291
Stades de l'ossification intramembraneuse, 210-212, 212f
Stapès, 661f, 662, 662f
Starling, loi de, 790
Statines, 221, 811, 1094
Stator de l'ATP, 1075, 1075f
Steinert, maladie de, 363
Sténose pylorique du nourrisson, 1047
Stercobiline, 739
Stéréocils, 134, 135, 668, 671, 671f, 1195
Stérilité, 1207
Sternum, 202f, 203, 230f, 256, 256f, 257
Stéroïdes, 54, 54f, 55, 685
    anabolisants, 358
    cholestérol, 54, 54f
    hormones
        du cortex surrénal, 685
        gonadiques, 685
Stimulateur
    cardiaque, 532
    du nerf vague, 518
Stimulation
    antigénique, 900
    des glandes endocrines, 690
    des photorécepteurs, 646f, 647
    du système nerveux sympathique, 1128
Stimulines, 692
Stimulus, 10, 10f, 11f, 316, 556
    codage de l'intensité, 458, 459f
    hormonaux, 690, 691f
    humoraux, 690, 691f
    infraliminaires, 455
    liminaires, 455
    maximal, 337
    nerveux, 690, 691f
    nutritionnels reliés aux réserves d'énergie, 1097
Stockage
    des minéraux et des facteurs de croissance, 203
    des triglycérides, 203
Stomatodéum, 1042, 1043f
Strabisme, 633
    convergent, 571t
    divergent, 571t
Strates, 173
Stratum
    basale, 175
    granulosum, 174f, 175
        du follicule ovarique, 1208, 1209f
    lucidum 174f, 175
Streptokinase, 753
Stress, 823
    de courte durée, 713f
    prolongé, 713f
    réponse au, 712, 713f
Strie(s)
    A, 320, 321f, 778, 779f
    H, 320
    I, 320, 321f, 778, 779f
    lipidiques, 810
    vasculaire, 663, 664f
Stroma, 149, 869, 870, 943, 944
Structure(s), 63f, 742
    annexes de l'œil, 630-633
    chimiotactisme positif, 742
    conductrice du neurone, 443, 444t
    de base des anticorps, 904
    de l'atome, 31, 31f, 32f
    de la cellule, 73, 73f
    de la membrane, 74, 75, 75f, 76-78
    des articulations synoviales, 288, 289, 289f, 290
    des cartilages, 200, 201f
    des érythrocytes, 734, 735, 735f
    des fibres musculaires lisses, 351, 352, 352f
    des nerfs, 563, 564, 564f

des os, 203-209
des protéines, 56-58
diapédèse, 742
du bulbe oculaire, 633, 634, 634f, 635
du poil, 182, 183f
externes du nez, 934, 934f
générale d'une vertèbre, 251, 251f
hyperleucocytose, 742
mouvements amiboïdes, 742
réceptrice du neurone, 443, 444t
sécrétrice du neurone, 444t, 445
Stuart, facteur, 750
Stupeur, 518
Styloglosse, 382t, 383t
Subclavier, 396f, 397f
Subdivisions du système nerveux autonome, 606
    système nerveux
        parasympathique, 606, 607t
        sympathique, 606, 607t
Subluxation, 308
Subscapulaire, 402f, 402t, 408t
Substance(s)
    azotées non protéiques du plasma, 734t
    blanche, 447, 535, 536, 536f, 537, 538
        cérébrale, 501, 502, 502f
    chromatophile, 443
    fondamentale, 143, 144, 145f
    grise, 447
        et racines des nerfs spinaux, 535, 536f
    hormonales, 358, 359
    liposolubles, 186
    P, 472, 475t, 563
    paracrines, 1008t
    trafic de, 85
Substantia nigra, 503, 509510f
Substituts des matières grasses, 1058
Substrat, 60, 62f
    phosphorylation au niveau du, 1067, 1068f
Suc
    gastrique, 124, 891t, 1004
    intestinal, 1017
    pancréatique, 1025
        composition du, 1025, 1026
Sucrase, 1037
Sucre(s)
    dégradation du, 1069
    doubles, 49
    simples, 49
Sucrose, 49
Sueur, 180
Suintement, lubrification par, 289
Sulfate de glucosamine, 309
Sumac vénéneux, 895
Supinateur, 407f, 407t, 408t
Supination, 294, 295f
Surcharge, principe de, 349
Surdité, 670, 676
    centrale, 572t
    de perception, 670
    de transmission, 670
    nerveuse, 572t
Surface, 102
    articulaire, 205t, 290
        de l'ilium, 267, 268f
        du sacrum, 255, 255f
    apicale de l'épithélium, 133, 134, 135f
    basale de l'épithélium, 134, 135f
    patellaire, 271f, 272
Surfactant, 943, 952
Surplace, 340
Surveillance immunitaire, 915
Sustentaculum tali, 274, 274f
Suture, 231, 231f, 284, 284t, 285f
    coronale, 231, 231f, 233f, 234f, 238
    frontonasale, 232f, 238
    lambdoïde, 231f, 232f, 234f, 238, 242
    occipitomastoïdienne, 233f, 234f, 238
    sagittale, 233f, 238
    squameuse, 231f, 233f, 238

Sylvius, aqueduc de, 493
Symbole chimique, 31
Symphyse
    mentonnière, 232f, 237t, 244
    pubienne, 267, 267f, 268f, 269, 276t, 286, 286f
Synapse(s), 461-470
    axoaxonales, 462f, 463
    axodendritiques, 461, 462f
    axosomatiques, 461, 462f
    chimiques, 462, 464f
    délai d'action synaptique, 465
    électriques, 462, 463
    excitatrices et PPSE, 465, 467
    fente synaptique, 463, 464f
    inhibitrices et PPSI, 468
    intégration et modification des phénomènes
        synaptiques, 468, 469, 469f, 470
    potentiels postsynaptiques, 465, 466t, 467, 467t,
        468, 468f
Synapsis, 1199, 1200f, 1201f
Synaptotagmine, 463
Syncope, 518
Syncytiotrophoblaste, 1249f, 1250
Syncytium, 320
    fonctionnel, 778
Syndesmoses, 284, 284t, 285, 285f
Syndrome
    androgénique, 712
    d'alcoolisation fœtale (SAF), 1260
    d'Angelman, 1286
    d'écrasement, 1130
    d'immunodéficience acquise (SIDA), 920
    de Conn, 1184
    de Cushing, 359, 710, 711f
    de détresse respiratoire
        de l'adulte, 980
        du nouveau-né, 952
    de douleur chronique myofasciale, 363
    de Down, 1287
    de Horner, 623
    de Kallman, 1237
    de Klinefelter, 1230
    de l'œil sec, 571t
    de la Tourette, 504
    de Marfan, 167
    de Ménière, 670
    de postpoliomyélite, 544
    de Prader-Willi, 1286
    de sécrétion inappropriée d'hormone
        antidiurétique, 699, 1184
    de Turner, 1230
    des ovaires polykystiques (SOPK), 1237
    du canal carpien, 266, 581
    du choc toxique, 831
    du côlon irritable, 1034
    hypothyroïdien, 703
    myéloprolifératif, 760
    SCID, 920
    tibial antérieur, 432
Synergie, 690
Synostoses, 284
Synovie, 289, 289f, 309, 311
Synthèse
    de l'ATP, 1067, 1068f, 1069
    de la thyroglobuline, 702, 702f
    des hormones thyroïdiennes, 701, 702, 702f, 703
    des matériaux structuraux, 1080
    des protéines, 116-121, 1082
    réaction de, 46, 49
Syphilis, 1228
Système, 3, 4, 4f
    ABO, 756, 756t, 1283
    acide carbonique-bicarbonate, 1172
    antiport, 84
    cardionecteur, 781
    cardiovasculaire, 4, 5f, 6f, 765-797, 801-860
        anatomie du cœur, 766, 769f-771f, 772-778,
            831-860

cavités du cœur, 766, 768f
circulation coronarienne, 773, 774f
circulation pulmonaire, 772, 773f, 831, 834t
circulation systémique, 772, 773f, 831, 834t
dimension du cœur, 766
enveloppes du cœur, 766, 768f
fibres musculaires cardiaque, 778-781
grande circulation, 772, 773f
oreillette du cœur, 769f-771f, 772
petite circulation, 772, 773f
physiologie de la circulation, 812-831
physiologie du cœur, 791-794
trajet du sang dans le cœur, 772, 773f
tuniques de la paroi du cœur, 766, 767, 768f
vaisseaux du cœur, 768, 769f-771f, 772
vaisseaux sanguins, 802-810
valves cardiaques, 775, 776f, 777, 777f, 778
craniosacral, 608
de conduction du cœur, 781-784
    cellules cardionectrices, 781
    déroulement de l'excitation électrique, 782
    potentiel de «pacemaker», 781, 782, 782f
    prépotentiel, 781
    production des potentiels d'action, 781, 782f
de défense
    adaptif, 884
    fonctionnel, 884
    inné, 884, 884f, 884-894
    non spécifique, 884
    spécifique, 884, 894
de Havers, 207
de l'encéphale, 514-516
    formation réticulaire, 515, 516, 516f
    système limbique, 514, 515f
de levier, 372, 373, 373f, 374f, 375
    avantage mécanique, 372, 373f
    charge, 372, 373f, 374f
    désavantage mécanique, 373, 373f
    force, 372, 373f, 374f
    point d'appui, 372, 373f, 374f
de précommande, 588
digestif, 4, 5f, 7f, 985-1047
    anatomie fonctionnelle du, 992-1035
    caractéristiques générales, 986-992
    développement et vieillissement du, 1042,
        1043, 1043f, 1046
    système nerveux entérique du, 992
Duffy, 755
endocrinien, 4, 6f, 683-725
    caractéristiques générales, 684, 685
    développement et vieillissement du, 721, 724
    diffus, 140
génital, 4, 7f, 1189-1237
    de l'homme, 1190-1207
    de la femme, 1207-1217
    indifférencié, 1230
HLA, 896
immunitaire, 4, 7f, 884-895
    adaptatif, 894 -895
    chimère, 919
    développement et vieillissement du, 924, 925
involontaire, 604
Kell, 755
Lewis, 755
limbique, 514, 515f
    fornix, 514
    gyrus dentatus, 514, 515f
    gyrus du cingulum, 514, 515, 515f
    gyrus parahippocampal, 514, 515f
    hippocampe, 514, 515, 515f
    hypothalamus, 514, 515f
    noyaux antérieurs du thalamus, 514, 515f
lymphatique, 4, 7f, 66, 867, 868, 868f, 869-878
    cellules lymphoïdes, 869
    développement du, 875, 878
    nœuds lymphatiques, 868f, 870, 871, 871f
    organes lymphoïdes, 872, 872f, 873-875
    vaisseaux lymphatiques, 866- 869

MNS, 755
moteur viscéral, 604
musculaire, 4, 6f, 369-432
    mécanique musculaire, 371-375
    muscles squelettiques, 375
    noms des muscles squelettiques, 370, 371
    interactions entre les muscles squelettiques, 370
nerveux, 4, 6f
    autonome (SNA), 439, 439f, 603, 604, 604f,
        605-627
    central (SNC), 438, 439f, 489-548
    déséquilibres homéostatiques de l'encéphale,
        529-531
    développement et vieillissement du, 545, 546
    entérique du tube digestif, 992
    fonction du, 438, 438f, 439, 440
    fonctions mentales supérieures, 516-525
    involontaire, 439
    moelle épinière, 532, 533, 533f, 534f, 535-547
    organisations du, 439f
    parasympathique, 439, 439f
    périphérique (SNP), 438, 439f, 556-597
    protection de l'encéphale, 525-535
    somatique, 438, 439, 439f
    sympathique, 439, 439f
    volontaire, 439
osseux, 4, 6f
parasympathique, 607, 607t, 608, 608f, 609
phosphate disodique-phosphate monosodique,
    1172, 1176
porte
    hépatique, 833, 854f, 854t, 990
    hypothalamohypophysaire, 692, 693f
précommissural, 514, 515f
protéinate-protéines, 11172
rénine-angiotensine, 708, 709, 709f, 820, 1130
    angiotensine II, 709
    angiotensinogène, 709
respiratoire, 4, 5f, 7f, 931-980
    anatomie fonctionnelle du, 933-947
    déséquilibres homéostatiques, 972, 973
    développement et vieillissement du, 975,
        978, 979
réticulaire activateur ascendant, 515
Rh, 756
somesthésique, 560, 561, 561f, 562, 563
    niveau de la perception, 561, 561f, 561, 562
    niveau des récepteurs, 560, 561, 561t, 562
    niveau des voies ascendantes, 560, 561f, 562
squelettique, *voir* Squelette
sympathique, 609, 610, 611, 612f, 613
    cornes latérales, 610
    zones motrices viscérale, 610
    rameau communicant blanc, 610, 611f
    ganglion du tronc sympathique, 610, 611f
    troncs sympathiques, 610, 611f
    réflexes viscéraux, 613, 614f
    chaînes sympathiques, 610
    ganglions paravertébraux, 610
    nerfs splanchniques, 610, 611f
    ganglions prévertébraux, 610
symport, 84, 85
tampon(s)
    acide carbonique-bicarbonate, 48, 1172
    chimiques, 1171-1173
    phosphate disodique-phosphate
        monosodique, 1172, 1173
    physiologique, 1173
    protéinate-protéines, 1173
tégumentaire, 4, 5f, 6f, 171-195
    annexes cutanées, 172f, 179-186
    fonctions du système tégumentaire, 186, 187
    ongles, 185, 185f, 186
    peau, 172, 172f, 173-179
thoracolombaire, 609, 610
urinaire, 4, 4f, 7f, 1115, 1115f, 1116-1150
    développement et vieillissement du, 1148-1150
Systole, 788, 789f
    ventriculaire, 788, 789f

T

T_1 à T_5, vertèbres, 248f
Tabagisme, 823
Tableau
    d'optotypes, 568t
    périodique des éléments, 30
Tache(s)
    aveugle, 634f, 637
    de rousseur, 178
    dense, 1124
Tachycardie, 793
    auriculaire paroxystique (TAP), 797
    ventriculaire (TV), 797
Taille, principe de, 337, 338
Talus, 272, 274, 274f, 275, 276t
Tamponnade cardiaque, 766
Tampons, 48
    acide carbonique-bicarbonate, 1172
    chimiques, 1171
        systèmes, 1171-1173
    phosphate disodique-phosphate monosodique,
        1172, 1173
    protéinate-protéines, 1173
Tarse, 202, 274
    inférieur, 630f, 631
    supérieur, 630f, 631
Tartre dentaire, 999
Taurine, 1140
Taux maximal de réabsorption (T_m), 1133
Taxol, 165
Tay-Sachs, maladie de, 1282
Télédiastole, 788, 789f
Télencéphale, 491, 491f
Télodendrons, 327, 328f, 442f, 443, 585
Télogène, 184
Télomérase, 125
Télomères, 125
Télophase, 113, 114f, 115f, 1200
    I, 1201f
    II, 1201f
Télophragme, 322
Tempe, 238
Température
    centrale, 1102
    corporelle, 9, 1098, 1099
    régulation de la, 187, 505
Temporal, 376f, 382t, 383t
Temps
    de latence, 330
    de prothrombine, 758
Tendinite, 308
Tendon, 149, 290
    calcanéen, rupture du, 432
    d'Achille, 274
        rupture du, 432
    gaine du, 290
    insertion musculaire, 291
    origine musculaire, 291
Ténosynovite, 311
Tenseur du fascia lata, 376f, 414f, 415t, 430t
Tension
    externe, 344
    interne, 344
    musculaire, 335
    superficielle, 41, 952
        dans les alvéoles pulmonaires, 948, 952
Tente du cervelet, 526, 526f
TEP (tomographie par émission de positons), 19
Tériparatide, 221
Termes relatifs à l'orientation, 14t
Terminaison, 117, 118f
    dendritiques non capsulées, 557, 558, 558t, 559
    dénudées des neurones sensitifs, 557
    libres des neurones sensitifs, 557, 558, 558t, 559
    nerveuses capsulées, 558t, 559, 559t, 560
    sensibles
        primaires, 590, 591f
        secondaires, 590, 591f
    signal de, 117, 118f

Territoires chromosomiques, 107
Test
    à la tuberculine, 924
    de Mantoux, 924
    de Papanicolaou, 1210
Testicule, 717, 189-1191, 1192f
    albuginée du, 1191, 1191f, 1192f
    cloison du, 1191, 1192f
    vaginale du, 1191, 1191f, 1192f
Testostérone, 184, 358, 711, 712, 717, 738, 1192,
    1205, 1206f
    effets somatique de la, 1207
    mécanisme de la, 1206, 1207
Tétanie, 706
Tétanos, 345, 363
    complet, 337, 337f
    fusionné, 337
    incomplet, 337, 337f
Tête, 205t
    de l'ATP, 1075, 1075f
    de l'épididyme, 1192f, 1194, 1194f
    de l'humérus, 261, 263f
    de l'ulna, 262f, 264f, 265
    de la côte, 257
    de la fibula, 272, 273f, 276t
    de Méduse, 1024
    du fémur, 267, 267, 271f, 272, 276t, 278
    du pancréas, 1016f, 1025
    du radius, 261, 262t, 263f, 264, 264f, 265
    du spermatozoïde, 1202, 1204f
    et du tronc, artères de la, 837f, 838f, 839f
    fémorale, ligament de la, 304, 304f
    muscles de la, 376f, 379t, 380t, 381f, 382t, 383t
    veines de la, 849f, 850t, 851f
    voies à destination de la, 610
Tétrade, 1199, 1200f, 1201f
Tétrahydrogestrinone (THG), 358
Tétralogie de Fallot, 796, 796f
Tétrodotoxine (TTX), 461
Thalamus, 491, 503f, 504, 505, 505f
    noyau(x)
        antérieurs du, 514, 515f
        réticulaire du, 504, 506f
Thalassémie, 740
    β, 740
Thalidomide, 922, 1260
Théorie
    cellulaire, 72
    de la contraction par glissement des filaments, 325,
        325f, 326, 326f
    de la génération spontanée, 72
Thèque folliculaire, 1219, 1220f
Thérapeutiques dans le traitement du cancer,
    nouvelles, 166
Thérapie génique, 1289, 1290
Thermogenèse
    centre de la, 1104
    chimique, 1104
    mécanisme de, 1104, 1105f
Thermolyse
    mécanismes de la, 1105
    centre de la, 1104
Thermorécepteurs, 557, 558t, 559t
    périphériques, 1104
Thermorégulation, 619, 1099
    mécanisme de, 1104, 1105f
Thiamine, 1062t
Thorax
    muscles du, 376f, 390t, 391f
    osseux, 256
    souffle du, 948
    veines du, 852f, 852t, 853f, 853t
    voies à destination du, 611, 611f
THR, voir Thyréotrolibérine
Thréonine (Thr), 119
Thrombine, 751f, 752
Thrombocytes, 748
Thrombopénie, 754

Thrombophlébite, 860
Thromboplastinogène, 750t
Thrombopoïétine, 748, 748f
Thrombus, 753
THS, voir Thyréotrophine
Thymine (T), 62, 63, 63f, 117
Thymopoïétine, 720t, 721
Thymosine, 720t, 721
Thymuline, 720t, 721
Thymus, 684f, 720t, 721, 873, 874, 874f
    corpuscules thymiques, 874
    cortex, 874, 874f
    lobules du, 874
    médulla, 874, 874f
    thymopoïétine, 720t, 721
    thymosine, 720t, 721
    thymuline, 720t, 721
Thyréolibérine (TRH), 703
Thyréostimuline, 221
Thyréotrolibérine (TRH), 1104
Thyréotrophine (TSH), 692, 694t, 697, 703, 1004
Thyroglobuline, 700, 702, 702f
    de colloïde, endocytose de la, 702f, 703
    synthèse de la, 702, 702f
Thyrohyoïdien, 385t, 385t
Thyroïdectomie, 706
Thyroïdite chronique de Hashimoto, 926
Thyroxine (T_4), 685, 700, 701t, 702, 702f, 793, 1099
    augmentation de la libération de la, 1104
    formation de, 702f, 703
    séparation de la, 702f, 703
Tibia, 230f, 272, 273f, 274, 276t
    bord antérieur du, 272
    condyle
        latéral du, 272, 273f
        médian du, 272, 273f
    éminence intercondylaire, 272, 273f
    incisure fibulaire, 272
    malléole médiale de la, 272, 273f, 276t
    tubérosité tibiale, 272, 273f, 276t
Tic douloureux de la face, 570t
Tige
    de l'ATP, 1075, 1075f
    du poil, 172f, 182, 183f
Timbre du son, 666
Tissu(s), 3, 4f, 131-164
    adipeux, 147, 148f, 149, 720t, 721
    cardiaque, 158, 316
    cartilage, 144t, 151, 152f, 153, 153f, 154f, 155
    cartilagineux, 200
    cellules réticulaires, 144t, 149f
    cicatriciel, 160, 161f
    conjonctif, 143-155
        adipeux, 147, 148f, 149
        adipeux blanc, 149
        adipeux brun, 149
        aréolaire, 144t, 147, 148f
        caractéristiques du, 143
        de soutien, 141
        dense, 144t, 149, 150, 150f, 151, 151f
        élastique, 144t, 151
        gaine, 182, 183f
        irrégulier, 149, 1551f
        lâche, 144t, 147, 148f, 149
        proprement dit, 144t, 147, 148, 148f, 149, 150,
            150f, 151, 151f
        régulier, 149, 150f
        réticulaire, 144t, 149, 869
    cortical rénal, 1120, 1122f
    de granulation, 218
    de mouvement, 132
    de régulation, 132
    de revêtement, 132
    de soutien, 132
    développement et vieillissement des, 162, 163
    épithélial, 133-142
        gaine du, 182, 183f
        voir aussi Épithélium

érectile, 1193
fibres musculaires, 316
irrégulier, 149, 1551f
irrigation des, 823
leptine, 720t, 721
résistine, 720t, 721
lisse, 158, 316
lymphatique diffus, 870
lymphoïdes, 869, 870
développement du, 875, 878
musculaire(s), 132, 132f, 156-158, 315-365, 369
caractéristiques générales du, 316-317
cardiaque, 157, 158f
conductivité, 316
contractilité, 316
élasticité, 316
excitabilité, 316
extensibilité, 316
involontaires, 157
lisse, 157, 158f
réactivité, 316
squelettique, 156, 157, 157f
volontaires, 157
nerveux, 132, 132f, 156, 156f, 438
gliocytes, 440
histologie du, 440-447
neurone, 156, 156f, 440
osseux, 144t, 153, 154f
ostéoblastes, 155
ostéocytes, 154f, 155
préparation en vue d'un examen
microscopique, 133
primaires, 132, 132f
conjonctifs, 132, 132f
épithélial, 132, 132f
musculaire, 132, 132f
nerveux, 132, 132f
régulier, 149, 150f
réparation des, 159-162
sang, 155, 155f
squelettique, 316
types de, 147-155, 316
Titine, 59t, 323
Tocophérol, 1063t
Tomographie, 165
au xénon, 18
axiale commandée par ordinateur, 18
par émission de positons (TEP), 19
par ordinateur, 18
Tonsilles, 874
Tonus, 177
musculaire, 291, 338
parasympathique, 619
sympathique, 619
vagal, 793
vasomoteur, 619, 816
Torticolis musculaire, 432
Toucher rectal, 1031
Tourette, syndrome de la, 504
Tout-*trans*-rétinal, 646f, 647
Toux, 956t
Toxicité de l'oxygène, 957
Toxine
botulique, 633
tétanique, virus de la, 445
Trabécules, 870, 871f
charnues, 771f, 772
Trachée, 932, 933, 933t, 935f, 939
muscle trachéal, 939, 940f
muqueuse de la, 939
sous-muqueuse de la, 939
Trachéotomie, 980
Trachome, 677, 1128
Traction des muscles, 216
Tractus, 443
corticonucléaires, 541, 542t, 543f
corticospinaux, 496, 541, 542t, 543f
de la voie motrice secondaire, 541

descendants, 541, 542t, 543f
hypothalamohypophysaire, 692, 693f
iliotibial, 377f
lemnisque médial, 538, 539f, 540t
optique, 568t, 650, 651f
réticulospinal, 541, 542t, 543f
rubrospinal, 541, 542t, 543f
spinocérébelleux, 539f, 541t, 541
dorsal, 539f, 541t, 541
ventral, 539f, 541t, 541
tectospinal, 541, 542t, 543f
vestibulospinal, 541, 542t, 543f
Traduction de l'ARN, 117, 117f, 118-120, 120f, 121
Trafic
de substances, 85
vésiculaire, 85, 89, 91t
Trait(s)
dominants, 1282
drépanocytaire, 1283
récessifs, 1282
Traitement
au laser (PRK, LASIK), 643
auditif, 669, 670
cortical, 653
de canal, 999
de l'ARNm, 117, 118
de l'athérosclérose, 810, 811
du cancer, 166
immunosuppresseur, 919
mnésique, 36, 36f, 38f
neuronal, 481, 482
en série simple, 480
parallèle, 481
radiculaire, 999
rétinien, 652, 653f
sclérosant, 860
Trajet du sang dans le cœur, 772, 773f
circulation pulmonaire, 772, 773f
circulation systémique, 772, 773f
grande circulation, 772, 773f
petite circulation, 772, 773f
Transamination, 1081, 1081f
Transcriptase inverse, 921
Transcription de l'ARN, 117, 117f, 118f
Transcrit primaire, 118
Transcytose, 85, 87f, 88
Transducine, 647
Transduction
dans les photorécepteurs, 647, 648f, 648
des signaux, 76, 76f
Transferrine, 739, 1041
Transfert de l'information
à travers les synapses chimiques, 463, 464f, 465
de l'ADN à l'Arn, 121, 123f
intratubaire
de zygotes, 1272
de gamètes, 1272
Transformations sol-gel, 35
Transfusion
autotransfusion, 757
d'échange, 757, 760
d'érythrocytes, 755-755
de sang total, 755
donneurs universels, 757
réaction hémolytique, 757
receveurs universels, 757
Transition, période de, 1267
Translation, 291
Transmission
à l'oreille interne, 666, 667, 667f
d'un signal dans la rétine, 648, 648f
héréditaire, 1281-1285
par allèles multiples, 1283
Transpiration
augmentation de la, 1106
eccrine, 885
Transport
actif, 84, 85, 1039, 1131
pompe à hydrogène, 85

pompe à sodium et à potassium, 85, 86f, 87f
pompe à solutés, 84
primaire, 1132, 1132f
secondaire, 1132, 1132f, 1133
de l'oxygène, 961-963
de la lymphe 868, 869
du cholestérol, 1091
du gaz carbonique, 963, 964, 964f, 965
et capacitation des spermatozoïdes, 1244, 1245
et régulation des hormones thyroïdiennes, 703
membranaire, 78-89, 91t
mécanismes actifs, 84-89
mécanismes passifs, 79-84, 84t
primaire, 84, 85, 86f
secondaire, 84, 85, 87f
système
antiport, 84
symport, 84, 85
transépithélial, mécanisme de, 1131
vésiculaire, 85-89, 91t
Transporteur
de chaleur, 1102
protéique, phosphorylation du, 84
Transposons, 1286
Transverse
de l'abdomen, 376f, 414f, 415t, 430t
profond du périnée, 394t, 395f
superficiel du périnée, 394t, 395f
Trapèze, 376f, 398f, 398t
Trastuzumab (Herceptin), 1217
Traumatismes
de l'encéphale, 529-530
et affections de la moelle épinière, 542, 544
Travail, 1264
déclenchement du, 1264, 1265
faux, 1265
périodes du, 1265-1267
Treponema pallidum, 1228
Tréponème pâle, 1128
Triade, 324f, 325
fermeture à glissière double, 325, 330
relations entre les éléments d'une, 325
Triceps
brachial, 376f, 377f, 401f, 403t, 408t
sural, 423t, 424f, 430t
Trichomonase, 1128
Trichosidérine, 182
Triglycérides, 52, 54f, 1038, 1185
métabolisme des, 1079, 1080f
stockage de, 203
Trigone vésical, 1145
Triiodothyronine (T_3), 700, 701t, 702, 702
formation de la, 702f, 703
séparation de la, 702f, 703
Tripeptide, 55
Triplet, 116
Trisomie 21, 1287
Trithérapie, 921
Trochanter, 205t
grand, 271f, 272
petit, 271f, 272
Trochlée, 633
fémorale, 272
Trompe(s)
auditive, 660, 661f, 935f, 936
d'Eustache, 936
de Fallope, 1210
utérine(s), 1210, 1211f
ampoule de la, 1210, 1211f
franges de la, 1210, 1211f
infundibulum de la, 1210, 1211f
isthme de la, 1210, 1211f
Tronc(s)
brachiocéphalique, 769f, 837f, 838f, 839t, 840f
bronchomédiastinal, 867, 868f
cérébral, 491, 491f, 492f, 507, 507f, 620f, 621
cœliaque, 837f, 842f, 843t, 844t
costal cervical, 841t

costocervical, 839f, 839t, 841f
intestinal, 867, 868f
jugulaire, 867, 868f
lombaire, 581, 867, 868f
lymphatiques, 867, 868f
pulmonaire, 769f, 771f, 772
   valves du, 771f, 775, 776f, 777f, 778
subclavier, 867, 868f
supérieurs du plexus brachial, 579
sympathiques, 610, 611f
thyrocervical, 839f, 839t, 840f, 841f
vagal
   antérieur, 609
   postérieur, 609
   voies avec synapse dans un ganglion prévertébral, 611f, 613
Trophoblaste, 1248f, 1249, 1249f, 1250
Tropomyosine, 322, 323f
Troponine, 322, 323f
Trou
   de Magendie, 493
   de Luschka, 493
   occipital, 238
Troubles leucocytaires, 746
Trypsine, 1026, 1026f, 1037
Trypsinogène, 1026, 1026f
t-SNARE, 89, 90f
Tube
   digestif, 986, 986f
      fonctions du, 987, 987f
      histologie du, 990-992
      muqueuse du, 991, 991f
      musculeuse du, 991f, 992
      organes du, 986, 986f
      séreuse du, 991f, 992
      signaux nerveux provenant du, 1097
      sous-muqueuse du, 991f, 992
      voies réflexes nerveuses s'exerçant sur le, 988, 989f
   neural, 490, 490f, 491, 491f, 622, 1255f, 1256
Tubercule(s), 205t
   articulaire, 305, 305f
   conoïde, 259, 259f
   costal, 257, 258f
   de l'adducteur, 271f, 272, 276t
   génital, 1230, 1232f
   labioscrotaux, 1230, 1232f
   pharyngien, 235f, 238
   pubien, 267f, 268f, 269, 276t
Tuberculine, test à la, 924
Tuberculose, 974
Tubérosité, 205t
   du calcanéus, 274
   glutéale, 271f, 272, 276t
   radiale, 262t, 263f, 264f, 265
   tibiale, 272, 273f, 276t
Tubule(s)
   contourné
      distal (TCD), 1120, 1121f, 1122f, 1135, 1141f
      proximal (TCP), 1120, 1121f, 1122f, 1125f, 1135, 1141f
   rénal, 1120, 1121f
      collecteur, 1120, 1121f, 1135, 1141f, 1169
   séminifère(s)
      contournés, 1191, 1191f
      droit, 1191, 1192f
   T, 324
   transverses, 324f, 325, 778, 779f
Tuméfaction, 887
Tumeur(s), 188
   exérèse locale de la, 1217
   gènes suppresseurs de, 164
   primitive, 164
Tumorectomie, 1217
Tunique
   de la paroi du cœur, 766, 767, 768f
   des parois vasculaires, 802, 803f
   fibreuse du bulbe oculaire, 633
   muqueuse du tube digestif, 991

Turbulence, 812
Turner, syndrome de, 1230
Tuteurs, 811
Tympan, 660, 661f
   caisse du, 660
   muscle tenseur du, 662, 662f
   paracentèse du, 660
   perforation du, 670
Types
   d'articulations synoviales, 294, 296f, 297
   de capillaires, 806, 807
   de muscles lisses, 356
   de tissu musculaire, 316
Tyrosine(s) (Tyr), 119, 470, 685, 702, 702f, 712
   iodés, union des, 702, 703
   liaison à l'iodure, 702f, 703

U

Ubiquitine, 123
   ligase, 123
Ulcères
   œsophagiens, 1001
   gastriques, 1007, 1009f
   gastroduodénaux, 1007, 1047
Ulna, 230f, 261, 262t, 263, 263f, 264
   incisure
      radiale, 262t, 263f, 264f, 265
      trochléaire, 262t, 264, 264f
   olécrâne, 262t, 263f, 264, 264f
   processus
      coronoïde de l', 261t, 263f, 264, 264f
      styloïde de l', 262t, 264f, 265
   tête de l', 262t, 264f, 265
Ultrasonographie, 19
Uncus, 659
Union des tyrosines iodés et formation de T_3 et T_4, 702, 703f
Unité(s)
   motrice, 335, 335f
   de remaniement, 214
Uracile (U), 62, 63, 63f, 117
Uretère, 1143, 1144, 1144f, 1148, 1149f
   adventice de l', 11434
   muqueuse de l', 1143
   musculeuse de l', 1143
Urètre, 1145, 1146, 1146f, 1190, 1190f, 1194f, 1195
   muscle sphincter de l', 1145, 1146f
   partie
      intermédiaire, 1195
      membranacée de l', 1090f, 1195, 1146, 1146f
      pénienne, 1195
      prostatique de l', 1090f, 1195, 1146, 1146f
      spongieuse de l', 1090f, 1195, 1146, 1146f
   sphincter lisse de l', 1145, 1146f
Urétrite, 1146, 1228
Urine(s), 159, 891t 1126, 1135, 1143
   composition chimique de l', 1143
   concentrée, formation d', 1139, 1139f, 1140
   constituant anormaux de l', 1144t
   couleur et apparence de l', 1143
   densité de l', 1143
   diluée, formation d', 1139, 1139f, 1140
   examen des, 1151
   formation de l', 1126-1142
   mécanisme de formation de l', 1139f, 1140
   odeur de l', 1143
   pH de l', 1143
   régulation de la concentration du volume de, 1136
Urobilinogène, 739
Urochrome, 1142
Urographie intraveineuse, 1151
Urologue, 1151
Urticaire, 923
Usage du tabac, 857
Utérus, 1208f, 1210, 1211f
   col de l', 1208f, 1210, 1211f
   corps de l', 1208f, 1210, 1211f
   fundus de l', 1208f, 1210, 1211f

glandes cervicales de l', 1208
ligaments ronds de l', 1211f, 1212
soutiens de l', 1212
Utricule, 662, 663f
Utrophine, 362
Uvée, 634
Uvule palatine, 935f, 936

V

Vaccin(s), 902
   de la grippe A (H1N1), 904
   Gardasil, 1229
   Sabin, 903
Vaccine, 903
Vagin, 1208f, 1211f, 1212
   adventice du, 1212
   fornix du, 1213, 1214f
   muqueuse du, 1212
   musculeuse du, 1212
   rides du, 1212
Vaginale du testicule, 1191, 1191f, 1192f
Vagotomie, 623, 1047
Vaisseaux
   chylifères, 866, 1017, 1018f
   collecteurs lymphatiques, 867, 867f
   du cœur, 768, 769f-771f, 772
   lymphatiques, 866-869
   sanguins, 802-810
Valeur de référence, 10, 10f
Valine (Val), 119
Vallum de l'ongle, 185, 185f
Valsava, manœuvre de, 939
Valve(s)
   auriculoventriculaire(s), 775, 776f, 777f
   cardiaques, 775, 776f, 777, 777f, 778
   de l'aorte, 771f, 775, 776f, 777f, 778
   du tronc pulmonaire, 771f, 775, 776f, 777f, 778
   iléocæcale, 1016
   mitrale, 775, 776f
      ballonnement de la, 797
   sclérose et épaississement des, 796
   sigmoïdes, 755
   tricuspide, 775, 776f
Valvules veineuses, 808
Vanadium, 30t
Vanne
   d'activation, 454
   d'inactivation, 454
Vaporisation
   chaleur de, 1103
      déperdition de, 1095, 1098, 1099f
      mécanisme d'échange de, 1103, 1103f
      production de, 1098, 1099
      transporteur de, 1102
   de l'eau, chaleur de, 45
Variabilité anatomique, 13
Variable, 10, 10f
Variations
   de pression, 948
   de volume, 948
   génétiques, 1279, 1280, 1280f, 1281
Varicellovirus, 473
Varices, 809
Varicocèle, 1205
Varicosités, 352, 353f
   axonales, 587
Variole, 903
Vasa
   recta, 1122, 1137f
   vasorum, 802
Vascularisation
   des poumons, 945f, 946
   du tissu conjonctif, 143
Vasectomie, 1195
Vasoconstriction, 802, 818, 819, 819f, 820
Vasodilatation, 802, 818, 819, 819f, 822
Vasopressine, 819, 819t

Vaste
  fémoral, 414f, 415t, 430t
  frontal de l'occipitofrontal, 376f
  intermédiaire, 414f, 415t, 430t
  latéral, 376f
  médial, 376f, 415f, 416t, 430t
Vater-Pacini, corpuscules de, 558t, 559
Végétations adénoïdes, 874, 936
Veille-sommeil, régulation du cycle, 506
Veine(s), 802, 803f, 804f, 808
  antérieure du cœur, 769f
  arquées du rein, 1119, 1119f
  auriculaire postérieure, 850f, 851f
  axillaire, 849f, 852f
    droite, 848, 853f f
  azygos, 852f, 852t, 853f
  basilique, 849f, 852f, 852t, 853f
  brachiale, 849f, 852f, 853f
  brachiocéphalique(s), 850f, 851f, 852t
    droite, 848f, 848t, 849f, 850t, 852f
    gauche, 848f, 848t, 849f, 852f, 853f
  cave(s), 848
    inférieure, 769f, 771f, 772, 848f, 848t, 849f,
      853f, 854f, 854t, 855f, 856f
    supérieure, 769f, 770f, 771f, 772, 848f, 848t,
      849f, 850f, 851f, 852f, 853f
  centrale
    de la rétine, 637, 637f
    du foie, 1020, 1022f
  céphalique, 852f, 852t, 853f
  cystique, 854f, 854t
  de l'abdomen, 854f, 854t, 855f
  de la tête et du cou, 849f, 850f, 851f
  des membres supérieurs et du thorax, 852f, 852t,
    853f, 853t
  digitales palmaires, 849f, 852f, 853f, 856f
  du bassin et des membres inférieurs, 856f, 856t
  faciale, 850f, 850t, 851f
  fémorale, 849f, 856f, 856t
  fibulaire, 856f, 856t
  gastriques, 855f
  gastroépiploïque, 855f
  grande veine
    du cœur, 849f
    saphène, 849f, 856f, 856t
  hémi-azygos, 852f, 853f
    accessoire, 852f, 853f
  hépatique(s), 849f, 854f, 854f, 854t, 855f
    droite, 848f
    gauche, 848f
    moyenne, 848f
  iliaque
    commune, 849f, 854f, 855f, 856f, 856f, 856t
    commune droite, 848f, 848t
    commune gauche, 848f, 848t
    externe, 849f, 850t, 854f, 855f, 856f, 856t
    interne, 849f, 854f, 855f, 856f, 856f, 856t
  intercostale
    postérieure droite, 852f, 853f, 856f
    postérieure gauche, 852f, 853f
  interlobulaires du rein, 1119, 1119f
  jugulaire
    externe, 848f, 848t, 849f, 850f, 851f, 852f, 853f
    interne, 848, 848t, 849f, 850f, 850t, 851f, 852f
    interne droite, 851f, 853f
  lombaire(s), 848f, 854f, 854t, 855f
    ascendante, 852t, 853f
    ascendante droite, 854f
    ascendante gauche, 854f, 855f
  médiane
    de l'avant-bras, 852f, 852t, 853f
    du coude, 849f, 852f, 852t, 853f
  mésentérique
    inférieure, 849f, 854f, 854t, 855f
    supérieure, 849f, 854f, 854t, 855f
  métatarsiennes
    dorsales, 849f, 856f
    palmaires, 852f

  moyenne du cœur, 770f
  occipitale, 850f, 851f
  ombilicale, 1258, 1259f
  ophtalmique, 850f, 850t, 851f
  ovarique, 848f, 854f, 854t, 855f
  petite veine saphène, 849f, 856f, 856t
  phréniques inférieures, 854f, 854f, 854t, 855f
  plantaires, 856f, 856t
  poplitée, 849f
  porte hépatique, 849f, 854f, 854t, 855f, 1020, 1022f
  portes hypophysaires, 692, 693f
  postcapillaire, 807, 807f
  postérieure du ventricule gauche, 770f
  pulmonaire(s), 945f, 946
    droite, 769f, 770f, 771f, 772
    gauche, 769f, 770f, 771f, 772
  radiale, 849f, 852f, 852t, 853f
  rénale(s), 849f, 854f, 854t, 855f, 1119, 1119f
    droite, 848f
    gauche, 848f
  sinus
    coronaire, 809
    de la dure-mère, 809
    veineux, 809
  splénique, 854f, 854t, 855f
  subclavière, 849f, 851f
    droite, 848f, 852t, 853f
    gauche, 853f
  surrénale(s), 854f, 854t
    droite, 848f, 855f
    gauche, 855f
  temporale superficielle, 850f, 850t, 851f
  testiculaire, 848f, 854f, 854t, 855f, 1192
  thyroïdienne
    moyenne, 850f, 851f
    supérieure, 850f, 851f
  tibiale
    antérieure, 849f, 856f
    postérieure, 849f, 856f, 856f, 856t
  ulnaire, 849f, 852f, 852t, 853f
  valvules veineuses, 808
  vertébrale, 849f, 850f, 851f
    droite, 848f
Veinules, 802, 803f, 804f, 808
  postcapillaires, 808
Ventilation, 959
  alvéolaire (VA), 955, 955t
  -minute, 955
  -perfusion, 959, 959f, 960
  pulmonaire, 932
    facteurs physiques, 951-953
Ventre
  frontal de l'occipitofrontal, 376f 379t, 381f
  occipital de l'occipitofrontal, 379t, 381f
Ventricule(s)
  cérébraux, 493, 493f
  droit, 769f, 770f, 771f
  gauche, 769f, 770f, 771f
  primitif, 795, 795f
Ventriculostomie, 527
Verapamil, 780
Vermis, 513, 516f
Vernix caseosa, 191, 194
Verrue, 188
Vertèbres, 248f, 249
  arc vertébral, 251, 251f
    foramen intervertébral, 251, 251f
    lames, 251, 251f
    pédicules, 251, 251f
  C₁ à C₇, 248f
  canal vertébral, 251, 251f
  caractéristiques des, 251, 252t
  cervicales, 248f, 249, 251, 252t, 253, 253f, 254f
  corps vertébral, 251, 251f
  foramen vertébral, 251, 251f
  L₁ à L₅, 248f
  lombaires, 248f, 249, 252t, 253, 254, 254f, 269
  lombales, 249

processus
  articulaires inférieurs, 251, 251
  articulaires supérieurs, 251, 251f
  épineux, 251, 251f
  transverses, 251, 251f
proéminente, 253
structure générale d'une, 251, 251f
T₁ à T₅, 248f
thoraciques, 248f, 249, 252t, 253, 254f, 256, 257
Vertex-coccyx, longueur, 1256
Vésicule(s), 85, 89, 90f
  cristallinienne, 675
  encéphaliques
    primitives, 491, 491f
    secondaires, 491, 491f
  optique, 675, 676
  séminales, 1195
  synaptiques, 463
  v-SNARE, 89, 90f
Vessie, 1145, 1146f
  atonique, 623
  cancer de la, 1150
  musculeuse de la, 1145
Vestibule, 572t, 662, 663f
  de la vulve, 1214, 1214f
  nasal, 934, 935f
Viagra, 1198
Vibrisses, 934
Vie
  besoins vitaux, 8, 9
  fonctions vitales, 4-8
  maintien de la, 4-9
Vigilance, 518
Villosités
  arachnoïdiennes, 525f, 526
  choriales, 1251, 1251f, 1253f
    biopsie des, 1288, 1289f
  intestinales, 1017, 1018f
Virchow, Rudolf, 72
Virilisme, 184
Virus, 894
  A H1N1, 903
  d'Epstein-Barr, 164, 746, 879
  de l'hépatite B et C, 164
  de l'herpès, 195, 445, 460
  de l'immunodéficience humaine (VIH), 920
  de la mononucléose, 460
  de la poliomyélite, 445
  de la rage, 445
  de la rougeole, 460
  de la toxine tétanique, 445
  de la varicelle, 460
    et du zona, 483
  du rhume, 936
  Herpes simplex, 1229
  papillome humain, 164
Viscères, 17
  thoraciques, artères des, 841t
Viscérocepteurs, 557
Viscosité du sang, 812
Vision
  développement et vieillissement, 675, 676
  double, 633
  éloignée, 641, 642f
    punctum remotum, 641
  en tunnel, 638
  lumière, 639-644
  physiologie, 639-653
  rapprochée, 641, 642, 642f
  stéréoscopique, 651
  traitement
    cortical, 653
    rétinien, 652, 563, 653f
    thalamique, 653
  trouble, 638
Vitamine(s), 1060, 1061, 1062t, 1063t
  A, 1063t
  absorption des, 1041

B$_1$, 1062t
B$_2$, 1062t
B$_3$, 1062t
B$_5$, 1062t
B$_9$, 1062t
B$_{12}$, 1062t
C, 1063t
D, 705, 706, 1041, 1063t
D$_3$, 706
E, 1063t
hydrosolubles, 1061, 1063t
K, 1063t
liposolubles, 1061, 1062t, 1063t
Vitellus, 1252
Vitesse
    d'écoulement sanguin 824, 824f
    de contraction du muscle squelettique, 345-348
    de propagation de l'influx, 459
    du métabolisme, 1098, 1099f
        augmentation de la, 1104
Vitiligo, 195
Vocabulaire de l'anatomie, 13-18, 20-23
    cavité(s), 17, 17f, 20-23
    coupe, 13-15, 15f, 16f
    orientation, 13, 14t
    plan(s), 13-15, 15f, 16f
    position anatomique, 13, 14t
    régions du corps, 13, 15f
    variabilité anatomique, 13
Voie(s)
    aérobie, 341, 341f
    afférente, 10, 10f, 438, 439f
    alterne, 892, 893f
    anaérobie, 341, 341f
    antérolatérale, 538, 539f, 540t
    auditive, 669
    avec synapse
        dans un ganglion, 610, 611f
        dans un ganglion prévertébral, 611f, 613
        dans la médulla surrénale, 612f, 613
    classique, 892, 893f
    de déperdition hydrique, 1159f
    de l'équilibre, 674, 675f
    du cordon dorsal et du lemnisque médial, 538,
        539f, 540t
    efférente, 10, 10f
    gastro-intestinales, 719, 720t
    génitales
        de l'homme, 1193-1195
        de la femme, 1209-1214

glycolytique, 1069
intrinsèque et extrinsèque de la coagulation,
    751, 751f
métaboliques
    de l'état de jeûne, 1188t
    de l'état postprandial, 1086t
motrice, 438, 439f
    principale, 496, 541, 542t, 543f
    secondaire, 541, 542t, 543f
multineuronales, 537
réflexes nerveuses s'exerçant sur le tube digestif,
    988, 989f
sensitive, 438, 439f
transcellulaire de réabsorption tubulaire,
    1131, 1131f
visuelle, 650-653
Volition, 970
Volkmann, canaux de, 207, 208
Volt, 448
Voltage, 89, 327, 448
    inhibition présynaptique, 470
    potentialisation synaptique, 469
    sommation, 468, 469f
        temporelle, 468, 469f
        spatiale, 468, 469f
Volume
    courant (VC), 953, 954f
    de réserve inspiratoire (VRI), 953, 954f
    expiratoire maximal-seconde (VEMS), 955
    résiduel (VR), 953, 954
    respiratoire, 951, 953, 954f
    sanguin, 808, 808, 815-819, 819t
        dans le système cardiovasculaire, 808, 808f
    systolique (VS), 790
    télédiastolique (VTD), 788, 790
    télésystolique (VTS), 790
    thoracique, 949, 950f
        variation du, 950f
Vomer, 232f, 234f, 235f, 237t, 243, 244, 245, 247f
Vomissement, 1015
    centre de, 1015
Voûte
    crânienne, 231, 231f
    du nez, 934, 934f
VPH, 1211
v-SNARE, 89, 90f
Vulve, 1214, 1214f
    grandes lèvres de la, 1214, 1214f
    petites lèvres de la, 1214, 1214f
    vestibule de la, 1214, 1214f

W
Warfarine, 754
Weber, épreuve de, 677
Wernicke, aire de, 497f, 521
Willis, cercle de, 839f, 839t
Wolff
    canaux de, 1230
    loi de, 216, 217

X
Xénobiotiques, 1205
Xénogreffes, 919
Xénon, tomographie au, 18
Xérostomie, 1046, 1159

Y
Yeux, *voir* Œil

Z
Zanamivit (Relenza), 904
Zinc, 30t
Zona, 483
Zone(s)
    ciliaire, 634f, 635
    claire d'une myofibrille, 320, 321f
    de cartilage
        en calcification, 213, 213f
        hypertrophié, 212, 213f
        quiescent, 212, 231f
    de conduction, 933
        structures, 941f
    de croissance, 212, 213f
    de décharge, 479
    de facilitation, 479
    fasciculée du cortex surrénal, 707, 707f
    glomérulée du cortex surrénal, 707, 707f
    motrice
        somatique (MS), 535, 536f
        viscérale (MV), 535, 536f, 610
    ostéogénique, 213
    pellucide, 1219, 1220f
    respiratoire, 933
        structures, 942f, 924, 943
    réticulée du cortex surrénal, 707, 707f
    sensitive
        somatique (SS), 535, 536f
        viscérale (SV), 535, 536f
Zygomatiques, 376f, 380t, 381f
Zygote, 1210, 1244, 1247, 1247f, 1248f
Zyklon B, 1074

Éléments de formation des mots en anatomie et en physiologie

Préfixes et éléments initiaux

A

a-, an- *absence, manque.* **A**ménorrhée, absence de menstruation; **an**aérobie, en l'absence d'oxygène.

ab- *éloignement.* **Ab**duction, mouvement qui éloigne un membre du plan médian du corps.

ac-, acro- *extrême, extrémité, sommet.* **Acro**some, structure du spermatozoïde coiffant sa tête.

acou- *entendre.* **Acou**stique, discipline scientifique qui traite des sons; **acou**phène, sensation auditive sans stimulus auditif.

ad- *vers.* **Ad**duction, mouvement qui rapproche un membre du plan médian du corps.

adén-, adéno *glande.* **Adéno**me, tumeur qui se développe aux dépens d'une glande.

adrén- *près du rein.* **Adrén**aline, hormone de la glande surrénale.

aéro- *air.* Respiration **aéro**bie, métabolisme.

af- *vers.* Neurone **af**férent, qui achemine les influx vers le système nerveux central.

agon- *lutte.* Muscle ant**agon**iste, qui s'oppose au mouvement d'un autre muscle.

alb- *blanc.* Corpus **alb**icans de l'ovaire, tissu cicatriciel blanc; **alb**uginée, enveloppe blanchâtre de certains organes.

allant- *saucisse.* **Allant**oïde, membrane embryonnaire de forme allongée.

allél- *l'un l'autre (en relation de réciprocité).* **Allél**es (abréviation de «**allél**omorphes»), formes d'expression d'un gène.

all(o)- *autre, dissemblable.* **All**ergie; **allo**greffe, greffe où le donneur est une personne non apparentée au receveur.

amph-, amphi- *des deux côtés, des deux sortes.* **Amph**otère, à la fois acide et base; **amphi**arthrose, articulation semi-mobile.

amyl- *amidon.* **Amyl**ase, enzyme hydrolysant l'amidon.

ana- *en sens contraire, de bas en haut, de nouveau.* **Ana**phase de la mitose, étape de la séparation des chromosomes; **ana**bolisme, synthèse de molécules complexes à partir de petites molécules.

andro- *homme, mâle.* **Andro**gènes, hormones sexuelles mâles; **andro**stènedione, substance d'usage dangereusement répandu censée améliorer les performances sportives.

anév- *dilatation.* **Anév**risme de l'aorte, élargissement de l'aorte causé par un affaiblissement de sa paroi.

angi-, angio- *vaisseau.* **Angio**genèse, formation de vaisseaux; **angio**graphie, imagerie des vaisseaux.

ant-, anti- *opposé à, qui prévient* ou *inhibe.* **Anti**coagulant, substance qui empêche la coagulation du sang; **anti**-oncogène, gène suppresseur de tumeur.

anté- *avant.* **Anté**version, flexion vers l'avant.

anthropo- *homme.* **Anthropo**métrie; **anthrop**oïde.

ap-, api- *sommet, extrémité.* **Ap**ex du cœur; surface **api**cale, celle du sommet par opposition à celle de la base.

apo- *dérivé de.* **Apo**enzyme, partie protéinique d'une enzyme.

appendic- *qui pend de.* Squelette **appendic**ulaire.

aqua-, aque- *eau.* Solution **aque**use.

aréol- *interstice.* Tissu conjonctif **aréol**aire, un type de tissu conjonctif lâche.

arrect- *droit.* Muscles **arrect**eurs des poils, qui font dresser les poils.

arthr-, arthro- *articulation.* **Arthro**pathie, toute maladie des articulations; **arthro**scopie.

atélé- *incomplet, imparfait.* **Atéle**ctasie, affaissement des alvéoles pulmonaires.

auricula- *oreille, oreillette.* Pavillon **auricula**ire de l'oreille; tachycardie **auricula**ire, de l'oreillette du cœur.

auscult- *écouter.* Mesure de la pression artérielle par **auscul**tation.

aut-, auto- *soi.* **Auto**gène, qui se développe par soi-même; **auto**greffe, greffe effectuée d'une région à l'autre chez une même personne.

ax-, axi-, axo- *axe.* Squelette **ax**ial, qui comprend le crâne, la colonne vertébrale et le thorax osseux.

azyg- *non accouplé.* Veine **azyg**os, vaisseau impair.

B

baro- *pression.* **Baro**récepteurs sensibles à la pression artérielle.

bi- *deux.* **Bi**latéral, qui concerne ou affecte les deux côtés du corps; paralysie **bi**latérale; **bi**cuspide, ayant deux cuspides.

bili- *bile.* **Bili**rubine, pigment de la bile.

bio- *vie.* **Bio**logie, étude de la vie et des organismes vivants; **bio**psie, prélèvement d'un tissu sur un organisme vivant.

blast- *bourgeon* ou *germe.* **Blast**omères, cellules embryonnaires indifférenciées.

brachi- *bras.* Plexus **brachi**al du système nerveux périphérique desservant le bras.

brachy- *court, bref.* **Brachy**dactylie, malformation des doigts.

brady- *lent.* **Brady**cardie, fréquence cardiaque inférieure à 60 battements par minute.

brév- *court.* **Brév**iligne, trapu.

broncho- *bronche.* **Broncho**spasme, contraction spasmodique des muscles des bronches.

bucco- *joue.* **Bucco**labial, relatif à la joue et à la lèvre.

C

cæc- *aveugle.* **Cæc**um, partie du gros intestin en forme de cul-de-sac.

calor- *chaleur.* **Calor**imètre, appareil de mesure de la chaleur; kilo**calor**ie.

capill- *cheveu.* **Capill**aires sanguins et lymphatiques.

capit- *tête.* Os **capit**atum, os du carpe en forme de tête arrondie.

carb- *charbon.* **Carb**hémoglobine, forme de transport du gaz carbonique dans le sang.

carcin- *cancer.* **Carcin**ome, cancer d'origine épithéliale.

cardi-, cardio- *cœur.* **Cardio**logie, étude du cœur et de ses anomalies.

carot- *1. carotte; 2. sommeil.* 1. **Carot**ène, pigment orange; 2. artère **carot**ide: l'occlusion de ce vaisseau du cou cause l'évanouissement.

caryo- *noyau.* **Caryo**type, arrangement des chromosomes nucléaires.

cata- *vers le bas.* **Cata**bolisme, dégradation chimique.

caud- *queue.* **Caud**al (marque l'orientation).

cérébro- *de l'encéphale, plus particulièrement du cerveau.* **Cérébro**-spinal, relatif à l'encéphale et à la moelle épinière.

cervic- *nuque, col.* Vertèbre **cervic**ale, du cou; glaire **cervic**ale, du col de l'utérus.

chem-, chim- *chimie.* **Chém**osensibilité, sensibilité à certaines substances chimiques; **chim**iothérapie, traitement par des substances chimiques.

chiasm- *entrecroisement.* **Chiasm**a optique, où les nerfs optiques se croisent.

chol- *bile.* **Chol**estérol, constituant de la bile; **chol**écystokinine, hormone de sécrétion de la bile.

chondr- *cartilage.* **Chondr**ogenèse, formation du cartilage; **chondr**ocytes, cellules mûres du cartilage.

chorio- *membrane.* **Chorio**n, membrane externe de l'embryon.

chrom- *coloré.* **Chrom**osome, ainsi nommé parce qu'il devient foncé à la coloration.

chym- *suc.* **Chym**otrypsine, enzyme du suc pancréatique hydrolysant les protéines.

cili- *cil.* Épithélium **cili**é.

circum- *autour.* **Circum**duction, mouvement d'un membre dont l'extrémité distale décrit un cône dans l'espace.

cirrh- *roux.* **Cirrh**ose du foie, maladie caractérisée par l'apparition de granulations roussâtres dans le foie.

clavic- *clé.* **Clavic**ule, « clé du squelette ».

co-, con- *ensemble.* **Con**centrique, dont le centre est commun, ensemble au centre.

coccy- *coucou.* **Coccy**x, qui est en forme de bec.

cœl- *creux, abdominal.* Ganglion **cœl**iaque, dans l'abdomen; **cœl**ome, cavité ventrale de l'embryon.

coll- *colle.* **Coll**agène, protéine des tissus conjonctifs.

commis- *joint ensemble.* **Commis**sure grise de la moelle, à la jonction des deux colonnes de substance grise.

contr- *contre.* **Contr**aceptif, agent qui prévient la conception; **contr**olatéral, du côté opposé.

corn- *corne.* Stratum **corn**eum, couche externe de l'épiderme composée de cellules cornées.

corona *couronne.* Suture **corona**le du crâne; vaisseaux **corona**ires, disposés en forme de couronne autour du cœur et irriguant le muscle cardiaque.

cort- *écorce.* **Cort**ex, couche externe du cerveau, du rein, de la glande surrénale et du nœud lymphatique.

cost- *côte.* Inter**cost**al, entre les côtes.

cox- *hanche.* Os **cox**aux, os de la ceinture pelvienne.

crani- *crâne.* **Crani**ectomie, chirurgie du crâne.

crypt- *caché.* **Crypt**orchidie, absence d'un testicule, ou des deux, qui ne sont pas descendus dans le scrotum.

cusp- *pointe.* Valves bi**cusp**ide et tri**cusp**ide du cœur.

cut-, cuti- *peau.* Irritation **cut**anée; **cuti**cule de l'ongle.

cyan- *bleu.* **Cyan**ose, couleur bleue de la peau causée par le manque d'oxygène.

cyst- *sac, vessie.* **Cyst**ite, inflammation de la vessie.

cyt- *cellule.* **Cyt**ologie, étude de la cellule.

D

dé-, des-, dés- *éloignement, perte, séparation.* **Dés**activation, opération consistant à rendre inactif; **dé**fibrillation; **dés**hydratation.

décidu- *qui tombe.* Dents **décidu**ales (de lait).

delt-, delta *triangulaire.* **Delt**oïde, muscle presque triangulaire.

den-, dent- *dent.* **Dent**ine des dents.

dendr- *arbre, branche.* **Dendr**ite et télo**dendr**on, deux types de ramifications du neurone.

derm- *peau.* **Derm**e, couche profonde de la peau.

desm- *lien.* **Desm**osome, qui relie les cellules épithéliales adjacentes.

di- *deux fois, double.* **Di**morphisme, propriété de ce qui a deux formes; **di**peptide, combinaison de deux acides aminés.

dia- *à travers, entre.* **Dia**phragme, paroi qui sépare deux régions; **dia**bète, maladie où l'eau ou le glucose semble passer à travers les reins.

dialys- *séparer, rompre.* Hémo**dialys**e, procédé qui retire les déchets du sang.

diastol- *tenir à part.* **Diastol**e, phase de la révolution cardiaque entre les contractions.

diplo- *double.* **Diplo**ïde, qui possède deux jeux de chromosomes homologues; **diplo**pie, vision double.

diuré-, diurè- *uriner.* **Diuré**tique, substance qui augmente la sécrétion urinaire.

dors- *dos.* **Dors**al; **dors**iflexion, flexion du pied rapprochant sa face supérieure du tibia.

drépano- *faucille.* **Drépano**cytose, anomalie sanguine dans laquelle les globules rouges prennent la forme de faucilles.

dys- *difficile, déficient, douloureux.* **Dys**fonction, trouble de fonctionnement d'un organe; **dys**pepsie, trouble de la digestion.

E

ec-, ex-, ecto- *dehors, hors de, s'éloignant de.* **Ex**créter, rejeter des substances du corps.

ectop- *déplacé.* Grossesse **ectop**ique ; foyer **ectop**ique d'initiation de la contraction du cœur.

ef- *s'éloignant de.* Neurofibre **ef**férente, qui transporte les influx à partir du système nerveux central vers la périphérie.

éjac- *lancer.* **Éjac**ulation du sperme.

embol- *coin.* **Embol**e, objet qui peut entraver la circulation dans les vaisseaux sanguins.

en-, em- *dans.* **En**kysté, contenu dans un kyste ou une capsule ; **em**métrope, œil possédant une vision normale.

enceph- *cerveau.* Cerveau ; **encéph**alite, inflammation du cerveau.

endo- *en dedans, interne.* **Endo**cytose, entrée de particules dans la cellule ; **endo**prothèse, prothèse implantée à l'intérieur de l'organisme.

entéro- *intestin.* **Entéro**gastrone, hormone sécrétée par la muqueuse intestinale.

épi- *sur, au-dessus.* **Épi**derme, couche externe de la peau ; **épi**mysium, feuillet conjonctif qui entoure un muscle.

épisio- *pubis.* **Épisio**tomie, incision du périnée au cours de l'accouchement.

éryth- *rouge.* **Éryth**ème, rougeur de la peau ; **éryth**rocyte, globule rouge.

estr- *rut.* **Œstr**ogènes, hormones sexuelles femelles.

ethm- *racine du nez.* Os **ethm**oïde, os du nez.

éthio- *cause.* **Étio**logie, étude des causes des maladies.

eu- *bien.* **Eu**pnée, fréquence respiratoire normale.

excrét-, excrèt- *séparer.* Canal **excrét**eur.

ex-, exo- *au-dehors, couche externe.* **Exo**phtalmie, saillie anormale de l'œil hors de l'orbite ; **exo**cytose, transport de grosses particules vers l'extérieur de la cellule.

extra- *en dehors, au-delà.* **Extra**cellulaire, en dehors des cellules de l'organisme.

extrins- *du dehors.* Régulation **extrins**èque du cœur.

F

falc- *faux (pour faucher).* **Falc**iforme, en forme de faux.

feb- *fièvre.* **Féb**rile.

fec- *excrément.* **Fèc**es, matières **féc**ales.

fenestr- *fenêtre.* Capillaire **fenestr**é.

ferr- *fer.* Trans**ferr**ine et **ferr**itine, deux protéines qui fixent le fer.

flagell- *fouet.* **Flagell**e, queue du spermatozoïde.

flat- *vent.* **Flat**ulence.

folli- *sac, soufflet.* **Folli**cule pileux.

fontan- *fontaine.* **Fontan**elle du crâne fœtal.

foram- *ouverture.* **Foram**en magnum du crâne.

fund- *fond.* **Fund**us, fond de l'estomac ou de l'utérus.

G

galact- *lait.* **Galact**ose, un des composants du lactose, sucre du lait.

gamé-, gamè- *mariage.* **Gamè**te, cellule reproductrice.

gangli- *renflement, nœud.* **Gangli**on spinal.

gastr- *estomac.* **Gastr**ine, hormone qui influe sur la sécrétion de l'acide gastrique.

gemell- *jumeau.* Grossesse **gemell**aire.

gène *origine.* **Gén**étique.

germin- *croître.* Épithélium **germin**al des gonades.

géro-, géront- *vieillard.* **Géront**ologie, étude du vieillissement.

gest- *porter.* **Gest**ation, période comprise entre la conception et la naissance.

glauc- *gris.* **Glauc**ome, qui cause petit à petit la cécité.

glom- *boule.* **Glom**érule, peloton de capillaires dans le rein.

glosso- *langue.* Nerf **glosso**pharyngien, nerf innervant la langue et le pharynx.

gluco-, glyco- *doux.* Néo**gluco**genèse, production de glucose à partir de molécules non glucidiques.

glut- *fesse.* Grand **glut**éal, autre nom du muscle grand fessier.

gnos- *connaissance.* Aire **gnos**ique du cortex cérébral.

gompho- *clou.* **Gomph**ose, articulation de la dent dans son alvéole osseuse.

gon- *semence, rejeton.* **Gon**ade, organe sexuel.

grav- *lourd.* Utérus **grav**ide, utérus contenant un embryon ou un fœtus.

gust- *goût.* Calicule **gust**atif, bourgeon du goût.

gyn- *féminin.* **Gyn**écologie.

H

haplo- *simple.* **Haplo**ïde, qui possède un seul jeu de chromosomes.

hapt- *fixer, accrocher.* **Hapt**ène, partie d'antigène.

héma-, hémato-, hémo- *sang.* **Héma**tie, globule rouge ; **hémo**globine.

hémi- *à moitié.* **Hémi**plégie, paralysie d'une moitié du corps.

hépat- *foie.* **Hépat**ique, qui a rapport au foie ; **hépat**ite, inflammation du foie.

hétéro- *différent, autre.* **Hétéro**zygote, sujet chez lequel les deux allèles d'une paire de gènes sont différents.

hiat- *ouverture.* **Hiat**us œsophagien du diaphragme, passage de l'œsophage à travers le diaphragme.

hippo- *cheval.* **Hippo**campe, structure de l'encéphale ressemblant à un hippocampe.

hirsut- *poilu.* **Hirsut**isme, développement excessif du système pileux.

hist- *tissu.* **Hist**ologie, étude des tissus.

holo- *entier.* Glande **holo**crine, dont les sécrétions sont des cellules entières.

hom-, homo- *semblable.* **Hom**éostasie, maintien constant des conditions physiologiques de l'organisme.

hormon- *exciter.* **Hormon**e, substance chimique produite par certaines cellules et activant d'autres cellules.

humor- *liquide.* Immunité **humor**ale, qui met en jeu des anticorps circulant dans le sang.

hyal- *verre.* Cartilage **hyal**in, dont les fibres ne sont pas visibles.

hydr-, hydro- *eau.* Dés**hydr**atation, perte d'eau par l'organisme.

hyper- *excès.* **Hyper**tension, tension excessive.

hypno- *sommeil.* **Hypno**se, état qui rappelle le sommeil.

hypo- *au-dessous, insuffisant.* **Hypo**dermique, sous la peau ; **hypo**kaliémie, insuffisance du taux de potassium.

hystér-, hystéro- *utérus.* **Hystér**ectomie, ablation de l'utérus.

I

ile- *intestin.* **Ilé**um, dernier segment de l'intestin grêle.

im- *non.* **Im**perméable, non perméable, qui ne laisse pas passer.

immun- *exempt.* **Immun**ité, défense de l'organisme contre les agressions extérieures.

in- *dedans.* **In**gestion.

infra- *dessous.* **Infra**rouges ; muscles **infra**hyoidïens, situés au-dessous de l'os hyoïde.

inter- *entre.* **Inter**cellulaire, entre les cellules.

intercal- *ajouté.* Disques **intercal**aires, membranes terminales qui relient les cellules musculaires cardiaques adjacentes.

intra- *à l'intérieur de.* **Intra**cellulaire, à l'intérieur de la cellule.

iso- *égal, même.* **Iso**therme, même température ou température égale ; **iso**tonique, même pression osmotique.

J

jugul- *gorge.* Veine **jugul**aire, vaisseau sanguin apparent du cou.

juxta- *près de.* Appareil **juxta**glomérulaire, amas de cellules près du glomérule du rein.

K

kal- *potasse.* **Kal**iémie, taux de potassium dans le sang.

kéra- *corne.* **Kéra**tine, protéine hydrofuge de la peau.

kilo- *mille.* **Kilo**joule, égal à 1000 joules.

kin-, kinés- *mouvement.* Dys**kinés**ie, trouble caractérisé par des mouvements anormaux ; **kinés**ine, protéine « motrice ».

L

labi- *lèvre.* Muscle **lab**ial, muscle des lèvres.

lact- *lait.* **Lact**ose, sucre du lait ; **lact**ation.

lacun- *espace, cavité, lac.* **Lacun**e, espace occupé par les cellules du cartilage et des os.

laparo- *lombes.* **Laparo**scopie, examen de la cavité abdominale à l'aide d'un appareil qui y a été introduit par une courte incision pratiquée au-dessus de l'ombilic.

laten- *caché.* Période de **laten**ce de la secousse musculaire.

later- *côté.* **Later**al (terme d'orientation).

leth- *mort.* **Léth**al ou létal, qui provoque la mort.

leuco- *blanc.* **Leuco**cyte, globule blanc.

lingua- *langue.* Amygdale **lingua**le, adjacente à la langue.

lip-, lipo- *graisse.* **Lipo**genèse, synthèse de lipides.

lith- *pierre.* **Lith**iase biliaire, calculs biliaires.

luci- *lumière.* Stratum **luci**dum, couche claire de l'épiderme.

lut- *jaune.* Hormone **lut**éinisante, stimule la formation du corps jaune dans l'ovaire.

lymph- *eau.* Circulation **lymph**atique, retour de liquide clair à la circulation sanguine.

M

macro- *grand.* **Macro**molécule, grosse molécule ; **macro**phagocyte, cellule capable de détruire les cellules endommagées, des bactéries, etc.

magn- *grand.* Foramen **magn**um, le plus grand orifice du crâne.

mal- *mauvais, anormal.* **Mal**nutrition.

mamm- *sein.* Glande **mamm**aire, sein ; **mamm**ographie, radiographie du sein.

mast- *sein.* **Mast**ectomie, ablation d'une glande mammaire.

médi- *milieu.* **Médi**al, **médi**an (termes d'orientation).

médull- *moelle.* Partie centrale ; **médull**a du rein, de la glande surrénale et du nœud lymphatique.

méga- *grand.* **Méga**caryocyte, grosse cellule précurseur des plaquettes.

méio- *moins, réduction.* **Méio**se, division nucléaire qui réduit de moitié le nombre de chromosomes.

mélan- *noir.* **Mélan**ocyte, qui sécrète un pigment noir appelé **mélan**ine.

men-, menstru- *mois.* **Menstru**ation, écoulement de sang utérin cyclique.

méning- *membrane.* **Méning**ite, inflammation des membranes de l'encéphale.

mens- *esprit.* **Men**tal ; dé**men**ce.

mér-, méro- *partie.* Glande **méro**crine, dont les sécrétions ne comprennent pas les cellules.

méso- *milieu.* **Méso**derme, feuillet embryonnaire du milieu.

méta- *au-delà, entre, transition.* **Méta**tarse, partie du pied située entre le tarse et les phalanges ; **méta**bolisme, ensemble des transformations subies par les substances dans l'organisme ; **méta**stases, foyers secondaires d'une affection.

mètr, métro- *utérus.* **Métro**rragie, hémorragie anormale de l'utérus ; endo**mètr**e, muqueuse utérine.

micro- *petit.* **Micro**scope, instrument qui permet d'observer de petits objets.

mict- *uriner.* **Mict**ion, action d'uriner.

mito- *filament.* **Mito**chondrie, petite structure filamenteuse à l'intérieur de la cellule.

mnem- *mémoire.* A**mné**sie.

mono- *unique.* **Mono**somique, se dit d'un sujet chez qui il manque un chromosome d'une paire.

morpho- *forme.* **Morpho**logie, étude des formes et des structures des organismes.

multi- *nombreux.* **Multi**nucléé, ayant plusieurs noyaux.

muta- *changer.* **Muta**tion, changement dans la séquence de bases de l'ADN.

my-, myo- *muscle.* **My**asthénie, affection musculaire ; **myo**carde, muscle du cœur.

myélo- *moelle.* **Myélo**blaste, cellule de la moelle osseuse.

N

nan- *nain.* **Nan**isme.

nano- *(10^{-9}).* **Nano**mètre, 10^{-9} mètre ; **nano**technologies.

narco- *engourdissement.* **Narco**tique, stupéfiant ou médicament qui provoque une sensation d'engourdissement.

natri- *sodium.* Facteur **natri**urétique auriculaire, hormone qui régule le taux de sodium dans l'organisme.

nécro- *mort.* **Nécro**se, mort tissulaire.

néo- *nouveau.* **Néo**plasme, prolifération anormale de cellules.

néphro- *rein.* **Néphr**ite, inflammation du rein.

neuro- *nerf.* **Neuro**physiologie, physiologie du système nerveux.

noci- *nuisible.* **Noci**cepteur, récepteur de la douleur.

noto- *dos.* **Noto**corde, structure embryonnaire qui précède la colonne vertébrale.

troph- *nourrir.* **Troph**oblaste, qui donne naissance à la partie fœtale du placenta.

tuber- *protubérance.* **Tubér**osité, protubérance d'un os.

U

uln- *bras.* **Uln**a, os de l'avant-bras.

ultra- *au-delà.* Rayonnement **ultra**violet, au-delà de la bande de la lumière visible; **ultra**sonographie, technique d'imagerie utilisant les **ultra**sons.

unci- *crochet.* **Unc**us, structure du cerveau en forme de crochet.

ungu- *ongle.* **Ungu**éal, qui a rapport à l'ongle.

ur- *urine.* **Ur**ée, produit de dégradation des acides aminés, éliminé par l'**ur**ine.

V

vac- *vide.* **Vac**uole, organite intracellulaire en forme de sac.

vacc- *vache.* **Vacc**ine, maladie de la vache qui a mené à la mise au point du premier **vacc**in.

vas-, vaso- *vaisseau.* **Vas**culaire, qui concerne les vaisseaux; **vaso**dilatation.

vent- *vent.* **Vent**ilation pulmonaire.

ventr- *cavité.* **Ventr**al (terme d'orientation); **ventr**icule.

vert- *tourner.* **Vert**èbre; colonne **vert**ébrale.

vibr- *agiter, frémir.* **Vibr**isses, poils du vestibule nasal.

villos- *poil.* Micro**villos**ités, qui ressemblent à des poils au microscope optique.

viscéro- *organe, viscère.* **Viscéro**-inhibiteur, qui inhibe les mouvements des viscères.

viscos- *visqueux.* **Viscos**ité, résistance à l'écoulement.

vita- *vie.* **Vita**mine.

viv- *vivant.* In **viv**o.

X

xéno- *étranger.* **Xéno**greffe, greffe d'un tissu ou organe provenant d'un donneur qui n'appartient pas à la même espèce que le receveur.

xéro- *sec.* **Xéro**stomie, diminution ou arrêt de la salivation (bouche sèche).

xipho- *épée.* Processus **xipho**ïde, partie inférieure du sternum, en forme d'épée.

Z

zyg- *joug, jumeau.* **Zyg**ote.

Suffixes et éléments finaux

A

-able *qui peut.* Vi**able**, qui peut vivre ou exister.

-aire *associé à, relatif à.* Coron**aire**, relatif au cœur.

-algie *douleur.* Névr**algie**, douleur le long du parcours d'un nerf.

-apse *jonction.* Syn**apse**, jonction de deux neurones.

-aque *relatif à.* Cardi**aque**, relatif au cœur.

-ase *enzyme.* Amyl**ase**; lip**ase**; décarboxyl**ase**.

-asthénie *faiblesse.* My**asthénie**, maladie dont la paralysie est un des effets.

-atomie *indivisible.* An**atomie**, qui fait appel à la dissection.

B

-bryon *enflé.* Em**bryon**.

C

-céphale *tête.* En**céphale**, partie du système nerveux central contenue dans la boîte crânienne.

-cide *détruire* ou *tuer.* Germi**cide**, qui tue les microbes.

-cipit *tête.* Oc**cipit**al.

-claste *briser.* Ostéo**claste**, cellule qui dissout la matrice osseuse.

-crine *séparer.* Glande endo**crine**, qui sécrète des hormones dans le sang.

D

-dipsie *soif, sec.* Poly**dipsie**, soif excessive associée au diabète.

E

-ectasie *dilatation.* Até**lectasie**, affaissement des alvéoles pulmonaires.

-ectomie *retrancher, ablation chirurgicale.* Appendic**ectomie**, ablation de l'appendice.

-elle *petite.* Lam**elle**.

-émie *affection du sang.* An**émie**, insuffisance de globules rouges.

-esthésie *sensation.* An**esthésie**, absence de sensation.

F

-ferent *porter.* Nerf eff**érent**, qui transmet les influx du SNC vers la périphérie.

-forme *aspect, configuration.* Os cunéi**forme** (en forme de coin).

-fuge *faire fuir.* Vermi**fuge**, substance qui chasse les vers de l'intestin.

G

-gène *produire, engendrer.* Agent patho**gène**, agent qui cause une maladie; anorexi**gène**, substance qui agit comme suppresseur de l'appétit.

-glie *glu.* Névro**glie**, tissu conjonctif du système nerveux.

-gramme *écrit.* Électrocardio**gramme**, enregistrement de l'action du cœur.

-graphe *instrument servant à écrire.* Électrocardio**graphe**, appareil qui produit un électrocardiogramme.

I

-iatrie *spécialité de la médecine.* Gér**iatrie**, spécialité qui traite des maladies associées à la vieillesse.

-ie *affection.* Insomn**ie**, affection caractérisée par l'incapacité de dormir.

-isme *affection.* Anévr**isme**, poche formée dans la paroi d'une artère; nan**isme**.

-ite *inflammation.* Gastr**ite**, inflammation de l'estomac.

L

-lemme *gaine, enveloppe.* Sarco**lemme**, membrane plasmique
  du myocyte.

-logie *étude.* Patho**logie**, étude des changements de structure
  et de fonction causés par la maladie.

-lyse *dissolution, dégradation.* Hydro**lyse**, décomposition chimique
  d'une molécule par l'addition d'eau.

M

-malacie *mou.* Ostéo**malacie**, ramollissement des os.

N

-natal *naissance.* Développement pré**natal**.

-nom *administrer.* Système nerveux auto**nom**e.

O

-oïde, -oïdal *semblable, en forme de.* Os cub**oïde**, os du tarse
  qui a la forme d'un cube.

-oire *qui a rapport à, de.* Inflammat**oire**.

-ome *tumeur.* Lymph**ome**, tumeur du tissu lymphatique.

-opie *défaut de l'œil.* My**opie**.

-ose *1. désigne un sucre; 2. désigne une maladie chronique ou un état
  de déséquilibre homéostatique.* 1. Gluc**ose**; 2. ostéopor**ose**; tubercul**ose**;
  acid**ose**.

-osmie *odeur.* An**osmie**, perte de l'odorat.

P

-pare, -parité *engendrer.* Primi**pare**, se dit d'une femme qui accouche
  pour la première fois; scissi**parité**, mode de division cellulaire
  de certains organismes tels que les bactéries.

-pathie *maladie.* Ostéo**pathie**, toute maladie des os.

-pénie *pauvreté.* Leuco**pénie**, réduction importante du nombre
  de globules blancs.

-phasie *parole.* A**phasie**, incapacité de parler.

-phile *aimer.* Hydro**phile**, molécule qui attire l'eau.

-phobe *craindre.* Hydro**phobe**, molécule qui n'a pas d'affinité pour l'eau.

-phragme *cloison.* Dia**phragme**, qui sépare la cavité thoracique
  de la cavité abdominale et pelvienne.

-phylax, -phylac *veiller sur, préserver.* Ana**phylax**ie; pro**phylac**tique.

-plas *croître.* Néo**plas**ie, croissance anormale.

-plasme *forme.* Cyto**plasme**.

-plastie *modeler.* Rhino**plastie**, reconstruction chirurgicale du nez.

-plégie *paralysie.* Para**plégie**, paralysie de la moitié inférieure du corps
  ou des membres inférieurs.

-poïèse *création.* Hémato**poïèse**, formation des cellules du sang.

R

-rragie *écoulement anormal ou excessif.* Hémo**rragie**,
  écoulement sanguin hors des vaisseaux.

-rrhée *couler.* Dia**rrhée**, évacuation anormale de selles.

S

-scope *instrument servant à examiner.* Stétho**scope**, instrument servant
  à écouter les bruits produits par l'organisme.

-some *corps.* Chromo**some**.

-sorb *aspirer.* Ab**sorb**er.

-staltisme *compression.* Péri**staltisme**, contractions musculaires
  qui poussent les aliments le long du tube digestif.

-stase *arrêter, fixer.* Hémo**stase**, arrêt d'une hémorragie.

-stitiel *se tenir entre.* Liquide inter**stitiel**, entre les cellules.

-stomie *bouche, ouverture.* Entéro**stomie**, ouverture pratiquée
  dans l'intestin à travers la paroi abdominale.

T

-té *état.* Immuni**té**, état de celui qui est résistant à l'infection
  ou à la maladie.

-thèse *placer.* Pro**thèse**, appareil remplaçant un organe.

-tocie *accouchement.* Dys**tocie**, accouchement difficile.

-tomie *couper.* Appendicec**tomie**, ablation chirurgicale de l'appendice,
  thyroïdec**tomie**.

-trope *tourner, changer.* Hormone thyréo**trope**, qui stimule la glande
  thyroïde.

-trus *pousser.* Pro**trus**ion, saillie.

U

-urie *urine.* Poly**urie**, excrétion d'une quantité excessive d'urine.

Z

-zyme *ferment.* En**zyme**.